The Mass Spectrometry Bulletin

The Mass Spectrometry Bulletin is a monthly periodical and is an excellent guide for keeping up to date with trends and developments in the theory, instrumentation and applications of mass spectrometry. Each issue contains the titles and bibliographic details of about 800 references to the latest published literature and is supported by a comprehensive set of indexes. The indexes are cumulated at the end of each year. The Bulletin may also be accessed on the Pergamon-InfoLine and the ESA/IRS systems.

The MSDC Photocopy Service provides an essential link between the Mass Spectrometry Bulletin and the primary literature. MSDC will supply copies of the original documents cited in the Bulletin, for a nominal charge. The Mass Spectrometry Bulletin is also available in computer-readable form—including a backfile for November 1966 to December 1986, and updates corresponding to subsequent and current issues.

Mass Spectra Collections

The MSDC collection of full mass spectra now stands at over 29,000 and is regularly updated by about 1500 spectra each year. It contains the ASTM, TRC and DOW collections as well as spectra collected by MSDC. The spectra are available as a complete collection or individual copies can be obtained on request.

Mass Spectral Search System

MSDC will perform customer searches on the Mass Spectral Search System of the NIH-EPA Chemical Information Service. Unknown spectra can be searched against the MSSS file to give a series of best matches. Alternatively, the spectrum of a known compound can be printed off.

For further details on any of the MSDC products and services, please contact MSDC, The Royal Society of Chemistry, The University, Nottingham, NG7 2RD, U.K.

EIGHT PEAK INDEX OF MASS SPECTRA

The eight most abundant ions in 66,720 mass spectra, indexed by molecular weight, elemental composition and most abundant ions

Compiled by:

The Mass Spectrometry Data Centre, in collaboration with Imperial Chemical Industries PLC

Third Edition 1983

Volume 2 Part 1

Published by
THE MASS SPECTROMETRY DATA CENTRE,
The Royal Society of Chemistry,
The University, Nottingham, NG7 2RD, UK

Reprinted 1986

ISBN 0-85186-407-4

Printed by Unwin Brothers Ltd., Old Woking, Surrey.

CONTENTS

INTRODUCTION

The value of abbreviated mass spectra as aids for the identification of unknown compounds is well established and several indexes of this type have been published. The current work is based on an eight-peak Mass Spectral Index originally compiled by Imperial Chemical Industries Ltd. (Dyestuffs Division) for internal use and is produced by cooperation between the MSDC and Imperial Chemical Industries PLC.

The first edition was produced in 1970 and contained 17,124 spectra. It was followed closely by the second edition, produced in 1974, which contained 31,101 spectra.

Due to the popularity of the first and second editions, the availability of spectra of many more compounds, and following the advice of the MSDC's Technical Advisory Committee, the third edition of the Eight Peak Index has been prepared in collaboration with Imperial Chemical Industries PLC (Organics Division). This edition contains 66,720 mass spectra covering 52,332 compounds. It has been produced by computer-controlled phototypesetting to maintain the high quality of the second edition.

The Index may be used as an aid to compound identification and as a molecular weight index. It also provides a convenient point of entry to the mass spectral collections. Its success lies in the large number of spectra included, the format of the data and the different ways in which the data is sorted.

A computer-readable version of the Eight Peak Index is also available. Details of the format may be obtained from the MSDC.

ORIGIN OF DATA

Each spectrum is identified by a collection letter and number, the letter denoting the source and the number the position of the spectrum within the source collection. For convenience, letters and sources are tabulated inside the front cover of each part.

The MSDC spectra originate from the MSDC collection of full spectra which have been collected on a worldwide basis since 1967. This collection now stands at over 29,000 spectra and includes the American Petroleum Institute (standard and matrix), the Thermodynamics Research Centre (standard and matrix), the American Society for Testing and Materials and the DOW Chemical Company collections.

The literature spectra have been extracted from published papers by Imperial Chemical Industries PLC (Organics Division) and the MSDC, using the Mass Spectrometry Bulletin as a guide.

The NIH—EPA Chemical Information Service made available the complete archives tapes used to prepare the database for the Mass Spectral Search System. This database includes the Wiley collection of mass spectra.

The tabulated data include a CAS Registry Number of the compound where this was readily available. This provides a link with the complete spectra published by the U.S. National Bureau of Standards in the EPA/NIH Mass Spectral Data Base (1978).

A maximum of three spectra for any one compound has been set. These have been selected, where possible, to reflect differing experimental conditions, and appear grouped together.

Each spectrum has been examined before being added to the file and much of the data has been checked by computer. However, due to the sheer bulk of the data, it is inevitable that errors will remain. It would be appreciated if details of any errors could be sent to the MSDC.

Whilst great effort has been made to ensure that the information, and in particular the m/z values, in this index is correct, this cannot be guaranteed. Difficulties occur, in particular in literature spectra, where the mode of presentation of the spectrum (such as a small line diagram or a brief tabulation) is not conclusive as to the major peaks in the original.

In a few cases spectra with less than eight available peaks have been included when it was considered that the information was of use. Polymers have been given an arbitrary molecular weight of 9999, and no formula (except 1 in the X-element column, for computing purposes).

GUIDE TO THE USE OF THE INDEX

The information listed is:

(a) The mass-to-charge ratios of the eight most abundant peaks in the spectrum (integral values except for multiply-charged ions). The relevant m/z in Volume 3 is indicated by heavy type.

(b) The molecular weight of the compound (calculated from integral values of the atomic weights of the most abundant isotope of each element present).

(c) The relative intensities of the eight most abundant peaks (integral values and proportional to 100 for the most abundant ion).

(d) The relative intensity of the parent (molecular) ion (blank if already in the eight most abundant ions, zero if absent or unknown).

(e) The molecular formula (the number of atoms for C, H, O, N, Cl, Br, F, S, P, B and Si. The number of atoms of any other elements present is shown under X).

(f) The compound name.

(g) The CAS Registry Number, where readily available.

(h) The collection letter (see inside front cover).

(i) The collection reference number.

The relevant molecular weight (or m/z value in Volume 3) is given in square brackets at the head or foot of each page.

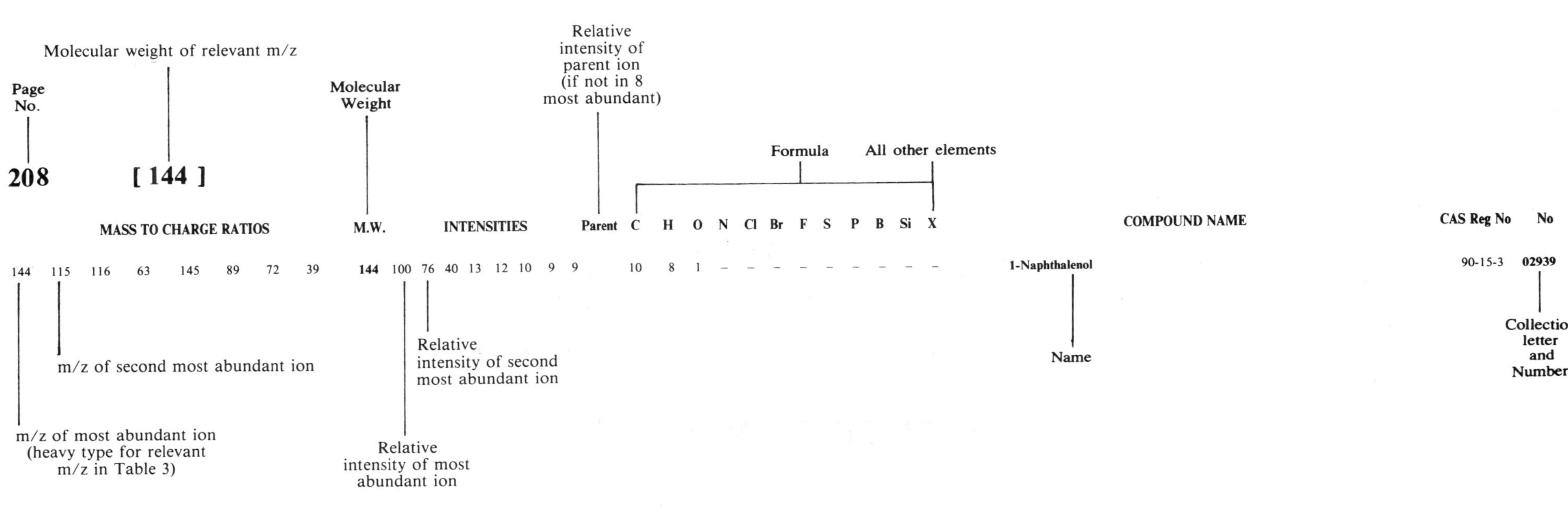

ACKNOWLEDGEMENTS

The MSDC wishes to acknowledge with thanks all of the organisations and individuals who have contributed spectra to the Eight Peak Index of Mass Spectra, either directly or through the various spectral collections. The Technical Advisory Committee of MSDC has provided much valuable advice, guidance and assistance throughout the compilation of this Edition.

MASS TO CHARGE RATIOS								M.W.	INTENSITIES								Parent	C	H	O	N	Cl	Br	F	S	P	B	Si	X	COMPOUND NAME	CAS Reg No	No
2								**2**	100									–	2	–	–	–	–	–	–	–	–	–	–	**Hydrogen**		**Y1593**
2	1							**2**	100	2								–	2	–	–	–	–	–	–	–	–	–	–	**Hydrogen**		**Y0452**
16	15	14	13	1	12	17		**16**	100	85	16	8	3	2	1			1	4	–	–	–	–	–	–	–	–	–	–	**Methane**		**Y0001**
16	15	14	13	12	17			**16**	100	86	17	9	3	1				1	4	–	–	–	–	–	–	–	–	–	–	**Methane**		**Y0110**
16	15	14	13	17	12			**16**	100	75	8	3	1	1				1	4	–	–	–	–	–	–	–	–	–	–	**Methane**		**Y0060**
17	16	15	14					**17**	100	80	8	2						–	3	–	1	–	–	–	–	–	–	–	–	**Ammonia**		**Y0090**
17	16	15	14					**17**	100	80	4	1						–	3	–	1	–	–	–	–	–	–	–	–	**Ammonia**		**A0509**
18	17							**18**	100	21								–	2	1	–	–	–	–	–	–	–	–	–	**Water**		**Z0004**
20	22							**20**	100	10								–	–	–	–	–	–	–	–	–	–	–	1	**Neon**		**Z0001**
26	25	13	12	27	14			**26**	100	24	9	5	2	1				2	2	–	–	–	–	–	–	–	–	–	–	**Acetylene**	74-86-2	**P5530**
26	25	24	13					**26**	100	20	5	3						2	2	–	–	–	–	–	–	–	–	–	–	**Acetylene**		**A0518**
26	25	24	13	27	12			**26**	100	20	6	6	3	3				2	2	–	–	–	–	–	–	–	–	–	–	**Acetylene**		**Y0072**
27	26	12	13	14	28			**27**	100	16	4	2	2	1				1	1	–	1	–	–	–	–	–	–	–	–	**Hydrogen cyanide**		**Y0094**
27	26	12	28	13	14			**27**	100	17	4	2	2	2				1	1	–	1	–	–	–	–	–	–	–	–	**Hydrogen cyanide**		**Y0233**
25	15	11	27	22	21	24	14	**28**	100	96	35	26	25	24	16	16	**0.00**	–	6	–	–	–	–	–	–	–	2	–	–	**Diborane-6**		**L3641**
26	27	24	25	23	11	13	12	**28**	100	97	90	57	46	28	24	18	**0.25**	–	6	–	–	–	–	–	–	–	2	–	–	**Diborane-6**		**Y0333**
28	12	16	14	29				**28**	100	5	2	1	1					1	–	1	–	–	–	–	–	–	–	–	–	**Carbon monoxide**		**Y0156**
28	12	16	29	14				**28**	100	9	4	1	1					1	–	1	–	–	–	–	–	–	–	–	–	**Carbon monoxide**	630-08-0	**Q3395**
28	14	29						**28**	100	14	1							–	–	–	2	–	–	–	–	–	–	–	–	**Nitrogen**	7727-37-9	**R3438**
28	14	29						**28**	100	17	1							–	–	–	2	–	–	–	–	–	–	–	–	**Nitrogen**	7727-37-9	**R3439**
28	14	29						**28**	100	5	1							–	–	–	2	–	–	–	–	–	–	–	–	**Nitrogen**		**A0506**
28	27	26	25	14	1	24	13	**28**	100	65	62	12	6	4	4	4		2	4	–	–	–	–	–	–	–	–	–	–	**Ethylene**		**Y0023**
28	27	26	25	14	29	15		**28**	100	63	61	11	4	3	1			2	4	–	–	–	–	–	–	–	–	–	–	**Ethylene**		**A0519**
28	27	26	25	29	14	24	13	**28**	100	55	50	7	2	2	2	1		2	4	–	–	–	–	–	–	–	–	–	–	**Ethylene**		**Y0065**
28	29	12	14					**28**	100	1	1	1						1	–	1	–	–	–	–	–	–	–	–	–	**Carbon monoxide**		**F0110**
28	27	29	26	11	25	12	16	**29**	100	56	39	14	5	3	2	1		–	4	–	1	–	–	–	–	–	1	–	–	**Aminoborane**		**M5190**
28	27	30	26	25	15	14	31	**30**	100	28	28	18	3	2	1	1		2	6	–	–	–	–	–	–	–	–	–	–	**Ethane**		**A0520**
28	27	30	26	29	15	25	14	**30**	100	34	24	24	21	5	4	3		2	6	–	–	–	–	–	–	–	–	–	–	**Ethane**		**Y0111**
28	30	27	29	26	25	15	14	**30**	100	30	29	24	18	2	2	1		2	6	–	–	–	–	–	–	–	–	–	–	**Ethane**		**Y0061**
29	30	28	14	13	12	31	16	**30**	100	86	31	4	4	3	2	2		1	2	1	–	–	–	–	–	–	–	–	–	**Formaldehyde**		**Y0084**
29	30	28	26	27	15	12	13	**30**	100	58	24	12	12	4	1	1		1	2	1	–	–	–	–	–	–	–	–	–	**Formaldehyde**	50-00-0	**08595**
29	30	28	31	15	27			**30**	100	66	33	3	1	1				1	2	1	–	–	–	–	–	–	–	–	–	**Formaldehyde**	50-00-0	**H0007**
30	14	15	16					**30**	100	8	2	1						–	–	1	1	–	–	–	–	–	–	–	–	**Nitric oxide**		**Y1218**
30	15	14						**30**	100	3	1							–	–	1	1	–	–	–	–	–	–	–	–	**Nitric oxide**		**A0504**
30	28	31	27	29	18			**31**	100	88	56	16	16	1				1	5	–	1	–	–	–	–	–	–	–	–	**Methylamine**	74-89-5	**P5536**
30	28	31	29	27	26	32	18	**31**	100	88	56	16	16	2	1	1		1	5	–	1	–	–	–	–	–	–	–	–	**Methylamine**		**Y1123**

MASS TO CHARGE RATIOS								M.W.	INTENSITIES								Parent	C	H	O	N	Cl	Br	F	S	P	B	Si	X	COMPOUND NAME	CAS Reg No	No
30	31	28	29	32	15	27		31	100	87	56	19	15	12	9			1	5	–	1	–	–	–	–	–	–	–	–	Methylamine	74-89-5	P5535
30	31	29	28	32	33	2	14	32	100	78	29	27	7	3	2	2		–	4	–	–	–	–	–	–	–	–	1	–	Silane	7803-62-5	R3507
30	31	29	28	32	33	2	14.5	32	100	79	29	28	7	2	1	1		–	4	–	–	–	–	–	–	–	–	1	–	Silane		W0025
30	31	29	28	32	33	2	15	32	100	78	29	27	7	2	2	1		–	4	–	–	–	–	–	–	–	–	1	–	Silane	7803-62-5	R3505
31	32	29	15	28	33	13	14	32	100	69	49	12	10	4	1	1		1	4	1	–	–	–	–	–	–	–	–	–	Methanol	67-56-1	08596
31	32	29	15	30	28	14	33	32	100	71	46	18	7	6	3	3		1	4	1	–	–	–	–	–	–	–	–	–	Methanol		F0008
31	32	29	28	18	33	30		32	100	67	65	6	2	1	1			1	4	1	–	–	–	–	–	–	–	–	–	Methanol		Y0363
32	16							32	100	9								–	–	2	–	–	–	–	–	–	–	–	–	Oxygen		A0507
32	16	28						32	100	5	3							–	–	2	–	–	–	–	–	–	–	–	–	Oxygen		Y1592
32	31	17	29	16	30	28	15	32	100	49	37	37	32	32	15	7		–	4	–	2	–	–	–	–	–	–	–	–	Hydrazine	302-01-2	H0684
32	31	29	30	16	17	28	15	32	100	47	40	31	29	26	21	8		–	4	–	2	–	–	–	–	–	–	–	–	Hydrazine		Y1110
33	16	17	32	30	31			33	100	41	23	19	9	6				–	3	1	1	–	–	–	–	–	–	–	–	Hydroxylamine		M5815
15	34	33	14	31	32	19	16	34	100	95	90	17	10	9	2	1		1	3	–	–	–	–	1	–	–	–	–	–	Methane, fluoro-		Y0968
34	32	33	1	36	35			34	100	44	42	5	4	3				–	2	–	–	–	–	–	1	–	–	–	–	Hydrogen sulphide		Y0454
34	33	15	31	32				34	100	89	12	8	4					1	3	–	–	–	–	1	–	–	–	–	–	Methane, fluoro-		L0488
34	33	31	2					34	100	33	32	1						–	3	–	–	–	–	–	–	1	–	–	–	Phosphine		Y1219
34	33	32	31					34	100	84	4	4						1	3	–	–	–	–	1	–	–	–	–	–	Methane, fluoro-		A0101
36	38	35	37					36	100	32	17	5						–	1	–	–	1	–	–	–	–	–	–	–	Hydrogen chloride		Y0093
36	38	35	37	17.5				36	100	33	12	4	1					–	1	–	–	1	–	–	–	–	–	–	–	Hydrogen chloride		Z0018
24	23	39	9	10				39	100	60	15	15	5					2	6	–	–	–	–	–	–	–	–	–	1	Dimethyl beryllium		L7173
40	20							40	100	13								–	–	–	–	–	–	–	–	–	–	–	1	Argon		Y1586
40	20	36	38					40	100	16	1	1						–	–	–	–	–	–	–	–	–	–	–	1	Argon		Y1594
40	39	26	25	12	20	14	13	40	100	95	5	5	4	4	4	3		3	4	–	–	–	–	–	–	–	–	–	–	1,2-Propadiene	463-49-0	Q0816
40	39	38	37	36	19	41	26	40	100	88	32	21	6	4	3	1		3	4	–	–	–	–	–	–	–	–	–	–	Propyne		A0530
40	39	38	37	36	20	19.5	19	40	100	93	35	25	6	4	3	3		3	4	–	–	–	–	–	–	–	–	–	–	1,2-Propadiene		Z0021
40	39	38	37	36	25	12	19	40	100	92	36	28	9	4	4	4		3	4	–	–	–	–	–	–	–	–	–	–	Propyne		Y1135
40	39	38	37	36	26	25	12	40	100	96	40	33	9	5	5	4		3	4	–	–	–	–	–	–	–	–	–	–	1,2-Propadiene		Y1134
40	39	38	37	36	41	26	25	40	100	79	29	20	5	4	3	3		3	4	–	–	–	–	–	–	–	–	–	–	Propyne		Y0073
41	40	39	38	14	12	26	13	41	100	52	19	12	11	5	3	3		2	3	–	1	–	–	–	–	–	–	–	–	Acetonitrile		Y0234
41	40	39	38	14	42	28	27	41	100	54	21	14	10	4	4	3		2	3	–	1	–	–	–	–	–	–	–	–	Acetonitrile		C0144
41	40	39	38	28	14	42	26	41	100	50	17	5	5	5	3	1		2	3	–	1	–	–	–	–	–	–	–	–	Acetonitrile		A0521
41	40	39	38	28	15	27	42	41	100	49	20	13	8	8	4	3		2	3	–	1	–	–	–	–	–	–	–	–	Methyl isocyanide		05593
14	42	13	28	12	41	27	15	42	100	43	22	18	11	11	6	3		1	2	–	2	–	–	–	–	–	–	–	–	Methane, diazo-	334-88-3	Q0539
14	42	41	13	12	28	29	25	42	100	94	27	13	13	11	7	6		2	2	1	–	–	–	–	–	–	–	–	–	Ketene	463-51-4	H0703
40	41	12	13	11	26	24	27	42	100	68	67	65	52	42	41	40	36.03	1	3	1	–	–	–	–	–	–	1	–	–	Borane carbonyl	13205-44-2	R4358
41	39	42	27	40	38	37	26	42	100	72	70	39	29	19	13	11		3	6	–	–	–	–	–	–	–	–	–	–	Propene		Y0024
41	42	39	27	40	38	37	26	42	100	64	64	26	24	14	9	6		3	6	–	–	–	–	–	–	–	–	–	–	Propene		F0153
41	42	39	40	27	38	37	26	42	100	70	61	25	25	14	9	6		3	6	–	–	–	–	–	–	–	–	–	–	Propene		Y0066
42	14	41	28	40	13	27	26	42	100	51	26	15	5	5	5	5		2	2	1	–	–	–	–	–	–	–	–	–	Ketene		F0233
42	41	39	27	40	38	26	37	42	100	89	70	37	31	15	14	11		3	6	–	–	–	–	–	–	–	–	–	–	Cyclopropane		Y0115

MASS TO CHARGE RATIOS								M.W.	INTENSITIES								Parent	C	H	O	N	Cl	Br	F	S	P	B	Si	X	COMPOUND NAME	CAS Reg No	No
42	41	39	27	40	38	26	37	**42**	100	92	69	36	32	15	13	11		3	6	–	–	–	–	–	–	–	–	–	–	Cyclopropane		Y0181
42	41	39	27	40	38	26	37	**42**	100	91	71	38	33	16	15	12		3	6	–	–	–	–	–	–	–	–	–	–	Cyclopropane		Y0172
42	28	43	15	41	40	14	27	**43**	100	79	55	36	20	15	14	10		2	5	–	1	–	–	–	–	–	–	–	–	Aziridine		Y0763
42	43	28	15	41	40	27	39	**43**	100	61	59	21	20	14	6	5		2	5	–	1	–	–	–	–	–	–	–	–	Aziridine	151-56-4	P9997
42	43	28	15	41	40	39	27	**43**	100	78	38	22	15	12	4	3		2	5	–	1	–	–	–	–	–	–	–	–	Aziridine		D0797
43	15	28	14	29	42	44	16	**43**	100	48	28	25	17	8	3	2		–	1	–	3	–	–	–	–	–	–	–	–	Hydrazoic acid	7782-79-8	H1668
29	15	44	14	43	26	42	13	**44**	100	65	65	26	16	14	12	8		2	4	1	–	–	–	–	–	–	–	–	–	Ethylene oxide		Y0760
29	15	44	14	43	42	13	16	**44**	100	60	55	27	15	11	9	8		2	4	1	–	–	–	–	–	–	–	–	–	Ethylene oxide	75-21-8	P5584
29	28	27	41	39	44	43	42	**44**	100	78	52	36	34	30	28	19		3	8	–	–	–	–	–	–	–	–	–	–	Propane		A0523
29	28	27	44	43	39	41	26	**44**	100	59	42	27	23	19	13	9		3	8	–	–	–	–	–	–	–	–	–	–	Propane		Y0112
29	28	44	43	27	39	41	42	**44**	100	62	40	34	32	17	15	6		3	8	–	–	–	–	–	–	–	–	–	–	Propane		Y0062
29	44	15	43	14	42	16	26	**44**	100	84	52	48	16	14	9	8		2	4	1	–	–	–	–	–	–	–	–	–	Acetaldehyde		C0006
29	44	43	26	15	27	28	41	**44**	100	75	32	15	5	5	5	5		2	4	1	–	–	–	–	–	–	–	–	–	Acetaldehyde	75-07-0	08597
29	44	43	26	42	25	27	41	**44**	100	46	27	9	9	5	5	4		2	4	1	–	–	–	–	–	–	–	–	–	Acetaldehyde		Y0373
44	16	28	12					**44**	100	9	8	7						1	–	2	–	–	–	–	–	–	–	–	–	Carbon dioxide		Y0157
44	28	16	12	22	45			**44**	100	7	6	2	2	1				1	–	2	–	–	–	–	–	–	–	–	–	Carbon dioxide		Y1596
44	28	16	45	22				**44**	100	13	9	1	1					1	–	2	–	–	–	–	–	–	–	–	–	Carbon dioxide		A0501
44	29	15	43	42	14	16	45	**44**	100	83	53	22	13	12	3	3		2	4	1	–	–	–	–	–	–	–	–	–	Ethylene oxide		D0514
44	30	14	28	16	45			**44**	100	31	13	11	5	1				–	–	1	2	–	–	–	–	–	–	–	–	Nitrous oxide		Y0096
44	30	14	28	16	45	46	31	**44**	100	42	18	14	6	1	1	1		–	–	1	2	–	–	–	–	–	–	–	–	Nitrous oxide		V0085
44	30	28	16	14	45			**44**	100	14	14	14	3	1				–	–	1	2	–	–	–	–	–	–	–	–	Nitrous oxide		A0503
44	31	25	43	13	24	12	45	**44**	100	24	17	13	7	6	3	2		2	1	–	–	–	–	1	–	–	–	–	–	Ethyne, fluoro-	2713-09-9	Q8561
18	45	28	29	17	44	27	43	**45**	100	56	43	30	24	19	13	10		1	3	1	1	–	–	–	–	–	–	–	–	Formamide	75-12-7	H0052
30	28	44	45	18	27	15	42	**45**	100	29	20	19	13	13	10	9		2	7	–	1	–	–	–	–	–	–	–	–	Ethylamine		Y0764
30	28	44	45	27	15	42	29	**45**	100	32	20	19	13	10	9	7		2	7	–	1	–	–	–	–	–	–	–	–	Ethylamine		Y1125
44	28	45	15	42	18	43	30	**45**	100	68	51	20	19	16	14	13		2	7	–	1	–	–	–	–	–	–	–	–	Ethylamine		Y1124
44	28	45	15	42	18	43	30	**45**	100	68	51	20	19	16	14	13		2	7	–	1	–	–	–	–	–	–	–	–	Methylamine, N-methyl-	124-40-3	P9438
44	45	18	28	43	42	15	46	**45**	100	81	32	30	19	15	9	5		2	7	–	1	–	–	–	–	–	–	–	–	Methylamine, N-methyl-	124-40-3	P9437
44	45	28	42	18	43	30	27	**45**	100	56	26	15	14	13	4	3		2	7	–	1	–	–	–	–	–	–	–	–	Methylamine, N-methyl-	124-40-3	P9435
45	44	17	18	16	29	27	28	**45**	100	63	63	44	35	33	33	27		1	3	1	1	–	–	–	–	–	–	–	–	Formamide		C0383
28	46	31	45	29	30	27	43	**46**	100	63	62	46	34	27	24	15		1	6	–	2	–	–	–	–	–	–	–	–	Hydrazine, methyl-		M2318
29	46	45	28	17	44	16	12	**46**	100	61	48	17	17	10	5	3		1	2	2	–	–	–	–	–	–	–	–	–	Formic acid		Y0300
30	46	16	14					**46**	100	37	22	10						–	–	2	1	–	–	–	–	–	–	–	–	Nitrogen dioxide		Y0095
31	45	27	29	46	26	15	30	**46**	100	39	24	24	17	9	9	6		2	6	1	–	–	–	–	–	–	–	–	–	Ethanol		A0525
31	45	27	29	46	28	43	15	**46**	100	43	19	19	18	10	8	6		2	6	1	–	–	–	–	–	–	–	–	–	Ethanol		Y1646
31	45	27	46	29	43	30	14	**46**	100	44	18	18	15	14	6	3		2	6	1	–	–	–	–	–	–	–	–	–	Ethanol	64-17-5	08598
44	45	43	28	29	42	41	31	**46**	100	77	47	32	26	22	15	15	**7.94**	1	6	–	–	–	–	–	–	–	–	1	–	Silane, methyl-		05922
45	29	15	46	14	31	13	30	**46**	100	79	57	46	12	7	5	4		2	6	1	–	–	–	–	–	–	–	–	–	Dimethyl ether		Y0761
45	46	29	15	28	31	14	44	**46**	100	48	36	24	7	3	2	2		2	6	1	–	–	–	–	–	–	–	–	–	Dimethyl ether		A0526
45	46	29	15	31	14	43	47	**46**	100	61	39	24	3	2	1	1		2	6	1	–	–	–	–	–	–	–	–	–	Dimethyl ether	115-10-6	P8815
46	29	28	45	44	18	17	16	**46**	100	87	86	78	22	17	4	2		1	2	2	–	–	–	–	–	–	–	–	–	Formic acid		M8514
46	29	45	18	28	44	17	41	**46**	100	94	81	45	17	16	10	3		1	2	2	–	–	–	–	–	–	–	–	–	Formic acid		Z0029
46	45	27	26	44	25	31	13	**46**	100	71	60	59	31	13	12	8		2	3	–	–	–	–	1	–	–	–	–	–	Ethylene, fluoro-	75-02-5	H0049
46	45	27	26	44	25	31	24	**46**	100	71	70	67	32	16	14	6		2	3	–	–	–	–	1	–	–	–	–	–	Ethylene, fluoro-		W0112
46	45	28	31	29	30	27	43	**46**	100	61	58	41	18	18	14	14		1	6	–	2	–	–	–	–	–	–	–	–	Hydrazine, methyl-	60-34-4	P5046
46	45	44	27	26	25	43		**46**	100	74	30	5	5	5	1			2	3	–	–	–	–	1	–	–	–	–	–	Ethylene, fluoro-		A0201

MASS TO CHARGE RATIOS								M.W.	INTENSITIES								Parent	C	H	O	N	Cl	Br	F	S	P	B	Si	X	COMPOUND NAME	CAS Reg No	No
46	48	45	44	47	32	15	31	**48**	100	87	59	31	17	7	2	1		1	5	–	–	–	–	–	–	1	–	–	–	Phosphine, methyl-	593-54-4	Q2531
46	48	45	44	47	32	33	34	**48**	100	88	56	35	18	8	6	4		1	5	–	–	–	–	–	–	1	–	–	–	Phosphine, methyl-		M7424
46	48	45	44	47	32	33	49	**48**	100	91	53	35	18	7	5	3		1	5	–	–	–	–	–	–	1	–	–	–	Phosphine, methyl-	593-54-4	Q2532
47	27	33	26	46	48	45	28	**48**	100	37	35	12	10	10	7	6		2	5	–	–	–	–	1	–	–	–	–	–	Ethane, fluoro-		Y1221
47	33	27	48	46	45	28	26	**48**	100	27	18	12	10	7	7	5		2	5	–	–	–	–	1	–	–	–	–	–	Ethane, fluoro-		Z0032
47	33	27	48	46	45	28	32	**48**	100	27	18	11	10	7	7	2		2	5	–	–	–	–	1	–	–	–	–	–	Ethane, fluoro-		L0489
47	48	45	46	15	33	44	32	**48**	100	78	67	15	14	13	13	11		1	4	–	–	–	–	–	1	–	–	–	–	Methanethiol		Y1379
47	48	45	46	15	44	49	33	**48**	100	90	47	12	10	7	6	5		1	4	–	–	–	–	–	1	–	–	–	–	Methanethiol		Y0078
47	48	45	46	44	49	33	32	**48**	100	90	47	12	7	6	5	4		1	4	–	–	–	–	–	1	–	–	–	–	Methanethiol	74-93-1	P5540
30	33	16	14	49	19	15		**49**	100	2	2	2	1	1	1			–	–	1	1	–	–	1	–	–	–	–	–	Nitrosyl fluoride		M5682
50	15	52	49	14	47	35	13	**50**	100	72	31	11	8	7	6	5		1	3	–	–	1	–	–	–	–	–	–	–	Methane, chloro-		Y0088
50	15	52	49	47	14	13	35	**50**	100	83	32	10	8	8	6	6		1	3	–	–	1	–	–	–	–	–	–	–	Methane, chloro-		Y1452
50	15	52	49	47	14	48		**50**	100	62	32	9	9	4	4			1	3	–	–	1	–	–	–	–	–	–	–	Methane, chloro-		A0102
50	49	25	48	37	51	12	36	**50**	100	36	10	8	5	4	4	3		4	2	–	–	–	–	–	–	–	–	–	–	1,3-Butadiyne		Y0074
50	49	48	25	12	37	36	51	**50**	100	43	10	9	6	6	4	4		4	2	–	–	–	–	–	–	–	–	–	–	1,3-Butadiyne		Y0933
33	51	31	32	52	1	13	50	**52**	100	96	28	11	10	7	6	3		1	2	–	–	–	–	2	–	–	–	–	–	Methane, difluoro-		Y0467
44	46	42	35	48	43	45	33	**52**	100	43	29	26	26	25	20	18	**0.00**	–	8	–	–	–	–	–	–	–	4	–	–	Tetraborane-8		M3002
51	33	31	52	32	50	13		**52**	100	54	19	12	7	4	2			1	2	–	–	–	–	2	–	–	–	–	–	Methane, difluoro-		Z0035
51	33	31	52	50	32			**52**	100	45	18	11	5	4				1	2	–	–	–	–	2	–	–	–	–	–	Methane, difluoro-		A0103
52	26	38	24	53	12	29	44	**52**	100	7	3	2	2	1	1	1		2	–	–	2	–	–	–	–	–	–	–	–	Cyanogen	460-19-5	Q0802
52	51	50	26	49	39	48		**52**	100	59	51	26	17	5	1			4	4	–	–	–	–	–	–	–	–	–	–	Cyclobutadiene		L6792
52	51	50	49	26	37	25	53	**52**	100	50	42	13	11	5	4	4		4	4	–	–	–	–	–	–	–	–	–	–	1-Buten-3-yne		Y0423
52	51	50	49	26	37	53	25	**52**	100	63	54	20	14	6	5	4		4	4	–	–	–	–	–	–	–	–	–	–	1-Buten-3-yne		C0897
52	51	50	49	26	48	39		**52**	100	70	51	26	18	8	1			4	4	–	–	–	–	–	–	–	–	–	–	Butatriene		L6793
52	51	50	49	26	48	39		**52**	100	56	49	19	12	8	1			4	4	–	–	–	–	–	–	–	–	–	–	1-Buten-3-yne		L6794
26	53	52	51	27	25	50	38	**53**	100	99	75	32	18	10	8	7		3	3	–	1	–	–	–	–	–	–	–	–	Acrylonitrile		Y0238
26	53	52	51	27	28	25	38	**53**	100	96	73	32	22	13	12	9		3	3	–	1	–	–	–	–	–	–	–	–	Acrylonitrile		D1383
34	53	33	14	15	19	20	52	**53**	100	67	34	19	11	7	2	2		–	1	–	1	–	–	2	–	–	–	–	–	Fluorimide	10405-27-3	H1688
53	26	52	28	51	27	25	50	**53**	100	97	75	41	36	23	10	10		3	3	–	1	–	–	–	–	–	–	–	–	Acrylonitrile		C1294
35	54	16	19					**54**	100	62	44	10						–	–	1	–	–	–	2	–	–	–	–	–	Oxygen difluoride		X1741
39	54	27	53	28	26	50	51	**54**	100	86	68	59	46	26	25	22		4	6	–	–	–	–	–	–	–	–	–	–	1,3-Butadiene		Y0036
39	54	53	27	28	50	51	26	**54**	100	95	63	48	36	24	23	15		4	6	–	–	–	–	–	–	–	–	–	–	1,3-Butadiene		A0601
40	38	53	26	25	51	15	52	**54**	100	16	6	3	1	1	1	1	**0.00**	–	10	–	–	–	–	–	–	–	4	–	–	Tetraborane-10		L3640
48	49	50	47	46	45	35	36	**54**	100	99	93	86	56	36	36	32	**0.36**	–	10	–	–	–	–	–	–	–	4	–	–	Tetraborane-10		W0030
54	27	39	53	28	50	51	26	**54**	100	50	43	42	31	27	23	18		4	6	–	–	–	–	–	–	–	–	–	–	1,2-Butadiene		Y0125
54	27	53	39	28	50	51	26	**54**	100	53	46	44	34	26	23	19		4	6	–	–	–	–	–	–	–	–	–	–	1,2-Butadiene		Y0035
54	27	53	39	50	28	51	26	**54**	100	45	45	26	21	20	18	10		4	6	–	–	–	–	–	–	–	–	–	–	2-Butyne		Y0038
54	27	53	39	50	51	28	52	**54**	100	44	40	22	19	18	14	9		4	6	–	–	–	–	–	–	–	–	–	–	2-Butyne	503-17-3	Q1369
54	39	53	27	28	50	51	26	**54**	100	85	46	43	34	27	22	17		4	6	–	–	–	–	–	–	–	–	–	–	1-Butyne	107-00-6	P7956
54	39	53	27	28	50	51	26	**54**	100	76	43	41	35	24	19	15		4	6	–	–	–	–	–	–	–	–	–	–	1-Butyne		Y0037
54	39	53	27	28	50	51	26	**54**	100	94	69	48	34	24	23	15		4	6	–	–	–	–	–	–	–	–	–	–	1,3-Butadiene		Y0071
54	39	53	50	51	38	52	49	**54**	100	79	49	25	23	14	10	9		4	6	–	–	–	–	–	–	–	–	–	–	1-Butyne		C1990
54	53	27	28	39	50	51	52	**54**	100	45	39	30	25	23	19	11		4	6	–	–	–	–	–	–	–	–	–	–	2-Butyne		C1194
54	53	39	27	50	51	52	49	**54**	100	46	31	29	23	22	12	8		4	6	–	–	–	–	–	–	–	–	–	–	1,2-Butadiene		04551

MASS TO CHARGE RATIOS								M.W.	INTENSITIES								Parent	C	H	O	N	Cl	Br	F	S	P	B	Si	X	COMPOUND NAME	CAS Reg No	No
28	54	26	27	52	55	51	15	**55**	100	62	21	18	11	10	9	9		3	5	–	1	–	–	–	–	–	–	–	–	**Ethane, cyano-**		**Y0235**
28	55	54	27	26	29	52	51	**55**	100	63	42	26	18	9	9	6		3	5	–	1	–	–	–	–	–	–	–	–	**Ethenamine, N-methylene-**	38239-27-9	**S5706**
29	28	55	27	54	40	26	52	**55**	100	93	78	52	33	29	20	15		3	5	–	1	–	–	–	–	–	–	–	–	**Ethyl isocyanide**		**05595**
29	55	28	27					**55**	100	84	68	22						3	5	–	1	–	–	–	–	–	–	–	–	**Bicyclo[1.1.0]butane, 1-aza-**		**L8967**
54	28	55	52	26	27	51	53	**55**	100	92	19	16	15	15	12	10		3	5	–	1	–	–	–	–	–	–	–	–	**Ethane, cyano-**		**C1231**
54	55	52	51	53	56	50	40	**55**	100	23	19	15	13	4	2	2		3	5	–	1	–	–	–	–	–	–	–	–	**Ethane, cyano-**		**C1942**
27	26	56	28	29	55	31	37	**56**	100	57	55	48	44	39	8	7		3	4	1	–	–	–	–	–	–	–	–	–	**2-Propenal**		**C0119**
27	28	56	26	55	29	43	25	**56**	100	80	62	57	46	42	18	9		3	4	1	–	–	–	–	–	–	–	–	–	**2-Propenal**		**D1372**
27	56	26	28	55	29	25	14	**56**	100	65	59	53	44	39	9	4		3	4	1	–	–	–	–	–	–	–	–	–	**2-Propenal**		**Y0086**
28	27	26	56	41	25	14	39	**56**	100	90	75	57	19	13	12	8		2	4	–	2	–	–	–	–	–	–	–	–	**Diazoethane**		**Y0765**
28	41	56	27	26	39	55	29	**56**	100	89	62	42	23	20	19	11		4	8	–	–	–	–	–	–	–	–	–	–	**Cyclobutane**		**Y0416**
41	28	56	27	55	39	26	29	**56**	100	80	47	28	20	14	13	10		4	8	–	–	–	–	–	–	–	–	–	–	**Cyclobutane**	287-23-0	**Q0222**
41	39	56	27	28	55	40	29	**56**	100	53	42	22	20	16	12	10		4	8	–	–	–	–	–	–	–	–	–	–	**1-Propene, 2-methyl-**	115-11-7	**P8824**
41	39	56	27	28	55	40	29	**56**	100	47	45	22	21	16	11	10		4	8	–	–	–	–	–	–	–	–	–	–	**1-Propene, 2-methyl-**		**Y0124**
41	40	39	37	27	26	38	11	**56**	100	26	11	9	7	5	4	4	**1.40**	3	9	–	–	–	–	–	–	–	1	–	–	**Borane, trimethyl-**	593-90-8	**Q2537**
41	40	39	37	27	38	11	36	**56**	100	26	11	9	7	4	4	3	**1.41**	3	9	–	–	–	–	–	–	–	1	–	–	**Borane, trimethyl-**		**W0037**
41	56	27	39	28	55	29	26	**56**	100	46	33	33	32	22	20	12		4	8	–	–	–	–	–	–	–	–	–	–	**2-Butene, (E)-**		**Y0027**
41	56	39	27	28	55	26	29	**56**	100	48	42	37	31	23	16	15		4	8	–	–	–	–	–	–	–	–	–	–	**2-Butene**	107-01-7	**P7957**
41	56	39	27	28	55	29	26	**56**	100	50	37	34	31	23	19	12		4	8	–	–	–	–	–	–	–	–	–	–	**2-Butene, (E)-**		**Y0123**
41	56	39	27	28	55	29	26	**56**	100	51	38	34	30	23	15	12		4	8	–	–	–	–	–	–	–	–	–	–	**2-Butene, (Z)-**		**Y0122**
41	56	39	28	27	55	29	26	**56**	100	43	35	26	25	19	12	7		4	8	–	–	–	–	–	–	–	–	–	–	**1-Butene**		**Y1588**
41	56	39	28	27	55	29	26	**56**	100	41	31	26	23	19	12	7		4	8	–	–	–	–	–	–	–	–	–	–	**1-Butene**		**Y1608**
41	56	39	28	55	27	29	53	**56**	100	44	29	23	22	16	10	6		4	8	–	–	–	–	–	–	–	–	–	–	**1-Butene**		**A0602**
41	56	39	55	28	27	29	53	**56**	100	67	40	24	19	16	11	7		4	8	–	–	–	–	–	–	–	–	–	–	**1-Propene, 2-methyl-**		**Y0070**
41	56	39	55	28	27	29	53	**56**	100	55	33	27	24	22	15	9		4	8	–	–	–	–	–	–	–	–	–	–	**2-Butene**		**Z0038**
41	56	39	55	28	27	29	53	**56**	100	57	31	27	25	22	17	9		4	8	–	–	–	–	–	–	–	–	–	–	**2-Butene, (E)-**		**Y0069**
41	56	39	55	28	27	29	53	**56**	100	57	31	26	25	22	14	8		4	8	–	–	–	–	–	–	–	–	–	–	**2-Butene, (Z)-**		**Y0068**
55	28	39	29	27	38	37	26	**56**	100	36	34	24	23	17	13	11	**5.00**	3	4	1	–	–	–	–	–	–	–	–	–	**2-Propyn-1-ol**		**D1513**
55	39	28	27	29	38	26	37	**56**	100	25	20	19	16	14	11	8	**3.82**	3	4	1	–	–	–	–	–	–	–	–	–	**2-Propyn-1-ol**	107-19-7	**P7986**
55	39	28	29	27	38	37	26	**56**	100	42	38	25	23	20	20	16	**7.90**	3	4	1	–	–	–	–	–	–	–	–	–	**2-Propyn-1-ol**		**D1478**
18	29	28	27	30	17	26	31	**57**	100	83	81	78	65	23	12	6	**1.00**	2	3	1	1	–	–	–	–	–	–	–	–	**Acetonitrile, hydroxy-**	107-16-4	**P7984**
28	29	30	57	27	56	26	42	**57**	100	64	47	45	26	20	14	6		3	7	–	1	–	–	–	–	–	–	–	–	**Azetidine**		**04753**
28	29	30	57	27	56	26	42	**57**	100	64	32	30	26	19	15	6		3	7	–	1	–	–	–	–	–	–	–	–	**Azetidine**	503-29-7	**Q1371**
28	29	30	57	27	56	31	42	**57**	100	81	70	38	25	19	10	10		3	7	–	1	–	–	–	–	–	–	–	–	**Azetidine**	503-29-7	**Q1370**
28	56	30	57	29	27	15	42	**57**	100	45	32	30	25	22	15	14		3	7	–	1	–	–	–	–	–	–	–	–	**Aziridine, 2-methyl-**		**Y1140**
28	56	57	30	29	42	27	26	**57**	100	80	54	37	30	23	20	12		3	7	–	1	–	–	–	–	–	–	–	–	**Aziridine, 2-methyl-**	75-55-8	**P5629**
30	56	28	57	39	29	27	26	**57**	100	80	76	33	21	20	18	13		3	7	–	1	–	–	–	–	–	–	–	–	**2-Propen-1-amine**	107-11-9	**H0358**
42	15	57	28	27	41	26	14	**57**	100	49	33	27	18	11	10	9		3	7	–	1	–	–	–	–	–	–	–	–	**Aziridine, 1-methyl-**		**Y1141**
42	15	57	28	27	41	30	29	**57**	100	49	33	27	18	12	5	5		3	7	–	1	–	–	–	–	–	–	–	–	**Aziridine, 1-methyl-**	1072-44-2	**Q5186**
42	57	15	28	30	41	27	29	**57**	100	64	55	41	18	16	14	12		3	7	–	1	–	–	–	–	–	–	–	–	**Aziridine, 1-methyl-**	1072-44-2	**Q5185**
42	57	28	56	30	27	29	31	**57**	100	33	28	27	14	11	7	5		3	7	–	1	–	–	–	–	–	–	–	–	**Ethylamine, N-methylene-**	43729-97-1	**S7097**
42	57	56	15	27	26	53	41	**57**	100	36	31	27	13	9	7	5		3	7	–	1	–	–	–	–	–	–	–	–	**Methylamine, N-ethylidene-**		**A0701**
57	56	28	55	27	29	54	58	**57**	100	40	24	9	8	5	3	3		2	3	1	1	–	–	–	–	–	–	–	–	**Methane, isocyanato-**	624-83-9	**Q3164**
15	43	28	42	58	27	14	13	**58**	100	35	29	18	16	13	10	4		2	6	–	2	–	–	–	–	–	–	–	–	**Diazene, dimethyl-**	503-28-6	**H0745**
15	43	28	58	27	42	18	14	**58**	100	68	37	32	13	11	7	7		2	6	–	2	–	–	–	–	–	–	–	–	**Diazene, dimethyl-**		**04553**
15	58	43	28	29	27	31	26	**58**	100	78	69	66	63	60	40	29		3	6	1	–	–	–	–	–	–	–	–	–	**Methyl vinyl ether**	107-25-5	**H0362**
18	17	29	31	30	58	28	32	**58**	100	21	18	15	10	8	8	4		2	2	2	–	–	–	–	–	–	–	–	–	**Glyoxal**		**Z0046**
28	29	27	58	26	31	43	15	**58**	100	68	63	43	40	32	32	28		3	6	1	–	–	–	–	–	–	–	–	–	**Oxirane, methyl-**		**Y0768**
28	29	58	27	26	43	31	15	**58**	100	69	66	64	45	40	33	29		3	6	1	–	–	–	–	–	–	–	–	–	**Oxetane**		**04870**
28	29	58	27	43	31	26	30	**58**	100	64	63	53	47	33	31	7		3	6	1	–	–	–	–	–	–	–	–	–	**Oxirane, methyl-**		**C1085**

MASS TO CHARGE RATIOS								M.W.	INTENSITIES								Parent	C	H	O	N	Cl	Br	F	S	P	B	Si	X	COMPOUND NAME	CAS Reg No	No
28	58	29	27	26	41	39	30	**58**	100	30	26	19	12	9	7	5		3	6	1	–	–	–	–	–	–	–	–	–	**Oxetane**	503-30-0	**Q1374**
28	58	29	27	26	57	30	31	**58**	100	41	30	19	12	9	9	5		3	6	1	–	–	–	–	–	–	–	–	–	**Oxetane**	503-30-0	**Q1373**
28	58	29	27	31	26	43	15	**58**	100	64	58	47	35	28	23	16		3	6	1	–	–	–	–	–	–	–	–	–	**Oxirane, methyl-**		**D0515**
29	28	27	58	26	43	57	30	**58**	100	69	58	37	21	11	11	6		3	6	1	–	–	–	–	–	–	–	–	–	**Propanal**		**Y0374**
29	28	27	58	26	57	30	25	**58**	100	69	55	39	19	11	6	4		3	6	1	–	–	–	–	–	–	–	–	–	**Propanal**		**Y0428**
29	58	27	28	18	57	30	39	**58**	100	85	56	55	13	12	2	2		3	6	1	–	–	–	–	–	–	–	–	–	**Propanal**	123-38-6	**08600**
43	15	58	27	42	26	39	29	**58**	100	31	28	7	7	4	4	4		3	6	1	–	–	–	–	–	–	–	–	–	**Acetone**		**Y1647**
43	29	27	28	41	42	58	39	**58**	100	38	29	28	27	12	11	11		4	10	–	–	–	–	–	–	–	–	–	–	**Butane**		**Y1587**
43	29	28	41	27	58	42	39	**58**	100	34	30	30	24	13	13	10		4	10	–	–	–	–	–	–	–	–	–	–	**Butane**		**A0603**
43	29	41	28	27	42	58	39	**58**	100	38	28	27	24	12	9	8		4	10	–	–	–	–	–	–	–	–	–	–	**Butane**		**F0028**
43	41	42	27	39	15	29	44	**58**	100	38	32	28	17	7	6	3	**2.57**	4	10	–	–	–	–	–	–	–	–	–	–	**Propane, 2-methyl-**		**Y0114**
43	41	42	27	39	29	44	57	**58**	100	38	32	16	10	4	3	3	**2.60**	4	10	–	–	–	–	–	–	–	–	–	–	**Propane, 2-methyl-**		**A0604**
43	42	41	27	39	29	58	57	**58**	100	37	35	17	11	5	4	4		4	10	–	–	–	–	–	–	–	–	–	–	**Propane, 2-methyl-**		**Y0064**
43	58	15	42	28	27	26	29	**58**	100	33	20	6	5	4	3	3		3	6	1	–	–	–	–	–	–	–	–	–	**Acetone**		**A0533**
43	58	42	27	28	26	29	39	**58**	100	34	7	6	4	4	4	3		3	6	1	–	–	–	–	–	–	–	–	–	**Acetone**		**Y1621**
57	27	39	29	28	31	26	56	**58**	100	75	48	43	41	40	35	33	**28.00**	3	6	1	–	–	–	–	–	–	–	–	–	**2-Propen-1-ol**	107-18-6	**P7985**
57	29	31	27	39	58	28	30	**58**	100	80	60	45	40	27	26	24		3	6	1	–	–	–	–	–	–	–	–	–	**2-Propen-1-ol**		**Y0767**
57	29	31	39	27	28	58	30	**58**	100	52	36	24	23	20	17	17		3	6	1	–	–	–	–	–	–	–	–	–	**2-Propen-1-ol**		**F0070**
58	28	43	27	31	29	42	26	**58**	100	64	48	47	41	25	17	14		3	6	1	–	–	–	–	–	–	–	–	–	**Methyl vinyl ether**		**C0184**
58	43	31	32					**58**	100	64	56	13						3	6	1	–	–	–	–	–	–	–	–	–	**Methyl vinyl ether**		**Z0047**
30	28	59	27	41	15	42	29	**59**	100	13	8	7	5	3	3	3		3	9	–	1	–	–	–	–	–	–	–	–	**1-Propanamine**		**Y1454**
30	28	59	27	41	42	18	15	**59**	100	12	11	6	6	3	3	3		3	9	–	1	–	–	–	–	–	–	–	–	**1-Propanamine**		**Y2096**
30	59	28	41	44	27	18	42	**59**	100	13	9	6	6	4	3	3		3	9	–	1	–	–	–	–	–	–	–	–	**1-Propanamine**	107-10-8	**P7972**
41	59	44	40	43	15	42	39	**59**	100	70	69	53	49	38	27	18		2	5	1	1	–	–	–	–	–	–	–	–	**Acetamide**		**D0388**
44	18	42	15	41	28	58	27	**59**	100	22	14	11	9	9	8	7	**2.29**	3	9	–	1	–	–	–	–	–	–	–	–	**2-Propanamine**		**Y2097**
44	18	58	42	41	28	43	27	**59**	100	24	11	11	10	7	6	6	**3.60**	3	9	–	1	–	–	–	–	–	–	–	–	**2-Propanamine**		**C1247**
44	42	41	43	58	39	45	40	**59**	100	14	6	5	4	3	2	1	**0.90**	3	9	–	1	–	–	–	–	–	–	–	–	**2-Propanamine**		**C1896**
56	44	58	42	28	57	40	27	**59**	100	93	90	77	75	67	62	57	**3.05**	2	10	–	1	–	–	–	–	–	1	–	–	**Borane dimethylamine**		**W0012**
58	42	59	15	30	28	43	41	**59**	100	46	39	34	18	13	10	8		3	9	–	1	–	–	–	–	–	–	–	–	**Methylamine, N,N-dimethyl-**		**Y1127**
58	42	59	30	28	43	41	44	**59**	100	46	39	18	13	10	8	8		3	9	–	1	–	–	–	–	–	–	–	–	**Methylamine, N,N-dimethyl-**	75-50-3	**P5621**
58	59	42	30	28	43	57	29	**59**	100	47	24	23	9	9	9	5		3	9	–	1	–	–	–	–	–	–	–	–	**Methylamine, N,N-dimethyl-**	75-50-3	**P5623**
59	30	28	29	58	15	31	27	**59**	100	80	57	20	10	10	9	8		2	5	1	1	–	–	–	–	–	–	–	–	**Formamide, N-methyl-**		**A0527**
59	30	28	29	58	15	60	41	**59**	100	54	34	13	8	7	3	3		2	5	1	1	–	–	–	–	–	–	–	–	**Formamide, N-methyl-**		**04142**
59	30	28	29	58	27	41	60	**59**	100	54	34	13	8	3	3	3		2	5	1	1	–	–	–	–	–	–	–	–	**Formamide, N-methyl-**		**L0380**
59	43	18	42	17	28	27	31	**59**	100	84	44	22	10	5	5	4		1	5	–	3	–	–	–	–	–	–	–	–	**Guanidine**		**L1830**
59	43	18	42	17	28	27	31	**59**	100	83	45	22	10	8	7	7		1	5	–	3	–	–	–	–	–	–	–	–	**Guanidine**	113-00-8	**P8783**
59	44	43	42	28	41	31	40	**59**	100	79	56	26	14	9	5	4		2	5	1	1	–	–	–	–	–	–	–	–	**Acetamide**	60-35-5	**P5047**
59	44	43	42	28	41	40	60	**59**	100	67	52	25	13	9	5	4		2	5	1	1	–	–	–	–	–	–	–	–	**Acetamide**		**C1399**
59	44	43	42	41	31	27	60	**59**	100	95	85	23	5	5	5	2		1	5	–	3	–	–	–	–	–	–	–	–	**Guanidine**		**D0873**
30	18	42	43	27	29	44	17	**60**	100	13	6	5	5	4	4	4	**2.44**	2	8	–	2	–	–	–	–	–	–	–	–	**Ethane, 1,2-diamino-**		**Y1126**
30	28	43	42	15	31	44	60	**60**	100	9	6	4	3	2	2	2		2	8	–	2	–	–	–	–	–	–	–	–	**Ethane, 1,2-diamino-**		**F0228**
30	28	43	42	18	60	27	59	**60**	100	9	6	4	4	3	3	3		2	8	–	2	–	–	–	–	–	–	–	–	**Ethane, 1,2-diamino-**		**C0769**
31	27	29	59	42	28	41	60	**60**	100	14	13	9	8	5	5	5		3	8	1	–	–	–	–	–	–	–	–	–	**1-Propanol**		**Y0642**
31	27	59	29	41	60	28	32	**60**	100	17	14	12	5	5	4	3		3	8	1	–	–	–	–	–	–	–	–	–	**1-Propanol**	71-23-8	**08588**
31	29	32	60	28	30	18	33	**60**	100	63	34	28	7	7	2	1		2	4	2	–	–	–	–	–	–	–	–	–	**Formic acid, methyl ester**		**Y0383**
31	29	60	32	15	28	14	18	**60**	100	62	39	34	28	6	4	3		2	4	2	–	–	–	–	–	–	–	–	–	**Formic acid, methyl ester**		**D0482**
31	32	29	28	30	42	18	15	**60**	100	52	45	9	8	5	5	5	**2.50**	2	4	2	–	–	–	–	–	–	–	–	–	**Glycolaldehyde**		**L9978**
31	32	29	28	60	15	30	42	**60**	100	48	40	13	7	6	6	5		2	4	2	–	–	–	–	–	–	–	–	–	**Glycolaldehyde**		**Z0055**
31	32	60	29	28	30	44	61	**60**	100	50	49	25	17	6	2	2		2	4	2	–	–	–	–	–	–	–	–	–	**Formic acid, methyl ester**		**A0529**
31	42	29	59	27	60	28	39	**60**	100	14	12	12	11	7	7	4		3	8	1	–	–	–	–	–	–	–	–	–	**1-Propanol**		**A0534**
36	45	60	30	28	38	18	29	**60**	100	52	46	34	31	31	17	13		2	8	–	2	–	–	–	–	–	–	–	–	**Hydrazine, 1,2-dimethyl-**	540-73-8	**Q1816**
42	60	43	45	59	44	57	58	**60**	100	61	32	32	27	17	17	10		2	8	–	2	–	–	–	–	–	–	–	–	**Hydrazine, 1,1-dimethyl-**	57-14-7	**P4771**

MASS TO CHARGE RATIOS								M.W.	INTENSITIES								Parent	C	H	O	N	Cl	Br	F	S	P	B	Si	X	COMPOUND NAME	CAS Reg No	No
43	45	15	60	14	29	42	13	**60**	100	90	56	52	22	17	16	11		2	4	2	–	–	–	–	–	–	–	–	–	**Acetic acid**		**Y1451**
43	45	60	15	42	29	14	28	**60**	100	94	64	35	20	12	7	7		2	4	2	–	–	–	–	–	–	–	–	–	**Acetic acid**		**Y1651**
43	60	28	15	45	44	42	14	**60**	100	62	56	33	26	22	18	13		2	4	2	–	–	–	–	–	–	–	–	–	**Acetic acid**		**A0528**
44	60	43	28	29	42	31	27	**60**	100	89	20	6	6	6	5	4		1	4	1	2	–	–	–	–	–	–	–	–	**Urea**	57-13-6	**P4764**
45	29	60	15	27	31	59	26	**60**	100	49	26	25	20	20	11	8		3	8	1	–	–	–	–	–	–	–	–	–	**Ethyl methyl ether**		**Y0770**
45	43	27	29	41	31	39	42	**60**	100	17	16	10	7	6	5	4	**0.34**	3	8	1	–	–	–	–	–	–	–	–	–	**2-Propanol**		**Y0643**
45	43	27	41	42	29	39	31	**60**	100	59	42	37	26	24	24	13	**1.47**	3	8	1	–	–	–	–	–	–	–	–	–	**2-Propanol**		**C1053**
45	43	29	27	41	31	19	39	**60**	100	21	15	12	5	4	2	2	**1.00**	3	8	1	–	–	–	–	–	–	–	–	–	**2-Propanol**	67-63-0	**08587**
45	60	28	31	32	27	29	43	**60**	100	58	53	47	24	16	15	13		2	8	–	2	–	–	–	–	–	–	–	–	**Hydrazine, ethyl-**		**M2323**
45	60	29	31	43	59	27		**60**	100	34	31	18	17	17	14			3	8	1	–	–	–	–	–	–	–	–	–	**Ethyl methyl ether**		**C1189**
45	60	29	31	59	27	28	43	**60**	100	33	19	18	14	11	6	4		3	8	1	–	–	–	–	–	–	–	–	–	**Ethyl methyl ether**	540-67-0	**Q1815**
45	60	31	42	27	28	32	29	**60**	100	43	31	26	13	12	11	11		2	8	–	2	–	–	–	–	–	–	–	–	**Hydrazine, ethyl-**	624-80-6	**Q3163**
45	60	59	27	58	26	34	28	**60**	100	76	68	60	21	19	12	8		2	4	–	–	–	–	–	1	–	–	–	–	**Thiirane**	420-12-2	**Q0691**
45	60	59	27	58	26	34	57	**60**	100	76	69	45	20	19	12	8		2	4	–	–	–	–	–	1	–	–	–	–	**Thiirane**		**04385**
58	59	43	31	28	60	29	30	**60**	100	55	42	35	22	19	18	14		2	8	–	–	–	–	–	–	–	–	1	–	**Silane, ethyl-**	2814-79-1	**Q8691**
59	39	60	33	27	45	57	38	**60**	100	58	56	18	17	17	15	14		3	5	–	–	–	–	1	–	–	–	–	–	**1-Propene, 2-fluoro-**		**W0114**
59	45	58	43	44	28	42	29	**60**	100	82	70	66	62	30	27	24	**9.50**	2	8	–	–	–	–	–	–	–	–	1	–	**Silane, dimethyl-**		**05923**
59	60	39	27	57	33	31	45	**60**	100	57	28	21	16	15	7	6		3	5	–	–	–	–	1	–	–	–	–	–	**1-Propene, 3-fluoro-**	818-92-8	**Q4210**
59	60	39	33	57	27	45	38	**60**	100	58	36	16	14	14	13	8		3	5	–	–	–	–	1	–	–	–	–	–	**1-Propene, 2-fluoro-**	1184-60-7	**Q5616**
60	32	28	12	30	62	44	34	**60**	100	59	8	6	5	5	3	3		1	–	1	–	–	–	–	1	–	–	–	–	**Carbonyl sulphide**		**Y0174**
60	32	28	44	62	34	61	16	**60**	100	58	14	8	4	2	2	1		1	–	1	–	–	–	–	1	–	–	–	–	**Carbonyl sulphide**		**Y0091**
60	32	28	62	30	61	34		**60**	100	21	13	5	3	2	1			1	–	1	–	–	–	–	1	–	–	–	–	**Carbonyl sulphide**		**D0422**
60	42	28	45	59	30	43	29	**60**	100	98	53	52	47	41	38	16		2	8	–	2	–	–	–	–	–	–	–	–	**Hydrazine, 1,2-dimethyl-**	540-73-8	**H0802**
60	42	59	45	28	30	43	44	**60**	100	62	49	46	28	27	25	12		2	8	–	2	–	–	–	–	–	–	–	–	**Hydrazine, 1,1-dimethyl-**	57-14-7	**P4770**
60	42	59	45	28	30	43	44	**60**	100	51	45	42	28	27	23	15		2	8	–	2	–	–	–	–	–	–	–	–	**Hydrazine, 1,1-dimethyl-**		**D0734**
60	44	43	28	42	27	29		**60**	100	70	60	40	14	8	5			1	4	1	2	–	–	–	–	–	–	–	–	**Urea**	57-13-6	**P4768**
60	58	57	46	28	56	45	35	**60**	100	61	51	30	27	11	8	7		2	5	–	–	–	–	–	–	1	–	–	–	**Phosphirane**		**L5802**
60	62	28	25	59	44	24	47	**60**	100	32	26	23	13	9	9	8		2	1	–	–	1	–	–	–	–	–	–	–	**Ethyne, chloro-**	593-63-5	**H0895**
18	28	42	17	31	15	61	29	**61**	100	51	23	22	20	18	18	11		2	7	1	1	–	–	–	–	–	–	–	–	**Ethanol, 2-amino-**	141-43-5	**P9813**
30	15	61	46	14	29	27	45	**61**	100	53	53	36	8	8	6	6		1	3	2	1	–	–	–	–	–	–	–	–	**Methane, nitro-**		**Y0836**
30	28	42	15	29	31	61	18	**61**	100	19	8	7	7	7	5	5		2	7	1	1	–	–	–	–	–	–	–	–	**Ethanol, 2-amino-**	141-43-5	**H0641**
30	29	15	28	14	31	16	32	**61**	100	32	13	9	6	4	3	3	**0.00**	1	3	2	1	–	–	–	–	–	–	–	–	**Nitrous acid, methyl ester**	624-91-9	**H0981**
30	29	15	61	14	28	31	60	**61**	100	30	12	5	5	5	4	2		1	3	2	1	–	–	–	–	–	–	–	–	**Nitrous acid, methyl ester**		**D0235**
30	29	28	31	15	32	61	60	**61**	100	30	11	11	6	5	5	3		1	3	2	1	–	–	–	–	–	–	–	–	**Nitrous acid, methyl ester**		**05837**
30	42	61	31	43	41	44	60	**61**	100	32	30	28	14	8	7	5		2	7	1	1	–	–	–	–	–	–	–	–	**Ethanol, 2-amino-**		**C2087**
30	61	15	46	29	27	13	14	**61**	100	57	48	37	11	10	8	8		1	3	2	1	–	–	–	–	–	–	–	–	**Methane, nitro-**		**D0224**
61	30	29	46	15	45	44	60	**61**	100	76	54	41	25	7	6	6		1	3	2	1	–	–	–	–	–	–	–	–	**Methane, nitro-**		**G0303**
61	63	12	35	26	14	37		**61**	100	30	11	11	9	6	4			1	–	–	1	1	–	–	–	–	–	–	–	**Cyanogen chloride**		**L8779**
61	63	35	26	28	30	12	37	**61**	100	32	11	8	4	4	4	4		1	–	–	1	1	–	–	–	–	–	–	–	**Cyanogen chloride**	506-77-4	**H0756**
27	62	26	64	25	35	61	60	**62**	100	77	34	24	14	9	7	5		2	3	–	–	1	–	–	–	–	–	–	–	**Ethylene, chloro-**		**W0122**
29	28	27	42	41	33	39	57	**62**	100	46	34	27	12	9	8	8	**2.77**	3	7	–	–	–	–	1	–	–	–	–	–	**Propane, 1-fluoro-**		**Z0060**
29	28	27	42	41	33	59	47	**62**	100	46	34	27	12	9	8	7	**3.00**	3	7	–	–	–	–	1	–	–	–	–	–	**Propane, 1-fluoro-**		**L0490**
29	31	62	15	30	32	28	14	**62**	100	96	58	34	24	11	7	6		2	6	2	–	–	–	–	–	–	–	–	–	**Dimethyl peroxide**		**Y0762**
29	62	27	47	28	34	45	26	**62**	100	97	81	80	43	26	24	23		2	6	–	–	–	–	–	1	–	–	–	–	**Ethanethiol**		**Y0546**
31	29	33	43	30	27	32	26	**62**	100	77	32	23	19	16	16	12	**4.88**	2	6	2	–	–	–	–	–	–	–	–	–	**Ethylene glycol**		**C1513**
31	29	62	30	15	32	45	28	**62**	100	89	89	22	21	12	11	9		2	6	2	–	–	–	–	–	–	–	–	–	**Dimethyl peroxide**	690-02-8	**09308**
31	33	29	32	43	27	28	30	**62**	100	35	13	11	6	5	4	3	**2.66**	2	6	2	–	–	–	–	–	–	–	–	–	**Ethylene glycol**	107-21-1	**P7988**
31	33	32	29	15	43	62	18	**62**	100	40	10	8	7	6	6	6		2	6	2	–	–	–	–	–	–	–	–	–	**Ethylene glycol**		**D0475**
46	45	62	44	47	59	57	61	**62**	100	65	48	21	21	20	18	12		2	7	–	–	–	–	–	–	1	–	–	–	**Phosphine, dimethyl-**	676-59-5	**Q3673**
46	62	45	59	47	57	61	44	**62**	100	79	53	25	23	18	15	12		2	7	–	–	–	–	–	–	1	–	–	–	**Phosphine, dimethyl-**	676-59-5	**Q3672**
47	46	61	27	41	33	45	42	**62**	100	28	15	9	7	3	3	2	**1.00**	3	7	–	–	–	–	1	–	–	–	–	–	**Propane, 2-fluoro-**		**L0491**

MASS TO CHARGE RATIOS								M.W.	INTENSITIES								Parent	C	H	O	N	Cl	Br	F	S	P	B	Si	X	COMPOUND NAME	CAS Reg No	No
47	46	61	27	41	39	33	45	**62**	100	28	15	9	7	4	3	3	**1.17**	3	7	–	–	–	–	1	–	–	–	–	–	**Propane, 2-fluoro-**		**Y0554**
47	62	45	46	35	61	15	27	**62**	100	81	62	42	35	30	21	21		2	6	–	–	–	–	–	1	–	–	–	–	**Dimethyl sulphide**		**Y0909**
47	62	45	46	35	61	27	15	**62**	100	83	59	34	33	31	20	19		2	6	–	–	–	–	–	1	–	–	–	–	**Dimethyl sulphide**	75-18-3	**H0053**
47	62	45	46	35	61	27	44	**62**	100	83	59	34	33	31	20	6		2	6	–	–	–	–	–	1	–	–	–	–	**Dimethyl sulphide**	75-18-3	**P5578**
60	58	62	61	59	57	56	63	**62**	100	70	56	45	40	36	25	9		–	6	–	–	–	–	–	–	–	–	2	–	**Disilane**		**L8241**
62	27	64	26	61	25	60	36	**62**	100	62	35	17	9	5	5	5		2	3	–	–	1	–	–	–	–	–	–	–	**Ethylene, chloro-**		**A0202**
62	27	64	26	61	25	63	47	**62**	100	67	31	18	9	6	5	3		2	3	–	–	1	–	–	–	–	–	–	–	**Ethylene, chloro-**	75-01-4	**P5557**
62	29	27	47	28	45	34	26	**62**	100	90	80	80	39	25	24	22		2	6	–	–	–	–	–	1	–	–	–	–	**Ethanethiol**	75-08-1	**P5568**
62	29	47	27	28	34	45	26	**62**	100	97	81	78	42	25	23	20		2	6	–	–	–	–	–	1	–	–	–	–	**Ethanethiol**		**Y0470**
62	34	57	58	45	43	47	59	**62**	100	53	51	35	35	25	20	19		2	7	–	–	–	–	–	–	1	–	–	–	**Phosphine, ethyl-**		**04775**
62	43	31						**62**	100	14	7							2	–	–	–	–	–	2	–	–	–	–	–	**Ethyne, difluoro-**	689-99-6	**Q3702**
27	29	28	64	26	66	49	25	**64**	100	98	92	78	47	25	25	11		2	5	–	–	1	–	–	–	–	–	–	–	**Ethane, chloro-**		**H0047**
31	64	18	43	29	27	15	45	**64**	100	14	10	8	8	7	7	4		2	5	1	–	–	–	1	–	–	–	–	–	**Ethanol, 2-fluoro-**		**Z0063**
59	60	62	58	61	63	64	57	**64**	100	97	76	69	68	62	49	47		–	9	–	–	–	–	–	–	–	5	–	–	**Pentaborane-9**	19624-22-7	**R8207**
59	60	62	61	58	63	64	57	**64**	100	98	78	69	67	61	49	44		–	9	–	–	–	–	–	–	–	5	–	–	**Pentaborane-9**		**Y0334**
63	47	36	50	37	35	40	61	**64**	100	36	35	25	17	14	13	10	**2.60**	–	9	–	–	–	–	–	–	–	5	–	–	**Pentaborane-9**		**L3639**
64	28	29	27	66	26	49	51	**64**	100	91	84	75	32	28	25	8		2	5	–	–	1	–	–	–	–	–	–	–	**Ethane, chloro-**		**Y1627**
64	28	29	27	66	49	26	51	**64**	100	60	51	44	32	19	16	7		2	5	–	–	1	–	–	–	–	–	–	–	**Ethane, chloro-**		**A0203**
64	45	31	33	44	14	63	26	**64**	100	67	51	42	39	22	14	6		2	2	–	–	–	–	2	–	–	–	–	–	**Ethylene, 1,1-difluoro-**		**Y0360**
64	45	31	44	33	14	63	12	**64**	100	78	48	47	36	21	16	9		2	2	–	–	–	–	2	–	–	–	–	–	**Ethylene, 1,1-difluoro-**	75-38-7	**P5616**
64	45	31	44	33	63	46	62	**64**	100	49	26	26	21	10	4	2		2	2	–	–	–	–	2	–	–	–	–	–	**Ethylene, 1,2-difluoro-**		**Z0065**
64	48	16	66	32	50	65		**64**	100	40	6	5	3	2	1			–	–	2	–	–	–	–	1	–	–	–	–	**Sulphur dioxide**		**A0512**
64	48	32	16	66	50	65	24	**64**	100	49	10	5	5	2	1	1		–	–	2	–	–	–	–	1	–	–	–	–	**Sulphur dioxide**		**Y0097**
30	35	37	14	16	49	51	46	**65**	100	22	7	3	2	2	1	1	**0.00**	–	–	1	1	1	–	–	–	–	–	–	–	**Nitrosyl chloride**	2696-92-6	**09296**
28	47	66	14	33	19	29	48	**66**	100	97	26	25	11	5	1	1		–	–	–	2	–	–	2	–	–	–	–	–	**Nitrogen fluoride, (E)-**	13776-62-0	**H1721**
28	66	32	38	39	40	65	67	**66**	100	24	19	9	7	1	1	1		3	2	–	2	–	–	–	–	–	–	–	–	**Propanedinitrile**	109-77-3	**P8285**
44	28	47	32	16	36	67	27	**66**	100	22	15	4	4	3	2	2	**1.66**	1	–	1	–	–	–	2	–	–	–	–	–	**Carbonyl fluoride**		**Z0070**
47	28	14	19	33	48	66		**66**	100	46	14	8	6	1	1			–	–	–	2	–	–	2	–	–	–	–	–	**Nitrogen fluoride, (Z)-**	13812-43-6	**H1722**
47	66	28	31	12	50	16	48	**66**	100	55	14	4	3	2	1	1		1	–	1	–	–	–	2	–	–	–	–	–	**Carbonyl fluoride**		**X1250**
47	66	28	31	50	16	48	19	**66**	100	55	14	4	2	1	1	1		1	–	1	–	–	–	2	–	–	–	–	–	**Carbonyl fluoride**	353-50-4	**Q0568**
51	65	47	15	46	31	50	64	**66**	100	50	9	4	3	3	2	1	**1.34**	2	4	–	–	–	–	2	–	–	–	–	–	**Ethane, 1,1-difluoro-**		**A0204**
51	65	47	45	27	26	15	31	**66**	100	45	20	16	11	7	6	6	**1.30**	2	4	–	–	–	–	2	–	–	–	–	–	**Ethane, 1,1-difluoro-**	75-37-6	**H0060**
51	65	47	45	27	64	46	44	**66**	100	49	13	12	5	4	4	3	**1.27**	2	4	–	–	–	–	2	–	–	–	–	–	**Ethane, 1,1-difluoro-**	75-37-6	**P5614**
57	55	44	59	43	42	52	35	**66**	100	79	51	32	26	19	19	19	**0.00**	–	11	–	–	–	–	–	–	–	5	–	–	**Pentaborane-11**		**M3003**
60	61	59	62	47	58	48	46	**66**	100	93	88	84	65	57	56	51	**0.43**	–	11	–	–	–	–	–	–	–	5	–	–	**Pentaborane-11**		**W0031**
65	26	66	40	64	27	39	24	**66**	100	38	5	1	1	1	1	1		3	2	–	2	–	–	–	–	–	–	–	–	**Propanedinitrile**	109-77-3	**P8284**
66	39	38	28	65	64	67	40	**66**	100	26	22	19	8	5	5	5		3	2	–	2	–	–	–	–	–	–	–	–	**Propanedinitrile**		**F0173**
66	39	40	65	51	50	38	63	**66**	100	63	54	48	36	21	18	15		5	6	–	–	–	–	–	–	–	–	–	–	**1-Buten-3-yne, 2-methyl-**		**01802**
66	39	40	65	51	50	38	63	**66**	100	63	47	46	32	20	16	14		5	6	–	–	–	–	–	–	–	–	–	–	**1-Buten-3-yne, 2-methyl-**		**C1195**
66	39	65	40	38	63	37	62	**66**	100	70	49	46	20	19	13	13		5	6	–	–	–	–	–	–	–	–	–	–	**3-Penten-1-yne, (E)-**		**Y0936**
66	39	65	40	51	50	38	63	**66**	100	60	50	44	32	19	15	14		5	6	–	–	–	–	–	–	–	–	–	–	**3-Penten-1-yne**	2206-23-7	**H1295**
66	39	65	40	51	50	63	38	**66**	100	48	45	39	25	14	12	10		5	6	–	–	–	–	–	–	–	–	–	–	**1-Buten-3-yne, 2-methyl-**		**D1329**
66	39	65	40	63	38	51	62	**66**	100	54	43	36	16	12	8	8		5	6	–	–	–	–	–	–	–	–	–	–	**3-Penten-1-yne, (E)-**	2004-69-5	**Q7182**
66	65	39	40	38	63	62	37	**66**	100	47	43	30	13	10	7	6		5	6	–	–	–	–	–	–	–	–	–	–	**Cyclopentadiene**		**04847**
66	65	39	40	38	63	64	37	**66**	100	42	37	31	11	8	7	6		5	6	–	–	–	–	–	–	–	–	–	–	**Cyclopentadiene**		**D0249**
66	65	39	40	38	63	64	62	**66**	100	42	37	31	11	8	7	6		5	6	–	–	–	–	–	–	–	–	–	–	**Cyclopentadiene**		**Y1610**
15	28	67	27	46	14	29	66	**67**	100	80	38	16	8	8	6	5		1	3	–	1	–	–	2	–	–	–	–	–	**Methylamine, N,N-difluoro-**		**Y1874**
16	28	40	67	42	39	18	38	**67**	100	73	69	47	42	40	36	15		4	5	–	1	–	–	–	–	–	–	–	–	**1H-Pyrrole**	109-97-7	**P8308**

MASS TO CHARGE RATIOS								M.W.	INTENSITIES								Parent	C	H	O	N	Cl	Br	F	S	P	B	Si	X	COMPOUND NAME	CAS Reg No	No
30	28	31	27	42	29	44	18	**67**	100	69	58	32	16	16	15	14	**1.19**	1	6	–	1	1	–	–	–	–	–	–	–	**Methylamine, hydrochloride**		**Z0071**
30	36	28	31	38	35	29	27	**67**	100	99	79	59	30	23	17	16	**2.00**	1	6	–	1	1	–	–	–	–	–	–	–	**Methylamine, hydrochloride**	593-51-1	**Q2530**
37	38	28	67	26	36	52	10	**67**	100	64	60	36	30	22	8	6		4	10	–	–	–	–	–	–	–	–	–	1	**Diethyl beryllium**		**L8865**
41	39	27	67	40	38	37	26	**67**	100	45	37	34	25	21	16	13		4	5	–	1	–	–	–	–	–	–	–	–	**3-Butenenitrile**		**Y0793**
41	39	67	40	38	52	27	37	**67**	100	54	44	26	24	23	23	20		4	5	–	1	–	–	–	–	–	–	–	–	**Ethylene, 1-methyl-1-cyano-**		**W0104**
41	67	39	40	66	52	38	27	**67**	100	56	47	26	20	19	16	15		4	5	–	1	–	–	–	–	–	–	–	–	**Ethylene, 1-methyl-1-cyano-**		**A0605**
67	39	41	40	28	38	37	66	**67**	100	68	63	54	51	25	17	8		4	5	–	1	–	–	–	–	–	–	–	–	**1H-Pyrrole**		**Y1532**
67	39	41	40	38	37	66	34	**67**	100	68	59	51	23	15	8	7		4	5	–	1	–	–	–	–	–	–	–	–	**1H-Pyrrole**		**Y0616**
67	51	69	16	53	35	37	52	**67**	100	40	32	22	13	10	3	1		–	–	2	–	1	–	–	–	–	–	–	–	**Chlorine dioxide**	10049-04-4	**H1677**
67	51	69	53	35	16	32	37	**67**	100	45	32	14	6	5	4	2		–	–	2	–	1	–	–	–	–	–	–	–	**Chlorine dioxide**		**L9880**
39	40	67	27	29	41	53	43	**68**	100	97	97	75	71	61	60	43	**26.60**	5	8	–	–	–	–	–	–	–	–	–	–	**1-Pentyne**		**C1199**
39	68	38	29	40	37	42	14	**68**	100	62	17	16	12	11	7	4		4	4	1	–	–	–	–	–	–	–	–	–	**Furan**		**Y0545**
39	68	38	29	40	37	42	14	**68**	100	71	18	16	13	11	8	4		4	4	1	–	–	–	–	–	–	–	–	–	**Furan**		**Y0508**
39	68	67	53	41	27	40	42	**68**	100	84	75	69	64	51	47	27		5	8	–	–	–	–	–	–	–	–	–	–	**1,4-Pentadiene**		**Y0331**
39	68	67	53	41	40	27	42	**68**	100	99	82	74	61	46	41	26		5	8	–	–	–	–	–	–	–	–	–	–	**1,4-Pentadiene**		**C1193**
40	67	39	68	53	27	41	38	**68**	100	72	71	57	31	23	19	12		5	8	–	–	–	–	–	–	–	–	–	–	**Cyclobutane, methylene-**		**Y0272**
40	68	12	39	28	24	38	37	**68**	100	72	40	31	26	14	10	8		3	–	2	–	–	–	–	–	–	–	–	–	**1,2-Propadiene-1,3-dione**		**X0012**
40	68	12	39	28	24	38	41	**68**	100	72	39	31	26	14	10	8		3	–	2	–	–	–	–	–	–	–	–	–	**1,2-Propadiene-1,3-dione**	504-64-3	**H0750**
44	29	27	41	58	57	43	39	**68**	100	69	45	42	31	26	23	20	**0.70**	3	4	–	2	–	–	–	–	–	–	–	–	**1H-Imidazole**	288-32-4	**H0682**
49	48	11	68	19	10	67	25	**68**	100	27	5	5	3	1	1	1		–	–	–	–	–	–	3	–	–	1	–	–	**Borane, trifluoro-**		**X0010**
49	48	11	68	19	10	67	30	**68**	100	27	5	5	3	2	1	1		–	–	–	–	–	–	3	–	–	1	–	–	**Borane, trifluoro-**	7637-07-2	**R3337**
53	67	27	39	51	66	40	50	**68**	100	62	47	29	21	20	18	18	**11.20**	5	8	–	–	–	–	–	–	–	–	–	–	**1-Butyne, 3-methyl-**		**Y0437**
67	39	40	27	53	29	41	42	**68**	100	77	70	54	48	30	26	21	**14.15**	5	8	–	–	–	–	–	–	–	–	–	–	**1-Pentyne**		**Y1809**
67	39	40	53	68	41	38	42	**68**	100	91	91	40	21	19	16	12		5	8	–	–	–	–	–	–	–	–	–	–	**Spiropentane**	157-40-4	**Q0028**
67	39	68	41	53	40	27	42	**68**	100	47	38	38	37	34	29	14		5	8	–	–	–	–	–	–	–	–	–	–	**Cyclopropane, methylmethylene-**	18631-84-0	**R7729**
67	39	68	53	41	40	27	42	**68**	100	84	80	75	51	45	42	26		5	8	–	–	–	–	–	–	–	–	–	–	**1,3-Pentadiene, (E)-**		**Y0330**
67	39	68	53	41	40	27	42	**68**	100	83	76	72	48	43	43	25		5	8	–	–	–	–	–	–	–	–	–	–	**1,3-Pentadiene, (Z)-**		**Y0329**
67	40	39	27	53	29	41	42	**68**	100	90	84	68	53	42	32	32	**17.40**	5	8	–	–	–	–	–	–	–	–	–	–	**1-Pentyne**		**Y0271**
67	40	39	53	27	41	38	66	**68**	100	94	89	39	33	20	16	16	**14.90**	5	8	–	–	–	–	–	–	–	–	–	–	**Spiropentane**		**Y0273**
67	53	39	68	27	40	41	42	**68**	100	95	82	70	53	45	44	24		5	8	–	–	–	–	–	–	–	–	–	–	**1,2-Butadiene, 3-methyl-**		**C0876**
67	53	68	39	27	40	41	42	**68**	100	86	83	71	48	45	40	22		5	8	–	–	–	–	–	–	–	–	–	–	**1,2-Butadiene, 3-methyl-**		**Y0242**
67	53	68	39	27	40	41	42	**68**	100	91	88	82	53	46	42	23		5	8	–	–	–	–	–	–	–	–	–	–	**2-Methyl-1,3-butadiene**		**Y0126**
67	68	39	53	41	40	27	38	**68**	100	42	36	23	19	16	15	9		5	8	–	–	–	–	–	–	–	–	–	–	**Cyclopentene**		**Y0208**
67	68	39	53	41	40	27	42	**68**	100	42	37	23	19	16	15	8		5	8	–	–	–	–	–	–	–	–	–	–	**Cyclopentene**		**Y0127**
67	68	39	53	41	40	42	38	**68**	100	41	30	21	18	14	8	7		5	8	–	–	–	–	–	–	–	–	–	–	**Cyclopentene**	142-29-0	**P9854**
67	68	39	53	41	40	42	38	**68**	100	74	67	57	41	35	23	10		5	8	–	–	–	–	–	–	–	–	–	–	**1,3-Pentadiene**	504-60-9	**Q1394**
67	68	53	39	41	40	42	27	**68**	100	77	54	40	30	26	17	13		5	8	–	–	–	–	–	–	–	–	–	–	**1,3-Pentadiene, (E)-**		**04556**
67	68	53	39	41	40	42	27	**68**	100	73	54	45	31	28	17	16		5	8	–	–	–	–	–	–	–	–	–	–	**1,3-Pentadiene, (Z)-**		**04555**
68	33	70	49	47	35	13	14	**68**	100	53	32	23	21	7	5	5		1	2	–	–	1	–	1	–	–	–	–	–	**Methane, chlorofluoro-**		**Y0469**
68	33	70	49	47	50	51	48	**68**	100	37	32	23	20	7	6	5		1	2	–	–	1	–	1	–	–	–	–	–	**Methane, chlorofluoro-**		**A0104**
68	39	40	38	42	29	37	69	**68**	100	64	9	9	6	6	5	4		4	4	1	–	–	–	–	–	–	–	–	–	**Furan**	110-00-9	**P8317**
68	40	39	28	41	38	67	37	**68**	100	43	43	41	28	19	11	10		3	4	–	2	–	–	–	–	–	–	–	–	**1H-Pyrazole**	288-13-1	**Q0228**
68	41	28	40	39	38	67	27	**68**	100	60	49	30	29	21	12	10		3	4	–	2	–	–	–	–	–	–	–	–	**1H-Pyrazole**	288-13-1	**Q0226**
68	41	40	28	39	67	42	38	**68**	100	39	19	18	12	11	8	7		3	4	–	2	–	–	–	–	–	–	–	–	**1H-Pyrazole**	288-13-1	**Q0227**
68	41	40	67	28	69	39	27	**68**	100	37	15	10	4	4	4	2		3	4	–	2	–	–	–	–	–	–	–	–	**1H-Imidazole**	288-32-4	**Q0232**
68	41	40	67	69	28	39	38	**68**	100	50	23	14	10	8	5	4		3	4	–	2	–	–	–	–	–	–	–	–	**1H-Imidazole**	288-32-4	**Q0233**
68	53	39	27	41	67	40	15	**68**	100	91	47	41	40	31	24	18		5	8	–	–	–	–	–	–	–	–	–	–	**2-Pentyne**		**Y0739**
68	53	39	27	67	41	40	42	**68**	100	97	94	79	76	59	49	28		5	8	–	–	–	–	–	–	–	–	–	–	**1,2-Pentadiene**		**Y0352**
68	53	39	41	27	67	40	42	**68**	100	69	59	50	41	31	30	16		5	8	–	–	–	–	–	–	–	–	–	–	**2,3-Pentadiene**		**Y0270**
68	53	39	41	67	27	40	51	**68**	100	75	53	48	39	37	28	21		5	8	–	–	–	–	–	–	–	–	–	–	**1,2-Butadiene, 3-methyl-**		**Y1285**
68	53	39	41	67	27	40	51	**68**	100	80	40	34	32	32	20	15		5	8	–	–	–	–	–	–	–	–	–	–	**2-Pentyne**		**Y1810**
68	53	41	39	67	40	27	65	**68**	100	58	38	38	33	22	20	17		5	8	–	–	–	–	–	–	–	–	–	–	**2,3-Pentadiene**		**04557**
68	67	53	39	41	40	27	42	**68**	100	85	72	50	38	31	28	19		5	8	–	–	–	–	–	–	–	–	–	–	**1,2-Pentadiene**		**04559**
68	67	53	39	41	40	42	27	**68**	100	85	57	57	43	31	19	18		5	8	–	–	–	–	–	–	–	–	–	–	**1,4-Pentadiene**		**04558**

MASS TO CHARGE RATIOS								M.W.	INTENSITIES								Parent	C	H	O	N	Cl	Br	F	S	P	B	Si	X	COMPOUND NAME	CAS Reg No	No
68	70	33	49	47	28	51	48	**68**	100	33	23	18	17	5	5	4		1	2	–	–	1	–	1	–	–	–	–	–	**Methane, chlorofluoro-**		**Z0072**
41	29	27	28	39	26	40	42	**69**	100	62	34	10	9	7	5	4	**0.13**	4	7	–	1	–	–	–	–	–	–	–	–	**Butanenitrile**		**Y0236**
41	29	27	28	39	42	26	40	**69**	100	48	21	8	8	4	4	4	**0.10**	4	7	–	1	–	–	–	–	–	–	–	–	**Butanenitrile**		**A0606**
41	29	27	54	39	26	42	52	**69**	100	58	36	12	12	11	8	6	**1.20**	4	7	–	1	–	–	–	–	–	–	–	–	**Butanenitrile**		**C1203**
41	29	42	27	54	28	39	68	**69**	100	49	41	37	30	25	16	12	**7.78**	4	7	–	1	–	–	–	–	–	–	–	–	**Propane, 1-isocyano-**	627-36-1	**Q3256**
41	29	42	27	54	39	28	68	**69**	100	51	44	38	25	17	15	11	**5.00**	4	7	–	1	–	–	–	–	–	–	–	–	**Propane, 1-isocyano-**		**05596**
41	42	39	28	54	27	69	68	**69**	100	86	63	55	21	20	12	12		4	7	–	1	–	–	–	–	–	–	–	–	**1-Aza-bicyclo[1.1.0]butane, 2-methyl-**		**L8968**
42	68	28	41	54	27	39	52	**69**	100	58	26	26	24	15	13	10	**0.00**	4	7	–	1	–	–	–	–	–	–	–	–	**Propanenitrile, 2-methyl-**	78-82-0	**P5914**
42	68	28	54	41	27	39	26	**69**	100	48	33	24	22	21	13	12	**2.14**	4	7	–	1	–	–	–	–	–	–	–	–	**Propanenitrile, 2-methyl-**		**Y0237**
43	54	69	15	28	14	42	40	**69**	100	34	32	25	19	10	9	8		3	3	1	1	–	–	–	–	–	–	–	–	**Propanenitrile, 2-oxo-**	631-57-2	**H1026**
68	28	69	39	41	42	26	30	**69**	100	55	39	38	29	21	19	10		4	7	–	1	–	–	–	–	–	–	–	–	**2-Propyn-1-amine, N-methyl-**	35161-71-8	**S4848**
69	31	50	35	24	26			**69**	100	9	5	4	1	1				3	–	–	1	–	–	1	–	–	–	–	–	**2-Propynenitrile, 3-fluoro-**	32038-83-8	**S3441**
69	40	29	27	39	38	70	26	**69**	100	15	7	7	6	5	4	2		2	3	–	3	–	–	–	–	–	–	–	–	**1H-1,2,3-Triazole**	288-36-8	**Q0234**
69	40	41	42	68	39	70	38	**69**	100	37	21	13	8	4	4	2		3	3	1	1	–	–	–	–	–	–	–	–	**Oxazole**	288-42-6	**Q0235**
69	40	68	41	38	39	42	37	**69**	100	95	72	50	32	29	17	13		3	3	1	1	–	–	–	–	–	–	–	–	**Isoxazole**	288-14-2	**Q0229**
69	42	28	27	40	41	70	29	**69**	100	52	15	11	8	6	4	3		2	3	–	3	–	–	–	–	–	–	–	–	**1H-1,2,4-Triazole**	288-88-0	**Q0239**
69	42	28	40	27	41	39	29	**69**	100	68	17	17	14	11	7	6		2	3	–	3	–	–	–	–	–	–	–	–	**1H-1,2,4-Triazole**	288-88-0	**Q0240**
69	42	40	41	28	29	27	39	**69**	100	42	15	12	11	7	7	6		2	3	–	3	–	–	–	–	–	–	–	–	**1H-1,2,3-Triazole**		**M8473**
27	43	55	28	70	44	26	42	**70**	100	86	85	63	26	24	18	13		4	6	1	–	–	–	–	–	–	–	–	–	**3-Buten-2-one**	78-94-4	**P5950**
39	41	42	70	29	40	27	38	**70**	100	99	74	59	34	28	21	20		4	6	1	–	–	–	–	–	–	–	–	–	**Furan, 2,5-dihydro-**	1708-29-8	**06950**
39	41	42	70	29	40	38	27	**70**	100	96	71	61	35	28	22	21		4	6	1	–	–	–	–	–	–	–	–	–	**Furan, 2,5-dihydro-**	1708-29-8	**H1233**
39	42	40	41	70	27	29	28	**70**	100	73	39	32	19	14	12	11		4	6	1	–	–	–	–	–	–	–	–	–	**1-Butene, 3,4-epoxy-**		**04776**
39	42	41	40	27	29	38	69	**70**	100	53	32	28	22	18	16	14	**4.00**	4	6	1	–	–	–	–	–	–	–	–	–	**1-Butene, 3,4-epoxy-**	930-22-3	**H1120**
39	42	41	40	27	69	38	29	**70**	100	50	28	26	16	16	10	10	**2.39**	4	6	1	–	–	–	–	–	–	–	–	–	**1-Butene, 3,4-epoxy-**	930-22-3	**Q4615**
40	39	31	41	29	42	38	27	**70**	100	52	49	14	13	13	12	9	**0.40**	4	6	1	–	–	–	–	–	–	–	–	–	**3-Butyn-1-ol**	927-74-2	**Q4585**
40	39	31	41	42	29	38	69	**70**	100	60	53	16	15	13	12	11	**0.71**	4	6	1	–	–	–	–	–	–	–	–	–	**3-Butyn-1-ol**	927-74-2	**Q4584**
40	39	31	41	69	52	42	38	**70**	100	45	38	15	14	12	12	9	**1.90**	4	6	1	–	–	–	–	–	–	–	–	–	**3-Butyn-1-ol**		**04560**
41	28	39	40	27	42	26	37	**70**	100	49	28	27	21	20	12	11	**0.00**	4	11	–	–	–	–	–	–	–	1	–	–	**Borane, ethyldimethyl-**	1113-22-0	**Q5312**
41	39	70	42	27	40	38	43	**70**	100	58	47	35	31	31	13	12		4	6	1	–	–	–	–	–	–	–	–	–	**1-Propen-1-one, 2-methyl-**	598-26-5	**Q2594**
41	39	70	43	40	29	42	27	**70**	100	70	70	25	21	17	17	16		4	6	1	–	–	–	–	–	–	–	–	–	**2-Propenal, 2-methyl-**	78-85-3	**P5926**
41	39	70	69	27	29	42	38	**70**	100	97	82	65	49	39	30	29		4	6	1	–	–	–	–	–	–	–	–	–	**2-Butenal, (E)-**	123-73-9	**P9349**
41	39	70	69	27	42	29	38	**70**	100	85	77	34	16	14	13	13		4	6	1	–	–	–	–	–	–	–	–	–	**2-Butenal**		**G0287**
41	39	70	69	28	29	27	38	**70**	100	90	83	40	34	24	24	21		4	6	1	–	–	–	–	–	–	–	–	–	**2-Butenal**	4170-30-3	**H1458**
41	70	39	42	29	38	40	27	**70**	100	82	67	15	13	13	13	9		4	6	1	–	–	–	–	–	–	–	–	–	**2-Propenal, 2-methyl-**		**01753**
41	70	39	42	40	69	29	27	**70**	100	92	88	61	28	25	21	12		4	6	1	–	–	–	–	–	–	–	–	–	**Furan, 2,5-dihydro-**	1708-29-8	**Q6560**
41	70	39	69	43	27	29	38	**70**	100	77	68	36	17	16	12	11		4	6	1	–	–	–	–	–	–	–	–	–	**2-Butenal, (E)-**		**L7648**
42	28	27	29	41	43	70	26	**70**	100	60	25	24	13	11	8	7		1	2	–	4	–	–	–	–	–	–	–	–	**1H-Tetrazole**	288-94-8	**Q0241**
42	41	55	39	27	70	40	29	**70**	100	32	19	17	16	9	7	6		5	10	–	–	–	–	–	–	–	–	–	–	**Cyclobutane, methyl-**	598-61-8	**Q2606**
42	55	41	28	39	70	27	29	**70**	100	72	52	41	40	35	33	26		5	10	–	–	–	–	–	–	–	–	–	–	**1-Pentene**		**C1070**
42	55	41	39	27	70	29	15	**70**	100	50	42	38	36	28	22	14		5	10	–	–	–	–	–	–	–	–	–	–	**Ethylcyclopropane**		**Y0738**
42	55	41	39	27	70	29	40	**70**	100	50	42	38	34	28	22	9		5	10	–	–	–	–	–	–	–	–	–	–	**Ethylcyclopropane**		**Y1652**
42	55	41	39	27	70	29	40	**70**	100	60	44	35	32	31	27	9		5	10	–	–	–	–	–	–	–	–	–	–	**1-Pentene**		**Y0152**
42	55	41	39	27	70	29	40	**70**	100	58	45	35	32	32	27	9		5	10	–	–	–	–	–	–	–	–	–	–	**1-Pentene**		**Y0029**
42	70	39	27	41	14	26	28	**70**	100	20	12	12	11	9	9	6		4	6	1	–	–	–	–	–	–	–	–	–	**Cyclobutanone**	1191-95-3	**Q5645**
42	70	39	41	27	43	28	14	**70**	100	29	9	9	8	7	6	5		4	6	1	–	–	–	–	–	–	–	–	–	**Cyclobutanone**	1191-95-3	**Q5646**
42	70	41	39	27	43	26	57	**70**	100	42	11	9	8	7	5	4		4	6	1	–	–	–	–	–	–	–	–	–	**Cyclobutanone**		**01754**
42	70	41	55	39	27	40	29	**70**	100	30	29	29	22	15	7	5		5	10	–	–	–	–	–	–	–	–	–	–	**Cyclopentane**		**Y0116**
42	70	55	41	39	27	40	29	**70**	100	29	29	29	21	15	7	5		5	10	–	–	–	–	–	–	–	–	–	–	**Cyclopentane**		**Y0182**
43	27	70	42	44	41	29	26	**70**	100	65	61	52	47	25	17	15		4	6	1	–	–	–	–	–	–	–	–	–	**Divinyl ether**		**04561**
43	70	42	44	27	41	29	28	**70**	100	75	46	45	41	20	13	7		4	6	1	–	–	–	–	–	–	–	–	–	**Divinyl ether**		**00265**
55	27	42	70	39	29	41	53	**70**	100	29	27	26	26	26	21	8		5	10	–	–	–	–	–	–	–	–	–	–	**1-Butene, 3-methyl-**		**Y0033**
55	27	43	70	15	42	26	19	**70**	100	58	58	38	13	13	10	7		4	6	1	–	–	–	–	–	–	–	–	–	**3-Buten-2-one**	78-94-4	**P5951**

MASS TO CHARGE RATIOS								M.W.	INTENSITIES								Parent	C	H	O	N	Cl	Br	F	S	P	B	Si	X	COMPOUND NAME	CAS Reg No	No
55	39	42	70	29	41	27	53	**70**	100	34	33	31	28	27	26	8		5	10	–	–	–	–	–	–	–	–	–	–	1-Butene, 2-methyl-		Y0032
55	39	70	41	27	29	42	15	**70**	100	46	42	36	34	30	28	13		5	10	–	–	–	–	–	–	–	–	–	–	Cyclopropane, 1,1-dimethyl-		Y1949
55	41	70	39	42	27	29	53	**70**	100	36	35	31	31	26	24	10		5	10	–	–	–	–	–	–	–	–	–	–	2-Butene, 2-methyl-		Y0155
55	42	39	70	29	41	27	53	**70**	100	37	35	31	29	29	27	8		5	10	–	–	–	–	–	–	–	–	–	–	1-Butene, 2-methyl-		Y0153
55	42	70	39	29	41	27	53	**70**	100	46	34	33	29	29	29	8		5	10	–	–	–	–	–	–	–	–	–	–	2-Pentene, (Z)-		Y0030
55	42	70	39	41	29	27	53	**70**	100	44	33	32	30	29	28	8		5	10	–	–	–	–	–	–	–	–	–	–	2-Pentene, (E)-		Y0031
55	42	70	39	41	29	27	53	**70**	100	43	35	29	27	25	21	8		5	10	–	–	–	–	–	–	–	–	–	–	2-Pentene, (Z)-	627-20-3	Q3251
55	43	27	29	42	69	53	28	**70**	100	34	27	21	16	15	14	11	**2.10**	4	6	1	–	–	–	–	–	–	–	–	–	3-Butyn-2-ol	2028-63-9	Q7200
55	43	27	29	69	42	53	39	**70**	100	33	29	18	16	16	13	9	**0.81**	4	6	1	–	–	–	–	–	–	–	–	–	3-Butyn-2-ol	2028-63-9	Q7199
55	43	27	70	15	42	26	28	**70**	100	84	49	41	16	13	8	5		4	6	1	–	–	–	–	–	–	–	–	–	3-Buten-2-one		F0335
55	43	69	27	53	42	29	41	**70**	100	32	21	16	12	12	12	7	**1.52**	4	6	1	–	–	–	–	–	–	–	–	–	3-Butyn-2-ol		04562
55	70	41	39	42	27	29	53	**70**	100	36	35	31	31	26	24	10		5	10	–	–	–	–	–	–	–	–	–	–	2-Butene, 2-methyl-		Y0034
55	70	41	42	39	29	27	53	**70**	100	39	30	28	23	17	13	10		5	10	–	–	–	–	–	–	–	–	–	–	Cyclopropane, cis-1,2-dimethyl-		04506
55	70	41	42	39	29	27	53	**70**	100	47	35	27	23	16	13	10		5	10	–	–	–	–	–	–	–	–	–	–	Cyclopropane, trans-1,2-dimethyl-		04507
55	70	41	42	39	29	27	53	**70**	100	36	29	25	20	14	10	8		5	10	–	–	–	–	–	–	–	–	–	–	2-Butene, 2-methyl-		A0620
55	70	42	39	41	27	29	53	**70**	100	50	45	42	42	37	32	11		5	10	–	–	–	–	–	–	–	–	–	–	Cyclopropane, cis-1,2-dimethyl-		Y0972
55	70	42	39	41	29	27	53	**70**	100	38	30	26	24	19	14	9		5	10	–	–	–	–	–	–	–	–	–	–	1-Butene, 2-methyl-		04508
55	70	42	41	39	27	29	53	**70**	100	54	43	42	38	33	31	10		5	10	–	–	–	–	–	–	–	–	–	–	Cyclopropane, trans-1,2-dimethyl-		Y0926
55	70	42	41	39	29	53	27	**70**	100	54	25	23	19	16	9	9		5	10	–	–	–	–	–	–	–	–	–	–	Cyclopropane, 1,1-dimethyl-		01803
69	39	27	42	29	41	40	53	**70**	100	62	37	29	25	25	21	19	**10.70**	4	6	1	–	–	–	–	–	–	–	–	–	2-Butyn-1-ol	764-01-2	Q3985
69	39	42	41	27	53	70	51	**70**	100	29	26	19	19	14	11	11		4	6	1	–	–	–	–	–	–	–	–	–	2-Butyn-1-ol		01804
69	51	31	50	1	12	13	19	**70**	100	91	49	14	8	4	3	3	**1.25**	1	1	–	–	–	–	3	–	–	–	–	–	Methane, trifluoro-		Y0468
69	51	31	50	44	32	70		**70**	100	63	24	12	2	2	1			1	1	–	–	–	–	3	–	–	–	–	–	Methane, trifluoro-		Z0077
69	51	31	50	70				**70**	100	46	20	11	1					1	1	–	–	–	–	3	–	–	–	–	–	Methane, trifluoro-		A0105
69	70	42	15	28	53	71	27	**70**	100	45	22	14	9	9	8	6		3	6	–	2	–	–	–	–	–	–	–	–	Methylamine, N-methyl-N-cyano-		02973
69	70	42	15	53	71	27	41	**70**	100	46	22	15	9	8	6	5		3	6	–	2	–	–	–	–	–	–	–	–	Methylamine, N-methyl-N-cyano-		D0902
70	39	69	31	27	29	42	38	**70**	100	87	46	21	21	19	18	16		4	6	1	–	–	–	–	–	–	–	–	–	2-Butenal, (Z)-	15798-64-8	H1774
70	41	39	69	40	42	29	27	**70**	100	99	68	54	30	30	13	10		4	6	1	–	–	–	–	–	–	–	–	–	Furan, 2,3-dihydro-		A0702
70	41	39	69	42	40	38	37	**70**	100	92	57	37	11	10	9	5		4	6	1	–	–	–	–	–	–	–	–	–	2-Butenal		C2122
27	29	44	43	15	18	26	28	**71**	100	57	54	28	22	17	12	10	**0.00**	3	5	1	1	–	–	–	–	–	–	–	–	Propanenitrile, 2-hydroxy-		L3126
27	29	44	43	15	18	26	28	**71**	100	57	55	28	22	17	14	10	**0.00**	3	5	1	1	–	–	–	–	–	–	–	–	Propanenitrile, 2-hydroxy-	78-97-7	P5954
27	44	71	55	26	43	28	16	**71**	100	89	72	58	37	27	25	14		3	5	1	1	–	–	–	–	–	–	–	–	2-Propenamide	79-06-1	H0112
27	44	71	55	28	26	43	53	**71**	100	82	75	55	54	41	28	17		3	5	1	1	–	–	–	–	–	–	–	–	2-Propenamide		C1296
28	27	44	26	43	71	39	52	**71**	100	98	92	64	58	55	45	30		3	5	1	1	–	–	–	–	–	–	–	–	Acrolein oxime		D1499
28	29	27	44	15	43	26	42	**71**	100	76	31	29	22	21	16	12	**0.00**	3	5	1	1	–	–	–	–	–	–	–	–	Propanenitrile, 2-hydroxy-	78-97-7	H0105
28	30	42	43	56	41	29	27	**71**	100	74	65	39	35	18	15	14	**0.00**	4	9	–	1	–	–	–	–	–	–	–	–	Azetidine, 2-methyl-	19812-49-8	R8313
28	30	42	43	56	71	41	29	**71**	100	75	66	40	36	30	20	16		4	9	–	1	–	–	–	–	–	–	–	–	Azetidine, 1-methyl-	4923-79-9	R0945
28	42	56	30	43	70	41	27	**71**	100	79	56	51	39	32	32	24	**12.11**	4	9	–	1	–	–	–	–	–	–	–	–	Aziridine, 2-ethyl-	2549-67-9	Q8299
29	56	27	71	28	43	26	42	**71**	100	64	61	39	39	14	11	8		3	5	1	1	–	–	–	–	–	–	–	–	Ethane, cyanato-	627-48-5	Q3258
30	28	56	42	39	41	27	71	**71**	100	93	82	67	61	57	35	35		4	9	–	1	–	–	–	–	–	–	–	–	Aziridine, 2,2-dimethyl-	2658-24-4	Q8501
31	41	29	42	15	40	27	26	**71**	100	62	20	13	11	8	8	8	**0.00**	3	5	1	1	–	–	–	–	–	–	–	–	Propanenitrile, 3-hydroxy-		D1033
41	31	29	42	52	40	53	51	**71**	100	97	20	17	15	13	10	9	**0.00**	3	5	1	1	–	–	–	–	–	–	–	–	Propanenitrile, 3-hydroxy-	109-78-4	P8286
42	30	55	28	70	41	31	29	**71**	100	74	62	59	55	53	42	40	**11.00**	4	9	–	1	–	–	–	–	–	–	–	–	Azetidine, 2-methyl-		05701
43	28	70	71	42	41	27	39	**71**	100	52	33	26	22	20	16	15		4	9	–	1	–	–	–	–	–	–	–	–	Pyrrolidine		04756
43	28	70	71	42	41	39	27	**71**	100	36	33	25	20	18	13	13		4	9	–	1	–	–	–	–	–	–	–	–	Pyrrolidine		Y1533
43	70	41	71	28	42	68	39	**71**	100	64	44	36	30	30	17	14		4	9	–	1	–	–	–	–	–	–	–	–	Pyrrolidine		D0113
44	71	43	39	41	52	42	53	**71**	100	95	50	44	39	31	19	15		3	5	1	1	–	–	–	–	–	–	–	–	Acrolein oxime		C0196
52	33	71	14	19				**71**	100	38	33	9	6					–	–	–	1	–	–	3	–	–	–	–	–	Nitrogen trifluoride		Y1495
56	28	70	30	42	39	41	71	**71**	100	75	71	55	37	32	30	28		4	9	–	1	–	–	–	–	–	–	–	–	Aziridine, 2-ethyl-	2549-67-9	Q8298
56	42	71	70	41	30			**71**	100	34	33	8	6	3				4	9	–	1	–	–	–	–	–	–	–	–	Aziridine, 2-ethyl-		C2053
56	71	28	27	43	42	40	70	**71**	100	77	24	13	13	9	8	6		3	5	1	1	–	–	–	–	–	–	–	–	Ethane, isocyanato-	109-90-0	P8297
56	71	28	43	27	42	40	70	**71**	100	75	26	13	13	9	8	7		3	5	1	1	–	–	–	–	–	–	–	–	Ethane, isocyanato-		L1163
71	44	26	52	31	45	51	70	**71**	100	90	68	63	58	30	27	15		3	2	–	1	–	–	1	–	–	–	–	–	Ethylene, 1-fluoro-1-cyano-		L7511
71	44	27	55	28	43	26	30	**71**	100	99	98	72	47	40	33	12		3	5	1	1	–	–	–	–	–	–	–	–	2-Propenamide		D1448

MASS TO CHARGE RATIOS								M.W.	INTENSITIES								Parent	C	H	O	N	Cl	Br	F	S	P	B	Si	X	COMPOUND NAME	CAS Reg No	No
27	29	44	43	41	72	39	28	**72**	100	94	84	79	64	47	40	28		4	8	1	–	–	–	–	–	–	–	–	–	**Butanal**		**Y0776**
27	55	26	72	45	44	28	43	**72**	100	64	60	46	33	17	16	11		3	4	2	–	–	–	–	–	–	–	–	–	**2-Propenoic acid**		**C0220**
27	72	55	26	45	28	25	44	**72**	100	76	60	54	35	22	13	13		3	4	2	–	–	–	–	–	–	–	–	–	**2-Propenoic acid**	79-10-7	**H0113**
31	72	45	41	39	28	27	43	**72**	100	54	44	30	29	26	20	19		3	8	–	2	–	–	–	–	–	–	–	–	**Hydrazine, 2-propenyl-**	7422-78-8	**R3178**
41	39	18	70	29	27	72	43	**72**	100	99	88	64	64	54	42	35		4	8	1	–	–	–	–	–	–	–	–	–	**2-Buten-1-ol, (E)-**	504-61-0	**H0749**
41	42	27	43	72	39	29	40	**72**	100	82	45	30	30	29	23	21		4	8	1	–	–	–	–	–	–	–	–	–	**Propane, 2-methyl-1,2-epoxy-**	558-30-5	**H0838**
41	42	27	72	39	43	40	29	**72**	100	83	41	32	31	26	22	18		4	8	1	–	–	–	–	–	–	–	–	–	**Propane, 2-methyl-1,2-epoxy-**	558-30-5	**Q2070**
41	72	29	39	45	71	27	42	**72**	100	96	76	67	56	53	38	26		4	8	1	–	–	–	–	–	–	–	–	–	**Methyl allyl ether**		**C1063**
42	28	26	43	15	14	29	27	**72**	100	93	28	28	27	27	26	20	**0.10**	3	4	2	–	–	–	–	–	–	–	–	–	**2-Oxetanone**	57-57-8	**H0022**
42	28	43	15	29	26	14	27	**72**	100	37	31	16	14	12	10	8	**0.00**	3	4	2	–	–	–	–	–	–	–	–	–	**2-Oxetanone**		**Z0081**
42	31	39	41	27	43	29	44	**72**	100	82	44	39	28	25	19	10	**7.75**	4	8	1	–	–	–	–	–	–	–	–	–	**3-Buten-1-ol**		**04410**
42	31	39	41	43	27	54	29	**72**	100	74	35	34	24	20	10	9	**5.27**	4	8	1	–	–	–	–	–	–	–	–	–	**3-Buten-1-ol**	627-27-0	**Q3252**
42	41	27	72	29	39	71	57	**72**	100	93	39	34	30	28	28	20		4	8	1	–	–	–	–	–	–	–	–	–	**Butane, 1,2-epoxy-**		**Z0092**
42	41	27	72	71	39	29	43	**72**	100	52	33	29	27	25	22	22		4	8	1	–	–	–	–	–	–	–	–	–	**Furan, tetrahydro-**		**Y0780**
42	41	72	39	27	29	15	43	**72**	100	61	46	38	36	33	23	19		4	8	1	–	–	–	–	–	–	–	–	–	**Isopropenyl methyl ether**	116-11-0	**H0523**
42	41	72	39	29	27	43	40	**72**	100	65	43	34	25	24	19	17		4	8	1	–	–	–	–	–	–	–	–	–	**Isopropenyl methyl ether**	116-11-0	**P8902**
42	41	72	71	27	43	31	29	**72**	100	36	22	20	18	16	13	11		4	8	1	–	–	–	–	–	–	–	–	–	**Furan, tetrahydro-**		**D0503**
42	43	28	26	29	27	44	41	**72**	100	37	37	16	15	9	4	4	**3.89**	3	4	2	–	–	–	–	–	–	–	–	–	**2-Oxetanone**		**01805**
42	72	15	28	71	30	57	55	**72**	100	74	44	44	38	32	24	21		3	8	–	2	–	–	–	–	–	–	–	–	**Formaldehyde, dimethylhydrazone**	2035-89-4	**H1278**
42	72	71	41	43	39	27	29	**72**	100	62	51	45	23	17	17	13		4	8	1	–	–	–	–	–	–	–	–	–	**Furan, tetrahydro-**		**C1801**
43	15	29	45	31	14	42	60	**72**	100	43	28	21	14	14	10	9	**1.60**	3	4	2	–	–	–	–	–	–	–	–	–	**Propanal, 2-oxo-**	78-98-8	**H0106**
43	18	15	29	17	45	42	28	**72**	100	87	26	20	19	15	8	7	**5.13**	3	4	2	–	–	–	–	–	–	–	–	–	**Propanal, 2-oxo-**		**Z0083**
43	27	41	29	72	39	28	26	**72**	100	69	69	45	35	26	15	9		4	8	1	–	–	–	–	–	–	–	–	–	**Propanal, 2-methyl-**		**Y0645**
43	29	27	72	26	28	42	15	**72**	100	22	15	14	4	4	3	2		4	8	1	–	–	–	–	–	–	–	–	–	**2-Butanone**	78-93-3	**08591**
43	29	72	27	57	42	26	28	**72**	100	24	17	15	6	5	4	3		4	8	1	–	–	–	–	–	–	–	–	–	**2-Butanone**		**Y0644**
43	41	27	72	29	39	28	42	**72**	100	62	50	39	31	26	15	10		4	8	1	–	–	–	–	–	–	–	–	–	**Propanal, 2-methyl-**		**C1105**
43	42	41	27	29	39	57	72	**72**	100	58	41	35	24	14	13	9		5	12	–	–	–	–	–	–	–	–	–	–	**Pentane**		**Y0006**
43	42	41	27	29	57	39	72	**72**	100	60	47	21	17	15	11	10		5	12	–	–	–	–	–	–	–	–	–	–	**Pentane**		**A0621**
43	42	41	57	27	29	39	15	**72**	100	82	76	57	51	47	31	18	**5.55**	5	12	–	–	–	–	–	–	–	–	–	–	**Butane, 2-methyl-**	78-78-4	**P5905**
43	42	41	57	27	72	29	39	**72**	100	65	47	29	21	15	14	13		5	12	–	–	–	–	–	–	–	–	–	–	**Pentane**	109-66-0	**08592**
43	42	41	57	29	27	39	56	**72**	100	87	68	55	46	41	21	17	**6.36**	5	12	–	–	–	–	–	–	–	–	–	–	**Butane, 2-methyl-**		**Y0007**
43	42	41	57	29	27	39	56	**72**	100	88	73	52	42	40	26	18	**7.04**	5	12	–	–	–	–	–	–	–	–	–	–	**Butane, 2-methyl-**		**C1192**
43	42	41	57	29	27	56	39	**72**	100	89	66	62	34	26	21	17	**10.00**	5	12	–	–	–	–	–	–	–	–	–	–	**Isopentane**		**Z0097**
43	44	27	29	45	26	28	15	**72**	100	58	52	50	47	27	27	22	**5.36**	4	8	1	–	–	–	–	–	–	–	–	–	**Butane, 2,3-epoxy-, cis-**		**Y0777**
43	44	27	29	45	26	28	41	**72**	100	58	52	49	46	27	27	10	**4.00**	4	8	1	–	–	–	–	–	–	–	–	–	**Butane, 2,3-epoxy-, cis-**	1758-33-4	**Q6686**
43	44	27	41	29	72	39	57	**72**	100	81	62	51	49	47	24	15		4	8	1	–	–	–	–	–	–	–	–	–	**Butanal**	123-72-8	**08589**
43	44	29	27	45	28	26	15	**72**	100	51	46	45	45	26	25	21	**5.08**	4	8	1	–	–	–	–	–	–	–	–	–	**Butane, 2,3-epoxy-, trans-**		**Y0778**
43	44	72	29	27	45	15	31	**72**	100	97	52	37	36	23	11	10		4	8	1	–	–	–	–	–	–	–	–	–	**Ethyl vinyl ether**		**D0609**
43	57	29	27	45	71	39	55	**72**	100	87	36	35	28	16	14	14	**3.20**	4	8	1	–	–	–	–	–	–	–	–	–	**3-Buten-2-ol**	598-32-3	**Q2595**
43	72	29	57	27	42	15	44	**72**	100	23	15	8	7	4	4	3		4	8	1	–	–	–	–	–	–	–	–	–	**2-Butanone**		**D0710**
44	27	43	29	41	72	39	28	**72**	100	96	91	91	81	55	41	36		4	8	1	–	–	–	–	–	–	–	–	–	**Butanal**		**C1106**
44	28	43	29	15	27	26	42	**72**	100	91	68	64	31	27	22	15	**5.30**	3	4	2	–	–	–	–	–	–	–	–	–	**Formic acid, vinyl ester**	692-45-5	**H1049**
44	43	45	39	42	46	55	41	**72**	100	30	12	7	5	5	4	3	**2.00**	4	8	1	–	–	–	–	–	–	–	–	–	**Cyclobutanol**	2919-23-5	**Q8824**
44	43	55	39	45	57	41	42	**72**	100	30	23	5	4	4	3	2	**1.50**	4	8	1	–	–	–	–	–	–	–	–	–	**Cyclobutanol**	2919-23-5	**Q8825**
44	43	72	27	29	28	26	45	**72**	100	90	56	52	48	36	14	12		4	8	1	–	–	–	–	–	–	–	–	–	**Ethyl vinyl ether**		**C1430**
44	43	72	29	27	45	42	31	**72**	100	75	42	41	39	12	8	7		4	8	1	–	–	–	–	–	–	–	–	–	**Ethyl vinyl ether**		**01757**
45	43	29	18	27	31	15	41	**72**	100	82	61	56	52	30	26	24	**1.80**	4	8	1	–	–	–	–	–	–	–	–	–	**Methyl allyl ether**		**X0902**
57	29	27	31	39	41	43	72	**72**	100	70	53	48	45	39	38	31		4	8	1	–	–	–	–	–	–	–	–	–	**2-Buten-1-ol**	6117-91-5	**R2065**
57	29	39	27	72	41	43	53	**72**	100	52	46	41	32	29	28	15		4	8	1	–	–	–	–	–	–	–	–	–	**2-Buten-1-ol**	6117-91-5	**H1586**
57	29	39	41	31	27	43	72	**72**	100	63	61	39	37	35	35	30		4	8	1	–	–	–	–	–	–	–	–	–	**2-Propen-1-ol, 2-methyl-**	513-42-8	**Q1490**
57	39	27	29	72	41	43	31	**72**	100	55	44	40	32	30	27	25		4	8	1	–	–	–	–	–	–	–	–	–	**2-Buten-1-ol, (E)-**	504-61-0	**Q1395**
57	39	44	27	54	41	29	53	**72**	100	69	44	42	36	35	32	30	**29.50**	4	8	1	–	–	–	–	–	–	–	–	–	**2-Buten-1-ol, (Z)-**	4088-60-2	**R0077**
57	39	72	29	43	41	27	31	**72**	100	34	31	29	27	24	24	19		4	8	1	–	–	–	–	–	–	–	–	–	**2-Buten-1-ol**	6117-91-5	**R2064**
57	41	29	27	15	58	56	55	**72**	100	42	39	16	6	4	4	3	**0.01**	5	12	–	–	–	–	–	–	–	–	–	–	**Propane, 2,2-dimethyl-**		**Y0008**
57	41	29	27	39	15	58	43	**72**	100	42	39	15	13	5	4	2	**0.00**	5	12	–	–	–	–	–	–	–	–	–	–	**Propane, 2,2-dimethyl-**		**L3809**
57	41	29	39	27	15	56	55	**72**	100	33	26	8	8	5	4	2	**0.00**	5	12	–	–	–	–	–	–	–	–	–	–	**Propane, 2,2-dimethyl-**		**01160**

MASS TO CHARGE RATIOS								M.W.	INTENSITIES								Parent	C	H	O	N	Cl	Br	F	S	P	B	Si	X	COMPOUND NAME	CAS Reg No	No
57	43	27	29	45	39	55	71	**72**	100	99	52	50	36	23	17	16	**4.00**	4	8	1	–	–	–	–	–	–	–	–	–	3-Buten-2-ol	598-32-3	Q2596
57	43	72	39	29	41	28	31	**72**	100	43	42	39	30	29	26	24		4	8	1	–	–	–	–	–	–	–	–	–	2-Propen-1-ol, 2-methyl-		01758
69	43	39	41	58	70	26	15	**72**	100	66	52	47	42	41	38	33	**0.00**	2	9	–	2	–	–	–	–	–	1	–	–	Azomethane borine adduct		L7542
72	30	28	57	42	29	43	71	**72**	100	86	39	37	36	20	20	18		3	8	–	2	–	–	–	–	–	–	–	–	Acetaldehyde, methylhydrazone	17167-73-6	R6655
72	41	71	29	27	39	42	57	**72**	100	86	62	48	40	34	33	21		4	8	1	–	–	–	–	–	–	–	–	–	Methyl allyl ether		A0703
72	42	71	30	57	43	27	41	**72**	100	98	52	36	27	19	9	5		3	8	–	2	–	–	–	–	–	–	–	–	Formaldehyde, dimethylhydrazone	2035-89-4	Q7222
72	46	51	27	39	52	50	26	**72**	100	82	53	39	39	33	30	23		4	5	–	–	–	–	1	–	–	–	–	–	1,3-Butadiene, 2-fluoro-		W0119
72	46	51	39	27	71	50	52	**72**	100	77	43	36	32	22	20	20		4	5	–	–	–	–	1	–	–	–	–	–	1,3-Butadiene, 2-fluoro-	381-61-3	Q0644
30	28	27	18	73	41	29	39	**73**	100	11	8	6	6	4	4	4		4	11	–	1	–	–	–	–	–	–	–	–	1-Butanamine		Y1128
30	28	41	27	73	39	29	15	**73**	100	9	6	5	5	4	3	3		4	11	–	1	–	–	–	–	–	–	–	–	1-Propanamine, 2-methyl-		Y1455
30	43	73	18	28	31	44	72	**73**	100	83	74	45	38	34	28	23		2	7	–	3	–	–	–	–	–	–	–	–	Guanidine, methyl-	471-29-4	Q0924
30	43	73	18	28	31	44	72	**73**	100	96	74	40	38	35	27	22		2	7	–	3	–	–	–	–	–	–	–	–	Guanidine, methyl-		02974
30	58	44	29	27	73	72	42	**73**	100	95	28	23	21	17	14	13		4	11	–	1	–	–	–	–	–	–	–	–	Ethanamine, N-ethyl-		C0893
30	73	28	44	58	29	27	42	**73**	100	85	48	28	27	20	20	12		3	7	1	1	–	–	–	–	–	–	–	–	Formamide, N-ethyl-		C1790
30	73	43	28	27	41	55	29	**73**	100	10	6	5	3	3	3	2		4	11	–	1	–	–	–	–	–	–	–	–	1-Propanamine, 2-methyl-	78-81-9	P5912
41	28	30	29	32	73	43	40	**73**	100	99	98	63	36	21	11	11		4	11	–	1	–	–	–	–	–	–	–	–	1-Butanamine	109-73-9	P8278
41	73	43	56	42	44	58	55	**73**	100	95	46	37	31	29	27	24		4	11	–	1	–	–	–	–	–	–	–	–	1-Propanamine, 2-methyl-	78-81-9	P5913
42	29	30	73	41	58	31	40	**73**	100	26	26	23	22	15	14	13		3	7	1	1	–	–	–	–	–	–	–	–	Acetaldehyde, O-methyloxime		M3394
44	18	41	58	28	30	27	42	**73**	100	15	11	11	10	9	9	7	**0.69**	4	11	–	1	–	–	–	–	–	–	–	–	2-Butanamine		Y1456
44	18	58	41	29	42	28	31	**73**	100	11	11	10	9	6	4	4	**1.00**	4	11	–	1	–	–	–	–	–	–	–	–	2-Butanamine	13952-84-6	R4850
44	29	73	27	28	57	26	72	**73**	100	34	31	24	21	14	9	8		3	7	1	1	–	–	–	–	–	–	–	–	Propanamide	79-05-0	H0111
44	58	41	42	43	45	55	56	**73**	100	14	12	11	6	5	3	3	**0.00**	4	11	–	1	–	–	–	–	–	–	–	–	2-Butanamine	13952-84-6	R4851
44	73	29	27	57	28	72	55	**73**	100	47	36	24	18	15	9	6		3	7	1	1	–	–	–	–	–	–	–	–	Propanamide	79-05-0	P5966
44	73	29	42	30	43	58	41	**73**	100	72	57	48	30	10	8	8		3	7	1	1	–	–	–	–	–	–	–	–	Formamide, N,N-dimethyl-		C0501
44	73	29	57	27	28	72	55	**73**	100	56	26	18	14	12	11	7		3	7	1	1	–	–	–	–	–	–	–	–	Propanamide		04058
44	73	42	28	15	30	29	18	**73**	100	86	47	40	39	31	23	16		3	7	1	1	–	–	–	–	–	–	–	–	Formamide, N,N-dimethyl-		Y1133
45	28	73	42	72	41	29	56	**73**	100	66	64	48	44	36	30	18		3	7	1	1	–	–	–	–	–	–	–	–	Isoxazolidine		01033
45	28	73	42	72	41	30	29	**73**	100	69	68	47	44	37	32	29		3	7	1	1	–	–	–	–	–	–	–	–	Isoxazolidine		L1217
58	30	28	27	44	29	15	73	**73**	100	98	37	29	29	25	21	21		4	11	–	1	–	–	–	–	–	–	–	–	Ethanamine, N-ethyl-		Y1129
58	30	73	72	28	43	56	41	**73**	100	29	11	10	9	9	8	7		4	11	–	1	–	–	–	–	–	–	–	–	2-Propanamine, N-methyl-	4747-21-1	R0792
58	41	42	15	30	18	28	39	**73**	100	21	16	15	12	11	8	7	**0.20**	4	11	–	1	–	–	–	–	–	–	–	–	2-Propanamine, 2-methyl-		Y1457
58	41	42	15	30	28	39	27	**73**	100	20	16	15	11	9	8	7	**0.16**	4	11	–	1	–	–	–	–	–	–	–	–	2-Propanamine, 2-methyl-		U0090
58	41	42	18	30	15	39	28	**73**	100	21	15	9	8	8	7	6	**0.22**	4	11	–	1	–	–	–	–	–	–	–	–	2-Propanamine, 2-methyl-		Y2098
58	42	44	73	72	30	28	27	**73**	100	28	25	23	19	13	12	10		4	11	–	1	–	–	–	–	–	–	–	–	Ethanamine, N,N-dimethyl-		X1531
58	42	56	59	15	27	30	28	**73**	100	39	39	33	28	28	22	19	**0.00**	3	12	–	1	–	–	–	–	–	1	–	–	Trimethylamine borane	75-22-9	P5585
58	44	73	72	42	56	59	41	**73**	100	54	52	32	18	9	7	6		4	11	–	1	–	–	–	–	–	–	–	–	Ethanamine, N-ethyl-		C1939
58	72	56	42	59	27	15	71	**73**	100	73	39	39	33	28	28	23	**2.87**	3	12	–	1	–	–	–	–	–	1	–	–	Trimethylamine borane		W0013
58	73	44	42	72	30	43	57	**73**	100	32	24	23	19	17	11	9		4	11	–	1	–	–	–	–	–	–	–	–	Ethanamine, N,N-dimethyl-		C2111
72	71	44	15	45	46	31	43	**73**	100	67	63	53	45	20	19	13	**6.11**	2	3	–	1	–	–	–	1	–	–	–	–	Thiocyanic acid, methyl ester	556-64-9	H0832
72	71	44	15	45	46	31	57	**73**	100	67	63	53	45	20	19	13	**1.48**	2	3	–	1	–	–	–	1	–	–	–	–	Thiocyanic acid, methyl ester		X0231
73	30	58	44	42	46	74	45	**73**	100	70	27	16	7	6	5	4		3	7	1	1	–	–	–	–	–	–	–	–	Formamide, N-ethyl-		C1995
73	41	44	42	58	43	56	74	**73**	100	44	37	28	18	17	15	13		4	11	–	1	–	–	–	–	–	–	–	–	1-Butanamine	109-73-9	P8280
73	42	58	41	39	54	40	56	**73**	100	78	74	49	35	28	25	18		3	7	1	1	–	–	–	–	–	–	–	–	2-Propanone, oxime		C0129
73	44	42	18	28	15	29	72	**73**	100	75	32	30	20	18	9	8		3	7	1	1	–	–	–	–	–	–	–	–	Formamide, N,N-dimethyl-		F0129
73	58	28	31	41	27	42	39	**73**	100	64	63	38	27	22	21	21		3	7	1	1	–	–	–	–	–	–	–	–	2-Propanone, oxime	127-06-0	P9509
73	58	42	31	41	54	55	39	**73**	100	47	45	31	27	19	17	13		3	7	1	1	–	–	–	–	–	–	–	–	2-Propanone, oxime		D1745
73	72	45	35	44	28	70	32	**73**	100	46	23	12	12	7	7	6		2	3	–	1	–	–	–	1	–	–	–	–	Methane, isothiocyanato-		Q2038
73	72	45	44	15	32	70	28	**73**	100	49	26	15	14	11	9	9		2	3	–	1	–	–	–	1	–	–	–	–	Methane, isothiocyanato-	556-61-6	H0831
73	72	45	44	15	35.5	70	46	**73**	100	48	28	12	11	9	8	5		2	3	–	1	–	–	–	1	–	–	–	–	Methane, isothiocyanato-		04770
28	29	44	27	45	43	57	30	**74**	100	51	47	27	15	14	8	4	**3.51**	2	2	3	–	–	–	–	–	–	–	–	–	Glyoxylic acid	298-12-4	Q0302
28	29	74	27	45	73	57	26	**74**	100	84	79	62	56	48	30	21		3	6	2	–	–	–	–	–	–	–	–	–	Propanoic acid		Y0302
29	28	30	44	45	46	56	41	**74**	100	76	46	45	44	16	7	3	**1.90**	2	2	3	–	–	–	–	–	–	–	–	–	Glyoxylic acid		D1314

MASS TO CHARGE RATIOS								M.W.	INTENSITIES								Parent	C	H	O	N	Cl	Br	F	S	P	B	Si	X	COMPOUND NAME	CAS Reg No	No
29	30	45	28	46	44	56	74	**74**	100	67	64	54	54	46	31	5		2	2	3	–	–	–	–	–	–	–	–	–	**Glyoxylic acid**		**15997**
30	57	18	56	44	42	45	27	**74**	100	44	25	18	13	9	8	7	**0.20**	3	10	–	2	–	–	–	–	–	–	–	–	**1,3-Propanediamine**	109-76-2	**H0417**
30	74	28	31	44	15	43	58	**74**	100	67	45	38	33	16	13	13		2	6	1	2	–	–	–	–	–	–	–	–	**Urea, methyl-**	598-50-5	**Q2598**
31	28	29	27	45	26	15	47	**74**	100	84	54	39	28	10	8	8	**5.73**	3	6	2	–	–	–	–	–	–	–	–	–	**Formic acid, ethyl ester**		**Y1927**
31	28	29	27	45	26	43	74	**74**	100	73	66	43	29	13	8	7		3	6	2	–	–	–	–	–	–	–	–	–	**Formic acid, ethyl ester**		**Y0384**
31	28	29	27	45	74	47	26	**74**	100	79	52	36	32	15	10	8		3	6	2	–	–	–	–	–	–	–	–	–	**Formic acid, ethyl ester**		**D0488**
31	29	59	45	74	27	41	28	**74**	100	43	43	37	25	16	8	6		4	10	1	–	–	–	–	–	–	–	–	–	**Diethyl ether**		**F0270**
31	56	41	43	27	29	28	39	**74**	100	81	69	56	53	30	19	18	**1.00**	4	10	1	–	–	–	–	–	–	–	–	–	**1-Butanol**	71-36-3	**08593**
31	56	41	43	27	42	29	28	**74**	100	82	62	61	50	32	30	17	**0.46**	4	10	1	–	–	–	–	–	–	–	–	–	**1-Butanol**		**Y0646**
31	59	29	45	74	27	28	41	**74**	100	47	44	38	30	18	9	9		4	10	1	–	–	–	–	–	–	–	–	–	**Diethyl ether**		**A0607**
31	59	29	45	74	27	43	28	**74**	100	47	40	38	30	18	7	6		4	10	1	–	–	–	–	–	–	–	–	–	**Diethyl ether**		**Y0321**
32	43	41	28	31	15	40	17	**74**	100	45	32	26	23	20	16	13	**4.61**	2	6	1	2	–	–	–	–	–	–	–	–	**Acetic acid, hydrazide**	1068-57-1	**Q5163**
39	37	38	36	35	73	40	47	**74**	100	24	23	11	6	4	3	3	**0.00**	3	3	–	–	1	–	–	–	–	–	–	–	**1-Propyne, 3-chloro-**	624-65-7	**H0979**
39	74	37	38	76	36	35	73	**74**	100	28	24	23	11	11	6	4		3	3	–	–	1	–	–	–	–	–	–	–	**1-Propyne, 3-chloro-**		**X0157**
41	74	45	39	46	59	27	47	**74**	100	96	54	50	46	27	19	14		3	6	–	–	–	–	–	1	–	–	–	–	**Propane, 1,2-epithio-**		**04760**
42	15	30	59	28	18	72	74	**74**	100	72	66	65	62	59	50	40		3	10	–	2	–	–	–	–	–	–	–	–	**Hydrazine, trimethyl-**	1741-01-1	**H1247**
42	74	15	28	43	30	18	14	**74**	100	99	79	58	45	31	28	18		2	6	1	2	–	–	–	–	–	–	–	–	**Methanamine, N-methyl-N-nitroso-**		**D0228**
42	74	30	43	44	32	41	40	**74**	100	88	52	51	21	13	12	10		2	6	1	2	–	–	–	–	–	–	–	–	**Methanamine, N-methyl-N-nitroso-**	62-75-9	**P5160**
43	15	74	42	28	59	29	31	**74**	100	21	19	8	7	6	4	3		3	6	2	–	–	–	–	–	–	–	–	–	**Acetic acid, methyl ester**		**A0536**
43	31	15	29	18	74	42	28	**74**	100	23	18	10	8	7	6	5		3	6	2	–	–	–	–	–	–	–	–	–	**2-Propanone, 1-hydroxy-**	116-09-6	**P8901**
43	31	28	29	74	42	27	32	**74**	100	25	23	15	8	7	7	6		3	6	2	–	–	–	–	–	–	–	–	–	**2-Propanone, 1-hydroxy-**		**C1112**
43	31	42	41	33	27	29	39	**74**	100	60	58	57	57	43	21	19	**6.68**	4	10	1	–	–	–	–	–	–	–	–	–	**1-Propanol, 2-methyl-**		**Y0648**
43	31	74	15	29	42	44	27	**74**	100	20	12	10	8	5	3	3		3	6	2	–	–	–	–	–	–	–	–	–	**2-Propanone, 1-hydroxy-**		**M6469**
43	41	42	33	31	27	39	29	**74**	100	61	60	53	51	37	22	20	**11.28**	4	10	1	–	–	–	–	–	–	–	–	–	**1-Propanol, 2-methyl-**		**C0543**
43	42	41	27	33	31	29	39	**74**	100	61	50	49	48	44	16	15	**11.00**	4	10	1	–	–	–	–	–	–	–	–	–	**1-Propanol, 2-methyl-**	78-83-1	**08594**
43	61	44	31	57	28	29	15	**74**	100	68	46	30	21	20	18	16	**6.36**	3	6	2	–	–	–	–	–	–	–	–	–	**1-Propanol, 2,3-epoxy-**		**Z0100**
43	74	29	42	59	31	44	28	**74**	100	15	11	10	6	3	3	2		3	6	2	–	–	–	–	–	–	–	–	–	**Acetic acid, methyl ester**		**Y0385**
43	74	42	59	29	31	28	44	**74**	100	21	9	6	5	4	3	3		3	6	2	–	–	–	–	–	–	–	–	–	**Acetic acid, methyl ester**		**Y0325**
44	30	18	28	42	15	27	41	**74**	100	31	24	17	9	6	5	4	**0.60**	3	10	–	2	–	–	–	–	–	–	–	–	**1,2-Propanediamine**	78-90-0	**H0100**
44	30	42	28	27	41	43	45	**74**	100	25	8	4	4	4	3	3	**1.00**	3	10	–	2	–	–	–	–	–	–	–	–	**1,2-Propanediamine**	78-90-0	**P5932**
44	43	31	18	29	15	27	28	**74**	100	89	59	44	42	28	22	17	**0.30**	3	6	2	–	–	–	–	–	–	–	–	–	**1-Propanol, 2,3-epoxy-**	556-52-5	**Q2037**
44	74	40	45	73	56	57	55	**74**	100	70	59	56	42	29	27	20		3	6	2	–	–	–	–	–	–	–	–	–	**Propanoic acid**	79-09-4	**P5969**
45	28	30	74	27	41	43	32	**74**	100	37	22	18	17	13	8	8		3	10	–	2	–	–	–	–	–	–	–	–	**Hydrazine, propyl-**		**M2324**
45	29	15	27	74	41	39	43	**74**	100	18	14	13	13	9	6	5		4	10	1	–	–	–	–	–	–	–	–	–	**Methyl propyl ether**	557-17-5	**H0836**
45	29	27	15	41	39	28	43	**74**	100	10	8	7	7	3	2	2	**1.55**	4	10	1	–	–	–	–	–	–	–	–	–	**Methyl propyl ether**		**02520**
45	31	59	27	29	43	41	44	**74**	100	20	19	17	15	10	10	8	**0.26**	4	10	1	–	–	–	–	–	–	–	–	–	**2-Butanol**		**Y0368**
45	59	31	44	41	27	29	43	**74**	100	21	16	11	9	8	8	8	**0.48**	4	10	1	–	–	–	–	–	–	–	–	–	**2-Butanol**		**D0477**
45	59	41	43	31	29	27	44	**74**	100	22	18	18	15	10	10	9	**0.41**	4	10	1	–	–	–	–	–	–	–	–	–	**2-Butanol**		**Y0287**
45	74	31	41	43	29	30	39	**74**	100	26	15	15	11	11	8	7		3	10	–	2	–	–	–	–	–	–	–	–	**Hydrazine, propyl-**	5039-61-2	**R1037**
45	74	41	29	27	43	73	42	**74**	100	18	7	6	4	3	2	2		4	10	1	–	–	–	–	–	–	–	–	–	**Methyl propyl ether**	557-17-5	**Q2052**
46	74	45	39	27	41	47	26	**74**	100	43	25	10	9	8	7	5		3	6	–	–	–	–	–	1	–	–	–	–	**Thiacyclobutane**		**Y0514**
46	74	45	39	41	47	27	48	**74**	100	52	26	14	12	11	10	6		3	6	–	–	–	–	–	1	–	–	–	–	**Thiacyclobutane**		**04755**
56	41	43	31	42	27	55	39	**74**	100	41	38	22	21	17	15	12	**1.03**	4	10	1	–	–	–	–	–	–	–	–	–	**1-Butanol**		**C1779**
59	28	73	43	58	29	45	15	**74**	100	60	54	43	28	17	15	13	**7.10**	3	10	–	–	–	–	–	–	–	–	1	–	**Silane, trimethyl-**		**04759**
59	29	43	15	27	31	41	39	**74**	100	33	30	25	18	18	17	12	**6.63**	4	10	1	–	–	–	–	–	–	–	–	–	**Methyl isopropyl ether**		**Y0781**
59	31	29	43	41	74	42	27	**74**	100	22	15	13	13	7	6	6		4	10	1	–	–	–	–	–	–	–	–	–	**Methyl isopropyl ether**	598-53-8	**Q2603**
59	31	41	43	29	27	57	39	**74**	100	34	20	15	13	10	9	8	**0.00**	4	10	1	–	–	–	–	–	–	–	–	–	**2-Propanol, 2-methyl-**		**Y0370**
59	32	42	74	31	41	27	43	**74**	100	66	36	34	24	22	19	15		3	10	–	2	–	–	–	–	–	–	–	–	**Hydrazine, isopropyl-**	2257-52-5	**Q7745**
59	41	31	43	29	74	42	27	**74**	100	25	24	21	21	17	12	12		4	10	1	–	–	–	–	–	–	–	–	–	**Methyl isopropyl ether**		**01759**
59	41	31	43	57	39	29	27	**74**	100	22	19	15	11	8	8	7	**0.03**	4	10	1	–	–	–	–	–	–	–	–	–	**2-Propanol, 2-methyl-**		**C1140**
59	41	31	56	39	43	29	27	**74**	100	50	27	20	17	11	10	9	**0.00**	4	10	1	–	–	–	–	–	–	–	–	–	**2-Propanol, 2-methyl-**		**Y0289**
59	73	43	58	29	31	45	42	**74**	100	48	30	20	13	12	12	10	**4.10**	3	10	–	–	–	–	–	–	–	–	1	–	**Silane, trimethyl-**		**05924**
59	73	43	58	45	60	74	57	**74**	100	56	18	16	9	8	4	4		3	10	–	–	–	–	–	–	–	–	1	–	**Silane, trimethyl-**	993-07-7	**Q4923**
59	74	30	42	44	43	32	31	**74**	100	62	33	27	17	12	8	6		3	10	–	2	–	–	–	–	–	–	–	–	**Hydrazine, trimethyl-**	1741-01-1	**Q6641**
59	74	42	30	28	15	72	18	**74**	100	91	60	51	34	26	25	20		3	10	–	2	–	–	–	–	–	–	–	–	**Hydrazine, trimethyl-**		**D0079**
72	71	73	70	74	69	68	67	**74**	100	91	80	65	59	43	39	26		1	7	–	–	–	–	–	–	–	5	–	–	**Monocarbonhexaborane**		**01527**

MASS TO CHARGE RATIOS								M.W.	INTENSITIES								Parent	C	H	O	N	Cl	Br	F	S	P	B	Si	X	COMPOUND NAME	CAS Reg No	No
73	43	15	72	29	42	28	14	**74**	100	65	51	27	20	19	6	6	**2.73**	2	7	2	–	–	–	–	–	–	1	–	–	**Borane, dimethoxy-**		**W0039**
73	43	44	29	45	27	31	74	**74**	100	70	58	57	26	13	8	6		3	6	2	–	–	–	–	–	–	–	–	–	**1,3-Dioxolane**		**Y0087**
73	44	29	18	45	43	15	27	**74**	100	45	26	21	19	15	13	7	**5.14**	3	6	2	–	–	–	–	–	–	–	–	–	**1,3-Dioxolane**		**D0501**
73	44	29	45	15	43	31	28	**74**	100	59	48	31	23	20	7	6	**5.00**	3	6	2	–	–	–	–	–	–	–	–	–	**1,3-Dioxolane**		**D0307**
74	41	39	45	47	46	73	38	**74**	100	94	61	33	16	12	11	9		3	6	–	–	–	–	–	1	–	–	–	–	**Propane, 1,2-epithio-**	1072-43-1	**Q5183**
74	41	39	57	46	27	45	63	**74**	100	85	43	35	33	33	31	20		3	7	–	–	–	–	–	–	1	–	–	–	**Phosphirane, 2-methyl-**		**L5805**
74	41	45	46	39	59	47	57	**74**	100	89	57	46	40	31	14	11		3	6	–	–	–	–	–	1	–	–	–	–	**Propane, 1,2-epithio-**	1072-43-1	**H1135**
74	42	15	28	43	30	44	27	**74**	100	98	65	50	50	30	18	10		2	6	1	2	–	–	–	–	–	–	–	–	**Dimethyl nitrosamine**		**L3172**
74	42	43	44	30	27	29	41	**74**	100	60	35	18	16	10	9	7		2	6	1	2	–	–	–	–	–	–	–	–	**Dimethyl nitrosamine**		**03829**
74	43	32	18	30	28	57	31	**74**	100	65	64	35	28	26	23	17		1	6	–	4	–	–	–	–	–	–	–	–	**N-Aminoguanidine**	79-17-4	**P5975**
74	43	32	18	30	28	57	31	**74**	100	66	65	34	27	24	22	16		1	6	–	4	–	–	–	–	–	–	–	–	**N-Aminoguanidine**		**L1826**
74	43	32	46	18	30	28	57	**74**	100	66	65	40	36	27	24	23		1	6	–	4	–	–	–	–	–	–	–	–	**N-Aminoguanidine**		**02981**
74	47	46	58	42	49	59	28	**74**	100	61	39	36	36	20	18	16		3	7	–	–	–	–	–	–	1	–	–	–	**Phosphirane, 1-methyl-**		**L5804**
74	73	45	56	57	55	46	43	**74**	100	63	61	44	24	16	5	4		3	6	2	–	–	–	–	–	–	–	–	–	**Propanoic acid**		**C2194**
18	30	17	28	44	58	42	15	**75**	100	24	23	13	9	8	6	6	**0.10**	3	9	1	1	–	–	–	–	–	–	–	–	**2-Propanol, 1-amino-**	78-96-6	**P5953**
29	27	30	26	28	15	43	46	**75**	100	84	23	12	12	7	6	4	**0.04**	2	5	2	1	–	–	–	–	–	–	–	–	**Ethane, nitro-**		**D0225**
29	27	30	26	28	43	15	41	**75**	100	87	23	13	12	7	6	5	**0.00**	2	5	2	1	–	–	–	–	–	–	–	–	**Ethane, nitro-**		**Y1138**
29	41	27	30	40	28	44	39	**75**	100	76	62	35	32	25	20	12	**2.38**	2	5	2	1	–	–	–	–	–	–	–	–	**Ethane, nitro-**	79-24-3	**P5985**
30	28	31	29	44	27	42	56	**75**	100	17	9	8	8	7	5	4	**1.60**	3	9	1	1	–	–	–	–	–	–	–	–	**1-Propanol, 3-amino-**	156-87-6	**H0674**
30	28	75	29	45	32	27	44	**75**	100	25	5	4	3	3	3	3		2	5	2	1	–	–	–	–	–	–	–	–	**Glycine**		**D1276**
30	28	75	45	44	27	31	18	**75**	100	21	6	3	3	2	2	1		2	5	2	1	–	–	–	–	–	–	–	–	**Glycine**	56-40-6	**P4713**
30	29	60	15	27	43	14	45	**75**	100	57	28	22	17	11	9	7	**0.17**	2	5	2	1	–	–	–	–	–	–	–	–	**Ethyl nitrite**		**D0236**
30	29	75	27	44	45	31	57	**75**	100	6	4	4	3	3	2	1		2	5	2	1	–	–	–	–	–	–	–	–	**Glycine**		**06241**
30	45	42	44	43	75	41		**75**	100	20	8	5	3	3	1			3	9	1	1	–	–	–	–	–	–	–	–	**Ethanamine, 2-methoxy-**	109-85-3	**P8289**
43	75	31	45	44	29	42	30	**75**	100	36	33	25	23	17	10	9		2	5	2	1	–	–	–	–	–	–	–	–	**Carbamic acid, methyl ester**	598-55-0	**Q2605**
44	28	18	42	29	27	32	30	**75**	100	39	29	15	7	6	6	6	**0.20**	3	9	1	1	–	–	–	–	–	–	–	–	**1-Propanol, 2-amino-**	78-91-1	**P5933**
44	28	75	30	42	32	43	45	**75**	100	31	9	8	7	5	5	4		3	9	1	1	–	–	–	–	–	–	–	–	**Ethanolamine, N-methyl-**		**C1251**
44	31	29	28	32	43	17	75	**75**	100	93	70	66	51	49	23	14		2	5	2	1	–	–	–	–	–	–	–	–	**Carbamic acid, methyl ester**	598-55-0	**H0906**
75	28	60	42	41	18	59	44	**75**	100	34	34	26	24	24	14	14		2	5	–	1	–	–	–	1	–	–	–	–	**Ethanethioamide**	62-55-5	**P5145**
75	48	40	77	50	38	39	35	**75**	100	92	46	32	29	18	16	16		2	2	–	1	1	–	–	–	–	–	–	–	**Chloroacetonitrile**		**Y1139**
75	48	40	77	50	39	47	38	**75**	100	84	34	31	27	10	10	9		2	2	–	1	1	–	–	–	–	–	–	–	**Chloroacetonitrile**		**C0941**
16	43	17	75	42	25	41	57	**76**	100	75	24	22	11	6	5	4	**2.50**	3	8	2	–	–	–	–	–	–	–	–	–	**1,2-Propanediol**	57-55-6	**P4825**
18	31	32	17	29	28	30	44	**76**	100	79	24	22	17	7	4	4	**0.10**	2	4	3	–	–	–	–	–	–	–	–	–	**Acetic acid, hydroxy-**	79-14-1	**P5974**
28	31	58	57	27	29	30	45	**76**	100	62	46	38	28	27	16	13	**0.14**	3	8	2	–	–	–	–	–	–	–	–	–	**1,3-Propanediol**	504-63-2	**Q1396**
28	58	31	57	29	27	45	43	**76**	100	93	76	70	40	26	24	23	**0.90**	3	8	2	–	–	–	–	–	–	–	–	–	**1,3-Propanediol**		**Z0115**
31	18	32	17	29	28	30	44	**76**	100	44	31	28	21	8	5	5	**0.19**	2	4	3	–	–	–	–	–	–	–	–	–	**Acetic acid, hydroxy-**		**Z0113**
31	32	28	29	45	44	30	42	**76**	100	33	23	17	13	8	6	4	**0.26**	2	4	3	–	–	–	–	–	–	–	–	–	**Acetic acid, hydroxy-**		**C0450**
34	43	32	33	15	36	45	42	**76**	100	46	41	39	9	5	5	3	**1.07**	2	4	1	–	–	–	–	1	–	–	–	–	**Thioacetic acid**		**00266**
41	39	76	27	40	78	26	42	**76**	100	70	26	13	11	9	7	5		3	5	–	–	1	–	–	–	–	–	–	–	**1-Propene, 2-chloro-**	557-98-2	**Q2066**
41	39	76	38	37	27	40	26	**76**	100	73	28	16	13	12	12	11		3	5	–	–	1	–	–	–	–	–	–	–	**1-Propene, 3-chloro-**	107-05-1	**H0353**
41	39	76	40	38	78	37	27	**76**	100	63	38	16	13	12	11	8		3	5	–	–	1	–	–	–	–	–	–	–	**1-Propene, 1-chloro-, (Z)-**	16136-84-8	**R6054**
41	39	76	40	78	38	37	49	**76**	100	57	40	14	13	11	10	8		3	5	–	–	1	–	–	–	–	–	–	–	**1-Propene, 1-chloro-, (E)-**	16136-85-9	**R6056**
41	39	76	40	78	38	37	75	**76**	100	56	40	17	13	9	7	6		3	5	–	–	1	–	–	–	–	–	–	–	**1-Propene, 1-chloro-, (Z)-**		**C0553**
41	39	76	44	40	78	38	37	**76**	100	57	39	18	13	13	10	8		3	5	–	–	1	–	–	–	–	–	–	–	**1-Propene, 1-chloro-, (E)-**		**C0554**
41	39	76	78	38	37	40	61	**76**	100	52	48	15	13	10	8	6		3	5	–	–	1	–	–	–	–	–	–	–	**1-Propene, 2-chloro-**	557-98-2	**Q2064**
41	39	76	78	40	27	38	42	**76**	100	41	20	9	8	8	7	5		3	5	–	–	1	–	–	–	–	–	–	–	**1-Propene, 3-chloro-**		**C0147**
41	76	39	78	38	37	40	61	**76**	100	49	47	15	11	8	8	5		3	5	–	–	1	–	–	–	–	–	–	–	**1-Propene, 2-chloro-**		**C0552**
42	34	18	17	27	16	29	32	**76**	100	83	79	69	41	41	35	32	**1.53**	1	4	–	2	–	–	–	1	–	–	–	–	**Thiourea**		**F0166**
43	15	33	14	27	42	76	29	**76**	100	46	21	15	10	8	6	5		3	5	1	–	–	–	1	–	–	–	–	–	**Fluoroacetone**		**01029**
43	41	27	56	28	29	39	33	**76**	100	93	81	70	58	55	28	17	**0.10**	4	9	–	–	–	–	1	–	–	–	–	–	**Butane, 1-fluoro-**	2366-52-1	**Q7883**
43	41	45	15	58	27	29	42	**76**	100	48	31	23	22	19	10	10	**5.00**	3	8	2	–	–	–	–	–	–	–	–	–	**Isopropyl hydroperoxide**	3031-75-2	**Q8944**
43	41	56	28	27	29	47	55	**76**	100	89	83	47	43	41	15	13	**0.07**	4	9	–	–	–	–	1	–	–	–	–	–	**Butane, 1-fluoro-**		**L0492**

MASS TO CHARGE RATIOS								M.W.	INTENSITIES								Parent	C	H	O	N	Cl	Br	F	S	P	B	Si	X	COMPOUND NAME	CAS Reg No	No
43	41	56	29	39	47	55	59	**76**	100	70	46	42	11	11	8	7	**0.00**	4	9	–	–	–	–	1	–	–	–	–	–	**Butane, 1-fluoro-**	2366-52-1	**Q7882**
43	41	76	27	61	39	35	42	**76**	100	68	63	63	39	30	16	14		3	8	–	–	–	–	–	1	–	–	–	–	**2-Propanethiol**		**Y0515**
43	76	27	61	39	42	35	45	**76**	100	70	48	37	27	13	12	9		3	8	–	–	–	–	–	1	–	–	–	–	**2-Propanethiol**		**Y0081**
43	76	41	27	61	39	35	42	**76**	100	69	68	57	41	30	15	13		3	8	–	–	–	–	–	1	–	–	–	–	**2-Propanethiol**	75-33-2	**P5604**
45	18	29	43	31	27	28	19	**76**	100	46	21	19	18	17	11	8	**0.00**	3	8	2	–	–	–	–	–	–	–	–	–	**1,2-Propanediol**	57-55-6	**H0021**
45	29	15	31	43	27	47	76	**76**	100	36	31	26	9	8	6	6		3	8	2	–	–	–	–	–	–	–	–	–	**Ethanol, 2-methoxy-**		**Y0771**
45	29	15	31	47	43	42	18	**76**	100	17	17	15	8	8	6	6	**4.30**	3	8	2	–	–	–	–	–	–	–	–	–	**Ethanol, 2-methoxy-**		**F0108**
45	29	31	47	43	76	46	58	**76**	100	12	12	9	6	6	4	4		3	8	2	–	–	–	–	–	–	–	–	–	**Ethanol, 2-methoxy-**		**A0538**
45	29	75	15	31	14	30	47	**76**	100	44	44	41	12	7	3	3	**1.37**	3	8	2	–	–	–	–	–	–	–	–	–	**Methane, dimethoxy-**		**Y1089**
45	29	75	31	47	30	28	44	**76**	100	46	44	13	4	3	3	2	**1.47**	3	8	2	–	–	–	–	–	–	–	–	–	**Methane, dimethoxy-**		**Y1111**
45	43	31	27	29	19	44	15	**76**	100	14	12	11	10	8	8	6	**0.76**	3	8	2	–	–	–	–	–	–	–	–	–	**1,2-Propanediol**		**C0055**
45	75	29	15	31	47	46	28	**76**	100	51	17	16	4	3	2	2	**1.77**	3	8	2	–	–	–	–	–	–	–	–	–	**Methane, dimethoxy-**		**D0508**
47	43	27	41	42	76	39	45	**76**	100	80	79	75	73	70	39	35		3	8	–	–	–	–	–	1	–	–	–	–	**1-Propanethiol**		**Y1380**
47	76	43	42	41	27	39	45	**76**	100	88	80	74	72	64	31	28		3	8	–	–	–	–	–	1	–	–	–	–	**1-Propanethiol**	107-03-9	**P7961**
61	41	59	60	28	39	27	29	**76**	100	22	8	8	8	6	6	4	**0.00**	4	9	–	–	–	–	1	–	–	–	–	–	**Propane, 2-methyl-2-fluoro-**		**Z0119**
61	59	76	45	57	75	47	58	**76**	100	70	67	38	27	16	11	11		3	9	–	–	–	–	–	–	1	–	–	–	**Phosphine, trimethyl-**	594-09-2	**Q2540**
61	76	48	47	27	45	29	35	**76**	100	69	56	38	33	23	19	18		3	8	–	–	–	–	–	1	–	–	–	–	**Ethane, (methylthio)-**	624-89-5	**Q3165**
61	76	48	47	27	45	35	29	**76**	100	66	55	42	39	28	21	20		3	8	–	–	–	–	–	1	–	–	–	–	**Ethane, (methylthio)-**		**Y0473**
61	76	59	45	57	75	15	44	**76**	100	78	66	56	33	20	15	12		3	9	–	–	–	–	–	–	1	–	–	–	**Phosphine, trimethyl-**		**04773**
61	76	59	45	57	75	47	46	**76**	100	80	61	27	24	20	11	11		3	9	–	–	–	–	–	–	1	–	–	–	**Phosphine, trimethyl-**	594-09-2	**Q2541**
71	72	70	69	73	74	68	67	**76**	100	85	79	56	49	48	42	41	**23.10**	–	10	–	–	–	–	–	–	–	6	–	–	**Hexaborane-10**		**W0032**
75	72	74	69	45	73	44	43	**76**	100	81	76	57	55	44	43	42	**17.00**	1	8	–	–	–	–	–	–	–	–	2	–	**1,3-Disilapropane**		**04459**
76	32	44	78	38	28	77	64	**76**	100	22	17	9	6	5	3	1		1	–	–	–	–	–	–	2	–	–	–	–	**Carbon disulphide**		**X1089**
76	32	44	78	38	77	46	40	**76**	100	10	9	9	4	3	1	1		1	–	–	–	–	–	–	2	–	–	–	–	**Carbon disulphide**	75-15-0	**P5576**
76	32	44	78	77	64	34	46	**76**	100	22	18	9	3	1	1	1		1	–	–	–	–	–	–	2	–	–	–	–	**Carbon disulphide**		**Y0092**
76	38	12	50	62	24	36	26	**76**	100	28	17	17	10	7	6	6		4	–	–	2	–	–	–	–	–	–	–	–	**2-Butynedinitrile**	1071-98-3	**H1134**
76	43	60	59	42	44	78	27	**76**	100	57	27	12	10	7	5	4		1	4	–	2	–	–	–	1	–	–	–	–	**Thiourea**	62-56-6	**P5149**
76	43	60	59	42	44	78	48	**76**	100	53	27	12	12	6	5	3		1	4	–	2	–	–	–	1	–	–	–	–	**Thiourea**	62-56-6	**P5150**
76	47	43	42	27	41	39	46	**76**	100	99	86	81	69	67	29	25		3	8	–	–	–	–	–	1	–	–	–	–	**1-Propanethiol**		**Y0080**
76	74	75	73	77	78			**76**	100	80	71	42	17	8				1	8	–	–	–	–	–	–	–	–	2	–	**Methyl disilane**		**M2996**
30	17	31	16	76	28	29	74	**77**	100	88	84	74	55	43	40	37	**6.00**	–	7	–	1	–	–	–	–	–	–	2	–	**Silanamine, N-silyl-**	5702-11-4	**R1693**
46	30	29	15	14	32	28	16	**77**	100	31	25	6	4	3	3	2	**0.10**	1	3	3	1	–	–	–	–	–	–	–	–	**Nitric acid, methyl ester**	598-58-3	**H0908**
46	30	29	15	28	14	31		**77**	100	23	19	4	3	2	1		**0.00**	1	3	3	1	–	–	–	–	–	–	–	–	**Nitric acid, methyl ester**		**01650**
46	30	29	15	28	31			**77**	100	24	19	4	4	1			**0.00**	1	3	3	1	–	–	–	–	–	–	–	–	**Nitric acid, methyl ester**		**L3311**
17	44	16	18	28	15	14	19	**78**	100	98	91	24	11	9	3	2	**0.00**	1	6	2	2	–	–	–	–	–	–	–	–	**Carbamic acid, monoammonium salt**	1111-78-0	**H1140**
18	44	17	16	45				**78**	100	86	44	30	1				**0.14**	1	6	2	2	–	–	–	–	–	–	–	–	**Carbamic acid, monoammonium salt**		**C1437**
18	45	33	31	61	17	29	28	**78**	100	70	51	28	27	24	19	18	**3.00**	2	3	2	–	–	–	1	–	–	–	–	–	**Acetic acid, fluoro-**	144-49-0	**P9916**
39	78	52	51	50	77	38	37	**78**	100	89	58	48	40	36	28	22		6	6	–	–	–	–	–	–	–	–	–	–	**1,5-Hexadiyne**		**Y0852**
42	27	29	41	39	43	38	78	**78**	100	30	30	29	20	16	7	6		3	7	–	–	1	–	–	–	–	–	–	–	**Propane, 1-chloro-**		**C0988**
42	29	27	41	28	43	39	63	**78**	100	46	37	23	15	14	12	6	**5.98**	3	7	–	–	1	–	–	–	–	–	–	–	**Propane, 1-chloro-**		**Y0551**
42	29	27	41	28	43	39	78	**78**	100	46	37	23	15	14	12	6		3	7	–	–	1	–	–	–	–	–	–	–	**Propane, 1-chloro-**	540-54-5	**Q1811**
43	15	14	42	35	63	13	36	**78**	100	57	14	11	11	10	8	8	**0.12**	2	3	1	–	1	–	–	–	–	–	–	–	**Acetyl chloride**		**W0008**
43	15	42	36	14	63	35	28	**78**	100	56	22	18	17	16	11	10	**0.20**	2	3	1	–	1	–	–	–	–	–	–	–	**Acetyl chloride**	75-36-5	**P5613**
43	15	63	42	14	65	41	35	**78**	100	49	23	13	9	8	6	6	**0.62**	2	3	1	–	1	–	–	–	–	–	–	–	**Acetyl chloride**		**Z0122**
43	27	63	78	41	39	65	80	**78**	100	34	26	24	22	11	8	8		3	7	–	–	1	–	–	–	–	–	–	–	**Propane, 2-chloro-**		**Y0552**
43	41	63	27	78	39	42	80	**78**	100	41	32	30	30	27	14	10		3	7	–	–	1	–	–	–	–	–	–	–	**Propane, 2-chloro-**		**C0987**
43	63	41	78	39	65	42	80	**78**	100	24	22	17	11	8	6	5		3	7	–	–	1	–	–	–	–	–	–	–	**Propane, 2-chloro-**		**Y1633**
47	60	48	31	45	59	78	27	**78**	100	98	63	63	57	40	35	31		2	6	1	–	–	–	–	1	–	–	–	–	**Ethanol, 2-mercapto-**	60-24-2	**H0027**
50	15	29	78	52	49	14	42	**78**	100	79	45	37	32	30	24	19		2	3	1	–	1	–	–	–	–	–	–	–	**Acetaldehyde, chloro-**	107-20-0	**H0361**
50	31	59	64	12	45	14	26	**78**	100	64	47	7	6	5	4	3	**0.10**	1	–	–	2	–	–	2	–	–	–	–	–	**Difluorodiazirine**		**04445**
51	78	77	52	26	50	38	28	**78**	100	91	46	28	26	11	11	10		4	2	–	2	–	–	–	–	–	–	–	–	**Propanedinitrile, methylene-**	922-64-5	**H1106**
60	47	48	31	45	78	59	46	**78**	100	88	62	50	47	35	31	21		2	6	1	–	–	–	–	1	–	–	–	–	**Ethanol, 2-mercapto-**	60-24-2	**H0026**

MASS TO CHARGE RATIOS								M.W.	INTENSITIES								Parent	C	H	O	N	Cl	Br	F	S	P	B	Si	X	COMPOUND NAME	CAS Reg No	No
63	31	78	45	29	33	61	44	**78**	100	80	73	61	39	29	22	22		2	6	1	–	–	–	–	1	–	–	–	–	**Dimethyl sulphoxide**		**D1569**
63	78	45	43	61	47	44	46	**78**	100	53	43	38	17	15	14	14		2	6	1	–	–	–	–	1	–	–	–	–	**Dimethyl sulphoxide**		**C0123**
63	78	45	61	15	47	31	46	**78**	100	76	16	15	14	8	8	8		2	6	1	–	–	–	–	1	–	–	–	–	**Dimethyl sulphoxide**		**F0106**
72	71	73	74	70	75	76	69	**78**	100	99	76	72	68	51	42	41	**3.39**	–	12	–	–	–	–	–	–	–	6	–	–	**Hexaborane(12)**		**M5025**
76	78	75	77	38	2	37.5	36	**78**	100	72	35	24	2	1	1	1		–	3	–	–	–	–	–	–	–	–	–	1	**Arsine**		**X0008**
78	51	52	50	74	77	39	37	**78**	100	50	35	29	17	16	12	9		6	6	–	–	–	–	–	–	–	–	–	–	**2,4-Hexadiyne**		**Y0438**
78	51	77	52	26	28	38	50	**78**	100	88	36	22	19	13	12	10		4	2	–	2	–	–	–	–	–	–	–	–	**2-Butenedinitrile, (E)-**	764-42-1	**H1063**
78	51	77	52	26	38	50	25	**78**	100	77	49	29	25	13	12	8		4	2	–	2	–	–	–	–	–	–	–	–	**Propanedinitrile, methylene-**	922-64-5	**H1107**
78	51	77	52	26	38	50	76	**78**	100	64	26	20	17	12	9	6		4	2	–	2	–	–	–	–	–	–	–	–	**2-Butenedinitrile, (E)-**		**M8513**
78	51	77	52	26	76	50	38	**78**	100	39	27	7	6	5	5	5		4	2	–	2	–	–	–	–	–	–	–	–	**2-Butenedinitrile, (Z)-**		**M8512**
78	52	51	50	77	39	49	26	**78**	100	41	30	27	23	21	14	9		6	6	–	–	–	–	–	–	–	–	–	–	**1,3-Hexadien-5-yne**	10420-90-3	**H1689**
78	52	51	50	77	39	63	79	**78**	100	70	64	45	45	28	15	12		6	6	–	–	–	–	–	–	–	–	–	–	**Cyclopropane, trimethylene-**		**M6953**
78	52	51	50	77	39	74	63	**78**	100	59	44	32	26	21	14	10		6	6	–	–	–	–	–	–	–	–	–	–	**1,5-Hexadien-3-yne**	821-08-9	**H1077**
78	52	51	77	50	39	79	76	**78**	100	18	17	15	14	11	7	5		6	6	–	–	–	–	–	–	–	–	–	–	**Benzene**		**Y1591**
78	52	51	77	50	39	79	76	**78**	100	66	62	51	45	40	22	18		6	6	–	–	–	–	–	–	–	–	–	–	**Cyclopropane, trimethylene-**		**M6954**
78	52	77	51	39	50	76	38	**78**	100	65	48	41	33	32	9	9		6	6	–	–	–	–	–	–	–	–	–	–	**Cyclobutene, 3,4-dimethylene-**		**L4522**
78	52	77	51	39	50	79	76	**78**	100	19	18	16	13	13	7	6		6	6	–	–	–	–	–	–	–	–	–	–	**Benzene**		**Y1612**
78	77	52	51	50	39	79	76	**78**	100	19	16	15	11	10	6	5		6	6	–	–	–	–	–	–	–	–	–	–	**Benzene**		**A0628**
30	27	18	28	42	43	15	17	**79**	100	48	24	20	15	7	6	4	**3.90**	2	6	–	1	1	–	–	–	–	–	–	–	**Ethanamine, 2-chloro-**		**D1181**
52	79	51	39	53	27	50	26	**79**	100	43	19	17	16	13	13	12		5	5	–	1	–	–	–	–	–	–	–	–	**2,4-Pentadienenitrile**	1615-70-9	**Q6333**
79	52	51	50	26	78	39	53	**79**	100	74	41	35	21	12	12	9		5	5	–	1	–	–	–	–	–	–	–	–	**Pyridine**		**Y1534**
79	52	51	50	28	39	26	78	**79**	100	74	34	25	23	17	13	12		5	5	–	1	–	–	–	–	–	–	–	–	**Pyridine**		**Y2370**
79	52	51	50	78	39	53	26	**79**	100	73	27	16	12	8	8	7		5	5	–	1	–	–	–	–	–	–	–	–	**Pyridine**		**A0622**
18	80	82	81	79	17	36	38	**80**	100	70	68	26	26	22	11	4		–	1	–	–	–	1	–	–	–	–	–	–	**Hydrogen bromide**		**Z0126**
26	53	80	52	51	28	25	27	**80**	100	80	80	36	28	20	11	11		4	4	–	2	–	–	–	–	–	–	–	–	**Pyrimidine**	289-95-2	**Q0248**
26	80	53	52	51	27	38	39	**80**	100	83	53	16	12	7	4	4		4	4	–	2	–	–	–	–	–	–	–	–	**Pyrazine**	290-37-9	**Q0249**
31	15	29	28	27	43	44	26	**80**	100	13	10	10	9	8	7	5	**1.33**	2	5	1	–	1	–	–	–	–	–	–	–	**Ethanol, 2-chloro-**	107-07-3	**06772**
31	27	29	43	15	28	44	18	**80**	100	9	7	6	6	5	4	3	**1.30**	2	5	1	–	1	–	–	–	–	–	–	–	**Ethanol, 2-chloro-**	107-07-3	**P7967**
31	27	29	43	44	80	49	51	**80**	100	10	8	8	5	4	3	3		2	5	1	–	1	–	–	–	–	–	–	–	**Ethanol, 2-chloro-**		**C1845**
45	29	15	49	14	51	30	35	**80**	100	43	39	14	9	5	5	3	**0.56**	2	5	1	–	1	–	–	–	–	–	–	–	**Chloromethyl methyl ether**		**X0016**
45	29	15	49	51	46	14	48	**80**	100	25	22	17	7	2	2	2	**0.92**	2	5	1	–	1	–	–	–	–	–	–	–	**Chloromethyl methyl ether**		**Z0128**
45	80	82	44	26	31	25	35	**80**	100	71	23	20	13	10	9	8		2	2	–	–	1	–	1	–	–	–	–	–	**Ethylene, 1-chloro-1-fluoro-**		**W0135**
45	80	82	44	26	31	61	25	**80**	100	84	27	26	9	6	5	4		2	2	–	–	1	–	1	–	–	–	–	–	**Ethylene, 1-chloro-1-fluoro-**		**X0384**
45	80	82	44	26	31	61	60	**80**	100	84	27	26	9	6	5	4		2	2	–	–	1	–	1	–	–	–	–	–	**Ethylene, 1-chloro-1-fluoro-**	2317-91-1	**Q7837**
46	44	35	10	25	33	12	45	**80**	100	70	32	28	18	18	18	16	**0.00**	1	8	1	–	–	–	–	–	–	4	–	–	**Tetraborane carbonyl**		**M3001**
51	50	26	80	52	37	28	49	**80**	100	58	38	31	10	8	6	5		4	4	–	2	–	–	–	–	–	–	–	–	**Pyridazine**	289-80-5	**Q0245**
53	28	40	79	52	51	80	27	**80**	100	90	64	33	30	20	18	14		4	4	–	2	–	–	–	–	–	–	–	–	**Butanedinitrile**	110-61-2	**P8391**
53	40	79	52	26	80	28	51	**80**	100	48	36	24	17	17	14	13		4	4	–	2	–	–	–	–	–	–	–	–	**Butanedinitrile**	110-61-2	**P8392**
53	79	52	40	80	51	54	28	**80**	100	38	20	20	20	10	8	7		4	4	–	2	–	–	–	–	–	–	–	–	**Butanedinitrile**		**D0400**
64	48	44	47	62	59	32	45	**80**	100	55	22	16	12	12	11	11	**0.00**	1	4	2	–	–	–	–	1	–	–	–	–	**Methanesulphinic acid**		**L2742**
65	43	44	63	79	28	31	29	**80**	100	96	95	81	70	66	34	28	**22.00**	1	5	–	–	1	–	–	–	–	–	1	–	**Silane, chloro-methyl-**		**L7470**
65	45	64	61	15	27	33	39	**80**	100	12	9	7	5	5	4	4	**0.07**	3	6	–	–	–	–	2	–	–	–	–	–	**Propane, 2,2-difluoro-**		**W0115**
65	64	45	61	27	33	41	51	**80**	100	9	8	4	3	3	3	3	**0.10**	3	6	–	–	–	–	2	–	–	–	–	–	**Propane, 2,2-difluoro-**	420-45-1	**Q0692**
65	80	45	64	59	51	79	78	**80**	100	65	10	8	7	6	4	4		2	6	–	–	–	–	1	–	1	–	–	–	**Phosphine, dimethylfluoro-**		**L5275**
65	80	64	63	48	45	34	44	**80**	100	50	37	33	22	19	14	11		1	4	2	–	–	–	–	1	–	–	–	–	**Methanesulphinic acid**		**01105**
65	80	64	63	48	45	34	47	**80**	100	49	37	33	22	20	15	15		1	4	2	–	–	–	–	1	–	–	–	–	**Methanesulphinic acid**	17696-73-0	**R7147**
79	28	39	77	27	80	51	52	**80**	100	51	36	36	16	14	12	11		6	8	–	–	–	–	–	–	–	–	–	–	**Cyclopropane, vinylmethylene-**	19995-92-7	**R8455**
79	39	77	80	52	62	40	51	**80**	100	65	38	38	19	18	17	16		6	8	–	–	–	–	–	–	–	–	–	–	**2-Hexen-4-yne**	14092-20-7	**H1728**
79	52	80	39	77	51	50	27	**80**	100	56	48	47	28	25	22	16		6	8	–	–	–	–	–	–	–	–	–	–	**Cyclobutane, 1,2-bis(methylene)-**	14296-80-1	**H1739**
79	80	39	65	51	52	50	53	**80**	100	98	47	36	34	34	28	22		6	8	–	–	–	–	–	–	–	–	–	–	**3-Penten-1-yne, 3-methyl-, (Z)-**	14272-81-2	**R5097**
79	80	39	65	52	77	51	27	**80**	100	66	44	37	35	32	20	15		6	8	–	–	–	–	–	–	–	–	–	–	**3-Hexen-1-yne, (E)-**	2807-09-2	**Q8675**
79	80	39	77	51	52	65	50	**80**	100	96	51	50	29	26	26	20		6	8	–	–	–	–	–	–	–	–	–	–	**3-Penten-1-yne, 3-methyl-**		**04845**

MASS TO CHARGE RATIOS								M.W.	INTENSITIES								Parent	C	H	O	N	Cl	Br	F	S	P	B	Si	X	COMPOUND NAME	CAS Reg No	No
79	80	39	77	65	52	51	50	**80**	100	72	56	38	30	30	25	18		6	8	–	–	–	–	–	–	–	–	–	–	**3-Hexen-1-yne**		**04844**
79	80	77	39	27	51	52	50	**80**	100	56	36	28	17	14	12	10		6	8	–	–	–	–	–	–	–	–	–	–	**1,3-Cyclopentadiene, 5-methyl-**	96-38-8	**H0209**
79	80	77	39	27	51	52	78	**80**	100	53	43	24	17	14	13	10		6	8	–	–	–	–	–	–	–	–	–	–	**1,3,5-Hexatriene, (Z)-**	2612-46-6	**Q8417**
79	80	77	39	27	51	78	52	**80**	100	59	38	23	20	20	19	14		6	8	–	–	–	–	–	–	–	–	–	–	**1,3-Cyclohexadiene**		**Y0436**
79	80	77	39	51	27	52	50	**80**	100	58	45	33	24	22	17	17		6	8	–	–	–	–	–	–	–	–	–	–	**1,3,5-Hexatriene, (Z)-**		**L3629**
79	80	77	39	51	78	52	50	**80**	100	59	38	23	20	19	14	13		6	8	–	–	–	–	–	–	–	–	–	–	**1,3-Cyclohexadiene**		**04843**
79	80	77	39	51	78	52	50	**80**	100	83	55	21	20	17	14	13		6	8	–	–	–	–	–	–	–	–	–	–	**1,4-Cyclohexadiene**		**04842**
79	80	77	39	65	51	52	50	**80**	100	83	68	60	43	28	27	21		6	8	–	–	–	–	–	–	–	–	–	–	**1-Hexen-3-yne**		**04846**
79	80	77	39	65	52	51	27	**80**	100	80	71	55	34	25	22	17		6	8	–	–	–	–	–	–	–	–	–	–	**1-Hexen-3-yne**	13721-54-5	**R4728**
79	80	77	43					**80**	100	49	28	26						6	8	–	–	–	–	–	–	–	–	–	–	**Bicyclo[2.2.0]hex-1(4)-ene**	30830-20-7	**S3021**
79	80	77	51	27	39	52	50	**80**	100	62	40	22	22	20	16	15		6	8	–	–	–	–	–	–	–	–	–	–	**1,3,5-Hexatriene, (E)-**		**L3630**
79	80	77	51	27	78	50	52	**80**	100	80	56	20	17	15	15	14		6	8	–	–	–	–	–	–	–	–	–	–	**1,4-Cyclohexadiene**		**04368**
79	80	77	78	39	51	52	50	**80**	100	60	41	21	18	15	13	12		6	8	–	–	–	–	–	–	–	–	–	–	**1,3-Cyclohexadiene**		**04515**
79	80	77	78	39	51	52	50	**80**	100	78	62	54	31	29	24	21		6	8	–	–	–	–	–	–	–	–	–	–	**1,4-Cyclohexadiene**	628-41-1	**H1005**
80	26	53	52	51	28	27	81	**80**	100	58	52	14	10	10	5	5		4	4	–	2	–	–	–	–	–	–	–	–	**Pyrazine**	290-37-9	**Q0250**
80	26	53	52	51	81	28	27	**80**	100	67	42	10	7	5	5	4		4	4	–	2	–	–	–	–	–	–	–	–	**Pyrazine**		**D0919**
80	26	53	52	51	81	79	25	**80**	100	39	39	17	9	6	4	3		4	4	–	2	–	–	–	–	–	–	–	–	**Pyrimidine**		**04400**
80	45	82	44	28	61	26	32	**80**	100	76	31	26	19	10	7	5		2	2	–	–	1	–	1	–	–	–	–	–	**Ethylene, 1-fluoro-2-chloro-**		**Z0124**
80	45	82	44	61	26	31	60	**80**	100	83	32	17	7	7	4	4		2	2	–	–	1	–	1	–	–	–	–	–	**Ethylene, 1-fluoro-2-chloro-**		**A0205**
80	51	52	26	50	27	81		**80**	100	20	20	13	10	5	5			4	4	–	2	–	–	–	–	–	–	–	–	**Pyridazine**	289-80-5	**Q0246**
80	51	52	26	50	81	28	25	**80**	100	30	30	19	13	6	4	3		4	4	–	2	–	–	–	–	–	–	–	–	**Pyridazine**		**04399**
80	53	26	52	51	81	28	79	**80**	100	35	27	15	8	5	5	4		4	4	–	2	–	–	–	–	–	–	–	–	**Pyrimidine**		**D1368**
80	77	79	39	27	51	52	50	**80**	100	74	68	43	31	25	23	16		6	8	–	–	–	–	–	–	–	–	–	–	**1,3,5-Hexatriene, (E)-**	821-07-8	**Q4216**
80	79	39	77	65	52	51	53	**80**	100	56	50	49	23	17	16	12		6	8	–	–	–	–	–	–	–	–	–	–	**1-Penten-3-yne, 2-methyl-**	926-55-6	**Q4569**
80	79	77	39	51	52	50	27	**80**	100	76	67	36	23	23	16	16		6	8	–	–	–	–	–	–	–	–	–	–	**2-Hexen-4-yne, (Z)-**	30626-48-3	**S2953**
80	79	77	39	52	51	78	27	**80**	100	69	64	34	22	22	16	15		6	8	–	–	–	–	–	–	–	–	–	–	**2-Hexen-4-yne, (E)-**	33625-96-6	**S4288**
80	82	79	81	39.5	40.5	41	40	**80**	100	98	45	44	5	4	3	3		–	1	–	–	–	1	–	–	–	–	–	–	**Hydrogen bromide**		**W0009**
80	82	79	81	40	41	2		**80**	100	98	45	44	4	3	1			–	1	–	–	–	1	–	–	–	–	–	–	**Hydrogen bromide**	10035-10-6	**H1674**
28	26	53	81	27	52	39	25	**81**	100	65	50	29	27	9	8	7		3	3	–	3	–	–	–	–	–	–	–	–	**1,2,4-Triazine**	290-38-0	**Q0251**
29	27	15	28	14	26	42	41	**81**	100	71	36	21	9	8	7	7	**0.82**	2	5	–	1	–	–	2	–	–	–	–	–	**Ethanamine, N,N-difluoro-**		**Y1875**
41	39	28	81	54	17	27	53	**81**	100	42	29	25	24	19	18	10		5	7	–	1	–	–	–	–	–	–	–	–	**1-Butene, 4-cyano-**		**D1275**
41	39	54	81	28	27	53	38	**81**	100	30	26	24	14	12	9	5		5	7	–	1	–	–	–	–	–	–	–	–	**1-Butene, 4-cyano-**		**C1586**
41	54	81	66	53	39	80	52	**81**	100	93	79	59	54	52	36	28		5	7	–	1	–	–	–	–	–	–	–	–	**2-Butene, 2-cyano-, (E)-**		**C2145**
41	66	27	28	53	80	26	81	**81**	100	81	71	53	49	36	23	23		5	7	–	1	–	–	–	–	–	–	–	–	**1-Butene, 3-cyano-**		**00715**
41	81	39	54	52	53	38	40	**81**	100	40	31	21	4	3	2	2		5	7	–	1	–	–	–	–	–	–	–	–	**1-Butene, 4-cyano-**		**17546**
54	41	39	81	53	27	52	80	**81**	100	93	60	55	42	36	31	19		5	7	–	1	–	–	–	–	–	–	–	–	**2-Butene, 1-cyano-**		**C1451**
54	41	81	39	28	27	53	66	**81**	100	54	41	37	30	25	19	17		5	7	–	1	–	–	–	–	–	–	–	–	**1-Butene, 1-cyano-**		**D0683**
54	41	81	39	53	28	80	27	**81**	100	75	53	52	31	27	26	26		5	7	–	1	–	–	–	–	–	–	–	–	**2-Butene, 1-cyano-**		**D1647**
54	81	41	53	39	66	80	52	**81**	100	90	82	37	35	34	25	18		5	7	–	1	–	–	–	–	–	–	–	–	**2-Butene, 2-cyano-, (Z)-**		**C2144**
80	79	53	52	81	78	77	51	**81**	100	64	51	38	37	24	13	12		–	6	–	3	–	–	–	–	–	3	–	–	**Borazine**		**Y1346**
80	79	81	53	52	78	77	76	**81**	100	64	36	36	28	24	13	10		–	6	–	3	–	–	–	–	–	3	–	–	**Borazine**	6569-51-3	**R2374**
80	81	53	28	27	39	51	52	**81**	100	60	22	17	15	9	9	8		5	7	–	1	–	–	–	–	–	–	–	–	**1H-Pyrrole, 2-methyl-**		**Y1536**
80	81	53	28	27	39	51	52	**81**	100	62	23	18	14	9	9	8		5	7	–	1	–	–	–	–	–	–	–	–	**1H-Pyrrole, 2-methyl-**	636-41-9	**Q3454**
80	81	53	39	52	41	51	40	**81**	100	71	23	9	9	7	7	6		5	7	–	1	–	–	–	–	–	–	–	–	**1H-Pyrrole, 2-methyl-**	636-41-9	**Q3455**
80	81	53	78	52	51	50	82	**81**	100	63	24	7	5	5	4	3		5	7	–	1	–	–	–	–	–	–	–	–	**1H-Pyrrole, 3-methyl-**	616-43-3	**Q2941**
81	54	38	39	40	53	82	55	**81**	100	70	58	58	58	19	3	2		3	3	–	3	–	–	–	–	–	–	–	–	**1,3,5-Triazine**	290-87-9	**Q0252**
81	80	39	42	53	15	55	28	**81**	100	82	41	35	33	20	19	16		5	7	–	1	–	–	–	–	–	–	–	–	**1H-Pyrrole, 1-methyl-**		**V0248**
81	80	39	42	53	27	55	54	**81**	100	72	35	34	33	18	17	15		5	7	–	1	–	–	–	–	–	–	–	–	**1H-Pyrrole, 1-methyl-**		**P7073**
81	80	39	42	53	55	54	38	**81**	100	80	39	34	33	19	15	12		5	7	–	1	–	–	–	–	–	–	–	–	**1H-Pyrrole, 1-methyl-**		**Y1719**
27	41	26	51	50	52	78	77	**82**	100	63	52	45	44	43	43	42	**0.30**	2	14	–	–	–	–	–	–	–	4	–	–	**Tetraborane, 2,2-dimethyl-**		**L8984**
28	27	82	13	26	53	18	54	**82**	100	75	43	11	9	9	7	6		2	2	–	4	–	–	–	–	–	–	–	–	**1,2,4,5-Tetrazine**		**01292**
28	27	82	26	53	54	29	41	**82**	100	76	38	10	5	3	3	2		2	2	–	4	–	–	–	–	–	–	–	–	**1,2,4,5-Tetrazine**		**L1045**

MASS TO CHARGE RATIOS								M.W.	INTENSITIES								Parent	C	H	O	N	Cl	Br	F	S	P	B	Si	X	COMPOUND NAME	CAS Reg No	No
28	46	31	45	29	30	27	43	**82**	100	65	63	44	33	26	23	14	**0.00**	1	7	–	2	1	–	–	–	–	–	–	–	**Hydrazine, methyl-, monohydrochloride**	7339-53-9	**R3073**
28	82	54	81	27	55	83	26	**82**	100	99	69	68	27	23	19	17		4	6	–	2	–	–	–	–	–	–	–	–	**1H-Imidazole, 4-methyl-**	822-36-6	**Q4241**
39	53	27	15	28	81	29	54	**82**	100	48	46	24	24	19	17	17	**10.01**	5	6	1	–	–	–	–	–	–	–	–	–	**3,4-Pentadienal**	4009-55-6	**Q9988**
39	82	28	53	27	54	26	55	**82**	100	54	51	48	47	46	37	17		5	6	1	–	–	–	–	–	–	–	–	–	**2-Cyclopenten-1-one**	930-30-3	**Q4617**
41	67	39	54	27	53	81	40	**82**	100	82	61	53	28	10	7	7	**1.31**	6	10	–	–	–	–	–	–	–	–	–	–	**1,5-Hexadiene**		**Y0243**
41	67	39	54	27	53	81	40	**82**	100	92	62	57	23	11	7	6	**1.30**	6	10	–	–	–	–	–	–	–	–	–	–	**1,5-Hexadiene**		**C1388**
41	67	39	54	27	66	53	55	**82**	100	86	66	50	32	19	15	12	**4.02**	6	10	–	–	–	–	–	–	–	–	–	–	**1,5-Hexadiene**		**C1355**
41	78	77	27	52	51	50	40	**82**	100	97	89	73	66	63	57	52	**0.40**	2	14	–	–	–	–	–	–	–	4	–	–	**Tetraborane, 2,4-dimethyl-**		**L8985**
43	58	15	42	27	26	39	82	**82**	100	28	15	8	6	4	4	3		5	6	1	–	–	–	–	–	–	–	–	–	**Furan, 2-methyl-**	534-22-5	**Q1715**
47	27	45	26	67	46	82	25	**82**	100	31	11	11	9	7	5	4		2	4	–	–	1	–	1	–	–	–	–	–	**Ethane, 1-chloro-1-fluoro-**	1615-75-4	**H1207**
47	82	44	35	63	84	28	37	**82**	100	39	28	15	13	13	9	5		1	–	1	–	1	–	1	–	–	–	–	–	**Carbonyl chloride fluoride**		**Z0130**
53	82	39	81	27	54	28	51	**82**	100	88	74	66	55	27	20	20		5	6	1	–	–	–	–	–	–	–	–	–	**Furan, 2-methyl-**		**01760**
53	82	39	81	51	55	54		**82**	100	80	63	47	27	5	3			5	6	1	–	–	–	–	–	–	–	–	–	**Furan, 3-methyl-**		**L0777**
54	39	41	67	27	55	53	28	**82**	100	64	62	55	29	16	15	14	**0.50**	6	10	–	–	–	–	–	–	–	–	–	–	**Cyclopropane, 1-propenyl-**	4663-21-2	**R0688**
54	67	41	39	27	28	53	51	**82**	100	86	75	72	37	28	18	9	**3.39**	6	10	–	–	–	–	–	–	–	–	–	–	**1,1′-Bicyclopropyl**	5685-46-1	**R1674**
54	67	41	39	27	53	28	81	**82**	100	91	63	51	25	17	11	8	**5.10**	6	10	–	–	–	–	–	–	–	–	–	–	**1,1′-Bicyclopropyl**	5685-46-1	**R1675**
63	31	82	51	32	50	44	24	**82**	100	80	69	48	28	8	6	4		2	1	–	–	–	–	3	–	–	–	–	–	**Ethylene, trifluoro-**		**W0113**
63	82	31	51	32	12	50	44	**82**	100	82	66	50	25	9	7	6		2	1	–	–	–	–	3	–	–	–	–	–	**Ethylene, trifluoro-**	359-11-5	**Q0579**
67	39	41	27	82	53	54	40	**82**	100	61	56	30	20	16	14	11		6	10	–	–	–	–	–	–	–	–	–	–	**Cyclopropane, isopropylidene-**		**Y1955**
67	39	41	27	82	53	54	81	**82**	100	51	51	25	23	15	14	11		6	10	–	–	–	–	–	–	–	–	–	–	**Cyclopropane, isopropylidene-**		**Y0435**
67	39	41	27	82	54	53	51	**82**	100	61	55	35	33	27	22	12		6	10	–	–	–	–	–	–	–	–	–	–	**1,4-Hexadiene, (Z)-**		**C1293**
67	39	41	82	27	53	54	40	**82**	100	61	55	47	26	17	17	13		6	10	–	–	–	–	–	–	–	–	–	–	**1,3-Pentadiene, 2-methyl-**		**Y0848**
67	39	41	82	27	54	53	55	**82**	100	56	51	42	34	22	19	12		6	10	–	–	–	–	–	–	–	–	–	–	**1,4-Hexadiene**		**00218**
67	39	41	82	27	54	53	55	**82**	100	58	57	46	41	24	23	16		6	10	–	–	–	–	–	–	–	–	–	–	**1,4-Hexadiene, (Z)-**		**C1356**
67	39	41	82	27	81	53	65	**82**	100	28	22	21	18	11	7	6		6	10	–	–	–	–	–	–	–	–	–	–	**Cyclopentene, 3-methyl-**		**Y2004**
67	39	41	82	27	81	53	79	**82**	100	26	21	19	16	11	10	7		6	10	–	–	–	–	–	–	–	–	–	–	**Cyclopentene, 1-methyl-**	693-89-0	**Q3731**
67	39	41	82	54	27	53	40	**82**	100	82	76	44	28	27	23	20		6	10	–	–	–	–	–	–	–	–	–	–	**Cyclopropane, isopropylidene-**	4741-86-0	**R0784**
67	39	41	82	54	27	53	40	**82**	100	91	74	68	37	23	20	19		6	10	–	–	–	–	–	–	–	–	–	–	**1,3-Butadiene, 2,3-dimethyl-**		**Y0400**
67	39	41	82	54	53	27	65	**82**	100	77	64	55	32	17	17	16		6	10	–	–	–	–	–	–	–	–	–	–	**1,3-Butadiene, 2,3-dimethyl-**	513-81-5	**Q1492**
67	39	41	82	54	53	65	40	**82**	100	78	69	62	31	18	17	14		6	10	–	–	–	–	–	–	–	–	–	–	**1,3-Butadiene, 2,3-dimethyl-**		**C0523**
67	39	54	82	41	27	81	53	**82**	100	28	27	27	23	14	13	10		6	10	–	–	–	–	–	–	–	–	–	–	**Cyclopentane, methylene-**	1528-30-9	**Q6156**
67	39	82	41	27	54	53	81	**82**	100	32	31	31	18	15	10	9		6	10	–	–	–	–	–	–	–	–	–	–	**1,3-Hexadiene, (E)-**		**C1357**
67	39	82	41	27	54	53	81	**82**	100	45	42	40	23	18	18	11		6	10	–	–	–	–	–	–	–	–	–	–	**2,4-Hexadiene, (Z)-**		**C1359**
67	39	82	41	27	81	53	65	**82**	100	25	22	22	15	11	7	6		6	10	–	–	–	–	–	–	–	–	–	–	**Cyclopentene, 3-methyl-**		**Y1989**
67	41	27	43	39	54	40	42	**82**	100	67	64	50	48	28	27	17	**0.84**	6	10	–	–	–	–	–	–	–	–	–	–	**1-Hexyne**		**Y0332**
67	41	39	27	51	65	15	50	**82**	100	56	32	11	11	11	8	6	**0.57**	6	10	–	–	–	–	–	–	–	–	–	–	**1-Butyne 3,3-dimethyl-**		**Y0531**
67	41	39	27	53	54	42	28	**82**	100	55	54	31	23	21	16	14	**8.90**	6	10	–	–	–	–	–	–	–	–	–	–	**Cyclopropane, 1,2-dimethyl-3-methylene-**	62338-02-7	**T6092**
67	41	39	27	82	53	54	65	**82**	100	47	43	38	36	28	24	14		6	10	–	–	–	–	–	–	–	–	–	–	**1,3-Butadiene, 2-ethyl-**		**C0517**
67	41	39	53	54	27	42	82	**82**	100	47	41	21	21	21	13	11		6	10	–	–	–	–	–	–	–	–	–	–	**Cyclopropane, 1,2-dimethyl-3-methylene-, cis-**	4866-55-1	**R0889**
67	41	39	53	54	27	42	82	**82**	100	46	41	21	21	20	14	11		6	10	–	–	–	–	–	–	–	–	–	–	**Cyclopropane, 1,2-dimethyl-3-methylene-, trans-**	5070-00-8	**R1059**
67	41	39	65	51	15	27	50	**82**	100	41	29	14	12	11	9	7	**0.70**	6	10	–	–	–	–	–	–	–	–	–	–	**1-Butyne, 3,3-dimethyl-**	917-92-0	**H1104**
67	41	39	81	53	82	54	65	**82**	100	26	17	10	10	10	9	9		6	10	–	–	–	–	–	–	–	–	–	–	**1,4-Pentadiene, 3-methyl-**	1115-08-8	**Q5318**
67	41	39	82	27	53	54	65	**82**	100	54	53	44	20	16	15	15		6	10	–	–	–	–	–	–	–	–	–	–	**1,3-Pentadiene, 4-methyl-**		**C0521**
67	41	39	82	27	53	65	54	**82**	100	46	41	40	29	19	15	14		6	10	–	–	–	–	–	–	–	–	–	–	**1,3-Pentadiene, 3-methyl-**		**C0519**
67	41	39	82	54	40	53	27	**82**	100	67	58	20	18	16	15	14		6	10	–	–	–	–	–	–	–	–	–	–	**Cyclopropane, 1,1-dimethyl-2-methylene-**	4372-94-5	**R0372**
67	41	39	82	56	65	27	54	**82**	100	52	33	21	21	14	13	10		6	10	–	–	–	–	–	–	–	–	–	–	**Cyclobutene, 3,3-dimethyl-**	16327-38-1	**R6124**
67	41	43	27	39	54	53	42	**82**	100	60	42	32	28	26	16	14	**0.91**	6	10	–	–	–	–	–	–	–	–	–	–	**1-Hexyne**		**Y1811**
67	41	43	39	27	40	42	15	**82**	100	90	78	67	59	25	16	14	**2.80**	6	10	–	–	–	–	–	–	–	–	–	–	**1-Pentyne, 4-methyl-**		**Y0409**
67	41	43	39	27	54	40	81	**82**	100	57	39	33	32	25	21	11	**1.00**	6	10	–	–	–	–	–	–	–	–	–	–	**1-Hexyne**		**A0630**
67	41	82	39	27	53	54	81	**82**	100	41	41	38	24	19	18	11		6	10	–	–	–	–	–	–	–	–	–	–	**2,4-Hexadiene, (E),(Z)-**		**C1358**
67	54	41	39	82	27	28	81	**82**	100	63	42	30	22	14	14	10		6	10	–	–	–	–	–	–	–	–	–	–	**Bicyclo[3.1.0]hexane**	285-58-5	**Q0196**
67	54	41	39	82	27	81	53	**82**	100	75	36	33	30	18	11	11		6	10	–	–	–	–	–	–	–	–	–	–	**Cyclohexene**		**Y1644**
67	54	82	41	39	27	53	81	**82**	100	74	36	33	28	12	10	10		6	10	–	–	–	–	–	–	–	–	–	–	**Cyclobutane, vinyl-**	2597-49-1	**Q8392**
67	54	82	41	39	27	53	81	**82**	100	77	40	37	37	20	13	11		6	10	–	–	–	–	–	–	–	–	–	–	**Cyclohexene**		**Y1590**
67	54	82	41	39	27	53	81	**82**	100	67	34	31	28	12	10	10		6	10	–	–	–	–	–	–	–	–	–	–	**Cyclohexene**		**A0629**
67	55	82	54	41	81	53	51	**82**	100	33	30	25	22	15	11	7		6	10	–	–	–	–	–	–	–	–	–	–	**Cyclopentane, methylene-**		**04357**

MASS TO CHARGE RATIOS								M.W.	INTENSITIES								Parent	C	H	O	N	Cl	Br	F	S	P	B	Si	X	COMPOUND NAME	CAS Reg No	No
67	82	39	41	27	53	54	81	**82**	100	41	40	39	23	18	18	12		6	10	–	–	–	–	–	–	–	–	–	–	**2,4-Hexadiene**		**00217**
67	82	39	41	27	81	54	53	**82**	100	27	25	19	14	13	9	8		6	10	–	–	–	–	–	–	–	–	–	–	**Cyclopentene, 4-methyl-**		**04358**
67	82	39	81	41	27	53	54	**82**	100	27	22	17	17	15	9	6		6	10	–	–	–	–	–	–	–	–	–	–	**Cyclopentene, 1-methyl-**		**Y1286**
67	82	41	39	27	53	54	65	**82**	100	94	93	63	34	34	21	20		6	10	–	–	–	–	–	–	–	–	–	–	**3-Hexyne**		**Y0433**
67	82	41	39	27	53	81	54	**82**	100	45	40	28	19	16	14	13		6	10	–	–	–	–	–	–	–	–	–	–	**1,3-Pentadiene, 3-methyl-, (E)-**	2787-43-1	**Q8653**
67	82	41	39	27	53	81	54	**82**	100	47	41	27	19	16	14	13		6	10	–	–	–	–	–	–	–	–	–	–	**1,3-Pentadiene, 3-methyl-, (Z)-**	2787-45-3	**Q8654**
67	82	41	39	53	54	81	65	**82**	100	53	49	42	22	21	12	11		6	10	–	–	–	–	–	–	–	–	–	–	**2,4-Hexadiene**		**00267**
67	82	41	39	53	65	54	15	**82**	100	89	78	57	31	23	20	18		6	10	–	–	–	–	–	–	–	–	–	–	**3-Hexyne**	928-49-4	**H1114**
67	82	41	39	54	27	81	53	**82**	100	48	39	25	19	15	14	12		6	10	–	–	–	–	–	–	–	–	–	–	**1,3-Hexadiene**		**C0430**
67	82	41	39	54	53	27	81	**82**	100	48	40	33	19	18	17	11		6	10	–	–	–	–	–	–	–	–	–	–	**1,4-Hexadiene**		**C0429**
67	82	41	39	54	53	65	51	**82**	100	45	41	38	20	20	11	9		6	10	–	–	–	–	–	–	–	–	–	–	**2,4-Hexadiene**		**C0140**
67	82	41	39	81	27	65	53	**82**	100	23	19	16	11	8	6	6		6	10	–	–	–	–	–	–	–	–	–	–	**Cyclopentene, 3-methyl-**	1120-62-3	**Q5379**
67	82	48	32	45	63	64	65	**82**	100	95	43	42	16	11	10	8		1	3	1	–	–	–	1	1	–	–	–	–	**Methylsulphinylfluoride**		**P2120**
67	82	53	27	39	41	54	51	**82**	100	95	85	67	62	62	45	25		6	10	–	–	–	–	–	–	–	–	–	–	**2-Hexyne**		**Y0849**
67	82	53	41	27	39	54	51	**82**	100	89	79	58	57	57	44	24		6	10	–	–	–	–	–	–	–	–	–	–	**2-Hexyne**	764-35-2	**H1062**
67	82	53	41	27	39	54	51	**82**	100	88	79	76	57	57	44	24		6	10	–	–	–	–	–	–	–	–	–	–	**2-Hexyne**		**Y1812**
67	82	81	41	39	53	79	54	**82**	100	52	28	27	24	14	11	10		6	10	–	–	–	–	–	–	–	–	–	–	**Cyclopentene, 1-methyl-**		**C2070**
77	78	41	76	27	62	74	73	**82**	100	98	79	73	62	55	53	50	**0.20**	2	14	–	–	–	–	–	–	–	4	–	–	**Tetraborane, 1,2-dimethyl-**		**L8983**
81	39	53	27	54	82			**82**	100	80	75	60	50	12				5	6	1	–	–	–	–	–	–	–	–	–	**Pent-2-en-4-yn-1-ol**		**L3031**
82	28	54	42	81	26	27	15	**82**	100	78	67	56	49	33	31	27		4	6	–	2	–	–	–	–	–	–	–	–	**1H-Pyrazole, 1-methyl-**	930-36-9	**Q4619**
82	28	54	81	27	55	83	26	**82**	100	76	69	69	27	22	20	17		4	6	–	2	–	–	–	–	–	–	–	–	**1H-Imidazole, 4-methyl-**	822-36-6	**Q4242**
82	42	54	40	41	81	55		**82**	100	43	35	30	28	26	17			4	6	–	2	–	–	–	–	–	–	–	–	**1H-Imidazole, 1-methyl-**	616-47-7	**Q2944**
82	53	81	27	39	54	51	28	**82**	100	60	58	55	50	34	32	21		5	6	1	–	–	–	–	–	–	–	–	–	**Furan, 3-methyl-**		**X1651**
82	53	81	39	27	50	51	54	**82**	100	76	62	50	38	19	19	18		5	6	1	–	–	–	–	–	–	–	–	–	**Furan, 2-methyl-**		**Y1826**
82	53	81	39	54	51	28	29	**82**	100	60	58	50	34	32	21	21		5	6	1	–	–	–	–	–	–	–	–	–	**Furan, 3-methyl-**	930-27-8	**Q4616**
82	54	53	52	51	50	80	44	**82**	100	51	42	38	35	34	29	22		5	6	1	–	–	–	–	–	–	–	–	–	**2-Cyclopenten-1-one**	930-30-3	**Q4618**
82	63	51	31	32	41	42	39	**82**	100	94	56	43	17	13	8	8		2	1	–	–	–	–	3	–	–	–	–	–	**Ethylene, trifluoro-**		**Z0129**
82	67	41	54	53	39	81	42	**82**	100	97	54	27	26	19	17	16		6	10	–	–	–	–	–	–	–	–	–	–	**3-Hexyne**		**01231**
82	81	28	54	27	53	42	26	**82**	100	66	45	32	32	17	16	15		4	6	–	2	–	–	–	–	–	–	–	–	**1H-Pyrazole, 3-methyl-**	1453-58-3	**Q6009**
82	81	54	28	27	53	42	41	**82**	100	65	31	25	19	15	14	11		4	6	–	2	–	–	–	–	–	–	–	–	**1H-Pyrazole, 5-methyl-**		**L1980**
82	81	54	28	27	53	42	51	**82**	100	99	93	83	68	50	43	35		4	6	–	2	–	–	–	–	–	–	–	–	**1H-Pyrazole, 3-methyl-**		**00315**
82	81	54	28	27	53	42	55	**82**	100	65	31	25	19	15	14	11		4	6	–	2	–	–	–	–	–	–	–	–	**1H-Pyrazole, 3-methyl-**		**02367**
82	81	54	28	42	41	55	83	**82**	100	40	32	22	17	15	13	11		4	6	–	2	–	–	–	–	–	–	–	–	**1H-Imidazole, 2-methyl-**	693-98-1	**Q3734**
82	81	54	28	52	55	83	53	**82**	100	99	80	50	16	14	11	10		4	6	–	2	–	–	–	–	–	–	–	–	**1H-Pyrazole, 4-methyl-**	7554-65-6	**R3271**
82	81	54	41	28	42	68	45	**82**	100	39	33	17	16	14	14	11		4	6	–	2	–	–	–	–	–	–	–	–	**1H-Imidazole, 2-methyl-**		**L3807**
82	81	54	42	40	28	41	55	**82**	100	20	14	13	11	8	8	8		4	6	–	2	–	–	–	–	–	–	–	–	**1H-Imidazole, 1-methyl-**	616-47-7	**Q2943**
82	81	54	42	41	55	40	52	**82**	100	72	64	40	38	29	23	16		4	6	–	2	–	–	–	–	–	–	–	–	**1H-Imidazole, 2-methyl-**	693-98-1	**Q3735**
28	27	26	54	39	41	40	29	**83**	100	50	28	28	27	23	4	4	**2.40**	3	5	–	3	–	–	–	–	–	–	–	–	**1-Propene, 3-azido-**	821-13-6	**Q4221**
40	42	54	27	55	28	39	29	**83**	100	98	60	32	22	18	15	14	**0.00**	5	9	–	1	–	–	–	–	–	–	–	–	**Pentanenitrile**	110-59-8	**P8389**
41	29	27	43	28	39	54	55	**83**	100	46	26	15	11	10	10	5	**0.07**	5	9	–	1	–	–	–	–	–	–	–	–	**Pentanenitrile**		**A0623**
41	43	27	54	39	29	55	28	**83**	100	99	61	50	26	22	21	21	**0.20**	5	9	–	1	–	–	–	–	–	–	–	–	**Pentanenitrile**	110-59-8	**H0435**
41	43	55	27	28	56	39	29	**83**	100	81	62	45	25	25	21	20	**0.00**	5	9	–	1	–	–	–	–	–	–	–	–	**Butane, 1-isocyano-**	2769-64-4	**Q8626**
41	43	57	55	27	28	29	56	**83**	100	56	47	43	39	37	33	25	**1.00**	5	9	–	1	–	–	–	–	–	–	–	–	**Butane, 1-isocyano-**		**05598**
41	57	68	27	39	56	42	29	**83**	100	51	49	28	24	20	19	11	**0.56**	5	9	–	1	–	–	–	–	–	–	–	–	**Propane, 2-isocyano-2-methyl-**	7188-38-7	**R2915**
41	57	68	42	39	27	29	67	**83**	100	87	81	27	25	17	13	10	**2.78**	5	9	–	1	–	–	–	–	–	–	–	–	**Propane, 2-isocyano-2-methyl-**	7188-38-7	**R2914**
42	41	68	39	67	27	40	15	**83**	100	83	35	16	14	12	6	5	**0.00**	5	9	–	1	–	–	–	–	–	–	–	–	**Propanenitrile, 2,2-dimethyl-**	630-18-2	**Q3398**
43	41	27	39	68	29	28	40	**83**	100	61	18	14	7	5	4	4	**0.10**	5	9	–	1	–	–	–	–	–	–	–	–	**Butanenitrile, 2-methyl-**		**L0006**
43	41	27	56	39	29	28	55	**83**	100	81	55	28	25	25	24	12	**0.00**	5	9	–	1	–	–	–	–	–	–	–	–	**Butane, 1-isocyano-**	2769-64-4	**Q8627**
43	83	68	41	40	54	27	84	**83**	100	55	39	23	21	11	10	9		4	5	1	1	–	–	–	–	–	–	–	–	**Isoxazole, 5-methyl-**		**05565**
55	28	83	41	82	54	27	42	**83**	100	56	55	36	24	24	22	16		5	9	–	1	–	–	–	–	–	–	–	–	**Pyridine, tetrahydro-**		**D0467**
55	28	83	54	82	27	42	56	**83**	100	62	56	31	28	26	17	12		5	9	–	1	–	–	–	–	–	–	–	–	**Pyridine, 2,3,4,5-tetrahydro-**		**D1386**
55	29	54	27	28	39	82	41	**83**	100	66	65	62	59	47	40	40	**11.00**	5	9	–	1	–	–	–	–	–	–	–	–	**1-Azabicyclo[1.1.0]butane, 3-ethyl-**		**L8969**
55	41	43	54	57	82	27	29	**83**	100	35	34	24	24	14	13	12	**0.90**	5	9	–	1	–	–	–	–	–	–	–	–	**Butanenitrile, 3-methyl-**	625-28-5	**Q3175**
55	54	29	27	41	39	56	83	**83**	100	34	17	11	7	6	4	1		5	9	–	1	–	–	–	–	–	–	–	–	**Butanenitrile, 2-methyl-**		**M4227**

MASS TO CHARGE RATIOS								M.W.	INTENSITIES								Parent	C	H	O	N	Cl	Br	F	S	P	B	Si	X	COMPOUND NAME	CAS Reg No	No
55	82	28	83	42	54	41	27	**83**	100	51	50	45	33	26	19	14		5	9	-	1	-	-	-	-	-	-	-	-	**1-Azabicyclo[3.1.0]hexane**		**01107**
68	42	41	39	52	51	67	38	**83**	100	54	27	20	11	9	6	6	**0.00**	5	9	-	1	-	-	-	-	-	-	-	-	**3-Butyn-2-amine, 2-methyl-**	2978-58-7	**Q8888**
83	27	42	28	55	26	56	40	**83**	100	64	27	26	15	8	7	6		3	5	-	3	-	-	-	-	-	-	-	-	**4H-1,2,4-Triazole, 4-methyl-**	10570-40-8	**R3936**
83	27	42	28	55	26	56	41	**83**	100	64	27	26	15	8	7	6		3	5	-	3	-	-	-	-	-	-	-	-	**1H-1,2,4-Triazole, 4-methyl-**		**M7413**
83	28	54	29	52	27	43	44	**83**	100	35	27	19	18	16	16	15		3	5	-	3	-	-	-	-	-	-	-	-	**1H-Pyrazole, 5-amino-**		**D1523**
83	28	56	27	40	84	29	55	**83**	100	57	40	8	7	6	6	5		3	5	-	3	-	-	-	-	-	-	-	-	**1H-1,2,4-Triazole, 1-methyl-**	6086-21-1	**R2050**
83	42	28	55	84	40	27	41	**83**	100	36	9	7	7	6	3	3		3	5	-	3	-	-	-	-	-	-	-	-	**4H-1,2,4-Triazole, 4-methyl-**	10570-40-8	**R3937**
83	42	56	28	27	55	84		**83**	100	43	34	9	8	7	5			3	5	-	3	-	-	-	-	-	-	-	-	**1H-1,2,3-Triazole, 3-methyl-**		**M7683**
83	42	56	28	27	55	84	53	**83**	100	43	34	9	8	7	4	3		3	5	-	3	-	-	-	-	-	-	-	-	**1H-1,2,4-Triazole, 3-methyl-**	7170-01-6	**R2903**
83	56	28	40	55	27	84	29	**83**	100	52	34	8	7	6	5	4		3	5	-	3	-	-	-	-	-	-	-	-	**1H-1,2,4-Triazole, 1-methyl-**	6086-21-1	**R2051**
83	56	32	40	28	29	27	55	**83**	100	70	69	37	32	17	13	9		3	5	-	3	-	-	-	-	-	-	-	-	**1H-1,2,4-Triazole, 1-methyl-**		**06410**
26	84	31	57	43	42	58	40	**84**	100	35	24	15	9	6	6	3		2	4	-	4	-	-	-	-	-	-	-	-	**1H-1,2,4-Triazol-3-amine**	61-82-5	**P5114**
27	55	29	26	84	57	56	39	**84**	100	66	46	26	17	11	9	8		5	8	1	-	-	-	-	-	-	-	-	-	**1-Penten-3-one**	1629-58-9	**Q6365**
28	42	83	43	27	84	41	56	**84**	100	97	40	40	34	28	27	21		4	8	-	2	-	-	-	-	-	-	-	-	**1,3-Diazabicyclo[3.1.0]hexane**	17038-28-7	**R6600**
28	56	27	29	41	43	26	85	**84**	100	48	16	6	4	3	2	2	**0.00**	2	4	-	4	-	-	-	-	-	-	-	-	**2H-Tetrazole, 2-methyl-**		**L6349**
28	84	30	27	29	42	18	40	**84**	100	76	43	41	36	16	13	13		2	4	-	4	-	-	-	-	-	-	-	-	**4H-1,2,4-Triazol-4-amine**		**X1725**
29	41	27	39	84	69	56	53	**84**	100	94	89	86	68	51	45	36		5	8	1	-	-	-	-	-	-	-	-	-	**Furan, 2,5-dihydro-3-methyl-**	1708-31-2	**06951**
29	55	41	39	27	56	28	42	**84**	100	95	88	81	79	61	37	26	**11.00**	5	8	1	-	-	-	-	-	-	-	-	-	**4-Pentenal**	2100-17-6	**09048**
29	84	55	40	56	30	43	36	**84**	100	58	51	21	20	18	10	7		3	4	1	2	-	-	-	-	-	-	-	-	**Formamide, N-(cyanomethyl)-**	5018-27-9	**R1020**
41	39	55	56	27	43	84	42	**84**	100	40	23	14	13	11	11	11		5	8	1	-	-	-	-	-	-	-	-	-	**Allyl vinyl ether**	3917-15-5	**Q9928**
41	40	39	28	27	42	37	26	**84**	100	26	23	20	16	15	10	8	**0.00**	5	13	-	-	-	-	-	-	-	1	-	-	**Borane, diethylmethyl-**	1115-07-7	**Q5317**
41	43	39	69	84	42	38	40	**84**	100	90	45	34	33	9	8	6		5	8	1	-	-	-	-	-	-	-	-	-	**3-Buten-2-one, 3-methyl-**	814-78-8	**Q4180**
41	55	69	27	56	39	84	29	**84**	100	74	68	42	38	35	32	29		6	12	-	-	-	-	-	-	-	-	-	-	**Cyclopropane, 1-methyl-1-ethyl-**		**Y0328**
41	56	42	27	43	55	39	84	**84**	100	86	75	67	59	59	49	29		6	12	-	-	-	-	-	-	-	-	-	-	**1-Hexene**		**Y0098**
41	56	42	43	27	55	39	29	**84**	100	91	74	62	57	57	51	27	**25.62**	6	12	-	-	-	-	-	-	-	-	-	-	**1-Hexene**		**C1071**
41	56	42	55	43	39	27	84	**84**	100	99	71	64	57	36	36	32		6	12	-	-	-	-	-	-	-	-	-	-	**1-Hexene**		**A0631**
41	69	39	27	84	15	29	53	**84**	100	90	29	26	19	13	12	9		6	12	-	-	-	-	-	-	-	-	-	-	**1-Butene, 3,3-dimethyl-**	558-37-2	**Q2073**
41	69	39	27	84	29	15	53	**84**	100	95	25	23	21	11	8	8		6	12	-	-	-	-	-	-	-	-	-	-	**1-Butene, 3,3-dimethyl-**		**Y0106**
41	69	39	27	84	55	42	43	**84**	100	64	23	19	18	10	10	9		6	12	-	-	-	-	-	-	-	-	-	-	**2-Pentene, 4-methyl-, (E)-**		**04567**
41	69	39	84	27	42	43	53	**84**	100	82	31	24	21	10	8	8		6	12	-	-	-	-	-	-	-	-	-	-	**1-Butene, 2,3-dimethyl-**		**Y0524**
41	69	39	84	27	42	55	43	**84**	100	66	22	17	14	9	8	7		6	12	-	-	-	-	-	-	-	-	-	-	**1-Butene, 2,3-dimethyl-**		**04568**
41	69	39	84	27	55	42	43	**84**	100	81	33	31	19	16	9	8		6	12	-	-	-	-	-	-	-	-	-	-	**2-Butene, 2,3-dimethyl-**		**Y0525**
41	69	39	84	55	27	42	43	**84**	100	52	23	18	13	13	9	5		6	12	-	-	-	-	-	-	-	-	-	-	**2-Butene, 2,3-dimethyl-**	563-79-1	**Q2126**
41	69	43	39	27	54	15	42	**84**	100	87	68	53	14	14	13	12	**12.01**	5	8	1	-	-	-	-	-	-	-	-	-	**3-Penten-2-one, (E)-**	3102-33-8	**Q9018**
41	69	43	39	84	15	42	27	**84**	100	78	71	53	31	26	13	13		5	8	1	-	-	-	-	-	-	-	-	-	**3-Penten-2-one**	625-33-2	**Q3180**
41	69	43	39	84	15	42	27	**84**	100	78	71	53	31	26	13	13		5	8	1	-	-	-	-	-	-	-	-	-	**3-Penten-2-one, (Z)-**		**X1216**
41	69	55	27	84	39	29	42	**84**	100	89	75	51	41	39	34	32		6	12	-	-	-	-	-	-	-	-	-	-	**1-Butene, 2-ethyl-**		**Y0105**
41	69	55	84	27	39	56	29	**84**	100	80	46	37	34	28	21	18		6	12	-	-	-	-	-	-	-	-	-	-	**2-Pentene, 3-methyl-, (E)-**		**Y0277**
41	69	55	84	27	39	56	29	**84**	100	80	44	36	35	29	21	18		6	12	-	-	-	-	-	-	-	-	-	-	**2-Pentene, 3-methyl-, (Z)-**		**Y0104**
41	69	55	84	39	27	56	29	**84**	100	83	48	35	24	23	22	16		6	12	-	-	-	-	-	-	-	-	-	-	**2-Pentene, 3-methyl-, (E)-**		**04569**
41	69	55	84	39	56	27	29	**84**	100	80	45	35	21	21	20	15		6	12	-	-	-	-	-	-	-	-	-	-	**2-Pentene, 3-methyl-, (Z)-**		**04570**
41	69	84	39	27	42	55	43	**84**	100	96	31	20	12	10	9	8		6	12	-	-	-	-	-	-	-	-	-	-	**1-Butene, 2,3-dimethyl-**		**C0559**
41	69	84	39	27	55	42	15	**84**	100	93	29	29	21	10	9	8		6	12	-	-	-	-	-	-	-	-	-	-	**2-Pentene, 4-methyl-, (Z)-**		**Y0279**
41	69	84	39	27	55	42	29	**84**	100	61	29	25	18	10	10	7		6	12	-	-	-	-	-	-	-	-	-	-	**Cyclopropane, 1,1,2-trimethyl-**		**Y0274**
41	69	84	39	27	55	42	29	**84**	100	92	30	30	23	13	9	9		6	12	-	-	-	-	-	-	-	-	-	-	**2-Pentene, 2-methyl-**		**Y0103**
41	69	84	39	27	55	42	43	**84**	100	91	28	28	21	11	9	7		6	12	-	-	-	-	-	-	-	-	-	-	**2-Pentene, 4-methyl-, (E)-**		**Y0278**
41	69	84	39	27	55	42	56	**84**	100	95	30	22	14	13	9	8		6	12	-	-	-	-	-	-	-	-	-	-	**2-Pentene, 2-methyl-**		**04571**
41	69	84	39	55	27	42	67	**84**	100	94	40	23	19	11	9	8		6	12	-	-	-	-	-	-	-	-	-	-	**2-Butene, 2,3-dimethyl-**		**C0560**
42	15	28	69	27	26	84	41	**84**	100	51	50	41	31	27	25	12		4	8	-	2	-	-	-	-	-	-	-	-	**Acetaldehyde, ethylidenehydrazone**		**Y0794**
42	56	28	39	40	14	26	43	**84**	100	36	20	17	13	9	8	8	**6.21**	4	4	2	-	-	-	-	-	-	-	-	-	**2-Oxetanone, 4-methylene-**	674-82-8	**H1045**
42	69	15	84	28	41	27	43	**84**	100	59	45	37	23	14	12	8		4	8	-	2	-	-	-	-	-	-	-	-	**Acetaldehyde, ethylidenehydrazone**		**C0466**
42	69	84	28	41	27	29	43	**84**	100	90	34	26	20	15	10	9		4	8	-	2	-	-	-	-	-	-	-	-	**Acetaldehyde, ethylidenehydrazone**	592-56-3	**Q2502**
43	39	15	41	84	27	42	38	**84**	100	17	14	13	5	5	5	4		5	8	1	-	-	-	-	-	-	-	-	-	**4-Penten-2-one**	13891-87-7	**R4801**
43	39	15	41	84	42	27	38	**84**	100	17	14	13	5	5	5	4		5	8	1	-	-	-	-	-	-	-	-	-	**3-Penten-2-one**		**X1215**

MASS TO CHARGE RATIOS								M.W.	INTENSITIES								Parent	C	H	O	N	Cl	Br	F	S	P	B	Si	X	COMPOUND NAME	CAS Reg No	No
43	39	84	41	42	28	38	27	**84**	100	12	11	10	5	4	3	3		5	8	1	–	–	–	–	–	–	–	–	–	1-Penten-4-one		01761
43	41	39	84	69	15	42	38	**84**	100	98	48	35	34	28	15	10		5	8	1	–	–	–	–	–	–	–	–	–	3-Buten-2-one, 3-methyl-	814-78-8	H1074
43	41	56	27	39	42	69	84	**84**	100	72	43	34	33	33	13	11		6	12	–	–	–	–	–	–	–	–	–	–	1-Pentene, 4-methyl-		Y0102
43	41	56	42	27	39	69	55	**84**	100	72	52	31	20	16	14	9	**6.10**	6	12	–	–	–	–	–	–	–	–	–	–	1-Pentene, 4-methyl-		F0352
43	41	69	84	42	44			**84**	100	10	4	4	2	1				5	8	1	–	–	–	–	–	–	–	–	–	4-Penten-2-one	13891-87-7	R4802
43	41	84	69	39	42	55	27	**84**	100	83	46	41	25	14	7	7		5	8	1	–	–	–	–	–	–	–	–	–	3-Buten-2-one, 3-methyl-		01807
43	69	41	39	84	55	27	29	**84**	100	74	37	32	30	22	18	15		5	8	1	–	–	–	–	–	–	–	–	–	Furan, 2,5-dihydro-2-methyl-		L4633
43	69	41	84	39	15	42	27	**84**	100	86	56	34	25	8	7	6		5	8	1	–	–	–	–	–	–	–	–	–	Cyclopropyl methyl ketone		Z0131
43	69	41	84	39	27	42	38	**84**	100	77	59	29	29	7	5	5		5	8	1	–	–	–	–	–	–	–	–	–	Cyclopropyl methyl ketone		01808
43	69	41	84	42	70	83	85	**84**	100	93	54	38	6	5	5	3		5	8	1	–	–	–	–	–	–	–	–	–	Cyclopropyl methyl ketone	765-43-5	Q4017
43	84	39	83	41	27	54	55	**84**	100	48	32	27	19	18	15	14		5	8	1	–	–	–	–	–	–	–	–	–	Furan, 2,3-dihydro-5-methyl-	1487-15-6	Q6101
43	84	39	83	41	55	54	27	**84**	100	35	29	20	19	15	15	14		5	8	1	–	–	–	–	–	–	–	–	–	Furan, 2,3-dihydro-5-methyl-		01809
43	84	83	41	54	55	53	69	**84**	100	69	37	18	15	12	11	9		5	8	1	–	–	–	–	–	–	–	–	–	Furan, 2,3-dihydro-5-methyl-	1487-15-6	Q6102
44	28	42	30	43	41	27	54	**84**	100	38	30	12	11	10	8	8	**4.00**	4	8	–	2	–	–	–	–	–	–	–	–	Propanenitrile, 2-methyl-2-amino-		D1320
44	41	40	39	28	84	68	42	**84**	100	71	25	8	7	6	6	5		3	4	1	2	–	–	–	–	–	–	–	–	Acetamide, 2-cyano-	107-91-5	P8044
45	39	40	43	27	29	44	41	**84**	100	23	18	17	13	12	12	11	**0.24**	5	8	1	–	–	–	–	–	–	–	–	–	4-Pentyn-2-ol	2117-11-5	Q7410
45	84	39	28	43	42	29	38	**84**	100	35	23	15	12	10	7	7		4	8	–	2	–	–	–	–	–	–	–	–	Hydrazine, 1-methyl-1-(2-propynyl)-	7422-82-4	R3180
49	84	86	51	47	35	48	88	**84**	100	57	36	30	18	12	9	6		1	2	–	–	2	–	–	–	–	–	–	–	Methane, dichloro-		Y0605
49	84	86	51	47	88	48	50	**84**	100	72	44	31	12	7	7	3		1	2	–	–	2	–	–	–	–	–	–	–	Methane, dichloro-		A0106
53	54	40	29	39	25	15	55	**84**	100	24	20	16	15	14	13	13	**2.50**	4	4	2	–	–	–	–	–	–	–	–	–	2-Propynoic acid, methyl ester	922-67-8	Q4548
53	54	40	39	29	25	55		**84**	100	25	20	15	15	12	10		**0.00**	4	4	2	–	–	–	–	–	–	–	–	–	2-Propynoic acid, methyl ester		M4253
54	39	53	43	27	84	31	28	**84**	100	56	41	39	34	32	29	18		5	8	1	–	–	–	–	–	–	–	–	–	3-Pentyn-1-ol	10229-10-4	R3669
55	27	28	29	84	39	56	41	**84**	100	68	55	54	48	40	33	31		5	8	1	–	–	–	–	–	–	–	–	–	2H-Pyran, 3,4-dihydro-	110-87-2	H0443
55	27	29	84	57	26	56	83	**84**	100	29	18	12	7	6	6	3		5	8	1	–	–	–	–	–	–	–	–	–	1-Penten-3-one		16302
55	27	29	84	57	56	28	39	**84**	100	32	17	14	7	7	4	2		5	8	1	–	–	–	–	–	–	–	–	–	1-Penten-3-one	1629-58-9	Q6366
55	27	84	53	26	54	28	29	**84**	100	64	51	44	41	25	24	20		4	4	2	–	–	–	–	–	–	–	–	–	2(3H)-Furanone	20825-71-2	R8959
55	28	41	84	56	27	38	39	**84**	100	44	40	35	29	27	22	18		5	8	1	–	–	–	–	–	–	–	–	–	Cyclopentanone		D0082
55	28	42	84	41	56	27	29	**84**	100	34	27	23	22	16	11	4		5	8	1	–	–	–	–	–	–	–	–	–	Cyclopentanone		D0500
55	28	84	29	27	43	42	56	**84**	100	87	32	29	21	18	16	9		2	4	–	4	–	–	–	–	–	–	–	–	1H-Tetrazole, 1-methyl-		L6347
55	32	42	41	84	56	69	29	**84**	100	78	48	41	38	29	23	23		6	12	–	–	–	–	–	–	–	–	–	–	2-Hexene	592-43-8	Q2499
55	39	41	83	27	56	29	53	**84**	100	93	65	56	44	37	32	31	**10.90**	5	8	1	–	–	–	–	–	–	–	–	–	2-Pentyn-1-ol	6261-22-9	R2175
55	41	27	29	39	28	56	42	**84**	100	84	72	58	45	39	37	25	**8.87**	5	8	1	–	–	–	–	–	–	–	–	–	6-Oxabicyclo[3.1.0]hexane	285-67-6	06913
55	41	29	39	56	27	28	42	**84**	100	67	67	56	55	53	30	27	**12.30**	5	8	1	–	–	–	–	–	–	–	–	–	4-Pentenal		C0400
55	41	42	27	39	84	56	69	**84**	100	77	68	39	39	35	27	26		6	12	–	–	–	–	–	–	–	–	–	–	3-Hexene, (Z)-		Y0399
55	41	42	27	39	84	69	56	**84**	100	81	70	40	39	36	30	28		6	12	–	–	–	–	–	–	–	–	–	–	3-Hexene, (E)-		Y0100
55	41	42	84	69	56	39	27	**84**	100	72	66	33	28	28	28	23		6	12	–	–	–	–	–	–	–	–	–	–	3-Hexene, (E)-		04572
55	41	56	29	39	27	83	28	**84**	100	61	55	54	47	42	29	27	**14.86**	5	8	1	–	–	–	–	–	–	–	–	–	4-Pentenal		Z0136
55	41	69	27	29	56	39	84	**84**	100	78	70	51	40	39	37	29		6	12	–	–	–	–	–	–	–	–	–	–	1-Pentene, 3-methyl-		Y0101
55	41	69	29	27	56	39	42	**84**	100	87	61	46	43	36	35	25	**20.89**	6	12	–	–	–	–	–	–	–	–	–	–	1-Pentene, 3-methyl-		04573
55	42	41	27	29	39	56	84	**84**	100	59	50	45	38	31	27	26		6	12	–	–	–	–	–	–	–	–	–	–	2-Hexene, (E)-	4050-45-7	R0029
55	42	41	27	29	39	56	84	**84**	100	64	54	41	35	33	30	29		6	12	–	–	–	–	–	–	–	–	–	–	2-Hexene, (Z)-	7688-21-3	R3392
55	42	41	27	39	29	84	56	**84**	100	57	51	50	39	35	31	26		6	12	–	–	–	–	–	–	–	–	–	–	2-Hexene, (Z)-		Y0406
55	42	41	27	39	84	29	56	**84**	100	48	41	36	29	29	27	23		6	12	–	–	–	–	–	–	–	–	–	–	2-Hexene, (E)-		Y0099
55	42	41	84	56	39	29	27	**84**	100	48	40	30	24	23	23	21		6	12	–	–	–	–	–	–	–	–	–	–	2-Hexene, (E)-		04574
55	42	41	84	56	69	39	29	**84**	100	45	37	36	26	22	20	19		6	12	–	–	–	–	–	–	–	–	–	–	2-Hexene		04516
55	42	84	54	43	83	41	56	**84**	100	40	36	33	25	17	11	10		4	8	–	2	–	–	–	–	–	–	–	–	1H-Imidazole, 4,5-dihydro-2-methyl-	534-26-9	Q1716
55	42	84	54	43	83	41	73	**84**	100	40	36	33	25	17	11	5		4	8	–	2	–	–	–	–	–	–	–	–	1H-Imidazole, 4,5-dihydro-2-methyl-		L4995
55	69	41	56	29	39	27	84	**84**	100	74	74	34	32	24	23	22		6	12	–	–	–	–	–	–	–	–	–	–	1-Pentene, 3-methyl-		F0351
55	84	27	26	54	28	25	41.5	**84**	100	34	30	14	14	14	13	11		4	4	2	–	–	–	–	–	–	–	–	–	2(3H)-Furanone		F0333
55	84	27	28	56	39	29	83	**84**	100	64	45	38	32	29	28	28		5	8	1	–	–	–	–	–	–	–	–	–	2H-Pyran, 3,4-dihydro-	110-87-2	P8446
55	84	28	29	39	83	41	54	**84**	100	66	54	43	32	32	28	27		5	8	1	–	–	–	–	–	–	–	–	–	2H-Pyran, 3,4-dihydro-	110-87-2	P8447
55	84	29	27	39	41	53	56	**84**	100	78	72	67	42	40	19	12		5	8	1	–	–	–	–	–	–	–	–	–	2-Butenal, 2-methyl-	1115-11-3	Q5319
55	84	29	27	53	28	39	41	**84**	100	99	62	42	18	14	11	10		5	8	1	–	–	–	–	–	–	–	–	–	2-Butenal, 2-methyl-, (E)-	497-03-0	Q1271
55	84	29	27	53	28	39	83	**84**	100	98	62	42	19	14	11	10		5	8	1	–	–	–	–	–	–	–	–	–	2-Butenal, 2-methyl-		X0769
55	84	41	56	27	42	39	26	**84**	100	38	32	28	18	14	12	8		5	8	1	–	–	–	–	–	–	–	–	–	Cyclopentanone		04517
56	27	29	28	42	55	84	40	**84**	100	78	35	26	22	22	11	8		2	4	–	4	–	–	–	–	–	–	–	–	1H-Tetrazole, 5-methyl-		L6351

MASS TO CHARGE RATIOS								M.W.	INTENSITIES								Parent	C	H	O	N	Cl	Br	F	S	P	B	Si	X	COMPOUND NAME	CAS Reg No	No
56	41	27	55	39	42	28	29	**84**	100	65	24	24	18	16	15	13	**2.71**	6	12	–	–	–	–	–	–	–	–	–	–	**Cyclobutane, ethyl-**		**Y0275**
56	41	27	55	47	29	43	28	**84**	100	92	57	51	48	39	26	24	**0.00**	6	12	–	–	–	–	–	–	–	–	–	–	**Cyclobutane, ethyl-**		**M3514**
56	41	39	43	27	42	55	69	**84**	100	73	26	24	22	13	13	12	**1.73**	6	12	–	–	–	–	–	–	–	–	–	–	**Cyclopropane, isopropyl-**		**Y0434**
56	41	39	55	27	69	29	84	**84**	100	89	52	47	45	40	33	32		6	12	–	–	–	–	–	–	–	–	–	–	**1-Pentene, 2-methyl-**	763-29-1	**Q3980**
56	41	55	39	69	27	84	42	**84**	100	80	43	40	36	35	31	29		6	12	–	–	–	–	–	–	–	–	–	–	**1-Pentene, 2-methyl-**		**Y0276**
56	41	55	39	69	84	42	53	**84**	100	94	50	48	43	34	31	13		6	12	–	–	–	–	–	–	–	–	–	–	**1-Pentene, 2-methyl-**		**C0130**
56	41	55	42	27	39	43	29	**84**	100	87	50	41	33	31	27	24	**4.07**	6	12	–	–	–	–	–	–	–	–	–	–	**Cyclopropane, propyl-**	2415-72-7	**Q7987**
56	41	69	39	42	27	55	84	**84**	100	67	34	31	29	29	27	15		6	12	–	–	–	–	–	–	–	–	–	–	**Cyclopentane, methyl-**	96-37-7	**P7051**
56	41	69	42	55	39	27	84	**84**	100	64	33	29	25	25	23	15		6	12	–	–	–	–	–	–	–	–	–	–	**Cyclopentane, methyl-**		**Y0117**
56	41	69	42	55	84	39	27	**84**	100	48	32	24	23	18	15	10		6	12	–	–	–	–	–	–	–	–	–	–	**Cyclopentane, methyl-**		**01762**
56	42	84	41	43	28	69	85	**84**	100	60	47	35	26	22	17	5		5	8	1	–	–	–	–	–	–	–	–	–	**Cyclobutanone, 2-methyl-**	1517-15-3	**Q6139**
56	84	41	55	42	69	39	27	**84**	100	72	57	34	26	23	21	18		6	12	–	–	–	–	–	–	–	–	–	–	**Cyclohexane**		**Y1585**
56	84	41	55	42	69	39	27	**84**	100	73	59	34	28	24	21	17		6	12	–	–	–	–	–	–	–	–	–	–	**Cyclohexane**		**Y1589**
56	84	41	55	69	42	39	43	**84**	100	76	49	31	26	24	14	13		6	12	–	–	–	–	–	–	–	–	–	–	**Cyclohexane**		**C1371**
69	41	43	39	15	84	42	27	**84**	100	93	57	50	22	22	11	10		5	8	1	–	–	–	–	–	–	–	–	–	**3-Penten-2-one, (E)-**	3102-33-8	**Q9020**
69	41	43	39	84	42	27	38	**84**	100	80	54	38	24	9	7	6		5	8	1	–	–	–	–	–	–	–	–	–	**3-Penten-2-one, (E)-**	3102-33-8	**Q9019**
69	41	55	84	56	42	39	27	**84**	100	66	66	50	30	24	22	18		6	12	–	–	–	–	–	–	–	–	–	–	**1-Butene, 2-ethyl-**		**G0132**
69	41	55	84	56	42	39	27	**84**	100	86	75	48	34	31	24	23		6	12	–	–	–	–	–	–	–	–	–	–	**1-Butene, 2-ethyl-**		**04520**
69	41	84	39	27	55	29	53	**84**	100	67	54	39	21	21	17	13		5	8	1	–	–	–	–	–	–	–	–	–	**Furan, 2,3-dihydro-3-methyl-**	1708-27-6	**09400**
69	41	84	39	27	55	43	42	**84**	100	83	31	21	10	9	7	7		6	12	–	–	–	–	–	–	–	–	–	–	**2-Pentene, 4-methyl-**		**G0133**
69	41	84	39	27	57	56	29	**84**	100	95	24	19	13	8	8	8		6	12	–	–	–	–	–	–	–	–	–	–	**1-Butene, 3,3-dimethyl-**		**04576**
69	41	84	39	55	27	42	56	**84**	100	90	33	20	11	11	9	8		6	12	–	–	–	–	–	–	–	–	–	–	**2-Pentene, 4-methyl-, (Z)-**		**04577**
69	41	84	43	56	39	42	27	**84**	100	94	36	35	23	22	16	15		6	12	–	–	–	–	–	–	–	–	–	–	**2-Pentene, 4-methyl-**		**04521**
69	42	84	28	27	41	29	39	**84**	100	76	48	22	16	11	9	9		4	8	–	2	–	–	–	–	–	–	–	–	**1H-Pyrazole, 4,5-dihydro-5-methyl-**	1568-20-3	**Q6229**
69	43	39	41	15	28	53	83	**84**	100	55	18	13	9	7	7	7	**0.50**	5	8	1	–	–	–	–	–	–	–	–	–	**3-Butyn-2-ol, 2-methyl-**	115-19-5	**P8828**
69	43	39	41	83	70	53	51	**84**	100	49	13	11	7	5	5	4	**0.39**	5	8	1	–	–	–	–	–	–	–	–	–	**3-Butyn-2-ol, 2-methyl-**	115-19-5	**P8827**
69	43	39	83	41	70	53	51	**84**	100	32	9	8	7	5	4	4	**1.03**	5	8	1	–	–	–	–	–	–	–	–	–	**3-Butyn-2-ol, 2-methyl-**		**04578**
69	43	41	39	84	42	28	38	**84**	100	79	74	41	38	8	7	6		5	8	1	–	–	–	–	–	–	–	–	–	**3-Penten-2-one**	625-33-2	**Q3181**
69	65	15	45	31	33	64	14	**84**	100	38	17	12	10	9	9	6	**1.16**	2	3	–	–	–	–	3	–	–	–	–	–	**Ethane, 1,1,1-trifluoro-**		**Y0858**
69	65	45	15	33	31	64	14	**84**	100	28	9	9	8	7	7	3	**1.20**	2	3	–	–	–	–	3	–	–	–	–	–	**Ethane, 1,1,1-trifluoro-**	420-46-2	**Q0693**
69	65	45	33	64	15	31	84	**84**	100	16	5	5	4	4	3	1		2	3	–	–	–	–	3	–	–	–	–	–	**Ethane, 1,1,1-trifluoro-**		**Z0134**
83	42	58	84	40	43	41	28	**84**	100	79	73	49	16	16	13	11		4	8	–	2	–	–	–	–	–	–	–	–	**Acetonitrile, (dimethylamino)-**	926-64-7	**Q4571**
83	55	57	27	28	41	56	39	**84**	100	81	52	45	38	33	32	31	**5.40**	5	8	1	–	–	–	–	–	–	–	–	–	**Pent-2,4-dien-1-ol**		**C0957**
83	84	56	42	28	27	54	55	**84**	100	84	46	45	28	22	20	18		4	8	–	2	–	–	–	–	–	–	–	–	**1H-Pyrazole, 4,5-dihydro-3-methyl-**	1911-30-4	**Q6989**
83	84	58	42	43	44	41		**84**	100	95	52	29	11	11	6			4	8	–	2	–	–	–	–	–	–	–	–	**Acetonitrile, (dimethylamino)-**	926-64-7	**Q4573**
83	84	66	55	39	41	67	65	**84**	100	57	52	47	37	28	27	23		5	8	1	–	–	–	–	–	–	–	–	–	**Cyclopent-2-en-1-ol**		**C0044**
84	28	30	29	27	18	57	43	**84**	100	88	43	27	19	10	9	8		2	4	–	4	–	–	–	–	–	–	–	–	**4H-1,2,4-Triazol-4-amine**	584-13-4	**Q2323**
84	28	57	43	42	27	29	85	**84**	100	52	34	17	16	13	9	7		2	4	–	4	–	–	–	–	–	–	–	–	**1H-1,2,4-Triazol-3-amine**	61-82-5	**P5112**
84	29	57	44	43	30	28	85	**84**	100	74	54	27	22	13	11	7		2	4	–	4	–	–	–	–	–	–	–	–	**1H-1,2,4-Triazol-3-amine**	61-82-5	**P5111**
84	43	68	28	42	41	67	44	**84**	100	76	32	16	16	7	6	5		2	4	–	4	–	–	–	–	–	–	–	–	**Guanidine, cyano-**	461-58-5	**Q0806**
84	43	68	42	28	67	41	44	**84**	100	73	33	18	14	6	6	3		2	4	–	4	–	–	–	–	–	–	–	–	**Guanidine, cyano-**		**02980**
84	49	86	51	47	35	48	88	**84**	100	99	53	44	23	11	11	9		1	2	–	–	2	–	–	–	–	–	–	–	**Methane, dichloro-**		**C1180**
84	55	29	27	41	39	53	83	**84**	100	88	43	29	25	24	15	14		5	8	1	–	–	–	–	–	–	–	–	–	**2-Butenal, 2-methyl-**		**04522**
84	55	83	41	39	29	27	28	**84**	100	97	48	45	44	36	31	21		5	8	1	–	–	–	–	–	–	–	–	–	**Furan, 2,3-dihydro-4-methyl-**	34314-83-5	**09401**
84	58	45	39	57	38	69	37	**84**	100	61	53	26	13	7	7	6		4	4	–	–	–	–	–	1	–	–	–	–	**Thiophene**		**Y0475**
84	58	45	39	57	38	69	37	**84**	100	65	58	29	13	8	7	7		4	4	–	–	–	–	–	1	–	–	–	–	**Thiophene**		**Y0500**
84	58	45	39	57	69	38	50	**84**	100	65	42	25	12	7	7	6		4	4	–	–	–	–	–	1	–	–	–	–	**Thiophene**		**C1392**
84	68	42	43	27	67	44	41	**84**	100	32	16	8	7	6	6	6		2	4	–	4	–	–	–	–	–	–	–	–	**Guanidine, cyano-**		**G0379**
84	86	82	83	42	43	80	41	**84**	100	31	21	21	16	5	4	3		–	–	–	–	–	–	–	–	–	–	–	1	**Krypton**	7439-90-9	**R3205**
28	57	27	29	42	43	13	14	**85**	100	82	80	78	61	61	58	53	**52.04**	1	3	–	5	–	–	–	–	–	–	–	–	**1H-Tetrazol-5-amine**	4418-61-5	**R0414**
29	56	85	42	39	53	54	67	**85**	100	65	61	25	15	10	8	2		3	3	2	1	–	–	–	–	–	–	–	–	**Isoxazole, 3-hydroxy-**		**L9548**
31	32	57	70	29	41	15	39	**85**	100	72	49	45	42	33	20	10	**8.50**	5	11	–	1	–	–	–	–	–	–	–	–	**tert-Butylamine, N-methylene-**		**D1369**
41	44	40	39	42	43	45	46	**85**	100	99	65	22	4	1	1	1	**0.00**	3	3	2	1	–	–	–	–	–	–	–	–	**Acetic acid, cyano-**	372-09-8	**Q0624**
41	44	40	45	39	38	69	68	**85**	100	94	52	23	17	10	6	4	**1.69**	3	3	2	1	–	–	–	–	–	–	–	–	**Acetic acid, cyano-**		**C0749**

MASS TO CHARGE RATIOS								M.W.	INTENSITIES								Parent	C	H	O	N	Cl	Br	F	S	P	B	Si	X	COMPOUND NAME	CAS Reg No	No
41	85	69	39	44	28	68	40	**85**	100	99	73	64	47	22	19	15		4	7	1	1	–	–	–	–	–	–	–	–	2-Propenamide, 3-methyl-		D1600
42	15	85	43	70	56	27	57	**85**	100	20	19	18	16	14	13	12		5	11	–	1	–	–	–	–	–	–	–	–	Azetidine, 1,2-dimethyl-	51764-32-0	06959
42	43	15	85	44	41	27	39	**85**	100	75	25	22	20	16	15	13		5	11	–	1	–	–	–	–	–	–	–	–	Azetidine, 1,3-dimethyl-	55683-38-0	06958
42	57	70	41	40	43	56	84	**85**	100	46	14	8	7	5	5	4	**0.00**	5	11	–	1	–	–	–	–	–	–	–	–	Methylamine, N-butylidene-	6898-69-7	R2664
42	57	84	85	41	39	43	82	**85**	100	79	77	39	19	15	9	8		5	11	–	1	–	–	–	–	–	–	–	–	Pyrrolidine, 1-methyl-		V0174
42	70	28	27	15	85	56	41	**85**	100	68	33	31	29	21	20	16		5	11	–	1	–	–	–	–	–	–	–	–	Aziridine, 1,2,3-trimethyl-, trans-	693-88-9	06892
43	27	58	15	18	26	28	42	**85**	100	78	47	22	19	10	8	8	**0.00**	4	7	1	1	–	–	–	–	–	–	–	–	Propanenitrile, 2-hydroxy-2-methyl-	75-86-5	P5664
43	70	27	15	58	42	18	26	**85**	100	66	51	32	26	19	12	12	**0.10**	4	7	1	1	–	–	–	–	–	–	–	–	Propanenitrile, 2-hydroxy-2-methyl-	75-86-5	P5663
43	85	28	42	55	27	70	29	**85**	100	55	47	41	18	12	9	8		4	7	1	1	–	–	–	–	–	–	–	–	Ethyleneimine, N-acetyl-		L3980
43	85	28	84	41	42	27	30	**85**	100	23	18	15	12	10	9	8		5	11	–	1	–	–	–	–	–	–	–	–	Pyrrolidine, 3-methyl-		Y2099
45	29	28	26	31	53	52	54	**85**	100	18	11	10	9	8	8	7	**1.00**	4	7	1	1	–	–	–	–	–	–	–	–	Propanenitrile, 3-methoxy-	110-67-8	09674
45	29	28	27	54	26	31	40	**85**	100	23	9	8	8	6	5	3	**0.77**	4	7	1	1	–	–	–	–	–	–	–	–	Propanenitrile, 3-methoxy-		03638
46	66	85	69	65				**85**	100	95	85	62	24					1	2	–	1	–	–	3	–	–	–	–	–	Methylamine, 1,1,1-trifluoro-	61165-75-1	T5531
55	84	27	58	28	84.5	15	26	**85**	100	67	61	35	22	20	18	18	**1.30**	4	7	1	1	–	–	–	–	–	–	–	–	2-Propenamide, N-methyl-		03016
56	28	57	30	42	43	85	41	**85**	100	18	17	17	17	13	12	12		5	11	–	1	–	–	–	–	–	–	–	–	Cyclopentylamine		04826
56	29	84	30	42	57	28	27	**85**	100	31	31	26	25	25	21	21	**12.40**	4	7	1	1	–	–	–	–	–	–	–	–	Propane, 1-isocyanato-		L1165
56	29	84	42	30	57	27	28	**85**	100	30	30	25	24	24	21	21	**12.19**	4	7	1	1	–	–	–	–	–	–	–	–	Propane, 1-isocyanato-	110-78-1	P8419
56	41	43	27	42	29	28	84	**85**	100	76	72	71	46	40	34	33	**13.71**	4	7	1	1	–	–	–	–	–	–	–	–	Cyanic acid, propyl ester	1768-36-1	Q6706
56	41	43	27	42	29	28	84	**85**	100	77	75	70	45	39	32	29	**12.50**	4	7	1	1	–	–	–	–	–	–	–	–	Cyanic acid, propyl ester		L1164
56	70	28	30	41	27	57	42	**85**	100	58	54	29	20	18	18	15	**2.00**	5	11	–	1	–	–	–	–	–	–	–	–	Aziridine, 2-propyl-		L9312
56	70	28	30	41	57	27	42	**85**	100	57	53	29	20	19	18	15	**2.00**	5	11	–	1	–	–	–	–	–	–	–	–	Aziridine, 1-propyl-	5536-98-1	R1525
57	85	41	39	27	40	54	46	**85**	100	68	32	24	20	20	13	11		4	7	1	1	–	–	–	–	–	–	–	–	Cyclobutanone, oxime	2972-05-6	Q8878
70	42	43	41	85	45	39	27	**85**	100	40	34	23	18	14	13	12		4	7	1	1	–	–	–	–	–	–	–	–	Cyanic acid, isopropyl ester	1768-37-2	Q6707
70	42	85	43	41	27	28	39	**85**	100	31	18	16	10	8	6	5		4	7	1	1	–	–	–	–	–	–	–	–	Propane, 2-isocyanato-	1795-48-8	Q6761
84	28	56	85	29	57	30	44	**85**	100	55	52	48	47	42	38	34		5	11	–	1	–	–	–	–	–	–	–	–	Piperidine		F0140
84	42	57	85	28	41	82	27	**85**	100	88	71	60	28	15	13	10		5	11	–	1	–	–	–	–	–	–	–	–	Pyrrolidine, 1-methyl-		D0367
84	85	42	57	82	28	41	81	**85**	100	55	50	41	15	8	7	7		5	11	–	1	–	–	–	–	–	–	–	–	Pyrrolidine, 1-methyl-		D0332
84	85	56	57	28	29	44	30	**85**	100	53	46	43	41	37	34	30		5	11	–	1	–	–	–	–	–	–	–	–	Piperidine		Y2102
84	85	57	56	44	42	43	41	**85**	100	53	52	51	40	35	29	23		5	11	–	1	–	–	–	–	–	–	–	–	Piperidine		Y0618
85	41	30	42	29	56	84	40	**85**	100	43	43	42	20	18	17	15		4	7	1	1	–	–	–	–	–	–	–	–	2-Pyrrolidinone	616-45-5	Q2942
85	41	44	39	69	42	68	40	**85**	100	81	56	51	38	18	14	14		4	7	1	1	–	–	–	–	–	–	–	–	2-Propenamide, 2-methyl-	79-39-0	P5999
85	42	41	28	30	56	84	27	**85**	100	43	36	33	29	16	14	12		4	7	1	1	–	–	–	–	–	–	–	–	2-Pyrrolidinone		00738
85	58	57	45	59	86	87	44	**85**	100	70	9	8	5	5	5	4		3	3	–	1	–	–	–	1	–	–	–	–	Thiazole	288-47-1	Q0238
85	58	59	57	44	36	39	27	**85**	100	65	18	16	10	5	5	5		3	3	–	1	–	–	–	1	–	–	–	–	Isothiazole		A0537
85	58	59	57	45	84	44	39	**85**	100	40	10	8	7	3	3	3		3	3	–	1	–	–	–	1	–	–	–	–	Isothiazole		05714
85	69	46	66	50	88	84	65	**85**	100	62	35	21	8	6	4	4		–	2	–	1	–	–	2	–	1	–	–	–	Aminodifluorophosphine		M5189
85	69	84	47	66	31	88	46	**85**	100	38	29	19	6	4	4	2		–	2	–	1	–	–	2	–	1	–	–	–	Aminodifluorophosphine	25757-74-8	S1163
14	86	29	42	30	18	28	58	**86**	100	90	57	55	29	17	17	14		3	2	3	–	–	–	–	–	–	–	–	–	1,3-Dioxol-2-one		F0067
18	17	29	58	43	57	27	28	**86**	100	21	14	10	10	6	6	5	**0.16**	4	6	2	–	–	–	–	–	–	–	–	–	1,4-Butanediol		Z0147
28	27	26	44	86	29	55	30	**86**	100	17	14	11	9	8	7	5		3	6	1	2	–	–	–	–	–	–	–	–	5-Pyrazolidone		D1528
28	42	29	27	41	56	86	26	**86**	100	74	48	33	27	25	24	18		4	6	2	–	–	–	–	–	–	–	–	–	2(3H)-Furanone, dihydro-	96-48-0	P7062
28	42	41	29	27	26	30	56	**86**	100	88	41	40	35	21	20	18	**15.38**	4	6	2	–	–	–	–	–	–	–	–	–	2(3H)-Furanone, dihydro-		C1295
28	55	56	68	41	29	31	39	**86**	100	99	98	97	86	81	60	57	**18.62**	5	10	1	–	–	–	–	–	–	–	–	–	3-Penten-1-ol	39161-19-8	S6042
29	27	57	28	86	15	42	30	**86**	100	27	18	13	11	6	4	4		4	10	–	2	–	–	–	–	–	–	–	–	Azoethane		C0468
29	55	27	28	31	30	26	15	**86**	100	87	78	73	55	43	42	36	**0.40**	4	6	2	–	–	–	–	–	–	–	–	–	Butane, 1,2:3,4-diepoxy-	1464-53-5	H1186
29	57	27	86	28	26	56	42	**86**	100	99	31	15	15	8	4	3		5	10	1	–	–	–	–	–	–	–	–	–	3-Pentanone	96-22-0	P7034
29	57	27	86	28	42	43	39	**86**	100	99	46	17	13	6	5	4		5	10	1	–	–	–	–	–	–	–	–	–	3-Pentanone		04277
30	29	86	28	58	27	26	31	**86**	100	78	68	49	41	32	15	13		4	6	2	–	–	–	–	–	–	–	–	–	1,4-Dioxin, 2,3-dihydro-	543-75-9	Q1870
30	41	86	42	55	44	39	54	**86**	100	53	43	39	29	24	22	22		3	6	1	2	–	–	–	–	–	–	–	–	Azetidine, 1-nitroso-	15216-10-1	R5604
30	42	57	56	41	86	55	40	**86**	100	94	28	25	19	15	14	13		3	6	1	2	–	–	–	–	–	–	–	–	Vinylamine, N-methyl-N-nitroso-	4549-40-0	R0587
30	44	86	28	29	56	85	57	**86**	100	63	27	20	20	20	20	19		4	10	–	2	–	–	–	–	–	–	–	–	Piperazine		C1239
32	55	29	86	71	31	39	27	**86**	100	67	42	33	29	26	26	25		4	10	–	2	–	–	–	–	–	–	–	–	Hydrazine, 2-butenyl-	36566-68-4	S5289
32	55	71	28	29	27	41	86	**86**	100	62	54	52	51	40	32	30		4	10	–	2	–	–	–	–	–	–	–	–	Hydrazine, 2-methyl-1-(1-propenyl)-		T8802
39	41	42	45	58	40	86	38	**86**	100	94	48	30	25	25	25	22		4	6	2	–	–	–	–	–	–	–	–	–	3-Butenoic acid	625-38-7	H0985

MASS TO CHARGE RATIOS								M.W.	INTENSITIES								Parent	C	H	O	N	Cl	Br	F	S	P	B	Si	X	COMPOUND NAME	CAS Reg No	No
39	41	42	85	45	58	40	27	**86**	100	93	50	49	32	30	27	27	**6.13**	4	6	2	–	–	–	–	–	–	–	–	–	**Cyclopropyl carboxylic acid**		**X0773**
39	41	85	42	58	45	27	68	**86**	100	95	55	40	37	37	30	23	**10.00**	4	6	2	–	–	–	–	–	–	–	–	–	**Cyclopropyl carboxylic acid**		**M1547**
39	41	86	68	40	38	45	69	**86**	100	70	53	43	31	25	24	23		4	6	2	–	–	–	–	–	–	–	–	–	**2-Butenoic acid, (Z)-**	503-64-0	**H0746**
41	28	56	85	45	27	29	86	**86**	100	59	59	57	56	51	51	50		5	10	1	–	–	–	–	–	–	–	–	–	**2H-Pyran, tetrahydro-**		**Y1828**
41	29	58	57	27	39	31	28	**86**	100	92	86	81	61	47	45	27	**11.86**	5	10	1	–	–	–	–	–	–	–	–	–	**1-Propene, 3-ethoxy-**		**Y0797**
41	39	86	40	38	28	68	44	**86**	100	88	49	26	19	17	13	13		4	6	2	–	–	–	–	–	–	–	–	–	**2-Propenoic acid, 2-methyl-**		**A0608**
41	43	58	29	56	27	57	39	**86**	100	87	67	66	50	46	45	35	**10.10**	5	10	1	–	–	–	–	–	–	–	–	–	**Butanal, 3-methyl-**		**Y0296**
41	56	45	85	86	29	28	27	**86**	100	66	63	46	40	36	34	30		5	10	1	–	–	–	–	–	–	–	–	–	**2H-Pyran, tetrahydro-**		**C1827**
41	56	68	31	39	29	67	55	**86**	100	86	66	61	40	33	33	28	**20.30**	5	10	1	–	–	–	–	–	–	–	–	–	**3-Buten-1-ol, 3-methyl-**	763-32-6	**Q3982**
41	71	56	43	55	57	58	42	**86**	100	68	20	15	15	10	10	8	**0.00**	5	10	1	–	–	–	–	–	–	–	–	–	**Oxirane, propyl-**	1003-14-1	**Q4986**
41	71	86	29	56	55	39	28	**86**	100	63	55	53	53	47	36	36		5	10	1	–	–	–	–	–	–	–	–	–	**Butane, 1,2-epoxy-2-methyl-**		**01764**
41	86	39	40	28	45	38	69	**86**	100	71	65	21	17	14	14	14		4	6	2	–	–	–	–	–	–	–	–	–	**2-Propenoic acid, 2-methyl-**	79-41-4	**P6002**
41	86	40	69	45	42	43	68	**86**	100	67	16	15	13	9	6	6		4	6	2	–	–	–	–	–	–	–	–	–	**2-Propenoic acid, 2-methyl-**	79-41-4	**P6004**
42	86	41	56	85	40	55	57	**86**	100	40	33	31	13	10	10	6		4	6	2	–	–	–	–	–	–	–	–	–	**2(3H)-Furanone, dihydro-**		**B0262**
43	15	86	14	42	13	26	29	**86**	100	34	11	10	7	3	2	2		4	6	2	–	–	–	–	–	–	–	–	–	**2,3-Butanedione**		**Y0782**
43	15	86	27	42	44	28	14	**86**	100	13	6	6	5	5	3	3		4	6	2	–	–	–	–	–	–	–	–	–	**Acetic acid, vinyl ester**		**F0036**
43	27	41	86	39	42	71	28	**86**	100	13	13	10	7	6	4	2		5	10	1	–	–	–	–	–	–	–	–	–	**2-Butanone, 3-methyl-**		**Y0652**
43	27	86	41	58	39	71	42	**86**	100	14	11	9	7	6	6	5		5	10	1	–	–	–	–	–	–	–	–	–	**2-Pentanone**		**Y0651**
43	27	86	42	26	29	28	45	**86**	100	12	8	6	4	4	2	2		4	6	2	–	–	–	–	–	–	–	–	–	**Acetic acid, vinyl ester**		**17333**
43	27	86	71	29	55	42	85	**86**	100	20	19	17	16	15	14	11		4	6	2	–	–	–	–	–	–	–	–	–	**2-Butanone, 3,4-epoxy-**	4401-11-0	**R0398**
43	28	86	42	44	87	57	39	**86**	100	82	26	7	3	2	2	2		4	6	2	–	–	–	–	–	–	–	–	–	**2,3-Butanedione**		**C0151**
43	29	27	57	86	41	58	39	**86**	100	22	21	19	15	10	7	7		5	10	1	–	–	–	–	–	–	–	–	–	**2-Pentanone**		**Y0378**
43	41	39	45	27	42	86	53	**86**	100	60	43	42	26	16	16	14		5	10	1	–	–	–	–	–	–	–	–	–	**3-Buten-2-ol, 3-methyl-**	10473-14-0	**H1697**
43	41	56	28	58	39	29	27	**86**	100	77	39	32	25	22	21	21	**6.84**	5	10	1	–	–	–	–	–	–	–	–	–	**Butane, 1,3-epoxy-3-methyl-**	6245-99-4	**R2167**
43	41	58	42	45	27	39	40	**86**	100	94	84	76	74	35	30	14	**2.05**	5	10	1	–	–	–	–	–	–	–	–	–	**Butane, 2-methyl-2,3-epoxy-**		**01766**
43	41	86	27	39	44	42	28	**86**	100	17	14	13	7	5	5	5		5	10	1	–	–	–	–	–	–	–	–	–	**2-Butanone, 3-methyl-**		**01810**
43	42	41	27	39	71	29	15	**86**	100	87	31	25	17	16	10	8	**3.37**	6	14	–	–	–	–	–	–	–	–	–	–	**Butane, 2,3-dimethyl-**		**Y0013**
43	42	41	27	71	29	39	57	**86**	100	53	32	28	27	18	17	10	**2.98**	6	14	–	–	–	–	–	–	–	–	–	–	**Pentane, 2-methyl-**		**Y0010**
43	42	41	27	71	39	15	29	**86**	100	85	33	25	19	18	11	9	**4.10**	6	14	–	–	–	–	–	–	–	–	–	–	**Butane, 2,3-dimethyl-**		**W0002**
43	42	41	27	71	39	29	15	**86**	100	90	28	22	15	13	9	7	**3.58**	6	14	–	–	–	–	–	–	–	–	–	–	**Butane, 2,3-dimethyl-**		**Y0151**
43	42	41	27	71	39	29	57	**86**	100	53	35	31	29	20	18	11	**2.94**	6	14	–	–	–	–	–	–	–	–	–	–	**Pentane, 2-methyl-**	107-83-5	**P8024**
43	42	41	71	27	29	39	57	**86**	100	54	29	27	23	16	13	10	**3.33**	6	14	–	–	–	–	–	–	–	–	–	–	**Pentane, 2-methyl-**		**Y0148**
43	44	41	27	15	45	86	39	**86**	100	79	53	52	31	28	24	22		5	10	1	–	–	–	–	–	–	–	–	–	**Vinyl isopropyl ether**		**Y0796**
43	45	28	60	29	42	44	27	**86**	100	26	25	14	14	13	13	6	**3.20**	4	6	2	–	–	–	–	–	–	–	–	–	**Acetic acid, vinyl ester**		**D1391**
43	53	39	27	86	29	67	68	**86**	100	78	72	65	59	52	38	34		5	10	1	–	–	–	–	–	–	–	–	–	**2-Buten-1-ol, 3-methyl-**	556-82-1	**H0834**
43	57	71	41	29	27	56	39	**86**	100	98	71	56	48	33	32	26	**0.06**	6	14	–	–	–	–	–	–	–	–	–	–	**Butane, 2,2-dimethyl-**		**Y0150**
43	57	71	41	29	27	56	39	**86**	100	98	73	61	51	36	29	25	**0.05**	6	14	–	–	–	–	–	–	–	–	–	–	**Butane, 2,2-dimethyl-**		**Y0012**
43	58	86	29	27	41	39	45	**86**	100	59	38	23	14	13	13	12		5	10	1	–	–	–	–	–	–	–	–	–	**1-Propene, 2-ethoxy-**		**A0704**
43	59	31	41	27	29	39	45	**86**	100	67	55	45	38	22	18	17	**2.80**	5	10	1	–	–	–	–	–	–	–	–	–	**3-Buten-2-ol, 2-methyl-**	115-18-4	**H0515**
43	71	41	45	39	27	59	29	**86**	100	88	59	43	42	37	27	24	**9.00**	5	10	1	–	–	–	–	–	–	–	–	–	**3-Buten-2-ol, 3-methyl-**		**L0814**
43	86	15	28	42	44	45	14	**86**	100	20	13	8	5	4	3	3		4	6	2	–	–	–	–	–	–	–	–	–	**2,3-Butanedione**		**A0609**
43	86	41	27	71	42	39	44	**86**	100	21	15	8	6	3	3	2		5	10	1	–	–	–	–	–	–	–	–	–	**2-Butanone, 3-methyl-**	563-80-4	**Q2128**
43	86	71	41	58	27	39	42	**86**	100	26	12	12	11	9	6	4		5	10	1	–	–	–	–	–	–	–	–	–	**2-Pentanone**		**01768**
44	28	29	30	57	86	56	85	**86**	100	63	46	35	35	33	31	24		4	10	–	2	–	–	–	–	–	–	–	–	**Piperazine**		**C1217**
44	28	32	29	58	41	57	43	**86**	100	81	52	43	29	28	25	21	**0.00**	5	10	1	–	–	–	–	–	–	–	–	–	**Pentanal**	110-62-3	**P8399**
44	29	28	30	45	57	56	86	**86**	100	42	40	34	30	28	28	27		4	10	–	2	–	–	–	–	–	–	–	–	**Piperazine**	110-85-0	**P8439**
44	29	41	58	27	57	43	39	**86**	100	46	28	26	21	21	16	15	**5.00**	5	10	1	–	–	–	–	–	–	–	–	–	**Pentanal**	110-62-3	**08603**
44	29	58	41	27	57	43	45	**86**	100	44	35	32	25	17	16	12	**1.64**	5	10	1	–	–	–	–	–	–	–	–	–	**Pentanal**		**C0728**
44	41	43	29	27	39	58	15	**86**	100	93	78	64	61	51	44	23	**5.50**	5	10	1	–	–	–	–	–	–	–	–	–	**Butanal, 3-methyl-**	590-86-3	**Q2432**
44	41	43	58	27	29	39	71	**86**	100	80	71	43	40	37	33	22	**6.50**	5	10	1	–	–	–	–	–	–	–	–	–	**Butanal, 3-methyl-**		**01811**
44	42	86	57	43	41	40	69	**86**	100	61	47	35	27	9	5	5		4	10	–	2	–	–	–	–	–	–	–	–	**Trimethyl formamidine**		**L9563**
45	31	44	29	30	15	27	74	**86**	100	75	57	55	40	28	16	16	**0.00**	5	10	1	–	–	–	–	–	–	–	–	–	**1-Propene, 1-methoxy-2-methyl-**	17574-84-4	**R7072**
45	43	41	42	39	27	29	71	**86**	100	18	12	11	10	9	4	3	**0.00**	5	10	1	–	–	–	–	–	–	–	–	–	**Pentane, 2,4-epoxy-, (Z)-**		**06531**
45	43	42	41	27	39	29	71	**86**	100	17	11	11	11	8	4	2	**0.00**	5	10	1	–	–	–	–	–	–	–	–	–	**4-Penten-2-ol**	625-31-0	**Q3179**
45	86	42	41	59	39	43	44	**86**	100	32	22	18	17	13	13	9		4	10	–	2	–	–	–	–	–	–	–	–	**Hydrazine, 1-methyl-1-(2-propenyl)-**	20240-70-4	**R8588**

MASS TO CHARGE RATIOS								M.W.	INTENSITIES								Parent	C	H	O	N	Cl	Br	F	S	P	B	Si	X	COMPOUND NAME	CAS Reg No	No
51	31	67	35	32	50	69	13	**86**	100	17	15	12	10	6	5	4	**1.33**	1	1	–	–	1	–	2	–	–	–	–	–	Methane, chlorodifluoro-		Y1871
51	31	67	35	32	50	69	37	**86**	100	17	16	13	10	6	5	4	**1.33**	1	1	–	–	1	–	2	–	–	–	–	–	Methane, chlorodifluoro-		W0134
51	67	31	50	69	32	85	86	**86**	100	9	6	5	3	3	2	2		1	1	–	–	1	–	2	–	–	–	–	–	Methane, chlorodifluoro-		A0107
51	86	50	88	87	52	85	60	**86**	100	87	30	29	6	4	2	2		4	3	–	–	1	–	–	–	–	–	–	–	Butatriene, 1-chloro-		01602
51	86	53	88	35	70	37	72	**86**	100	39	31	26	25	9	8	6		–	–	1	–	2	–	–	–	–	–	–	–	Chlorine monoxide		L9881
51	86	53	88	70	90	72	37	**86**	100	43	33	28	5	4	3	1		–	–	1	–	2	–	–	–	–	–	–	–	Chlorine monoxide		02509
51	86	53	88	70	90	72	74	**86**	100	44	33	28	5	5	5	1		–	–	1	–	2	–	–	–	–	–	–	–	Chlorine monoxide		L3380
51	86	88	50	87	52	60	49	**86**	100	99	34	28	6	6	3	3		4	3	–	–	1	–	–	–	–	–	–	–	Buten-3-yne, 1-chloro-, (E)-		L3105
51	86	88	50	87	52	60	85	**86**	100	95	34	25	6	4	3	1		4	3	–	–	1	–	–	–	–	–	–	–	Buten-3-yne, 1-chloro-, (Z)-		01604
55	27	15	26	29	42	85	31	**86**	100	68	28	22	13	12	12	8	**2.10**	4	6	2	–	–	–	–	–	–	–	–	–	2-Propenoic acid, methyl ester		Y0783
55	27	15	28	59	26	58	42	**86**	100	40	12	10	9	7	7	6	**0.90**	4	6	2	–	–	–	–	–	–	–	–	–	2-Propenoic acid, methyl ester		F0026
55	27	26	85	42	28	58	29	**86**	100	65	18	18	15	14	13	10	**3.31**	4	6	2	–	–	–	–	–	–	–	–	–	2-Propenoic acid, methyl ester		C1117
55	28	56	68	41	29	31	39	**86**	100	99	98	97	86	81	60	56	**18.59**	5	10	1	–	–	–	–	–	–	–	–	–	3-Penten-1-ol		X1652
55	44	43	29	31	28	27	57	**86**	100	91	73	65	58	56	50	49	**5.15**	4	6	2	–	–	–	–	–	–	–	–	–	Butane, 1,2:3,4-diepoxy-		Z0146
55	56	68	41	29	39	27	31	**86**	100	67	65	47	44	39	34	34	**6.10**	5	10	1	–	–	–	–	–	–	–	–	–	3-Penten-1-ol, (E)-	764-37-4	Q3992
55	68	56	41	29	39	31	27	**86**	100	93	91	71	58	53	50	47	**5.50**	5	10	1	–	–	–	–	–	–	–	–	–	3-Penten-1-ol, (Z)-	764-38-5	Q3993
56	28	58	43	39	29	27	30	**86**	100	32	25	23	22	21	21	15	**6.84**	5	10	1	–	–	–	–	–	–	–	–	–	Butane, 1,3-epoxy-3-methyl-		P0141
56	41	28	39	27	55	29	40	**86**	100	70	29	18	16	15	10	8	**0.00**	5	10	1	–	–	–	–	–	–	–	–	–	Propane, 1,3-epoxy-2,2-dimethyl-		M0738
56	41	29	86	28	27	39	55	**86**	100	78	21	18	16	16	14	13		5	10	1	–	–	–	–	–	–	–	–	–	Furan, tetrahydro-2-methyl-	96-47-9	P7058
56	41	39	28	27	55	29	40	**86**	100	81	18	14	12	11	10	8	**0.00**	5	10	1	–	–	–	–	–	–	–	–	–	Propane, 1,3-epoxy-2,2-dimethyl-	6921-35-3	R2687
56	41	39	55	28	27	29	43	**86**	100	63	16	9	6	6	4	4	**0.00**	5	10	1	–	–	–	–	–	–	–	–	–	Propane, 1,3-epoxy-2,2-dimethyl-		01771
56	41	45	85	28	86	29	27	**86**	100	86	66	43	42	38	26	20		5	10	1	–	–	–	–	–	–	–	–	–	2H-Pyran, tetrahydro-		D0505
56	41	86	29	55	28	39	57	**86**	100	58	30	13	13	12	9	9		5	10	1	–	–	–	–	–	–	–	–	–	Furan, tetrahydro-3-methyl-		01772
57	29	27	31	39	41	28	43	**86**	100	33	23	15	9	9	8	7	**1.57**	5	10	1	–	–	–	–	–	–	–	–	–	1-Penten-3-ol		04411
57	29	27	31	41	28	39	43	**86**	100	33	16	12	10	8	8	6	**3.90**	5	10	1	–	–	–	–	–	–	–	–	–	1-Penten-3-ol	616-25-1	Q2933
57	29	27	41	39	31	44	68	**86**	100	58	56	46	43	29	29	23	**6.00**	5	10	1	–	–	–	–	–	–	–	–	–	2-Penten-1-ol, (Z)-	1576-95-0	Q6248
57	29	27	41	39	44	31	43	**86**	100	48	45	39	35	26	22	20	**9.60**	5	10	1	–	–	–	–	–	–	–	–	–	2-Penten-1-ol, (E)-	1576-96-1	Q6250
57	29	27	86	28	26	43	42	**86**	100	99	37	17	11	9	4	4		5	10	1	–	–	–	–	–	–	–	–	–	3-Pentanone		Y0379
57	29	28	56	27	69	41	85	**86**	100	44	28	24	13	12	12	7	**3.65**	4	11	1	–	–	–	–	–	–	1	–	–	Borinic acid, diethyl-	4426-31-7	R0427
57	29	39	28	55	40	31	27	**86**	100	85	80	79	57	54	37	23	**3.00**	4	6	2	–	–	–	–	–	–	–	–	–	2-Butyne-1,4-diol	110-65-6	P8404
57	29	39	31	41	27	58	28	**86**	100	84	75	36	35	34	28	23	**0.60**	4	6	2	–	–	–	–	–	–	–	–	–	Formic acid, 2-propenyl ester	1838-59-1	H1262
57	29	41	58	27	86	39	43	**86**	100	82	73	56	32	18	15	8		5	10	1	–	–	–	–	–	–	–	–	–	Butanal, 2-methyl-	96-17-3	08604
57	39	29	40	55	31	27	68	**86**	100	92	77	66	47	43	31	23	**3.38**	4	6	2	–	–	–	–	–	–	–	–	–	2-Butyne-1,4-diol	110-65-6	P8403
57	39	41	58	31	29	40	27	**86**	100	39	28	22	20	20	18	12	**1.00**	4	6	2	–	–	–	–	–	–	–	–	–	Formic acid, 2-propenyl ester		C0150
57	39	58	41	31	29	40	27	**86**	100	39	27	26	21	18	15	11	**1.16**	4	6	2	–	–	–	–	–	–	–	–	–	Formic acid, 2-propenyl ester		01812
57	41	29	86	43	39	27	55	**86**	100	83	40	34	18	17	11	7		5	10	1	–	–	–	–	–	–	–	–	–	Propanal, 2,2-dimethyl-	630-19-3	Q3399
57	41	43	56	42	29	86	39	**86**	100	62	59	54	32	31	13	10		6	14	–	–	–	–	–	–	–	–	–	–	Hexane		A0632
57	41	44	29	27	89	68	86	**86**	100	27	26	25	22	21	19	12		5	10	1	–	–	–	–	–	–	–	–	–	2-Penten-1-ol, (Z)-		M4226
57	43	41	29	27	56	42	39	**86**	100	81	70	61	45	45	41	20	**15.50**	6	14	–	–	–	–	–	–	–	–	–	–	Hexane		Y0147
57	43	41	29	27	56	42	39	**86**	100	81	75	63	51	45	41	23	**14.10**	6	14	–	–	–	–	–	–	–	–	–	–	Hexane		Y0009
57	44	29	41	27	39	43	58	**86**	100	36	23	20	20	17	14	13	**7.51**	5	10	1	–	–	–	–	–	–	–	–	–	Cyclopentanol	96-41-3	H0210
57	44	41	39	68	67	29	27	**86**	100	45	43	41	40	39	33	32	**7.20**	5	10	1	–	–	–	–	–	–	–	–	–	2-Penten-1-ol, (Z)-	1576-95-0	Q6249
57	44	58	41	39	29	43	86	**86**	100	26	12	11	8	7	7	7		5	10	1	–	–	–	–	–	–	–	–	–	Cyclopentanol		D0330
57	44	58	43	41	86	39	67	**86**	100	36	18	13	13	9	8	7		5	10	1	–	–	–	–	–	–	–	–	–	Cyclopentanol	96-41-3	08462
57	56	41	29	27	43	39	55	**86**	100	74	59	50	32	24	18	8	**3.08**	6	14	–	–	–	–	–	–	–	–	–	–	Pentane, 3-methyl-		W0001
57	56	41	29	27	43	39	55	**86**	100	78	60	60	30	29	15	7	**3.52**	6	14	–	–	–	–	–	–	–	–	–	–	Pentane, 3-methyl-		Y0149
57	56	41	29	27	43	39	55	**86**	100	76	64	61	36	28	18	8	**3.03**	6	14	–	–	–	–	–	–	–	–	–	–	Pentane, 3-methyl-		Y0011
57	58	41	29	43	27	55	86	**86**	100	56	53	50	15	12	12	12		5	10	1	–	–	–	–	–	–	–	–	–	Butanal, 2-methyl-	96-17-3	P7030
58	43	55	59	32	39	41	42	**86**	100	27	13	6	6	6	5	5	**2.18**	5	10	1	–	–	–	–	–	–	–	–	–	Cyclobutane, methoxy-	18593-33-4	R7703
58	43	86	57	55	59	56	85	**86**	100	21	19	10	9	9	6	6		4	10	–	–	–	–	–	–	–	–	1	–	Silacyclopentane	288-06-2	Q0224
58	45	55	43	39	53	59	31	**86**	100	53	30	24	21	7	5	3	**2.40**	5	10	1	–	–	–	–	–	–	–	–	–	Cyclopropane, (methoxymethyl)-		L6265
58	45	55	43	39	53	59	31	**86**	100	53	31	21	21	7	5	3	**2.38**	5	10	1	–	–	–	–	–	–	–	–	–	Cyclopropane, (methoxymethyl)-	1003-13-0	Q4985
58	45	55	43	86	39	72	53	**86**	100	51	30	23	23	20	10	8		5	10	1	–	–	–	–	–	–	–	–	–	Cyclopropane, (methoxymethyl)-	1003-13-0	Q4984
58	57	86	28	32	26	45	44	**86**	100	19	10	9	8	6	5	5		2	2	–	2	–	–	–	1	–	–	–	–	1,2,3-Thiadiazole		02376
67	68	41	39	27	31	44	53	**86**	100	96	61	56	55	47	46	43	**0.29**	5	10	1	–	–	–	–	–	–	–	–	–	4-Penten-1-ol	821-09-0	Q4218
67	68	41	39	29	44	27	28	**86**	100	96	48	43	41	40	37	37	**0.50**	5	10	1	–	–	–	–	–	–	–	–	–	4-Penten-1-ol	821-09-0	Q4219

MASS TO CHARGE RATIOS								M.W.	INTENSITIES								Parent	C	H	O	N	Cl	Br	F	S	P	B	Si	X	COMPOUND NAME	CAS Reg No	No
67	86	48	32	69	19	24	51	**86**	100	56	23	8	5	4	4	4		–	–	1	–	–	–	2	1	–	–	–	–	Thionyl fluoride	7783-42-8	R3485
68	67	27	39	29	41	44	53	**86**	100	99	73	66	64	64	50	49	**0.24**	5	10	1	–	–	–	–	–	–	–	–	–	4-Penten-1-ol		04412
71	30	86	42	27	28	29	44	**86**	100	97	56	48	23	23	17	17		4	10	–	2	–	–	–	–	–	–	–	–	Acetaldehyde, ethylhydrazone	20487-02-9	R8693
71	41	43	39	53	86	31	68	**86**	100	73	47	38	35	31	15	14		5	10	1	–	–	–	–	–	–	–	–	–	2-Buten-1-ol, 2-methyl-		L4963
71	41	43	53	39	68	27	67	**86**	100	58	40	33	28	23	22	22	**19.12**	5	10	1	–	–	–	–	–	–	–	–	–	2-Buten-1-ol, 3-methyl-	556-82-1	Q2043
71	41	45	55	43	86	29	39	**86**	100	67	53	50	45	43	34	32		5	10	1	–	–	–	–	–	–	–	–	–	1-Propene, 2-methyl-3-methoxy-		Z0148
71	41	45	86	39	55	27	29	**86**	100	66	33	33	29	26	22	18		5	10	1	–	–	–	–	–	–	–	–	–	1-Propene, 1-methoxy-2-methyl-	17574-84-4	R7071
71	41	55	29	27	39	86	72	**86**	100	82	57	52	44	44	36	32		5	10	1	–	–	–	–	–	–	–	–	–	1-Butene, 3-methoxy-		C1038
71	41	55	29	86	27	39	45	**86**	100	58	49	41	39	37	35	30		5	10	1	–	–	–	–	–	–	–	–	–	1-Butene, 4-methoxy-		C1039
71	41	55	86	27	39	45	29	**86**	100	52	48	40	29	29	26	21		5	10	1	–	–	–	–	–	–	–	–	–	2-Butene, 1-methoxy-, (E)-	10034-14-7	R3544
71	41	55	86	39	45	53	54	**86**	100	53	48	40	29	26	15	9		5	10	1	–	–	–	–	–	–	–	–	–	2-Butene, 1-methoxy-, (E)-	10034-14-7	R3545
71	41	67	53	68	39	27	43	**86**	100	88	84	80	68	67	51	37	**18.07**	5	10	1	–	–	–	–	–	–	–	–	–	2-Buten-1-ol, 3-methyl-	556-82-1	Q2044
71	41	86	39	27	55	43	29	**86**	100	96	52	45	45	40	35	20		5	10	1	–	–	–	–	–	–	–	–	–	1-Propene, 1-methoxy-2-methyl-		A0705
71	43	41	39	53	45	86	58	**86**	100	58	24	17	17	14	10	9		5	10	1	–	–	–	–	–	–	–	–	–	3-Penten-2-ol	1569-50-2	Q6232
71	43	41	42	27	29	39	45	**86**	100	97	71	58	48	35	31	26	**15.65**	5	10	1	–	–	–	–	–	–	–	–	–	Furan, tetrahydro-2-methyl-		Y0798
71	43	41	42	27	29	39	45	**86**	100	85	64	52	43	31	30	23	**14.20**	5	10	1	–	–	–	–	–	–	–	–	–	Furan, tetrahydro-2-methyl-		Y1827
71	43	59	41	27	31	39	53	**86**	100	71	36	31	27	20	15	9	**1.54**	5	10	1	–	–	–	–	–	–	–	–	–	3-Buten-2-ol, 2-methyl-	115-18-4	P8825
71	43	59	41	27	58	39	31	**86**	100	81	33	18	10	9	8	8	**5.23**	5	10	1	–	–	–	–	–	–	–	–	–	3-Buten-2-ol, 2-methyl-		04528
71	86	41	55	39	27	29	85	**86**	100	52	48	13	13	12	10	9		5	10	1	–	–	–	–	–	–	–	–	–	1-Butene, 4-methoxy-		01813
71	86	43	41	39	53	67	55	**86**	100	50	47	42	25	25	15	13		5	10	1	–	–	–	–	–	–	–	–	–	2-Buten-1-ol, 2-methyl-	4675-87-0	R0704
85	45	86	39	27	53	54	51	**86**	100	67	67	59	39	33	22	16		4	6	–	–	–	–	–	1	–	–	–	–	1-Butene, 3,4-epithio-	5954-75-6	R1939
85	86	45	53	44	58	51	50	**86**	100	92	40	12	11	11	9	7		4	6	–	–	–	–	–	1	–	–	–	–	Thiophene, 2,5-dihydro-	1708-32-3	Q6561
85	86	45	58	53	44	71	57	**86**	100	50	35	12	9	8	7	6		4	6	–	–	–	–	–	1	–	–	–	–	Thiophene, 2,3-dihydro-	1120-59-8	Q5378
85	86	45	59	58	27	60	76	**86**	100	74	51	47	35	30	19	16		4	6	–	–	–	–	–	1	–	–	–	–	Divinyl sulphide	627-51-0	H0999
86	30	27	28	29	85	15	26	**86**	100	99	48	28	20	12	12	11		3	6	1	2	–	–	–	–	–	–	–	–	Imidazolidin-2-one		F0566
86	30	28	29	42	27	85	41	**86**	100	93	39	23	23	14	13	5		3	6	1	2	–	–	–	–	–	–	–	–	Imidazolidin-2-one	120-93-4	P9133
86	30	28	29	42	27	85	58	**86**	100	92	38	23	22	13	13	5		3	6	1	2	–	–	–	–	–	–	–	–	Imidazolidin-2-one		02293
86	31	55	67	36	43			**86**	100	11	10	5	4	4				4	–	–	–	–	–	2	–	–	–	–	–	1,3-Butadiyne, 1,4-difluoro-	64788-23-4	T6518
86	39	41	68	69	40	32	45	**86**	100	91	82	43	36	30	25	22		4	6	2	–	–	–	–	–	–	–	–	–	2-Butenoic acid	3724-65-0	Q9725
86	41	39	69	68	40	45	38	**86**	100	99	94	35	28	27	26	21		4	6	2	–	–	–	–	–	–	–	–	–	2-Butenoic acid	3724-65-0	H1428
86	41	39	69	68	45	40	71	**86**	100	63	54	31	26	17	16	11		4	6	2	–	–	–	–	–	–	–	–	–	2-Butenoic acid, (E)-		Z0144
86	42	58	44	87	41	88	43	**86**	100	56	13	9	8	4	1	1		3	2	3	–	–	–	–	–	–	–	–	–	1,3-Dioxol-2-one		D2899
86	44	41	39	69	68	45	40	**86**	100	80	73	60	31	25	19	19		4	6	2	–	–	–	–	–	–	–	–	–	2-Butenoic acid		C0598
86	44	42	30	28	43	85	71	**86**	100	91	78	35	33	33	31	26		4	10	–	2	–	–	–	–	–	–	–	–	Acetaldehyde, dimethylhydrazone	7422-90-4	R3183
86	51	50	88	49	87	52	60	**86**	100	94	52	33	21	5	4	3		4	3	–	–	1	–	–	–	–	–	–	–	Buten-3-yne, 2-chloro-		01605
86	51	88	50	87	52	60	49	**86**	100	99	34	28	5	5	2	2		4	3	–	–	1	–	–	–	–	–	–	–	Buten-3-yne, 1-chloro-, (E)-		01603
86	69	41	66	67	85	50	31	**86**	100	71	68	47	43	29	14	13		–	1	1	–	–	–	2	–	1	–	–	–	Hydrophosphoryldifluoride		L2861
86	69	85	66	67	47	50	31	**86**	100	48	26	25	21	18	4	3		–	1	1	–	–	–	2	–	1	–	–	–	Hydrophosphoryldifluoride		00996
15	56	87	28	29	30	42	41	**87**	100	84	62	40	35	32	28	19		4	9	1	1	–	–	–	–	–	–	–	–	2-Propanone, O-methyloxime	3376-35-0	06820
28	43	59	44	87				**87**	100	77	71	47	11					3	5	2	1	–	–	–	–	–	–	–	–	Acetamide, N-formyl-		M2516
29	27	87	59	26	28	58	45	**87**	100	52	43	29	12	12	7	7		3	5	–	1	–	–	–	1	–	–	–	–	Ethane, thiocyanato-	542-90-5	Q1857
29	57	28	87	30	56	86	31	**87**	100	99	69	69	38	33	28	28		4	9	1	1	–	–	–	–	–	–	–	–	Morpholine		D0219
29	87	27	59	28	58	32	45	**87**	100	59	48	31	30	9	8	8		3	5	–	1	–	–	–	1	–	–	–	–	Ethane, thiocyanato-	542-90-5	Q1858
30	18	41	70	28	44	87	27	**87**	100	6	5	5	4	4	4	3		5	13	–	1	–	–	–	–	–	–	–	–	1-Butanamine, 3-methyl-	107-85-7	P8028
30	27	28	41	18	39	87	42	**87**	100	7	7	5	4	4	4	3		5	13	–	1	–	–	–	–	–	–	–	–	1-Pentanamine	110-58-7	H0434
30	28	27	41	39	18	44	29	**87**	100	8	8	6	6	5	4	4	**2.60**	5	13	–	1	–	–	–	–	–	–	–	–	1-Butanamine, 3-methyl-	107-85-7	H0371
30	59	29	42	58	43	41	31	**87**	100	82	71	22	20	7	7	6	**1.70**	3	5	2	1	–	–	–	–	–	–	–	–	Formamide, N-formyl-N-methyl-	18197-25-6	R7426
30	68	14	19	33	16	49	52	**87**	100	78	12	9	4	3	1	1	**0.20**	–	–	1	1	–	–	3	–	–	–	–	–	Trifluoroamine oxide		01524
30	87	28	41	27	42	45	18	**87**	100	8	4	4	3	3	3	2		5	13	–	1	–	–	–	–	–	–	–	–	1-Pentanamine	110-58-7	P8386
30	87	43	44	72	29	42	15	**87**	100	72	59	48	14	13	11	10		4	9	1	1	–	–	–	–	–	–	–	–	Acetamide, N-ethyl-		04144
41	39	42	56	44	87	43	58	**87**	100	93	34	33	32	28	25	22		5	13	–	1	–	–	–	–	–	–	–	–	1-Butanamine, 2-methyl-		P7028
43	87	52	60	45	89	88	51	**87**	100	40	33	17	15	13	13	10		3	2	–	1	1	–	–	–	–	–	–	–	Ethylene, 1-chloro-2-cyano-		Z0157
44	28	30	27	87	29	86	58	**87**	100	13	12	11	8	8	8	7		5	13	–	1	–	–	–	–	–	–	–	–	1-Butanamine, N-methyl-	110-68-9	08712
44	36	87	43	32	38	58	30	**87**	100	53	36	33	21	17	16	12		3	9	–	3	–	–	–	–	–	–	–	–	Guanidine, N,N-dimethyl-		02983

MASS TO CHARGE RATIOS								M.W.	INTENSITIES								Parent	C	H	O	N	Cl	Br	F	S	P	B	Si	X	COMPOUND NAME	CAS Reg No	No
44	41	72	27	87	59	39	46	**87**	100	38	32	30	24	19	16	14		4	9	1	1	–	–	–	–	–	–	–	–	Propanamide, 2-methyl-		D0828
44	43	41	72	27	87	59	42	**87**	100	67	37	32	29	23	19	17		4	9	1	1	–	–	–	–	–	–	–	–	Propanamide, 2-methyl-		02998
44	43	72	41	59	87	27	42	**87**	100	60	40	32	26	23	20	10		4	9	1	1	–	–	–	–	–	–	–	–	Propanamide, 2-methyl-		04060
44	43	87	15	42	45	72	28	**87**	100	53	45	45	29	18	16	12		4	9	1	1	–	–	–	–	–	–	–	–	Acetamide, N,N-dimethyl-	127-19-5	H0609
44	55	18	42	72	27	28	41	**87**	100	6	5	4	4	3	3	3	1.00	5	13	–	1	–	–	–	–	–	–	–	–	2-Butanamine, 3-methyl-	598-74-3	Q2607
44	58	30	41	42	72	18	28	**87**	100	44	13	12	7	7	6	6	2.00	5	13	–	1	–	–	–	–	–	–	–	–	2-Pentanamine	625-30-9	Q3178
44	72	42	43	73	58	41	45	**87**	100	87	20	16	11	9	7	8	3.90	5	13	–	1	–	–	–	–	–	–	–	–	Ethanamine, N-ethyl-N-methyl-		C1960
44	87	28	30	31	41	42	45	**87**	100	10	4	4	4	4	4	4		5	13	–	1	–	–	–	–	–	–	–	–	1-Propanamine, N,2-dimethyl-	625-43-4	Q3182
44	87	28	30	42	58	27	29	**87**	100	12	5	4	4	4	3	3		5	13	–	1	–	–	–	–	–	–	–	–	1-Butanamine, N-methyl-	110-68-9	P8407
44	87	42	41	45	43	57	56	**87**	100	28	12	10	10	8	4	4		5	13	–	1	–	–	–	–	–	–	–	–	1-Butanamine, N-methyl-		P8409
44	87	43	45	42	15	72	30	**87**	100	51	40	24	21	20	15	11		4	9	1	1	–	–	–	–	–	–	–	–	Acetamide, N,N-dimethyl-		C0034
44	87	43	45	42	72	15	30	**87**	100	69	46	23	19	15	11	8		4	9	1	1	–	–	–	–	–	–	–	–	Acetamide, N,N-dimethyl-		04149
44	87	43	58	30	42	72	18	**87**	100	34	30	17	12	11	10	9		3	9	–	3	–	–	–	–	–	–	–	–	Guanidine, N,N-dimethyl-		L1828
44	87	72	42	41	88	43	46	**87**	100	67	54	18	13	11	10	10		4	9	1	1	–	–	–	–	–	–	–	–	Formamide, N-isopropyl-		C2162
45	42	40	43	88	71	56	46	**87**	100	23	18	17	17	17	11	9	0.42	5	13	–	1	–	–	–	–	–	–	–	–	1-Butanamine, 3-methyl-		P8030
45	42	57	28	56	29	15	31	**87**	100	92	39	36	32	30	25	18	8.77	4	9	1	1	–	–	–	–	–	–	–	–	Aziridine, 1-(methoxymethyl)-	1497-83-2	Q6115
52	87	33	49	68	89	35	70	**87**	100	51	49	37	37	16	13	12		–	–	–	1	1	–	2	–	–	–	–	–	Chlorodifluoroamine	13637-87-1	H1713
56	42	44	43	28	29	41	31	**87**	100	77	51	31	24	21	19	17	2.50	4	9	1	1	–	–	–	–	–	–	–	–	1-Aziridineethanol	1072-52-2	Q5189
58	30	87	44	72	28	27	41	**87**	100	52	16	11	10	9	8	8		5	13	–	1	–	–	–	–	–	–	–	–	1-Propanamine, N-ethyl-	20193-20-8	R8549
58	30	87	44	72	28	27	41	**87**	100	52	16	11	10	9	8	8		5	13	–	1	–	–	–	–	–	–	–	–	3-Pentamine		L0697
58	41	28	30	42	43	56	59	**87**	100	21	12	10	4	4	4	4	0.30	5	13	–	1	–	–	–	–	–	–	–	–	3-Pentanamine	616-24-0	Q2931
58	41	43	44	87	42	72	56	**87**	100	12	12	12	10	8	7	4		5	13	–	1	–	–	–	–	–	–	–	–	1-Propanamine, N-ethyl-	20193-20-8	R8551
58	72	30	56	57	28	41	44	**87**	100	20	15	7	7	6	6	6	5.00	5	13	–	1	–	–	–	–	–	–	–	–	2-Butanamine, N-methyl-		L0695
58	72	55	42	41	57	59	43	**87**	100	30	18	15	13	4	4	4	0.00	5	13	–	1	–	–	–	–	–	–	–	–	2-Butanamine, 2-methyl-	594-39-8	Q2550
59	41	29	27	42	72	26	39	**87**	100	63	40	35	29	27	22	16	4.00	4	9	1	1	–	–	–	–	–	–	–	–	Butanal, oxime		L1484
59	41	29	27	42	72	28	39	**87**	100	63	40	36	29	27	21	16	3.67	4	9	1	1	–	–	–	–	–	–	–	–	Butanal, oxime	110-69-0	P8411
59	44	41	43	27	29	39	72	**87**	100	94	74	52	51	31	26	25	5.23	4	9	1	1	–	–	–	–	–	–	–	–	Butanamide		C1100
59	44	43	72	41	27	42	71	**87**	100	64	30	18	17	14	9	8	3.00	4	9	1	1	–	–	–	–	–	–	–	–	Butanamide		04059
59	44	72	43	41	71	86	87	**87**	100	39	26	20	17	13	12	9		4	9	1	1	–	–	–	–	–	–	–	–	Butanamide		C0969
72	44	87	86	58	30	42	41	**87**	100	88	28	19	18	17	14	14		5	13	–	1	–	–	–	–	–	–	–	–	Ethanamine, N-ethyl-N-methyl-		C0281
72	44	87	86	58	42	30	29	**87**	100	52	33	16	15	13	10	8		5	13	–	1	–	–	–	–	–	–	–	–	Ethanamine, N-ethyl-N-methyl-	616-39-7	Q2937
87	28	59	29	42	30	88	43	**87**	100	59	55	42	29	16	15	10		3	5	2	1	–	–	–	–	–	–	–	–	2-Oxazolidone		M8724
87	44	72	30	42	58	59	56	**87**	100	85	35	23	17	11	6	5		4	9	1	1	–	–	–	–	–	–	–	–	Formamide, N-ethyl-N-methyl-		C1994
87	47	59	52	54	53	26	45	**87**	100	75	33	31	29	27	26	22		3	5	–	1	–	–	–	1	–	–	–	–	Ethane, 1-cyano-2-mercapto-		C1456
87	56	29	72	43	42	54	55	**87**	100	72	21	15	15	15	13	11		4	9	1	1	–	–	–	–	–	–	–	–	2-Propanone, O-methyloxime		M3395
87	59	27	29	72	28	60	26	**87**	100	74	48	38	33	16	14	12		3	5	–	1	–	–	–	1	–	–	–	–	Ethane, isothiocyanato-	542-85-8	H0814
87	59	27	29	72	60	26	45	**87**	100	95	79	69	35	20	19	15		3	5	–	1	–	–	–	1	–	–	–	–	Ethane, isothiocyanato-		04771
87	59	29	27	72	28	60	45	**87**	100	64	50	31	26	16	13	7		3	5	–	1	–	–	–	1	–	–	–	–	Ethane, isothiocyanato-	542-85-8	Q1854
18	41	29	39	45	70	43	42	**88**	100	49	36	33	32	31	27	24	0.30	4	8	2	–	–	–	–	–	–	–	–	–	Butanal, 3-hydroxy-	107-89-1	P8042
28	29	88	58	15	31	27	30	**88**	100	37	31	24	17	17	15	13		4	8	2	–	–	–	–	–	–	–	–	–	1,4-Dioxane		Y0450
28	44	43	40	16	18	88	27	**88**	100	99	82	82	71	67	67	66		2	4	2	2	–	–	–	–	–	–	–	–	Ethanedial, dioxime	557-30-2	Q2054
28	57	58	29	31	70	43	27	**88**	100	84	54	54	50	34	27	26	10.50	4	8	2	–	–	–	–	–	–	–	–	–	2-Furanol, tetrahydro-		D1310
28	88	58	29	43	27	57	30	**88**	100	54	44	32	17	11	11	11		4	8	2	–	–	–	–	–	–	–	–	–	1,4-Dioxane		D0838
29	31	15	28	32	60	43	44	**88**	100	67	44	23	20	20	16	12	2.00	3	4	3	–	–	–	–	–	–	–	–	–	Glyoxylic acid methyl ester		P2584
29	43	15	88	30	44	42	40	**88**	100	52	37	25	19	15	8	7		3	4	3	–	–	–	–	–	–	–	–	–	1,3-Dioxolan-2-one		A0706
29	43	88	30	44	42	31	58	**88**	100	50	25	23	15	10	7	6		3	4	3	–	–	–	–	–	–	–	–	–	1,3-Dioxolan-2-one		C0122
29	43	88	44	30	28	42	58	**88**	100	49	36	26	13	10	5	5		3	4	3	–	–	–	–	–	–	–	–	–	1,3-Dioxolan-2-one	96-49-1	P7066
29	57	27	59	88	28	26	31	**88**	100	75	37	25	21	16	11	7		4	8	2	–	–	–	–	–	–	–	–	–	Propanoic acid, methyl ester		Y0388
29	57	41	56	31	27	70	55	**88**	100	99	91	86	59	46	36	24	0.27	5	12	1	–	–	–	–	–	–	–	–	–	1-Butanol, 2-methyl-		04079
30	36	43	31	38	59	45	71	**88**	100	88	60	52	44	30	23	17	2.00	4	12	–	2	–	–	–	–	–	–	–	–	1,4-Butanediamine		M2017
30	36	43	38	59	45	44	71	**88**	100	89	60	44	30	23	18	18	2.01	4	12	–	2	–	–	–	–	–	–	–	–	1,4-Butanediamine	110-60-1	P8390
30	43	28	31	45	18	42	59	**88**	100	34	25	11	10	9	9	8	2.70	4	12	–	2	–	–	–	–	–	–	–	–	1,4-Butanediamine	110-60-1	H0436
30	73	88	44	40	43	29	42	**88**	100	52	50	47	27	23	18	12		3	8	1	2	–	–	–	–	–	–	–	–	Urea, N-ethyl-		D1494
30	88	58	31	28	15	27	29	**88**	100	60	50	33	27	17	8	7		3	8	1	2	–	–	–	–	–	–	–	–	Urea, N,N-dimethyl-		02288

MASS TO CHARGE RATIOS								M.W.	INTENSITIES								Parent	C	H	O	N	Cl	Br	F	S	P	B	Si	X	COMPOUND NAME	CAS Reg No	No
31	42	27	29	41	28	39	43	**88**	100	57	34	33	13	10	6	6	**0.20**	4	8	2	–	–	–	–	–	–	–	–	–	**Formic acid, propyl ester**		**17342**
31	42	28	29	27	32	41	67	**88**	100	73	55	14	13	11	8	7	**0.20**	4	8	2	–	–	–	–	–	–	–	–	–	**Formic acid, propyl ester**		**D0080**
31	42	29	27	41	43	28	47	**88**	100	72	31	29	20	10	8	8	**0.33**	4	8	2	–	–	–	–	–	–	–	–	–	**Formic acid, propyl ester**		**Y0386**
31	59	43	29	88	41	27	45	**88**	100	88	32	26	20	20	15	10		5	12	1	–	–	–	–	–	–	–	–	–	**Ethyl propyl ether**	628-32-0	**Q3285**
31	59	88	44	30	73	29	28	**88**	100	70	67	39	35	34	34	19		4	12	–	2	–	–	–	–	–	–	–	–	**Hydrazine, 1,2-diethyl-**	1615-80-1	**Q6334**
32	31	29	60	88	18	28	44	**88**	100	97	83	57	54	46	26	22		2	4	2	2	–	–	–	–	–	–	–	–	**1,2-Hydrazinedicarboxaldehyde**	628-36-4	**Q3288**
32	31	29	88	60	28	30	16	**88**	100	99	78	37	32	19	15	11		2	4	2	2	–	–	–	–	–	–	–	–	**1,2-Hydrazinedicarboxaldehyde**	628-36-4	**Q3290**
32	41	56	57	73	29	58	39	**88**	100	63	48	37	36	36	28	26	**17.00**	4	12	–	2	–	–	–	–	–	–	–	–	**tert-Butylhydrazine**		**M2325**
32	41	56	57	73	58	29	39	**88**	100	62	48	37	34	28	28	26	**14.71**	4	12	–	2	–	–	–	–	–	–	–	–	**Hydrazine, butyl-**	3530-11-8	**Q9502**
32	44	41	56	73	57	29	45	**88**	100	90	72	57	34	34	34	23	**20.00**	4	12	–	2	–	–	–	–	–	–	–	–	**tert-Butylhydrazine**		**M2326**
41	73	57	29	43	39	28	56	**88**	100	78	71	60	48	34	28	23	**0.00**	5	12	1	–	–	–	–	–	–	–	–	–	**Methyl tert-butyl ether**	1634-04-4	**Q6387**
42	29	57	41	27	70	43	31	**88**	100	86	64	62	47	32	32	25	**0.10**	4	8	2	–	–	–	–	–	–	–	–	–	**2-Butene-1,4-diol, (Z)-**	6117-80-2	**H1584**
42	31	29	41	55	70	43	57	**88**	100	68	65	60	60	37	28	22	**0.00**	5	12	1	–	–	–	–	–	–	–	–	–	**1-Pentanol**		**Y0653**
42	31	39	41	57	27	29	70	**88**	100	64	59	58	56	48	47	37	**0.00**	4	8	2	–	–	–	–	–	–	–	–	–	**2-Butene-1,4-diol, (Z)-**	6117-80-2	**R2063**
42	43	41	45	27	73	29	39	**88**	100	90	69	68	55	39	28	25	**0.30**	4	8	2	–	–	–	–	–	–	–	–	–	**Formic acid, isopropyl ester**	625-55-8	**Q3190**
42	55	41	70	29	31	43	57	**88**	100	74	61	56	49	45	30	29	**0.00**	5	12	1	–	–	–	–	–	–	–	–	–	**1-Pentanol**		**Y0290**
42	57	29	41	31	70	39	27	**88**	100	91	62	60	56	51	51	33	**0.00**	4	8	2	–	–	–	–	–	–	–	–	–	**2-Butene-1,4-diol**		**Z0166**
42	70	55	41	31	29	27	57	**88**	100	72	65	56	47	41	26	22	**0.00**	5	12	1	–	–	–	–	–	–	–	–	–	**1-Pentanol**		**W0155**
42	71	31	57	87	88			**88**	100	55	33	25	3	1				4	8	2	–	–	–	–	–	–	–	–	–	**2-Furanol, tetrahydro-**	5371-52-8	**R1363**
42	88	43	30	56	57	41	45	**88**	100	68	66	42	21	14	11	7		3	8	1	2	–	–	–	–	–	–	–	–	**Ethanamine, N-methyl-N-nitroso-**	10595-95-6	**R3967**
43	15	45	14	42	18	29	44	**88**	100	34	16	11	8	7	7	6	**0.00**	3	4	3	–	–	–	–	–	–	–	–	–	**Propanoic acid, 2-oxo-**	127-17-3	**H0607**
43	29	27	45	61	42	70	26	**88**	100	25	13	13	10	6	5	4	**3.95**	4	8	2	–	–	–	–	–	–	–	–	–	**Acetic acid, ethyl ester**		**Y0387**
43	29	45	61	15	27	70	42	**88**	100	19	14	12	12	11	9	7	**2.26**	4	8	2	–	–	–	–	–	–	–	–	–	**Acetic acid, ethyl ester**		**Y1929**
43	41	27	73	39	45	42	29	**88**	100	42	40	22	15	14	11	9	**7.00**	4	8	2	–	–	–	–	–	–	–	–	–	**Propanoic acid, 2-methyl-**	79-31-2	**P5989**
43	41	27	73	39	45	42	29	**88**	100	41	40	21	15	12	11	9	**6.25**	4	8	2	–	–	–	–	–	–	–	–	–	**Propanoic acid, 2-methyl-**		**Y0650**
43	41	27	73	39	45	42	88	**88**	100	42	34	25	15	13	12	10		4	8	2	–	–	–	–	–	–	–	–	–	**Propanoic acid, 2-methyl-**		**Y1623**
43	45	59	31	41	27	29	28	**88**	100	72	65	49	24	14	14	10	**4.10**	4	8	2	–	–	–	–	–	–	–	–	–	**Propanal, 2-hydroxy-2-methyl-**	20818-81-9	**R8956**
43	45	61	29	70	28	15	27	**88**	100	15	14	14	11	8	6	6	**4.80**	4	8	2	–	–	–	–	–	–	–	–	–	**Acetic acid, ethyl ester**		**A0614**
43	55	29	27	15	58	30	70	**88**	100	42	28	26	23	21	21	18	**0.30**	4	8	2	–	–	–	–	–	–	–	–	–	**2-Butanone, 4-hydroxy-**		**F0139**
43	88	42	29	27	57	45	28	**88**	100	37	26	13	13	12	7	6		4	8	2	–	–	–	–	–	–	–	–	–	**Ethylene, 1,1-dimethoxy-**	922-69-0	**Q4549**
44	58	42	43	45	57	56	41	**88**	100	18	12	6	6	5	4	3	**2.80**	4	12	–	2	–	–	–	–	–	–	–	–	**1,2-Ethanediamine, N,N′-dimethyl-**	110-70-3	**P8412**
44	71	56	57	30	42	70	28	**88**	100	84	33	24	21	21	19	18	**0.00**	4	12	–	2	–	–	–	–	–	–	–	–	**1,3-Propanediamine, N-methyl-**	6291-84-5	**R2208**
44	87	29	58	31	28	45	43	**88**	100	51	46	44	42	23	22	22	**3.50**	4	8	2	–	–	–	–	–	–	–	–	–	**1,3-Dioxolane, 4-methyl-**	1072-47-5	**Q5187**
44	88	45	42	15	28	18	30	**88**	100	43	23	17	14	12	10	9		3	8	1	2	–	–	–	–	–	–	–	–	**Urea, N,N-dimethyl-**	598-94-7	**Q2611**
44	88	45	42	15	28	18	30	**88**	100	56	29	23	17	15	12	11		3	8	1	2	–	–	–	–	–	–	–	–	**Urea, N,N-dimethyl-**		**02287**
45	29	15	58	27	43	28	31	**88**	100	58	55	43	35	33	31	30	**2.20**	4	8	2	–	–	–	–	–	–	–	–	–	**Propane, 3-methoxy-1,2-epoxy-**		**04777**
45	29	27	41	15	73	31	45	**88**	100	35	19	17	16	13	12	11	**2.00**	5	12	1	–	–	–	–	–	–	–	–	–	**Methyl sec-butyl ether**		**L0406**
45	29	41	15	27	39	47	43	**88**	100	16	16	15	13	10	9	8	**6.33**	5	12	1	–	–	–	–	–	–	–	–	–	**Methyl isobutyl ether**		**Y0805**
45	29	56	27	15	41	39	28	**88**	100	17	17	13	12	10	6	5	**1.45**	5	12	1	–	–	–	–	–	–	–	–	–	**Methyl butyl ether**		**Y0802**
45	41	29	15	27	43	88	42	**88**	100	16	16	15	13	8	6	5		5	12	1	–	–	–	–	–	–	–	–	–	**Methyl isobutyl ether**		**L0405**
45	42	43	41	73	27	39	29	**88**	100	41	35	28	21	19	9	9	**0.42**	4	8	2	–	–	–	–	–	–	–	–	–	**Formic acid, isopropyl ester**		**Z0169**
45	43	15	18	27	29	42	28	**88**	100	80	22	19	16	15	9	7	**5.10**	4	8	2	–	–	–	–	–	–	–	–	–	**2-Butanone, 3-hydroxy-**	513-86-0	**H0768**
45	43	15	27	29	28	42	88	**88**	100	88	35	17	14	10	8	8		4	8	2	–	–	–	–	–	–	–	–	–	**2-Butanone, 3-hydroxy-**	513-86-0	**H0769**
45	43	27	29	18	28	88	19	**88**	100	90	16	15	14	10	8	8		4	8	2	–	–	–	–	–	–	–	–	–	**2-Butanone, 3-hydroxy-**	513-86-0	**H0770**
45	43	27	44	55	41	73	29	**88**	100	15	12	11	9	8	8	7	**0.21**	5	12	1	–	–	–	–	–	–	–	–	–	**2-Butanol, 3-methyl-**		**Y0657**
45	43	44	27	29	31	73	28	**88**	100	77	77	66	62	56	43	27	**2.13**	4	8	2	–	–	–	–	–	–	–	–	–	**Ethanol, 2-vinyloxy-**	764-48-7	**Q3997**
45	43	55	27	29	44	73	41	**88**	100	17	16	13	9	8	6	6	**0.04**	5	12	1	–	–	–	–	–	–	–	–	–	**2-Pentanol**		**Y0654**
45	43	55	44	73	27	54	41	**88**	100	18	16	8	7	6	6	6	**0.48**	5	12	1	–	–	–	–	–	–	–	–	–	**2-Pentanol**		**D0101**
45	43	58	29	42	44	27	46	**88**	100	76	39	14	7	4	3	3	**1.50**	4	8	2	–	–	–	–	–	–	–	–	–	**2-Propanone, 1-methoxy-**	5878-19-3	**R1858**
45	43	73	27	29	15	41	59	**88**	100	32	28	17	17	10	9	6	**1.84**	5	12	1	–	–	–	–	–	–	–	–	–	**Ethyl isopropyl ether**		**Y0799**
45	44	31	43	27	29	15	28	**88**	100	77	49	49	48	43	18	15	**6.61**	4	8	2	–	–	–	–	–	–	–	–	–	**Ethanol, 2-vinyloxy-**	764-48-7	**Q3996**
45	44	43	55	73	41	42	46	**88**	100	17	15	13	10	9	3	3	**0.38**	5	12	1	–	–	–	–	–	–	–	–	–	**2-Butanol, 3-methyl-**	598-75-4	**Q2609**
45	44	73	43	55	41	27	39	**88**	100	14	14	13	11	7	6	4	**0.92**	5	12	1	–	–	–	–	–	–	–	–	–	**2-Butanol, 3-methyl-**		**04529**
45	55	73	43	44	27	41	39	**88**	100	21	11	11	10	10	7	6	**0.20**	5	12	1	–	–	–	–	–	–	–	–	–	**2-Pentanol**		**W0156**
45	56	29	41	27	15	39	28	**88**	100	17	10	8	8	5	4	4	**3.21**	5	12	1	–	–	–	–	–	–	–	–	–	**Methyl butyl ether**		**02521**
45	56	41	29	27	28	39	46	**88**	100	20	8	6	5	2	2	2	**1.14**	5	12	1	–	–	–	–	–	–	–	–	–	**Methyl butyl ether**	628-28-4	**Q3281**

MASS TO CHARGE RATIOS								M.W.	INTENSITIES								Parent	C	H	O	N	Cl	Br	F	S	P	B	Si	X	COMPOUND NAME	CAS Reg No	No
45	57	58	29	31	27	43	28	**88**	100	35	32	21	18	15	15	13	**4.20**	4	8	2	–	–	–	–	–	–	–	–	–	**Propane, 3-methoxy-1,2-epoxy-**		**C0159**
45	73	43	27	41	29	59	28	**88**	100	33	24	9	9	8	6	4	**3.03**	5	12	1	–	–	–	–	–	–	–	–	–	**Ethyl isopropyl ether**		**Q3187**
45	73	43	27	41	31	29	59	**88**	100	24	18	8	7	6	5	5	**3.26**	5	12	1	–	–	–	–	–	–	–	–	–	**Ethyl isopropyl ether**		**01814**
45	88	28	29	41	31	27	32	**88**	100	28	17	12	12	11	9	9		4	12	–	2	–	–	–	–	–	–	–	–	**Hydrazine, (2-methylpropyl)-**	42504-87-0	**S6928**
46	88	45	39	47	41	42	27	**88**	100	42	31	24	21	17	15	15		4	8	–	–	–	–	–	1	–	–	–	–	**Thiacyclobutane, 3-methyl-**		**Y1412**
53	88	27	51	50	52	90	26	**88**	100	51	48	25	24	23	16	16		4	5	–	–	1	–	–	–	–	–	–	–	**1,3-Butadiene, 2-chloro-**	126-99-8	**H0605**
53	88	27	51	90	52	36	26	**88**	100	69	36	22	21	19	8	8		4	5	–	–	1	–	–	–	–	–	–	–	**1,3-Butadiene, 2-chloro-**		**A0318**
53	88	90	27	51	50	52	62	**88**	100	86	30	22	21	17	17	8		4	5	–	–	1	–	–	–	–	–	–	–	**1,3-Butadiene, 2-chloro-**		**D0563**
55	41	42	29	43	70	31	27	**88**	100	97	92	84	84	77	71	62	**0.13**	5	12	1	–	–	–	–	–	–	–	–	–	**1-Butanol, 3-methyl-**		**Y0371**
55	42	43	41	70	31	27	29	**88**	100	90	82	80	70	61	59	59	**0.04**	5	12	1	–	–	–	–	–	–	–	–	–	**1-Butanol, 3-methyl-**		**Y0801**
55	60	47	54	88	45	53	46	**88**	100	17	12	12	11	10	6	5		4	8	–	–	–	–	–	1	–	–	–	–	**Cyclobutanethiol**	6861-61-6	**R2618**
57	29	31	58	27	39	42	70	**88**	100	31	20	17	11	9	7	7	**0.27**	4	8	2	–	–	–	–	–	–	–	–	–	**1-Butene, 3,4-diol-**		**Z0168**
57	29	31	58	27	39	70	43	**88**	100	42	26	19	16	13	10	8	**0.00**	4	8	2	–	–	–	–	–	–	–	–	–	**1-Butene, 3,4-diol-**		**C1619**
57	29	41	56	31	27	70	39	**88**	100	97	93	88	54	44	39	27	**0.31**	5	12	1	–	–	–	–	–	–	–	–	–	**1-Butanol, 2-methyl-**		**Y0800**
57	29	59	88	15	27	28	45	**88**	100	68	32	28	21	17	15	10		4	8	2	–	–	–	–	–	–	–	–	–	**Propanoic acid, methyl ester**		**A0613**
57	29	59	88	18	27	28	31	**88**	100	70	31	25	17	12	10	4		4	8	2	–	–	–	–	–	–	–	–	–	**Propanoic acid, methyl ester**		**D0088**
57	31	58	39	70	41	42	43	**88**	100	22	15	12	8	6	5	4	**0.20**	4	8	2	–	–	–	–	–	–	–	–	–	**1-Butene, 3,4-diol-**		**C1999**
57	41	29	28	56	55	73	39	**88**	100	53	49	42	40	36	24	21	**2.33**	5	12	1	–	–	–	–	–	–	–	–	–	**1-Propanol, 2,2-dimethyl-**	75-84-3	**P5657**
57	41	29	56	55	43	27	31	**88**	100	56	53	34	28	26	23	23	**0.72**	5	12	1	–	–	–	–	–	–	–	–	–	**1-Propanol, 2,2-dimethyl-**		**04080**
57	41	56	29	55	73	43	39	**88**	100	37	35	30	28	21	9	9	**0.74**	5	12	1	–	–	–	–	–	–	–	–	–	**1-Propanol, 2,2-dimethyl-**		**Z0183**
57	41	56	70	55	39	43	42	**88**	100	95	95	45	23	22	19	18	**0.00**	5	12	1	–	–	–	–	–	–	–	–	–	**1-Butanol, 2-methyl-**	137-32-6	**P9728**
57	42	31	41	39	70	43	44	**88**	100	94	53	43	39	27	26	21	**0.90**	4	8	2	–	–	–	–	–	–	–	–	–	**2-Butene-1,4-diol**		**C1954**
57	88	58	70	43	60	39	42	**88**	100	49	45	34	14	9	8	7		4	8	2	–	–	–	–	–	–	–	–	–	**3-Furanol, tetrahydro-**	453-20-3	**Q0779**
58	42	30	44	88	43	59	41	**88**	100	20	14	7	6	6	4	4		4	12	–	2	–	–	–	–	–	–	–	–	**1,2-Ethanediamine, N,N-dimethyl-**	108-00-9	**P8052**
58	44	42	59	88	43	56	41	**88**	100	6	5	5	2	2	2	2		4	12	–	2	–	–	–	–	–	–	–	–	**1,2-Ethanediamine, N-ethyl-**	110-72-5	**P8414**
59	29	27	41	15	73	31	43	**88**	100	35	19	17	16	13	12	11	**1.43**	5	12	1	–	–	–	–	–	–	–	–	–	**Methyl sec-butyl ether**		**Y0803**
59	31	27	41	29	43	58	57	**88**	100	55	24	23	23	9	8	8	**0.09**	5	12	1	–	–	–	–	–	–	–	–	–	**3-Pentanol**		**04093**
59	31	41	29	27	58	43	39	**88**	100	59	23	17	14	7	6	5	**0.05**	5	12	1	–	–	–	–	–	–	–	–	–	**3-Pentanol**		**Y0655**
59	31	41	58	27	29	57	39	**88**	100	29	16	12	9	8	5	4	**0.41**	5	12	1	–	–	–	–	–	–	–	–	–	**3-Pentanol**		**W0157**
59	32	45	42	29	88	41	28	**88**	100	43	37	30	29	20	19	18		4	12	–	2	–	–	–	–	–	–	–	–	**Hydrazine, (1-methylpropyl)-**	30924-14-2	**S3081**
59	42	88	30	45	43	27	41	**88**	100	28	17	15	11	9	8	6		4	12	–	2	–	–	–	–	–	–	–	–	**Hydrazine, 1-methyl-1-propyl-**	4986-49-6	**R0992**
59	55	45	73	43	41	31	29	**88**	100	86	57	52	43	33	29	25	**0.00**	5	12	1	–	–	–	–	–	–	–	–	–	**2-Butanol, 2-methyl-**		**Y0292**
59	58	45	73	43	87	60	88	**88**	100	39	32	28	17	17	8	8		4	12	–	–	–	–	–	–	–	–	1	–	**Silane, ethyldimethyl-**	758-21-4	**Q3948**
59	73	43	31	55	27	29	41	**88**	100	52	38	33	32	20	19	18	**0.00**	5	12	1	–	–	–	–	–	–	–	–	–	**2-Butanol, 2-methyl-**		**Y0656**
59	73	55	31	43	41	45	27	**88**	100	73	27	16	15	13	11	11	**0.00**	5	12	1	–	–	–	–	–	–	–	–	–	**2-Butanol, 2-methyl-**		**W0154**
59	88	44	45	42	30	43	73	**88**	100	46	22	18	15	13	12	10		4	12	–	2	–	–	–	–	–	–	–	–	**Hydrazine, 2-ethyl-1,1-dimethyl-**	29559-82-8	**S2577**
59	88	55	45	60	27	39	29	**88**	100	75	73	68	62	42	38	36		4	8	–	–	–	–	–	1	–	–	–	–	**Thiirane, 2,3-dimethyl-, trans-**	5955-98-6	**R1940**
60	27	73	42	41	43	29	45	**88**	100	50	27	25	24	22	21	19	**2.00**	4	8	2	–	–	–	–	–	–	–	–	–	**Butanoic acid**	107-92-6	**P8046**
60	27	73	42	41	43	29	45	**88**	100	41	27	25	24	22	21	19	**1.63**	4	8	2	–	–	–	–	–	–	–	–	–	**Butanoic acid**		**Y0649**
60	73	27	41	42	43	45	29	**88**	100	31	24	23	22	20	17	14	**2.53**	4	8	2	–	–	–	–	–	–	–	–	–	**Butanoic acid**		**Y0303**
60	88	45	46	27	47	59	87	**88**	100	65	34	32	24	24	17	16		4	8	–	–	–	–	–	1	–	–	–	–	**Thiophene, tetrahydro-**		**Y0558**
60	88	45	46	47	27	59	87	**88**	100	51	30	29	25	24	17	17		4	8	–	–	–	–	–	1	–	–	–	–	**Thiophene, tetrahydro-**	110-01-0	**P8322**
60	88	45	46	47	27	59	87	**88**	100	53	36	35	27	21	17	16		4	8	–	–	–	–	–	1	–	–	–	–	**Thiophene, tetrahydro-**		**Y1223**
60	88	57	58	55	45	41	39	**88**	100	59	45	44	40	29	27	25		4	9	–	–	–	–	–	–	1	–	–	–	**Phospholane**	3466-00-0	**Q9434**
69	50	19	31	25	34.5	70		**88**	100	12	7	5	4	1	1		**0.00**	1	–	–	–	–	–	4	–	–	–	–	–	**Carbon tetrafluoride**		**Y0401**
69	50	70	31					**88**	100	8	1	1					**0.00**	1	–	–	–	–	–	4	–	–	–	–	–	**Carbon tetrafluoride**		**A0108**
70	41	69	39	29	44	43	42	**88**	100	78	50	49	36	23	17	16	**0.00**	4	8	2	–	–	–	–	–	–	–	–	–	**Butanal, 3-hydroxy-**		**04531**
70	43	42	44	17	41	69	27	**88**	100	87	75	74	72	55	51	48	**1.04**	4	8	2	–	–	–	–	–	–	–	–	–	**Butanal, 3-hydroxy-**	107-89-1	**P8043**
70	55	41	42	43	57	29	56	**88**	100	98	82	80	76	71	58	55	**2.41**	5	12	1	–	–	–	–	–	–	–	–	–	**1-Butanol, 3-methyl-**		**D0489**
73	41	43	57	29	15	27	39	**88**	100	28	27	27	24	18	14	13	**0.02**	5	12	1	–	–	–	–	–	–	–	–	–	**Methyl tert-butyl ether**		**Y0804**
73	43	29	45	44	31	59	57	**88**	100	22	7	7	6	6	6	4	**3.09**	4	12	–	–	–	–	–	–	–	–	1	–	**Silane, tetramethyl-**		**01161**
73	43	45	29	28	58	27	26	**88**	100	72	65	51	36	30	29	14	**0.49**	4	8	2	–	–	–	–	–	–	–	–	–	**1,3-Dioxolane, 2-methyl-**		**Y1112**
73	43	45	29	58	28	15	27	**88**	100	68	55	22	22	20	16	14	**0.70**	4	8	2	–	–	–	–	–	–	–	–	–	**1,3-Dioxolane, 2-methyl-**		**F0355**
73	43	45	58	31	87	42	44	**88**	100	60	59	28	9	7	5	4	**0.00**	4	8	2	–	–	–	–	–	–	–	–	–	**1,3-Dioxolane, 2-methyl-**		**C1867**
73	43	45	74	29	15	42	44	**88**	100	14	12	8	7	5	4	4	**0.70**	4	12	–	–	–	–	–	–	–	–	1	–	**Silane, tetramethyl-**		**05925**

MASS TO CHARGE RATIOS								M.W.	INTENSITIES								Parent	C	H	O	N	Cl	Br	F	S	P	B	Si	X	COMPOUND NAME	CAS Reg No	No
73	43	45	74	29	42	44	15	**88**	100	17	14	8	7	5	4	4	**0.60**	4	12	–	–	–	–	–	–	–	–	1	–	**Silane, tetramethyl-**	75-76-3	**H0068**
73	45	88	39	41	47	46	28	**88**	100	99	98	44	33	28	20	12		4	8	–	–	–	–	–	1	–	–	–	–	**1-Propene, 1-(methylthio)-, (Z)-**		**06498**
73	45	88	39	41	47	46	72	**88**	100	99	96	50	36	31	22	14		4	8	–	–	–	–	–	1	–	–	–	–	**1-Propene, 1-(methylthio)-, (E)-**		**06499**
73	57	41	43	29	27	45	55	**88**	100	25	20	13	12	5	5	4	**0.00**	5	12	1	–	–	–	–	–	–	–	–	–	**Methyl tert-butyl ether**	1634-04-4	**Q6386**
73	88	45	42	28	44	29	27	**88**	100	49	46	23	18	18	16	13		4	12	–	2	–	–	–	–	–	–	–	–	**Hydrazine, 1,1-diethyl-**	616-40-0	**Q2938**
73	88	45	56	28	46	43	42	**88**	100	48	41	38	26	16	16	15		4	12	–	2	–	–	–	–	–	–	–	–	**Hydrazine, 1-methyl-1-isopropyl-**	33668-54-1	**S4308**
87	28	31	29	58	30	59	57	**88**	100	60	46	35	16	12	12	12	**4.80**	4	8	2	–	–	–	–	–	–	–	–	–	**1,3-Dioxane**	505-22-6	**Q1401**
87	28	31	29	58	30	59	57	**88**	100	48	46	35	16	12	12	11	**0.70**	4	8	2	–	–	–	–	–	–	–	–	–	**1,3-Dioxane**		**D0513**
87	28	31	58	29	57	59	30	**88**	100	32	25	15	13	9	9	6	**5.41**	4	8	2	–	–	–	–	–	–	–	–	–	**1,3-Dioxane**		**04533**
88	42	43	30	29	56	27	57	**88**	100	57	43	26	14	14	14	13		3	8	1	2	–	–	–	–	–	–	–	–	**Ethanamine, N-methyl-N-nitroso-**		**03839**
88	42	43	30	56	29	28	57	**88**	100	55	47	27	16	15	14	12		3	8	1	2	–	–	–	–	–	–	–	–	**Ethanamine, N-methyl-N-nitroso-**		**M8808**
88	45	41	39	73	47	46	61	**88**	100	93	83	74	73	67	44	34		4	8	–	–	–	–	–	1	–	–	–	–	**1-Propene, 3-(methylthio)-**		**04765**
88	45	46	60	59				**88**	100	40	35	20	20					3	4	1	–	–	–	–	1	–	–	–	–	**Thiacyclobutan-2-one**		**M2698**
88	58	31	43	57	44	45	87	**88**	100	79	30	30	21	10	8	8		4	8	2	–	–	–	–	–	–	–	–	–	**1,4-Dioxane**		**C1870**
88	60	46	45	27	47	55	59	**88**	100	87	61	43	30	26	23	21		4	8	–	–	–	–	–	1	–	–	–	–	**Thiacyclobutane, 2-methyl-**		**03369**
88	73	41	45	39	47	46	61	**88**	100	67	65	59	44	25	25	21		4	8	–	–	–	–	–	1	–	–	–	–	**1-Propene, 3-(methylthio)-**	10152-76-8	**R3617**
89	53	91	51	88	50	39	90	**88**	100	95	32	24	21	19	14	11		4	5	–	–	1	–	–	–	–	–	–	–	**1-Butyne, 3-chloro-**	21020-24-6	**R9055**
18	17	28	30	58	44	41	42	**89**	100	23	18	13	13	10	9	8	**0.30**	4	11	1	1	–	–	–	–	–	–	–	–	**1-Butanol, 2-amino-**	96-20-8	**P7033**
29	30	27	60	31	43	28	26	**89**	100	95	61	47	36	26	19	13	**0.04**	3	7	2	1	–	–	–	–	–	–	–	–	**Propyl nitrite**		**D0237**
30	72	45	56	57	74	41	42	**89**	100	42	21	12	8	8	5	5	**3.00**	4	11	1	1	–	–	–	–	–	–	–	–	**1-Propanamine, 3-methoxy-**	5332-73-0	**R1306**
31	44	45	43	29	62	27	15	**89**	100	91	80	69	61	56	55	30	**2.10**	3	7	2	1	–	–	–	–	–	–	–	–	**Carbamic acid, ethyl ester**	51-79-6	**P4582**
43	27	41	28	39	30	42	44	**89**	100	93	90	56	34	25	20	20	**0.00**	3	7	2	1	–	–	–	–	–	–	–	–	**Propane, 1-nitro-**	108-03-2	**P8053**
43	27	41	39	30	15	42	28	**89**	100	75	75	28	17	11	9	8	**0.00**	3	7	2	1	–	–	–	–	–	–	–	–	**Propane, 2-nitro-**		**D0227**
43	27	41	39	30	42	28	15	**89**	100	96	84	33	17	14	12	10	**0.00**	3	7	2	1	–	–	–	–	–	–	–	–	**Propane, 1-nitro-**		**D0226**
43	27	41	39	30	42	28	26	**89**	100	97	84	35	19	14	13	11	**0.00**	3	7	2	1	–	–	–	–	–	–	–	–	**Propane, 1-nitro-**		**Y1142**
43	41	27	39	30	15	42	28	**89**	100	73	71	30	18	11	9	8	**0.00**	3	7	2	1	–	–	–	–	–	–	–	–	**Propane, 2-nitro-**		**Y1143**
43	41	57	42	39	71	55	56	**89**	100	78	54	27	27	24	24	20	**0.70**	4	11	1	1	–	–	–	–	–	–	–	–	**Hydroxylamine, O-isobutyl-**		**02555**
44	18	28	42	45	27	15	43	**89**	100	24	20	12	7	6	5	4	**0.20**	3	7	2	1	–	–	–	–	–	–	–	–	**L-Alanine**	56-41-7	**P4715**
44	62	45	43	74	46	89	61	**89**	100	80	77	15	15	14	8	7		3	7	2	1	–	–	–	–	–	–	–	–	**Carbamic acid, ethyl ester**		**B0789**
45	62	44	90	46	74	89	61	**89**	100	95	86	35	28	25	18	15		3	7	2	1	–	–	–	–	–	–	–	–	**Carbamic acid, ethyl ester**	51-79-6	**P4583**
49	54	51	26	27	52	28	89	**89**	100	79	43	29	25	20	18	17		3	4	–	1	1	–	–	–	–	–	–	–	**Propanenitrile, 3-chloro-**		**Y1144**
49	54	53	26	51	52	27	89	**89**	100	99	57	54	52	51	32	29		3	4	–	1	1	–	–	–	–	–	–	–	**Propanenitrile, 3-chloro-**		**C1514**
54	49	51	89	52	53	91	36	**89**	100	96	33	27	20	12	9	5		3	4	–	1	1	–	–	–	–	–	–	–	**Propanenitrile, 3-chloro-**	542-76-7	**Q1852**
58	30	29	56	42	27	28	41	**89**	100	86	18	16	13	13	12	5	**5.63**	4	11	1	1	–	–	–	–	–	–	–	–	**Ethanolamine, N-ethyl-**		**C1366**
58	41	18	42	28	30	56	29	**89**	100	18	17	13	11	10	10	8	**0.00**	4	11	1	1	–	–	–	–	–	–	–	–	**1-Propanol, 2-amino-2-methyl-**	124-68-5	**P9441**
58	41	42	28	30	56	29	31	**89**	100	17	16	15	13	10	9	6	**0.00**	4	11	1	1	–	–	–	–	–	–	–	–	**1-Propanol, 2-amino-2-methyl-**	124-68-5	**H0600**
58	42	30	44	28	15	43	89	**89**	100	26	22	20	17	10	10	8		4	11	1	1	–	–	–	–	–	–	–	–	**Ethanolamine, N,N-dimethyl-**		**D1185**
58	42	44	30	89	45	43	59	**89**	100	21	17	16	9	8	8	7		4	11	1	1	–	–	–	–	–	–	–	–	**Ethanolamine, N,N-dimethyl-**		**D1559**
58	44	42	43	89	57	59	88	**89**	100	16	13	8	5	5	4	4		4	11	1	1	–	–	–	–	–	–	–	–	**Ethanolamine, N,N-dimethyl-**		**C1864**
72	28	45	30	15	29	56	57	**89**	100	92	89	67	65	62	56	35	**3.50**	4	11	1	1	–	–	–	–	–	–	–	–	**1-Propanamine, 3-methoxy-**	5332-73-0	**H1529**
72	55	73	45	27	44	26	71	**89**	100	51	47	21	18	17	13	12	**0.80**	3	7	2	1	–	–	–	–	–	–	–	–	**β-Alanine**	107-95-9	**P8049**
89	31	70	39	51	38	50	12	**89**	100	32	29	15	10	7	5	4		3	1	–	1	–	–	2	–	–	–	–	–	**Ethylene, 1,1-difluoro-2-cyano-**		**L7512**
89	47	44	70	42	28	45	26	**89**	100	85	61	60	40	20	8	8		2	–	2	1	–	–	1	–	–	–	–	–	**Fluorocarbonyl isocyanate**		**L1153**
89	74	42	45	44	90	88	91	**89**	100	13	12	11	10	6	5	5		3	7	–	1	–	–	–	1	–	–	–	–	**Methanethioamide, N,N-dimethyl-**	758-16-7	**Q3947**
90	72	58	48	61	70	73	43	**89**	100	52	20	16	10	10	10	7	**0.00**	3	7	2	1	–	–	–	–	–	–	–	–	**β-Alanine**	107-95-9	**P8048**
15	45	29	31	59	14	30	28	**90**	100	58	46	37	32	9	7	5	**3.56**	3	6	3	–	–	–	–	–	–	–	–	–	**Carbonic acid, dimethyl ester**		**Y0769**
15	45	59	31	29	33	60	90	**90**	100	96	67	59	28	12	8	7		3	6	3	–	–	–	–	–	–	–	–	–	**Carbonic acid, dimethyl ester**		**C0445**
27	55	26	25	35	28	62	63	**90**	100	83	37	13	8	7	7	6	**0.30**	3	3	1	–	1	–	–	–	–	–	–	–	**2-Propenoyl chloride**	814-68-6	**H1073**
29	15	45	62	27	43	31	90	**90**	100	36	29	26	19	19	18	17		4	10	2	–	–	–	–	–	–	–	–	–	**Peroxide, diethyl-**		**Y0784**
29	31	62	15	30	32	28	14	**90**	100	96	59	35	24	11	7	6	**0.00**	4	10	2	–	–	–	–	–	–	–	–	–	**Peroxide, diethyl-**		**M1235**
29	62	45	15	90	31	43	27	**90**	100	40	34	32	26	18	17	15		4	10	2	–	–	–	–	–	–	–	–	–	**Peroxide, diethyl**	628-37-5	**09309**
30	60	45	33	31	59	44	43	**90**	100	59	33	16	15	12	6	3	**0.00**	2	6	2	2	–	–	–	–	–	–	–	–	**Methylamine, N-methoxy-N-nitroso-**		**R6135**

MASS TO CHARGE RATIOS								M.W.	INTENSITIES								Parent	C	H	O	N	Cl	Br	F	S	P	B	Si	X	COMPOUND NAME	CAS Reg No	No
31	15	59	29	33	45	61	90	**90**	100	23	20	13	13	11	8	5		3	6	3	–	–	–	–	–	–	–	–	–	Acetic acid, hydroxy-, methyl ester		C0455
31	15	90	45	59	29	28	30	**90**	100	45	41	40	28	25	18	16		2	6	2	2	–	–	–	–	–	–	–	–	Hydrazinecarboxylic acid, methyl ester	6294-89-9	R2214
31	28	29	59	33	30	44	90	**90**	100	83	19	14	12	9	8	7		3	6	3	–	–	–	–	–	–	–	–	–	Acetic acid, hydroxy-, methyl ester		03667
31	29	30	61	89	28	32	44	**90**	100	88	70	37	28	25	6	6	**1.04**	3	6	3	–	–	–	–	–	–	–	–	–	1,3,5-Trioxane		D0512
31	29	43	42	44	60	61	27	**90**	100	95	77	45	32	28	22	19	**0.00**	3	6	3	–	–	–	–	–	–	–	–	–	Propanal, 2,3-dihydroxy-	367-47-5	Q0609
31	29	59	27	45	15	72	43	**90**	100	51	50	27	26	14	14	14	**0.44**	4	10	2	–	–	–	–	–	–	–	–	–	Ethanol, 2-ethoxy-		Y1146
31	29	61	89	30	32	14	28	**90**	100	32	25	18	9	6	5	3	**0.80**	3	6	3	–	–	–	–	–	–	–	–	–	1,3,5-Trioxane	110-88-3	H0444
31	43	29	18	28	42	15	33	**90**	100	33	26	20	15	15	14	13	**0.20**	3	6	3	–	–	–	–	–	–	–	–	–	2-Propanone, 1,3-dihydroxy-	96-26-4	P7042
31	59	29	45	27	72	43	44	**90**	100	53	41	28	23	15	14	4	**0.62**	4	10	2	–	–	–	–	–	–	–	–	–	Ethanol, 2-ethoxy-		C1200
31	60	29	44	32	28	43	27	**90**	100	45	25	22	15	12	11	10	**0.00**	3	6	3	–	–	–	–	–	–	–	–	–	1,2-Ethanediol, monoformate	628-35-3	Q3287
31	60	33	29	44	32	43	15	**90**	100	42	21	18	16	13	12	10	**0.00**	3	6	3	–	–	–	–	–	–	–	–	–	1,2-Ethanediol, monoformate		Z0189
31	61	89	29	32	30	90	28	**90**	100	49	44	13	7	4	2	1		3	6	3	–	–	–	–	–	–	–	–	–	1,3,5-Trioxane	110-88-3	P8449
32	31	18	28	44	29	17	90	**90**	100	31	11	10	10	8	8	7		1	6	1	4	–	–	–	–	–	–	–	–	Carbonic dihydrazide	497-18-7	Q1272
41	43	90	47	56	27	39	48	**90**	100	74	52	50	50	45	35	34		4	10	–	–	–	–	–	1	–	–	–	–	1-Propanethiol, 2-methyl-	513-44-0	H0765
41	43	90	56	47	27	39	48	**90**	100	76	58	57	48	43	39	35		4	10	–	–	–	–	–	1	–	–	–	–	1-Propanethiol, 2-methyl-		Y1381
41	57	29	90	39	27	75	47	**90**	100	85	65	44	32	23	20	11		4	10	–	–	–	–	–	1	–	–	–	–	2-Propanethiol, 2-methyl-		Y0495
41	57	29	90	39	27	75	47	**90**	100	89	63	51	32	23	22	11		4	10	–	–	–	–	–	1	–	–	–	–	2-Propanethiol, 2-methyl-		Y0471
41	57	29	90	39	75	27	47	**90**	100	93	56	50	31	23	22	12		4	10	–	–	–	–	–	1	–	–	–	–	2-Propanethiol, 2-methyl-	75-66-1	P5643
41	57	61	29	90	27	39	45	**90**	100	90	83	81	61	55	30	16		4	10	–	–	–	–	–	1	–	–	–	–	1-Propanethiol, 2-methyl-	513-44-0	Q1491
41	57	61	29	90	27	39	47	**90**	100	90	83	81	62	55	30	16		4	10	–	–	–	–	–	1	–	–	–	–	2-Butanethiol		Y0911
41	75	90	43	48	27	47	39	**90**	100	95	86	82	77	54	50	43		4	10	–	–	–	–	–	1	–	–	–	–	Propane, 2-(methylthio)-		Y0912
41	75	90	43	48	27	47	49	**90**	100	96	94	89	79	55	49	42		4	10	–	–	–	–	–	1	–	–	–	–	Propane, 2-(methylthio)-	1551-21-9	Q6194
41	90	39	42	27	45	73	43	**90**	100	50	38	30	22	19	10	10		3	6	1	–	–	–	–	1	–	–	–	–	Thiopropanal, S-oxide		M8351
41	90	42	45	73	62	43		**90**	100	77	43	19	18	16	14			3	6	1	–	–	–	–	1	–	–	–	–	Thietane, 1-oxide	13153-11-2	R4293
42	31	44	41	43	29	71	27	**90**	100	74	65	41	28	25	24	22	**0.00**	4	10	2	–	–	–	–	–	–	–	–	–	1,4-Butanediol		00626
42	31	44	41	71	57	27	43	**90**	100	90	68	31	20	18	17	15	**0.04**	4	10	2	–	–	–	–	–	–	–	–	–	1,4-Butanediol	110-63-4	P8401
42	43	90	44	30	60	41	74	**90**	100	75	74	44	20	12	8	7		2	6	2	2	–	–	–	–	–	–	–	–	Methanamine, N-methyl-N-nitro-		03848
42	43	90	44	60	41	40	46	**90**	100	64	39	21	14	11	9	6		2	6	2	2	–	–	–	–	–	–	–	–	Methanamine, N-methyl-N-nitro-		04733
42	44	71	41	31	57	43	72	**90**	100	81	35	35	28	26	13	11	**0.01**	4	10	2	–	–	–	–	–	–	–	–	–	1,4-Butanediol		C1377
43	45	28	29	31	57	72	44	**90**	100	99	49	36	34	27	27	24	**0.00**	4	10	2	–	–	–	–	–	–	–	–	–	1,3-Butanediol	107-88-0	P8041
43	45	28	72	31	57	44	27	**90**	100	87	31	27	27	23	21	19	**0.14**	4	10	2	–	–	–	–	–	–	–	–	–	1,3-Butanediol	107-88-0	P8040
43	90	28	45	47	42	48	46	**90**	100	21	10	9	9	6	4	3		3	6	1	–	–	–	–	1	–	–	–	–	Ethanethioic acid, S-methyl ester	1534-08-3	Q6174
43	90	45	47	42	46	48	75	**90**	100	49	18	16	9	7	6	4		3	6	1	–	–	–	–	1	–	–	–	–	Ethanethioic acid, S-methyl ester		X1840
44	18	17	28	45	16	46	36	**90**	100	58	13	11	4	4	4	2	**0.00**	2	2	4	–	–	–	–	–	–	–	–	–	Oxalic acid		Z0187
44	28	45	46	36	29	38	64	**90**	100	92	31	19	7	7	3	1	**0.80**	2	2	4	–	–	–	–	–	–	–	–	–	Oxalic acid		D1537
45	18	28	29	27	43	19	26	**90**	100	76	29	27	20	15	14	6	**0.00**	3	6	3	–	–	–	–	–	–	–	–	–	Lactic acid	50-21-5	H0008
45	27	43	57	29	47	28	18	**90**	100	18	9	9	8	7	5	5	**1.52**	4	10	2	–	–	–	–	–	–	–	–	–	2,3-Butanediol		Z0198
45	29	15	60	90	31	28	43	**90**	100	30	28	9	7	7	6	6		4	10	2	–	–	–	–	–	–	–	–	–	Ethane, 1,2-dimethoxy-		Y1145
45	29	43	27	28	57	19	31	**90**	100	14	14	11	11	9	7	6	**0.70**	4	10	2	–	–	–	–	–	–	–	–	–	2,3-Butanediol	513-85-9	Q1493
45	30	28	29	15	60	59	43	**90**	100	30	27	27	16	14	9	9	**6.40**	4	10	2	–	–	–	–	–	–	–	–	–	Ethanol, 2-ethoxy-		A0616
45	43	27	29	57	44	47	46	**90**	100	13	9	9	8	6	6	3	**1.00**	4	10	2	–	–	–	–	–	–	–	–	–	1,3-Butanediol	107-88-0	P8039
45	46	28	29	44	18	17	56	**90**	100	80	61	32	28	21	10	5	**2.00**	2	2	4	–	–	–	–	–	–	–	–	–	Oxalic acid	144-62-7	P9917
45	47	31	43	29	15	46	27	**90**	100	23	12	10	9	6	6	5	**0.40**	4	10	2	–	–	–	–	–	–	–	–	–	2-Propanol, 1-methoxy-	107-98-2	P8051
45	59	90	60	61	62	44	43	**90**	100	68	13	8	8	8	8	3		3	6	3	–	–	–	–	–	–	–	–	–	Carbonic acid, dimethyl ester		L7364
45	60	29	90	58	31	28	43	**90**	100	15	11	7	6	5	4	3		4	10	2	–	–	–	–	–	–	–	–	–	Ethane, 1,2-dimethoxy-		A0615
45	60	29	90	58	31	28	43	**90**	100	13	13	7	6	5	5	4		4	10	2	–	–	–	–	–	–	–	–	–	Ethane, 1,2-dimethoxy-	110-71-4	P8413
45	90	31	28	29	30	43	27	**90**	100	11	8	7	5	5	4	3		3	10	1	2	–	–	–	–	–	–	–	–	Hydrazine, (2-methoxyethyl)-	3044-15-3	Q8961
55	27	39	29	90	28	54	36	**90**	100	34	33	30	30	20	14	14		4	7	–	–	1	–	–	–	–	–	–	–	2-Butene, 1-chloro-		00716
55	28	27	39	29	90	75	37	**90**	100	33	27	24	18	17	14	11		4	7	–	–	1	–	–	–	–	–	–	–	1-Butene, 3-chloro-		00717
55	39	27	90	29	54	41	53	**90**	100	69	38	33	31	29	23	23		4	7	–	–	1	–	–	–	–	–	–	–	1-Propene, 3-chloro-2-methyl-	563-47-3	H0840
55	39	29	90	27	54	41	53	**90**	100	53	31	30	30	27	20	19		4	7	–	–	1	–	–	–	–	–	–	–	1-Propene, 3-chloro-2-methyl-	563-47-3	Q2116
55	39	54	53	36	90	75	51	**90**	100	81	57	49	47	42	26	16		4	7	–	–	1	–	–	–	–	–	–	–	1-Butene, 3-chloro-		C2140
55	39	90	54	53	36	41	38	**90**	100	90	67	64	63	49	34	27		4	7	–	–	1	–	–	–	–	–	–	–	2-Butene, 1-chloro-, (E)-		C2141
55	41	39	90	40	53	92		**90**	100	54	44	31	31	24	13			4	7	–	–	1	–	–	–	–	–	–	–	Cyclopropane, 1-chloro-1-methyl-	50915-28-1	S7530
55	90	27	39	29	53	75	92	**90**	100	39	31	31	26	26	13	13		4	7	–	–	1	–	–	–	–	–	–	–	2-Butene, 2-chloro-		Y1637
56	41	27	90	47	29	39	61	**90**	100	87	57	54	42	37	22	21		4	10	–	–	–	–	–	1	–	–	–	–	1-Butanethiol		Y0910

MASS TO CHARGE RATIOS								M.W.	INTENSITIES								Parent	C	H	O	N	Cl	Br	F	S	P	B	Si	X	COMPOUND NAME	CAS Reg No	No
56	41	27	90	47	29	43	28	**90**	100	92	57	51	48	39	26	24		4	10	–	–	–	–	–	1	–	–	–	–	**1-Butanethiol**	109-79-5	**P8287**
56	41	90	47	27	28	29	57	**90**	100	74	66	43	43	36	33	17		4	10	–	–	–	–	–	1	–	–	–	–	**1-Butanethiol**		**Y0082**
57	41	61	29	90	27	28	39	**90**	100	96	86	82	66	47	31	25		4	10	–	–	–	–	–	1	–	–	–	–	**2-Butanethiol**		**Y0083**
59	29	15	31	75	43	27	47	**90**	100	61	44	41	35	27	11	11	**0.06**	4	10	2	–	–	–	–	–	–	–	–	–	**Ethane, 1,1-dimethoxy-**		**Y1090**
59	29	15	31	75	43	47	27	**90**	100	56	40	40	35	25	11	10	**0.07**	4	10	2	–	–	–	–	–	–	–	–	–	**Ethane, 1,1-dimethoxy-**		**Y1113**
59	31	29	43	15	45	41	57	**90**	100	30	25	9	8	7	7	3	**0.41**	4	10	2	–	–	–	–	–	–	–	–	–	**Propanol, 2-methoxy-**		**C0422**
59	31	29	43	41	27	18	87	**90**	100	90	51	43	42	41	28	28	**0.16**	4	10	2	–	–	–	–	–	–	–	–	–	**1,2-Butanediol**	584-03-2	**Q2322**
59	31	41	43	61	45	58	29	**90**	100	85	29	23	21	12	11	11	**0.11**	4	10	2	–	–	–	–	–	–	–	–	–	**1,2-Butanediol**	584-03-2	**Q2321**
59	31	45	41	43	61	58	29	**90**	100	56	30	23	21	21	13	12	**0.56**	4	10	2	–	–	–	–	–	–	–	–	–	**1,2-Butanediol**		**Z0197**
59	43	41	58	57	31	39	42	**90**	100	67	20	19	18	9	8	7	**0.00**	4	10	2	–	–	–	–	–	–	–	–	–	**Hydroperoxide, tert-butyl-**	75-91-2	**P5667**
59	61	45	42	90	60	62	44	**90**	100	42	34	19	16	12	11	10		3	6	3	–	–	–	–	–	–	–	–	–	**Acetic acid, hydroxy-, methyl ester**	96-35-5	**P7048**
59	75	43	47	57	58	60	42	**90**	100	32	25	8	6	5	3	3	**0.00**	4	10	2	–	–	–	–	–	–	–	–	–	**Ethane, 1,1-dimethoxy-**		**B0469**
60	90	45	59	27	61	29	89	**90**	100	80	54	47	24	18	10	10		3	6	1	–	–	–	–	1	–	–	–	–	**1,3-Oxathiolane**		**M4525**
61	27	47	90	64	63	45	29	**90**	100	94	66	57	50	30	28	23		3	6	1	–	–	–	–	1	–	–	–	–	**Ethylene, (methylsulphinyl)-**	10258-86-3	**R3695**
61	27	47	90	64	63	45	46	**90**	100	95	68	59	51	30	28	24		3	6	1	–	–	–	–	1	–	–	–	–	**Ethylene, (methylsulphinyl)-**		**L6435**
61	27	47	90	64	63	45	46	**90**	100	94	67	57	51	30	28	24		3	6	1	–	–	–	–	1	–	–	–	–	**Ethylene, (methylsulphinyl)-**		**03138**
61	90	48	27	41	45	47	39	**90**	100	47	40	35	35	24	24	19		4	10	–	–	–	–	–	1	–	–	–	–	**2-Thiapentane**		**Y0913**
61	90	48	41	47	49	27	43	**90**	100	56	38	25	19	19	16	16		4	10	–	–	–	–	–	1	–	–	–	–	**2-Thiapentane**		**Y0588**
62	90	31	29	59	34	45	27	**90**	100	55	53	49	45	35	33	27		4	11	–	–	–	–	–	–	1	–	–	–	**Phosphine, diethyl-**	627-49-6	**Q3259**
71	50	51	89	70	69	31	32	**90**	100	91	82	75	68	68	32	10	**0.00**	–	2	–	–	–	–	3	–	1	–	–	–	**Phosphane, trifluoro-**		**L1046**
75	45	47	15	76	43	28	77	**90**	100	24	13	7	6	4	4	4	**0.36**	3	10	1	–	–	–	–	–	–	–	1	–	**Silanol, trimethyl-**		**X1007**
75	45	47	76	77	61	43	27	**90**	100	17	14	6	4	2	2	1	**0.00**	3	10	1	–	–	–	–	–	–	–	1	–	**Silanol, trimethyl-**	1066-40-6	**Q5158**
75	47	27	90	61	29	61	45	**90**	100	93	75	72	58	57	51	24		4	10	–	–	–	–	–	1	–	–	–	–	**3-Thiapentane**		**Y0497**
75	47	90	27	61	29	62	45	**90**	100	87	69	67	56	50	50	23		4	10	–	–	–	–	–	1	–	–	–	–	**3-Thiapentane**		**Y0474**
90	30	34	57	60	43	54	55	**90**	100	75	74	34	33	18	10	9		2	6	–	2	–	–	–	1	–	–	–	–	**Thiourea, methyl-**		**Q2599**
90	30	57	28	60	43	15	74	**90**	100	87	72	71	70	32	17	16		2	6	–	2	–	–	–	1	–	–	–	–	**Thiourea, methyl-**	598-52-7	**Q2601**
90	30	60	57	43	55	59	74	**90**	100	75	43	35	18	8	8	8		2	6	–	2	–	–	–	1	–	–	–	–	**Thiourea, methyl-**	598-52-7	**Q2600**
90	45	59	44	58	43	91	42	**90**	100	87	52	22	21	12	6	5		2	6	2	2	–	–	–	–	–	–	–	–	**Hydrazinecarboxylic acid, methyl ester**	6294-89-9	**R2215**
90	60	45	59	61	89	29	28	**90**	100	78	38	37	20	17	15	11		3	6	1	–	–	–	–	1	–	–	–	–	**1,3-Oxathiolane**		**05517**
90	75	41	48	43	49	47	27	**90**	100	97	77	75	68	42	39	27		4	10	–	–	–	–	–	1	–	–	–	–	**Propane, 2-(methylthio)-**		**Y0589**
90	89	63	62	28	39	64	51	**90**	100	93	51	24	24	20	17	13		7	6	–	–	–	–	–	–	–	–	–	–	**Fulvenallene**		**M3642**
18	17	45	27	43	30	44	28	**91**	100	23	15	6	4	3	3	3	**0.00**	2	5	3	1	–	–	–	–	–	–	–	–	**Ethanol, 2-nitro-**		**01643**
28	42	27	29	63	30	26	65	**91**	100	70	53	45	45	19	17	14	**13.50**	3	6	–	1	1	–	–	–	–	–	–	–	**Azetidine, 1-chloro-**	32115-53-0	**S3500**
28	42	27	63	29	30	26	91	**91**	100	70	50	45	42	20	18	12		3	6	–	1	1	–	–	–	–	–	–	–	**Azetidine, 1-chloro-**		**M4679**
30	91	44	62	43	61	46	42	**91**	100	36	20	20	14	10	8	7		3	9	–	1	–	–	–	1	–	–	–	–	**Ethanamine, 2-(methylthio)-**	18542-42-2	**R7684**
30	91	62	43	44	61	45	46	**91**	100	98	40	28	2	2	1	1		3	9	–	1	–	–	–	1	–	–	–	–	**Ethanamine, 2-(methylthio)-**	18542-42-2	**R7683**
42	91	63	28	93	65	29	56	**91**	100	56	46	24	24	14	10	9		3	6	–	1	1	–	–	–	–	–	–	–	**Azetidine, 1-chloro-**	32115-53-0	**S3501**
46	29	30	76	15	27	43	14	**91**	100	44	30	24	21	14	10	7	**0.01**	2	5	3	1	–	–	–	–	–	–	–	–	**Nitric acid, ethyl ester**		**Y0766**
46	29	76	30	15	27	43	28	**91**	100	36	24	22	15	11	8	4	**0.00**	2	5	3	1	–	–	–	–	–	–	–	–	**Nitric acid, ethyl ester**		**01644**
58	28	42	59	29	41	43	55	**91**	100	89	55	48	47	42	38	37	**0.51**	4	13	1	1	–	–	–	–	–	–	–	–	**Methylaminium, N,N,N-trimethyl-, hydroxide**		**X0221**
73	45	29	44	46	31	30	33	**91**	100	65	64	64	64	55	30	28	**10.00**	2	5	3	1	–	–	–	–	–	–	–	–	**Acetic acid, (aminooxy)-**	645-88-5	**Q3593**
91	32	60	31	43	42	29	59	**91**	100	93	76	40	24	11	10	10		1	5	–	3	–	–	–	1	–	–	–	–	**Hydrazinecarbothioamide**		**P5976**
91	32	60	34	31	57	42	28	**91**	100	76	35	27	25	21	18	17		1	5	–	3	–	–	–	1	–	–	–	–	**Hydrazinecarbothioamide**	79-19-6	**P5977**
91	60	59	58	93	92	61	62	**91**	100	53	30	16	13	11	9	9		1	5	–	3	–	–	–	1	–	–	–	–	**Hydrazinecarbothioamide**		**00199**
91	64	63	65	51	50			**91**	100	46	10	5	2	2				6	5	–	1	–	–	–	–	–	–	–	–	**Cyclopentadiene, 1-cyano-**		**M0699**
27	26	56	28	41	52	38	18	**92**	100	48	37	32	30	14	11	11	**8.61**	5	4	–	2	–	–	–	–	–	–	–	–	**Propene, 1,3-dicyano-**	7717-24-0	**H1663**
27	49	42	29	26	92	51	28	**92**	100	87	80	64	49	48	31	26		3	5	1	–	1	–	–	–	–	–	–	–	**Acetone, 1-chloro-**	78-95-5	**H0104**
27	57	29	28	31	26	15	49	**92**	100	80	68	52	43	30	25	23	**0.40**	3	5	1	–	1	–	–	–	–	–	–	–	**Propane, 1-chloro-2,3-epoxy-**		**04778**
29	57	27	26	28	63	65	41	**92**	100	91	61	16	15	14	5	4	**0.44**	3	5	1	–	1	–	–	–	–	–	–	–	**Propanoyl chloride**		**Z0202**
29	57	27	28	14	25	15	35	**92**	100	77	73	21	7	6	5	5	**0.10**	3	5	1	–	1	–	–	–	–	–	–	–	**Propanoyl chloride**	79-03-8	**H0110**
43	41	42	27	39	15	29	56	**92**	100	67	47	30	20	10	10	8	**0.20**	4	9	–	–	1	–	–	–	–	–	–	–	**Propane, 1-chloro-2-methyl-**	513-36-0	**H0762**
43	41	42	27	39	29	56	49	**92**	100	51	48	20	14	7	4	4	**0.20**	4	9	–	–	1	–	–	–	–	–	–	–	**Propane, 1-chloro-2-methyl-**	513-36-0	**Q1488**

MASS TO CHARGE RATIOS								M.W.	INTENSITIES								Parent	C	H	O	N	Cl	Br	F	S	P	B	Si	X	COMPOUND NAME	CAS Reg No	No
43	42	41	27	56	29	77	57	**92**	100	57	51	18	7	7	5	4	**0.60**	4	9	–	–	1	–	–	–	–	–	–	–	Propane, 1-chloro-2-methyl-		L0501
47	45	46	74	28	42	29	48	**92**	100	52	40	12	10	9	9	8	**0.00**	2	4	2	–	–	–	–	1	–	–	–	–	Acetic acid, mercapto-	68-11-1	H0040
47	45	92	46	74	28	42	29	**92**	100	52	43	40	12	9	9	9		2	4	2	–	–	–	–	1	–	–	–	–	Acetic acid, mercapto-		X0166
56	41	27	43	28	39	15	55	**92**	100	64	50	32	23	18	8	8	**0.40**	4	9	–	–	1	–	–	–	–	–	–	–	Butane, 1-chloro-	109-69-3	H0416
56	41	43	27	29	28	39	55	**92**	100	70	49	41	26	21	12	8	**0.00**	4	9	–	–	1	–	–	–	–	–	–	–	Butane, 1-chloro-		Y2428
56	41	43	27	29	28	39	57	**92**	100	52	31	25	16	14	9	7	**0.69**	4	9	–	–	1	–	–	–	–	–	–	–	Butane, 1-chloro-		Z0206
56	57	41	27	29	63	39	28	**92**	100	99	90	77	57	46	34	21	**0.30**	4	9	–	–	1	–	–	–	–	–	–	–	Butane, 2-chloro-	78-86-4	H0097
56	57	41	63	27	29	62	28	**92**	100	88	54	47	34	34	15	11	**0.60**	4	9	–	–	1	–	–	–	–	–	–	–	Butane, 2-chloro-		L0500
56	57	63	27	29	62	65	39	**92**	100	88	47	34	34	15	15	14	**0.60**	4	9	–	–	1	–	–	–	–	–	–	–	Butane, 2-chloro-		Z0203
57	27	29	31	49	28	26	15	**92**	100	96	71	39	34	31	30	22	**0.35**	3	5	1	–	1	–	–	–	–	–	–	–	Propane, 1-chloro-2,3-epoxy-		Y0772
57	28	27	29	31	49	62	15	**92**	100	82	63	58	32	32	18	16	**0.30**	3	5	1	–	1	–	–	–	–	–	–	–	Propane, 1-chloro-2,3-epoxy-		F0185
57	36	56	41	39	77	29	38	**92**	100	76	66	63	63	52	34	33	**0.00**	4	9	–	–	1	–	–	–	–	–	–	–	Propane, 2-chloro-2-methyl-		A0320
57	41	77	29	27	56	55	42	**92**	100	62	48	20	11	6	4	3	**0.01**	4	9	–	–	1	–	–	–	–	–	–	–	Propane, 2-chloro-2-methyl-		L0502
57	41	77	29	39	79	27	56	**92**	100	80	44	26	24	14	14	7	**0.00**	4	9	–	–	1	–	–	–	–	–	–	–	Propane, 2-chloro-2-methyl-	507-20-0	Q1423
59	60	58	57	45	92	32	34	**92**	100	45	29	15	12	12	10	9		2	4	–	–	–	–	–	2	–	–	–	–	Acetic acid, dithio-	594-03-6	Q2539
60	58	57	59	61	56	85	84	**92**	100	57	23	21	18	14	13	11	**4.80**	–	8	–	–	–	–	–	–	–	–	3	–	Trisilane	7783-26-8	08041
61	43	31	44	29	18	27	42	**92**	100	90	57	54	38	32	12	11	**0.00**	3	8	3	–	–	–	–	–	–	–	–	–	Glycerol	56-81-5	H0015
61	43	44	31	15	29	60	18	**92**	100	65	40	23	21	10	9	9	**0.04**	3	8	3	–	–	–	–	–	–	–	–	–	Glycerol		Z0201
61	43	44	31	18	28	15	29	**92**	100	66	47	29	27	21	18	15	**0.00**	3	8	3	–	–	–	–	–	–	–	–	–	Glycerol		F0562
73	54	75	56	92	35	20	72	**92**	100	71	39	22	14	13	13	8		–	–	–	–	1	–	3	–	–	–	–	–	Chlorine trifluoride		M5679
77	43	92	49	64	63	78	15	**92**	100	60	32	15	13	8	5	3		6	4	1	–	–	–	–	–	–	–	–	–	3,5-Hexadiyn-2-one	31097-80-0	S3196
77	47	49	78	63	15	79	62	**92**	100	23	12	7	5	4	3	3	**2.97**	3	9	–	–	–	–	1	–	–	–	1	–	Silane, trimethyl-fluoro-		05926
91	27	39	53	51	52	65	50	**92**	100	24	21	14	12	9	9	9	**7.94**	7	8	–	–	–	–	–	–	–	–	–	–	1,6-Heptadiyne		04396
91	27	39	53	51	65	52	40	**92**	100	38	32	19	16	16	12	11	**9.88**	7	8	–	–	–	–	–	–	–	–	–	–	1,6-Heptadiyne	2396-63-6	Q7943
91	66	92	39	65	51	63	27	**92**	100	63	47	46	29	19	19	15		7	8	–	–	–	–	–	–	–	–	–	–	Bicyclo[2.2.1]hepta-2,5-diene		C1640
91	92	39	65	51	63	90	50	**92**	100	79	21	14	11	10	9	7		7	8	–	–	–	–	–	–	–	–	–	–	Toluene		Y0418
91	92	39	65	63	51	27	38	**92**	100	48	22	17	9	8	7	6		7	8	–	–	–	–	–	–	–	–	–	–	1,3,5-Cycloheptatriene		Y1775
91	92	39	65	63	51	28	27	**92**	100	49	35	30	18	17	15	14		7	8	–	–	–	–	–	–	–	–	–	–	1,3,5 Cycloheptatriene		C0868
91	92	39	65	63	51	93	45	**92**	100	79	13	11	7	7	5	5		7	8	–	–	–	–	–	–	–	–	–	–	Toluene		Y0305
91	92	39	65	63	51	93	50	**92**	100	73	15	11	9	8	6	6		7	8	–	–	–	–	–	–	–	–	–	–	Toluene		W0003
91	92	39	66	65	51	63	40	**92**	100	35	14	14	13	6	4	4		7	8	–	–	–	–	–	–	–	–	–	–	$\Delta^{(2,6)}$-Bicyclo[3.2.0]heptadiene		05354
91	92	51	65	39	50	63	77	**92**	100	92	36	23	21	16	14	12		7	8	–	–	–	–	–	–	–	–	–	–	1,5-Heptadien-3-yne	3511-27-1	H1413
91	92	65	39	28	63	51	27	**92**	100	46	19	14	11	7	5	3		7	8	–	–	–	–	–	–	–	–	–	–	1,3,5-Cycloheptatriene	544-25-2	Q1888
91	92	65	39	63	51	66	27	**92**	100	40	16	14	6	5	4	3		7	8	–	–	–	–	–	–	–	–	–	–	Cyclobutene, 2-propenylidene-	52097-85-5	S7865
91	92	65	39	66	63	40	51	**92**	100	31	18	17	7	6	6	5		7	8	–	–	–	–	–	–	–	–	–	–	Spiro[3.3]hepta-1,5-diene	22635-78-5	R9907
91	92	66	39	65	27	51	38	**92**	100	45	42	29	19	10	9	8		7	8	–	–	–	–	–	–	–	–	–	–	Bicyclo[2.2.1]hepta-2,5-diene	121-46-0	P9165
91	92	66	65	39	40	51	63	**92**	100	60	45	19	17	6	6	6		7	8	–	–	–	–	–	–	–	–	–	–	Bicyclo[2.2.1]hepta-2,5-diene	121-46-0	P9166
91	92	66	65	39	40	51	63	**92**	100	43	26	17	12	5	4	4		7	8	–	–	–	–	–	–	–	–	–	–	Tetracyclo[3.2.0.0$^{(2,7)}$.0$^{(4,6)}$]heptane	278-06-8	Q0179
39	28	92	52	66	65	93	30	**93**	100	75	58	30	30	27	21	20		6	7	–	1	–	–	–	–	–	–	–	–	2-Propyn-1-amine, N-2-propynyl-	6921-28-4	H1640
44	93	49	42	30	95	28	41	**93**	100	24	21	17	11	7	6	6		2	4	1	1	1	–	–	–	–	–	–	–	Acetamide, 2-chloro-	79-07-2	P5968
66	39	41	93	40	27	65	92	**93**	100	60	36	27	23	23	22	21		6	7	–	1	–	–	–	–	–	–	–	–	4-Pentenenitrile, 2-methylene-	28769-50-8	S2197
79	52	51	50	26	39	92	78	**93**	100	73	41	32	23	15	13	13	**0.80**	5	8	–	1	–	–	–	–	–	1	–	–	Pyridine borane		W0015
93	39	66	65	92	40	38	51	**93**	100	44	42	26	24	17	16	13		6	7	–	1	–	–	–	–	–	–	–	–	Pyridine, 4-methyl-		W0006
93	39	66	92	65	40	38	67	**93**	100	51	46	31	29	19	18	13		6	7	–	1	–	–	–	–	–	–	–	–	Pyridine, 3-methyl-		W0005
93	64	38	65	39	37	94		**93**	100	42	20	19	16	12	7			5	3	1	1	–	–	–	–	–	–	–	–	2-Furancarbonitrile	617-90-3	H0942
93	66	28	39	38	37	27	94	**93**	100	38	28	20	11	5	5	5		4	3	–	3	–	–	–	–	–	–	–	–	1H-Pyrazole-4-carbonitrile		L8577
93	66	28	39	38	94	37	27	**93**	100	35	24	20	12	6	5	4		4	3	–	3	–	–	–	–	–	–	–	–	1H-Pyrazole-4-carbonitrile	31108-57-3	S3202
93	66	39	65	92	40	67	28	**93**	100	43	35	25	25	15	15	14		6	7	–	1	–	–	–	–	–	–	–	–	Pyridine, 4-methyl-		D1515
93	66	39	92	51	78	65	50	**93**	100	41	32	19	19	18	17	12		6	7	–	1	–	–	–	–	–	–	–	–	Pyridine, 2-methyl-		Y1535
93	66	39	92	65	40	51	54	**93**	100	32	23	21	18	10	9	7		6	7	–	1	–	–	–	–	–	–	–	–	Pyridine, 4-methyl-		Y2457
93	66	39	92	65	63	40	67	**93**	100	45	33	30	28	13	13	13		6	7	–	1	–	–	–	–	–	–	–	–	Pyridine, 3-methyl-		Y1995
93	66	65	39	92	46.5	28	38	**93**	100	33	18	18	11	9	8	7		6	7	–	1	–	–	–	–	–	–	–	–	Aniline		Y1232
93	66	65	39	92	94	40	28	**93**	100	39	19	13	12	8	5	5		6	7	–	1	–	–	–	–	–	–	–	–	Aniline		A0633
93	66	65	92	39	47	94	40	**93**	100	43	18	12	11	9	6	4		6	7	–	1	–	–	–	–	–	–	–	–	Aniline		F0319

MASS TO CHARGE RATIOS								M.W.	INTENSITIES								Parent	C	H	O	N	Cl	Br	F	S	P	B	Si	X	COMPOUND NAME	CAS Reg No	No
93	66	92	39	65	40	38	63	**93**	100	36	28	28	22	12	8	8		6	7	–	1	–	–	–	–	–	–	–	–	**Pyridine, 3-methyl-**		**Y2456**
93	66	92	39	65	78	51	67	**93**	100	50	21	17	17	14	13	10		6	7	–	1	–	–	–	–	–	–	–	–	**Pyridine, 2-methyl-**		**D0216**
93	66	92	78	65	39	51	94	**93**	100	44	22	17	15	15	13	8		6	7	–	1	–	–	–	–	–	–	–	–	**Pyridine, 2-methyl-**		**C0212**
15	79	94	29	45	33	16	48	**94**	100	91	85	26	20	18	18	18		2	6	2	–	–	–	–	1	–	–	–	–	**Dimethyl sulphone**		**P5318**
15	94	96	79	81	95	93	14	**94**	100	92	80	14	14	13	11	10		1	3	–	–	–	1	–	–	–	–	–	–	**Methane, bromo-**	74-83-9	**H0045**
18	17	43	28	19	31	29	27	**94**	100	30	29	15	12	12	9	9	**0.00**	3	7	1	–	1	–	–	–	–	–	–	–	**1-Propanol, 3-chloro-**	627-30-5	**H0998**
26	93	40	25	94	50	39	38	**94**	100	39	14	4	3	3	3	2		5	6	–	2	–	–	–	–	–	–	–	–	**Pentanedinitrile**	544-13-8	**Q1885**
31	27	58	62	63	65	41	29	**94**	100	18	11	9	8	7	7	7	**2.40**	3	7	1	–	1	–	–	–	–	–	–	–	**1-Propanol, 2-chloro-**		**G0396**
31	27	62	63	65	41	58	57	**94**	100	14	8	8	7	6	5	4	**1.50**	3	7	1	–	1	–	–	–	–	–	–	–	**1-Propanol, 2-chloro-**		**C0113**
31	28	58	29	57	27	30	41	**94**	100	87	79	45	42	34	29	23	**0.20**	3	7	1	–	1	–	–	–	–	–	–	–	**1-Propanol, 3-chloro-**	627-30-5	**Q3254**
31	58	28	57	29	30	27	41	**94**	100	93	88	56	42	32	26	20	**0.40**	3	7	1	–	1	–	–	–	–	–	–	–	**1-Propanol, 3-chloro-**		**F0160**
39	64	40	55	65	38	29	27	**94**	100	52	41	32	31	26	24	20	**0.30**	6	6	1	–	–	–	–	–	–	–	–	–	**2-Propynyl ether**	6921-27-3	**H1639**
41	54	28	27	40	52	39	26	**94**	100	91	35	23	13	11	9	9	**0.10**	5	6	–	2	–	–	–	–	–	–	–	–	**Pentanedinitrile**	544-13-8	**Q1884**
42	93	52	53	28	66	67	15	**94**	100	74	41	33	28	24	23	18	**4.50**	5	6	–	2	–	–	–	–	–	–	–	–	**Propanedinitrile, dimethyl-**	7321-55-3	**H1650**
45	31	43	27	29	79	15	28	**94**	100	37	17	14	10	9	8	8	**0.20**	3	7	1	–	1	–	–	–	–	–	–	–	**2-Propanol, 1-chloro-**		**F0189**
45	31	43	29	15	79	41	39	**94**	100	31	21	16	16	11	8	7	**0.70**	3	7	1	–	1	–	–	–	–	–	–	–	**2-Propanol, 1-chloro-**	127-00-4	**H0606**
45	43	79	27	41	29	81	39	**94**	100	15	10	6	5	4	3	3	**0.58**	3	7	1	–	1	–	–	–	–	–	–	–	**2-Propanol, 1-chloro-**		**G0395**
46	79	45	94	47	44	61	48	**94**	100	99	99	98	71	36	33	31		2	6	–	–	–	–	–	2	–	–	–	–	**Dimethyl disulphide**		**17101**
47	60	45	27	61	59	28	35	**94**	100	69	52	49	39	34	32	26	**0.00**	2	6	–	–	–	–	–	2	–	–	–	–	**1,2-Ethanedithiol**	540-63-6	**H0801**
47	94	60	27	61	45	59	35	**94**	100	87	73	53	46	41	34	25		2	6	–	–	–	–	–	2	–	–	–	–	**1,2-Ethanedithiol**	540-63-6	**Q1812**
50	45	41	43	49	28	52	15	**94**	100	71	64	58	45	35	30	24	**5.43**	2	3	2	–	1	–	–	–	–	–	–	–	**Acetic acid, monochloro-**		**00268**
50	45	43	49	28	52	15	60	**94**	100	72	59	45	36	30	24	21	**5.43**	2	3	2	–	1	–	–	–	–	–	–	–	**Acetic acid, monochloro-**		**05821**
50	52	49	45	51	94	36	48	**94**	100	34	33	22	12	7	5	4		2	3	2	–	1	–	–	–	–	–	–	–	**Acetic acid, monochloro-**		**Z0212**
54	41	28	27	52	40	39	66	**94**	100	86	28	14	10	10	8	6	**0.14**	5	6	–	2	–	–	–	–	–	–	–	–	**Pentanedinitrile**		**D0401**
59	63	44	65	50	94	60	45	**94**	100	46	21	15	3	3	2	1		2	3	2	–	1	–	–	–	–	–	–	–	**Formic acid, chloro-, methyl ester**	79-22-1	**P5984**
59	63	65	44	28	35	31	94	**94**	100	45	15	7	5	5	5	4		2	3	2	–	1	–	–	–	–	–	–	–	**Formic acid, chloro-, methyl ester**		**Z0209**
61	33	94	28	45	42	31	32	**94**	100	94	37	14	9	8	6	6		3	4	1	–	–	–	2	–	–	–	–	–	**Propan-2-one, 1,3-difluoro-**		**A0301**
61	33	94	42	45	27	32	31	**94**	100	96	64	16	13	11	8	8		3	4	1	–	–	–	2	–	–	–	–	–	**Propan-2-one, 1,3-difluoro-**		**P1139**
66	39	27	79	94	67	77	40	**94**	100	20	12	12	10	7	7	7		7	10	–	–	–	–	–	–	–	–	–	–	**Bicyclo[2.2.1]hept-2-ene**		**Y1774**
66	39	79	65	67	27	77	94	**94**	100	25	13	12	11	11	11	10		7	10	–	–	–	–	–	–	–	–	–	–	**Bicyclo[2.2.1]hept-2-ene**		**C1641**
67	39	40	42	53	38	41	37	**94**	100	61	51	37	35	28	15	18	**13.16**	5	6	–	2	–	–	–	–	–	–	–	–	**Pyrazine, methyl-**		**P8242**
73	59	93	79	63	43	65	95	**94**	100	69	62	51	42	34	30	24	**6.90**	2	7	–	–	1	–	–	–	–	–	1	–	**Silane, chlorodimethyl-**	1066-35-9	**Q5157**
77	94	79	39	51	53	91	27	**94**	100	73	67	34	23	22	21	21		7	10	–	–	–	–	–	–	–	–	–	–	**1-Hexen-3-yne, 2-methyl-**	23056-94-2	**S0051**
79	15	94	29	48	81	63	45	**94**	100	99	97	23	22	21	20	19		2	6	2	–	–	–	–	1	–	–	–	–	**Dimethyl sulphone**	67-71-0	**P5315**
79	39	94	52	77	65	27	42	**94**	100	43	42	38	35	33	18	17		7	10	–	–	–	–	–	–	–	–	–	–	**3-Hepten-1-yne, (Z)-**	764-57-8	**Q3998**
79	66	94	39	77	28	27	41	**94**	100	74	40	35	31	30	15	15		7	10	–	–	–	–	–	–	–	–	–	–	**Tricyclo[2.2.1.0$^{(2,6)}$]heptane**	279-19-6	**Q0181**
79	77	39	41	27	91	65	66	**94**	100	43	34	26	16	15	14	11	**0.89**	7	10	–	–	–	–	–	–	–	–	–	–	**1,4-Pentadiene, 3-vinyl-**	26456-63-3	**S1368**
79	77	39	94	27	91	53	93	**94**	100	67	42	41	28	25	15	15		7	10	–	–	–	–	–	–	–	–	–	–	**1,3,5-Hexatriene, 3-methyl-, (E)-**	24587-26-6	**S0681**
79	77	39	94	65	27	66	91	**94**	100	92	81	79	72	25	23	23		7	10	–	–	–	–	–	–	–	–	–	–	**1-Hepten-3-yne**	2384-73-8	**Q7913**
79	77	66	39	94	91	93	53	**94**	100	41	25	23	22	17	15	10		7	10	–	–	–	–	–	–	–	–	–	–	**Tricyclo[4.1.0.0$^{(2,7)}$]heptane**	287-13-8	**Q0221**
79	77	91	39	66	93	94	27	**94**	100	26	20	20	18	15	12	9		7	10	–	–	–	–	–	–	–	–	–	–	**Bicyclo[3.2.0]hept-6-ene**		**04855**
79	77	94	39	28	91	27	93	**94**	100	55	51	28	21	19	15	12		7	10	–	–	–	–	–	–	–	–	–	–	**1,3,5-Heptatriene, (E,E)-**	17679-93-5	**R7144**
79	77	94	39	51	27	93	65	**94**	100	59	57	30	16	14	14	13		7	10	–	–	–	–	–	–	–	–	–	–	**1,4-Cyclohexadiene, 1-methyl-**		**L3626**
79	77	94	39	91	27	93	51	**94**	100	44	40	25	24	12	12	12		7	10	–	–	–	–	–	–	–	–	–	–	**1,3-Cyclohexadiene, 1-methyl-**		**L3627**
79	77	94	39	91	27	93	53	**94**	100	67	52	28	24	19	18	13		7	10	–	–	–	–	–	–	–	–	–	–	**1,3,5-Hexatriene, 2-methyl-**	19264-50-7	**R8052**
79	77	94	91	39	93	27	28	**94**	100	61	46	26	26	17	16	12		7	10	–	–	–	–	–	–	–	–	–	–	**1,3,5-Hexatriene, 3-methyl-, (Z)-**	24587-27-7	**S0684**
79	77	94	93	91	39	51	78	**94**	100	46	34	16	16	13	10	9		7	10	–	–	–	–	–	–	–	–	–	–	**5,5-Dimethylcyclopentadiene**		**04851**
79	94	28	45	48	63	29	81	**94**	100	50	10	10	6	6	5	5		2	6	2	–	–	–	–	1	–	–	–	–	**Dimethyl sulphone**	67-71-0	**P5314**
79	94	47	77	95	49	63	48	**94**	100	40	28	22	17	9	4	4		2	7	2	–	–	–	–	–	1	–	–	–	**Phosphinic acid, dimethyl-**		**L2622**
79	94	65	39	52	77	42	27	**94**	100	60	50	50	48	39	22	20		7	10	–	–	–	–	–	–	–	–	–	–	**3-Hepten-1-yne, (E)-**	764-58-9	**Q3999**
79	94	77	39	66	91	93	27	**94**	100	37	36	21	18	15	14	9		7	10	–	–	–	–	–	–	–	–	–	–	**1,3-Cycloheptadiene**		**05351**
79	94	77	39	91	93	51	27	**94**	100	54	50	27	23	17	11	11		7	10	–	–	–	–	–	–	–	–	–	–	**Cyclopentadiene, 1,2-dimethyl-**		**04852**
79	94	77	39	91	93	53	27	**94**	100	59	45	21	19	15	12	11		7	10	–	–	–	–	–	–	–	–	–	–	**Cyclopentane, 1,3-bis(methylene)-**	59219-48-6	**T5113**
79	94	77	91	39	93	27	65	**94**	100	67	58	32	21	15	11	10		7	10	–	–	–	–	–	–	–	–	–	–	**1,4-Cyclohexadiene, 1-methyl-**		**04853**

MASS TO CHARGE RATIOS								M.W.	INTENSITIES								Parent	C	H	O	N	Cl	Br	F	S	P	B	Si	X	COMPOUND NAME	CAS Reg No	No
91	92	90	76	89	93	88	94	**94**	100	86	57	51	26	17	10	8		–	11	–	–	–	–	–	–	–	5	1	–	Pentaborane, μ-silyl-		L5426
94	39	40	93	41	68	38	42	**94**	100	73	58	58	52	37	36	15		5	6	–	2	–	–	–	–	–	–	–	–	1H-Imidazole, 2-vinyl-	43129-93-7	S7061
94	39	66	65	40	38	55	37	**94**	100	34	31	26	16	13	10	8		6	6	1	–	–	–	–	–	–	–	–	–	Phenol		W0066
94	40	53	39	52	95	79	38	**94**	100	59	58	51	40	35	34	30		5	6	–	2	–	–	–	–	–	–	–	–	Pyrimidine, 4-methyl-	3438-46-8	Q9387
94	45	79	46	47	15	48	61	**94**	100	64	58	36	25	17	12	12		2	6	–	–	–	–	–	2	–	–	–	–	Dimethyl disulphide		Y0476
94	45	79	46	47	15	48	61	**94**	100	64	57	36	28	19	15	12		2	6	–	–	–	–	–	2	–	–	–	–	Dimethyl disulphide		Y0498
94	52	79	51	78	41	67	50	**94**	100	69	59	30	24	20	17	14		5	6	–	2	–	–	–	–	–	–	–	–	Pyridine, N-imide	25275-41-6	S0998
94	52	79	51	78	67	66	93	**94**	100	69	58	30	24	17	6	3		5	6	–	2	–	–	–	–	–	–	–	–	Pyridine, N-imide		M3717
94	53	67	40	39	52	26	28	**94**	100	20	20	19	16	10	8	8		5	6	–	2	–	–	–	–	–	–	–	–	Pyrimidine, 4-methyl-	3438-46-8	Q9386
94	65	66	39	95	55	51	93	**94**	100	46	30	21	10	4	3	2		6	6	1	–	–	–	–	–	–	–	–	–	Furan, 2-vinyl-		L0793
94	66	39	65	40	38	63	55	**94**	100	83	60	48	27	21	15	14		6	6	1	–	–	–	–	–	–	–	–	–	Phenol		C0001
94	66	65	39	40	55	47	38	**94**	100	29	23	20	13	9	7	6		6	6	1	–	–	–	–	–	–	–	–	–	Phenol		F0033
94	66	67	77	51	95	41	65	**94**	100	10	8	8	6	6	4	4		5	6	–	2	–	–	–	–	–	–	–	–	Pyrimidine, 5-methyl-	2036-41-1	Q7225
94	67	26	39	40	28	53	42	**94**	100	72	50	44	41	39	25	23		5	6	–	2	–	–	–	–	–	–	–	–	Pyrazine, methyl-		V0249
94	67	26	39	40	53	38	42	**94**	100	59	41	37	33	21	19	18		5	6	–	2	–	–	–	–	–	–	–	–	Pyrazine, methyl-		Y1417
94	67	26	42	40	41	28	52	**94**	100	72	36	31	30	22	18	17		5	6	–	2	–	–	–	–	–	–	–	–	Pyrimidine, 2-methyl-	5053-43-0	R1043
94	67	28	41	39	66	38	95	**94**	100	53	16	14	11	11	7	7		5	6	–	2	–	–	–	–	–	–	–	–	2-Pyridinamine		00269
94	67	39	41	40	38	51	95	**94**	100	77	21	21	11	10	8	8		5	6	–	2	–	–	–	–	–	–	–	–	2-Pyridinamine		L4183
94	67	41	39	93	40	66	28	**94**	100	33	27	20	12	10	10	9		5	6	–	2	–	–	–	–	–	–	–	–	3-Pyridinamine		00270
94	67	41	66	39	40	51	95	**94**	100	61	17	13	12	10	8	8		5	6	–	2	–	–	–	–	–	–	–	–	2-Pyridinamine	504-29-0	Q1389
94	67	41	93	66	95	39	40	**94**	100	29	13	9	8	8	7	5		5	6	–	2	–	–	–	–	–	–	–	–	4-Pyridinamine		00271
94	75	31	69	56	93	25	12	**94**	100	74	37	23	9	8	7	7		3	1	–	–	–	–	3	–	–	–	–	–	1-Propyne, 3,3,3-trifluoro-	661-54-1	Q3622
94	75	31	69	56	93	74	55	**94**	100	96	49	26	12	8	8	7		3	1	–	–	–	–	3	–	–	–	–	–	1-Propyne, 3,3,3-trifluoro-		W0116
94	77	79	39	53	51	91	93	**94**	100	91	66	30	23	22	22	15		7	10	–	–	–	–	–	–	–	–	–	–	1-Hexen-3-yne, 2-methyl-	23056-94-2	S0050
94	77	79	39	91	51	53	27	**94**	100	83	55	28	26	19	17	15		7	10	–	–	–	–	–	–	–	–	–	–	2-Hexen-4-yne, 2-methyl-	58275-93-7	T4994
94	96	15	93	95	91	79	81	**94**	100	94	47	21	15	7	6	6		1	3	–	–	–	1	–	–	–	–	–	–	Methane, bromo-		Z0210
94	96	44	28	47	59	35	24	**94**	100	65	63	58	30	25	18	12		2	–	–	–	2	–	–	–	–	–	–	–	Acetylene, dichloro-	7572-29-4	H1660
53	68	80	27	39	41	55	43	**95**	100	52	49	47	38	36	28	26	**7.10**	6	9	–	1	–	–	–	–	–	–	–	–	Butanenitrile, 3-methyl-2-methylene-	2813-69-6	Q8686
67	95	39	41	40	38	44	51	**95**	100	95	59	42	28	22	18	12		5	5	1	1	–	–	–	–	–	–	–	–	2-Pyridinol		D1352
68	95	53	55	67	39	80	41	**95**	100	67	66	65	55	47	40	40		6	9	–	1	–	–	–	–	–	–	–	–	3-Pentenitrile, 4-methyl-		C2124
69	76	50	31	12	26	38	14	**95**	100	47	25	21	12	11	5	2	**1.73**	2	–	–	1	–	–	3	–	–	–	–	–	Ethanenitrile, trifluoro-		Y1872
69	76	50	31	26	12	95	38	**95**	100	32	16	8	4	2	2	1		2	–	–	1	–	–	3	–	–	–	–	–	Ethanenitrile, trifluoro-		05563
69	76	50	31	26	38	19	95	**95**	100	52	26	23	12	6	3	2		2	–	–	1	–	–	3	–	–	–	–	–	Ethanenitrile, trifluoro-		W0147
80	79	94	95	67	93	66	53	**95**	100	73	69	47	38	35	28	27		1	8	–	3	–	–	–	–	–	3	–	–	Borazine, B-methyl-		05452
80	95	53	94	67	81	41	65	**95**	100	54	21	11	7	6	5	5		6	9	–	1	–	–	–	–	–	–	–	–	1H-Pyrrole, 3-ethyl-	1551-16-2	Q6193
80	95	53	94	67	93	81	65	**95**	100	54	22	15	7	6	6	5		6	9	–	1	–	–	–	–	–	–	–	–	1H-Pyrrole, 2-ethyl-	1551-06-0	Q6192
80	95	67	39	27	53	41	28	**95**	100	69	27	26	24	20	18	15		6	9	–	1	–	–	–	–	–	–	–	–	1H-Pyrrole, 1-ethyl-	617-92-5	Q2961
80	95	67	53	39	27	41	94	**95**	100	80	25	19	19	16	16	12		6	9	–	1	–	–	–	–	–	–	–	–	1H-Pyrrole, 1-ethyl-		Y2100
94	93	67	38	95	92	37	66	**95**	100	67	30	28	27	21	18	17		1	8	–	3	–	–	–	–	–	3	–	–	Borazine, N-methyl-		05453
94	95	26	80	42	27	51	15	**95**	100	58	41	18	15	11	9	9		6	9	–	1	–	–	–	–	–	–	–	–	1H-Pyrrole, 2,5-dimethyl-		Y1418
94	95	28	80	39	41	27	46.5	**95**	100	61	22	19	19	13	10	9		6	9	–	1	–	–	–	–	–	–	–	–	1H-Pyrrole, 2,4-dimethyl-		Y1347
94	95	80	42	93	53	51	41	**95**	100	58	16	14	10	8	8	7		6	9	–	1	–	–	–	–	–	–	–	–	1H-Pyrrole, 2,5-dimethyl-		Y2101
94	95	80	67	54	47	93	65	**95**	100	67	18	13	10	8	7	7		6	9	–	1	–	–	–	–	–	–	–	–	1H-Pyrrole, 2,4-dimethyl-	625-82-1	Q3195
94	95	80	93	67	53	47	42	**95**	100	96	26	13	12	11	8	8		6	9	–	1	–	–	–	–	–	–	–	–	1H-Pyrrole, 2,3-dimethyl-	600-28-2	Q2627
95	39	40	41	67	38	68	28	**95**	100	50	26	23	21	20	17	17		5	5	1	1	–	–	–	–	–	–	–	–	3-Pyridinol		M5209
95	39	40	68	41	67	38	28	**95**	100	18	10	10	8	7	6	6		5	5	1	1	–	–	–	–	–	–	–	–	3-Pyridinol		03328
95	42	68	28	41	40	26	43	**95**	100	59	45	45	41	30	20	20		4	5	–	3	–	–	–	–	–	–	–	–	2-Pyrimidinamine	109-12-6	P8243
95	67	39	29	41	40	38	66	**95**	100	50	38	21	20	16	12	9		5	5	1	1	–	–	–	–	–	–	–	–	2-Pyridinol		01384
95	67	66	96	51	68	50	52	**95**	100	41	6	6	5	3	3	3		5	5	1	1	–	–	–	–	–	–	–	–	2-Pyridinol	142-08-5	P9850
95	67	68	96	50	51	66	52	**95**	100	25	23	6	6	4	3	3		5	5	1	1	–	–	–	–	–	–	–	–	4(1H)-Pyridinone	108-96-3	P8218
95	68	42	41	40	43	28	67	**95**	100	40	30	20	13	11	10	10		4	5	–	3	–	–	–	–	–	–	–	–	2-Pyrimidinamine	109-12-6	P8244
95	68	67	96	50	51	66	94	**95**	100	10	8	6	3	3	3	3		5	5	1	1	–	–	–	–	–	–	–	–	3-Pyridinol	109-00-2	P8226
95	94	66	39	28	38	40	41	**95**	100	55	48	31	14	11	7	7		5	5	1	1	–	–	–	–	–	–	–	–	1H-Pyrrole-2-carboxaldehyde	1003-29-8	Q4987
95	94	66	39	38	40	41	37	**95**	100	65	47	33	11	10	8	6		5	5	1	1	–	–	–	–	–	–	–	–	1H-Pyrrole-2-carboxaldehyde		M6496

MASS TO CHARGE RATIOS								M.W.	INTENSITIES								Parent	C	H	O	N	Cl	Br	F	S	P	B	Si	X	COMPOUND NAME	CAS Reg No	No
27	95	96	77	51	69	26	46	**96**	100	79	70	69	41	35	34	31		3	3	–	–	–	–	3	–	–	–	–	–	1-Propene, 3,3,3-trifluoro-		W0117
39	38	29	68	96	37	30	42	**96**	100	54	47	38	32	29	23	23		4	4	1	2	–	–	–	–	–	–	–	–	3(2H)-Pyridazinone	504-30-3	Q1390
39	38	68	96	37	29	42	41	**96**	100	54	38	32	29	23	23	21		4	4	1	2	–	–	–	–	–	–	–	–	3(2H)-Pyridazinone		L1858
39	68	96	40	38	95	41	29	**96**	100	88	73	32	24	18	17	13		5	4	2	–	–	–	–	–	–	–	–	–	2H-Pyran-2-one	504-31-4	Q1391
39	68	96	40	38	95	42	37	**96**	100	88	72	32	24	18	17	13		5	4	2	–	–	–	–	–	–	–	–	–	2H-Pyran-2-one		M8844
39	68	96	40	38	95	42	37	**96**	100	87	74	33	23	18	17	14		5	4	2	–	–	–	–	–	–	–	–	–	2H-Pyran-2-one		02593
39	96	95	38	29	37	40	97	**96**	100	55	52	38	35	29	11	9		5	4	2	–	–	–	–	–	–	–	–	–	2-Furancarboxaldehyde	98-01-1	P7138
40	39	67	68	53	81	42	41	**96**	100	97	95	67	66	38	30	26	**6.00**	6	8	1	–	–	–	–	–	–	–	–	–	Spirohexan-5-one	20061-22-7	R8481
40	39	67	68	53	81	42	41	**96**	100	98	96	68	67	39	30	29	**6.00**	6	8	1	–	–	–	–	–	–	–	–	–	Spirohexan-5-one		L3731
41	67	96	53	65	95	66	51	**96**	100	75	40	35	25	20	15	13		6	8	1	–	–	–	–	–	–	–	–	–	2-Butenal, 2-vinyl-	20521-42-0	R8706
41	69	55	27	39	96	95	68	**96**	100	96	82	80	59	41	23	14		6	8	1	–	–	–	–	–	–	–	–	–	2-Propen-1-one, 1-cyclopropyl-		P1149
41	81	29	27	39	55	54	67	**96**	100	93	87	62	61	52	35	35	**0.48**	7	12	–	–	–	–	–	–	–	–	–	–	1-Heptyne		Y0353
41	81	29	55	39	27	67	54	**96**	100	86	81	52	49	40	38	36	**0.00**	7	12	–	–	–	–	–	–	–	–	–	–	1-Heptyne	628-71-7	Q3299
41	81	96	67	39	53	79	27	**96**	100	86	71	64	60	53	43	37		7	12	–	–	–	–	–	–	–	–	–	–	2,3-Hexadiene, 2-methyl-	29212-09-7	S2393
43	53	67	71	96	25	68	44	**96**	100	70	67	16	16	12	8	4		6	8	1	–	–	–	–	–	–	–	–	–	1-Pentyn-3-one, 4-methyl-	13531-82-3	R4619
43	81	96	27	39	41	54	53	**96**	100	88	86	81	79	76	75	61		7	12	–	–	–	–	–	–	–	–	–	–	2-Hexyne, 5-methyl-		Y0851
43	96	95	53	81	27	15	51	**96**	100	88	74	56	37	30	26	20		6	8	1	–	–	–	–	–	–	–	–	–	Furan, 2,5-dimethyl-		Y0815
54	27	39	41	53	67	29	81	**96**	100	42	38	36	29	20	16	15	**1.18**	7	12	–	–	–	–	–	–	–	–	–	–	1,2-Heptadiene	2384-90-9	06812
54	39	41	53	67	81	55	51	**96**	100	30	30	25	21	17	15	7	**1.50**	7	12	–	–	–	–	–	–	–	–	–	–	1,2-Heptadiene	2384-90-9	Q7918
54	39	55	27	29	67	41	81	**96**	100	78	76	64	45	38	35	32	**2.21**	7	12	–	–	–	–	–	–	–	–	–	–	1,6-Heptadiene		04364
54	41	53	67	81	55	51	52	**96**	100	30	25	20	16	15	5	4	**2.00**	7	12	–	–	–	–	–	–	–	–	–	–	1,2-Heptadiene	2384-90-9	Q7919
54	55	29	39	27	67	81	41	**96**	100	66	55	50	36	34	26	25	**1.16**	7	12	–	–	–	–	–	–	–	–	–	–	1,6-Heptadiene	3070-53-9	Q8977
54	55	39	81	77	29	41	53	**96**	100	55	31	31	31	29	19	15	**3.40**	7	12	–	–	–	–	–	–	–	–	–	–	1,6-Heptadiene		C0104
54	67	39	81	68	27	55	96	**96**	100	98	84	68	64	61	58	47		7	12	–	–	–	–	–	–	–	–	–	–	Cycloheptene		04359
54	67	39	81	68	55	96	41	**96**	100	99	67	66	62	59	45	38		7	12	–	–	–	–	–	–	–	–	–	–	Cycloheptene	628-92-2	Q3317
54	67	81	55	39	68	96	27	**96**	100	97	66	61	61	61	46	37		7	12	–	–	–	–	–	–	–	–	–	–	Cycloheptene	628-92-2	Q3316
54	96	53	68	95	42	28	56	**96**	100	97	90	86	83	80	72	65		5	8	–	2	–	–	–	–	–	–	–	–	1H-Imidazole, 2,5-dimethyl-		00251
55	29	81	39	27	67	41	54	**96**	100	26	23	21	14	12	11	10	**1.78**	7	12	–	–	–	–	–	–	–	–	–	–	1,5-Heptadiene, (E)-	7736-22-3	R3446
55	39	67	54	28	29	27	68	**96**	100	51	49	43	40	40	30	27	**0.00**	7	12	–	–	–	–	–	–	–	–	–	–	1-Butene, 4-cyclopropyl-	7736-35-8	R3448
55	67	41	39	96	81	27	56	**96**	100	67	58	54	36	34	28	22		7	12	–	–	–	–	–	–	–	–	–	–	1,3-Heptadiene		C0518
55	81	29	39	67	27	54	41	**96**	100	30	23	18	16	13	12	11	**2.97**	7	12	–	–	–	–	–	–	–	–	–	–	1,5-Heptadiene		C0431
55	81	29	39	67	27	54	41	**96**	100	29	27	25	19	15	13	13	**1.58**	7	12	–	–	–	–	–	–	–	–	–	–	1,5-Heptadiene, (Z)-	7736-34-7	R3447
55	81	29	39	67	41	27	53	**96**	100	27	18	17	14	12	11	10	**0.33**	7	12	–	–	–	–	–	–	–	–	–	–	1,5-Hexadiene, 3-methyl-	1541-33-9	Q6187
55	81	39	27	41	29	53	54	**96**	100	99	85	63	51	47	30	28	**4.62**	7	12	–	–	–	–	–	–	–	–	–	–	1,5-Hexadiene, 2-methyl-		04365
57	41	81	39	29	27	53	96	**96**	100	89	69	65	50	43	37	27		7	12	–	–	–	–	–	–	–	–	–	–	1,2-Pentadiene, 4,4-dimethyl-	26981-77-1	06778
61	96	98	26	63	60	25	35	**96**	100	62	40	36	32	27	17	12		2	2	–	–	2	–	–	–	–	–	–	–	Ethylene, 1,2-dichloro-, (E)-	156-60-5	H0673
61	96	98	26	63	60	25	62	**96**	100	67	43	34	32	24	15	10		2	2	–	–	2	–	–	–	–	–	–	–	Ethylene, 1,2-dichloro-, (E)-		Y0281
61	96	98	26	63	60	35	25	**96**	100	65	41	33	32	22	20	16		2	2	–	–	2	–	–	–	–	–	–	–	Ethylene, 1,2-dichloro-, (Z)-	156-59-2	H0672
61	96	98	63	26	60	25	35	**96**	100	73	47	32	30	21	13	12		2	2	–	–	2	–	–	–	–	–	–	–	Ethylene, 1,2-dichloro-, (Z)-		Y0280
61	96	98	63	26	60	25	62	**96**	100	61	38	32	16	15	7	7		2	2	–	–	2	–	–	–	–	–	–	–	Ethylene, 1,1-dichloro-	75-35-4	H0058
61	96	98	63	26	60	100	62	**96**	100	79	50	32	13	12	8	6		2	2	–	–	2	–	–	–	–	–	–	–	Ethylene, 1,1-dichloro-		A0206
61	96	98	63	60	26	100	62	**96**	100	90	57	33	21	17	9	9		2	2	–	–	2	–	–	–	–	–	–	–	Ethylene, 1,2-dichloro-, (E)-	156-60-5	Q0027
61	96	98	63	60	100	62	35	**96**	100	90	58	33	17	10	8	4		2	2	–	–	2	–	–	–	–	–	–	–	Ethylene, 1,2-dichloro-, (Z)-	156-59-2	Q0026
67	39	27	96	41	81	53	68	**96**	100	23	19	18	18	11	10	9		7	12	–	–	–	–	–	–	–	–	–	–	Cyclopentene, 1-ethyl-		04361
67	39	41	27	96	66	68	29	**96**	100	20	17	14	14	7	7	5		7	12	–	–	–	–	–	–	–	–	–	–	Cyclopentene, 3-ethyl-		Y1489
67	39	41	96	27	66	68	65	**96**	100	19	18	15	13	7	6	5		7	12	–	–	–	–	–	–	–	–	–	–	Cyclopentene, 3-ethyl-		Y1569
67	39	68	54	27	41	81	55	**96**	100	38	32	30	25	25	17	16	**11.10**	7	12	–	–	–	–	–	–	–	–	–	–	Cyclopentane, vinyl-		Y1176
67	39	68	81	41	27	54	55	**96**	100	65	62	61	37	34	33	24	**1.71**	7	12	–	–	–	–	–	–	–	–	–	–	Norbornane		C0866
67	39	96	27	41	81	55	68	**96**	100	24	22	17	17	15	14	12		7	12	–	–	–	–	–	–	–	–	–	–	Cyclopentane, ethylidene-		Y1427
67	39	96	41	27	81	55	68	**96**	100	24	22	18	16	15	15	14		7	12	–	–	–	–	–	–	–	–	–	–	Cyclopentane, ethylidene-	2146-37-4	Q7476
67	41	39	95	27	68	53	81	**96**	100	96	69	51	27	27	24	24	**14.90**	6	8	1	–	–	–	–	–	–	–	–	–	Cyclopropanal, 2-vinyl-, (E)-		L6684
67	41	39	95	68	27	53	81	**96**	100	88	70	48	32	28	27	25	**17.90**	6	8	1	–	–	–	–	–	–	–	–	–	Cyclopropanal, 2-vinyl-, (Z)-		L6686
67	41	96	83	39	55	68	82	**96**	100	16	16	15	13	11	8	8		7	12	–	–	–	–	–	–	–	–	–	–	Cyclopentene, 3-ethyl-	694-35-9	Q3736
67	54	81	39	55	68	27	41	**96**	100	78	77	72	59	57	51	42	**20.60**	7	12	–	–	–	–	–	–	–	–	–	–	Bicyclo[4.1.0]heptane		V0232
67	54	81	55	68	41	53	96	**96**	100	83	80	60	55	31	23	22		7	12	–	–	–	–	–	–	–	–	–	–	Bicyclo[4.1.0]heptane	286-08-8	Q0199
67	68	54	96	81	41			**96**	100	31	26	18	18	16				7	12	–	–	–	–	–	–	–	–	–	–	Cyclopentane, vinyl-		M6761

MASS TO CHARGE RATIOS								M.W.	INTENSITIES								Parent	C	H	O	N	Cl	Br	F	S	P	B	Si	X	COMPOUND NAME	CAS Reg No	No
67	68	81	39	54	27	41	55	**96**	100	81	68	51	47	34	31	30	**18.57**	7	12	–	–	–	–	–	–	–	–	–	–	Norbornane		V0231
67	68	81	54	39	27	41	55	**96**	100	79	69	47	46	33	30	29	**18.51**	7	12	–	–	–	–	–	–	–	–	–	–	Norbornane		Y1466
67	81	54	68	39	55	41	27	**96**	100	85	70	52	50	50	32	27	**23.00**	7	12	–	–	–	–	–	–	–	–	–	–	Bicyclo[4.1.0]heptane	286-08-8	Q0197
67	96	39	41	65	95	66	53	**96**	100	47	42	41	30	24	17	13		6	8	1	–	–	–	–	–	–	–	–	–	Cyclopentene, 1-formyl-		C1468
67	96	53	41	68	42	66	51	**96**	100	79	61	27	26	16	9	8		6	8	1	–	–	–	–	–	–	–	–	–	2-Cyclopenten-1-one, 2-methyl-	1120-73-6	Q5383
67	96	54	41	81	39	55	68	**96**	100	26	21	14	13	10	8	8		7	12	–	–	–	–	–	–	–	–	–	–	Cyclobutane, 1-ethyl-3-methylene-	56335-70-7	T3506
68	39	40	96	42	41	55	43	**96**	100	26	22	21	10	9	8	8		6	8	1	–	–	–	–	–	–	–	–	–	2-Cyclohexen-1-one		02215
68	67	39	55	27	53	41	81	**96**	100	77	66	52	51	39	34	32	**0.74**	7	12	–	–	–	–	–	–	–	–	–	–	Methane, dicyclopropyl-		Y1950
68	67	53	96	41	54	42	51	**96**	100	79	67	40	37	30	29	8		6	8	1	–	–	–	–	–	–	–	–	–	Bicyclo[3.1.0]hexan-3-one	1755-04-0	Q6669
68	67	55	39	53	27	41	29	**96**	100	88	56	54	33	31	29	27	**0.00**	7	12	–	–	–	–	–	–	–	–	–	–	Methane, dicyclopropyl-	5685-47-2	R1678
68	81	67	96	95	69	82	97	**96**	100	62	38	13	11	9	4	3		6	8	1	–	–	–	–	–	–	–	–	–	Spirohexan-5-one		L3732
68	96	40	39	42	41	27	55	**96**	100	30	20	17	8	7	7	6		6	8	1	–	–	–	–	–	–	–	–	–	2-Cyclohexen-1-one	930-68-7	Q4631
68	96	55	53	69	50	51	67	**96**	100	31	11	7	6	4	4	4		6	8	1	–	–	–	–	–	–	–	–	–	2-Cyclohexen-1-one	930-68-7	Q4632
81	27	41	39	43	54	53	55	**96**	100	71	70	61	57	57	49	22	**8.37**	7	12	–	–	–	–	–	–	–	–	–	–	1,2-Hexadiene, 5-methyl-		V0235
81	39	27	96	41	53	79	55	**96**	100	22	20	20	17	15	12	8		7	12	–	–	–	–	–	–	–	–	–	–	Cyclopentene, 1,5-dimethyl-	16491-15-9	06762
81	39	41	53	67	96	29	40	**96**	100	84	55	49	45	36	22	20		6	8	1	–	–	–	–	–	–	–	–	–	2,4-Hexadienal	142-83-6	P9873
81	39	41	67	53	96	65	95	**96**	100	57	48	42	39	33	16	14		6	8	1	–	–	–	–	–	–	–	–	–	2,4-Hexadienal		C0292
81	39	41	96	14	67	27	38	**96**	100	12	8	5	4	4	4	3		6	8	1	–	–	–	–	–	–	–	–	–	2,4-Hexadienal		D0655
81	39	68	67	27	55	96	41	**96**	100	42	39	37	35	34	30	24		7	12	–	–	–	–	–	–	–	–	–	–	Cyclohexene, 3-methyl-	591-48-0	H0883
81	39	96	41	27	53	55	79	**96**	100	46	43	40	32	31	28	25		7	12	–	–	–	–	–	–	–	–	–	–	1,4-Hexadiene, 4-methyl-		00235
81	39	96	41	27	53	79	55	**96**	100	27	25	24	19	19	17	10		7	12	–	–	–	–	–	–	–	–	–	–	Cyclopentene, 4,4-dimethyl-	19037-72-0	09354
81	39	96	41	51	67	65	95	**96**	100	41	35	19	9	9	9	7		6	8	1	–	–	–	–	–	–	–	–	–	Furan, 2-ethyl-		L0783
81	39	96	41	53	27	55	79	**96**	100	51	47	42	31	30	26	26		7	12	–	–	–	–	–	–	–	–	–	–	1,4-Hexadiene, 2-methyl-		00239
81	41	29	39	27	55	67	54	**96**	100	88	70	70	65	46	36	31	**0.86**	7	12	–	–	–	–	–	–	–	–	–	–	1-Heptyne		04377
81	41	39	27	56	57	29	53	**96**	100	75	58	52	42	40	37	28	**0.39**	7	12	–	–	–	–	–	–	–	–	–	–	1-Hexyne, 5-methyl-		Y1817
81	41	39	27	56	57	29	53	**96**	100	75	58	52	42	40	37	30	**0.40**	7	12	–	–	–	–	–	–	–	–	–	–	1-Hexyne, 5-methyl-	2203-80-7	H1294
81	41	39	53	67	95	96	27	**96**	100	65	55	33	31	27	22	21		6	8	1	–	–	–	–	–	–	–	–	–	2-Hexen-4-yn-1-ol		L3023
81	41	39	53	96	27	55	29	**96**	100	59	57	44	41	41	40	27		7	12	–	–	–	–	–	–	–	–	–	–	2,5-Heptadiene, (E,E)-	39619-60-8	S6094
81	41	39	53	96	79	67	55	**96**	100	49	36	35	30	29	26	22		7	12	–	–	–	–	–	–	–	–	–	–	Cyclopropane, trimethylmethylene-	34462-28-7	S4656
81	41	53	39	67	79	55	96	**96**	100	51	39	35	25	22	21	21		7	12	–	–	–	–	–	–	–	–	–	–	Cyclopropane, trimethylmethylene-	34462-28-7	S4657
81	41	53	79	39	27	55	96	**96**	100	39	24	21	18	15	10	10		7	12	–	–	–	–	–	–	–	–	–	–	1,4-Pentadiene, 3,3-dimethyl-	1112-35-2	Q5303
81	41	54	27	39	53	68	67	**96**	100	78	76	75	72	56	36	34	**21.04**	7	12	–	–	–	–	–	–	–	–	–	–	2-Heptyne		Y1815
81	41	67	39	53	96	79	55	**96**	100	85	81	70	51	48	34	32		7	12	–	–	–	–	–	–	–	–	–	–	3,4-Heptadiene	2454-31-1	Q8127
81	41	67	96	39	27	54	42	**96**	100	98	98	94	80	60	55	41		7	12	–	–	–	–	–	–	–	–	–	–	3-Heptyne		Y1816
81	41	96	39	53	27	79	55	**96**	100	48	43	42	31	30	27	18		7	12	–	–	–	–	–	–	–	–	–	–	1,4-Hexadiene, 5-methyl-		00236
81	41	96	39	53	79	27	67	**96**	100	38	36	34	28	24	23	21		7	12	–	–	–	–	–	–	–	–	–	–	2,4-Heptadiene, (E,E)-	2384-94-3	Q7920
81	47	96	15	77	82	27	80	**96**	100	21	12	9	6	6	6	4		2	6	–	–	–	–	2	–	–	–	1	–	Silane, dimethyldifluoro-		05927
81	53	96	39	38	41	51	67	**96**	100	41	41	30	12	11	9	8		6	8	1	–	–	–	–	–	–	–	–	–	Furan, 2-ethyl-	3208-16-0	Q9118
81	54	39	55	27	69	96	68	**96**	100	60	52	40	37	34	33	32		7	12	–	–	–	–	–	–	–	–	–	–	Cyclohexene, 4-methyl-		Y1491
81	54	55	67	96	68	40	41	**96**	100	67	41	31	29	27	20	15		7	12	–	–	–	–	–	–	–	–	–	–	Cyclohexene, 4-methyl-	591-47-9	Q2457
81	54	96	55	67	68	41	53	**96**	100	74	44	42	31	28	18	15		7	12	–	–	–	–	–	–	–	–	–	–	Cyclohexene, 4-methyl-	591-47-9	Q2456
81	55	39	29	41	54	67	27	**96**	100	86	40	37	35	24	23	22	**5.30**	7	12	–	–	–	–	–	–	–	–	–	–	1,5-Hexadiene, 2-methyl-		C0105
81	66	67	68	55	41	96	53	**96**	100	56	56	48	45	37	34	31		7	12	–	–	–	–	–	–	–	–	–	–	Cyclohexene, 1-methyl-	591-49-1	Q2464
81	67	41	39	27	53	65	96	**96**	100	74	68	49	32	25	19	19		7	12	–	–	–	–	–	–	–	–	–	–	2-Hexyne, 4-methyl-		Y0850
81	67	54	68	55	96	41	53	**96**	100	89	52	52	47	46	27	17		7	12	–	–	–	–	–	–	–	–	–	–	Cyclohexane, methylene-	1192-37-6	Q5660
81	67	68	54	96	55	39	41	**96**	100	77	45	43	42	40	28	20		7	12	–	–	–	–	–	–	–	–	–	–	Cyclohexane, methylene-	1192-37-6	Q5659
81	67	68	96	55	39	41	53	**96**	100	25	21	21	21	18	16	15		7	12	–	–	–	–	–	–	–	–	–	–	Cyclopentane, 1-methyl-2-methylene-	41158-41-2	S6568
81	67	68	96	55	39	54	53	**96**	100	33	30	28	24	18	14	14		7	12	–	–	–	–	–	–	–	–	–	–	Cyclohexene, 1-methyl-		C1210
81	67	68	96	56	41	55	54	**96**	100	35	35	32	30	22	18	17		7	12	–	–	–	–	–	–	–	–	–	–	Cyclohexene, 3-methyl-	591-48-0	Q2460
81	67	96	68	55	54	41	53	**96**	100	54	45	35	34	33	19	12		7	12	–	–	–	–	–	–	–	–	–	–	Cyclohexane, methylene-	1192-37-6	Q5661
81	68	67	39	96	55	27	53	**96**	100	45	45	40	39	38	33	24		7	12	–	–	–	–	–	–	–	–	–	–	Cyclohexene, 1-methyl-		Y1174
81	96	39	41	53	79	27	55	**96**	100	78	44	41	32	29	26	16		7	12	–	–	–	–	–	–	–	–	–	–	1,3-Pentadiene, 2,4-dimethyl-		04366
81	96	39	41	53	79	27	67	**96**	100	44	35	33	26	24	23	20		7	12	–	–	–	–	–	–	–	–	–	–	2,4-Hexadiene, 2-methyl-		00237
81	96	39	41	53	79	27	67	**96**	100	40	33	31	26	25	22	20		7	12	–	–	–	–	–	–	–	–	–	–	2,4-Hexadiene, 3-methyl-	28823-42-9	S2234
81	96	79	39	41	53	27	67	**96**	100	40	35	33	31	26	22	20		7	12	–	–	–	–	–	–	–	–	–	–	2,4-Hexadiene, 3-methyl-		00238
81	96	95	67	68	69	53	66	**96**	100	15	14	10	9	5	3	2		6	8	1	–	–	–	–	–	–	–	–	–	2-Hexen-4-yn-1-ol		L3024

MASS TO CHARGE RATIOS	M.W.	INTENSITIES	Parent	C	H	O	N	Cl	Br	F	S	P	B	Si	X	COMPOUND NAME	CAS Reg No	No
95 27 96 77 51 69 46 26	**96**	100 98 88 67 43 37 33 32		3	3	–	–	–	–	3	–	–	–	–	–	**1-Propene, 3,3,3-trifluoro-**	677-21-4	**Q3674**
95 96 39 67 68 43 53 51	**96**	100 89 58 9 6 5 3 2		5	4	2	–	–	–	–	–	–	–	–	–	**3-Furancarboxaldehyde**		**L0801**
95 96 54 42 81 52 41 68	**96**	100 80 48 43 34 31 28 23		5	8	–	2	–	–	–	–	–	–	–	–	**1H-Pyrazole, 3,4-dimethyl-**	2820-37-3	**Q8702**
95 96 81 54 41 39 68 40	**96**	100 86 85 47 36 27 27 21		5	8	–	2	–	–	–	–	–	–	–	–	**1H-Imidazole, 2-ethyl-**	1072-62-4	**Q5190**
96 67 53 81 39 40 95 44	**96**	100 57 54 37 36 26 23 21		6	8	1	–	–	–	–	–	–	–	–	–	**2-Cyclopenten-1-one, 3-methyl-**	2758-18-1	**Q8613**
96 67 95 39 53 81 65 68	**96**	100 65 43 38 32 19 13 11		6	8	1	–	–	–	–	–	–	–	–	–	**Furan, 2,4-dimethyl-**		**L0778**
96 68 28 69 42 40 41 97	**96**	100 39 31 18 13 8 8 5		4	4	1	2	–	–	–	–	–	–	–	–	**4(1H)-Pyrimidinone**	4562-27-0	**R0605**
96 68 41 40 67 42 97 39	**96**	100 58 45 27 15 10 7 6		4	4	1	2	–	–	–	–	–	–	–	–	**1H-Imidazole-2-carboxaldehyde**	10111-08-7	**R3583**
96 68 41 40 67 42 97 95	**96**	100 58 45 27 15 10 7 6		4	4	1	2	–	–	–	–	–	–	–	–	**1H-Imidazole-2-carboxaldehyde**		**02182**
96 69 70 42 68 41 39 40	**96**	100 53 51 48 15 11 9 6		5	4	2	–	–	–	–	–	–	–	–	–	**4H-Pyran-4-one**	108-97-4	**P8219**
96 69 70 42 68 97 39 41	**96**	100 44 37 21 19 7 6 6		5	4	2	–	–	–	–	–	–	–	–	–	**4H-Pyran-4-one**	108-97-4	**P8220**
96 70 50 75 51 95 97 39	**96**	100 21 15 7 7 7 7 7		6	5	–	–	–	–	1	–	–	–	–	–	**Benzene, fluoro-**	462-06-6	**H0698**
96 70 50 95 97 75 51 39	**96**	100 21 9 8 7 6 4 4		6	5	–	–	–	–	1	–	–	–	–	–	**Benzene, fluoro-**		**A0411**
96 70 97 50 95 75 51 39	**96**	100 17 7 6 6 6 4 4		6	5	–	–	–	–	1	–	–	–	–	–	**Benzene, fluoro-**	462-06-6	**Q0812**
96 81 41 68 40 54 42 82	**96**	100 64 50 43 27 23 17 17		5	8	–	2	–	–	–	–	–	–	–	–	**1H-Imidazole, 1-ethyl-**	7098-07-9	**R2840**
96 95 28 39 54 41 42 27	**96**	100 80 46 44 37 37 33 27		5	8	–	2	–	–	–	–	–	–	–	–	**1H-Pyrazole, 3,5-dimethyl-**		**02368**
96 95 39 29 28 38 37 97	**96**	100 86 55 20 17 15 9 5		5	4	2	–	–	–	–	–	–	–	–	–	**2-Furancarboxaldehyde**		**01525**
96 95 39 29 38 37 67 40	**96**	100 95 78 22 21 14 11 8		5	4	2	–	–	–	–	–	–	–	–	–	**2-Furancarboxaldehyde**		**C0483**
96 95 39 41 54 42 81 40	**96**	100 77 34 25 25 22 20 11		5	8	–	2	–	–	–	–	–	–	–	–	**1H-Pyrazole, 3,5-dimethyl-**		**Y0619**
96 95 43 53 81 44 27 51	**96**	100 79 63 41 31 19 11 9		6	8	1	–	–	–	–	–	–	–	–	–	**Furan, 2,5-dimethyl-**		**C0649**
96 95 43 53 81 51 50 29	**96**	100 79 70 50 35 18 15 15		6	8	1	–	–	–	–	–	–	–	–	–	**Furan, 2,5-dimethyl-**		**Y1829**
96 95 54 42 28 55 40 27	**96**	100 49 29 22 20 15 9 8		5	8	–	2	–	–	–	–	–	–	–	–	**1H-Imidazole, 1,2-dimethyl-**	1739-84-0	**Q6639**
96 95 54 42 28 55 68 27	**96**	100 62 48 43 27 19 16 10		5	8	–	2	–	–	–	–	–	–	–	–	**1H-Imidazole, 2,4-dimethyl-**		**M2264**
96 95 54 42 68 55 81 41	**96**	100 84 64 59 35 33 19 17		5	8	–	2	–	–	–	–	–	–	–	–	**1H-Imidazole, 2,4-dimethyl-**	930-62-1	**Q4629**
96 95 54 81 39 42 41 28	**96**	100 80 23 20 20 17 15 13		5	8	–	2	–	–	–	–	–	–	–	–	**1H-Pyrazole, 3,5-dimethyl-**		**C1752**
29 27 41 28 31 55 39 57	**97**	100 68 61 49 36 36 29 25	**1.60**	5	7	1	1	–	–	–	–	–	–	–	–	**1-Butene, 3-hydroxy-4-cyano-**		**D0629**
31 97 45 28 43 27 54 69	**97**	100 62 46 42 29 28 28 23		5	7	1	1	–	–	–	–	–	–	–	–	**2-Pyridone, 1,2,3,6-tetrahydro-**		**C0401**
41 28 70 39 68 82 27 56	**97**	100 44 43 40 33 22 17 15	**6.51**	6	11	–	1	–	–	–	–	–	–	–	–	**2-Propen-1-amine, N-2-propenyl-**	124-02-7	**H0592**
41 28 70 39 68 82 27 56	**97**	100 45 45 40 35 24 16 15	**10.31**	6	11	–	1	–	–	–	–	–	–	–	–	**2-Propen-1-amine, N-2-propenyl-**	124-02-7	**H0591**
41 42 68 97 69 55 28 82	**97**	100 88 83 57 54 49 33 29		6	11	–	1	–	–	–	–	–	–	–	–	**Cycloazaheptene**		**C1408**
41 54 27 55 29 39 43 57	**97**	100 68 59 55 44 35 30 30	**0.75**	6	11	–	1	–	–	–	–	–	–	–	–	**Hexanenitrile**		**Y0824**
41 54 55 29 68 57 27 82	**97**	100 89 49 34 34 32 27 26	**1.00**	6	11	–	1	–	–	–	–	–	–	–	–	**Hexanenitrile**	628-73-9	**Q3302**
42 68 41 97 69 55 82 30	**97**	100 92 86 78 57 47 40 39		6	11	–	1	–	–	–	–	–	–	–	–	**Cycloazaheptene**		**D1367**
42 97 68 41 39 69 43 38	**97**	100 70 54 26 20 16 14 10		5	7	1	1	–	–	–	–	–	–	–	–	**Δ^3-Pyrrolin-2-one, 1-methyl-**		**00989**
43 54 82 97 55 44 98 83	**97**	100 82 75 60 35 13 10 8		5	7	1	1	–	–	–	–	–	–	–	–	**Isoxazole, 3,5-dimethyl-**	300-87-8	**Q0354**
53 97 96 52 27 31 28 67	**97**	100 75 74 71 69 62 53 42		5	7	1	1	–	–	–	–	–	–	–	–	**Cyclobutene, 3-amido-**		**00727**
54 43 42 28 55 7 41 84	**97**	100 81 70 64 57 50 48 26	**9.83**	6	11	–	1	–	–	–	–	–	–	–	–	**Aziridine, 2-methylene-1-isopropyl-**	55268-35-4	**T0648**
55 41 43 27 39 57 54 29	**97**	100 52 46 39 29 27 26 22	**0.13**	6	11	–	1	–	–	–	–	–	–	–	–	**Pentanenitrile, 4-methyl-**		**Y0825**
55 42 27 69 26 41 97 28	**97**	100 69 48 18 14 12 10 10		5	7	1	1	–	–	–	–	–	–	–	–	**Ethyleneimine, N-acryloyl-**		**L3985**
55 43 41 54 57 27 29 82	**97**	100 33 29 21 18 13 10 10	**0.00**	6	11	–	1	–	–	–	–	–	–	–	–	**Pentanenitrile, 4-methyl-**	542-54-1	**Q1847**
55 43 41 54 57 39 82 42	**97**	100 42 40 25 16 15 11 5	**0.14**	6	11	–	1	–	–	–	–	–	–	–	–	**Pentanenitrile, 4-methyl-**		**01330**
67 18 31 41 28 39 27 53	**97**	100 80 72 44 30 28 22 22	**9.38**	5	7	1	1	–	–	–	–	–	–	–	–	**1-Butene, 1-cyano-4-hydroxy-, (E)-**		**00726**
67 41 96 53 97 27 28 31	**97**	100 18 17 16 15 15 14 13		5	7	1	1	–	–	–	–	–	–	–	–	**1-Butene, 1-cyano-4-hydroxy-, (Z)-**		**00725**
68 97 69 41 96 40 55 54	**97**	100 31 26 19 14 11 11 7		6	11	–	1	–	–	–	–	–	–	–	–	**Methylamine, N-cyclopentylidene-**	10599-83-4	**R3981**
82 43 97 54 55 28 27 42	**97**	100 95 93 93 53 32 30 16		5	7	1	1	–	–	–	–	–	–	–	–	**Isoxazole, 3,5-dimethyl-**		**05566**
82 97 47 30 46 31 62 29	**97**	100 54 43 31 25 16 15 12		1	5	1	1	–	–	1	–	1	–	–	–	**Methyl fluorophosphorylamide**		**M1041**
96 97 56 42 28 55 41 39	**97**	100 52 28 19 10 10 9 7		4	7	–	3	–	–	–	–	–	–	–	–	**1H-1,2,4-Triazole, 3-ethyl-**	7411-16-7	**R3174**
96 97 69 40 42 29 41 68	**97**	100 90 27 25 25 12 12 10		3	3	1	3	–	–	–	–	–	–	–	–	**1,2,3-Triazole, 4-carboxaldehyde**		**P1531**
96 97 69 42 49 29 41 68	**97**	100 90 27 25 25 12 12 10		3	3	1	3	–	–	–	–	–	–	–	–	**1,2,3-Triazole-4-carboxaldehyde**		**15008**
97 26 54 69 53 78 43 52	**97**	100 72 59 31 14 14 10 6		4	3	2	1	–	–	–	–	–	–	–	–	**Maleimide**		**C1594**
97 42 68 31 69 55 41 56	**97**	100 40 34 27 22 20 9 8		5	7	1	1	–	–	–	–	–	–	–	–	**Oxazole, 2,4-dimethyl-**	7208-05-1	**R2942**
97 43 55 54 42 28 27 41	**97**	100 83 69 40 26 25 25 21		5	7	1	1	–	–	–	–	–	–	–	–	**Oxazole, 4,5-dimethyl-**	20662-83-3	**R8830**
97 54 69 98 55 70	**97**	100 51 23 5 2 1		4	3	2	1	–	–	–	–	–	–	–	–	**Maleimide**		**C1852**
97 55 28 69 42 70 27 96	**97**	100 80 65 63 46 46 24 21		4	7	–	3	–	–	–	–	–	–	–	–	**1H-1,2,4-Triazole, 1-ethyl-**	16778-70-4	**R6457**

MASS TO CHARGE RATIOS								M.W.	INTENSITIES								Parent	C	H	O	N	Cl	Br	F	S	P	B	Si	X	COMPOUND NAME	CAS Reg No	No
97	82	28	29	42	27	55	56	**97**	100	28	26	18	15	12	12	10		4	7	–	3	–	–	–	–	–	–	–	–	**4H-1,2,4-Triazole, 4-ethyl-**	43183-55-7	**S7083**
97	82	43	55	54	41	98	52	**97**	100	65	52	18	17	7	5	4		5	7	1	1	–	–	–	–	–	–	–	–	**Isoxazole, 3,5-dimethyl-**	300-87-8	**Q0355**
26	28	54	98	44	53	27	41	**98**	100	53	47	24	8	5	3	3		4	2	3	–	–	–	–	–	–	–	–	–	**2,5-Furandione**	108-31-6	**P8094**
26	54	28	25	98	53	44	24	**98**	100	62	36	16	8	7	6	4		4	2	3	–	–	–	–	–	–	–	–	–	**2,5-Furandione**	108-31-6	**H0385**
26	54	98	44	25	28	53	41	**98**	100	61	30	19	12	11	7	4		4	2	3	–	–	–	–	–	–	–	–	–	**2,5-Furandione**		**D0217**
27	57	42	98	15	30	28	41	**98**	100	66	41	25	14	13	12	10		4	6	1	2	–	–	–	–	–	–	–	–	**1,2,5-Oxadiazole, 3,4-dimethyl-**		**00273**
27	62	49	98	100	63	64	51	**98**	100	72	65	46	32	28	23	21		2	4	–	–	2	–	–	–	–	–	–	–	**Butyne, 3-methyl-3-hydroxy-**		**C1736**
29	57	41	69	39	27	98	28	**98**	100	99	37	34	20	17	14	6		6	10	1	–	–	–	–	–	–	–	–	–	**5-Hexen-3-one**	24253-30-3	**S0508**
31	29	28	27	42	55	69	45	**98**	100	92	82	78	74	73	69	63	**29.03**	6	10	1	–	–	–	–	–	–	–	–	–	**2-Hexenal**	505-57-7	**H0753**
31	39	70	41	79	57	97	98	**98**	100	87	87	77	69	48	10	1		6	10	1	–	–	–	–	–	–	–	–	–	**5-Hexyn-1-ol**	928-90-5	**Q4594**
39	41	98	42	81	53	29	97	**98**	100	93	89	70	68	61	54	51		5	6	2	–	–	–	–	–	–	–	–	–	**2-Furanmethanol**	98-00-0	**P7133**
39	69	55	83	56	43	53	67	**98**	100	98	66	55	46	44	40	38	**0.00**	7	14	–	–	–	–	–	–	–	–	–	–	**Cyclopentane, 1,1-dimethyl-**		**M6134**
41	27	29	42	55	39	69	57	**98**	100	65	65	60	59	57	47	40	**14.41**	6	10	1	–	–	–	–	–	–	–	–	–	**2-Hexenal**	505-57-7	**Q1409**
41	32	39	44	98	67	30	42	**98**	100	68	64	62	49	32	30	25		4	6	1	2	–	–	–	–	–	–	–	–	**1H-Pyrrole, 2,5-dihydro-1-nitroso-**	10552-94-0	**R3926**
41	39	27	42	29	55	69	40	**98**	100	66	58	56	51	51	41	39	**15.00**	6	10	1	–	–	–	–	–	–	–	–	–	**2-Hexenal, (E)-**	6728-26-3	**R2503**
41	39	28	42	56	27	43	55	**98**	100	37	31	24	23	23	22	21	**1.10**	6	10	1	–	–	–	–	–	–	–	–	–	**4-Pentenal, 2-methyl-**	5187-71-3	**09049**
41	39	28	56	69	42	43	27	**98**	100	30	29	27	25	23	23	21	**5.17**	6	10	1	–	–	–	–	–	–	–	–	–	**4-Pentenal, 2-methyl-**	5187-71-3	**R1180**
41	39	42	27	29	56	28	69	**98**	100	40	25	19	18	16	15	15	**0.27**	6	10	1	–	–	–	–	–	–	–	–	–	**Diallyl ether**		**C1008**
41	39	42	29	27	54	56	69	**98**	100	30	20	16	13	12	11	11	**0.10**	6	10	1	–	–	–	–	–	–	–	–	–	**Diallyl ether**	557-40-4	**Q2056**
41	39	42	69	54	56	27	29	**98**	100	24	18	12	12	12	11	10	**0.18**	6	10	1	–	–	–	–	–	–	–	–	–	**Diallyl ether**	557-40-4	**Q2057**
41	39	55	27	98	29	83	43	**98**	100	77	66	60	45	45	45	44		6	10	1	–	–	–	–	–	–	–	–	–	**2,4-Hexadien-1-ol**		**U0071**
41	39	55	83	27	29	70	53	**98**	100	99	85	82	62	61	48	47	**8.60**	6	10	1	–	–	–	–	–	–	–	–	–	**2-Hexyn-1-ol**	764-60-3	**Q4001**
41	39	56	69	42	43	27	57	**98**	100	23	18	16	12	10	9	9	**8.62**	6	10	1	–	–	–	–	–	–	–	–	–	**1-Propene, 1-(2-propenyloxy)-, (Z)-**	61142-12-9	**T5391**
41	39	56	69	43	42	27	28	**98**	100	25	22	18	15	14	12	10	**5.14**	6	10	1	–	–	–	–	–	–	–	–	–	**1-Propene, 1-(2-propenyloxy)-, (E)-**	61142-13-0	**T5393**
41	39	67	53	42	68	27	83	**98**	100	71	61	55	54	52	48	46	**20.95**	6	10	1	–	–	–	–	–	–	–	–	–	**Furan, tetrahydro-2-methyl-3-methylene-**		**C1009**
41	39	69	98	79	55	27	83	**98**	100	54	41	37	35	31	25	20		6	10	1	–	–	–	–	–	–	–	–	–	**3-Buten-1-ol, 3-methyl-2-methylene-**	26431-13-0	**S1352**
41	55	42	27	56	29	70	39	**98**	100	95	94	72	70	64	58	57	**3.92**	7	14	–	–	–	–	–	–	–	–	–	–	**Cyclopropane, butyl-**	930-57-4	**06766**
41	55	42	70	56	39	27	98	**98**	100	96	78	72	52	44	42	32		6	10	1	–	–	–	–	–	–	–	–	–	**Cyclobutanone, 2-ethyl-**	10374-14-8	**R3798**
41	55	56	42	70	98	27	39	**98**	100	99	93	89	74	65	62	60		7	14	–	–	–	–	–	–	–	–	–	–	**Cycloheptane**		**Y0930**
41	55	56	42	70	98	39	27	**98**	100	95	88	87	70	64	61	55		7	14	–	–	–	–	–	–	–	–	–	–	**Cycloheptane**		**Y1277**
41	55	69	39	42	83	57	29	**98**	100	71	53	52	50	36	32	30	**0.00**	6	10	1	–	–	–	–	–	–	–	–	–	**3-Hexenal, (E)-**		**M4240**
41	56	29	55	27	39	42	57	**98**	100	71	57	57	46	45	45	25	**11.48**	7	14	–	–	–	–	–	–	–	–	–	–	**1-Heptene**		**C1072**
41	56	29	55	42	27	39	70	**98**	100	87	71	60	53	51	45	37	**16.40**	7	14	–	–	–	–	–	–	–	–	–	–	**1-Heptene**		**Y0107**
41	56	55	27	39	69	29	98	**98**	100	91	82	67	54	46	40	34		7	14	–	–	–	–	–	–	–	–	–	–	**2-Heptene, (Z)-**		**Y2001**
41	56	55	27	69	39	29	98	**98**	100	94	83	58	49	48	35	34		7	14	–	–	–	–	–	–	–	–	–	–	**2-Heptene, (Z)-**		**Y1984**
41	56	55	42	70	69	57	43	**98**	100	88	60	50	37	27	26	17	**16.00**	7	14	–	–	–	–	–	–	–	–	–	–	**1-Heptene**	592-76-7	**Q2508**
41	56	55	69	98	42	43	70	**98**	100	59	47	46	28	18	13	13		7	14	–	–	–	–	–	–	–	–	–	–	**3-Heptene**	592-78-9	**Q2511**
41	56	55	69	98	43	42	70	**98**	100	78	74	39	26	25	23	14		7	14	–	–	–	–	–	–	–	–	–	–	**2-Heptene**	592-77-8	**Q2510**
41	56	69	39	43	42	27	55	**98**	100	32	27	26	25	22	17	16	**2.69**	6	10	1	–	–	–	–	–	–	–	–	–	**Furan, tetrahydro-3-methyl-4-methylene-**	61142-01-6	**T5369**
41	56	69	55	27	39	98	29	**98**	100	66	56	48	37	32	28	19		7	14	–	–	–	–	–	–	–	–	–	–	**3-Heptene, (E)-**		**Y0931**
41	56	69	55	98	39	27	42	**98**	100	74	62	50	31	22	21	19		7	14	–	–	–	–	–	–	–	–	–	–	**3-Heptene, (E)-**		**04579**
41	56	70	42	55	39	43	27	**98**	100	62	55	46	35	29	25	22	**21.21**	6	10	1	–	–	–	–	–	–	–	–	–	**Cyclobutanone, 3-ethyl-**	56335-73-0	**T3509**
41	56	70	42	55	98	53	71	**98**	100	98	98	72	67	22	8	6		6	10	1	–	–	–	–	–	–	–	–	–	**Cyclobutanone, 2,2-dimethyl-**	1192-14-9	**Q5650**
41	57	56	29	39	27	55	70	**98**	100	95	82	72	34	33	23	13	**4.98**	7	14	–	–	–	–	–	–	–	–	–	–	**1-Hexene, 4-methyl-**		**Y0526**
41	57	98	39	58	69	30	29	**98**	100	99	67	65	65	30	21	20		6	10	1	–	–	–	–	–	–	–	–	–	**Di-propenyl ether, (E,E)-**	4696-28-0	**R0721**
41	68	39	67	53	40	42	98	**98**	100	93	64	63	57	34	19	12		6	10	1	–	–	–	–	–	–	–	–	–	**3-Hexyn-1-ol**	1002-28-4	**Q4968**
41	69	27	39	55	70	56	98	**98**	100	78	37	32	31	21	20	17		7	14	–	–	–	–	–	–	–	–	–	–	**1-Pentene, 3-ethyl-**		**Y1172**
41	69	39	27	98	55	42	29	**98**	100	36	24	21	19	15	11	11		6	10	1	–	–	–	–	–	–	–	–	–	**Methylpropyl ketene**	29336-29-6	**S2424**
41	69	39	29	98	57	27	28	**98**	100	81	27	26	26	18	13	4		6	10	1	–	–	–	–	–	–	–	–	–	**1-Penten-3-one, 2-methyl-**	25044-01-3	**S0911**
41	69	39	57	27	42	98	29	**98**	100	67	49	44	28	20	19	18		6	10	1	–	–	–	–	–	–	–	–	–	**Cyclopentane, formyl-**		**C0004**
41	69	40	27	39	68	37	26	**98**	100	68	31	23	21	17	12	8	**3.72**	6	15	–	–	–	–	–	–	–	1	–	–	**Borane, triethyl-**		**W0010**
41	69	55	27	39	83	56	98	**98**	100	99	87	53	45	42	38	30		7	14	–	–	–	–	–	–	–	–	–	–	**1-Butene, 2-ethyl-3-methyl-**		**Y1425**
41	69	55	27	39	98	56	29	**98**	100	93	86	38	38	38	27	19		7	14	–	–	–	–	–	–	–	–	–	–	**2-Pentene, 3-ethyl-**		**Y0845**
41	69	55	27	39	98	70	56	**98**	100	95	44	38	34	32	25	20		7	14	–	–	–	–	–	–	–	–	–	–	**2-Hexene, 3-methyl-, (Z)-**		**Y1563**

MASS TO CHARGE RATIOS								M.W.	INTENSITIES								Parent	C	H	O	N	Cl	Br	F	S	P	B	Si	X	COMPOUND NAME	CAS Reg No	No
41	69	55	39	27	70	83	29	**98**	100	93	43	39	32	29	22	19	**14.20**	7	14	–	–	–	–	–	–	–	–	–	–	**1-Pentene, 2,3-dimethyl-**		**Y0975**
41	69	55	70	39	83	27	42	**98**	100	82	48	32	21	19	18	15	**13.59**	7	14	–	–	–	–	–	–	–	–	–	–	**1-Pentene, 2,3-dimethyl-**	3404-72-6	**Q9338**
41	69	55	83	57	42	29	39	**98**	100	86	84	82	70	50	43	35	**24.00**	6	10	1	–	–	–	–	–	–	–	–	–	**2-Hexenal, (E)-**		**16301**
41	69	81	42	53	44	43	55	**98**	100	81	66	63	53	44	41	41	**0.00**	4	6	1	2	–	–	–	–	–	–	–	–	**1H-Imidazole-2-methanol**	3724-26-3	**Q9723**
41	69	98	39	40	38	53	44	**98**	100	89	83	60	22	11	10	9		5	6	2	–	–	–	–	–	–	–	–	–	**2(5H)-Furanone, 3-methyl-**		**P2948**
41	70	56	55	42	28	39	98	**98**	100	80	77	57	43	40	24	14		6	10	1	–	–	–	–	–	–	–	–	–	**Cyclobutanone, 2,2-dimethyl-**	1192-14-9	**Q5648**
41	70	56	55	42	39	98	71	**98**	100	81	77	58	42	25	13	10		6	10	1	–	–	–	–	–	–	–	–	–	**Cyclobutanone, 2,2-dimethyl-**	1192-14-9	**Q5649**
41	83	67	68	42	39	57	53	**98**	100	90	80	76	52	49	47	44	**22.98**	6	10	1	–	–	–	–	–	–	–	–	–	**Furan, tetrahydro-3-methyl-4-methylene-**	61142-01-6	**T5367**
41	83	67	68	57	42	39	98	**98**	100	79	73	59	55	55	55	38		6	10	1	–	–	–	–	–	–	–	–	–	**Furan, tetrahydro-3-methylene-4-methyl-**		**C0243**
41	98	39	69	55	29	27	43	**98**	100	47	40	39	36	35	30	20		6	10	1	–	–	–	–	–	–	–	–	–	**2-Pentenal, 2-methyl-**		**C1051**
41	98	69	39	55	27	29	43	**98**	100	53	40	29	24	19	17	15		6	10	1	–	–	–	–	–	–	–	–	–	**2-Pentenal, 2-methyl-**	623-36-9	**Q3110**
41	98	69	39	55	27	43	29	**98**	100	47	32	27	19	18	13	13		6	10	1	–	–	–	–	–	–	–	–	–	**2-Pentenal, 2-methyl-**	623-36-9	**Q3109**
41	98	69	43	83	55	39	27	**98**	100	47	46	44	39	31	24	14		6	10	1	–	–	–	–	–	–	–	–	–	**Furan, 2,5-dihydro-3,4-dimethyl-**	53720-72-2	**S8575**
42	28	70	27	43	41	69	40	**98**	100	52	49	30	27	14	13	11	**0.00**	3	6	–	4	–	–	–	–	–	–	–	–	**2H-Tetrazole, 2,5-dimethyl-**		**L6355**
42	41	39	27	29	98	28	26	**98**	100	76	50	38	34	26	22	19		5	6	2	–	–	–	–	–	–	–	–	–	**6-Oxabicyclo[3.1.0]hexan-2-one**	6705-52-8	**R2483**
42	55	69	98	41	56	28	27	**98**	100	97	86	67	66	65	58	50		6	10	1	–	–	–	–	–	–	–	–	–	**Cyclopentanone, 3-methyl-**		**Y0660**
42	55	98	41	69	56	70	39	**98**	100	65	54	40	40	23	23	18		6	10	1	–	–	–	–	–	–	–	–	–	**Cyclopentanone, 2-methyl-**	1120-72-5	**Q5380**
42	98	41	55	69	39	70	83	**98**	100	45	43	38	30	26	20	13		6	10	1	–	–	–	–	–	–	–	–	–	**Cyclopentanone, 2-methyl-**		**C0291**
42	98	41	55	69	43	39	70	**98**	100	54	50	39	37	26	23	21		6	10	1	–	–	–	–	–	–	–	–	–	**Cyclopentanone, 2-methyl-**		**01820**
42	98	56	55	27	43	26	39	**98**	100	49	44	42	41	35	25	18		5	6	2	–	–	–	–	–	–	–	–	–	**2(5H)-Furanone, 5-methyl-**	591-11-7	**Q2438**
43	39	27	55	29	83	41	98	**98**	100	28	23	20	18	18	16	16		6	10	1	–	–	–	–	–	–	–	–	–	**4-Penten-2-one, 4-methyl-**		**C1190**
43	39	55	56	70	44	98		**98**	100	18	5	4	4	3	2			5	6	2	–	–	–	–	–	–	–	–	–	**2-Propyn-1-ol, acetate**	627-09-8	**H0992**
43	39	83	29	54	53	44	27	**98**	100	74	74	68	68	48	47	45	**1.00**	6	10	1	–	–	–	–	–	–	–	–	–	**3-Hexyn-2-ol**	109-50-2	**P8256**
43	41	56	81	69	39	42	79	**98**	100	88	81	80	54	49	43	42	**12.96**	6	10	1	–	–	–	–	–	–	–	–	–	**2,4-Hexadien-1-ol, (E,E)-**		**04534**
43	55	27	39	15	29	41	28	**98**	100	20	15	12	11	9	6	5	**4.60**	6	10	1	–	–	–	–	–	–	–	–	–	**5-Hexen-2-one**		**04426**
43	55	27	39	15	29	41	83	**98**	100	40	28	23	19	17	13	9	**5.61**	6	10	1	–	–	–	–	–	–	–	–	–	**5-Hexen-2-one**		**H0409**
43	55	27	56	41	39	83	29	**98**	100	97	85	69	65	45	39	37	**0.96**	6	10	1	–	–	–	–	–	–	–	–	–	**1-Pentyn-3-ol, 4-methyl-**		**U0074**
43	55	27	83	29	39	98	15	**98**	100	80	22	18	16	11	8	7		6	10	1	–	–	–	–	–	–	–	–	–	**Cyclobutyl methyl ketone**	3019-25-8	**Q8926**
43	55	39	27	29	41	98	83	**98**	100	19	9	8	5	5	5	4		6	10	1	–	–	–	–	–	–	–	–	–	**5-Hexen-2-one**	109-49-9	**P8255**
43	55	39	83	27	29	41	53	**98**	100	69	43	34	29	21	16	15	**3.00**	6	10	1	–	–	–	–	–	–	–	–	–	**Methyl 2-methylcyclopropyl ketone**	930-56-3	**Q4626**
43	55	44	27	29	39	41	83	**98**	100	18	9	7	7	7	6	6	**4.95**	6	10	1	–	–	–	–	–	–	–	–	–	**2-Propanone, 1-cyclopropyl-**	4160-75-2	**R0155**
43	55	83	27	29	39	98	15	**98**	100	89	44	29	27	23	20	15		6	10	1	–	–	–	–	–	–	–	–	–	**2-Pentanone, 3-methylene-**	4359-77-7	**R0360**
43	55	83	39	79	41	53	98	**98**	100	39	30	22	17	17	17	12		6	10	1	–	–	–	–	–	–	–	–	–	**3,5-Hexadien-2-ol**	3280-51-1	**Q9181**
43	55	83	98	29	27	39	53	**98**	100	99	52	28	25	22	19	9		6	10	1	–	–	–	–	–	–	–	–	–	**2-Pentanone, 3-methylene-**	4359-77-7	**R0359**
43	55	83	98	53	41	56	42	**98**	100	97	45	14	7	6	5	4		6	10	1	–	–	–	–	–	–	–	–	–	**2-Pentanone, 3-methylene-**	4359-77-7	**R0361**
43	55	97	98	83				**98**	100	62	34	33	20					6	10	1	–	–	–	–	–	–	–	–	–	**Pyran, 5,6-dihydro-2-methyl-**		**M4575**
43	55	98	27	29	39	15	28	**98**	100	13	13	7	7	5	3	2		6	10	1	–	–	–	–	–	–	–	–	–	**4-Hexen-2-one**	25659-22-7	**S1147**
43	55	98	27	41	44	53	28	**98**	100	12	8	7	3	3	3	2		6	10	1	–	–	–	–	–	–	–	–	–	**4-Penten-2-one, 3-methyl-**	758-87-2	**Q3949**
43	83	28	39	29	98	41	32	**98**	100	24	18	17	14	13	12	11		6	10	1	–	–	–	–	–	–	–	–	–	**4-Penten-2-one, 4-methyl-**		**01774**
43	83	28	39	29	98	41	55	**98**	100	23	18	16	13	13	12	11		6	10	1	–	–	–	–	–	–	–	–	–	**4-Penten-2-one, 4-methyl-**	3744-02-3	**Q9766**
43	98	55	83	39	54	27	29	**98**	100	28	22	21	19	15	13	9		6	10	1	–	–	–	–	–	–	–	–	–	**Furan, 2,3-dihydro-2,5-dimethyl-**	17108-52-0	**R6632**
43	98	83	55	44	54	99	53	**98**	100	45	35	31	22	18	16	10		6	10	1	–	–	–	–	–	–	–	–	–	**4-Hexen-2-one**	25659-22-7	**S1146**
44	27	29	43	18	41	72	28	**98**	100	78	71	71	61	54	35	33	**0.29**	6	10	1	–	–	–	–	–	–	–	–	–	**1-Hexyn-3-ol**		**00497**
54	41	39	27	29	55	80	42	**98**	100	76	63	43	41	41	39	37	**2.86**	6	10	1	–	–	–	–	–	–	–	–	–	**5-Hexenal**		**C1011**
54	69	98	55	41	42	83	39	**98**	100	48	47	46	42	33	27	27		6	10	1	–	–	–	–	–	–	–	–	–	**7-Oxabicyclo[2.2.1]heptane**		**Z0230**
55	27	43	41	70	98	56	39	**98**	100	27	18	15	10	9	8	7		6	10	1	–	–	–	–	–	–	–	–	–	**1-Penten-3-one, 4-methyl-**		**01775**
55	27	57	43	70	41	29	39	**98**	100	35	35	22	18	13	9	9	**9.09**	6	10	1	–	–	–	–	–	–	–	–	–	**1-Hexen-3-one**	1629-60-3	**Q6367**
55	28	27	44	26	18	42	43	**98**	100	80	60	22	18	15	8	8	**2.30**	5	6	2	–	–	–	–	–	–	–	–	–	**2-Propenoic acid, vinyl ester**	2177-18-6	**H1292**
55	41	69	56	27	39	70	29	**98**	100	80	75	64	62	44	37	31	**10.20**	7	14	–	–	–	–	–	–	–	–	–	–	**1-Hexene, 3-methyl-**		**Y1278**
55	42	41	27	98	39	69	70	**98**	100	85	34	33	31	27	26	20		6	10	1	–	–	–	–	–	–	–	–	–	**Cyclohexanone**		**Y0449**
55	42	80	98	41	69	70	27	**98**	100	66	41	33	27	23	17	16		6	10	1	–	–	–	–	–	–	–	–	–	**Cyclohexanone**		**F0196**
55	42	98	69	41	70	56	39	**98**	100	57	32	26	24	18	12	12		6	10	1	–	–	–	–	–	–	–	–	–	**Cyclohexanone**		**D0498**
55	43	41	83	56	71	98	57	**98**	100	82	74	56	42	30	28	26		7	14	–	–	–	–	–	–	–	–	–	–	**Cyclopropane, 1,1,2,3-tetramethyl-**	74752-93-5	**T8474**
55	43	98	27	26	83	28	54	**98**	100	78	63	54	33	31	29	21		5	6	2	–	–	–	–	–	–	–	–	–	**2(5H)-Furanone, 5-methyl-**	591-11-7	**Q2439**
55	43	98	27	28	26	39	42	**98**	100	86	73	52	22	20	16	16		5	6	2	–	–	–	–	–	–	–	–	–	**2(3H)-Furanone, 5-methyl-**	591-12-8	**Q2440**
55	43	98	27	29	83	39	15	**98**	100	55	33	32	29	25	22	21		6	10	1	–	–	–	–	–	–	–	–	–	**3-Penten-2-one, 3-methyl-**		**04720**

MASS TO CHARGE RATIOS								M.W.	INTENSITIES								Parent	C	H	O	N	Cl	Br	F	S	P	B	Si	X	COMPOUND NAME	CAS Reg No	No
55	43	98	42	39	70	83	54	**98**	100	88	80	14	14	10	9	9		5	6	2	–	–	–	–	–	–	–	–	–	**2(5H)-Furanone, 5-methyl-**		**02941**
55	43	98	83	39	41	53	56	**98**	100	65	52	34	19	7	5	4		6	10	1	–	–	–	–	–	–	–	–	–	**3-Penten-2-one, 3-methyl-**	565-62-8	**Q2146**
55	56	41	27	69	39	98	29	**98**	100	94	79	56	47	44	42	32		7	14	–	–	–	–	–	–	–	–	–	–	**2-Heptene, (E)-**		**Y0843**
55	83	41	39	27	43	98	29	**98**	100	98	75	44	28	23	23	14		7	14	–	–	–	–	–	–	–	–	–	–	**Cyclopropane, 1,1,2,2-tetramethyl-**		**Y0841**
55	83	41	98	43	39	27	29	**98**	100	93	39	25	21	17	13	11		7	14	–	–	–	–	–	–	–	–	–	–	**2-Pentene, 2,4-dimethyl-**	625-65-0	**08051**
55	83	41	98	43	56	67	69	**98**	100	90	58	24	19	10	10	9		7	14	–	–	–	–	–	–	–	–	–	–	**2-Pentene, 4,4-dimethyl-**	26232-98-4	**S1289**
55	83	43	41	27	56	45	39	**98**	100	38	36	34	22	22	18	14	**6.98**	6	10	1	–	–	–	–	–	–	–	–	–	**1-Hexyn-3-ol**		**04535**
55	83	43	98	28	29	39	27	**98**	100	91	49	35	34	33	28	22		6	10	1	–	–	–	–	–	–	–	–	–	**3-Penten-2-one, 4-methyl-**		**D0296**
55	83	43	98	29	27	39	41	**98**	100	97	90	51	46	43	42	13		6	10	1	–	–	–	–	–	–	–	–	–	**3-Penten-2-one, 4-methyl-**		**Y0381**
55	83	43	98	29	39	27	53	**98**	100	99	78	49	46	43	42	14		6	10	1	–	–	–	–	–	–	–	–	–	**3-Penten-2-one, 4-methyl-**		**Y0451**
55	98	43	27	83	29	40	70	**98**	100	92	75	36	18	18	18	9		5	6	2	–	–	–	–	–	–	–	–	–	**2(3H)-Furanone, 5-methyl-**		**C0172**
56	41	27	39	55	29	43	57	**98**	100	52	28	25	18	15	12	10	**4.39**	7	14	–	–	–	–	–	–	–	–	–	–	**1-Hexene, 2-methyl-**		**Y0973**
56	41	55	27	39	57	29	43	**98**	100	82	52	46	44	44	41	31	**1.71**	7	14	–	–	–	–	–	–	–	–	–	–	**1-Hexene, 5-methyl-**		**Y0844**
56	41	55	57	29	43	39	70	**98**	100	69	51	42	33	31	24	22	**2.59**	7	14	–	–	–	–	–	–	–	–	–	–	**1-Hexene, 5-methyl-**		**04582**
56	41	55	57	43	70	39	69	**98**	100	56	45	41	22	22	16	16	**2.00**	7	14	–	–	–	–	–	–	–	–	–	–	**1-Hexene, 5-methyl-**	3524-73-0	**Q9497**
56	41	55	70	27	69	39	42	**98**	100	68	66	58	33	29	28	28	**2.74**	7	14	–	–	–	–	–	–	–	–	–	–	**Cyclopentane, 1,2-dimethyl-, trans-**		**Y0187**
56	41	55	98	39	42	70		**98**	100	44	22	22	20	11	6			6	10	1	–	–	–	–	–	–	–	–	–	**Cyclobutanone, 2,3-dimethyl-, trans-**		**M3013**
56	41	55	98	44	42	70		**98**	100	45	22	22	14	11	7			6	10	1	–	–	–	–	–	–	–	–	–	**Cyclobutanone, 2,3-dimethyl-**	38559-13-6	**S5876**
56	41	55	98	44	42	70	57	**98**	100	44	22	22	13	11	6	5		6	10	1	–	–	–	–	–	–	–	–	–	**Cyclobutanone, 2,3-dimethyl-, cis-**	28113-36-2	**S1962**
56	41	70	55	43	39	42	57	**98**	100	66	25	22	20	17	9	8	**7.21**	6	10	1	–	–	–	–	–	–	–	–	–	**Cyclobutanone, 3,3-dimethyl-**	1192-33-2	**Q5656**
56	41	70	55	43	39	42	57	**98**	100	66	24	21	19	16	7	6	**5.05**	6	10	1	–	–	–	–	–	–	–	–	–	**Cyclobutanone, 3,3-dimethyl-**	1192-33-2	**Q5657**
56	41	98	39	55	42	70		**98**	100	49	25	23	21	12	7			6	10	1	–	–	–	–	–	–	–	–	–	**Cyclobutanone, 2,3-dimethyl-, cis-**		**M3014**
56	41	98	55	42	70	57	99	**98**	100	49	25	21	12	7	5	2		6	10	1	–	–	–	–	–	–	–	–	–	**Cyclobutanone, 2,3-dimethyl-, trans-**	1942-42-3	**Q7108**
56	43	41	39	27	55	29	70	**98**	100	58	52	33	30	22	13	10	**7.76**	7	14	–	–	–	–	–	–	–	–	–	–	**1-Pentene, 2,4-dimethyl-**		**Y1279**
56	43	41	55	39	27	70	29	**98**	100	73	62	29	25	21	20	12	**9.00**	7	14	–	–	–	–	–	–	–	–	–	–	**1-Pentene, 2,4-dimethyl-**	2213-32-3	**08055**
56	55	41	69	83	70	39	27	**98**	100	71	62	59	39	24	22	20	**2.87**	7	14	–	–	–	–	–	–	–	–	–	–	**Cyclopentane, 1,1-dimethyl-**	1638-26-2	**Q6406**
56	55	41	69	98	39	27	43	**98**	100	98	79	47	39	26	24	23		7	14	–	–	–	–	–	–	–	–	–	–	**2-Heptene, (E)-**		**04583**
56	55	42	41	70	69	98	83	**98**	100	87	80	77	72	52	44	36		7	14	–	–	–	–	–	–	–	–	–	–	**Cycloheptane**	291-64-5	**Q0258**
56	55	43	41	27	39	29	69	**98**	100	82	79	63	48	38	22	20	**14.10**	7	14	–	–	–	–	–	–	–	–	–	–	**2-Hexene, 5-methyl-**		**Y1562**
56	55	43	41	70	27	39	29	**98**	100	83	74	73	59	58	43	25	**0.82**	7	14	–	–	–	–	–	–	–	–	–	–	**1-Pentene, 3,4-dimethyl-**		**Y1564**
56	55	69	41	83	27	39	70	**98**	100	77	70	69	55	35	34	28	**8.24**	7	14	–	–	–	–	–	–	–	–	–	–	**Cyclopentane, 1,1-dimethyl-**		**Y0185**
56	55	70	41	69	42	39	27	**98**	100	64	62	59	31	30	18	16	**15.17**	7	14	–	–	–	–	–	–	–	–	–	–	**Cyclopentane, 1,2-dimethyl-**	2452-99-5	**Q8126**
56	55	98	41	39	42	44	70	**98**	100	25	24	20	19	12	11	6		6	10	1	–	–	–	–	–	–	–	–	–	**Cyclobutanone, 2,4-dimethyl-**	43042-67-7	**S7048**
56	55	98	41	39	42	70		**98**	100	25	24	20	19	12	6			6	10	1	–	–	–	–	–	–	–	–	–	**Cyclobutanone, 2,4-dimethyl-, cis-**		**M3012**
56	70	41	55	27	39	69	42	**98**	100	96	79	73	37	36	29	29	**1.44**	7	14	–	–	–	–	–	–	–	–	–	–	**Cyclopentane, 1,3-dimethyl-, cis-**		**Y0189**
56	70	41	55	27	39	69	83	**98**	100	84	78	71	36	35	33	26	**1.55**	7	14	–	–	–	–	–	–	–	–	–	–	**Cyclopentane, 1,3-dimethyl-, trans-**		**Y0188**
56	70	55	27	42	39	69	29	**98**	100	91	76	38	34	33	31	23	**2.19**	7	14	–	–	–	–	–	–	–	–	–	–	**Cyclopentane, 1,2-dimethyl-, cis-**		**Y0186**
56	70	55	41	69	42	98	57	**98**	100	68	58	53	36	23	22	18		7	14	–	–	–	–	–	–	–	–	–	–	**Cyclopentane, 1,2-dimethyl-, trans-**	822-50-4	**Q4245**
57	41	29	55	39	27	83	56	**98**	100	54	33	30	20	14	14	6	**1.62**	7	14	–	–	–	–	–	–	–	–	–	–	**1-Pentene, 4,4-dimethyl-**		**Y0108**
57	41	55	29	83	39	27	56	**98**	100	46	31	26	15	15	8	6	**1.76**	7	14	–	–	–	–	–	–	–	–	–	–	**1-Pentene, 4,4-dimethyl-**		**04584**
57	41	58	98	39	69	29	30	**98**	100	92	70	65	63	32	18	17		6	10	1	–	–	–	–	–	–	–	–	–	**Di-propenyl ether, (Z,Z)-**	4696-27-9	**R0719**
57	41	98	58	39	69	30	29	**98**	100	90	63	63	61	30	18	17		6	10	1	–	–	–	–	–	–	–	–	–	**Di-propenyl ether, (E,Z)-**	4696-29-1	**R0723**
58	42	15	28	30	54	43	27	**98**	100	31	20	12	11	9	8	8	**3.80**	5	10	–	2	–	–	–	–	–	–	–	–	**Propanenitrile, 3-(dimethylamino)-**	1738-25-6	**H1246**
58	42	30	83	56	54	28	98	**98**	100	35	33	26	18	18	8	8		5	10	–	2	–	–	–	–	–	–	–	–	**Propanenitrile, 3-(ethylamino)-**	21539-47-9	**R9290**
58	42	44	53	52	45	43	51	**98**	100	36	34	25	22	15	14	10	**4.00**	5	10	–	2	–	–	–	–	–	–	–	–	**Propanenitrile, 3-(dimethylamino)-**		**D2954**
58	42	54	57	98	30	43	44	**98**	100	19	8	6	6	5	5	5		5	10	–	2	–	–	–	–	–	–	–	–	**Propanenitrile, 3-(dimethylamino)-**	1738-25-6	**Q6637**
59	31	41	39	29	27	40	28	**98**	100	72	43	26	21	14	12	9	**0.23**	6	10	1	–	–	–	–	–	–	–	–	–	**5-Hexyn-3-ol**	19780-84-8	**R8287**
62	27	49	64	26	63	51	61	**98**	100	86	37	32	29	17	11	11	**10.85**	2	4	–	–	2	–	–	–	–	–	–	–	**Ethane, 1,2-dichloro-**		**V0091**
62	27	49	64	26	63	51	61	**98**	100	93	37	32	32	19	12	12	**9.71**	2	4	–	–	2	–	–	–	–	–	–	–	**Ethane, 1,2-dichloro-**	107-06-2	**H0354**
62	27	49	64	26	63	98	51	**98**	100	91	40	32	31	19	14	13		2	4	–	–	2	–	–	–	–	–	–	–	**Ethane, 1,2-dichloro-**		**Y0089**
63	27	65	26	83	35	61	85	**98**	100	73	32	24	13	10	8	8	**6.46**	2	4	–	–	2	–	–	–	–	–	–	–	**Ethane, 1,1-dichloro-**		**Y1136**
63	27	65	26	83	61	85	25	**98**	100	72	31	21	11	7	7	5	**5.26**	2	4	–	–	2	–	–	–	–	–	–	–	**Ethane, 1,1-dichloro-**		**Y0606**
63	27	65	83	85	98	36	61	**98**	100	36	33	13	8	8	7	6		2	4	–	–	2	–	–	–	–	–	–	–	**Ethane, 1,1-dichloro-**		**A0208**
63	44	35	65	37	70	36	72	**98**	100	40	37	32	12	4	3	3	**2.60**	1	–	1	–	2	–	–	–	–	–	–	–	**Carbonyl chloride**	75-44-5	**H0062**
63	65	28	35	44	37	98	70	**98**	100	33	20	11	6	4	4	3		1	–	1	–	2	–	–	–	–	–	–	–	**Carbonyl chloride**		**D0294**
63	65	35	37	98	70	100	47	**98**	100	32	21	7	5	4	3	2		1	–	1	–	2	–	–	–	–	–	–	–	**Carbonyl chloride**		**A0109**

MASS TO CHARGE RATIOS								M.W.	INTENSITIES								Parent	C	H	O	N	Cl	Br	F	S	P	B	Si	X	COMPOUND NAME	CAS Reg No	No
65	64	46	33	45	51	77	78	**98**	100	42	33	29	23	17	12	5	**0.20**	3	5	–	–	–	–	3	–	–	–	–	–	**Propane, 1,2,3-trifluoro-**		**A0302**
67	39	43	53	68	41	55	83	**98**	100	88	75	70	64	56	38	37	**33.00**	6	10	1	–	–	–	–	–	–	–	–	–	**2H-Pyran, 5,6-dihydro-2-methyl-**	55230-25-6	**T0582**
67	41	39	80	66	27	31	68	**98**	100	28	23	19	15	10	9	8	**1.31**	6	10	1	–	–	–	–	–	–	–	–	–	**2-Cyclopentene-1-methanol**	13668-59-2	**06830**
67	68	40	98	53	39	41	27	**98**	100	89	49	48	37	28	21	14		6	10	1	–	–	–	–	–	–	–	–	–	**Pyran, tetrahydro-4-methylene-**		**00635**
67	69	41	97	39	29	55	45	**98**	100	93	89	79	77	42	38	35	**7.89**	6	10	1	–	–	–	–	–	–	–	–	–	**2-Pentyne, 5-methoxy-**	62108-18-3	**T5817**
67	79	97	64	98	48			**98**	100	75	57	48	37	36				1	3	2	–	–	–	1	1	–	–	–	–	**Methyl fluorosulphite**		**L9646**
68	41	67	39	53	98	27	31	**98**	100	84	77	69	64	46	37	36		6	10	1	–	–	–	–	–	–	–	–	–	**3-Hexyn-1-ol**	1002-28-4	**Q4967**
68	67	41	53	39	31	98	40	**98**	100	64	50	42	29	23	22	16		6	10	1	–	–	–	–	–	–	–	–	–	**3-Hexyn-1-ol**		**04536**
69	28	30	57	98	41	56	42	**98**	100	79	73	71	56	46	38	33		5	10	–	2	–	–	–	–	–	–	–	–	**Acetaldehyde, 2-propenylhydrazone**	19031-77-7	**R7930**
69	41	27	39	56	98	55	29	**98**	100	88	32	29	26	25	24	13		7	14	–	–	–	–	–	–	–	–	–	–	**2-Hexene, 2-methyl-**		**Y0974**
69	41	39	27	98	56	29	83	**98**	100	83	34	33	28	18	17	14		7	14	–	–	–	–	–	–	–	–	–	–	**3-Hexene, 3-methyl-, (Z)-**		**Y1170**
69	41	39	98	29	27	57	70	**98**	100	40	18	17	13	10	7	2		6	10	1	–	–	–	–	–	–	–	–	–	**Cyclopropyl ethyl ketone**	6704-19-4	**R2481**
69	41	55	27	39	83	56	29	**98**	100	81	40	35	29	17	16	15	**8.96**	7	14	–	–	–	–	–	–	–	–	–	–	**1-Pentene, 3,3-dimethyl-**		**Y1280**
69	41	55	39	27	29	98	56	**98**	100	95	36	36	34	20	20	13		7	14	–	–	–	–	–	–	–	–	–	–	**2-Hexene, 4-methyl-, (Z)-**		**Y2002**
69	41	55	39	27	98	29	56	**98**	100	89	34	30	29	20	17	12		7	14	–	–	–	–	–	–	–	–	–	–	**2-Hexene, 4-methyl-, (E)-**		**Y1169**
69	41	55	39	27	98	29	56	**98**	100	94	35	30	26	18	16	13		7	14	–	–	–	–	–	–	–	–	–	–	**2-Hexene, 4-methyl-, (Z)-**		**Y1985**
69	41	55	39	27	98	56	29	**98**	100	89	65	36	35	29	19	17		7	14	–	–	–	–	–	–	–	–	–	–	**3-Hexene, 3-methyl-, (E)-**		**Y1171**
69	41	55	56	27	39	98	43	**98**	100	86	72	44	37	37	29	20		7	14	–	–	–	–	–	–	–	–	–	–	**3-Hexene, 2-methyl-, (E)-**		**Y1423**
69	41	55	83	70	56	39	43	**98**	100	59	36	17	17	16	10	8	**6.26**	7	14	–	–	–	–	–	–	–	–	–	–	**1-Pentene, 3,3-dimethyl-**	3404-73-7	**Q9339**
69	41	57	98	39	67	42	27	**98**	100	75	71	29	23	14	14	11		6	10	1	–	–	–	–	–	–	–	–	–	**Cyclopentane, formyl-**		**01823**
69	41	57	98	39	67	42	70	**98**	100	72	65	29	19	12	11	11		6	10	1	–	–	–	–	–	–	–	–	–	**Cyclopentane, formyl-**		**C1911**
69	41	68	55	70	42	56	27	**98**	100	94	73	56	55	52	52	41	**16.70**	7	14	–	–	–	–	–	–	–	–	–	–	**Cyclopentane, ethyl-**		**Y0184**
69	41	68	70	55	56	42	39	**98**	100	68	65	55	46	44	41	18	**8.93**	7	14	–	–	–	–	–	–	–	–	–	–	**Cyclopentane, ethyl-**	1640-89-7	**Q6419**
69	41	98	29	27	57	70	28	**98**	100	53	24	16	11	10	6	3		6	10	1	–	–	–	–	–	–	–	–	–	**4-Hexen-3-one**	2497-21-4	**Q8213**
69	41	98	56	55	39	27	83	**98**	100	82	26	26	25	17	14	9		7	14	–	–	–	–	–	–	–	–	–	–	**2-Hexene, 2-methyl-**		**04585**
69	42	56	28	43	27	98	40	**98**	100	83	76	63	57	32	32	13		3	6	–	4	–	–	–	–	–	–	–	–	**1H-Tetrazole, 1,5-dimethyl-**	5144-11-6	**R1148**
69	42	56	28	43	98	27	41	**98**	100	85	78	64	59	33	32	14		3	6	–	4	–	–	–	–	–	–	–	–	**1H-Tetrazole, 1,5-dimethyl-**		**L6353**
69	42	98	55	41	39	56	28	**98**	100	91	78	65	62	45	39	36		6	10	1	–	–	–	–	–	–	–	–	–	**Cyclopentanone, 3-methyl-**	1757-42-2	**Q6679**
69	43	27	83	39	29	15	53	**98**	100	54	22	18	16	16	13	12	**0.10**	6	10	1	–	–	–	–	–	–	–	–	–	**1-Pentyn-3-ol, 3-methyl-**	77-75-8	**H0083**
69	43	27	83	39	29	53	55	**98**	100	54	22	18	16	16	12	11	**0.13**	6	10	1	–	–	–	–	–	–	–	–	–	**1-Pentyn-3-ol, 3-methyl-**		**U0073**
69	43	83	27	29	39	15	53	**98**	100	51	25	20	15	14	11	10	**0.10**	6	10	1	–	–	–	–	–	–	–	–	–	**2-Butanol, 2-ethynyl-**		**00499**
69	43	83	27	29	39	26	53	**98**	100	86	39	27	22	21	17	16	**0.28**	6	10	1	–	–	–	–	–	–	–	–	–	**1-Pentyn-3-ol, 3-methyl-**		**04416**
69	43	83	55	39	53	27	29	**98**	100	31	27	8	7	7	6	5	**0.11**	6	10	1	–	–	–	–	–	–	–	–	–	**1-Pentyn-1-ol, 4-methyl-**		**Z0235**
69	54	41	98	42	81	97	95	**98**	100	73	52	50	41	31	31	29		5	10	–	2	–	–	–	–	–	–	–	–	**1H-Imidazole, 2-ethyl-4,5-dihydro-**		**L4996**
69	55	98	42	56	41	26	39	**98**	100	93	69	68	67	52	33	21		6	10	1	–	–	–	–	–	–	–	–	–	**Cyclopentanone, 3-methyl-**	1757-42-2	**Q6678**
69	68	41	70	55	56	42	98	**98**	100	75	65	60	46	44	38	21		7	14	–	–	–	–	–	–	–	–	–	–	**Cyclopentane, ethyl-**		**04586**
70	28	55	39	83	68	41	98	**98**	100	65	50	50	48	45	45	44		6	10	1	–	–	–	–	–	–	–	–	–	**Cyclohexenol**		**D1203**
70	56	55	41	69	83	42	39	**98**	100	91	54	53	36	27	21	16	**10.61**	7	14	–	–	–	–	–	–	–	–	–	–	**Cyclopentane, 1,3-dimethyl-, cis-**	2532-58-3	**Q8286**
70	79	41	83	55	98	97	42	**98**	100	46	38	34	33	30	26	25		6	10	1	–	–	–	–	–	–	–	–	–	**3-Cyclohexen-1-ol**	822-66-2	**Q4247**
70	79	98	81	97	41	80	39	**98**	100	58	52	41	38	33	32	30		6	10	1	–	–	–	–	–	–	–	–	–	**2-Cyclohexen-1-ol**		**04538**
70	83	41	55	98	97	43	79	**98**	100	45	40	40	40	32	29	29		6	10	1	–	–	–	–	–	–	–	–	–	**2-Cyclohexen-1-ol**	822-67-3	**Q4251**
70	98	97	83	55	41	69	42	**98**	100	42	33	29	25	23	17	13		6	10	1	–	–	–	–	–	–	–	–	–	**2-Cyclohexen-1-ol**	822-67-3	**Q4249**
79	39	80	41	77	27	43	55	**98**	100	65	52	49	40	35	30	28	**9.00**	6	10	1	–	–	–	–	–	–	–	–	–	**2,4-Hexadien-1-ol**	111-28-4	**P8509**
80	54	39	55	79	44	41	31	**98**	100	97	34	25	25	21	17	15	**3.06**	6	10	1	–	–	–	–	–	–	–	–	–	**3-Cyclohexen-1-ol**		**Z0236**
83	41	42	54	39	57	27	55	**98**	100	90	78	65	49	44	39	35	**25.40**	6	10	1	–	–	–	–	–	–	–	–	–	**7-Oxabicyclo[4.1.0]heptane**		**C0765**
83	41	42	54	39	57	55	27	**98**	100	80	67	62	47	45	42	30	**20.00**	6	10	1	–	–	–	–	–	–	–	–	–	**7-Oxabicyclo[4.1.0]heptane**		**01824**
83	41	42	54	57	55	70	69	**98**	100	86	79	68	44	31	27	23	**9.00**	6	10	1	–	–	–	–	–	–	–	–	–	**7-Oxabicyclo[4.1.0]heptane**	286-20-4	**Q0204**
83	41	98	67	55	39	53	69	**98**	100	60	49	37	34	33	28	26		6	10	1	–	–	–	–	–	–	–	–	–	**Pyran, 5,6-dihydro-4-methyl-**		**00636**
83	42	56	98	27	28	39	29	**98**	100	73	47	35	14	14	9	9		5	10	–	2	–	–	–	–	–	–	–	–	**1H-Pyrazole, 4,5-dihydro-1,5-dimethyl-**	5775-96-2	**R1790**
83	42	98	28	56	41	39	27	**98**	100	50	30	24	23	17	11	10		5	10	–	2	–	–	–	–	–	–	–	–	**1H-Pyrazole, 4,5-dihydro-5,5-dimethyl-**	4320-85-8	**R0318**
83	43	55	98	29	27	39	53	**98**	100	62	59	27	25	20	20	7		6	10	1	–	–	–	–	–	–	–	–	–	**3-Hexen-2-one**	763-93-9	**Q3984**
83	43	55	98	39	41	56	53	**98**	100	98	66	46	45	33	25	25		6	10	1	–	–	–	–	–	–	–	–	–	**Furan, 2,5-dihydro-2,5-dimethyl-**	59242-27-2	**T5114**
83	55	41	27	98	39	43	29	**98**	100	93	58	38	35	32	22	16		7	14	–	–	–	–	–	–	–	–	–	–	**2-Pentene, 3,4-dimethyl-, (E)-**		**Y1281**
83	55	41	27	98	39	43	29	**98**	100	94	59	37	35	32	22	16		7	14	–	–	–	–	–	–	–	–	–	–	**2-Pentene, 3,4-dimethyl-, (Z)-**		**Y1424**
83	55	41	39	27	98	43	15	**98**	100	74	53	35	27	26	19	14		7	14	–	–	–	–	–	–	–	–	–	–	**2-Pentene, 2,4-dimethyl-**		**Y0976**
83	55	41	39	98	27	29	43	**98**	100	83	60	33	20	18	17	15		7	14	–	–	–	–	–	–	–	–	–	–	**1-Butene, 2,3,3-trimethyl-**		**Y0239**

MASS TO CHARGE RATIOS								M.W.	INTENSITIES								Parent	C	H	O	N	Cl	Br	F	S	P	B	Si	X	COMPOUND NAME	CAS Reg No	No
83	55	41	39	98	27	43	29	**98**	100	85	56	30	27	23	17	16		7	14	–	–	–	–	–	–	–	–	–	–	2-Pentene, 4,4-dimethyl-, (E)-		Y0432
83	55	41	39	98	27	43	29	**98**	100	94	65	35	29	25	20	19		7	14	–	–	–	–	–	–	–	–	–	–	2-Pentene, 4,4-dimethyl-, (Z)-		Y0493
83	55	41	39	98	27	69	43	**98**	100	93	78	42	39	35	24	18		7	14	–	–	–	–	–	–	–	–	–	–	2-Pentene, 2,3-dimethyl-		Y1173
83	55	41	39	98	56	43	57	**98**	100	83	49	21	21	14	13	12		7	14	–	–	–	–	–	–	–	–	–	–	1-Butene, 2,3,3-trimethyl-		04587
83	55	41	98	39	43	27	29	**98**	100	86	45	29	21	17	15	11		7	14	–	–	–	–	–	–	–	–	–	–	2-Pentene, 2,4-dimethyl-		04588
83	55	41	98	39	43	27	29	**98**	100	74	37	29	16	13	9	9		7	14	–	–	–	–	–	–	–	–	–	–	2-Pentene, 4,4-dimethyl-, (E)-		04589
83	55	41	98	42	56	69	70	**98**	100	83	47	44	34	32	24	24		7	14	–	–	–	–	–	–	–	–	–	–	Cyclohexane, methyl-		04590
83	55	98	41	56	42	69	70	**98**	100	70	45	40	26	26	24	22		7	14	–	–	–	–	–	–	–	–	–	–	Cyclohexane, methyl-		C0802
83	55	98	41	56	42	70	69	**98**	100	71	59	31	25	22	20	20		7	14	–	–	–	–	–	–	–	–	–	–	Cyclohexane, methyl-		G0476
83	55	98	42	69	68	54	97	**98**	100	88	78	76	70	50	38	25		5	10	–	2	–	–	–	–	–	–	–	–	1H-Imidazole, 4,5-dihydro-2,4-dimethyl-		L5002
83	98	28	42	56	41	27	44	**98**	100	47	44	44	26	14	12	12		5	10	–	2	–	–	–	–	–	–	–	–	1H-Pyrazole, 4,5-dihydro-4,5-dimethyl-	28019-94-5	S1937
83	98	41	42	28	97	69	27	**98**	100	70	50	41	39	37	35	23		5	10	–	2	–	–	–	–	–	–	–	–	1H-Pyrazole, 3-ethyl-4,5-dihydro-	5920-29-6	R1900
97	98	42	69	81	40	54	70	**98**	100	75	31	30	25	11	11	10		4	6	1	2	–	–	–	–	–	–	–	–	1H-Imidazole-4-methanol	822-55-9	Q4246
97	98	45	39	27	53	69	58	**98**	100	53	25	10	8	8	6	4		5	6	–	–	–	–	–	1	–	–	–	–	Thiophene, 3-methyl-		Y0160
97	98	45	39	27	53	69	99	**98**	100	55	27	11	9	9	7	7		5	6	–	–	–	–	–	1	–	–	–	–	Thiophene, 3-methyl-		Y0915
97	98	45	39	27	53	99	58	**98**	100	55	21	13	8	8	8	6		5	6	–	–	–	–	–	1	–	–	–	–	Thiophene, 2-methyl-		Y0914
97	98	45	39	53	99	27	58	**98**	100	55	21	13	8	7	7	6		5	6	–	–	–	–	–	1	–	–	–	–	Thiophene, 2-methyl-		Y0159
98	28	42	43	71	27	99	53	**98**	100	82	50	36	22	20	10	8		3	6	–	4	–	–	–	–	–	–	–	–	1H-1,2,4-Triazol-3-amine, 1-methyl-	49607-51-4	08733
98	28	43	56	27	97	42	55	**98**	100	65	49	25	10	10	9	7		3	6	–	4	–	–	–	–	–	–	–	–	1H-1,2,4-Triazol-5-amine, 1-methyl-	15795-39-8	08732
98	41	39	42	53	81	29	97	**98**	100	98	97	77	66	66	59	55		5	6	2	–	–	–	–	–	–	–	–	–	2-Furanmethanol		Y0397
98	41	39	56	67	97	54	70	**98**	100	67	39	22	22	18	12	12		4	6	1	2	–	–	–	–	–	–	–	–	3H-Pyrazol-3-one, 2,4-dihydro-5-methyl-	108-26-9	P8089
98	41	39	67	56	97	54	70	**98**	100	66	49	23	21	18	12	11		4	6	1	2	–	–	–	–	–	–	–	–	3H-Pyrazol-3-one, 2,4-dihydro-5-methyl-		L7280
98	41	39	81	53	97	42	69	**98**	100	65	59	55	53	51	49	39		5	6	2	–	–	–	–	–	–	–	–	–	2-Furanmethanol	98-00-0	P7130
98	41	68	40	69	39	53	38	**98**	100	98	91	73	65	63	11	10		5	6	2	–	–	–	–	–	–	–	–	–	2(3H)-Furanone, dihydro-3-methylene-		02599
98	42	28	43	97	57	41	53	**98**	100	82	55	29	10	8	6	6		3	6	–	4	–	–	–	–	–	–	–	–	4H-1,2,4-Triazol-3-amine, 4-methyl-	16681-76-8	08734
98	42	40	41	97	28	69	27	**98**	100	82	38	28	25	23	20	13		2	7	–	4	–	–	–	–	–	1	–	–	Cyclotetrazenoborane, 2,5-dimethyl-		00990
98	42	56	55	43	69	70	97	**98**	100	84	47	16	12	12	9	8		5	6	2	–	–	–	–	–	–	–	–	–	1,3-Cyclopentanedione		M3925
98	42	56	55	69	43	41	70	**98**	100	83	47	16	13	11	8	8		5	6	2	–	–	–	–	–	–	–	–	–	1,3-Cyclopentanedione	3859-41-4	Q9871
98	42	57	43	45	56	41	60	**98**	100	61	60	57	27	27	19	13		3	6	–	4	–	–	–	–	–	–	–	–	1H-1,2,4-Triazol-3-amine, 5-methyl-	4923-01-7	R0942
98	43	28	56	27	97	55	99	**98**	100	51	43	31	10	8	7	6		3	6	–	4	–	–	–	–	–	–	–	–	1H-1,2,4-Triazol-5-amine, 1-methyl-		M7411
98	55	43	56	99	44	57		**98**	100	55	38	11	5	3	1			4	6	1	2	–	–	–	–	–	–	–	–	3-Isoxazolamine, 5-methyl-	1072-67-9	Q5191
98	67	100	31	69	63	48	79	**98**	100	43	33	18	14	12	11	10		2	1	–	–	1	–	2	–	–	–	–	–	Ethylene, 1,1-difluoro-2-chloro-		A0209
98	82	62	101	47	46	67	79	**98**	100	73	19	11	11	9	8	7		–	4	1	2	–	–	1	–	1	–	–	–	Fluorophosphorylamide		M1043
98	97	30	57	28	42	43	55	**98**	100	91	44	38	31	20	16	12		3	6	–	4	–	–	–	–	–	–	–	–	1H-1,2,4-Triazol-3-amine, N-methyl-	15285-16-2	08735
98	97	41	69	81	42	53	44	**98**	100	78	32	26	21	20	17	14		4	6	1	2	–	–	–	–	–	–	–	–	1H-Imidazole-2-methanol		02186
98	97	57	83	39	45	56	70	**98**	100	98	87	47	36	33	31	26		5	7	–	–	–	–	–	–	1	–	–	–	Phosphole, 1-methyl-		L6943
98	100	48	31	63	50	44	79	**98**	100	33	30	29	24	14	13	12		2	1	–	–	1	–	2	–	–	–	–	–	Ethylene, 1,1-difluoro-2-chloro-		W0136
98	100	48	63	31	67	79	50	**98**	100	33	20	18	10	10	9	8		2	1	–	–	1	–	2	–	–	–	–	–	Ethylene, 1,1-difluoro-2-chloro-		Z0229
98	100	67	31	32	63	48	69	**98**	100	34	33	17	13	12	11	11		2	1	–	–	1	–	2	–	–	–	–	–	Ethylene, 1-chloro-1,2-difluoro-		Z0226
28	29	99	98	46	15	70	80	**99**	100	57	53	40	21	20	17	16		1	3	–	1	–	–	2	1	–	–	–	–	Methyl iminosulphur dichloride		00233
28	99	56	27	26	42	55	43	**99**	100	74	59	17	13	5	5	4		4	5	2	1	–	–	–	–	–	–	–	–	2,5-Pyrrolidinedione	123-56-8	P9337
28	99	56	27	26	55	42	70	**99**	100	48	41	10	8	6	6	5		4	5	2	1	–	–	–	–	–	–	–	–	2,5-Pyrrolidinedione	123-56-8	P9335
30	43	70	28	41	58	27	42	**99**	100	94	87	60	59	47	45	33	**6.14**	6	13	–	1	–	–	–	–	–	–	–	–	Propane, 1-propylimino-		C1204
30	99	42	41	43	55	29	70	**99**	100	80	78	72	69	41	33	25		5	9	1	1	–	–	–	–	–	–	–	–	2-Piperidinone	675-20-7	Q3669
31	54	29	59	27	28	45	41	**99**	100	60	47	45	31	25	12	11	**0.40**	5	9	1	1	–	–	–	–	–	–	–	–	Propanenitrile, 3-ethoxy-	2141-62-0	Q7468
31	54	59	29	27	26	45	28	**99**	100	52	42	36	24	16	15	15	**0.10**	5	9	1	1	–	–	–	–	–	–	–	–	Propanenitrile, 3-ethoxy-	2141-62-0	09675
31	54	59	29	27	28	41	45	**99**	100	63	53	38	25	17	12	12	**0.00**	5	9	1	1	–	–	–	–	–	–	–	–	Propanenitrile, 3-ethoxy-	2141-62-0	Q7469
32	98	69	99	54	41	55	49	**99**	100	81	70	63	32	17	16	14		5	9	1	1	–	–	–	–	–	–	–	–	Oxazole, 2-ethyl-4,5-dihydro-	10431-98-8	R3841
39	99	41	72	67	40	59	38	**99**	100	98	97	31	15	11	10	10		4	5	–	1	–	–	–	1	–	–	–	–	Propane, 1-cyano-2,3-epithio-		15854
41	43	56	27	28	30	29	42	**99**	100	94	85	46	34	25	24	22	**3.20**	5	9	1	1	–	–	–	–	–	–	–	–	Cyanic acid, butyl ester		L1166
41	43	56	27	28	30	29	42	**99**	100	93	84	45	33	27	23	23	**5.43**	5	9	1	1	–	–	–	–	–	–	–	–	Cyanic acid, butyl ester	1768-24-7	Q6703
41	43	56	27	28	30	42	44	**99**	100	99	91	46	34	28	27	21	**2.78**	5	9	1	1	–	–	–	–	–	–	–	–	Butane, 1-isocyanato-	111-36-4	P8517
41	43	56	39	29	28	27	84	**99**	100	56	55	36	28	24	22	21	**2.52**	5	9	1	1	–	–	–	–	–	–	–	–	Cyanic acid, 2-methylpropyl ester	1768-25-8	Q6704
41	43	56	39	29	28	27	84	**99**	100	56	51	33	28	23	22	20	**1.30**	5	9	1	1	–	–	–	–	–	–	–	–	Cyanic acid, 2-methylpropyl ester		L1176

MASS TO CHARGE RATIOS								M.W.	INTENSITIES								Parent	C	H	O	N	Cl	Br	F	S	P	B	Si	X	COMPOUND NAME	CAS Reg No	No
41	71	42	99	54	55	57	72	**99**	100	38	25	24	10	3	3	3		4	5	2	1	–	–	–	–	–	–	–	–	Isoxazole-5-one, 3-methyl-		L5810
41	99	39	72	38	40	45	27	**99**	100	92	60	21	8	8	8	7		4	5	–	1	–	–	–	1	–	–	–	–	1-Propene, 3-isothiocyanato-	57-06-7	P4749
41	99	39	72	45	38	27	40	**99**	100	91	81	27	13	12	11	9		4	5	–	1	–	–	–	1	–	–	–	–	1-Propene, 3-isothiocyanato-	57-06-7	H0016
41	99	39	72	45	40	38	71	**99**	100	92	89	47	15	13	10	5		4	5	–	1	–	–	–	1	–	–	–	–	1-Propene, 3-thiocyanato-		17547
42	29	69	99	71	53	70	82	**99**	100	72	37	36	27	21	8	7		4	5	2	1	–	–	–	–	–	–	–	–	4-Isoxazolin-3-one, 2-methyl-		L9535
42	57	70	41	56	43	54	55	**99**	100	79	20	15	9	3	3	3	**0.50**	6	13	–	1	–	–	–	–	–	–	–	–	Methylamine, N-pentylidene-	10599-75-4	R3971
42	57	98	70	99	100	41	56	**99**	100	78	49	20	20	20	15	10		6	13	–	1	–	–	–	–	–	–	–	–	Methylamine, N-pentylidene-	10599-75-4	R3972
42	69	84	68	56	28	43	27	**99**	100	74	54	47	42	38	34	31	**29.06**	5	9	1	1	–	–	–	–	–	–	–	–	Oxazole, 4,5-dihydro-2,4-dimethyl-	6159-23-5	R2110
42	84	41	43	39	27	99	44	**99**	100	97	50	40	31	29	25	16		6	13	–	1	–	–	–	–	–	–	–	–	Propane, 2-isopropylimino-		C1054
42	84	41	58	57	69	39	98	**99**	100	57	44	34	23	23	21	14	**10.11**	6	13	–	1	–	–	–	–	–	–	–	–	Aziridine, 2,2,3,3-tetramethyl-	5910-14-5	R1888
42	84	43	41	99	28	98	27	**99**	100	85	18	17	15	9	5	5		6	13	–	1	–	–	–	–	–	–	–	–	2-Propanamine, N-isopropylidene-	3332-08-9	Q9230
43	41	27	56	30	28	42	98	**99**	100	99	52	49	31	25	22	21	**2.64**	5	9	1	1	–	–	–	–	–	–	–	–	Butane, 1-isocyanato-	111-36-4	P8516
43	41	56	27	28	30	42	98	**99**	100	99	87	49	34	28	21	19	**2.90**	5	9	1	1	–	–	–	–	–	–	–	–	Butane, 1-isocyanato-		L1167
43	41	56	27	28	42	30	71	**99**	100	43	28	26	12	11	10	10	**5.75**	5	9	1	1	–	–	–	–	–	–	–	–	Propane, 1-isocyanato-2-methyl-	1873-29-6	Q6929
43	41	56	27	28	42	30	71	**99**	100	44	29	28	12	12	10	10	**5.30**	5	9	1	1	–	–	–	–	–	–	–	–	Propane, 1-isocyanato-2-methyl-		L1177
43	55	27	15	42	67	58	26	**99**	100	55	53	51	48	28	25	19	**0.10**	5	9	1	1	–	–	–	–	–	–	–	–	2-Propenamide, N-ethyl-	5883-17-0	H1565
43	70	30	56	28	57	99	42	**99**	100	94	65	62	47	44	41	33		6	13	–	1	–	–	–	–	–	–	–	–	1H-Azepine, hexahydro-		D0641
43	99	56	39	68	67			**99**	100	65	29	13	9	4				4	5	2	1	–	–	–	–	–	–	–	–	Isoxazole, 3-hydroxy-5-methyl-		L9549
44	30	28	57	98	42	56	99	**99**	100	70	55	53	52	49	48	48		6	13	–	1	–	–	–	–	–	–	–	–	Piperidine, 3-methyl-		Y1245
44	42	41	40	99	43	98	39	**99**	100	86	61	40	31	27	22	20		5	9	1	1	–	–	–	–	–	–	–	–	2-Pyrrolidinone, 1-methyl-	872-50-4	Q4423
55	27	98	44	15	42	99	72	**99**	100	58	50	41	35	32	32	20		5	9	1	1	–	–	–	–	–	–	–	–	2-Propenamide, N,N-dimethyl-	2680-03-7	H1353
55	41	54	39	82	42	99	67	**99**	100	66	56	56	38	38	29	21		5	9	1	1	–	–	–	–	–	–	–	–	Cyclopentanone, oxime		16528
55	43	28	54	56	27	99	42	**99**	100	19	18	18	16	15	13	9		5	9	1	1	–	–	–	–	–	–	–	–	Oxazole, 4,5-dihydro-2,5-dimethyl-	6159-22-4	R2109
55	98	44	27	42	99	72	28	**99**	100	59	44	41	41	37	30	27		5	9	1	1	–	–	–	–	–	–	–	–	2-Propenamide, N,N-dimethyl-		L3986
55	99	54	41	82	67	27	28	**99**	100	70	61	38	32	31	24	23		5	9	1	1	–	–	–	–	–	–	–	–	Cyclopentanone, oxime	1192-28-5	Q5653
56	30	43	28	99	70	57	42	**99**	100	60	17	13	9	8	4	4		6	13	–	1	–	–	–	–	–	–	–	–	Cyclohexanamine		D0202
56	42	41	55	70	40	28	18	**99**	100	61	46	30	20	20	15	11	**0.38**	5	9	1	1	–	–	–	–	–	–	–	–	2-Azetidinone, 3,3-dimethyl-		00742
56	43	28	30	99	27	42	41	**99**	100	27	14	14	10	9	7	6		6	13	–	1	–	–	–	–	–	–	–	–	Cyclohexanamine		Y1458
56	43	99	30	70	28	57	42	**99**	100	19	10	9	8	8	5	4		6	13	–	1	–	–	–	–	–	–	–	–	Cyclohexanamine		F0339
56	57	42	84	43	40	100	44	**99**	100	46	34	34	22	14	10	7	**0.00**	6	13	–	1	–	–	–	–	–	–	–	–	1-Butanamine, N-ethylidene-	6898-74-4	R2666
56	71	42	41	84	43	40	55	**99**	100	76	49	39	26	23	16	11	**5.00**	6	13	–	1	–	–	–	–	–	–	–	–	Ethanamine, N-butylidene-	1611-12-7	Q6317
56	71	42	84	41	43	55	57	**99**	100	48	36	20	10	8	5	5	**0.99**	6	13	–	1	–	–	–	–	–	–	–	–	Methylamine, N-(1-methylbutylidene)-	22431-09-0	R9758
56	84	99	30	70	42	71	41	**99**	100	82	70	46	22	32	22	17		6	13	–	1	–	–	–	–	–	–	–	–	Ethanamine, N-ethyl-N-vinyl-		C2123
57	56	43	28	99	84	29	30	**99**	100	89	51	21	21	18	12	10		5	9	1	1	–	–	–	–	–	–	–	–	Aziridine, 1-acetyl-2-methyl-		M7835
57	56	44	84	30	42	98	99	**99**	100	97	86	76	57	38	35	29		6	13	–	1	–	–	–	–	–	–	–	–	Piperidine, 3-methyl-	626-56-2	Q3218
57	56	69	68	43	70	71	72	**99**	100	90	80	55	53	30	30	25	**18.57**	5	9	1	1	–	–	–	–	–	–	–	–	Aziridine, 1-acetyl-2-methyl-	13416-47-2	R4520
58	42	59	72	15	36	38	37	**99**	100	45	41	30	28	27	26	23	**0.05**	3	16	–	1	–	–	–	–	–	3	–	–	Triborane, trimethylamine-		W0045
58	99	85	57	45	26	59	60	**99**	100	50	20	19	12	8	8	5		4	5	–	1	–	–	–	1	–	–	–	–	Thiazole, 2-methyl-		A0610
59	15	68	40	28	29	55	54	**99**	100	65	60	38	17	16	11	10	**0.40**	4	5	2	1	–	–	–	–	–	–	–	–	Acetic acid, cyano-, methyl ester	105-34-0	P7781
59	58	99	42	18	44	45	15	**99**	100	77	27	27	25	20	15	12		4	9	–	3	–	–	–	–	–	–	–	–	Trimethylammoniocyanamidate		06217
70	41	56	57	42	43	28	27	**99**	100	58	38	32	24	23	21	21	**4.03**	5	9	1	1	–	–	–	–	–	–	–	–	Butane, 2-cyanato-	1873-13-8	Q6928
70	41	56	57	43	42	28	27	**99**	100	58	39	33	25	25	21	21	**3.80**	5	9	1	1	–	–	–	–	–	–	–	–	Butane, 2-cyanato-		L1178
70	51	57	31	71	56	28	29	**99**	100	39	38	30	21	21	21	13	**5.00**	6	13	–	1	–	–	–	–	–	–	–	–	Cyclopentanamine, 1-methyl-		05703
70	55	43	99	56	44	42	41	**99**	100	94	76	68	61	51	39	32		6	13	–	1	–	–	–	–	–	–	–	–	1H-Azepine, hexahydro-	111-49-9	P8539
70	56	43	99	57	44	42	41	**99**	100	92	73	67	60	50	34	33		6	13	–	1	–	–	–	–	–	–	–	–	1H-Azepine, hexahydro-	111-49-9	P8538
70	57	31	42	45	71	56	28	**99**	100	38	30	29	27	21	21	21	**5.00**	6	13	–	1	–	–	–	–	–	–	–	–	Cyclopentanamine, 1-methyl-		L7908
70	57	42	56	41	27	84	28	**99**	100	31	17	15	13	11	10	9	**4.82**	5	9	1	1	–	–	–	–	–	–	–	–	Butane, 2-isocyanato-	15585-98-5	R5772
70	57	42	56	41	29	27	84	**99**	100	30	19	15	13	12	10	10	**3.90**	5	9	1	1	–	–	–	–	–	–	–	–	Butane, 2-isocyanato-		L1179
84	28	18	41	44	27	56	42	**99**	100	72	41	38	37	35	28	28	**2.93**	6	13	–	1	–	–	–	–	–	–	–	–	Aziridine, 2-methyl-3-isopropyl-, trans-	10027-95-9	07000
84	28	57	43	42	27	29	85	**99**	100	52	34	17	16	13	9	7	**0.00**	2	5	–	5	–	–	–	–	–	–	–	–	1H-1,2,4-Triazole-3,5-diamine	1455-77-2	08209
84	28	99	42	43	32	41	39	**99**	100	80	67	43	22	18	14	8		5	9	1	1	–	–	–	–	–	–	–	–	2-Penten-4-one, 2-amino-		00576
84	42	99	85	41	98	43	39	**99**	100	17	13	6	6	5	5	4		6	13	–	1	–	–	–	–	–	–	–	–	Propane, 2-isopropylimino-		C1897
84	56	41	29	28	27	39	57	**99**	100	28	17	11	11	9	8	7	**0.53**	5	9	1	1	–	–	–	–	–	–	–	–	Propane, 2-isocyanato-2-methyl-	1609-86-5	Q6309
84	56	42	28	43	30	41	70	**99**	100	36	36	26	22	20	16	14	**11.43**	6	13	–	1	–	–	–	–	–	–	–	–	Piperidine, 2-methyl-		Y2103
84	56	42	43	30	28	99	57	**99**	100	40	35	24	23	20	16	16		6	13	–	1	–	–	–	–	–	–	–	–	Piperidine, 2-methyl-		05702
84	56	42	43	55	57	99	98	**99**	100	37	21	11	11	11	11	11		6	13	–	1	–	–	–	–	–	–	–	–	Piperidine, 2-methyl-	109-05-7	P8230

MASS TO CHARGE RATIOS								M.W.	INTENSITIES								Parent	C	H	O	N	Cl	Br	F	S	P	B	Si	X	COMPOUND NAME	CAS Reg No	No
98	43	99	70	44	58	57	71	**99**	100	59	40	20	15	14	10	9		6	13	–	1	–	–	–	–	–	–	–	–	**Piperidine, 1-methyl-**		**D0114**
98	56	44	30	43	99	42	57	**99**	100	93	77	66	62	55	54	48		6	13	–	1	–	–	–	–	–	–	–	–	**Piperidine, 4-methyl-**	626-58-4	**Q3219**
98	97	99	81	96	71	80	53	**99**	100	62	37	24	21	19	18	16		–	5	–	3	–	–	1	–	–	3	–	–	**Borazine, 2-fluoro-**		**M0731**
98	99	41	42	70	58	71	84	**99**	100	38	17	16	13	6	6	6		6	13	–	1	–	–	–	–	–	–	–	–	**Piperidine, 1-methyl-**	626-67-5	**Q3222**
98	99	43	42	70	58	71	84	**99**	100	38	18	16	13	6	6	6		6	13	–	1	–	–	–	–	–	–	–	–	**Piperidine, 1-methyl-**		**D0348**
99	43	71	42	56	55	69	100	**99**	100	90	31	23	20	11	6	5		3	5	1	3	–	–	–	–	–	–	–	–	**Glycocyanidine**		**15546**
99	44	42	98	41	43	39	27	**99**	100	89	84	70	51	28	20	20		5	9	1	1	–	–	–	–	–	–	–	–	**2-Pyrrolidinone, 1-methyl-**		**D2148**
99	44	98	42	41	28	43	71	**99**	100	85	71	47	36	16	16	12		5	9	1	1	–	–	–	–	–	–	–	–	**2-Pyrrolidinone, 1-methyl-**		**C0043**
99	56	30	27	26	55	42	100	**99**	100	73	25	19	13	8	6	5		4	5	2	1	–	–	–	–	–	–	–	–	**2,5-Pyrrolidinedione**		**C1477**
99	58	72	73	98	71	57	45	**99**	100	34	28	16	10	10	10	10		4	5	–	1	–	–	–	1	–	–	–	–	**Isothiazole, 3-methyl-**		**05715**
99	71	72	45	39	69	100	38	**99**	100	88	76	63	61	44	35	20		4	5	–	1	–	–	–	1	–	–	–	–	**Thiazole, 5-methyl-**	3581-89-3	**Q9547**
99	71	72	45	39	100	101	69	**99**	100	70	43	20	13	7	6	5		4	5	–	1	–	–	–	1	–	–	–	–	**Thiazole, 4-methyl-**	693-95-8	**Q3733**
99	71	72	98	45	39	69	59	**99**	100	43	30	26	20	12	6	5		4	5	–	1	–	–	–	1	–	–	–	–	**Isothiazole, 4-methyl-**		**05716**
99	71	72	98	59	45	53	57	**99**	100	56	42	26	22	22	17	11		4	5	–	1	–	–	–	1	–	–	–	–	**Isothiazole, 5-methyl-**		**05717**
99	72	58	57	73	98	71	59	**99**	100	34	28	12	12	12	11	9		4	5	–	1	–	–	–	1	–	–	–	–	**Isothiazole, 3-methyl-**	693-92-5	**Q3732**
15	85	84	29	58	43	69	100	**100**	100	43	22	19	17	15	14	14		2	6	3	–	–	–	–	–	–	2	–	–	**1,3,4-Trioxadiborolane, 2,5-dimethyl-**		**P2840**
18	17	44	43	29	27	41	82	**100**	100	21	14	6	6	6	5	5	**0.76**	5	8	2	–	–	–	–	–	–	–	–	–	**1,5-Pentanedione**		**Z0247**
28	32	29	100	31	72	14	44	**100**	100	27	10	9	6	4	3	3		3	4	2	2	–	–	–	–	–	–	–	–	**2,4-Imidazolidinedione**	461-72-3	**Q0807**
28	32	70	44	101	42	29	41	**100**	100	32	19	18	18	17	5	5	**0.00**	3	4	2	2	–	–	–	–	–	–	–	–	**Sydnone, 3-methyl-**	6939-12-4	**R2712**
28	56	26	27	36	42	29	55	**100**	100	50	17	16	6	5	4	4	**5.34**	4	4	3	–	–	–	–	–	–	–	–	–	**2,5(3H,4H)-Furandione**		**Z0246**
29	41	56	57	27	44	15	39	**100**	100	75	56	43	42	26	15	14	**7.11**	6	12	1	–	–	–	–	–	–	–	–	–	**Butane, 1-(vinyloxy)-**		**Y0816**
29	41	57	56	27	39	44	43	**100**	100	90	79	55	41	22	21	18	**8.06**	6	12	1	–	–	–	–	–	–	–	–	–	**Propane, 1-(vinyloxy)-2-methyl-**		**Y0817**
29	57	27	15	43	26	44	28	**100**	100	74	43	16	14	13	11	11	**4.80**	5	8	2	–	–	–	–	–	–	–	–	–	**Propanoic acid, vinyl ester**	105-38-4	**H0300**
30	85	100	29	56	41	42	43	**100**	100	90	70	45	33	23	23	15		5	12	–	2	–	–	–	–	–	–	–	–	**Propanal, ethylhydrazone**	7422-92-6	**R3185**
30	100	28	56	29	57	99	44	**100**	100	70	58	17	17	11	8	8		4	8	1	2	–	–	–	–	–	–	–	–	**Pyrimidin-2-one, hexahydro-**		**F0464**
31	29	33	61	51	69	50	32	**100**	100	25	20	13	10	6	4	4	**0.33**	2	3	1	–	–	–	3	–	–	–	–	–	**Ethanol, 2,2,2-trifluoro-**		**W0142**
31	33	29	61	51	69	32	49	**100**	100	24	19	19	16	9	6	5	**1.42**	2	3	1	–	–	–	3	–	–	–	–	–	**Ethanol, 2,2,2-trifluoro-**		**Z0254**
31	81	100	50	12	69	24	19	**100**	100	73	43	31	8	4	2	1		2	–	–	–	–	–	4	–	–	–	–	–	**Ethylene, tetrafluoro-**		**Y0361**
39	31	69	41	29	44	57	27	**100**	100	47	47	29	28	23	17	16	**0.22**	5	8	2	–	–	–	–	–	–	–	–	–	**Ethanol, 2-(2-propynyloxy)-**	3973-18-0	**06918**
40	71	42	41	55	58	43	57	**100**	100	82	70	68	53	39	23	17	**1.54**	6	12	1	–	–	–	–	–	–	–	–	–	**Hexane, 1,2-epoxy-**	1436-34-6	**Q5950**
41	29	56	57	28	43	44	27	**100**	100	82	61	59	49	44	38	31	**18.40**	6	12	1	–	–	–	–	–	–	–	–	–	**Butane, 1-(vinyloxy)-**		**C1432**
41	30	42	43	69	39	70	68	**100**	100	97	51	50	44	23	22	21	**15.81**	4	8	1	2	–	–	–	–	–	–	–	–	**Pyrrolidine, 1-nitroso-**	930-55-2	**Q4623**
41	31	67	39	58	27	57	82	**100**	100	64	63	35	27	24	21	21	**0.11**	6	12	1	–	–	–	–	–	–	–	–	–	**4-Penten-1-ol, 2-methyl-**	5673-98-3	**R1658**
41	39	69	99	59	38	40	58	**100**	100	81	72	34	32	14	12	10	**5.70**	5	8	2	–	–	–	–	–	–	–	–	–	**Cyclopropanecarboxylic acid, methyl ester**	2868-37-3	**Q8755**
41	42	30	100	43	39	69	68	**100**	100	59	58	50	38	30	27	17		4	8	1	2	–	–	–	–	–	–	–	–	**Pyrrolidine, 1-nitroso-**	930-55-2	**Q4624**
41	42	39	70	56	27	28	44	**100**	100	47	39	38	35	19	17	13	**0.00**	5	8	2	–	–	–	–	–	–	–	–	–	**2-Oxetanone, 3,3-dimethyl-**		**F0456**
41	43	57	71	85	72	55	56	**100**	100	73	45	39	36	26	24	23	**1.36**	6	12	1	–	–	–	–	–	–	–	–	–	**Hexane, 2,3-epoxy-, trans-**	6124-91-0	**R2075**
41	44	39	56	28	27	55	40	**100**	100	83	52	49	24	20	19	12	**0.30**	5	8	2	–	–	–	–	–	–	–	–	–	**2-Oxetanone, 4,4-dimethyl-**	1823-52-5	**H1261**
41	45	43	31	85	39	57	42	**100**	100	56	31	27	22	19	15	14	**0.20**	6	12	1	–	–	–	–	–	–	–	–	–	**5-Hexen-2-ol**	626-94-8	**Q3240**
41	56	42	28	27	39	100	55	**100**	100	70	41	24	22	18	16	12		5	8	2	–	–	–	–	–	–	–	–	–	**2(3H)-Furanone, dihydro-3-methyl-**	1679-47-6	**Q6493**
41	56	45	43	57	55	40	42	**100**	100	91	31	21	18	14	8	6	**0.00**	6	12	1	–	–	–	–	–	–	–	–	–	**Pentane, 2,3-epoxy-4-methyl-**	1192-31-0	**Q5655**
41	57	29	56	28	44	27	39	**100**	100	86	70	58	37	23	23	20	**14.30**	6	12	1	–	–	–	–	–	–	–	–	–	**Propane, 1-(vinyloxy)-1-methyl-**		**C1431**
41	58	43	57	42	71	59	55	**100**	100	72	38	23	14	12	10	3	**0.30**	6	12	1	–	–	–	–	–	–	–	–	–	**1-Propene, 3-propoxy-**	1471-03-0	**Q6053**
41	67	39	57	27	82	29	69	**100**	100	79	54	39	34	32	26	25	**0.00**	6	12	1	–	–	–	–	–	–	–	–	–	**2-Penten-1-ol, 4-methyl-**	5362-55-0	**R1349**
41	67	55	31	27	69	82	39	**100**	100	41	32	29	28	28	26	24	**1.80**	6	12	1	–	–	–	–	–	–	–	–	–	**3-Hexen-1-ol**	544-12-7	**Q1880**
41	67	55	39	69	82	27	31	**100**	100	49	36	34	32	30	26	23	**2.60**	6	12	1	–	–	–	–	–	–	–	–	–	**3-Hexen-1-ol, (E)-**	928-97-2	**Q4607**
41	67	55	39	82	27	31	42	**100**	100	63	38	33	30	27	25	23	**1.00**	6	12	1	–	–	–	–	–	–	–	–	–	**3-Hexen-1-ol**	544-12-7	**Q1881**
41	67	69	82	55	39	27	29	**100**	100	43	38	37	35	29	29	28	**10.01**	6	12	1	–	–	–	–	–	–	–	–	–	**3-Hexen-1-ol, (E)-**	928-97-2	**Q4606**
41	67	82	55	39	27	31	42	**100**	100	74	38	37	34	26	23	23	**2.20**	6	12	1	–	–	–	–	–	–	–	–	–	**3-Hexen-1-ol, (Z)-**	928-96-1	**Q4604**
41	67	82	55	39	27	31	42	**100**	100	57	38	38	31	31	28	26	**8.31**	6	12	1	–	–	–	–	–	–	–	–	–	**3-Hexen-1-ol, (Z)-**	928-96-1	**Q4605**
41	67	82	55	69	31			**100**	100	75	45	40	30	24			**0.00**	6	12	1	–	–	–	–	–	–	–	–	–	**3-Hexen-1-ol, (Z)-**		**M4108**
41	67	82	55	69	42	57	70	**100**	100	59	42	40	38	24	13	12	**3.00**	6	12	1	–	–	–	–	–	–	–	–	–	**3-Hexen-1-ol**	544-12-7	**Q1882**
41	67	82	69	55	31			**100**	100	54	45	45	40	20			**0.00**	6	12	1	–	–	–	–	–	–	–	–	–	**3-Hexen-1-ol, (E)-**		**M4107**
41	68	69	67	39	27	31	29	**100**	100	91	90	70	43	34	34	25	**0.05**	6	12	1	–	–	–	–	–	–	–	–	–	**Cyclopentanemethanol**		**Y1062**

MASS TO CHARGE RATIOS								M.W.	INTENSITIES								Parent	C	H	O	N	Cl	Br	F	S	P	B	Si	X	COMPOUND NAME	CAS Reg No	No
41	69	39	67	70	27	55	29	**100**	100	62	18	14	12	12	11	10	**2.72**	6	12	1	–	–	–	–	–	–	–	–	–	3-Penten-1-ol, 2-methyl-	62238-37-3	**T6029**
41	69	39	100	15	40	59	38	**100**	100	66	40	34	20	10	8	6		5	8	2	–	–	–	–	–	–	–	–	–	2-Propenoic acid, 2-methyl-, methyl ester		**Y1648**
41	69	39	100	15	99	59	40	**100**	100	79	31	28	17	14	9	8		5	8	2	–	–	–	–	–	–	–	–	–	2-Propenoic acid, 2-methyl-, methyl ester		**F0329**
41	70	42	39	56	28	27	29	**100**	100	65	59	48	40	37	27	9	**0.00**	5	8	2	–	–	–	–	–	–	–	–	–	2-Oxetanone, 3,3-dimethyl-	1955-45-9	**09786**
41	71	43	39	67	27	69	29	**100**	100	92	61	39	35	30	28	26	**18.52**	6	12	1	–	–	–	–	–	–	–	–	–	2-Penten-1-ol, 2-methyl-, (E)-	16958-19-3	**R6541**
41	71	43	67	82	39	27	29	**100**	100	69	56	48	45	41	28	27	**3.11**	6	12	1	–	–	–	–	–	–	–	–	–	2-Penten-1-ol, 2-methyl-, (Z)-	16958-20-6	**R6543**
41	71	43	69	39	67	100	27	**100**	100	70	46	39	34	24	22	20		6	12	1	–	–	–	–	–	–	–	–	–	2-Penten-1-ol, 2-methyl-	1610-29-3	**H1205**
41	72	39	100	99	28	59	40	**100**	100	69	29	28	12	11	10	9		5	8	2	–	–	–	–	–	–	–	–	–	2-Propenoic acid, 2-methyl-, methyl ester		**A0625**
41	83	69	55	56	39	62	67	**100**	100	92	79	70	42	28	20	18	**0.00**	6	12	1	–	–	–	–	–	–	–	–	–	Cyclopropanemethanol, α,α-dimethyl-	930-39-2	**Q4620**
41	85	55	43	57	58	42	56	**100**	100	97	73	70	47	34	29	12	**0.00**	6	12	1	–	–	–	–	–	–	–	–	–	Pentane, 1,2-epoxy-4-methyl-	23850-78-4	**S0366**
41	100	42	43	30	69	39	68	**100**	100	93	57	43	33	24	23	18		4	8	1	2	–	–	–	–	–	–	–	–	Pyrrolidine, 1-nitroso-		**03846**
42	28	100	43	29	72	58	27	**100**	100	52	52	25	21	20	16	16		5	8	2	–	–	–	–	–	–	–	–	–	4H-Pyran-4-one, tetrahydro-	29943-42-8	**S2757**
42	41	39	70	29	31	27	43	**100**	100	70	62	33	31	31	22	21	**1.90**	5	8	2	–	–	–	–	–	–	–	–	–	1,3-Dioxepin, 4,7-dihydro-	5417-32-3	**H1542**
42	41	56	100	39	43	28	40	**100**	100	61	48	22	17	13	9	8		5	8	2	–	–	–	–	–	–	–	–	–	2(3H)-Furanone, dihydro-4-methyl-		**P1206**
42	41	100	27	29	39	71	28	**100**	100	32	21	20	18	16	12	10		5	8	2	–	–	–	–	–	–	–	–	–	2H-Pyran-3(4H)-one, dihydro-	23462-75-1	**06969**
42	55	41	100	39	27	29	68	**100**	100	32	30	17	16	15	15	15		6	12	1	–	–	–	–	–	–	–	–	–	Oxepane	592-90-5	**Q2518**
42	55	41	100	39	68	29	27	**100**	100	52	30	16	16	14	14	14		6	12	1	–	–	–	–	–	–	–	–	–	Oxepane		**L4773**
42	55	41	100	67	28	68	27	**100**	100	32	32	20	19	16	15	11		6	12	1	–	–	–	–	–	–	–	–	–	Oxepane	592-90-5	**Q2519**
42	68	55	45	100	41	70	39	**100**	100	54	52	48	39	25	18	14		6	12	1	–	–	–	–	–	–	–	–	–	2H-Pyran, tetrahydro-3-methyl-		**01777**
42	100	41	71	70	55	45	43	**100**	100	50	24	16	15	10	9	8		5	8	2	–	–	–	–	–	–	–	–	–	2H-Pyran-3(4H)-one, dihydro-	23462-75-1	**S0202**
42	100	41	71	70	55	45	43	**100**	100	49	24	19	13	10	9	8		5	8	2	–	–	–	–	–	–	–	–	–	2H-Pyran-3(4H)-one, dihydro-	23462-75-1	**S0201**
42	100	43	28	29	72	41	30	**100**	100	33	22	18	9	8	4	4		4	4	3	–	–	–	–	–	–	–	–	–	2,4(3H,5H)-Furandione		**L5035**
42	100	43	29	72	41	30	44	**100**	100	41	29	13	8	6	5	3		4	4	3	–	–	–	–	–	–	–	–	–	2,4(3H,5H)-Furandione	4971-56-6	**R0983**
43	15	58	41	39	42	27	14	**100**	100	18	14	11	10	8	7	7	**4.20**	5	8	2	–	–	–	–	–	–	–	–	–	1-Propen-2-ol, acetate	108-22-5	**H0382**
43	28	29	72	44	27	45	100	**100**	100	75	42	34	30	29	27	17		5	8	2	–	–	–	–	–	–	–	–	–	3(2H)-Furanone, dihydro-2-methyl-	3188-00-9	**Q9098**
43	28	72	29	44	18	45	100	**100**	100	44	36	26	25	20	20	20		5	8	2	–	–	–	–	–	–	–	–	–	3(2H)-Furanone, dihydro-2-methyl-	3188-00-9	**Q9099**
43	28	72	29	44	27	100	42	**100**	100	41	40	25	21	15	13	7		5	8	2	–	–	–	–	–	–	–	–	–	3(2H)-Furanone, dihydro-2-methyl-	3188-00-9	**Q9100**
43	28	100	85	32	72	58	44	**100**	100	67	32	22	13	13	11	10		5	8	2	–	–	–	–	–	–	–	–	–	2,4-Pentanedione	123-54-6	**P9333**
43	29	27	100	39	42	44	28	**100**	100	99	72	63	58	54	51	51		5	8	2	–	–	–	–	–	–	–	–	–	5H-1,4-Dioxepin, 2,3-dihydro-	4040-81-7	**06915**
43	29	41	57	27	28	56	72	**100**	100	37	28	24	13	8	5	5	**1.00**	6	12	1	–	–	–	–	–	–	–	–	–	2-Pentanone, 3-methyl-	565-61-7	**08612**
43	29	57	27	15	100	26	14	**100**	100	69	35	30	26	10	9	9		5	8	2	–	–	–	–	–	–	–	–	–	2,3-Pentanedione	600-14-6	**H0911**
43	29	57	27	100	26	28	42	**100**	100	66	33	30	12	11	9	8		5	8	2	–	–	–	–	–	–	–	–	–	2,3-Pentanedione		**04709**
43	29	57	41	72	27	56	39	**100**	100	33	27	26	18	14	9	7	**3.50**	6	12	1	–	–	–	–	–	–	–	–	–	2-Pentanone, 3-methyl-		**Y0663**
43	29	57	100	44	42	55	39	**100**	100	38	26	9	4	4	4	2		5	8	2	–	–	–	–	–	–	–	–	–	2,3-Pentanedione	600-14-6	**Q2623**
43	40	28	29	100	39	27	42	**100**	100	67	60	47	45	35	33	30		5	8	2	–	–	–	–	–	–	–	–	–	1,4-Dioxane, methylene-	3984-19-8	**06917**
43	41	15	39	58	27	29	57	**100**	100	17	16	16	9	8	8	8	**0.09**	5	8	2	–	–	–	–	–	–	–	–	–	Acetic acid, 2-propenyl ester		**Y0807**
43	41	57	29	71	27	56	42	**100**	100	52	48	46	44	39	26	24	**13.00**	7	16	–	–	–	–	–	–	–	–	–	–	Heptane		**Y0014**
43	41	57	72	56	39	100	85	**100**	100	32	31	18	11	11	5	4		6	12	1	–	–	–	–	–	–	–	–	–	2-Pentanone, 3-methyl-		**C0146**
43	41	58	39	57	15	29	28	**100**	100	20	10	9	7	5	4	3	**0.06**	5	8	2	–	–	–	–	–	–	–	–	–	Acetic acid, 2-propenyl ester		**F0069**
43	41	58	39	57	61	27	40	**100**	100	11	11	10	9	4	4	3	**0.23**	5	8	2	–	–	–	–	–	–	–	–	–	Acetic acid, 2-propenyl ester		**C0197**
43	42	41	57	29	85	56	27	**100**	100	37	31	22	19	18	16	15	**1.06**	7	16	–	–	–	–	–	–	–	–	–	–	Hexane, 2-methyl-	591-76-4	**Q2471**
43	42	41	85	27	57	29	56	**100**	100	38	37	32	27	26	24	20	**3.85**	7	16	–	–	–	–	–	–	–	–	–	–	Hexane, 2-methyl-		**Y0015**
43	42	41	85	57	27	29	56	**100**	100	37	34	31	26	23	22	20	**3.69**	7	16	–	–	–	–	–	–	–	–	–	–	Hexane, 2-methyl-		**Y0164**
43	45	57	71	85	72	55	56	**100**	100	86	54	43	43	29	27	27	**3.24**	6	12	1	–	–	–	–	–	–	–	–	–	Hexane, 2,3-epoxy-, cis-	6124-90-9	**R2074**
43	56	57	41	29	27	71	42	**100**	100	99	71	70	48	36	35	26	**2.22**	7	16	–	–	–	–	–	–	–	–	–	–	Pentane, 2,3-dimethyl-		**Y0019**
43	56	57	41	29	71	27	42	**100**	100	99	72	64	44	35	34	25	**2.29**	7	16	–	–	–	–	–	–	–	–	–	–	Pentane, 2,3-dimethyl-		**Y0168**
43	57	27	29	71	41	100	39	**100**	100	77	71	67	47	27	23	19		6	12	1	–	–	–	–	–	–	–	–	–	3-Hexanone	589-38-8	**Q2387**
43	57	29	27	71	41	100	39	**100**	100	77	69	48	46	23	20	12		6	12	1	–	–	–	–	–	–	–	–	–	3-Hexanone		**Y0662**
43	57	29	71	41	55	27	72	**100**	100	89	40	32	29	23	19	18	**5.58**	6	12	1	–	–	–	–	–	–	–	–	–	Oxetane, 2-isopropyl-		**01779**
43	57	39	53	55	81	54	58	**100**	100	56	50	48	45	42	40	39	**2.00**	5	8	2	–	–	–	–	–	–	–	–	–	4-Cyclopentene-1,3-diol, cis-	29783-26-4	**S2655**
43	57	41	56	42	27	29	39	**100**	100	67	43	36	26	26	20	19	**1.14**	7	16	–	–	–	–	–	–	–	–	–	–	Pentane, 2,4-dimethyl-		**Y0020**
43	57	41	56	42	27	29	85	**100**	100	67	39	36	25	22	19	16	**1.06**	7	16	–	–	–	–	–	–	–	–	–	–	Pentane, 2,4-dimethyl-		**Y0169**
43	57	41	71	29	27	56	42	**100**	100	48	48	43	43	34	26	23	**12.10**	7	16	–	–	–	–	–	–	–	–	–	–	Heptane		**Y0163**
43	57	55	58	53	39	56	71	**100**	100	59	47	43	39	39	33	32	**1.60**	5	8	2	–	–	–	–	–	–	–	–	–	4-Cyclopentene-1,3-diol, trans-	694-47-3	**Q3737**
43	57	56	41	42	85	29	27	**100**	100	73	41	35	24	17	16	12	**1.02**	7	16	–	–	–	–	–	–	–	–	–	–	Pentane, 2,4-dimethyl-	108-08-7	**P8058**
43	57	71	29	27	41	100	39	**100**	100	83	51	51	36	26	24	12		6	12	1	–	–	–	–	–	–	–	–	–	3-Hexanone	589-38-8	**Q2384**

MASS TO CHARGE RATIOS								M.W.	INTENSITIES								Parent	C	H	O	N	Cl	Br	F	S	P	B	Si	X	COMPOUND NAME	CAS Reg No	No
43	57	71	41	29	70	27	56	**100**	100	47	47	46	43	37	35	34	**3.63**	7	16	–	–	–	–	–	–	–	–	–	–	Hexane, 3-methyl-		Y0016
43	57	71	41	29	70	56	27	**100**	100	48	47	43	40	37	33	30	**3.33**	7	16	–	–	–	–	–	–	–	–	–	–	Hexane, 3-methyl-		Y0165
43	58	29	27	41	39	71	57	**100**	100	83	43	42	39	25	17	14	**2.20**	6	12	1	–	–	–	–	–	–	–	–	–	Pentanal, 2-methyl-	123-15-9	H0564
43	58	29	27	41	57	39	100	**100**	100	43	21	14	14	14	7	7		6	12	1	–	–	–	–	–	–	–	–	–	2-Hexanone		Y0661
43	58	41	29	27	57	15	39	**100**	100	38	26	26	26	19	17	16	**8.80**	6	12	1	–	–	–	–	–	–	–	–	–	2-Hexanone		C0478
43	58	41	29	27	71	39	57	**100**	100	95	28	21	19	17	15	14	**4.76**	6	12	1	–	–	–	–	–	–	–	–	–	Pentanal, 2-methyl-		01826
43	58	41	57	29	27	39	100	**100**	100	32	19	19	15	13	12	11		6	12	1	–	–	–	–	–	–	–	–	–	2-Pentanone, 4-methyl-		Y0380
43	58	41	57	100	39	85	42	**100**	100	41	27	25	16	15	15	5		6	12	1	–	–	–	–	–	–	–	–	–	2-Pentanone, 4-methyl-		C2015
43	58	41	71	55	29	27	57	**100**	100	79	24	17	16	16	11	11	**1.60**	6	12	1	–	–	–	–	–	–	–	–	–	Pentanal, 2-methyl-	123-15-9	P9283
43	58	41	71	57	29	39	55	**100**	100	76	32	29	25	24	15	14	**9.18**	6	12	1	–	–	–	–	–	–	–	–	–	Butane, 1,2-epoxy-2,3-dimethyl-		P2824
43	58	41	72	42	100	44	57	**100**	100	17	7	5	4	4	2	2		5	8	2	–	–	–	–	–	–	–	–	–	1-Propen-2-ol, acetate	108-22-5	P8085
43	58	57	41	85	100	44	29	**100**	100	40	25	23	18	17	14	11		6	12	1	–	–	–	–	–	–	–	–	–	2-Pentanone, 4-methyl-		D1617
43	58	57	100	41	39	29	27	**100**	100	76	26	17	16	11	10	8		6	12	1	–	–	–	–	–	–	–	–	–	2-Hexanone	591-78-6	Q2478
43	59	56	41	42	57	39	29	**100**	100	79	68	50	39	17	13	10	**3.46**	6	12	1	–	–	–	–	–	–	–	–	–	Oxetane, 2,2,4-trimethyl-		01783
43	71	27	41	29	70	85	39	**100**	100	62	23	22	21	19	17	13	**0.02**	7	16	–	–	–	–	–	–	–	–	–	–	Pentane, 3,3-dimethyl-		Y0021
43	71	27	41	70	29	85	55	**100**	100	62	19	19	18	18	16	11	**0.01**	7	16	–	–	–	–	–	–	–	–	–	–	Pentane, 3,3-dimethyl-		Y0170
43	71	41	57	70	29	56	27	**100**	100	55	53	51	45	40	37	31	**5.68**	7	16	–	–	–	–	–	–	–	–	–	–	Hexane, 3-methyl-		C1792
43	71	57	41	56	65	29	70	**100**	100	45	44	39	25	24	22	20	**13.90**	7	16	–	–	–	–	–	–	–	–	–	–	Heptane		A0640
43	71	70	29	27	41	55	39	**100**	100	44	44	26	25	24	16	13	**1.79**	7	16	–	–	–	–	–	–	–	–	–	–	Pentane, 3-ethyl-		Y0017
43	71	70	29	27	41	55	39	**100**	100	44	44	23	21	21	15	10	**1.81**	7	16	–	–	–	–	–	–	–	–	–	–	Pentane, 3-ethyl-		Y0166
43	71	70	29	55	41	27	39	**100**	100	43	40	14	13	12	10	8	**2.19**	7	16	–	–	–	–	–	–	–	–	–	–	Pentane, 3-ethyl-	617-78-7	Q2954
43	71	70	85	41	55	29	27	**100**	100	60	20	15	15	11	10	10	**0.00**	7	16	–	–	–	–	–	–	–	–	–	–	Pentane, 3,3-dimethyl-	562-49-2	Q2100
43	72	41	29	57	55	27	71	**100**	100	34	26	25	15	12	11	11	**1.00**	6	12	1	–	–	–	–	–	–	–	–	–	Butanal, 2-ethyl-	97-96-1	08615
43	72	41	71	29	27	57	39	**100**	100	31	21	20	18	13	10	9	**1.70**	6	12	1	–	–	–	–	–	–	–	–	–	Butanal, 2-ethyl-	97-96-1	P7125
43	72	55	85	41	42	100	39	**100**	100	90	84	79	68	68	43	34		6	12	1	–	–	–	–	–	–	–	–	–	2-Pentene, 2-methoxy-	61142-47-0	T5456
43	72	55	85	42	41	59	100	**100**	100	87	74	68	61	55	41	36		6	12	1	–	–	–	–	–	–	–	–	–	1-Pentene, 2-methoxy-	53119-70-3	S8318
43	72	71	41	29	55	27	39	**100**	100	41	33	19	15	11	9	7	**6.61**	6	12	1	–	–	–	–	–	–	–	–	–	Butanal, 2-ethyl-	97-96-1	P7127
43	85	15	100	27	29	42	41	**100**	100	27	19	18	9	8	7	6		5	8	2	–	–	–	–	–	–	–	–	–	2,4-Pentanedione		Y0806
43	85	29	27	28	57	26	39	**100**	100	22	17	11	9	6	4	4	**0.00**	5	8	2	–	–	–	–	–	–	–	–	–	2-Pentanone, 3,4-epoxy-	17257-79-3	R6707
43	85	57	69	58	55			**100**	100	23	6	4	4	3			**0.00**	5	8	2	–	–	–	–	–	–	–	–	–	2-Pentanone, 3,4-epoxy-		M4255
43	85	100	28	42	27	39	41	**100**	100	35	26	21	10	9	8	7		5	8	2	–	–	–	–	–	–	–	–	–	2,4-Pentanedione		G0071
43	100	29	15	27	28	39	26	**100**	100	14	13	12	10	7	5	5		5	8	2	–	–	–	–	–	–	–	–	–	1,4-Dioxin, 2,3-dihydro-5-methyl-	3973-22-6	06916
44	28	85	30	42	56	57	43	**100**	100	55	45	44	44	40	38	30	**9.21**	5	12	–	2	–	–	–	–	–	–	–	–	Piperazine, 2-methyl-	109-07-9	P8237
44	42	85	56	57	43	58	41	**100**	100	52	46	45	39	36	25	22	**9.81**	5	12	–	2	–	–	–	–	–	–	–	–	Piperazine, 2-methyl-		V0175
44	43	82	72	41	57	39	55	**100**	100	41	32	31	30	19	16	8	**0.40**	5	8	2	–	–	–	–	–	–	–	–	–	1,5-Pentanedione		C2201
44	56	41	43	27	29	57	72	**100**	100	84	64	52	48	47	36	21	**0.87**	6	12	1	–	–	–	–	–	–	–	–	–	Hexanal		C0729
44	56	41	43	29	27	57	72	**100**	100	98	73	71	40	35	35	25	**3.35**	6	12	1	–	–	–	–	–	–	–	–	–	Hexanal	66-25-1	P5261
44	56	41	57	43	29	27	72	**100**	100	87	62	61	51	32	31	23	**3.00**	6	12	1	–	–	–	–	–	–	–	–	–	Hexanal	66-25-1	P5262
44	57	43	29	71	41	27	42	**100**	100	92	62	50	40	40	33	30	**15.78**	6	12	1	–	–	–	–	–	–	–	–	–	Oxetane, 2-propyl-		01784
44	57	56	30	42	85	28	43	**100**	100	40	38	37	36	33	31	24	**4.93**	5	12	–	2	–	–	–	–	–	–	–	–	Piperazine, 2-methyl-		D0111
44	100	43	45	42	85	28	27	**100**	100	72	66	49	45	35	27	16		5	12	–	2	–	–	–	–	–	–	–	–	Propanal, dimethylhydrazone	7422-93-7	R3186
44	100	45	56	42	43	28	41	**100**	100	82	71	71	59	26	24	23		5	12	–	2	–	–	–	–	–	–	–	–	Acetone, dimethylhydrazone	13483-31-3	R4584
45	56	41	43	55	57	44	46	**100**	100	98	35	24	12	6	6	6	**0.00**	6	12	1	–	–	–	–	–	–	–	–	–	4-Penten-2-ol, 3-methyl-	1569-59-1	Q6233
45	67	43	41	82	56	58	55	**100**	100	60	48	46	35	29	22	17	**0.00**	6	12	1	–	–	–	–	–	–	–	–	–	5-Hexen-2-ol, (+−)-	54774-27-5	S9609
45	68	58	67	41	71	53	42	**100**	100	59	45	41	23	19	13	7	**0.25**	6	12	1	–	–	–	–	–	–	–	–	–	1-Pentene, 5-methoxy-	1191-31-7	Q5643
54	67	41	31	57	39	42	27	**100**	100	94	77	65	47	41	41	27	**0.20**	6	12	1	–	–	–	–	–	–	–	–	–	5-Hexen-1-ol	821-41-0	Q4224
54	67	41	31	82	100			**100**	100	99	89	81	32	1				6	12	1	–	–	–	–	–	–	–	–	–	5-Hexen-1-ol	821-41-0	Q4225
55	27	29	56	45	73	99	43	**100**	100	26	16	12	11	9	6	5	**0.90**	5	8	2	–	–	–	–	–	–	–	–	–	2-Propenoic acid, ethyl ester		F0330
55	27	29	57	45	28	73	26	**100**	100	32	15	12	9	8	8	6	**2.00**	5	8	2	–	–	–	–	–	–	–	–	–	2-Propenoic acid, ethyl ester	140-88-5	P9797
55	27	39	41	29	43	28	56	**100**	100	77	73	71	58	32	30	26	**1.31**	5	8	2	–	–	–	–	–	–	–	–	–	4-Pentenoic acid		C0512
55	57	27	29	45	56	28	73	**100**	100	35	31	29	14	14	12	8	**1.67**	5	8	2	–	–	–	–	–	–	–	–	–	2-Propenoic acid, ethyl ester	140-88-5	P9799
55	70	42	41	29	27	39	43	**100**	100	61	29	18	16	16	14	5	**0.35**	6	12	1	–	–	–	–	–	–	–	–	–	Oxetane, 3-isopropyl-		01785
55	70	42	100	41	29	39	43	**100**	100	93	43	28	22	15	14	13		6	12	1	–	–	–	–	–	–	–	–	–	Furan, tetrahydro-3,4-dimethyl-, trans-		01830
55	70	42	100	41	39	29	27	**100**	100	85	33	26	20	14	11	9		6	12	1	–	–	–	–	–	–	–	–	–	Furan, tetrahydro-3,4-dimethyl-, cis-		01831
55	85	41	43	42	29	39	72	**100**	100	54	46	39	39	28	25	19	**2.15**	6	12	1	–	–	–	–	–	–	–	–	–	Pentane, 1,2-epoxy-2-methyl-		01786
55	100	27	29	39	54	85	53	**100**	100	98	41	40	35	28	27	21		5	8	2	–	–	–	–	–	–	–	–	–	2-Butenoic acid, 2-methyl-		03281

MASS TO CHARGE RATIOS								M.W.	INTENSITIES								Parent	C	H	O	N	Cl	Br	F	S	P	B	Si	X	COMPOUND NAME	CAS Reg No	No
55	100	45	74	28	73	27	29	**100**	100	80	74	62	58	53	46	31		4	4	3	–	–	–	–	–	–	–	–	–	2,5(3H,4H)-Furandione		D1238
56	41	43	29	27	28	39	55	**100**	100	68	21	17	16	15	13	11	**0.50**	6	12	1	–	–	–	–	–	–	–	–	–	Oxetane, cis-2,3-trans-4-trimethyl-		06533
56	41	43	29	44	57	27	39	**100**	100	45	39	28	22	20	16	14	**1.50**	6	12	1	–	–	–	–	–	–	–	–	–	Pentanal, 3-methyl-	15877-57-3	R5899
56	41	43	29	44	57	27	58	**100**	100	36	29	22	21	20	16	15	**1.37**	6	12	1	–	–	–	–	–	–	–	–	–	Pentanal, 3-methyl-	15877-57-3	R5898
56	41	43	57	29	45	67	27	**100**	100	81	60	30	29	26	21	20	**4.99**	6	12	1	–	–	–	–	–	–	–	–	–	Furan, tetrahydro-2,5-dimethyl-		00728
56	41	43	85	29	57	27	45	**100**	100	99	83	67	38	35	32	29	**7.00**	6	12	1	–	–	–	–	–	–	–	–	–	Furan, tetrahydro-2,5-dimethyl-	1003-38-9	Q4988
56	41	45	57	28	27	43	55	**100**	100	70	21	15	13	13	13	12	**0.00**	6	12	1	–	–	–	–	–	–	–	–	–	Pentane, 2,3-epoxy-4-methyl-		01787
56	41	57	44	85	100	55	43	**100**	100	98	70	41	39	24	14	13		6	12	1	–	–	–	–	–	–	–	–	–	Butane, 1-(vinyloxy)-	111-34-2	P8515
56	41	85	29	27	43	28	45	**100**	100	95	79	67	45	33	31	27	**12.12**	6	12	1	–	–	–	–	–	–	–	–	–	Furan, tetrahydro-2,5-dimethyl-, trans-		C0546
56	41	85	43	45	29	57	28	**100**	100	76	66	61	25	23	20	14	**8.19**	6	12	1	–	–	–	–	–	–	–	–	–	Furan, tetrahydro-2,5-dimethyl-	1003-38-9	Q4989
56	45	41	43	27	55	39	29	**100**	100	74	41	28	16	14	14	13	**0.00**	6	12	1	–	–	–	–	–	–	–	–	–	Oxetane, 2,3,4-trimethyl-		04539
56	57	44	28	30	39	41	27	**100**	100	91	88	85	70	55	51	30	**0.90**	4	8	1	2	–	–	–	–	–	–	–	–	Urea, 2-propenyl-	557-11-9	Q2050
56	85	41	43	28	27	29	39	**100**	100	91	80	47	31	29	24	22	**22.05**	5	8	2	–	–	–	–	–	–	–	–	–	2(3H)-Furanone, dihydro-5-methyl-	108-29-2	P8091
56	85	41	43	45	57	29	39	**100**	100	86	74	54	16	14	14	10	**8.33**	6	12	1	–	–	–	–	–	–	–	–	–	Furan, tetrahydro-2,5-dimethyl-, cis-		01789
56	85	100	42	44	28	30	41	**100**	100	64	40	16	16	13	13	11		5	12	–	2	–	–	–	–	–	–	–	–	Acetone, ethylhydrazone	7422-99-3	R3188
57	27	29	41	43	39	72	31	**100**	100	95	84	47	45	39	33	32	**0.00**	6	12	1	–	–	–	–	–	–	–	–	–	1-Hexen-3-ol	4798-44-1	R0825
57	29	27	43	44	100	28	26	**100**	100	86	21	13	11	9	6	4		5	8	2	–	–	–	–	–	–	–	–	–	Propanoic acid, vinyl ester	105-38-4	P7783
57	31	29	27	43	28	41	39	**100**	100	44	38	36	34	28	26	17	**0.69**	6	12	1	–	–	–	–	–	–	–	–	–	1-Hexen-3-ol		C0878
57	41	27	29	44	39	43	31	**100**	100	43	29	26	20	19	19	13	**8.71**	6	12	1	–	–	–	–	–	–	–	–	–	2-Hexen-1-ol, (E)-	928-95-0	Q4601
57	41	29	27	43	44	56	82	**100**	100	41	22	21	20	19	16	16	**3.00**	6	12	1	–	–	–	–	–	–	–	–	–	2-Hexen-1-ol, (E)-	928-95-0	Q4599
57	41	29	43	100	39	56	15	**100**	100	64	48	37	14	8	7	7		6	12	1	–	–	–	–	–	–	–	–	–	2-Butanone, 3,3-dimethyl-		F0119
57	41	29	43	100	39	56	58	**100**	100	54	45	34	17	7	6	4		6	12	1	–	–	–	–	–	–	–	–	–	2-Butanone, 3,3-dimethyl-	75-97-8	P5669
57	41	43	29	39	100	15	27	**100**	100	79	52	52	21	20	13	13		6	12	1	–	–	–	–	–	–	–	–	–	2-Butanone, 3,3-dimethyl-		D1030
57	41	43	44	56	82	67	55	**100**	100	40	20	19	17	16	14	12	**0.00**	6	12	1	–	–	–	–	–	–	–	–	–	2-Hexen-1-ol, (E)-	928-95-0	Q4602
57	41	44	82	43	56	71	67	**100**	100	49	38	33	32	28	28	27	**8.00**	6	12	1	–	–	–	–	–	–	–	–	–	Cyclopentanol, 2-methyl-, trans-	25144-04-1	S0970
57	41	44	82	67	71	56	39	**100**	100	41	36	30	29	26	26	22	**5.61**	6	12	1	–	–	–	–	–	–	–	–	–	Cyclopentanol, 2-methyl-		03533
57	41	44	82	71	67	43	56	**100**	100	42	34	34	29	27	26	25	**8.00**	6	12	1	–	–	–	–	–	–	–	–	–	Cyclopentanol, 2-methyl-, cis-	25144-05-2	S0971
57	41	56	29	44	27	100	39	**100**	100	82	73	72	21	17	16	11		6	12	1	–	–	–	–	–	–	–	–	–	Propane, 1-(vinyloxy)-2-methyl-		C1445
57	41	67	43	55	27	58	29	**100**	100	26	24	22	19	17	16	16	**0.55**	6	12	1	–	–	–	–	–	–	–	–	–	1-Penten-3-ol, 4-methyl-	4798-45-2	R0827
57	41	82	67	29				**100**	100	45	30	30	25				**0.00**	6	12	1	–	–	–	–	–	–	–	–	–	2-Hexen-1-ol, (Z)-		M4105
57	43	29	27	41	28	100	71	**100**	100	81	54	28	26	22	21	19		6	12	1	–	–	–	–	–	–	–	–	–	3-Pentanone, 2-methyl-		D1179
57	43	29	27	41	39	100	71	**100**	100	89	68	55	27	19	18	17		6	12	1	–	–	–	–	–	–	–	–	–	3-Pentanone, 2-methyl-	565-69-5	H0848
57	43	29	27	41	100	71	39	**100**	100	86	52	29	27	19	18	12		6	12	1	–	–	–	–	–	–	–	–	–	3-Pentanone, 2-methyl-	565-69-5	Q2147
57	43	41	56	85	29	27	39	**100**	100	72	42	40	33	28	21	14	**0.03**	7	16	–	–	–	–	–	–	–	–	–	–	Pentane, 2,2-dimethyl-		Y0167
57	43	41	56	85	29	27	39	**100**	100	73	46	40	34	31	23	15	**0.05**	7	16	–	–	–	–	–	–	–	–	–	–	Pentane, 2,2-dimethyl-		Y0018
57	43	55	72	41	71	58	67	**100**	100	18	15	13	12	11	6	5	**0.00**	6	12	1	–	–	–	–	–	–	–	–	–	1-Hexen-3-ol	4798-44-1	R0826
57	43	56	41	85	29	27	39	**100**	100	72	62	52	29	25	20	16	**0.01**	7	16	–	–	–	–	–	–	–	–	–	–	Butane, 2,2,3-trimethyl-		Y0171
57	43	56	41	85	29	27	39	**100**	100	76	60	58	31	27	25	21	**0.03**	7	16	–	–	–	–	–	–	–	–	–	–	Butane, 2,2,3-trimethyl-		Y0022
57	44	41	72	56	29	27	39	**100**	100	84	64	63	52	40	39	30	**0.00**	6	12	1	–	–	–	–	–	–	–	–	–	Cyclobutanol, 2-ethyl-	35301-43-0	S4910
57	71	41	56	43	67	58	55	**100**	100	75	46	34	31	26	19	18	**0.67**	6	12	1	–	–	–	–	–	–	–	–	–	Cyclopentanol, 3-methyl-	18729-48-1	R7799
57	82	41	44	67	43	58	56	**100**	100	41	32	32	22	17	16	13	**4.00**	6	12	1	–	–	–	–	–	–	–	–	–	Cyclohexanol	108-93-0	P8201
57	82	44	41	67	27	39	29	**100**	100	49	30	29	26	24	23	19	**4.94**	6	12	1	–	–	–	–	–	–	–	–	–	Cyclohexanol		C1023
57	82	44	41	67	29	56	55	**100**	100	35	25	23	22	16	13	13	**1.90**	6	12	1	–	–	–	–	–	–	–	–	–	Cyclohexanol		F0195
58	41	59	57	42	43	85	55	**100**	100	80	51	44	41	33	13	7	**2.00**	6	12	1	–	–	–	–	–	–	–	–	–	Hexane, 3,4-epoxy-	4468-66-0	R0486
58	43	42	28	100	56	44	29	**100**	100	52	45	36	30	22	20	19		5	12	–	2	–	–	–	–	–	–	–	–	Piperazine, 1-methyl-		C1215
58	43	100	42	56	44	29	28	**100**	100	33	25	22	15	14	8	8		5	12	–	2	–	–	–	–	–	–	–	–	Piperazine, 1-methyl-		D0110
58	57	41	43	27	100	39	30	**100**	100	86	59	47	39	29	25	13		6	12	1	–	–	–	–	–	–	–	–	–	1-Propene, 1-propoxy-, (Z)-	14360-78-2	R5170
58	57	41	43	100	27	30	39	**100**	100	81	43	41	33	24	15	11		6	12	1	–	–	–	–	–	–	–	–	–	1-Propene, 1-propoxy-	3424-89-3	Q9370
58	100	45	73	57	28	60	43	**100**	100	90	68	53	46	42	31	31		3	4	–	2	–	–	–	1	–	–	–	–	2-Thiazolamine	96-50-4	P7068
58	100	86	42	56	43	57	44	**100**	100	52	30	28	20	18	10	7		5	12	–	2	–	–	–	–	–	–	–	–	Piperazine, 1-methyl-	109-01-3	P8227
59	41	43	42	58	57	85	40	**100**	100	74	61	53	41	20	16	13	**0.00**	6	12	1	–	–	–	–	–	–	–	–	–	Pentane, 2-methyl-2,3-epoxy-	1192-22-9	Q5651
59	41	43	42	58	57	85	60	**100**	100	74	60	53	42	20	15	3	**0.00**	6	12	1	–	–	–	–	–	–	–	–	–	Pentane, 2-methyl-2,3-epoxy-	1192-22-9	Q5652
59	41	58	42	43	31	57	29	**100**	100	75	63	59	59	38	27	24	**2.25**	6	12	1	–	–	–	–	–	–	–	–	–	Pentane, 2-methyl-2,3-epoxy-		01791
59	43	39	41	31	27	29	55	**100**	100	82	55	42	35	24	9	8	**0.00**	6	12	1	–	–	–	–	–	–	–	–	–	4-Penten-2-ol, 2-methyl-		M0820
59	43	41	58	57	39	42	29	**100**	100	74	63	57	33	23	23	20	**3.00**	6	12	1	–	–	–	–	–	–	–	–	–	Butane, 2,3-epoxy-2,3-dimethyl-	5076-20-0	R1073
59	43	42	55	41	70	39	27	**100**	100	66	58	57	51	30	23	14	**1.50**	6	12	1	–	–	–	–	–	–	–	–	–	Oxetane, 2,2,3-trimethyl-		04540

MASS TO CHARGE RATIOS								M.W.	INTENSITIES								Parent	C	H	O	N	Cl	Br	F	S	P	B	Si	X	COMPOUND NAME	CAS Reg No	No
59	43	58	41	42	39	31	57	**100**	100	65	64	49	24	20	18	14	**1.50**	6	12	1	–	–	–	–	–	–	–	–	–	**Butane, 2,3-epoxy-2,3-dimethyl-**	5076-20-0	**R1071**
59	43	58	41	42	57	60	100	**100**	100	81	63	59	27	13	4	4		6	12	1	–	–	–	–	–	–	–	–	–	**Butane, 2,3-epoxy-2,3-dimethyl-**	5076-20-0	**R1072**
59	43	86	85	40	41	38	42	**100**	100	85	82	81	58	56	50	43	**2.00**	6	12	1	–	–	–	–	–	–	–	–	–	**1-Buten-3-ol, 2,3-dimethyl-**		**L0812**
59	85	43	45	73	72	100		**100**	100	69	46	24	15	7	6			5	12	–	–	–	–	–	–	–	–	1	–	**Silane, vinyltrimethyl-**		**Q3937**
65	45	85	31	64	44	26	35	**100**	100	31	14	10	8	7	6	6	**0.09**	2	3	–	–	1	–	2	–	–	–	–	–	**Ethane, 1,1-difluoro-1-chloro-**		**W0137**
65	45	85	64	44	31	61	81	**100**	100	30	27	8	7	6	5	5	**0.00**	2	3	–	–	1	–	2	–	–	–	–	–	**Ethane, 1,1-difluoro-1-chloro-**		**A0214**
67	28	41	55	56	82	39	29	**100**	100	83	82	73	40	34	31	29	**0.74**	6	12	1	–	–	–	–	–	–	–	–	–	**4-Penten-1-ol, 3-methyl-**	51174-44-8	**S7590**
67	41	39	55	82	27	29	31	**100**	100	72	42	41	39	38	27	26	**4.00**	6	12	1	–	–	–	–	–	–	–	–	–	**4-Hexen-1-ol, (Z)-**	928-91-6	**Q4595**
67	41	55	82	39	27	29	54	**100**	100	80	46	40	34	32	27	22	**5.00**	6	12	1	–	–	–	–	–	–	–	–	–	**4-Hexen-1-ol, (E)-**	928-92-7	**Q4597**
67	41	82	55	29	100			**100**	100	67	41	34	20	3				6	12	1	–	–	–	–	–	–	–	–	–	**4-Hexen-1-ol, (Z)-**	928-91-6	**Q4596**
67	41	82	55	31				**100**	100	60	40	30	15				**0.00**	6	12	1	–	–	–	–	–	–	–	–	–	**4-Hexen-1-ol, (Z)-**		**M4104**
67	54	41	31	39	57	27	42	**100**	100	99	81	79	65	47	47	37	**0.30**	6	12	1	–	–	–	–	–	–	–	–	–	**5-Hexen-1-ol**	821-41-0	**H1080**
68	69	67	41	82	57	42	54	**100**	100	97	71	63	18	12	10	8	**0.00**	6	12	1	–	–	–	–	–	–	–	–	–	**Cyclopentanemethanol**		**C1905**
69	41	39	85	100	15	28	29	**100**	100	50	32	19	17	14	6	5		5	8	2	–	–	–	–	–	–	–	–	–	**2-Butenoic acid, methyl ester**		**L5882**
69	41	39	85	100	15	28	59	**100**	100	48	25	23	19	10	5	5		5	8	2	–	–	–	–	–	–	–	–	–	**2-Butenoic acid, methyl ester, (E)-**	623-43-8	**Q3125**
69	41	39	85	100	15	38	28	**100**	100	50	32	19	17	14	6	6		5	8	2	–	–	–	–	–	–	–	–	–	**2-Butenoic acid, methyl ester, (E)-**	623-43-8	**Q3126**
69	41	67	68	39	57	54	82	**100**	100	93	81	79	20	20	14	13	**0.00**	6	12	1	–	–	–	–	–	–	–	–	–	**Cyclopentanemethanol**	3637-61-4	**Q9596**
69	41	100	15	68	59	29	38	**100**	100	75	56	23	19	15	14	8		5	8	2	–	–	–	–	–	–	–	–	–	**2-Butenoic acid, methyl ester, (Z)-**		**X0783**
71	27	43	41	55	85	73	39	**100**	100	94	68	22	19	15	14	14	**1.03**	6	12	1	–	–	–	–	–	–	–	–	–	**1-Penten-3-ol, 3-methyl-**		**C0807**
71	30	100	42	41	43	29	72	**100**	100	67	29	27	9	8	7	5		5	12	–	2	–	–	–	–	–	–	–	–	**Acetaldehyde, propylhydrazone**	7422-88-0	**R3181**
71	42	41	55	58	43	57	44	**100**	100	84	83	63	46	26	20	8	**2.00**	6	12	1	–	–	–	–	–	–	–	–	–	**Hexane, 1,2-epoxy-**	1436-34-6	**Q5952**
71	42	41	55	58	57	43	85	**100**	100	58	50	40	40	12	10	6	**0.00**	6	12	1	–	–	–	–	–	–	–	–	–	**Hexane, 1,2-epoxy-**	1436-34-6	**Q5951**
71	43	18	17	41	27	85	55	**100**	100	54	41	24	20	17	17	16	**0.00**	6	12	1	–	–	–	–	–	–	–	–	–	**1-Penten-3-ol, 3-methyl-**		**P1203**
71	43	41	27	45	29	39	85	**100**	100	68	44	35	29	25	24	22	**1.86**	6	12	1	–	–	–	–	–	–	–	–	–	**2-Pentanol, 3-methylene-**		**C0808**
71	43	41	39	85	27	29	57	**100**	100	50	40	19	18	14	13	11	**7.81**	6	12	1	–	–	–	–	–	–	–	–	–	**1-Penten-3-ol, 2-methyl-**	2088-07-5	**H1285**
71	43	41	85	39	100	57	27	**100**	100	33	27	20	12	11	9	9		6	12	1	–	–	–	–	–	–	–	–	–	**1-Penten-3-ol, 2-methyl-**		**04541**
71	43	41	85	44	39	40	72	**100**	100	73	45	29	28	24	23	19	**8.00**	6	12	1	–	–	–	–	–	–	–	–	–	**1-Penten-3-ol, 2-methyl-**		**06399**
71	43	41	85	55	27	73	29	**100**	100	57	19	16	14	14	14	12	**0.72**	6	12	1	–	–	–	–	–	–	–	–	–	**1-Penten-3-ol, 3-methyl-**		**Q4531**
71	43	70	15	42	27	29	57	**100**	100	61	26	19	18	10	9	8	**1.03**	5	13	1	–	–	–	–	–	–	1	–	–	**Borinic acid, diethyl-, methyl ester**	918-85-4	**W0041**
71	45	72	28	31	39	29	27	**100**	100	76	63	44	43	37	21	21	**3.00**	3	4	–	2	–	–	–	1	–	–	–	–	**1,2,3-Thiadiazole, 5-methyl-**		**02377**
71	72	45	39	38	37	46	69	**100**	100	62	58	43	23	18	16	16	**3.00**	3	4	–	2	–	–	–	1	–	–	–	–	**1,2,3-Thiadiazole, 5-methyl-**	50406-54-7	**S7283**
72	44	43	100	59	85	29	45	**100**	100	22	18	17	12	8	7	4		5	12	–	–	–	–	–	–	–	–	1	–	**Silacyclobutane, 1,1-dimethyl-**		**M4453**
72	70	69	100	28	56	42	99	**100**	100	81	56	55	51	48	44	41		4	9	2	–	–	–	–	–	–	1	–	–	**1,3,2-Dioxaborolane, 2-ethyl-**	10173-38-3	**R3628**
72	70	69	100	56	28	42	99	**100**	100	81	56	55	48	47	44	41		4	9	2	–	–	–	–	–	–	1	–	–	**1,3,2-Dioxaborolane, 2-ethyl-**	10173-38-3	**R3630**
72	100	71	53	54	42	43	41	**100**	100	41	36	34	32	26	23	13		4	4	3	–	–	–	–	–	–	–	–	–	**Methanetricarboxaldehyde**		**02533**
73	27	99	29	39	55	28	42	**100**	100	64	59	57	46	44	37	37	**12.47**	5	8	2	–	–	–	–	–	–	–	–	–	**1,3-Dioxolane, 2-vinyl-**	3984-22-3	**06914**
81	31	100	50	69	82	101	44	**100**	100	70	67	29	5	2	2	1		2	–	–	–	–	–	4	–	–	–	–	–	**Ethylene, tetrafluoro-**		**D0747**
81	100	31	50	82	101			**100**	100	87	50	24	2	2				2	–	–	–	–	–	4	–	–	–	–	–	**Ethylene, tetrafluoro-**		**A0211**
81	101	41	80	88	79	53	39	**100**	100	38	20	19	18	18	17	15	**13.55**	6	9	–	–	–	–	1	–	–	–	–	–	**Cyclohexene, 1-fluoro-**		**Z0257**
82	44	81	39	57	53	54	72	**100**	100	95	85	77	68	63	56	48	**4.20**	5	8	2	–	–	–	–	–	–	–	–	–	**3-Cyclopentene-1,2-diol, cis-**	694-29-1	**08482**
82	67	100	72	83	56	57	71	**100**	100	24	19	8	8	4	3	3		6	12	1	–	–	–	–	–	–	–	–	–	**4-Hexen-1-ol**	6126-50-7	**R2077**
83	17	67	100	16	51	35		**100**	100	93	63	54	53	13	13			–	1	4	–	1	–	–	–	–	–	–	–	**Perchloric acid**		**M5191**
83	100	67	85	102	51	69	35	**100**	100	66	57	33	21	20	18	9		–	1	4	–	1	–	–	–	–	–	–	–	**Perchloric acid**		**L9877**
85	31	59	43	45	73	86	100	**100**	100	23	21	19	18	16	9	9		5	12	–	–	–	–	–	–	–	–	1	–	**Silane, vinyltrimethyl-**	754-05-2	**Q3935**
85	41	43	56	100	42	55	45	**100**	100	47	41	35	22	19	18	17		6	12	1	–	–	–	–	–	–	–	–	–	**2H-Pyran, tetrahydro-2-methyl-**	10141-72-7	**R3594**
85	41	55	56	43	42	57	70	**100**	100	80	75	71	29	20	16	15	**13.30**	6	12	1	–	–	–	–	–	–	–	–	–	**Furan, tetrahydro-2,4-dimethyl-, cis-**		**01793**
85	41	56	55	43	42	57	39	**100**	100	71	71	70	39	30	28	25	**10.82**	6	12	1	–	–	–	–	–	–	–	–	–	**Furan, tetrahydro-2,4-dimethyl-, trans-**		**01794**
85	41	56	55	57	43	42	70	**100**	100	76	70	63	43	40	30	23	**7.33**	6	12	1	–	–	–	–	–	–	–	–	–	**Oxetane, 2-ethyl-3-methyl-**		**01795**
85	43	67	41	39	59	27	55	**100**	100	54	53	35	27	26	12	11	**8.19**	6	12	1	–	–	–	–	–	–	–	–	–	**3-Penten-2-ol, 2-methyl-**		**C0540**
85	44	100	42	28	43	41	58	**100**	100	74	39	28	23	23	19	12		5	12	–	2	–	–	–	–	–	–	–	–	**Acetaldehyde, isopropylhydrazone**	7422-89-1	**R3182**
85	55	41	43	57	29	58	27	**100**	100	55	52	41	40	39	33	23	**0.00**	6	12	1	–	–	–	–	–	–	–	–	–	**Pentane, 1,2-epoxy-4-methyl-**		**01796**
85	56	41	43	57	100	55	99	**100**	100	92	58	55	18	14	10	8		5	8	2	–	–	–	–	–	–	–	–	–	**2(3H)-Furanone, dihydro-5-methyl-**		**B0263**
85	56	41	43	100	57	45	99	**100**	100	88	47	46	22	13	9	8		5	8	2	–	–	–	–	–	–	–	–	–	**2(3H)-Furanone, dihydro-5-methyl-**	108-29-2	**P8093**
85	59	28	43	41	39	44	57	**100**	100	96	94	82	60	45	39	36	**3.30**	6	12	1	–	–	–	–	–	–	–	–	–	**1-Buten-3-ol, 2,3-dimethyl-**		**C0630**
85	59	43	41	57	39	67	31	**100**	100	93	59	53	43	24	22	21	**3.66**	6	12	1	–	–	–	–	–	–	–	–	–	**1-Buten-3-ol, 2,3-dimethyl-**	10473-13-9	**R3869**
85	59	73	43	100	86	45	72	**100**	100	68	13	12	10	9	8	8		5	12	–	–	–	–	–	–	–	–	1	–	**Silane, vinyltrimethyl-**	754-05-2	**Q3936**

MASS TO CHARGE RATIOS								M.W.	INTENSITIES								Parent	C	H	O	N	Cl	Br	F	S	P	B	Si	X	COMPOUND NAME	CAS Reg No	No
85	59	100	99	39	45	65	58	**100**	100	82	77	67	41	38	28	23		5	8	–	–	–	–	–	1	–	–	–	–	**Thiophene, 2-methyl-4,5-dihydro-**		**L6968**
85	81	47	100	80	15	33	66	**100**	100	30	20	14	13	10	9	7		1	3	–	–	–	–	3	–	–	–	1	–	**Silane, methyl-trifluoro-**		**05928**
85	100	72	99	71	45	46	53	**100**	100	96	76	49	37	35	8	7		5	8	–	–	–	–	–	1	–	–	–	–	**2H-Thiopyran, 3,4-dihydro-**	13042-80-3	**R4162**
99	44	100	45	42	43	55	41	**100**	100	98	86	55	44	38	34	29		5	12	–	2	–	–	–	–	–	–	–	–	**1-Piperidinamine**	2213-43-6	**Q7626**
99	100	44	55	42	41	43	27	**100**	100	72	69	22	19	16	16	14		5	12	–	2	–	–	–	–	–	–	–	–	**1-Piperidinamine**	2213-43-6	**Q7625**
100	30	85	57	28	41	42	29	**100**	100	98	75	70	62	54	41	38		5	12	–	2	–	–	–	–	–	–	–	–	**Propanal, 2-methyl-, methylhydrazone**	16713-37-4	**R6388**
100	41	73	50	72	45	46	40	**100**	100	21	19	15	14	14	7	6		3	4	–	2	–	–	–	1	–	–	–	–	**2H-Imidazole-2-thione, 1,3-dihydro-**	872-35-5	**Q4420**
100	42	28	41	70	45	40	30	**100**	100	73	39	20	12	8	8	8		3	4	2	2	–	–	–	–	–	–	–	–	**Sydnone, 3-methyl-**		**M2564**
100	42	44	41	43	40	70	74	**100**	100	91	30	28	26	13	13	9		3	4	2	2	–	–	–	–	–	–	–	–	**Sydnone, 3-methyl-**	6939-12-4	**R2711**
100	55	29	85	27	39	54	82	**100**	100	73	26	25	22	21	19	16		5	8	2	–	–	–	–	–	–	–	–	–	**2-Butenoic acid, 2-methyl-**		**Z0248**
100	55	83	82	41	85	54	43	**100**	100	50	43	39	33	32	30	22		5	8	2	–	–	–	–	–	–	–	–	–	**2-Butenoic acid, 3-methyl-**	541-47-9	**Q1829**
100	72	29	28	57	44	43	70	**100**	100	55	41	36	21	19	7	4		3	4	2	2	–	–	–	–	–	–	–	–	**2,4-Imidazolidinedione**		**F0463**
100	72	39	71	55	45	46	101	**100**	100	26	18	17	16	16	13	9		4	4	1	–	–	–	–	1	–	–	–	–	**2(5H)-Thiophenone**		**04437**
100	83	39	55	82	85	29	27	**100**	100	35	35	33	32	27	22	18		5	8	2	–	–	–	–	–	–	–	–	–	**2-Butenoic acid, 3-methyl-**		**Z0253**
100	99	85	54	67	45	79	65	**100**	100	95	47	35	23	19	19	16		5	8	–	–	–	–	–	1	–	–	–	–	**2H-Thiopyran, 5,6-dihydro-**	40697-99-2	**S6389**
29	30	28	27	44	71	55	26	**101**	100	71	36	16	14	11	9	6	**0.00**	4	7	2	1	–	–	–	–	–	–	–	–	**Acrylamide, N-(hydroxymethyl)-**	924-42-5	**H1109**
29	39	55	43	84	53	30	41	**101**	100	74	61	50	39	35	25	23	**7.00**	4	7	2	1	–	–	–	–	–	–	–	–	**1-Butane, 1-nitro-**		**D2003**
29	44	30	101	57	72	46	86	**101**	100	81	66	57	47	41	7	7		5	11	1	1	–	–	–	–	–	–	–	–	**Propanamide, N-ethyl-**	5129-72-6	**R1135**
30	27	28	29	41	39	18	42	**101**	100	7	6	5	5	3	3	3	**1.60**	6	15	–	1	–	–	–	–	–	–	–	–	**1-Hexanamine**	111-26-2	**H0457**
30	27	28	41	58	29	39	42	**101**	100	8	7	6	5	5	4	4	**1.76**	6	15	–	1	–	–	–	–	–	–	–	–	**Hexylamine**		**U0091**
30	41	44	45	18	27	28	29	**101**	100	4	4	4	3	3	3	3	**3.00**	6	15	–	1	–	–	–	–	–	–	–	–	**Hexylamine**	111-26-2	**P8500**
30	58	59	28	72	46	41	27	**101**	100	85	41	33	23	22	21	17	**5.04**	5	11	1	1	–	–	–	–	–	–	–	–	**Formamide, N-butyl-**		**02993**
30	58	59	46	41	27	29	72	**101**	100	78	36	27	25	24	24	20	**12.02**	5	11	1	1	–	–	–	–	–	–	–	–	**Formamide, N-butyl-**		**C1804**
30	58	101	28	29	27	44	86	**101**	100	83	60	56	53	44	40	25		5	11	1	1	–	–	–	–	–	–	–	–	**Formamide, N,N-diethyl-**	617-84-5	**H0940**
30	72	43	28	41	27	39	58	**101**	100	90	33	27	23	22	11	10	**7.66**	6	15	–	1	–	–	–	–	–	–	–	–	**Propylamine, N-propyl-**		**C1205**
30	72	44	43	27	28	41	86	**101**	100	79	40	32	25	24	22	11	**7.95**	6	15	–	1	–	–	–	–	–	–	–	–	**Propylamine, N-propyl-**		**Y1459**
40	41	42	101	45	46	60	73	**101**	100	99	80	79	49	25	22	22		4	7	–	1	–	–	–	1	–	–	–	–	**2-Pyrrolidinethione**	2295-35-4	**Q7788**
40	83	41	26	85	38	27	72	**101**	100	79	54	45	44	42	35	35	**3.00**	5	11	1	1	–	–	–	–	–	–	–	–	**Propanal, 2,2-dimethyl-, oxime**	637-91-2	**Q3478**
41	73	43	42	86	59	58	101	**101**	100	60	35	26	20	12	8	8		5	11	1	1	–	–	–	–	–	–	–	–	**Butanal, O-methyloxime**	31376-98-4	**S3250**
42	28	101	44	43	56	88	29	**101**	100	53	53	49	44	36	31	20		4	7	2	1	–	–	–	–	–	–	–	–	**2-Oxazolidinone, 3-methyl-**		**C1302**
42	41	59	43	57	73	86	101	**101**	100	99	37	35	27	10	10	8		5	11	1	1	–	–	–	–	–	–	–	–	**Methylamine, N-butylidine-, N-oxide**	44603-43-2	**S7098**
42	57	43	41	58	73	59	86	**101**	100	51	49	38	29	28	13	11	**6.00**	5	11	1	1	–	–	–	–	–	–	–	–	**Oxaziridine, 2-methyl-3-propyl-**	58751-77-2	**T5074**
42	59	73	42	15	44	101	41	**101**	100	56	22	17	16	15	13	11		4	7	2	1	–	–	–	–	–	–	–	–	**Acetamide, N-acetyl-**		**L1892**
42	101	28	56	43	29	15	27	**101**	100	90	52	47	45	21	16	14		4	7	2	1	–	–	–	–	–	–	–	–	**2-Oxazolidinone, 3-methyl-**	19836-78-3	**R8323**
43	41	27	101	39	42	28	45	**101**	100	83	58	57	24	15	12	12		4	7	–	1	–	–	–	1	–	–	–	–	**Thiocyanic acid, propyl ester**	4251-16-5	**R0251**
43	41	27	101	39	42	45	28	**101**	100	82	56	55	22	14	11	11		4	7	–	1	–	–	–	1	–	–	–	–	**Thiocyanic acid, propyl ester**		**L1186**
43	42	15	40	41	101	30	58	**101**	100	20	11	9	7	7	4	4		4	7	2	1	–	–	–	–	–	–	–	–	**2,3-Butanedione, monooxime**	57-71-6	**P4835**
43	42	101	15	71	27	44	29	**101**	100	49	25	19	16	11	8	8		5	11	1	1	–	–	–	–	–	–	–	–	**Morpholine, N-methyl-**		**Y1462**
43	42	101	71	27	29	44	100	**101**	100	47	25	16	11	8	8	6		5	11	1	1	–	–	–	–	–	–	–	–	**Morpholine, N-methyl-**	109-02-4	**P8228**
43	42	101	71	44	100	56	41	**101**	100	46	28	18	8	6	6	6		5	11	1	1	–	–	–	–	–	–	–	–	**Morpholine, N-methyl-**		**C1871**
44	28	58	46	18	59	41	39	**101**	100	30	22	20	18	17	13	11	**0.48**	5	11	1	1	–	–	–	–	–	–	–	–	**N-Isobutylformamide**		**02995**
44	30	28	57	29	56	43	101	**101**	100	70	58	34	27	24	24	21		5	11	1	1	–	–	–	–	–	–	–	–	**3-Piperidinol**		**D1350**
44	30	41	42	43	27	39	45	**101**	100	6	5	4	4	3	3	3	**1.00**	6	15	–	1	–	–	–	–	–	–	–	–	**Butylamine, 1,3-dimethyl-**	108-09-8	**P8060**
44	30	58	41	1	86	42	27	**101**	100	8	7	6	5	5	4	3	**1.00**	6	15	–	1	–	–	–	–	–	–	–	–	**Hexane, 2-amino-**	5329-79-3	**R1299**
44	30	58	41	18	86	42	27	**101**	100	8	7	6	5	5	4	3	**0.80**	6	15	–	1	–	–	–	–	–	–	–	–	**Pentylamine, 1-methyl-**	5329-79-3	**R1300**
44	56	100	57	70	43	101	41	**101**	100	67	65	50	45	38	38	30		5	11	1	1	–	–	–	–	–	–	–	–	**3-Piperidinol**	6859-99-0	**R2616**
44	58	41	86	18	42	45	43	**101**	100	7	6	5	5	4	3	3	**0.80**	6	15	–	1	–	–	–	–	–	–	–	–	**2-Hexanamine**		**L0699**
44	86	41	69	42	45	27	28	**101**	100	9	6	4	3	3	2	2	**1.00**	6	15	–	1	–	–	–	–	–	–	–	–	**Propylamine, 1,2,2-trimethyl-**	3850-30-4	**Q9861**
44	86	42	41	43	27	58	39	**101**	100	94	47	33	31	26	22	19	**9.38**	6	15	–	1	–	–	–	–	–	–	–	–	**Isopropylamine, N-isopropyl-**		**C1052**
44	86	43	58	42	41	45	101	**101**	100	37	14	14	13	11	6	5		6	15	–	1	–	–	–	–	–	–	–	–	**Isopropylamine, N-isopropyl-**	108-18-9	**P8075**
44	86	58	28	42	41	43	27	**101**	100	30	14	13	13	12	11	11	**2.93**	6	15	–	1	–	–	–	–	–	–	–	–	**Propylamine, N-propyl-**		**Y1460**
44	86	58	42	43	41	101	27	**101**	100	49	11	9	9	8	8	4		6	15	–	1	–	–	–	–	–	–	–	–	**Isopropylamine, N-isopropyl-**	108-18-9	**P8074**
44	101	28	43	30	41	42	45	**101**	100	10	4	4	3	3	3	3		6	15	–	1	–	–	–	–	–	–	–	–	**Butylamine, N,3-dimethyl-**	4104-44-3	**R0095**
44	101	43	58	86	42	41	102	**101**	100	42	19	14	11	8	6	5		5	11	1	1	–	–	–	–	–	–	–	–	**N-Isopropylacetamide**		**C2163**

MASS TO CHARGE RATIOS								M.W.	INTENSITIES								Parent	C	H	O	N	Cl	Br	F	S	P	B	Si	X	COMPOUND NAME	CAS Reg No	No
44	101	57	56	43	70	42	41	**101**	100	43	34	22	20	20	17	15		5	11	1	1	–	–	–	–	–	–	–	–	**3-Piperidinol**	6859-99-0	**R2617**
44	101	58	30	28	41	42	43	**101**	100	9	7	6	4	4	4	4		6	15	–	1	–	–	–	–	–	–	–	–	**Pentylamine, N-methyl-**	25419-06-1	**S1052**
45	43	60	59	42	44	71	41	**101**	100	97	79	66	26	11	7	4	**0.00**	3	7	1	3	–	–	–	–	–	–	–	–	**Guanidine, N-acetyl-**		**D0735**
46	73	45	41	40	101	57	53	**101**	100	87	56	27	22	11	11	9		2	3	–	3	–	–	–	1	–	–	–	–	**1,2,3-Thiadiazole, 5-amino-**		**M0719**
46	73	45	101	76	72	70	57	**101**	100	76	68	28	4	4	4	4		2	3	–	3	–	–	–	1	–	–	–	–	**1,2,3-Thiadiazole, 4-amino-**		**M0718**
55	54	56	83	45	38	40	52	**101**	100	80	62	28	27	13	12	12	**4.00**	4	7	2	1	–	–	–	–	–	–	–	–	**Cyclopropanecarboxylic acid, 1-amino-**		**M4326**
55	54	56	83	45	39	41	52	**101**	100	80	61	28	26	12	11	11	**4.10**	4	7	2	1	–	–	–	–	–	–	–	–	**Cyclopropanecarboxylic acid, 1-amino-**	22059-21-8	**R9545**
57	41	29	101	44	86	58	56	**101**	100	47	32	18	16	9	8	6		5	11	1	1	–	–	–	–	–	–	–	–	**Tri-methylacetamide**		**04063**
58	30	29	44	101	41	56	39	**101**	100	35	8	8	5	4	3	2		6	15	–	1	–	–	–	–	–	–	–	–	**Butylamine, N-ethyl-**	13360-63-9	**R4479**
58	30	44	101	29	28	27	41	**101**	100	33	11	11	8	6	5	5		6	15	–	1	–	–	–	–	–	–	–	–	**Butylamine, N-ethyl-**	13360-63-9	**R4477**
58	42	30	14	43	17	57	44	**101**	100	35	28	13	11	11	7	7	**3.00**	5	11	1	1	–	–	–	–	–	–	–	–	**N,N-Dimethylaminoacetone**		**L2941**
58	42	30	15	18	43	29	28	**101**	100	35	28	14	11	11	7	7	**3.70**	5	11	1	1	–	–	–	–	–	–	–	–	**2-Propanone, 1-(dimethylamino)-**	15364-56-4	**R5714**
58	42	30	43	29	28	44	57	**101**	100	36	29	12	9	8	8	7	**4.50**	5	11	1	1	–	–	–	–	–	–	–	–	**2-Propanone, 1-(dimethylamino)-**	15364-56-4	**R5715**
58	43	101	41	30	71	73	59	**101**	100	49	25	16	14	13	10	8		5	11	1	1	–	–	–	–	–	–	–	–	**Formamide, sec-butyl-**		**D0830**
58	43	101	41	30	71	73	86	**101**	100	50	25	15	14	12	10	9		5	11	1	1	–	–	–	–	–	–	–	–	**Formamide, sec-butyl-**		**02992**
58	43	101	73	27	41	28	71	**101**	100	95	37	32	25	19	18	18		5	11	1	1	–	–	–	–	–	–	–	–	**N-Methylisobutyramide**		**02994**
58	43	101	73	27	41	71	86	**101**	100	96	37	33	25	20	18	17		5	11	1	1	–	–	–	–	–	–	–	–	**N-Methylisobutyramide**		**D0864**
58	43	101	73	41	86	30	27	**101**	100	18	17	16	13	9	8	6		5	11	1	1	–	–	–	–	–	–	–	–	**N-Methylisobutyramide**		**D0890**
58	46	86	41	101	56	42	57	**101**	100	70	57	50	47	34	22	16		5	11	1	1	–	–	–	–	–	–	–	–	**Formamide, N-tert-butyl-**	2425-74-3	**Q8017**
58	57	44	39	29	41	27	31	**101**	100	80	74	62	26	25	18	13	**0.00**	4	7	2	1	–	–	–	–	–	–	–	–	**Carbamic acid, allyl ester**	2114-11-6	**Q7405**
58	72	41	43	42	56	55	44	**101**	100	60	20	12	10	8	7	6	**0.00**	6	15	–	1	–	–	–	–	–	–	–	–	**3-Hexanamine**	16751-58-9	**R6435**
58	73	43	41	86	42	101	59	**101**	100	97	75	24	15	13	11	6		5	11	1	1	–	–	–	–	–	–	–	–	**Butanamide, N-methyl-**	17794-44-4	**R7191**
58	101	30	44	86	29	27	72	**101**	100	93	87	43	40	29	28	23		5	11	1	1	–	–	–	–	–	–	–	–	**Formamide, N,N-diethyl-**		**C1686**
58	101	42	30	44	59	41	43	**101**	100	37	36	23	19	12	11	10		6	15	–	1	–	–	–	–	–	–	–	–	**Butylamine, N,N-dimethyl-**		**C2185**
58	101	42	44	59	41	43	71	**101**	100	12	12	7	4	3	3	2		6	15	–	1	–	–	–	–	–	–	–	–	**Butylamine, N,N-dimethyl-**	927-62-8	**Q4583**
58	101	44	42	59	29	30	15	**101**	100	11	7	6	4	3	3	2		6	15	–	1	–	–	–	–	–	–	–	–	**Butylamine, N,N-dimethyl-**	927-62-8	**Q4582**
58	101	44	42	59	29	30	15	**101**	100	11	7	6	4	3	3	2		6	15	–	1	–	–	–	–	–	–	–	–	**1-Butanamine, N,N-dimethyl-**	927-62-8	**Q4580**
59	41	43	27	28	54	29	72	**101**	100	58	50	33	25	24	20	20	**2.00**	5	11	1	1	–	–	–	–	–	–	–	–	**Pentanal, oxime**	628-79-5	**Q3305**
59	41	43	27	54	72	29	39	**101**	100	58	49	32	24	21	20	17	**2.00**	5	11	1	1	–	–	–	–	–	–	–	–	**Pentanal, oxime**	628-79-5	**Q3304**
59	41	43	27	55	72	29	39	**101**	100	58	50	32	24	21	20	17	**3.00**	5	11	1	1	–	–	–	–	–	–	–	–	**Valeraldehyde oxime**		**L1483**
59	44	41	29	72	27	43	28	**101**	100	49	24	24	21	19	17	15	**0.82**	5	11	1	1	–	–	–	–	–	–	–	–	**Valeramide**		**D1164**
59	44	43	41	57	86	29	27	**101**	100	31	20	17	12	11	10	6	**2.00**	5	11	1	1	–	–	–	–	–	–	–	–	**Isovaleramide**		**L0370**
59	44	43	41	57	86	29	42	**101**	100	31	20	17	12	11	10	6	**2.00**	5	11	1	1	–	–	–	–	–	–	–	–	**Isovaleramide**		**04062**
59	44	72	29	41	57	43	27	**101**	100	38	19	14	13	11	11	8	**0.60**	5	11	1	1	–	–	–	–	–	–	–	–	**Valeramide**		**04061**
60	101	59	45	55	42	54	46	**101**	100	58	58	33	20	14	13	7		4	7	–	1	–	–	–	1	–	–	–	–	**Thiazole, 4,5-dihydro-2-methyl-**	2346-00-1	**Q7859**
61	101	45	35	47	54	46	48	**101**	100	45	24	15	15	15	10	6		4	7	–	1	–	–	–	1	–	–	–	–	**Propanenitrile, 3-(methylthio)-**	54974-63-9	**S9987**
63	67	48	46	101	85	81	82	**101**	100	99	90	84	58	36	34	32		–	1	1	1	–	–	2	1	–	–	–	–	**Imidosulphuryl fluoride**		**M6528**
72	42	86	44	56	71	41	70	**101**	100	18	18	15	9	8	6	6	**5.00**	6	15	–	1	–	–	–	–	–	–	–	–	**Propylamine, N,N,1-trimethyl-**	921-04-0	**Q4542**
72	44	42	43	41	101	58	86	**101**	100	69	28	13	12	10	9	7		6	15	–	1	–	–	–	–	–	–	–	–	**Propylamine, N-ethyl-N-methyl-**	4458-32-6	**R0473**
73	41	43	28	27	42	86	29	**101**	100	52	49	38	38	33	25	23	**13.00**	5	11	1	1	–	–	–	–	–	–	–	–	**Butanal, O-methyloxime**		**06444**
73	41	43	28	27	42	86	29	**101**	100	54	50	39	39	34	26	24	**13.16**	5	11	1	1	–	–	–	–	–	–	–	–	**Butanal, O-methyloxime**	31376-98-4	**S3249**
86	30	27	58	29	28	42	101	**101**	100	34	27	26	23	22	18	16		6	15	–	1	–	–	–	–	–	–	–	–	**Triethylamine**		**Y1130**
86	30	58	101	29	44	42	27	**101**	100	35	26	21	15	14	12	11		6	15	–	1	–	–	–	–	–	–	–	–	**Triethylamine**		**C0017**
86	30	85	28	29	101	44	42	**101**	100	49	43	19	18	18	18	17		6	15	–	1	–	–	–	–	–	–	–	–	**Triethylamine**		**D1469**
101	42	58	30	44	59	29	15	**101**	100	95	82	65	57	47	42	37		6	15	–	1	–	–	–	–	–	–	–	–	**1-Butanamine, N,N-dimethyl-**	927-62-8	**Q4581**
101	42	69	74	43	41			**101**	100	45	40	22	12	8				2	3	–	3	–	–	–	1	–	–	–	–	**3H-1,2,4-Triazole-3-thione, 1,2-dihydro-**	3179-31-5	**Q9086**
101	43	72	41	27	42	39	45	**101**	100	55	50	46	34	24	13	11		4	7	–	1	–	–	–	1	–	–	–	–	**Isothiocyanic acid, propyl ester**	628-30-8	**Q3283**
101	43	72	41	42	45	59	60	**101**	100	73	63	62	32	19	13	13		4	7	–	1	–	–	–	1	–	–	–	–	**Isothiocyanic acid, propyl ester**	628-30-8	**Q3284**
28	29	57	43	30	44	15	27	**102**	100	86	74	69	51	42	34	27	**2.10**	4	6	3	–	–	–	–	–	–	–	–	–	**Carbonic acid, 1-propenyl ester**		**F0239**
29	31	27	44	58	43	15	45	**102**	100	94	49	31	30	28	27	26	**0.00**	5	10	2	–	–	–	–	–	–	–	–	–	**Oxirane, (ethoxymethyl)-**	4016-11-9	**06868**
29	45	15	58	31	59	27	43	**102**	100	85	70	66	55	54	44	37	**4.38**	5	10	2	–	–	–	–	–	–	–	–	–	**Butane, 1,2-epoxy-4-methoxy-**		**Y0810**
29	57	27	28	45	26	75	102	**102**	100	64	35	16	10	9	7	7		5	10	2	–	–	–	–	–	–	–	–	–	**Propanoic acid, ethyl ester**		**Y0391**
29	57	27	28	45	75	74	102	**102**	100	83	29	21	15	10	9	7		5	10	2	–	–	–	–	–	–	–	–	–	**Propanoic acid, ethyl ester**	105-37-3	**P7782**
29	57	75	27	74	45	73	102	**102**	100	95	14	13	13	12	7	6		5	10	2	–	–	–	–	–	–	–	–	–	**Propanoic acid, ethyl ester**		**D0087**

MASS TO CHARGE RATIOS								M.W.	INTENSITIES								Parent	C	H	O	N	Cl	Br	F	S	P	B	Si	X	COMPOUND NAME	CAS Reg No	No
30	44	29	28	102	56			**102**	100	43	42	24	9	3				3	2	4	–	–	–	–	–	–	–	–	–	1,3-Dioxolane-4,5-dione		L8780
30	44	29	28	102	56	45	14	**102**	100	44	43	25	8	4	3	3		3	2	4	–	–	–	–	–	–	–	–	–	1,3-Dioxolane-4,5-dione	25260-20-2	S0997
30	56	28	85	43	45	41	27	**102**	100	28	17	8	7	7	7	7	**0.00**	5	14	–	2	–	–	–	–	–	–	–	–	1,5-Pentanediamine		D1336
31	29	45	27	28	58	43	74	**102**	100	74	60	44	35	20	16	16	**0.60**	5	10	2	–	–	–	–	–	–	–	–	–	Propanal, 3-ethoxy-	2806-85-1	Q8674
31	29	45	27	28	58	43	74	**102**	100	74	60	44	35	20	16	16	**0.55**	5	10	2	–	–	–	–	–	–	–	–	–	Propanol, 3-ethoxy-		X0777
31	58	29	57	59	44	45	43	**102**	100	64	59	49	46	43	41	38	**0.00**	5	10	2	–	–	–	–	–	–	–	–	–	2,3-Epoxypropyl ethyl ether		01833
33	69	83	32	31	51	63	82	**102**	100	71	62	29	16	13	6	4	**1.96**	2	2	–	–	–	–	4	–	–	–	–	–	Ethane, 1,1,1,2-tetrafluoro-		02279
41	69	39	102	67	68	27	45	**102**	100	97	55	40	36	35	31	28		5	10	–	–	–	–	–	1	–	–	–	–	Cyclopentanethiol		Y1385
41	71	45	29	39	27	70		**102**	100	70	50	45	40	30	25		**0.00**	5	10	2	–	–	–	–	–	–	–	–	–	2-Butenol, 4-methoxy-		M5271
42	43	44	73	102	41	30	39	**102**	100	63	33	23	23	21	16	14		4	10	1	2	–	–	–	–	–	–	–	–	Propylamine, N-methyl-N-nitroso-	924-46-9	Q4555
42	43	56	102	57	41	39	30	**102**	100	86	76	69	64	42	24	22		4	10	1	2	–	–	–	–	–	–	–	–	2-Propanamine, N-methyl-N-nitroso-	30533-08-5	S2926
42	43	102	73	44	85	27	41	**102**	100	94	72	54	52	19	16	16		4	10	1	2	–	–	–	–	–	–	–	–	Propylamine, N-methyl-N-nitroso-		M8809
42	44	29	102	27	28	57	56	**102**	100	99	93	76	68	62	49	45		4	10	1	2	–	–	–	–	–	–	–	–	Ethylamine, N-ethyl-N-nitroso-		D0229
42	71	41	27	29	31	39	43	**102**	100	51	50	29	29	22	22	20	**5.20**	5	10	2	–	–	–	–	–	–	–	–	–	1,3-Dioxolane, 4-ethyl-	29921-38-8	H1940
43	15	42	28	14	45	44	60	**102**	100	17	7	5	5	3	2	2	**0.05**	4	6	3	–	–	–	–	–	–	–	–	–	Acetic anhydride		C0591
43	27	41	73	29	30	102	28	**102**	100	22	18	16	8	8	7	6		6	14	1	–	–	–	–	–	–	–	–	–	Dipropyl ether	111-43-3	P8519
43	27	41	73	29	39	102	31	**102**	100	22	18	16	8	8	7	6		6	14	1	–	–	–	–	–	–	–	–	–	Dipropyl ether	111-43-3	H0462
43	28	42	44	29	45	41	32	**102**	100	8	6	3	3	2	2	1	**0.10**	4	6	3	–	–	–	–	–	–	–	–	–	Acetic anhydride	108-24-7	H0383
43	28	44	59	42	102	41	74	**102**	100	90	89	76	28	26	18	9		3	6	2	2	–	–	–	–	–	–	–	–	Urea, N-acetyl-		M0596
43	28	58	102	29	42	45	44	**102**	100	45	41	36	34	33	30	27		5	10	2	–	–	–	–	–	–	–	–	–	1,4-Dioxane, 2-methyl-		D1561
43	29	71	59	41	87	27	42	**102**	100	61	43	30	27	24	15	12	**11.11**	5	10	2	–	–	–	–	–	–	–	–	–	Propanoic acid, 2-methyl-, methyl ester	547-63-7	Q1923
43	31	55	72	101	28	32	45	**102**	100	71	69	60	59	50	48	48	**3.33**	5	10	2	–	–	–	–	–	–	–	–	–	1,3-Dioxane, 4-methyl-		D0301
43	31	56	41	60	27	29	42	**102**	100	99	97	96	87	66	58	38	**0.80**	5	10	2	–	–	–	–	–	–	–	–	–	Formic acid, isobutyl ester	542-55-2	Q1848
43	41	29	27	31	71	70	55	**102**	100	37	31	30	28	28	25	25	**0.00**	6	14	1	–	–	–	–	–	–	–	–	–	1-Pentanol, 2-methyl-		Y1053
43	41	55	71	70	29	27	42	**102**	100	36	30	30	28	25	23	21	**0.00**	6	14	1	–	–	–	–	–	–	–	–	–	1-Pentanol, 2-methyl-		C1798
43	41	73	27	102	31	39	42	**102**	100	16	14	10	5	5	4	4		6	14	1	–	–	–	–	–	–	–	–	–	Dipropyl ether	111-43-3	P8522
43	42	28	45	29	41	44	60	**102**	100	50	24	20	11	10	10	9	**0.00**	4	6	3	–	–	–	–	–	–	–	–	–	Acetic anhydride	108-24-7	P8087
43	44	59	102	42	28	41	74	**102**	100	85	78	22	22	22	8	7		3	6	2	2	–	–	–	–	–	–	–	–	Urea, N-acetyl-		C0156
43	45	41	73	87	57	27	59	**102**	100	71	24	21	18	17	14	10	**2.60**	6	14	1	–	–	–	–	–	–	–	–	–	Isopropyl propyl ether	627-08-7	Q3247
43	45	41	87	27	73	59	42	**102**	100	65	20	17	13	11	8	7	**0.51**	6	14	1	–	–	–	–	–	–	–	–	–	Isopropyl propyl ether	627-08-7	Q3249
43	55	41	56	69	29	31	57	**102**	100	95	93	84	58	57	44	39	**0.13**	6	14	1	–	–	–	–	–	–	–	–	–	1-Pentanol, 3-methyl-	589-35-5	Q2383
43	55	72	102	31	45	29	42	**102**	100	64	55	52	45	37	34	33		5	10	2	–	–	–	–	–	–	–	–	–	1,3-Dioxane, 4-methyl-	1120-97-4	Q5384
43	56	41	29	31	27	60	39	**102**	100	88	80	72	64	55	42	39	**0.45**	5	10	2	–	–	–	–	–	–	–	–	–	Formic acid, isobutyl ester		04695
43	56	41	31	29	27	60	39	**102**	100	82	78	65	64	53	38	36	**0.46**	5	10	2	–	–	–	–	–	–	–	–	–	Formic acid, isobutyl ester		Y0809
43	61	31	27	42	29	73	41	**102**	100	19	18	15	11	9	9	8	**0.04**	5	10	2	–	–	–	–	–	–	–	–	–	Acetic acid, propyl ester		Y0389
43	61	41	42	15	87	27	59	**102**	100	16	14	9	8	8	8	8	**0.05**	5	10	2	–	–	–	–	–	–	–	–	–	Acetic acid, isopropyl ester		Y1931
43	61	41	87	59	27	42	39	**102**	100	17	14	9	8	8	7	4	**0.15**	5	10	2	–	–	–	–	–	–	–	–	–	Acetic acid, isopropyl ester	108-21-4	P8081
43	61	42	31	41	57	84	29	**102**	100	56	51	30	22	18	11	11	**3.12**	5	10	2	–	–	–	–	–	–	–	–	–	2-Butanone, 4-hydroxy-3-methyl-		Z0272
43	61	73	42	41	27	59	31	**102**	100	23	10	8	6	5	4	3	**0.00**	5	10	2	–	–	–	–	–	–	–	–	–	Acetic acid, propyl ester	109-60-4	P8263
43	61	73	42	41	59	27	15	**102**	100	34	13	10	6	5	5	4	**0.11**	5	10	2	–	–	–	–	–	–	–	–	–	Acetic acid, propyl ester		D0480
43	61	87	59	41	42	27	39	**102**	100	25	13	11	11	7	6	5	**0.24**	5	10	2	–	–	–	–	–	–	–	–	–	Acetic acid, isopropyl ester		C0261
43	70	29	27	41	55	71	31	**102**	100	35	34	33	32	32	30	25	**0.00**	6	14	1	–	–	–	–	–	–	–	–	–	1-Butanol, 2-ethyl-		Y1055
43	70	55	71	41	29	31	27	**102**	100	44	38	37	34	32	23	21	**0.00**	6	14	1	–	–	–	–	–	–	–	–	–	1-Butanol, 2-ethyl-	97-95-0	P7124
43	70	71	55	41	29	31	56	**102**	100	31	28	27	22	20	13	12	**0.00**	6	14	1	–	–	–	–	–	–	–	–	–	1-Butanol, 2-ethyl-		D0198
43	71	27	41	29	70	55	31	**102**	100	81	35	35	34	31	31	22	**0.10**	6	14	1	–	–	–	–	–	–	–	–	–	1-Butanol, 2,2-dimethyl-	1185-33-7	H1156
43	71	41	29	27	70	55	39	**102**	100	78	38	36	35	32	32	25	**0.08**	6	14	1	–	–	–	–	–	–	–	–	–	1-Butanol, 2,2-dimethyl-		04704
43	71	41	59	27	15	87	102	**102**	100	34	28	24	21	17	17	13		5	10	2	–	–	–	–	–	–	–	–	–	Propanoic acid, 2-methyl-, methyl ester		Y1649
43	71	41	59	87	15	102	42	**102**	100	39	31	26	19	16	14	14		5	10	2	–	–	–	–	–	–	–	–	–	Propanoic acid, 2-methyl-, methyl ester		X0623
43	71	59	41	87	27	42	102	**102**	100	43	30	27	24	14	12	11		5	10	2	–	–	–	–	–	–	–	–	–	Butanoic acid, methyl ester		D0093
43	71	70	41	55	84	42	69	**102**	100	37	35	28	24	21	19	19	**0.11**	6	14	1	–	–	–	–	–	–	–	–	–	1-Pentanol, 2-methyl-		W0161
43	71	70	55	41	73	45	29	**102**	100	94	43	30	26	19	19	16	**0.00**	6	14	1	–	–	–	–	–	–	–	–	–	1-Butanol, 2,2-dimethyl-		01797
43	74	59	41	27	87	15	42	**102**	100	76	27	24	18	18	15	13	**1.33**	5	10	2	–	–	–	–	–	–	–	–	–	Butanoic acid, methyl ester		D0097
43	74	71	27	41	59	39	42	**102**	100	69	55	44	33	25	20	19	**1.86**	5	10	2	–	–	–	–	–	–	–	–	–	Butanoic acid, methyl ester		Y0392
43	84	39	83	41	27	55	54	**102**	100	43	35	24	21	20	13	13	**0.00**	5	10	2	–	–	–	–	–	–	–	–	–	2-Pentanone, 5-hydroxy-		P3915
43	87	31	45	59	28	29	44	**102**	100	95	43	38	24	22	22	21	**1.59**	5	10	2	–	–	–	–	–	–	–	–	–	1,3-Dioxane, 2-methyl-	626-68-6	Q3223
43	87	42	72	28	41	39	27	**102**	100	66	26	14	13	11	9	8	**0.00**	5	10	2	–	–	–	–	–	–	–	–	–	1,3-Dioxolane, 2,2-dimethyl-	2916-31-6	Q8816

MASS TO CHARGE RATIOS								M.W.	INTENSITIES								Parent	C	H	O	N	Cl	Br	F	S	P	B	Si	X	COMPOUND NAME	CAS Reg No	No
43	102	29	42	44	59			**102**	100	9	8	8	6	5				4	6	3	–	–	–	–	–	–	–	–	–	**Pyruvic acid, methyl ester**	600-22-6	**Q2625**
43	102	42	28	29	59	44	41	**102**	100	13	7	6	6	6	3	1		4	6	3	–	–	–	–	–	–	–	–	–	**Pyruvic acid, methyl ester**		**C0193**
43	102	42	29	59	28	44	31	**102**	100	32	6	5	4	4	3	1		4	6	3	–	–	–	–	–	–	–	–	–	**Pyruvic acid, methyl ester**	600-22-6	**Q2624**
44	42	102	56	57	30	32	41	**102**	100	99	58	54	48	26	25	14		4	10	1	2	–	–	–	–	–	–	–	–	**Ethylamine, N-ethyl-N-nitroso-**	55-18-5	**P4675**
44	43	42	45	72	30	102	58	**102**	100	29	20	18	16	13	11	10		4	10	1	2	–	–	–	–	–	–	–	–	**Urea, trimethyl-**		**02289**
44	102	72	45	15	58	42	30	**102**	100	50	42	28	21	20	17	15		4	10	1	2	–	–	–	–	–	–	–	–	**Urea, 1,1,3-trimethyl-**		**L1968**
45	29	27	41	56	31	59	57	**102**	100	50	32	31	30	17	16	16	**0.17**	5	10	2	–	–	–	–	–	–	–	–	–	**Formic acid, sec-butyl ester**		**Y1148**
45	29	41	27	56	43	44	39	**102**	100	15	14	13	12	11	9	7	**0.00**	6	14	1	–	–	–	–	–	–	–	–	–	**2-Pentanol, 3-methyl-**	565-60-6	**Q2142**
45	32	43	69	44	41	40	57	**102**	100	67	20	12	11	9	6	5	**0.00**	6	14	1	–	–	–	–	–	–	–	–	–	**2-Hexanol**	626-93-7	**Q3237**
45	41	43	69	44	42	87	55	**102**	100	16	14	14	7	5	5	4	**0.00**	6	14	1	–	–	–	–	–	–	–	–	–	**2-Hexanol**	626-93-7	**Q3238**
45	43	41	27	69	29	44	39	**102**	100	31	16	12	12	10	9	8	**0.07**	6	14	1	–	–	–	–	–	–	–	–	–	**2-Pentanol, 4-methyl-**		**Y1220**
45	43	41	27	69	39	29	44	**102**	100	28	18	14	14	11	10	7	**0.10**	6	14	1	–	–	–	–	–	–	–	–	–	**2-Pentanol, 4-methyl-**	108-11-2	**P8068**
45	43	69	41	27	42	44	87	**102**	100	24	23	23	9	8	7	7	**0.03**	6	14	1	–	–	–	–	–	–	–	–	–	**2-Pentanol, 4-methyl-**		**C0162**
45	43	87	27	41	59	29	31	**102**	100	52	18	15	15	10	4	4	**1.00**	6	14	1	–	–	–	–	–	–	–	–	–	**Diisopropyl ether**	108-20-3	**P8079**
45	43	87	27	41	59	39	29	**102**	100	52	18	15	15	10	9	4	**1.13**	6	14	1	–	–	–	–	–	–	–	–	–	**Diisopropyl ether**		**Y0372**
45	43	87	59	41	27	39	31	**102**	100	38	19	11	10	6	3	3	**0.74**	6	14	1	–	–	–	–	–	–	–	–	–	**Diisopropyl ether**		**D0504**
45	56	41	59	73	57	31	29	**102**	100	32	22	20	18	14	13	10	**1.13**	5	10	2	–	–	–	–	–	–	–	–	–	**Formic acid, sec-butyl ester**		**01835**
45	56	43	41	44	29	57	27	**102**	100	19	18	13	12	11	9	5	**0.13**	6	14	1	–	–	–	–	–	–	–	–	–	**2-Pentanol, 3-methyl-**		**C0068**
45	56	70	41	29	47	57	55	**102**	100	32	29	26	17	15	12	9	**0.32**	6	14	1	–	–	–	–	–	–	–	–	–	**Butane, 1-methoxy-2-methyl-**	62016-48-2	**T5780**
45	58	59	29	31	43	15	27	**102**	100	94	73	65	59	29	28	18	**6.82**	5	10	2	–	–	–	–	–	–	–	–	–	**2-Methoxyethyl vinyl ether**		**Z0274**
45	69	41	84	87	27	44	43	**102**	100	17	12	11	9	8	7	7	**0.00**	6	14	1	–	–	–	–	–	–	–	–	–	**2-Hexanol**		**W0159**
45	70	42	55	41	33	29	27	**102**	100	19	18	10	10	8	7	6	**0.56**	6	14	1	–	–	–	–	–	–	–	–	–	**Methyl pentyl ether**	628-80-8	**Q3306**
45	70	55	41	42	43	29	57	**102**	100	44	19	14	14	9	7	5	**0.07**	6	14	1	–	–	–	–	–	–	–	–	–	**Isopentyl methyl ether**	626-91-5	**Q3231**
45	73	29	27	59	41	43	57	**102**	100	51	34	26	19	12	10	10	**1.00**	6	14	1	–	–	–	–	–	–	–	–	–	**sec-Butyl ethyl ether**		**Y0819**
45	73	29	59	27	32	41	40	**102**	100	52	21	17	13	9	9	8	**1.00**	6	14	1	–	–	–	–	–	–	–	–	–	**sec-Butyl ethyl ether**	2679-87-0	**Q8531**
45	73	29	59	27	32	41	44	**102**	100	52	21	17	13	9	9	9	**1.15**	6	14	1	–	–	–	–	–	–	–	–	–	**sec-Butyl ethyl ether**	2679-87-0	**Q8532**
51	83	33	31	101	32	64	82	**102**	100	64	46	12	8	7	5	4	**2.90**	2	2	–	–	–	–	4	–	–	–	–	–	**Ethane, 1,1,2,2-tetrafluoro-**		**02280**
55	40	30	28	42	38	54	56	**102**	100	61	53	28	27	17	17	12	**0.00**	5	10	2	–	–	–	–	–	–	–	–	–	**Formic acid, butyl ester**	592-84-7	**Q2514**
55	57	56	43	84	41	58	83	**102**	100	68	67	56	56	47	36	32	**0.00**	5	10	2	–	–	–	–	–	–	–	–	–	**1,3-Cyclopentanediol, cis-**	16326-97-9	**08475**
55	57	56	84	43	41	58	83	**102**	100	90	80	64	56	53	50	41	**0.00**	5	10	2	–	–	–	–	–	–	–	–	–	**1,3-Cyclopentanediol, trans-**	16326-98-0	**R6122**
55	84	41	56	57	44	42	83	**102**	100	72	65	64	57	53	43	39	**1.50**	5	10	2	–	–	–	–	–	–	–	–	–	**1,2-Cyclopentanediol, trans-**	5057-99-8	**08470**
55	84	41	56	57	58	44	42	**102**	100	72	64	63	57	53	52	42	**1.50**	5	10	2	–	–	–	–	–	–	–	–	–	**1,2-Cyclopentanediol, trans-**		**M8126**
55	84	41	56	57	58	44	42	**102**	100	58	52	51	46	43	42	34	**1.41**	5	10	2	–	–	–	–	–	–	–	–	–	**1,2-Cyclopentanediol, trans-**	5057-99-8	**R1046**
56	41	29	55	43	27	31	69	**102**	100	78	73	71	69	62	58	57	**0.00**	6	14	1	–	–	–	–	–	–	–	–	–	**1-Pentanol, 3-methyl-**		**Y1054**
56	41	31	29	27	43	28	39	**102**	100	60	58	53	45	34	21	19	**0.33**	5	10	2	–	–	–	–	–	–	–	–	–	**Formic acid, butyl ester**		**Y0808**
56	41	31	29	27	43	28	39	**102**	100	66	46	42	36	31	22	18	**0.68**	5	10	2	–	–	–	–	–	–	–	–	–	**Formic acid, butyl ester**		**C1107**
56	41	43	42	69	31	27	29	**102**	100	36	41	50	43	22	19	18	**0.00**	6	14	1	–	–	–	–	–	–	–	–	–	**1-Pentanol, 4-methyl-**	626-89-1	**Q3228**
56	41	43	42	69	31	27	29	**102**	100	65	60	51	43	22	19	18	**0.00**	6	14	1	–	–	–	–	–	–	–	–	–	**1-Pentanol, 4-methyl-**	626-89-1	**Q3230**
56	41	43	42	69	31	29	27	**102**	100	55	53	47	41	22	20	17	**0.00**	6	14	1	–	–	–	–	–	–	–	–	–	**1-Pentanol, 4-methyl-**		**C0007**
56	41	55	43	29	69	27	31	**102**	100	72	69	64	59	56	50	50	**0.00**	6	14	1	–	–	–	–	–	–	–	–	–	**1-Pentanol, 3-methyl-**	589-35-5	**Q2380**
56	41	57	72	29	27	39	43	**102**	100	72	56	20	19	17	16	16	**0.00**	5	10	2	–	–	–	–	–	–	–	–	–	**Butanal, 4-hydroxy-3-methyl-**	56805-34-6	**09399**
56	43	41	55	42	31	27	29	**102**	100	83	59	57	53	52	50	46	**0.00**	6	14	1	–	–	–	–	–	–	–	–	–	**1-Hexanol**		**Y1052**
56	43	55	41	42	69	84	29	**102**	100	67	67	51	44	31	28	28	**2.63**	6	14	1	–	–	–	–	–	–	–	–	–	**1-Hexanol**		**C1822**
56	55	43	41	31	42	27	69	**102**	100	67	64	42	41	34	27	25	**2.23**	6	14	1	–	–	–	–	–	–	–	–	–	**1-Hexanol**	111-27-3	**P8506**
57	28	29	43	30	15	27	87	**102**	100	88	80	79	69	38	29	20	**4.70**	4	6	3	–	–	–	–	–	–	–	–	–	**Carbonic acid, 1-propenyl ester**		**C0088**
57	28	41	29	39	56	32	27	**102**	100	60	40	28	10	10	9	7	**3.00**	5	10	2	–	–	–	–	–	–	–	–	–	**Propanoic acid, 2,2-dimethyl-**	75-98-9	**P5673**
57	28	43	29	30	27	58	87	**102**	100	81	68	51	49	37	22	17	**6.34**	4	6	3	–	–	–	–	–	–	–	–	–	**Carbonic acid, 1-propenyl ester**		**C1420**
57	41	29	39	27	45	59	56	**102**	100	46	33	15	12	10	7	6	**2.39**	5	10	2	–	–	–	–	–	–	–	–	–	**Propanoic acid, 2,2-dimethyl-**		**Y1625**
57	41	29	39	27	56	59	45	**102**	100	42	25	12	7	7	7	6	**3.38**	5	10	2	–	–	–	–	–	–	–	–	–	**Pivalic acid**		**D0318**
57	45	41	56	29	27	43	69	**102**	100	91	69	49	41	27	26	24	**1.28**	6	14	1	–	–	–	–	–	–	–	–	–	**2-Butanol, 3,3-dimethyl-**		**V0455**
57	45	56	41	87	69	29	39	**102**	100	75	63	39	29	18	18	11	**0.00**	6	14	1	–	–	–	–	–	–	–	–	–	**2-Butanol, 3,3-dimethyl-**		**W0158**
57	56	41	45	55	29	87	47	**102**	100	68	55	35	34	33	26	17	**11.18**	6	14	1	–	–	–	–	–	–	–	–	–	**Methyl neopentyl ether**	1118-00-9	**Q5333**
57	69	41	56	43	29	45	31	**102**	100	67	56	40	23	23	12	10	**0.00**	6	14	1	–	–	–	–	–	–	–	–	–	**1-Butanol, 3,3-dimethyl-**		**04546**
58	28	42	30	102	45	15	59	**102**	100	14	12	7	7	6	6	4		5	14	–	2	–	–	–	–	–	–	–	–	**Methanediamine, N,N,N′,N′-tetramethyl-**		**C0482**
58	30	42	85	28	44	56	57	**102**	100	22	19	14	13	13	7	6	**3.00**	5	14	–	2	–	–	–	–	–	–	–	–	**1,3-Propanediamine, N,N-dimethyl-**		**X0131**

MASS TO CHARGE RATIOS								M.W.	INTENSITIES								Parent	C	H	O	N	Cl	Br	F	S	P	B	Si	X	COMPOUND NAME	CAS Reg No	No
58	42	15	30	44	28	59	102	**102**	100	19	14	6	5	5	4	4		5	14	–	2	–	–	–	–	–	–	–	–	Methanediamine, N,N,N′,N′-tetramethyl-	51-80-9	P4584
58	42	44	28	30	45	43	59	**102**	100	23	18	14	8	8	8	5	**4.00**	5	14	–	2	–	–	–	–	–	–	–	–	Methanediamine, N,N,N′,N′-tetramethyl-		C1316
59	29	31	55	43	58	41	87	**102**	100	11	11	9	9	8	6	5	**0.34**	6	14	1	–	–	–	–	–	–	–	–	–	Butane, 2-methoxy-3-methyl-	62016-49-3	T5782
59	31	29	27	41	44	39	57	**102**	100	76	43	30	25	15	14	13	**7.00**	6	14	1	–	–	–	–	–	–	–	–	–	Ethyl isobutyl ether		Y0820
59	31	29	27	41	44	57	15	**102**	100	76	43	30	25	15	13	12	**7.00**	6	14	1	–	–	–	–	–	–	–	–	–	Ethyl isobutyl ether	627-02-1	Q3242
59	31	29	27	41	57	56	28	**102**	100	80	56	39	26	24	20	13	**3.47**	6	14	1	–	–	–	–	–	–	–	–	–	Butyl ethyl ether		Y0818
59	31	29	41	27	43	57	56	**102**	100	87	29	25	13	11	11	8	**4.51**	6	14	1	–	–	–	–	–	–	–	–	–	Ethyl isobutyl ether	627-02-1	Q3243
59	31	29	41	57	56	43	39	**102**	100	92	56	29	26	23	11	10	**3.96**	6	14	1	–	–	–	–	–	–	–	–	–	Butyl ethyl ether	628-81-9	Q3309
59	31	29	57	41	56	27	73	**102**	100	61	25	23	22	18	13	8	**4.19**	6	14	1	–	–	–	–	–	–	–	–	–	Butyl ethyl ether	628-81-9	Q3310
59	31	43	41	71	87	39	60	**102**	100	30	23	16	6	4	4	4	**1.00**	5	10	2	–	–	–	–	–	–	–	–	–	2-Butanone, 3-hydroxy-3-methyl-		01836
59	31	73	27	41	29	43	55	**102**	100	47	41	32	30	25	25	21	**0.10**	6	14	1	–	–	–	–	–	–	–	–	–	3-Pentanol, 2-methyl-	565-67-3	H0846
59	31	73	41	27	43	29	55	**102**	100	45	41	27	26	21	21	21	**0.22**	6	14	1	–	–	–	–	–	–	–	–	–	3-Pentanol, 2-methyl-		V0456
59	42	31	102	29	30	44	45	**102**	100	20	15	15	11	11	11	9		5	14	–	2	–	–	–	–	–	–	–	–	Hydrazine, 1-butyl-1-methyl-	20240-62-4	R8586
59	42	102	30	45	29	43	41	**102**	100	20	11	10	7	6	6	6		5	14	–	2	–	–	–	–	–	–	–	–	Hydrazine, 1-methyl-1-isobutyl-	20240-63-5	R8587
59	43	31	41	28	44	42	58	**102**	100	39	27	18	12	8	7	7	**1.00**	5	10	2	–	–	–	–	–	–	–	–	–	2-Butanone, 3-hydroxy-3-methyl-		L5379
59	43	41	42	60	88	57	69	**102**	100	36	18	4	4	4	3	2	**0.00**	5	10	2	–	–	–	–	–	–	–	–	–	2-Butanone, 3-hydroxy-3-methyl-	115-22-0	P8831
59	43	41	87	27	31	69	45	**102**	100	30	25	25	15	15	14	10	**0.10**	6	14	1	–	–	–	–	–	–	–	–	–	2-Butanol, 2,3-dimethyl-	594-60-5	H0898
59	44	43	42	41	40	28	102	**102**	100	79	34	32	18	9	8	6		3	6	2	2	–	–	–	–	–	–	–	–	Propanediamide	108-13-4	P8070
59	45	29	31	43	41	55	87	**102**	100	19	12	11	7	6	6	5	**0.41**	6	14	1	–	–	–	–	–	–	–	–	–	Pentane, 2-methoxy-	6795-88-6	R2559
59	45	43	87	41	27	31	29	**102**	100	34	30	22	20	18	16	12	**0.02**	6	14	1	–	–	–	–	–	–	–	–	–	2-Pentanol, 2-methyl-		04113
59	45	87	41	43	31	69	39	**102**	100	27	25	16	11	6	4	3	**0.00**	6	14	1	–	–	–	–	–	–	–	–	–	2-Pentanol, 2-methyl-		01799
59	45	87	43	31	41	69	18	**102**	100	33	20	20	17	17	9	8	**0.01**	6	14	1	–	–	–	–	–	–	–	–	–	2-Pentanol, 2-methyl-		C0058
59	55	31	43	73	27	29	41	**102**	100	74	55	40	39	38	30	28	**0.50**	6	14	1	–	–	–	–	–	–	–	–	–	3-Hexanol	623-37-0	Q3113
59	55	31	73	43	41	27	28	**102**	100	78	50	45	31	23	21	17	**0.00**	6	14	1	–	–	–	–	–	–	–	–	–	3-Hexanol	623-37-0	Q3114
59	55	73	43	31	41	27	58	**102**	100	69	62	24	24	17	14	10	**0.00**	6	14	1	–	–	–	–	–	–	–	–	–	3-Hexanol		W0160
59	57	41	29	31	56	39	27	**102**	100	93	72	38	30	27	22	19	**0.00**	5	10	2	–	–	–	–	–	–	–	–	–	Formic acid, tert-butyl ester	762-75-4	Q3976
59	57	87	41	29	27	31	39	**102**	100	33	30	26	12	11	8	8	**0.00**	6	14	1	–	–	–	–	–	–	–	–	–	tert-Butyl ethyl ether	637-92-3	Q3479
59	73	31	55	41	58	43	45	**102**	100	41	38	23	23	20	14	10	**0.12**	6	14	1	–	–	–	–	–	–	–	–	–	3-Pentanol, 2-methyl-		C0353
59	87	43	41	69	31	45	39	**102**	100	88	33	32	21	18	13	12	**0.01**	6	14	1	–	–	–	–	–	–	–	–	–	2-Butanol, 2,3-dimethyl-		C0505
59	87	57	29	41	27	43	15	**102**	100	38	36	20	19	12	11	8	**0.00**	6	14	1	–	–	–	–	–	–	–	–	–	tert-Butyl ethyl ether	637-92-3	Q3481
59	87	57	29	41	27	43	39	**102**	100	35	34	24	22	19	15	11	**0.10**	6	14	1	–	–	–	–	–	–	–	–	–	tert-Butyl ethyl ether	637-92-3	H1029
59	102	73	45	44	42	43	30	**102**	100	38	25	17	16	15	13	11		5	14	–	2	–	–	–	–	–	–	–	–	Hydrazine, 1,1-dimethyl-2-propyl-	52728-54-8	S8083
60	43	41	27	45	29	39	74	**102**	100	61	54	33	31	27	24	24	**0.00**	5	10	2	–	–	–	–	–	–	–	–	–	Butanoic acid, 3-methyl-	503-74-2	Q1378
60	43	41	45	42	87	61	69	**102**	100	80	55	39	22	18	7	7	**0.37**	5	10	2	–	–	–	–	–	–	–	–	–	Butanoic acid, 3-methyl-	503-74-2	Q1379
60	73	27	29	41	43	45	28	**102**	100	34	31	27	21	18	15	13	**0.20**	5	10	2	–	–	–	–	–	–	–	–	–	Pentanoic acid		Y0658
60	73	27	29	41	43	45	28	**102**	100	34	33	28	21	17	16	14	**0.20**	5	10	2	–	–	–	–	–	–	–	–	–	Pentanoic acid	109-52-4	P8257
60	73	41	45	43	42	39	55	**102**	100	37	15	12	11	9	7	7	**0.00**	5	10	2	–	–	–	–	–	–	–	–	–	Pentanoic acid		P8260
60	102	41	45	74	56	87	27	**102**	100	88	69	56	50	47	45	39		5	10	–	–	–	–	–	1	–	–	–	–	Thiophene, tetrahydro-3-methyl-		Y0571
60	102	41	45	74	87	56	39	**102**	100	94	71	60	56	47	46	39		5	10	–	–	–	–	–	1	–	–	–	–	Thiophene, tetrahydro-3-methyl-		Y2090
60	102	45	59	61	41	69	87	**102**	100	19	9	9	9	6	3	3		5	10	–	–	–	–	–	1	–	–	–	–	Thietane, 2,4-dimethyl-	43044-24-2	S7051
60	102	59	45	61	41	69	87	**102**	100	48	23	21	20	15	8	8		5	10	–	–	–	–	–	1	–	–	–	–	Thietane, 2,4-dimethyl-	43044-24-2	S7050
67	41	54	82	56	39	59	55	**102**	100	52	39	27	26	22	20	19	**2.40**	6	11	–	–	–	–	1	–	–	–	–	–	Cyclohexane, fluoro-	372-46-3	Q0628
67	41	82	54	56	59	55	42	**102**	100	39	31	28	25	20	18	11	**6.00**	6	11	–	–	–	–	1	–	–	–	–	–	Cyclohexane, fluoro-		L0493
67	66	51	39	65	41	87	50	**102**	100	56	49	43	34	31	30	23	**4.67**	5	7	–	–	1	–	–	–	–	–	–	–	1-Butyne, 3-chloro-3-methyl-		C1778
67	69	35	47	31	32	48	83	**102**	100	32	13	13	9	8	7	5	**3.90**	1	1	–	–	2	–	1	–	–	–	–	–	Methane, dichlorofluoro-	75-43-4	H0061
67	69	47	48	102	83	104	31	**102**	100	33	7	5	5	4	3	3		1	1	–	–	2	–	1	–	–	–	–	–	Methane, dichlorofluoro-		A0110
67	102	65	39	66	41	104	101	**102**	100	25	20	20	11	10	8	7		5	7	–	–	1	–	–	–	–	–	–	–	Cyclopentene, chloro-		M8414
67	102	104	69	32	35	106	64	**102**	100	61	52	37	18	15	10	8		–	–	–	–	2	–	–	1	–	–	–	–	Sulphur dichloride	10545-99-0	R3924
67	102	104	69	106	35	32	51	**102**	100	77	52	37	10	9	8	5		–	–	–	–	2	–	–	1	–	–	–	–	Sulphur dichloride	10545-99-0	08240
69	41	102	39	68	67	60	45	**102**	100	85	45	35	34	31	28	21		5	10	–	–	–	–	–	1	–	–	–	–	Cyclopentanethiol		Y0919
69	102	63	82	32	33	83	31	**102**	100	97	45	44	22	21	19	17		1	1	–	–	–	–	3	1	–	–	–	–	Methanethiol, trifluoro-	1493-15-8	Q6111
71	41	42	43	61	72	101	102	**102**	100	96	86	79	40	15	9	5		5	10	2	–	–	–	–	–	–	–	–	–	Furan, tetrahydro-2-methoxy-		M0551
71	42	41	72	102	43	31	55	**102**	100	93	32	28	22	13	13	12		5	10	2	–	–	–	–	–	–	–	–	–	Dioxepane		L4387
71	42	72	102	41	43	55	44	**102**	100	70	31	23	13	11	9	7		5	10	2	–	–	–	–	–	–	–	–	–	Dioxepane		L4390
71	43	41	27	29	31	39	42	**102**	100	77	54	43	35	31	30	30	**0.21**	5	10	2	–	–	–	–	–	–	–	–	–	Methanol, tetrahydrofuryl-		Y0398
71	43	41	27	31	29	42	39	**102**	100	65	36	26	18	13	12	11	**0.17**	5	10	2	–	–	–	–	–	–	–	–	–	2-Furanmethanol, tetrahydro-	97-99-4	P7129

MASS TO CHARGE RATIOS								M.W.	INTENSITIES								Parent	C	H	O	N	Cl	Br	F	S	P	B	Si	X	COMPOUND NAME	CAS Reg No	No
71	43	41	27	42	31	44	39	**102**	100	51	25	14	11	11	8	8	**0.00**	5	10	2	–	–	–	–	–	–	–	–	–	**Furan, tetrahydro-2-hydroxy-2-methyl-**		**01837**
71	43	41	31	27	29	42	28	**102**	100	96	55	38	38	32	30	24	**0.01**	5	10	2	–	–	–	–	–	–	–	–	–	**Methanol, tetrahydrofuryl-**		**D1374**
71	102	72	74	101	73	44	42	**102**	100	78	63	14	12	12	5	4		5	10	2	–	–	–	–	–	–	–	–	–	**Dioxepane**		**L4395**
73	43	55	87	71	41	29	45	**102**	100	28	25	23	11	11	9	9	**0.00**	6	14	1	–	–	–	–	–	–	–	–	–	**Butane, 2-methoxy-2-methyl-**	994-05-8	**Q4928**
73	43	55	87	71	41	29	45	**102**	100	28	25	23	11	11	9	9	**0.00**	6	14	1	–	–	–	–	–	–	–	–	–	**Methyl tert-pentyl ether**	994-05-8	**Q4927**
73	43	72	15	42	29	27	57	**102**	100	39	27	23	10	6	5	3	**0.60**	4	11	2	–	–	–	–	–	–	1	–	–	**Boronic acid, ethyl-, dimethyl ester**	7318-82-3	**R3057**
73	43	72	15	42	29	27	71	**102**	100	39	27	23	10	6	5	3	**0.56**	4	11	2	–	–	–	–	–	–	1	–	–	**Boronic acid, ethyl-, dimethyl ester**		**W0040**
73	45	28	27	29	43	57	18	**102**	100	41	18	14	12	11	11	10	**1.50**	5	10	2	–	–	–	–	–	–	–	–	–	**1,3-Dioxolane, 2-ethyl-**		**00505**
73	45	29	27	57	42	43	28	**102**	100	35	13	11	10	7	7	7	**0.36**	5	10	2	–	–	–	–	–	–	–	–	–	**1,3-Dioxolane, 2-ethyl-**	2568-96-9	**Q8349**
73	45	41	43	29	27	55	39	**102**	100	34	32	12	10	8	5	5	**0.05**	6	14	1	–	–	–	–	–	–	–	–	–	**1-Ethylpropyl methyl ether**	36839-67-5	**S5374**
73	45	72	59	43	74	44	102	**102**	100	66	36	15	13	10	8	8		5	14	–	–	–	–	–	–	–	–	1	–	**Silane, diethylmethyl-**	760-32-7	**Q3960**
73	55	43	45	27	29	41	31	**102**	100	38	34	28	24	21	11	11	**0.08**	6	14	1	–	–	–	–	–	–	–	–	–	**3-Pentanol, 3-methyl-**		**V0457**
73	55	43	87	41	39	45	27	**102**	100	38	33	22	19	12	12	12	**0.00**	6	14	1	–	–	–	–	–	–	–	–	–	**Methyl tert-pentyl ether**	994-05-8	**Q4926**
73	55	45	87	43	27	29	41	**102**	100	23	16	12	11	9	8	7	**0.00**	6	14	1	–	–	–	–	–	–	–	–	–	**3-Pentanol, 3-methyl-**		**W0162**
73	59	87	43	74	45	60	58	**102**	100	46	24	12	9	9	3	3	**2.66**	5	14	–	–	–	–	–	–	–	–	1	–	**Silane, ethyltrimethyl-**	3439-38-1	**Q9389**
74	29	57	41	27	28	87	45	**102**	100	91	78	65	49	22	22	21	**0.50**	5	10	2	–	–	–	–	–	–	–	–	–	**Butanoic acid, 2-methyl-**		**Y0659**
74	57	29	41	27	87	45	39	**102**	100	64	62	53	32	24	17	16	**0.60**	5	10	2	–	–	–	–	–	–	–	–	–	**Butanoic acid, 2-methyl-**		**Y1624**
74	57	41	87	45	73	56	55	**102**	100	68	55	19	16	14	13	13	**0.00**	5	10	2	–	–	–	–	–	–	–	–	–	**Butanoic acid, 2-methyl-**	116-53-0	**P8910**
83	67	102	85	51	69	35	104	**102**	100	55	40	34	19	18	17	13		–	–	3	–	1	–	1	–	–	–	–	–	**Trioxychlorofluoride**	7616-94-6	**H1661**
83	102	67	32	44	48	64	16	**102**	100	76	28	12	8	7	7	5		–	–	2	–	–	–	2	1	–	–	–	–	**Sulphuryl fluoride**		**Z0279**
83	102	67	32	48	64	85	104	**102**	100	74	29	13	8	8	5	4		–	–	2	–	–	–	2	1	–	–	–	–	**Sulphuryl fluoride**	2699-79-8	**Q8551**
85	41	56	44	55	43	57	67	**102**	100	66	47	24	24	23	16	12	**2.00**	5	10	2	–	–	–	–	–	–	–	–	–	**2H-Pyran-2-ol, tetrahydro-**	694-54-2	**Q3739**
85	55	41	29	56	28	84	39	**102**	100	90	60	50	43	40	38	34	**0.00**	5	10	2	–	–	–	–	–	–	–	–	–	**2H-Pyran-2-ol, tetrahydro-**		**D1455**
86	43	102	69	18	44	42	31	**102**	100	52	47	16	9	9	8	7		2	6	1	4	–	–	–	–	–	–	–	–	**Urea, (aminoiminomethyl)-**	141-83-3	**P9835**
86	43	102	69	44	18	42	59	**102**	100	53	44	16	9	9	8	6		2	6	1	4	–	–	–	–	–	–	–	–	**Urea, (aminoiminomethyl)-**		**02978**
86	102	43	69	44	42	59	31	**102**	100	45	38	16	9	8	7	5		2	6	1	4	–	–	–	–	–	–	–	–	**Urea, (aminoiminomethyl)-**		**D2039**
87	41	102	45	39	27	55	59	**102**	100	43	43	37	36	30	27	27		5	10	–	–	–	–	–	1	–	–	–	–	**Thiophene, tetrahydro-2-methyl-**	1795-09-1	**Q6757**
87	102	41	45	39	59	60	27	**102**	100	42	34	33	20	20	19	17		5	10	–	–	–	–	–	1	–	–	–	–	**Thiophene, tetrahydro-2-methyl-**		**Y0570**
87	102	45	41	59	39	60	74	**102**	100	43	32	26	21	20	17	16		5	10	–	–	–	–	–	1	–	–	–	–	**Thiophene, tetrahydro-2-methyl-**		**Y2089**
87	102	68	45	41	27	39	67	**102**	100	98	74	73	71	69	67	67		5	10	–	–	–	–	–	1	–	–	–	–	**2H-Thiopyran, tetrahydro-**		**Y0916**
87	102	68	61	41	46	45	60	**102**	100	98	75	71	64	57	54	52		5	10	–	–	–	–	–	1	–	–	–	–	**2H-Thiopyran, tetrahydro-**		**Y1225**
101	43	55	72	45	31	42	87	**102**	100	69	51	48	24	19	18	18	**6.40**	5	10	2	–	–	–	–	–	–	–	–	–	**1,3-Dioxane, 4-methyl-**		**D0479**
102	30	73	45	43	42	28	72	**102**	100	89	35	34	34	33	22	21		3	6	–	2	–	–	–	1	–	–	–	–	**2-Imidazolidinethione**	96-45-7	**P7055**
102	30	73	45	43	42	72	103	**102**	100	50	15	14	12	11	10	6		3	6	–	2	–	–	–	1	–	–	–	–	**2-Imidazolidinethione**		**D2061**
102	43	42	57	56	41	40	39	**102**	100	83	81	67	57	31	15	11		4	10	1	2	–	–	–	–	–	–	–	–	**Ethylamine, N,1-dimethyl-N-nitroso-**		**03840**
102	60	56	101	59	43	28	45	**102**	100	58	51	50	45	33	30	27		3	6	–	2	–	–	–	1	–	–	–	–	**2-Thiazolamine, 4,5-dihydro-**		**L1138**
102	60	56	101	59	43	28	45	**102**	100	68	51	50	45	33	31	28		3	6	–	2	–	–	–	1	–	–	–	–	**2-Thiazolamine, 4,5-dihydro-**	1779-81-3	**Q6735**
102	60	56	101	59	43	28	45	**102**	100	70	52	46	41	34	30	25		3	6	–	2	–	–	–	1	–	–	–	–	**2-Thiazolamine, 4,5-dihydro-**	1779-81-3	**Q6734**
102	69	101	63	104	82	50	83	**102**	100	53	13	8	7	6	6	3		–	1	–	–	–	–	2	1	1	–	–	–	**Hydrothiophosphoryldifluoride**		**00995**
102	76	50	51	103	74	52	75	**102**	100	27	11	11	9	9	7	6		8	6	–	–	–	–	–	–	–	–	–	–	**Acetylene, phenyl-**	536-74-3	**Q1736**
102	76	50	74	51	103	75	63	**102**	100	18	12	10	9	9	7	5		8	6	–	–	–	–	–	–	–	–	–	–	**Acetylene, phenyl-**	536-74-3	**H0793**
102	76	51	50	103	74	75	52	**102**	100	21	11	11	9	8	7	6		8	6	–	–	–	–	–	–	–	–	–	–	**Acetylene, phenyl-**		**C0384**
102	87	68	45	41	46	39	61	**102**	100	97	69	67	64	63	61	61		5	10	–	–	–	–	–	1	–	–	–	–	**2H-Thiopyran, tetrahydro-**		**Y0569**
102	104	75	48	77	50	38	47	**102**	100	32	24	10	7	5	4	3		3	3	–	2	1	–	–	–	–	–	–	–	**1H-Pyrazole, 4-chloro-**		**L8573**
102	104	75	48	77	50	38	47	**102**	100	34	26	11	8	5	4	4		3	3	–	2	1	–	–	–	–	–	–	–	**1H-Pyrazole, 4-chloro-**	15878-00-9	**R5900**
102	104	75	48	77	50	47	39	**102**	100	33	24	11	8	6	4	3		3	3	–	2	1	–	–	–	–	–	–	–	**1H-Pyrazole, 4-chloro-**	15878-00-9	**R5901**
27	43	30	41	29	60	39	57	**103**	100	99	96	92	70	58	28	27	**0.00**	4	9	2	1	–	–	–	–	–	–	–	–	**Nitrous acid, butyl ester**		**D0239**
27	43	41	30	29	60	39	57	**103**	100	98	92	85	70	59	30	29	**0.00**	4	9	2	1	–	–	–	–	–	–	–	–	**Nitrous acid, butyl ester**		**Y0795**
29	41	27	57	39	28	55	30	**103**	100	81	45	40	24	17	15	14	**0.00**	4	9	2	1	–	–	–	–	–	–	–	–	**Butane, 1-nitro-**	627-05-4	**Q3246**
29	41	57	27	42	30	39	28	**103**	100	86	68	39	31	29	28	16	**0.00**	4	9	2	1	–	–	–	–	–	–	–	–	**Butane, 2-nitro-**	600-24-8	**Q2626**
30	29	43	57	28	45	74	16	**103**	100	80	64	46	46	28	27	21	**0.00**	4	9	2	1	–	–	–	–	–	–	–	–	**Nitrous acid, sec-butyl ester**		**D0241**
30	43	57	15	88	41	29	27	**103**	100	51	28	22	19	16	14	14	**0.04**	4	9	2	1	–	–	–	–	–	–	–	–	**Nitrous acid, tert-butyl ester**		**D0242**
30	88	45	43	42	41	71	58	**103**	100	20	12	11	6	5	5	4	**1.00**	5	13	1	1	–	–	–	–	–	–	–	–	**Butylamine, 4-methoxy-**	34039-36-6	**S4520**
32	44	103	31	29	43	27	59	**103**	100	97	64	42	15	14	11	10		2	5	2	3	–	–	–	–	–	–	–	–	**Acetic acid, aminooxo-, hydrazide**	515-96-8	**Q1515**

MASS TO CHARGE RATIOS								M.W.	INTENSITIES								Parent	C	H	O	N	Cl	Br	F	S	P	B	Si	X	COMPOUND NAME	CAS Reg No	No
41	27	54	63	39	49	28	40	**103**	100	33	17	14	12	12	9	7	**0.10**	4	6	–	1	1	–	–	–	–	–	–	–	**Butanenitrile, 3-chloro-**	53778-71-5	**H2010**
41	27	54	63	39	49	28	40	**103**	100	33	17	14	12	12	9	7	**0.06**	4	6	–	1	1	–	–	–	–	–	–	–	**Butanenitrile, 4-chloro-**		**X0234**
41	57	27	30	15	28	29	56	**103**	100	90	28	23	13	11	10	7	**0.00**	4	9	2	1	–	–	–	–	–	–	–	–	**Propane, 2-methyl-2-nitro-**	594-70-7	**Q2555**
41	57	29	28	39	27	30	56	**103**	100	83	80	33	33	26	19	14	**0.02**	4	9	2	1	–	–	–	–	–	–	–	–	**Propane, 2-methyl-2-nitro-**		**C0747**
41	57	39	56	55	43	42	40	**103**	100	76	36	23	14	13	11	6	**1.00**	4	9	2	1	–	–	–	–	–	–	–	–	**Propane, 2-methyl-1-nitro-**	625-74-1	**Q3193**
42	103	76	105	47	78	41	48	**103**	100	78	42	25	12	12	10	10		2	2	–	3	1	–	–	–	–	–	–	–	**1H-1,2,4-Triazole, 3-chloro-**	6818-99-1	**R2575**
43	41	27	30	29	39	57	28	**103**	100	60	54	43	30	19	18	8	**0.00**	4	9	2	1	–	–	–	–	–	–	–	–	**Nitrous acid, isobutyl ester**		**D0240**
43	41	42	55	71	70	44	38	**103**	100	39	29	27	25	19	19	16	**1.20**	5	13	1	1	–	–	–	–	–	–	–	–	**Hydroxylamine, O-pentyl-**		**02540**
43	41	71	55	42	39	70	56	**103**	100	33	25	20	15	14	10	8	**0.90**	5	13	1	1	–	–	–	–	–	–	–	–	**Hydroxylamine, O-isopentyl-**		**02554**
43	57	42	44	41	60	56	39	**103**	100	99	93	92	81	68	59	56	**0.00**	4	9	2	1	–	–	–	–	–	–	–	–	**Nitrous acid, butyl ester**	544-16-1	**Q1887**
44	28	42	29	33	27	30	43	**103**	100	18	18	8	8	7	6	6	**6.03**	4	9	2	1	–	–	–	–	–	–	–	–	**L-Alanine, methyl ester**	10065-72-2	**R3569**
44	42	15	29	33	18	27	30	**103**	100	18	12	9	9	8	7	6	**0.00**	4	9	2	1	–	–	–	–	–	–	–	–	**L-Alanine, methyl ester**	10065-72-2	**R3570**
44	59	103	72	42	30	29	45	**103**	100	39	39	23	17	15	14	10		4	9	2	1	–	–	–	–	–	–	–	–	**Carbamic acid, N-ethyl-, methyl ester**		**P2805**
44	60	43	30	42	32	103	41	**103**	100	99	87	66	45	14	9	8		2	5	2	3	–	–	–	–	–	–	–	–	**Urea, N-methyl-N-nitroso-**	684-93-5	**Q3693**
44	73	30	19	27	56	42	44	**103**	100	59	35	18	16	15	11	8	**0.07**	4	13	–	3	–	–	–	–	–	–	–	–	**Diethylenetriamine**		**D0158**
44	73	30	19	28	27	56	42	**103**	100	59	34	18	15	15	15	11	**0.07**	4	13	–	3	–	–	–	–	–	–	–	–	**Diethylenetriamine**		**00275**
45	62	59	43	88	41	44	39	**103**	100	71	46	29	27	20	16	9	**0.00**	4	9	2	1	–	–	–	–	–	–	–	–	**Carbamic acid, isopropyl ester**	1746-77-6	**Q6655**
56	57	88	44	103	42	60	61	**103**	100	87	80	78	54	42	33	32		4	9	–	1	–	–	–	1	–	–	–	–	**Thiazolidine, 2-methyl-**		**16348**
57	41	29	39	27	30	56	28	**103**	100	91	72	31	18	14	8	6	**0.00**	4	9	2	1	–	–	–	–	–	–	–	–	**Propane, 2-methyl-2-nitro-**		**L5666**
58	28	41	30	74	29	18	27	**103**	100	46	29	20	18	13	11	10	**0.31**	4	9	2	1	–	–	–	–	–	–	–	–	**Alanine, 2-methyl-**	62-57-7	**P5152**
58	28	41	74	30	29	43	27	**103**	100	32	30	26	15	10	9	7	**0.00**	4	9	2	1	–	–	–	–	–	–	–	–	**Butanoic acid, 2-amino-, (R)-**	2623-91-8	**Q8439**
58	30	103	42	56	43	44	59	**103**	100	27	21	16	12	7	7	5		4	9	2	1	–	–	–	–	–	–	–	–	**L-Alanine, N-methyl-**	3913-67-5	**Q9924**
58	30	103	42	56	44	43	59	**103**	100	27	21	16	12	6	6	4		4	9	2	1	–	–	–	–	–	–	–	–	**Alanine, N-methyl-**		**02750**
58	42	28	41	18	15	30	39	**103**	100	42	20	19	16	8	7	6	**0.26**	4	9	2	1	–	–	–	–	–	–	–	–	**Butanoic acid, 2-amino-**	80-60-4	**P6055**
58	42	44	30	43	88	59	103	**103**	100	14	10	7	6	6	5	4		5	13	1	1	–	–	–	–	–	–	–	–	**2-Propanol, 1-(dimethylamino)-**	108-16-7	**P8071**
58	42	44	59	88	57	43	30	**103**	100	9	8	5	5	4	4	3	**2.70**	5	13	1	1	–	–	–	–	–	–	–	–	**2-Propanol, 1-(dimethylamino)-**	108-16-7	**P8072**
58	42	103	44	43	56	41	57	**103**	100	36	25	11	11	9	6	6		5	13	1	1	–	–	–	–	–	–	–	–	**1-Propanol, 3-(dimethylamino)-**	3179-63-3	**Q9087**
58	42	103	59	43	44	56	57	**103**	100	12	8	6	5	3	3	3		5	13	1	1	–	–	–	–	–	–	–	–	**2-Dimethylaminoethyl methyl ether**		**C1868**
58	103	31	42	32	30	59	43	**103**	100	13	12	7	7	6	5	3		5	13	1	1	–	–	–	–	–	–	–	–	**Ethylamine, N,N-dimethyl-2-methoxy-**		**16247**
60	28	44	30	43	42	103	29	**103**	100	43	40	33	25	10	8	6		2	5	2	3	–	–	–	–	–	–	–	–	**Urea, N-methyl-N-nitroso-**	684-93-5	**Q3694**
60	72	73	43	85	30	55	70	**103**	100	99	78	72	56	30	13	12	**0.00**	4	9	2	1	–	–	–	–	–	–	–	–	**Acetamide, N-(2-hydroxyethyl)-**	142-26-7	**P9851**
72	44	42	73	103	43	56	88	**103**	100	60	9	9	6	5	4	4		5	13	1	1	–	–	–	–	–	–	–	–	**Ethanol, 2-(N-ethyl-N-methyl)amino-**		**C1865**
72	103	88	44	42	58	59	43	**103**	100	89	86	71	61	40	28	25		4	9	2	1	–	–	–	–	–	–	–	–	**Formic acid, dimethylamino-, methyl ester**		**L3987**
103	41	31	42	73	29	43	40	**103**	100	60	37	15	15	8	7	6		3	5	1	1	–	–	–	1	–	–	–	–	**2-Oxazolidinethione**	5840-81-3	**09962**
103	41	39	76	50	27	69	55	**103**	100	76	61	49	41	40	40	30		7	5	–	1	–	–	–	–	–	–	–	–	**Benzene, cyano-**		**C0405**
103	57	42	102	44	43	60	70	**103**	100	68	30	22	17	9	8	3		4	9	–	1	–	–	–	1	–	–	–	–	**Thiazolidine, 3-methyl-**	52288-89-8	**S7915**
103	59	44	70	42	56	88	58	**103**	100	48	45	23	22	12	11	9		4	9	–	1	–	–	–	1	–	–	–	–	**Acetamide, N,N-dimethylthio-**	631-67-4	**Q3406**
103	76	39	104	52	75	77	37	**103**	100	32	7	7	6	6	6	5		7	5	–	1	–	–	–	–	–	–	–	–	**Benzene, cyano-**	100-47-0	**P7387**
103	76	50	51	59	77	104	75	**103**	100	40	18	13	10	9	8	7		7	5	–	1	–	–	–	–	–	–	–	–	**Benzene, isocyano-**		**L3657**
103	76	50	51	75	104	39	52	**103**	100	33	18	10	8	8	7	6		7	5	–	1	–	–	–	–	–	–	–	–	**Benzene, cyano-**		**Y0509**
103	76	50	51	77	75	104	93	**103**	100	90	84	63	60	40	36	30		7	5	–	1	–	–	–	–	–	–	–	–	**Benzene, isocyano-**		**D2477**
103	76	50	75	74	104	77	38	**103**	100	59	59	14	14	8	7	7		7	5	–	1	–	–	–	–	–	–	–	–	**Pyridine, 3-vinyl-**		**A0707**
27	48	47	45	26	29	56	55	**104**	100	90	86	67	60	54	47	34	**27.00**	4	8	1	–	–	–	–	1	–	–	–	–	**Propanal, 3-(methylthio)-**	3268-49-3	**Q9170**
29	27	41	39	43	28	31	17	**104**	100	78	58	40	35	28	26	23	**1.80**	5	12	2	–	–	–	–	–	–	–	–	–	**Hydroperoxide, pentyl-**	74-80-6	**P5517**
29	32	31	45	27	28	43	59	**104**	100	99	76	65	54	42	20	19	**17.04**	3	8	2	2	–	–	–	–	–	–	–	–	**Hydrazinecarboxylic acid, ethyl ester**	4114-31-2	**R0114**
31	28	29	27	45	61	44	43	**104**	100	52	48	14	14	8	6	5	**1.11**	4	8	3	–	–	–	–	–	–	–	–	–	**Glycollic acid, ethyl ester**		**03651**
31	29	18	59	60	45	27	28	**104**	100	62	61	52	21	21	21	20	**0.00**	4	8	3	–	–	–	–	–	–	–	–	–	**Acetic acid, ethoxy-**	627-03-2	**Q3244**
31	56	41	57	55	44	29	43	**104**	100	85	67	59	51	45	37	31	**0.01**	5	12	2	–	–	–	–	–	–	–	–	–	**1,5-Pentanediol**	111-29-5	**P8510**
31	59	29	103	27	15	45	47	**104**	100	95	60	37	32	15	15	15	**2.02**	5	12	2	–	–	–	–	–	–	–	–	–	**Methane, diethoxy-**		**Y0811**
31	59	29	103	27	45	15	47	**104**	100	91	57	33	30	16	14	14	**1.81**	5	12	2	–	–	–	–	–	–	–	–	–	**Methane, diethoxy-**		**Y1091**
31	59	58	45	29	57	71	75	**104**	100	70	45	40	35	28	25	20	**0.07**	5	12	2	–	–	–	–	–	–	–	–	–	**1-Propanol, 3-ethoxy-**		**Z0299**
33	52	14	19	28	66	53	85	**104**	100	53	13	7	2	1	1	1	**0.10**	–	–	–	2	–	–	4	–	–	–	–	–	**Hydrazine, tetrafluoro-**	10036-47-2	**H1675**
36	18	38	104	39	28	43	41	**104**	100	58	35	24	22	21	19	17		4	5	1	–	1	–	–	–	–	–	–	–	**2-Butenal, 2-chloro-**		**Z0295**

MASS TO CHARGE RATIOS								M.W.	INTENSITIES								Parent	C	H	O	N	Cl	Br	F	S	P	B	Si	X	COMPOUND NAME	CAS Reg No	No
41	29	42	28	27	31	40	55	**104**	100	67	61	38	36	34	23	21	**2.00**	5	9	–	–	1	–	–	–	–	–	–	–	1-Pentene, 5-chloro-	928-50-7	Q4591
41	29	57	70	55	27	104	47	**104**	100	67	62	61	51	45	43	43		5	12	–	–	–	–	–	1	–	–	–	–	1-Butanethiol, 2-methyl-		Y1413
41	56	104	27	39	29	57	45	**104**	100	83	81	63	51	48	46	45		5	12	–	–	–	–	–	1	–	–	–	–	Propane, 2-methyl-1-(methylthio)-		Y0945
41	69	36	53	39	67	68	38	**104**	100	93	91	89	89	83	77	61	**36.00**	5	9	–	–	1	–	–	–	–	–	–	–	2-Butene, 1-chloro-3-methyl-		C2183
41	69	53	39	104	27	55	67	**104**	100	96	39	38	34	27	26	26		5	9	–	–	1	–	–	–	–	–	–	–	2-Butene, 1-chloro-2-methyl-		03394
41	69	53	104	39	89	27	67	**104**	100	96	50	49	30	26	25	19		5	9	–	–	1	–	–	–	–	–	–	–	2-Butene, 2-chloro-3-methyl-		03390
41	69	55	53	39	68	27	104	**104**	100	94	56	53	48	43	40	35		5	9	–	–	1	–	–	–	–	–	–	–	1-Butene, 2-chloromethyl-		03392
41	70	57	29	55	104	47	39	**104**	100	67	65	60	53	45	40	32		5	12	–	–	–	–	–	1	–	–	–	–	1-Butanethiol, 2-methyl-		Y2081
42	28	60	45	43	15	44	29	**104**	100	99	82	74	48	27	25	19		3	4	4	–	–	–	–	–	–	–	–	–	Malonic acid		M8517
42	45	60	43	28	44	29	41	**104**	100	84	77	52	38	20	15	10	**5.00**	3	4	4	–	–	–	–	–	–	–	–	–	Malonic acid		L8601
42	45	60	43	28	44	29	87	**104**	100	85	77	55	39	20	16	12	**5.00**	3	4	4	–	–	–	–	–	–	–	–	–	Malonic acid	141-82-2	P9834
42	55	41	70	27	29	104	47	**104**	100	47	41	37	34	34	32	28		5	12	–	–	–	–	–	1	–	–	–	–	1-Pentanethiol		Y0517
42	55	41	70	43	104	47	61	**104**	100	55	49	34	28	22	18	11		5	12	–	–	–	–	–	1	–	–	–	–	1-Pentanethiol	110-66-7	P8406
42	55	41	70	104	27	29	47	**104**	100	49	43	43	39	37	35	28		5	12	–	–	–	–	–	1	–	–	–	–	1-Pentanethiol		Y0472
43	31	15	74	73	28	45	29	**104**	100	62	54	54	46	34	29	28	**0.80**	4	8	3	–	–	–	–	–	–	–	–	–	Propanoic acid, 3-hydroxy-, methyl ester	6149-41-3	H1599
43	41	42	27	29	56	55	39	**104**	100	80	68	67	63	56	55	35	**0.00**	6	13	–	–	–	–	1	–	–	–	–	–	Hexane, 1-fluoro-	373-14-8	H0693
43	41	75	47	104	71	27	29	**104**	100	86	52	42	40	37	35	30		5	12	–	–	–	–	–	1	–	–	–	–	3-Pentanethiol		Y0921
43	42	41	55	56	29	69	57	**104**	100	60	57	50	48	46	24	20	**0.00**	6	13	–	–	–	–	1	–	–	–	–	–	Hexane, 1-fluoro-	373-14-8	Q0631
43	42	73	44	31	61	28	30	**104**	100	80	62	60	45	12	11	8	**3.00**	3	8	2	2	–	–	–	–	–	–	–	–	Methylamine, N-(hydroxyethyl)-N-nitroso-		M8830
43	42	89	104	30	44	57	56	**104**	100	99	97	56	43	35	33	22		3	8	2	2	–	–	–	–	–	–	–	–	Nitramine, N-methyl-N-ethyl-		03860
43	45	27	29	41	31	71	39	**104**	100	32	27	26	24	16	15	13	**2.70**	5	12	2	–	–	–	–	–	–	–	–	–	Hydroperoxide, 2-pentyl-		L6931
43	45	61	42	60	44	29	71	**104**	100	70	40	35	32	29	27	26	**0.20**	4	8	3	–	–	–	–	–	–	–	–	–	Butanoic acid, 3-hydroxy-	300-85-6	Q0353
43	45	73	41	27	31	86	29	**104**	100	44	27	26	23	18	13	13	**0.99**	5	12	2	–	–	–	–	–	–	–	–	–	Ethanol, 2-propoxy-		C1676
43	45	73	41	27	31	86	75	**104**	100	45	29	24	17	14	13	7	**0.75**	5	12	2	–	–	–	–	–	–	–	–	–	Ethanol, 2-propoxy-		Z0298
43	45	73	89	41	27	31	59	**104**	100	76	37	32	25	16	16	14	**0.06**	5	12	2	–	–	–	–	–	–	–	–	–	Ethanol, 2-isopropoxy-		Z0301
43	57	29	71	59	27	75	31	**104**	100	69	68	62	60	33	28	25	**8.50**	5	12	2	–	–	–	–	–	–	–	–	–	Hydroperoxide, 3-pentyl-		L6932
43	61	27	55	41	71	104	39	**104**	100	73	54	53	52	41	40	37		5	12	–	–	–	–	–	1	–	–	–	–	2-Pentanethiol		Y0967
43	61	55	27	41	104	71	70	**104**	100	77	54	52	51	43	42	34		5	12	–	–	–	–	–	1	–	–	–	–	2-Pentanethiol		Y2079
43	71	41	55	27	39	29	75	**104**	100	63	54	40	37	34	31	27	**20.70**	5	12	–	–	–	–	–	1	–	–	–	–	2-Butanethiol, 2-methyl-		Y1382
43	74	73	31	61	44	45	42	**104**	100	19	10	9	8	7	5	4	**0.00**	4	8	3	–	–	–	–	–	–	–	–	–	Acetic acid, 2-hydroxyethyl ester		C1984
43	74	73	44	31	61	29	42	**104**	100	17	15	10	8	7	6	6	**0.00**	4	8	3	–	–	–	–	–	–	–	–	–	Acetic acid, 2-hydroxyethyl ester		C1657
43	74	73	44	61	31	45	42	**104**	100	46	29	19	18	17	16	8	**0.00**	4	8	3	–	–	–	–	–	–	–	–	–	Acetic acid, 2-hydroxyethyl ester		C2130
43	104	62	28	59	61	45	46	**104**	100	38	30	25	24	20	19	17		4	9	1	–	–	–	–	–	1	–	–	–	Phosphine, acetyldimethyl-		L2854
43	104	62	46	59	45	61	76	**104**	100	38	36	27	25	23	18	13		4	9	1	–	–	–	–	–	1	–	–	–	Phosphine, acetyldimethyl-	18983-86-3	R7907
43	104	62	59	46	45	61	76	**104**	100	38	36	26	26	24	23	13		4	9	1	–	–	–	–	–	1	–	–	–	Phosphine, acetyldimethyl-		M7841
44	73	45	29	43	61	31	15	**104**	100	93	34	21	13	13	12	9	**6.52**	4	8	3	–	–	–	–	–	–	–	–	–	1,3,5-Trioxepane	5981-06-6	R1966
45	31	41	43	58	29	75	47	**104**	100	68	48	37	28	27	19	16	**0.00**	5	12	2	–	–	–	–	–	–	–	–	–	Butane, 2-hydroxy-3-methoxy-		00729
45	33	43	29	27	46	61	31	**104**	100	16	10	10	10	3	3	3	**0.24**	4	8	3	–	–	–	–	–	–	–	–	–	Propanoic acid, 2-hydroxy-, methyl ester		C0192
45	33	43	29	27	61	59	46	**104**	100	15	11	9	7	3	3	3	**0.12**	4	8	3	–	–	–	–	–	–	–	–	–	Propanoic acid, 2-hydroxy-, methyl ester	547-64-8	Q1928
45	33	43	29	27	61	59	89	**104**	100	15	14	12	8	5	4	2	**1.00**	4	8	3	–	–	–	–	–	–	–	–	–	Propanoic acid, 2-hydroxy-, methyl ester	547-64-8	Q1929
45	42	41	71	31	56	29	27	**104**	100	65	24	18	12	12	9	8	**0.11**	5	12	2	–	–	–	–	–	–	–	–	–	1,3-Butanediol, 2-methyl-		Z0288
45	42	43	71	41	27	89	63	**104**	100	44	33	18	12	6	5	4	**0.00**	5	12	2	–	–	–	–	–	–	–	–	–	2,4-Pentanediol		Z0306
45	42	71	41	43	89	86	63	**104**	100	59	23	17	16	7	6	6	**0.00**	5	12	2	–	–	–	–	–	–	–	–	–	2,4-Pentanediol		C0945
45	43	28	42	29	73	30	104	**104**	100	52	52	30	13	13	11	10		3	8	2	2	–	–	–	–	–	–	–	–	Methylamine, methoxy-N-methyl-N-nitroso-		P2796
45	58	29	41	71	43	86	103	**104**	100	60	15	10	10	10	8	7	**0.00**	5	12	2	–	–	–	–	–	–	–	–	–	1-Butanol, 4-methoxy-		M5273
45	58	31	43	46	59	44	74	**104**	100	69	25	19	6	3	2	2	**0.00**	4	8	3	–	–	–	–	–	–	–	–	–	Formic acid, 2-methoxyethyl ester		C1860
45	58	44	42	41	71	74	43	**104**	100	44	22	16	13	10	7	6	**0.00**	5	12	2	–	–	–	–	–	–	–	–	–	1-Butanol, 4-methoxy-	111-32-0	P8513
45	58	44	42	41	71	74	55	**104**	100	44	22	16	13	11	7	7	**0.00**	5	12	2	–	–	–	–	–	–	–	–	–	1-Butanol, 4-methoxy-	111-32-0	P8514
45	59	31	29	61	43	27	58	**104**	100	78	58	19	16	11	10	6	**0.60**	5	12	2	–	–	–	–	–	–	–	–	–	2-Propanol, 1-ethoxy-		Z0286
45	59	31	73	29	61	43	27	**104**	100	56	44	19	18	13	11	9	**0.64**	5	12	2	–	–	–	–	–	–	–	–	–	1-Propanol, 2-ethoxy-		Z0304
45	72	71	42	57	41	43	73	**104**	100	67	19	16	13	12	4	4	**0.00**	5	12	2	–	–	–	–	–	–	–	–	–	Propane, 1,3-dimethoxy-		02458
45	74	29	15	60	75	42	31	**104**	100	42	26	26	10	8	8	8	**0.00**	4	8	3	–	–	–	–	–	–	–	–	–	Acetic acid, methoxy-, methyl ester		00710
45	74	29	75	44	43	40	42	**104**	100	38	19	14	13	7	7	6	**2.15**	4	8	3	–	–	–	–	–	–	–	–	–	Acetic acid, methoxy-, methyl ester		03668
46	28	61	104	45	27	26	74	**104**	100	43	33	32	22	22	13	13		4	8	1	–	–	–	–	1	–	–	–	–	1,4-Oxathiane	15980-15-1	R5954
46	41	74	45	104	47	39	27	**104**	100	79	72	42	34	25	21	17		4	8	1	–	–	–	–	1	–	–	–	–	1,3-Oxathiane	646-12-8	Q3599

MASS TO CHARGE RATIOS								M.W.	INTENSITIES								Parent	C	H	O	N	Cl	Br	F	S	P	B	Si	X	COMPOUND NAME	CAS Reg No	No
46	61	104	45	74	27	59	60	**104**	100	35	35	20	15	12	10	10		4	8	1	–	–	–	–	1	–	–	–	–	**1,4-Oxathiane**		**M4477**
48	47	27	104	45	29	61	76	**104**	100	44	38	34	31	28	26	24		4	8	1	–	–	–	–	1	–	–	–	–	**Propanal, 3-(methylthio)-**	3268-49-3	**H1387**
51	104	78	50	103	77	63	39	**104**	100	83	64	45	42	32	21	15		8	8	–	–	–	–	–	–	–	–	–	–	**Benzocyclobutene**		**L8029**
52	33	28	85	66	47	104	19	**104**	100	61	11	7	7	6	3	2		–	–	–	2	–	–	4	–	–	–	–	–	**Hydrazine, tetrafluoro-**		**M3748**
52	33	85	47	66	104	19		**104**	100	35	17	16	14	7	4			–	–	–	2	–	–	4	–	–	–	–	–	**Hydrazine, tetrafluoro-**		**M5683**
55	28	104	41	63	27	39	29	**104**	100	90	43	30	30	26	21	15		4	8	1	–	–	–	–	1	–	–	–	–	**Thiophene, tetrahydro-, 1-oxide**	1600-44-8	**Q6292**
55	41	27	29	39	104	43	63	**104**	100	39	35	30	18	17	16	11		4	8	1	–	–	–	–	1	–	–	–	–	**Thiobutanal, S-oxide**		**M8353**
55	69	41	29	39	27	53	68	**104**	100	43	27	24	23	20	20	7	**4.67**	5	9	–	–	1	–	–	–	–	–	–	–	**1-Butene, 4-chloro-3-methyl-**		**03379**
55	69	41	39	29	104	27	53	**104**	100	71	56	41	33	31	29	27		5	9	–	–	1	–	–	–	–	–	–	–	**1-Butene, 4-chloro-2-methyl-**		**03393**
55	69	41	104	39	53	67	68	**104**	100	66	43	30	26	21	16	12		5	9	–	–	1	–	–	–	–	–	–	–	**1-Butene, 4-chloro-3-methyl-**		**C2182**
55	70	41	27	43	47	29	42	**104**	100	90	65	53	51	46	39	39	**32.23**	5	12	–	–	–	–	–	1	–	–	–	–	**1-Butanethiol, 3-methyl-**	541-31-1	**H0803**
55	70	41	43	42	47	61	27	**104**	100	86	52	46	40	40	35	33	**28.80**	5	12	–	–	–	–	–	1	–	–	–	–	**1-Butanethiol, 3-methyl-**		**Y1718**
55	104	27	63	41	28	29	39	**104**	100	48	30	30	25	23	20	20		4	8	1	–	–	–	–	1	–	–	–	–	**Thiophene, tetrahydro-, 1-oxide**	1600-44-8	**Q6291**
56	31	41	57	55	44	27	29	**104**	100	93	71	67	58	39	31	30	**0.00**	5	12	2	–	–	–	–	–	–	–	–	–	**1,5-Pentanediol**		**00730**
56	31	41	57	55	44	29	68	**104**	100	87	71	67	58	49	45	41	**0.01**	5	12	2	–	–	–	–	–	–	–	–	–	**1,5-Pentanediol**		**C1378**
56	55	73	27	28	41	43	45	**104**	100	98	65	45	45	45	40	32	**0.00**	5	12	2	–	–	–	–	–	–	–	–	–	**1,3-Propanediol, 2,2-dimethyl-**		**D0821**
56	55	73	31	41	43	29	45	**104**	100	76	60	37	35	34	27	24	**0.00**	5	12	2	–	–	–	–	–	–	–	–	–	**1,3-Propanediol, 2,2-dimethyl-**	126-30-7	**P9489**
56	55	73	41	43	29	28	31	**104**	100	62	58	40	38	32	31	28	**0.03**	5	12	2	–	–	–	–	–	–	–	–	–	**1,3-Propanediol, 2,2-dimethyl-**		**C0419**
57	41	29	104	39	56	27	49	**104**	100	75	51	36	20	16	15	12		5	12	–	–	–	–	–	1	–	–	–	–	**Propane, 2-methyl-2-(methylthio)-**		**Y0920**
57	41	29	104	39	56	27	89	**104**	100	72	47	41	21	16	15	13		5	12	–	–	–	–	–	1	–	–	–	–	**Propane, 2-methyl-2-(methylthio)-**	6163-64-0	**H1602**
57	41	29	104	39	56	89	49	**104**	100	79	38	35	24	17	13	12		5	12	–	–	–	–	–	1	–	–	–	–	**Propane, 2-methyl-2-(methylthio)-**		**Y1716**
57	41	55	29	104	39	27	47	**104**	100	55	48	42	31	26	23	17		5	12	–	–	–	–	–	1	–	–	–	–	**1-Propanethiol, 2,2-dimethyl-**		**Y0918**
57	41	55	29	104	39	27	89	**104**	100	55	48	42	31	26	23	16		5	12	–	–	–	–	–	1	–	–	–	–	**1-Propanethiol, 2,2-dimethyl-**		**L0439**
58	42	44	31	43	104	28	30	**104**	100	83	76	25	25	23	22	16		1	4	2	4	–	–	–	–	–	–	–	–	**Guanidine, nitro-**	556-88-7	**Q2045**
58	42	44	31	43	104	28	30	**104**	100	82	74	26	25	23	23	18		1	4	2	4	–	–	–	–	–	–	–	–	**Guanidine, nitro-**		**02979**
58	104	42	31	43	46	74	41	**104**	100	88	84	67	56	47	43	37		1	4	2	4	–	–	–	–	–	–	–	–	**Guanidine, nitro-**		**L2368**
59	31	29	43	41	89	55	33	**104**	100	15	10	9	7	7	7	6	**0.08**	5	12	2	–	–	–	–	–	–	–	–	–	**1-Butanol, 3-methoxy-**		**Z0303**
59	31	29	103	47	45	27	58	**104**	100	94	36	26	14	13	11	8	**1.55**	5	12	2	–	–	–	–	–	–	–	–	–	**Methane, diethoxy-**		**D0510**
59	31	41	28	27	26	45	58	**104**	100	96	66	37	25	25	18	17	**4.24**	4	8	3	–	–	–	–	–	–	–	–	–	**Butanoic acid, 2-hydroxy-**	565-70-8	**Q2149**
59	31	45	57	89	43	41	29	**104**	100	20	19	17	15	13	11	10	**0.58**	5	12	2	–	–	–	–	–	–	–	–	–	**2-Propanol, 1-methoxy-2-methyl-**		**Z0300**
59	31	45	58	75	41	47	43	**104**	100	41	35	28	17	16	16	14	**0.84**	5	12	2	–	–	–	–	–	–	–	–	–	**2-Butanol, 1-methoxy-**		**Z0305**
59	41	29	45	42	15	72	58	**104**	100	91	74	72	72	67	64	59	**7.18**	5	12	2	–	–	–	–	–	–	–	–	–	**Propane, 1,2-dimethoxy-**		**03068**
59	43	31	41	28	29	39	42	**104**	100	61	50	28	15	12	12	8	**0.00**	4	8	3	–	–	–	–	–	–	–	–	–	**Propanoic acid, 2-hydroxy-2-methyl-**	594-61-6	**Q2552**
59	45	29	31	43	57	58	27	**104**	100	16	13	13	10	7	5	4	**0.87**	5	12	2	–	–	–	–	–	–	–	–	–	**2-Butanol, 3-methoxy-**		**Z0302**
59	45	29	73	89	61	43	27	**104**	100	75	36	34	34	27	21	18	**0.00**	5	12	2	–	–	–	–	–	–	–	–	–	**Ethane, 1-ethoxy-1-methoxy-**	10471-14-4	**H1696**
60	28	45	59	27	104	29	61	**104**	100	79	59	51	50	45	40	38		4	8	1	–	–	–	–	1	–	–	–	–	**1,3-Oxathiolane, 2-methyl-**	17642-74-9	**H1801**
61	43	27	55	41	60	104	71	**104**	100	76	46	39	37	37	33	32		5	12	–	–	–	–	–	1	–	–	–	–	**2-Butanethiol, 3-methyl-**		**Y0943**
61	43	60	55	104	41	71	27	**104**	100	76	38	36	34	33	31	27		5	12	–	–	–	–	–	1	–	–	–	–	**2-Butanethiol, 3-methyl-**		**Y2082**
61	56	41	104	27	29	47	48	**104**	100	65	51	50	42	33	27	25		5	12	–	–	–	–	–	1	–	–	–	–	**Butane, 1-(methylthio)-**		**Y1388**
61	56	41	104	27	29	47	48	**104**	100	65	51	49	44	32	27	24		5	12	–	–	–	–	–	1	–	–	–	–	**Butane, 1-(methylthio)-**	628-29-5	**Q3282**
61	56	41	104	27	29	48	47	**104**	100	71	49	49	35	33	25	23		5	12	–	–	–	–	–	1	–	–	–	–	**Butane, 1-(methylthio)-**		**Y0724**
67	68	53	41	39	36	27	40	**104**	100	80	79	59	59	43	37	37	**3.79**	5	9	–	–	1	–	–	–	–	–	–	–	**2-Butene, 1-chloro-3-methyl-**		**03398**
68	41	42	67	69	39	40	53	**104**	100	46	45	40	32	26	8	6	**0.00**	5	9	–	–	1	–	–	–	–	–	–	–	**Cyclopentane, chloro-**		**M8413**
68	42	41	69	67	27	76	55	**104**	100	38	34	31	29	7	7	6	**0.30**	5	9	–	–	1	–	–	–	–	–	–	–	**Cyclopentane, chloro-**		**L0503**
68	42	41	69	67	39	27	76	**104**	100	38	34	31	29	17	7	7	**0.28**	5	9	–	–	1	–	–	–	–	–	–	–	**Cyclopentane, chloro-**		**Z0297**
69	41	53	39	27	67	104	68	**104**	100	94	40	34	25	23	20	17		5	9	–	–	1	–	–	–	–	–	–	–	**1-Butene, 3-chloro-2-methyl-**		**03391**
69	41	53	39	104	27	67	55	**104**	100	98	38	37	29	28	24	23		5	9	–	–	1	–	–	–	–	–	–	–	**2-Butene, 1-chloro-2-methyl-**		**03395**
69	41	53	89	27	104	39	91	**104**	100	65	55	29	24	21	20	10		5	9	–	–	1	–	–	–	–	–	–	–	**1-Butene, 2-chloro-3-methyl-**		**03378**
69	41	104	53	39	27	28	67	**104**	100	99	46	44	31	25	24	22		5	9	–	–	1	–	–	–	–	–	–	–	**1-Butene, 2-chloro-3-methyl-**	17773-64-7	**R7181**
69	53	41	89	27	104	39	91	**104**	100	75	62	50	30	27	22	16		5	9	–	–	1	–	–	–	–	–	–	–	**1-Butene 1-chloro-3-methyl-**		**03380**
69	53	104	89	39	27	55	106	**104**	100	71	54	39	37	35	25	18		5	9	–	–	1	–	–	–	–	–	–	–	**1-Butene, 1-chloro-2-methyl-**		**03389**
69	67	68	41	53	36	39	40	**104**	100	62	55	54	48	45	28	18	**3.40**	5	9	–	–	1	–	–	–	–	–	–	–	**1-Butene, 3-chloro-3-methyl-**		**C2181**
69	85	50	35	87	31	37	19	**104**	100	28	15	15	9	9	5	3	**0.51**	1	–	–	–	1	–	3	–	–	–	–	–	**Methane, chlorotrifluoro-**		**W0123**
69	85	50	87	35	31	42.5	70	**104**	100	18	6	6	3	2	2	1	**0.72**	1	–	–	–	1	–	3	–	–	–	–	–	**Methane, chlorotrifluoro-**		**Z0287**
69	85	87	50					**104**	100	23	7	7					**0.62**	1	–	–	–	1	–	3	–	–	–	–	–	**Methane, chlorotrifluoro-**		**A0111**
73	31	45	43	59	29	27	44	**104**	100	38	35	29	14	14	9	7	**0.27**	4	8	3	–	–	–	–	–	–	–	–	–	**1,3-Dioxolane, 2-(hydroxymethyl)-**		**Z0294**

MASS TO CHARGE RATIOS								M.W.	INTENSITIES								Parent	C	H	O	N	Cl	Br	F	S	P	B	Si	X	COMPOUND NAME	CAS Reg No	No
73	43	42	29	15	41	89	27	**104**	100	63	47	39	37	34	23	22	**0.10**	5	12	2	–	–	–	–	–	–	–	–	–	**Propane, 2,2-dimethoxy-**	77-76-9	**H0085**
73	43	42	41	89	31	27	29	**104**	100	48	24	24	20	13	12	11	**0.00**	5	12	2	–	–	–	–	–	–	–	–	–	**Propane, 2,2-dimethoxy-**		**01839**
73	43	42	41	89	31	71	39	**104**	100	39	21	20	19	16	12	8	**0.01**	5	12	2	–	–	–	–	–	–	–	–	–	**Propane, 2,2-dimethoxy-**		**C0158**
73	72	104	43	103	59	42	89	**104**	100	40	32	25	12	9	7	6		3	9	3	–	–	–	–	–	–	1	–	–	**Boric acid (H3BO3), trimethyl ester**	121-43-7	**P9153**
73	105	72	43	104	89	59	57	**104**	100	59	53	33	21	17	16	14		3	9	3	–	–	–	–	–	–	1	–	–	**Boric acid (H3BO3), trimethyl ester**	121-43-7	**P9155**
74	30	44	56	28	45	42	73	**104**	100	66	65	65	32	17	16	14	**0.17**	4	12	1	2	–	–	–	–	–	–	–	–	**Ethylenediamine, hydroxyethyl-**		**D0159**
74	30	56	44	28	45	42	73	**104**	100	66	64	64	32	16	15	14	**0.17**	4	12	1	2	–	–	–	–	–	–	–	–	**Ethylenediamine, hydroxyethyl-**		**00276**
74	43	73	58	57	42	104	60	**104**	100	33	30	26	8	8	8	5		3	9	3	–	–	–	–	–	–	1	–	–	**Boric acid (H3BO3), trimethyl ester**	121-43-7	**P9154**
74	104	45	39	41	46	44	30	**104**	100	73	58	30	27	14	12	12		4	8	1	–	–	–	–	1	–	–	–	–	**1,3-Oxathiolane, 4-methyl-**		**05519**
75	27	47	62	104	41	29	45	**104**	100	74	72	46	43	41	36	30		5	12	–	–	–	–	–	1	–	–	–	–	**Propane, 1-(ethylthio)-**		**Y1389**
75	41	29	56	57	27	104	47	**104**	100	85	59	42	38	37	36	28		5	12	–	–	–	–	–	1	–	–	–	–	**Butane, 2-(methylthio)-**	10359-64-5	**H1685**
75	41	29	104	27	56	57	45	**104**	100	83	57	52	42	41	38	32		5	12	–	–	–	–	–	1	–	–	–	–	**Butane, 2-(methylthio)-**	10359-64-5	**H1686**
75	47	62	104	27	41	29	43	**104**	100	59	46	45	44	31	24	24		5	12	–	–	–	–	–	1	–	–	–	–	**Propane, 1-(ethylthio)-**	4110-50-3	**R0109**
75	73	29	41	45	31	27	72	**104**	100	75	62	46	40	36	29	18	**1.05**	5	12	2	–	–	–	–	–	–	–	–	–	**Propane, 1,1-dimethoxy-**		**C1065**
75	73	29	45	41	31	27	47	**104**	100	74	52	44	33	28	27	21	**0.06**	5	12	2	–	–	–	–	–	–	–	–	–	**Propane, 1,1-dimethoxy-**		**Y1115**
75	104	47	62	27	41	29	43	**104**	100	58	53	48	47	28	26	23		5	12	–	–	–	–	–	1	–	–	–	–	**Propane, 1-(ethylthio)-**		**Y0556**
77	104	64	50	76	53	51	52	**104**	100	62	17	16	15	13	11	10		6	4	–	2	–	–	–	–	–	–	–	–	**1,3-Butadiene, (E,E)-1,4-dicyano-**		**C1851**
77	104	64	52	50	53	76	51	**104**	100	63	18	15	14	13	12	11		6	4	–	2	–	–	–	–	–	–	–	–	**1,3-Butadiene, (Z,Z)-1,4-dicyano-**		**C1849**
77	104	64	52	51	76	53	50	**104**	100	64	19	17	15	14	12	10		6	4	–	2	–	–	–	–	–	–	–	–	**1,3-Butadiene, (Z,E)-1,4-dicyano-**		**C1850**
78	39	51	103	50	52	77	38	**104**	100	75	60	59	40	37	32	13	**0.80**	8	8	–	–	–	–	–	–	–	–	–	–	**Tricyclooctadiene, anti-**		**L8031**
78	39	51	103	50	52	77	38	**104**	100	88	66	64	45	42	38	15	**0.80**	8	8	–	–	–	–	–	–	–	–	–	–	**Tricyclooctadiene, syn-**		**L8030**
78	51	104	39	103	50	77	52	**104**	100	97	84	74	52	46	41	41		8	8	–	–	–	–	–	–	–	–	–	–	**Bicyclo[2.2.2]octa-2,5,7-triene**		**L8028**
85	17	16	86	87	18	33	104	**104**	100	40	32	5	3	2	2	2		–	–	–	–	–	–	4	–	–	–	1	–	**Silane, tetrafluoro-**		**Z0290**
85	47	104	33	66	19			**104**	100	3	2	2	1	1				–	–	–	–	–	–	4	–	–	–	1	–	**Silane, tetrafluoro-**		**M3750**
85	86	28	33	87	47	19	104	**104**	100	5	4	4	3	3	2	2		–	–	–	–	–	–	4	–	–	–	1	–	**Silane, tetrafluoro-**	7783-61-1	**H1670**
89	59	43	45	90	28	58	60	**104**	100	59	8	8	7	5	5	5	**0.00**	4	12	1	–	–	–	–	–	–	–	1	–	**Silane, methoxytrimethyl-**	1825-61-2	**Q6831**
89	59	43	45	90	60	91	73	**104**	100	65	10	9	8	5	4	4	**1.42**	4	12	1	–	–	–	–	–	–	–	1	–	**Silane, methoxytrimethyl-**	1825-61-2	**Q6833**
89	59	90	45	43	60	58	91	**104**	100	53	8	5	5	4	4	4	**0.96**	4	12	1	–	–	–	–	–	–	–	1	–	**Silane, methoxytrimethyl-**	1825-61-2	**Q6832**
89	103	43	59	102	87	58	73	**104**	100	74	55	49	40	31	24	23	**12.00**	3	12	–	–	–	–	–	–	–	–	2	–	**2,4-Disilapentane**		**04460**
89	104	62	43	61	41	47	27	**104**	100	70	67	53	48	36	34	26		5	12	–	–	–	–	–	1	–	–	–	–	**Propane, 2-(ethylthio)-**		**Y0590**
103	78	39	51	52	77	50	63	**104**	100	90	51	39	38	32	26	12	**0.20**	8	8	–	–	–	–	–	–	–	–	–	–	**Pentacyclo[4.2.0.0$^{(2,5)}$.0$^{(3,8)}$.0$^{(4,7)}$]octane**		**L8027**
104	30	74	71	42	60	105	106	**104**	100	27	24	8	5	5	5	5		3	8	–	2	–	–	–	1	–	–	–	–	**Thiourea, N,N′-dimethyl-**	534-13-4	**Q1710**
104	44	28	43	60	103	30	27	**104**	100	72	45	35	21	17	14	9		3	8	–	2	–	–	–	1	–	–	–	–	**Thiourea, ethyl-**	625-53-6	**Q3185**
104	44	30	60	42	43	45	59	**104**	100	60	19	17	12	6	6	5		3	8	–	2	–	–	–	1	–	–	–	–	**Thiourea, N,N-dimethyl-**	6972-05-0	**R2755**
104	44	30	60	42	45	43	105	**104**	100	57	19	17	12	6	5	5		3	8	–	2	–	–	–	1	–	–	–	–	**Thiourea, N,N-dimethyl-**	6972-05-0	**R2754**
104	44	43	60	103	30	27	29	**104**	100	70	34	22	17	13	10	6		3	8	–	2	–	–	–	1	–	–	–	–	**Thiourea, ethyl-**	625-53-6	**Q3186**
104	60	41	74	45	59	39	46	**104**	100	84	73	57	37	30	25	23		4	8	1	–	–	–	–	1	–	–	–	–	**1,3-Oxathiolane, 5-methyl-**		**05518**
104	77	28	51	50	52	76	26	**104**	100	48	32	26	23	15	13	6		6	4	–	2	–	–	–	–	–	–	–	–	**Pyridine, 2-cyano-**		**C1425**
104	77	50	51	26	52	76	105	**104**	100	45	26	23	18	15	13	9		6	4	–	2	–	–	–	–	–	–	–	–	**Pyridine, 2-cyano-**	100-70-9	**P7438**
104	77	50	51	44	76	105	52	**104**	100	39	17	11	11	10	9	9		6	4	–	2	–	–	–	–	–	–	–	–	**Pyridine, 2-cyano-**		**E0003**
104	77	50	76	26	51	64	75	**104**	100	58	28	20	19	17	16	8		6	4	–	2	–	–	–	–	–	–	–	–	**Pyridine, 4-cyano-**	100-48-1	**P7393**
104	77	76	50	51	75	64	105	**104**	100	69	25	21	18	13	13	8		6	4	–	2	–	–	–	–	–	–	–	–	**Pyridine, 4-cyano-**	100-48-1	**P7392**
104	77	76	50	51	75	105	52	**104**	100	61	26	25	21	18	8	8		6	4	–	2	–	–	–	–	–	–	–	–	**Pyridine, 3-cyano-**	100-54-9	**P7412**
104	78	51	103	39	77	50	52	**104**	100	77	70	56	56	39	38	28		8	8	–	–	–	–	–	–	–	–	–	–	**1,3,5,7-Cyclooctatetraene**		**L8026**
104	78	103	51	77	39	50	52	**104**	100	79	59	47	35	32	28	22		8	8	–	–	–	–	–	–	–	–	–	–	**1,3,5,7-Cyclooctatetraene**		**Y0690**
104	85	69	50	31	88	47	28	**104**	100	85	17	4	3	2	2	2		–	–	1	–	–	–	3	–	1	–	–	–	**Phosphoryl fluoride**	13478-20-1	**R4563**
104	103	78	51	77	50	39	52	**104**	100	38	31	30	20	15	11	11		8	8	–	–	–	–	–	–	–	–	–	–	**Styrene**		**Y0359**
104	103	78	51	77	50	39	63	**104**	100	48	42	32	19	19	17	10		8	8	–	–	–	–	–	–	–	–	–	–	**Bicyclo[4.2.0]octa-1,3,5-triene**		**Y1964**
104	103	78	51	77	50	105	39	**104**	100	41	32	28	23	12	12	11		8	8	–	–	–	–	–	–	–	–	–	–	**Styrene**	100-42-5	**P7370**
104	103	78	51	77	105	50	52	**104**	100	35	21	18	14	8	7	7		8	8	–	–	–	–	–	–	–	–	–	–	**Benzene, vinyl-**	100-42-5	**P7371**
104	103	78	51	77	105	50	52	**104**	100	45	32	21	17	9	7	7		8	8	–	–	–	–	–	–	–	–	–	–	**Styrene**	100-42-5	**P7372**
104	103	78	52	77	51	39	50	**104**	100	90	74	73	62	51	32	29		8	8	–	–	–	–	–	–	–	–	–	–	**1,3,7-Octatrien-5-yne**	16607-77-5	**H1791**
104	103	78	77	51	50	39	52	**104**	100	56	50	25	22	12	11	10		8	8	–	–	–	–	–	–	–	–	–	–	**1,3,5,7-Cyclooctatetraene**	629-20-9	**Q3340**
18	28	60	74	42	75	29	17	**105**	100	56	50	29	21	20	17	17	**0.39**	3	7	3	1	–	–	–	–	–	–	–	–	**L-Serine**	56-45-1	**P4717**

MASS TO CHARGE RATIOS								M.W.	INTENSITIES								Parent	C	H	O	N	Cl	Br	F	S	P	B	Si	X	COMPOUND NAME	CAS Reg No	No
30	74	28	56	18	42	29	27	**105**	100	82	77	69	50	46	36	34	**0.60**	4	11	2	1	–	–	–	–	–	–	–	–	**Diethanolamine**	111-42-2	**H0461**
30	105	88	57	56	61	73	45	**105**	100	35	30	28	25	15	15	12		4	11	–	1	–	–	–	1	–	–	–	–	**Propylamine, 3-(methylthio)-**	4104-45-4	**R0098**
32	105	74	28	30	42	15	47	**105**	100	80	77	50	39	27	27	24		2	7	–	3	–	–	–	1	–	–	–	–	**Hydrazinecarbothioamide, N-methyl-**	6610-29-3	**R2401**
42	41	56	28	77	29	64	27	**105**	100	40	40	38	30	30	20	20	**18.00**	4	8	–	1	1	–	–	–	–	–	–	–	**Azetidine, 1-chloro-2-methyl-**		**M4681**
42	41	56	28	77	66	27	105	**105**	100	45	45	39	33	20	19	17		4	8	–	1	1	–	–	–	–	–	–	–	**Azetidine, 1-chloro-2-methyl-**	38382-62-6	**S5777**
42	56	41	28	77	64	27	105	**105**	100	46	45	40	34	22	20	18		4	8	–	1	1	–	–	–	–	–	–	–	**Azetidine, 1-chloro-2-methyl-**	38382-62-6	**S5778**
43	46	15	41	27	90	30	29	**105**	100	94	21	16	15	14	13	13	**0.00**	3	7	3	1	–	–	–	–	–	–	–	–	**Nitric acid, isopropyl ester**		**01636**
43	46	41	90	27	29	30	28	**105**	100	95	16	15	14	13	13	11	**0.00**	3	7	3	1	–	–	–	–	–	–	–	–	**Nitric acid, isopropyl ester**		**L3338**
45	43	60	44	55	42	73	87	**105**	100	81	71	56	55	40	33	15	**4.60**	3	7	3	1	–	–	–	–	–	–	–	–	**Propanoic acid, 2-(aminooxy)-**	2786-22-3	**Q8650**
46	29	27	30	31	76	43	41	**105**	100	90	42	31	27	27	26	9	**0.00**	3	7	3	1	–	–	–	–	–	–	–	–	**Nitric acid, propyl ester**	627-13-4	**H0994**
46	29	76	30	31	43	41	57	**105**	100	93	41	32	27	26	10	4	**0.00**	3	7	3	1	–	–	–	–	–	–	–	–	**Nitric acid, propyl ester**		**L3808**
46	29	76	30	31	43	90	41	**105**	100	93	41	31	26	25	20	10	**0.00**	3	7	3	1	–	–	–	–	–	–	–	–	**Nitric acid, propyl ester**		**01637**
60	42	29	30	74	75	43	44	**105**	100	61	58	42	37	37	32	29		3	7	3	1	–	–	–	–	–	–	–	–	**Serine**		**06247**
60	74	28	42	75	29	57	30	**105**	100	69	68	43	37	32	25	21	**0.00**	3	7	3	1	–	–	–	–	–	–	–	–	**DL-Serine**	302-84-1	**Q0367**
60	106	88	70	61	74	75	89	**105**	100	27	21	5	4	3	2	2	**0.00**	3	7	3	1	–	–	–	–	–	–	–	–	**L-Serine**	56-45-1	**P4719**
73	61	74	56	58	72	60	59	**105**	100	90	71	60	60	48	41	40	**9.00**	3	7	3	1	–	–	–	–	–	–	–	–	**Carbamic acid, N-hydroxy-, ethyl ester**		**14863**
74	56	30	36	45	38	28	42	**105**	100	52	48	43	16	13	11	8	**1.20**	4	11	2	1	–	–	–	–	–	–	–	–	**Diethanolamine**		**D1004**
88	105	57	30	56	73	90	44	**105**	100	93	67	61	23	21	7	5		4	11	–	1	–	–	–	1	–	–	–	–	**Propylamine, 3-(methylthio)-**	4104-45-4	**R0097**
104	105	77	51	78	103	50	28	**105**	100	85	45	37	33	25	23	18		7	7	–	1	–	–	–	–	–	–	–	–	**Methylimine, phenyl-**	16118-22-2	**R6041**
105	51	78	104	52	50	39	77	**105**	100	43	43	39	36	30	18	16		7	7	–	1	–	–	–	–	–	–	–	–	**Pyridine, 4-vinyl-**	100-43-6	**H0247**
105	79	104	52	51	78	50	106	**105**	100	81	56	27	21	18	10	9		7	7	–	1	–	–	–	–	–	–	–	–	**Pyridine, 2-vinyl-**		**C0341**
105	79	104	52	51	78	77	39	**105**	100	77	50	31	29	21	11	10		7	7	–	1	–	–	–	–	–	–	–	–	**Pyridine, 2-vinyl-**	100-69-6	**P7437**
105	79	104	52	51	79	50	106	**105**	100	81	49	29	27	19	14	9		7	7	–	1	–	–	–	–	–	–	–	–	**Pyridine, 2-vinyl-**		**D0404**
105	104	51	52	78	50	39	79	**105**	100	57	43	37	31	30	18	16		7	7	–	1	–	–	–	–	–	–	–	–	**Methylimine, phenyl-**		**X0498**
105	104	51	52	78	50	39	79	**105**	100	57	43	37	31	30	18	16		7	7	–	1	–	–	–	–	–	–	–	–	**Pyridine, 3-vinyl-**	1121-55-7	**Q5393**
105	104	78	52	51	77	50	79	**105**	100	39	36	26	25	15	15	13		7	7	–	1	–	–	–	–	–	–	–	–	**Pyridine, 4-vinyl-**		**A0709**
105	104	78	52	51	77	65	50	**105**	100	44	37	25	22	18	14	13		7	7	–	1	–	–	–	–	–	–	–	–	**Pyridine, 4-vinyl-**		**F0171**
105	104	79	78	80	65	77	52	**105**	100	88	80	80	63	42	40	37		7	7	–	1	–	–	–	–	–	–	–	–	**Cyclopentadiene, 1-cyano-4-methyl-**		**M0698**
105	107	79	81	12	26	91	93	**105**	100	97	22	22	8	5	3	2		1	–	–	1	–	1	–	–	–	–	–	–	**Cyanogen bromide**	506-68-3	**H0755**
105	107	81	79	12	53.5	52.5	26	**105**	100	97	22	22	8	5	5	5		1	–	–	1	–	1	–	–	–	–	–	–	**Cyanogen bromide**		**W0024**
27	43	41	71	29	39	42	28	**106**	100	99	77	67	44	42	39	37	**0.70**	4	7	1	–	1	–	–	–	–	–	–	–	**Butanoyl chloride**	141-75-3	**H0642**
27	63	43	44	29	65	31	28	**106**	100	91	65	54	31	29	27	23	**17.62**	4	7	1	–	1	–	–	–	–	–	–	–	**2-Chloroethyl vinyl ether**	110-75-8	**P8416**
27	63	65	15	64	48	44	61	**106**	100	65	26	20	17	17	13	12	**0.30**	3	6	2	–	–	–	–	1	–	–	–	–	**Methyl vinyl sulphone**		**03139**
27	106	108	26	25	79	81	107	**106**	100	74	70	7	5	4	4	4		2	3	–	–	–	1	–	–	–	–	–	–	**Ethylene, bromo-**		**A0212**
27	108	106	26	29	25	110	28	**106**	100	37	34	18	10	6	5	4		2	3	–	–	–	1	–	–	–	–	–	–	**Ethylene, bromo-**	593-60-2	**H0894**
27	108	106	26	29	110	25	79	**106**	100	73	65	26	12	11	11	9		2	3	–	–	–	1	–	–	–	–	–	–	**Ethylene, bromo-**	593-60-2	**H0893**
28	79	52	27	41	39	105	26	**106**	100	44	26	18	17	17	14	11	**3.88**	6	6	–	2	–	–	–	–	–	–	–	–	**1,1-Cyclopropanedicarbonitrile, 2-methyl-**	24829-26-3	**S0849**
29	57	27	43	42	49	28	77	**106**	100	99	36	15	14	13	11	9	**5.91**	4	7	1	–	1	–	–	–	–	–	–	–	**2-Butanone, 1-chloro-**		**03396**
39	91	41	27	78	105	65	51	**106**	100	92	61	46	41	34	28	23	**2.90**	8	10	–	–	–	–	–	–	–	–	–	–	**1,7-Octadiyne**	871-84-1	**H1095**
41	43	70	36	39	27	71	42	**106**	100	92	85	58	44	43	31	29	**0.22**	4	7	1	–	1	–	–	–	–	–	–	–	**Propanoyl chloride, 2-methyl-**		**Z0320**
41	55	43	39	76	27	29	70	**106**	100	99	92	59	56	54	47	30	**0.10**	5	11	–	–	1	–	–	–	–	–	–	–	**Butane, 2-chloro-2-methyl-**		**D0178**
41	71	55	77	43	27	39	76	**106**	100	99	94	83	80	72	70	50	**0.20**	5	11	–	–	1	–	–	–	–	–	–	–	**Butane, 2-chloro-2-methyl-**	594-36-5	**H0896**
42	70	41	55	27	43	29	39	**106**	100	98	92	91	71	57	55	40	**1.20**	5	11	–	–	1	–	–	–	–	–	–	–	**Pentane, 1-chloro-**	543-59-9	**H0818**
43	18	106	28	58	88	27	60	**106**	100	97	72	39	38	35	34	34		3	6	2	–	–	–	–	1	–	–	–	–	**3-Propanethiol**		**C1127**
43	27	106	42	28	44	63	26	**106**	100	30	16	11	10	9	8	7		4	7	1	–	1	–	–	–	–	–	–	–	**2-Butanone, 3-chloro-**		**03397**
43	42	41	27	55	39	29	70	**106**	100	81	29	24	23	12	9	8	**0.13**	5	11	–	–	1	–	–	–	–	–	–	–	**Butane, 2-chloro-3-methyl-**		**03400**
43	55	41	70	42	57	27	29	**106**	100	48	46	41	37	30	28	27	**0.10**	5	11	–	–	1	–	–	–	–	–	–	–	**Butane, 1-chloro-3-methyl-**	107-84-6	**P8026**
43	55	70	42	28	41	29	32	**106**	100	76	50	47	38	37	16	10	**0.00**	5	11	–	–	1	–	–	–	–	–	–	–	**Butane, 1-chloro-3-methyl-**	107-84-6	**P8027**
43	70	55	42	41	27	29	57	**106**	100	51	48	36	34	19	16	8	**0.10**	5	11	–	–	1	–	–	–	–	–	–	–	**Butane, 1-chloro-3-methyl-**		**L0507**
45	29	44	75	43	31	27	76	**106**	100	38	28	22	18	17	16	12	**0.06**	4	10	3	–	–	–	–	–	–	–	–	–	**Diethylene glycol**		**C1281**
45	31	29	43	28	44	75	32	**106**	100	51	50	46	42	29	22	17	**0.00**	4	10	3	–	–	–	–	–	–	–	–	–	**1,2-Propanediol, 3-methoxy-**	623-39-2	**Q3118**
45	43	31	29	44	75	61	33	**106**	100	57	41	38	33	31	20	11	**0.00**	4	10	3	–	–	–	–	–	–	–	–	–	**1,2-Propanediol, 3-methoxy-**	623-39-2	**H0964**
45	43	75	44	61	31	15	29	**106**	100	48	43	33	25	20	17	13	**0.07**	4	10	3	–	–	–	–	–	–	–	–	–	**1,2-Propanediol, 3-methoxy-**		**Z0322**
45	75	27	31	29	43	44	76	**106**	100	17	14	14	12	11	9	7	**0.00**	4	10	3	–	–	–	–	–	–	–	–	–	**Diethylene glycol**	111-46-6	**P8530**

MASS TO CHARGE RATIOS								M.W.	INTENSITIES								Parent	C	H	O	N	Cl	Br	F	S	P	B	Si	X	COMPOUND NAME	CAS Reg No	No
45	75	31	27	29	43	28	44	106	100	18	14	13	11	10	9	9	0.00	4	10	3	–	–	–	–	–	–	–	–	–	Ethanol, 2,2′-oxybis-	111-46-6	P8531
45	75	31	44	27	76	29	43	106	100	23	20	16	14	12	12	11	0.00	4	10	3	–	–	–	–	–	–	–	–	–	Diethylene glycol	111-46-6	P8529
45	75	31	57	29	43	19	42	106	100	90	78	75	40	39	29	28	0.59	4	10	3	–	–	–	–	–	–	–	–	–	1,2,4-Butanetriol		Z0316
47	106	74	45	46	59	75	42	106	100	57	55	35	33	25	14	14		3	6	2	–	–	–	–	1	–	–	–	–	Thioglycolic acid, methyl ester		G0784
52	79	28	51	78	29	107	106	106	100	91	82	55	37	33	20	17		6	6	–	2	–	–	–	–	–	–	–	–	Pyridine, 2-(aminomethyl)-		M1084
53	54	26	52	27	66	51	39	106	100	83	33	26	18	14	12	9	0.47	6	6	–	2	–	–	–	–	–	–	–	–	Cyclobutane, cis-1,3-dicyano-		03090
53	54	26	52	27	66	51	39	106	100	83	34	26	18	13	12	9	0.63	6	6	–	2	–	–	–	–	–	–	–	–	Cyclobutane, trans-1,3-dicyano-		03092
53	54	26	52	28	27	66	51	106	100	83	46	44	44	27	23	22	0.52	6	6	–	2	–	–	–	–	–	–	–	–	Cyclobutane, cis-1,2-dicyano-		03091
53	54	28	26	52	27	66	51	106	100	87	60	45	42	28	24	22	0.62	6	6	–	2	–	–	–	–	–	–	–	–	Cyclobutane, trans-1,2-dicyano-		03093
54	53	28	66	79	52	26	27	106	100	75	34	31	26	22	20	11	1.15	6	6	–	2	–	–	–	–	–	–	–	–	Cyclobutane, 1,2-dicyano-		D0465
57	29	27	39	43	31	41	55	106	100	22	17	11	11	10	8	7	0.97	4	7	1	–	1	–	–	–	–	–	–	–	1-Butene, 4-chloro-3-hydroxy-		C1589
57	41	29	56	55	27	39	42	106	100	49	37	32	17	15	12	10	0.30	5	11	–	–	1	–	–	–	–	–	–	–	Butane, 1-chloro-2-methyl-		03403
57	41	29	93	56	39	27	28	106	100	21	15	10	6	6	5	5	0.00	5	11	–	–	1	–	–	–	–	–	–	–	Propane, 1-chloro-2,2-dimethyl-	753-89-9	Q3934
57	41	55	29	28	27	39	91	106	100	77	58	54	33	23	22	19	0.24	5	11	–	–	1	–	–	–	–	–	–	–	Propane, 1-chloro-2,2-dimethyl-	753-89-9	Q3933
57	55	41	29	91	27	39	63	106	100	40	32	30	17	13	13	7	0.01	5	11	–	–	1	–	–	–	–	–	–	–	Propane, 1-chloro-2,2-dimethyl-		03399
61	106	31	58	47	57	45	49	106	100	93	86	77	64	62	57	52		4	10	1	–	–	–	–	1	–	–	–	–	1-Propanol, 3-(methylthio)-	505-10-2	06865
63	27	43	44	65	107	106	57	106	100	62	42	38	32	31	23	15		4	7	1	–	1	–	–	–	–	–	–	–	2-Chloroethyl vinyl ether		Z0312
66	39	52	27	28	106	53	51	106	100	37	34	23	19	15	11	11		6	6	–	2	–	–	–	–	–	–	–	–	1-Butene, 3,4-dicyano-		D0586
66	39	106	52	27	54	51	40	106	100	39	19	13	10	9	8	7		6	6	–	2	–	–	–	–	–	–	–	–	1-Butene, 2,4-dicyano-		C0726
66	39	106	52	79	28	51	27	106	100	38	20	20	16	14	12	12		6	6	–	2	–	–	–	–	–	–	–	–	1-Butene, cis-1,4-dicyano-		D1595
66	39	106	79	52	51	53	54	106	100	25	20	14	12	8	8	7		6	6	–	2	–	–	–	–	–	–	–	–	1-Butene, cis-1,4-dicyano-		C0115
66	39	106	79	52	53	51	40	106	100	27	22	15	13	7	7	7		6	6	–	2	–	–	–	–	–	–	–	–	2-Butene, trans-1,4-dicyano-		D0403
66	39	106	79	52	53	51	54	106	100	26	19	14	13	9	9	8		6	6	–	2	–	–	–	–	–	–	–	–	2-Butene, trans-1,4-dicyano-		C0117
66	39	106	79	52	53	51	64	106	100	25	19	14	12	6	6	5		6	6	–	2	–	–	–	–	–	–	–	–	1-Butene, trans-1,4-dicyano-		C0116
66	106	39	52	50	27	28	40	106	100	31	25	13	8	8	8	8		6	6	–	2	–	–	–	–	–	–	–	–	1-Butene, 2,4-dicyano-		P1163
66	106	39	79	52	51	40	53	106	100	28	26	18	11	7	7	6		6	6	–	2	–	–	–	–	–	–	–	–	1-Butene, trans-1,4-dicyano-		D0428
66	106	79	39	52	51	67	64	106	100	23	16	12	7	6	5	4		6	6	–	2	–	–	–	–	–	–	–	–	2-Butene, trans-1,4-dicyano-		D0435
66	106	79	52	64	51	53	67	106	100	31	21	12	6	6	6	5		6	6	–	2	–	–	–	–	–	–	–	–	1-Butene, cis-1,4-dicyano-		D0426
70	41	71	43	77	42	55	27	106	100	84	57	56	38	35	35	23	0.51	5	11	–	–	1	–	–	–	–	–	–	–	Pentane, 3-chloro-		Z0323
70	42	55	41	27	29	43	39	106	100	97	82	79	48	45	37	28	2.00	5	11	–	–	1	–	–	–	–	–	–	–	Pentane, 1-chloro-	543-59-9	Q1868
70	43	41	55	42	27	71	39	106	100	98	87	64	62	42	39	34	0.00	5	11	–	–	1	–	–	–	–	–	–	–	Pentane, 2-chloro-	625-29-6	Q3176
70	43	55	41	42	71	27	29	106	100	66	52	50	44	30	22	20	0.22	5	11	–	–	1	–	–	–	–	–	–	–	Pentane, 2-chloro-		Z0321
70	55	42	41	43	57	39	71	106	100	83	74	60	25	13	10	7	1.60	5	11	–	–	1	–	–	–	–	–	–	–	Pentane, 1-chloro-		C1853
73	63	45	47	43	77	49	29	106	100	54	30	15	14	12	8	7	0.00	4	11	–	–	–	–	1	–	–	–	1	–	Silane, (fluoromethyl)trimethyl-	28871-61-6	S2251
74	76	72	75	73	105	103	104	106	100	93	70	60	38	37	37	34	20.27	2	8	–	–	–	–	–	–	–	–	–	1	Germane, ethyl-		P2066
75	31	47	15	29	28	76	45	106	100	38	37	19	16	6	4	4	0.10	4	10	3	–	–	–	–	–	–	–	–	–	Methane, trimethoxy-		D0371
75	31	47	45	76	32	30	59	106	100	58	36	5	4	4	3	2	0.20	4	10	3	–	–	–	–	–	–	–	–	–	Methane, trimethoxy-		B0370
75	47	29	106	27	45	61	31	106	100	77	43	43	42	38	21	19		4	10	1	–	–	–	–	1	–	–	–	–	Ethanol, 2-(ethylthio)-	110-77-0	06866
75	47	45	76	59	44	43	48	106	100	47	5	4	3	2	1	1	0.00	4	10	3	–	–	–	–	–	–	–	–	–	Methane, trimethoxy-	149-73-5	P9972
75	47	106	29	45	61	27	59	106	100	69	47	26	25	19	19	16		4	10	1	–	–	–	–	1	–	–	–	–	Ethanol, 2-(ethylthio)-	110-77-0	H0442
76	41	39	31	42	70	36	78	106	100	88	84	65	42	37	36	34	0.47	4	7	1	–	1	–	–	–	–	–	–	–	1-Butene, 3-chloro-4-hydroxy-		C1590
77	55	71	76	41	43	79	70	106	100	90	67	63	56	50	36	25	0.00	5	11	–	–	1	–	–	–	–	–	–	–	Butane, 2-chloro-2-methyl-	594-36-5	Q2548
77	63	91	47	49	106			106	100	51	28	28	15	8				4	11	–	–	–	–	1	–	–	–	1	–	Silane, (fluoromethyl)trimethyl-		M1063
77	78	49	29	57	63	79	106	106	100	48	19	15	6	6	3	2		7	6	1	–	–	–	–	–	–	–	–	–	4,6-Heptadiyn-3-one	29743-27-9	S2626
77	106	105	51	50	78	29	52	106	100	96	94	65	40	21	20	15		7	6	1	–	–	–	–	–	–	–	–	–	Benzaldehyde		W0083
78	51	106	52	50	77	63	79	106	100	39	38	36	31	13	7	7		7	6	1	–	–	–	–	–	–	–	–	–	2,4,6-Cycloheptatrien-1-one	539-80-0	Q1789
78	91	39	79	77	106	51	27	106	100	47	27	27	23	21	19	17		8	10	–	–	–	–	–	–	–	–	–	–	1,3,5-Cyclooctatriene	1871-52-9	Q6927
78	106	51	52	50	77	63	79	106	100	74	37	35	27	14	7	6		7	6	1	–	–	–	–	–	–	–	–	–	2,4,6-Cycloheptatrien-1-one	539-80-0	Q1788
78	106	67	39	51	52	50	63	106	100	94	65	47	47	40	21	19		7	6	1	–	–	–	–	–	–	–	–	–	2,5-Heptadiyn-4-one	34793-66-3	09321
91	28	106	32	92	107	78	105	106	100	95	68	34	9	6	5	5		8	10	–	–	–	–	–	–	–	–	–	–	Benzene, ethyl-	100-41-4	P7369
91	52	106	39	78	51	54	105	106	100	85	64	47	40	30	30	30		8	10	–	–	–	–	–	–	–	–	–	–	1-Cycloocten-5-yne, (Z)-	66633-23-6	T6674
91	63	62	43	61	106	51	74	106	100	43	34	21	18	16	12	9		7	6	1	–	–	–	–	–	–	–	–	–	3,5-Heptadiyn-2-one	13879-71-5	R4795
91	106	51	39	65	77	92	78	106	100	30	13	10	9	8	8	8		8	10	–	–	–	–	–	–	–	–	–	–	Benzene, ethyl-		Y0419
91	106	51	65	77	92	78	105	106	100	32	11	9	8	7	6	6		8	10	–	–	–	–	–	–	–	–	–	–	Benzene, ethyl-		F0018

MASS TO CHARGE RATIOS								M.W.	INTENSITIES								Parent	C	H	O	N	Cl	Br	F	S	P	B	Si	X	COMPOUND NAME	CAS Reg No	No
91	106	105	28	92	107	79	77	**106**	100	89	28	13	8	8	6	4		8	10	–	–	–	–	–	–	–	–	–	–	**Benzene, 1,4-dimethyl-**	106-42-3	**P7883**
91	106	105	39	51	77	27	50	**106**	100	58	24	17	16	13	11	8		8	10	–	–	–	–	–	–	–	–	–	–	**Benzene, 1,2-dimethyl-**		**Y0420**
91	106	105	39	51	77	27	50	**106**	100	62	30	16	16	14	12	8		8	10	–	–	–	–	–	–	–	–	–	–	**Benzene, 1,4-dimethyl-**		**Y0422**
91	106	105	39	51	77	27	65	**106**	100	64	28	19	15	13	11	8		8	10	–	–	–	–	–	–	–	–	–	–	**Benzene, 1,3-dimethyl-**		**Y0421**
91	106	105	39	65	51	77	63	**106**	100	71	33	31	23	18	16	12		8	10	–	–	–	–	–	–	–	–	–	–	**1,3-Cyclopentadiene, 5-(isopropylidene)-**	2175-91-9	**Q7544**
91	106	105	77	51	39	92	79	**106**	100	59	28	12	11	10	8	7		8	10	–	–	–	–	–	–	–	–	–	–	**Benzene, 1,3-dimethyl-**		**Y0308**
91	106	105	77	51	92	39	107	**106**	100	75	35	13	12	8	8	7		8	10	–	–	–	–	–	–	–	–	–	–	**Benzene, 1,4-dimethyl-**		**C1912**
91	106	105	77	57	39	92	59	**106**	100	90	33	13	12	9	8	7		8	10	–	–	–	–	–	–	–	–	–	–	**Benzene, 1,2-dimethyl-**		**D2024**
91	106	105	77	57	107	39	59	**106**	100	98	36	12	11	9	8	8		8	10	–	–	–	–	–	–	–	–	–	–	**Benzene, 1,3-dimethyl-**		**D2023**
91	106	105	78	79	77	51	39	**106**	100	81	33	27	25	22	18	18		8	10	–	–	–	–	–	–	–	–	–	–	**Cyclopentene, 3-methylene-1-vinyl-**	61142-07-2	**T5380**
91	106	105	92	107	28	79	77	**106**	100	98	45	17	13	11	11	9		8	10	–	–	–	–	–	–	–	–	–	–	**Benzene, 1,2-dimethyl-**	95-47-6	**P6942**
105	106	77	44	28	29	51	78	**106**	100	91	82	40	23	21	18	17		7	6	1	–	–	–	–	–	–	–	–	–	**Benzaldehyde**	100-52-7	**P7405**
105	106	77	51	18	50	17	28	**106**	100	99	94	33	16	15	13	12		7	6	1	–	–	–	–	–	–	–	–	–	**Benzaldehyde**		**D0019**
105	106	78	51	77	50	52	74	**106**	100	20	20	18	12	12	12	3		7	6	1	–	–	–	–	–	–	–	–	–	**2,4-Heptadien-6-ynal, (E,E)-**	7200-04-6	**R2918**
106	45	60	61	58	59	47	27	**106**	100	79	74	66	54	46	46	33		3	6	–	–	–	–	–	2	–	–	–	–	**Methyl vinyl disulphide**		**L6092**
106	52	79	53	51	27	80	50	**106**	100	44	39	36	21	17	14	13		6	6	–	2	–	–	–	–	–	–	–	–	**Pyrazine, vinyl-**	4177-16-6	**R0184**
106	60	78	45	59	105	61	46	**106**	100	44	42	33	18	11	10	9		3	6	–	–	–	–	–	2	–	–	–	–	**1,3-Dithiolane**	4829-04-3	**R0856**
106	60	78	45	59	105	61	72	**106**	100	45	42	36	18	13	12	9		3	6	–	–	–	–	–	2	–	–	–	–	**1,3-Dithiolane**		**M4524**
106	61	57	31	41	43	35	47	**106**	100	85	75	50	44	29	16	14		4	10	1	–	–	–	–	1	–	–	–	–	**1-Propanol, 3-(methylthio)-**	505-10-2	**Q1398**
106	91	39	65	51	77	79	105	**106**	100	97	43	41	40	33	31	28		8	10	–	–	–	–	–	–	–	–	–	–	**1,5-Heptandien-3-yne, 5-methyl-**		**D1325**
31	107	53.5	88	57	38	50	20	**107**	100	87	71	25	24	9	8	6		3	–	–	1	–	–	3	–	–	–	–	–	**Acrylonitrile, perfluoro-**		**W0148**
31	107	88	57	69	50	38	12	**107**	100	90	26	23	16	8	8	7		3	–	–	1	–	–	3	–	–	–	–	–	**Acrylonitrile, perfluoro-**		**L7513**
41	92	80	107	79	54	52	39	**107**	100	72	66	63	60	46	40	39		7	9	–	1	–	–	–	–	–	–	–	–	**1-Cyclohexene, 2-cyano-**		**C0204**
45	46	75	29	31	73	15	30	**107**	100	33	19	16	15	13	9	9	**0.00**	2	5	4	1	–	–	–	–	–	–	–	–	**Nitric acid, 2-hydroxyethyl ester**		**L3334**
45	46	75	29	31	73	27	43	**107**	100	33	19	15	15	13	12	9	**0.00**	2	5	4	1	–	–	–	–	–	–	–	–	**Nitric acid, 2-hydroxyethyl ester**		**01642**
65	41	92	43	40	28	47	39	**107**	100	94	59	54	53	46	23	21	**11.00**	3	3	1	1	–	–	2	–	–	–	–	–	**Ethane, 1,1-difluoro-2-isocyanato-**		**06686**
72	28	42	107	44	18	56	63	**107**	100	56	34	26	18	17	15	12		3	6	1	1	1	–	–	–	–	–	–	–	**Carbamoyl chloride, N,N-dimethyl-**		**D1638**
72	42	15	107	28	18	44	109	**107**	100	52	48	44	39	23	15	15		3	6	1	1	1	–	–	–	–	–	–	–	**Carbamoyl chloride, N,N-dimethyl-**		**D1381**
77	51	107	50	27	78	29	38	**107**	100	68	63	21	8	8	7	7		6	5	1	1	–	–	–	–	–	–	–	–	**Benzene, nitroso-**	586-96-9	**Q2346**
77	51	107	50	30	27	39	38	**107**	100	76	59	25	15	13	9	9		6	5	1	1	–	–	–	–	–	–	–	–	**Benzene, nitroso-**		**00279**
77	51	107	50	74	78	38	108	**107**	100	66	60	21	7	7	5	5		6	5	1	1	–	–	–	–	–	–	–	–	**Benzene, nitroso-**		**D1312**
92	107	106	39	65	51	27	79	**107**	100	81	45	38	34	26	21	19		7	9	–	1	–	–	–	–	–	–	–	–	**Pyridine, 3-ethyl-**	536-78-7	**Q1741**
106	30	28	107	79	77	51	78	**107**	100	86	59	53	48	29	21	19		7	9	–	1	–	–	–	–	–	–	–	–	**Benzylamine**	100-46-9	**P7381**
106	103	107	79	28	77	30	104	**107**	100	54	53	30	28	19	17	17		7	9	–	1	–	–	–	–	–	–	–	–	**Benzylamine**	100-46-9	**P7385**
106	107	30	79	28	77	31	91	**107**	100	72	46	45	34	25	22	18		7	9	–	1	–	–	–	–	–	–	–	–	**Benzylamine**		**06584**
106	107	77	28	79	108	89	105	**107**	100	94	27	25	23	15	11	11		7	9	–	1	–	–	–	–	–	–	–	–	**o-Toluidine**	95-53-4	**P6964**
106	107	77	51	39	79	65	78	**107**	100	80	28	19	15	12	12	10		7	9	–	1	–	–	–	–	–	–	–	–	**Aniline, N-methyl-**	100-61-8	**P7417**
106	107	77	51	104	105	79	78	**107**	100	83	29	12	10	10	8	7		7	9	–	1	–	–	–	–	–	–	–	–	**Aniline, N-methyl-**	100-61-8	**P7419**
106	107	77	79	39	52	53	28	**107**	100	83	17	13	12	10	10	9		7	9	–	1	–	–	–	–	–	–	–	–	**o-Toluidine**	95-53-4	**P6961**
106	107	77	79	51	52	53	78	**107**	100	67	16	11	5	5	5	5		7	9	–	1	–	–	–	–	–	–	–	–	**p-Toluidine**	106-49-0	**P7905**
106	107	77	79	51	65	39	78	**107**	100	82	31	26	16	11	10	10		7	9	–	1	–	–	–	–	–	–	–	–	**Aniline, N-methyl-**	100-61-8	**P7418**
106	107	77	79	108	53	78	89	**107**	100	86	14	12	6	5	5	5		7	9	–	1	–	–	–	–	–	–	–	–	**o-Toluidine**		**D0286**
106	107	77	79	108	78	80	53	**107**	100	84	17	17	7	6	5	4		7	9	–	1	–	–	–	–	–	–	–	–	**m-Toluidine**	108-44-1	**P8117**
106	107	78	79	52	51	77	80	**107**	100	99	58	55	55	49	38	31		7	9	–	1	–	–	–	–	–	–	–	–	**Pyrrolo[1,2-a]pyrrolidine**		**L1382**
106	107	79	51	52	78	39	50	**107**	100	43	26	17	16	15	14	9		7	9	–	1	–	–	–	–	–	–	–	–	**Pyridine, 2-ethyl-**	100-71-0	**H0259**
106	107	79	51	62	39	78	50	**107**	100	44	27	19	17	16	16	10		7	9	–	1	–	–	–	–	–	–	–	–	**Pyridine, 2-ethyl-**	100-71-0	**P7442**
106	107	79	53	52	51	39	54	**107**	100	64	12	7	6	5	5	5		7	9	–	1	–	–	–	–	–	–	–	–	**p-Toluidine**		**F0227**
106	107	79	78	52	51	39	65	**107**	100	51	29	18	13	12	8	6		7	9	–	1	–	–	–	–	–	–	–	–	**Pyridine, 2-ethyl-**		**D2176**
107	29	78	51	106	52	30	50	**107**	100	81	81	69	47	42	41	40		6	5	1	1	–	–	–	–	–	–	–	–	**Pyridine, 3-formyl-**	500-22-1	**H0740**
107	39	106	66	65	92	38	27	**107**	100	39	29	22	18	18	12	11		7	9	–	1	–	–	–	–	–	–	–	–	**Pyridine, 2,6-dimethyl-**		**W0007**
107	78	51	106	52	50	108	79	**107**	100	52	50	34	34	22	8	7		6	5	1	1	–	–	–	–	–	–	–	–	**Pyridine, 4-formyl-**		**02945**
107	92	106	64	79	108	65	80	**107**	100	39	34	18	10	8	3	3		7	9	–	1	–	–	–	–	–	–	–	–	**Pyridine, 2,6-dimethyl-**	108-48-5	**P8125**
107	106	39	66	65	92	79	27	**107**	100	59	45	21	20	19	18	18		7	9	–	1	–	–	–	–	–	–	–	–	**Pyridine, 2,3-dimethyl-**	583-61-9	**H0860**
107	106	39	79	27	51	77	28	**107**	100	65	33	29	17	17	15	13		7	9	–	1	–	–	–	–	–	–	–	–	**Pyridine, 2,5-dimethyl-**	589-93-5	**Q2407**

MASS TO CHARGE RATIOS								M.W.	INTENSITIES								Parent	C	H	O	N	Cl	Br	F	S	P	B	Si	X	COMPOUND NAME	CAS Reg No	No
107	106	39	79	92	27	51	77	**107**	100	49	37	36	21	17	15	15		7	9	–	1	–	–	–	–	–	–	–	–	Pyridine, 3,5-dimethyl-	591-22-0	H0880
107	106	65	39	51	79	50	52	**107**	100	54	37	32	23	21	14	13		7	9	–	1	–	–	–	–	–	–	–	–	Pyridine, 3-ethyl-	536-78-7	Q1744
107	106	79	39	92	27	51	77	**107**	100	49	38	34	22	19	18	14		7	9	–	1	–	–	–	–	–	–	–	–	Pyridine, 3,4-dimethyl-	583-58-4	Q2305
107	106	79	65	92	51	77	80	**107**	100	63	44	22	22	19	17	12		7	9	–	1	–	–	–	–	–	–	–	–	Pyridine, 2,4-dimethyl-	108-47-4	P8120
107	106	79	92	65	66	38	40	**107**	100	38	22	18	15	10	9	8		7	9	–	1	–	–	–	–	–	–	–	–	Pyridine, 2,4-dimethyl-		Y0622
107	106	92	39	51	65	79	52	**107**	100	84	47	28	28	26	24	16		7	9	–	1	–	–	–	–	–	–	–	–	Pyridine, 4-ethyl-	536-75-4	H0794
107	106	92	65	79	51	39	52	**107**	100	88	46	28	25	20	20	15		7	9	–	1	–	–	–	–	–	–	–	–	Pyridine, 4-ethyl-		D1790
18	108	17	80	28	39	81	53	**108**	100	39	24	22	19	12	11	8		6	8	–	2	–	–	–	–	–	–	–	–	Pyridine, 2-amino-3-methyl-	1603-40-3	Q6298
27	44	28	26	72	55	45	73	**108**	100	92	69	65	47	46	25	18	**0.14**	3	5	2	–	1	–	–	–	–	–	–	–	Propanoic acid, 3-chloro-		C0530
28	27	29	64	45	26	63	66	**108**	100	93	56	39	39	35	32	12	**1.20**	3	5	2	–	1	–	–	–	–	–	–	–	Propanoic acid, 2-chloro-		C0529
28	27	64	63	29	45	66	26	**108**	100	88	88	62	48	40	28	24	**4.85**	3	5	2	–	1	–	–	–	–	–	–	–	Propanoic acid, 2-chloro-		Z0331
29	27	108	110	26	28	25	79	**108**	100	90	64	62	31	21	5	4		2	5	–	–	–	1	–	–	–	–	–	–	Ethane, bromo-		Y0607
29	27	108	110	26	28	79	81	**108**	100	92	64	61	33	21	6	6		2	5	–	–	–	1	–	–	–	–	–	–	Ethane, bromo-	74-96-4	P5546
29	63	27	28	65	45	26	44	**108**	100	61	35	21	20	15	9	8	**0.00**	3	5	2	–	1	–	–	–	–	–	–	–	Formic acid, chloro-, ethyl ester	541-41-3	Q1828
29	78	43	44	65	108	48	50	**108**	100	96	46	29	29	29	29	25		2	4	3	–	–	–	–	1	–	–	–	–	1,3,2-Dioxathiolane, 2-oxide	3741-38-6	Q9765
39	41	93	77	79	27	67	91	**108**	100	73	67	62	54	51	50	40	**30.30**	8	12	–	–	–	–	–	–	–	–	–	–	Ethylene, 1,1-dicyclopropyl-		Y1956
39	57	108	31	64	38	58	88	**108**	100	89	83	50	22	22	18	16		4	3	–	–	–	–	3	–	–	–	–	–	1,3-Butadiene, 1,1,2-trifluoro-		W0120
41	47	74	108	45	61	46	27	**108**	100	83	64	56	54	38	33	30		3	8	–	–	–	–	–	2	–	–	–	–	1,3-Propanedithiol	109-80-8	H0419
41	68	54	40	55	27	39	28	**108**	100	50	42	21	20	17	16	13	**0.00**	6	8	–	2	–	–	–	–	–	–	–	–	Butane, 1,4-dicyano-	111-69-3	P8569
41	68	54	55	39	28	27	52	**108**	100	61	47	24	14	13	10	6	**0.06**	6	8	–	2	–	–	–	–	–	–	–	–	Butane, 1,4-dicyano-		D0402
41	68	54	55	52	42	66	53	**108**	100	91	66	36	8	7	7	5	**0.00**	6	8	–	2	–	–	–	–	–	–	–	–	Butane, 1,4-dicyano-	111-69-3	P8571
41	79	39	27	77	93	108	65	**108**	100	91	86	71	66	65	58	52		8	12	–	–	–	–	–	–	–	–	–	–	3-Octen-1-yne, (E)-	42104-42-7	S6855
41	93	55	39	67	79	53	91	**108**	100	98	81	79	47	41	36	31	**16.50**	8	12	–	–	–	–	–	–	–	–	–	–	Cyclohexane, 1,4-dimethylene-		L1883
41	108	107	39	54	40	81	53	**108**	100	53	43	42	22	20	17	14		6	8	–	2	–	–	–	–	–	–	–	–	Imidazole, 1-allyl-	31410-01-2	S3300
42	55	41	31	71	27	72	39	**108**	100	65	49	44	33	24	20	15	**0.00**	4	9	1	–	1	–	–	–	–	–	–	–	1-Butanol, 4-chloro-		F0159
42	108	39	40	27	38	26	81	**108**	100	47	38	28	11	11	8	8		6	8	–	2	–	–	–	–	–	–	–	–	Pyrazine, 2,5-dimethyl-	123-32-0	P9295
42	108	39	40	38	80	27	26	**108**	100	59	44	30	13	11	10	8		6	8	–	2	–	–	–	–	–	–	–	–	Pyrazine, 2,5-dimethyl-	123-32-0	H0573
42	108	39	41	40	81	52	51	**108**	100	43	25	12	10	8	3	1		6	8	–	2	–	–	–	–	–	–	–	–	Pyrimidine, 2,5-dimethyl-		I6747
43	28	93	41	39	42	27	79	**108**	100	92	76	73	45	45	44	44	**11.01**	7	8	1	–	–	–	–	–	–	–	–	–	3,5-Cycloheptadien-1-one	1121-65-9	Q5395
44	107	108	80	40	81	43	73	**108**	100	89	87	72	62	62	51	47		6	8	–	2	–	–	–	–	–	–	–	–	Imidazole, 4-allyl-	50995-98-7	S7541
45	27	29	43	15	55	26	57	**108**	100	21	19	13	8	6	5	4	**0.10**	4	9	1	–	1	–	–	–	–	–	–	–	2-Butanol, (R,R)-3-chloro-	10325-40-3	H1683
45	27	29	43	15	55	26	57	**108**	100	21	18	13	8	5	5	4	**0.10**	4	9	1	–	1	–	–	–	–	–	–	–	2-Butanol, (R,S)-3-chloro-	10325-41-4	H1684
45	27	43	29	55	57	93	19	**108**	100	8	8	8	5	4	4	2	**0.06**	4	9	1	–	1	–	–	–	–	–	–	–	2-Butanol, 3-chloro-		Z0334
45	41	29	108	27	15	39	46	**108**	100	7	6	5	4	3	3	2		4	9	1	–	1	–	–	–	–	–	–	–	2-Chloropropyl methyl ether		Z0335
54	28	39	67	27	79	41	80	**108**	100	44	43	25	22	19	13	13	**1.00**	8	12	–	–	–	–	–	–	–	–	–	–	Cyclobutane, 1,2-divinyl-	2422-85-7	Q8004
54	39	79	27	67	80	53	41	**108**	100	41	25	17	16	15	11	11	**1.07**	8	12	–	–	–	–	–	–	–	–	–	–	Cyclobutane, 1,2-divinyl-	2422-85-7	Q8003
54	39	79	27	67	80	53	93	**108**	100	29	22	13	13	11	10	8	**0.57**	8	12	–	–	–	–	–	–	–	–	–	–	Cyclobutane, trans-1,2-divinyl-	6553-48-6	R2359
54	39	79	27	80	53	67	41	**108**	100	39	28	18	16	13	12	10	**0.30**	8	12	–	–	–	–	–	–	–	–	–	–	Cyclobutane, trans-1,2-divinyl-		L6884
54	41	68	28	69	55	27	39	**108**	100	98	98	88	73	49	32	30	**12.81**	6	8	–	2	–	–	–	–	–	–	–	–	Butane, 1,3-dicyano-		C1469
54	55	28	27	52	41	39	51	**108**	100	85	25	21	12	9	8	6	**0.28**	6	8	–	2	–	–	–	–	–	–	–	–	Butane, 2,3-dicyano-		00733
54	67	39	79	80	41	66	93	**108**	100	53	50	40	38	20	17	15	**10.00**	8	12	–	–	–	–	–	–	–	–	–	–	Cyclooctadiene, (Z,E)-		L7036
54	67	39	79	80	41	93	66	**108**	100	53	50	40	39	20	18	17	**12.01**	8	12	–	–	–	–	–	–	–	–	–	–	1,5-Cyclooctadiene, (E,Z)-	5259-71-2	R1239
54	67	39	80	79	41	27	53	**108**	100	83	56	38	36	23	22	15	**6.44**	8	12	–	–	–	–	–	–	–	–	–	–	1,5-Cyclooctadiene		V0240
54	67	39	80	79	41	66	53	**108**	100	60	35	28	25	19	14	10	**5.20**	8	12	–	–	–	–	–	–	–	–	–	–	1,5-Cyclooctadiene		C0187
54	67	39	80	79	66	41	53	**108**	100	79	57	49	42	20	18	17	**12.01**	8	12	–	–	–	–	–	–	–	–	–	–	1,5-Cyclooctadiene, (Z,Z)-	1552-12-1	Q6196
54	67	79	39	80	66	93	53	**108**	100	65	47	39	39	25	18	18	**15.00**	8	12	–	–	–	–	–	–	–	–	–	–	1,5-Cyclooctadiene, (E,E)-		L7037
54	67	79	39	80	66	93	53	**108**	100	63	46	39	38	25	18	17	**12.01**	8	12	–	–	–	–	–	–	–	–	–	–	1,5-Cyclooctadiene, (E,E)-	17612-50-9	R7100
54	67	79	80	39	66	93	41	**108**	100	45	34	33	20	15	14	9	**7.00**	8	12	–	–	–	–	–	–	–	–	–	–	1,5-Cyclooctadiene, (E,Z)-	5259-71-2	R1240
54	67	80	79	39	66	41	93	**108**	100	94	43	36	33	17	16	13	**6.29**	8	12	–	–	–	–	–	–	–	–	–	–	1,5-Cyclooctadiene	111-78-4	P8597
54	79	39	66	27	80	67	41	**108**	100	53	41	29	29	28	23	21	**8.32**	8	12	–	–	–	–	–	–	–	–	–	–	Cyclohexene, 4-vinyl-		Y0244
54	79	39	80	66	67	27	41	**108**	100	83	63	53	41	37	37	35	**20.61**	8	12	–	–	–	–	–	–	–	–	–	–	Cyclohexene, 4-vinyl-		C0998
54	79	80	66	39	67	28	41	**108**	100	58	33	32	24	23	20	17	**3.20**	8	12	–	–	–	–	–	–	–	–	–	–	Cyclohexene, 4-vinyl-	100-40-3	P7362
59	31	79	45	43	41	29	27	**108**	100	45	33	23	22	21	11	11	**0.12**	4	9	1	–	1	–	–	–	–	–	–	–	2-Butanol, 1-chloro-		Z0332
59	49	15	29	77	14	42	51	**108**	100	77	76	66	38	28	28	25	**0.41**	3	5	2	–	1	–	–	–	–	–	–	–	Acetic acid, chloro-, methyl ester		Y0773

MASS TO CHARGE RATIOS								M.W.	INTENSITIES								Parent	C	H	O	N	Cl	Br	F	S	P	B	Si	X	COMPOUND NAME	CAS Reg No	No
59	49	15	77	29	64	108	51	**108**	100	40	33	32	27	20	16	13		3	5	2	–	1	–	–	–	–	–	–	–	**Acetic acid, chloro-, methyl ester**		**C0452**
59	49	77	64	51	79	42	108	**108**	100	75	52	30	25	18	16	15		3	5	2	–	1	–	–	–	–	–	–	–	**Acetic acid, chloro-, methyl ester**		**02542**
59	65	43	93	79	31	63	29	**108**	100	29	20	14	14	13	12	12	**2.46**	3	9	–	–	1	–	–	–	–	–	1	–	**Silane, (chloromethyl)dimethyl-**	3144-74-9	**06814**
65	80	29	50	28	108	45	77	**108**	100	92	89	59	52	31	26	21		3	8	2	–	–	–	–	1	–	–	–	–	**Ethanesulphinic acid, methyl ester**	31401-21-5	**S3288**
67	39	79	27	54	41	80	93	**108**	100	66	64	57	57	49	40	34	**10.12**	8	12	–	–	–	–	–	–	–	–	–	–	**Bicyclo[5.1.0]oct-3-ene**	659-84-7	**Q3619**
67	41	39	27	93	54	65	79	**108**	100	57	34	17	15	14	13	11	**6.91**	8	12	–	–	–	–	–	–	–	–	–	–	**1,3,7-Octatriene**	1002-35-3	**H1130**
67	41	39	93	65	27	79	54	**108**	100	52	41	22	19	16	12	12	**1.05**	8	12	–	–	–	–	–	–	–	–	–	–	**1,3,7-Octatriene**		**C0827**
67	41	39	93	108	54	65	79	**108**	100	41	17	17	17	11	11	10		8	12	–	–	–	–	–	–	–	–	–	–	**1,3,7-Octatriene**	1002-35-3	**Q4970**
67	66	79	80	93	108			**108**	100	91	90	89	71	27				8	12	–	–	–	–	–	–	–	–	–	–	**Tricyclo[3.3.0.0]octane**		**L2197**
67	108	40	42	26	41	27	39	**108**	100	74	31	30	27	20	18	18		6	8	–	2	–	–	–	–	–	–	–	–	**Pyrazine, 2,3-dimethyl-**	5910-89-4	**R1892**
69	88	89	107	50	31	25	44	**108**	100	60	39	29	16	12	7	4	**0.00**	–	1	–	–	–	–	4	–	1	–	–	–	**Phosphane, tetrafluoro-**		**L1047**
73	27	28	26	55	72	45	36	**108**	100	77	35	31	30	28	28	23	**0.76**	3	5	2	–	1	–	–	–	–	–	–	–	**Propanoic acid, 3-chloro-**		**00278**
73	27	28	45	55	72	63	26	**108**	100	41	31	26	15	14	13	11	**0.81**	3	5	2	–	1	–	–	–	–	–	–	–	**Propanoic acid, 3-chloro-**		**Z0328**
73	72	77	15	43	29	79	76	**108**	100	66	51	49	30	22	17	14	**12.90**	2	6	2	–	1	–	–	–	–	1	–	–	**Borane, chlorodimethoxy-**		**W0044**
77	91	108	93	39	41	65	79	**108**	100	77	70	53	43	27	23	22		8	12	–	–	–	–	–	–	–	–	–	–	**2-Hepten-4-yne, 2-methyl-**	58275-91-5	**T4992**
77	92	76	38	50	107	65	64	**108**	100	79	46	32	31	28	28	27	**2.52**	6	8	–	2	–	–	–	–	–	–	–	–	**Hydrazine, phenyl-**	100-63-0	**P7424**
77	93	91	79	39	41	27	80	**108**	100	85	84	59	43	34	32	31	**12.24**	8	12	–	–	–	–	–	–	–	–	–	–	**1,3,6-Heptatriene, 5-methyl-**	925-52-0	**Q4559**
77	108	91	93	79	39	65	27	**108**	100	83	63	47	42	37	25	22		8	12	–	–	–	–	–	–	–	–	–	–	**3-Octen-5-yne, (E)-**	74744-35-7	**T8443**
77	108	91	93	79	39	65	27	**108**	100	77	63	51	45	39	24	22		8	12	–	–	–	–	–	–	–	–	–	–	**3-Octen-5-yne, (Z)-**	74744-34-6	**T8442**
78	77	51	106	50	52	93	39	**108**	100	82	43	31	23	22	21	19	**7.01**	6	8	–	2	–	–	–	–	–	–	–	–	**Hydrazine, phenyl-**	100-63-0	**P7423**
78	77	79	93	39	52	51	108	**108**	100	29	23	21	19	15	14	14		8	12	–	–	–	–	–	–	–	–	–	–	**Cyclohexane, 1,3-bis(methylene)-**	52086-82-5	**S7857**
79	54	67	39	80	41	77	93	**108**	100	88	79	67	62	37	32	32	**0.40**	8	12	–	–	–	–	–	–	–	–	–	–	**Tricyclo[4.1.1.0$^{(2,5)}$]octane**		**P1624**
79	67	39	80	41	27	93	77	**108**	100	78	73	61	54	43	40	39	**27.07**	8	12	–	–	–	–	–	–	–	–	–	–	**1,4-Cyclooctadiene**	1073-07-0	**Q5205**
79	67	39	80	93	41	77	27	**108**	100	56	51	49	41	36	35	30	**29.28**	8	12	–	–	–	–	–	–	–	–	–	–	**1,3-Cyclooctadiene**	1700-10-3	**Q6545**
79	67	80	108	39	93	41	77	**108**	100	79	63	55	50	50	38	34		8	12	–	–	–	–	–	–	–	–	–	–	**1,4-Cyclooctadiene, (Z,Z)-**	16327-22-3	**R6123**
79	67	93	108	80	77	39	41	**108**	100	60	54	51	50	31	28	27		8	12	–	–	–	–	–	–	–	–	–	–	**1,3-Cyclooctadiene**		**C0350**
79	77	39	66	93	41	65	27	**108**	100	97	83	73	72	70	63	53	**40.85**	8	12	–	–	–	–	–	–	–	–	–	–	**1-Octen-3-yne**	17679-92-4	**R7142**
79	77	39	93	41	27	66	108	**108**	100	70	51	49	41	30	28	24		8	12	–	–	–	–	–	–	–	–	–	–	**1,3,6-Octatriene**	929-20-4	**H1117**
79	77	39	93	91	41	27	66	**108**	100	69	51	49	43	41	30	28	**23.70**	8	12	–	–	–	–	–	–	–	–	–	–	**1,3,6-Octatriene**		**X1893**
79	77	91	93	39	41	66	108	**108**	100	61	47	41	41	31	26	25		8	12	–	–	–	–	–	–	–	–	–	–	**1,3,6-Octatriene**		**C0828**
79	77	93	39	41	108	91	27	**108**	100	53	46	43	35	35	33	28		8	12	–	–	–	–	–	–	–	–	–	–	**1,4,6-Octatriene**		**C1363**
79	77	93	91	39	41	78	108	**108**	100	70	49	46	32	25	25	19		8	12	–	–	–	–	–	–	–	–	–	–	**1,3,6-Octatriene, (Z,E)-**	22038-68-2	**R9529**
79	77	93	91	39	41	108	66	**108**	100	77	54	50	35	29	27	26		8	12	–	–	–	–	–	–	–	–	–	–	**1,3,6-Octatriene, (E,E)-**	22038-69-3	**R9530**
79	77	108	39	41	91	27	78	**108**	100	56	55	34	30	29	25	22		8	12	–	–	–	–	–	–	–	–	–	–	**1,3,5-Octatriene, (Z,Z)-**		**16129**
79	77	108	41	39	91	27	57	**108**	100	42	41	27	26	23	20	19		8	12	–	–	–	–	–	–	–	–	–	–	**1,3,5-Octatriene, (Z,E)-**		**16132**
79	77	108	107	51	39			**108**	100	68	53	29	19	11				7	8	1	–	–	–	–	–	–	–	–	–	**Benzaldehyde, 2,3-dihydro-**		**L7110**
79	80	67	93	39	108	41	77	**108**	100	53	51	49	49	44	30	30		8	12	–	–	–	–	–	–	–	–	–	–	**1,3-Cyclooctadiene**		**V0239**
79	80	67	93	39	108	77	41	**108**	100	59	51	50	42	38	34	29		8	12	–	–	–	–	–	–	–	–	–	–	**1,3-Cyclooctadiene, (Z,Z)-**	3806-59-5	**Q9835**
79	80	77	93	91	39	41	53	**108**	100	86	50	40	33	33	21	18	**3.13**	8	12	–	–	–	–	–	–	–	–	–	–	**Dispiro[2.0.2.2]octane**	21426-37-9	**R9264**
79	80	77	93	91	39	41	67	**108**	100	75	54	49	37	35	26	21	**2.22**	8	12	–	–	–	–	–	–	–	–	–	–	**Dispiro[2.1.2.1]octane**	25399-32-0	**S1045**
79	80	108	66	67	93	39	77	**108**	100	60	28	26	26	23	21	20		8	12	–	–	–	–	–	–	–	–	–	–	**Pentalene, 1,2,3,3a,4,6a-hexahydro-**	5549-09-7	**R1531**
79	93	41	77	108	39	56	27	**108**	100	83	80	67	62	53	40	38		8	12	–	–	–	–	–	–	–	–	–	–	**3-Octen-1-yne, (Z)-**	42091-89-4	**S6854**
79	93	77	39	41	91	80	67	**108**	100	99	48	46	43	34	32	28	**4.05**	8	12	–	–	–	–	–	–	–	–	–	–	**Bicyclo[4.1.0]heptane, 7-methylene-**	54211-14-2	**S8839**
79	93	108	59	77	74	80	91	**108**	100	77	41	38	31	29	26	21		8	12	–	–	–	–	–	–	–	–	–	–	**Bicyclo[4.1.0]oct-1(8)-ene**		**P1304**
79	93	108	77	91	39	27	78	**108**	100	99	71	63	51	46	34	29		8	12	–	–	–	–	–	–	–	–	–	–	**Cyclohexene, 3-ethylidene-**		**C0999**
79	93	108	77	91	39	27	78	**108**	100	99	68	61	50	44	32	28		8	12	–	–	–	–	–	–	–	–	–	–	**Cyclohexene, 3-ethylidene-**		**C1000**
79	107	77	91	51	78	50	80	**108**	100	47	45	26	18	18	10	10	**9.01**	7	8	1	–	–	–	–	–	–	–	–	–	**Bicyclo[2.2.1]hepta-2,5-dien-7-ol**	822-80-0	**Q4255**
79	108	39	80	40	77	52	65	**108**	100	96	65	46	28	25	16	16		7	8	1	–	–	–	–	–	–	–	–	–	**Cyclopentanone, 3,4-bis(methylene)-**	27646-73-7	**S1731**
79	108	77	39	41	91	27	93	**108**	100	53	47	33	30	28	24	24		8	12	–	–	–	–	–	–	–	–	–	–	**1,3,5-Octatriene, (E,E)-**		**16130**
79	108	77	91	93	39	41	27	**108**	100	57	48	40	35	31	22	19		8	12	–	–	–	–	–	–	–	–	–	–	**1,3,5-Octatriene, (E,Z)-**		**16131**
79	108	77	107	51	105	106	50	**108**	100	83	74	66	35	23	22	17		7	8	1	–	–	–	–	–	–	–	–	–	**Benzyl alcohol**		**P7397**
79	108	77	107	51	106	105	50	**108**	100	80	66	63	44	28	26	22		7	8	1	–	–	–	–	–	–	–	–	–	**Benzyl alcohol**		**C1049**
79	108	80	107	78	52	51	53	**108**	100	90	51	45	41	35	21	12		6	8	–	2	–	–	–	–	–	–	–	–	**Pyridine, 2-(methylamino)-**	4597-87-9	**R0633**
79	108	93	77	39	91	27	51	**108**	100	51	48	42	35	32	27	19		8	12	–	–	–	–	–	–	–	–	–	–	**Cyclohexene, 4-ethylidene-**		**C1001**
79	108	107	77	51	39	50	27	**108**	100	79	62	58	39	24	23	18		7	8	1	–	–	–	–	–	–	–	–	–	**Benzyl alcohol**		**W0084**
80	41	68	79	53	52	39	81	**108**	100	28	19	18	16	7	7	5	**0.00**	6	8	–	2	–	–	–	–	–	–	–	–	**Butane, 1,2-dicyano-**		**C1947**

MASS TO CHARGE RATIOS								M.W.	INTENSITIES								Parent	C	H	O	N	Cl	Br	F	S	P	B	Si	X	COMPOUND NAME	CAS Reg No	No
80	78	108	51	52	65	79	107	**108**	100	70	61	32	23	22	22	22		7	8	1	–	–	–	–	–	–	–	–	–	**2,4-Heptadien-6-yn-1-ol, (E,E)-**	17098-71-4	**R6628**
80	79	39	27	77	93	41	81	**108**	100	33	18	15	11	8	7	7	**3.44**	8	12	–	–	–	–	–	–	–	–	–	–	**Bicyclo[2.2.1]heptene, 1-methyl-**		**Y1556**
80	79	39	27	108	77	41	51	**108**	100	38	20	15	13	11	8	7		8	12	–	–	–	–	–	–	–	–	–	–	**Bicyclo[2.2.1]hept-2-ene, 2-methyl-**	694-92-8	**Q3743**
80	79	51	108	39	27	77	67	**108**	100	34	20	14	12	10	9	6		8	12	–	–	–	–	–	–	–	–	–	–	**Bicyclo[2.2.2]oct-2-ene**		**M1243**
80	79	77	93	39	91	78	41	**108**	100	89	41	37	29	27	19	18	**7.18**	8	12	–	–	–	–	–	–	–	–	–	–	**Spiro[2.4]heptane, 5-methylene-**	37745-07-6	**S5592**
80	79	108	39	77	41	81	27	**108**	100	33	15	11	10	8	8	7		8	12	–	–	–	–	–	–	–	–	–	–	**Bicyclo[2.2.2]oct-2-ene**	931-64-6	**Q4651**
80	79	108	107	52	51	53	78	**108**	100	55	53	42	38	25	19	17		6	8	–	2	–	–	–	–	–	–	–	–	**Pyridine, 2-(aminomethyl)-**	3731-51-9	**Q9739**
80	108	29	27	45	79	64	46	**108**	100	99	89	47	47	33	32	22		3	8	–	–	–	–	–	2	–	–	–	–	**Methyl ethyl disulphide**		**17103**
80	108	79	107	52	51	53	109	**108**	100	26	25	23	20	17	15	12		6	8	–	2	–	–	–	–	–	–	–	–	**Pyridine, 3-(aminomethyl)-**		**02890**
89	70	51	35	19	32	91	72	**108**	100	46	9	8	8	7	4	2	**0.90**	–	–	–	–	–	–	4	1	–	–	–	–	**Sulphur tetrafluoride**	7783-60-0	**R3486**
92	107	79	77	90	39	80	41	**108**	100	78	76	50	47	45	32	29	**6.51**	8	12	–	–	–	–	–	–	–	–	–	–	**Tricyclo[2.2.2.0$^{(1,4)}$]octane**	36120-88-4	**S5154**
93	63	78	108	77	47	62	94	**108**	100	48	45	16	14	10	3	3		3	9	2	–	–	–	–	–	1	–	–	–	**Phosphinic acid, dimethyl-, methyl ester**		**L2619**
93	77	91	53	39	27	41	28	**108**	100	80	60	53	45	32	29	29	**4.86**	8	12	–	–	–	–	–	–	–	–	–	–	**Cyclopropene, 1-methyl-3-(2-methylcyclopropyl)-**	61142-26-5	**T5417**
93	77	91	79	39	41	80	27	**108**	100	92	72	59	43	41	41	33	**20.95**	8	12	–	–	–	–	–	–	–	–	–	–	**1,3,6-Heptatriene, 5-methyl-**	925-52-0	**Q4558**
93	77	91	79	39	80	41	108	**108**	100	96	77	54	33	32	26	23		8	12	–	–	–	–	–	–	–	–	–	–	**1,3,6-Heptatriene, (E)-5-methyl-**	818-48-4	**Q4206**
93	79	39	108	77	27	41	91	**108**	100	86	66	65	58	51	49	44		8	12	–	–	–	–	–	–	–	–	–	–	**Cyclohexane, 1,4-dimethylene-**		**X1222**
93	79	39	108	77	80	27	41	**108**	100	90	48	47	45	34	33	33		8	12	–	–	–	–	–	–	–	–	–	–	**Cyclopentane, 1-methylene-2-vinyl-**		**C1002**
93	79	77	39	91	108	80	41	**108**	100	98	64	54	45	39	29	28		8	12	–	–	–	–	–	–	–	–	–	–	**Tricyclo[3.2.1.0$^{(1,5)}$]octane**	19074-25-0	**R7953**
93	79	77	91	108	80	39	41	**108**	100	87	52	44	43	39	25	21		8	12	–	–	–	–	–	–	–	–	–	–	**Spiro[2.4]heptane, 4-methylene-**	24308-54-1	**S0527**
93	79	77	108	91	39	41	80	**108**	100	85	60	49	43	35	25	25		8	12	–	–	–	–	–	–	–	–	–	–	**Tricyclo[3.2.1.0$^{(1,5)}$]octane**	19074-25-0	**R7954**
93	79	80	77	91	67	41	78	**108**	100	79	35	26	22	16	13	12	**8.00**	8	12	–	–	–	–	–	–	–	–	–	–	**Bicyclo[4.1.0]heptane, 7-methylene-**	54211-14-2	**S8840**
93	95	73	63	65	43	94	29	**108**	100	36	34	20	19	14	8	6	**3.78**	3	9	–	–	1	–	–	–	–	–	1	–	**Silane, chlorotrimethyl-**		**W0029**
93	95	73	65	63	43	94	45	**108**	100	35	32	18	13	8	7	6	**4.24**	3	9	–	–	1	–	–	–	–	–	1	–	**Silane, chlorotrimethyl-**	75-77-4	**P5653**
93	108	65	66	92	80	53	54	**108**	100	83	43	43	37	21	18	16		6	8	–	2	–	–	–	–	–	–	–	–	**Pyridinium, 1-amino-4-methyl-, hydroxide, inner salt**	57156-85-1	**T4328**
93	108	65	66	92	80	107	81	**108**	100	85	43	41	39	28	5	4		6	8	–	2	–	–	–	–	–	–	–	–	**Pyridinium, 1-amino-4-methyl-, hydroxide, inner salt**		**M3718**
93	108	91	77	79	39	107	65	**108**	100	55	47	38	26	10	9	9		8	12	–	–	–	–	–	–	–	–	–	–	**Cyclopentene, 3-ethylidene-1-methyl-**	62338-00-5	**T6089**
93	108	107	105	106				**108**	100	36	5	2	2					8	12	–	–	–	–	–	–	–	–	–	–	**1,3-Cyclohexadiene, cis-5,6-dimethyl-**	765-86-6	**Q4023**
93	108	107	105	106				**108**	100	34	4	2	1					8	12	–	–	–	–	–	–	–	–	–	–	**1,3-Cyclohexadiene, trans-5,6-dimethyl-**	2417-81-4	**Q7995**
93	108	107	105	106				**108**	100	46	7	4	4					8	12	–	–	–	–	–	–	–	–	–	–	**2,4,6-Octatriene, (E,E,Z)-**		**R8242**
93	108	107	105	106				**108**	100	48	5	3	1					8	12	–	–	–	–	–	–	–	–	–	–	**2,4,6-Octatriene, (E,Z,Z)-**	2417-80-3	**Q7994**
93	108	107	105	106				**108**	100	62	4	2	1					8	12	–	–	–	–	–	–	–	–	–	–	**2,4,6-Octatriene, (Z,Z,Z)-**	14947-20-7	**R5488**
106	104	108	75	77	76	103	105	**108**	100	90	59	56	43	42	42	23		–	5	–	–	–	–	–	–	–	–	1	1	**Arsine, silyl-**		**00208**
107	18	28	44	108	80	41	53	**108**	100	55	51	45	43	24	15	15		6	8	–	2	–	–	–	–	–	–	–	–	**Cyclopentaneimine, 2-cyano-**		**02990**
107	108	39	80	53	52	40	81	**108**	100	80	28	24	22	18	18	14		6	8	–	2	–	–	–	–	–	–	–	–	**Pyrazine, 2-ethyl-**		**L5255**
107	108	42	39	80	40	53	52	**108**	100	93	34	31	25	22	22	16		6	8	–	2	–	–	–	–	–	–	–	–	**Pyrazine, ethyl-**	13925-00-3	**R4826**
107	108	77	28	79	53	91	51	**108**	100	90	18	15	14	8	8	8		7	8	1	–	–	–	–	–	–	–	–	–	**Phenol, 4-methyl-**		**Z0326**
107	108	77	79	27	51	39	53	**108**	100	91	27	21	20	19	18	16		7	8	1	–	–	–	–	–	–	–	–	–	**Phenol, 4-methyl-**		**W0069**
107	108	80	53	26	39	56	109	**108**	100	71	22	17	16	14	5	4		6	8	–	2	–	–	–	–	–	–	–	–	**Pyrazine, 2-ethyl-**	13925-00-3	**R4827**
107	108	80	53	28	54	52	42	**108**	100	46	26	17	13	11	11	9		6	8	–	2	–	–	–	–	–	–	–	–	**Cyclopentaneimine, 2-cyano-**		**C0293**
108	39	40	107	42	52	51	41	**108**	100	40	28	25	23	16	14	12		6	8	–	2	–	–	–	–	–	–	–	–	**Pyrimidine, 4,5-dimethyl-**		**16749**
108	39	42	40	28	81	38	66	**108**	100	54	46	38	29	29	19	17		6	8	–	2	–	–	–	–	–	–	–	–	**Pyrimidine, 4,6-dimethyl-**		**X1731**
108	39	42	40	81	66	107	41	**108**	100	52	44	36	27	19	17	14		6	8	–	2	–	–	–	–	–	–	–	–	**Pyrimidine, 4,6-dimethyl-**		**16750**
108	40	39	41	67	42	52	51	**108**	100	84	74	70	57	46	27	25		6	8	–	2	–	–	–	–	–	–	–	–	**Pyrimidine, 2,4-dimethyl-**		**16748**
108	42	39	40	66	107	81	41	**108**	100	46	39	31	16	16	14	13		6	8	–	2	–	–	–	–	–	–	–	–	**Pyrimidine, 4,6-dimethyl-**	1558-17-4	**Q6201**
108	42	39	40	81	109	38	28	**108**	100	85	25	22	13	7	6	5		6	8	–	2	–	–	–	–	–	–	–	–	**Pyrazine, 2,5-dimethyl-**	123-32-0	**H0572**
108	42	40	39	38	81	109	41	**108**	100	97	50	42	9	8	8	8		6	8	–	2	–	–	–	–	–	–	–	–	**Pyrazine, 2,6-dimethyl-**	108-50-9	**P8130**
108	42	40	39	38	109	41	67	**108**	100	96	58	50	15	9	8	8		6	8	–	2	–	–	–	–	–	–	–	–	**Pyrazine, 2,6-dimethyl-**	108-50-9	**P8128**
108	42	40	39	67	109	38	81	**108**	100	65	37	26	8	7	7	6		6	8	–	2	–	–	–	–	–	–	–	–	**Pyrazine, 2,6-dimethyl-**	108-50-9	**H0389**
108	42	67	39	40	93	41	26	**108**	100	99	97	90	83	81	52	38		6	8	–	2	–	–	–	–	–	–	–	–	**Pyrimidine, 2,4-dimethyl-**	14331-54-5	**R5162**
108	52	80	51	50	109	54	38	**108**	100	96	68	34	28	9	6	6		6	4	2	–	–	–	–	–	–	–	–	–	**1,2-Benzoquinone**		**D2055**
108	53	52	54	43	109	79	51	**108**	100	52	50	30	28	20	19	16		4	4	–	4	–	–	–	–	–	–	–	–	**Pyrazole, 2-amino-3-cyano-**		**M8145**
108	54	26	82	80	52	53	109	**108**	100	68	39	29	25	15	15	7		6	4	2	–	–	–	–	–	–	–	–	–	**1,4-Benzoquinone**		**C0348**
108	54	81	28	31	29	109	27	**108**	100	16	16	13	12	6	6	5		4	4	–	4	–	–	–	–	–	–	–	–	**Imidazo[4,5-d]imidazole, 1,6-dihydro-**	35369-36-9	**S4927**
108	54	82	80	53	52	109	50	**108**	100	59	25	18	14	13	7	5		6	4	2	–	–	–	–	–	–	–	–	–	**1,4-Benzoquinone**		**D2059**
108	65	78	39	77	93	79	51	**108**	100	63	57	29	16	15	10	6		7	8	1	–	–	–	–	–	–	–	–	–	**Anisole**		**L9828**

MASS TO CHARGE RATIOS	M.W.	INTENSITIES	Parent	C	H	O	N	Cl	Br	F	S	P	B	Si	X	COMPOUND NAME	CAS Reg No	No
108 67 40 42 41 39 109 68	**108**	100 94 19 16 14 9 9 7		6	8	–	2	–	–	–	–	–	–	–	–	**Pyrazine, 2,3-dimethyl-**	5910-89-4	**R1893**
108 67 42 40 41 26 39 28	**108**	100 94 19 18 13 11 9 7		6	8	–	2	–	–	–	–	–	–	–	–	**Pyrazine, 2,3-dimethyl-**	5910-89-4	**H1567**
108 78 65 39 77 93 51 79	**108**	100 55 49 19 17 14 12 12		7	8	1	–	–	–	–	–	–	–	–	–	**Anisole**		**C0099**
108 78 65 39 77 93 51 79	**108**	100 62 57 23 18 15 14 14		7	8	1	–	–	–	–	–	–	–	–	–	**Anisole**	100-66-3	**P7429**
108 79 77 39 81 51 107 53	**108**	100 90 49 45 28 25 21 21		7	8	1	–	–	–	–	–	–	–	–	–	**Furan, 2-propenyl-**		**L0795**
108 80 52 28 54 53 81 107	**108**	100 82 39 38 36 34 26 25		6	8	–	2	–	–	–	–	–	–	–	–	**Benzene, 1,4-diamino-**	106-50-3	**H0339**
108 80 81 39 66 41 42 91	**108**	100 54 41 26 15 13 11 10		6	8	–	2	–	–	–	–	–	–	–	–	**Pyridine, 2-amino-6-methyl-**	1824-81-3	**Q6815**
108 80 81 39 91 66 109 53	**108**	100 39 33 15 11 9 8 7		6	8	–	2	–	–	–	–	–	–	–	–	**Pyridine, 2-amino-6-methyl-**		**L4181**
108 80 81 53 39 41 52 66	**108**	100 62 31 12 9 8 6 6		6	8	–	2	–	–	–	–	–	–	–	–	**Pyridine, 2-amino-4-methyl-**	695-34-1	**Q3747**
108 80 81 54 107 109 91 53	**108**	100 28 20 9 8 7 5 5		6	8	–	2	–	–	–	–	–	–	–	–	**Benzene, 1,3-diamino-**		**D2301**
108 80 81 107 28 53 109 54	**108**	100 50 28 25 17 13 9 9		6	8	–	2	–	–	–	–	–	–	–	–	**Benzene, 1,2-diamino-**	95-54-5	**P6965**
108 80 81 107 109 53 52 91	**108**	100 39 23 11 8 7 5 5		6	8	–	2	–	–	–	–	–	–	–	–	**Benzene, 1,3-diamino-**	108-45-2	**P8118**
108 80 107 54 81 53 52 28	**108**	100 34 28 19 17 15 10 7		6	8	–	2	–	–	–	–	–	–	–	–	**Benzene, 1,4-diamino-**		**F0176**
108 80 107 81 53 39 52 109	**108**	100 44 39 19 15 8 8 7		6	8	–	2	–	–	–	–	–	–	–	–	**Pyridine, 2-amino-5-methyl-**	1603-41-4	**Q6299**
108 80 107 81 53 91 39 52	**108**	100 45 20 17 14 11 11 6		6	8	–	2	–	–	–	–	–	–	–	–	**Pyridine, 2-amino-3-methyl-**		**L4210**
108 81 80 91 90 107 53 54	**108**	100 50 38 33 30 19 10 8		6	8	–	2	–	–	–	–	–	–	–	–	**Benzene, 1,2-diamino-**		**D0722**
108 82 65 93 66 80 81 107	**108**	100 60 58 24 18 14 6 4		6	8	–	2	–	–	–	–	–	–	–	–	**Pyridinium, 1-amino-2-methyl-, hydroxide, inner salt**		**M3719**
108 92 65 77 91 78 51 93	**108**	100 35 32 20 15 14 11 10		6	8	–	2	–	–	–	–	–	–	–	–	**Hydrazine, phenyl-**	100-63-0	**P7420**
108 92 65 93 66 51 78 80	**108**	100 60 58 27 20 19 15 14		6	8	–	2	–	–	–	–	–	–	–	–	**Pyridinium, 1-amino-2-methyl-, hydroxide, inner salt**	51135-75-2	**S7574**
108 93 79 77 91 80 67 59	**108**	100 92 68 46 37 33 26 23		8	12	–	–	–	–	–	–	–	–	–	–	**1,2-Cyclooctadiene**	7124-40-5	**R2852**
108 107 43 65 39 79 53 55	**108**	100 64 33 29 22 19 17 16		7	8	1	–	–	–	–	–	–	–	–	–	**Furan, 2-methyl-5-vinyl-**		**L0794**
108 107 77 79 51 39 27 53	**108**	100 99 28 23 22 18 18 17		7	8	1	–	–	–	–	–	–	–	–	–	**Phenol, 4-methyl-**		**C1069**
108 107 79 39 77 27 51 53	**108**	100 84 33 30 29 18 18 16		7	8	1	–	–	–	–	–	–	–	–	–	**Phenol, 3-methyl-**		**W0068**
108 107 79 39 77 27 51 53	**108**	100 85 35 31 29 17 17 15		7	8	1	–	–	–	–	–	–	–	–	–	**Phenol, 3-methyl-**	108-39-4	**P8105**
108 107 79 77 39 90 51 27	**108**	100 77 35 33 25 23 22 20		7	8	1	–	–	–	–	–	–	–	–	–	**Phenol, 2-methyl-**		**W0067**
108 107 79 77 39 91 109 53	**108**	100 85 21 19 10 10 8 7		7	8	1	–	–	–	–	–	–	–	–	–	**Phenol, 3-methyl-**	108-39-4	**P8106**
108 107 79 77 90 39 51 89	**108**	100 80 23 22 21 9 9 9		7	8	1	–	–	–	–	–	–	–	–	–	**Phenol, 2-methyl-**	95-48-7	**P6944**
108 107 80 54 81 53 109 52	**108**	100 24 24 14 11 10 8 6		6	8	–	2	–	–	–	–	–	–	–	–	**Benzene, 1,4-diamino-**		**C1397**
108 107 106 105 81 79 78 77	**108**	100 99 98 75 19 17 16 12		6	8	–	–	–	–	–	–	–	–	1	–	**Silane, phenyl-**	694-53-1	**Q3738**
28 109 32 82 39 81 55 54	**109**	100 53 33 30 11 11 10 9		5	7	–	3	–	–	–	–	–	–	–	–	**Pyridine, 2,6-diamino-**	141-86-6	**P9838**
41 56 54 69 55 109 67 53	**109**	100 75 51 49 38 22 19 13		7	11	–	1	–	–	–	–	–	–	–	–	**1-Pentene, 5-cyano-2-methyl-**		**C0165**
44 18 36 30 28 41 17 27	**109**	100 82 51 34 32 30 25 24	**0.20**	4	12	–	1	1	–	–	–	–	–	–	–	**2-Butanamine, hydrochloride**	10049-60-2	**R3558**
54 27 28 55 39 80 53 29	**109**	100 41 31 30 28 20 20 20	**15.00**	6	7	1	1	–	–	–	–	–	–	–	–	**2H-Pyran, 2-cyano-3,4-dihydro-**		**A0823**
54 80 66 53 55 28 29 39	**109**	100 70 41 34 33 31 25 21	**6.09**	6	7	1	1	–	–	–	–	–	–	–	–	**Cyclopentane, 3-cyano-1,5-epoxy-**		**00280**
54 109 55 41 27 39 56 80	**109**	100 52 46 34 27 24 22 19		6	7	1	1	–	–	–	–	–	–	–	–	**Cyclopentanone, 2-cyano-**		**D1166**
55 39 56 41 109 67 82 94	**109**	100 17 17 15 12 11 8 7		7	11	–	1	–	–	–	–	–	–	–	–	**1-Pentene, 4-cyano-2-methyl-**		**C0178**
55 41 39 27 29 54 28 67	**109**	100 18 15 10 10 10 7 6	**1.12**	7	11	–	1	–	–	–	–	–	–	–	–	**1-Hexene, 5-cyano-**		**00721**
56 41 39 27 28 55 54 29	**109**	100 44 14 12 10 8 5 5	**0.00**	7	11	–	1	–	–	–	–	–	–	–	–	**Cyclobutanecarbonitrile, 3,3-dimethyl-**	53783-86-1	**S8607**
56 41 54 67 43 39 82 69	**109**	100 83 79 39 34 34 30 28	**15.60**	7	11	–	1	–	–	–	–	–	–	–	–	**Cyclohexanecarbonitrile**		**C0057**
63 46 27 65 30 45 62 28	**109**	100 41 38 31 19 9 9 8	**0.10**	2	4	2	1	1	–	–	–	–	–	–	–	**Ethane, 1-chloro-2-nitro-**		**01648**
79 108 109 52 39 15 80 51	**109**	100 80 69 59 55 31 30 29		6	7	1	1	–	–	–	–	–	–	–	–	**Pyridine, 2-methoxy-**	1628-89-3	**H1209**
80 109 39 81 42 28 27 38	**109**	100 91 53 48 25 25 21 18		6	7	1	1	–	–	–	–	–	–	–	–	**2-Pyridinone, 6-methyl-**		**01388**
92 109 65 39 93 77 51 78	**109**	100 83 81 27 25 21 20 17		6	7	1	1	–	–	–	–	–	–	–	–	**Phenylhydroxylamine**		**03273**
92 109 65 91	**109**	100 88 82 6		6	7	1	1	–	–	–	–	–	–	–	–	**Aniline, N-hydroxy-**	100-65-2	**P7427**
94 93 67 66 109 108 92 52	**109**	100 76 55 43 36 34 24 18		2	10	–	3	–	–	–	–	–	3	–	–	**Borazine, B,B′-dimethyl-**		**05454**
94 109 66 39 38 43 40 53	**109**	100 82 55 36 12 12 9 7		6	7	1	1	–	–	–	–	–	–	–	–	**2-Acetylpyrrole**	1072-83-9	**Q5198**
94 109 66 39 43 38 40 53	**109**	100 78 59 41 18 15 13 8		6	7	1	1	–	–	–	–	–	–	–	–	**2-Acetylpyrrole**	1072-83-9	**Q5197**
94 109 66 39 43 38 40 67	**109**	100 75 53 31 11 8 8 6		6	7	1	1	–	–	–	–	–	–	–	–	**2-Acetylpyrrole**	1072-83-9	**Q5196**
94 109 67 93 53 108 95 77	**109**	100 52 12 11 11 8 5 5		7	11	–	1	–	–	–	–	–	–	–	–	**Pyrrole, 4-ethyl-2-methyl-**	5690-96-0	**R1682**
94 109 80 108 95	**109**	100 46 18 17 12		7	11	–	1	–	–	–	–	–	–	–	–	**Pyrrole, 4-ethyl-3-methyl-**		**M6912**
94 109 93 67 108 95 77 53	**109**	100 46 17 9 7 7 7 6		7	11	–	1	–	–	–	–	–	–	–	–	**Pyrrole, 2-ethyl-4-methyl-**	69687-77-0	**T7213**
108 80 109 52 78 51 79 53	**109**	100 72 56 48 39 37 37 32		6	7	1	1	–	–	–	–	–	–	–	–	**Pyridine, 2-(hydroxymethyl)-**	586-98-1	**Q2347**
108 80 109 52 78 79 53 51	**109**	100 70 64 36 35 34 29 29		6	7	1	1	–	–	–	–	–	–	–	–	**Pyridine, 2-(hydroxymethyl)-**		**02892**
108 107 38 109 37 40 106 81	**109**	100 82 46 35 26 25 24 23		2	10	–	3	–	–	–	–	–	3	–	–	**Borazine, N,N′-dimethyl-**		**05455**

MASS TO CHARGE RATIOS	M.W.	INTENSITIES	Parent	C	H	O	N	Cl	Br	F	S	P	B	Si	X	COMPOUND NAME	CAS Reg No	No
108 109 53 80 42 52 27 41	**109**	100 97 53 47 24 21 15 15		6	7	1	1	–	–	–	–	–	–	–	–	Pyrrole, 2-formyl-5-methyl-	1192-79-6	Q5667
108 109 79 52 78 51 80 110	**109**	100 99 84 42 28 21 21 9		6	7	1	1	–	–	–	–	–	–	–	–	Pyridine, 2-methoxy-		M4006
108 109 94 93 42 67 107 65	**109**	100 63 26 13 13 11 9 7		7	11	–	1	–	–	–	–	–	–	–	–	Pyrrole, 2,3,5-trimethyl-	2199-41-9	Q7585
109 39 53 93 65 66 92 54	**109**	100 39 39 39 18 15 14 13		6	7	1	1	–	–	–	–	–	–	–	–	Pyridine, 3-methyl-, 1-oxide	1003-73-2	Q4994
109 39 93 53 65 66 92 54	**109**	100 40 39 29 18 16 14 14		6	7	1	1	–	–	–	–	–	–	–	–	Pyridine, 3-methyl-, 1-oxide		M2447
109 51 78 106 108 80 52 53	**109**	100 90 85 66 52 52 47 28		6	7	1	1	–	–	–	–	–	–	–	–	Pyridine, 4-(hydroxymethyl)-		02891
109 57 82 63 62 89 51 52	**109**	100 57 45 24 24 13 13 12		6	4	–	1	–	–	1	–	–	–	–	–	Cyclopentadiene, 1-cyano-2-fluoro-		M0700
109 66 94 43 79 110 51 78	**109**	100 38 11 10 9 9 6 6		6	7	1	1	–	–	–	–	–	–	–	–	Pyridine, 3-methoxy-	7295-76-3	R3035
109 66 94 43 110 79 78 51	**109**	100 37 13 12 10 9 7 7		6	7	1	1	–	–	–	–	–	–	–	–	Pyridine, 3-methoxy-		M4007
109 79 52 78 51 50 66 110	**109**	100 33 31 12 11 9 9 8		6	7	1	1	–	–	–	–	–	–	–	–	Pyridine, 4-methoxy-	620-08-6	Q3003
109 79 52 78 51 110 50 66	**109**	100 33 30 14 13 9 9 9		6	7	1	1	–	–	–	–	–	–	–	–	Pyridine, 4-methoxy-		M4008
109 80 18 108 110 54.5 64 53	**109**	100 25 14 8 7 6 6 6		6	7	1	1	–	–	–	–	–	–	–	–	Phenol, 2-amino-		D1075
109 80 28 53 27 39 81 54	**109**	100 44 26 24 19 18 18 16		6	7	1	1	–	–	–	–	–	–	–	–	3-Pyridinol, 6-methyl-	1121-78-4	Q5397
109 80 28 53 81 52 108 27	**109**	100 69 27 22 15 14 13 12		6	7	1	1	–	–	–	–	–	–	–	–	Phenol, 2-amino-		D1464
109 80 28 53 108 52 81 54	**109**	100 44 21 17 14 13 13 10		6	7	1	1	–	–	–	–	–	–	–	–	Phenol, 4-amino-	123-30-8	P9289
109 80 39 27 53 42 38 81	**109**	100 68 53 21 19 16 15 15		6	7	1	1	–	–	–	–	–	–	–	–	3-Pyridinol, 2-methyl-		M5210
109 80 39 28 53 81 42 38	**109**	100 77 34 24 19 16 14 13		6	7	1	1	–	–	–	–	–	–	–	–	3-Pyridinol, 2-methyl-	1121-25-1	Q5387
109 80 39 81 42 38 66 53	**109**	100 72 41 29 22 14 13 12		6	7	1	1	–	–	–	–	–	–	–	–	2-Pyridinone, 6-methyl-		B1309
109 80 39 81 44 42 40 38	**109**	100 59 38 23 22 19 12 11		6	7	1	1	–	–	–	–	–	–	–	–	2-Pyridinol, 6-methyl-		02548
109 80 39 81 44 42 40 53	**109**	100 60 39 24 22 19 13 10		6	7	1	1	–	–	–	–	–	–	–	–	2-Pyridinol, 6-methyl-		B1686
109 80 44 31 81 53 47 39	**109**	100 73 27 26 22 22 22 22		6	7	1	1	–	–	–	–	–	–	–	–	2-Pyridinone, 4-methyl-		01387
109 80 53 28 52 108 64 39	**109**	100 39 12 11 10 9 8 8		6	7	1	1	–	–	–	–	–	–	–	–	Phenol, 2-amino-	95-55-6	P6966
109 80 53 28 81 52 108 54	**109**	100 77 43 39 37 27 24 21		6	7	1	1	–	–	–	–	–	–	–	–	Phenol, 4-amino-		D1466
109 80 53 29 81 52 51 91	**109**	100 83 28 17 17 10 9 9		6	7	1	1	–	–	–	–	–	–	–	–	2(1H)-Pyridinone, 3-methyl-	1003-56-1	Q4991
109 80 53 39 81 52 91 51	**109**	100 82 28 17 16 11 10 8		6	7	1	1	–	–	–	–	–	–	–	–	2-Pyridinone, 3-methyl-		L4217
109 80 53 81 39 52 51 110	**109**	100 82 40 34 34 8 8 8		6	7	1	1	–	–	–	–	–	–	–	–	2-Pyridinone, 4-methyl-		L4218
109 80 81 53 28 39 52 41	**109**	100 48 27 17 12 12 10 9		6	7	1	1	–	–	–	–	–	–	–	–	Phenol, 3-amino-		D1465
109 80 81 53 28 110 39 52	**109**	100 36 17 11 9 8 7 6		6	7	1	1	–	–	–	–	–	–	–	–	Phenol, 3-amino-	591-27-5	Q2447
109 80 81 53 39 51 52 108	**109**	100 98 27 25 12 11 10 10		6	7	1	1	–	–	–	–	–	–	–	–	2(1H)-Pyridinone, 5-methyl-		Q4993
109 80 81 53 110 52 108 62	**109**	100 23 10 6 6 3 3 3		6	7	1	1	–	–	–	–	–	–	–	–	Phenol, 3-amino-	591-27-5	Q2449
109 80 107 53 52 108 81 110	**109**	100 31 23 20 19 15 11 6		6	7	1	1	–	–	–	–	–	–	–	–	Phenol, 4-amino-	123-30-8	P9291
109 81 39 80 42 28 53 55	**109**	100 33 22 20 19 13 10 8		6	7	1	1	–	–	–	–	–	–	–	–	2-Pyridinone, 1-methyl-		A0711
109 81 39 80 42 53 55 38	**109**	100 68 48 41 39 16 16 15		6	7	1	1	–	–	–	–	–	–	–	–	2-Pyridinone, 1-methyl-		Y0621
109 81 39 80 42 55 53 44	**109**	100 43 30 28 26 13 13 13		6	7	1	1	–	–	–	–	–	–	–	–	2-Pyridinone, 1-methyl-		01385
109 92 65 93 32 39 66 51	**109**	100 88 62 45 37 23 18 16		6	7	1	1	–	–	–	–	–	–	–	–	Pyridine, 2-methyl-, 1-oxide	931-19-1	Q4641
109 93 39 53 66 65 51 92	**109**	100 57 38 29 23 20 18 17		6	7	1	1	–	–	–	–	–	–	–	–	Pyridine, 4-methyl-, 1-oxide		M2448
109 93 53 39 66 65 51 92	**109**	100 57 28 27 23 20 18 17		6	7	1	1	–	–	–	–	–	–	–	–	Pyridine, 4-methyl-, 1-oxide	1003-67-4	Q4992
109 108 53 39 80 27 42 38	**109**	100 85 45 36 33 12 9 9		6	7	1	1	–	–	–	–	–	–	–	–	Pyrrole, 2-formyl-N-methyl-		M6481
109 108 79 52 78 80 51 110	**109**	100 99 81 40 28 22 20 8		6	7	1	1	–	–	–	–	–	–	–	–	Pyridine, 2-methoxy-	1628-89-3	Q6364
15 80 29 79 65 45 48 31	**110**	100 75 50 42 28 20 18 15	**6.61**	2	6	3	–	–	–	–	1	–	–	–	–	Methanesulphonic acid, methyl ester	66-27-3	P5264
28 45 77 39 41 79 95 51	**110**	100 82 53 52 45 45 40 35	**15.61**	7	10	1	–	–	–	–	–	–	–	–	–	1,3,4-Hexatriene, 3-methoxy-	53783-88-3	H2011
28 54 39 53 55 27 26 110	**110**	100 98 95 90 82 60 50 42		4	6	–	4	–	–	–	–	–	–	–	–	5H-Pyrrolotetrazole, 6,7-dihydro-	5817-87-8	R1812
28 54 39 55 53 27 26 110	**110**	100 99 97 84 82 61 50 42		4	6	–	4	–	–	–	–	–	–	–	–	5H-Pyrrolotetrazole, 6,7-dihydro-		L6357
39 41 53 27 110 67 79 68	**110**	100 92 86 68 66 52 41 36		7	10	1	–	–	–	–	–	–	–	–	–	2,4-Heptadienal, (E,E)-	4313-03-5	H1461
39 53 52 38 110 51 26 80	**110**	100 16 12 12 11 8 7 7		5	6	1	2	–	–	–	–	–	–	–	–	Pyridazine, 3-methoxy-		L1862
39 53 52 38 110 51 80 37	**110**	100 16 12 12 11 8 7 7		5	6	1	2	–	–	–	–	–	–	–	–	Pyridazine, 3-methoxy-		02074
39 110 77 112 49 38 75 37	**110**	100 89 69 58 26 25 22 21		3	4	–	–	2	–	–	–	–	–	–	–	1-Propene, 1,2-dichloro-	563-54-2	Q2118
40 110 39 53 52 80 68 41	**110**	100 29 27 25 23 23 22 15		5	6	1	2	–	–	–	–	–	–	–	–	Pyrazine, methoxy-	3149-28-8	Q9058
40 110 53 38 80 52 67 81	**110**	100 30 27 27 24 24 22 15		5	6	1	2	–	–	–	–	–	–	–	–	Pyrazine, 2-methoxy-		M8226
41 39 53 81 95 27 79 29	**110**	100 71 66 61 51 37 37 25	**1.30**	7	10	1	–	–	–	–	–	–	–	–	–	3,4-Pentadienal, 2,2-dimethyl-	4058-51-9	R0044
41 39 95 81 67 53 79 54	**110**	100 81 74 72 70 68 50 48	**17.00**	7	10	1	–	–	–	–	–	–	–	–	–	Cyclopropane, 1-allyl-1-formyl-		M2779
41 39 110 95 64 28 91 38	**110**	100 84 53 31 21 20 20 19		4	5	–	–	–	–	3	–	–	–	–	–	1-Propene, 2-(trifluoromethyl)-		W0121
41 54 56 67 95 82 55 68	**110**	100 98 95 81 71 62 61 56	**5.99**	8	14	–	–	–	–	–	–	–	–	–	–	1,6-Heptadiene, 2-methyl-	13643-06-6	R4695
41 54 67 39 27 82 68 81	**110**	100 60 52 47 31 26 22 19	**0.50**	8	14	–	–	–	–	–	–	–	–	–	–	1,7-Octadiene		V0236

MASS TO CHARGE RATIOS								M.W.	INTENSITIES								Parent	C	H	O	N	Cl	Br	F	S	P	B	Si	X	COMPOUND NAME	CAS Reg No	No
41	54	67	39	82	68	81	55	**110**	100	67	60	33	27	25	22	19	**0.18**	8	14	–	–	–	–	–	–	–	–	–	–	**1,7-Octadiene**	3710-30-3	**Q9693**
41	54	67	82	68	81	39	55	**110**	100	78	68	38	32	29	28	24	**1.30**	8	14	–	–	–	–	–	–	–	–	–	–	**1,7-Octadiene**		**C0906**
41	55	68	67	39	69	81	54	**110**	100	81	63	44	38	36	36	33	**0.86**	8	14	–	–	–	–	–	–	–	–	–	–	**1,6-Heptadiene, 3-methyl-**	50871-05-1	**S7511**
41	55	83	110	43	44	39	57	**110**	100	49	48	47	42	37	33	33		4	6	–	4	–	–	–	–	–	–	–	–	**2,6-Pyrazinediamine**	41536-80-5	**08186**
41	68	55	54	39	67	27	29	**110**	100	71	54	47	44	39	35	34	**0.70**	8	14	–	–	–	–	–	–	–	–	–	–	**1,6-Octadiene**	3710-41-6	**H1427**
41	68	55	54	39	67	29	81	**110**	100	82	63	48	45	42	36	34	**2.92**	8	14	–	–	–	–	–	–	–	–	–	–	**1,6-Octadiene, (E)-**	19036-81-8	**R7933**
41	69	39	27	67	66	29	53	**110**	100	65	15	14	11	7	6	5	**4.29**	8	14	–	–	–	–	–	–	–	–	–	–	**1,6-Heptadiene, 2-methyl-**	13643-06-6	**R4694**
41	69	68	67	39	27	66	53	**110**	100	96	89	52	48	31	14	12	**2.95**	8	14	–	–	–	–	–	–	–	–	–	–	**Cyclopentane, 1-allyl-**		**Y1490**
41	69	68	67	39	27	66	53	**110**	100	95	80	50	49	27	13	12	**2.10**	8	14	–	–	–	–	–	–	–	–	–	–	**Cyclopentane, 1-allyl-**		**Y1988**
41	81	27	29	39	95	54	53	**110**	100	96	94	69	69	69	63	57	**3.30**	8	14	–	–	–	–	–	–	–	–	–	–	**2-Octyne**	2809-67-8	**H1362**
41	81	67	68	39	27	53	95	**110**	100	65	54	53	52	50	47	30	**11.26**	8	14	–	–	–	–	–	–	–	–	–	–	**3-Octyne**	15232-76-5	**R5613**
41	110	39	64	77	69	95	91	**110**	100	97	55	53	31	28	25	22		4	5	–	–	–	–	3	–	–	–	–	–	**2-Butene, 1,1,1-trifluoro-**		**L9471**
42	41	40	15	110	28	39	14	**110**	100	62	38	36	19	19	11	10		4	6	–	4	–	–	–	–	–	–	–	–	**1,2,4,5-Tetrazine, 3,6-dimethyl-**		**01293**
42	41	40	110	26	28	39	27	**110**	100	41	29	12	11	9	8	8		4	6	–	4	–	–	–	–	–	–	–	–	**1,2,4,5-Tetrazine, 3,6-dimethyl-**		**L1044**
42	110	28	27	55	26	83	41	**110**	100	73	29	21	15	13	13	8		5	6	1	2	–	–	–	–	–	–	–	–	**5-Pyrimidinol, 2-methyl-**	35231-56-2	**S4890**
42	110	28	41	82	40	69	26	**110**	100	83	31	25	25	24	17	13		5	6	1	2	–	–	–	–	–	–	–	–	**4(1H)-Pyrimidinone, 2-methyl-**	19875-04-8	**R8358**
43	41	81	27	39	29	55	67	**110**	100	96	96	67	57	53	51	48	**0.14**	8	14	–	–	–	–	–	–	–	–	–	–	**1-Octyne**		**Y0354**
43	53	52	91	92	62	95	51	**110**	100	53	47	40	36	35	33	33	**1.50**	7	10	1	–	–	–	–	–	–	–	–	–	**5-Hexen-3-yn-2-ol, 2-methyl-**	690-94-8	**H1048**
44	43	61	29	79	31	27	40	**110**	100	75	42	42	40	34	19	15	**0.00**	3	7	2	–	1	–	–	–	–	–	–	–	**1,2-Propanediol, 3-chloro-**		**D1431**
44	61	43	79	31	15	81	29	**110**	100	94	89	71	37	28	23	20	**0.00**	3	7	2	–	1	–	–	–	–	–	–	–	**1,2-Propanediol, 3-chloro-**		**Z0349**
52	42	95	41	66	67	39	24	**110**	100	55	45	41	28	21	19	16	**0.00**	7	10	1	–	–	–	–	–	–	–	–	–	**1,4-Pentadien-3-one, 2,4-dimethyl-**	27132-81-6	**S1623**
53	27	51	50	82	81	52	54	**110**	100	59	52	41	41	40	38	35	**22.72**	5	6	1	2	–	–	–	–	–	–	–	–	**3(2H)-Pyridazinone, 6-methyl-**	13327-27-0	**R4450**
53	39	41	57	40	54	81	17	**110**	100	25	18	15	10	9	9	9	**0.30**	6	6	2	–	–	–	–	–	–	–	–	–	**Propanoic acid, allyl ester**		**L1502**
53	39	41	57	81	65			**110**	100	25	20	15	10	8			**0.00**	6	6	2	–	–	–	–	–	–	–	–	–	**Propanoic acid, allyl ester**		**M4252**
54	55	67	110	68	82	81	53	**110**	100	83	63	62	42	40	31	13		7	10	1	–	–	–	–	–	–	–	–	–	**Bicyclo[4.1.0]heptan-2-one**	5771-58-4	**R1787**
54	67	41	39	27	110	81	68	**110**	100	66	66	41	30	25	24	22		8	14	–	–	–	–	–	–	–	–	–	–	**1,3-Octadiene**		**C0520**
54	67	55	81	110	68	41	53	**110**	100	70	45	37	33	27	25	19		7	10	1	–	–	–	–	–	–	–	–	–	**3-Cyclohepten-1-one**	1121-64-8	**Q5394**
54	81	28	110	55	29	82	52	**110**	100	96	96	88	82	52	38	25		5	6	1	2	–	–	–	–	–	–	–	–	**Pyrimidine, 5-methyl-, 1-oxide**		**03329**
55	29	39	81	27	41	56	53	**110**	100	24	18	18	17	10	9	8	**1.00**	8	14	–	–	–	–	–	–	–	–	–	–	**2,6-Octadiene**	4974-27-0	**H1510**
55	29	81	39	27	56	95	54	**110**	100	18	15	12	11	11	11	10	**0.23**	8	14	–	–	–	–	–	–	–	–	–	–	**1,5-Hexadiene, 3,4-dimethyl-**	4894-63-7	**R0920**
55	29	81	39	27	95	41	56	**110**	100	18	16	13	11	8	7	7	**2.57**	8	14	–	–	–	–	–	–	–	–	–	–	**2,6-Octadiene, (E,E)-**	18152-31-3	**R7399**
55	29	95	39	27	81	41	68	**110**	100	30	26	23	21	18	17	11	**0.34**	8	14	–	–	–	–	–	–	–	–	–	–	**1,5-Hexadiene, 2,4-dimethyl-**	68701-71-3	**T6948**
55	29	95	39	27	81	56	54	**110**	100	16	15	12	11	10	9	8	**0.49**	8	14	–	–	–	–	–	–	–	–	–	–	**1,5-Heptadiene, (E)-3-methyl-**	50592-72-8	**S7345**
55	39	27	29	41	81	53	67	**110**	100	37	28	26	23	20	16	15	**0.72**	8	14	–	–	–	–	–	–	–	–	–	–	**2,6-Octadiene**		**C0854**
55	95	29	81	39	27	56	54	**110**	100	17	17	13	12	11	9	9	**0.39**	8	14	–	–	–	–	–	–	–	–	–	–	**1,5-Heptadiene, (Z)-3-methyl-**	50763-51-4	**S7463**
55	95	68	29	67	39	41	27	**110**	100	72	67	55	55	50	37	34	**3.53**	8	14	–	–	–	–	–	–	–	–	–	–	**1,4-Hexadiene, 2,5-dimethyl-**	927-97-9	**Q4587**
55	95	68	39	27	29	41	67	**110**	100	68	66	65	54	54	42	36	**3.10**	8	14	–	–	–	–	–	–	–	–	–	–	**1,5-Hexadiene, 2,5-dimethyl-**		**Y0408**
55	95	81	39	29	41	68	67	**110**	100	44	33	21	19	14	14	14	**1.83**	8	14	–	–	–	–	–	–	–	–	–	–	**1,5-Heptadiene, (Z)-2-methyl-**	41044-64-8	**S6525**
55	95	81	39	29	68	67	41	**110**	100	46	30	16	14	13	12	11	**2.24**	8	14	–	–	–	–	–	–	–	–	–	–	**1,5-Heptadiene, (E)-2-methyl-**	41044-63-7	**S6522**
56	31	41	43	27	42	29	39	**110**	100	85	71	62	39	31	19	17	**0.10**	7	10	1	–	–	–	–	–	–	–	–	–	**Furan, 2-propyl-**	4229-91-8	**R0228**
66	39	65	67	40	77	110	41	**110**	100	11	9	7	5	4	4	3		7	10	1	–	–	–	–	–	–	–	–	–	**Bicyclo[2.2.1]hept-5-en-2-ol**	13080-90-5	**R4184**
66	43	69	41	39	67	97	65	**110**	100	51	25	23	20	15	13	12	**7.00**	7	10	1	–	–	–	–	–	–	–	–	–	**5-Norbornene-2-ol**		**P4165**
66	53	82	81	110	67	54	95	**110**	100	96	79	57	52	46	24	20		8	14	–	–	–	–	–	–	–	–	–	–	**Cyclooctene**	931-88-4	**Q4658**
66	67	41	39	27	53	79	110	**110**	100	17	15	12	8	7	6	5		7	10	1	–	–	–	–	–	–	–	–	–	**Acetaldehyde, cyclopent-2-enyl-**		**C0697**
66	67	41	110	54	68	81	53	**110**	100	93	42	41	37	22	19	12		7	10	1	–	–	–	–	–	–	–	–	–	**Bicyclo[2.2.1]heptan-2-one**	497-38-1	**Q1282**
66	67	110	41	54	39	68	81	**110**	100	87	46	33	33	21	21	17		7	10	1	–	–	–	–	–	–	–	–	–	**Bicyclo[2.2.1]heptan-2-one**		**C1444**
66	79	67	81	55	110	95	91	**110**	100	80	72	63	60	58	44	43		7	10	1	–	–	–	–	–	–	–	–	–	**Tricyclo[2.2.1.0$^{(2,6)}$]heptan-3-ol**		**M4637**
67	28	68	81	82	41	95	18	**110**	100	86	80	76	64	54	54	43	**22.75**	8	14	–	–	–	–	–	–	–	–	–	–	**Norbornane, 2-methyl-**		**03553**
67	41	39	27	110	66	68	81	**110**	100	20	17	15	10	9	9	6		8	14	–	–	–	–	–	–	–	–	–	–	**Cyclopentene, 3-propyl-**		**V0223**
67	41	81	27	39	68	53	95	**110**	100	94	72	65	65	61	51	37	**12.60**	8	14	–	–	–	–	–	–	–	–	–	–	**3-Octyne**		**Y0532**
67	41	81	27	53	39	110	55	**110**	100	69	66	63	52	46	44	33		8	14	–	–	–	–	–	–	–	–	–	–	**4-Octyne**		**Y0533**
67	41	81	39	68	27	53	95	**110**	100	74	73	57	52	51	43	40	**15.83**	8	14	–	–	–	–	–	–	–	–	–	–	**3-Octyne**		**Y1820**
67	41	81	39	82	27	54	55	**110**	100	99	91	39	35	33	31	25	**2.14**	8	14	–	–	–	–	–	–	–	–	–	–	**Cyclopropane, (2-methylenebutyl)-**	74685-56-6	**T8372**
67	41	81	68	54	95	39	27	**110**	100	47	32	27	26	23	22	19	**2.15**	8	14	–	–	–	–	–	–	–	–	–	–	**1,4-Pentadiene, 3-propyl-**	996-83-8	**Q4936**
67	41	82	54	81	39	68	27	**110**	100	65	62	61	54	42	38	27	**25.00**	8	14	–	–	–	–	–	–	–	–	–	–	**Bicyclo[5.1.0]octane**	286-43-1	**Q0212**
67	54	41	82	39	81	68	27	**110**	100	94	91	80	57	52	47	40	**36.20**	8	14	–	–	–	–	–	–	–	–	–	–	**Cyclooctene**		**C0994**

MASS TO CHARGE RATIOS								M.W.	INTENSITIES								Parent	C	H	O	N	Cl	Br	F	S	P	B	Si	X	COMPOUND NAME	CAS Reg No	No
67	54	41	82	39	81	68	110	**110**	100	91	89	64	63	46	39	36		8	14	–	–	–	–	–	–	–	–	–	–	**Cyclooctene**		**V0237**
67	55	41	54	39	29	27	28	**110**	100	81	80	77	56	50	46	31	**0.00**	8	14	–	–	–	–	–	–	–	–	–	–	**Ethane, 1,2-dicyclopropyl-**	37520-11-9	**S5506**
67	66	39	54	41	110	81	68	**110**	100	9	5	4	4	3	2	2		7	10	1	–	–	–	–	–	–	–	–	–	**Bicyclo[2.2.1]heptan-2-one**	497-38-1	**Q1284**
67	68	41	95	69	81	39	110	**110**	100	41	33	29	28	26	21	20		8	14	–	–	–	–	–	–	–	–	–	–	**Cyclopentane, (1-methylvinyl)-**	55661-02-4	**T1776**
67	68	81	41	39	82	95	54	**110**	100	76	68	68	61	59	51	29	**14.50**	8	14	–	–	–	–	–	–	–	–	–	–	**Norbornane, exo-2-methyl-**		**03551**
67	68	81	95	41	110	54	82	**110**	100	67	64	64	55	41	37	33		8	14	–	–	–	–	–	–	–	–	–	–	**Cycloheptene, methyl-**	55308-20-8	**T0801**
67	81	41	55	42	95	39	53	**110**	100	80	58	56	51	50	44	37	**0.22**	8	14	–	–	–	–	–	–	–	–	–	–	**Spiropentane, 2-propyl-**		**03406**
67	81	41	110	53	79	27	39	**110**	100	52	51	45	40	30	29	28		8	14	–	–	–	–	–	–	–	–	–	–	**4-Octyne**	1942-45-6	**Q7110**
67	81	110	27	41	53	39	29	**110**	100	69	58	58	55	49	42	32		8	14	–	–	–	–	–	–	–	–	–	–	**4-Octyne**		**Y1821**
67	81	110	82	54	41	39	27	**110**	100	80	66	57	54	53	47	41		8	14	–	–	–	–	–	–	–	–	–	–	**Bicyclo[2.2.2]octane**		**Y1740**
67	82	41	39	54	68	81	110	**110**	100	61	30	25	17	13	12	12		8	14	–	–	–	–	–	–	–	–	–	–	**Bicyclo[3.3.0]octane, cis-**		**Y0896**
67	82	41	39	54	110	68	81	**110**	100	61	30	27	22	15	13	12		8	14	–	–	–	–	–	–	–	–	–	–	**Bicyclo[3.3.0]octane, cis-**		**Y0994**
67	82	41	68	54	66	81	39	**110**	100	52	18	12	11	11	11	10	**5.44**	8	14	–	–	–	–	–	–	–	–	–	–	**Pentalene, octahydro-**	694-72-4	**Q3740**
67	82	41	110	68	81	66	54	**110**	100	63	17	14	13	13	12	12		8	14	–	–	–	–	–	–	–	–	–	–	**Bicyclo[3.3.0]octane, cis-**		**Y1899**
67	82	81	41	39	54	110	27	**110**	100	85	68	54	48	44	39	38		8	14	–	–	–	–	–	–	–	–	–	–	**Bicyclo[3.2.1]octane**		**Y1741**
67	82	81	41	39	110	54	27	**110**	100	88	71	54	50	47	45	40		8	14	–	–	–	–	–	–	–	–	–	–	**Bicyclo[3.2.1]octane**		**Y1555**
67	82	95	68	54	41	81	55	**110**	100	92	89	87	84	83	70	63	**11.00**	8	14	–	–	–	–	–	–	–	–	–	–	**Bicyclo[4.1.0]heptane, 2-methyl-**	41977-46-2	**S6801**
67	95	41	110	39	69	66	68	**110**	100	59	29	28	20	18	17	16		8	14	–	–	–	–	–	–	–	–	–	–	**Cyclopentene, isopropyl-**	1462-07-3	**Q6033**
67	95	41	110	39	69	68	66	**110**	100	58	34	28	23	18	17	16		8	14	–	–	–	–	–	–	–	–	–	–	**Cyclopentane, isopropylidene-**	765-83-3	**Q4022**
67	95	110	39	41	82	53	42	**110**	100	55	40	40	35	27	19	16		7	10	1	–	–	–	–	–	–	–	–	–	**2-Cyclopentenone, 2,5-dimethyl-**		**C0290**
67	110	42	39	53	81	95	79	**110**	100	92	90	75	42	37	33	29		7	10	1	–	–	–	–	–	–	–	–	–	**Furan, 2,3-dihydro-4-(2′-propenyl)-**		**M0571**
68	67	41	29	53	27	55	81	**110**	100	44	20	19	17	13	11	10	**3.50**	8	14	–	–	–	–	–	–	–	–	–	–	**Cyclobutane, 2-methyl-1-propenyl-**		**L4085**
68	67	41	29	53	27	81	82	**110**	100	47	19	17	16	12	10	10	**3.50**	8	14	–	–	–	–	–	–	–	–	–	–	**Cyclobutane, 2-methyl-1-propenyl-**		**L4084**
68	67	41	29	53	27	82	81	**110**	100	48	19	18	18	11	11	8	**2.20**	8	14	–	–	–	–	–	–	–	–	–	–	**Cyclobutane, 2-methyl-1-propenyl-**		**L4086**
68	67	95	55	41	81	39	27	**110**	100	51	48	33	27	27	26	25	**20.32**	8	14	–	–	–	–	–	–	–	–	–	–	**Cyclohexane, 1-methyl-4-methylene-**	2808-80-2	**Q8681**
68	67	95	55	41	81	39	27	**110**	100	51	48	33	27	27	26	25	**20.30**	8	14	–	–	–	–	–	–	–	–	–	–	**Cyclohexane, 1-methylene-4-methyl-**		**X1225**
68	95	67	55	29	110	41	81	**110**	100	86	48	39	32	30	29	25		8	14	–	–	–	–	–	–	–	–	–	–	**Cyclohexene, cis-3,6-dimethyl-**		**L4082**
69	41	39	110	68	109	55	82	**110**	100	58	25	8	7	7	6	6		7	10	1	–	–	–	–	–	–	–	–	–	**Dicyclopropyl ketone**	1121-37-5	**Q5390**
69	41	39	110	109	68	82	27	**110**	100	56	24	15	9	7	7	6		7	10	1	–	–	–	–	–	–	–	–	–	**Dicyclopropyl ketone**	1121-37-5	**Q5389**
70	108	38	107	51	39	37	94	**110**	100	91	67	65	64	60	50	45	**0.00**	–	8	–	–	–	–	2	–	1	3	–	–	**Triborane(5), difluorophosphino-**		**M6937**
75	39	77	49	37	27	35	26	**110**	100	54	32	18	13	9	6	6	**2.61**	3	4	–	–	2	–	–	–	–	–	–	–	**1-Propene, 3,3-dichloro-**	563-57-5	**06824**
75	39	77	49	38	36	37	27	**110**	100	38	36	15	11	8	8	8	**3.40**	3	4	–	–	2	–	–	–	–	–	–	–	**1-Propene, 3,3-dichloro-**	563-57-5	**Q2120**
75	39	77	49	38	110	37	112	**110**	100	67	32	31	24	22	16	14		3	4	–	–	2	–	–	–	–	–	–	–	**1-Propene, 1,3-dichloro-, (E)-**	10061-02-6	**06822**
75	39	77	49	110	38	37	112	**110**	100	62	32	26	19	17	15	12		3	4	–	–	2	–	–	–	–	–	–	–	**1-Propene, 1,3-dichloro-, (Z)-**	10061-01-5	**06823**
75	39	77	49	110	38	112	36	**110**	100	55	32	26	20	14	13	10		3	4	–	–	2	–	–	–	–	–	–	–	**1-Propene, 1,3-dichloro-**	542-75-6	**Q1849**
75	39	77	110	49	38	37	61	**110**	100	67	32	23	22	20	17	10		3	4	–	–	2	–	–	–	–	–	–	–	**1-Propene, 2,3-dichloro-**	78-88-6	**P5931**
75	39	77	110	112	49	36	38	**110**	100	37	32	29	20	14	11	9		3	4	–	–	2	–	–	–	–	–	–	–	**1-Propene, 1,2-dichloro-**		**A0303**
75	39	110	77	112	38	49	37	**110**	100	64	38	31	24	18	16	15		3	4	–	–	2	–	–	–	–	–	–	–	**1-Propene, 1,2-dichloro-**		**X0414**
75	39	110	77	112	49	37	38	**110**	100	62	32	32	21	18	15	15		3	4	–	–	2	–	–	–	–	–	–	–	**1-Propene, 1,1-dichloro-**		**X0413**
75	60	110	47	32	45	50	79	**110**	100	64	57	47	39	28	21	20		2	3	1	–	1	–	–	1	–	–	–	–	**Carbonochloridothioic acid, O-methyl ester**	2812-72-8	**Q8685**
75	77	39	110	49	112	38	51	**110**	100	33	33	25	17	16	6	6		3	4	–	–	2	–	–	–	–	–	–	–	**1-Propene, 1,3-dichloro-, (Z)-**	10061-01-5	**R3565**
75	100	45	47	110	46	63	44	**110**	100	99	45	35	24	14	11	10		2	3	1	–	1	–	–	1	–	–	–	–	**Carbonochloridothioic acid, S-methyl ester**	18369-83-0	**R7555**
79	15	29	110	45	48	81	65	**110**	100	54	18	13	10	5	5	4		2	6	3	–	–	–	–	1	–	–	–	–	**Sulphurous acid, dimethyl ester**		**C0574**
79	15	110	46	28	31	47	29	**110**	100	64	20	14	11	7	6	5		2	6	3	–	–	–	–	1	–	–	–	–	**Sulphurous acid, dimethyl ester**		**L7594**
79	15	110	46	28	31	47	65	**110**	100	67	19	14	11	7	7	6		2	6	3	–	–	–	–	1	–	–	–	–	**Sulphurous acid, dimethyl ester**	616-42-2	**Q2939**
79	77	66	80	78	93	81	94	**110**	100	79	50	49	40	35	24	11	**11.00**	6	10	–	2	–	–	–	–	–	–	–	–	**7-Azabicyclo[4.1.0]hept-3-en-7-amine**	66387-76-6	**T6616**
79	81	41	53	39	92	77	67	**110**	100	66	39	38	32	31	29	28	**0.00**	7	10	1	–	–	–	–	–	–	–	–	–	**Cyclohexene, 4-formyl-**	100-50-5	**P7395**
79	81	110	67	41	66	53	54	**110**	100	66	59	57	56	50	45	43		7	10	1	–	–	–	–	–	–	–	–	–	**Norbornane, exo-2,3-epoxy-**	3146-39-2	**Q9055**
79	81	110	77	55	41	67	91	**110**	100	68	47	40	35	33	32	32		7	10	1	–	–	–	–	–	–	–	–	–	**Bicyclo[2.2.1]hept-2-en-7-ol**	53783-87-2	**S8608**
79	110	81	41	53	39	54	67	**110**	100	92	76	44	41	33	30	28		7	10	1	–	–	–	–	–	–	–	–	–	**Cyclohexene, 4-formyl-**		**C1255**
79	110	81	92	41	53	77	67	**110**	100	79	71	34	33	33	26	26		7	10	1	–	–	–	–	–	–	–	–	–	**Cyclohexene, 4-formyl-**		**Z0341**
80	30	81	53	110	44	29	40	**110**	100	91	69	24	23	17	11	10		6	10	–	2	–	–	–	–	–	–	–	–	**Pyrrole, 2-(2-aminoethyl)-**		**C1362**
80	79	28	47	31	15	95	49	**110**	100	90	82	22	15	13	13	6	**6.01**	2	7	3	–	–	–	–	–	1	–	–	–	**Phosphonic acid, dimethyl ester**	868-85-9	**Q4401**
80	79	47	31	95	109	49	65	**110**	100	95	28	22	18	12	10	8	**7.00**	2	7	3	–	–	–	–	–	1	–	–	–	**Phosphonic acid, dimethyl ester**		**D2467**
81	39	41	27	53	67	110	79	**110**	100	71	67	59	53	31	27	22		7	10	1	–	–	–	–	–	–	–	–	–	**2,4-Heptadienal, (E,E)-**	4313-03-5	**R0312**
81	39	110	41	53	27	67		**110**	100	27	25	25	22	17	14			7	10	1	–	–	–	–	–	–	–	–	–	**2,4-Heptadienal, (E,E)-**		**M4216**

MASS TO CHARGE RATIOS								M.W.	INTENSITIES								Parent	C	H	O	N	Cl	Br	F	S	P	B	Si	X	COMPOUND NAME	CAS Reg No	No
81	41	27	95	39	29	54	53	**110**	100	85	84	83	63	59	56	55	**4.01**	8	14	–	–	–	–	–	–	–	–	–	–	**2-Octyne**		**Y1819**
81	41	39	53	79	55	27	67	**110**	100	31	27	25	25	24	24	17	**14.72**	8	14	–	–	–	–	–	–	–	–	–	–	**2,4-Hexadienedioic acid, (Z,Z)-**		**00240**
81	41	43	27	69	39	67	29	**110**	100	86	79	73	73	68	48	46	**0.30**	8	14	–	–	–	–	–	–	–	–	–	–	**1-Octyne**		**Y1818**
81	43	41	67	55	95	68	54	**110**	100	75	60	46	40	30	28	26	**0.00**	8	14	–	–	–	–	–	–	–	–	–	–	**1-Octyne**	629-05-0	**Q3325**
81	66	54	67	65	41	53	55	**110**	100	60	50	50	47	33	33	25	**22.02**	7	10	1	–	–	–	–	–	–	–	–	–	**2-Cyclohepten-1-one**	1121-66-0	**Q5396**
81	67	41	39	110	27	68	82	**110**	100	50	37	31	29	28	20	19		8	14	–	–	–	–	–	–	–	–	–	–	**Cyclohexane, ethylidene-**		**Y1428**
81	67	41	39	110	27	82	53	**110**	100	38	30	25	24	23	18	13		8	14	–	–	–	–	–	–	–	–	–	–	**Cyclohexene, 1-ethyl-**		**Y0847**
81	67	41	54	39	27	82	68	**110**	100	78	62	49	48	43	36	26	**22.20**	8	14	–	–	–	–	–	–	–	–	–	–	**Cyclohexane, 1-vinyl-**		**Y0979**
81	67	41	82	54	68	39	110	**110**	100	70	40	36	36	23	21	19		8	14	–	–	–	–	–	–	–	–	–	–	**Cyclohexane, 1-vinyl-**		**C0179**
81	67	41	110	39	82	27	95	**110**	100	33	24	24	20	18	18	12		8	14	–	–	–	–	–	–	–	–	–	–	**Cyclohexene, 1-ethyl-**		**Y1287**
81	68	41	67	39	53	110	27	**110**	100	63	53	43	40	37	37	33		8	14	–	–	–	–	–	–	–	–	–	–	**2,4-Octadiene**		**C0488**
81	68	67	95	41	54	55	82	**110**	100	88	87	84	82	55	54	51	**19.19**	8	14	–	–	–	–	–	–	–	–	–	–	**Bicyclo[4.1.0]heptane, 3-methyl-**	41977-47-3	**S6802**
81	68	95	41	54	55	82	69	**110**	100	87	83	81	54	53	50	35	**19.00**	8	14	–	–	–	–	–	–	–	–	–	–	**Bicyclo[4.1.0]heptane, 3-methyl-**	41977-47-3	**S6803**
81	96	55	65	66	39	54	41	**110**	100	38	33	30	30	20	20	17	**0.00**	8	14	–	–	–	–	–	–	–	–	–	–	**Cyclohexene, 3-ethyl-**	2808-71-1	**Q8680**
81	109	95	40	77	91	82	92	**110**	100	73	50	46	46	46	42	42	**8.01**	7	10	1	–	–	–	–	–	–	–	–	–	**Bicyclo[2.2.1]hept-2-en-7-ol**	53783-87-2	**S8609**
81	110	53	39	82	51	41	79	**110**	100	28	26	12	8	6	5	4		7	10	1	–	–	–	–	–	–	–	–	–	**Furan, 2-propyl-**		**L0784**
81	110	54	41	67	82	53	42	**110**	100	59	20	8	6	6	5	3		7	10	1	–	–	–	–	–	–	–	–	–	**2-Cyclohexen-1-one, 3-methyl-**	1193-18-6	**Q5670**
81	110	95	41	53	67	55	79	**110**	100	48	45	37	32	29	27	27		8	14	–	–	–	–	–	–	–	–	–	–	**3-Heptyne, 5-methyl-**	61228-09-9	**T5622**
82	81	41	54	95	55	39	42	**110**	100	59	32	32	30	27	18	18	**18.00**	6	10	–	2	–	–	–	–	–	–	–	–	**Imidazole, 2-propyl-**	50995-95-4	**S7540**
82	110	39	54	53	41	67	42	**110**	100	35	33	29	9	8	8	5		7	10	1	–	–	–	–	–	–	–	–	–	**2-Cyclohexen-1-one, 3-methyl-**	1193-18-6	**09521**
82	110	39	54	53	41	67	83	**110**	100	35	32	29	9	8	8	5		7	10	1	–	–	–	–	–	–	–	–	–	**1-Cyclohexen-3-one, 1-methyl-**		**L1116**
82	110	54	108	53	107	44	41	**110**	100	34	31	17	14	14	12	10		7	10	1	–	–	–	–	–	–	–	–	–	**2-Cyclohexen-1-one, 3-methyl-**	1193-18-6	**Q5671**
83	41	110	42	39	69	55	109	**110**	100	50	42	27	26	20	19	18		6	10	–	2	–	–	–	–	–	–	–	–	**2-Pyrazoline, 1-allyl-**	19804-38-7	**R8306**
95	39	43	110	38	28	27	73	**110**	100	32	24	24	8	7	7	7		6	6	2	–	–	–	–	–	–	–	–	–	**Furan, 2-acetyl-**	1192-62-7	**Q5665**
95	39	110	43	38	27	29	37	**110**	100	43	37	28	15	10	7	7		6	6	2	–	–	–	–	–	–	–	–	–	**Furan, 2-acetyl-**	1192-62-7	**Q5664**
95	41	67	39	55	27	53	110	**110**	100	69	65	52	43	32	23	18		8	14	–	–	–	–	–	–	–	–	–	–	**1,4-Pentadiene, 2,3,3-trimethyl-**	756-02-5	**Q3941**
95	41	67	39	55	110	53	27	**110**	100	65	57	47	30	27	22	22		8	14	–	–	–	–	–	–	–	–	–	–	**1,4-Hexadiene, 2,3-dimethyl-**		**03265**
95	55	67	39	68	41	29	27	**110**	100	96	70	58	56	53	46	39	**14.70**	8	14	–	–	–	–	–	–	–	–	–	–	**1,5-Hexadiene, 2,5-dimethyl-**		**C0484**
95	55	67	41	70	39	81	27	**110**	100	84	59	58	38	36	32	30	**3.84**	8	14	–	–	–	–	–	–	–	–	–	–	**Cyclopropane, (2,2-dimethylpropylidene)-**	39647-71-7	**S6101**
95	55	67	41	70	39	81	27	**110**	100	81	71	61	41	38	37	32	**1.84**	8	14	–	–	–	–	–	–	–	–	–	–	**Cyclopropane, 1-tert-butyl-2-methylene-**	61142-25-4	**T5416**
95	55	68	67	39	29	41	81	**110**	100	89	76	52	35	29	26	26	**4.91**	8	14	–	–	–	–	–	–	–	–	–	–	**1,5-Hexadiene, 2,5-dimethyl-**	627-58-7	**Q3261**
95	56	54	41	39	27	67	55	**110**	100	89	84	71	70	53	35	28	**5.61**	8	14	–	–	–	–	–	–	–	–	–	–	**Cyclohexene, 4,4-dimethyl-**	14072-86-7	**H1727**
95	56	54	41	39	27	67	55	**110**	100	89	84	70	70	53	35	28	**5.59**	8	14	–	–	–	–	–	–	–	–	–	–	**1-Cyclohexene, 4,4-dimethyl-**		**04363**
95	66	55	41	39	53	96	110	**110**	100	26	17	16	11	9	8	7		8	14	–	–	–	–	–	–	–	–	–	–	**Cyclopentene, 3,3,4-trimethyl-**		**L7988**
95	67	41	55	39	53	96	27	**110**	100	37	37	27	14	11	8	6	**2.21**	8	14	–	–	–	–	–	–	–	–	–	–	**1,4-Pentadiene, 2,3,4-trimethyl-**	72014-90-5	**T7661**
95	67	41	55	110	39	53	93	**110**	100	63	49	35	15	15	13	10		8	14	–	–	–	–	–	–	–	–	–	–	**1,4-Pentadiene, 2,3,3-trimethyl-**	756-02-5	**Q3942**
95	67	41	110	55	39	53	27	**110**	100	82	63	52	49	37	29	23		8	14	–	–	–	–	–	–	–	–	–	–	**Cyclopropane, tetramethylmethylene-**	54376-39-5	**S8934**
95	67	81	39	41	110	27	68	**110**	100	76	68	53	53	49	42	40		8	14	–	–	–	–	–	–	–	–	–	–	**Cyclohexene, 1,2-dimethyl-**		**Y1492**
95	67	81	39	41	110	68	27	**110**	100	75	65	54	52	50	40	34		8	14	–	–	–	–	–	–	–	–	–	–	**Cyclohexene, 1,2-dimethyl-**		**Y1654**
95	67	110	27	55	41	39	53	**110**	100	64	60	52	51	50	43	29		8	14	–	–	–	–	–	–	–	–	–	–	**2,4-Hexadiene, 3,4-dimethyl-, (Z,Z)-**	21293-01-6	**06784**
95	67	110	79	77	65	55	53	**110**	100	28	23	10	9	7	7	7		7	10	1	–	–	–	–	–	–	–	–	–	**Furan, 2-isopropyl-**		**L0787**
95	110	39	43	28	68	40	96	**110**	100	33	15	15	14	14	9	6		5	6	1	2	–	–	–	–	–	–	–	–	**Pyrazole, 4-acetyl-**	25016-16-4	**S0899**
95	110	39	43	68	28	40	96	**110**	100	34	15	15	12	12	9	6		5	6	1	2	–	–	–	–	–	–	–	–	**Pyrazole, 4-acetyl-**		**L8579**
95	110	39	43	96	38	67	68	**110**	100	47	23	18	7	6	6	4		6	6	2	–	–	–	–	–	–	–	–	–	**Furan, 2-acetyl-**	1192-62-7	**Q5666**
95	110	43	39	51	67	53	65	**110**	100	39	34	10	9	8	8	6		7	10	1	–	–	–	–	–	–	–	–	–	**Furan, 2-ethyl-5-methyl-**		**L0790**
95	110	67	27	55	41	39	53	**110**	100	73	72	59	54	53	50	33		8	14	–	–	–	–	–	–	–	–	–	–	**2,4-Hexadiene, 3,4-dimethyl-, (E,Z)-**	2417-88-1	**06785**
95	110	67	41	39	55	27	53	**110**	100	56	51	44	40	35	28	22		8	14	–	–	–	–	–	–	–	–	–	–	**2,4-Hexadiene, 2,5-dimethyl-**	764-13-6	**H1061**
95	110	67	41	39	82	55	27	**110**	100	56	48	45	42	40	35	30		8	14	–	–	–	–	–	–	–	–	–	–	**2,4-Hexadiene, 2,5-dimethyl-**		**04712**
95	110	67	41	55	39	53	27	**110**	100	63	56	40	39	24	19	17		8	14	–	–	–	–	–	–	–	–	–	–	**2,4-Hexadiene, 2,5-dimethyl-**		**C0049**
95	110	109	107	108				**110**	100	71	3	1	1					8	14	–	–	–	–	–	–	–	–	–	–	**Cyclobutene, 1,2,3,4-tetramethyl-, cis-**	2417-87-0	**Q7996**
95	110	109	107	108				**110**	100	95	3	1	1					8	14	–	–	–	–	–	–	–	–	–	–	**Cyclobutene, 1,2,3,4-tetramethyl-, trans-**	3200-65-5	**Q9107**
95	110	109	107	108				**110**	100	76	3	1	1					8	14	–	–	–	–	–	–	–	–	–	–	**2,4-Hexadiene, 3,4-dimethyl-, (E,Z)-**	2417-88-1	**Q7997**
95	110	109	107	108				**110**	100	55	3	1	1					8	14	–	–	–	–	–	–	–	–	–	–	**2,4-Hexadiene, 3,4-dimethyl-, (Z,Z)-**	21293-01-6	**R9211**
96	110	67	43	41	39	65	66	**110**	100	63	56	51	31	19	13	8		7	10	1	–	–	–	–	–	–	–	–	–	**Cyclopentenone, 2,5-dimethyl-**		**M0039**
109	110	57	111	107	63	9	108	**110**	100	55	5	4	4	4	3	2		7	7	–	–	–	–	1	–	–	–	–	–	**Benzene, 1-fluoro-2-methyl-**		**L0591**
109	110	57	111	107	63	39	108	**110**	100	54	5	4	4	3	3	2		7	7	–	–	–	–	1	–	–	–	–	–	**Benzene, 1-fluoro-3-methyl-**		**L0592**

MASS TO CHARGE RATIOS								M.W.	INTENSITIES								Parent	C	H	O	N	Cl	Br	F	S	P	B	Si	X	COMPOUND NAME	CAS Reg No	No
109	110	83	39	57	108	61	51	**110**	100	64	14	10	10	9	8	5		7	7	–	–	–	–	1	–	–	–	–	–	Benzene, 1-fluoro-3-methyl-		Y0446
109	110	83	57	63	39	50	51	**110**	100	55	18	11	10	9	6	6		7	7	–	–	–	–	1	–	–	–	–	–	Benzene, 1-fluoro-2-methyl-	95-52-3	H0201
109	110	83	57	108	39	63	50	**110**	100	62	14	10	9	8	7	5		7	7	–	–	–	–	1	–	–	–	–	–	Benzene, 1-fluoro-4-methyl-		Y0447
109	110	83	57	111	63	107	51	**110**	100	65	10	5	5	5	5	3		7	7	–	–	–	–	1	–	–	–	–	–	Benzene, 1-fluoro-3-methyl-	352-70-5	Q0565
109	110	83	57	111	107	63	81	**110**	100	63	11	5	5	5	4	4		7	7	–	–	–	–	1	–	–	–	–	–	Benzene, 1-fluoro-4-methyl-	352-32-9	Q0564
109	110	83	91	51	63	111	50	**110**	100	60	8	6	6	5	5	4		7	7	–	–	–	–	1	–	–	–	–	–	Benzene, (fluoromethyl)-	350-50-5	Q0562
109	110	83	111	63	107	51	81	**110**	100	67	11	5	5	5	3	3		7	7	–	–	–	–	1	–	–	–	–	–	Benzene, 1-fluoro-2-methyl-	95-52-3	P6960
109	110	91	83	51	39	63	50	**110**	100	53	14	13	11	11	9	8		7	7	–	–	–	–	1	–	–	–	–	–	Benzene, (fluoromethyl)-	350-50-5	Q0561
109	110	95	15	39	42	41	56	**110**	100	97	47	42	30	30	24	12		6	10	–	2	–	–	–	–	–	–	–	–	Pyrazole, 1,3,5-trimethyl-	1072-91-9	Q5203
110	39	54	40	41	42	53	55	**110**	100	32	27	23	22	22	20	19		5	6	1	2	–	–	–	–	–	–	–	–	Pyrazine, methyl-, 4-oxide	25594-37-0	S1119
110	39	54	42	41	40	53	55	**110**	100	32	27	22	22	22	20	19		5	6	1	2	–	–	–	–	–	–	–	–	Pyrazine, 2-methyl-, 4-oxide		M8225
110	39	77	112	109	49	75	83	**110**	100	72	68	64	24	24	21	21		3	4	–	–	2	–	–	–	–	–	–	–	1-Propene, 1,1-dichloro-	563-58-6	Q2121
110	41	69	39	95	64	65	59	**110**	100	93	60	59	50	35	20	15		4	5	–	–	–	–	3	–	–	–	–	–	1-Propene, 2-(trifluoromethyl)-		L9472
110	42	82	28	68	81	55	54	**110**	100	50	32	28	26	23	13	9		5	6	1	2	–	–	–	–	–	–	–	–	4-Pyrimidinol, 6-methyl-	3524-87-6	Q9499
110	42	82	68	81	55	54	40	**110**	100	50	32	26	23	13	9	8		5	6	1	2	–	–	–	–	–	–	–	–	4(1H)-Pyrimidinone, 6-methyl-	3524-87-6	Q9500
110	42	82	81	39	18	55	28	**110**	100	66	25	22	21	16	15	13		5	6	1	2	–	–	–	–	–	–	–	–	4-Pyrimidinol, 6-methyl-	3524-87-6	Q9498
110	53	81	55	39	54	82	51	**110**	100	27	23	22	17	13	9	7		6	6	2	–	–	–	–	–	–	–	–	–	1,4-Benzenediol	123-31-9	P9292
110	53	109	27	39	51	29	43	**110**	100	93	87	77	29	26	23	22		6	6	2	–	–	–	–	–	–	–	–	–	2-Furancarboxaldehyde, 5-methyl-	620-02-0	Q3000
110	54	67	55	39	82	109	68	**110**	100	58	50	43	36	36	35	25		7	10	1	–	–	–	–	–	–	–	–	–	Spiro[2.4]heptan-4-one		M2776
110	55	81	53	39	27	111	54	**110**	100	17	14	10	8	8	7	5		6	6	2	–	–	–	–	–	–	–	–	–	1,4-Benzenediol		C1610
110	55	81	82	111	53	64	69	**110**	100	10	9	8	8	6	5	4		6	6	2	–	–	–	–	–	–	–	–	–	1,3-Benzenediol		D2012
110	56	83	28	41	29	40	67	**110**	100	28	28	25	15	9	9	9		4	6	–	4	–	–	–	–	–	–	–	–	Pyrimidine, 4,5-diamino-	13754-19-3	R4741
110	64	63	52	53	81	39	51	**110**	100	39	22	15	15	14	12	11		6	6	2	–	–	–	–	–	–	–	–	–	1,2-Benzenediol	120-80-9	P9107
110	64	63	92	55	111	81	27	**110**	100	39	10	9	8	7	6	6		6	6	2	–	–	–	–	–	–	–	–	–	1,2-Benzenediol		C1612
110	64	63	92	81	53	55	111	**110**	100	37	16	12	11	11	10	10		6	6	2	–	–	–	–	–	–	–	–	–	1,2-Benzenediol	120-80-9	P9108
110	66	39	93	42	52	40	38	**110**	100	59	51	42	37	20	19	17		5	6	1	2	–	–	–	–	–	–	–	–	Pyrazine, methyl-, 1-oxide	31396-35-7	S3285
110	66	39	93	42	52	40	38	**110**	100	59	50	40	37	20	19	17		5	6	1	2	–	–	–	–	–	–	–	–	Pyrazine, 2-methyl-, 1-oxide		M8224
110	66	39	109	51	84	50	69	**110**	100	38	28	25	24	20	19	18		6	6	–	–	–	–	–	1	–	–	–	–	Benzenethiol		Y1387
110	66	109	77	84	65	39	51	**110**	100	32	22	13	13	12	10	10		6	6	–	–	–	–	–	1	–	–	–	–	Benzenethiol		C0019
110	66	109	84	77	39	65	51	**110**	100	30	22	11	11	11	10	10		6	6	–	–	–	–	–	1	–	–	–	–	Benzenethiol		D0931
110	67	43	109	95	39	67	53	**110**	100	61	61	54	47	40	34	29		7	10	1	–	–	–	–	–	–	–	–	–	Furan, 2,3,4-trimethyl-		L0781
110	67	54	39	41	55	109	68	**110**	100	88	82	70	53	49	41	36		7	10	1	–	–	–	–	–	–	–	–	–	Spiro[2.4]heptan-4-one		M6772
110	67	54	39	41	109	68	53	**110**	100	90	82	70	54	42	37	36		7	10	1	–	–	–	–	–	–	–	–	–	Spiro[2.4]heptan-4-one	5771-32-4	R1786
110	81	55	111	39	53	109	82	**110**	100	14	14	8	7	6	5	5		6	6	2	–	–	–	–	–	–	–	–	–	1,4-Benzenediol		D2045
110	82	81	39	55	53	111	27	**110**	100	13	12	10	10	8	7	7		6	6	2	–	–	–	–	–	–	–	–	–	1,3-Benzenediol		C0065
110	82	81	54	42	56	109	40	**110**	100	55	35	28	20	15	15	12		5	6	1	2	–	–	–	–	–	–	–	–	1H-Imidazole-2-carboxaldehyde, 1-methyl-	13750-81-7	R4737
110	82	81	54	42	109	56	40	**110**	100	39	29	21	17	13	11	10		5	6	1	2	–	–	–	–	–	–	–	–	1H-Imidazole-2-carboxaldehyde, 1-methyl-	13750-81-7	R4738
110	82	81	69	53	55	111	39	**110**	100	12	11	9	8	7	7	7		6	6	2	–	–	–	–	–	–	–	–	–	1,3-Benzenediol	108-46-3	P8119
110	95	109	39	42	18	41	56	**110**	100	39	27	24	21	20	18	15		6	10	–	2	–	–	–	–	–	–	–	–	Pyrazole, 1,3,5-trimethyl-		02372
110	109	43	95	67	39	53	65	**110**	100	91	71	54	48	42	16	12		7	10	1	–	–	–	–	–	–	–	–	–	Furan, 2,3,5-trimethyl-		L0780
110	109	53	27	95	43	51	81	**110**	100	87	30	23	10	10	10	9		6	6	2	–	–	–	–	–	–	–	–	–	2-Furancarboxaldehyde, 5-methyl-	620-02-0	Q3001
110	109	53	39	43	81	111	50	**110**	100	84	32	7	7	7	7	6		6	6	2	–	–	–	–	–	–	–	–	–	2-Furancarboxaldehyde, 5-methyl-	620-02-0	H0946
110	109	66	39	45	84	65	58	**110**	100	40	35	25	23	21	16	16		6	6	–	–	–	–	–	1	–	–	–	–	Thiophene, vinyl-	30917-44-3	H1946
17	16	111	110	55	56	83	18	**111**	100	87	31	19	12	11	11	9		6	9	1	1	–	–	–	–	–	–	–	–	2-Cyclopenten-1-one, 3-amino-2-methyl-	69687-85-0	T7221
32	68	82	83	111	28	40	41	**111**	100	98	86	68	58	28	28	27		7	13	–	1	–	–	–	–	–	–	–	–	8-Azabicyclo[3.2.1]octane	280-05-7	Q0185
41	43	69	55	96	83	42	39	**111**	100	44	37	25	23	17	11	9	**0.00**	7	13	–	1	–	–	–	–	–	–	–	–	Hexanenitrile, 5-methyl-	19424-34-1	R8133
41	43	69	55	96	83	42	54	**111**	100	54	37	34	23	16	14	8	**0.00**	7	13	–	1	–	–	–	–	–	–	–	–	Hexanenitrile, 5-methyl-	19424-34-1	R8134
41	54	57	39	55	29	27	71	**111**	100	48	43	38	31	27	24	13	**4.24**	6	9	1	1	–	–	–	–	–	–	–	–	1-Propene, 3-(2-cyanoethoxy)-		D1196
41	55	43	39	54	83	42	40	**111**	100	26	20	17	8	6	6	4	**0.00**	6	9	1	1	–	–	–	–	–	–	–	–	Pentanal, 5-cyano-		C1988
41	82	43	54	55	83	29	39	**111**	100	69	56	46	39	39	31	22	**0.00**	7	13	–	1	–	–	–	–	–	–	–	–	Heptanenitrile	629-08-3	Q3330
41	82	43	54	83	55	39	68	**111**	100	65	55	43	41	38	25	14	**0.30**	7	13	–	1	–	–	–	–	–	–	–	–	Heptanenitrile	629-08-3	Q3331
41	82	43	83	54	55	27	29	**111**	100	95	63	58	56	51	30	28	**0.70**	7	13	–	1	–	–	–	–	–	–	–	–	Heptanenitrile	629-08-3	Q3333
42	82	111	55	96	110	83	41	**111**	100	33	31	21	19	18	17	15		7	13	–	1	–	–	–	–	–	–	–	–	1-Azabicyclo[2.2.2]octane	100-76-5	P7445
42	96	111	110	56	27	57	41	**111**	100	83	41	23	20	20	17	16		7	13	–	1	–	–	–	–	–	–	–	–	Pyridine, 1-ethyl-1,2,3,6-tetrahydro-	6972-40-3	R2756

MASS TO CHARGE RATIOS								M.W.	INTENSITIES								Parent	C	H	O	N	Cl	Br	F	S	P	B	Si	X	COMPOUND NAME	CAS Reg No	No
42	96	111	110	57	27	58	41	**111**	100	83	40	22	20	19	17	15		7	13	–	1	–	–	–	–	–	–	–	–	**Pyridine, 1-ethyl-1,2,5,6-tetrahydro-**		**M7631**
43	15	42	28	14	52	44	51	**111**	100	13	11	5	4	4	3	2	**0.10**	5	5	2	1	–	–	–	–	–	–	–	–	**Acetic acid, 1-cyanovinyl ester**		**A0714**
43	82	56	94	79	57	28	42	**111**	100	29	19	17	17	17	16	12	**7.00**	7	13	–	1	–	–	–	–	–	–	–	–	**4-Cycloheptenylamine**		**05705**
43	82	56	94	79	57	28	67	**111**	100	29	19	17	17	17	16	11	**7.00**	7	13	–	1	–	–	–	–	–	–	–	–	**4-Cycloheptenylamine**		**L7910**
43	111	42	68	96	56	41	27	**111**	100	81	60	59	46	35	25	24		6	9	1	1	–	–	–	–	–	–	–	–	**Isoxazole, trimethyl-**	10557-82-1	**R3928**
43	111	68	42	96	55	41	82	**111**	100	82	61	61	46	35	24	15		6	9	1	1	–	–	–	–	–	–	–	–	**Isoxazole, trimethyl-**		**L6536**
43	111	96	41	82	42	68	53	**111**	100	97	92	79	75	72	39	19		6	9	1	1	–	–	–	–	–	–	–	–	**3-Buten-2-one, 4-(1-aziridinyl)-**	18277-57-1	**R7473**
43	111	96	41	82	42	68	55	**111**	100	97	92	79	74	73	41	20		6	9	1	1	–	–	–	–	–	–	–	–	**3-Buten-2-one, 4-(1-aziridinyl)-**		**M7853**
43	112	77	15	42	114	28	51	**111**	100	86	15	14	10	9	9	8	**0.21**	5	5	2	1	–	–	–	–	–	–	–	–	**Acetic acid, 1-cyanovinyl ester**		**X0300**
44	82	57	111	56	54	68	67	**111**	100	43	40	30	28	21	18	15		7	13	–	1	–	–	–	–	–	–	–	–	**Azocine, 1,2,3,4,7,8-hexahydro-**	57502-48-4	**T4765**
45	111	56	83	57	51	44	76	**111**	100	89	88	65	63	52	52	39		3	1	–	3	–	–	–	1	–	–	–	–	**1,2,3-Thiadiazole, 4-cyano-**		**M0725**
52	80	59	15	66	83	28	51	**111**	100	93	73	58	39	31	30	24	**14.00**	5	5	2	1	–	–	–	–	–	–	–	–	**2-Propenoic acid, 2-cyano-, methyl ester**		**A0713**
54	55	82	41	96	111	42	83	**111**	100	84	66	56	41	34	21	20		7	13	–	1	–	–	–	–	–	–	–	–	**Ethylamine, N-cyclopentylidene-**	54966-05-1	**S9928**
55	41	57	68	29	54	96	27	**111**	100	51	49	47	32	23	21	19	**1.00**	7	13	–	1	–	–	–	–	–	–	–	–	**Hexanenitrile, 3-methyl-**	53783-89-4	**S8610**
56	28	82	68	96	41	27	44	**111**	100	98	96	90	74	66	51	48	**8.08**	7	13	–	1	–	–	–	–	–	–	–	–	**8-Azabicyclo[5.1.0]octane**	286-44-2	**Q0214**
56	28	111	27	41	42	55	54	**111**	100	51	33	22	17	13	13	12		6	9	1	1	–	–	–	–	–	–	–	–	**2-Pyrrolidinone, 1-vinyl-**	88-12-0	**P6433**
56	41	111	96	55	42	39	83	**111**	100	49	39	28	22	21	18	17		7	13	–	1	–	–	–	–	–	–	–	–	**Pyridine, 3,3-dimethyl-3,4,5,6-tetrahydro-**		**C0644**
56	83	55	111	57	69	51	52	**111**	100	69	45	35	26	16	14	12		4	5	1	3	–	–	–	–	–	–	–	–	**1H-1,2,4-Triazole-3-carboxaldehyde, 5-methyl-**	56804-98-9	**09685**
56	111	28	27	41	42	54	39	**111**	100	50	47	25	18	16	13	12		6	9	1	1	–	–	–	–	–	–	–	–	**2-Pyrrolidinone, 1-vinyl-**	88-12-0	**H0155**
66	111	67	94	39	41	28	27	**111**	100	82	74	55	53	48	43	30		6	9	1	1	–	–	–	–	–	–	–	–	**Cyclohex-2-enone oxime**		**00281**
68	55	42	111	41	82	83	110	**111**	100	58	31	30	28	27	18	15		7	13	–	1	–	–	–	–	–	–	–	–	**Methylamine, N-cyclohexylidene-**	6407-35-8	**R2290**
68	56	84	57	55	71	69	85	**111**	100	38	38	37	37	35	35	34	**29.63**	7	13	–	1	–	–	–	–	–	–	–	–	**Hexane, 1-isocyano-**	15586-23-9	**R5773**
68	69	96	83	41	43	56	42	**111**	100	88	54	26	25	18	18	17	**2.00**	7	13	–	1	–	–	–	–	–	–	–	–	**7-Azabicyclo[4.1.0]heptane, 3-methyl-**	54644-35-8	**S9371**
68	96	111	41	28	82	55		**111**	100	86	76	69	43	19	18			6	9	1	1	–	–	–	–	–	–	–	–	**2-Piperidone, (S)-(+)-5,6-dihydro-5-methyl-**		**M5817**
68	111	44	82	41	39	69	56	**111**	100	32	31	20	15	13	12	9		7	13	–	1	–	–	–	–	–	–	–	–	**6-Azabicyclo[3.2.1]octane**	279-85-6	**Q0184**
76	85	50	31	92	87	77	57	**111**	100	11	7	5	5	3	3	2	**0.70**	2	–	–	1	1	–	2	–	–	–	–	–	**Acetonitrile, chlorodifluoro-**		**Z0350**
80	52	28	15	67	51	29	26	**111**	100	40	36	17	12	12	9	8	**1.90**	5	5	2	1	–	–	–	–	–	–	–	–	**2-Propenoic acid, 3-cyano-, methyl ester**		**A0712**
82	30	81	28	54	55	41	39	**111**	100	75	58	27	27	24	7	6	**6.00**	5	9	–	3	–	–	–	–	–	–	–	–	**Histamine**	51-45-6	**P4565**
82	30	81	44	28	54	55	83	**111**	100	47	34	16	15	14	11	6	**3.00**	5	9	–	3	–	–	–	–	–	–	–	–	**Histamine**	51-45-6	**P4564**
82	54	111	30	28	39	53	70	**111**	100	85	75	75	63	62	52	47		6	9	1	1	–	–	–	–	–	–	–	–	**2-Hexenoic acid, 6-amino-, lactam**		**00282**
82	81	44	54	55	83	94	41	**111**	100	34	16	14	11	8	5	4	**3.00**	5	9	–	3	–	–	–	–	–	–	–	–	**Histamine**		**03791**
82	83	54	30	111	28	39	53	**111**	100	99	86	75	75	63	63	53		6	9	1	1	–	–	–	–	–	–	–	–	**2-Hexenoic acid, 6-amino-, lactam**		**D0384**
82	96	42	83	41	68	110	43	**111**	100	68	57	43	33	29	20	17	**15.00**	7	13	–	1	–	–	–	–	–	–	–	–	**7-Azabicyclo[4.1.0]heptane, 1-methyl-**	25022-25-7	**S0904**
82	96	42	83	68	41	28	110	**111**	100	76	46	35	30	26	21	21	**10.10**	7	13	–	1	–	–	–	–	–	–	–	–	**7-Azabicyclo[4.1.0]heptane, 1-methyl-**		**P3058**
83	84	55	111	110	42	41	39	**111**	100	72	56	32	27	27	23	10		7	13	–	1	–	–	–	–	–	–	–	–	**Pyrrolizidine**		**D0107**
83	84	55	111	110	42	41	82	**111**	100	72	55	32	27	26	23	17		7	13	–	1	–	–	–	–	–	–	–	–	**Pyrrolizidine**		**00283**
83	96	27	28	43	42	55	110	**111**	100	28	14	12	12	10	10	10	**5.00**	5	9	–	3	–	–	–	–	–	–	–	–	**1,2,4-Triazole, 3-propyl-**	19932-60-6	**R8417**
94	95	53	79	80	109	51	107	**111**	100	12	10	10	10	10	9	9	**0.00**	6	9	1	1	–	–	–	–	–	–	–	–	**Pyridinium, 1-methyl-, hydroxide**	36880-49-6	**S5422**
96	28	39	56	27	42	41	111	**111**	100	26	19	17	17	16	16	15		7	13	–	1	–	–	–	–	–	–	–	–	**2-Propyn-1-amine, N,N-diethyl-**	4079-68-9	**H1447**
96	28	42	68	67	111	110	94	**111**	100	39	36	19	15	13	12	12		7	13	–	1	–	–	–	–	–	–	–	–	**Pyridine, 1,2-dimethyl-1,2,5,6-tetrahydro-**		**05708**
96	28	111	41	56	39	42	29	**111**	100	29	20	19	18	17	16	14		7	13	–	1	–	–	–	–	–	–	–	–	**2-Propyn-1-amine, N,N-diethyl-**	4079-68-9	**R0074**
96	42	29	111	57	28	55	30	**111**	100	90	44	40	38	37	34	33		7	13	–	1	–	–	–	–	–	–	–	–	**Pyridine, 1,2-dimethyl-1,2,3,6-tetrahydro-**		**05709**
96	42	82	27	111	55	41	28	**111**	100	79	17	16	16	13	12	12		7	13	–	1	–	–	–	–	–	–	–	–	**1-Azabicyclo[2.2.2]octane**	100-76-5	**06815**
96	42	111	57	55	30	94	56	**111**	100	90	40	38	34	33	32	30		7	13	–	1	–	–	–	–	–	–	–	–	**Pyridine, 1,2-dimethyl-1,2,3,6-tetrahydro-**		**L7914**
96	68	28	41	82	83	67	81	**111**	100	66	38	27	25	25	24	24	**4.80**	7	13	–	1	–	–	–	–	–	–	–	–	**7-Azabicyclo[4.1.0]heptane, 2-methyl-**		**P3057**
110	109	111	83	82	108	78	52	**111**	100	58	54	46	25	15	15	15		1	8	1	3	–	–	–	–	–	3	–	–	**Borazine, methoxy-**		**M0730**
111	28	110	43	41	96	71	70	**111**	100	99	92	68	56	52	49	47		7	13	–	1	–	–	–	–	–	–	–	–	**Pyrrolidine, 1-(1-propenyl)-**		**00554**
111	41	28	69	68	67	40	42	**111**	100	18	16	15	14	13	12	9		4	5	1	3	–	–	–	–	–	–	–	–	**2(1H)-Pyrimidinone, 4-amino-**	71-30-7	**P5387**
111	41	69	40	42	68	43	67	**111**	100	45	43	35	27	26	25	24		4	5	1	3	–	–	–	–	–	–	–	–	**2(1H)-Pyrimidinone, 4-amino-**	71-30-7	**P5388**
111	42	82	55	83	43	41	39	**111**	100	96	53	49	32	24	19	13		6	9	1	1	–	–	–	–	–	–	–	–	**4(1H)-Pyridinone, 2,3-dihydro-1-methyl-**	35488-00-7	**S4981**
111	43	55	42	68	28	70	27	**111**	100	91	64	59	40	30	29	24		6	9	1	1	–	–	–	–	–	–	–	–	**Oxazole, trimethyl-**	20662-84-4	**R8831**
111	43	70	83	42	40	28	41	**111**	100	78	53	38	34	31	25	22		4	5	1	3	–	–	–	–	–	–	–	–	**4(1H)-Pyrimidinone, 2-amino-**	108-53-2	**P8131**
111	55	29	54	83	28	39	82	**111**	100	66	42	36	19	15	14	14		5	5	2	1	–	–	–	–	–	–	–	–	**2(1H)-Pyridinone, 3-hydroxy-**	16867-04-2	**R6509**
111	65	66	94	67	44	93	64	**111**	100	56	38	35	25	23	11	11		5	5	2	1	–	–	–	–	–	–	–	–	**1H-Pyrrole-2-carboxylic acid**	634-97-9	**Q3439**
111	67	78	51	39	110	28	83	**111**	100	78	23	19	15	12	8	7		5	5	–	1	–	–	–	1	–	–	–	–	**2-Pyridinethione**		**01400**

MASS TO CHARGE RATIOS								M.W.	INTENSITIES								Parent	C	H	O	N	Cl	Br	F	S	P	B	Si	X	COMPOUND NAME	CAS Reg No	No
111	67	78	51	39	110	50	112	**111**	100	84	33	24	17	13	7	6		5	5	–	1	–	–	–	1	–	–	–	–	**2-Pyridinethione**		**L4216**
111	67	78	51	110				**111**	100	78	23	20	12					5	5	–	1	–	–	–	1	–	–	–	–	**2-Pyridinethione**		**M4171**
111	69	41	67	28	40	42	83	**111**	100	25	24	18	17	16	15	11		4	5	1	3	–	–	–	–	–	–	–	–	**2(1H)-Pyrimidinone, 4-amino-**	71-30-7	**P5386**
111	84	83	57	28	18	64	31	**111**	100	41	31	16	15	14	11	10		6	6	–	1	–	–	1	–	–	–	–	–	**Aniline, 4-fluoro-**	371-40-4	**Q0619**
111	84	83	110	112	57	64	55	**111**	100	30	22	8	7	7	5	5		6	6	–	1	–	–	1	–	–	–	–	–	**Aniline, 4-fluoro-**		**Z0351**
111	96	43	68	42	55	54	82	**111**	100	86	85	85	72	58	44	23		6	9	1	1	–	–	–	–	–	–	–	–	**Isoxazole, trimethyl-**	10557-82-1	**R3929**
111	110	43	41	96	71	70	55	**111**	100	92	68	57	52	49	47	30		7	13	–	1	–	–	–	–	–	–	–	–	**Pyrrolidine, 1-(1-propenyl)-**		**04491**
27	39	41	55	57	29	79	58	**112**	100	99	84	84	80	73	71	65	**5.04**	7	12	1	–	–	–	–	–	–	–	–	–	**Bicyclo[4.1.0]heptan-2-ol, (1α,2β,6α)-**	7432-49-7	**06836**
27	39	43	112	41	29	26	28	**112**	100	86	70	63	56	53	51	48		5	8	1	2	–	–	–	–	–	–	–	–	**Pyridazine, 2,3,4,5-tetrahydro-6-methyl-3-oxo-**		**02078**
28	18	83	55	27	32	14	29	**112**	100	36	32	20	18	16	12	11	**4.38**	6	8	2	–	–	–	–	–	–	–	–	–	**2(5H)-Furanone, 5-ethyl-**		**01004**
29	27	28	67	26	30	48	43	**112**	100	29	11	5	5	3	2	2	**0.06**	2	5	2	–	–	–	1	1	–	–	–	–	**Ethanesulphonyl fluoride**		**Z0356**
29	55	83	27	39	112	53	26	**112**	100	87	86	65	36	23	20	15		6	8	2	–	–	–	–	–	–	–	–	–	**2H-Pyran, 3,4-dihydro-2-formyl-**		**C0489**
30	28	41	27	54	39	42	44	**112**	100	19	5	5	3	2	2	2	**0.57**	6	12	–	2	–	–	–	–	–	–	–	–	**Hexanenitrile, 6-amino-**		**C1361**
30	28	41	54	39	42	18	55	**112**	100	8	6	3	3	3	3	2	**0.92**	6	12	–	2	–	–	–	–	–	–	–	–	**Hexanenitrile, 6-amino-**		**00285**
31	59	29	45	74	43	41	55	**112**	100	97	97	80	63	29	29	16	**10.00**	7	12	1	–	–	–	–	–	–	–	–	–	**2-Oxabicyclo[2.2.2]octane**		**M1059**
31	93	69	74	43	36	24	112	**112**	100	36	20	15	13	11	10	8		3	–	–	–	–	–	4	–	–	–	–	–	**1-Propyne, 1,3,3,3-tetrafluoro-**	20174-11-2	**R8517**
31	93	112	62	74	50	69	43	**112**	100	82	31	12	8	5	4	4		3	–	–	–	–	–	4	–	–	–	–	–	**Cyclopropene, perfluoro-**		**L5570**
39	45	38	29	37	112	95	55	**112**	100	62	51	48	45	41	37	12		5	4	3	–	–	–	–	–	–	–	–	–	**Furan-2-carboxylic acid**	88-14-2	**P6436**
39	79	81	41	53	51	55	50	**112**	100	80	65	64	46	42	40	30	**25.00**	7	12	1	–	–	–	–	–	–	–	–	–	**Cyclohexene, 1-hydroxymethyl-**		**P0144**
39	95	38	112	37	29	45	55	**112**	100	93	69	58	47	46	24	20		5	4	3	–	–	–	–	–	–	–	–	–	**Furan-3-carboxylic acid**	488-93-7	**Q1169**
40	41	42	69	53	43	44	51	**112**	100	85	84	11	4	3	3	2	**0.00**	4	4	2	2	–	–	–	–	–	–	–	–	**Imidazole-4-carboxylic acid**	1072-84-0	**Q5202**
41	27	55	83	57	39	56	43	**112**	100	67	60	55	53	52	45	41	**7.00**	7	12	1	–	–	–	–	–	–	–	–	–	**2-Heptenal, (Z)-**	57266-86-1	**T4392**
41	28	54	44	27	59	42	18	**112**	100	37	32	31	31	25	20	20	**0.47**	5	8	1	2	–	–	–	–	–	–	–	–	**Butanamide, 4-cyano-**		**02972**
41	39	27	55	83	70	67	29	**112**	100	83	69	61	59	58	50	47	**2.20**	7	12	1	–	–	–	–	–	–	–	–	–	**2-Heptyn-1-ol**	1002-36-4	**Q4971**
41	39	55	68	42	67	79	56	**112**	100	59	52	49	32	31	29	27	**14.00**	7	12	1	–	–	–	–	–	–	–	–	–	**Cycloheptane, 1,2-epoxy-**	286-45-3	**Q0215**
41	43	55	56	39	42	70	27	**112**	100	98	93	71	64	63	62	58	**14.42**	8	16	–	–	–	–	–	–	–	–	–	–	**1-Octene**		**C1073**
41	54	27	44	59	42	58	15	**112**	100	32	31	31	26	20	17	14	**0.47**	5	8	1	2	–	–	–	–	–	–	–	–	**Butanamide, 4-cyano-**		**D0893**
41	55	56	27	70	42	39	29	**112**	100	99	44	41	40	30	29	28	**25.20**	8	16	–	–	–	–	–	–	–	–	–	–	**4-Octene, (E)-**		**Y0129**
41	55	56	42	69	70	27	29	**112**	100	71	37	35	31	28	25	20	**11.44**	8	16	–	–	–	–	–	–	–	–	–	–	**3-Octene, (Z)-**	14850-22-7	**R5432**
41	55	56	42	70	27	69	29	**112**	100	96	41	35	30	28	24	20	**12.75**	8	16	–	–	–	–	–	–	–	–	–	–	**4-Octene, (Z)-**	7642-15-1	**R3341**
41	55	56	42	70	69	27	29	**112**	100	82	42	39	36	29	26	23	**12.86**	8	16	–	–	–	–	–	–	–	–	–	–	**3-Octene, (E)-**	14919-01-8	**R5476**
41	55	56	69	70	112	42	39	**112**	100	83	58	56	55	45	43	25		8	16	–	–	–	–	–	–	–	–	–	–	**3-Octene, (E)-**		**16300**
41	55	57	39	29	27	83	56	**112**	100	97	52	46	42	39	29	29	**0.30**	7	12	1	–	–	–	–	–	–	–	–	–	**4-Pentenal, 2-ethyl-**	5204-80-8	**09047**
41	55	68	27	39	84	29	42	**112**	100	64	57	46	42	37	35	33	**3.00**	7	12	1	–	–	–	–	–	–	–	–	–	**4-Heptenal, (Z)-**	6728-31-0	**R2505**
41	55	70	42	56	43	83	39	**112**	100	88	78	47	33	19	16	14	**11.00**	8	16	–	–	–	–	–	–	–	–	–	–	**Heptane, 3-methylene-**	1632-16-2	**Q6371**
41	55	70	42	56	83	112	84	**112**	100	88	78	48	33	17	11	9		8	16	–	–	–	–	–	–	–	–	–	–	**Heptane, 3-methylene-**	1632-16-2	**Q6372**
41	55	96	54	110	69	39	42	**112**	100	77	65	56	54	45	36	33	**2.00**	6	12	–	2	–	–	–	–	–	–	–	–	**Cyclohexanone, hydrazone**	6156-08-7	**R2106**
41	55	96	54	110	69	39	67	**112**	100	77	65	56	54	45	36	30	**2.00**	6	12	–	2	–	–	–	–	–	–	–	–	**Cyclohexanone hydrazone**		**M3873**
41	56	55	39	27	42	70	69	**112**	100	61	61	59	57	55	35	34	**24.16**	8	16	–	–	–	–	–	–	–	–	–	–	**Cyclooctane**	292-64-8	**Q0259**
41	56	55	42	27	39	70	43	**112**	100	78	70	64	58	52	49	45	**42.90**	8	16	–	–	–	–	–	–	–	–	–	–	**Cyclooctane**		**Y0842**
41	59	44	42	27	32	30	55	**112**	100	53	40	20	18	17	17	15	**1.63**	5	8	1	2	–	–	–	–	–	–	–	–	**Butanamide, 4-cyano-**		**D1199**
41	68	55	84	83	39	56	67	**112**	100	91	73	60	50	34	34	34	**10.00**	7	12	1	–	–	–	–	–	–	–	–	–	**4-Heptenal, (E)-**		**17404**
41	68	55	84	83	67	39	56	**112**	100	94	78	68	47	44	36	35	**9.40**	7	12	1	–	–	–	–	–	–	–	–	–	**4-Heptenal, (Z)-**		**17405**
41	69	39	44	27	43	42	40	**112**	100	86	34	11	9	8	6	6	**1.60**	6	8	2	–	–	–	–	–	–	–	–	–	**2-Propenoic acid, 2-methyl-, vinyl ester**	4245-37-8	**R0244**
41	69	55	53	70	43	56	67	**112**	100	64	51	19	17	14	12	11	**1.00**	8	16	–	–	–	–	–	–	–	–	–	–	**1-Hexene, 3,3-dimethyl-**	3404-77-1	**Q9340**
41	69	56	68	55	42	70	83	**112**	100	96	71	69	63	42	41	36	**8.56**	8	16	–	–	–	–	–	–	–	–	–	–	**Cyclopentane, propyl-**	2040-96-2	**Q7241**
41	69	68	56	55	27	42	70	**112**	100	91	70	59	57	44	42	38	**1.64**	8	16	–	–	–	–	–	–	–	–	–	–	**Cyclopentane, propyl-**		**Y0190**
41	71	27	39	44	112	43	29	**112**	100	48	31	29	22	20	17	16		6	12	–	2	–	–	–	–	–	–	–	–	**Hydrazine, 1,1-diallyl-**	5164-11-4	**R1167**
41	79	39	57	55	68	27	29	**112**	100	95	86	81	66	65	64	59	**1.21**	7	12	1	–	–	–	–	–	–	–	–	–	**2,5-Heptadien-1-ol, (Z,E)-**	41368-47-2	**S6605**
41	97	42	55	84	68	56	39	**112**	100	96	63	56	52	45	44	39	**3.96**	7	12	1	–	–	–	–	–	–	–	–	–	**7-Oxabicyclo[4.1.0]heptane, 3-methyl-**	36099-51-1	**S5150**
41	97	43	55	112	39	27	67	**112**	100	93	56	42	38	31	31	29		7	12	1	–	–	–	–	–	–	–	–	–	**Furan, 2,3-dihydro-4-isopropyl-**	34314-84-6	**09398**
41	112	69	39	111	43	54	42	**112**	100	64	50	24	22	20	12	9		5	8	1	2	–	–	–	–	–	–	–	–	**3H-Pyrazol-3-one, 2,4-dihydro-2,4-dimethyl-**	3310-38-1	**Q9207**
42	28	84	27	41	26	40	43	**112**	100	36	28	16	15	10	8	8	**0.00**	4	8	–	4	–	–	–	–	–	–	–	–	**1,2,4,5-Tetrazine, 1,4-dihydro-3,6-dimethyl-**	37454-64-1	**S5497**

MASS TO CHARGE RATIOS								M.W.	INTENSITIES								Parent	C	H	O	N	Cl	Br	F	S	P	B	Si	X	COMPOUND NAME	CAS Reg No	No
42	41	43	112	69	84	56	98	**112**	100	41	17	16	10	9	7	7		6	8	2	–	–	–	–	–	–	–	–	–	1,3-Cyclopentanedione, 4-methyl-	35029-03-9	S4790
42	55	112	57	56	58	28	29	**112**	100	80	55	52	35	26	24	19		6	12	–	2	–	–	–	–	–	–	–	–	1,4-Diazabicyclo[2.2.2]octane		Q0186
42	55	112	57	56	58	29	28	**112**	100	93	64	51	42	33	20	20		6	12	–	2	–	–	–	–	–	–	–	–	1,4-Diazabicyclo[2.2.2]octane		G0482
42	58	55	112	57	56	41	29	**112**	100	87	82	52	39	37	30	20		6	12	–	2	–	–	–	–	–	–	–	–	1,4-Diazabicyclo[2.2.2]octane		D0108
42	69	41	55	39	70	43	56	**112**	100	70	56	34	28	16	16	15	**14.00**	7	12	1	–	–	–	–	–	–	–	–	–	Cyclopentanone, 2,4-dimethyl-		L6212
42	69	41	55	70	43	56	112	**112**	100	71	57	34	17	16	14	14		7	12	1	–	–	–	–	–	–	–	–	–	Cyclopentanone, 2,4-dimethyl-	1121-33-1	Q5388
42	69	55	56	54	43	28	39	**112**	100	49	38	30	30	21	18	15	**3.76**	7	12	1	–	–	–	–	–	–	–	–	–	Cyclopentanone, 2,5-dimethyl-		00722
42	112	30	113	41	40	43	27	**112**	100	97	11	8	7	6	5	4		4	8	–	4	–	–	–	–	–	–	–	–	1,2,4,5-Tetrazine, 1,2-dihydro-3,6-dimethyl-		17016
42	112	43	69	70	41	55	113	**112**	100	99	68	54	29	15	9	6		5	4	3	–	–	–	–	–	–	–	–	–	1,2,4-Cyclopentanetrione	15849-14-6	R5870
42	112	55	84	39	41	70	43	**112**	100	36	33	25	13	13	13	9		6	8	2	–	–	–	–	–	–	–	–	–	1,3-Cyclohexanedione	504-02-9	Q1383
42	112	55	84	70	41	83	43	**112**	100	36	33	25	13	12	8	7		6	8	2	–	–	–	–	–	–	–	–	–	1,3-Cyclohexanedione		L1105
42	112	68	39	40	28			**112**	100	99	33	14	7	6				5	4	3	–	–	–	–	–	–	–	–	–	1,3-Dioxolan-2-one, 4,5-bis(methylene)-	62458-20-2	T6212
42	112	111	28	41	43	27	70	**112**	100	55	45	39	28	24	19	19		6	12	–	2	–	–	–	–	–	–	–	–	1-Pyrrolidinamine, N-ethylidene-	60144-27-6	T5150
43	15	69	42	31	50	44	51	**112**	100	49	39	10	5	5	4	3	**0.00**	3	3	1	–	–	–	3	–	–	–	–	–	Acetone, 1,1,1-trifluoro-	421-50-1	Q0695
43	15	69	42	50	31	44	97	**112**	100	48	38	10	5	5	3	3	**0.00**	3	3	1	–	–	–	3	–	–	–	–	–	Acetone, 1,1,1-trifluoro-		L6234
43	26	69	97	18	28	42	15	**112**	100	33	28	27	26	12	6	6	**2.43**	6	8	2	–	–	–	–	–	–	–	–	–	3-Hexene-2,5-dione, trans-		D0593
43	26	69	97	18	28	42	17	**112**	100	33	28	27	26	12	6	5	**2.43**	6	8	2	–	–	–	–	–	–	–	–	–	3-Hexene-2,5-dione		00752
43	39	67	29	41	97	27	44	**112**	100	72	69	67	64	62	53	50	**0.40**	7	12	1	–	–	–	–	–	–	–	–	–	3-Heptyn-2-ol	56699-62-8	T4090
43	41	55	56	42	70	29	27	**112**	100	91	76	65	64	61	58	57	**10.80**	8	16	–	–	–	–	–	–	–	–	–	–	1-Octene		Y0128
43	41	55	112	97	58	69	94	**112**	100	25	18	14	12	11	11	7		7	12	1	–	–	–	–	–	–	–	–	–	5-Hepten-2-one	6714-00-7	R2492
43	41	69	39	15	27	112	97	**112**	100	75	36	27	21	20	16	15		7	12	1	–	–	–	–	–	–	–	–	–	3-Penten-2-one, 3,4-dimethyl-		04721
43	41	69	71	39	68	112	27	**112**	100	87	72	42	31	25	22	21		7	12	1	–	–	–	–	–	–	–	–	–	Cyclopentane, acetyl-	6004-60-0	R1984
43	41	69	97	55	70	39	27	**112**	100	38	33	16	11	10	9	7	**6.55**	7	12	1	–	–	–	–	–	–	–	–	–	1-Hexen-5-one, 2-methyl-		P2816
43	41	69	112	55	53	68	94	**112**	100	33	7	5	4	2	2	2		7	12	1	–	–	–	–	–	–	–	–	–	4-Hepten-2-one, (E)-	36678-43-0	S5340
43	41	97	39	53	67	69	45	**112**	100	60	40	21	21	19	16	11	**0.33**	7	12	1	–	–	–	–	–	–	–	–	–	3-Hexyn-2-ol, 5-methyl-	23293-50-7	S0165
43	41	97	69	112	39	53	55	**112**	100	98	52	35	33	27	14	8		7	12	1	–	–	–	–	–	–	–	–	–	3-Hexen-2-one, 5-methyl-	5166-53-0	R1172
43	55	41	56	70	42	29	57	**112**	100	72	59	53	43	42	30	29	**2.40**	8	16	–	–	–	–	–	–	–	–	–	–	1-Octene	111-66-0	P8563
43	69	71	112	97	55	84	56	**112**	100	78	54	25	10	5	3	1		7	12	1	–	–	–	–	–	–	–	–	–	Cyclopentane, acetyl-		M0636
43	70	28	39	41	112	69	42	**112**	100	34	21	14	14	13	12	12		6	8	2	–	–	–	–	–	–	–	–	–	1,3-Butadien-1-ol, acetate	1515-76-0	H1190
43	70	112	69	39	42	41	15	**112**	100	36	19	15	11	10	9	9		6	8	2	–	–	–	–	–	–	–	–	–	1,3-Butadien-1-ol, acetate		C0476
43	71	41	55	27	39	70	29	**112**	100	54	46	27	26	25	23	16	**0.64**	8	16	–	–	–	–	–	–	–	–	–	–	1-Hexene, 4,5-dimethyl-	16106-59-5	R6034
43	97	41	55	39	69	42	67	**112**	100	69	50	48	26	26	17	17	**13.79**	7	12	1	–	–	–	–	–	–	–	–	–	7-Oxabicyclo[4.1.0]heptane, 1-methyl-	1713-33-3	Q6567
44	39	86	41	68	69	40	42	**112**	100	37	33	23	22	21	16	16	**2.00**	5	4	3	–	–	–	–	–	–	–	–	–	2H-Pyran-2,6(3H)-dione	5926-95-4	R1912
53	112	84	27	81	43	41	39	**112**	100	94	84	70	60	50	45	38		6	8	2	–	–	–	–	–	–	–	–	–	1-Cyclopenten-3-one, 5-methoxy-		P3383
53	112	84	27	81	43	41	39	**112**	100	94	83	70	60	50	45	38		6	8	2	–	–	–	–	–	–	–	–	–	2-Cyclopenten-1-one, 3-methoxy-	4683-50-5	R0709
55	27	41	39	56	57	67	97	**112**	100	24	16	12	8	8	6	3	**0.19**	6	8	2	–	–	–	–	–	–	–	–	–	2-Propenoic acid, 2-propenyl ester		C0118
55	27	41	39	57	28	56	26	**112**	100	74	46	35	19	18	17	16	**1.90**	6	8	2	–	–	–	–	–	–	–	–	–	2-Propenoic acid, 2-propenyl ester	999-55-3	Q4951
55	29	26	27	54	53	112	82	**112**	100	57	55	45	28	25	25	19		4	4	2	2	–	–	–	–	–	–	–	–	Pyridazine, dihydroxy-		P4021
55	39	112	70	58	41	53	57	**112**	100	34	33	29	19	16	13	13		7	12	1	–	–	–	–	–	–	–	–	–	Cyclopropane, [(1-propenyloxy)methyl]-	64340-98-3	T6453
55	41	29	56	42	70	27	39	**112**	100	82	50	49	42	35	30	23	**13.48**	8	16	–	–	–	–	–	–	–	–	–	–	2-Octene, (E)-	13389-42-9	R4503
55	41	29	56	42	70	27	39	**112**	100	99	64	59	51	39	36	28	**14.16**	8	16	–	–	–	–	–	–	–	–	–	–	2-Octene, (Z)-	7642-04-8	R3340
55	41	39	43	56	16	29	44	**112**	100	87	44	41	28	27	25	24	**0.80**	7	12	1	–	–	–	–	–	–	–	–	–	4-Pentenal, 2,2-dimethyl-	5497-67-6	09046
55	41	43	27	39	29	97	28	**112**	100	86	57	53	46	44	36	33	**28.89**	7	12	1	–	–	–	–	–	–	–	–	–	2-Pentenal, 2-ethyl-	3491-57-4	Q9463
55	41	56	27	39	42	28	112	**112**	100	52	44	43	30	29	26	25		7	12	1	–	–	–	–	–	–	–	–	–	Cyclohexanone, 4-methyl-	589-92-4	Q2405
55	41	56	27	57	42	112	39	**112**	100	44	41	26	26	25	23	20		7	12	1	–	–	–	–	–	–	–	–	–	Cyclohexanone, 4-methyl-		Q2404
55	41	56	29	70	42	43	27	**112**	100	86	61	50	49	48	39	33	**21.82**	8	16	–	–	–	–	–	–	–	–	–	–	2-Octene	111-67-1	P8565
55	41	56	70	69	112	42	83	**112**	100	78	45	44	30	27	27	27		8	16	–	–	–	–	–	–	–	–	–	–	4-Octene, (E)-		04594
55	41	56	112	42	27	70	69	**112**	100	88	35	32	28	26	26	20		8	16	–	–	–	–	–	–	–	–	–	–	4-Octene, (E)-	14850-23-8	R5433
55	41	57	56	70	79	83	43	**112**	100	54	38	27	25	17	17	11	**0.00**	7	12	1	–	–	–	–	–	–	–	–	–	1-Heptyn-3-ol	7383-19-9	R3139
55	41	57	70	83	44	79	56	**112**	100	55	48	42	35	34	32	29	**0.00**	7	12	1	–	–	–	–	–	–	–	–	–	1-Heptyn-3-ol	7383-19-9	R3138
55	41	68	56	42	27	39	69	**112**	100	70	68	49	47	45	39	34	**21.15**	7	12	1	–	–	–	–	–	–	–	–	–	Cycloheptanone	502-42-1	Q1336
55	41	83	56	70	42	27	29	**112**	100	85	83	78	53	49	44	37	**15.10**	8	16	–	–	–	–	–	–	–	–	–	–	Cyclopentane, cis-1-methyl-2-ethyl-		Y0193
55	43	41	97	39	112	40	53	**112**	100	82	52	42	31	13	7	7		7	12	1	–	–	–	–	–	–	–	–	–	3-Hepten-2-one	1119-44-4	Q5344
55	43	41	97	39	112	69	40	**112**	100	82	52	42	32	13	8	7		7	12	1	–	–	–	–	–	–	–	–	–	3-Hepten-2-one		M2300
55	43	97	41	39	27	112	29	**112**	100	82	54	45	25	24	19	13		7	12	1	–	–	–	–	–	–	–	–	–	3-Hepten-2-one, (Z)-	69668-88-8	T7199
55	43	97	41	39	27	112	69	**112**	100	87	55	44	27	24	19	12		7	12	1	–	–	–	–	–	–	–	–	–	3-Hepten-2-one, (E)-	5609-09-6	R1580

MASS TO CHARGE RATIOS								M.W.	INTENSITIES								Parent	C	H	O	N	Cl	Br	F	S	P	B	Si	X	COMPOUND NAME	CAS Reg No	No
55	43	97	41	112	69	42	71	**112**	100	85	55	45	28	11	11	5		7	12	1	–	–	–	–	–	–	–	–	–	3-Hepten-2-one, (E)-		L8895
55	56	41	57	69	83	97	27	**112**	100	90	77	62	62	59	53	37	**5.95**	8	16	–	–	–	–	–	–	–	–	–	–	Cyclopentane, 1,1,3-trimethyl-		Y0195
55	56	41	70	29	27	69	42	**112**	100	67	66	54	36	24	24	22	**2.09**	8	16	–	–	–	–	–	–	–	–	–	–	1-Heptene, 3-methyl-	4810-09-7	R0841
55	56	41	83	69	97	57	39	**112**	100	88	68	68	67	64	62	27	**7.11**	8	16	–	–	–	–	–	–	–	–	–	–	Cyclopentane, 1,1,3-trimethyl-		Y1603
55	56	69	70	27	29	82	68	**112**	100	50	33	26	17	17	10	10	**0.00**	8	16	–	–	–	–	–	–	–	–	–	–	Cycloheptane, methyl-	4126-78-7	R0125
55	56	70	41	112	42	69	83	**112**	100	69	66	58	49	38	32	28		8	16	–	–	–	–	–	–	–	–	–	–	2-Octene	111-67-1	P8566
55	56	83	97	69	57	41	70	**112**	100	85	75	75	70	65	60	24	**12.00**	8	16	–	–	–	–	–	–	–	–	–	–	Cyclopentane, 1,1,3-trimethyl-		G0012
55	57	68	41	112	42	56	83	**112**	100	22	20	19	19	16	14	11		6	8	2	–	–	–	–	–	–	–	–	–	Cyclohexanone, 2,3-epoxy-	6705-49-3	R2482
55	68	41	42	56	112	27	28	**112**	100	72	58	41	29	27	23	22		7	12	1	–	–	–	–	–	–	–	–	–	Cycloheptanone	502-42-1	Q1337
55	68	56	41	69	112	27	84	**112**	100	90	53	47	36	34	28	27		7	12	1	–	–	–	–	–	–	–	–	–	Cycloheptanone	502-42-1	Q1338
55	70	41	56	42	39	71	84	**112**	100	89	77	76	45	43	5	5	**4.00**	7	12	1	–	–	–	–	–	–	–	–	–	Cyclobutanone, 2,3,3-trimethyl-	28290-01-9	S2020
55	70	41	56	42	39	84	112	**112**	100	89	77	76	45	43	5	4		7	12	1	–	–	–	–	–	–	–	–	–	Cyclobutanone, 2,3,3-trimethyl-		M3007
55	73	43	41	31	39	27	29	**112**	100	65	51	35	30	30	23	22	**0.15**	7	12	1	–	–	–	–	–	–	–	–	–	1-Heptyn-4-ol	22127-83-9	R9572
55	83	27	39	57	56	43	29	**112**	100	97	88	77	74	71	60	55	**11.91**	7	12	1	–	–	–	–	–	–	–	–	–	2-Heptenal, (E)-	18829-55-5	H1823
55	83	41	27	39	69	97	29	**112**	100	62	49	28	28	28	24	20	**15.20**	8	16	–	–	–	–	–	–	–	–	–	–	3-Hexene, (Z)-2,2-dimethyl-		Y0846
55	83	41	43	97	69	112	84	**112**	100	88	83	75	62	34	34	32		7	12	1	–	–	–	–	–	–	–	–	–	7-Oxabicyclo[4.1.0]heptane, 1-methyl-	1713-33-3	Q6569
55	83	41	56	42	82	27	84	**112**	100	87	66	49	35	33	31	30	**6.43**	8	16	–	–	–	–	–	–	–	–	–	–	Cyclopentane, cis-1-methyl-3-ethyl-		Y1183
55	83	41	56	42	82	27	84	**112**	100	91	70	49	37	36	35	31	**8.71**	8	16	–	–	–	–	–	–	–	–	–	–	Cyclopentane, trans-1-ethyl-3-methyl-		Y0561
55	83	41	56	82	42	84	70	**112**	100	82	51	43	31	29	28	27	**6.32**	8	16	–	–	–	–	–	–	–	–	–	–	Cyclopentane, 1-ethyl-3-methyl-	3726-47-4	Q9730
55	83	41	68	39	94	70	27	**112**	100	57	52	31	21	17	17	16	**9.37**	7	12	1	–	–	–	–	–	–	–	–	–	Cyclohexane, formyl-		Z0367
55	83	41	69	39	112	27	43	**112**	100	45	35	25	22	19	13	12		8	16	–	–	–	–	–	–	–	–	–	–	3-Heptene, 4-methyl-	4485-16-9	R0502
55	83	41	69	97	112	39	29	**112**	100	59	36	27	22	14	14	13		8	16	–	–	–	–	–	–	–	–	–	–	3-Hexene, (Z)-2,2-dimethyl-		04595
55	83	41	82	56	27	69	39	**112**	100	95	59	42	22	20	20	18	**12.80**	8	16	–	–	–	–	–	–	–	–	–	–	Cyclohexane, ethyl-	1678-91-7	Q6486
55	83	41	84	39	27	29	43	**112**	100	56	46	30	27	24	16	11	**6.90**	8	16	–	–	–	–	–	–	–	–	–	–	1-Pentene, 2-methyl-3-ethyl-		Y1284
55	83	41	97	69	27	39	29	**112**	100	56	46	35	28	26	26	19	**18.20**	8	16	–	–	–	–	–	–	–	–	–	–	3-Hexene, 2,2-dimethyl-		Y0932
55	83	97	69	41	112	70	39	**112**	100	56	37	28	28	21	12	12		8	16	–	–	–	–	–	–	–	–	–	–	3-Hexene, (E)-2,2-dimethyl-		04596
55	83	112	39	27	29	53	54	**112**	100	67	48	23	18	17	13	12		6	8	2	–	–	–	–	–	–	–	–	–	2(5H)-Furanone, 3,4-dimethyl-		M6493
55	97	41	56	42	69	39	83	**112**	100	72	70	45	42	34	31	30	**18.23**	8	16	–	–	–	–	–	–	–	–	–	–	Cycloheptane, methyl-		C0997
55	97	41	56	42	83	69	70	**112**	100	70	56	50	33	32	31	26	**8.57**	8	16	–	–	–	–	–	–	–	–	–	–	Cycloheptane, methyl-	4126-78-7	R0124
55	97	41	56	112	27	42	70	**112**	100	90	57	37	33	32	29	29		8	16	–	–	–	–	–	–	–	–	–	–	Cyclohexane, trans-1,2-dimethyl-		Y0221
55	97	41	57	39	69	27	29	**112**	100	64	37	21	19	19	17	16	**15.76**	8	16	–	–	–	–	–	–	–	–	–	–	2-Pentene, 2,4,4-trimethyl-	107-40-4	P8000
55	97	41	83	70	56	27	112	**112**	100	64	60	39	39	37	32	32		8	16	–	–	–	–	–	–	–	–	–	–	Cyclohexane, cis-1,2-dimethyl-		Y0220
55	97	41	83	70	56	112	42	**112**	100	97	58	43	39	38	38	32		8	16	–	–	–	–	–	–	–	–	–	–	Cyclohexane, cis-1,2-dimethyl-	2207-01-4	Q7597
55	97	41	112	56	27	39	29	**112**	100	86	43	30	26	25	22	19		8	16	–	–	–	–	–	–	–	–	–	–	Cyclohexane, cis-1,4-dimethyl-		Y0224
55	97	41	112	56	27	39	29	**112**	100	91	42	34	25	25	21	18		8	16	–	–	–	–	–	–	–	–	–	–	Cyclohexane, trans-1,4-dimethyl-		Y0225
55	97	41	112	56	27	42	39	**112**	100	93	44	36	33	24	24	24		8	16	–	–	–	–	–	–	–	–	–	–	Cyclohexane, trans-1,3-dimethyl-		Y0223
55	97	41	112	56	69	70	42	**112**	100	99	51	40	37	30	29	26		8	16	–	–	–	–	–	–	–	–	–	–	Cyclohexane, trans-1,2-dimethyl-		Y1606
55	97	41	112	57	69	39	43	**112**	100	73	35	25	21	21	15	14		8	16	–	–	–	–	–	–	–	–	–	–	2-Pentene, 2,3,4-trimethyl-	565-77-5	Q2151
55	97	56	41	112	69	42	70	**112**	100	98	35	34	32	24	22	14		8	16	–	–	–	–	–	–	–	–	–	–	Cyclohexane, trans-1,3-dimethyl-	2207-03-6	Q7598
55	112	42	70	84	56	43	83	**112**	100	61	40	15	13	13	11	10		6	12	–	2	–	–	–	–	–	–	–	–	1,3-Diazepine, 2-methyl-4,5,6,7-tetrahydro-		05685
55	112	59	56	74	84	85	70	**112**	100	73	16	15	12	12	12	11		7	12	1	–	–	–	–	–	–	–	–	–	Cyclopropane, [(2-propenyloxy)methyl]-	18022-46-3	R7340
56	15	112	97	39	41	42	28	**112**	100	32	32	31	26	22	21	17		6	12	–	2	–	–	–	–	–	–	–	–	Acetone, isopropylidenehydrazone		Y1154
56	30	72	68	42	28	41	43	**112**	100	57	30	23	18	16	13	12	**9.50**	6	12	–	2	–	–	–	–	–	–	–	–	Propanenitrile, 3-(isopropylamino)-	692-98-8	Q3714
56	41	55	42	27	39	70	29	**112**	100	97	67	36	29	27	26	24	**0.50**	8	16	–	–	–	–	–	–	–	–	–	–	Cyclobutane, cis-1,2-diethyl-	61141-50-2	T5265
56	41	55	42	27	39	70	29	**112**	100	99	65	35	30	27	25	22	**1.70**	8	16	–	–	–	–	–	–	–	–	–	–	Cyclobutane, trans-1,2-diethyl-	19341-98-1	R8091
56	41	55	42	70	57	43	40	**112**	100	99	65	35	25	20	13	4	**1.70**	8	16	–	–	–	–	–	–	–	–	–	–	Cyclobutane, trans-1,2-diethyl-	19341-98-1	R8092
56	41	55	42	70	84	57	69	**112**	100	79	62	32	31	22	22	21	**2.83**	8	16	–	–	–	–	–	–	–	–	–	–	Cyclobutane, 1,2-diethyl-	61141-83-1	T5331
56	41	55	70	42	84	69	83	**112**	100	69	67	34	31	28	22	22	**4.03**	8	16	–	–	–	–	–	–	–	–	–	–	Cyclobutane, 1,2-diethyl-	61141-83-1	T5332
56	41	57	29	55	84	27	39	**112**	100	58	55	40	40	27	15	12	**0.50**	8	16	–	–	–	–	–	–	–	–	–	–	1-Hexene, 3,4-dimethyl-	16745-94-1	08060
56	41	57	55	69	112	42	70	**112**	100	37	22	18	15	11	6	5		8	16	–	–	–	–	–	–	–	–	–	–	2-Decalone, trans-	15870-10-7	R5896
56	41	69	57	55	112	70	39	**112**	100	58	53	46	28	19	18	11		8	16	–	–	–	–	–	–	–	–	–	–	1-Hexene, 2,5-dimethyl-	6975-92-4	R2761
56	41	69	57	55	112	70	39	**112**	100	68	53	46	28	20	18	11		8	16	–	–	–	–	–	–	–	–	–	–	1-Hexene, 2,5-dimethyl-	6975-92-4	R2762
56	41	112	55	69	42	57	68	**112**	100	41	16	14	11	7	5	5		7	12	1	–	–	–	–	–	–	–	–	–	Cyclopentanone, 2,2-dimethyl-	4541-32-6	R0571
56	43	55	41	69	70	57	42	**112**	100	86	76	65	65	34	33	21	**8.00**	8	16	–	–	–	–	–	–	–	–	–	–	1-Heptene, 6-methyl-	5026-76-6	R1035
56	55	41	69	84	112	70	42	**112**	100	68	51	51	25	19	17	13		8	16	–	–	–	–	–	–	–	–	–	–	Heptane, 4-methylene-	15918-08-8	R5913
56	55	41	70	42	112	69	83	**112**	100	78	77	64	57	56	55	51		8	16	–	–	–	–	–	–	–	–	–	–	Cyclooctane		C0039

MASS TO CHARGE RATIOS								M.W.	INTENSITIES								Parent	C	H	O	N	Cl	Br	F	S	P	B	Si	X	COMPOUND NAME	CAS Reg No	No
56	55	42	43	41	70	69	83	**112**	100	80	57	57	55	53	47	31	**6.00**	8	16	–	–	–	–	–	–	–	–	–	–	Cyclopropane, pentyl-	2511-91-3	Q8246
56	55	43	41	70	69	42	83	**112**	100	81	57	56	53	48	37	31	**6.00**	8	16	–	–	–	–	–	–	–	–	–	–	Cyclopropane, pentyl-	2511-91-3	Q8247
56	55	43	41	70	69	42	84	**112**	100	81	57	56	53	48	37	31	**6.00**	8	16	–	–	–	–	–	–	–	–	–	–	Heptane, 1,2-methylene-		M7991
56	55	69	84	112	70			**112**	100	69	52	26	20	18				8	16	–	–	–	–	–	–	–	–	–	–	Heptane, 4-methylene-		M3469
56	55	69	84	112	70	57	71	**112**	100	69	52	26	20	18	5	2		8	16	–	–	–	–	–	–	–	–	–	–	Heptane, 4-methylene-	15918-08-8	R5914
56	57	112	29	55	28	27	39	**112**	100	78	73	64	60	59	54	34		6	8	2	–	–	–	–	–	–	–	–	–	2-Furanone, 3,4-dihydro-5-ethylidene-		C0534
56	69	55	41	57	70	27	39	**112**	100	80	78	72	41	34	34	32	**1.37**	8	16	–	–	–	–	–	–	–	–	–	–	Cyclopentane, 1,1,2-trimethyl-		Y0194
56	71	112	28	30	41	42	83	**112**	100	87	80	60	53	51	46	37		6	12	–	2	–	–	–	–	–	–	–	–	Acetone, 2-propenylhydrazone	19031-79-9	R7932
56	112	97	39	41	42	70	40	**112**	100	32	31	26	22	21	9	8		6	12	–	2	–	–	–	–	–	–	–	–	Acetone, isopropylidenehydrazone	627-70-3	Q3263
56	112	97	70	57	113	98	71	**112**	100	56	38	10	6	4	3	1		6	12	–	2	–	–	–	–	–	–	–	–	Acetone, isopropylidenehydrazone	627-70-3	Q3264
57	41	29	55	56	39	27	97	**112**	100	89	62	59	51	38	31	24	**21.65**	8	16	–	–	–	–	–	–	–	–	–	–	1-Pentene, 2,4,4-trimethyl-		C1041
57	41	29	55	56	39	27	112	**112**	100	41	27	23	19	16	15	10		8	16	–	–	–	–	–	–	–	–	–	–	1-Pentene, 2,4,4-trimethyl-		Y0130
57	41	55	29	56	39	97	112	**112**	100	31	22	14	12	10	6	5		8	16	–	–	–	–	–	–	–	–	–	–	1-Pentene, 2,4,4-trimethyl-	107-39-1	P7999
57	41	55	29	56	97	112	69	**112**	100	32	23	16	10	8	8	4		8	16	–	–	–	–	–	–	–	–	–	–	2-Hexene, (Z)-5,5-dimethyl-	39761-61-0	S6120
57	55	41	43	56	29	97	39	**112**	100	56	42	27	24	23	14	12	**4.31**	8	16	–	–	–	–	–	–	–	–	–	–	1-Hexene, 5,5-dimethyl-	7116-86-1	R2849
58	42	44	112	41	71	72	43	**112**	100	16	9	7	5	5	5	5		6	12	–	2	–	–	–	–	–	–	–	–	Butanenitrile, 4-(dimethylamino)-	13989-82-7	R4881
58	43	39	27	57	41	94	79	**112**	100	85	31	30	28	25	22	19	**8.86**	7	12	1	–	–	–	–	–	–	–	–	–	3-Cyclohexen-1-ol, 1-methyl-	33061-16-4	06848
58	112	59	72	44	111	71	42	**112**	100	11	4	4	4	2	2	1		6	12	–	2	–	–	–	–	–	–	–	–	Butanenitrile, 4-(dimethylamino)-	13989-82-7	R4882
63	27	41	62	39	76	65	64	**112**	100	83	75	62	49	34	32	24	**3.40**	3	6	–	–	2	–	–	–	–	–	–	–	Propane, 1,2-dichloro-		C0485
63	27	62	41	39	65	76	64	**112**	100	78	68	67	52	31	30	24	**4.00**	3	6	–	–	2	–	–	–	–	–	–	–	Propane, 1,2-dichloro-	78-87-5	P5929
63	41	77	62	76	39	65	79	**112**	100	94	83	73	51	48	30	26	**0.00**	3	6	–	–	2	–	–	–	–	–	–	–	Propane, 1,1-dichloro-		Y1634
63	62	27	41	39	65	76	64	**112**	100	71	57	49	32	31	27	25	**5.14**	3	6	–	–	2	–	–	–	–	–	–	–	Cyclohexane, (E)-1,2,4-trimethyl-		Y1635
63	62	27	41	65	76	64	39	**112**	100	74	41	34	31	26	26	20	**6.67**	3	6	–	–	2	–	–	–	–	–	–	–	Propane, 1,2-dichloro-		Z0354
66	79	94	67	39	68	41	77	**112**	100	61	33	31	31	23	20	17	**0.22**	7	12	1	–	–	–	–	–	–	–	–	–	2-Norbornanol		C1427
67	41	55	39	53	27	54	84	**112**	100	52	42	42	40	37	29	28	**24.60**	7	12	1	–	–	–	–	–	–	–	–	–	3-Heptyn-1-ol	14916-79-1	R5472
68	39	38	40	37	53	69	112	**112**	100	40	13	12	8	5	5	5		5	4	3	–	–	–	–	–	–	–	–	–	2,5-Furandione, 3-methyl-	616-02-4	Q2924
68	41	28	55	112	56	69	42	**112**	100	66	61	61	59	57	53	42		7	12	1	–	–	–	–	–	–	–	–	–	Cyclohexanone, 2-methyl-	583-60-8	Q2307
68	41	55	56	69	42	112	84	**112**	100	82	78	69	60	52	47	24		7	12	1	–	–	–	–	–	–	–	–	–	Cyclohexanone, 2-methyl-	583-60-8	Q2308
68	41	55	56	112	69	42	53	**112**	100	92	79	71	63	62	54	53		7	12	1	–	–	–	–	–	–	–	–	–	Cyclohexanone, 2-methyl-		D1219
68	41	97	55	56	67	39	69	**112**	100	87	69	67	50	45	42	31	**18.00**	7	12	1	–	–	–	–	–	–	–	–	–	7-Oxabicyclo[4.1.0]heptane, 2-methyl-	5410-22-0	R1402
68	67	55	41	39	29	27	53	**112**	100	43	40	37	27	25	23	16	**1.47**	7	12	1	–	–	–	–	–	–	–	–	–	4-Heptenal	62238-34-0	T6025
68	69	41	55	56	27	43	97	**112**	100	85	72	44	31	29	26	26	**2.88**	8	16	–	–	–	–	–	–	–	–	–	–	Cyclopentane, isopropyl-		Y0191
69	41	27	39	112	55	56	70	**112**	100	69	24	23	20	18	18	15		8	16	–	–	–	–	–	–	–	–	–	–	2-Hexene, 2,5-dimethyl-		Y1426
69	41	39	28	112	27	43	15	**112**	100	81	24	14	12	7	7	5		6	8	2	–	–	–	–	–	–	–	–	–	2-Propenoic acid, 2-methyl-, vinyl ester		G0196
69	41	42	56	55	39	27	112	**112**	100	58	53	49	42	41	35	26		7	12	1	–	–	–	–	–	–	–	–	–	Cyclohexanone, (+)-3-methyl-		U0020
69	41	55	56	39	27	112	70	**112**	100	61	53	40	29	27	18	16		8	16	–	–	–	–	–	–	–	–	–	–	3-Hexene, (E)-2,5-dimethyl-		Y1283
69	41	55	56	42	112	39	27	**112**	100	91	46	45	42	27	22	18		7	12	1	–	–	–	–	–	–	–	–	–	Cyclohexanone, 3-methyl-	591-24-2	Q2446
69	41	56	27	55	39	112	29	**112**	100	89	39	37	35	31	22	19		8	16	–	–	–	–	–	–	–	–	–	–	2-Heptene, 2-methyl-		Y2003
69	41	56	55	39	27	112	29	**112**	100	87	38	34	31	29	21	16		8	16	–	–	–	–	–	–	–	–	–	–	2-Heptene, 2-methyl-		Y1986
69	41	56	55	112	43	70	57	**112**	100	66	26	18	18	17	17	16		8	16	–	–	–	–	–	–	–	–	–	–	1-Hexene, 2,5-dimethyl-	6975-92-4	R2763
69	41	56	112	55	70	68	57	**112**	100	89	66	54	53	52	49	48		8	16	–	–	–	–	–	–	–	–	–	–	2-Hexene, 2,5-dimethyl-	3404-78-2	Q9341
69	41	57	56	112	55	70	68	**112**	100	89	68	66	55	53	51	48		8	16	–	–	–	–	–	–	–	–	–	–	2-Hexene, 2,5-dimethyl-	3404-78-2	Q9342
69	42	112	27	41	70	39	28	**112**	100	22	9	5	5	4	4	3		6	12	–	2	–	–	–	–	–	–	–	–	1H-Pyrazole, 4,5-dihydro-5-propyl-	75011-90-4	T8796
69	43	41	70	96	55	53	68	**112**	100	72	19	15	13	6	5	5	**2.00**	7	12	1	–	–	–	–	–	–	–	–	–	1-Pentyn-3-ol, 3,4-dimethyl-	1482-15-1	Q6083
69	43	97	41	39	27	86	77	**112**	100	68	19	17	15	14	13	12	**0.00**	7	12	1	–	–	–	–	–	–	–	–	–	1-Hexyn-3-ol, 3-methyl-		P2825
69	55	41	56	27	39	112	29	**112**	100	93	72	55	37	32	23	21		8	16	–	–	–	–	–	–	–	–	–	–	3-Heptene, (E)-2-methyl-		Y1282
69	56	55	112	97	68	43	94	**112**	100	48	29	28	12	10	8	7		7	12	1	–	–	–	–	–	–	–	–	–	Cyclohexanone, 3-methyl-		M0634
69	97	67	43	39	41	51	53	**112**	100	82	47	36	28	28	13	11	**0.00**	7	12	1	–	–	–	–	–	–	–	–	–	Butyne, 3-ethoxy-3-methyl-		04829
69	97	112	83	82	56	54	68	**112**	100	98	89	78	64	54	52	46		6	12	–	2	–	–	–	–	–	–	–	–	Imidazoline, 2-ethyl-4-methyl-	931-35-1	Q4643
70	27	39	41	68	29	67	55	**112**	100	86	74	69	67	65	62	60	**7.13**	7	12	1	–	–	–	–	–	–	–	–	–	Bicyclo[3.1.0]hexan-2-ol, 5-methyl-, (1α,2β,5α)-	41299-39-2	06847
70	39	60	67	41	53	27	45	**112**	100	54	48	45	33	31	30	22	**1.04**	6	8	2	–	–	–	–	–	–	–	–	–	5-Hexynoic acid	53293-00-8	S8385
70	42	55	41	56	71	112	43	**112**	100	93	88	70	7	6	5	3		7	12	1	–	–	–	–	–	–	–	–	–	Cyclobutanone, 2,2,3-trimethyl-	1449-49-6	Q5994
70	42	55	41	112	84	97		**112**	100	93	88	70	5	3	1			7	12	1	–	–	–	–	–	–	–	–	–	Cyclobutanone, 2,3,3-trimethyl-		M3006
70	55	41	27	39	42	29	28	**112**	100	93	64	41	30	28	26	17	**10.60**	8	16	–	–	–	–	–	–	–	–	–	–	Heptane, 3-methylene-	1632-16-2	Q6373
70	55	41	42	69	27	39	56	**112**	100	73	33	25	24	19	18	16	**9.63**	8	16	–	–	–	–	–	–	–	–	–	–	Cyclopentane, 1,trans-2,cis-4-trimethyl-		Y0205
70	55	41	56	27	42	39	69	**112**	100	63	40	37	23	19	18	18	**6.84**	8	16	–	–	–	–	–	–	–	–	–	–	Cyclopentane, 1,cis-2,cis-3-trimethyl-		Y0202

MASS TO CHARGE RATIOS								M.W.	INTENSITIES								Parent	C	H	O	N	Cl	Br	F	S	P	B	Si	X	COMPOUND NAME	CAS Reg No	No
70	55	42	69	27	39	28	56	**112**	100	67	24	17	17	17	12	11	**6.34**	8	16	–	–	–	–	–	–	–	–	–	–	Cyclopentane, 1,cis-2,trans-4-trimethyl-		Y0204
70	55	43	41	29	56	83	39	**112**	100	92	71	71	38	27	26	25	**1.74**	8	16	–	–	–	–	–	–	–	–	–	–	1-Heptene, 5-methyl-	13151-04-7	R4235
70	56	55	41	69	27	39	57	**112**	100	93	92	60	36	32	26	25	**18.10**	8	16	–	–	–	–	–	–	–	–	–	–	Cyclopentane, 1,trans-2,cis-3-trimethyl-		Y0203
71	41	28	70	83	30	69	56	**112**	100	27	21	21	21	17	16	15	**15.10**	6	12	–	2	–	–	–	–	–	–	–	–	Propanal, 2-propenylhydrazone	19031-78-8	R7931
72	42	54	44	97	28	57	27	**112**	100	99	75	68	54	35	31	28	**22.40**	6	12	–	2	–	–	–	–	–	–	–	–	Propanenitrile, 3-(ethylmethylamino)-	55619-09-5	T1696
73	43	41	39	55	53	45	67	**112**	100	37	32	30	28	12	6	6	**0.10**	7	12	1	–	–	–	–	–	–	–	–	–	1,2-Pentadiene, 4-methoxy-4-methyl-	49833-91-2	S7236
76	41	27	78	39	49	63	26	**112**	100	77	47	32	28	19	13	9	**1.40**	3	6	–	–	2	–	–	–	–	–	–	–	Propane, 1,3-dichloro-	142-28-9	H0648
76	41	78	27	39	49	63	40	**112**	100	48	33	22	12	12	11	6	**1.65**	3	6	–	–	2	–	–	–	–	–	–	–	Propane, 1,3-dichloro-		Z0353
77	41	29	76	27	79	39	28	**112**	100	76	67	35	32	31	26	24	**0.58**	3	6	–	–	2	–	–	–	–	–	–	–	Propane, 1,1-dichloro-	78-99-9	P5955
77	41	29	76	79	27	39	78	**112**	100	54	46	46	33	24	19	19	**2.13**	3	6	–	–	2	–	–	–	–	–	–	–	Propane, 1,1-dichloro-		Z0355
77	41	97	79	99	61	39	63	**112**	100	45	36	34	24	19	14	9	**0.10**	3	6	–	–	2	–	–	–	–	–	–	–	Propane, 2,2-dichloro-	594-20-7	Q2546
77	49	63	79	51	42	36	35	**112**	100	64	35	32	20	20	13	12	**0.10**	2	2	1	–	2	–	–	–	–	–	–	–	Acetyl chloride, chloro-	79-04-9	P5965
79	67	94	66	68	41	39	95	**112**	100	95	73	66	65	39	33	31	**1.50**	7	12	1	–	–	–	–	–	–	–	–	–	2-Norbornanol, exo-		F0135
79	77	39	94	41	44	55	83	**112**	100	50	44	43	41	40	32	32	**10.80**	7	12	1	–	–	–	–	–	–	–	–	–	2,4-Heptadien-1-ol	62488-55-5	T6213
79	77	94	39	81	41	18	27	**112**	100	52	45	36	24	24	22	22	**4.10**	7	12	1	–	–	–	–	–	–	–	–	–	2,4-Heptadien-1-ol, (E,E)-	33467-79-7	H1965
79	77	94	39	81	41	18	27	**112**	100	52	47	33	24	23	22	21	**0.00**	7	12	1	–	–	–	–	–	–	–	–	–	2,4-Heptadien-1-ol, (E,E)-		M4236
79	81	94	41	80	77	53	93	**112**	100	20	20	14	12	12	11	11	**1.13**	7	12	1	–	–	–	–	–	–	–	–	–	Cyclopentanemethanol, 3-methylene-	74793-20-7	T8599
79	94	81	41	77	53	39	80	**112**	100	40	27	13	13	12	10	9	**2.03**	7	12	1	–	–	–	–	–	–	–	–	–	Cyclohexene, 4-hydroxymethyl-		Z0360
80	41	79	39	97	27	81	53	**112**	100	42	41	39	31	23	21	19	**9.33**	7	12	1	–	–	–	–	–	–	–	–	–	Cyclopentane, 1-methoxy-2-methylene-		C1010
81	41	53	39	79	43	27	97	**112**	100	83	59	58	54	41	39	37	**1.30**	7	12	1	–	–	–	–	–	–	–	–	–	1,2-Pentadien-5-ol, 4,4-dimethyl-	4058-52-0	R0045
81	53	39	27	112	29	82	51	**112**	100	52	27	24	22	21	21	15		6	8	2	–	–	–	–	–	–	–	–	–	Furfuryl methyl ether	13679-46-4	R4706
81	112	53	82	111	27	39	29	**112**	100	43	34	21	21	10	9	7		6	8	2	–	–	–	–	–	–	–	–	–	Furfuryl methyl ether		Z0361
83	29	27	55	57	26	43	39	**112**	100	48	36	25	23	21	20	16	**0.00**	7	12	1	–	–	–	–	–	–	–	–	–	1-Pentyn-3-ol, 3-ethyl-		00487
83	29	55	27	57	39	28	41	**112**	100	93	82	63	51	43	25	19	**16.06**	7	12	1	–	–	–	–	–	–	–	–	–	4-Hexen-3-one, 5-methyl-		04732
83	42	72	30	54	43	28	41	**112**	100	47	38	31	24	11	10	10	**6.30**	6	12	–	2	–	–	–	–	–	–	–	–	Propanenitrile, 3-(propylamino)-	7249-87-8	R2996
83	42	112	56	28	43	41	27	**112**	100	47	29	22	18	10	9	8		6	12	–	2	–	–	–	–	–	–	–	–	1H-Pyrazole, 4,5-dihydro-4-ethyl-1-methyl-	22581-42-6	R9816
83	43	53	39	97	41	51	81	**112**	100	22	16	16	15	10	10	9	**0.08**	7	12	1	–	–	–	–	–	–	–	–	–	Pentyne, 3-methoxy-3-methyl-		04832
83	55	29	27	57	112	28	84	**112**	100	49	30	29	22	18	17	17		6	8	2	–	–	–	–	–	–	–	–	–	2(5H)-Furanone, 5-ethyl-		C0064
83	55	29	27	112	39	53	66	**112**	100	72	46	35	30	24	16	12		6	8	2	–	–	–	–	–	–	–	–	–	2H-Pyran, 3,4-dihydro-2-formyl-		00284
83	55	29	112	27	39	53	28	**112**	100	67	40	35	24	19	14	9		6	8	2	–	–	–	–	–	–	–	–	–	4H-Pyran, 2,3-dihydro-2-formyl-		Z0366
83	55	41	39	27	112	69	29	**112**	100	92	69	36	32	29	27	17		8	16	–	–	–	–	–	–	–	–	–	–	2-Hexene, 2,3-dimethyl-		Y0977
83	55	41	70	82	27	29	39	**112**	100	82	46	34	25	25	21	20	**0.94**	8	16	–	–	–	–	–	–	–	–	–	–	Cyclopentane, 1-methyl-1-ethyl-		Y0192
83	55	41	82	27	112	39	29	**112**	100	72	50	41	24	20	20	19		8	16	–	–	–	–	–	–	–	–	–	–	Cyclohexane, ethyl-		Y0218
83	55	82	41	112	39	67	56	**112**	100	69	58	36	26	20	18	17		8	16	–	–	–	–	–	–	–	–	–	–	Cyclohexane, ethyl-		C1422
83	112	55	29	82	53	66	39	**112**	100	41	38	10	10	8	8	8		6	8	2	–	–	–	–	–	–	–	–	–	2H-Pyran, 3,4-dihydro-2-formyl-		A0635
84	27	112	28	55	70	43	42	**112**	100	85	75	65	65	37	35	27		4	8	–	4	–	–	–	–	–	–	–	–	1H-1,2,4-Triazol-5-amine, 1-ethyl-	58661-94-2	T5053
84	56	55	41	68	83	42	112	**112**	100	75	63	60	37	37	31	28		7	12	1	–	–	–	–	–	–	–	–	–	Cyclopentanone, 2-ethyl-	4971-18-0	R0981
84	112	43	111	97	41	39	54	**112**	100	74	66	64	50	46	32	31		7	12	1	–	–	–	–	–	–	–	–	–	1-Cyclohexenyl methyl ether	931-57-7	Q4650
94	66	65	67	54	81	78	42	**112**	100	74	65	64	25	20	18	16	**3.00**	7	12	1	–	–	–	–	–	–	–	–	–	2-Norbornanol, exo-	497-37-0	Q1278
94	67	66	57	55	53	79	83	**112**	100	90	74	39	30	21	21	21	**2.00**	7	12	1	–	–	–	–	–	–	–	–	–	2-Norbornanol, endo-	497-36-9	Q1277
94	67	79	66	68	39	41	27	**112**	100	70	69	69	64	42	38	33	**0.00**	7	12	1	–	–	–	–	–	–	–	–	–	2-Norbornanol, endo-		M1244
94	67	79	66	68	41	39	27	**112**	100	92	84	79	73	53	53	49	**0.00**	7	12	1	–	–	–	–	–	–	–	–	–	2-Norbornanol, exo-		M1245
94	79	57	70	81	68	41	55	**112**	100	95	70	63	60	59	49	39	**16.01**	7	12	1	–	–	–	–	–	–	–	–	–	7-Norbornanol	2566-48-5	Q8328
94	79	67	66	68	39	41	27	**112**	100	72	72	70	66	43	42	38	**2.48**	7	12	1	–	–	–	–	–	–	–	–	–	2-Norbornanol, endo-		03079
94	79	67	66	68	41	57	39	**112**	100	81	74	69	64	35	30	29	**3.00**	7	12	1	–	–	–	–	–	–	–	–	–	2-Norbornanol		M8625
94	112	95	93	110				**112**	100	13	8	6	2					6	8	2	–	–	–	–	–	–	–	–	–	Benzene, cis-1,2-dihydro-1,2-dihydroxy-		M2987
97	41	67	39	112	43	44	40	**112**	100	78	72	68	58	35	34	31		6	8	2	–	–	–	–	–	–	–	–	–	2,4-Hexadienoic acid, (E,E)-	110-44-1	P8371
97	42	112	56	28	69	27	41	**112**	100	32	30	24	17	17	13	13		6	12	–	2	–	–	–	–	–	–	–	–	1H-Pyrazole, 4,5-dihydro-3,4,5-trimethyl-	22591-95-3	R9827
97	43	41	39	27	15	55	29	**112**	100	73	44	32	22	16	13	10	**0.31**	7	12	1	–	–	–	–	–	–	–	–	–	Furan, 2,5-dihydro-2,2,4-trimethyl-	23230-79-7	06952
97	43	41	69	79	39	77	53	**112**	100	98	63	53	53	35	32	28	**25.00**	7	12	1	–	–	–	–	–	–	–	–	–	3,5-Hexadien-2-ol, 2-methyl-	926-38-5	Q4567
97	55	27	41	112	57	69	39	**112**	100	88	67	41	27	24	22	22		8	16	–	–	–	–	–	–	–	–	–	–	2-Pentene, 3,4,4-trimethyl-		C1043
97	55	28	57	56	83	29	42	**112**	100	77	65	44	41	41	38	38	**38.20**	6	12	–	2	–	–	–	–	–	–	–	–	Acetaldehyde, 2-butenylhydrazone	75268-07-4	T8864
97	55	41	27	39	112	57	69	**112**	100	79	42	28	27	27	24	21		8	16	–	–	–	–	–	–	–	–	–	–	2-Pentene, 3,4,4-trimethyl-		Y1566
97	55	41	39	27	112	57	29	**112**	100	99	47	29	28	25	22	21		8	16	–	–	–	–	–	–	–	–	–	–	2-Pentene, 2,4,4-trimethyl-		Y0131
97	55	41	39	27	112	69	57	**112**	100	88	50	31	27	26	25	21		8	16	–	–	–	–	–	–	–	–	–	–	2-Pentene, 2,3,4-trimethyl-		Y1565
97	55	41	57	112	39	27	29	**112**	100	94	61	44	36	34	28	27		8	16	–	–	–	–	–	–	–	–	–	–	2-Pentene, 2,4,4-trimethyl-		C1042

MASS TO CHARGE RATIOS								M.W.	INTENSITIES								Parent	C	H	O	N	Cl	Br	F	S	P	B	Si	X	COMPOUND NAME	CAS Reg No	No
97	55	41	112	39	69	57	27	**112**	100	88	49	32	26	24	24	21		8	16	–	–	–	–	–	–	–	–	–	–	**2-Pentene, 2,3,4-trimethyl-**		**C1044**
97	55	41	112	56	27	39	69	**112**	100	95	38	29	23	21	20	19		8	16	–	–	–	–	–	–	–	–	–	–	**Cyclohexane, cis-1,3-dimethyl-**		**Y0222**
97	55	41	112	56	27	39	69	**112**	100	95	38	29	29	21	20	19		8	16	–	–	–	–	–	–	–	–	–	–	**Cyclohexane, 1,2-dimethyl-**		**M3513**
97	55	41	112	56	69	42	43	**112**	100	97	25	23	20	18	14	9		8	16	–	–	–	–	–	–	–	–	–	–	**Cyclohexane, cis-1,3-dimethyl-**	638-04-0	**Q3484**
97	55	69	41	56	27	39	29	**112**	100	77	50	48	44	24	23	16	**5.30**	8	16	–	–	–	–	–	–	–	–	–	–	**Cyclohexane, 1,1-dimethyl-**		**Y0219**
97	56	42	28	112	41	27	30	**112**	100	50	25	25	25	15	10	10		6	12	–	2	–	–	–	–	–	–	–	–	**1H-Pyrazole, 4,5-dihydro-1,4,5-trimethyl-**	7423-11-2	**R3191**
97	56	112	28	42	41	39	27	**112**	100	42	24	16	14	12	10	8		6	12	–	2	–	–	–	–	–	–	–	–	**1H-Pyrazole, 4,5-dihydro-3,5,5-trimethyl-**	3975-85-7	**Q9971**
97	56	112	42	41	39	44	98	**112**	100	44	26	22	18	13	9	7		6	12	–	2	–	–	–	–	–	–	–	–	**1H-Pyrazole, 4,5-dihydro-3,5,5-trimethyl-**	3975-85-7	**Q9973**
97	56	112	42	41	39	44	98	**112**	100	41	25	20	19	13	10	8		6	12	–	2	–	–	–	–	–	–	–	–	**1H-Pyrazole, 4,5-dihydro-3,5,5-trimethyl-**	3975-85-7	**Q9972**
97	69	43	41	84	79	55	70	**112**	100	52	44	32	32	29	26	23	**15.00**	7	12	1	–	–	–	–	–	–	–	–	–	**2-Cyclohexen-1-ol, 1-methyl-**	23758-27-2	**S0331**
97	69	43	112	54	59	58	41	**112**	100	90	78	18	18	15	14	13		6	8	2	–	–	–	–	–	–	–	–	–	**2(5H)-Furanone, 5,5-dimethyl-**	20019-64-1	**R8462**
97	84	41	79	69	55	39	83	**112**	100	33	24	24	23	22	20	20	**5.00**	7	12	1	–	–	–	–	–	–	–	–	–	**3-Cyclohexen-1-ol, 3-methyl-**	53783-91-8	**S8611**
97	84	79	41	69	55	83	39	**112**	100	32	24	24	22	22	20	20	**9.00**	7	12	1	–	–	–	–	–	–	–	–	–	**1-Cyclohexen-3-ol, 1-methyl-**		**L1115**
97	112	42	111	56	28	41	43	**112**	100	73	63	44	26	19	18	14		6	12	–	2	–	–	–	–	–	–	–	–	**1H-Pyrazole, 4,5-dihydro-1,3,4-trimethyl-**	14044-41-8	**R4932**
97	112	45	39	27	53	111	98	**112**	100	41	24	14	8	7	7	6		6	8	–	–	–	–	–	1	–	–	–	–	**Thiophene, 2-ethyl-**		**Y0501**
97	112	45	39	27	53	111	98	**112**	100	35	26	15	9	8	7	6		6	8	–	–	–	–	–	1	–	–	–	–	**Thiophene, 2-ethyl-**		**V0241**
97	112	45	39	27	111	53	98	**112**	100	38	26	14	9	7	6	6		6	8	–	–	–	–	–	1	–	–	–	–	**Thiophene, 3-ethyl-**		**Y0859**
97	112	45	39	111	53	69	98	**112**	100	88	35	31	28	21	20	18		6	8	–	–	–	–	–	1	–	–	–	–	**Thiophene, 2-ethyl-**	872-55-9	**Q4425**
97	112	111	45	27	39	59	51	**112**	100	83	83	30	18	17	14	12		6	8	–	–	–	–	–	1	–	–	–	–	**Thiophene, 2,3-dimethyl-**		**Y0502**
110	112	43	111	82	42	81	54	**112**	100	61	52	50	49	40	38	34		5	8	1	2	–	–	–	–	–	–	–	–	**Imidazole, 2-hydroxymethyl-1-methyl-**		**02187**
111	112	39	45	83	38	113	37	**112**	100	84	41	26	13	8	8	6		5	4	1	–	–	–	–	1	–	–	–	–	**Thiophene, 2-formyl-**	98-03-3	**P7141**
111	112	97	45	39	27	113	77	**112**	100	73	49	26	19	9	9	9		6	8	–	–	–	–	–	1	–	–	–	–	**Thiophene, 2,4-dimethyl**		**Y0503**
111	112	97	59	45	39	27	51	**112**	100	71	62	24	20	16	15	14		6	8	–	–	–	–	–	1	–	–	–	–	**Thiophene, 2,5-dimethyl-**		**Y0924**
111	112	97	59	45	39	27	77	**112**	100	78	58	22	19	13	13	11		6	8	–	–	–	–	–	1	–	–	–	–	**Thiophene, 2,5-dimethyl-**		**Y0504**
112	28	42	69	40	41	68	39	**112**	100	68	67	65	37	34	23	9		4	4	2	2	–	–	–	–	–	–	–	–	**Uracil**	66-22-8	**P5251**
112	28	84	43	27	56	42	113	**112**	100	68	30	21	15	11	10	10		4	8	–	4	–	–	–	–	–	–	–	–	**4H-1,2,4-Triazol-3-amine, 4-ethyl-**	42786-06-1	**S6984**
112	41	40	69	113	43	42	39	**112**	100	84	5	3	1	1	1	1		4	4	2	2	–	–	–	–	–	–	–	–	**5-Methylenehydantoin**		**16982**
112	41	69	43	39	42	54	40	**112**	100	77	40	35	29	29	13	11		5	8	1	2	–	–	–	–	–	–	–	–	**3H-Pyrazol-3-one, 2,4-dihydro-2,5-dimethyl-**	2749-59-9	**Q8595**
112	41	69	43	39	42	54	70	**112**	100	77	38	35	30	28	12	12		5	8	1	2	–	–	–	–	–	–	–	–	**3H-Pyrazol-3-one, 2,4-dihydro-2,5-dimethyl-**	2749-59-9	**Q8593**
112	41	69	43	42	70	39	113	**112**	100	45	37	19	16	12	9	8		5	8	1	2	–	–	–	–	–	–	–	–	**3H-Pyrazol-3-one, 2,4-dihydro-2,5-dimethyl-**	2749-59-9	**Q8594**
112	42	44	68	41	28	43	56	**112**	100	78	74	70	51	48	48	44		6	12	–	2	–	–	–	–	–	–	–	–	**2-Butenal, dimethylhydrazone**	7422-95-9	**R3187**
112	42	69	40	41	68	43	39	**112**	100	54	52	30	30	20	18	9		4	4	2	2	–	–	–	–	–	–	–	–	**Uracil**	66-22-8	**P5255**
112	44	43	42	97	70	69	68	**112**	100	80	50	26	25	25	23	22		4	8	–	4	–	–	–	–	–	–	–	–	**Guanidine, N′-cyano-N,N-dimethyl-**		**D0729**
112	52	40	41	96	53	39	56	**112**	100	14	9	8	8	7	6	6		4	4	2	2	–	–	–	–	–	–	–	–	**Pyrazine, 1,4-dioxide**	2423-84-9	**Q8008**
112	52	40	96	41	113	80	56	**112**	100	14	10	8	8	7	5	5		4	4	2	2	–	–	–	–	–	–	–	–	**Pyrazine, 1,4-dioxide**		**M8229**
112	55	69	41	56	43	83	39	**112**	100	49	47	36	27	26	26	21		6	8	2	–	–	–	–	–	–	–	–	–	**1,2-Cyclopentanedione, 3-methyl-**	765-70-8	**Q4021**
112	56	55	57	42	113	70	83	**112**	100	59	30	23	18	7	5	5		6	8	2	–	–	–	–	–	–	–	–	–	**1,4-Cyclohexanedione**	637-88-7	**Q3476**
112	56	55	83	57	43	69	111	**112**	100	50	37	37	19	18	17	17		6	8	2	–	–	–	–	–	–	–	–	–	**1,3-Cyclopentanedione, 2-methyl-**	765-69-5	**Q4020**
112	56	111	83	54	40	41	69	**112**	100	36	22	21	18	16	15	14		3	9	–	4	–	–	–	–	–	1	–	–	**Cyclotetrazenoborane, 1,2,5-trimethyl-**		**05756**
112	64	63	92	57	83	31	56	**112**	100	80	31	25	22	18	12	11		6	5	1	–	–	–	1	–	–	–	–	–	**Phenol, 2-fluoro-**	367-12-4	**Q0607**
112	67	94	40	95	68	41	36	**112**	100	37	36	32	24	16	8	7		4	4	2	2	–	–	–	–	–	–	–	–	**Imidazole-4-carboxylic acid**	1072-84-0	**Q5201**
112	67	94	40	95	68	41	39	**112**	100	37	36	32	24	16	8	7		4	4	2	2	–	–	–	–	–	–	–	–	**Imidazole-5-carboxylic acid**		**02194**
112	68	44	41	94	40	67	36	**112**	100	76	60	52	33	32	25	16		4	4	2	2	–	–	–	–	–	–	–	–	**Imidazole-2-carboxylic acid**		**02188**
112	69	42	28	40	68	41	113	**112**	100	67	48	33	17	15	15	6		4	4	2	2	–	–	–	–	–	–	–	–	**Uracil**	66-22-8	**P5257**
112	69	55	41	43	83	56	84	**112**	100	35	32	30	20	18	18	14		6	8	2	–	–	–	–	–	–	–	–	–	**2-Cyclopenten-1-one, 2-hydroxy-3-methyl-**		**Z0363**
112	70	55	43	56	83	27	71	**112**	100	50	50	41	39	33	31	26		6	8	2	–	–	–	–	–	–	–	–	–	**1,2-Cyclohexanedione**		**C0357**
112	70	55	43	56	83	71	41	**112**	100	48	42	36	36	31	25	19		6	8	2	–	–	–	–	–	–	–	–	–	**1,2-Cyclohexanedione**	765-87-7	**Q4024**
112	77	114	28	51	32	113	76	**112**	100	56	32	27	16	7	6	4		6	5	–	–	1	–	–	–	–	–	–	–	**Benzene, chloro-**	108-90-7	**P8186**
112	77	114	51	50	38	113	74	**112**	100	48	32	16	14	9	7	6		6	5	–	–	1	–	–	–	–	–	–	–	**Benzene, chloro-**		**Y1640**
112	77	114	51	50	113	56	74	**112**	100	40	33	10	7	7	5	3		6	5	–	–	1	–	–	–	–	–	–	–	**Benzene, chloro-**	108-90-7	**P8187**
112	79	45	46	48	47	33	94	**112**	100	88	49	25	20	19	17	17		2	5	–	–	–	–	1	2	–	–	–	–	**Fluoromethyl methyl disulphide**		**P2119**
112	82	55	28	29	27	26	54	**112**	100	87	61	52	36	33	33	32		4	4	2	2	–	–	–	–	–	–	–	–	**3,6-Pyridazinedione, 1,2-dihydro-**	123-33-1	**P9296**
112	82	55	54	45	26	27	29	**112**	100	92	32	23	19	16	15	13		4	4	2	2	–	–	–	–	–	–	–	–	**3,6-Pyridazinedione, 1,2-dihydro-**	123-33-1	**P9297**
112	82	67	55	80	54	113	81	**112**	100	25	10	8	7	6	6	6		5	8	1	2	–	–	–	–	–	–	–	–	**Pyridine, 1,2,3,6-tetrahydro-1-nitroso-**	55556-92-8	**T1544**

MASS TO CHARGE RATIOS								M.W.	INTENSITIES								Parent	C	H	O	N	Cl	Br	F	S	P	B	Si	X	COMPOUND NAME	CAS Reg No	No
112	83	28	84	57	64	63	32	**112**	100	35	32	32	26	17	14	12		6	5	1	–	–	–	1	–	–	–	–	–	**Phenol, 3-fluoro-**	372-20-3	**Q0626**
112	83	84	57	64	56	113	63	**112**	100	23	16	10	10	6	6	5		6	5	1	–	–	–	1	–	–	–	–	–	**Phenol, 4-fluoro-**		**Z0365**
112	83	84	57	64	63	113	56	**112**	100	31	25	17	16	9	8	8		6	5	1	–	–	–	1	–	–	–	–	–	**Phenol, 4-fluoro-**		**P1153**
112	84	28	70	27	97	43	29	**112**	100	66	51	46	41	37	30	23		4	8	–	4	–	–	–	–	–	–	–	–	**1H-1,2,4-Triazol-3-amine, 1-ethyl-**	42786-04-9	**S6983**
112	86	58	84	28	57	45	113	**112**	100	72	57	30	26	23	12	7		5	4	1	–	–	–	–	1	–	–	–	–	**4H-Thiopyran-4-one**	1003-41-4	**Q4990**
112	94	67	40	95	68	84	41	**112**	100	99	99	99	84	68	41	32		4	4	2	2	–	–	–	–	–	–	–	–	**Imidazole-5-carboxylic acid**		**B0456**
112	95	39	38	37	45	29	55	**112**	100	80	49	24	13	13	12	10		5	4	3	–	–	–	–	–	–	–	–	–	**Furan-2-carboxylic acid**		**03327**
112	95	39	38	113	37	45	55	**112**	100	71	26	8	6	5	4	4		5	4	3	–	–	–	–	–	–	–	–	–	**Furan-2-carboxylic acid**		**Z0358**
112	97	111	77	39	79	45	53	**112**	100	75	51	42	36	27	26	24		6	8	–	–	–	–	–	1	–	–	–	–	**2-Cyclopentene-1-thione, 3-methyl-**	30221-52-4	**S2817**
112	111	97	42	39	55	68	41	**112**	100	99	34	32	16	14	11	10		5	8	1	2	–	–	–	–	–	–	–	–	**3H-Pyrazol-3-one, 2,4-dihydro-4,5-dimethyl-**		**L7285**
112	114	33	93	95	91	81	79	**112**	100	96	23	17	11	6	5	5		1	2	–	–	–	1	1	–	–	–	–	–	**Methane, bromofluoro-**		**Z0357**
28	113	56	27	58	57	55	26	**113**	100	67	57	12	11	9	8	7		5	7	2	1	–	–	–	–	–	–	–	–	**2,5-Pyrrolidinedione, 1-methyl-**		**A0717**
28	113	56	31	43	30	42	99	**113**	100	76	52	31	17	13	9	8		6	11	1	1	–	–	–	–	–	–	–	–	**2-Penten-4-one, 2-methylamino-**		**00579**
28	113	56	57	55	27	42	29	**113**	100	63	56	8	8	6	5	5		5	7	2	1	–	–	–	–	–	–	–	–	**2,5-Pyrrolidinedione, 1-methyl-**	1121-07-9	**Q5385**
29	68	27	40	28	41	15	45	**113**	100	59	34	21	16	14	13	10	**1.60**	5	7	2	1	–	–	–	–	–	–	–	–	**Acetic acid, cyano-, ethyl ester**	105-56-6	**H0306**
30	28	83	96	27	29	81	39	**113**	100	24	19	14	14	14	11	11	**9.86**	6	11	1	1	–	–	–	–	–	–	–	–	**2H-Pyran, 3,4-dihydro-2-aminomethyl-**		**D0717**
30	36	38	42	59	35	45	47	**113**	100	70	33	20	18	16	15	14	**0.00**	2	8	–	1	1	–	–	1	–	–	–	–	**Ethanethiol, 2-amino-, hydrochloride**	156-57-0	**Q0024**
30	55	56	113	42	84	85	41	**113**	100	82	55	50	47	35	33	28		6	11	1	1	–	–	–	–	–	–	–	–	**2H-Azepin-2-one, hexahydro-**	105-60-2	**P7805**
30	55	113	42	85	84	41	56	**113**	100	71	61	38	36	36	33	29		6	11	1	1	–	–	–	–	–	–	–	–	**2H-Azepin-2-one, hexahydro-**		**C0149**
30	56	55	28	83	29	27	39	**113**	100	33	19	15	14	12	11	9	**5.13**	6	11	1	1	–	–	–	–	–	–	–	–	**2H-Pyran, 3,4-dihydro-2-aminomethyl-**		**D0610**
30	56	70	43	57	113	84	41	**113**	100	92	80	60	57	50	43	42		7	15	–	1	–	–	–	–	–	–	–	–	**Azocine, octahydro-**	1121-92-2	**Q5399**
30	94	79	32	41	113	67	56	**113**	100	20	19	7	6	6	5	5		7	15	–	1	–	–	–	–	–	–	–	–	**Methylamine, cyclohexyl-**		**Z0369**
41	27	39	55	54	29	42	28	**113**	100	83	83	56	43	32	32	28	**15.01**	6	11	1	1	–	–	–	–	–	–	–	–	**Cyclohexanone, oxime**	100-64-1	**P7426**
41	55	43	31	83	54	42	39	**113**	100	50	16	15	12	12	8	7	**0.00**	6	11	1	1	–	–	–	–	–	–	–	–	**1-Butanol, 2-methyl-4-cyano-**		**C1972**
42	28	41	113	39	70	27	55	**113**	100	35	31	31	25	22	21	12		5	7	2	1	–	–	–	–	–	–	–	–	**2,6-Piperidinedione**		**C1299**
42	41	28	55	56	27	98	26	**113**	100	96	89	62	58	48	43	39	**1.60**	6	11	1	1	–	–	–	–	–	–	–	–	**Cyanic acid, pentyl ester**		**L1168**
42	41	29	98	56	55	27	112	**113**	100	97	85	77	74	55	36	36	**3.30**	6	11	1	1	–	–	–	–	–	–	–	–	**Isothiocyanic acid, pentyl ester**		**L1169**
42	43	41	40	113	52	51	53	**113**	100	42	17	11	11	9	6	6		5	7	2	1	–	–	–	–	–	–	–	–	**3(2H)-Isoxazolone, 4,5-dimethyl-**	930-83-6	**Q4634**
42	43	113	28	27	15	112	44	**113**	100	82	56	51	24	19	19	17		4	7	1	3	–	–	–	–	–	–	–	–	**4H-Imidazol-4-one, 2-amino-1,5-dihydro-1-methyl-**	60-27-5	**P5034**
42	43	113	112	84	44	41	15	**113**	100	98	86	37	26	24	15	15		4	7	1	3	–	–	–	–	–	–	–	–	**4H-Imidazol-4-one, 2-amino-1,5-dihydro-1-methyl-**	60-27-5	**P5035**
42	56	43	98	41	84	27	55	**113**	100	26	19	15	15	13	13	10	**7.95**	7	15	–	1	–	–	–	–	–	–	–	–	**2-Propanamine, N-(1-methylpropylidene)-**	38836-39-4	**S5962**
42	56	98	84	43	113	41	27	**113**	100	27	22	19	18	15	14	12		7	15	–	1	–	–	–	–	–	–	–	–	**2-Propanamine, N-(1-methylpropylidene)-**	38836-39-4	**S5961**
42	98	15	27	41	55	39	28	**113**	100	61	24	22	21	17	17	16	**10.21**	7	15	–	1	–	–	–	–	–	–	–	–	**Aziridine, 2-isopropyl-1,3-dimethyl-, trans-**	931-30-6	**06894**
42	98	83	57	113	41	43	70	**113**	100	72	30	14	13	11	10	7		6	11	1	1	–	–	–	–	–	–	–	–	**Oxazole, 4,5-dihydro-2,4,4-trimethyl-**	1772-43-6	**Q6714**
42	113	28	70	41	39	27	43	**113**	100	30	29	26	12	12	8	7		5	7	2	1	–	–	–	–	–	–	–	–	**2,6-Piperidinedione**		**D1200**
42	113	41	70	39				**113**	100	43	37	34	13					5	7	2	1	–	–	–	–	–	–	–	–	**2,5-Pyrrolidinedione, 3-methyl-**	5615-90-7	**R1588**
42	113	112	15	28	69	94	43	**113**	100	54	54	32	31	29	12	10		2	6	–	1	–	–	2	–	1	–	–	–	**Phosphine, dimethylaminodifluoro-**		**05475**
43	42	113	70	71	112	27	15	**113**	100	64	57	40	21	16	16	10		6	11	1	1	–	–	–	–	–	–	–	–	**4-Piperidinone, 1-methyl-**		**A0716**
43	56	113	28	42	30	70	72	**113**	100	56	45	34	33	28	14	14		6	11	1	1	–	–	–	–	–	–	–	–	**Azetidine, 1-acetyl-2-methyl-**	50837-77-9	**S7492**
43	56	113	28	42	30	72	70	**113**	100	55	43	34	33	28	14	14		6	11	1	1	–	–	–	–	–	–	–	–	**Azetidine, 1-acetyl-2-methyl-**		**M7838**
43	70	113	42	41	85	71	68	**113**	100	62	30	15	14	12	8	6		6	11	1	1	–	–	–	–	–	–	–	–	**Pyrrolidine, 1-acetyl-**	4030-18-6	**R0013**
43	70	113	85	41	42	28	55	**113**	100	92	58	26	21	19	16	13		6	11	1	1	–	–	–	–	–	–	–	–	**Pyrrolidine, 1-acetyl-**	4030-18-6	**R0012**
43	113	67	42	69	85	56	96	**113**	100	86	37	28	23	10	7	4		5	7	2	1	–	–	–	–	–	–	–	–	**4-Isoxazolidin-3-one, 2,5-dimethyl-**		**L9536**
43	113	68	70	112	67	84	98	**113**	100	46	35	23	11	6	5	4		5	7	2	1	–	–	–	–	–	–	–	–	**Isoxazole, 5-methyl-3-methoxy-**		**L9531**
44	42	57	113	41	55	43	40	**113**	100	72	37	36	28	28	17	16		6	11	1	1	–	–	–	–	–	–	–	–	**2-Piperidinone, 1-methyl-**	931-20-4	**Q4642**
44	69	51	50	43	31	94	46	**113**	100	38	17	15	8	7	6	3	**1.90**	2	2	1	1	–	–	3	–	–	–	–	–	**Acetamide, 2,2,2-trifluoro-**	354-38-1	**Q0569**
44	72	43	42	28	27	69	113	**113**	100	99	88	87	71	53	32	29		6	11	1	1	–	–	–	–	–	–	–	–	**3-Oxazoline, 2,4,5-trimethyl-**		**L3988**
44	98	42	56	70	41	113	43	**113**	100	61	58	46	46	43	37	33		7	15	–	1	–	–	–	–	–	–	–	–	**Piperidine, 3,5-dimethyl-**	35794-11-7	**S5078**
54	55	41	83	31	27	39	29	**113**	100	29	26	23	17	13	11	10	**0.11**	6	11	1	1	–	–	–	–	–	–	–	–	**Hexanenitrile, 6-hydroxy-**		**C1463**
54	82	59	68	55	42	52	53	**113**	100	67	26	24	15	11	11	7	**1.00**	5	7	2	1	–	–	–	–	–	–	–	–	**Propanoic acid, 3-cyano-, methyl ester**	4107-62-4	**R0102**
54	113	42	41	68	114	55	69	**113**	100	76	29	16	15	8	8	6		5	7	2	1	–	–	–	–	–	–	–	–	**2-Oxazolidinone, 3-vinyl-**	4271-26-5	**R0275**
55	41	39	27	59	29	40	44	**113**	100	77	45	41	30	28	18	17	**0.09**	6	11	1	1	–	–	–	–	–	–	–	–	**5-Hexenal, oxime**		**C1061**
55	41	59	39	27	29	40	54	**113**	100	94	57	50	41	30	19	17	**0.88**	6	11	1	1	–	–	–	–	–	–	–	–	**5-Hexenal, oxime**		**C1060**
55	42	70	43	41	39	29	84	**113**	100	39	38	36	34	30	26	25	**0.00**	6	11	1	1	–	–	–	–	–	–	–	–	**Cyanic acid, 2,2-dimethylpropyl ester**	1459-44-5	**Q6020**

MASS TO CHARGE RATIOS								M.W.	INTENSITIES								Parent	C	H	O	N	Cl	Br	F	S	P	B	Si	X	COMPOUND NAME	CAS Reg No	No
55	44	42	41	28	57	39	70	**113**	100	83	58	25	19	16	16	16	**1.80**	6	11	1	1	–	–	–	–	–	–	–	–	2-Piperidinone, 6-methyl-		00289
55	54	113	82	41	53	67	42	**113**	100	58	54	46	42	14	14	9		6	11	1	1	–	–	–	–	–	–	–	–	Cyclopentanone, O-methyloxime	3376-37-2	Q9291
55	70	42	43	41	39	29	84	**113**	100	36	34	31	31	25	23	21	**0.00**	6	11	1	1	–	–	–	–	–	–	–	–	Cyanic acid, 2,2-dimethylpropyl ester		L1180
55	84	28	41	29	42	56	70	**113**	100	83	76	40	31	29	29	29	**0.00**	6	11	1	1	–	–	–	–	–	–	–	–	Cyanic acid, 2,2-dimethylpropyl ester	1459-44-5	Q6021
55	84	28	41	70	29	42	56	**113**	100	83	76	40	31	31	30	29	**0.00**	6	11	1	1	–	–	–	–	–	–	–	–	Isocyanic acid, 2,2-dimethylpropyl ester		L1181
55	113	53	54	72	46	51	50	**113**	100	30	15	12	10	7	7	6		5	7	–	1	–	–	–	1	–	–	–	–	2-Butene, 1-isothiocyanato-	2253-93-2	Q7734
56	70	44	28	41	113	57	30	**113**	100	42	24	20	16	15	15	14		7	15	–	1	–	–	–	–	–	–	–	–	Cyclohexylamine, 2-methyl-		D1589
56	71	41	84	43	57	42	70	**113**	100	77	28	26	10	9	7	7	**4.00**	7	15	–	1	–	–	–	–	–	–	–	–	Ethylamine, N-pentylidene-	10599-76-5	R3973
56	98	41	57	42	41	97	83	**113**	100	33	20	20	19	18	8	7	**5.00**	5	12	1	1	–	–	–	–	–	1	–	–	Borane, acetoximatodimethyl-		L2821
56	98	43	41	27	42	30	39	**113**	100	44	32	28	24	19	18	18	**9.54**	7	15	–	1	–	–	–	–	–	–	–	–	Azetidine, 3-methyl-1-isopropyl-	55683-33-5	06961
56	98	70	27	28	41	43	42	**113**	100	76	42	41	37	32	31	29	**13.69**	7	15	–	1	–	–	–	–	–	–	–	–	Azetidine, 2-methyl-1-isopropyl-	55683-32-4	06960
57	42	84	113	85	41	43	58	**113**	100	75	65	49	44	15	14	7		6	11	1	1	–	–	–	–	–	–	–	–	3-Piperidinone, 1-methyl-	5519-50-6	R1497
57	71	41	70	43	113	55	29	**113**	100	64	63	59	56	39	37	36		3	3	2	3	–	–	–	–	–	–	–	–	Imidazole, 4-nitro-	3034-38-6	Q8952
57	113	56	42	98	55	68	67	**113**	100	40	35	29	27	16	13	11		5	7	2	1	–	–	–	–	–	–	–	–	Isoxazole, 5-ethyl-3-hydroxy-		L9550
58	69	98	84	56	71	70	41	**113**	100	74	50	43	23	19	18	16	**8.01**	7	15	–	1	–	–	–	–	–	–	–	–	Azetidine, 2,2,3,3-tetramethyl-	22606-87-7	R9839
58	69	98	84	56	71	70	42	**113**	100	73	50	42	22	18	17	16	**9.00**	7	15	–	1	–	–	–	–	–	–	–	–	Azetidine, 2,2,3,3-tetramethyl-		L5176
68	40	41	45	43	42	44	38	**113**	100	37	19	14	8	8	4	4	**2.00**	5	7	2	1	–	–	–	–	–	–	–	–	Acetic acid, cyano-, ethyl ester		D2657
70	42	27	28	41	56	15	71	**113**	100	23	22	21	14	13	11	10	**3.95**	7	15	–	1	–	–	–	–	–	–	–	–	Aziridine, 2,3-dimethyl-1-isopropyl-, cis-	55669-75-5	06895
70	55	42	58	56	41	39	71	**113**	100	77	36	28	14	12	8	6	**1.00**	6	11	1	1	–	–	–	–	–	–	–	–	2-Azetidinone, 3,4,4-trimethyl-	22607-01-8	R9849
70	57	113	42	56	44	84	71	**113**	100	20	16	8	8	7	7	7		7	15	–	1	–	–	–	–	–	–	–	–	Cyclohexylamine, N-methyl-		D0847
70	57	113	42	56	84	44	71	**113**	100	20	15	8	7	6	6	6		7	15	–	1	–	–	–	–	–	–	–	–	Cyclohexylamine, N-methyl-		02989
70	71	43	55	113	98	30	56	**113**	100	59	41	30	25	22	22	21		6	11	1	1	–	–	–	–	–	–	–	–	Ethylideneimine, N-acetyl-1,1-dimethyl-		L3984
72	113	27	39	55	29	41	45	**113**	100	49	30	25	24	17	14	10		5	7	–	1	–	–	–	1	–	–	–	–	1-Butene, 4-isothiocyanato-	3386-97-8	H1399
72	113	39	41	55	53	54	85	**113**	100	77	35	26	25	8	8	5		5	7	–	1	–	–	–	1	–	–	–	–	1-Butene, 4-isothiocyanato-		17548
72	113	55	41	45	53	59	85	**113**	100	58	25	13	12	8	8	8		5	7	–	1	–	–	–	1	–	–	–	–	1-Butene, 4-isothiocyanato-	3386-97-8	Q9306
78	89	80	72	106	104	79	92	**113**	100	7	4	4	3	3	3	2	**0.00**	2	8	–	1	1	–	–	1	–	–	–	–	Ethanethiol, 2-amino-, hydrochloride	156-57-0	Q0025
78	113	51	50	115	52	26	27	**113**	100	76	44	25	25	14	12	9		5	4	–	1	1	–	–	–	–	–	–	–	Pyridine, 2-chloro-	109-09-1	H0408
78	113	51	115	50	52	79	38	**113**	100	92	40	28	24	10	8	8		5	4	–	1	1	–	–	–	–	–	–	–	Pyridine, 2-chloro-		L4209
82	81	47	29	30	113	67	112	**113**	100	84	50	47	37	34	30	19		1	5	2	1	–	–	1	–	1	–	–	–	Phosphoryl amide, methoxyfluoro-		M1033
84	41	98	55	42	44	56	27	**113**	100	42	33	30	29	20	18	17	**10.80**	6	11	1	1	–	–	–	–	–	–	–	–	2-Pyrrolidinone, 5-ethyl-		D1000
84	56	28	27	30	41	106	29	**113**	100	29	27	17	15	14	13	10	**1.95**	7	15	–	1	–	–	–	–	–	–	–	–	Piperidine, 2-ethyl-		X1018
84	56	28	27	30	41	106	39	**113**	100	29	27	17	15	14	13	11	**1.95**	7	15	–	1	–	–	–	–	–	–	–	–	Piperidine, 2-ethyl-	1484-80-6	Q6093
84	70	41	56	113	27	30	42	**113**	100	58	34	32	20	19	16	16		7	15	–	1	–	–	–	–	–	–	–	–	Cyclopentylamine, N-ethyl-	45592-46-9	S7101
84	70	41	56	113	42	44	85	**113**	100	59	35	32	21	17	13	13		7	15	–	1	–	–	–	–	–	–	–	–	Cyclopentylamine, N-ethyl-	45592-46-9	S7102
84	70	41	56	113	42	85	44	**113**	100	58	35	30	22	17	14	13		7	15	–	1	–	–	–	–	–	–	–	–	Cyclopentylamine, N-ethyl-	45592-46-9	S7104
84	82	70	85	55	57	110	112	**113**	100	10	9	8	4	3	3	2	**2.00**	7	15	–	1	–	–	–	–	–	–	–	–	Pyrrolidine, 2-ethyl-1-methyl-	26158-82-7	S1272
94	95	79	52	53	93	78	51	**113**	100	45	20	15	10	10	8	6	**0.00**	6	8	–	1	–	–	1	–	–	–	–	–	Pyridinium, 1-methyl-, fluoride	36880-52-1	S5423
98	28	27	44	43	41	29	39	**113**	100	43	32	32	27	25	25	23	**0.55**	7	15	–	1	–	–	–	–	–	–	–	–	Aziridine, 2-tert-butyl-3-methyl-, trans-	55669-76-6	06893
98	42	56	28	43	41	27	44	**113**	100	69	59	54	51	43	40	37	**14.31**	7	15	–	1	–	–	–	–	–	–	–	–	Piperidine, 2,3-dimethyl-	5347-68-2	H1532
98	42	112	113	41	55	28	57	**113**	100	25	23	20	11	10	10	9		7	15	–	1	–	–	–	–	–	–	–	–	Piperidine, 1-ethyl-		00288
98	42	113	57	70	56	112	44	**113**	100	23	16	14	13	8	8	7		7	15	–	1	–	–	–	–	–	–	–	–	Piperidine, 1,2-dimethyl-	671-36-3	Q3643
98	42	113	70	57	56	28	44	**113**	100	46	36	33	19	16	16	15		7	15	–	1	–	–	–	–	–	–	–	–	Piperidine, 1,2-dimethyl-		M6599
98	43	45	54	41	27	39	73	**113**	100	58	50	45	30	17	12	11	**0.00**	6	11	1	1	–	–	–	–	–	–	–	–	Propanenitrile, 2-isopropoxy-		C1814
98	44	42	28	70	41	43	27	**113**	100	59	46	35	34	23	22	22	**7.23**	7	15	–	1	–	–	–	–	–	–	–	–	Piperidine, 2,6-dimethyl-		Y1348
98	44	42	70	28	41	27	56	**113**	100	50	45	39	36	24	21	21	**7.51**	7	15	–	1	–	–	–	–	–	–	–	–	Piperidine, 2,6-dimethyl-	504-03-0	Q1385
98	44	42	70	41	55	50	112	**113**	100	38	31	28	15	14	14	10	**8.00**	7	15	–	1	–	–	–	–	–	–	–	–	Piperidine, 2,6-dimethyl-		D2010
98	45	43	54	41	29	39	68	**113**	100	82	72	65	35	31	13	12	**4.21**	6	11	1	1	–	–	–	–	–	–	–	–	Propanenitrile, 2-isopropoxy-		C1832
98	113	42	55	43	44	70	96	**113**	100	50	23	17	16	12	9	8		6	11	1	1	–	–	–	–	–	–	–	–	Ethylene, 1-acetyl-2-dimethylamino-		M7849
98	113	42	55	43	44	70	96	**113**	100	49	23	17	15	12	8	8		6	11	1	1	–	–	–	–	–	–	–	–	3-Buten-2-one, 4-(dimethylamino)-	1190-91-6	Q5640
98	113	56	43	44	42	39	41	**113**	100	71	51	20	15	9	8	8		6	11	1	1	–	–	–	–	–	–	–	–	3-Penten-2-one, 4-(methylamino)-	14092-14-9	R4981
98	113	71	85	45	112	53	41	**113**	100	99	83	79	71	58	54	52		5	7	–	1	–	–	–	1	–	–	–	–	Thiazole, 5-ethyl-	17626-73-2	R7120
112	43	42	113	44	41	58	28	**113**	100	57	51	45	31	22	18	15		7	15	–	1	–	–	–	–	–	–	–	–	Piperidine, 1,4-dimethyl-		M6601
112	43	58	113	42	28	41	84	**113**	100	77	58	53	53	24	24	22		7	15	–	1	–	–	–	–	–	–	–	–	Piperidine, 1,3-dimethyl-		M6600
112	113	60	78	69	94	42	33	**113**	100	45	25	25	17	16	14	9		3	6	–	1	–	–	3	–	–	–	–	–	Methylamine, N,N-dimethyl-, trifluoro-		M5041
113	28	39	38	30	27	40	97	**113**	100	38	14	13	12	12	9	6		3	3	2	3	–	–	–	–	–	–	–	–	Pyrazole, 4-nitro-	2075-46-9	Q7328
113	28	39	38	30	40	97	67	**113**	100	38	14	13	11	8	6	5		3	3	2	3	–	–	–	–	–	–	–	–	Pyrazole, 4-nitro-	2075-46-9	Q7329

MASS TO CHARGE RATIOS								M.W.	INTENSITIES								Parent	C	H	O	N	Cl	Br	F	S	P	B	Si	X	COMPOUND NAME	CAS Reg No	No
113	39	38	40	83	37	56	97	**113**	100	28	25	17	17	7	7	7		3	3	2	3	–	–	–	–	–	–	–	–	**Pyrazole, 4-nitro-**		**17435**
113	40	55	67	38	39	97	114	**113**	100	31	18	16	13	7	6	5		3	3	2	3	–	–	–	–	–	–	–	–	**Imidazole, 4-nitro-**		**17437**
113	40	83	46	66	38	39	41	**113**	100	32	26	8	8	6	6	6		3	3	2	3	–	–	–	–	–	–	–	–	**Pyrazole, 3-nitro-**		**17434**
113	40	83	67	39	56	41	97	**113**	100	32	28	19	18	16	9	9		3	3	2	3	–	–	–	–	–	–	–	–	**Imidazole, 2-nitro-**		**17436**
113	41	59	55	18	54	72	68	**113**	100	52	44	42	40	38	34	23		6	11	1	1	–	–	–	–	–	–	–	–	**Cyclohexanone, oxime**		**C1258**
113	42	43	70	44	41	28	29	**113**	100	96	30	28	25	20	13	13		3	3	2	3	–	–	–	–	–	–	–	–	**6-Azauracil**		**L7309**
113	43	42	70	112	71	41	55	**113**	100	96	55	53	34	28	16	9		6	11	1	1	–	–	–	–	–	–	–	–	**4-Piperidinone, 1-methyl-**	1445-73-4	**Q5983**
113	54	41	55	72	67	81	69	**113**	100	68	63	52	42	27	26	25		6	11	1	1	–	–	–	–	–	–	–	–	**Cyclohexanone, oxime**	100-64-1	**P7425**
113	56	42	98	84	112	41	72	**113**	100	35	27	27	24	23	16	15		6	11	1	1	–	–	–	–	–	–	–	–	**1-Piperidinecarboxaldehyde**	2591-86-8	**Q8383**
113	56	58	57	55	41	43	85	**113**	100	80	17	15	14	9	9	7		5	7	2	1	–	–	–	–	–	–	–	–	**2,5-Pyrrolidinedione, 1-methyl-**		**C0973**
113	57	84	29	112	98	42	41	**113**	100	64	57	54	54	50	49	33		6	11	1	1	–	–	–	–	–	–	–	–	**1-Piperidinecarboxaldehyde**	2591-86-8	**Q8382**
113	71	72	39	45	59	73	114	**113**	100	81	81	55	44	35	29	29		5	7	–	1	–	–	–	1	–	–	–	–	**Thiazole, 2,5-dimethyl-**	4175-66-0	**R0178**
113	71	72	45	42	73	98	80	**113**	100	64	50	37	20	18	16	12		5	7	–	1	–	–	–	1	–	–	–	–	**Isothiazole, 3,4-dimethyl-**		**M2944**
113	71	72	45	112	39	98	42	**113**	100	53	43	27	27	17	17	16		5	7	–	1	–	–	–	1	–	–	–	–	**Isothiazole, 3,4-dimethyl-**	27330-46-7	**S1682**
113	71	86	85	45	59	112	27	**113**	100	64	27	23	22	12	11	9		5	7	–	1	–	–	–	1	–	–	–	–	**Thiazole, 4,5-dimethyl-**	3581-91-7	**Q9548**
113	71	112	73	72	98	43	45	**113**	100	29	21	19	17	12	10	10		5	7	–	1	–	–	–	1	–	–	–	–	**Isothiazole, 3,5-dimethyl-**	24260-24-0	**S0515**
113	72	71	45	39	42	69	73	**113**	100	97	78	28	19	12	9	8		5	7	–	1	–	–	–	1	–	–	–	–	**Thiazole, 2,4-dimethyl-**	541-58-2	**Q1832**
113	78	115	18	51	50	86	114	**113**	100	49	32	24	24	12	8	7		5	4	–	1	1	–	–	–	–	–	–	–	**Pyridine, 3-chloro-**	626-60-8	**Q3220**
113	83	39	67	46	38	41	40	**113**	100	88	42	14	12	10	10	9		3	3	2	3	–	–	–	–	–	–	–	–	**Pyrazole, 1-nitro-**		**17433**
113	83	40	56	67	97	28	39	**113**	100	37	32	13	12	10	9	5		3	3	2	3	–	–	–	–	–	–	–	–	**Imidazole, 2-nitro-**	527-73-1	**Q1648**
113	84	56	112	42	98	29	41	**113**	100	43	42	35	30	29	25	20		6	11	1	1	–	–	–	–	–	–	–	–	**Piperidine, 1-formyl-**		**C1669**
113	85	56	78	55				**113**	100	32	29	12	5					5	7	2	1	–	–	–	–	–	–	–	–	**2(5H)-Furanone, 3-amino-4-methyl-**		**M2825**
113	98	112	71	85	59	45	53	**113**	100	40	35	34	20	20	18	15		5	7	–	1	–	–	–	1	–	–	–	–	**Isothiazole, 4,5-dimethyl-**		**M2945**
113	98	112	71	85	59	45	53	**113**	100	36	34	24	15	15	13	10		5	7	–	1	–	–	–	1	–	–	–	–	**Isothiazole, 4,5-dimethyl-**	27330-47-8	**S1683**
114	58	113	45	27	59	98	32	**113**	100	90	90	48	46	44	42	22		5	7	–	1	–	–	–	1	–	–	–	–	**Thiazole, 2-ethyl-**	15679-09-1	**R5801**
17	16	58	28	30	15	42	44	**114**	100	94	38	27	18	16	15	14	**3.70**	6	14	–	2	–	–	–	–	–	–	–	–	**Piperazine, cis-2,5-dimethyl-**		**Y1559**
18	28	17	29	58	114	86	32	**114**	100	36	26	21	18	9	5	5		4	2	4	–	–	–	–	–	–	–	–	–	**3-Cyclobutene-1,2-dione, 3,4-dihydroxy-**		**01486**
18	28	29	17	58	114	31	86	**114**	100	36	21	19	18	9	5	3		4	2	4	–	–	–	–	–	–	–	–	–	**3-Cyclobutene-1,2-dione, 3,4-dihydroxy-**	2892-51-5	**Q8788**
27	41	39	42	55	29	43	28	**114**	100	66	60	60	60	44	40	40	**2.70**	6	10	2	–	–	–	–	–	–	–	–	–	**2H-Pyran-2-one, tetrahydro-6-methyl-**	823-22-3	**Q4258**
28	18	32	44	17	14	55	83	**114**	100	27	20	10	6	6	3	3	**1.83**	6	10	2	–	–	–	–	–	–	–	–	–	**2-Pentenoic acid, methyl ester**		**01006**
28	30	27	43	29	44	46	42	**114**	100	65	36	22	20	13	11	10	**7.00**	2	2	2	4	–	–	–	–	–	–	–	–	**1,2,4-Triazole, 3-nitro-**		**03210**
28	42	45	43	44	41	55	70	**114**	100	50	28	26	17	17	16	11	**2.56**	6	10	2	–	–	–	–	–	–	–	–	–	**2(3H)-Furanone, dihydro-3,5-dimethyl-**		**C0659**
28	42	45	44	43	41	55	70	**114**	100	25	13	13	12	8	8	5	**1.18**	6	10	2	–	–	–	–	–	–	–	–	–	**2(3H)-Furanone, dihydro-3,5-dimethyl-**		**C0660**
28	42	69	43	70	41	44	27	**114**	100	85	44	40	30	27	27	24	**0.00**	4	10	–	4	–	–	–	–	–	–	–	–	**1,2,4,5-Tetrazine, 1,2,3,6-tetrahydro-3,6-dimethyl-**	56051-77-5	**T2603**
28	99	56	114	43	42	30	45	**114**	100	53	47	36	21	18	12	11		4	6	2	2	–	–	–	–	–	–	–	–	**2,4(1H,3H)-Pyrimidinedione, dihydro-**		**F0469**
28	114	42	30	71	43	29	44	**114**	100	91	34	26	23	19	13	9		4	6	2	2	–	–	–	–	–	–	–	–	**2,4(1H,3H)-Pyrimidinedione, dihydro-**	504-07-4	**Q1386**
29	41	42	69	27	39	55	28	**114**	100	48	44	21	19	18	14	11	**2.21**	6	10	2	–	–	–	–	–	–	–	–	–	**3-Butenoic acid, ethyl ester**	1617-18-1	**Q6338**
29	51	79	31	50	67	28	114	**114**	100	41	39	15	12	11	11	9		2	1	1	–	1	–	2	–	–	–	–	–	**Acetaldehyde, chlorodifluoro-**	811-96-1	**Q4169**
29	57	41	27	39	28	58	43	**114**	100	70	63	26	25	18	10	7	**0.50**	6	10	2	–	–	–	–	–	–	–	–	–	**Propanoic acid, allyl ester**	2408-20-0	**Q7971**
30	31	114	45	42	72	54	41	**114**	100	18	10	8	7	7	6	4		5	10	1	2	–	–	–	–	–	–	–	–	**2-Cyanoethyl 2'-aminoethyl ether**		**C0908**
30	44	99	114	43	85	27	29	**114**	100	83	73	60	50	47	43	43		6	14	–	2	–	–	–	–	–	–	–	–	**Butanal, ethylhydrazone**	51576-30-8	**S7704**
30	56	84	97	69	44	79	43	**114**	100	83	70	57	40	39	35	33	**0.30**	6	14	–	2	–	–	–	–	–	–	–	–	**Cyclopentylamine, 2-(aminomethyl)-**		**00294**
30	56	97	69	44	79	43	18	**114**	100	83	57	41	40	35	33	33	**0.30**	6	14	–	2	–	–	–	–	–	–	–	–	**Cyclopentylamine, 2-(aminomethyl)-**		**D0473**
31	49	43	29	48	114	83	50	**114**	100	5	4	4	4	3	3	3		2	4	1	–	2	–	–	–	–	–	–	–	**Ethanol, 2,2-dichloro-**	598-38-9	**Q2597**
32	70	43	44	56	99	30	41	**114**	100	71	51	51	48	43	43	39	**10.01**	6	14	–	2	–	–	–	–	–	–	–	–	**1H-Azepine, 1-aminohexahydro-**		**D0626**
39	68	40	38	28	37	29	44	**114**	100	82	61	29	20	20	12	12	**0.00**	5	6	3	–	–	–	–	–	–	–	–	–	**2,5-Furandione, dihydro-3-methyl-**	4100-80-5	**R0092**
39	68	45	40	42	114	85	71	**114**	100	96	86	70	40	38	34	28		5	6	1	–	–	–	–	1	–	–	–	–	**2H-Thiopyran-3(6H)-one**	29431-30-9	**S2525**
41	39	68	27	42	73	54	29	**114**	100	82	69	46	38	32	29	28	**15.05**	6	10	2	–	–	–	–	–	–	–	–	–	**5-Hexenoic acid**		**00734**
41	43	56	71	58	55	42	57	**114**	100	84	51	49	41	32	23	17	**0.00**	7	14	1	–	–	–	–	–	–	–	–	–	**Hexane, 1,2-epoxy-5-methyl-**	53229-41-7	**S8360**
41	43	99	69	55	58	57	85	**114**	100	71	52	42	40	37	23	18	**1.00**	7	14	1	–	–	–	–	–	–	–	–	–	**Pentane, 1,2-epoxy-2,3-dimethyl-**	42328-43-8	**S6896**
41	55	57	85	43	58	56	42	**114**	100	51	51	51	42	34	30	15	**0.93**	7	14	1	–	–	–	–	–	–	–	–	–	**Hexane, 1,2-epoxy-4-methyl-**	53229-42-8	**S8362**
41	57	29	31	39	27	58	55	**114**	100	95	63	48	35	35	33	15	**0.00**	6	10	2	–	–	–	–	–	–	–	–	–	**Allyl 2,3-epoxypropyl ether**		**P2823**
41	57	43	72	55	59	85	58	**114**	100	63	51	40	33	23	22	18	**0.00**	7	14	1	–	–	–	–	–	–	–	–	–	**Heptane, trans-3,4-epoxy-**	56052-95-0	**T2725**
41	57	43	72	55	59	85	58	**114**	100	76	50	44	37	30	30	24	**2.33**	7	14	1	–	–	–	–	–	–	–	–	–	**Heptane, 3,4-epoxy-**	53897-32-8	**S8627**

MASS TO CHARGE RATIOS								M.W.	INTENSITIES								Parent	C	H	O	N	Cl	Br	F	S	P	B	Si	X	COMPOUND NAME	CAS Reg No	No
41	57	99	43	56	59	42	58	**114**	100	47	16	7	7	6	5	3	**0.00**	7	14	1	–	–	–	–	–	–	–	–	–	**Allyl tert-butyl ether**	1471-04-1	**Q6055**
41	58	57	29	39	43	56	27	**114**	100	99	42	31	19	19	16	13	**1.11**	7	14	1	–	–	–	–	–	–	–	–	–	**Allyl butyl ether**		**G0720**
41	58	57	29	43	39	27	56	**114**	100	79	30	25	15	13	10	10	**0.15**	7	14	1	–	–	–	–	–	–	–	–	–	**Allyl butyl ether**	3739-64-8	**Q9759**
41	58	57	43	39	56	42	71	**114**	100	79	30	15	14	11	8	8	**0.10**	7	14	1	–	–	–	–	–	–	–	–	–	**Allyl butyl ether**	3739-64-8	**Q9760**
41	71	55	56	43	42	58	57	**114**	100	93	53	52	51	47	44	20	**2.00**	7	14	1	–	–	–	–	–	–	–	–	–	**Heptane, 1,2-epoxy-**		**L1259**
41	71	58	39	27	82	55	114	**114**	100	91	50	48	46	37	36	31		7	14	1	–	–	–	–	–	–	–	–	–	**Cyclohexane, methoxy-**		**C0805**
42	43	45	41	39	55	70	56	**114**	100	43	39	38	31	25	15	9	**0.91**	6	10	2	–	–	–	–	–	–	–	–	–	**2(3H)-Furanone, dihydro-4,5-dimethyl-**	6971-63-7	**R2752**
42	55	41	56	84	27	39	28	**114**	100	94	59	43	28	24	24	23	**17.32**	6	10	2	–	–	–	–	–	–	–	–	–	**2-Oxepanone**	502-44-3	**Q1341**
42	55	43	39	41	70	45	71	**114**	100	89	65	47	47	42	20	11	**0.60**	6	10	2	–	–	–	–	–	–	–	–	–	**2(3H)-Furanone, dihydro-2,5-dimethyl-**		**L6614**
42	55	43	39	41	70	45	71	**114**	100	88	64	47	47	42	20	11	**0.58**	6	10	2	–	–	–	–	–	–	–	–	–	**2(3H)-Furanone, dihydro-3,5-dimethyl-**	5145-01-7	**R1151**
42	55	56	41	70	114	43	69	**114**	100	87	41	40	16	15	12	11		6	10	2	–	–	–	–	–	–	–	–	–	**2H-Pyran-2-one, tetrahydro-4-methyl-**	1121-84-2	**Q5398**
42	55	114	41	30	32	56	39	**114**	100	62	48	42	36	27	27	24		5	10	1	2	–	–	–	–	–	–	–	–	**Piperidine, 1-nitroso-**	100-75-4	**P7443**
42	56	114	41	59	43	84	55	**114**	100	96	86	68	61	28	26	17		6	10	2	–	–	–	–	–	–	–	–	–	**2H-Pyran-3(4H)-one, dihydro-6-methyl-**	43152-89-2	**S7065**
42	70	39	27	41	26	28	43	**114**	100	31	17	15	14	6	6	5	**0.00**	5	6	3	–	–	–	–	–	–	–	–	–	**2H-Pyran-2,6(3H)-dione, dihydro-**	108-55-4	**P8132**
42	70	43	55	41	39	71	99	**114**	100	33	21	19	16	16	6	4	**0.00**	6	10	2	–	–	–	–	–	–	–	–	–	**2H-Pyran-2-one, dihydro-6-methyl-**		**M4111**
42	71	28	39	41	18	27	43	**114**	100	15	15	12	10	10	9	5	**0.01**	5	6	3	–	–	–	–	–	–	–	–	–	**2H-Pyran-2,6(3H)-dione, dihydro-**		**D1279**
42	71	114	43	41	45	39	68	**114**	100	97	70	66	50	49	20	13		6	10	2	–	–	–	–	–	–	–	–	–	**3-Pyranone, tetrahydro-3-methyl-**		**M1433**
42	84	41	29	43	27	39	57	**114**	100	15	10	6	5	4	4	4	**0.00**	7	16	–	1	–	–	–	–	–	–	–	–	**Methanaminium, N-(2,2-dimethylpropylidene)-N-methyl-**	55724-25-9	**T1983**
42	99	114	44	70	29	30	27	**114**	100	50	50	39	26	20	15	15		6	14	–	2	–	–	–	–	–	–	–	–	**2-Butanone, ethylhydrazone**	16713-35-2	**R6386**
42	114	43	41	86	57	44	40	**114**	100	82	69	13	6	6	6	6		4	6	2	2	–	–	–	–	–	–	–	–	**2,5-Imidazolidinedione, 4-methyl-**		**00708**
42	114	55	28	41	30	56	44	**114**	100	79	64	39	25	23	22	21		5	10	1	2	–	–	–	–	–	–	–	–	**Piperidine, 1-nitroso-**	100-75-4	**P7444**
42	114	55	56	41	30	29	27	**114**	100	91	56	24	23	22	21	16		5	10	1	2	–	–	–	–	–	–	–	–	**Piperidine, 1-nitroso-**		**03847**
43	15	99	14	71	27	42	57	**114**	100	17	15	9	8	7	4	4	**2.73**	6	10	2	–	–	–	–	–	–	–	–	–	**2,5-Hexanedione**		**Y0821**
43	15	114	27	28	42	14	39	**114**	100	14	11	8	4	4	3	3		6	10	2	–	–	–	–	–	–	–	–	–	**1,4-Dioxin, 2,3-dihydro-5,6-dimethyl-**	25465-18-3	**06927**
43	27	41	71	39	42	26	29	**114**	100	31	21	11	8	5	3	3	**2.00**	6	10	2	–	–	–	–	–	–	–	–	–	**2,3-Hexanedione**	3848-24-6	**Q9857**
43	27	55	31	69	73	57	71	**114**	100	68	54	22	15	11	10	8	**0.00**	6	10	2	–	–	–	–	–	–	–	–	–	**1-Hexene, 5,6-epoxy-4-hydroxy-**		**M0176**
43	27	71	55	53	87	45	15	**114**	100	79	74	60	45	38	29	29	**2.15**	6	10	2	–	–	–	–	–	–	–	–	–	**Ethanol, 2-[(1-methylene-2-propenyl)oxy]-**	38653-51-9	**06923**
43	27	99	15	39	55	29	114	**114**	100	30	25	23	23	22	18	17		6	10	2	–	–	–	–	–	–	–	–	–	**5H-1,4-Dioxepin, 2,3-dihydro-7-methyl-**	38653-35-9	**06928**
43	28	41	99	27	57	29	69	**114**	100	20	16	16	11	10	9	9	**0.00**	6	10	2	–	–	–	–	–	–	–	–	–	**2-Butanone, 3,4-epoxy-3-ethyl-**	17257-82-8	**R6713**
43	28	99	71	32	57	44	72	**114**	100	87	45	22	17	9	7	6	**5.30**	6	10	2	–	–	–	–	–	–	–	–	–	**2,5-Hexanedione**	110-13-4	**P8332**
43	41	29	57	85	27	71	56	**114**	100	38	35	34	30	29	23	18	**6.74**	8	18	–	–	–	–	–	–	–	–	–	–	**Octane**		**Y0039**
43	41	69	59	58	39	44	114	**114**	100	39	26	25	20	17	17	17		6	10	2	–	–	–	–	–	–	–	–	–	**2-Pentenoic acid, 4-methyl-**		**P2952**
43	41	70	44	55	42	29	57	**114**	100	97	82	82	76	68	56	52	**0.32**	7	14	1	–	–	–	–	–	–	–	–	–	**Heptanal**	111-71-7	**P8584**
43	41	71	27	28	42	39	15	**114**	100	19	14	13	7	7	7	6	**2.90**	6	10	2	–	–	–	–	–	–	–	–	–	**2,3-Pentanedione, 4-methyl-**	7493-58-5	**R3245**
43	41	85	27	57	72	29	39	**114**	100	26	24	15	15	14	12	12	**0.00**	7	14	1	–	–	–	–	–	–	–	–	–	**Pentanal, 2,2-dimethyl-**	14250-88-5	**R5077**
43	41	99	57	69	71	39	42	**114**	100	16	16	10	9	8	8	6	**1.00**	6	10	2	–	–	–	–	–	–	–	–	–	**2-Butanone, 3,4-epoxy-3-ethyl-**	17257-82-8	**R6714**
43	42	30	41	56	44	54	69	**114**	100	95	40	40	30	16	10	10	**0.20**	6	14	–	2	–	–	–	–	–	–	–	–	**Cyclohexane, trans-1,3-diamino-**		**16418**
43	42	30	41	56	44	71	54	**114**	100	70	38	35	30	20	15	10	**0.00**	6	14	–	2	–	–	–	–	–	–	–	–	**Cyclohexane, cis-1,3-diamino-**		**16417**
43	44	42	68	55	41	60	58	**114**	100	79	72	58	47	41	30	24	**20.00**	6	10	2	–	–	–	–	–	–	–	–	–	**Cyclohexanone, 3-hydroxy-**	823-19-8	**Q4257**
43	44	114	86	42	70	71	41	**114**	100	87	52	44	12	9	6	1		3	2	3	2	–	–	–	–	–	–	–	–	**2,4,5-Imidazolinetrione**		**17217**
43	44	114	99	45	42	58	28	**114**	100	95	50	42	37	34	29	23		6	14	–	2	–	–	–	–	–	–	–	–	**Propanal, 2-methyl-, dimethylhydrazone**	13063-57-5	**R4171**
43	45	42	41	55	57	85	44	**114**	100	89	87	79	61	56	42	37	**1.22**	7	14	1	–	–	–	–	–	–	–	–	–	**Heptane, cis-2,3-epoxy-**	56052-93-8	**T2723**
43	53	71	41	27	45	81	29	**114**	100	25	23	19	17	13	11	9	**0.00**	6	10	2	–	–	–	–	–	–	–	–	–	**3-Hexyne-2,5-diol**	3031-66-1	**Q8943**
43	53	71	81	41	55	29	44	**114**	100	37	28	20	17	16	15	15	**0.00**	6	10	2	–	–	–	–	–	–	–	–	–	**3-Hexyne-2,5-diol**	3031-66-1	**Q8942**
43	54	73	39	27	55	53	29	**114**	100	40	15	7	5	5	3	3	**0.04**	6	10	2	–	–	–	–	–	–	–	–	–	**1-Buten-4-ol, acetate**		**C0338**
43	55	44	71	41	70	81	96	**114**	100	70	58	53	52	43	29	29	**1.00**	7	14	1	–	–	–	–	–	–	–	–	–	**Hexanal, 5-methyl-**	1860-39-5	**Q6911**
43	55	72	39	27	54	29	28	**114**	100	23	22	17	17	11	10	10	**0.01**	6	10	2	–	–	–	–	–	–	–	–	–	**1-Buten-3-ol, acetate**		**C0829**
43	56	30	69	42	97	41	70	**114**	100	95	72	60	30	30	25	25	**20.00**	6	14	–	2	–	–	–	–	–	–	–	–	**Cyclohexane, cis-1,2-diamino-**		**16415**
43	57	41	42	27	29	71	99	**114**	100	80	38	34	26	21	19	17	**3.82**	8	18	–	–	–	–	–	–	–	–	–	–	**Hexane, 2,5-dimethyl-**		**Y0047**
43	57	41	85	56	29	27	71	**114**	100	71	36	32	27	21	13	12	**0.73**	8	18	–	–	–	–	–	–	–	–	–	–	**Hexane, 2,4-dimethyl-**	589-43-5	**Q2389**
43	57	42	41	27	29	70	39	**114**	100	73	42	38	28	28	17	15	**4.91**	8	18	–	–	–	–	–	–	–	–	–	–	**Heptane, 2-methyl-**		**Y0040**
43	57	42	41	29	70	27	71	**114**	100	91	39	27	16	15	13	12	**2.41**	8	18	–	–	–	–	–	–	–	–	–	–	**Heptane, 2-methyl-**	592-27-8	**Q2487**
43	57	58	41	29	15	27	39	**114**	100	41	32	20	14	14	13	11	**7.84**	7	14	1	–	–	–	–	–	–	–	–	–	**2-Pentanone, 4,4-dimethyl-**		**03559**
43	57	58	41	29	39	27	59	**114**	100	39	32	18	11	8	8	7	**5.40**	7	14	1	–	–	–	–	–	–	–	–	–	**2-Pentanone, 4,4-dimethyl-**		**P3916**
43	57	72	114	27	71	39	44	**114**	100	27	21	10	6	5	4	4		6	10	2	–	–	–	–	–	–	–	–	–	**1-Buten-1-ol, (E)-, acetate**		**C0214**
43	57	72	114	39	27	41	71	**114**	100	34	23	11	7	7	6	6		6	10	2	–	–	–	–	–	–	–	–	–	**Acetic acid, 1-butenyl ester**		**C0801**

MASS TO CHARGE RATIOS								M.W.	INTENSITIES								Parent	C	H	O	N	Cl	Br	F	S	P	B	Si	X	COMPOUND NAME	CAS Reg No	No
43	57	85	41	29	56	27	39	114	100	73	46	43	33	29	28	16	1.71	8	18	–	–	–	–	–	–	–	–	–	–	Hexane, 2,4-dimethyl-		Y0046
43	57	85	41	29	56	27	84	114	100	67	49	47	43	38	32	27	2.99	8	18	–	–	–	–	–	–	–	–	–	–	Heptane, 3-methyl-		Y0041
43	57	85	41	56	29	84	27	114	100	75	48	36	36	23	22	10	1.18	8	18	–	–	–	–	–	–	–	–	–	–	Heptane, 3-methyl-	589-81-1	Q2402
43	57	85	41	56	84	29	27	114	100	72	52	50	42	35	30	18	6.10	8	18	–	–	–	–	–	–	–	–	–	–	Heptane, 3-methyl-		C0479
43	57	85	41	71	29	56	42	114	100	30	25	25	19	17	14	10	3.00	8	18	–	–	–	–	–	–	–	–	–	–	Octane	111-65-9	P8557
43	58	27	41	15	57	39	71	114	100	33	14	12	12	11	9	8	2.05	7	14	1	–	–	–	–	–	–	–	–	–	2-Hexanone, 5-methyl-		V0460
43	58	27	41	57	39	29	71	114	100	35	16	15	12	11	9	9	2.87	7	14	1	–	–	–	–	–	–	–	–	–	2-Hexanone, 5-methyl-	110-12-3	P8331
43	58	27	41	57	39	71	59	114	100	35	14	13	12	9	9	8	2.60	7	14	1	–	–	–	–	–	–	–	–	–	2-Hexanone, 5-methyl-	110-12-3	P8328
43	58	27	41	59	29	15	39	114	100	50	16	15	15	15	13	10	3.03	7	14	1	–	–	–	–	–	–	–	–	–	2-Hexanone, 4-methyl-		V0459
43	58	27	41	71	39	29	59	114	100	52	18	15	14	12	12	9	4.48	7	14	1	–	–	–	–	–	–	–	–	–	2-Heptanone		C0809
43	58	28	71	59	41	29	32	114	100	71	25	20	14	9	8	5	3.30	7	14	1	–	–	–	–	–	–	–	–	–	2-Heptanone	110-43-0	P8366
43	58	41	29	59	27	39	85	114	100	53	21	18	18	16	13	9	0.97	7	14	1	–	–	–	–	–	–	–	–	–	2-Hexanone, 4-methyl-		D1024
43	58	44	99	42	59	39	41	114	100	39	7	6	6	5	5	3	0.00	6	10	2	–	–	–	–	–	–	–	–	–	3-Pentenoic acid, 4-methyl-		P2953
43	58	44	99	42	59	41	56	114	100	39	7	6	6	5	3	3	0.00	6	10	2	–	–	–	–	–	–	–	–	–	3-Pentenoic acid, 4-methyl-	504-85-8	Q1397
43	58	57	41	27	29	39	55	114	100	76	46	30	16	16	13	7	0.10	7	14	1	–	–	–	–	–	–	–	–	–	Pentanal, 2,4-dimethyl-	27944-79-2	S1921
43	58	57	41	27	29	39	55	114	100	76	45	30	16	16	13	7	0.09	7	14	1	–	–	–	–	–	–	–	–	–	1-Pentanol, 2,4-dimethyl-		X0724
43	58	71	41	27	59	29	39	114	100	60	14	11	11	9	8	8	4.34	7	14	1	–	–	–	–	–	–	–	–	–	2-Heptanone	110-43-0	P8364
43	59	41	85	55	42	57	58	114	100	98	85	84	38	34	31	28	2.00	7	14	1	–	–	–	–	–	–	–	–	–	Hexane, 2,3-epoxy-2-methyl-	17612-35-0	R7098
43	59	72	114	27	39	71	44	114	100	29	21	9	6	5	5	4		6	10	2	–	–	–	–	–	–	–	–	–	1-Buten-1-ol, acetate		C0215
43	70	41	71	27	29	85	55	114	100	49	26	25	22	19	18	18	1.25	8	18	–	–	–	–	–	–	–	–	–	–	Pentane, 2-methyl-3-ethyl-		Y0050
43	70	55	41	99	42	71	44	114	100	32	31	25	24	21	12	11	2.96	7	14	1	–	–	–	–	–	–	–	–	–	Pentyl vinyl ether	5363-63-3	R1350
43	70	71	41	27	29	55	42	114	100	58	46	28	24	19	19	19	1.63	8	18	–	–	–	–	–	–	–	–	–	–	Hexane, 2,3-dimethyl-		Y0045
43	71	27	41	39	28	42	114	114	100	28	22	19	11	6	6	6		7	14	1	–	–	–	–	–	–	–	–	–	3-Pentanone, 2,4-dimethyl-		Y0826
43	71	27	41	39	114	42	28	114	100	54	31	24	16	10	8	7		7	14	1	–	–	–	–	–	–	–	–	–	3-Hexanone, 2-methyl-		04284
43	71	27	42	29	41	39	45	114	100	23	13	9	7	7	5	5	0.20	6	10	2	–	–	–	–	–	–	–	–	–	Butanoic acid, vinyl ester		17332
43	71	41	27	44	42	39	114	114	100	77	32	23	9	9	7	5		6	10	2	–	–	–	–	–	–	–	–	–	Butanoic acid, vinyl ester		Z0375
43	71	41	27	70	39	42	114	114	100	31	13	9	6	6	5	5		7	14	1	–	–	–	–	–	–	–	–	–	3-Pentanone, 2,4-dimethyl-	565-80-0	Q2153
43	71	41	70	114	27	42	39	114	100	37	12	8	8	7	6	5		7	14	1	–	–	–	–	–	–	–	–	–	3-Pentanone, 2,4-dimethyl-		C0432
43	71	41	114	39	58	42	44	114	100	72	25	14	12	6	5	3		7	14	1	–	–	–	–	–	–	–	–	–	4-Heptanone	123-19-3	P9285
43	71	41	114	58	28	44	42	114	100	94	46	37	20	17	13	12		7	14	1	–	–	–	–	–	–	–	–	–	4-Heptanone	123-19-3	P9284
43	71	44	41	27	28	42	39	114	100	58	29	26	24	7	7	7	2.50	6	10	2	–	–	–	–	–	–	–	–	–	Propanoic acid, 2-methyl-, vinyl ester		C0056
43	71	57	85	41	27	29	70	114	100	47	41	36	29	24	23	17	0.02	8	18	–	–	–	–	–	–	–	–	–	–	Hexane, 3,3-dimethyl-		Y0048
43	71	70	41	27	29	55	57	114	100	52	45	26	25	23	15	14	3.08	8	18	–	–	–	–	–	–	–	–	–	–	Heptane, 4-methyl-		Y0042
43	71	70	55	41	85	59	29	114	100	27	25	24	19	16	14	13	10.86	7	14	1	–	–	–	–	–	–	–	–	–	2,2-Dimethylpropyl vinyl ether		Z0387
43	71	70	57	41	85	27	29	114	100	45	35	34	28	25	21	16	0.01	8	18	–	–	–	–	–	–	–	–	–	–	Pentane, 2,3,3-trimethyl-		Y0054
43	71	86	29	41	27	55	70	114	100	18	14	11	10	9	9	8	2.70	7	14	1	–	–	–	–	–	–	–	–	–	2-Pentanone, 3-ethyl-		P3918
43	71	114	41	27	39	72	44	114	100	91	23	13	11	5	5	4		7	14	1	–	–	–	–	–	–	–	–	–	3-Hexanone, 2-methyl-		C0433
43	72	39	15	27	29	57	54	114	100	38	19	13	11	11	9	7	0.30	6	10	2	–	–	–	–	–	–	–	–	–	Acetic acid, 2-methyl-2-propenyl ester		X0910
43	72	39	15	27	29	57	54	114	100	38	19	13	11	11	9	7	0.30	6	10	2	–	–	–	–	–	–	–	–	–	2-Propen-1-ol, 2-methyl-, acetate	820-71-3	Q4215
43	72	57	71	99	114	39	41	114	100	16	9	9	6	4	3	3		6	10	2	–	–	–	–	–	–	–	–	–	2,4-Pentanedione, 3-methyl-	815-57-6	Q4187
43	72	57	98	71	44	114	42	114	100	18	7	5	4	4	4	2		6	10	2	–	–	–	–	–	–	–	–	–	2,4-Pentanedione, 3-methyl-	815-57-6	Q4188
43	72	57	114	71	45	15	28	114	100	42	19	9	9	7	7	6		6	10	2	–	–	–	–	–	–	–	–	–	2-Buten-2-ol, acetate		C1154
43	72	57	114	71	45	60	27	114	100	42	20	10	9	6	5	5		6	10	2	–	–	–	–	–	–	–	–	–	2-Buten-2-ol, acetate		C0216
43	72	71	39	55	54	57	29	114	100	25	20	18	18	15	8	7	5.50	6	10	2	–	–	–	–	–	–	–	–	–	2-Buten-1-ol, acetate		C0337
43	72	71	41	29	27	55	39	114	100	51	13	11	10	9	8	6	1.88	7	14	1	–	–	–	–	–	–	–	–	–	2-Pentanone, 3-ethyl-		P2817
43	72	71	41	55	29	70	27	114	100	72	18	11	10	9	8	7	3.24	7	14	1	–	–	–	–	–	–	–	–	–	2-Hexanone, 3-methyl-		P2818
43	72	71	57	93	114	86	39	114	100	29	12	10	8	8	6	3		6	10	2	–	–	–	–	–	–	–	–	–	2,4-Pentanedione, 3-methyl-	815-57-6	Q4189
43	73	41	31	27	29	39	71	114	100	89	38	37	30	24	24	22	0.00	7	14	1	–	–	–	–	–	–	–	–	–	1-Hepten-4-ol	3521-91-3	H1414
43	73	85	41	55	28	39	30	114	100	19	18	17	17	13	7	5	0.01	7	14	1	–	–	–	–	–	–	–	–	–	3-Butenyl propyl ether	34061-75-1	S4532
43	85	41	57	39	42	55	44	114	100	41	14	14	8	4	4	3	0.00	6	10	2	–	–	–	–	–	–	–	–	–	2-Hexanone, 3,4-epoxy-	17257-81-7	R6712
43	85	41	84	29	27	71	70	114	100	29	23	23	20	19	14	13	1.60	8	18	–	–	–	–	–	–	–	–	–	–	Hexane, 3-ethyl-	619-99-8	Q2999
43	85	57	41	29	27	84	39	114	100	64	27	24	22	21	17	9	0.00	8	18	–	–	–	–	–	–	–	–	–	–	Pentane, 3-methyl-3-ethyl-		Y0051
43	85	57	41	39	55	42	44	114	100	40	15	14	8	5	4	3	0.70	6	10	2	–	–	–	–	–	–	–	–	–	2-Hexanone, 3,4-epoxy-	17257-81-7	R6711
43	85	57	114	93	86	33	42	114	100	65	31	30	9	5	3	3		6	10	2	–	–	–	–	–	–	–	–	–	2,4-Hexanedione	3002-24-2	Q8907
43	85	84	41	27	29	71	57	114	100	29	23	23	22	20	13	12	1.63	8	18	–	–	–	–	–	–	–	–	–	–	Hexane, 3-ethyl-		Y0043
43	87	55	27	99	15	39	28	114	100	56	51	36	30	24	17	11	0.00	6	10	2	–	–	–	–	–	–	–	–	–	1,3-Dioxolane, 2-vinyl-2-methyl-	26924-35-6	06813

MASS TO CHARGE RATIOS								M.W.	INTENSITIES								Parent	C	H	O	N	Cl	Br	F	S	P	B	Si	X	COMPOUND NAME	CAS Reg No	No
43	97	56	71	69	28	44	81	**114**	100	32	27	25	19	15	14	12	**1.71**	6	14	–	2	–	–	–	–	–	–	–	–	**Cyclohexane, 1,3-diamino-**		**00292**
43	99	27	29	42	15	45	39	**114**	100	34	30	28	22	22	20	19	**11.98**	6	10	2	–	–	–	–	–	–	–	–	–	**1,4-Dioxane, 2-methyl-3-methylene-**	28125-74-8	**06926**
43	99	27	39	29	15	41	45	**114**	100	76	45	44	43	37	34	34	**18.46**	6	10	2	–	–	–	–	–	–	–	–	–	**5H-1,4-Dioxepin, 2,3-dihydro-5-methyl-**	38653-36-0	**06996**
43	99	41	72	57	74	42	39	**114**	100	42	24	20	16	16	12	11	**1.70**	6	10	2	–	–	–	–	–	–	–	–	–	**2-Pentanone, 3,4-epoxy-4-methyl-**	4478-63-1	**R0494**
43	99	41	72	57	74	42	39	**114**	100	39	23	20	16	15	12	11	**0.00**	6	10	2	–	–	–	–	–	–	–	–	–	**2-Pentanone, 3,4-epoxy-4-methyl-**	4478-63-1	**R0493**
43	99	55	56	57	70	71	41	**114**	100	66	45	33	26	25	23	21	**6.60**	6	10	2	–	–	–	–	–	–	–	–	–	**2(3H)-Furanone, dihydro-4,4-dimethyl-**	13861-97-7	**R4772**
43	99	55	56	57	70	71	41	**114**	100	66	45	33	26	25	23	21	**7.20**	6	10	2	–	–	–	–	–	–	–	–	–	**2(3H)-Furanone, dihydro-5,5-dimethyl-**		**15677**
43	99	71	96	53	57	95	114	**114**	100	17	9	6	4	4	3	3		6	10	2	–	–	–	–	–	–	–	–	–	**2,5-Hexanedione**	110-13-4	**P8333**
43	114	42	44	71	70	58	56	**114**	100	45	34	23	21	16	13	13		6	14	–	2	–	–	–	–	–	–	–	–	**Piperazine, 1,4-dimethyl-**		**F0295**
43	114	44	55	42	58	115	71	**114**	100	60	31	10	9	4	3	3		5	6	3	–	–	–	–	–	–	–	–	–	**3(2H)-Furanone, 4-hydroxy-5-methyl-**		**L5254**
43	114	86	42	44	71	41	70	**114**	100	81	78	70	28	27	17	13		4	6	2	2	–	–	–	–	–	–	–	–	**2,4-Imidazolidinedione, 5-methyl-**	616-03-5	**Q2925**
43	114	86	42	44	71	41	99	**114**	100	81	77	70	29	27	18	13		4	6	2	2	–	–	–	–	–	–	–	–	**2,4-Imidazolidinedione, 5-methyl-**		**M3317**
44	38	40	72	71	114	46	70	**114**	100	68	66	46	30	23	20	15		6	10	–	–	–	–	–	1	–	–	–	–	**Diallyl sulphide**	592-88-1	**H0889**
44	43	70	41	29	42	55	57	**114**	100	87	80	80	61	58	57	53	**2.17**	7	14	1	–	–	–	–	–	–	–	–	–	**Heptanal**		**C1146**
44	70	98	28	114	71	53	43	**114**	100	83	40	35	26	20	20	20		4	6	2	2	–	–	–	–	–	–	–	–	**2-Butenediamide, (E)-**		**M8508**
44	71	55	97	54	45	51	70	**114**	100	53	28	26	25	25	21	21	**21.36**	4	6	2	2	–	–	–	–	–	–	–	–	**2-Butenediamide, (Z)-**	928-01-8	**Q4588**
44	71	70	41	27	55	57	29	**114**	100	61	40	24	20	16	16	14	**0.33**	8	18	–	–	–	–	–	–	–	–	–	–	**Pentane 2,3,4-trimethyl-**		**Y0055**
44	85	114	42	43	45	86	41	**114**	100	79	58	46	46	38	16	15		6	14	–	2	–	–	–	–	–	–	–	–	**Butanal, dimethylhydrazone**	10424-98-3	**R3830**
44	114	116	79	81	118	78	83	**114**	100	46	30	20	7	5	3	3		2	1	–	–	2	–	1	–	–	–	–	–	**Ethylene, dichlorofluoro-**		**Z0372**
45	28	68	41	67	81	39	43	**114**	100	51	44	29	20	17	16	13	**0.10**	7	14	1	–	–	–	–	–	–	–	–	–	**Ethanol, 1-cyclopentyl-**		**03586**
45	29	15	49	14	51	30	35	**114**	100	43	39	14	9	5	5	3	**0.00**	2	4	1	–	2	–	–	–	–	–	–	–	**Bis(chloromethyl) ether**	542-88-1	**H0815**
45	39	85	72	114	71	68	40	**114**	100	85	56	50	47	46	45	32		5	6	1	–	–	–	–	1	–	–	–	–	**2H-Thiopyran-3(4H)-one**	29431-28-5	**S2524**
45	41	73	39	72	114	99	71	**114**	100	88	72	62	48	40	23	19		6	10	–	–	–	–	–	1	–	–	–	–	**Diallyl sulphide**	592-88-1	**Q2516**
45	41	73	39	72	114	99	71	**114**	100	74	69	66	48	44	20	20		6	10	–	–	–	–	–	1	–	–	–	–	**Diallyl sulphide**	592-88-1	**Q2517**
45	42	43	55	85	41	57	27	**114**	100	96	90	86	86	79	74	65	**0.00**	7	14	1	–	–	–	–	–	–	–	–	–	**Heptane, trans-2,3-epoxy-**		**17381**
45	42	43	69	85	57	55	41	**114**	100	87	80	72	70	66	64	54	**5.00**	7	14	1	–	–	–	–	–	–	–	–	–	**Heptane, cis-2,3-epoxy-**		**17380**
45	53	27	31	71	29	75	39	**114**	100	81	69	44	33	31	26	22	**0.00**	6	10	2	–	–	–	–	–	–	–	–	–	**Ethanol, 2-(2,3-butadienyloxy)-**	38653-50-8	**06922**
45	55	70	42	71	53	81	96	**114**	100	83	81	50	10	9	9	3	**1.00**	7	14	1	–	–	–	–	–	–	–	–	–	**4-Hepten-2-ol, (E)-**	58927-81-4	**T5098**
45	68	81	44	67	69	99	96	**114**	100	76	24	15	11	10	9	7	**1.00**	7	14	1	–	–	–	–	–	–	–	–	–	**Cyclopentanol, 1-ethyl-**	1462-96-0	**Q6036**
45	69	18	51	28	44	50	17	**114**	100	69	56	39	32	25	18	15	**0.70**	2	1	2	–	–	–	3	–	–	–	–	–	**Acetic acid, trifluoro-**	76-05-1	**P5679**
45	69	51	28	50	44	43	97	**114**	100	70	36	28	15	11	7	5	**1.56**	2	1	2	–	–	–	3	–	–	–	–	–	**Acetic acid, trifluoro-**	76-05-1	**P5678**
45	86	27	43	29	31	41	44	**114**	100	38	33	32	20	17	16	16	**0.14**	6	10	2	–	–	–	–	–	–	–	–	–	**Ethane, 1,2-bis(vinyloxy)-**		**Z0377**
53	27	31	45	71	54	29	39	**114**	100	45	32	26	23	20	17	17	**0.15**	6	10	2	–	–	–	–	–	–	–	–	–	**Ethanol, 2-[(1-methyl-2-propynyl)oxy]-**	18668-75-2	**06920**
53	71	27	31	39	29	54	44	**114**	100	49	46	32	22	17	13	13	**0.00**	6	10	2	–	–	–	–	–	–	–	–	–	**Ethanol, 2-(2-butynyloxy)-**	38644-91-6	**06921**
55	27	43	73	28	41	59	39	**114**	100	38	33	29	21	21	17	13	**0.60**	6	10	2	–	–	–	–	–	–	–	–	–	**2-Propenoic acid, isopropyl ester**		**G0162**
55	28	54	59	29	83	15	27	**114**	100	39	36	36	35	30	28	27	**21.40**	6	10	2	–	–	–	–	–	–	–	–	–	**4-Pentenoic acid, methyl ester**		**C0005**
55	39	42	56	70	41	99	43	**114**	100	59	47	45	41	38	33	32	**0.33**	6	10	2	–	–	–	–	–	–	–	–	–	**2(3H)-Furanone, dihydro-5,5-dimethyl-**	3123-97-5	**Q9035**
55	41	27	81	31	29	39	43	**114**	100	86	54	51	43	41	39	28	**3.41**	7	14	1	–	–	–	–	–	–	–	–	–	**3-Hepten-1-ol**		**U0069**
55	41	81	39	27	54	31	67	**114**	100	73	54	33	29	25	23	23	**3.50**	7	14	1	–	–	–	–	–	–	–	–	–	**3-Hepten-1-ol, (E)-**	2108-05-6	**Q7389**
55	41	81	39	54	27	67	31	**114**	100	82	73	36	33	31	31	27	**3.50**	7	14	1	–	–	–	–	–	–	–	–	–	**3-Hepten-1-ol, (Z)-**	1708-81-2	**Q6563**
55	41	83	67	81	82	27	29	**114**	100	59	54	33	28	23	21	18	**0.00**	7	14	1	–	–	–	–	–	–	–	–	–	**Methanol, cyclohexyl-**	100-49-2	**P7394**
55	42	41	56	84	28	27	29	**114**	100	84	35	34	30	26	18	15	**9.43**	6	10	2	–	–	–	–	–	–	–	–	–	**2-Oxepanone**	502-44-3	**Q1340**
55	42	41	84	56	27	39	70	**114**	100	97	53	38	29	27	22	22	**14.45**	6	10	2	–	–	–	–	–	–	–	–	–	**2-Oxepanone**		**C1662**
55	43	73	27	41	39	29	31	**114**	100	74	59	48	40	33	27	25	**0.00**	7	14	1	–	–	–	–	–	–	–	–	–	**1-Hepten-4-ol**		**00486**
55	44	43	86	28	71	114	45	**114**	100	75	46	36	22	14	13	10		4	6	2	2	–	–	–	–	–	–	–	–	**Urea, 2-propenoyl ester**		**01998**
55	57	29	60	59	114	27	43	**114**	100	80	79	77	72	70	69	60		6	10	2	–	–	–	–	–	–	–	–	–	**Cyclohexanone, 4-hydroxy-**	13482-22-9	**R4575**
55	57	43	60	59	41	44	114	**114**	100	85	70	66	63	61	52	47		6	10	2	–	–	–	–	–	–	–	–	–	**Cyclohexanone, 4-hydroxy-**	13482-22-9	**R4576**
55	57	60	59	114	43	56	41	**114**	100	82	78	74	71	61	51	51		6	10	2	–	–	–	–	–	–	–	–	–	**Cyclohexanone, 4-hydroxy-**	13482-22-9	**R4577**
55	57	72	43	41	39	54	56	**114**	100	73	59	45	28	19	11	9	**9.00**	7	14	1	–	–	–	–	–	–	–	–	–	**(E)-2-Butenyl propyl ether**	56052-71-2	**T2696**
55	59	29	27	114	39	54	53	**114**	100	49	47	40	39	30	25	17		6	10	2	–	–	–	–	–	–	–	–	–	**3-Pentenoic acid, methyl ester**		**C1014**
55	59	114	39	54	72	83	82	**114**	100	37	33	17	16	14	12	10		6	10	2	–	–	–	–	–	–	–	–	–	**3-Pentenoic acid, methyl ester**	818-58-6	**Q4208**
55	70	42	41	44	57	45	43	**114**	100	56	30	25	12	12	10	9	**0.23**	7	14	1	–	–	–	–	–	–	–	–	–	**Pentane, 2,3-epoxy-4,4-dimethyl-**	53897-30-6	**S8625**
55	70	42	41	57	45	43	53	**114**	100	56	30	25	12	11	10	6	**0.00**	7	14	1	–	–	–	–	–	–	–	–	–	**Pentane, 2,3-epoxy-4,4-dimethyl-**	53897-30-6	**S8623**
55	83	15	27	29	39	114	59	**114**	100	54	49	48	44	34	26	24		6	10	2	–	–	–	–	–	–	–	–	–	**Butanoic acid, 2-methylene-, methyl ester**	2177-67-5	**Q7546**
55	83	27	29	114	39	59	53	**114**	100	75	72	72	58	49	40	26		6	10	2	–	–	–	–	–	–	–	–	–	**2-Pentenoic acid, (E)-, methyl ester**	15790-88-2	**R5851**
55	83	81	67	41	82	96	68	**114**	100	81	47	43	42	40	27	14	**0.16**	7	14	1	–	–	–	–	–	–	–	–	–	**Methanol, cyclohexyl-**		**Z0380**

MASS TO CHARGE RATIOS								M.W.	INTENSITIES								Parent	C	H	O	N	Cl	Br	F	S	P	B	Si	X	COMPOUND NAME	CAS Reg No	No
55	114	60	41	68	69	73	42	**114**	100	63	58	55	38	28	18	13		6	10	2	–	–	–	–	–	–	–	–	–	**4-Hexenoic acid**	35194-36-6	**S4878**
56	28	114	27	29	42	85	55	**114**	100	94	73	23	21	19	17	14		5	6	3	–	–	–	–	–	–	–	–	–	**2,3-Furandione, dihydro-**		**L5036**
56	28	114	27	29	42	85	55	**114**	100	94	73	22	21	18	17	14		5	6	3	–	–	–	–	–	–	–	–	–	**2,4(3H,5H)-Furandione, 3-methyl-**	1192-51-4	**Q5662**
56	41	55	42	69	43	57	85	**114**	100	76	57	33	33	28	12	12	**0.00**	7	14	1	–	–	–	–	–	–	–	–	–	**Hexane, 1,2-epoxy-3-methyl-**	53229-39-3	**S8357**
56	41	55	43	42	69	70	71	**114**	100	62	55	31	28	27	18	12	**0.00**	7	14	1	–	–	–	–	–	–	–	–	–	**Hexane, 1,2-epoxy-3-methyl-**	53229-39-3	**S8358**
56	41	114	42	59	43	84	55	**114**	100	91	82	77	64	37	28	26		6	10	2	–	–	–	–	–	–	–	–	–	**2H-Pyran-3(4H)-one, dihydro-6-methyl-**	43152-89-2	**S7064**
56	42	41	55	84	70	114	43	**114**	100	96	43	41	30	30	21	21		6	10	2	–	–	–	–	–	–	–	–	–	**2H-Pyran-2-one, tetrahydro-5-methyl-**		**L6053**
56	43	69	30	70	97	114	82	**114**	100	66	52	35	26	26	22	20		6	14	–	2	–	–	–	–	–	–	–	–	**Cyclohexane, trans-1,2-diamino-**		**I6416**
56	43	97	69	30	28	70	114	**114**	100	69	51	50	43	39	30	21		6	14	–	2	–	–	–	–	–	–	–	–	**Cyclohexane, 1,2-diamino-**		**00291**
56	55	41	42	70	39	114	57	**114**	100	70	68	61	26	17	10	7		6	10	2	–	–	–	–	–	–	–	–	–	**2(3H)-Furanone, dihydro-4-ethyl-**		**C1971**
56	57	43	41	29	85	27	39	**114**	100	80	69	56	49	38	29	15	**2.18**	8	18	–	–	–	–	–	–	–	–	–	–	**Hexane, 3,4-dimethyl-**		**Y0049**
56	57	43	41	85	29	27	39	**114**	100	83	65	47	34	15	9	8	**1.08**	8	18	–	–	–	–	–	–	–	–	–	–	**Hexane, 3,4-dimethyl-**	583-48-2	**Q2303**
56	69	44	42	72	57	114	85	**114**	100	57	54	36	33	28	24	23		5	10	1	2	–	–	–	–	–	–	–	–	**Piperazine, 1-formyl-**	7755-92-2	**R3465**
56	85	114	28	30	41	42	27	**114**	100	92	27	16	13	13	12	10		6	14	–	2	–	–	–	–	–	–	–	–	**Acetone, propylhydrazone**	7423-00-9	**R3189**
56	97	28	42	41	27	40	69	**114**	100	80	38	35	22	17	12	9	**0.00**	4	10	–	4	–	–	–	–	–	–	–	–	**1,2,4,5-Tetrazine, 1,2,3,4-tetrahydro-3,6-dimethyl-**	37454-59-4	**S5496**
56	99	114	42	41	57	28	30	**114**	100	89	32	22	20	17	17	13		6	14	–	2	–	–	–	–	–	–	–	–	**Acetone, isopropylhydrazone**	7423-01-0	**R3190**
56	114	85	57	42	55	115	86	**114**	100	77	21	18	16	15	15	10		5	6	3	–	–	–	–	–	–	–	–	–	**2(5H)-Furanone, 4-hydroxy-3-methyl-**		**L5052**
56	114	85	57	42	55	115	86	**114**	100	77	21	18	16	15	15	10		5	6	3	–	–	–	–	–	–	–	–	–	**2,4(3H,5H)-Furandione, 3-methyl-**	1192-51-4	**Q5663**
57	27	31	55	43	69	73	71	**114**	100	86	47	34	24	4	3	3	**0.00**	6	10	2	–	–	–	–	–	–	–	–	–	**1-Hexene, 5,6-epoxy-3-hydroxy-**		**M0177**
57	28	29	85	72	32	41	43	**114**	100	88	36	26	21	20	17	13	**7.10**	7	14	1	–	–	–	–	–	–	–	–	–	**3-Heptanone**	106-35-4	**P7869**
57	28	85	27	26	29	114	30	**114**	100	96	68	60	51	18	14	12		6	15	–	–	–	–	–	–	–	–	–	1	**Aluminium, triethyl-**	97-93-8	**P7121**
57	29	27	85	41	43	39	114	**114**	100	46	27	23	23	16	12	12		7	14	1	–	–	–	–	–	–	–	–	–	**3-Hexanone, 5-methyl-**	623-56-3	**H0965**
57	29	27	85	41	72	43	114	**114**	100	68	27	24	22	18	11	8		7	14	1	–	–	–	–	–	–	–	–	–	**3-Heptanone**		**Y0667**
57	29	41	27	85	114	86	56	**114**	100	50	16	10	9	9	7	6		7	14	1	–	–	–	–	–	–	–	–	–	**3-Hexanone, 4-methyl-**		**P2819**
57	29	41	28	114	27	56	39	**114**	100	39	38	12	11	9	7	7		7	14	1	–	–	–	–	–	–	–	–	–	**3-Pentanone, 2,2-dimethyl-**	564-04-5	**Q2131**
57	29	41	114	56	27	85	39	**114**	100	34	26	10	7	7	5	5		7	14	1	–	–	–	–	–	–	–	–	–	**3-Pentanone, 2,2-dimethyl-**		**P2820**
57	29	85	41	43	27	72	114	**114**	100	59	26	24	19	17	10	10		7	14	1	–	–	–	–	–	–	–	–	–	**2-Hexanone, 4-methyl-**		**P2821**
57	41	27	39	55	54	29	81	**114**	100	62	40	36	36	36	27	27	**2.20**	7	14	1	–	–	–	–	–	–	–	–	–	**2-Hepten-1-ol, (E)-**	33467-76-4	**S4180**
57	41	29	39	58	31	43	55	**114**	100	75	28	28	27	16	14	12	**0.00**	6	10	2	–	–	–	–	–	–	–	–	–	**Allyl 2,3-epoxypropyl ether**	106-92-3	**P7940**
57	41	43	58	55	56	81	69	**114**	100	94	32	24	19	18	17	12	**0.00**	7	14	1	–	–	–	–	–	–	–	–	–	**Pentane, 1,2-epoxy-4,4-dimethyl-**	2245-29-6	**Q7723**
57	41	54	55	27	39	81	44	**114**	100	62	54	43	34	33	30	28	**1.00**	7	14	1	–	–	–	–	–	–	–	–	–	**2-Hepten-1-ol, (Z)-**	55454-22-3	**T1173**
57	41	55	27	43	29	54	39	**114**	100	53	38	28	28	27	25	24	**2.10**	7	14	1	–	–	–	–	–	–	–	–	–	**2-Hepten-1-ol, (E)-**	33467-76-4	**H1964**
57	41	56	43	29	27	39	58	**114**	100	31	28	24	16	9	7	4	**0.00**	8	18	–	–	–	–	–	–	–	–	–	–	**Pentane, 2,2,4-trimethyl-**	540-84-1	**Q1817**
57	41	56	43	29	39	27	99	**114**	100	28	27	18	16	9	8	6	**0.02**	8	18	–	–	–	–	–	–	–	–	–	–	**Butane, 2,2,3,3-tetramethyl-**		**Y0056**
57	41	58	29	27	81	55	96	**114**	100	41	41	35	34	29	29	25	**3.16**	7	14	1	–	–	–	–	–	–	–	–	–	**Cyclohexanol, 4-methyl-**		**04110**
57	43	42	41	71	99	29	70	**114**	100	93	31	26	19	19	11	10	**3.82**	8	18	–	–	–	–	–	–	–	–	–	–	**Hexane, 2,5-dimethyl-**	592-13-2	**Q2483**
57	43	72	55	59	85	58	42	**114**	100	75	60	48	37	34	28	23	**2.00**	7	14	1	–	–	–	–	–	–	–	–	–	**Heptane, cis-3,4-epoxy-**	56052-94-9	**T2724**
57	55	72	43	41	27	29	39	**114**	100	94	75	71	37	24	22	22	**12.92**	7	14	1	–	–	–	–	–	–	–	–	–	**2-Methyl-2-propenyl propyl ether**		**Z0385**
57	56	41	29	43	27	39	99	**114**	100	32	26	19	16	13	8	6	**0.03**	8	18	–	–	–	–	–	–	–	–	–	–	**Hexane, 2,2-dimethyl-**		**Y0044**
57	56	41	43	29	27	39	55	**114**	100	57	33	23	23	14	9	6	**0.03**	8	18	–	–	–	–	–	–	–	–	–	–	**Pentane, 2,2,3-trimethyl-**		**Y0052**
57	56	41	43	29	27	39	58	**114**	100	30	23	20	8	5	5	5	**0.00**	8	18	–	–	–	–	–	–	–	–	–	–	**Hexane, 2,2-dimethyl-**	590-73-8	**Q2431**
57	56	41	43	29	27	39	99	**114**	100	32	27	23	15	12	9	5	**0.02**	8	18	–	–	–	–	–	–	–	–	–	–	**Pentane, 2,2,4-trimethyl-**		**Y0053**
57	56	41	43	29	99	58	55	**114**	100	27	21	14	9	6	5	4	**0.00**	8	18	–	–	–	–	–	–	–	–	–	–	**Butane, 2,2,3,3-tetramethyl-**	594-82-1	**Q2557**
57	58	70	81	96	55	41	114	**114**	100	54	38	36	33	25	23	17		7	14	1	–	–	–	–	–	–	–	–	–	**Cyclohexanol, cis-4-methyl-**	7731-28-4	**R3444**
57	58	81	96	70	55	41	29	**114**	100	42	40	29	29	29	27	16	**3.04**	7	14	1	–	–	–	–	–	–	–	–	–	**Cyclohexanol, 4-methyl-**		**Z0381**
57	68	41	27	81	29	71	55	**114**	100	59	53	52	46	45	40	40	**11.31**	7	14	1	–	–	–	–	–	–	–	–	–	**Cyclohexanol, 2-methyl-**	583-59-5	**H0859**
57	68	81	41	55	96	44	67	**114**	100	36	33	23	22	22	21	19	**2.05**	7	14	1	–	–	–	–	–	–	–	–	–	**Cycloheptanol**		**Z0382**
57	72	41	43	85	58	55	39	**114**	100	20	9	8	7	4	4	2	**0.50**	7	14	1	–	–	–	–	–	–	–	–	–	**1-Hepten-3-ol**		**L4947**
57	72	41	55	43	54	58	70	**114**	100	17	12	12	11	5	5	5	**0.26**	7	14	1	–	–	–	–	–	–	–	–	–	**1-Hepten-3-ol**	4938-52-7	**R0960**
57	81	68	96	67	71	70	54	**114**	100	86	62	35	25	24	21	16	**0.20**	7	14	1	–	–	–	–	–	–	–	–	–	**Cycloheptanol**		**16532**
57	81	96	68	71	55	41	43	**114**	100	70	66	64	49	47	33	25	**12.49**	7	14	1	–	–	–	–	–	–	–	–	–	**Cyclohexanol, 2-methyl-**		**Z0378**
57	85	72	41	43	114	58	42	**114**	100	24	19	17	9	7	2	1		7	14	1	–	–	–	–	–	–	–	–	–	**3-Heptanone**	106-35-4	**P7871**
57	96	68	81	71	55	43	45	**114**	100	68	66	57	49	38	37	28	**19.00**	7	14	1	–	–	–	–	–	–	–	–	–	**Cyclohexanol, trans-2-methyl-**	7443-52-9	**R3210**
57	96	81	58	70	41	55	44	**114**	100	54	52	50	31	23	23	13	**2.00**	7	14	1	–	–	–	–	–	–	–	–	–	**Cyclohexanol, trans-4-methyl-**	7731-29-5	**R3445**
58	28	44	30	42	56	99	41	**114**	100	36	33	32	30	19	18	16	**6.22**	6	14	–	2	–	–	–	–	–	–	–	–	**Piperazine, trans-2,5-dimethyl-**		**Y1900**
58	43	41	57	29	27	39	55	**114**	100	80	28	25	19	15	11	9	**1.98**	7	14	1	–	–	–	–	–	–	–	–	–	**Hexanal, 2-methyl-**	925-54-2	**Q4560**

MASS TO CHARGE RATIOS								M.W.	INTENSITIES								Parent	C	H	O	N	Cl	Br	F	S	P	B	Si	X	COMPOUND NAME	CAS Reg No	No
58	43	56	57	30	42	44	68	**114**	100	54	24	16	10	10	10	10	**1.00**	6	14	–	2	–	–	–	–	–	–	–	–	**Cyclohexane, cis-1,4-diamino-**		**16421**
58	43	56	97	57	30	44	41	**114**	100	45	20	20	15	10	10	7	**1.00**	6	14	–	2	–	–	–	–	–	–	–	–	**Cyclohexane, trans-1,4-diamino-**		**16422**
58	43	57	41	29	85	27	55	**114**	100	54	30	24	20	14	9	7	**4.30**	7	14	1	–	–	–	–	–	–	–	–	–	**Pentanal, 2,3-dimethyl-**	32749-94-3	**S3874**
58	43	57	41	114	29	59	99	**114**	100	76	34	12	9	7	5	5		7	14	1	–	–	–	–	–	–	–	–	–	**2-Pentanone, 4,4-dimethyl-**	590-50-1	**Q2429**
58	43	114	55	83	39	82	81	**114**	100	31	23	20	18	18	16	9		6	10	2	–	–	–	–	–	–	–	–	–	**2H-Pyran, 3,4-dihydro-2-methoxy-**	4454-05-1	**R0464**
58	57	86	70	85				**114**	100	88	37	10	5				**0.00**	3	2	1	2	–	–	–	1	–	–	–	–	**1,2,3-Thiadiazole, 4-formyl-**		**M3126**
58	114	43	83	28	27	39	55	**114**	100	21	19	17	16	15	13	12		6	10	2	–	–	–	–	–	–	–	–	–	**2H-Pyran, 5,6-dihydro-2-methoxy-**		**A0718**
60	55	41	39	68	54	73	114	**114**	100	83	59	47	43	22	20	17		6	10	2	–	–	–	–	–	–	–	–	–	**5-Hexenoic acid**		**C1391**
60	55	41	42	54	45	73	69	**114**	100	86	77	33	24	23	18	17	**10.89**	6	10	2	–	–	–	–	–	–	–	–	–	**5-Hexenoic acid**	1577-22-6	**Q6252**
65	64	99	59	51	45	49	101	**114**	100	13	10	8	6	6	5	3	**3.32**	3	5	–	–	1	–	2	–	–	–	–	–	**Propane, 1-chloro-2,2-difluoro-**		**A0305**
65	64	99	59	51	49	45	114	**114**	100	15	10	7	6	5	5	5		3	5	–	–	1	–	2	–	–	–	–	–	**Propane, 1-chloro-2,2-difluoro-**		**Z0373**
67	39	96	95	41	29	53	27	**114**	100	65	64	61	57	55	54	50	**3.00**	6	10	2	–	–	–	–	–	–	–	–	–	**1,4-Butanediol, 2,3-dimethylene-**	50521-50-1	**S7315**
67	39	96	95	41	29	53	68	**114**	100	65	64	61	57	56	54	51	**2.80**	6	10	2	–	–	–	–	–	–	–	–	–	**1,4-Butanediol, 2,3-dimethylene-**		**P3381**
67	68	41	81	39	27	31	29	**114**	100	98	53	23	18	17	16	14	**0.00**	7	14	1	–	–	–	–	–	–	–	–	–	**Ethanol, 2-cyclopentyl-**		**P3945**
68	55	28	41	29	39	27	31	**114**	100	74	52	48	39	38	33	33	**0.00**	6	10	2	–	–	–	–	–	–	–	–	–	**Formic acid, 2-methyl-3-butenyl ester**		**C1029**
68	81	55	41	31	96	114		**114**	100	75	71	61	39	23	3			7	14	1	–	–	–	–	–	–	–	–	–	**5-Hepten-1-ol, (Z)-**	50273-95-5	**S7263**
69	41	39	29	99	27	86	28	**114**	100	96	38	33	21	16	14	12	**7.31**	6	10	2	–	–	–	–	–	–	–	–	–	**2-Propenoic acid, 2-methyl-, ethyl ester**	97-63-2	**H0218**
69	41	86	87	85	114			**114**	100	63	48	26	13	7				6	10	2	–	–	–	–	–	–	–	–	–	**Cyclopropanecarboxylic acid, ethyl ester**		**M0021**
69	41	99	39	29	27	86	70	**114**	100	32	27	21	15	10	6	5	**2.48**	6	10	2	–	–	–	–	–	–	–	–	–	**2-Butenoic acid, ethyl ester**	10544-63-5	**R3922**
69	41	99	39	29	86	27	28	**114**	100	31	30	16	10	8	6	6	**1.00**	6	10	2	–	–	–	–	–	–	–	–	–	**2-Butenoic acid, (E)-, ethyl ester**		**L7654**
69	41	99	43	114	59	39	53	**114**	100	66	28	11	11	9	8	8		6	10	2	–	–	–	–	–	–	–	–	–	**3-Butenoic acid, 2,2-dimethyl-**	10276-09-2	**R3713**
69	41	99	86	87	114			**114**	100	35	34	5	2	1				6	10	2	–	–	–	–	–	–	–	–	–	**2-Butenoic acid, ethyl ester**		**M0022**
69	64	114	95	113	31	45	51	**114**	100	82	71	52	33	20	17	17		3	2	–	–	–	–	4	–	–	–	–	–	**1-Propene, 1,3,3,3-tetrafluoro-**		**L9469**
69	84	41	55	28	56	42	29	**114**	100	94	64	58	36	34	26	24	**0.00**	7	14	1	–	–	–	–	–	–	–	–	–	**Oxetane, 3,3-diethyl-**		**M0739**
69	99	41	39	29	86	27	28	**114**	100	30	22	17	11	8	7	7	**2.00**	6	10	2	–	–	–	–	–	–	–	–	–	**2-Butenoic acid, (E)-, ethyl ester**	623-70-1	**Q3132**
70	43	44	55	41	57	42	29	**114**	100	76	74	51	49	49	35	34	**2.80**	7	14	1	–	–	–	–	–	–	–	–	–	**Heptanal**	111-71-7	**P8579**
70	43	55	41	42	71	27	29	**114**	100	74	55	43	39	33	25	24	**0.30**	7	14	1	–	–	–	–	–	–	–	–	–	**Hexanal, 3-methyl-**	19269-28-4	**R8056**
70	43	55	41	71	42	29	27	**114**	100	64	50	35	31	28	18	17	**0.00**	7	14	1	–	–	–	–	–	–	–	–	–	**Hexanal, 3-methyl-**	19269-28-4	**R8057**
70	43	56	99	30	41	57	44	**114**	100	72	68	61	61	56	48	47	**14.10**	6	14	–	2	–	–	–	–	–	–	–	–	**1H-Azepine, 1-aminohexahydro-**		**00735**
70	57	18	44	114	17	29	41	**114**	100	83	67	28	19	15	15	14		6	10	2	–	–	–	–	–	–	–	–	–	**Cyclohexanone, 2-hydroxy-**		**Z0386**
70	57	29	41	55	43	71	27	**114**	100	69	62	62	57	39	29	25	**0.00**	7	14	1	–	–	–	–	–	–	–	–	–	**Hexanal, 4-methyl-**	41065-97-8	**S6528**
70	57	114	44	55	41	42	43	**114**	100	77	26	25	16	15	13	12		6	10	2	–	–	–	–	–	–	–	–	–	**Cyclohexanone, 2-hydroxy-**	533-60-8	**Q1701**
70	67	57	29	41	96	39	18	**114**	100	66	64	56	55	42	35	33	**2.30**	6	10	2	–	–	–	–	–	–	–	–	–	**1,6-Hexandial**		**C0018**
70	69	42	40	28	29	27	57	**114**	100	41	28	20	19	17	11	10	**2.24**	4	7	3	–	–	–	–	–	–	1	–	–	**1,3,2-Dioxaborolan-4-one, 2-ethyl-**	74646-12-1	**T8263**
70	98	114	43	53	71	55	54	**114**	100	48	31	23	23	23	18	13		4	6	2	2	–	–	–	–	–	–	–	–	**2-Butenediamide, (E)-**	627-64-5	**Q3262**
71	30	31	42	114	28	29	72	**114**	100	63	29	22	21	14	12	12		6	14	–	2	–	–	–	–	–	–	–	–	**Acetaldehyde, butylhydrazone**	20607-72-1	**R8776**
71	41	45	55	58	85	27	39	**114**	100	38	20	17	13	13	10	10	**2.00**	7	14	1	–	–	–	–	–	–	–	–	–	**(E)-2-Hexenyl methyl ether**	56052-83-6	**T2711**
71	41	45	55	58	85	39	82	**114**	100	39	20	18	14	14	11	11	**3.00**	7	14	1	–	–	–	–	–	–	–	–	–	**(E)-2-Hexenyl methyl ether**	56052-83-6	**T2712**
71	41	56	39	43	57	72	54	**114**	100	31	26	17	13	13	13	11	**8.00**	7	14	1	–	–	–	–	–	–	–	–	–	**2-Hexen-1-ol, (E)-3-methyl-**	30801-96-8	**S3006**
71	41	58	114	45	55	82	43	**114**	100	39	21	14	13	13	13	10		7	14	1	–	–	–	–	–	–	–	–	–	**Cyclohexane, methoxy-**	931-56-6	**Q4646**
71	41	82	114	58	85	55	45	**114**	100	25	17	17	14	10	8	7		7	14	1	–	–	–	–	–	–	–	–	–	**Cyclohexane, methoxy-**	931-56-6	**Q4648**
71	43	114	41	27	58	72	39	**114**	100	88	22	15	11	8	6	5		7	14	1	–	–	–	–	–	–	–	–	–	**4-Heptanone**		**C0434**
71	57	81	96	41	55	43	44	**114**	100	56	51	50	42	41	33	30	**0.80**	7	14	1	–	–	–	–	–	–	–	–	–	**Cyclohexanol, 3-methyl-**	591-23-1	**Q2445**
71	70	44	99	56	42	72	43	**114**	100	84	78	76	66	61	35	30	**18.20**	6	14	–	2	–	–	–	–	–	–	–	–	**Piperazine, 2,6-dimethyl-**	108-49-6	**P8127**
71	81	43	57	41	39	54	27	**114**	100	74	61	58	56	50	49	37	**0.70**	7	14	1	–	–	–	–	–	–	–	–	–	**3-Hepten-2-ol, (Z)-**	67077-40-1	**T6728**
71	96	57	41	81	27	55	29	**114**	100	57	56	51	49	45	40	38	**1.10**	7	14	1	–	–	–	–	–	–	–	–	–	**Cyclohexanol, 3-methyl-**	591-23-1	**H0881**
71	96	57	41	81	55	39	43	**114**	100	57	53	51	50	40	38	38	**1.04**	7	14	1	–	–	–	–	–	–	–	–	–	**Cyclohexanol, 3-methyl-**		**04705**
72	28	42	58	56	57	29	43	**114**	100	99	85	77	49	42	38	36	**16.92**	6	14	–	2	–	–	–	–	–	–	–	–	**Piperazine, 1-ethyl-**		**C1216**
72	42	41	43	55	39	85	114	**114**	100	56	24	17	15	12	11	5		7	14	1	–	–	–	–	–	–	–	–	–	**1-Butylvinyl methyl ether**	16519-66-7	**R6226**
72	42	41	43	85	55	53	57	**114**	100	39	17	16	15	14	3	3	**3.00**	7	14	1	–	–	–	–	–	–	–	–	–	**1-Butylvinyl methyl ether**	16519-66-7	**R6227**
73	28	84	56	57	87	54	67	**114**	100	94	62	52	48	46	40	38	**0.94**	6	10	2	–	–	–	–	–	–	–	–	–	**1,3-Dioxane, 4-vinyl-**		**C0427**
73	45	27	29	39	41	15	43	**114**	100	55	24	20	20	18	14	9	**0.21**	6	10	2	–	–	–	–	–	–	–	–	–	**1,3-Dioxolane, 2-(2-propenyl)-**	38653-49-5	**06925**
73	45	59	43	99	74	71	75	**114**	100	17	15	10	9	8	5	3	**2.76**	6	14	–	–	–	–	–	–	–	–	1	–	**Silane, allyltrimethyl-**	762-72-1	**Q3974**
77	79	51	39	50	78	27	114	**114**	100	95	70	50	45	45	32	26		6	7	–	–	1	–	–	–	–	–	–	–	**1,5-Hexadiene, 2-chloro-**		**X0510**
79	49	29	81	28	51	36	30	**114**	100	55	40	34	23	19	16	16	**0.25**	2	4	1	–	2	–	–	–	–	–	–	–	**Bis(chloromethyl) ether**		**C1526**
79	49	81	29	51	36	18	78	**114**	100	62	32	23	21	7	5	5	**0.00**	2	4	1	–	2	–	–	–	–	–	–	–	**Bis(chloromethyl) ether**	542-88-1	**Q1856**

MASS TO CHARGE RATIOS								M.W.	INTENSITIES								Parent	C	H	O	N	Cl	Br	F	S	P	B	Si	X	COMPOUND NAME	CAS Reg No	No
81	41	55	68	54	67	39	27	**114**	100	91	67	47	37	36	32	31	**6.70**	7	14	1	–	–	–	–	–	–	–	–	–	4-Hepten-1-ol, (Z)-		P3896
81	41	55	68	54	67	96	42	**114**	100	74	62	41	35	35	27	23	**8.00**	7	14	1	–	–	–	–	–	–	–	–	–	4-Hepten-1-ol	20851-55-2	R8970
81	53	114	27	45	51	39	52	**114**	100	57	29	23	17	12	10	9		5	6	1	–	–	–	–	1	–	–	–	–	Furfuryl thiol	98-02-2	P7139
81	71	54	41	39	67	43	96	**114**	100	99	87	76	69	62	56	56	**1.40**	7	14	1	–	–	–	–	–	–	–	–	–	3-Hepten-2-ol, (E)-	67077-39-8	T6727
81	80	114	78	41	39	54	60	**114**	100	64	55	31	30	24	23	20		6	10	–	–	–	–	–	1	–	–	–	–	Cyclohexane, 1,2-epithio-	286-28-2	Q0210
81	80	114	79	67	54	41	39	**114**	100	65	63	41	32	28	26	25		6	10	–	–	–	–	–	1	–	–	–	–	Cyclohexane, 1,2-epithio-	286-28-2	Q0209
81	114	80	41	39	27	79	45	**114**	100	82	64	50	44	42	39	33		6	10	–	–	–	–	–	1	–	–	–	–	7-Thiabicyclo[4.1.0]heptane		H0681
83	39	53	82	55	54	84	69	**114**	100	46	42	40	39	18	16	15	**13.00**	6	10	2	–	–	–	–	–	–	–	–	–	2H-Pyran, 5,6-dihydro-2-methoxy-	6559-34-8	R2369
83	42	30	28	74	56	43	27	**114**	100	94	77	47	20	20	20	20	**1.90**	5	10	1	2	–	–	–	–	–	–	–	–	2-Cyanoethyl 2′-aminoethyl ether		D1365
83	55	70	41	29	96	81	39	**114**	100	80	48	47	41	39	33	30	**3.50**	6	10	2	–	–	–	–	–	–	–	–	–	3,7-Dioxabicyclo[3.3.0]octane		P3380
83	55	114	29	27	39	59	53	**114**	100	99	73	64	57	46	42	27		6	10	2	–	–	–	–	–	–	–	–	–	2-Pentenoic acid, (E)-, methyl ester		C1015
83	55	114	59	39	82	53	54	**114**	100	78	68	29	26	17	15	13		6	10	2	–	–	–	–	–	–	–	–	–	2-Pentenoic acid, methyl ester	818-59-7	Q4209
83	114	55	39	82	53	59	84	**114**	100	46	41	17	12	8	6	6		6	10	2	–	–	–	–	–	–	–	–	–	2-Butenoic acid, 3-methyl-, methyl ester	924-50-5	Q4556
84	83	30	56	29	28	42	41	**114**	100	62	35	34	25	15	13	12	**0.52**	6	14	–	2	–	–	–	–	–	–	–	–	Piperidine, 2-(aminomethyl)-		00293
85	29	27	28	42	56	57	39	**114**	100	49	27	22	19	16	15	13	**1.40**	6	10	2	–	–	–	–	–	–	–	–	–	2(3H)-Furanone, 5-ethyldihydro-	695-06-7	H1054
85	29	56	27	42	57	55	39	**114**	100	69	28	27	22	20	13	13	**2.10**	6	10	2	–	–	–	–	–	–	–	–	–	2(3H)-Furanone, dihydro-5-ethyl-		P3917
85	30	28	114	29	56	27	41	**114**	100	71	34	28	18	17	16	14		6	14	–	2	–	–	–	–	–	–	–	–	Propanal, propylhydrazone	19718-39-9	R8250
85	43	45	57	42	55	41	71	**114**	100	92	89	82	77	76	64	62	**3.45**	7	14	1	–	–	–	–	–	–	–	–	–	Heptane, 2,3-epoxy-	14925-96-3	R5483
85	55	43	41	114	39	72	42	**114**	100	82	63	22	15	15	10	9		7	14	1	–	–	–	–	–	–	–	–	–	Methyl 1-methyl-1-pentenyl ether	61142-45-8	T5452
85	56	57	42	86	70	55	41	**114**	100	18	15	13	9	9	7	7	**2.10**	6	10	2	–	–	–	–	–	–	–	–	–	2(3H)-Furanone, dihydro-5-ethyl-		B0264
85	59	71	86	99	43	45	87	**114**	100	52	39	26	12	11	8	6	**1.20**	6	14	–	–	–	–	–	–	–	–	1	–	Silane, ethyldimethylvinyl-	18163-06-9	R7406
85	86	114	80	39	27	45	60	**114**	100	61	57	56	46	43	41	34		6	10	–	–	–	–	–	1	–	–	–	–	7-Thiabicyclo[2.2.1]heptane		Y1879
85	114	44	42	43	45	86	99	**114**	100	86	63	32	28	26	17	12		6	14	–	2	–	–	–	–	–	–	–	–	Butanal, dimethylhydrazone	10424-98-3	R3831
87	56	55	41	59	31	42	57	**114**	100	97	64	59	46	38	33	28	**3.13**	6	10	2	–	–	–	–	–	–	–	–	–	1,3-Dioxolane, 2-vinyl-4-methyl-	2421-07-0	Q8002
98	44	71	26	28	55	97	54	**114**	100	67	35	32	27	18	18	17	**15.00**	4	6	2	2	–	–	–	–	–	–	–	–	2-Butenediamide, (Z)-		M8507
98	114	99	42	44	85	41	45	**114**	100	72	64	56	55	50	39	30		6	14	–	2	–	–	–	–	–	–	–	–	1H-Azepine, 1-aminohexahydro-	5906-35-4	R1880
99	30	114	29	42	56	28	44	**114**	100	41	38	33	27	20	20	18		6	14	–	2	–	–	–	–	–	–	–	–	Acetaldehyde, diethylhydrazone	7422-91-5	R3184
99	39	73	69	41	27	45	55	**114**	100	62	61	60	45	43	41	37	**2.31**	6	10	2	–	–	–	–	–	–	–	–	–	1,3-Dioxolane, 2-(1-propenyl)-	4528-26-1	06924
99	41	43	69	57	72	58	42	**114**	100	98	84	42	30	28	23	21	**2.33**	7	14	1	–	–	–	–	–	–	–	–	–	Pentane, 1,2-epoxy-2,5-dimethyl-	53897-31-7	S8626
99	43	55	70	56	59	42	71	**114**	100	70	67	67	30	23	21	21	**1.20**	6	10	2	–	–	–	–	–	–	–	–	–	2(3H)-Furanone, dihydro-5,5-dimethyl-		15660
99	43	114	59	39	41	42	69	**114**	100	61	39	37	15	12	6	6		6	10	2	–	–	–	–	–	–	–	–	–	3-Penten-2-one, 4-methoxy-	2845-83-2	Q8722
99	44	114	43	41	27	29	28	**114**	100	71	33	19	18	16	16	12		6	14	–	2	–	–	–	–	–	–	–	–	Propanal, isopropylhydrazone	16713-38-5	R6389
99	95	94	15	65	79	69	27	**114**	100	27	13	12	11	10	9	8	**0.30**	3	9	–	–	–	–	2	–	1	–	–	–	Phosphorane, difluorotrimethyl-		L8138
99	114	45	44	43	29	28	30	**114**	100	91	78	72	54	47	44	44		6	14	–	2	–	–	–	–	–	–	–	–	Propanal, 2-methyl-, ethylhydrazone	20607-77-6	R8779
100	57	68	41	81	55	71	96	**114**	100	99	62	59	50	44	44	44	**10.89**	7	14	1	–	–	–	–	–	–	–	–	–	Cyclohexanol, cis-2-methyl-	7443-70-1	R3211
113	114	111	112	110	83	109	98	**114**	100	78	76	72	64	42	36	24		4	11	–	–	–	–	–	–	–	5	–	–	2,4-Dicarbaheptaborane(7), 2,4-dimethyl-	21687-53-6	R9342
113	114	112	111	110	109	97	96	**114**	100	78	68	66	54	29	12	11		4	11	–	–	–	–	–	–	–	5	–	–	2,3-Dicarbaheptaborane(7), 2,3-dimethyl-	31566-10-6	S3336
113	115	63	99	101	79	65	98	**114**	100	68	52	44	31	21	20	14	**9.60**	1	4	–	–	2	–	–	–	–	–	1	–	Silane, dichloromethyl-	75-54-7	P5628
114	30	29	28	46	69	86	41	**114**	100	61	36	25	18	16	9	9		2	2	2	4	–	–	–	–	–	–	–	–	1,2,4-Triazole, 3-nitro-		03209
114	30	71	18	44	42	43	29	**114**	100	75	64	49	33	25	21	21		4	6	2	2	–	–	–	–	–	–	–	–	2,5-Piperazinedione		D0670
114	30	71	44	42	43	29	27	**114**	100	75	64	33	25	21	21	6		4	6	2	2	–	–	–	–	–	–	–	–	2,5-Piperazinedione		00723
114	43	42	115	41	86	70	71	**114**	100	39	38	7	5	4	3	3		4	6	2	2	–	–	–	–	–	–	–	–	2,4-Imidazolidinedione, 1-methyl-	616-04-6	Q2926
114	43	42	115	86	41	71	70	**114**	100	40	38	7	5	4	3	2		4	6	2	2	–	–	–	–	–	–	–	–	2,4-Imidazolidinedione, 1-methyl-		M3311
114	44	56	41	43	40	46	55	**114**	100	59	56	32	22	18	15	14		4	6	2	2	–	–	–	–	–	–	–	–	Sydnone, 3,4-dimethyl-	4007-18-5	Q9987
114	55	71	45	99	85	115	69	**114**	100	36	34	24	21	12	7	5		5	6	1	–	–	–	–	1	–	–	–	–	Methylthiofuran		P4019
114	55	71	99	45	85	115	69	**114**	100	37	35	33	25	13	8	5		5	6	1	–	–	–	–	1	–	–	–	–	2-Methylthio-furan		L8525
114	58	56	86	115	42	57	59	**114**	100	76	15	15	7	6	6	4		4	6	2	2	–	–	–	–	–	–	–	–	2,4-Imidazolidinedione, 3-methyl-	6843-45-4	R2594
114	58	86	57	59	42	71	85	**114**	100	52	21	3	2	1	1	1		4	6	2	2	–	–	–	–	–	–	–	–	2,4-Imidazolidinedione, 3-methyl-	6843-45-4	R2595
114	58	86	68	115	59	87	56	**114**	100	99	70	25	12	8	7	6		4	2	4	–	–	–	–	–	–	–	–	–	3-Cyclobutene-1,2-dione, 3,4-dihydroxy-	2892-51-5	Q8789
114	63	57	115	50	75	68	70	**114**	100	17	9	7	5	5	4	4		6	4	–	–	–	–	2	–	–	–	–	–	Benzene, 1,3-difluoro-	372-18-9	Q0625
114	63	57	115	50	81	75	94	**114**	100	18	8	8	5	4	4	4		6	4	–	–	–	–	2	–	–	–	–	–	Benzene, 1,3-difluoro-		M2152
114	63	88	57	50	115	94	75	**114**	100	20	15	10	8	7	4	4		6	4	–	–	–	–	2	–	–	–	–	–	Benzene, 1,4-difluoro-		03164
114	63	88	57	115	50	75	94	**114**	100	17	16	8	7	6	4	4		6	4	–	–	–	–	2	–	–	–	–	–	Benzene, 1,2-difluoro-		03162
114	63	88	57	115	50	75	94	**114**	100	18	13	8	7	7	4	4		6	4	–	–	–	–	2	–	–	–	–	–	Benzene, 1,3-difluoro-		03163
114	63	88	57	115	50	75	95	**114**	100	14	12	7	7	5	4	4		6	4	–	–	–	–	2	–	–	–	–	–	Benzene, 1,4-difluoro-	540-36-3	Q1804
114	63	88	57	115	75	68	81	**114**	100	14	12	8	8	4	4	4		6	4	–	–	–	–	2	–	–	–	–	–	Benzene, 1,4-difluoro-		M2153

MASS TO CHARGE RATIOS								M.W.	INTENSITIES								Parent	C	H	O	N	Cl	Br	F	S	P	B	Si	X	COMPOUND NAME	CAS Reg No	No
114	69	64	95	45	113	31	75	**114**	100	97	90	65	60	34	25	17		3	2	–	–	–	–	4	–	–	–	–	–	**1-Propene, 2,3,3,3-tetrafluoro-**		**L9470**
114	70	74	42	67	44	47	72	**114**	100	73	61	43	24	15	15	15		4	6	–	2	–	–	–	1	–	–	–	–	**Formamide, 1-cyano-N,N-dimethylthio-**	16703-47-2	**R6383**
114	71	72	115	42	45	43	39	**114**	100	60	58	36	15	14	13	11		4	6	–	2	–	–	–	1	–	–	–	–	**2-Thiazolamine, 4-methyl-**	1603-91-4	**Q6301**
114	72	113	69	115	42	81	57	**114**	100	13	11	7	7	7	6	4		4	6	–	2	–	–	–	1	–	–	–	–	**2H-Imidazole-2-thione, 1,3-dihydro-1-methyl-**	60-56-0	**P5062**
114	79	116	87	52	115	53	51	**114**	100	39	32	11	9	6	5	5		4	3	–	2	1	–	–	–	–	–	–	–	**Pyrimidine, 2-chloro-**		**M8746**
114	86	71	59	53	60	45	85	**114**	100	43	39	33	17	15	15	12		5	6	1	–	–	–	–	1	–	–	–	–	**2(5H)-Thiophenone, 5-methyl-**		**04440**
114	87	60	116	89	62	51	52	**114**	100	45	45	31	14	14	14	10		4	3	–	2	1	–	–	–	–	–	–	–	**Pyrimidine, 5-chloro-**		**M8747**
114	116	79	81	44	118	78	83	**114**	100	64	56	18	17	11	10	7		2	1	–	–	2	–	1	–	–	–	–	–	**Ethylene, 1,2-dichlorofluoro-**		**A0215**
28	42	43	115	55	27	26	72	**115**	100	71	46	37	35	30	29	28		4	5	3	1	–	–	–	–	–	–	–	–	**2H-1,3-Oxazine, 3,4,5,6-tetrahydro-2,4-dioxo-**		**M5446**
28	72	30	100	44	58	57	56	**115**	100	98	41	35	25	23	18	14	**3.92**	7	17	–	1	–	–	–	–	–	–	–	–	**1-Butanamine, N-isopropyl-**	39099-23-5	**S6030**
30	43	72	44	73	41	60	86	**115**	100	35	20	18	16	7	7	7	**6.46**	6	13	1	1	–	–	–	–	–	–	–	–	**Acetamide, N-butyl-**	1119-49-9	**Q5347**
30	43	72	73	44	115	60	86	**115**	100	34	29	21	19	11	10	9		6	13	1	1	–	–	–	–	–	–	–	–	**Acetamide, N-butyl-**		**04145**
30	44	41	45	27	29	43	55	**115**	100	7	6	5	4	4	4	4	**2.00**	7	17	–	1	–	–	–	–	–	–	–	–	**1-Heptanamine**	111-68-2	**P8567**
30	44	45	41	27	29	43	55	**115**	100	10	5	4	3	3	3	3	**3.00**	7	17	–	1	–	–	–	–	–	–	–	–	**1-Heptanamine**	111-68-2	**P8568**
30	71	42	115	56	41	70	43	**115**	100	46	41	29	23	17	12	11		6	13	1	1	–	–	–	–	–	–	–	–	**Morpholine, 2,6-dimethyl-**		**A0638**
30	72	43	60	58	100	115	41	**115**	100	31	31	18	13	12	11	7		6	13	1	1	–	–	–	–	–	–	–	–	**Acetamide, N-isobutyl-**		**04146**
31	56	45	85	55	33	27	29	**115**	100	81	42	34	30	22	18	16	**1.30**	5	9	2	1	–	–	–	–	–	–	–	–	**Ethanol, 2-(2-cyanoethoxy)-**		**C0771**
31	115	71	42	56	98	68	67	**115**	100	49	48	42	27	8	7	6		4	5	3	1	–	–	–	–	–	–	–	–	**Isoxazole, 3-hydroxy-5-hydroxymethyl-**		**L9552**
41	29	28	27	86	57	56	39	**115**	100	82	74	54	54	51	49	39	**0.00**	5	9	–	1	–	–	–	1	–	–	–	–	**Butane, 2-isothiocyanato-**	4426-79-3	**H1467**
41	29	57	27	115	40	56	39	**115**	100	90	68	38	24	24	22	17		5	9	–	1	–	–	–	1	–	–	–	–	**Thiocyanic acid, butyl ester**	628-83-1	**Q3313**
41	29	115	27	72	57	56	39	**115**	100	99	91	67	57	50	32	30		5	9	–	1	–	–	–	1	–	–	–	–	**Butane, 1-isothiocyanato-**	592-82-5	**Q2513**
41	39	67	27	54	53	57	69	**115**	100	43	37	20	17	16	16	16	**0.00**	5	9	2	1	–	–	–	–	–	–	–	–	**1-Pentene, 5-nitro-**	23542-51-0	**S0253**
41	69	67	39	68	42	43	40	**115**	100	72	33	32	21	9	9	8	**0.00**	5	9	2	1	–	–	–	–	–	–	–	–	**Cyclopentane, nitro-**	2562-38-1	**Q8317**
42	57	100	28	27	29	56	115	**115**	100	72	53	44	28	26	22	20		6	13	1	1	–	–	–	–	–	–	–	–	**Morpholine, N-ethyl-**		**Y1463**
42	57	100	115	56	27	29	70	**115**	100	96	89	38	28	20	18	12		6	13	1	1	–	–	–	–	–	–	–	–	**Morpholine, N-ethyl-**		**C1634**
42	87	41	100	27	43	115	39	**115**	100	46	33	24	18	16	15	12		6	13	1	1	–	–	–	–	–	–	–	–	**2-Pentanone, O-methyloxime**		**06445**
42	87	41	100	27	115	43	39	**115**	100	49	34	27	19	18	18	14		6	13	1	1	–	–	–	–	–	–	–	–	**2-Pentanone, O-methyloxime**		**M4375**
42	87	100	43	41	115	27	84	**115**	100	43	38	35	35	21	18	18		6	13	1	1	–	–	–	–	–	–	–	–	**2-Butanone, 3-methyl-, O-methyloxime**	27685-13-8	**S1738**
42	87	100	43	41	115	84	27	**115**	100	45	40	35	34	23	19	15		6	13	1	1	–	–	–	–	–	–	–	–	**2-Butanone, 3-methyl-, O-methyloxime**		**M4376**
42	87	100	43	41	115	84	27	**115**	100	41	37	34	34	21	18	18		6	13	1	1	–	–	–	–	–	–	–	–	**2-Butanone, 3-methyl-, O-methyloxime**		**06446**
43	18	56	73	15	30	58	87	**115**	100	53	42	39	36	35	31	27	**10.45**	5	9	2	1	–	–	–	–	–	–	–	–	**Acetamide, N-acetyl-N-methyl-**	1113-68-4	**Q5313**
43	27	29	42	14	57	28	44	**115**	100	49	33	27	21	21	19	17	**4.48**	5	9	2	1	–	–	–	–	–	–	–	–	**Propanamide, N-acetyl-**	19264-34-7	**R8050**
43	27	29	42	15	57	28	44	**115**	100	48	32	26	21	21	19	17	**4.00**	5	9	2	1	–	–	–	–	–	–	–	–	**Propanamide, N-acetyl-**		**L1890**
43	29	57	44	27	28	59	60	**115**	100	38	24	24	24	16	13	12	**2.30**	5	9	2	1	–	–	–	–	–	–	–	–	**Propanamide, N-acetyl-**		**M7066**
43	73	56	15	30	58	87	18	**115**	100	68	41	34	34	31	27	23	**10.00**	5	9	2	1	–	–	–	–	–	–	–	–	**Acetamide, N-acetyl-N-methyl-**		**L1891**
44	18	30	41	29	42	45	27	**115**	100	5	4	4	3	3	3	2	**1.00**	7	17	–	1	–	–	–	–	–	–	–	–	**2-Hexanamine, 4-methyl-**	105-41-9	**P7785**
44	18	30	41	29	42	45	98	**115**	100	5	4	4	3	3	3	3	**0.30**	7	17	–	1	–	–	–	–	–	–	–	–	**2-Hexanamine, 4-methyl-**	105-41-9	**P7786**
44	30	27	29	41	18	42	28	**115**	100	8	6	6	6	6	5	4	**0.30**	7	17	–	1	–	–	–	–	–	–	–	–	**2-Hexanamine, 4-methyl-**	105-41-9	**H0301**
44	30	41	100	27	29	42	28	**115**	100	6	4	4	3	3	3	2	**1.00**	7	17	–	1	–	–	–	–	–	–	–	–	**2-Heptanamine**	123-82-0	**P9356**
44	71	69	42	115	70	55	116	**115**	100	73	52	46	32	30	7	7		5	13	–	3	–	–	–	–	–	–	–	–	**Guanidine, N,N,N′,N′-tetramethyl-**		**L9680**
44	86	58	43	41	115	28	60	**115**	100	30	25	22	10	6	6	6		6	13	1	1	–	–	–	–	–	–	–	–	**Acetamide, N-sec-butyl-**	1189-05-5	**Q5632**
47	52	44	30	28	33	49	63	**115**	100	58	57	44	37	31	1	1	**0.00**	1	–	2	1	–	–	3	–	–	–	–	–	**Hydroxylamine, N,N-difluoro-O-fluorocarbonyl-**		**L2314**
56	28	29	115	55	54	27	86	**115**	100	36	32	31	24	18	18	13		6	13	1	1	–	–	–	–	–	–	–	–	**3-Pentanone, O-methyloxime**		**06447**
56	28	42	29	100	27	115	41	**115**	100	57	47	45	45	30	28	20		5	9	2	1	–	–	–	–	–	–	–	–	**2-Oxazolidinone, 3-ethyl-**		**C0525**
56	28	115	29	55	27	54	86	**115**	100	38	32	32	25	18	18	14		6	13	1	1	–	–	–	–	–	–	–	–	**3-Pentanone, O-methyloxime**		**M4377**
56	43	30	41	42	100	27	71	**115**	100	36	20	17	15	13	12	11	**5.00**	6	13	1	1	–	–	–	–	–	–	–	–	**3-Azetidinol, 1-isopropyl-**		**L5178**
56	43	30	41	100	71	72	44	**115**	100	85	52	32	27	27	16	14	**9.60**	6	13	1	1	–	–	–	–	–	–	–	–	**3-Azetidinol, 1-isopropyl-**		**B0294**
56	43	100	30	41	42	27	44	**115**	100	37	23	20	17	15	12	11	**5.00**	6	13	1	1	–	–	–	–	–	–	–	–	**3-Azetidinol, 1-isopropyl-**	13156-06-4	**R4303**
56	85	42	30	43	55	44	41	**115**	100	64	43	31	26	25	20	16	**1.35**	4	9	1	3	–	–	–	–	–	–	–	–	**Piperazine, 1-nitroso-**	5632-47-3	**R1621**
56	115	43	30	72	41	57	70	**115**	100	44	25	13	12	6	5	5		6	13	1	1	–	–	–	–	–	–	–	–	**Cyclohexanol, 2-amino-, cis-**	931-15-7	**Q4636**
58	30	44	29	43	41	115	56	**115**	100	32	8	6	6	4	4	3		7	17	–	1	–	–	–	–	–	–	–	–	**1-Pentanamine, N-ethyl-**	17839-26-8	**R7221**
58	30	73	72	44	42	43	28	**115**	100	74	27	18	15	8	6	4	**1.25**	5	13	–	3	–	–	–	–	–	–	–	–	**Guanidine, N,N-diethyl-**		**D1498**
58	42	43	44	45	72	115	59	**115**	100	14	6	5	5	4	4	4		6	13	1	1	–	–	–	–	–	–	–	–	**Ethylamine, N,N-dimethyl-2-vinyloxy-**		**C1869**
58	43	42	44	115	57	71	41	**115**	100	96	71	55	26	25	23	23		6	13	1	1	–	–	–	–	–	–	–	–	**3-Piperidinol, 1-methyl-**	3554-74-3	**Q9520**

MASS TO CHARGE RATIOS								M.W.	INTENSITIES								Parent	C	H	O	N	Cl	Br	F	S	P	B	Si	X	COMPOUND NAME	CAS Reg No	No
58	43	42	100	41	30	27	39	**115**	100	34	16	9	9	6	6	5	**0.10**	6	13	1	1	–	–	–	–	–	–	–	–	**2-Pentanone, 4-amino-4-methyl-**	625-04-7	**H0982**
58	43	44	30	115	27	29	42	**115**	100	48	39	22	21	20	18	15		6	13	1	1	–	–	–	–	–	–	–	–	**Acetamide, N,N-diethyl-**		**C0511**
58	43	44	115	72	42	100	59	**115**	100	38	37	33	20	9	6	4		6	13	1	1	–	–	–	–	–	–	–	–	**Acetamide, N,N-diethyl-**	685-91-6	**Q3696**
58	100	56	42	43	72	30	41	**115**	100	54	11	9	9	8	7	7	**7.00**	7	17	–	1	–	–	–	–	–	–	–	–	**2-Propanamine, N-methyl-N-isopropyl-**	10342-97-9	**R3773**
58	100	115	56	42	43	72	30	**115**	100	54	17	11	9	9	8	7		7	17	–	1	–	–	–	–	–	–	–	–	**2-Propanamine, N-methyl-N-isopropyl-**	10342-97-9	**R3772**
58	115	44	43	72	30	42	29	**115**	100	41	31	31	21	14	7	7		6	13	1	1	–	–	–	–	–	–	–	–	**Acetamide, N,N-diethyl-**		**04151**
59	44	43	72	41	27	29	86	**115**	100	37	32	21	18	14	11	11	**0.67**	6	13	1	1	–	–	–	–	–	–	–	–	**Hexanamide**		**D1161**
59	44	43	72	86	41	27	55	**115**	100	27	24	18	9	9	7	6	**0.50**	6	13	1	1	–	–	–	–	–	–	–	–	**Hexanamide**		**04064**
59	44	72	43	57	41	29	27	**115**	100	33	33	22	16	15	9	8	**0.60**	6	13	1	1	–	–	–	–	–	–	–	–	**Pentanamide, 4-methyl-**		**L0373**
59	60	43	44	27	41	72	73	**115**	100	44	35	34	23	23	20	18	**0.80**	6	13	1	1	–	–	–	–	–	–	–	–	**Hexanamide**		**03023**
61	44	41	115	45	62	47	48	**115**	100	45	34	29	25	23	20	16		5	9	–	1	–	–	–	1	–	–	–	–	**Butanenitrile, 4-(methylthio)-**	59121-24-3	**T5107**
61	115	47	62	54	68	75	40	**115**	100	32	22	17	15	8	5	2		5	9	–	1	–	–	–	1	–	–	–	–	**Butanenitrile, 4-(methylthio)-**		**17549**
70	28	43	41	68	42	39	69	**115**	100	28	24	20	9	6	6	5	**1.84**	5	9	2	1	–	–	–	–	–	–	–	–	**L-Proline**	147-85-3	**P9944**
70	43	41	27	68	39	42	71	**115**	100	22	20	11	9	7	6	5	**1.10**	5	9	2	1	–	–	–	–	–	–	–	–	**L-Proline**		**06248**
71	44	115	72	57	42	45	69	**115**	100	56	41	30	28	20	17	13		5	13	–	3	–	–	–	–	–	–	–	–	**Guanidine, N,N,N′,N′-tetramethyl-**		**02982**
72	30	86	44	58	41	115	43	**115**	100	75	43	36	25	19	18	15		7	17	–	1	–	–	–	–	–	–	–	–	**1-Butanamine, N-propyl-**		**L0709**
72	44	86	41	43	42	57	115	**115**	100	52	36	35	33	14	14	9		7	17	–	1	–	–	–	–	–	–	–	–	**1-Butanamine, N-propyl-**	20193-21-9	**R8553**
72	44	100	41	43	42	58	57	**115**	100	88	60	38	25	21	16	12	**4.00**	7	17	–	1	–	–	–	–	–	–	–	–	**1-Butanamine, N-isopropyl-**	39099-23-5	**S6031**
72	57	115	30	44	55	32	41	**115**	100	67	30	29	24	23	19	16		4	9	1	3	–	–	–	–	–	–	–	–	**Hydrazinecarboxamide, 2-isopropylidene-**		**P0466**
74	59	115	60	28	42	27	58	**115**	100	58	42	31	27	23	20	19		3	5	–	3	–	–	–	1	–	–	–	–	**1,3,4-Thiadiazol-2-amine, 5-methyl-**	108-33-8	**P8099**
78	76	52	53	39	88	27	51	**115**	100	33	16	13	11	10	8	6	**1.50**	5	6	–	1	1	–	–	–	–	–	–	–	**1-Butene, 3-chloro-4-cyano-**		**D0667**
80	108	106	82	110	119	86	72	**115**	100	56	39	33	12	11	5	4	**0.00**	2	7	–	1	2	–	–	–	–	–	–	–	**Ethanamine, 2-chloro-, hydrochloride**	870-24-6	**Q4407**
84	115	42	29	83	68	30	41	**115**	100	64	24	20	19	13	12	12		5	9	2	1	–	–	–	–	–	–	–	–	**2-Butenoic acid, 3-amino-, methyl ester**	14205-39-1	**R5050**
85	30	41	43	29	67	57	55	**115**	100	82	47	41	39	36	34	19	**3.33**	6	13	1	1	–	–	–	–	–	–	–	–	**Pyran, tetrahydro-2-aminoethyl-**		**C1489**
86	41	55	70	28	39	43	68	**115**	100	84	61	40	38	27	22	20	**2.27**	6	13	1	1	–	–	–	–	–	–	–	–	**1-Pentene, 2-methyl-3-(hydroxyamino)-**		**16017**
86	58	30	100	27	29	28	42	**115**	100	27	26	21	21	16	16	14	**11.24**	7	17	–	1	–	–	–	–	–	–	–	–	**1-Propanamine, N,N-diethyl-**		**X0140**
86	115	82	87	59	114	57	55	**115**	100	98	40	32	32	24	24	20		4	5	1	1	–	–	–	1	–	–	–	–	**Isothiazole, 5-(hydroxymethyl)-**		**05723**
87	42	41	45	70	39	40	43	**115**	100	61	47	16	11	8	5	4	**1.03**	5	9	2	1	–	–	–	–	–	–	–	–	**Cyclobutanecarboxylic acid, 1-amino-**	22264-50-2	**R9618**
87	42	41	45	70	39	40	55	**115**	100	60	46	17	12	8	5	5	**1.50**	5	9	2	1	–	–	–	–	–	–	–	–	**Cyclobutanecarboxylic acid, 1-amino-**		**M4325**
87	44	72	43	30	29	71	41	**115**	100	97	91	83	73	57	35	26	**15.84**	6	13	1	1	–	–	–	–	–	–	–	–	**Butanamide, N-ethyl-**	13091-16-2	**R4192**
100	44	56	72	42	57	70	114	**115**	100	36	32	15	15	12	11	10	**5.50**	6	13	1	1	–	–	–	–	–	–	–	–	**Morpholine, N-ethyl-**		**C1894**
100	44	82	56	58	41	42	55	**115**	100	97	39	35	35	20	20	14	**12.12**	6	13	1	1	–	–	–	–	–	–	–	–	**3-Piperidinol, 6-methyl-**	54751-93-8	**S9585**
100	58	44	42	27	28	29	43	**115**	100	41	31	27	23	20	19	18	**12.67**	7	17	–	1	–	–	–	–	–	–	–	–	**2-Propanamine, N,N-diethyl-**		**C1352**
114	113	115	116	117	52	47	87	**115**	100	60	57	34	28	24	23	23		–	5	–	3	1	–	–	–	–	3	–	–	**Borazine, B-chloro-**		**M2998**
114	115	113	116	112	117	111	110	**115**	100	59	58	32	18	13	6	2		–	5	–	3	1	–	–	–	–	3	–	–	**Borazine, B-chloro-**		**L1060**
115	41	29	72	57	27	56	28	**115**	100	77	71	44	43	35	28	17		5	9	–	1	–	–	–	1	–	–	–	–	**Butane, 1-isothiocyanato-**	592-82-5	**Q2512**
115	45	58	28	88	57	73	72	**115**	100	82	17	15	13	12	11	10		4	5	1	1	–	–	–	1	–	–	–	–	**Thiazole, 5-methoxy-**		**05646**
115	55	28	56	27	42	60	74	**115**	100	96	84	84	83	80	56	30		3	5	–	3	–	–	–	1	–	–	–	–	**3H-1,2,4-Triazole-3-thione, 1,2-dihydro-4-methyl-**	24854-43-1	**S0853**
115	55	28	87	27	42	56	99	**115**	100	92	74	48	33	29	26	25		4	5	3	1	–	–	–	–	–	–	–	–	**2,5-Pyrrolidinedione, 1-hydroxy-**	6066-82-6	**R2033**
115	70	114	74	82	42	45	43	**115**	100	75	70	65	42	29	17	16		3	5	–	3	–	–	–	1	–	–	–	–	**1H-1,2,4-Triazole, 3-(methylthio)-**	7411-18-9	**R3175**
115	74	56	42	59	60	27	47	**115**	100	80	34	17	14	11	7	7		3	5	–	3	–	–	–	1	–	–	–	–	**3H-1,2,4-Triazole-3-thione, 1,2-dihydro-5-methyl-**		**17007**
115	74	73	47	60	45	75	43	**115**	100	95	90	50	28	26	25	22		3	5	–	3	–	–	–	1	–	–	–	–	**1,2,4-Thiadiazol-5-amine, 3-methyl-**	17467-35-5	**R7027**
115	74	73	47	60	45	75	116	**115**	100	95	90	50	28	26	25	22		3	5	–	3	–	–	–	1	–	–	–	–	**1,2,4-Thiadiazol-5-amine, 3-methyl-**		**06689**
115	87	58	42	61	86	57	89	**115**	100	56	34	26	23	22	18	15		4	5	1	1	–	–	–	1	–	–	–	–	**Thiazolone, N-methyl-**		**D2944**
115	114	100	56	58	45	28	86	**115**	100	94	79	56	36	22	21	20		4	5	1	1	–	–	–	1	–	–	–	–	**Thiazole, 2-methoxy-**		**05644**
18	17	28	16	32	31	36	29	**116**	100	55	40	32	9	4	4	3	**0.55**	2	8	–	6	–	–	–	–	–	–	–	–	**Ethanediimidic acid, dihydrazide**	3457-37-2	**Q9421**
18	26	54	25	98	28	53	27	**116**	100	99	77	24	15	14	9	8	**0.00**	4	4	4	–	–	–	–	–	–	–	–	–	**2-Butenedioic acid (Z)-**	110-16-7	**H0426**
18	42	45	57	41	43	29	17	**116**	100	74	60	38	29	29	25	20	**18.20**	6	12	2	–	–	–	–	–	–	–	–	–	**1,4-Dioxane, 2,5-dimethyl-**		**C0061**
27	29	41	43	71	42	45	39	**116**	100	84	40	39	37	35	29	25	**21.00**	6	12	2	–	–	–	–	–	–	–	–	–	**Propanoic acid, 2-methyl-, ethyl ester**	97-62-1	**P7111**
27	29	43	71	41	88	39	42	**116**	100	94	87	67	41	32	29	25	**2.00**	6	12	2	–	–	–	–	–	–	–	–	–	**Butanoic acid, ethyl ester**		**17353**
27	45	98	26	53	99	54	116	**116**	100	93	93	77	41	37	20	20		4	4	4	–	–	–	–	–	–	–	–	–	**2-Butenedioic acid (E)-**	110-17-8	**P8339**
28	74	43	41	27	29	87	45	**116**	100	79	68	29	23	19	13	11	**0.03**	6	12	2	–	–	–	–	–	–	–	–	–	**Pentanoic acid, 2-methyl-**		**F0304**
29	57	27	28	59	116	56	43	**116**	100	89	22	14	14	13	7	7		5	8	3	–	–	–	–	–	–	–	–	–	**Butanoic acid, 2-oxo-, methyl ester**		**C0190**
29	57	27	75	43	41	42	31	**116**	100	76	57	45	41	26	19	14	**0.00**	6	12	2	–	–	–	–	–	–	–	–	–	**Propanoic acid, propyl ester**	106-36-5	**P7873**

MASS TO CHARGE RATIOS								M.W.	INTENSITIES								Parent	C	H	O	N	Cl	Br	F	S	P	B	Si	X	COMPOUND NAME	CAS Reg No	No
29	57	41	70	31	28	43	42	**116**	100	95	70	70	60	60	50	40	**0.00**	6	12	2	–	–	–	–	–	–	–	–	–	**2-Buten-1-ol, 4-ethoxy-**		**M5272**
30	28	44	116	29	73	88	32	**116**	100	56	45	22	16	14	13	11		5	12	1	2	–	–	–	–	–	–	–	–	**Urea, N,N'-diethyl-**		**D1493**
30	28	56	41	27	44	42	87	**116**	100	20	13	9	7	7	7	7	**0.08**	6	16	–	2	–	–	–	–	–	–	–	–	**1,6-Hexanediamine**		**C1360**
30	44	28	116	42	29	27	55	**116**	100	43	42	34	25	25	18	8		5	12	1	2	–	–	–	–	–	–	–	–	**Urea, N,N'-diethyl-**		**02291**
30	44	73	28	27	29	41	74	**116**	100	53	21	16	15	15	14	13	**3.40**	5	12	1	2	–	–	–	–	–	–	–	–	**Urea, butyl-**	592-31-4	**Q2488**
30	56	44	82	42	41	87		**116**	100	18	14	9	7	7	6		**0.02**	6	16	–	2	–	–	–	–	–	–	–	–	**1,6-Hexanediamine**		**C0744**
30	56	87	18	44	28	42	45	**116**	100	13	9	7	5	5	5	5	**0.06**	6	16	–	2	–	–	–	–	–	–	–	–	**1,6-Hexanediamine**		**D0466**
31	29	32	15	55	70	41	28	**116**	100	90	59	40	23	18	17	15	**0.00**	6	12	2	–	–	–	–	–	–	–	–	–	**Formic acid, pentyl ester**	638-49-3	**H1032**
31	43	101	116	73	58	59	41	**116**	100	76	64	64	51	47	44	25		6	16	–	2	–	–	–	–	–	–	–	–	**Hydrazine, 1,2-diisopropyl-**	3711-34-0	**Q9697**
31	116	66	85	118	47	97	81	**116**	100	92	41	34	30	29	25	18		2	–	–	–	1	–	3	–	–	–	–	–	**Ethylene, chlorotrifluoro-**		**W0124**
39	75	41	81	27	67	77	54	**116**	100	99	75	74	63	49	41	33	**0.55**	6	9	–	–	1	–	–	–	–	–	–	–	**1,5-Hexadiene, 3-chloro-**	28374-86-9	**06825**
41	30	40	44	42	39	27	28	**116**	100	66	51	50	22	19	15	14	**2.85**	4	8	2	2	–	–	–	–	–	–	–	–	**Glyoxime, dimethyl-**		**02988**
41	30	40	44	42	39	28	38	**116**	100	65	52	50	21	19	15	11	**2.85**	4	8	2	2	–	–	–	–	–	–	–	–	**Glyoxime, dimethyl-**		**D0834**
41	42	43	44	69	116	30	68	**116**	100	70	69	52	51	42	30	23		4	8	2	2	–	–	–	–	–	–	–	–	**Pyrrolidine nitramine**		**03866**
41	56	55	42	43	84	39	69	**116**	100	91	67	67	51	43	42	28	**0.00**	6	12	–	–	–	–	–	1	–	–	–	–	**Hexane, 1,2-episulphide**		**M7525**
41	57	58	59	43	75	71	45	**116**	100	93	88	78	77	69	50	49	**0.00**	6	12	2	–	–	–	–	–	–	–	–	–	**1-Propanol, 3-(2-propenyloxy)-**		**M1001**
42	29	31	116	30	28	43	44	**116**	100	96	95	88	82	80	20	15		4	4	4	–	–	–	–	–	–	–	–	–	**1,4-Dioxane-2,5-dione**	502-97-6	**Q1367**
42	29	55	31	41	27	70	39	**116**	100	76	67	57	56	53	43	26	**0.00**	6	12	2	–	–	–	–	–	–	–	–	–	**Formic acid, pentyl ester**		**17374**
42	29	57	41	43	44	31	98	**116**	100	78	63	56	51	51	48	44	**0.00**	6	12	2	–	–	–	–	–	–	–	–	–	**2H-Pyranol, tetrahydro-3(or 5)-methyl-**	72101-25-8	**T7711**
42	43	41	30	44	39	73	40	**116**	100	70	51	36	36	29	13	10	**1.92**	5	12	1	2	–	–	–	–	–	–	–	–	**1-Propanamine, N,2-dimethyl-N-nitroso-**	34419-76-6	**S4647**
42	44	29	28	43	30	45	41	**116**	100	73	40	34	9	5	4	3	**0.00**	4	4	4	–	–	–	–	–	–	–	–	–	**1,4-Dioxane-2,6-dione**	4480-83-5	**R0495**
42	45	41	43	29	86	27	39	**116**	100	82	44	41	31	26	26	22	**2.60**	6	12	2	–	–	–	–	–	–	–	–	–	**1,3-Dioxane, 4,5-dimethyl-**	1779-22-2	**Q6731**
42	45	41	59	57	72	43	29	**116**	100	76	57	48	32	29	27	21	**18.83**	6	12	2	–	–	–	–	–	–	–	–	–	**1,4-Dioxane, 2,6-dimethyl-**	10138-17-7	**R3590**
42	45	43	116	41	72	39	71	**116**	100	77	23	19	17	12	7	6		6	12	2	–	–	–	–	–	–	–	–	–	**1,4-Dioxane, 2,5-dimethyl-**		**C1959**
42	45	86	43	69	41	71	115	**116**	100	86	39	35	31	30	30	25	**1.57**	6	12	2	–	–	–	–	–	–	–	–	–	**1,3-Dioxane, 4,6-dimethyl-**	26864-43-7	**S1515**
42	45	86	43	69	41	71	116	**116**	100	86	40	36	32	30	30	24		6	12	2	–	–	–	–	–	–	–	–	–	**1,3-Dioxane, 4,6-dimethyl-**		**L2561**
42	45	116	101	43	41	72	59	**116**	100	91	61	29	27	24	21	10		6	12	2	–	–	–	–	–	–	–	–	–	**1,4-Dioxane, 2,5-dimethyl-**	15176-21-3	**R5587**
42	116	56	57	32	43	41	30	**116**	100	88	84	73	55	50	49	39		5	12	1	2	–	–	–	–	–	–	–	–	**1-Propanamine, N-ethyl-N-nitroso-**	25413-61-0	**S1048**
43	15	28	44	31	42	29	59	**116**	100	25	22	20	14	12	12	9	**3.80**	5	8	3	–	–	–	–	–	–	–	–	–	**Butanoic acid, 3-oxo-, methyl ester**		**00711**
43	15	42	27	29	86	14	44	**116**	100	76	35	24	20	17	15	11	**10.91**	5	8	3	–	–	–	–	–	–	–	–	–	**2-Propanone, 1-(acetyloxy)-**	592-20-1	**Q2485**
43	15	58	27	59	14	42	26	**116**	100	30	21	9	8	7	7	6	**0.00**	6	12	2	–	–	–	–	–	–	–	–	–	**2-Pentanone, 4-hydroxy-4-methyl-**		**Y1149**
43	27	28	15	55	29	45	26	**116**	100	39	31	25	22	22	20	20	**0.56**	5	8	3	–	–	–	–	–	–	–	–	–	**Pentanoic acid, 4-oxo-**		**C0535**
43	27	41	31	29	72	45	57	**116**	100	64	43	38	37	25	22	18	**0.00**	7	16	1	–	–	–	–	–	–	–	–	–	**3-Hexanol, 2-methyl-**	617-29-8	**H0939**
43	27	86	26	28	73	116	57	**116**	100	13	6	5	5	2	2	1		5	8	3	–	–	–	–	–	–	–	–	–	**2-Propanone, 1-(acetyloxy)-**		**17327**
43	28	45	57	41	73	101	29	**116**	100	83	79	60	41	31	30	28	**3.96**	7	16	1	–	–	–	–	–	–	–	–	–	**Butane, 1-isopropoxy-**	1860-27-1	**Q6909**
43	29	27	71	41	42	39	15	**116**	100	54	41	36	28	14	13	12	**9.11**	6	12	2	–	–	–	–	–	–	–	–	–	**Propanoic acid, 2-methyl-, ethyl ester**	97-62-1	**P7112**
43	29	28	44	45	101	27	72	**116**	100	41	33	33	24	22	21	9	**8.00**	5	8	3	–	–	–	–	–	–	–	–	–	**1,3-Dioxolan-2-one, 4,5-dimethyl-**	4437-70-1	**R0444**
43	29	41	98	57	27	44	58	**116**	100	98	94	93	92	90	90	89	**2.00**	6	12	2	–	–	–	–	–	–	–	–	–	**1,4-Cyclohexanediol, trans-**	6995-79-5	**R2776**
43	29	58	27	87	15	59	83	**116**	100	30	30	18	14	14	10	9	**0.02**	6	12	2	–	–	–	–	–	–	–	–	–	**2-Hexanone, 4-hydroxy-**		**C0555**
43	29	71	41	28	42	45	88	**116**	100	60	39	22	15	13	8	8	**7.33**	6	12	2	–	–	–	–	–	–	–	–	–	**Propanoic acid, 2-methyl-, ethyl ester**		**D0096**
43	31	72	59	87	45	29	71	**116**	100	33	30	21	20	20	16	14	**1.00**	6	12	2	–	–	–	–	–	–	–	–	–	**2-Butanone, 4-ethoxy-**		**M1537**
43	41	15	29	39	101	27	14	**116**	100	34	27	22	13	12	12	5	**0.10**	6	12	2	–	–	–	–	–	–	–	–	–	**Acetic acid, tert-butyl ester**	540-80-5	**Q1820**
43	41	56	29	27	55	57	69	**116**	100	42	29	28	23	23	22	22	**0.00**	7	16	1	–	–	–	–	–	–	–	–	–	**1-Heptanol**		**C1209**
43	41	58	27	73	57	59	29	**116**	100	20	15	14	12	11	8	7	**0.00**	6	12	2	–	–	–	–	–	–	–	–	–	**2-Propanone, 1-isopropoxy-**	42781-12-4	**S6982**
43	42	44	73	74	41	27	29	**116**	100	95	80	63	45	35	28	20	**17.00**	5	12	1	2	–	–	–	–	–	–	–	–	**2-Propanamine, N,2-dimethyl-N-nitroso-**		**03841**
43	42	59	31	29	74	85	32	**116**	100	10	9	8	7	6	6	5	**3.14**	5	8	3	–	–	–	–	–	–	–	–	–	**Butanoic acid, 3-oxo-, methyl ester**	105-45-3	**P7789**
43	42	69	59	85	74	116	84	**116**	100	37	35	34	31	27	27	26		5	8	3	–	–	–	–	–	–	–	–	–	**Butanoic acid, 3-oxo-, methyl ester**	105-45-3	**P7790**
43	44	42	73	41	56	116	61	**116**	100	68	62	40	30	16	12	9		5	12	1	2	–	–	–	–	–	–	–	–	**2-Propanamine, N-ethyl-N-nitroso-**		**03842**
43	44	42	73	74	41	116	99	**116**	100	93	87	86	58	34	31	22		5	12	1	2	–	–	–	–	–	–	–	–	**1-Butanamine, N-methyl-N-nitroso-**		**M8810**
43	45	56	57	31	41	73	101	**116**	100	75	70	60	56	36	34	32	**2.80**	7	16	1	–	–	–	–	–	–	–	–	–	**Butane, 1-isopropoxy-**	1860-27-1	**Q6908**
43	45	57	41	73	101	39	42	**116**	100	80	60	40	31	31	11	11	**4.25**	7	16	1	–	–	–	–	–	–	–	–	–	**Butane, 1-isopropoxy-**	1860-27-1	**Q6910**
43	46	116	42	28	45	47	70	**116**	100	86	83	70	41	37	15	14		3	4	1	2	–	–	–	1	–	–	–	–	**4(5H)-Thiazolone, 2-amino-**	556-90-1	**Q2046**
43	55	56	70	41	69	31	42	**116**	100	93	69	68	62	48	28	28	**0.00**	7	16	1	–	–	–	–	–	–	–	–	–	**1-Hexanol, 3-methyl-**	13231-81-7	**R4379**
43	55	70	56	41	27	57	31	**116**	100	79	65	62	54	33	33	32	**0.00**	7	16	1	–	–	–	–	–	–	–	–	–	**1-Pentanol, 3,4-dimethyl-**	6570-87-2	**H1615**
43	55	70	56	41	69	42	31	**116**	100	93	80	70	59	56	27	25	**0.00**	7	16	1	–	–	–	–	–	–	–	–	–	**1-Hexanol, 5-methyl-**	627-98-5	**Q3276**
43	55	70	57	41	27	31	29	**116**	100	79	65	62	55	33	32	27	**0.00**	7	16	1	–	–	–	–	–	–	–	–	–	**1-Pentanol, 3,4-dimethyl-**		**L0131**

MASS TO CHARGE RATIOS								M.W.	INTENSITIES								Parent	C	H	O	N	Cl	Br	F	S	P	B	Si	X	COMPOUND NAME	CAS Reg No	No
43	55	83	45	39	98	41	71	116	100	28	26	15	14	11	11	8	0.00	6	12	2	–	–	–	–	–	–	–	–	–	3-Hexene, 2,5-diol-		03277
43	56	15	73	41	27	29	39	116	100	23	15	15	13	11	9	8	0.10	6	12	2	–	–	–	–	–	–	–	–	–	Acetic acid, isobutyl ester	110-19-0	P8343
43	56	41	27	29	73	61	28	116	100	34	17	16	15	11	10	7	0.02	6	12	2	–	–	–	–	–	–	–	–	–	Acetic acid, butyl ester		Y0393
43	56	41	27	73	29	61	39	116	100	36	25	15	13	12	12	11	0.01	6	12	2	–	–	–	–	–	–	–	–	–	Acetic acid, butyl ester		C0844
43	56	41	28	61	73	29	55	116	100	49	20	16	16	15	11	8	0.20	6	12	2	–	–	–	–	–	–	–	–	–	Acetic acid, butyl ester	123-86-4	P9359
43	56	41	29	27	87	57	39	116	100	25	23	17	13	12	9	7	0.00	6	12	2	–	–	–	–	–	–	–	–	–	Acetic acid, sec-butyl ester	105-46-4	P7792
43	56	41	57	85	69	29	45	116	100	59	48	38	35	33	21	20	0.00	7	16	1	–	–	–	–	–	–	–	–	–	1-Pentanol, 2,3-dimethyl-		P2826
43	56	41	73	27	29	39	42	116	100	20	16	13	11	10	7	4	0.30	6	12	2	–	–	–	–	–	–	–	–	–	Acetic acid, isobutyl ester		17368
43	56	41	85	55	57	69	29	116	100	39	34	25	24	22	15	14	0.00	7	16	1	–	–	–	–	–	–	–	–	–	1-Pentanol, 2,2-dimethyl-	2370-12-9	Q7889
43	56	45	55	73	29	27	15	116	100	33	8	8	7	7	7	5	3.19	5	8	3	–	–	–	–	–	–	–	–	–	Pentanoic acid, 4-oxo-		Z0404
43	56	87	15	29	41	27	57	116	100	16	16	14	13	12	11	8	0.11	6	12	2	–	–	–	–	–	–	–	–	–	Acetic acid, sec-butyl-ester	105-46-4	H0303
43	56	87	41	29	57	73	55	116	100	21	15	14	8	6	4	4	0.16	6	12	2	–	–	–	–	–	–	–	–	–	Acetic acid, sec-butyl ester	105-46-4	P7791
43	57	41	29	27	73	39	56	116	100	85	42	40	39	24	15	14	3.10	7	16	1	–	–	–	–	–	–	–	–	–	Butane, 1-propoxy-		Y0827
43	57	41	29	59	56	27	39	116	100	40	38	26	25	19	11	11	0.00	6	12	2	–	–	–	–	–	–	–	–	–	Acetic acid, tert-butyl ester		17367
43	57	41	59	56	29	27	42	116	100	50	35	30	26	22	12	5	0.00	6	12	2	–	–	–	–	–	–	–	–	–	Acetic acid, tert-butyl ester	540-88-5	Q1819
43	57	41	73	29	56	28	87	116	100	85	31	23	19	18	17	15	2.18	7	16	1	–	–	–	–	–	–	–	–	–	Butane, 1-propoxy-	3073-92-5	Q8985
43	57	41	73	56	87	55	42	116	100	81	41	20	16	11	8	6	2.00	7	16	1	–	–	–	–	–	–	–	–	–	Butane, 1-propoxy-	3073-92-5	Q8987
43	57	73	41	29	27	55	42	116	100	34	28	20	9	8	7	5	4.91	7	16	1	–	–	–	–	–	–	–	–	–	Butane, 2-propoxy-	61962-23-0	T5763
43	58	41	71	29	86	39	59	116	100	39	22	21	16	14	11	11	0.00	6	12	2	–	–	–	–	–	–	–	–	–	3-Oxetanol, 2,2,3-trimethyl-	25910-96-7	S1199
43	58	59	42	27	39	101	83	116	100	42	10	7	5	4	3	3	0.00	6	12	2	–	–	–	–	–	–	–	–	–	2-Pentanone, 4-hydroxy-4-methyl-		C1443
43	59	29	57	45	41	27	31	116	100	71	64	61	58	50	38	37	0.00	6	12	2	–	–	–	–	–	–	–	–	–	2,3-Epoxypropyl isopropyl ether		P2827
43	59	45	58	41	42	69	85	116	100	80	71	54	22	19	12	11	2.20	6	12	2	–	–	–	–	–	–	–	–	–	2-Pentanone, 5-methoxy-	17429-04-8	R6964
43	59	58	101	27	31	29	41	116	100	34	16	10	8	8	7	6	0.02	6	12	2	–	–	–	–	–	–	–	–	–	2-Pentanone, 4-hydroxy-4-methyl-		Y0382
43	71	29	27	88	41	42	60	116	100	90	86	63	44	30	22	21	4.36	6	12	2	–	–	–	–	–	–	–	–	–	Butanoic acid, ethyl ester		Y0395
43	71	41	29	27	88	55	39	116	100	90	22	20	19	15	14	13	0.09	6	12	2	–	–	–	–	–	–	–	–	–	Butanoic acid, 2,2-dimethyl-	595-37-9	Q2561
43	75	71	41	45	74	42	57	116	100	74	61	21	20	17	16	14	0.67	6	12	2	–	–	–	–	–	–	–	–	–	2-Furanol, tetrahydro-2,3-dimethyl-, trans-	61142-77-6	T5519
43	85	41	55	57	27	29	39	116	100	51	29	19	16	14	13	11	0.00	7	16	1	–	–	–	–	–	–	–	–	–	1-Pentanol, 2,2-dimethyl-	2370-12-9	Q7888
43	86	73	116	42	44	74	117	116	100	12	7	7	3	2	2	1		5	8	3	–	–	–	–	–	–	–	–	–	2-Propanone, 1-(acetyloxy)-		C0257
43	86	85	71	29	41	30	27	116	100	26	26	21	21	19	13	10	0.42	6	12	2	–	–	–	–	–	–	–	–	–	2-Butanone, 3,3-dimethyl-4-hydroxy-		Z0402
43	87	29	45	28	15	56	44	116	100	20	8	8	7	6	5	4	0.05	5	8	3	–	–	–	–	–	–	–	–	–	Propanal, 2-(acetyloxy)-		C0076
43	87	57	101	41	71	55	86	116	100	91	38	23	13	11	9	7	0.00	6	12	2	–	–	–	–	–	–	–	–	–	1,3-Dioxolane, 2-ethyl-2-methyl-	126-39-6	P9493
43	88	73	27	29	41	87	55	116	100	68	59	44	40	38	26	24	0.00	6	12	2	–	–	–	–	–	–	–	–	–	Butanoic acid, 2-ethyl-		Y0665
43	88	73	41	87	55	71	45	116	100	77	58	31	26	23	22	15	0.00	6	12	2	–	–	–	–	–	–	–	–	–	Butanoic acid, 2-ethyl-	88-09-5	P6432
43	101	28	42	72	27	41	59	116	100	42	36	22	20	10	9	9	0.00	6	12	2	–	–	–	–	–	–	–	–	–	1,3-Dioxolane, 2,2,4-trimethyl-	1193-11-9	Q5669
43	101	41	71	29	58	69	27	116	100	28	28	22	21	21	20	17	0.34	6	12	2	–	–	–	–	–	–	–	–	–	1,3-Dioxane, 4,4-dimethyl-		X0865
43	101	42	72	41	59	58	39	116	100	46	20	20	16	10	9	5	0.00	6	12	2	–	–	–	–	–	–	–	–	–	1,3-Dioxolane, 2,2,4-trimethyl-		Z0408
43	101	71	41	58	69	86	28	116	100	38	30	30	29	27	23	19	0.36	6	12	2	–	–	–	–	–	–	–	–	–	1,3-Dioxane, 4,4-dimethyl-	766-15-4	Q4026
43	116	56	42	41	70	71	44	116	100	98	96	84	57	47	43	36		5	12	1	2	–	–	–	–	–	–	–	–	2-Propanamine, N-ethyl-N-nitroso-	16339-04-1	R6132
44	29	57	73	43	116	61	88	116	100	47	35	31	23	9	8	3		4	8	2	2	–	–	–	–	–	–	–	–	Urea, N-propionyl-		M0597
44	54	98	80	42	73	70	43	116	100	69	62	51	51	50	44	41	1.45	6	12	2	–	–	–	–	–	–	–	–	–	1,3-Cyclohexanediol		Z0409
44	54	98	80	42	73	70	43	116	100	70	65	53	53	52	45	43	2.00	6	12	2	–	–	–	–	–	–	–	–	–	1,3-Cyclohexanediol		L3413
44	54	98	80	42	73	70	43	116	100	69	65	53	52	51	45	42	2.08	6	12	2	–	–	–	–	–	–	–	–	–	1,3-Cyclohexanediol, cis-	823-18-7	Q4256
44	58	42	41	28	18	27	15	116	100	93	68	41	38	34	17	17	0.10	6	16	–	2	–	–	–	–	–	–	–	–	2,4-Pentanediamine, 2-methyl-	21586-21-0	H1852
44	73	72	55	99	27	45	57	116	100	74	52	31	28	20	14	11	3.40	4	8	2	2	–	–	–	–	–	–	–	–	Butanediamide		F0567
45	27	43	29	55	41	44	39	116	100	17	14	13	13	13	8	7	0.02	7	16	1	–	–	–	–	–	–	–	–	–	2-Heptanol		U0037
45	41	55	43	29	56	27	44	116	100	32	28	27	21	17	16	14	0.00	7	16	1	–	–	–	–	–	–	–	–	–	2-Heptanol	543-49-7	Q1866
45	41	57	31	39	42	58	43	116	100	67	22	18	16	15	14	14	0.03	6	12	2	–	–	–	–	–	–	–	–	–	2-Propanol, 1-(2-propenyloxy)-	21460-36-6	R9275
45	43	27	29	41	55	44	39	116	100	22	19	18	17	16	10	9	0.01	7	16	1	–	–	–	–	–	–	–	–	–	2-Heptanol		Y1056
45	43	27	70	29	41	55	44	116	100	30	20	18	14	14	12	9	0.03	7	16	1	–	–	–	–	–	–	–	–	–	2-Hexanol, 3-methyl-		U0040
45	43	41	27	29	55	57	56	116	100	37	23	21	17	16	13	13	0.30	7	16	1	–	–	–	–	–	–	–	–	–	2-Hexanol, 3-methyl-	2313-65-7	H1310
45	43	41	27	55	83	56	29	116	100	21	20	19	15	15	13	13	0.00	7	16	1	–	–	–	–	–	–	–	–	–	2-Hexanol, 5-methyl-		U0041
45	43	59	87	41	57	69	42	116	100	34	22	20	19	16	3	2	0.00	7	16	1	–	–	–	–	–	–	–	–	–	Propane, 2-methyl-3-isopropoxy-	18641-81-1	R7754
45	43	59	87	41	57	69	101	116	100	34	22	20	19	16	3	3	1.00	7	16	1	–	–	–	–	–	–	–	–	–	Propane, 2-methyl-3-isopropoxy-	18641-81-1	R7755
45	43	87	57	41	59	29	27	116	100	40	25	24	22	18	11	10	0.44	7	16	1	–	–	–	–	–	–	–	–	–	Propane, 2-methyl-1-propoxy-	15268-49-2	R5634
45	56	41	43	55	84	42	69	116	100	42	14	12	12	12	11	8	1.00	7	16	1	–	–	–	–	–	–	–	–	–	Hexane, 1-methoxy-	4747-07-3	R0791
45	58	44	29	31	41	42	43	116	100	50	25	25	25	20	15	15	0.00	6	12	2	–	–	–	–	–	–	–	–	–	2-Butene, 1,4-dimethoxy-		M5270

MASS TO CHARGE RATIOS								M.W.	INTENSITIES								Parent	C	H	O	N	Cl	Br	F	S	P	B	Si	X	COMPOUND NAME	CAS Reg No	No
45	70	55	59	43	73	41	42	**116**	100	61	56	38	38	28	23	22	**0.00**	6	12	2	–	–	–	–	–	–	–	–	–	**Formic acid, 2-pentyl ester**		**P2828**
45	73	87	41	55	43	39	42	**116**	100	99	49	32	19	18	15	6	**1.00**	7	16	1	–	–	–	–	–	–	–	–	–	**Hexane, 3-methoxy-**	54658-01-4	**S9399**
45	86	42	115	71	69	43	75	**116**	100	87	73	73	44	41	29	29	**6.00**	6	12	2	–	–	–	–	–	–	–	–	–	**1,3-Dioxane, 4,6-dimethyl-, cis-**	3390-18-9	**Q9316**
45	86	42	115	71	69	43	75	**116**	100	88	76	62	54	49	36	33	**5.00**	6	12	2	–	–	–	–	–	–	–	–	–	**1,3-Dioxane, 4,6-dimethyl-, trans-**		**M3991**
45	86	115	42	71	69	75	101	**116**	100	85	73	72	44	40	31	17	**5.00**	6	12	2	–	–	–	–	–	–	–	–	–	**1,3-Dioxane, 4,6-dimethyl-, cis-**		**M3990**
45	87	41	69	29	43	57	27	**116**	100	98	35	29	29	23	21	19	**0.00**	7	16	1	–	–	–	–	–	–	–	–	–	**3-Pentanol, 3-ethyl-**	597-49-9	**Q2579**
45	116	43	87	31	101	58	73	**116**	100	76	73	68	62	62	60	43		6	16	–	2	–	–	–	–	–	–	–	–	**Hydrazine, 1-isopropyl-2-propyl-**	3711-28-2	**Q9696**
50	31	69	83	64	33	45	20	**116**	100	34	27	18	17	11	6	3	**0.00**	1	–	–	2	–	–	4	–	–	–	–	–	**Aziridine, tetrafluoro-**		**L4437**
50	31	69	83	64	33	45	52	**116**	100	34	27	18	17	11	6	3	**0.00**	1	–	–	2	–	–	4	–	–	–	–	–	**Aziridine, tetrafluoro-**		**02610**
53	116	81	118	27	51	28	88	**116**	100	89	84	28	24	19	16	14		5	5	1	–	1	–	–	–	–	–	–	–	**2-Cyclopenten-1-one, 3-chloro-**	53102-14-0	**S8303**
55	41	56	84	53	60	43	58	**116**	100	67	47	22	18	16	15	15	**1.00**	6	12	2	–	–	–	–	–	–	–	–	–	**2H-Pyran, tetrahydro-2-methoxy-**	6581-66-4	**R2385**
55	41	67	83	39	82	27	116	**116**	100	82	63	57	47	47	38	34		6	12	–	–	–	–	–	1	–	–	–	–	**Cyclohexanethiol**		**Y1386**
55	41	67	83	82	116	27	39	**116**	100	80	66	64	55	44	43	40		6	12	–	–	–	–	–	1	–	–	–	–	**Cyclohexanethiol**		**Y0944**
55	43	101	45	42	72	44	115	**116**	100	98	73	60	21	21	16	14	**0.00**	6	12	2	–	–	–	–	–	–	–	–	–	**1,3-Dioxane, 2,4-dimethyl-**	766-20-1	**Q4027**
55	70	41	43	29	42	31	57	**116**	100	77	61	61	50	47	37	36	**0.10**	6	12	2	–	–	–	–	–	–	–	–	–	**1-Butanol, 3-methyl-, formate**	110-45-2	**P8372**
55	72	57	45	29	73	41	56	**116**	100	38	37	35	29	25	23	23	**3.10**	6	12	2	–	–	–	–	–	–	–	–	–	**Ethanol, 2-(methylallyloxy)-**		**Z0406**
55	73	43	27	31	29	41	39	**116**	100	71	44	31	22	21	19	13	**0.02**	7	16	1	–	–	–	–	–	–	–	–	–	**4-Heptanol**		**Y1058**
55	73	43	27	31	29	41	44	**116**	100	73	53	37	24	23	22	10	**0.57**	7	16	1	–	–	–	–	–	–	–	–	–	**4-Heptanol**		**04100**
55	73	43	27	41	31	29	72	**116**	100	97	61	39	26	23	23	15	**0.00**	7	16	1	–	–	–	–	–	–	–	–	–	**3-Hexanol, 2-methyl-**		**04101**
55	73	43	31	41	27	72	56	**116**	100	74	31	9	9	7	7	7	**0.08**	7	16	1	–	–	–	–	–	–	–	–	–	**4-Heptanol**		**Z0395**
55	83	60	41	67	116	39	27	**116**	100	99	88	86	79	58	47	47		6	12	–	–	–	–	–	1	–	–	–	–	**Cyclopentanethiol, 2-methyl-, cis-**		**Y1371**
56	28	86	30	29	116	27	57	**116**	100	68	44	43	42	40	18	17		4	8	2	2	–	–	–	–	–	–	–	–	**Morpholine, 4-nitroso-**		**F0494**
56	30	28	29	42	86	27	57	**116**	100	88	85	79	44	44	30	29	**23.12**	4	8	2	2	–	–	–	–	–	–	–	–	**Morpholine, 4-nitroso-**	59-89-2	**P5014**
56	41	30	34	99	39	17	72	**116**	100	86	85	83	78	68	37	35	**0.00**	4	8	–	2	–	–	–	1	–	–	–	–	**Thiourea, allyl-**		**02971**
56	55	43	70	41	69	31	27	**116**	100	88	63	56	56	54	33	32	**0.00**	7	16	1	–	–	–	–	–	–	–	–	–	**1-Hexanol, 5-methyl-**		**Z0401**
56	59	41	74	116	55	57	83	**116**	100	65	60	40	20	20	15	10		5	8	1	–	–	–	–	1	–	–	–	–	**Thiacyclobutan-2-one, 4,4-dimethyl-**		**M2702**
56	116	30	86	42	55	41	54	**116**	100	39	33	26	23	17	14	11		4	8	2	2	–	–	–	–	–	–	–	–	**Morpholine, 4-nitroso-**	59-89-2	**P5013**
57	29	27	59	116	56			**116**	100	85	28	16	12	9				5	8	3	–	–	–	–	–	–	–	–	–	**Butanoic acid, 2-oxo-, methyl ester**	3952-66-7	**Q9959**
57	29	27	75	43	41	28	42	**116**	100	57	39	32	27	14	11	11	**0.02**	6	12	2	–	–	–	–	–	–	–	–	–	**Propanoic acid, propyl ester**		**Y0394**
57	29	28	75	40	27	41	42	**116**	100	39	34	33	15	11	8	7	**0.17**	6	12	2	–	–	–	–	–	–	–	–	–	**Propanoic acid, propyl ester**		**D0089**
57	41	29	56	15	39	73	85	**116**	100	38	28	25	12	10	8	7	**3.76**	6	12	2	–	–	–	–	–	–	–	–	–	**Pentanoic acid, methyl ester**		**Y1650**
57	42	56	41	116	58	61	43	**116**	100	95	91	48	35	29	28	27		5	12	1	2	–	–	–	–	–	–	–	–	**2-Butanamine, N-methyl-N-nitroso-**	35606-37-2	**S5021**
57	43	29	27	75	41	15	39	**116**	100	76	46	40	24	21	14	11	**0.22**	6	12	2	–	–	–	–	–	–	–	–	–	**Propanoic acid, isopropyl ester**		**Y0822**
57	43	29	75	27	73	45	41	**116**	100	42	35	30	16	15	13	12	**0.17**	6	12	2	–	–	–	–	–	–	–	–	–	**Propanoic acid, isopropyl ester**		**Z0398**
57	43	75	29	101	41	59	27	**116**	100	66	34	26	12	12	11	10	**0.53**	6	12	2	–	–	–	–	–	–	–	–	–	**Propanoic acid, isopropyl ester**		**D0487**
57	45	56	41	55	58	43	101	**116**	100	79	41	38	18	18	16	12	**0.00**	7	16	1	–	–	–	–	–	–	–	–	–	**2-Pentanol, 4,4-dimethyl-**	6144-93-0	**R2098**
57	56	41	39	32	116	30	72	**116**	100	83	63	27	25	22	21	19		5	12	1	2	–	–	–	–	–	–	–	–	**2-Propanamine, N,2-dimethyl-N-nitroso-**	2504-18-9	**Q8222**
57	58	59	43	41	27	29	39	**116**	100	72	71	69	33	21	19	13	**0.00**	6	12	2	–	–	–	–	–	–	–	–	–	**1,2-Epoxypropyl propyl ether**	3126-95-2	**Q9036**
57	59	41	43	55	60	45	101	**116**	100	80	34	25	18	16	6	5	**0.00**	6	12	2	–	–	–	–	–	–	–	–	–	**Butanoic acid, 3,3-dimethyl-**	1070-83-3	**Q5172**
57	73	56	41	29	85	116	39	**116**	100	77	31	30	17	12	9	8		6	12	2	–	–	–	–	–	–	–	–	–	**Propanoic acid, 2,2-dimethyl-, methyl ester**	598-98-1	**Q2612**
57	74	43	73	55	41	60	27	**116**	100	63	58	58	46	45	41	26	**0.10**	6	12	2	–	–	–	–	–	–	–	–	–	**Pentanoic acid, 4-methyl-**	646-07-1	**H1039**
57	74	43	73	55	41	60	56	**116**	100	57	57	49	47	44	31	15	**0.16**	6	12	2	–	–	–	–	–	–	–	–	–	**Pentanoic acid, 4-methyl-**	646-07-1	**Q3598**
57	74	60	43	73	41	55	27	**116**	100	63	59	53	50	47	47	34	**0.02**	6	12	2	–	–	–	–	–	–	–	–	–	**Pentanoic acid, 4-methyl-**		**G0065**
57	88	29	41	27	59	85	56	**116**	100	83	67	52	38	27	26	25	**0.00**	6	12	2	–	–	–	–	–	–	–	–	–	**Butanoic acid, 2-methyl-, methyl ester**	868-57-5	**Q4393**
57	88	41	29	85	59	56	27	**116**	100	98	56	45	34	24	20	19	**1.70**	6	12	2	–	–	–	–	–	–	–	–	–	**Butanoic acid, 2-methyl-, methyl ester, (DL)-**	53955-81-0	**S8697**
57	88	41	29	85	59	101	56	**116**	100	95	46	44	37	25	23	22	**1.31**	6	12	2	–	–	–	–	–	–	–	–	–	**Butanoic acid, 2-methyl-, methyl ester**		**C1701**
57	88	41	85	59	101	56	74	**116**	100	82	68	37	31	16	15	14	**0.26**	6	12	2	–	–	–	–	–	–	–	–	–	**Butanoic acid, 2-methyl-, methyl ester**	868-57-5	**Q4395**
57	98	83	69	55	43	41	29	**116**	100	76	63	42	40	33	32	24	**3.20**	6	12	2	–	–	–	–	–	–	–	–	–	**1,2-Cyclopentanediol, 3-methyl-**	27583-37-5	**S1728**
58	42	116	44	59	56	43	72	**116**	100	13	6	5	5	5	4	4		6	16	–	2	–	–	–	–	–	–	–	–	**1,2-Ethanediamine, N,N,N′,N′-tetramethyl-**		**D1444**
58	44	42	29	72	30	73	15	**116**	100	46	37	19	19	19	15	15	**3.86**	6	16	–	2	–	–	–	–	–	–	–	–	**1,2-Ethanediamine, N,N,N′,N′-tetramethyl-**		**15799**
58	54	41	57	55	28	98	43	**116**	100	71	45	45	42	40	37	37	**1.07**	6	12	2	–	–	–	–	–	–	–	–	–	**1,4-Cyclohexanediol**		**D1168**
58	54	98	57	41	55	43	44	**116**	100	92	47	44	41	40	33	33	**2.80**	6	12	2	–	–	–	–	–	–	–	–	–	**1,4-Cyclohexanediol, cis-**	931-71-5	**Q4653**
58	54	98	57	41	55	69	59	**116**	100	91	60	44	41	40	31	31	**2.00**	6	12	2	–	–	–	–	–	–	–	–	–	**1,4-Cyclohexanediol, cis-**		**L3406**
58	57	54	44	43	41	98	31	**116**	100	70	55	52	51	39	37	31	**3.00**	6	12	2	–	–	–	–	–	–	–	–	–	**1,4-Cyclohexanediol**	556-48-9	**Q2035**
58	59	42	56	43	116	44	72	**116**	100	18	11	4	4	3	3	3		6	16	–	2	–	–	–	–	–	–	–	–	**1,2-Ethanediamine, N′-ethyl-N,N-dimethyl-**	123-83-1	**P9357**
58	116	42	30	59	56	72	28	**116**	100	5	5	4	4	2	2	2		6	16	–	2	–	–	–	–	–	–	–	–	**1,2-Ethanediamine, N,N,N′,N′-tetramethyl-**	110-18-9	**P8342**

MASS TO CHARGE RATIOS								M.W.	INTENSITIES								Parent	C	H	O	N	Cl	Br	F	S	P	B	Si	X	COMPOUND NAME	CAS Reg No	No
59	31	29	43	58	57	27	60	**116**	100	24	18	15	12	10	8	8	**0.00**	6	16	–	–	–	–	–	–	–	–	1	–	**Silane, triethyl-**	617-86-7	**06821**
59	31	29	43	70	41	42	55	**116**	100	94	52	35	35	33	26	15	**2.97**	7	16	1	–	–	–	–	–	–	–	–	–	**Pentane, 1-ethoxy-**	17952-11-3	**R7283**
59	31	29	43	70	41	42	55	**116**	100	92	39	35	32	30	22	13	**1.00**	7	16	1	–	–	–	–	–	–	–	–	–	**Pentane, 1-ethoxy-**	17952-11-3	**R7284**
59	31	57	29	58	41	27	116	**116**	100	45	36	32	24	23	15	4		6	12	2	–	–	–	–	–	–	–	–	–	**3-Hexanone, 4-hydroxy-**		**M4228**
59	41	43	57	101	31	45	39	**116**	100	16	15	14	10	10	7	6	**0.00**	7	16	1	–	–	–	–	–	–	–	–	–	**2-Pentanol, 2,4-dimethyl-**		**C0126**
59	41	69	31	29	87	27	43	**116**	100	98	80	73	47	38	36	34	**0.00**	7	16	1	–	–	–	–	–	–	–	–	–	**3-Heptanol**	589-82-2	**Q2403**
59	43	27	41	101	29	45	31	**116**	100	24	16	16	15	14	13	12	**0.00**	7	16	1	–	–	–	–	–	–	–	–	–	**2-Hexanol, 2-methyl-**	625-23-0	**H0983**
59	43	31	73	41	29	55	60	**116**	100	17	15	12	8	7	7	5	**1.30**	6	12	2	–	–	–	–	–	–	–	–	–	**3-Pentanone, 2-hydroxy-2-methyl-**		**L5382**
59	43	41	27	57	31	101	29	**116**	100	34	20	13	12	10	9	9	**0.00**	7	16	1	–	–	–	–	–	–	–	–	–	**2-Pentanol, 2,3-dimethyl-**	4911-70-0	**H1509**
59	43	41	57	27	39	31	15	**116**	100	26	18	11	10	9	9	8	**0.01**	7	16	1	–	–	–	–	–	–	–	–	–	**2-Pentanol, 2,4-dimethyl-**	625-06-9	**Q3171**
59	45	31	41	29	27	58	87	**116**	100	33	30	29	26	20	18	16	**0.03**	7	16	1	–	–	–	–	–	–	–	–	–	**3-Hexanol, 4-methyl-**	615-29-2	**Q2910**
59	57	41	29	87	58	31	45	**116**	100	65	54	33	31	29	28	27	**0.04**	7	16	1	–	–	–	–	–	–	–	–	–	**3-Pentanol, 2,2-dimethyl-**	3970-62-5	**Q9969**
59	57	41	101	43	29	39	27	**116**	100	63	28	15	14	10	9	9	**0.00**	7	16	1	–	–	–	–	–	–	–	–	–	**Propane, 2-methyl-2-isopropoxy-**	17348-59-3	**R6863**
59	69	41	27	29	31	87	43	**116**	100	67	48	41	40	39	30	25	**0.00**	7	16	1	–	–	–	–	–	–	–	–	–	**3-Heptanol**		**04096**
59	69	41	31	27	29	87	43	**116**	100	67	48	41	37	35	30	24	**0.02**	7	16	1	–	–	–	–	–	–	–	–	–	**3-Heptanol**		**Y1057**
59	69	43	41	31	87	27	45	**116**	100	62	55	40	31	31	30	29	**0.04**	7	16	1	–	–	–	–	–	–	–	–	–	**3-Hexanol, 5-methyl-**	623-55-2	**Q3128**
59	73	116	44	42	30	45	43	**116**	100	18	18	8	7	7	7	5		6	16	–	2	–	–	–	–	–	–	–	–	**Hydrazine, 2-butyl-1,1-dimethyl-**	54007-23-7	**S8749**
59	87	73	55	43	71	101	29	**116**	100	76	44	28	25	21	11	10	**0.00**	7	16	1	–	–	–	–	–	–	–	–	–	**Propane, 1,1-dimethyl-3-ethoxy-**		**P2822**
59	87	86	58	31	88	60	43	**116**	100	89	27	12	11	9	7	7	**6.63**	6	16	–	–	–	–	–	–	–	–	1	–	**Silane, triethyl-**	617-86-7	**Q2960**
59	101	42	43	56	116	41	27	**116**	100	39	26	21	19	19	17	14		6	16	–	2	–	–	–	–	–	–	–	–	**Hydrazine, 1,1-diisopropyl-**	921-14-2	**Q4543**
59	116	44	87	45	60	42	43	**116**	100	29	21	17	15	10	9	6		6	16	–	2	–	–	–	–	–	–	–	–	**Hydrazine, 1,1-dimethyl-2-isopropyl-**	54007-24-8	**S8750**
60	41	29	27	57	43	45	55	**116**	100	41	33	27	26	26	22	16	**0.05**	6	12	2	–	–	–	–	–	–	–	–	–	**Pentanoic acid, 3-methyl-**		**F0303**
60	41	57	43	61	56	55	42	**116**	100	25	18	17	14	14	8	5	**0.00**	6	12	2	–	–	–	–	–	–	–	–	–	**Pentanoic acid, 3-methyl-**	105-43-1	**P7788**
60	73	27	41	43	29	45	39	**116**	100	42	36	33	27	26	20	16	**0.04**	6	12	2	–	–	–	–	–	–	–	–	–	**Hexanoic acid**		**Y0664**
60	73	29	41	43	28	55	87	**116**	100	38	25	20	16	15	13	11	**1.00**	6	12	2	–	–	–	–	–	–	–	–	–	**Hexanoic acid**	142-62-1	**P9860**
60	73	55	41	27	43	39	87	**116**	100	47	28	28	23	18	17	14	**0.38**	6	12	2	–	–	–	–	–	–	–	–	–	**Hexanoic acid**		**C1781**
61	28	29	88	31	33	85	43	**116**	100	71	65	63	29	17	9	9	**0.00**	5	8	3	–	–	–	–	–	–	–	–	–	**Furan, tetrahydro-1-methoxy-2-oxo-**		**M0558**
61	41	85	56	58	55	43	57	**116**	100	78	78	75	25	23	20	17	**13.33**	6	12	2	–	–	–	–	–	–	–	–	–	**2H-Pyran, tetrahydro-2-methoxy-**	6581-66-4	**R2386**
65	51	45	101	77	27	31	64	**116**	100	27	16	13	7	6	5	4	**0.05**	3	4	–	–	–	–	4	–	–	–	–	–	**Propane, 1,1,2,2-tetrafluoro-**	40723-63-5	**08161**
65	51	45	101	77	27	31	97	**116**	100	27	16	13	7	6	5	3	**0.05**	3	4	–	–	–	–	4	–	–	–	–	–	**Propane, 1,1,2,2-tetrafluoro-**	40723-63-5	**S6412**
67	55	41	83	60	39	27	116	**116**	100	95	87	83	76	65	61	57		6	12	–	–	–	–	–	1	–	–	–	–	**Cyclopentanethiol, 2-methyl-, trans-**		**Y1414**
68	41	39	67	69	116	45	27	**116**	100	93	52	52	43	31	27	23		6	12	–	–	–	–	–	1	–	–	–	–	**Cyclopentane, (methylthio)-**		**Y1393**
68	41	67	69	116	39	45	101	**116**	100	75	48	46	46	42	27	25		6	12	–	–	–	–	–	1	–	–	–	–	**Cyclopentane, (methylthio)-**		**Y0946**
68	41	116	67	69	39	101	45	**116**	100	71	53	49	49	38	27	25		6	12	–	–	–	–	–	1	–	–	–	–	**Cyclopentane, (methylthio)-**		**Y2143**
68	98	39	40	41	44	69	53	**116**	100	75	73	68	23	16	15	11	**0.00**	5	8	3	–	–	–	–	–	–	–	–	–	**Butanoic acid, 2-methylene-4-hydroxy-**		**02600**
70	56	43	41	69	42	29	57	**116**	100	94	72	62	50	49	27	26	**0.19**	7	16	1	–	–	–	–	–	–	–	–	–	**1-Heptanol**		**D0721**
70	56	55	43	41	69	42	31	**116**	100	86	63	60	57	54	40	27	**0.00**	7	16	1	–	–	–	–	–	–	–	–	–	**1-Heptanol**		**W0163**
70	57	29	41	55	31	42	27	**116**	100	98	90	90	86	51	43	39	**0.10**	6	12	2	–	–	–	–	–	–	–	–	–	**Formic acid, pentyl ester**	638-49-3	**Q3499**
70	57	41	69	42	44	98	83	**116**	100	79	54	40	39	36	34	31	**10.00**	6	12	2	–	–	–	–	–	–	–	–	–	**1,2-Cyclohexanediol**	931-17-9	**Q4637**
70	57	41	98	42	44	69	83	**116**	100	92	59	44	42	38	35	35	**16.00**	6	12	2	–	–	–	–	–	–	–	–	–	**1,2-Cyclohexanediol, trans-**		**L3404**
70	57	42	43	45	98	44	83	**116**	100	77	37	35	34	32	23	22	**18.12**	6	12	2	–	–	–	–	–	–	–	–	–	**1,2-Cyclohexanediol, trans-**	1460-57-7	**Q6024**
70	57	43	69	44	46	98	55	**116**	100	80	56	41	40	37	36	32		6	12	2	–	–	–	–	–	–	–	–	–	**1,2-Cyclohexanediol**	931-17-9	**Q4638**
70	57	55	41	42	98	69	83	**116**	100	89	63	60	58	54	43	38	**17.00**	6	12	2	–	–	–	–	–	–	–	–	–	**1,2-Cyclohexanediol-, cis-**		**L3403**
70	69	41	29	55	56	57	43	**116**	100	95	91	41	40	40	37	26	**0.00**	7	16	1	–	–	–	–	–	–	–	–	–	**1-Hexanol, 4-methyl-**	818-49-5	**Q4207**
70	97	57	98	28	41	42	44	**116**	100	75	67	49	48	46	38	37	**18.92**	6	12	2	–	–	–	–	–	–	–	–	–	**1,2-Cyclohexanediol**	931-17-9	**Q4639**
71	43	29	88	27	41	60	73	**116**	100	96	73	47	29	24	21	18	**2.54**	6	12	2	–	–	–	–	–	–	–	–	–	**Butanoic acid, ethyl ester**		**D0095**
72	26	45	27	28	55	54	46	**116**	100	81	77	64	44	32	30	20	**4.00**	4	4	4	–	–	–	–	–	–	–	–	–	**2-Butenedioic acid (Z)-**		**L7245**
72	44	116	15	42	17	28	18	**116**	100	27	24	13	13	7	4	4		5	12	1	2	–	–	–	–	–	–	–	–	**Urea, tetramethyl-**		**02290**
72	44	116	42	45	73	58	43	**116**	100	44	41	9	5	5	5	4		5	12	1	2	–	–	–	–	–	–	–	–	**Urea, tetramethyl-**		**00712**
72	73	44	116	42	15	46	56	**116**	100	50	33	28	15	12	6	5		5	12	1	2	–	–	–	–	–	–	–	–	**Urea, tetramethyl-**		**G0176**
73	43	41	39	45	42	57	55	**116**	100	61	16	12	9	8	7	3	**0.12**	6	12	2	–	–	–	–	–	–	–	–	–	**2-Butanone, 3-methyl-3-methoxy-**		**04839**
73	43	55	27	41	29	57	31	**116**	100	45	44	32	31	26	20	20	**0.05**	7	16	1	–	–	–	–	–	–	–	–	–	**3-Pentanol, 2,4-dimethyl-**		**04102**
73	43	71	44	29	74	39	45	**116**	100	23	14	14	14	8	8	7	**6.00**	5	8	3	–	–	–	–	–	–	–	–	–	**D-Arabinal**		**M5593**
73	43	87	45	27	55	41	29	**116**	100	59	51	40	35	35	33	22	**0.00**	7	16	1	–	–	–	–	–	–	–	–	–	**3-Pentanol, 2,3-dimethyl-**	595-41-5	**H0899**
73	44	56	114	74	71	43	89	**116**	100	9	5	5	5	4	4	2	**0.00**	6	12	2	–	–	–	–	–	–	–	–	–	**1,3-Dioxolane, 2-isopropyl-**		**00591**
73	44	72	55	99	28	45	27	**116**	100	97	64	39	37	19	17	16	**0.43**	4	8	2	2	–	–	–	–	–	–	–	–	**Butanediamide**	110-14-5	**P8334**

MASS TO CHARGE RATIOS								M.W.	INTENSITIES								Parent	C	H	O	N	Cl	Br	F	S	P	B	Si	X	COMPOUND NAME	CAS Reg No	No
73	45	27	71	43	74	41	39	**116**	100	30	11	10	9	8	8	5	**1.00**	6	12	2	–	–	–	–	–	–	–	–	–	**1,3-Dioxolane, 2-propyl-**		**00583**
73	45	43	27	71	29	41	74	**116**	100	23	9	8	6	6	6	4	**1.20**	6	12	2	–	–	–	–	–	–	–	–	–	**1,3-Dioxolane, 2-propyl-**		**C0013**
73	45	43	41	56	27	29	74	**116**	100	24	9	7	7	7	5	4	**1.00**	6	12	2	–	–	–	–	–	–	–	–	–	**1,3-Dioxolane, 2-isopropyl-**		**C0014**
73	45	43	87	27	55	29	41	**116**	100	72	48	46	40	33	31	28	**0.00**	7	16	1	–	–	–	–	–	–	–	–	–	**3-Hexanol, 3-methyl-**	597-96-6	**H0903**
73	45	75	71	115	74	86	43	**116**	100	6	5	5	4	4	2	2	**0.80**	6	12	2	–	–	–	–	–	–	–	–	–	**1,3-Dioxolane, 2-propyl-**		**00586**
73	45	87	55	43	41	28	27	**116**	100	63	46	37	25	24	21	18	**0.00**	7	16	1	–	–	–	–	–	–	–	–	–	**3-Hexanol, 3-methyl-**	597-96-6	**Q2586**
73	45	87	55	43	41	69	101	**116**	100	64	46	33	21	20	14	14	**0.00**	7	16	1	–	–	–	–	–	–	–	–	–	**3-Hexanol, 3-methyl-**	597-96-6	**Q2585**
73	45	116	29	44	115	27	41	**116**	100	23	13	8	6	5	5	5		6	16	–	2	–	–	–	–	–	–	–	–	**Hydrazine, 1-butyl-1-ethyl-**	52728-56-0	**S8084**
73	45	116	30	29	44	28	56	**116**	100	27	14	9	8	8	7	6		6	16	–	2	–	–	–	–	–	–	–	–	**Hydrazine, 1-ethyl-1-isobutyl-**	67398-35-0	**T6801**
73	55	43	41	27	29	57	31	**116**	100	51	47	32	29	24	24	19	**0.04**	7	16	1	–	–	–	–	–	–	–	–	–	**3-Pentanol, 2,4-dimethyl-**	600-36-2	**Q2628**
73	55	43	41	45	27	29	39	**116**	100	61	36	21	19	17	14	13	**0.03**	7	16	1	–	–	–	–	–	–	–	–	–	**3-Pentanol, 2,4-dimethyl-**		**C0539**
73	59	43	55	31	29	45	41	**116**	100	80	72	62	20	19	17	17	**0.00**	6	12	2	–	–	–	–	–	–	–	–	–	**2-Pentanone, 3-hydroxy-3-methyl-**		**L5383**
73	74	115	45	71	57	89	86	**116**	100	5	4	4	3	3	2	2	**0.40**	6	12	2	–	–	–	–	–	–	–	–	–	**1,3-Dioxolane, 2-isopropyl-**		**00592**
73	116	30	45	44	59	31	29	**116**	100	46	33	31	27	27	21	19		6	16	–	2	–	–	–	–	–	–	–	–	**Hydrazine, 1-butyl-2-ethyl-**	3711-26-0	**Q9695**
73	116	76	45	75	101	57	61	**116**	100	93	77	67	65	51	49	35		4	9	–	2	–	–	–	–	1	–	–	–	**Cyanamide, (trimethylphosphoranylidene)-**	66055-10-5	**T6599**
73	117	99	101	74	115	113	71	**116**	100	87	24	12	12	10	10	8	**0.49**	4	4	4	–	–	–	–	–	–	–	–	–	**2-Butenedioic acid (E)-**	110-17-8	**P8341**
74	41	116	43	59	101	73	45	**116**	100	98	57	42	33	22	21	17		6	12	–	–	–	–	–	1	–	–	–	–	**Allyl isopropyl sulphide**	50996-72-0	**S7542**
74	43	27	29	39	73	87	45	**116**	100	51	29	24	22	17	17	17	**0.20**	6	12	2	–	–	–	–	–	–	–	–	–	**Pentanoic acid, 2-methyl-**	97-61-0	**H0216**
74	43	41	27	73	56	29	28	**116**	100	42	24	18	17	13	13	11	**0.40**	6	12	2	–	–	–	–	–	–	–	–	–	**Acetic acid, 2-isopropyl-2-methyl-**		**F0371**
74	43	41	59	57	85	39	101	**116**	100	48	43	38	36	26	21	13	**0.39**	6	12	2	–	–	–	–	–	–	–	–	–	**Butanoic acid, 3-methyl-, methyl ester**	556-24-1	**Q2034**
74	43	41	87	73	71	55	45	**116**	100	45	21	19	15	11	10	9	**0.00**	6	12	2	–	–	–	–	–	–	–	–	–	**Pentanoic acid, 2-methyl-**	97-61-0	**P7110**
74	43	57	85	29	41	87	59	**116**	100	43	42	40	36	35	33	24	**1.11**	6	12	2	–	–	–	–	–	–	–	–	–	**Pentanoic acid, methyl ester**		**C1351**
74	43	57	85	41	87	59	55	**116**	100	43	36	33	29	28	23	15	**1.00**	6	12	2	–	–	–	–	–	–	–	–	–	**Pentanoic acid, methyl ester**	624-24-8	**Q3143**
74	57	41	29	43	59	27	85	**116**	100	65	65	62	60	53	44	37	**1.41**	6	12	2	–	–	–	–	–	–	–	–	–	**Butanoic acid, 3-methyl-, methyl ester**		**04051**
74	59	43	85	57	41	39	42	**116**	100	72	57	52	50	46	38	23	**0.50**	6	12	2	–	–	–	–	–	–	–	–	–	**Butanoic acid, 3-methyl-, methyl ester**	556-24-1	**Q2031**
80	32	79	81	54	39	53	31	**116**	100	55	43	37	27	25	16	16	**12.00**	6	9	–	–	1	–	–	–	–	–	–	–	**Cyclohexene, 4-chloro-**		**M8409**
80	79	81	39	54	27	53	41	**116**	100	48	44	43	43	35	20	19	**9.67**	6	9	–	–	1	–	–	–	–	–	–	–	**Cyclohexene, 4-chloro-**	930-65-4	**06829**
81	45	83	61	101	103	36	63	**116**	100	97	32	26	19	11	9	8	**0.08**	2	3	–	–	2	–	1	–	–	–	–	–	**Ethane, 1-fluoro-1,1-dichloro-**		**A0217**
81	53	27	39	116	88	79	41	**116**	100	32	31	28	23	23	21	21		6	9	–	–	1	–	–	–	–	–	–	–	**Cyclohexene, 1-chloro-**	930-66-5	**06979**
81	54	53	116	41	79	39	51	**116**	100	78	77	48	43	37	30	18		6	9	–	–	1	–	–	–	–	–	–	–	**2-Hexyne, 6-chloro-**	28077-73-8	**S1953**
81	67	41	39	27	53	79	54	**116**	100	64	63	60	54	39	21	19	**4.49**	6	9	–	–	1	–	–	–	–	–	–	–	**2,4-Hexadiene, 1-chloro-**	34632-89-8	**06826**
81	67	61	83	45	69	116	80	**116**	100	55	34	33	26	18	18	17		2	3	–	–	2	–	1	–	–	–	–	–	**Ethane, 1-fluoro-1,2-dichloro-**		**Z0397**
81	67	80	83	61	31	49	116	**116**	100	62	38	35	35	20	20	14		2	3	–	–	2	–	1	–	–	–	–	–	**Ethane, 1-fluoro-1,2-dichloro-**		**A0216**
81	79	53	41	39	28	65	27	**116**	100	39	31	27	26	23	16	16	**4.33**	6	9	–	–	1	–	–	–	–	–	–	–	**Cyclopropane, 1-chloro-2-vinyl-1-methyl-**	62337-93-3	**T6074**
81	79	53	41	39	65	27	116	**116**	100	29	29	26	23	18	16	12		6	9	–	–	1	–	–	–	–	–	–	–	**Cyclopropane, 1-chloro-2-(1-propenyl)-**	74752-94-6	**T8475**
81	79	80	39	27	53	41	116	**116**	100	33	31	24	20	20	15	15		6	9	–	–	1	–	–	–	–	–	–	–	**Cyclohexene, 3-chloro-**		**03012**
81	79	80	39	53	116	77	41	**116**	100	41	36	22	18	17	17	17		6	9	–	–	1	–	–	–	–	–	–	–	**Cyclohexene, 3-chloro-**		**M8408**
81	80	114	79	67	54	41	39	**116**	100	66	64	42	34	30	28	27	**0.00**	6	12	–	–	–	–	–	1	–	–	–	–	**Hexane, 1,2-episulphide**		**M7529**
81	83	35	80	116	118	82	11	**116**	100	65	29	24	22	21	16	12		–	–	–	–	3	–	–	–	–	1	–	–	**Boron trichloride**	10294-34-5	**R3721**
81	83	35	80	116	118	82	46	**116**	100	65	29	24	22	21	16	12		–	–	–	–	3	–	–	–	–	1	–	–	**Boron trichloride**		**W0018**
81	116	88	80	39	79	53	43	**116**	100	30	23	15	15	14	14	12		6	9	–	–	1	–	–	–	–	–	–	–	**Cyclohexene, 1-chloro-**		**05695**
83	55	41	67	39	27	116	59	**116**	100	76	51	43	35	29	26	25		6	12	–	–	–	–	–	1	–	–	–	–	**Cyclopentanethiol, 1-methyl-**		**Y1236**
85	29	41	31	57	27	43	67	**116**	100	58	57	37	35	32	28	20	**0.17**	6	12	2	–	–	–	–	–	–	–	–	–	**2H-Pyran-2-methanol, tetrahydro-**		**X1098**
85	41	57	43	29	55	67	31	**116**	100	38	27	25	23	22	21	15	**0.00**	6	12	2	–	–	–	–	–	–	–	–	–	**2H-Pyran-2-methanol, tetrahydro-**		**C1670**
85	43	41	57	56	44	45	55	**116**	100	43	32	30	14	13	13	11	**0.00**	6	12	2	–	–	–	–	–	–	–	–	–	**2-Furanmethanol, tetrahydro-5-methyl-, trans-**	54774-28-6	**S9610**
85	43	41	57	67	56	44	45	**116**	100	36	33	30	17	14	13	13	**0.00**	6	12	2	–	–	–	–	–	–	–	–	–	**Furfuryl alcohol, tetrahydro-5-methyl-, cis-**	16015-08-0	**R5982**
86	58	30	87	42	56	72	116	**116**	100	20	8	7	5	4	3	3		6	16	–	2	–	–	–	–	–	–	–	–	**1,2-Ethanediamine, N,N-diethyl-**	100-36-7	**P7355**
87	41	116	67	47	27	54	60	**116**	100	90	79	63	62	59	52	52		6	12	–	–	–	–	–	1	–	–	–	–	**Thiepane**	4753-80-4	**R0799**
87	41	116	67	47	27	61	60	**116**	100	88	80	63	61	59	54	53		6	12	–	–	–	–	–	1	–	–	–	–	**Thiepane**		**Y1227**
87	43	101	57	40	27	29	86	**116**	100	90	33	30	28	25	20	17	**0.00**	6	12	2	–	–	–	–	–	–	–	–	–	**1,3-Dioxolane, 2-ethyl-2-methyl-**	126-39-6	**P9492**
87	45	29	27	41	43	57	69	**116**	100	86	40	36	30	24	22	21	**0.10**	7	16	1	–	–	–	–	–	–	–	–	–	**3-Pentanol, 3-ethyl-**	597-49-9	**H0901**
87	45	43	116	41	27	88	28	**116**	100	78	23	22	12	10	6	5		6	16	–	2	–	–	–	–	–	–	–	–	**Hydrazine, 1,1-dipropyl-**	4986-50-9	**R0993**
87	45	69	41	57	43	29	27	**116**	100	78	24	20	16	15	13	7	**0.00**	7	16	1	–	–	–	–	–	–	–	–	–	**3-Pentanol, 3-ethyl-**	597-49-9	**Z0403**
87	45	116	27	41	39	101	59	**116**	100	30	27	26	24	20	15	13		6	12	–	–	–	–	–	1	–	–	–	–	**Thiophene, 2-ethyltetrahydro-**	1551-32-2	**H1198**
87	45	116	42	29	59	43	101	**116**	100	28	25	24	19	17	12	12		6	16	–	2	–	–	–	–	–	–	–	–	**Hydrazine, 1-ethyl-1-sec-butyl-**	20325-97-7	**R8621**

MASS TO CHARGE RATIOS								M.W.	INTENSITIES								Parent	C	H	O	N	Cl	Br	F	S	P	B	Si	X	COMPOUND NAME	CAS Reg No	No
87	59	31	18	41	29	57	72	**116**	100	53	47	43	42	29	28	22	**0.34**	6	12	2	–	–	–	–	–	–	–	–	–	1,3-Dioxolane, 2-ethyl-4-methyl-		**C0060**
87	59	31	41	29	57	28	42	**116**	100	66	56	50	31	29	24	22	**0.00**	6	12	2	–	–	–	–	–	–	–	–	–	1,3-Dioxolane, 2-ethyl-4-methyl-	4359-46-0	**R0357**
87	59	31	41	57	29	72	42	**116**	100	77	44	43	36	19	18	15	**0.15**	6	12	2	–	–	–	–	–	–	–	–	–	1,3-Dioxolane, 2-ethyl-4-methyl-		**00297**
87	116	45	43	41	28	31	27	**116**	100	46	40	28	18	14	14	13		6	16	–	2	–	–	–	–	–	–	–	–	Hydrazine, 1,2-dipropyl-	1615-83-4	**Q6335**
98	45	99	116	52	44	71	54	**116**	100	68	39	36	32	20	18	18		4	4	4	–	–	–	–	–	–	–	–	–	2-Butenedioic acid (E)-		**B1129**
101	41	116	39	45	69	67	27	**116**	100	88	76	57	49	47	45	42		6	12	–	–	–	–	–	1	–	–	–	–	2H-Thiopyran, tetrahydro-3-methyl-		**Y0567**
101	41	116	69	39	67	46	27	**116**	100	89	76	62	57	44	43	41		6	12	–	–	–	–	–	1	–	–	–	–	2H-Thiopyran, tetrahydro-3-methyl-	5258-50-4	**R1233**
101	59	116	41	74	27	61	67	**116**	100	40	38	30	30	24	24	24		6	12	–	–	–	–	–	1	–	–	–	–	Thiacyclopentane, 2,5-dimethyl-, trans-		**Y0573**
101	116	41	27	67	39	45	60	**116**	100	52	47	37	37	35	34	32		6	12	–	–	–	–	–	1	–	–	–	–	2H-Thiopyran, tetrahydro-2-methyl-		**Y0566**
101	116	41	67	27	39	45	87	**116**	100	52	46	37	37	36	33	33		6	12	–	–	–	–	–	1	–	–	–	–	2H-Thiopyran, tetrahydro-2-methyl-	5161-16-0	**R1162**
115	116	39	63	51	89	50	62	**116**	100	70	32	14	12	10	9	7		9	8	–	–	–	–	–	–	–	–	–	–	Benzene, 1,2-propadienyl-	2327-99-3	**06779**
115	116	63	28	89	51	62	50	**116**	100	77	14	9	8	8	7	7		9	8	–	–	–	–	–	–	–	–	–	–	Benzene, 1-propynyl-	673-32-5	**H1043**
115	116	117	63	89	114	62	65	**116**	100	83	8	6	6	3	3	2		9	8	–	–	–	–	–	–	–	–	–	–	Benzene, 1-propynyl-	673-32-5	**Q3653**
115	116	117	89	63	65	74	75	**116**	100	93	9	8	7	3	3	2		9	8	–	–	–	–	–	–	–	–	–	–	Benzene, 1-ethynyl-4-methyl-	766-97-2	**Q4036**
116	30	28	44	60	59	72	56	**116**	100	75	61	48	41	32	27	26		4	8	–	2	–	–	–	1	–	–	–	–	2(1H)-Pyrimidinethione, tetrahydro-	2055-46-1	**Q7300**
116	31	66	85	118	97	47	81	**116**	100	87	38	33	33	31	26	17		2	–	–	–	1	–	3	–	–	–	–	–	Ethylene, chlorotrifluoro-	79-38-9	**H0121**
116	43	72	44	42	28	59	117	**116**	100	57	53	41	27	20	15	6		4	12	–	4	–	–	–	–	–	–	–	–	2-Tetrazene, 1,1,4,4-tetramethyl-	6130-87-6	**R2080**
116	44	60	88	46	45	59	55	**116**	100	55	55	53	50	29	21	20		5	8	1	–	–	–	–	1	–	–	–	–	4H-Thiopyran-4-one, tetrahydro-	1072-72-6	**Q5194**
116	47	69	45	46	63	115	97	**116**	100	65	52	30	16	12	8	8		2	3	–	–	–	–	3	1	–	–	–	–	Methyl(trifluoromethyl) sulphide		**M0710**
116	57	56	42	29	43	87	30	**116**	100	96	80	75	48	37	36	36		5	12	1	2	–	–	–	–	–	–	–	–	1-Propanamine, N-ethyl-N-nitroso-		**M8812**
116	60	29	30	28	88	59	42	**116**	100	54	44	40	39	34	33	16		3	4	1	2	–	–	–	1	–	–	–	–	4-Imidazolidinone, 2-thioxo-	503-87-7	**Q1380**
116	60	42	41	43	61	57	59	**116**	100	71	67	51	39	39	36	29		4	8	–	2	–	–	–	1	–	–	–	–	2-Thiazolidinimine, 3-methyl-	3732-56-7	**Q9740**
116	60	42	61	46	55	45	41	**116**	100	38	29	26	25	21	16	12		5	8	1	–	–	–	–	1	–	–	–	–	2H-Thiopyran-3(4H)-one, dihydro-	19090-03-0	**R7968**
116	60	46	88	45	59	58	55	**116**	100	73	70	61	52	33	19	14		5	8	1	–	–	–	–	1	–	–	–	–	4H-Thiopyran-4-one, tetrahydro-		**L5476**
116	60	59	88	46	42	43	44	**116**	100	24	18	17	11	8	8	6		3	4	1	2	–	–	–	1	–	–	–	–	4-Imidazolidinone, 2-thioxo-	503-87-7	**09264**
116	71	45	39	69	72	115	118	**116**	100	93	46	16	15	14	9	9		4	4	–	–	–	–	–	2	–	–	–	–	2-Thiophenethiol		**Y0162**
116	71	45	69	72	39	58	118	**116**	100	80	32	13	12	12	12	9		4	4	–	–	–	–	–	2	–	–	–	–	3-Thiophenethiol		**00615**
116	74	41	87	45	73	39	44	**116**	100	99	87	77	70	64	59	58		6	12	–	–	–	–	–	1	–	–	–	–	Allyl propyl sulphide		**M6159**
116	74	43						**116**	100	93	51							2	4	–	4	–	–	–	1	–	–	–	–	1,2,4-Thiadiazole-3,5-diamine	34283-30-2	**S4604**
116	85	31	66	118	97	47	81	**116**	100	37	36	35	33	21	16	16		2	–	–	–	1	–	3	–	–	–	–	–	Ethylene, chlorotrifluoro-		**A0218**
116	101	41	55	61	67	45	46	**116**	100	96	89	70	66	65	61	58		6	12	–	–	–	–	–	1	–	–	–	–	2H-Thiopyran, tetrahydro-4-methyl-	5161-17-1	**R1163**
116	101	41	67	27	55	61	45	**116**	100	96	89	78	76	70	67	60		6	12	–	–	–	–	–	1	–	–	–	–	2H-Thiopyran, tetrahydro-4-methyl-		**Y0568**
116	115	63	39	89	57.5	117	114	**116**	100	85	15	11	10	10	9	9		9	8	–	–	–	–	–	–	–	–	–	–	1H-Indene		**W0056**
116	115	63	117	89	39	114	62	**116**	100	80	15	12	12	10	8	6		9	8	–	–	–	–	–	–	–	–	–	–	1H-Indene		**C0894**
116	115	63	117	89	62	51	65	**116**	100	76	12	12	10	6	5	4		9	8	–	–	–	–	–	–	–	–	–	–	1H-Indene	95-13-6	**P6909**
118	27	53	51	28	88	26	60	**116**	100	24	20	19	16	14	14	12	**9.31**	5	5	1	–	1	–	–	–	–	–	–	–	2-Cyclopenten-1-one, 3-chloro-	53102-14-0	**S8305**
29	41	57	30	27	43	39	60	**117**	100	84	63	51	38	30	26	22	**0.00**	5	11	2	1	–	–	–	–	–	–	–	–	Isopentyl nitrite		**D0243**
29	41	57	30	27	43	60	39	**117**	100	91	57	55	40	35	32	30	**0.01**	5	11	2	1	–	–	–	–	–	–	–	–	Isopentyl nitrite		**Y0814**
30	18	45	41	31	44	56	42	**117**	100	7	6	5	4	4	3	3	**0.00**	6	15	1	1	–	–	–	–	–	–	–	–	Hexanol, 6-amino-		**00713**
30	43	29	27	88	15	57	71	**117**	100	74	42	37	20	19	16	14	**0.00**	5	11	2	1	–	–	–	–	–	–	–	–	1,1-Dimethylpropyl nitrite		**D0245**
30	43	72	28	73	15	42	99	**117**	100	74	30	19	18	17	10	9	**4.20**	4	7	3	1	–	–	–	–	–	–	–	–	Glycine, N-acetyl-		**06251**
30	43	72	28	73	29	42	99	**117**	100	75	31	18	17	14	10	8	**4.00**	4	7	3	1	–	–	–	–	–	–	–	–	Glycine, N-acetyl-		**L1603**
30	45	28	56	55	42	44	31	**117**	100	14	9	8	8	8	7	6	**2.80**	5	11	2	1	–	–	–	–	–	–	–	–	Pentanoic acid, 5-amino-		**P0469**
30	45	31	41	44	56	87	29	**117**	100	8	4	3	3	2	2	2	**0.61**	6	15	1	1	–	–	–	–	–	–	–	–	Hexanol, 6-amino-		**02987**
41	42	40	39	56	27	17	26	**117**	100	98	92	89	62	32	32	30	**0.00**	5	11	2	1	–	–	–	–	–	–	–	–	Pentamide, 5-hydroxy-		**00298**
42	86	58	59	87				**117**	100	85	39	20	11				**0.00**	5	11	2	1	–	–	–	–	–	–	–	–	Acetamide, N-ethoxymethyl-		**M2517**
42	117	56	76	119	41	54	62	**117**	100	78	64	32	24	22	18	14		3	4	–	3	1	–	–	–	–	–	–	–	1H-1,2,4-Triazole, 3-chloro-5-methyl-	15285-15-1	**R5640**
43	28	15	117	46	73	89	27	**117**	100	30	23	18	14	12	12	10		3	3	2	1	–	–	–	1	–	–	–	–	1,3,4-Oxathiazol-2-one, 5-methyl-		**L1742**
43	29	30	27	57	41	71	28	**117**	100	95	92	73	68	43	26	23	**0.00**	5	11	2	1	–	–	–	–	–	–	–	–	1-Methylbutyl nitrite		**D0244**
43	41	27	29	39	55	42	54	**117**	100	69	41	37	26	26	18	15	**0.00**	5	11	2	1	–	–	–	–	–	–	–	–	Pentane, 1-nitro-	628-05-7	**Q3277**
43	41	56	55	85	57	42	44	**117**	100	27	18	15	14	14	12	8	**0.70**	6	15	1	1	–	–	–	–	–	–	–	–	Hydroxylamine, O-hexyl		**02536**
43	74	59	117	73	58			**117**	100	78	18	8	6	6				5	11	2	1	–	–	–	–	–	–	–	–	Pyran, 3-amino-4-hydroxytetrahydro-		**M8205**
44	29	42	45	43	74	41	30	**117**	100	9	8	4	3	2	2	1	**0.10**	5	11	2	1	–	–	–	–	–	–	–	–	L-Alanine, ethyl ester	3082-75-5	**H1382**
44	42	29	27	18	74	45	43	**117**	100	8	5	5	5	4	4	3	**0.00**	5	11	2	1	–	–	–	–	–	–	–	–	L-Alanine, ethyl ester	3082-75-5	**Q9000**

MASS TO CHARGE RATIOS								M.W.	INTENSITIES								Parent	C	H	O	N	Cl	Br	F	S	P	B	Si	X	COMPOUND NAME	CAS Reg No	No
44	43	74	30	42	59	56	41	**117**	100	98	64	62	44	31	30	14	**6.56**	3	7	2	3	–	–	–	–	–	–	–	–	**Urea, N-ethyl-N-nitroso-**	759-73-9	**Q3953**
44	88	45	31	73	29	43	28	**117**	100	77	62	53	47	33	28	25	**0.70**	5	11	2	1	–	–	–	–	–	–	–	–	**Propanamide, 3-ethoxy-**		**A0720**
46	45	42	43	28	32	14	44	**117**	100	77	57	57	51	50	38	29	**13.06**	3	3	2	1	–	–	–	1	–	–	–	–	**2,4-Thiazolidinedione**	2295-31-0	**Q7786**
58	31	117	45	42	59	30	72	**117**	100	9	6	6	6	4	3	3		6	15	1	1	–	–	–	–	–	–	–	–	**Ethylamine, N,N-dimethyl-2-ethoxy-**		**16248**
58	32	42	88	44	30	40	59	**117**	100	40	8	8	7	5	4	4	**3.00**	6	15	1	1	–	–	–	–	–	–	–	–	**2-Butanol, 1-(dimethylamino)-**	3760-96-1	**Q9783**
58	42	30	117	43	45	29	57	**117**	100	70	47	34	18	17	16	15		5	11	2	1	–	–	–	–	–	–	–	–	**Glycine, N,N-dimethyl-, methyl ester**	7148-06-3	**R2878**
58	42	44	51	15	30	18	59	**117**	100	26	26	15	14	11	10	10	**1.20**	5	11	2	1	–	–	–	–	–	–	–	–	**Methylaminium, 1-carboxy-N,N,N-trimethyl-**	107-43-7	**P8002**
58	42	59	55	73	72	84	102	**117**	100	45	35	31	14	12	12	1	**0.30**	5	11	2	1	–	–	–	–	–	–	–	–	**Glycine, trimethyl-**		**L4135**
58	117	42	45	59	44	30	41	**117**	100	10	6	4	4	3	2	2		6	15	1	1	–	–	–	–	–	–	–	–	**Propylamine, N,N-dimethyl-3-methoxy-**		**16233**
72	30	28	74	29	27	44	18	**117**	100	78	32	22	13	13	12	9	**0.36**	5	11	2	1	–	–	–	–	–	–	–	–	**L-Valine**		**P5416**
72	41	43	84	42	56	38	70	**117**	100	28	24	17	15	13	13	13	**2.20**	6	15	1	1	–	–	–	–	–	–	–	–	**2-Propanol, 1-isopropylamino-**		**B1273**
72	57	55	74	41	30	56	27	**117**	100	27	25	13	13	13	12	11	**0.20**	5	11	2	1	–	–	–	–	–	–	–	–	**L-Valine**		**06243**
72	74	28	55	57	29	75	30	**117**	100	34	31	30	29	21	16	12	**0.36**	5	11	2	1	–	–	–	–	–	–	–	–	**L-Valine**	72-18-4	**P5417**
74	28	43	44	30	59	29	27	**117**	100	62	45	42	31	27	27	15	**9.00**	3	7	2	3	–	–	–	–	–	–	–	–	**Urea, N-ethyl-N-nitroso-**	759-73-9	**Q3954**
75	86	47	59	42	41	43	56	**117**	100	49	43	42	42	17	12	11	**0.20**	5	11	2	1	–	–	–	–	–	–	–	–	**Aziridine, 2-(dimethoxymethyl)-**		**L7505**
77	82	41	79	55	39	102	49	**117**	100	44	39	32	22	20	15	13	**0.47**	5	8	–	1	1	–	–	–	–	–	–	–	**Butanenitrile, 3-chloro-3-methyl-**		**Z0411**
83	64	117	85	67	48	99	98	**117**	100	67	63	62	44	36	34	14		–	1	2	1	–	–	2	1	–	–	–	–	**Sulphamoyl fluoride, N-fluoro-**		**L3935**
85	15	58	42	117	28	59	31	**117**	100	71	63	53	41	32	31	24		4	7	3	1	–	–	–	–	–	–	–	–	**Propanoic acid, 2-(hydroxyimino)-, methyl ester**		**H1552**
85	15	58	42	117	31	28	57	**117**	100	59	58	29	22	21	20	20		4	7	3	1	–	–	–	–	–	–	–	–	**Propanoic acid, 2-(hydroxyimino)-, methyl ester**	5634-53-7	**H1550**
85	58	15	117	59	42	28	57	**117**	100	92	84	56	41	35	29	29		4	7	3	1	–	–	–	–	–	–	–	–	**Propanoic acid, 2-(hydroxyimino)-, methyl ester**	5634-53-7	**R1626**
86	58	30	28	42	29	56	102	**117**	100	38	28	12	11	10	9	8	**7.00**	6	15	1	1	–	–	–	–	–	–	–	–	**Ethanol, 2-(diethylamino)-**		**D1556**
86	58	56	117	57	87	72	74	**117**	100	58	16	12	9	9	8	7		6	15	1	1	–	–	–	–	–	–	–	–	**Ethanol, 2-(diethylamino)-**	100-37-8	**P7356**
91	65	103	51	77	92	50	63	**117**	100	16	12	10	9	9	4	4	**2.40**	8	7	–	1	–	–	–	–	–	–	–	–	**Benzyl isocyanide**		**15632**
116	117	90	89	39	63	91	51	**117**	100	99	72	37	20	17	15	11		8	7	–	1	–	–	–	–	–	–	–	–	**2,4,6-Cycloheptatriene-1-nitrile**	13612-59-4	**R4669**
116	117	90	89	91	77	118	78	**117**	100	98	72	36	15	8	8	4		8	7	–	1	–	–	–	–	–	–	–	–	**2,4,6-Cycloheptatriene-1-nitrile**	13612-59-4	**R4671**
117	44	90	64	89	41	43	55	**117**	100	92	38	36	28	25	19	18		8	7	–	1	–	–	–	–	–	–	–	–	**Indolizine**	274-40-8	**Q0169**
117	90	89	63	39	116	118	62	**117**	100	40	24	14	9	8	8	7		8	7	–	1	–	–	–	–	–	–	–	–	**1H-Indole**	120-72-9	**P9099**
117	90	89	63	118	116	39	62	**117**	100	42	25	11	9	8	5	5		8	7	–	1	–	–	–	–	–	–	–	–	**1H-Indole**	120-72-9	**P9097**
117	90	89	118	116	63	58.5	62	**117**	100	31	21	9	8	7	7	4		8	7	–	1	–	–	–	–	–	–	–	–	**1H-Indole**		**Y2458**
117	90	91	116	89	51	63	50	**117**	100	64	54	44	34	19	17	11		8	7	–	1	–	–	–	–	–	–	–	–	**Benzyl isocyanide**		**L3662**
117	90	91	116	89	51	63	65	**117**	100	63	53	42	32	18	16	14		8	7	–	1	–	–	–	–	–	–	–	–	**Benzyl isocyanide**	10340-91-7	**R3769**
117	90	116	89	51	39	63	50	**117**	100	38	37	23	18	15	13	12		8	7	–	1	–	–	–	–	–	–	–	–	**Benzyl cyanide**	140-29-4	**P9777**
117	90	116	89	51	39	63	118	**117**	100	50	38	25	14	12	11	10		8	7	–	1	–	–	–	–	–	–	–	–	**Benzyl cyanide**		**14658**
117	90	116	89	51	63	118	91	**117**	100	46	35	27	10	10	9	9		8	7	–	1	–	–	–	–	–	–	–	–	**Benzyl cyanide**		**05835**
117	90	116	89	63	42	91	118	**117**	100	62	58	39	15	10	9	9		8	7	–	1	–	–	–	–	–	–	–	–	**Benzene, 1-isocyano-2-methyl-**		**L3660**
117	90	116	89	63	43	118	91	**117**	100	62	58	38	14	10	10	9		8	7	–	1	–	–	–	–	–	–	–	–	**Benzene, 1-isocyano-2-methyl-**	10468-64-1	**R3867**
117	90	118	116	89	39	63	91	**117**	100	72	56	51	36	22	17	17		8	7	–	1	–	–	–	–	–	–	–	–	**2,4,6-Cycloheptatriene-1-nitrile**	13612-59-4	**R4670**
117	116	90	89	28	39	63	118	**117**	100	58	40	24	14	13	12	10		8	7	–	1	–	–	–	–	–	–	–	–	**Benzonitrile, 3-methyl-**		**14655**
117	116	90	89	28	39	63	118	**117**	100	59	39	24	15	13	13	10		8	7	–	1	–	–	–	–	–	–	–	–	**Benzonitrile, 4-methyl-**		**14656**
117	116	90	89	39	63	51	118	**117**	100	91	88	75	69	58	32	32		8	7	–	1	–	–	–	–	–	–	–	–	**Benzonitrile, 2-methyl-**	529-19-1	**Q1665**
117	116	90	89	39	63	51	118	**117**	100	54	29	20	19	13	8	8		8	7	–	1	–	–	–	–	–	–	–	–	**Benzonitrile, 3-methyl-**		**Y0511**
117	116	90	89	39	63	118	51	**117**	100	46	33	22	18	14	9	8		8	7	–	1	–	–	–	–	–	–	–	–	**Benzonitrile, 2-methyl-**		**Y0510**
117	116	90	89	39	63	118	51	**117**	100	54	27	19	17	13	9	8		8	7	–	1	–	–	–	–	–	–	–	–	**Benzonitrile, 4-methyl-**		**Y0512**
117	116	90	89	63	39	118	28	**117**	100	51	46	26	13	13	9	9		8	7	–	1	–	–	–	–	–	–	–	–	**Benzonitrile, 2-methyl-**		**14654**
117	116	90	89	63	51	91	50	**117**	100	84	35	28	16	10	10	9		8	7	–	1	–	–	–	–	–	–	–	–	**Benzene, 1-isocyano-4-methyl-**	7175-47-5	**R2908**
117	116	90	89	63	51	91	118	**117**	100	84	35	29	16	11	10	9		8	7	–	1	–	–	–	–	–	–	–	–	**Benzene, 1-isocyano-4-methyl-**		**L3661**
117	116	90	89	63	118	91	64	**117**	100	80	38	21	15	9	4	1		8	7	–	1	–	–	–	–	–	–	–	–	**Benzene, 1-isocyano-3-methyl-**	20600-54-8	**R8761**
15	59	45	31	29	28	43	30	**118**	100	80	28	17	16	11	4	4	**1.40**	4	6	4	–	–	–	–	–	–	–	–	–	**Oxalic acid, dimethyl ester**		**F0296**
18	28	17	26	56	27	14	29	**118**	100	78	27	20	18	16	6	4	**0.00**	4	6	4	–	–	–	–	–	–	–	–	–	**Succinic acid**	110-15-6	**H0425**
27	29	15	41	31	39	43	28	**118**	100	89	62	49	44	44	44	34	**0.00**	6	14	2	–	–	–	–	–	–	–	–	–	**Hydroperoxide, 1-methylpentyl**	24254-55-5	**S0509**
27	29	43	41	39	31	15	28	**118**	100	91	58	44	34	28	25	23	**0.00**	6	14	2	–	–	–	–	–	–	–	–	–	**Hydroperoxide, 1-ethylbutyl**	24254-56-6	**S0510**
28	58	88	31	29	44	43	45	**118**	100	47	45	26	25	23	19	17	**1.58**	5	10	3	–	–	–	–	–	–	–	–	–	**1,3,6-Trioxocane**	1779-19-7	**Q6730**
29	27	41	43	39	31	28	15	**118**	100	89	52	48	40	25	23	23	**0.00**	6	14	2	–	–	–	–	–	–	–	–	–	**Hydroperoxide, hexyl**	4312-76-9	**R0310**
29	43	27	45	75	19	28	46	**118**	100	71	54	51	37	33	18	15	**0.60**	5	10	3	–	–	–	–	–	–	–	–	–	**Lactic acid, ethyl ester**	97-64-3	**H0219**

MASS TO CHARGE RATIOS								M.W.	INTENSITIES								Parent	C	H	O	N	Cl	Br	F	S	P	B	Si	X	COMPOUND NAME	CAS Reg No	No
29	45	31	27	91	15	28	63	118	100	70	53	40	24	16	15	11	0.26	5	10	3	–	–	–	–	–	–	–	–	–	Carbonic acid, diethyl ester		Y0812
29	45	31	27	91	28	63	26	118	100	70	53	39	24	15	11	10	1.00	5	10	3	–	–	–	–	–	–	–	–	–	Carbonic acid, diethyl ester	105-58-8	P7802
31	42	41	67	57	55	29	54	118	100	93	89	48	47	43	42	36	0.00	6	14	2	–	–	–	–	–	–	–	–	–	1,6-Hexanediol	629-11-8	Q3336
31	44	60	29	43	32	72	27	118	100	88	86	38	34	18	16	16	0.00	4	6	4	–	–	–	–	–	–	–	–	–	Glycol diformate		01842
31	45	59	29	74	43	27	15	118	100	98	91	43	35	34	28	11	3.31	6	14	2	–	–	–	–	–	–	–	–	–	Ethane, 1,2-diethoxy-		02526
31	59	29	44	43	42	71	41	118	100	50	40	35	35	35	30	25	0.00	6	14	2	–	–	–	–	–	–	–	–	–	1-Butanol, 4-ethoxy-		M5274
31	59	29	45	27	74	43	15	118	100	71	58	43	33	27	15	14	0.98	6	14	2	–	–	–	–	–	–	–	–	–	Ethane, 1,2-diethoxy-		Y0823
31	59	29	87	15	45	74	28	118	100	39	31	27	21	19	18	12	0.60	4	6	4	–	–	–	–	–	–	–	–	–	Acetic acid, formyloxy-, methyl ester		M8072
32	31	118	29	59	44	43	30	118	100	46	37	12	11	10	9	8		2	6	2	4	–	–	–	–	–	–	–	–	Oxalic acid dihydrazide	996-98-5	Q4939
32	56	45	41	57	43	85	58	118	100	86	72	54	51	45	36	17	0.00	6	14	2	–	–	–	–	–	–	–	–	–	2,5-Hexanediol		C0950
39	38	118	120	37	79	81	36	118	100	26	25	24	21	7	6	5		3	3	–	–	–	1	–	–	–	–	–	–	1-Propyne, 3-bromo-	106-96-7	H0351
39	118	120	38	37	81	79	119	118	100	59	57	25	15	7	7	5		3	3	–	–	–	1	–	–	–	–	–	–	1-Propyne, 3-bromo-		Z0419
41	42	55	53	39	56	67	69	118	100	71	71	41	39	37	37	37	18.00	6	11	–	–	1	–	–	–	–	–	–	–	2-Hexene, 1-chloro-	35911-16-1	S5114
41	43	75	27	47	55	39	118	118	100	99	78	44	42	39	38	32		6	14	–	–	–	–	–	1	–	–	–	–	3-Pentanethiol, 2-methyl-		L0444
41	43	75	27	74	47	55	39	118	100	99	78	44	43	42	39	38	31.80	6	14	–	–	–	–	–	1	–	–	–	–	3-Pentanethiol, 2-methyl-		Y1244
41	55	67	31	42	70	43	56	118	100	89	79	78	63	57	53	41	0.00	6	14	2	–	–	–	–	–	–	–	–	–	1,5-Pentanediol, 3-methyl-	4457-71-0	R0472
41	69	63	118	39	55	27	28	118	100	68	59	51	33	30	28	22		5	10	1	–	–	–	–	1	–	–	–	–	2H-Thiopyran, tetrahydro-, 1-oxide	4988-34-5	R0995
42	41	31	67	57	55	54	70	118	100	95	87	66	50	47	37	35	0.00	6	14	2	–	–	–	–	–	–	–	–	–	1,6-Hexanediol	629-11-8	Q3335
42	41	67	55	57	70	54	29	118	100	86	67	49	48	47	42	35	0.01	6	14	2	–	–	–	–	–	–	–	–	–	1,6-Hexanediol		C1379
42	43	73	30	44	45	39	118	118	100	55	33	20	19	18	14	14		3	6	3	2	–	–	–	–	–	–	–	–	Glycine, N-methyl-N-nitroso-	13256-22-9	R4391
42	44	55	90	40	83	53	67	118	100	96	63	59	48	27	26	26	11.00	6	11	–	–	1	–	–	–	–	–	–	–	1-Hexene, 3-chloro-	53101-38-5	S8302
42	44	57	103	56	118	29	30	118	100	84	76	58	35	33	33	19		4	10	2	2	–	–	–	–	–	–	–	–	Nitramide, N,N-diethyl-		03850
43	29	31	27	41	42	28	118	118	100	44	39	25	17	12	12	11		6	14	2	–	–	–	–	–	–	–	–	–	Peroxide, dipropyl	29914-92-9	09310
43	31	41	76	118	27	42	45	118	100	10	10	10	9	8	6	5		6	14	2	–	–	–	–	–	–	–	–	–	Peroxide, diisopropyl	16642-57-2	R6294
43	31	45	29	74	71	42	59	118	100	71	58	52	51	28	21	18	0.00	5	10	3	–	–	–	–	–	–	–	–	–	Butanoic acid, 3-hydroxy-, methyl ester	1487-49-6	Q6103
43	41	29	56	57	61	27	42	118	100	29	22	22	19	18	15	15	7.50	6	14	2	–	–	–	–	–	–	–	–	–	Peroxide, diisopropyl	16642-57-2	09311
43	41	42	27	103	47	118	61	118	100	58	55	52	44	42	38	37		6	14	–	–	–	–	–	1	–	–	–	–	Isopropyl propyl sulphide		Y1023
43	41	55	27	47	118	85	75	118	100	65	59	47	43	40	33	32		6	14	–	–	–	–	–	1	–	–	–	–	3-Hexanethiol	1633-90-5	H1212
43	41	56	27	55	39	42	29	118	100	53	33	32	28	27	26	24	19.60	6	14	–	–	–	–	–	1	–	–	–	–	1-Pentanethiol, 2-methyl-		Y1242
43	41	71	27	118	103	39	47	118	100	36	36	18	15	8	8	8		5	10	1	–	–	–	–	1	–	–	–	–	Butanethioic acid, S-methyl ester	2432-51-1	Q8049
43	41	85	27	75	39	29	69	118	100	52	52	29	29	27	18	18	14.00	6	14	–	–	–	–	–	1	–	–	–	–	2-Pentanethiol, 2-methyl-	1633-97-2	Q6384
43	41	85	75	39	69	27	118	118	100	51	46	28	20	20	15	14		6	14	–	–	–	–	–	1	–	–	–	–	2-Pentanethiol, 2-methyl-		Y2084
43	45	58	29	31	42	27	73	118	100	48	42	10	4	4	3	3	0.00	5	10	3	–	–	–	–	–	–	–	–	–	Acetic acid, 2-methoxyethyl ester	110-49-6	P8374
43	45	58	29	31	42	44	73	118	100	52	41	17	6	5	4	4	0.00	5	10	3	–	–	–	–	–	–	–	–	–	Acetic acid, 2-methoxyethyl ester	110-49-6	H0432
43	45	59	73	41	75	31	58	118	100	99	45	31	19	18	17	11	0.18	6	14	2	–	–	–	–	–	–	–	–	–	2-Propanol, 1-isopropoxy-		Z0424
43	45	73	59	31	41	57	27	118	100	88	46	27	22	21	19	13	0.24	6	14	2	–	–	–	–	–	–	–	–	–	2-Propanol, 1-propoxy-		Z0422
43	55	85	27	41	29	39	89	118	100	61	54	43	42	32	24	23	16.00	6	14	–	–	–	–	–	1	–	–	–	–	3-Pentanethiol, 3-methyl-	1639-03-8	Q6408
43	58	45	59	31	73	42	44	118	100	53	52	4	4	4	3	3	0.00	5	10	3	–	–	–	–	–	–	–	–	–	Acetic acid, 2-methoxyethyl ester		C2129
43	59	45	60	75	42	58	44	118	100	74	26	19	12	8	6	6	0.10	5	10	3	–	–	–	–	–	–	–	–	–	Acetic acid, 1-methoxyethyl ester	4382-77-8	R0383
43	61	41	27	55	42	118	29	118	100	69	61	50	40	37	36	32		6	14	–	–	–	–	–	1	–	–	–	–	2-Hexanethiol	1679-06-7	H1221
43	61	41	103	27	118	39	76	118	100	90	51	47	40	35	34	20		6	14	–	–	–	–	–	1	–	–	–	–	Diisopropyl sulphide	625-80-9	Q3194
43	61	41	103	118	39	76	27	118	100	90	44	41	32	25	20	20		6	14	–	–	–	–	–	1	–	–	–	–	Diisopropyl sulphide		Y1717
43	69	41	84	61	27	39	85	118	100	90	83	62	61	43	38	19	9.16	6	14	–	–	–	–	–	1	–	–	–	–	2-Pentanethiol, 4-methyl-		Y1243
43	71	41	55	27	39	72	29	118	100	62	53	39	37	35	34	29	0.00	6	14	–	–	–	–	–	1	–	–	–	–	3-Pentanethiol, 3-methyl-	1639-03-8	Q6409
43	71	55	41	118	27	39	29	118	100	58	34	34	29	27	23	22		6	14	–	–	–	–	–	1	–	–	–	–	Methyl 1,1-dimethylpropyl sulphide	13286-92-5	H1706
43	73	31	29	58	59	27	42	118	100	61	50	37	37	33	22	20	0.00	6	14	2	–	–	–	–	–	–	–	–	–	Propane, 2-ethoxy-2-methoxy-	29328-22-1	S2422
43	73	32	42	44	31	45	59	118	100	25	21	13	10	7	5	3	0.00	4	6	4	–	–	–	–	–	–	–	–	–	Acetic acid, acetoxy-		C0926
43	75	41	85	74	39	69	118	118	100	95	89	41	32	29	26	21		6	14	–	–	–	–	–	1	–	–	–	–	2-Butanethiol, 2,3-dimethyl-		Y2085
43	75	41	85	74	69	39	118	118	100	93	89	43	31	30	29	20		6	14	–	–	–	–	–	1	–	–	–	–	2-Butanethiol, 2,3-dimethyl-	1639-01-6	Q6407
43	75	47	118	41	59	58	45	118	100	78	69	25	13	13	12	11		5	10	1	–	–	–	–	1	–	–	–	–	Acetone, (ethylthio)-	20996-62-7	R9032
43	76	41	118	61	74	75	42	118	100	50	33	19	8	8	8	6		6	15	–	–	–	–	–	–	1	–	–	–	Phosphine, diisopropyl-	20491-53-6	R8697
43	76	41	118	63	74	75	47	118	100	49	34	19	9	9	9	8		6	15	–	–	–	–	–	–	1	–	–	–	Phosphine, diisopropyl-	20491-53-6	R8696
43	89	41	27	47	42	118	76	118	100	86	66	63	62	61	55	48		6	14	–	–	–	–	–	1	–	–	–	–	Dipropyl sulphide	111-47-7	P8534
43	89	42	41	47	76	118	27	118	100	83	75	58	55	53	52	34		6	14	–	–	–	–	–	1	–	–	–	–	Dipropyl sulphide	111-47-7	P8533
43	118	41	74	42	47	39	27	118	100	17	12	10	10	7	6	5		5	10	1	–	–	–	–	1	–	–	–	–	Thioacetic acid, S-propyl ester	2307-10-0	Q7811
43	118	41	76	74	39	59	61	118	100	23	21	13	9	9	7	7		5	10	1	–	–	–	–	1	–	–	–	–	Thioacetic acid, S-isopropyl ester	926-73-8	Q4574

MASS TO CHARGE RATIOS								M.W.	INTENSITIES								Parent	C	H	O	N	Cl	Br	F	S	P	B	Si	X	COMPOUND NAME	CAS Reg No	No
43	118	76	42	60	59	44	15	**118**	100	32	21	16	13	9	8	7		3	6	1	2	–	–	–	1	–	–	–	–	**Thiourea, 1-acetyl-**	591-08-2	**Q2436**
44	31	29	60	43	32	45	30	**118**	100	99	63	55	25	14	13	6	**0.00**	4	6	4	–	–	–	–	–	–	–	–	–	**Glycol diformate**		**X0533**
44	31	59	71	15	28	29	103	**118**	100	97	78	58	49	43	43	23	**12.01**	4	10	2	2	–	–	–	–	–	–	–	–	**Carbazic acid, 3-ethyl-, methyl ester**		**P2810**
44	46	45	31	28	29	42	43	**118**	100	55	53	18	11	11	7	7	**0.00**	2	2	4	2	–	–	–	–	–	–	–	–	**Hydrazine, methyl-, oxalate**	32064-64-5	**S3462**
45	28	87	88	29	103	58	59	**118**	100	37	33	32	29	28	27	22	**0.11**	5	10	3	–	–	–	–	–	–	–	–	–	**Propanoic acid, 3-methoxy-, methyl ester**		**C1018**
45	29	27	19	43	75	28	46	**118**	100	21	10	8	7	6	5	3	**0.00**	5	10	3	–	–	–	–	–	–	–	–	–	**Lactic acid, ethyl ester**		**F0284**
45	29	31	41	71	27	28	43	**118**	100	24	22	22	17	15	10	9	**0.00**	6	14	2	–	–	–	–	–	–	–	–	–	**1-Pentanol, 5-methoxy-**	4799-62-6	**R0828**
45	29	31	91	28	44	27	63	**118**	100	91	67	52	40	33	33	21	**1.20**	5	10	3	–	–	–	–	–	–	–	–	–	**Carbonic acid, diethyl ester**		**G0079**
45	43	59	28	41	73	31	27	**118**	100	84	43	30	22	21	19	14	**0.00**	6	14	2	–	–	–	–	–	–	–	–	–	**2-Propanol, 1-isopropoxy-**	3944-36-3	**Q9948**
45	46	28	43	29	27	44	31	**118**	100	59	55	22	16	12	11	10	**0.37**	5	10	3	–	–	–	–	–	–	–	–	–	**Lactic acid, ethyl ester**		**03652**
45	56	41	43	85	29	27	58	**118**	100	94	69	61	30	21	19	19	**0.00**	6	14	2	–	–	–	–	–	–	–	–	–	**2,5-Hexanediol**		**D0611**
45	57	41	29	103	28	39	73	**118**	100	37	27	18	17	13	9	8	**0.00**	6	14	2	–	–	–	–	–	–	–	–	–	**Methane, tert-butoxymethoxy-**	24209-75-4	**S0501**
45	58	71	41	103	29	28	86	**118**	100	81	10	8	8	8	7	7	**0.00**	6	14	2	–	–	–	–	–	–	–	–	–	**Butane, 1,4-dimethoxy-**	13179-96-9	**R4321**
45	58	86	71	41	103	55	43	**118**	100	88	10	10	9	8	7	6	**0.00**	6	14	2	–	–	–	–	–	–	–	–	–	**Butane, 1,4-dimethoxy-**		**02459**
45	59	60	41	58	42	85	43	**118**	100	60	13	11	10	7	7	6	**0.00**	5	10	3	–	–	–	–	–	–	–	–	–	**Butanoic acid, 4-methoxy-**	29006-02-8	**S2300**
45	73	29	27	31	47	103	44	**118**	100	48	39	24	19	17	14	8	**0.00**	6	14	2	–	–	–	–	–	–	–	–	–	**Ethane, 1,1-diethoxy-**		**Y1116**
45	73	29	27	31	47	103	44	**118**	100	45	38	25	18	17	15	8	**0.00**	6	14	2	–	–	–	–	–	–	–	–	–	**Ethane, 1,2-diethoxy-**	629-14-1	**Q3337**
45	73	29	27	47	43	103	15	**118**	100	52	28	21	19	16	14	13	**0.00**	6	14	2	–	–	–	–	–	–	–	–	–	**Ethane, 1,1-diethoxy-**		**Y1092**
45	73	43	47	29	103	27	31	**118**	100	56	19	18	15	15	8	7	**0.00**	6	14	2	–	–	–	–	–	–	–	–	–	**Ethane, 1,1-diethoxy-**		**Z0417**
45	87	43	59	41	31	27	69	**118**	100	40	38	18	14	12	7	5	**0.05**	6	14	2	–	–	–	–	–	–	–	–	–	**1-Propanol, 2-isopropoxy-**		**Z0426**
45	88	28	29	27	42	61	31	**118**	100	24	22	17	6	6	5	5	**0.63**	5	10	3	–	–	–	–	–	–	–	–	–	**Acetic acid, methoxy-, ethyl ester**		**03657**
46	41	74	118	103	45	43	27	**118**	100	97	90	78	67	43	35	25		5	10	1	–	–	–	–	1	–	–	–	–	**1,3-Oxathiane, 2-methyl-**	19134-37-3	**R7990**
46	118	60	55	74	43	47	54	**118**	100	96	63	59	36	34	33	30		5	10	1	–	–	–	–	1	–	–	–	–	**1,3-Oxathiane, 6-methyl-**	30098-75-0	**S2798**
48	83	36	32	64	35	85	28	**118**	100	98	70	50	46	41	36	23	**9.81**	–	–	1	–	2	–	–	1	–	–	–	–	**Thionyl chloride**	7719-09-7	**R3431**
48	83	36	120	32	64	35	85	**118**	100	98	70	68	50	46	41	36	**9.81**	–	–	1	–	2	–	–	1	–	–	–	–	**Thionyl chloride**	7719-09-7	**H1664**
54	39	27	53	64	26	48	50	**118**	100	88	71	57	29	22	21	19	**2.97**	4	6	2	–	–	–	–	1	–	–	–	–	**3-Sulpholene**	77-79-2	**P5836**
54	64	39	53	27	48	51	50	**118**	100	72	71	51	40	21	16	15	**1.90**	4	6	2	–	–	–	–	1	–	–	–	–	**3-Sulpholene**		**C1616**
55	45	74	28	100	73	27	29	**118**	100	82	70	66	59	56	53	39	**0.11**	4	6	4	–	–	–	–	–	–	–	–	–	**Succinic acid**		**D1244**
55	47	103	101	75	73	61	29	**118**	100	91	86	78	56	56	55	47	**0.00**	6	14	2	–	–	–	–	–	–	–	–	–	**Butane, 1,1-dimethoxy-**		**01844**
56	41	27	43	55	29	42	47	**118**	100	65	58	57	43	40	40	33	**23.40**	6	14	–	–	–	–	–	1	–	–	–	–	**1-Hexanethiol**		**Y1383**
56	41	43	27	39	75	42	118	**118**	100	92	83	72	50	29	27	25		6	11	–	–	1	–	–	–	–	–	–	–	**1-Hexene, (E)-1-chloro-**	50586-19-1	**S7336**
56	41	43	27	42	55	47	29	**118**	100	56	53	40	38	38	28	28	**26.32**	6	14	–	–	–	–	–	1	–	–	–	–	**1-Hexanethiol**	111-31-9	**H0460**
56	41	43	27	118	39	47	69	**118**	100	40	40	23	21	17	15	14		6	14	–	–	–	–	–	1	–	–	–	–	**1-Pentanethiol, 4-methyl-**		**Y1235**
56	43	41	57	69	29	55	42	**118**	100	96	79	63	61	40	39	35	**0.10**	7	15	–	–	–	–	1	–	–	–	–	–	**Heptane, 1-fluoro-**		**L0494**
56	43	41	57	69	70	29	55	**118**	100	96	79	63	61	47	40	39	**0.12**	7	15	–	–	–	–	1	–	–	–	–	–	**Heptane, 1-fluoro-**		**Z0432**
56	45	41	43	57	55	29	59	**118**	100	41	32	22	12	10	10	9	**0.00**	6	14	2	–	–	–	–	–	–	–	–	–	**2,4-Pentanediol, 3-methyl-**	5683-44-3	**R1671**
56	45	85	41	43	58	44	57	**118**	100	70	58	39	36	22	21	15	**0.00**	6	14	2	–	–	–	–	–	–	–	–	–	**2,5-Hexanediol**	2935-44-6	**Q8849**
56	57	44	43	100	82	55	72	**118**	100	99	94	91	60	59	56	54	**10.80**	5	10	3	–	–	–	–	–	–	–	–	–	**1,2,4-Cyclopentanetriol, (1α,2β,4α)-**	42142-32-5	**S6868**
57	29	118	27	61	58	56	45	**118**	100	50	38	18	7	6	5	5		5	10	1	–	–	–	–	1	–	–	–	–	**Thiopropanoic acid, S-ethyl-**		**X1843**
57	41	29	27	118	56	39	59	**118**	100	47	36	27	23	20	16	8		6	14	–	–	–	–	–	1	–	–	–	–	**Ethyl tert-butyl sulphide**		**Y0922**
57	41	45	28	29	56	31	71	**118**	100	41	37	35	31	22	21	19	**0.00**	6	14	2	–	–	–	–	–	–	–	–	–	**Ethanol, 2-butoxy-**		**D0612**
57	44	82	100	72	81	43	60	**118**	100	85	76	58	54	39	25	25	**0.70**	5	10	3	–	–	–	–	–	–	–	–	–	**1,2,3-Cyclopentanetriol**	56772-27-1	**08494**
57	45	41	29	87	56	73	27	**118**	100	33	31	31	20	18	13	13	**5.12**	6	14	2	–	–	–	–	–	–	–	–	–	**Ethanol, 2-butoxy-**		**C1807**
57	45	41	29	87	56	75	27	**118**	100	37	26	26	19	8	8	7	**0.50**	6	14	2	–	–	–	–	–	–	–	–	–	**Ethanol, 2-butoxy-**	111-76-2	**P8591**
57	59	41	29	56	103	45	31	**118**	100	60	42	22	18	17	14	10	**0.00**	6	14	2	–	–	–	–	–	–	–	–	–	**Ethanol, 2-tert-butoxy-**	7580-85-0	**R3303**
57	59	103	41	29	45	31	56	**118**	100	70	31	22	14	14	12	11	**0.00**	6	14	2	–	–	–	–	–	–	–	–	–	**Ethanol, 2-tert-butoxy-**	7580-85-0	**R3304**
57	101	45	41	29	43	56	58	**118**	100	56	33	19	13	9	6	5	**0.00**	6	14	2	–	–	–	–	–	–	–	–	–	**Propane, 1,1-dimethoxy-2-methyl-**		**01845**
59	15	45	29	118	31	28	30	**118**	100	32	30	17	7	5	4	4		4	6	4	–	–	–	–	–	–	–	–	–	**Oxalic acid, dimethyl ester**	553-90-2	**Q1986**
59	28	31	33	41	32	29	58	**118**	100	43	37	16	14	8	7	6	**0.45**	5	10	3	–	–	–	–	–	–	–	–	–	**Butanoic acid, 2-hydroxy-, methyl ester**		**03665**
59	31	41	29	27	57	58	60	**118**	100	46	17	10	10	5	5	5	**0.23**	5	10	3	–	–	–	–	–	–	–	–	–	**Butanoic acid, 2-hydroxy-, methyl ester**		**C0191**
59	43	31	28	41	15	45	29	**118**	100	54	41	32	24	24	18	11	**0.88**	5	10	3	–	–	–	–	–	–	–	–	–	**Lactic acid, 2-methyl-, methyl ester**		**D0936**
59	43	31	41	28	60	58	103	**118**	100	30	20	8	8	3	3	3	**0.14**	5	10	3	–	–	–	–	–	–	–	–	–	**Lactic acid, 2-methyl-, methyl ester**		**03664**
59	43	31	41	60	29	103	32	**118**	100	86	74	55	21	20	17	16	**0.00**	5	10	3	–	–	–	–	–	–	–	–	–	**Lactic acid, 2-methyl-, methyl ester**	2110-78-3	**Q7391**
59	43	41	31	57	85	58	42	**118**	100	22	16	14	14	14	12	6	**0.02**	6	14	2	–	–	–	–	–	–	–	–	–	**Pinacol**		**F0120**
59	43	41	57	85	58	42	44	**118**	100	25	11	10	9	3	2	2	**0.20**	6	14	2	–	–	–	–	–	–	–	–	–	**Pinacol**	76-09-5	**P5683**

MASS TO CHARGE RATIOS								M.W.	INTENSITIES								Parent	C	H	O	N	Cl	Br	F	S	P	B	Si	X	COMPOUND NAME	CAS Reg No	No
59	43	41	57	85	58	60	42	**118**	100	25	11	10	9	4	3	2	**0.20**	6	14	2	–	–	–	–	–	–	–	–	–	**Pinacol**	76-09-5	**P5684**
59	43	56	41	45	31	42	29	**118**	100	87	27	24	24	18	17	15	**0.00**	6	14	2	–	–	–	–	–	–	–	–	–	**2,4-Pentanediol, 2-methyl-**	107-41-5	**H0364**
59	43	56	41	45	31	57	42	**118**	100	77	30	28	22	15	14	14	**0.00**	6	14	2	–	–	–	–	–	–	–	–	–	**2,4-Pentanediol, 2-methyl-**		**D0584**
59	43	56	41	45	57	42	61	**118**	100	82	38	29	24	16	16	12	**0.03**	6	14	2	–	–	–	–	–	–	–	–	–	**2,4-Pentanediol, 3-methyl-**		**C0262**
59	43	56	45	41	42	57	85	**118**	100	61	25	17	16	13	13	11	**0.00**	6	14	2	–	–	–	–	–	–	–	–	–	**2,4-Pentanediol, 2-methyl-**	107-41-5	**P8001**
59	44	71	42	43	41	55	72	**118**	100	53	45	44	43	40	38	33	**0.00**	6	14	2	–	–	–	–	–	–	–	–	–	**1-Butanol, 4-ethoxy-**	111-73-9	**P8586**
59	45	29	31	43	30	44	118	**118**	100	34	26	12	7	6	5	4		4	6	4	–	–	–	–	–	–	–	–	–	**Oxalic acid, dimethyl ester**	553-90-2	**Q1987**
59	45	86	71	41	43	55	39	**118**	100	99	40	35	18	16	11	7	**0.00**	6	14	2	–	–	–	–	–	–	–	–	–	**Butane, 1,3-dimethoxy-**		**02463**
59	61	43	103	29	31	88	41	**118**	100	40	40	18	17	17	17	15	**0.09**	5	10	3	–	–	–	–	–	–	–	–	–	**Butanoic acid, 3-methoxy-**		**Z0428**
59	73	58	43	103	118	31	45	**118**	100	82	58	45	22	18	13	12		4	14	–	–	–	–	–	–	–	–	2	–	**Disilane, tetramethyl-**	74645-91-3	**T8242**
59	85	117	42	74	43	58	41	**118**	100	43	32	26	22	21	20	14	**0.00**	5	10	3	–	–	–	–	–	–	–	–	–	**Butanoic acid, 3-hydroxy-3-methyl-**	625-08-1	**Q3172**
60	57	61	118	58	56	44	59	**118**	100	88	77	67	50	36	17	16		3	6	1	2	–	–	–	1	–	–	–	–	**Acetamide, 2-(methylamino)-2-thioxo-**	16890-70-3	**R6522**
60	118	43	59	45	103	28	74	**118**	100	61	31	30	15	13	7	3		5	10	1	–	–	–	–	1	–	–	–	–	**1,3-Oxathiolane, 2,2-dimethyl-**		**05520**
61	70	42	118	41	27	55	65	**118**	100	58	54	53	42	41	41	39		6	14	–	–	–	–	–	1	–	–	–	–	**Methyl pentyl sulphide**	1741-83-9	**H1249**
62	90	61	118	57	59	44	103	**118**	100	76	74	54	46	45	28	23		6	15	–	–	–	–	–	–	1	–	–	–	**Phosphine, triethyl-**	554-70-1	**Q2002**
62	90	61	118	57	59	45	103	**118**	100	76	73	53	47	46	29	23		6	15	–	–	–	–	–	–	1	–	–	–	**Phosphine, triethyl-**		**04774**
62	90	118	61	59	74	103	29	**118**	100	85	61	60	34	34	31	19		6	15	–	–	–	–	–	–	1	–	–	–	**Phosphine, triethyl-**	554-70-1	**Q2001**
67	41	39	55	27	82	42	54	**118**	100	92	76	49	45	38	32	26	**3.31**	6	11	–	–	1	–	–	–	–	–	–	–	**1-Hexene, 5-chloro-**		**C0989**
67	82	41	55	39	27	54	83	**118**	100	73	62	46	45	45	44	30	**2.60**	6	11	–	–	1	–	–	–	–	–	–	–	**Cyclohexane, chloro-**	542-18-7	**H0809**
67	82	55	41	54	83	39	27	**118**	100	79	40	37	30	29	18	13	**4.70**	6	11	–	–	1	–	–	–	–	–	–	–	**Cyclohexane, chloro-**	542-18-7	**Q1843**
68	83	56	55	84	41	39	54	**118**	100	49	26	25	18	13	8	8	**2.12**	6	11	–	–	1	–	–	–	–	–	–	–	**Cyclohexane, chloro-**		**D0295**
69	84	55	41	27	56	28	47	**118**	100	78	66	65	56	52	50	48	**23.52**	6	14	–	–	–	–	–	1	–	–	–	–	**1-Pentanethiol, 3-methyl-**	1633-88-1	**H1210**
69	87	41	43	61	45	31	57	**118**	100	45	43	26	18	14	12	12	**0.05**	6	14	2	–	–	–	–	–	–	–	–	–	**1,2-Hexanediol**		**Z0433**
70	55	61	118	27	41	43	39	**118**	100	79	74	48	48	44	30	28		6	14	–	–	–	–	–	1	–	–	–	–	**Methyl 3-methylbutyl sulphide**	13286-90-3	**H1705**
74	44	45	75	47	60	118	59	**118**	100	34	29	23	21	21	19	17		3	6	1	2	–	–	–	1	–	–	–	–	**Acetamide, 2-amino-N-methyl-2-thioxo-**	41168-87-0	**S6576**
74	60	37	44	36	75	118	61	**118**	100	45	42	28	18	17	17	16		4	6	2	–	–	–	–	1	–	–	–	–	**1,4-Oxathian-2-one**	5512-70-9	**09466**
75	41	47	56	27	29	118	57	**118**	100	44	43	42	41	40	33	30		6	14	–	–	–	–	–	1	–	–	–	–	**Ethyl isobutyl sulphide**		**Y1025**
75	41	47	56	27	118	57	39	**118**	100	44	43	42	41	33	30	21		6	14	–	–	–	–	–	1	–	–	–	–	**Ethyl isobutyl sulphide**	1613-45-2	**Q6325**
75	43	41	118	27	55	71	39	**118**	100	46	30	27	26	24	19	18		6	14	–	–	–	–	–	1	–	–	–	–	**Methyl 1,2-dimethylpropyl sulphide**	53897-51-1	**H2015**
75	47	43	59	31	29	45	87	**118**	100	85	61	48	39	25	14	10	**0.00**	5	10	3	–	–	–	–	–	–	–	–	–	**2-Propanone, 1,1-dimethoxy-**	6342-56-9	**R2260**
75	56	29	47	41	118	62	27	**118**	100	66	56	54	52	51	46	45		6	14	–	–	–	–	–	1	–	–	–	–	**Butyl ethyl sulphide**	638-46-0	**Q3498**
75	73	76	59	47	43	45	101	**118**	100	20	8	6	5	4	4	4	**0.00**	5	14	1	–	–	–	–	–	–	–	1	–	**Ethanol, 2-(trimethylsilyl)-**	2916-68-9	**Q8817**
75	87	55	47	31	45	41	71	**118**	100	31	19	18	13	9	6	5	**0.00**	6	14	2	–	–	–	–	–	–	–	–	–	**Propane, 1,1-dimethoxy-2-methyl-**	41632-89-7	**S6705**
75	87	55	47	45	41	71	43	**118**	100	36	19	8	8	7	7	5	**0.00**	6	14	2	–	–	–	–	–	–	–	–	–	**Propane, 1,1-dimethoxy-2-methyl-**		**B0497**
75	103	45	47	73	43	104	76	**118**	100	87	31	16	13	11	8	8	**0.00**	4	10	2	–	–	–	–	–	–	–	1	–	**Formic acid, trimethylsilyl ester**	18243-21-5	**R7450**
75	118	56	29	27	62	47	41	**118**	100	66	64	62	60	51	48	39		6	14	–	–	–	–	–	1	–	–	–	–	**Butyl ethyl sulphide**		**Y0557**
77	45	59	43	41	42	28	27	**118**	100	79	67	42	29	28	23	20	**0.00**	5	10	3	–	–	–	–	–	–	–	–	–	**Carbonic acid, methyl propyl ester**		**M6648**
78	55	56	51	57	52	69	77	**118**	100	96	89	55	48	35	23	20	**0.00**	6	14	2	–	–	–	–	–	–	–	–	–	**Hydroperoxide, hexyl**	4312-76-9	**09910**
83	41	55	67	39	103	27	43	**118**	100	71	64	44	39	22	19	11	**1.63**	6	11	–	–	1	–	–	–	–	–	–	–	**Cyclopropane, 1-chloro-1,2,2-trimethyl-**	21181-46-4	**R9146**
83	53	27	55	29	39	51	26	**118**	100	61	46	29	26	19	17	13	**4.14**	5	7	1	–	1	–	–	–	–	–	–	–	**2H-Pyran, 4-chloro-3,6-dihydro-**	24265-21-2	**06968**
83	55	41	67	27	39	103	28	**118**	100	87	66	50	40	32	18	18	**8.65**	6	11	–	–	1	–	–	–	–	–	–	–	**Cyclopropane, 1-chloro-1,2,3-trimethyl-**	61177-20-6	**T5553**
83	85	33	87	49	31	63	51	**118**	100	37	30	11	5	5	5	5	**0.21**	2	2	–	–	1	–	3	–	–	–	–	–	**Ethane, 1-chloro-1,1,2-trifluoro-**		**A0220**
83	85	47	35	48	49	87	37	**118**	100	64	35	19	16	12	10	6	**1.90**	1	1	–	–	3	–	–	–	–	–	–	–	**Chloroform**	67-66-3	**P5304**
83	85	47	35	48	49	87	37	**118**	100	63	39	22	17	13	10	7	**1.86**	1	1	–	–	3	–	–	–	–	–	–	–	**Chloroform**		**Y0691**
83	85	47	87	48	49	50	82	**118**	100	65	20	11	10	7	3	3	**2.40**	1	1	–	–	3	–	–	–	–	–	–	–	**Chloroform**		**A0112**
83	118	67	119	64	48	32	99	**118**	100	56	22	20	17	15	12	7		–	–	2	–	1	–	1	1	–	–	–	–	**Sulphuryl chloride fluoride**		**Z0427**
83	118	67	120	32	48	99	64	**118**	100	41	37	16	15	12	8	8		–	–	2	–	1	–	1	1	–	–	–	–	**Sulphuryl chloride fluoride**		**L9705**
83	118	120	67	48	32	64	99	**118**	100	63	23	23	12	11	11	8		–	–	2	–	1	–	1	1	–	–	–	–	**Sulphuryl chloride fluoride**	13637-84-8	**R4687**
88	73	70	41	42	43	55	29	**118**	100	91	41	32	27	26	25	24	**0.00**	5	10	3	–	–	–	–	–	–	–	–	–	**Propanoic acid, 2,2-dimethyl-3-hydroxy-**		**F0457**
89	29	27	41	61	118	56	57	**118**	100	59	51	48	41	33	31	26		6	14	–	–	–	–	–	1	–	–	–	–	**Ethyl sec-butyl sulphide**		**Y1024**
89	39	53	118	28	54	27	41	**118**	100	54	43	37	33	25	20	17		4	6	2	–	–	–	–	1	–	–	–	–	**2-Sulpholene**		**L3282**
89	118	76	43	41	42	61	47	**118**	100	97	80	78	70	70	63	63		6	14	–	–	–	–	–	1	–	–	–	–	**Dipropyl sulphide**	111-47-7	**P8535**
91	118	64	119	90	63	117	41	**118**	100	83	52	38	37	34	23	23		7	6	–	2	–	–	–	–	–	–	–	–	**Benzonitrile, 4-amino-**	873-74-5	**Q4435**
100	55	73	74	45	44	101	56	**118**	100	73	52	48	48	47	28	24	**0.04**	4	6	4	–	–	–	–	–	–	–	–	–	**Succinic acid**		**C0435**
103	57	42	56	43	118	30	29	**118**	100	95	88	47	20	20	16	15		4	10	2	2	–	–	–	–	–	–	–	–	**Nitramide, N-methyl-N-isopropyl-**		**03861**
103	73	43	59	117	101	102	104	**118**	100	37	30	29	27	18	15	14	**5.00**	4	14	–	–	–	–	–	–	–	–	2	–	**2,4-Disilapentane, 2-methyl-**		**04461**

MASS TO CHARGE RATIOS								M.W.	INTENSITIES								Parent	C	H	O	N	Cl	Br	F	S	P	B	Si	X	COMPOUND NAME	CAS Reg No	No
103	75	31	45	73	59	43	44	**118**	100	64	36	28	27	24	13	10	**1.00**	5	14	1	–	–	–	–	–	–	–	1	–	**Silane, ethoxytrimethyl-**	1825-62-3	**Q6834**
103	75	59	73	43	104	47	52	**118**	100	38	12	12	5	5	4	4	**0.00**	5	14	1	–	–	–	–	–	–	–	1	–	**Silane, ethoxytrimethyl-**	1825-62-3	**Q6837**
103	75	73	59	118	117	45	104	**118**	100	55	25	21	20	14	12	10		5	14	1	–	–	–	–	–	–	–	1	–	**Silane, ethoxytrimethyl-**	1825-62-3	**Q6836**
103	99	69	15	88	29	27	44	**118**	100	42	19	18	9	3	3	2	**0.00**	2	6	–	–	–	–	3	–	1	–	–	–	**Phosphorane, dimethyltrifluoro-**		**L8144**
117	115	91	79	39	77	118	65	**118**	100	34	30	16	13	13	11	10		9	10	–	–	–	–	–	–	–	–	–	–	**Tricyclo[3.2.1.0^{2,4}]oct-6-ene, (1α,2α,4α,5α)-8-methylene-**	66929-90-6	**T6705**
117	118	91	115	38	51	63	103	**118**	100	70	42	27	22	19	13	12		9	10	–	–	–	–	–	–	–	–	–	–	**Benzene, cyclopropyl-**		**Y1963**
117	118	91	115	39	51	65	76	**118**	100	81	41	25	25	17	14	10		9	10	–	–	–	–	–	–	–	–	–	–	**Benzene, allyl-**		**Y1213**
117	118	91	115	39	51	116	63	**118**	100	77	34	33	23	22	15	13		9	10	–	–	–	–	–	–	–	–	–	–	**Styrene, β-methyl-**	637-50-3	**H1028**
117	118	91	115	39	65	116	51	**118**	100	68	35	31	14	13	12	12		9	10	–	–	–	–	–	–	–	–	–	–	**Benzene, allyl-**	300-57-2	**Q0336**
117	118	91	115	116	51	39	63	**118**	100	70	35	30	17	15	14	11		9	10	–	–	–	–	–	–	–	–	–	–	**Styrene, β-methyl-**		**C0898**
117	118	115	91	39	58	57.5	63	**118**	100	75	27	17	17	13	11	10		9	10	–	–	–	–	–	–	–	–	–	–	**1H-Indene, 2,3-dihydro-**		**Y1214**
117	118	115	91	39	63	116	27	**118**	100	75	27	19	16	12	11	10		9	10	–	–	–	–	–	–	–	–	–	–	**1H-Indene, 2,3-dihydro-**		**V0187**
117	118	115	91	39	65	116	51	**118**	100	85	35	30	15	11	11	11		9	10	–	–	–	–	–	–	–	–	–	–	**Styrene, 2-methyl-**		**C0620**
117	118	115	91	39	103	58	51	**118**	100	77	34	25	10	10	9	8		9	10	–	–	–	–	–	–	–	–	–	–	**Styrene, 2-methyl-**	611-15-4	**Q2809**
117	118	115	91	58	39	51	116	**118**	100	75	31	25	18	10	10	9		9	10	–	–	–	–	–	–	–	–	–	–	**Benzene, allyl-**		**Q0337**
117	118	115	91	116	39	51	103	**118**	100	85	37	30	19	16	13	12		9	10	–	–	–	–	–	–	–	–	–	–	**Styrene, 2-methyl-**		**C0899**
117	118	115	116	91	39	63	119	**118**	100	80	27	17	17	13	9	9		9	10	–	–	–	–	–	–	–	–	–	–	**1H-Indene, 2,3-dihydro-**	496-11-7	**Q1265**
118	44	74	42	30	88	71	85	**118**	100	98	48	30	28	25	15	13		4	10	–	2	–	–	–	1	–	–	–	–	**Thiourea, trimethyl-**	2489-77-2	**Q8188**
118	44	74	55	42	88	30	71	**118**	100	98	47	30	29	25	21	16		4	10	–	2	–	–	–	1	–	–	–	–	**Thiourea, trimethyl-**	2489-77-2	**Q8189**
118	58	43	44	41	60	117	42	**118**	100	74	59	25	21	19	17	12		4	10	–	2	–	–	–	1	–	–	–	–	**Thiourea, N-isopropyl-**		**D0994**
118	78	38	39	51	91	64	65	**118**	100	96	53	53	42	41	37	32		7	6	–	2	–	–	–	–	–	–	–	–	**Pyrazolo[1,5-a]pyridine**	274-56-6	**Q0170**
118	83	45	39	120	58	57	37	**118**	100	75	40	38	33	19	18	10		4	3	–	–	1	–	–	1	–	–	–	–	**Thiophene, 2-chloro-**	96-43-5	**P7054**
118	83	45	39	120	58	57	38	**118**	100	75	40	38	33	19	18	10		4	3	–	–	1	–	–	1	–	–	–	–	**Thiophene, 2-chloro-**		**02173**
118	83	120	28	33	49	99	69	**118**	100	54	32	32	23	20	14	11		2	2	–	–	1	–	3	–	–	–	–	–	**Ethane, 2-chloro-1,1,1-trifluoro-**		**Z0423**
118	83	120	33	49	99	69	51	**118**	100	48	31	24	22	11	9	9		2	2	–	–	1	–	3	–	–	–	–	–	**Ethane, 2-chloro-1,1,1-trifluoro-**		**A0219**
118	89	90	63	39	62	38	119	**118**	100	37	36	26	14	13	9	9		8	6	1	–	–	–	–	–	–	–	–	–	**Benzofuran**		**W0086**
118	89	90	63	119	39	66	51	**118**	100	28	26	12	10	5	5	2		8	6	1	–	–	–	–	–	–	–	–	–	**Benzofuran**		**C1917**
118	90	89	63	39	62	64	119	**118**	100	57	52	24	12	11	10	10		8	6	1	–	–	–	–	–	–	–	–	–	**Phenol, 2-ethynyl-**		**L3770**
118	90	89	63	119	62	59	64	**118**	100	38	34	16	10	6	4	4		8	6	1	–	–	–	–	–	–	–	–	–	**Benzofuran**	271-89-6	**Q0151**
118	91	28	64	63	90	52	39	**118**	100	40	22	22	19	14	14	12		7	6	–	2	–	–	–	–	–	–	–	–	**Benzonitrile, 4-amino-**		**D1618**
118	91	63	64	28	38	39	52	**118**	100	33	21	16	14	12	12	10		7	6	–	2	–	–	–	–	–	–	–	–	**1H-Indazole**	271-44-3	**Q0145**
118	91	63	64	90	38	59	117	**118**	100	19	17	15	13	11	11	9		7	6	–	2	–	–	–	–	–	–	–	–	**2H-Cyclopenta[d]pyridazine**	270-64-4	**Q0144**
118	91	63	64	90	59	38	119	**118**	100	20	17	15	13	12	11	10		7	6	–	2	–	–	–	–	–	–	–	–	**2H-Cyclopenta[d]pyridazine**		**L6230**
118	91	63	64	119	39	59	52	**118**	100	25	11	11	7	5	5	5		7	6	–	2	–	–	–	–	–	–	–	–	**1H-Indazole**	271-44-3	**Q0146**
118	91	63	64	119	90	38	39	**118**	100	33	16	16	9	8	6	6		7	6	–	2	–	–	–	–	–	–	–	–	**1H-Benzimidazole**	51-17-2	**P4546**
118	91	63	64	119	90	39	52	**118**	100	24	11	10	9	7	5	5		7	6	–	2	–	–	–	–	–	–	–	–	**1H-Benzimidazole**		**D1299**
118	91	64	39	63	38	52	41	**118**	100	87	59	48	46	38	37	29		7	6	–	2	–	–	–	–	–	–	–	–	**Benzonitrile, 2-amino-**	1885-29-6	**Q6951**
118	91	64	63	117	39	59	65	**118**	100	50	15	14	9	6	5	5		7	6	–	2	–	–	–	–	–	–	–	–	**1H-Pyrrolo[2,3-b]pyridine**	271-63-6	**Q0148**
118	91	64	63	119	90	39	52	**118**	100	26	14	13	9	8	7	6		7	6	–	2	–	–	–	–	–	–	–	–	**1H-Benzimidazole**		**B0821**
118	91	64	90	63	41	119	39	**118**	100	35	12	7	7	7	6	4		7	6	–	2	–	–	–	–	–	–	–	–	**Benzonitrile, 2-amino-**		**F0495**
118	91	64	119	63	90	39	52	**118**	100	23	9	8	6	6	4	4		7	6	–	2	–	–	–	–	–	–	–	–	**Benzonitrile, 2-amino-**	1885-29-6	**Q6952**
118	91	64	119	90	63	117	52	**118**	100	23	9	9	8	7	5	5		7	6	–	2	–	–	–	–	–	–	–	–	**Benzonitrile, 4-amino-**	873-74-5	**Q4436**
118	91	119	64	90	63	39	117	**118**	100	20	9	8	7	6	5	5		7	6	–	2	–	–	–	–	–	–	–	–	**Benzonitrile, 3-amino-**	2237-30-1	**Q7695**
118	117	91	115	39	28	51	103	**118**	100	89	33	30	24	23	16	13		9	10	–	–	–	–	–	–	–	–	–	–	**Styrene, 3-methyl-**	100-80-1	**H0261**
118	117	91	115	39	116	51	63	**118**	100	90	33	28	24	19	16	14		9	10	–	–	–	–	–	–	–	–	–	–	**Styrene, 4-methyl-**		**W0058**
118	117	91	115	116	39	51	103	**118**	100	83	29	26	16	16	11	11		9	10	–	–	–	–	–	–	–	–	–	–	**Styrene, 4-methyl-**	622-97-9	**Q3089**
118	117	103	78	51	77	39	91	**118**	100	64	58	37	29	26	25	22		9	10	–	–	–	–	–	–	–	–	–	–	**Styrene, α-methyl-**		**Y1210**
118	117	103	78	51	77	39	115	**118**	100	72	59	36	30	27	26	23		9	10	–	–	–	–	–	–	–	–	–	–	**Styrene, α-methyl-**	98-83-9	**P7190**
118	117	103	78	51	77	115	91	**118**	100	67	56	41	27	26	22	21		9	10	–	–	–	–	–	–	–	–	–	–	**Styrene, β-methyl-**	637-50-3	**Q3463**
118	117	103	78	77	115	51	91	**118**	100	82	63	38	33	30	29	29		9	10	–	–	–	–	–	–	–	–	–	–	**Styrene, α-methyl-**		**C1175**
118	117	115	91	103	39	119	58	**118**	100	89	28	26	12	10	9	9		9	10	–	–	–	–	–	–	–	–	–	–	**Styrene, 3-methyl-**		**Z0412**
119	71	83	97	85	108	111	91	**118**	100	26	24	24	22	20	16	15	**0.00**	7	6	–	2	–	–	–	–	–	–	–	–	**Benzonitrile, 3-amino-**		**P0241**
30	57	45	31	56	28	74	58	**119**	100	16	16	14	14	12	9	9	**0.00**	5	13	2	1	–	–	–	–	–	–	–	–	**Propylamine, (2-hydroxyethoxy)-**		**D0968**
30	119	72	43	61	87	45	104	**119**	100	45	25	21	21	19	13	13		5	13	–	1	–	–	–	1	–	–	–	–	**1-Butanamine, 4-(methylthio)-**	55021-77-7	**T0056**

MASS TO CHARGE RATIOS								M.W.	INTENSITIES								Parent	C	H	O	N	Cl	Br	F	S	P	B	Si	X	COMPOUND NAME	CAS Reg No	No
43	27	46	41	29	76	30	39	**119**	100	72	68	62	60	52	31	24	**0.00**	4	9	3	1	–	–	–	–	–	–	–	–	**Nitric acid, butyl ester**	928-45-0	**H1113**
43	41	29	57	31	46	27	39	**119**	100	85	57	57	55	54	42	37	**0.00**	4	9	3	1	–	–	–	–	–	–	–	–	**Nitric acid, tert-butyl ester**		**L3314**
43	41	46	27	29	57	39	30	**119**	100	41	35	30	20	15	11	10	**0.00**	4	9	3	1	–	–	–	–	–	–	–	–	**Nitric acid, iso-butyl ester**		**01627**
43	46	76	41	27	29	57	30	**119**	100	80	65	53	35	24	19	14	**0.00**	4	9	3	1	–	–	–	–	–	–	–	–	**Nitric acid, butyl ester**		**01628**
43	77	28	119	47	104	49	15	**119**	100	99	96	42	32	27	14	12		2	6	1	3	–	–	–	–	1	–	–	–	**Phosphinic azide, dimethyl-**		**16820**
43	77	41	27	70	29	39	42	**119**	100	89	86	65	54	35	23	16	**0.00**	4	9	1	1	–	–	–	1	–	–	–	–	**1-Butylamine, N-sulphinyl-**	13165-70-3	**R4312**
44	88	45	42	28	43	27	29	**119**	100	89	39	36	25	14	13	11	**2.44**	5	13	2	1	–	–	–	–	–	–	–	–	**Diethanolamine, N-methyl-**		**C1301**
55	29	27	31	43	41	30	39	**119**	100	90	81	75	70	43	43	38	**0.00**	4	9	3	1	–	–	–	–	–	–	–	–	**1-Butanol, 2-nitro-**		**04714**
57	41	56	29	46	63	39	28	**119**	100	81	69	67	42	30	23	19	**0.00**	4	9	3	1	–	–	–	–	–	–	–	–	**Nitric acid, sec-butyl ester**		**01626**
57	75	74	45	30	56	27	58	**119**	100	95	31	30	24	19	12	11	**0.00**	4	9	3	1	–	–	–	–	–	–	–	–	**L-Threonine**		**06246**
59	45	41	43	44	87	69	74	**119**	100	94	90	89	86	62	55	39	**8.90**	4	9	3	1	–	–	–	–	–	–	–	–	**Butanoic acid, 2-(aminooxy)-**	4385-95-9	**R0385**
60	119	32	29	44	27	31	88	**119**	100	99	93	91	80	58	45	36		3	9	–	3	–	–	–	1	–	–	–	–	**Hydrazinecarbothioamide, N-ethyl-**	13431-34-0	**R4527**
63	64	119	39	51	50	91	103	**119**	100	89	84	76	71	68	68	57		7	5	1	1	–	–	–	–	–	–	–	–	**Benzonitrile, N-oxide**	873-67-6	**Q4433**
64	38	39	63	37	51	50	27	**119**	100	86	80	59	54	45	40	31	**15.41**	7	5	1	1	–	–	–	–	–	–	–	–	**Benzene, isocyanato-**	103-71-9	**P7663**
64	91	38	119	63	39	65	41	**119**	100	90	43	42	41	36	21	20		6	5	–	3	–	–	–	–	–	–	–	–	**Benzene, azido-**	622-37-7	**Q3066**
64	91	119	63	52	38	39	37	**119**	100	95	86	73	41	41	30	30		6	5	–	3	–	–	–	–	–	–	–	–	**3H-Benzotriazole**		**G0451**
73	44	28	30	42	29	31	27	**119**	100	96	92	60	52	43	41	32	**0.00**	3	5	4	1	–	–	–	–	–	–	–	–	**Acetic acid, nitro-, methyl ester**	2483-57-0	**Q8182**
74	42	88	56	30	44	89	31	**119**	100	93	85	29	25	20	15	12	**0.00**	4	9	3	1	–	–	–	–	–	–	–	–	**L-Serine, N-methyl-**		**02749**
74	42	98	55	30	44	60	70	**119**	100	92	85	29	25	20	10	8	**0.00**	4	9	3	1	–	–	–	–	–	–	–	–	**L-Serine, N-methyl-**		**L8828**
75	44	88	47	56	58	42	45	**119**	100	95	28	27	21	19	13	13	**2.50**	5	13	2	1	–	–	–	–	–	–	–	–	**Ethylamine, 2,2-dimethoxy-N-methyl-**	122-07-6	**P9200**
75	57	29	28	18	74	45	56	**119**	100	99	63	45	36	31	26	20	**0.55**	4	9	3	1	–	–	–	–	–	–	–	–	**L-Threonine**	72-19-5	**P5420**
77	119	51	91	50	39	78	65	**119**	100	53	23	16	10	9	7	5		7	5	1	1	–	–	–	–	–	–	–	–	**Cyanic acid, phenyl ester**	1122-85-6	**Q5413**
88	44	86	42	45	74	30	27	**119**	100	73	33	30	27	23	11	9	**1.80**	5	13	2	1	–	–	–	–	–	–	–	–	**Diethanolamine, N-methyl-**		**F0569**
90	42	29	91	27	44	43	41	**119**	100	71	61	58	54	53	49	44	**0.00**	4	9	1	1	–	–	–	1	–	–	–	–	**1-Propylamine, 2-methyl-N-sulphinyl-**	13165-71-4	**R4313**
90	56	92	27	41	89	119	43	**119**	100	41	33	31	27	24	23	19		4	11	–	1	1	–	–	–	–	1	–	–	**Borane, chloro(dimethylamino)ethyl-**	1739-26-0	**Q6638**
91	64	90	63	119	38	39	65	**119**	100	78	42	37	36	31	24	19		6	5	–	3	–	–	–	–	–	–	–	–	**Benzene, azido-**	622-37-7	**09791**
91	64	119	63	38	39	65	51	**119**	100	84	51	39	31	28	20	17		6	5	–	3	–	–	–	–	–	–	–	–	**Benzene, azido-**		**00949**
91	64	119	63	39	38	41	37	**119**	100	66	36	34	30	30	21	21		6	5	–	3	–	–	–	–	–	–	–	–	**1H-Benzotriazole**		**Y0620**
91	119	64	63	38	39	37	92	**119**	100	87	54	40	28	28	21	18		7	5	1	1	–	–	–	–	–	–	–	–	**Benzonitrile, 2-hydroxy-**	611-20-1	**Q2810**
91	119	77	51	92	118	65	104	**119**	100	42	27	12	10	10	8	7		8	9	–	1	–	–	–	–	–	–	–	–	**Aziridine, 1-phenyl-**		**L9323**
91	119	77	51	92	118	65	104	**119**	100	40	27	12	10	9	7	7		8	9	–	1	–	–	–	–	–	–	–	–	**Aziridine, 1-phenyl-**	696-18-4	**Q3754**
102	120	86	104	76	71	85	87	**119**	100	63	54	42	33	20	18	15	**1.00**	3	5	4	1	–	–	–	–	–	–	–	–	**Hydroxamic acid, malonyl ester**		**P1299**
104	62	119	47	43	72	61	41	**119**	100	97	29	29	23	23	20	18		4	9	1	1	–	–	–	1	–	–	–	–	**Acetamide, N-(dimethylsulphonio)-**		**05902**
118	91	119	117	89	77	51	63	**119**	100	28	16	15	13	11	11	10		8	9	–	1	–	–	–	–	–	–	–	–	**Aziridine, 2-phenyl-**	1499-00-9	**Q6118**
118	119	42	77	51	91	78	39	**119**	100	53	46	31	22	19	16	12		8	9	–	1	–	–	–	–	–	–	–	–	**Methylamine, N-benzylidene-**	622-29-7	**Q3065**
118	119	91	117	89	74	58.5	90	**119**	100	62	23	23	10	10	10	9		8	9	–	1	–	–	–	–	–	–	–	–	**Indoline**		**03034**
118	119	117	58	120	51	59	116	**119**	100	29	23	12	3	2	2	2		8	9	–	1	–	–	–	–	–	–	–	–	**Isoindoline**	496-12-8	**Q1266**
119	30	72	104	87	102	43	45	**119**	100	68	57	38	26	20	16	15		5	13	–	1	–	–	–	1	–	–	–	–	**1-Butanamine, 4-(methylthio)-**	55021-77-7	**T0055**
119	44	65	92	78	43	41	82	**119**	100	41	35	30	29	26	25	22		6	5	–	3	–	–	–	–	–	–	–	–	**1,2,4-Triazolo[4,3-a]pyridine**	274-80-6	**Q0171**
119	60	59	45	61	76	72	58	**119**	100	50	48	39	17	14	12	12		3	5	–	1	–	–	–	2	–	–	–	–	**2-Thiazolidinethione**	96-53-7	**09984**
119	60	59	45	61	121	72	120	**119**	100	24	21	15	14	9	8	7		3	5	–	1	–	–	–	2	–	–	–	–	**2-Thiazolidinethione**		**15181**
119	63	64	91	62	92	65	61	**119**	100	42	42	32	16	16	13	12		7	5	1	1	–	–	–	–	–	–	–	–	**Benzoxazole**	273-53-0	**Q0163**
119	64	63	91	92	62	120	61	**119**	100	52	44	44	12	11	10	6		7	5	1	1	–	–	–	–	–	–	–	–	**Benzoxazole**	273-53-0	**Q0164**
119	64	91	63	38	120	92	62	**119**	100	37	32	31	11	8	8	7		7	5	1	1	–	–	–	–	–	–	–	–	**Benzoxazole**	273-53-0	**Q0162**
119	64	91	63	120	28	39	37	**119**	100	20	16	12	8	7	7	6		7	5	1	1	–	–	–	–	–	–	–	–	**Benzonitrile, 4-hydroxy-**	767-00-0	**Q4038**
119	64	91	120	63	28	39	90	**119**	100	11	9	9	6	5	4	4		7	5	1	1	–	–	–	–	–	–	–	–	**Benzonitrile, 4-hydroxy-**		**D1078**
119	78	65	38	92	120	64	39	**119**	100	30	26	20	16	14	11	10		6	5	–	3	–	–	–	–	–	–	–	–	**[1,2,4]Triazolo[1,5-a]pyridine**	274-85-1	**Q0174**
119	91	64	63	38	120	39	47	**119**	100	45	33	11	9	9	9	7		7	5	1	1	–	–	–	–	–	–	–	–	**Isocyanic acid, phenyl ester**		**D0723**
119	91	64	63	39	38	120	90	**119**	100	26	24	15	11	8	8	7		7	5	1	1	–	–	–	–	–	–	–	–	**Benzonitrile, 3-hydroxy-**	873-62-1	**Q4429**
119	91	64	63	39	120	38	37	**119**	100	60	58	31	27	27	20	13		7	5	1	1	–	–	–	–	–	–	–	–	**Benzonitrile, 3-hydroxy-**	873-62-1	**Q4430**
119	91	64	63	52	65	38	39	**119**	100	67	40	22	11	10	9	8		6	5	–	3	–	–	–	–	–	–	–	–	**1H-Benzotriazole**	95-14-7	**P6912**
119	91	64	63	52	65	39	41	**119**	100	86	63	40	23	17	17	14		6	5	–	3	–	–	–	–	–	–	–	–	**1H-Benzotriazole**		**B0826**
119	91	64	63	92	39	120	38	**119**	100	60	20	14	8	7	7	7		7	5	1	1	–	–	–	–	–	–	–	–	**Benzonitrile, 2-hydroxy-**	611-20-1	**Q2811**
119	91	64	63	120	39	18	90	**119**	100	62	19	14	9	8	5	5		7	5	1	1	–	–	–	–	–	–	–	–	**Benzonitrile, 2-hydroxy-**		**D1079**
119	91	64	120	63	38	39	65	**119**	100	42	25	8	8	7	6	5		7	5	1	1	–	–	–	–	–	–	–	–	**Benzene, isocyanato-**	103-71-9	**P7665**
119	91	118	39	51	52	50	27	**119**	100	35	25	23	21	13	13	12		8	9	–	1	–	–	–	–	–	–	–	–	**Pyridine, 2-methyl-5-vinyl-**		**Y1420**

MASS TO CHARGE RATIOS								M.W.	INTENSITIES								Parent	C	H	O	N	Cl	Br	F	S	P	B	Si	X	COMPOUND NAME	CAS Reg No	No
119	91	118	120	92	89	90	77	**119**	100	64	38	11	7	6	4	3		8	9	–	1	–	–	–	–	–	–	–	–	**Toluene, 4-methylimino-**		**D1927**
119	92	64	63	91	39	38	65	**119**	100	78	49	30	24	16	15	11		7	5	1	1	–	–	–	–	–	–	–	–	**2,1-Benzisoxazole**	271-58-9	**Q0147**
119	92	65	40	39	38	66	52	**119**	100	35	33	29	22	22	13	11		6	5	–	3	–	–	–	–	–	–	–	–	**Imidazo[1,2-a]pyrimidine**	274-95-3	**Q0176**
119	100	69	31	88	50	74	86	**119**	100	90	40	20	19	11	7	6		4	–	–	1	–	–	3	–	–	–	–	–	**2-Butynenitrile, 4,4,4-trifluoro-**	66051-48-7	**T6597**
119	118	91	51	104	39	117	77	**119**	100	64	35	22	19	16	15	11		8	9	–	1	–	–	–	–	–	–	–	–	**Pyridine, 4-isopropenyl-**		**A0721**
120	74	102	56	84	57	75	121	**119**	100	57	25	23	9	6	6	5	**0.00**	4	9	3	1	–	–	–	–	–	–	–	–	**L-Threonine**	72-19-5	**P5423**
15	40	41	42	79	54	59	60	**120**	100	78	67	48	48	40	38	33	**9.51**	4	6	–	2	–	–	2	–	–	–	–	–	**2,3-Butanediimine, N,N′-difluoro-**	16063-51-7	**R6010**
27	29	41	42	57	85	43	28	**120**	100	99	92	81	78	75	50	48	**0.20**	5	9	1	–	1	–	–	–	–	–	–	–	**Pentanoyl chloride**	638-29-9	**H1030**
27	64	120	59	60	45	61	92	**120**	100	76	49	43	42	36	35	24		4	8	–	–	–	–	–	2	–	–	–	–	**Ethyl vinyl disulphide**		**L6093**
28	91	27	63	26	29	93	30	**120**	100	68	55	40	37	36	22	18	**12.78**	4	10	–	–	1	–	–	–	–	–	–	1	**Aluminium, chlorodiethyl-**	96-10-6	**P7017**
29	41	64	57	27	28	39	55	**120**	100	78	76	32	27	20	18	13	**9.01**	5	12	1	–	–	–	–	1	–	–	–	–	**Butyl methyl sulphoxide**	2976-98-9	**Q8884**
29	47	27	45	74	42	75	120	**120**	100	84	44	28	21	18	10	10		4	8	2	–	–	–	–	1	–	–	–	–	**Glycolic acid, thio-, ethyl ester**		**17325**
29	47	120	74	46	75	43	42	**120**	100	95	59	56	27	25	21	15		4	8	2	–	–	–	–	1	–	–	–	–	**Glycolic acid, thio-, ethyl ester**		**C0935**
39	91	27	41	79	53	38	92	**120**	100	72	70	68	59	57	52	31	**0.50**	9	12	–	–	–	–	–	–	–	–	–	–	**1,8-Nonadiyne**	2396-65-8	**H1322**
41	27	56	42	43	55	29	39	**120**	100	83	79	78	71	66	63	40	**0.00**	6	13	–	–	1	–	–	–	–	–	–	–	**Hexane, 2-chloro-**	638-28-8	**Q3489**
41	39	120	122	38	37	40	44	**120**	100	51	24	24	10	6	6	5		3	5	–	–	–	1	–	–	–	–	–	–	**1-Propene, 1-bromo-**	590-14-7	**Q2425**
41	39	120	122	38	40	42	37	**120**	100	35	27	26	5	4	3	3		3	5	–	–	–	1	–	–	–	–	–	–	**1-Propene, 3-bromo-**		**Z0455**
41	39	122	120	38	37	40	26	**120**	100	63	14	14	14	9	7	6		3	5	–	–	–	1	–	–	–	–	–	–	**1-Propene, 3-bromo-**		**W0022**
41	39	122	120	38	37	40	79	**120**	100	58	37	36	12	8	6	5		3	5	–	–	–	1	–	–	–	–	–	–	**1-Propene, 2-bromo-**	557-93-7	**Q2063**
41	56	55	27	120	39	29	26	**120**	100	68	54	32	32	26	13	12		4	8	2	–	–	–	–	1	–	–	–	–	**Sulpholane**		**G0267**
41	56	55	27	120	39	29	40	**120**	100	65	53	27	22	19	14	6		4	8	2	–	–	–	–	1	–	–	–	–	**Sulpholane**		**C0124**
41	56	55	28	120	27	39	29	**120**	100	70	63	58	34	21	17	13		4	8	2	–	–	–	–	1	–	–	–	–	**Sulpholane**		**F0460**
41	69	56	84	55	43	39	77	**120**	100	89	77	54	42	30	27	24	**0.23**	6	13	–	–	1	–	–	–	–	–	–	–	**Pentane, 3-chloro-3-methyl-**		**Z0459**
41	85	57	39	42	55	43	78	**120**	100	89	83	57	55	53	38	36	**0.00**	5	9	1	–	1	–	–	–	–	–	–	–	**Pentanoyl chloride**	638-29-9	**Q3490**
42	27	28	105	29	41	93	39	**120**	100	74	61	60	53	49	45	41	**6.76**	7	8	–	2	–	–	–	–	–	–	–	–	**Cyclopropane, trans-1,1-dicyano-2,3-dimethyl-**	6904-10-5	**R2676**
42	27	28	105	29	41	93	78	**120**	100	70	62	58	51	49	46	42	**6.20**	7	8	–	2	–	–	–	–	–	–	–	–	**Cyclopropane, cis-1,1-dicyano-2,3-dimethyl-**	6904-11-6	**R2677**
42	28	27	29	105	41	39	93	**120**	100	56	52	47	39	33	32	30	**26.54**	7	8	–	2	–	–	–	–	–	–	–	–	**Propanedinitrile, (1-methylpropylidene)-**	13017-50-0	**R4133**
42	105	41	93	78	39	66	119	**120**	100	70	57	47	44	42	40	36	**5.00**	7	8	–	2	–	–	–	–	–	–	–	–	**Cyclopropane, 1,1-dicyano-2,2-dimethyl-**		**01302**
42	105	78	28	27	39	93	29	**120**	100	64	48	40	40	37	37	37	**14.75**	7	8	–	2	–	–	–	–	–	–	–	–	**Propanedinitrile, (2-methylpropylidene)-**	13134-03-7	**R4223**
43	31	73	61	60	44	42	57	**120**	100	91	48	41	29	26	17	17	**0.00**	4	8	4	–	–	–	–	–	–	–	–	–	**1,4-Dioxane, 2,5-dihydroxy-**		**C2125**
43	58	41	84	120	42	44	105	**120**	100	32	11	4	4	3	3	3		5	9	1	–	1	–	–	–	–	–	–	–	**2-Pentanone, 5-chloro-**	5891-21-4	**R1864**
43	89	15	31	29	32	42	47	**120**	100	38	26	26	21	16	9	7	**0.00**	5	12	3	–	–	–	–	–	–	–	–	–	**Ethane, 1,1,1-trimethoxy-**	1445-45-0	**Q5982**
43	105	31	29	45	27	119	44	**120**	100	72	33	24	20	17	16	16	**0.00**	5	9	2	–	–	–	1	–	–	–	–	–	**1,3-Dioxane, cis-5-fluoro-2-methyl-**	35878-04-7	**S5099**
45	27	61	47	46	75	28	59	**120**	100	89	63	49	32	31	27	23	**18.00**	4	8	2	–	–	–	–	1	–	–	–	–	**Propionic acid, 3-(methylthio)-**		**05577**
45	29	59	31	44	58	43	89	**120**	100	48	41	36	25	21	17	9	**0.00**	5	12	3	–	–	–	–	–	–	–	–	–	**Ethanol, 2-(2-methoxyethoxy)-**	111-77-3	**H0473**
45	31	59	29	28	58	43	27	**120**	100	42	41	38	32	21	14	13	**0.00**	5	12	3	–	–	–	–	–	–	–	–	–	**Ethanol, 2-(2-methoxyethoxy)-**	111-77-3	**P8594**
45	41	120	72	39	47	75	80	**120**	100	60	55	53	53	36	31	15		4	8	–	–	–	–	–	2	–	–	–	–	**(E)-1-Propenyl methyl disulphide**		**L6096**
45	59	58	90	29	31	89	75	**120**	100	48	28	23	23	19	15	13	**0.01**	5	12	3	–	–	–	–	–	–	–	–	–	**Ethanol, 2-(2-methoxyethoxy)-**		**C1380**
45	59	60	58	31	90	29	89	**120**	100	17	17	10	8	7	6	6	**0.00**	5	12	3	–	–	–	–	–	–	–	–	–	**Ethane, 1-methoxy-2-(methoxymethoxy)-**	74498-88-7	**T8132**
45	72	120	41	39	47	75	74	**120**	100	56	54	42	41	36	31	19		4	8	–	–	–	–	–	2	–	–	–	–	**(Z)-1-Propenyl methyl disulphide**		**L6095**
45	75	43	15	29	31	44	88	**120**	100	35	26	18	15	10	6	6	**0.00**	5	12	3	–	–	–	–	–	–	–	–	–	**2-Propanol, 1,3-dimethoxy-**		**X0711**
45	75	43	15	29	31	71	44	**120**	100	35	27	18	15	10	9	6	**0.00**	5	12	3	–	–	–	–	–	–	–	–	–	**2-Propanol, 1,3-dimethoxy-**	623-69-8	**Q3131**
45	75	43	71	15	29	18	31	**120**	100	41	27	14	9	9	8	8	**0.00**	5	12	3	–	–	–	–	–	–	–	–	–	**2-Propanol, 1,3-dimethoxy-**		**Z0457**
47	29	74	120	46	27	45	42	**120**	100	97	25	24	20	19	14	12		4	8	2	–	–	–	–	1	–	–	–	–	**Glycolic acid, thio-, ethyl ester**	623-51-8	**Q3127**
51	101	69	31	119				**120**	100	63	26	7	2				**0.00**	2	1	–	–	–	–	5	–	–	–	–	–	**Ethane, pentafluoro-**		**G0572**
55	91	120	39	27	92	65	28	**120**	100	53	22	17	16	13	12	9		8	8	1	–	–	–	–	–	–	–	–	–	**Tricyclo[4.2.0.0$^{(2,4)}$]oct-7-en-5-one**	56666-78-5	**T4032**
55	120	64	60	45	41	39	87	**120**	100	75	10	10	10	9	9	8		4	8	–	–	–	–	–	2	–	–	–	–	**1,2-Dithiane**		**02165**
57	41	29	39	27	15	42	28	**120**	100	61	38	27	15	12	7	6	**0.00**	5	9	1	–	1	–	–	–	–	–	–	–	**Propanoyl chloride, 2,2-dimethyl-**	3282-30-2	**Q9182**
57	67	41	39	120	44	58	71	**120**	100	11	11	10	9	9	8	7		5	9	1	–	1	–	–	–	–	–	–	–	**Cyclopentanol, trans-2-chloro-**		**M8419**
57	72	41	43	71	31	39	29	**120**	100	92	47	46	26	25	20	15	**0.30**	5	12	3	–	–	–	–	–	–	–	–	–	**1,3-Propanediol, 2-(hydroxymethyl)-2-methyl-**	77-85-0	**P5840**
59	47	75	120	45	46	58	41	**120**	100	38	30	27	18	18	12	10		5	12	1	–	–	–	–	1	–	–	–	–	**Ethane, [(ethoxymethyl)thio]-**	54699-20-6	**S9432**
59	120	93	43	41	79	122	58	**120**	100	67	53	40	32	26	25	24		2	1	–	2	1	–	–	1	–	–	–	–	**1,2,4-Thiadiazole, 5-chloro-**	38362-15-1	**S5736**
59	120	105	60	61	64	92	58	**120**	100	89	86	60	52	44	36	35		4	8	–	–	–	–	–	2	–	–	–	–	**1,3-Dithiolane, 2-methyl-**		**17201**
60	120	86	34	28	61	32	33	**120**	100	86	79	74	69	66	45	35		2	4	–	2	–	–	–	2	–	–	–	–	**Ethanedithioamide**	79-40-3	**P6000**

MASS TO CHARGE RATIOS								M.W.	INTENSITIES								Parent	C	H	O	N	Cl	Br	F	S	P	B	Si	X	COMPOUND NAME	CAS Reg No	No
61	32	59	60	120	88	55	47	**120**	100	78	60	57	50	45	43	38		4	8	2	–	–	–	–	1	–	–	–	–	**Propionic acid, 3-thio-, methyl ester**		**03310**
61	47	75	120	29	27	46	45	**120**	100	87	55	43	40	38	26	20		4	8	2	–	–	–	–	1	–	–	–	–	**Glycolic acid, ethylthio-**	627-04-3	**Q3245**
61	47	75	120	29	45	27	46	**120**	100	85	54	44	40	40	38	25		4	8	2	–	–	–	–	1	–	–	–	–	**Glycolic acid, ethylthio-**		**L6279**
61	120	60	59	27	88	45	55	**120**	100	48	39	34	22	21	11	10		4	8	2	–	–	–	–	1	–	–	–	–	**Propionic acid, 2-thio-, methyl ester**		**03312**
64	63	28	92	94	38	120	62	**120**	100	87	86	75	31	29	19	17		6	4	1	2	–	–	–	–	–	–	–	–	**Benzenediazonium 2-oxide**	29906-36-3	**S2742**
64	63	120	28	38	92	62	31	**120**	100	84	83	51	45	38	23	17		6	4	1	2	–	–	–	–	–	–	–	–	**Benzenediazonium 4-oxide**		**L9628**
66	39	54	67	65	27	79	120	**120**	100	14	7	7	6	6	6	6		9	12	–	–	–	–	–	–	–	–	–	–	**2-Norbornene, 5-vinyl-**		**C0608**
66	39	65	40	120	54	77	67	**120**	100	13	6	6	5	4	3	3		9	12	–	–	–	–	–	–	–	–	–	–	**2-Norbornene, 5-vinyl-**		**C1969**
66	91	105	39	78	120	51	79	**120**	100	79	60	50	40	39	28	26		9	12	–	–	–	–	–	–	–	–	–	–	**2-Norbornene, 5-vinyl-**	16219-75-3	**R6084**
66	105	91	120	78	39	79	77	**120**	100	57	54	41	30	18	15	14		9	12	–	–	–	–	–	–	–	–	–	–	**2-Norbornene, 6-vinyl-**		**C1615**
66	120	39	79	27	91	77	51	**120**	100	43	33	25	19	18	16	14		9	12	–	–	–	–	–	–	–	–	–	–	**Bicyclo[4.3.0]nona-3,7-diene**		**C1025**
66	120	39	79	91	77	67	65	**120**	100	21	12	11	10	7	6	5		9	12	–	–	–	–	–	–	–	–	–	–	**Bicyclo[4.3.0]nona-3,7-diene**		**C0609**
69	47	35	85	28	66	12	51	**120**	100	96	82	74	64	53	50	42	**23.00**	1	–	1	–	1	–	3	–	–	–	–	–	**Methane, chloroxytrifluoro-**		**L6749**
69	120	82	101	51	63	50	32	**120**	100	91	29	24	17	8	5	5		1	–	–	–	–	–	4	1	–	–	–	–	**Methanethiol, tetrafluoro-**		**03360**
75	47	59	31	89	45	43	29	**120**	100	21	18	16	15	12	5	5	**0.00**	5	12	3	–	–	–	–	–	–	–	–	–	**Ethane, 1,1,2-trimethoxy-**	24332-20-5	**S0550**
75	86	119	87	118	69	43	74	**120**	100	93	84	70	61	56	50	45	**19.00**	2	12	–	–	–	–	–	–	–	–	3	–	**Silane, bis(silylmethyl)-**	5637-99-0	**R1628**
77	75	103	105	120	76	89	90	**120**	100	94	82	67	64	56	26	6		3	9	–	–	–	–	–	–	–	–	–	1	**Arsine, trimethyl-**	593-88-4	**Q2535**
78	28	46	120	76	32	44	43	**120**	100	97	96	96	80	61	42	41		1	–	1	2	–	–	–	2	–	–	–	–	**5H-1,3,2,4-Dithia(3-S$^{(IV)}$)diazol-5-one**	55590-17-5	**T1640**
79	120	91	78	66	41	39	77	**120**	100	99	64	61	55	41	40	35		9	12	–	–	–	–	–	–	–	–	–	–	**Tetracyclo[3.3.1.0$^{(2,8)}$.0$^{(4,6)}$]nonane**	3105-29-1	**Q9021**
81	39	79	53	41	27	92	77	**120**	100	24	20	18	17	17	11	11	**2.24**	9	12	–	–	–	–	–	–	–	–	–	–	**Cyclohexene, 3-(2-propynyl)-**	55956-43-9	**T2479**
85	87	50	101	103	31	35		**120**	100	32	8	8	5	4	4		**0.23**	1	–	–	–	2	–	2	–	–	–	–	–	**Methane, dichlorodifluoro-**		**A0113**
85	87	50	101	31	103	35	66	**120**	100	32	11	9	6	6	5	4	**0.02**	1	–	–	–	2	–	2	–	–	–	–	–	**Methane, dichlorodifluoro-**		**C1390**
85	87	50	101	35	31	103	66	**120**	100	33	12	9	7	7	6	4	**0.22**	1	–	–	–	2	–	2	–	–	–	–	–	**Methane, dichlorodifluoro-**		**Y1642**
85	120	122	101	69	103	47	50	**120**	100	81	26	19	16	6	5	5		–	–	1	–	1	–	2	–	1	–	–	–	**Phosphoryl chloride difluoride**	13769-75-0	**R4744**
87	45	29	43	31	44	15	30	**120**	100	87	83	72	67	66	46	20	**2.00**	4	8	4	–	–	–	–	–	–	–	–	–	**1,4-Dioxanyl hydroperoxide**		**L6210**
87	45	29	73	43	31	44	15	**120**	100	87	83	78	72	67	67	47	**1.11**	4	8	4	–	–	–	–	–	–	–	–	–	**1,4-Dioxanyl hydroperoxide**	4722-59-2	**R0757**
89	31	32	74	88	57			**120**	100	69	42	15	13	6			**0.00**	5	12	3	–	–	–	–	–	–	–	–	–	**Ethane, 1,1,1-trimethoxy-**		**Z0456**
89	91	61	85	26	15	120	63	**120**	100	34	29	29	18	15	12	8		4	5	2	–	1	–	–	–	–	–	–	–	**Acrylic acid, 2-chloro-, methyl ester**		**C0036**
90	120	39	63	30	64	37	38	**120**	100	87	68	66	48	45	34	33		6	4	1	2	–	–	–	–	–	–	–	–	**Benzofurazan**	273-09-6	**Q0158**
90	120	63	39	64	37	38	28	**120**	100	91	37	25	22	8	8	8		6	4	1	2	–	–	–	–	–	–	–	–	**Benzofurazan**		**Z0460**
91	39	66	38	65	92	40	51	**120**	100	67	66	30	30	25	24	21	**13.00**	7	8	–	2	–	–	–	–	–	–	–	–	**1,2-Methano-2c,2d-diazadicyclopropa[cd,gh]pentalene, hexahydro-**	66387-83-5	**T6621**
91	39	92	79	81	120	45	105	**120**	100	72	63	55	55	55	43	42		9	12	–	–	–	–	–	–	–	–	–	–	**Cyclohexane, 2-propynylidene-**	2806-45-3	**Q8673**
91	55	41	43	27	56	29	42	**120**	100	92	87	81	72	58	54	53	**0.10**	6	13	–	–	1	–	–	–	–	–	–	–	**Hexane, 1-chloro-**	544-10-5	**H0823**
91	55	43	41	42	56	28	26	**120**	100	90	89	74	54	54	47	41	**0.00**	6	13	–	–	1	–	–	–	–	–	–	–	**Hexane, 1-chloro-**	544-10-5	**Q1879**
91	55	43	41	56	42	29	69	**120**	100	61	56	45	41	33	24	20	**0.10**	6	13	–	–	1	–	–	–	–	–	–	–	**Hexane, 1-chloro-**		**L0510**
91	65	92	39	120	51	63	50	**120**	100	32	32	28	28	13	12	7		8	8	1	–	–	–	–	–	–	–	–	–	**Benzeneacetaldehyde**	122-78-1	**P9251**
91	77	63	120	119				**120**	100	20	15	11	10					8	8	1	–	–	–	–	–	–	–	–	–	**4,6-Octadiyn-1-al**		**M4143**
91	90	89	119	120	92	63	51	**120**	100	90	73	64	63	31	18	15		8	8	1	–	–	–	–	–	–	–	–	–	**Oxirane, phenyl-**	96-09-3	**P7015**
91	90	120	89	92	119	39	65	**120**	100	48	36	36	27	25	19	17		8	8	1	–	–	–	–	–	–	–	–	–	**Oxirane, phenyl-**		**C0711**
91	92	39	120	79	27	105	51	**120**	100	90	32	31	26	22	16	14		9	12	–	–	–	–	–	–	–	–	–	–	**Bicyclo[3.2.1]oct-2-ene, 3-methylene-**	22819-81-4	**R9954**
91	92	65	120	39	51	63	89	**120**	100	22	22	17	10	6	5	4		8	8	1	–	–	–	–	–	–	–	–	–	**Oxirane, phenyl-**		**F0193**
91	92	79	105	77	39	78	65	**120**	100	67	55	35	31	18	17	14	**4.00**	9	12	–	–	–	–	–	–	–	–	–	–	**Tricyclo[3.2.1.0$^{(2,4)}$]octane, (1α,2α,4α,5α)-8-methylene-**	38310-48-4	**S5722**
91	105	120	39	27	77	51	65	**120**	100	65	29	25	19	15	14	14		9	12	–	–	–	–	–	–	–	–	–	–	**1,3,5-Cycloheptatriene, 7-ethyl-**	17634-51-4	**H1800**
91	105	120	77	92	51	79	65	**120**	100	86	47	13	11	10	10	9		9	12	–	–	–	–	–	–	–	–	–	–	**Isocumene**	103-65-1	**P7648**
91	119	120	65	39	63	29	51	**120**	100	85	70	37	32	23	18	15		8	8	1	–	–	–	–	–	–	–	–	–	**Aniline, N,2-dimethyl-**	104-87-0	**H0295**
91	119	120	65	39	63	29	51	**120**	100	72	65	35	31	22	18	14		8	8	1	–	–	–	–	–	–	–	–	–	**3-Tolualdehyde**	620-23-5	**H0947**
91	119	120	65	39	63	51	29	**120**	100	65	64	34	31	21	14	14		8	8	1	–	–	–	–	–	–	–	–	–	**2-Tolualdehyde**	529-20-4	**H0781**
91	119	120	65	63	64	51	50	**120**	100	85	78	29	21	16	15	12		8	8	1	–	–	–	–	–	–	–	–	–	**3-Tolualdehyde**	620-23-5	**H0948**
91	119	120	92	90	77	105	103	**120**	100	85	78	11	5	2	1	1		8	8	1	–	–	–	–	–	–	–	–	–	**3-Tolualdehyde**		**04331**
91	119	120	92	90	105	77	103	**120**	100	95	81	11	5	4	3	1		8	8	1	–	–	–	–	–	–	–	–	–	**4-Tolualdehyde**		**04332**
91	120	92	65	39	51	63	41	**120**	100	23	20	15	11	6	5	4		8	8	1	–	–	–	–	–	–	–	–	–	**Acetaldehyde, phenyl-**		**C0702**
91	120	92	65	39	78	51	27	**120**	100	21	10	9	9	6	6	5		9	12	–	–	–	–	–	–	–	–	–	–	**Isocumene**		**Y0256**
91	120	92	65	78	39	51	105	**120**	100	24	11	9	6	5	4	4		9	12	–	–	–	–	–	–	–	–	–	–	**Isocumene**		**Y0310**
91	120	119	65	63	51	92	50	**120**	100	78	77	28	21	15	12	12		8	8	1	–	–	–	–	–	–	–	–	–	**2-Tolualdehyde**	529-20-4	**H0782**
91	120	119	77	92	90	104	105	**120**	100	78	77	22	12	6	1	1		8	8	1	–	–	–	–	–	–	–	–	–	**2-Tolualdehyde**		**04330**

MASS TO CHARGE RATIOS								M.W.	INTENSITIES								Parent	C	H	O	N	Cl	Br	F	S	P	B	Si	X	COMPOUND NAME	CAS Reg No	No
92	38	65	120	41	52	64	39	**120**	100	60	59	59	16	12	10	10		5	4	–	4	–	–	–	–	–	–	–	–	[1,2,3]Triazolo[1,5-a]pyrazine	51392-75-7	S7645
92	43	18	28	47	120	45	27	**120**	100	72	48	47	39	37	35	34		4	8	2	–	–	–	–	1	–	–	–	–	1,4-Oxathione, S-oxide		00299
103	120	89	105	88	90	101	91	**120**	100	72	34	8	4	4	4	4		3	9	–	–	–	–	–	–	–	–	–	1	Arsine, trimethyl-	593-88-4	Q2536
104	84	69	31	16	46	103	20	**120**	100	29	14	9	8	7	4	4	**0.00**	–	4	–	2	–	–	3	–	1	–	–	–	Phosphorane, diamidotrifluoro-		M2991
105	75	59	15	45	106	43	89	**120**	100	50	25	11	11	8	7	6	**0.34**	4	12	2	–	–	–	–	–	–	–	1	–	Silane, dimethoxydimethyl-		05929
105	75	59	106	45	89	43	76	**120**	100	59	23	9	8	6	5	5	**0.46**	4	12	2	–	–	–	–	–	–	–	1	–	Silane, dimethoxydimethyl-	1112-39-6	Q5304
105	75	120	59	45	106	61	43	**120**	100	65	61	27	13	7	7	7		4	12	2	–	–	–	–	–	–	–	1	–	Silane, dimethoxydimethyl-		L3927
105	77	51	120	43	50	78	106	**120**	100	86	41	33	21	20	9	8		8	8	1	–	–	–	–	–	–	–	–	–	Acetophenone		W0087
105	77	51	120	50	43	78	39	**120**	100	88	40	29	21	17	10	9		8	8	1	–	–	–	–	–	–	–	–	–	Acetophenone		C1176
105	77	91	51	120	43	50	78	**120**	100	76	36	26	21	15	11	9		8	8	1	–	–	–	–	–	–	–	–	–	Acetophenone		D0695
105	92	91	79	120	39	66	77	**120**	100	95	86	66	63	56	44	39		9	12	–	–	–	–	–	–	–	–	–	–	Tricyclo[2.2.1.0$^{(2,6)}$]heptane, 2-vinyl-		C1646
105	120	39	77	51	91	27	79	**120**	100	47	22	17	14	14	14	12		9	12	–	–	–	–	–	–	–	–	–	–	Benzene, 1,2,3-trimethyl-	526-73-8	Q1628
105	120	39	91	77	106	27	51	**120**	100	30	11	11	10	9	8	7		9	12	–	–	–	–	–	–	–	–	–	–	Toluene, 2-ethyl-		Y0258
105	120	39	91	77	106	27	51	**120**	100	32	11	11	10	9	8	7		9	12	–	–	–	–	–	–	–	–	–	–	Toluene, 3-ethyl-		Y0259
105	120	39	119	77	27	51	91	**120**	100	53	14	13	12	10	10	9		9	12	–	–	–	–	–	–	–	–	–	–	Benzene, 1,2,3-trimethyl-		Y0261
105	120	77	39	91	106	27	51	**120**	100	29	10	10	9	9	7	7		9	12	–	–	–	–	–	–	–	–	–	–	Toluene, 4-ethyl-		Y0260
105	120	77	51	106	79	28	91	**120**	100	26	13	10	10	10	9	8		9	12	–	–	–	–	–	–	–	–	–	–	Cumene		Y1645
105	120	77	79	39	65	91	51	**120**	100	73	49	40	28	28	23	18		9	12	–	–	–	–	–	–	–	–	–	–	2,3-Heptadien-5-yne, 2,4-dimethyl-	41898-89-9	S6765
105	120	77	79	51	106	103	39	**120**	100	26	13	12	11	9	8	6		9	12	–	–	–	–	–	–	–	–	–	–	Cumene		Y1613
105	120	77	79	103	51	106	78	**120**	100	25	17	15	11	10	10	8		9	12	–	–	–	–	–	–	–	–	–	–	Cumene		C1174
105	120	77	91	106	79	39	103	**120**	100	29	9	9	9	8	6	6		9	12	–	–	–	–	–	–	–	–	–	–	Toluene, 2-ethyl-		Y0312
105	120	91	28	92	79	77	78	**120**	100	99	78	70	61	40	31	31		9	12	–	–	–	–	–	–	–	–	–	–	Spiro[4.4]nona-1,6-diene, (S)-	39746-39-9	S6113
105	120	91	39	77	79	51	65	**120**	100	61	55	22	22	22	17	17		9	12	–	–	–	–	–	–	–	–	–	–	Fulvene, 6-ethyl-6-methyl-	3141-02-4	Q9045
105	120	91	77	39	106	79	51	**120**	100	33	11	11	9	9	7	6		9	12	–	–	–	–	–	–	–	–	–	–	Toluene, 3-ethyl-	620-14-4	Q3004
105	120	91	77	106	79	39	51	**120**	100	32	10	9	9	7	6	5		9	12	–	–	–	–	–	–	–	–	–	–	Toluene, 3-ethyl-		Y0313
105	120	91	79	77	39	92	51	**120**	100	79	69	47	37	31	29	17		9	12	–	–	–	–	–	–	–	–	–	–	Cyclohexane, 1,2,4-tris(methylene)-	14296-81-2	R5117
105	120	106	91	77	79	103	39	**120**	100	32	9	8	7	5	5	4		9	12	–	–	–	–	–	–	–	–	–	–	Toluene, 4-ethyl-		Y0314
105	120	119	39	77	27	51	91	**120**	100	59	16	14	12	10	10	9		9	12	–	–	–	–	–	–	–	–	–	–	ψ-Cumene		Y0262
105	120	119	39	77	27	51	91	**120**	100	67	16	15	13	10	10	9		9	12	–	–	–	–	–	–	–	–	–	–	Benzene, 1,3,5-trimethyl-		Y0263
105	120	119	77	39	51	91	27	**120**	100	56	17	15	15	11	10	10		9	12	–	–	–	–	–	–	–	–	–	–	ψ-Cumene		V0256
105	120	119	77	91	106	39	51	**120**	100	56	15	10	9	9	7	6		9	12	–	–	–	–	–	–	–	–	–	–	ψ-Cumene		Y0316
105	120	119	77	91	106	39	51	**120**	100	61	15	10	9	9	8	6		9	12	–	–	–	–	–	–	–	–	–	–	Benzene, 1,3,5-trimethyl-		Y0317
105	120	119	77	106	91	39	51	**120**	100	53	10	9	9	8	7	6		9	12	–	–	–	–	–	–	–	–	–	–	Benzene, 1,2,3-trimethyl-		Y0315
119	42	52	92	51	65	39	28	**120**	100	81	79	49	48	47	47	44	**43.10**	7	8	–	2	–	–	–	–	–	–	–	–	Methylamine, N-α-picolidene-		M1085
119	91	120	65	43	39	63	92	**120**	100	92	91	22	17	12	11	10		8	8	1	–	–	–	–	–	–	–	–	–	4-Tolualdehyde		C1915
119	120	15	42	39	51	104	27	**120**	100	32	15	15	9	9	9	8		7	8	–	2	–	–	–	–	–	–	–	–	Pyridine, 1,4-dihydro-1-methyl-3-cyano-	19424-15-8	R8122
119	120	15	42	104	121	28	27	**120**	100	56	12	10	6	5	4	3		7	8	–	2	–	–	–	–	–	–	–	–	3-Pyridinecarbonitrile, 1,4-dihydro-1-methyl-	19424-15-8	R8123
119	120	42	15	51	38	104	18	**120**	100	33	16	15	10	9	9	8		7	8	–	2	–	–	–	–	–	–	–	–	Pyridine, 1,4-dihydro-1-methyl-3-cyano-		L2711
119	120	67	39	41	65	51	66	**120**	100	54	18	17	10	9	7	7		7	8	–	2	–	–	–	–	–	–	–	–	Pyrazine, isopropenyl-	34413-32-6	S4646
119	120	92	65	39	52	105	53	**120**	100	67	19	11	9	8	8	6		7	8	–	2	–	–	–	–	–	–	–	–	1-Cyclopentene, 1-amino-2-cyano-4-methylene-		C1749
120	38	65	64	66	37	121	63	**120**	100	30	18	18	13	9	7	7		5	4	–	4	–	–	–	–	–	–	–	–	1,2,4-Triazolo[4,3-b]pyridazine	274-83-9	Q0173
120	46	45	74	41	73	87	61	**120**	100	72	66	44	35	34	23	14		4	8	–	–	–	–	–	2	–	–	–	–	1,3-Dithiane	505-23-7	Q1402
120	46	61	45	60	92	64	59	**120**	100	80	68	43	30	23	20	17		4	8	–	–	–	–	–	2	–	–	–	–	1,4-Dithiane	505-29-3	H0752
120	52	39	54	94	121			**120**	100	52	21	20	12	8				7	8	–	2	–	–	–	–	–	–	–	–	Pyrazine, 2-methyl-6-vinyl-		M4233
120	52	54	39	119	40	79	93	**120**	100	61	31	20	15	11	10	9		7	8	–	2	–	–	–	–	–	–	–	–	Pyrazine, 2-methyl-5-vinyl-	13925-08-1	R4832
120	52	119	54	39	40	94	121	**120**	100	58	24	22	20	17	13	8		7	8	–	2	–	–	–	–	–	–	–	–	Pyrazine, 2-methyl-6-vinyl-	13925-09-2	R4833
120	57	64	55	56	60	63	61	**120**	100	98	98	73	73	73	73	67		5	12	1	–	–	–	–	1	–	–	–	–	Propane, 2-methyl-1-(methylsulphinyl)-	56817-93-7	09666
120	57	69	63	45	70	75	56	**120**	100	62	48	36	20	16	16	12		4	2	–	–	–	–	2	1	–	–	–	–	Thiophene, 2,5-difluoro-	19259-14-4	R8044
120	61	45	105	58	107	59	47	**120**	100	85	49	47	19	16	15	15		4	8	–	–	–	–	–	2	–	–	–	–	Ethylene, 1,2-bis(methylthio)-	19698-38-5	H1833
120	65	64	121	66	53	40	92	**120**	100	25	15	15	11	10	5	5		5	4	–	4	–	–	–	–	–	–	–	–	1,2,4-Triazolo[4,3-a]pyrazine	274-82-8	Q0172
120	66	28	93	39	52	38	121	**120**	100	27	22	20	12	10	8	7		5	4	–	4	–	–	–	–	–	–	–	–	Purine		L7305
120	66	41	53	121	93	65	64	**120**	100	21	16	16	15	10	10	8		5	4	–	4	–	–	–	–	–	–	–	–	[1,2,4]Triazolo[1,5-a]pyrazine		M3596
120	66	93	16	39	38	121	65	**120**	100	30	20	12	10	7	7	6		5	4	–	4	–	–	–	–	–	–	–	–	Purine	120-73-0	P9102
120	66	93	121	39	38	92	65	**120**	100	27	19	12	8	6	4	4		5	4	–	4	–	–	–	–	–	–	–	–	Purine		L4227
120	66	121	41	53	65	93	64	**120**	100	20	18	14	14	10	10	8		5	4	–	4	–	–	–	–	–	–	–	–	[1,2,4]Triazolo[1,5-a]pyrazine	399-66-6	Q0674
120	90	39	63	62	50			**120**	100	83	44	42	9	9				6	4	1	2	–	–	–	–	–	–	–	–	Benzofurazan		M8211

MASS TO CHARGE RATIOS								M.W.	INTENSITIES								Parent	C	H	O	N	Cl	Br	F	S	P	B	Si	X	COMPOUND NAME	CAS Reg No	No
120	91	94	77	51	119	39	65	**120**	100	74	36	21	17	15	12	12		8	8	1	–	–	–	–	–	–	–	–	–	Vinyl phenyl ether		Z0452
120	91	119	92	63	65	89	121	**120**	100	70	24	17	10	10	10	8		8	8	1	–	–	–	–	–	–	–	–	–	Benzofuran, 2,3-dihydro-	496-16-2	Q1267
120	105	91	77	92	79	39	78	**120**	100	95	91	40	37	28	12	12		9	12	–	–	–	–	–	–	–	–	–	–	Cyclohexene, 1-(1-propynyl)-	1655-05-6	Q6437
120	119	64	63	92	121	62	91	**120**	100	33	24	18	15	10	6	4		6	5	2	–	–	–	–	–	–	1	–	–	1,3,2-Benzodioxaborole		M6682
120	122	121	94	70	101	100	74	**120**	100	17	15	9	4	3	3	3		8	5	–	–	–	–	1	–	–	–	–	–	Benzene, 1-vinyl-4-fluoro-	766-98-3	Q4037
18	103	17	76	77	28	50	121	**121**	100	46	24	20	18	17	12	12		7	7	1	1	–	–	–	–	–	–	–	–	Benzaldehyde oxime	932-90-1	Q4672
28	42	93	95	79	14	81	121	**121**	100	70	65	64	25	25	25	18		–	–	–	3	–	1	–	–	–	–	–	–	Bromine azide		05642
30	91	65	39	28	92	51	121	**121**	100	9	5	4	4	4	3	3		8	11	–	1	–	–	–	–	–	–	–	–	Ethylamine, 2-phenyl-		05200
30	91	65	92	121	77	63	51	**121**	100	39	18	15	10	9	7	7		8	11	–	1	–	–	–	–	–	–	–	–	Ethylamine, 2-phenyl-		06586
30	91	90	39	65	51	63	121	**121**	100	11	8	5	5	4	3	3		8	11	–	1	–	–	–	–	–	–	–	–	Ethylamine, 2-phenyl-	64-04-0	P5202
38	65	80	37	64	52	28	39	**121**	100	85	59	45	41	41	27	22	**6.00**	4	3	–	5	–	–	–	–	–	–	–	–	Tetrazolo[1,5-b]pyridazine		M0322
38	65	80	37	64	52	39	28	**121**	100	86	60	45	41	41	22	17	**5.00**	4	3	–	5	–	–	–	–	–	–	–	–	Tetrazolo[1,5-b]pyridazine	274-89-5	Q0175
42	71	30	45	91	44	77	78	**121**	100	85	72	69	68	66	58	38	**32.20**	4	11	3	1	–	–	–	–	–	–	–	–	1,3-Propanediol, 2-amino-2-(hydroxymethyl)-	77-86-1	P5842
44	120	91	42	121	51	65	43	**121**	100	70	54	51	39	20	15	13		8	11	–	1	–	–	–	–	–	–	–	–	Benzylamine, N-methyl-	103-67-3	P7654
44	120	91	42	121	64	51	118	**121**	100	76	62	52	41	19	16	14		8	11	–	1	–	–	–	–	–	–	–	–	Benzylamine, N-methyl-	103-67-3	P7653
54	121	80	120	53	39	106	79	**121**	100	99	48	47	45	23	22	21		6	7	–	3	–	–	–	–	–	–	–	–	1H-Imidazo[1,2-b]pyrazole, 1-methyl-	56728-16-6	08731
65	38	64	37	121	39	27	94	**121**	100	92	34	32	19	17	9	3		4	3	–	5	–	–	–	–	–	–	–	–	Tetrazolo[1,5-b]pyridazine		M5039
66	93	39	40	53	38	52	41	**121**	100	44	43	19	18	16	10	9	**5.00**	4	3	–	5	–	–	–	–	–	–	–	–	Tetrazolo[1,5-a]pyrazine	13349-87-6	R4467
66	121	39	93	53	27	52	79	**121**	100	73	73	63	25	13	11	8		4	3	–	5	–	–	–	–	–	–	–	–	Tetrazolo[1,5-a]pyrazine		M5038
76	74	28	75	59	43	42	46	**121**	100	97	67	58	41	29	28	18	**3.61**	3	7	2	1	–	–	–	1	–	–	–	–	L-Cysteine	52-90-4	P4607
79	64	48	46	63	81	121	45	**121**	100	40	28	8	8	6	6	4		1	3	2	3	–	–	–	1	–	–	–	–	Methanesulphonyl azide	1516-70-7	Q6137
79	78	121	43	51	52	93	80	**121**	100	78	67	40	28	28	20	10		7	7	1	1	–	–	–	–	–	–	–	–	Pyridine, 2-acetyl-	1122-62-9	Q5405
79	78	121	43	52	51	93	80	**121**	100	82	71	42	29	29	18	12		7	7	1	1	–	–	–	–	–	–	–	–	Pyridine, 2-acetyl-		B1236
79	78	121	43	52	51	93	122	**121**	100	82	70	41	29	29	17	11		7	7	1	1	–	–	–	–	–	–	–	–	Pyridine, 2-acetyl-		02898
81	55	80	41	42	39	27	53	**121**	100	55	54	46	42	42	38	29	**19.74**	8	11	–	1	–	–	–	–	–	–	–	–	Acetonitrile, 1-cyclohexenyl-		03015
91	30	65	121	39	63	51	50	**121**	100	97	89	68	43	27	24	23		7	7	1	1	–	–	–	–	–	–	–	–	Toluene, 4-nitroso-	623-11-0	Q3100
91	65	121	39	63	51	89	50	**121**	100	85	73	29	20	15	12	11		7	7	1	1	–	–	–	–	–	–	–	–	Toluene, 4-nitroso-		L3180
91	65	121	93	39	63	92	106	**121**	100	85	34	32	29	20	20	17		7	7	1	1	–	–	–	–	–	–	–	–	Toluene, 2-nitroso-	611-23-4	Q2814
92	79	27	44	28	51	57	78	**121**	100	80	59	53	45	44	34	33	**0.14**	4	5	1	1	–	–	2	–	–	–	–	–	Isocyanic acid, 1,1-difluoropropyl ester		06685
93	27	106	120	78	79	65	92	**121**	100	39	30	15	9	8	8	8	**4.34**	8	11	–	1	–	–	–	–	–	–	–	–	Pyridine, 2-propyl-		D0370
93	66	65	51	50	52	121		**121**	100	33	17	10	9	7	4			7	7	1	1	–	–	–	–	–	–	–	–	Tropone, 3-amino-		L7535
93	66	65	121	52	51	50		**121**	100	52	32	20	20	14	9			7	7	1	1	–	–	–	–	–	–	–	–	Tropone, 4-amino-		L7536
93	106	120	39	65	79	78	92	**121**	100	29	14	10	10	10	9	9	**3.34**	8	11	–	1	–	–	–	–	–	–	–	–	Pyridine, 2-propyl-	622-39-9	Q3068
93	121	66	65	39	92	94	51	**121**	100	77	55	29	17	15	13	12		7	7	1	1	–	–	–	–	–	–	–	–	Formanilide		D1433
93	121	92	106	65	51	44	52	**121**	100	88	56	41	34	23	14	13		8	11	–	1	–	–	–	–	–	–	–	–	Pyridine, 4-propyl-	1122-81-2	Q5410
103	76	104	51	50	77	105	78	**121**	100	30	29	24	24	22	21	15	**10.00**	7	7	1	1	–	–	–	–	–	–	–	–	Benzaldehyde, oxime, (Z)-	622-32-2	09713
104	120	93	106	91	77	39	79	**121**	100	63	58	55	52	36	32	29	**28.40**	8	11	–	1	–	–	–	–	–	–	–	–	Benzylamine, 3-methyl-	100-81-2	P7448
104	120	106	93	91	77	39	79	**121**	100	64	62	61	56	42	39	34	**31.00**	8	11	–	1	–	–	–	–	–	–	–	–	Benzylamine, 4-methyl-	104-84-7	P7756
105	77	121	51	50	78	44	76	**121**	100	92	86	44	15	13	9	8		7	7	1	1	–	–	–	–	–	–	–	–	Benzamide		15055
105	77	121	51	50	78	106	122	**121**	100	95	86	37	28	11	8	8		7	7	1	1	–	–	–	–	–	–	–	–	Benzamide	55-21-0	P4676
105	77	121	51	103	50	78	76	**121**	100	92	84	36	20	20	14	12		7	7	1	1	–	–	–	–	–	–	–	–	Benzamide		C0195
105	79	52	78	121	43	38	51	**121**	100	99	46	39	37	36	34	33		6	7	–	3	–	–	–	–	–	–	–	–	Pyridine, 2-amidino-		02893
106	78	121	51	43	79	50	52	**121**	100	87	71	32	25	17	12	9		7	7	1	1	–	–	–	–	–	–	–	–	Pyridine, 3-acetyl-	350-03-8	Q0558
106	78	121	51	43	79	50	52	**121**	100	90	63	39	35	21	14	11		7	7	1	1	–	–	–	–	–	–	–	–	Pyridine, 3-acetyl-	350-03-8	Q0559
106	79	44	77	42	51	53	43	**121**	100	23	21	17	16	13	11	8	**1.30**	8	11	–	1	–	–	–	–	–	–	–	–	Benzylamine, α-methyl-	98-84-0	09716
106	79	44	107	77	42	53	120	**121**	100	23	18	18	15	12	10	9	**3.00**	8	11	–	1	–	–	–	–	–	–	–	–	Benzylamine, α-methyl-	98-84-0	P7191
106	79	77	44	42	51	53	43	**121**	100	41	24	22	20	17	9	8	**1.40**	8	11	–	1	–	–	–	–	–	–	–	–	Benzylamine, (S)-α-methyl-	2627-86-3	Q8447
106	79	77	44	42	51	78	50	**121**	100	41	24	20	19	16	9	9	**1.40**	8	11	–	1	–	–	–	–	–	–	–	–	Benzylamine, (R)-α-methyl-	3886-69-9	Q9898
106	121	39	77	120	27	79	51	**121**	100	53	21	20	17	15	15	14		8	11	–	1	–	–	–	–	–	–	–	–	Pyridine, 5-ethyl-2-methyl-		Y1421
106	121	51	120	77	78	79	39	**121**	100	57	15	14	13	13	13	9		8	11	–	1	–	–	–	–	–	–	–	–	Pyridine, 4-isopropyl-		A0724
106	121	77	51	39	28	27	53	**121**	100	37	23	15	12	11	11	11		8	11	–	1	–	–	–	–	–	–	–	–	Aniline, N-ethyl-		Y1233
106	121	77	79	107	39	78	65	**121**	100	35	18	13	9	7	7	6		8	11	–	1	–	–	–	–	–	–	–	–	Aniline, 2-ethyl-	578-54-1	Q2251
106	121	77	107	51	53	120	65	**121**	100	46	20	13	8	7	7	5		8	11	–	1	–	–	–	–	–	–	–	–	Aniline, N-ethyl-	103-69-5	P7657
106	121	77	107	79	65	39	78	**121**	100	30	14	8	8	6	5	5		8	11	–	1	–	–	–	–	–	–	–	–	Aniline, 4-ethyl-	589-16-2	Q2373

MASS TO CHARGE RATIOS								M.W.	INTENSITIES								Parent	C	H	O	N	Cl	Br	F	S	P	B	Si	X	COMPOUND NAME	CAS Reg No	No
106	121	79	77	120	39	65	107	**121**	100	55	31	30	21	14	11	10		8	11	–	1	–	–	–	–	–	–	–	–	Pyridine, 5-ethyl-2-methyl-		D0731
106	121	120	39	77	79	51	53	**121**	100	68	26	23	17	15	13	10		8	11	–	1	–	–	–	–	–	–	–	–	Pyridine, 3-ethyl-4-methyl-	529-21-5	H0783
106	121	120	39	77	79	51	53	**121**	100	83	56	29	22	18	13	11		8	11	–	1	–	–	–	–	–	–	–	–	Pyridine, 3-ethyl-5-methyl-	3999-78-8	Q9983
106	121	120	77	79	107	39	122	**121**	100	60	20	17	16	10	9	6		8	11	–	1	–	–	–	–	–	–	–	–	Pyridine, 5-ethyl-2-methyl-		C0213
106	121	120	77	91	78	103	65	**121**	100	95	70	23	17	13	12	10		8	11	–	1	–	–	–	–	–	–	–	–	Aniline, 2,6-dimethyl-	87-62-7	P6396
106	121	120	77	91	103	78	79	**121**	100	95	56	19	13	11	10	10		8	11	–	1	–	–	–	–	–	–	–	–	Aniline, 2,3-dimethyl-	87-59-2	P6390
120	121	39	66	67	93	27	51	**121**	100	91	30	27	24	19	18	11		7	7	1	1	–	–	–	–	–	–	–	–	Pyridone, 1-vinyl-		01430
120	121	66	67	93	51	92	65	**121**	100	92	27	25	19	12	11	10		7	7	1	1	–	–	–	–	–	–	–	–	Pyridone, 1-vinyl-		M4170
120	121	77	51	105	104	42	50	**121**	100	70	25	16	13	11	10	7		8	11	–	1	–	–	–	–	–	–	–	–	Aniline, N,N-dimethyl-	121-69-7	P9172
120	121	77	105	51	104	60	42	**121**	100	74	23	13	11	10	9	8		8	11	–	1	–	–	–	–	–	–	–	–	Aniline, N,N-dimethyl-		D0015
120	121	93	39	27	65	31	66	**121**	100	51	29	25	15	11	10	8		8	11	–	1	–	–	–	–	–	–	–	–	Pyridine, 2-ethyl-6-methyl-	1122-69-6	Q5408
121	39	79	120	106	27	77	51	**121**	100	27	26	24	17	16	13	11		8	11	–	1	–	–	–	–	–	–	–	–	Pyridine, 2,4,6-trimethyl-	108-75-8	H0393
121	65	64	53	95	66	93	52	**121**	100	30	26	25	10	10	8	8		4	3	–	5	–	–	–	–	–	–	–	–	Tetrazolo[1,5-a]pyrimidine		M5027
121	78	94	120	122	65	77	93	**121**	100	19	16	10	10	9	4	4		7	7	1	1	–	–	–	–	–	–	–	–	Benzaldehyde oxime	932-90-1	Q4674
121	79	120	106	39	77	27	122	**121**	100	31	26	18	13	12	8	8		8	11	–	1	–	–	–	–	–	–	–	–	Pyridine, 2,4,6-trimethyl-		A0723
121	93	66	65	39	92	122	94	**121**	100	82	65	32	30	17	13	12		7	7	1	1	–	–	–	–	–	–	–	–	Formanilide	103-70-8	P7658
121	93	66	65	47	41	122	92	**121**	100	34	26	17	10	8	8	6		7	7	1	1	–	–	–	–	–	–	–	–	Tropone, 2-amino-	6264-93-3	R2182
121	93	66	65	92	122	63	94	**121**	100	70	44	24	11	8	7	7		7	7	1	1	–	–	–	–	–	–	–	–	Formanilide	103-70-8	P7660
121	94	50	122	75	95	68	70	**121**	100	41	9	9	9	7	6	6		7	4	–	1	–	–	1	–	–	–	–	–	Benzonitrile, 2-fluoro-	394-47-8	Q0668
121	94	122	50	95	75	70	60.5	**121**	100	27	8	5	5	4	3	3		7	4	–	1	–	–	1	–	–	–	–	–	Benzonitrile, 4-fluoro-		Z0461
121	103	78	77	51	50	76	94	**121**	100	86	70	69	67	44	37	33		7	7	1	1	–	–	–	–	–	–	–	–	Benzaldehyde, oxime, (E)-	622-31-1	09714
121	106	78	43	51	79	50	52	**121**	100	77	75	46	40	21	15	11		7	7	1	1	–	–	–	–	–	–	–	–	Pyridine, 4-acetyl-	1122-54-9	Q5401
121	106	78	43	51	79	50	52	**121**	100	99	90	72	60	42	21	16		7	7	1	1	–	–	–	–	–	–	–	–	Pyridine, 4-acetyl-		02895
121	106	91	39	65	77	51	104	**121**	100	82	33	20	19	18	15	12		8	11	–	1	–	–	–	–	–	–	–	–	Aniline, N,2-dimethyl-	611-21-2	Q2812
121	106	120	77	91	39	28	65	**121**	100	83	60	20	14	14	12	11		8	11	–	1	–	–	–	–	–	–	–	–	Aniline, 2,3-dimethyl-		D1392
121	106	120	77	91	78	28	39	**121**	100	68	62	21	18	13	13	13		8	11	–	1	–	–	–	–	–	–	–	–	Aniline, 2,6-dimethyl-		D1393
121	106	120	77	91	78	103	79	**121**	100	91	78	25	19	12	10	10		8	11	–	1	–	–	–	–	–	–	–	–	Aniline, 2,5-dimethyl-	95-78-3	P6992
121	106	120	77	91	78	122	93	**121**	100	59	56	18	12	9	9	8		8	11	–	1	–	–	–	–	–	–	–	–	Aniline, 2,6-dimethyl-	87-62-7	P6397
121	106	120	77	91	122	93	65	**121**	100	94	92	24	17	9	8	7		8	11	–	1	–	–	–	–	–	–	–	–	Aniline, 3,4-dimethyl-	95-64-7	P6977
121	120	39	79	106	27	77	51	**121**	100	47	30	29	26	20	17	15		8	11	–	1	–	–	–	–	–	–	–	–	Pyridine, 2,3,5-trimethyl-	695-98-7	Q3752
121	120	79	39	27	77	51	106	**121**	100	59	34	22	19	19	17	16		8	11	–	1	–	–	–	–	–	–	–	–	Pyridine, 2,3,6-trimethyl-	1462-84-6	H1185
121	120	79	106	77	39	80	51	**121**	100	32	29	17	12	6	5	4		8	11	–	1	–	–	–	–	–	–	–	–	Pyridine, 2,4,6-trimethyl-	108-75-8	P8151
121	120	106	77	28	91	122	18	**121**	100	78	57	15	15	12	9	8		8	11	–	1	–	–	–	–	–	–	–	–	Aniline, 2,4-dimethyl-	95-68-1	P6980
121	120	106	77	91	28	39	122	**121**	100	81	68	20	12	12	12	11		8	11	–	1	–	–	–	–	–	–	–	–	Aniline, 3,4-dimethyl-		D1388
121	120	106	77	91	39	78	93	**121**	100	63	63	21	15	12	11	11		8	11	–	1	–	–	–	–	–	–	–	–	Aniline, 2,5-dimethyl-		D1387
121	120	106	77	91	78	122	28	**121**	100	78	61	16	12	9	8	8		8	11	–	1	–	–	–	–	–	–	–	–	Aniline, 2,4-dimethyl-		D1395
122	76	87	105	73	74	104	78	**121**	100	80	19	9	6	6	6	5	**0.00**	3	7	2	1	–	–	–	1	–	–	–	–	L-Cysteine	52-90-4	P4608
18	44	32	74	43	17	28	31	**122**	100	85	37	32	26	25	18	10	**0.00**	1	6	3	4	–	–	–	–	–	–	–	–	Aminoguanidine carbonate	2582-30-1	Q8369
28	58	29	57	30	27	41	65	**122**	100	44	37	29	23	10	8	7	**6.00**	3	6	3	–	–	–	–	1	–	–	–	–	1,2-Oxathiolane, 2,2-dioxide		F0461
29	27	77	28	49	42	14	15	**122**	100	31	29	22	22	20	10	10	**0.74**	4	7	2	–	1	–	–	–	–	–	–	–	Acetic acid, chloro-, ethyl ester		Y0788
29	28	77	27	42	49	79	43	**122**	100	44	35	29	21	21	11	8	**1.70**	4	7	2	–	1	–	–	–	–	–	–	–	Acetic acid, chloro-, ethyl ester		C0831
29	66	27	28	94	26	43	48	**122**	100	47	41	18	17	7	4	4	**4.00**	4	10	2	–	–	–	–	1	–	–	–	–	Diethyl sulphone	597-35-3	Q2576
29	66	27	28	94	26	43	122	**122**	100	47	42	18	17	7	4	4		4	10	2	–	–	–	–	1	–	–	–	–	Diethyl sulphone		L8561
29	66	94	27	122	28	26	93	**122**	100	70	52	33	22	11	6	6		4	10	2	–	–	–	–	1	–	–	–	–	Diethyl sulphone	597-35-3	Q2577
29	66	122	27	94	45	59	60	**122**	100	89	77	69	53	17	12	12		4	10	–	–	–	–	–	2	–	–	–	–	Diethyl disulphide		Y0499
30	31	76	28	29	74	75	72	**122**	100	84	55	43	40	37	33	28	**1.00**	–	10	–	2	–	–	–	–	–	–	3	–	Silane, bis(silylamino)-		L5633
39	65	122	52	77	83	41	66	**122**	100	27	18	17	16	13	10	10		6	6	1	2	–	–	–	–	–	–	–	–	Nitrosamine, N,N-bis(2-propynyl)-		M3199
41	55	39	79	27	80	67	81	**122**	100	98	97	83	77	74	70	69	**12.80**	9	14	–	–	–	–	–	–	–	–	–	–	Cyclohexane, 1,2-propadienyl-	5664-17-5	06781
41	79	39	107	91	93	27	77	**122**	100	99	88	86	84	70	44	42	**15.90**	9	14	–	–	–	–	–	–	–	–	–	–	1,5-Hexadiene, 2,5-dimethyl-3-methylene-	59131-13-4	T5109
42	73	43	122	87	30	57	49	**122**	100	77	72	29	27	20	14	11		3	7	1	2	1	–	–	–	–	–	–	–	Ethylamine, 2-chloro-N-methyl-N-nitroso-	16339-16-5	R6136
42	80	43	82	15	79	81	14	**122**	100	80	80	79	61	59	58	47	**0.80**	2	3	1	–	–	1	–	–	–	–	–	–	Acetyl bromide		Z0483
42	122	39	27	81	54	53	52	**122**	100	52	28	15	13	10	8	7		7	10	–	2	–	–	–	–	–	–	–	–	Pyrazine, trimethyl-	14667-55-1	H1753
42	122	39	81	40	54	27	53	**122**	100	82	21	18	13	10	8	7		7	10	–	2	–	–	–	–	–	–	–	–	Pyrazine, trimethyl-		M6471
43	15	14	79	42	81	13	29	**122**	100	84	19	13	12	12	9	5	**0.10**	2	3	1	–	–	1	–	–	–	–	–	–	Acetyl bromide	506-96-7	H0757

MASS TO CHARGE RATIOS								M.W.	INTENSITIES								Parent	C	H	O	N	Cl	Br	F	S	P	B	Si	X	COMPOUND NAME	CAS Reg No	No
43	15	27	39	58	42	41	56	**122**	100	30	16	14	13	13	12	9	**5.10**	7	6	2	–	–	–	–	–	–	–	–	–	**2-Propenal, 3-(2-furanyl)-**	623-30-3	**H0960**
43	27	15	73	62	29	42	14	**122**	100	24	22	21	12	11	11	7	**0.13**	4	7	2	–	1	–	–	–	–	–	–	–	**Acetic acid, 2-chloroethyl ester**		**C1177**
43	27	41	39	122	124	26	15	**122**	100	50	47	24	11	11	7	6		3	7	–	–	–	1	–	–	–	–	–	–	**Propane, 2-bromo-**		**Y0775**
43	27	41	39	122	124	42	15	**122**	100	58	50	24	15	14	13	9		3	7	–	–	–	1	–	–	–	–	–	–	**Propane, 1-bromo-**		**Y0774**
43	27	41	121	123	39	42	29	**122**	100	40	37	17	17	14	9	5	**0.68**	3	7	–	–	–	1	–	–	–	–	–	–	**Propane, 1-bromo-**		**Y1643**
43	30	92	29	28	57	107	78	**122**	100	50	44	35	17	17	15	13	**4.24**	3	6	3	–	–	–	–	1	–	–	–	–	**1,3,2-Dioxathiolane, 4-methyl-, 2-oxide**	1469-73-4	**Q6050**
43	30	92	29	57	28	107	48	**122**	100	49	43	30	17	15	13	12	**2.97**	3	6	3	–	–	–	–	1	–	–	–	–	**1,3,2-Dioxathiolane, 4-methyl-, 2-oxide**	1469-73-4	**Q6049**
43	41	27	122	107	42	81	79	**122**	100	30	25	23	3	3	1	1		3	7	–	–	–	1	–	–	–	–	–	–	**Propane, 2-bromo-**		**L0525**
43	41	27	122	124	39	44	42	**122**	100	30	25	23	20	11	3	3		3	7	–	–	–	1	–	–	–	–	–	–	**Propane, 2-bromo-**		**Z0477**
43	41	28	27	39	124	122	42	**122**	100	77	69	60	49	42	41	34		3	7	–	–	–	1	–	–	–	–	–	–	**Propane, 1-bromo-**	106-94-5	**P7946**
43	41	42	80	65	122	50	79	**122**	100	61	57	56	21	8	7	7		4	10	2	–	–	–	–	1	–	–	–	–	**2-Propanesulphinic acid, methyl ester**	52693-47-7	**S8069**
43	41	79	80	95	50	59	123	**122**	100	75	39	35	12	9	8	3	**0.10**	4	10	2	–	–	–	–	1	–	–	–	–	**1-Propanesulphinic acid, methyl ester**	41892-32-4	**S6764**
43	42	27	63	41	29	39	28	**122**	100	86	64	50	43	33	21	20	**0.02**	4	7	2	–	1	–	–	–	–	–	–	–	**Formic acid, chloro-, propyl ester**		**04690**
43	73	15	27	62	14	29	42	**122**	100	26	22	18	15	8	6	6	**0.01**	4	7	2	–	1	–	–	–	–	–	–	–	**Acetic acid, 2-chloroethyl ester**		**Y0787**
43	73	62	31	27	15	64	63	**122**	100	38	20	12	10	8	6	5	**0.11**	4	7	2	–	1	–	–	–	–	–	–	–	**Acetic acid, 2-chloroethyl ester**		**Z0466**
44	50	51	78	122	52	106	43	**122**	100	56	54	45	40	19	17	16		6	6	1	2	–	–	–	–	–	–	–	–	**Isonicotinamide**	1453-82-3	**Q6010**
44	61	43	31	45	28	29	91	**122**	100	97	70	38	32	29	25	20	**0.50**	4	10	4	–	–	–	–	–	–	–	–	–	**Erythritol**		**F0565**
44	107	80	79	52	28	53	78	**122**	100	99	40	20	19	17	17	15	**6.81**	7	10	–	2	–	–	–	–	–	–	–	–	**Ethylamine, 1-(2-pyridyl)-**		**D0447**
45	29	27	55	94	41	90	28	**122**	100	10	8	8	7	5	5	4	**4.00**	5	11	1	–	1	–	–	–	–	–	–	–	**Butane, 1-chloro-4-methoxy-**	17913-18-7	**R7265**
46	62	61	59	45	76	122	107	**122**	100	89	63	49	42	37	28	26		4	12	–	–	–	–	–	–	2	–	–	–	**Diphosphine, tetramethyl-**		**L5276**
47	60	55	88	27	45	46	122	**122**	100	72	57	45	40	40	29	26		4	10	–	–	–	–	–	2	–	–	–	–	**1,4-Butanedithiol**	1191-08-8	**H1165**
55	66	67	94	122	79	39	27	**122**	100	70	60	50	45	40	34	29		8	10	1	–	–	–	–	–	–	–	–	–	**Tricyclo[4.2.0.0(2,4)]octan-5-one (1α,2β,4β,6α)-**	19004-82-1	**R7914**
55	82	41	54	68	39	27	28	**122**	100	76	72	48	22	20	19	16	**0.25**	7	10	–	2	–	–	–	–	–	–	–	–	**Pimelonitrile**		**02965**
61	44	43	31	45	91	29	27	**122**	100	97	72	46	33	24	22	16	**0.03**	4	10	4	–	–	–	–	–	–	–	–	–	**1,2,3,4-Butanetetrol, (S,S)-**	2319-57-5	**Q7838**
61	44	43	45	91	31	60	74	**122**	100	89	52	26	24	19	16	16	**0.00**	4	10	4	–	–	–	–	–	–	–	–	–	**Erythritol**		**C1618**
61	44	45	31	29	30	104	43	**122**	100	68	62	54	36	33	32	31	**2.50**	4	10	2	–	–	–	–	1	–	–	–	–	**Bis(2-hydroxyethyl) sulphide**		**D1385**
61	45	47	104	91	46	60	44	**122**	100	61	32	29	25	22	21	18	**2.50**	4	10	2	–	–	–	–	1	–	–	–	–	**Bis(2-hydroxyethyl) sulphide**		**D2340**
61	45	104	47	91	60	46	44	**122**	100	62	36	28	24	19	18	13	**2.00**	4	10	2	–	–	–	–	1	–	–	–	–	**Bis(2-hydroxyethyl) sulphide**	111-48-8	**P8537**
61	122	75	47	74	45	41	35	**122**	100	65	40	23	22	19	19	13		4	10	–	–	–	–	–	2	–	–	–	–	**Ethane, 1,2-bis(methylthio)-**	6628-18-8	**H1619**
63	59	27	65	87	15	28	43	**122**	100	74	43	32	18	17	13	13	**2.81**	4	7	2	–	1	–	–	–	–	–	–	–	**Propanoic acid, 2-chloro-, methyl ester**		**Z0472**
65	94	93	47	122	105	66	49	**122**	100	72	37	13	8	6	6	6		4	11	2	–	–	–	–	–	1	–	–	–	**Phosphinic acid, diethyl-**		**L2621**
66	77	79	122	41	39	27	93	**122**	100	57	52	31	26	22	21	17		9	14	–	–	–	–	–	–	–	–	–	–	**4-Nonen-2-yne, (E)-**	53497-79-3	**S8484**
66	77	79	122	41	39	27	93	**122**	100	52	47	25	23	23	21	21		9	14	–	–	–	–	–	–	–	–	–	–	**4-Nonen-2-yne, (Z)-**	53497-78-2	**S8483**
67	66	122	79	80	68	77	94	**122**	100	60	26	25	14	13	13	12		8	10	1	–	–	–	–	–	–	–	–	–	**Tricyclo[4.2.0.0(2,4)]octan-5-one**	19093-14-2	**R7971**
67	68	39	66	80	41	79	27	**122**	100	49	42	42	39	39	31	28	**3.50**	9	14	–	–	–	–	–	–	–	–	–	–	**Bicyclo[2.2.1]heptane, 2-vinyl-**	2146-39-6	**Q7478**
68	39	67	53	41	79	66	77	**122**	100	59	58	40	33	32	22	19	**5.77**	9	14	–	–	–	–	–	–	–	–	–	–	**1,5-Cyclooctadiene, 3-methyl-**		**C1570**
68	67	39	53	79	27	54	41	**122**	100	89	47	37	32	29	29	26	**0.00**	9	14	–	–	–	–	–	–	–	–	–	–	**Cyclobutane, cis-1-cyclopropyl-2-vinyl-**	61141-61-5	**T5286**
68	67	39	53	79	54	28	41	**122**	100	84	37	34	32	25	25	19	**0.00**	9	14	–	–	–	–	–	–	–	–	–	–	**Cyclobutane, 1-cyclopropyl-2-vinyl-**	61233-73-6	**T5687**
68	67	79	39	41	53	93	69	**122**	100	32	12	11	11	11	8	7	**0.00**	9	14	–	–	–	–	–	–	–	–	–	–	**Cyclobutane, 1,2-divinyl-3-methyl-**	22704-00-3	**R9927**
73	45	43	29	27	49	57	15	**122**	100	29	21	11	11	8	7	7	**0.17**	4	7	2	–	1	–	–	–	–	–	–	–	**1,3-Dioxolane, 2-chloromethyl-**		**Z0473**
75	47	122	41	45	59	49	27	**122**	100	31	27	26	25	22	12	10		4	10	–	–	–	–	–	2	–	–	–	–	**Ethane, 1,1-bis(methylthio)-**	7379-30-8	**H1654**
75	100	85	115	73	70	101	87	**122**	100	55	30	7	7	7	5	3	**0.00**	1	6	3	4	–	–	–	–	–	–	–	–	**Aminoguanidine carbonate**	2582-30-1	**Q8370**
75	122	31	47	32	29	45	46	**122**	100	87	76	71	50	47	41	31		3	6	1	–	–	–	–	2	–	–	–	–	**Carbonodithioic acid, O,S-dimethyl ester**	19708-81-7	**R8246**
75	122	47	41	59	45	49	44	**122**	100	41	33	31	17	16	9	7		4	10	–	–	–	–	–	2	–	–	–	–	**Ethane, 1,1-bis(methylthio)-**		**X1619**
75	122	47	41	59	45	49	44	**122**	100	41	33	31	18	16	10	8		4	10	–	–	–	–	–	2	–	–	–	–	**Ethane, 1,2-bis(methylthio)-**	6628-18-8	**H1618**
75	122	47	45	94	76	46	79	**122**	100	65	51	27	21	16	12	8		3	6	1	–	–	–	–	2	–	–	–	–	**Carbonodithioic acid, S,S-dimethyl ester**	868-84-8	**Q4400**
77	122	103	107	91	63	39		**122**	100	80	80	30	30	30	25			8	10	1	–	–	–	–	–	–	–	–	–	**4,6-Octadiyn-1-ol**		**M4144**
78	122	51	77	45	50	52	121	**122**	100	37	21	21	19	14	13	8		6	7	2	–	–	–	–	–	–	1	–	–	**Boronic acid, phenyl-**	98-80-6	**P7184**
78	122	121	77	51	45	52	50	**122**	100	74	18	15	14	13	8	7		6	7	2	–	–	–	–	–	–	1	–	–	**Boronic acid, phenyl-**		**M1354**
79	29	39	77	41	93	66	65	**122**	100	73	69	66	62	61	44	42	**4.77**	9	14	–	–	–	–	–	–	–	–	–	–	**1-Nonen-3-yne**	57223-18-4	**T4385**
79	29	41	39	42	55	93	77	**122**	100	97	91	75	67	63	53	50	**19.47**	9	14	–	–	–	–	–	–	–	–	–	–	**3-Nonen-1-yne, (E)-**	70600-49-6	**T7599**
79	41	93	29	55	77	42	39	**122**	100	71	62	62	46	41	40	39	**6.87**	9	14	–	–	–	–	–	–	–	–	–	–	**3-Nonen-1-yne, (Z)-**	37981-61-6	**S5638**
79	77	39	122	41	91	93	51	**122**	100	93	91	81	71	63	47	38		8	10	1	–	–	–	–	–	–	–	–	–	**2,4,6-Octatrienal**	17609-31-3	**R7096**
79	77	91	93	107	39	41	122	**122**	100	80	37	37	35	29	28	26		9	14	–	–	–	–	–	–	–	–	–	–	**2-Nonen-4-yne, (E)-**	56392-49-5	**T3589**

MASS TO CHARGE RATIOS								M.W.	INTENSITIES								Parent	C	H	O	N	Cl	Br	F	S	P	B	Si	X	COMPOUND NAME	CAS Reg No	No
79	77	91	93	107	39	41	122	**122**	100	75	35	34	28	28	26	26		9	14	–	–	–	–	–	–	–	–	–	–	2-Nonen-4-yne, (Z)-	56392-46-2	**T3588**
79	77	95	78	47	63	49	107	**122**	100	56	51	37	22	14	8	7	**3.00**	4	11	2	–	–	–	–	–	1	–	–	–	Phosphinic acid, dimethyl-, ethyl ester		**L2618**
79	80	122	66	77	39	106	78	**122**	100	71	62	25	20	11	11	10		8	10	1	–	–	–	–	–	–	–	–	–	Bicyclo[3.2.1]oct-6-en-3-one		**P1133**
79	80	122	77	107	78	94	65	**122**	100	70	58	18	10	8	8	6		8	10	1	–	–	–	–	–	–	–	–	–	Bicyclo[3.2.1]oct-6-en-3-one		**P3476**
79	81	80	93	67	94	39	41	**122**	100	80	75	62	47	41	27	23	**1.00**	9	14	–	–	–	–	–	–	–	–	–	–	Tricyclo[5.1.1.0$^{(2,6)}$]nonane		**P1625**
79	93	80	107	94	81	67	68	**122**	100	89	65	64	61	59	54	43	**25.00**	9	14	–	–	–	–	–	–	–	–	–	–	Bicyclo[6.1.0]non-1-ene	2570-06-1	**Q8354**
79	93	107	80	94	81	67	122	**122**	100	94	72	68	66	58	57	54		9	14	–	–	–	–	–	–	–	–	–	–	Bicyclo[5.2.0]non-1-ene	65811-17-8	**T6581**
79	93	107	94	80	81	67	91	**122**	100	96	75	74	72	65	63	58	**13.00**	9	14	–	–	–	–	–	–	–	–	–	–	Bicyclo[5.1.0]octane, 8-methylene-	54211-15-3	**S8841**
79	94	39	41	93	77	67	91	**122**	100	94	68	49	44	40	35	35	**7.34**	9	14	–	–	–	–	–	–	–	–	–	–	1,4-Cyclooctadiene, 6-methyl-		**C1569**
79	94	122						**122**	100	39	13							8	10	1	–	–	–	–	–	–	–	–	–	Tricyclo[3.2.1.0$^{(2,4)}$]octan-8-one, endo-		**L6751**
79	94	122						**122**	100	42	3							8	10	1	–	–	–	–	–	–	–	–	–	Tricyclo[3.2.1.0$^{(2,4)}$]octan-8-one, exo-		**L6752**
79	107	91	122	39	41	77	27	**122**	100	85	51	48	40	37	32	29		9	14	–	–	–	–	–	–	–	–	–	–	Cyclopentane, 1-methylene-3-isopropylidene-	73913-74-3	**T7833**
79	107	91	122	41	39	93	77	**122**	100	83	48	40	33	27	23	23		9	14	–	–	–	–	–	–	–	–	–	–	Bicyclo[3.1.0]hexane, 6-isopropylidene-		**Y2177**
80	43	41	122	27	45	79	39	**122**	100	99	98	67	64	48	28	28		4	10	–	–	–	–	–	2	–	–	–	–	Methyl propyl disulphide		**I7104**
80	43	41	122	27	79	39	45	**122**	100	72	60	44	37	25	17	15		4	10	–	–	–	–	–	2	–	–	–	–	Methyl isopropyl disulphide		**I7102**
80	67	54	39	79	81	27	53	**122**	100	80	73	63	57	48	38	35	**3.89**	9	14	–	–	–	–	–	–	–	–	–	–	Bicyclo[6.1.0]non-4-ene	4729-13-9	**R0770**
80	79	39	27	53	77	122	81	**122**	100	48	18	14	13	12	12	11		8	10	1	–	–	–	–	–	–	–	–	–	Bicyclo[2.2.2]oct-5-en-2-one	2220-40-8	**Q7659**
80	79	122	77	78	81	51	65	**122**	100	60	9	8	6	6	4	3		8	10	1	–	–	–	–	–	–	–	–	–	Bicyclo[2.2.2]oct-5-en-2-one	2220-40-8	**Q7660**
80	122	43	41	27	45	47	39	**122**	100	70	69	52	48	40	19	18		4	10	–	–	–	–	–	2	–	–	–	–	Methyl propyl disulphide		**Y1224**
81	80	79	93	67	39	41	122	**122**	100	90	59	41	41	32	32	26		9	14	–	–	–	–	–	–	–	–	–	–	Tricyclo[4.3.0.0]nonane		**L2196**
82	55	41	27	29	28	68	53	**122**	100	91	69	21	16	15	14	9	**0.02**	7	10	–	2	–	–	–	–	–	–	–	–	Adiponitrile, 2-methyl-		**D0030**
82	55	41	27	29	54	28	68	**122**	100	91	70	21	16	16	15	14	**0.10**	7	10	–	2	–	–	–	–	–	–	–	–	Adiponitrile, 2-methyl-	16525-39-6	**R6235**
82	55	41	54	68	39	27	28	**122**	100	73	36	21	14	14	12	10	**0.09**	7	10	–	2	–	–	–	–	–	–	–	–	Adiponitrile, 2-methyl-		**D0414**
87	41	45	43	86	27	42	39	**122**	100	43	37	34	32	29	23	20	**0.30**	4	7	2	–	1	–	–	–	–	–	–	–	Butanoic acid, 3-chloro-		**Z0485**
87	51	52	89	50	122	124	26	**122**	100	45	34	32	27	25	17	14		4	4	–	–	2	–	–	–	–	–	–	–	2-Butyne, 1,4-dichloro-	821-10-3	**H1079**
87	51	89	52	122	50	124	36	**122**	100	34	32	30	24	19	15	9		4	4	–	–	2	–	–	–	–	–	–	–	2-Butyne, 1,4-dichloro-	821-10-3	**Q4220**
87	51	89	122	124	26	50	61	**122**	100	49	32	20	13	10	9	7		4	4	–	–	2	–	–	–	–	–	–	–	Cyclobutene, 3,4-dichloro-	41326-64-1	**S6594**
87	51	122	89	124	50	26	61	**122**	100	64	41	32	26	24	15	12		4	4	–	–	2	–	–	–	–	–	–	–	Cyclobutene, 3,4-dichloro-	41326-64-1	**S6593**
87	51	122	89	124	50	26	61	**122**	100	67	44	31	28	23	15	12		4	4	–	–	2	–	–	–	–	–	–	–	1,3-Butadiene, 1,4-dichloro-	2984-42-1	**Q8895**
87	63	91	27	59	28	65	15	**122**	100	56	51	34	27	18	18	16	**4.77**	4	7	2	–	1	–	–	–	–	–	–	–	Propanoic acid, 3-chloro-, methyl ester		**Z0470**
90	122	52	71	87	103	50	91	**122**	100	47	39	26	23	19	13	11		–	–	2	–	–	–	2	–	–	–	–	1	Chromium, difluorodioxo-	7788-96-7	**R3498**
91	92	28	65	51	39	63	122	**122**	100	52	36	17	14	13	12	7		7	10	–	2	–	–	–	–	–	–	–	–	Hydrazine, benzyl-		**M2320**
91	92	28	65	51	63	39	45	**122**	100	52	39	14	12	12	11	5	**4.30**	7	10	–	2	–	–	–	–	–	–	–	–	Hydrazine, benzyl-	555-96-4	**Q2029**
91	92	122	65	39	51	31	63	**122**	100	57	26	25	15	11	8	7		8	10	1	–	–	–	–	–	–	–	–	–	Ethanol, 2-phenyl-		**D1514**
91	92	122	65	39	51	93	77	**122**	100	63	33	14	6	6	5	5		8	10	1	–	–	–	–	–	–	–	–	–	Ethanol, 2-phenyl-	60-12-8	**P5025**
91	122	92	65	51	77	39	123	**122**	100	32	16	14	6	6	6	3		7	10	–	2	–	–	–	–	–	–	–	–	Hydrazine, benzyl-	555-96-4	**Q2028**
91	122	121	77	92	65	39	51	**122**	100	53	50	25	21	16	12	12		8	10	1	–	–	–	–	–	–	–	–	–	Benzyl methyl ether	538-86-3	**Q1774**
91	122	121	77	92	65	51	79	**122**	100	81	68	21	19	13	10	9		8	10	1	–	–	–	–	–	–	–	–	–	Benzyl methyl ether	538-86-3	**Q1775**
91	122	121	77	92	79	65	55	**122**	100	90	68	23	20	13	13	10		8	10	1	–	–	–	–	–	–	–	–	–	Benzyl methyl ether		**C1799**
93	39	44	66	28	43	65	92	**122**	100	48	47	40	34	24	23	23	**13.54**	8	10	1	–	–	–	–	–	–	–	–	–	Phenol, 3,5-dimethyl-		**W0078**
93	66	94	39	65	92	51	79	**122**	100	17	13	13	13	9	9	8	**1.00**	7	10	–	2	–	–	–	–	–	–	–	–	Ethylamine, 2-pyridyl-	2706-56-1	**Q8558**
93	80	79	77	122	91	39	94	**122**	100	75	72	32	25	22	21	20		9	14	–	–	–	–	–	–	–	–	–	–	Spiro[4.4]non-1-ene	873-12-1	**Q4428**
93	122	78	121	107	80	81	53	**122**	100	97	95	50	36	32	23	22		7	10	–	2	–	–	–	–	–	–	–	–	Pyridine, 1,2-dihydro-1-methyl-2-(methylimino)-		**L3301**
93	122	107	78	79	44	80	52	**122**	100	94	76	68	60	52	28	17		7	10	–	2	–	–	–	–	–	–	–	–	Pyridine, 2-(dimethylamino)-		**L3300**
94	41	42	96	77	27	76	87	**122**	100	57	37	32	24	20	20	19	**0.27**	4	7	2	–	1	–	–	–	–	–	–	–	Butanoic acid, 2-chloro-		**Z0482**
94	66	122	39	65	28	77	27	**122**	100	83	39	30	29	19	16	16		8	10	1	–	–	–	–	–	–	–	–	–	Benzene, ethoxy-		**C0875**
94	79	122	93	77	91	95	107	**122**	100	37	17	7	6	6	6	4		9	14	–	–	–	–	–	–	–	–	–	–	Bicyclo[2.2.1]hept-2-ene, 2,3-dimethyl-	529-16-8	**H0780**
94	107	122	39	121	52	67	41	**122**	100	23	20	16	10	9	8	8		7	10	–	2	–	–	–	–	–	–	–	–	Pyrazine, propyl-	18138-03-9	**R7390**
94	122	28	66	39	77	95	65	**122**	100	39	12	11	9	8	7	7		8	10	1	–	–	–	–	–	–	–	–	–	Benzene, ethoxy-	103-73-1	**P7666**
94	122	39	66	27	65	51	77	**122**	100	35	19	17	12	12	10	9		8	10	1	–	–	–	–	–	–	–	–	–	Benzene, ethoxy-	103-73-1	**H0282**
94	122	121	67	54	95	82	52	**122**	100	34	24	21	5	4	4	2		7	10	–	2	–	–	–	–	–	–	–	–	2-Cyclohexene, 1-cyano-2-amino-		**Y2487**
94	122	121	95	93	123	67	81	**122**	100	75	37	33	20	17	16	16		7	10	–	2	–	–	–	–	–	–	–	–	1H-Indazole, 4,5,6,7-tetrahydro-	2305-79-5	**Q7809**
104	79	77	91	107	122	93	105	**122**	100	39	37	36	33	29	20	17		8	10	1	–	–	–	–	–	–	–	–	–	Benzyl alcohol, 2-methyl-		**Z0486**
104	91	79	77	107	122	105	39	**122**	100	53	46	45	36	30	28	25		8	10	1	–	–	–	–	–	–	–	–	–	Benzyl alcohol, 2-methyl-	89-95-2	**H0166**
104	122	107	91	77	79	93	39	**122**	100	57	55	48	47	44	29	25		8	10	1	–	–	–	–	–	–	–	–	–	Benzyl alcohol, 2-methyl-		**C1848**
105	77	122	51	50	28	39	78	**122**	100	84	76	54	29	14	10	9		7	6	2	–	–	–	–	–	–	–	–	–	Benzoic acid		**D0868**

MASS TO CHARGE RATIOS								M.W.	INTENSITIES								Parent	C	H	O	N	Cl	Br	F	S	P	B	Si	X	COMPOUND NAME	CAS Reg No	No
105	77	122	51	50	39	38	74	**122**	100	85	74	60	39	15	13	12		7	6	2	–	–	–	–	–	–	–	–	–	**Benzoic acid**	65-85-0	**H0033**
105	106	77	51	79	39	65	78	**122**	100	81	30	18	15	11	11	11	**1.00**	7	10	–	2	–	–	–	–	–	–	–	–	**Hydrazine, 1-methyl-1-phenyl-**	618-40-6	**Q2968**
105	122	77	51	50	39	38	74	**122**	100	77	75	46	29	11	10	10		7	6	2	–	–	–	–	–	–	–	–	–	**Benzoic acid**		**Y1751**
107	79	77	43	51	78	122	53.5	**122**	100	75	46	42	25	22	20	15		8	10	1	–	–	–	–	–	–	–	–	–	**Benzyl alcohol, α-methyl-**		**F0236**
107	79	77	43	78	122	51	105	**122**	100	78	42	28	20	20	18	10		8	10	1	–	–	–	–	–	–	–	–	–	**Benzyl alcohol, α-methyl-**	98-85-1	**P7192**
107	79	77	122	78	105	108	63	**122**	100	97	57	30	25	13	9	7		8	10	1	–	–	–	–	–	–	–	–	–	**Benzyl alcohol, α-methyl-**	98-85-1	**H0228**
107	103	69	15	88	50	31		**122**	100	45	19	18	4	3	2		**0.00**	1	3	–	–	–	–	4	–	1	–	–	–	**Phosphorane, methyltetrafluoro-**		**L8150**
107	122	77	39	27	51	94	108	**122**	100	43	24	20	13	10	9	8		8	10	1	–	–	–	–	–	–	–	–	–	**Phenol, 3-ethyl-**		**W0071**
107	122	77	39	27	108	51	53	**122**	100	29	17	13	10	8	8	6		8	10	1	–	–	–	–	–	–	–	–	–	**Phenol, 4-ethyl-**		**W0072**
107	122	77	39	79	51	27	108	**122**	100	36	27	17	12	12	11	8		8	10	1	–	–	–	–	–	–	–	–	–	**Phenol, 2-ethyl-**		**W0070**
107	122	77	39	108	51	91	27	**122**	100	30	19	8	7	5	5	4		8	10	1	–	–	–	–	–	–	–	–	–	**Phenol, 4-ethyl-**		**F0113**
107	122	77	79	51	78	39	91	**122**	100	33	30	16	10	8	7	7		8	10	1	–	–	–	–	–	–	–	–	–	**Phenol, 2-ethyl-**	90-00-6	**P6525**
107	122	77	94	44	79	91	39	**122**	100	37	24	8	7	7	7	6		8	10	1	–	–	–	–	–	–	–	–	–	**Phenol, 3-ethyl-**		**Q3009**
107	122	77	108	39	121	51	91	**122**	100	32	12	8	5	4	3	3		8	10	1	–	–	–	–	–	–	–	–	–	**Phenol, 4-ethyl-**	123-07-9	**P9274**
107	122	77	108	39	121	91	51	**122**	100	40	15	8	6	5	4	4		8	10	1	–	–	–	–	–	–	–	–	–	**Phenol, 3-ethyl-**	620-17-7	**Q3008**
107	122	79	77	91	93	51	39	**122**	100	81	66	62	61	47	30	29		8	10	1	–	–	–	–	–	–	–	–	–	**Benzyl alcohol, 4-methyl-**	589-18-4	**H0867**
107	122	121	39	77	51	91	53	**122**	100	82	49	25	24	18	15	11		8	10	1	–	–	–	–	–	–	–	–	–	**Phenol, 3,4-dimethyl-**	95-65-8	**P6979**
107	122	121	77	39	27	51	91	**122**	100	79	47	25	25	19	17	15		8	10	1	–	–	–	–	–	–	–	–	–	**Phenol, 3,4-dimethyl-**		**W0077**
107	122	121	77	39	79	27	91	**122**	100	89	33	33	30	21	20	20		8	10	1	–	–	–	–	–	–	–	–	–	**Phenol, 2,3-dimethyl-**	526-75-0	**H0777**
107	122	121	77	39	79	27	91	**122**	100	92	33	33	30	20	20	19		8	10	1	–	–	–	–	–	–	–	–	–	**Phenol, 2,3-dimethyl-**		**W0073**
107	122	121	77	91	79	39	51	**122**	100	77	42	30	20	17	11	11		8	10	1	–	–	–	–	–	–	–	–	–	**Phenol, 2,4-dimethyl-**		**P7811**
109	122	124	121	96	101	110	83	**122**	100	37	32	13	10	10	9	6		8	7	–	–	–	–	1	–	–	–	–	–	**Styrene, 4-fluoro-**		**Z0467**
121	122	17	63	27	64	16	65	**122**	100	74	53	28	21	20	12	10		7	6	2	–	–	–	–	–	–	–	–	–	**1,3-Benzodioxole**		**L3681**
121	122	39	56	27	42	94	54	**122**	100	72	51	25	20	17	15	13		7	10	–	2	–	–	–	–	–	–	–	–	**Pyrazine, 2-ethyl-5-methyl-**	13360-64-0	**H1708**
121	122	39	56	94	42	54	40	**122**	100	69	28	20	15	13	10	8		7	10	–	2	–	–	–	–	–	–	–	–	**Pyrazine, 2-ethyl-5-methyl-**	13360-64-0	**R4480**
121	122	39	65	93	63	29	38	**122**	100	87	46	45	39	13	13	12		7	6	2	–	–	–	–	–	–	–	–	–	**Benzaldehyde, 4-hydroxy-**	123-08-0	**P9280**
121	122	39	94	56	27	53	66	**122**	100	65	26	15	11	8	7	6		7	10	–	2	–	–	–	–	–	–	–	–	**Pyrazine, 2-ethyl-6-methyl-**	13925-03-6	**R4829**
121	122	39	94	56	42	40	53	**122**	100	65	35	18	16	14	13	9		7	10	–	2	–	–	–	–	–	–	–	–	**Pyrazine, 2-ethyl-6-methyl-**	13925-03-6	**R4828**
121	122	51	78	94	42	123	44	**122**	100	81	12	10	7	6	6	5		7	10	–	2	–	–	–	–	–	–	–	–	**Pyridine, 4-(dimethylamino)-**		**02968**
121	122	63	64	65	61	66	62	**122**	100	80	60	48	19	17	12	11		7	6	2	–	–	–	–	–	–	–	–	–	**1,3-Benzodioxole**	274-09-9	**Q0168**
121	122	63	64	65	61	66	62	**122**	100	79	64	50	20	17	13	11		7	6	2	–	–	–	–	–	–	–	–	–	**1,3-Benzodioxole**		**L9252**
121	122	65	39	93	63	123	66	**122**	100	87	47	47	40	14	11	10		7	6	2	–	–	–	–	–	–	–	–	–	**Benzaldehyde, 4-hydroxy-**		**03950**
121	122	67	94	39	42	81	26	**122**	100	97	30	20	16	16	16	13		7	10	–	2	–	–	–	–	–	–	–	–	**Pyrazine, 2-ethyl-3-methyl-**	15707-23-0	**R5811**
121	122	93	65	39	123	63	38	**122**	100	88	43	32	26	8	7	6		7	6	2	–	–	–	–	–	–	–	–	–	**Benzaldehyde, 4-hydroxy-**		**C1478**
121	122	94	105	104	77	61	123	**122**	100	93	17	13	11	11	9	8		7	10	–	2	–	–	–	–	–	–	–	–	**Toluene, 2,4-diamino-**		**Z0488**
122	42	81	28	39	54	40	123	**122**	100	78	42	40	29	19	18	18		7	10	–	2	–	–	–	–	–	–	–	–	**Pyrazine, trimethyl-**		**L9693**
122	43	79	51	39	121	53	77	**122**	100	78	39	39	39	32	30	30		8	10	1	–	–	–	–	–	–	–	–	–	**Furan, 2-methyl-5-isopropenyl-**		**L0798**
122	51	104	50	77	94	78	52	**122**	100	54	45	34	32	32	29	16		6	6	1	2	–	–	–	–	–	–	–	–	**4-Pyridinecarboxaldehyde, (E)-oxime**	1637-52-1	**Q6404**
122	54	39	82	26	40	94	66	**122**	100	71	63	49	48	44	44	41		7	6	2	–	–	–	–	–	–	–	–	–	**1,4-Benzoquinone, 2-methyl-**	553-97-9	**H0827**
122	54	82	39	66	94	40	68	**122**	100	69	59	51	44	42	39	32		7	6	2	–	–	–	–	–	–	–	–	–	**1,4-Benzoquinone, 2-methyl-**		**D2026**
122	54	94	43	40	39	44	68	**122**	100	94	56	52	40	38	34	34		7	6	2	–	–	–	–	–	–	–	–	–	**1,4-Benzoquinone, 2-methyl-**	553-97-9	**Q1989**
122	65	104	79	51	78	92	77	**122**	100	42	37	29	23	22	21	16		6	6	1	2	–	–	–	–	–	–	–	–	**2-Pyridinecarboxaldehyde, (E)-oxime**	1193-96-0	**Q5679**
122	66	29	94	27	60	59	124	**122**	100	98	89	71	40	13	11	10		4	10	–	–	–	–	–	2	–	–	–	–	**Diethyl disulphide**		**C0707**
122	66	94	60	59	124	45	68	**122**	100	90	56	11	10	10	8	8		4	10	–	–	–	–	–	2	–	–	–	–	**Diethyl disulphide**	110-81-6	**P8424**
122	77	104	78	51	67	50	123	**122**	100	32	24	20	17	12	9	8		6	6	1	2	–	–	–	–	–	–	–	–	**3-Pyridinecarboxaldehyde, (E)-oxime**	51892-16-1	**S7811**
122	77	107	51	79	29	78	123	**122**	100	68	47	21	17	13	13	10		7	10	–	2	–	–	–	–	–	–	–	–	**Hydrazine, 1-methyl-1-phenyl-**	618-40-6	**Q2967**
122	77	121	79	107	91	51	39	**122**	100	47	46	35	34	25	23	21		8	10	1	–	–	–	–	–	–	–	–	–	**Anisole, 4-methyl-**	104-93-8	**09720**
122	77	121	107	79	15	51	91	**122**	100	52	49	38	38	31	26	26		8	10	1	–	–	–	–	–	–	–	–	–	**Anisole, 4-methyl-**	104-93-8	**H0298**
122	78	51	106	50	52	44	79	**122**	100	68	48	44	24	20	20	12		6	6	1	2	–	–	–	–	–	–	–	–	**Isonicotinamide**		**B0833**
122	78	106	51	50	52	29	44	**122**	100	85	62	56	31	22	19	19		6	6	1	2	–	–	–	–	–	–	–	–	**Nicotinamide**	98-92-0	**P7210**
122	78	106	51	50	52	44	79	**122**	100	73	56	42	19	16	14	8		6	6	1	2	–	–	–	–	–	–	–	–	**Nicotinamide**	98-92-0	**P7211**
122	79	77	91	93	51	39	65	**122**	100	80	75	75	58	36	35	34		8	10	1	–	–	–	–	–	–	–	–	–	**Benzyl alcohol, 4-methyl-**		**00476**
122	79	77	107	39	91	81	51	**122**	100	59	53	48	35	25	22	22		8	10	1	–	–	–	–	–	–	–	–	–	**Furan, 2-isobutenyl-**		**L0799**
122	79	93	81	94	107	80	68	**122**	100	97	73	58	54	53	51	50		9	14	–	–	–	–	–	–	–	–	–	–	**1,2-Cyclononadiene**	1123-11-1	**Q5418**
122	79	106	80	107	121	94	95	**122**	100	47	45	17	16	5	3	2		7	10	–	2	–	–	–	–	–	–	–	–	**Pyridinium, 2,6-dimethyl-1-imino-**		**M3720**
122	91	45	75	47	76	59	77	**122**	100	74	31	18	17	16	13	10		2	6	–	2	–	–	–	2	–	–	–	–	**Hydrazinecarbodithioic acid, methyl ester**	5397-03-5	**R1386**

MASS TO CHARGE RATIOS								M.W.	INTENSITIES								Parent	C	H	O	N	Cl	Br	F	S	P	B	Si	X	COMPOUND NAME	CAS Reg No	No
122	91	74	45	75	47	59	93	**122**	100	93	47	45	41	39	36	36		2	6	–	2	–	–	–	2	–	–	–	–	Hydrazinecarbodithioic acid, methyl ester	5397-03-5	R1385
122	91	77	79	39	92	51	107	**122**	100	51	46	38	31	23	21	20		8	10	1	–	–	–	–	–	–	–	–	–	Anisole, 3-methyl-	100-84-5	09719
122	91	77	79	92	107	121	51	**122**	100	48	41	33	22	20	14	12		8	10	1	–	–	–	–	–	–	–	–	–	Anisole, 3-methyl-	100-84-5	09157
122	91	77	79	92	107	121	123	**122**	100	43	28	24	23	20	18	10		8	10	1	–	–	–	–	–	–	–	–	–	Anisole, 3-methyl-		D1598
122	93	66	44	39	41	64	52	**122**	100	60	50	40	30	25	22	20		6	6	1	2	–	–	–	–	–	–	–	–	Furan, 2-amino-3-cyano-4-methyl-		D2329
122	94	39	66	65	29	123	40	**122**	100	37	20	19	13	10	8	7		7	6	2	–	–	–	–	–	–	–	–	–	Tropolone		L5555
122	94	66	65	28	123	49	50	**122**	100	38	19	13	10	8	6	6		7	6	2	–	–	–	–	–	–	–	–	–	Tropolone	533-75-5	Q1705
122	94	66	65	50	51	55	63	**122**	100	95	65	45	23	23	19	18		7	6	2	–	–	–	–	–	–	–	–	–	Tropolone	533-75-5	Q1707
122	104	78	106	51	77	50	52	**122**	100	80	80	60	60	50	40	25		6	6	1	2	–	–	–	–	–	–	–	–	Nicotinamide		B0834
122	107	77	91	79	39	51	121	**122**	100	59	50	40	27	25	22	18		8	10	1	–	–	–	–	–	–	–	–	–	9H-Xanthen-9-one, 2-hydroxy-	578-58-5	09718
122	107	77	91	79	121	92	65	**122**	100	58	40	36	23	22	14	12		8	10	1	–	–	–	–	–	–	–	–	–	Anisole, 2-methyl-		D1575
122	107	91	77	121	79	65	123	**122**	100	46	36	27	18	14	9	9		8	10	1	–	–	–	–	–	–	–	–	–	Anisole, 2-methyl-	578-58-5	Q2252
122	107	91	79	93	77	105	121	**122**	100	83	48	40	39	37	22	22		8	10	1	–	–	–	–	–	–	–	–	–	Benzyl alcohol, 4-methyl-		C1838
122	107	121	39	77	51	79	91	**122**	100	80	36	27	25	17	15	15		8	10	1	–	–	–	–	–	–	–	–	–	Phenol, 3,5-dimethyl-	108-68-9	H0392
122	107	121	77	39	27	51	91	**122**	100	92	54	29	28	20	19	19		8	10	1	–	–	–	–	–	–	–	–	–	Phenol, 2,4-dimethyl-		W0074
122	107	121	77	39	27	91	51	**122**	100	92	44	33	30	22	21	21		8	10	1	–	–	–	–	–	–	–	–	–	Phenol, 2,5-dimethyl-		W0075
122	107	121	77	39	51	91	79	**122**	100	87	43	30	28	21	20	16		8	10	1	–	–	–	–	–	–	–	–	–	Phenol, 2,5-dimethyl-	95-87-4	H0206
122	107	121	77	39	91	27	79	**122**	100	85	36	33	30	23	22	21		8	10	1	–	–	–	–	–	–	–	–	–	Phenol, 2,6-dimethyl-		W0076
122	107	121	77	39	91	51	79	**122**	100	83	38	32	30	23	20	19		8	10	1	–	–	–	–	–	–	–	–	–	Phenol, 2,6-dimethyl-	576-26-1	Q2243
122	107	121	77	79	91	123	39	**122**	100	80	38	18	11	10	9	7		8	10	1	–	–	–	–	–	–	–	–	–	Phenol, 3,5-dimethyl-		P8141
122	107	121	77	91	79	39	51	**122**	100	80	39	26	17	14	12	9		8	10	1	–	–	–	–	–	–	–	–	–	Phenol, 2,5-dimethyl-		C0622
122	107	121	77	91	79	51	39	**122**	100	95	43	26	14	14	11	11		8	10	1	–	–	–	–	–	–	–	–	–	Phenol, 2,6-dimethyl-		F0324
122	117	121	77	91	79	39	123	**122**	100	80	51	24	16	12	11	9		8	10	1	–	–	–	–	–	–	–	–	–	Phenol, 2,4-dimethyl-		C0623
122	121	39	65	76	93	104	38	**122**	100	96	40	32	20	18	15	14		7	6	2	–	–	–	–	–	–	–	–	–	Salicylaldehyde	90-02-8	P6526
122	121	43	79	95	39	77	107	**122**	100	49	47	43	37	33	31	25		8	10	1	–	–	–	–	–	–	–	–	–	Furan, cis-2-methyl-5-propenyl-		L0796
122	121	65	93	39	76	104	123	**122**	100	94	22	20	18	16	10	8		7	6	2	–	–	–	–	–	–	–	–	–	Salicylaldehyde		Z0468
122	121	65	93	76	104	66	63	**122**	100	89	30	17	16	10	9	8		7	6	2	–	–	–	–	–	–	–	–	–	Salicylaldehyde	90-02-8	P6527
122	121	67	39	42	26	41	40	**122**	100	99	49	42	38	35	33	30		7	10	–	2	–	–	–	–	–	–	–	–	Pyrazine, 2-ethyl-3-methyl-	15707-23-0	R5809
122	121	67	42	39	94	81	41	**122**	100	98	24	23	21	19	18	16		7	10	–	2	–	–	–	–	–	–	–	–	Pyrazine, 2-ethyl-3-methyl-	15707-23-0	R5810
122	121	77	107	79	91	51	78	**122**	100	50	42	39	30	24	15	13		8	10	1	–	–	–	–	–	–	–	–	–	Anisole, 4-methyl-		D1571
122	121	77	107	79	91	51	78	**122**	100	45	45	35	32	24	14	11		8	10	1	–	–	–	–	–	–	–	–	–	Benzene, 1-methoxy-4-methyl-	104-93-8	09154
122	121	77	107	79	91	78	28	**122**	100	49	38	34	27	25	22	16		8	10	1	–	–	–	–	–	–	–	–	–	Benzene, 1-methoxy-4-methyl-	104-93-8	09277
122	121	79	43	95	77	107	39	**122**	100	47	44	41	32	29	24	23		8	10	1	–	–	–	–	–	–	–	–	–	Furan, trans-2-methyl-5-propenyl-		L0797
122	121	93	65	39	63	66	123	**122**	100	90	52	36	26	9	9	8		7	6	2	–	–	–	–	–	–	–	–	–	Benzaldehyde, 3-hydroxy-		Z0487
122	121	94	77	106	78	104	105	**122**	100	66	51	28	26	24	18	18		7	10	–	2	–	–	–	–	–	–	–	–	Toluene, 3,4-diamino-	496-72-0	Q1270
122	121	94	105	106	78	77	104	**122**	100	61	20	12	11	11	10	10		7	10	–	2	–	–	–	–	–	–	–	–	Toluene, 3,4-diamino-		F0387
122	121	94	106	77	104	61	80	**122**	100	55	24	13	13	11	9	8		7	10	–	2	–	–	–	–	–	–	–	–	Toluene, 2,5-diamino-		F0386
122	121	104	94	106	105	77	78	**122**	100	59	27	22	15	14	13	9		7	10	–	2	–	–	–	–	–	–	–	–	Toluene, 2,6-diamino-	823-40-5	Q4260
28	32	123	122	106	18	94	40	**123**	100	32	30	19	6	4	3	3		7	9	1	1	–	–	–	–	–	–	–	–	Phenol, 2-amino-4-methyl-	95-84-1	P6997
42	54	28	30	83	27	43	26	**123**	100	46	34	24	15	13	11	8	**0.55**	6	9	–	3	–	–	–	–	–	–	–	–	Diethylamine, 2,2′-dicyano-		02949
42	82	122	79	123	77	58	44	**123**	100	91	77	72	66	62	36	33		8	13	–	1	–	–	–	–	–	–	–	–	4-Penten-2-ynylamine, N,N,4-trimethyl-	19837-34-4	R8324
43	80	123	81	108	53	52	27	**123**	100	66	49	36	25	17	16	14		7	9	1	1	–	–	–	–	–	–	–	–	Furan, 3-cyano-2,5-dimethyl-4,5-dihydro-		A0725
44	43	123	42	122	45	108	28	**123**	100	46	35	29	11	10	10	9		3	9	2	1	–	–	–	1	–	–	–	–	Methanesulphonamide, N,N-dimethyl-	918-05-8	Q4530
44	43	123	42	122	108	28	45	**123**	100	44	38	25	10	10	8	8		3	9	2	1	–	–	–	1	–	–	–	–	Methanesulphonamide, N,N-dimethyl-		M4694
44	52	53	80	51	123	79	26	**123**	100	84	74	62	44	35	24	19		5	5	1	3	–	–	–	–	–	–	–	–	Pyrazinecarboxamide	98-96-4	P7221
54	28	69	27	51	26	103	33	**123**	100	78	59	47	34	27	25	20	**0.18**	4	4	–	1	–	–	3	–	–	–	–	–	Butanenitrile, 4,4,4-trimethyl-		04891
58	63	60	88	65	61	93	59	**123**	100	80	62	44	26	23	21	20	**17.30**	3	6	2	1	1	–	–	–	–	–	–	–	Carbamoyl chloride, N-methyl-N-methoxy-		P1483
67	79	108	39	27	95	78	51	**123**	100	85	78	63	44	42	34	26	**22.32**	7	9	1	1	–	–	–	–	–	–	–	–	Pyridine, 2-ethoxy-	14529-53-4	H1748
67	123	95	80	39	78	122	53	**123**	100	75	56	40	37	17	16	16		7	9	1	1	–	–	–	–	–	–	–	–	2-Pyridone, 1-ethyl-		01394
68	69	80	67	82	94	122	79	**123**	100	59	31	30	28	27	25	23	**5.00**	8	13	–	1	–	–	–	–	–	–	–	–	9-Azabicyclo[6.1.0]non-4-ene, (1α,4Z,8α)-	66512-22-9	T6657
77	51	123	50	30	65	39	93	**123**	100	59	42	25	16	13	10	9		6	5	2	1	–	–	–	–	–	–	–	–	Benzene, nitro-		Y1153
77	51	123	50	93	65	30	28	**123**	100	85	39	31	16	16	9	9		6	5	2	1	–	–	–	–	–	–	–	–	Benzene, nitro-		05826
77	75	73	78	76	28	39	18	**123**	100	56	40	40	38	34	29	28	**1.00**	6	9	–	1	–	–	–	–	–	–	1	–	Silanamine, N-phenyl-	5578-85-8	R1558
77	92	123	65	108	91			**123**	100	60	56	50	40	10				7	9	1	1	–	–	–	–	–	–	–	–	Aniline, N-hydroxy-2-methyl-	611-22-3	Q2813

MASS TO CHARGE RATIOS								M.W.	INTENSITIES								Parent	C	H	O	N	Cl	Br	F	S	P	B	Si	X	COMPOUND NAME	CAS Reg No	No
77	123	51	50	93	65	30	39	**123**	100	49	44	13	10	10	9	8		6	5	2	1	–	–	–	–	–	–	–	–	**Benzene, nitro-**		**D0324**
78	122	123	106	51	105	50	52	**123**	100	80	77	74	68	41	32	27		6	5	2	1	–	–	–	–	–	–	–	–	**Nicotinic acid**	59-67-6	**P5008**
79	52	78	51	50	80	53	49	**123**	100	32	32	22	13	7	5	4	**2.72**	6	5	2	1	–	–	–	–	–	–	–	–	**Picolinic acid**	98-98-6	**P7222**
79	78	52	51	50	80	53	76	**123**	100	32	32	22	13	7	5	4	**2.72**	6	5	2	1	–	–	–	–	–	–	–	–	**Picolinic acid**		**M2429**
80	81	82	94	123	122			**123**	100	78	70	8	6	4				8	13	–	1	–	–	–	–	–	–	–	–	**9-Azatricyclo[3.3.1.0$^{(3,7)}$]nonane**		**M8275**
81	80	123	39	41	53	67	40	**123**	100	51	35	18	15	15	12	6		8	13	–	1	–	–	–	–	–	–	–	–	**1H-Pyrrole, 1-butyl-**		**Y0624**
81	80	123	41	53	43	67	82	**123**	100	64	44	36	24	22	20	9		8	13	–	1	–	–	–	–	–	–	–	–	**1H-Pyrrole, 1-butyl-**	589-33-3	**Q2376**
81	80	123	41	53	43	68	82	**123**	100	76	42	38	24	22	10	9		8	13	–	1	–	–	–	–	–	–	–	–	**1H-Pyrrole, 1-butyl-**	589-33-3	**Q2377**
91	77	105	106	108	51	79	107	**123**	100	24	16	16	14	13	12	11	**1.00**	7	9	1	1	–	–	–	–	–	–	–	–	**Hydroxylamine, O-benzyl-**		**02538**
93	106	79	122	66	105	65	18	**123**	100	92	55	34	29	27	26	26	**11.91**	7	9	1	1	–	–	–	–	–	–	–	–	**Pyridine, 2-(2-hydroxyethyl)-**		**02962**
93	106	79	122	66	105	65	39	**123**	100	93	56	35	29	27	27	26	**0.91**	7	9	1	1	–	–	–	–	–	–	–	–	**Pyridine, 2-(2-hydroxyethyl)-**		**D0394**
94	42	93	95	91	79	39	82	**123**	100	37	35	28	24	19	19	18	**17.00**	8	13	–	1	–	–	–	–	–	–	–	–	**2-Azatricyclo[5.1.0.0$^{(4,8)}$]octane, 2-methyl-**		**02602**
94	123	39	95	108	56	53	124	**123**	100	95	41	30	15	13	10	9		7	9	1	1	–	–	–	–	–	–	–	–	**2-Pyridone, 1,6-dimethyl-**		**01392**
94	123	42	95	53	39	27	51	**123**	100	49	32	26	17	15	12	9		7	9	1	1	–	–	–	–	–	–	–	–	**2-Pyridone, 1,5-dimethyl-**		**01391**
94	123	95	53	42	39	27	80	**123**	100	91	21	20	20	17	10	10		7	9	1	1	–	–	–	–	–	–	–	–	**2-Pyridone, 1,4-dimethyl-**		**01390**
104	107	84	103	69	85	88	50	**123**	100	78	44	18	17	14	11	5	**0.00**	–	2	–	1	–	–	4	–	1	–	–	–	**Phosphorane, aminotetrafluoro-**		**P2773**
105	104	123	78	77	94	39	65	**123**	100	95	95	69	53	30	27	24		7	9	1	1	–	–	–	–	–	–	–	–	**Benzyl alcohol, 2-amino-**	5344-90-1	**R1326**
105	104	123	78	77	106	97	51	**123**	100	94	91	59	51	33	26	22		7	9	1	1	–	–	–	–	–	–	–	–	**Benzyl alcohol, 2-amino-**	5344-90-1	**R1325**
105	104	123	106	94	51	65	93	**123**	100	94	91	33	26	22	20	16		7	9	1	1	–	–	–	–	–	–	–	–	**Benzyl alcohol, 2-amino-**	5344-90-1	**R1324**
106	78	123	107	79	32	51	39	**123**	100	43	30	27	23	22	18	14		7	9	1	1	–	–	–	–	–	–	–	–	**Pyridine 1-oxide, 2-ethyl-**	4833-24-3	**R0860**
107	18	44	53	108	52	109	79	**123**	100	85	46	45	35	32	19	10	**0.08**	6	5	2	1	–	–	–	–	–	–	–	–	**Phenol, 4-nitroso-**		**D1081**
108	18	28	123	17	27	39	41	**123**	100	57	48	36	15	14	14	12		8	13	–	1	–	–	–	–	–	–	–	–	**1H-Pyrrole, 3-ethyl-2,4-dimethyl-**		**Y1349**
108	80	123	53	52	109	92	81	**123**	100	71	18	13	7	6	4	4		7	9	1	1	–	–	–	–	–	–	–	–	**2-Anisidine**		**D0978**
108	107	67	66	123	122	106	65	**123**	100	75	38	34	30	22	19	14		3	12	–	3	–	–	–	–	–	3	–	–	**Borazine, 1,3,5-trimethyl-**	1004-35-9	**Q5001**
108	107	67	66	123	122	106	65	**123**	100	76	37	34	29	22	19	13		3	12	–	3	–	–	–	–	–	3	–	–	**Borazine, 2,4,6-trimethyl-**		**Y1503**
108	123	53	39	80	43	27	28	**123**	100	82	59	53	31	22	19	16		7	9	1	1	–	–	–	–	–	–	–	–	**1H-Pyrrole, 1-methyl-2-acetyl-**	932-16-1	**Q4662**
108	123	53	80	39	43	109	124	**123**	100	69	34	24	24	10	7	6		7	9	1	1	–	–	–	–	–	–	–	–	**1H-Pyrrole, 1-methyl-2-acetyl-**		**M6484**
108	123	80	28	53	15	65	39	**123**	100	83	63	32	14	11	11	10		7	9	1	1	–	–	–	–	–	–	–	–	**Aniline, 2-methoxy-**	90-04-0	**P6529**
108	123	80	28	53.5	53	65	15	**123**	100	83	63	32	16	14	11	11		7	9	1	1	–	–	–	–	–	–	–	–	**2-Anisidine**		**03030**
108	123	80	53	52	39	65	109	**123**	100	68	42	22	19	12	9	8		7	9	1	1	–	–	–	–	–	–	–	–	**4-Anisidine**	104-94-9	**09722**
108	123	80	53	65	124	52	109	**123**	100	98	47	9	8	7	6	6		7	9	1	1	–	–	–	–	–	–	–	–	**2-Anisidine**	90-04-0	**P6530**
108	123	80	53	109	124	65	52	**123**	100	99	25	11	10	9	7	7		7	9	1	1	–	–	–	–	–	–	–	–	**4-Anisidine**	104-94-9	**P7767**
108	123	80	54	53	109	124	65	**123**	100	83	23	8	8	6	5	4		7	9	1	1	–	–	–	–	–	–	–	–	**4-Anisidine**	104-94-9	**P7768**
108	123	93	107	109	122	120	42	**123**	100	37	13	13	9	8	6	6		8	13	–	1	–	–	–	–	–	–	–	–	**1H-Pyrrole, 2-ethyl-3,5-dimethyl-**	32990-59-3	**S3942**
108	123	107	42	122	93	109	67	**123**	100	41	13	10	10	9	8	7		8	13	–	1	–	–	–	–	–	–	–	–	**1H-Pyrrole, 3-ethyl-2,5-dimethyl-**	69687-78-1	**T7214**
108	123	107	106	92	39	91	65	**123**	100	72	24	22	11	10	10	8		7	9	1	1	–	–	–	–	–	–	–	–	**Pyridine 1-oxide, 4-ethyl-**	14906-55-9	**R5468**
122	80	94	95	81	108	82	124	**123**	100	83	60	45	36	17	15	14	**13.00**	8	13	–	1	–	–	–	–	–	–	–	–	**9-Azabicyclo[6.1.0]non-8-ene**	14747-97-8	**R5388**
122	121	123	81	120	38	80	52	**123**	100	68	28	21	20	16	11	10		3	12	–	3	–	–	–	–	–	3	–	–	**Borazine, 2,4,6-trimethyl-**	5314-85-2	**R1287**
122	123	108	107	42	120	53	79	**123**	100	58	34	9	8	6	5	5		8	13	–	1	–	–	–	–	–	–	–	–	**1H-Pyrrole, 2,3,4,5-tetramethyl-**	1003-90-3	**Q4996**
122	123	108	107	79	42	120	53	**123**	100	59	44	12	10	8	7	6		8	13	–	1	–	–	–	–	–	–	–	–	**1H-Pyrrole, 2,3,4,5-tetramethyl-**	1003-90-3	**Q4997**
123	41	42	96	83	67	43	95	**123**	100	42	41	20	17	10	9	8		6	9	–	3	–	–	–	–	–	–	–	–	**4-Pyrimidinamine, 2,6-dimethyl-**	461-98-3	**Q0809**
123	43	96	44	67	95	124	82	**123**	100	27	25	23	14	14	10	10		6	9	–	3	–	–	–	–	–	–	–	–	**2-Pyrimidinamine, 4,6-dimethyl-**		**C0295**
123	51	78	50	105	77	106	52	**123**	100	89	81	61	56	34	34	32		6	5	2	1	–	–	–	–	–	–	–	–	**Nicotinic acid**	59-67-6	**P5010**
123	65	39	52	17	93	44	80	**123**	100	40	24	19	15	14	13	12		6	5	2	1	–	–	–	–	–	–	–	–	**Phenol, 4-nitroso-**	104-91-6	**P7764**
123	65	52	39	26	51	80	63	**123**	100	87	60	55	35	32	29	24		6	5	2	1	–	–	–	–	–	–	–	–	**Phenol, 4-nitroso-**		**L3169**
123	78	51	106	50	52	79	124	**123**	100	38	35	30	20	19	9	9		6	5	2	1	–	–	–	–	–	–	–	–	**Isonicotinic acid**	55-22-1	**P4677**
123	78	105	51	106	77	50	52	**123**	100	53	52	39	29	26	24	16		6	5	2	1	–	–	–	–	–	–	–	–	**Nicotinic acid**		**P5006**
123	92	107	81	53	39	106	65	**123**	100	27	27	24	20	17	17	12		7	9	1	1	–	–	–	–	–	–	–	–	**Pyridine 1-oxide, 3-ethyl-**	14906-62-8	**R5469**
123	94	27	53	42	39	52	51	**123**	100	90	71	57	49	34	30	30		7	9	1	1	–	–	–	–	–	–	–	–	**Pyridine, 2,6-dimethyl-3-hydroxy-**		**M5211**
123	94	39	122	108	27	66	106	**123**	100	79	37	30	24	21	21	20		7	9	1	1	–	–	–	–	–	–	–	–	**1H-Pyrrole-2-carboxaldehyde, 1-ethyl-**	2167-14-8	**Q7531**
123	94	42	95	53	39	80	27	**123**	100	82	24	20	18	17	12	11		7	9	1	1	–	–	–	–	–	–	–	–	**2-Pyridone, 1,3-dimethyl-**		**01389**
123	94	79	108	93	60	65	62	**123**	100	86	73	68	56	36	25	22		3	10	–	1	–	–	–	1	1	–	–	–	**Methylamine, N-(dimethylthiophosphinyl)-**		**16252**
123	94	93	80	124	66	53	65	**123**	100	31	25	16	7	6	5	5		7	9	1	1	–	–	–	–	–	–	–	–	**3-Anisidine**	536-90-3	**Q1746**
123	94	95	77	122	106	65	105	**123**	100	61	53	28	22	18	13	11		7	9	1	1	–	–	–	–	–	–	–	–	**Benzyl alcohol, 3-amino-**	1877-77-6	**Q6942**
123	96	41	29	83	39	42	67	**123**	100	18	17	16	15	12	12	10		6	9	–	3	–	–	–	–	–	–	–	–	**4-Pyrimidinamine, 2,6-dimethyl-**	461-98-3	**Q0810**

MASS TO CHARGE RATIOS								M.W.	INTENSITIES								Parent	C	H	O	N	Cl	Br	F	S	P	B	Si	X	COMPOUND NAME	CAS Reg No	No
123	96	41	83	28	39	42	40	**123**	100	18	16	14	14	12	11	10		6	9	–	3	–	–	–	–	–	–	–	–	**4-Pyrimidinamine, 2,6-dimethyl-**	461-98-3	**Q0811**
123	96	43	28	42	67	95	82	**123**	100	30	28	25	18	13	13	8		6	9	–	3	–	–	–	–	–	–	–	–	**2-Pyrimidinamine, 4,6-dimethyl-**	767-15-7	**Q4041**
123	106	94	77	65	107	78	93	**123**	100	91	46	34	16	15	12	12		7	9	1	1	–	–	–	–	–	–	–	–	**Benzyl alcohol, 4-amino-**	623-04-1	**Q3098**
123	106	122	94	77	65	107	78	**123**	100	92	72	46	33	15	15	13		7	9	1	1	–	–	–	–	–	–	–	–	**Benzyl alcohol, 4-amino-**	623-04-1	**Q3099**
123	122	94	77	106	93	52	66	**123**	100	62	33	19	18	17	12	11		7	9	1	1	–	–	–	–	–	–	–	–	**Phenol, 4-amino-3-methyl-**	2835-99-6	**Q8717**
123	122	94	106	77	78	124	51	**123**	100	94	16	14	13	8	8	6		7	9	1	1	–	–	–	–	–	–	–	–	**Phenol, 2-amino-4-methyl-**		**02967**
18	124	95	77	107	123	106	39	**124**	100	88	78	76	74	64	37	33		7	8	2	–	–	–	–	–	–	–	–	–	**Benzyl alcohol, 4-hydroxy-**		**Z0506**
29	28	27	31	45	15	32	96	**124**	100	89	83	60	56	39	34	29	**2.20**	3	8	3	–	–	–	–	1	–	–	–	–	**Ethanesulphonic acid, methyl ester**	1912-28-3	**Q7004**
29	89	27	124	63	45	35	61	**124**	100	86	41	34	22	18	16	15		3	5	1	–	1	–	–	1	–	–	–	–	**Carbonochloridothioic acid, S-ethyl ester**	2941-64-2	**Q8857**
31	45	44	27	43	95	29	15	**124**	100	67	33	29	21	21	20	17	**6.51**	2	5	1	–	–	1	–	–	–	–	–	–	**Ethanol, 2-bromo-**	540-51-2	**Q1810**
31	45	44	95	27	97	43	29	**124**	100	80	33	30	25	22	21	16	**14.21**	2	5	1	–	–	1	–	–	–	–	–	–	**Ethanol, 2-bromo-**		**Z0493**
32	41	56	29	57	73	39	42	**124**	100	44	36	34	28	27	16	14	**0.00**	4	13	–	2	1	–	–	–	–	–	–	–	**Hydrazine, tert-butyl-, hydrochloride**	7400-27-3	**R3164**
32	44	41	56	29	57	73	45	**124**	100	90	71	55	33	33	33	21	**0.00**	4	13	–	2	1	–	–	–	–	–	–	–	**Hydrazine, tert-butyl-, hydrochloride**	7400-27-3	**R3163**
41	29	67	57	56	95	39	27	**124**	100	76	74	72	47	40	34	28	**6.16**	9	16	–	–	–	–	–	–	–	–	–	–	**3-Octyne, 6-methyl-**	62108-34-3	**T5851**
41	39	67	27	95	55	81	29	**124**	100	73	70	65	57	53	37	30	**22.00**	9	16	–	–	–	–	–	–	–	–	–	–	**Cycloheptene, 1,2-dimethyl-**	20053-89-8	**R8465**
41	43	81	67	27	39	55	29	**124**	100	93	89	75	73	71	56	55	**0.00**	9	16	–	–	–	–	–	–	–	–	–	–	**1-Nonyne**		**Y1822**
41	55	69	67	39	70	27	81	**124**	100	68	59	28	26	26	25	24	**0.00**	9	16	–	–	–	–	–	–	–	–	–	–	**1,6-Heptadiene, 3,3-dimethyl-**	68701-61-1	**T6947**
41	68	42	55	27	39	28	40	**124**	100	92	90	83	55	50	37	27	**18.02**	5	8	–	4	–	–	–	–	–	–	–	–	**Tetrazolo[1,5-a]pyridine, 5,6,7,8-tetrahydro-**	7465-48-7	**R3222**
41	68	67	55	69	81	39	29	**124**	100	96	53	30	30	27	23	20	**1.15**	9	16	–	–	–	–	–	–	–	–	–	–	**1,6-Heptadiene, 2,5-dimethyl-**	68701-90-6	**T6949**
41	68	69	67	39	81	27	55	**124**	100	87	80	63	31	26	25	24	**1.85**	9	16	–	–	–	–	–	–	–	–	–	–	**Cyclopropane, 1,1-dimethyl-2-(1-methyl-2-propenyl)-**	74779-84-3	**T8550**
41	69	55	27	39	29	109	82	**124**	100	71	30	15	15	14	12	12	**4.17**	9	16	–	–	–	–	–	–	–	–	–	–	**1,6-Heptadiene, 3,5-dimethyl-**	68701-99-5	**T6950**
41	69	81	67	68	39	109	27	**124**	100	80	44	43	35	35	28	22	**5.64**	9	16	–	–	–	–	–	–	–	–	–	–	**Cyclopropane, 1,1-dimethyl-2-(2-methyl-2-propenyl)-**	69147-03-1	**T7025**
42	56	41	43	39	55	69	84	**124**	100	81	61	52	46	27	27	14	**0.00**	7	8	2	–	–	–	–	–	–	–	–	–	**2H-Pyran-2-one, 4,6-dimethyl-**	675-09-2	**Q3665**
42	124	96	68	95	55	28	43	**124**	100	90	20	18	13	10	9	8		6	8	1	2	–	–	–	–	–	–	–	–	**4(1H)-Pyrimidinone, 2,6-dimethyl-**	6622-92-0	**R2406**
42	124	123	53	94	40	56	95	**124**	100	99	66	60	48	28	28	28		6	8	1	2	–	–	–	–	–	–	–	–	**Pyrimidine, 4-methoxy-2-methyl-**	7314-65-0	**R3054**
43	32	16	124	69	45	58	15	**124**	100	62	38	29	29	19	17	14		7	8	2	–	–	–	–	–	–	–	–	–	**4H-Pyran-4-one, 2,6-dimethyl-**		**D0346**
43	41	27	81	67	39	55	29	**124**	100	95	71	69	58	57	53	52	**0.00**	9	16	–	–	–	–	–	–	–	–	–	–	**1-Nonyne**		**Y0534**
43	44	28	29	109	124	42	45	**124**	100	55	49	26	24	20	19	19		1	5	–	–	–	1	–	–	–	–	1	–	**Silane, bromomethyl-**	7570-21-0	**08832**
43	44	28	29	109	124	126	123	**124**	100	55	49	26	24	20	19	19		1	5	–	–	–	1	–	–	–	–	1	–	**Silane, bromomethyl-**		**L7471**
43	58	96	41					**124**	100	46	13	10					**0.30**	8	12	1	–	–	–	–	–	–	–	–	–	**Spiro[2.3]hexan-4-ol, 5-vinyl-**		**M2783**
43	81	39	49	41	53	79	124	**124**	100	43	38	32	30	23	19	19		8	12	1	–	–	–	–	–	–	–	–	–	**5-Hexen-2-one, 5-methyl-3-methylene-**	51756-18-4	**S7772**
43	81	41	55	109	79	80	95	**124**	100	57	43	42	16	14	10	10	**0.00**	8	12	1	–	–	–	–	–	–	–	–	–	**3,7-Octadien-2-one, (E)-**	25172-06-9	**S0982**
43	81	67	41	55	95	68	39	**124**	100	99	82	79	63	53	36	35	**0.07**	9	16	–	–	–	–	–	–	–	–	–	–	**1-Nonyne**	3452-09-3	**Q9413**
43	81	109	53	41	79	124	51	**124**	100	61	32	29	28	24	19	13		8	12	1	–	–	–	–	–	–	–	–	–	**Methyl 1-cyclohexen-1-yl ketone**	932-66-1	**Q4668**
43	81	124	79	80	53	41	77	**124**	100	94	59	37	29	20	18	16		8	12	1	–	–	–	–	–	–	–	–	–	**Methyl 2-(1-cyclohexenyl) ketone**		**M0063**
43	81	124	79	80	53	66	41	**124**	100	88	58	44	32	19	18	16		8	12	1	–	–	–	–	–	–	–	–	–	**Methyl 3-cyclohexenyl ketone**		**Z0505**
44	43	69	39	95	81	124	56	**124**	100	68	25	15	14	12	11	10		7	8	2	–	–	–	–	–	–	–	–	–	**4H-Pyran-4-one, 2,6-dimethyl-**		**03251**
45	29	36	31	60	15	44	38	**124**	100	36	28	22	21	19	11	9	**0.00**	3	5	3	–	1	–	–	–	–	–	–	–	**Acetic acid, 2-(chloromethoxy)-**		**Z0502**
45	63	93	75	44	65	95	43	**124**	100	77	67	51	30	28	19	15	**0.00**	4	9	2	–	1	–	–	–	–	–	–	–	**Ethanol, 2-(2-chloroethoxy)-**	628-89-7	**Q3315**
45	78	124	46	60	44	59	56	**124**	100	95	76	50	32	26	21	19		2	4	–	–	–	–	–	3	–	–	–	–	**1,2,4-Trithiolane**		**01656**
45	78	124	46	80	60	79	47	**124**	100	99	95	62	33	26	10	8		2	4	–	–	–	–	–	3	–	–	–	–	**1,2,4-Trithiolane**	289-16-7	**Q0243**
54	28	84	31	27	52	41	26	**124**	100	29	27	22	13	8	8	7	**0.00**	6	8	1	2	–	–	–	–	–	–	–	–	**Bis(2-cyanoethyl) ether**	1656-48-0	**Q6446**
54	41	67	39	68	29	27	55	**124**	100	74	65	41	34	33	32	27	**16.89**	9	16	–	–	–	–	–	–	–	–	–	–	**1,3-Nonadiene, (E)-**	56700-77-7	**08117**
54	41	67	55	39	43	53	68	**124**	100	38	27	24	20	19	19	14	**0.03**	9	16	–	–	–	–	–	–	–	–	–	–	**1,2-Nonadiene**	22433-33-6	**R9763**
54	42	82	96	53	67	41	43	**124**	100	44	38	25	24	15	12	8	**3.43**	7	8	2	–	–	–	–	–	–	–	–	–	**Spiro[3.3]heptane-2,6-dione**	20061-23-8	**R8482**
54	82	124	81	67	42	55	53	**124**	100	63	60	38	30	29	27	16		8	12	1	–	–	–	–	–	–	–	–	–	**Bicyclo[4.1.0]heptan-2-one, 3-methyl-**	29750-22-9	**S2634**
54	84	28	31	27	55	41	85	**124**	100	35	25	14	11	10	9	7	**0.55**	6	8	1	2	–	–	–	–	–	–	–	–	**Bis(2-cyanoethyl) ether**		**C1229**
54	84	41	52	55	42	40	97	**124**	100	26	7	6	6	5	4	4	**0.05**	6	8	1	2	–	–	–	–	–	–	–	–	**Bis(2-cyanoethyl) ether**		**D1585**
55	27	41	39	69	81	28	53	**124**	100	64	49	48	30	15	14	13	**2.17**	8	12	1	–	–	–	–	–	–	–	–	–	**2-Propen-1-one, 1-(2,2-dimethylcyclopropyl)-**		**P1148**
55	41	83	69	124	97			**124**	100	90	80	75	13	8				8	12	1	–	–	–	–	–	–	–	–	–	**Cyclopentyl vinyl ketone**		**M0713**
55	81	41	67	39	83	96	82	**124**	100	98	93	81	64	64	59	59	**2.36**	9	16	–	–	–	–	–	–	–	–	–	–	**Cyclohexane, cyclopropyl-**	32669-86-6	**06767**
55	83	41	82	39	27	67	29	**124**	100	85	70	55	36	30	24	16	**4.95**	9	16	–	–	–	–	–	–	–	–	–	–	**Cyclohexane, 1-propenyl-**	5364-83-0	**R1353**
55	83	41	82	67	39	27	81	**124**	100	98	73	54	43	40	34	26	**0.64**	9	16	–	–	–	–	–	–	–	–	–	–	**Cyclopentane, trans-1-methyl-2-allyl-**	50746-53-7	**S7461**
55	96	39	41	67	53	109	95	**124**	100	98	76	67	42	35	34	31	**4.00**	8	12	1	–	–	–	–	–	–	–	–	–	**Cyclopropanecarboxaldehyde, 1-(3-butenyl)-**		**M2782**

MASS TO CHARGE RATIOS								M.W.	INTENSITIES									Parent	C	H	O	N	Cl	Br	F	S	P	B	Si	X	COMPOUND NAME	CAS Reg No	No
56	124	28	26	40	55	54	96	**124**	100	46	19	10	10	10	9	8			6	8	1	2	–	–	–	–	–	–	–	–	**4(3H)-Pyrimidinone, 2,3-dimethyl-**	17758-38-2	**R7177**
62	64	88	53	75	89	90	96	**124**	100	39	15	10	10	6	5	5	**0.95**	4	6	–	–	2	–	–	–	–	–	–	–	**Cyclobutane, 1,3-dichloro-**	55887-82-6	**T2306**
62	89	64	63	91	53	75	88	**124**	100	35	35	18	12	11	8	7	**3.15**	4	6	–	–	2	–	–	–	–	–	–	–	**Cyclobutane, 1,2-dichloro-**	17437-39-7	**R7007**
63	45	27	93	31	75	65	28	**124**	100	87	72	61	47	36	32	31	**0.00**	4	9	2	–	1	–	–	–	–	–	–	–	**Ethanol, 2-(2-chloroethoxy)-**	628-89-7	**Q3314**
64	123	31	65	29	94	47	45	**124**	100	50	46	40	34	21	10	9	**5.00**	4	6	2	–	–	–	2	–	–	–	–	–	**1,3-Dioxane, 5,5-difluoro-**	36301-44-7	**S5197**
66	67	42	124	81	68	97	95	**124**	100	82	69	65	53	45	35	32		8	12	1	–	–	–	–	–	–	–	–	–	**Bicyclo[4.1.0]heptan-2-one, 1-methyl-**	14845-40-0	**R5429**
67	27	81	41	95	39	54	53	**124**	100	44	43	41	39	31	28	26	**9.56**	9	16	–	–	–	–	–	–	–	–	–	–	**4-Nonyne**		**Y1825**
67	41	40	124	94	70	28	107	**124**	100	96	73	71	62	60	56	54		6	8	1	2	–	–	–	–	–	–	–	–	**2,1,3-Benzoxadiazole, 4,5,6,7-tetrahydro-**		**02966**
67	41	81	39	95	43	53	82	**124**	100	80	58	46	44	39	37	36	**7.00**	9	16	–	–	–	–	–	–	–	–	–	–	**3,4-Octadiene, 7-methyl-**	37050-05-8	**S5459**
67	41	81	54	95	68	55	39	**124**	100	82	70	57	53	51	43	38	**0.09**	9	16	–	–	–	–	–	–	–	–	–	–	**Spiropentane, 2-butyl-**		**03407**
67	41	81	109	39	68	83	55	**124**	100	80	58	45	40	34	34	32	**24.00**	9	16	–	–	–	–	–	–	–	–	–	–	**Cyclopentane, (2-methyl-1-propenyl)-**	53366-57-7	**S8427**
67	41	82	28	27	55	39	81	**124**	100	44	43	32	27	26	25	22	**5.80**	9	16	–	–	–	–	–	–	–	–	–	–	**3-Octyne, 7-methyl-**	37050-06-9	**S5460**
67	41	82	39	55	27	95	53	**124**	100	50	33	29	29	28	27	20	**3.27**	9	16	–	–	–	–	–	–	–	–	–	–	**Cyclopropene, 1-butyl-2-ethyl-**	50915-91-8	**S7532**
67	41	82	55	81	39	27	83	**124**	100	96	91	90	85	64	57	47	**32.77**	9	16	–	–	–	–	–	–	–	–	–	–	**Cyclohexane, 1-propenyl-**	5364-83-0	**R1352**
67	41	95	81	53	79	39	55	**124**	100	69	66	58	42	41	40	38	**5.50**	9	16	–	–	–	–	–	–	–	–	–	–	**3-Octyne, 5-methyl-**	62108-33-2	**T5849**
67	41	109	39	29	95	27	55	**124**	100	99	47	43	38	37	35	31	**0.95**	9	16	–	–	–	–	–	–	–	–	–	–	**3-Octyne, 2-methyl-**	55402-15-8	**T1084**
67	41	109	81	55	39	68	27	**124**	100	49	42	37	31	29	25	23	**17.90**	9	16	–	–	–	–	–	–	–	–	–	–	**Cyclopentane, (2-methylpropylidene)-**	53366-58-8	**S8429**
67	41	109	95	81	39	55	68	**124**	100	78	78	57	34	33	26	26	**1.01**	9	16	–	–	–	–	–	–	–	–	–	–	**3-Octyne, 7-methyl-**	37050-06-9	**S5461**
67	43	81	124	41	54	95	55	**124**	100	64	53	44	38	24	23	19		9	16	–	–	–	–	–	–	–	–	–	–	**4-Octyne, 2-methyl-**	10306-94-2	**R3726**
67	68	41	96	124	39	40	44	**124**	100	99	70	63	60	59	43	37		8	12	1	–	–	–	–	–	–	–	–	–	**Spiro[3.4]octan-5-one**	10468-36-7	**R3866**
67	70	28	117	119	57	95	78	**124**	100	58	46	44	43	33	28	26	**0.00**	8	12	1	–	–	–	–	–	–	–	–	–	**Tricyclo[2.1.0.0]octane, cis-5-hydroxy-**		**P0029**
67	81	41	95	96	55	82	54	**124**	100	52	50	49	47	44	31	29	**2.00**	9	16	–	–	–	–	–	–	–	–	–	–	**4,5-Nonadiene**	821-74-9	**Q4229**
67	81	68	41	53	124	96	82	**124**	100	87	55	55	49	32	31	27		8	12	1	–	–	–	–	–	–	–	–	–	**Spiro[2,3]hexan-4-one, 1,1-dimethyl-**		**M0561**
67	81	82	54	41	39	96	95	**124**	100	66	54	30	27	24	20	19	**1.00**	9	16	–	–	–	–	–	–	–	–	–	–	**Spiro[3.3]heptane, 2,6-dimethyl-**		**M8200**
67	82	41	81	39	55	53	95	**124**	100	72	35	22	19	19	17	14	**0.01**	9	16	–	–	–	–	–	–	–	–	–	–	**3,4-Nonadiene**	37050-03-6	**S5458**
67	82	41	95	81	55	109	39	**124**	100	59	36	29	28	24	20	16	**14.00**	9	16	–	–	–	–	–	–	–	–	–	–	**3-Octyne, 2-methyl-**	55402-15-8	**T1083**
67	82	81	66	68	96	55	54	**124**	100	37	32	31	22	21	20	18	**13.93**	9	16	–	–	–	–	–	–	–	–	–	–	**Bicyclo[3.3.0]octane, cis-2-methyl-**		**03532**
67	82	95	41	39	81	27	68	**124**	100	84	48	33	26	23	21	19	**17.00**	9	16	–	–	–	–	–	–	–	–	–	–	**Spiro[4.4]nonane**		**L4446**
67	95	41	39	27	29	81	68	**124**	100	79	74	48	46	43	39	38	**3.11**	9	16	–	–	–	–	–	–	–	–	–	–	**3-Nonyne**		**Y1824**
67	95	41	54	55	53	68	82	**124**	100	40	33	29	24	23	16	15	**13.00**	9	16	–	–	–	–	–	–	–	–	–	–	**4-Nonyne**	20184-91-2	**R8524**
67	95	41	81	68	55	29	53	**124**	100	71	54	35	35	26	22	21	**3.48**	9	16	–	–	–	–	–	–	–	–	–	–	**3-Nonyne**	20184-89-8	**R8520**
67	95	41	124	55	109	39	27	**124**	100	77	43	40	38	27	26	22		9	16	–	–	–	–	–	–	–	–	–	–	**1,3-Hexadiene, 3-ethyl-2-methyl-**	61142-36-7	**T5435**
67	95	68	81	124	41	55	82	**124**	100	97	83	46	46	41	28	25		9	16	–	–	–	–	–	–	–	–	–	–	**3-Nonyne**		**01233**
67	95	81	39	41	57	27	68	**124**	100	97	76	71	59	40	38	33	**8.20**	8	12	1	–	–	–	–	–	–	–	–	–	**3-Oxa-1,4-cyclononadiene, (Z,Z)-**		**00263**
67	96	31	124	95	66	39	45	**124**	100	66	65	62	50	40	33	29		8	12	1	–	–	–	–	–	–	–	–	–	**Ethyl 1-cyclopentenyl ketone**		**C1648**
67	96	81	82	41	124	39	27	**124**	100	64	48	41	40	35	34	31		9	16	–	–	–	–	–	–	–	–	–	–	**Bicyclo[4.3.0]nonane, trans-**		**Y0938**
67	124	81	95	54	41	55	68	**124**	100	49	49	40	40	24	22	21		9	16	–	–	–	–	–	–	–	–	–	–	**4-Nonyne**		**01236**
68	41	81	39	67	55	69	96	**124**	100	46	35	31	30	24	22	18	**8.01**	9	16	–	–	–	–	–	–	–	–	–	–	**Cycloheptane, 1-methyl-4-methylene-**	23799-25-9	**S0346**
68	67	41	39	53	81	55	43	**124**	100	45	41	26	19	18	13	9	**0.10**	9	16	–	–	–	–	–	–	–	–	–	–	**2,3-Nonadiene**	22433-34-7	**R9764**
68	67	81	124	55	53	96	42	**124**	100	60	60	45	37	25	25	20		8	12	1	–	–	–	–	–	–	–	–	–	**Bicyclo[4.1.0]heptan-2-one, 6-methyl-**	14845-41-1	**R5430**
68	80	57	78	67	41	79	54	**124**	100	82	81	77	58	44	34	33	**33.00**	8	12	1	–	–	–	–	–	–	–	–	–	**3-Oxatricyclo[3.2.2.0$^{(2,4)}$]nonane**	278-84-2	**Q0180**
68	81	41	67	39	27	53	95	**124**	100	93	56	37	34	31	29	28	**26.45**	9	16	–	–	–	–	–	–	–	–	–	–	**2,4-Nonadiene, (E,E)-**	56700-78-8	**08118**
69	41	39	55	27	68	29	67	**124**	100	78	12	11	10	9	8	7	**0.80**	9	16	–	–	–	–	–	–	–	–	–	–	**2,6-Octadiene, 4-methyl-**	74498-94-5	**T8139**
69	41	81	39	27	55	29	70	**124**	100	77	14	11	10	9	7	7	**1.86**	9	16	–	–	–	–	–	–	–	–	–	–	**1,5-Heptadiene, 3,6-dimethyl-**	34891-10-6	**S4757**
69	41	81	55	67	39	53	27	**124**	100	66	11	10	9	7	7	7	**0.33**	9	16	–	–	–	–	–	–	–	–	–	–	**1,5-Heptadiene, (E)-3,3-dimethyl-**	67682-47-7	**T6862**
69	41	81	67	39	109	27	55	**124**	100	92	31	18	15	13	12	10	**2.05**	9	16	–	–	–	–	–	–	–	–	–	–	**1,4-Hexadiene, 3,3,5-trimethyl-**	74753-00-7	**T8481**
70	78	106	107	124				**124**	100	56	31	5	3					8	12	1	–	–	–	–	–	–	–	–	–	**Tricyclo[3.2.1.0$^{(2,4)}$]octan-8-ol, endo-anti-**		**L6753**
75	43	15	93	31	29	47	95	**124**	100	69	61	61	32	29	20	19	**0.10**	4	9	2	–	1	–	–	–	–	–	–	–	**Ethane, 2-chloro-1,1-dimethoxy-**	97-97-2	**H0224**
75	53	27	39	89	43	54	88	**124**	100	93	75	62	49	38	38	33	**18.90**	4	6	–	–	2	–	–	–	–	–	–	–	**2-Butene, (E)-1,4-dichloro-**		**C0545**
75	53	27	89	77	39	62	88	**124**	100	62	45	44	31	30	29	23	**15.51**	4	6	–	–	2	–	–	–	–	–	–	–	**2-Butene, 1,4-dichloro-**	764-41-0	**Q3995**
75	53	88	27	39	89	77	62	**124**	100	69	55	54	39	37	32	29	**2.60**	4	6	–	–	2	–	–	–	–	–	–	–	**2-Butene, 2,3-dichloro-**	4279-21-4	**R0283**
75	53	89	77	27	62	39	124	**124**	100	47	45	32	31	25	23	17		4	6	–	–	2	–	–	–	–	–	–	–	**2-Butene, 1,4-dichloro-**		**00953**
75	89	39	53	27	77	88	51	**124**	100	47	39	38	35	33	18	17	**5.10**	4	6	–	–	2	–	–	–	–	–	–	–	**1-Butene, 3,4-dichloro-**		**02693**
75	89	53	27	39	77	88	51	**124**	100	47	47	38	36	33	19	19	**10.60**	4	6	–	–	2	–	–	–	–	–	–	–	**2-Butene, 1,4-dichloro-**		**02694**
75	89	53	88	77	62	27	39	**124**	100	67	51	46	30	26	25	25	**21.38**	4	6	–	–	2	–	–	–	–	–	–	–	**1-Butene, 1,4-dichloro-**	13676-58-9	**R4702**
75	89	77	39	53	27	88	91	**124**	100	51	33	28	25	18	18	16	**3.08**	4	6	–	–	2	–	–	–	–	–	–	–	**1-Butene, 3,4-dichloro-**	760-23-6	**Q3959**

MASS TO CHARGE RATIOS								M.W.	INTENSITIES								Parent	C	H	O	N	Cl	Br	F	S	P	B	Si	X	COMPOUND NAME	CAS Reg No	No
75	89	77	53	39	88	91	27	**124**	100	53	34	23	20	16	16	15	**8.26**	4	6	–	–	2	–	–	–	–	–	–	–	**1-Butene, 3,4-dichloro-**		**Z0490**
76	47	48	44	45	46	59	91	**124**	100	88	72	42	40	13	3	1	**0.00**	2	4	–	–	–	–	–	3	–	–	–	–	**Trithiocarbonic acid, methyl ester**		**14885**
78	51	52	50	94	79	39	66	**124**	100	33	11	8	7	6	4	4	**2.78**	5	4	2	2	–	–	–	–	–	–	–	–	**Pyridine, 2-nitro-**	15009-91-3	**R5525**
78	70	106	107	124				**124**	100	94	40	7	4					8	12	1	–	–	–	–	–	–	–	–	–	**Tricyclo[3.2.1.0$^{(2,4)}$]octan-8-ol, endo-syn-**		**L6754**
78	77	124	51	52	50	123	79	**124**	100	25	25	20	18	14	11	8		7	8	2	–	–	–	–	–	–	–	–	–	**1,3-Benzenediol, 2-methyl-**	608-25-3	**Q2763**
78	93	30	108	92	31	46	79	**124**	100	83	42	36	28	27	25	22	**3.00**	3	9	3	–	–	–	–	–	1	–	–	–	**Phosphorous acid, trimethyl ester**		**D2469**
78	106	18	124	77	107	39	51	**124**	100	85	74	44	43	42	25	24		7	8	2	–	–	–	–	–	–	–	–	–	**Benzyl alcohol, 2-hydroxy-**		**Z0496**
79	80	77	29	44	39	78	51	**124**	100	52	31	21	17	16	13	11	**2.25**	8	12	1	–	–	–	–	–	–	–	–	–	**2-Cyclopentene-1-propanal**	64504-73-0	**T6501**
79	94	15	93	109	47	63	29	**124**	100	92	58	35	26	19	15	10	**9.00**	3	9	3	–	–	–	–	–	1	–	–	–	**Phosphonic acid, methyl-, dimethyl ester**		**16709**
79	94	93	109	47	63	124	29	**124**	100	94	32	30	19	18	11	5		3	9	3	–	–	–	–	–	1	–	–	–	**Phosphonic acid, methyl-, dimethyl ester**	756-79-6	**Q3945**
79	109	15	29	28	97	45	27	**124**	100	65	49	48	41	23	21	20	**8.41**	3	8	3	–	–	–	–	1	–	–	–	–	**Methanesulphonic acid, ethyl ester**	62-50-0	**P5140**
80	67	39	27	55	41	68	81	**124**	100	69	37	32	31	27	26	19	**18.43**	8	12	1	–	–	–	–	–	–	–	–	–	**Bicyclo[3.2.1]octan-2-one**	5019-82-9	**R1026**
80	67	39	27	55	41	68	124	**124**	100	67	38	37	33	29	25	24		8	12	1	–	–	–	–	–	–	–	–	–	**Bicyclo[3.2.1]octan-2-one**		**R1027**
80	67	41	55	39	124	40	68	**124**	100	53	31	30	30	28	28	22		8	12	1	–	–	–	–	–	–	–	–	–	**Bicyclo[3.2.1]octan-2-one**	5019-82-9	**R1028**
80	67	79	41	39	28	68	78	**124**	100	79	35	29	25	15	14	13	**3.00**	8	12	1	–	–	–	–	–	–	–	–	–	**9-Oxabicyclo[6.1.0]non-4-ene**	637-90-1	**Q3477**
80	79	81	78	77	41	51	53	**124**	100	63	12	11	9	6	4	3	**1.98**	8	12	1	–	–	–	–	–	–	–	–	–	**Bicyclo[2.2.2]oct-5-en-2-ol**	55320-40-6	**T0858**
80	81	39	41	55	27	67	54	**124**	100	91	62	53	48	46	44	40	**35.78**	8	12	1	–	–	–	–	–	–	–	–	–	**Bicyclo[3.2.1]octan-3-one**	14252-05-2	**R5085**
80	81	124	67	109	95	68	66	**124**	100	44	38	24	16	12	10	8		8	12	1	–	–	–	–	–	–	–	–	–	**Bicyclo[3.2.1]octan-3-one**		**14875**
80	124	54	67	81	41	55	68	**124**	100	30	29	27	21	18	16	11		8	12	1	–	–	–	–	–	–	–	–	–	**Bicyclo[2.2.2]octanone**	2716-23-6	**Q8563**
81	39	41	124	53	67	82	55	**124**	100	13	12	10	9	9	9	8		8	12	1	–	–	–	–	–	–	–	–	–	**2,4-Octadienal, (E,E)-**		**16299**
81	41	39	27	67	53	54	124	**124**	100	28	27	19	17	15	13	11		8	12	1	–	–	–	–	–	–	–	–	–	**2,4-Octadienal, (E,E)-**	30361-28-5	**S2867**
81	43	79	53	41	124	80	77	**124**	100	41	29	21	16	14	13	8		8	12	1	–	–	–	–	–	–	–	–	–	**Methyl 2-methyl-2-cyclopenten-1-yl ketone**	1767-84-6	**Q6702**
81	43	109	124	79	53	41	39	**124**	100	95	63	42	35	30	25	24		8	12	1	–	–	–	–	–	–	–	–	–	**Methyl 1-cyclohexen-1-yl ketone**	932-66-1	**Q4666**
81	43	109	124	79	53	41	39	**124**	100	85	73	62	24	22	19	14		8	12	1	–	–	–	–	–	–	–	–	–	**1-Acetyl-cyclohex-1-ene**		**M0050**
81	43	124	79	80	53	41	82	**124**	100	26	22	18	13	13	10	8		8	12	1	–	–	–	–	–	–	–	–	–	**Methyl 2-methyl-2-cyclopenten-1-yl ketone**		**M0054**
81	55	95	68	91	39	42	41	**124**	100	76	75	72	60	60	45	42	**5.00**	8	12	1	–	–	–	–	–	–	–	–	–	**Cyclohexanol, 1-ethynyl-**		**D2602**
81	67	41	82	39	96	55	54	**124**	100	69	51	45	44	41	24	21	**12.84**	9	16	–	–	–	–	–	–	–	–	–	–	**Bicyclo[3.3.0]octane, 3-methyl-**		**03555**
81	67	68	95	55	41	39	27	**124**	100	73	66	62	62	58	55	49	**0.00**	9	16	–	–	–	–	–	–	–	–	–	–	**1,4-Heptadiene, 3-methyl-**		**00241**
81	67	80	39	54	55	41	53	**124**	100	78	73	72	68	67	58	46	**44.30**	8	12	1	–	–	–	–	–	–	–	–	–	**Cyclohexanone, 3-vinyl-**		**00950**
81	67	96	82	41	39	27	68	**124**	100	94	90	63	57	47	41	37	**32.70**	9	16	–	–	–	–	–	–	–	–	–	–	**Bicyclo[4.3.0]nonane, cis-**		**Y0937**
81	67	96	82	41	39	68	27	**124**	100	99	92	61	56	42	38	36	**33.63**	9	16	–	–	–	–	–	–	–	–	–	–	**Bicyclo[4.3.0]nonane, cis-**		**V0252**
81	67	96	82	41	54	68	55	**124**	100	93	90	62	58	38	38	35	**34.03**	9	16	–	–	–	–	–	–	–	–	–	–	**1H-Indene, cis-octahydro-**	4551-51-3	**R0588**
81	67	108	124	82	41	55	39	**124**	100	52	41	38	31	30	22	16		9	16	–	–	–	–	–	–	–	–	–	–	**Cyclohexane, isopropylidene-**	5749-72-4	**R1723**
81	67	109	124	82	41	55	39	**124**	100	51	40	38	30	30	22	16		9	16	–	–	–	–	–	–	–	–	–	–	**Cyclohexane, isopropylidene-**		**L1145**
81	68	95	96	53	109	55	67	**124**	100	78	73	32	25	24	23	19	**1.23**	8	12	1	–	–	–	–	–	–	–	–	–	**Cyclohexanol, 1-ethynyl-**		**Z0503**
81	68	95	124	53	39	27	41	**124**	100	74	68	64	54	38	30	29		7	8	2	–	–	–	–	–	–	–	–	–	**1-Propanol, 3-(3-furyl)-**		**M3130**
81	79	43	53	41	82	80	39	**124**	100	20	17	15	13	7	6	6	**1.76**	8	12	1	–	–	–	–	–	–	–	–	–	**Methyl 1-methyl-2-cyclopenten-1-yl ketone**	68752-16-9	**T6963**
81	82	124	53	39	41	95	68	**124**	100	23	20	14	9	7	4	4		8	12	1	–	–	–	–	–	–	–	–	–	**Furan, 2-butyl-**		**L0785**
81	82	124	67	68	95	65	66	**124**	100	60	16	14	14	8	4	4		7	8	2	–	–	–	–	–	–	–	–	–	**8-Oxabicyclo[3.2.1]oct-6-en-3-one**		**P3474**
81	95	68	96	109	41	55	53	**124**	100	77	77	39	27	21	21	19	**1.47**	8	12	1	–	–	–	–	–	–	–	–	–	**Cyclohexanol, 1-ethynyl-**	78-27-3	**P5856**
81	109	124	43	79	53	41	77	**124**	100	82	73	66	31	21	16	11		8	12	1	–	–	–	–	–	–	–	–	–	**Methyl 1-cyclohexen-1-yl ketone**	932-66-1	**Q4667**
81	109	124	79	39	41	53	96	**124**	100	85	75	70	70	60	55	53		8	12	1	–	–	–	–	–	–	–	–	–	**Cyclobutene, 1-acetyl-2,3-dimethyl-**		**M7070**
81	124	67	41	39	82	96	54	**124**	100	67	63	57	53	49	45	39		9	16	–	–	–	–	–	–	–	–	–	–	**Bicyclo[3.3.1]nonane**		**03554**
82	39	54	124	27	41	53	83	**124**	100	27	18	15	11	10	8	5		8	12	1	–	–	–	–	–	–	–	–	–	**2-Cyclohexen-1-one, 3,5-dimethyl-**	1123-09-7	**Q5417**
82	39	124	105	54	27	41	29	**124**	100	43	35	31	29	26	22	18		8	12	1	–	–	–	–	–	–	–	–	–	**2-Cyclohexen-1-one, 3,5-dimethyl-**		**C1028**
82	54	124	81	55	41	67	68	**124**	100	42	39	36	29	28	26	26		8	12	1	–	–	–	–	–	–	–	–	–	**2-Cyclohexen-1-one, 4,5-dimethyl-**	5715-25-3	**R1703**
82	80	67	81	52	53	65	41	**124**	100	86	70	47	40	31	31	30	**0.00**	8	12	1	–	–	–	–	–	–	–	–	–	**2-Cyclohexen-1-one, 4,4-dimethyl-**	1073-13-8	**Q5208**
82	81	124	96	67	68	41	53	**124**	100	53	51	40	38	29	26	21		8	12	1	–	–	–	–	–	–	–	–	–	**2-Cyclohexen-1-one, 4,4-dimethyl-**	1073-13-8	**Q5207**
82	96	81	124	67	68	41	53	**124**	100	62	53	51	37	28	24	21		8	12	1	–	–	–	–	–	–	–	–	–	**2-Cyclohexen-1-one, 4,4-dimethyl-**	1073-13-8	**Q5209**
83	55	82	41	39	67	27	81	**124**	100	95	57	55	28	21	21	11	**6.77**	9	16	–	–	–	–	–	–	–	–	–	–	**Cyclohexane, allyl-**		**03006**
85	56	81	124	42	39	41	44	**124**	100	99	89	84	66	49	40	38		7	12	–	2	–	–	–	–	–	–	–	–	**Acetone, methyl-2-propynylhydrazone**	75268-08-5	**T8865**
88	53	89	39	27	90	75	91	**124**	100	81	69	41	40	36	25	23	**9.90**	4	6	–	–	2	–	–	–	–	–	–	–	**Propane, 1,3-dichloro-2-methylene-**		**02955**
88	53	89	39	90	75	91	51	**124**	100	81	69	42	36	25	23	22	**9.90**	4	6	–	–	2	–	–	–	–	–	–	–	**Propane, 1,3-dichloro-2-methylene-**		**05844**
91	123	124	77	45	79	69	65	**124**	100	82	55	41	38	32	22	19		7	8	–	–	–	–	–	1	–	–	–	–	**Benzenethiol, 4-methyl-**	106-45-6	**P7892**
91	124	45	39	77	123	89	90	**124**	100	96	26	17	17	17	15	15		7	8	–	–	–	–	–	1	–	–	–	–	**Benzenethiol, 2-methyl-**	137-06-4	**P9721**
91	124	45	65	39	92	51	63	**124**	100	32	12	11	11	8	7	6		7	8	–	–	–	–	–	1	–	–	–	–	**Benzyl thiol**		**Y2087**

MASS TO CHARGE RATIOS								M.W.	INTENSITIES								Parent	C	H	O	N	Cl	Br	F	S	P	B	Si	X	COMPOUND NAME	CAS Reg No	No
91	124	45	123	39	77	90	89	**124**	100	97	25	17	17	16	16	16		7	8	–	–	–	–	–	1	–	–	–	–	Benzenethiol, 2-methyl-		L1198
91	124	65	45	92	39	51	63	**124**	100	25	13	11	9	9	6	5		7	8	–	–	–	–	–	1	–	–	–	–	Benzyl thiol		00619
91	124	123	77	45	79	65	63	**124**	100	67	34	20	19	16	14	10		7	8	–	–	–	–	–	1	–	–	–	–	Benzenethiol, 3-methyl-	108-40-7	P8108
93	109	63	124	47	94	79	29	**124**	100	56	51	34	29	28	21	8		3	9	3	–	–	–	–	–	1	–	–	–	Phosphorous acid, trimethyl ester	121-45-9	P9164
94	79	109	93	124	63	47	45	**124**	100	98	53	45	27	20	11	8		3	9	3	–	–	–	–	–	1	–	–	–	Phosphonic acid, methyl-, dimethyl ester		D2971
95	27	41	43	39	67	81	54	**124**	100	52	50	38	37	36	32	29	**0.45**	9	16	–	–	–	–	–	–	–	–	–	–	2-Nonyne		Y1823
95	39	41	67	124	65	51	53	**124**	100	42	42	26	20	14	12	10		8	12	1	–	–	–	–	–	–	–	–	–	Furan, 4-methyl-2-propyl-	6148-37-4	R2103
95	39	41	67	124	65	51	53	**124**	100	40	40	26	19	14	13	11		8	12	1	–	–	–	–	–	–	–	–	–	Furan, 4-methyl-2-propyl-	6148-37-4	H1598
95	41	43	67	54	68	81	55	**124**	100	39	38	33	32	32	32	30	**2.00**	9	16	–	–	–	–	–	–	–	–	–	–	2-Nonyne	19447-29-1	R8147
95	43	81	39	41	27	53	79	**124**	100	98	56	42	39	35	33	22	**19.00**	8	12	1	–	–	–	–	–	–	–	–	–	3,5-Octadien-2-one, (E,E)-	30086-02-3	S2788
95	43	81	124	39	41	109		**124**	100	54	42	37	23	21	20			8	12	1	–	–	–	–	–	–	–	–	–	3,5-Octadien-2-one, (E,E)-		M4210
95	43	81	124	40	109	53	38	**124**	100	99	81	31	23	20	17	16		8	12	1	–	–	–	–	–	–	–	–	–	3,5-Octadien-2-one, (E,E)-		M1118
95	67	41	54	55	96	81	109	**124**	100	97	69	68	67	62	56	11	**5.00**	9	16	–	–	–	–	–	–	–	–	–	–	Cycloheptane, vinyl-		M6758
95	67	41	80	39	66	27	55	**124**	100	52	20	17	16	13	11	10	**2.93**	8	12	1	–	–	–	–	–	–	–	–	–	2-Norbornanecarboxaldehyde, exo-	3574-55-8	Q9543
95	67	55	124	41	109	125		**124**	100	44	35	32	25	13	3			9	16	–	–	–	–	–	–	–	–	–	–	3-Heptyne, 5,5-dimethyl-	23097-98-5	S0073
95	67	68	96	41	82	55	81	**124**	100	43	18	17	15	14	14	11	**5.18**	9	16	–	–	–	–	–	–	–	–	–	–	Norbornane, 2-ethyl-	2146-41-0	Q7479
95	67	79	91	80	41	78	81	**124**	100	36	34	33	29	21	21	21	**21.00**	8	12	1	–	–	–	–	–	–	–	–	–	Pentaleno[1,2-b]oxirene, (1aα,1bα,4aβ,5aα)-octahydro-	55449-71-3	T1168
95	67	80	91	79	41	81	106	**124**	100	75	53	47	42	35	34	32	**20.00**	8	12	1	–	–	–	–	–	–	–	–	–	Pentaleno[1,2-b]oxirene, (1aα,1bβ,4aα,5aα)-octahydro-	55449-70-2	T1167
95	67	81	124	55	41	80	39	**124**	100	79	73	56	53	51	49	47		8	12	1	–	–	–	–	–	–	–	–	–	3-Cyclohexene-1-carboxaldehyde, 1-methyl-		Z0501
95	67	124	55	41	109	81	43	**124**	100	95	72	50	48	40	35	19		9	16	–	–	–	–	–	–	–	–	–	–	Cyclohexane, (1α,3α-5α)-divinyl-3-methyl-2-methylene-	74752-97-9	T8478
95	68	43	81	54	67	55	41	**124**	100	49	42	41	38	37	29	26	**18.82**	9	16	–	–	–	–	–	–	–	–	–	–	2-Nonyne		01229
95	123	108	94	79	27	29	80	**124**	100	60	31	28	25	15	12	10	**0.00**	3	8	–	–	–	–	–	–	–	–	–	1	Ethane, (methylseleno)-	37773-04-9	S5597
95	124	39	29	27	96	38	67	**124**	100	33	30	15	14	9	8	4		7	8	2	–	–	–	–	–	–	–	–	–	Ethyl 2-furyl ketone	3194-15-8	Q9103
95	124	39	29	96	28	27	74	**124**	100	28	10	7	6	6	5	4		7	8	2	–	–	–	–	–	–	–	–	–	Ethyl 2-furyl ketone		Z0499
95	124	39	96	67	55	53	51	**124**	100	26	20	6	3	2	2	2		7	8	2	–	–	–	–	–	–	–	–	–	Furan, 2-propanoyl-		L0803
95	124	43	96	39	51	53	79	**124**	100	18	16	8	6	5	4	3		8	12	1	–	–	–	–	–	–	–	–	–	Furan, 2-methyl-5-propyl-		L0788
96	53	124	43	109	95	67	39	**124**	100	82	58	43	34	26	24	18		7	8	2	–	–	–	–	–	–	–	–	–	2H-Pyran-2-one, 4,6-dimethyl-	675-09-2	Q3664
96	54	41	81	67	39	27	55	**124**	100	60	58	58	50	46	43	41	**0.92**	9	16	–	–	–	–	–	–	–	–	–	–	Cyclohexane, 1-vinyl-2-methyl-, trans-	34780-45-5	06965
96	98	89	53	62	100	91	64	**124**	100	77	31	17	15	14	12	6	**0.80**	4	6	–	–	2	–	–	–	–	–	–	–	Cyclobutane, 1,1-dichloro-	1506-77-0	Q6128
96	109	124	95	42	39	41	68	**124**	100	84	78	66	38	32	30	19		7	12	–	2	–	–	–	–	–	–	–	–	Pyrazole, 1-ethyl-3,5-dimethyl-		02373
96	124	67	39	68	123			**124**	100	66	30	24	23	22				8	12	1	–	–	–	–	–	–	–	–	–	Spiro[2.5]octan-4-one		M2777
99	43	81	124	79	53	41	51	**124**	100	58	54	41	34	31	20	10		8	12	1	–	–	–	–	–	–	–	–	–	Methyl 2-methyl-1-cyclopenten-1-yl ketone	3168-90-9	Q9079
105	86	67	32	107	89	48	51	**124**	100	13	9	5	5	4	3	3	**0.40**	–	–	1	–	–	–	4	1	–	–	–	–	Sulphur tetrafluoride oxide	13709-54-1	R4722
106	44	78	52	77	124	107	51	**124**	100	64	34	28	26	23	22	21		7	8	2	–	–	–	–	–	–	–	–	–	Benzyl alcohol, 4-hydroxy-		14688
109	39	41	81	53	124	79	33	**124**	100	49	33	30	23	17	17	13		8	12	1	–	–	–	–	–	–	–	–	–	Furan, 2-tert-butyl-		D2696
109	43	81	41	39	53	79	124	**124**	100	56	56	35	30	27	24	20		8	12	1	–	–	–	–	–	–	–	–	–	3,5-Heptadien-2-one, (E)-6-methyl-	16647-04-4	R6299
109	43	124	39	81	53	79	55	**124**	100	27	26	7	6	6	4	4		8	12	1	–	–	–	–	–	–	–	–	–	Furan, 2-methyl-5-isopropyl-		L0789
109	67	41	55	124	43	81	39	**124**	100	98	51	41	33	32	32	28		9	16	–	–	–	–	–	–	–	–	–	–	2,4-Heptadiene, 2,4-dimethyl-	74421-05-9	T8074
109	67	41	81	55	124	43	53	**124**	100	51	38	25	20	16	14	13		9	16	–	–	–	–	–	–	–	–	–	–	Cyclopentane, 2-ethylidene-1,1-dimethyl-	56324-66-4	T3476
109	67	41	82	39	81	124	95	**124**	100	62	50	45	44	32	30	27		9	16	–	–	–	–	–	–	–	–	–	–	Cyclohexene, 3,3,5-trimethyl-		Y1493
109	67	41	124	55	81	43	39	**124**	100	90	39	36	34	29	28	22		9	16	–	–	–	–	–	–	–	–	–	–	1,3-Hexadiene, 2,3,5-trimethyl-	61142-34-5	T5431
109	67	69	41	39	82	124	81	**124**	100	67	65	57	49	38	34	32		9	16	–	–	–	–	–	–	–	–	–	–	Cyclohexene, 3,5,5-trimethyl-		Y1494
109	67	124	41	55	81	43	39	**124**	100	91	44	37	36	34	33	20		9	16	–	–	–	–	–	–	–	–	–	–	3-Heptyne, 2,2-dimethyl-	29022-29-5	S2325
109	67	124	41	55	81	43	79	**124**	100	63	49	33	28	25	21	10		9	16	–	–	–	–	–	–	–	–	–	–	1,3-Heptadiene, 2,3-dimethyl-	74779-65-0	T8531
109	67	124	41	81	43	55	68	**124**	100	65	50	25	23	20	18	12		9	16	–	–	–	–	–	–	–	–	–	–	2,4-Heptadiene, 2,6-dimethyl-	4634-87-1	R0662
109	67	124	41	81	43	55	69	**124**	100	87	51	33	28	26	23	19		9	16	–	–	–	–	–	–	–	–	–	–	Cyclopropane, 1,1-dimethyl-2-(2-methyl-1-propenyl)-	33422-32-1	S4157
109	81	39	55	41	67	53	54	**124**	100	57	55	51	47	41	34	32	**11.00**	8	12	1	–	–	–	–	–	–	–	–	–	Cyclopropanecarboxaldehyde, cis-1-(2-butenyl)-		M2784
109	81	55	53	41	54	95	79	**124**	100	60	56	33	33	32	29	23	**13.00**	8	12	1	–	–	–	–	–	–	–	–	–	Cyclopropanecarboxaldehyde, trans-1-(2-butenyl)-		M2785
109	81	124	39	41	115	116	79	**124**	100	44	31	23	18	18	15	11		8	12	1	–	–	–	–	–	–	–	–	–	2-Cyclopenten-1-one, 3,4,4-trimethyl-	30434-65-2	S2911
109	81	124	53	27	52	39	51	**124**	100	94	84	25	16	16	15	13		7	8	2	–	–	–	–	–	–	–	–	–	Phenol, 2-methoxy-		P3285
109	81	124	79	67	110	82	96	**124**	100	50	37	16	7	7	6	6		8	12	1	–	–	–	–	–	–	–	–	–	2-Cyclopenten-1-one, 3,4,4-trimethyl-		15664
109	81	124	79	96	67	110	82	**124**	100	53	41	13	12	8	8	5		8	12	1	–	–	–	–	–	–	–	–	–	2-Cyclopenten-1-one, 2,3,4-trimethyl-		15666
109	81	124	79	110	41	67	82	**124**	100	36	24	12	8	5	5	5		8	12	1	–	–	–	–	–	–	–	–	–	2-Cyclopenten-1-one, 3,4,5-trimethyl-		15665
109	81	124	110	82	79	41	53	**124**	100	39	23	7	5	4	3	3		8	12	1	–	–	–	–	–	–	–	–	–	2-Cyclopenten-1-one, 3,5,5-trimethyl-		15663
109	124	43	39	95	67	53	51	**124**	100	30	23	13	7	7	6	5		8	12	1	–	–	–	–	–	–	–	–	–	Furan, 2,5-diethyl-		L0791
109	124	53	43	51	39	81	123	**124**	100	37	32	30	10	9	5	3		7	8	2	–	–	–	–	–	–	–	–	–	Furan, 2-methyl-5-acetyl-		L0806

MASS TO CHARGE RATIOS								M.W.	INTENSITIES								Parent	C	H	O	N	Cl	Br	F	S	P	B	Si	X	COMPOUND NAME	CAS Reg No	No
109	124	81	27	39	52	51	50	**124**	100	86	50	20	17	15	13	9		7	8	2	–	–	–	–	–	–	–	–	–	**Phenol, 2-methoxy-**	90-05-1	**H0170**
109	124	81	39	41	53	79	110	**124**	100	29	25	20	17	10	7	7		8	12	1	–	–	–	–	–	–	–	–	–	**2-Cyclopenten-1-one, 3,5,5-trimethyl-**	24156-95-4	**S0475**
109	124	81	41	53	79	110	67	**124**	100	49	39	16	10	9	7	7		8	12	1	–	–	–	–	–	–	–	–	–	**2-Cyclopenten-1-one, 3,4,5-trimethyl-**	55683-21-1	**T1829**
109	124	81	41	96	53	67	55	**124**	100	92	69	21	20	17	15	14		8	12	1	–	–	–	–	–	–	–	–	–	**2-Cyclopenten-1-one, 2,3,4-trimethyl-**	28790-86-5	**S2208**
109	124	81	43	79	53	41	39	**124**	100	52	41	40	19	19	12	10		8	12	1	–	–	–	–	–	–	–	–	–	**Methyl 2-methyl-1-cyclopenten-1-yl ketone**		**M0038**
109	124	81	53	27	39	110	125	**124**	100	84	45	19	12	11	7	7		7	8	2	–	–	–	–	–	–	–	–	–	**Phenol, 4-methoxy-**	150-76-5	**09282**
109	124	110	83	103	51	115	75	**124**	100	32	8	6	4	4	4	3		8	9	–	–	–	–	1	–	–	–	–	–	**Benzene, 1-fluoro-4-ethyl-**		**Z0491**
109	124	110	103	57	63	77	96	**124**	100	32	8	4	3	3	3	3		8	9	–	–	–	–	1	–	–	–	–	–	**Benzene, 1-fluoro-4-ethyl-**		**L0594**
109	124	123	77	51	103	110	108	**124**	100	54	32	9	8	8	7	5		8	9	–	–	–	–	1	–	–	–	–	–	**Benzene, 1,4-dimethyl-2-fluoro-**		**F0073**
109	124	123	95	43	39	81	79	**124**	100	58	14	8	8	7	6	5		8	12	1	–	–	–	–	–	–	–	–	–	**Furan, 2,5-dimethyl-3-ethyl-**		**L0792**
116	117	118	115	120	119	114	121	**124**	100	99	88	88	83	83	68	64	**3.28**	–	14	–	–	–	–	–	–	–	10	–	–	**Decaborane(14)**		**W0033**
119	118	120	117	121	116	122	123	**124**	100	87	81	50	44	36	33	29	**20.80**	2	12	–	–	–	–	–	–	–	8	–	–	**5,6-Dicarbadecaborane(12)**	41655-26-9	**S6709**
123	109	43	81	124	39	53	79	**124**	100	88	83	44	27	21	18	17		8	12	1	–	–	–	–	–	–	–	–	–	**Furan, 2,3,4,5-tetramethyl-**		**L0782**
124	28	70	42	54	97	55	53	**124**	100	50	34	25	20	20	19	17		5	8	–	4	–	–	–	–	–	–	–	–	**Pyrimidine, 4,5-diamino-6-methyl-**	22715-28-2	**R9932**
124	39	95	51	69	55	41	67	**124**	100	22	16	13	13	13	12	12		7	8	2	–	–	–	–	–	–	–	–	–	**1,3-Benzenediol, 5-methyl-**	504-15-4	**Q1387**
124	41	95	123	81	42	110	96	**124**	100	78	71	54	47	46	30	25		6	8	1	2	–	–	–	–	–	–	–	–	**Pyrazine, 2-hydroxy-3-ethyl-**		**M2959**
124	42	123	28	40	26	27	55	**124**	100	35	24	23	17	15	14	13		4	9	–	4	–	–	–	–	–	1	–	–	**1H-Tetrazaborole, 4,5-dihydro-1,4-dimethyl-5-vinyl-**	20534-02-5	**R8711**
124	43	69	95	81	39	96	42	**124**	100	96	52	29	17	14	13	8		7	8	2	–	–	–	–	–	–	–	–	–	**4H-Pyran-4-one, 2,6-dimethyl-**		**D1022**
124	54	67	82	83	81	96	95	**124**	100	77	17	7	6	6	5	5		7	8	2	–	–	–	–	–	–	–	–	–	**1,4-Cyclopentenedione, 2,3-dimethyl-**		**M6680**
124	56	95	39	84	55	67	83	**124**	100	46	19	17	12	11	11	11		7	8	2	–	–	–	–	–	–	–	–	–	**4H-Pyran-4-one, 3,5-dimethyl-**	19083-61-5	**R7961**
124	78	123	77	39	106	51	105	**124**	100	47	41	19	14	13	13	12		7	8	2	–	–	–	–	–	–	–	–	–	**1,2-Benzenediol, 3-methyl-**	488-17-5	**Q1162**
124	81	82	67	96	41	68	54	**124**	100	92	60	50	49	23	23	23		9	16	–	–	–	–	–	–	–	–	–	–	**Bicyclo[3.3.1]nonane**		**M8691**
124	81	82	67	96	68	54	55	**124**	100	90	60	50	50	24	24	24		9	16	–	–	–	–	–	–	–	–	–	–	**Bicyclo[3.3.1]nonane**	280-65-9	**Q0188**
124	91	45	65	92	125	51	63	**124**	100	89	33	11	8	8	5	5		7	8	–	–	–	–	–	1	–	–	–	–	**Benzyl thiol**	100-53-8	**P7411**
124	94	81	39	53	95	15	27	**124**	100	57	39	31	29	28	28	21		7	8	2	–	–	–	–	–	–	–	–	–	**Phenol, 3-methoxy-**	150-19-6	**H0667**
124	94	81	39	95	53	27	66	**124**	100	60	40	36	36	33	24	23		7	8	2	–	–	–	–	–	–	–	–	–	**Phenol, 4-methoxy-**	150-76-5	**H0668**
124	94	95	81	53	66	39	27	**124**	100	60	34	29	22	20	18	12		7	8	2	–	–	–	–	–	–	–	–	–	**Phenol, 3-methoxy-**	150-19-6	**09283**
124	95	77	78	39	123	107	105	**124**	100	74	60	33	32	30	22	22		7	8	2	–	–	–	–	–	–	–	–	–	**Benzyl alcohol, 3-hydroxy-**		**06238**
124	96	77	105	51	50	123	70	**124**	100	75	34	31	22	18	18	10		7	5	1	–	–	–	1	–	–	–	–	–	**Benzoyl fluoride**		**Z0504**
124	109	40	42	68	106	95	123	**124**	100	65	61	45	43	39	34	29		6	8	1	2	–	–	–	–	–	–	–	–	**Pyrazine, 2-methoxy-3-methyl-**	2847-30-5	**Q8725**
124	109	78	51	91	45	65	39	**124**	100	45	29	23	23	22	15	15		7	8	–	–	–	–	–	1	–	–	–	–	**Methyl phenyl sulphide**		**Y2195**
124	109	78	91	45	51	65	39	**124**	100	44	33	26	25	24	16	15		7	8	–	–	–	–	–	1	–	–	–	–	**Methyl phenyl sulphide**	100-68-5	**P7433**
124	109	78	91	45	51	65	39	**124**	100	44	31	25	21	20	15	13		7	8	–	–	–	–	–	1	–	–	–	–	**Methyl phenyl sulphide**		**Y2091**
124	109	81	125	39	52	53	110	**124**	100	90	33	8	6	6	6	6		7	8	2	–	–	–	–	–	–	–	–	–	**Phenol, 2-methoxy-**	90-05-1	**P6533**
124	109	106	123	95	68	94	40	**124**	100	40	26	26	21	21	17	16		6	8	1	2	–	–	–	–	–	–	–	–	**Pyrazine, 2-methoxy-3-methyl-**	2847-30-5	**Q8726**
124	123	95	67	39	77	53	29	**124**	100	42	36	28	26	23	21	21		7	8	2	–	–	–	–	–	–	–	–	–	**1,4-Benzenediol, 2-methyl-**	95-71-6	**P6982**
124	123	95	94	54	68	56	40	**124**	100	70	44	40	14	12	11	8		6	8	1	2	–	–	–	–	–	–	–	–	**Pyrazine, 2-methoxy-6-methyl-**	2882-21-5	**Q8779**
124	123	95	94	54	68	56	66	**124**	100	67	43	38	13	11	10	8		6	8	1	2	–	–	–	–	–	–	–	–	**Pyrazine, 2-methoxy-6-methyl-**	2882-21-5	**Q8780**
124	123	122	54	39	95	94	82	**124**	100	43	26	22	21	18	18	18		7	8	2	–	–	–	–	–	–	–	–	–	**1,4-Benzenediol, 2-methyl-**		**F0306**
28	14	41	27	39	42	55	68	**125**	100	96	75	55	53	46	44	40	**25.00**	8	15	–	1	–	–	–	–	–	–	–	–	**Piperidine, 1-propenyl-**		**00518**
28	125	110	96	32	82	55	42	**125**	100	93	63	33	21	20	20	19		8	15	–	1	–	–	–	–	–	–	–	–	**Pyrrolidine, 1-(2-methyl-1-propenyl)-**		**00512**
42	69	96	110	125	97	55	57	**125**	100	33	33	29	29	19	17	15		8	15	–	1	–	–	–	–	–	–	–	–	**Quinuclidine, 4-methyl-**	45651-41-0	**S7105**
42	97	41	55	69	96	43	82	**125**	100	98	49	47	47	47	40	32	**27.00**	7	11	1	1	–	–	–	–	–	–	–	–	**3-Quinuclidinone**	3731-38-2	**Q9738**
42	125	96	41	110	82	55	124	**125**	100	30	25	19	18	17	14	13		8	15	–	1	–	–	–	–	–	–	–	–	**Quinuclidine, 3-methyl-**	695-88-5	**Q3751**
43	30	125	41	96	39	55	68	**125**	100	90	75	74	69	59	51	48		8	15	–	1	–	–	–	–	–	–	–	–	**3-Azabicyclo[3.2.2]nonane**	283-24-9	**Q0195**
46	76	30	49	29	27	50	15	**125**	100	46	22	21	17	12	7	6	**0.00**	2	4	3	1	1	–	–	–	–	–	–	–	**Nitric acid, 2-chloroethyl ester**		**01647**
54	82	39	125	53				**125**	100	90	50	35	25					6	7	2	1	–	–	–	–	–	–	–	–	**2,5-Pyrrolidinedione, 3-ethylidene-**	14156-12-8	**R5012**
55	41	96	69	42	29	27	43	**125**	100	93	76	67	42	36	32	29	**0.04**	7	11	1	1	–	–	–	–	–	–	–	–	**Butanal, 2,2-dimethyl-4-cyano-**		**C0590**
56	110	42	125	96	41	55	84	**125**	100	52	42	36	32	22	22	17		8	15	–	1	–	–	–	–	–	–	–	–	**Quinuclidine, 2-methyl-**	5261-65-4	**R1245**
56	110	42	125	96	41	55	84	**125**	100	50	42	35	31	20	20	15		8	15	–	1	–	–	–	–	–	–	–	–	**Quinuclidine, 2-methyl-**		**M7632**
57	96	42	110	28	41	93	39	**125**	100	19	15	12	11	8	7	7	**3.00**	8	15	–	1	–	–	–	–	–	–	–	–	**4-Cycloheptenylamine, 1-methyl-**		**05704**
57	96	42	110	28	93	39	108	**125**	100	19	15	12	11	7	7	6	**3.00**	8	15	–	1	–	–	–	–	–	–	–	–	**4-Cycloheptenylamine, 1-methyl-**		**L7909**
67	41	82	97	69	54	56	39	**125**	100	98	86	75	61	61	48	46	**10.29**	7	11	1	1	–	–	–	–	–	–	–	–	**Isocyanic acid, cyclohexyl ester**		**D1252**
69	96	28	82	125	41	44	97	**125**	100	56	25	22	19	17	14	13		8	15	–	1	–	–	–	–	–	–	–	–	**Bicyclo[2.2.2]octan-1-amine**	1193-42-6	**Q5673**

MASS TO CHARGE RATIOS								M.W.	INTENSITIES								Parent	C	H	O	N	Cl	Br	F	S	P	B	Si	X	COMPOUND NAME	CAS Reg No	No
79	67	80	106	81	107	108	77	**125**	100	99	52	35	25	24	22	19	**7.00**	7	11	1	1	–	–	–	–	–	–	–	–	**4-Cyclohepten-1-one, oxime**	65113-00-0	**T6534**
82	41	54	125	110	42	69	55	**125**	100	59	50	45	34	31	30	22		8	15	–	1	–	–	–	–	–	–	–	–	**Ethylamine, N-cyclohexylidene-**	2201-14-1	**Q7591**
82	41	96	54	83	69	55	39	**125**	100	63	45	41	38	36	35	24	**0.00**	8	15	–	1	–	–	–	–	–	–	–	–	**Octanenitrile**	124-12-9	**P9410**
82	42	96	125	83				**125**	100	18	10	10	7					8	15	–	1	–	–	–	–	–	–	–	–	**6-Azabicyclo[3.2.1]octane, 6-methyl-**	24173-54-4	**S0485**
82	42	125	39	41	96	83	44	**125**	100	18	10	10	10	9	7	5		8	15	–	1	–	–	–	–	–	–	–	–	**6-Azabicyclo[3.2.1]octane, 6-methyl-**	24173-54-4	**S0484**
82	42	125	39	96	41	83	44	**125**	100	17	10	9	9	9	6	4		8	15	–	1	–	–	–	–	–	–	–	–	**6-Azabicyclo[3.2.1]octane, 6-methyl-**		**M7426**
82	44	81	28	42	83	54	55	**125**	100	96	33	27	15	15	13	13	**3.00**	6	11	–	3	–	–	–	–	–	–	–	–	**Histamine, Nα-methyl-**	673-50-7	**Q3655**
82	44	81	54	55	83	28	42	**125**	100	58	23	9	9	9	7	6	**2.00**	6	11	–	3	–	–	–	–	–	–	–	–	**Histamine, α-methyl-**	6986-90-9	**R2769**
82	56	68	97	55	96	84	57	**125**	100	54	50	45	39	37	34	32	**8.00**	8	15	–	1	–	–	–	–	–	–	–	–	**9-Azabicyclo[6.1.0]nonane, cis-**	66387-85-7	**T6622**
82	83	125	43	68	54	55	80	**125**	100	94	70	40	37	20	12	9		7	11	1	1	–	–	–	–	–	–	–	–	**Pyridine, 1-acetyl-1,2,3,4-tetrahydro-**	19615-27-1	**R8204**
82	96	125	97	77	115	83	126	**125**	100	81	44	36	31	24	20	15		8	15	–	1	–	–	–	–	–	–	–	–	**8-Azabicyclo[3.2.1]octane, 8-methyl-**	529-17-9	**Q1664**
83	42	54	28	93	30	27	43	**125**	100	79	50	32	26	21	12	12	**1.12**	6	7	–	1	–	–	–	1	–	–	–	–	**Benzenethiol, 2-amino-**		**03024**
83	55	41	39	27	54	42	29	**125**	100	70	60	27	27	19	19	11	**0.75**	6	11	–	3	–	–	–	–	–	–	–	–	**Cyclohexyl azide**		**03075**
83	70	82	56	55	125	41	29	**125**	100	82	66	64	60	55	52	39		6	11	–	3	–	–	–	–	–	–	–	–	**1,2,4-Triazole, 1-butyl-**		**06411**
83	70	82	56	55	125	124	69	**125**	100	82	66	64	60	55	25	23		6	11	–	3	–	–	–	–	–	–	–	–	**1,2,4-Triazole, 1-butyl-**		**M0579**
89	43	36	88	42	28	30	59	**125**	100	53	40	36	27	21	15	15	**0.00**	3	8	–	1	1	–	–	1	–	–	–	–	**Thiazolidine hydrochloride**		**P2711**
95	94	125	46	80	79	64	47	**125**	100	37	33	18	18	14	8	6		2	8	3	1	–	–	–	–	1	–	–	–	**Phosphoramidic acid, dimethyl ester**	2697-42-9	**09349**
95	94	125	80	46	79	64	65	**125**	100	37	33	19	18	14	7	6		2	8	3	1	–	–	–	–	1	–	–	–	**Phosphoramidic acid, dimethyl ester**	2697-42-9	**Q8548**
95	94	125	80	46	79	65	66	**125**	100	37	32	18	18	15	8	6		2	8	3	1	–	–	–	–	1	–	–	–	**Phosphoramidic acid, dimethyl ester**		**M7586**
95	96	30	28	41	68	39	97	**125**	100	99	27	20	15	13	7	7	**2.00**	6	11	–	3	–	–	–	–	–	–	–	–	**Histamine, β-methyl-**	24160-42-7	**S0477**
96	30	95	42	54	28	55	81	**125**	100	48	41	28	26	24	24	10	**8.00**	6	11	–	3	–	–	–	–	–	–	–	–	**Histamine, 2-methyl-**	34392-54-6	**S4642**
96	36	81	42	30	38	95	28	**125**	100	42	40	14	14	13	12	7	**1.20**	6	11	–	3	–	–	–	–	–	–	–	–	**Histamine, Nτ-methyl-**	501-75-7	**Q1325**
96	81	30	42	28	95	68	97	**125**	100	63	26	24	22	20	12	12	**2.00**	6	11	–	3	–	–	–	–	–	–	–	–	**Histamine, 1-methyl-**	644-42-8	**Q3568**
96	95	30	28	42	81	125	41	**125**	100	75	48	21	17	16	13	12		6	11	–	3	–	–	–	–	–	–	–	–	**Histamine, 5-methyl-**	36507-31-0	**S5280**
96	95	30	68	42	28	54	81	**125**	100	81	79	34	33	20	20	19	**9.00**	6	11	–	3	–	–	–	–	–	–	–	–	**Histamine, Nτ-methyl-**	501-75-7	**Q1326**
97	42	55	41	69	96	43	82	**125**	100	98	52	52	50	46	42	33	**18.00**	7	11	1	1	–	–	–	–	–	–	–	–	**3-Quinuclidinone**		**M3798**
97	55	125	42	69	96	82	68	**125**	100	63	63	62	39	39	25	23		7	11	1	1	–	–	–	–	–	–	–	–	**3-Quinuclidinone**	3731-38-2	**Q9737**
108	80	106	107	79	109	52	78	**125**	100	30	22	20	19	11	5	5	**0.00**	7	11	1	1	–	–	–	–	–	–	–	–	**Pyridinium, 1-ethyl-, hydroxide**	36880-53-2	**S5424**
110	125	28	41	124	70	55	111	**125**	100	34	31	16	13	12	11	10		8	15	–	1	–	–	–	–	–	–	–	–	**Pyrrolidine, 1-(1-butenyl)-**		**00521**
110	125	37	124	70	39	111	95	**125**	100	35	18	14	13	12	10	10		8	15	–	1	–	–	–	–	–	–	–	–	**Pyrrolidine, 1-(1-butenyl)-**	13937-89-8	**R4841**
110	125	41	124	70	55	43	111	**125**	100	34	16	13	13	12	10	10		8	15	–	1	–	–	–	–	–	–	–	–	**1-N-Pyrrolidinobut-1-ene**		**L1428**
110	125	54	26	82	56	28	42	**125**	100	56	33	23	19	11	11	10		6	7	2	1	–	–	–	–	–	–	–	–	**Maleimide, N-ethyl-**	128-53-0	**P9564**
124	97	96	69	83	41	125	42	**125**	100	82	66	51	50	47	44	29		8	15	–	1	–	–	–	–	–	–	–	–	**Indolizine, octahydro-**	13618-93-4	**R4676**
124	105	97	125	77	109	51	75	**125**	100	60	40	34	27	24	22	21		7	8	–	1	–	–	1	–	–	–	–	–	**Benzylamine, 2-fluoro-**	89-99-6	**P6522**
124	105	97	125	109	75	95	77	**125**	100	51	46	35	26	17	15	14		7	8	–	1	–	–	1	–	–	–	–	–	**Benzylamine, 4-fluoro-**	140-75-0	**P9794**
124	125	110	96	82	55	41	43	**125**	100	93	64	33	20	19	19	16		8	15	–	1	–	–	–	–	–	–	–	–	**Pyrrolidine, 1-(2-methyl-1-propenyl)-**		**L1427**
124	125	110	96	82	55	84	70	**125**	100	92	63	28	22	20	16	14		8	15	–	1	–	–	–	–	–	–	–	–	**Pyrrolidine, 1-(2-methyl-1-propenyl)-**	2403-57-8	**Q7966**
125	28	93	80	17	124	97	81	**125**	100	40	31	29	28	20	18	16		6	7	–	1	–	–	–	1	–	–	–	–	**Benzenethiol, 2-amino-**		**02985**
125	39	94	83	38	52	93	66	**125**	100	78	42	35	23	19	13	13		6	7	2	1	–	–	–	–	–	–	–	–	**2-Furaldehyde, O-methyloxime**		**M3386**
125	39	110	83	79	51	45	50	**125**	100	24	22	19	15	13	8	8		6	7	–	1	–	–	–	1	–	–	–	–	**Pyridine, 3-(methylthio)-**	18794-33-7	**R7820**
125	39	110	83	79	51	92	124	**125**	100	24	22	19	15	13	10	9		6	7	–	1	–	–	–	1	–	–	–	–	**Pyridine, 3-(methylthio)-**		**02649**
125	43	98	67	28	56	41	84	**125**	100	43	21	20	17	12	12	11		4	7	–	5	–	–	–	–	–	–	–	–	**2,4,6-Pyrimidinetriamine**	1004-38-2	**Q5002**
125	51	92	79	39	78	126	80	**125**	100	37	31	15	10	10	10	8		6	7	–	1	–	–	–	1	–	–	–	–	**Pyridine, 4-(methylthio)-**	22581-72-2	**R9819**
125	51	92	79	78	39			**125**	100	36	32	16	8	8				6	7	–	1	–	–	–	1	–	–	–	–	**Pyridine, 4-(methylthio)-**		**L9398**
125	70	55	54	28	81	43	83	**125**	100	31	25	24	20	20	12	10		5	7	1	3	–	–	–	–	–	–	–	–	**Cytosine, 5-methyl-**	554-01-8	**Q1992**
125	70	55	54	81	28	43	83	**125**	100	23	18	17	16	13	9	8		5	7	1	3	–	–	–	–	–	–	–	–	**Cytosine, 5-methyl-**	554-01-8	**Q1993**
125	79	124	52	51	78	80	39	**125**	100	83	63	34	26	19	17	14		6	7	–	1	–	–	–	1	–	–	–	–	**Pyridine, 2-(methylthio)-**		**02648**
125	79	124	52	51	78	80	39	**125**	100	75	57	31	24	18	16	14		6	7	–	1	–	–	–	1	–	–	–	–	**Pyridine, 2-(methylthio)-**		**01416**
125	80	81	39	65	92	45	97	**125**	100	54	52	35	28	16	13	12		6	7	–	1	–	–	–	1	–	–	–	–	**2-Pyridthione, 4-methyl-**		**01403**
125	80	81	39	65	92	126	38	**125**	100	44	43	32	26	17	7	5		6	7	–	1	–	–	–	1	–	–	–	–	**2-Pyridthione, 6-methyl-**		**L4215**
125	80	81	65	39	92	53	97	**125**	100	55	54	46	40	30	15	13		6	7	–	1	–	–	–	1	–	–	–	–	**2-Pyridthione, 4-methyl-**		**L4213**
125	80	81	65	92	45	53	97	**125**	100	55	53	35	17	14	13	13		6	7	–	1	–	–	–	1	–	–	–	–	**2-Pyridthione, 4-methyl-**		**M4168**
125	80	124	81	39	65	91	79	**125**	100	33	33	23	16	15	15	10		6	7	–	1	–	–	–	1	–	–	–	–	**2-Pyridthione, 3-methyl-**	18368-66-6	**R7551**
125	81	80	39	65	97	45	53	**125**	100	67	43	41	30	19	15	15		6	7	–	1	–	–	–	1	–	–	–	–	**2-Pyridthione, 5-methyl-**		**L4214**
125	81	80	39	65	97	45	53	**125**	100	71	46	43	27	22	15	15		6	7	–	1	–	–	–	1	–	–	–	–	**2-Pyridthione, 5-methyl-**	18368-58-6	**R7547**
125	81	80	93	76	65	92	66	**125**	100	53	37	33	26	25	21	16		6	7	–	1	–	–	–	1	–	–	–	–	**2-Pyridthione, 6-methyl-**		**01404**

MASS TO CHARGE RATIOS								M.W.	INTENSITIES								Parent	C	H	O	N	Cl	Br	F	S	P	B	Si	X	COMPOUND NAME	CAS Reg No	No
125	81	80	124	39	78	79	42	**125**	100	43	35	23	15	14	11	10		6	7	–	1	–	–	–	1	–	–	–	–	**2-Pyridthione, 1-methyl-**		**01401**
125	81	80	124	78	79	126		**125**	100	43	36	24	14	12	10			6	7	–	1	–	–	–	1	–	–	–	–	**2-Pyridthione, 1-methyl-**		**M4167**
125	84	97	96	69	68	55	126	**125**	100	74	22	18	16	14	12	10		6	7	2	1	–	–	–	–	–	–	–	–	**2-Pyridone, 4-hydroxy-6-methyl-**		**M3427**
125	84	97	96	69	68	55	126	**125**	100	77	21	18	15	14	11	9		6	7	2	1	–	–	–	–	–	–	–	–	**2-Pyridone, 4-hydroxy-6-methyl-**	3749-51-7	**Q9775**
125	84	97	96	69	68	55	126	**125**	100	80	22	19	16	14	12	10		6	7	2	1	–	–	–	–	–	–	–	–	**2-Pyridone, 4-hydroxy-6-methyl-**	3749-51-7	**Q9774**
125	93	80	17	124	97	81	18	**125**	100	32	30	28	20	18	16	15		6	7	–	1	–	–	–	1	–	–	–	–	**Benzenethiol, 2-amino-**		**D0848**
125	110	79	83	78	92	51	124	**125**	100	20	15	12	10	10	9	9		6	7	–	1	–	–	–	1	–	–	–	–	**Pyridine, 3-(methylthio)-**	18794-33-7	**R7821**
125	124	79	52	51	78	80	39	**125**	100	62	61	33	25	19	19	14		6	7	–	1	–	–	–	1	–	–	–	–	**Pyridine, 2-(methylthio)-**	18438-38-5	**R7607**
125	124	80	81	39	65	91	92	**125**	100	34	32	24	17	15	13	9		6	7	–	1	–	–	–	1	–	–	–	–	**2-Pyridthione, 3-methyl-**		**L4212**
125	126	124	93	80	81	97	94	**125**	100	30	25	25	19	15	13	12		6	7	–	1	–	–	–	1	–	–	–	–	**Benzenethiol, 4-amino-**		**L1194**
15	27	93	63	83	48	26	42	**126**	100	70	41	36	32	26	23	22	**0.50**	3	4	1	–	2	–	–	–	–	–	–	–	**Acetone, 1,1-dichloro-**	513-88-2	**Q1495**
15	29	95	31	32	45	96	66	**126**	100	71	66	66	50	40	35	21	**3.14**	2	6	4	–	–	–	–	1	–	–	–	–	**Sulphuric acid, dimethyl ester**		**W0023**
28	18	44	55	70	17	27	32	**126**	100	56	46	29	20	15	15	15	**0.38**	8	14	1	–	–	–	–	–	–	–	–	–	**4-Octen-3-one**		**01005**
28	41	55	71	39	43	27	69	**126**	100	98	91	58	46	46	31	27	**27.27**	7	10	2	–	–	–	–	–	–	–	–	–	**7-Oxabicyclo[4.1.0]heptan-2-one, 6-methyl-**	21889-89-4	**R9402**
28	84	38	39	41	45	43	126	**126**	100	86	82	80	74	70	63	57		6	6	3	–	–	–	–	–	–	–	–	–	**2-Cyclobuten-1-one, 3-(acetyloxy)-**	38425-52-4	**S5807**
29	41	39	68	69	71	42	27	**126**	100	82	81	75	51	39	32	30	**1.00**	6	6	3	–	–	–	–	–	–	–	–	–	**3,6,9-Trioxatetracyclo[6.1.0.0$^{(2,4)}$.0$^{(5,7)}$]nonane, (1α,2α,4α,5α,7α,8α)-**	39078-11-0	**S6025**
29	57	27	69	28	26	50	42	**126**	100	59	34	24	5	5	2	2	**0.00**	4	5	1	–	–	–	3	–	–	–	–	–	**2-Butanone, 1,1,1-trifluoro-**		**Z0517**
30	44	86	41	27	29	40	39	**126**	100	16	6	6	5	5	5	4	**0.00**	7	14	–	2	–	–	–	–	–	–	–	–	**Hexanamine, 6-cyano-**		**D1390**
36	82	81	45	58	126	44	38	**126**	100	72	67	66	59	41	34	33		6	10	1	2	–	–	–	–	–	–	–	–	**1H-Imidazole-1-ethanol, α-methyl-**	37788-55-9	**S5598**
36	126	109	28	38	54	55	35	**126**	100	73	47	34	32	25	17	14		4	6	1	4	–	–	–	–	–	–	–	–	**1H-Imidazole-4-carboxamide, 5-amino-**	360-97-4	**Q0585**
39	41	43	55	53	51	50	44	**126**	100	66	51	50	45	33	27	26	**17.00**	7	10	2	–	–	–	–	–	–	–	–	–	**2-Cyclopenten-1-one, 5-hydroxy-2,3-dimethyl-**	58649-31-3	**T5052**
39	41	55	69	56	53	40	67	**126**	100	99	82	71	59	57	52	49	**0.00**	7	10	2	–	–	–	–	–	–	–	–	–	**Cyclobutanone, 2-methyl-2-oxiranyl-**	75314-19-1	**T8898**
39	54	82	27	53	28	126	50	**126**	100	99	49	40	33	30	21	15		6	6	3	–	–	–	–	–	–	–	–	–	**Maleic anhydride, dimethyl-**	766-39-2	**Q4029**
39	69	38	126	40	68	96	43	**126**	100	44	31	26	25	23	17	15		5	6	2	2	–	–	–	–	–	–	–	–	**Pyridazine, 4-methyldihydroxy-**		**L1853**
39	69	38	126	40	68	96	67	**126**	100	44	31	26	25	23	17	15		5	6	2	2	–	–	–	–	–	–	–	–	**Pyridazine, 3,6-dioxo-5-methyl-1,2,3,6-tetrahydro**		**02079**
40	42	41	39	52	55	38	126	**126**	100	72	62	57	57	29	28	25		5	6	2	2	–	–	–	–	–	–	–	–	**Pyrazine, methoxy-, 4-oxide**	23902-69-4	**S0391**
40	52	78	39	41	79	53	42	**126**	100	54	43	32	28	27	26	21	**10.67**	5	6	2	2	–	–	–	–	–	–	–	–	**Pyrazine, methoxy-, 1-oxide**	32046-05-2	**S3451**
41	27	29	63	77	49	76	53	**126**	100	41	23	22	19	16	13	13	**0.15**	4	8	–	–	2	–	–	–	–	–	–	–	**Isobutane, 1,2-dichloro-**		**02954**
41	28	29	55	56	85	126	43	**126**	100	58	53	53	49	40	40	36		7	14	–	2	–	–	–	–	–	–	–	–	**Propanal, 2-methyl-, 2-propenylhydrazone**	66075-08-9	**T6605**
41	29	39	68	69	71	27	42	**126**	100	94	85	81	39	37	35	28	**1.20**	6	6	3	–	–	–	–	–	–	–	–	–	**3,6,9-Trioxatetracyclo[6.1.0.0$^{(2,4)}$.0$^{(5,7)}$]nonane, (1α,2α,4α,5α,7α,8α)-**	39078-11-0	**S6026**
41	39	69	27	40	38	81	29	**126**	100	97	57	16	15	13	11	8	**0.35**	7	10	2	–	–	–	–	–	–	–	–	–	**Methacrylic acid, allyl ester**		**C0817**
41	40	56	69	68	55	42	126	**126**	100	97	84	78	64	49	31	29		8	14	1	–	–	–	–	–	–	–	–	–	**Cyclohexanone, 2,6-dimethyl-**	2816-57-1	**Q8696**
41	42	126	39	40	69	97	68	**126**	100	56	54	33	27	26	25	16		6	10	1	2	–	–	–	–	–	–	–	–	**3H-Pyrazol-3-one, 2,4-dihydro-4,4,5-trimethyl-**	3201-20-5	**Q9108**
41	54	67	55	82	39	27	126	**126**	100	88	82	71	70	68	59	40		8	14	1	–	–	–	–	–	–	–	–	–	**9-Oxabicyclo[4.2.1]nonane**		**C0206**
41	54	68	59	18	55	28	44	**126**	100	64	51	37	34	34	30	26	**0.00**	6	10	1	2	–	–	–	–	–	–	–	–	**Pentanamide, 5-cyano-**		**D0196**
41	55	27	39	29	67	54	57	**126**	100	92	72	54	53	47	38	36	**1.49**	8	14	1	–	–	–	–	–	–	–	–	–	**9-Oxabicyclo[6.1.0]nonane**	286-62-4	**06854**
41	55	29	39	27	70	67	81	**126**	100	85	72	69	52	47	46	35	**0.20**	8	14	1	–	–	–	–	–	–	–	–	–	**2-Octyn-1-ol**	20739-58-6	**R8911**
41	55	69	27	70	56	29	39	**126**	100	99	86	58	52	49	47	46	**27.54**	9	18	–	–	–	–	–	–	–	–	–	–	**Cyclohexane, 1,2,3-trimethyl-**	1678-97-3	**Q6491**
41	55	97	27	126	43	39	29	**126**	100	97	86	66	66	58	56	54		8	14	1	–	–	–	–	–	–	–	–	–	**2-Heptenal, 2-methyl-**	30567-26-1	**S2933**
41	58	73	15	18	30	28	68	**126**	100	59	53	44	42	42	40	28	**5.68**	6	10	1	2	–	–	–	–	–	–	–	–	**Butanamide, N-methyl-4-cyano-**		**02969**
41	58	73	15	30	68	42	27	**126**	100	59	53	44	43	29	26	26	**5.68**	6	10	1	2	–	–	–	–	–	–	–	–	**Butanamide, N-methyl-4-cyano-**		**D0894**
41	69	39	81	111	57	42	40	**126**	100	83	34	14	6	6	6	6	**1.03**	7	10	2	–	–	–	–	–	–	–	–	–	**Methacrylic acid, allyl ester**		**G0454**
41	69	55	39	82	56	42	43	**126**	100	99	82	60	60	58	57	26	**12.00**	8	14	1	–	–	–	–	–	–	–	–	–	**Cycloheptanone, (R)-3-methyl-**	13609-58-0	**R4666**
41	69	55	56	111	43	27	29	**126**	100	89	84	46	42	40	39	39	**1.30**	9	18	–	–	–	–	–	–	–	–	–	–	**Cyclohexane, 1,1,2-trimethyl-**	7094-26-0	**R2834**
41	69	56	83	55	82	27	43	**126**	100	91	78	71	69	44	42	38	**6.66**	9	18	–	–	–	–	–	–	–	–	–	–	**Cyclopentane, isobutyl-**		**Y0207**
41	69	68	55	56	27	70	29	**126**	100	86	72	63	59	45	40	39	**16.70**	9	18	–	–	–	–	–	–	–	–	–	–	**Cyclopentane, butyl-**		**Y0206**
41	69	70	97	56	43	29	57	**126**	100	94	45	35	31	29	27	27	**23.30**	9	18	–	–	–	–	–	–	–	–	–	–	**Propylene trimer**		**D0187**
41	69	78	39	81	101	52	28	**126**	100	90	43	39	14	10	8	8	**1.10**	7	10	2	–	–	–	–	–	–	–	–	–	**Methacrylic acid, allyl ester**	96-05-9	**P7012**
41	69	97	29	27	39	126	57	**126**	100	92	88	36	34	28	21	18		8	14	1	–	–	–	–	–	–	–	–	–	**4-Hexen-3-one, 4,5-dimethyl-**		**04718**
41	77	27	76	90	29	39	62	**126**	100	89	50	41	40	35	34	32	**0.78**	4	8	–	–	2	–	–	–	–	–	–	–	**Butane, 1,2-dichloro-**		**Y1638**
41	93	79	80	54	39	55	57	**126**	100	85	82	57	55	51	45	45	**0.00**	8	14	1	–	–	–	–	–	–	–	–	–	**Bicyclo[5.1.0]octan-3-ol, (1α,3α,7α)-**	40543-82-6	**S6324**
41	97	69	27	29	39	126	57	**126**	100	80	77	38	38	27	15	13		8	14	1	–	–	–	–	–	–	–	–	–	**4-Hepten-3-one, 4-methyl-**		**04722**
41	109	39	42	126	68	54	28	**126**	100	28	36	19	17	12	12	10		6	10	1	2	–	–	–	–	–	–	–	–	**Diallylamine, N-nitroso-**		**M8818**
41	109	39	126	42	68	54	56	**126**	100	15	15	13	13	8	7	5		6	10	1	2	–	–	–	–	–	–	–	–	**Diallylamine, N-nitroso-**		**M3200**

MASS TO CHARGE RATIOS								M.W.	INTENSITIES								Parent	C	H	O	N	Cl	Br	F	S	P	B	Si	X	COMPOUND NAME	CAS Reg No	No
41	126	42	69	39	97	82	57	**126**	100	98	72	39	37	30	23	15		6	10	1	2	–	–	–	–	–	–	–	–	3H-Pyrazol-3-one, 2,4-dihydro-4,4,5-trimethyl-	3201-20-5	Q9109
41	126	42	69	97	39	82	57	**126**	100	98	78	40	33	30	25	18		6	10	1	2	–	–	–	–	–	–	–	–	3H-Pyrazol-3-one, 2,4-dihydro-4,4,5-trimethyl-	3201-20-5	Q9110
42	43	68	126	83	28	39	41	**126**	100	29	27	27	16	13	11	11		5	6	2	2	–	–	–	–	–	–	–	–	Uracil, 6-methyl-	626-48-2	Q3216
42	70	126	41	56	55	43	69	**126**	100	78	78	51	31	24	21	16		7	10	2	–	–	–	–	–	–	–	–	–	1,3-Cyclopentanedione, 2,2-dimethyl-	3883-58-7	Q9895
42	126	55	82	83	127	28	54	**126**	100	96	52	40	36	24	24	16		5	6	2	2	–	–	–	–	–	–	–	–	Uracil, 1-methyl-		M2732
43	15	27	93	63	83	48	26	**126**	100	13	9	5	5	4	3	3	**0.06**	3	4	1	–	2	–	–	–	–	–	–	–	Acetone, 1,1-dichloro-	513-88-2	Q1494
43	27	83	26	63	44	42	85	**126**	100	7	2	2	2	2	2	1	**0.43**	3	4	1	–	2	–	–	–	–	–	–	–	Acetone, 1,1-dichloro-		02696
43	41	55	69	39	27	58	108	**126**	100	50	31	26	20	18	16	14	**5.00**	8	14	1	–	–	–	–	–	–	–	–	–	5-Hepten-2-one, (E)-6-methyl-		P0188
43	41	55	69	108	58	27	67	**126**	100	55	33	31	30	17	14	14	**7.34**	8	14	1	–	–	–	–	–	–	–	–	–	2-Hepten-3-one, 4-methyl-		P4016
43	41	56	55	29	27	42	39	**126**	100	82	78	65	48	46	39	37	**7.34**	9	18	–	–	–	–	–	–	–	–	–	–	1-Nonene		Y0240
43	41	67	27	39	29	44	69	**126**	100	83	82	59	53	49	46	31	**0.30**	8	14	1	–	–	–	–	–	–	–	–	–	3-Octyn-2-ol	41746-22-9	S6715
43	41	69	55	108	58	39	126	**126**	100	53	39	34	23	20	19	16		8	14	1	–	–	–	–	–	–	–	–	–	2-Hepten-6-one, 2-methyl-		M4206
43	41	69	55	108	58	111	68	**126**	100	46	34	33	28	17	17	15	**10.01**	8	14	1	–	–	–	–	–	–	–	–	–	5-Hepten-2-one, 6-methyl-	110-93-0	H0446
43	41	69	108	58	111	68	71	**126**	100	56	38	28	20	18	15	14	**8.00**	8	14	1	–	–	–	–	–	–	–	–	–	5-Hepten-2-one, 6-methyl-	110-93-0	P8458
43	41	108	69	55	58	111	71	**126**	100	51	48	39	38	22	18	18	**16.82**	8	14	1	–	–	–	–	–	–	–	–	–	5-Hepten-2-one, 6-methyl-		03442
43	54	98	83	44	53	55	42	**126**	100	19	15	11	10	9	9	8	**5.00**	5	6	2	2	–	–	–	–	–	–	–	–	2,4-Pentanedione, 3-diazo-	29397-21-5	08177
43	55	41	27	83	39	29	15	**126**	100	74	56	37	35	29	28	23	**11.59**	8	14	1	–	–	–	–	–	–	–	–	–	3-Hexen-2-one, (Z)-3,4-dimethyl-		04731
43	55	41	29	39	111	27	99	**126**	100	78	78	64	59	57	43	31	**12.30**	8	14	1	–	–	–	–	–	–	–	–	–	2-Pentenal, 2,4,4-trimethyl-		X0872
43	55	41	83	27	39	15	29	**126**	100	76	48	37	31	26	23	17	**10.61**	8	14	1	–	–	–	–	–	–	–	–	–	3-Hexen-2-one, (E)-3,4-dimethyl-		04730
43	55	41	83	27	111	39	29	**126**	100	26	15	11	8	7	6	5	**1.16**	8	14	1	–	–	–	–	–	–	–	–	–	2-Hexanone, 3-methyl-4-methylene-	20690-71-5	R8869
43	55	41	111	27	39	69	97	**126**	100	98	73	56	55	33	22	22	**13.00**	8	14	1	–	–	–	–	–	–	–	–	–	3-Octen-2-one, (E)-	18402-82-9	R7574
43	55	41	111	97	39	69	30	**126**	100	65	25	21	11	10	7	6	**5.00**	8	14	1	–	–	–	–	–	–	–	–	–	3-Octen-2-one	1669-44-9	Q6466
43	55	56	70	41	69	57	29	**126**	100	95	90	78	77	62	36	33	**0.00**	9	18	–	–	–	–	–	–	–	–	–	–	3-Heptene, 2,6-dimethyl-		00023
43	55	83	15	41	126	111	39	**126**	100	62	46	45	41	37	34	31		8	14	1	–	–	–	–	–	–	–	–	–	3-Penten-2-one, 3-ethyl-4-methyl-		04723
43	55	98	66	42	67	126	52	**126**	100	64	50	27	24	22	22	18		5	6	2	2	–	–	–	–	–	–	–	–	Formamide, N-(3-methyl-5-isoxazolyl)-	53907-67-8	S8657
43	58	68	41	55	71	39	67	**126**	100	35	31	28	21	21	16	8	**1.98**	8	14	1	–	–	–	–	–	–	–	–	–	7-Octen-2-one	3664-60-6	Q9630
43	59	44	28	126	58	68	83	**126**	100	76	65	44	36	30	25	24		5	10	–	4	–	–	–	–	–	–	–	–	Guanidine, N-cyano-N′-isopropyl-		D1087
43	68	67	39	55	58	41	27	**126**	100	87	34	28	27	25	25	25	**8.77**	8	14	1	–	–	–	–	–	–	–	–	–	6-Octen-2-one, (Z)-	74810-53-0	T8705
43	69	41	39	27	15	111	70	**126**	100	48	36	23	20	18	18	14	**12.17**	8	14	1	–	–	–	–	–	–	–	–	–	2-Hexanone, 5-methyl-3-methylene-	1187-87-7	Q5626
43	71	41	55	59	56	83	68	**126**	100	74	60	60	29	25	25	20	**13.00**	8	14	1	–	–	–	–	–	–	–	–	–	Methyl 3-ethylcyclobutyl ketone	56335-71-8	T3507
43	71	55	70	41	29	56	27	**126**	100	70	33	29	21	11	9	9	**0.30**	9	18	–	–	–	–	–	–	–	–	–	–	1-Hexene, 3,4,5-trimethyl-	56728-10-0	08737
43	77	41	55	42	27	39	79	**126**	100	53	39	25	23	20	17	16	**0.51**	4	8	–	–	2	–	–	–	–	–	–	–	Isobutane, 1,2-dichloro-		Z0519
43	111	55	15	41	27	39	69	**126**	100	88	69	45	44	43	39	36	**17.08**	8	14	1	–	–	–	–	–	–	–	–	–	3-Hepten-2-one, 4-methyl-		04725
43	111	55	41	27	39	67	15	**126**	100	66	41	36	30	26	23	23	**19.00**	8	14	1	–	–	–	–	–	–	–	–	–	Furan, cis-4,5-dihydro-2,3,4,5-tetramethyl-		M0082
43	111	55	41	27	39	126	67	**126**	100	75	39	36	31	27	19	19		8	14	1	–	–	–	–	–	–	–	–	–	Furan, trans-4,5-dihydro-2,3,4,5-tetramethyl-		M0083
43	111	83	39	55	126	40	68	**126**	100	47	30	18	15	13	9	9		7	10	2	–	–	–	–	–	–	–	–	–	2(5H)-Furanone, 3,5,5-trimethyl-	50598-50-0	S7348
43	111	83	55	126	40	68	67	**126**	100	47	30	15	13	9	9	8		7	10	2	–	–	–	–	–	–	–	–	–	2(5H)-Furanone, 3,5,5-trimethyl-		15658
43	111	126	55	40	67	83	41	**126**	100	74	23	11	10	9	9	8		7	10	2	–	–	–	–	–	–	–	–	–	2(5H)-Furanone, 3,5,5-trimethyl-		15661
44	82	42	126	43	111	55	28	**126**	100	93	76	68	52	46	41	33		7	14	–	2	–	–	–	–	–	–	–	–	2-Butenal, 2-methyl-, dimethylhydrazone	21083-08-9	R9095
45	67	82	41	39	43	27	54	**126**	100	92	31	28	27	21	18	10	**0.00**	8	14	1	–	–	–	–	–	–	–	–	–	6-Hepten-2-ol, 4-methylene-	42201-30-9	S6877
47	27	126	128	46	45	26	93	**126**	100	61	38	37	24	20	20	12		2	4	–	–	–	1	1	–	–	–	–	–	Ethane, 1-bromo-2-fluoro-	762-49-2	Q3972
53	70	27	43	41	29	39	28	**126**	100	78	53	28	19	17	13	9	**0.30**	8	14	1	–	–	–	–	–	–	–	–	–	1-Octen-3-one	4312-99-6	R0311
55	27	41	90	54	62	28	49	**126**	100	42	41	21	19	18	18	14	**0.00**	4	8	–	–	2	–	–	–	–	–	–	–	Butane, 1,4-dichloro-	110-56-5	P8385
55	27	90	63	39	41	29	54	**126**	100	32	29	24	18	12	11	9	**0.00**	4	8	–	–	2	–	–	–	–	–	–	–	Butane, 1,3-dichloro-	1190-22-3	Q5637
55	29	57	82	56	27	43	39	**126**	100	15	15	15	14	12	12	12	**0.00**	8	14	1	–	–	–	–	–	–	–	–	–	1-Butene, 3-(2-butenyloxy)-	1476-05-7	Q6072
55	29	70	83	57	39	27	42	**126**	100	99	85	70	69	64	64	52	**1.10**	8	14	1	–	–	–	–	–	–	–	–	–	2-Octenal, (E)-	2548-87-0	H1347
55	29	82	41	56	71	72	27	**126**	100	20	19	18	18	15	14	14	**0.02**	8	14	1	–	–	–	–	–	–	–	–	–	Bis(but-2-enyl) ether		C0428
55	41	27	29	39	126	97	43	**126**	100	77	52	43	38	35	34	32		8	14	1	–	–	–	–	–	–	–	–	–	2-Hexenal, 2-ethyl-	645-62-5	H1037
55	41	27	62	90	39	49	63	**126**	100	36	20	17	17	11	9	7	**0.10**	4	8	–	–	2	–	–	–	–	–	–	–	Butane, 1,4-dichloro-		D0578
55	41	27	90	62	54	39	49	**126**	100	33	28	26	17	15	14	10	**0.04**	4	8	–	–	2	–	–	–	–	–	–	–	Butane, 1,4-dichloro-		Y1639
55	41	39	97	126	43	53	67	**126**	100	86	41	36	25	24	17	17		8	14	1	–	–	–	–	–	–	–	–	–	2-Hexenal, 2-ethyl-	645-62-5	Q3592
55	41	42	82	39	70	43	56	**126**	100	70	57	44	43	36	35	32	**17.00**	8	14	1	–	–	–	–	–	–	–	–	–	Cycloheptanone, (R)-4-methyl-	13609-59-1	R4667
55	41	43	27	39	42	70	69	**126**	100	55	43	41	33	29	27	24	**20.77**	8	14	1	–	–	–	–	–	–	–	–	–	Cyclohexanone, 4-ethyl-	5441-51-0	R1432
55	41	56	27	70	42	39	29	**126**	100	71	42	37	30	27	26	26	**19.40**	9	18	–	–	–	–	–	–	–	–	–	–	4-Nonene		Y0482
55	41	67	39	28	42	82	83	**126**	100	59	36	29	27	26	23	23	**4.00**	8	14	1	–	–	–	–	–	–	–	–	–	9-Oxabicyclo[6.1.0]nonane	286-62-4	Q0216
55	41	67	57	54	39	42	83	**126**	100	84	54	39	38	35	34	30	**7.00**	8	14	1	–	–	–	–	–	–	–	–	–	9-Oxabicyclo[6.1.0]nonane	286-62-4	Q0217

MASS TO CHARGE RATIOS	M.W.	INTENSITIES	Parent	C	H	O	N	Cl	Br	F	S	P	B	Si	X	COMPOUND NAME	CAS Reg No	No
55 41 90 77 39 92 49 27	**126**	100 72 70 62 26 22 21 18	**3.64**	4	8	–	–	2	–	–	–	–	–	–	–	**Isobutane, 1,3-dichloro-**		**Z0515**
55 41 98 42 69 56 82 83	**126**	100 61 60 55 48 45 35 33	**28.53**	8	14	1	–	–	–	–	–	–	–	–	–	**Cycloheptanone, 2-methyl-**	932-56-9	**Q4665**
55 42 41 27 39 98 56 84	**126**	100 71 69 52 43 41 31 30	**7.58**	8	14	1	–	–	–	–	–	–	–	–	–	**Cyclooctanone**	502-49-8	**Q1345**
55 43 27 29 39 41 97 126	**126**	100 62 57 55 45 43 41 37		8	14	1	–	–	–	–	–	–	–	–	–	**2-Hexenal, 2-ethyl-**		**D1432**
55 43 27 41 39 29 62 54	**126**	100 77 58 33 22 21 20 15	**0.10**	4	8	–	–	2	–	–	–	–	–	–	–	**Butane, 1,1-dichloro-**	541-33-3	**Q1827**
55 43 83 41 71 27 39 126	**126**	100 90 65 60 36 33 33 26		8	14	1	–	–	–	–	–	–	–	–	–	**Cyclohexyl methyl ketone**		**04305**
55 43 83 41 71 39 126 27	**126**	100 75 56 49 30 22 19 18		8	14	1	–	–	–	–	–	–	–	–	–	**Cyclohexyl methyl ketone**		**Q4262**
55 43 83 41 111 27 39 29	**126**	100 85 59 43 19 13 13 9	**6.26**	8	14	1	–	–	–	–	–	–	–	–	–	**4-Hexen-2-one, 3,4-dimethyl-**	53252-21-4	**S8363**
55 43 83 71 41 126 67 68	**126**	100 73 65 49 44 28 20 17		8	14	1	–	–	–	–	–	–	–	–	–	**Cyclohexyl methyl ketone**		**Q4261**
55 43 111 41 39 69 126 71	**126**	100 86 63 47 25 17 15 13		8	14	1	–	–	–	–	–	–	–	–	–	**3-Octen-2-one**	1669-44-9	**Q6464**
55 43 111 41 39 97 126 69	**126**	100 86 63 47 26 25 15 14		8	14	1	–	–	–	–	–	–	–	–	–	**3-Octen-2-one**	1669-44-9	**Q6465**
55 56 41 83 70 69 42 84	**126**	100 78 59 58 42 34 34 28	**17.62**	9	18	–	–	–	–	–	–	–	–	–	–	**Cyclopentane, 1-methyl-2-propyl-**	3728-57-2	**Q9732**
55 69 41 111 56 39 70 83	**126**	100 97 93 68 62 49 43 33	**31.82**	9	18	–	–	–	–	–	–	–	–	–	–	**Cyclohexane, 1(E),2(Z),3-trimethyl-**		**V0162**
55 69 56 41 70 43 126 57	**126**	100 89 82 67 41 36 24 21		9	18	–	–	–	–	–	–	–	–	–	–	**3-Heptene, 2,6-dimethyl-**	2738-18-3	**08054**
55 69 70 41 56 97 27 126	**126**	100 82 80 72 49 43 37 31		9	18	–	–	–	–	–	–	–	–	–	–	**Cyclohexane, 1,2,3-trimethyl-**		**Y0562**
55 69 83 41 97 126 70 56	**126**	100 23 22 21 20 18 14 11		9	18	–	–	–	–	–	–	–	–	–	–	**3-Heptene, 4-ethyl-**	33933-74-3	**S4462**
55 70 27 43 28 41 29 39	**126**	100 98 98 62 42 39 38 30	**1.00**	8	14	1	–	–	–	–	–	–	–	–	–	**1-Octen-3-one**		**M3290**
55 70 42 98 83 56 126 41	**126**	100 73 62 52 49 40 37 27		7	10	2	–	–	–	–	–	–	–	–	–	**1,3-Cyclohexanedione, 2-methyl-**		**L1104**
55 77 41 90 76 62 27 79	**126**	100 83 69 49 41 37 30 26	**1.70**	4	8	–	–	2	–	–	–	–	–	–	–	**Butane, 1,2-dichloro-**	616-21-7	**Q2927**
55 83 41 70 82 42 126 56	**126**	100 68 62 50 50 42 37 20		8	14	1	–	–	–	–	–	–	–	–	–	**Cyclohexanone, 2,3-dimethyl-**	13395-76-1	**R4508**
55 83 41 82 67 69 56 43	**126**	100 66 53 48 44 35 24 21	**1.43**	9	18	–	–	–	–	–	–	–	–	–	–	**Cyclopentane, 1-methyl-3-isopropyl-**	53771-88-3	**S8590**
55 83 82 41 67 69 27 39	**126**	100 83 72 49 31 16 15 15	**7.27**	9	18	–	–	–	–	–	–	–	–	–	–	**Cyclohexane, isopropyl-**	696-29-7	**Q3755**
55 97 41 27 29 39 96 69	**126**	100 90 41 31 29 24 22 20	**17.95**	9	18	–	–	–	–	–	–	–	–	–	–	**Cyclohexane, 1-methyl-2(E)-ethyl-**		**Y1998**
55 97 41 27 29 96 39 69	**126**	100 93 39 27 26 23 21 20	**19.72**	9	18	–	–	–	–	–	–	–	–	–	–	**Cyclohexane, (E)-1-ethyl-4-methyl-**	6236-88-0	**H1606**
55 97 41 27 29 96 39 69	**126**	100 85 42 31 28 26 24 19	**14.45**	9	18	–	–	–	–	–	–	–	–	–	–	**Cyclohexane, 1-methyl-2(Z)-ethyl-**		**Y1997**
55 97 41 39 69 96 126 56	**126**	100 90 41 25 19 19 13 12		9	18	–	–	–	–	–	–	–	–	–	–	**Cyclohexane, (E)-1-ethyl-4-methyl-**		**V0160**
55 97 41 39 96 69 56 126	**126**	100 83 43 26 23 18 12 10		9	18	–	–	–	–	–	–	–	–	–	–	**Cyclohexane, (E)-1-ethyl-4-methyl-**		**V0159**
55 97 41 69 126 56 43 84	**126**	100 30 16 14 11 8 7 6		9	18	–	–	–	–	–	–	–	–	–	–	**3-Heptene, 3-ethyl-**	74764-46-8	**T8510**
55 97 126 43 41 70 69 84	**126**	100 58 57 55 44 36 33 29		8	14	1	–	–	–	–	–	–	–	–	–	**Cyclohexanone, 4-ethyl-**	5441-51-0	**R1433**
55 98 41 42 83 82 56 70	**126**	100 95 87 69 41 31 30 29	**23.00**	8	14	1	–	–	–	–	–	–	–	–	–	**Cyclohexanone, 2-ethyl-**	4423-94-3	**R0423**
55 98 42 56 83 41 97 57	**126**	100 84 84 47 34 33 28 22	**6.00**	7	10	2	–	–	–	–	–	–	–	–	–	**4-Oxaspiro[2.5]octan-5-one**		**M2781**
55 111 43 126 41 83 69 56	**126**	100 81 79 76 40 17 15 7		8	14	1	–	–	–	–	–	–	–	–	–	**3-Hepten-2-one, 3-methyl-**	39899-08-6	**S6178**
55 126 41 43 97 111 83 57	**126**	100 73 52 46 44 20 17 16		8	14	1	–	–	–	–	–	–	–	–	–	**3-Heptenal, 2-methyl-**		**C2189**
56 41 42 55 43 126 70 69	**126**	100 78 37 25 24 22 15 12		7	10	2	–	–	–	–	–	–	–	–	–	**1,3-Cyclopentanedione, 4-ethyl-**	57157-03-6	**T4343**
56 41 55 43 29 57 69 27	**126**	100 40 26 24 23 22 22 20	**6.93**	9	18	–	–	–	–	–	–	–	–	–	–	**1-Octene, 2-methyl-**		**Y0483**
56 41 57 69 55 43 70 42	**126**	100 28 26 22 20 15 10 9	**7.00**	9	18	–	–	–	–	–	–	–	–	–	–	**1-Octene, 2-methyl-**	4588-18-5	**R0627**
56 41 126 39 42 55 43 98	**126**	100 43 21 14 11 11 10 8		7	10	2	–	–	–	–	–	–	–	–	–	**1,3-Cyclopentanedione, 4,5-dimethyl-**	35029-05-1	**S4791**
56 41 126 42 55 69 43 70	**126**	100 55 30 12 11 10 9 5		7	10	2	–	–	–	–	–	–	–	–	–	**1,3-Cyclopentanedione, 4,4-dimethyl-**	4683-51-6	**R0710**
56 42 85 41 126 44 83 39	**126**	100 59 55 46 45 35 31 25		7	14	–	2	–	–	–	–	–	–	–	–	**2-Propanone, methyl-2-propenylhydrazone**	62237-76-7	**T5947**
56 43 69 55 41 57 70 39	**126**	100 81 59 50 46 29 21 13	**3.00**	9	18	–	–	–	–	–	–	–	–	–	–	**1-Octene, 7-methyl-**	13151-06-9	**R4238**
56 43 69 55 41 57 70 84	**126**	100 81 58 50 47 30 23 9	**3.50**	9	18	–	–	–	–	–	–	–	–	–	–	**1-Octene, 7-methyl-**		**M3500**
56 55 41 43 69 42 70 84	**126**	100 92 66 51 51 49 49 26	**25.00**	9	18	–	–	–	–	–	–	–	–	–	–	**Cyclopropane, 1-methyl-2-pentyl-**	41977-37-1	**S6786**
56 55 41 43 69 42 70 84	**126**	100 93 66 52 51 50 49 26	**25.00**	9	18	–	–	–	–	–	–	–	–	–	–	**Octane, 2,3-methylene-**		**M7992**
56 55 41 69 43 70 57 29	**126**	100 44 41 33 32 27 19 13	**11.11**	9	18	–	–	–	–	–	–	–	–	–	–	**1-Heptene, 2,6-dimethyl-**	3074-78-0	**Q8991**
56 69 55 41 57 70 111 84	**126**	100 82 62 48 41 32 21 20	**10.00**	9	18	–	–	–	–	–	–	–	–	–	–	**Cyclopentane, 2-ethyl-1,1-dimethyl-**	54549-80-3	**S9282**
56 69 55 41 70 43 57 126	**126**	100 56 53 50 32 29 23 20		9	18	–	–	–	–	–	–	–	–	–	–	**1-Heptene, 2,6-dimethyl-**	3074-78-0	**Q8992**
56 126 83 111 42 69 84 125	**126**	100 30 16 14 9 6 3 1		7	10	2	–	–	–	–	–	–	–	–	–	**1,3-Cyclopentanedione, 4,4-dimethyl-**		**M3930**
57 29 41 27 97 39 69 28	**126**	100 60 18 11 10 7 5 4	**1.50**	8	14	1	–	–	–	–	–	–	–	–	–	**3-Heptanone, 5-methylene-**	20690-70-4	**R8868**
57 29 41 97 27 39 28 69	**126**	100 80 72 45 44 30 20 17	**10.50**	8	14	1	–	–	–	–	–	–	–	–	–	**4-Hepten-3-one, (E)-5-methyl-**		**04728**
57 29 41 97 27 39 69 28	**126**	100 78 71 46 43 30 16 14	**10.58**	8	14	1	–	–	–	–	–	–	–	–	–	**4-Hepten-3-one, (Z)-5-methyl-**		**04729**
57 41 29 28 54 55 39 27	**126**	100 30 28 24 23 22 21 20	**0.01**	8	14	1	–	–	–	–	–	–	–	–	–	**1,7-Octadien-3-ol**		**C1303**
57 41 29 39 27 55 43 93	**126**	100 42 31 19 13 13 11 6	**0.50**	8	14	1	–	–	–	–	–	–	–	–	–	**2-Pentenal, 4,4-dimethyl-2-methylene-**	5375-28-0	**H1534**
57 41 55 43 29 111 39 27	**126**	100 98 92 74 64 64 57 45	**12.81**	8	14	1	–	–	–	–	–	–	–	–	–	**2-Pentenal, 2,4,4-trimethyl-**	53907-61-2	**H2017**
57 41 69 29 39 27 18 53	**126**	100 69 41 39 27 25 19 6	**0.83**	8	14	1	–	–	–	–	–	–	–	–	–	**6-Hepten-3-one, 4-methyl-**	26118-97-8	**S1254**
57 43 55 70 41 29 69 71	**126**	100 51 49 43 38 26 26 21	**0.26**	9	18	–	–	–	–	–	–	–	–	–	–	**1-Hexene, 3,5,5-trimethyl-**	4316-65-8	**R0315**
57 55 43 41 70 69 29 71	**126**	100 56 53 40 33 25 22 19	**0.13**	9	18	–	–	–	–	–	–	–	–	–	–	**1-Hexene, 3,5,5-trimethyl-**		**F0285**

MASS TO CHARGE RATIOS								M.W.	INTENSITIES								Parent	C	H	O	N	Cl	Br	F	S	P	B	Si	X	COMPOUND NAME	CAS Reg No	No
57	69	70	41	55	43	111	71	**126**	100	48	45	36	34	32	16	16	**3.85**	9	18	–	–	–	–	–	–	–	–	–	–	**1-Hexene, 2,5,5-trimethyl-**	62185-56-2	**T5903**
57	70	41	29	55	69	39	27	**126**	100	42	40	20	20	15	8	8	**6.14**	9	18	–	–	–	–	–	–	–	–	–	–	**2-Hexene, 3,5,5-trimethyl-**	26456-76-8	**S1370**
57	70	41	69	55	29	126	111	**126**	100	57	40	26	18	12	11	9		9	18	–	–	–	–	–	–	–	–	–	–	**2-Hexene, 2,5,5-trimethyl-**	40467-04-7	**S6302**
59	43	58	55	41	83	68	126	**126**	100	94	84	49	37	35	27	26		8	14	1	–	–	–	–	–	–	–	–	–	**Acetone, cyclopentyl-**		**P2829**
59	44	54	55	41	43	82	86	**126**	100	50	40	28	27	21	15	8	**0.47**	6	10	1	2	–	–	–	–	–	–	–	–	**Pentanamide, 5-cyano-**		**C0169**
59	76	44	60	64	78	93	58	**126**	100	99	57	55	50	32	30	29	**0.00**	1	6	1	2	–	–	–	2	–	–	–	–	**Carbamic acid, dithio-, hydroxyammonium salt**		**14859**
62	63	27	55	65	64	90	39	**126**	100	91	65	62	35	34	30	25	**0.97**	4	8	–	–	2	–	–	–	–	–	–	–	**Butane, 2,3-dichloro-**		**05841**
63	27	62	55	65	39	64	90	**126**	100	89	86	48	32	29	29	29	**1.49**	4	8	–	–	2	–	–	–	–	–	–	–	**Butane, meso-2,3-dichloro-**		**Y0786**
63	62	27	55	64	90	39	92	**126**	100	93	38	38	33	31	12	10	**2.78**	4	8	–	–	2	–	–	–	–	–	–	–	**Butane, 2,3-dichloro-**		**Z0509**
63	62	27	55	65	64	39	43	**126**	100	92	90	47	32	31	28	27	**1.51**	4	8	–	–	2	–	–	–	–	–	–	–	**Butane, DL-2,3-dichloro-**		**Y0785**
63	62	27	65	64	90	39	41	**126**	100	92	42	33	33	29	15	9	**1.30**	4	8	–	–	2	–	–	–	–	–	–	–	**Butane, 2,3-dichloro-**		**D0581**
63	65	28	35	56	37	12	47	**126**	100	32	26	25	14	8	6	5	**0.93**	2	–	2	–	2	–	–	–	–	–	–	–	**Oxalic acid dichloride**		**W0019**
67	39	41	15	66	111	95	65	**126**	100	97	95	60	47	42	34	31	**15.01**	7	10	2	–	–	–	–	–	–	–	–	–	**4-Pentenoic acid, 2-methylene-, methyl ester**	51122-89-5	**S7572**
67	39	41	111	95	126	66	15	**126**	100	89	83	69	64	41	35	26		7	10	2	–	–	–	–	–	–	–	–	–	**2,4-Hexadienoic acid, methyl ester**	1515-80-6	**H1191**
67	41	39	95	111	66	15	84	**126**	100	62	49	38	34	33	26	23	**4.20**	7	10	2	–	–	–	–	–	–	–	–	–	**2,5-Hexadienoic acid, methyl ester**		**C0037**
67	41	39	111	95	15	126	66	**126**	100	90	84	68	66	53	41	29		7	10	2	–	–	–	–	–	–	–	–	–	**2,4-Hexadienoic acid, methyl ester**		**Q6133**
67	45	82	39	41	43	27	54	**126**	100	97	32	30	28	21	17	11	**0.00**	8	14	1	–	–	–	–	–	–	–	–	–	**6-Hepten-2-ol, 4-methylene-**	42201-30-9	**S6876**
67	57	54	82	41	39	44	55	**126**	100	94	76	76	66	56	28	25	**0.10**	6	11	2	–	–	–	–	–	–	1	–	–	**Metaboric acid, cyclohexyl ester**	10534-18-6	**R3917**
67	80	41	27	39	57	29	79	**126**	100	88	60	50	48	44	37	36	**11.49**	8	14	1	–	–	–	–	–	–	–	–	–	**Bicyclo[3.2.1]octan-2-ol**	5602-48-2	**R1577**
67	80	57	41	39	82	79	108	**126**	100	96	44	44	36	34	34	31	**22.00**	8	14	1	–	–	–	–	–	–	–	–	–	**Bicyclo[3.2.1]octan-2-ol**		**M1251**
67	111	95	41	126	39	66	65	**126**	100	90	66	60	56	41	31	22		7	10	2	–	–	–	–	–	–	–	–	–	**2,4-Hexadienoic acid, methyl ester**	1515-80-6	**Q6134**
68	43	67	58	55	41	69	53	**126**	100	91	31	30	25	22	13	10	**7.00**	8	14	1	–	–	–	–	–	–	–	–	–	**6-Octen-2-one**	35194-31-1	**S4876**
68	95	126	96	40	67	94	41	**126**	100	44	42	37	22	13	13	11		5	6	2	2	–	–	–	–	–	–	–	–	**1H-Imidazole-2-carboxylic acid, methyl ester**	17334-09-7	**R6857**
69	41	39	81	111	70	57	86	**126**	100	30	15	6	5	5	5	4	**0.79**	7	10	2	–	–	–	–	–	–	–	–	–	**Crotonic acid, allyl ester**		**Z0514**
69	41	55	70	56	57	43	83	**126**	100	69	45	39	30	22	19	15	**1.46**	9	18	–	–	–	–	–	–	–	–	–	–	**1-Hexene, 3,3,5-trimethyl-**	13427-43-5	**R4524**
69	41	56	55	111	27	39	57	**126**	100	74	71	63	54	35	34	28	**20.22**	9	18	–	–	–	–	–	–	–	–	–	–	**Cyclohexane, 1,1,2-trimethyl-**	7094-26-0	**H1643**
69	41	56	55	111	39	57	43	**126**	100	79	71	65	47	41	26	25	**18.05**	9	18	–	–	–	–	–	–	–	–	–	–	**Cyclohexane, 1,1,2-trimethyl-**		**V0161**
69	41	57	68	126	39	29	43	**126**	100	37	27	21	14	13	12	11		8	14	1	–	–	–	–	–	–	–	–	–	**Furan, 2,3-dihydro-3-tert-butyl-**	34314-82-4	**09395**
69	41	68	126	39	29	70	27	**126**	100	36	17	14	10	9	7	6		8	14	1	–	–	–	–	–	–	–	–	–	**Furan, 2,3-dihydro-3-sec-butyl-**	56805-32-4	**09397**
69	41	70	55	56	57	83	43	**126**	100	46	45	36	29	21	17	15	**4.01**	9	18	–	–	–	–	–	–	–	–	–	–	**1-Hexene, 3,3,5-trimethyl-**	13427-43-5	**R4525**
69	41	87	43	39	29	27	44	**126**	100	89	42	27	26	25	21	17	**0.03**	8	14	1	–	–	–	–	–	–	–	–	–	**1-Octyn-4-ol**	52517-92-7	**S7988**
69	43	41	111	27	42	39	126	**126**	100	56	38	31	24	24	16	16		7	14	–	2	–	–	–	–	–	–	–	–	**Carbodiimide, N,N′-diisopropyl-**		**D1517**
69	43	41	111	70	84	29	39	**126**	100	24	12	10	7	6	6	6	**0.00**	8	14	1	–	–	–	–	–	–	–	–	–	**1-Hexyn-3-ol, 3,5-dimethyl-**	107-54-0	**P8012**
69	43	98	126	85	42	111	55	**126**	100	92	90	66	48	34	32	18		6	6	3	–	–	–	–	–	–	–	–	–	**2H-Pyran-2-one, 4-hydroxy-6-methyl-**	675-10-5	**Q3666**
69	55	41	111	56	27	39	70	**126**	100	98	89	71	61	53	46	43	**37.89**	9	18	–	–	–	–	–	–	–	–	–	–	**Cyclohexane, 1(E),2(Z),3-trimethyl-**		**Y1999**
69	55	111	41	56	27	43	126	**126**	100	92	75	67	43	35	34	31		9	18	–	–	–	–	–	–	–	–	–	–	**Cyclohexane, 1,2,4-trimethyl-**		**Y0563**
69	55	111	41	56	126	43	28	**126**	100	63	60	35	22	15	14	13		9	18	–	–	–	–	–	–	–	–	–	–	**Cyclohexane, 1,3,5-trimethyl-**	1839-63-0	**Q6860**
69	67	43	111	41	39	51	65	**126**	100	90	41	36	36	30	11	8	**0.00**	8	14	1	–	–	–	–	–	–	–	–	–	**1-Butyne, 3-isopropoxy-3-methyl-**		**04831**
69	67	111	41	43	39	51	65	**126**	100	83	53	40	39	31	12	8	**0.00**	8	14	1	–	–	–	–	–	–	–	–	–	**1-Butyne, 3-methyl-3-propoxy-**		**04830**
69	83	41	55	98	57	70	56	**126**	100	79	58	47	43	37	34	17	**5.20**	8	14	1	–	–	–	–	–	–	–	–	–	**Cyclobutanone, 2-tert-butyl-**	4579-31-1	**R0616**
69	83	41	55	98	57	70	85	**126**	100	79	58	48	44	38	34	18	**0.00**	8	14	1	–	–	–	–	–	–	–	–	–	**Cyclobutanone, 2-tert-butyl-**		**L1082**
69	83	41	70	55	39	111	43	**126**	100	94	78	68	64	44	34	21	**0.23**	9	18	–	–	–	–	–	–	–	–	–	–	**Cyclopentane, 1,1,3,4-tetramethyl-, (Z)-**		**V0155**
69	83	41	70	55	110	39	111	**126**	100	98	75	75	64	38	37	36	**0.40**	9	18	–	–	–	–	–	–	–	–	–	–	**Cyclopentane, 1,1,3,4-tetramethyl-, (Z)-**	53907-60-1	**H2016**
69	83	41	111	55	39	70	43	**126**	100	99	80	67	67	41	41	20	**0.17**	9	18	–	–	–	–	–	–	–	–	–	–	**Cyclopentane, 1,1,3,4(E)-tetramethyl-**		**V0156**
69	83	70	41	55	111	39	27	**126**	100	98	71	60	60	39	26	25	**0.47**	9	18	–	–	–	–	–	–	–	–	–	–	**Cyclopentane, 1,1,3,4-tetramethyl-, (Z)-**		**V0104**
69	84	70	41	42	55	83	85	**126**	100	92	88	57	48	19	8	6	**2.00**	8	14	1	–	–	–	–	–	–	–	–	–	**Cyclobutanone, 2,2,3,3-tetramethyl-**	4070-14-8	**R0056**
69	111	55	41	39	27	126	29	**126**	100	95	75	65	40	35	30	27		9	18	–	–	–	–	–	–	–	–	–	–	**Cyclohexane, 1,3(Z),5(E)-trimethyl-**		**Y1568**
69	111	55	41	126	27	39	29	**126**	100	88	65	45	26	21	21	19		9	18	–	–	–	–	–	–	–	–	–	–	**Cyclohexane, 1,3,5-trimethyl-**		**Y0564**
69	111	55	41	126	56	43	39	**126**	100	99	54	36	33	19	13	13		9	18	–	–	–	–	–	–	–	–	–	–	**Cyclohexane, 1,3(Z),5(E)-trimethyl-**		**C1401**
70	42	41	55	126	83	71	43	**126**	100	38	19	13	13	11	6	1		8	14	1	–	–	–	–	–	–	–	–	–	**Cyclobutanone, 2,2,4,4-tetramethyl-**	4298-75-3	**R0299**
70	42	41	71	43	69	28	29	**126**	100	96	16	7	6	6	5	4	**1.80**	7	14	–	2	–	–	–	–	–	–	–	–	**Azetidine, 1,1′-methylenebis-**	38455-24-2	**S5831**
70	42	125	83	126	41	98	71	**126**	100	48	40	26	20	18	9	8		7	14	–	2	–	–	–	–	–	–	–	–	**Azetidine, 1,1′-methylenebis-**	38455-24-2	**S5833**
70	44	55	42	56	126	71	57	**126**	100	77	58	19	11	11	6	5		8	14	1	–	–	–	–	–	–	–	–	–	**Cyclobutanone, 2,3,3,4-tetramethyl-**	53907-62-3	**S8655**
70	55	41	69	57	111	56	27	**126**	100	84	68	61	60	53	35	35	**0.36**	9	18	–	–	–	–	–	–	–	–	–	–	**Cyclopentane, 1,1,3,3-tetramethyl-**		**Y0351**
70	55	41	69	111	57	39	27	**126**	100	89	76	65	65	60	43	37	**0.41**	9	18	–	–	–	–	–	–	–	–	–	–	**Cyclopentane, 1,1,3,3-tetramethyl-**		**Y1981**
70	55	42	41	56	126	49	71	**126**	100	40	24	23	13	12	10	6		8	14	1	–	–	–	–	–	–	–	–	–	**Cyclobutanone, trans-2,2,3,4-tetramethyl-**	28113-34-0	**S1961**

MASS TO CHARGE RATIOS								M.W.	INTENSITIES								Parent	C	H	O	N	Cl	Br	F	S	P	B	Si	X	COMPOUND NAME	CAS Reg No	No
70	55	42	41	56	126	71	83	**126**	100	51	39	27	9	9	6	6		8	14	1	–	–	–	–	–	–	–	–	–	Cyclobutanone, 2,2,3,4-tetramethyl-	1193-34-6	Q5672
70	55	42	41	56	126	83	98	**126**	100	58	19	18	11	11	5	3		8	14	1	–	–	–	–	–	–	–	–	–	Cyclobutanone, cis-2,3,3,4-tetramethyl-		M3009
70	55	42	41	56	126	83	111	**126**	100	40	24	23	13	12	9	2		8	14	1	–	–	–	–	–	–	–	–	–	Cyclobutanone, trans-2,2,3,4-tetramethyl-		M3010
70	55	42	41	56	126	111	98	**126**	100	51	39	27	9	9	2	2		8	14	1	–	–	–	–	–	–	–	–	–	Cyclobutanone, cis-2,2,3,4-tetramethyl-		M3008
70	55	42	41	71	39	56	27	**126**	100	47	17	13	6	6	4	4	0.00	9	18	–	–	–	–	–	–	–	–	–	–	Cyclobutane, 1,1,2,3,3-pentamethyl-	57905-86-9	T4810
70	55	42	57	41	84	56	29	**126**	100	87	29	16	15	13	11	9	0.00	7	15	1	–	–	–	–	–	–	1	–	–	1,2-Oxaborolane, 2-ethyl-4,5-dimethyl-	74685-45-3	T8361
70	55	42	126	56	71	83	98	**126**	100	21	16	12	6	6	6	3		8	14	1	–	–	–	–	–	–	–	–	–	Cyclobutanone, cis-2,2,3,4-tetramethyl-	25143-83-3	S0969
70	55	111	69	57	41	56	71	**126**	100	58	56	54	52	33	28	23	1.50	9	18	–	–	–	–	–	–	–	–	–	–	Cyclopentane, 1,1,3,3-tetramethyl-		C0265
70	83	125	98	126	84	97	71	**126**	100	65	60	40	37	24	20	8		7	14	–	2	–	–	–	–	–	–	–	–	Azetidine, 1,1′-methylenebis-	38455-24-2	S5832
70	97	39	27	55	41	126	83	**126**	100	78	37	32	32	31	28	22		8	14	1	–	–	–	–	–	–	–	–	–	Bicyclo[2.2.2]octan-1-ol	20534-58-1	R8712
70	126	69	98	42	55	41	43	**126**	100	79	76	55	41	41	38	31		6	10	1	2	–	–	–	–	–	–	–	–	1,2-Diazabicyclo[2.2.2]octan-3-one	1632-26-4	Q6374
76	91	126	44	45	79	32	128	**126**	100	42	27	22	17	16	15	10		2	3	–	–	1	–	–	2	–	–	–	–	Formic acid, chlorodithio-, methyl ester	16696-91-6	R6382
77	49	79	42	51	18	27	126	**126**	100	67	32	26	21	17	16	10		3	4	1	–	2	–	–	–	–	–	–	–	Acetone, 1,3-dichloro-	534-07-6	Q1708
77	49	79	42	51	28	126	128	**126**	100	60	33	26	21	17	17	13		3	4	1	–	2	–	–	–	–	–	–	–	Oxetane, 3,3-dichloro-		L3378
77	49	79	42	51	126	28	128	**126**	100	59	33	25	20	16	16	12		3	4	1	–	2	–	–	–	–	–	–	–	Acetone, 1,3-dichloro-		05451
79	66	80	108	67	77	39	93	**126**	100	59	50	33	32	25	22	21	0.00	8	14	1	–	–	–	–	–	–	–	–	–	Bicyclo[3.2.1]octan-2-ol, exo-		01209
79	76	39	81	41	108	91	27	**126**	100	53	43	40	38	38	33	27	2.00	8	14	1	–	–	–	–	–	–	–	–	–	2,4-Octadien-1-ol	69668-94-6	T7205
79	77	93	108	91	39	41	27	**126**	100	69	63	62	47	30	23	16	0.50	8	14	1	–	–	–	–	–	–	–	–	–	3,5-Octadien-2-ol	69668-82-2	T7193
81	80	79	108	54	41	126	39	**126**	100	65	40	36	31	23	21	21		7	10	2	–	–	–	–	–	–	–	–	–	3-Cyclohexene-1-carboxylic acid	4771-80-6	R0811
81	80	126	79	108	41	53	39	**126**	100	45	38	28	22	20	16	14		7	10	2	–	–	–	–	–	–	–	–	–	1-Cyclohexene-1-carboxylic acid		Z0521
81	82	126	45	54	55	69	41	**126**	100	93	67	52	31	28	24	17		6	10	1	2	–	–	–	–	–	–	–	–	1H-Imidazole-1-ethanol, α-methyl-		D2300
81	126	53	80	52	27	39	29	**126**	100	43	43	28	26	18	15	13		6	6	3	–	–	–	–	–	–	–	–	–	Formic acid, 2-furfuryl ester		M6473
82	39	54	68	43	111	126		**126**	100	48	19	18	15	10	9			7	10	2	–	–	–	–	–	–	–	–	–	2H-Pyran-2-one, 5,6-dihydro-4,6-dimethyl-		L6134
82	41	55	56	69	126	42	83	**126**	100	75	60	51	50	28	27	16		8	14	1	–	–	–	–	–	–	–	–	–	Cyclohexanone, 2,2-dimethyl-	1193-47-1	Q5675
82	41	55	56	69	126	42	83	**126**	100	46	46	43	40	26	15	15		8	14	1	–	–	–	–	–	–	–	–	–	Cyclohexanone, 2,2-dimethyl-	1193-47-1	Q5676
82	54	39	43	126	67	111		**126**	100	40	24	20	12	10	8			7	10	2	–	–	–	–	–	–	–	–	–	3-Oxabicyclo[4.1.0]hex-2-one, (1S,4S,6S)-4-ethyl-		L6135
82	81	53	83	54	77	51	79	**126**	100	9	9	8	5	3	3	2	0.00	7	10	2	–	–	–	–	–	–	–	–	–	Bicyclo[2.2.1]heptene, 1,6-dihydroxy-		M0150
82	81	54	109	53	42	52	126	**126**	100	79	63	49	46	34	31	31		5	6	2	2	–	–	–	–	–	–	–	–	1H-Pyrazole-4-carboxylic acid, 3-methyl-	40704-11-8	S6391
83	30	54	42	41	28	86	84	**126**	100	19	19	13	9	8	8	7	2.30	7	14	–	2	–	–	–	–	–	–	–	–	Propanenitrile, 3-(isobutylamino)-	14278-96-7	R5104
83	42	126	56	43	41	28	84	**126**	100	32	21	16	10	9	9	9		7	14	–	2	–	–	–	–	–	–	–	–	1H-Pyrazole, 4,5-dihydro-1-methyl-4-propyl-	33063-77-3	S3968
83	55	27	39	29	41	126	43	**126**	100	36	31	22	19	16	14	12		8	14	1	–	–	–	–	–	–	–	–	–	2-Hepten-4-one, 2-methyl-		04724
83	55	41	27	39	43	82	69	**126**	100	51	38	18	18	15	12	11	1.74	9	18	–	–	–	–	–	–	–	–	–	–	2-Hexene, 4,4,5-trimethyl-	55702-61-9	T1880
83	55	82	41	27	126	29	39	**126**	100	70	52	46	23	20	19	18		9	18	–	–	–	–	–	–	–	–	–	–	Cyclohexane, propyl-		Y0226
83	55	82	41	67	27	39	69	**126**	100	85	85	56	27	26	21	18	15.70	9	18	–	–	–	–	–	–	–	–	–	–	Cyclohexane, isopropyl-		Y0227
83	55	82	41	126	27	29	39	**126**	100	70	53	45	20	18	18	15		9	18	–	–	–	–	–	–	–	–	–	–	Cyclohexane, propyl-	1678-92-8	Q6488
83	55	82	41	126	67	56	27	**126**	100	90	56	42	17	16	13	13		9	18	–	–	–	–	–	–	–	–	–	–	Cyclohexane, propyl-	1678-92-8	Q6487
83	55	126	109	84	69	70	82	**126**	100	56	36	15	15	15	14	11		9	18	–	–	–	–	–	–	–	–	–	–	2-Hexene, 2,3,5-trimethyl-		M5675
83	69	111	41	55	70	39	27	**126**	100	97	76	73	64	41	38	36	0.38	9	18	–	–	–	–	–	–	–	–	–	–	Cyclopentane, 1,1(Z),3(E),4-tetramethyl-		04703
83	69	111	55	41	70	39	27	**126**	100	90	81	61	58	39	25	24	0.48	9	18	–	–	–	–	–	–	–	–	–	–	Cyclopentane, 1,1,3,4(E)-tetramethyl-		V0105
83	82	55	41	67	126	69	43	**126**	100	85	76	37	26	23	19	14		9	18	–	–	–	–	–	–	–	–	–	–	Cyclohexane, isopropyl-		C1313
84	55	41	54	39	97	27	53	**126**	100	89	56	56	54	54	53	39	20.40	8	14	1	–	–	–	–	–	–	–	–	–	3-Octyn-1-ol	14916-80-4	R5473
84	97	126	55	70	98	43	57	**126**	100	50	40	26	26	23	21	21		5	10	–	4	–	–	–	–	–	–	–	–	1H-1,2,4-Triazol-3-amine, 1-propyl-	58661-96-4	T5055
84	126	97	70	43	98	57	41	**126**	100	90	86	71	45	45	29	19		5	10	–	4	–	–	–	–	–	–	–	–	1H-1,2,4-Triazol-3-amine, 1-propyl-	58661-95-3	T5054
86	42	38	98	43	39	54	126	**126**	100	42	19	19	16	15	14	14		7	10	2	–	–	–	–	–	–	–	–	–	5,8-Dioxaspiro[3.4]octane, 1-methylene-	17714-49-7	09488
86	42	58	111	28	30	56	54	**126**	100	29	27	27	21	19	19	14	7.61	7	14	–	2	–	–	–	–	–	–	–	–	Propanenitrile, 3-(diethylamino)-		C1512
86	111	58	42	56	54	83	30	**126**	100	31	18	17	12	10	8	7	6.80	7	14	–	2	–	–	–	–	–	–	–	–	Propanenitrile, 3-(diethylamino)-	5351-04-2	R1331
91	28	126	32	128	65	125	89	**126**	100	91	41	22	13	10	10	8		7	7	–	–	1	–	–	–	–	–	–	–	Toluene, 3-chloro-	108-41-8	P8110
91	28	126	65	92	128	32	89	**126**	100	41	36	24	14	11	9	8		7	7	–	–	1	–	–	–	–	–	–	–	Benzyl chloride	100-44-7	P7375
91	55	97	27	93	99	29	39	**126**	100	72	51	38	32	32	25	25	0.00	4	8	–	–	2	–	–	–	–	–	–	–	Butane, 2,2-dichloro-	4279-22-5	R0284
91	126	28	89	128	90	65	125	**126**	100	68	35	23	22	18	17	15		7	7	–	–	1	–	–	–	–	–	–	–	Toluene, 2-chloro-	95-49-8	P6949
91	126	28	125	128	65	89	92	**126**	100	35	19	12	11	10	8	8		7	7	–	–	1	–	–	–	–	–	–	–	Toluene, 4-chloro-	106-43-4	P7885
91	126	39	65	63	92	128	51	**126**	100	19	11	10	10	8	6	6		7	7	–	–	1	–	–	–	–	–	–	–	Benzyl chloride	100-44-7	H0249
91	126	63	39	89	128	90	125	**126**	100	36	17	15	15	12	11	10		7	7	–	–	1	–	–	–	–	–	–	–	Toluene, 2-chloro-		Y1155
91	126	63	39	128	125	65	89	**126**	100	42	16	15	13	12	11	10		7	7	–	–	1	–	–	–	–	–	–	–	Toluene, 3-chloro-		Y1156
91	126	89	63	128	90	45	92	**126**	100	30	14	13	11	10	9	8		7	7	–	–	1	–	–	–	–	–	–	–	Toluene, 2-chloro-		D0867
91	126	92	63	39	128	28	45	**126**	100	22	16	12	6	5	5	5		7	7	–	–	1	–	–	–	–	–	–	–	Benzyl chloride		D0029

MASS TO CHARGE RATIOS								M.W.	INTENSITIES								Parent	C	H	O	N	Cl	Br	F	S	P	B	Si	X	COMPOUND NAME	CAS Reg No	No
91	126	125	63	39	128	89	65	**126**	100	36	16	15	14	12	10	10		7	7	–	–	1	–	–	–	–	–	–	–	Toluene, 4-chloro-		Y1157
91	126	125	65	63	89	51	50	**126**	100	31	19	12	8	6	5	4		7	7	–	–	1	–	–	–	–	–	–	–	1,3,5-Cycloheptatriene, 1-chloro-	32743-66-1	S3872
91	126	125	65	63	89	51	90	**126**	100	31	19	11	8	7	4	4		7	7	–	–	1	–	–	–	–	–	–	–	1,3,5-Cycloheptatriene, 2-chloro-	34896-79-2	S4758
91	126	125	65	63	89	51	90	**126**	100	31	19	14	9	8	4	4		7	7	–	–	1	–	–	–	–	–	–	–	1,3,5-Cycloheptatriene, 3-chloro-	55619-05-1	T1694
91	126	125	65	89	90	99	77	**126**	100	38	15	6	5	4	3	2		7	7	–	–	1	–	–	–	–	–	–	–	1,3,5-Cycloheptatriene, 1-chloro-	32743-66-1	S3873
91	126	125	65	89	90	99	77	**126**	100	38	16	5	3	3	3	2		7	7	–	–	1	–	–	–	–	–	–	–	1,3,5-Cycloheptatriene, 2-chloro-	34896-79-2	S4759
91	126	125	65	89	90	99	77	**126**	100	37	16	6	4	3	3	2		7	7	–	–	1	–	–	–	–	–	–	–	1,3,5-Cycloheptatriene, 3-chloro-	55619-05-1	T1695
91	126	128	125	63	89	127	65	**126**	100	48	15	14	10	9	8	8		7	7	–	–	1	–	–	–	–	–	–	–	Toluene, 3-chloro-		Z0507
91	126	128	125	92	127	65	89	**126**	100	53	17	10	8	7	6	4		7	7	–	–	1	–	–	–	–	–	–	–	Toluene, 4-chloro-		P7886
93	55	41	79	27	39	67	29	**126**	100	95	56	47	41	40	39	31	**2.10**	8	14	1	–	–	–	–	–	–	–	–	–	Cyclohexanemethanol, 4-methylene-	1004-24-6	Q4999
95	39	126	38	29	37	96	68	**126**	100	42	27	25	20	14	8	6		6	6	3	–	–	–	–	–	–	–	–	–	Furancarboxylic acid, methyl ester	1334-76-5	H1178
95	39	126	38	29	96	68	37	**126**	100	41	33	17	12	10	8	7		6	6	3	–	–	–	–	–	–	–	–	–	2-Furancarboxylic acid, methyl ester	611-13-2	Q2806
95	67	66	41	39	79	27	93	**126**	100	67	66	49	41	35	32	27	**0.08**	8	14	1	–	–	–	–	–	–	–	–	–	2-Norbornanemethanol	5240-72-2	R1218
95	126	39	38	29	96	67	37	**126**	100	28	24	12	8	7	6	5		6	6	3	–	–	–	–	–	–	–	–	–	3-Furancarboxylic acid, methyl ester	13129-23-2	R4217
95	126	39	96	38	15	68	67	**126**	100	29	22	10	8	5	5	4		6	6	3	–	–	–	–	–	–	–	–	–	2-Furancarboxylic acid, methyl ester	611-13-2	Q2805
95	126	40	67	96	68	94	127	**126**	100	72	18	18	11	11	10	6		5	6	2	2	–	–	–	–	–	–	–	–	1H-Imidazole-4-carboxylic acid, methyl ester	17325-26-7	R6852
97	39	53	41	43	65	67	55	**126**	100	18	14	14	11	8	7	7	**0.05**	8	14	1	–	–	–	–	–	–	–	–	–	1-Pentyne, 3-ethyl-3-methoxy-		04837
97	41	43	126	39	55	69	27	**126**	100	48	31	22	14	13	12	11		8	14	1	–	–	–	–	–	–	–	–	–	Furan, (S)-2,3-dihydro-1-sec-butyl-	34379-54-9	09396
97	41	57	29	27	39	126	69	**126**	100	99	52	52	23	18	17	16		8	14	1	–	–	–	–	–	–	–	–	–	4-Hepten-3-one, 5-methyl-	1447-26-3	Q5990
97	42	126	69	27	41	98	56	**126**	100	33	22	20	9	9	7	7		7	14	–	2	–	–	–	–	–	–	–	–	1H-Pyrazole, 4,5-dihydro-3-methyl-1-propyl-	26964-49-8	S1577
97	55	41	27	96	29	69	39	**126**	100	86	33	22	21	19	19	18	**0.31**	9	18	–	–	–	–	–	–	–	–	–	–	Cyclohexane, 1-methyl-1-ethyl-		Y1422
97	55	41	39	69	56	42	43	**126**	100	93	45	25	20	16	13	12	**11.19**	9	18	–	–	–	–	–	–	–	–	–	–	Cyclohexane, 1-methyl-2(E)-ethyl-		V0158
97	55	41	39	69	56	42	43	**126**	100	96	49	26	21	19	15	13	**5.83**	9	18	–	–	–	–	–	–	–	–	–	–	Cyclohexane, 1-methyl-2(Z)-ethyl-		V0157
97	55	41	69	27	29	43	39	**126**	100	81	40	35	28	22	21	20	**15.50**	9	18	–	–	–	–	–	–	–	–	–	–	2-Hexene, 3,4,4-trimethyl-		Y0527
97	55	41	126	57	98	69	43	**126**	100	63	17	16	11	8	4	2		8	14	1	–	–	–	–	–	–	–	–	–	4-Octen-3-one	14129-48-7	R4997
97	56	28	42	41	126	27	29	**126**	100	30	21	21	16	14	14	13		7	14	–	2	–	–	–	–	–	–	–	–	1H-Pyrazole, 4,5-dihydro-3,5-dimethyl-5-ethyl-	21981-22-6	R9478
97	56	42	126	28	98	41	27	**126**	100	18	15	14	11	6	6	5		7	14	–	2	–	–	–	–	–	–	–	–	1H-Pyrazole, 4,5-dihydro-1,4-dimethyl-5-ethyl-	14339-23-2	R5164
97	69	55	41	111	27	39	29	**126**	100	90	85	76	39	37	37	35	**27.10**	9	18	–	–	–	–	–	–	–	–	–	–	2-Pentene, 4,4-dimethyl-3-ethyl-		Y0528
97	95	77	105	51	50	75	29	**126**	100	55	39	35	28	27	27	27	**0.00**	7	7	1	–	–	–	1	–	–	–	–	–	Benzyl alcohol, 3-fluoro-	456-47-3	06890
97	99	28	29	27	62	26	36	**126**	100	65	62	56	49	25	24	21	**16.28**	2	5	–	–	2	–	–	–	–	–	–	1	Aluminium, dichloroethyl-	563-43-9	Q2115
97	126	41	39	69	29	125	53	**126**	100	71	67	34	29	17	14	13		6	6	3	–	–	–	–	–	–	–	–	–	2-Furancarboxaldehyde, 5-(hydroxymethyl)-	67-47-0	P5278
97	126	45	39	27	53	98	99	**126**	100	41	35	20	18	13	12	8		7	10	–	–	–	–	–	1	–	–	–	–	Thiophene, 2-propyl-		V0242
97	126	45	39	98	53	99	58	**126**	100	26	15	8	7	5	5	4		7	10	–	–	–	–	–	1	–	–	–	–	Thiophene, 2-propyl-		Y2042
97	126	69	41	124	125	127	109	**126**	100	87	18	17	9	8	5	5		6	6	3	–	–	–	–	–	–	–	–	–	2-Furancarboxaldehyde, 5-(hydroxymethyl)-		M6498
97	126	125	77	105	95	51	109	**126**	100	78	44	44	34	34	22	20		7	7	1	–	–	–	1	–	–	–	–	–	Benzyl alcohol, 3-fluoro-	456-47-3	Q0791
98	41	42	55	84	82	56	83	**126**	100	77	73	71	51	48	44	42	**24.90**	8	14	1	–	–	–	–	–	–	–	–	–	Cyclooctanone		C0041
98	55	41	42	83	82	126	97	**126**	100	67	43	42	41	35	29	23		8	14	1	–	–	–	–	–	–	–	–	–	Cyclohexanone, 2-ethyl-	4423-94-3	R0424
98	55	42	41	84	83	82	56	**126**	100	97	57	54	45	40	39	32	**22.00**	8	14	1	–	–	–	–	–	–	–	–	–	Cyclooctanone	502-49-8	Q1343
98	126	67	97	39	41	111	69	**126**	100	41	31	27	23	22	10	9		6	10	1	2	–	–	–	–	–	–	–	–	1H-Pyrazole, 3-ethoxy-5-methyl-	3201-21-6	Q9111
107	50	88	69	31				**126**	100	5	4	4	2				**0.00**	–	–	–	–	–	–	5	–	1	–	–	–	Phosphorus pentafluoride		L8151
108	79	77	90	80	78	89	126	**126**	100	28	23	20	10	8	8	8		7	10	2	–	–	–	–	–	–	–	–	–	4,6-Cyclohexadiene, (+)-cis-2,3-dihydroxy-1-methyl-		M2982
108	80	79	67	41	93	27	39	**126**	100	78	78	70	46	42	42	40	**8.00**	8	14	1	–	–	–	–	–	–	–	–	–	Bicyclo[2.2.2]octan-2-ol		M1248
110	39	54	66	41	42	67	38	**126**	100	68	37	37	33	33	32	31	**15.33**	5	6	2	2	–	–	–	–	–	–	–	–	Pyrazine, methyl-, 1,4-dioxide	32046-26-7	S3452
111	30	44	82	126	47	46	45	**126**	100	67	30	25	7	5	3	2		2	8	1	2	–	–	1	–	1	–	–	–	Phosphordiamidic fluoride, N-ethyl-		M1037
111	42	83	126	56	28	41	112	**126**	100	33	24	24	15	12	11	9		7	14	–	2	–	–	–	–	–	–	–	–	1H-Pyrazole, 4,5-dihydro-1-isopropyl-3-methyl-	22581-48-2	R9817
111	42	126	44	41	43	30	70	**126**	100	66	43	36	21	21	18	18		7	14	–	2	–	–	–	–	–	–	–	–	3-Buten-2-one, 3-methyl-, dimethylhydrazone	75268-10-9	T8867
111	44	41	126	83	42	39	26	**126**	100	87	61	60	56	36	33	30		7	14	–	2	–	–	–	–	–	–	–	–	Crotonaldehyde, isopropylhydrazone	18631-71-5	R7726
111	55	43	71	67	56	27	99	**126**	100	62	51	41	32	31	26	26	**9.50**	7	10	2	–	–	–	–	–	–	–	–	–	2(3H)-Furanone, dihydro-5-methyl-5-vinyl-	1073-11-6	09572
111	69	42	126	41	27	43	44	**126**	100	77	32	27	10	8	7	7		7	14	–	2	–	–	–	–	–	–	–	–	1H-Pyrazole, 4,5-dihydro-1-isopropyl-5-methyl-	26964-54-5	S1579
111	69	55	41	27	39	56	29	**126**	100	92	74	63	37	37	31	29	**27.80**	9	18	–	–	–	–	–	–	–	–	–	–	Cyclohexane, 1(E),2(E),4-trimethyl-		Y1653
111	69	55	41	39	27	126	29	**126**	100	97	67	51	29	27	24	18		9	18	–	–	–	–	–	–	–	–	–	–	Cyclohexane, (Z)-1,3,5-trimethyl-		Y1567
111	69	55	41	83	56	27	39	**126**	100	78	51	46	27	27	20	20	**2.42**	9	18	–	–	–	–	–	–	–	–	–	–	Cyclohexane, 1,1,3-trimethyl-		Y0228
111	69	55	41	83	56	43	39	**126**	100	76	48	40	27	26	16	15	**3.00**	9	18	–	–	–	–	–	–	–	–	–	–	Cyclohexane, 1,1,3-trimethyl-	3073-66-3	Q8981
111	69	55	41	126	39	56	43	**126**	100	99	49	29	27	12	11	10		9	18	–	–	–	–	–	–	–	–	–	–	Cyclohexane, (Z)-1,3,5-trimethyl-		C1400
111	70	30	41	42	28	57	71	**126**	100	90	42	38	28	23	22	20	**1.60**	7	14	–	2	–	–	–	–	–	–	–	–	tert-Butylamine, N-(β-cyanoethyl)-		D1348
111	83	43	112	53	55	126	69	**126**	100	23	12	11	8	7	6	5		7	14	–	–	–	–	–	–	–	–	1	–	Silane, 1-butynyltrimethyl-	62108-37-6	T5856

MASS TO CHARGE RATIOS								M.W.	INTENSITIES								Parent	C	H	O	N	Cl	Br	F	S	P	B	Si	X	COMPOUND NAME	CAS Reg No	No
111	126	39	43	83	45	57	112	**126**	100	51	33	22	13	12	8	7		6	6	1	–	–	–	–	1	–	–	–	–	Thiophene, 2-acetyl-		P1122
111	126	39	43	83	45	112	57	**126**	100	44	30	18	11	9	6	6		6	6	1	–	–	–	–	1	–	–	–	–	Thiophene, 3-acetyl-	1468-83-3	Q6045
111	126	43	55	27	44	29	26	**126**	100	63	27	22	12	8	8	8		6	6	3	–	–	–	–	–	–	–	–	–	Furan, 2-acetyl-3-hydroxy-		03319
111	126	45	39	77	112	41	85	**126**	100	31	16	14	10	8	6	6		7	10	–	–	–	–	–	1	–	–	–	–	Thiophene, 2-isopropyl-		Y2094
111	126	69	41	39	125	98	59	**126**	100	69	45	16	16	14	12	10		7	10	2	–	–	–	–	–	–	–	–	–	2-Cyclopenten-1-one, 3-methoxy-5-methyl-	7180-60-1	R2911
111	126	69	44	41	39	125	98	**126**	100	72	48	19	18	15	14	11		7	10	2	–	–	–	–	–	–	–	–	–	2-Cyclopenten-1-one, 3-methoxy-4-methyl-	7180-61-2	R2912
111	126	77	39	67	91	41	93	**126**	100	93	55	50	44	36	29	29		7	10	–	–	–	–	–	1	–	–	–	–	2-Cyclopentene-1-thione, 3,4-dimethyl-	38693-66-2	S5929
111	126	83	39	112	45	43	57	**126**	100	82	36	29	18	18	17	16		6	6	1	–	–	–	–	1	–	–	–	–	Thiophene, 2-acetyl-		02168
111	126	83	42	125	43	56	41	**126**	100	52	31	30	21	20	17	17		7	14	–	2	–	–	–	–	–	–	–	–	1H-Pyrazole, 4,5-dihydro-1,4-dimethyl-3-ethyl-	75011-91-5	T8797
111	126	125	45	39	27	59	112	**126**	100	61	58	27	22	18	12	11		7	10	–	–	–	–	–	1	–	–	–	–	Thiophene, 2,3,4-trimethyl-		Y0703
125	126	42	55	69	41	70	97	**126**	100	81	62	36	36	31	29	27		7	14	–	2	–	–	–	–	–	–	–	–	1-Piperidinamine, N-ethylidene-	75267-99-1	T8856
126	28	44	125	83	32	56	31	**126**	100	63	54	25	17	8	8	7		4	11	–	4	–	–	–	–	–	1	–	–	Δ^2-Tetrazaboroline, 5-ethyl-1,4-dimethyl-	20534-01-4	R8710
126	28	44	125	83	56	32	127	**126**	100	63	53	25	17	9	8	7		4	11	–	4	–	–	–	–	–	1	–	–	Δ^2-Tetrazaboroline, 5-ethyl-1,4-dimethyl-		05757
126	41	43	67	39	68	53	79	**126**	100	79	67	66	61	59	36	35		7	10	2	–	–	–	–	–	–	–	–	–	2-Oxetanone, 3-isopropylidene-4-methyl-		M0567
126	41	82	40	55	99	83	67	**126**	100	47	39	34	28	27	14	13		4	6	1	4	–	–	–	–	–	–	–	–	2,6-Pyrazinediamine, 1-oxide	41536-72-5	08193
126	42	28	82	54	27	41	29	**126**	100	74	36	32	31	15	15	13		5	6	2	2	–	–	–	–	–	–	–	–	4(1H)-Pyrimidinone, 5-hydroxy-2-methyl-	24614-14-0	S0720
126	42	93	58	99	57	52	66	**126**	100	87	65	46	32	30	27	24		5	6	–	2	–	–	–	1	–	–	–	–	4(1H)-Pyrimidinethione, 2-methyl-	33643-86-6	S4298
126	43	32	85	42	44	45	68	**126**	100	93	69	34	22	18	17	16		3	6	–	6	–	–	–	–	–	–	–	–	Melamine		G0080
126	43	40	68	44	29	42	45	**126**	100	50	25	25	20	17	17	17		4	6	1	4	–	–	–	–	–	–	–	–	4(1H)-Pyrimidinone, 2,6-diamino-	56-06-4	P4688
126	43	56	98	39	111	82	125	**126**	100	71	41	32	31	28	24	23		6	10	1	2	–	–	–	–	–	–	–	–	3H-Pyrazol-3-one, 1,2-dihydro-1,2,5-trimethyl-	3201-26-1	Q9113
126	43	56	111	125	82	39	59	**126**	100	44	32	22	21	21	20	19		6	10	1	2	–	–	–	–	–	–	–	–	3H-Pyrazol-3-one, 1,2-dihydro-1,2,5-trimethyl-	3201-26-1	Q9115
126	43	56	111	125	82	39	59	**126**	100	45	24	21	20	19	18	18		6	10	1	2	–	–	–	–	–	–	–	–	3H-Pyrazol-3-one, 1,2-dihydro-1,2,5-trimethyl-	3201-26-1	Q9114
126	43	71	55	42	97	53	69	**126**	100	90	74	55	29	22	20	20		6	6	3	–	–	–	–	–	–	–	–	–	4H-Pyran-4-one, 3-hydroxy-2-methyl-	118-71-8	P8967
126	44	42	28	43	82	84	83	**126**	100	83	75	68	64	58	57	54		7	14	–	2	–	–	–	–	–	–	–	–	2-Butenal, 3-methyl-, dimethylhydrazone	16713-48-7	R6391
126	44	43	82	111	42	55	125	**126**	100	51	45	40	24	23	23	15		7	14	–	2	–	–	–	–	–	–	–	–	Cyclopentanone, dimethylhydrazone	14090-60-9	R4969
126	44	127	42	67	83	82	68	**126**	100	16	11	9	6	5	4	4		5	6	2	2	–	–	–	–	–	–	–	–	Butanamide, N-cyano-3-oxo-		D1538
126	45	79	47	64	46	111	80	**126**	100	59	51	36	22	21	16	14		2	6	–	–	–	–	–	3	–	–	–	–	Trisulphide, dimethyl		Y1222
126	55	54	28	27	82	83	52	**126**	100	58	26	15	12	11	11	8		5	6	2	2	–	–	–	–	–	–	–	–	Thymine	65-71-4	P5238
126	55	54	52	39	43	56	82	**126**	100	99	38	13	10	10	10	9		5	6	2	2	–	–	–	–	–	–	–	–	Thymine	65-71-4	P5239
126	55	83	42	68	43	125	39	**126**	100	91	38	23	16	16	13	11		6	10	1	2	–	–	–	–	–	–	–	–	3H-Pyrazol-3-one, 2,4-dihydro-2,4,5-trimethyl-	17826-82-3	R7213
126	56	28	27	54	29	55	42	**126**	100	90	80	48	47	32	30	26		4	11	–	4	–	–	–	–	–	1	–	–	Δ^2-Tetrazaboroline, 1,4-diethyl-		00991
126	56	111	43	83	41	42	55	**126**	100	91	91	41	41	38	38	35		7	10	2	–	–	–	–	–	–	–	–	–	1,3-Cyclopentanedione, 2,4-dimethyl-	34598-80-6	S4672
126	69	42	28	68	40	41	127	**126**	100	72	32	28	16	16	16	16		5	6	2	2	–	–	–	–	–	–	–	–	Uracil, 3-methyl-		M2733
126	69	43	39	29	58	41	42	**126**	100	39	35	30	23	23	21	15		6	6	3	–	–	–	–	–	–	–	–	–	4H-Pyran-4-one, 5-hydroxy-2-methyl-	644-46-2	Q3569
126	69	84	71	83	68	70	82	**126**	100	56	44	32	32	24	12	12		7	10	2	–	–	–	–	–	–	–	–	–	8-Oxabicyclo[3.2.1]octan-3-one		P3475
126	69	125	84	41	43	56	97	**126**	100	46	31	18	15	15	15	10		7	10	2	–	–	–	–	–	–	–	–	–	1,3-Cyclopentanedione, 2-ethyl-	823-36-9	Q4259
126	70	127	98	71				**126**	100	35	9	4	2					8	14	1	–	–	–	–	–	–	–	–	–	Cyclobutanone, 2,2,4,4-tetramethyl-	4298-75-3	R0300
126	71	43	55	97	127	69	27	**126**	100	39	24	20	11	7	7	6		6	6	3	–	–	–	–	–	–	–	–	–	4H-Pyran-4-one, 3-hydroxy-2-methyl-		Z0520
126	83	56	55	81	84	70	43	**126**	100	74	41	25	11	11	10	9		6	6	3	–	–	–	–	–	–	–	–	–	1,2,4-Cyclopentanetrione, 3-methyl-	4505-54-8	R0513
126	83	57	96	127	75	95	97	**126**	100	58	16	9	8	7	7	7		7	7	1	–	–	–	1	–	–	–	–	–	Anisole, 2-fluoro-		Z0516
126	83	111	57	75	96	95	39	**126**	100	80	61	29	11	11	9	8		7	7	1	–	–	–	1	–	–	–	–	–	Anisole, 2-fluoro-	321-28-8	Q0486
126	83	111	57	95	75	96	31	**126**	100	90	70	29	12	12	12	9		7	7	1	–	–	–	1	–	–	–	–	–	Anisole, 4-fluoro-	459-60-9	Q0801
126	84	43	41	57	42	127	98	**126**	100	80	46	29	23	9	9	8		5	10	–	4	–	–	–	–	–	–	–	–	4H-1,2,4-Triazol-3-amine, 4-propyl-	58661-97-5	T5056
126	85	68	83	63	127	86	69	**126**	100	61	31	25	10	4	3	1		3	6	–	6	–	–	–	–	–	–	–	–	Melamine	108-78-1	P8153
126	96	55	27	95	41	97	39	**126**	100	43	41	39	29	29	27	27		7	10	2	–	–	–	–	–	–	–	–	–	2-Cyclohexenone, 2-methoxy-		C0358
126	97	93	91	77	92	79	85	**126**	100	67	53	41	39	35	26	26		7	10	–	–	–	–	–	1	–	–	–	–	8-Thiabicyclo[3.2.1]oct-2-ene	40698-01-9	S6390
126	108	80	52	17	53	51	79	**126**	100	35	35	25	21	15	15	10		6	6	3	–	–	–	–	–	–	–	–	–	Benzene, 1,2,3-trihydroxy-		00164
126	108	80	52	17	53	51	79	**126**	100	33	30	21	18	16	12	8		6	6	3	–	–	–	–	–	–	–	–	–	Benzene, 1,2,3-trihydroxy-		02946
126	108	80	52	51	79	127	97	**126**	100	35	32	23	14	10	8	7		6	6	3	–	–	–	–	–	–	–	–	–	Benzene, 1,2,3-trihydroxy-		D1741
126	111	43	39	127	40	42	125	**126**	100	72	32	8	7	7	5	5		6	10	1	2	–	–	–	–	–	–	–	–	1H-Pyrazole, 5-methoxy-1,3-dimethyl-	53091-80-8	S8298
126	111	77	91	93	39	125		**126**	100	76	48	47	35	24	24			7	10	–	–	–	–	–	1	–	–	–	–	2-Cyclopentene-1-thione, 2,3-dimethyl-	38693-65-1	S5928
126	111	83	55	98				**126**	100	72	29	15	3					7	10	2	–	–	–	–	–	–	–	–	–	1,3-Cyclopentanedione, 2-ethyl-		M3935
126	111	83	57	95	96	127	75	**126**	100	62	53	13	9	9	8	7		7	7	1	–	–	–	1	–	–	–	–	–	Anisole, 4-fluoro-		Z0513
126	125	99	44	67	81	68	40	**126**	100	91	79	74	72	71	61	61		7	10	2	–	–	–	–	–	–	–	–	–	5-Oxaspiro[2.5]octan-4-one		M2780
128	55	54	126	28	84	27	83	**126**	100	80	33	33	24	15	13	13		5	6	2	2	–	–	–	–	–	–	–	–	Thymine		S0614

MASS TO CHARGE RATIOS								M.W.	INTENSITIES								Parent	C	H	O	N	Cl	Br	F	S	P	B	Si	X	COMPOUND NAME	CAS Reg No	No
28	45	55	30	27	41	43	42	**127**	100	92	82	74	70	70	69	58	**0.00**	6	9	2	1	–	–	–	–	–	–	–	–	**2H-Pyran, 3,4-dihydro-2-carboxamide**		**D0642**
30	43	56	70	41	57	127	42	**127**	100	86	86	55	41	32	31	26		8	17	–	1	–	–	–	–	–	–	–	–	**1H-Azonine, octahydro-**	5661-71-2	**R1645**
30	43	56	70	41	57	127	42	**127**	100	88	81	57	45	33	31	27		8	17	–	1	–	–	–	–	–	–	–	–	**1H-Azonine, octahydro-**	5661-71-2	**R1644**
30	55	84	29	28	41	27	56	**127**	100	51	48	19	13	12	11	9	**4.09**	8	17	–	1	–	–	–	–	–	–	–	–	**2-Buten-1-amine, N-butyl-, (E)-**	62337-86-4	**T6059**
30	69	43	127	41	56	42	55	**127**	100	59	58	50	47	45	43	38		7	13	1	1	–	–	–	–	–	–	–	–	**2H-Azepin-2-one, hexahydro-4-methyl-**		**06383**
30	69	43	127	56	41	42	55	**127**	100	65	55	52	45	43	40	40		7	13	1	1	–	–	–	–	–	–	–	–	**2H-Azepin-2-one, hexahydro-4-methyl-**		**M3573**
30	69	55	28	56	41	99	110	**127**	100	46	42	40	39	34	28	23	**17.00**	7	13	1	1	–	–	–	–	–	–	–	–	**2H-Azepin-2-one, hexahydro-5-methyl-**		**M3574**
30	84	55	29	28	41	27	56	**127**	100	62	51	19	14	11	11	10	**5.14**	8	17	–	1	–	–	–	–	–	–	–	–	**2-Buten-1-amine, N-butyl-, (Z)-**	62337-87-5	**T6061**
30	98	42	55	127	69	41	28	**127**	100	93	81	70	66	63	57	50		7	13	1	1	–	–	–	–	–	–	–	–	**2H-Azepin-2-one, hexahydro-6-methyl-**		**06385**
30	98	42	127	69	55	41	56	**127**	100	80	72	63	58	58	52	44		7	13	1	1	–	–	–	–	–	–	–	–	**2H-Azepin-2-one, hexahydro-6-methyl-**		**M3575**
41	43	40	39	42	68	127	44	**127**	100	98	73	65	57	51	34	33		4	5	–	3	–	–	–	1	–	–	–	–	**2(1H)-Pyrimidinethione, 4-amino-**	333-49-3	**Q0535**
41	43	112	68	58	127	39	67	**127**	100	97	93	92	85	69	64	52		7	13	1	1	–	–	–	–	–	–	–	–	**1-Propanone, 1-cyclopropyl-, O-methyloxime**	56336-10-8	**T3545**
41	54	68	55	110	82	27	39	**127**	100	61	52	42	29	28	28	24	**0.00**	6	9	2	1	–	–	–	–	–	–	–	–	**Pentanoic acid, 5-cyano-**		**D1188**
41	54	83	95	68	82	110	55	**127**	100	64	63	61	59	56	54	53	**33.93**	7	13	1	1	–	–	–	–	–	–	–	–	**Cyclohexanone, 2-methyl-, oxime**	1122-26-5	**Q5400**
41	68	54	69	127	55	96	112	**127**	100	99	54	52	48	47	47	47		7	13	1	1	–	–	–	–	–	–	–	–	**Cyclohexanone, 3-methyl-, oxime**	4701-95-5	**R0727**
41	96	55	57	127	69	97	56	**127**	100	97	65	58	46	44	41	40		7	13	1	1	–	–	–	–	–	–	–	–	**1-Butanol, 2,2-dimethyl-4-cyano-**		**C0682**
41	96	127	42	68	45	82	67	**127**	100	95	92	67	61	52	46	37		6	9	2	1	–	–	–	–	–	–	–	–	**2-Propenoic acid, 3-(1-aziridinyl)-, methyl ester**	2407-60-5	**Q7968**
41	96	127	42	68	45	82	67	**127**	100	98	65	66	61	53	47	39		6	9	2	1	–	–	–	–	–	–	–	–	**2-Propenoic acid, 3-(1-aziridinyl)-, methyl ester**		**M7855**
41	112	56	42	67	127	55	39	**127**	100	87	68	61	61	60	56	53		7	13	1	1	–	–	–	–	–	–	–	–	**2H-Azepine, 3,4,5,6-tetrahydro-7-methoxy-**	2525-16-8	**Q8271**
42	30	127	55	41	54	98	69	**127**	100	97	94	88	80	70	60	54		7	13	1	1	–	–	–	–	–	–	–	–	**2H-Azepin-2-one, hexahydro-3-methyl-**		**M3572**
42	43	127	44	98	55	58	41	**127**	100	50	50	40	35	28	28	25		7	13	1	1	–	–	–	–	–	–	–	–	**1-Azabicyclo[2.2.2]octan-3-ol**	1619-34-7	**Q6345**
42	54	55	41	56	39	81	94	**127**	100	92	90	72	62	59	47	40	**12.00**	7	13	1	1	–	–	–	–	–	–	–	–	**5-Hexen-2-one, O-methyloxime**	56335-97-8	**T3532**
42	55	127	81	39	96	41	71	**127**	100	71	53	48	44	43	40	32		7	13	1	1	–	–	–	–	–	–	–	–	**3-Penten-2-one, 3-methyl-, O-methyloxime**	39209-03-5	**S6050**
42	55	127	81	39	96	41	71	**127**	100	73	57	49	43	42	39	31		7	13	1	1	–	–	–	–	–	–	–	–	**3-Penten-2-one, 3-methyl-, O-methyloxime**	39209-03-5	**S6051**
42	55	127	81	96	41	71	53	**127**	100	73	53	48	42	41	32	31		7	13	1	1	–	–	–	–	–	–	–	–	**3-Penten-2-one, 3-methyl-, O-methyloxime**	39209-03-5	**S6052**
42	70	98	85	41	56	57	55	**127**	100	84	58	54	26	17	12	10	**1.00**	8	17	–	1	–	–	–	–	–	–	–	–	**Methylamine, N-(1-ethylpentylidene)-**	18641-73-1	**R7748**
42	84	43	71	55	112	41	99	**127**	100	82	35	35	12	12	7	7	**3.00**	8	17	–	1	–	–	–	–	–	–	–	–	**Methylamine, N-(1-propylbutylidene)-**	10599-78-7	**R3976**
42	112	41	15	27	29	84	39	**127**	100	81	32	28	27	23	22	19	**0.92**	8	17	–	1	–	–	–	–	–	–	–	–	**Aziridine, 2-tert-butyl-1,3-dimethyl-**	55712-58-8	**06897**
42	112	41	15	27	29	84	39	**127**	100	78	31	27	26	22	20	19	**3.88**	8	17	–	1	–	–	–	–	–	–	–	–	**Aziridine, 2-tert-butyl-1,3-dimethyl-, trans-**	3203-94-9	**06896**
42	127	70	98	30	55	28	71	**127**	100	82	24	16	16	15	15	12		6	9	2	1	–	–	–	–	–	–	–	–	**Glutaramide, N-methyl-**		**A0729**
43	56	41	99	55	29	42	27	**127**	100	91	82	72	59	45	42	39	**0.20**	7	13	1	1	–	–	–	–	–	–	–	–	**Hexane, 1-cyanato-**		**L1170**
43	56	99	41	55	29	27	42	**127**	100	96	87	80	53	45	38	36	**0.20**	7	13	1	1	–	–	–	–	–	–	–	–	**Hexane, 1-isocyanato-**		**L1171**
43	58	41	42	39	55	68	94	**127**	100	46	12	10	9	6	6	6	**5.00**	7	13	1	1	–	–	–	–	–	–	–	–	**3-Penten-2-one, 4-methyl-, O-methyloxime**	56336-11-9	**T3546**
43	70	85	98	56	42	40	57	**127**	100	85	52	48	27	26	15	15	**1.00**	8	17	–	1	–	–	–	–	–	–	–	–	**Methylamine, N-(1-ethylpentylidene)-**	18641-73-1	**R7749**
43	84	69	127	42	41	85	39	**127**	100	94	66	65	14	8	6	6		5	5	3	1	–	–	–	–	–	–	–	–	**2H-1,3-Oxazine, 2,4-dioxo-6-methyl-**		**D1583**
43	127	44	42	69	41	85	111	**127**	100	97	63	34	12	11	10	10		3	5	1	5	–	–	–	–	–	–	–	–	**1,3,5-Triazin-2(1H)-one, 4,6-diamino-**	645-92-1	**Q3594**
43	127	99	85	69	67			**127**	100	95	45	39	15	10				6	9	2	1	–	–	–	–	–	–	–	–	**3-Isoxazolinone, 2-ethyl-5-methyl-**		**L9537**
44	48	28	35	76	47	83	64	**127**	100	18	17	12	10	10	9	8	**3.50**	2	3	1	1	2	–	–	–	–	–	–	–	**Acetamide, 2,2-dichloro-**	683-72-7	**Q3689**
44	55	85	127	41	28	56	42	**127**	100	30	20	20	17	15	13	12		7	13	1	1	–	–	–	–	–	–	–	–	**2H-Azepin-2-one, hexahydro-7-methyl-**	1985-48-4	**Q7174**
44	55	127	85	41	28	56	42	**127**	100	34	33	26	22	20	17	16		7	13	1	1	–	–	–	–	–	–	–	–	**2H-Azepin-2-one, hexahydro-7-methyl-**		**06386**
44	55	127	85	41	56	112	42	**127**	100	29	21	20	18	14	13	13		7	13	1	1	–	–	–	–	–	–	–	–	**2H-Azepin-2-one, hexahydro-7-methyl-**		**M3577**
44	127	42	55	43	41	70	28	**127**	100	41	31	30	29	20	14	13		7	13	1	1	–	–	–	–	–	–	–	–	**2H-Azepin-2-one, hexahydro-1-methyl-**		**06381**
44	127	55	42	43	70	56	27	**127**	100	43	29	24	23	18	14	10		7	13	1	1	–	–	–	–	–	–	–	–	**2H-Azepin-2-one, hexahydro-1-methyl-**		**D0599**
44	127	55	99	98	126	69	68	**127**	100	38	30	7	5	5	3	2		7	13	1	1	–	–	–	–	–	–	–	–	**2H-Azepin-2-one, hexahydro-1-methyl-**	2556-73-2	**Q8315**
45	87	127	53	39	59	73	71	**127**	100	97	42	17	14	12	12	11		6	9	–	1	–	–	–	1	–	–	–	–	**Pentane, 1-cyano-4,5-epithio-**		**15855**
46	67	95	41	81	30	127	54	**127**	100	31	23	16	15	14	14	13		7	13	1	1	–	–	–	–	–	–	–	–	**1,2-Benzisoxazole**	64018-30-0	**T6363**
46	84	56	67	82	41	54	43	**127**	100	55	26	25	20	14	14	12	**0.00**	7	13	1	1	–	–	–	–	–	–	–	–	**Formamide, N-cyclohexyl-**	766-93-8	**Q4035**
54	28	127	68	82	41	55	27	**127**	100	49	42	31	26	19	18	16		6	9	2	1	–	–	–	–	–	–	–	–	**2-Oxazolidinone, 3-vinyl-5-methyl-**	3395-98-0	**Q9324**
54	39	27	55	82	67	42	14	**127**	100	74	68	56	43	42	32	30	**23.62**	7	13	1	1	–	–	–	–	–	–	–	–	**Cycloheptanone, oxime**	2158-31-8	**Q7514**
54	41	55	127	96	69	42	67	**127**	100	95	91	89	74	69	56	37		7	13	1	1	–	–	–	–	–	–	–	–	**Cyclohexanone, O-methyloxime**	13858-85-0	**R4766**
54	57	84	41	29	85	27	56	**127**	100	90	41	37	34	24	24	23	**0.10**	7	13	1	1	–	–	–	–	–	–	–	–	**Propanenitrile, 3-butoxy-**	6959-71-3	**09677**
55	127	69	96	68	86	81	98	**127**	100	80	56	55	24	17	11	7		7	13	1	1	–	–	–	–	–	–	–	–	**Methylamine, N-cyclohexylidene-, N-oxide**	58751-78-3	**T5075**
55	127	69	96	68	86	98	81	**127**	100	53	46	37	16	14	9	6		7	13	1	1	–	–	–	–	–	–	–	–	**Cyclohexanone, O-methyloxime**	13858-85-0	**R4768**
56	43	84	42	71	41	98	44	**127**	100	45	39	35	30	25	25	22	**15.01**	8	17	–	1	–	–	–	–	–	–	–	–	**Aziridine, 1-hexyl-**	30691-59-9	**S2976**
56	55	72	112	27	127	41	57	**127**	100	46	32	20	17	15	14	12		7	13	1	1	–	–	–	–	–	–	–	–	**2-Propenamide, N-tert-butyl-**		**C0152**
56	60	43	57	41	42	127	84	**127**	100	80	72	39	22	18	15	8		7	13	1	1	–	–	–	–	–	–	–	–	**Acetamide, N-cyclopentyl-**	25291-41-2	**S1000**

MASS TO CHARGE RATIOS								M.W.	INTENSITIES								Parent	C	H	O	N	Cl	Br	F	S	P	B	Si	X	COMPOUND NAME	CAS Reg No	No
56	70	57	30	28	41	84	44	**127**	100	93	55	31	30	27	25	23	**1.00**	8	17	–	1	–	–	–	–	–	–	–	–	**Aziridine, 2-hexyl-**	13906-89-3	**R4819**
57	42	70	27	41	29	28	39	**127**	100	65	29	15	14	10	9	8	**0.00**	8	17	–	1	–	–	–	–	–	–	–	–	**Methylamine, N-heptylidene-**	6898-71-1	**R2665**
58	43	42	41	127	71	44	39	**127**	100	55	42	25	20	20	18	16		8	17	–	1	–	–	–	–	–	–	–	–	**Piperidine, 1,3,3-trimethyl-**		**C0823**
58	44	42	41	45	55	28	39	**127**	100	24	12	9	8	7	7	7	**4.15**	8	17	–	1	–	–	–	–	–	–	–	–	**2-Penten-1-amine, N,N,2-trimethyl-, (E)-**	55630-70-1	**T1715**
58	55	72	112	27	127	41	57	**127**	100	45	34	23	19	19	12	12		7	13	1	1	–	–	–	–	–	–	–	–	**2-Propenamide, N-tert-butyl-**		**P1082**
58	127	69	41	43	56	126	78	**127**	100	36	36	35	32	31	20	15		3	4	1	1	–	–	3	–	–	–	–	–	**Acetamide, 2,2,2-trifluoro-N-methyl-**	815-06-5	**Q4182**
59	41	44	72	39	55	27	28	**127**	100	31	29	21	21	18	15	14	**12.03**	7	13	1	1	–	–	–	–	–	–	–	–	**5-Hexenamide-5-methyl-**		**D1183**
68	15	41	59	27	39	42	29	**127**	100	52	35	33	22	18	16	16	**0.00**	6	9	2	1	–	–	–	–	–	–	–	–	**Butanoic acid, 2-cyano-, methyl ester**	53692-87-8	**S8562**
68	41	54	96	69	57	111	43	**127**	100	59	48	47	33	23	23	22	**2.00**	7	13	1	1	–	–	–	–	–	–	–	–	**Cyclohexanone, 3-methyl-, oxime**	4701-95-5	**R0728**
68	41	127	56	112	42	96	67	**127**	100	90	74	68	53	27	26	25		7	13	1	1	–	–	–	–	–	–	–	–	**4-Hexen-3-one, O-methyloxime**	39209-04-6	**S6053**
68	55	81	127	98	110	111	126	**127**	100	66	49	39	37	21	19	18		7	13	1	1	–	–	–	–	–	–	–	–	**2-Azaspiro[2.5]octane, 2-methyl-1-oxo-**	69597-45-1	**T7152**
69	68	127	60	39	44	56	42	**127**	100	69	57	54	51	49	46	40		5	9	1	3	–	–	–	–	–	–	–	–	**Crotonaldehyde, semicarbazone**	5316-14-3	**R1288**
69	81	57	127	42	67	98	110	**127**	100	52	49	41	35	16	14	13		6	9	2	1	–	–	–	–	–	–	–	–	**3-Isoxazolinone, 5-ethyl-2-methyl-**		**L9539**
69	84	41	58	42	70	39	28	**127**	100	81	41	27	26	20	11	7	**0.00**	7	13	1	1	–	–	–	–	–	–	–	–	**2-Azetidinone, 3,3,4,4-tetramethyl-**	13423-22-8	**R4522**
69	84	41	58	42	70	39	55	**127**	100	80	42	26	25	21	11	8	**0.00**	7	13	1	1	–	–	–	–	–	–	–	–	**2-Azetidinone, 3,3,4,4-tetramethyl-**		**L5187**
69	127	101	32	26	50	31	63	**127**	100	60	19	14	11	11	7	3		1	–	–	1	–	–	2	1	1	–	–	–	**Cyanothiophosphoryl difluoride**	28314-61-6	**S2033**
70	42	29	41	27	56	28	55	**127**	100	23	21	20	18	18	18	15	**2.33**	8	17	–	1	–	–	–	–	–	–	–	–	**Aziridine, 1-tert-butyl-2,3-dimethyl-, trans-**	6125-02-6	**06805**
70	42	41	29	56	28	27	71	**127**	100	20	18	17	17	16	15	15	**1.66**	8	17	–	1	–	–	–	–	–	–	–	–	**Aziridine, 1-tert-butyl-2,3-dimethyl-, cis-**	56082-94-1	**06899**
70	43	98	55	127	57	56	71	**127**	100	80	56	50	47	40	30	24		7	13	1	1	–	–	–	–	–	–	–	–	**Pyrrolidine, 1-(1-oxopropyl)-**	4553-05-3	**R0593**
70	127	43	98	55	57	29	71	**127**	100	92	90	77	70	55	51	43		7	13	1	1	–	–	–	–	–	–	–	–	**Pyrrolidine, 1-(1-oxopropyl)-**	4553-05-3	**R0592**
71	56	42	84	43	41	55	112	**127**	100	97	21	16	9	7	7	6	**1.00**	8	17	–	1	–	–	–	–	–	–	–	–	**Methylamine, N-(1-methylhexylidene)-**	22058-71-5	**R9544**
73	81	75	116	101	129	115	45	**127**	100	80	53	42	22	19	18	14	**5.00**	7	13	1	1	–	–	–	–	–	–	–	–	**Cyclohexanone, 4-methyl-, oxime**	4994-13-2	**R0998**
81	126	80	41	28	79	107	108	**127**	100	72	68	60	52	48	48	41	**7.60**	7	13	1	1	–	–	–	–	–	–	–	–	**Cyclohexanone, 3-methyl-, oxime**	4701-95-5	**R0729**
82	80	54	55	54	127	41	67	**127**	100	34	26	24	16	8	7	7		6	9	2	1	–	–	–	–	–	–	–	–	**Baikiain**		**L5468**
82	80	55	53	67	41	42	54	**127**	100	23	21	14	13	9	7	7	**2.00**	6	9	2	1	–	–	–	–	–	–	–	–	**Proline, 3,4-methano-**		**L5466**
82	80	67	53	55	41	54	127	**127**	100	18	17	15	13	7	6	3		6	9	2	1	–	–	–	–	–	–	–	–	**Proline, 4-methylene-**		**L5467**
83	84	42	43	127	56	55	54	**127**	100	98	36	32	26	24	12	11		5	9	1	3	–	–	–	–	–	–	–	–	**2-Pyrazoline-1-carboxamide, 3-methyl-**	17014-30-1	**R6572**
84	28	27	41	30	29	71	127	**127**	100	25	19	17	15	15	14	13		8	17	–	1	–	–	–	–	–	–	–	–	**Cyclohexanamine, N-ethyl-**	5459-93-8	**H1546**
84	41	56	127	71	55	85	44	**127**	100	22	20	14	12	8	8	7		8	17	–	1	–	–	–	–	–	–	–	–	**Cyclohexanamine, N-ethyl-**	5459-93-8	**R1461**
84	42	57	41	56	70	55	43	**127**	100	96	84	80	58	36	25	23	**1.00**	8	17	–	1	–	–	–	–	–	–	–	–	**1-Butanamine, N-butylidene-**	4853-56-9	**R0881**
84	43	42	127	71	98	41	56	**127**	100	50	45	29	20	17	16	9		7	13	1	1	–	–	–	–	–	–	–	–	**3-Piperidinone, 1-ethyl-**	43152-93-8	**S7073**
84	43	127	28	56	57	70	18	**127**	100	73	60	60	52	50	48	38		7	13	1	1	–	–	–	–	–	–	–	–	**Piperidine, 1-acetyl-**		**M4535**
84	43	127	56	57	70	28	42	**127**	100	85	62	53	50	43	32	31		7	13	1	1	–	–	–	–	–	–	–	–	**Piperidine, 1-acetyl-**	618-42-8	**Q2969**
84	56	127	71	55	85	44	42	**127**	100	20	15	12	8	8	7	6		8	17	–	1	–	–	–	–	–	–	–	–	**Cyclohexanamine, N-ethyl-**	5459-93-8	**R1462**
84	57	41	55	29	43	56	27	**127**	100	78	34	23	18	16	11	11	**3.70**	8	17	–	1	–	–	–	–	–	–	–	–	**1-Propanamine, 2-methyl-N-sec-butylidene-**	6898-82-4	**R2667**
84	71	42	127	44	41	85	58	**127**	100	16	13	12	8	6	6	5		8	17	–	1	–	–	–	–	–	–	–	–	**Cyclohexanamine, N,N-dimethyl-**		**X1424**
84	71	127	42	70	56	44	41	**127**	100	22	16	16	9	9	9	8		8	17	–	1	–	–	–	–	–	–	–	–	**Cyclohexanamine, N,N-dimethyl-**	98-94-2	**P7213**
84	71	127	56	42	43	41	44	**127**	100	41	35	31	28	12	11	11		7	13	1	1	–	–	–	–	–	–	–	–	**3-Piperidinone, 1,6-dimethyl-**	43152-92-7	**S7070**
85	44	84	42	30	98	43	70	**127**	100	58	24	16	16	15	13	12	**4.75**	6	14	1	1	–	–	–	–	–	1	–	–	**Ethanolamine n-butyl boronate**		**05100**
91	127	92	65	39	64	63	129	**127**	100	88	84	81	76	37	31	30		6	6	–	1	1	–	–	–	–	–	–	–	**Pyridine, 2-chloro-3-methyl-**		**M8758**
91	127	92	65	39	129	64	63	**127**	100	99	90	40	35	31	22	20		6	6	–	1	1	–	–	–	–	–	–	–	**Pyridine, 2-chloro-3-methyl-**		**L4205**
92	66	31	47	73	57	94	35	**127**	100	9	6	4	4	3	3	3	**0.00**	2	–	–	1	2	–	1	–	–	–	–	–	**Dichlorofluoracetonitrile**		**Z0523**
97	26	54	28	99	29	30	69	**127**	100	78	71	67	59	46	38	29	**3.00**	5	5	3	1	–	–	–	–	–	–	–	–	**Maleimide, N-hydroxymethyl-**		**05774**
98	41	70	42	127	69	85	43	**127**	100	64	56	43	30	24	23	21		7	13	1	1	–	–	–	–	–	–	–	–	**2-Pyrrolidinone, 1-propyl-**	3470-99-3	**Q9444**
98	127	71	99	100	39	45	41	**127**	100	95	59	59	37	34	32	28		6	9	–	1	–	–	–	1	–	–	–	–	**Thiazole, 5-propyl-**	52414-82-1	**S7935**
99	58	98	27	112	59	39	45	**127**	100	90	51	49	48	42	38	36	**13.00**	6	9	–	1	–	–	–	1	–	–	–	–	**Thiazole, 2-propyl-**	17626-75-4	**R7121**
99	95	127	82	67	54	73	59	**127**	100	63	56	52	42	41	41	39		7	13	1	1	–	–	–	–	–	–	–	–	**Cycloheptanone, oxime**		**16530**
99	98	71	127	112	45	126	72	**127**	100	41	34	27	27	22	19	9		6	9	–	1	–	–	–	1	–	–	–	–	**Thiazole, 4-propyl-**	41981-60-6	**S6814**
100	82	83	62	112	80	45	67	**127**	100	67	27	13	7	7	5	4	**2.00**	2	7	2	1	–	–	1	–	1	–	–	–	**Ethoxyfluorophosphorylamide**		**M1035**
108	125	41	79	106	28	67	109	**127**	100	79	61	61	61	57	50	50		7	13	1	1	–	–	–	–	–	–	–	–	**Cyclohexanone, 2-methyl-, oxime**		**P3060**
110	127	42	51	52	41	53	54	**127**	100	84	24	20	17	15	12	12		4	5	2	3	–	–	–	–	–	–	–	–	**Pyrazole, 3-methyl-4-nitro-**		**17426**
111	55	42	54	39	72	94	41	**127**	100	98	82	62	61	61	53	51	**26.00**	7	13	1	1	–	–	–	–	–	–	–	–	**4-Hexen-2-one, O-methyloxime**	56335-99-0	**T3534**
111	127	39	45	44	57	58	83	**127**	100	75	60	19	18	18	13	13		5	5	1	1	–	–	–	1	–	–	–	–	**Thiophene, 2-amido-**		**15056**
112	28	56	55	27	41	29	42	**127**	100	92	88	72	63	52	52	50	**23.64**	8	17	–	1	–	–	–	–	–	–	–	–	**Aziridine, 1-ethyl-2-methyl-3-isopropyl-, trans-**	55702-73-3	**06807**
112	42	98	70	56	57	113	58	**127**	100	35	27	27	16	13	12	12	**6.60**	8	17	–	1	–	–	–	–	–	–	–	–	**Piperidine, 1,2,6-trimethyl-**		**M6602**
112	55	42	72	39	41	79	53	**127**	100	43	35	22	21	18	15	13	**1.82**	7	13	1	1	–	–	–	–	–	–	–	–	**4-Penten-2-one, 3-methyl-, O-methyloxime**	56335-98-9	**T3533**

MASS TO CHARGE RATIOS								M.W.	INTENSITIES								Parent	C	H	O	N	Cl	Br	F	S	P	B	Si	X	COMPOUND NAME	CAS Reg No	No
112	56	127	42	84	113	55	41	**127**	100	14	12	8	8	8	7	6		8	17	–	1	–	–	–	–	–	–	–	–	**Piperidine, 1-ethyl-2-methyl-**	766-52-9	**Q4033**
112	57	70	41	29	39	42	55	**127**	100	73	54	44	27	25	23	22	**8.04**	8	17	–	1	–	–	–	–	–	–	–	–	**Azetidine, 1-tert-butyl-3-methyl**	55702-65-3	**06962**
112	127	44	110	84	42	43	56	**127**	100	85	69	48	38	34	30	27		7	13	1	1	–	–	–	–	–	–	–	–	**3-Penten-2-one, 4-(dimethylamino)-**	3433-62-3	**Q9374**
112	127	85	45	39	41	71	113	**127**	100	74	31	19	9	8	7	7		6	9	–	1	–	–	–	1	–	–	–	–	**Thiazole, 5-ethyl-4-methyl-**	31883-01-9	**S3409**
112	127	85	45	39	59	71	41	**127**	100	81	52	30	13	10	10	9		6	9	–	1	–	–	–	1	–	–	–	–	**Thiazole, 5-ethyl-4-methyl-**	31883-01-9	**S3410**
112	127	113	126	97	110	95	96	**127**	100	11	9	6	6	5	4	4		8	17	–	1	–	–	–	–	–	–	–	–	**Piperidine, 1,2,6-trimethyl-, cis-**	2439-13-6	**Q8099**
119	55	58	42	41	84	120	113	**127**	100	46	31	12	12	12	9	7	**5.70**	7	13	1	1	–	–	–	–	–	–	–	–	**2H-Azepin-2-one, hexahydro-5-methyl-**		**C0173**
127	24	129	92	100	128	39	91	**127**	100	65	31	19	10	8	8	6		6	6	–	1	1	–	–	–	–	–	–	–	**Aniline, 3-chloro-**		**A0413**
127	41	55	96	42	54	39	69	**127**	100	92	92	62	60	60	50	50		7	13	1	1	–	–	–	–	–	–	–	–	**Cyclohexanone, O-methyloxime**	13858-85-0	**R4765**
127	42	39	40	41	54	52	66	**127**	100	12	11	11	10	10	9	8		4	5	2	3	–	–	–	–	–	–	–	–	**Pyrazole, 3-methyl-5-nitro-**		**17424**
127	42	41	43	54	40	52	81	**127**	100	76	19	10	10	9	9	9		4	5	2	3	–	–	–	–	–	–	–	–	**Imidazole, 1-methyl-4-nitro-**		**17428**
127	42	43	97	52	54	53	40	**127**	100	19	14	14	12	10	8	6		4	5	2	3	–	–	–	–	–	–	–	–	**Pyrazole, 1-methyl-3-nitro-**		**17421**
127	42	52	41	38	43	40	111	**127**	100	21	9	8	7	7	6	6		4	5	2	3	–	–	–	–	–	–	–	–	**Pyrazole, 1-methyl-4-nitro-**		**17422**
127	42	54	41	53	55	109	110	**127**	100	29	27	25	23	15	15	14		4	5	2	3	–	–	–	–	–	–	–	–	**Imidazole, 4-methyl-5-nitro-**		**17432**
127	42	54	97	56	40	52	53	**127**	100	38	18	17	14	12	10	10		4	5	2	3	–	–	–	–	–	–	–	–	**Imidazole, 1-methyl-2-nitro-**		**17427**
127	42	54	128	53	40	52	98	**127**	100	9	9	6	4	3	3	3		4	5	2	3	–	–	–	–	–	–	–	–	**Imidazole, 1-methyl-5-nitro-**		**17429**
127	42	56	41	30	55	98	28	**127**	100	99	91	83	81	71	62	53		7	13	1	1	–	–	–	–	–	–	–	–	**2H-Azepin-2-one, hexahydro-3-methyl-**		**06382**
127	43	42	54	81	40	52	53	**127**	100	43	31	31	12	10	8	8		4	5	2	3	–	–	–	–	–	–	–	–	**Imidazole, 2-methyl-4-nitro-**		**17430**
127	43	42	68	82	84	109	66	**127**	100	87	82	75	64	64	35	25		6	9	2	1	–	–	–	–	–	–	–	–	**4-Isoxazolemethanol, 3,5-dimethyl-**	19788-36-4	**R8292**
127	43	42	68	82	84	109	110	**127**	100	88	83	75	65	65	35	25		6	9	2	1	–	–	–	–	–	–	–	–	**4-Isoxazolemethanol, 3,5-dimethyl-**		**L5660**
127	43	129	92	65	58	128	39	**127**	100	39	33	32	19	18	10	9		6	6	–	1	1	–	–	–	–	–	–	–	**Pyridine, 5-chloro-2-methyl-**		**M8729**
127	54	97	42	53	41	39	52	**127**	100	23	17	16	12	10	9	9		4	5	2	3	–	–	–	–	–	–	–	–	**Imidazole, 4-methyl-2-nitro-**		**17431**
127	56	28	84	55	27	99	112	**127**	100	96	70	50	38	28	17	17		6	9	2	1	–	–	–	–	–	–	–	–	**2,5-Pyrrolidinedione, 1-ethyl-**	2314-78-5	**Q7830**
127	56	28	84	55	27	99	112	**127**	100	95	68	50	34	28	15	15		6	9	2	1	–	–	–	–	–	–	–	–	**2,5-Pyrrolidinedione, 1-ethyl-**		**L8188**
127	56	112	41	82	69	89	30	**127**	100	93	71	48	35	29	26	21		7	13	1	1	–	–	–	–	–	–	–	–	**2-Piperidinone, 3,3-dimethyl-**		**C0712**
127	56	128	29	84	57	28	129	**127**	100	52	16	14	12	5	4	1		4	5	2	3	–	–	–	–	–	–	–	–	**2,4(1H,3H)-Pyrimidinedione, 5-amino-**	932-52-5	**Q4663**
127	57	68	70	126	112	98	81	**127**	100	53	46	35	33	13	10	6		6	9	2	1	–	–	–	–	–	–	–	–	**Isoxazole, 3-methoxy-5-ethyl-**		**L9532**
127	65	129	92	28	64	63	39	**127**	100	37	34	26	24	20	17	17		6	6	–	1	1	–	–	–	–	–	–	–	**Aniline, 2-chloro-**		**D0934**
127	65	129	92	39	63	100	128	**127**	100	34	31	20	13	12	11	8		6	6	–	1	1	–	–	–	–	–	–	–	**Aniline, 4-chloro-**		**C0133**
127	72	71	45	126	39	27	112	**127**	100	96	88	72	70	43	22	22		6	9	–	1	–	–	–	1	–	–	–	–	**Thiazole, 2-ethyl-4-methyl-**	15679-12-6	**R5802**
127	83	39	55	28	54	128	72	**127**	100	30	15	11	10	6	6	6		5	5	1	1	–	–	–	1	–	–	–	–	**2(1H)-Pyridinethione, 3-hydroxy-**	23003-22-7	**S0027**
127	83	39	55	28	128	38	64	**127**	100	71	56	50	23	20	19	18		5	5	1	1	–	–	–	1	–	–	–	–	**2(1H)-Pyridinethione, 3-hydroxy-**	23003-22-7	**S0028**
127	85	108	69	42	28	47	50	**127**	100	95	60	43	35	20	12	12		1	–	2	1	–	–	2	–	1	–	–	–	**Difluorophosphorylisocyanate**		**L1152**
127	86	71	85	59	45	27	53	**127**	100	93	86	26	25	19	18	14		6	9	–	1	–	–	–	1	–	–	–	–	**Thiazole, 2,4,5-trimethyl-**	13623-11-5	**R4680**
127	86	71	85	59	45	42	126	**127**	100	73	66	27	17	13	10	9		6	9	–	1	–	–	–	1	–	–	–	–	**Thiazole, 4-ethyl-2-methyl-**	32272-48-3	**S3550**
127	91	92	65	39	129	64	63	**127**	100	95	77	43	34	31	23	18		6	6	–	1	1	–	–	–	–	–	–	–	**Pyridine, 2-chloro-3-methyl-**	18368-76-8	**R7554**
127	91	92	65	129	39	51	64	**127**	100	59	45	38	38	24	12	12		6	6	–	1	1	–	–	–	–	–	–	–	**Pyridine, 2-chloro-6-methyl-**	18368-63-3	**R7549**
127	91	92	65	129	39	64	51	**127**	100	49	44	40	37	24	13	12		6	6	–	1	1	–	–	–	–	–	–	–	**Pyridine, 2-chloro-4-methyl-**		**B1289**
127	91	92	65	129	39	64	51	**127**	100	57	44	40	40	21	12	12		6	6	–	1	1	–	–	–	–	–	–	–	**Pyridine, 2-chloro-6-methyl-**		**L4208**
127	91	92	65	129	39	64	128	**127**	100	46	36	32	31	16	10	8		6	6	–	1	1	–	–	–	–	–	–	–	**Pyridine, 2-chloro-6-methyl-**		**M8761**
127	92	65	129	39	41	57	63	**127**	100	91	49	37	24	12	12	10		6	6	–	1	1	–	–	–	–	–	–	–	**Pyridine, 2-chloro-4-methyl-**	3678-62-4	**Q9648**
127	92	65	129	39	63	126	128	**127**	100	57	40	33	23	14	10	10		6	6	–	1	1	–	–	–	–	–	–	–	**Pyridine, 3-chloro-5-methyl-**		**M8763**
127	92	65	129	91	39	63	128	**127**	100	69	47	32	26	21	12	11		6	6	–	1	1	–	–	–	–	–	–	–	**Pyridine, 2-chloro-5-methyl-**		**M8760**
127	92	65	129	128	93	63	64	**127**	100	95	44	33	9	8	8	6		6	6	–	1	1	–	–	–	–	–	–	–	**Pyridine, 2-chloro-4-methyl-**		**M8759**
127	92	129	65	39	91	63	126	**127**	100	71	38	35	24	24	14	12		6	6	–	1	1	–	–	–	–	–	–	–	**Pyridine, 2-chloro-5-methyl-**	18368-64-4	**R7550**
127	92	129	65	91	39	63	126	**127**	100	70	36	36	24	24	15	12		6	6	–	1	1	–	–	–	–	–	–	–	**Pyridine, 2-chloro-5-methyl-**		**L4207**
127	92	129	91	65	64	39	63	**127**	100	39	33	32	28	19	16	11		6	6	–	1	1	–	–	–	–	–	–	–	**Pyridine, 3-chloro-4-methyl-**		**M8762**
127	97	53	81	52	51	41	40	**127**	100	72	47	34	12	10	8	6		4	5	2	3	–	–	–	–	–	–	–	–	**Pyrazole, 5-methyl-1-nitro-**		**17420**
127	97	53	81	52	51	41	128	**127**	100	57	34	27	19	10	8	6		4	5	2	3	–	–	–	–	–	–	–	–	**Pyrazole, 3-methyl-1-nitro-**		**17418**
127	97	54	81	52	53	51	67	**127**	100	98	48	28	21	10	9	8		4	5	2	3	–	–	–	–	–	–	–	–	**Pyrazole, 4-methyl-1-nitro-**		**17419**
127	110	52	98	54	53	43	80	**127**	100	56	37	36	28	26	13	13		4	5	2	3	–	–	–	–	–	–	–	–	**Pyrazole, 1-methyl-5-nitro-**		**17423**
127	110	53	52	54	51	80	39	**127**	100	64	43	26	16	12	12	11		4	5	2	3	–	–	–	–	–	–	–	–	**Pyrazole, 4-methyl-3-nitro-**		**17425**
127	112	71	126	86	85	59	45	**127**	100	40	32	21	20	19	13	11		6	9	–	1	–	–	–	1	–	–	–	–	**Isothiazole, trimethyl-**	39228-36-9	**S6063**
127	126	71	85	45	112	86	128	**127**	100	73	59	44	29	28	23	11		6	9	–	1	–	–	–	1	–	–	–	–	**Thiazole, 2,4,5-trimethyl-**	13623-11-5	**R4679**
127	126	72	28	71	112	39	45	**127**	100	65	47	36	35	34	33	24		6	9	–	1	–	–	–	1	–	–	–	–	**Thiazole, 2-ethyl-5-methyl-**	19961-53-6	**R8445**
127	126	85	112	59	45	39	41	**127**	100	90	79	79	41	35	32	19		6	9	–	1	–	–	–	1	–	–	–	–	**Thiazole, 4-ethyl-5-methyl-**	52414-91-2	**S7943**

MASS TO CHARGE RATIOS								M.W.	INTENSITIES								Parent	C	H	O	N	Cl	Br	F	S	P	B	Si	X	COMPOUND NAME	CAS Reg No	No
127	129	28	65	92	44	100	45.5	**127**	100	33	23	22	20	18	10	7		6	6	–	1	1	–	–	–	–	–	–	–	**Aniline, 3-chloro-**		**D0106**
127	129	65	51	92	28	100	39	**127**	100	32	25	22	19	16	11	9		6	6	–	1	1	–	–	–	–	–	–	–	**Aniline, 3-chloro-**	108-42-9	**P8113**
127	129	65	128	92	100	99	39	**127**	100	34	21	19	16	9	7	6		6	6	–	1	1	–	–	–	–	–	–	–	**Aniline, 4-chloro-**	106-47-8	**P7900**
127	129	92	65	128	91	64	39	**127**	100	32	17	16	10	9	9	8		6	6	–	1	1	–	–	–	–	–	–	–	**Aniline, 2-chloro-**	95-51-2	**P6958**
29	27	28	64	48	26	93	15	**128**	100	51	22	21	15	15	5	3	**0.10**	2	5	2	–	1	–	–	1	–	–	–	–	**Ethanesulphonyl chloride**	594-44-5	**H0897**
29	43	57	27	71	72	41	99	**128**	100	95	95	59	56	48	38	33	**10.00**	8	16	1	–	–	–	–	–	–	–	–	–	**3-Heptanone, 5-methyl-**		**U0107**
30	56	111	70	57	96	83	69	**128**	100	87	57	38	38	30	24	22	**0.00**	7	16	–	2	–	–	–	–	–	–	–	–	**Cyclopentanamine, 2-aminoethyl-4-methyl-**		**C1769**
39	40	41	44	69	112	85	68	**128**	100	88	73	63	45	37	32	25	**1.23**	5	8	2	2	–	–	–	–	–	–	–	–	**2-Butenediamide, 2-methyl-, (Z)-**	41138-17-4	**S6566**
39	42	41	54	40	70	71	128	**128**	100	88	84	49	47	43	37	20		7	12	2	–	–	–	–	–	–	–	–	–	**1,5-Dioxocane, 3-methylene-**		**M0355**
39	71	27	29	55	43	89	45	**128**	100	36	36	35	27	27	26	22	**0.00**	6	8	3	–	–	–	–	–	–	–	–	–	**Propanoic acid, 3-(2-propynyloxy)-**	55683-37-9	**06919**
39	85	44	40	69	54	68	43	**128**	100	80	70	61	50	39	32	30	**1.20**	5	8	2	2	–	–	–	–	–	–	–	–	**Butanediamide, 2-methylene-**	3786-29-6	**Q9815**
39	85	44	40	69	54	68	111	**128**	100	80	70	60	50	38	32	30	**0.50**	5	8	2	2	–	–	–	–	–	–	–	–	**Butanediamide, 2-methylene-**		**M8511**
41	42	128	30	55	69	43	27	**128**	100	66	57	41	38	30	26	17		6	12	1	2	–	–	–	–	–	–	–	–	**1H-Azepine, hexahydro-1-nitroso-**	932-83-2	**Q4669**
41	42	128	55	30	44	69	43	**128**	100	90	59	44	39	37	33	29		6	12	1	2	–	–	–	–	–	–	–	–	**1H-Azepine, hexahydro-1-nitroso-**	932-83-2	**Q4670**
41	43	58	42	76	55	75	57	**128**	100	85	81	21	20	15	15	14	**0.05**	8	16	1	–	–	–	–	–	–	–	–	–	**Allyl pentyl ether**	23186-70-1	**S0109**
41	43	58	71	42	55	70	57	**128**	100	85	82	20	15	15	15	14	**0.10**	8	16	1	–	–	–	–	–	–	–	–	–	**Allyl pentyl ether**	23186-70-1	**S0110**
41	58	71	42	68	43	96	74	**128**	100	99	92	90	84	65	39	37	**27.00**	7	12	2	–	–	–	–	–	–	–	–	–	**Cyclohexanone, 3-methoxy-**	17429-00-4	**R6957**
41	59	69	68	74	39	27	55	**128**	100	54	49	48	45	35	29	20	**14.00**	7	12	2	–	–	–	–	–	–	–	–	–	**3-Hexenoic acid, methyl ester, (E)-**	13894-61-6	**R4806**
41	67	81	55	31	95	110	128	**128**	100	90	58	56	32	17	16	1		8	16	1	–	–	–	–	–	–	–	–	–	**5-Octen-1-ol, (Z)-**	64275-73-6	**T6440**
41	68	69	74	59	39	128	55	**128**	100	62	59	52	32	30	25	18		7	12	2	–	–	–	–	–	–	–	–	–	**3-Hexenoic acid, methyl ester**	2396-78-3	**Q7948**
41	68	69	113	74	39	27	15	**128**	100	54	49	42	41	39	29	27	**22.72**	7	12	2	–	–	–	–	–	–	–	–	–	**3-Hexenoic acid, methyl ester**	2396-78-3	**H1324**
41	68	74	55	39	69	27	43	**128**	100	97	80	79	69	60	49	39	**37.43**	7	12	2	–	–	–	–	–	–	–	–	–	**4-Hexenoic acid, methyl ester**	2396-79-4	**H1325**
41	68	74	69	39	59	27	55	**128**	100	57	53	48	39	36	31	23	**14.00**	7	12	2	–	–	–	–	–	–	–	–	–	**3-Hexenoic acid, methyl ester, (Z)-**	13894-62-7	**R4807**
41	69	15	27	39	59	53	97	**128**	100	72	59	45	39	35	32	31	**22.91**	7	12	2	–	–	–	–	–	–	–	–	–	**Butanoic acid, 3-methyl-2-methylene-, methyl ester**	3070-67-5	**Q8979**
41	69	68	128	96	59	67	43	**128**	100	87	53	40	36	32	18	17		7	12	2	–	–	–	–	–	–	–	–	–	**3-Pentenoic acid, 3-methyl-, methyl ester, (Z)-**	56728-17-7	**08679**
41	69	68	128	96	59	67	97	**128**	100	86	59	54	38	36	22	18		7	12	2	–	–	–	–	–	–	–	–	–	**3-Pentenoic acid, 3-methyl-, methyl ester, (E)-**	41654-12-0	**08678**
41	69	74	68	59	27	39	55	**128**	100	43	40	38	32	28	28	23	**12.31**	7	12	2	–	–	–	–	–	–	–	–	–	**3-Hexenoic acid, methyl ester**	2396-78-3	**Q7949**
41	69	87	39	28	43	27	42	**128**	100	96	65	46	35	23	23	19	**1.00**	7	12	2	–	–	–	–	–	–	–	–	–	**2-Propenoic acid, 2-methyl-, propyl ester**		**G0158**
41	69	128	97	74	73	43	39	**128**	100	70	55	48	42	35	30	29		7	12	2	–	–	–	–	–	–	–	–	–	**2-Pentenoic acid, 4-methyl-, methyl ester**	50652-78-3	**S7418**
41	74	68	69	59	128	55	43	**128**	100	71	70	60	37	27	23	21		7	12	2	–	–	–	–	–	–	–	–	–	**3-Hexenoic acid, methyl ester, (Z)-**	13894-62-7	**08677**
41	84	55	44	85	54	42	45	**128**	100	99	62	56	52	46	31	30	**21.00**	5	8	2	2	–	–	–	–	–	–	–	–	**2,4-Imidazolidinedione, 5,5-dimethyl-**		**P2791**
41	85	55	43	58	72	57	42	**128**	100	99	67	60	51	47	42	31	**0.00**	8	16	1	–	–	–	–	–	–	–	–	–	**Heptane, 1,2-epoxy-2-methyl-**		**L1252**
41	95	45	69	43	27	39	55	**128**	100	98	65	59	44	44	42	40	**10.72**	8	16	1	–	–	–	–	–	–	–	–	–	**5-Hepten-2-ol, 6-methyl-**		**U0070**
41	97	128	39	69	96	67	68	**128**	100	98	69	39	35	31	25	22		7	12	2	–	–	–	–	–	–	–	–	–	**2-Pentenoic acid, 3-methyl-, methyl ester**	50652-79-4	**S7419**
42	41	40	44	69	128	39	43	**128**	100	73	66	58	34	27	20	20		4	4	1	2	–	–	–	1	–	–	–	–	**4(1H)-Pyrimidinone, 2,3-dihydro-2-thioxo-**	141-90-2	**P9839**
42	41	55	128	56	39	82	70	**128**	100	62	62	62	37	33	28	25		6	12	1	2	–	–	–	–	–	–	–	–	**Pyrrolidine, 2,5-dimethyl-1-nitroso-**	55556-86-0	**T1538**
42	41	128	56	30	55	69	39	**128**	100	76	56	44	31	31	31	30		6	12	1	2	–	–	–	–	–	–	–	–	**Piperidine, 4-methyl-1-nitroso-**	15104-03-7	**R5574**
42	41	128	69	30	55	39	44	**128**	100	92	48	47	40	33	29	23		6	12	1	2	–	–	–	–	–	–	–	–	**Piperidine, 3-methyl-1-nitroso-**	13603-07-1	**R4662**
42	43	41	44	113	39	57	40	**128**	100	48	18	18	18	16	12	8	**5.80**	5	8	2	2	–	–	–	–	–	–	–	–	**2,4-Imidazolidinedione, 5,5-dimethyl-**	77-71-4	**P5831**
42	43	45	56	41	15	27	39	**128**	100	92	53	45	32	28	26	24	**17.61**	7	12	2	–	–	–	–	–	–	–	–	–	**2H-Pyran-2-one, tetrahydro-3,5-dimethyl-**	3290-57-1	**06971**
42	56	41	43	39	69	55	84	**128**	100	82	60	51	44	28	27	14	**1.40**	7	12	2	–	–	–	–	–	–	–	–	–	**2H-Pyran-2-one, tetrahydro-4,6-dimethyl-**		**L6611**
42	56	41	43	55	39	69	84	**128**	100	73	61	45	44	41	13	13	**0.36**	7	12	2	–	–	–	–	–	–	–	–	–	**2H-Pyran-2-one, tetrahydro-3,6-dimethyl-**	3720-22-7	**Q9715**
42	56	111	128	112	30	55	41	**128**	100	54	46	44	27	24	24	17		5	8	2	2	–	–	–	–	–	–	–	–	**4-Piperidinone, 1-nitroso-**	55556-91-7	**T1543**
42	57	43	58	70	128	71	56	**128**	100	67	66	59	50	44	41	31		7	16	–	2	–	–	–	–	–	–	–	–	**Piperazine, 1,2,4-trimethyl-**	120-85-4	**P9124**
42	71	86	43	128	113	100	85	**128**	100	69	42	16	13	12	11	8		7	12	2	–	–	–	–	–	–	–	–	–	**2,4-Pentanedione, 3-ethyl-**		**04939**
42	99	27	41	43	55	71	56	**128**	100	90	65	60	53	53	53	45	**20.02**	7	12	2	–	–	–	–	–	–	–	–	–	**2H-Pyran-2-one, 6-ethyltetrahydro-**	3301-90-4	**Q9197**
42	99	41	71	55	43	56	70	**128**	100	92	60	55	54	54	45	38	**0.00**	7	12	2	–	–	–	–	–	–	–	–	–	**2H-Pyran-2-one, 6-ethyltetrahydro-**		**M4112**
42	99	59	43	41	57	86	128	**128**	100	98	88	75	39	30	25	17		6	12	1	2	–	–	–	–	–	–	–	–	**2-Butanone, N-methyl-N-formylhydrazone**		**16843**
42	128	43	85	41	44	69	129	**128**	100	48	10	8	7	6	5	2		4	4	3	2	–	–	–	–	–	–	–	–	**2,4,6(1H,3H,5H)-Pyrimidinetrione**	67-52-7	**P5281**
42	128	85	43	44	28	69	41	**128**	100	62	17	10	7	6	6	5		4	4	3	2	–	–	–	–	–	–	–	–	**2,4,6(1H,3H,5H)-Pyrimidinetrione**	67-52-7	**P5280**
42	128	85	43	44	69	41	70	**128**	100	37	14	8	7	5	5	3		4	4	3	2	–	–	–	–	–	–	–	–	**2,4,6(1H,3H,5H)-Pyrimidinetrione**		**B0535**
43	15	42	128	27	39	41	86	**128**	100	12	11	9	8	7	6	4		7	12	2	–	–	–	–	–	–	–	–	–	**1,4-Dioxin, 2,3-dihydro-2,5,6-trimethyl-**	3973-27-1	**06932**
43	29	41	44	57	55	56	84	**128**	100	91	91	74	65	54	53	45	**0.50**	8	16	1	–	–	–	–	–	–	–	–	–	**Octanal**	124-13-0	**H0599**
43	29	57	72	71	105	28	41	**128**	100	84	79	46	37	31	29	24	**2.04**	8	16	1	–	–	–	–	–	–	–	–	–	**3-Octanone**		**U0099**

MASS TO CHARGE RATIOS								M.W.	INTENSITIES								Parent	C	H	O	N	Cl	Br	F	S	P	B	Si	X	COMPOUND NAME	CAS Reg No	No
43	30	128	41	28	29	58	85	**128**	100	85	39	37	27	20	17	16		7	16	–	2	–	–	–	–	–	–	–	–	**Isobutyraldehyde, propylhydrazone**	20607-78-7	**R8780**
43	39	41	69	85	68	113	110	**128**	100	21	17	12	7	7	5	4	**2.50**	6	8	3	–	–	–	–	–	–	–	–	–	**5(2H)-Furanone, dihydro-2-hydroxy-2,4-dimethyl-**		**M6962**
43	41	27	29	56	55	42	57	**128**	100	33	29	27	17	15	13	12	**0.40**	8	16	1	–	–	–	–	–	–	–	–	–	**Hexyl vinyl ether**	5363-64-4	**H1533**
43	41	39	42	27	113	29	69	**128**	100	66	59	55	50	46	45	32	**15.76**	7	12	2	–	–	–	–	–	–	–	–	–	**5H-1,4-Dioxepin, 2,3-dihydro-2,5-dimethyl-**	55683-35-7	**06933**
43	41	39	42	56	55	38	45	**128**	100	90	75	69	58	17	10	9	**1.33**	7	12	2	–	–	–	–	–	–	–	–	–	**2H-Pyran-2-one, tetrahydro-6,6-dimethyl-**	2610-95-9	**Q8414**
43	41	39	55	56	42	57	99	**128**	100	40	33	22	17	17	14	11	**2.20**	7	12	2	–	–	–	–	–	–	–	–	–	**2(3H)-Furanone, 5-ethyldihydro-5-methyl-**		**L6616**
43	41	55	39	29	57	59	27	**128**	100	70	55	41	35	30	28	28	**1.23**	8	16	1	–	–	–	–	–	–	–	–	–	**2-Penten-1-ol, 2,4,4-trimethyl-**		**C0538**
43	41	56	55	57	69	42	45	**128**	100	84	77	47	45	37	35	25	**0.00**	8	16	1	–	–	–	–	–	–	–	–	–	**Hexyl vinyl ether**	5363-64-4	**R1351**
43	41	71	57	85	29	27	70	**128**	100	32	31	30	29	25	24	19	**0.19**	9	20	–	–	–	–	–	–	–	–	–	–	**Hexane, 2,3,4-trimethyl-**		**Y0349**
43	41	71	85	86	113	57	39	**128**	100	23	22	21	20	15	14	10	**0.00**	7	12	2	–	–	–	–	–	–	–	–	–	**2-Pentanone, 3,4-epoxy-3,4-dimethyl-**	15120-99-7	**R5580**
43	42	27	41	54	39	15	29	**128**	100	63	32	31	28	27	21	20	**11.25**	7	12	2	–	–	–	–	–	–	–	–	–	**1,4-Dioxane, 2,5-dimethyl-3-methylene-**	3984-21-2	**06931**
43	42	100	72	59	58	128	41	**128**	100	70	49	14	12	9	9	8		6	8	3	–	–	–	–	–	–	–	–	–	**2,4(3H,5H)-Furandione, 5,5-dimethyl-**	50630-62-1	**S7377**
43	42	100	72	59	128	58	41	**128**	100	70	49	14	12	9	9	8		6	8	3	–	–	–	–	–	–	–	–	–	**2(5H)-Furanone, 4-hydroxy-5,5-dimethyl-**		**L5057**
43	44	41	56	29	84	55	57	**128**	100	79	75	65	61	57	53	47	**0.70**	8	16	1	–	–	–	–	–	–	–	–	–	**Octanal**		**C0730**
43	55	27	101	113	15	41	39	**128**	100	69	34	26	26	19	18	17	**0.00**	7	12	2	–	–	–	–	–	–	–	–	–	**1,3-Dioxolane, 2-vinyl-2,4-dimethyl-, trans-**	55683-34-6	**06930**
43	55	70	113	59	41	27	39	**128**	100	37	36	30	16	15	13	13	**0.00**	8	16	1	–	–	–	–	–	–	–	–	–	**Furan, tetrahydro-2,2,5,5-tetramethyl-**	15045-43-9	**R5537**
43	55	113	41	83	39	27	70	**128**	100	37	32	25	19	18	16	15	**0.00**	8	16	1	–	–	–	–	–	–	–	–	–	**Furan, tetrahydro-2,2,4,4-tetramethyl-**	3358-28-9	**Q9263**
43	55	113	70	41	42	59	39	**128**	100	45	35	27	17	16	15	12	**0.00**	8	16	1	–	–	–	–	–	–	–	–	–	**Furan, tetrahydro-2,2,5,5-tetramethyl-**	15045-43-9	**R5538**
43	55	113	70	41	95	42	59	**128**	100	45	35	27	17	17	16	15	**0.00**	8	16	1	–	–	–	–	–	–	–	–	–	**Furan, tetrahydro-2,2,5,5-tetramethyl-**	15045-43-9	**R5539**
43	56	70	30	84	28	83	42	**128**	100	96	76	56	51	36	32	29	**9.50**	7	16	–	2	–	–	–	–	–	–	–	–	**Cyclohexane, 1-methyl-3,4-diamino-**		**D1614**
43	57	29	27	72	41	71	99	**128**	100	97	87	63	47	36	36	25	**10.21**	8	16	1	–	–	–	–	–	–	–	–	–	**3-Heptanone, 6-methyl-**	624-42-0	**H0977**
43	57	29	72	71	99	41	27	**128**	100	94	70	53	52	32	24	22	**6.64**	8	16	1	–	–	–	–	–	–	–	–	–	**3-Heptanone, 5-methyl-**	541-85-5	**Q1841**
43	57	29	72	99	71	27	41	**128**	100	92	70	63	49	46	31	23	**0.00**	8	16	1	–	–	–	–	–	–	–	–	–	**3-Octanone**		**C0030**
43	57	41	29	27	85	71	56	**128**	100	67	41	37	29	23	20	17	**6.38**	9	20	–	–	–	–	–	–	–	–	–	–	**Nonane**		**Y0132**
43	57	41	29	85	71	27	56	**128**	100	83	51	29	26	22	21	19	**9.50**	9	20	–	–	–	–	–	–	–	–	–	–	**Nonane**		**C0877**
43	57	41	42	71	27	29	56	**128**	100	46	34	27	24	24	20	14	**2.80**	9	20	–	–	–	–	–	–	–	–	–	–	**Heptane, 2,6-dimethyl-**		**Y0340**
43	57	41	42	71	29	27	85	**128**	100	51	34	28	27	23	21	17	**2.08**	9	20	–	–	–	–	–	–	–	–	–	–	**Octane, 2-methyl-**		**Y0245**
43	57	41	70	29	56	27	71	**128**	100	66	48	47	45	42	33	30	**1.28**	9	20	–	–	–	–	–	–	–	–	–	–	**Heptane, 3,4-dimethyl-**		**Y0342**
43	57	41	71	85	29	70	28	**128**	100	20	19	18	16	15	14	12	**0.61**	9	20	–	–	–	–	–	–	–	–	–	–	**Octane, 4-methyl-**	2216-34-4	**Q7641**
43	57	41	85	27	29	84	98	**128**	100	71	33	27	27	25	20	13	**1.27**	9	20	–	–	–	–	–	–	–	–	–	–	**Heptane, 4-ethyl-**		**Y0336**
43	57	41	85	29	71	56	27	**128**	100	75	29	22	22	18	16	13	**3.65**	9	20	–	–	–	–	–	–	–	–	–	–	**Nonane**	111-84-2	**P8620**
43	57	70	56	41	29	71	55	**128**	100	55	35	35	34	23	21	16	**0.46**	9	20	–	–	–	–	–	–	–	–	–	–	**Heptane, 3,4-dimethyl-**	922-28-1	**Q4547**
43	57	71	27	41	29	39	85	**128**	100	90	89	49	48	43	22	14	**10.25**	8	16	1	–	–	–	–	–	–	–	–	–	**4-Heptanone, 3-methyl-**		**U0110**
43	57	71	27	41	85	29	58	**128**	100	79	74	61	57	54	50	48	**15.21**	8	16	1	–	–	–	–	–	–	–	–	–	**4-Octanone**		**U0100**
43	57	71	41	29	27	70	55	**128**	100	99	89	45	40	32	29	21	**0.00**	9	20	–	–	–	–	–	–	–	–	–	–	**Heptane, 3,3-dimethyl-**		**Y0341**
43	57	71	41	42	56	85	29	**128**	100	56	33	26	24	15	13	11	**1.68**	9	20	–	–	–	–	–	–	–	–	–	–	**Heptane, 2,6-dimethyl-**	1072-05-5	**Q5178**
43	57	71	41	42	85	56	113	**128**	100	58	36	24	22	21	17	12	**5.17**	9	20	–	–	–	–	–	–	–	–	–	–	**Heptane, 2,6-dimethyl-**		**C0461**
43	57	71	41	70	29	27	55	**128**	100	99	75	38	28	18	17	14	**0.00**	9	20	–	–	–	–	–	–	–	–	–	–	**Hexane, 2,4,4-trimethyl-**	16747-30-1	**R6426**
43	57	72	71	99	41	55	42	**128**	100	79	44	36	30	18	11	7	**4.00**	8	16	1	–	–	–	–	–	–	–	–	–	**3-Octanone**	106-68-3	**P7927**
43	57	84	41	85	27	29	55	**128**	100	35	32	30	27	24	18	13	**0.69**	9	20	–	–	–	–	–	–	–	–	–	–	**Hexane, 3-ethyl-2-methyl-**		**Y0345**
43	57	84	41	85	56	55	27	**128**	100	39	26	24	23	14	13	10	**0.10**	9	20	–	–	–	–	–	–	–	–	–	–	**Hexane, 3-ethyl-2-methyl-**	16789-46-1	**R6460**
43	57	85	84	41	98	56	29	**128**	100	96	35	26	23	20	14	11	**1.90**	9	20	–	–	–	–	–	–	–	–	–	–	**Heptane, 4-ethyl-**	2216-32-2	**Q7636**
43	58	27	41	71	29	59	15	**128**	100	61	18	16	12	12	11	10	**3.94**	8	16	1	–	–	–	–	–	–	–	–	–	**2-Octanone**		**U0098**
43	58	28	41	27	15	71	39	**128**	100	54	18	17	14	11	10	10	**2.02**	8	16	1	–	–	–	–	–	–	–	–	–	**2-Heptanone, 6-methyl-**		**U0104**
43	58	41	27	15	39	71	29	**128**	100	53	17	14	12	11	10	8	**1.73**	8	16	1	–	–	–	–	–	–	–	–	–	**2-Heptanone, 5-methyl-**		**U0103**
43	58	41	71	39	70	95	55	**128**	100	72	17	12	10	10	10	9	**3.10**	8	16	1	–	–	–	–	–	–	–	–	–	**2-Heptanone, 6-methyl-**	928-68-7	**Q4592**
43	58	41	71	55	70	95	110	**128**	100	58	22	13	10	9	9	7	**4.00**	8	16	1	–	–	–	–	–	–	–	–	–	**2-Heptanone, 6-methyl-**		**D1703**
43	58	59	27	85	41	15	39	**128**	100	50	21	16	16	15	12	11	**2.04**	8	16	1	–	–	–	–	–	–	–	–	–	**2-Heptanone, 4-methyl-**		**U0102**
43	58	59	71	41	27	29	128	**128**	100	79	16	16	14	10	9	7		8	16	1	–	–	–	–	–	–	–	–	–	**2-Octanone**		**C0029**
43	58	71	70	41	27	29	15	**128**	100	33	29	21	20	18	18	14	**2.65**	8	16	1	–	–	–	–	–	–	–	–	–	**2-Heptanone, 5-methyl-**		**03561**
43	68	58	41	67	85	57	28	**128**	100	56	21	17	16	12	11	10	**0.60**	7	12	2	–	–	–	–	–	–	–	–	–	**Acetic acid, cyclopentyl ester**	933-05-1	**Q4677**
43	68	67	41	53	71	86		**128**	100	79	52	49	25	21	14		**0.00**	7	12	2	–	–	–	–	–	–	–	–	–	**Acetic acid, 3-methyl-2-butenyl ester**		**M4187**
43	68	67	53	41	39	69	71	**128**	100	68	55	49	48	24	20	16	**1.50**	7	12	2	–	–	–	–	–	–	–	–	–	**Acetic acid, 3-methyl-2-butenyl ester**	1191-16-8	**Q5642**
43	69	41	27	70	39	42	55	**128**	100	99	86	46	38	35	35	32	**0.00**	7	16	–	2	–	–	–	–	–	–	–	–	**Pentanal, 2,2-dimethyl-, hydrazone**	55724-26-0	**T1984**
43	71	41	27	42	29	28	57	**128**	100	99	83	44	14	13	11	9	**0.62**	7	12	2	–	–	–	–	–	–	–	–	–	**Butanoic acid, allyl ester**		**04045**
43	71	56	57	28	44	42	69	**128**	100	29	25	24	21	20	19	17	**1.10**	7	16	–	2	–	–	–	–	–	–	–	–	**Cyclohexane, 1-methyl-2,4-diamino-**		**D1613**

MASS TO CHARGE RATIOS								M.W.	INTENSITIES								Parent	C	H	O	N	Cl	Br	F	S	P	B	Si	X	COMPOUND NAME	CAS Reg No	No
43	71	57	29	27	41	55	39	128	100	89	89	78	50	25	21	18	9.19	8	16	1	–	–	–	–	–	–	–	–	–	3-Hexanone, 4-ethyl-		U0113
43	71	57	70	41	29	27	55	128	100	90	89	73	40	36	27	26	0.03	9	20	–	–	–	–	–	–	–	–	–	–	Hexane, 3,3,4-trimethyl-		Y0139
43	71	58	99	41	86	55	42	128	100	63	29	24	20	11	7	6	0.00	8	16	1	–	–	–	–	–	–	–	–	–	4-Octanone	589-63-9	Q2400
43	71	68	67	83	100	97	110	128	100	62	60	52	35	32	20	7	0.00	7	12	2	–	–	–	–	–	–	–	–	–	2-Oxabicyclo[2.2.0]hexane, 1-methyl-3-hydroxymethyl-		M7071
43	71	81	41	95	55	69	70	128	100	64	59	26	24	23	22	19	1.98	8	16	1	–	–	–	–	–	–	–	–	–	Hexanal, 4,4-dimethyl-	5932-91-2	R1917
43	71	86	100	113	41	39	85	128	100	55	28	6	6	5	4	4	4.00	7	12	2	–	–	–	–	–	–	–	–	–	2,4-Pentanedione, 3-ethyl-	1540-34-7	Q6182
43	72	27	41	29	15	85	39	128	100	53	17	16	11	11	9	9	2.11	8	16	1	–	–	–	–	–	–	–	–	–	2-Heptanone, 3-methyl-		03560
43	72	27	41	29	57	15	39	128	100	40	17	16	14	11	10	9	0.90	8	16	1	–	–	–	–	–	–	–	–	–	2-Heptanone, 3-methyl-		U0101
43	72	41	27	29	57	39	85	128	100	41	16	15	14	12	8	7	0.23	8	16	1	–	–	–	–	–	–	–	–	–	2-Hexanone, 3,4-dimethyl-		U0112
43	72	57	41	29	27	85	39	128	100	52	14	13	9	7	6	5	0.15	8	16	1	–	–	–	–	–	–	–	–	–	2-Hexanone, 3,4-dimethyl-	19550-10-8	R8195
43	84	41	85	27	57	29	71	128	100	28	25	24	20	17	17	13	1.03	9	20	–	–	–	–	–	–	–	–	–	–	Heptane, 2,3-dimethyl-		Y0337
43	84	85	57	41	56	42	71	128	100	21	19	18	17	11	10	10	0.28	9	20	–	–	–	–	–	–	–	–	–	–	Heptane, 2,3-dimethyl-	3074-71-3	Q8989
43	85	41	57	27	29	84	39	128	100	70	31	28	23	19	15	12	0.00	9	20	–	–	–	–	–	–	–	–	–	–	Heptane, 4,4-dimethyl-		Y0344
43	85	41	57	27	71	29	39	128	100	34	29	26	23	21	19	12	0.66	9	20	–	–	–	–	–	–	–	–	–	–	Heptane, 2,5-dimethyl-		Y0338
43	85	41	57	84	27	69	39	128	100	46	29	26	25	15	14	12	0.24	9	20	–	–	–	–	–	–	–	–	–	–	Pentane, 3-ethyl-2,4-dimethyl-		Y1276
43	85	41	71	67	45	69	55	128	100	25	17	17	14	9	6	5	0.00	8	16	1	–	–	–	–	–	–	–	–	–	Cyclopropanemethanol, α-methyl-α-propyl-	24230-08-8	S0505
43	85	41	84	57	27	71	29	128	100	40	25	24	23	17	14	12	1.49	9	20	–	–	–	–	–	–	–	–	–	–	Hexane, 2,3,5-trimethyl-		Y0137
43	85	41	86	27	15	39	57	128	100	24	19	14	12	10	10	10	0.04	8	16	1	–	–	–	–	–	–	–	–	–	2-Hexanone, 3,3-dimethyl-		U0111
43	85	57	41	84	27	29	39	128	100	65	31	31	26	19	13	11	0.00	9	20	–	–	–	–	–	–	–	–	–	–	Hexane, 2,3,3-trimethyl-		Y0136
43	85	57	41	84	27	69	39	128	100	58	32	29	27	16	15	10	0.00	9	20	–	–	–	–	–	–	–	–	–	–	Pentane, 2,3,3,4-tetramethyl-		Y0144
43	85	57	41	84	71	56	69	128	100	32	24	17	17	13	9	8	0.26	9	20	–	–	–	–	–	–	–	–	–	–	Hexane, 2,3,5-trimethyl-	1069-53-0	Q5168
43	85	57	71	41	70	56	84	128	100	33	30	21	18	11	10	10	0.34	9	20	–	–	–	–	–	–	–	–	–	–	Heptane, 2,4-dimethyl-	2213-23-2	Q7624
43	85	57	84	41	27	69	29	128	100	43	26	25	24	16	13	10	0.16	9	20	–	–	–	–	–	–	–	–	–	–	Pentane, 3-ethyl-2,4-dimethyl-		Y0249
43	85	71	41	57	29	70	27	128	100	28	28	26	25	22	21	20	2.46	9	20	–	–	–	–	–	–	–	–	–	–	Octane, 4-methyl-		Y0247
43	86	27	41	68	39	67	15	128	100	28	21	20	16	15	15	13	0.37	7	12	2	–	–	–	–	–	–	–	–	–	2-Pentanone, 1-methoxy-3-methylene-	55956-45-1	T2481
43	86	41	55	27	85	42	39	128	100	58	19	16	14	12	9	8	3.46	6	8	3	–	–	–	–	–	–	–	–	–	2(3H)-Furanone, 3-acetyldihydro-	517-23-7	Q1530
43	86	41	55	85	27	42	15	128	100	81	17	17	17	10	10	8	6.09	6	8	3	–	–	–	–	–	–	–	–	–	2(3H)-Furanone, 3-acetyldihydro-		Z0533
43	86	73	15	41	27	39	67	128	100	25	22	20	19	17	17	16	0.23	7	12	2	–	–	–	–	–	–	–	–	–	1-Butanol, 2-methylene-, acetate	55670-09-2	06884
43	113	97	59	55	54	69	85	128	100	81	28	24	11	9	9	9	5.00	6	8	3	–	–	–	–	–	–	–	–	–	2-Pentenoic acid, 4-oxo-, methyl ester, (Z)-	19522-27-1	R8185
43	128	41	70	39	42	40	44	128	100	45	42	18	17	17	10	7		5	8	2	2	–	–	–	–	–	–	–	–	Sydnone, 3-isopropyl-	6939-17-9	R2713
43	128	57	85	55	45	56	129	128	100	90	73	34	12	10	8	6		6	8	3	–	–	–	–	–	–	–	–	–	3(2H)-Furanone, 4-hydroxy-2,5-dimethyl-		L5253
44	45	128	56	42	43	84	29	128	100	94	43	32	29	18	18	14		7	16	–	2	–	–	–	–	–	–	–	–	3-Pentanone, dimethylhydrazone	16795-73-6	R6464
44	69	128	66	108	46	92	45	128	100	30	26	22	10	9	8	3		2	3	1	2	–	–	3	–	–	–	–	–	Urea, N-(trifluoromethyl)-		P1614
44	72	29	43	27	57	128	39	128	100	86	60	55	46	36	25	20		7	12	2	–	–	–	–	–	–	–	–	–	2H-Pyran, 2-ethoxy-3,4-dihydro-		A0641
45	53	27	54	43	75	31	39	128	100	54	32	25	15	15	14	14	0.02	7	12	2	–	–	–	–	–	–	–	–	–	2-Propanol, 1-[(1-methyl-2-propynyl)oxy]-	3973-21-5	06997
48	28	49	36	45	84	29	44	128	100	74	67	57	51	47	43	40	0.00	2	2	2	–	2	–	–	–	–	–	–	–	Acetic acid, dichloro-	79-43-6	P6006
48	49	84	86	45	50	83	51	128	100	81	81	51	39	35	32	25	2.91	2	2	2	–	2	–	–	–	–	–	–	–	Acetic acid, dichloro-		Z0530
49	130	128	51	93	79	81	95	128	100	67	52	31	23	20	20	17		1	2	–	–	1	1	–	–	–	–	–	–	Methane, bromochloro-	74-97-5	P5548
49	130	128	51	93	132	95	81	128	100	88	70	32	24	22	18	7		1	2	–	–	1	1	–	–	–	–	–	–	Methane, bromochloro-	74-97-5	P5547
49	130	128	51	132	93	95	47	128	100	97	71	30	22	21	15	6		1	2	–	–	1	1	–	–	–	–	–	–	Methane, bromochloro-		A0114
50	128	31	109	64	45	69	28	128	100	51	48	10	8	6	3	3		2	–	–	2	–	–	4	–	–	–	–	–	Hydrazine, bis(difluoromethylidene)-		L1536
55	28	56	73	41	32	29	85	128	100	88	78	50	23	16	12	10	0.10	7	12	2	–	–	–	–	–	–	–	–	–	Acrylic acid, butyl ester	141-32-2	P9810
55	41	15	27	39	87	97	68	128	100	84	64	63	62	52	50	40	20.97	7	12	2	–	–	–	–	–	–	–	–	–	2-Hexenoic acid, methyl ester, (E)-	13894-63-8	06872
55	41	27	39	29	97	81	43	128	100	29	21	19	19	18	13	10	1.00	8	16	1	–	–	–	–	–	–	–	–	–	3-Hexen-1-ol, 2-ethyl-	53907-73-6	S8662
55	41	39	87	27	97	68	42	128	100	92	63	58	56	50	44	34	20.00	7	12	2	–	–	–	–	–	–	–	–	–	2-Hexenoic acid, methyl ester, (E)-	13894-63-8	R4808
55	41	39	87	27	97	68	128	128	100	90	65	58	54	54	50	44		7	12	2	–	–	–	–	–	–	–	–	–	2-Hexenoic acid, methyl ester	2396-77-2	Q7947
55	41	67	28	68	56	95	43	128	100	57	41	40	36	36	36	30	0.13	8	16	1	–	–	–	–	–	–	–	–	–	6-Hepten-1-ol, 3-methyl-	4048-32-2	R0023
55	41	68	81	67	56	28	54	128	100	48	44	41	30	24	21	20	2.70	8	16	1	–	–	–	–	–	–	–	–	–	3-Octen-1-ol	18185-81-4	R7420
55	41	73	39	83	56	68	128	128	100	92	72	63	56	36	35	31		7	12	2	–	–	–	–	–	–	–	–	–	Cyclohexanecarboxylic acid		Y1251
55	41	81	68	39	67	27	54	128	100	53	35	33	29	27	26	23	0.70	8	16	1	–	–	–	–	–	–	–	–	–	3-Octen-1-ol, (E)-	20125-85-3	R8505
55	41	81	68	67	39	27	54	128	100	65	54	46	35	32	30	28	0.70	8	16	1	–	–	–	–	–	–	–	–	–	3-Octen-1-ol, (Z)-	20125-84-2	R8504
55	41	87	97	68	39	74	128	128	100	84	59	55	48	45	35	33		7	12	2	–	–	–	–	–	–	–	–	–	2-Hexenoic acid, methyl ester	2396-77-2	Q7946
55	56	27	41	29	73	57	99	128	100	25	24	16	13	13	9	9	0.10	7	12	2	–	–	–	–	–	–	–	–	–	Acrylic acid, sec-butyl ester	2998-08-5	Q8904
55	56	27	70	26	73	98	29	128	100	10	9	5	4	4	4	4	0.00	6	8	3	–	–	–	–	–	–	–	–	–	2-Propenoic acid, oxiranylmethyl ester	106-90-1	P7939
55	56	73	27	41	29	85	28	128	100	46	31	24	15	10	6	5	0.00	7	12	2	–	–	–	–	–	–	–	–	–	Acrylic acid, butyl ester	141-32-2	P9811
55	57	41	29	27	43	39	85	128	100	97	87	77	73	60	47	42	7.91	8	16	1	–	–	–	–	–	–	–	–	–	2-Hexen-1-ol, 2-ethyl-	50639-00-4	S7390

MASS TO CHARGE RATIOS								M.W.	INTENSITIES								Parent	C	H	O	N	Cl	Br	F	S	P	B	Si	X	COMPOUND NAME	CAS Reg No	No
55	70	41	42	57	59	43	71	**128**	100	78	30	30	16	13	12	10	**0.00**	8	16	1	–	–	–	–	–	–	–	–	–	**Hexane, 2,2-dimethyl-3,4-epoxy-, cis-**	36099-44-2	**S5149**
55	70	100	128	42	39	41	69	**128**	100	73	58	40	22	21	20	10		6	8	3	–	–	–	–	–	–	–	–	–	**2(5H)-Furanone, 3-ethyl-4-hydroxy-**		**L5053**
55	70	100	128	42	39	41	69	**128**	100	73	58	40	22	21	20	10		6	8	3	–	–	–	–	–	–	–	–	–	**2,4(3H,5H)-Furandione, 3-ethyl-**	5436-14-6	**R1424**
55	72	41	56	43	73	39	29	**128**	100	55	46	41	38	36	31	28	**0.10**	8	16	1	–	–	–	–	–	–	–	–	–	**4-Penten-1-ol, 2,2,4-trimethyl-**	53907-70-3	**S8660**
55	72	57	41	56	39	128	43	**128**	100	73	64	34	20	15	11	10		8	16	1	–	–	–	–	–	–	–	–	–	**2-Butene, (E)-1-butoxy-**	56052-72-3	**T2698**
55	73	83	41	128	68	56	69	**128**	100	88	66	54	48	44	42	25		7	12	2	–	–	–	–	–	–	–	–	–	**Cyclohexanecarboxylic acid**	98-89-5	**P7207**
55	73	83	68	56	128	69	67	**128**	100	92	73	47	47	43	28	25		7	12	2	–	–	–	–	–	–	–	–	–	**Cyclohexanecarboxylic acid**	98-89-5	**P7208**
55	84	41	56	85	28	42	43	**128**	100	68	50	47	30	27	24	23	**1.60**	7	12	2	–	–	–	–	–	–	–	–	–	**2H-Pyran-2-one, 6-ethyltetrahydro-**		**C0050**
55	97	41	31	29	39	81	27	**128**	100	67	35	24	23	23	17	17	**0.04**	8	16	1	–	–	–	–	–	–	–	–	–	**Cyclohexanemethanol, 2-methyl-**		**00472**
55	97	41	43	39	27	29	69	**128**	100	82	49	46	32	27	22	20	**2.30**	8	16	1	–	–	–	–	–	–	–	–	–	**3-Penten-1-ol, 2,2,4-trimethyl-**	5842-53-5	**R1829**
55	97	41	81	29	95	27	82	**128**	100	31	23	18	16	15	14	12	**0.00**	8	16	1	–	–	–	–	–	–	–	–	–	**Cyclohexanemethanol, trans-4-methyl-**	3937-49-3	**Q9943**
55	97	41	95	39	67	69	43	**128**	100	75	62	30	29	28	26	25	**0.72**	8	16	1	–	–	–	–	–	–	–	–	–	**Cyclopropanemethanol, 2,2,3,3-tetramethyl-**	2415-96-5	**Q7990**
55	97	68	41	95	81	27	29	**128**	100	28	27	25	21	20	17	16	**0.00**	8	16	1	–	–	–	–	–	–	–	–	–	**Cyclohexanemethanol, cis-4-methyl-**	3937-48-2	**Q9942**
56	27	29	41	45	55	43	42	**128**	100	95	94	91	91	91	88	87	**9.00**	8	16	1	–	–	–	–	–	–	–	–	–	**Octane, 2,3-epoxy-, trans-**		**17384**
56	41	43	57	55	73	72	71	**128**	100	73	35	26	23	23	12	8	**2.00**	8	16	1	–	–	–	–	–	–	–	–	–	**Hexane, 2,5-dimethyl-3,4-epoxy-, trans-**	54644-32-5	**S9367**
56	42	41	43	39	55	84	57	**128**	100	62	49	46	29	20	16	7	**0.60**	7	12	2	–	–	–	–	–	–	–	–	–	**2H-Pyran-2-one, cis-tetrahydro-5,6-dimethyl-**		**L6617**
56	42	41	43	39	55	84	57	**128**	100	52	40	40	21	16	13	7	**0.78**	7	12	2	–	–	–	–	–	–	–	–	–	**2H-Pyran-2-one, trans-tetrahydro-5,6-dimethyl-**	24405-16-1	**S0576**
56	42	43	41	39	55	84	128	**128**	100	52	40	40	21	16	13	8		7	12	2	–	–	–	–	–	–	–	–	–	**2H-Pyran-2-one, trans-tetrahydro-5,6-dimethyl-**		**L4178**
56	42	43	41	39	84	55	57	**128**	100	53	40	40	22	18	16	7	**0.90**	7	12	2	–	–	–	–	–	–	–	–	–	**2H-Pyran-2-one, trans-tetrahydro-5,6-dimethyl-**		**L6618**
56	43	41	42	69	85	70	113	**128**	100	97	80	58	35	32	31	29	**13.10**	7	12	2	–	–	–	–	–	–	–	–	–	**Cyclobutanecarboxylic acid, 2,2-dimethyl-**		**P2795**
56	43	45	41	55	42	29	27	**128**	100	98	97	94	92	91	90	86	**10.00**	8	16	1	–	–	–	–	–	–	–	–	–	**Octane, 2,3-epoxy-, cis-**		**17383**
56	70	41	98	55	27	43	39	**128**	100	63	53	45	38	23	22	20	**15.31**	7	12	2	–	–	–	–	–	–	–	–	–	**2H-Pyran-2-one, tetrahydro-6,6-dimethyl-**	2610-95-9	**Q8413**
56	70	98	41	55	28	27	39	**128**	100	61	41	41	29	17	15	13	**11.90**	7	12	2	–	–	–	–	–	–	–	–	–	**2H-Pyran-2-one, tetrahydro-5,5-dimethyl-**		**C0740**
56	84	44	128	42	111	82	41	**128**	100	99	83	70	57	53	42	31		6	12	1	2	–	–	–	–	–	–	–	–	**2-Propenal, 3-(dimethylamino)-3-(methylamino)-**	49582-51-6	**S7138**
56	85	128	43	57	100	55	113	**128**	100	24	21	13	13	11	9	6		6	8	3	–	–	–	–	–	–	–	–	–	**2,4(3H,5H)-Furandione, 3,5-dimethyl-**	5460-81-1	**R1464**
56	128	41	42	55	83	30	39	**128**	100	80	67	62	62	37	32	32		6	12	1	2	–	–	–	–	–	–	–	–	**Piperidine, 2-methyl-1-nitroso-**	7247-89-4	**R2995**
57	27	29	43	41	72	39	55	**128**	100	30	28	22	18	14	12	11	**0.06**	8	16	1	–	–	–	–	–	–	–	–	–	**1-Octen-5-ol**		**00474**
57	29	43	41	27	56	71	99	**128**	100	35	32	32	19	16	13	10	**0.65**	9	20	–	–	–	–	–	–	–	–	–	–	**Heptane, 3,5-dimethyl-**		**Y0343**
57	29	43	41	27	72	55	39	**128**	100	31	30	20	19	15	11	10	**0.09**	8	16	1	–	–	–	–	–	–	–	–	–	**1-Octen-3-ol**		**C0532**
57	41	42	29	59	55	43	27	**128**	100	92	84	66	66	62	61	47	**5.00**	8	16	1	–	–	–	–	–	–	–	–	–	**Octane, 3,4-epoxy-, trans-**		**17385**
57	41	54	55	27	29	39	43	**128**	100	79	50	49	46	41	41	39	**1.10**	8	16	1	–	–	–	–	–	–	–	–	–	**2-Octen-1-ol, (E)-**	18409-17-1	**R7588**
57	41	54	55	29	67	27	43	**128**	100	74	63	49	40	40	38	38	**0.40**	8	16	1	–	–	–	–	–	–	–	–	–	**2-Octen-1-ol, (Z)-**	26001-58-1	**S1214**
57	41	55	29	43	31	27	39	**128**	100	49	40	39	37	27	27	21	**1.30**	8	16	1	–	–	–	–	–	–	–	–	–	**2-Octen-1-ol, (E)-**	18409-17-1	**H1806**
57	41	55	43	29	28	68	67	**128**	100	63	49	45	45	33	32	27	**3.60**	8	16	1	–	–	–	–	–	–	–	–	–	**2-Octen-1-ol**	22104-78-5	**R9556**
57	41	55	43	69	71	56	95	**128**	100	65	41	36	32	25	20	20	**0.00**	8	16	1	–	–	–	–	–	–	–	–	–	**Hexane, 1,2-epoxy-5,5-dimethyl-**	53907-77-0	**S8668**
57	41	55	87	85	39	56	58	**128**	100	30	18	17	16	9	6	5	**0.00**	8	16	1	–	–	–	–	–	–	–	–	–	**Butyl 3-butenyl ether**	34061-76-2	**S4533**
57	41	55	87	85	56	58	53	**128**	100	29	18	16	15	5	4	3	**0.03**	8	16	1	–	–	–	–	–	–	–	–	–	**Butyl 3-butenyl ether**	34061-76-2	**S4534**
57	41	69	95	43	56	71	55	**128**	100	42	40	34	23	17	14	7	**0.00**	8	16	1	–	–	–	–	–	–	–	–	–	**Hexanal, 5,5-dimethyl-**	55320-58-6	**T0876**
57	43	29	27	72	41	81	71	**128**	100	93	78	52	50	29	28	21	**8.14**	8	16	1	–	–	–	–	–	–	–	–	–	**3-Heptanone, 6-methyl-**		**U0108**
57	43	29	71	27	86	41	28	**128**	100	83	75	62	48	36	27	27	**1.30**	8	16	1	–	–	–	–	–	–	–	–	–	**3-Heptanone, 4-methyl-**	6137-11-7	**H1588**
57	43	29	72	27	41	81	99	**128**	100	90	75	56	56	29	29	23	**11.71**	8	16	1	–	–	–	–	–	–	–	–	–	**3-Heptanone, 6-methyl-**	624-42-0	**H0976**
57	43	29	72	55	41	58	85	**128**	100	18	12	11	9	7	7	6	**0.04**	8	16	1	–	–	–	–	–	–	–	–	–	**1-Octen-3-ol**	3391-86-4	**Q9320**
57	43	29	72	85	31	68	81	**128**	100	24	19	16	7	4	4	4	**0.20**	8	16	1	–	–	–	–	–	–	–	–	–	**1-Octen-3-ol**	3391-86-4	**Q9323**
57	43	41	27	29	71	55	39	**128**	100	75	35	27	26	15	14	14	**0.89**	9	20	–	–	–	–	–	–	–	–	–	–	**Hexane, 4-ethyl-2-methyl-**		**Y0346**
57	43	41	27	29	71	85	39	**128**	100	65	37	30	29	20	17	15	**7.26**	8	16	1	–	–	–	–	–	–	–	–	–	**3-Hexanone, 2,4-dimethyl-**		**U0115**
57	43	41	29	27	98	70	71	**128**	100	61	31	29	24	21	15	15	**1.17**	9	20	–	–	–	–	–	–	–	–	–	–	**Heptane, 3-ethyl-**		**Y0335**
57	43	41	29	56	27	39	71	**128**	100	49	35	29	23	22	12	11	**1.07**	9	20	–	–	–	–	–	–	–	–	–	–	**Heptane, 2,5-dimethyl-**		**Y0339**
57	43	41	29	56	27	98	39	**128**	100	38	31	28	24	18	13	9	**1.65**	9	20	–	–	–	–	–	–	–	–	–	–	**Octane, 3-methyl-**		**Y0246**
57	43	41	29	56	71	99	70	**128**	100	28	22	17	14	12	8	7	**0.47**	9	20	–	–	–	–	–	–	–	–	–	–	**Heptane, 3,5-dimethyl-**	926-82-9	**Q4575**
57	43	41	29	99	27	98	55	**128**	100	25	24	21	19	14	11	8	**0.00**	9	20	–	–	–	–	–	–	–	–	–	–	**Pentane, 3,3-diethyl-**		**Y0140**
57	43	41	56	29	71	99	27	**128**	100	38	21	18	13	9	8	7	**0.83**	9	20	–	–	–	–	–	–	–	–	–	–	**Heptane, 2,5-dimethyl-**	2216-30-0	**Q7635**
57	43	41	56	29	97	98	27	**128**	100	31	26	22	19	15	11	9	**2.40**	9	20	–	–	–	–	–	–	–	–	–	–	**Octane, 3-methyl-**		**C0481**
57	43	41	56	29	98	27	99	**128**	100	30	23	21	16	10	7	7	**0.80**	9	20	–	–	–	–	–	–	–	–	–	–	**Octane, 3-methyl-**	2216-33-3	**Q7640**
57	43	41	71	85	128	58	42	**128**	100	61	30	20	18	6	4	3		8	16	1	–	–	–	–	–	–	–	–	–	**3-Hexanone, 2,4-dimethyl-**	18641-70-8	**R7745**
57	43	41	85	27	84	29	99	**128**	100	98	36	36	25	25	23	15	**0.00**	9	20	–	–	–	–	–	–	–	–	–	–	**Pentane, 3-ethyl-2,3-dimethyl-**		**Y0350**
57	43	41	85	29	27	99	55	**128**	100	62	31	29	25	22	19	12	**0.02**	9	20	–	–	–	–	–	–	–	–	–	–	**Hexane, 3-ethyl-3-methyl-**		**Y0347**

MASS TO CHARGE RATIOS								M.W.	INTENSITIES								Parent	C	H	O	N	Cl	Br	F	S	P	B	Si	X	COMPOUND NAME	CAS Reg No	No
57	43	41	99	29	98	55	27	**128**	100	23	22	20	14	12	8	7	**0.00**	9	20	–	–	–	–	–	–	–	–	–	–	**Pentane, 3,3-diethyl-**		**01165**
57	43	56	41	29	27	71	70	**128**	100	62	55	34	19	17	14	14	**0.02**	9	20	–	–	–	–	–	–	–	–	–	–	**Pentane, 2,2,3,4-tetramethyl-**		**Y0142**
57	43	56	41	29	71	27	70	**128**	100	67	54	34	15	12	10	10	**0.00**	9	20	–	–	–	–	–	–	–	–	–	–	**Pentane, 2,2,3,4-tetramethyl-**	1186-53-4	**Q5623**
57	43	70	29	41	56	27	71	**128**	100	85	64	51	50	34	33	30	**1.51**	9	20	–	–	–	–	–	–	–	–	–	–	**Hexane, 4-ethyl-3-methyl-**		**Y0348**
57	43	71	41	29	27	39	128	**128**	100	54	49	49	31	28	20	9		8	16	1	–	–	–	–	–	–	–	–	–	**3-Hexanone, 2,2-dimethyl-**		**U0114**
57	43	71	41	70	27	29	99	**128**	100	96	84	39	31	26	25	18	**0.00**	9	20	–	–	–	–	–	–	–	–	–	–	**Hexane, 2,4,4-trimethyl-**		**Y0138**
57	43	71	41	70	27	55	99	**128**	100	84	73	33	26	16	15	11	**0.00**	9	20	–	–	–	–	–	–	–	–	–	–	**Heptane, 3,3-dimethyl-**	4032-86-4	**R0016**
57	43	71	41	70	29	27	55	**128**	100	64	42	32	29	22	16	13	**0.00**	9	20	–	–	–	–	–	–	–	–	–	–	**Pentane, 2,2,3,3-tetramethyl-**		**Y0141**
57	43	71	41	85	27	29	39	**128**	100	98	64	61	60	52	32	31	**15.49**	8	16	1	–	–	–	–	–	–	–	–	–	**4-Heptanone, 2-methyl-**		**U0109**
57	43	71	70	41	99	55	29	**128**	100	85	77	25	23	11	11	10	**0.00**	9	20	–	–	–	–	–	–	–	–	–	–	**Hexane, 2,4,4-trimethyl-**	16747-30-1	**R6427**
57	43	72	41	29	27	99	55	**128**	100	44	30	21	13	8	8	7	**0.00**	8	16	1	–	–	–	–	–	–	–	–	–	**Hexanal, 2,2-dimethyl-**	996-12-3	**Q4935**
57	43	85	41	27	29	71	39	**128**	100	81	64	58	53	44	29	23	**16.18**	8	16	1	–	–	–	–	–	–	–	–	–	**3-Heptanone, 2-methyl-**		**U0105**
57	43	85	41	27	29	71	39	**128**	100	87	73	61	59	47	30	27	**18.88**	8	16	1	–	–	–	–	–	–	–	–	–	**3-Heptanone, 2-methyl-**		**04286**
57	44	55	56	28	42	72	43	**128**	100	95	53	47	41	35	35	31	**9.70**	6	12	1	2	–	–	–	–	–	–	–	–	**4-Piperidinecarboxamide**	39546-32-2	**S6087**
57	55	41	85	29	43	67	99	**128**	100	86	60	59	44	40	23	22	**17.68**	8	16	1	–	–	–	–	–	–	–	–	–	**2-Hexen-1-ol, 2-ethyl-**	50639-00-4	**S7389**
57	55	72	41	29	56	43	39	**128**	100	83	79	56	47	35	25	20	**6.21**	8	16	1	–	–	–	–	–	–	–	–	–	**Butyl methallyl ether**		**Z0540**
57	56	41	29	27	43	39	58	**128**	100	31	23	16	8	8	7	4	**0.02**	9	20	–	–	–	–	–	–	–	–	–	–	**Pentane, 2,2,4,4-tetramethyl-**		**Y0143**
57	56	41	29	43	27	71	39	**128**	100	46	30	22	18	17	15	11	**0.06**	9	20	–	–	–	–	–	–	–	–	–	–	**Heptane, 2,2-dimethyl-**		**Y0839**
57	56	41	29	43	39	27	58	**128**	100	30	24	13	5	4	4	3	**0.00**	9	20	–	–	–	–	–	–	–	–	–	–	**Pentane, 2,2,4,4-tetramethyl-**	1070-87-7	**Q5174**
57	56	41	29	71	43	27	39	**128**	100	37	27	22	15	14	11	8	**0.03**	9	20	–	–	–	–	–	–	–	–	–	–	**Hexane, 2,2,4-trimethyl-**		**Y0134**
57	56	41	43	29	27	39	71	**128**	100	62	33	24	24	17	11	10	**0.00**	9	20	–	–	–	–	–	–	–	–	–	–	**Pentane, 3-ethyl-2,2-dimethyl-**		**Y1163**
57	56	41	43	29	27	71	39	**128**	100	66	31	24	19	13	11	9	**0.03**	9	20	–	–	–	–	–	–	–	–	–	–	**Hexane, 2,2,3-trimethyl-**		**Y0133**
57	56	41	43	29	27	71	55	**128**	100	63	29	23	21	12	11	9	**0.00**	9	20	–	–	–	–	–	–	–	–	–	–	**Pentane, 3-ethyl-2,2-dimethyl-**		**Y0248**
57	56	41	43	71	29	27	39	**128**	100	37	26	19	18	17	12	8	**0.05**	9	20	–	–	–	–	–	–	–	–	–	–	**Hexane, 2,2,5-trimethyl-**		**Y0135**
57	56	41	71	43	29	27	70	**128**	100	41	21	19	17	11	6	6	**0.00**	9	20	–	–	–	–	–	–	–	–	–	–	**Hexane, 2,2,5-trimethyl-**	3522-94-9	**Q9493**
57	56	41	71	43	29	58	70	**128**	100	36	19	17	11	10	5	5	**0.02**	9	20	–	–	–	–	–	–	–	–	–	–	**Hexane, 2,2,4-trimethyl-**	16747-26-5	**R6425**
57	56	71	41	43	29	58	70	**128**	100	35	18	17	14	8	4	4	**0.00**	9	20	–	–	–	–	–	–	–	–	–	–	**Hexane, 2,2,5-trimethyl-**	3522-94-9	**Q9494**
57	68	41	67	82	81	55	44	**128**	100	44	41	40	40	32	29	24	**1.00**	8	16	1	–	–	–	–	–	–	–	–	–	**Cyclooctanol**		**C0040**
57	71	72	99	43	41	27	73	**128**	100	76	75	58	33	29	23	21	**18.40**	8	16	1	–	–	–	–	–	–	–	–	–	**3-Heptanone, 5-methyl-**		**C0092**
57	72	41	29	43	39	55	42	**128**	100	80	69	64	53	37	21	12	**1.40**	8	16	1	–	–	–	–	–	–	–	–	–	**Hexanal, 2-ethyl-**	123-05-7	**H0560**
57	72	41	29	128	43	27	39	**128**	100	93	90	61	37	28	22	19		8	16	1	–	–	–	–	–	–	–	–	–	**1-Butenyl isobutyl ether**		**C0368**
57	72	41	43	71	29	39	27	**128**	100	94	85	73	35	35	30	20	**0.05**	8	16	1	–	–	–	–	–	–	–	–	–	**1-Penten-3-ol, 2,4,4-trimethyl-**		**C0537**
57	72	41	128	43	29	27	55	**128**	100	62	37	24	20	19	15	12		8	16	1	–	–	–	–	–	–	–	–	–	**Butyl butenyl ether**		**C0369**
57	85	29	41	27	55	43	39	**128**	100	63	58	52	46	31	31	31	**0.58**	8	16	1	–	–	–	–	–	–	–	–	–	**2-Pentene, (Z)-1-ethoxy-4-methyl-**	51149-75-8	**S7581**
57	85	41	27	39	29	71	42	**128**	100	52	50	37	24	23	22	13	**11.79**	8	16	1	–	–	–	–	–	–	–	–	–	**3-Hexanone, 2,5-dimethyl-**		**U0116**
57	85	43	41	71	29	27	128	**128**	100	80	72	45	35	33	28	22		8	16	1	–	–	–	–	–	–	–	–	–	**3-Heptanone, 2-methyl-**	13019-20-0	**R4138**
57	85	55	84	41	56	128	43	**128**	100	80	66	61	46	33	28	25		7	12	2	–	–	–	–	–	–	–	–	–	**3(2H)-Furanone, dihydro-5-isopropyl-**	34004-69-8	**S4512**
57	99	43	42	41	30	58	27	**128**	100	92	61	28	21	15	13	11	**5.61**	7	16	–	2	–	–	–	–	–	–	–	–	**Diaziridine, 1,2-dipropyl-**	6794-92-9	**R2554**
57	99	128	43	100	42	53	72	**128**	100	97	33	13	5	4	4	4		7	12	2	–	–	–	–	–	–	–	–	–	**3,5-Heptanedione**	7424-54-6	**R3192**
58	41	128	43	97	39	59	27	**128**	100	28	23	18	15	13	13	10		7	12	2	–	–	–	–	–	–	–	–	–	**2H-Pyran, 2-methoxy-3,4-dihydro-5-methyl-**		**A0730**
58	43	57	83	110	69	39	42	**128**	100	69	67	58	58	54	24	24	**23.00**	6	8	3	–	–	–	–	–	–	–	–	–	**1,3-Cyclopentanedione, 4-hydroxy-5-methyl-**	57156-98-6	**T4340**
58	43	59	71	41	128	85	55	**128**	100	78	19	18	12	11	5	4		8	16	1	–	–	–	–	–	–	–	–	–	**2-Octanone**	111-13-7	**P8483**
58	43	71	41	99	57	85	59	**128**	100	14	13	8	7	6	6	4	**0.00**	8	16	1	–	–	–	–	–	–	–	–	–	**Cyclobutanol, 1-butyl-**	20434-34-8	**R8677**
58	57	100	85	72	113			**128**	100	57	23	7	1	1			**0.14**	4	4	1	2	–	–	–	1	–	–	–	–	**4(1H)-Pyrimidinone, 2,3-dihydro-2-thioxo-**		**M3127**
59	41	43	70	55	57	39	31	**128**	100	50	46	45	41	28	26	26	**0.00**	8	16	1	–	–	–	–	–	–	–	–	–	**6-Hepten-3-ol, 4-methyl-**	53907-71-4	**S8661**
59	42	41	44	45	43	46	60	**128**	100	90	80	58	44	43	34	30	**15.00**	7	16	–	2	–	–	–	–	–	–	–	–	**Hydrazine, 1-methyl-[1-(5-hexenyl)]-**		**05220**
59	43	67	41	95	39	55	83	**128**	100	30	30	27	20	19	18	12	**0.00**	8	16	1	–	–	–	–	–	–	–	–	–	**Cyclopentanemethanol, α,α-dimethyl-**	1462-06-2	**Q6032**
59	69	15	29	31	99	50	65	**128**	100	90	65	14	13	8	4	4	**0.09**	3	3	2	–	–	–	3	–	–	–	–	–	**Acetic acid, trifluoro-, methyl ester**		**D0368**
59	113	85	73	43	45	114	87	**128**	100	97	41	30	25	18	11	11	**5.22**	7	16	–	–	–	–	–	–	–	–	1	–	**Silane, 1-butenyltrimethyl-**	18291-95-7	**R7487**
60	61	68	41	69	55	67	85	**128**	100	62	59	47	30	23	21	19	**3.42**	7	12	2	–	–	–	–	–	–	–	–	–	**Cyclopentaneacetic acid**	1123-00-8	**Q5416**
61	63	30	26	28	17	42	25	**128**	100	53	51	31	27	24	16	12	**0.04**	3	6	1	–	2	–	–	–	–	–	–	–	**1-Propanol, 2,3-dichloro-**	616-23-9	**Q2928**
62	64	31	18	28	27	29	63	**128**	100	50	43	29	21	21	19	8	**0.00**	3	6	1	–	2	–	–	–	–	–	–	–	**1-Propanol, 2,3-dichloro-**	616-23-9	**Q2929**
62	64	31	27	29	92	66	63	**128**	100	55	26	12	9	8	8	8	**0.04**	3	6	1	–	2	–	–	–	–	–	–	–	**1-Propanol, 2,3-dichloro-**	616-23-9	**Z0528**
67	41	82	31	39	55	27	29	**128**	100	59	57	23	20	19	16	15	**0.00**	7	12	2	–	–	–	–	–	–	–	–	–	**3-Hexen-1-ol, formate, (Z)-**	33467-73-1	**H1963**
67	82	57	54	41	55	83	44	**128**	100	94	55	36	33	32	19	17	**0.00**	7	12	2	–	–	–	–	–	–	–	–	–	**Formic acid, cyclohexyl ester**		**Z0542**
67	128	39	79	81	94	27	45	**128**	100	69	69	66	66	64	60	57		7	12	–	–	–	–	–	1	–	–	–	–	**(E)-2-Thiabicyclo[3.3.0]octane**		**Y1881**

MASS TO CHARGE RATIOS								M.W.	INTENSITIES								Parent	C	H	O	N	Cl	Br	F	S	P	B	Si	X	COMPOUND NAME	CAS Reg No	No
68	41	74	55	69	39	43	27	**128**	100	97	83	67	64	62	45	44	**39.54**	7	12	2	–	–	–	–	–	–	–	–	–	**4-Hexenoic acid, methyl ester, (Z)-**	13894-60-5	**H1725**
68	55	67	41	42	56	69	70	**128**	100	85	80	79	77	54	54	52	**18.90**	8	16	1	–	–	–	–	–	–	–	–	–	**Oxacyclononane**		**00262**
68	67	43	53	41	39	40	27	**128**	100	97	63	60	52	45	28	27	**1.80**	7	12	2	–	–	–	–	–	–	–	–	–	**Acetic acid, 3-methyl-2-butenyl ester**	1191-16-8	**H1166**
69	41	60	68	55	67	56	128	**128**	100	70	35	32	28	27	25	24		7	12	2	–	–	–	–	–	–	–	–	–	**5-Hexenoic acid, 5-methyl-**	55170-74-6	**T0517**
69	41	68	107	113	128	106	39	**128**	100	69	31	21	21	19	19	17		7	12	2	–	–	–	–	–	–	–	–	–	**4-Pentenoic acid, 2-methyl-, methyl ester**		**C0285**
69	41	128	113	39	59	68	67	**128**	100	78	18	14	13	9	8	7		7	12	2	–	–	–	–	–	–	–	–	–	**3-Pentenoic acid, 2-methyl-, methyl ester**		**C0155**
69	55	41	43	56	70	98	85	**128**	100	67	56	35	31	26	23	20	**0.47**	8	16	1	–	–	–	–	–	–	–	–	–	**Hexane, 1,2-epoxy-3,3-dimethyl-**	53907-76-9	**S8666**
69	87	43	41	45	39	59	42	**128**	100	45	41	37	20	20	19	14	**1.91**	7	12	2	–	–	–	–	–	–	–	–	–	**2-Butenoic acid, isopropyl ester**		**Z0535**
71	41	27	81	39	68	43	29	**128**	100	53	52	49	40	30	29	27	**0.74**	8	16	1	–	–	–	–	–	–	–	–	–	**2-Octen-4-ol**		**00473**
71	41	29	55	43	58	56	42	**128**	100	94	86	86	83	81	77	72	**2.00**	8	16	1	–	–	–	–	–	–	–	–	–	**Octane, 1,2-epoxy-**		**17382**
71	41	43	55	54	58	45	72	**128**	100	34	19	9	7	7	4	4	**0.00**	8	16	1	–	–	–	–	–	–	–	–	–	**1-Butylallyl methyl ether**	14093-58-4	**R4982**
71	41	55	58	56	42	43	69	**128**	100	75	62	49	40	38	38	28	**0.00**	8	16	1	–	–	–	–	–	–	–	–	–	**Octane, 1,2-epoxy-**		**C0109**
71	43	41	27	29	39	42	55	**128**	100	35	21	19	16	11	9	5	**0.70**	8	16	1	–	–	–	–	–	–	–	–	–	**Furan, 2-butyltetrahydro-**	1004-29-1	**H1132**
71	43	41	53	39	57	72	58	**128**	100	30	27	17	16	16	8	7	**0.00**	7	12	2	–	–	–	–	–	–	–	–	–	**1,5-Heptadiene-3,4-diol**	51945-98-3	**S7818**
71	43	57	85	58	41	29	27	**128**	100	97	93	79	64	52	46	40	**16.00**	8	16	1	–	–	–	–	–	–	–	–	–	**4-Octanone**		**C0031**
71	43	128	85	55	69	41	70	**128**	100	72	53	40	36	34	33	32		7	12	2	–	–	–	–	–	–	–	–	–	**Cyclohexanone, 4-hydroxy-4-methyl-**		**L1756**
71	85	96	41	81	67	68	128	**128**	100	20	20	11	11	9	9	9		8	16	1	–	–	–	–	–	–	–	–	–	**Cycloheptane, methoxy-**	42604-04-6	**S6961**
71	86	57	43	99	41	55	29	**128**	100	74	52	50	28	14	13	9	**5.00**	8	16	1	–	–	–	–	–	–	–	–	–	**3-Heptanone, 4-methyl-**		**06400**
71	99	100	45	73	72	85	43	**128**	100	79	26	19	11	10	10	7	**2.10**	7	16	–	–	–	–	–	–	–	–	1	–	**Silane, vinyldiethylmethyl-**	18292-29-0	**R7490**
71	128	43	85	55	69	41	70	**128**	100	54	46	41	38	35	33	33		7	12	2	–	–	–	–	–	–	–	–	–	**Cyclohexanone, 4-hydroxy-4-methyl-**	17429-02-6	**R6961**
72	41	128	71	42	57	97	27	**128**	100	20	20	16	14	13	12	11		7	12	2	–	–	–	–	–	–	–	–	–	**2H-Pyran, 2-methoxy-3-methyl-3,4-dihydro-**		**A0731**
72	43	85	42	55	44	40	128	**128**	100	48	45	26	24	17	14	7		8	16	1	–	–	–	–	–	–	–	–	–	**1-Heptene, 2-methoxy-**	61142-46-9	**T5454**
72	57	29	41	128	43	27	55	**128**	100	88	47	38	27	25	18	13		8	16	1	–	–	–	–	–	–	–	–	–	**Butyl isobutenyl ether**		**C0373**
72	57	41	29	128	43	27	55	**128**	100	75	42	41	25	22	16	11		8	16	1	–	–	–	–	–	–	–	–	–	**Isobutyl isobutenyl ether**		**C0372**
72	57	43	41	29	27	39	35	**128**	100	76	51	40	33	23	13	12	**1.44**	8	16	1	–	–	–	–	–	–	–	–	–	**Hexanal, 2-ethyl-**		**C0548**
72	57	43	41	29	55	27	71	**128**	100	92	39	35	22	11	8	6	**0.95**	8	16	1	–	–	–	–	–	–	–	–	–	**Hexanal, 2-ethyl-**	123-05-7	**P9273**
72	85	42	57	28	70	43	128	**128**	100	70	38	36	30	30	25	21		7	16	–	2	–	–	–	–	–	–	–	–	**3-Piperidinamine, 1-ethyl-**	6789-94-2	**R2550**
72	128	83	44	82	43	29	55	**128**	100	59	54	39	34	32	28	25		7	12	2	–	–	–	–	–	–	–	–	–	**2H-Pyran, 2-ethoxy-3,4-dihydro-**	103-75-3	**P7668**
73	59	45	128	74	85	113	43	**128**	100	12	9	9	8	6	5	4		7	16	–	–	–	–	–	–	–	–	1	–	**Silane, trimethyl(1-methyl-1-propenyl)-, (E)-**	10111-13-4	**R3584**
74	41	43	39	68	27	55	15	**128**	100	76	63	54	48	33	31	30	**16.01**	7	12	2	–	–	–	–	–	–	–	–	–	**5-Hexenoic acid, methyl ester**	2396-80-7	**H1326**
74	41	43	39	68	55	29	69	**128**	100	76	70	45	44	39	39	27	**7.43**	7	12	2	–	–	–	–	–	–	–	–	–	**5-Hexenoic acid, methyl ester**		**C1050**
74	43	41	68	97	69	59	55	**128**	100	63	57	46	25	23	19	16	**5.00**	7	12	2	–	–	–	–	–	–	–	–	–	**5-Hexenoic acid, methyl ester**	2396-80-7	**Q7951**
74	71	41	128	58	68	43	73	**128**	100	93	91	81	72	60	54	43		7	12	2	–	–	–	–	–	–	–	–	–	**Cyclohexanone, 4-methoxy-**	13482-23-0	**R4579**
74	71	41	128	68	43	73	58	**128**	100	94	91	83	59	55	43	41		7	12	2	–	–	–	–	–	–	–	–	–	**Cyclohexanone, 4-methoxy-**	13482-23-0	**R4580**
74	71	128	68	55	69	96	97	**128**	100	93	82	60	38	24	14	8		7	12	2	–	–	–	–	–	–	–	–	–	**Cyclohexanone, 4-methoxy-**		**M0089**
77	51	27	89	59	39	31	57	**128**	100	48	21	10	8	7	7	6	**2.30**	4	4	–	–	–	–	4	–	–	–	–	–	**1-Butene, 3,3,4,4-tetrafluoro-**	40723-71-5	**08150**
79	43	81	15	49	29	27	28	**128**	100	50	32	23	11	9	7	5	**0.10**	3	6	1	–	2	–	–	–	–	–	–	–	**2-Propanol, 1,3-dichloro-**	96-23-1	**P7040**
79	94	81	128	39	41	85	99	**128**	100	93	87	82	72	66	62	54		7	12	–	–	–	–	–	1	–	–	–	–	**2-Thiabicyclo[2.2.2]octane**		**Y1790**
80	43	81	15	49	29	27	31	**128**	100	33	33	11	6	4	3	3	**0.00**	3	6	1	–	2	–	–	–	–	–	–	–	**2-Propanol, 1,3-dichloro-**	96-23-1	**P7041**
81	41	54	68	67	110	39	27	**128**	100	75	75	65	64	50	49	47	**1.00**	8	16	1	–	–	–	–	–	–	–	–	–	**3-Octen-2-ol, (Z)-**	69668-89-9	**T7200**
81	54	41	67	68	110	39	27	**128**	100	83	73	71	65	55	44	35	**0.10**	8	16	1	–	–	–	–	–	–	–	–	–	**3-Octen-2-ol, (E)-**	57648-55-2	**T4774**
81	55	29	43	42	57	41	27	**128**	100	99	68	63	53	45	45	39	**3.50**	8	16	1	–	–	–	–	–	–	–	–	–	**Furan, tetrahydro-2,5-diethyl-, cis-**		**M1522**
81	55	43	67	41	68	95	39	**128**	100	70	69	69	61	61	58	47	**34.00**	7	12	–	–	–	–	–	1	–	–	–	–	**7-Thiabicyclo[4.1.0]heptane, 1-methyl-**	7272-23-3	**R3004**
81	99	55	57	43	29	70	42	**128**	100	76	70	26	26	25	24	24	**4.30**	8	16	1	–	–	–	–	–	–	–	–	–	**Furan, tetrahydro-2,5-diethyl-**		**03282**
81	128	67	39	27	45	41	79	**128**	100	89	89	75	71	64	63	54		7	12	–	–	–	–	–	1	–	–	–	–	**(Z)-3-Thiabicyclo[3.3.0]octane**		**Y1882**
82	57	95	69	55	56	67	128	**128**	100	47	43	41	29	29	26	9		8	16	1	–	–	–	–	–	–	–	–	–	**Cyclohexanol, 2,2-dimethyl-**	1193-46-0	**Q5674**
82	67	54	41	57	55	39	29	**128**	100	99	49	45	42	32	28	24	**0.00**	7	12	2	–	–	–	–	–	–	–	–	–	**Formic acid, cyclohexyl ester**		**C1788**
83	55	99	29	100	39	27	53	**128**	100	43	41	23	16	12	10	6	**1.00**	7	12	2	–	–	–	–	–	–	–	–	–	**2-Pentenoic acid, ethyl ester, (E)-**		**16298**
83	55	128	41	39	67	113	43	**128**	100	44	35	22	8	7	7	7		7	12	2	–	–	–	–	–	–	–	–	–	**3-Pentenoic acid, 2,2-dimethyl-**	16642-52-7	**R6291**
83	113	55	41	39	128	67	59	**128**	100	98	84	41	17	15	12	11		7	12	2	–	–	–	–	–	–	–	–	–	**3-Butenoic acid, 2,2,3-trimethyl-**	4168-01-8	**R0169**
83	128	55	82	100	85	84	53	**128**	100	37	30	24	20	11	6	5		7	12	2	–	–	–	–	–	–	–	–	–	**2-Butenoic acid, 3-methyl-, ethyl ester**	638-10-8	**Q3485**
84	43	56	55	71	69	57	44	**128**	100	99	85	77	50	50	42	27	**0.30**	8	16	1	–	–	–	–	–	–	–	–	–	**Heptanal, 3-methyl-**		**M8215**
84	43	57	44	56	41	55	69	**128**	100	90	80	70	67	60	58	40	**2.00**	8	16	1	–	–	–	–	–	–	–	–	–	**Octanal**	124-13-0	**P9411**
84	43	69	85	41	57	56	29	**128**	100	81	80	65	60	52	34	32	**1.00**	8	16	1	–	–	–	–	–	–	–	–	–	**Hexanal, 3,3-dimethyl-**	55320-57-5	**T0875**
84	57	55	28	56	29	83	27	**128**	100	62	44	37	27	25	25	21	**1.25**	5	9	3	–	–	–	–	–	–	1	–	–	**1,3,2-Dioxaborolan-4-one, 2-ethyl-5-methyl-**	74646-14-3	**T8265**
85	29	27	55	41	39	43	42	**128**	100	35	27	15	13	10	10	8	**1.40**	7	12	2	–	–	–	–	–	–	–	–	–	**2(3H)-Furanone, dihydro-5-propyl-**	105-21-5	**P7777**

MASS TO CHARGE RATIOS								M.W.	INTENSITIES								Parent	C	H	O	N	Cl	Br	F	S	I	B	Si	X	COMPOUND NAME	CAS Reg No	No
85	29	56	57	41	43	27	55	**128**	100	29	21	14	13	11	11	10	**2.90**	7	12	2	–	–	–	–	–	–	–	–	–	**2(3H)-Furanone, dihydro-5-propyl-**	105-21-5	**P7776**
85	30	28	29	128	56	99	27	**128**	100	56	24	18	16	14	12	12		7	16	–	2	–	–	–	–	–	–	–	–	**Propanal, butylhydrazone**	20607-75-4	**R8777**
85	41	55	43	58	72	57	42	**128**	100	93	65	60	51	47	42	30	**0.00**	8	16	1	–	–	–	–	–	–	–	–	–	**Heptane, 1,2-epoxy-2-methyl-**	53907-75-8	**S8664**
85	43	71	128	100	113	58	39	**128**	100	96	30	26	16	15	7	6		7	12	2	–	–	–	–	–	–	–	–	–	**2,4-Heptanedione**	7307-02-0	**R3040**
85	44	86	128	42	43	45	41	**128**	100	98	90	87	45	45	34	20		7	16	–	2	–	–	–	–	–	–	–	–	**Pentanal, dimethylhydrazone**	14090-57-4	**R4965**
85	44	86	128	43	42	45	99	**128**	100	98	90	88	46	45	35	21		7	16	–	2	–	–	–	–	–	–	–	–	**Pentanal, dimethylhydrazone**		**L1529**
85	55	41	44	71	39	53	69	**128**	100	30	13	11	9	8	7	7	**3.00**	8	16	1	–	–	–	–	–	–	–	–	–	**2-Hexene, (E)-1-methoxy-3-methyl-**	56052-84-7	**T2714**
85	55	41	44	71	39	81	68	**128**	100	31	13	12	10	9	8	8	**4.00**	8	16	1	–	–	–	–	–	–	–	–	–	**2-Hexene, (E)-1-methoxy-3-methyl-**	56052-84-7	**T2713**
85	55	43	41	39	72	128	86	**128**	100	59	22	14	10	10	10	7		8	16	1	–	–	–	–	–	–	–	–	–	**2-Heptene, 2-methoxy-**	61142-43-6	**T5448**
85	58	41	55	72	57	43	56	**128**	100	69	56	46	45	34	31	26	**1.00**	8	16	1	–	–	–	–	–	–	–	–	–	**Heptane, 1,2-epoxy-2-methyl-**	53907-75-8	**S8663**
85	59	60	43	41	70	73	128	**128**	100	93	85	60	52	40	30	12		6	12	1	2	–	–	–	–	–	–	–	–	**Butanal, N-methyl-N-formylhydrazone**		**I6831**
85	67	43	28	41	57	39	55	**128**	100	40	38	31	24	17	15	14	**0.60**	7	12	2	–	–	–	–	–	–	–	–	–	**Cyclopentanol, 1-acetyl-**	17160-89-3	**R6653**
85	87	128	39	67	41	79	45	**128**	100	73	65	56	56	53	52	45		7	12	–	–	–	–	–	1	–	–	–	–	**8-Thiabicyclo[3.2.1]octane**		**Y1792**
85	94	79	81	39	128	41	45	**128**	100	32	31	30	27	26	24	22		7	12	–	–	–	–	–	1	–	–	–	–	**6-Thiabicyclo[3.2.1]octane**		**Y1791**
86	59	42	43	97	70	128		**128**	100	46	20	8	7	4	1			6	12	1	2	–	–	–	–	–	–	–	–	**Methane, methoxybis(aziridino)-**		**L7504**
87	18	69	41	97	100	55	39	**128**	100	46	43	42	18	16	16	13	**9.40**	7	12	2	–	–	–	–	–	–	–	–	–	**Cyclopentanecarboxylic acid, methyl ester**		**C0062**
87	41	69	55	15	42	27	54	**128**	100	90	86	80	68	67	66	66	**12.80**	7	12	2	–	–	–	–	–	–	–	–	–	**Cyclobutanecarboxylic acid, 2-methyl-, methyl ester**		**00209**
93	42	66	128	60	52	51	130	**128**	100	43	42	41	21	20	14	14		5	5	–	2	1	–	–	–	–	–	–	–	**Pyrimidine, 4-chloro-2-methyl-**		**M8749**
93	42	128	66	52	51	130	28	**128**	100	31	31	25	16	10	10	9		5	5	–	2	1	–	–	–	–	–	–	–	**Pyrimidine, 4-chloro-2-methyl-**	4994-86-9	**R0999**
93	109	74	78	128	69	111	80	**128**	100	27	16	13	10	9	9	5		3	–	–	–	1	–	3	–	–	–	–	–	**Cyclopropene, 1-chloro-2,3,3-trifluoro-**	24921-89-9	**S0867**
93	128	67	95	130	57	127	69	**128**	100	43	39	32	27	24	13	13		3	3	–	–	2	–	1	–	–	–	–	–	**Propene, 1,1-dichloro-2-fluoro-**		**Z0524**
95	67	128	54	39	79	41	81	**128**	100	66	52	45	36	36	35	34		7	12	–	–	–	–	–	1	–	–	–	–	**8-Thiabicyclo[5.1.0]octane**	53907-79-2	**S8669**
95	68	41	67	55	79	128	39	**128**	100	86	76	69	62	61	51	48		7	12	–	–	–	–	–	1	–	–	–	–	**7-Thiabicyclo[4.1.0]heptane, 2-methyl-**	54773-76-1	**S9607**
95	81	82	55	67	41	110	83	**128**	100	51	50	42	38	22	19	15	**0.05**	8	16	1	–	–	–	–	–	–	–	–	–	**2-Cyclohexylethanol**		**Z0526**
95	128	67	79	41	39	94	55	**128**	100	54	52	50	48	43	43	41		7	12	–	–	–	–	–	1	–	–	–	–	**7-Thiabicyclo[4.1.0]heptane, 3-methyl-**	54725-38-1	**S9522**
97	41	69	55	15	42	27	39	**128**	100	90	87	80	69	68	67	59	**13.00**	7	12	2	–	–	–	–	–	–	–	–	–	**Cyclobutanecarboxylic acid, 2-methyl-, methyl ester**		**L1507**
97	41	128	39	28	29	81	95	**128**	100	66	42	39	27	20	16	16		6	8	3	–	–	–	–	–	–	–	–	–	**1,2-Ethanediol, 1-(2-furanyl)-**	19377-75-4	**R8109**
97	128	45	98	53	69	39	58	**128**	100	34	21	16	15	12	9	8		6	8	1	–	–	–	–	1	–	–	–	–	**2-Thiopheneethanol**	5402-55-1	**R1392**
98	70	28	72	43	30	42	56	**128**	100	27	15	13	12	11	11	11	**4.73**	7	16	–	2	–	–	–	–	–	–	–	–	**2-Pyrrolidinemethanamine, 1-ethyl-**	26116-12-1	**S1253**
99	30	43	41	128	28	70	29	**128**	100	69	38	26	25	19	10	10		7	16	–	2	–	–	–	–	–	–	–	–	**Butanal, propylhydrazone**	20607-76-5	**R8778**
99	43	27	28	29	41	73	56	**128**	100	83	30	25	21	21	21	20	**0.26**	7	12	2	–	–	–	–	–	–	–	–	–	**2(3H)-Furanone, 5-ethyldihydro-5-methyl-**	2865-82-9	**Q8750**
99	43	87	71	57	100	41	69	**128**	100	32	16	12	12	10	10	7	**4.00**	8	16	1	–	–	–	–	–	–	–	–	–	**4-Penten-3-ol, 3-ethyl-**		**06401**
99	55	81	43	41	29	57	27	**128**	100	64	38	37	36	33	24	23	**2.20**	8	16	1	–	–	–	–	–	–	–	–	–	**Butane, 1,3-diethyl-1,4-epoxy-**		**E0051**
99	57	43	128	41	28	42	29	**128**	100	80	28	25	13	11	10	7		7	16	–	2	–	–	–	–	–	–	–	–	**Formaldehyde, dipropylhydrazone**	54253-56-4	**S8862**
99	65	39	43	128	41	53	55	**128**	100	37	14	14	14	11	9	9		7	12	–	–	–	–	–	1	–	–	–	–	**1,3-Butadiene, 1-(ethylthio)-3-methyl-**	49563-09-9	**S7125**
99	67	94	128	39	27	41	45	**128**	100	78	70	61	59	49	47	44		7	12	–	–	–	–	–	1	–	–	–	–	**(Z)-2-Thiabicyclo[3.3.0]octane**		**Y1880**
99	98	43	57	42	27	41	55	**128**	100	36	23	15	13	12	10	7	**1.25**	6	13	2	–	–	–	–	–	–	1	–	–	**1,3,2-Dioxaborolane, 2,4-diethyl-**	57633-63-3	**T4770**
99	101	98	127	63	100	129	65	**128**	100	65	58	58	53	43	39	26	**19.72**	2	6	–	–	2	–	–	–	–	–	1	–	**Silane, dichloroethyl-**	1789-58-8	**Q6754**
110	55	67	68	41	57	69	42	**128**	100	83	69	67	67	65	51	44	**21.32**	7	12	2	–	–	–	–	–	–	–	–	–	**Cyclohexanone, 2-(hydroxymethyl)-**	5331-08-8	**R1302**
110	67	83	95	43	81	109	41	**128**	100	81	55	46	38	38	27	25	**15.32**	7	12	2	–	–	–	–	–	–	–	–	–	**2,5-Norbornanediol**	5888-36-8	**R1863**
111	39	40	41	44	69	112	85	**128**	100	95	85	70	60	43	35	30		5	8	2	2	–	–	–	–	–	–	–	–	**2-Butenediamide, 2-methyl-, (Z)-**		**M8509**
111	39	41	40	44	83	67	112	**128**	100	98	70	68	61	33	17	8	**0.00**	5	8	2	2	–	–	–	–	–	–	–	–	**2-Butenediamide, 2-methyl-, (E)-**		**M8510**
111	128	39	45	57	83	38	112	**128**	100	95	75	40	21	20	14	13		5	4	2	–	–	–	–	1	–	–	–	–	**2-Thiophenecarboxylic acid**	527-72-0	**Q1646**
111	128	39	45	83	38	57	37	**128**	100	57	44	33	28	15	13	10		5	4	2	–	–	–	–	1	–	–	–	–	**3-Thiophenecarboxylic acid**	88-13-1	**P6434**
111	128	39	45	83	38	57	81	**128**	100	58	46	34	29	17	15	12		5	4	2	–	–	–	–	1	–	–	–	–	**3-Thiophenecarboxylic acid**	88-13-1	**P6435**
113	30	128	58	29	28	56	42	**128**	100	45	36	33	29	22	22	19		7	16	–	2	–	–	–	–	–	–	–	–	**Propanal, diethylhydrazone**	28236-90-0	**S1995**
113	43	97	59	128	69	85	53	**128**	100	67	37	23	22	13	9	8		6	8	3	–	–	–	–	–	–	–	–	–	**2-Pentenoic acid, 4-oxo-, methyl ester, (E)-**	2833-24-1	**Q8713**
113	55	57	112	43	56	29	83	**128**	100	42	38	26	23	19	14	13	**2.81**	6	13	2	–	–	–	–	–	–	1	–	–	**1,3,2-Dioxaborinane, 2-ethyl-4-methyl-**	57633-65-5	**T4773**
113	56	128	42	29	27	28	58	**128**	100	77	34	19	17	15	15	12		7	16	–	2	–	–	–	–	–	–	–	–	**2-Propanone, diethylhydrazone**	16713-36-3	**R6387**
113	57	55	84	112	28	56	29	**128**	100	50	28	27	25	20	19	18	**5.14**	6	13	2	–	–	–	–	–	–	1	–	–	**1,3,2-Dioxaborolane, 2-ethyl-4,5-dimethyl-**	57633-64-4	**T4772**
113	71	42	128	29	44	70	43	**128**	100	45	43	33	29	28	19	17		7	16	–	2	–	–	–	–	–	–	–	–	**Acetaldehyde, ethylisopropylhydrazone**	75268-00-7	**T8857**
113	72	41	55	85	71	45	43	**128**	100	79	77	70	59	46	41	40	**32.00**	8	16	1	–	–	–	–	–	–	–	–	–	**3-Heptene, 4-methoxy-**	61142-44-7	**T5450**
113	115	63	65	117	93	114	128	**128**	100	67	30	13	12	11	7	6		2	6	–	–	2	–	–	–	–	–	1	–	**Silane, dichlorodimethyl-**		**W0028**
113	115	63	117	93	65	114	128	**128**	100	70	14	12	11	7	7	7		2	6	–	–	2	–	–	–	–	–	1	–	**Silane, dichlorodimethyl-**	75-78-5	**P5654**
127	128	101	109	107	125	126	129	**128**	100	62	9	9	7	7	7	7		7	6	–	–	–	–	2	–	–	–	–	–	**Toluene, 2-fluoro-**		**P2250**
128	18	64	130	63	44	65	92	**128**	100	53	42	35	18	15	13	12		6	5	1	–	1	–	–	–	–	–	–	–	**Phenol, 2-chloro-**		**D1080**

MASS TO CHARGE RATIOS								M.W.	INTENSITIES								Parent	C	H	O	N	Cl	Br	F	S	P	B	Si	X	COMPOUND NAME	CAS Reg No	No
128	32	51	44	126	77	63	127	**128**	100	69	25	22	21	16	14	14		10	8	–	–	–	–	–	–	–	–	–	–	Naphthalene		D0165
128	42	44	83	58	82	111	56	**128**	100	80	63	45	37	36	32	28		6	12	1	2	–	–	–	–	–	–	–	–	2-Propenal, 3-(dimethylamino)-2-(methylamino)-	49582-62-9	S7145
128	51	102	127	63	64	129	50	**128**	100	18	14	13	11	11	11	10		10	8	–	–	–	–	–	–	–	–	–	–	Azulene		Y0414
128	51	102	127	129	63	50	126	**128**	100	16	14	12	11	10	9	7		10	8	–	–	–	–	–	–	–	–	–	–	Azulene	275-51-4	Q0177
128	51	127	63	102	129	126	64	**128**	100	19	17	13	13	12	11	10		10	8	–	–	–	–	–	–	–	–	–	–	1H-Indene, 1-methylene-	2471-84-3	Q8170
128	51	129	64	127	63	102	126	**128**	100	12	11	10	10	7	7	7		10	8	–	–	–	–	–	–	–	–	–	–	Naphthalene		Y0410
128	56	57	54	43	28	39	55	**128**	100	84	60	45	43	31	29	29		6	8	3	–	–	–	–	–	–	–	–	–	1,3-Cyclopentanedione, 4-hydroxy-2-methyl-	4800-04-8	R0830
128	57	56	100	43	72	44	70	**128**	100	95	93	51	29	26	25	22		4	4	3	2	–	–	–	–	–	–	–	–	Imidazolidine, 1-methyl-2,4,5-trioxo-		17218
128	64	63	92	65	39	100	32	**128**	100	51	19	18	15	9	5	5		6	5	1	–	1	–	–	–	–	–	–	–	Phenol, 2-chloro-		F0072
128	64	130	65	63	92	39	38	**128**	100	60	42	28	27	19	13	12		6	5	1	–	1	–	–	–	–	–	–	–	Phenol, 2-chloro-		C1414
128	65	130	39	64	63	100	38	**128**	100	37	32	15	13	11	8	7		6	5	1	–	1	–	–	–	–	–	–	–	Phenol, 4-chloro-		D1074
128	65	130	39	64	99	63	38	**128**	100	35	33	20	20	18	15	10		6	5	1	–	1	–	–	–	–	–	–	–	Phenol, 3-chloro-		05824
128	65	130	39	64	100	63	38	**128**	100	35	33	20	20	18	15	10		6	5	1	–	1	–	–	–	–	–	–	–	Phenol, 3-chloro-	108-43-0	P8115
128	65	130	100	64	63	40	73	**128**	100	41	26	21	17	16	12	10		6	5	1	–	1	–	–	–	–	–	–	–	Phenol, 4-chloro-		D0128
128	65	130	100	64	63	73	99	**128**	100	40	26	20	16	16	9	7		6	5	1	–	1	–	–	–	–	–	–	–	Phenol, 4-chloro-		02950
128	66	93	130	39	60	52	40	**128**	100	60	40	34	29	12	10	9		5	5	–	2	1	–	–	–	–	–	–	–	Pyrimidine, 4-chloro-2-methyl-	3435-25-4	Q9382
128	66	101	130	60	103	51	52	**128**	100	88	69	33	28	23	16	14		5	5	–	2	1	–	–	–	–	–	–	–	Pyrimidine, 2-methyl-5-chloro-		M8750
128	76	38	102	129	64	50	77	**128**	100	83	78	55	55	50	42	17		6	–	–	4	–	–	–	–	–	–	–	–	Ethylene, tetracyano-		C1227
128	80	52	51	32	82	81	110	**128**	100	50	48	32	25	25	17	17		6	5	2	–	–	–	1	–	–	–	–	–	1,2-Benzenediol, 3-fluoro-		00243
128	81	67	79	94	85	45	41	**128**	100	89	73	47	35	34	34	33		7	12	–	–	–	–	–	1	–	–	–	–	(Z)-3-Thiabicyclo[3.3.0]octane		Y1910
128	87	130	60	74	89	39	66	**128**	100	53	32	30	21	18	18	12		5	5	–	2	1	–	–	–	–	–	–	–	Pyrimidine, 4-methyl-5-chloro-		M8748
128	93	130	42	66	52	39	87	**128**	100	90	33	25	22	12	12	10		5	5	–	2	1	–	–	–	–	–	–	–	Pyrimidine, 2-methyl-3-chloro-		M8751
128	101	50	75	129	64	76	51	**128**	100	26	13	11	9	7	7	5		8	4	–	2	–	–	–	–	–	–	–	–	1,4-Benzenedicarbonitrile		D0407
128	101	50	75	129	64	76	51	**128**	100	24	11	9	8	7	6	4		8	4	–	2	–	–	–	–	–	–	–	–	1,4-Benzenedicarbonitrile		F0128
128	101	50	75	129	64	76	51	**128**	100	21	12	10	10	8	7	5		8	4	–	2	–	–	–	–	–	–	–	–	1,4-Benzenedicarbonitrile	623-26-7	Q3106
128	101	50	75	129	76	64	51	**128**	100	19	12	10	9	7	6	6		8	4	–	2	–	–	–	–	–	–	–	–	1,2-Benzenedicarbonitrile	91-15-6	P6603
128	101	50	129	75	27	76	64	**128**	100	19	11	10	9	8	6	6		8	4	–	2	–	–	–	–	–	–	–	–	1,3-Benzenedicarbonitrile	626-17-5	Q3202
128	101	50	129	75	64	76	51	**128**	100	23	12	10	8	7	6	5		8	4	–	2	–	–	–	–	–	–	–	–	1,2-Benzenedicarbonitrile	91-15-6	P6602
128	101	50	129	75	76	64	100	**128**	100	22	9	9	9	6	5	4		8	4	–	2	–	–	–	–	–	–	–	–	1,3-Benzenedicarbonitrile		D0408
128	101	129	50	75	76	64	29	**128**	100	22	10	9	9	6	5	4		8	4	–	2	–	–	–	–	–	–	–	–	1,2-Benzenedicarbonitrile		D0433
128	101	129	50	75	76	64	51	**128**	100	21	9	9	8	6	5	3		8	4	–	2	–	–	–	–	–	–	–	–	1,3-Benzenedicarbonitrile		02958
128	102	127	51	129	63	64	50	**128**	100	18	16	14	10	9	9	8		10	8	–	–	–	–	–	–	–	–	–	–	Azulene		V0226
128	112	57	44	58	84	85	83	**128**	100	69	27	15	12	9	6	3		4	4	1	2	–	–	–	1	–	–	–	–	4(1H)-Pyrimidinone, 2,3-dihydro-2-thioxo-		05721
128	113	85	45	43	129	27	69	**128**	100	73	41	17	11	8	7	7		6	8	1	–	–	–	–	1	–	–	–	–	Furan, 2-methyl-5-(methylthio)-	13678-59-6	H1716
128	113	85	45	43	129	69	53	**128**	100	72	41	17	11	8	7	6		6	8	1	–	–	–	–	1	–	–	–	–	Furan, 2-methyl-5-(methylthio)-		M4199
128	113	85	45	59	69	129	53	**128**	100	96	66	33	20	13	9	7		6	8	1	–	–	–	–	1	–	–	–	–	Thiophene, 2-methoxy-5-methyl-	31053-55-1	S3143
128	113	85	45	59	69	129	58	**128**	100	95	65	33	20	13	9	8		6	8	1	–	–	–	–	1	–	–	–	–	Thiophene, 2-methoxy-5-methyl-		L8530
128	127	51	129	64	102	126	63	**128**	100	12	12	11	6	6	5	5		10	8	–	–	–	–	–	–	–	–	–	–	1H-Indene, 1-methylene-		C2199
128	127	129	51	64	126	63	102	**128**	100	12	11	10	10	6	6	6		10	8	–	–	–	–	–	–	–	–	–	–	Naphthalene		C0274
29	31	27	61	54	55	59	28	**129**	100	69	63	63	55	54	53	26	**0.47**	6	11	2	1	–	–	–	–	–	–	–	–	Butanenitrile, 4-ethoxy-3-hydroxy-	18282-78-5	06871
30	27	41	28	29	45	39	43	**129**	100	7	7	6	6	4	3	3	**0.62**	8	19	–	1	–	–	–	–	–	–	–	–	1-Octanamine		V0246
30	41	56	28	29	55	27	129	**129**	100	11	9	7	7	7	6	5		8	19	–	1	–	–	–	–	–	–	–	–	1-Hexanamine, 2-ethyl-		D1516
30	41	56	55	18	27	29	43	**129**	100	7	5	4	3	3	3	3	**2.00**	8	19	–	1	–	–	–	–	–	–	–	–	1-Hexanamine, 2-ethyl-	104-75-6	P7741
30	44	41	45	36	27	28	29	**129**	100	21	5	5	4	3	3	3	**1.00**	8	19	–	1	–	–	–	–	–	–	–	–	1-Octanamine	111-86-4	P8625
30	44	41	45	36	43	29	27	**129**	100	21	5	5	4	3	3	3	**0.40**	8	19	–	1	–	–	–	–	–	–	–	–	1-Octanamine	111-86-4	H0481
30	72	56	43	44	27	28	41	**129**	100	25	16	15	14	13	13	12	**0.22**	8	19	–	1	–	–	–	–	–	–	–	–	1-Hexanamine, 2-ethyl-		Y1461
41	43	18	55	42	28	30	27	**129**	100	99	82	77	75	73	68	65	**0.00**	8	19	–	1	–	–	–	–	–	–	–	–	2-Heptanamine, 6-methyl-	543-82-8	H0819
41	55	39	54	67	29	57	27	**129**	100	92	44	36	30	29	29	27	**0.20**	6	11	2	1	–	–	–	–	–	–	–	–	1-Hexene, 6-nitro-	4812-17-3	R0845
41	55	67	39	82	59	27	68	**129**	100	60	57	42	42	33	28	26	**0.40**	6	11	2	1	–	–	–	–	–	–	–	–	2-Pentene, 2-methyl-5-nitro-	40244-93-7	S6261
41	82	55	57	67	83	39	54	**129**	100	93	89	73	53	51	45	35	**0.23**	6	11	2	1	–	–	–	–	–	–	–	–	Cyclohexane, nitro-		C0186
41	101	66	129	38	28	39	37	**129**	100	76	66	34	34	34	30	27		4	4	–	3	1	–	–	–	–	–	–	–	Pyridazine, 3-chloro-6-amino-		02076
42	43	41	60	39	55	44	80	**129**	100	80	52	34	33	25	23	8	**7.53**	7	15	1	1	–	–	–	–	–	–	–	–	Isoxazolidine, 4-ethyl-2,5-dimethyl-, cis-	56701-01-0	08260
42	43	41	60	56	39	44	55	**129**	100	60	44	33	33	24	22	19	**9.29**	7	15	1	1	–	–	–	–	–	–	–	–	Isoxazolidine, 5-ethyl-2,4-dimethyl-, cis-	56701-02-1	08259
42	43	60	41	39	44	51	45	**129**	100	74	48	45	43	23	23	16	**9.90**	7	15	1	1	–	–	–	–	–	–	–	–	Isoxazolidine, 4-ethyl-2,5-dimethyl-, trans-	56728-13-3	08258

MASS TO CHARGE RATIOS								M.W.	INTENSITIES								Parent	C	H	O	N	Cl	Br	F	S	P	B	Si	X	COMPOUND NAME	CAS Reg No	No
42	43	60	41	55	44	39	69	**129**	100	77	72	46	31	30	28	23	**13.04**	7	15	1	1	–	–	–	–	–	–	–	–	**Isoxazolidine, 5-ethyl-2,4-dimethyl-, trans-**	56728-14-4	**08257**
42	87	41	43	29	57	56	114	**129**	100	68	40	22	20	19	18	16	**15.00**	7	15	1	1	–	–	–	–	–	–	–	–	**2-Pentanone, 3-methyl-, O-methyloxime**		**M4378**
42	87	41	43	57	29	56	39	**129**	100	68	40	22	19	19	18	17	**14.00**	7	15	1	1	–	–	–	–	–	–	–	–	**2-Pentanone, 3-methyl-, O-methyloxime**		**06448**
43	39	42	41	59	44	27	129	**129**	100	23	20	18	16	8	6	6		5	7	3	1	–	–	–	–	–	–	–	–	**2,4-Oxazolidinedione, 5,5-dimethyl-**	695-53-4	**Q3748**
43	58	42	44	129	71	57	128	**129**	100	99	67	61	24	23	16	14		7	15	1	1	–	–	–	–	–	–	–	–	**3-Piperidinol, trans-1,4-dimethyl-**	37835-47-5	**S5606**
43	58	44	42	129	71	57	128	**129**	100	99	83	68	26	23	17	14		7	15	1	1	–	–	–	–	–	–	–	–	**3-Piperidinol, cis-1,4-dimethyl-**	37835-50-0	**S5607**
43	87	42	41	15	129	111	28	**129**	100	39	35	35	23	18	13	8		5	7	3	1	–	–	–	–	–	–	–	–	**2-Propenoic acid, 2-(acetylamino)-**		**06263**
44	29	41	43	55	27	42	30	**129**	100	8	7	7	7	6	6	5	**0.33**	8	19	–	1	–	–	–	–	–	–	–	–	**2-Heptanamine, 5-methyl-**	53907-81-6	**S8670**
44	29	41	43	55	27	42	30	**129**	100	25	24	23	22	18	18	15	**1.10**	8	19	–	1	–	–	–	–	–	–	–	–	**2-Heptanamine, 5-methyl-**	53907-81-6	**H2018**
44	30	58	100	27	41	29	43	**129**	100	29	26	12	11	11	9	8	**0.30**	8	19	–	1	–	–	–	–	–	–	–	–	**2-Octanamine**	693-16-3	**H1050**
44	41	43	18	55	42	28	30	**129**	100	8	8	6	6	6	6	5	**0.00**	8	19	–	1	–	–	–	–	–	–	–	–	**2-Heptanamine, 6-methyl-**	543-82-8	**Q1872**
44	42	43	128	55	129	70	98	**129**	100	74	61	49	35	35	27	22		7	15	1	1	–	–	–	–	–	–	–	–	**4-Piperidinemethanol, 1-methyl-**	20691-89-8	**R8870**
44	42	86	43	128	57	41	45	**129**	100	95	88	76	73	68	55	40	**33.00**	6	15	–	3	–	–	–	–	–	–	–	–	**Acetamidine, 2-(dimethylamino)-N,N′-dimethyl-**		**L9564**
44	42	86	43	128	57	45	129	**129**	100	49	22	20	12	11	9	6		6	15	–	3	–	–	–	–	–	–	–	–	**1,3,5-Triazine, hexahydro-1,3,5-trimethyl-**	108-74-7	**P8149**
44	43	42	41	58	56	86	57	**129**	100	38	10	9	8	6	5	4	**1.00**	7	15	1	1	–	–	–	–	–	–	–	–	**Oxazirane, 2-butyl-3,3-dimethyl-**		**M1052**
44	43	42	74	59	128	41	73	**129**	100	90	70	43	37	30	24	22	**9.80**	6	15	–	3	–	–	–	–	–	–	–	–	**Triazine, hexahydro-N,N,N-trimethyl-**		**04002**
44	43	86	15	42	28	87	30	**129**	100	47	22	13	10	9	5	4	**0.20**	6	11	2	1	–	–	–	–	–	–	–	–	**2-Butanone, 3-acetamido-**		**D1045**
44	55	30	41	27	43	45	114	**129**	100	5	4	4	3	3	3	3	**1.00**	8	19	–	1	–	–	–	–	–	–	–	–	**2-Heptanamine, 6-methyl-**	543-82-8	**Q1871**
44	58	30	100	41	43	55	72	**129**	100	20	15	10	7	5	5	5	**1.00**	8	19	–	1	–	–	–	–	–	–	–	–	**2-Octanamine**	693-16-3	**Q3716**
44	86	58	42	100	43	41	57	**129**	100	86	45	42	36	32	31	12	**9.00**	8	19	–	1	–	–	–	–	–	–	–	–	**1-Butanamine, N-methyl-N-propyl-**	24551-99-3	**S0657**
44	86	114	58	42	41	129	43	**129**	100	97	72	69	31	25	25	19		8	19	–	1	–	–	–	–	–	–	–	–	**1-Butanamine, N-methyl-N-isopropyl-**	5756-45-6	**R1755**
44	100	58	29	27	41	28	57	**129**	100	71	25	23	16	15	12	10	**1.10**	8	19	–	1	–	–	–	–	–	–	–	–	**2-Butanamine, N-sec-butyl-**	626-23-3	**Q3208**
44	100	58	29	41	114	57	28	**129**	100	70	28	10	10	9	8	6	**1.00**	8	19	–	1	–	–	–	–	–	–	–	–	**2-Butanamine, N-sec-butyl-**	626-23-3	**Q3207**
55	41	43	57	39	82	81	56	**129**	100	82	64	51	47	36	24	22	**0.08**	6	11	2	1	–	–	–	–	–	–	–	–	**Nitrous acid, cyclohexyl ester**		**C0185**
55	67	41	29	39	27	68	53	**129**	100	48	47	37	35	28	28	20	**0.00**	6	11	2	1	–	–	–	–	–	–	–	–	**2-Hexene, 6-nitro-**	40244-96-0	**S6262**
55	83	41	39	27	28	29	54	**129**	100	94	74	35	32	27	18	15	**0.00**	6	11	2	1	–	–	–	–	–	–	–	–	**Cyclohexane, nitro-**		**C1291**
55	99	28	30	27	45	56	42	**129**	100	77	57	30	24	23	22	18	**4.80**	5	7	3	1	–	–	–	–	–	–	–	–	**Succinimide, N-methoxy-**	5904-50-7	**R1878**
56	83	42	55	68	54	44	81	**129**	100	70	64	8	8	6	5	5	**0.00**	6	11	2	1	–	–	–	–	–	–	–	–	**Cyclohexane, nitro-**		**D0310**
56	84	88	42	129	74	58	43	**129**	100	45	32	27	26	17	15	14		4	7	–	3	–	–	–	1	–	–	–	–	**1H-1,2,4-Triazole, 3-methyl-5-(methylthio)-**	34985-98-3	**S4774**
56	99	70	30	28	44	42	43	**129**	100	82	53	49	45	41	26	23	**0.73**	6	15	–	3	–	–	–	–	–	–	–	–	**1-Piperazineethanamine**		**D0811**
57	30	29	44	86	58	100	28	**129**	100	78	75	42	29	29	29	26	**9.04**	7	15	1	1	–	–	–	–	–	–	–	–	**Propanamide, N-butyl-**		**D0812**
57	30	55	82	41	42	98	67	**129**	100	83	63	55	43	35	29	23	**0.00**	6	11	2	1	–	–	–	–	–	–	–	–	**Nitrous acid, cyclohexyl ester**	5156-40-1	**R1161**
57	43	56	86	129	114	42	87	**129**	100	72	51	47	47	18	16	13		6	11	2	1	–	–	–	–	–	–	–	–	**Morpholine, 4-acetyl-**	1696-20-4	**Q6540**
57	100	36	99	55	42	37	43	**129**	100	79	59	57	27	26	19	13	**2.85**	5	11	1	3	–	–	–	–	–	–	–	–	**Piperazine, 1-methyl-4-nitroso-**	16339-07-4	**R6133**
57	114	70	41	42	39	43	129	**129**	100	60	57	36	19	17	11	11		7	15	1	1	–	–	–	–	–	–	–	–	**3-Azetidinol, 1-tert-butyl-**	13156-04-2	**R4302**
58	30	44	29	43	112	41	59	**129**	100	21	6	5	5	5	4	4	**3.00**	8	19	–	1	–	–	–	–	–	–	–	–	**1-Hexanamine, N-ethyl-**	20352-67-4	**R8632**
58	31	59	29	114	41	57	74	**129**	100	25	19	13	11	10	9	9	**3.65**	8	19	–	1	–	–	–	–	–	–	–	–	**2-Propanamine, N-tert-butyl-**	21981-37-3	**R9479**
58	41	42	57	30	29	27	15	**129**	100	12	10	9	8	7	6	5	**0.05**	8	19	–	1	–	–	–	–	–	–	–	–	**2-Pentanamine, 2,4,4-trimethyl-**		**V0247**
58	41	57	42	29	18	27	15	**129**	100	11	10	9	7	7	6	5	**0.00**	8	19	–	1	–	–	–	–	–	–	–	–	**2-Pentanamine, 2,4,4-trimethyl-**	107-45-9	**H0365**
58	41	57	42	29	18	27	30	**129**	100	11	9	9	7	6	6	5	**0.00**	8	19	–	1	–	–	–	–	–	–	–	–	**2-Heptanamine, 2-methyl-**	27581-29-9	**H1906**
58	44	30	100	41	55	43	29	**129**	100	48	37	37	19	11	8	8	**0.20**	8	19	–	1	–	–	–	–	–	–	–	–	**3-Octanamine**	24552-04-3	**H1876**
58	57	41	42	18	72	55	59	**129**	100	9	8	6	5	5	4	4	**0.00**	8	19	–	1	–	–	–	–	–	–	–	–	**3-Hexanamine, 3-ethyl-**	56667-17-5	**T4073**
58	100	41	43	42	55	56	44	**129**	100	43	17	14	7	7	7	6	**0.00**	8	19	–	1	–	–	–	–	–	–	–	–	**3-Octanamine**	24552-04-3	**S0667**
58	129	30	114	128	44	29	43	**129**	100	34	21	10	8	6	5	5		8	19	–	1	–	–	–	–	–	–	–	–	**1-Hexanamine, N-ethyl-**	20352-67-4	**R8631**
60	58	57	41	43	44	71	70	**129**	100	90	51	49	49	47	46	38	**22.00**	5	11	1	3	–	–	–	–	–	–	–	–	**Butanal, semicarbazone**	13183-21-6	**R4337**
60	74	129	45	59	39	58	73	**129**	100	87	54	37	36	30	29	29		4	7	–	3	–	–	–	1	–	–	–	–	**1,3,4-Thiadiazol-2-amine, 5-ethyl-**	14068-53-2	**R4947**
61	82	129	48	55	41	54	45	**129**	100	80	76	49	47	40	39	38		6	11	–	1	–	–	–	1	–	–	–	–	**Pentanenitrile, 5-(methylthio)-**	59121-25-4	**T5108**
61	82	129	54	47	55	75	114	**129**	100	23	22	16	14	10	3	2		6	11	–	1	–	–	–	1	–	–	–	–	**Pentanenitrile, 5-(methylthio)-**		**17550**
66	129	100	95	99	79	81	82	**129**	100	95	88	51	31	23	13	8		1	5	1	1	–	–	1	1	1	–	–	–	**Thiophosphorylfluoride, amino-methoxy-**		**L7677**
69	41	43	87	27	42	70	18	**129**	100	76	76	38	34	33	29	28	**1.00**	7	15	1	1	–	–	–	–	–	–	–	–	**Pentanal, 2,2-dimethyl-, oxime**	16519-70-3	**R6233**
69	129	28	29	81	60	31	114	**129**	100	75	60	50	32	25	16	12		2	6	1	1	–	–	2	–	1	–	–	–	**Dimethylhydroxylamine, N-(difluorophosphino)-**		**08912**
70	129	36	43	114	93	85	28	**129**	100	99	73	69	65	40	31	31		6	11	2	1	–	–	–	–	–	–	–	–	**2(3H)-Furanone, 3-aminodihydro-5,5-dimethyl-**	13594-33-7	**R4652**
72	44	27	29	41	43	28	30	**129**	100	26	10	9	9	9	8	8	**0.80**	8	19	–	1	–	–	–	–	–	–	–	–	**2-Pentanamine, N-ethyl-4-methyl-**	42966-64-3	**S7032**
72	114	44	129	42	30	43	41	**129**	100	77	41	22	21	20	18	17		8	19	–	1	–	–	–	–	–	–	–	–	**2-Propanamine, N-ethyl-N-isopropyl-**	7087-68-5	**R2831**
73	41	27	43	70	39	114	29	**129**	100	57	45	39	27	25	25	22	**7.38**	7	15	1	1	–	–	–	–	–	–	–	–	**4-Heptanone, oxime**	1188-63-2	**Q5628**
73	41	27	43	70	39	114	42	**129**	100	57	45	38	26	25	25	16	**8.00**	7	15	1	1	–	–	–	–	–	–	–	–	**4-Heptanone, oxime**		**L1482**

MASS TO CHARGE RATIOS								M.W.	INTENSITIES								Parent	C	H	O	N	Cl	Br	F	S	P	B	Si	X	COMPOUND NAME	CAS Reg No	No
73	41	43	86	29	27	28	55	**129**	100	34	30	28	24	21	19	18	**5.00**	7	15	1	1	–	–	–	–	–	–	–	–	**Hexanal, O-methyloxime**	56292-95-6	**T3389**
84	28	41	42	67	54	30	55	**129**	100	14	14	13	12	11	10	9	**0.27**	6	11	2	1	–	–	–	–	–	–	–	–	**Cyclopentanecarboxylic acid, 1-amino-**	52-52-8	**P4596**
84	41	42	45	54	67	39	55	**129**	100	12	12	12	11	10	9	8	**0.00**	6	11	2	1	–	–	–	–	–	–	–	–	**Cyclopentanecarboxylic acid, 1-amino-**	52-52-8	**P4597**
84	57	42	28	54	83	29	129	**129**	100	79	50	35	21	20	20	19		6	11	2	1	–	–	–	–	–	–	–	–	**2-Butenoic acid, 3-amino-, ethyl ester**		**00561**
84	57	42	54	83	29	30	129	**129**	100	79	50	21	20	20	19	15		6	11	2	1	–	–	–	–	–	–	–	–	**2-Butenoic acid, 3-amino-, ethyl ester**		**04493**
85	58	129	84	57	112	45	44	**129**	100	94	66	66	66	60	53	37		4	3	2	1	–	–	–	1	–	–	–	–	**Isothiazole, 3-carboxylic acid**		**05722**
85	130	87	91	104	86	131	112	**129**	100	83	32	29	16	8	7	7	**1.01**	6	11	2	1	–	–	–	–	–	–	–	–	**Cyclopentanecarboxylic acid, 1-amino-**	52-52-8	**P4598**
86	29	58	30	28	27	42	41	**129**	100	20	19	16	14	13	13	11	**5.57**	8	19	–	1	–	–	–	–	–	–	–	–	**1-Butanamine, N,N-diethyl-**		**C1354**
86	30	44	29	41	57	27	28	**129**	100	56	54	31	24	19	16	14	**6.48**	8	19	–	1	–	–	–	–	–	–	–	–	**1-Butanamine, N-butyl-**		**C1098**
86	30	44	29	41	57	129	27	**129**	100	68	51	23	18	17	10	9		8	19	–	1	–	–	–	–	–	–	–	–	**1-Butanamine, N-butyl-**		**C0457**
86	30	57	41	29	27	28	39	**129**	100	84	37	27	24	15	13	11	**3.60**	8	19	–	1	–	–	–	–	–	–	–	–	**1-Propanamine, 2-methyl-N-isobutyl-**	110-96-3	**H0447**
86	30	57	41	29	27	43	39	**129**	100	79	39	36	25	18	17	17	**4.64**	8	19	–	1	–	–	–	–	–	–	–	–	**1-Propanamine, 2-methyl-N-isobutyl-**	110-96-3	**P8463**
86	30	57	41	29	129	87	58	**129**	100	55	25	12	9	8	7	5		8	19	–	1	–	–	–	–	–	–	–	–	**1-Propanamine, 2-methyl-N-isobutyl-**	110-96-3	**P8462**
86	44	30	29	41	57	129	28	**129**	100	54	53	19	15	12	10	6		8	19	–	1	–	–	–	–	–	–	–	–	**1-Butanamine, N-butyl-**		**D0366**
86	44	114	58	42	129	41	43	**129**	100	97	52	38	22	19	15	11		8	19	–	1	–	–	–	–	–	–	–	–	**1-Butanamine, N-methyl-N-isopropyl-**	5756-45-6	**R1754**
86	58	30	129	72	29	87	114	**129**	100	16	9	9	7	6	6	6		8	19	–	1	–	–	–	–	–	–	–	–	**1-Butanamine, N,N-diethyl-**	4444-68-2	**R0452**
86	58	30	129	87	114	72	29	**129**	100	64	40	27	24	23	22	22		7	15	1	1	–	–	–	–	–	–	–	–	**Formamide, N-butyl-N-ethyl-**		**C1802**
86	100	42	71	44	41	58	56	**129**	100	80	25	21	14	13	13	11	**6.00**	8	19	–	1	–	–	–	–	–	–	–	–	**3-Hexanamine, N,N-dimethyl-**	24552-03-2	**S0665**
87	72	29	44	30	57	41	100	**129**	100	78	51	51	41	30	18	16	**1.00**	7	15	1	1	–	–	–	–	–	–	–	–	**Pentanamide, N-ethyl-**	54007-33-9	**S8751**
93	66	65	92	94	46	67	40	**129**	100	27	12	10	7	5	3	2	**0.00**	6	8	–	1	1	–	–	–	–	–	–	–	**Aniline, hydrochloride**	142-04-1	**P9849**
94	15	50	85	129	31	44	14	**129**	100	31	27	25	25	14	10	9		2	6	–	1	1	–	1	–	1	–	–	–	**(Dimethylamino)chlorofluorophosphine**		**P2849**
98	127	70	55	114	42	43	71	**129**	100	49	19	14	11	10	5	5		6	11	2	1	–	–	–	–	–	–	–	–	**Ethylene, 1-acetoxy-2-(dimethylamino)-**		**M7850**
98	129	70	55	114	42	82	71	**129**	100	51	20	13	11	8	6	5		6	11	2	1	–	–	–	–	–	–	–	–	**2-Propenoic acid, 3-(dimethylamino)-, methyl ester**	999-59-7	**Q4952**
99	56	44	70	28	30	42	43	**129**	100	80	41	35	30	22	19	13	**0.60**	6	15	–	3	–	–	–	–	–	–	–	–	**1-Piperazineethanamine**		**F0390**
99	56	70	44	42	30	28	87	**129**	100	75	43	29	23	22	18	13	**0.30**	6	15	–	3	–	–	–	–	–	–	–	–	**1-Piperazineethanamine**	140-31-8	**P9781**
99	57	59	70	58	100	45	44	**129**	100	56	10	10	6	5	5	4	**1.99**	5	11	1	3	–	–	–	–	–	–	–	–	**Piperazine, 1-methyl-4-nitroso-**	16339-07-4	**R6134**
100	29	58	28	44	114	27	42	**129**	100	28	27	24	21	19	19	17	**5.81**	8	19	–	1	–	–	–	–	–	–	–	–	**2-Butanamine, N,N-diethyl-**		**C1353**
100	30	27	57	44	41	39	55	**129**	100	80	70	65	60	50	45	31	**20.00**	6	11	2	1	–	–	–	–	–	–	–	–	**1H-Azepin-2-one, hexahydro-3-hydroxy-**		**A0734**
101	73	29	46	129	45	28	103	**129**	100	53	44	36	33	19	17	15		5	7	1	1	–	–	–	1	–	–	–	–	**Thiazole, 5-ethoxy-**		**05647**
102	81	129	59	72	45	54	85	**129**	100	93	38	17	14	13	13	12		4	11	–	5	–	–	–	–	–	–	–	–	**Methanimine, 1-(1,4,4-trimethyl-2-tetrazenyl)-**	42448-53-3	**S6908**
114	42	57	72	44	43	41	58	**129**	100	63	47	36	33	29	22	20	**15.65**	7	15	1	1	–	–	–	–	–	–	–	–	**3-Piperidinol, 1-ethyl-**	13444-24-1	**R4535**
114	44	42	96	43	57	56	84	**129**	100	86	48	33	25	24	16	16	**15.00**	7	15	1	1	–	–	–	–	–	–	–	–	**3-Piperidinol, 1,6-dimethyl-**	54751-70-1	**S9562**
114	129	55	81	71	58	70	60	**129**	100	84	80	45	26	24	24	20		6	11	–	1	–	–	–	1	–	–	–	–	**2-Pyrrolidinethione, 5,5-dimethyl-**	35418-37-2	**S4949**
129	41	100	114	101	96	130	42	**129**	100	29	26	23	22	21	20	18		6	11	–	1	–	–	–	1	–	–	–	–	**2H-Azepine-2-thione, hexahydro-**	7203-96-5	**R2925**
129	44	43	86	28	70	41	55	**129**	100	88	81	18	13	12	11	8		3	3	3	3	–	–	–	–	–	–	–	–	**Cyanuric acid**		**D0675**
129	44	43	86	70	130	42	29	**129**	100	58	47	20	8	5	4	3		3	3	3	3	–	–	–	–	–	–	–	–	**Cyanuric acid**		**C0180**
129	55	42	112	40	86	41	56	**129**	100	78	43	38	35	35	34	32		4	7	2	3	–	–	–	–	–	–	–	–	**2,6-Piperazinedione, monooxime**	56700-84-6	**08197**
129	68	43	39	45	42	57	41	**129**	100	46	39	30	30	27	23	21		5	7	1	1	–	–	–	1	–	–	–	–	**2-Oxazolidinethione, (S)-5-vinyl-**	500-12-9	**09985**
129	101	102	82	109	130	128	81	**129**	100	35	31	21	14	7	7	6		6	5	–	1	–	–	2	–	–	–	–	–	**Aniline, 2,4-difluoro-**	367-25-9	**Q0608**
129	102	51	128	50	76	130	75	**129**	100	23	18	16	13	10	10	9		9	7	–	1	–	–	–	–	–	–	–	–	**Isoquinoline**	119-65-3	**P9032**
129	102	51	128	50	130	75	76	**129**	100	26	20	18	11	10	10	9		9	7	–	1	–	–	–	–	–	–	–	–	**Isoquinoline**		**Y2108**
129	102	51	128	50	130	76	75	**129**	100	21	17	16	13	11	10	9		9	7	–	1	–	–	–	–	–	–	–	–	**Quinoline**		**W0105**
129	102	51	128	130	50	76	75	**129**	100	19	14	14	10	10	9	9		9	7	–	1	–	–	–	–	–	–	–	–	**Quinoline**		**Y2371**
129	102	76	50	75	77	103	37	**129**	100	27	18	13	13	11	6	5		7	3	–	3	–	–	–	–	–	–	–	–	**2,3-Pyridinedicarbonitrile**	17132-78-4	**R6637**
129	102	128	51	103	50	76	130	**129**	100	35	23	18	14	12	11	11		9	7	–	1	–	–	–	–	–	–	–	–	**2(E)-Propenenitrile, 3-phenyl-**		**14661**
129	102	128	51	103	130	50	74	**129**	100	29	22	15	12	11	9	8		9	7	–	1	–	–	–	–	–	–	–	–	**Benzeneacetonitrile, α-methylene-**	495-10-3	**Q1247**
129	102	128	130	103	76	51	75	**129**	100	15	14	10	4	4	3	3		9	7	–	1	–	–	–	–	–	–	–	–	**Isoquinoline**		**Y2459**
129	102	128	130	103	76	78	77	**129**	100	21	19	11	10	7	7	6		9	7	–	1	–	–	–	–	–	–	–	–	**2-Propenenitrile, 3-phenyl-**		**C1611**
129	128	50	75	76	74	51	62	**129**	100	47	27	24	24	16	15	13		8	8	–	1	–	–	–	–	–	1	–	–	**[1,2]Azaborino[1,2-a][1,2]azaborine**	1425-58-7	**Q5937**
129	128	70	41	91	56	60	55	**129**	100	52	37	18	17	13	12	10		4	7	–	3	–	–	–	1	–	–	–	–	**1H-1,2,4-Triazole, 5-ethyl-3-mercapto-**		**17008**
130	100	114	85	101	131	113	132	**129**	100	19	17	9	7	7	7	6	**3.44**	4	3	2	1	–	–	–	1	–	–	–	–	**Thiophene, 2-nitro-**	609-40-5	**Q2782**
18	74	17	99	43	59	101	41	**130**	100	99	22	22	20	19	15	9	**2.40**	7	14	2	–	–	–	–	–	–	–	–	–	**Pentanoic acid, 3-methyl-, methyl ester**	2177-78-8	**Q7552**
27	43	41	71	89	42	39	29	**130**	100	68	65	43	40	39	30	13	**0.00**	7	14	2	–	–	–	–	–	–	–	–	–	**Isobutanoic acid, propyl ester**	644-49-5	**Q3570**
28	32	45	27	41	74	29	129	**130**	100	30	15	5	4	4	4	3	**1.00**	7	14	2	–	–	–	–	–	–	–	–	–	**1,3-Dioxolane, 2-butyl-**		**00525**

MASS TO CHARGE RATIOS								M.W.	INTENSITIES								Parent	C	H	O	N	Cl	Br	F	S	P	B	Si	X	COMPOUND NAME	CAS Reg No	No
29	41	27	57	43	60	85	88	**130**	100	52	51	43	42	39	38	38	**1.00**	7	14	2	–	–	–	–	–	–	–	–	–	**Butanoic acid, 3-methyl-, ethyl ester**	108-64-5	**P8138**
29	41	57	58	39	44	31	45	**130**	100	73	57	53	37	32	22	21	**0.00**	6	10	3	–	–	–	–	–	–	–	–	–	**Carbonic acid, ethyl allyl ester**	1469-70-1	**H1187**
29	57	88	85	27	41	43	60	**130**	100	76	60	54	53	51	34	33	**1.80**	7	14	2	–	–	–	–	–	–	–	–	–	**Butanoic acid, 3-methyl-, ethyl ester**	108-64-5	**H0391**
29	85	27	28	58	56	57	86	**130**	100	51	48	46	40	33	30	22	**0.16**	6	10	3	–	–	–	–	–	–	–	–	–	**2(3H)-Furanone, 5-ethoxydihydro-**	932-85-4	**06869**
29	85	57	28	27	56	74	102	**130**	100	85	31	29	28	26	22	19	**0.31**	6	10	3	–	–	–	–	–	–	–	–	–	**Propanal, 2-(carboxyethoxy)-**		**F0409**
29	85	57	88	60	27	41	73	**130**	100	67	64	64	40	37	37	22	**0.70**	7	14	2	–	–	–	–	–	–	–	–	–	**Pentanoic acid, ethyl ester**	539-82-2	**Q1790**
29	88	57	85	60	27	41	45	**130**	100	54	48	43	34	30	28	20	**0.90**	7	14	2	–	–	–	–	–	–	–	–	–	**Pentanoic acid, ethyl ester**	539-82-2	**Q1791**
29	88	85	27	57	41	60	28	**130**	100	58	57	55	51	34	32	23	**0.90**	7	14	2	–	–	–	–	–	–	–	–	–	**Pentanoic acid, ethyl ester**	539-82-2	**H0797**
39	41	40	86	112	45	68	58	**130**	100	76	68	61	59	57	48	38	**13.01**	5	6	4	–	–	–	–	–	–	–	–	–	**Butanedioic acid, methylene-**	97-65-4	**P7113**
39	86	40	68	41	45	43	38	**130**	100	71	50	50	42	30	19	18	**2.00**	5	6	4	–	–	–	–	–	–	–	–	–	**2-Butenedioic acid, cis-2-methyl-**	498-23-7	**Q1297**
39	112	84	40	43	41	45	38	**130**	100	96	71	38	37	30	30	20	**0.50**	5	6	4	–	–	–	–	–	–	–	–	–	**2-Butenedioic acid, trans-2-methyl-**	498-24-8	**Q1298**
40	42	44	55	84	130	41	83	**130**	100	69	48	48	46	33	25	22		5	10	2	2	–	–	–	–	–	–	–	–	**Piperidine, N-nitroso-**		**03867**
41	29	39	55	15	42	101	45	**130**	100	43	37	30	26	23	22	20	**1.08**	6	10	3	–	–	–	–	–	–	–	–	–	**Furan, 2,5-dihydro-2,5-dimethoxy-**		**D0606**
41	55	43	69	56	57	84	70	**130**	100	89	82	77	67	63	45	44	**0.00**	8	18	1	–	–	–	–	–	–	–	–	–	**Isooctanol**		**D1162**
41	55	43	69	57	56	29	84	**130**	100	93	92	84	80	73	50	47	**0.20**	8	18	1	–	–	–	–	–	–	–	–	–	**1-Heptanol, 6-methyl-**		**00455**
41	55	43	83	39	69	31	98	**130**	100	65	59	56	52	49	49	48	**0.00**	7	14	2	–	–	–	–	–	–	–	–	–	**Furan, 5,5-dimethyl-2-methoxytetrahydro-**		**M0552**
41	55	56	70	42	39	74	69	**130**	100	91	86	42	42	37	32	30	**0.00**	7	14	–	–	–	–	–	1	–	–	–	–	**1-Heptene episulphide**		**M7526**
41	55	83	43	73	57	115	39	**130**	100	17	17	16	15	12	8	7	**0.00**	8	18	1	–	–	–	–	–	–	–	–	–	**Butane, 2-methoxy-2,3,3-trimethyl-**	27705-21-1	**S1747**
41	56	43	55	29	27	31	42	**130**	100	93	90	80	72	68	66	61	**0.00**	8	18	1	–	–	–	–	–	–	–	–	–	**1-Octanol**		**Y1059**
41	56	43	55	29	31	27	42	**130**	100	86	82	81	71	69	63	59	**0.10**	8	18	1	–	–	–	–	–	–	–	–	–	**1-Octanol**	111-87-5	**H0482**
41	56	55	43	69	29	42	70	**130**	100	90	86	72	56	55	54	53	**0.00**	8	18	1	–	–	–	–	–	–	–	–	–	**1-Octanol**		**D1148**
41	69	39	87	29	31	40	45	**130**	100	94	47	38	20	18	14	14	**0.00**	6	10	3	–	–	–	–	–	–	–	–	–	**2-Propenoic acid, 2-methyl-, 1-hydroxyethyl ester**		**X1398**
41	69	39	87	29	31	40	45	**130**	100	94	47	38	20	18	14	14	**0.00**	6	10	3	–	–	–	–	–	–	–	–	–	**2-Propenoic acid, 2-methyl-, 2-hydroxyethyl ester**	868-77-9	**H1093**
41	73	101	29	39	27	45	57	**130**	100	41	23	21	20	15	13	13	**0.00**	7	14	2	–	–	–	–	–	–	–	–	–	**2-Propene, 1-(1-methoxypropoxy)-**		**C1006**
41	130	71	29	43	28	57	42	**130**	100	36	33	23	22	19	18	17		6	10	3	–	–	–	–	–	–	–	–	–	**3,7,9-Trioxabicyclo[3.3.1]nonane**	281-09-4	**Q0189**
42	41	44	59	113	39	43	27	**130**	100	62	62	53	29	24	22	20	**0.00**	5	10	2	2	–	–	–	–	–	–	–	–	**Glutaramide**		**C0139**
42	56	43	130	55	44	30	41	**130**	100	77	59	51	50	45	41	29		5	10	2	2	–	–	–	–	–	–	–	–	**4-Piperidinol, 1-nitroso-**	55556-93-9	**T1545**
42	102	130	55	60	46			**130**	100	80	65	65	25	25				6	10	1	–	–	–	–	1	–	–	–	–	**Thiacycloheptan-4-one**		**M2695**
43	29	27	15	42	88	85	60	**130**	100	34	21	18	17	15	14	9	**5.54**	6	10	3	–	–	–	–	–	–	–	–	–	**Butanoic acid, 3-oxo-, ethyl ester**		**Y1151**
43	29	27	70	41	55	73	42	**130**	100	29	22	22	15	13	12	11	**0.00**	7	14	2	–	–	–	–	–	–	–	–	–	**Acetic acid, 3-methylbutyl ester**		**17365**
43	30	42	41	71	130	55	44	**130**	100	77	53	49	48	42	31	20		5	10	2	2	–	–	–	–	–	–	–	–	**3-Piperidinol, 1-nitroso-**	55556-85-9	**T1537**
43	41	69	45	27	71	55	73	**130**	100	81	72	64	54	30	26	25	**0.01**	8	18	1	–	–	–	–	–	–	–	–	–	**3-Pentanol, 2,3,4-trimethyl-**		**04135**
43	42	41	70	130	58	44	39	**130**	100	33	32	32	28	24	15	11		6	14	1	2	–	–	–	–	–	–	–	–	**2-Propanamine, N-isopropyl-N-nitroso-**	601-77-4	**Q2649**
43	42	70	27	41	30	15	130	**130**	100	66	66	50	46	36	28	22		6	14	1	2	–	–	–	–	–	–	–	–	**1-Propanamine, N-nitroso-N-propyl-**		**D0230**
43	42	70	27	41	30	28	29	**130**	100	64	64	50	46	36	27	26	**22.02**	6	14	1	2	–	–	–	–	–	–	–	–	**1-Propanamine, N-nitroso-N-propyl-**	621-64-7	**Q3046**
43	42	70	55	61	27	29	41	**130**	100	23	22	16	16	15	15	13	**0.00**	7	14	2	–	–	–	–	–	–	–	–	–	**Acetic acid, pentyl ester**		**17366**
43	45	98	71	41	55	83	42	**130**	100	70	26	18	15	15	9	8	**0.00**	7	14	2	–	–	–	–	–	–	–	–	–	**2-Hexanone, 6-methoxy-**	29006-00-6	**S2295**
43	45	98	71	41	83	55	56	**130**	100	65	38	22	13	13	11	8	**1.56**	7	14	2	–	–	–	–	–	–	–	–	–	**2-Hexanone, 6-methoxy-**	29006-00-6	**S2294**
43	45	101	73	86	71	29	69	**130**	100	58	18	16	14	10	10	9	**0.00**	7	14	2	–	–	–	–	–	–	–	–	–	**2-Pentanone, 4-ethoxy-**		**M1527**
43	55	41	57	69	56	70	84	**130**	100	98	89	88	80	77	46	41	**0.00**	8	18	1	–	–	–	–	–	–	–	–	–	**Isooctanol**	26952-21-6	**S1575**
43	55	41	57	69	56	70	84	**130**	100	98	89	88	79	77	45	41	**0.00**	8	18	1	–	–	–	–	–	–	–	–	–	**1-Pentanol, 2,2,4-trimethyl-**		**X0737**
43	55	41	69	56	57	70	84	**130**	100	98	97	88	78	78	52	42	**0.00**	8	18	1	–	–	–	–	–	–	–	–	–	**Isooctanol**	26952-21-6	**S1574**
43	55	70	73	59	71	101	41	**130**	100	29	28	23	21	19	13	10	**0.00**	7	14	2	–	–	–	–	–	–	–	–	–	**Acetic acid, 2-methyl-2-butyl ester**	625-16-1	**Q3173**
43	55	70	88	87	42	61	71	**130**	100	25	13	9	8	7	7	6	**0.00**	6	10	3	–	–	–	–	–	–	–	–	–	**2-Butanone, 4-(acetyloxy)-**	10150-87-5	**R3598**
43	55	87	70	42	41	27	29	**130**	100	14	14	12	11	9	8	7	**0.00**	7	14	2	–	–	–	–	–	–	–	–	–	**Acetic acid, 2-pentyl ester**	626-38-0	**Q3212**
43	55	99	27	115	57	59	29	**130**	100	24	19	16	15	13	13	12	**3.50**	6	10	3	–	–	–	–	–	–	–	–	–	**Pentanoic acid, 4-oxo-, methyl ester**		**C1287**
43	57	75	41	56	55	29	115	**130**	100	92	41	29	23	15	10	7	**1.40**	7	14	2	–	–	–	–	–	–	–	–	–	**Acetic acid, 2,2-dimethylpropyl ester**	926-41-0	**Q4568**
43	57	75	41	56	55	83	70	**130**	100	78	35	30	20	15	6	5	**0.69**	7	14	2	–	–	–	–	–	–	–	–	–	**Acetic acid, 2,2-dimethylpropyl ester**		**04780**
43	58	115	73	55	42	45	86	**130**	100	43	38	19	18	17	17	16	**0.00**	7	14	2	–	–	–	–	–	–	–	–	–	**1,3-Dioxolane, trans-2,2,4,5-tetramethyl-**	17226-66-3	**R6699**
43	69	84	88	85	58	130		**130**	100	38	35	13	12	4	4			6	10	3	–	–	–	–	–	–	–	–	–	**Butanoic acid, 3-oxo-, ethyl ester**	141-97-9	**P9847**
43	70	29	15	55	27	73	41	**130**	100	28	15	14	13	13	12	12	**0.06**	7	14	2	–	–	–	–	–	–	–	–	–	**Acetic acid, 2-methylbutyl ester**	624-41-9	**06885**
43	70	41	42	27	130	58	15	**130**	100	34	32	31	28	21	20	15		6	14	1	2	–	–	–	–	–	–	–	–	**2-Propanamine, N-isopropyl-N-nitroso-**	601-77-4	**Q2648**
43	70	41	42	130	58	44	85	**130**	100	34	32	31	21	20	7	6		6	14	1	2	–	–	–	–	–	–	–	–	**2-Propanamine, N-isopropyl-N-nitroso-**	601-77-4	**M4138**
43	70	42	41	27	130	30	58	**130**	100	89	61	44	31	27	24	17		6	14	1	2	–	–	–	–	–	–	–	–	**1-Propanamine, N-nitroso-N-propyl-**	621-64-7	**Q3045**
43	70	42	55	27	15	41	61	**130**	100	30	21	18	16	16	15	15	**0.10**	7	14	2	–	–	–	–	–	–	–	–	–	**Acetic acid, pentyl ester**	628-63-7	**H1006**
43	70	42	61	55	41	73	29	**130**	100	36	21	20	18	12	10	9	**0.00**	7	14	2	–	–	–	–	–	–	–	–	–	**Acetic acid, pentyl ester**		**D0483**

MASS TO CHARGE RATIOS								M.W.	INTENSITIES								Parent	C	H	O	N	Cl	Br	F	S	P	B	Si	X	COMPOUND NAME	CAS Reg No	No
43	70	55	15	27	41	42	29	**130**	100	36	27	17	15	15	12	12	**0.10**	7	14	2	–	–	–	–	–	–	–	–	–	**1-Butanol, 3-methyl-, acetate**	123-92-2	**H0585**
43	70	55	41	73	42	29	57	**130**	100	49	21	17	15	14	12	7	**0.30**	7	14	2	–	–	–	–	–	–	–	–	–	**Acetic acid, 2-methylbutyl ester**	624-41-9	**Q3148**
43	70	55	42	61	41	73	87	**130**	100	40	34	13	12	9	8	6	**0.00**	7	14	2	–	–	–	–	–	–	–	–	–	**Acetic acid, 3-methylbutyl ester**		**D0086**
43	70	87	55	42	41	71	101	**130**	100	23	23	16	7	7	5	5	**1.00**	7	14	2	–	–	–	–	–	–	–	–	–	**Acetic acid, 2-methylbutyl ester**	624-41-9	**Q3147**
43	71	27	41	29	57	39	59	**130**	100	74	42	38	31	24	15	15	**7.00**	6	10	3	–	–	–	–	–	–	–	–	–	**2-Butenoic acid, (E)-2-methoxy-, methyl ester**	56009-29-1	**T2539**
43	71	27	41	89	42	39	60	**130**	100	52	24	23	16	13	11	11	**0.00**	7	14	2	–	–	–	–	–	–	–	–	–	**Butanoic acid, isopropyl ester**	638-11-9	**Q3486**
43	71	27	41	89	42	60	59	**130**	100	55	31	26	18	14	10	10	**0.25**	7	14	2	–	–	–	–	–	–	–	–	–	**Butanoic acid, isopropyl ester**		**04042**
43	71	27	89	41	42	29	28	**130**	100	44	35	31	29	12	9	8	**0.10**	7	14	2	–	–	–	–	–	–	–	–	–	**Isobutanoic acid, propyl ester**	644-49-5	**H1035**
43	71	27	89	41	42	39	29	**130**	100	94	56	50	39	27	21	18	**0.05**	7	14	2	–	–	–	–	–	–	–	–	–	**Butanoic acid, propyl ester**		**Y1160**
43	71	41	27	59	42	39	44	**130**	100	73	55	37	19	17	13	7	**6.00**	6	10	3	–	–	–	–	–	–	–	–	–	**Butanoic acid, 3-methyl-2-oxo-, methyl ester**	3952-67-8	**Q9960**
43	71	41	27	89	42	45	28	**130**	100	26	21	21	9	8	6	4	**0.14**	7	14	2	–	–	–	–	–	–	–	–	–	**Isobutanoic acid, isopropyl ester**		**04048**
43	71	41	70	73	42	55	44	**130**	100	27	16	13	11	9	7	4	**0.00**	8	18	1	–	–	–	–	–	–	–	–	–	**Pentyl propyl ether**	18641-82-2	**R7756**
43	71	41	70	73	42	55	69	**130**	100	27	16	13	11	9	7	4	**1.00**	8	18	1	–	–	–	–	–	–	–	–	–	**Pentyl propyl ether**	18641-82-2	**R7757**
43	71	45	73	115	41	42	55	**130**	100	50	23	23	20	15	10	7	**5.53**	8	18	1	–	–	–	–	–	–	–	–	–	**Isopropyl pentyl ether**	5756-37-6	**R1740**
43	71	58	42	41	53	44	55	**130**	100	75	20	19	11	9	8	7	**4.00**	6	10	3	–	–	–	–	–	–	–	–	–	**2H-Pyran-2-one, tetrahydro-4-hydroxy-4-methyl-**	503-48-0	**Q1375**
43	71	58	42	53	41	63	72	**130**	100	84	20	10	9	8	6	5	**0.00**	6	10	3	–	–	–	–	–	–	–	–	–	**2H-Pyran-2-one, tetrahydro-4-hydroxy-4-methyl-**	503-48-0	**Q1376**
43	71	73	45	29	115	41	27	**130**	100	52	23	22	19	18	15	7	**6.00**	8	18	1	–	–	–	–	–	–	–	–	–	**Isopropyl pentyl ether**	5756-37-6	**R1736**
43	71	73	45	115	41	42	55	**130**	100	44	21	20	16	15	9	6	**2.00**	8	18	1	–	–	–	–	–	–	–	–	–	**Isopropyl pentyl ether**	5756-37-6	**R1738**
43	71	89	41	27	42	45	59	**130**	100	35	16	15	9	9	7	5	**0.10**	7	14	2	–	–	–	–	–	–	–	–	–	**Isobutanoic acid, isopropyl ester**	617-50-5	**Q2949**
43	74	28	57	55	27	87	29	**130**	100	99	52	47	46	44	43	41	**1.80**	7	14	2	–	–	–	–	–	–	–	–	–	**Pentanoic acid, 4-methyl-, methyl ester**	2412-80-8	**Q7983**
43	85	57	41	102	55	45	87	**130**	100	98	22	19	19	14	11	11	**0.00**	7	14	2	–	–	–	–	–	–	–	–	–	**Butanoic acid, 2-ethyl-2-methyl-**	19889-37-3	**R8362**
43	85	84	41	83	130			**130**	100	42	36	18	16	1				7	14	2	–	–	–	–	–	–	–	–	–	**Furan, 2-ethoxy-2-methyltetrahydro-**		**M4574**
43	87	41	39	27	115	85	55	**130**	100	95	25	25	25	20	18	16	**0.00**	7	14	2	–	–	–	–	–	–	–	–	–	**1,3-Dioxolane, 2-isopropyl-2-methyl-**		**00556**
43	87	70	55	41	86	71	28	**130**	100	26	18	12	7	6	6	5	**0.70**	7	14	2	–	–	–	–	–	–	–	–	–	**Acetic acid, 3-methyl-2-butyl ester**	5343-96-4	**R1323**
43	88	29	85	31	42	60	45	**130**	100	23	21	16	13	12	10	9	**5.91**	6	10	3	–	–	–	–	–	–	–	–	–	**Butanoic acid, 3-oxo-, ethyl ester**	141-97-9	**H0644**
43	88	57	59	29	99	87	56	**130**	100	36	23	10	10	9	7	6	**4.20**	6	10	3	–	–	–	–	–	–	–	–	–	**Butanoic acid, 2-methyl-3-oxo-, methyl ester**	17094-21-2	**H1793**
43	88	57	59	99	87	56	41	**130**	100	36	23	10	9	7	6	5	**5.00**	6	10	3	–	–	–	–	–	–	–	–	–	**Butanoic acid, 2-methyl-3-oxo-, methyl ester**	17094-21-2	**R6627**
43	99	115	55	45	15	59	88	**130**	100	29	24	16	15	14	11	11	**8.00**	6	10	3	–	–	–	–	–	–	–	–	–	**Pentanoic acid, 4-oxo-, methyl ester**	624-45-3	**Q3150**
43	99	115	55	59	88	57	98	**130**	100	29	25	18	13	13	10	9	**4.00**	6	10	3	–	–	–	–	–	–	–	–	–	**Pentanoic acid, 4-oxo-, methyl ester**	624-45-3	**Q3153**
43	101	71	57	29	27	55	41	**130**	100	46	35	27	27	23	19	17	**0.10**	7	14	2	–	–	–	–	–	–	–	–	–	**1,4-Dioxane, 2-ethyl-5-methyl-**	53907-91-8	**H2020**
43	102	87	71	101	55	41	59	**130**	100	91	66	56	33	31	25	23	**0.00**	7	14	2	–	–	–	–	–	–	–	–	–	**Butanoic acid, 2-ethyl-, methyl ester**	816-11-5	**Q4190**
43	115	58	73	59	45	55	42	**130**	100	42	38	31	19	16	15	14	**0.00**	7	14	2	–	–	–	–	–	–	–	–	–	**1,3-Dioxolane, cis-2,2,4,5-tetramethyl-**	17226-65-2	**R6698**
44	43	102	71	59	41	115	61	**130**	100	69	68	38	38	24	14	12	**0.00**	5	10	2	2	–	–	–	–	–	–	–	–	**Urea, N-butanoyl-**		**M0598**
44	57	84	130	28	45	30	43	**130**	100	82	70	58	50	31	18	16		3	2	2	2	–	–	–	1	–	–	–	–	**Thiazole, 5-nitro-**		**05645**
44	59	113	72	85	43	42	41	**130**	100	93	70	65	48	26	22	17	**3.70**	5	10	2	2	–	–	–	–	–	–	–	–	**Glutaramide**		**F0568**
44	85	86	28	29	30	56	57	**130**	100	10	10	9	8	7	7	7	**0.00**	5	10	2	2	–	–	–	–	–	–	–	–	**1-Piperazinecarboxylic acid**	10430-90-7	**R3840**
45	29	57	87	27	59	101	41	**130**	100	75	72	63	61	60	54	46	**0.10**	8	18	1	–	–	–	–	–	–	–	–	–	**3-Pentanol, 3-ethyl-2-methyl-**	597-05-7	**H0900**
45	43	27	55	41	29	39	44	**130**	100	20	18	18	17	16	8	8	**0.01**	8	18	1	–	–	–	–	–	–	–	–	–	**2-Octanol**		**Y1060**
45	43	41	27	29	55	84	57	**130**	100	39	21	21	20	16	13	12	**0.05**	8	18	1	–	–	–	–	–	–	–	–	–	**2-Heptanol, 3-methyl-**		**U0044**
45	43	41	27	70	55	29	42	**130**	100	42	21	20	19	17	16	13	**0.04**	8	18	1	–	–	–	–	–	–	–	–	–	**2-Heptanol, 4-methyl-**		**U0045**
45	43	41	57	29	27	56	84	**130**	100	83	36	35	33	28	26	23	**0.00**	8	18	1	–	–	–	–	–	–	–	–	–	**2-Hexanol, 3,4-dimethyl-**		**U0067**
45	43	55	27	41	29	44	57	**130**	100	19	18	17	17	16	7	7	**0.20**	8	18	1	–	–	–	–	–	–	–	–	–	**2-Octanol**	123-96-6	**H0590**
45	43	55	41	27	29	69	56	**130**	100	29	24	21	17	13	12	11	**0.00**	8	18	1	–	–	–	–	–	–	–	–	–	**2-Heptanol, 5-methyl-**		**U0046**
45	43	55	41	27	29	69	56	**130**	100	29	24	20	17	13	12	11	**0.00**	8	18	1	–	–	–	–	–	–	–	–	–	**2-Heptanol, 6-methyl-**		**U0047**
45	55	30	54	41	85	86	130	**130**	100	96	89	57	48	48	48	48		4	6	3	2	–	–	–	–	–	–	–	–	**2-Azetidinecarboxylic acid, 1-nitroso-**	55556-98-4	**T1550**
45	55	112	41	43	97	84	44	**130**	100	22	14	13	12	9	8	8	**0.04**	8	18	1	–	–	–	–	–	–	–	–	–	**2-Octanol**		**W0165**
45	57	29	41	101	59	27	43	**130**	100	84	48	36	33	28	26	11	**0.40**	8	18	1	–	–	–	–	–	–	–	–	–	**Di-sec-butyl ether**	6863-58-7	**H1634**
45	57	41	59	101	29	43	27	**130**	100	68	31	28	20	14	10	9	**0.00**	8	18	1	–	–	–	–	–	–	–	–	–	**Di-sec-butyl ether**	6863-58-7	**R2619**
45	63	130	77	65	50	33	82	**130**	100	64	59	42	31	24	23	18		1	4	–	–	–	–	1	2	1	–	–	–	**Methandithiophosphonyl fluoride**		**L4268**
45	101	73	29	44	57	27	72	**130**	100	52	50	35	25	23	20	14	**0.09**	6	15	2	–	–	–	–	–	–	1	–	–	**Boronic acid, ethyl-, diethyl ester**		**W0042**
45	130	41	29	32	30	43	27	**130**	100	15	13	11	10	9	9	9		7	18	–	2	–	–	–	–	–	–	–	–	**Hydrazine, heptyl-**	2656-72-6	**Q8497**
51	31	130	79	81	132	111	113	**130**	100	22	16	15	15	15	12	12		1	1	–	–	–	1	2	–	–	–	–	–	**Methane, difluorobromo-**		**Y0694**
55	41	56	43	85	44	45	57	**130**	100	91	48	40	36	29	26	26	**2.02**	7	14	2	–	–	–	–	–	–	–	–	–	**2H-Pyran, 2-ethoxytetrahydro-**	4819-83-4	**R0848**
55	41	57	43	29	27	73	39	**130**	100	69	62	49	42	41	40	29	**0.04**	8	18	1	–	–	–	–	–	–	–	–	–	**3-Hexanol, 2,2-dimethyl-**		**U0057**
55	41	83	67	96	81	27	39	**130**	100	61	50	36	34	30	29	28	**21.90**	7	14	–	–	–	–	–	1	–	–	–	–	**Cyclohexylmethanethiol**		**Y1229**
55	43	69	73	41	27	45	29	**130**	100	91	69	66	51	49	42	38	**0.12**	8	18	1	–	–	–	–	–	–	–	–	–	**4-Heptanol, 2-methyl-**		**U0052**

MASS TO CHARGE RATIOS								M.W.	INTENSITIES								Parent	C	H	O	N	Cl	Br	F	S	P	B	Si	X	COMPOUND NAME	CAS Reg No	No
55	45	58	27	29	15	28	43	**130**	100	73	68	34	16	10	9	8	**0.00**	6	10	3	–	–	–	–	–	–	–	–	–	**2-Propenoic acid, 2-methoxyethyl ester**		**X0678**
55	69	43	57	56	41	70	84	**130**	100	93	89	83	83	82	61	49	**0.00**	8	18	1	–	–	–	–	–	–	–	–	–	**1-Heptanol, 6-methyl-**		**Z0565**
55	69	73	41	43	27	87	29	**130**	100	98	72	58	57	52	45	43	**0.00**	8	18	1	–	–	–	–	–	–	–	–	–	**4-Octanol**	589-62-8	**H0871**
55	69	73	43	41	27	29	87	**130**	100	99	80	77	73	72	59	52	**0.99**	8	18	1	–	–	–	–	–	–	–	–	–	**4-Octanol**		**04103**
55	73	43	45	29	27	41	87	**130**	100	64	43	41	36	34	33	21	**0.08**	8	18	1	–	–	–	–	–	–	–	–	–	**4-Heptanol, 3-methyl-**		**U0053**
55	97	81	41	27	39	130	67	**130**	100	51	32	32	22	21	20	17		7	14	–	–	–	–	–	1	–	–	–	–	**Cyclohexanethiol, cis-2-methyl-**		**Y1372**
56	41	57	100	55	43	39	31	**130**	100	22	16	13	8	7	6	3	**2.52**	7	14	2	–	–	–	–	–	–	–	–	–	**1,3-Dioxane, 4,5,5-trimethyl-**	6301-68-4	**R2221**
56	42	57	100	55	43	39	70	**130**	100	22	17	12	8	7	6	3	**2.00**	7	14	2	–	–	–	–	–	–	–	–	–	**1,3-Dioxane, 5,5,6-trimethyl-**		**L2560**
56	43	55	42	41	54	69	29	**130**	100	57	52	45	44	40	31	30	**0.10**	7	14	2	–	–	–	–	–	–	–	–	–	**Formic acid, hexyl ester**	629-33-4	**Q3342**
57	29	27	28	26	15	58	14	**130**	100	62	32	14	11	3	3	3	**0.00**	6	10	3	–	–	–	–	–	–	–	–	–	**Propanoic anhydride**		**Y1152**
57	29	27	56	41	28	75	101	**130**	100	46	24	14	14	9	7	7	**0.10**	7	14	2	–	–	–	–	–	–	–	–	–	**Propanoic acid, sec-butyl ester**		**04038**
57	29	28	27	74	73	45	26	**130**	100	55	20	20	18	12	11	5	**0.00**	6	10	3	–	–	–	–	–	–	–	–	–	**Propanoic anhydride**		**Z0554**
57	29	41	27	56	43	15	39	**130**	100	32	19	14	11	7	7	7	**0.10**	7	14	2	–	–	–	–	–	–	–	–	–	**Propanoic acid, tert-butyl ester**	20487-40-5	**R8694**
57	29	41	27	87	56	28	29	**130**	100	34	29	20	16	15	8	8	**1.52**	8	18	1	–	–	–	–	–	–	–	–	–	**Dibutyl ether**		**Y0830**
57	29	41	27	87	56	39	28	**130**	100	34	29	20	16	15	9	8	**1.50**	8	18	1	–	–	–	–	–	–	–	–	–	**Dibutyl ether**	142-96-1	**P9883**
57	29	56	27	41	39	87	28	**130**	100	47	28	25	16	8	8	8	**0.04**	7	14	2	–	–	–	–	–	–	–	–	–	**Propanoic acid, isobutyl ester**		**Y1159**
57	29	56	27	41	75	87	39	**130**	100	55	30	24	16	8	7	5	**0.00**	7	14	2	–	–	–	–	–	–	–	–	–	**Propanoic acid, isobutyl ester**	540-42-1	**Q1808**
57	29	56	27	75	41	28	39	**130**	100	65	35	34	26	20	15	8	**0.02**	7	14	2	–	–	–	–	–	–	–	–	–	**Propanoic acid, butyl ester**		**Y1158**
57	29	56	41	75	101	27	58	**130**	100	32	19	16	11	10	6	4	**0.30**	7	14	2	–	–	–	–	–	–	–	–	–	**Propanoic acid, sec-butyl ester**	591-34-4	**Q2451**
57	29	56	41	87	75	43	28	**130**	100	31	26	10	8	7	6	4	**0.10**	7	14	2	–	–	–	–	–	–	–	–	–	**Propanoic acid, isobutyl ester**		**D0092**
57	29	56	75	41	27	28	87	**130**	100	38	31	15	14	8	8	7	**0.00**	7	14	2	–	–	–	–	–	–	–	–	–	**Propanoic acid, butyl ester**		**D0090**
57	29	102	41	85	27	74	56	**130**	100	83	51	38	36	24	18	16	**1.80**	7	14	2	–	–	–	–	–	–	–	–	–	**Butanoic acid, 2-methyl-, ethyl ester**	7452-79-1	**R3217**
57	29	102	41	85	74	27	56	**130**	100	74	64	48	40	22	19	14	**3.30**	7	14	2	–	–	–	–	–	–	–	–	–	**Butanoic acid, (+-)-2-methyl-, ethyl ester**	53956-13-1	**S8698**
57	29	102	85	41	74	27	56	**130**	100	68	53	36	36	21	16	13	**1.70**	7	14	2	–	–	–	–	–	–	–	–	–	**Butanoic acid, 2-methyl-, ethyl ester**	7452-79-1	**H1655**
57	41	29	28	56	43	27	55	**130**	100	71	64	57	53	46	44	37	**1.40**	6	10	3	–	–	–	–	–	–	–	–	–	**1,3-Dioxolane-4-methanol, 2-vinyl-**	4313-32-0	**R0313**
57	41	29	56	87	27	58	55	**130**	100	10	10	7	6	3	2	2	**0.31**	8	18	1	–	–	–	–	–	–	–	–	–	**Dibutyl ether**		**D0517**
57	41	29	87	56	27	58	43	**130**	100	20	19	14	10	5	4	4	**1.38**	8	18	1	–	–	–	–	–	–	–	–	–	**Butyl isobutyl ether**		**C0572**
57	41	29	87	56	43	58	27	**130**	100	14	9	8	5	3	3	3	**2.01**	8	18	1	–	–	–	–	–	–	–	–	–	**Di-isobutyl ether**		**D0727**
57	41	29	87	56	58	27	43	**130**	100	18	15	9	5	4	4	4	**3.05**	8	18	1	–	–	–	–	–	–	–	–	–	**Di-isobutyl ether**		**C0571**
57	41	43	29	55	27	56	70	**130**	100	40	38	28	25	23	21	18	**0.00**	8	18	1	–	–	–	–	–	–	–	–	–	**1-Hexanol, 2-ethyl-**	104-76-7	**H0292**
57	41	43	29	55	56	27	70	**130**	100	45	43	30	29	25	24	21	**0.00**	8	18	1	–	–	–	–	–	–	–	–	–	**1-Hexanol, 2-ethyl-**		**C1013**
57	41	56	55	43	29	97	39	**130**	100	43	30	29	19	17	17	13	**0.00**	8	18	1	–	–	–	–	–	–	–	–	–	**1-Pentanol, 2,4,4-trimethyl-**		**G0268**
57	43	29	56	73	101	27	15	**130**	100	99	39	10	9	8	7	6	**4.08**	6	10	3	–	–	–	–	–	–	–	–	–	**2-Butanone, 1-(acetyloxy)-**		**Z0555**
57	43	41	29	27	55	99	31	**130**	100	49	38	29	27	25	22	17	**0.00**	8	18	1	–	–	–	–	–	–	–	–	–	**1-Hexanol, 2,2-dimethyl-**		**04684**
57	43	41	55	99	27	29	39	**130**	100	52	33	23	22	16	15	14	**0.01**	8	18	1	–	–	–	–	–	–	–	–	–	**1-Pentanol, 2,2,4-trimethyl-**		**U0061**
57	43	41	55	99	29	27	39	**130**	100	40	30	23	23	20	18	12	**0.04**	8	18	1	–	–	–	–	–	–	–	–	–	**1-Hexanol, 2,2-dimethyl-**		**U0056**
57	43	41	56	55	29	27	69	**130**	100	43	37	33	26	20	20	14	**0.04**	8	18	1	–	–	–	–	–	–	–	–	–	**1-Pentanol, 2-ethyl-4-methyl-**		**00462**
57	43	41	70	55	56	83	29	**130**	100	32	29	23	21	21	21	16	**0.00**	8	18	1	–	–	–	–	–	–	–	–	–	**1-Hexanol, 2-ethyl-**	104-76-7	**P7747**
57	43	56	41	55	29	27	83	**130**	100	42	33	32	23	18	13	13	**0.02**	8	18	1	–	–	–	–	–	–	–	–	–	**1-Pentanol, 2-ethyl-4-methyl-**		**C0549**
57	45	41	29	101	59	27	43	**130**	100	95	37	22	19	17	10	8	**0.11**	8	18	1	–	–	–	–	–	–	–	–	–	**Butyl sec-butyl ether**	999-65-5	**Q4953**
57	55	41	58	56	43	73	45	**130**	100	42	40	36	23	17	17	13	**0.00**	7	14	2	–	–	–	–	–	–	–	–	–	**Oxirane, (butoxymethyl)-**	2426-08-6	**Q8022**
57	55	43	29	45	41	27	71	**130**	100	86	42	39	35	30	25	25	**2.00**	6	10	3	–	–	–	–	–	–	–	–	–	**2-Butenoic acid, (Z)-2-methoxy-, methyl ester**	56009-30-4	**T2540**
57	55	58	41	29	73	31	56	**130**	100	42	34	31	30	18	17	17	**0.00**	6	10	3	–	–	–	–	–	–	–	–	–	**Oxirane, 2,2′-[oxybis(methylene)]bis-**	2238-07-5	**Q7696**
57	56	41	75	55	39	87	43	**130**	100	35	24	23	8	7	5	5	**1.00**	7	14	2	–	–	–	–	–	–	–	–	–	**Propanoic acid, butyl ester**	590-01-2	**Q2415**
57	59	41	29	115	56	39	58	**130**	100	85	30	15	9	8	7	5	**0.00**	8	18	1	–	–	–	–	–	–	–	–	–	**Di-tert-butyl ether**	6163-66-2	**R2117**
57	59	41	114	29	56	43	58	**130**	100	44	17	15	10	10	5	5	**0.00**	8	18	1	–	–	–	–	–	–	–	–	–	**Isobutyl tert-butyl ether**		**L0417**
57	59	41	115	29	56	87	43	**130**	100	44	17	15	10	10	6	5	**0.00**	8	18	1	–	–	–	–	–	–	–	–	–	**Isobutyl tert-butyl ether**	33021-02-2	**S3950**
57	59	43	101	69	42	130	45	**130**	100	35	28	22	16	15	12	11		6	10	3	–	–	–	–	–	–	–	–	–	**Pentanoic acid, 3-oxo-, methyl ester**	30414-53-0	**S2901**
57	70	56	43	69	41	55	77	**130**	100	74	69	62	61	59	55	54	**0.00**	8	18	1	–	–	–	–	–	–	–	–	–	**1-Heptanol, 2-methyl-**		**L8856**
57	85	29	47	27	103	86	55	**130**	100	82	28	18	16	12	12	9	**1.33**	7	14	2	–	–	–	–	–	–	–	–	–	**1-Propene, 3,3-diethoxy-**		**01846**
57	88	56	58	29	87	42	130	**130**	100	79	76	74	69	60	60	55		6	14	1	2	–	–	–	–	–	–	–	–	**1-Butanamine, N-nitroso-N-ethyl-**		**M8813**
57	102	29	41	85	74	27	28	**130**	100	71	56	39	39	19	18	17	**2.30**	7	14	2	–	–	–	–	–	–	–	–	–	**Butanoic acid, 2-methyl-, ethyl ester**	7452-79-1	**R3218**
57	130	45	84	30	43	46	114	**130**	100	80	61	40	24	9	9	8		3	2	2	2	–	–	–	1	–	–	–	–	**Isothiazole, 4-nitro-**	931-07-7	**Q4635**
58	42	85	44	70	43	84	56	**130**	100	70	34	22	21	16	11	7	**1.60**	7	18	–	2	–	–	–	–	–	–	–	–	**1,3-Propanediamine, N,N,N′,N′-tetramethyl-**	110-95-2	**P8461**
58	44	30	56	28	97	42	27	**130**	100	90	65	56	55	48	46	32	**1.60**	7	18	–	2	–	–	–	–	–	–	–	–	**1,3-Propanediamine, N,N-diethyl-**	104-78-9	**H0294**
58	44	57	102	45	86	56	130	**130**	100	82	56	35	17	5	5	4		3	2	2	2	–	–	–	1	–	–	–	–	**1,2,3-Thiadiazole-5-carboxylic acid**		**M0717**

MASS TO CHARGE RATIOS								M.W.	INTENSITIES								Parent	C	H	O	N	Cl	Br	F	S	P	B	Si	X	COMPOUND NAME	CAS Reg No	No
58	57	45	59	102	56	46	60	**130**	100	89	42	38	33	11	9	7	**0.00**	3	2	2	2	–	–	–	1	–	–	–	–	1,2,3-Thiadiazole-4-carboxylic acid		M0716
58	57	56	42	88	30	41	87	**130**	100	99	84	80	59	58	55	49	**34.68**	6	14	1	2	–	–	–	–	–	–	–	–	1-Butanamine, N-nitroso-N-ethyl-		03845
58	85	42	70	84	44	43	30	**130**	100	33	28	26	16	15	7	7	**2.58**	7	18	–	2	–	–	–	–	–	–	–	–	1,3-Propanediamine, N,N,N′,N′-tetramethyl-		15800
59	27	31	41	29	43	58	55	**130**	100	25	24	24	23	23	20	17	**0.10**	8	18	1	–	–	–	–	–	–	–	–	–	3-Heptanol, 4-methyl-	14979-39-6	H1756
59	29	43	55	27	41	31	83	**130**	100	70	66	60	59	55	44	38	**1.49**	8	18	1	–	–	–	–	–	–	–	–	–	3-Octanol		04097
59	31	28	56	43	47	29	41	**130**	100	99	98	75	53	44	35	32	**1.36**	8	18	1	–	–	–	–	–	–	–	–	–	Hexane, 1-ethoxy-	5756-43-4	R1748
59	31	56	43	29	41	47	55	**130**	100	82	45	34	30	24	22	14	**0.20**	8	18	1	–	–	–	–	–	–	–	–	–	Hexane, 1-ethoxy-	5756-43-4	R1747
59	43	41	27	29	55	57	31	**130**	100	25	19	15	13	13	12	8	**0.00**	8	18	1	–	–	–	–	–	–	–	–	–	2-Hexanol, (S)-2,5-dimethyl-	3730-60-7	H1429
59	43	41	27	29	55	57	31	**130**	100	25	19	15	13	13	12	8	**0.00**	8	18	1	–	–	–	–	–	–	–	–	–	2-Hexanol, 2,5-dimethyl-		04118
59	43	41	27	29	55	71	39	**130**	100	23	14	12	9	8	8	7	**0.02**	8	18	1	–	–	–	–	–	–	–	–	–	2-Hexanol, 2,3-dimethyl-	19550-03-9	R8194
59	43	41	29	27	55	115	31	**130**	100	23	16	16	15	14	11	11	**0.00**	8	18	1	–	–	–	–	–	–	–	–	–	2-Heptanol, 2-methyl-		04117
59	43	87	41	39	42	57	45	**130**	100	29	28	9	5	4	4	2	**0.00**	7	14	2	–	–	–	–	–	–	–	–	–	2-Butanone, 3-ethoxy-3-methyl-		04840
59	55	41	43	115	31	45	29	**130**	100	14	14	12	12	9	8	8	**0.00**	8	18	1	–	–	–	–	–	–	–	–	–	2-Heptanol, 2-methyl-		C0127
59	55	83	41	29	31	27	43	**130**	100	48	42	38	35	32	31	20	**0.00**	8	18	1	–	–	–	–	–	–	–	–	–	3-Octanol		H0878
59	55	83	41	101	31	29	43	**130**	100	47	46	27	21	20	17	15	**0.01**	8	18	1	–	–	–	–	–	–	–	–	–	3-Octanol		C1262
59	56	43	47	41	84	55	42	**130**	100	51	34	32	20	18	12	10	**0.00**	8	18	1	–	–	–	–	–	–	–	–	–	Hexane, 1-ethoxy-	5756-43-4	R1749
59	57	83	29	41	27	43	31	**130**	100	61	54	49	43	35	32	31	**0.00**	8	18	1	–	–	–	–	–	–	–	–	–	3-Heptanol, 5-methyl-		U0050
59	73	130	43	44	30	45	42	**130**	100	39	29	9	9	8	8	8		7	18	–	2	–	–	–	–	–	–	–	–	Hydrazine, 1,1-dimethyl-2-pentyl-	67398-36-1	T6802
59	83	41	29	57	27	55	43	**130**	100	60	52	48	44	42	40	39	**0.17**	8	18	1	–	–	–	–	–	–	–	–	–	3-Heptanol, 4-methyl-		04098
59	83	41	55	29	27	31	43	**130**	100	58	44	42	33	30	30	25	**0.05**	8	18	1	–	–	–	–	–	–	–	–	–	3-Heptanol, 6-methyl-		U0051
59	83	57	41	101	55	29	31	**130**	100	61	49	28	25	23	21	20	**0.03**	8	18	1	–	–	–	–	–	–	–	–	–	3-Heptanol, 5-methyl-		C0093
59	87	43	45	41	29	27	39	**130**	100	98	39	28	27	21	19	13	**0.00**	8	18	1	–	–	–	–	–	–	–	–	–	Pentane, 2-ethoxy-2-methyl-		C0887
59	87	44	130	60	45	43	42	**130**	100	96	55	44	28	21	20	14		7	18	–	2	–	–	–	–	–	–	–	–	Hydrazine, 1,1-dimethyl-2-(1,2-dimethylpropyl)-		P0966
59	130	87	44	60	45	57	43	**130**	100	28	22	20	15	14	12	9		7	18	–	2	–	–	–	–	–	–	–	–	Hydrazine, 1,1-dimethyl-2-(1-methylbutyl)-	75267-97-9	T8854
60	73	28	41	43	55	27	87	**130**	100	46	45	42	37	29	29	25	**3.70**	7	14	2	–	–	–	–	–	–	–	–	–	Heptanoic acid		17457
60	73	41	43	27	29	87	55	**130**	100	47	28	28	20	19	18	16	**0.47**	7	14	2	–	–	–	–	–	–	–	–	–	Heptanoic acid		C0602
60	73	43	87	41	55	71	70	**130**	100	59	30	27	23	20	16	16	**0.70**	7	14	2	–	–	–	–	–	–	–	–	–	Heptanoic acid	111-14-8	P8489
65	95	45	64	115	47	51	91	**130**	100	6	6	5	4	4	3	3	**0.11**	4	6	–	–	–	–	4	–	–	–	–	–	Butane, 2,2,3,3-tetrafluoro-		A0319
68	41	101	67	130	27	69	39	**130**	100	63	57	49	47	44	41	35		7	14	–	–	–	–	–	1	–	–	–	–	Cyclopentane, (1-thiapropyl)-		05866
68	43	41	42	73	44	112	69	**130**	100	76	70	70	57	56	56	52	**7.00**	7	14	2	–	–	–	–	–	–	–	–	–	1,3-Cyclohexanediol, 1R,3-cis,5-trans-methyl-		15142
68	44	43	41	94	42	73	71	**130**	100	83	59	57	49	45	42	40	**0.60**	7	14	2	–	–	–	–	–	–	–	–	–	1,3-Cyclohexanediol, 1R,3-cis,5-cis-methyl-		15141
68	67	39	41	95	53	130	54	**130**	100	88	34	21	18	14	13	12		7	11	–	–	1	–	–	–	–	–	–	–	Bicyclo[2.2.1]heptane, 2-chloro-, exo-	765-91-3	Q4025
68	67	66	95	39	41	79	27	**130**	100	98	23	20	19	15	14	11	**8.46**	7	11	–	–	1	–	–	–	–	–	–	–	Bicyclo[2.2.1]heptane, 2-chloro-	29342-53-8	S2427
68	67	130	95	39	132	41	66	**130**	100	77	31	18	14	9	9	8		7	11	–	–	1	–	–	–	–	–	–	–	Bicyclo[2.2.1]heptane, 2-chloro-, exo-		L5339
68	67	130	95	132	81			**130**	100	47	46	23	13	6				7	11	–	–	1	–	–	–	–	–	–	–	Bicyclo[2.2.1]heptane, 2-chloro-, exo-		L5338
69	41	27	43	57	29	55	73	**130**	100	78	53	52	42	41	39	36	**0.07**	8	18	1	–	–	–	–	–	–	–	–	–	3-Heptanol, 2-methyl-		U0048
69	41	73	87	43	27	29	55	**130**	100	52	52	44	41	41	31	24	**0.22**	8	18	1	–	–	–	–	–	–	–	–	–	3-Heptanol, 2-methyl-		04104
69	41	87	45	44	100	43	99	**130**	100	75	41	8	8	6	5	4	**0.00**	6	10	3	–	–	–	–	–	–	–	–	–	2-Propenoic acid, 2-methyl-, 1-hydroxyethyl ester		B0574
69	43	41	27	57	45	55	39	**130**	100	95	78	53	51	39	37	35	**0.07**	8	18	1	–	–	–	–	–	–	–	–	–	3-Hexanol, 2,5-dimethyl-		U0059
70	85	43	57	41	55	42	129	**130**	100	73	56	46	28	28	16	2	**1.00**	8	18	1	–	–	–	–	–	–	–	–	–	1-Pentanol, 3,3,4-trimethyl-	65502-58-1	T6560
71	41	102	55	29	70	27	59	**130**	100	28	25	25	24	24	24	22	**0.00**	7	14	2	–	–	–	–	–	–	–	–	–	Butanoic acid, 2,2-dimethyl-, methyl ester	813-67-2	Q4172
71	43	29	27	41	39	57	15	**130**	100	52	45	38	38	28	26	13	**0.18**	6	10	3	–	–	–	–	–	–	–	–	–	2(3H)-Furanone, dihydro-3-hydroxy-4,4-dimethyl-, (R)-	599-04-2	06870
71	43	58	70	41	55	112	57	**130**	100	85	44	43	30	23	21	19	**10.00**	7	14	2	–	–	–	–	–	–	–	–	–	1,2-Cyclohexanediol, trans-1-methyl-	19534-08-8	R8189
71	43	89	27	41	42	39	60	**130**	100	84	52	44	39	27	16	16	**0.00**	7	14	2	–	–	–	–	–	–	–	–	–	Butanoic acid, propyl ester	105-66-8	P7807
71	43	89	41	42	27	60	73	**130**	100	81	49	21	19	18	14	8	**0.17**	7	14	2	–	–	–	–	–	–	–	–	–	Butanoic acid, propyl ester		D0094
71	43	102	70	59	55	41	29	**130**	100	78	27	23	15	15	14	8	**0.00**	7	14	2	–	–	–	–	–	–	–	–	–	Butanoic acid, 2,2-dimethyl-, methyl ester	813-67-2	Q4173
71	73	74	69	83	101	70	72	**130**	100	65	42	23	23	22	9	6	**0.00**	7	14	2	–	–	–	–	–	–	–	–	–	Hexanoic acid, 4-methyl-	1561-11-1	H1201
72	41	71	58	73	112	57	59	**130**	100	33	33	30	23	21	18	18	**2.02**	7	14	2	–	–	–	–	–	–	–	–	–	Cyclohexanol, 4-methoxy-	18068-06-9	R7351
72	42	43	41	57	85	115	55	**130**	100	46	24	22	21	19	6	5	**0.00**	7	14	2	–	–	–	–	–	–	–	–	–	1,3-Dioxolane, 4,4,5,5-tetramethyl-	5660-63-9	R1641
72	45	27	44	46	58	76	59	**130**	100	60	31	30	28	15	14	6	**2.00**	3	2	–	2	–	–	–	2	–	–	–	–	Thiocyanic acid, methylene ester		D2317
72	45	46	58	74	44	130	73	**130**	100	32	15	11	5	5	5	4		3	2	–	2	–	–	–	2	–	–	–	–	Thiocyanic acid, methylene ester	6317-18-6	R2234
72	75	98	71	41	58	67	45	**130**	100	77	74	54	52	52	46	35	**0.00**	7	14	2	–	–	–	–	–	–	–	–	–	Cyclopentane, cis-1,3-dimethoxy-	30363-79-2	S2874
72	98	75	71	67	41	58	45	**130**	100	99	75	55	53	51	47	36	**0.00**	7	14	2	–	–	–	–	–	–	–	–	–	Cyclopentane, trans-1,3-dimethoxy-	29887-57-8	S2721
73	28	45	32	78	41	29	27	**130**	100	82	15	13	7	6	6	5	**1.00**	7	14	2	–	–	–	–	–	–	–	–	–	1,3-Dioxolane, 2-sec-butyl-		00526
73	38	102	39	37	67	75	52	**130**	100	87	74	58	53	44	42	30	**25.00**	4	3	1	2	1	–	–	–	–	–	–	–	3-Pyridazone, 2,3-dihydro-6-chloro-		02077
73	41	55	83	43	57	115	39	**130**	100	19	17	17	16	12	8	7	**0.00**	8	18	1	–	–	–	–	–	–	–	–	–	Butane, 2-methoxy-2,3,3-trimethyl-	27705-21-1	S1745

MASS TO CHARGE RATIOS								M.W.	INTENSITIES								Parent	C	H	O	N	Cl	Br	F	S	P	B	Si	X	COMPOUND NAME	CAS Reg No	No
73	43	27	55	41	57	59	101	**130**	100	57	27	26	25	25	24	23	**0.00**	8	18	1	–	–	–	–	–	–	–	–	–	**3-Hexanol, 3,5-dimethyl-**		**04126**
73	43	55	41	27	101	57	59	**130**	100	56	38	35	32	26	25	24	**0.00**	8	18	1	–	–	–	–	–	–	–	–	–	**3-Hexanol, 3,5-dimethyl-**		**U0060**
73	43	55	101	27	29	45	41	**130**	100	39	37	33	29	29	29	20	**0.00**	8	18	1	–	–	–	–	–	–	–	–	–	**3-Heptanol, 3-methyl-**		**04121**
73	43	115	41	55	100	39	29	**130**	100	94	13	11	9	8	8	6	**0.00**	7	14	2	–	–	–	–	–	–	–	–	–	**2-Pentanone, 4-methoxy-4-methyl-**		**G0243**
73	45	26	27	41	74	71	129	**130**	100	15	5	4	4	4	4	3	**0.00**	7	14	2	–	–	–	–	–	–	–	–	–	**1,3-Dioxolane, 2-butyl-**		**L1504**
73	45	28	57	41	43	74	29	**130**	100	14	13	6	6	5	4	4	**1.00**	7	14	2	–	–	–	–	–	–	–	–	–	**1,3-Dioxolane, 2-tert-butyl-**		**00524**
73	45	43	41	87	27	29	55	**130**	100	72	57	53	47	46	41	36	**0.14**	8	18	1	–	–	–	–	–	–	–	–	–	**3-Hexanol, 2,4-dimethyl-**		**00459**
73	45	87	43	41	29	27	55	**130**	100	84	45	44	43	38	37	37	**0.11**	8	18	1	–	–	–	–	–	–	–	–	–	**3-Hexanol, 2,4-dimethyl-**		**U0058**
73	55	45	43	87	29	44	41	**130**	100	47	40	36	26	17	15	12	**0.20**	7	14	2	–	–	–	–	–	–	–	–	–	**2-Pentanone, 3-ethyl-3-hydroxy-**		**L5386**
73	59	115	74	45	43	75	60	**130**	100	45	15	8	8	6	3	3	**0.55**	7	18	–	–	–	–	–	–	–	–	1	–	**Silane, butyltrimethyl-**	1000-49-3	**Q4960**
73	74	57	41	99	55	43	29	**130**	100	89	81	38	28	26	23	21	**2.00**	7	14	2	–	–	–	–	–	–	–	–	–	**Butanoic acid, 3,3-dimethyl-, methyl ester**	10250-48-3	**R3691**
73	113	44	43	42	74	41	70	**130**	100	72	54	48	46	44	29	27	**26.60**	6	14	1	2	–	–	–	–	–	–	–	–	**1-Pentanamine, N-methyl-N-nitroso-**		**05884**
74	43	15	87	41	29	59	42	**130**	100	66	31	31	30	30	26	21	**0.60**	7	14	2	–	–	–	–	–	–	–	–	–	**Hexanoic acid, methyl ester**	106-70-7	**H0346**
74	43	27	29	41	59	56	42	**130**	100	90	77	63	43	37	35	28	**0.20**	7	14	2	–	–	–	–	–	–	–	–	–	**Hexanoic acid, methyl ester**		**17345**
74	43	41	59	88	99	55	101	**130**	100	41	29	26	23	22	20	18	**1.00**	7	14	2	–	–	–	–	–	–	–	–	–	**Pentanoic acid, 4-methyl-, methyl ester**	2412-80-8	**Q7984**
74	43	41	87	57	73	55	45	**130**	100	34	28	23	12	11	11	9	**0.00**	7	14	2	–	–	–	–	–	–	–	–	–	**Hexanoic acid, 2-methyl-**	4536-23-6	**R0547**
74	43	41	87	59	28	29	27	**130**	100	78	32	31	28	27	24	23	**0.55**	7	14	2	–	–	–	–	–	–	–	–	–	**Hexanoic acid, methyl ester**		**D0955**
74	43	59	41	29	99	101	55	**130**	100	42	22	21	15	14	11	10	**2.70**	7	14	2	–	–	–	–	–	–	–	–	–	**Pentanoic acid, 3-methyl-, methyl ester**	2177-78-8	**Q7553**
74	43	59	99	41	101	29	55	**130**	100	53	39	33	31	30	22	19	**2.00**	7	14	2	–	–	–	–	–	–	–	–	–	**Pentanoic acid, 3-methyl-, methyl ester**	2177-78-8	**Q7554**
74	73	57	99	41	43	55	59	**130**	100	83	82	31	23	23	20	17	**3.60**	7	14	2	–	–	–	–	–	–	–	–	–	**Butanoic acid, 3,3-dimethyl-, methyl ester**	10250-48-3	**R3690**
74	87	43	55	57	41	88	99	**130**	100	58	51	29	27	26	23	23	**0.00**	7	14	2	–	–	–	–	–	–	–	–	–	**Pentanoic acid, 4-methyl-, methyl ester**	2412-80-8	**Q7985**
75	41	130	56	55	42	46	60	**130**	100	98	86	80	53	51	48	45		6	10	1	–	–	–	–	1	–	–	–	–	**2H-Thiopyran-3(4H)-one, dihydro-6-methyl-**	43152-90-5	**S7068**
75	100	55	82	61	42	41	117	**130**	100	73	60	56	42	32	22	20	**0.00**	7	14	2	–	–	–	–	–	–	–	–	–	**3-Oxepanemethanol**	56666-73-0	**T4027**
77	51	95	27	130	69	75	85	**130**	100	32	21	10	10	9	8	7		3	2	–	–	1	–	3	–	–	–	–	–	**Propene, 1-chloro-3,3,3-trifluoro-**		**Z0568**
79	39	95	81	27	41	67	53	**130**	100	79	72	57	56	51	50	38	**9.97**	7	11	–	–	1	–	–	–	–	–	–	–	**Bicyclo[4.1.0]heptane, 2-chloro-**	34825-90-6	**06832**
81	39	79	41	27	53	67	130	**130**	100	22	18	17	17	15	11	8		7	11	–	–	1	–	–	–	–	–	–	–	**Cyclohexene, 3-(chloromethyl)-**	19509-49-0	**06833**
81	79	80	41	67	130			**130**	100	19	17	13	13	9				6	10	1	–	–	–	–	1	–	–	–	–	**7-Thiabicyclo[2.2.1]heptane, 7-oxide**	6683-25-6	**R2462**
81	83	95	75	59	80	39	61	**130**	100	33	29	27	25	21	15	15	**0.26**	3	5	–	–	2	–	1	–	–	–	–	–	**Propane, 1,2-dichloro-2-fluoro-**		**Z0545**
82	67	55	41	130	83	27	54	**130**	100	88	82	67	65	41	39	37		7	14	–	–	–	–	–	1	–	–	–	–	**Cyclohexane, (1-thiaethyl)-**		**05855**
83	43	55	98	31	39	27	41	**130**	100	95	79	51	37	25	18	11	**0.00**	7	14	2	–	–	–	–	–	–	–	–	–	**2-Pentanone, 4-methoxy-4-methyl-**		**D1657**
84	56	130	43	70	58	71	41	**130**	100	99	63	59	57	39	27	21		6	14	1	2	–	–	–	–	–	–	–	–	**1-Propanamine, N-nitroso-N-isopropyl-**		**05881**
85	41	47	56	75	43	44	57	**130**	100	98	85	65	56	52	51	39	**8.49**	7	14	2	–	–	–	–	–	–	–	–	–	**2H-Pyran, 2-ethoxytetrahydro-**	4819-83-4	**R0849**
85	41	56	43	45	86	69	28	**130**	100	56	35	32	23	22	20	16	**0.40**	7	14	2	–	–	–	–	–	–	–	–	–	**1,3-Dioxacyclooctane, 2-methyl-**		**A0735**
85	55	45	18	53	29	41	39	**130**	100	29	20	13	12	11	10	7	**1.60**	7	14	2	–	–	–	–	–	–	–	–	–	**3-Pentene, 1,2-dimethoxy-**		**C0027**
85	59	41	55	45	67	29	115	**130**	100	36	36	33	26	25	21	18	**0.13**	7	14	2	–	–	–	–	–	–	–	–	–	**2-Pentene, 1,4-dimethoxy-**		**C0028**
85	86	45	39	57	58	43	27	**130**	100	69	58	43	40	32	30	29	**0.90**	6	10	3	–	–	–	–	–	–	–	–	–	**Oxepane-2-one, 5,6-dihydroxy-, cis-**		**L8831**
87	43	41	39	27	115	85	42	**130**	100	93	30	30	30	26	23	17	**0.00**	7	14	2	–	–	–	–	–	–	–	–	–	**1,3-Dioxolane, 2-methyl-2-propyl-**		**00557**
87	43	41	69	45	27	71	55	**130**	100	43	35	31	28	23	13	11	**0.10**	8	18	1	–	–	–	–	–	–	–	–	–	**3-Pentanol, 2,3,4-trimethyl-**	3054-92-0	**H1375**
87	45	41	55	69	43	59	115	**130**	100	87	36	18	17	17	13	11	**0.00**	8	18	1	–	–	–	–	–	–	–	–	–	**3-Heptanol, 3-methyl-**		**C0128**
87	45	41	69	43	115	88	27	**130**	100	27	12	12	9	6	6	6	**0.00**	8	18	1	–	–	–	–	–	–	–	–	–	**3-Hexanol, 2,3-dimethyl-**		**W0164**
87	45	43	27	41	29	69	31	**130**	100	83	42	29	27	17	13	7	**0.00**	8	18	1	–	–	–	–	–	–	–	–	–	**4-Heptanol, 4-methyl-**		**04136**
87	45	43	27	41	55	69	29	**130**	100	69	40	29	29	20	18	16	**0.00**	8	18	1	–	–	–	–	–	–	–	–	–	**4-Heptanol, 4-methyl-**	598-01-6	**H0904**
87	45	43	41	27	69	29	55	**130**	100	82	50	34	29	21	13	10	**0.19**	8	18	1	–	–	–	–	–	–	–	–	–	**3-Hexanol, 2,3-dimethyl-**		**04134**
87	45	43	41	27	69	29	71	**130**	100	82	50	34	29	21	14	9	**0.19**	8	18	1	–	–	–	–	–	–	–	–	–	**3-Heptanol, 3-methyl-**		**L0188**
87	59	130	29	42	44	31	58	**130**	100	54	37	12	12	10	9	9		7	18	–	2	–	–	–	–	–	–	–	–	**Hydrazine, 1,1-diethyl-2-isopropyl-**	67398-39-4	**T6804**
87	59	130	58	44	30	29	115	**130**	100	57	56	29	27	24	22	22		7	18	–	2	–	–	–	–	–	–	–	–	**Hydrazine, 1,1-diethyl-2-propyl-**	67398-38-3	**T6803**
87	101	55	41	59	45	57	69	**130**	100	52	51	41	39	38	28	22	**0.00**	8	18	1	–	–	–	–	–	–	–	–	–	**Hexane, 3-methoxy-3-methyl-**	74630-91-4	**T8237**
88	43	41	27	71	29	39	59	**130**	100	68	34	30	27	26	25	20	**0.00**	7	14	2	–	–	–	–	–	–	–	–	–	**Pentanoic acid, 2-methyl-, methyl ester**	2177-77-7	**Q7548**
88	43	57	59	71	41	56	130	**130**	100	35	30	22	20	14	13	1		7	14	2	–	–	–	–	–	–	–	–	–	**Butanoic acid, 2,3-dimethyl-, methyl ester**	30540-29-5	**08669**
88	43	57	59	71	99	56	41	**130**	100	26	22	18	17	12	11	10	**0.00**	7	14	2	–	–	–	–	–	–	–	–	–	**Butanoic acid, 2,3-dimethyl-, methyl ester**	30540-29-5	**S2927**
88	43	57	71	41	29	59	101	**130**	100	50	21	21	20	13	13	13	**0.30**	7	14	2	–	–	–	–	–	–	–	–	–	**Pentanoic acid, 2-methyl-, methyl ester**	2177-77-7	**Q7550**
88	43	71	57	41	29	59	27	**130**	100	76	30	28	21	20	19	18	**0.00**	7	14	2	–	–	–	–	–	–	–	–	–	**Pentanoic acid, 2-methyl-, methyl ester**		**06402**
94	42	79	41	78	67	66	95	**130**	100	69	58	30	24	17	6	5	**0.00**	5	7	–	2	1	–	–	–	–	–	–	–	**Pyridinium, 1-amino-, chloride**	28460-19-7	**S2098**
95	39	67	79	27	53	130	41	**130**	100	40	37	33	31	23	23	20		7	11	–	–	1	–	–	–	–	–	–	–	**Cyclohexene, 1-chloro-6-methyl-**	16642-50-5	**06983**
95	39	81	27	67	54	53	41	**130**	100	77	65	57	56	52	50	46	**35.08**	7	11	–	–	1	–	–	–	–	–	–	–	**Cycloheptene, 1-chloro-**	13294-30-9	**06985**
95	39	130	38	37	132	41	96	**130**	100	74	27	20	14	8	7	6		5	3	2	–	1	–	–	–	–	–	–	–	**2-Pyrone, 6-chloro-**		**02598**

MASS TO CHARGE RATIOS								M.W.	INTENSITIES								Parent	C	H	O	N	Cl	Br	F	S	P	B	Si	X	COMPOUND NAME	CAS Reg No	No
95	45	51	86	85	50	66	88	**130**	100	82	60	53	48	25	24	17	**0.00**	2	1	2	–	1	–	2	–	–	–	–	–	**Acetic acid, chlorodifluoro-**		**Z0564**
95	59	29	97	27	67	39	101	**130**	100	67	55	32	27	18	13	12	**0.00**	3	5	–	–	2	–	1	–	–	–	–	–	**Propane, 1,1-dichloro-1-fluoro-**	7799-56-6	**R3501**
95	59	29	97	27	67	101	39	**130**	100	52	36	32	16	15	12	8	**0.00**	3	5	–	–	2	–	1	–	–	–	–	–	**Propane, 1,1-dichloro-1-fluoro-**		**Z0547**
95	61	69	130	31	75	85	26	**130**	100	98	97	95	41	37	33	32		3	2	–	–	1	–	3	–	–	–	–	–	**Propene, 2-chloro-3,3,3-trifluoro-**		**W0141**
95	67	39	79	27	130	53	41	**130**	100	48	42	33	31	28	22	22		7	11	–	–	1	–	–	–	–	–	–	–	**Cyclohexene, 1-chloro-2-methyl-**	16642-49-2	**06984**
95	67	89	53	41	79	91	39	**130**	100	75	46	37	26	24	19	18	**9.72**	7	11	–	–	1	–	–	–	–	–	–	–	**Bicyclo[3.1.0]hexane, 6-chloro-6-methyl-**	62338-01-6	**T6091**
95	67	128	54	79	39	41	81	**130**	100	66	52	45	36	36	35	34	**0.00**	7	14	–	–	–	–	–	1	–	–	–	–	**Cycloheptene episulphide**		**M7530**
95	77	39	79	15	27	41	115	**130**	100	45	45	42	30	28	27	26	**1.22**	7	11	–	–	1	–	–	–	–	–	–	–	**2-Pentyne, 1-chloro-4,4-dimethyl-**	55683-00-6	**06777**
95	79	94	39	43	41	55	67	**130**	100	77	66	64	62	62	43	40	**6.00**	7	11	–	–	1	–	–	–	–	–	–	–	**Cycloheptene, 1-chloro-**		**M8422**
95	101	67	88	39	130	94	103	**130**	100	61	30	28	26	25	23	19		7	11	–	–	1	–	–	–	–	–	–	–	**Bicyclo[2.2.1]heptane, 1-chloro-**		**C1454**
95	130	132	60	97	35	134	47	**130**	100	87	78	76	52	26	22	22		2	1	–	–	3	–	–	–	–	–	–	–	**Ethylene, trichloro-**		**Y2364**
95	130	132	60	97	35	134	47	**130**	100	90	85	65	64	40	27	26		2	1	–	–	3	–	–	–	–	–	–	–	**Ethylene, trichloro-**	79-01-6	**H0109**
95	130	132	97	60	35	134	25	**130**	100	99	95	64	57	31	30	28		2	1	–	–	3	–	–	–	–	–	–	–	**Ethylene, trichloro-**	79-01-6	**P5962**
97	45	130	53	98	69	39	99	**130**	100	28	15	10	8	6	6	4		5	6	–	–	–	–	–	2	–	–	–	–	**Thiophene-2-methanethiol**		**00620**
98	97	71	41	67	45	58	72	**130**	100	92	87	55	50	36	31	26	**17.02**	7	14	2	–	–	–	–	–	–	–	–	–	**Cyclopentane, trans-1,2-dimethoxy-**	29887-56-7	**S2720**
99	55	81	41	42	75	43	57	**130**	100	87	75	33	32	28	27	24	**0.00**	7	14	2	–	–	–	–	–	–	–	–	–	**3-Oxepanemethanol**	56666-73-0	**T4026**
99	56	88	70	42	100	112	44	**130**	100	38	31	24	19	17	16	9	**1.30**	6	14	1	2	–	–	–	–	–	–	–	–	**1-Piperazineethanol**	103-76-4	**P7669**
99	71	41	55	101	39	69	29	**130**	100	56	29	16	12	11	9	9	**0.50**	6	10	3	–	–	–	–	–	–	–	–	–	**Furan, 2,5-dihydro-2,5-dimethoxy-**	332-77-4	**Q0524**
101	55	59	57	42	31	41	43	**130**	100	76	62	37	32	28	21	15	**1.57**	7	14	2	–	–	–	–	–	–	–	–	–	**1,3-Dioxane, 2-ethyl-5-methyl-**	20627-54-7	**R8787**
101	55	59	57	42	31	41	130	**130**	100	76	61	38	32	29	21	13		7	14	2	–	–	–	–	–	–	–	–	–	**1,3-Dioxane, 2-ethyl-5-methyl-**		**L2562**
101	57	28	29	32	55	27	41	**130**	100	70	60	35	12	9	9	8	**0.00**	7	14	2	–	–	–	–	–	–	–	–	–	**1,3-Dioxolane, 2,2-diethyl-**		**00509**
101	87	59	45	29	27	41	43	**130**	100	83	80	69	61	60	47	44	**0.11**	8	18	1	–	–	–	–	–	–	–	–	–	**3-Hexanol, 3-ethyl-**		**04132**
101	95	67	103	88	39	55	130	**130**	100	76	35	31	29	28	26	25		7	11	–	–	1	–	–	–	–	–	–	–	**Bicyclo[2.2.1]heptane, 1-chloro-**	765-67-3	**Q4019**
102	130	51	77	53	76	50	74	**130**	100	89	35	32	19	19	17	9		9	6	1	–	–	–	–	–	–	–	–	–	**2-Propyn-1-one, 1-phenyl-**	3623-15-2	**Q9588**
102	130	77	53	103	105	131	101	**130**	100	40	19	17	8	6	4	3		9	6	1	–	–	–	–	–	–	–	–	–	**2-Propyn-1-one, 1-phenyl-**	3623-15-2	**Q9589**
103	130	76	38	51	52	131	50	**130**	100	80	51	15	14	11	8	8		6	2	–	4	–	–	–	–	–	–	–	–	**2,3-Pyrazinedicarbonitrile**	13481-25-9	**R4571**
112	18	55	70	56	83	43	28	**130**	100	78	61	53	43	41	37	29	**0.46**	6	10	3	–	–	–	–	–	–	–	–	–	**1,6-Hexanedial, 2-hydroxy-**		**D0468**
112	68	70	44	43	41	97	71	**130**	100	86	81	66	63	46	45	40	**0.00**	7	14	2	–	–	–	–	–	–	–	–	–	**1,3-Cyclohexanediol, 1R,3-trans,5-methyl-**		**15143**
115	45	69	43	129	89	42	71	**130**	100	75	67	23	18	18	18	14	**0.00**	7	14	2	–	–	–	–	–	–	–	–	–	**1,3-Dioxane, 2-cis,4R,6-cis-trimethyl-**		**M3992**
115	51	77	39	63	103	50	64	**130**	100	66	51	40	38	31	31	27	**0.00**	10	10	–	–	–	–	–	–	–	–	–	–	**Benzene, 1,4-divinyl-**		**M1067**
115	51	77	63	39	50	64	102	**130**	100	64	43	35	33	30	29	21	**0.00**	10	10	–	–	–	–	–	–	–	–	–	–	**Benzene, 1,3-divinyl-**		**M1068**
115	57	59	41	29	56	39	58	**130**	100	99	84	29	14	8	7	5	**0.00**	8	18	1	–	–	–	–	–	–	–	–	–	**Di-tert-butyl ether**	6163-66-2	**R2118**
115	61	71	87	75	59	45	85	**130**	100	42	30	29	23	22	21	18	**1.90**	6	14	1	–	–	–	–	–	–	–	1	–	**Silane, vinylethoxydimethyl-**	5356-83-2	**R1345**
115	69	45	43	42	71	129	87	**130**	100	62	56	19	16	13	12	11	**0.00**	7	14	2	–	–	–	–	–	–	–	–	–	**1,3-Dioxane, 2α,4α,6α-trimethyl-**	19145-91-6	**R8001**
115	69	45	43	42	129	87	71	**130**	100	63	57	20	17	14	13	13	**0.00**	7	14	2	–	–	–	–	–	–	–	–	–	**1,3-Dioxane, 2-cis,4R,6-trans-trimethyl-**		**M3993**
115	130	129	128	51	127	63	89	**130**	100	68	63	36	15	15	14	11		10	10	–	–	–	–	–	–	–	–	–	–	**Benzene, 1-butynyl-**	622-76-4	**Q3080**
128	129	130	115	52	127	63	64	**130**	100	81	74	51	29	28	16	16		10	10	–	–	–	–	–	–	–	–	–	–	**Naphthalene, 1,2-dihydro-**	447-53-0	**Q0771**
128	130	129	115	51	127	39	63	**130**	100	99	77	71	38	28	27	23		10	10	–	–	–	–	–	–	–	–	–	–	**Naphthalene, 1,2-dihydro-**		**01327**
129	115	130	128	51	127	102	39	**130**	100	68	68	57	25	25	19	17		10	10	–	–	–	–	–	–	–	–	–	–	**Benzene, (cyclopropylidenemethyl)-**	7555-67-1	**R3274**
129	115	130	128	127	51	91	39	**130**	100	63	63	54	23	20	17	12		10	10	–	–	–	–	–	–	–	–	–	–	**Benzene, (methylenecyclopropyl)-**	29817-09-2	**S2696**
129	127	115	128	126	51	130	77	**130**	100	28	25	24	14	11	10	9		10	10	–	–	–	–	–	–	–	–	–	–	**Benzene, 1,2-divinyl-**		**C1411**
129	127	128	115	126	130	51	77	**130**	100	35	33	28	17	14	13	12		10	10	–	–	–	–	–	–	–	–	–	–	**Benzene, 1,4-divinyl-**		**C1412**
129	128	130	115	127	51	39	64	**130**	100	75	70	53	33	19	16	12		10	10	–	–	–	–	–	–	–	–	–	–	**Bullvalene**		**L2175**
129	130	115	102	128	51	77	50	**130**	100	83	71	55	44	41	27	20		10	10	–	–	–	–	–	–	–	–	–	–	**Benzene, 1-cyclobuten-1-yl-**	3365-26-2	**Q9269**
129	130	115	102	128	51	127	77	**130**	100	87	59	43	41	23	18	15		10	10	–	–	–	–	–	–	–	–	–	–	**Benzene, 1-cyclobuten-1-yl-**	3365-26-2	**Q9268**
129	130	115	128	51	127	77	102	**130**	100	93	66	55	29	27	21	19		10	10	–	–	–	–	–	–	–	–	–	–	**Benzene, (1-methylene-2-propenyl)-**	2288-18-8	**Q7771**
129	130	115	128	65	116			**130**	100	91	76	58	19	8				10	10	–	–	–	–	–	–	–	–	–	–	**Fulvalene, 9,10-dihydro-**		**M7466**
129	130	115	128	127	77	51	91	**130**	100	73	64	59	25	14	14	12		10	10	–	–	–	–	–	–	–	–	–	–	**Benzene, (methylenecyclopropyl)-**	29817-09-2	**S2695**
129	130	128	115	51	127	77	91	**130**	100	72	52	49	26	24	18	18		10	10	–	–	–	–	–	–	–	–	–	–	**Benzene, (cyclopropylidenemethyl)-**	7555-67-1	**08502**
130	43	73	42	89	74	46	41	**130**	100	97	83	79	33	31	21	18		3	6	–	4	–	–	–	1	–	–	–	–	**1,2,4-Thiadiazol-5(2H)-one, 3-methyl-, hydrazone**	38362-20-8	**S5737**
130	57	28	43	58	100	44	30	**130**	100	98	60	57	49	48	44	40		3	2	2	2	–	–	–	1	–	–	–	–	**Thiazole, 2-nitro-**		**L7864**
130	60	42	102	59	44	86	41	**130**	100	27	27	21	18	17	15	14		4	6	1	2	–	–	–	1	–	–	–	–	**4-Imidazolidinone, 5-methyl-2-thioxo-**	33368-94-4	**09265**
130	75	56	41	60	42	55	46	**130**	100	92	58	38	27	26	25	23		6	10	1	–	–	–	–	1	–	–	–	–	**2H-Thiopyran-3(4H)-one, dihydro-6-methyl-**	43152-90-5	**S7069**
130	75	56	41	60	42	55	87	**130**	100	92	58	38	28	27	25	24		6	10	1	–	–	–	–	1	–	–	–	–	**2H-Thiopyran-3(4H)-one, dihydro-6-methyl-**	43152-90-5	**S7067**
130	76	50	103	51	75	102	74	**130**	100	55	44	34	24	23	22	17		8	6	–	2	–	–	–	–	–	–	–	–	**Phthalazine**	253-52-1	**Q0114**
130	76	103	129	104	50	131	79	**130**	100	27	26	20	19	16	15	14		8	6	–	2	–	–	–	–	–	–	–	–	**1,8-Naphthyridine**	254-60-4	**Q0124**

MASS TO CHARGE RATIOS								M.W.	INTENSITIES								Parent	C	H	O	N	Cl	Br	F	S	P	B	Si	X	COMPOUND NAME	CAS Reg No	No
130	87	60	59	44	58	88	131	**130**	100	50	35	9	7	7	6	5		4	3	2	2	–	–	1	–	–	–	–	–	**2,4(1H,3H)-Pyrimidinedione, 5-fluoro-**	51-21-8	**P4553**
130	95	132	73	75	50	131	94	**130**	100	44	32	26	16	8	7	7		6	4	–	–	1	–	1	–	–	–	–	–	**Benzene, 1-chloro-4-fluoro-**		**03176**
130	95	132	75	50	94	131	74	**130**	100	43	32	18	9	8	7	6		6	4	–	–	1	–	1	–	–	–	–	–	**Benzene, 1-chloro-2-fluoro-**	348-51-6	**Q0555**
130	95	132	75	50	131	94	65	**130**	100	44	32	17	7	7	7	5		6	4	–	–	1	–	1	–	–	–	–	–	**Benzene, 1-chloro-3-fluoro-**		**03175**
130	95	132	75	131	94	50	65	**130**	100	43	32	15	7	7	6	6		6	4	–	–	1	–	1	–	–	–	–	–	**Benzene, 1-chloro-2-fluoro-**		**03174**
130	95	132	75	131	94	50	65	**130**	100	48	34	16	7	6	6	5		6	4	–	–	1	–	1	–	–	–	–	–	**Benzene, 1-chloro-3-fluoro-**		**A0414**
130	95	132	75	131	94	65	50	**130**	100	37	32	12	7	6	5	4		6	4	–	–	1	–	1	–	–	–	–	–	**Benzene, 1-chloro-2-fluoro-**		**Z0562**
130	102	76	50	51	52	131	63	**130**	100	68	30	19	16	9	9	8		8	6	–	2	–	–	–	–	–	–	–	–	**Cinnoline**	253-66-7	**Q0115**
130	102	76	50	51	75	74	52	**130**	100	80	56	36	23	15	14	14		8	6	–	2	–	–	–	–	–	–	–	–	**Cinnoline**		**L4188**
130	103	76	26	131	104	78	77	**130**	100	98	49	24	22	18	13	13		6	2	–	4	–	–	–	–	–	–	–	–	**2,3-Pyrazinedicarbonitrile**		**17166**
130	103	76	50	75	131	51	52	**130**	100	51	50	31	17	17	15	12		8	6	–	2	–	–	–	–	–	–	–	–	**Quinoxaline**	91-19-0	**P6610**
130	103	76	50	131	75	51	65	**130**	100	45	36	15	10	7	5	5		8	6	–	2	–	–	–	–	–	–	–	–	**Quinoxaline**		**D0434**
130	103	76	50	131	75	51	104	**130**	100	46	35	13	10	8	6	5		8	6	–	2	–	–	–	–	–	–	–	–	**Quinoxaline**		**M5453**
130	103	76	104	129	50	131	79	**130**	100	26	25	24	21	20	17	16		8	6	–	2	–	–	–	–	–	–	–	–	**1,7-Naphthyridine**	253-69-0	**Q0116**
130	103	76	129	50	104	79	75	**130**	100	29	24	22	22	18	15	15		8	6	–	2	–	–	–	–	–	–	–	–	**1,6-Naphthyridine**		**01130**
130	103	76	129	75	102	131	65	**130**	100	54	38	15	12	10	9	6		8	6	–	2	–	–	–	–	–	–	–	–	**Quinazoline**	253-82-7	**Q0118**
130	103	76	129	75	131	102	104	**130**	100	58	38	12	12	8	8	6		8	6	–	2	–	–	–	–	–	–	–	–	**Quinazoline**		**L2007**
130	103	77	50	104	76			**130**	100	40	35	29	25	20				8	6	–	2	–	–	–	–	–	–	–	–	**2,7-Naphthyridine**		**M3020**
130	115	45	71	97	84	39	69	**130**	100	56	37	33	27	19	11	10		5	6	–	–	–	–	–	2	–	–	–	–	**Thiophene, 3-(methylthio)-**		**Y1916**
130	115	71	45	69	132	57	117	**130**	100	87	51	23	10	10	7	7		5	6	–	–	–	–	–	2	–	–	–	–	**Thiophene, 2-(methylthio)-**	5780-36-9	**R1793**
130	115	129	128	51	64	63	127	**130**	100	84	62	34	21	17	16	16		10	10	–	–	–	–	–	–	–	–	–	–	**1H-Indene, 1-methyl-**	767-59-9	**H1067**
130	115	129	128	51	127	63	39	**130**	100	77	70	38	19	17	16	13		10	10	–	–	–	–	–	–	–	–	–	–	**1H-Indene, 1-methyl-**	767-59-9	**Q4045**
130	115	129	128	127	51	64	63	**130**	100	80	64	35	16	15	14	11		10	10	–	–	–	–	–	–	–	–	–	–	**Benzene, (1-methyl-2-cyclopropen-1-yl)-**	65051-83-4	**T6533**
130	115	129	128	127	131	117	132	**130**	100	73	68	38	16	16	14	10		10	10	–	–	–	–	–	–	–	–	–	–	**1H-Indene, 3-methyl-**	767-60-2	**Q4047**
130	115	129	128	131	127	116	63	**130**	100	87	48	32	15	14	9	7		10	10	–	–	–	–	–	–	–	–	–	–	**Benzene, 1-methyl-4-(1-propynyl)-**	2749-93-1	**Q8597**
130	129	74	45	78	102	41	55	**130**	100	50	40	11	11	11	10	10		6	11	1	–	–	–	–	–	1	–	–	–	**4-Phosphorinanone, 1-methyl-**	16327-48-3	**R6126**
130	129	74	102	78	45	57	55	**130**	100	50	40	11	11	11	10	10		6	11	1	–	–	–	–	–	1	–	–	–	**4-Phosphorinanone, 1-methyl-**		**M6928**
130	129	76	104	39	103	50	79	**130**	100	22	20	20	19	19	15	15		8	6	–	2	–	–	–	–	–	–	–	–	**1,5-Naphthyridine**	254-79-5	**Q0125**
130	129	115	128	51	39	50	127	**130**	100	99	63	57	53	50	31	27		10	10	–	–	–	–	–	–	–	–	–	–	**Benzene, 1,3-butadienyl-**	1515-78-2	**Q6131**
130	129	115	128	51	77	102	127	**130**	100	99	76	56	40	30	27	25		10	10	–	–	–	–	–	–	–	–	–	–	**Benzene, (1-methylene-2-propenyl)-**	2288-18-8	**Q7772**
130	129	115	128	127	28	131	77	**130**	100	73	44	44	22	13	11	8		10	10	–	–	–	–	–	–	–	–	–	–	**Naphthalene, 1,2-dihydro-**	447-53-0	**Q0770**
130	129	115	128	127	51	64	63	**130**	100	99	67	57	26	25	19	17		10	10	–	–	–	–	–	–	–	–	–	–	**Cycloprop[a]indene, 1,1a,6,6a-tetrahydro-**	15677-15-3	**06838**
130	129	115	128	127	51	131	77	**130**	100	35	33	33	15	13	11	10		10	10	–	–	–	–	–	–	–	–	–	–	**Benzene, 1,3-divinyl-**	108-57-6	**P8134**
130	129	115	128	127	64	51	131	**130**	100	67	65	32	20	19	13	12		10	10	–	–	–	–	–	–	–	–	–	–	**1H-Indene, 3-methyl-**		**C1621**
130	129	115	128	127	131	102		**130**	100	99	67	57	26	11	7			10	10	–	–	–	–	–	–	–	–	–	–	**Cycloprop[a]indene, tetrahydro-**		**M6763**
130	129	128	127	115	51	63	102	**130**	100	84	65	34	32	20	15	15		10	10	–	–	–	–	–	–	–	–	–	–	**Benzene, 1-cyclobuten-1-yl-**	3365-26-2	**08503**
28	43	88	41	59	30	42	44	**131**	100	99	80	72	68	54	54	53	**16.00**	4	9	2	3	–	–	–	–	–	–	–	–	**Urea, N-nitroso-N-propyl-**	816-57-9	**Q4197**
28	59	33	18	27	76	29.5	34	**131**	100	99	31	23	20	16	16	11	**0.00**	1	2	1	1	–	–	–	2	–	–	–	1	**Dithiocarbamic acid, N-hydroxy-, sodium salt**		**14869**
29	130	102	75	131	76	50	51	**131**	100	93	73	67	63	58	57	42		8	5	1	1	–	–	–	–	–	–	–	–	**Benzonitrile, 4-formyl-**	105-07-7	**P7773**
30	28	58	56	57	42	84	41	**131**	100	32	26	24	23	21	15	15	**1.60**	6	17	–	3	–	–	–	–	–	–	–	–	**Bis(3-aminopropyl)amine**		**X0141**
30	43	72	15	28	99	42	131	**131**	100	49	35	21	14	8	6	5		5	9	3	1	–	–	–	–	–	–	–	–	**Glycine, N-acetyl-, methyl ester**	1117-77-7	**Q5330**
30	44	45	41	72	55	27	57	**131**	100	13	11	9	6	6	5	4	**0.37**	6	13	2	1	–	–	–	–	–	–	–	–	**Hexanoic acid, 6-amino-**		**G0435**
30	55	41	114	113	44	42	39	**131**	100	19	18	12	11	11	10	9	**0.00**	6	13	2	1	–	–	–	–	–	–	–	–	**Hexanoic acid, 6-amino-**		**D1949**
30	72	28	27	29	43	41	42	**131**	100	81	39	17	17	13	12	12	**1.00**	6	13	2	1	–	–	–	–	–	–	–	–	**L-Norvaline, methyl ester**	29582-96-5	**S2580**
41	32	18	28	39	115	56	31	**131**	100	68	65	33	28	26	24	20	**3.10**	4	9	–	3	–	–	–	1	–	–	–	–	**4-Allyl-3-thiosemicarbazide**	3766-55-0	**Q9787**
41	69	30	39	84	18	27	44	**131**	100	74	40	28	24	21	16	15	**0.00**	6	13	2	1	–	–	–	–	–	–	–	–	**Butane, 2,3-dimethyl-2-nitro-**	34075-28-0	**S4546**
42	43	15	44	41	40	28	39	**131**	100	51	40	30	20	15	13	5	**1.04**	6	17	–	3	–	–	–	–	–	–	–	–	**1,3,5-Triazine, 1,3,5-trimethylhexahydro-**		**C1263**
42	86	44	70	45	72	85	56	**131**	100	48	40	35	33	31	25	22	**2.97**	7	17	1	1	–	–	–	–	–	–	–	–	**Diethylamine, N-(ethoxymethyl)-**	7352-03-6	**R3089**
42	131	57	56	60	43	72	33	**131**	100	71	63	45	45	42	42	36		4	9	–	3	–	–	–	1	–	–	–	–	**Acetone thiosemicarbazide**		**00200**
43	58	59	131	73				**131**	100	17	15	5	4					6	13	2	1	–	–	–	–	–	–	–	–	**Pyran, 3-amino-4-hydroxy-4-methyltetrahydro-**		**M8202**
43	59	30	101	39	41	31	29	**131**	100	21	14	10	10	10	9	9	**0.00**	5	9	3	1	–	–	–	–	–	–	–	–	**Acetic acid, 2-nitroso-2-propyl ester**	6931-04-0	**R2695**
44	30	86	43	41	74	39	46	**131**	100	86	81	52	40	38	22	15	**0.18**	6	13	2	1	–	–	–	–	–	–	–	–	**DL-Leucine**	328-39-2	**Q0504**
44	43	86	42	15	28	45	27	**131**	100	54	34	19	19	17	9	7	**2.80**	5	9	3	1	–	–	–	–	–	–	–	–	**Alanine, N-acetyl-**		**06252**
44	43	86	42	28	45	27	30	**131**	100	54	33	19	17	9	7	5	**2.00**	5	9	3	1	–	–	–	–	–	–	–	–	**Alanine, N-acetyl-**		**L1604**

MASS TO CHARGE RATIOS								M.W.	INTENSITIES								Parent	C	H	O	N	Cl	Br	F	S	P	B	Si	X	COMPOUND NAME	CAS Reg No	No
44	60	103	43	45	87	29	70	**131**	100	76	27	18	14	12	12	9	**1.22**	3	5	3	3	–	–	–	–	–	–	–	–	**Imidodicarbonic diamide, N-formyl-**	2148-09-6	**Q7483**
44	116	29	15	59	72	28	131	**131**	100	93	40	38	37	29	23	23		6	13	2	1	–	–	–	–	–	–	–	–	**Carbamic acid, N,N-diethyl-, methyl ester**		**P2813**
44	131	42	59	61	70	130	102	**131**	100	81	68	67	44	30	17	17		6	13	–	1	–	–	–	1	–	–	–	–	**Thioacetamide, N,N-diethyl-**		**M1285**
45	86	57	46	44	84	70	103	**131**	100	92	68	18	18	6	6	5	**0.00**	2	1	2	3	–	–	–	1	–	–	–	–	**1,2,3-Thiadiazole, 4-nitro-**		**M0724**
46	47	31	65	100	30	51	50	**131**	100	89	76	51	34	23	21	14	**7.80**	2	1	1	1	–	–	4	–	–	–	–	–	**1,2-Oxazetidine, tetrafluoro-**		**L9587**
55	56	113	85	41	28	84	42	**131**	100	84	79	65	55	51	50	50	**0.20**	6	13	2	1	–	–	–	–	–	–	–	–	**Hexanoic acid, 6-amino-**	60-32-2	**P5042**
57	131	88	73	87	72			**131**	100	23	15	13	8	6				6	13	2	1	–	–	–	–	–	–	–	–	**Pyran, 4-hydroxy-3-(methylamino)-tetrahydro-**		**M8206**
58	42	72	73	45	43	59	44	**131**	100	8	7	7	6	4	4	3	**1.70**	7	17	1	1	–	–	–	–	–	–	–	–	**Cyclohexane, trans-1,2-bis(aminomethyl)**		**16246**
58	44	41	42	74	57	43	100	**131**	100	64	14	13	9	9	8	8	**1.00**	7	17	1	1	–	–	–	–	–	–	–	–	**Propylamine, N,N,2,2-tetramethyl-, N-oxide**		**L1489**
58	45	42	31	59	131	44	102	**131**	100	15	7	5	4	3	3	3		7	17	1	1	–	–	–	–	–	–	–	–	**Propylamine, N,N-dimethyl-3-ethoxy-**		**16234**
58	71	42	59	56	30	43	131	**131**	100	47	18	18	6	5	4	4		6	13	2	1	–	–	–	–	–	–	–	–	**Acetic acid, 2-(dimethylamino)ethyl ester**	1421-89-2	**Q5928**
58	71	59	43	72	30	31	57	**131**	100	12	4	4	2	2	2	2	**1.30**	6	13	2	1	–	–	–	–	–	–	–	–	**Acetic acid, 2-(dimethylamino)ethyl ester**		**L3790**
61	43	57	41	44	60	42	74	**131**	100	47	40	36	24	22	13	9	**1.00**	7	17	1	1	–	–	–	–	–	–	–	–	**Dimethylamine, N-(2,2-dimethylpropoxy)-**	13993-88-9	**R4884**
61	43	57	41	60	44	42	55	**131**	100	47	40	35	32	23	12	8	**4.00**	7	17	1	1	–	–	–	–	–	–	–	–	**Dimethylamine, N-(2,2-dimethylpropoxy)-**		**L1488**
61	43	57	41	60	44	42	55	**131**	100	48	40	35	32	24	12	7	**4.00**	7	17	1	1	–	–	–	–	–	–	–	–	**Propylamine, N,N,2,2-tetramethyl-, N-oxide**	13993-87-8	**R4883**
72	30	88	28	44	43	33	42	**131**	100	48	16	10	10	7	6	6	**0.00**	6	13	2	1	–	–	–	–	–	–	–	–	**DL-Norvaline, methyl ester**	51220-50-9	**S7607**
72	42	43	30	44	73	56	58	**131**	100	32	20	13	12	9	8	4	**0.33**	4	9	2	3	–	–	–	–	–	–	–	–	**Urea, trimethylnitroso-**	3475-63-6	**Q9447**
72	88	55	28	56	57	74	33	**131**	100	41	20	8	7	6	6	6	**0.00**	6	13	2	1	–	–	–	–	–	–	–	–	**L-Valine, methyl ester**	4070-48-8	**R0057**
73	57	72	131	58	86	102		**131**	100	74	67	63	36	19	13			6	13	2	1	–	–	–	–	–	–	–	–	**Pyran, 3-hydroxy-4-(methylamino)-tetrahydro-**		**M8209**
78	44	130	52	51	131	39	103	**131**	100	43	39	24	23	23	22	22		9	9	–	1	–	–	–	–	–	–	–	–	**Bicyclo[4.2.0]octa-1,3-diene-6-carbonitrile**		**E0002**
78	130	52	51	131	103	77	53	**131**	100	78	49	47	47	45	39	33		9	9	–	1	–	–	–	–	–	–	–	–	**Bicyclo[4.2.0]octa-2,4-diene-7-carbonitrile**	20185-23-3	**R8542**
86	28	72	58	30	29	42	31	**131**	100	40	33	24	22	19	15	15	**6.91**	7	17	1	1	–	–	–	–	–	–	–	–	**1-Propanol, 3-(diethylamino)-**	622-93-5	**H0957**
86	44	30	74	43	28	41	27	**131**	100	69	59	34	25	22	16	11	**1.29**	6	13	2	1	–	–	–	–	–	–	–	–	**L-Leucine**	61-90-5	**P5120**
86	44	43	74	75	41	42	57	**131**	100	54	43	31	15	12	12	11	**0.60**	6	13	2	1	–	–	–	–	–	–	–	–	**L-Leucine**		**06244**
86	57	75	74	41	44	43	69	**131**	100	38	34	33	31	17	13	12	**0.30**	6	13	2	1	–	–	–	–	–	–	–	–	**L-Isoleucine**		**06245**
86	68	41	43	69	28	87	30	**131**	100	45	41	24	23	19	17	14	**0.75**	5	9	3	1	–	–	–	–	–	–	–	–	**L-Proline, trans-4-hydroxy-**	51-35-4	**P4559**
86	68	132	114	87	96	69	133	**131**	100	73	35	10	7	7	6	3	**0.00**	5	9	3	1	–	–	–	–	–	–	–	–	**L-Proline, 3-hydroxy-**	567-36-2	**Q2184**
86	75	57	30	29	74	28	41	**131**	100	46	43	41	35	32	32	26	**1.44**	6	13	2	1	–	–	–	–	–	–	–	–	**L-Isoleucine**	73-32-5	**P5509**
91	39	51	104	116	131	50	77	**131**	100	55	44	37	34	24	23	22		9	9	–	1	–	–	–	–	–	–	–	–	**Benzeneacetonitrile, 3-methyl-**		**M6977**
91	131	65	51	39	92	77	63	**131**	100	17	12	9	8	8	5	4		9	9	–	1	–	–	–	–	–	–	–	–	**Benzenepropanenitrile**	645-59-0	**Q3590**
91	131	65	92	51	39	28	77	**131**	100	22	13	8	8	8	5	5		9	9	–	1	–	–	–	–	–	–	–	–	**Benzenepropanenitrile**		**14659**
91	131	65	92	51	77	63	39	**131**	100	21	12	8	5	5	4	4		9	9	–	1	–	–	–	–	–	–	–	–	**Benzenepropanenitrile**	645-59-0	**Q3591**
100	42	56	28	29	70	41	43	**131**	100	47	25	16	13	13	11	9	**4.60**	6	13	2	1	–	–	–	–	–	–	–	–	**4-Morpholineethanol**	622-40-2	**Q3069**
100	58	30	102	72	56	57	41	**131**	100	60	42	30	13	12	12	11	**1.30**	7	17	1	1	–	–	–	–	–	–	–	–	**Propylamine, N-ethyl-N-(2-hydroxyethyl)-**		**C2117**
103	131	91	77	76	102	132	130	**131**	100	42	40	22	18	18	8	6		9	9	–	1	–	–	–	–	–	–	–	–	**Azete, 2,3-dihydro-4-phenyl-**		**M4687**
103	131	91	77	104	76	51	65	**131**	100	43	40	25	22	18	12	8		9	9	–	1	–	–	–	–	–	–	–	–	**Azete, 2,3-dihydro-4-phenyl-**	33720-74-0	**S4356**
103	131	91	77	104	78	65		**131**	100	42	38	24	20	6	6			9	9	–	1	–	–	–	–	–	–	–	–	**Azete, 2,3-dihydro-4-phenyl-**		**M6784**
105	131	77	51	50	76	106	38	**131**	100	81	65	34	20	10	8	8		8	5	1	1	–	–	–	–	–	–	–	–	**Benzeneacetonitrile, α-oxo-**	613-90-1	**Q2878**
105	131	77	51	54	50	74	76	**131**	100	92	85	66	65	61	60	60		8	5	1	1	–	–	–	–	–	–	–	–	**Benzeneacetonitrile, α-oxo-**	613-90-1	**Q2879**
112	47	46	131	70	65	44	64	**131**	100	90	80	72	41	30	25	22		1	–	1	1	–	–	3	1	–	–	–	–	**Sulphur difluoride N-(fluoroformyl)imide**		**05459**
116	131	89	117	103	51	39	28	**131**	100	30	12	10	8	7	7	6		9	9	–	1	–	–	–	–	–	–	–	–	**Benzonitrile, 4-ethyl-**		**14657**
116	131	130	77	103	28	51	117	**131**	100	74	29	15	15	13	12	10		9	9	–	1	–	–	–	–	–	–	–	–	**Benzonitrile, 2,5-dimethyl-**		**14648**
116	131	130	77	103	39	51	117	**131**	100	75	25	15	14	12	12	11		9	9	–	1	–	–	–	–	–	–	–	–	**Benzonitrile, 2,4-dimethyl-**		**14649**
116	131	130	89	117	103	77	51	**131**	100	35	25	14	10	9	8	8		9	9	–	1	–	–	–	–	–	–	–	–	**Benzonitrile, 2-ethyl-**		**14652**
116	131	130	103	77	39	51	117	**131**	100	85	47	17	17	13	13	10		9	9	–	1	–	–	–	–	–	–	–	–	**Benzonitrile, 2,6-dimethyl-**		**14646**
116	131	130	103	77	51	39	117	**131**	100	67	23	14	14	11	11	10		9	9	–	1	–	–	–	–	–	–	–	–	**Benzonitrile, 2,3-dimethyl-**		**14650**
116	131	130	103	77	51	39	117	**131**	100	65	21	12	12	11	10	10		9	9	–	1	–	–	–	–	–	–	–	–	**Benzonitrile, 3,4-dimethyl-**		**14647**
116	131	130	117	77	51	103	89	**131**	100	67	25	17	15	14	13	12		9	9	–	1	–	–	–	–	–	–	–	–	**Benzene, 1-isocyano-3,5-dimethyl-**	20600-56-0	**R8763**
130	102	131	76	50	75	51	103	**131**	100	95	94	63	54	54	44	43		8	5	1	1	–	–	–	–	–	–	–	–	**Benzonitrile, 4-formyl-**		**M8718**
130	131	51	77	65	78	103	63	**131**	100	96	26	25	19	18	10	8		9	9	–	1	–	–	–	–	–	–	–	–	**Indolizine, 8-methyl-**		**L8620**
130	131	51	77	65	78	103	132	**131**	100	96	26	25	19	18	10	10		9	9	–	1	–	–	–	–	–	–	–	–	**Indolizine, 8-methyl-**	31108-58-4	**S3203**
130	131	51	77	65	103	78	132	**131**	100	60	15	12	8	8	8	6		9	9	–	1	–	–	–	–	–	–	–	–	**Indolizine, 3-methyl-**	1761-10-0	**Q6690**
130	131	51	77	103	78	65	63	**131**	100	60	15	12	8	8	8	5		9	9	–	1	–	–	–	–	–	–	–	–	**Indolizine, 3-methyl-**		**L8616**
130	131	65	77	51	103	78	102	**131**	100	99	20	16	14	9	9	6		9	9	–	1	–	–	–	–	–	–	–	–	**Indolizine, 2-methyl-**		**L8615**
130	131	65	77	51	132	78	103	**131**	100	99	20	16	14	9	9	9		9	9	–	1	–	–	–	–	–	–	–	–	**Indolizine, 2-methyl-**	768-18-3	**Q4053**
130	131	77	51	65	103	50	65.5	**131**	100	58	17	12	10	10	7	7		9	9	–	1	–	–	–	–	–	–	–	–	**1H-Indole, 3-methyl-**		**Y1908**

MASS TO CHARGE RATIOS								M.W.	INTENSITIES								Parent	C	H	O	N	Cl	Br	F	S	P	B	Si	X	COMPOUND NAME	CAS Reg No	No
130	131	77	51	65	103	50	102	**131**	100	58	17	12	11	10	7	6		9	9	–	1	–	–	–	–	–	–	–	–	**1H-Indole, 3-methyl-**	83-34-1	**P6135**
130	131	77	51	78	103	65	63	**131**	100	89	16	13	8	7	7	6		9	9	–	1	–	–	–	–	–	–	–	–	**Indolizine, 1-methyl-**		**L8614**
130	131	77	51	103	65	52	132	**131**	100	83	19	15	11	10	9	8		9	9	–	1	–	–	–	–	–	–	–	–	**1H-Indole, 5-methyl-**	614-96-0	**H0933**
130	131	77	51	103	65	65.5	52	**131**	100	82	17	11	10	9	7	7		9	9	–	1	–	–	–	–	–	–	–	–	**1H-Indole, 6-methyl-**		**X1508**
130	131	77	51	103	65	132	52	**131**	100	82	17	12	10	9	8	7		9	9	–	1	–	–	–	–	–	–	–	–	**1H-Indole, 6-methyl-**	3420-02-8	**Q9362**
130	131	77	51	132	78	65	103	**131**	100	89	16	13	8	8	7	7		9	9	–	1	–	–	–	–	–	–	–	–	**Indolizine, 1-methyl-**	767-61-3	**Q4048**
130	131	77	65	51	103	39	63	**131**	100	79	15	11	11	10	8	8		9	9	–	1	–	–	–	–	–	–	–	–	**1H-Indole, 2-methyl-**		**Y1907**
130	131	77	65	51	103	39	132	**131**	100	82	14	11	10	10	8	8		9	9	–	1	–	–	–	–	–	–	–	–	**1H-Indole, 2-methyl-**	95-20-5	**H0196**
130	131	77	103	51	65	63	104	**131**	100	96	17	12	10	8	7	5		9	9	–	1	–	–	–	–	–	–	–	–	**Indolizine, 7-methyl-**		**L8619**
130	131	77	103	51	132	102	50	**131**	100	84	19	13	12	8	7	7		9	9	–	1	–	–	–	–	–	–	–	–	**1H-Indole, 7-methyl-**	933-67-5	**Q4680**
130	131	77	103	51	132	102	52	**131**	100	88	12	10	8	7	6	5		9	9	–	1	–	–	–	–	–	–	–	–	**1H-Indole, 5-methyl-**	614-96-0	**Q2900**
130	131	77	103	65	51	102	132	**131**	100	69	28	16	16	11	8	6		9	9	–	1	–	–	–	–	–	–	–	–	**1H-Indole, 3-methyl-**	83-34-1	**H0136**
130	131	77	103	65	132	51	63	**131**	100	88	20	17	9	9	6	5		9	9	–	1	–	–	–	–	–	–	–	–	**1H-Indole, 2-methyl-**	95-20-5	**P6923**
130	131	77	103	132	51	65	63	**131**	100	96	17	12	10	10	8	7		9	9	–	1	–	–	–	–	–	–	–	–	**Indolizine, 7-methyl-**	1761-12-2	**Q6692**
131	56	42	41	100	43	116	29	**131**	100	55	28	28	20	20	16	15		5	9	1	1	–	–	–	1	–	–	–	–	**2-Oxazolidinethione, 4,4-dimethyl-**	54013-55-7	**09966**
131	77	76	50	104	51	75	132	**131**	100	80	55	49	27	21	20	15		7	5	–	3	–	–	–	–	–	–	–	–	**Pyrido[2,3-d]pyridazine**	253-73-6	**Q0117**
131	77	104	76	132	103	75	78	**131**	100	60	42	20	13	9	7	6		7	5	–	3	–	–	–	–	–	–	–	–	**Pyrido[2,3-d]pyrimidine**	254-61-5	**09760**
131	99	56	55	42	28	71	15	**131**	100	92	69	51	48	47	47	44		5	9	3	1	–	–	–	–	–	–	–	–	**Propanoic acid, 2-(methoxyimino)-, methyl ester**	53907-93-0	**H2021**
131	103	114	87	70	44	59	42	**131**	100	48	44	20	19	19	18	13		5	9	1	1	–	–	–	1	–	–	–	–	**Propanethioamide, N,N-dimethyl-3-oxo-**	52022-76-1	**S7823**
131	130	77	65	103	51	63	104	**131**	100	92	14	10	9	8	8	5		9	9	–	1	–	–	–	–	–	–	–	–	**Indolizine, 5-methyl-**		**L8617**
131	130	77	103	51	63	65	104	**131**	100	91	18	14	11	9	8	7		9	9	–	1	–	–	–	–	–	–	–	–	**Indolizine, 6-methyl-**		**L8618**
131	130	77	103	51	132	63	65	**131**	100	91	18	14	11	10	9	8		9	9	–	1	–	–	–	–	–	–	–	–	**Indolizine, 6-methyl-**	1761-11-1	**Q6691**
131	130	77	132	65	103	51	63	**131**	100	92	14	10	10	9	8	8		9	9	–	1	–	–	–	–	–	–	–	–	**Indolizine, 5-methyl-**	1761-19-9	**Q6694**
131	130	89	63	77	132	51	90	**131**	100	71	18	16	15	12	11	11		9	9	–	1	–	–	–	–	–	–	–	–	**1H-Indole, 1-methyl-**	603-76-9	**Q2671**
131	130	89	77	103	90	132	65.5	**131**	100	75	14	11	10	10	9	9		9	9	–	1	–	–	–	–	–	–	–	–	**1H-Indole, 1-methyl-**		**05041**
131	130	89	77	103	90	132	116	**131**	100	75	14	11	10	10	9	7		9	9	–	1	–	–	–	–	–	–	–	–	**1H-Indole, 1-methyl-**	603-76-9	**Q2669**
131	130	116	43	103	58	77	51	**131**	100	93	80	40	28	21	19	14		9	9	–	1	–	–	–	–	–	–	–	–	**Benzene, 2-isocyano-1,3-dimethyl-**	2769-71-3	**Q8628**
131	130	116	104	103	79	77	78	**131**	100	84	80	76	75	53	47	34		9	9	–	1	–	–	–	–	–	–	–	–	**Bicyclo[3.2.1]octa-2,6-diene-3-carbonitrile**	65824-28-4	**T6582**
15	59	101	29	42	74	43	57	**132**	100	99	92	49	47	42	25	24	**0.00**	5	8	4	–	–	–	–	–	–	–	–	–	**Malonic acid, dimethyl ester**	108-59-8	**H0390**
19	35	113	104	69	63	78	94	**132**	100	69	6	4	4	3	3	2	**0.00**	2	–	1	–	1	–	3	–	–	–	–	–	**Acetyl chloride, trifluoro- (negative ion spectrum)**		**M3744**
29	27	41	39	43	55	42	31	**132**	100	75	71	43	41	34	23	22	**0.00**	7	16	2	–	–	–	–	–	–	–	–	–	**Hydroperoxide, 1-heptyl-**	764-81-8	**Q4002**
29	30	27	43	57	31	44	60	**132**	100	99	38	38	38	19	17	14	**4.13**	4	8	3	2	–	–	–	–	–	–	–	–	**Carbamic acid, methylnitroso-, ethyl ester**		**P3471**
30	114	28	71	29	42	43	27	**132**	100	99	54	41	33	31	28	10	**0.00**	4	8	3	2	–	–	–	–	–	–	–	–	**Glycine, N-glycyl-**	556-50-3	**Q2036**
31	59	29	27	88	60	61	42	**132**	100	94	75	37	36	21	18	15	**0.00**	6	12	3	–	–	–	–	–	–	–	–	–	**Acetic acid, ethoxy-, ethyl ester**	817-95-8	**Q4202**
31	59	29	88	27	60	28	45	**132**	100	99	60	39	27	21	18	14	**0.01**	6	12	3	–	–	–	–	–	–	–	–	–	**Acetic acid, ethoxy-, ethyl ester**		**C0836**
36	45	60	30	28	38	18	29	**132**	100	52	46	34	31	31	17	13	**0.00**	2	10	–	2	2	–	–	–	–	–	–	–	**Hydrazine, 1,2-dimethyl-, dihydrochloride**	306-37-6	**Q0397**
39	91	73	118	104	51	131	132	**132**	100	91	74	66	47	47	18	5		10	12	–	–	–	–	–	–	–	–	–	–	**Spiro-endo-tricyclo[3.2.1.0.2,4]-6-octene-8,1′-cyclopropane**		**M6744**
41	27	29	55	39	40	43	45	**132**	100	87	68	60	53	30	23	21	**0.00**	6	12	1	–	–	–	–	1	–	–	–	–	**Hexanethial, S-oxide**		**M8354**
41	27	56	70	55	29	42	43	**132**	100	82	81	79	70	68	62	56	**28.23**	7	16	–	–	–	–	–	1	–	–	–	–	**1-Heptanethiol**	1639-09-4	**H1216**
41	29	55	27	39	54	57	90	**132**	100	72	70	69	65	54	47	44	**0.51**	7	13	–	–	1	–	–	–	–	–	–	–	**1-Heptene, 3-chloro-**	55682-98-9	**06758**
41	39	27	67	132	77	104	51	**132**	100	19	13	12	8	7	7	6		8	8	–	2	–	–	–	–	–	–	–	–	**Propanedinitrile, cyclopentylidene-**	5660-83-3	**R1642**
41	39	67	27	104	131	77	105	**132**	100	20	14	10	10	8	7	6	**4.65**	8	8	–	2	–	–	–	–	–	–	–	–	**Bicyclo[3.1.0]hexane-6,6-dicarbonitrile**	16668-39-6	**R6352**
41	39	67	27	104	131	77	105	**132**	100	17	12	10	8	6	6	5	**3.35**	8	8	–	2	–	–	–	–	–	–	–	–	**Bicyclo[3.1.0]hexane-6,6-dicarbonitrile**	16668-39-6	**R6353**
41	42	86	45	43	39	114	55	**132**	100	83	79	64	53	51	47	45	**0.64**	5	8	4	–	–	–	–	–	–	–	–	–	**Succinic acid, methyl-**	498-21-5	**Q1296**
41	42	86	45	43	114	55	69	**132**	100	83	79	64	53	47	45	30	**0.64**	5	8	4	–	–	–	–	–	–	–	–	–	**Succinic acid, methyl-**		**B0722**
41	44	39	73	45	42	34	27	**132**	100	77	63	55	45	39	24	22	**19.02**	5	8	2	–	–	–	–	1	–	–	–	–	**Acetic acid, (allylthio)-**	20600-63-9	**R8769**
41	46	43	59	132	74	117	39	**132**	100	94	78	67	58	42	35	34		6	12	1	–	–	–	–	1	–	–	–	–	**1,3-Oxathiane, 2,2-dimethyl-**	5809-68-7	**R1804**
41	55	27	56	54	43	39	42	**132**	100	81	77	76	71	58	56	30	**7.02**	7	13	–	–	1	–	–	–	–	–	–	–	**2-Heptene, (Z)-1-chloro-**	55638-53-4	**06800**
41	56	70	27	55	29	42	43	**132**	100	79	76	72	69	68	61	55	**26.50**	7	16	–	–	–	–	–	1	–	–	–	–	**1-Heptanethiol**		**Y1384**
41	57	43	89	56	61	27	47	**132**	100	88	80	79	76	62	39	39	**38.00**	7	16	–	–	–	–	–	1	–	–	–	–	**Isobutyl propyl sulphide**	1741-84-0	**Q6644**
41	92	66	132	67	27	40	65	**132**	100	92	90	84	45	42	31	28		6	4	–	4	–	–	–	–	–	–	–	–	**1-Propene-1,1,3-tricarbonitrile, 2-amino-**		**D2101**
41	115	55	39	27	63	29	67	**132**	100	71	70	55	48	38	23	23	**8.01**	6	12	1	–	–	–	–	1	–	–	–	–	**Thiepane, 1-oxide**	6251-34-9	**R2170**
42	45	47	74	44	41	46	75	**132**	100	57	46	31	27	24	14	14	**10.00**	4	8	1	2	–	–	–	1	–	–	–	–	**Acetamide, N-methyl-2-(methylamino)-2-thioxo-**	38762-37-7	**S5947**
42	86	55	60	41	45	27	28	**132**	100	94	84	64	58	56	53	50	**0.00**	5	8	4	–	–	–	–	–	–	–	–	–	**Glutaric acid**		**D1424**

MASS TO CHARGE RATIOS								M.W.	INTENSITIES								Parent	C	H	O	N	Cl	Br	F	S	P	B	Si	X	COMPOUND NAME	CAS Reg No	No
42	86	55	60	41	45	39	58	**132**	100	76	69	57	56	53	35	31	**0.22**	5	8	4	–	–	–	–	–	–	–	–	–	**Glutaric acid**		**00303**
42	132	56	102	45	32	46	30	**132**	100	82	33	30	26	22	20	16		4	8	1	2	–	–	–	1	–	–	–	–	**Thiomorpholine, 4-nitroso-**	26541-51-5	**S1445**
43	15	57	29	31	59	101	42	**132**	100	20	17	17	15	14	13	11	**0.00**	6	12	3	–	–	–	–	–	–	–	–	–	**1,3-Dioxolane-4-methanol, 2,2-dimethyl-**		**V0090**
43	27	41	56	132	47	89	75	**132**	100	89	86	83	59	54	51	48		7	16	–	–	–	–	–	1	–	–	–	–	**Butyl isopropyl sulphide**	7309-43-5	**X0116**
43	30	60	58	42	87	56	45	**132**	100	92	35	20	13	13	13	12	**7.88**	4	8	3	2	–	–	–	–	–	–	–	–	**Carbamic acid, methylnitroso-, ethyl ester**	615-53-2	**Q2914**
43	31	59	29	72	45	42	87	**132**	100	39	31	24	21	10	6	5	**0.00**	6	12	3	–	–	–	–	–	–	–	–	–	**Acetic acid, 2-ethoxyethyl ester**	111-15-9	**H0456**
43	41	29	45	27	57	39	42	**132**	100	81	66	57	56	48	35	23	**0.00**	7	16	2	–	–	–	–	–	–	–	–	–	**Hydroperoxide, 2-heptyl-**	762-46-9	**Q3971**
43	41	84	69	39	28	29	18	**132**	100	67	44	42	24	23	22	17	**0.00**	6	12	3	–	–	–	–	–	–	–	–	–	**2-Butanone, 3,3-bis(hydroxymethyl)-**		**Z0606**
43	41	89	27	47	39	56	132	**132**	100	75	68	56	56	45	43	42		7	16	–	–	–	–	–	1	–	–	–	–	**Isobutyl isopropyl sulphide**	10359-65-6	**H1687**
43	41	132	56	57	77	61	29	**132**	100	28	27	24	22	14	13	12		6	12	1	–	–	–	–	1	–	–	–	–	**Acetic acid, thio-, S-sec-butyl ester**	2432-39-5	**Q8039**
43	44	40	117	101	59	61	72	**132**	100	90	65	52	33	18	15	12	**0.00**	6	12	3	–	–	–	–	–	–	–	–	–	**1,3-Dioxolane-4-methanol, 2,2-dimethyl-**	100-79-8	**P7447**
43	45	29	42	60	71	87	88	**132**	100	84	46	39	34	30	30	27	**0.00**	6	12	3	–	–	–	–	–	–	–	–	–	**Butanoic acid, (+-)-3-hydroxy-, ethyl ester**	35608-64-1	**S5023**
43	45	58	29	28	27	73	26	**132**	100	49	35	23	7	5	3	2	**0.00**	6	12	3	–	–	–	–	–	–	–	–	–	**Acetic acid, 2-ethoxyethyl ester**		**17329**
43	45	59	57	87	41	103	101	**132**	100	93	84	76	38	37	28	26	**0.20**	7	16	2	–	–	–	–	–	–	–	–	–	**2-Propanol, 1-sec-butoxy-**	53907-95-2	**S8680**
43	45	72	58	87	41	59	88	**132**	100	32	18	11	7	7	5	5	**0.00**	6	12	3	–	–	–	–	–	–	–	–	–	**Acetic acid, 1-methoxy-2-propyl ester**		**C0125**
43	45	73	27	41	117	15	39	**132**	100	63	53	21	19	16	14	10	**0.12**	7	16	2	–	–	–	–	–	–	–	–	–	**Methane, diisopropoxy-**		**Y1094**
43	45	73	41	117	59	42	51	**132**	100	63	56	19	14	10	8	5	**0.00**	7	16	2	–	–	–	–	–	–	–	–	–	**Methane, diisopropoxy-**	2568-89-0	**Q8341**
43	45	87	60	71	88	42	29	**132**	100	82	42	42	42	40	39	35	**0.00**	6	12	3	–	–	–	–	–	–	–	–	–	**Butanoic acid, 3-hydroxy-, ethyl ester**	5405-41-4	**R1395**
43	55	73	71	45	89	44	59	**132**	100	58	52	38	26	21	13	13	**0.00**	7	16	2	–	–	–	–	–	–	–	–	–	**1-Butanol, 4-isopropoxy-**	31600-69-8	**S3357**
43	56	41	27	132	47	89	75	**132**	100	88	72	63	56	52	50	48		7	16	–	–	–	–	–	1	–	–	–	–	**Butyl isopropyl sulphide**		**L0912**
43	56	41	75	132	47	89	55	**132**	100	93	76	51	48	44	44	38		7	16	–	–	–	–	–	1	–	–	–	–	**Butyl propyl sulphide**	1613-46-3	**Q6326**
43	56	132	41	72	47	29	55	**132**	100	17	16	11	9	6	6	6		6	12	1	–	–	–	–	1	–	–	–	–	**Acetic acid, thio-, S-butyl ester**	928-47-2	**Q4590**
43	57	56	41	132	99	39	55	**132**	100	17	16	16	12	11	6	5		6	12	1	–	–	–	–	1	–	–	–	–	**Acetic acid, thio-, S-isobutyl ester**	2432-37-3	**Q8036**
43	58	102	87	28	45	88	29	**132**	100	87	80	52	42	40	22	18	**2.97**	6	12	3	–	–	–	–	–	–	–	–	–	**1,3,6-Trioxocane, 2-methyl-**		**Z0595**
43	59	31	72	44	29	45	87	**132**	100	80	60	50	34	28	16	11	**0.05**	6	12	3	–	–	–	–	–	–	–	–	–	**Acetic acid, 2-ethoxyethyl ester**		**C1188**
43	59	85	117	31	74	29	42	**132**	100	74	29	24	19	16	11	11	**0.00**	6	12	3	–	–	–	–	–	–	–	–	–	**Butanoic acid, 3-hydroxy-3-methyl-, methyl ester**	6149-45-7	**R2104**
43	71	132	41	27	29	62	57	**132**	100	49	30	26	13	10	10	9		6	12	1	–	–	–	–	1	–	–	–	–	**Propanethioic acid, 2-methyl-, S-ethyl ester**	2432-50-0	**Q8048**
43	73	27	29	41	31	57	45	**132**	100	61	30	27	23	23	15	15	**0.17**	7	16	2	–	–	–	–	–	–	–	–	–	**Methane, dipropoxy-**		**Y1119**
43	73	27	41	29	31	44	39	**132**	100	59	23	17	14	10	10	8	**0.30**	7	16	2	–	–	–	–	–	–	–	–	–	**Methane, dipropoxy-**		**Y1093**
43	73	27	41	40	29	31	44	**132**	100	24	20	17	14	12	10	8	**0.20**	7	16	2	–	–	–	–	–	–	–	–	–	**Methane, dipropoxy-**	505-84-0	**Q1413**
43	73	102	15	101	42	90	31	**132**	100	18	17	10	8	6	6	3	**0.49**	5	8	4	–	–	–	–	–	–	–	–	–	**Acetic acid, acetoxy-, methyl ester**		**C0463**
43	75	47	101	117	59	85	58	**132**	100	54	15	11	11	8	8	8	**0.60**	6	12	3	–	–	–	–	–	–	–	–	–	**2-Butanone, 4,4-dimethoxy-**	5436-21-5	**R1425**
43	87	117	31	70				**132**	100	96	16	15	4				**0.00**	6	12	3	–	–	–	–	–	–	–	–	–	**1,3-Dioxolane-2-ethanol, 2-methyl-**		**M4559**
43	87	117	41	45	99	42	55	**132**	100	95	16	11	11	11	7	7	**0.00**	6	12	3	–	–	–	–	–	–	–	–	–	**1,3-Dioxolane-2-ethanol, 2-methyl-**	5754-32-5	**R1729**
43	89	42	44	41	40	132	30	**132**	100	76	49	34	24	11	9	7		5	12	2	2	–	–	–	–	–	–	–	–	**Nitramine, isobutylmethyl-**		**03863**
43	89	44	42	41	86	30	57	**132**	100	99	69	55	21	18	11	9	**1.68**	5	12	2	2	–	–	–	–	–	–	–	–	**Nitramine, butylmethyl-**		**03862**
43	101	58	41	31	29	59	28	**132**	100	28	17	15	15	12	9	9	**0.10**	6	12	3	–	–	–	–	–	–	–	–	–	**1,3-Dioxolane-2-methanol, 2,4-dimethyl-**	53951-43-2	**S8690**
43	103	71	74	59	61	57	31	**132**	100	96	86	72	62	45	36	29	**0.00**	6	12	3	–	–	–	–	–	–	–	–	–	**Pentanoic acid, 3-hydroxy-, methyl ester**	56009-31-5	**T2541**
43	117	59	57	101	61	31	42	**132**	100	31	27	21	20	12	11	11	**0.00**	6	12	3	–	–	–	–	–	–	–	–	–	**1,3-Dioxolane-4-methanol, 2,2-dimethyl-**	100-79-8	**P7446**
43	132	55	75	41	89	99	53	**132**	100	32	32	27	23	19	14	10		6	12	1	–	–	–	–	1	–	–	–	–	**2-Pentanone, 4-mercapto-4-methyl-**	19872-52-7	**R8355**
43	132	55	75	41	89	99	74	**132**	100	32	31	27	22	19	14	10		6	12	1	–	–	–	–	1	–	–	–	–	**2-Pentanone, 4-mercapto-4-methyl-**		**06518**
44	28	43	27	42	45	29	26	**132**	100	78	70	25	16	14	12	7	**0.00**	3	4	4	2	–	–	–	–	–	–	–	–	**Oxaluric acid**	585-05-7	**Q2328**
44	47	85	69	66	28	12	22	**132**	100	87	87	85	81	79	56	52	**43.53**	2	–	2	–	–	–	4	–	–	–	–	–	**Formic acid, fluoro-, trifluoromethyl ester**	3299-24-9	**Q9193**
44	70	58	57	71	45	114	75	**132**	100	99	70	58	56	55	50	47	**4.00**	6	12	3	–	–	–	–	–	–	–	–	–	**1,2,4-Cyclohexanetriol**		**L3420**
44	85	47	69	66	28	50	12	**132**	100	40	39	36	28	23	18	5	**1.20**	2	–	2	–	–	–	4	–	–	–	–	–	**Formic acid, fluoro-, trifluoromethyl ester**		**00997**
44	132	71	60	43	27	29	30	**132**	100	75	28	25	16	13	13	8		5	12	–	2	–	–	–	1	–	–	–	–	**Thiourea, N,N′-diethyl-**	105-55-5	**P7800**
44	132	71	60	43	30	28	29	**132**	100	75	28	26	17	14	14	9		5	12	–	2	–	–	–	1	–	–	–	–	**Thiourea, N,N′-diethyl-**		**M2194**
44	132	88	73	42	72	74	89	**132**	100	99	54	37	37	31	25	20		5	12	–	2	–	–	–	1	–	–	–	–	**Thiourea, tetramethyl-**		**D0742**
45	43	15	29	89	87	44	27	**132**	100	53	18	17	11	7	6	6	**0.20**	6	12	3	–	–	–	–	–	–	–	–	–	**Paraldehyde**	123-63-7	**H0579**
45	43	29	44	15	89	28	42	**132**	100	76	70	54	28	13	13	10	**0.20**	6	12	3	–	–	–	–	–	–	–	–	–	**Paraldehyde**		**A0636**
45	43	29	89	27	87	117	44	**132**	100	55	18	12	7	7	6	5	**0.06**	6	12	3	–	–	–	–	–	–	–	–	–	**Paraldehyde**		**Y1117**
45	55	85	100	87	56	41	71	**132**	100	63	56	34	31	27	24	12	**0.00**	7	16	2	–	–	–	–	–	–	–	–	–	**Propane, 1,3-dimethoxy-2,2-dimethyl-**	20637-32-5	**R8809**
45	57	41	87	29	56	59	31	**132**	100	92	38	38	31	31	22	16	**0.03**	7	16	2	–	–	–	–	–	–	–	–	–	**2-Propanol, 1-butoxy-**		**Z0591**
45	59	41	42	74	43	101	69	**132**	100	70	35	32	30	26	17	16	**0.00**	6	12	3	–	–	–	–	–	–	–	–	–	**Butanoic acid, 4-methoxy-, methyl ester**	29006-01-7	**S2298**
45	59	74	41	43	101	69	42	**132**	100	67	36	26	25	22	20	14	**0.00**	6	12	3	–	–	–	–	–	–	–	–	–	**Butanoic acid, 4-methoxy-, methyl ester**		**S2296**
45	59	74	43	101	69	41	58	**132**	100	81	34	23	19	18	17	8	**0.00**	6	12	3	–	–	–	–	–	–	–	–	–	**Butanoic acid, 4-methoxy-, methyl ester**	29006-01-7	**S2297**

MASS TO CHARGE RATIOS								M.W.	INTENSITIES								Parent	C	H	O	N	Cl	Br	F	S	P	B	Si	X	COMPOUND NAME	CAS Reg No	No
45	71	100	68	58	41	67	69	**132**	100	65	31	23	18	11	8	6	**0.00**	7	16	2	–	–	–	–	–	–	–	–	–	**Pentane, 1,5-dimethoxy-**		**02460**
45	73	43	87	75	47	41	29	**132**	100	59	29	18	13	12	9	9	**0.00**	7	16	2	–	–	–	–	–	–	–	–	–	**Ethane, 1-ethoxy-1-propoxy-**	20680-10-8	**H1849**
45	73	43	117	87	75	47	41	**132**	100	59	29	20	18	13	12	9	**0.00**	7	16	2	–	–	–	–	–	–	–	–	–	**Ethane, 1-ethoxy-1-propoxy-**	20680-10-8	**R8862**
45	89	44	43	27	31	29	57	**132**	100	16	15	11	10	7	7	4	**0.03**	6	12	3	–	–	–	–	–	–	–	–	–	**Ethanol, 2-[2-(vinyloxy)ethoxy]-**		**Z0582**
52	28	26	24	38	132	104	25	**132**	100	44	20	13	9	2	1	1		4	–	–	6	–	–	–	–	–	–	–	–	**1,2,4,5-Tetrazine, 3,6-dicyano-**		**L1043**
55	41	42	68	69	54	53	132	**132**	100	43	38	24	15	14	12	12		6	9	1	–	1	–	–	–	–	–	–	–	**Cyclohexanone, 4-chloro-**	21299-26-3	**R9219**
55	41	132	68	42	97	54	69	**132**	100	22	21	18	16	12	12	10		6	9	1	–	1	–	–	–	–	–	–	–	**Cyclohexanone, 4-chloro-**		**M0094**
55	42	88	132	97	41	68	39	**132**	100	47	36	34	33	32	17	17		6	9	1	–	1	–	–	–	–	–	–	–	**Cyclohexanone, 2-chloro-**		**Z0609**
55	46	87	54	43	117	47	45	**132**	100	70	52	48	47	43	39	38	**7.00**	6	12	1	–	–	–	–	1	–	–	–	–	**1,3-Oxathiane, cis-2,6-dimethyl-**		**M3454**
55	46	88	54	43	117	47	45	**132**	100	70	52	48	47	43	39	38	**7.01**	6	12	1	–	–	–	–	1	–	–	–	–	**1,3-Oxathiane, 2,6-dimethyl-**	33709-58-9	**S4322**
55	83	101	41	43	29	61	57	**132**	100	99	39	35	27	20	19	16	**0.03**	7	16	2	–	–	–	–	–	–	–	–	–	**1,2-Heptanediol**		**Z0604**
55	104	18	27	28	26	47	48	**132**	100	48	39	31	23	9	9	8	**5.47**	5	8	2	–	–	–	–	1	–	–	–	–	**4H-Thiopyran-4-one, tetrahydro-, 1-oxide**	17396-36-0	**R6911**
55	104	27	28	47	43	48	42	**132**	100	48	30	20	7	6	6	5	**4.70**	5	8	2	–	–	–	–	1	–	–	–	–	**4H-Thiopyran-4-one, tetrahydro-, 1-oxide**	17396-36-0	**R6910**
55	104	28	27	56	48	78	47	**132**	100	46	37	31	19	11	10	9	**0.00**	5	8	2	–	–	–	–	1	–	–	–	–	**4H-Thiopyran-4-one, tetrahydro-, 1-oxide**	17396-36-0	**R6912**
55	115	63	41	132	83	82	42	**132**	100	53	51	48	44	40	14	14		6	12	1	–	–	–	–	1	–	–	–	–	**Thiepane, 1-oxide**	6251-34-9	**R2171**
56	43	18	41	55	57	73	28	**132**	100	88	82	67	67	64	51	44	**0.00**	7	16	2	–	–	–	–	–	–	–	–	–	**2,3-Pentandiol, 2,4-dimethyl-**		**P1228**
56	57	41	45	77	73	90	59	**132**	100	67	41	32	26	23	22	20	**0.00**	6	12	3	–	–	–	–	–	–	–	–	–	**Carbonic acid, isobutyl methyl ester**		**M6651**
56	70	41	55	42	43	29	27	**132**	100	97	89	72	66	63	57	55	**38.30**	7	16	–	–	–	–	–	1	–	–	–	–	**1-Heptanethiol**		**Y0726**
56	77	45	41	57	29	59	73	**132**	100	73	47	41	29	29	26	25	**0.00**	6	12	3	–	–	–	–	–	–	–	–	–	**Carbonic acid, butyl methyl ester**		**M6649**
56	102	74	42	60	44	59	61	**132**	100	96	76	70	68	50	50	43	**10.00**	4	8	1	2	–	–	–	1	–	–	–	–	**Thiazolidine, N-nitroso-2-methyl-**		**16349**
57	29	31	41	56	27	61	39	**132**	100	90	79	76	50	27	18	11	**0.00**	6	12	3	–	–	–	–	–	–	–	–	–	**Acetic acid, hydroxy-, butyl ester**		**C1201**
57	29	45	41	59	27	15	31	**132**	100	68	47	44	28	22	20	17	**0.57**	7	16	2	–	–	–	–	–	–	–	–	–	**Ethane, 1-butoxy-2-methoxy-**		**C0514**
57	29	132	41	43	27	47	58	**132**	100	29	22	11	11	9	5	5		6	12	1	–	–	–	–	1	–	–	–	–	**Propanethioic acid, S-propyl ester**	2432-43-1	**Q8041**
57	41	29	43	39	56	27	117	**132**	100	50	24	22	21	21	20	20	**20.00**	7	16	–	–	–	–	–	1	–	–	–	–	**Propyl tert-butyl sulphide**	44657-76-3	**S7099**
57	41	29	43	56	39	27	132	**132**	100	50	24	22	21	21	20	20		7	16	–	–	–	–	–	1	–	–	–	–	**Isopropyl tert-butyl sulphide**		**Y1410**
57	41	29	43	56	39	27	132	**132**	100	50	24	22	21	21	20	20		7	16	–	–	–	–	–	1	–	–	–	–	**Propyl tert-butyl sulphide**	44657-76-3	**H1996**
57	41	31	43	39	29	59	30	**132**	100	63	56	49	43	35	29	17	**1.50**	5	12	2	2	–	–	–	–	–	–	–	–	**Hydrazinecarboxylic acid, tert-butyl ester**	870-46-2	**Q4408**
57	41	43	55	58	75	27	29	**132**	100	68	59	54	54	39	35	29	**9.00**	7	16	–	–	–	–	–	1	–	–	–	–	**2-Hexanethiol, 2-methyl-**	1812-50-6	**Q6781**
57	41	43	55	75	27	29	39	**132**	100	68	59	54	39	35	29	27	**9.10**	7	16	–	–	–	–	–	1	–	–	–	–	**Pentanethiol, 1,1-dimethyl-**		**X0330**
57	41	43	55	75	27	29	39	**132**	100	68	59	54	39	35	29	27	**9.11**	7	16	–	–	–	–	–	1	–	–	–	–	**2-Hexanethiol, 2-methyl-**	1812-50-6	**H1257**
57	41	76	43	88	44	45	55	**132**	100	47	17	16	11	8	8	8	**0.19**	6	12	3	–	–	–	–	–	–	–	–	–	**Pentanoic acid, 2-hydroxy-4-methyl-**		**16763**
57	45	29	41	59	87	60	31	**132**	100	34	32	28	27	13	13	11	**0.82**	7	16	2	–	–	–	–	–	–	–	–	–	**Ethane, 1-butoxy-2-methoxy-**		**Z0608**
57	45	43	41	59	87	29	31	**132**	100	73	41	38	38	24	23	19	**0.09**	7	16	2	–	–	–	–	–	–	–	–	–	**2-Propanol, 1-isobutoxy-**		**Z0589**
57	71	103	100	41	55	101	45	**132**	100	44	40	40	40	32	28	20	**0.00**	7	16	2	–	–	–	–	–	–	–	–	–	**Pentane, 3,3-dimethoxy-**		**B0847**
57	103	43	29	31	101	47	59	**132**	100	77	57	50	31	21	20	19	**0.30**	6	12	3	–	–	–	–	–	–	–	–	–	**1,3-Dioxolane-4-methanol, 2-ethyl-**	53951-44-3	**S8691**
57	132	43	29	41	27	39	59	**132**	100	28	26	25	19	9	6	5		6	12	1	–	–	–	–	1	–	–	–	–	**Propanethioic acid, S-isopropyl ester**	2432-47-5	**Q8045**
59	28	43	31	44	32	41	29	**132**	100	33	24	14	7	7	7	7	**0.00**	6	12	3	–	–	–	–	–	–	–	–	–	**Propanoic acid, 2-hydroxy-2-methyl-, ethyl ester**		**03654**
59	29	31	47	87	27	103	75	**132**	100	97	68	64	60	60	43	33	**0.00**	7	16	2	–	–	–	–	–	–	–	–	–	**Propane, 1,1-diethoxy-**	4744-08-5	**R0785**
59	31	29	41	27	75	58	60	**132**	100	36	22	14	9	8	5	5	**0.56**	6	12	3	–	–	–	–	–	–	–	–	–	**Butanoic acid, 2-hydroxy-, ethyl ester**	52089-54-0	**S7859**
59	43	31	29	41	27	15	60	**132**	100	27	15	10	9	6	4	4	**0.00**	6	12	3	–	–	–	–	–	–	–	–	–	**Propanoic acid, 2-hydroxy-2-methyl-, ethyl ester**		**X0655**
59	43	75	73	89	41	31	57	**132**	100	20	19	17	9	8	8	7	**0.03**	7	16	2	–	–	–	–	–	–	–	–	–	**2-Propanol, 1-isobutoxy-**		**Z0602**
59	43	85	42	45	58	41	74	**132**	100	62	38	30	25	24	15	14	**0.00**	7	16	2	–	–	–	–	–	–	–	–	–	**2-Pentanol, 5-methoxy-2-methyl-**	55724-04-4	**T1962**
59	47	87	29	103	60	31	75	**132**	100	64	61	54	43	39	35	33	**0.00**	7	16	2	–	–	–	–	–	–	–	–	–	**Propane, 1,1-diethoxy-**		**Y1118**
59	57	31	41	29	89	56	27	**132**	100	37	32	21	20	11	9	7	**0.00**	7	16	2	–	–	–	–	–	–	–	–	–	**Butane, 1-(ethoxymethoxy)-**		**G0736**
59	87	43	101	41	31	57	117	**132**	100	69	66	63	43	30	30	29	**0.50**	7	16	2	–	–	–	–	–	–	–	–	–	**Propylene oxide, α-butyl-ω-hydroxy-**	9003-13-8	**R3516**
59	87	47	103	29	31	57	75	**132**	100	61	58	50	47	41	40	35	**0.00**	7	16	2	–	–	–	–	–	–	–	–	–	**Propane, 1,1-diethoxy-**	4744-08-5	**H1487**
59	88	60	61	45	42	43	70	**132**	100	39	21	19	16	14	8	8	**0.00**	6	12	3	–	–	–	–	–	–	–	–	–	**Acetic acid, ethoxy-, ethyl ester**	817-95-8	**Q4203**
59	101	42	74	43	57	45	69	**132**	100	96	51	40	25	22	15	11	**1.60**	5	8	4	–	–	–	–	–	–	–	–	–	**Malonic acid, dimethyl ester**		**B0369**
59	103	57	73	41	29	56	77	**132**	100	44	42	37	37	37	28	16	**0.00**	6	12	3	–	–	–	–	–	–	–	–	–	**Carbonic acid, methyl sec-butyl ester**		**M6650**
60	58	45	70	57	18	43	29	**132**	100	91	85	74	49	28	27	23	**0.00**	6	12	3	–	–	–	–	–	–	–	–	–	**3,4-Pyrandiol, 2-methyltetrahydro-**		**Z0590**
60	133	61	89	59	62	45	134	**132**	100	30	13	8	7	7	5	5	**0.00**	4	8	1	2	–	–	–	1	–	–	–	–	**Acetamide, 2-amino-N-ethyl-2-thioxo-**	54699-19-3	**S9431**
61	56	27	41	132	43	29	48	**132**	100	73	63	60	46	44	42	41		7	16	–	–	–	–	–	1	–	–	–	–	**Hexyl methyl sulphide**		**Y0925**
61	56	27	41	132	43	55	48	**132**	100	73	63	60	46	44	40	40		7	16	–	–	–	–	–	1	–	–	–	–	**Hexyl methyl sulphide**		**L0471**
61	56	41	43	89	132	47	27	**132**	100	83	82	54	51	42	39	38		7	16	–	–	–	–	–	1	–	–	–	–	**Butyl propyl sulphide**	1613-46-3	**Q6328**
61	103	41	43	27	29	132	57	**132**	100	64	54	48	44	34	32	27		7	16	–	–	–	–	–	1	–	–	–	–	**Isopropyl sec-butyl sulphide**		**Y1409**
63	69	97	44	85	50	28	35	**132**	100	78	37	25	21	16	15	9	**0.00**	2	–	1	–	1	–	3	–	–	–	–	–	**Acetyl chloride, trifluoro- (positive ion spectrum)**		**M3743**

MASS TO CHARGE RATIOS								M.W.	INTENSITIES								Parent	C	H	O	N	Cl	Br	F	S	P	B	Si	X	COMPOUND NAME	CAS Reg No	No
66	39	65	132	67	40	27	51	**132**	100	11	10	9	9	8	3	3		10	12	–	–	–	–	–	–	–	–	–	–	Bicyclopentadiene, endo-		C0673
66	39	67	132	27	65	40	51	**132**	100	18	12	10	8	7	7	6		10	12	–	–	–	–	–	–	–	–	–	–	Bicyclopentadiene		Y1215
66	67	39	65	132	40	91	27	**132**	100	14	7	4	4	3	3	3		10	12	–	–	–	–	–	–	–	–	–	–	1,3,4-Metheno-1H-cyclobuta[cd]pentalene, octahydro-		L1213
66	67	39	78	91	65	117	132	**132**	100	14	9	8	7	7	6	5		10	12	–	–	–	–	–	–	–	–	–	–	1,2,4-Metheno-1H-cyclobuta[cd]pentalene, octahydro-		L1212
66	132	67	39	65	40	51	91	**132**	100	12	9	8	5	4	3	3		10	12	–	–	–	–	–	–	–	–	–	–	Bicyclopentadiene		Y1616
66	132	67	65	40	117	91	78	**132**	100	12	8	6	4	3	2	2		10	12	–	–	–	–	–	–	–	–	–	–	Bicyclopentadiene		C1931
66	132	67	80	39	41	91	65	**132**	100	25	14	10	8	8	7	7		10	12	–	–	–	–	–	–	–	–	–	–	Bicyclopentadiene, endo-		C0672
69	63	97	65	35	85	50	31	**132**	100	78	44	27	26	25	23	10	**0.20**	2	–	1	–	1	–	3	–	–	–	–	–	Acetyl chloride, trifluoro-		D1669
69	82	113	132	40	31	44	29	**132**	100	53	53	41	29	21	21	19		3	1	–	–	–	–	5	–	–	–	–	–	1-Propene, 1,1,2,3,3-pentafluoro-		G0308
69	82	132	113	31	51	63	44	**132**	100	74	49	44	38	15	14	8		3	1	–	–	–	–	5	–	–	–	–	–	1-Propene, 1,2,3,3,3-pentafluoro-		G0307
70	44	58	57	71	45	114	75	**132**	100	74	50	41	40	39	36	33	**3.14**	6	12	3	–	–	–	–	–	–	–	–	–	1,2,4-Cyclohexanetriol, ($1\alpha,2\alpha,4\beta$)-	54002-73-2	S8727
70	57	114	58	86	96	83	43	**132**	100	99	62	50	27	27	26	25	**2.00**	6	12	3	–	–	–	–	–	–	–	–	–	1,2,3-Cyclohexanetriol		L3418
72	101	69	71	41	57	59	45	**132**	100	98	70	66	24	23	18	16	**0.00**	6	12	3	–	–	–	–	–	–	–	–	–	Furan, tetrahydro-2,5-dimethoxy-	696-59-3	Q3756
73	43	59	41	69	85	101	74	**132**	100	9	7	7	6	5	4	4	**0.00**	7	16	2	–	–	–	–	–	–	–	–	–	Butane, 2,3-dimethoxy-2-methyl-	74421-00-4	T8068
73	43	90	55	41	45	44	57	**132**	100	67	47	45	21	16	16	11	**0.00**	6	12	3	–	–	–	–	–	–	–	–	–	Butanoic acid, 2-hydroxy-3-methyl-, methyl ester	17417-00-4	R6929
73	45	44	43	70	42	96	114	**132**	100	99	84	61	58	42	33	33	**4.00**	6	12	3	–	–	–	–	–	–	–	–	–	1,3,5-Cyclohexanetriol		L3419
73	45	44	43	70	42	96	114	**132**	100	63	34	25	24	17	14	13	**1.55**	6	12	3	–	–	–	–	–	–	–	–	–	1,3,5-Cyclohexanetriol, ($1\alpha,3\alpha,5\alpha$)-	50409-12-6	S7284
73	59	43	58	41	31	75	42	**132**	100	85	79	77	40	36	18	18	**0.00**	7	16	2	–	–	–	–	–	–	–	–	–	Propane, 2-methoxy-2-isopropoxy-		Z0610
73	90	28	55	43	33	41	59	**132**	100	47	37	20	20	16	9	8	**1.43**	6	12	3	–	–	–	–	–	–	–	–	–	Butanoic acid, 2-hydroxy-3-methyl-, methyl ester		03666
73	117	45	132	43	74	59	75	**132**	100	14	10	9	9	8	6	4		5	16	–	–	–	–	–	–	–	–	2	–	Disilane, pentamethyl-	812-15-7	Q4170
74	72	70	73	102	130	75	104	**132**	100	77	57	41	35	32	29	27	**20.14**	4	10	–	–	–	–	–	–	–	–	–	1	Germacyclopentane	3466-01-1	Q9437
74	72	70	73	102	130	75	104	**132**	100	72	52	38	31	29	26	25	**18.00**	4	10	–	–	–	–	–	–	–	–	–	1	Germacyclopentane	3466-01-1	Q9435
74	72	70	73	130	102	75	104	**132**	100	73	52	43	39	34	32	29	**28.57**	4	10	–	–	–	–	–	–	–	–	–	1	Germacyclopentane	3466-01-1	Q9436
74	132	42	64	91	47	59	46	**132**	100	80	72	35	22	13	12	10		3	4	–	2	–	–	–	2	–	–	–	–	1,2,4-Thiadiazole-5(2H)-thione, 3-methyl-	36988-21-3	S5448
75	42	41	70	103	132	29	47	**132**	100	61	51	50	50	50	46	46		7	16	–	–	–	–	–	1	–	–	–	–	Ethyl pentyl sulphide	26158-99-6	S1276
75	62	42	41	70	132	29	47	**132**	100	63	61	51	50	50	46	46		7	16	–	–	–	–	–	1	–	–	–	–	Ethyl pentyl sulphide	26158-99-6	S1275
75	117	45	43	73	76	47	61	**132**	100	43	17	14	13	8	6	5	**0.00**	5	12	2	–	–	–	–	–	–	–	1	–	Acetic acid, (trimethylsilyl)-	2345-38-2	Q7857
75	117	73	45	43	51	61	76	**132**	100	67	64	18	11	10	8	8	**0.00**	6	16	1	–	–	–	–	–	–	–	1	–	Silane, trimethylisopropoxy-	1825-64-5	Q6840
75	117	73	45	43	103	29	59	**132**	100	92	55	28	20	19	19	13	**0.59**	6	16	1	–	–	–	–	–	–	–	1	–	Silane, trimethylpropoxy-		04235
75	117	73	45	43	118	29	61	**132**	100	79	58	26	18	9	7	7	**0.16**	6	16	1	–	–	–	–	–	–	–	1	–	Silane, trimethylisopropoxy-		04251
75	117	73	45	103	118	43	59	**132**	100	99	50	17	10	10	8	8	**0.00**	6	16	1	–	–	–	–	–	–	–	1	–	Silane, trimethylpropoxy-	1825-63-4	Q6838
75	117	73	51	45	43	47	76	**132**	100	71	53	20	11	7	7	7	**0.00**	6	16	1	–	–	–	–	–	–	–	1	–	Silane, trimethylisopropoxy-	1825-64-5	Q6839
75	117	73	103	45	118	43	59	**132**	100	99	52	20	17	10	9	9	**0.00**	6	16	1	–	–	–	–	–	–	–	1	–	Silane, trimethylpropoxy-		L5194
77	112	49	69	51	132	114	95	**132**	100	64	34	32	20	20	19	18		3	4	–	–	1	–	3	–	–	–	–	–	Propane, 3-chloro-1,1,1-trifluoro-	460-35-5	Q0803
77	112	49	69	132	95	27	51	**132**	100	91	62	58	55	49	47	45		3	4	–	–	1	–	3	–	–	–	–	–	Propane, 3-chloro-1,1,1-trifluoro-		Z0603
78	104	103	131	51	132	39	77	**132**	100	85	69	51	49	42	37	30		9	8	1	–	–	–	–	–	–	–	–	–	Tricyclo[3.3.1.02,8]nona-3,6-dien-9-one	6006-24-2	R1986
82	68	69	56	55	97	70	98	**132**	100	56	45	29	27	15	10	9	**0.00**	7	13	–	–	1	–	–	–	–	–	–	–	Cycloheptane 1-chloro-		M8421
83	97	61	85	99	26	27	63	**132**	100	99	73	64	63	47	38	29	**7.51**	2	3	–	–	3	–	–	–	–	–	–	–	Ethane, 1,1,2-trichloro-	79-00-5	H0107
84	44	39	96	56	68	43	55	**132**	100	73	67	60	53	50	48	37	**0.00**	5	8	4	–	–	–	–	–	–	–	–	–	Butanoic acid, 3,4-dihydroxy-2-methylene-		02601
84	55	56	83	45	41	43	59	**132**	100	91	86	73	61	60	49	45	**0.00**	7	16	2	–	–	–	–	–	–	–	–	–	1,3-Propanediol, 2-methyl-2-propyl-		Z0597
84	59	55	41	83	69	43	101	**132**	100	72	53	33	29	29	25	24	**0.00**	7	16	2	–	–	–	–	–	–	–	–	–	1,3-Propanediol, 2,2-diethyl-		Z0586
85	41	55	43	57	47	48	67	**132**	100	61	55	36	36	31	25	25	**6.00**	6	12	1	–	–	–	–	1	–	–	–	–	2H-Pyran, tetrahydro-2-(methylthio)-	31053-11-9	S3133
86	42	55	114	45	60	41	58	**132**	100	70	62	62	55	47	30	30	**0.10**	5	8	4	–	–	–	–	–	–	–	–	–	Glutaric acid	110-94-1	P8460
86	57	41	60	43	45	47	132	**132**	100	55	45	45	35	35	35	25		6	12	1	–	–	–	–	1	–	–	–	–	Thiacycloheptan-4-ol		M2709
87	117	43	70					**132**	100	29	4	2					**0.00**	6	12	3	–	–	–	–	–	–	–	–	–	1,3-Dioxolane-2-ethanol, 2-methyl-	5754-32-5	R1730
87	133	115	116	74	88	70	98	**132**	100	60	50	36	27	26	22	18	**0.00**	4	8	3	2	–	–	–	–	–	–	–	–	L-Asparagine	70-47-3	P5373
88	46	74	42	89	47	90	87	**132**	100	64	42	35	33	31	21	20	**6.00**	5	8	2	–	–	–	–	1	–	–	–	–	1,4-Oxathian-2-one, 6-methyl-	7670-39-5	09468
88	60	87	75	89	132	59	73	**132**	100	44	42	27	25	22	21	21		5	8	2	–	–	–	–	1	–	–	–	–	1,4-Oxathian-2-one, 3-methyl-	35562-74-4	09467
88	76	45	60	87	44	36	104	**132**	100	62	52	48	44	38	37	25	**8.00**	5	8	2	–	–	–	–	1	–	–	–	–	7H-1,4-Oxathiepin-7-one, tetrahydro-	5512-72-1	09471
89	59	73	43	45	90	15	29	**132**	100	38	23	9	9	8	6	6	**0.01**	6	16	1	–	–	–	–	–	–	–	1	–	Silane, (2-methoxyethyl)trimethyl-	18173-63-2	06875
90	60	71	59	99	41	132	58	**132**	100	47	25	24	20	17	16	13		6	12	1	–	–	–	–	1	–	–	–	–	Pentanethioic acid, methyl ester	53966-60-2	S8717
90	60	71	59	99	132	41	75	**132**	100	46	25	24	20	16	16	16		6	12	1	–	–	–	–	1	–	–	–	–	Pentanethioic acid, methyl ester		L1752
90	60	71	59	99	132	41	75	**132**	100	47	25	23	19	17	16	15		6	12	1	–	–	–	–	1	–	–	–	–	Pentanethioic acid, O-methyl ester	55283-58-4	T0778
91	78	117	132	54	128	115	129	**132**	100	94	76	71	56	53	50	35		10	12	–	–	–	–	–	–	–	–	–	–	Naphthalene, 1,4,5,8-tetrahydro-	493-04-9	Q1229
91	117	39	77	115	131	104	65	**132**	100	75	41	39	32	31	28	25	**23.85**	10	12	–	–	–	–	–	–	–	–	–	–	Cyclohexene, 3-methylene-4-(1,2-propadienyl)-	68377-81-1	T6933
91	132	39	65	92	51	27	104	**132**	100	25	22	22	14	12	10	8		10	12	–	–	–	–	–	–	–	–	–	–	Benzene, 3-butenyl-	768-56-9	Q4061

MASS TO CHARGE RATIOS								M.W.	INTENSITIES								Parent	C	H	O	N	Cl	Br	F	S	P	B	Si	X	COMPOUND NAME	CAS Reg No	No
91	132	39	65	92	51	27	104	**132**	100	18	14	13	10	8	7	5		10	12	–	–	–	–	–	–	–	–	–	–	**Benzene, 3-butenyl-**	768-56-9	**H1070**
92	41	132	66	67	28	40	65	**132**	100	77	63	53	30	23	19	18		6	4	–	4	–	–	–	–	–	–	–	–	**1-Propene-1,1,3-tricarbonitrile, 2-amino-**	868-54-2	**Q4391**
97	83	99	85	61	26	96	63	**132**	100	95	62	60	58	23	21	19	**9.01**	2	3	–	–	3	–	–	–	–	–	–	–	**Ethane, 1,1,2-trichloro-**		**Y1629**
97	83	99	85	61	62	63	98	**132**	100	97	63	63	52	23	20	17	**8.80**	2	3	–	–	3	–	–	–	–	–	–	–	**Ethane, 1,1,2-trichloro-**		**A0225**
97	99	61	26	27	63	117	119	**132**	100	64	58	31	24	19	19	18	**0.10**	2	3	–	–	3	–	–	–	–	–	–	–	**Ethane, 1,1,1-trichloro-**	71-55-6	**H0044**
97	99	61	117	119	36	63	101	**132**	100	65	46	20	20	16	15	10	**0.00**	2	3	–	–	3	–	–	–	–	–	–	–	**Ethane, 1,1,1-trichloro-**		**A0226**
97	99	61	117	119	63	101	62	**132**	100	65	50	19	19	17	10	8	**0.00**	2	3	–	–	3	–	–	–	–	–	–	–	**Ethane, 1,1,1-trichloro-**		**Y1628**
101	45	31	29	15	75	32	28	**132**	100	82	60	56	44	35	32	19	**10.11**	6	12	3	–	–	–	–	–	–	–	–	–	**1-Propene, 1,3,3-trimethoxy-**	17576-35-1	**R7075**
101	45	75	105	31	133	29	85	**132**	100	63	48	26	20	20	17	15	**4.65**	6	12	3	–	–	–	–	–	–	–	–	–	**1-Propene, 1,3,3-trimethoxy-**		**Z0598**
101	55	45	29	73	59	15	114	**132**	100	37	23	20	20	19	15	14	**0.31**	5	8	4	–	–	–	–	–	–	–	–	–	**Succinic acid, monomethyl ester**		**Z0593**
101	59	74	43	57	29	42	58	**132**	100	52	50	20	20	11	6	6	**5.00**	5	8	4	–	–	–	–	–	–	–	–	–	**Malonic acid, dimethyl ester**	108-59-8	**P8135**
102	73	87	70	43	55	41	29	**132**	100	39	38	35	25	25	24	17	**0.04**	6	12	3	–	–	–	–	–	–	–	–	–	**Propanoic acid, hydroxy-2,2-dimethyl-, methyl ester**		**C0417**
102	87	73	70	55	43	101	41	**132**	100	74	54	50	49	32	22	21	**1.70**	6	12	3	–	–	–	–	–	–	–	–	–	**Propanoic acid, hydroxy-2,2-dimethyl-, methyl ester**		**F0455**
102	132	75	51	50	76	30	103	**132**	100	49	32	25	19	19	11	9		7	4	1	2	–	–	–	–	–	–	–	–	**Benzonitrile, 4-nitroso-**	31125-07-2	**S3220**
103	41	46	74	132	45	75	47	**132**	100	78	56	39	32	26	21	20		6	12	1	–	–	–	–	1	–	–	–	–	**1,3-Oxathiane, 2-ethyl-**	30098-77-2	**S2799**
103	60	132	43	59	73	57	45	**132**	100	99	69	62	15	12	11	9		6	12	1	–	–	–	–	1	–	–	–	–	**1,3-Oxathiolane, 2-ethyl-2-methyl-**		**05521**
103	77	41	78	104	132	40	76	**132**	100	90	73	62	53	38	35	12		9	8	1	–	–	–	–	–	–	–	–	–	**1,3,5,7-Cyclooctatetraene-1-carboxaldehyde**	30844-12-3	**08347**
104	78	103	132	51	77	105	50	**132**	100	38	36	34	24	19	16	13		9	8	1	–	–	–	–	–	–	–	–	–	**2-Indanone**	615-13-4	**H0934**
104	78	103	132	51	77	105	63	**132**	100	38	36	34	24	19	16	13		9	8	1	–	–	–	–	–	–	–	–	–	**2-Indanone**		**02221**
104	78	103	132	77	50	105	91	**132**	100	18	13	12	10	10	10	9		10	12	–	–	–	–	–	–	–	–	–	–	**Benzene, cyclobutyl-**	4392-30-7	**R0391**
104	91	132	39	51	65	27	77	**132**	100	58	43	22	21	17	16	14		10	12	–	–	–	–	–	–	–	–	–	–	**Naphthalene, 1,2,3,4-tetrahydro-**		**Y0539**
104	132	91	51	39	131	117	115	**132**	100	53	43	17	16	14	14	13		10	12	–	–	–	–	–	–	–	–	–	–	**Naphthalene, 1,2,3,4-tetrahydro-**		**V0201**
104	132	91	131	117	115	65	105	**132**	100	72	56	17	17	13	10	10		10	12	–	–	–	–	–	–	–	–	–	–	**Naphthalene, 1,2,3,4-tetrahydro-**	119-64-2	**P9029**
104	132	103	51	78	77	131	50	**132**	100	96	45	30	30	28	25	23		9	8	1	–	–	–	–	–	–	–	–	–	**1-Indanone**		**U0001**
104	132	103	77	51	78	131	76	**132**	100	95	43	30	27	26	24	20		9	8	1	–	–	–	–	–	–	–	–	–	**1-Indanone**		**C1671**
105	106	51	131	132	50	53	103	**132**	100	95	40	34	33	17	15	11		9	8	1	–	–	–	–	–	–	–	–	–	**Benzyl alcohol, α-ethynyl-**	4187-87-5	**R0191**
106	133	107	132	108	134	120	119	**132**	100	21	10	4	3	3	2	1		8	8	–	2	–	–	–	–	–	–	–	–	**Benzeneacetonitrile, 4-amino-**	3544-25-0	**Q9515**
113	69	31	132	82	63	44	93	**132**	100	86	42	42	29	13	12	11		3	1	–	–	–	–	5	–	–	–	–	–	**1-Propene, 1,1,3,3,3-pentafluoro-**		**W0118**
113	69	132	82	31	51	63	44	**132**	100	82	41	25	18	9	9	9		3	1	–	–	–	–	5	–	–	–	–	–	**1-Propene, 1,1,3,3,3-pentafluoro-**		**G0306**
114	70	57	113	115	58	86	83	**132**	100	48	18	16	9	8	4	4	**2.58**	6	12	3	–	–	–	–	–	–	–	–	–	**1,2,3-Cyclohexanetriol, (1α,2α,3β)-(+-)-**	13302-87-9	**R4420**
115	117	116	130	132	129	119	91	**132**	100	85	69	38	37	28	22	19		10	12	–	–	–	–	–	–	–	–	–	–	**Indan, 3-methyl-**		**Z0594**
117	73	131	118	59	43	119	45	**132**	100	47	15	14	13	12	7	7	**2.00**	5	16	–	–	–	–	–	–	–	–	2	–	**2,4-Disilapentane, 2,4-dimethyl-**		**04462**
117	91	77	115	52	78	132	103	**132**	100	74	57	53	44	41	36	30		10	12	–	–	–	–	–	–	–	–	–	–	**Dispiro[2.2.2.2]deca-4,9-diene**	36262-33-6	**S5190**
117	91	132	39	51	27	65	77	**132**	100	55	46	34	26	26	23	14		10	12	–	–	–	–	–	–	–	–	–	–	**Benzene, 2-butenyl-**	1560-06-1	**Q6205**
117	104	91	132	131	115	39	51	**132**	100	46	42	38	34	29	24	21		10	12	–	–	–	–	–	–	–	–	–	–	**Azulene, 1,2,3,3a-tetrahydro-**	33877-87-1	**S4434**
117	119	47	132	97	134	121	96	**132**	100	68	46	27	26	21	15	11		1	3	–	–	2	–	1	–	–	–	1	–	**Silane, dichlorofluoromethyl-**	420-58-6	**Q0694**
117	132	91	39	115	51	65	27	**132**	100	53	47	30	30	25	21	17		10	12	–	–	–	–	–	–	–	–	–	–	**Benzene, 2-butenyl-**	1560-06-1	**Q6204**
117	132	91	39	115	65	131	51	**132**	100	55	45	27	22	17	15	14		10	12	–	–	–	–	–	–	–	–	–	–	**Benzene, (2-methyl-2-propenyl)-**		**Z0575**
117	132	91	115	39	131	51	27	**132**	100	65	39	33	22	18	16	12		10	12	–	–	–	–	–	–	–	–	–	–	**Benzene, isobutenyl-**		**Z0573**
117	132	91	115	39	131	65	118	**132**	100	58	36	22	17	16	13	10		10	12	–	–	–	–	–	–	–	–	–	–	**Benzene, (2-methyl-2-propenyl)-**		**03080**
117	132	91	115	51	39	77	65	**132**	100	54	41	34	29	25	20	20		10	12	–	–	–	–	–	–	–	–	–	–	**Benzene, (Z)-(1-methyl-1-propenyl)-**	767-99-7	**Q4051**
117	132	91	115	131	39	51	43	**132**	100	70	40	34	19	16	14	13		10	12	–	–	–	–	–	–	–	–	–	–	**Benzene, isobutenyl-**		**03648**
117	132	103	115	77	91	78	131	**132**	100	78	41	31	26	26	22	21		10	12	–	–	–	–	–	–	–	–	–	–	**Styrene, α-ethyl-**	2039-93-2	**Q7238**
117	132	103	115	77	91	131	78	**132**	100	82	38	29	27	25	21	18		10	12	–	–	–	–	–	–	–	–	–	–	**Styrene, α-ethyl-**	2039-93-2	**Q7239**
117	132	115	91	39	118	51	131	**132**	100	27	20	13	11	10	9	9		10	12	–	–	–	–	–	–	–	–	–	–	**Indan, 1-methyl-**		**Y1103**
117	132	115	91	39	131	51	63	**132**	100	26	21	13	10	10	9	7		10	12	–	–	–	–	–	–	–	–	–	–	**Indan, 1-methyl-**	767-58-8	**H1065**
117	132	115	91	39	131	51	118	**132**	100	25	24	13	12	11	11	10		10	12	–	–	–	–	–	–	–	–	–	–	**Indan, 1-methyl-**		**V0188**
117	132	115	91	118	77	51	39	**132**	100	51	18	15	9	8	7	7		10	12	–	–	–	–	–	–	–	–	–	–	**Styrene, 3-ethyl-**		**C1409**
117	132	115	91	118	77	51	39	**132**	100	46	16	12	10	7	6	5		10	12	–	–	–	–	–	–	–	–	–	–	**Styrene, 4-ethyl-**		**Z0572**
117	132	115	91	118	77	51	39	**132**	100	83	30	20	17	12	11	10		10	12	–	–	–	–	–	–	–	–	–	–	**Styrene, 4-ethyl-**		**C1410**
117	132	115	91	131	39	51	65	**132**	100	60	27	24	20	16	13	12		10	12	–	–	–	–	–	–	–	–	–	–	**Indan, 2-methyl-**	824-63-5	**Q4271**
117	132	115	91	131	105	116	118	**132**	100	61	27	22	19	12	11	9		10	12	–	–	–	–	–	–	–	–	–	–	**Toluene, 2-allyl-**		**Z0596**
117	132	115	91	131	116	51	77	**132**	100	64	34	26	23	11	10	10		10	12	–	–	–	–	–	–	–	–	–	–	**Benzene, (E)-(1-methyl-1-propenyl)-**	768-00-3	**Q4052**
117	132	115	91	131	116	51	77	**132**	100	68	51	35	25	19	17	16		10	12	–	–	–	–	–	–	–	–	–	–	**Styrene, 2,5-dimethyl-**	2039-89-6	**Q7237**
117	132	115	131	91	116	66	65	**132**	100	93	39	30	25	17	13	13		10	12	–	–	–	–	–	–	–	–	–	–	**Styrene, 2,6-dimethyl-**		**Z0585**
117	132	118	115	91	116	77	51	**132**	100	36	33	25	18	7	7	7		10	12	–	–	–	–	–	–	–	–	–	–	**Styrene, 3-ethyl-**		**Z0607**

MASS TO CHARGE RATIOS								M.W.	INTENSITIES								Parent	C	H	O	N	Cl	Br	F	S	P	B	Si	X	COMPOUND NAME	CAS Reg No	No
117	132	131	115	39	91	51	118	**132**	100	39	23	20	13	13	12	10		10	12	–	–	–	–	–	–	–	–	–	–	**Indan, 4-methyl-**	824-22-6	**Q4267**
117	132	131	115	91	39	51	65	**132**	100	41	23	22	14	13	11	10		10	12	–	–	–	–	–	–	–	–	–	–	**Indan, 4-methyl-**		**Y0941**
117	132	131	115	91	39	51	116	**132**	100	44	26	22	15	12	11	11		10	12	–	–	–	–	–	–	–	–	–	–	**Indan, 5-methyl-**		**Y0942**
117	132	131	115	91	39	51	116	**132**	100	44	27	20	13	12	12	10		10	12	–	–	–	–	–	–	–	–	–	–	**Indan, 5-methyl-**		**Y1105**
131	130	132	101	69	43	129	100	**132**	100	95	62	43	33	30	26	25		3	12	–	–	–	–	–	–	–	–	3	–	**1,3,5-Trisilacyclohexane**		**04465**
131	132	51	77	39	103	50	63	**132**	100	79	22	17	13	13	12	11		9	8	1	–	–	–	–	–	–	–	–	–	**Benzofuran, 2-methyl-**		**W0089**
131	132	51	77	103	133	78	63	**132**	100	82	17	16	13	8	8	7		9	8	1	–	–	–	–	–	–	–	–	–	**Benzofuran, 2-methyl-**		**C0112**
131	132	51	77	104	103	78	63	**132**	100	97	32	24	21	18	14	12		9	8	1	–	–	–	–	–	–	–	–	–	**Benzofuran, 5-methyl-**		**L6632**
131	132	51	77	104	103	78	63	**132**	100	95	30	25	21	16	13	13		9	8	1	–	–	–	–	–	–	–	–	–	**Benzofuran, 6-methyl-**		**L6634**
131	132	77	51	103	78	63	50	**132**	100	83	15	15	12	8	7	6		9	8	1	–	–	–	–	–	–	–	–	–	**Benzofuran, 2-methyl-**	4265-25-2	**M6482**
131	132	103	51	77	78	104	50	**132**	100	75	62	60	57	40	35	28		9	8	1	–	–	–	–	–	–	–	–	–	**2-Propenal, 3-phenyl-**	104-55-2	**P7731**
131	132	103	77	51	78	104	50	**132**	100	77	56	42	32	31	28	13		9	8	1	–	–	–	–	–	–	–	–	–	**2-Propenal, 3-phenyl-**	104-55-2	**P7733**
131	132	103	77	51	78	133	50	**132**	100	74	17	16	13	5	4	4		9	8	1	–	–	–	–	–	–	–	–	–	**Benzofuran, 3-methyl-**		**C2027**
131	132	103	77	78	51	104	50	**132**	100	85	69	56	41	40	37	18		9	8	1	–	–	–	–	–	–	–	–	–	**2-Propenal, 3-phenyl-**	104-55-2	**P7732**
131	132	104	77	51	63	65	78	**132**	100	60	13	10	7	6	6	6		8	8	–	2	–	–	–	–	–	–	–	–	**1H-Pyrrolo[2,3-b]pyridine, 2-methyl-**	23612-48-8	**S0276**
131	132	104	103	78	51	77	39	**132**	100	81	77	41	29	29	24	17		9	8	1	–	–	–	–	–	–	–	–	–	**Phenyl 2-propynyl ether**		**Z0599**
131	132	118	104	105	63	91	64	**132**	100	60	29	14	14	12	12	9		8	8	–	2	–	–	–	–	–	–	–	–	**1H-Pyrrolo[2,3-b]pyridine, 1-methyl-**	27257-15-4	**S1664**
132	28	72	105	44	18	29	45	**132**	100	48	43	32	22	19	18	18		3	4	–	2	–	–	–	2	–	–	–	–	**1,3,4-Thiadiazole-2(3H)-thione, 3-methyl-**	29338-54-3	**S2425**
132	28	72	105	45	54	46	29	**132**	100	48	42	32	22	18	18	18		3	4	–	2	–	–	–	2	–	–	–	–	**1,3,4-Thiadiazole-2(3H)-thione, 3-methyl-**		**M2574**
132	44	88	74	89	42	73	72	**132**	100	77	76	46	23	22	19	11		5	12	–	2	–	–	–	1	–	–	–	–	**Thiourea, tetramethyl-**	2782-91-4	**Q8644**
132	55	71	45	57	56	104	76	**132**	100	26	20	19	19	19	18	16		4	4	1	–	–	–	–	2	–	–	–	–	**2(3H)-Thiophenone, dihydro-5-thioxo-**	53951-47-6	**S8693**
132	60	88	69	43	61	89	46	**132**	100	54	51	31	15	12	11	10		6	12	1	–	–	–	–	1	–	–	–	–	**1,3-Oxathiane, trans-4,6-dimethyl-**	22452-26-2	**R9770**
132	69	102	101	47	99	31	103	**132**	100	45	36	19	17	13	12	8		1	3	1	–	–	–	2	1	1	–	–	–	**Thiophosphoryl difluoride, methoxy-**		**L4071**
132	76	74	36	43	134	40	131	**132**	100	41	40	36	34	32	25	24		2	6	–	4	1	–	–	–	–	1	–	–	**1H-Tetrazaborole, 1-chloro-2,5-dimethyl-4,5-dihydro-**		**L4855**
132	76	74	36	43	134	131	40	**132**	100	42	42	38	34	31	25	25		2	6	–	4	1	–	–	–	–	1	–	–	**1H-Tetrazaborole, 1-chloro-2,5-dimethyl-4,5-dihydro-**		**05762**
132	78	51	105	52	38	26	77	**132**	100	61	32	32	23	16	13	13		6	4	–	4	–	–	–	–	–	–	–	–	**Pteridine**	91-18-9	**P6609**
132	82	134	84	31	47	101	66	**132**	100	88	66	58	23	21	17	15		2	–	–	–	2	–	2	–	–	–	–	–	**Ethylene, 1,2-dichloro-1,2-difluoro-**		**Z0576**
132	88	60	69	73	46	61	43	**132**	100	63	47	27	15	12	12	10		6	12	1	–	–	–	–	1	–	–	–	–	**1,3-Oxathiane, cis-4,6-dimethyl-**	22452-25-1	**R9769**
132	104	63	77	39	131	133	42	**132**	100	28	18	12	9	9	9	8		8	8	–	2	–	–	–	–	–	–	–	–	**2H-Cyclopenta[d]pyridazine, 2-methyl-**		**L6229**
132	104	103	131	78	77	51	102	**132**	100	70	36	36	29	20	18	15		9	8	1	–	–	–	–	–	–	–	–	–	**1-Indanone**	83-33-0	**H0135**
132	104	105	103	78	77	91	115	**132**	100	99	96	95	75	60	55	27		10	12	–	–	–	–	–	–	–	–	–	–	**Benzene, cyclobutyl-**		**M0100**
132	105	61	62	93	46	47	79	**132**	100	50	27	20	14	12	11	10		3	4	–	2	–	–	–	2	–	–	–	–	**1,2,4-Thiadiazole, 3-(methylthio)-**	38362-14-0	**S5735**
132	115	91	131	92	133	116	65	**132**	100	29	23	18	13	12	10	10		10	12	–	–	–	–	–	–	–	–	–	–	**Styrene, α,4-dimethyl-**		**Z0588**
132	117	32	133	92	91	115	118	**132**	100	65	27	12	11	10	6	4		10	12	–	–	–	–	–	–	–	–	–	–	**Styrene, α,4-dimethyl-**		**01671**
132	117	115	131	91	116	133	118	**132**	100	93	29	27	18	12	11	9		10	12	–	–	–	–	–	–	–	–	–	–	**Styrene, 3,4-dimethyl-**		**Z0584**
132	117	115	131	91	133	116	65	**132**	100	73	25	23	17	11	11	8		10	12	–	–	–	–	–	–	–	–	–	–	**Styrene, 3,5-dimethyl-**		**Z0574**
132	129	131	134	136	66	130	128	**132**	100	98	79	38	32	18	15	7		–	–	–	–	–	–	–	–	–	–	–	1	**Xenon**	7440-63-3	**R3208**
132	131	51	77	103	104	50	78	**132**	100	91	32	23	19	18	15	14		9	8	1	–	–	–	–	–	–	–	–	–	**Benzofuran, 7-methyl-**		**W0090**
132	131	63	65	64	104	118	133	**132**	100	82	18	18	15	15	15	15		8	8	–	2	–	–	–	–	–	–	–	–	**1H-Benzimidazole, 2-methyl-**	615-15-6	**Q2904**
132	131	63	133	64	92	91	65	**132**	100	50	10	9	8	7	6	6		8	8	–	2	–	–	–	–	–	–	–	–	**1H-Benzimidazole, 2-methyl-**		**D1303**
132	131	104	28	44	77	63	133	**132**	100	49	32	32	28	27	19	18		8	8	–	2	–	–	–	–	–	–	–	–	**Benzimidazole, 1-methyl-**		**L7526**
132	131	133	44	104	92	41	90	**132**	100	64	13	9	7	6	6	5		8	8	–	2	–	–	–	–	–	–	–	–	**1H-Benzimidazole, 2-methyl-**		**C1768**
132	131	134	69	133	57	68	55	**132**	100	47	33	29	26	23	22	18		5	5	2	–	1	–	–	–	–	–	–	–	**1,3-Cyclopentanedione, 2-chloro-**	14203-19-1	**R5047**
132	134	82	47	84	31	49	35	**132**	100	63	46	40	30	17	14	13		2	–	–	–	2	–	2	–	–	–	–	–	**Ethylene, 1,1-dichloro-2,2-difluoro-**		**W0020**
132	134	82	84	47	136	31	97	**132**	100	66	38	24	21	10	9	8		2	–	–	–	2	–	2	–	–	–	–	–	**Ethylene, 1,1-dichloro-2,2-difluoro-**		**Z0578**
132	134	82	84	47	136	31	97	**132**	100	63	29	19	15	10	7	6		2	–	–	–	2	–	2	–	–	–	–	–	**Ethylene, 1,1-dichloro-2,2-difluoro-**		**A0223**
132	134	82	84	136	47	101	31	**132**	100	66	49	33	11	9	8	7		2	–	–	–	2	–	2	–	–	–	–	–	**Ethylene, 1,2-dichloro-1,2-difluoro-**		**A0224**
28	18	27	26	30	56	58	42	**133**	100	63	56	42	36	34	31	29	**0.00**	6	15	2	1	–	–	–	–	–	–	–	–	**Ethanol, 2-(diethylamino)-, N-oxide**	16684-49-4	**R6365**
28	18	88	43	44	70	42	17	**133**	100	66	48	43	35	33	26	15	**0.50**	4	7	4	1	–	–	–	–	–	–	–	–	**L-Aspartic acid**	56-84-8	**P4742**
28	88	41	61	45	44	59	27	**133**	100	88	75	51	48	47	45	29	**11.33**	4	7	2	1	–	–	–	1	–	–	–	–	**4-Thiazolidinecarboxylic acid**	444-27-9	**Q0764**
28	91	104	77	51	105	78	50	**133**	100	75	50	46	33	27	22	19	**17.96**	7	7	–	3	–	–	–	–	–	–	–	–	**Benzene, (azidomethyl)-**	622-79-7	**Q3082**
28	133	56	55	70	135	27	42	**133**	100	51	49	41	19	17	16	16		4	4	2	1	1	–	–	–	–	–	–	–	**2,5-Pyrrolidinedione, 1-chloro-**	128-09-6	**P9554**
29	41	57	46	43	27	76	39	**133**	100	98	88	53	52	46	37	36	**0.00**	5	11	3	1	–	–	–	–	–	–	–	–	**1-Butanol, 3-methyl-, nitrate**		**X0573**
29	41	57	46	76	43	27	28	**133**	100	80	68	48	40	29	29	22	**0.00**	5	11	3	1	–	–	–	–	–	–	–	–	**Pentyl nitrate**		**L3322**

MASS TO CHARGE RATIOS								M.W.	INTENSITIES								Parent	C	H	O	N	Cl	Br	F	S	P	B	Si	X	COMPOUND NAME	CAS Reg No	No
29	41	57	46	76	43	28	132	**133**	100	79	68	47	39	28	22	20	**0.00**	5	11	3	1	–	–	–	–	–	–	–	–	**Pentyl nitrate**		**01621**
30	101	68	69	67	86	56	61	**133**	100	85	75	75	55	50	28	20	**3.00**	6	15	–	1	–	–	–	1	–	–	–	–	**1-Pentanamine, 5-(methylthio)-**	55021-78-8	**T0058**
39	38	51	37	50	52	132	133	**133**	100	37	24	22	21	16	15	14		8	7	1	1	–	–	–	–	–	–	–	–	**2H-Pyrano[3,2-b]pyridine**	4767-91-3	**R0810**
39	132	104	66	133	78	79	105	**133**	100	95	63	41	30	28	28	28		8	7	1	1	–	–	–	–	–	–	–	–	**Pyridine, 3-(2-propynyloxy)-**	69022-70-4	**T6986**
42	91	132	133	65	51	77	92	**133**	100	75	21	17	14	7	7	6		9	11	–	1	–	–	–	–	–	–	–	–	**Aziridine, 1-benzyl-**	1074-42-6	**Q5225**
43	46	27	29	41	71	45	90	**133**	100	63	49	38	37	30	28	18	**0.00**	5	11	3	1	–	–	–	–	–	–	–	–	**2-Pentanol, nitrate**	21981-48-6	**H1853**
43	58	60	88	42	28	85	117	**133**	100	40	39	36	34	33	30	28	**0.00**	4	7	4	1	–	–	–	–	–	–	–	–	**DL-Serine, N-formyl-**	57274-55-2	**T4423**
43	133	91	61	58	60	42	59	**133**	100	49	45	38	19	14	8	7		4	7	2	1	–	–	–	1	–	–	–	–	**Carbamic acid, acetylthio-, O-methyl ester**	16696-87-0	**R6377**
51	52	133	53	50	106	78	105	**133**	100	87	64	62	56	46	36	36		7	7	–	3	–	–	–	–	–	–	–	–	**1,2,4-Triazolo[4,3-a]pyridine, 7-methyl-**	4919-10-2	**R0932**
52	133	79	51	39	53	106	50	**133**	100	97	35	29	23	23	19	16		7	7	–	3	–	–	–	–	–	–	–	–	**1,2,4-Triazolo[4,3-a]pyridine, 6-methyl-**	4919-09-9	**R0931**
54	84	27	63	31	93	28	65	**133**	100	77	41	38	23	19	18	12	**0.00**	5	8	1	1	1	–	–	–	–	–	–	–	**Propanenitrile, 3-(β-chloroethoxy)-**		**C0758**
55	43	73	41	45	44	83	59	**133**	100	64	53	39	30	27	16	15	**0.70**	5	11	3	1	–	–	–	–	–	–	–	–	**Pentanoic acid, 2-(aminooxy)-**	5699-55-8	**R1691**
55	133	56	70	42	135	98	105	**133**	100	84	66	51	32	28	19	17		4	4	2	1	1	–	–	–	–	–	–	–	**2,5-Pyrrolidinedione, 1-chloro-**		**M8727**
56	132	133	115	77	91	51	54	**133**	100	61	48	44	42	39	38	31		9	11	–	1	–	–	–	–	–	–	–	–	**Cyclopropanamine, 2-phenyl-, (+)-trans-**	3721-28-6	**Q9717**
57	41	43	46	29	39	71	27	**133**	100	56	55	42	42	19	16	15	**0.00**	5	11	3	1	–	–	–	–	–	–	–	–	**Neopentyl nitrate**		**01620**
58	72	42	44	45	30	59	43	**133**	100	10	9	9	7	7	6	6	**2.20**	6	15	2	1	–	–	–	–	–	–	–	–	**Ethanol, 2-[2-(dimethylamino)ethoxy]-**		**D1707**
58	102	30	56	42	45	29	27	**133**	100	95	91	44	36	34	33	33	**3.21**	6	15	2	1	–	–	–	–	–	–	–	–	**Diethanolamine, N-ethyl-**		**C1367**
59	55	28	27	43	102	30	45	**133**	100	75	43	29	29	23	17	15	**0.00**	4	7	4	1	–	–	–	–	–	–	–	–	**Propanoic acid, 2-nitro-, methyl ester**	6118-50-9	**R2068**
59	61	60	73	55	57	62	75	**133**	100	92	59	59	47	44	40	39	**4.00**	5	11	3	1	–	–	–	–	–	–	–	–	**Carbamic acid, N-hydroxy-, tert-butyl ester**		**14865**
59	116	41	42	28	29	39	55	**133**	100	47	43	35	30	21	21	14	**0.00**	4	7	4	1	–	–	–	–	–	–	–	–	**Butanoic acid, 4-nitro-**	16488-43-0	**R6203**
60	29	42	74	102	30	31	46	**133**	100	27	26	19	17	14	11	7	**0.10**	5	11	3	1	–	–	–	–	–	–	–	–	**L-Serine, ethyl ester**	4117-31-1	**H1451**
65	15	33	79	51	45	46	36	**133**	100	71	54	41	33	32	31	27	**0.00**	2	3	–	1	1	–	3	–	–	–	–	–	**Ethanamine, N-chloro-N,1,1-trifluoro-**		**01046**
72	44	90	28	45	42	43	29	**133**	100	89	57	47	41	33	24	21	**3.12**	5	11	3	1	–	–	–	–	–	–	–	–	**Carbamic acid, N,N-dimethyl-, 2-hydroxyethyl ester**		**C1306**
86	30	133	56	68	101	58	61	**133**	100	17	11	9	7	7	6	4		6	15	–	1	–	–	–	1	–	–	–	–	**1-Pentanamine, 5-(methylthio)-**	55021-78-8	**T0057**
88	42	60	43	133	44	41	45	**133**	100	83	15	11	9	7	5	5		4	7	4	1	–	–	–	–	–	–	–	–	**Bis(carboxymethyl)amine**		**B0508**
88	61	41	59	28	44	133	86	**133**	100	62	27	23	21	20	19	15		4	7	2	1	–	–	–	1	–	–	–	–	**4-Thiazolidinecarboxylic acid**	444-27-9	**Q0765**
88	70	42	41	30	44	31	89	**133**	100	58	20	19	18	6	6	5	**1.25**	6	15	2	1	–	–	–	–	–	–	–	–	**Diisopropanolamine**		**D0916**
91	104	132	78	51	28	39	77	**133**	100	50	50	38	33	29	28	28	**28.03**	9	11	–	1	–	–	–	–	–	–	–	–	**Aziridine, 2-benzyl-**	13906-90-6	**R4820**
91	118	132	104	133	77	32	51	**133**	100	66	65	53	53	32	29	23		9	11	–	1	–	–	–	–	–	–	–	–	**Benzylideneimine, N-ethyl-**		**D1719**
98	133	56	68	67	42	49	77	**133**	100	81	30	30	20	18	13	3		4	4	2	1	1	–	–	–	–	–	–	–	**Isoxazole, 5-chloromethyl-3-hydroxy-**		**L9551**
98	133	88	70	44	135	54	76	**133**	100	73	41	30	27	27	24	21		4	4	2	1	1	–	–	–	–	–	–	–	**2-Furanone, 3-amino-4-chloro-**	72361-12-7	**T7793**
102	58	28	56	45	30	42	27	**133**	100	32	20	18	15	15	14	9	**2.40**	6	15	2	1	–	–	–	–	–	–	–	–	**Diethanolamine, N-ethyl-**		**C1235**
102	58	56	45	42	74	43	44	**133**	100	54	23	23	17	14	10	9	**2.40**	6	15	2	1	–	–	–	–	–	–	–	–	**Diethanolamine, N-ethyl-**	139-87-7	**P9756**
104	78	77	51	50	103	105	39	**133**	100	46	41	39	18	18	17	13	**12.01**	9	11	–	1	–	–	–	–	–	–	–	–	**Azetidine, 2-phenyl-**	22610-18-0	**R9868**
104	78	105	79	39	51	52	50	**133**	100	85	75	73	58	56	54	38	**34.61**	7	7	–	3	–	–	–	–	–	–	–	–	**Benzene, 1-azido-2-methyl-**	31656-92-5	**S3369**
104	78	105	79	52	39	51	77	**133**	100	83	75	67	59	57	51	42	**32.00**	7	7	–	3	–	–	–	–	–	–	–	–	**Benzene, 1-azido-2-methyl-**	31656-92-5	**09792**
104	132	133	78	77	103	131	91	**133**	100	32	30	20	18	14	4	4		9	11	–	1	–	–	–	–	–	–	–	–	**Azetidine, 2-phenyl-**	22610-18-0	**M6782**
104	132	133	103	105	36	77	78	**133**	100	99	52	24	20	19	19	19		9	11	–	1	–	–	–	–	–	–	–	–	**Isoquinoline, 1,2,3,4-tetrahydro-**	91-21-4	**P6618**
104	132	133	103	130	129	77	105	**133**	100	80	54	26	25	23	21	21		9	11	–	1	–	–	–	–	–	–	–	–	**Isoquinoline, 1,2,3,4-tetrahydro-**	91-21-4	**P6617**
104	132	133	105	103	78	77	106	**133**	100	39	35	34	24	24	21	20		9	11	–	1	–	–	–	–	–	–	–	–	**Azetidine, 2-phenyl-**	22610-18-0	**R9867**
104	132	133	130	103	77	105	78	**133**	100	94	54	25	24	21	20	19		9	11	–	1	–	–	–	–	–	–	–	–	**Isoquinoline, 1,2,3,4-tetrahydro-**		**L0926**
104	133	78	105	51	52	77	50	**133**	100	93	63	53	33	29	23	20		8	7	1	1	–	–	–	–	–	–	–	–	**2H-Indol-2-one, 1,3-dihydro-**	59-48-3	**P4995**
105	39	52	78	51	27	104	50	**133**	100	87	81	80	68	53	53	48	**23.00**	7	7	–	3	–	–	–	–	–	–	–	–	**Benzene, 1-azido-4-methyl-**	2101-86-2	**09794**
105	78	104	39	52	77	51	106	**133**	100	68	65	46	46	46	40	35	**27.69**	7	7	–	3	–	–	–	–	–	–	–	–	**Benzene, 1-azido-4-methyl-**	2101-86-2	**Q7375**
105	104	78	39	52	77	51	65	**133**	100	81	75	66	54	47	45	36	**27.69**	7	7	–	3	–	–	–	–	–	–	–	–	**Benzene, 1-azido-3-methyl-**	4113-72-8	**R0111**
105	104	78	39	52	77	51	133	**133**	100	82	67	62	48	38	35	32		7	7	–	3	–	–	–	–	–	–	–	–	**Benzene, 1-azido-3-methyl-**	4113-72-8	**09793**
106	133	132	77	104	51	65	117	**133**	100	97	74	55	31	26	24	23		9	11	–	1	–	–	–	–	–	–	–	–	**Aniline, N-allyl-**		**D1711**
117	45	69	98	46	66	47	133	**133**	100	57	43	19	19	15	11	5		–	2	–	1	1	–	1	1	1	–	–	–	**Thiophosphoryl chloride fluoride amide**		**L4266**
118	77	133	56	51	91	132	119	**133**	100	34	31	29	13	12	12	9		9	11	–	1	–	–	–	–	–	–	–	–	**Methylamine, N-(1-phenylethylidene)-**	6907-71-7	**R2679**
118	133	91	117	130	119	132	89	**133**	100	35	21	18	10	9	7	7		9	11	–	1	–	–	–	–	–	–	–	–	**1H-Indole, 2,3-dihydro-2-methyl-**		**D0436**
131	130	132	104	128	133	103	91	**133**	100	87	78	65	60	44	29	24		8	12	–	1	–	–	–	–	–	1	–	–	**1,2-Boraztetralin**		**L7481**
132	64	63	104	105	78	133	65	**133**	100	36	30	24	22	20	17	13		8	7	1	1	–	–	–	–	–	–	–	–	**Benzoxazole, 2-methyl-**	95-21-6	**P6929**
132	77	133	91	117	51	103	78	**133**	100	24	24	22	22	18	17	14		9	11	–	1	–	–	–	–	–	–	–	–	**Aziridine, 2-methyl-2-phenyl-**	22596-57-2	**R9832**
132	133	56	36	30	115	77	51	**133**	100	90	72	65	61	50	28	24		9	11	–	1	–	–	–	–	–	–	–	–	**Cyclopropanamine, 2-phenyl-, trans-**		**15999**
132	133	56	115	30	28	77	51	**133**	100	82	61	59	43	43	35	32		9	11	–	1	–	–	–	–	–	–	–	–	**Cyclopropanamine, 2-phenyl-, (+)-trans-**	3721-28-6	**Q9716**
132	133	105	118	117	130	65	104	**133**	100	95	43	21	19	16	13	13		9	11	–	1	–	–	–	–	–	–	–	–	**Quinoline, 5,6,7,8-tetrahydro-**	10500-57-9	**R3892**

MASS TO CHARGE RATIOS								M.W.	INTENSITIES								Parent	C	H	O	N	Cl	Br	F	S	P	B	Si	X	COMPOUND NAME	CAS Reg No	No
132	133	117	118	130	77	91	65	**133**	100	89	26	22	18	14	10	10		9	11	–	1	–	–	–	–	–	–	–	–	**Quinoline, 1,2,3,4-tetrahydro-**		**05818**
132	133	118	117	77	130	78	91	**133**	100	82	25	20	17	15	11	11		9	11	–	1	–	–	–	–	–	–	–	–	**Quinoline, 1,2,3,4-tetrahydro-**	635-46-1	**Q3445**
132	133	118	117	130	77	134	65	**133**	100	80	18	16	10	9	9	7		9	11	–	1	–	–	–	–	–	–	–	–	**Quinoline, 1,2,3,4-tetrahydro-**	635-46-1	**Q3444**
133	36	38	105	79	106	134	52	**133**	100	61	20	16	14	11	10	10		7	7	–	3	–	–	–	–	–	–	–	–	**Benzimidazole, 5-amino-**		**D1302**
133	39	104	38	43	79	51	78	**133**	100	47	38	15	15	15	12	12		8	7	1	1	–	–	–	–	–	–	–	–	**Furo[2,3-b]pyridine, 2-methyl-**	75332-26-2	**T8912**
133	43	91	61	58	42	134	59	**133**	100	62	51	49	37	14	14	12		4	7	2	1	–	–	–	1	–	–	–	–	**Carbamic acid, acetylthio-, O-methyl ester**	16696-87-0	**R6378**
133	43	104	78	92	65	39	91	**133**	100	53	28	17	17	13	11	11		8	7	1	1	–	–	–	–	–	–	–	–	**1,2-Benzisoxazole, 3-methyl-**	4825-75-6	**R0853**
133	46	74	45	60	64	59	42	**133**	100	58	40	16	14	13	11	11		3	3	1	1	–	–	–	2	–	–	–	–	**4-Thiazolidinone, 2-thioxo-**	141-84-4	**P9836**
133	64	63	105	78	104	92	51	**133**	100	51	48	36	30	30	12	10		8	7	1	1	–	–	–	–	–	–	–	–	**Benzoxazole, 2-methyl-**	95-21-6	**P6928**
133	73	72	132	59	134	91	78	**133**	100	62	32	30	27	25	24	18		5	11	3	1	–	–	–	–	–	–	–	–	**Imidocarbonic acid, N-hydroxy-, diethyl ester**		**14864**
133	78	132	77	51	106	105	50	**133**	100	83	49	49	41	39	29	22		8	7	1	1	–	–	–	–	–	–	–	–	**Benzeneacetonitrile, 4-hydroxy-**		**M6971**
133	78	132	77	106	105	51	39	**133**	100	78	53	46	42	40	37	26		8	7	1	1	–	–	–	–	–	–	–	–	**Benzeneacetonitrile, 4-hydroxy-**	14191-95-8	**R5031**
133	79	52	132	51	78	106	105	**133**	100	33	33	30	15	13	12	12		7	7	–	3	–	–	–	–	–	–	–	–	**Imidazo[1,2-b]pyridazine, 6-methyl-**		**L4219**
133	90	63	39	134	78	64	105	**133**	100	27	12	7	7	6	5	4		7	7	–	3	–	–	–	–	–	–	–	–	**2H-Benzotriazole, 2-methyl-**		**M7899**
133	90	63	134	39	64	78	43	**133**	100	28	12	8	8	6	6	5		7	7	–	3	–	–	–	–	–	–	–	–	**2H-Benzotriazole, 2-methyl-**	16584-00-2	**R6259**
133	90	103	63	64	76	104	75	**133**	100	64	51	31	29	17	17	17		8	7	1	1	–	–	–	–	–	–	–	–	**Benzonitrile, 4-methoxy-**	874-90-8	**Q4445**
133	90	103	63	64	118	102	76	**133**	100	55	35	19	14	12	10	9		8	7	1	1	–	–	–	–	–	–	–	–	**Benzene, 1-isocyano-4-methoxy-**		**L3656**
133	90	103	63	64	118	102	134	**133**	100	55	35	18	14	12	10	10		8	7	1	1	–	–	–	–	–	–	–	–	**Benzene, 1-isocyano-4-methoxy-**	10349-38-9	**R3780**
133	90	104	105	63	64	132	103	**133**	100	49	49	30	27	26	25	25		8	7	1	1	–	–	–	–	–	–	–	–	**Benzene, 1-isocyano-2-methoxy-**	20771-60-2	**R8926**
133	92	65	134	78	57	66	51	**133**	100	43	28	15	12	9	9	8		7	7	–	3	–	–	–	–	–	–	–	–	**1,2,4-Triazolo[4,3-a]pyridine, 3-methyl-**		**L8646**
133	103	90	63	76	64	102	104	**133**	100	54	45	19	14	13	13	12		8	7	1	1	–	–	–	–	–	–	–	–	**Benzene, 1-isocyano-3-methoxy-**	20600-55-9	**R8762**
133	104	78	105	51	52	77	134	**133**	100	57	35	34	16	14	13	11		8	7	1	1	–	–	–	–	–	–	–	–	**2H-Indol-2-one, 1,3-dihydro-**	59-48-3	**P4996**
133	104	105	78	77	134	51	52	**133**	100	52	32	26	9	9	8	7		9	11	–	1	–	–	–	–	–	–	–	–	**1H-Indole, 2,3-dihydro-4-methyl-**	62108-16-1	**T5813**
133	104	132	134	105	54	90	89	**133**	100	15	13	9	6	2	1	1		7	7	–	3	–	–	–	–	–	–	–	–	**1H-Benzotriazole, 5-methyl-**	136-85-6	**P9716**
133	105	51	28	18	52	79	78	**133**	100	66	60	56	49	47	43	40		7	7	–	3	–	–	–	–	–	–	–	–	**1H-Benzimidazol-2-amine**	934-32-7	**Q4687**
133	105	65	92	79	78	134	51	**133**	100	40	28	28	22	20	15	9		7	7	–	3	–	–	–	–	–	–	–	–	**[1,2,4]Triazolo[1,5-a]pyridine, 2-methyl-**	768-19-4	**Q4054**
133	105	78	77	106	132	50	79	**133**	100	33	20	17	15	12	11	8		8	7	1	1	–	–	–	–	–	–	–	–	**1H-Indol-5-ol**		**L3474**
133	105	90	28	77	63	104	64	**133**	100	84	45	35	26	20	19	17		7	7	–	3	–	–	–	–	–	–	–	–	**1H-Benzotriazole, 1-methyl-**	13351-73-0	**R4471**
133	105	90	77	63	104	64	39	**133**	100	83	44	25	20	18	16	13		7	7	–	3	–	–	–	–	–	–	–	–	**1H-Benzotriazole, 1-methyl-**		**M7898**
133	105	106	79	66.5	134	52	51	**133**	100	21	15	11	9	7	5	5		7	7	–	3	–	–	–	–	–	–	–	–	**1H-Benzimidazol-2-amine**		**F0291**
133	132	78	104	51	52	50	77	**133**	100	56	39	30	22	19	18	17		8	7	1	1	–	–	–	–	–	–	–	–	**Furo[2,3-c]pyridine, 2-methyl-**	69022-76-0	**T6991**
133	132	79	38	52	39	106	64	**133**	100	48	23	22	22	20	20	19		7	7	–	3	–	–	–	–	–	–	–	–	**Imidazo[1,2-b]pyridazine, 2-methyl-**		**L4221**
133	132	104	105	78	77	91	51	**133**	100	60	41	23	18	14	13	12		8	7	1	1	–	–	–	–	–	–	–	–	**Benzene, 4-isocyanato-1-methyl-**		**D1544**
133	135	54	93	95	53	28	52	**133**	100	99	86	45	43	29	27	24		3	4	–	1	–	1	–	–	–	–	–	–	**Propanenitrile, 3-bromo-**		**Z0614**
134	101	116	99	115	127	69	130	**133**	100	90	18	8	7	7	5	5	**0.00**	4	7	4	1	–	–	–	–	–	–	–	–	**Propanoic acid, 3-nitro-, methyl ester**	20497-95-4	**R8699**
27	45	29	61	28	47	60	59	**134**	100	58	49	39	30	26	25	24	**9.00**	5	10	2	–	–	–	–	1	–	–	–	–	**Propanoic acid, 3-(ethylthio)-**		**05578**
28	134	79	52	44	106	27	105	**134**	100	14	7	6	5	4	4	4		6	6	–	4	–	–	–	–	–	–	–	–	**Benzotriazole, 5-amino-**		**D1555**
29	31	45	43	44	59	30	72	**134**	100	93	82	34	30	26	12	12	**0.00**	6	14	3	–	–	–	–	–	–	–	–	–	**Diethylene glycol monomethyl ether**	111-90-0	**H0485**
29	57	30	31	58	59	103	27	**134**	100	93	58	40	34	32	29	26	**0.00**	6	14	3	–	–	–	–	–	–	–	–	–	**Propane, 1,1,1-trimethoxy-**	24823-81-2	**S0842**
29	78	41	27	57	63	28	55	**134**	100	85	67	43	40	40	37	15	**7.01**	6	14	1	–	–	–	–	1	–	–	–	–	**Butyl ethyl sulphoxide**	2976-99-0	**Q8885**
31	44	57	43	45	60	73	74	**134**	100	84	80	78	72	71	53	50	**0.00**	5	10	4	–	–	–	–	–	–	–	–	–	**D-Ribose, 2-deoxy-**		**L7621**
41	27	45	29	39	134	64	74	**134**	100	86	75	63	57	42	42	39		5	10	–	–	–	–	–	2	–	–	–	–	**Ethyl cis-1-propenyl disulphide**		**L6097**
41	43	27	42	29	39	55	99	**134**	100	99	91	65	64	57	57	57	**0.00**	6	11	1	–	1	–	–	–	–	–	–	–	**Hexanoyl chloride**	142-61-0	**P9858**
41	43	27	45	39	72	134	74	**134**	100	92	71	64	63	45	37	34		5	10	–	–	–	–	–	2	–	–	–	–	**Ethyl trans-1-propenyl disulphide**		**L6098**
41	134	94	39	119	91	133	65	**134**	100	90	41	36	24	22	21	18		9	10	1	–	–	–	–	–	–	–	–	–	**Phenyl allyl ether**		**Z0632**
42	41	69	55	39	27	28	134	**134**	100	68	43	30	27	20	12	10		5	10	2	–	–	–	–	1	–	–	–	–	**2H-Thiopyran, tetrahydro-, 1,1-dioxide**	4988-33-4	**R0994**
42	41	69	55	39	27	28	134	**134**	100	67	45	33	28	21	13	11		5	10	2	–	–	–	–	1	–	–	–	–	**2H-Thiopyran, tetrahydro-, 1,1-dioxide**		**L8570**
42	41	69	55	39	134	43	70	**134**	100	80	73	55	36	29	27	21		5	10	2	–	–	–	–	1	–	–	–	–	**2H-Thiopyran, tetrahydro-, 1,1-dioxide**		**L5477**
42	41	92	39	119	27	93	65	**134**	100	71	64	58	48	43	38	25	**4.62**	8	10	–	2	–	–	–	–	–	–	–	–	**1,1-Cyclopropanedicarbonitrile, 2,2,3-trimethyl-**	13764-28-8	**R4743**
42	43	44	64	70	54	41	53	**134**	100	54	35	35	30	27	23	18	**0.00**	4	6	3	–	–	–	–	1	–	–	–	–	**Thiophene, tetrahydro-3,4-epoxy-, 1,1-dioxide**		**L3285**
42	55	41	69	39	70	134	117	**134**	100	84	48	39	27	25	12	9		5	10	2	–	–	–	–	1	–	–	–	–	**Thiophene, tetrahydro-3-methyl-, 1,1-dioxide**	872-93-5	**Q4427**
42	119	92	41	39	27	93	134	**134**	100	79	74	53	52	48	41	37		8	10	–	2	–	–	–	–	–	–	–	–	**Propanedinitrile, (1,2-dimethylpropylidene)-**	13017-52-2	**R4134**
43	41	29	40	27	42	89	39	**134**	100	68	52	52	50	46	45	33	**4.00**	6	14	1	–	–	–	–	1	–	–	–	–	**Dipropyl sulphoxide**	4253-91-2	**R0255**
43	41	39	92	63	42	45	38	**134**	100	92	48	44	39	28	14	13	**12.01**	6	14	1	–	–	–	–	1	–	–	–	–	**Dipropyl sulphoxide**	4253-91-2	**R0256**

MASS TO CHARGE RATIOS								M.W.	INTENSITIES								Parent	C	H	O	N	Cl	Br	F	S	P	B	Si	X	COMPOUND NAME	CAS Reg No	No
43	47	27	41	75	92	45	134	**134**	100	59	39	38	36	28	19	16		5	10	2	–	–	–	–	1	–	–	–	–	**Acetic acid, mercapto-, isopropyl ester**		**02001**
43	47	27	41	75	92	74	46	**134**	100	68	57	55	34	30	24	21	**13.70**	5	10	2	–	–	–	–	1	–	–	–	–	**Acetic acid, mercapto-, propyl ester**	16849-94-8	**R6498**
43	75	41	47	74	45	134	92	**134**	100	80	66	52	40	35	35	32		5	10	2	–	–	–	–	1	–	–	–	–	**Acetic acid, (isopropylthio)-**	22818-59-3	**R9952**
43	75	41	47	74	134	45	92	**134**	100	80	65	52	39	35	34	31		5	10	2	–	–	–	–	1	–	–	–	–	**Acetic acid, mercapto-, isopropyl ester**		**L6281**
43	89	71	45	42	72	29	60	**134**	100	93	78	31	20	25	22	15	**0.00**	4	6	5	–	–	–	–	–	–	–	–	–	**Malic acid**		**D2097**
43	91	134	65	92	51	63	89	**134**	100	57	25	19	16	8	8	5		9	10	1	–	–	–	–	–	–	–	–	–	**2-Propanone, 1-phenyl-**	103-79-7	**P7673**
43	91	134	92	65	39	63	51	**134**	100	60	18	16	14	13	7	6		9	10	1	–	–	–	–	–	–	–	–	–	**2-Propanone, 1-phenyl-**	103-79-7	**H0284**
43	91	134	92	65	39	63	135	**134**	100	90	55	28	16	9	6	5		9	10	1	–	–	–	–	–	–	–	–	–	**2-Propanone, 1-phenyl-**		**02386**
43	92	41	63	27	134	39	42	**134**	100	50	44	29	24	20	14	11		6	14	1	–	–	–	–	1	–	–	–	–	**Dipropyl sulphoxide**	4253-91-2	**R0254**
43	92	64	134	45	59	58	47	**134**	100	53	43	35	34	25	22	19		5	10	–	–	–	–	–	2	–	–	–	–	**Propyl vinyl disulphide**		**L6094**
43	99	57	39	29	45	27	31	**134**	100	49	22	13	9	7	6	6	**0.02**	5	7	2	–	1	–	–	–	–	–	–	–	**Acetic acid, 2-chloroallyl ester**		**Z0650**
43	103	61	74	44	15	86	31	**134**	100	21	8	7	6	4	4	3	**0.30**	5	10	4	–	–	–	–	–	–	–	–	–	**Glycerol, 1-acetate**		**Z0644**
43	105	91	90	134	89	92	77	**134**	100	72	61	50	48	28	26	22		9	10	1	–	–	–	–	–	–	–	–	–	**Benzene, (1,2-epoxypropyl)-**	4436-22-0	**R0441**
44	79	18	134	52	28	51	39	**134**	100	81	69	63	59	43	36	35		7	6	1	2	–	–	–	–	–	–	–	–	**Imidazo[1,2-a]pyridin-2(3H)-one**	3999-06-2	**Q9982**
45	31	59	29	28	72	27	43	**134**	100	44	38	36	22	21	21	20	**0.00**	6	14	3	–	–	–	–	–	–	–	–	–	**Diethylene glycol monomethyl ether**		**C0900**
45	43	61	48	49	41	134	47	**134**	100	99	95	87	68	64	60	60		6	14	1	–	–	–	–	1	–	–	–	–	**2-Propanol, 1-(propylthio)-**	53957-22-5	**H2022**
45	59	72	73	60	31	75	44	**134**	100	56	37	22	14	13	11	9	**0.00**	6	14	3	–	–	–	–	–	–	–	–	–	**Diethylene glycol monomethyl ether**	111-90-0	**P8635**
45	89	59	42	31	43	41	47	**134**	100	62	61	57	39	25	21	16	**0.10**	6	14	3	–	–	–	–	–	–	–	–	–	**Bis(2-hydroxypropyl) ether**	110-98-5	**P8467**
46	61	28	60	104	74	29	134	**134**	100	65	49	45	31	30	30	30		5	10	2	–	–	–	–	1	–	–	–	–	**1,3,6-Dioxathiocane**	2094-92-0	**Q7371**
46	61	60	28	104	74	134	29	**134**	100	65	45	39	31	30	30	30		5	10	2	–	–	–	–	1	–	–	–	–	**1,3,6-Dioxathiocane**		**M4478**
47	31	61	29	103	75	27	28	**134**	100	96	69	65	52	39	33	31	**0.00**	6	14	3	–	–	–	–	–	–	–	–	–	**Ethanol, 2,2-diethoxy-**	621-63-6	**Q3041**
51	83	33	64	31	101	82	69	**134**	100	71	32	19	14	13	9	6	**0.10**	3	3	–	–	–	–	5	–	–	–	–	–	**Propane, 1,1,2,2,3-pentafluoro-**	679-86-7	**Q3679**
54	26	98	53	25	44	55	41	**134**	100	39	20	13	6	5	4	4	**0.00**	4	6	5	–	–	–	–	–	–	–	–	–	**Malic acid**	6915-15-7	**R2684**
54	81	67	41	80	94	66	68	**134**	100	71	50	47	30	18	17	16	**16.00**	8	10	–	2	–	–	–	–	–	–	–	–	**cis-1,4-Cyclohexanedicarbonitrile**		**16377**
54	81	67	41	134	68	80	66	**134**	100	84	60	58	43	27	27	26		8	10	–	2	–	–	–	–	–	–	–	–	**trans-1,4-Cyclohexanedicarbonitrile**		**16378**
54	81	80	41	67	107	94	66	**134**	100	47	39	36	35	31	28	15	**3.00**	8	10	–	2	–	–	–	–	–	–	–	–	**cis-1,3-Cyclohexanedicarbonitrile**		**16373**
54	81	94	41	80	107	67	52	**134**	100	63	52	47	27	26	24	16	**5.00**	8	10	–	2	–	–	–	–	–	–	–	–	**trans-1,3-Cyclohexanedicarbonitrile**		**16374**
55	27	26	62	85	28	99		**134**	100	58	18	18	18	15	12		**0.00**	5	7	2	–	1	–	–	–	–	–	–	–	**Acrylic acid, 2-chloroethyl ester**		**C0851**
55	29	27	39	53	31	56	134	**134**	100	27	21	15	7	6	5	5		4	7	–	–	–	1	–	–	–	–	–	–	**Cyclopropane, (bromomethyl)-**	7051-34-5	**R2813**
55	39	53	54	56	50	51	82	**134**	100	49	24	20	14	8	8	7	**2.90**	4	7	–	–	–	1	–	–	–	–	–	–	**1-Butene, 3-bromo-**		**C2138**
56	41	27	39	94	79	28	29	**134**	100	53	37	30	29	26	22	11	**0.91**	8	10	–	2	–	–	–	–	–	–	–	–	**1,1-Cyclohexanedicarbonitrile**	5222-53-7	**06972**
56	41	39	29	27	79	28	55	**134**	100	44	12	12	12	11	10	8	**0.14**	8	10	–	2	–	–	–	–	–	–	–	–	**1,1-Cyclopropanedicarbonitrile, 2-ethyl-2-methyl-**		**01303**
56	41	43	69	70	55	57	98	**134**	100	60	55	54	48	43	37	34	**0.00**	7	15	–	–	1	–	–	–	–	–	–	–	**Heptane, 2-chloro-**	1001-89-4	**Q4963**
56	41	43	69	70	55	57	98	**134**	100	58	54	54	48	43	36	33	**0.17**	7	15	–	–	1	–	–	–	–	–	–	–	**Heptane, 2-chloro-**		**Z0647**
57	31	59	103	32	88	105	102	**134**	100	43	34	32	26	18	16	8	**0.00**	6	14	3	–	–	–	–	–	–	–	–	–	**Propane, 1,1,1-trimethoxy-**		**Z0657**
57	54	41	44	80	98	43	42	**134**	100	25	21	17	12	12	10	8	**1.00**	6	11	1	–	1	–	–	–	–	–	–	–	**Cyclohexanol, trans-4-chloro-**	29538-77-0	**S2560**
57	54	41	55	80	44	42	43	**134**	100	56	38	31	28	27	22	19	**1.00**	6	11	1	–	1	–	–	–	–	–	–	–	**Cyclohexanol, trans-4-chloro-**	29538-77-0	**S2559**
57	54	80	134	81	41	45	88	**134**	100	56	32	27	21	16	14	13		6	11	1	–	1	–	–	–	–	–	–	–	**Cyclohexanol, trans-2-chloro-**		**05696**
57	54	80	134	81	41	88	98	**134**	100	56	33	27	21	16	13	12		6	11	1	–	1	–	–	–	–	–	–	–	**Cyclohexanol, trans-2-chloro-**		**L6846**
57	80	81	41	119	44	88	98	**134**	100	32	21	16	14	14	13	12	**3.50**	6	11	1	–	1	–	–	–	–	–	–	–	**Cyclohexanol, trans-2-chloro-**		**M8410**
57	81	54	55	41	39	98	45	**134**	100	35	32	29	25	25	23	21	**3.00**	6	11	1	–	1	–	–	–	–	–	–	–	**Cyclohexanol, cis-2-chloro-**		**05698**
57	86	55	29	41	43	31	71	**134**	100	46	32	32	28	27	22	20	**0.03**	6	14	3	–	–	–	–	–	–	–	–	–	**Butanol, 2,2-bis(hydroxymethyl)-**		**Z0652**
57	86	55	29	71	43	41	31	**134**	100	46	30	28	27	25	24	22	**0.00**	6	14	3	–	–	–	–	–	–	–	–	–	**Butanol, 2,2-bis(hydroxymethyl)-**		**M7294**
57	88	80	81	54	55	41	39	**134**	100	73	48	35	32	29	25	25	**3.00**	6	11	1	–	1	–	–	–	–	–	–	–	**Cyclohexanol, cis-2-chloro-**		**M8412**
57	98	80	54	44	81	55	41	**134**	100	14	11	11	10	10	9	9	**1.42**	6	11	1	–	1	–	–	–	–	–	–	–	**Cyclohexanol, trans-4-chloro-**		**Z0635**
59	29	58	15	45	31	89	43	**134**	100	53	40	40	40	25	16	15	**0.00**	6	14	3	–	–	–	–	–	–	–	–	–	**Bis(2-methoxyethyl) ether**		**Y1150**
59	31	45	103	41	29	27	43	**134**	100	58	48	28	26	19	12	12	**0.08**	6	14	3	–	–	–	–	–	–	–	–	–	**Dipropylene glycol**		**C1184**
59	31	45	103	41	42	43	27	**134**	100	54	47	25	21	15	12	8	**0.00**	6	14	3	–	–	–	–	–	–	–	–	–	**Bis(2-hydroxypropyl) ether**	110-98-5	**P8465**
59	31	45	103	41	43	29	57	**134**	100	42	37	32	18	8	6	5	**0.61**	6	14	3	–	–	–	–	–	–	–	–	–	**Bis(1-methyl-2-hydroxyethyl) ether**		**Z0629**
59	45	31	42	41	43	103	29	**134**	100	66	54	26	24	19	16	14	**0.00**	6	14	3	–	–	–	–	–	–	–	–	–	**Dipropylene glycol**		**X0633**
59	45	31	42	89	41	43	103	**134**	100	66	43	41	26	25	25	16	**0.00**	6	14	3	–	–	–	–	–	–	–	–	–	**Bis(2-hydroxypropyl) ether**		**D1389**
59	45	89	58	102	43	71	41	**134**	100	82	77	47	35	34	14	14	**0.00**	6	14	3	–	–	–	–	–	–	–	–	–	**Propane, 1,2,3-trimethoxy-**	20637-49-4	**R8819**
59	58	29	45	31	28	43	89	**134**	100	50	42	38	27	16	14	14	**0.00**	6	14	3	–	–	–	–	–	–	–	–	–	**Bis(2-methoxyethyl) ether**		**C1045**
59	58	31	29	45	28	89	43	**134**	100	43	34	32	28	19	15	9	**0.00**	6	14	3	–	–	–	–	–	–	–	–	–	**Bis(2-methoxyethyl) ether**	111-96-6	**P8649**
61	28	88	29	27	60	134	89	**134**	100	84	80	77	77	73	56	46		5	10	2	–	–	–	–	1	–	–	–	–	**Propanoic acid, 3-mercapto-, ethyl ester**		**02013**
61	29	27	60	134	88	26	28	**134**	100	59	37	29	25	20	17	16		5	10	2	–	–	–	–	1	–	–	–	–	**Propanoic acid, 2-mercapto-, ethyl ester**		**02006**

MASS TO CHARGE RATIOS								M.W.	INTENSITIES								Parent	C	H	O	N	Cl	Br	F	S	P	B	Si	X	COMPOUND NAME	CAS Reg No	No
66	67	39	91	77	41	92	134	**134**	100	44	29	28	22	20	18	17		10	14	–	–	–	–	–	–	–	–	–	–	**1H-4,7-Methanoindene, 3a,4,5,6,7,7a-hexahydro-**		**C0847**
66	67	43	15	50	39	27	41	**134**	100	36	33	15	14	14	11	10	**6.21**	10	14	–	–	–	–	–	–	–	–	–	–	**1H-4,7-Methanoindene, 3a,4,5,6,7,7a-hexahydro-**		**P4056**
66	68	67	39	65	41	40	53	**134**	100	32	25	18	10	9	9	9	**0.00**	10	14	–	–	–	–	–	–	–	–	–	–	**2-Norbornene, 5-(2-methylvinyl)-**		**C1642**
67	56	94	41	80	54	81	107	**134**	100	91	75	70	59	47	47	47	**12.00**	8	10	–	2	–	–	–	–	–	–	–	–	**trans-1,2-Cyclohexanedicarbonitrile**		**16372**
67	66	41	39	68	65	134	91	**134**	100	53	12	7	7	6	6	2		10	14	–	–	–	–	–	–	–	–	–	–	**Bis(3-cyclopentene)**		**C0081**
67	80	41	94	56	107	54	79	**134**	100	89	82	72	67	67	58	54	**8.00**	8	10	–	2	–	–	–	–	–	–	–	–	**cis-1,2-Cyclohexanedicarbonitrile**		**16371**
67	99	69	83	79	85	101	134	**134**	100	40	33	27	24	18	13	13		2	2	–	–	2	–	2	–	–	–	–	–	**Ethane, 1,2-dichloro-1,2-difluoro-**		**A0227**
69	41	67	42	39	27	106	81	**134**	100	93	57	53	43	23	21	15	**0.00**	8	10	–	2	–	–	–	–	–	–	–	–	**Cyclopentanemalononitrile**	30963-90-7	**S3087**
69	41	134	87	55	68	102	45	**134**	100	95	78	39	23	22	20	19		5	10	–	–	–	–	–	2	–	–	–	–	**1,2-Dithiepane**		**16046**
73	45	72	44	134	74	46	42	**134**	100	72	56	37	34	19	18	16		3	6	–	2	–	–	–	2	–	–	–	–	**Ethanedithioamide, methyl-**	16890-71-4	**R6523**
73	60	98	57	44	43	45	70	**134**	100	93	50	48	39	31	29	28	**0.00**	5	10	4	–	–	–	–	–	–	–	–	–	**1,2,3,4-Cyclopentanetetrol, (1α,2β,3β,4α)-**	14003-71-5	**08497**
74	61	134	55	75	59	47	45	**134**	100	98	75	49	42	38	35	34		5	10	2	–	–	–	–	1	–	–	–	–	**Propanoic acid, 3-(methylthio)-, methyl ester**	13532-18-8	**R4620**
74	75	134	47	61	45	43	28	**134**	100	87	61	47	40	27	25	22		5	10	2	–	–	–	–	1	–	–	–	–	**Acetic acid, (ethylthio)-, methyl ester**	20600-64-0	**R8770**
74	75	134	47	61	45	43	28	**134**	100	88	63	46	41	27	25	22		5	10	2	–	–	–	–	1	–	–	–	–	**Acetic acid, mercapto-, isopropyl ester**		**L6284**
75	39	77	41	110	61	49	112	**134**	100	58	37	32	32	31	31	22	**0.00**	6	11	1	–	1	–	–	–	–	–	–	–	**Propane, 1-chloro-, 1-propenyl ether**		**C0871**
75	41	47	43	27	45	134	77	**134**	100	86	86	82	53	47	36	34		5	10	2	–	–	–	–	1	–	–	–	–	**Acetic acid, (propylthio)-**	20600-60-6	**R8766**
75	45	29	31	105	71	27	47	**134**	100	94	30	29	26	25	15	12	**0.71**	6	14	3	–	–	–	–	–	–	–	–	–	**Propane, 1,1,3-trimethoxy-**		**C1062**
75	47	31	29	76	103	44	43	**134**	100	39	31	23	3	3	2	1	**0.00**	5	10	4	–	–	–	–	–	–	–	–	–	**Acetic acid, dimethoxy-, methyl ester**	89-91-8	**P6518**
77	51	134	50	106	107	78	38	**134**	100	44	19	16	15	10	8	6		9	10	1	–	–	–	–	–	–	–	–	–	**Propiophenone**	93-55-0	**H0184**
79	134	52	51	39	53	108	80	**134**	100	77	72	45	42	40	37	35		7	6	1	2	–	–	–	–	–	–	–	–	**Imidazo[1,2-a]pyridin-2(3H)-one**		**M7288**
80	79	39	27	77	41	91	92	**134**	100	76	27	21	19	18	18	11	**1.34**	10	14	–	–	–	–	–	–	–	–	–	–	**Cyclohexene, cis-3,4-divinyl-**	61222-40-0	**T5597**
83	51	35	134	48	80	64	67	**134**	100	94	82	58	31	30	16	11		–	–	3	–	1	–	1	1	–	–	–	–	**Fluorosulphuric acid, chlorine ester**		**M1415**
83	85	134	136	51	87	49	133	**134**	100	67	24	15	12	11	10	9		2	2	–	–	2	–	2	–	–	–	–	–	**Ethane, 1,1-dichloro-2,2-difluoro-**	471-43-2	**Q0925**
85	59	63	86	93	81	65	91	**134**	100	22	12	10	10	9	8	7	**0.00**	5	11	–	–	1	–	–	–	–	–	1	–	**Silane, (chloromethyl)vinyldimethyl-**	16709-86-7	**R6385**
89	59	87	133	119	43	101	86	**134**	100	83	77	66	63	60	52	43	**14.00**	3	14	–	–	–	–	–	–	–	–	3	–	**1,3,5-Trisilahexane**	5695-49-8	**R1687**
90	40	42	27	54	29	68	55	**134**	100	87	71	57	56	48	40	39	**0.00**	7	15	–	–	1	–	–	–	–	–	–	–	**Heptane, 1-chloro-**	629-06-1	**H1013**
91	39	106	50	105	63	134	65	**134**	100	33	26	24	19	17	15	13		9	10	1	–	–	–	–	–	–	–	–	–	**2,4,6-Cycloheptatrien-1-one, 2,3-dimethyl-**	53951-51-2	**S8696**
91	41	27	43	105	29	63	78	**134**	100	86	76	71	70	60	54	52	**0.27**	10	14	–	–	–	–	–	–	–	–	–	–	**1,3-Decadiyne**	55682-66-1	**06786**
91	43	41	93	55	69	56	57	**134**	100	45	43	36	35	33	28	21	**0.00**	7	15	–	–	1	–	–	–	–	–	–	–	**Heptane, 1-chloro-**	629-06-1	**Q3326**
91	78	39	106	79	27	77	105	**134**	100	65	54	45	42	35	32	31	**22.04**	9	10	1	–	–	–	–	–	–	–	–	–	**Tetracyclo[3.3.1.0^{2,8}.0^{4,6}]nonan-3-one**	1903-34-0	**Q6979**
91	92	43	41	65	39	77	119	**134**	100	98	40	28	28	26	18	16	**7.00**	10	14	–	–	–	–	–	–	–	–	–	–	**Bicyclo[3.1.0]hex-2-ene, 4-methylene-1-isopropyl-**	36262-09-6	**S5188**
91	92	43	134	41	65	39	27	**134**	100	57	22	20	12	12	11	8		10	14	–	–	–	–	–	–	–	–	–	–	**Benzene, isobutyl-**	538-93-2	**Q1781**
91	92	78	134	77	79	105	51	**134**	100	86	81	78	48	41	40	38		9	10	1	–	–	–	–	–	–	–	–	–	**Benzenepropanal**	104-53-0	**P7728**
91	92	78	134	77	105	51	79	**134**	100	92	75	73	43	38	32	27		9	10	1	–	–	–	–	–	–	–	–	–	**Benzenepropanal**	104-53-0	**P7725**
91	92	78	134	105	39	77	79	**134**	100	52	35	29	25	23	20	17		10	14	–	–	–	–	–	–	–	–	–	–	**Spirocyclopentane, 2-(1,4-cyclohexadiene)-**		**M8279**
91	92	105	134	77	43	78	116	**134**	100	62	42	40	26	25	12	12		9	10	1	–	–	–	–	–	–	–	–	–	**Bicyclo[3.2.2]nona-6,8-dien-3-one**		**P3481**
91	92	134	43	39	65	41	27	**134**	100	59	26	16	12	12	10	9		10	14	–	–	–	–	–	–	–	–	–	–	**Benzene, isobutyl-**		**Y0459**
91	92	134	43	65	41	39	51	**134**	100	59	30	15	10	8	8	5		10	14	–	–	–	–	–	–	–	–	–	–	**Benzene, isobutyl-**		**Y0318**
91	92	134	65	27	39	105	51	**134**	100	55	25	11	10	9	8	7		10	14	–	–	–	–	–	–	–	–	–	–	**Benzene, butyl-**		**Y0494**
91	92	134	65	27	39	105	51	**134**	100	55	20	13	10	9	8	7		10	14	–	–	–	–	–	–	–	–	–	–	**Benzene, butyl-**	104-51-8	**P7719**
91	92	134	65	105	78	39	77	**134**	100	60	30	10	9	6	6	6		10	14	–	–	–	–	–	–	–	–	–	–	**Benzene, butyl-**	104-51-8	**P7720**
91	105	106	119	39	134	27	92	**134**	100	44	41	39	34	33	27	20		10	14	–	–	–	–	–	–	–	–	–	–	**Bicyclo[3.2.1]oct-2-ene, 3-methyl-4-methylene-**	49826-53-1	**S7230**
91	106	63	43	92	105	134	107	**134**	100	20	14	13	8	6	6	2		9	10	1	–	–	–	–	–	–	–	–	–	**4,6-Octadiyn-3-one, 2-methyl-**	29743-33-7	**S2628**
91	119	77	134	92	93	79	105	**134**	100	84	40	34	34	33	30	29		10	14	–	–	–	–	–	–	–	–	–	–	**1-Cyclohexene, 3-isopropenyl-4-methylene-**		**L7400**
91	119	92	79	77	134	93	105	**134**	100	53	48	48	32	29	29	26		10	14	–	–	–	–	–	–	–	–	–	–	**1-Cyclohexene, 4-isopropenyl-3-methylene-**		**L7401**
91	119	134	92	77	79	105	106	**134**	100	76	40	29	24	23	19	13		10	14	–	–	–	–	–	–	–	–	–	–	**1-Cyclohexene, 4-isopropenyl-3-methylene-**		**L7106**
91	120	39	92	65	27	28	51	**134**	100	40	23	22	14	10	10	10	**0.00**	9	10	1	–	–	–	–	–	–	–	–	–	**Bicyclo[6.1.0]nona-5,8-dien-4-one**	56666-74-1	**T4028**
91	133	116	104	117	132	131	92	**134**	100	52	44	31	27	24	24	18	**4.00**	7	11	–	2	–	–	–	–	–	1	–	–	**2,3,1-Benzodiazaborine, 1,2,3,4-tetrahydro-**		**L4338**
91	134	39	105	27	119	106	79	**134**	100	62	61	59	45	44	41	38		10	14	–	–	–	–	–	–	–	–	–	–	**Bicyclo[3.2.1]octane, 2,3-bis(methylene)-**	49826-54-2	**S7231**
91	134	65	15	39	119	89	51	**134**	100	63	13	10	10	9	9	9		9	10	1	–	–	–	–	–	–	–	–	–	**Styrene, β-methoxy-, (Z)-**		**03086**
91	134	65	119	51	39	77	63	**134**	100	87	24	22	16	15	13	12		9	10	1	–	–	–	–	–	–	–	–	–	**Styrene, β-methoxy-, (Z)-**	14371-19-8	**R5174**
91	134	92	78	105	77	51	79	**134**	100	89	86	42	38	23	17	17		9	10	1	–	–	–	–	–	–	–	–	–	**Benzenepropanal**	104-53-0	**P7727**
91	134	119	105	79	77	92	39	**134**	100	80	56	49	46	44	43	39		10	14	–	–	–	–	–	–	–	–	–	–	**Cycloheptane, 1,3,5-tris(methylene)-**	68284-24-2	**T6922**
91	134	119	105	79	92	77	41	**134**	100	95	66	54	52	48	42	31		10	14	–	–	–	–	–	–	–	–	–	–	**Cycloheptane, 1,3,5-tris(methylene)-**	68284-24-2	**T6921**
91	134	119	117	105	92	77	79	**134**	100	84	72	35	25	22	21	20		10	14	–	–	–	–	–	–	–	–	–	–	**1,3-Cyclohexadiene, 1-(1′-propenyl-2′-methyl)-**		**L7107**

MASS TO CHARGE RATIOS								M.W.	INTENSITIES								Parent	C	H	O	N	Cl	Br	F	S	P	B	Si	X	COMPOUND NAME	CAS Reg No	No
92	78	91	77	51	105	115	134	**134**	100	98	97	90	74	63	61	61		9	10	1	–	–	–	–	–	–	–	–	–	**2-Propen-1-ol, 3-phenyl-**	104-54-1	**P7730**
92	91	134	78	105	115	77	79	**134**	100	72	64	54	51	42	41	26		9	10	1	–	–	–	–	–	–	–	–	–	**2-Propen-1-ol, 3-phenyl-**	104-54-1	**P7729**
92	119	42	41	39	65	93	29	**134**	100	90	83	50	46	43	42	26	**9.55**	8	10	–	2	–	–	–	–	–	–	–	–	**Propanedinitrile, (2,2-dimethylpropylidene)-**	22123-53-1	**R9569**
99	49	101	85	79	51	87	31	**134**	100	32	29	20	15	11	7	7	**2.60**	2	2	–	–	2	–	2	–	–	–	–	–	**Ethane, 1,2-dichloro-1,1-difluoro-**	1649-08-7	**Q6429**
99	71	43	29	53	27	57	89	**134**	100	83	69	47	46	40	38	32	**0.00**	6	11	1	–	1	–	–	–	–	–	–	–	**2-Butene, 1-chloro-4-ethoxy-**		**00952**
99	101	49	85	32	79	134	51	**134**	100	31	20	17	16	12	7	7		2	2	–	–	2	–	2	–	–	–	–	–	**Ethane, 1,2-dichloro-1,1-difluoro-**		**A0228**
99	101	49	85	79	83	51	134	**134**	100	49	24	23	14	10	9	8		2	2	–	–	2	–	2	–	–	–	–	–	**Ethane, 1,2-dichloro-1,1-difluoro-**	1649-08-7	**Q6430**
99	128	36	73	101	38	82	64	**134**	100	64	39	33	33	30	17	14	**0.30**	3	–	–	2	2	–	–	–	–	–	–	–	**Malononitrile, dichloro-**		**Z0645**
99	134	136	64	101	32	67	35	**134**	100	69	51	43	42	24	15	13		–	–	–	–	2	–	–	2	–	–	–	–	**Disulphur dichloride**	10025-67-9	**08239**
103	47	75	61	29	73	45	89	**134**	100	94	60	42	21	16	12	11	**0.00**	6	14	3	–	–	–	–	–	–	–	–	–	**Ethanol, 2,2-diethoxy-**	621-63-6	**Q3043**
104	134	91	105	115	51	116	79	**134**	100	39	19	15	10	9	9	8		9	10	1	–	–	–	–	–	–	–	–	–	**1H-Inden-2-ol, 2,3-dihydro-**	4254-29-9	**R0258**
105	77	51	106	134	27	50	78	**134**	100	47	26	13	10	4	4	3		9	10	1	–	–	–	–	–	–	–	–	–	**Propiophenone**		**D0998**
105	77	79	134	106	103	51	91	**134**	100	18	16	14	10	9	8	7		9	10	1	–	–	–	–	–	–	–	–	–	**Benzeneacetaldehyde, α-methyl-**		**Z0654**
105	77	91	43	79	51	134	29	**134**	100	22	18	17	17	16	12	11		9	10	1	–	–	–	–	–	–	–	–	–	**Benzeneacetaldehyde, α-methyl-**		**X1285**
105	77	91	43	79	51	134	39	**134**	100	22	18	17	17	16	12	12		9	10	1	–	–	–	–	–	–	–	–	–	**Benzeneacetaldehyde, α-methyl-**	93-53-8	**H0183**
105	77	106	134	51	50	29	74	**134**	100	65	49	27	21	19	18	16		8	6	2	–	–	–	–	–	–	–	–	–	**1,2-Benzenedicarboxaldehyde**	643-79-8	**Q3559**
105	77	133	50	76	132	51	106	**134**	100	57	53	19	17	14	11	9	**4.69**	8	6	2	–	–	–	–	–	–	–	–	–	**1(3H)-Isobenzofuranone**	87-41-2	**P6370**
105	77	134	51	50	76	133	106	**134**	100	52	31	21	19	13	11	8		8	6	2	–	–	–	–	–	–	–	–	–	**Indole, 3-(dimethylamino)methyl-**	87-41-2	**P6369**
105	77	134	51	50	133	76	28	**134**	100	42	25	14	11	10	9	8		8	6	2	–	–	–	–	–	–	–	–	–	**1(3H)-Isobenzofuranone**		**D0719**
105	77	134	51	106	50	78	29	**134**	100	41	17	13	7	4	3	2		9	10	1	–	–	–	–	–	–	–	–	–	**Propiophenone**		**C1242**
105	77	134	51	133	50	76	106	**134**	100	44	43	15	13	11	11	9		8	6	2	–	–	–	–	–	–	–	–	–	**1(3H)-Isobenzofuranone**		**C1094**
105	106	77	134	104	78	51	50	**134**	100	33	29	27	22	17	16	8		9	10	1	–	–	–	–	–	–	–	–	–	**Oxetane, 2-phenyl-**		**M0741**
105	119	134	91	77	39	27	51	**134**	100	98	47	25	17	16	15	13		10	14	–	–	–	–	–	–	–	–	–	–	**Benzene, 1,2-diethyl-**		**Y0439**
105	133	103	134	104	77	78	79	**134**	100	72	39	36	36	30	26	19		9	10	1	–	–	–	–	–	–	–	–	–	**Ethane, 1,2-epoxy-1-methyl-1-phenyl-**		**Z0634**
105	134	77	106	91	39	79	27	**134**	100	39	20	20	18	15	15	13		10	14	–	–	–	–	–	–	–	–	–	–	**Toluene, 2-propyl-**		**C1097**
105	134	91	77	106	27	79	39	**134**	100	19	14	11	9	8	7	6		10	14	–	–	–	–	–	–	–	–	–	–	**Benzene, sec-butyl-**		**Y0460**
105	134	91	77	106	79	103	78	**134**	100	21	15	9	9	8	6	4		10	14	–	–	–	–	–	–	–	–	–	–	**Benzene, sec-butyl-**	135-98-8	**P9701**
105	134	91	77	106	79	103	119	**134**	100	22	14	9	9	7	5	5		10	14	–	–	–	–	–	–	–	–	–	–	**Benzene, sec-butyl-**	135-98-8	**P9703**
105	134	91	106	77	79	39	27	**134**	100	20	9	9	9	6	6	5		10	14	–	–	–	–	–	–	–	–	–	–	**Toluene, 2-propyl-**	1074-17-5	**Q5220**
105	134	91	106	115	77	116	79	**134**	100	39	16	13	9	8	7	6		9	10	1	–	–	–	–	–	–	–	–	–	**1H-Inden-2-ol, 2,3-dihydro-**		**Y2479**
105	134	106	77	27	39	91	51	**134**	100	19	9	8	8	7	6	6		10	14	–	–	–	–	–	–	–	–	–	–	**Toluene, 4-propyl-**		**Y1432**
105	134	106	77	27	39	91	79	**134**	100	21	9	9	8	7	7	5		10	14	–	–	–	–	–	–	–	–	–	–	**Toluene, 2-propyl-**		**Y1430**
105	134	106	77	27	91	39	79	**134**	100	24	14	10	9	9	8	5		10	14	–	–	–	–	–	–	–	–	–	–	**Toluene, 3-propyl-**		**Y1431**
105	134	106	77	91	39	27	119	**134**	100	23	13	10	9	8	7	6		10	14	–	–	–	–	–	–	–	–	–	–	**Toluene, 3-propyl-**		**C1096**
105	134	106	77	91	39	79	27	**134**	100	19	9	8	6	5	5	5		10	14	–	–	–	–	–	–	–	–	–	–	**Toluene, 4-propyl-**	1074-55-1	**Q5229**
105	134	106	77	91	39	79	92	**134**	100	24	14	10	8	7	6	5		10	14	–	–	–	–	–	–	–	–	–	–	**Toluene, 3-propyl-**	1074-43-7	**Q5226**
106	134	92	133	79	41	80	52	**134**	100	96	42	41	25	19	18	15		8	10	–	2	–	–	–	–	–	–	–	–	**Dipyrrole, 2,2′-dihydro-**		**D0334**
116	115	133	117	63	114	89	134	**134**	100	70	17	14	12	10	10	10		9	10	1	–	–	–	–	–	–	–	–	–	**1H-Inden-1-ol, 2,3-dihydro-**		**C1672**
118	134	91	106	63	64	79	52	**134**	100	47	30	16	15	15	13	12		7	6	1	2	–	–	–	–	–	–	–	–	**1H-Benzimidazole, 3-oxide**	18916-43-3	**R7868**
119	52	28	92	65	51	29	78	**134**	100	80	74	69	61	55	54	52	**14.60**	8	10	–	2	–	–	–	–	–	–	–	–	**Ethanamine, N-(α-picolidene)-**		**M1086**
119	89	91	104	75	88	74	120	**134**	100	12	6	6	4	2	2	1	**0.56**	4	12	–	–	–	–	–	–	–	–	–	1	**Germane, tetramethyl-**		**01162**
119	89	104	91	75	88	74	105	**134**	100	11	4	4	3	2	2	1	**0.00**	4	12	–	–	–	–	–	–	–	–	–	1	**Germane, tetramethyl-**		**01154**
119	91	41	134	39	51	77	79	**134**	100	48	24	24	14	12	11	10		10	14	–	–	–	–	–	–	–	–	–	–	**Benzene, tert-butyl-**		**Y0934**
119	91	65	134	43	63	89	51	**134**	100	97	31	31	21	18	14	10		9	10	1	–	–	–	–	–	–	–	–	–	**Acetophenone, 3′-methyl-**	585-74-0	**Q2335**
119	91	92	63	134	65	120	89	**134**	100	66	55	53	38	14	9	5		9	10	1	–	–	–	–	–	–	–	–	–	**Acetophenone, 4′-methyl-**	122-00-9	**P9197**
119	91	106	53	41	105	79	67	**134**	100	84	63	58	54	51	47	43	**1.98**	10	14	–	–	–	–	–	–	–	–	–	–	**2,8-Decadiyne**	4116-93-2	**R0117**
119	91	134	41	39	105	77	92	**134**	100	74	66	30	26	21	21	17		10	14	–	–	–	–	–	–	–	–	–	–	**1,3-Cyclohexadiene, 4-isopropenyl-1-methyl-**		**P3998**
119	91	134	41	79	77	120	51	**134**	100	46	26	17	10	9	9	8		10	14	–	–	–	–	–	–	–	–	–	–	**Benzene, tert-butyl-**		**Y0319**
119	91	134	41	79	120	77	51	**134**	100	48	30	21	11	10	8	7		10	14	–	–	–	–	–	–	–	–	–	–	**Benzene, tert-butyl-**		**C0588**
119	91	134	65	39	43	63	120	**134**	100	74	40	23	13	10	10	10		9	10	1	–	–	–	–	–	–	–	–	–	**Acetophenone, 4′-methyl-**		**C0207**
119	91	134	65	39	43	106	63	**134**	100	75	34	24	20	19	14	12		9	10	1	–	–	–	–	–	–	–	–	–	**Acetophenone, 4′-methyl-**	122-00-9	**H0550**
119	91	134	65	43	120	39	92	**134**	100	90	58	17	12	9	9	8		9	10	1	–	–	–	–	–	–	–	–	–	**Acetophenone, 2′-methyl-**	577-16-2	**Q2245**
119	91	134	106	41	105	39	77	**134**	100	82	37	22	22	21	19	18		10	14	–	–	–	–	–	–	–	–	–	–	**1,4-Cyclohexadiene, 3-vinyl-1,2-dimethyl-**	62338-57-2	**T6184**
119	105	134	91	27	39	77	51	**134**	100	92	43	19	16	16	15	12		10	14	–	–	–	–	–	–	–	–	–	–	**Benzene, 1,3-diethyl-**		**Y0440**
119	105	134	91	39	27	77	51	**134**	100	75	40	21	14	13	13	11		10	14	–	–	–	–	–	–	–	–	–	–	**Benzene, 1,4-diethyl-**		**Y0441**
119	105	134	91	77	39	120	106	**134**	100	93	43	20	15	11	10	10		10	14	–	–	–	–	–	–	–	–	–	–	**Benzene, 1,3-diethyl-**	141-93-5	**P9841**

MASS TO CHARGE RATIOS								M.W.	INTENSITIES								Parent	C	H	O	N	Cl	Br	F	S	P	B	Si	X	COMPOUND NAME	CAS Reg No	No
119	105	134	91	77	120	39	117	**134**	100	74	41	22	13	10	10	10		10	14	–	–	–	–	–	–	–	–	–	–	**Benzene, 1,4-diethyl-**	105-05-5	**P7772**
119	133	73	59	120	134	45	121	**134**	100	74	34	20	13	11	8	7		4	14	1	–	–	–	–	–	–	–	2	–	**Disiloxane, 1,1,3,3-tetramethyl-**	3277-26-7	**Q9179**
119	134	39	91	27	41	133	77	**134**	100	54	19	15	12	12	11	10		10	14	–	–	–	–	–	–	–	–	–	–	**Benzene, 1,2,4,5-tetramethyl-**	95-93-2	**P7002**
119	134	39	91	41	27	77	133	**134**	100	56	18	16	13	11	11	11		10	14	–	–	–	–	–	–	–	–	–	–	**Benzene, 1,2,4,5-tetramethyl-**		**Y0486**
119	134	39	91	133	120	27	77	**134**	100	53	13	13	10	10	9	8		10	14	–	–	–	–	–	–	–	–	–	–	**Benzene, 1,2,3,5-tetramethyl-**	527-53-7	**Q1641**
119	134	43	42	41	91	133	120	**134**	100	58	23	17	16	12	12	10		10	14	–	–	–	–	–	–	–	–	–	–	**Benzene, 1,2,4,5-tetramethyl-**		**Y0320**
119	134	79	91	120	117	41	77	**134**	100	23	21	16	10	7	7	7		10	14	–	–	–	–	–	–	–	–	–	–	**Toluene, 2-isopropyl-**	527-84-4	**Q1653**
119	134	91	32	40	120	28	41	**134**	100	30	17	15	15	10	9	9		10	14	–	–	–	–	–	–	–	–	–	–	**Toluene, 4-isopropyl-**	99-87-6	**P7290**
119	134	91	39	15	117	41	77	**134**	100	23	16	11	7	7	7	7		10	14	–	–	–	–	–	–	–	–	–	–	**Toluene, 2-isopropyl-**		**Y0853**
119	134	91	39	41	120	27	105	**134**	100	29	14	13	10	10	9	9		10	14	–	–	–	–	–	–	–	–	–	–	**Benzene, 4-ethyl-1,2-dimethyl-**		**Y1570**
119	134	91	39	105	120	77	27	**134**	100	31	12	9	9	9	8	7		10	14	–	–	–	–	–	–	–	–	–	–	**Benzene, 4-ethyl-1,2-dimethyl-**		**Y0211**
119	134	91	39	105	120	77	51	**134**	100	28	14	11	11	9	9	8		10	14	–	–	–	–	–	–	–	–	–	–	**Benzene, 3-ethyl-1,2-dimethyl-**		**V0164**
119	134	91	39	120	15	27	77	**134**	100	35	14	11	10	9	9	9		10	14	–	–	–	–	–	–	–	–	–	–	**Benzene, 1-ethyl-3,5-dimethyl-**		**Y0854**
119	134	91	39	120	27	133	77	**134**	100	52	13	11	10	10	9	8		10	14	–	–	–	–	–	–	–	–	–	–	**Benzene, 1,2,3,4-tetramethyl-**		**Y1957**
119	134	91	39	120	41	65	77	**134**	100	26	17	10	10	9	7	7		10	14	–	–	–	–	–	–	–	–	–	–	**Toluene, 3-isopropyl-**		**Y0461**
119	134	91	39	120	41	77	27	**134**	100	25	16	11	10	8	7	7		10	14	–	–	–	–	–	–	–	–	–	–	**Toluene, 3-isopropyl-**	535-77-3	**Q1724**
119	134	91	39	120	51	133	77	**134**	100	47	14	12	9	9	9	9		10	14	–	–	–	–	–	–	–	–	–	–	**Benzene, 1,2,3,4-tetramethyl-**		**V0166**
119	134	91	39	120	77	27	105	**134**	100	28	11	9	9	7	7	6		10	14	–	–	–	–	–	–	–	–	–	–	**Benzene, 1,3-dimethyl-2-ethyl-**		**Y0212**
119	134	91	39	120	77	51	105	**134**	100	25	12	11	9	8	7	6		10	14	–	–	–	–	–	–	–	–	–	–	**Benzene, 1,3-dimethyl-2-ethyl-**		**V0165**
119	134	91	39	120	105	27	77	**134**	100	30	12	10	10	9	9	8		10	14	–	–	–	–	–	–	–	–	–	–	**Benzene, 4-ethyl-1,2-dimethyl-**		**Y0265**
119	134	91	39	120	105	77	27	**134**	100	35	13	11	10	9	8	8		10	14	–	–	–	–	–	–	–	–	–	–	**Benzene, 1-ethyl-3,5-dimethyl-**		**Y0268**
119	134	91	39	133	120	77	27	**134**	100	55	13	12	11	10	9	8		10	14	–	–	–	–	–	–	–	–	–	–	**Benzene, 1,2,3,5-tetramethyl-**		**Y0463**
119	134	91	105	39	120	27	77	**134**	100	30	13	11	11	10	9	8		10	14	–	–	–	–	–	–	–	–	–	–	**Benzene, 3-ethyl-1,2-dimethyl-**		**Y0264**
119	134	91	105	120	77	39	117	**134**	100	29	14	11	9	8	7	6		10	14	–	–	–	–	–	–	–	–	–	–	**Benzene, 3-ethyl-1,2-dimethyl-**		**V0107**
119	134	91	120	39	27	77	41	**134**	100	27	10	10	10	7	7	6		10	14	–	–	–	–	–	–	–	–	–	–	**Benzene, 4-ethyl-1,3-dimethyl-**		**Y0267**
119	134	91	120	39	41	77	65	**134**	100	38	24	16	14	12	10	9		10	14	–	–	–	–	–	–	–	–	–	–	**Toluene, 4-isopropyl-**		**C1057**
119	134	91	120	39	41	77	117	**134**	100	25	17	10	9	8	7	7		10	14	–	–	–	–	–	–	–	–	–	–	**Toluene, 4-isopropyl-**		**Y0462**
119	134	91	120	39	77	27	51	**134**	100	26	11	10	9	7	6	6		10	14	–	–	–	–	–	–	–	–	–	–	**Benzene, 4-ethyl-1,3-dimethyl-**		**Y1429**
119	134	91	120	39	77	27	65	**134**	100	28	11	9	8	8	6	6		10	14	–	–	–	–	–	–	–	–	–	–	**Benzene, 1-ethyl-2,4-dimethyl-**	874-41-9	**Q4441**
119	134	91	120	39	105	77	27	**134**	100	38	13	10	9	9	9	7		10	14	–	–	–	–	–	–	–	–	–	–	**Benzene, 1-ethyl-3,5-dimethyl-**	934-74-7	**Q4693**
119	134	91	120	41	39	117	77	**134**	100	26	17	10	8	8	8	7		10	14	–	–	–	–	–	–	–	–	–	–	**Toluene, 2-isopropyl-**	527-84-4	**Q1652**
119	134	91	120	41	39	117	77	**134**	100	27	17	10	9	8	7	7		10	14	–	–	–	–	–	–	–	–	–	–	**Toluene, 3-isopropyl-**	535-77-3	**Q1723**
119	134	91	120	133	77	39	117	**134**	100	50	13	9	9	8	8	6		10	14	–	–	–	–	–	–	–	–	–	–	**Benzene, 1,2,3,4-tetramethyl-**		**V0109**
119	134	91	133	120	39	77	41	**134**	100	57	12	11	10	9	8	7		10	14	–	–	–	–	–	–	–	–	–	–	**Benzene, 1,2,3,5-tetramethyl-**	527-53-7	**Q1642**
119	134	105	91	39	120	27	77	**134**	100	34	13	12	10	10	9	9		10	14	–	–	–	–	–	–	–	–	–	–	**Benzene, 1,4-dimethyl-3-ethyl-**		**Y0269**
119	134	105	91	39	120	77	27	**134**	100	35	14	13	10	9	9	8		10	14	–	–	–	–	–	–	–	–	–	–	**Benzene, 1,4-dimethyl-3-ethyl-**		**Y0215**
133	105	134	29	27	51	28	26	**134**	100	95	57	40	38	21	18	17		8	10	–	2	–	–	–	–	–	–	–	–	**Nicotinonitrile, 1-ethyl-1,4-dihydro-**	19424-16-9	**R8124**
133	105	134	29	27	51	28	78	**134**	100	94	46	39	37	21	17	16		8	10	–	2	–	–	–	–	–	–	–	–	**Nicotinonitrile, 1-ethyl-1,4-dihydro-**		**L2710**
133	134	39	66	40	65	68	41	**134**	100	50	19	15	12	12	10	8		8	10	–	2	–	–	–	–	–	–	–	–	**Pyrazine, (E)-2-methyl-6-(1-propenyl)-**	18217-81-7	**R7443**
133	134	39	66	68	65	40	108	**134**	100	49	20	13	11	10	9	7		8	10	–	2	–	–	–	–	–	–	–	–	**Pyrazine, (E)-2-methyl-5-(1-propenyl)-**	18217-82-8	**R7444**
133	134	39	66	68	65	108		**134**	100	50	19	14	12	11	5			8	10	–	2	–	–	–	–	–	–	–	–	**Pyrazine, (E)-2-methyl-5-(1-propenyl)-**		**M4230**
133	134	39	66	68	108	119	135	**134**	100	50	18	15	12	6	4	3		8	10	–	2	–	–	–	–	–	–	–	–	**Pyrazine, (E)-2-methyl-6-(1-propenyl)-**		**M4231**
133	134	91	105	77	79	103	119	**134**	100	99	54	42	23	19	14	13		9	10	1	–	–	–	–	–	–	–	–	–	**Benzaldehyde, 4-ethyl-**	4748-78-1	**R0794**
133	134	105	77	51	39	103	79	**134**	100	62	25	24	16	13	12	12		9	10	1	–	–	–	–	–	–	–	–	–	**1H-Inden-5-ol, 2,3-dihydro-**	1470-94-6	**Q6052**
133	134	105	77	51	50	74	76	**134**	100	93	63	56	41	20	9	8		8	6	2	–	–	–	–	–	–	–	–	–	**1,4-Benzenedicarboxaldehyde**		**F0087**
133	134	105	77	91	39	51	103	**134**	100	78	58	20	19	15	13	12		9	10	1	–	–	–	–	–	–	–	–	–	**Benzaldehyde, 2,4-dimethyl-**		**03099**
133	134	105	77	91	51	39	103	**134**	100	75	52	21	20	14	14	12		9	10	1	–	–	–	–	–	–	–	–	–	**Benzaldehyde, 3,4-dimethyl-**		**03100**
133	134	105	91	77	51	39	103	**134**	100	94	80	31	23	17	16	14		9	10	1	–	–	–	–	–	–	–	–	–	**Benzaldehyde, 2,5-dimethyl-**		**03098**
133	134	115	91	77	116	117	51	**134**	100	60	21	16	15	13	13	9		9	10	1	–	–	–	–	–	–	–	–	–	**1H-Inden-1-ol, 2,3-dihydro-**	6351-10-6	**R2264**
133	134	115	116	105	117	91	77	**134**	100	48	27	23	16	14	12	10		9	10	1	–	–	–	–	–	–	–	–	–	**1H-Inden-1-ol, 2,3-dihydro-**		**Y2478**
134	31	44	89	115	70	107	69	**134**	100	35	35	20	15	15	10	8		4	1	–	2	–	–	3	–	–	–	–	–	**Pyrimidine, 2,4,6-trifluoro-**		**L2033**
134	42	66	94	133	67	135	80	**134**	100	16	16	16	11	11	10	9		6	6	–	4	–	–	–	–	–	–	–	–	**1H-Purine, 8-methyl-**	934-33-8	**Q4688**
134	43	38	52	65	51	39	78	**134**	100	52	33	29	29	23	20	15		6	6	–	4	–	–	–	–	–	–	–	–	**s-Triazolo[1,5-a]pyridine, 2-amino-**	874-46-4	**Q4442**
134	52	39	51	53	27	135	38	**134**	100	45	9	9	9	8	8	6		6	6	–	4	–	–	–	–	–	–	–	–	**s-Triazolo[4,3-b]pyridazine, 6-methyl-**	18591-78-1	**R7692**
134	52	51	39	105	79	53	40	**134**	100	29	18	15	11	11	11	11		6	6	–	4	–	–	–	–	–	–	–	–	**5,5'-Dipyrazolyl**		**01509**
134	53	80	107	52	79	67	135	**134**	100	40	33	28	17	11	9	8		6	6	–	4	–	–	–	–	–	–	–	–	**s-Triazolo[1,5-a]pyridine, 8-amino-**	31052-95-6	**S3131**

MASS TO CHARGE RATIOS								M.W.	INTENSITIES								Parent	C	H	O	N	Cl	Br	F	S	P	B	Si	X	COMPOUND NAME	CAS Reg No	No
134	53	80	107	52	135	79	67	**134**	100	20	20	13	8	8	7	6		6	6	–	4	–	–	–	–	–	–	–	–	s-Triazolo[4,3-a]pyridine, 8-amino-	31040-11-6	S3123
134	66	93	42	52	41	135	51	**134**	100	65	32	26	17	15	14	12		6	6	–	4	–	–	–	–	–	–	–	–	s-Triazolo[4,3-a]pyrazine, 3-methyl-	33590-17-9	S4267
134	66	94	42	67	80	107	133	**134**	100	32	32	30	21	20	15	10		6	6	–	4	–	–	–	–	–	–	–	–	1H-Purine, 8-methyl-		L4236
134	74	61	75	103	55	59	87	**134**	100	90	88	28	27	17	17	14		5	10	2	–	–	–	–	1	–	–	–	–	Propanoic acid, 3-(methylthio)-, methyl ester		D1013
134	74	119	45	59	60	41	46	**134**	100	75	60	58	53	52	42	42		5	10	–	–	–	–	–	2	–	–	–	–	1,3-Dithiane, 2-methyl-	6007-26-7	R1989
134	74	119	45	60	59	41	46	**134**	100	86	60	58	43	42	36	33		5	10	–	–	–	–	–	2	–	–	–	–	1,3-Dithiane, 2-methyl-	6007-26-7	R1988
134	77	76	50	105	52	51	75	**134**	100	37	27	18	18	17	16	11		8	6	2	–	–	–	–	–	–	–	–	–	1,4-Benzodioxin	255-37-8	Q0126
134	77	105	51	79	52	49	76	**134**	100	30	23	15	14	13	12	10		7	6	1	2	–	–	–	–	–	–	–	–	3H-Indazol-3-one, 1,2-dihydro-	7364-25-2	R3111
134	77	105	51	79	52	50	76	**134**	100	31	30	16	15	12	12	11		7	6	1	2	–	–	–	–	–	–	–	–	1H-Indazol-3-one, 2,3-dihydro-		D1512
134	77	105	51	79	52	50	78	**134**	100	32	24	17	16	14	13	12		7	6	1	2	–	–	–	–	–	–	–	–	3H-Indazol-3-one, 1,2-dihydro-	7364-25-2	R3112
134	78	77	50	52	51	105	135	**134**	100	37	25	18	17	16	16	9		8	6	2	–	–	–	–	–	–	–	–	–	1,4-Benzodioxin		M2218
134	78	91	119	133	51	77	106	**134**	100	61	53	51	49	44	42	37		9	10	1	–	–	–	–	–	–	–	–	–	2H-1-Benzopyran, 3,4-dihydro-	493-08-3	Q1232
134	78	105	51	39	77	52	50	**134**	100	58	32	31	17	14	14	11		8	6	2	–	–	–	–	–	–	–	–	–	2,2′-Bifuran		M6476
134	78	105	51	39	77	135	67	**134**	100	43	28	21	12	10	9	7		8	6	2	–	–	–	–	–	–	–	–	–	2,2′-Bifuran	5905-00-0	R1879
134	78	105	57	39	77	67		**134**	100	43	28	22	13	8	8			8	6	2	–	–	–	–	–	–	–	–	–	2,2′-Bifuran		M4198
134	78	119	133	91	77	106	105	**134**	100	45	34	32	27	25	23	15		9	10	1	–	–	–	–	–	–	–	–	–	2H-1-Benzopyran, 3,4-dihydro-		D2308
134	78	133	91	106	119	77	135	**134**	100	29	23	15	15	13	10	10		9	10	1	–	–	–	–	–	–	–	–	–	2H-1-Benzopyran, 3,4-dihydro-	493-08-3	Q1233
134	79	52	78	65	51	135	64	**134**	100	56	27	25	24	18	18	6		6	6	–	4	–	–	–	–	–	–	–	–	s-Triazolo[4,3-a]pyridine, 3-amino-	767-62-4	Q4049
134	79	91	63	64	135	52	51	**134**	100	19	15	8	8	8	7	6		7	6	1	2	–	–	–	–	–	–	–	–	2-Benzoxazolamine	4570-41-6	R0611
134	79	91	64	52	51	105	106	**134**	100	19	15	8	7	6	6	3		7	6	1	2	–	–	–	–	–	–	–	–	2-Benzoxazolamine		L9134
134	80	27	78	17	42	132	107	**134**	100	97	66	65	60	50	50	45		2	2	–	2	–	–	–	–	–	–	–	1	1,3,4-Selenadiazole		M2967
134	80	52	53	40	39	51	106	**134**	100	40	28	28	24	22	16	14		6	6	–	4	–	–	–	–	–	–	–	–	s-Triazolo[4,3-a]pyrazine, 8-methyl-	23126-45-6	S0078
134	80	53	52	135	93	107	51	**134**	100	21	14	9	8	7	7	5		6	6	–	4	–	–	–	–	–	–	–	–	s-Triazolo[1,5-a]pyridine, 6-amino-	31052-94-5	S3130
134	80	53	52	135	107	93	133	**134**	100	21	14	9	8	7	7	5		6	6	–	4	–	–	–	–	–	–	–	–	s-Triazolo[1,5-a]pyridine, 6-amino-		M5055
134	80	78	27	17	18	42	132	**134**	100	97	64	63	59	50	50	49		2	2	–	2	–	–	–	–	–	–	–	1	1,3,4-Selenadiazole	289-13-4	Q0242
134	89	90	63	69	45	67	135	**134**	100	25	21	16	14	13	12	11		8	6	–	–	–	–	–	1	–	–	–	–	Benzo[b]thiophene	95-15-8	P6915
134	89	135	63	69	90	45	67	**134**	100	12	10	9	9	9	8	8		8	6	–	–	–	–	–	1	–	–	–	–	Benzo[b]thiophene		Y0917
134	89	135	90	45	63	69	39	**134**	100	10	10	9	8	8	8	8		8	6	–	–	–	–	–	1	–	–	–	–	Benzo[b]thiophene	95-15-8	P6917
134	91	65	104	39	78	103	51	**134**	100	50	40	32	29	23	21	19		9	10	1	–	–	–	–	–	–	–	–	–	Benzene, 1-vinyl-3-methoxy-	626-20-0	Q3204
134	91	119	120	77	39	105	115	**134**	100	45	37	36	30	27	24	20		10	14	–	–	–	–	–	–	–	–	–	–	Benzene, 1,3-dimethyl-2-ethyl-		V0108
134	91	119	133	51	77	78	105	**134**	100	80	54	35	32	29	27	27		9	10	1	–	–	–	–	–	–	–	–	–	Benzofuran, 2,3-dihydro-2-methyl-		C0121
134	104	133	91	103	77	78	105	**134**	100	94	88	81	75	43	37	25		9	10	1	–	–	–	–	–	–	–	–	–	Styrene, α-methoxy-		03085
134	105	76	77	104	133	51	78	**134**	100	83	64	31	26	16	10	10		8	6	2	–	–	–	–	–	–	–	–	–	3(2H)-Benzofuranone	7169-34-8	R2900
134	105	106	64	40	43	78	51	**134**	100	73	32	28	9	6	6	5		7	6	1	2	–	–	–	–	–	–	–	–	3-Pyridinecarbonitrile, 1,2-dihydro-6-methyl-2-oxo-		L4184
134	105	106	64	44	39	52	63	**134**	100	72	32	28	16	11	10	9		7	6	1	2	–	–	–	–	–	–	–	–	3-Pyridinecarbonitrile, 1,2-dihydro-6-methyl-2-oxo-		02356
134	106	28	52	53	55	135	51	**134**	100	52	40	12	12	9	9	9		7	6	1	2	–	–	–	–	–	–	–	–	3-Pyridinecarbonitrile, 1,4-dihydro-1-methyl-4-oxo-		03477
134	106	42	105	64	50	51	135	**134**	100	71	38	25	13	10	10	9		7	6	1	2	–	–	–	–	–	–	–	–	3-Pyridinecarbonitrile, 1,6-dihydro-1-methyl-6-oxo-	768-45-6	Q4059
134	106	42	105	64	51	52	135	**134**	100	71	39	25	13	10	10	9		7	6	1	2	–	–	–	–	–	–	–	–	3-Pyridinecarbonitrile, 1,6-dihydro-1-methyl-6-oxo-	768-45-6	Q4058
134	106	79	105	52	135	51	67	**134**	100	21	20	11	10	8	8	7		7	6	1	2	–	–	–	–	–	–	–	–	1H-Benzimidazole, 2-hydroxy-		D1300
134	107	66	80	52	93	42	106	**134**	100	52	37	33	18	18	13	13		6	6	–	4	–	–	–	–	–	–	–	–	1H-Purine, 2-methyl-	934-23-6	Q4686
134	107	66	80	135	53	106	119	**134**	100	17	10	10	9	8	7	6		6	6	–	4	–	–	–	–	–	–	–	–	1H-Purine, 6-methyl-	2004-03-7	Q7181
134	107	80	53	52	54	55	39	**134**	100	12	10	7	6	6	6	4		6	6	–	4	–	–	–	–	–	–	–	–	s-Triazolo[1,5-a]pyrimidine, 5-methyl-		17294
134	107	80	53	66	106	119	135	**134**	100	39	31	20	20	13	12	9		6	6	–	4	–	–	–	–	–	–	–	–	1H-Purine, 6-methyl-	2004-03-7	Q7180
134	107	80	79	52	53	106	85	**134**	100	77	50	24	23	23	17	6		6	6	–	4	–	–	–	–	–	–	–	–	7H-Pyrrolo[2,3-d]pyrimidin-4-amine	1500-85-2	Q6120
134	119	91	65	135	39	63	51	**134**	100	46	34	18	10	9	7	6		9	10	1	–	–	–	–	–	–	–	–	–	Benzene, 1-vinyl-4-methoxy-	637-69-4	Q3475
134	119	91	133	115	105	77	51	**134**	100	51	41	36	17	14	12	11		9	10	1	–	–	–	–	–	–	–	–	–	Benzofuran, 2,3-dihydro-2-methyl-		Z0649
134	133	43	105	45	60	77	51	**134**	100	85	67	57	52	41	39	36		8	6	2	–	–	–	–	–	–	–	–	–	1,4-Benzenedicarboxaldehyde		C1343
134	133	105	77	51	50	135	74	**134**	100	84	50	38	33	18	10	8		8	6	2	–	–	–	–	–	–	–	–	–	1,4-Benzenedicarboxaldehyde		C0038
134	133	105	77	79	92	78	55	**134**	100	88	69	62	62	46	34	28		9	10	1	–	–	–	–	–	–	–	–	–	Benzyl alcohol, α-vinyl-	4393-06-0	R0392
134	133	119	91	115	77	107	105	**134**	100	38	31	29	27	20	20	16		9	10	1	–	–	–	–	–	–	–	–	–	Phenol, 2-allyl-		Z0636
28	42	27	29	30	56	54	55	**135**	100	30	23	18	15	15	14	12	**5.00**	3	6	–	1	–	1	–	–	–	–	–	–	Azetidine, 1-bromo-		M4680
28	42	27	29	30	56	54	55	**135**	100	34	29	19	15	15	14	14	**5.00**	3	6	–	1	–	1	–	–	–	–	–	–	Azetidine, 1-bromo-	38455-26-4	S5834
30	91	118	117	92	131	65	52	**135**	100	72	60	25	16	15	14	12	**3.00**	9	13	–	1	–	–	–	–	–	–	–	–	Benzenepropanamine	2038-57-5	Q7229

MASS TO CHARGE RATIOS								M.W.	INTENSITIES								Parent	C	H	O	N	Cl	Br	F	S	P	B	Si	X	COMPOUND NAME	CAS Reg No	No
30	118	91	36	117	56	57	37	**135**	100	63	47	28	26	25	24	22	**3.00**	9	13	–	1	–	–	–	–	–	–	–	–	**Benzenepropanamine**		**L9173**
30	118	91	117	92	39	51	65	**135**	100	36	19	15	7	6	6	6	**6.00**	9	13	–	1	–	–	–	–	–	–	–	–	**Benzenepropanamine**	2038-57-5	**Q7227**
41	134	39	135	95	106	51	66	**135**	100	57	49	31	24	20	10	9		8	9	1	1	–	–	–	–	–	–	–	–	**Pyridine, 3-(2-propenyloxy)-**	18343-04-9	**R7533**
42	135	137	56	54	55	107	109	**135**	100	40	40	15	8	8	4	4		3	6	–	1	–	1	–	–	–	–	–	–	**Azetidine, 1-bromo-**	38455-26-4	**S5835**
43	56	42	28	44	30	27	41	**135**	100	23	19	18	7	6	5	4	**0.00**	4	9	2	1	–	–	–	1	–	–	–	–	**3-Thiophenamine, tetrahydro-, 1,1-dioxide**	6338-70-1	**R2255**
44	28	32	91	36	65	41	42	**135**	100	62	13	13	9	8	8	6	**0.30**	9	13	–	1	–	–	–	–	–	–	–	–	**Amphetamine, (S)-**	51-64-9	**P4574**
44	42	28	91	65	45	39	51	**135**	100	4	4	4	3	3	3	3	**0.62**	9	13	–	1	–	–	–	–	–	–	–	–	**Benzeneethanamine, N-methyl-**		**05199**
44	91	43	42	65	39	45	51	**135**	100	51	39	36	31	29	28	17	**2.63**	9	13	–	1	–	–	–	–	–	–	–	–	**Amphetamine, (+-)-**	300-62-9	**Q0339**
44	91	45	65	42	43	41	51	**135**	100	8	6	5	4	3	2	2	**0.00**	9	13	–	1	–	–	–	–	–	–	–	–	**Amphetamine, (+-)-**	300-62-9	**Q0341**
44	91	45	65	42	43	92	64	**135**	100	8	6	5	4	3	2	2	**0.00**	9	13	–	1	–	–	–	–	–	–	–	–	**Amphetamine, (+-)-**		**03768**
44	105	91	77	42	51	122	39	**135**	100	9	6	5	5	3	3	3	**1.90**	9	13	–	1	–	–	–	–	–	–	–	–	**Benzeneethanamine, N-methyl-**	589-08-2	**Q2372**
51	77	50	52	135	79	91	64	**135**	100	61	35	33	31	20	20	15		7	5	2	1	–	–	–	–	–	–	–	–	**Benzaldehyde, 2-nitroso-**	29809-25-4	**S2694**
52	28	51	39	53	50	26	27	**135**	100	27	23	20	19	17	14	14	**8.00**	5	5	–	5	–	–	–	–	–	–	–	–	**Tetrazolo[1,5-b]pyridazine, 8-methyl-**	28593-27-3	**S2140**
54	135	134	80	39	53	81	120	**135**	100	41	31	25	18	17	16	10		9	13	–	1	–	–	–	–	–	–	–	–	**4H-Quinolizine, 1,6,9,9a-tetrahydro-**	1004-88-2	**Q5009**
58	91	135	44	134	42	65	51	**135**	100	51	43	33	28	22	15	9		9	13	–	1	–	–	–	–	–	–	–	–	**Benzylamine, N,N-dimethyl-**	103-83-3	**P7677**
58	91	135	134	28	42	44	65	**135**	100	40	40	25	23	17	11	11		9	13	–	1	–	–	–	–	–	–	–	–	**Benzylamine, N,N-dimethyl-**	103-83-3	**P7681**
58	135	91	134	136	42	65	44	**135**	100	83	59	44	39	18	14	11		9	13	–	1	–	–	–	–	–	–	–	–	**Benzylamine, N,N-dimethyl-**		**D0325**
76	88	135	44	42	43	38	57	**135**	100	85	41	26	15	13	11	11		4	9	–	1	–	–	–	2	–	–	–	–	**Carbamodithioic acid, dimethyl-, methyl ester**	3735-92-0	**08778**
77	105	106	118	135	134	119	91	**135**	100	84	43	21	18	16	12	5		8	9	1	1	–	–	–	–	–	–	–	–	**Oxaziridine, 2-methyl-3-phenyl-**	3400-12-2	**Q9336**
77	135	51	78	103	94	50	104	**135**	100	82	46	35	32	24	22	16		8	9	1	1	–	–	–	–	–	–	–	–	**Acetophenone, oxime**	613-91-2	**09723**
77	135	51	103	78	104	94	50	**135**	100	77	39	38	35	34	25	19		8	9	1	1	–	–	–	–	–	–	–	–	**Acetophenone oxime**	613-91-2	**Q2881**
78	79	135	107	51	106	80	52	**135**	100	92	46	30	22	22	18	16		8	9	1	1	–	–	–	–	–	–	–	–	**Pyridine, 2-propanoyl-**	3238-55-9	**Q9143**
79	56	107	28	42	135	30	29	**135**	100	56	48	33	28	23	15	14		4	9	2	1	–	–	–	1	–	–	–	–	**Azetidine, 1-(methylsulphonyl)-**	13595-45-4	**R4656**
79	56	107	28	42	135	30	57	**135**	100	58	48	32	28	24	17	10		4	9	2	1	–	–	–	1	–	–	–	–	**Azetidine, 1-(methylsulphonyl)-**		**M4695**
79	106	78	135	51	134	52	107	**135**	100	69	63	59	48	39	25	20		8	14	–	1	–	–	–	–	–	1	–	–	**Borane, diethylpyrrolyl-**		**M0512**
88	44	42	73	45	91	47	120	**135**	100	29	27	22	18	15	7	2	**0.00**	4	9	–	1	–	–	–	2	–	–	–	–	**Carbamodithioic acid, dimethyl-, methyl ester**		**M0076**
91	77	65	92	41	51	73	75	**135**	100	17	10	8	8	8	7	6	**0.80**	8	9	1	1	–	–	–	–	–	–	–	–	**Benzyloxymethylimine**		**15636**
91	92	65	44	135	63	51	93	**135**	100	86	30	22	16	14	11	8		8	9	1	1	–	–	–	–	–	–	–	–	**Benzeneacetamide**		**M8726**
91	92	135	44	39	63	51	89	**135**	100	83	19	15	13	9	7	6		8	9	1	1	–	–	–	–	–	–	–	–	**Benzeneacetamide**	103-81-1	**P7674**
91	120	28	134	58	135	92	65	**135**	100	40	36	16	15	13	10	10		9	13	–	1	–	–	–	–	–	–	–	–	**Benzylamine, N-ethyl-**	14321-27-8	**R5149**
91	120	134	135	92	65	58	51	**135**	100	37	18	16	10	9	7	5		9	13	–	1	–	–	–	–	–	–	–	–	**Benzylamine, N-ethyl-**	14321-27-8	**R5150**
91	135	119	118	65	90	39	89	**135**	100	91	91	30	30	30	23	19		8	9	1	1	–	–	–	–	–	–	–	–	**2-Toluamide**		**03014**
92	93	135	65	39	106	43	51	**135**	100	91	63	28	15	14	10	8		9	13	–	1	–	–	–	–	–	–	–	–	**Pyridine, 3-butyl-**	539-32-2	**Q1787**
92	93	135	65	106	39	43	66	**135**	100	93	64	29	15	15	10	8		9	13	–	1	–	–	–	–	–	–	–	–	**Pyridine, 3-butyl-**		**M2456**
93	106	78	77	51	120	39	66	**135**	100	33	16	15	13	13	12	12	**3.00**	9	13	–	1	–	–	–	–	–	–	–	–	**Pyridine, 2-butyl-**	5058-19-5	**R1048**
93	106	120	78	39	92	51	65	**135**	100	27	14	9	9	8	8	7	**1.30**	9	13	–	1	–	–	–	–	–	–	–	–	**Pyridine, 2-butyl-**		**A0646**
93	106	120	78	94	65	92	66	**135**	100	25	12	8	7	7	6	5	**1.25**	9	13	–	1	–	–	–	–	–	–	–	–	**Pyridine, 2-butyl-**	5058-19-5	**R1050**
93	135	43	28	66	65	39	44	**135**	100	21	18	14	12	9	7	6		8	9	1	1	–	–	–	–	–	–	–	–	**Acetanilide**		**D1407**
93	135	43	66	65	39	94	92	**135**	100	27	22	11	10	9	7	4		8	9	1	1	–	–	–	–	–	–	–	–	**Acetanilide**	103-84-4	**P7682**
93	135	43	66	94	65	51	77	**135**	100	31	16	10	7	6	2	2		8	9	1	1	–	–	–	–	–	–	–	–	**Acetanilide**	103-84-4	**P7686**
93	135	92	106	65	94	39	43	**135**	100	50	12	9	9	8	6	6		9	13	–	1	–	–	–	–	–	–	–	–	**Pyridine, 4-butyl-**		**M2457**
96	43	54	39	135	65	92	66	**135**	100	80	47	43	19	19	19	12		8	9	1	1	–	–	–	–	–	–	–	–	**Acetamide, N,N-bis(2-propynyl)-**		**M3197**
100	136	138	86	134	101	137	112	**135**	100	59	20	11	11	7	4	3	**0.00**	6	14	–	1	1	–	–	–	–	–	–	–	**Ethanamine, 2-chloro-N,N-diethyl-, hydrochloride**	869-24-9	**Q4404**
103	77	135	108	89	105			**135**	100	65	52	12	5	3				8	9	1	1	–	–	–	–	–	–	–	–	**Benzaldehyde, O-methyloxime**	3376-32-7	**Q9287**
104	119	77	103	51	42	78	50	**135**	100	64	29	18	18	16	10	9	**0.20**	8	9	1	1	–	–	–	–	–	–	–	–	**Acetophenone oxime**	613-91-2	**Q2882**
105	77	135	134	51	106	50	78	**135**	100	62	47	24	20	8	7	7		8	9	1	1	–	–	–	–	–	–	–	–	**Benzamide, N-methyl-**	613-93-4	**Q2883**
105	77	135	134	106				**135**	100	91	43	36	10					8	9	1	1	–	–	–	–	–	–	–	–	**Benzamide, N-methyl-**	613-93-4	**Q2884**
105	135	77	51	28	93	106	79	**135**	100	50	48	36	32	27	27	26		8	9	1	1	–	–	–	–	–	–	–	–	**Formamide, N-methyl-N-phenyl-**	93-61-8	**H0187**
105	135	77	51	28	93	106	79	**135**	100	50	48	36	32	27	27	26		8	9	1	1	–	–	–	–	–	–	–	–	**4-Toluamide**		**X0304**
106	78	51	135	50	29	52	107	**135**	100	71	40	19	16	15	8	7		8	9	1	1	–	–	–	–	–	–	–	–	**Ethyl 3-pyridyl ketone**	1570-48-5	**H1202**
106	135	77	79	107	51	53	120	**135**	100	36	22	18	15	12	9	8		9	13	–	1	–	–	–	–	–	–	–	–	**Pyridine, 3-methyl-5-propyl-**	53957-26-9	**S8701**
106	135	107	77	79	118	39	51	**135**	100	60	34	19	12	12	11	11		8	9	1	1	–	–	–	–	–	–	–	–	**Formamide, N-(2-methylphenyl)-**	94-69-9	**P6871**
106	135	107	77	118	79	51	91	**135**	100	83	31	18	13	10	9	9		8	9	1	1	–	–	–	–	–	–	–	–	**Formamide, N-(2-methylphenyl)-**	94-69-9	**P6872**
107	120	106	78	79	93	51	92	**135**	100	77	65	27	20	20	17	16	**3.76**	9	13	–	1	–	–	–	–	–	–	–	–	**Pyridine, 2-sec-butyl-**		**D0419**
117	90	92	91	116	135	118	89	**135**	100	67	67	66	66	63	44	37		8	9	1	1	–	–	–	–	–	–	–	–	**Benzaldehyde, 4-methyl-, oxime**	3235-02-7	**Q9137**
117	116	90	89	63	91	118		**135**	100	57	32	20	11	11	11		**0.00**	8	9	1	1	–	–	–	–	–	–	–	–	**Benzaldehyde, 4-methyl-, oxime, (E)-**	3717-15-5	**Q9699**

MASS TO CHARGE RATIOS								M.W.	INTENSITIES								Parent	C	H	O	N	Cl	Br	F	S	P	B	Si	X	COMPOUND NAME	CAS Reg No	No
117	118	135	91	90	120	89	65	**135**	100	74	66	51	40	38	30	26		8	9	1	1	–	–	–	–	–	–	–	–	Toluene, 2-hydroxyiminomethyl-		D1550
120	18	135	77	32	17	106	51	**135**	100	63	34	30	25	17	16	14		9	13	–	1	–	–	–	–	–	–	–	–	Aniline, N-ethyl-N-methyl-		D1371
120	30	45	74	90	46	43	121	**135**	100	36	26	23	16	11	9	7	**0.00**	3	9	3	1	–	–	–	–	–	–	1	–	Trimethylsilyl nitrate	18026-82-9	R7341
120	30	45	74	90	59	46	43	**135**	100	41	36	30	18	16	15	12	**0.00**	3	9	3	1	–	–	–	–	–	–	1	–	Trimethylsilyl nitrate	18026-82-9	09162
120	65	78	92	39	51	135	77	**135**	100	62	61	55	38	30	30	18		8	9	1	1	–	–	–	–	–	–	–	–	Azocine, 2-methoxy-	20205-50-9	R8564
120	77	91	65	39	135	51	76	**135**	100	67	59	55	47	35	33	28		8	9	1	1	–	–	–	–	–	–	–	–	Azocine, 2-methoxy-	20205-50-9	R8565
120	92	135	65	43	39	93	136	**135**	100	99	95	45	20	19	11	9		8	9	1	1	–	–	–	–	–	–	–	–	Acetophenone, 3′-amino-	99-03-6	P7223
120	92	135	65	43	63	39	121	**135**	100	47	42	37	14	11	9	8		8	9	1	1	–	–	–	–	–	–	–	–	Acetophenone, 4′-amino-	99-92-3	P7300
120	92	135	65	43	93	121	136	**135**	100	99	92	43	18	11	10	10		8	9	1	1	–	–	–	–	–	–	–	–	Acetophenone, 3′-amino-	99-03-6	P7224
120	134	92	121	51	41	39	65	**135**	100	44	37	9	9	8	7	6	**4.60**	9	13	–	1	–	–	–	–	–	–	–	–	Pyridine, 4-tert-butyl-	3978-81-2	Q9975
120	135	77	79	134	119	121	93	**135**	100	54	17	16	15	11	10	7		9	13	–	1	–	–	–	–	–	–	–	–	Pyridine, 3-ethyl-2,6-dimethyl-		A0645
120	135	91	106	65	39	77	27	**135**	100	33	23	16	12	11	11	9		9	13	–	1	–	–	–	–	–	–	–	–	Aniline, N-ethyl-2-methyl-	94-68-8	P6870
120	135	91	121	77	65	118	134	**135**	100	39	21	10	10	8	8	6		9	13	–	1	–	–	–	–	–	–	–	–	Aniline, N-ethyl-3-methyl-	102-27-2	P7546
120	135	92	65	39	43	121	136	**135**	100	71	50	32	14	12	8	6		8	9	1	1	–	–	–	–	–	–	–	–	Acetophenone, 2′-amino-	551-93-9	Q1952
120	135	92	65	39	121	43	63	**135**	100	53	43	31	12	8	6	5		8	9	1	1	–	–	–	–	–	–	–	–	Acetophenone, 4′-amino-	99-92-3	P7301
120	135	92	65	134	43	63	41	**135**	100	99	90	40	20	18	12	10		8	9	1	1	–	–	–	–	–	–	–	–	3-Buten-2-one, (E)-4-(1H-pyrrol-2-yl)-	2433-57-0	Q8069
120	135	92	118	91	104	93	117	**135**	100	44	37	4	3	3	2	1		9	13	–	1	–	–	–	–	–	–	–	–	Pyridine, 4-tert-butyl-		M7817
120	135	134	77	39	79	27	51	**135**	100	54	34	22	21	17	16	12		9	13	–	1	–	–	–	–	–	–	–	–	Pyridine, 3-ethyl-2,6-dimethyl-	23580-52-1	S0267
134	135	77	42	118	51	89	65	**135**	100	90	35	33	33	18	18	17		8	9	1	1	–	–	–	–	–	–	–	–	Methylamine, N-benzylidene-, N-oxide		M3396
134	135	77	118	42	119	89	51	**135**	100	90	35	32	30	20	19	16		8	9	1	1	–	–	–	–	–	–	–	–	Methylamine, N-benzylidene-, N-oxide	3376-23-6	Q9284
134	135	77	118	89	119	107	91	**135**	100	86	68	53	29	29	27	18		8	9	1	1	–	–	–	–	–	–	–	–	Methylamine, N-benzylidene-, N-oxide	3376-23-6	Q9285
134	135	80	81	54	39	53	41	**135**	100	94	88	73	52	30	30	24		9	13	–	1	–	–	–	–	–	–	–	–	4H-Quinolizine, 1,6,7,9a-tetrahydro-	1004-92-8	Q5011
134	135	91	65	119	118	39	42	**135**	100	72	32	19	18	15	14	14		9	13	–	1	–	–	–	–	–	–	–	–	Aniline, N,N,3-trimethyl-	121-72-2	P9174
134	135	91	119	118	65	42	39	**135**	100	71	31	20	17	17	14	12		9	13	–	1	–	–	–	–	–	–	–	–	Aniline, N,N,4-trimethyl-	99-97-8	P7308
134	135	91	120	118	119	121	65	**135**	100	77	15	11	10	10	9	7		9	13	–	1	–	–	–	–	–	–	–	–	Aniline, N,N,4-trimethyl-		B0223
134	135	107	39	27	77	28	106	**135**	100	49	27	17	15	11	9	8		9	13	–	1	–	–	–	–	–	–	–	–	Pyridine, 2-ethyl-4,6-dimethyl-	1124-35-2	H1151
135	28	54	53	81	66	43	136	**135**	100	33	33	18	17	15	11	11		5	5	–	5	–	–	–	–	–	–	–	–	1H-Pyrazolo[4,3-d]pyrimidin-7-amine	13877-56-0	R4789
135	28	54	53	108	43	38	29	**135**	100	72	45	43	40	24	22	22		5	5	–	5	–	–	–	–	–	–	–	–	Adenine		M5691
135	28	93	18	65	32	61	45	**135**	100	96	54	33	28	19	15	13		2	6	–	3	–	–	–	1	1	–	–	–	Phosphinothioic azide, dimethyl-		16818
135	28	108	54	53	81	66	27	**135**	100	78	34	31	25	19	16	13		5	5	–	5	–	–	–	–	–	–	–	–	Adenine	73-24-5	P5500
135	31	90	45	71	116	26	28	**135**	100	98	95	93	93	37	22	13		3	–	–	3	–	–	3	–	–	–	–	–	1,3,5-Triazine, 2,4,6-trifluoro-	675-14-9	Q3668
135	52	79	91	38	64	51	136	**135**	100	79	77	58	51	43	34	27		7	5	2	1	–	–	–	–	–	–	–	–	2(3H)-Benzoxazolone	59-49-4	P4998
135	53	52	50	51	38	80	78	**135**	100	26	18	17	17	16	16	14		6	5	1	3	–	–	–	–	–	–	–	–	3H-Pyrazolo[3,4-c]pyridin-3-one, 1,2-dihydro-	53975-70-5	S8721
135	61	64	91	63	79	76	50	**135**	100	38	25	23	16	15	14	13		7	5	2	1	–	–	–	–	–	–	–	–	2,1-Benzisoxazol-3(1H)-one	31499-90-8	08429
135	63	108	45	136	69	134	62	**135**	100	16	15	14	13	11	10	7		7	5	–	1	–	–	–	1	–	–	–	–	Thieno[3,2-c]pyridine	272-14-0	Q0153
135	77	51	50	136	39	38	27	**135**	100	76	34	16	9	8	6	5		7	5	–	1	–	–	–	1	–	–	–	–	Benzene, isothiocyanato-	103-72-0	H0281
135	77	51	50	136	67.5	39	38	**135**	100	76	34	16	9	9	8	6		7	5	–	1	–	–	–	1	–	–	–	–	Benzene, isothiocyanato-		X0331
135	77	103	51	78	104	50	108	**135**	100	79	45	35	35	26	20	20		8	9	1	1	–	–	–	–	–	–	–	–	Benzaldehyde, O-methyloxime		M3375
135	77	103	51	78	104	108	50	**135**	100	80	45	35	35	27	23	20		8	9	1	1	–	–	–	–	–	–	–	–	Benzaldehyde, O-methyloxime	3376-32-7	Q9286
135	77	108	51	91	109	50	136	**135**	100	53	30	27	26	13	12	9		7	5	–	1	–	–	–	1	–	–	–	–	Thiocyanic acid, phenyl ester	5285-87-0	R1266
135	79	52	91	64	51	63	136	**135**	100	41	26	20	13	11	9	8		7	5	2	1	–	–	–	–	–	–	–	–	2(3H)-Benzoxazolone		D1587
135	79	78	52	136	51	65	64	**135**	100	35	30	20	18	15	9	8		6	5	1	3	–	–	–	–	–	–	–	–	1,2,4-Triazolo[4,3-a]pyridin-3(2H)-one	6969-71-7	R2745
135	92	91	117	116	65	90	89	**135**	100	77	62	55	35	32	32	29		8	9	1	1	–	–	–	–	–	–	–	–	Benzaldehyde, 4-methyl-, oxime, (Z)-	3717-16-6	Q9700
135	92	108	136	106	107	120	134	**135**	100	19	13	12	9	9	6	6		8	9	1	1	–	–	–	–	–	–	–	–	Benzaldehyde, 3-methyl-, oxime	41977-54-2	S6805
135	92	136	108	91	107	118	120	**135**	100	32	12	10	5	4	4	4		8	9	1	1	–	–	–	–	–	–	–	–	Benzaldehyde, 4-methyl-, oxime	3235-02-7	Q9138
135	96	136	128	104	118	119	137	**135**	100	59	42	22	21	11	11	10		3	5	1	1	–	–	–	2	–	–	–	–	Ethylene N-hydroxycarbonimidodithioate		14866
135	106	77	51	66	94	107	78	**135**	100	87	31	17	16	16	15	9		8	9	1	1	–	–	–	–	–	–	–	–	Formamide, N-methyl-N-phenyl-	93-61-8	P6798
135	108	54	53	81	66	43	136	**135**	100	30	17	14	11	9	7	7		5	5	–	5	–	–	–	–	–	–	–	–	Adenine	73-24-5	P5501
135	108	69	63	45	82	136	54	**135**	100	35	27	13	12	12	9	9		7	5	–	1	–	–	–	1	–	–	–	–	Benzothiazole		Y1759
135	108	69	91	136	63	82	45	**135**	100	25	16	13	9	9	7	6		7	5	–	1	–	–	–	1	–	–	–	–	1,2-Benzoisothiazole		M8492
135	108	82	91	63	54	136	58	**135**	100	38	11	10	9	8	8	8		7	5	–	1	–	–	–	1	–	–	–	–	Benzothiazole		D0053
135	108	107	134	136	57	81	109	**135**	100	46	31	11	10	7	6	4		8	6	–	1	–	–	1	–	–	–	–	–	1H-Indole, 5-fluoro-	399-52-0	Q0672
135	108	134	107	115	57	109	50	**135**	100	62	58	49	27	17	16	12		8	6	–	1	–	–	1	–	–	–	–	–	Benzeneacetonitrile, 2-fluoro-	326-62-5	Q0494
135	120	39	77	27	42	79	134	**135**	100	37	21	18	18	17	16	15		9	13	–	1	–	–	–	–	–	–	–	–	Pyridine, 4-ethyl-2,6-dimethyl-	36917-36-9	H1980
135	120	134	39	38	65	80	106	**135**	100	97	76	68	24	21	19	18		8	9	1	1	–	–	–	–	–	–	–	–	Furo[3,2-b]pyridine, 2,3-dihydro-2-methyl-	69022-81-7	T6994
135	120	134	42	44	52	106	79	**135**	100	42	22	17	14	12	12	11		8	9	1	1	–	–	–	–	–	–	–	–	2H-1,4-Benzoxazine, 3,4-dihydro-	5735-53-5	R1715

MASS TO CHARGE RATIOS								M.W.	INTENSITIES								Parent	C	H	O	N	Cl	Br	F	S	P	B	Si	X	COMPOUND NAME	CAS Reg No	No
135	120	134	136	106	79	78	107	**135**	100	44	20	14	11	11	9	7		8	9	1	1	–	–	–	–	–	–	–	–	**2H-1,4-Benzoxazine, 3,4-dihydro-**		**M7063**
135	134	42	77	91	108	120	79	**135**	100	48	43	41	41	41	38	33		9	13	–	1	–	–	–	–	–	–	–	–	**Ethanamine, 1-(2,4-cyclopentadien-1-ylidene)-N,N-dimethyl-**	14469-77-3	**R5217**
135	134	108	107	115	109	57	75	**135**	100	62	61	47	20	15	15	11		8	6	–	1	–	–	1	–	–	–	–	–	**Benzeneacetonitrile, 4-fluoro-**	459-22-3	**Q0798**
135	136	108	63	45	134	69	82	**135**	100	14	13	9	8	8	6	6		7	5	–	1	–	–	–	1	–	–	–	–	**Thieno[2,3-c]pyridine**	272-12-8	**Q0152**
136	91	89	93	45	73	42	47	**135**	100	90	59	56	53	40	39	37	**0.00**	4	9	–	1	–	–	–	2	–	–	–	–	**Carbamodithioic acid, dimethyl-, methyl ester**	3735-92-0	**Q9753**
136	110	91	137	116	138	72	109	**135**	100	52	23	9	8	7	7	6	**5.37**	7	5	2	1	–	–	–	–	–	–	–	–	**2(3H)-Benzoxazolone**	59-49-4	**P4999**
27	29	91	63	28	109	45	26	**136**	100	96	66	56	49	31	26	25	**0.04**	5	9	2	–	1	–	–	–	–	–	–	–	**Propanoic acid, 3-chloro-, ethyl ester**		**Y0813**
27	57	29	31	26	15	14	138	**136**	100	93	72	57	26	14	11	1	**0.05**	3	5	1	–	–	1	–	–	–	–	–	–	**Epibromohydrin**		**04779**
28	41	27	26	39	53	40	64	**136**	100	90	80	58	58	41	38	23	**10.00**	8	18	–	–	–	–	–	–	–	2	–	–	**Diborane(6), bis(1,2-tetramethylene)-**		**L6942**
28	91	92	29	119	65	50	39	**136**	100	99	51	20	15	10	10	10	**8.88**	8	8	2	–	–	–	–	–	–	–	–	–	**7-Oxabicyclo[4.2.1]nona-2,4-dien-8-one**	28000-13-7	**08927**
28	136	32	57	94	54	43	41	**136**	100	67	43	14	14	13	12	12		5	4	1	4	–	–	–	–	–	–	–	–	**1H,3H-Imidazo[4,5-b]pyrazine, 2-oxo-**		**L3522**
29	57	41	30	42	80	33	136	**136**	100	91	42	24	15	10	10	9		5	12	–	–	–	–	–	2	–	–	–	–	**tert-Butyl methyl disulphide**		**17105**
29	63	27	62	65	28	91	64	**136**	100	85	42	29	28	22	18	16	**2.29**	5	9	2	–	1	–	–	–	–	–	–	–	**Propanoic acid, 2-chloroethyl ester**		**Z0688**
39	68	136	40	79	108	38	80	**136**	100	92	85	58	40	28	27	26		8	8	2	–	–	–	–	–	–	–	–	–	**1,4-Benzoquinone, 2,5-dimethyl-**	137-18-8	**P9722**
41	29	80	57	136	27	45	79	**136**	100	96	79	55	44	32	27	21		5	12	–	–	–	–	–	2	–	–	–	–	**Butyl methyl disulphide**		**17107**
41	39	27	29	121	43	79	53	**136**	100	95	88	67	46	45	41	32	**15.00**	10	16	–	–	–	–	–	–	–	–	–	–	**1,3,6-Octatriene, (Z)-3,7-dimethyl-**	3338-55-4	**Q9239**
41	57	56	29	32	39	55	40	**136**	100	87	38	37	30	25	12	10	**0.00**	4	9	–	–	–	1	–	–	–	–	–	–	**Propane, 2-bromo-2-methyl-**	507-19-7	**Q1420**
41	69	93	39	27	79	53	91	**136**	100	76	75	33	26	17	17	16	**2.20**	10	16	–	–	–	–	–	–	–	–	–	–	**1-Octadiene, 7-methyl-3-methylene-**		**C0516**
41	69	102	87	68	47	45	55	**136**	100	63	52	46	45	33	27	27	**10.00**	5	12	–	–	–	–	–	2	–	–	–	–	**1,5-Pentanedithiol**		**16047**
41	79	42	57	94	95	59	45	**136**	100	84	79	60	52	47	46	46	**36.00**	10	16	–	–	–	–	–	–	–	–	–	–	**Spiro[4.5]dec-6-ene**		**M6776**
41	79	42	94	95	45	59	107	**136**	100	85	80	53	48	46	46	45	**36.00**	10	16	–	–	–	–	–	–	–	–	–	–	**Spiro[4.5]dec-6-ene**	697-28-9	**Q3760**
41	79	69	80	39	67	27	77	**136**	100	77	56	47	37	28	26	23	**1.34**	10	16	–	–	–	–	–	–	–	–	–	–	**Cyclopropane, 1,1-dimethyl-2-(2,4-pentadienyl)-**	61141-99-9	**T5364**
41	93	69	39	27	53	79	67	**136**	100	81	66	43	38	19	18	15	**8.41**	10	16	–	–	–	–	–	–	–	–	–	–	**1,6-Octadiene, 7-methyl-3-methylene-**		**W0052**
41	93	121	79	39	107	91	27	**136**	100	85	80	65	59	58	53	41	**8.42**	10	16	–	–	–	–	–	–	–	–	–	–	**1,5-Heptadiene, 2,5-dimethyl-3-methylene-**	74663-83-5	**T8306**
41	96	55	39	54	69	42	40	**136**	100	67	62	39	36	28	21	18	**1.00**	8	12	–	2	–	–	–	–	–	–	–	–	**Hexane, 1,6-dicyano-**	629-40-3	**Q3344**
42	54	41	71	27	43	39	29	**136**	100	48	36	18	15	12	11	10	**1.40**	4	8	3	–	–	–	–	1	–	–	–	–	**1,2-Oxathiane, 2,2-dioxide**		**F0459**
42	54	41	71	39	43	27	29	**136**	100	48	46	29	15	14	14	10	**0.00**	4	8	3	–	–	–	–	1	–	–	–	–	**1,2-Oxathiane, 2,2-dioxide**	1633-83-6	**Q6381**
43	27	94	41	29	66	136	39	**136**	100	66	56	54	54	45	40	14		5	12	–	–	–	–	–	2	–	–	–	–	**Ethyl propyl disulphide**		**17113**
43	29	64	92	27	44	48	72	**136**	100	23	16	16	10	8	7	6	**0.30**	4	8	3	–	–	–	–	1	–	–	–	–	**1,3,2-Dioxathiolane, 4,5-dimethyl-, 2-oxide**	4440-90-8	**R0450**
43	32	77	28	93	51	76	40	**136**	100	86	68	32	28	18	10	8	**3.45**	5	6	2	–	–	–	2	–	–	–	–	–	**Acetic acid, 3,3-difluoro-2-propenyl ester**		**Z0689**
43	40	39	82	80	42	136	138	**136**	100	18	14	11	10	8	5	5		3	5	1	–	–	1	–	–	–	–	–	–	**Acetone, 1-bromo-**		**C2132**
43	45	57	41	72	29	67	56	**136**	100	23	23	22	21	20	16	13	**0.00**	6	13	1	–	1	–	–	–	–	–	–	–	**2-Pentanol, 4-chloro-2-methyl-**	74685-50-0	**T8366**
43	45	94	42	66	41	27	44	**136**	100	79	73	57	55	54	54	45	**35.73**	5	12	–	–	–	–	–	2	–	–	–	–	**Ethyl isopropyl disulphide**		**17112**
43	61	45	46	35	94	136	63	**136**	100	42	34	13	10	5	5	3		4	8	1	–	–	–	–	2	–	–	–	–	**Ethanethioic acid, S-(methylthio)methyl ester**	38634-59-2	**S5907**
43	61	73	76	41	58	28	27	**136**	100	36	15	13	12	5	5	5	**0.13**	5	9	2	–	1	–	–	–	–	–	–	–	**Acetic acid, 3-chloropropyl ester**		**Z0686**
43	73	55	107	41	29	27	57	**136**	100	53	46	34	27	26	25	17	**0.00**	6	13	1	–	1	–	–	–	–	–	–	–	**3-Pentanol, 1-chloro-3-methyl-**	33879-66-2	**S4435**
43	91	77	93	136	39	121	65	**136**	100	88	79	61	56	53	53	23		9	12	1	–	–	–	–	–	–	–	–	–	**3,5,7-Nonatrien-2-one**	17609-32-4	**R7097**
43	91	77	121	93	136	65	51	**136**	100	51	50	29	27	20	15	13		9	12	1	–	–	–	–	–	–	–	–	–	**3,5-Nonadien-7-yn-2-ol, (E,E)-**	43142-43-4	**S7063**
43	121	51	77	39	78	50	27	**136**	100	56	14	13	8	8	6	5	**3.62**	9	12	1	–	–	–	–	–	–	–	–	–	**Benzyl alcohol, α,α-dimethyl-**	617-94-7	**Q2964**
43	121	51	77	78	39	50	27	**136**	100	56	14	13	8	8	6	5	**3.62**	9	12	1	–	–	–	–	–	–	–	–	–	**2-Propanol, 2-phenyl-**		**W0092**
43	121	62	27	123	135	29	106	**136**	100	55	21	17	17	16	15	14	**1.37**	5	9	2	–	1	–	–	–	–	–	–	–	**1,3-Dioxane, trans-5-chloro-2-methyl-**	15579-94-9	**R5770**
43	121	77	105	51	78	118	120	**136**	100	53	30	29	15	11	6	5	**1.10**	9	12	1	–	–	–	–	–	–	–	–	–	**Benzyl alcohol, α,α-dimethyl-**		**F0043**
43	121	118	117	103	78	77	51	**136**	100	87	59	44	27	27	24	17	**7.20**	9	12	1	–	–	–	–	–	–	–	–	–	**2-Propanol, 2-phenyl-**		**C1952**
44	46	45	31	28	29	43	42	**136**	100	55	53	18	11	11	7	7	**0.00**	3	8	4	2	–	–	–	–	–	–	–	–	**Methylhydrazine oxalate**		**M2319**
44	79	40	78	136	104	51	52	**136**	100	54	48	41	30	27	24	22		7	8	1	2	–	–	–	–	–	–	–	–	**Methyl 4-pyridyl ketoxime, (E+Z)-**		**P0303**
44	89	43	28	27	29	53	57	**136**	100	17	13	12	12	11	10	10	**0.00**	4	8	3	–	–	–	–	1	–	–	–	–	**Thiophene, tetrahydro-3-hydroxy-, 1,1-dioxide**		**L3283**
45	29	43	59	58	31	90	89	**136**	100	68	58	50	46	20	18	16	**0.00**	5	12	4	–	–	–	–	–	–	–	–	–	**1-Heptanol, 3,6-dioxa-**		**A0627**
45	43	41	58	27	57	29	39	**136**	100	39	23	14	8	8	8	7	**0.00**	6	13	1	–	1	–	–	–	–	–	–	–	**2-Pentanol, 3-chloro-4-methyl-, (R*,R*)-(+-)-**	74685-47-5	**T8363**
45	43	41	58	57	29	27	39	**136**	100	62	18	18	10	8	8	7	**0.00**	6	13	1	–	1	–	–	–	–	–	–	–	**2-Pentanol, 3-chloro-4-methyl-, (R*,S*)-(+-)-**	74685-48-6	**T8364**
46	30	29	27	43	44	15	28	**136**	100	29	16	9	9	8	7	6	**0.00**	2	4	5	2	–	–	–	–	–	–	–	–	**2-Nitroethyl nitrate**		**01646**
54	42	136	27	39	53	15	28	**136**	100	64	58	28	21	21	12	9		8	12	–	2	–	–	–	–	–	–	–	–	**Pyrazine, tetramethyl-**		**Y1350**
54	42	136	39	53	26	15	27	**136**	100	63	58	21	21	18	12	8		8	12	–	2	–	–	–	–	–	–	–	–	**Pyrazine, tetramethyl-**	1124-11-4	**Q5424**
54	72	51	53	90	59	77	52	**136**	100	56	11	8	8	7	6	6	**1.20**	6	7	–	–	–	–	3	–	–	–	–	–	**Cyclobutane, 1,1,2-trifluoro-3-vinyl-**	56196-27-1	**T2948**
54	90	72	64	55	53	77	95	**136**	100	36	7	5	5	2	2	1	**0.90**	6	7	–	–	–	–	3	–	–	–	–	–	**Cyclobutane, 1,1,4-trifluoro-2-vinyl-**	56196-28-2	**T2949**

MASS TO CHARGE RATIOS								M.W.	INTENSITIES								Parent	C	H	O	N	Cl	Br	F	S	P	B	Si	X	COMPOUND NAME	CAS Reg No	No
54	108	79	26	39	82	136	53	**136**	100	93	71	62	61	59	56	56		8	8	2	–	–	–	–	–	–	–	–	–	1,4-Benzoquinone, 2-ethyl-	4754-26-1	H1490
54	136	42	27	39	53	52	51	**136**	100	73	65	27	24	23	10	8		8	12	–	2	–	–	–	–	–	–	–	–	Pyrazine, tetramethyl-	1124-11-4	Q5423
55	52	56	79	54	65	50	80	**136**	100	28	20	18	13	11	11	9	**1.40**	5	12	2	–	–	–	–	1	–	–	–	–	2-Propanesulphinic acid, 2-methyl-, methyl ester	52056-71-0	S7829
55	52	80	65	79	105	54	50	**136**	100	56	52	28	23	14	12	10	**8.50**	5	12	2	–	–	–	–	1	–	–	–	–	1-Propanesulphinic acid, 2-methyl-, methyl ester	56909-12-7	T4267
55	67	69	41	90	82	42	56	**136**	100	87	80	77	46	46	45	36	**0.00**	6	13	1	–	1	–	–	–	–	–	–	–	1-Hexanol, 6-chloro-	2009-83-8	Q7191
55	80	52	79	60	50	105	54	**136**	100	60	59	32	23	17	15	11	**4.30**	5	12	2	–	–	–	–	1	–	–	–	–	1-Butanesulphinic acid, methyl ester	673-80-3	Q3658
55	136	94	40	134	91	108	92	**136**	100	26	19	16	12	12	11	9		4	8	–	–	–	–	–	–	–	–	–	1	Selenophene, tetrahydro-	3465-98-3	Q9432
55	136	94	134	27	108	92	54	**136**	100	59	33	29	18	18	17	13		4	8	–	–	–	–	–	–	–	–	–	1	Selenophene, tetrahydro-		I7569
57	27	29	31	123	125	28	43	**136**	100	41	38	28	13	12	12	11	**0.40**	3	5	1	–	–	1	–	–	–	–	–	–	Epibromohydrin		Z0678
57	29	41	81	27	56	28	39	**136**	100	96	66	39	23	22	20	12	**0.40**	5	12	2	–	–	–	–	1	–	–	–	–	Butyl methyl sulphone	7560-59-0	R3297
57	41	29	27	39	26	28	15	**136**	100	60	57	34	20	9	9	8	**0.67**	4	9	–	–	–	1	–	–	–	–	–	–	Butane, 2-bromo-		Y0791
57	41	29	27	39	28	26	15	**136**	100	60	57	34	20	9	9	8	**0.70**	4	9	–	–	–	1	–	–	–	–	–	–	Butane, 2-bromo-	78-76-2	P5902
57	41	29	27	39	28	56	55	**136**	100	54	46	21	15	8	7	6	**0.38**	4	9	–	–	–	1	–	–	–	–	–	–	Butane, 2-bromo-	78-76-2	09705
57	41	29	27	56	136	138	28	**136**	100	50	37	23	13	12	11	10		4	9	–	–	–	1	–	–	–	–	–	–	Butane, 1-bromo-	109-65-9	P8266
57	41	29	27	56	136	138	28	**136**	100	49	34	20	13	13	13	10		4	9	–	–	–	1	–	–	–	–	–	–	Butane, 1-bromo-	109-65-9	P8267
57	41	29	28	39	27	121	123	**136**	100	48	28	15	14	7	5	5	**0.00**	4	9	–	–	–	1	–	–	–	–	–	–	Propane, 2-bromo-2-methyl-	507-19-7	Q1422
57	41	29	32	56	55	39	40	**136**	100	65	29	28	19	7	5	5	**2.30**	4	9	–	–	–	1	–	–	–	–	–	–	Butane, 1-bromo-	109-65-9	P8268
57	41	29	39	27	28	38	40	**136**	100	67	45	30	18	8	5	5	**0.00**	4	9	–	–	–	1	–	–	–	–	–	–	Propane, 2-bromo-2-methyl-	507-19-7	H0758
57	41	29	80	136	39	27	45	**136**	100	51	48	17	16	12	11	9		5	12	–	–	–	–	–	2	–	–	–	–	tert-Butyl methyl disulphide		Y1226
57	41	43	29	27	42	55	28	**136**	100	57	38	18	12	9	7	5	**5.00**	4	9	–	–	–	1	–	–	–	–	–	–	Propane, 1-bromo-2-methyl-		L0528
57	41	43	29	39	27	59	42	**136**	100	57	38	18	13	12	9	9	**5.40**	4	9	–	–	–	1	–	–	–	–	–	–	Propane, 1-bromo-2-methyl-		Z0679
57	41	43	39	29	42	56	55	**136**	100	93	32	30	25	13	6	6	**3.30**	4	9	–	–	–	1	–	–	–	–	–	–	Propane, 1-bromo-2-methyl-	78-77-3	H0095
57	42	31	41	70	29	71	69	**136**	100	78	68	61	59	53	30	26	**0.01**	5	12	4	–	–	–	–	–	–	–	–	–	Pentaerythritol		C0706
57	42	31	70	41	29	39	71	**136**	100	75	71	60	58	51	28	28	**0.00**	5	12	4	–	–	–	–	–	–	–	–	–	Pentaerythritol	115-77-5	P8881
57	42	70	31	41	71	69	54	**136**	100	76	67	60	52	33	29	26	**0.00**	5	12	4	–	–	–	–	–	–	–	–	–	Pentaerythritol		G0106
57	56	41	63	39	27	62	65	**136**	100	95	72	57	23	20	19	18	**0.00**	5	9	2	–	1	–	–	–	–	–	–	–	Formic acid, chloro-, butyl ester	592-34-7	Q2490
57	77	107	79	51	136	53	65	**136**	100	63	33	30	18	13	9	9		9	12	1	–	–	–	–	–	–	–	–	–	4,6-Nonadien-8-yn-3-ol, (E,E)-	43142-42-3	S7062
59	43	41	57	29	31	72	27	**136**	100	81	28	17	17	13	11	8	**0.00**	6	13	1	–	1	–	–	–	–	–	–	–	2-Pentanol, 3-chloro-2-methyl-	74685-49-7	T8365
64	136	92	63	52	51	50	62	**136**	100	80	58	48	14	11	10	8		7	4	3	–	–	–	–	–	–	–	–	–	1,3-Benzodioxol-2-one	2171-74-6	Q7539
65	39	27	101	103	38	40	75	**136**	100	52	15	14	13	11	9	7	**2.80**	5	6	–	–	2	–	–	–	–	–	–	–	Cyclopropane, 1,1-dichloro-2-vinyl-	694-33-7	H1053
65	77	91	121	64	136	51	78	**136**	100	35	30	30	29	28	20	8		7	8	1	2	–	–	–	–	–	–	–	–	Diazene, (Z)-methylphenyl-, 1-oxide	35150-74-4	09834
65	101	39	103	28	100	27	38	**136**	100	62	50	19	15	14	13	13	**5.30**	5	6	–	–	2	–	–	–	–	–	–	–	Cyclopropane, 1,1-dichloro-2-vinyl-	694-33-7	H1052
65	136	77	64	91	121	18	39	**136**	100	56	33	31	29	28	21	19		7	8	1	2	–	–	–	–	–	–	–	–	NNO-Azoxybenzene, N-methyl-		05909
65	136	105	78	77	51	66	50	**136**	100	86	83	64	42	37	37	24		8	8	2	–	–	–	–	–	–	–	–	–	2,4,6-Cycloheptatrien-1-one, 2-methoxy-	2161-40-2	Q7519
66	136	94	79	39	108	40	65	**136**	100	48	39	29	23	22	14	13		8	8	2	–	–	–	–	–	–	–	–	–	Bicyclo[2.2.2]oct-7-ene-2,5-dione	17660-74-1	R7127
66	136	94	79	108	65	56	43	**136**	100	42	39	23	22	13	11	8		8	8	2	–	–	–	–	–	–	–	–	–	Bicyclo[2.2.2]oct-7-ene-2,5-dione	17660-74-1	R7128
67	41	79	39	54	95	27	93	**136**	100	84	68	65	55	52	42	41	**35.86**	10	16	–	–	–	–	–	–	–	–	–	–	1,5-Cyclodecadiene, (E,Z)-	1124-78-3	Q5433
67	54	41	39	79	27	80	95	**136**	100	83	75	49	47	36	33	28	**4.81**	10	16	–	–	–	–	–	–	–	–	–	–	Cyclooctene, 4-vinyl-	1124-45-4	Q5428
67	54	79	95	41	94	93	80	**136**	100	85	74	62	61	59	56	50	**15.80**	10	16	–	–	–	–	–	–	–	–	–	–	Cyclohexane, cis-1,2-divinyl-	1004-84-8	Q5007
67	69	101	51	117	31	136	82	**136**	100	40	34	26	13	10	7	3		2	1	–	–	1	–	4	–	–	–	–	–	Ethane, 1,1,1,2-tetrafluorochloro-		A0229
67	79	41	39	80	54	81	68	**136**	100	81	59	41	38	37	35	32	**4.78**	10	16	–	–	–	–	–	–	–	–	–	–	Cyclooctene, 3-vinyl-	2213-60-7	Q7627
67	79	95	68	54	93	94	136	**136**	100	69	43	41	39	35	28	26		10	16	–	–	–	–	–	–	–	–	–	–	1,6-Cyclodecadiene	7049-13-0	R2807
67	95	39	41	79	94	68	66	**136**	100	84	67	61	55	53	43	35	**32.70**	10	16	–	–	–	–	–	–	–	–	–	–	4,7-Methano-1H-indene, octahydro-	6004-38-2	R1983
68	67	41	39	53	27	79	66	**136**	100	70	32	29	24	18	16	11	**0.00**	10	16	–	–	–	–	–	–	–	–	–	–	Cyclobutane, 1,2-dicyclopropyl-	61141-62-6	T5289
68	67	53	39	41	93	27	40	**136**	100	32	10	9	9	8	5	5	**4.00**	10	16	–	–	–	–	–	–	–	–	–	–	Cyclobutane, 1,2-dipropenyl-	22769-00-2	R9947
68	67	53	93	39	41	27	107	**136**	100	53	32	28	25	23	19	18	**6.00**	10	16	–	–	–	–	–	–	–	–	–	–	Cyclobutane, trans-1,2-dimethyl-1,2-divinyl-		L2669
68	67	81	93	79	121	136	41	**136**	100	61	43	41	36	33	27	26		10	16	–	–	–	–	–	–	–	–	–	–	1,5-Cyclooctadiene, 1,5-dimethyl-	3760-14-3	Q9781
68	67	93	39	41	53	27	79	**136**	100	57	37	32	29	28	25	23	**8.03**	10	16	–	–	–	–	–	–	–	–	–	–	Cyclohexene, 1,4-dimethyl-4-vinyl-		C0816
68	67	93	53	41	39	107	92	**136**	100	47	43	19	15	14	13	13	**1.00**	10	16	–	–	–	–	–	–	–	–	–	–	Cyclobutane, trans-1,2-diisopropenyl-		L2667
68	67	93	53	41	39	121	94	**136**	100	55	34	22	16	15	13	13	**3.00**	10	16	–	–	–	–	–	–	–	–	–	–	Cyclobutane, trans-1-isopropenyl-2-methyl-2-vinyl-		L2668
68	67	93	79	94	53	41	39	**136**	100	53	48	20	19	18	18	18	**14.20**	10	16	–	–	–	–	–	–	–	–	–	–	2-Norbornene, 1,7,7-trimethyl-	464-17-5	Q0818
68	67	93	94	79	92	107	121	**136**	100	58	56	25	22	19	16	16	**11.25**	10	16	–	–	–	–	–	–	–	–	–	–	p-Mentha-1,8-diene	138-86-3	P9740
68	67	93	107	136	121	53	41	**136**	100	35	29	22	17	15	15	15		10	16	–	–	–	–	–	–	–	–	–	–	Cyclohexane, 1,4-dimethyl-4-vinyl-		L2670
68	67	108	93	53	136	79	41	**136**	100	51	24	24	19	18	18	18		10	16	–	–	–	–	–	–	–	–	–	–	1,5-Cyclooctadiene, 1,6-dimethyl-	3760-13-2	Q9780
68	93	39	67	41	27	53	79	**136**	100	53	44	40	35	32	28	25	**19.35**	10	16	–	–	–	–	–	–	–	–	–	–	p-Mentha-1,8-diene		W0049
68	93	67	39	41	27	53	79	**136**	100	46	41	31	27	24	22	20	**16.46**	10	16	–	–	–	–	–	–	–	–	–	–	p-Mentha-1,8-diene		V0225

MASS TO CHARGE RATIOS								M.W.	INTENSITIES								Parent	C	H	O	N	Cl	Br	F	S	P	B	Si	X	COMPOUND NAME	CAS Reg No	No
68	93	67	39	41	27	53	79	**136**	100	47	37	36	29	27	25	22	**19.72**	10	16	–	–	–	–	–	–	–	–	–	–	p-Mentha-1,8-diene, (R)-(+)-	5989-27-5	H1577
68	93	67	41	39	53	27	79	**136**	100	40	33	30	29	25	24	18	**11.10**	10	16	–	–	–	–	–	–	–	–	–	–	p-Mentha-1,4(8)-diene		Y0488
68	93	67	41	79	39	94	136	**136**	100	50	49	22	21	21	21	20		10	16	–	–	–	–	–	–	–	–	–	–	p-Mentha-1,8-diene, (R)-(+)-	5989-27-5	R1973
68	93	67	121	107	79	41	53	**136**	100	42	42	19	18	18	18	16	**13.63**	10	16	–	–	–	–	–	–	–	–	–	–	Cyclohexene, 1,4-dimethyl-4-vinyl-	1743-61-9	Q6646
68	93	67	136	28	79	92	41	**136**	100	65	35	27	27	22	21	21		10	16	–	–	–	–	–	–	–	–	–	–	Cyclohexane, 1-methyl-4-isopropenyl-		L2666
69	41	78	39	73	51	53	44	**136**	100	25	21	18	10	10	9	9	**2.00**	5	6	1	–	1	–	1	–	–	–	–	–	Furan, 2,5-dihydro-2-fluorochloromethyl-		M2580
69	67	48	51	50	31	32	82	**136**	100	45	38	11	10	8	6	2	**0.03**	1	–	1	–	–	–	4	1	–	–	–	–	Thionyl fluoride, trifluoromethyl-		01309
69	136	82	101	138	67	63	117	**136**	100	51	29	23	17	9	6	4		1	–	–	–	1	–	3	1	–	–	–	–	Trifluoromethylchlorosulphide		03361
69	136	101	138	82	67	28	32	**136**	100	55	25	20	16	15	9	8		1	–	–	–	1	–	3	1	–	–	–	–	Trifluoromethylchlorosulphide		Z0671
72	54	90	136	77	59	115	51	**136**	100	47	42	36	11	9	8	7		6	7	–	–	–	–	3	–	–	–	–	–	Cyclohexene, 4,4,5-trifluoro-	39763-15-0	S6122
73	43	57	41	55	29	58	27	**136**	100	88	81	57	49	45	36	25	**0.00**	6	13	1	–	1	–	–	–	–	–	–	–	3-Pentanol, 2-chloro-4-methyl-, (R*,R*)-(+-)-	74685-46-4	T8362
73	57	43	29	55	41	58	27	**136**	100	98	86	59	44	38	29	28	**0.00**	6	13	1	–	1	–	–	–	–	–	–	–	3-Pentanol, 2-chloro-4-methyl-, (R*,S*)-(+-)-	74685-65-7	T8381
73	121	61	136	41	45	88	47	**136**	100	98	87	81	50	41	37	33		5	12	–	–	–	–	–	2	–	–	–	–	Propane, 1,3-bis(methylthio)-	24949-35-7	H1883
74	41	104	43	59	77	106	42	**136**	100	33	33	23	19	13	11	7	**0.00**	5	9	2	–	1	–	–	–	–	–	–	–	Butanoic acid, 4-chloro-, methyl ester	3153-37-5	Q9070
75	47	136	45	29	74	27	41	**136**	100	49	44	17	17	13	12	11		5	12	–	–	–	–	–	2	–	–	–	–	Methane, bis(ethylthio)-		X1624
77	51	78	65	108	91	64	107	**136**	100	92	65	33	23	15	8	8	**7.00**	7	8	1	2	–	–	–	–	–	–	–	–	Diazene, (E)-methylphenyl-, 1-oxide	35150-73-3	09833
77	65	136	91	51	64	121	78	**136**	100	79	57	39	34	25	21	17		7	8	1	2	–	–	–	–	–	–	–	–	Diazene, (E)-methylphenyl-, 1-oxide	35150-75-5	09835
77	91	136	108	41	121	53	51	**136**	100	89	84	82	48	38	33	30		9	12	1	–	–	–	–	–	–	–	–	–	2,5-Cyclohexadien-1-one, 3,4,4-trimethyl-	17429-31-1	R6978
78	77	43	51	52	50	39	28	**136**	100	80	71	70	68	67	61	60	**2.00**	3	4	4	–	–	–	–	1	–	–	–	–	Propanoic acid, 3-sulphonyl-, anhydride		L4459
78	82	106	51	136	52	54	50	**136**	100	39	29	27	20	19	17	17		8	8	2	–	–	–	–	–	–	–	–	–	1,3-Benzodioxan	254-27-3	Q0123
78	106	136	135	51	50	79	52	**136**	100	93	53	50	47	17	12	11		7	8	1	2	–	–	–	–	–	–	–	–	3-Pyridinecarboxamide, N-methyl-	114-33-0	P8802
78	136	79	119	51	104	105	92	**136**	100	95	67	44	30	30	22	20		7	8	1	2	–	–	–	–	–	–	–	–	Methyl 2-pyridyl ketoxime		P1840
78	136	79	119	104	51	52	105	**136**	100	99	70	47	40	39	29	25		7	8	1	2	–	–	–	–	–	–	–	–	Methyl 2-pyridyl ketoxime, (E+Z)-		P0301
79	39	80	77	108	121	91	27	**136**	100	54	45	41	41	39	37	34	**25.91**	9	12	1	–	–	–	–	–	–	–	–	–	Dispiro[2.1.2.2]nonan-8-one	74685-57-7	T8373
79	41	43	39	77	29	107	27	**136**	100	64	61	58	43	38	37	35	**1.11**	10	16	–	–	–	–	–	–	–	–	–	–	1-Decen-3-yne	33622-26-3	S4287
79	43	41	39	27	55	29	93	**136**	100	86	64	62	49	48	46	45	**3.45**	10	16	–	–	–	–	–	–	–	–	–	–	3-Decen-1-yne, (Z)-	61827-88-1	T5751
79	43	41	39	29	55	27	93	**136**	100	93	68	65	50	49	49	44	**14.92**	10	16	–	–	–	–	–	–	–	–	–	–	3-Decen-1-yne, (E)-	2807-10-5	Q8676
79	54	136	39	108	93	58	27	**136**	100	85	61	55	42	40	35	34		9	12	1	–	–	–	–	–	–	–	–	–	2H-Inden-2-one, cis-1,3,3a,4,7,7a-hexahydro-	25886-63-9	S1197
79	77	136	108	51	39	107	27	**136**	100	72	72	65	42	37	33	32		8	8	2	–	–	–	–	–	–	–	–	–	Propenal, 2-methyl-3-(3-furyl)-		L9764
79	78	44	136	104	40	51	52	**136**	100	90	79	62	42	40	39	37		7	8	1	2	–	–	–	–	–	–	–	–	Methyl 3-pyridyl ketoxime, (E+Z)-		P0302
79	80	93	121	94	41	136	77	**136**	100	80	63	43	39	34	33	27		10	16	–	–	–	–	–	–	–	–	–	–	Norbornane, 2,2-dimethyl-5-methylene-	497-32-5	H0733
79	80	136	39	77	26	93	91	**136**	100	51	40	37	32	26	23	14		9	12	1	–	–	–	–	–	–	–	–	–	Bicyclo[3.2.1]oct-6-en-3-one, 2-methyl-		L6698
79	91	77	136	39	29	65	41	**136**	100	32	25	25	22	22	21	21		10	16	–	–	–	–	–	–	–	–	–	–	4-Decen-6-yne, (Z)-	13343-76-5	R4458
79	91	136	77	65	29	41	39	**136**	100	38	29	27	25	25	23	22		10	16	–	–	–	–	–	–	–	–	–	–	4-Decen-6-yne, (E)-	13343-77-6	R4459
79	93	94	107	91	77	67	121	**136**	100	95	47	37	37	26	20	20	**4.12**	10	16	–	–	–	–	–	–	–	–	–	–	Spiro[2.4]heptane, 1,5-dimethyl-6-methylene-	62238-24-8	T6004
79	93	107	136	121	41	77	91	**136**	100	54	50	46	39	20	20	19		10	16	–	–	–	–	–	–	–	–	–	–	p-Mentha-3,8-diene	586-67-4	H0864
79	93	121	81	136	41	94	108	**136**	100	99	86	78	59	56	50	46		10	16	–	–	–	–	–	–	–	–	–	–	Cyclohexane, (R)-1-methylene-3-isopropenyl-	13837-95-1	09627
79	107	91	108	136	77	93	41	**136**	100	90	53	43	35	24	22	17		10	16	–	–	–	–	–	–	–	–	–	–	Cyclohexene, 4-ethyl-3-ethylidene-	61233-77-0	T5694
79	107	108	47	136	49	48	77	**136**	100	70	53	12	6	6	4	3		5	13	2	–	–	–	–	–	1	–	–	–	Phosphinic acid, diethyl-, methyl ester		L2617
79	107	136	81	93	91	41	77	**136**	100	68	40	35	32	31	25	25		10	16	–	–	–	–	–	–	–	–	–	–	Cyclohexene, butenyl-	74664-14-5	T8319
79	108	93	94	41	67	136	39	**136**	100	52	41	33	32	32	32	30		9	12	1	–	–	–	–	–	–	–	–	–	2H-Inden-2-one, cis-1,3,3a,4,5,7a-hexahydro-	70501-26-7	T7591
79	136	39	93	92	108	54	82	**136**	100	75	51	42	39	37	36	35		9	12	1	–	–	–	–	–	–	–	–	–	2H-Inden-2-one, trans-1,3,3a,4,7,7a-hexahydro-	7077-08-9	R2826
79	136	92	77	80	91	41	118	**136**	100	74	60	39	38	32	27	27		9	12	1	–	–	–	–	–	–	–	–	–	1H-Inden-1-one, trans-2,3,3a,4,7,7a-hexahydro-	25050-74-2	S0912
79	136	92	80	77	91	41	51	**136**	100	66	58	40	36	32	26	24		9	12	1	–	–	–	–	–	–	–	–	–	1H-Inden-1-one, cis-2,3,3a,4,7,7a-hexahydro-	53921-54-3	S8684
79	136	93	107	121	68	39	77	**136**	100	94	93	74	68	44	41	35		10	16	–	–	–	–	–	–	–	–	–	–	p-Mentha-2,8-diene, (1R,4R)-(+)-	5113-87-1	09625
79	136	108	93	94	39	41	67	**136**	100	65	46	44	37	36	33	29		9	12	1	–	–	–	–	–	–	–	–	–	2H-Inden-2-one, trans-1,3,3a,4,5,7a-hexahydro-	70501-28-9	T7592
80	41	29	57	136	79	27	39	**136**	100	94	91	57	33	30	30	22		5	12	–	–	–	–	–	2	–	–	–	–	sec-Butyl methyl disulphide		17106
80	54	66	109	26	42	64	78	**136**	100	73	65	65	55	40	40	40	**0.00**	10	16	–	–	–	–	–	–	–	–	–	–	Bicyclo[4.1.0]heptane, 7-isopropylidene-	53282-47-6	S8373
80	81	79	101	100	54	72	41	**136**	100	99	55	52	51	50	40	33	**3.00**	6	10	–	–	1	–	1	–	–	–	–	–	Cyclohexane, 1-chloro-3-fluoro-	55887-79-1	T2303
80	81	100	54	85	72	41	79	**136**	100	76	51	49	46	44	43	35	**3.49**	6	10	–	–	1	–	1	–	–	–	–	–	Cyclohexane, 1-chloro-4-fluoro-	55887-80-4	T2304
81	55	41	53	39	27	79	29	**136**	100	38	34	33	30	24	24	18	**6.94**	10	16	–	–	–	–	–	–	–	–	–	–	1,3,7-Octatriene, (E)-2,6-dimethyl-		C1036
81	78	93	55	41	27	121	107	**136**	100	45	43	43	33	19	12	11	**1.00**	10	16	–	–	–	–	–	–	–	–	–	–	1,3,7-Octatriene, (S)-(-)-(E)-2,6-dimethyl-		M8429
81	79	41	53	121	93	107	27	**136**	100	45	34	27	26	25	21	16	**0.10**	10	16	–	–	–	–	–	–	–	–	–	–	1,4,7-Octatriene, (R)-(-)-trans-2,6-dimethyl-		M8437
81	101	100	72	85	80	41	55	**136**	100	81	67	62	42	35	25	23	**2.00**	6	10	–	–	1	–	1	–	–	–	–	–	Cyclohexane, 1-chloro-1-fluoro-	371-89-1	Q0622
89	49	41	45	47	48	136	39	**136**	100	33	30	16	16	12	10	9		5	12	–	–	–	–	–	2	–	–	–	–	Propane, 2,2-bis(methylthio)-	6156-18-9	H1600
90	136	120	63	76	77	64	78	**136**	100	67	62	55	55	48	43	28		6	4	2	2	–	–	–	–	–	–	–	–	Benzofurazan, 1-oxide	480-96-6	Q1035

MASS TO CHARGE RATIOS								M.W.	INTENSITIES								Parent	C	H	O	N	Cl	Br	F	S	P	B	Si	X	COMPOUND NAME	CAS Reg No	No
91	45	136	119	92	90	77	120	**136**	100	99	65	42	16	10	6	5		8	8	2	–	–	–	–	–	–	–	–	–	**Benzoic acid, 3-methyl-**		**04312**
91	79	78	77	133	136	51	65	**136**	100	95	92	89	76	54	48	34		9	12	1	–	–	–	–	–	–	–	–	–	**2,4-Nonadien-6-yn-1-ol, (E,E)-**	43212-86-8	**S7093**
91	90	136	79	77	51	29	39	**136**	100	83	53	33	32	31	31	30		8	8	2	–	–	–	–	–	–	–	–	–	**Formic acid, benzyl ester**	104-57-4	**H0287**
91	90	136	79	77	65	108	107	**136**	100	96	49	32	28	28	26	25		8	8	2	–	–	–	–	–	–	–	–	–	**Formic acid, benzyl ester**	104-57-4	**P7734**
91	90	136	79	77	108	107	44	**136**	100	90	46	39	35	35	31	28		8	8	2	–	–	–	–	–	–	–	–	–	**Formic acid, benzyl ester**	104-57-4	**P7735**
91	92	79	77	65	107	51	135	**136**	100	80	38	20	18	18	14	10	**8.00**	9	12	1	–	–	–	–	–	–	–	–	–	**Benzyl ethyl ether**	539-30-0	**Q1785**
91	92	79	77	107	65	29	39	**136**	100	79	33	17	17	16	14	13	**8.51**	9	12	1	–	–	–	–	–	–	–	–	–	**Benzyl ethyl ether**	539-30-0	**H0796**
91	117	118	92	77	65	136	105	**136**	100	94	78	52	18	17	17	16		9	12	1	–	–	–	–	–	–	–	–	–	**1-Propanol, 3-phenyl-**	122-97-4	**P9268**
91	117	118	92	136	65	77	105	**136**	100	78	68	58	26	16	16	15		9	12	1	–	–	–	–	–	–	–	–	–	**1-Propanol, 3-phenyl-**	122-97-4	**P9266**
91	117	118	92	136	77	65	105	**136**	100	76	63	59	31	20	19	18		9	12	1	–	–	–	–	–	–	–	–	–	**1-Propanol, 3-phenyl-**		**C0021**
91	119	136	92	77	105	90	135	**136**	100	70	66	14	11	9	8	8		8	8	2	–	–	–	–	–	–	–	–	–	**Benzoic acid, 4-methyl-**		**04313**
91	136	18	119	92	65	39	63	**136**	100	87	49	47	17	16	13	8		8	8	2	–	–	–	–	–	–	–	–	–	**Benzoic acid, 3-methyl-**		**C1264**
91	136	45	65	51	104	77	63	**136**	100	50	46	33	29	23	20	14		9	12	1	–	–	–	–	–	–	–	–	–	**Benzene, (2-methoxyethyl)-**	3558-60-9	**Q9526**
91	136	92	65	39	63	51	89	**136**	100	35	17	12	6	4	3	3		8	8	2	–	–	–	–	–	–	–	–	–	**Phenylacetic acid**	103-82-2	**P7675**
91	136	119	65	92	39	63	89	**136**	100	68	41	18	17	12	10	8		8	8	2	–	–	–	–	–	–	–	–	–	**Benzoic acid, 3-methyl-**	99-04-7	**P7225**
91	136	119	65	92	39	63	89	**136**	100	97	76	15	15	10	8	7		8	8	2	–	–	–	–	–	–	–	–	–	**Benzoic acid, 4-methyl-**	99-94-5	**H0243**
92	91	45	103	121	117	115	18	**136**	100	61	33	32	22	17	13	13	**8.00**	9	12	1	–	–	–	–	–	–	–	–	–	**2-Propanol, 1-phenyl-**		**L4759**
93	28	121	79	92	91	77	107	**136**	100	40	33	30	24	23	17	15	**6.20**	10	16	–	–	–	–	–	–	–	–	–	–	**α-Pinene**	80-56-8	**P6052**
93	32	92	91	77	79	121	43	**136**	100	35	33	26	21	19	12	11	**2.60**	10	16	–	–	–	–	–	–	–	–	–	–	**p-Mentha-1,8-diene, (R)-(+)-**	5989-27-5	**R1976**
93	39	41	92	27	121	79	91	**136**	100	22	22	21	21	19	18	15	**12.10**	10	16	–	–	–	–	–	–	–	–	–	–	**Tricyclo[2.2.1.0$^{(2,6)}$]heptane, 1,3,3-trimethyl-**	488-97-1	**Q1170**
93	39	91	77	136	53	51	54	**136**	100	44	37	36	35	25	23	23		9	12	1	–	–	–	–	–	–	–	–	–	**2-Cyclopenten-1-one, 2,3,5-trimethyl-4-methylene-**	29765-85-3	**S2648**
93	41	27	39	79	80	43	77	**136**	100	67	51	47	42	39	35	35	**3.80**	10	16	–	–	–	–	–	–	–	–	–	–	**1,3,7-Octatriene, 3,7-dimethyl-**	502-99-8	**Q1368**
93	41	69	39	27	79	77	53	**136**	100	64	47	33	31	20	18	14	**7.01**	10	16	–	–	–	–	–	–	–	–	–	–	**β-Pinene**		**Y0490**
93	41	69	77	79	91	94	121	**136**	100	36	36	20	20	18	14	14	**14.02**	10	16	–	–	–	–	–	–	–	–	–	–	**β-Pinene**	127-91-3	**P9551**
93	41	69	79	77	53	91	67	**136**	100	98	82	14	12	11	11	10	**4.63**	10	16	–	–	–	–	–	–	–	–	–	–	**1,6-Octadiene, 7-methyl-3-methylene-**	123-35-3	**P9307**
93	41	69	79	91	77	94	80	**136**	100	6	5	4	3	3	2	2	**1.70**	10	16	–	–	–	–	–	–	–	–	–	–	**β-Pinene**		**H0613**
93	41	79	91	80	77	39	92	**136**	100	52	51	47	46	38	30	29	**0.00**	10	16	–	–	–	–	–	–	–	–	–	–	**1,3,6-Octatriene, (E)-3,7-dimethyl-**	3779-61-1	**Q9809**
93	41	79	92	39	91	27	77	**136**	100	41	34	34	32	31	30	30	**3.00**	10	16	–	–	–	–	–	–	–	–	–	–	**1,3,6-Octatriene, (E)-3,7-dimethyl-**	3779-61-1	**Q9808**
93	41	92	39	27	121	79	77	**136**	100	22	22	20	19	19	18	17	**12.30**	10	16	–	–	–	–	–	–	–	–	–	–	**Tricyclo[2.2.1.0$^{(2,6)}$]heptane, 1,3,3-trimethyl-**		**Y0542**
93	41	121	39	136	27	79	92	**136**	100	26	25	24	21	20	19	18		10	16	–	–	–	–	–	–	–	–	–	–	**Tricyclo[2.2.1.0$^{(2,6)}$]heptane, 1,7,7-trimethyl-**		**Y0466**
93	43	41	27	81	121	91	39	**136**	100	85	61	56	56	52	47	46	**37.00**	10	16	–	–	–	–	–	–	–	–	–	–	**2,4,6-Octatriene, 2,6-dimethyl-**	673-84-7	**Q3661**
93	43	79	91	92	77	41	39	**136**	100	48	36	36	35	24	21	20	**12.59**	10	16	–	–	–	–	–	–	–	–	–	–	**4-Carene, (1S,3S,6R)-(-)-**	5208-50-4	**09609**
93	43	79	92	91	77	41	39	**136**	100	49	36	27	26	25	22	19	**15.33**	10	16	–	–	–	–	–	–	–	–	–	–	**4-Carene, (1S,3R,6R)-(-)-**	5208-49-1	**09608**
93	44	94	106	78	66	65	92	**136**	100	43	18	14	7	6	6	5	**0.60**	8	12	–	2	–	–	–	–	–	–	–	–	**Ethylamine, N-methyl-2-(2-pyridyl)-**	5638-76-6	**R1629**
93	66	136	65	39	92	44	51	**136**	100	26	26	19	15	10	8	5		7	8	1	2	–	–	–	–	–	–	–	–	**Urea, phenyl-**	64-10-8	**P5203**
93	67	121	79	41	39	107	77	**136**	100	83	67	67	67	55	40	40	**28.33**	10	16	–	–	–	–	–	–	–	–	–	–	**Bicyclo[4.1.0]heptane, 7-isopropylidene-**		**Y2178**
93	68	67	92	41	79	39	53	**136**	100	77	45	35	28	26	25	22	**5.67**	10	16	–	–	–	–	–	–	–	–	–	–	**Cyclohexene, 1-methyl-5-isopropenyl-**	13898-73-2	**R4814**
93	68	92	67	79	136	94	41	**136**	100	72	34	33	24	23	22	19		10	16	–	–	–	–	–	–	–	–	–	–	**Cyclohexene, 1-methyl-5-isopropenyl-**	1461-27-4	**09628**
93	77	79	91	80	41	92	136	**136**	100	35	35	30	29	25	24	20		10	16	–	–	–	–	–	–	–	–	–	–	**3-Carene**		**L1563**
93	77	79	91	80	41	121	105	**136**	100	47	45	45	43	38	37	33	**19.80**	10	16	–	–	–	–	–	–	–	–	–	–	**1,3,6-Octatriene, 3,7-dimethyl-**	13877-91-3	**R4791**
93	77	79	91	136	41	121	94	**136**	100	27	27	27	21	18	11	10		10	16	–	–	–	–	–	–	–	–	–	–	**p-Mentha-1(7),3-diene**	99-84-3	**H0239**
93	77	91	41	79	136	94	69	**136**	100	28	25	19	19	12	11	10		10	16	–	–	–	–	–	–	–	–	–	–	**Bicyclo[3.1.0]hexane, 4-methylene-1-isopropyl-**	3387-41-5	**Q9311**
93	77	91	79	41	136	94	69	**136**	100	24	19	17	15	11	10	9		10	16	–	–	–	–	–	–	–	–	–	–	**Bicyclo[3.1.0]hexane, 4-methylene-1-isopropyl-**		**01685**
93	77	91	79	136	41	69		**136**	100	30	23	20	16	16	12			10	16	–	–	–	–	–	–	–	–	–	–	**Bicyclo[3.1.0]hexane, (+)-4-methylene-1-isopropyl-**		**M4158**
93	77	91	79	136	94	41	80	**136**	100	26	24	17	17	14	13	8		10	16	–	–	–	–	–	–	–	–	–	–	**Bicyclo[3.1.0]hex-2-ene, 4-methyl-1-isopropyl-**	28634-89-1	**H1922**
93	77	91	92	27	41	39	79	**136**	100	36	35	31	19	18	18	12	**6.61**	10	16	–	–	–	–	–	–	–	–	–	–	**Bicyclo[3.1.0]hexane, didehydro-4-methyl-1-isopropyl-**	58037-87-9	**T4935**
93	77	91	136	79	94	41	80	**136**	100	27	25	18	17	15	11	9		10	16	–	–	–	–	–	–	–	–	–	–	**Cyclohexene, 3-methylene-6-isopropyl-**	555-10-2	**Q2008**
93	77	92	91	41	136	79		**136**	100	30	27	22	10	9	8			10	16	–	–	–	–	–	–	–	–	–	–	**Bicyclo[3.1.0]hex-2-ene, (-)-2-methyl-5-isopropyl-**		**M4159**
93	77	121	91	39	94	83	41	**136**	100	67	65	50	40	40	35	25	**12.00**	9	12	1	–	–	–	–	–	–	–	–	–	**Bicyclo[3.1.0]hex-3-en-2-one, 5-isopropyl-**	36262-12-1	**S5189**
93	79	39	77	41	91	27	121	**136**	100	87	75	75	68	67	66	64	**63.15**	10	16	–	–	–	–	–	–	–	–	–	–	**3-Octen-5-yne, (Z)-2,7-dimethyl-**	28935-76-4	**S2283**
93	79	41	39	80	27	121	77	**136**	100	63	59	49	47	44	39	31	**23.70**	10	16	–	–	–	–	–	–	–	–	–	–	**Norbornane, 7,7-dimethyl-2-methylene-**		**Y0541**
93	79	41	121	105	136	55	27	**136**	100	35	28	24	22	18	16	15		10	16	–	–	–	–	–	–	–	–	–	–	**2,4,7-Octatriene, (R)-(-)-trans-2,6-dimethyl-**		**M8430**
93	79	41	121	136	105	55	27	**136**	100	35	28	25	23	15	15	15		10	16	–	–	–	–	–	–	–	–	–	–	**2,4,7-Octatriene, (R)-(+)-cis-2,6-dimethyl-**		**M8431**
93	79	77	39	136	41	91	27	**136**	100	88	74	73	71	68	66	63		10	16	–	–	–	–	–	–	–	–	–	–	**3-Octen-5-yne, (E)-2,7-dimethyl-**	55956-33-7	**T2469**
93	79	80	121	94	107	81	136	**136**	100	5	4	4	3	3	2	2		10	16	–	–	–	–	–	–	–	–	–	–	**Norbornane, 7,7-dimethyl-2-methylene-**	471-84-1	**H0713**
93	79	91	41	92	77	39	53	**136**	100	41	39	37	37	36	34	19	**0.00**	10	16	–	–	–	–	–	–	–	–	–	–	**1,3,6-Octatriene, (Z)-3,7-dimethyl-**	3338-55-4	**Q9240**

MASS TO CHARGE RATIOS								M.W.	INTENSITIES								Parent	C	H	O	N	Cl	Br	F	S	P	B	Si	X	COMPOUND NAME	CAS Reg No	No
93	79	91	77	41	136	80	121	**136**	100	33	32	31	28	26	21	15		10	16	–	–	–	–	–	–	–	–	–	–	Cyclopropane, 1,1-dimethyl-2-(3-methyl-1,3-butadienyl)-	68998-21-0	T6985
93	79	121	41	95	80	77	67	**136**	100	73	73	53	51	40	36	35	**10.41**	10	16	–	–	–	–	–	–	–	–	–	–	Bicyclo[3.1.1]heptane, 6,6-dimethyl-3-methylene-	16022-04-1	H1779
93	79	136	41	39	69	67	94	**136**	100	36	31	31	23	23	18	17		10	16	–	–	–	–	–	–	–	–	–	–	p-Mentha-1(7),8-diene	499-97-8	09624
93	79	136	107	67	41	121	39	**136**	100	75	67	50	43	42	40	31		10	16	–	–	–	–	–	–	–	–	–	–	Cycloheptene, 5-ethylidene-1-methyl-	15402-94-5	09566
93	79	136	121	107	41	77	91	**136**	100	79	79	68	50	30	30	30		10	16	–	–	–	–	–	–	–	–	–	–	Cyclohexene, trans-(-)-5-methyl-3-isopropenyl-	56816-08-1	09588
93	80	79	31	136	77	41	45	**136**	100	65	28	24	24	18	15	14		10	16	–	–	–	–	–	–	–	–	–	–	Spiro[4.5]dec-1-ene	697-27-8	Q3759
93	80	79	31	136	77	67	41	**136**	100	65	28	25	24	18	18	14		10	16	–	–	–	–	–	–	–	–	–	–	Spiro[4.5]dec-1-ene		M6775
93	81	107	41	53	67	121	27	**136**	100	98	72	70	52	44	40	40	**1.00**	10	16	–	–	–	–	–	–	–	–	–	–	1,4,7-Octatriene, (R)-(+)-cis-2,6-dimethyl-		M8436
93	91	77	39	27	41	92	136	**136**	100	32	32	23	22	21	20	19		10	16	–	–	–	–	–	–	–	–	–	–	1,3-Cyclohexadiene, 2-methyl-5-isopropyl-	99-83-2	H0236
93	91	77	79	92	121	136	80	**136**	100	26	23	22	20	19	18	17		10	16	–	–	–	–	–	–	–	–	–	–	3-Carene	13466-78-9	H1711
93	91	77	92	41	39	79	94	**136**	100	35	34	31	11	10	10	9	**8.21**	10	16	–	–	–	–	–	–	–	–	–	–	Bicyclo[3.1.0]hex-2-ene, 2-methyl-5-isopropyl-	2867-05-2	Q8754
93	91	77	92	41	79	94	136	**136**	100	32	31	28	10	9	8	8		10	16	–	–	–	–	–	–	–	–	–	–	Bicyclo[3.1.0]hex-2-ene, 2-methyl-5-isopropyl-	2867-05-2	H1363
93	91	77	92	79	43	41	136	**136**	100	51	41	27	26	25	22	21		10	16	–	–	–	–	–	–	–	–	–	–	1,4-Cyclohexadiene, 1-methyl-4-isopropyl-	99-85-4	P7279
93	91	77	92	136	94	41	39	**136**	100	32	31	25	17	9	7	6		10	16	–	–	–	–	–	–	–	–	–	–	1,3-Cyclohexadiene, 2-methyl-5-isopropyl-	99-83-2	P7274
93	91	77	92	136	94	41	79	**136**	100	73	63	54	39	18	12	10		10	16	–	–	–	–	–	–	–	–	–	–	1,3-Cyclohexadiene, 2-methyl-5-isopropyl-	99-83-2	P7275
93	91	92	79	80	77	43	121	**136**	100	30	28	27	26	22	19	13	**12.70**	10	16	–	–	–	–	–	–	–	–	–	–	3-Carene		01673
93	91	119	77	136	27	39	121	**136**	100	41	35	33	31	29	28	28		10	16	–	–	–	–	–	–	–	–	–	–	1,4-Cyclohexadiene, 1-methyl-4-isopropyl-		W0050
93	92	39	41	77	91	27	79	**136**	100	30	24	23	22	21	21	18	**8.05**	10	16	–	–	–	–	–	–	–	–	–	–	α-Pinene		Y0465
93	92	77	91	79	41	39	121	**136**	100	29	22	22	15	13	11	9	**2.00**	10	16	–	–	–	–	–	–	–	–	–	–	Bicyclo[3.1.1]hept-2-ene, 3,6,6-trimethyl-	4889-83-2	H1506
93	92	79	91	77	80	121	94	**136**	100	36	22	22	16	16	14	12	**3.00**	10	16	–	–	–	–	–	–	–	–	–	–	1,3,6-Octatriene, (E)-3,7-dimethyl-	3779-61-1	Q9810
93	92	79	91	121	77	41	136	**136**	100	23	18	18	18	16	14	13		10	16	–	–	–	–	–	–	–	–	–	–	Tricyclo[2.2.1.0$^{(2,6)}$]heptane, 1,3,3-trimethyl-	488-97-1	H0722
93	92	91	41	77	79	39	27	**136**	100	31	23	23	22	18	18	15	**10.53**	10	16	–	–	–	–	–	–	–	–	–	–	α-Pinene	80-56-8	P6051
93	108	79	136	80	39	41	67	**136**	100	90	64	44	34	30	15	13		9	12	1	–	–	–	–	–	–	–	–	–	2-Indanone, 4,5,6,7-tetrahydro-	20990-33-4	09077
93	121	41	39	27	79	67	107	**136**	100	63	59	51	44	38	34	29	**14.20**	10	16	–	–	–	–	–	–	–	–	–	–	Camphene		Y0489
93	121	41	79	67	91	39	107	**136**	100	58	43	41	34	28	27	26	**14.00**	10	16	–	–	–	–	–	–	–	–	–	–	Camphene		P6017
93	121	43	91	77	79	136		**136**	100	54	35	30	30	28	19			10	16	–	–	–	–	–	–	–	–	–	–	Bicyclo[3.1.0]hex-2-ene, (+)-4-methyl-1-isopropyl-		M4160
93	121	79	67	107	95	68	94	**136**	100	71	39	32	31	22	21	21	**18.82**	10	16	–	–	–	–	–	–	–	–	–	–	Camphene	79-92-5	H0123
93	121	79	91	41	77	136	80	**136**	100	67	49	42	40	36	33	33		10	16	–	–	–	–	–	–	–	–	–	–	1,3,6-Octatriene, 2,6-dimethyl-	29714-87-2	S2617
93	121	79	91	77	41	107	39	**136**	100	56	52	50	44	39	33	31	**10.74**	10	16	–	–	–	–	–	–	–	–	–	–	1,3,6-Heptatriene, 2,5,5-trimethyl-	29548-02-5	S2561
93	121	79	91	107	41	105	94	**136**	100	87	74	63	59	56	50	49	**22.94**	10	16	–	–	–	–	–	–	–	–	–	–	1,3,6-Heptatriene, 2,5,6-trimethyl-	42123-66-0	S6856
93	121	79	92	136	41	91	77	**136**	100	24	19	19	19	18	18	16		10	16	–	–	–	–	–	–	–	–	–	–	Tricyclo[2.2.1.0$^{(2,6)}$]heptane, 1,7,7-trimethyl-	508-32-7	H0760
93	121	91	77	79	136	41	39	**136**	100	86	59	49	42	36	33	27		10	16	–	–	–	–	–	–	–	–	–	–	1,3-Cyclohexadiene, 1-methyl-4-isopropyl-		P7281
93	121	136	91	77	79	108	41	**136**	100	90	32	27	26	25	25	22		10	16	–	–	–	–	–	–	–	–	–	–	2-Norbornene, 1,7,7-trimethyl-	464-17-5	H0706
93	121	136	91	77	92	43		**136**	100	43	30	27	25	23	19			10	16	–	–	–	–	–	–	–	–	–	–	Bicyclo[3.1.0]hex-2-ene, (+)-4-methyl-1-isopropyl-		M4157
93	121	136	91	79	77	41	39	**136**	100	97	67	40	39	35	30	27		10	16	–	–	–	–	–	–	–	–	–	–	Bicyclo[4.1.0]hept-2-ene, 3,7,7-trimethyl-	554-61-0	09610
93	136	77	94	79	91	80	92	**136**	100	22	19	17	15	15	11	8		10	16	–	–	–	–	–	–	–	–	–	–	Cyclohexene, 3-methylene-6-isopropyl-		01682
93	136	77	94	79	91	80	92	**136**	100	2	2	2	2	2	1	1		10	16	–	–	–	–	–	–	–	–	–	–	Cyclohexene, 3-methylene-6-isopropyl-	555-10-2	H0829
93	136	79	91	121	107	92	39	**136**	100	99	93	88	80	59	57	36		10	16	–	–	–	–	–	–	–	–	–	–	m-Mentha-4,8-diene, (1S,3S)-(+)-	5208-51-5	09629
93	136	91	77	121	43	119	41	**136**	100	42	36	34	34	32	30	24		10	16	–	–	–	–	–	–	–	–	–	–	1,4-Cyclohexadiene, 1-methyl-4-isopropyl-		C1059
93	136	121	79	80	41	94	81	**136**	100	55	52	45	40	32	32	23		10	16	–	–	–	–	–	–	–	–	–	–	Norbornane, 7,7-dimethyl-2-methylene-	471-84-1	Q0934
94	27	43	66	29	136	41	122	**136**	100	94	79	75	73	40	38	21		5	12	–	–	–	–	–	2	–	–	–	–	Ethyl isopropyl disulphide		Y0518
94	43	39	66	65	136	95	51	**136**	100	46	24	18	17	14	8	7		8	8	2	–	–	–	–	–	–	–	–	–	Acetic acid, phenyl ester		C1208
94	43	40	66	65	44	42	51	**136**	100	55	41	25	20	16	14	8	**7.00**	8	8	2	–	–	–	–	–	–	–	–	–	Acetic acid, phenyl ester	122-79-2	P9257
94	43	66	136	39	65	95	28	**136**	100	25	16	15	14	11	7	7		8	8	2	–	–	–	–	–	–	–	–	–	Acetic acid, phenyl ester		D1150
94	55	96	41	43	27	29	101	**136**	100	36	33	30	24	21	17	14	**0.07**	5	9	2	–	1	–	–	–	–	–	–	–	Pentanoic acid, 2-chloro-		Z0682
94	67	136	43	39	78	51	66	**136**	100	82	68	34	19	9	8	7		7	8	1	2	–	–	–	–	–	–	–	–	2-Pyridinecarboxamide, N-methyl-		D1480
94	77	136	66	39	95	41	43	**136**	100	8	7	7	6	6	5	5		9	12	1	–	–	–	–	–	–	–	–	–	Phenyl propyl ether		00194
94	78	136	93	38	76	79	28	**136**	100	79	31	21	16	15	14	13		9	12	1	–	–	–	–	–	–	–	–	–	Spiro[oxirane-2,1′(2′H)-pentalene], 3′,4′,5′,6′-tetrahydro-	56771-49-4	T4159
94	93	107	79	91	136	77	32	**136**	100	98	84	77	39	33	31	27		10	16	–	–	–	–	–	–	–	–	–	–	Spiro[4.4]nonane, 1-methylene-	19144-06-0	R8000
94	93	107	79	91	136	77	33	**136**	100	99	86	78	39	34	32	28		10	16	–	–	–	–	–	–	–	–	–	–	Spiro[4.4]nonane, 1-methylene-		M6778
94	136	66	77	41	43	65	95	**136**	100	24	9	9	8	7	7	7		9	12	1	–	–	–	–	–	–	–	–	–	Phenyl propyl ether	622-85-5	Q3083
94	136	77	66	39	95	41	43	**136**	100	21	9	8	6	6	6	6		9	12	1	–	–	–	–	–	–	–	–	–	Phenyl propyl ether		D0753
95	67	41	39	96	27	79	53	**136**	100	30	18	13	8	8	6	6	**0.50**	10	16	–	–	–	–	–	–	–	–	–	–	Bicyclo[2.2.1]heptane, 2-isopropenyl-	2633-80-9	Q8457
99	80	79	81	54	85	100	135	**136**	100	97	64	49	34	34	25	25	**7.12**	6	10	–	–	1	–	1	–	–	–	–	–	Cyclohexane, 1-chloro-2-fluoro-	4536-11-2	R0546
101	51	85	67	69	28	87	117	**136**	100	97	92	88	46	31	30	24	**4.76**	2	1	–	–	1	–	4	–	–	–	–	–	Ethane, 1,1,2,2-tetrafluorochloro-		Z0666
101	51	85	67	87	117	31	69	**136**	100	77	75	26	25	14	10	9	**1.00**	2	1	–	–	1	–	4	–	–	–	–	–	Ethane, 1,1,2,2-tetrafluorochloro-		A0230

MASS TO CHARGE RATIOS								M.W.	INTENSITIES								Parent	C	H	O	N	Cl	Br	F	S	P	B	Si	X	COMPOUND NAME	CAS Reg No	No
101	103	66	35	105	47	31	68	**136**	100	66	13	11	11	9	8	4	**0.07**	1	–	–	–	3	–	1	–	–	–	–	–	Methane, trichlorofluoro-		Y1641
101	103	66	105	35	47	31	68	**136**	100	62	9	8	7	6	6	3	**0.00**	1	–	–	–	3	–	1	–	–	–	–	–	Methane, trichlorofluoro-		D0306
101	103	105	66	47	35	31	82	**136**	100	66	11	10	6	6	6	3	**0.00**	1	–	–	–	3	–	1	–	–	–	–	–	Methane, trichlorofluoro-		A0115
104	105	121	91	77	136	135		**136**	100	48	22	16	15	12	10			9	12	1	–	–	–	–	–	–	–	–	–	Toluene, 2-(methoxymethyl)-		M0624
105	77	51	50	106	136	78	122	**136**	100	83	29	10	10	8	6	6		7	8	1	2	–	–	–	–	–	–	–	–	Benzoic acid, hydrazide	613-94-5	Q2885
105	77	51	136	50	106	29	74	**136**	100	62	34	33	18	8	8	5		8	8	2	–	–	–	–	–	–	–	–	–	Benzoic acid, methyl ester	93-58-3	P6790
105	77	51	136	50	106	78	74	**136**	100	65	36	32	18	8	5	5		8	8	2	–	–	–	–	–	–	–	–	–	Benzoic acid, methyl ester		Y1752
105	77	122	51	106	18	50	78	**136**	100	56	17	16	8	6	6	4	**2.10**	8	8	2	–	–	–	–	–	–	–	–	–	Acetophenone, α-hydroxy-		Z0680
105	77	136	51	91	50	29	106	**136**	100	54	46	24	20	11	11	9		8	8	2	–	–	–	–	–	–	–	–	–	Benzoic acid, methyl ester		C1404
105	91	104	77	133	92	51	65	**136**	100	76	48	32	25	16	12	12	**0.90**	8	12	–	2	–	–	–	–	–	–	–	–	Hydrazine, (2-phenylethyl)-	51-71-8	P4580
105	106	77	79	91	103	136	51	**136**	100	28	18	17	12	12	11	9		9	12	1	–	–	–	–	–	–	–	–	–	1-Propanol, 2-phenyl-	1123-85-9	Q5422
105	106	91	136	77	79	103	39	**136**	100	32	31	30	29	28	16	15		9	12	1	–	–	–	–	–	–	–	–	–	Ethanol, 2-(2-tolyl)-	19819-98-8	R8316
105	106	136	91	77	51	79	103	**136**	100	56	36	35	23	13	13	11		9	12	1	–	–	–	–	–	–	–	–	–	Ethanol, 3-tolyl-	1875-89-4	Q6936
105	106	136	91	79	77	92	103	**136**	100	24	17	16	15	15	11	10		9	12	1	–	–	–	–	–	–	–	–	–	1-Propanol, 2-phenyl-		Z0683
105	121	136	106	79	77	119	133	**136**	100	96	90	67	56	53	30	15		9	12	1	–	–	–	–	–	–	–	–	–	Benzyl alcohol, 3,5-dimethyl-	27129-87-9	S1622
105	136	106	77	91	79	28	103	**136**	100	27	24	11	11	10	7	6		9	12	1	–	–	–	–	–	–	–	–	–	Ethanol, 2-(4-tolyl)-		Z0673
106	77	51	30	39	107	78	79	**136**	100	93	37	32	26	25	22	22	**11.11**	7	8	1	2	–	–	–	–	–	–	–	–	Aniline, N-methyl-N-nitroso-	614-00-6	Q2887
106	77	107	30	79	51	78	104	**136**	100	45	43	19	18	14	12	9	**6.31**	7	8	1	2	–	–	–	–	–	–	–	–	Aniline, N-methyl-N-nitroso-		C1754
106	77	107	51	136	79	78	50	**136**	100	33	24	19	19	11	7	6		8	12	–	2	–	–	–	–	–	–	–	–	1,2-Ethanediamine, N-phenyl-	1664-40-0	Q6455
106	77	107	136	79	78	51	104	**136**	100	44	31	22	16	11	10	9		7	8	1	2	–	–	–	–	–	–	–	–	Aniline, N-methyl-N-nitroso-	614-00-6	Q2889
107	29	27	113	117	26	69	15	**136**	100	28	24	14	12	8	8	2	**0.00**	2	5	–	–	–	–	4	–	1	–	–	–	Phosphorane, ethyltetrafluoro-		L8149
107	77	79	28	136	91	93	41	**136**	100	55	44	35	34	30	17	12		10	16	–	–	–	–	–	–	–	–	–	–	Cyclohexene, 1-ethyl-6-ethylidene-	61141-57-9	T5278
107	79	77	136	51	105	78	91	**136**	100	51	30	16	11	10	5	4		9	12	1	–	–	–	–	–	–	–	–	–	1-Propanol, 1-phenyl-	93-54-9	P6783
107	79	136	77	91	105	121	51	**136**	100	70	53	38	28	26	13	10		9	12	1	–	–	–	–	–	–	–	–	–	Benzyl alcohol, 4-ethyl-	768-59-2	Q4062
107	79	136	118	77	91	117	105	**136**	100	77	57	50	42	34	32	28		9	12	1	–	–	–	–	–	–	–	–	–	Benzyl alcohol, ar-ethyl-		Z0691
107	80	58	28	53	108	52	27	**136**	100	17	12	10	8	8	7	7	**0.11**	8	12	–	2	–	–	–	–	–	–	–	–	Pyridine, 2-(α-aminopropyl)		D0454
107	108	136	77	121	51	79	53	**136**	100	49	36	30	15	11	10	8		9	12	1	–	–	–	–	–	–	–	–	–	Phenol, 3-propyl-		14728
107	136	77	27	108	39	51	29	**136**	100	18	13	11	11	10	6	5		9	12	1	–	–	–	–	–	–	–	–	–	Phenol, 4-isopropyl-		W0079
107	136	77	79	62	39	108	51	**136**	100	30	22	14	13	11	10	8		9	12	1	–	–	–	–	–	–	–	–	–	Phenol, 2-propyl-		14726
107	136	77	79	108	51	78	39	**136**	100	23	19	12	8	4	4	3		9	12	1	–	–	–	–	–	–	–	–	–	Phenol, 2-propyl-	644-35-9	Q3566
107	136	77	108	39	51	53	65	**136**	100	20	11	7	2	2	2	2		9	12	1	–	–	–	–	–	–	–	–	–	Phenol, 4-propyl-	645-56-7	Q3589
107	136	77	108	51	53	78	135	**136**	100	21	15	9	6	5	5	5		9	12	1	–	–	–	–	–	–	–	–	–	Phenol, 4-propyl-		14729
108	69	136	82	63	58	81	62	**136**	100	57	52	23	13	12	8	7		6	4	–	2	–	–	–	1	–	–	–	–	1,2,3-Benzothiadiazole	273-77-8	Q0165
108	69	136	82	63	58	81	109	**136**	100	57	52	23	13	12	8	7		6	4	–	2	–	–	–	1	–	–	–	–	1,2,3-Benzothiadiazole		L9082
108	77	136	78	51	107	119	65	**136**	100	98	55	54	44	37	19	16		7	8	1	2	–	–	–	–	–	–	–	–	Diazene, (Z)-methylphenyl-, 1-oxide	35150-71-1	09832
108	107	136	27	29	79	39	77	**136**	100	56	50	32	29	20	19	15		9	12	1	–	–	–	–	–	–	–	–	–	Ethyl m-tolyl ether	621-32-9	H0950
108	107	136	27	77	79	51	39	**136**	100	92	49	28	23	15	14	13		9	12	1	–	–	–	–	–	–	–	–	–	Ethyl p-tolyl ether	622-60-6	H0956
108	107	136	27	77	79	90	39	**136**	100	55	52	30	26	19	18	17		9	12	1	–	–	–	–	–	–	–	–	–	Ethyl o-tolyl ether	614-71-1	H0932
108	107	136	77	27	39	79	29	**136**	100	52	47	23	21	20	19	14		9	12	1	–	–	–	–	–	–	–	–	–	Ethyl m-tolyl ether	621-32-9	Q3028
108	107	136	77	27	79	51	39	**136**	100	72	44	26	23	16	16	15		9	12	1	–	–	–	–	–	–	–	–	–	Ethyl p-tolyl ether	622-60-6	Q3076
108	107	136	77	79	90	91	137	**136**	100	85	59	12	12	12	9	7		9	12	1	–	–	–	–	–	–	–	–	–	Ethyl p-tolyl ether		D0116
108	121	74	136	75	53	109	42	**136**	100	38	33	24	19	15	12	11		8	12	–	2	–	–	–	–	–	–	–	–	Pyrazine, 2-methyl-6-propyl-	29444-46-0	S2527
108	136	107	79	77	91	80	90	**136**	100	59	56	15	14	12	10	10		9	12	1	–	–	–	–	–	–	–	–	–	Ethyl m-tolyl ether		D0430
108	136	107	90	77	79	91	80	**136**	100	64	56	16	15	13	12	9		9	12	1	–	–	–	–	–	–	–	–	–	Ethyl o-tolyl ether		Z0690
118	91	121	136	93	77	107	119	**136**	100	82	81	81	55	53	39	34		9	12	1	–	–	–	–	–	–	–	–	–	Benzyl alcohol, 2,4-dimethyl-	16308-92-2	H1786
118	91	136	90	65	119	63	89	**136**	100	99	97	72	34	31	28	20		8	8	2	–	–	–	–	–	–	–	–	–	Benzoic acid, 2-methyl-		C1095
118	91	136	90	119	65	89	63	**136**	100	86	84	60	32	21	14	12		8	8	2	–	–	–	–	–	–	–	–	–	Benzoic acid, 2-methyl-	118-90-1	H0533
118	91	136	93	77	117	121	105	**136**	100	51	47	35	35	29	25	20		9	12	1	–	–	–	–	–	–	–	–	–	Benzyl alcohol, 2,5-dimethyl-	53957-33-8	H2023
118	136	91	90	119	65	39	89	**136**	100	95	92	64	32	24	16	15		8	8	2	–	–	–	–	–	–	–	–	–	Benzoic acid, 2-methyl-	118-90-1	P8985
119	136	92	65	39	64	63	52	**136**	100	82	58	28	12	10	10	8		7	8	1	2	–	–	–	–	–	–	–	–	Benzamide, 2-amino-		02901
119	136	92	65	91	39	64	63	**136**	100	82	59	29	17	12	11	11		7	8	1	2	–	–	–	–	–	–	–	–	Benzamide, 2-amino-		B1233
120	90	30	63	44	39	64	136	**136**	100	93	52	41	38	38	27	27		6	4	2	2	–	–	–	–	–	–	–	–	Benzofurazan, 1-oxide		D0917
120	136	92	65	39	137	121	91	**136**	100	80	44	38	16	8	8	8		7	8	1	2	–	–	–	–	–	–	–	–	Benzamide, 4-amino-		02900
121	28	44	136	77	122	91	134	**136**	100	78	38	30	10	10	9	7		9	12	1	–	–	–	–	–	–	–	–	–	Phenol, 4-ethyl-3-methyl-		C0593
121	58	136	135	43	105	122	137	**136**	100	46	45	25	18	14	12	7		8	12	–	–	–	–	–	–	–	–	1	–	Silane, dimethylphenyl-	766-77-8	Q4034
121	79	93	41	39	27	107	53	**136**	100	79	64	54	51	38	36	31	**26.90**	10	16	–	–	–	–	–	–	–	–	–	–	Cyclopentane, 1-methyl-2-methylene-3-isopropenyl-		C1035

MASS TO CHARGE RATIOS								M.W.	INTENSITIES								Parent	C	H	O	N	Cl	Br	F	S	P	B	Si	X	COMPOUND NAME	CAS Reg No	No
121	79	136	52	135	43	51	78	**136**	100	74	41	24	21	9	9	9		7	8	1	2	–	–	–	–	–	–	–	–	Pyridinium, 1-(acetylamino)-, hydroxide, inner salt	1468-29-7	Q6043
121	79	136	135					**136**	100	74	39	21						7	8	1	2	–	–	–	–	–	–	–	–	Pyridinium, (1-acetylamino)-, hydroxide, inner salt		L8678
121	91	75	105	59	122	61	45	**136**	100	21	19	14	14	8	8	8	**1.04**	4	12	3	–	–	–	–	–	–	–	1	–	Silane, trimethoxymethyl-	1185-55-3	Q5620
121	93	79	136	105	91	77	53	**136**	100	52	45	42	41	39	38	21		10	16	–	–	–	–	–	–	–	–	–	–	Bicyclo[3.1.0]hex-3-ene, 2,2,6,6-tetramethyl-		L1884
121	93	91	43	136	77	65	119	**136**	100	69	50	49	43	32	21	16		9	12	1	–	–	–	–	–	–	–	–	–	Benzyl alcohol, α,4-dimethyl-	536-50-5	Q1730
121	93	119	136	91	77	39	79	**136**	100	82	48	44	41	31	26	26		10	16	–	–	–	–	–	–	–	–	–	–	1,3-Cyclohexadiene, 1-methyl-4-isopropyl-		C1056
121	93	136	41	39	43	27	79	**136**	100	97	68	59	50	49	47	45		10	16	–	–	–	–	–	–	–	–	–	–	2,4,6-Octatriene, 2,6-dimethyl-	673-84-7	Q3660
121	93	136	79	41	107	91	77	**136**	100	81	56	53	38	35	35	31		10	16	–	–	–	–	–	–	–	–	–	–	Bicyclo[3.1.0]hexane, 1-methyl-6-isopropylidene-		Y2179
121	93	136	79	91	77	41	105	**136**	100	97	74	37	37	31	28	21		10	16	–	–	–	–	–	–	–	–	–	–	p-Mentha-1,4(8)-diene	586-62-9	Q2344
121	93	136	79	91	77	41	107	**136**	100	75	48	33	29	24	21	19		10	16	–	–	–	–	–	–	–	–	–	–	p-Mentha-2,4(8)-diene	586-63-0	H0863
121	93	136	119	106	91	79	77	**136**	100	92	65	30	29	23	21	15		10	16	–	–	–	–	–	–	–	–	–	–	1,3-Cyclohexadiene, 1-methyl-4-isopropyl-	99-86-5	P7282
121	94	136	80	42	108	92	78	**136**	100	84	63	52	39	34	32	30		10	16	–	–	–	–	–	–	–	–	–	–	Bicyclo[3.1.0]hexane, 1-methyl-6-isopropylidene-	56701-52-1	T4134
121	105	39	136	91	27	93	79	**136**	100	35	23	23	22	21	19	17		10	16	–	–	–	–	–	–	–	–	–	–	1,3-Cyclohexadiene, 1,5,5,6-tetramethyl-		W0054
121	105	77	51	91	43	122	104	**136**	100	29	20	10	10	9	9	7	**3.26**	9	12	1	–	–	–	–	–	–	–	–	–	Ethane, 1-methoxy-1-phenyl-		03070
121	105	79	91	93	77	41	39	**136**	100	47	44	42	39	33	29	23	**3.16**	10	16	–	–	–	–	–	–	–	–	–	–	Tricyclo[3.1.0.0(2,4)]hexane, 3,3,6,6-tetramethyl-, (1α,2β,4β,5α)-	58987-01-2	T5102
121	105	79	91	122	106	77	93	**136**	100	40	13	13	10	9	8	8	**5.33**	10	16	–	–	–	–	–	–	–	–	–	–	1,4-Cyclohexadiene, 3,3,6,6-tetramethyl-	2223-54-3	Q7665
121	105	136	39	91	27	41	77	**136**	100	38	21	21	18	17	15	14		10	16	–	–	–	–	–	–	–	–	–	–	1,3-Cyclohexadiene, 1,2,6,6-tetramethyl-		W0055
121	105	136	91	79	122	77	93	**136**	100	28	28	11	10	10	9	9		10	16	–	–	–	–	–	–	–	–	–	–	1,3-Cyclohexadiene, 1,5,5,6-tetramethyl-	514-94-3	Q1509
121	136	39	77	91	103	41	65	**136**	100	33	32	31	22	18	15	15		9	12	1	–	–	–	–	–	–	–	–	–	Phenol, 3-isopropyl-		14730
121	136	39	105	41	27	79	91	**136**	100	41	37	37	35	35	34	31		10	16	–	–	–	–	–	–	–	–	–	–	1,3,6-Octatriene, 3,7-dimethyl-		W0053
121	136	41	105	79	77	91	67	**136**	100	71	49	48	47	44	43	36		10	16	–	–	–	–	–	–	–	–	–	–	Cyclopropane, trimethyl(2-methyl-1-propenylidene)-	14803-30-6	R5416
121	136	65	93	39	43	63	122	**136**	100	44	35	23	19	19	14	10		8	8	2	–	–	–	–	–	–	–	–	–	Acetophenone, 2′-hydroxy-	118-93-4	P8991
121	136	65	93	39	43	94	122	**136**	100	50	25	20	20	17	13	7		8	8	2	–	–	–	–	–	–	–	–	–	Acetophenone, 2′-hydroxy-	118-93-4	P8990
121	136	65	93	43	39	122	63	**136**	100	49	24	21	18	17	8	6		8	8	2	–	–	–	–	–	–	–	–	–	Acetophenone, 2′-hydroxy-	118-93-4	H0534
121	136	77	39	91	122	107	27	**136**	100	27	15	14	13	13	12	12		9	12	1	–	–	–	–	–	–	–	–	–	Phenol, 4-ethyl-2-methyl-		W0080
121	136	77	91	39	27	122	51	**136**	100	59	16	16	12	10	9	8		9	12	1	–	–	–	–	–	–	–	–	–	Phenol, 3-ethyl-5-methyl-	698-71-5	H1056
121	136	77	91	39	51	65	122	**136**	100	34	29	27	20	13	10	10		9	12	1	–	–	–	–	–	–	–	–	–	Phenol, 2-ethyl-6-methyl-		14725
121	136	77	91	39	122	51	53	**136**	100	28	15	15	10	10	7	5		9	12	1	–	–	–	–	–	–	–	–	–	Phenol, 4-ethyl-3-methyl-		14724
121	136	77	91	103	93	122	39	**136**	100	31	21	21	14	11	9	8		9	12	1	–	–	–	–	–	–	–	–	–	Phenol, 3-isopropyl-	618-45-1	Q2971
121	136	77	103	122	91	65	41	**136**	100	35	13	11	9	9	5	4		9	12	1	–	–	–	–	–	–	–	–	–	Phenol, 4-isopropyl-		C0627
121	136	77	107	106	105	104	79	**136**	100	90	68	38	34	19	17	13		8	12	–	2	–	–	–	–	–	–	–	–	Hydrazine, 1-ethyl-1-phenyl-	644-21-3	Q3563
121	136	91	77	39	27	122	51	**136**	100	31	18	16	14	11	9	8		9	12	1	–	–	–	–	–	–	–	–	–	Phenol, 2-ethyl-5-methyl-		W0081
121	136	91	77	122	107	39	135	**136**	100	60	12	12	9	7	7	6		9	12	1	–	–	–	–	–	–	–	–	–	Phenol, 3-ethyl-5-methyl-		03368
121	136	91	77	135	93	79	65	**136**	100	65	35	21	16	13	11	10		9	12	1	–	–	–	–	–	–	–	–	–	Phenol, 2,3,6-trimethyl-	2416-94-6	Q7991
121	136	91	77	135	93	122	79	**136**	100	60	37	20	16	12	10	9		9	12	1	–	–	–	–	–	–	–	–	–	Phenol, 2,3,6-trimethyl-	2416-94-6	Q7992
121	136	91	135	77	93	137	122	**136**	100	96	30	21	15	10	9	9		9	12	1	–	–	–	–	–	–	–	–	–	Phenol, 2,4,6-trimethyl-	527-60-6	Q1643
121	136	93	65	39	43	122	63	**136**	100	39	31	24	16	10	8	6		8	8	2	–	–	–	–	–	–	–	–	–	Acetophenone, 4′-hydroxy-	99-93-4	P7302
121	136	93	65	43	120	122	63	**136**	100	58	54	31	22	8	8	8		8	8	2	–	–	–	–	–	–	–	–	–	Acetophenone, 3′-hydroxy-	121-71-1	P9173
121	136	93	65	43	122	63	53	**136**	100	35	33	23	10	8	5	4		8	8	2	–	–	–	–	–	–	–	–	–	Acetophenone, 4′-hydroxy-	99-93-4	P7303
121	136	93	79	107	41	91	39	**136**	100	87	85	39	26	25	24	23		10	16	–	–	–	–	–	–	–	–	–	–	m-Mentha-1,8-diene, (+-)-	499-03-6	09630
121	136	95	93	79	41	67	91	**136**	100	50	48	40	22	19	18	18		10	16	–	–	–	–	–	–	–	–	–	–	Cyclopentane, 2-methyl-1-methylene-3-isopropenyl-	56710-83-9	09565
121	136	103	77	91	122	39	51	**136**	100	33	20	14	11	9	5	4		9	12	1	–	–	–	–	–	–	–	–	–	Phenol, 2-isopropyl-	88-69-7	P6447
121	136	103	77	91	122	39	107	**136**	100	36	20	16	12	9	5	5		9	12	1	–	–	–	–	–	–	–	–	–	Phenol, 2-isopropyl-		C0626
121	136	103	77	91	122	65	107	**136**	100	29	24	23	18	10	9	8		9	12	1	–	–	–	–	–	–	–	–	–	Phenol, 2-isopropyl-	88-69-7	H0159
121	136	105	79	91	93	41	77	**136**	100	41	38	29	25	21	20	20		10	16	–	–	–	–	–	–	–	–	–	–	2,4,6-Octatriene, 2,6-dimethyl-	673-84-7	H1044
121	136	105	79	91	93	77	41	**136**	100	59	36	28	25	21	19	14		10	16	–	–	–	–	–	–	–	–	–	–	2,4,6-Octatriene, 3,4-dimethyl-	57396-75-5	T4679
121	136	105	119	91	93	135	122	**136**	100	71	35	16	16	14	10	10		10	16	–	–	–	–	–	–	–	–	–	–	Cyclopentadiene, pentamethyl-		M5174
121	136	107	77	91	27	39	51	**136**	100	39	26	25	22	20	18	15		9	12	1	–	–	–	–	–	–	–	–	–	Phenol, 2-ethyl-4-methyl-		W0082
121	136	108	94	81	107	122	54	**136**	100	65	55	40	26	25	23	21		8	12	–	2	–	–	–	–	–	–	–	–	1H-Indazole, 4,5,6,7-tetrahydro-7-methyl-	32286-94-5	S3559
121	136	108	135	39	27	53	122	**136**	100	39	34	22	19	10	9	8		8	12	–	2	–	–	–	–	–	–	–	–	Pyrazine, 2-isopropyl-5-methyl-	13925-05-8	R4830
121	136	122	77	91	78	65	137	**136**	100	31	9	8	7	4	3	3		9	12	1	–	–	–	–	–	–	–	–	–	Benzene, 1-ethyl-4-methoxy-	1515-95-3	Q6135
121	136	135	91	39	77	27	93	**136**	100	95	24	23	16	14	13	10		9	12	1	–	–	–	–	–	–	–	–	–	Phenol, 2,3,5-trimethyl-	697-82-5	H1055
121	136	135	91	39	77	27	122	**136**	100	88	30	20	18	12	10	9		9	12	1	–	–	–	–	–	–	–	–	–	Phenol, 2,4,5-trimethyl-	496-78-6	H0732
121	136	135	91	77	39	137	122	**136**	100	96	35	17	11	11	10	9		9	12	1	–	–	–	–	–	–	–	–	–	Phenol, 3,4,5-trimethyl-		03370
121	136	135	91	77	137	122	39	**136**	100	99	35	18	10	10	9	7		9	12	1	–	–	–	–	–	–	–	–	–	Phenol, 2,4,6-trimethyl-	527-60-6	Q1644

MASS TO CHARGE RATIOS								M.W.	INTENSITIES								Parent	C	H	O	N	Cl	Br	F	S	P	B	Si	X	COMPOUND NAME	CAS Reg No	No
135	79	52	28	91	51	64	63	**136**	100	53	45	26	24	21	17	13	**9.60**	7	6	2	1	–	–	–	–	–	–	–	–	2-Benzoxazolone		L3523
135	136	39	108	53	27	56	137	**136**	100	58	17	15	11	10	8	5		8	12	–	2	–	–	–	–	–	–	–	–	Pyrazine, 2,6-diethyl-	13067-27-1	R4172
135	136	42	39	54	53	108	56	**136**	100	81	36	34	30	20	19	16		8	12	–	2	–	–	–	–	–	–	–	–	Pyrazine, 2-ethyl-5,6-dimethyl-		L5259
135	136	42	39	54	108	56	53	**136**	100	78	36	28	20	17	16	13		8	12	–	2	–	–	–	–	–	–	–	–	Pyrazine, 2-ethyl-3,5-dimethyl-	13925-07-0	R4831
135	136	42	39	56	27	108	41	**136**	100	90	59	47	29	27	23	14		8	12	–	2	–	–	–	–	–	–	–	–	Pyrazine, 3-ethyl-2,5-dimethyl-	13360-65-1	H1709
135	136	42	39	56	108	40	41	**136**	100	85	73	40	32	23	18	15		8	12	–	2	–	–	–	–	–	–	–	–	Pyrazine, 3-ethyl-2,5-dimethyl-	13360-65-1	R4481
135	136	42	39	108	56	27	107	**136**	100	90	44	26	24	23	10	10		8	12	–	2	–	–	–	–	–	–	–	–	Pyrazine, 3-ethyl-2,5-dimethyl-	13360-65-1	R4482
135	136	42	54	39	53	108	52	**136**	100	80	41	34	31	21	19	14		8	12	–	2	–	–	–	–	–	–	–	–	Pyrazine, 2-ethyl-5,6-dimethyl-		L5260
135	136	51	78	77	52	39	105	**136**	100	80	24	22	21	17	13	12		8	8	2	–	–	–	–	–	–	–	–	–	1,3-Benzodioxan		L3687
135	136	51	78	77	52	105	106	**136**	100	80	24	22	21	17	8	2		8	8	2	–	–	–	–	–	–	–	–	–	Toluene, 2,3-methylenedioxy-		L3683
135	136	65	92	50	51	121	52	**136**	100	83	23	18	14	13	13	12		8	12	–	2	–	–	–	–	–	–	–	–	Pyridine, 2-methyl-4-(dimethylamino)-		16217
135	136	76	77	92	39	29	63	**136**	100	69	33	33	20	20	16	16		8	8	2	–	–	–	–	–	–	–	–	–	Benzaldehyde, 4-methoxy-	123-11-5	H0563
135	136	77	92	63	65	39	51	**136**	100	76	55	31	30	29	29	23		8	8	2	–	–	–	–	–	–	–	–	–	Benzaldehyde, 4-methoxy-	123-11-5	P9282
135	136	77	92	107	39	65	63	**136**	100	71	28	15	15	8	8	8		8	8	2	–	–	–	–	–	–	–	–	–	Benzaldehyde, methoxy-		Z0675
135	136	77	107	90	39	79	51	**136**	100	83	18	18	14	13	12	8		8	8	2	–	–	–	–	–	–	–	–	–	Benzaldehyde, 2-hydroxy-4-methyl-		15087
135	136	77	107	92	63	65	64	**136**	100	65	34	18	16	10	10	10		8	8	2	–	–	–	–	–	–	–	–	–	Benzaldehyde, methoxy-		15419
135	136	90	77	79	107	89	51	**136**	100	90	43	42	34	21	19	12		8	8	2	–	–	–	–	–	–	–	–	–	Benzaldehyde, 2-hydroxy-6-methyl-		15084
135	136	91	134	39	137	51	63	**136**	100	98	40	18	17	13	13	13		8	8	–	–	–	–	–	1	–	–	–	–	1-Thiaindan		Y1883
135	136	107	77	79	39	51	53	**136**	100	74	45	26	11	10	10	8		8	8	2	–	–	–	–	–	–	–	–	–	Benzaldehyde, 4-hydroxy-2-methyl-		15091
135	136	107	77	79	91	137	39	**136**	100	76	24	15	10	9	6	6		8	8	2	–	–	–	–	–	–	–	–	–	Benzaldehyde, 4-hydroxy-3-methyl-		15090
135	136	107	77	79	137	51	53	**136**	100	92	36	15	8	8	5	4		8	8	2	–	–	–	–	–	–	–	–	–	Benzaldehyde, 3-hydroxy-4-methyl-		15083
135	136	134	91	137	67	39	51	**136**	100	67	20	19	10	9	6	6		8	8	–	–	–	–	–	1	–	–	–	–	2-Thiaindan		Y1918
136	18	29	28	52	135	17	137	**136**	100	58	26	22	20	13	12	12		5	4	1	4	–	–	–	–	–	–	–	–	4H-Pyrazolo[3,4-d]pyrimidin-4-one, 1,5-dihydro-		06197
136	28	18	54	137	81	29	17	**136**	100	41	39	38	17	11	10	9		5	4	1	4	–	–	–	–	–	–	–	–	6H-Purin-6-one, 1,7-dihydro-		06196
136	28	54	53	137	27	29	81	**136**	100	53	27	10	7	7	7	7		5	4	1	4	–	–	–	–	–	–	–	–	6H-Purin-6-one, 1,7-dihydro-	68-94-0	P5345
136	28	54	81	53	109	137	135	**136**	100	23	21	8	8	7	7	5		5	4	1	4	–	–	–	–	–	–	–	–	6H-Purin-6-one, 1,7-dihydro-	68-94-0	P5344
136	36	28	54	38	53	27	35	**136**	100	72	57	36	32	21	11	10		5	4	1	4	–	–	–	–	–	–	–	–	7H-Pyrazolo[4,3-d]pyrimidin-7-one, 1,4-dihydro-	13877-55-9	R4788
136	45	109	44	90	46	51	77	**136**	100	10	8	7	6	6	5	5		6	4	–	2	–	–	–	1	–	–	–	–	2,1,3-Benzothiadiazole		B0132
136	51	76	50	78	52	74	63	**136**	100	90	75	70	25	23	18	17		6	4	2	2	–	–	–	–	–	–	–	–	Benzofurazan, 1-oxide	480-96-6	Q1034
136	52	53	80	51	27	28	26	**136**	100	50	30	14	11	10	9	9		5	4	1	4	–	–	–	–	–	–	–	–	1,2,4-Triazolo[4,3-b]pyridazin-6(5H)-one		M0334
136	64	92	63	52	38	137	26	**136**	100	98	67	44	9	8	8	7		7	4	3	–	–	–	–	–	–	–	–	–	1,3-Benzodioxol-2-one		Z0693
136	68	39	40	108	79	96	80	**136**	100	92	56	54	31	30	23	16		8	8	2	–	–	–	–	–	–	–	–	–	1,4-Benzoquinone, 2,5-dimethyl-		F0102
136	68	40	39	108	79	96	137	**136**	100	66	37	30	28	21	20	18		8	8	2	–	–	–	–	–	–	–	–	–	1,4-Benzoquinone, 2,6-dimethyl-	527-61-7	Q1645
136	73	52	135	43	29	28	60	**136**	100	13	12	12	12	11	11	11		5	4	1	4	–	–	–	–	–	–	–	–	4H-Pyrazolo[3,4-d]pyrimidin-4-one, 1,5-dihydro-	315-30-0	Q0455
136	76	60	59	64	138	45	108	**136**	100	37	17	15	15	13	13	11		3	4	–	–	–	–	–	3	–	–	–	–	1,3-Dithiolane-2-thione	822-38-8	Q4243
136	77	92	107	39	65	63	64	**136**	100	46	29	25	19	17	16	15		8	8	2	–	–	–	–	–	–	–	–	–	Benzaldehyde, 4-methoxy-	123-11-5	H0562
136	77	106	79	65	78	105	50	**136**	100	64	57	49	38	22	18	18		7	8	1	2	–	–	–	–	–	–	–	–	Aniline, N-methyl-4-nitroso-		L3166
136	77	135	76	39	65	51	119	**136**	100	81	54	46	42	36	34	32		8	8	2	–	–	–	–	–	–	–	–	–	Benzaldehyde, 2-methoxy-	135-02-4	P9692
136	77	135	76	119	118	92	104	**136**	100	56	52	29	28	25	22	22		8	8	2	–	–	–	–	–	–	–	–	–	Benzaldehyde, 2-methoxy-		Z0676
136	78	51	104	67	79	105	120	**136**	100	70	42	27	18	15	14	12		7	8	1	2	–	–	–	–	–	–	–	–	Methyl 3-pyridyl ketoxime		P1841
136	78	51	119	108	120	104	105	**136**	100	80	67	27	26	26	20	20		7	8	1	2	–	–	–	–	–	–	–	–	Methyl 4-pyridyl ketoxime		P1842
136	79	93	78	67	39	108	68	**136**	100	68	52	46	44	22	20	20		9	12	1	–	–	–	–	–	–	–	–	–	Bicyclo[3.3.1]non-2-en-9-one		M8703
136	79	93	80	66	39	108	77	**136**	100	87	67	62	60	28	26	26		9	12	1	–	–	–	–	–	–	–	–	–	Bicyclo[3.3.1]non-2-en-9-one		C1703
136	79	93	80	67	39	68	108	**136**	100	69	53	48	45	22	20	20		9	12	1	–	–	–	–	–	–	–	–	–	Bicyclo[3.3.1]non-2-en-9-one	4844-11-5	R0867
136	79	94	93	80	67	95	41	**136**	100	95	77	70	66	60	56	51		10	16	–	–	–	–	–	–	–	–	–	–	Tricyclo[4.3.1.0]decane		L2201
136	79	94	93	91	76	80	95	**136**	100	88	46	26	20	16	16	16		9	12	1	–	–	–	–	–	–	–	–	–	Bicyclo[3.2.2]non-6-en-3-one		14877
136	80	52	51	50	108	121	63	**136**	100	93	80	47	42	28	28	17		8	8	2	–	–	–	–	–	–	–	–	–	1,4-Benzodioxan	493-09-4	Q1235
136	80	52	51	50	108	121	81	**136**	100	91	83	50	43	27	27	16		8	8	2	–	–	–	–	–	–	–	–	–	1,4-Benzodioxan		L9253
136	82	45	63	69	58	108	137	**136**	100	62	60	45	44	30	22	21		6	4	–	2	–	–	–	1	–	–	–	–	Thieno[3,2-c]pyridazine		M6620
136	82	54	108	107	79	80	39	**136**	100	52	40	32	30	29	18	15		8	8	2	–	–	–	–	–	–	–	–	–	1,4-Benzoquinone, 2,3-dimethyl-	526-86-3	Q1634
136	91	45	89	93	73	57	47	**136**	100	65	44	17	14	12	10	9		3	8	–	2	–	–	–	2	–	–	–	–	Hydrazinecarbodithioic acid, 1-methyl-, methyl ester	20184-94-5	R8526
136	91	92	65	39	57	41	43	**136**	100	95	53	36	25	24	22	21		8	8	2	–	–	–	–	–	–	–	–	–	Phenylacetic acid		C0909
136	93	79	39	41	80	27	67	**136**	100	48	47	37	37	34	28	26		10	16	–	–	–	–	–	–	–	–	–	–	Adamantane		Y1558
136	93	79	39	41	80	27	135	**136**	100	48	46	34	33	33	25	23		10	16	–	–	–	–	–	–	–	–	–	–	Adamantane		Y0939
136	93	79	80	94	135	67	41	**136**	100	65	55	41	33	27	25	23		10	16	–	–	–	–	–	–	–	–	–	–	Adamantane	281-23-2	Q0190
136	93	120	137	92	119	135	109	**136**	100	11	10	10	7	5	2	1		7	8	1	2	–	–	–	–	–	–	–	–	Benzaldehyde, 4-amino-, oxime	3419-18-9	Q9361

MASS TO CHARGE RATIOS								M.W.	INTENSITIES								Parent	C	H	O	N	Cl	Br	F	S	P	B	Si	X	COMPOUND NAME	CAS Reg No	No
136	95	79	94	93	80	67	121	**136**	100	25	20	19	18	14	11	11		10	16	–	–	–	–	–	–	–	–	–	–	2,5-Methano-1H-indene, octahydro-	19026-94-9	**R7928**
136	107	108	57	81	62	31	63	**136**	100	46	41	12	12	10	9	9		8	5	1	–	–	–	1	–	–	–	–	–	Benzofuran, 4-fluoro-		**L6645**
136	107	108	57	81	62	63	31	**136**	100	46	29	11	11	10	10	10		8	5	1	–	–	–	1	–	–	–	–	–	Benzofuran, 7-fluoro-		**L6648**
136	107	108	57	81	63	62	31	**136**	100	52	48	14	11	11	11	9		8	5	1	–	–	–	1	–	–	–	–	–	Benzofuran, 6-fluoro-		**L6647**
136	107	135	77	39	108	79	51	**136**	100	99	70	25	11	11	10	10		8	8	2	–	–	–	–	–	–	–	–	–	Benzaldehyde, 5-hydroxy-2-methyl-		**15086**
136	107	135	77	79	51	108	53	**136**	100	82	63	38	21	15	11	10		8	8	2	–	–	–	–	–	–	–	–	–	Benzaldehyde, 3-hydroxy-2-methyl-		**15085**
136	108	79	54	82	39	107	137	**136**	100	97	92	86	55	53	50	8		8	8	2	–	–	–	–	–	–	–	–	–	1,4-Benzoquinone, 2-ethyl-	4754-26-1	**R0800**
136	108	107	81	57	31	62	63	**136**	100	45	45	12	11	10	9	9		8	5	1	–	–	–	1	–	–	–	–	–	Benzofuran, 5-fluoro-		**L6646**
136	109	92	137	81	93	80	118	**136**	100	15	10	10	8	6	6	4		7	8	1	2	–	–	–	–	–	–	–	–	Benzaldehyde, 3-amino-, oxime	2835-66-7	**Q8716**
136	109	137	135	45	51	90	76	**136**	100	14	8	7	6	6	6	5		6	4	–	2	–	–	–	1	–	–	–	–	2,1,3-Benzothiadiazole	273-13-2	**Q0159**
136	117	69	98	31	79	67	74	**136**	100	80	8	7	6	3	2	2		5	–	–	–	–	–	4	–	–	–	–	–	1,3-Pentadiyne, 1,5,5,5-tetrafluoro-	64788-24-5	**T6519**
136	120	92	39	137	65	66	63	**136**	100	65	63	14	9	9	8	7		7	8	1	2	–	–	–	–	–	–	–	–	Benzamide, 3-amino-		**02903**
136	121	91	93	107	77	105	118	**136**	100	91	77	68	59	48	26	21		9	12	1	–	–	–	–	–	–	–	–	–	Benzyl alcohol, 3,5-dimethyl-	27129-87-9	**H1903**
136	121	135	91	137	77	122	134	**136**	100	82	32	20	10	9	7	7		9	12	1	–	–	–	–	–	–	–	–	–	Phenol, 2,4,6-trimethyl-		**C0625**
136	135	77	79	90	107	51	53	**136**	100	97	41	32	31	24	17	14		8	8	2	–	–	–	–	–	–	–	–	–	Benzaldehyde, 2-hydroxy-3-methyl-		**15088**
136	135	107	77	65	92	39	63	**136**	100	94	35	34	17	16	12	12		8	8	2	–	–	–	–	–	–	–	–	–	Benzaldehyde, 3-methoxy-	591-31-1	**Q2450**
136	135	107	77	90	118	79	89	**136**	100	94	29	17	12	10	9	9		8	8	2	–	–	–	–	–	–	–	–	–	Benzaldehyde, 2-hydroxy-5-methyl-		**15089**
136	138	101	75	50	137	74	100	**136**	100	32	20	11	10	9	9	6		8	5	–	–	1	–	–	–	–	–	–	–	Benzene, 1-chloro-4-ethynyl-		**Z0694**
136	138	101	137	75	74	100	139	**136**	100	33	16	10	6	5	4	3		8	5	–	–	1	–	–	–	–	–	–	–	Benzene, 1-chloro-4-ethynyl-	873-73-4	**Q4434**
137	138	120	117	119				**136**	100	5	4	1	1				**0.00**	8	8	2	–	–	–	–	–	–	–	–	–	Phenylacetic acid	103-82-2	**P7676**
30	28	31	108	32	137	107	29	**137**	100	43	20	18	12	9	8	8		8	11	1	1	–	–	–	–	–	–	–	–	Phenol, 3-(2-aminoethyl)-	588-05-6	**Q2355**
30	44	28	32	18	79	31	107	**137**	100	93	26	24	23	19	14	13	**2.20**	8	11	1	1	–	–	–	–	–	–	–	–	Benzyl alcohol, α-(aminomethyl)-	7568-93-6	**R3300**
30	44	28	32	79	31	107	77	**137**	100	93	26	24	18	13	13	10	**1.33**	8	11	1	1	–	–	–	–	–	–	–	–	Benzyl alcohol, α-(aminomethyl)-	7568-93-6	**R3299**
30	79	107	77	32	44	18	31	**137**	100	14	11	11	10	9	8	7	**1.13**	8	11	1	1	–	–	–	–	–	–	–	–	Ethanol, 2-amino-1-phenyl-		**05795**
30	108	107	18	28	137	104	77	**137**	100	38	16	12	11	8	6	5		8	11	1	1	–	–	–	–	–	–	–	–	Phenol, 4-(2-aminoethyl)-		**06588**
30	108	107	28	137	77	109	32	**137**	100	48	24	23	9	7	4	4		8	11	1	1	–	–	–	–	–	–	–	–	Phenol, 4-(2-aminoethyl)-	51-67-2	**P4579**
30	108	107	137	104	43	77	109	**137**	100	38	16	8	6	5	5	4		8	11	1	1	–	–	–	–	–	–	–	–	Phenol, 4-(2-aminoethyl)-	51-67-2	**P4578**
30	137	28	108	107	77	91	39	**137**	100	29	21	21	11	9	6	4		8	11	1	1	–	–	–	–	–	–	–	–	Phenol, 2-(2-aminoethyl)-	2039-66-9	**Q7235**
41	110	39	42	68	56	27	28	**137**	100	44	42	21	13	12	10	10	**8.91**	9	15	–	1	–	–	–	–	–	–	–	–	Triallylamine	102-70-5	**H0266**
43	41	27	29	39	55	68	67	**137**	100	71	67	52	48	46	44	37	**0.58**	9	15	–	1	–	–	–	–	–	–	–	–	Octanenitrile, 2-methylene-	5633-86-3	**R1625**
43	41	67	55	69	54	56	42	**137**	100	50	50	44	44	30	27	23	**1.00**	9	15	–	1	–	–	–	–	–	–	–	–	2-Nonenenitrile	29127-83-1	**S2366**
43	67	95	137	39	40	96	41	**137**	100	82	72	62	27	23	21	17		7	7	2	1	–	–	–	–	–	–	–	–	4-Pyridinol, acetate		**02644**
43	137	94	77	42	96	54	122	**137**	100	58	39	39	38	36	31	29		8	11	1	1	–	–	–	–	–	–	–	–	Isoxazole, 5-methyl-3,4-tetramethylene-		**M0393**
44	79	57	42	70	137	94	71	**137**	100	49	39	34	21	17	14	11		9	15	–	1	–	–	–	–	–	–	–	–	3-Azatricyclo[6.1.0.0$^{(5,9)}$]nonane, 3-methyl-		**02603**
44	94	95	28	79	93	52	53	**137**	100	44	14	8	7	6	5	4	**0.00**	7	7	2	1	–	–	–	–	–	–	–	–	Pyridinium, 1-(carboxymethyl)-, hydroxide, inner salt	24608-93-3	**S0706**
44	94	95	79	52	53	93	51	**137**	100	99	30	20	15	10	10	9	**0.00**	7	7	2	1	–	–	–	–	–	–	–	–	Pyridinium, 1-(carboxymethyl)-, hydroxide, inner salt	24608-93-3	**S0707**
44	94	95	79	78	52	93	51	**137**	100	99	40	20	14	12	12	10	**0.00**	7	7	2	1	–	–	–	–	–	–	–	–	Pyridinium, 2-carboxy-1-methyl-, hydroxide, inner salt	445-30-7	**Q0768**
46	30	76	29	18	28	15	31	**137**	100	16	16	14	7	6	4	3	**0.00**	3	7	5	1	–	–	–	–	–	–	–	–	Glycerol, nitrate		**01635**
46	75	30	28	27	15	31	27	**137**	100	16	16	14	7	4	4	3	**0.00**	3	7	5	1	–	–	–	–	–	–	–	–	Glycerol, nitrate		**L3312**
51	78	106	137	50	52	79	59	**137**	100	90	80	59	54	11	8	7		7	7	2	1	–	–	–	–	–	–	–	–	4-Pyridinecarboxylic acid, methyl ester	2459-09-8	**Q8136**
54	41	28	68	64	69	27	39	**137**	100	98	78	69	48	47	47	32	**0.00**	5	6	–	1	–	–	3	–	–	–	–	–	Butanenitrile, 2-methyl-4,4,4-trifluoro-		**04892**
55	42	41	27	39	84	28	68	**137**	100	52	47	37	31	18	14	12	**8.55**	8	11	1	1	–	–	–	–	–	–	–	–	Cyclohexanone, 2-(cyanomethyl)-	42185-27-3	**S6873**
65	120	91	92	39	63	77	137	**137**	100	54	48	41	25	20	18	12		7	7	2	1	–	–	–	–	–	–	–	–	Toluene, 2-nitro-		**C1458**
65	120	91	92	63	77	89	51	**137**	100	81	60	51	23	23	20	17	**12.00**	7	7	2	1	–	–	–	–	–	–	–	–	Toluene, 2-nitro-	88-72-2	**P6453**
66	83	82	124	28	56	41	111	**137**	100	58	32	29	26	26	23	22	**1.80**	9	15	–	1	–	–	–	–	–	–	–	–	7-Azabicyclo[4.1.0]heptane, 3,3,5-trimethyl-		**P3055**
78	106	51	105	77	137	50	122	**137**	100	92	90	69	59	33	31	21		6	7	1	3	–	–	–	–	–	–	–	–	4-Pyridinecarboxylic acid, hydrazide	54-85-3	**P4665**
78	106	137	51	50	79	31	107	**137**	100	99	54	53	16	15	13	11		6	7	1	3	–	–	–	–	–	–	–	–	4-Pyridinecarboxylic acid, hydrazide	54-85-3	**P4662**
78	106	137	51	50	79	107	52	**137**	100	93	74	70	22	16	12	12		6	7	1	3	–	–	–	–	–	–	–	–	4-Pyridinecarboxylic acid, hydrazide		**02888**
79	78	51	107	52	50	106	53	**137**	100	73	11	10	9	8	5	2	**1.00**	7	7	2	1	–	–	–	–	–	–	–	–	2-Pyridinecarboxylic acid, methyl ester	2459-07-6	**Q8135**
80	79	109	94	108	122	138	137	**137**	100	61	50	32	21	8	5	1		3	7	3	1	–	–	–	1	–	–	–	–	Formamide, N-methyl-N-(methylsulphonyl)-		**15924**
81	80	137	41	43	57	55	67	**137**	100	62	48	28	20	18	16	15		9	15	–	1	–	–	–	–	–	–	–	–	1H-Pyrrole, 1-pentyl-	699-22-9	**Q3768**
83	55	136	137	54	41	122	39	**137**	100	79	73	71	41	29	24	22		9	15	–	1	–	–	–	–	–	–	–	–	2H-Quinolizine, 1,3,4,6,9,9a-hexahydro-	1004-86-0	**Q5008**

MASS TO CHARGE RATIOS								M.W.	INTENSITIES								Parent	C	H	O	N	Cl	Br	F	S	P	B	Si	X	COMPOUND NAME	CAS Reg No	No
91	65	137	39	89	92	77	63	**137**	100	43	34	18	13	13	11	8		7	7	2	1	–	–	–	–	–	–	–	–	Toluene, 3-nitro-		C1459
91	65	137	77	89	39	107	92	**137**	100	59	45	20	16	14	11	8		7	7	2	1	–	–	–	–	–	–	–	–	Toluene, 4-nitro-		C1460
91	65	137	107	39	63	77	79	**137**	100	86	59	30	28	24	20	18		7	7	2	1	–	–	–	–	–	–	–	–	Toluene, 4-nitro-		P7313
91	65	137	107	63	77	79	89	**137**	100	90	50	34	31	26	24	19		7	7	2	1	–	–	–	–	–	–	–	–	Toluene, 4-nitro-	99-99-0	P7315
91	103	105	77	106	51	65	50	**137**	100	41	19	18	18	15	14	13	**0.00**	7	7	2	1	–	–	–	–	–	–	–	–	Benzene, (nitromethyl)-	622-42-4	Q3070
91	137	65	39	28	63	107	89	**137**	100	71	42	12	10	10	10	8		7	7	2	1	–	–	–	–	–	–	–	–	Toluene, 3-nitro-		D0444
91	137	65	63	89	107	39	77	**137**	100	74	56	15	12	11	10	9		7	7	2	1	–	–	–	–	–	–	–	–	Toluene, 3-nitro-	99-08-1	P7229
92	119	65	64	63	137	52	91	**137**	100	70	58	37	31	30	26	26		7	7	2	1	–	–	–	–	–	–	–	–	Benzoic acid, 2-amino-	118-92-3	P8989
93	92	66	65	64	94	51	63	**137**	100	48	28	23	7	7	7	7	**6.58**	7	7	2	1	–	–	–	–	–	–	–	–	2-Pyridinecarboxylic acid, 6-methyl-	934-60-1	Q4690
93	92	66	65	64	94	137	91	**137**	100	48	28	23	7	7	7	7		7	7	2	1	–	–	–	–	–	–	–	–	2-Pyridinecarboxylic acid, 6-methyl-		M2430
94	66	39	65	43	40	38	44	**137**	100	71	64	51	32	24	19	17	**3.24**	7	7	2	1	–	–	–	–	–	–	–	–	Carbamic acid, phenyl ester	622-46-8	Q3073
94	95	42	137	83	53	39	41	**137**	100	16	13	12	11	9	8	7		8	11	1	1	–	–	–	–	–	–	–	–	8-Azabicyclo[3.2.1]oct-6-en-3-one, 8-methyl-	4438-38-4	R0445
94	137	95	80	136	96	122	108	**137**	100	46	44	42	35	35	29	25		9	15	–	1	–	–	–	–	–	–	–	–	9-Azatricyclo[3.3.1.0$^{(3,7)}$]nonane, 9-methyl-		M8274
95	55	43	39	45	40	41	38	**137**	100	55	44	43	20	19	17	17	**5.00**	7	7	2	1	–	–	–	–	–	–	–	–	3-Pyridinol, acetate		02647
95	67	137	78	96	39	136	122	**137**	100	66	59	34	33	32	31	31		8	11	1	1	–	–	–	–	–	–	–	–	2-Pyridinone, 1-propyl-		01399
105	77	51	137	103	50	121	106	**137**	100	94	38	23	21	19	13	12		7	7	2	1	–	–	–	–	–	–	–	–	Benzamide, N-hydroxy-		L5779
106	78	51	31	137	50	29	27	**137**	100	98	67	60	59	38	32	21		7	7	2	1	–	–	–	–	–	–	–	–	3-Pyridinecarboxylic acid, methyl ester	93-60-7	P6796
106	78	51	137	15	17	16	50	**137**	100	91	62	57	51	38	35	33		7	7	2	1	–	–	–	–	–	–	–	–	3-Pyridinecarboxylic acid, methyl ester	93-60-7	P6795
106	78	51	137	50	79	52	107	**137**	100	97	50	31	17	10	10	8		6	7	1	3	–	–	–	–	–	–	–	–	3-Pyridinecarboxylic acid, hydrazide		02887
106	78	51	137	50	107	79	52	**137**	100	88	35	29	10	8	8	7		6	7	1	3	–	–	–	–	–	–	–	–	3-Pyridinecarboxylic acid, hydrazide	553-53-7	Q1978
106	78	137	44	51	50	136	79	**137**	100	78	62	43	37	20	20	11		7	7	2	1	–	–	–	–	–	–	–	–	Pyridinium, 3-carboxy-1-methyl-, hydroxide, inner salt	535-83-1	Q1727
106	137	77	107	79	117	118	78	**137**	100	30	16	13	11	8	6	5		8	11	1	1	–	–	–	–	–	–	–	–	Ethanol, 2-amino-1-phenyl-	5339-85-5	R1318
106	137	78	136	79	105	107	138	**137**	100	77	34	19	13	8	7	6		7	7	2	1	–	–	–	–	–	–	–	–	3-Pyridinecarboxylic acid, methyl ester	93-60-7	P6797
107	137	104	78	105	80	79	52	**137**	100	84	41	41	32	32	30	25		6	7	1	3	–	–	–	–	–	–	–	–	2-Pyridinecarboxamide, oxime		B1284
108	81	52	51	80	109	137	50	**137**	100	82	76	70	60	38	35	30		7	7	2	1	–	–	–	–	–	–	–	–	2,7-Azepinedione, 1-methyl-		L7539
108	109	137	80	41	53	27	52	**137**	100	64	59	48	46	24	19	16		8	11	1	1	–	–	–	–	–	–	–	–	Aniline, 4-ethoxy-	156-43-4	Q0023
109	94	39	43	108	65	53	66	**137**	100	67	32	32	26	17	16	13	**13.01**	9	15	–	1	–	–	–	–	–	–	–	–	Bicyclo[2.2.1]hept-2-ene, 2-(dimethylamino)-	41455-23-6	S6628
109	137	80	81	27	53	39	65	**137**	100	57	39	27	20	17	15	14		8	11	1	1	–	–	–	–	–	–	–	–	Aniline, 3-ethoxy-	621-33-0	Q3029
109	137	108	81	136	43	67	80	**137**	100	88	33	30	16	15	15	11		8	11	1	1	–	–	–	–	–	–	–	–	3-Indolinone, 4,5,6,7-tetrahydro-		15195
110	92	136	65	64	63	91	109	**137**	100	88	64	46	45	40	40	37	**5.00**	7	7	2	1	–	–	–	–	–	–	–	–	Benzamide, 2-hydroxy-	65-45-2	P5232
118	119	92	65	39	51	93	78	**137**	100	75	49	38	34	22	20	18	**12.30**	8	11	1	1	–	–	–	–	–	–	–	–	Pyridine, 3-(hydroxypropyl)-	2859-67-8	Q8746
118	137	91	77	119	78	120	93	**137**	100	62	37	21	21	17	14	12		8	11	1	1	–	–	–	–	–	–	–	–	Benzyl alcohol, 2-(methylamino)-	29055-08-1	S2338
118	137	138	91	77	122	78	51	**137**	100	54	48	36	27	22	20	17		8	11	1	1	–	–	–	–	–	–	–	–	Benzyl alcohol, 2-(methylamino)-	29055-08-1	S2339
119	91	64	63	120	92	121	46	**137**	100	48	22	16	12	8	8	7	**0.00**	7	7	2	1	–	–	–	–	–	–	–	–	Salicylaldehyde, oxime	94-67-7	P6869
119	93	137	92	44	65	66	39	**137**	100	79	59	59	38	35	27	21		7	7	2	1	–	–	–	–	–	–	–	–	Benzoic acid, 2-amino-		D0654
119	137	92	65	91	120	64	39	**137**	100	70	53	17	14	12	11	9		7	7	2	1	–	–	–	–	–	–	–	–	Benzoic acid, 2-amino-	118-92-3	P8988
120	65	91	92	28	39	25	89	**137**	100	91	62	59	39	31	25	21	**14.86**	7	7	2	1	–	–	–	–	–	–	–	–	Toluene, 2-nitro-		D0299
120	92	137	39	121	65	64	91	**137**	100	87	63	25	22	21	17	16		7	7	2	1	–	–	–	–	–	–	–	–	Benzamide, 2-hydroxy-		03078
120	92	137	65	39	121	64	63	**137**	100	85	78	22	21	16	15	15		7	7	2	1	–	–	–	–	–	–	–	–	Benzamide, 2-hydroxy-		02899
120	137	92	65	39	63	121	138	**137**	100	98	41	40	18	11	8	8		7	7	2	1	–	–	–	–	–	–	–	–	Benzoic acid, 4-amino-	150-13-0	P9974
121	79	137	52	43	94	136	78	**137**	100	70	59	23	18	16	14	13		6	7	1	3	–	–	–	–	–	–	–	–	Pyridinium, 1-ureido-, hydroxide, inner salt	31378-80-0	S3253
121	98	130	91	93	131	107	94	**137**	100	85	65	62	57	54	53	52	**25.17**	9	15	–	1	–	–	–	–	–	–	–	–	Pyrrolidine, 1-(1-cyclopenten-1-yl)-	7148-07-4	R2880
122	45	93	106	94	79	78	28	**137**	100	45	29	24	21	11	10	10	**0.38**	8	11	1	1	–	–	–	–	–	–	–	–	Pyridine, 2-(2-methoxyethyl)-		D0389
122	45	93	106	94	107	79	78	**137**	100	39	28	25	19	11	10	10	**0.42**	8	11	1	1	–	–	–	–	–	–	–	–	Pyridine, 2-(2-methoxyethyl)-		D0390
122	55	137	57	108	56	78	53	**137**	100	37	35	26	23	23	21	21		9	15	–	1	–	–	–	–	–	–	–	–	1H-Pyrrole, 3-ethyl-2,4,5-trimethyl-	520-69-4	Q1565
122	137	28	39	43	53	94	41	**137**	100	42	17	15	12	10	9	9		8	11	1	1	–	–	–	–	–	–	–	–	Pyrrole, 2,4-dimethyl-3-acetyl-	2386-25-6	Q7926
122	137	42	136	123	121	107	120	**137**	100	37	12	12	9	9	8	7		9	15	–	1	–	–	–	–	–	–	–	–	1H-Pyrrole, 3-ethyl-2,4,5-trimethyl-	520-69-4	Q1566
122	137	94	72	95	123	120	65	**137**	100	95	42	22	21	18	15	15		8	11	1	1	–	–	–	–	–	–	–	–	Anisole, 2-(methylamino)-		D1674
122	137	107	121	123	136	120	134	**137**	100	38	15	11	10	10	8	7		9	15	–	1	–	–	–	–	–	–	–	–	1H-Pyrrole, 2-ethyl-3,4,5-trimethyl-	69687-79-2	T7215
136	54	39	53	137	96	109	94	**137**	100	74	65	65	53	40	31	30		8	16	–	1	–	–	–	–	–	1	–	–	[1,2]Azaborino[1,2-a][1,2]azaborine	18903-54-3	R7859
136	121	137	106	30	28	77	109	**137**	100	84	59	43	32	25	24	23		8	11	1	1	–	–	–	–	–	–	–	–	Benzylamine, 4-methoxy-	2393-23-9	Q7939
136	137	41	39	54	67	80	70	**137**	100	38	19	13	10	10	10	10		9	15	–	1	–	–	–	–	–	–	–	–	Benzamide, N-(3-phenylbenzo[b]thien-2-yl)-	7148-07-4	R2879
136	137	48	70	122	80	108	94	**137**	100	41	18	11	10	10	9	9		9	15	–	1	–	–	–	–	–	–	–	–	Pyrrolidine, 1-(1-cyclopenten-1-yl)-		C0108
136	137	78	39	67	79	51	138	**137**	100	67	27	20	17	16	16	12		7	7	–	1	–	–	–	1	–	–	–	–	2-Pyridinthione, 1-vinyl		01431
136	137	78	67	79	51	138	45	**137**	100	68	27	17	17	16	12	11		7	7	–	1	–	–	–	1	–	–	–	–	2-Pyridinthione, 1-vinyl-		M4166
136	137	108	81	80	41	122	54	**137**	100	66	44	32	28	20	20	15		9	15	–	1	–	–	–	–	–	–	–	–	2H-Quinolizine, 1,3,4,6,7,9a-hexahydro-	1004-90-6	Q5010

MASS TO CHARGE RATIOS								M.W.	INTENSITIES								Parent	C	H	O	N	Cl	Br	F	S	P	B	Si	X	COMPOUND NAME	CAS Reg No	No
136	137	138	65	121	42	94	44	**137**	100	84	13	10	10	8	7	6		8	11	1	1	–	–	–	–	–	–	–	–	Phenol, 3-(dimethylamino)-	99-07-0	P7228
137	51	65	77	80	120	38	52	**137**	100	48	46	43	30	28	23	23		7	7	2	1	–	–	–	–	–	–	–	–	Phenol, 2-methyl-4-nitroso-		L3170
137	64	92	93	120	43	65	62	**137**	100	36	36	25	24	22	12	10		7	7	2	1	–	–	–	–	–	–	–	–	Benzoic acid, 4-amino-	150-13-0	P9975
137	65	66	120	93	94	92	64	**137**	100	42	29	29	28	27	21	15		7	7	2	1	–	–	–	–	–	–	–	–	1H-Pyrrole-2-carboxylic acid, 1-vinyl-	34600-55-0	09900
137	66	65	138	94	67	109	63	**137**	100	96	18	9	8	7	7	7		7	7	2	1	–	–	–	–	–	–	–	–	1H-Pyrrole-2,5-dione, 3-vinyl-4-methyl-	21494-57-5	R9283
137	79	52	80	53	29	136	51	**137**	100	89	77	35	33	28	24	24		7	7	2	1	–	–	–	–	–	–	–	–	1,3-Benzodioxole, 5-amino-	14268-66-7	R5095
137	79	64	73	94	90	89	72	**137**	100	77	56	50	47	45	40	29		3	7	1	1	–	–	–	2	–	–	–	–	Carbonimidodithioic acid, N-hydroxy-, dimethyl ester		14868
137	83	110	45	52	82	51	138	**137**	100	39	30	15	12	9	8	8		5	3	–	3	–	–	–	1	–	–	–	–	Thiazolo[5,4-d]pyrimidine	273-86-9	Q0166
137	92	120	65	138	121	28	39	**137**	100	43	38	27	18	16	15	13		7	7	2	1	–	–	–	–	–	–	–	–	Benzoic acid, 3-amino-		Z0696
137	94	93	79	65	61	63	76	**137**	100	98	51	38	20	19	17	15		4	12	–	1	–	–	–	1	1	–	–	–	Ethylamine, N-(dimethylthiophosphinyl)-		16253
137	94	138	120	110	93	119	136	**137**	100	21	10	4	4	3	3	2		7	7	2	1	–	–	–	–	–	–	–	–	Benzaldehyde, 4-hydroxy-, oxime	699-06-9	Q3766
137	102	139	50	75	65	76	138	**137**	100	50	32	22	20	16	10	8		7	4	–	1	1	–	–	–	–	–	–	–	Benzene, 1-chloro-4-isocyano-	1885-81-0	Q6956
137	104	77	51	121	60	78	136	**137**	100	72	45	36	35	28	21	14		7	7	–	1	–	–	–	1	–	–	–	–	Benzenecarbothioamide		15057
137	104	77	121	51	60	78	103	**137**	100	56	36	33	28	24	20	17		7	7	–	1	–	–	–	1	–	–	–	–	Benzenecarbothioamide	2227-79-4	Q7681
137	104	77	121	51	60	103	78	**137**	100	89	73	68	60	53	52	43		7	7	–	1	–	–	–	1	–	–	–	–	Benzenecarbothioamide		Q7682
137	108	39	41	42	94	27	67	**137**	100	68	55	44	37	31	29	26		8	11	1	1	–	–	–	–	–	–	–	–	Pyridine, 2,4,6-trimethyl-3-hydroxy-		M5212
137	109	81	39	80	94	42	108	**137**	100	75	64	45	37	29	24	17		8	11	1	1	–	–	–	–	–	–	–	–	2-Pyridinone, 1-ethyl-6-methyl-		01396
137	109	81	80	136	53	27	94	**137**	100	61	44	40	24	22	22	21		8	11	1	1	–	–	–	–	–	–	–	–	2-Pyridinone, 1-ethyl-4-methyl-		01395
137	109	94	53	39	56	27	138	**137**	100	22	22	21	13	12	12	10		8	11	1	1	–	–	–	–	–	–	–	–	2-Pyridinone, 1,4,6-trimethyl-		01393
137	110	94	138	80	81	120	82	**137**	100	23	12	10	9	7	4	3		7	7	2	1	–	–	–	–	–	–	–	–	Benzaldehyde, 3-hydroxy-, oxime	22241-18-5	R9607
137	120	92	138	121	65	93		**137**	100	63	11	9	5	4	1			7	7	2	1	–	–	–	–	–	–	–	–	Benzoic acid, 4-amino-	150-13-0	P9976
137	136	77	104	110	93	51	66	**137**	100	95	52	40	28	21	20	18		7	7	–	1	–	–	–	1	–	–	–	–	Thioformamide, N-phenyl	637-51-4	Q3466
137	139	102	75	50	51	76	138	**137**	100	33	28	15	14	8	7	7		7	4	–	1	1	–	–	–	–	–	–	–	Benzonitrile, 4-chloro-		B1927
137	139	102	75	50	138	51	76	**137**	100	32	26	10	9	8	5	5		7	4	–	1	1	–	–	–	–	–	–	–	Benzonitrile, 4-chloro-		Z0697
137	139	102	138	75	50	76	51	**137**	100	34	30	12	11	8	6	5		7	4	–	1	1	–	–	–	–	–	–	–	Benzonitrile, 4-chloro-		D1653
27	29	110	138	82	108	107	80	**138**	100	99	69	45	43	39	28	27		4	10	–	–	–	–	–	–	–	–	–	1	Diethyl selenide	627-53-2	Q3260
27	39	41	79	29	55	67	28	**138**	100	97	96	86	76	50	42	40	**2.70**	8	10	2	–	–	–	–	–	–	–	–	–	3,8-Dioxatricyclo[5.1.0.0^{2,4}]octane, 4-vinyl-	53966-43-1	H2024
27	69	111	92	47	54	64	138	**138**	100	96	93	83	48	48	13	12		3	1	1	2	–	–	3	–	–	–	–	–	Formamide, cyano-N-trifluoromethyl-		P1616
28	18	44	14	43	32	17	41	**138**	100	33	13	9	9	8	8	7	**0.27**	9	14	1	–	–	–	–	–	–	–	–	–	2,6-Nonadienal, (E,E)-		01009
28	56	54	29	27	55	26	15	**138**	100	56	38	23	20	17	11	9	**7.20**	6	10	–	4	–	–	–	–	–	–	–	–	1,2,4,5-Tetrazine, 3,6-diethyl-		01294
29	31	45	27	15	93	59	28	**138**	100	45	32	29	19	19	12	11	**2.51**	4	10	3	–	–	–	–	1	–	–	–	–	Sulphurous acid, diethyl ester		Y1147
31	29	45	28	27	59	46	30	**138**	100	74	74	37	34	29	26	9	**6.90**	4	10	3	–	–	–	–	1	–	–	–	–	Sulphurous acid, diethyl ester	623-81-4	Q3135
31	29	45	93	27	28	59	46	**138**	100	84	72	40	37	35	27	24	**5.67**	4	10	3	–	–	–	–	1	–	–	–	–	Sulphurous acid, diethyl ester		C0577
31	45	28	83	111	65	29	27	**138**	100	57	40	40	36	27	19	17	**1.00**	4	11	3	–	–	–	–	–	1	–	–	–	Phosphonic acid, diethyl ester	762-04-9	Q3966
31	120	122	58	41	29	59	27	**138**	100	66	64	40	36	24	24	21	**1.42**	3	7	1	–	–	1	–	–	–	–	–	–	1-Propanol, 3-bromo-		Z0708
39	43	83	29	55	41	15	27	**138**	100	58	56	13	13	11	11	10	**0.50**	8	10	2	–	–	–	–	–	–	–	–	–	Ethane, 1,1-bis(2-propynyloxy)-	2188-15-0	Q7572
41	55	69	27	95	29	67	70	**138**	100	86	70	22	20	20	19	19	**0.00**	10	18	–	–	–	–	–	–	–	–	–	–	1,4-Heptadiene, 3,3,6-trimethyl-	74498-89-8	T8133
41	55	69	97	39	138			**138**	100	52	46	36	30	10				9	14	1	–	–	–	–	–	–	–	–	–	Cyclohexanone, 3-allyl-		L8803
41	55	95	27	82	83	39	67	**138**	100	99	86	68	66	62	59	57	**5.22**	10	18	–	–	–	–	–	–	–	–	–	–	Bicyclo[3.1.1]heptane, 2,6,6-trimethyl-	473-55-2	Q0954
41	55	95	39	27	82	83	67	**138**	100	86	74	59	59	57	54	49	**4.50**	10	18	–	–	–	–	–	–	–	–	–	–	Bicyclo[3.1.1]heptane, 2,6,6-trimethyl-		W0046
41	67	55	39	54	81	68	53	**138**	100	60	53	49	46	33	28	21	**0.00**	10	18	–	–	–	–	–	–	–	–	–	–	Bicyclo[7.1.0]decane	286-76-0	08342
41	67	55	54	81	39	82	27	**138**	100	85	76	73	61	49	39	37	**1.00**	10	18	–	–	–	–	–	–	–	–	–	–	Cyclooctane, vinyl-	61142-41-4	T5444
41	67	81	27	96	82	29	39	**138**	100	87	61	57	55	51	50	47	**40.00**	10	18	–	–	–	–	–	–	–	–	–	–	Decalin, cis-	493-01-6	Q1225
41	69	55	95	67	70	82	81	**138**	100	76	56	41	34	28	24	22	**0.69**	10	18	–	–	–	–	–	–	–	–	–	–	1,6-Heptadiene, 2,5,5-trimethyl-	62238-28-2	T6012
41	69	70	67	53	55	55	68	**138**	100	82	68	26	19	19	18	18	**0.60**	9	14	1	–	–	–	–	–	–	–	–	–	2,6-Nonadienal, (E,Z)-		L8888
41	70	55	67	82	39	69	29	**138**	100	85	74	51	43	29	26	20	**0.58**	10	18	–	–	–	–	–	–	–	–	–	–	1,6-Heptadiene, 2,3,6-trimethyl-	74421-35-5	T8104
41	70	69	39	27	29	67	53	**138**	100	44	41	24	19	12	9	8	**0.20**	9	14	1	–	–	–	–	–	–	–	–	–	2,6-Nonadienal, (E,Z)-	557-48-2	Q2058
41	81	27	55	67	39	29	43	**138**	100	81	81	68	66	66	64	56	**0.09**	10	18	–	–	–	–	–	–	–	–	–	–	1-Decyne		04391
41	81	55	27	67	43	29	39	**138**	100	80	74	69	67	67	61	53	**0.04**	10	18	–	–	–	–	–	–	–	–	–	–	1-Decyne		Y0535
41	82	67	55	69	81	39	109	**138**	100	87	75	71	50	40	36	29	**1.49**	10	18	–	–	–	–	–	–	–	–	–	–	1,6-Octadiene, (E)-2,5-dimethyl-	68702-25-0	T6952
41	82	69	67	55	39	81	109	**138**	100	78	70	66	58	28	26	24	**1.53**	10	18	–	–	–	–	–	–	–	–	–	–	1,6-Octadiene, (E)-2,5-dimethyl-	68702-25-0	T6953
41	97	39	27	81	55	79	67	**138**	100	30	27	18	17	15	14	14	**0.19**	9	14	1	–	–	–	–	–	–	–	–	–	2,5-Hexadiene, 1-allyloxy-		C1022
41	101	59	39	77	105	69	79	**138**	100	92	78	55	36	27	24	13	**0.36**	5	11	2	–	1	–	–	–	–	–	–	–	Butanoic acid, 3-chloro-, methyl ester		L4404
42	110	138	27	83	55	28	29	**138**	100	95	74	55	49	48	44	36		7	10	1	2	–	–	–	–	–	–	–	–	Pyrimidine, 5-ethoxy-2-methyl-	35231-57-3	S4891

MASS TO CHARGE RATIOS								M.W.	INTENSITIES								Parent	C	H	O	N	Cl	Br	F	S	P	B	Si	X	COMPOUND NAME	CAS Reg No	No
43	41	27	28	42	97	44	39	**138**	100	50	35	30	30	24	19	18	**3.40**	4	10	3	–	–	–	–	1	–	–	–	–	**1-Propanesulphonic acid, methyl ester**	2697-50-9	**Q8549**
43	41	28	27	42	97	59	39	**138**	100	42	27	27	17	16	15	14	**0.00**	4	10	3	–	–	–	–	1	–	–	–	–	**2-Propanesulphonic acid, methyl ester**	2819-09-2	**Q8701**
43	48	81	42	39	67	138	82	**138**	100	46	9	7	5	5	5	4		9	14	1	–	–	–	–	–	–	–	–	–	**Spiro[3.4]octan-1-one, trans-5-methyl-**	65147-57-1	**T6540**
43	52	79	15	28	42	51	26	**138**	100	14	11	10	8	5	5	4	**0.50**	6	6	2	2	–	–	–	–	–	–	–	–	**Acetic acid, 1,1-dicyanoethyl ester**	7790-01-4	**H1672**
43	55	95	80	41	81	67	53	**138**	100	70	40	35	29	29	22	16	**4.00**	9	14	1	–	–	–	–	–	–	–	–	–	**3,8-Nonadien-2-one, (E)-**	55282-90-1	**T0710**
43	57	109	58	71	81	138		**138**	100	80	50	42	42	36	5			8	10	2	–	–	–	–	–	–	–	–	–	**Furan, 3-(1-formylethyl)-2-methyl-**		**M3131**
43	95	138	80	67	123	39	41	**138**	100	56	53	50	48	33	31	28		9	14	1	–	–	–	–	–	–	–	–	–	**2-Propanone, 1-cyclohexylidene-**	874-68-0	**Q4443**
43	123	79	41	15	59	27	42	**138**	100	76	55	37	24	21	20	17	**0.22**	4	10	3	–	–	–	–	1	–	–	–	–	**Methanesulphonic acid, isopropyl ester**		**L3483**
43	123	79	41	45	15	59	27	**138**	100	76	55	38	28	25	21	21	**0.18**	4	10	3	–	–	–	–	1	–	–	–	–	**Methanesulphonic acid, isopropyl ester**	926-06-7	**Q4565**
45	59	43	31	123	27	44	29	**138**	100	16	13	12	7	7	6	6	**0.14**	3	7	1	–	–	1	–	–	–	–	–	–	**2-Propanol, 1-bromo-**		**Z0701**
46	45	28	138	29	30	44	18	**138**	100	86	78	65	60	57	46	41		3	6	–	–	–	–	–	3	–	–	–	–	**1,3,5-Trithiane**		**D0055**
46	138	120	93	44	66	39	65	**138**	100	31	27	22	12	9	9	7		6	6	2	2	–	–	–	–	–	–	–	–	**3-Pyridinecarboxylic acid, 2-amino-**		**02894**
53	57	81	27	29	67	56	80	**138**	100	38	34	25	18	10	10	8	**0.22**	8	15	1	–	–	–	–	–	–	1	–	–	**Borinic acid, diethyl-, 1-methyl-2-propynyl ester**	55848-32-3	**T2250**
54	41	55	67	81	39	68	82	**138**	100	96	85	85	61	46	46	38	**10.00**	10	18	–	–	–	–	–	–	–	–	–	–	**Cyclodecene, (E)-**	2198-20-1	**08340**
54	41	55	67	81	82	39	68	**138**	100	92	90	90	68	50	45	45	**15.00**	10	18	–	–	–	–	–	–	–	–	–	–	**Cyclodecene, (Z)-**	935-31-9	**08341**
54	67	39	79	41	27	55	28	**138**	100	30	28	20	19	17	15	14	**5.00**	9	14	1	–	–	–	–	–	–	–	–	–	**Pyran, 2,5-divinyltetrahydro-**		**C1030**
54	67	81	27	41	55	95	53	**138**	100	62	54	52	52	36	26	23	**3.74**	10	18	–	–	–	–	–	–	–	–	–	–	**5-Decyne**		**Y0536**
54	67	81	55	41	95	68	53	**138**	100	64	62	36	35	23	19	18	**11.00**	10	18	–	–	–	–	–	–	–	–	–	–	**5-Decyne**	1942-46-7	**Q7112**
54	81	67	41	95	55	27	39	**138**	100	78	76	46	41	38	35	31	**9.01**	10	18	–	–	–	–	–	–	–	–	–	–	**5-Decyne**	1942-46-7	**H1270**
55	41	82	39	27	28	54	29	**138**	100	77	57	49	47	43	34	22	**6.18**	6	10	–	4	–	–	–	–	–	–	–	–	**5H-Tetrazolo[1,5-a]azepine, 6,7,8,9-tetrahydro-**	54-95-5	**P4669**
55	138	67	69	41	56	68	81	**138**	100	97	78	77	76	54	49	47		8	15	1	–	–	–	–	–	–	1	–	–	**9-Borabicyclo[3.3.1]nonane, 9-hydroxy-**	63366-65-4	**T6253**
55	138	70	41	56	42	43	98	**138**	100	81	62	51	49	45	41	40		7	10	1	2	–	–	–	–	–	–	–	–	**Pyrrolidine, 1-(cyanoacetyl)-**	14227-95-3	**R5063**
56	138	42	110	54	55	109	68	**138**	100	46	20	15	12	12	11	8		7	10	1	2	–	–	–	–	–	–	–	–	**4(3H)-Pyrimidinone, 2,3,6-trimethyl-**	32363-51-2	**S3613**
56	138	42	110	109	68	96	69	**138**	100	47	20	14	11	8	6	6		7	10	1	2	–	–	–	–	–	–	–	–	**4(3H)-Pyrimidinone, 2,3,6-trimethyl-**		**M2265**
57	41	67	81	82	80	39	69	**138**	100	38	36	32	31	26	18	18	**10.14**	10	18	–	–	–	–	–	–	–	–	–	–	**Cyclohexene, 4-tert-butyl-**		**V0295**
57	81	53	138	82	51	52	39	**138**	100	60	24	16	13	6	5	4		8	10	2	–	–	–	–	–	–	–	–	–	**2-Butanone, 1-(2-furanyl)-**	4208-63-3	**R0204**
57	81	53	138	82	51	52	95	**138**	100	72	39	14	13	12	9	9		8	10	2	–	–	–	–	–	–	–	–	–	**2-Butanone, 1-(2-furanyl)-**	4208-63-3	**R0205**
57	81	109	138	80	79	53	77	**138**	100	78	30	26	20	20	13	10		9	14	1	–	–	–	–	–	–	–	–	–	**Cyclohexene, 2-propionyl-**		**M0064**
58	71	67	79	70	80	138	81	**138**	100	85	81	81	35	34	32	31		8	14	–	2	–	–	–	–	–	–	–	–	**9-Azabicyclo[6.1.0]non-4-en-9-amine, (1α,4Z,8α)-**	66387-78-8	**T6618**
58	108	80	91	92	65	107	57	**138**	100	96	46	46	37	33	33	30	**15.20**	6	6	2	2	–	–	–	–	–	–	–	–	**Aniline, 4-nitro-**	100-01-6	**P7318**
59	31	29	43	27	44	61	15	**138**	100	99	76	35	34	33	28	27	**0.04**	5	11	2	–	1	–	–	–	–	–	–	–	**2-Propanol, 1-chloro-3-ethoxy-**	4151-98-8	**06867**
65	39	77	52	138	64	43	51	**138**	100	48	40	33	33	28	26	25		6	6	2	2	–	–	–	–	–	–	–	–	**Aniline, 2-nitro-**	88-74-4	**P6459**
65	92	39	66	63	64	108	52	**138**	100	93	40	13	11	11	11	9	**8.42**	6	6	2	2	–	–	–	–	–	–	–	–	**3-Picoline, 6-nitro-**	1074-38-0	**Q5224**
65	92	39	66	64	63	93	80	**138**	100	90	39	13	12	12	9	8	**8.00**	6	6	2	2	–	–	–	–	–	–	–	–	**3-Picoline, 6-nitro-**		**L4202**
65	92	138	39	66	63	80	52	**138**	100	95	90	32	13	13	13	11		6	6	2	2	–	–	–	–	–	–	–	–	**Aniline, 3-nitro-**	99-09-2	**P7230**
66	41	102	104	40	101	67	64	**138**	100	54	43	15	13	9	8	6	**0.00**	5	8	–	–	2	–	–	–	–	–	–	–	**Cyclopentane, 1,1-dichloro-**	31038-06-9	**S3111**
67	39	95	110	138	53	43	41	**138**	100	91	89	80	51	49	48	47		8	10	2	–	–	–	–	–	–	–	–	–	**4-Cyclopentene-1,3-dione, 4-propyl-**	58940-74-2	**T5099**
67	41	39	102	76	75	68	62	**138**	100	25	21	16	12	8	8	8	**1.50**	5	8	–	–	2	–	–	–	–	–	–	–	**Cyclopentane, trans-1,2-dichloro-**		**M8415**
67	41	76	75	39	62	43	68	**138**	100	32	16	11	11	10	8	7	**2.40**	5	8	–	–	2	–	–	–	–	–	–	–	**Cyclopentane, cis-1,2-dichloro-**		**M8416**
67	41	81	27	95	39	55	43	**138**	100	92	82	81	63	60	57	54	**3.58**	10	18	–	–	–	–	–	–	–	–	–	–	**4,5-Nonadiene, 2-methyl-**	55956-32-6	**T2468**
67	41	81	96	54	94	138	83	**138**	100	75	66	51	49	47	37	36		9	14	1	–	–	–	–	–	–	–	–	–	**1H-Inden-1-one, octahydro-**		**01273**
67	41	81	96	54	94	138	83	**138**	100	66	64	49	47	46	45	35		9	14	1	–	–	–	–	–	–	–	–	–	**1H-Inden-1-one, octahydro-**	29927-85-3	**S2756**
67	41	81	96	54	94	138	83	**138**	100	75	66	51	48	47	37	36		9	14	1	–	–	–	–	–	–	–	–	–	**1H-Inden-1-one, trans-octahydro-**	16783-22-5	**R6458**
67	41	81	96	82	95	39	138	**138**	100	91	87	86	60	56	48	47		10	18	–	–	–	–	–	–	–	–	–	–	**Decalin, cis-**		**Y1830**
67	41	81	96	138	82	95	39	**138**	100	94	90	87	77	63	55	53		10	18	–	–	–	–	–	–	–	–	–	–	**Decalin**		**Y0895**
67	41	95	55	27	54	138	81	**138**	100	27	25	23	22	22	21	21		10	18	–	–	–	–	–	–	–	–	–	–	**4,6-Decadiene**	55682-65-0	**06790**
67	41	120	39	79	55	91	92	**138**	100	67	58	46	46	42	37	37	**5.90**	9	14	1	–	–	–	–	–	–	–	–	–	**Cyclooctene-5-carboxaldehyde**		**C0205**
67	41	138	109	55	39	79	95	**138**	100	91	78	65	52	48	39	35		9	14	1	–	–	–	–	–	–	–	–	–	**Cyclooctene-1-carboxaldehyde**		**C0202**
67	54	55	81	41	82	68	95	**138**	100	90	86	86	69	61	55	49	**25.32**	10	18	–	–	–	–	–	–	–	–	–	–	**Cyclodecene**	3618-12-0	**Q9574**
67	68	41	138	82	81	95	39	**138**	100	98	86	81	67	60	53	51		10	18	–	–	–	–	–	–	–	–	–	–	**Decalin, trans-**		**V0234**
67	69	41	81	138	66	109	68	**138**	100	47	42	41	41	40	38	20		9	14	1	–	–	–	–	–	–	–	–	–	**Bicyclo[2.2.1]heptan-2-one, 3-ethyl-**	54345-87-8	**S8916**
67	81	41	39	96	54	94	138	**138**	100	65	64	58	50	47	46	36		9	14	1	–	–	–	–	–	–	–	–	–	**1H-Inden-1-one, cis-octahydro-**	2826-65-5	**Q8712**
67	81	41	138	96	82	39	55	**138**	100	87	81	66	61	61	49	44		10	18	–	–	–	–	–	–	–	–	–	–	**Decalin, cis-**		**V0233**
67	81	109	123	138	41	55	43	**138**	100	84	81	71	56	54	49	39		10	18	–	–	–	–	–	–	–	–	–	–	**1,3-Hexadiene, 3-ethyl-2,5-dimethyl-**	62338-07-2	**T6102**
67	81	138	82	41	96	55	123	**138**	100	86	84	79	65	53	43	22		9	14	1	–	–	–	–	–	–	–	–	–	**1-Cyclopentanone, (E)-2-methyl-3-isopropenyl-**		**M1370**
67	82	41	55	68	69	39	29	**138**	100	71	69	54	45	36	29	28	**0.00**	10	18	–	–	–	–	–	–	–	–	–	–	**1,7-Octadiene, 2,7-dimethyl-**	59840-10-7	**T5138**

MASS TO CHARGE RATIOS								M.W.	INTENSITIES								Parent	C	H	O	N	Cl	Br	F	S	P	B	Si	X	COMPOUND NAME	CAS Reg No	No
67	82	41	57	81	29	83	138	**138**	100	52	39	31	29	28	23	15		10	18	–	–	–	–	–	–	–	–	–	–	Cyclopentene, 1-(2-methylbutyl)-	53366-53-3	S8421
67	82	41	57	81	29	95	56	**138**	100	49	34	26	21	14	13	13	**12.00**	10	18	–	–	–	–	–	–	–	–	–	–	Cyclopentene, 1-(3-methylbutyl)-	37689-15-9	S5576
67	82	41	81	123	55	39	95	**138**	100	47	47	36	33	31	28	22	**11.11**	10	18	–	–	–	–	–	–	–	–	–	–	Cyclopropane, cis-2-isopropyl-3-isopropylidene-1-methyl-		Y2180
67	82	41	81	123	55	95	39	**138**	100	62	50	48	46	42	30	30	**16.00**	10	18	–	–	–	–	–	–	–	–	–	–	Cyclopropane, trans-2-isopropyl-3-isopropylidene-1-methyl-		Y2181
67	82	41	138	54	39	81	68	**138**	100	56	48	48	42	40	24	22		9	14	1	–	–	–	–	–	–	–	–	–	Bicyclo[3.3.1]nonan-9-one	17931-55-4	R7269
67	82	66	41	81	95	68	138	**138**	100	38	27	20	19	16	11	11		10	18	–	–	–	–	–	–	–	–	–	–	Cyclopentene, 1-pentyl-	4291-98-9	R0293
67	82	138	54	41	81	68	39	**138**	100	83	77	60	59	32	28	25		9	14	1	–	–	–	–	–	–	–	–	–	Bicyclo[4.2.1]nonan-9-one	14252-11-0	R5087
67	82	138	54	83	110	41	81	**138**	100	87	75	40	40	40	38	38		9	14	1	–	–	–	–	–	–	–	–	–	Bicyclo[4.2.1]nonan-9-one	14252-11-0	R5089
67	95	81	41	55	54	27	29	**138**	100	44	42	41	36	29	27	27	**2.54**	10	18	–	–	–	–	–	–	–	–	–	–	4-Decyne		04394
67	95	81	55	41	54	109	53	**138**	100	45	42	37	34	32	24	15	**5.00**	10	18	–	–	–	–	–	–	–	–	–	–	4-Decyne	2384-86-3	Q7916
67	96	81	41	82	95	39	55	**138**	100	85	80	78	62	55	51	40	**36.64**	10	18	–	–	–	–	–	–	–	–	–	–	Spiro[4.5]decane		Y1507
67	97	39	41	79	44	95	82	**138**	100	54	36	32	24	22	20	18	**16.16**	9	14	1	–	–	–	–	–	–	–	–	–	Spiro[4.4]nonan-1-one	14727-58-3	R5377
67	97	39	41	79	44	95	94	**138**	100	54	37	32	25	23	20	18	**16.00**	9	14	1	–	–	–	–	–	–	–	–	–	Spiro[4.4]nonan-1-one		M6767
67	101	103	137	41	65	139	102	**138**	100	67	28	23	20	18	14	13	**2.81**	5	8	–	–	2	–	–	–	–	–	–	–	Cyclopentane, 1,3-dichloro-	55887-81-5	T2305
67	103	42	39	41	65	105	75	**138**	100	49	48	30	24	20	16	10	**0.50**	5	8	–	–	2	–	–	–	–	–	–	–	Cyclopentane, 1,1-dichloro-		M8418
67	109	41	68	95	39	55	81	**138**	100	67	57	40	37	34	30	29	**0.94**	10	18	–	–	–	–	–	–	–	–	–	–	3-Decyne		04393
67	109	41	68	95	43	55	81	**138**	100	74	55	42	38	36	35	30	**1.98**	10	18	–	–	–	–	–	–	–	–	–	–	3-Decyne	2384-85-2	Q7914
67	109	81	41	55	43	138	27	**138**	100	89	60	49	38	32	30	26		10	18	–	–	–	–	–	–	–	–	–	–	1,3-Heptadiene, 3-ethyl-2-methyl-	61142-35-6	T5432
67	109	81	55	96	41	82	138	**138**	100	65	60	48	41	36	32	22		10	18	–	–	–	–	–	–	–	–	–	–	Cyclohexane, butylidene-	2272-03-9	Q7753
67	109	138	95	80	81	86	82	**138**	100	91	75	56	45	43	41	39		9	14	1	–	–	–	–	–	–	–	–	–	Spiro[4.4]nonan-2-one		M3824
67	109	138	95	81	96	80	82	**138**	100	91	75	62	48	48	45	39		9	14	1	–	–	–	–	–	–	–	–	–	Spiro[4.4]nonan-2-one	34177-18-9	S4568
67	138	68	82	95	96	81	41	**138**	100	94	93	73	71	62	57	53		10	18	–	–	–	–	–	–	–	–	–	–	Decalin, trans-		C2172
67	138	95	41	39	82	123	81	**138**	100	90	73	48	35	29	29	24		9	14	1	–	–	–	–	–	–	–	–	–	Cyclohexanone, 2-isopropylidene-	13747-73-4	R4735
68	41	67	82	95	96	39	81	**138**	100	87	81	53	50	46	44	33	**12.70**	10	18	–	–	–	–	–	–	–	–	–	–	1,1′-Bicyclopentyl		Y0995
68	67	41	69	95	82	96	39	**138**	100	84	80	53	52	52	40	35	**12.74**	10	18	–	–	–	–	–	–	–	–	–	–	1,1′-Bicyclopentyl		V0251
68	67	41	82	69	95	39	96	**138**	100	85	61	52	50	46	42	42	**6.92**	10	18	–	–	–	–	–	–	–	–	–	–	1,1′-Bicyclopentyl		Y1272
68	95	81	67	69	41	55	96	**138**	100	93	84	77	69	63	50	49	**6.85**	10	18	–	–	–	–	–	–	–	–	–	–	Cyclopentane, 1,2-dimethyl-3-isopropenyl-	6983-03-5	R2768
69	41	55	97	95	109	43	123	**138**	100	98	63	26	26	21	20	14	**0.90**	9	14	1	–	–	–	–	–	–	–	–	–	2,5-Nonadien-4-one, (E,E)-		L8890
69	41	68	39	67	70	27	53	**138**	100	54	13	10	7	6	5	5	**0.44**	10	18	–	–	–	–	–	–	–	–	–	–	2,6-Octadiene, 4,5-dimethyl-	18476-57-8	R7658
69	41	70	82	39	27	28	67	**138**	100	79	15	10	9	9	7	6	**2.24**	10	18	–	–	–	–	–	–	–	–	–	–	1,6-Octadiene, 2,7-dimethyl-	40195-09-3	S6243
69	41	70	82	67	39	27	55	**138**	100	82	16	14	12	10	9	7	**1.51**	10	18	–	–	–	–	–	–	–	–	–	–	2,6-Octadiene, 2,7-dimethyl-	16736-42-8	R6421
69	41	70	95	67	39	27	123	**138**	100	58	20	6	6	6	5	5	**1.10**	10	18	–	–	–	–	–	–	–	–	–	–	1,5-Heptadiene, 3,3,6-trimethyl-	35387-63-4	S4931
69	41	95	70	39	55	27	67	**138**	100	72	22	17	8	7	7	7	**1.26**	10	18	–	–	–	–	–	–	–	–	–	–	1,5-Heptadiene, 3,3,5-trimethyl-	74630-29-8	T8178
69	41	95	70	39	67	55	27	**138**	100	89	27	14	12	10	10	10	**1.23**	10	18	–	–	–	–	–	–	–	–	–	–	1,5-Heptadiene, 2,3,6-trimethyl-	33501-88-1	S4219
69	41	95	70	39	123	27	67	**138**	100	66	25	15	8	8	7	7	**3.00**	10	18	–	–	–	–	–	–	–	–	–	–	2,6-Octadiene, (2E),6-dimethyl-		16297
69	67	66	138	72	41	68	95	**138**	100	82	34	30	25	20	15	14		9	14	1	–	–	–	–	–	–	–	–	–	2-Norbornanone, 3,3-dimethyl-		01690
69	70	31	39	29	27	59	67	**138**	100	93	40	33	31	25	19	15	**1.40**	9	14	1	–	–	–	–	–	–	–	–	–	2,6-Nonadienal, (E,E)-	17587-33-6	H1799
69	110	57	91	43	40	42	50	**138**	100	65	30	25	11	10	10	9	**1.00**	2	1	–	4	–	–	3	–	–	–	–	–	1H-Tetrazole, 5-(trifluoromethyl)-	2925-21-5	Q8840
69	119	31	50	12	19	70	120	**138**	100	41	18	10	1	1	1	1	**0.15**	2	–	–	–	–	–	6	–	–	–	–	–	Ethane, hexafluoro-		Y0444
69	119	31	50	120	70	100		**138**	100	53	11	6	2	1	1		**0.00**	2	–	–	–	–	–	6	–	–	–	–	–	Ethane, hexafluoro-		A0231
71	80	43	95	67	41	66	97	**138**	100	91	81	57	51	31	19	18	**9.01**	9	14	1	–	–	–	–	–	–	–	–	–	Norbornane, endo-2-acetyl-	824-58-8	Q4269
71	80	43	95	67	41	66	97	**138**	100	92	79	56	50	30	18	17	**9.00**	9	14	1	–	–	–	–	–	–	–	–	–	Norbornane, 3α-acetyl-		L1295
71	94	67	41	79	55	81	66	**138**	100	82	75	45	26	24	21	21	**2.42**	9	14	1	–	–	–	–	–	–	–	–	–	2-Norbornanecarboxaldehyde, 2-exo,3-endo-methyl-	15780-37-7	R5841
71	94	67	41	79	55	81	66	**138**	100	82	75	45	26	25	22	21	**2.00**	9	14	1	–	–	–	–	–	–	–	–	–	3-Norbornanecarboxaldehyde, 2β-methyl,3α-		L1298
76	29	44	27	62	47	45	61	**138**	100	25	19	18	18	14	4	4	**0.00**	3	6	–	–	–	–	–	3	–	–	–	–	Carbonotrithioic acid, ethyl ester		14886
77	105	51	50	74	106	76	78	**138**	100	90	59	29	10	10	9	9	**1.80**	7	6	1	–	–	–	–	1	–	–	–	–	Thiobenzoic acid	98-91-9	P7209
77	105	51	50	106	74	76	78	**138**	100	90	57	27	9	8	7	7	**1.50**	7	6	1	–	–	–	–	1	–	–	–	–	Thiobenzoic acid		M2210
79	28	109	15	27	42	29	97	**138**	100	96	82	66	56	46	46	45	**0.25**	4	10	3	–	–	–	–	1	–	–	–	–	Methanesulphonic acid, propyl ester		L3484
79	107	91	77	138	51	39	92	**138**	100	80	60	60	37	30	29	28		8	10	2	–	–	–	–	–	–	–	–	–	1,4-Benzenedimethanol	589-29-7	H0868
80	79	44	138	41	39	67	81	**138**	100	68	50	23	18	12	11	11		9	14	1	–	–	–	–	–	–	–	–	–	6,8-Nonadien-2-one		P3421
80	81	138	68	41	67	95	54	**138**	100	41	38	23	21	21	19	17		9	14	1	–	–	–	–	–	–	–	–	–	Bicyclo[2.2.2]octanone, 3-methyl-	26051-25-2	S1225
80	94	81	138	122	79	67	83	**138**	100	76	55	52	30	27	26	22		9	14	1	–	–	–	–	–	–	–	–	–	Bicyclo[3.2.2]nonan-3-one		14876
81	39	67	41	27	55	138	94	**138**	100	90	90	87	84	82	71	70		9	14	1	–	–	–	–	–	–	–	–	–	5H-Inden-5-one, cis-octahydro-	4668-91-1	R0696
81	41	27	39	67	29	53	43	**138**	100	42	33	27	17	15	12	12	**6.81**	9	14	1	–	–	–	–	–	–	–	–	–	2,4-Nonadienal	6750-03-4	R2518
81	41	39	27	67	82	138	53	**138**	100	29	16	16	14	10	9	9		9	14	1	–	–	–	–	–	–	–	–	–	2,4-Nonadienal, (E,E)-		P3909
81	41	82	95	27	67	39	43	**138**	100	47	47	43	34	32	28	22	**13.69**	10	18	–	–	–	–	–	–	–	–	–	–	Cyclohexene, 3-isobutyl-	4104-56-7	R0099

MASS TO CHARGE RATIOS								M.W.	INTENSITIES								Parent	C	H	O	N	Cl	Br	F	S	P	B	Si	X	COMPOUND NAME	CAS Reg No	No
81	41	94	39	67	138	54	96	**138**	100	93	93	88	85	67	59	55		9	14	1	–	–	–	–	–	–	–	–	–	**2H-Inden-2-one, trans-octahydro-**	16484-17-6	**R6201**
81	41	96	95	110	53	67	109	**138**	100	76	62	52	46	41	33	28	**23.00**	9	14	1	–	–	–	–	–	–	–	–	–	**2-Cyclohexen-1-one, 4-ethyl-4-methyl-**	17429-32-2	**R6979**
81	53	27	39	138				**138**	100	26	13	3	3					8	10	2	–	–	–	–	–	–	–	–	–	**2-Furylmethyl cis-1-propenyl ether**		**M3128**
81	53	27	39	138				**138**	100	26	13	3	3					8	10	2	–	–	–	–	–	–	–	–	–	**2-Furylmethyl trans-1-propenyl ether**		**M3129**
81	53	80	82	41	39	27	29	**138**	100	34	33	24	21	19	16	16	**12.58**	9	14	1	–	–	–	–	–	–	–	–	–	**Furan, 2-pentyl-**	3777-69-3	**Q9806**
81	53	82	39	41	138	67	51	**138**	100	32	25	15	13	9	6	6		9	14	1	–	–	–	–	–	–	–	–	–	**Furan, 2-pentyl-**		**03292**
81	55	67	41	43	57	95	54	**138**	100	74	71	68	51	43	43	35	**0.00**	10	18	–	–	–	–	–	–	–	–	–	–	**1-Decyne**		**Q4005**
81	57	80	138	79	53	41	82	**138**	100	36	20	17	13	9	9	8		9	14	1	–	–	–	–	–	–	–	–	–	**Cyclopentene, 2-methyl-2-propionyl-**		**M0055**
81	67	44	39	95	138	41	82	**138**	100	68	50	44	38	38	36	36		9	14	1	–	–	–	–	–	–	–	–	–	**Spiro[3.4]octan-1-one, cis-5-methyl-**	65147-55-9	**T6538**
81	67	56	68	55	82	138		**138**	100	67	61	46	33	32	30			9	14	1	–	–	–	–	–	–	–	–	–	**Cycloheptanone, 3-vinyl-**		**M7059**
81	82	27	39	53	138	54	29	**138**	100	83	68	61	36	35	34	31		8	10	2	–	–	–	–	–	–	–	–	–	**8-Oxabicyclo[3.2.1]oct-6-en-3-one, 2-methyl-**		**L6697**
81	82	27	53	95	138	39	41	**138**	100	37	27	25	19	18	16	16		9	14	1	–	–	–	–	–	–	–	–	–	**Furan, 2-pentyl-**	3777-69-3	**Q9805**
81	83	67	82	55	41	96	39	**138**	100	55	54	38	36	35	28	20	**6.81**	10	18	–	–	–	–	–	–	–	–	–	–	**Cyclopentane, (1α,2α,3β)-1,3-dimethyl-2-isopropenyl-**	61142-31-2	**T5424**
81	94	41	39	67	138	54	68	**138**	100	98	85	77	69	64	60	49		9	14	1	–	–	–	–	–	–	–	–	–	**2H-Inden-2-one, cis-octahydro-**	5689-04-3	**R1680**
81	94	41	39	67	138	54	68	**138**	100	98	83	75	70	65	60	49		9	14	1	–	–	–	–	–	–	–	–	–	**5H-Inden-5-one, trans-octahydro-**	4668-81-9	**R0695**
81	95	68	67	55	41	82	96	**138**	100	91	76	69	63	53	46	44	**27.02**	10	18	–	–	–	–	–	–	–	–	–	–	**p-Menth-8-ene, trans-**	1124-25-0	**H1149**
81	95	68	67	55	41	82	138	**138**	100	99	62	56	53	45	36	35		10	18	–	–	–	–	–	–	–	–	–	–	**p-Menth-8-ene, cis-**	1879-07-8	**H1266**
81	96	41	55	39	67	68	82	**138**	100	39	35	26	25	21	12	11	**7.70**	10	18	–	–	–	–	–	–	–	–	–	–	**Bicyclo[3.3.0]octane, cis-3,7-dimethyl-**		**03531**
81	96	67	41	123	55	57	43	**138**	100	58	39	37	36	27	26	23	**14.00**	10	18	–	–	–	–	–	–	–	–	–	–	**3-Octyne, 2,2-dimethyl-**	19482-57-6	**R8172**
81	96	67	82	41	55	95	68	**138**	100	68	58	32	29	24	21	19	**18.02**	10	18	–	–	–	–	–	–	–	–	–	–	**Cyclohexene, 1-butyl-**	3282-53-9	**Q9184**
81	96	95	55	41	67	43	39	**138**	100	75	60	53	47	42	35	30	**14.00**	9	14	1	–	–	–	–	–	–	–	–	–	**Bicyclo[3.1.0]hexan-2-one, 5-isopropyl-**	513-20-2	**Q1482**
81	96	95	110	41	53	109	138	**138**	100	60	52	51	41	31	29	29		9	14	1	–	–	–	–	–	–	–	–	–	**2-Cyclohexen-1-one, 4-ethyl-4-methyl-**	17429-32-2	**R6980**
81	109	110	55	67	54	41	69	**138**	100	65	61	57	43	41	39	39	**0.45**	10	18	–	–	–	–	–	–	–	–	–	–	**Cyclopentane, 3-ethyl-2-methyl-1-vinyl-**	55170-98-4	**T0527**
81	123	41	43	67	55	138	39	**138**	100	83	54	41	36	35	25	24		10	18	–	–	–	–	–	–	–	–	–	–	**Cyclopropane, 3-isopropenyl-1,1,2,2-tetramethyl-**		**Y2182**
81	123	67	82	41	95	55	83	**138**	100	75	62	56	49	41	36	31	**3.50**	10	18	–	–	–	–	–	–	–	–	–	–	**Norbornane, 1,3,3-trimethyl-**	6248-88-0	**H1607**
81	123	95	41	28	138	67	96	**138**	100	99	39	38	33	30	30	29		10	18	–	–	–	–	–	–	–	–	–	–	**Cyclopentane, trans-1,3-dimethyl-2-isopropylidene-**	61142-30-1	**T5423**
81	138	95	43	53	67	39	82	**138**	100	83	72	72	20	19	15	12		8	10	2	–	–	–	–	–	–	–	–	–	**3-Butanone, 1-(2-furanyl)-**		**M6483**
82	39	54	138	41	95	53	67	**138**	100	26	19	18	14	14	11	10		9	14	1	–	–	–	–	–	–	–	–	–	**2-Cyclohexen-1-one, 3,5,5-trimethyl-**	78-59-1	**P5884**
82	39	138	27	41	54	53	29	**138**	100	28	17	17	13	13	9	7		9	14	1	–	–	–	–	–	–	–	–	–	**2-Cyclohexen-1-one, 3,5,5-trimethyl-**		**W0093**
82	41	67	69	55	28	95	39	**138**	100	90	63	52	33	26	26	19	**0.55**	10	18	–	–	–	–	–	–	–	–	–	–	**1,6-Octadiene, 2,7-dimethyl-**	40195-09-3	**S6242**
82	67	95	41	110	81	53	55	**138**	100	53	29	22	20	13	12	10	**10.01**	9	14	1	–	–	–	–	–	–	–	–	–	**Bicyclo[3.1.0]hexan-2-one, 3,3,6-trimethyl-**	53966-40-8	**S8712**
82	81	79	68	39	55	41	95	**138**	100	65	51	35	25	23	22	22	**12.00**	8	10	2	–	–	–	–	–	–	–	–	–	**3,10-Dioxatricyclo[4.3.1.0$^{(2,4)}$]dec-7-ene, (1α,2α,4α,6α)-**	50267-08-8	**S7242**
82	81	95	138	53	27	41	39	**138**	100	66	22	19	16	13	12	11		9	14	1	–	–	–	–	–	–	–	–	–	**Furan, 3-pentyl-**		**P2830**
82	95	67	55	41	138	81	69	**138**	100	56	26	23	21	17	16	11		10	18	–	–	–	–	–	–	–	–	–	–	**m-Menth-1(7)-ene, (R)-(-)-**	13837-71-3	**09620**
82	124	42	44	56	68	139	40	**138**	100	80	50	43	35	34	25	23	**0.00**	10	18	–	–	–	–	–	–	–	–	–	–	**Cyclopropane, tetramethylpropylidene-**	24519-04-8	**S0607**
89	53	91	67	41	103	39	75	**138**	100	41	34	25	24	20	18	11	**2.57**	5	8	–	–	2	–	–	–	–	–	–	–	**1-Butene, 3,4-dichloro-3-methyl-**		**D0688**
91	67	92	79	94	81	41	109	**138**	100	90	86	76	74	71	70	58	**36.00**	9	14	1	–	–	–	–	–	–	–	–	–	**2H-Indeno[1,2-b]oxirene, (1aα,1bβ,5aα,6aα)-octahydro-**	55402-31-8	**T1100**
91	138	45	65	39	92	51	63	**138**	100	32	13	13	12	8	6	6		8	10	–	–	–	–	–	1	–	–	–	–	**Benzyl methyl sulphide**		**Y0970**
91	138	76	45	47	46	59	28	**138**	100	62	35	32	24	11	9	8		3	6	–	–	–	–	–	3	–	–	–	–	**Carbonotrithioic acid, dimethyl ester**	2314-48-9	**Q7828**
91	138	76	45	47	46	59	79	**138**	100	93	58	51	44	18	14	4		3	6	–	–	–	–	–	3	–	–	–	–	**Carbonotrithioic acid, dimethyl ester**		**14892**
92	65	39	64	38	63	93	66	**138**	100	82	40	12	10	10	10	8	**2.00**	6	6	2	2	–	–	–	–	–	–	–	–	**3-Picoline, 2-nitro-**	18368-73-5	**R7553**
92	65	39	64	66	37	38	63	**138**	100	70	35	9	9	7	7	7	**1.74**	6	6	2	2	–	–	–	–	–	–	–	–	**2-Picoline, 6-nitro-**	18368-61-1	**R7548**
92	65	39	64	66	38	37	93	**138**	100	70	33	10	9	8	8	7	**1.00**	6	6	2	2	–	–	–	–	–	–	–	–	**2-Picoline, 6-nitro-**		**L4203**
92	65	39	64	93	63	80	38	**138**	100	82	40	13	10	9	8	8	**5.00**	6	6	2	2	–	–	–	–	–	–	–	–	**3-Picoline, 2-nitro-**		**L4200**
92	65	39	80	66	38	52	63	**138**	100	65	40	17	11	8	8	8	**1.90**	6	6	2	2	–	–	–	–	–	–	–	–	**4-Picoline, 2-nitro-**	18368-71-3	**R7552**
92	65	39	80	66	38	93	52	**138**	100	66	40	17	14	9	8	8	**1.00**	6	6	2	2	–	–	–	–	–	–	–	–	**4-Picoline, 2-nitro-**		**L4201**
94	18	42	15	44	138	17	30	**138**	100	78	43	34	32	20	20	16		4	12	–	2	–	–	1	–	1	–	–	–	**Phosphine, bis(dimethylamino)fluoro-**		**05472**
94	41	67	79	109	138	95	54	**138**	100	88	82	66	60	60	48	46		9	14	1	–	–	–	–	–	–	–	–	–	**Cyclohexanone, 2-allyl-**		**17282**
94	44	66	65	39	95	40	55	**138**	100	43	24	20	15	10	9	9	**0.00**	7	6	3	–	–	–	–	–	–	–	–	–	**Benzoic acid, 4-hydroxy-**	99-96-7	**P7306**
94	55	69	82	41	138	79	67	**138**	100	93	80	73	58	57	55	45		9	14	1	–	–	–	–	–	–	–	–	–	**6-Oxatricyclo[3.2.1.1$^{(3,8)}$]nonane, 2β-methyl-**		**L1300**
94	77	39	51	95	66	45	65	**138**	100	31	16	16	14	13	13	10	**0.00**	8	10	2	–	–	–	–	–	–	–	–	–	**Ethanol, 2-phenoxy-**	122-99-6	**H0558**
94	77	66	51	65	95	45	40	**138**	100	38	38	20	20	16	16	10	**2.58**	8	10	2	–	–	–	–	–	–	–	–	–	**Ethanol, 2-phenoxy-**		**D0608**
94	81	67	138	41	54	68	95	**138**	100	85	60	51	45	44	39	38		9	14	1	–	–	–	–	–	–	–	–	–	**2H-Inden-2-one, trans-octahydro-**	16484-17-6	**09076**
94	81	67	138	41	54	109	95	**138**	100	93	78	61	50	46	46	43		9	14	1	–	–	–	–	–	–	–	–	–	**2H-Inden-2-one, cis-octahydro-**	5689-04-3	**09075**
94	93	39	138	120	38	66	68	**138**	100	70	63	60	44	34	24	24		6	6	2	2	–	–	–	–	–	–	–	–	**4-Imidazoleacrylic acid**	104-98-3	**P7769**
94	96	138	140	93	95	45	50	**138**	100	91	49	49	39	37	28	19		2	3	2	–	–	1	–	–	–	–	–	–	**Acetic acid, bromo-**		**Z0705**

MASS TO CHARGE RATIOS								M.W.	INTENSITIES								Parent	C	H	O	N	Cl	Br	F	S	P	B	Si	X	COMPOUND NAME	CAS Reg No	No
94	138	66	67	93	92	41	65	**138**	100	65	59	55	52	34	23	14		6	6	2	2	–	–	–	–	–	–	–	–	**2-Pyridinecarboxylic acid, 6-amino-**	23628-31-1	**S0296**
94	138	77	95	45	107	66	65	**138**	100	49	26	16	9	7	7	6		8	10	2	–	–	–	–	–	–	–	–	–	**Ethanol, 2-phenoxy-**		**F0222**
94	138	110	82	55	42	41	97	**138**	100	68	56	41	37	25	25	22		7	10	1	2	–	–	–	–	–	–	–	–	**Pyracrimycin A**		**06530**
95	41	67	81	43	55	68	27	**138**	100	63	59	54	50	50	47	43	**0.29**	10	18	–	–	–	–	–	–	–	–	–	–	**2-Decyne**		**04392**
95	41	67	82	81	55	39	69	**138**	100	98	94	78	53	45	36	35	**2.02**	10	18	–	–	–	–	–	–	–	–	–	–	**1,1′-Bicyclopropyl, 2,2,2′,2′-tetramethyl-**	68998-20-9	**T6984**
95	41	81	123	55	67	138	82	**138**	100	32	31	28	27	27	24	21		10	18	–	–	–	–	–	–	–	–	–	–	**Norbornane, 1,7,7-trimethyl-**	464-15-3	**H0705**
95	41	82	81	67	27	39	43	**138**	100	67	58	56	47	45	42	36	**23.87**	10	18	–	–	–	–	–	–	–	–	–	–	**3,5-Octadiene, (Z,Z)-2,7-dimethyl-**	28980-73-6	**06788**
95	43	67	55	81	41	68	109	**138**	100	54	54	50	50	48	46	43	**0.99**	10	18	–	–	–	–	–	–	–	–	–	–	**2-Decyne**	2384-70-5	**Q7912**
95	43	67	71	41	80	55	96	**138**	100	43	37	32	19	17	9	8	**6.01**	9	14	1	–	–	–	–	–	–	–	–	–	**Norbornane, exo-2-acetyl-**	824-59-9	**Q4270**
95	43	67	71	41	80	55	96	**138**	100	43	36	31	19	17	9	7	**5.00**	9	14	1	–	–	–	–	–	–	–	–	–	**Norbornane, 3β-acetyl-**		**L1293**
95	43	67	80	41	39	55	79	**138**	100	68	63	59	57	51	27	27	**18.00**	9	14	1	–	–	–	–	–	–	–	–	–	**Acetone, 1-cyclohexen-1-yl-**	768-50-3	**Q4060**
95	53	77	93	81	67	83	138	**138**	100	7	6	5	3	3	3	2		10	18	–	–	–	–	–	–	–	–	–	–	**p-Menth-2-ene**	5256-65-5	**H1525**
95	55	109	41	67	69	70	82	**138**	100	71	67	60	50	47	42	31	**16.01**	10	18	–	–	–	–	–	–	–	–	–	–	**Norbornane, endo-2,2,3-trimethyl-**	20536-40-7	**H1847**
95	67	28	41	55	123	138	94	**138**	100	30	18	14	12	11	10	10		10	18	–	–	–	–	–	–	–	–	–	–	**Cyclopentene, 1,4-dimethyl-5-isopropyl-**	61142-33-4	**T5428**
95	67	28	41	55	138	94	96	**138**	100	30	18	14	12	10	10	10		10	18	–	–	–	–	–	–	–	–	–	–	**Cyclopentene, 1,4-dimethyl-5-isopropyl-**	61142-33-4	**T5429**
95	67	41	82	55	57	39	79	**138**	100	66	43	28	21	20	19	18	**18.00**	10	18	–	–	–	–	–	–	–	–	–	–	**Cyclopentane, (3-methylbutylidene)-**	53366-51-1	**S8420**
95	67	41	82	55	81	68	138	**138**	100	98	42	37	22	22	21	20		10	18	–	–	–	–	–	–	–	–	–	–	**Cyclopentane, pentylidene-**	53366-55-5	**S8426**
95	67	138	81	82	41	55	96	**138**	100	26	26	26	24	21	19	13		10	18	–	–	–	–	–	–	–	–	–	–	**m-Menth-3(8)-ene**	13828-34-7	**09621**
95	68	41	67	27	39	138	81	**138**	100	55	42	40	36	32	27	26		10	18	–	–	–	–	–	–	–	–	–	–	**p-Menth-1-ene**	5502-88-5	**R1488**
95	68	67	41	27	39	81	55	**138**	100	60	48	45	35	31	31	30	**27.29**	10	18	–	–	–	–	–	–	–	–	–	–	**p-Menth-1-ene**		**V0224**
95	68	67	138	81	41	55	96	**138**	100	47	36	28	27	22	20	17		10	18	–	–	–	–	–	–	–	–	–	–	**p-Menth-1-ene**	5502-88-5	**R1489**
95	68	67	138	81	41	55	96	**138**	100	47	36	28	27	22	20	17		10	18	–	–	–	–	–	–	–	–	–	–	**p-Menth-1-ene, (R)-(+)-**	1195-31-9	**Q5691**
95	68	67	138	81	55	41	96	**138**	100	61	38	37	29	25	25	22		10	18	–	–	–	–	–	–	–	–	–	–	**p-Menth-1-ene, (R)-(+)-**	1195-31-9	**09616**
95	68	138	81	41	55	96	82	**138**	100	47	28	27	22	20	17	15		10	18	–	–	–	–	–	–	–	–	–	–	**p-Menth-1-ene, (R)-(+)-**	1195-31-9	**H1169**
95	81	41	27	67	55	39	138	**138**	100	69	42	32	28	27	27	25		10	18	–	–	–	–	–	–	–	–	–	–	**p-Menth-3-ene**		**Y0540**
95	81	41	27	67	55	138	39	**138**	100	69	43	29	28	28	26	23		10	18	–	–	–	–	–	–	–	–	–	–	**p-Menth-3-ene**	500-00-5	**Q1309**
95	81	67	41	55	82	123	69	**138**	100	74	55	46	39	27	24	22	**20.02**	10	18	–	–	–	–	–	–	–	–	–	–	**Bicyclo[4.1.0]heptane, 3,7,7-trimethyl-**	554-59-6	**Q2000**
95	81	67	41	55	82	123	138	**138**	100	73	53	43	35	27	25	22		10	18	–	–	–	–	–	–	–	–	–	–	**p-Menth-4(8)-ene**	1124-27-2	**Q5427**
95	81	67	41	138	55	82	123	**138**	100	73	51	47	39	36	30	28		10	18	–	–	–	–	–	–	–	–	–	–	**Bicyclo[4.1.0]heptane, (1α,3α,6α)-3,7,7-trimethyl-**	18968-23-5	**09607**
95	81	67	41	138	55	82	123	**138**	100	71	49	46	39	34	29	27		10	18	–	–	–	–	–	–	–	–	–	–	**Bicyclo[4.1.0]heptane, 1S-(1α,3β,6α)-3,7,7-trimethyl-**	2778-68-9	**09606**
95	81	67	55	53	138	82	41	**138**	100	86	63	51	31	28	25	23		10	18	–	–	–	–	–	–	–	–	–	–	**p-Menth-4(8)-ene**	1124-27-2	**Q5426**
95	81	67	138	41	96	55	123	**138**	100	28	24	24	19	17	16	15		10	18	–	–	–	–	–	–	–	–	–	–	**p-Menth-2-ene, trans-**	1124-26-1	**09617**
95	81	67	138	55	96	41	123	**138**	100	32	26	18	17	17	13	13		10	18	–	–	–	–	–	–	–	–	–	–	**p-Menth-2-ene**	5256-65-5	**R1225**
95	81	82	41	67	27	39	55	**138**	100	53	51	49	35	31	30	29	**27.38**	10	18	–	–	–	–	–	–	–	–	–	–	**3,5-Octadiene, (E,Z)-2,7-dimethyl-**	55682-64-9	**06789**
95	81	82	67	55	41	138	96	**138**	100	46	44	36	31	30	28	24		10	18	–	–	–	–	–	–	–	–	–	–	**m-Menth-8-ene cis-**	24399-15-3	**09623**
95	81	138	41	123	96	55	82	**138**	100	66	27	23	23	22	20	17		10	18	–	–	–	–	–	–	–	–	–	–	**p-Menth-3-ene, (R)-(+)-**	619-52-3	**H0943**
95	82	68	67	138	41	55	69	**138**	100	82	34	32	26	22	20	15		10	18	–	–	–	–	–	–	–	–	–	–	**m-Menth-6-ene, (R)-(+)-**	13837-70-2	**09622**
95	95	138	80	39	28	43	64	**138**	100	96	52	32	30	25	20	18		9	14	1	–	–	–	–	–	–	–	–	–	**2-Cyclohexen-1-one, 4-isopropyl-**		**L8873**
95	96	110	41	68	138	53	55	**138**	100	83	81	74	64	37	31	30		9	14	1	–	–	–	–	–	–	–	–	–	**2-Cyclohexen-1-one, 3,4,4-trimethyl-**	17299-41-1	**R6742**
95	109	55	41	67	70	69	82	**138**	100	67	65	53	47	44	43	30	**18.02**	10	18	–	–	–	–	–	–	–	–	–	–	**Norbornane, exo-2,2,3-trimethyl-**	20536-41-8	**H1848**
95	110	84	123	138	111	96	112	**138**	100	96	60	47	32	12	9	8		7	10	1	–	–	–	–	–	–	–	1	–	**Silacyclohexadien-1-one, 4,4-dimethyl-**		**M1297**
95	123	81	41	67	39	55	27	**138**	100	50	47	35	29	22	21	19	**16.25**	10	18	–	–	–	–	–	–	–	–	–	–	**Cyclopentene, 1-isopropyl-2,3-dimethyl-**	7712-73-4	**R3419**
95	123	81	41	67	69	55	138	**138**	100	48	43	29	26	19	18	18		10	18	–	–	–	–	–	–	–	–	–	–	**Cyclopentene, 1-isopropyl-4,5-dimethyl-**	7712-74-5	**R3420**
95	137	41	43	94	27	39	108	**138**	100	55	52	42	40	29	27	20	**0.00**	4	10	–	–	–	–	–	–	–	–	–	1	**Methyl propyl selenide**	55021-76-6	**T0054**
95	138	67	96	55	41	94	39	**138**	100	12	12	10	10	9	8	6		10	18	–	–	–	–	–	–	–	–	–	–	**m-Menth-1-ene**	13828-31-4	**09619**
96	81	67	68	41	55	95	82	**138**	100	93	79	76	51	50	48	45	**15.21**	10	18	–	–	–	–	–	–	–	–	–	–	**o-Menth-8-ene**	15193-25-6	**R5596**
96	81	67	68	41	55	95	82	**138**	100	93	78	76	51	50	48	44	**15.00**	10	18	–	–	–	–	–	–	–	–	–	–	**Cyclohexane, cis-1-isopropenyl-2-methyl-**		**L1144**
96	81	67	82	41	138	68	55	**138**	100	98	66	38	32	25	24	24		10	18	–	–	–	–	–	–	–	–	–	–	**1H-Indene, octahydro-5-methyl-**	19744-64-0	**R8263**
96	81	69	41	95	67	138	68	**138**	100	41	39	29	28	23	22	20		9	14	1	–	–	–	–	–	–	–	–	–	**2-Cyclohexen-1-one, 4,4,5-trimethyl-**	17429-29-7	**R6975**
96	81	69	41	95	67	138	68	**138**	100	40	38	29	28	21	21	19		9	14	1	–	–	–	–	–	–	–	–	–	**2-Cyclohexen-1-one, 4,4,5-trimethyl-**	17429-29-7	**R6976**
96	82	138	41	67	95	81	53	**138**	100	35	35	26	25	25	24	15		9	14	1	–	–	–	–	–	–	–	–	–	**2-Cyclohexen-1-one, 4,4,6-trimethyl-**	13395-73-8	**R4507**
96	95	32	41	43	138	77	67	**138**	100	67	55	50	49	34	34	34		9	14	1	–	–	–	–	–	–	–	–	–	**2-Cyclohexen-1-one, 4-isopropyl-**		**M6435**
96	95	81	138	123	41	67	39	**138**	100	84	83	80	54	30	26	26		9	14	1	–	–	–	–	–	–	–	–	–	**3-Cyclohexen-1-one, 3,5,5-trimethyl-**	471-01-2	**Q0923**
96	95	110	67	138	41	81	55	**138**	100	86	65	47	42	38	26	21		9	14	1	–	–	–	–	–	–	–	–	–	**2-Cyclohexen-1-one, 3,4,4-trimethyl-**	17299-41-1	**R6741**
97	67	138	94	41	39	82	54	**138**	100	79	29	28	22	19	19	12		9	14	1	–	–	–	–	–	–	–	–	–	**Spiro[4.4]nonan-1-one**	14727-58-3	**R5378**
98	42	41	55	70	54	39	44	**138**	100	32	25	16	12	12	9	7	**3.40**	8	14	–	2	–	–	–	–	–	–	–	–	**1-Piperidinepropanenitrile**	3088-41-3	**Q9010**

MASS TO CHARGE RATIOS								M.W.	INTENSITIES								Parent	C	H	O	N	Cl	Br	F	S	P	B	Si	X	COMPOUND NAME	CAS Reg No	No
103	51	138	77	50	140	102	104	**138**	100	38	36	35	14	12	9	8		8	7	–	–	1	–	–	–	–	–	–	–	**Styrene, α-chloro-**	618-34-8	**Q2965**
103	123	41	125	87	67	39	105	**138**	100	97	63	62	60	43	35	33	**19.46**	5	8	–	–	2	–	–	–	–	–	–	–	**Cyclopropane, 1,1-dichloro-2,2-dimethyl-**		**Z0710**
103	138	51	77	140	50	102	75	**138**	100	74	50	43	24	22	16	12		8	7	–	–	1	–	–	–	–	–	–	–	**Styrene, β-chloro-**	622-25-3	**Q3064**
104	77	34	50	76	64	51	32	**138**	100	48	23	14	13	11	9	8	**0.00**	6	6	–	2	–	–	–	1	–	–	–	–	**4-Pyridinecarbothioamide**	2196-13-6	**Q7579**
104	138	79	77	105	52	78	51	**138**	100	52	50	45	36	33	26	26		6	6	–	2	–	–	–	1	–	–	–	–	**2-Pyridinecarbothioamide**		**B0848**
106	78	51	50	104	122	138	77	**138**	100	99	78	38	36	28	25	22		6	6	2	2	–	–	–	–	–	–	–	–	**4-Pyridinehydroxamic acid**		**02889**
107	79	77	28	51	91	105	78	**138**	100	65	46	34	18	18	14	9	**4.10**	8	10	2	–	–	–	–	–	–	–	–	–	**1,2-Ethanediol, 1-phenyl-**	93-56-1	**P6785**
107	79	77	91	51	105	78	108	**138**	100	78	57	26	17	12	11	11	**10.00**	8	10	2	–	–	–	–	–	–	–	–	–	**1,2-Ethanediol, 1-phenyl-**		**P1222**
107	79	77	108	51	138	105	78	**138**	100	49	29	8	8	6	5	5		8	10	2	–	–	–	–	–	–	–	–	–	**1,2-Ethanediol, 1-phenyl-**		**Z0704**
107	108	77	138	51	53	63	78	**138**	100	70	57	53	28	21	18	18		8	10	2	–	–	–	–	–	–	–	–	–	**Benzeneethanol, 3-hydroxy-**	13398-94-2	**R4511**
107	138	77	108	51	43	53	78	**138**	100	30	15	10	8	7	7	6		8	10	2	–	–	–	–	–	–	–	–	–	**Benzeneethanol, 4-hydroxy-**		**P2585**
108	65	80	92	138	81	53	52	**138**	100	72	58	54	48	34	20	18		6	6	2	2	–	–	–	–	–	–	–	–	**Aniline, 3-nitro-**	99-09-2	**P7231**
109	27	53	138	29	43	110	51	**138**	100	32	30	26	17	13	10	9		8	10	2	–	–	–	–	–	–	–	–	–	**Furan, 2-methyl-5-propionyl-**	10599-69-6	**R3970**
109	41	67	39	138	55	95	81	**138**	100	19	13	12	10	9	9	8		9	14	1	–	–	–	–	–	–	–	–	–	**2,4-Heptadienal, 2,4-dimethyl-**		**Z0702**
109	67	41	71	55	81	110	79	**138**	100	79	27	22	18	18	15	12	**4.55**	9	14	1	–	–	–	–	–	–	–	–	–	**2-Norbornanecarboxaldehyde, 2-endo,3-exo-methyl-**	15780-36-6	**R5840**
109	67	41	71	81	55	110	94	**138**	100	79	27	23	18	18	15	12	**4.00**	9	14	1	–	–	–	–	–	–	–	–	–	**3-Norbornanecarboxaldehyde, 2α-methyl,3β-**		**L1299**
109	67	55	41	81	39	138	29	**138**	100	75	35	31	21	15	15	13		10	18	–	–	–	–	–	–	–	–	–	–	**Cyclopentane, (2-methylbutylidene)-**	53366-54-4	**S8423**
109	67	94	55	81	41	53	138	**138**	100	56	38	25	24	21	10	10		10	18	–	–	–	–	–	–	–	–	–	–	**3-Heptyne, 5-ethyl-5-methyl-**	61228-10-2	**T5623**
109	79	67	138	94	120	81	39	**138**	100	71	58	51	51	32	30	29		9	14	1	–	–	–	–	–	–	–	–	–	**1H-Inden-2-ol, 2,3,4,5,6,7-hexahydro-**	6010-79-3	**09078**
109	81	79	53	138	41	57	77	**138**	100	93	30	16	14	10	9	9		9	14	1	–	–	–	–	–	–	–	–	–	**Cyclohexene, 1-propionyl-**	1655-03-4	**Q6436**
109	81	138	79	53	41	75	110	**138**	100	76	23	14	13	12	9	7		9	14	1	–	–	–	–	–	–	–	–	–	**Cyclohexene, 1-propionyl-**		**M0051**
109	81	138	79	53	110	41	39	**138**	100	23	22	11	11	8	8	5		9	14	1	–	–	–	–	–	–	–	–	–	**Cyclopentene, 2-methyl-1-propionyl-**		**M0040**
109	138	53	110	43	51	39	81	**138**	100	23	17	7	6	5	3	2		8	10	2	–	–	–	–	–	–	–	–	–	**Furan, 2-methyl-5-propionyl-**		**L0807**
109	138	123	67	81	55	41	43	**138**	100	94	84	68	68	39	32	29		10	18	–	–	–	–	–	–	–	–	–	–	**1,3-Hexadiene, 3-ethyl-2,5-dimethyl-**	62338-07-2	**T6103**
110	41	81	123	54	42	82	138	**138**	100	35	29	29	22	21	17	14		7	10	1	2	–	–	–	–	–	–	–	–	**Pyrazine, 2-hydroxy-3-propyl-**		**M2957**
110	138	27	39	81	82	53	29	**138**	100	38	23	18	16	16	13	12		8	10	2	–	–	–	–	–	–	–	–	–	**Phenol, 3-ethoxy-**	621-34-1	**Q3030**
110	138	27	81	53	109	39	29	**138**	100	38	25	23	16	16	12	11		8	10	2	–	–	–	–	–	–	–	–	–	**Phenol, 4-ethoxy-**	622-62-8	**Q3077**
110	138	81	64	53	109	82	63	**138**	100	40	25	11	11	9	9	7		8	10	2	–	–	–	–	–	–	–	–	–	**Phenol, 2-ethoxy-**	94-71-3	**P6873**
110	138	81	109	82	111	53	139	**138**	100	46	14	14	8	7	6	4		8	10	2	–	–	–	–	–	–	–	–	–	**Phenol, 4-ethoxy-**		**Z0699**
120	79	138	91	92	41	67	70	**138**	100	52	52	48	40	26	26	24		9	14	1	–	–	–	–	–	–	–	–	–	**Bicyclo[3.3.1]non-2-en-9-ol, anti-**	24844-19-7	**S0850**
120	91	92	79	41	78	39	67	**138**	100	64	52	26	14	14	12	12	**2.09**	9	14	1	–	–	–	–	–	–	–	–	–	**Bicyclo[3.3.1]non-2-en-9-ol, syn-**	19877-78-2	**R8360**
120	92	63	64	39	38	44	43	**138**	100	86	36	36	17	15	14	13	**5.00**	7	6	3	–	–	–	–	–	–	–	–	–	**Salicylic acid**	69-72-7	**P5355**
120	92	105	122	77	138	39	64	**138**	100	90	57	47	42	42	37	32		7	6	3	–	–	–	–	–	–	–	–	–	**Salicylic acid**		**D0869**
120	92	138	39	64	63	38	65	**138**	100	80	52	30	28	20	15	15		7	6	3	–	–	–	–	–	–	–	–	–	**Salicylic acid**	69-72-7	**P5353**
121	138	39	65	93	63	38	53	**138**	100	68	39	39	27	16	15	12		7	6	3	–	–	–	–	–	–	–	–	–	**Benzoic acid, 4-hydroxy-**	99-96-7	**P7305**
121	138	93	65	63	122	55	53	**138**	100	77	25	25	9	8	7	6		7	6	3	–	–	–	–	–	–	–	–	–	**Benzoic acid, 4-hydroxy-**	99-96-7	**P7307**
123	39	41	53	67	51	77	55	**138**	100	45	38	22	22	21	19	16	**10.01**	9	14	1	–	–	–	–	–	–	–	–	–	**Furan, 2-tert-butyl-4-methyl-**	6141-68-0	**H1594**
123	43	39	124	41	77	55	138	**138**	100	40	12	8	6	5	5	4		9	14	1	–	–	–	–	–	–	–	–	–	**4H-Pyran, 2,4,4,6-tetramethyl-**		**M8858**
123	43	138	81	53	95	51	39	**138**	100	79	63	21	12	8	6	5		8	10	2	–	–	–	–	–	–	–	–	–	**Furan, 3-acetyl-2,5-dimethyl-**		**L0808**
123	55	29	39	95	138	27	108	**138**	100	33	15	14	12	11	11	10		9	14	1	–	–	–	–	–	–	–	–	–	**2,5-Heptadien-4-one, 2,6-dimethyl-**		**Z0700**
123	81	55	41	67	95	138	69	**138**	100	53	29	25	22	21	20	16		10	18	–	–	–	–	–	–	–	–	–	–	**1,4-Hexadiene, 2,3,4,5-tetramethyl-**		**01667**
123	81	95	41	138	67	55	43	**138**	100	81	46	30	27	26	18	18		10	18	–	–	–	–	–	–	–	–	–	–	**Cyclopentene, 1,3-dimethyl-2-isopropyl-**	61142-32-3	**T5426**
123	81	95	67	41	55	39	27	**138**	100	95	80	69	68	46	43	31	**29.14**	10	18	–	–	–	–	–	–	–	–	–	–	**Cyclopentane, 1-methyl-1-(2-methyl-2-propenyl)-**	74764-47-9	**T8511**
123	81	138	41	55	43	67	95	**138**	100	80	71	48	36	33	31	25		10	18	–	–	–	–	–	–	–	–	–	–	**Cyclopropane, 1,1,2-trimethyl-3-(2-methyl-1-propenyl)-**	54764-57-7	**S9595**
123	95	43	138	75	50	96	124	**138**	100	81	39	29	22	9	9	8		8	7	1	–	–	–	1	–	–	–	–	–	**Acetophenone, 3′-fluoro-**	455-36-7	**Q0789**
123	95	138	75	43	50	15	74	**138**	100	57	22	21	17	9	9	7		8	7	1	–	–	–	1	–	–	–	–	–	**Acetophenone, 4′-fluoro-**		**02574**
123	95	138	75	43	124	50	96	**138**	100	60	26	17	14	8	6	6		8	7	1	–	–	–	1	–	–	–	–	–	**Acetophenone, 4′-fluoro-**	403-42-9	**Q0685**
123	110	138	95	41	42	54	68	**138**	100	67	51	46	43	36	16	15		7	10	1	2	–	–	–	–	–	–	–	–	**Pyrazine, 2-hydroxy-3-isopropyl-**		**M2958**
123	138	45	97	39	27	84	137	**138**	100	92	58	51	41	28	17	17		8	10	–	–	–	–	–	1	–	–	–	–	**Thiophene, 3-((E)-2-butenyl)-**	53966-44-2	**S8714**
123	138	59	69	95	83	97	109	**138**	100	25	15	15	12	10	7	7		8	14	–	–	–	–	–	–	–	–	1	–	**3-Penten-1-yne, (E)-1-trimethylsilyl-**		**P1562**
123	138	67	39	95	65	69	124	**138**	100	32	11	11	10	9	8	8		8	10	2	–	–	–	–	–	–	–	–	–	**1,3-Benzenediol, 4-ethyl-**		**03284**
123	138	95	41	63	64	124	52	**138**	100	70	31	15	8	8	8	7		8	10	2	–	–	–	–	–	–	–	–	–	**Benzene, 1,4-dimethoxy-**	150-78-7	**09280**
123	138	95	41	124	139	64	44	**138**	100	83	18	10	9	7	6	6		8	10	2	–	–	–	–	–	–	–	–	–	**Benzene, 1,4-dimethoxy-**	150-78-7	**P9992**
123	138	95	96	41	67	52	78	**138**	100	50	40	13	12	9	8	8		7	10	1	2	–	–	–	–	–	–	–	–	**1,3-Benzenediamine, 4-methoxy-**	615-05-4	**Q2903**
123	138	95	96	124	41	78	67	**138**	100	62	37	14	8	8	7	7		7	10	1	2	–	–	–	–	–	–	–	–	**1,2-Benzenediamine, 3-methoxy-**		**D1652**
123	138	97	45	39	27	137	53	**138**	100	90	57	51	42	25	17	16		8	10	–	–	–	–	–	1	–	–	–	–	**Thiophene, 2-((E)-2-butenyl)-**	52008-15-8	**S7822**

MASS TO CHARGE RATIOS								M.W.	INTENSITIES								Parent	C	H	O	N	Cl	Br	F	S	P	B	Si	X	COMPOUND NAME	CAS Reg No	No
138	39	44	63	66	78	51	53	**138**	100	31	22	19	16	16	14	14		6	6	2	2	–	–	–	–	–	–	–	–	**3-Pyridinecarboxamide, 1-oxide**	1986-81-8	**Q7175**
138	39	65	92	66	63	28	80	**138**	100	35	23	23	14	12	11	11		6	6	2	2	–	–	–	–	–	–	–	–	**Aniline, 3-nitro-**		**D0208**
138	43	107	109	77	67	39	55	**138**	100	46	44	41	27	27	27	26		8	10	2	–	–	–	–	–	–	–	–	–	**Phenol, 3-methoxy-5-methyl-**		**M6978**
138	46	45	44	92	32	64	47	**138**	100	65	63	39	29	16	15	15		3	6	–	–	–	–	–	3	–	–	–	–	**1,3,5-Trithiane**		**Y2134**
138	46	45	92	64	47	140	60	**138**	100	75	59	27	27	16	12	11		3	6	–	–	–	–	–	3	–	–	–	–	**1,3,5-Trithiane**	291-21-4	**Q0255**
138	50	105	60	51	104	79	78	**138**	100	60	32	32	25	18	18	18		6	6	–	2	–	–	–	1	–	–	–	–	**4-Pyridinecarbothioamide**		**B0850**
138	56	42	110	83	109	68	54	**138**	100	34	27	19	17	16	13	11		7	10	1	2	–	–	–	–	–	–	–	–	**4(1H)-Pyrimidinone, 2-ethyl-6-methyl-**	16858-50-7	**R6506**
138	60	51	105	52	78	79	50	**138**	100	75	68	56	46	43	39	36		6	6	–	2	–	–	–	1	–	–	–	–	**4-Pyridinecarbothioamide**	2196-13-6	**Q7578**
138	65	39	92	52	63	64	66	**138**	100	80	23	17	12	11	11	9		6	6	2	2	–	–	–	–	–	–	–	–	**Aniline, 2-nitro-**		**D0207**
138	65	92	39	108	52	80	66	**138**	100	91	47	28	28	16	16	13		6	6	2	2	–	–	–	–	–	–	–	–	**Aniline, 4-nitro-**		**C0225**
138	65	92	44	77	52	80	63	**138**	100	53	50	14	14	11	9	9		6	6	2	2	–	–	–	–	–	–	–	–	**Aniline, 2-nitro-**		**14704**
138	65	92	108	80	52	63	66	**138**	100	64	36	19	8	7	7	7		6	6	2	2	–	–	–	–	–	–	–	–	**Aniline, 4-nitro-**	100-01-6	**P7319**
138	67	68	41	95	82	96	81	**138**	100	91	91	83	63	59	58	54		10	18	–	–	–	–	–	–	–	–	–	–	**Decalin, trans-**		**Y1831**
138	67	81	96	82	95	41	68	**138**	100	91	88	87	70	61	56	47		10	18	–	–	–	–	–	–	–	–	–	–	**Decalin**	91-17-8	**P6607**
138	69	70	39	42	82	41	40	**138**	100	47	33	23	19	16	13	12		7	6	3	–	–	–	–	–	–	–	–	–	**2,5-Cyclohexadiene-1,4-dione, 2-hydroxy-5-methyl-**	615-91-8	**Q2922**
138	77	108	51	78	39	53	79	**138**	100	51	36	13	13	12	10	9		8	10	2	–	–	–	–	–	–	–	–	–	**Benzeneethanol, 4-hydroxy-**		**P2458**
138	91	45	123	39	105	92	63	**138**	100	32	26	24	18	18	16	11		8	10	–	–	–	–	–	1	–	–	–	–	**Methyl m-tolyl sulphide**		**Y2198**
138	91	105	123	92	139	45	137	**138**	100	20	18	18	13	11	10	8		8	10	–	–	–	–	–	1	–	–	–	–	**Methyl m-tolyl sulphide**	4886-77-5	**R0913**
138	91	105	123	92	139	45	140	**138**	100	20	18	18	13	11	10	7		8	10	–	–	–	–	–	1	–	–	–	–	**Methyl m-tolyl sulphide**		**L1449**
138	91	123	45	39	137	77	79	**138**	100	48	34	24	16	16	10	10		8	10	–	–	–	–	–	1	–	–	–	–	**Methyl p-tolyl sulphide**		**Y2199**
138	91	123	137	45	79	121	139	**138**	100	48	32	16	15	10	10	9		8	10	–	–	–	–	–	1	–	–	–	–	**Methyl p-tolyl sulphide**		**L1448**
138	95	77	123	52	41	65	51	**138**	100	65	48	44	42	33	30	29		8	10	2	–	–	–	–	–	–	–	–	–	**Benzene, 1,2-dimethoxy-**		**P6604**
138	95	77	123	65	39	52	51	**138**	100	65	53	50	23	22	21	16		8	10	2	–	–	–	–	–	–	–	–	–	**Benzene, 1,2-dimethoxy-**	91-16-7	**09279**
138	95	109	78	15	65	108	41	**138**	100	37	30	23	20	18	18	14		8	10	2	–	–	–	–	–	–	–	–	–	**Benzene, 1,3-dimethoxy-**		**03039**
138	95	123	77	52	51	65	41	**138**	100	61	41	36	35	25	23	22		8	10	2	–	–	–	–	–	–	–	–	–	**Benzene, 1,2-dimethoxy-**	91-16-7	**P6605**
138	95	123	119	78	139	105	67	**138**	100	98	45	14	10	9	8	7		7	10	1	2	–	–	–	–	–	–	–	–	**1,4-Benzenediamine, 2-methoxy-**		**D1666**
138	96	67	82	81	68	95	41	**138**	100	72	66	62	55	53	45	34		10	18	–	–	–	–	–	–	–	–	–	–	**Decalin**		**C1394**
138	103	60	51	140	76	50	75	**138**	100	77	54	50	36	24	21	19		6	3	–	2	1	–	–	–	–	–	–	–	**Pyridine, 3-chloro-5-cyano-**		**M8743**
138	103	76	140	75	38	41	50	**138**	100	60	40	34	22	20	18	16		6	3	–	2	1	–	–	–	–	–	–	–	**Pyridine, 3-chloro-4-cyano-**		**M8742**
138	103	77	51	140	50	75	102	**138**	100	93	46	38	32	31	30	29		8	7	–	–	1	–	–	–	–	–	–	–	**Styrene, α-chloro-**	618-34-8	**Q2966**
138	103	140	51	77	102	139	50	**138**	100	55	32	22	18	14	11	10		8	7	–	–	1	–	–	–	–	–	–	–	**Styrene, 4-chloro-**		**Z0712**
138	105	51	104	78	77	60	52	**138**	100	69	69	54	31	27	27	23		6	6	–	2	–	–	–	1	–	–	–	–	**3-Pyridinecarbothioamide**		**B0852**
138	105	78	60	51	52	122	50	**138**	100	88	43	43	34	28	20	19		6	6	–	2	–	–	–	1	–	–	–	–	**3-Pyridinecarbothioamide**	4621-66-3	**R0654**
138	109	68	55	41	69	43	110	**138**	100	46	36	36	25	22	16	13		7	10	1	2	–	–	–	–	–	–	–	–	**Pyrrolo[1,2-a]pyrimidine, 2,3,4,6,7,8-hexahydro-4-oxo-**		**L2960**
138	109	78	65	95	108	41	77	**138**	100	44	39	25	23	20	18	14		8	10	2	–	–	–	–	–	–	–	–	–	**Benzene, 1,3-dimethoxy-**	151-10-0	**09278**
138	109	95	78	65	41	63	108	**138**	100	47	47	40	36	27	26	22		8	10	2	–	–	–	–	–	–	–	–	–	**Benzene, 1,3-dimethoxy-**		**B0001**
138	109	95	123	41	54	56	55	**138**	100	67	60	43	30	28	12	12		7	10	1	2	–	–	–	–	–	–	–	–	**2-Pyrazinone, 1,2-dihydro-3-ethyl-1-methyl-**		**M2964**
138	109	137	77	121	51	94	107	**138**	100	78	73	61	61	33	32	31		8	10	2	–	–	–	–	–	–	–	–	–	**Benzenemethanol, 4-methoxy-**	105-13-5	**09728**
138	110	82	29	108	109	27	95	**138**	100	95	40	37	37	32	28	21		4	10	–	–	–	–	–	–	–	–	–	1	**Diethyl selenide**		**L8794**
138	110	123	45	27	109	51	65	**138**	100	66	65	32	31	24	23	21		8	10	–	–	–	–	–	1	–	–	–	–	**Ethyl phenyl sulphide**		**Y2196**
138	121	28	93	65	39	32	139	**138**	100	85	53	36	20	15	14	8		7	6	3	–	–	–	–	–	–	–	–	–	**Benzoic acid, 3-hydroxy-**	99-06-9	**P7226**
138	121	93	65	63	139	64	122	**138**	100	83	41	31	14	8	7	7		7	6	3	–	–	–	–	–	–	–	–	–	**Benzoic acid, 3-hydroxy-**	99-06-9	**P7227**
138	121	93	65	91	39	139	63	**138**	100	75	25	16	12	11	9	8		7	6	3	–	–	–	–	–	–	–	–	–	**Benzoic acid, 3-hydroxy-**		**04952**
138	122	94	39	28	66	38	54	**138**	100	96	31	27	19	16	11	10		6	6	2	2	–	–	–	–	–	–	–	–	**3-Pyridinecarboxamide, 1,6-dihydro-6-oxo-**	3670-59-5	**Q9635**
138	123	45	91	39	63	77	65	**138**	100	57	46	38	20	13	12	12		8	10	–	–	–	–	–	1	–	–	–	–	**Methyl o-tolyl sulphide**		**Y2197**
138	123	91	45	77	121	139	65	**138**	100	52	38	34	11	10	9	9		8	10	–	–	–	–	–	1	–	–	–	–	**Methyl o-tolyl sulphide**	14092-00-3	**R4980**
138	123	91	45	77	121	139	65	**138**	100	42	38	35	11	10	10	9		8	10	–	–	–	–	–	1	–	–	–	–	**Methyl o-tolyl sulphide**		**L1450**
138	123	95	77	55	39	67	107	**138**	100	88	35	19	19	18	14	13		8	10	2	–	–	–	–	–	–	–	–	–	**Phenol, 2-methoxy-4-methyl-**		**M1533**
138	123	110	109	45	66	65	77	**138**	100	62	59	18	18	16	13	11		8	10	–	–	–	–	–	1	–	–	–	–	**Ethyl phenyl sulphide**	622-38-8	**Q3067**
138	123	136	68	137	39	40	79	**138**	100	79	54	42	37	33	25	16		8	10	2	–	–	–	–	–	–	–	–	–	**Hydroquinone, 2,5-dimethyl-**		**F0107**
138	123	137	41	68	56	107	54	**138**	100	65	35	27	25	23	22	20		7	10	1	2	–	–	–	–	–	–	–	–	**Pyrazine, 2-methoxy-3-ethyl-**		**M2954**
138	123	137	41	69	43	51	65	**138**	100	91	50	18	15	15	12	11		8	10	2	–	–	–	–	–	–	–	–	–	**1,3-Benzenediol, 4,5-dimethyl-**		**05941**
138	137	42	56	84	83	110	109	**138**	100	90	34	31	22	17	17	15		7	10	1	2	–	–	–	–	–	–	–	–	**4(1H)-Pyrimidinone, 2-ethyl-6-methyl-**	16858-50-7	**R6507**
138	137	52	53	51	29	50	69	**138**	100	92	35	29	19	17	15	13		7	6	3	–	–	–	–	–	–	–	–	–	**Phenol, 3,4-(methylenedioxy)-**	533-31-3	**Q1700**
138	137	56	42	84	110	83	109	**138**	100	87	34	27	24	19	17	16		7	10	1	2	–	–	–	–	–	–	–	–	**4(1H)-Pyrimidinone, 2-ethyl-6-methyl-**		**M2267**

MASS TO CHARGE RATIOS								M.W.	INTENSITIES								Parent	C	H	O	N	Cl	Br	F	S	P	B	Si	X	COMPOUND NAME	CAS Reg No	No
30	44	94	40	67	41			**139**	100	17	15	13	13	12			**0.00**	5	5	2	3	–	–	–	–	–	–	–	–	**4-Pyridinamine, N-nitro-**	26482-55-3	**S1381**
30	44	96	138	139	41	57	56	**139**	100	99	94	63	62	50	49	48		9	17	–	1	–	–	–	–	–	–	–	–	**Isoquinoline, decahydro-**		**D1256**
30	109	138	94	42	43	44	79	**139**	100	80	60	20	16	16	15	10	**0.00**	3	9	–	1	–	–	–	–	–	–	–	1	**Ethylamine, 2-(methylseleno)-**	55021-79-9	**T0060**
41	82	69	96	43	83	54	55	**139**	100	69	66	65	65	63	62	52	**0.22**	9	17	–	1	–	–	–	–	–	–	–	–	**Nonanenitrile**	2243-27-8	**Q7702**
41	96	82	69	54	83	43	55	**139**	100	88	85	78	76	68	67	61	**0.40**	9	17	–	1	–	–	–	–	–	–	–	–	**Nonanenitrile**	2243-27-8	**Q7703**
42	41	139	124	82	96	110	43	**139**	100	24	23	21	21	14	14	13		9	17	–	1	–	–	–	–	–	–	–	–	**1-Azabicyclo[2.2.2]octane, 3,5-dimethyl-**	697-75-6	**Q3762**
42	69	68	82	96	99	83	97	**139**	100	45	11	10	10	10	8	8	**6.00**	8	13	1	1	–	–	–	–	–	–	–	–	**Hexanenitrile, 2,2-dimethyl-5-oxo-**	58422-82-5	**T5030**
42	110	41	69	111	96	43	139	**139**	100	99	38	25	24	23	22	21		9	17	–	1	–	–	–	–	–	–	–	–	**1-Azabicyclo[2.2.2]octane, 4-ethyl-**	45732-65-8	**S7106**
43	52	70	79	112	53	39	51	**139**	100	31	27	20	16	16	13	8	**0.63**	7	9	2	1	–	–	–	–	–	–	–	–	**3-Pentenenitrile, 5-acetoxy-**		**C1588**
43	58	42	27	39	26	59	55	**139**	100	41	8	7	5	5	4	4	**0.00**	9	17	–	1	–	–	–	–	–	–	–	–	**Cyclopentene, 1-(1-pyrrolidinyl)-**		**00597**
43	97	53	28	52	80	27	96	**139**	100	26	19	16	13	11	11	8	**2.72**	7	9	2	1	–	–	–	–	–	–	–	–	**2-Pentenenitrile, (Z)-4-acetoxy-**		**C1565**
43	97	53	52	80	28	27	96	**139**	100	41	29	23	19	15	14	13	**3.77**	7	9	2	1	–	–	–	–	–	–	–	–	**2-Pentenenitrile, (E)-4-acetoxy-**		**C1566**
53	139	67	68	124	96	110	94	**139**	100	99	99	75	69	43	22	16		7	9	2	1	–	–	–	–	–	–	–	–	**1H-Pyrrole-2,5-dione, 3-ethyl-4-methyl-**	20189-42-8	**R8547**
55	98	41	42	39	27	28	56	**139**	100	82	81	58	45	38	35	33	**0.68**	9	17	–	1	–	–	–	–	–	–	–	–	**Aziridine, trans-2-methyl-3-isopropyl-1-(2-propenyl)-**	55669-77-7	**06898**
55	138	84	139	27	56	42	41	**139**	100	78	53	48	36	28	20	19		8	13	1	1	–	–	–	–	–	–	–	–	**Piperidine, N-acryloyl-**		**F0143**
56	43	41	70	98	139	39	82	**139**	100	66	45	42	29	27	18	16		8	13	1	1	–	–	–	–	–	–	–	–	**Acetamide, N,N-diallyl-**		**M3198**
56	58	57	96	55	124	41	42	**139**	100	69	62	56	43	41	39	25	**11.05**	9	17	–	1	–	–	–	–	–	–	–	–	**Azetidine, 1-cyclohexyl-**	35196-98-6	**S4881**
56	70	96	41	139	124	69	97	**139**	100	47	42	31	30	28	23	23		9	17	–	1	–	–	–	–	–	–	–	–	**1-Azabicyclo[2.2.2]octane, (1α,2α,4α,6α)-2,6-dimethyl-**	13218-09-2	**R4371**
56	70	96	124	41	139	97	42	**139**	100	49	39	36	30	30	23	21		9	17	–	1	–	–	–	–	–	–	–	–	**1-Azabicyclo[2.2.2]octane, (1α,2β,4α,6β)-2,6-dimethyl-**	13218-10-5	**R4372**
56	124	42	96	139	41	110	55	**139**	100	37	34	25	25	22	15	14		9	17	–	1	–	–	–	–	–	–	–	–	**1-Azabicyclo[2.2.2]octane, 2,5-dimethyl-**	15787-33-4	**R5850**
57	56	41	97	55	68	69	43	**139**	100	73	69	54	52	29	27	24	**0.00**	9	17	–	1	–	–	–	–	–	–	–	–	**Pentane, 2-isocyano-2,4,4-trimethyl-**	14542-93-9	**R5265**
58	42	28	59	30	95	139	41	**139**	100	21	18	14	13	12	10	8		7	13	–	3	–	–	–	–	–	–	–	–	**Histamine, N,N-dimethyl-**	673-46-1	**Q3654**
58	42	28	59	30	95	139	57	**139**	100	21	18	14	13	12	10	8		7	13	–	3	–	–	–	–	–	–	–	–	**Histamine, N,N-dimethyl-**		**M4408**
65	39	139	93	63	30	38	53	**139**	100	93	77	72	53	44	41	40		6	5	3	1	–	–	–	–	–	–	–	–	**Phenol, 3-nitro-**	554-84-7	**Q2004**
65	139	93	39	81	63	53	84	**139**	100	90	54	49	27	26	19	16		6	5	3	1	–	–	–	–	–	–	–	–	**Phenol, 3-nitro-**		**D0133**
65	139	109	39	28	81	93	63	**139**	100	90	70	66	46	33	30	30		6	5	3	1	–	–	–	–	–	–	–	–	**Phenol, 4-nitro-**		**D0138**
65	139	109	39	81	93	63	53	**139**	100	91	70	66	33	31	30	26		6	5	3	1	–	–	–	–	–	–	–	–	**Phenol, 4-nitro-**	100-02-7	**P7324**
67	139	71	140	112				**139**	100	80	17	6	4					5	5	–	3	–	–	–	1	–	–	–	–	**Thiazolo[2,3-c]-s-triazole, 4-methyl-**		**M6113**
67	139	111	138	78	39	51	79	**139**	100	78	53	44	32	16	13	11		7	9	–	1	–	–	–	1	–	–	–	–	**2-Pyridthione, 1-ethyl-**		**01410**
68	41	96	82	139	110	39	55	**139**	100	84	69	65	63	54	44	44		8	13	1	1	–	–	–	–	–	–	–	–	**8-Azabicyclo[3.2.1]octane-8-carboxaldehyde**	56771-95-0	**T4165**
68	67	96	52	139	41	40		**139**	100	95	80	43	20	13	12			7	9	2	1	–	–	–	–	–	–	–	–	**2,5-Pyrrolidinedione, 3-ethylidene-4-methyl-**	16395-79-2	**R6160**
79	67	122	81	94	120	139		**139**	100	88	63	54	46	38	17			8	13	1	1	–	–	–	–	–	–	–	–	**4-Cyclooctenone oxime**		**P0978**
79	77	139	66	107	80	81	122	**139**	100	71	66	62	55	47	36	22		7	9	2	1	–	–	–	–	–	–	–	–	**Cyclopent[e]-1,2-oxazine, cis-3-oxo-2,3,4,4a,5,7a-hexahydro-**		**L6625**
82	42	81	96	56	41	83	139	**139**	100	71	45	35	30	26	23	13		8	13	1	1	–	–	–	–	–	–	–	–	**8-Azabicyclo[3.2.1]octan-3-one, 8-methyl-**	532-24-1	**Q1694**
82	42	111	139	55	67	96		**139**	100	22	20	17	6	6	3			8	13	1	1	–	–	–	–	–	–	–	–	**6-Azabicyclo[3.2.1]octan-3-one, 6-methyl-**	26625-33-2	**S1476**
82	58	81	53	139	54	83		**139**	100	81	81	36	34	22	7			7	9	2	1	–	–	–	–	–	–	–	–	**2-Furanacetamide, N-methyl-**	50618-94-5	**S7372**
82	111	139	42	96	81	70		**139**	100	22	17	16	12	9	6			8	13	1	1	–	–	–	–	–	–	–	–	**6-Azabicyclo[3.2.1]octan-4-one, 6-methyl-**	32810-62-1	**S3892**
82	139	42	96	81	70			**139**	100	17	16	12	9	6				8	13	1	1	–	–	–	–	–	–	–	–	**6-Azabicyclo[3.2.1]octan-4-one, 6-methyl-**		**M7428**
83	124	57	55	56	84	41	42	**139**	100	20	18	8	8	6	5	5	**0.40**	7	13	–	3	–	–	–	–	–	–	–	–	**1H-1,2,4-Triazole, 3-(2,2-dimethylpropyl)-**	40515-30-8	**S6317**
84	56	55	83	27	40	41	39	**139**	100	90	31	25	25	12	11	11	**4.99**	8	18	–	1	–	–	–	–	–	1	–	–	**Boranamine, 1-ethyl-N,N-dimethyl-1-(1-methyl-2-propenyl)-**	42843-12-9	**S6991**
84	83	86	70	139	85	111	138	**139**	100	76	62	38	36	25	20	20		8	13	1	1	–	–	–	–	–	–	–	–	**5(1H)-Indolizinone, (+-)-hexahydro-**	68344-37-6	**T6928**
93	39	66	52	42	51	40	78	**139**	100	88	49	39	39	36	31	29	**27.00**	5	5	2	3	–	–	–	–	–	–	–	–	**4-Pyridinamine, N-nitro-**		**M2364**
93	39	66	67	139	40	94	30	**139**	100	52	52	18	18	15	15	6		5	5	2	3	–	–	–	–	–	–	–	–	**2-Pyridinamine, N-nitro-**	26482-54-2	**S1375**
93	39	66	79	51	52	78	38	**139**	100	89	38	36	29	29	24	20	**6.01**	5	5	2	3	–	–	–	–	–	–	–	–	**3-Pyridinamine, N-nitro-**	15862-54-1	**R5879**
94	42	95	81	41	53	82	80	**139**	100	18	18	13	9	7	7	6	**5.00**	8	13	1	1	–	–	–	–	–	–	–	–	**8-Azabicyclo[3.2.1]oct-6-en-3-ol, 8-methyl-**	54725-49-4	**S9535**
94	42	95	83	41	84	82	122	**139**	100	17	17	12	8	7	5	5	**4.52**	8	13	1	1	–	–	–	–	–	–	–	–	**8-Azabicyclo[3.2.1]oct-6-en-3-ol, endo-8-methyl-**	20513-09-1	**R8703**
94	67	30	39	95	66	41	93	**139**	100	98	85	65	54	43	40	40	**15.01**	5	5	2	3	–	–	–	–	–	–	–	–	**2-Pyridinamine, N-nitro-**	26482-54-2	**S1377**
94	67	30	78	51	39	41	66	**139**	100	93	62	45	33	31	26	18	**2.00**	5	5	2	3	–	–	–	–	–	–	–	–	**2-Pyridinamine, N-nitro-**	26482-54-2	**S1378**
94	93	39	66	139	65	67	111	**139**	100	95	44	44	26	22	20	20		7	9	2	1	–	–	–	–	–	–	–	–	**1H-Pyrrole-2-carboxylic acid, ethyl ester**	2199-43-1	**Q7586**
95	67	50	39	41	94	44	28	**139**	100	54	52	22	14	13	13	12	**0.00**	6	5	3	1	–	–	–	–	–	–	–	–	**Nicotinic acid, 1,6-dihydro-6-oxo-**	5006-66-6	**R1008**
96	41	139	39	110	82	97	83	**139**	100	17	12	11	11	8	8	7		9	17	–	1	–	–	–	–	–	–	–	–	**Quinoline, decahydro-**		**Y0628**
96	42	94	139	41	91	110	81	**139**	100	88	58	34	25	22	18	17		8	13	1	1	–	–	–	–	–	–	–	–	**2,5-Methano-2H-furo[3,2-b]pyrrole, hexahydro-4-methyl-**	38225-15-9	**S5703**
96	43	55	139	81	82	41	58	**139**	100	29	28	27	25	16	12	12		8	13	1	1	–	–	–	–	–	–	–	–	**3-Buten-2-one, 4-(2,2-dimethyl-1-aziridinyl)-**	50838-17-0	**S7501**
96	43	139	55	81	82	58	56	**139**	100	29	27	27	25	16	11	11		8	13	1	1	–	–	–	–	–	–	–	–	**1-Acetyl-2-(2′,2′-dimethyl-1′-aziridyl)-ethylene**		**M7854**
96	44	95	42	28	97	81	41	**139**	100	90	42	16	13	12	10	8	**4.00**	7	13	–	3	–	–	–	–	–	–	–	–	**Histamine, N,5-dimethyl-**	53966-46-4	**S8716**
96	139	41	39	82	97	110	68	**139**	100	12	11	8	8	8	8	7		9	17	–	1	–	–	–	–	–	–	–	–	**Quinoline, cis-decahydro-**	10343-99-4	**R3775**

MASS TO CHARGE RATIOS								M.W.	INTENSITIES								Parent	C	H	O	N	Cl	Br	F	S	P	B	Si	X	COMPOUND NAME	CAS Reg No	No
96	139	41	82	97	83	138	56	**139**	100	17	9	9	9	8	7	6		9	17	–	1	–	–	–	–	–	–	–	–	**Quinoline, trans-decahydro-**	767-92-0	**Q4050**
96	139	41	82	97	83	138	110	**139**	100	17	9	8	8	7	7	5		9	17	–	1	–	–	–	–	–	–	–	–	**Quinoline, trans-decahydro-**		**M2236**
97	42	70	43	41	56	139		**139**	100	48	20	20	17	11	1			7	13	–	3	–	–	–	–	–	–	–	–	**Methane, tris(aziridino)-**		**L7503**
98	139	110	56	111	82	69	55	**139**	100	86	36	25	21	14	13	10		7	9	2	1	–	–	–	–	–	–	–	–	**2(1H)-Pyridinone, 4-hydroxy-1,6-dimethyl-**	6052-75-1	**R2027**
98	139	110	56	111	82	69	55	**139**	100	99	43	31	24	17	15	13		7	9	2	1	–	–	–	–	–	–	–	–	**2(1H)-Pyridinone, 4-hydroxy-1,6-dimethyl-**		**M3428**
106	139	80	65	93	45	39	94	**139**	100	93	49	22	21	18	16	13		7	9	–	1	–	–	–	1	–	–	–	–	**Aniline, 3-(ethylthio)-**	1783-81-9	**Q6747**
108	44	139	57	39	45	80	60	**139**	100	85	70	57	52	39	22	22		7	9	2	1	–	–	–	–	–	–	–	–	**1H-Pyrrole, 2-(hydroxyacetyl)-1-methyl-**		**M5732**
108	138	139	109	69	39	27	28	**139**	100	99	75	70	33	27	26	25		7	9	2	1	–	–	–	–	–	–	–	–	**4-Pyridinol, 2-methoxy-6-methyl-**	53603-12-6	**S8526**
110	28	139	41	32	43	111	70	**139**	100	98	22	20	19	16	14	14		9	17	–	1	–	–	–	–	–	–	–	–	**Pentene, 1-(1-pyrrolidinyl)-**		**00520**
110	41	54	43	27	42	96	30	**139**	100	98	92	80	64	56	49	38	**37.05**	9	17	–	1	–	–	–	–	–	–	–	–	**Propylamine, N-cyclohexylidene-**	22668-89-9	**R9911**
110	109	30	95	28	39	41	69	**139**	100	99	28	23	15	12	12	12	**2.00**	7	13	–	3	–	–	–	–	–	–	–	–	**Histamine, β,β-dimethyl-**	21150-01-6	**R9126**
110	109	95	56	42	30	68	28	**139**	100	76	65	34	30	28	25	22	**12.00**	7	13	–	3	–	–	–	–	–	–	–	–	**Histamine, 1,5-dimethyl-**	53966-45-3	**S8715**
124	43	139	83	44	42	41	56	**139**	100	50	34	32	26	14	9	9		7	13	–	3	–	–	–	–	–	–	–	–	**Guanidine, N,N′-diisopropylidene-**		**D1096**
124	82	42	139	41	58	43	39	**139**	100	88	22	20	18	16	15	13		9	17	–	1	–	–	–	–	–	–	–	–	**2-Propynylamine, N,N-diisopropyl-**	6323-87-1	**R2237**
124	96	139	138	62	53	91	69	**139**	100	35	22	21	15	13	13	11		9	17	–	1	–	–	–	–	–	–	–	–	**Indolizine, trans-octahydro-3-methyl-**	68344-43-4	**T6930**
124	138	139	55	96	110	82		**139**	100	20	18	10	10	8	5			9	17	–	1	–	–	–	–	–	–	–	–	**Indolizine, cis-octahydro-3-methyl-**	68344-39-8	**T6929**
124	139	18	112	27	42	55	83	**139**	100	99	91	30	18	18	18	18		8	13	1	1	–	–	–	–	–	–	–	–	**2-Cyclopenten-1-one, 3-(dimethylamino)-2-methyl-**	69687-86-1	**T7222**
124	139	41	125	55	138	70	28	**139**	100	25	13	10	10	9	8	7		9	17	–	1	–	–	–	–	–	–	–	–	**Butane, 2-(1-pyrrolidinylmethylene)-**		**00551**
138	30	44	43	93	94			**139**	100	25	5	3	2	2			**0.00**	3	9	–	1	–	–	–	–	–	–	–	1	**Ethylamine, 2-(methylseleno)-**	55021-79-9	**T0059**
138	97	83	139	110	55	111	98	**139**	100	74	57	48	36	24	19	12		9	17	–	1	–	–	–	–	–	–	–	–	**2H-Quinolizine, octahydro-**		**M0103**
139	15	39	109	38	94	110	66	**139**	100	74	73	54	41	36	31	27		7	9	2	1	–	–	–	–	–	–	–	–	**Pyridine, 2,6-dimethoxy-**	6231-18-1	**H1605**
139	39	64	111	63	67	84	38	**139**	100	65	61	55	48	48	48	44		6	5	1	1	–	–	–	1	–	–	–	–	**Aniline, N-sulphinyl-**	1122-83-4	**Q5411**
139	39	65	63	81	64	53	109	**139**	100	66	62	50	38	33	29	29		6	5	3	1	–	–	–	–	–	–	–	–	**Phenol, 2-nitro-**		**P6464**
139	39	93	66	38	122	28	65	**139**	100	56	54	53	13	10	9	8		5	5	2	3	–	–	–	–	–	–	–	–	**2-Pyridinamine, 3-nitro-**	4214-75-9	**R0208**
139	64	91	111	39	45	67	65	**139**	100	22	18	18	16	16	16	15		6	5	1	1	–	–	–	1	–	–	–	–	**Aniline, N-sulphinyl-**	1122-83-4	**Q5412**
139	64	93	91	111	39	67	45	**139**	100	34	31	25	25	23	22	22		6	5	1	1	–	–	–	1	–	–	–	–	**Aniline, N-sulphinyl-**		**E0008**
139	65	63	64	81	93	53	109	**139**	100	34	22	20	14	10	9	9		6	5	3	1	–	–	–	–	–	–	–	–	**Phenol, 2-nitro-**		**14707**
139	65	64	63	53	93	81	38	**139**	100	36	22	22	13	13	11	9		6	5	3	1	–	–	–	–	–	–	–	–	**Phenol, 2-nitro-**	88-75-5	**P6463**
139	65	93	81	63	53	64	109	**139**	100	84	53	22	15	12	9	9		6	5	3	1	–	–	–	–	–	–	–	–	**Phenol, 3-nitro-**		**14708**
139	65	111	63	81	93	44	53	**139**	100	79	43	19	16	16	14	13		6	5	3	1	–	–	–	–	–	–	–	–	**Phenol, 4-nitro-**		**14709**
139	67	68	96	52	41	124	110	**139**	100	95	95	64	50	20	18	17		7	9	2	1	–	–	–	–	–	–	–	–	**2,5-Pyrrolidinedione, (Z)-3-ethylidene-4-methyl-**	28098-81-9	**S1958**
139	67	95	111	94	66	69	54	**139**	100	74	22	21	18	15	12	10		6	5	3	1	–	–	–	–	–	–	–	–	**2H-Pyran-2,6(3H)-dione, 3-aminomethylene-**		**15046**
139	79	124	106	67	78	111	51	**139**	100	91	61	55	53	46	40	29		7	9	–	1	–	–	–	1	–	–	–	–	**Pyridine, 2-(ethylthio)-**	19006-76-9	**R7918**
139	79	124	106	67	111	78		**139**	100	90	60	50	50	40	40			7	9	–	1	–	–	–	1	–	–	–	–	**Pyridine, 2-(ethylthio)-**		**L9403**
139	81	41	80	107	79	106	39	**139**	100	64	56	56	56	50	49	38		8	13	1	1	–	–	–	–	–	–	–	–	**2-Cyclohexen-1-one, 3-methyl-, O-methyloxime**	56336-07-3	**T3542**
139	81	80	94	124	82	108	109	**139**	100	79	76	30	25	24	19	18		8	13	1	1	–	–	–	–	–	–	–	–	**Morpholine, 4-(1,3-butadienyl)-**	19352-93-3	**R8096**
139	93	39	138	66	65	45	94	**139**	100	94	82	62	48	45	29	24		7	9	–	1	–	–	–	1	–	–	–	–	**Pyridine, 2-(methylthio)-6-methyl-**		**01420**
139	93	44	138	66	36	87	39	**139**	100	82	61	57	32	32	29	28		7	9	–	1	–	–	–	1	–	–	–	–	**Pyridine, 2-(methylthio)-4-methyl-**		**01418**
139	94	95	138	93	42	140	97	**139**	100	43	21	19	12	11	10	9		7	9	–	1	–	–	–	1	–	–	–	–	**2-Pyridthione, 1,5-dimethyl-**		**01407**
139	94	111	39	28	67	66	38	**139**	100	34	21	20	17	16	15	10		6	5	3	1	–	–	–	–	–	–	–	–	**Nicotinic acid, 1,6-dihydro-6-oxo-**	5006-66-6	**R1009**
139	94	138	95	39	93	92	140	**139**	100	58	23	20	12	11	11	10		7	9	–	1	–	–	–	1	–	–	–	–	**2-Pyridthione, 1,4-dimethyl-**		**01406**
139	94	138	95	93	39	92	65	**139**	100	41	27	22	17	13	13	10		7	9	–	1	–	–	–	1	–	–	–	–	**2-Pyridthione, 1,6-dimethyl-**		**01408**
139	96	124	28	39	41	44	69	**139**	100	70	60	43	33	31	25	25		7	9	2	1	–	–	–	–	–	–	–	–	**4-Pyridinol, 5-methoxy-2-methyl-**	53603-10-4	**S8524**
139	96	124	42	55	27	28	69	**139**	100	70	60	53	32	29	22	21		7	9	2	1	–	–	–	–	–	–	–	–	**4-Pyridinol, 3-methoxy-2-methyl-**	53603-11-5	**S8525**
139	106	79	124	67	78	111	51	**139**	100	91	90	60	51	45	38	29		7	9	–	1	–	–	–	1	–	–	–	–	**Pyridine, 2-(ethylthio)-**		**01417**
139	112	88	31	140	75	68	62	**139**	100	20	14	13	9	9	7	6		7	3	–	1	–	–	2	–	–	–	–	–	**Benzonitrile, 2,6-difluoro-**	1897-52-5	**Q6975**
139	122	55	39	42	57	138	67	**139**	100	43	38	36	32	30	18	18		7	9	2	1	–	–	–	–	–	–	–	–	**1H-Pyrrole-2-carboxaldehyde, 5-hydroxymethyl-1-methyl-**		**M5736**
139	124	111	39	84	67	78	51	**139**	100	41	35	25	18	14	14	10		7	9	–	1	–	–	–	1	–	–	–	–	**Pyridine, 3-(ethylthio)-**	26891-59-8	**S1531**
139	124	111	39	84	78			**139**	100	39	35	22	17	13				7	9	–	1	–	–	–	1	–	–	–	–	**Pyridine, 3-(ethylthio)-**		**L9402**
139	124	111	51	39	67	80	29	**139**	100	49	48	19	16	16	13	12		7	9	–	1	–	–	–	1	–	–	–	–	**Pyridine, 4-(ethylthio)-**	13669-34-6	**R4699**
139	124	111	51	67	39			**139**	100	50	48	21	16	16				7	9	–	1	–	–	–	1	–	–	–	–	**Pyridine, 4-(ethylthio)-**		**L9401**
139	138	43	67	82	110	109	42	**139**	100	75	45	41	34	28	26	23		6	9	1	3	–	–	–	–	–	–	–	–	**2-Pyrimidinamine, 4-methoxy-6-methyl-**	7749-47-5	**R3455**
139	138	94	93	95	39	92	140	**139**	100	32	31	19	16	12	11	10		7	9	–	1	–	–	–	1	–	–	–	–	**2-Pyridthione, 1,3-dimethyl-**		**01405**
18	17	28	16	58	29	19	86	**140**	100	90	61	19	18	15	5	5	**0.00**	5	–	5	–	–	–	–	–	–	–	–	–	**Leuconic acid pentahydrate**		**P4052**

MASS TO CHARGE RATIOS								M.W.	INTENSITIES								Parent	C	H	O	N	Cl	Br	F	S	P	B	Si	X	COMPOUND NAME	CAS Reg No	No
29	68	44	31	27	28	140	40	**140**	100	81	44	44	35	34	27	25		6	8	2	2	–	–	–	–	–	–	–	–	**Imidazole, N-ethoxycarbonyl-**		**D0899**
30	36	38	56	43	28	57	41	**140**	100	80	40	39	38	32	22	18	**0.00**	3	9	2	2	1	–	–	–	–	–	–	–	**Propylamine, 3-nitro-, hydrochloride**		**P1233**
39	112	140	38	37	42	66	84	**140**	100	87	74	60	27	26	26	26		6	4	4	–	–	–	–	–	–	–	–	–	**2H-Pyran-5-carboxylic acid, 2-oxo-**	500-05-0	**Q1311**
41	27	43	29	55	39	70	57	**140**	100	88	87	81	71	55	55	41	**0.30**	9	16	1	–	–	–	–	–	–	–	–	–	**2-Nonenal, (E)-**	18829-56-6	**R7832**
41	29	43	27	55	39	70	83	**140**	100	91	84	75	65	55	51	37	**0.30**	9	16	1	–	–	–	–	–	–	–	–	–	**2-Nonenal, (Z)-**	60784-31-8	**T5224**
41	39	69	45	67	101	85	68	**140**	100	24	20	10	9	7	7	6	**0.00**	7	8	1	–	–	–	–	1	–	–	–	–	**2H-Thiocin-2-one, 3,8-dihydro-**	74764-26-4	**T8497**
41	42	69	27	68	39	43	63	**140**	100	86	66	61	51	44	38	32	**0.00**	5	10	–	–	2	–	–	–	–	–	–	–	**Pentane, 1,4-dichloro-**		**02698**
41	43	29	55	70	27	39	83	**140**	100	99	76	76	72	60	53	48	**4.45**	9	16	1	–	–	–	–	–	–	–	–	–	**2-Nonenal**		**X1659**
41	43	55	67	39	29	27	70	**140**	100	76	71	66	64	56	51	48	**0.20**	9	16	1	–	–	–	–	–	–	–	–	–	**2-Nonyn-1-ol**	5921-73-3	**R1901**
41	55	42	98	43	40	56	44	**140**	100	93	66	62	52	47	47	35	**7.00**	9	16	1	–	–	–	–	–	–	–	–	–	**Cyclononanone**	3350-30-9	**Q9253**
41	55	54	67	81	69	70	39	**140**	100	62	49	45	42	32	27	24	**0.80**	9	16	1	–	–	–	–	–	–	–	–	–	**6-Nonenal, (E)-**		**03289**
41	55	54	81	67	69	39	93	**140**	100	67	53	49	49	29	28	28	**0.60**	9	16	1	–	–	–	–	–	–	–	–	–	**6-Nonenal, (Z)-**		**03285**
41	55	56	43	70	57	29	39	**140**	100	83	75	73	63	62	49	43	**12.50**	10	20	–	–	–	–	–	–	–	–	–	–	**1-Decene**		**C1074**
41	55	70	56	57	69	43	29	**140**	100	96	96	96	89	72	54	46	**1.02**	10	20	–	–	–	–	–	–	–	–	–	–	**Cyclopropane, 1-methyl-2-(3-methylpentyl)-**	62238-07-7	**T5972**
41	55	84	54	83	67	39	69	**140**	100	73	58	52	33	30	28	27	**0.30**	9	16	1	–	–	–	–	–	–	–	–	–	**4-Nonenal, (E)-**		**03286**
41	56	43	55	29	70	57	27	**140**	100	81	81	76	61	59	56	46	**6.42**	10	20	–	–	–	–	–	–	–	–	–	–	**1-Decene**		**Y0241**
41	56	55	43	70	57	29	69	**140**	100	82	80	76	69	61	57	52	**10.33**	10	20	–	–	–	–	–	–	–	–	–	–	**1-Decene**		**V0013**
41	57	69	43	38	55	67	84	**140**	100	95	79	58	53	50	47	46	**23.50**	9	16	1	–	–	–	–	–	–	–	–	–	**Bicyclo[2.2.1]heptan-2-ol, 3,3-dimethyl-, exo-**	515-28-6	**09579**
41	57	69	43	39	55	67	84	**140**	100	95	79	58	53	50	47	46	**23.62**	9	16	1	–	–	–	–	–	–	–	–	–	**Bicyclo[2.2.1]heptan-2-ol, 3,3-dimethyl-**	5957-68-6	**R1943**
41	58	67	71	68	69	81	80	**140**	100	57	52	33	22	22	20	17	**16.00**	8	16	–	2	–	–	–	–	–	–	–	–	**9-Azabicyclo[6.1.0]nonan-9-amine, cis-**	66387-77-7	**T6617**
41	67	54	39	140	58	98	100	**140**	100	99	56	56	35	35	24	23		6	10	–	–	–	–	–	–	–	–	–	1	**Nickel, bis(η^3-allyl)-**	12077-85-9	**R4023**
41	68	80	39	70	28	56	55	**140**	100	49	34	31	25	22	20	17	**0.00**	9	16	1	–	–	–	–	–	–	–	–	–	**2-Nonenal**	2463-53-8	**Q8155**
41	69	27	39	68	54	79	29	**140**	100	40	34	34	30	28	25	24	**0.00**	9	16	1	–	–	–	–	–	–	–	–	–	**2,6-Nonadien-1-ol**	7786-44-9	**R3496**
41	69	77	53	55	49	79	105	**140**	100	80	54	34	19	19	17	17	**0.00**	5	10	–	–	2	–	–	–	–	–	–	–	**Butane, 1,3-dichloro-3-methyl-**	624-96-4	**Q3170**
41	70	69	83	55	57	39	29	**140**	100	96	94	83	80	74	43	42	**1.34**	10	20	–	–	–	–	–	–	–	–	–	–	**3-Hexene, (Z)-2,2,5,5-tetramethyl-**		**Y1464**
41	76	39	105	78	29	36	40	**140**	100	52	40	33	17	13	12	11	**0.10**	4	6	1	–	2	–	–	–	–	–	–	–	**Furan, dichlorotetrahydro-**	72361-16-1	**T7796**
41	79	67	55	54	83	97	107	**140**	100	95	91	88	76	75	66	13	**1.00**	9	16	1	–	–	–	–	–	–	–	–	–	**4-Nonyn-1-ol**	49826-98-4	**S7233**
41	97	69	98	71	43	39	111	**140**	100	79	63	63	54	51	43	39	**35.70**	8	12	2	–	–	–	–	–	–	–	–	–	**2H-Furan-2-one, 3-methyl-5-propyl-**		**C0977**
42	28	140	41	32	43	27	85	**140**	100	36	25	9	6	5	4	3		6	12	–	4	–	–	–	–	–	–	–	–	**Hexamethylenetetramine**	100-97-0	**H0262**
42	41	69	140	28	98	44	30	**140**	100	42	42	42	26	23	21	20		8	16	–	2	–	–	–	–	–	–	–	–	**1H-Azepin-1-amine, N-ethylidenehexahydro-**	75268-01-8	**T8858**
42	43	77	44	28	140	110	92	**140**	100	78	53	22	17	11	9	4		3	9	1	2	–	–	1	1	–	–	–	–	**Imidosulphamoyl fluoride, trimethyl-**		**M6671**
42	44	69	41	43	70	97	68	**140**	100	69	52	42	39	39	31	30	**30.00**	7	12	1	2	–	–	–	–	–	–	–	–	**2-Propenal, 3-(1-aziridinyl)-3-(dimethylamino)-**	49582-42-5	**S7131**
42	99	43	140	41	70	113	55	**140**	100	62	43	43	35	34	34	30		8	16	–	2	–	–	–	–	–	–	–	–	**2-Butanone, (1-methyl-2-propenyl)hydrazone**	62237-77-8	**T5948**
42	125	140	29	55	56	85	41	**140**	100	89	48	33	33	28	26	24		8	16	–	2	–	–	–	–	–	–	–	–	**2-Butanone, (1-methyl-2-propenyl)hydrazone**	36566-77-5	**S5292**
42	140	41	49	84	112	43	85	**140**	100	40	11	9	9	8	7	6		6	12	–	4	–	–	–	–	–	–	–	–	**Hexamethylenetetramine**	100-97-0	**P7452**
42	140	83	68	27	39	15	40	**140**	100	64	35	30	11	10	8	8		6	8	2	2	–	–	–	–	–	–	–	–	**Uracil, 3,6-dimethyl-**	19674-60-3	**R8231**
42	140	83	68	27	39	15	41	**140**	100	64	35	30	11	10	8	8		6	8	2	2	–	–	–	–	–	–	–	–	**Uracil, 3,6-dimethyl-**		**L6390**
42	140	85	112	41	43	28	71	**140**	100	35	7	7	7	6	6	5		6	12	–	4	–	–	–	–	–	–	–	–	**Hexamethylenetetramine**		**D1580**
42	140	93	139	94	53	52	99	**140**	100	99	38	37	30	29	27	27		6	8	–	2	–	–	–	1	–	–	–	–	**Pyrimidine, 2-methyl-4-(methylthio)-**	33779-33-8	**S4383**
43	39	83	41	58	101	15	27	**140**	100	60	26	19	18	18	18	15	**0.00**	8	12	2	–	–	–	–	–	–	–	–	–	**2-Pentanone, 5-(2-propynyloxy)-**	55702-70-0	**06936**
43	41	29	81	55	39	44	27	**140**	100	99	98	80	76	64	58	52	**0.30**	9	16	1	–	–	–	–	–	–	–	–	–	**3-Nonyn-2-ol**	26547-25-1	**S1451**
43	41	39	69	55	70	97	81	**140**	100	61	32	25	24	24	18	11	**4.00**	8	12	2	–	–	–	–	–	–	–	–	–	**7-Oxabicyclo[4.1.0]heptane, 1-acetyl-**	15121-01-4	**R5581**
43	41	42	69	27	105	53	39	**140**	100	38	33	27	21	18	13	11	**0.13**	5	10	–	–	2	–	–	–	–	–	–	–	**Butane, 2,2-dichloro-3-methyl-**		**03385**
43	41	55	70	71	69	97	39	**140**	100	82	76	69	66	49	46	40	**3.90**	10	20	–	–	–	–	–	–	–	–	–	–	**4-Octene, 2,7-dimethyl-**	54063-09-1	**H2029**
43	41	69	99	71	55	84	42	**140**	100	73	60	54	41	21	20	19	**1.00**	9	16	1	–	–	–	–	–	–	–	–	–	**1-Nonen-4-one**		**L8892**
43	55	41	39	67	69	53	83	**140**	100	49	39	27	15	12	11	9	**1.00**	9	16	1	–	–	–	–	–	–	–	–	–	**2-Heptanone, 6-methyl-5-methylene-**	498-51-1	**Q1299**
43	55	41	82	97	71	69	70	**140**	100	77	29	22	22	21	18	18	**3.00**	9	16	1	–	–	–	–	–	–	–	–	–	**3-Octen-2-one, 7-methyl-**	33046-81-0	**S3963**
43	55	56	41	69	70	29	42	**140**	100	97	88	75	53	46	45	37	**10.52**	10	20	–	–	–	–	–	–	–	–	–	–	**2-Decene, (Z)-**	20348-51-0	**R8629**
43	55	56	70	41	69	57	29	**140**	100	95	90	78	77	62	36	33	**1.94**	10	20	–	–	–	–	–	–	–	–	–	–	**1-Octene, 3,7-dimethyl-**		**00024**
43	55	70	83	27	39	29	57	**140**	100	91	77	61	59	56	52	51	**0.60**	9	16	1	–	–	–	–	–	–	–	–	–	**2-Nonenal, (E)-**	18829-56-6	**H1824**
43	55	71	41	70	84	96	69	**140**	100	73	71	44	42	24	23	20	**4.58**	9	16	1	–	–	–	–	–	–	–	–	–	**Cyclopentane, 1-acetyl-2,2-dimethyl-**	3664-75-3	**Q9633**
43	55	71	41	70	84	97	69	**140**	100	71	70	44	41	24	22	19	**5.00**	9	16	1	–	–	–	–	–	–	–	–	–	**Cyclopentane, 1-acetyl-2,2-dimethyl-**	3664-75-3	**Q9632**
43	55	83	41	82	67	39	122	**140**	100	60	31	24	22	15	11	8	**3.56**	9	16	1	–	–	–	–	–	–	–	–	–	**5-Hepten-2-one, 4,6-dimethyl-**	31162-48-8	**S3224**
43	55	125	41	71	97	39	82	**140**	100	97	52	42	32	31	23	20	**5.00**	9	16	1	–	–	–	–	–	–	–	–	–	**3-Nonen-2-one**	14309-57-0	**R5135**
43	56	55	70	41	69	29	57	**140**	100	94	77	72	58	45	28	27	**1.16**	10	20	–	–	–	–	–	–	–	–	–	–	**1-Octene, 3,7-dimethyl-**	4984-01-4	**R0989**
43	58	71	55	82	41	67	59	**140**	100	60	33	31	28	18	13	11	**1.00**	9	16	1	–	–	–	–	–	–	–	–	–	**8-Nonen-2-one**	5009-32-5	**R1012**

MASS TO CHARGE RATIOS								M.W.	INTENSITIES								Parent	C	H	O	N	Cl	Br	F	S	P	B	Si	X	COMPOUND NAME	CAS Reg No	No
43	59	67	127	55	41	39	29	**140**	100	92	81	42	36	28	21	17	**0.00**	8	12	2	–	–	–	–	–	–	–	–	–	**1,3-Dioxane, 5-vinylidene-2,2-dimethyl-**	74685-78-2	**T8394**
43	70	55	41	71	29	42	27	**140**	100	84	53	40	36	26	23	20	**1.50**	10	20	–	–	–	–	–	–	–	–	–	–	**1-Octene, 3-ethyl-**	74630-08-3	**T8156**
43	79	39	80	27	41	77	51	**140**	100	53	28	27	24	21	18	12	**3.90**	8	12	2	–	–	–	–	–	–	–	–	–	**Acetic acid, (E,E)-2,4-hexadienyl ester**		**P3899**
43	80	79	15	39	27	41	81	**140**	100	51	29	22	20	20	19	16	**0.60**	8	12	2	–	–	–	–	–	–	–	–	–	**Bicyclo[3.1.0]hexan-2-ol, acetate, cis-**	698-56-6	**06851**
43	82	55	58	67	71	41	70	**140**	100	54	34	31	29	19	16	13	**1.00**	9	16	1	–	–	–	–	–	–	–	–	–	**7-Octen-2-one, 6-methyl-**	35215-49-7	**S4887**
43	82	55	67	41	39	97	71	**140**	100	31	28	27	21	12	12	10	**5.00**	9	16	1	–	–	–	–	–	–	–	–	–	**5-Nonen-2-one**	27039-84-5	**S1595**
43	84	56	55	41	85	57	29	**140**	100	32	30	27	25	21	18	15	**0.30**	10	20	–	–	–	–	–	–	–	–	–	–	**1-Octene, 3,4-dimethyl-**	56728-11-1	**08738**
43	85	39	27	15	41	29	97	**140**	100	20	16	12	11	11	7	7	**0.84**	8	12	2	–	–	–	–	–	–	–	–	–	**2-Pentanone, 5-(1,2-propadienyloxy)-**	55702-69-7	**06937**
43	85	69	56	112	140	39	97	**140**	100	88	55	48	48	46	32	26		7	8	3	–	–	–	–	–	–	–	–	–	**2H-Pyran-2-one, 4-hydroxy-3,6-dimethyl-**	5192-62-1	**R1186**
43	97	83	98	39	41	55	79	**140**	100	20	8	7	5	5	5	5	**5.00**	8	12	2	–	–	–	–	–	–	–	–	–	**2,4-Pentanedione, 3-allyl-**	3508-78-9	**Q9471**
43	97	83	98	55	140	79	107	**140**	100	20	10	7	6	6	6	6		8	12	2	–	–	–	–	–	–	–	–	–	**2,4-Pentanedione, 3-allyl-**		**L5327**
43	97	98	83	41	39	55	140	**140**	100	20	10	9	6	5	4	3		8	12	2	–	–	–	–	–	–	–	–	–	**5-Hexen-2-one, 3-acetyl-**		**04941**
43	97	98	83	140	125	79	107	**140**	100	34	13	10	10	6	6	6		8	12	2	–	–	–	–	–	–	–	–	–	**2,4-Pentanedione, 3-allyl-**		**L5328**
43	98	55	140	42	99	66	67	**140**	100	86	51	25	11	8	7	7		6	8	2	2	–	–	–	–	–	–	–	–	**Acetamide, N-(5-methyl-3-isoxazolyl)-**	13223-74-0	**R4374**
43	111	41	55	140	39			**140**	100	82	31	29	23	20				8	12	2	–	–	–	–	–	–	–	–	–	**2H-Pyran-2-carboxaldehyde, 2,3-dihydro-2,5-dimethyl-**		**M5744**
43	125	83	41	56	27	42	70	**140**	100	52	50	34	27	27	18	17	**0.90**	8	16	–	2	–	–	–	–	–	–	–	–	**2-Propanamine, N,N′-1,2-ethanediylidenebis-**	24764-90-7	**S0805**
43	125	140	41	39	27	55	97	**140**	100	74	45	36	33	32	32	30		8	12	2	–	–	–	–	–	–	–	–	–	**Cyclohexanone, 2-acetyl-**		**04707**
44	140	43	42	45	41	69	96	**140**	100	99	51	50	44	39	33	30		8	16	–	2	–	–	–	–	–	–	–	–	**Cyclohexanone, dimethylhydrazone**	10424-93-8	**R3828**
53	43	125	95	29	67	96	52	**140**	100	46	36	34	24	9	8	6	**0.00**	7	8	3	–	–	–	–	–	–	–	–	–	**2-Pentynoic acid, 4-oxo-, ethyl ester**	54966-49-3	**S9969**
54	39	70	55	27	53	28	41	**140**	100	20	15	14	8	6	6	5	**0.00**	8	12	2	–	–	–	–	–	–	–	–	–	**p-Dioxane, 2,5-divinyl-**	21485-51-8	**R9279**
54	53	52	100	51	140	26	45	**140**	100	76	67	66	27	22	18	18		6	8	–	2	–	–	–	1	–	–	–	–	**Bis-(2-cyanoethyl) sulphide**	111-97-7	**P8651**
54	96	81	67	55	41	98	39	**140**	100	95	93	68	56	56	34	16	**0.50**	9	16	1	–	–	–	–	–	–	–	–	–	**5-Nonenal, (E)-**		**03288**
54	100	140	45	47	52	53	27	**140**	100	65	27	20	14	13	11	11		6	8	–	2	–	–	–	1	–	–	–	–	**Bis-(2-cyanoethyl) sulphide**		**D1562**
55	41	29	43	27	140	56	28	**140**	100	86	67	66	59	57	43	43		8	16	–	2	–	–	–	–	–	–	–	–	**Butanal, 2-butenylhydrazone**	36566-74-2	**S5291**
55	41	39	83	84	68	140		**140**	100	99	99	46	45	45	17			8	12	2	–	–	–	–	–	–	–	–	–	**9-Oxabicyclo[5.1.1]nonan-2-one**		**L7491**
55	41	56	69	70	83	43	57	**140**	100	73	69	67	50	39	37	31	**0.89**	10	20	–	–	–	–	–	–	–	–	–	–	**Cyclooctane, cis-1,4-dimethyl-**	13151-99-0	**R4290**
55	41	68	27	28	42	43	69	**140**	100	49	41	35	33	31	31	29	**0.00**	5	10	–	–	2	–	–	–	–	–	–	–	**Pentane, 1,2-dichloro-**		**02697**
55	41	68	27	42	39	29	69	**140**	100	48	46	44	43	28	22	20	**0.00**	5	10	–	–	2	–	–	–	–	–	–	–	**Pentane, 1,5-dichloro-**	628-76-2	**H1008**
55	41	97	56	83	69	43	57	**140**	100	72	53	48	41	36	35	33	**4.88**	10	20	–	–	–	–	–	–	–	–	–	–	**Cyclopentane, 1-methyl-3-isobutyl-**	29053-04-1	**S2337**
55	41	97	83	56	69	81	43	**140**	100	69	66	58	51	43	36	35	**2.84**	10	20	–	–	–	–	–	–	–	–	–	–	**Cyclopentane, 2-isopropyl-1,3-dimethyl-**	32281-85-9	**S3557**
55	43	56	41	69	70	29	42	**140**	100	85	83	64	46	41	40	35	**11.81**	10	20	–	–	–	–	–	–	–	–	–	–	**2-Decene, (E)-**	20063-97-2	**R8483**
55	54	67	27	39	81	29	69	**140**	100	68	68	59	59	56	54	49	**0.00**	9	16	1	–	–	–	–	–	–	–	–	–	**6-Nonenal, (E)-**	2277-20-5	**H1302**
55	54	67	81	27	29	39	18	**140**	100	72	66	56	51	50	48	44	**1.10**	9	16	1	–	–	–	–	–	–	–	–	–	**Nonadien-1-ol**	63450-36-2	**H2205**
55	56	41	69	43	42	70	29	**140**	100	92	76	57	50	45	45	26	**5.67**	10	20	–	–	–	–	–	–	–	–	–	–	**Cyclopropane, 1-ethyl-2-pentyl-**	62238-08-8	**T5974**
55	56	69	41	43	57	70	140	**140**	100	83	48	46	46	27	19	15		10	20	–	–	–	–	–	–	–	–	–	–	**4-Nonene, 2-methyl-**	55724-84-0	**T2041**
55	56	69	41	70	140	43	42	**140**	100	60	58	54	47	32	31	26		10	20	–	–	–	–	–	–	–	–	–	–	**4-Decene**	19689-18-0	**R8234**
55	56	69	70	41	43	140	42	**140**	100	52	38	37	36	26	25	19		10	20	–	–	–	–	–	–	–	–	–	–	**5-Decene**	19689-19-1	**R8235**
55	68	41	42	27	28	69	29	**140**	100	51	47	44	32	24	18	14	**0.00**	5	10	–	–	2	–	–	–	–	–	–	–	**Pentane, 1,5-dichloro-**		**01465**
55	69	41	56	70	83	43	57	**140**	100	72	67	66	52	47	34	30	**1.08**	10	20	–	–	–	–	–	–	–	–	–	–	**Cyclooctane, 1,4-dimethyl-, trans-**	13151-98-9	**R4287**
55	69	41	70	27	29	39	140	**140**	100	85	56	43	31	27	20	17		10	20	–	–	–	–	–	–	–	–	–	–	**3-Octene, 4-ethyl-**		**Y0530**
55	69	41	70	29	27	56	39	**140**	100	61	58	34	27	23	20	19	**3.00**	10	20	–	–	–	–	–	–	–	–	–	–	**4-Nonene, (Z)-3-methyl-**	63830-69-3	**T6300**
55	69	41	70	56	57	29	43	**140**	100	83	77	59	53	44	39	24	**10.49**	10	20	–	–	–	–	–	–	–	–	–	–	**3-Octene, 2,6-dimethyl-**	6874-28-8	**R2639**
55	69	41	70	83	29	56	27	**140**	100	41	36	34	27	15	13	12	**7.68**	10	20	–	–	–	–	–	–	–	–	–	–	**3-Nonene, (E)-3-methyl-**	69405-42-1	**T7100**
55	69	41	83	27	29	70	39	**140**	100	50	43	35	26	25	20	18	**10.00**	10	20	–	–	–	–	–	–	–	–	–	–	**2-Octene, 4-ethyl-**		**Y0529**
55	69	56	41	70	83	140	57	**140**	100	98	58	34	33	26	19	16		10	20	–	–	–	–	–	–	–	–	–	–	**4-Nonene, 5-methyl-**	15918-07-7	**R5912**
55	69	70	41	56	43	83	29	**140**	100	71	41	40	28	26	17	14	**13.00**	10	20	–	–	–	–	–	–	–	–	–	–	**4-Octene, (S)-(Z)-2,6-dimethyl-**	62960-77-4	**T6241**
55	69	70	41	56	43	83	140	**140**	100	68	35	30	23	21	19	13		10	20	–	–	–	–	–	–	–	–	–	–	**4-Octene, (S)-(E)-2,6-dimethyl-**	62960-76-3	**T6240**
55	69	83	41	70	98	29	39	**140**	100	57	28	27	27	16	9	8	**7.33**	10	20	–	–	–	–	–	–	–	–	–	–	**2-Octene, (E)-4-ethyl-**	74630-09-4	**T8157**
55	69	91	41	29	27	39	104	**140**	100	61	42	42	28	27	21	21	**0.19**	5	10	–	–	2	–	–	–	–	–	–	–	**Butane, 1,4-dichloro-2-methyl-**		**03388**
55	69	97	41	84	43	140	83	**140**	100	91	77	37	17	14	13	12		10	20	–	–	–	–	–	–	–	–	–	–	**3-Hexene, 3-ethyl-2,5-dimethyl-**	62338-08-3	**T6105**
55	83	69	41	97	70	43	140	**140**	100	88	66	33	32	24	19	16		10	20	–	–	–	–	–	–	–	–	–	–	**Cyclopropane, 1,1,2-trimethyl-3-isobutyl-**	41977-43-9	**S6799**
55	83	69	84	41	97	70	43	**140**	100	87	66	55	33	32	25	20	**18.30**	10	20	–	–	–	–	–	–	–	–	–	–	**Cyclopropane, 1,1,2-trimethyl-3-isobutyl-**	41977-43-9	**S6798**
55	83	82	41	56	29	69	67	**140**	100	99	88	70	43	43	41	32	**14.30**	10	20	–	–	–	–	–	–	–	–	–	–	**Cyclohexane, sec-butyl-**		**Y0231**
55	83	82	41	69	56	67	29	**140**	100	77	69	56	37	36	33	21	**6.04**	10	20	–	–	–	–	–	–	–	–	–	–	**Cyclohexane, sec-butyl-**	7058-01-7	**R2816**
55	97	41	68	69	43	70	39	**140**	100	74	59	59	51	49	39	23	**3.00**	10	20	–	–	–	–	–	–	–	–	–	–	**Cyclopentane, (1-methylbutyl)-**	4737-43-3	**R0780**
55	97	41	69	56	96	43	70	**140**	100	96	24	20	17	13	12	9	**5.20**	10	20	–	–	–	–	–	–	–	–	–	–	**Cyclohexane, 1-methyl-2-propyl-**	4291-79-6	**R0290**

MASS TO CHARGE RATIOS								M.W.	INTENSITIES								Parent	C	H	O	N	Cl	Br	F	S	P	B	Si	X	COMPOUND NAME	CAS Reg No	No
55	97	41	69	96	56	83	29	**140**	100	83	23	16	16	12	11	9	**7.01**	10	20	–	–	–	–	–	–	–	–	–	–	Cyclohexane, 1-methyl-3-propyl-	4291-80-9	**R0291**
55	97	41	96	69	81	43	27	**140**	100	57	23	22	14	14	11	9	**2.56**	10	20	–	–	–	–	–	–	–	–	–	–	Cyclohexane, trans-4-isopropyl-1-methyl-	1678-82-6	**Q6483**
55	97	69	96	41	56	70	81	**140**	100	64	35	32	31	29	23	22	**2.74**	10	20	–	–	–	–	–	–	–	–	–	–	Dibenzyl sulphide	489-20-3	**Q1171**
55	97	96	41	27	39	29	69	**140**	100	83	43	36	24	18	16	16	**11.90**	10	20	–	–	–	–	–	–	–	–	–	–	Cyclohexane, trans-4-isopropyl-1-methyl-		**Y0928**
55	97	96	41	27	39	29	81	**140**	100	77	46	36	24	19	16	16	**8.98**	10	20	–	–	–	–	–	–	–	–	–	–	Cyclohexane, cis-4-isopropyl-1-methyl-		**Y0927**
55	97	96	41	69	81	43	29	**140**	100	59	25	21	14	13	11	8	**3.94**	10	20	–	–	–	–	–	–	–	–	–	–	Cyclohexane, 3-isopropyl-1-methyl-	16580-24-8	**R6257**
55	97	96	41	81	69	43	39	**140**	100	54	29	23	17	13	10	8	**2.47**	10	20	–	–	–	–	–	–	–	–	–	–	Cyclohexane, cis-4-isopropyl-1-methyl-	6069-98-3	**R2035**
55	97	96	140	41	81	69	43	**140**	100	96	56	26	24	22	17	13		10	20	–	–	–	–	–	–	–	–	–	–	3-Menthane, (1S,3S)-(+)-	13837-67-7	**09615**
55	98	41	56	42	69	83	43	**140**	100	85	73	61	52	46	39	33	**17.12**	9	16	1	–	–	–	–	–	–	–	–	–	Cyclooctanone, 2-methyl-	10363-27-6	**R3787**
55	98	41	56	84	42	83	97	**140**	100	97	69	50	49	48	48	44	**12.21**	9	16	1	–	–	–	–	–	–	–	–	–	Cyclononanone	3350-30-9	**Q9254**
55	100	83	69	84	41	97	70	**140**	100	99	88	66	55	33	32	24	**16.00**	10	20	–	–	–	–	–	–	–	–	–	–	Cyclopropane, 1,1,2-trimethyl-3-isobutyl-	41977-43-9	**S6797**
55	112	27	84	39	41	28	140	**140**	100	58	48	35	31	29	28	27		8	12	2	–	–	–	–	–	–	–	–	–	1,4-Benzodioxin, 2,3,4a,5,6,7-hexahydro-	55702-71-1	**06989**
55	140	29	41	27	39	28	85	**140**	100	44	37	36	31	27	16	10		4	7	–	–	–	–	3	–	–	–	1	–	Silane, 2-butenyltrifluoro-	55712-74-8	**T1923**
56	41	55	57	70	43	69	27	**140**	100	24	23	18	14	11	10	10	**2.94**	10	20	–	–	–	–	–	–	–	–	–	–	Nonane, 5-methylene-	6795-79-5	**R2557**
56	55	41	43	69	70	42	29	**140**	100	81	77	57	52	51	39	29	**5.08**	10	20	–	–	–	–	–	–	–	–	–	–	Cyclopropane, 1-hexyl-2-methyl-	62238-09-9	**T5975**
56	55	41	69	70	43	29	42	**140**	100	89	66	63	62	22	19	17	**4.45**	10	20	–	–	–	–	–	–	–	–	–	–	Cyclopropane, 1α,2α-dimethyl-3α-pentyl-	62238-10-2	**T5978**
56	55	41	69	85	97	140	43	**140**	100	81	35	35	24	20	13	12		10	20	–	–	–	–	–	–	–	–	–	–	Nonane, 4-methylene-	33717-91-8	**S4328**
56	55	43	41	70	69	57	98	**140**	100	49	41	32	32	25	21	15	**1.39**	10	20	–	–	–	–	–	–	–	–	–	–	Cyclopropane, 1-methyl-2-(1-methylpentyl)-	62238-06-6	**T5970**
56	55	69	41	43	57	70	140	**140**	100	95	54	51	49	39	23	22		10	20	–	–	–	–	–	–	–	–	–	–	4-Nonene, (Z)-2-methyl-	51090-05-2	**S7564**
56	55	69	41	57	70	83	140	**140**	100	65	42	33	26	25	16	16		10	20	–	–	–	–	–	–	–	–	–	–	Nonane, 5-methylene-	6795-79-5	**R2556**
56	55	69	41	70	43	29	84	**140**	100	76	62	55	46	18	15	15	**5.80**	10	20	–	–	–	–	–	–	–	–	–	–	Cyclopropane, 1,2-dimethyl-3-pentyl-	62238-05-5	**T5968**
56	55	69	41	70	140	83	57	**140**	100	66	42	34	25	17	16	5		10	20	–	–	–	–	–	–	–	–	–	–	Nonane, 5-methylene-	6795-79-5	**R2558**
56	55	69	41	84	97	140	70	**140**	100	82	46	35	25	21	18	10		10	20	–	–	–	–	–	–	–	–	–	–	Nonane, 4-methylene-	33717-91-8	**S4329**
56	55	69	57	41	70	97	43	**140**	100	88	63	63	51	47	37	31	**4.42**	10	20	–	–	–	–	–	–	–	–	–	–	Cyclooctane, 1,5-dimethyl-	21328-57-4	**R9234**
56	57	41	30	28	39	85	54	**140**	100	77	47	40	30	19	8	8	**3.70**	7	12	1	2	–	–	–	–	–	–	–	–	Urea, 1,3-diallyl-	1801-72-5	**Q6770**
56	57	41	55	29	82	69	83	**140**	100	72	38	25	17	15	13	13	**0.96**	10	20	–	–	–	–	–	–	–	–	–	–	Cyclohexane, tert-butyl-		**Y0232**
56	57	41	140	69	72	55	39	**140**	100	43	29	20	19	14	9	7		9	16	1	–	–	–	–	–	–	–	–	–	Cyclopentanone, 2,2,5,5-tetramethyl-	4541-35-9	**R0572**
56	69	41	43	57	55	140	84	**140**	100	67	39	30	29	23	19	10		10	20	–	–	–	–	–	–	–	–	–	–	1-Octene, 2,7-dimethyl-	33718-03-5	**S4344**
56	69	41	43	57	55	140	84	**140**	100	66	37	29	28	24	14	9		10	20	–	–	–	–	–	–	–	–	–	–	1-Octene, 2,7-dimethyl-	33718-03-5	**S4345**
56	69	41	43	57	55	140	84	**140**	100	66	40	30	28	25	19	9		10	20	–	–	–	–	–	–	–	–	–	–	1-Octene, 2,7-dimethyl-	33718-03-5	**S4343**
56	69	55	70	41	57	43	29	**140**	100	73	72	65	48	30	29	22	**14.21**	10	20	–	–	–	–	–	–	–	–	–	–	1-Octene, 2,6-dimethyl-	6874-29-9	**R2641**
56	70	55	71	40	57	42	28	**140**	100	72	71	63	47	29	28	22	**13.00**	10	20	–	–	–	–	–	–	–	–	–	–	1-Octene, 2,6-dimethyl-	6874-29-9	**09502**
57	39	29	55	27	84	31	43	**140**	100	60	51	44	37	30	24	24	**0.12**	8	12	2	–	–	–	–	–	–	–	–	–	Cyclopentanol, 2-(2-propynyloxy)-, trans-	38653-28-0	**06935**
59	58	43	55	67	82	41	54	**140**	100	72	60	42	37	19	18	15	**2.20**	9	16	1	–	–	–	–	–	–	–	–	–	2-Propanone, 1-cyclohexyl-	103-78-6	**P7670**
60	105	140	44	62	36	142	107	**140**	100	80	42	40	34	29	26	26		3	2	2	–	2	–	–	–	–	–	–	–	Acrylic acid, 2,3-dichloro-		**Z0719**
61	45	35	140	46	47	63	79	**140**	100	29	13	13	12	8	6	6		3	8	–	–	–	–	–	3	–	–	–	–	Methyl (methylthio)methyl disulphide	42474-44-2	**S6913**
61	142	63	140	60				**140**	100	36	34	28	14					2	2	–	–	1	1	–	–	–	–	–	–	Ethylene, 1-chloro-2-bromo-		**M8129**
67	54	81	68	55	39	41	27	**140**	100	47	41	34	21	20	20	14	**14.50**	8	12	2	–	–	–	–	–	–	–	–	–	Phthalide, trans-hexahydro-		**16520**
67	93	79	41	68	55	81	27	**140**	100	41	38	33	28	28	27	24	**5.20**	9	16	1	–	–	–	–	–	–	–	–	–	3,6-Nonadien-1-ol, (E,Z)-	56805-23-3	**09920**
67	95	41	39	97	29	27	140	**140**	100	90	81	78	63	47	45	38		8	12	2	–	–	–	–	–	–	–	–	–	2,4-Hexadienoic acid, ethyl ester	2396-84-1	**H1328**
67	112	140	53	68	41	51	66	**140**	100	67	63	60	43	20	13	13		7	8	3	–	–	–	–	–	–	–	–	–	2,5-Furandione, 3-ethyl-4-methyl-	3552-33-8	**08691**
68	67	43	27	39	111	140	41	**140**	100	93	57	48	47	47	41	38		8	12	2	–	–	–	–	–	–	–	–	–	5H-Cyclopenta-1,4-dioxin, trans-4a,6,7,7a-tetrahydro-2-methyl-	38653-47-3	**06939**
69	41	27	63	42	39	53	89	**140**	100	35	22	15	13	13	8	8	**0.00**	5	10	–	–	2	–	–	–	–	–	–	–	Pentane, 2,4-dichloro-		**02700**
69	41	42	27	55	77	63	39	**140**	100	51	39	24	23	23	21	15	**0.05**	5	10	–	–	2	–	–	–	–	–	–	–	Butane, 1,3-dichloro-2-methyl-		**03387**
69	41	55	43	97	56	84	140	**140**	100	84	66	49	36	33	26	26		9	16	1	–	–	–	–	–	–	–	–	–	Cyclopentanone, 2-methyl-3-isopropyl-	54549-81-4	**S9283**
69	41	55	56	70	27	39	29	**140**	100	82	47	35	26	22	22	21	**1.29**	10	20	–	–	–	–	–	–	–	–	–	–	1-Octene, 3,3-dimethyl-	74511-51-6	**T8144**
69	41	55	111	56	83	70	57	**140**	100	70	70	44	42	40	38	33	**2.00**	10	20	–	–	–	–	–	–	–	–	–	–	Cyclopentane, (2-methylbutyl)-	53366-38-4	**S8417**
69	41	68	55	56	70	83	43	**140**	100	93	89	84	57	56	49	40	**12.00**	10	20	–	–	–	–	–	–	–	–	–	–	Cyclopentane, pentyl-	3741-00-2	**Q9762**
69	41	70	55	56	43	29	57	**140**	100	90	64	62	48	36	28	21	**10.91**	10	20	–	–	–	–	–	–	–	–	–	–	2-Octene, 2,6-dimethyl-	4057-42-5	**R0042**
69	41	70	55	56	43	125	57	**140**	100	81	78	76	63	41	33	32	**9.00**	10	20	–	–	–	–	–	–	–	–	–	–	Cyclohexane, 1,1,2,3-tetramethyl-		**P3947**
69	41	84	43	70	55	42	85	**140**	100	65	62	23	14	11	9	8	**0.60**	9	16	1	–	–	–	–	–	–	–	–	–	2-Nonen-4-one, (E)-		**L8891**
69	41	97	39	67	28	55	68	**140**	100	54	28	23	10	10	9	8	**0.33**	8	12	2	–	–	–	–	–	–	–	–	–	2-Propenoic acid, cyclopentyl ester		**03565**
69	43	41	27	76	39	105	53	**140**	100	86	75	41	34	33	27	21	**0.00**	5	10	–	–	2	–	–	–	–	–	–	–	Pentane, 2,2-dichloro-		**02699**
69	43	41	27	89	42	29	63	**140**	100	87	49	35	19	19	17	17	**0.23**	5	10	–	–	2	–	–	–	–	–	–	–	Butane, 1,1-dichloro-3-methyl-		**01466**
69	43	84	70	57	125	54	68	**140**	100	22	12	9	7	7	5	5	**0.00**	9	16	1	–	–	–	–	–	–	–	–	–	1-Octyn-3-ol, 3-methyl-	23580-51-0	**S0266**
69	54	15	26	53	80	82	79	**140**	100	83	51	50	33	30	30	20	**16.41**	6	8	2	2	–	–	–	–	–	–	–	–	Pyridazine, 3,6-dimethoxy-	4603-59-2	**R0642**

MASS TO CHARGE RATIOS								M.W.	INTENSITIES								Parent	C	H	O	N	Cl	Br	F	S	P	B	Si	X	COMPOUND NAME	CAS Reg No	No
69	55	41	39	111	97	93	99	**140**	100	58	47	18	12	12	10	10	**2.00**	9	16	1	–	–	–	–	–	–	–	–	–	Cyclooctanecarboxaldehyde		C0201
69	55	41	111	39	79	28	67	**140**	100	73	67	46	29	27	25	25	**4.00**	9	16	1	–	–	–	–	–	–	–	–	–	9-Oxabicyclo[6.1.0]nonane, 1-methyl-, cis-	52954-47-9	S8196
69	55	56	41	70	84	43	29	**140**	100	71	65	63	38	27	18	17	**3.86**	10	20	–	–	–	–	–	–	–	–	–	–	Cyclopropane, 1,2-dimethyl-1-pentyl-	62238-04-4	T5966
69	55	111	41	29	39	27	43	**140**	100	57	55	33	13	11	10	10	**0.00**	10	20	–	–	–	–	–	–	–	–	–	–	Cyclohexane, cis-1-ethyl-1,3-dimethyl-	62238-31-7	T6019
69	55	111	41	56	70	43	29	**140**	100	72	63	36	23	16	16	14	**5.48**	10	20	–	–	–	–	–	–	–	–	–	–	Cyclohexane, 2-ethyl-1,3-dimethyl-	7045-67-2	R2803
69	56	41	55	57	43	70	29	**140**	100	97	75	64	28	27	21	19	**5.43**	10	20	–	–	–	–	–	–	–	–	–	–	Cyclopropane, 1,1-dimethyl-2-pentyl-	62167-97-9	T5878
69	56	41	55	68	57	43	70	**140**	100	85	74	72	56	49	47	30	**4.00**	10	20	–	–	–	–	–	–	–	–	–	–	Cyclopentane, isopentyl-	1005-68-1	Q5019
69	56	55	41	27	29	43	57	**140**	100	89	82	73	35	34	29	26	**14.10**	10	20	–	–	–	–	–	–	–	–	–	–	3-Nonene, 2-methyl-		Y0484
69	70	55	41	56	43	29	57	**140**	100	84	79	77	58	39	32	30	**10.00**	10	20	–	–	–	–	–	–	–	–	–	–	Cyclohexane, 1,1,2,3-tetramethyl-		P3948
69	70	55	56	43	140	41	57	**140**	100	64	52	39	26	26	19	18		10	20	–	–	–	–	–	–	–	–	–	–	2-Octene, 2,6-dimethyl-	4057-42-5	R0041
69	83	41	70	55	57	125	39	**140**	100	81	79	73	55	46	45	33	**7.72**	10	20	–	–	–	–	–	–	–	–	–	–	3-Hexene, (E)-2,2,5,5-tetramethyl-		Y1465
69	84	41	39	43	125	27	55	**140**	100	47	29	15	10	10	8	7	**2.00**	9	16	1	–	–	–	–	–	–	–	–	–	2-Nonen-4-one	32064-72-5	S3470
69	84	41	39	43	125	55	85	**140**	100	48	30	15	10	10	7	6	**2.00**	9	16	1	–	–	–	–	–	–	–	–	–	2-Nonen-4-one	32064-72-5	S3471
69	84	41	39	125	43	97	111	**140**	100	47	28	15	10	10	5	3	**1.00**	9	16	1	–	–	–	–	–	–	–	–	–	2-Nonen-4-one		M2309
69	97	41	39	98	43	140	111	**140**	100	97	73	47	43	29	28	26		8	12	2	–	–	–	–	–	–	–	–	–	2H-Furan-2-one, 4-methyl-5-propyl-		C0979
69	97	56	140	67	98	70	84	**140**	100	94	40	36	24	21	18	15		10	20	–	–	–	–	–	–	–	–	–	–	3-Heptene, 4-propyl-		Y1781
69	111	43	81	41	83	39	53	**140**	100	37	32	21	19	19	17	14	**0.00**	9	16	1	–	–	–	–	–	–	–	–	–	Pentyne, 3-methyl-3-isopropyl-		04833
69	111	55	41	29	27	39	140	**140**	100	75	58	45	24	23	17	14		10	20	–	–	–	–	–	–	–	–	–	–	Cyclohexane, diethyl-	1331-43-7	H1177
69	111	55	41	29	110	70	27	**140**	100	64	56	32	12	10	10	9	**0.00**	10	20	–	–	–	–	–	–	–	–	–	–	Cyclohexane, (E)-1-ethyl-1,3-dimethyl-	62238-29-3	T6015
69	111	55	41	43	56	28	70	**140**	100	61	49	34	15	13	13	12	**3.58**	10	20	–	–	–	–	–	–	–	–	–	–	Cyclooctane, ethyl-	13152-02-8	R4291
69	111	55	41	56	43	70	29	**140**	100	67	56	25	13	12	11	9	**2.74**	10	20	–	–	–	–	–	–	–	–	–	–	Cyclohexane, 1-ethyl-2,4-dimethyl-	61142-69-6	T5503
69	111	55	41	70	56	83	140	**140**	100	77	60	31	25	17	13	13		10	20	–	–	–	–	–	–	–	–	–	–	Cyclohexane, 1-ethyl-2,3-dimethyl-	7058-05-1	R2819
69	111	55	41	110	29	83	39	**140**	100	65	61	32	13	13	10	10	**0.07**	10	20	–	–	–	–	–	–	–	–	–	–	Cyclohexane, trans-1,4-dimethyl-1-ethyl-	62238-32-8	T6020
69	111	55	41	110	29	83	70	**140**	100	64	62	32	15	13	12	11	**0.00**	10	20	–	–	–	–	–	–	–	–	–	–	Cyclohexane, cis-1-ethyl-1,4-dimethyl-	62238-30-6	T6017
69	111	55	41	110	70	43	56	**140**	100	80	43	26	12	11	11	10	**6.14**	10	20	–	–	–	–	–	–	–	–	–	–	Cyclohexane, diethyl-	1331-43-7	Q5911
69	125	41	83	55	39	27	29	**140**	100	98	57	53	44	27	23	22	**0.72**	10	20	–	–	–	–	–	–	–	–	–	–	Cyclohexane, cis-1,1,3,5-tetramethyl-		Y1982
69	125	83	41	55	39	27	29	**140**	100	84	72	66	52	32	26	24	**0.56**	10	20	–	–	–	–	–	–	–	–	–	–	Cyclohexane, trans-1,1,3,5-tetramethyl-		Y1983
69	140	97	43	112	41	39	59	**140**	100	64	38	33	15	12	11	11		7	8	3	–	–	–	–	–	–	–	–	–	4H-Pyran-4-one, 2-methoxy-6-methyl-	4225-42-7	R0226
70	27	111	55	39	41	29	28	**140**	100	59	58	50	49	44	41	37	**25.50**	9	16	1	–	–	–	–	–	–	–	–	–	Bicyclo[2.2.2]octan-1-ol, 4-methyl-	824-13-5	Q4266
70	42	140	43	66	71	97	55	**140**	100	51	30	25	19	11	11	10		7	8	3	–	–	–	–	–	–	–	–	–	1,2,4-Cyclopentanetrione, 3,3-dimethyl-	17530-56-2	R7054
70	55	41	42	43	69	29	27	**140**	100	79	45	30	28	23	21	17	**2.70**	10	20	–	–	–	–	–	–	–	–	–	–	Nonane, 3-methylene-	51655-64-2	S7729
70	55	41	43	71	42	29	69	**140**	100	71	43	36	31	27	24	18	**2.90**	10	20	–	–	–	–	–	–	–	–	–	–	Octane, 3-methyl-6-methylene-	74630-07-2	T8155
70	55	41	56	69	42	98	29	**140**	100	66	30	29	26	22	18	11	**0.90**	10	20	–	–	–	–	–	–	–	–	–	–	Cyclobutane, 2-ethyl-1-methyl-3-propyl-	61233-72-5	T5685
70	55	41	69	43	42	29	71	**140**	100	68	63	39	26	22	18	17	**7.88**	10	20	–	–	–	–	–	–	–	–	–	–	2-Nonene, (E)-3-methyl-	17003-99-5	R6566
70	83	55	41	112	42	140	43	**140**	100	75	62	37	33	32	31	22		8	12	2	–	–	–	–	–	–	–	–	–	1,3-Cyclohexanedione, 6-ethyl-		L1102
70	97	140	55	42	41	67	39	**140**	100	91	81	77	52	47	38	31		8	12	2	–	–	–	–	–	–	–	–	–	1,3-Cyclohexanedione, 2,2-dimethyl-	562-13-0	Q2098
71	41	67	45	39	55	27	29	**140**	100	77	65	61	44	43	39	33	**0.78**	9	16	1	–	–	–	–	–	–	–	–	–	2,7-Octadiene, 1-methoxy-		C0982
71	41	67	45	97	55	79	58	**140**	100	78	63	61	38	38	35	32	**0.33**	9	16	1	–	–	–	–	–	–	–	–	–	2,7-Octadiene, 1-methoxy-		C0797
71	41	79	55	39	93	27	108	**140**	100	43	32	27	22	20	17	16	**0.31**	9	16	1	–	–	–	–	–	–	–	–	–	1,7-Octadiene, 3-methoxy-		C0981
73	98	140	43	125	45	68	41	**140**	100	55	28	27	25	21	17	14		6	12	–	2	–	–	–	–	–	–	1	–	1H-Imidazole, 1-(trimethylsilyl)-	18156-74-6	09747
73	98	140	125	43	45	70	29	**140**	100	60	58	42	32	15	12	11		6	12	–	2	–	–	–	–	–	–	1	–	1H-Imidazole, 1-(trimethylsilyl)-	18156-74-6	R7400
73	140	98	125	43	45	141	74	**140**	100	70	56	47	12	10	8	8		6	12	–	2	–	–	–	–	–	–	1	–	1H-Imidazole, 1-(trimethylsilyl)-	18156-74-6	R7401
76	41	39	78	75	111	77	63	**140**	100	67	36	34	23	22	17	14	**0.19**	4	6	1	–	2	–	–	–	–	–	–	–	Isobutanal, 2,3-dichloro-		Z0725
76	51	50	78	75	49	74	140	**140**	100	30	29	10	6	5	5	3		7	8	1	–	–	–	–	1	–	–	–	–	Benzene, (methylsulphinyl)-	1193-82-4	Q5678
77	41	76	79	69	27	78	39	**140**	100	51	33	33	24	17	14	14	**0.03**	5	10	–	–	2	–	–	–	–	–	–	–	Butane, 2,3-dichloro-2-methyl-		03382
79	41	77	80	39	93	27	55	**140**	100	63	56	52	41	37	37	36	**6.80**	9	16	1	–	–	–	–	–	–	–	–	–	2,4-Nonadienol, (E,E)-		P3897
79	43	98	80	70	81	41	83	**140**	100	93	68	58	41	36	28	27	**7.40**	8	12	2	–	–	–	–	–	–	–	–	–	2-Cyclohexen-1-ol acetate		C0491
80	81	79	108	27	41	39	53	**140**	100	99	44	31	26	25	24	20	**18.65**	8	12	2	–	–	–	–	–	–	–	–	–	3-Cyclohexene-1-carboxylic acid, methyl ester		C1118
80	81	79	108	140	109	41	53	**140**	100	87	56	42	25	16	16	16		8	12	2	–	–	–	–	–	–	–	–	–	3-Cyclohexene-1-carboxylic acid, methyl ester	6493-77-2	R2329
80	81	122	79	55	67	93	41	**140**	100	68	55	33	22	22	21	20	**1.06**	9	16	1	–	–	–	–	–	–	–	–	–	Bicyclo[3.3.1]nonan-3-ol, endo-	10036-10-9	R3549
81	41	55	112	79	83	67	94	**140**	100	92	86	79	70	61	56	47	**5.04**	8	12	2	–	–	–	–	–	–	–	–	–	1,2-Cyclohexanedicarboxaldehyde	51555-65-8	S7695
81	43	52	98	53	15	140	27	**140**	100	67	48	47	40	33	32	26		7	8	3	–	–	–	–	–	–	–	–	–	2-Furanmethanol, acetate	623-17-6	H0958
81	43	98	52	53	27	140	80	**140**	100	88	56	47	39	29	28	19		7	8	3	–	–	–	–	–	–	–	–	–	2-Furanmethanol, acetate	623-17-6	Q3103
81	67	54	68	55	140	39	41	**140**	100	68	46	44	33	29	25	25		8	12	2	–	–	–	–	–	–	–	–	–	Phthalide, cis-hexahydro-		16521
81	74	59	80	41	39	79	43	**140**	100	79	74	63	57	50	46	41	**1.04**	8	12	2	–	–	–	–	–	–	–	–	–	6-Heptynoic acid, methyl ester	56909-02-5	T4258
81	79	53	41	39	80	82	27	**140**	100	13	10	9	8	7	7	6	**3.81**	8	12	2	–	–	–	–	–	–	–	–	–	2-Cyclopentene-1-carboxylic acid, 1-methyl-, methyl ester	68317-73-7	T6924

MASS TO CHARGE RATIOS								M.W.	INTENSITIES								Parent	C	H	O	N	Cl	Br	F	S	P	B	Si	X	COMPOUND NAME	CAS Reg No	No
81	80	79	108	54	41	39	140	**140**	100	98	47	45	27	25	22	20		8	12	2	–	–	–	–	–	–	–	–	–	**3-Cyclohexene-1-carboxylic acid, methyl ester**		**C0181**
81	80	79	109	41	53	39	55	**140**	100	56	38	12	12	11	7	7	**3.80**	8	12	2	–	–	–	–	–	–	–	–	–	**Cyclopentanecarboxylic acid, 3-methylene-, methyl ester**	37575-80-7	**S5530**
81	122	67	80	93	41	79	94	**140**	100	83	37	37	27	25	23	19	**2.09**	9	16	1	–	–	–	–	–	–	–	–	–	**Bicyclo[3.3.1]nonan-9-ol**	15598-80-8	**R5777**
81	122	80	55	67	41	54	79	**140**	100	65	36	22	21	20	20	18	**1.30**	9	16	1	–	–	–	–	–	–	–	–	–	**Bicyclo[3.3.1]nonan-3-ol, exo-**	10036-08-5	**R3547**
81	122	80	93	67	41	94	79	**140**	100	91	48	46	44	38	30	28	**1.98**	9	16	1	–	–	–	–	–	–	–	–	–	**Bicyclo[3.3.1]nonan-9-ol**	15598-80-8	**R5776**
81	122	94	96	67	55	41	79	**140**	100	94	82	71	63	58	43	43	**24.83**	9	16	1	–	–	–	–	–	–	–	–	–	**Bicyclo[3.3.1]nonan-2-ol, exo-**	10036-15-4	**R3551**
81	122	94	96	67	55	80	79	**140**	100	80	78	70	62	57	55	45	**18.13**	9	16	1	–	–	–	–	–	–	–	–	–	**Bicyclo[3.3.1]nonan-2-ol, endo-**	10036-25-6	**R3553**
81	140	79	80	108	109	53	77	**140**	100	36	36	29	27	25	19	9		8	12	2	–	–	–	–	–	–	–	–	–	**1-Cyclohexene-1-carboxylic acid, methyl ester**		**C0175**
82	41	67	69	54	55	83	43	**140**	100	78	48	34	30	19	18	15	**3.00**	9	16	1	–	–	–	–	–	–	–	–	–	**5-Heptenal, 2,6-dimethyl-**		**L3649**
82	41	67	69	55	39	56	27	**140**	100	48	35	28	21	16	13	13	**4.30**	9	16	1	–	–	–	–	–	–	–	–	–	**5-Heptenal, 2,6-dimethyl-**		**P3910**
82	41	67	69	55	56	29	83	**140**	100	77	60	36	30	19	17	14	**2.84**	9	16	1	–	–	–	–	–	–	–	–	–	**5-Heptenal, 2,6-dimethyl-**	106-72-9	**P7931**
82	43	125	39	28	54	27	83	**140**	100	72	25	19	16	12	11	11	**1.70**	8	12	2	–	–	–	–	–	–	–	–	–	**2H-Pyran-2-one, 5,6-dihydro-4,6,6-trimethyl-**	6970-56-5	**R2747**
82	56	41	55	69	42	140	70	**140**	100	62	60	46	46	18	18	17		9	16	1	–	–	–	–	–	–	–	–	–	**Cyclohexanone, 2,2,6-trimethyl-**	2408-37-9	**Q7972**
82	56	69	41	55	140	70		**140**	100	46	36	36	31	19	14			9	16	1	–	–	–	–	–	–	–	–	–	**Cyclohexanone, 2,2,6-trimethyl-**		**M4213**
82	56	69	41	55	140	70	83	**140**	100	50	40	38	38	25	15	12		9	16	1	–	–	–	–	–	–	–	–	–	**Cyclohexanone, 2,2,6-trimethyl-**	2408-37-9	**Q7973**
82	140	112	69	28	68	27	42	**140**	100	68	28	24	16	16	12	10		6	8	2	2	–	–	–	–	–	–	–	–	**Uracil, 1-ethyl-**		**M2734**
83	55	29	27	39	57	98	41	**140**	100	42	28	18	16	16	15	14	**1.00**	9	16	1	–	–	–	–	–	–	–	–	–	**2-Octen-4-one, 2-methyl-**	19860-71-0	**R8343**
83	55	41	27	57	39	140	28	**140**	100	35	15	14	13	13	12	10		9	16	1	–	–	–	–	–	–	–	–	–	**2-Hepten-4-one, 2,6-dimethyl-**		**A0738**
83	55	41	39	29	95	125	43	**140**	100	83	26	20	20	18	15	15	**8.29**	8	12	2	–	–	–	–	–	–	–	–	–	**2-Butenoic acid, 2-methyl-, allyl ester**		**Z0734**
83	55	41	82	97	56	27	43	**140**	100	87	54	51	26	25	25	22	**14.50**	10	20	–	–	–	–	–	–	–	–	–	–	**Cyclohexane, isobutyl-**		**Y0230**
83	55	41	140	43	84	56	42	**140**	100	50	40	30	25	25	25	25		8	12	2	–	–	–	–	–	–	–	–	–	**1,3-Cyclohexanedione, 5,5-dimethyl-**		**L1057**
83	55	82	41	29	27	39	140	**140**	100	69	59	43	23	21	15	14		10	20	–	–	–	–	–	–	–	–	–	–	**Cyclohexane, butyl-**		**Y0229**
83	55	82	41	140	29	67	27	**140**	100	67	59	37	17	15	14	12		10	20	–	–	–	–	–	–	–	–	–	–	**Cyclohexane, butyl-**	1678-93-9	**Q6490**
83	55	82	97	69	67	140	125	**140**	100	90	51	30	21	16	15	2		10	20	–	–	–	–	–	–	–	–	–	–	**Cyclohexane, isobutyl-**		**L7109**
83	55	98	29	111	27	39	57	**140**	100	57	51	33	30	21	18	16	**2.22**	9	16	1	–	–	–	–	–	–	–	–	–	**3-Nonen-5-one**		**C1561**
83	56	55	41	39	42	140	43	**140**	100	80	55	39	25	22	22	20		8	12	2	–	–	–	–	–	–	–	–	–	**1,3-Cyclohexanedione, 5,5-dimethyl-**	126-81-8	**P9505**
83	56	55	41	140	39	42	112	**140**	100	85	72	55	40	32	32	31		8	12	2	–	–	–	–	–	–	–	–	–	**1,3-Cyclohexandione, 4,4-dimethyl-**		**P1227**
83	69	55	41	56	39	27	70	**140**	100	56	43	42	42	26	20	20	**13.91**	9	16	1	–	–	–	–	–	–	–	–	–	**Cyclohexanone, 3,3,5-trimethyl-**	873-94-9	**Q4437**
83	69	56	55	140	41	112	39	**140**	100	48	28	27	27	23	23	12		9	16	1	–	–	–	–	–	–	–	–	–	**Cyclohexanone, 3,3,5-trimethyl-**	873-94-9	**Q4438**
83	82	55	140	41	67	56	69	**140**	100	63	53	27	22	13	13	11		10	20	–	–	–	–	–	–	–	–	–	–	**Cyclohexane, butyl-**		**00530**
83	98	140	43	55	82	84	44	**140**	100	96	30	24	13	9	9	7		8	12	2	–	–	–	–	–	–	–	–	–	**1,3-Pentadien-2-ol, 4-methyl-, acetate**	34645-17-5	**S4690**
83	111	55	39	43	53	41	57	**140**	100	92	26	26	21	20	11	9	**0.00**	9	16	1	–	–	–	–	–	–	–	–	–	**Pentyne, 3-ethoxy-3-ethyl-**		**04838**
84	43	83	41	55	125	56	140	**140**	100	38	25	24	22	21	20	17		9	16	1	–	–	–	–	–	–	–	–	–	**2-Cyclohexen-1-ol, 2,6,6-trimethyl-**	54345-59-4	**S8903**
84	55	83	69	56	57	53	67	**140**	100	43	19	15	13	9	6	6	**3.00**	9	16	1	–	–	–	–	–	–	–	–	–	**Cyclopentanone, 2-sec-butyl-**	6376-92-7	**R2279**
84	140	125	43	69	141	55	97	**140**	100	99	56	25	23	16	14	13		7	8	3	–	–	–	–	–	–	–	–	–	**1,3-Cyclopentanedione, 2-acetyl-**	3859-39-0	**Q9870**
85	41	56	39	55	29	28	27	**140**	100	50	50	46	41	30	26	25	**0.64**	8	12	2	–	–	–	–	–	–	–	–	–	**2H-Pyran, tetrahydro-2-(2-propynyloxy)-**	6089-04-9	**R2053**
85	55	41	29	140	68	43	44	**140**	100	81	62	54	46	43	34	33		8	16	–	2	–	–	–	–	–	–	–	–	**Hydrazine, 1,1-di-2-butenyl-**	36566-70-8	**S5290**
86	42	39	140	27	43	41	112	**140**	100	43	27	25	22	16	16	12		8	12	2	–	–	–	–	–	–	–	–	–	**1,4-Dioxaspiro[4.5]dec-6-ene**	1004-58-6	**06888**
89	98	41	97	69	80	55	140	**140**	100	84	63	58	37	34	33	29		8	12	2	–	–	–	–	–	–	–	–	–	**1,3-Butadiene, 2-(acetoxymethyl)-3-methyl-**		**C0153**
91	55	93	41	69	29	27	39	**140**	100	55	32	31	27	20	20	19	**0.00**	5	10	–	–	2	–	–	–	–	–	–	–	**Butane, 1,2-dichloro-2-methyl-**		**03386**
91	140	51	92	77	39	65	142	**140**	100	19	12	8	7	7	7	6		8	9	–	–	1	–	–	–	–	–	–	–	**Benzene, (2-chloroethyl)-**	622-24-2	**H0955**
91	140	51	92	77	65	142	39	**140**	100	17	9	8	7	6	6	4		8	9	–	–	1	–	–	–	–	–	–	–	**Benzene, (2-chloroethyl)-**	622-24-2	**Z0730**
91	140	139	79	77	39	125	41	**140**	100	97	96	54	45	42	35	34		8	12	–	–	–	–	–	1	–	–	–	–	**2-Cyclopentene-1-thione, 2-ethyl-3-methyl-**	38693-67-3	**S5930**
95	67	41	79	55	39	53	81	**140**	100	44	37	33	33	25	25	19	**18.87**	8	12	2	–	–	–	–	–	–	–	–	–	**Cyclopropanecarboxylic acid, 3-vinyl-2,2-dimethyl-, cis-**	67528-58-9	**T6848**
95	67	97	41	39	140	125	27	**140**	100	99	72	59	48	47	32	28		8	12	2	–	–	–	–	–	–	–	–	–	**2,4-Hexadienoic acid, ethyl ester**	2396-84-1	**Q7952**
95	126	28	39	44	81	96	38	**140**	100	41	31	18	13	9	8	7	**2.00**	7	8	3	–	–	–	–	–	–	–	–	–	**2-Oxabicyclo[3.1.0]hex-3-ene-4-carboxylic acid, methyl ester**	56666-81-0	**T4035**
97	41	43	71	69	55	39	42	**140**	100	53	49	47	38	15	11	8	**5.00**	9	16	1	–	–	–	–	–	–	–	–	–	**5-Octen-4-one, 7-methyl-**	32064-78-1	**S3483**
97	41	43	71	69	55	39	140	**140**	100	53	50	47	38	15	12	6		9	16	1	–	–	–	–	–	–	–	–	–	**5-Octen-4-one, 7-methyl-**		**M2315**
97	41	43	140	69	98	55	71	**140**	100	40	18	15	11	9	8	5		9	16	1	–	–	–	–	–	–	–	–	–	**4-Hepten-3-one, 2,6-dimethyl-**	56259-14-4	**T3233**
97	42	140	69	28	98	41	27	**140**	100	12	8	7	6	5	4	3		8	16	–	2	–	–	–	–	–	–	–	–	**2-Pyrazoline, 1-isobutyl-3-methyl-**	26964-53-4	**S1578**
97	55	39	27	69	56	42	140	**140**	100	59	28	27	23	22	22	11		9	16	1	–	–	–	–	–	–	–	–	–	**Cyclohexanone, 3-propyl-**		**L8807**
97	55	41	39	43	71	69	98	**140**	100	70	31	16	16	10	6	6	**0.80**	9	16	1	–	–	–	–	–	–	–	–	–	**5-Nonen-4-one**	32064-77-0	**S3481**
97	55	41	39	43	71	98	69	**140**	100	72	32	17	17	11	8	7	**0.70**	9	16	1	–	–	–	–	–	–	–	–	–	**5-Nonen-4-one**	32064-77-0	**S3480**
97	55	41	43	27	98	77	69	**140**	100	19	14	12	8	6	4	4	**0.00**	9	16	1	–	–	–	–	–	–	–	–	–	**1-Heptanol, 4-vinyl-**		**L8795**
97	55	41	43	39	71	112	125	**140**	100	72	33	17	17	10	5	1	**0.70**	9	16	1	–	–	–	–	–	–	–	–	–	**5-Nonen-4-one**		**M2314**
97	55	84	41	27	39	29	54	**140**	100	80	73	60	39	37	33	33	**21.80**	9	16	1	–	–	–	–	–	–	–	–	–	**3-Nonyn-1-ol**	31333-13-8	**S3247**

MASS TO CHARGE RATIOS								M.W.	INTENSITIES								Parent	C	H	O	N	Cl	Br	F	S	P	B	Si	X	COMPOUND NAME	CAS Reg No	No
97	55	96	140	41	81	69	43	**140**	100	94	46	26	23	19	18	12		10	20	–	–	–	–	–	–	–	–	–	–	**3-Menthane, (1S,3R)-(+)-**	13837-66-6	**09613**
97	69	140	41	55	29	42	27	**140**	100	25	11	9	7	7	6	6		8	16	–	2	–	–	–	–	–	–	–	–	**2-Pyrazoline, 1-butyl-5-methyl-**	22581-50-6	**R9818**
97	83	43	98	69	140	41	55	**140**	100	98	76	63	48	46	40	29		8	12	2	–	–	–	–	–	–	–	–	–	**1-Cyclopentanone, 2-(2-oxopropyl)-**		**17506**
97	125	43	96	95	77	75	140	**140**	100	76	55	34	26	26	18	15		8	9	1	–	–	–	1	–	–	–	–	–	**Benzyl alcohol, 3-fluoro-α-methyl-**	402-63-1	**Q0683**
97	140	45	98	27	39	53	99	**140**	100	19	16	16	12	11	6	5		8	12	–	–	–	–	–	1	–	–	–	–	**Thiophene, 2-butyl-**		**Y0505**
97	140	98	45	39	99	53	41	**140**	100	23	16	13	9	5	5	3		8	12	–	–	–	–	–	1	–	–	–	–	**Thiophene, 2-butyl-**		**X0090**
97	140	98	45	39	99	53	43	**140**	100	26	13	13	11	5	5	5		8	12	–	–	–	–	–	1	–	–	–	–	**Thiophene, 2-isobutyl-**		**Y2043**
98	41	55	42	70	83	43	56	**140**	100	42	37	22	22	18	14	14	**2.00**	9	16	1	–	–	–	–	–	–	–	–	–	**Cyclohexanone, 2-propyl-**	94-65-5	**P6868**
98	41	55	125	69	140	97	83	**140**	100	39	36	36	35	30	28	26		9	16	1	–	–	–	–	–	–	–	–	–	**Cyclohexanone, 2-isopropyl-**	1004-77-9	**Q5006**
98	43	97	140	39	41	67	40	**140**	100	61	33	31	22	14	14	8		6	8	2	2	–	–	–	–	–	–	–	–	**2-Pyrazolin-5-one, 1-acetyl-3-methyl-**	5203-92-9	**R1194**
98	43	97	140	39	41	67	69	**140**	100	61	33	31	22	14	14	8		6	8	2	2	–	–	–	–	–	–	–	–	**2-Pyrazolin-5-one, 1-acetyl-3-methyl-**		**L7283**
98	67	41	43	39	55	83	27	**140**	100	99	71	70	53	39	35	31	**18.35**	8	12	2	–	–	–	–	–	–	–	–	–	**2H-Pyran-2-one, 5,6-dihydro-3,5,5-trimethyl-**	74793-10-5	**T8589**
98	70	43	83	97	55	41	39	**140**	100	60	39	23	20	18	15	13	**11.92**	8	12	2	–	–	–	–	–	–	–	–	–	**1-Cyclohexen-1-ol, acetate**		**C1428**
98	70	43	83	97	55	41	140	**140**	100	74	69	25	23	20	17	10		8	12	2	–	–	–	–	–	–	–	–	–	**1-Cyclohexen-1-ol, acetate**	1424-22-2	**Q5936**
99	71	140	55	112	45	97	39	**140**	100	54	52	40	36	30	24	24		7	8	1	–	–	–	–	1	–	–	–	–	**2(5H)-Thiophenone, 5-allyl-**		**04441**
99	125	43	81	41	42	79	39	**140**	100	25	20	20	12	10	10	8	**0.00**	4	10	2	–	–	–	1	–	1	–	–	–	**Phosphonofluoridic acid, methyl-, isopropyl ester**		**16708**
99	127	141	139	125				**140**	100	33	21	14	6				**0.00**	4	10	2	–	–	–	1	–	1	–	–	–	**Phosphonofluoridic acid, methyl-, isopropyl ester**	107-44-8	**P8003**
101	67	103	65	75	102	41	66	**140**	100	72	37	26	26	23	19	18	**7.17**	5	10	–	–	2	–	–	–	–	–	–	–	**Pentane, 1,2-dichloro-**	1674-33-5	**Q6473**
105	41	55	42	107	39	86	78	**140**	100	61	55	47	37	30	30	29	**1.00**	4	6	1	–	2	–	–	–	–	–	–	–	**Butanoyl chloride, 4-chloro-**	4635-59-0	**R0663**
105	77	51	50	38	74	53	106	**140**	100	89	51	31	12	10	9	9	**0.00**	7	5	1	–	1	–	–	–	–	–	–	–	**Benzoyl chloride**	98-88-4	**P7206**
105	77	51	50	38	106	74	37	**140**	100	65	35	24	11	8	8	7	**4.70**	7	5	1	–	1	–	–	–	–	–	–	–	**Benzoyl chloride**	98-88-4	**H0231**
105	77	51	50	106	74	37	27	**140**	100	67	38	26	9	8	8	5	**0.00**	7	5	1	–	1	–	–	–	–	–	–	–	**Benzoyl chloride**	98-88-4	**H0230**
105	140	51	77	79	103	106	39	**140**	100	25	13	12	10	10	9	5		8	9	–	–	1	–	–	–	–	–	–	–	**Benzyl chloride, 4-methyl-**		**L0630**
105	140	51	77	79	103	106	104	**140**	100	27	13	11	9	9	9	5		8	9	–	–	1	–	–	–	–	–	–	–	**Benzyl chloride, 2-methyl-**		**L0628**
105	140	51	77	79	103	106	125	**140**	100	20	12	12	12	10	9	8		8	9	–	–	1	–	–	–	–	–	–	–	**Benzene, (1-chloroethyl)-**		**L0631**
105	140	51	77	79	103	106	142	**140**	100	25	13	12	10	10	9	8		8	9	–	–	1	–	–	–	–	–	–	–	**Benzyl chloride, 4-methyl-**		**Z0729**
105	140	51	77	103	79	106	142	**140**	100	27	13	11	9	9	9	9		8	9	–	–	1	–	–	–	–	–	–	–	**Benzyl chloride, 2-methyl-**		**Z0720**
105	140	51	77	103	125	79	139	**140**	100	41	20	15	15	12	10	9		8	9	–	–	1	–	–	–	–	–	–	–	**Benzene, 2-chloro-1,4-dimethyl-**		**F0151**
105	140	51	77	103	125	106	139	**140**	100	50	16	15	13	10	9	9		8	9	–	–	1	–	–	–	–	–	–	–	**Benzene, 1-chloro-2,4-dimethyl-**		**L0606**
105	140	51	77	103	142	139	104	**140**	100	42	19	16	15	14	10	9		8	9	–	–	1	–	–	–	–	–	–	–	**Benzene, 2-chloro-1,4-dimethyl-**	95-72-7	**H0205**
105	140	51	77	106	79	103	39	**140**	100	25	10	10	9	8	8	4		8	9	–	–	1	–	–	–	–	–	–	–	**Benzyl chloride, 3-methyl-**		**L0629**
105	140	51	77	125	103	139	106	**140**	100	48	15	14	13	13	10	9		8	9	–	–	1	–	–	–	–	–	–	–	**Benzene, 2-chloro-1,4-dimethyl-**		**L0608**
105	140	51	103	77	106	79	78	**140**	100	44	15	15	14	10	8	7		8	9	–	–	1	–	–	–	–	–	–	–	**Benzene, 1-chloro-2,4-dimethyl-**		**L0607**
105	140	51	103	77	142	106	79	**140**	100	44	15	15	14	14	10	8		8	9	–	–	1	–	–	–	–	–	–	–	**Benzene, 1-chloro-2,6-dimethyl-**		**Z0726**
105	140	51	125	77	39	142	103	**140**	100	46	29	25	21	15	14	13		8	9	–	–	1	–	–	–	–	–	–	–	**Benzene, 1-chloro-3,4-dimethyl-**	615-60-1	**Q2919**
105	140	51	142	77	103	125	106	**140**	100	50	16	16	15	13	10	9		8	9	–	–	1	–	–	–	–	–	–	–	**Benzene, 1-chloro-2,4-dimethyl-**		**Z0727**
105	140	77	51	106	142	79	103	**140**	100	25	10	10	9	8	8	8		8	9	–	–	1	–	–	–	–	–	–	–	**Benzyl chloride, 3-methyl-**		**Z0718**
105	140	77	103	79	106	125	104	**140**	100	19	13	12	11	9	8	8		8	9	–	–	1	–	–	–	–	–	–	–	**Benzene, (1-chloroethyl)-**	672-65-1	**Q3645**
105	140	92	51	65	77	103	39	**140**	100	20	8	7	5	5	4	3		8	9	–	–	1	–	–	–	–	–	–	–	**Benzene, (2-chloroethyl)-**		**L0632**
105	140	125	51	77	103	139	106	**140**	100	49	21	15	14	13	10	9		8	9	–	–	1	–	–	–	–	–	–	–	**Benzene, 1-chloro-2,3-dimethyl-**		**L0605**
109	53	110	125	44	52	140	51	**140**	100	70	11	11	7	7	7	6		7	8	3	–	–	–	–	–	–	–	–	–	**2-Furancarboxylic acid, 3-methyl-, methyl ester**	6141-57-7	**H1590**
109	110	140	83	57	63	96	51	**140**	100	76	32	19	10	9	7	6		8	9	1	–	–	–	1	–	–	–	–	–	**Benzeneethanol, 3-fluoro-**	52059-53-7	**S7844**
109	110	140	83	122	57	139	63	**140**	100	27	16	15	9	8	8	7		8	9	1	–	–	–	1	–	–	–	–	–	**Benzeneethanol, 4-fluoro-**	7589-27-7	**R3311**
109	140	125	43	108	51	53	80	**140**	100	60	23	19	15	9	8	8		7	8	3	–	–	–	–	–	–	–	–	–	**3-Furancarboxylic acid, 2-methyl-, methyl ester**	6141-58-8	**H1591**
110	109	79	95	80	15	140	47	**140**	100	35	34	25	23	20	18	10		3	9	4	–	–	–	–	–	1	–	–	–	**Phosphoric acid, trimethyl ester**	512-56-1	**09446**
111	30	70	41	28	82	42	56	**140**	100	63	61	45	45	34	32	30	**1.60**	8	16	–	2	–	–	–	–	–	–	–	–	**Octanenitrile, 6-amino-**	61233-50-9	**T5658**
111	41	43	39	28	70	140	55	**140**	100	95	70	40	35	30	30	25		8	12	2	–	–	–	–	–	–	–	–	–	**2H-Pyran-2-carboxaldehyde, 2,3-dihydro-2,5-dimethyl-**		**A0737**
111	43	140	41	39	55	27	29	**140**	100	41	23	20	15	13	10	10		8	12	2	–	–	–	–	–	–	–	–	–	**2H-Pyran-2-carboxaldehyde, 2,3-dihydro-2,5-dimethyl-**		**03002**
111	100	83	58	42	54	140	56	**140**	100	53	24	17	16	11	8	8		8	16	–	2	–	–	–	–	–	–	–	–	**Propanenitrile, 3-(ethylpropylamino)-**	55619-10-8	**T1697**
111	140	44	27	77	112	45	67	**140**	100	27	9	8	7	7	7	5		8	12	–	–	–	–	–	1	–	–	–	–	**Thiophene, 2-methyl-5-propyl-**	33933-73-2	**S4461**
111	140	125	83	29	42	28	56	**140**	100	57	43	41	35	35	33	33		8	16	–	2	–	–	–	–	–	–	–	–	**2-Propenal, 2-methyl-, diethylhydrazone**	75268-11-0	**T8868**
112	28	69	140	39	41	42	68	**140**	100	22	18	14	10	10	10	10		5	4	3	2	–	–	–	–	–	–	–	–	**Uracil, 5-formyl-**	1195-08-0	**Q5688**
112	28	69	140	68	42	41	40	**140**	100	18	14	11	8	8	8	8		5	4	3	2	–	–	–	–	–	–	–	–	**Uracil, 5-formyl-**		**03420**
112	43	69	125	58	140	53	42	**140**	100	99	93	57	45	44	28	13		7	8	3	–	–	–	–	–	–	–	–	–	**2H-Pyran-2-one, 4-methoxy-6-methyl-**	672-89-9	**Q3649**
112	56	83	55	41	43	111	140	**140**	100	57	34	32	31	28	28	27		8	12	2	–	–	–	–	–	–	–	–	–	**1,3-Cyclopentanedione, 2-ethyl-2-methyl-**	25112-87-2	**S0932**
112	64	140	125	92	63	57	83	**140**	100	53	24	23	20	19	18	14		8	9	1	–	–	–	1	–	–	–	–	–	**Benzene, 1-ethoxy-2-fluoro-**	451-80-9	**Q0778**

MASS TO CHARGE RATIOS								M.W.	INTENSITIES								Parent	C	H	O	N	Cl	Br	F	S	P	B	Si	X	COMPOUND NAME	CAS Reg No	No
112	69	97	43	55	84	70	41	**140**	100	60	34	31	19	18	18	18	**0.00**	7	8	3	–	–	–	–	–	–	–	–	–	**1,2,4-Cyclopentanetrione, 3-ethyl-**	4505-53-7	**R0512**
112	69	125	43	140	58	52	39	**140**	100	77	57	53	51	32	19	18		7	8	3	–	–	–	–	–	–	–	–	–	**2-Furanmethanol, acetate**		**L4237**
112	69	125	43	140	59	39	53	**140**	100	75	60	57	51	28	19	19		7	8	3	–	–	–	–	–	–	–	–	–	**2H-Pyran-2-one, 4-methoxy-6-methyl-**	672-89-9	**Q3648**
112	77	61	51	140	60	50	114	**140**	100	79	55	55	46	45	45	33		7	5	1	–	1	–	–	–	–	–	–	–	**Tropone, 3-chloro-**		**L7533**
112	77	140	51	114	50	142		**140**	100	63	46	36	33	27	15			7	5	1	–	1	–	–	–	–	–	–	–	**Tropone, 4-chloro-**		**L7534**
112	83	55	140	67	66	39	29	**140**	100	77	60	59	57	55	51	33		8	12	2	–	–	–	–	–	–	–	–	–	**1-Cyclopentenoic acid, ethyl ester**		**C1649**
112	140	84	83	29	27	57	64	**140**	100	30	19	16	16	15	14	8		8	9	1	–	–	–	1	–	–	–	–	–	**Benzene, 1-ethoxy-3-fluoro-**	458-03-7	**Q0793**
112	140	84	83	29	57	27	64	**140**	100	30	16	16	14	12	12	7		8	9	1	–	–	–	1	–	–	–	–	–	**Benzene, 1-ethoxy-4-fluoro-**	459-26-7	**Q0799**
112	140	84	83	113	57	95	29	**140**	100	36	12	10	7	6	5	5		8	9	1	–	–	–	1	–	–	–	–	–	**Benzene, 1-ethoxy-4-fluoro-**		**Z0733**
112	140	99	68	55	40	39	139	**140**	100	52	39	31	28	21	17	16		8	12	2	–	–	–	–	–	–	–	–	–	**1,4-Dioxaspiro[4.4]nonane, 6-methylene-**	23153-75-5	**09487**
122	80	81	123	79	78	93	94	**140**	100	80	13	10	7	5	5	4	**1.00**	9	16	1	–	–	–	–	–	–	–	–	–	**Bicyclo[3.3.1]nonan-3-ol, endo-**	10036-10-9	**R3550**
122	81	80	123	93	94	82	96	**140**	100	38	20	10	5	5	3	3	**2.00**	9	16	1	–	–	–	–	–	–	–	–	–	**Bicyclo[3.3.1]nonan-3-ol, exo-**	10036-08-5	**R3548**
122	81	80	123	93	94	82	107	**140**	100	30	16	10	5	5	2	2	**2.00**	9	16	1	–	–	–	–	–	–	–	–	–	**Bicyclo[3.3.1]nonan-9-ol**	15598-80-8	**R5778**
122	96	94	80	140	123	97	81	**140**	100	50	40	33	24	10	9	5		9	16	1	–	–	–	–	–	–	–	–	–	**Bicyclo[3.3.1]nonan-2-ol, endo-**	10036-25-6	**R3554**
122	96	94	140	80	97	123	81	**140**	100	52	42	28	20	10	10	8		9	16	1	–	–	–	–	–	–	–	–	–	**Bicyclo[3.3.1]nonan-2-ol, exo-**	10036-15-4	**R3552**
123	140	18	95	75	17	31	110	**140**	100	87	65	43	17	15	14	11		7	5	2	–	–	–	1	–	–	–	–	–	**Benzoic acid, 2-fluoro-**		**00244**
123	140	95	75	50	124	141	74	**140**	100	78	57	19	9	8	6	6		7	5	2	–	–	–	1	–	–	–	–	–	**Benzoic acid, 4-fluoro-**		**M8723**
125	39	91	140	41	45	40	65	**140**	100	70	67	58	57	33	29	26		8	12	–	–	–	–	–	1	–	–	–	–	**2-Cyclopentene-1-thione, 3,4,4-trimethyl-**	30221-53-5	**S2818**
125	42	140	41	83	56	126	27	**140**	100	24	17	16	14	12	8	7		8	16	–	2	–	–	–	–	–	–	–	–	**2-Pyrazoline, 1-isopropyl-3,4-dimethyl-**	17911-98-7	**R7264**
125	44	42	82	140	107	96	84	**140**	100	33	26	16	15	5	5	5		7	12	1	2	–	–	–	–	–	–	–	–	**Pyrimidine, 4,4,6-trimethyl-2-oxo-1,2,3,4-tetrahydro-**		**M3241**
125	56	140	42	41	126	97	27	**140**	100	31	13	12	8	8	8	6		8	16	–	2	–	–	–	–	–	–	–	–	**2-Pyrazoline, 3-ethyl-1-isopropyl-**	18631-72-6	**R7727**
125	69	41	83	55	39	27	29	**140**	100	94	55	53	43	25	24	22	**1.28**	10	20	–	–	–	–	–	–	–	–	–	–	**Cyclohexane, 1,1,cis-3,cis-5-tetramethyl-**		**04687**
125	69	140	42	41	56	27	126	**140**	100	48	18	17	11	11	10	9		8	16	–	2	–	–	–	–	–	–	–	–	**2-Pyrazoline, 4-ethyl-1-isopropyl-**	33193-27-0	**S4001**
125	83	140	126	73	97	109	95	**140**	100	19	18	11	10	7	6	5		8	16	–	–	–	–	–	–	–	–	1	–	**Silane, trimethyl(3-methyl-1-butynyl)-**	18388-07-3	**R7562**
125	84	69	83	55	41	107	43	**140**	100	66	64	50	34	25	19	19	**12.40**	9	16	1	–	–	–	–	–	–	–	–	–	**2-Cyclohexen-1-ol, 3,5,5-trimethyl-**	470-99-5	**Q0922**
125	97	73	140	59	126	45	98	**140**	100	66	65	21	16	13	8	7		8	16	–	–	–	–	–	–	–	–	1	–	**Silane, cyclopentenyltrimethyl-**	62987-36-4	**T6243**
125	98	140	43	126	45	73	99	**140**	100	61	23	14	13	9	8	7		6	12	–	2	–	–	–	–	–	–	1	–	**1H-Pyrazole, 3-(trimethylsilyl)-**	24602-40-2	**S0703**
125	105	140	51	77	103	89	106	**140**	100	88	52	17	15	13	10	8		8	9	–	–	1	–	–	–	–	–	–	–	**Benzene, 1-chloro-3-ethyl-**		**L0603**
125	105	140	51	77	103	89	126	**140**	100	48	39	13	11	9	8	8		8	9	–	–	1	–	–	–	–	–	–	–	**Benzene, 1-chloro-4-ethyl-**		**L0604**
125	105	140	51	77	103	126	89	**140**	100	56	41	15	13	10	8	8		8	9	–	–	1	–	–	–	–	–	–	–	**Benzene, 1-chloro-2-ethyl-**		**L0602**
125	105	140	127	51	77	142	103	**140**	100	56	41	32	15	13	13	10		8	9	–	–	1	–	–	–	–	–	–	–	**Benzene, 1-chloro-2-ethyl-**	89-96-3	**P6519**
125	105	140	127	51	77	142	103	**140**	100	49	36	32	16	14	12	9		8	9	–	–	1	–	–	–	–	–	–	–	**Benzene, 1-chloro-2-ethyl-**	89-96-3	**P6520**
125	105	140	127	51	77	142	103	**140**	100	47	36	32	17	13	12	10		8	9	–	–	1	–	–	–	–	–	–	–	**Benzene, 1-chloro-4-ethyl-**	622-98-0	**Q3094**
125	105	140	127	142	51	77	103	**140**	100	88	52	32	17	17	15	13		8	9	–	–	1	–	–	–	–	–	–	–	**Benzene, 1-chloro-3-ethyl-**	620-16-6	**Q3006**
125	126	43	140	95	98	45	41	**140**	100	11	10	9	7	7	6	4		6	12	–	2	–	–	–	–	–	–	1	–	**1H-Pyrazole, 4-(trimethylsilyl)-**	34690-52-3	**S4713**
125	127	63	113	140	115	99	65	**140**	100	66	46	31	22	21	18	17		3	6	–	–	2	–	–	–	–	–	1	–	**Silane, dichloromethylvinyl-**	124-70-9	**P9443**
125	140	28	41	42	58	30	56	**140**	100	92	54	39	34	33	32	30		8	16	–	2	–	–	–	–	–	–	–	–	**2-Butenal, diethylhydrazone**	25186-07-6	**S0983**
125	140	41	39	97	45	85	27	**140**	100	25	22	19	17	14	12	9		8	12	–	–	–	–	–	1	–	–	–	–	**Thiophene, 2-tert-butyl-**		**Y0506**
125	140	41	39	97	45	85	27	**140**	100	27	25	21	20	16	15	10		8	12	–	–	–	–	–	1	–	–	–	–	**Thiophene, 3-tert-butyl-**		**Y0507**
125	140	41	97	39	45	85	27	**140**	100	27	24	22	20	16	15	8		8	12	–	–	–	–	–	1	–	–	–	–	**Thiophene, 3-tert-butyl-**	1689-79-8	**Q6518**
125	140	45	111	39	110	126	91	**140**	100	36	11	10	9	9	8	8		8	12	–	–	–	–	–	1	–	–	–	–	**Thiophene, 2,5-diethyl-**		**Y2044**
125	140	97	41	39	45	85	27	**140**	100	27	21	20	19	15	14	10		8	12	–	–	–	–	–	1	–	–	–	–	**Thiophene, 3-tert-butyl-**		**04807**
125	140	97	51	95	77	57	109	**140**	100	40	14	11	10	10	10	8		8	9	1	–	–	–	1	–	–	–	–	–	**Phenol, 2-ethyl-4-fluoro-**		**L7945**
125	140	97	51	95	77	57	109	**140**	100	40	14	11	10	10	10	8		8	9	1	–	–	–	1	–	–	–	–	–	**Phenol, 2-ethyl-6-fluoro-**		**L7944**
125	140	98	43	72	126	73	45	**140**	100	38	27	18	13	11	10	9		6	12	–	2	–	–	–	–	–	–	1	–	**1H-Pyrazole, 1-(trimethylsilyl)-**	18156-75-7	**R7402**
138	123	91	137	79	92	77	65	**140**	100	35	21	17	16	14	13	12	**5.00**	7	8	1	–	–	–	–	1	–	–	–	–	**Benzenesulphenic acid, methyl-**	72347-63-8	**T7765**
138	139	111	140	50	76	77	113	**140**	100	79	44	38	32	20	20	15		7	5	1	–	1	–	–	–	–	–	–	–	**Benzaldehyde, 2-chloro-**	89-98-5	**H0167**
139	140	111	141	75	142	50	113	**140**	100	73	58	39	24	24	21	19		7	5	1	–	1	–	–	–	–	–	–	–	**Benzaldehyde, 4-chloro-**		**Z0735**
139	140	111	141	142	75	50	77	**140**	100	74	40	38	24	18	16	15		7	5	1	–	1	–	–	–	–	–	–	–	**Benzaldehyde, 2-chloro-**		**Z0723**
139	140	111	141	142	75	77	50	**140**	100	81	57	38	27	24	23	19		7	5	1	–	1	–	–	–	–	–	–	–	**Benzaldehyde, 3-chloro-**		**Z0736**
139	140	141	75	111	113	74	77	**140**	100	76	51	45	45	31	29	25		7	5	1	–	1	–	–	–	–	–	–	–	**Benzaldehyde, 4-chloro-**	104-88-1	**P7760**
140	39	106	124	42	40	79	44	**140**	100	55	51	39	33	33	31	25		6	8	2	2	–	–	–	–	–	–	–	–	**Pyrazine, 2,5-dimethyl-, 1,4-dioxide**	6890-38-6	**R2659**
140	41	69	97	42	125	43	39	**140**	100	82	67	45	42	21	20	18		7	12	1	2	–	–	–	–	–	–	–	–	**3H-Pyrazol-3-one, 2,4-dihydro-2,4,4,5-tetramethyl-**	3201-25-0	**Q9112**
140	42	69	71	70	84	41	141	**140**	100	74	73	53	38	29	28	28		6	4	4	–	–	–	–	–	–	–	–	–	**2,5-Cyclohexadiene-1,4-dione, 2,5-dihydroxy-**	615-94-1	**Q2923**
140	42	69	71	70	84	141	41	**140**	100	74	73	53	38	29	28	28		6	4	4	–	–	–	–	–	–	–	–	–	**2,5-Cyclohexadiene-1,4-dione, 2,6-dihydroxy-**		**04934**
140	43	85	69	39	125	44	111	**140**	100	65	40	22	14	13	12	10		7	8	3	–	–	–	–	–	–	–	–	–	**4H-Pyran-4-one, 2,6-dimethyl-3-hydroxy-**		**03326**

MASS TO CHARGE RATIOS								M.W.	INTENSITIES								Parent	C	H	O	N	Cl	Br	F	S	P	B	Si	X	COMPOUND NAME	CAS Reg No	No
140	44	43	45	111	70	82	40	**140**	100	62	57	43	28	19	19	14		5	8	1	4	–	–	–	–	–	–	–	–	4(1H)-Pyrimidinone, 2-amino-6-(methylamino)-	54004-20-5	S8728
140	45	96	69	95	139	39	141	**140**	100	33	25	23	22	22	10	10		6	4	–	–	–	–	–	2	–	–	–	–	Thieno[3,4-b]thiophene	250-65-7	Q0111
140	55	41	79	39	52	28	29	**140**	100	79	77	53	50	45	45	40		6	8	2	2	–	–	–	–	–	–	–	–	Benzofurazan, 4,5,6,7-tetrahydro-, 1-oxide		D1646
140	55	83	82	56	54	84	141	**140**	100	61	46	28	14	11	9	9		6	8	2	2	–	–	–	–	–	–	–	–	Uracil, 1,3-dimethyl-	874-14-6	Q4439
140	67	46	66	74	47	45	112	**140**	100	53	21	21	18	14	12	10		5	4	1	2	–	–	–	1	–	–	–	–	Acetonitrile, (4-oxo-2-thiazolidinylidene)-	3364-82-7	Q9267
140	82	39	42	125	67	66	60	**140**	100	96	68	57	38	28	27	21		6	8	–	2	–	–	–	1	–	–	–	–	2(1H)-Pyrimidinethione, 4,6-dimethyl-	22325-27-5	R9633
140	83	55	70	69	43	82	41	**140**	100	88	16	12	12	10	10	9		7	8	3	–	–	–	–	–	–	–	–	–	4-Cyclopentene-1,3-dione, 4-methoxy-5-methyl-	7180-62-3	R2913
140	83	55	70	69	43	141	82	**140**	100	88	17	13	13	11	10	10		7	8	3	–	–	–	–	–	–	–	–	–	1,4-Cyclopentanedione, 2-methoxy-3-methyl-		M4662
140	89	139	141	114	120	119	63	**140**	100	83	19	19	11	7	7	6		8	6	–	–	–	–	2	–	–	–	–	–	Styrene, β,β-difluoro-		Z0724
140	96	69	70	45	142	141	95	**140**	100	19	12	11	9	9	8	6		6	4	–	–	–	–	–	2	–	–	–	–	Thieno[3,2-b]thiophene	251-41-2	H0680
140	107	125	106	84	93	94	139	**140**	100	33	30	19	15	14	9	8		6	8	–	2	–	–	–	1	–	–	–	–	Pyrazine, 2-methyl-3-(methylthio)-	2882-20-4	Q8778
140	112	69	70	28	96	42	40	**140**	100	70	50	50	32	28	24	15		6	8	2	2	–	–	–	–	–	–	–	–	Uracil, 3-ethyl-		M2735
140	125	45	39	15	81	53	97	**140**	100	92	30	22	18	16	16	13		7	8	1	–	–	–	–	1	–	–	–	–	Phenol, 4-(methylthio)-	1073-72-9	H1136
140	125	77	51	97	50	39	45	**140**	100	93	52	45	40	22	15	15		7	8	1	–	–	–	–	1	–	–	–	–	Benzene, (methylsulphinyl)-	1193-82-4	Q5677
140	125	97	41	39	141	69	55	**140**	100	69	59	8	8	7	7	7		7	8	3	–	–	–	–	–	–	–	–	–	1,4-Benzenediol, 2-methoxy-	824-46-4	Q4268
140	125	97	45	39	141	52	63	**140**	100	39	35	15	11	10	6	6		7	8	1	–	–	–	–	1	–	–	–	–	Phenol, 2-(methylthio)-	1073-29-6	Q5210
140	125	97	45	39	141	53	63	**140**	100	39	35	14	11	9	7	6		7	8	1	–	–	–	–	1	–	–	–	–	Phenol, 2-(methylthio)-		03697
140	125	97	51	79	39	107	141	**140**	100	72	44	21	12	11	9	8		7	8	3	–	–	–	–	–	–	–	–	–	1,2-Benzenediol, 3-methoxy-	934-00-9	Q4685
140	125	97	108	65	109	45	39	**140**	100	57	42	40	39	34	32	28		7	8	1	–	–	–	–	1	–	–	–	–	Thiophenol, 2-methoxy-		L1196
140	125	97	139	124	141	69	96	**140**	100	67	36	31	20	15	12	10		7	8	1	–	–	–	–	1	–	–	–	–	Thiophenol, 4-methoxy-		L1195
140	125	107	106	84	93	139	94	**140**	100	32	32	18	15	14	8	8		6	8	–	2	–	–	–	1	–	–	–	–	Pyrazine, 3-methyl-2-(methylthio)-		M3753
140	139	56	124	57	29	54	141	**140**	100	82	79	57	31	17	10	10		6	12	–	4	–	–	–	–	–	–	–	–	1,2,4,5-Tetrazine, 1,2-dihydro-3,6-diethyl-		17017
140	139	66	94	39	72	95	58	**140**	100	37	25	23	20	19	11	10		6	8	–	2	–	–	–	1	–	–	–	–	Pyrazine, 2-methyl-6-(methylthio)-	2884-13-1	Q8783
140	139	66	94	72	39	95	107	**140**	100	37	25	23	19	19	12	8		6	8	–	2	–	–	–	1	–	–	–	–	Pyrazine, 2-methyl-6-(methylthio)-		M3754
140	139	71	69	97	125	27	39	**140**	100	64	32	27	26	24	15	15		7	8	3	–	–	–	–	–	–	–	–	–	4H-Pyran-4-one, 2-ethyl-3-hydroxy-		03316
142	140	144	128	126	130			**140**	100	77	24	15	12	4				2	2	–	–	1	1	–	–	–	–	–	–	Ethylene, 1-chloro-2-bromo-		Z0716
18	141	108	113	28	17	126	140	**141**	100	64	32	29	21	20	19	17		7	11	–	1	–	–	–	1	–	–	–	–	2-Propanethione, 1-(2-pyrrolidinylidene)-	54031-27-5	09147
28	140	141	71	85	32	45	126	**141**	100	61	57	25	21	20	15	15		7	11	–	1	–	–	–	1	–	–	–	–	Thiazole, 2-ethyl-4,5-dimethyl-	873-64-3	Q4432
30	36	76	105	61	38	27	47	**141**	100	77	56	30	26	25	23	23	**0.00**	4	12	–	1	1	–	–	1	–	–	–	–	Ethanamine, 2-(ethylthio)-, hydrochloride	54303-30-9	S8869
30	55	56	41	124	68	98	42	**141**	100	32	30	24	22	20	17	17	**7.82**	8	15	1	1	–	–	–	–	–	–	–	–	Azacyclononan-2-one	935-30-8	Q4696
41	42	126	56	58	57	55	86	**141**	100	99	70	31	30	29	28	25	**16.00**	8	15	1	1	–	–	–	–	–	–	–	–	6-Oxa-1-azabicyclo[3.1.0]hexane, 2,2,4,4-tetramethyl-	50454-94-9	S7288
41	42	141	44	82	39	95	55	**141**	100	84	73	60	52	50	50	47		8	15	1	1	–	–	–	–	–	–	–	–	3-Hepten-2-one, O-methyloxime	56336-01-7	T3536
41	55	141	95	69	110	67	68	**141**	100	84	79	60	56	47	45	45		8	15	1	1	–	–	–	–	–	–	–	–	Cyclohexanone, 2-methyl-, O-methyloxime	39209-07-9	S6060
41	68	141	82	42	56	39	28	**141**	100	59	36	35	34	32	23	18		7	11	2	1	–	–	–	–	–	–	–	–	2-Oxazolidinone, 5-methyl-3-(2-propenyl)-	55956-20-2	T2456
41	98	141	54	67	69	44	39	**141**	100	85	67	57	44	44	41	39		6	11	1	3	–	–	–	–	–	–	–	–	Cyclopentanone, semicarbazone	5459-00-7	R1459
41	99	43	55	56	98	29	42	**141**	100	96	85	64	62	51	44	42	**0.10**	8	15	1	1	–	–	–	–	–	–	–	–	Isocyanic acid, heptyl ester		L1173
41	99	43	55	56	98	42	29	**141**	100	92	90	70	66	49	44	43	**0.20**	8	15	1	1	–	–	–	–	–	–	–	–	Cyanic acid, heptyl ester		L1172
42	71	84	98	99	41	112	29	**141**	100	83	60	41	27	18	14	11	**2.00**	9	19	–	1	–	–	–	–	–	–	–	–	Methylamine, N-(1-propylpentylidene)-	18641-75-3	R7751
42	98	84	41	43	57	68	99	**141**	100	46	39	22	13	12	7	7	**5.00**	9	19	–	1	–	–	–	–	–	–	–	–	Methylamine, N-[(2-methyl-1-isopropyl)butylidene]-	54699-50-2	S9461
43	41	57	70	42	56	39	55	**141**	100	41	34	22	12	10	9	6	**0.30**	7	15	–	3	–	–	–	–	–	–	–	–	Heptane, 4-azido-	27126-22-3	S1621
43	55	99	113	54	82	70	56	**141**	100	38	31	22	21	15	13	12	**8.74**	6	7	3	1	–	–	–	–	–	–	–	–	Acetamide, N-(2,5-dihydro-5-oxo-2-furanyl)-	16275-44-8	R6097
43	56	39	42	15	57	41	28	**141**	100	26	22	18	16	15	15	12	**1.00**	7	11	2	1	–	–	–	–	–	–	–	–	Diacetamide, N-allyl-		02232
43	56	70	41	42	84	30	44	**141**	100	62	56	53	51	40	37	35	**28.03**	8	15	1	1	–	–	–	–	–	–	–	–	1H-Azepine, 1-acetylhexahydro-	5809-41-6	R1803
43	56	70	41	42	84	30	57	**141**	100	64	57	54	52	41	37	36	**28.00**	8	15	1	1	–	–	–	–	–	–	–	–	1H-Azepine, 1-acetylhexahydro-		M3982
43	70	28	113	71	55	41	141	**141**	100	78	67	55	48	44	42	28		8	15	1	1	–	–	–	–	–	–	–	–	Pyrrolidine, 1-butyryl-	33527-93-4	S4235
44	57	140	42	124	81	141	58	**141**	100	56	54	48	48	37	37	34		8	15	1	1	–	–	–	–	–	–	–	–	3-Azabicyclo[3.2.1]octan-8α-ol, anti-3-methyl-	13493-38-4	R4591
45	57	68	41	29	27	101	28	**141**	100	96	92	90	50	29	26	21	**0.00**	8	15	1	1	–	–	–	–	–	–	–	–	Butanenitrile, 4-butoxy-		D1483
55	27	57	29	44	41	31	30	**141**	100	89	80	63	45	40	38	36	**1.20**	7	11	2	1	–	–	–	–	–	–	–	–	Acrylamide, N-allyloxymethyl-		D1518
55	41	18	27	54	82	39	28	**141**	100	72	51	35	33	33	33	27	**0.60**	7	11	2	1	–	–	–	–	–	–	–	–	Hexanoic acid, 6-cyano-		D0614
55	41	82	54	83	60	95	42	**141**	100	52	45	34	25	22	21	16	**0.04**	7	11	2	1	–	–	–	–	–	–	–	–	Hexanoic acid, 6-cyano-	5602-19-7	R1576
55	141	124	83	110	84	140	70	**141**	100	87	55	39	39	39	38	25		8	15	1	1	–	–	–	–	–	–	–	–	1H-Pyrrolizine-1-methanol, (1S-cis)-hexahydro-	3348-73-0	Q9252
56	55	70	83	141	41	39	82	**141**	100	75	63	57	54	37	20	17		7	11	2	1	–	–	–	–	–	–	–	–	2,6-Piperidinedione, 4,4-dimethyl-	1123-40-6	Q5421
56	55	70	83	141	41	113	42	**141**	100	76	62	58	56	36	16	14		7	11	2	1	–	–	–	–	–	–	–	–	2,6-Piperidinedione, 4,4-dimethyl-		L8191
56	57	41	55	70	126	29	28	**141**	100	50	30	28	26	25	17	16	**0.35**	8	20	–	1	–	–	–	–	–	1	–	–	Boranamine, N-tert-butyl-1,1-diethyl-	50612-53-8	S7367

MASS TO CHARGE RATIOS								M.W.	INTENSITIES								Parent	C	H	O	N	Cl	Br	F	S	P	B	Si	X	COMPOUND NAME	CAS Reg No	No
56	60	43	41	98	141	42	55	**141**	100	90	81	21	19	16	13	10		8	15	1	1	–	–	–	–	–	–	–	–	**Acetamide, N-cyclohexyl-**	1124-53-4	**Q5429**
56	60	43	41	98	141	42	67	**141**	100	90	81	21	19	19	13	10		8	15	1	1	–	–	–	–	–	–	–	–	**Acetamide, N-cyclohexyl-**	1124-53-4	**Q5430**
57	41	43	42	84	58	68	39	**141**	100	74	42	28	23	22	19	16	**1.00**	8	15	1	1	–	–	–	–	–	–	–	–	**Aziridinone, 3,3-dimethyl-1-tert-butyl-**	14387-85-0	**R5183**
57	41	56	43	42	39	99	58	**141**	100	42	40	25	15	13	10	9	**0.00**	7	15	–	3	–	–	–	–	–	–	–	–	**Butane, 2-azido-2,3,3-trimethyl-**	51677-41-9	**S7739**
57	41	84	56	42	70	43	99	**141**	100	99	76	72	69	27	21	20	**6.00**	9	19	–	1	–	–	–	–	–	–	–	–	**Butylamine, N-pentylidene-**	10599-77-6	**R3974**
57	126	41	141	70	39	58	84	**141**	100	26	25	14	12	11	11	11		9	19	–	1	–	–	–	–	–	–	–	–	**2-Propylamine, N-(2,2-dimethylpropylidene)-2-methyl-**	1432-48-0	**Q5940**
58	36	44	42	38	45	30	59	**141**	100	64	39	34	23	22	22	20	**0.00**	4	12	–	1	1	–	–	1	–	–	–	–	**Ethanethiol, 2-(dimethylamino)-, hydrochloride**	13242-44-9	**R4381**
58	44	42	57	141	41	140	124	**141**	100	41	23	21	17	15	15	12		8	15	1	1	–	–	–	–	–	–	–	–	**3-Azabicyclo[3.2.1]octan-8β-ol, syn-3-methyl-**	13493-39-5	**R4592**
58	64	72	46	31	33	26	122	**141**	100	94	70	53	40	35	27	24	**0.00**	4	3	–	1	–	–	4	–	–	–	–	–	**Butanenitrile, 2,4,4,4-tetrafluoro-**		**04893**
58	71	42	41	59	69	39	30	**141**	100	9	5	5	4	4	3	3	**0.00**	8	15	1	1	–	–	–	–	–	–	–	–	**1-Penten-3-one, 5-dimethylamino-2-methyl-**		**P1160**
59	43	82	44	54	68	110	141	**141**	100	48	30	12	12	10	10	10		6	7	3	1	–	–	–	–	–	–	–	–	**3-Isoxazolecarboxylic acid, 5-methyl-, methyl ester**	19788-35-3	**R8291**
59	57	41	39	68	43	40	56	**141**	100	63	42	19	17	16	15	10	**0.00**	7	11	2	1	–	–	–	–	–	–	–	–	**Acetic acid, cyano-, tert-butyl ester**	1116-98-9	**Q5327**
60	41	67	83	56	54	39	82	**141**	100	91	73	59	40	35	26	23	**20.00**	8	15	1	1	–	–	–	–	–	–	–	–	**Cyclohexylamine, N-ethylidene-, N-oxide**		**L8976**
60	43	56	36	98	59	141	18	**141**	100	56	47	46	36	33	29	23		7	15	–	3	–	–	–	–	–	–	–	–	**Guanidine, cyclohexyl-**		**02977**
60	43	56	98	59	141	18	41	**141**	100	54	46	36	32	29	20	13		7	15	–	3	–	–	–	–	–	–	–	–	**Guanidine, cyclohexyl-**	14948-83-5	**R5491**
60	56	43	28	141	15	98	41	**141**	100	91	62	20	19	19	18	16		8	15	1	1	–	–	–	–	–	–	–	–	**Acetamide, N-cyclohexyl-**		**03630**
60	56	44	43	68	98	42	41	**141**	100	95	92	86	84	83	81	78	**77.00**	8	15	1	1	–	–	–	–	–	–	–	–	**Oxazirane, 2-cyclohexyl-3-methyl-**		**L8977**
68	83	112	71	84	69	141	113	**141**	100	68	42	17	5	4	4	3		8	15	1	1	–	–	–	–	–	–	–	–	**2-Oxazoline, trans-4,5-diethyl-2-methyl-**	25943-13-9	**S1210**
68	83	139	112	71	124	84	140	**141**	100	79	68	35	14	14	6	5	**5.00**	8	15	1	1	–	–	–	–	–	–	–	–	**2-Oxazoline, cis-4,5-diethyl-2-methyl-**	25943-07-1	**S1206**
69	41	141	56	55	54	67	110	**141**	100	77	76	62	57	42	28	27		8	15	1	1	–	–	–	–	–	–	–	–	**Cyclohexanone, 4-methyl-, O-methyloxime**	39477-43-5	**S6075**
70	43	41	98	85	42	44	54	**141**	100	69	59	39	28	24	13	11	**4.95**	9	19	–	1	–	–	–	–	–	–	–	–	**Ethylamine, N-(1-propylbutylidene)-**	10599-79-8	**R3977**
70	85	42	112	43	56	98	41	**141**	100	92	86	48	38	31	19	18	**0.99**	9	19	–	1	–	–	–	–	–	–	–	–	**Methylamine, N-(1-ethylhexylidene)-**	18641-74-2	**R7750**
71	56	72	84	42	43	57	30	**141**	100	72	18	18	16	10	9	8	**0.00**	9	19	–	1	–	–	–	–	–	–	–	–	**Methylamine, N-(1-methylheptylidene)-**	18641-72-0	**R7747**
74	82	55	59	41	110	39	43	**141**	100	66	55	53	38	36	27	27	**0.00**	7	11	2	1	–	–	–	–	–	–	–	–	**Pentanoic acid, 5-cyano-, methyl ester**	3009-88-9	**Q8911**
74	110	82	55	59	43	41	68	**141**	100	71	68	47	31	23	20	19	**0.00**	7	11	2	1	–	–	–	–	–	–	–	–	**Pentanoic acid, 5-cyano-, methyl ester**	3009-88-9	**Q8912**
82	42	96	83	57	81	124	55	**141**	100	71	64	54	23	23	23	21	**13.00**	8	15	1	1	–	–	–	–	–	–	–	–	**8-Azabicyclo[3.2.1]octan-3-ol, endo-8-methyl-**	120-29-6	**P9068**
82	42	96	83	124	57	97	141	**141**	100	81	72	67	36	31	28	27		8	15	1	1	–	–	–	–	–	–	–	–	**8-Azabicyclo[3.2.1]octan-3-ol, 8-methyl-**	7432-10-2	**R3196**
82	42	96	83	124	57	141	41	**141**	100	84	73	68	37	30	27	27		8	15	1	1	–	–	–	–	–	–	–	–	**8-Azabicyclo[3.2.1]octan-3-ol, endo-8-methyl-**	120-29-6	**P9069**
82	43	55	110	98	41	96	39	**141**	100	63	36	34	25	24	22	17	**3.00**	7	11	2	1	–	–	–	–	–	–	–	–	**2,4-Azetidinedione, 3,3-diethyl-**	42282-85-9	**S6890**
82	99	43	15	41	27	39	68	**141**	100	85	82	67	62	45	44	39	**0.13**	7	11	2	1	–	–	–	–	–	–	–	–	**Butanoic acid, 2-cyano-3-methyl-, methyl ester**	52752-25-7	**S8092**
83	41	42	39	141	44	56	43	**141**	100	38	31	27	25	19	18	17		6	11	1	3	–	–	–	–	–	–	–	–	**3-Penten-2-one, semicarbazone**	16983-59-8	**R6552**
83	59	126	55	84	141	44	41	**141**	100	66	50	41	26	18	12	10		8	15	1	1	–	–	–	–	–	–	–	–	**Pentanamide, 3,3-dimethyl-2-methylene-**		**L4432**
83	98	42	141	56	41	43	44	**141**	100	38	27	19	16	12	11	8		6	11	1	3	–	–	–	–	–	–	–	–	**2-Pyrazoline-1-carboxamide, 3,5-dimethyl-**	17014-31-2	**R6573**
83	141	82	124	60	110	43	121	**141**	100	36	28	20	20	18	15	11		8	15	1	1	–	–	–	–	–	–	–	–	**1H-Pyrrolizine-1-methanol, hexahydro-**	28639-18-1	**S2150**
84	42	70	58	113	85	41	44	**141**	100	26	24	12	11	11	10	10	**8.24**	8	15	1	1	–	–	–	–	–	–	–	–	**Cyclohexanone, 2-(dimethylamino)-**	6970-60-1	**R2748**
84	42	82	83	107	43	85	70	**141**	100	17	7	5	5	4	4	4	**2.28**	8	15	1	1	–	–	–	–	–	–	–	–	**2-Propanone, (R)-1-(1-methyl-2-pyrrolidinyl)-**	496-49-1	**Q1268**
84	42	83	57	43	141	55	85	**141**	100	60	44	29	28	22	11	9		8	15	1	1	–	–	–	–	–	–	–	–	**2-Azetidinone, 4-methyl-4-tert-butyl-**		**L4434**
84	43	56	55	41	58	42	98	**141**	100	73	28	24	17	16	14	12	**4.00**	8	15	1	1	–	–	–	–	–	–	–	–	**2-Propanone, 1-(2-piperidinyl)-**	4396-01-4	**R0394**
84	55	82	70	57	69	67	110	**141**	100	9	5	3	3	2	2	1	**0.80**	9	19	–	1	–	–	–	–	–	–	–	–	**Pyrrolidine, 2-butyl-1-methyl-**		**05406**
84	55	85	82	57	70	69	67	**141**	100	9	8	5	3	3	2	2	**0.80**	9	19	–	1	–	–	–	–	–	–	–	–	**Pyrrolidine, 2-butyl-1-methyl-**	3447-03-8	**Q9399**
84	86	126	141	57	56	58	98	**141**	100	73	72	42	37	35	34	33		8	15	1	1	–	–	–	–	–	–	–	–	**1-Azetidinecarboxaldehyde, 2,2,4,4-tetramethyl-**	50455-46-4	**S7290**
84	112	83	54	27	29	70	111	**141**	100	79	26	22	22	20	20	19	**16.67**	8	20	–	1	–	–	–	–	–	1	–	–	**Boranamine, N,N,1,1-tetraethyl-**	4023-39-6	**Q9997**
84	112	83	54	70	29	27	41	**141**	100	60	26	20	19	18	18	17	**9.92**	8	20	–	1	–	–	–	–	–	1	–	–	**Boranamine, N,N,1,1-tetraethyl-**	4023-39-6	**Q9998**
84	112	111	27	83	41	29	57	**141**	100	87	26	25	24	24	23	21	**16.16**	8	20	–	1	–	–	–	–	–	1	–	–	**Boranamine, N,N,1,1-tetraethyl-**		**X1540**
89	106	76	91	90	107	74	108	**141**	100	46	8	7	6	2	1	1	**0.00**	4	12	–	1	1	–	–	1	–	–	–	–	**Ethanamine, 2-(ethylthio)-, hydrochloride**	54303-30-9	**S8870**
94	95	141	64	47	46	79	18	**141**	100	62	50	24	23	16	13	13		2	8	2	1	–	–	–	1	1	–	–	–	**Phosphoramidothioic acid, O,S-dimethyl ester**	10265-92-6	**R3702**
95	41	40	141	43	67	45	46	**141**	100	78	75	65	53	49	40	22		5	7	–	3	–	–	–	1	–	–	–	–	**4-Pyrimidinamine, 2-(methylthio)-**	2183-66-6	**Q7570**
95	141	75	30	83	50	69	111	**141**	100	76	47	13	12	9	8	7		6	4	2	1	–	–	1	–	–	–	–	–	**Benzene, 1-fluoro-3-nitro-**	402-67-5	**Q0684**
95	141	75	111	28	83	51	30	**141**	100	94	57	28	28	19	13	11		6	4	2	1	–	–	1	–	–	–	–	–	**Benzene, 1-fluoro-4-nitro-**	350-46-9	**Q0560**
96	55	56	29	83	39	41	59	**141**	100	78	70	51	48	40	34	25	**11.43**	7	11	2	1	–	–	–	–	–	–	–	–	**2H-Pyran, 3,4-dihydro-2-(N-formylaminomethyl)-**		**D0645**
96	74	53	44	41	42	97	81	**141**	100	35	22	19	14	12	10	10	**0.20**	7	11	2	1	–	–	–	–	–	–	–	–	**5-Hexynoic acid, 2-amino-4-methyl-**		**05468**
97	98	41	141	54	67	69	87	**141**	100	87	84	81	49	46	39	36		6	11	1	3	–	–	–	–	–	–	–	–	**Cyclopentanone, semicarbazone**	5459-00-7	**R1460**
98	55	41	27	42	28	56	126	**141**	100	86	56	54	49	44	40	37	**6.57**	9	19	–	1	–	–	–	–	–	–	–	–	**Aziridine, trans-1,2-diisopropyl-3-methyl-**	6124-84-1	**06902**
98	56	57	141	42	70	41	126	**141**	100	31	27	27	22	16	12	12		8	15	1	1	–	–	–	–	–	–	–	–	**3-Piperidinone, 1-ethyl-6-methyl-**	43152-94-9	**S7074**
98	70	99	41	141	42	69	43	**141**	100	35	33	30	15	15	15	11		8	15	1	1	–	–	–	–	–	–	–	–	**2-Pyrrolidinone, 1-butyl-**	3470-98-2	**Q9443**
98	99	42	41	55	141	70	84	**141**	100	5	5	5	4	4	3	2		9	19	–	1	–	–	–	–	–	–	–	–	**Piperidine, 1-butyl-**		**D0333**

MASS TO CHARGE RATIOS								M.W.	INTENSITIES								Parent	C	H	O	N	Cl	Br	F	S	P	B	Si	X	COMPOUND NAME	CAS Reg No	No
98	99	72	141	71	45	41	114	**141**	100	99	88	85	83	67	61	61		7	11	–	1	–	–	–	1	–	–	–	–	**Thiazole, 5-butyl-**	52414-90-1	**S7942**
99	43	141	72	54	45	71	100	**141**	100	37	25	20	14	13	9	7		6	7	1	1	–	–	–	1	–	–	–	–	**Acetamide, 2-thienyl-**		**D2322**
99	58	27	39	41	59	43	112	**141**	100	73	39	39	38	37	29	24	**3.00**	7	11	–	1	–	–	–	1	–	–	–	–	**Thiazole, 2-isobutyl-**	18640-74-9	**R7741**
99	98	84	56	112	58	55	41	**141**	100	27	24	21	14	11	10	9	**4.50**	7	16	1	1	–	–	–	–	–	1	–	–	**1,3,2-Oxazaborine, 3-butyltetrahydro-**		**05107**
100	55	56	141	84	41	42	44	**141**	100	60	57	47	36	35	20	17		7	11	2	1	–	–	–	–	–	–	–	–	**Succinimide, 1-propyl-**	3470-97-1	**Q9442**
106	72	104	89	134	107	108	74	**141**	100	25	24	8	7	4	4	4	**0.00**	4	12	–	1	1	–	–	1	–	–	–	–	**Ethanethiol, 2-(dimethylamino)-, hydrochloride**	13242-44-9	**R4382**
106	77	140	50	51	75	79	142	**141**	100	40	40	23	22	18	16	15	**11.60**	7	8	–	1	1	–	–	–	–	–	–	–	**Benzylamine, 4-chloro-**	104-86-9	**P7758**
106	77	140	51	79	50	75	142	**141**	100	42	39	23	21	21	19	14	**8.80**	7	8	–	1	1	–	–	–	–	–	–	–	**Benzylamine, 2-chloro-**	89-97-4	**P6521**
106	141	140	77	143	142	79	78	**141**	100	87	35	34	28	18	14	12		7	8	–	1	1	–	–	–	–	–	–	–	**2-Toluidine, 4-chloro-**	95-69-2	**P6981**
109	31	41	32	66	39	29	40	**141**	100	56	51	42	23	23	20	18	**0.29**	7	11	2	1	–	–	–	–	–	–	–	–	**3-Pyrrolin-2-one, 3,5-dimethyl-5-methoxy-**		**00259**
110	41	70	30	42	39	28	68	**141**	100	83	46	36	20	13	13	9	**2.63**	8	15	1	1	–	–	–	–	–	–	–	–	**Ethanol, 2-(diallylamino)-**	17719-79-8	**R7154**
111	75	141	113	50	143	74	51	**141**	100	75	59	33	32	20	18	14		6	4	1	1	1	–	–	–	–	–	–	–	**Benzene, 1-chloro-4-nitroso-**	932-98-9	**Q4676**
112	141	71	45	28	113	39	58	**141**	100	95	72	52	36	36	31	30		7	11	–	1	–	–	–	1	–	–	–	–	**Thiazole, 2-methyl-4-propyl-**	41981-63-9	**S6816**
113	41	73	55	67	39	27	112	**141**	100	96	74	58	53	49	43	43	**11.91**	8	15	1	1	–	–	–	–	–	–	–	–	**Cyclooctanone, oxime**	1074-51-7	**Q5228**
113	41	85	55	42	70	39	56	**141**	100	33	33	33	24	20	16	15	**0.00**	7	11	2	1	–	–	–	–	–	–	–	–	**2,6-Piperidinedione, 3-ethyl-**	25115-69-9	**S0934**
113	55	41	96	42	141	54	69	**141**	100	78	59	47	45	42	42	41		8	15	1	1	–	–	–	–	–	–	–	–	**Cyclohexanone, O-ethyloxime**	3376-38-3	**Q9292**
113	55	70	42	41	39	28	27	**141**	100	70	58	20	14	11	10	8	**5.00**	7	11	2	1	–	–	–	–	–	–	–	–	**Succinimide, 2-ethyl-2-methyl-**	77-67-8	**P5829**
113	55	70	42	41	39	85	69	**141**	100	81	64	38	21	19	11	9	**1.00**	7	11	2	1	–	–	–	–	–	–	–	–	**Succinimide, 2-ethyl-2-methyl-**	77-67-8	**P5827**
113	70	55	42	98	141	85	69	**141**	100	65	50	25	25	25	15	10		7	11	2	1	–	–	–	–	–	–	–	–	**Succinimide, 2-ethyl-3-methyl-**	58501-92-1	**T5046**
113	71	72	45	112	126	27	41	**141**	100	95	95	51	45	43	37	24	**23.00**	7	11	–	1	–	–	–	1	–	–	–	–	**Thiazole, 4-methyl-2-propyl-**	52414-87-6	**S7939**
113	71	112	141	45	126	140	42	**141**	100	43	30	28	23	22	17	11		7	11	–	1	–	–	–	1	–	–	–	–	**Thiazole, 2-methyl-4-propyl-**	41981-63-9	**S6815**
113	85	55	43	42	70	56	141	**141**	100	34	32	32	24	20	16	10		7	11	2	1	–	–	–	–	–	–	–	–	**2,6-Piperidinedione, 3-ethyl-**		**L8190**
126	28	29	56	41	44	98	27	**141**	100	81	68	67	65	64	62	61	**3.62**	9	19	–	1	–	–	–	–	–	–	–	–	**Aziridine, cis-2-tert-butyl-1-ethyl-3-methyl-**	55669-78-8	**06901**
126	28	56	29	41	44	27	98	**141**	100	75	67	63	61	59	55	50	**10.32**	9	19	–	1	–	–	–	–	–	–	–	–	**Aziridine, trans-2-tert-butyl-1-ethyl-3-methyl-**	55669-79-9	**06900**
126	57	28	29	41	141	87	42	**141**	100	46	41	40	29	28	26	25		8	15	1	1	–	–	–	–	–	–	–	–	**1-Butene, 1-morpholino-**		**00547**
126	58	59	41	141	39	27	57	**141**	100	80	72	68	58	51	37	30		7	11	–	1	–	–	–	1	–	–	–	–	**Thiazole, 2-tert-butyl-**	13623-12-6	**R4681**
126	70	99	125	86	84	42	69	**141**	100	41	29	24	24	20	20	17	**5.50**	7	16	1	1	–	–	–	–	–	1	–	–	**1,3,2-Oxazaborolidine, 3-butyl-4-methyl-**		**05101**
126	141	69	71	44	78	41	140	**141**	100	75	70	65	50	27	8	8		4	6	1	1	–	–	3	–	–	–	–	–	**Acetamide, N-ethyl-2,2,2-trifluoro-**	1682-66-2	**Q6495**
126	141	69	72	44	78	140	41	**141**	100	74	70	65	49	26	8	8		4	6	1	1	–	–	3	–	–	–	–	–	**Acetamide, N-ethyl-2,2,2-trifluoro-**		**L5301**
126	141	71	72	45	140	73	39	**141**	100	53	30	27	20	20	18	13		7	11	–	1	–	–	–	1	–	–	–	–	**Thiazole, 4-methyl-2-isopropyl-**	15679-13-7	**R5803**
126	141	72	44	69	78	41	140	**141**	100	71	64	48	46	26	8	8		4	6	1	1	–	–	3	–	–	–	–	–	**Acetamide, N-ethyl-2,2,2-trifluoro-**	1682-66-2	**Q6496**
126	141	85	45	140	99	127	39	**141**	100	46	33	19	16	10	8	8		7	11	–	1	–	–	–	1	–	–	–	–	**Thiazole, 2-methyl-4-isopropyl-**	32272-52-9	**S3552**
126	141	85	100	59	45	67	99	**141**	100	77	47	20	17	14	10	10		7	11	–	1	–	–	–	1	–	–	–	–	**Thiazole, 5-ethyl-2,4-dimethyl-**	38205-61-7	**S5694**
126	141	98	99	65	39	45	127	**141**	100	45	41	35	34	31	31	27		7	11	–	1	–	–	–	1	–	–	–	–	**Thiazole, 4-tert-butyl-**	6081-24-9	**R2041**
140	106	141	77	142	143	78	52	**141**	100	95	95	42	42	31	24	20		7	8	–	1	1	–	–	–	–	–	–	–	**4-Toluidine, 2-chloro-**	615-65-6	**Q2920**
141	39	108	67	80	45	140	65	**141**	100	79	76	44	24	19	18	15		6	7	1	1	–	–	–	1	–	–	–	–	**3-Pyridinol, 2-(methylthio)-**	32637-37-9	**S3802**
141	53	97	80	112	52	27	96	**141**	100	39	36	34	34	33	29	26		6	7	1	1	–	–	–	1	–	–	–	–	**2(1H)-Pyridthione, 3-hydroxy-6-methyl-**	22989-67-9	**S0025**
141	75	95	83	111	30	57	69	**141**	100	81	74	51	35	17	14	14		6	4	2	1	–	–	1	–	–	–	–	–	**Benzene, 1-fluoro-2-nitro-**	1493-27-2	**Q6112**
141	77	79	106	39	140	143	51	**141**	100	58	51	43	38	36	34	29		7	8	–	1	1	–	–	–	–	–	–	–	**2,5-Lutidine, 4-chloro-**		**M8738**
141	85	126	59	99	45	100	41	**141**	100	86	86	65	36	34	32	27		7	11	–	1	–	–	–	1	–	–	–	–	**Thiazole, 4-ethyl-2,5-dimethyl-**	32272-57-4	**S3554**
141	85	126	140	59	100	99	142	**141**	100	67	52	49	28	21	14	11		7	11	–	1	–	–	–	1	–	–	–	–	**Thiazole, 4-ethyl-2,5-dimethyl-**	32272-57-4	**S3553**
141	86	140	71	126	85	45	59	**141**	100	63	61	50	31	18	13	13		7	11	–	1	–	–	–	1	–	–	–	–	**Thiazole, 2,4-diethyl-**	32272-49-4	**S3551**
141	106	39	42	143	79	77	51	**141**	100	60	41	36	34	33	30	16		7	8	–	1	1	–	–	–	–	–	–	–	**3,4-Lutidine, 5-chloro-**		**M8737**
141	106	140	143	77	28	52.5	79	**141**	100	91	35	33	26	16	12	11		7	8	–	1	1	–	–	–	–	–	–	–	**2-Toluidine, 3-chloro-**		**D0412**
141	106	143	39	79	65	77	92	**141**	100	49	33	21	20	19	11	10		7	8	–	1	1	–	–	–	–	–	–	–	**2,6-Lutidine, 4-chloro-**		**M8739**
141	106	143	77	79	51	78	39	**141**	100	53	34	27	24	19	16	11		7	8	–	1	1	–	–	–	–	–	–	–	**3,4-Lutidine, 6-chloro-**		**M8733**
141	106	143	78	79	77	39	140	**141**	100	38	33	27	26	25	22	16		7	8	–	1	1	–	–	–	–	–	–	–	**2,4-Lutidine, 5-chloro-**		**M8765**
141	106	143	79	105	77	104	39	**141**	100	48	32	25	24	23	18	17		7	8	–	1	1	–	–	–	–	–	–	–	**3,5-Lutidine, 2-chloro-**		**M8757**
141	108	140	67	42	142	60	107	**141**	100	32	24	23	23	9	8	6		5	7	–	3	–	–	–	1	–	–	–	–	**1-Butenamine, 2-cyano-3-imino-1-mercapto-**		**D1582**
141	126	85	100	59	99	45	67	**141**	100	98	85	76	66	66	62	58		7	11	–	1	–	–	–	1	–	–	–	–	**Thiazole, 5-ethyl-2,4-dimethyl-**	38205-61-7	**S5695**
141	126	140	71	86	85	45	28	**141**	100	67	57	38	35	29	23	12		7	11	–	1	–	–	–	1	–	–	–	–	**Thiazole, 2,5-diethyl-**	15729-76-7	**R5817**
141	143	106	39	79	77	51	65	**141**	100	35	26	24	18	15	15	14		7	8	–	1	1	–	–	–	–	–	–	–	**2,4-Lutidine, 3-chloro-**		**M8734**
141	143	106	65	39	63	79	77	**141**	100	31	23	18	18	13	11	10		7	8	–	1	1	–	–	–	–	–	–	–	**2,6-Lutidine, 3-chloro-**		**M8736**
141	143	106	79	77	39	104	105	**141**	100	31	31	17	16	14	13	12		7	8	–	1	1	–	–	–	–	–	–	–	**2,5-Lutidine, 6-chloro-**		**M8730**
141	143	106	105	79	104	77	78	**141**	100	33	28	27	25	18	18	12		7	8	–	1	1	–	–	–	–	–	–	–	**2,4-Lutidine, 6-chloro-**		**M8731**
141	143	106	140	65	142	77	79	**141**	100	35	27	24	24	17	17	15		7	8	–	1	1	–	–	–	–	–	–	–	**2,3-Lutidine, 6-chloro-**		**M8732**

MASS TO CHARGE RATIOS								M.W.	INTENSITIES								Parent	C	H	O	N	Cl	Br	F	S	P	B	Si	X	COMPOUND NAME	CAS Reg No	No
141	143	106	140	79	77	142	39	**141**	100	34	27	18	15	15	14	10		7	8	–	1	1	–	–	–	–	–	–	–	3,4-Lutidine, 2-chloro-		M8764
141	143	140	106	142	65	39	77	**141**	100	33	28	24	17	15	13	11		7	8	–	1	1	–	–	–	–	–	–	–	2,3-Lutidine, 5-chloro-		M8735
28	18	32	14	17	55	41	87	**142**	100	25	20	6	6	5	4	4	**0.43**	8	14	2	–	–	–	–	–	–	–	–	–	2-Heptenoic acid, methyl ester		01011
28	36	62	43	18	97	38	61	**142**	100	66	40	36	28	25	23	22	**0.00**	3	4	2	–	2	–	–	–	–	–	–	–	Propanoic acid, 2,2-dichloro-		Z0751
29	31	27	45	78	26	43	42	**142**	100	95	63	37	28	26	26	18	**0.05**	4	8	1	–	2	–	–	–	–	–	–	–	1,2-Dichloroethyl ethyl ether		04702
29	39	25	51	43	36	41	40	**142**	100	92	60	46	39	36	29	25	**0.00**	6	6	4	–	–	–	–	–	–	–	–	–	2-Butyne-1,4-diol diformate	36677-73-3	H1979
29	41	69	27	68	39	142	55	**142**	100	92	80	39	31	29	16	15		8	14	2	–	–	–	–	–	–	–	–	–	3-Hexenoic acid, ethyl ester	2396-83-0	H1327
29	69	27	28	99	128	51	26	**142**	100	52	21	16	16	5	3	3	**1.67**	4	5	2	–	–	–	3	–	–	–	–	–	Acetic acid, trifluoro-, ethyl ester		Z0737
29	69	27	99	28	59	15	33	**142**	100	49	16	16	16	5	4	3	**0.12**	4	5	2	–	–	–	3	–	–	–	–	–	Acetic acid, trifluoro-, ethyl ester		D0464
29	99	127	73	69	141	27	30	**142**	100	45	29	19	17	15	11	10	**4.80**	4	5	2	–	–	–	3	–	–	–	–	–	Acetic acid, trifluoro-, ethyl ester	383-63-1	Q0651
29	114	27	116	94	142	66	85	**142**	100	60	51	20	16	13	9	7		4	5	1	–	1	–	2	–	–	–	–	–	Ethyl 1-chloro-1,2-difluorovinyl ether		Z0748
29	115	39	43	69	31	27	30	**142**	100	57	52	49	46	32	29	22	**17.12**	6	6	4	–	–	–	–	–	–	–	–	–	4H-Pyran-4-one, 5-hydroxy-2-hydroxymethyl-	501-30-4	H0741
29	115	39	43	69	31	27	55	**142**	100	57	52	49	46	32	29	22	**1.71**	6	6	4	–	–	–	–	–	–	–	–	–	4H-Pyran-4-one, 5-hydroxy-2-hydroxymethyl-		X0605
30	56	43	113	67	81	41	54	**142**	100	42	30	26	22	17	16	16	**2.00**	8	18	–	2	–	–	–	–	–	–	–	–	Cyclohexane, cis-1,2-bis(diaminomethyl)-		16425
30	113	41	56	67	43	81	96	**142**	100	45	35	35	20	17	17	16	**2.00**	8	18	–	2	–	–	–	–	–	–	–	–	Cyclohexane, trans-1,2-bis(diaminomethyl)-		16426
30	113	67	81	125	82	54	56	**142**	100	86	57	43	43	39	38	32	**0.00**	8	18	–	2	–	–	–	–	–	–	–	–	Cyclohexane, 1,3-bis(diaminomethyl)-	2579-20-6	Q8366
30	113	125	67	54	81	95	56	**142**	100	60	42	20	17	16	16	15	**0.50**	8	18	–	2	–	–	–	–	–	–	–	–	Cyclohexane, cis-1,3-bis(diaminomethyl)-		16427
30	125	112	113	67	81	95	96	**142**	100	75	60	46	20	20	20	20	**4.00**	8	18	–	2	–	–	–	–	–	–	–	–	Cyclohexane, trans-1,4-bis(aminomethyl)-		16433
39	45	43	41	42	29	27	71	**142**	100	77	71	59	57	44	41	37	**0.00**	8	14	2	–	–	–	–	–	–	–	–	–	2-Pentanol, 5-(2-propynyloxy)-	55702-67-5	06941
39	57	41	56	142	44	42	55	**142**	100	48	35	15	11	11	6	6		6	10	2	2	–	–	–	–	–	–	–	–	Sydnone, 3-tert-butyl-	6939-25-9	R2714
40	95	142	69	70	67	41	68	**142**	100	68	48	43	38	35	31	31		5	6	1	2	–	–	–	1	–	–	–	–	Uracil, 2-methylthio-	5751-20-2	R1727
40	136	54	39	36	38	66	67	**142**	100	30	28	18	14	14	13	13	**0.00**	7	14	1	2	–	–	–	–	–	–	–	–	3-Pyrazolidinone, 1,2,4,4-tetramethyl-	56666-82-1	T4036
41	29	60	68	88	55	69	39	**142**	100	78	76	73	54	53	53	48	**10.10**	8	14	2	–	–	–	–	–	–	–	–	–	5-Hexenoic acid, ethyl ester		C0890
41	29	69	27	68	39	55	42	**142**	100	97	70	34	29	24	16	11	**9.00**	8	14	2	–	–	–	–	–	–	–	–	–	3-Hexenoic acid, (E)-, ethyl ester	26553-46-8	S1455
41	29	69	27	68	39	55	71	**142**	100	97	65	39	38	27	22	19	**10.00**	8	14	2	–	–	–	–	–	–	–	–	–	3-Hexenoic acid, (Z)-, ethyl ester	64187-83-3	T6414
41	29	73	55	70	39	42	82	**142**	100	93	72	61	51	50	46	31	**0.83**	8	14	2	–	–	–	–	–	–	–	–	–	2-Octenoic acid, (E)-		C0527
41	39	69	56	87	40	57	43	**142**	100	59	58	33	32	12	11	10	**0.00**	8	14	2	–	–	–	–	–	–	–	–	–	Methacrylic acid, butyl ester	97-88-1	H0222
41	42	55	30	44	112	39	43	**142**	100	80	78	55	54	52	37	31	**11.33**	7	14	1	2	–	–	–	–	–	–	–	–	Azocine, octahydro-1-nitroso-	20917-49-1	R8997
41	42	55	69	54	57	43	70	**142**	100	92	51	40	32	30	20	17	**1.00**	7	10	3	–	–	–	–	–	–	–	–	–	1,3-Benzodioxol-2-one, cis-hexahydro-	19456-20-3	R8161
41	43	55	57	56	42	59	39	**142**	100	77	75	75	72	54	46	41	**4.00**	9	18	1	–	–	–	–	–	–	–	–	–	Nonane, trans-3,4-epoxy-		17396
41	43	99	56	127	142	73	84	**142**	100	99	99	58	50	35	30	15		7	14	1	2	–	–	–	–	–	–	–	–	2-Pentanone, N-methyl-N-formylhydrazone		16844
41	55	27	39	43	29	67	82	**142**	100	75	66	60	59	46	36	34	**1.44**	8	14	2	–	–	–	–	–	–	–	–	–	3-Octenoic acid		C0508
41	55	30	42	112	27	39	56	**142**	100	93	89	74	74	41	36	35	**12.31**	7	14	1	2	–	–	–	–	–	–	–	–	Azocine, octahydro-1-nitroso-	20917-49-1	R8996
41	55	69	68	67	31	54	39	**142**	100	82	70	47	43	37	37	35	**3.50**	9	18	1	–	–	–	–	–	–	–	–	–	1-Heptene, 5-methoxy-4-methyl-	54004-21-6	H2025
41	57	41	29	27	71	39	55	**142**	100	93	81	51	46	35	34	34	**0.26**	10	22	–	–	–	–	–	–	–	–	–	–	Nonane, 4-methyl-		C0863
41	57	43	56	44	29	55	27	**142**	100	99	94	85	79	66	65	49	**0.51**	9	18	1	–	–	–	–	–	–	–	–	–	Nonanal		C0731
41	57	68	69	56	67	100	55	**142**	100	89	76	52	42	25	19	16	**0.20**	9	18	1	–	–	–	–	–	–	–	–	–	1-Pentene, 5-butoxy-	54004-24-9	S8735
41	57	68	69	56	67	100	85	**142**	100	89	75	52	42	26	18	17	**4.50**	9	18	1	–	–	–	–	–	–	–	–	–	4-Pentene, 1-butoxy-		M3713
41	67	55	81	95	31	124	109	**142**	100	90	86	74	56	50	11	2	**1.00**	9	18	1	–	–	–	–	–	–	–	–	–	5-Nonen-1-ol, (Z)-	64275-75-8	T6441
41	67	95	55	68	82	81	54	**142**	100	86	61	60	55	54	38	34	**1.00**	9	18	1	–	–	–	–	–	–	–	–	–	6-Nonen-1-ol, (E)-	31502-19-9	H1952
41	67	95	55	68	82	81	69	**142**	100	86	61	60	54	53	39	34	**0.00**	9	18	1	–	–	–	–	–	–	–	–	–	6-Nonen-1-ol, (E)-		M4237
41	69	39	56	87	43	40	57	**142**	100	77	60	40	15	12	11	11	**0.00**	8	14	2	–	–	–	–	–	–	–	–	–	Methacrylic acid, isobutyl ester	97-86-9	H0221
41	69	42	142	55	44	70	97	**142**	100	90	83	78	65	60	56	51		7	14	1	2	–	–	–	–	–	–	–	–	Piperidine, 2,6-dimethyl-1-nitroso-	17721-95-8	R7155
41	69	57	42	39	27	55	29	**142**	100	94	54	25	23	22	18	13	**0.00**	7	10	3	–	–	–	–	–	–	–	–	–	1,3-Benzodioxol-2-one, trans-hexahydro-	20192-66-9	R8548
41	69	82	39	55	27	74	67	**142**	100	94	51	41	38	28	27	27	**6.51**	8	14	2	–	–	–	–	–	–	–	–	–	4-Hexenoic acid, 3-methyl-, methyl ester	54004-27-2	S8740
41	69	82	67	55	109	31	39	**142**	100	16	16	12	11	9	8	8	**4.00**	9	18	1	–	–	–	–	–	–	–	–	–	5-Hepten-1-ol, 2,6-dimethyl-	4234-93-9	R0233
41	74	43	68	55	39	69	67	**142**	100	98	63	47	45	45	43	32	**8.00**	8	14	2	–	–	–	–	–	–	–	–	–	4-Heptenoic acid, (E)-, methyl ester		03486
41	81	55	68	27	95	124	109	**142**	100	84	79	73	44	36	9	1	**1.00**	9	18	1	–	–	–	–	–	–	–	–	–	4-Nonen-1-ol, (Z)-	59499-28-4	T5121
41	81	55	68	95	27	124	109	**142**	100	99	91	88	41	38	18	2	**1.00**	9	18	1	–	–	–	–	–	–	–	–	–	4-Nonen-1-ol, (E)-	16695-34-4	R6375
42	58	142	83	44	43	84	56	**142**	100	78	76	60	56	40	40	34		7	14	1	2	–	–	–	–	–	–	–	–	3-Buten-2-one, 4-(dimethylamino)-3-(methylamino)-	49582-63-0	S7146
42	82	40	142	44	70	83	97	**142**	100	92	61	58	53	47	44	42		7	14	1	2	–	–	–	–	–	–	–	–	2-Propenal, 3,3-bis(dimethylamino)-	49582-45-8	S7134
42	83	55	142	61	41	82	57	**142**	100	99	95	80	48	44	36	33		7	14	1	2	–	–	–	–	–	–	–	–	Cyclohexylamine, N-methyl-N-nitroso-	5432-28-0	R1420
42	85	43	41	70	27	29	39	**142**	100	34	22	11	11	6	5	5	**0.00**	9	20	–	1	–	–	–	–	–	–	–	–	Methylaminium, N-methyl-N-(2,2-dimethylpentylidene)-	55724-24-8	T1982
42	113	29	70	142	44	41	27	**142**	100	72	19	19	15	13	11	10		8	18	–	2	–	–	–	–	–	–	–	–	2-Butanone, sec-butylhydrazone	57874-52-9	T4809

MASS TO CHARGE RATIOS								M.W.	INTENSITIES								Parent	C	H	O	N	Cl	Br	F	S	P	B	Si	X	COMPOUND NAME	CAS Reg No	No
42	127	29	142	57	44	70	41	**142**	100	54	26	20	19	16	14	11		8	18	–	2	–	–	–	–	–	–	–	–	2-Butanone, diethylhydrazone	28236-94-4	S1997
42	127	57	142	41	58	128	43	**142**	100	94	28	24	9	8	7	5		6	10	2	2	–	–	–	–	–	–	–	–	2,4-Imidazolidinedione, 3,5,5-trimethyl-	6345-19-3	R2262
42	127	57	142	41	58	128	114	**142**	100	94	28	25	10	9	8	4		6	10	2	2	–	–	–	–	–	–	–	–	2,4-Imidazolidinedione, 3,5,5-trimethyl-		M3315
42	142	66	39	101	144	108	52	**142**	100	77	74	42	41	25	25	25		6	7	–	2	1	–	–	–	–	–	–	–	Pyrimidine, 5-chloro-4,6-dimethyl-		M8754
42	142	68	73	114	98	57	44	**142**	100	73	28	27	27	20	16	11		5	6	1	2	–	–	–	1	–	–	–	–	4(1H)-Pyrimidinone, 2-methyl-6-mercapto-	42956-80-9	S7025
43	27	55	71	72	41	84	58	**142**	100	42	38	29	20	19	18	16	**0.00**	8	14	2	–	–	–	–	–	–	–	–	–	1,5-Hexadiene-3,4-diol, 3,4-dimethyl-	2781-29-5	Q8641
43	29	27	41	71	39	99	42	**142**	100	24	17	14	9	7	7	6	**0.40**	8	14	2	–	–	–	–	–	–	–	–	–	2,3-Octanedione	585-25-1	Q2331
43	29	57	72	27	41	113	85	**142**	100	77	73	53	51	32	31	23	**3.20**	9	18	1	–	–	–	–	–	–	–	–	–	3-Nonanone	925-78-0	Q4562
43	41	67	82	27	57	55	39	**142**	100	18	17	14	13	11	11	11	**0.50**	8	14	2	–	–	–	–	–	–	–	–	–	Acetic acid, (E)-2-hexenyl ester	2497-18-9	Q8212
43	44	99	42	15	63	142	127	**142**	100	6	6	6	5	5	5	3		4	5	1	–	1	–	2	–	–	–	–	–	2-Butanone, 4-chloro-4,4-difluoro-		Z0762
43	55	56	41	57	58	42	45	**142**	100	90	90	87	80	77	73	73	**4.00**	9	18	1	–	–	–	–	–	–	–	–	–	Nonane, trans-2,3-epoxy-		17395
43	55	142	58	44	69	41	57	**142**	100	98	81	72	71	61	55	53		4	6	2	4	–	–	–	–	–	–	–	–	1,3,5-Triazine-2,4(1H,3H)-dione, 6-(methylamino)-	55702-53-9	T1875
43	56	69	28	41	127	27	29	**142**	100	95	55	50	45	35	25	25	**5.00**	8	14	2	–	–	–	–	–	–	–	–	–	2H-Pyran-2-one, tetrahydro-4,6,6-trimethyl-	20628-36-8	R8789
43	57	41	27	71	99	29	42	**142**	100	81	53	33	30	28	27	23	**0.30**	10	22	–	–	–	–	–	–	–	–	–	–	Octane, 2,7-dimethyl-	1072-16-8	Q5179
43	57	41	29	71	27	85	42	**142**	100	73	31	24	23	16	13	13	**2.00**	10	22	–	–	–	–	–	–	–	–	–	–	Decane	124-18-5	P9417
43	57	41	29	71	27	85	56	**142**	100	82	43	38	30	28	21	18	**6.74**	10	22	–	–	–	–	–	–	–	–	–	–	Decane		Y0109
43	57	41	29	71	42	27	56	**142**	100	84	43	30	29	28	27	17	**1.36**	10	22	–	–	–	–	–	–	–	–	–	–	Nonane, 2-methyl-		Y0479
43	57	41	71	29	85	56	27	**142**	100	89	30	29	22	17	16	14	**2.79**	10	22	–	–	–	–	–	–	–	–	–	–	Decane		P9419
43	57	41	71	42	85	56	99	**142**	100	92	34	30	20	17	17	16	**0.01**	10	22	–	–	–	–	–	–	–	–	–	–	Octane, 2,7-dimethyl-	1072-16-8	Q5181
43	57	56	41	85	84	29	71	**142**	100	40	37	26	25	24	17	11	**0.69**	10	22	–	–	–	–	–	–	–	–	–	–	Octane, 3,4-dimethyl-	15869-92-8	R5890
43	57	56	58	41	29	27	71	**142**	100	79	35	23	21	19	16	15	**0.06**	10	22	–	–	–	–	–	–	–	–	–	–	Hexane, 2,2-dimethyl-4-ethyl-		Y0560
43	57	71	41	29	27	70	55	**142**	100	98	80	40	32	27	21	17	**0.00**	10	22	–	–	–	–	–	–	–	–	–	–	Heptane, 5-ethyl-2-methyl-		Y0565
43	57	71	41	29	27	70	113	**142**	100	98	80	40	32	27	21	17	**0.00**	10	22	–	–	–	–	–	–	–	–	–	–	Heptane, 5-ethyl-2-methyl-	13475-78-0	R4557
43	57	71	41	29	70	55	27	**142**	100	92	74	33	25	21	15	14	**0.43**	10	22	–	–	–	–	–	–	–	–	–	–	Octane, 3-ethyl-	5881-17-4	R1861
43	57	71	41	29	70	55	112	**142**	100	93	75	33	25	21	15	14	**0.48**	10	22	–	–	–	–	–	–	–	–	–	–	Octane, 3-ethyl-	5881-17-4	R1862
43	57	71	41	42	29	56	85	**142**	100	90	32	28	25	20	16	14	**0.60**	10	22	–	–	–	–	–	–	–	–	–	–	Nonane, 2-methyl-	871-83-0	Q4413
43	57	72	41	113	85	55	73	**142**	100	76	47	23	23	22	10	6	**1.00**	9	18	1	–	–	–	–	–	–	–	–	–	3-Nonanone		Q4563
43	58	27	41	57	71	59	29	**142**	100	90	22	22	20	20	19	18	**6.31**	9	18	1	–	–	–	–	–	–	–	–	–	2-Nonanone	821-55-6	H1081
43	58	41	27	57	59	71	29	**142**	100	86	20	18	18	18	18	16	**4.90**	9	18	1	–	–	–	–	–	–	–	–	–	2-Nonanone	821-55-6	H1082
43	58	71	41	27	57	85	29	**142**	100	34	21	21	20	19	19	17	**2.12**	9	18	1	–	–	–	–	–	–	–	–	–	2-Nonanone		V0461
43	58	86	97	28	27	41	39	**142**	100	98	40	35	30	22	21	17	**13.00**	8	14	2	–	–	–	–	–	–	–	–	–	2H-Pyran, 2,3-dihydro-2-ethoxy-methyl-		A0740
43	59	83	142	113	111	99	127	**142**	100	97	75	69	68	56	50	31		7	10	3	–	–	–	–	–	–	–	–	–	2,4-Pentadienoic acid, (Z)-4-methoxy-, methyl ester	61203-78-9	T5567
43	67	41	27	39	82	55	54	**142**	100	61	59	42	40	38	23	21	**1.00**	8	14	2	–	–	–	–	–	–	–	–	–	Acetic acid, (E)-2-hexenyl ester	2497-18-9	Q8211
43	67	41	39	27	82	55	57	**142**	100	71	50	38	37	36	21	19	**1.00**	8	14	2	–	–	–	–	–	–	–	–	–	Acetic acid, (Z)-2-hexenyl ester	56922-75-9	T4285
43	67	41	82	27	39	54	55	**142**	100	40	17	16	12	12	8	7	**0.00**	8	14	2	–	–	–	–	–	–	–	–	–	Acetic acid, (Z)-3-hexenyl ester	3681-71-8	Q9652
43	67	41	82	39	27	15	54	**142**	100	45	17	13	10	9	9	6	**0.00**	8	14	2	–	–	–	–	–	–	–	–	–	Acetic acid, (Z)-3-hexenyl ester	3681-71-8	Q9653
43	67	71	81	111	82	100	124	**142**	100	52	46	44	21	10	9	3	**0.00**	8	14	2	–	–	–	–	–	–	–	–	–	2-Oxabicyclo[2.2.0]hexane, 1,6-dimethyl-3-hydroxymethyl-		M7072
43	67	82	41	15	27	39	29	**142**	100	48	33	20	14	12	11	8	**0.00**	8	14	2	–	–	–	–	–	–	–	–	–	Acetic acid, 3-hexenyl ester		X0928
43	67	82	41	27	39	54	29	**142**	100	67	58	51	34	32	17	16	**0.00**	8	14	2	–	–	–	–	–	–	–	–	–	Acetic acid, (E)-3-hexenyl ester	3681-82-1	Q9654
43	67	82	41	54	39	55	27	**142**	100	79	47	28	22	20	19	17	**0.00**	8	14	2	–	–	–	–	–	–	–	–	–	Acetic acid, (Z)-4-hexenyl ester	42125-17-7	S6857
43	70	57	71	41	55	42	29	**142**	100	68	54	36	24	22	15	14	**0.50**	10	22	–	–	–	–	–	–	–	–	–	–	Octane, 4,5-dimethyl-	15869-96-2	R5894
43	71	27	41	58	99	29	39	**142**	100	66	42	32	31	28	25	18	**5.88**	9	18	1	–	–	–	–	–	–	–	–	–	4-Nonanone		04292
43	71	27	58	41	99	29	39	**142**	100	67	41	38	35	21	21	19	**7.41**	9	18	1	–	–	–	–	–	–	–	–	–	4-Octanone, 7-methyl-	20809-46-5	H1850
43	71	27	99	58	41	29	39	**142**	100	76	40	38	35	30	23	16	**7.61**	9	18	1	–	–	–	–	–	–	–	–	–	4-Nonanone	4485-09-0	H1472
43	71	41	27	39	142	44	70	**142**	100	54	22	14	8	7	7	6		8	14	2	–	–	–	–	–	–	–	–	–	3,4-Hexanedione, 2,5-dimethyl-		02049
43	71	41	27	99	86	39	29	**142**	100	41	32	31	22	16	16	12	**9.41**	9	18	1	–	–	–	–	–	–	–	–	–	3-Heptanone, 2,6-dimethyl-	19549-83-8	H1832
43	71	41	29	70	28	27	55	**142**	100	85	30	24	22	18	15	15	**0.00**	10	22	–	–	–	–	–	–	–	–	–	–	Hexane, 3,3,4,4-tetramethyl-	5171-84-6	R1174
43	71	41	100	99	42	72	44	**142**	100	73	15	11	5	4	3	2	**0.00**	9	18	1	–	–	–	–	–	–	–	–	–	3-Heptanone, 2,4-dimethyl-	18641-71-9	R7746
43	71	41	142	44	70	72	42	**142**	100	54	22	7	7	6	5	5		8	14	2	–	–	–	–	–	–	–	–	–	3,4-Hexanedione, 2,5-dimethyl-		M4131
43	71	44	55	85	41	69	101	**142**	100	80	35	25	18	17	12	11	**0.10**	9	18	1	–	–	–	–	–	–	–	–	–	Pentane, 1-(3-butenyloxy)-	34061-78-4	S4536
43	71	44	55	85	41	69	101	**142**	100	78	34	24	18	15	11	9	**0.06**	9	18	1	–	–	–	–	–	–	–	–	–	Pentane, 1-(3-butenyloxy)-	34061-78-4	S4537
43	71	57	41	29	70	27	55	**142**	100	99	78	53	39	38	27	24	**0.00**	10	22	–	–	–	–	–	–	–	–	–	–	Octane, 3,3-dimethyl-	4110-44-5	R0108
43	71	57	41	70	29	27	55	**142**	100	95	77	29	24	20	13	12	**0.00**	10	22	–	–	–	–	–	–	–	–	–	–	Heptane, 2,5,5-trimethyl-	1189-99-7	Q5634
43	71	58	86	81	99	142	55	**142**	100	61	52	27	26	22	8	7		9	18	1	–	–	–	–	–	–	–	–	–	4-Octanone, 7-methyl-	20809-46-5	R8936
43	71	70	57	41	55	29	28	**142**	100	97	63	42	23	19	17	13	**0.00**	10	22	–	–	–	–	–	–	–	–	–	–	Heptane, 3,3,4-trimethyl-	20278-87-9	R8605
43	71	99	27	41	29	39	42	**142**	100	45	37	33	29	18	16	12	**8.18**	9	18	1	–	–	–	–	–	–	–	–	–	3-Octanone, 2-methyl-		04287

MASS TO CHARGE RATIOS								M.W.	INTENSITIES								Parent	C	H	O	N	Cl	Br	F	S	P	B	Si	X	COMPOUND NAME	CAS Reg No	No
43	71	99	41	86	42	54	142	**142**	100	48	31	19	7	6	6	5		9	18	1	–	–	–	–	–	–	–	–	–	**3-Octanone, 2-methyl-**	923-28-4	**Q4551**
43	72	42	85	55	41	109	142	**142**	100	80	36	35	26	24	22	17		8	14	2	–	–	–	–	–	–	–	–	–	**2H-Pyran, 3,4-dihydro-2,6-dimethyl-2-methoxy-**		**A0742**
43	72	85	109	57	71	59	55	**142**	100	27	18	11	11	10	10	9	**0.07**	8	14	2	–	–	–	–	–	–	–	–	–	**2-Propanol, 2-(2-acetylcyclohexyl)-**	62337-92-2	**T6071**
43	72	100	71	41	39	54	142	**142**	100	49	23	16	13	10	9	9		8	14	2	–	–	–	–	–	–	–	–	–	**6,8-Dioxabicyclo[3.2.1]octane, (1S)-1,5-dimethyl-**		**15145**
43	72	114	71	45	39	67	59	**142**	100	33	30	26	16	15	14	7	**1.00**	5	6	1	2	–	–	–	1	–	–	–	–	**1,2,3-Thiadiazole, 4-acetyl-5-methyl-**	40757-61-7	**S6435**
43	81	67	114	85	82	124	111	**142**	100	57	55	30	30	30	10	8	**0.00**	8	14	2	–	–	–	–	–	–	–	–	–	**2-Oxabicyclo[2.2.0]hexane, 1,4-dimethyl-3-hydroxymethyl-**		**M7073**
43	82	67	41	72	55	42	57	**142**	100	34	26	17	15	14	8	8	**0.00**	8	14	2	–	–	–	–	–	–	–	–	–	**Acetic acid, cis-2-methylcyclopentyl ester**	40991-93-3	**S6504**
43	82	67	54	41	39	55	27	**142**	100	88	85	42	35	32	23	20	**0.31**	8	14	2	–	–	–	–	–	–	–	–	–	**Acetic acid, cyclohexyl ester**		**D0147**
43	82	67	54	41	55	81	83	**142**	100	82	62	37	26	19	12	12	**0.00**	8	14	2	–	–	–	–	–	–	–	–	–	**Acetic acid, cyclohexyl ester**	622-45-7	**Q3072**
43	82	67	57	27	41	29	39	**142**	100	50	46	45	27	27	24	20	**0.20**	8	14	2	–	–	–	–	–	–	–	–	–	**Acetic acid, cyclohexyl ester**		**17324**
43	82	67	72	55	41	100	81	**142**	100	39	23	18	14	12	10	9	**0.00**	8	14	2	–	–	–	–	–	–	–	–	–	**Acetic acid, trans-2-methylcyclopentyl ester**	40991-94-4	**S6505**
43	83	42	142	39	71	67	27	**142**	100	82	52	49	14	13	13	13		5	6	3	2	–	–	–	–	–	–	–	–	**Isoxazole, 3,5-dimethyl-4-nitro-**		**05567**
43	84	58	71	85	41	69	81	**142**	100	23	22	12	6	5	5	5	**1.20**	8	14	2	–	–	–	–	–	–	–	–	–	**2,7-Octanedione**	1626-09-1	**Q6356**
43	85	57	55	41	39	44	42	**142**	100	54	29	26	20	9	7	6	**1.25**	8	14	2	–	–	–	–	–	–	–	–	–	**2-Octanone, 3,4-epoxy-**	17257-80-6	**R6710**
43	85	57	55	41	44	42	100	**142**	100	54	28	27	20	7	6	5	**0.00**	8	14	2	–	–	–	–	–	–	–	–	–	**2-Octanone, 3,4-epoxy-**	17257-80-6	**R6709**
43	85	57	84	41	56	29	27	**142**	100	35	24	23	17	13	12	8	**0.75**	10	22	–	–	–	–	–	–	–	–	–	–	**Nonane, 5-methyl-**	15869-85-9	**R5883**
43	85	57	100	41	44	39	58	**142**	100	99	24	23	19	15	14	13	**6.00**	8	14	2	–	–	–	–	–	–	–	–	–	**2,4-Octanedione**	14090-87-0	**R4972**
43	85	84	57	41	56	29	55	**142**	100	62	43	30	20	15	12	10	**4.25**	10	22	–	–	–	–	–	–	–	–	–	–	**Nonane, 5-methyl-**	15869-85-9	**R5882**
43	85	101	100	41	67	39	86	**142**	100	96	44	32	7	7	6	5	**0.00**	8	14	2	–	–	–	–	–	–	–	–	–	**2,4-Pentanedione, 3-isopropyl-**	1540-38-1	**Q6185**
43	85	142	100	127	28	27	69	**142**	100	42	24	14	14	9	8	7		7	10	3	–	–	–	–	–	–	–	–	–	**2,4,6-Heptanetrione**	626-53-9	**Q3217**
43	86	41	44	67	82	55	58	**142**	100	30	9	6	5	5	4	4	**0.00**	8	14	2	–	–	–	–	–	–	–	–	–	**Acetic acid, 1-(3-ethylcyclobutyl) ester**	56335-72-9	**T3508**
43	99	71	41	55	44	39	42	**142**	100	24	24	13	9	7	7	5	**2.00**	8	14	2	–	–	–	–	–	–	–	–	–	**2,3-Octanedione**	585-25-1	**Q2330**
43	99	71	41	55	44	39	42	**142**	100	49	46	26	18	15	13	10	**5.10**	8	14	2	–	–	–	–	–	–	–	–	–	**2,3-Octanedione**	585-25-1	**Q2329**
44	42	142	43	28	45	56	29	**142**	100	41	40	33	31	29	13	12		6	14	–	4	–	–	–	–	–	–	–	–	**Glyoxal bis(dimethylhydrazone)**	26757-28-8	**S1497**
44	45	56	42	142	58	43	41	**142**	100	78	60	56	50	47	31	30		8	18	–	2	–	–	–	–	–	–	–	–	**2-Pentanone, 4-methyl-, dimethylhydrazone**	28236-88-6	**S1994**
45	57	27	29	85	41	43	55	**142**	100	72	54	49	45	42	37	36	**2.07**	9	18	1	–	–	–	–	–	–	–	–	–	**2-Heptene, (Z)-1-ethoxy-**	51149-74-7	**06759**
55	29	41	97	27	39	99	73	**142**	100	82	76	75	68	53	42	25	**7.51**	8	14	2	–	–	–	–	–	–	–	–	–	**2-Hexenoic acid, ethyl ester**	1552-67-6	**H1199**
55	41	68	42	99	56	59	69	**142**	100	78	59	52	41	39	39	28	**0.00**	8	14	2	–	–	–	–	–	–	–	–	–	**2-Oxonanone**	5698-29-3	**R1689**
55	41	68	81	69	67	54	29	**142**	100	98	78	64	61	55	48	41	**0.40**	9	18	1	–	–	–	–	–	–	–	–	–	**3-Nonen-1-ol, (Z)-**	10340-23-5	**R3764**
55	41	69	68	81	67	54	29	**142**	100	91	78	62	52	46	38	37	**0.50**	9	18	1	–	–	–	–	–	–	–	–	–	**3-Nonen-1-ol, (E)-**	10339-61-4	**R3759**
55	41	83	87	27	39	29	74	**142**	100	81	79	72	58	53	38	34	**33.80**	8	14	2	–	–	–	–	–	–	–	–	–	**Cyclohexanecarboxylic acid, methyl ester**	4630-82-4	**R0658**
55	41	87	27	39	113	43	74	**142**	100	95	93	78	58	52	45	43	**5.00**	8	14	2	–	–	–	–	–	–	–	–	–	**2-Heptenoic acid, (E)-, methyl ester**	38693-91-3	**S5932**
55	41	87	113	39	74	43	68	**142**	100	86	85	43	43	40	40	39	**8.70**	8	14	2	–	–	–	–	–	–	–	–	–	**2-Heptenoic acid, (E)-, methyl ester**		**03484**
55	43	72	57	29	41	27	39	**142**	100	87	77	47	30	26	16	15	**2.97**	9	18	1	–	–	–	–	–	–	–	–	–	**Pentane, (E)-1-(2-butenyloxy)-**	54004-26-1	**S8738**
55	43	72	57	41	39	56	42	**142**	100	87	77	47	27	15	13	11	**4.00**	9	18	1	–	–	–	–	–	–	–	–	–	**Pentane, (E)-1-(2-butenyloxy)-**	54004-26-1	**S8739**
55	43	72	57	41	39	56	71	**142**	100	87	77	48	27	15	13	11	**4.00**	9	18	1	–	–	–	–	–	–	–	–	–	**Pentane, (E)-1-(2-butenyloxy)-**		**M3710**
55	82	41	60	96	67	124	83	**142**	100	68	52	49	31	30	30	26	**1.00**	8	14	2	–	–	–	–	–	–	–	–	–	**7-Octenoic acid**	18719-24-9	**R7798**
55	83	41	43	18	61	81	67	**142**	100	67	45	42	33	22	9	8	**0.00**	7	14	1	2	–	–	–	–	–	–	–	–	**Azoxycyclohexane, N-methyl-**		**06199**
55	83	88	41	142	82	59	39	**142**	100	70	65	37	30	15	11	10		8	14	2	–	–	–	–	–	–	–	–	–	**3-Hexenoic acid, 2-methyl-, methyl ester**		**M8069**
55	83	88	142	41	82	59	39	**142**	100	70	65	31	27	15	10	9		8	14	2	–	–	–	–	–	–	–	–	–	**3-Hexenoic acid, 2-methyl-, methyl ester**	50652-86-3	**S7426**
55	83	142	42	61	57	82	70	**142**	100	88	71	51	50	42	26	24		7	14	1	2	–	–	–	–	–	–	–	–	**Cyclohexylamine, N-methyl-N-nitroso-**		**05891**
55	87	83	41	74	142	110	68	**142**	100	99	82	50	46	34	26	21		8	14	2	–	–	–	–	–	–	–	–	–	**Cyclohexanecarboxylic acid, methyl ester**		**C0097**
55	87	83	142	41	74	110	111	**142**	100	99	85	56	42	41	32	27		8	14	2	–	–	–	–	–	–	–	–	–	**Cyclohexanecarboxylic acid, methyl ester**		**Z0761**
55	101	27	100	39	41	29	28	**142**	100	46	40	26	23	21	20	19	**3.00**	7	10	3	–	–	–	–	–	–	–	–	–	**2,4(3H,5H)-Furandione, 3-propyl-**	22884-75-9	**R9982**
55	142	88	111	83	101	41	127	**142**	100	82	45	43	42	41	40	24		8	14	2	–	–	–	–	–	–	–	–	–	**2-Hexenoic acid, 2-methyl-, methyl ester**	50652-82-9	**S7422**
55	142	101	88	83	111	41	127	**142**	100	82	57	45	44	44	40	25		8	14	2	–	–	–	–	–	–	–	–	–	**2-Hexenoic acid, 2-methyl-, methyl ester**		**M8068**
56	40	85	41	18	42	141	39	**142**	100	57	56	45	42	40	29	26	**3.50**	7	14	1	2	–	–	–	–	–	–	–	–	**3-Pyrazolidinone, 1,2,4,5-tetramethyl-**	56666-79-6	**T4033**
56	41	98	99	57	29	112	27	**142**	100	20	19	16	10	9	7	7	**5.92**	7	15	2	–	–	–	–	–	–	1	–	–	**1,3,2-Dioxaborinane, 2-ethyl-5,5-dimethyl-**	57186-59-1	**T4361**
56	42	82	98	43	44	142	41	**142**	100	63	60	55	51	47	42	28		7	14	1	2	–	–	–	–	–	–	–	–	**3-Buten-2-one, 4-(dimethylamino)-4-(methylamino)-**	40347-20-4	**S6289**
56	44	41	70	55	43	69	39	**142**	100	58	46	33	29	25	21	17	**3.40**	8	14	2	–	–	–	–	–	–	–	–	–	**2H-Pyran-2-one, tetrahydro-4,4,6-trimethyl-**	10603-06-2	**R3988**
56	70	55	41	42	43	69	127	**142**	100	92	89	63	52	45	40	32	**0.00**	9	18	1	–	–	–	–	–	–	–	–	–	**Furan, trans-3-butyl-2-methyltetrahydro-**	36712-20-6	**S5352**
56	86	114	69	43	142	124		**142**	100	57	55	25	25	22	3			7	10	3	–	–	–	–	–	–	–	–	–	**2-Cyclohexen-1-one, 4-hydroxy-3-methoxy-**		**L8769**
56	98	69	57	55	43	70	85	**142**	100	87	53	52	48	44	40	10	**0.30**	9	18	1	–	–	–	–	–	–	–	–	–	**Heptanal, 3-ethyl-**		**M8216**
57	29	27	56	26	86	55	28	**142**	100	89	43	24	17	15	15	9	**0.00**	8	14	2	–	–	–	–	–	–	–	–	–	**6-Hepten-3-one, 5-hydroxy-4-methyl-**	61141-71-7	**T5306**
57	41	29	39	42	43	71	56	**142**	100	62	51	20	7	7	6	5	**0.00**	8	18	–	2	–	–	–	–	–	–	–	–	**Diazoethane, 1,1,1′,1′-tetramethyl-**		**03577**
57	41	43	29	44	56	27	55	**142**	100	97	82	74	69	60	53	52	**0.20**	9	18	1	–	–	–	–	–	–	–	–	–	**Nonanal**	124-19-6	**P9421**

MASS TO CHARGE RATIOS								M.W.	INTENSITIES								Parent	C	H	O	N	Cl	Br	F	S	P	B	Si	X	COMPOUND NAME	CAS Reg No	No
57	41	43	55	29	27	39	54	**142**	100	82	67	50	49	43	35	33	**1.70**	9	18	1	–	–	–	–	–	–	–	–	–	2-Nonen-1-ol		C0883
57	41	43	55	54	29	67	70	**142**	100	82	73	68	47	46	38	38	**0.80**	9	18	1	–	–	–	–	–	–	–	–	–	2-Nonen-1-ol, (E)-	31502-14-4	H1951
57	41	43	86	27	29	39	71	**142**	100	76	72	46	42	42	36	35	**0.00**	9	18	1	–	–	–	–	–	–	–	–	–	Hexanal, 2-propyl-		C0855
57	41	54	43	55	67	29	27	**142**	100	87	67	53	51	51	44	43	**0.70**	9	18	1	–	–	–	–	–	–	–	–	–	2-Nonen-1-ol, (E)-	31502-14-4	S3317
57	41	54	43	55	67	29	68	**142**	100	77	67	54	53	43	40	37	**0.40**	9	18	1	–	–	–	–	–	–	–	–	–	2-Nonen-1-ol, (Z)-	41453-56-9	S6627
57	41	55	43	42	44	69	99	**142**	100	85	85	82	62	62	45	44	**6.00**	9	18	1	–	–	–	–	–	–	–	–	–	Nonane, trans-4,5-epoxy-		17397
57	41	69	39	86	113	142	56	**142**	100	64	39	15	15	13	11	9		9	18	1	–	–	–	–	–	–	–	–	–	2-Pentene, (E)-1-butoxy-	54004-22-7	S8730
57	41	83	29	27	43	98	39	**142**	100	63	55	45	29	27	25	25	**0.57**	9	18	1	–	–	–	–	–	–	–	–	–	Hexanal, 3,5,5-trimethyl-		03564
57	41	85	29	55	81	27	43	**142**	100	67	66	65	62	50	49	46	**0.15**	9	18	1	–	–	–	–	–	–	–	–	–	2-Pentene, 1-ethoxy-4,4-dimethyl-	55702-60-8	T1879
57	41	85	43	39	27	59	28	**142**	100	85	70	26	25	17	13	11	**0.82**	8	14	2	–	–	–	–	–	–	–	–	–	Butanoic acid, 3-methyl-, allyl ester		X0699
57	41	85	43	39	27	59	55	**142**	100	85	71	26	25	17	13	12	**0.80**	8	14	2	–	–	–	–	–	–	–	–	–	Butanoic acid, 3-methyl-, allyl ester	2835-39-4	Q8715
57	41	85	58	43	42	55	100	**142**	100	60	57	37	25	12	7	5	**4.00**	9	18	1	–	–	–	–	–	–	–	–	–	4-Octanone, 2-methyl-	7492-38-8	R3244
57	41	99	39	55	69	87	56	**142**	100	38	25	8	7	6	6	5	**0.10**	9	18	1	–	–	–	–	–	–	–	–	–	2-Pentene, (E)-5-butoxy-	54004-23-8	S8733
57	41	99	55	39	56	87	58	**142**	100	38	24	8	7	6	6	5	**0.01**	9	18	1	–	–	–	–	–	–	–	–	–	2-Pentene, (E)-5-butoxy-	54004-23-8	S8732
57	43	41	56	71	70	29	27	**142**	100	54	21	15	13	12	9	7	**0.12**	10	22	–	–	–	–	–	–	–	–	–	–	Heptane, 2,3,6-trimethyl-	4032-93-3	R0017
57	43	41	71	27	29	70	55	**142**	100	95	60	30	29	27	26	23	**0.73**	10	22	–	–	–	–	–	–	–	–	–	–	Octane, 3,5-dimethyl-	15869-93-9	R5891
57	43	41	71	29	27	56	55	**142**	100	91	31	29	20	14	11	10	**0.48**	10	22	–	–	–	–	–	–	–	–	–	–	Octane, 4-ethyl-	15869-86-0	R5887
57	43	41	71	29	56	27	39	**142**	100	71	54	52	42	34	33	19	**1.70**	10	22	–	–	–	–	–	–	–	–	–	–	Octane, 2,6-dimethyl-	2051-30-1	Q7271
57	43	41	71	29	98	55	69	**142**	100	37	19	13	10	7	7	6	**0.14**	10	22	–	–	–	–	–	–	–	–	–	–	Heptane, 2,3,5-trimethyl-	20278-85-7	R8604
57	43	41	85	39	84	56	71	**142**	100	88	53	46	20	20	18	15	**0.00**	10	22	–	–	–	–	–	–	–	–	–	–	Hexane, 2,2,3,3-tetramethyl-		V0173
57	43	41	98	27	29	56	55	**142**	100	64	40	25	25	24	17	13	**0.59**	10	22	–	–	–	–	–	–	–	–	–	–	Heptane, 3-ethyl-2-methyl-		V0220
57	43	41	98	27	29	56	55	**142**	100	41	28	23	18	16	13	10	**0.53**	10	22	–	–	–	–	–	–	–	–	–	–	Heptane, 4-isopropyl-		V0221
57	43	41	98	29	27	71	56	**142**	100	62	33	28	22	21	18	14	**0.85**	10	22	–	–	–	–	–	–	–	–	–	–	Octane, 2,3-dimethyl-		Y0480
57	43	41	98	39	55	42	56	**142**	100	49	42	34	16	16	12	11	**1.54**	10	22	–	–	–	–	–	–	–	–	–	–	Heptane, 4-propyl-		Y1793
57	43	41	98	55	39	42	56	**142**	100	36	30	24	11	11	9	8	**1.10**	10	22	–	–	–	–	–	–	–	–	–	–	Heptane, 4-propyl-		Y2016
57	43	41	98	56	71	29	55	**142**	100	47	22	20	14	12	10	9	**0.09**	10	22	–	–	–	–	–	–	–	–	–	–	Heptane, 3-ethyl-2-methyl-	14676-29-0	R5347
57	43	71	41	29	56	27	55	**142**	100	68	61	47	42	29	28	15	**1.20**	10	22	–	–	–	–	–	–	–	–	–	–	Nonane, 3-methyl-	5911-04-6	H1568
57	43	71	41	29	70	55	113	**142**	100	89	79	54	26	15	14	12	**0.33**	10	22	–	–	–	–	–	–	–	–	–	–	Heptane, 3-ethyl-5-methyl-	52896-90-9	S8161
57	43	71	70	41	29	55	56	**142**	100	80	30	23	21	13	10	9	**0.60**	10	22	–	–	–	–	–	–	–	–	–	–	Octane, 2,5-dimethyl-	15869-89-3	R5888
57	43	71	70	41	29	98	55	**142**	100	81	31	26	23	15	13	12	**1.10**	10	22	–	–	–	–	–	–	–	–	–	–	Nonane, 4-methyl-		R6771
57	43	71	70	41	55	29	27	**142**	100	97	41	34	23	16	13	10	**0.00**	10	22	–	–	–	–	–	–	–	–	–	–	Heptane, 2,3,4-trimethyl-	52896-95-4	S8163
57	43	71	70	41	55	29	27	**142**	100	93	84	44	21	17	12	8	**0.00**	10	22	–	–	–	–	–	–	–	–	–	–	Heptane, 3,3,5-trimethyl-	7154-80-5	R2889
57	43	71	70	41	99	29	55	**142**	100	78	36	30	23	14	13	11	**2.87**	10	22	–	–	–	–	–	–	–	–	–	–	Octane, 2,5-dimethyl-		Y1942
57	43	71	70	98	41	55	29	**142**	100	86	50	41	29	24	16	15	**6.82**	10	22	–	–	–	–	–	–	–	–	–	–	Nonane, 4-methyl-		01848
57	43	72	41	55	56	85	58	**142**	100	30	21	14	12	11	10	4	**0.50**	9	18	1	–	–	–	–	–	–	–	–	–	Heptanol, 1-vinyl-		L4950
57	43	72	41	55	56	85	58	**142**	100	25	20	14	13	12	10	5	**0.00**	9	18	1	–	–	–	–	–	–	–	–	–	1-Nonen-3-ol	21964-44-3	R9469
57	43	86	71	41	99	28	29	**142**	100	53	41	27	22	19	14	10	**0.10**	9	18	1	–	–	–	–	–	–	–	–	–	2-Pentanone, 3,3,4,4-tetramethyl-	865-66-7	Q4388
57	43	112	41	71	29	27	56	**142**	100	87	35	30	29	19	13	11	**0.47**	10	22	–	–	–	–	–	–	–	–	–	–	Octane, 4-ethyl-	15869-86-0	R5886
57	56	41	71	43	39	55	58	**142**	100	45	38	33	21	15	12	5	**0.02**	10	22	–	–	–	–	–	–	–	–	–	–	Hexane, 2,2,5,5-tetramethyl-		V0176
57	56	43	41	29	71	27	85	**142**	100	47	28	24	18	16	11	9	**0.00**	10	22	–	–	–	–	–	–	–	–	–	–	Heptane, 2,2,4-trimethyl-		Y0559
57	71	43	41	29	56	113	27	**142**	100	55	52	31	27	24	10	9	**0.91**	10	22	–	–	–	–	–	–	–	–	–	–	Octane, 3,6-dimethyl-	15869-94-0	R5893
57	71	43	56	41	113	112	29	**142**	100	89	61	42	35	27	27	20	**5.22**	10	22	–	–	–	–	–	–	–	–	–	–	Nonane, 3-methyl-		01849
57	71	56	113	43	41	112	29	**142**	100	79	73	73	70	49	28	24	**3.00**	10	22	–	–	–	–	–	–	–	–	–	–	Octane, 2,6-dimethyl-	2051-30-1	Q7272
57	82	99	81	67	41	43	55	**142**	100	48	43	42	39	39	36	33	**0.25**	9	18	1	–	–	–	–	–	–	–	–	–	Cyclohexanol, 1-propyl-		F0141
57	84	43	69	58	29	28	30	**142**	100	82	60	48	44	29	24	21	**5.00**	7	10	3	–	–	–	–	–	–	–	–	–	Butanoic acid, 3-oxo-, allyl ester		L1330
57	84	43	69	58	29	28	31	**142**	100	80	58	46	43	28	25	21	**4.73**	7	10	3	–	–	–	–	–	–	–	–	–	Butanoic acid, 3-oxo-, allyl ester	1118-84-9	Q5340
57	85	41	29	58	27	43	39	**142**	100	89	40	28	28	23	22	18	**13.75**	9	18	1	–	–	–	–	–	–	–	–	–	3-Pentanone, 2,2,4,4-tetramethyl-	815-24-7	Q4183
57	85	41	43	58	28	26	39	**142**	100	82	46	39	33	30	30	22	**11.19**	9	18	1	–	–	–	–	–	–	–	–	–	4-Heptanone, 2,6-dimethyl-		Y0832
57	85	41	43	58	29	27	39	**142**	100	80	49	44	33	31	29	25	**10.71**	9	18	1	–	–	–	–	–	–	–	–	–	4-Heptanone, 2,6-dimethyl-	108-83-8	H0395
57	85	41	43	58	29	27	39	**142**	100	73	36	26	24	21	15	13	**10.64**	9	18	1	–	–	–	–	–	–	–	–	–	4-Heptanone, 2,6-dimethyl-		C1319
57	85	58	29	41	27	39	28	**142**	100	77	69	66	48	44	18	17	**11.05**	9	18	1	–	–	–	–	–	–	–	–	–	5-Nonanone		Y0833
57	85	58	29	41	27	39	28	**142**	100	86	67	62	45	40	17	15	**13.41**	9	18	1	–	–	–	–	–	–	–	–	–	5-Nonanone	502-56-7	H0743
57	85	58	41	29	43	27	39	**142**	100	76	40	35	30	18	16	10	**10.09**	9	18	1	–	–	–	–	–	–	–	–	–	4-Octanone, 2-methyl-		03404
57	85	58	41	29	43	28	27	**142**	100	64	59	52	51	47	35	23	**11.50**	9	18	1	–	–	–	–	–	–	–	–	–	5-Nonanone		D1384
57	98	43	41	27	29	99	55	**142**	100	31	29	23	14	14	9	9	**1.42**	10	22	–	–	–	–	–	–	–	–	–	–	Heptane, 4-propyl-		V0022
57	98	43	56	41	44	55	29	**142**	100	59	58	58	55	48	47	38	**0.90**	9	18	1	–	–	–	–	–	–	–	–	–	Nonanal	124-19-6	P9422

MASS TO CHARGE RATIOS								M.W.	INTENSITIES								Parent	C	H	O	N	Cl	Br	F	S	P	B	Si	X	COMPOUND NAME	CAS Reg No	No
57	142	85	55	41	58	68	72	**142**	100	85	76	43	40	31	30	29		8	14	2	–	–	–	–	–	–	–	–	–	Cyclohexanone, 4-ethoxy-	23510-92-1	S0230
57	142	85	68	88	69	55	114	**142**	100	85	76	30	23	23	22	9		8	14	2	–	–	–	–	–	–	–	–	–	Cyclohexanone, 4-ethoxy-		M0090
58	41	43	57	29	27	39	55	**142**	100	51	50	34	31	26	24	20	**0.08**	9	18	1	–	–	–	–	–	–	–	–	–	Octanal, 2-methyl-		C0857
58	43	86	59	99	45	114	55	**142**	100	51	35	33	16	14	12	12	**8.50**	7	14	1	–	–	–	–	–	–	–	1	–	Silacyclohexan-4-one, 1,1-dimethyl-	18276-42-1	R7472
58	142	29	86	18	28	114	68	**142**	100	70	58	40	39	38	34	14		5	2	5	–	–	–	–	–	–	–	–	–	4-Cyclopentene-1,2,3-trione, 4,5-dihydroxy-		01487
59	15	83	85	29	48	63	47	**142**	100	64	55	35	27	20	12	10	**0.00**	3	4	2	–	2	–	–	–	–	–	–	–	Acetic acid, dichloro-, methyl ester	116-54-1	P8911
59	41	55	96	127	67	43	70	**142**	100	79	78	68	47	45	44	41	**2.00**	9	18	1	–	–	–	–	–	–	–	–	–	3-Heptene, 1-ethoxy-	55320-25-7	T0844
59	43	41	83	31	39	55	58	**142**	100	13	12	9	8	7	7	5	**0.00**	9	18	1	–	–	–	–	–	–	–	–	–	Cyclopentylmethanol, α,α2-trimethyl-		L6154
59	53	29	27	15	31	43	72	**142**	100	21	15	14	13	9	8	6	**0.00**	8	14	2	–	–	–	–	–	–	–	–	–	1-Butyne, 3-(2-methoxypropoxy)-	55702-66-4	06934
59	74	58	41	43	45	111	83	**142**	100	77	68	68	62	54	49	47	**22.00**	8	14	2	–	–	–	–	–	–	–	–	–	2-Pentenoic acid, (Z)-3,4-dimethyl-, methyl ester		M0744
59	83	85	29	48	63	47	76	**142**	100	59	37	26	23	13	12	9	**0.05**	3	4	2	–	2	–	–	–	–	–	–	–	Acetic acid, dichloro-, methyl ester		04689
59	85	43	41	84	71	57	60	**142**	100	89	80	56	54	31	28	19	**13.00**	7	14	1	2	–	–	–	–	–	–	–	–	Butanal, 3-methyl-, N-methyl-N-formylhydrazone		16832
62	36	44	27	107	64	61	106	**142**	100	68	46	45	34	33	32	32	**0.00**	3	4	2	–	2	–	–	–	–	–	–	–	Propanoic acid, 2,3-dichloro-		Z0765
62	97	99	64	27	61	28	36	**142**	100	90	57	38	34	33	28	24	**0.00**	3	4	2	–	2	–	–	–	–	–	–	–	Propanoic acid, 2,2-dichloro-	75-99-0	P5675
63	27	62	65	93	64	26	29	**142**	100	67	59	32	30	20	12	11	**0.10**	3	4	2	–	2	–	–	–	–	–	–	–	Formic acid, chloro-, 2-chloroethyl ester	627-11-2	H0993
63	27	65	26	144	142	28	93	**142**	100	88	32	26	11	8	8	6		2	4	–	–	1	1	–	–	–	–	–	–	Ethane, 1-bromo-2-chloro-		Y1137
63	27	65	144	142	26	93	95	**142**	100	41	32	18	14	6	6	6		2	4	–	–	1	1	–	–	–	–	–	–	Ethane, 1-bromo-2-chloro-	107-04-0	P7962
63	62	93	27	65	64	95	49	**142**	100	83	35	35	33	29	12	7	**0.00**	3	4	2	–	2	–	–	–	–	–	–	–	Formic acid, chloro-, 2-chloroethyl ester	627-11-2	Q3250
67	54	41	82	81	39	109	110	**142**	100	39	36	34	25	24	23	22	**21.02**	8	14	–	–	–	–	–	1	–	–	–	–	9-Thiabicyclo[6.1.0]nonane	286-63-5	Q0218
68	93	122	142	113	67	41	55	**142**	100	76	72	55	37	36	34	30		9	15	–	–	–	–	1	–	–	–	–	–	Bicyclo[2.2.2]octane, 1-fluoro-4-methyl-	20417-60-1	R8664
69	41	56	87	39	57	29	27	**142**	100	72	31	27	24	23	21	10	**0.10**	8	14	2	–	–	–	–	–	–	–	–	–	Methacrylic acid, sec-butyl ester	2998-18-7	Q8905
69	41	87	56	29	39	55	57	**142**	100	82	64	58	19	17	10	8	**0.05**	8	14	2	–	–	–	–	–	–	–	–	–	Methacrylic acid, butyl ester		F0407
69	41	87	56	39	29	27	55	**142**	100	97	80	66	28	26	14	10	**0.40**	8	14	2	–	–	–	–	–	–	–	–	–	Methacrylic acid, butyl ester		C0685
69	87	41	39	56	29	27	28	**142**	100	51	38	20	19	12	9	6	**0.00**	8	14	2	–	–	–	–	–	–	–	–	–	2-Butenoic acid, butyl ester	7299-91-4	R3037
69	87	41	56	39	29	57	73	**142**	100	33	25	12	12	7	7	7	**0.22**	8	14	2	–	–	–	–	–	–	–	–	–	2-Butenoic acid, sec-butyl ester		Z0763
69	97	41	45	39	70	67	96	**142**	100	30	27	20	6	6	5	4	**3.40**	8	14	2	–	–	–	–	–	–	–	–	–	Cyclopentyl methoxymethyl ketone		C1909
71	41	43	29	56	55	58	27	**142**	100	99	97	95	92	91	91	87	**3.00**	9	18	1	–	–	–	–	–	–	–	–	–	Nonane, 1,2-epoxy-		17386
71	41	110	67	68	82	45	81	**142**	100	18	18	14	12	12	10	10	**5.20**	9	18	1	–	–	–	–	–	–	–	–	–	Cyclooctane, methoxy-	13213-32-6	R4368
71	43	41	27	29	39	55	72	**142**	100	46	20	19	12	12	8	7	**0.13**	9	18	1	–	–	–	–	–	–	–	–	–	2-Hepten-3-ol, 4,5-dimethyl-	55956-37-1	T2473
71	43	41	27	142	69	73	39	**142**	100	99	29	17	12	11	8	8		8	14	2	–	–	–	–	–	–	–	–	–	4,5-Octanedione		02048
71	43	41	53	72	57	69	55	**142**	100	20	17	10	10	6	5	4	**1.00**	8	14	2	–	–	–	–	–	–	–	–	–	2,6-Octadiene-4,5-diol	4486-59-3	R0506
71	43	41	72	53	57	69	55	**142**	100	20	18	12	10	5	5	4	**1.00**	8	14	2	–	–	–	–	–	–	–	–	–	2,6-Octadiene-4,5-diol		L5076
71	43	41	142	73	72	44	42	**142**	100	99	29	12	8	7	6	6		8	14	2	–	–	–	–	–	–	–	–	–	4,5-Octanedione		M4136
71	43	57	70	41	29	55	113	**142**	100	73	61	23	21	12	11	8	**0.00**	10	22	–	–	–	–	–	–	–	–	–	–	Heptane, 2,5,5-trimethyl-	1189-99-7	Q5635
71	43	85	41	27	127	59	39	**142**	100	94	50	40	34	29	24	24	**2.53**	9	18	1	–	–	–	–	–	–	–	–	–	3-Octen-2-ol, (Z)-2-methyl-	18521-07-8	R7672
71	55	41	58	54	43	82	110	**142**	100	95	80	78	60	40	38	36	**13.13**	8	14	2	–	–	–	–	–	–	–	–	–	Cycloheptanone, 4-methoxy-	17429-01-5	R6959
71	55	41	58	54	43	82	110	**142**	100	94	78	77	59	41	40	37	**13.91**	8	14	2	–	–	–	–	–	–	–	–	–	Cycloheptanone, 4-methoxy-	17429-01-5	R6960
71	55	41	58	54	43	83	110	**142**	100	94	78	77	59	41	39	36	**13.00**	8	14	2	–	–	–	–	–	–	–	–	–	Cycloheptanone, 4-methoxy-		L1758
71	57	43	41	29	70	27	55	**142**	100	64	58	38	37	30	26	15	**0.00**	10	22	–	–	–	–	–	–	–	–	–	–	Heptane, 3,3,5-trimethyl-		Y0971
71	57	43	41	29	70	27	55	**142**	100	67	62	34	33	31	21	15	**0.03**	10	22	–	–	–	–	–	–	–	–	–	–	Heptane, 3,3,5-trimethyl-		Y0522
71	72	43	41	57	39	53	55	**142**	100	79	49	36	25	23	15	5	**0.00**	8	14	2	–	–	–	–	–	–	–	–	–	1,5-Heptadiene-3,4-diol, 2-methyl-	22726-05-2	R9934
71	72	43	41	57	53	55	42	**142**	100	80	50	37	24	15	5	3	**0.00**	8	14	2	–	–	–	–	–	–	–	–	–	1,5-Heptadiene-3,4-diol, 2-methyl-	22726-05-2	R9935
71	72	43	41	57	53	55	69	**142**	100	79	50	35	25	15	5	4	**0.00**	8	14	2	–	–	–	–	–	–	–	–	–	2,6-Heptadiene-4,5-diol, 6-methyl-		L5080
71	99	86	142	72	70	87	100	**142**	100	83	39	17	11	8	8	7		9	18	1	–	–	–	–	–	–	–	–	–	4-Nonanone	4485-09-0	H1473
72	28	43	71	142	41	57	42	**142**	100	26	22	16	14	13	13	12		8	14	2	–	–	–	–	–	–	–	–	–	2H-Pyran, 2,3-dihydro-3,6-dimethyl-2-methoxy-		A0739
72	43	57	41	143	55	42	39	**142**	100	90	77	26	26	23	12	11	**0.00**	9	18	1	–	–	–	–	–	–	–	–	–	Pentane, (Z)-1-(1-butenyloxy)-	56052-76-7	T2702
72	43	57	71	41	39	53	55	**142**	100	87	58	58	37	35	8	7	**0.66**	8	14	2	–	–	–	–	–	–	–	–	–	1,5-Hexadiene-3,4-diol, 2,5-dimethyl-	4723-10-8	R0759
72	43	57	71	41	53	42	55	**142**	100	86	67	67	38	8	7	7	**1.00**	8	14	2	–	–	–	–	–	–	–	–	–	1,5-Hexadiene-3,4-diol, 2,5-dimethyl-	4723-10-8	R0760
72	43	57	142	41	55	42	39	**142**	100	88	80	28	25	25	13	12		9	18	1	–	–	–	–	–	–	–	–	–	Pentane, (E)-1-(1-butenyloxy)-	54004-25-0	S8737
72	57	41	43	29	27	39	71	**142**	100	79	75	66	46	42	34	28	**0.07**	9	18	1	–	–	–	–	–	–	–	–	–	Heptanal, 2-ethyl-		C0856
72	71	43	57	41	39	28	27	**142**	100	94	76	65	57	51	51	47	**0.00**	8	14	2	–	–	–	–	–	–	–	–	–	1,5-Hexadiene-3,4-diol, 2,5-dimethyl-	4723-10-8	R0758
72	85	42	41	55	43	39	73	**142**	100	63	36	27	21	18	13	7	**4.00**	9	18	1	–	–	–	–	–	–	–	–	–	1-Octene, 2-methoxy-	42367-31-7	S6905
72	100	43	57	142	41	55	42	**142**	100	99	88	80	28	26	24	12		9	18	1	–	–	–	–	–	–	–	–	–	Pentane, (E)-1-(1-butenyloxy)-	54004-25-0	S8736
72	113	85	73	142	71	69	114	**142**	100	67	49	19	8	8	6	5		9	18	1	–	–	–	–	–	–	–	–	–	3-Nonanone	925-78-0	H1111
73	41	45	81	18	55	72	113	**142**	100	27	26	11	9	9	9	9	**0.09**	9	18	1	–	–	–	–	–	–	–	–	–	1-Heptene, 5-methoxy-4-methyl-	54004-21-6	S8729

MASS TO CHARGE RATIOS								M.W.	INTENSITIES								Parent	C	H	O	N	Cl	Br	F	S	P	B	Si	X	COMPOUND NAME	CAS Reg No	No
73	43	42	44	69	28	30	46	**142**	100	67	49	35	25	22	19	15	**6.87**	3	9	–	2	–	–	2	–	1	–	–	–	**Phosphorodifluoridous hydrazide, trimethyl-**	22692-24-6	**08908**
74	41	43	68	55	69	110	67	**142**	100	62	50	46	40	40	32	31	**10.00**	8	14	2	–	–	–	–	–	–	–	–	–	**4-Heptenoic acid, (Z)-, methyl ester**	39924-30-6	**08680**
74	41	55	59	43	68	39	110	**142**	100	62	56	53	51	38	34	29	**0.90**	8	14	2	–	–	–	–	–	–	–	–	–	**6-Heptenoic acid, (E)-, methyl ester**		**03488**
74	41	55	59	68	110	69	43	**142**	100	96	81	59	48	36	34	33	**11.00**	8	14	2	–	–	–	–	–	–	–	–	–	**3-Heptenoic acid, (E)-, methyl ester**		**03485**
74	41	55	68	59	69	82	110	**142**	100	62	54	52	48	35	32	31	**29.72**	8	14	2	–	–	–	–	–	–	–	–	–	**3-Heptenoic acid, methyl ester**	50652-83-0	**S7423**
74	41	55	68	59	69	82	110	**142**	100	63	55	52	47	35	31	30	**30.00**	8	14	2	–	–	–	–	–	–	–	–	–	**3-Hexenoic acid, ethyl ester**		**M8067**
74	43	41	55	68	39	69	67	**142**	100	80	49	48	42	32	28	20	**7.00**	8	14	2	–	–	–	–	–	–	–	–	–	**5-Heptenoic acid, (E)-, methyl ester**		**03487**
76	59	64	109	58	78	77	60	**142**	100	92	15	10	10	8	7	4	**0.00**	1	6	2	2	–	–	–	2	–	–	–	–	**Dithiocarbamic acid, N-hydroxy-, hydroxyammonium salt**		**14860**
77	107	79	142	144	51	113	105	**142**	100	84	79	71	23	22	19	19		7	7	1	–	1	–	–	–	–	–	–	–	**Benzyl alcohol, 2-chloro-**		**Z0764**
78	77	142	51	141	50	65	52	**142**	100	53	50	41	18	17	13	10		6	7	2	–	–	–	–	–	1	–	–	–	**Phosphinic acid, phenyl-**		**D1942**
79	107	39	77	27	113	54	65	**142**	100	51	47	42	34	32	29	29	**28.69**	8	11	–	–	1	–	–	–	–	–	–	–	**Bicyclo[3.2.1]oct-2-ene, 2-chloro-**	49826-39-3	**S7225**
79	114	77	116	39	27	142	78	**142**	100	68	32	21	17	15	14	11		8	11	–	–	1	–	–	–	–	–	–	–	**Bicyclo[2.2.2]oct-2-ene, 2-chloro-**	23804-47-9	**S0351**
79	142	78	63	141	65	143	144	**142**	100	77	74	64	64	32	30	26		6	7	–	–	1	–	–	–	–	–	1	–	**Silane, chlorophenyl-**	4206-75-1	**R0201**
81	41	68	67	54	55	124	43	**142**	100	95	93	87	81	68	53	50	**0.10**	9	18	1	–	–	–	–	–	–	–	–	–	**3-Nonen-2-ol, (E)-**	38285-42-6	**S5718**
81	43	82	55	57	124	41	80	**142**	100	33	28	23	21	19	17	16	**0.25**	9	18	1	–	–	–	–	–	–	–	–	–	**Cyclohexanol, 4-isopropyl-**		**Z0757**
81	54	68	41	67	124	39	55	**142**	100	96	96	91	89	52	47	41	**0.20**	9	18	1	–	–	–	–	–	–	–	–	–	**3-Nonen-2-ol, (Z)-**	69668-90-2	**T7201**
81	57	82	124	109	69	41	43	**142**	100	87	76	71	62	42	41	40	**1.26**	9	18	1	–	–	–	–	–	–	–	–	–	**Cyclohexanol 2-isopropyl-**		**Z0749**
81	96	41	54	67	55	68	43	**142**	100	45	33	32	30	27	24	19	**4.00**	9	18	1	–	–	–	–	–	–	–	–	–	**3-Heptene, 7-ethoxy-**	55320-24-6	**T0843**
82	41	74	43	69	55	57	68	**142**	100	88	87	82	77	51	49	38	**35.80**	8	14	2	–	–	–	–	–	–	–	–	–	**Cyclobutanecarboxylic acid, 2,2-dimethyl-, methyl ester**		**P2794**
82	55	41	69	83	74	142	67	**142**	100	92	78	72	61	50	44	40		8	14	2	–	–	–	–	–	–	–	–	–	**3-Hexenoic acid, 3-methyl-, methyl ester**	50652-84-1	**S7424**
82	55	142	41	83	67	110	59	**142**	100	80	50	46	39	36	32	21		8	14	2	–	–	–	–	–	–	–	–	–	**3-Pentenoic acid, 3-ethyl-, methyl ester**	50652-85-2	**S7425**
82	81	110	67	45	55	41	54	**142**	100	80	79	66	58	44	29	22	**0.33**	9	18	1	–	–	–	–	–	–	–	–	–	**Cyclohexylethyl methyl ether**		**Z0758**
82	97	58	56	98	68	44	84	**142**	100	95	88	78	50	48	32	30	**0.00**	8	18	–	2	–	–	–	–	–	–	–	–	**2-Butene-1,4-diamine, N,N′-diethyl-**	112-21-0	**P8668**
83	55	82	142	41	67	110	39	**142**	100	76	58	52	47	24	21	18		8	14	2	–	–	–	–	–	–	–	–	–	**3-Pentenoic acid, 3,4-dimethyl-, methyl ester**		**C0249**
83	73	55	67	60	41	45	69	**142**	100	38	26	20	20	16	16	14	**0.00**	8	14	2	–	–	–	–	–	–	–	–	–	**Cyclopentanepropanoic acid**	140-77-2	**P9795**
83	127	41	111	55	67	95	142	**142**	100	63	54	50	49	49	48	33		8	14	2	–	–	–	–	–	–	–	–	–	**2-Pentenoic acid, 4,4-dimethyl-, methyl ester**	16812-85-4	**R6474**
84	43	142	127	69	42	55	124	**142**	100	98	89	56	54	20	18	18		6	6	4	–	–	–	–	–	–	–	–	–	**2(5H)-Furanone, 3-acetyl-4-hydroxy-**	22621-26-7	**R9879**
85	29	27	41	57	56	39	42	**142**	100	59	27	24	18	17	14	12	**0.80**	8	14	2	–	–	–	–	–	–	–	–	–	**2(3H)-Furanone, 5-butyldihydro-**		**C0495**
85	29	57	56	41	27	55	28	**142**	100	23	9	8	8	7	6	6	**0.60**	8	14	2	–	–	–	–	–	–	–	–	–	**2(3H)-Furanone, 5-butyldihydro-**	104-50-7	**H0286**
85	29	57	56	41	55	27	28	**142**	100	29	14	13	12	10	8	8	**2.30**	8	14	2	–	–	–	–	–	–	–	–	–	**2(3H)-Furanone, 5-butyldihydro-**	104-50-7	**P7717**
85	43	57	100	41	127	27	29	**142**	100	84	24	23	20	13	12	12	**10.32**	8	14	2	–	–	–	–	–	–	–	–	–	**2,4-Heptanedione, 6-methyl-**		**03384**
85	43	100	142	57	127	41	58	**142**	100	58	30	19	17	15	12	9		8	14	2	–	–	–	–	–	–	–	–	–	**2,4-Heptanedione, 6-methyl-**	3002-23-1	**Q8906**
85	55	43	72	41	39	86	42	**142**	100	49	20	15	12	7	7	5	**5.00**	9	18	1	–	–	–	–	–	–	–	–	–	**2-Octene, 2-methoxy-**	61142-42-5	**T5447**
85	59	43	100	84	41	57	71	**142**	100	73	50	48	39	34	25	25	**16.00**	7	14	1	2	–	–	–	–	–	–	–	–	**Pentanal N-methyl-N-formylhydrazone**		**16833**
85	71	70	43	142	72	27	55	**142**	100	57	50	50	44	31	30	27		8	14	2	–	–	–	–	–	–	–	–	–	**Bicyclo[2.2.2]octane-1,8-diol**		**M1252**
85	100	27	86	96	142	59	67	**142**	100	99	38	35	35	25	22	20		8	18	–	–	–	–	–	–	–	–	1	–	**Silacyclopentane, 1,1,2,5-tetramethyl-**	55956-01-9	**T2437**
85	127	44	43	41	42	27	29	**142**	100	42	33	28	22	21	20	16	**16.10**	8	18	–	2	–	–	–	–	–	–	–	–	**Acetaldehyde diisopropylhydrazone**	67660-50-8	**T6858**
85	142	71	43	70	96	55	95	**142**	100	73	63	53	48	41	39	32		8	14	2	–	–	–	–	–	–	–	–	–	**Bicyclo[2.2.2]octane-1,4-diol**	1194-44-1	**Q5683**
86	71	41	27	39	55	142	43	**142**	100	66	21	13	12	12	11	10		8	14	2	–	–	–	–	–	–	–	–	–	**2H-Pyran, 3,4-dihydro-3,3-dimethyl-2-methoxy-**		**A0741**
87	55	41	113	111	74	68	43	**142**	100	88	68	57	52	42	38	34	**20.00**	8	14	2	–	–	–	–	–	–	–	–	–	**2-Heptenoic acid, methyl ester**		**M8066**
87	55	41	113	111	74	68	69	**142**	100	87	67	56	52	42	37	34	**18.55**	8	14	2	–	–	–	–	–	–	–	–	–	**2-Heptenoic acid, methyl ester**	22104-69-4	**R9555**
87	111	113	98	100	107	110	115	**142**	100	29	25	17	11	6	6	6	**0.00**	3	4	2	–	2	–	–	–	–	–	–	–	**Acetic acid, dichloro-, methyl ester**	116-54-1	**H0525**
87	142	55	86	45	29	53	95	**142**	100	92	90	76	71	58	56	50		8	14	–	–	–	–	–	1	–	–	–	–	**Bis(2-methyl-1-propen-3-yl) sulphide**	23973-54-8	**S0420**
93	63	27	95	65	28	31	29	**142**	100	98	75	32	31	18	15	9	**0.00**	4	8	1	–	2	–	–	–	–	–	–	–	**Bis(2-chloroethyl) ether**	111-44-4	**P8523**
93	63	27	95	65	31	28	29	**142**	100	99	67	31	31	13	8	7	**0.70**	4	8	1	–	2	–	–	–	–	–	–	–	**Bis(2-chloroethyl) ether**	111-44-4	**H0463**
93	63	27	95	65	31	29	49	**142**	100	81	68	32	26	13	6	5	**1.30**	4	8	1	–	2	–	–	–	–	–	–	–	**Bis(2-chloroethyl) ether**		**C1161**
93	91	78	79	77	106	57	67	**142**	100	92	90	72	60	59	40	35	**0.00**	8	14	2	–	–	–	–	–	–	–	–	–	**3-Cyclohexene-1,1-dimethanol**		**Z0752**
93	95	65	99	63	79	101	89	**142**	100	38	19	19	18	17	13	9	**2.40**	3	8	–	–	2	–	–	–	–	–	1	–	**Silane, chloro(chloromethyl)dimethyl-**	1719-57-9	**Q6575**
94	142	39	67	41	45	81	108	**142**	100	57	51	51	49	34	33	33		8	14	–	–	–	–	–	1	–	–	–	–	**Benzo[b]thiophene, cis-octahydro-**	19516-14-4	**R8183**
95	39	96	45	38	142	67		**142**	100	16	5	4	4	3	3			6	6	2	–	–	–	–	1	–	–	–	–	**2-Furoic acid, thio-, S-methyl ester**		**M4200**
95	108	67	142	41	45	81	55	**142**	100	42	41	39	38	26	21	18		8	14	–	–	–	–	–	1	–	–	–	–	**Benzo[c]thiophene, trans-octahydro-**		**Y1049**
95	142	39	69	41	45	81	108	**142**	100	56	52	51	49	35	33	33		8	14	–	–	–	–	–	1	–	–	–	–	**Benzo[c]thiophene, cis-octahydro-**		**Y1048**
95	142	39	96	38	45	67	47	**142**	100	26	16	5	4	4	3	2		6	6	2	–	–	–	–	1	–	–	–	–	**2-Furoic acid, thio-, S-methyl ester**	13679-61-3	**H1719**
95	142	39	96	38	67	45	143	**142**	100	29	15	6	5	4	4	2		6	6	2	–	–	–	–	1	–	–	–	–	**2-Furoic acid, thio-, S-methyl ester**		**M6492**
95	142	67	81	113	79	93	41	**142**	100	58	43	30	29	26	25	24		8	14	–	–	–	–	–	1	–	–	–	–	**3-Thiabicyclo[4.3.0]nonane, trans-**		**Y1914**
97	41	39	69	142	95	98	45	**142**	100	41	26	14	14	11	7	7		6	6	4	–	–	–	–	–	–	–	–	–	**2-Furanacetic acid, α-hydroxy-**	19377-73-2	**R8108**

MASS TO CHARGE RATIOS								M.W.	INTENSITIES								Parent	C	H	O	N	Cl	Br	F	S	P	B	Si	X	COMPOUND NAME	CAS Reg No	No
97	55	29	99	41	27	73	39	**142**	100	76	66	66	50	48	36	30	**13.81**	8	14	2	–	–	–	–	–	–	–	–	–	**2-Hexenoic acid, ethyl ester**	1552-67-6	**Q6198**
97	55	99	73	29	41	68	69	**142**	100	87	72	46	45	44	20	20	**7.20**	8	14	2	–	–	–	–	–	–	–	–	–	**2-Hexenoic acid, ethyl ester**		**C0905**
97	55	142	41	43	57	69	39	**142**	100	51	28	14	12	9	9	7		8	14	2	–	–	–	–	–	–	–	–	–	**3-Pentenoic acid, 2,2,4-trimethyl-**	4177-03-1	**R0183**
97	67	41	39	112	66	27	43	**142**	100	61	59	54	54	27	17	17	**0.00**	6	6	4	–	–	–	–	–	–	–	–	–	**2,4-Hexadienedioic acid**	505-70-4	**Q1410**
97	96	41	51	55	79	44	45	**142**	100	21	19	18	17	16	12	12	**6.00**	6	6	4	–	–	–	–	–	–	–	–	–	**cis-cis-Muconic acid**		**00242**
97	142	69	41	113	125	123	98	**142**	100	76	28	26	18	12	12	8		6	6	4	–	–	–	–	–	–	–	–	–	**2-Furancarboxylic acid, 5-(hydroxymethyl)-**	6338-41-6	**R2253**
97	142	125	53	45	141	69	39	**142**	100	96	89	71	63	45	24	24		6	6	2	–	–	–	–	1	–	–	–	–	**2-Thiophenecarboxylic acid, 5-methyl-**	1918-79-2	**Q7038**
98	52	124	27	69	53	51	142	**142**	100	76	71	66	61	54	49	48		6	6	4	–	–	–	–	–	–	–	–	–	**Succinic acid, 2,3-dimethylene-**		**P3385**
98	53	44	52	51	69	41	45	**142**	100	29	23	23	22	19	18	16	**1.75**	6	6	4	–	–	–	–	–	–	–	–	–	**1-Cyclobutene-1,2-dicarboxylic acid**	16508-05-7	**R6215**
98	70	41	84	42	69	43	44	**142**	100	94	89	88	52	52	33	22	**17.20**	6	10	2	2	–	–	–	–	–	–	–	–	**2-Pyrrolidone, 1-carbamylmethyl-**		**B0196**
98	84	30	41	55	44	42	56	**142**	100	18	15	13	13	12	11	9	**3.30**	8	18	–	2	–	–	–	–	–	–	–	–	**Propylamine, 3-piperidyl-**		**F0404**
99	42	71	55	43	70	41	27	**142**	100	97	61	54	54	51	50	40	**2.00**	8	14	2	–	–	–	–	–	–	–	–	–	**2H-Pyran-2-one, tetrahydro-6-propyl-**	698-76-0	**Q3764**
99	42	71	70	55	43	41	27	**142**	100	64	59	48	40	37	30	16	**6.71**	8	14	2	–	–	–	–	–	–	–	–	–	**2H-Pyran-2-one, tetrahydro-6-propyl-**	698-76-0	**Q3765**
99	55	42	86	41	142	113	39	**142**	100	32	18	16	13	12	12	7		8	14	2	–	–	–	–	–	–	–	–	–	**1,4-Dioxaspiro[4.5]decane**		**Z0756**
99	55	86	41	42	43	113	142	**142**	100	29	24	23	22	9	8	8		8	14	2	–	–	–	–	–	–	–	–	–	**1,4-Dioxaspiro[4.5]decane**	177-10-6	**Q0030**
99	57	43	55	29	27	81	41	**142**	100	41	24	15	10	10	9	9	**0.00**	9	18	1	–	–	–	–	–	–	–	–	–	**4-Heptanol, 4-vinyl-**		**L8796**
99	142	108	81	79	67	95	41	**142**	100	82	50	37	36	32	27	26		8	14	–	–	–	–	–	1	–	–	–	–	**7-Thiabicyclo[4.3.0]nonane, cis-**		**Y1911**
99	142	127	63	144	101	129	73	**142**	100	96	60	50	33	31	30	25		7	7	1	–	1	–	–	–	–	–	–	–	**Anisole, 2-chloro-**	766-51-8	**Q4031**
107	66	142	42	39	144	40	41	**142**	100	72	65	56	30	21	12	11		6	7	–	2	1	–	–	–	–	–	–	–	**Pyrimidine, 4-chloro-5,6-dimethyl-**		**M8755**
107	77	51	142	39	79	78	50	**142**	100	41	36	36	20	19	16	15		7	7	1	–	1	–	–	–	–	–	–	–	**Phenol, 2-chloro-6-methyl-**	87-64-9	**P6399**
107	142	66	42	39	144	60	40	**142**	100	63	60	37	23	21	9	9		6	7	–	2	1	–	–	–	–	–	–	–	**Pyrimidine, 4-chloro-2,6-dimethyl-**		**M8753**
107	142	77	28	51	144	79	18	**142**	100	63	49	29	28	24	23	21		7	7	1	–	1	–	–	–	–	–	–	–	**Phenol, 4-chloro-3-methyl-**		**D0575**
107	142	77	51	144	141	79	39	**142**	100	53	34	20	18	14	11	10		7	7	1	–	1	–	–	–	–	–	–	–	**Phenol, 2-chloro-6-methyl-**	87-64-9	**09955**
107	142	77	144	141	51	79	143	**142**	100	64	31	21	16	12	10	10		7	7	1	–	1	–	–	–	–	–	–	–	**Phenol, 2-chloro-5-methyl-**	615-74-7	**Q2921**
107	142	77	144	141	51	143	79	**142**	100	60	25	20	15	13	10	9		7	7	1	–	1	–	–	–	–	–	–	–	**Phenol, 2-chloro-6-methyl-**		**P6398**
108	30	125	113	95	67	54	81	**142**	100	60	50	41	33	29	26	25	**0.00**	8	18	–	2	–	–	–	–	–	–	–	–	**Cyclohexane, trans-1,3-bis(diaminomethyl)-**		**16428**
108	110	78	142	107	77	51	109	**142**	100	87	58	55	50	33	26	25		6	7	2	–	–	–	–	–	1	–	–	–	**Phosphinic acid, phenyl-**	1779-48-2	**Q6733**
109	41	83	67	55	29	43	39	**142**	100	57	55	37	31	31	30	30	**0.00**	9	18	1	–	–	–	–	–	–	–	–	–	**Cyclohexanol, 3,3,5-trimethyl-**	116-02-9	**H0522**
109	81	127	43	79	110	69	39	**142**	100	59	29	29	24	9	9	7	**0.00**	8	14	2	–	–	–	–	–	–	–	–	–	**3-Hexyne-2,5-diol, 2,5-dimethyl-**	142-30-3	**P9855**
109	83	41	55	71	85	57	69	**142**	100	42	26	25	21	20	20	20	**0.59**	9	18	1	–	–	–	–	–	–	–	–	–	**Cyclohexanol, 3,3,5-trimethyl-**		**Z0759**
110	67	41	39	40	44	53	81	**142**	100	68	43	42	37	36	29	28	**0.00**	8	14	2	–	–	–	–	–	–	–	–	–	**Furan, 3-isopropylidene-2-methoxytetrahydro-**		**M0557**
111	28	142	81	112	95	39	53	**142**	100	79	37	35	33	24	23	22		7	10	3	–	–	–	–	–	–	–	–	–	**2-Furanol, 1-methoxyethyl-**		**P0005**
111	39	28	29	52	59	112	53	**142**	100	60	53	24	24	21	19	12	**1.62**	6	6	4	–	–	–	–	–	–	–	–	–	**2-Butynedioic acid, dimethyl ester**	762-42-5	**Q3968**
111	39	52	98	59	112	80	29	**142**	100	80	41	39	30	28	25	23	**6.51**	6	6	4	–	–	–	–	–	–	–	–	–	**2-Butynedioic acid, dimethyl ester**	762-42-5	**Q3969**
111	43	142	71	57	72	84	41	**142**	100	72	63	56	53	44	44	29		8	14	2	–	–	–	–	–	–	–	–	–	**2H-Pyran, 2,3-dihydro-2,5-dimethyl-2-hydroxymethyl-**		**Z0754**
111	99	112	29	84	57	27	44	**142**	100	98	74	62	61	54	50	47	**4.69**	6	11	3	–	–	–	–	–	–	1	–	–	**Furo[3,4-d]-1,3,2-dioxaborole, cis-2-ethyltetrahydro-**	74793-57-0	**T8638**
111	142	55	127	41	69	82	39	**142**	100	80	65	61	52	45	41	40		8	14	2	–	–	–	–	–	–	–	–	–	**2-Hexenoic acid, 3-methyl-, methyl ester**	50652-80-7	**S7420**
113	30	125	112	67	96	56	81	**142**	100	55	32	20	18	17	15	15	**3.00**	8	18	–	2	–	–	–	–	–	–	–	–	**Cyclohexane, cis-1,4-bis(aminomethyl)-**		**16432**
113	55	97	41	69	127	67	95	**142**	100	88	47	28	16	15	14	13	**11.40**	8	14	2	–	–	–	–	–	–	–	–	–	**3-Butenoic acid, 2,2-diethyl-**	38477-05-3	**S5851**
113	79	77	39	66	115	51	27	**142**	100	61	60	42	34	33	32	28	**28.02**	8	11	–	–	1	–	–	–	–	–	–	–	**Bicyclo[3.2.1]oct-2-ene, 3-chloro-**	35242-17-2	**S4899**
114	67	41	85	54	45	99	80	**142**	100	90	80	35	30	25	20	20	**0.00**	7	10	1	–	–	–	–	1	–	–	–	–	**1-Thiacyclobutan-2-one, 4-(3-butenyl)-**		**M2705**
114	69	81	41	55	109	97	87	**142**	100	84	76	48	48	33	21	20	**6.00**	8	14	2	–	–	–	–	–	–	–	–	–	**Cyclopentanecarboxylic acid, 3,3-dimethyl-**	69393-30-2	**T7077**
114	84	55	41	39	112	54	99	**142**	100	63	48	47	33	32	29	29	**2.00**	8	14	2	–	–	–	–	–	–	–	–	–	**5-Oxaspiro[2.5]octane, 4-methoxy-**		**M2778**
125	70	84	98	82	55	42	142	**142**	100	77	61	53	37	33	30	30		7	14	1	2	–	–	–	–	–	–	–	–	**2-Propenal, 2,3-bis(dimethylamino)-**	42145-18-6	**S6869**
126	41	40	82	110	67	55	99	**142**	100	57	41	33	32	27	26	20	**16.70**	4	6	2	4	–	–	–	–	–	–	–	–	**2,6-Pyrazinediamine, N-hydroxy-, 1-oxide**	41536-70-3	**08192**
127	41	96	81	142	67	39	79	**142**	100	44	36	34	32	30	28	27		9	15	–	–	–	–	1	–	–	–	–	–	**3-Heptyne, 7-fluoro-2,2-dimethyl-**	55402-11-4	**T1078**
127	56	42	85	43	142	41	70	**142**	100	54	35	29	26	26	21	16		8	18	–	2	–	–	–	–	–	–	–	–	**2-Propanone, ethylisopropylhydrazone**	75268-05-2	**T8862**
127	56	142	128	41	57	42	70	**142**	100	97	21	11	7	5	4	4		6	10	2	2	–	–	–	–	–	–	–	–	**2,4-Imidazolidinedione, 1,5,5-trimethyl-**	6851-81-6	**R2601**
127	56	142	128	41	57	143	84	**142**	100	94	22	12	7	5	3	2		6	10	2	2	–	–	–	–	–	–	–	–	**2,4-Imidazolidinedione, 1,5,5-trimethyl-**		**M3313**
127	58	142	29	43	44	30	113	**142**	100	57	50	46	41	26	26	20		8	18	–	2	–	–	–	–	–	–	–	–	**Isobutanol diethylhydrazone**	28236-92-2	**S1996**
127	83	73	75	128	45	101	84	**142**	100	82	28	24	12	8	8	8	**0.15**	7	14	1	–	–	–	–	–	–	–	1	–	**Silane, trimethyl[(1-methyl-2-propynyl)oxy]-**	17869-76-0	**R7229**
127	89	123	15	70	108	33	51	**142**	100	52	14	8	2	2	1	1	**0.00**	1	3	–	–	–	–	5	1	–	–	–	–	**Sulphur pentafluoride, methyl-**		**P1714**
127	142	43	45	143	128	69	73	**142**	100	87	17	16	12	11	8	8		6	6	2	–	–	–	–	1	–	–	–	–	**4-Thiophenol, 3-acetyl-**	5556-16-1	**R1542**
127	142	141	101	128	140	143	68	**142**	100	66	39	19	15	12	12	8		8	8	–	–	–	–	2	–	–	–	–	–	**Benzene, 3,6-difluoro-1,2-dimethyl-**		**P2251**
141	142	115	139	63	71	143	89	**142**	100	76	44	14	10	10	9	8		11	10	–	–	–	–	–	–	–	–	–	–	**1H-Indene, 1-ethylidene-**	2471-83-2	**Q8169**
142	15	127	141	139	140	128	143	**142**	100	28	24	14	4	4	2	1		1	3	–	–	–	–	–	–	–	–	–	1	**Methane, iodo-**		**C0477**

MASS TO CHARGE RATIOS								M.W.	INTENSITIES								Parent	C	H	O	N	Cl	Br	F	S	P	B	Si	X	COMPOUND NAME	CAS Reg No	No
142	41	115	143	139	63	71	39	**142**	100	76	28	13	10	9	9	7		11	10	–	–	–	–	–	–	–	–	–	–	Naphthalene, 1-methyl-		Y0990
142	42	113	109	143	71	58	98	**142**	100	65	9	9	7	6	6	6		5	6	1	2	–	–	–	1	–	–	–	–	Uracil, 1-methyl-4-thio-	35455-86-8	S4972
142	43	68	40	55	39	71	41	**142**	100	44	32	21	21	19	17	14		6	6	4	–	–	–	–	–	–	–	–	–	4H-Pyran-4-one, 3,5-dihydroxy-2-methyl-	1073-96-7	Q5216
142	43	68	55	40	39	71	85	**142**	100	44	32	21	21	19	17	15		6	6	4	–	–	–	–	–	–	–	–	–	4H-Pyran-4-one, 3,5-dihydroxy-2-methyl-		M5733
142	54	18	26	53	60	82	88	**142**	100	88	87	80	65	65	65	56		6	3	2	–	1	–	–	–	–	–	–	–	1,4-Benzoquinone, 2-chloro-	695-99-8	Q3753
142	54	82	144	114	88	60	53	**142**	100	30	29	25	24	22	19	17		6	3	2	–	1	–	–	–	–	–	–	–	1,4-Benzoquinone, 2-chloro-		L6070
142	55	84	54	82	83	109	44	**142**	100	46	31	17	9	8	8	7		5	6	1	2	–	–	–	1	–	–	–	–	Thymine, 2-thio-	636-26-0	Q3451
142	58	56	57	70	86	114	41	**142**	100	99	60	60	16	6	6	3		5	6	3	2	–	–	–	–	–	–	–	–	Imidazolidinetrione, 1,3-dimethyl-		17220
142	67	99	95	79	81	108	41	**142**	100	71	71	62	55	42	41	39		8	14	–	–	–	–	–	1	–	–	–	–	3-Thiabicyclo[4.3.0]nonane, cis-		Y1913
142	68	84	83	39	143	114	40	**142**	100	71	40	29	27	20	14	14		5	6	1	2	–	–	–	1	–	–	–	–	Uracil, 6-methyl-4-thio-		D2593
142	69	29	113	39	57	55	31	**142**	100	63	44	34	29	25	19	15		6	6	4	–	–	–	–	–	–	–	–	–	4H-Pyran-4-one, 5-hydroxy-2-hydroxymethyl-	501-30-4	Q1319
142	78	108	110	77	141	51	107	**142**	100	76	56	55	49	42	29	21		6	7	2	–	–	–	–	–	1	–	–	–	Phosphinic acid, phenyl-	1779-48-2	Q6732
142	82	42	54	28	27	109	45	**142**	100	47	45	40	34	20	20	12		5	6	1	2	–	–	–	1	–	–	–	–	4(1H)-Pyrimidinethione, 5-hydroxy-2-methyl-	24611-14-1	S0711
142	84	67	43	28	55	41	40	**142**	100	35	30	17	12	12	11	9		4	6	–	4	–	–	–	1	–	–	–	–	2(1H)-Pyrimidinethione, 4,6-diamino-	1004-39-3	Q5003
142	85	114	67	41	80	58	45	**142**	100	65	50	50	35	25	25	25		7	10	1	–	–	–	–	1	–	–	–	–	8-Thiabicyclo[3.2.1]octan-3-one		M2694
142	99	108	81	95	79	114	67	**142**	100	64	55	54	50	49	43	43		8	14	–	–	–	–	–	1	–	–	–	–	7-Thiabicyclo[4.3.0]nonane, trans-		Y1912
142	99	127	144	63	101	73	75	**142**	100	80	62	45	31	29	27	24		7	7	1	–	1	–	–	–	–	–	–	–	Anisole, 2-chloro-	766-51-8	Q4030
142	99	127	144	63	101	73	75	**142**	100	79	67	38	32	26	25	23		7	7	1	–	1	–	–	–	–	–	–	–	Anisole, 4-chloro-		03591
142	99	127	144	63	101	73	129	**142**	100	60	53	33	23	19	18	17		7	7	1	–	1	–	–	–	–	–	–	–	Anisole, 4-chloro-	623-12-1	09730
142	99	127	144	101	63	73	75	**142**	100	77	47	32	28	27	24	23		7	7	1	–	1	–	–	–	–	–	–	–	Anisole, 4-chloro-	623-12-1	Q3102
142	99	127	144	101	73	75	63	**142**	100	77	55	37	29	23	19	18		7	7	1	–	1	–	–	–	–	–	–	–	Anisole, 2-chloro-	766-51-8	Q4032
142	101	66	144	42	39	103	60	**142**	100	43	37	33	20	17	14	12		6	7	–	2	1	–	–	–	–	–	–	–	Pyrimidine, 5-chloro-2,4-dimethyl-		M8752
142	107	42	39	66	144	80	108	**142**	100	96	62	53	52	32	23	14		6	7	–	2	1	–	–	–	–	–	–	–	Pyrazine, 2-chloro-5,6-dimethyl-		M8756
142	107	77	141	144	143	51	79	**142**	100	86	36	33	32	18	13	11		7	7	1	–	1	–	–	–	–	–	–	–	Phenol, 4-chloro-2-methyl-		Z0750
142	107	144	77	143	141	51	108	**142**	100	80	32	24	11	10	9	7		7	7	1	–	1	–	–	–	–	–	–	–	Phenol, 4-chloro-3-methyl-	59-50-7	P5000
142	111	55	41	113	81	110	82	**142**	100	89	52	36	35	27	26	24		8	14	2	–	–	–	–	–	–	–	–	–	2-Pentenoic acid, 3-ethyl-, methyl ester	13979-17-4	R4876
142	112	99	144	77	63	75	114	**142**	100	57	54	36	31	29	20	19		7	7	1	–	1	–	–	–	–	–	–	–	Anisole, 3-chloro-	2845-89-8	Q8723
142	115	100	87					**142**	100	99	94	68						10	6	1	–	–	–	–	–	–	–	–	–	1-Decen-4,6,8-triyn-3-one		L6004
142	115	114	88	63	39	141	143	**142**	100	86	33	24	21	20	19	18		9	6	–	2	–	–	–	–	–	–	–	–	Benzeneacetonitrile, 2-cyano-	3759-28-2	Q9778
142	115	141	114	143	88	50	63	**142**	100	42	16	13	11	8	7	7		9	6	–	2	–	–	–	–	–	–	–	–	Benzeneacetonitrile, 4-cyano-	876-31-3	Q4451
142	115	143	114	141	88	39	116	**142**	100	36	11	10	10	7	5	5		9	6	–	2	–	–	–	–	–	–	–	–	Benzeneacetonitrile, 2-cyano-	3759-28-2	Q9779
142	125	57	56	28	55	98	84	**142**	100	95	42	36	32	25	19	19		4	6	–	4	–	–	–	1	–	–	–	–	2(1H)-Pyrimidinethione, 4,5-diamino-	14623-58-6	R5297
142	127	141	15	139	140	128	28	**142**	100	34	14	12	5	4	2	1		1	3	–	–	–	–	–	–	–	–	–	1	Methane, iodo-	74-88-4	P5534
142	127	141	15	139	140	128	63	**142**	100	38	14	13	5	4	3	2		1	3	–	–	–	–	–	–	–	–	–	1	Methane, iodo-		Y0696
142	141	115	143	71	63	139	58	**142**	100	66	25	12	10	9	9	8		11	10	–	–	–	–	–	–	–	–	–	–	Naphthalene, 2-methyl-		Y0894
142	141	115	143	71	139	63	78	**142**	100	67	23	12	9	9	8	8		11	10	–	–	–	–	–	–	–	–	–	–	Naphthalene, 2-methyl-		Y0855
142	141	115	143	139	71	63	140	**142**	100	72	24	10	9	5	5	3		11	10	–	–	–	–	–	–	–	–	–	–	Naphthalene, 2-methyl-	91-57-6	P6647
142	141	115	143	139	71	70	63	**142**	100	78	20	11	10	8	4	4		11	10	–	–	–	–	–	–	–	–	–	–	Naphthalene, 1-methyl-	90-12-0	P6539
142	141	140	48	47	139	143	49	**142**	100	98	90	90	83	70	58	58		–	8	–	–	–	1	–	–	–	5	–	–	Pentaborane(9), bromo-		W0035
142	144	63	111	113	31	44	92	**142**	100	98	22	14	14	13	9	6		2	1	–	–	–	1	2	–	–	–	–	–	Ethylene, 1-bromo-1,2-difluoro-		Z0746
142	144	80	114	141	107	143	53	**142**	100	32	28	22	22	15	14	11		6	7	–	2	1	–	–	–	–	–	–	–	1,2-Benzenediamine, 4-chloro-	95-83-0	P6996
142	144	98	63	94	92	100		**142**	100	99	33	25	13	11	10			2	1	–	–	–	1	2	–	–	–	–	–	Ethylene, 2-bromo-1,1-difluoro-		M8127
28	43	41	30	55	44	68	67	**143**	100	75	62	58	49	45	38	36	**9.00**	6	9	3	1	–	–	–	–	–	–	–	–	Cyclohexanone, 2-nitro-		D1349
30	41	57	18	29	45	27	43	**143**	100	17	16	12	10	8	8	7	**0.36**	9	21	–	1	–	–	–	–	–	–	–	–	1-Hexanamine, 3,5,5-trimethyl-		Y1131
30	41	57	29	27	45	28	43	**143**	100	17	16	10	8	8	7	7	**0.00**	9	21	–	1	–	–	–	–	–	–	–	–	1-Hexanamine, 3,5,5-trimethyl-	3378-63-0	Q9296
30	43	41	71	44	27	29	57	**143**	100	69	49	46	43	39	35	25	**14.68**	8	17	1	1	–	–	–	–	–	–	–	–	Butanamide, N-butyl-		C1101
30	43	71	41	44	27	29	57	**143**	100	94	63	58	53	46	36	29	**21.88**	8	17	1	1	–	–	–	–	–	–	–	–	Butanamide, N-butyl-		C1102
30	43	72	73	44	60	41	86	**143**	100	30	24	17	13	9	8	7	**4.00**	8	17	1	1	–	–	–	–	–	–	–	–	Acetamide, N-hexyl-	7501-79-3	R3254
30	45	41	29	43	55	27	56	**143**	100	7	6	4	4	4	3	3	**2.00**	9	21	–	1	–	–	–	–	–	–	–	–	1-Nonanamine	112-20-9	P8667
30	57	41	45	86	70	44	43	**143**	100	13	11	11	10	8	7	5	**1.10**	9	21	–	1	–	–	–	–	–	–	–	–	1-Hexanamine, 3,5,5-trimethyl-		C0183
31	113	143	85	45				**143**	100	37	35	26	25					6	9	1	1	–	–	–	1	–	–	–	–	5-Thiazoleethanol, 4-methyl-		M4190
42	87	41	100	55	29	43	27	**143**	100	97	32	27	21	20	20	17	**3.85**	8	17	1	1	–	–	–	–	–	–	–	–	2-Heptanone, O-methyloxime	4098-77-5	R0088
42	87	41	100	55	29	43	57	**143**	100	97	33	27	21	20	18	18	**4.00**	8	17	1	1	–	–	–	–	–	–	–	–	2-Heptanone, O-methyloxime		M4380
43	41	56	55	116	29	27	87	**143**	100	38	31	25	20	18	18	16	**0.00**	7	13	–	1	–	–	–	1	–	–	–	–	Hexane, 1-thiocyanato-		L1190

MASS TO CHARGE RATIOS								M.W.	INTENSITIES								Parent	C	H	O	N	Cl	Br	F	S	P	B	Si	X	COMPOUND NAME	CAS Reg No	No
43	41	70	42	143	100	128	27	**143**	100	54	50	49	43	33	32	26		8	17	1	1	–	–	–	–	–	–	–	–	**3-Pentanone, 2,4-dimethyl-, O-methyloxime**	15754-23-1	**R5821**
43	41	143	70	42	128	100	27	**143**	100	54	52	49	49	32	32	26		8	17	1	1	–	–	–	–	–	–	–	–	**3-Pentanone, 2,4-dimethyl-, O-methyloxime**		**06449**
43	42	27	15	29	28	41	30	**143**	100	46	43	40	28	24	23	22	**3.00**	7	13	2	1	–	–	–	–	–	–	–	–	**Propanamide, N,N-diacetyl-**		**02229**
43	42	58	39	143	15	27	59	**143**	100	24	21	13	8	8	8	6		6	9	3	1	–	–	–	–	–	–	–	–	**2,4-Oxazolidinedione, 3,5,5-trimethyl-**	127-48-0	**P9540**
43	55	83	28	54	56	101	15	**143**	100	77	56	48	37	29	26	18	**11.30**	6	9	3	1	–	–	–	–	–	–	–	–	**2-Butenoic acid, 2-(acetylamino)-**		**06262**
43	57	72	59	71	114	98	86	**143**	100	90	67	27	23	12	8	7	**2.00**	6	9	3	1	–	–	–	–	–	–	–	–	**2,5-Pyrrolidinedione, 3-ethyl-3-hydroxy-**	58467-28-0	**T5038**
43	73	45	46	42	57	143	115	**143**	100	67	33	27	24	14	13	9		4	5	1	3	–	–	–	1	–	–	–	–	**1,2,3-Thiadiazole, 5-acetamido-**		**M0721**
43	73	45	46	72	142	71	143	**143**	100	53	50	17	5	4	4	3		4	5	1	3	–	–	–	1	–	–	–	–	**1,2,3-Thiadiazole, 4-acetamido-**		**M0720**
43	84	42	41	83	59	44	53	**143**	100	64	33	13	13	8	4	4	**1.00**	6	9	3	1	–	–	–	–	–	–	–	–	**5-Isoxazolecarboxylic acid, (R)-4,5-dihydro-5-methyl-, methyl ester**	64018-42-4	**T6368**
43	115	41	72	29	110	27	55	**143**	100	71	45	30	25	24	24	22	**11.62**	7	13	–	1	–	–	–	1	–	–	–	–	**Hexane, 1-isothiocyanato-**	4404-45-9	**R0401**
43	143	58	42	128	41	39	59	**143**	100	47	32	20	10	9	7	6		6	9	3	1	–	–	–	–	–	–	–	–	**2,4-Oxazolidinedione, 3,5,5-trimethyl-**	127-48-0	**P9539**
44	42	115	70	41	143	55	43	**143**	100	42	40	38	31	31	21	17		6	9	3	1	–	–	–	–	–	–	–	–	**3-Pyrrolidinecarboxylic acid, 1-methyl-5-oxo-**	42346-68-9	**S6899**
44	43	72	128	42	143	45	100	**143**	100	55	48	39	31	29	17	17		7	13	2	1	–	–	–	–	–	–	–	–	**3-Buten-2-one, 4-(dimethylamino)-4-methoxy-**	49582-68-5	**S7148**
44	45	42	71	143	43	72	46	**143**	100	99	83	78	63	60	50	47		7	13	2	1	–	–	–	–	–	–	–	–	**2-Propenal, 3-(dimethylamino)-3-ethoxy-**	26387-77-9	**S1337**
44	56	57	42	85	45	86	43	**143**	100	98	91	88	83	75	75	68	**5.00**	6	13	1	3	–	–	–	–	–	–	–	–	**1-Glycylpiperazine**		**P1478**
44	86	128	58	43	42	41	56	**143**	100	95	37	35	27	22	19	15	**6.00**	9	21	–	1	–	–	–	–	–	–	–	–	**1-Pentanamine, N-methyl-N-isopropyl-**	5756-49-0	**R1761**
44	143	45	72	43	42	41	55	**143**	100	3	3	2	2	2	2	1		9	21	–	1	–	–	–	–	–	–	–	–	**1-Hexanamine, 2-ethyl-N-methyl-**		**C2188**
55	83	41	101	113	42	39	98	**143**	100	55	51	26	25	25	22	18	**1.25**	7	13	2	1	–	–	–	–	–	–	–	–	**Cyclohexane, (methyl-aci-nitro)-**	55937-97-8	**T2372**
57	73	71	43	74	72	59	115	**143**	100	56	54	45	38	31	23	20	**9.10**	7	13	2	1	–	–	–	–	–	–	–	–	**Butanamide, N-(1-oxopropyl)-**	32796-69-3	**09755**
58	28	43	143	41	42	71	128	**143**	100	77	29	16	10	7	7	7		8	17	1	1	–	–	–	–	–	–	–	–	**Butanamide, N-methyl-N-isopropyl-**	54966-01-7	**S9924**
58	100	128	44	41	72	43	39	**143**	100	46	38	36	32	28	26	13	**10.00**	8	17	1	1	–	–	–	–	–	–	–	–	**Formamide, N-butyl-N-(1-isopropyl)-**	54965-79-6	**S9901**
58	101	60	41	44	57	71	43	**143**	100	83	39	31	29	29	28	25	**9.00**	6	13	1	3	–	–	–	–	–	–	–	–	**Pentanal, semicarbazone**	13183-22-7	**R4338**
64	108	44	48	42	43	143	45	**143**	100	56	52	37	31	21	15	14		2	6	2	1	1	–	–	1	–	–	–	–	**Sulphamoyl chloride, dimethyl-**		**D2126**
69	46	143	32	101	14	50	28	**143**	100	60	57	14	13	11	11	8		–	–	–	3	–	–	2	1	1	–	–	–	**Thiophosphoryl azide fluoride**	28314-62-7	**S2034**
69	46	143	32	101	50	14	31	**143**	100	60	57	14	13	11	11	5		–	–	–	3	–	–	2	1	1	–	–	–	**Thiophosphoryl azide fluoride**		**M1185**
69	59	31	112	92	80	143	98	**143**	100	64	46	39	33	26	23	22		3	4	2	1	–	–	3	–	–	–	–	–	**Carbamic acid, trifluoromethyl-, methyl ester**		**P1613**
70	41	29	43	68	71	42	39	**143**	100	13	7	7	7	5	4	4	**0.60**	7	13	2	1	–	–	–	–	–	–	–	–	**L-Proline, ethyl ester**	5817-26-5	**H1560**
71	43	57	72	28	44	29	27	**143**	100	94	40	29	23	21	20	19	**11.60**	8	17	1	1	–	–	–	–	–	–	–	–	**Isobutanamide, N-isobutyl-**		**D0865**
71	73	44	72	125	45	43	69	**143**	100	55	52	50	35	30	20	14	**5.00**	4	5	1	3	–	–	–	1	–	–	–	–	**1,2,3-Thiadiazole-4-carboxamide, 5-methyl-**		**M0728**
72	30	44	43	114	41	29	56	**143**	100	60	33	31	22	14	7	5	**4.00**	9	21	–	1	–	–	–	–	–	–	–	–	**1-Hexanamine, N-propyl-**	20193-23-1	**R8555**
72	43	44	41	114	42	56	55	**143**	100	39	38	24	20	10	6	5	**5.00**	9	21	–	1	–	–	–	–	–	–	–	–	**1-Hexanamine, N-propyl-**	20193-23-1	**R8556**
73	41	68	29	43	42	71	39	**143**	100	12	8	7	7	5	5	4	**0.28**	7	13	2	1	–	–	–	–	–	–	–	–	**L-Proline, ethyl ester**	5817-26-5	**R1811**
73	42	43	86	100	41	143	27	**143**	100	59	30	30	28	25	20	15		8	17	1	1	–	–	–	–	–	–	–	–	**2-Pentanone, O-propyloxime**	54004-39-6	**S8745**
73	42	43	86	100	41	143	115	**143**	100	60	32	30	28	26	23	15		8	17	1	1	–	–	–	–	–	–	–	–	**2-Pentanone, O-propyloxime**		**M3399**
82	65	111	69	110	96	83	84	**143**	100	81	79	62	56	47	42	29	**9.81**	7	13	2	1	–	–	–	–	–	–	–	–	**4-Piperidineacetic acid**	51052-78-9	**S7554**
84	28	41	56	27	29	85	55	**143**	100	47	42	14	8	6	5	5	**2.34**	6	9	3	1	–	–	–	–	–	–	–	–	**L-Proline, 5-oxo-, methyl ester**	4931-66-2	**R0956**
84	31	42	29	27	45	59	82	**143**	100	45	35	29	15	11	11	11	**3.00**	7	13	2	1	–	–	–	–	–	–	–	–	**L-Proline, 1-methyl-, methyl ester**	27957-91-1	**S1922**
84	41	56	143	27	29	85	55	**143**	100	50	27	14	13	10	10	8		6	9	3	1	–	–	–	–	–	–	–	–	**L-Proline, 5-oxo-, methyl ester**	4931-66-2	**R0957**
84	71	143	58	42	44	85	56	**143**	100	30	25	23	9	7	7	6		8	17	1	1	–	–	–	–	–	–	–	–	**Cyclohexanol, cis-2-(dimethylamino)-**	20431-82-7	**R8673**
86	41	84	60	57	85	43	42	**143**	100	53	53	44	38	32	25	24	**9.00**	6	13	1	3	–	–	–	–	–	–	–	–	**Pivalaldehyde, semicarbazone**	23809-33-8	**S0356**
86	43	58	30	128	42	28	27	**143**	100	50	39	32	25	19	16	15	**9.98**	8	17	1	1	–	–	–	–	–	–	–	–	**2-Butanone, 4-(diethylamino)-**	3299-38-5	**Q9195**
86	44	43	58	41	42	100	28	**143**	100	95	76	55	39	36	30	22	**17.65**	8	17	1	1	–	–	–	–	–	–	–	–	**Acetamide, N,N-bis(isopropyl)-**	759-22-8	**Q3950**
86	44	128	58	43	143	41	42	**143**	100	65	38	23	16	14	9	9		9	21	–	1	–	–	–	–	–	–	–	–	**1-Pentanamine, N-methyl-N-isopropyl-**	5756-49-0	**R1760**
91	143	116	115	39	142	65	51	**143**	100	89	72	44	34	27	22	19		10	9	–	1	–	–	–	–	–	–	–	–	**Benzenepropanenitrile, α-methylene-**	28769-48-4	**S2196**
97	61	99	27	30	63	62	26	**143**	100	65	64	29	28	23	17	17	**0.00**	2	3	2	1	2	–	–	–	–	–	–	–	**Ethane, 1,1-dichloro-1-nitro-**	594-72-9	**Q2556**
97	99	61	27	63	30	101	62	**143**	100	65	59	21	20	17	10	10	**0.00**	2	3	2	1	2	–	–	–	–	–	–	–	**Ethane, 1,1-dichloro-1-nitro-**		**Z0770**
98	42	41	43	45	55	99	44	**143**	100	34	21	17	12	11	11	10	**4.00**	8	17	1	1	–	–	–	–	–	–	–	–	**Piperidine, 1-(ethoxymethyl)-**	3275-13-6	**Q9178**
98	43	41	42	55	44	28	70	**143**	100	53	25	25	18	15	12	11	**1.60**	8	17	1	1	–	–	–	–	–	–	–	–	**Piperidine, N-(2-hydroxypropyl)-**		**D0974**
98	45	54	68	41	73	29	43	**143**	100	64	35	9	8	8	7	6	**0.00**	7	13	2	1	–	–	–	–	–	–	–	–	**Propanenitrile, 3-(2-methoxy-1-methylethoxy)-**	35633-52-4	**S5030**
98	56	80	41	54	42	99	100	**143**	100	12	9	8	8	7	7	7	**0.00**	7	13	2	1	–	–	–	–	–	–	–	–	**Cyclohexanecarboxylic acid, 1-amino-**	2756-85-6	**Q8611**
98	56	81	41	54	43	99	100	**143**	100	11	9	8	8	7	7	7	**0.00**	7	13	2	1	–	–	–	–	–	–	–	–	**Cyclohexanecarboxylic acid, 1-amino-**	2756-85-6	**Q8610**
98	71	56	143	28	30	82	31	**143**	100	61	57	40	26	16	15	14		7	13	2	1	–	–	–	–	–	–	–	–	**2-Butenoic acid, 3-(methylamino)-, ethyl ester**		**00536**
98	71	56	143	29	82	30	26	**143**	100	61	58	41	17	15	14	14		7	13	2	1	–	–	–	–	–	–	–	–	**2-Butenoic acid, 3-(methylamino)-, ethyl ester**		**L1422**
99	128	44	42	124	84	69	43	**143**	100	33	8	8	7	5	4	2	**1.00**	4	12	–	1	–	–	2	–	1	–	–	–	**Phosphorane, difluoro-dimethyl-(dimethylamino)-**		**L8132**
100	44	58	143	57	101	84	56	**143**	100	34	23	11	9	7	5	4		9	21	–	1	–	–	–	–	–	–	–	–	**1-Butanamine, N-butyl-N-methyl-**		**C2186**
100	58	44	42	41	57	43	143	**143**	100	69	59	27	20	15	13	9		9	21	–	1	–	–	–	–	–	–	–	–	**1-Butanamine, N-butyl-N-methyl-**		**Q9346**

MASS TO CHARGE RATIOS								M.W.	INTENSITIES								Parent	C	H	O	N	Cl	Br	F	S	P	B	Si	X	COMPOUND NAME	CAS Reg No	No
100	58	44	143	29	42	41	57	**143**	100	35	33	13	10	10	9	9		9	21	–	1	–	–	–	–	–	–	–	–	**1-Butanamine, N-butyl-N-methyl-**	3405-45-6	**Q9345**
101	60	43	61	143	115	59	45	**143**	100	52	41	37	31	27	25	17		6	9	1	1	–	–	–	1	–	–	–	–	**Thiazolidine, 3-acetyl-2-methylene-**	32503-99-4	**S3704**
101	60	143	43	61	115	59	45	**143**	100	52	51	40	37	26	25	17		6	9	1	1	–	–	–	1	–	–	–	–	**Thiazolidine, 3-acetyl-2-methylene-**		**M6720**
103	20	89	84	70	65	18	104	**143**	100	75	63	42	35	28	24	24	**6.90**	–	2	–	1	–	–	5	1	–	–	–	–	**Sulphanamine, pentafluoro-**		**05458**
108	110	82	73	47	112	84	35	**143**	100	64	16	15	15	10	10	6	**0.00**	2	–	–	1	3	–	–	–	–	–	–	–	**Ethanenitrile, trichloro-**		**Z0768**
108	143	39	145	28	38	110	51	**143**	100	58	52	21	16	10	8	7		6	6	1	1	1	–	–	–	–	–	–	–	**Pyrid-2-one, 1-methyl-6-chloro-**		**D1572**
112	45	113	85	143	59	51	53	**143**	100	50	45	40	40	19	12	12		6	9	1	1	–	–	–	1	–	–	–	–	**5-Thiazoleethanol, 4-methyl-**	137-00-8	**08017**
112	113	143	85	45	114	27	39	**143**	100	43	43	33	24	9	6	6		6	9	1	1	–	–	–	1	–	–	–	–	**5-Thiazoleethanol, 4-methyl-**	137-00-8	**P9720**
114	30	43	41	72	27	42	86	**143**	100	29	26	23	21	19	17	9	**0.70**	9	21	–	1	–	–	–	–	–	–	–	–	**1-Propanamine, N,N-dipropyl-**	102-69-2	**P7561**
114	43	30	72	41	86	42	143	**143**	100	29	27	23	14	10	9	8		9	21	–	1	–	–	–	–	–	–	–	–	**1-Propanamine, N,N-dipropyl-**		**C0167**
114	72	30	43	41	86	115	143	**143**	100	18	17	14	10	8	8	7		9	21	–	1	–	–	–	–	–	–	–	–	**1-Propanamine, N,N-dipropyl-**	102-69-2	**P7562**
115	128	143	73	74	101	41	60	**143**	100	82	75	66	56	49	33	33		5	9	–	3	–	–	–	1	–	–	–	–	**1,2,4-Thiadiazole, 5-amino-3-propyl-**	32039-20-6	**S3442**
128	56	42	58	143	57	41	142	**143**	100	25	22	14	14	12	10	10		8	17	1	1	–	–	–	–	–	–	–	–	**3-Piperidinol, 1-ethyl-6-methyl-**	54751-98-3	**S9590**
128	58	28	42	55	143	43	142	**143**	100	49	28	26	25	25	20	18		8	17	1	1	–	–	–	–	–	–	–	–	**4-Piperidinol, 4-ethyl-1-methyl-**	20734-31-0	**R8909**
128	143	74	86	100	144	115	43	**143**	100	78	25	15	13	13	11	10		5	9	–	3	–	–	–	1	–	–	–	–	**1,2,4-Thiadiazole, 5-amino-3-isopropyl-**	32039-21-7	**S3443**
128	143	74	86	144	100	115	101	**143**	100	78	25	15	13	13	11	10		5	9	–	3	–	–	–	1	–	–	–	–	**1,2,4-Thiadiazole, 5-amino-3-isopropyl-**		**06692**
142	143	113	78	144	114	145	115	**143**	100	72	63	52	37	31	23	22		6	6	1	1	1	–	–	–	–	–	–	–	**Pyridine, 2-chloro-6-methoxy-**	17228-64-7	**R6702**
143	43	115	68	99	73	86	144	**143**	100	38	24	14	11	10	8	8		4	5	1	3	–	–	–	1	–	–	–	–	**4(1H)-Pyrimidinone, 2-amino-6-mercapto-**	6973-81-5	**R2758**
143	51	116	89	102	64	75	63	**143**	100	20	19	19	17	15	14	13		8	5	–	3	–	–	–	–	–	–	–	–	**3,5-Pyridinedicarbonitrile, 2-methyl-**	4523-28-8	**R0531**
143	69	101	32	115	50	46	31	**143**	100	68	37	14	11	10	9	6		1	–	1	1	–	–	2	1	1	–	–	–	**Phosphorisocyanatidothioic difluoride**	27961-68-8	**S1924**
143	86	71	41	67	114	45	115	**143**	100	51	42	24	23	23	21	19		6	9	1	1	–	–	–	1	–	–	–	–	**2-Thionoazolidin-4-one, 3,3-dimethyl-**		**P1176**
143	110	127	39	45	60	69	52	**143**	100	71	49	38	30	27	21	18		5	5	–	1	–	–	–	2	–	–	–	–	**Thioamide, 2-thienyl-**		**15059**
143	115	51	39	77	50	38	144	**143**	100	53	31	26	22	15	11	11		10	9	–	1	–	–	–	–	–	–	–	–	**1H-Pyrrole, 1-phenyl-**	635-90-5	**Q3448**
143	115	77	116	144	39	117	142	**143**	100	38	14	13	11	8	7	5		10	9	–	1	–	–	–	–	–	–	–	–	**1H-Pyrrole, 1-phenyl-**		**Y2463**
143	115	77	116	144	117	104	89	**143**	100	75	27	19	11	9	8	7		10	9	–	1	–	–	–	–	–	–	–	–	**1H-Pyrrole, 1-phenyl-**	635-90-5	**Q3449**
143	115	116	51	39	142	91	63	**143**	100	67	66	26	25	17	17	17		10	9	–	1	–	–	–	–	–	–	–	–	**Cyclopropanecarbonitrile, trans-2-phenyl-**	5590-14-7	**R1567**
143	115	116	51	142	39	91	63	**143**	100	73	71	23	21	20	19	17		10	9	–	1	–	–	–	–	–	–	–	–	**Cyclopropanecarbonitrile, trans-2-phenyl-**		**16002**
143	115	116	71.5	144	70.5	58.5	89	**143**	100	42	23	15	12	8	8	7		10	9	–	1	–	–	–	–	–	–	–	–	**1-Naphthalenamine**		**D0944**
143	115	116	89	63	144	65	51	**143**	100	69	31	13	12	11	7	6		10	9	–	1	–	–	–	–	–	–	–	–	**2-Naphthalenamine**	91-59-8	**P6649**
143	115	116	89	63	144	65	117	**143**	100	68	33	12	11	11	7	6		10	9	–	1	–	–	–	–	–	–	–	–	**1-Naphthalenamine**	134-32-7	**P9671**
143	115	116	128	144	142	51	63	**143**	100	36	16	14	12	11	10	9		10	9	–	1	–	–	–	–	–	–	–	–	**Isoquinoline, 1-methyl-**	1721-93-3	**Q6583**
143	115	116	142	144	63	39	40	**143**	100	32	16	16	12	8	6	6		10	9	–	1	–	–	–	–	–	–	–	–	**Isoquinoline, 3-methyl-**	1125-80-0	**Q5444**
143	115	116	144	71.5	89	63	142	**143**	100	45	25	14	8	8	7	6		10	9	–	1	–	–	–	–	–	–	–	–	**1-Naphthalenamine**		**D0991**
143	115	116	144	142	63	89	51	**143**	100	31	13	12	12	8	6	5		10	9	–	1	–	–	–	–	–	–	–	–	**Isoquinoline, 3-methyl-**		**Y2460**
143	115	128	142	116	144	75	101	**143**	100	22	17	16	9	9	7	7		10	9	–	1	–	–	–	–	–	–	–	–	**Quinoline, 2-methyl-**	91-63-4	**P6655**
143	115	142	116	128	144	51	63	**143**	100	29	14	12	11	11	8	7		10	9	–	1	–	–	–	–	–	–	–	–	**Isoquinoline, 1-methyl-**	1721-93-3	**Q6582**
143	115	142	116	144	117	101	114	**143**	100	39	22	20	12	7	4	4		10	9	–	1	–	–	–	–	–	–	–	–	**Isoquinoline, 3-methyl-**	1125-80-0	**Q5445**
143	115	142	144	63	116	39	89	**143**	100	18	13	11	5	5	4	4		10	9	–	1	–	–	–	–	–	–	–	–	**Quinoline, 4-methyl-**		**Y2462**
143	115	142	144	116	63	89	50	**143**	100	34	26	12	10	9	8	5		10	9	–	1	–	–	–	–	–	–	–	–	**Quinoline, 3-methyl-**	612-58-8	**Q2845**
143	115	142	144	116	63	89	51	**143**	100	27	19	13	10	9	8	7		10	9	–	1	–	–	–	–	–	–	–	–	**Quinoline, 4-methyl-**	491-35-0	**Q1204**
143	115	142	144	116	89	117	63	**143**	100	30	23	12	11	8	6	5		10	9	–	1	–	–	–	–	–	–	–	–	**Quinoline, 4-methyl-**	491-35-0	**Q1206**
143	115	142	144	116	89	117	90	**143**	100	33	27	13	10	9	6	3		10	9	–	1	–	–	–	–	–	–	–	–	**Quinoline, 3-methyl-**	612-58-8	**Q2847**
143	115	142	144	116	89	117	114	**143**	100	34	26	13	11	10	6	4		10	9	–	1	–	–	–	–	–	–	–	–	**Quinoline, 3-methyl-**		**L4344**
143	115	144	116	71.5	63	39	70.5	**143**	100	38	14	13	11	7	6	6		10	9	–	1	–	–	–	–	–	–	–	–	**2-Naphthalenamine**		**03575**
143	116	89	51	144	64	62	63	**143**	100	28	12	9	8	8	7	6		8	5	–	3	–	–	–	–	–	–	–	–	**3,5-Pyridinedicarbonitrile, 4-methyl-**	4574-75-8	**R0612**
143	116	90	89	102	76	75		**143**	100	21	3	3	2	2	2			8	5	–	3	–	–	–	–	–	–	–	–	**Aniline, N,4-dicyano-**		**M6161**
143	116	142	117	63	89	77	39	**143**	100	64	29	11	8	8	7	7		10	9	–	1	–	–	–	–	–	–	–	–	**Benzeneacetonitrile, ar-vinyl-**	50976-16-4	**S7536**
143	116	144	89	52	64	62	115	**143**	100	17	10	5	4	4	3	3		8	5	–	3	–	–	–	–	–	–	–	–	**Aniline, 2,4-dicyano-**		**D1245**
143	125	126	57	45	58	85	73	**143**	100	90	70	65	50	35	25	25		5	5	2	1	–	–	–	1	–	–	–	–	**Isothiazole, 3-methyl-4-carboxylic acid-**		**05718**
143	128	115	144	142	51	101	50	**143**	100	14	11	11	7	5	5	4		10	9	–	1	–	–	–	–	–	–	–	–	**Quinoline, 2-methyl-**		**Y2461**
143	128	142	144	127	101	116	115	**143**	100	56	44	15	15	10	9	8		9	10	–	1	–	–	–	–	–	1	–	–	**2,1-Borazaronaphthalene, 2-methyl-**		**L4332**
143	128	144	142	115	51	75	101	**143**	100	20	12	10	7	7	6	6		10	9	–	1	–	–	–	–	–	–	–	–	**Quinoline, 2-methyl-**		**D0684**
143	142	28	39	115	63	141	51	**143**	100	45	31	17	16	14	12	10		10	9	–	1	–	–	–	–	–	–	–	–	**Quinoline, 6-methyl-**		**Y1560**
143	142	28	115	39	63	141	50	**143**	100	44	25	16	13	12	11	10		10	9	–	1	–	–	–	–	–	–	–	–	**Isoquinoline, 7-methyl-**	54004-38-5	**S8744**
143	142	28	115	39	63	141	51	**143**	100	45	30	16	15	14	12	10		10	9	–	1	–	–	–	–	–	–	–	–	**Quinoline, 6-methyl-**	91-62-3	**P6653**
143	142	28	115	39	63	141	51	**143**	100	43	24	16	13	12	11	9		10	9	–	1	–	–	–	–	–	–	–	–	**Quinoline, 7-methyl-**		**Y1419**

MASS TO CHARGE RATIOS								M.W.	INTENSITIES								Parent	C	H	O	N	Cl	Br	F	S	P	B	Si	X	COMPOUND NAME	CAS Reg No	No
143	142	115	63	144	141	89	116	**143**	100	41	16	10	10	10	9	7		10	9	–	1	–	–	–	–	–	–	–	–	**Quinoline, 8-methyl-**	611-32-5	**Q2816**
143	142	115	141	144	63	39	89	**143**	100	32	10	8	8	6	5	4		10	9	–	1	–	–	–	–	–	–	–	–	**Quinoline, 8-methyl-**	611-32-5	**Q2815**
143	142	115	144	39	63	141	51	**143**	100	52	18	12	11	11	9	8		10	9	–	1	–	–	–	–	–	–	–	–	**Quinoline, 5-methyl-**	7661-55-4	**R3375**
143	142	115	144	63	40	141	39	**143**	100	45	14	10	9	8	8	7		10	9	–	1	–	–	–	–	–	–	–	–	**Quinoline, 7-methyl-**	612-60-2	**Q2848**
143	142	115	144	63	141	39	51	**143**	100	43	14	12	9	9	7	6		10	9	–	1	–	–	–	–	–	–	–	–	**Quinoline, 6-methyl-**	91-62-3	**P6652**
143	142	115	144	141	89	116	117	**143**	100	46	15	11	10	7	6	4		10	9	–	1	–	–	–	–	–	–	–	–	**Quinoline, 7-methyl-**	612-60-2	**Q2849**
15	43	83	45	29	44	42	56	**144**	100	83	79	72	70	47	45	38	**0.37**	8	16	2	–	–	–	–	–	–	–	–	–	**1,3-Dioxane, 2,4,4,6-tetramethyl-**		**00634**
28	43	85	73	41	29	129	45	**144**	100	99	52	25	18	16	14	12	**1.00**	9	20	1	–	–	–	–	–	–	–	–	–	**Hexyl isopropyl ether**	18636-65-2	**R7732**
28	56	45	43	27	29	26	44	**144**	100	99	92	81	46	40	26	20	**8.01**	6	8	4	–	–	–	–	–	–	–	–	–	**1,4-Dioxane-2,5-dione, 3,6-dimethyl-**	95-96-5	**P7011**
28	57	115	29	55	27	15	19	**144**	100	99	78	74	57	50	44	39	**10.91**	7	12	3	–	–	–	–	–	–	–	–	–	**Hexanoic acid, 4-oxo-, methyl ester**	2955-62-6	**Q8864**
29	27	43	88	99	41	60	42	**144**	100	77	67	67	44	42	37	33	**2.00**	8	16	2	–	–	–	–	–	–	–	–	–	**Hexanoic acid, ethyl ester**		**17344**
29	43	88	60	99	27	41	61	**144**	100	99	78	53	40	38	36	30	**0.60**	8	16	2	–	–	–	–	–	–	–	–	–	**Hexanoic acid, ethyl ester**	123-66-0	**P9341**
30	116	43	58	73	44	99	72	**144**	100	50	45	42	27	16	14	10	**5.00**	5	8	3	2	–	–	–	–	–	–	–	–	**2,4(1H,3H)-Pyrimidinedione, dihydro-5-hydroxy-5-methyl-**	1123-21-3	**Q5419**
30	116	43	58	73	44	99	115	**144**	100	50	46	43	28	17	15	11	**5.00**	5	8	3	2	–	–	–	–	–	–	–	–	**2,4(1H,3H)-Pyrimidinedione, dihydro-5-hydroxy-5-methyl-**		**03423**
31	54	29	42	44	41	27	43	**144**	100	76	61	60	48	33	32	23	**0.10**	6	8	4	–	–	–	–	–	–	–	–	–	**2-Butene-1,4-diol, diformate**	29619-56-5	**H1939**
31	109	144	50	35	64	45	69	**144**	100	54	53	42	16	15	10	8		2	–	–	2	1	–	3	–	–	–	–	–	**1,3-Butadiene, 4-chloro-2,3-diaza-1,1,4-trifluoro-**		**L1534**
41	43	45	56	55	85	57	44	**144**	100	85	63	59	49	44	27	24	**3.00**	8	16	2	–	–	–	–	–	–	–	–	–	**2H-Pyran, tetrahydro-2-isopropoxy-**	1927-70-4	**Q7070**
41	55	74	69	29	27	43	39	**144**	100	84	57	55	37	35	34	29	**13.37**	8	16	–	–	–	–	–	1	–	–	–	–	**Octane, 1,2-epithio-**	5633-78-3	**R1624**
41	55	74	69	43	39	45	81	**144**	100	85	58	57	35	30	30	30	**15.01**	8	16	–	–	–	–	–	1	–	–	–	–	**Octane, 1,2-epithio-**	5633-78-3	**R1623**
41	56	29	70	55	27	43	31	**144**	100	94	88	88	68	65	56	56	**0.10**	8	16	2	–	–	–	–	–	–	–	–	–	**Formic acid, heptyl ester**	112-23-2	**H0493**
41	68	43	144	69	67	61	39	**144**	100	77	69	61	59	55	51	50		8	16	–	–	–	–	–	1	–	–	–	–	**Cyclopentyl isopropyl sulphide**		**05868**
41	68	69	67	101	144	27	39	**144**	100	99	62	57	54	51	49	48		8	16	–	–	–	–	–	1	–	–	–	–	**Cyclopentyl propyl sulphide**		**05867**
41	68	69	144	55	97	96	45	**144**	100	60	50	45	40	35	35	30		7	12	1	–	–	–	–	1	–	–	–	–	**Cyclohexanone, 3-(methylthio)-**		**M2697**
41	75	67	68	47	45	61	53	**144**	100	60	60	55	45	45	30	30	**10.00**	7	12	1	–	–	–	–	1	–	–	–	–	**Thiohex-5-enal, 3-methyl-**		**M2718**
41	97	69	55	96	75			**144**	100	85	60	40	15	10			**0.00**	7	12	1	–	–	–	–	1	–	–	–	–	**5-Hexenethioic acid, methyl ester**		**M2715**
41	99	69	68	42	30	144	39	**144**	100	89	58	41	36	33	29	28		5	8	3	2	–	–	–	–	–	–	–	–	**L-Proline, 1-nitroso-**	7519-36-0	**R3264**
42	32	102	44	60	101	56	59	**144**	100	91	71	67	55	47	41	35	**3.96**	4	8	–	4	–	–	–	1	–	–	–	–	**3-Thiazolidinecarboxamidine, 2-imino-**	10455-64-8	**R3857**
42	41	70	114	43	39	144	30	**144**	100	76	54	34	18	16	13	12		6	12	2	2	–	–	–	–	–	–	–	–	**Morpholine, 3,5-dimethyl-4-nitroso-**	55556-87-1	**T1539**
42	55	57	144	84	30	56	41	**144**	100	55	44	42	41	39	27	17		4	8	2	4	–	–	–	–	–	–	–	–	**Piperazine, 1,4-dinitroso-**	140-79-4	**P9796**
42	60	41	44	55	56	144	61	**144**	100	98	85	67	60	56	52	42		8	16	–	–	–	–	–	1	–	–	–	–	**Hexyl vinyl sulphide**	18888-20-5	**R7850**
43	28	88	44	31	29	102	74	**144**	100	55	53	29	29	29	27	26	**2.00**	7	12	3	–	–	–	–	–	–	–	–	–	**Butanoic acid, 2-methyl-3-oxo-, ethyl ester**		**D1347**
43	29	88	27	99	60	41	42	**144**	100	86	85	53	52	47	47	35	**0.10**	8	16	2	–	–	–	–	–	–	–	–	–	**Hexanoic acid, ethyl ester**		**C0714**
43	41	42	27	29	55	56	87	**144**	100	63	59	53	51	48	40	39	**0.10**	8	16	2	–	–	–	–	–	–	–	–	–	**2-Hexanol, acetate**	5953-49-1	**R1933**
43	41	59	57	42	144	85	58	**144**	100	70	58	53	42	25	18	16		7	12	3	–	–	–	–	–	–	–	–	–	**1,3-Dioxolan-2-one, 4,4,5,5-tetramethyl-**	19424-29-4	**R8131**
43	41	85	56	73	39	42	55	**144**	100	24	22	18	13	9	9	9	**0.00**	9	20	1	–	–	–	–	–	–	–	–	–	**Hexyl propyl ether**	53685-78-2	**S8554**
43	42	84	70	41	57	102	144	**144**	100	84	69	64	54	38	31	27		7	16	1	2	–	–	–	–	–	–	–	–	**1-Butanamine, N-propyl-N-nitroso-**		**03868**
43	42	100	41	39	27	29	15	**144**	100	54	8	7	6	6	5	5	**0.00**	6	8	4	–	–	–	–	–	–	–	–	–	**1,3-Dioxane-4,6-dione, 2,2-dimethyl-**	2033-24-1	**Q7218**
43	44	42	28	71	30	72	57	**144**	100	93	83	26	24	20	19	18	**14.21**	6	16	–	4	–	–	–	–	–	–	–	–	**1,2,4,5-Tetrazine, hexahydro-1,2,4,5-tetramethyl-**	20717-38-8	**R8887**
43	44	144	101	45	55	72	73	**144**	100	76	37	31	25	25	20	14		6	8	4	–	–	–	–	–	–	–	–	–	**4H-Pyran-4-one, 5,6-dihydro-3,5-dihydroxy-2-methyl-**		**05345**
43	55	27	73	41	29	71	83	**144**	100	94	61	53	53	46	45	44	**0.00**	9	20	1	–	–	–	–	–	–	–	–	–	**4-Nonanol**	5932-79-6	**H1570**
43	55	45	71	85	129	29	41	**144**	100	59	44	41	41	39	28	28	**2.00**	7	12	3	–	–	–	–	–	–	–	–	–	**2-Butenoic acid, 2-methoxy-3-methyl-, methyl ester**	56009-32-6	**T2542**
43	55	83	73	41	27	29	101	**144**	100	92	91	66	62	62	46	37	**0.09**	9	20	1	–	–	–	–	–	–	–	–	–	**3-Octanol, 2-methyl-**		**U0062**
43	55	84	83	57	41	56	71	**144**	100	75	73	72	71	62	62	57	**0.00**	9	20	1	–	–	–	–	–	–	–	–	–	**1-Heptanol, (R,R)-(+)-2,4-dimethyl-**	18450-73-2	**H1811**
43	56	41	55	61	42	84	27	**144**	100	35	20	20	20	19	12	11	**0.00**	8	16	2	–	–	–	–	–	–	–	–	–	**Acetic acid, hexyl ester**	142-92-7	**P9881**
43	56	41	55	61	42	84	69	**144**	100	66	38	37	35	33	31	19	**0.00**	8	16	2	–	–	–	–	–	–	–	–	–	**Acetic acid, hexyl ester**	142-92-7	**P9879**
43	56	55	84	41	61	42	69	**144**	100	47	26	26	26	23	21	16	**0.01**	8	16	2	–	–	–	–	–	–	–	–	–	**Acetic acid, hexyl ester**		**C0845**
43	56	84	41	55	73	69	42	**144**	100	30	19	14	11	11	11	10	**0.20**	8	16	2	–	–	–	–	–	–	–	–	–	**1-Pentanol, 2-methyl-, acetate**	7789-99-3	**H1671**
43	57	84	55	41	71	83	56	**144**	100	74	72	67	64	62	62	50	**0.00**	9	20	1	–	–	–	–	–	–	–	–	–	**1-Heptanol, (2S,4R)-(-)-2,4-dimethyl-**	18450-74-3	**H1812**
43	58	54	102	144	85	87	100	**144**	100	41	6	4	3	1	1	1		6	8	4	–	–	–	–	–	–	–	–	–	**3(2H)-Furanone, 4-hydroxy-5-(hydroxymethyl)-2-methyl-**	66727-94-4	**T6687**
43	58	61	42	87	84	101	41	**144**	100	11	9	8	7	6	6	3	**0.00**	7	12	3	–	–	–	–	–	–	–	–	–	**2-Pentanone, 5-(acetyloxy)-**	5185-97-7	**R1179**
43	59	44	70	42	85	28	41	**144**	100	60	40	34	25	16	16	13	**0.00**	5	8	3	2	–	–	–	–	–	–	–	–	**Urea, 1,3-diacetyl-**		**02239**
43	59	129	69	41	56	29	27	**144**	100	90	46	45	38	23	12	8	**0.00**	8	16	2	–	–	–	–	–	–	–	–	–	**1,3-Dioxane, 5-ethyl-2,2-dimethyl-**	25796-26-3	**S1171**
43	71	41	56	27	57	29	39	**144**	100	83	50	40	40	39	28	22	**0.03**	8	16	2	–	–	–	–	–	–	–	–	–	**Propanoic acid, 2-methyl-, isobutyl ester**		**Y1162**
43	71	41	84	42	27	29	15	**144**	100	87	17	14	11	11	9	7	**0.00**	7	12	3	–	–	–	–	–	–	–	–	–	**2-Furanmethanol, tetrahydro-, acetate**	637-64-9	**Q3474**

MASS TO CHARGE RATIOS								M.W.	INTENSITIES								Parent	C	H	O	N	Cl	Br	F	S	P	B	Si	X	COMPOUND NAME	CAS Reg No	No
43	71	89	41	57	56	29	27	**144**	100	83	55	50	46	46	34	26	**0.00**	8	16	2	–	–	–	–	–	–	–	–	–	**Propanoic acid, 2-methyl-, butyl ester**	97-87-0	**P7119**
43	71	101	59	41	42	69	57	**144**	100	90	40	32	28	22	20	12	**12.00**	7	12	3	–	–	–	–	–	–	–	–	–	**Hexanoic acid, 3-oxo-, methyl ester**	30414-54-1	**S2902**
43	74	102	28	31	29	27	45	**144**	100	30	30	30	25	23	22	15	**2.50**	7	12	3	–	–	–	–	–	–	–	–	–	**Butanoic acid, 2-methyl-3-oxo-, ethyl ester**		**D1373**
43	74	112	113	55	44	59	144	**144**	100	32	25	23	20	16	13	12		7	12	3	–	–	–	–	–	–	–	–	–	**Hexanoic acid, 5-oxo-, methyl ester**		**D0918**
43	84	55	56	83	54	29	28	**144**	100	77	42	23	19	18	15	15	**0.00**	7	12	3	–	–	–	–	–	–	–	–	–	**Pyran, 4-acetoxy-tetrahydro-**		**D1560**
43	84	70	102	42	57	41	144	**144**	100	85	76	53	50	49	49	44		7	16	1	2	–	–	–	–	–	–	–	–	**1-Butanamine, N-propyl-N-nitroso-**		**M8815**
43	85	41	57	29	60	27	103	**144**	100	65	54	49	39	39	35	30	**1.70**	8	16	2	–	–	–	–	–	–	–	–	–	**Pentanoic acid, isopropyl ester**	18362-97-5	**R7545**
43	85	41	59	27	29	40	116	**144**	100	86	29	27	25	25	24	23	**0.00**	8	16	2	–	–	–	–	–	–	–	–	–	**Butanoic acid, 2-ethyl-2-methyl-, methyl ester**	5296-70-8	**R1275**
43	85	58	41	101	59	67	28	**144**	100	70	22	18	17	17	14	11	**0.00**	7	12	3	–	–	–	–	–	–	–	–	–	**2-Furanone, 2,4-dihydro-5-hydroxy-3,3,5-trimethyl-**		**A0642**
43	85	73	41	129	45	55	56	**144**	100	51	25	17	14	12	11	10	**0.85**	9	20	1	–	–	–	–	–	–	–	–	–	**Hexyl isopropyl ether**	18636-65-2	**R7735**
43	85	73	41	129	45	55	56	**144**	100	43	22	13	12	9	9	8	**1.00**	9	20	1	–	–	–	–	–	–	–	–	–	**Hexyl isopropyl ether**	18636-65-2	**R7734**
43	85	84	44	102	69	59	41	**144**	100	27	23	19	16	15	15	14	**3.00**	7	12	3	–	–	–	–	–	–	–	–	–	**Butanoic acid, 3-oxo-, isopropyl ester**		**02115**
43	85	84	60	103	61	44	42	**144**	100	32	25	23	20	17	16	15	**3.00**	7	12	3	–	–	–	–	–	–	–	–	–	**Butanoic acid, 3-oxo-, propyl ester**	1779-60-8	**H1254**
43	85	84	60	103	61	44	69	**144**	100	32	25	23	20	17	16	15	**3.00**	7	12	3	–	–	–	–	–	–	–	–	–	**Butanoic acid, 3-oxo-, propyl ester**		**02114**
43	85	102	41	59	29	39	57	**144**	100	74	45	34	25	18	17	14	**0.00**	8	16	2	–	–	–	–	–	–	–	–	–	**Pentanoic acid, 2,2-dimethyl-, methyl ester**	813-68-3	**Q4175**
43	86	85	144					**144**	100	50	40	30						7	12	1	–	–	–	–	1	–	–	–	–	**3-Thiaoct-1-en-7-one**		**M2720**
43	87	15	102	55	27	59	39	**144**	100	39	31	25	17	13	11	10	**0.37**	7	12	3	–	–	–	–	–	–	–	–	–	**Butanoic acid, 2-ethyl-3-oxo-, methyl ester**	51756-08-2	**S7769**
43	99	41	55	59	56	27	70	**144**	100	52	51	45	45	41	37	36	**0.05**	7	12	3	–	–	–	–	–	–	–	–	–	**Pentanoic acid, 5-oxo-, 4,4-dimethyl-**		**D1430**
43	99	56	74	101	129	42	55	**144**	100	30	12	10	9	9	8	8	**1.00**	7	12	3	–	–	–	–	–	–	–	–	–	**Pentanoic acid, 4-oxo-, ethyl ester**	539-88-8	**Q1792**
43	99	129	74	102	101	29	73	**144**	100	67	22	19	19	18	17	13	**5.39**	7	12	3	–	–	–	–	–	–	–	–	–	**Pentanoic acid, 4-oxo-, ethyl ester**		**Z0776**
43	99	129	74	102	101	73	45	**144**	100	76	25	22	20	18	13	10	**7.00**	7	12	3	–	–	–	–	–	–	–	–	–	**Pentanoic acid, 4-oxo-, ethyl ester**	539-88-8	**Q1793**
43	102	74	29	99	116	88	56	**144**	100	43	33	20	14	12	12	11	**1.90**	7	12	3	–	–	–	–	–	–	–	–	–	**Butanoic acid, 2-methyl-3-oxo-, ethyl ester**	609-14-3	**H0920**
43	102	74	29	99	116	88	73	**144**	100	43	33	20	14	12	12	11	**1.90**	7	12	3	–	–	–	–	–	–	–	–	–	**Propionic acid, 2-acetyl-, ethyl ester**		**L1234**
43	112	74	113	85	84	59	87	**144**	100	69	55	39	26	22	21	16	**7.01**	7	12	3	–	–	–	–	–	–	–	–	–	**Hexanoic acid, 5-oxo-, methyl ester**	13984-50-4	**R4879**
43	113	55	41	95	57	114	42	**144**	100	76	17	8	8	6	6	5	**0.00**	8	16	2	–	–	–	–	–	–	–	–	–	**2H-Pyran-2-methanol, 2,5-dimethyl-tetrahydro-**		**Z0774**
43	144	101	55	115	72	73	85	**144**	100	20	20	20	15	15	8	2		6	8	4	–	–	–	–	–	–	–	–	–	**4H-Pyran-4-one, 5,6-dihydro-3,5-dihydroxy-2-methyl-**		**L9861**
44	42	59	41	86	72	55	54	**144**	100	80	72	51	41	40	33	23	**0.51**	6	12	2	2	–	–	–	–	–	–	–	–	**Hexanediamide**		**C0132**
44	54	112	87	71	32	58	64	**144**	100	55	43	39	38	36	29	26	**8.01**	5	4	3	–	–	–	–	1	–	–	–	–	**4H-Thiopyran-4-one, 1,1-dioxide**	17396-38-2	**R6913**
44	58	43	144	41	42	57	129	**144**	100	18	15	10	8	6	4	3		7	16	1	2	–	–	–	–	–	–	–	–	**Urea, N,N′-diisopropyl-**		**C2164**
44	58	70	43	144	42	41	129	**144**	100	21	17	15	15	9	8	8		7	16	1	2	–	–	–	–	–	–	–	–	**Urea, N,N′-diisopropyl-**	4128-37-4	**R0126**
44	87	42	28	59	29	45	58	**144**	100	51	19	11	11	10	9	8	**0.00**	6	16	–	4	–	–	–	–	–	–	–	–	**Diazene, [1-(2,2-dimethylhydrazino)ethyl]ethyl-**	51576-31-9	**S7705**
44	144	29	43	42	72	59	58	**144**	100	68	40	35	25	18	16	8		6	16	–	4	–	–	–	–	–	–	–	–	**2-Tetrazene, 1,1-diethyl-4,4-dimethyl-**	14866-81-0	**R5450**
44	144	58	59	86	114	41	100	**144**	100	83	49	47	43	30	25	22		4	4	4	2	–	–	–	–	–	–	–	–	**Sydnone, 3-(carboxymethyl)-**	26537-53-1	**S1436**
45	43	41	27	29	69	55	57	**144**	100	19	19	17	16	14	13	8	**0.03**	9	20	1	–	–	–	–	–	–	–	–	–	**2-Nonanol**		**00440**
45	43	55	41	69	56	29	27	**144**	100	40	35	34	25	22	20	18	**0.00**	9	20	1	–	–	–	–	–	–	–	–	–	**2-Nonanol**	628-99-9	**Q3324**
45	55	43	41	57	29	27	69	**144**	100	96	87	63	61	58	56	35	**0.00**	9	20	1	–	–	–	–	–	–	–	–	–	**2-Heptanol, 5-ethyl-**		**Y1061**
45	55	43	84	70	69	71	41	**144**	100	65	57	37	31	30	24	21	**0.00**	9	20	1	–	–	–	–	–	–	–	–	–	**2-Heptanol, 5-ethyl-**		**C0090**
45	57	101	41	43	29	55	71	**144**	100	64	29	26	24	23	16	13	**2.35**	9	20	1	–	–	–	–	–	–	–	–	–	**Pentane, 2-butoxy-**	62238-02-2	**T5961**
45	87	101	43	27	41	29	55	**144**	100	91	62	58	41	40	35	24	**0.04**	9	20	1	–	–	–	–	–	–	–	–	–	**4-Octanol, 4-methyl-**		**04128**
45	87	101	43	27	41	29	69	**144**	100	91	62	58	41	40	35	18	**0.10**	9	20	1	–	–	–	–	–	–	–	–	–	**4-Octanol, 4-methyl-**	23418-37-3	**H1858**
47	69	50	31	28	78	44	97	**144**	100	90	74	50	38	21	12	7	**0.40**	3	–	2	–	–	–	4	–	–	–	–	–	**Propionyl fluoride, 2,3-epoxy-perfluoro-**		**L7818**
54	55	53	100	82	98	99	126	**144**	100	94	50	42	40	40	36	34	**0.00**	6	8	4	–	–	–	–	–	–	–	–	–	**1,2-Cyclobutanedicarboxylic acid, cis-**	1461-94-5	**Q6031**
54	55	53	100	98	82	99	126	**144**	100	94	50	43	41	41	37	35	**0.00**	6	8	4	–	–	–	–	–	–	–	–	–	**1,2-Cyclobutanedicarboxylic acid, trans-**		**M4604**
54	71	86	58	144	26	74	53	**144**	100	49	31	29	28	27	25	25		5	4	3	–	–	–	–	1	–	–	–	–	**4H-Thiopyran-4-one, 4,4-dioxide**		**L5480**
54	71	86	58	144	26	74	53	**144**	100	97	61	59	56	54	50	49		5	4	3	–	–	–	–	1	–	–	–	–	**4H-Thiopyran-4-one, 1,1-dioxide**	17396-38-2	**R6914**
55	43	73	27	41	83	29	31	**144**	100	77	57	54	52	47	46	25	**0.60**	9	20	1	–	–	–	–	–	–	–	–	–	**4-Nonanol**	5932-79-6	**H1571**
55	83	73	43	41	57	56	29	**144**	100	59	45	41	26	18	14	13	**0.00**	9	20	1	–	–	–	–	–	–	–	–	–	**4-Octanol, 7-methyl-**	33933-77-6	**S4464**
55	84	43	45	60	83	29	56	**144**	100	71	60	52	42	34	32	30	**0.00**	7	12	3	–	–	–	–	–	–	–	–	–	**2-Furanmethanol, tetrahydro-, acetate**		**D1558**
55	88	61	54	47	45	144	60	**144**	100	90	55	40	30	25	25	20		7	12	1	–	–	–	–	1	–	–	–	–	**4-Thiaoct-7-enal**		**M2713**
55	98	53	54	126	73	99	82	**144**	100	76	67	44	43	36	35	33	**0.24**	6	8	4	–	–	–	–	–	–	–	–	–	**1,2-Cyclobutanedicarboxylic acid, trans-**	1124-13-6	**Q5425**
55	98	53	126	54	99	73	82	**144**	100	77	68	45	45	35	35	34	**0.20**	6	8	4	–	–	–	–	–	–	–	–	–	**1,2-Cyclobutanedicarboxylic acid, cis-**		**M4603**
55	113	57	43	58	73	56	74	**144**	100	32	16	14	13	13	12	12	**0.10**	8	16	2	–	–	–	–	–	–	–	–	–	**3-Oxa-5-hexen-1-ol, 2,2,5-trimethyl-**		**16206**
55	144	94	113	42	41	40	43	**144**	100	44	41	36	34	32	27	24		4	8	2	4	–	–	–	–	–	–	–	–	**2,6-Piperazinedione, dioxime**	35975-29-2	**08196**
56	41	55	43	70	69	29	31	**144**	100	95	94	90	68	61	57	51	**0.00**	9	20	1	–	–	–	–	–	–	–	–	–	**1-Nonanol**		**00454**
56	43	55	41	70	69	29	42	**144**	100	88	86	83	63	55	48	42	**0.00**	9	20	1	–	–	–	–	–	–	–	–	–	**1-Nonanol**		**C1283**

MASS TO CHARGE RATIOS								M.W.	INTENSITIES								Parent	C	H	O	N	Cl	Br	F	S	P	B	Si	X	COMPOUND NAME	CAS Reg No	No
56	55	70	43	41	69	98	83	**144**	100	83	79	71	67	63	47	46	**0.14**	9	20	1	–	–	–	–	–	–	–	–	–	**1-Nonanol**		**W0150**
56	58	57	127	87	43	88	98	**144**	100	76	70	53	44	42	39	34	**23.10**	7	16	1	2	–	–	–	–	–	–	–	–	**1-Pentanamine, N-ethyl-N-nitroso-**		**05885**
56	84	18	41	81	55	73	69	**144**	100	81	73	64	57	56	44	33	**0.30**	7	12	3	–	–	–	–	–	–	–	–	–	**Cyclohexanecarboxylic acid, 2-hydroxy-**		**Z0778**
56	144	41	59	129	60	74	89	**144**	100	70	40	35	30	30	25	20		7	12	1	–	–	–	–	1	–	–	–	–	**Thiacyclohexan-4-one, 2,2-dimethyl-**		**M2692**
56	144	89	55	88	41	60		**144**	100	90	35	30	30	25	20			7	12	1	–	–	–	–	1	–	–	–	–	**Thiacyclohexan-4-one, 3,3-dimethyl-**		**M2691**
57	29	27	70	43	55	41	28	**144**	100	75	53	47	33	32	28	19	**0.00**	8	16	2	–	–	–	–	–	–	–	–	–	**Propanoic acid, pentyl ester**		**17357**
57	29	41	85	27	39	28	59	**144**	100	56	47	27	16	9	8	7	**0.66**	7	12	3	–	–	–	–	–	–	–	–	–	**Pentanoic acid, 3-methyl-2-oxo-, methyl ester**	3682-42-6	**Q9657**
57	29	41	85	27	39	59	56	**144**	100	64	64	63	26	16	14	13	**5.00**	7	12	3	–	–	–	–	–	–	–	–	–	**Pentanoic acid, 3-methyl-2-oxo-, methyl ester**	3682-42-6	**Q9658**
57	29	43	70	55	28	42	71	**144**	100	41	34	25	25	17	15	13	**0.50**	8	16	2	–	–	–	–	–	–	–	–	–	**2-Pentanol, propanoate**	54004-43-2	**S8747**
57	29	70	43	55	27	42	87	**144**	100	49	38	19	18	10	10	10	**0.00**	8	16	2	–	–	–	–	–	–	–	–	–	**1-Butanol, 3-methyl-, propanoate**	105-68-0	**P7814**
57	29	70	43	55	41	42	27	**144**	100	53	47	20	15	12	10	10	**0.00**	8	16	2	–	–	–	–	–	–	–	–	–	**1-Butanol, 2-methyl-, propanoate**	2438-20-2	**Q8089**
57	29	70	75	43	42	27	55	**144**	100	61	34	33	31	30	29	21	**0.00**	8	16	2	–	–	–	–	–	–	–	–	–	**Propanoic acid, pentyl ester**	624-54-4	**Q3160**
57	31	85	29	59	73	27	41	**144**	100	60	59	56	49	45	35	34	**0.08**	8	16	2	–	–	–	–	–	–	–	–	–	**2-Pentanone, 1-ethoxy-4-methyl-**	14869-38-6	**R5452**
57	41	43	56	71	29	59	129	**144**	100	23	17	15	14	10	9	6	**0.00**	9	20	1	–	–	–	–	–	–	–	–	–	**Propane, 1-tert-butoxy-2,2-dimethyl-**	32970-46-0	**S3940**
57	41	43	71	29	70	87	56	**144**	100	22	21	19	19	18	16	11	**0.15**	9	20	1	–	–	–	–	–	–	–	–	–	**Butane, 1-butoxy-2-methyl-**	62238-03-3	**T5964**
57	42	144	73	74	46	41	40	**144**	100	57	56	39	27	26	25	17		4	8	–	4	–	–	–	1	–	–	–	–	**1,2,4-Thiadiazole, 3-methyl-5-(1-methylhydrazino)-**	38362-21-9	**S5738**
57	43	70	71	41	29	55	87	**144**	100	54	44	38	27	25	16	14	**0.00**	9	20	1	–	–	–	–	–	–	–	–	–	**Butyl isopentyl ether**		**D0651**
57	43	70	71	41	69	29	55	**144**	100	63	61	35	31	28	25	17	**0.00**	9	20	1	–	–	–	–	–	–	–	–	–	**Butyl isopentyl ether**	17071-52-2	**R6612**
57	43	71	41	56	55	69	29	**144**	100	69	57	57	47	34	32	29	**0.00**	9	20	1	–	–	–	–	–	–	–	–	–	**1-Pentanol, 4-methyl-2-propyl-**		**00444**
57	43	71	41	70	29	42	56	**144**	100	60	52	31	28	27	14	14	**1.53**	9	20	1	–	–	–	–	–	–	–	–	–	**Butyl pentyl ether**	18636-66-3	**R7739**
57	56	41	43	71	87	70	29	**144**	100	27	26	25	19	14	12	12	**0.00**	9	20	1	–	–	–	–	–	–	–	–	–	**Butane, 1-butoxy-2-methyl-**		**D0623**
57	56	41	55	43	87	70	29	**144**	100	36	29	21	15	12	12	10	**0.00**	9	20	1	–	–	–	–	–	–	–	–	–	**1-Hexanol, 3,5,5-trimethyl-**	3452-97-9	**Q9417**
57	56	41	69	55	43	70	87	**144**	100	39	38	30	30	24	17	12	**0.00**	9	20	1	–	–	–	–	–	–	–	–	–	**1-Hexanol, 3,5,5-trimethyl-**		**03313**
57	56	69	41	55	43	29	87	**144**	100	34	30	25	18	17	11	11	**0.00**	9	20	1	–	–	–	–	–	–	–	–	–	**1-Hexanol, 3,5,5-trimethyl-**	3452-97-9	**Q9416**
57	58	41	29	103	73	70	68	**144**	100	65	50	40	36	34	23	22	**3.85**	7	12	3	–	–	–	–	–	–	–	–	–	**2,4,7(or 8 or 9)-Trioxabicyclo[4.4.0]decane**		**C1155**
57	69	41	55	73	97	60	27	**144**	100	74	73	43	35	33	33	28	**0.03**	7	12	3	–	–	–	–	–	–	–	–	–	**Pentanoic acid, 5-oxo-, 4,4-dimethyl-**		**C0746**
57	70	29	31	27	39	41	43	**144**	100	50	31	28	20	20	19	18	**0.00**	6	8	4	–	–	–	–	–	–	–	–	–	**1-Buten-3,4-dicarboxylic acid**		**C1650**
57	70	29	55	43	27	41	42	**144**	100	49	43	31	28	17	14	12	**0.00**	8	16	2	–	–	–	–	–	–	–	–	–	**1-Butanol, 3-methyl-, propanoate**	105-68-0	**P7813**
57	70	55	29	43	28	42	41	**144**	100	94	43	40	32	20	16	14	**0.30**	8	16	2	–	–	–	–	–	–	–	–	–	**1-Butanol, 3-methyl-, propanoate**	105-68-0	**P7812**
57	70	75	29	43	55	42	28	**144**	100	66	54	39	36	28	26	24	**0.00**	8	16	2	–	–	–	–	–	–	–	–	–	**Propanoic acid, pentyl ester**	624-54-4	**Q3159**
57	71	43	41	113	27	55	29	**144**	100	85	78	53	44	39	36	34	**0.00**	9	20	1	–	–	–	–	–	–	–	–	–	**1-Pentanol, 3-methyl-2-propyl-**		**00453**
57	72	43	39	41	29	27	55	**144**	100	71	36	25	24	18	12	10	**0.00**	8	16	2	–	–	–	–	–	–	–	–	–	**1,3-Cyclobutanediol, 2,2,4,4-tetramethyl-**	3010-96-6	**Q8914**
57	85	29	31	43	72	41	71	**144**	100	78	44	41	30	24	22	20	**0.13**	8	16	2	–	–	–	–	–	–	–	–	–	**2-Butene, 1,4-diethoxy-**		**Z0777**
57	85	29	43	31	72	41	71	**144**	100	69	38	32	31	24	21	20	**0.00**	8	16	2	–	–	–	–	–	–	–	–	–	**2-Butene, 1,4-diethoxy-**		**00951**
57	85	41	29	43	59	27	42	**144**	100	78	58	42	32	17	13	13	**5.00**	7	12	3	–	–	–	–	–	–	–	–	–	**Pentanoic acid, 4-methyl-2-oxo-, methyl ester**	3682-43-7	**Q9659**
57	108	55	27	29	126	43	45	**144**	100	99	92	72	70	67	65	65	**1.80**	6	8	4	–	–	–	–	–	–	–	–	–	**3-Hexenedioic acid**		**D1398**
57	145	88	41	127	56	43	73	**144**	100	78	66	60	50	42	41	36	**0.00**	8	16	2	–	–	–	–	–	–	–	–	–	**Hexanoic acid, 2-ethyl-**	149-57-5	**P9971**
58	30	98	45	71	44	70	56	**144**	100	47	24	22	20	20	16	15	**7.00**	8	20	–	2	–	–	–	–	–	–	–	–	**1,4-Butanediamine, N,N′-diethyl-**		**M5866**
58	30	144	71	84	45	42	31	**144**	100	58	25	19	18	15	15	13		8	20	–	2	–	–	–	–	–	–	–	–	**1,4-Butanediamine, N,N,N′,N′-tetramethyl-**		**M5907**
58	42	45	71	44	43	56	84	**144**	100	40	21	17	10	10	8	8	**4.60**	8	20	–	2	–	–	–	–	–	–	–	–	**1,4-Butanediamine, N,N,N′,N′-tetramethyl-**	111-51-3	**P8540**
58	44	29	144	72	30	28	27	**144**	100	32	25	25	22	19	14	12		7	16	1	2	–	–	–	–	–	–	–	–	**Urea, triethyl-**	19006-59-8	**R7916**
58	44	42	55	72	98	45	43	**144**	100	36	32	29	28	24	14	12	**9.00**	7	16	1	2	–	–	–	–	–	–	–	–	**Propanamide, N,N-dimethyl-3-(dimethylamino)-**		**D2957**
58	44	72	144	29	30	28	27	**144**	100	32	32	26	25	19	13	13		7	16	1	2	–	–	–	–	–	–	–	–	**Urea, triethyl-**		**02292**
58	44	72	144	42	56	100	129	**144**	100	39	22	20	9	9	6	6		7	16	1	2	–	–	–	–	–	–	–	–	**Urea, triethyl-**	19006-59-8	**R7917**
58	71	112	41	45	101	82	97	**144**	100	31	29	27	23	20	17	13	**1.00**	8	16	2	–	–	–	–	–	–	–	–	–	**Cyclohexane, cis-1,3-dimethoxy-**	30363-81-6	**S2876**
58	112	71	84	41	97	45	59	**144**	100	94	53	33	32	32	30	19	**3.00**	8	16	2	–	–	–	–	–	–	–	–	–	**Cyclohexane, trans-1,3-dimethoxy-**	29887-61-4	**S2725**
59	15	29	144	28	27	43	18	**144**	100	77	76	42	27	25	18	15		5	8	3	2	–	–	–	–	–	–	–	–	**1,3,4-Oxadiazolin-5-one, 4-ethyl-2-methoxy-**		**P2806**
59	31	70	41	57	56	29	47	**144**	100	78	45	29	28	26	25	24	**1.00**	9	20	1	–	–	–	–	–	–	–	–	–	**Heptane, 1-ethoxy-**	1969-43-3	**Q7137**
59	43	42	144	102	44	85	114	**144**	100	99	98	90	68	37	43	7		2	7	1	2	–	–	2	–	1	–	–	–	**Hydrazine, N-difluorophosphoryl-N′,N′-dimethyl-**		**M1451**
59	43	57	41	101	45	60	69	**144**	100	29	17	15	12	6	4	4	**0.00**	8	16	2	–	–	–	–	–	–	–	–	–	**2-Hexanone, 3-hydroxy-3,5-dimethyl-**	6321-14-8	**R2236**
59	43	101	45	55	41	57	83	**144**	100	42	42	38	22	19	14	9	**0.00**	8	16	2	–	–	–	–	–	–	–	–	–	**2-Heptanone, 3-hydroxy-3-methyl-**	13757-91-0	**R4742**
59	55	29	43	27	97	41	31	**144**	100	77	47	45	40	39	39	30	**0.35**	9	20	1	–	–	–	–	–	–	–	–	–	**3-Nonanol**		**04099**
60	73	43	41	27	29	55	39	**144**	100	63	49	44	38	35	30	21	**1.40**	8	16	2	–	–	–	–	–	–	–	–	–	**Octanoic acid**	124-07-2	**H0595**
60	73	43	55	41	29	85	27	**144**	100	64	59	37	32	21	19	19	**1.14**	8	16	2	–	–	–	–	–	–	–	–	–	**Octanoic acid**		**D1025**
60	115	144	55	84	116	88	41	**144**	100	60	56	37	34	19	17	15		7	12	1	–	–	–	–	1	–	–	–	–	**1-Oxa-4-thiaspiro[4.4]nonane**	176-38-5	**Q0029**
65	108	51	36	77	39	92	38	**144**	100	95	65	65	62	59	58	46	**0.00**	6	9	–	2	1	–	–	–	–	–	–	–	**Hydrazine, phenyl-, monohydrochloride**	59-88-1	**P5011**

MASS TO CHARGE RATIOS								M.W.	INTENSITIES								Parent	C	H	O	N	Cl	Br	F	S	P	B	Si	X	COMPOUND NAME	CAS Reg No	No
67	80	39	81	41	79	66	82	**144**	100	45	43	39	38	38	37	36	**3.87**	8	13	–	–	1	–	–	–	–	–	–	–	**Bicyclo[2.2.2]octane, 2-chloro-**		**03530**
67	82	41	109	39	27	54	88	**144**	100	79	41	41	35	29	29	25	**14.51**	8	13	–	–	1	–	–	–	–	–	–	–	**Cyclohexane, (2-chlorovinyl)-**	15963-69-6	**H1777**
68	87	41	58	43	85	96	42	**144**	100	97	90	71	70	66	54	42	**0.80**	8	16	2	–	–	–	–	–	–	–	–	–	**Cyclohexanol, 1(R)-trans-5-methyl-cis-3-methoxy-**		**15121**
68	94	41	43	112	55	58	71	**144**	100	43	29	28	27	22	22	20	**1.40**	8	16	2	–	–	–	–	–	–	–	–	–	**Cyclohexanol, 1(R)-cis-2-methyl-cis-3-methoxy-**		**15136**
68	94	43	41	71	112	45	55	**144**	100	45	34	32	30	23	21	21	**1.40**	8	16	2	–	–	–	–	–	–	–	–	–	**Cyclohexanol, 1(R)trans-2-methyl-cis-3-methoxy-**		**15135**
68	94	43	41	71	112	97	45	**144**	100	38	34	33	33	27	25	23	**2.80**	8	16	2	–	–	–	–	–	–	–	–	–	**Cyclohexanol, 1(R)cis-2-methyl-trans-3-methoxy-**		**15134**
68	112	71	97	43	41	57	55	**144**	100	79	37	37	32	30	29	26	**0.90**	8	16	2	–	–	–	–	–	–	–	–	–	**Cyclohexanol, 1(R)-trans-2-methyl-trans-3-methoxy-**		**15133**
69	41	39	45	31	100	58	29	**144**	100	95	50	33	28	28	23	21	**0.00**	7	12	3	–	–	–	–	–	–	–	–	–	**2-Propenoic acid, 2-methyl-, 3-hydroxypropyl ester**	2761-09-3	**H1357**
69	43	87	41	57	45	27	85	**144**	100	76	58	55	55	49	38	36	**0.13**	9	20	1	–	–	–	–	–	–	–	–	–	**4-Heptanol, 2,6-dimethyl-**		**00447**
69	87	41	29	27	43	57	45	**144**	100	59	45	36	30	22	18	11	**0.29**	9	20	1	–	–	–	–	–	–	–	–	–	**5-Nonanol**		**04106**
69	87	41	29	27	43	57	45	**144**	100	62	37	28	27	18	15	12	**0.10**	9	20	1	–	–	–	–	–	–	–	–	–	**5-Nonanol**	623-93-8	**H0967**
69	87	45	43	41	57	70	44	**144**	100	49	43	42	18	15	9	7	**0.00**	9	20	1	–	–	–	–	–	–	–	–	–	**4-Heptanol, 2,6-dimethyl-**		**Z0781**
69	101	59	43	45	41	71	86	**144**	100	77	64	60	56	53	47	18	**0.00**	8	16	2	–	–	–	–	–	–	–	–	–	**3-Hexanone, 6-methoxy-2-methyl-**	17429-05-9	**R6967**
69	101	59	43	45	41	71	112	**144**	100	77	64	59	55	53	47	18	**2.00**	8	16	2	–	–	–	–	–	–	–	–	–	**3-Hexanone, 6-methoxy-2-methyl-**		**L1753**
70	29	57	99	43	31	41		**144**	100	90	90	80	70	70	50		**0.00**	8	16	2	–	–	–	–	–	–	–	–	–	**2-Butene, 1,4-diethoxy-**		**M5275**
70	41	57	55	69	56	29	42	**144**	100	68	53	42	41	37	30	17	**0.00**	8	16	2	–	–	–	–	–	–	–	–	–	**Hexanal, 3-(hydroxymethyl)-4-methyl-**	56805-30-2	**09393**
70	57	41	55	83	29	43	42	**144**	100	82	51	32	23	22	20	19	**0.00**	8	16	2	–	–	–	–	–	–	–	–	–	**Pentanal, 3-(hydroxymethyl)-4,4-dimethyl-**	56805-31-3	**09394**
70	116	41	59	45	84	43	75	**144**	100	77	56	52	45	40	35	33	**22.73**	6	12	2	2	–	–	–	–	–	–	–	–	**Hydrazinecarboxylic acid, butylidene-, methyl ester**	55401-87-1	**T1054**
71	41	102	55	29	70	27	59	**144**	100	28	25	25	24	24	24	22	**0.00**	8	16	2	–	–	–	–	–	–	–	–	–	**Pentanoic acid, 2,2-dimethyl-, methyl ester**	813-68-3	**Q4176**
71	43	27	41	56	29	60	57	**144**	100	66	44	42	37	27	25	22	**0.26**	8	16	2	–	–	–	–	–	–	–	–	–	**Butanoic acid, isobutyl ester**		**04043**
71	43	56	27	89	41	29	57	**144**	100	74	55	54	52	51	45	23	**0.07**	8	16	2	–	–	–	–	–	–	–	–	–	**Butanoic acid, butyl ester**		**Y1161**
71	43	56	41	27	29	57	39	**144**	100	98	70	55	48	40	35	20	**0.00**	8	16	2	–	–	–	–	–	–	–	–	–	**Butanoic acid, isobutyl ester**	539-90-2	**Q1794**
71	43	56	57	41	89	29	18	**144**	100	85	44	35	30	20	17	15	**0.08**	8	16	2	–	–	–	–	–	–	–	–	–	**Propanoic acid, 2-methyl-, isobutyl ester**		**D0091**
71	43	56	57	41	89	29	27	**144**	100	64	49	30	30	26	14	11	**0.06**	8	16	2	–	–	–	–	–	–	–	–	–	**Propanoic acid, 2-methyl-, isobutyl ester**		**C0371**
71	43	56	89	41	29	27	57	**144**	100	67	55	43	40	27	25	21	**0.00**	8	16	2	–	–	–	–	–	–	–	–	–	**Butanoic acid, 1-methylpropyl ester**	819-97-6	**Q4213**
71	43	56	89	41	29	57	18	**144**	100	65	54	44	44	26	19	12	**0.00**	8	16	2	–	–	–	–	–	–	–	–	–	**Butanoic acid, butyl ester**		**D0773**
71	43	59	86	27	29	39	55	**144**	100	51	33	20	19	18	17	11	**0.00**	8	16	2	–	–	–	–	–	–	–	–	–	**3-Furanol, tetrahydro-2,2,4,4-tetramethyl-**	3611-76-5	**Q9567**
71	43	89	56	41	57	29	27	**144**	100	99	76	53	50	38	29	20	**0.37**	8	16	2	–	–	–	–	–	–	–	–	–	**Propanoic acid, 2-methyl-, butyl ester**		**C0370**
71	45	44	39	72	116	69	88	**144**	100	70	69	36	26	18	17	14	**3.00**	4	4	2	2	–	–	–	1	–	–	–	–	**1,2,3-Thiadiazole-4-carboxylic acid, 5-methyl-**	22097-10-5	**R9554**
71	56	43	41	57	89	60	29	**144**	100	41	40	19	17	15	9	9	**0.07**	8	16	2	–	–	–	–	–	–	–	–	–	**Butanoic acid, isobutyl ester**		**C0367**
71	56	89	43	41	57	29	60	**144**	100	61	60	51	28	18	18	14	**0.11**	8	16	2	–	–	–	–	–	–	–	–	–	**Butanoic acid, butyl ester**		**C0366**
71	86	41	43	69	84	55		**144**	100	54	53	46	30	19	15		**0.00**	8	16	2	–	–	–	–	–	–	–	–	–	**Oxetane, 2,2-dimethyl-4-ethyl-3-methoxy-**		**L9626**
72	71	29	55	31	85	30	39	**144**	100	23	14	7	7	6	3	2	**0.00**	6	8	4	–	–	–	–	–	–	–	–	–	**Cyclobuta(1,2-d:3,4-d′)bis-1,3-dioxole, (3aα,3bα,6aα,6bα)-tetrahydro-**	69956-59-8	**T7546**
72	71	29	55	85	31	84	30	**144**	100	23	13	8	7	6	2	2	**0.00**	6	8	4	–	–	–	–	–	–	–	–	–	**Cyclobuta(1,2-d:3,4-d′)bis-1,3-dioxole, (3aα,3bβ,6aβ,6bα)-tetrahydro-**	70004-63-6	**T7566**
73	43	55	27	83	41	101	45	**144**	100	54	45	39	37	36	30	27	**0.05**	9	20	1	–	–	–	–	–	–	–	–	–	**3-Heptanol, 2,4-dimethyl-**		**00439**
73	43	55	29	115	27	45	41	**144**	100	38	38	30	25	24	20	19	**0.00**	9	20	1	–	–	–	–	–	–	–	–	–	**3-Octanol, 3-methyl-**		**04127**
73	45	41	115	55	83	43	39	**144**	100	39	32	29	22	22	11	10	**0.00**	9	20	1	–	–	–	–	–	–	–	–	–	**Octane, 3-methoxy-**	54658-02-5	**S9400**
73	55	43	41	27	29	57	97	**144**	100	46	40	37	35	30	22	20	**0.00**	9	20	1	–	–	–	–	–	–	–	–	–	**3-Heptanol, 3,6-dimethyl-**		**00449**
73	55	43	115	29	27	41	45	**144**	100	41	31	29	28	25	22	16	**0.00**	9	20	1	–	–	–	–	–	–	–	–	–	**3-Octanol, 3-methyl-**		**U0063**
73	57	41	43	56	55	39	29	**144**	100	38	20	12	10	10	7	6	**0.00**	9	20	1	–	–	–	–	–	–	–	–	–	**Pentane, 2-methoxy-2,4,4-trimethyl-**	62108-41-2	**T5865**
73	58	114	41	112	71	45	81	**144**	100	36	30	26	25	23	21	14	**2.00**	8	16	2	–	–	–	–	–	–	–	–	–	**Cyclohexane, cis-1,4-dimethoxy-**	28046-68-6	**S1944**
73	79	38	75	37	15	52	144	**144**	100	59	29	26	22	21	20	15		5	5	1	2	1	–	–	–	–	–	–	–	**Pyridazine, 6-chloro-3-methoxy-**		**02075**
73	112	58	41	45	71	81	43	**144**	100	66	38	27	24	24	17	13	**3.00**	8	16	2	–	–	–	–	–	–	–	–	–	**Cyclohexane, trans-1,4-dimethoxy-**	28046-69-7	**S1945**
73	115	69	43	41	72	45	55	**144**	100	96	65	63	60	44	41	39	**0.11**	8	16	2	–	–	–	–	–	–	–	–	–	**Furan, 2-ethyltetrahydro-5-methoxy-2-methyl-**	61177-19-3	**T5551**
74	43	41	101	59	69	87	55	**144**	100	50	35	23	23	23	20	18	**1.37**	8	16	2	–	–	–	–	–	–	–	–	–	**Hexanoic acid, 5-methyl-, methyl ester**	2177-83-5	**Q7555**
74	43	87	41	55	59	29	27	**144**	100	34	29	24	19	17	16	15	**2.75**	8	16	2	–	–	–	–	–	–	–	–	–	**Heptanoic acid, methyl ester**		**C1794**
74	43	87	41	113	55	59	101	**144**	100	42	30	14	13	13	11	11	**0.88**	8	16	2	–	–	–	–	–	–	–	–	–	**Heptanoic acid, methyl ester**		**C1370**
74	87	43	113	18	41	55	59	**144**	100	37	36	19	18	18	17	16	**1.70**	8	16	2	–	–	–	–	–	–	–	–	–	**Heptanoic acid, methyl ester**	106-73-0	**H0347**
74	87	55	43	41	57	71	88	**144**	100	85	59	53	46	42	37	36	**0.00**	8	16	2	–	–	–	–	–	–	–	–	–	**Hexanoic acid, 4-methyl-, methyl ester**	2177-82-4	**08670**
75	28	43	71	41	31	42	47	**144**	100	28	25	15	11	10	8	8	**1.00**	8	16	2	–	–	–	–	–	–	–	–	–	**2-Hexanone, 3-methoxy-5-methyl-**	56667-04-0	**T4059**
75	71	81	41	45	29	39	27	**144**	100	28	25	22	21	15	14	12	**0.00**	8	16	2	–	–	–	–	–	–	–	–	–	**1-Hexene, 6,6-dimethoxy-**		**C1007**
75	71	127	41	47	115	67	55	**144**	100	32	10	9	8	7	7	6	**0.00**	7	12	3	–	–	–	–	–	–	–	–	–	**Pyran, 2-formyl-6-methoxy-**		**D1557**
75	81	71	41	45	47	58	55	**144**	100	35	22	16	13	11	10	8	**0.00**	8	16	2	–	–	–	–	–	–	–	–	–	**1-Hexene, 6,6-dimethoxy-**		**C0942**
75	86	89	76	115	98	113	117	**144**	100	10	7	6	5	4	2	2	**0.00**	3	10	–	2	2	–	–	–	–	–	–	–	**1,3-Propanediamine, dihydrochloride**	10517-44-9	**R3905**
75	129	55	73	45	27	85	130	**144**	100	99	22	20	19	18	16	11	**2.86**	6	12	2	–	–	–	–	–	–	–	1	–	**2-Propenoic acid, trimethylsilyl ester**	13688-55-6	**R4714**
79	66	143	144	39	27	77	116	**144**	100	86	68	60	58	53	48	43		9	8	–	2	–	–	–	–	–	–	–	–	**Bicyclo[4.1.0]hept-2-ene-7,7-dicarbonitrile**	62199-48-8	**T5921**

MASS TO CHARGE RATIOS								M.W.	INTENSITIES								Parent	C	H	O	N	Cl	Br	F	S	P	B	Si	X	COMPOUND NAME	CAS Reg No	No
79	108	77	55	66	107	109	91	**144**	100	50	29	24	18	12	6	1	**0.00**	7	9	1	–	1	–	–	–	–	–	–	–	Bicyclo[2.2.1]hept-2-ene, anti-7-chloro-1-hydroxy-		L9797
79	109	108	39	144	67	78	81	**144**	100	64	62	47	40	38	37	34		8	13	–	–	1	–	–	–	–	–	–	–	Bicyclo[2.2.2]octane, 1-chloro-	2064-03-1	Q7312
81	67	68	144	39	82	79	41	**144**	100	22	15	14	13	13	12	11		8	13	–	–	1	–	–	–	–	–	–	–	Bicyclo[2.2.1]heptane, 2-chloro-2-methyl-, exo-	19138-54-6	R7992
81	67	82	144	39	41	79	68	**144**	100	30	12	12	10	10	10	9		8	13	–	–	1	–	–	–	–	–	–	–	Bicyclo[2.2.1]heptane, 2-chloro-1-methyl-, exo-	22768-96-3	R9943
82	67	55	41	144	27	83	29	**144**	100	99	73	60	59	55	38	37		8	16	–	–	–	–	–	1	–	–	–	–	Cyclohexane, 1-(thiapropyl)-		05856
82	77	105	51	81	50	27	122	**144**	100	91	81	66	62	44	42	41	**1.10**	2	6	3	–	1	–	–	–	1	–	–	–	Phosphonic acid, (2-chloroethyl)-	16672-87-0	R6359
82	81	109	27	28	18	65	91	**144**	100	55	41	31	29	24	23	16	**0.00**	2	6	3	–	1	–	–	–	1	–	–	–	Phosphonic acid, (2-chloroethyl)-	16672-87-0	R6358
83	43	56	45	59	41	129	55	**144**	100	69	51	49	42	36	34	26	**3.10**	8	16	2	–	–	–	–	–	–	–	–	–	1,3-Dioxane, 2,4,4,6-tetramethyl-		C0584
83	55	57	41	45	101	82	144	**144**	100	59	46	42	33	28	17	16		8	16	2	–	–	–	–	–	–	–	–	–	Ethanol, 2-(cyclohexyloxy)-	1817-88-5	Q6800
83	55	73	43	41	27	57	29	**144**	100	67	58	52	51	36	34	32	**0.01**	9	20	1	–	–	–	–	–	–	–	–	–	3-Heptanol, 2,6-dimethyl-		U0068
83	73	55	43	41	27	57	29	**144**	100	55	54	49	46	38	29	27	**0.00**	9	20	1	–	–	–	–	–	–	–	–	–	3-Heptanol, 2,6-dimethyl-		00451
83	145	101	127	114	134	99	76	**144**	100	48	42	42	34	32	28	14	**0.00**	6	8	4	–	–	–	–	–	–	–	–	–	1,1-Cyclobutanedicarboxylic acid	5445-51-2	R1436
84	71	41	144	45	58	112	82	**144**	100	99	47	47	38	28	27	17		8	16	2	–	–	–	–	–	–	–	–	–	Cyclohexane, cis-1,2-dimethoxy-	30363-80-5	S2875
84	71	144	41	45	58	112	97	**144**	100	88	50	39	33	27	23	17		8	16	2	–	–	–	–	–	–	–	–	–	Cyclohexane, trans-1,2-dimethoxy-	29887-60-3	S2724
85	44	56	115	41	57	43	67	**144**	100	68	61	60	33	31	28	28	**0.63**	8	16	2	–	–	–	–	–	–	–	–	–	1,3-Dioxane, trans-4,6-diethyl-	16731-92-3	R6413
85	44	56	115	41	57	43	67	**144**	100	68	61	60	34	32	28	28	**6.00**	8	16	2	–	–	–	–	–	–	–	–	–	1,3-Dioxane, 4,6-diethyl-		L2559
85	55	103	112	45	53	75	57	**144**	100	34	14	13	12	11	10	10	**0.20**	7	12	3	–	–	–	–	–	–	–	–	–	4-Pentenoic acid, 2-methoxy-, methyl ester	54020-52-9	H2027
85	57	27	43	103	41	29	60	**144**	100	75	74	67	66	66	65	35	**0.17**	8	16	2	–	–	–	–	–	–	–	–	–	Pentanoic acid, propyl ester		04050
85	57	43	41	27	103	29	42	**144**	100	98	95	82	76	65	62	38	**0.32**	8	16	2	–	–	–	–	–	–	–	–	–	Butanoic acid, 3-methyl-, propyl ester		04052
85	59	43	67	41	84	55	70	**144**	100	60	51	39	28	25	24	14	**0.40**	8	16	2	–	–	–	–	–	–	–	–	–	1,2-Cyclopentanediol, trans-1-isopropyl-	56335-92-3	T3527
85	60	27	41	42	61	28	31	**144**	100	56	56	55	55	53	51	44	**4.68**	7	12	3	–	–	–	–	–	–	–	–	–	Butanoic acid, 3-oxo-, propyl ester		D0708
85	73	57	72	42	43	144	56	**144**	100	78	57	47	38	22	15	12		6	16	–	4	–	–	–	–	–	–	–	–	1,2,4,5-Tetrazine, 1,4-diethylhexahydro-	35035-69-9	S4792
85	73	57	72	42	43	144	71	**144**	100	77	60	45	38	24	16	8		6	16	–	4	–	–	–	–	–	–	–	–	1,2,4,5-Tetrazine, 1,4-diethylhexahydro-		M3941
85	87	44	43	45	28	129	42	**144**	100	40	9	4	3	3	3	2	**0.00**	2	3	2	–	–	–	–	–	–	–	–	1	Rubidium acetate	563-67-7	Q2124
85	103	57	43	61	41	60	87	**144**	100	86	68	50	49	43	34	28	**0.00**	8	16	2	–	–	–	–	–	–	–	–	–	Butanoic acid, 3-methyl-, propyl ester	557-00-6	Q2049
85	103	73	102	87	86	74	104	**144**	100	61	21	13	10	7	6	4	**0.20**	8	16	2	–	–	–	–	–	–	–	–	–	Pentanoic acid, propyl ester	141-06-0	H0636
86	58	42	56	87	44	72	43	**144**	100	35	15	11	10	9	9	5	**1.00**	8	20	–	2	–	–	–	–	–	–	–	–	1,2-Ethanediamine, N,N,N′-triethyl-	105-04-4	P7770
87	27	45	41	144	39	29	59	**144**	100	19	17	16	13	12	11	6		8	16	–	–	–	–	–	1	–	–	–	–	Thiophene, 2-butyltetrahydro-	1613-49-6	Q6329
87	41	58	43	59	85	44	68	**144**	100	95	76	70	67	65	47	43	**4.00**	8	16	2	–	–	–	–	–	–	–	–	–	Cyclohexanol, 1(R)-cis-5-methyl-cis-3-methoxy-		15122
87	43	28	129	57	41	32	88	**144**	100	33	33	15	11	8	7	5	**0.00**	8	16	2	–	–	–	–	–	–	–	–	–	1,3-Dioxolane, 2-tert-butyl-2-methyl-		00527
87	43	41	39	129	99	27	57	**144**	100	84	32	26	22	19	18	13	**0.00**	8	16	2	–	–	–	–	–	–	–	–	–	1,3-Dioxolane, 2-methyl-2-isobutyl-		00558
87	43	45	41	101	27	69	57	**144**	100	77	69	56	53	46	32	31	**0.00**	9	20	1	–	–	–	–	–	–	–	–	–	4-Heptanol, 2,4-dimethyl-		U0065
87	43	102	27	55	41	29	85	**144**	100	88	74	44	41	41	34	28	**0.00**	8	16	2	–	–	–	–	–	–	–	–	–	Pentanoic acid, 2-ethyl-, methyl ester	816-16-0	Q4192
87	43	129	85	55	45	73	84	**144**	100	94	26	22	11	10	10	10	**0.00**	7	12	3	–	–	–	–	–	–	–	–	–	1,3-Dioxolane-2-propanal, 2-methyl-	24108-29-0	S0456
87	44	129	85	57	41	88	29	**144**	100	38	23	10	9	7	6	6	**0.00**	8	16	2	–	–	–	–	–	–	–	–	–	1,3-Dioxolane, 2-butyl-2-methyl-		00593
87	45	43	101	41	27	57	59	**144**	100	86	82	53	51	40	34	33	**0.08**	9	20	1	–	–	–	–	–	–	–	–	–	4-Heptanol, 2,4-dimethyl-		04129
87	45	55	27	41	29	43	69	**144**	100	88	85	70	67	57	54	49	**0.00**	9	20	1	–	–	–	–	–	–	–	–	–	4-Heptanol, 3,4-dimethyl-		00448
87	45	101	43	27	41	55	29	**144**	100	74	69	56	42	42	39	32	**0.00**	9	20	1	–	–	–	–	–	–	–	–	–	4-Octanol, 4-methyl-		U0064
87	59	144	29	44	42	115	72	**144**	100	43	27	15	14	11	10	9		8	20	–	2	–	–	–	–	–	–	–	–	Hydrazine, 1,1-diethyl-2-isopropyl-	67398-40-7	T6805
87	115	59	58	57	31	144	43	**144**	100	81	34	6	6	5	5	5		8	20	–	–	–	–	–	–	–	–	1	–	Silane, tetraethyl-		01166
88	29	43	60	70	99	41	71	**144**	100	45	42	32	31	29	26	24	**4.70**	8	16	2	–	–	–	–	–	–	–	–	–	Pentanoic acid, 3-methyl-, ethyl ester	5870-68-8	R1850
88	73	57	41	29	27	43	116	**144**	100	70	29	24	18	17	16	15	**0.58**	8	16	2	–	–	–	–	–	–	–	–	–	Hexanoic acid, 2-ethyl-		C0722
88	73	57	41	55	27	29	43	**144**	100	82	48	44	44	30	30	30	**0.07**	8	16	2	–	–	–	–	–	–	–	–	–	Hexanoic acid, 2-ethyl-		G0066
91	104	105	77	108	92	65	41	**144**	100	82	53	44	44	17	14	13	**0.00**	9	8	–	2	–	–	–	–	–	–	–	–	1H-Imidazole, 2-phenyl-	670-96-2	Q3639
93	84	91	77	139	121	83	41	**144**	100	93	33	32	27	25	25	25	**7.00**	10	8	1	–	–	–	–	–	–	–	–	–	1-Cyclohexen-3-ol, trans-1-methyl-4-isopropyl-		L1124
93	108	65	66	92	80	94	107	**144**	100	85	43	41	39	28	5	5	**0.00**	6	9	–	2	1	–	–	–	–	–	–	–	Pyridinium, 1-amino-4-methyl-, chloride	34061-83-1	S4540
95	67	68	39	93	41	55	53	**144**	100	41	34	33	33	29	24	18	**16.86**	8	13	–	–	1	–	–	–	–	–	–	–	Cyclohexane, 1-(chloromethyl)-4-methylene-		03619
95	67	93	55	41	96	108	79	**144**	100	36	29	23	23	19	18	15	**0.00**	8	16	2	–	–	–	–	–	–	–	–	–	1,4-Cyclohexanedimethanol	105-08-8	P7775
95	93	67	41	55	108	96	79	**144**	100	17	16	15	13	9	8	7	**0.05**	8	16	2	–	–	–	–	–	–	–	–	–	1,4-Cyclohexanedimethanol		D1534
95	93	67	55	79	41	108	96	**144**	100	34	23	14	14	12	11	10	**0.00**	8	16	2	–	–	–	–	–	–	–	–	–	1,4-Cyclohexanedimethanol	105-08-8	P7774
99	42	55	29	75	43	27	41	**144**	100	93	93	82	75	72	69	60	**3.69**	8	16	2	–	–	–	–	–	–	–	–	–	2H-Pyran, 2-ethoxy-4-methyl-tetrahydro-		X0844
99	42	55	29	75	43	27	47	**144**	100	94	93	78	76	72	65	60	**14.81**	8	16	2	–	–	–	–	–	–	–	–	–	2H-Pyran, 2-ethoxy-4-methyl-tetrahydro-	25724-34-9	H1891
99	81	55	41	57	43	100	42	**144**	100	54	17	13	8	7	6	5	**0.80**	7	12	3	–	–	–	–	–	–	–	–	–	1-Hydroxycyclohexanecarboxylic acid		16762
100	56	30	113	57	28	43	101	**144**	100	32	22	21	18	17	17	13	**0.21**	7	16	1	2	–	–	–	–	–	–	–	–	6-Morpholineamine, 4-propyl-		D0220
100	56	30	113	101	57	28	43	**144**	100	32	25	24	20	19	18	17	**0.61**	7	16	1	2	–	–	–	–	–	–	–	–	4-Morpholinepropanamine	123-00-2	P9270
100	60	73	43	41	55	39	45	**144**	100	99	61	60	56	35	27	21	**0.99**	8	16	2	–	–	–	–	–	–	–	–	–	Octanoic acid	124-07-2	P9397

MASS TO CHARGE RATIOS								M.W.	INTENSITIES								Parent	C	H	O	N	Cl	Br	F	S	P	B	Si	X	COMPOUND NAME	CAS Reg No	No
101	45	30	144	29	28	41	43	**144**	100	42	38	32	18	17	15	12		8	20	–	2	–	–	–	–	–	–	–	–	Hydrazine, 1,2-dibutyl-	1744-71-4	Q6647
101	45	57	41	29	144	102	27	**144**	100	99	37	18	15	14	7	6		8	20	–	2	–	–	–	–	–	–	–	–	Hydrazine, 1,1-bis(2-methylpropyl)-	16596-38-6	R6274
101	45	144	59	29	57	41	102	**144**	100	51	18	15	14	14	12	10		8	20	–	2	–	–	–	–	–	–	–	–	Hydrazine, 1,1-dibutyl-	7422-80-2	R3179
101	55	56	43	59	73	71	41	**144**	100	52	34	32	21	19	19	13	**0.24**	8	16	2	–	–	–	–	–	–	–	–	–	3-Oxa-5-hexen-1-ol, 2,2,5-trimethyl-		Z0782
101	85	71	59	97	43	112	113	**144**	100	67	63	43	30	28	17	15	**5.00**	6	8	4	–	–	–	–	–	–	–	–	–	Pentanoic acid, 3,5-dioxo-, methyl ester	36568-10-2	S5294
101	113	88	144					**144**	100	51	11	8						8	16	2	–	–	–	–	–	–	–	–	–	Cyclohexane, 1,1-dimethoxy-	933-40-4	Q4679
102	43	71	74	29	99	41	27	**144**	100	77	50	49	44	22	22	18	**0.60**	8	16	2	–	–	–	–	–	–	–	–	–	Pentanoic acid, 2-methyl-, ethyl ester	39255-32-8	S6065
102	43	74	29	71	41	27	99	**144**	100	92	71	63	54	31	26	22	**1.00**	8	16	2	–	–	–	–	–	–	–	–	–	Butanoic acid, 2,3-dimethyl-, ethyl ester	54004-42-1	S8746
102	44	59	57	41	43	61	39	**144**	100	91	56	48	45	32	21	20	**0.00**	6	12	2	2	–	–	–	–	–	–	–	–	Urea, N-(3-methylbutanoyl)-		M0600
102	44	59	57	41	85	61	43	**144**	100	93	57	44	38	17	16	16	**0.00**	6	12	2	2	–	–	–	–	–	–	–	–	Urea, N-pentanoyl-		M0599
108	92	65	93	66	80	109	81	**144**	100	60	58	24	18	14	7	6	**0.00**	6	9	–	2	1	–	–	–	–	–	–	–	Pyridinium, 1-amino-2-methyl-, chloride	34061-84-2	S4541
109	27	111	39	26	35	73	83	**144**	100	63	59	48	42	40	26	17	**8.40**	3	3	–	–	3	–	–	–	–	–	–	–	1-Propene, 1,1,3-trichloro-		01472
109	79	39	88	67	41	108	81	**144**	100	89	73	66	65	64	49	41	**32.35**	8	13	–	–	1	–	–	–	–	–	–	–	Bicyclo[2.2.2]octane, 1-chloro-		03529
109	108	110	120	107	122	92	94	**144**	100	36	8	6	6	5	5	3	**0.00**	6	9	–	2	1	–	–	–	–	–	–	–	Hydrazine, phenyl-, monohydrochloride	59-88-1	P5012
109	111	83	38	39	37	36	73	**144**	100	64	16	16	16	15	15	15	**0.60**	3	3	–	–	3	–	–	–	–	–	–	–	1-Propene, 3,3,3-trichloro-	2233-00-3	Q7687
109	111	83	144	146	37	85	38	**144**	100	66	33	26	24	21	21	17		3	3	–	–	3	–	–	–	–	–	–	–	1-Propene, 1,1,2-trichloro-	21400-25-9	R9253
109	144	107	108	83	143	146	57	**144**	100	33	25	15	13	12	11	8		7	6	–	–	1	–	1	–	–	–	–	–	Benzene, 1-chloro-3-fluoro-2-methyl-	443-83-4	Q0763
111	144	45	72	103	71	97	39	**144**	100	78	71	70	66	66	63	52		6	8	–	–	–	–	–	2	–	–	–	–	1,2-Dithi-5-ene, 3-vinyl-		M6512
111	144	45	97	71	72	39	103	**144**	100	66	60	50	45	42	32	28		6	8	–	–	–	–	–	2	–	–	–	–	1,2-Dithi-4-ene, 3-vinyl-		M6513
112	41	58	87	85	43	70	111	**144**	100	74	66	61	56	54	45	42	**0.00**	8	16	2	–	–	–	–	–	–	–	–	–	Cyclohexanol, 1(R)-cis-5-methyl-trans-3-methoxy-		15120
113	43	144	129	112	101	85	97	**144**	100	86	83	79	59	40	25	25		7	12	3	–	–	–	–	–	–	–	–	–	2-Penten-4-one, 2-(methoxymethoxy)-		P2058
113	59	26	29	85	54	114	53	**144**	100	83	72	40	37	31	25	24	**1.95**	6	8	4	–	–	–	–	–	–	–	–	–	2-Butenedioic acid, (Z)-dimethyl ester	624-48-6	Q3156
113	59	85	54	53	114	55	82	**144**	100	40	19	14	10	8	6	4	**0.60**	6	8	4	–	–	–	–	–	–	–	–	–	2-Butenedioic acid, (Z)-dimethyl ester		03317
113	59	85	54	114	29	53	144	**144**	100	27	16	10	9	7	7	1		6	8	4	–	–	–	–	–	–	–	–	–	2-Butenedioic acid, (Z)-dimethyl ester	624-48-6	Q3155
113	67	81	83	41	39	69	65	**144**	100	39	33	30	28	27	22	13	**2.00**	7	12	3	–	–	–	–	–	–	–	–	–	Pyran, 5,6-dihydro-6-hydroxymethyl-2-methoxy-		L9940
113	85	59	26	53	114	54	29	**144**	100	52	39	22	21	17	13	11	**1.15**	6	8	4	–	–	–	–	–	–	–	–	–	2-Butenedioic acid, (E)-dimethyl ester	624-49-7	Q3157
113	85	59	53	54	114	82	55	**144**	100	90	60	38	30	22	8	8	**1.29**	6	8	4	–	–	–	–	–	–	–	–	–	2-Butenedioic acid, (E)-dimethyl ester	624-49-7	Q3158
113	85	59	114	53	54	82	144	**144**	100	50	26	21	16	10	5	4		6	8	4	–	–	–	–	–	–	–	–	–	2-Butenedioic acid, (E)-dimethyl ester		03318
114	15	79	95	113	109	116	31	**144**	100	98	88	42	42	38	35	33	**2.00**	2	6	3	–	1	–	–	–	1	–	–	–	Phosphorochloridic acid, dimethyl ester	813-77-4	Q4178
114	113	26	115	129	128	30	37	**144**	100	29	26	15	11	10	8	8	**1.50**	11	12	–	–	–	–	–	–	–	–	–	–	2,3-Benzobicyclo[3.2.0]hept-2-ene	13912-97-5	R4821
115	57	44	59	72	144	29	31	**144**	100	54	54	52	47	43	40	34		8	20	–	2	–	–	–	–	–	–	–	–	Hydrazine, 1,2-diisobutyl-	3711-38-4	Q9698
115	89	31	117	53	91	27	18	**144**	100	53	35	32	31	25	22	18	**0.00**	7	9	1	–	1	–	–	–	–	–	–	–	1-Penten-4-yn-3-ol, 1-chloro-3-ethyl-	113-18-8	P8785
115	117	89	53	109	51	91	39	**144**	100	29	24	20	15	13	12	8	**0.00**	7	9	1	–	1	–	–	–	–	–	–	–	1-Penten-4-yn-3-ol, 1-chloro-3-ethyl-		03808
115	144	63	89	116	51	50	57	**144**	100	75	12	11	11	9	8	8		9	8	–	2	–	–	–	–	–	–	–	–	Cinnoline, 4-methyl-		L4191
115	144	116	89	63	58	39	145	**144**	100	81	69	18	17	13	10	10		10	8	1	–	–	–	–	–	–	–	–	–	1-Naphthalenol	90-15-3	P6547
115	144	116	89	63	145	39	51	**144**	100	85	12	10	9	9	7	7		9	8	–	2	–	–	–	–	–	–	–	–	Cinnoline, 3-methyl-	17372-78-0	R6894
116	144	115	129	128	117	51	63	**144**	100	40	32	30	14	11	9	9		11	12	–	–	–	–	–	–	–	–	–	–	1,4-Methanonaphthalene, 1,2,3,4-tetrahydro-	4486-29-7	R0505
129	59	69	43	87	42	58	68	**144**	100	70	58	45	20	14	13	11	**0.00**	8	16	2	–	–	–	–	–	–	–	–	–	1,3-Dioxane, trans-2,2,4,6-tetramethyl-	20268-00-2	R8597
129	59	69	43	87	42	58	130	**144**	100	67	58	37	19	13	12	12	**0.00**	8	16	2	–	–	–	–	–	–	–	–	–	1,3-Dioxane, cis-2,2,4,6-tetramethyl-		M3994
129	101	144	59	130	73	43	131	**144**	100	28	20	19	16	13	10	8		6	16	–	–	–	–	–	–	–	–	2	–	1,3-Disilacyclobutane, 1,1,3,3-tetramethyl-		04907
129	128	115	116	51	63	143	127	**144**	100	34	27	20	13	13	12	11	**4.66**	11	12	–	–	–	–	–	–	–	–	–	–	5H-Benzocycloheptene, 6,7-dihydro-	7125-62-4	06842
129	144	128	115	127	143	130	39	**144**	100	51	39	23	13	13	13	12		11	12	–	–	–	–	–	–	–	–	–	–	Naphthalene, 1,2-dihydro-3-methyl-		V0345
129	144	128	116	115	39	127	51	**144**	100	48	43	30	26	18	15	13		11	12	–	–	–	–	–	–	–	–	–	–	1H-Cyclopropa[b]naphthalene, 1a,2,7,7a-tetrahydro-	6571-72-8	06840
129	144	128	127	51	15	130	63	**144**	100	52	47	20	14	11	11	11		11	12	–	–	–	–	–	–	–	–	–	–	Indene, 3,3-dimethyl-		V0344
129	144	128	127	130	115	51	39	**144**	100	35	34	14	11	10	9	9		11	12	–	–	–	–	–	–	–	–	–	–	Naphthalene, 1,2-dihydro-2-methyl-	21564-79-4	06841
129	144	128	143	115	127	39	130	**144**	100	73	48	28	20	15	14	13		11	12	–	–	–	–	–	–	–	–	–	–	Naphthalene, 1,2-dihydro-6-methyl-		V0346
129	144	130	59	101	73	43	131	**144**	100	28	15	15	12	11	10	8		6	16	–	–	–	–	–	–	–	–	2	–	1,3-Disilacyclobutane, 1,1,3,3-tetramethyl-	1627-98-1	Q6359
143	108	112	77	75	109	144	145	**144**	100	95	79	54	51	45	42	40		6	5	–	–	1	–	–	1	–	–	–	–	Benzenethiol, 4-chloro-	106-54-7	P7911
144	41	74	89	69	55	88	54	**144**	100	84	45	37	35	33	27	23		7	12	1	–	–	–	–	1	–	–	–	–	Cyclohexanone, 4-(methylthio)-	23510-98-7	S0237
144	41	74	89	69	55	88	87	**144**	100	84	46	37	35	33	27	23		7	12	1	–	–	–	–	1	–	–	–	–	Cyclohexanone, 4-(methylthio)-	23510-98-7	S0238
144	41	74	89	69	88	55	87	**144**	100	68	45	37	33	28	25	25		7	12	1	–	–	–	–	1	–	–	–	–	Cyclohexanone, 4-(methylthio)-	23510-98-7	S0236
144	42	99	113	69	127	67	43	**144**	100	87	49	43	30	26	26	26		4	8	2	4	–	–	–	–	–	–	–	–	2,6-Piperazinedione, dioxime		06709
144	43	44	89	117	145	116	63	**144**	100	45	22	19	18	16	13	11		9	8	–	2	–	–	–	–	–	–	–	–	3-Quinolinamine	580-17-6	Q2271
144	52	44	53	146	117	85	84	**144**	100	42	41	36	32	27	24	22		5	5	1	2	1	–	–	–	–	–	–	–	Pyridine, 2-amino-6-chloro-, N-oxide		D2772
144	55	116	83	41	91	126	88	**144**	100	95	80	75	70	65	60	60		7	12	1	–	–	–	–	1	–	–	–	–	6-Thiaoct-7-enal		M2711
144	63	89	90	143	72			**144**	100	48	12	9	9	1				9	8	–	2	–	–	–	–	–	–	–	–	1-Isoquinolinamine	1532-84-9	Q6172

MASS TO CHARGE RATIOS								M.W.	INTENSITIES								Parent	C	H	O	N	Cl	Br	F	S	P	B	Si	X	COMPOUND NAME	CAS Reg No	No
144	63	143	89	117	90	39	116	**144**	100	37	34	29	27	24	24	16		9	8	–	2	–	–	–	–	–	–	–	–	**2,6-Naphthyridine, 4-methyl-**		**06460**
144	72	117	89	90	63	116	143	**144**	100	49	32	25	23	11	11	4		9	8	–	2	–	–	–	–	–	–	–	–	**4-Isoquinolinamine**	23687-25-4	**S0318**
144	76	50	117	39	77	75	145	**144**	100	56	47	43	31	30	29	21		9	8	–	2	–	–	–	–	–	–	–	–	**Quinoxaline, 2-methyl-**	7251-61-8	**R3000**
144	88	60	87	55	46	45	61	**144**	100	95	80	60	40	30	25	25		7	12	1	–	–	–	–	1	–	–	–	–	**Thiacyclooctan-4-one**		**M2696**
144	90	39	89	117	51	143	63	**144**	100	32	32	26	25	24	23	23		9	8	–	2	–	–	–	–	–	–	–	–	**1,8-Naphthyridine, 4-methyl-**		**01141**
144	90	89	117	143	145	63	39	**144**	100	32	19	17	16	11	9	7		9	8	–	2	–	–	–	–	–	–	–	–	**Quinoxaline, 6-methyl-**	6344-72-5	**H1613**
144	90	89	143	117	63	116	145	**144**	100	36	31	18	17	12	12	10		9	8	–	2	–	–	–	–	–	–	–	–	**1H-Pyrazole, 4-phenyl-**	10199-68-5	**R3638**
144	90	143	89	117	145	63	39	**144**	100	28	22	16	13	11	10	6		9	8	–	2	–	–	–	–	–	–	–	–	**Quinoxaline, 5-methyl-**	13708-12-8	**H1720**
144	90	143	117	145	63	39		**144**	100	28	23	14	11	10	7			9	8	–	2	–	–	–	–	–	–	–	–	**Quinoxaline, 5-methyl-**		**M4195**
144	98	59	99	97	41	39	71	**144**	100	98	71	70	63	62	55	50		6	8	2	–	–	–	–	1	–	–	–	–	**2(3H)-Furanone, dihydro-3-(thioacetyl)-**	20632-96-6	**R8791**
144	103	117	129	76	143	102	145	**144**	100	28	28	22	21	18	14	12		9	8	–	2	–	–	–	–	–	–	–	–	**Quinazoline, 4-methyl-**	700-46-9	**Q3777**
144	109	28	55	117	41	146	82	**144**	100	81	70	39	34	33	32	23		4	5	–	4	1	–	–	–	–	–	–	–	**4,5-Pyrimidinediamine, 2-chloro-**	14631-08-4	**R5333**
144	112	43	59	73	60	86	72	**144**	100	97	77	55	24	21	21	17		5	8	3	2	–	–	–	–	–	–	–	–	**Acetamide, (R)-N-(3-oxo-4-isoxazolidinyl)-**	51541-30-1	**S7693**
144	115	67	116	145	51	77	88	**144**	100	75	41	38	11	10	10	8		10	8	1	–	–	–	–	–	–	–	–	–	**2-Butyn-1-one, 1-phenyl-**	6710-62-9	**R2487**
144	115	116	39	63	89	145	65	**144**	100	83	16	15	14	10	10	8		10	8	1	–	–	–	–	–	–	–	–	–	**Furan, 3-phenyl-**	13679-41-9	**R4704**
144	115	116	57	145	63	89	114	**144**	100	63	28	14	10	9	8	7		10	8	1	–	–	–	–	–	–	–	–	–	**2-Naphthalenol**		**00623**
144	115	116	63	145	89	72	39	**144**	100	76	40	13	12	10	9	9		10	8	1	–	–	–	–	–	–	–	–	–	**1-Naphthalenol**		**02939**
144	115	116	72	145	63	89	57.5	**144**	100	42	13	11	8	6	6	6		10	8	1	–	–	–	–	–	–	–	–	–	**2-Naphthalenol**		**F0180**
144	115	116	145	63	89	114	58	**144**	100	73	36	10	9	8	8	7		10	8	1	–	–	–	–	–	–	–	–	–	**1-Naphthalenol**		**00624**
144	115	128	129	127	141	77	63	**144**	100	72	45	40	40	34	34	34		11	12	–	–	–	–	–	–	–	–	–	–	**Undeca-2,8-dien-4,6-diyne**		**L3036**
144	115	143	50	76	63	117	89	**144**	100	30	24	19	18	18	15	14		9	8	–	2	–	–	–	–	–	–	–	–	**Phthalazine, 1-methyl-**	5004-46-6	**R1005**
144	115	143	117	50	76	89	116	**144**	100	48	24	24	19	18	15	13		9	8	–	2	–	–	–	–	–	–	–	–	**Phthalazine, 1-methyl-**		**L1851**
144	115	145	63	72	89	116	39	**144**	100	43	11	8	7	6	5	5		10	8	1	–	–	–	–	–	–	–	–	–	**Benzofuran, 2-vinyl-**	7522-79-4	**H1658**
144	115	145	63	116	89	39	72	**144**	100	79	11	9	9	9	5	5		10	8	1	–	–	–	–	–	–	–	–	–	**Furan, 3-phenyl-**	13679-41-9	**H1718**
144	115	145	116	72	89	63	57.5	**144**	100	34	11	9	7	4	4	3		10	8	1	–	–	–	–	–	–	–	–	–	**2-Naphthalenol**		**Z0772**
144	115	145	116	89	63	72		**144**	100	80	11	9	9	9	5			10	8	1	–	–	–	–	–	–	–	–	–	**Furan, 3-phenyl-**		**M4196**
144	117	76	77	50	145	58.5	103	**144**	100	66	36	23	21	10	8	7		9	8	–	2	–	–	–	–	–	–	–	–	**Quinoxaline, 2-methyl-**		**M5454**
144	117	76	143	77	102	75	145	**144**	100	58	22	22	14	14	12	12		9	8	–	2	–	–	–	–	–	–	–	–	**Quinazoline, 2-methyl-**	700-79-8	**Q3784**
144	117	89	28	63	39	116	90	**144**	100	31	22	20	19	18	16	15		9	8	–	2	–	–	–	–	–	–	–	–	**5-Quinolinamine**	611-34-7	**Q2818**
144	117	89	63	116	28	90	143	**144**	100	23	18	15	15	12	12	11		9	8	–	2	–	–	–	–	–	–	–	–	**6-Quinolinamine**	580-15-4	**Q2270**
144	117	89	63	116	143	90	118	**144**	100	14	12	10	10	7	6	2		9	8	–	2	–	–	–	–	–	–	–	–	**7-Isoquinolinamine**	23707-37-1	**S0324**
144	117	89	90	63	116	39	28	**144**	100	43	20	18	16	14	13	11		9	8	–	2	–	–	–	–	–	–	–	–	**8-Quinolinamine**	578-66-5	**Q2253**
144	117	89	90	63	116	39	145	**144**	100	43	20	18	16	14	13	11		9	8	–	2	–	–	–	–	–	–	–	–	**8-Quinolinamine**		**M0314**
144	117	89	90	116	63	145	72	**144**	100	32	25	23	16	11	11	5		9	8	–	2	–	–	–	–	–	–	–	–	**4-Isoquinolinamine**		**M7324**
144	117	89	116	63	90	28	145	**144**	100	23	18	15	15	12	12	11		9	8	–	2	–	–	–	–	–	–	–	–	**6-Quinolinamine**		**M0312**
144	117	89	116	63	90	39	28	**144**	100	62	23	21	18	17	12	11		9	8	–	2	–	–	–	–	–	–	–	–	**7-Quinolinamine**	580-19-8	**Q2274**
144	117	89	116	63	90	39	145	**144**	100	62	23	21	18	17	12	11		9	8	–	2	–	–	–	–	–	–	–	–	**7-Quinolinamine**		**M0313**
144	117	89	145	116	63	143	90	**144**	100	16	12	11	10	10	7	6		9	8	–	2	–	–	–	–	–	–	–	–	**7-Isoquinolinamine**		**M7327**
144	117	90	89	39	63	143	116	**144**	100	44	31	24	19	18	18	15		9	8	–	2	–	–	–	–	–	–	–	–	**1,8-Naphthyridine, 3-methyl-**		**L2278**
144	117	90	89	39	143	63	145	**144**	100	44	31	24	19	18	18	15		9	8	–	2	–	–	–	–	–	–	–	–	**1,8-Naphthyridine, 3-methyl-**		**01140**
144	117	90	89	116	63	72	143	**144**	100	94	27	25	20	10	5	2		9	8	–	2	–	–	–	–	–	–	–	–	**3-Isoquinolinamine**	25475-67-6	**S1092**
144	117	90	89	116	145	63	72	**144**	100	94	27	25	20	11	10	5		9	8	–	2	–	–	–	–	–	–	–	–	**3-Isoquinolinamine**		**M7323**
144	117	90	89	143	145	116	88	**144**	100	28	27	20	15	11	7	5		9	8	–	2	–	–	–	–	–	–	–	–	**Quinazoline, 5-methyl-**	7556-89-0	**R3278**
144	117	90	89	143	145	116	88	**144**	100	28	27	20	15	11	7	5		9	8	–	2	–	–	–	–	–	–	–	–	**Quinazoline, 6-methyl-**	7556-94-7	**R3283**
144	117	90	89	143	145	116	88	**144**	100	28	27	20	15	11	7	5		9	8	–	2	–	–	–	–	–	–	–	–	**Quinazoline, 7-methyl-**	7556-98-1	**R3286**
144	117	90	89	143	145	116	88	**144**	100	28	27	20	15	11	7	5		9	8	–	2	–	–	–	–	–	–	–	–	**Quinazoline, 8-methyl-**	7557-03-1	**R3291**
144	117	104	51	77	78	129	50	**144**	100	96	42	39	34	25	25	22		9	8	–	2	–	–	–	–	–	–	–	–	**Benzenepropanenitrile, β-imino-**	16187-90-9	**R6067**
144	117	116	83	145	143	90	118	**144**	100	20	13	11	11	10	7	7		9	8	–	2	–	–	–	–	–	–	–	–	**8-Isoquinolinamine**	23687-27-6	**S0320**
144	117	116	89	143	90	63	118	**144**	100	22	12	12	8	7	7	5		9	8	–	2	–	–	–	–	–	–	–	–	**6-Isoquinolinamine**	23687-26-5	**S0319**
144	117	116	89	145	90	143	63	**144**	100	29	14	12	11	9	9	5		9	8	–	2	–	–	–	–	–	–	–	–	**1-Isoquinolinamine**		**M7322**
144	117	116	89	145	143	90	63	**144**	100	22	12	12	11	8	7	7		9	8	–	2	–	–	–	–	–	–	–	–	**6-Isoquinolinamine**		**M7326**
144	117	116	89	145	143	90	63	**144**	100	20	13	11	11	10	7	7		9	8	–	2	–	–	–	–	–	–	–	–	**8-Isoquinolinamine**		**M7328**
144	117	143	89	116	145	90	63	**144**	100	20	16	14	13	13	12	5		9	8	–	2	–	–	–	–	–	–	–	–	**3-Quinolinamine**	580-17-6	**Q2272**
144	117	143	89	145	116	90	72	**144**	100	20	16	14	13	13	12	5		9	8	–	2	–	–	–	–	–	–	–	–	**3-Quinolinamine**		**M0309**
144	117	143	116	89	90	63	72	**144**	100	15	13	13	11	7	6	4		9	8	–	2	–	–	–	–	–	–	–	–	**5-Isoquinolinamine**	1125-60-6	**Q5438**
144	117	143	116	89	145	90	63	**144**	100	15	13	13	11	11	7	6		9	8	–	2	–	–	–	–	–	–	–	–	**5-Isoquinolinamine**		**M7325**

MASS TO CHARGE RATIOS								M.W.	INTENSITIES								Parent	C	H	O	N	Cl	Br	F	S	P	B	Si	X	COMPOUND NAME	CAS Reg No	No
144	117	145	90	89	116	72	143	**144**	100	27	13	10	8	8	5	5		9	8	–	2	–	–	–	–	–	–	–	–	**2-Quinolinamine**	580-22-3	**Q2276**
144	117	145	143	116	89	90	72	**144**	100	20	16	14	12	10	9	6		9	8	–	2	–	–	–	–	–	–	–	–	**4-Quinolinamine**	578-68-7	**Q2254**
144	129	143	51	117	90	89	145	**144**	100	43	27	14	12	11	11	11		9	8	–	2	–	–	–	–	–	–	–	–	**1,6-Naphthyridine, 4-methyl-**		**L2280**
144	129	143	51	117	145	102	90	**144**	100	43	27	14	12	11	11	11		9	8	–	2	–	–	–	–	–	–	–	–	**1,6-Naphthyridine, 4-methyl-**		**01138**
144	129	143	102	145	116	128	89	**144**	100	26	25	10	9	7	6	5		8	9	–	2	–	–	–	–	–	1	–	–	**2,3,1-Benzodiazaborine, 1,2-dihydro-1-methyl-**	4885-27-2	**R0904**
144	129	143	128	115	66	91	141	**144**	100	88	76	50	38	18	13	13		11	12	–	–	–	–	–	–	–	–	–	–	**Benzene, 1-cyclopenten-1-yl-**	825-54-7	**Q4278**
144	142	129	143	141	117	128	115	**144**	100	25	11	10	10	8	3	3		11	12	–	–	–	–	–	–	–	–	–	–	**Undeca-2,8-dien-4,6-diyne**		**L3037**
144	143	39	117	90	89	63	51	**144**	100	35	35	30	22	22	16	16		9	8	–	2	–	–	–	–	–	–	–	–	**1,5-Naphthyridine, 3-methyl-**		**L2284**
144	143	39	117	90	89	118	63	**144**	100	35	35	30	22	22	16	16		9	8	–	2	–	–	–	–	–	–	–	–	**1,5-Naphthyridine, 3-methyl-**		**01134**
144	143	90	63	89	117	39	145	**144**	100	35	24	22	21	18	14	11		9	8	–	2	–	–	–	–	–	–	–	–	**1,6-Naphthyridine, 3-methyl-**		**01137**
144	143	112	71	58	86	45	57	**144**	100	63	40	36	35	26	25	23		5	4	1	–	–	–	–	2	–	–	–	–	**Acetaldehyde, 3H-1,2-dithiol-3-ylidene-**	5694-59-7	**R1685**
144	143	117	145	90	89	39	51	**144**	100	20	16	13	12	12	12	10		9	8	–	2	–	–	–	–	–	–	–	–	**1,5-Naphthyridine, 4-methyl-**		**01135**
144	143	118	116	76	117	145	50	**144**	100	41	15	13	13	12	11	11		9	8	–	2	–	–	–	–	–	–	–	–	**1,8-Naphthyridine, 2-methyl-**		**01139**
144	143	129	145	50	75	117	51	**144**	100	17	13	12	11	10	8	8		9	8	–	2	–	–	–	–	–	–	–	–	**1,6-Naphthyridine, 2-methyl-**		**01136**
144	143	129	145	117	39	51	52	**144**	100	15	13	11	10	10	8	7		9	8	–	2	–	–	–	–	–	–	–	–	**1,5-Naphthyridine, 2-methyl-**		**01133**
144	143	145	117	104	78	72	89	**144**	100	13	11	11	9	7	6	5		9	8	–	2	–	–	–	–	–	–	–	–	**Pyridine, 2-(2-pyrryl)-**		**D1977**
144	146	65	95	93	45	64	51	**144**	100	99	36	34	34	32	23	18		2	3	–	–	–	1	2	–	–	–	–	–	**Ethane, 2-bromo-1,1-difluoro-**		**M3266**
144	146	81	52	69	51	80	53	**144**	100	33	24	15	13	13	12	10		6	5	2	–	1	–	–	–	–	–	–	–	**1,3-Benzenediol, 4-chloro-**	95-88-5	**P7000**
28	41	43	56	30	29	27	102	**145**	100	99	99	92	64	58	56	56	**12.00**	5	11	2	3	–	–	–	–	–	–	–	–	**Urea, N-butyl-N-nitroso-**	869-01-2	**Q4402**
29	45	73	86	72	28	42	41	**145**	100	67	65	44	41	37	33	32	**14.00**	6	11	3	1	–	–	–	–	–	–	–	–	**Isoxazolidine, 2-ethoxycarbonyl-**		**01035**
29	45	73	86	72	28	42	43	**145**	100	90	67	44	40	37	31	31	**14.00**	6	11	3	1	–	–	–	–	–	–	–	–	**Isoxazolidine, 2-ethoxycarbonyl-**		**L1215**
30	29	57	113	86	28	27	56	**145**	100	48	41	30	22	17	15	11	**3.92**	6	11	3	1	–	–	–	–	–	–	–	–	**Morpholinecarboxylic acid, methyl ester**	74764-14-0	**T8493**
30	72	43	73	29	27	100	99	**145**	100	53	45	16	12	8	7	6	**5.60**	6	11	3	1	–	–	–	–	–	–	–	–	**Glycine, N-acetyl-, ethyl ester**	1906-82-7	**Q6980**
30	99	57	44	145	55	60	.64	**145**	100	99	98	86	72	54	51	40		3	3	2	3	–	–	–	1	–	–	–	–	**2-Thiazolamine, 5-nitro-**		**D1510**
41	56	45	84	100	28	57	30	**145**	100	51	42	42	41	24	23	22	**5.09**	6	11	3	1	–	–	–	–	–	–	–	–	**Carbamic acid, 2-propenyl-, 2-hydroxyethyl ester**	55956-17-7	**T2453**
42	43	86	41	58	72	44	57	**145**	100	66	60	52	22	22	20	19	**0.00**	8	19	1	1	–	–	–	–	–	–	–	–	**Ethanamine, N-ethyl-N-isopropoxymethyl-**	54699-21-7	**S9433**
42	110	15	101	103	112	43	145	**145**	100	97	70	49	32	31	29	28		2	6	–	1	2	–	–	–	1	–	–	–	**Phosphine, (dimethylamino)-dichloro-**		**05476**
42	145	41	116	71	43	57	56	**145**	100	25	23	19	15	13	12	10		5	11	–	3	–	–	–	1	–	–	–	–	**Hydrazinecarbothioamide, 2-isopropylidene-**	1752-40-5	**Q6665**
43	71	41	28	44	46	42	29	**145**	100	55	21	11	9	8	7	7	**0.18**	7	15	2	1	–	–	–	–	–	–	–	–	**Pentanamide, N-hydroxy-N-methyl-**		**D0013**
43	73	44	40	55	29	27	72	**145**	100	24	18	13	12	11	8	8	**1.56**	6	11	3	1	–	–	–	–	–	–	–	–	**2-Butanol, 2-nitroso-, acetate**	13880-90-5	**R4798**
43	73	44	40	55	29	27	115	**145**	100	24	18	12	12	10	8	8	**1.50**	6	11	3	1	–	–	–	–	–	–	–	–	**2-Butanol, 2-nitroso-, acetate**		**L0929**
43	145	57	28	99	55	58	31	**145**	100	46	46	38	36	26	25	25		3	3	2	3	–	–	–	1	–	–	–	–	**2-Thiazolamine, 5-nitro-**		**05651**
43	145	68	42	110	147	62	41	**145**	100	76	64	44	44	24	13	11		3	4	–	5	1	–	–	–	–	–	–	–	**1,3,5-Triazine-2,4-diamine, 6-chloro-**	3397-62-4	**Q9332**
44	86	43	88	42	145	146	15	**145**	100	80	22	8	7	7	7	5		6	11	3	1	–	–	–	–	–	–	–	–	**DL-Alanine, N-acetyl-, methyl ester**	26629-33-4	**S1478**
55	41	28	54	27	42	43	45	**145**	100	68	49	48	47	41	39	37	**0.01**	6	11	3	1	–	–	–	–	–	–	–	–	**Adipamic acid**		**C0399**
55	57	43	29	41	27	39	69	**145**	100	67	67	58	42	33	24	21	**0.00**	7	15	2	1	–	–	–	–	–	–	–	–	**Heptane, 1-nitro-**	693-39-0	**Q3720**
55	145	116	42	29	84	41	61	**145**	100	68	68	65	54	52	45	44		7	15	–	1	–	–	–	1	–	–	–	–	**Piperidine, N-(ethylthio)-**		**M1287**
56	41	43	30	55	57	83	39	**145**	100	97	95	76	76	60	52	42	**0.00**	7	15	2	1	–	–	–	–	–	–	–	–	**Pentane, 2,4-dimethyl-2-nitro-**	597-45-5	**Q2578**
57	55	145	45	28	44	30	27	**145**	100	92	80	43	39	36	36	18		3	3	2	3	–	–	–	1	–	–	–	–	**2-Thiazolamine, 5-nitro-**	121-66-4	**P9169**
57	72	145	73	87				**145**	100	27	24	21	8					7	15	2	1	–	–	–	–	–	–	–	–	**Pyran, 3-methylamino-4-hydroxy-4-methyl-tetrahydro-**		**M8203**
58	28	43	100	74	60	56	15	**145**	100	22	21	12	11	11	11	10	**9.70**	6	11	3	1	–	–	–	–	–	–	–	–	**Butanoic acid, α-(acetylamino)-**		**06253**
58	30	101	72	42	56	57	41	**145**	100	16	12	7	6	5	5	5	**1.00**	7	19	–	3	–	–	–	–	–	–	–	–	**1,3-Propanediamine, N-(aminobutyl)-**		**D2169**
58	42	145	72	59	41	44	56	**145**	100	6	4	4	3	3	2	2		8	19	1	1	–	–	–	–	–	–	–	–	**Ethanamine, N,N-dimethyl-2-butoxy-**		**16245**
58	59	44	141	43	85	42	46	**145**	100	7	5	4	3	2	1	1	**0.00**	7	15	2	1	–	–	–	–	–	–	–	–	**1-Propanol, 3-(dimethylamino)-, acetate**	4339-94-0	**R0329**
58	72	145	42	59	57	41	44	**145**	100	12	7	4	4	4	3	2		8	19	1	1	–	–	–	–	–	–	–	–	**Ethanamine, N,N-dimethyl-2-tert-butoxy-**		**16244**
58	88	71	72	70	102	145	101	**145**	100	2	2	1	1	1	1	1		8	19	1	1	–	–	–	–	–	–	–	–	**Choline, acetyl-β-methyl-**		**L4136**
58	101	30	84	28	44	42	72	**145**	100	23	23	19	19	17	15	15	**6.40**	7	19	–	3	–	–	–	–	–	–	–	–	**1,3-Propanediamine, N-(3-aminopropyl)-N-methyl-**	105-83-9	**P7822**
58	102	42	87	43	59	41	44	**145**	100	9	6	4	4	4	3	3	**1.50**	8	19	1	1	–	–	–	–	–	–	–	–	**Propanamine, N,N-dimethyl-3-isopropoxy-**		**16231**
58	145	42	59	44	41	43	57	**145**	100	4	4	4	3	2	2	2		8	19	1	1	–	–	–	–	–	–	–	–	**1-Hexanol, 6-(dimethylamino)-**	1862-07-3	**Q6922**
70	36	86	58	28	57	18	56	**145**	100	78	45	41	35	27	24	23	**8.15**	6	11	3	1	–	–	–	–	–	–	–	–	**2(3H)-Furanone, 3-aminodihydro-5-(hydroxymethyl)-4-methyl-**	13594-38-2	**R4653**
71	145	87	86	101	102			**145**	100	31	7	6	5	2				7	15	2	1	–	–	–	–	–	–	–	–	**Pyran, 3-dimethylamino-4-hydroxy-tetrahydro-**		**M8207**
72	30	102	74	28	29	73	27	**145**	100	22	8	7	5	5	5	4	**0.00**	7	15	2	1	–	–	–	–	–	–	–	–	**DL-Norvaline, ethyl ester**	13893-43-1	**R4805**
72	42	55	29	27	56	116	28	**145**	100	24	22	10	9	8	8	7	**0.00**	7	15	2	1	–	–	–	–	–	–	–	–	**DL-Isovaline, ethyl ester**	56247-82-6	**T3146**
72	55	28	74	102	29	56	18	**145**	100	27	16	15	12	11	10	10	**0.00**	7	15	2	1	–	–	–	–	–	–	–	–	**L-Valine, ethyl ester**	17431-03-7	**R7005**

MASS TO CHARGE RATIOS								M.W.	INTENSITIES								Parent	C	H	O	N	Cl	Br	F	S	P	B	Si	X	COMPOUND NAME	CAS Reg No	No
73	43	84	55	69	41	44	85	**145**	100	50	38	36	29	28	24	21	**0.00**	7	15	2	1	–	–	–	–	–	–	–	–	**3-Pentanol, 3-methyl-, carbamate**	78-28-4	**P5857**
86	30	28	41	27	43	29	44	**145**	100	99	53	26	21	21	18	17	**0.00**	7	15	2	1	–	–	–	–	–	–	–	–	**L-Norleucine, methyl ester**	21754-55-2	**R9373**
86	30	44	88	28	43	41	56	**145**	100	65	16	16	14	14	11	10	**0.00**	7	15	2	1	–	–	–	–	–	–	–	–	**DL-Norleucine, methyl ester**	51220-79-2	**S7610**
86	31	58	59	45	30	44	72	**145**	100	40	18	18	13	12	8	6	**1.40**	8	19	1	1	–	–	–	–	–	–	–	–	**Ethanamine, N,N-diethyl-2-ethoxy-**		**C2170**
86	43	44	28	69	59	41	45	**145**	100	87	51	38	32	24	20	16	**12.00**	6	11	3	1	–	–	–	–	–	–	–	–	**Isoxazolidine, 5-methyl-5-methoxycarbonyl-**		**01034**
86	43	44	28	69	59	45	41	**145**	100	89	49	38	29	23	18	18	**14.00**	6	11	3	1	–	–	–	–	–	–	–	–	**Isoxazolidine, 5-methyl-5-methoxycarbonyl-**		**L1216**
86	44	88	30	43	87	41	28	**145**	100	32	27	21	11	7	6	5	**0.00**	7	15	2	1	–	–	–	–	–	–	–	–	**L-Leucine, methyl ester**	2666-93-5	**Q8505**
86	88	30	44	41	74	69	57	**145**	100	45	32	17	16	15	14	12	**1.38**	7	15	2	1	–	–	–	–	–	–	–	–	**L-Isoleucine, methyl ester**	2577-46-0	**Q8363**
86	145	71	87	72	100	116		**145**	100	40	27	26	13	8	5			7	15	2	1	–	–	–	–	–	–	–	–	**Pyran, 4-dimethylamino-3-hydroxy-tetrahydro-**		**M8210**
90	89	51	39	91	27	63	50	**145**	100	68	52	40	33	26	26	26	**0.00**	10	11	–	1	–	–	–	–	–	–	–	–	**Butyronitrile, 2-phenyl-**		**05838**
90	92	89	61	27	91	103	15	**145**	100	33	26	16	12	12	9	8	**7.03**	6	13	–	1	1	–	–	–	–	1	–	–	**Boranamine, 1-chloro-N,N-dimethyl-1-(1-methyl-2-propenyl)-**	51783-28-9	**S7778**
91	90	117	64	89	63	145	77	**145**	100	54	54	45	42	33	31	24		8	7	–	3	–	–	–	–	–	–	–	–	**1H-Benzotriazole, 1-vinyl-**	2764-84-3	**Q8620**
91	104	92	105	51	65	145	41	**145**	100	22	19	19	17	17	16	12		10	11	–	1	–	–	–	–	–	–	–	–	**Butyronitrile, 4-phenyl-**	2046-18-6	**Q7246**
91	117	145	90	89	64	77	63	**145**	100	86	61	52	35	30	24	19		8	7	–	3	–	–	–	–	–	–	–	–	**1H-Benzotriazole, 1-vinyl-**	2764-84-3	**Q8618**
93	42	27	58	66	145	144	65	**145**	100	78	63	50	32	31	24	17		10	11	–	1	–	–	–	–	–	–	–	–	**Aniline, N-2-butynyl-**	69611-44-5	**T7167**
100	28	87	69	30	18	41	27	**145**	100	49	39	29	27	26	26	8	**6.11**	6	11	3	1	–	–	–	–	–	–	–	–	**Azolidine, 3-hydroxy-4-methyl-2-carboxy-**		**P1170**
102	58	42	59	41	145	43	44	**145**	100	38	25	21	12	9	8	7		7	15	2	1	–	–	–	–	–	–	–	–	**Carbamic acid, butylmethyl-, methyl ester**	54644-60-9	**S9395**
102	60	129	101	145	59	56	146	**145**	100	47	31	30	30	16	15	15		4	7	1	3	–	–	–	1	–	–	–	–	**Urea, (2-thiazolin-2-yl)-**	15823-99-1	**R5868**
102	145	43	60	41	57	58	42	**145**	100	90	70	36	24	15	14	10		5	11	–	3	–	–	–	1	–	–	–	–	**Hydrazinecarbothioamide, 2-butylidene-**	20812-04-8	**R8954**
102	145	43	60	41	57	58	71	**145**	100	89	70	36	24	16	15	11		5	11	–	3	–	–	–	1	–	–	–	–	**Hydrazinecarbothioamide, 2-butylidene-**	20812-04-8	**R8953**
105	130	145	118	103	77	39	51	**145**	100	71	64	31	23	20	15	14		10	11	–	1	–	–	–	–	–	–	–	–	**Benzyl cyanide, 3,4-dimethyl-**		**14660**
110	68	43	42	145	55	69	111	**145**	100	95	79	65	17	13	13	10		6	8	1	1	1	–	–	–	–	–	–	–	**Isoxazole, 4-(chloromethyl)-3,5-dimethyl-**	19788-37-5	**R8293**
114	72	88	70	30	56	43	44	**145**	100	80	39	33	20	16	15	15	**0.00**	8	19	1	1	–	–	–	–	–	–	–	–	**Ethanol, 2-diisopropylamino**	96-80-0	**P7084**
117	116	90	89	145	51	39	91	**145**	100	58	34	23	21	18	14	11		10	11	–	1	–	–	–	–	–	–	–	–	**Butyronitrile, 2-phenyl-**		**D0157**
130	18	145	77	51	65	27	39	**145**	100	80	44	43	33	30	30	29		10	11	–	1	–	–	–	–	–	–	–	–	**Aniline, N-isobutynyl-**	53832-62-5	**S8617**
130	102	43	75	145	51	50	76	**145**	100	62	40	20	19	18	17	14		9	7	1	1	–	–	–	–	–	–	–	–	**Benzonitrile, 4-acetyl-**	1443-80-7	**Q5971**
130	145	89	77	131	63	90	115	**145**	100	58	23	13	13	9	9	7		10	11	–	1	–	–	–	–	–	–	–	–	**Indole, 1-ethyl-**		**M2723**
130	145	89	131	77	63	90	146	**145**	100	50	24	15	13	9	9	8		10	11	–	1	–	–	–	–	–	–	–	–	**Indole, 1-ethyl-**	10604-59-8	**R3989**
130	145	144	131	103	39	77	146	**145**	100	63	14	11	10	9	9	7		10	11	–	1	–	–	–	–	–	–	–	–	**Benzonitrile, 2,4,6-trimethyl-**		**14651**
131	30	57	85	43	44	99	90	**145**	100	94	60	59	51	48	36	33	**0.00**	7	15	2	1	–	–	–	–	–	–	–	–	**Glycine, N-(3-methylbutyl)-**	23590-18-3	**S0272**
144	145	77	51	116	89	90	117	**145**	100	97	79	41	27	23	15	14		9	7	1	1	–	–	–	–	–	–	–	–	**Isoxazole, 3-phenyl-**	1006-65-1	**Q5031**
144	145	77	76	104	51	39	106	**145**	100	87	43	33	17	15	13	13		10	11	–	1	–	–	–	–	–	–	–	–	**Aniline, N-methyl-N-2-propynyl-**	4282-82-0	**R0287**
144	145	77	142	143	65	130	146	**145**	100	99	14	14	14	13	11	10		10	11	–	1	–	–	–	–	–	–	–	–	**Indolizine, 3,5-dimethyl-**	1761-13-3	**Q6693**
144	145	77	143	51	72.5	146	39	**145**	100	72	11	9	8	7	7	7		10	11	–	1	–	–	–	–	–	–	–	–	**Indole, 1,3-dimethyl-**		**Y0629**
144	145	77	143	102	115	103	128	**145**	100	65	13	9	8	8	7	7		10	11	–	1	–	–	–	–	–	–	–	–	**Indole, 1,3-dimethyl-**	875-30-9	**Q4447**
144	145	89	63	90	116	146	117	**145**	100	94	66	66	59	58	24	19		9	7	1	1	–	–	–	–	–	–	–	–	**1H-Indole-3-carboxaldehyde**		**L2596**
144	145	89	116	63	146	32	39	**145**	100	83	28	23	11	8	7	6		9	7	1	1	–	–	–	–	–	–	–	–	**1H-Indole-3-carboxaldehyde**	487-89-8	**Q1157**
144	145	130	77	103	50	63	115	**145**	100	95	56	23	20	15	15	13		10	11	–	1	–	–	–	–	–	–	–	–	**Pyridine, 2-methyl-5-butynyl-**		**L6110**
144	145	130	143	77	71.5	146	65	**145**	100	80	41	13	12	10	9	9		10	11	–	1	–	–	–	–	–	–	–	–	**Indole, 2,3-dimethyl-**		**Y2106**
144	145	130	143	77	115	142	65	**145**	100	97	22	18	13	11	10	7		10	11	–	1	–	–	–	–	–	–	–	–	**Indolizine, 2,7-dimethyl-**		**L8626**
144	145	130	143	77	115	142	146	**145**	100	97	22	18	13	11	10	9		10	11	–	1	–	–	–	–	–	–	–	–	**Indolizine, 2,7-dimethyl-**	769-89-1	**Q4069**
144	145	130	143	77	115	146	71	**145**	100	82	52	13	13	8	8	7		10	11	–	1	–	–	–	–	–	–	–	–	**Indole, 2,3-dimethyl-**	91-55-4	**H0174**
144	145	130	143	77	115	146	103	**145**	100	82	52	13	13	8	8	7		10	11	–	1	–	–	–	–	–	–	–	–	**Indole, 2,3-dimethyl-**	91-55-4	**P6634**
144	145	130	143	115	146	77	142	**145**	100	92	16	11	9	8	7	5		10	11	–	1	–	–	–	–	–	–	–	–	**Indole, 2,5-dimethyl-**	1196-79-8	**Q5703**
144	145	130	143	142	65	117	77	**145**	100	99	51	21	16	15	15	12		10	11	–	1	–	–	–	–	–	–	–	–	**Indolizine, 2,3-dimethyl-**	769-65-3	**Q4066**
144	145	130	143	146	71.5	115	142	**145**	100	94	15	14	10	10	10	6		10	11	–	1	–	–	–	–	–	–	–	–	**Indole, 2,6-dimethyl-**		**X1433**
144	145	130	143	146	77	142	58	**145**	100	91	17	13	9	5	5	5		10	11	–	1	–	–	–	–	–	–	–	–	**Indole, 2,5-dimethyl-**	1196-79-8	**Q5702**
144	145	130	143	146	115	142	77	**145**	100	94	15	14	10	10	6	6		10	11	–	1	–	–	–	–	–	–	–	–	**Indole, 2,6-dimethyl-**	5649-36-5	**H1554**
144	145	143	77	146	115	128	102	**145**	100	71	10	9	8	7	7	6		10	11	–	1	–	–	–	–	–	–	–	–	**Indole, 1,3-dimethyl-**	875-30-9	**H1099**
144	145	143	117	115	130	80	67	**145**	100	61	23	17	16	15	13	13		10	11	–	1	–	–	–	–	–	–	–	–	**Pyrrole, 2-(2,5-cyclohexadien-1-yl)-**		**C0345**
145	28	117	89	90	146	63	116	**145**	100	42	40	14	12	12	9	7		9	7	1	1	–	–	–	–	–	–	–	–	**8-Quinolinol**		**C1230**
145	43	68	110	42	147	62	41	**145**	100	96	64	48	37	30	12	11		3	4	–	5	1	–	–	–	–	–	–	–	**1,3,5-Triazine-2,4-diamine, 6-chloro-**	3397-62-4	**Q9333**
145	43	68	110	147	42	28	62	**145**	100	51	42	37	31	17	8	7		3	4	–	5	1	–	–	–	–	–	–	–	**1,3,5-Triazine-2,4-diamine, 6-chloro-**		**D1489**
145	70	42	59	28	87	29	60	**145**	100	56	44	28	27	26	21	18		5	7	2	1	–	–	–	1	–	–	–	–	**4-Oxazolidinone, 3-ethyl-2-thioxo-**		**P0468**
145	77	104	103	118	76	78	146	**145**	100	28	27	17	13	12	11	11		8	7	–	3	–	–	–	–	–	–	–	–	**Pyrido[2,3-d]pyrimidine, 4-methyl-**	28732-71-0	**09761**
145	88	89	117	27	146	62	116	**145**	100	15	14	12	10	10	10	8		9	7	1	1	–	–	–	–	–	–	–	–	**7-Quinolinol**	580-20-1	**Q2275**

MASS TO CHARGE RATIOS								M.W.	INTENSITIES								Parent	C	H	O	N	Cl	Br	F	S	P	B	Si	X	COMPOUND NAME	CAS Reg No	No
145	89	90	116	117	146	63	91	**145**	100	27	26	12	10	10	10	9		8	7	–	3	–	–	–	–	–	–	–	–	**Cinnolin-5-amine**		**L4197**
145	89	90	117	63	50	39	62	**145**	100	57	51	44	28	20	19	15		8	7	–	3	–	–	–	–	–	–	–	–	**Phthalazin-1-amine**		**L1848**
145	89	90	117	63	50	39	146	**145**	100	57	51	44	28	20	19	15		8	7	–	3	–	–	–	–	–	–	–	–	**Phthalazin-1-amine**		**02082**
145	90	50	89	51	63	49	117	**145**	100	31	30	29	26	17	12	12		9	7	1	1	–	–	–	–	–	–	–	–	**3-Quinolinol**	580-18-7	**Q2273**
145	90	89	116	117	63	91	146	**145**	100	40	35	13	12	12	11	10		8	7	–	3	–	–	–	–	–	–	–	–	**Cinnolin-4-amine**		**L4196**
145	90	89	116	117	146	63	91	**145**	100	26	25	15	12	11	11	9		8	7	–	3	–	–	–	–	–	–	–	–	**Cinnolin-8-amine**		**L4198**
145	90	89	117	63	62	39	30	**145**	100	79	61	56	38	27	22	19		9	7	1	1	–	–	–	–	–	–	–	–	**Oxazole, 4-phenyl-**	20662-89-9	**R8836**
145	90	89	117	63	146	39	116	**145**	100	44	25	17	12	9	8	8		9	7	1	1	–	–	–	–	–	–	–	–	**Quinoline, 1-oxide**	1613-37-2	**Q6323**
145	90	89	118	63	51	129	146	**145**	100	54	39	34	18	11	11	10		9	7	1	1	–	–	–	–	–	–	–	–	**Isoquinoline, 2-oxide**	1532-72-5	**Q6170**
145	90	89	118	129	146	117	102	**145**	100	82	40	33	11	10	6	6		9	7	1	1	–	–	–	–	–	–	–	–	**Isoquinoline, 2-oxide**	1532-72-5	**Q6171**
145	90	89	118	129	146	117	128	**145**	100	52	40	33	10	10	7	6		9	7	1	1	–	–	–	–	–	–	–	–	**Isoquinoline, 2-oxide**		**L2807**
145	90	89	118	146	117	128	101	**145**	100	49	27	20	10	9	6	5		9	7	1	1	–	–	–	–	–	–	–	–	**Quinoline, 1-oxide**	1613-37-2	**Q6324**
145	90	117	89	146	63	51	77	**145**	100	38	35	20	11	8	8	6		9	7	1	1	–	–	–	–	–	–	–	–	**Oxazole, 2-phenyl-**		**02091**
145	90	117	89	146	116	51	63	**145**	100	38	35	20	11	9	8	8		9	7	1	1	–	–	–	–	–	–	–	–	**Oxazole, 2-phenyl-**	20662-88-8	**R8835**
145	104	118	77	42	91	63	39	**145**	100	48	23	20	15	15	13	10		8	7	–	3	–	–	–	–	–	–	–	–	**1H-1,2,4-Triazole, 3-phenyl-**	3357-42-4	**Q9262**
145	105	77	51	90	89	50	78	**145**	100	84	60	17	15	13	10	8		9	7	1	1	–	–	–	–	–	–	–	–	**Isoxazole, 5-phenyl-**		**L6539**
145	105	77	51	90	89	146	50	**145**	100	84	60	18	15	13	13	10		9	7	1	1	–	–	–	–	–	–	–	–	**Oxazole, 5-phenyl-**	1006-68-4	**Q5032**
145	107	89	90	63	146	106	62	**145**	100	45	18	15	14	11	9	6		9	7	1	1	–	–	–	–	–	–	–	–	**8-Quinolinol**	148-24-3	**P9954**
145	117	89	90	63	58.5	146	116	**145**	100	41	34	32	12	11	11	8		8	7	–	3	–	–	–	–	–	–	–	–	**Cinnolin-3-amine**		**L4195**
145	117	89	146	90	58.5	63	116	**145**	100	45	17	15	14	12	11	9		9	7	1	1	–	–	–	–	–	–	–	–	**8-Quinolinol**		**04623**
145	117	90	63	89	51	50	62	**145**	100	92	53	51	40	28	25	22		9	7	1	1	–	–	–	–	–	–	–	–	**2(1H)-Quinolinone**	59-31-4	**P4983**
145	117	90	89	58.5	146	63	118	**145**	100	53	26	18	12	12	8	6		9	7	1	1	–	–	–	–	–	–	–	–	**2(1H)-Quinolinone**		**L2104**
145	117	90	89	63	146	51	147	**145**	100	42	25	19	16	11	8	8		9	7	1	1	–	–	–	–	–	–	–	–	**4-Quinolinol**		**B0563**
145	118	89	91	63	146	77	90	**145**	100	21	18	16	13	13	12	12		8	7	–	3	–	–	–	–	–	–	–	–	**1,2,3-Triazole, 4-phenyl-**		**15009**
145	118	90	89	117	63	116	146	**145**	100	42	37	32	17	16	12	12		9	7	1	1	–	–	–	–	–	–	–	–	**1(2H)-Isoquinolinone**	491-30-5	**Q1203**
145	118	90	89	146	63	117	116	**145**	100	25	23	19	10	8	8	6		9	7	1	1	–	–	–	–	–	–	–	–	**1(2H)-Isoquinolinone**	491-30-5	**Q1202**
145	118	91	129	76	146	117	90	**145**	100	47	20	16	12	12	10	9		8	7	–	3	–	–	–	–	–	–	–	–	**2-Quinazolinamine**	1687-51-0	**Q6514**
145	118	91	129	146	90	117	144	**145**	100	48	21	16	10	10	9	8		8	7	–	3	–	–	–	–	–	–	–	–	**2-Quinazolinamine**		**L1998**
145	118	144	52	146	63	91	117	**145**	100	22	14	11	11	9	8	8		8	7	–	3	–	–	–	–	–	–	–	–	**1,6-Naphthyridin-4-amine**	28593-08-0	**S2136**
145	118	144	91	63	146	117	64	**145**	100	35	17	13	10	10	8	7		8	7	–	3	–	–	–	–	–	–	–	–	**1,5-Naphthyridin-3-amine**	14756-77-5	**R5389**
145	118	144	91	146	63	117	90	**145**	100	35	17	13	10	10	8	7		8	7	–	3	–	–	–	–	–	–	–	–	**1,5-Naphthyridin-3-amine**		**M0316**
145	118	144	146	91	52	117	50	**145**	100	31	17	10	8	7	7	6		8	7	–	3	–	–	–	–	–	–	–	–	**1,6-Naphthyridin-2-amine**	17965-81-0	**R7300**
145	118	144	146	91	117	52	119	**145**	100	31	17	10	8	7	7	6		8	7	–	3	–	–	–	–	–	–	–	–	**1,6-Naphthyridin-2-amine**		**M0318**
145	118	146	91	52	64	79	117	**145**	100	32	12	9	7	5	5	5		8	7	–	3	–	–	–	–	–	–	–	–	**1,5-Naphthyridin-4-amine**	27392-68-3	**S1699**
145	118	146	91	52	144	119	117	**145**	100	32	12	9	7	5	5	5		8	7	–	3	–	–	–	–	–	–	–	–	**1,5-Naphthyridin-4-amine**		**M0317**
145	119	144	146	118	117	91	39	**145**	100	35	30	11	10	6	4	3		8	7	–	3	–	–	–	–	–	–	–	–	**1,5-Naphthyridin-2-amine**	17965-80-9	**R7299**
145	119	144	146	118	117	91	64	**145**	100	35	30	11	10	6	4	3		8	7	–	3	–	–	–	–	–	–	–	–	**1,5-Naphthyridin-2-amine**		**M0315**
145	144	77	130	103	115	142	146	**145**	100	93	20	20	16	16	15	13		10	11	–	1	–	–	–	–	–	–	–	–	**Indole, 1,7-dimethyl-**	5621-16-9	**R1607**
145	144	77	143	130	146	103	115	**145**	100	80	14	14	13	13	12	11		10	11	–	1	–	–	–	–	–	–	–	–	**Indole, 1,7-dimethyl-**	5621-16-9	**R1608**
145	144	77	146	143	103	115	71.5	**145**	100	97	15	13	12	12	11	11		10	11	–	1	–	–	–	–	–	–	–	–	**Indole, 1,4-dimethyl-**		**M2727**
145	144	77	146	143	103	115	130	**145**	100	98	15	13	13	12	11	9		10	11	–	1	–	–	–	–	–	–	–	–	**Indole, 1,4-dimethyl-**	27816-52-0	**S1874**
145	144	115	77	146	103	143	128	**145**	100	95	14	13	13	9	9	7		10	11	–	1	–	–	–	–	–	–	–	–	**Indole, 1,2-dimethyl-**	875-79-6	**Q4450**
145	144	115	143	146	130	142	65	**145**	100	98	11	11	10	8	7	6		10	11	–	1	–	–	–	–	–	–	–	–	**Indolizine, 2,6-dimethyl-**	769-88-0	**Q4068**
145	144	130	39	115	51	146	65	**145**	100	73	63	12	12	11	11	10		10	11	–	1	–	–	–	–	–	–	–	–	**Indole, 5,7-dimethyl-**	54020-53-0	**H2028**
145	144	130	77	71	103	115	142	**145**	100	93	20	20	17	16	16	15		10	11	–	1	–	–	–	–	–	–	–	–	**Indole, 1,7-dimethyl-**	5621-16-9	**H1549**
145	144	130	131	143	65	142	78	**145**	100	99	83	69	25	17	14	14		10	11	–	1	–	–	–	–	–	–	–	–	**Indolizine, 1,2-dimethyl-**		**L8622**
145	144	130	143	65	142	115	77	**145**	100	99	38	16	14	13	13	13		10	11	–	1	–	–	–	–	–	–	–	–	**Indolizine, 2,5-dimethyl-**		**L8624**
145	144	130	143	115	142	117	103	**145**	100	96	18	15	10	9	5	5		10	11	–	1	–	–	–	–	–	–	–	–	**Indolizine, 2,8-dimethyl-**		**L8627**
145	144	130	143	115	146	142	77	**145**	100	96	18	15	10	10	9	6		10	11	–	1	–	–	–	–	–	–	–	–	**Indolizine, 2,8-dimethyl-**	31108-59-5	**S3204**
145	144	143	115	77	72.5	103	130	**145**	100	95	14	13	13	12	9	7		10	11	–	1	–	–	–	–	–	–	–	–	**Indole, 1,2-dimethyl-**		**M2725**
145	144	143	115	130	142	117	77	**145**	100	95	11	11	8	7	6	6		10	11	–	1	–	–	–	–	–	–	–	–	**Indolizine, 2,6-dimethyl-**		**L8625**
145	144	143	142	77	65	130	103	**145**	100	99	14	14	14	13	11	6		10	11	–	1	–	–	–	–	–	–	–	–	**Indolizine, 3,5-dimethyl-**		**L8628**
15	27	32	43	18	16	28	71	**146**	100	99	99	96	78	57	57	57	**0.35**	7	14	3	–	–	–	–	–	–	–	–	–	**Hexanoic acid, 3-hydroxy-, methyl ester**	21188-58-9	**R9148**
18	30	17	58	28	15	44	42	**146**	100	29	23	22	17	10	10	9	**0.00**	7	18	1	2	–	–	–	–	–	–	–	–	**2-Propanol, 1,3-bis(dimethylamino)-**	5966-51-8	**R1952**

MASS TO CHARGE RATIOS								M.W.	INTENSITIES								Parent	C	H	O	N	Cl	Br	F	S	P	B	Si	X	COMPOUND NAME	CAS Reg No	No
28	31	29	101	27	45	56	26	**146**	100	48	37	34	33	30	27	19	**0.06**	6	10	4	–	–	–	–	–	–	–	–	–	**Succinic acid, monoethyl ester**		**D1640**
28	47	49	69	65	40	61	45	**146**	100	90	49	39	38	32	32	30	**13.90**	3	6	1	–	–	–	3	–	1	–	–	–	**Phosphine oxide, dimethyl(trifluoromethyl)-**	26348-91-4	**09050**
29	27	31	28	45	74	30	43	**146**	100	18	15	13	11	6	5	4	**0.00**	6	10	4	–	–	–	–	–	–	–	–	–	**Oxalic acid, diethyl ester**	95-92-1	**P7001**
29	27	31	45	28	74	43	30	**146**	100	15	14	13	12	9	5	4	**0.23**	6	10	4	–	–	–	–	–	–	–	–	–	**Oxalic acid, diethyl ester**		**D0068**
29	30	31	44	45	42	56	43	**146**	100	28	11	10	8	8	7	6	**2.40**	5	10	3	2	–	–	–	–	–	–	–	–	**Carbamic acid, ethylnitroso-, ethyl ester**		**P3472**
29	31	27	45	74	28	43	30	**146**	100	15	14	14	11	9	4	4	**0.00**	6	10	4	–	–	–	–	–	–	–	–	–	**Oxalic acid, diethyl ester**		**Z0791**
30	44	42	56	43	45	59	57	**146**	100	44	38	31	22	21	18	18	**3.46**	5	10	3	2	–	–	–	–	–	–	–	–	**Carbamic acid, ethylnitroso-, ethyl ester**	614-95-9	**Q2899**
30	84	56	72	43	44	42	41	**146**	100	54	44	39	28	27	17	11	**0.80**	6	14	2	2	–	–	–	–	–	–	–	–	**Lysine**		**06249**
30	84	56	72	129	33	34	100	**146**	100	53	44	39	32	28	27	22	**4.00**	6	14	2	2	–	–	–	–	–	–	–	–	**Lysine**		**L1601**
30	97	54	28	111	49	106	42	**146**	100	73	39	34	29	20	19	16	**1.40**	5	7	1	2	1	–	–	–	–	–	–	–	**Acetamide, 2-chloro-N-(2-cyanoethyl)-**	17756-81-9	**R7174**
31	54	29	42	44	27	43	39	**146**	100	68	68	63	48	32	23	20	**0.00**	6	10	4	–	–	–	–	–	–	–	–	–	**Butanediol, diformate**	72361-21-8	**H2219**
31	54	29	42	44	27	43	39	**146**	100	68	68	63	48	32	23	20	**0.00**	6	10	4	–	–	–	–	–	–	–	–	–	**1,4-Butanediol, diformate**		**X1348**
39	41	54	53	55	42	69	29	**146**	100	62	56	52	18	17	11	10	**2.06**	4	6	2	2	–	–	–	1	–	–	–	–	**7-Thia-2,3-diazabicyclo[3.2.0]hept-2-ene 7,7-dioxide**		**M3102**
41	39	67	40	146	105	54	64	**146**	100	40	13	7	6	5	5	5		6	10	–	–	–	–	–	–	–	–	–	1	**Zinc, di-2-propenyl-**	1802-55-7	**Q6771**
41	39	67	54	45	105	73	72	**146**	100	49	38	25	19	18	16	15	**7.40**	6	10	–	–	–	–	–	2	–	–	–	–	**Diallyl disulphide**	2179-57-9	**Q7564**
41	56	43	55	70	27	29	42	**146**	100	92	80	77	63	62	60	56	**21.02**	8	18	–	–	–	–	–	1	–	–	–	–	**1-Octanethiol**	111-88-6	**H0483**
41	56	43	55	70	42	69	47	**146**	100	82	75	73	56	52	49	43	**27.00**	8	18	–	–	–	–	–	1	–	–	–	–	**1-Octanethiol**	111-88-6	**P8634**
41	67	39	54	45	73	72	81	**146**	100	58	48	24	19	16	15	14	**7.00**	6	10	–	–	–	–	–	2	–	–	–	–	**Diallyl disulphide**		**L1439**
41	69	55	111	39	67	95	27	**146**	100	95	84	71	50	47	43	40	**19.88**	8	15	–	–	1	–	–	–	–	–	–	–	**Cyclopropane, 1-chloro-1-ethyl-2,2,3-trimethyl-**	61142-56-1	**T5475**
42	43	55	45	87	41	100	59	**146**	100	71	68	59	56	55	54	46	**0.00**	6	10	4	–	–	–	–	–	–	–	–	–	**Glutaric acid, monomethyl ester**		**C1567**
42	104	77	43	63	146	54	115	**146**	100	91	33	32	23	18	12	5		5	11	1	2	–	–	–	–	1	–	–	–	**Phosphine, bis(aziridin-1-yl)methoxy-**		**L9525**
43	27	63	41	59	29	42	39	**146**	100	37	32	29	18	17	15	10	**0.01**	7	14	3	–	–	–	–	–	–	–	–	–	**Carbonic acid, dipropyl ester**		**Y0829**
43	28	86	73	15	116	44	42	**146**	100	72	53	34	16	5	4	4	**0.09**	6	10	4	–	–	–	–	–	–	–	–	–	**1,2-Ethanediol, diacetate**		**D1210**
43	28	101	29	71	31	55	41	**146**	100	49	46	40	29	27	24	22	**0.00**	7	14	3	–	–	–	–	–	–	–	–	–	**1,3-Dioxane, 4,5-dimethyl-5-hydroxymethyl-**	54063-15-9	**H2031**
43	31	84	87	83	131			**146**	100	91	30	28	16	4			**0.00**	7	14	3	–	–	–	–	–	–	–	–	–	**1,3-Dioxolane, 2-methyl-2-(3-hydroxypropyl)-**		**M4560**
43	41	42	70	103	55	69	75	**146**	100	52	40	38	38	34	34	29	**29.00**	8	18	–	–	–	–	–	1	–	–	–	–	**Pentyl propyl sulphide**	42841-80-5	**S6989**
43	41	42	70	103	55	69	146	**146**	100	52	40	38	38	34	34	29		8	18	–	–	–	–	–	1	–	–	–	–	**Pentyl propyl sulphide**	42841-80-5	**S6990**
43	41	103	146	70	42	69	75	**146**	100	43	43	40	39	34	32	32		8	18	–	–	–	–	–	1	–	–	–	–	**Isopropyl pentyl sulphide**	7352-00-3	**R3085**
43	45	41	59	42	63	104	44	**146**	100	80	24	21	14	12	9	6	**0.20**	7	14	3	–	–	–	–	–	–	–	–	–	**Carbonic acid, diisopropyl ester**	6482-34-4	**R2324**
43	45	59	63	41	27	104	42	**146**	100	59	44	33	21	17	13	12	**0.00**	7	14	3	–	–	–	–	–	–	–	–	–	**Carbonic acid, diisopropyl ester**	6482-34-4	**R2322**
43	45	85	41	27	29	31	57	**146**	100	55	49	45	40	33	26	18	**0.00**	8	18	2	–	–	–	–	–	–	–	–	–	**Ethanol, 2-(hexyloxy)-**	112-25-4	**P8669**
43	47	45	101	103	75	29	73	**146**	100	45	27	26	26	22	22	19	**0.20**	7	14	3	–	–	–	–	–	–	–	–	–	**2-Propanone, 1,1-diethoxy-**		**Z0798**
43	59	29	28	85	73	41	45	**146**	100	45	45	38	33	32	27	27	**0.04**	7	14	3	–	–	–	–	–	–	–	–	–	**Pentanoic acid, 2-hydroxy-, ethyl ester**		**02499**
43	59	55	70	95	41	113	39	**146**	100	48	46	45	36	31	31	20	**0.00**	8	18	2	–	–	–	–	–	–	–	–	–	**2,5-Hexanediol, 2,5-dimethyl-**	110-03-2	**P8326**
43	59	70	55	95	42	41	31	**146**	100	81	60	33	16	10	10	10	**0.00**	8	18	2	–	–	–	–	–	–	–	–	–	**2,5-Hexanediol, 2,5-dimethyl-**		**Z0806**
43	59	70	55	113	31	95	41	**146**	100	70	52	30	27	13	12	12	**0.00**	8	18	2	–	–	–	–	–	–	–	–	–	**2,5-Hexanediol, 2,5-dimethyl-**	110-03-2	**P8327**
43	63	41	59	42	102	103	44	**146**	100	60	39	30	24	10	8	6	**0.00**	7	14	3	–	–	–	–	–	–	–	–	–	**Carbonic acid, dipropyl ester**		**L7368**
43	63	104	41	105	42	59	89	**146**	100	30	20	20	14	10	10	2	**0.00**	7	14	3	–	–	–	–	–	–	–	–	–	**Carbonic acid, dipropyl ester**	623-96-1	**Q3136**
43	69	45	87	41	44	90	57	**146**	100	75	46	41	39	28	15	11	**0.00**	7	14	3	–	–	–	–	–	–	–	–	–	**Pentanoic acid, 2-hydroxy-4-methyl-, methyl ester**	40348-72-9	**S6290**
43	70	41	55	77	146	72	71	**146**	100	36	19	17	15	15	12	11		7	14	1	–	–	–	–	1	–	–	–	–	**Ethanethioic acid, S-1-methylbutyl ester**	2432-40-8	**Q8040**
43	70	41	71	55	57	72	42	**146**	100	41	11	11	8	7	5	4	**1.00**	7	14	1	–	–	–	–	1	–	–	–	–	**Ethanethioic acid, S-(2-methylbutyl) ester**	69078-80-4	**T7004**
43	70	41	103	146	42	86	69	**146**	100	17	16	11	8	8	8	7		7	14	1	–	–	–	–	1	–	–	–	–	**Ethanethioic acid, S-pentyl ester**	2432-32-8	**Q8033**
43	70	86	41	55	69	61	71	**146**	100	42	37	18	18	14	8	6	**4.45**	7	14	1	–	–	–	–	1	–	–	–	–	**Ethanethioic acid, S-isopentyl ester**	2432-38-4	**Q8037**
43	70	86	41	55	69	61	103	**146**	100	42	37	18	18	14	8	6	**4.45**	7	14	1	–	–	–	–	1	–	–	–	–	**Ethanethioic acid, S-isopentyl ester**		**X1856**
43	70	86	41	55	69	61	103	**146**	100	31	24	14	14	10	5	4	**2.00**	7	14	1	–	–	–	–	1	–	–	–	–	**Ethanethioic acid, S-isopentyl ester**	2432-38-4	**Q8038**
43	71	99	41	131	55	29	27	**146**	100	54	47	25	21	17	9	7	**0.54**	7	14	1	–	–	–	–	1	–	–	–	–	**Hexanethioic acid, S-methyl ester**		**X1862**
43	73	88	45	29	41	27	59	**146**	100	71	48	38	28	19	17	16	**0.04**	7	14	3	–	–	–	–	–	–	–	–	–	**Acetic acid, isopropoxy-, ethyl ester**		**02496**
43	84	87	41	85	83	58	42	**146**	100	30	28	17	17	15	14	13	**0.00**	7	14	3	–	–	–	–	–	–	–	–	–	**1,3-Dioxolane, 2-methyl-2-(3-hydroxypropyl)-**	29021-98-5	**S2322**
43	85	45	41	56	83	55	63	**146**	100	80	37	29	22	20	17	16	**0.00**	8	18	2	–	–	–	–	–	–	–	–	–	**Ethanol, 2-(hexyloxy)-**		**C1823**
43	85	45	41	83	63	56	57	**146**	100	77	44	24	23	20	19	18	**0.10**	8	18	2	–	–	–	–	–	–	–	–	–	**Ethanol, 2-(hexyloxy)-**		**Z0800**
43	85	146	28	27	29	118	86	**146**	100	93	50	16	10	10	8	5		6	10	2	–	–	–	–	1	–	–	–	–	**Butanethioic acid, 3-oxo-, S-ethyl ester**	3075-23-8	**Q8995**
43	86	15	73	116	103	44	42	**146**	100	13	6	5	5	3	3	3	**0.01**	6	10	4	–	–	–	–	–	–	–	–	–	**1,2-Ethanediol, diacetate**		**C0585**
43	86	73	116	42	44	103	74	**146**	100	14	6	6	3	3	3	2	**0.00**	6	10	4	–	–	–	–	–	–	–	–	–	**1,2-Ethanediol, diacetate**	111-55-7	**P8542**
43	87	15	45	44	42	29	60	**146**	100	16	8	5	4	3	3	2	**0.03**	6	10	4	–	–	–	–	–	–	–	–	–	**1,1-Ethanediol, diacetate**		**C0586**
43	87	28	15	42	29	44	14	**146**	100	11	9	8	5	4	4	3	**0.10**	6	10	4	–	–	–	–	–	–	–	–	–	**1,1-Ethanediol, diacetate**	542-10-9	**H0808**
43	87	74	86	73	58	44	41	**146**	100	68	32	28	20	20	19	8	**0.00**	7	14	3	–	–	–	–	–	–	–	–	–	**Acetic acid, 2-isopropoxyethyl ester**		**G0725**

MASS TO CHARGE RATIOS								M.W.	INTENSITIES								Parent	C	H	O	N	Cl	Br	F	S	P	B	Si	X	COMPOUND NAME	CAS Reg No	No
43	87	115	100	45	55	42	59	**146**	100	97	85	84	79	79	66	66	**0.00**	6	10	4	–	–	–	–	–	–	–	–	–	**Glutaric acid, monomethyl ester**	1501-27-5	**Q6122**
43	101	29	71	55	31	41	27	**146**	100	44	42	29	26	26	24	22	**0.00**	7	14	3	–	–	–	–	–	–	–	–	–	**1,3-Dioxane, 4,5-dimethyl-4-hydroxymethyl-**	54063-16-0	**H2032**
43	103	41	27	146	75	70	42	**146**	100	68	58	45	45	40	39	38		8	18	–	–	–	–	–	1	–	–	–	–	**Isopropyl pentyl sulphide**	7352-00-3	**R3083**
43	103	41	146	70	42	75	69	**146**	100	69	59	45	39	38	38	37		8	18	–	–	–	–	–	1	–	–	–	–	**Isopropyl pentyl sulphide**	7352-00-3	**R3084**
43	103	61	59	42	45	60	104	**146**	100	70	13	10	6	6	5	5	**1.00**	6	10	2	–	–	–	–	1	–	–	–	–	**1,3-Oxothiolane, 2-acetyl-2-methyl-**	33266-06-7	**S4018**
43	104	45	105	87	41	59	42	**146**	100	84	80	52	42	23	20	13	**1.95**	7	14	3	–	–	–	–	–	–	–	–	–	**Carbonic acid, diisopropyl ester**	6482-34-4	**R2323**
43	117	101	57	59	61	42	31	**146**	100	34	23	23	18	14	11	10	**0.00**	7	14	3	–	–	–	–	–	–	–	–	–	**1,3-Dioxane, 2,2-dimethyl-4-hydroxymethyl-**		**M6478**
44	18	104	76	50	28	124	38	**146**	100	88	86	79	43	18	17	16	**0.93**	9	6	2	–	–	–	–	–	–	–	–	–	**2,3-Indandione**		**D0062**
45	34	32	64	33	47	146	69	**146**	100	69	53	50	39	37	37	33		2	1	–	–	–	–	3	2	–	–	–	–	**Thioacetic acid, trifluoro-**		**05530**
45	43	85	42	58	29	41	59	**146**	100	93	69	54	51	51	40	31	**1.70**	7	14	3	–	–	–	–	–	–	–	–	–	**1,3-Dioxane, 2,4-dimethyl-6-methoxy-**		**C0364**
45	43	87	27	41	59	39	31	**146**	100	46	31	26	17	11	8	8	**0.00**	8	18	2	–	–	–	–	–	–	–	–	–	**Ethane, 1,1-dipropoxy-**		**Y1120**
45	43	87	41	31	27	44	131	**146**	100	74	61	28	24	17	17	16	**0.00**	8	18	2	–	–	–	–	–	–	–	–	–	**Ethane, 1,1-dipropoxy-**	105-82-8	**H0311**
45	43	87	89	131	41	69	59	**146**	100	45	42	11	8	8	6	5	**0.00**	8	18	2	–	–	–	–	–	–	–	–	–	**Ethane, 1,1-diisopropoxy-**	4285-59-0	**R0288**
45	71	55	59	58	114	87	99	**146**	100	20	17	15	13	13	10	10	**0.00**	7	14	3	–	–	–	–	–	–	–	–	–	**Pentanoic acid, 5-methoxy-, methyl ester**	52546-36-8	**S7999**
45	71	82	67	54	41	58	114	**146**	100	37	29	16	14	12	12	9	**0.20**	8	18	2	–	–	–	–	–	–	–	–	–	**Hexane, 1,6-dimethoxy-**		**02461**
45	71	85	41	84	55	29	69	**146**	100	94	55	48	38	30	29	25	**0.48**	7	14	3	–	–	–	–	–	–	–	–	–	**Oxacyclobutane, 3,3-bis(methoxymethyl)**		**D0356**
45	73	101	44	131	29	117	27	**146**	100	48	45	25	24	22	21	20	**5.81**	6	15	3	–	–	–	–	–	–	1	–	–	**Boric acid, triethyl ester**		**W0016**
45	87	43	131	41	89	27	31	**146**	100	72	59	20	15	10	8	5	**0.00**	8	18	2	–	–	–	–	–	–	–	–	–	**Ethane, 1,1-dipropoxy-**	105-82-8	**P7821**
45	87	114	55	83	43	58	59	**146**	100	20	16	14	10	9	5	5	**0.00**	7	14	3	–	–	–	–	–	–	–	–	–	**3-Pentanone, 1,5-dimethoxy-**	53005-18-8	**S8204**
45	101	73	131	146	117	87	44	**146**	100	79	74	57	44	39	33	26		6	15	3	–	–	–	–	–	–	1	–	–	**Boric acid, triethyl ester**		**02493**
47	29	73	103	75	27	101	43	**146**	100	68	64	53	48	43	40	28	**0.08**	8	18	2	–	–	–	–	–	–	–	–	–	**Propane, 1,1-diethoxy-2-methyl-**		**C0676**
55	28	41	100	27	45	42	43	**146**	100	69	55	46	39	37	35	34	**0.00**	6	10	4	–	–	–	–	–	–	–	–	–	**Hexanedioic acid**	124-04-9	**P9389**
55	41	39	27	42	92	131	105	**146**	100	35	31	27	23	16	15	15	**6.76**	9	10	–	2	–	–	–	–	–	–	–	–	**7,7-Norcaranedicarbonitrile, cis-**	29782-28-3	**S2652**
55	41	39	146	27	42	145	131	**146**	100	36	29	26	23	22	20	19		9	10	–	2	–	–	–	–	–	–	–	–	**Propanedinitrile, cyclohexylidene-**	4354-73-8	**R0350**
55	41	42	43	87	29	59	31	**146**	100	76	62	50	49	49	43	43	**0.00**	7	14	3	–	–	–	–	–	–	–	–	–	**Hexanoic acid, 6-hydroxy-, methyl ester**		**D1351**
55	62	85	84	47	41	56	57	**146**	100	52	52	49	38	36	24	24	**2.00**	7	14	1	–	–	–	–	1	–	–	–	–	**2H-Pyran, tetrahydro-2-(ethylthio)-**	16315-51-8	**R6110**
55	73	43	72	41	57	56	71	**146**	100	69	53	53	22	17	7	7	**1.00**	8	18	2	–	–	–	–	–	–	–	–	–	**4,5-Octanediol**		**L5072**
55	73	72	43	41	57	39	56	**146**	100	68	52	51	23	17	8	7	**1.98**	8	18	2	–	–	–	–	–	–	–	–	–	**4,5-Octanediol**	22607-10-9	**R9854**
55	83	45	27	101	43	41	57	**146**	100	83	28	27	27	25	24	23	**0.00**	8	18	2	–	–	–	–	–	–	–	–	–	**2,3-Octanediol**		**Z0805**
55	97	43	115	41	69	61	29	**146**	100	64	30	23	18	17	13	11	**0.02**	8	18	2	–	–	–	–	–	–	–	–	–	**1,2-Octanediol**		**Z0803**
55	102	74	133	56	54	40	28	**146**	100	60	38	22	20	19	17	14	**0.00**	7	14	3	–	–	–	–	–	–	–	–	–	**2H-Pyran, tetrahydro-4-hydroxy-2-methoxy-3-methyl-**		**P0030**
55	117	32	46	54	146	41	47	**146**	100	91	77	47	39	33	32	31		7	14	1	–	–	–	–	1	–	–	–	–	**1,3-Oxathiane, cis-2-ethyl-2-methyl-**		**M3455**
55	117	60	46	54	146	41	47	**146**	100	91	77	47	39	33	32	31		7	14	1	–	–	–	–	1	–	–	–	–	**1,3-Oxathiane, 2-ethyl-6-methyl-**	33709-59-0	**S4323**
56	43	57	55	41	73	71	85	**146**	100	41	32	28	27	27	22	18	**0.00**	8	18	2	–	–	–	–	–	–	–	–	–	**1,3-Pentanediol, 2,2,4-trimethyl-**		**Z0804**
56	55	41	43	29	27	31	57	**146**	100	71	60	55	46	44	34	33	**0.00**	8	18	2	–	–	–	–	–	–	–	–	–	**1,3-Hexanediol, 2-ethyl-**	94-96-2	**H0195**
56	55	41	43	73	57	29	31	**146**	100	72	52	51	30	29	27	22	**0.00**	8	18	2	–	–	–	–	–	–	–	–	–	**1,3-Hexanediol, 2-ethyl-**	94-96-2	**P6900**
56	57	41	29	43	27	31	42	**146**	100	83	55	49	38	31	19	15	**9.00**	8	18	2	–	–	–	–	–	–	–	–	–	**Peroxide, dibutyl-**	3849-34-1	**Q9860**
56	57	41	43	29	27	42	44	**146**	100	71	45	44	21	19	13	11	**8.90**	8	18	2	–	–	–	–	–	–	–	–	–	**Peroxide, dibutyl-**		**D0313**
56	57	45	29	41	43	27	146	**146**	100	93	73	49	34	32	12	10		8	18	2	–	–	–	–	–	–	–	–	–	**Peroxide, di-sec-butyl-**		**M1238**
56	61	29	41	57	90	146	55	**146**	100	92	38	35	30	25	24	24		8	18	–	–	–	–	–	1	–	–	–	–	**Dibutyl sulphide**		**Q1891**
56	70	43	55	41	69	42	84	**146**	100	71	71	71	69	55	50	49	**38.90**	8	18	–	–	–	–	–	1	–	–	–	–	**1-Octanethiol**		**C0024**
56	97	69	115	43	41	61	29	**146**	100	90	30	25	24	17	13	8	**0.04**	8	18	2	–	–	–	–	–	–	–	–	–	**1,2-Octanediol**		**C0678**
57	29	41	56	43	45	27	85	**146**	100	91	80	50	49	37	34	26	**0.30**	7	14	3	–	–	–	–	–	–	–	–	–	**Lactic acid, butyl ester**	138-22-7	**H0623**
57	29	116	87	28	27	15	42	**146**	100	38	16	16	10	9	7	5	**0.10**	6	10	4	–	–	–	–	–	–	–	–	–	**Oxalic acid, methyl propyl diester**		**M8073**
57	29	146	41	56	27	43	58	**146**	100	22	15	10	6	5	4	4		7	14	1	–	–	–	–	1	–	–	–	–	**Propanethioic acid, S-isobutyl ester**	2432-48-6	**Q8046**
57	29	146	41	56	27	91	58	**146**	100	27	11	9	6	6	5	4		7	14	1	–	–	–	–	1	–	–	–	–	**Propanethioic acid, S-butyl ester**		**X1858**
57	41	29	39	56	146	75	90	**146**	100	38	16	12	11	10	9	7		8	18	–	–	–	–	–	1	–	–	–	–	**Di-tert-butyl sulphide**		**Y2088**
57	41	29	58	90	146	61	91	**146**	100	34	29	8	8	8	6	6		8	19	–	–	–	–	–	–	1	–	–	–	**Phosphine, di-tert-butyl-**	819-19-2	**Q4212**
57	41	29	146	90	58	60	91	**146**	100	33	28	8	7	7	6	5		8	19	–	–	–	–	–	–	1	–	–	–	**Phosphine, di-tert-butyl-**	819-19-2	**Q4211**
57	41	43	55	56	27	29	70	**146**	100	65	52	49	43	41	41	37	**8.00**	8	18	–	–	–	–	–	1	–	–	–	–	**1-Hexanethiol, 2-ethyl-**	7341-17-5	**R3074**
57	41	55	43	70	39	56	47	**146**	100	88	73	60	53	38	35	29	**5.71**	8	18	–	–	–	–	–	1	–	–	–	–	**1-Hexanethiol, 2-ethyl-**	7341-17-5	**H1652**
57	41	55	75	43	39	56	97	**146**	100	42	25	21	18	17	16	9	**1.00**	8	18	–	–	–	–	–	1	–	–	–	–	**2-Heptanethiol, 2-methyl-**	763-20-2	**Q3977**
57	41	56	103	29	27	39	146	**146**	100	53	45	44	38	32	29	27		8	18	–	–	–	–	–	1	–	–	–	–	**Diisopropyl sulphide**	592-65-4	**H0887**
57	41	56	103	39	146	43	61	**146**	100	55	45	39	29	22	19	18		8	18	–	–	–	–	–	1	–	–	–	–	**Diisopropyl sulphide**	592-65-4	**Q2505**
57	41	56	145	75	27	29	58	**146**	100	26	9	9	8	7	5	5	**1.00**	8	18	–	–	–	–	–	1	–	–	–	–	**Di-tert-butyl sulphide**	107-47-1	**P8006**
57	41	75	55	97	56	112	113	**146**	100	31	25	22	15	14	10	9	**3.85**	8	18	–	–	–	–	–	1	–	–	–	–	**3-Hexanethiol, 3-ethyl-**	55956-00-8	**T2436**

MASS TO CHARGE RATIOS								M.W.	INTENSITIES								Parent	C	H	O	N	Cl	Br	F	S	P	B	Si	X	COMPOUND NAME	CAS Reg No	No
57	43	41	29	27	73	58	56	**146**	100	28	18	14	8	8	5	4	**4.15**	8	18	2	–	–	–	–	–	–	–	–	–	**Peroxide, di-tert-butyl-**		**Y0831**
57	43	41	58	29	73	146	15	**146**	100	26	13	10	8	8	8	5		8	18	2	–	–	–	–	–	–	–	–	–	**Peroxide, di-tert-butyl-**		**Z0824**
57	43	41	59	58	29	27	72	**146**	100	84	25	25	25	15	12	11	**6.56**	8	18	2	–	–	–	–	–	–	–	–	–	**Peroxide, di-tert-butyl-**		**C1141**
57	45	59	31	41	74	56	73	**146**	100	46	38	30	23	18	15	12	**0.90**	8	18	2	–	–	–	–	–	–	–	–	–	**Ethane, 1-butoxy-2-ethoxy-**		**C2127**
57	55	41	29	43	71	56	73	**146**	100	70	61	56	52	52	43	42	**0.00**	8	18	2	–	–	–	–	–	–	–	–	–	**1-Butanol, 4-butoxy-**	4161-24-4	**R0157**
57	55	71	41	73	43	56	42	**146**	100	81	63	59	54	51	40	31	**0.00**	8	18	2	–	–	–	–	–	–	–	–	–	**1-Butanol, 4-butoxy-**	4161-24-4	**R0158**
57	56	41	103	29	55	146	61	**146**	100	53	37	32	27	15	15	14		8	18	–	–	–	–	–	1	–	–	–	–	**Diisopropyl sulphide**	592-65-4	**Q2506**
57	59	43	41	73	58	101	131	**146**	100	89	57	36	29	12	10	9	**0.00**	8	18	2	–	–	–	–	–	–	–	–	–	**Methane, tert-butoxyisopropoxy-**	4346-01-4	**R0339**
57	85	41	29	146	43	39	27	**146**	100	63	41	21	16	16	8	8		7	14	1	–	–	–	–	1	–	–	–	–	**Butanethioic acid, 3-methyl-, S-ethyl ester**		**X1861**
57	85	41	117	29	27	55	39	**146**	100	72	39	32	31	8	6	4	**0.87**	7	14	1	–	–	–	–	1	–	–	–	–	**Pentanethioic acid, S-ethyl ester**		**X1860**
57	90	48	41	43	146	29	61	**146**	100	83	56	45	37	30	24	20		8	19	–	–	–	–	–	–	1	–	–	–	**Phosphine, tert-butylisopropylmethyl-**	74685-89-5	**T8405**
57	103	58	42	43	56	41	40	**146**	100	88	64	62	25	25	24	21	**1.44**	6	14	2	2	–	–	–	–	–	–	–	–	**Nitramine, N-butyl-N-ethyl-**		**03849**
58	28	59	32	102	57	29	115	**146**	100	91	22	20	17	12	10	9	**0.47**	7	14	3	–	–	–	–	–	–	–	–	–	**2H-Pyran, tetrahydro-(R)-3-hydroxy-cis-6-methoxy-trans-2-methyl-**		**05915**
59	29	31	71	101	27	43	45	**146**	100	80	73	48	36	34	34	31	**0.00**	7	14	3	–	–	–	–	–	–	–	–	–	**Propanoic acid, 3-ethoxy-, ethyl ester**	763-69-9	**Q3983**
59	29	31	71	101	27	43	117	**146**	100	80	73	48	36	34	33	30	**0.00**	7	14	3	–	–	–	–	–	–	–	–	–	**Propanoic acid, 3-ethoxy-, ethyl ester**		**X0674**
59	31	72	71	43	29	44	55	**146**	100	96	96	71	46	43	41	33	**0.26**	8	18	2	–	–	–	–	–	–	–	–	–	**Butane, 1,4-diethoxy-**		**Z0799**
59	43	29	71	31	41	27	42	**146**	100	65	25	23	18	12	10	7	**0.00**	7	14	3	–	–	–	–	–	–	–	–	–	**Acetic acid, 3-methoxybutyl ester**		**17328**
59	43	31	60	29	27	41	45	**146**	100	93	92	46	37	28	26	19	**0.00**	7	14	3	–	–	–	–	–	–	–	–	–	**Acetic acid, ethoxy-, isopropyl ester**		**02498**
59	43	57	41	58	31	71	39	**146**	100	54	34	30	29	21	17	17	**0.03**	7	14	3	–	–	–	–	–	–	–	–	–	**1,3-Dioxan-5-ol, 4,4,5-trimethyl-**		**X0880**
59	43	57	58	41	31	29	71	**146**	100	52	36	29	24	21	17	15	**0.10**	7	14	3	–	–	–	–	–	–	–	–	–	**1,3-Dioxan-5-ol, 4,4,5-trimethyl-**	54063-14-8	**H2030**
59	43	71	29	31	41	27	68	**146**	100	54	33	28	28	27	22	17	**0.00**	7	14	3	–	–	–	–	–	–	–	–	–	**1,3,5-Trioxane, 2-tert-butyl-**	54063-17-1	**H2033**
59	43	102	44	45	28	60	42	**146**	100	53	50	49	45	40	39	37	**7.48**	5	14	1	4	–	–	–	–	–	–	–	–	**Urea, N,N′-bis(dimethylamino)-**		**D1044**
59	45	58	29	31	43	87	27	**146**	100	81	54	35	32	21	14	13	**0.00**	7	14	3	–	–	–	–	–	–	–	–	–	**3,6-Dioxaoctene, 4-methoxy-**		**Z0811**
59	55	60	88	43	46	54	146	**146**	100	91	87	86	81	49	48	48		7	14	1	–	–	–	–	1	–	–	–	–	**1,3-Oxathiane, 2,2,6-trimethyl-**	30253-09-9	**S2836**
59	71	101	117	102	73	74	72	**146**	100	48	40	33	32	24	20	15	**0.14**	7	14	3	–	–	–	–	–	–	–	–	–	**Propanoic acid, 3-ethoxy-, ethyl ester**		**C0160**
59	74	45	73	87	43	85	117	**146**	100	77	62	56	55	51	40	32	**0.00**	7	14	3	–	–	–	–	–	–	–	–	–	**Butanoic acid, 4-ethoxy-, methyl ester**	29006-04-0	**S2303**
59	74	45	73	87	43	85	117	**146**	100	82	64	60	56	53	43	40	**0.00**	7	14	3	–	–	–	–	–	–	–	–	–	**Butanoic acid, 4-ethoxy-, methyl ester**	29006-04-0	**S2304**
59	74	45	85	73	87	43	117	**146**	100	77	66	58	56	55	53	31	**0.00**	7	14	3	–	–	–	–	–	–	–	–	–	**Butanoic acid, 4-ethoxy-, methyl ester**	29006-04-0	**S2305**
59	115	57	27	55	43	29	56	**146**	100	44	34	29	23	21	20	20	**3.00**	6	10	4	–	–	–	–	–	–	–	–	–	**1,3-Propanedioic acid, 2-methyl-, dimethyl ester**	609-02-9	**Q2777**
60	146	69	131	102	61	68	87	**146**	100	85	59	58	56	26	22	17		7	14	1	–	–	–	–	1	–	–	–	–	**1,3-Oxathiane, 2α,4β,6α-trimethyl-**	22425-90-7	**R9752**
60	146	131	69	102	61	68	87	**146**	100	76	55	54	54	24	17	16		7	14	1	–	–	–	–	1	–	–	–	–	**1,3-Oxathiane, 2α,4α,6β-trimethyl-**		**P2800**
61	41	56	55	27	70	29	48	**146**	100	73	68	58	58	55	51	46	**39.30**	8	18	–	–	–	–	–	1	–	–	–	–	**Heptyl methyl sulphide**		**Y0727**
61	56	29	41	27	57	146	55	**146**	100	90	54	43	38	31	30	23		8	18	–	–	–	–	–	1	–	–	–	–	**Dibutyl sulphide**	544-40-1	**H0824**
61	56	29	41	27	146	57	55	**146**	100	92	59	46	36	32	32	24		8	18	–	–	–	–	–	1	–	–	–	–	**Dibutyl sulphide**		**Y1391**
61	57	29	41	117	27	56	146	**146**	100	6	5	4	4	3	2	2		8	18	–	–	–	–	–	1	–	–	–	–	**Di-sec-butyl sulphide**	626-26-6	**Q3210**
61	57	29	117	41	27	56	146	**146**	100	62	52	44	39	26	21	20		8	18	–	–	–	–	–	1	–	–	–	–	**Di-sec-butyl sulphide**		**Y1373**
61	73	41	27	39	28	35	59	**146**	100	67	65	39	27	17	17	14	**5.14**	6	10	2	–	–	–	–	1	–	–	–	–	**Propanoic acid, 2-mercapto-, allyl ester**	16883-50-4	**R6518**
61	73	41	27	39	28	35	59	**146**	100	66	65	39	25	17	16	14	**4.00**	6	10	2	–	–	–	–	1	–	–	–	–	**Propanoic acid, 2-mercapto-, propenyl ester**		**L3163**
61	73	41	27	39	146			**146**	100	69	68	37	23	5				6	10	2	–	–	–	–	1	–	–	–	–	**Propanoic acid, 2-mercapto-, allyl ester**		**L6787**
61	103	43	41	55	146	71	70	**146**	100	71	70	24	20	20	16	14		8	18	–	–	–	–	–	1	–	–	–	–	**Isopropyl 1-methylbutyl sulphide**	54699-12-6	**S9424**
61	103	43	71	70	41	146	55	**146**	100	71	70	26	25	24	20	19		8	18	–	–	–	–	–	1	–	–	–	–	**Isopropyl 1-methylbutyl sulphide**	54699-12-6	**S9423**
63	62	27	65	39	75	64	49	**146**	100	36	33	32	19	18	13	10	**0.50**	3	5	–	–	3	–	–	–	–	–	–	–	**Propane, 1,1,2-trichloro-**	598-77-6	**Q2610**
63	62	65	27	64	39	75	49	**146**	100	37	32	24	14	14	12	7	**0.80**	3	5	–	–	3	–	–	–	–	–	–	–	**Propane, 1,1,2-trichloro-**		**A0306**
63	62	65	27	64	39	75	97	**146**	100	43	32	21	16	13	12	12	**1.09**	3	5	–	–	3	–	–	–	–	–	–	–	**Propane, 1,1,2-trichloro-**		**Z0786**
63	118	91	77	39	51	50	89	**146**	100	43	18	17	11	10	7	7	**5.00**	7	6	–	4	–	–	–	–	–	–	–	–	**2H-Tetrazole, 5-phenyl-**		**D2175**
65	45	110	101	100	66	81	103	**146**	100	81	72	55	47	47	37	35	**0.00**	2	1	2	–	2	–	1	–	–	–	–	–	**Acetic acid, dichlorofluoro-**		**Z0796**
66	65	38	78	40	92	56	110	**146**	100	94	41	34	33	32	29	29	**0.00**	7	11	1	–	1	–	–	–	–	–	–	–	**Bicyclo[2.2.1]heptan-2-ol, 3-chloro-**	56816-12-7	**T4207**
67	41	146	148					**146**	100	51	28	28						5	7	–	–	–	1	–	–	–	–	–	–	**1-Butene, 4-bromo-3-methylene-**		**L7741**
67	69	31	32	111	113	47	48	**146**	100	32	12	9	9	9	8	8	**3.59**	1	1	–	–	1	1	1	–	–	–	–	–	**Methane, bromochlorofluoro-**		**Y0543**
67	69	111	109	148	31	48	47	**146**	100	31	11	11	8	7	7	6	**6.00**	1	1	–	–	1	1	1	–	–	–	–	–	**Methane, bromochlorofluoro-**		**A0743**
67	82	41	39	64	27	54	53	**146**	100	87	65	64	32	31	21	20	**0.00**	6	10	2	–	–	–	–	1	–	–	–	–	**Thiophene, 2,5-dihydro-2,4-dimethyl-, 1,1-dioxide**	10033-92-8	**R3543**
69	87	41	43	29	57	27	45	**146**	100	57	42	19	19	15	13	11	**0.37**	7	14	3	–	–	–	–	–	–	–	–	–	**Hexanoic acid, 2-hydroxy-, methyl ester**		**C1661**
70	42	117	43	71	41	30	146	**146**	100	99	79	65	46	33	21	17		6	14	2	2	–	–	–	–	–	–	–	–	**Nitramine, N,N-dipropyl-**		**03851**
70	43	42	85	41	58	44	131	**146**	100	43	37	33	26	24	23	19	**8.00**	6	14	2	2	–	–	–	–	–	–	–	–	**Nitramine, N,N-diisopropyl-**		**03852**
72	43	55	41	57	73	103	56	**146**	100	78	56	50	41	31	28	25	**0.90**	8	18	2	–	–	–	–	–	–	–	–	–	**3,4-Hexanediol, 2,5-dimethyl-**	22607-11-0	**R9856**

MASS TO CHARGE RATIOS								M.W.	INTENSITIES								Parent	C	H	O	N	Cl	Br	F	S	P	B	Si	X	COMPOUND NAME	CAS Reg No	No
72	146	97	117	59	131	67	111	**146**	100	81	35	24	24	24	20	20		8	12	–	–	–	–	2	–	–	–	–	–	Bicyclo[2.2.2]octane, 1,4-difluoro-	20277-40-1	R8601
73	28	45	29	31	27	43	146	**146**	100	75	45	35	29	14	13	13		6	10	4	–	–	–	–	–	–	–	–	–	1,4-Dioxino[2,3-b]-1,4-dioxin, hexahydro-	4362-05-4	R0366
73	43	55	72	57	99	117	41	**146**	100	55	18	13	12	12	8	5	**0.20**	8	18	2	–	–	–	–	–	–	–	–	–	3,4-Hexanediol, 3,4-dimethyl-	1185-02-0	Q5619
73	43	55	99	57	72	117	74	**146**	100	55	18	12	12	12	7	4	**2.00**	8	18	2	–	–	–	–	–	–	–	–	–	3,4-Hexanediol, 3,4-dimethyl-		L5071
73	45	29	27	28	43	42	86	**146**	100	40	16	8	8	7	6	5	**0.10**	6	10	4	–	–	–	–	–	–	–	–	–	2,2′-Bi-1,3-dioxolane	6705-89-1	R2484
73	45	41	87	146	39	72	105	**146**	100	74	66	62	40	38	33	30		6	10	2	–	–	–	–	1	–	–	–	–	Propanoic acid, 3-(allylthio)-		05581
73	45	43	42	86	74	58		**146**	100	45	11	10	5	4	2		**0.00**	6	10	4	–	–	–	–	–	–	–	–	–	2,2′-Bi-1,3-dioxolane		M3191
73	45	146	43	60	44	47	74	**146**	100	35	19	9	8	5	4	4		6	10	4	–	–	–	–	–	–	–	–	–	1,4-Dioxino[2,3-b]-1,4-dioxin, hexahydro-		M3190
73	48	89	71	131	59	75	99	**146**	100	42	33	17	17	13	11	11	**0.00**	7	14	3	–	–	–	–	–	–	–	–	–	Butanoic acid, 3-methoxy-3-methyl-, methyl ester		P3331
73	56	55	43	74	69	57	41	**146**	100	34	32	28	26	22	19	16	**11.96**	6	10	4	–	–	–	–	–	–	–	–	–	Arabino-hex-1-enitol, 1,5-anhydro-2-deoxy-	26566-29-0	S1459
73	56	74	55	29	43	57	71	**146**	100	24	20	17	16	12	11	10	**4.00**	6	10	4	–	–	–	–	–	–	–	–	–	D-Arabino-hex-1-enitol, 1,5-anhydro-2-deoxy-		M5594
73	61	131	43	89	103	45	116	**146**	100	45	35	29	21	14	13	12	**1.14**	6	14	2	–	–	–	–	–	–	–	1	–	Acetic acid, (trimethylsilyl)methyl ester	2917-65-9	Q8820
73	72	43	55	41	57	85	80	**146**	100	32	25	20	16	14	12	9	**1.00**	8	18	2	–	–	–	–	–	–	–	–	–	3,4-Hexanediol, 2,5-dimethyl-		L5073
73	72	43	55	41	57	103	56	**146**	100	31	25	19	16	13	10	7	**0.33**	8	18	2	–	–	–	–	–	–	–	–	–	3,4-Hexanediol, 2,5-dimethyl-	22607-11-0	R9855
73	76	28	55	43	29	27	104	**146**	100	30	23	20	20	13	10	9	**0.40**	7	14	3	–	–	–	–	–	–	–	–	–	Butanoic acid, 2-hydroxy-3-methyl-, ethyl ester		03653
73	103	75	61	89	117	59	45	**146**	100	41	22	20	14	13	13	11	**0.22**	7	18	1	–	–	–	–	–	–	–	1	–	Silane, trimethyl(propoxymethyl)-	17348-62-8	R6864
73	117	75	131	45	43	29	118	**146**	100	81	80	31	28	17	15	10	**1.16**	7	18	1	–	–	–	–	–	–	–	1	–	Silane, isobutoxytrimethyl-		04252
73	131	45	57	146	43	74	28	**146**	100	19	15	10	9	8	8	7		6	18	–	–	–	–	–	–	–	–	2	–	Disilane, hexamethyl-	1450-14-2	Q5996
73	131	45	146	74	43	132	75	**146**	100	27	15	12	11	7	5	5		6	18	–	–	–	–	–	–	–	–	2	–	Disilane, hexamethyl-		02877
74	55	31	87	43	41	42	29	**146**	100	64	62	62	60	58	47	45	**0.12**	7	14	3	–	–	–	–	–	–	–	–	–	Hexanoic acid, 6-hydroxy-, methyl ester		C0063
74	55	87	41	43	31	42	69	**146**	100	73	68	64	46	39	39	32	**0.59**	7	14	3	–	–	–	–	–	–	–	–	–	Hexanoic acid, 6-hydroxy-, methyl ester		C1664
74	117	43	46	41	73	55	59	**146**	100	99	95	72	70	38	28	26	**21.70**	7	14	1	–	–	–	–	1	–	–	–	–	1,3-Oxathiane, 2-ethyl-2-methyl-		M3450
75	39	77	61	110	49	112	97	**146**	100	35	33	31	29	24	19	18	**1.10**	3	5	–	–	3	–	–	–	–	–	–	–	Propane, 1,2,3-trichloro-		C0487
75	41	57	98	56	146	70	69	**146**	100	68	66	55	54	50	37	35		8	18	–	–	–	–	–	1	–	–	–	–	Methyl 1-methylhexyl sulphide	54063-12-6	S8767
75	56	62	41	55	117	43	146	**146**	100	74	66	50	50	49	47	46		8	18	–	–	–	–	–	1	–	–	–	–	Ethyl hexyl sulphide	7309-44-6	R3047
75	73	131	45	29	146	76	27	**146**	100	44	35	17	11	9	8	7		6	14	2	–	–	–	–	–	–	–	1	–	Propanoic acid, trimethylsilyl ester	16844-98-7	R6492
75	73	131	45	43	29	61	132	**146**	100	66	65	21	13	8	8	7	**0.00**	7	18	1	–	–	–	–	–	–	–	1	–	Silane, tert-butoxytrimethyl-		04257
75	73	131	45	58	57	43	132	**146**	100	64	55	11	9	8	7	7	**0.00**	7	18	1	–	–	–	–	–	–	–	1	–	Silane, tert-butoxytrimethyl-	13058-24-7	R4165
75	73	131	45	58	57	43	132	**146**	100	64	55	11	11	10	7	7	**0.00**	7	18	1	–	–	–	–	–	–	–	1	–	Silane, tert-butoxytrimethyl-	13058-24-7	R4166
75	73	131	76	74	77	132	86	**146**	100	95	85	24	20	18	12	10	**0.00**	6	14	2	–	–	–	–	–	–	–	1	–	Propanoic acid, 3-(trimethylsilyl)-	5683-30-7	R1670
75	73	131	76	74	77	132	91	**146**	100	97	85	26	22	21	12	12	**0.00**	6	14	2	–	–	–	–	–	–	–	1	–	Propanoic acid, 3-(trimethylsilyl)-		L8810
75	73	131	103	45	43	29	132	**146**	100	81	76	44	25	23	13	9	**0.63**	7	18	1	–	–	–	–	–	–	–	1	–	Silane, isobutoxytrimethyl-		04243
75	73	131	103	45	43	74	29	**146**	100	74	70	41	14	8	6	5	**3.00**	7	18	1	–	–	–	–	–	–	–	1	–	Silane, isobutoxytrimethyl-	18269-50-6	R7470
75	110	39	77	61	49	97	112	**146**	100	32	32	32	30	28	20	20	**0.20**	3	5	–	–	3	–	–	–	–	–	–	–	Propane, 1,2,3-trichloro-	96-18-4	H0207
75	110	77	61	49	39	112	97	**146**	100	37	32	29	26	26	24	23	**1.17**	3	5	–	–	3	–	–	–	–	–	–	–	Propane, 1,2,3-trichloro-		Y1636
75	117	56	62	41	55	146	43	**146**	100	81	76	71	57	52	52	47		8	18	–	–	–	–	–	1	–	–	–	–	Ethyl hexyl sulphide	7309-44-6	R3046
75	131	73	45	103	29	43	89	**146**	100	95	48	26	22	18	15	11	**0.81**	7	18	1	–	–	–	–	–	–	–	1	–	Silane, butoxytrimethyl-		04236
78	145	146	118	105	104	119	117	**146**	100	95	85	63	35	31	30	24		9	10	–	2	–	–	–	–	–	–	–	–	Pyridine, 2-(1-pyrrolin-2-yl)-		D1619
80	79	146	67	68	66	81	117	**146**	100	35	27	19	16	16	13	11		11	14	–	–	–	–	–	–	–	–	–	–	Pentacyclo[6.3.0.0$^{(2,6)}$.0$^{(3,10)}$.0$^{(5,9)}$]undecane		M0737
80	146	53	39	28	67	51	52	**146**	100	37	21	15	13	9	7	7		9	10	–	2	–	–	–	–	–	–	–	–	Pyrrole, (N,N′-methylene)di-		Y1901
82	84	29	47	83	111	85	113	**146**	100	66	55	47	39	35	23	22	**3.60**	2	1	1	–	3	–	–	–	–	–	–	–	Acetaldehyde, trichloro-	75-87-6	P5666
82	84	111	83	29	47	113	85	**146**	100	66	35	32	31	28	22	21	**4.58**	2	1	1	–	3	–	–	–	–	–	–	–	Acetaldehyde, trichloro-		Z0807
83	85	63	36	65	48	76	87	**146**	100	62	47	40	14	14	13	11	**1.64**	2	1	1	–	3	–	–	–	–	–	–	–	Acetyl chloride, dichloro-		D0730
83	85	63	48	35	28	47	76	**146**	100	64	39	39	37	33	29	28	**2.00**	2	1	1	–	3	–	–	–	–	–	–	–	Acetyl chloride, dichloro-	79-36-7	H0119
83	85	63	111	65	76	48	87	**146**	100	66	38	13	12	12	12	10	**2.72**	2	1	1	–	3	–	–	–	–	–	–	–	Acetyl chloride, dichloro-		Z0787
84	43	87	83	131				**146**	100	14	13	3	3				**0.00**	7	14	3	–	–	–	–	–	–	–	–	–	1,3-Dioxolane, 2-methyl-2-(3-hydroxypropyl)-	29021-98-5	S2323
84	130	147	85	56	112	72	129	**146**	100	29	14	8	5	5	4	3	**0.00**	6	14	2	2	–	–	–	–	–	–	–	–	DL-Lysine	70-54-2	P5376
85	41	43	57	67	55	45	47	**146**	100	50	40	38	27	22	19	9	**8.74**	7	14	1	–	–	–	–	1	–	–	–	–	2H-Pyran, tetrahydro-2-(ethylthio)-	16315-51-8	R6111
85	41	43	57	67	55	45	146	**146**	100	48	40	38	26	20	19	10		7	14	1	–	–	–	–	1	–	–	–	–	2H-Pyran, tetrahydro-2-(ethylthio)-		L3492
87	146	57	61	86	41	55	85	**146**	100	95	80	60	55	55	50	45		7	14	1	–	–	–	–	1	–	–	–	–	Thiacyclooctan-4-ol		M2714
89	87	118	85	116	103	114	88	**146**	100	75	68	53	50	40	37	36	**6.28**	5	12	–	–	–	–	–	–	–	–	–	1	Germacyclobutane, 1,1-dimethyl-	21961-74-0	R9466
89	87	118	85	116	103	114	88	**146**	100	77	70	54	53	41	38	37	**3.50**	5	12	–	–	–	–	–	–	–	–	–	1	Germacyclobutane, 1,1-dimethyl-		M4450
89	146	63	39	62	50	90	30	**146**	100	87	71	38	36	35	33	22		8	6	1	2	–	–	–	–	–	–	–	–	1(2H)-Phthalazinone	119-39-1	P9015
89	146	63	39	62	50	90	118	**146**	100	87	71	38	37	35	33	26		8	6	1	2	–	–	–	–	–	–	–	–	4-Phthazinone		L1845
89	146	63	116	90	39	50	64	**146**	100	94	54	44	44	30	27	20		8	6	1	2	–	–	–	–	–	–	–	–	Phthalazine, N-oxide		02226
90	45	87	41	57	69	43	58	**146**	100	76	73	40	28	26	13	11	**0.00**	7	14	3	–	–	–	–	–	–	–	–	–	2-Benzimidazolecarboxaldehyde	41654-19-7	08683

MASS TO CHARGE RATIOS								M.W.	INTENSITIES								Parent	C	H	O	N	Cl	Br	F	S	P	B	Si	X	COMPOUND NAME	CAS Reg No	No
91	146	39	65	27	92	51	104	**146**	100	16	11	10	6	6	6	4		11	14	–	–	–	–	–	–	–	–	–	–	**Benzene, (3-methyl-3-butenyl)-**		**V0296**
91	146	65	92	105	93	104	39	**146**	100	24	8	8	7	6	6	5		11	14	–	–	–	–	–	–	–	–	–	–	**Benzene, (3-methyl-3-butenyl)-**		**C1913**
97	99	111	113	61	75	39	96	**146**	100	64	44	29	23	19	16	14	**0.23**	3	5	–	–	3	–	–	–	–	–	–	–	**Propane, 1,2,2-trichloro-**		**Z0788**
99	45	47	74	48	46	146	72	**146**	100	53	38	36	28	26	16	11		4	6	–	2	–	–	–	2	–	–	–	–	**Methylimine, N-cyano-bis(methylthio)-**		**B0166**
100	44	59	31	72	45	39	101	**146**	100	77	68	65	62	53	43	40	**27.33**	6	10	2	–	–	–	–	1	–	–	–	–	**Butanethioic acid, 3-oxo-, S-ethyl ester**	3075-23-8	**Q8994**
100	44	59	31	72	45	39	101	**146**	100	77	68	64	60	52	44	39	**27.00**	6	10	2	–	–	–	–	1	–	–	–	–	**Butanethioic acid, 3-oxo-, S-ethyl ester**		**L4481**
100	55	60	43	69	87	41	44	**146**	100	48	40	39	36	36	35	29	**0.20**	6	10	4	–	–	–	–	–	–	–	–	–	**Hexanedioic acid**	124-04-9	**P9391**
100	60	43	41	69	87	55	42	**146**	100	69	65	62	55	50	45	38	**0.00**	6	10	4	–	–	–	–	–	–	–	–	–	**Hexanedioic acid**		**D1235**
101	27	43	131	103	98	100	17	**146**	100	66	66	43	34	32	28	22	**0.90**	8	18	2	–	–	–	–	–	–	–	–	–	**1,3-Octanediol**	23433-05-8	**H1861**
103	41	46	75	146	43	47	39	**146**	100	56	28	23	22	19	19	15		7	14	1	–	–	–	–	1	–	–	–	–	**1,3-Oxathiane, 2-isopropyl-**	24699-59-0	**S0751**
103	47	55	101	75	73	29	43	**146**	100	84	75	70	52	51	45	34	**0.00**	8	18	2	–	–	–	–	–	–	–	–	–	**Butane, 1,1-diethoxy-**		**X1664**
103	47	73	75	101	57	29	43	**146**	100	94	79	68	50	47	40	39	**0.00**	8	18	2	–	–	–	–	–	–	–	–	–	**Propane, 1,1-diethoxy-2-methyl-**	1741-41-9	**H1248**
103	101	55	47	57	75	73	43	**146**	100	81	81	79	63	56	51	43	**0.00**	8	18	2	–	–	–	–	–	–	–	–	–	**Butane, 1,1-diethoxy-**	3658-95-5	**H1421**
104	79	145	146	78	51	105	131	**146**	100	72	70	65	62	50	28	26		9	10	–	2	–	–	–	–	–	–	–	–	**Pyrazolo[1,5-a]pyridine, 2,3-dimethyl-**	28537-56-6	**S2112**
104	91	92	39	105	65	77	27	**146**	100	86	37	23	23	22	14	14	**2.69**	11	14	–	–	–	–	–	–	–	–	–	–	**Benzene, 4-pentenyl-**	1075-74-7	**Q5234**
104	91	92	105	65	39	28	77	**146**	100	82	37	30	19	19	16	14	**6.48**	11	14	–	–	–	–	–	–	–	–	–	–	**Benzene, 4-pentenyl-**	1075-74-7	**Q5233**
104	91	92	105	65	39	77	51	**146**	100	82	37	30	19	19	14	11	**6.49**	11	14	–	–	–	–	–	–	–	–	–	–	**Benzene, 4-pentenyl-**	1075-74-7	**Q5232**
104	117	146	118	78	39	103	91	**146**	100	85	51	51	51	50	46	43		10	10	1	–	–	–	–	–	–	–	–	–	**Bullvalone**		**L2176**
104	146	91	131	39	105	27	51	**146**	100	46	41	19	16	15	13	11		11	14	–	–	–	–	–	–	–	–	–	–	**Naphthalene, 1,2,3,4-tetrahydro-2-methyl-**		**Y1211**
104	146	91	131	39	115	105	51	**146**	100	49	35	24	14	14	12	11		11	14	–	–	–	–	–	–	–	–	–	–	**Naphthalene, 1,2,3,4-tetrahydro-2-methyl-**	3877-19-8	**06843**
104	146	91	131	105	115	117	128	**146**	100	59	33	25	12	11	10	8		11	14	–	–	–	–	–	–	–	–	–	–	**Naphthalene, 1,2,3,4-tetrahydro-2-methyl-**		**00655**
104	146	117	39	115	51	78	63	**146**	100	47	26	22	19	17	16	15		10	10	1	–	–	–	–	–	–	–	–	–	**2(1H)-Naphthalenone, 3,4-dihydro-**		**U0015**
104	146	117	115	103	78	91	40	**146**	100	52	26	19	14	13	13	11		10	10	1	–	–	–	–	–	–	–	–	–	**2(1H)-Naphthalenone, 3,4-dihydro-**	530-93-8	**Q1686**
105	77	41	51	39	69	146	40	**146**	100	90	49	46	43	22	22	16		10	10	1	–	–	–	–	–	–	–	–	–	**Cyclopropyl phenyl ketone**	3481-02-5	**08504**
105	77	79	106	28	39	103	51	**146**	100	12	12	8	8	7	6	6	**3.57**	11	14	–	–	–	–	–	–	–	–	–	–	**Benzene, (1-methyl-3-butenyl)-**	10340-49-5	**R3765**
105	77	146	51	69	145	106	41	**146**	100	41	41	13	9	9	8	6		10	10	1	–	–	–	–	–	–	–	–	–	**Cyclopropyl phenyl ketone**	3481-02-5	**Q9452**
106	77	146	51	79	107	104	39	**146**	100	25	21	13	11	9	7	7		9	10	–	2	–	–	–	–	–	–	–	–	**Propanenitrile, 3-(phenylamino)-**	1075-76-9	**Q5237**
111	56	104	146	82	110	106	81	**146**	100	48	42	37	25	20	14	13		6	11	–	2	1	–	–	–	–	–	–	–	**1,4-Diazabicyclo[2.2.2]octane, 2-chloro-**		**M0101**
111	112	97	45	77	34	39	27	**146**	100	65	42	37	22	22	19	13	**2.50**	6	10	–	–	–	–	–	2	–	–	–	–	**Di-1-propenyl disulphide**		**L6105**
111	113	75	29	39	27	36	117	**146**	100	78	62	62	44	29	22	21	**0.00**	3	5	–	–	3	–	–	–	–	–	–	–	**Propane, 1,1,1-trichloro-**	7789-89-1	**R3499**
115	15	55	28	27	114	59	29	**146**	100	80	73	31	29	28	20	19	**0.10**	6	10	4	–	–	–	–	–	–	–	–	–	**Butanedioic acid, dimethyl ester**	106-65-0	**H0341**
115	55	59	43	114	87	27	29	**146**	100	58	48	28	25	19	15	14	**0.00**	6	10	4	–	–	–	–	–	–	–	–	–	**Butanedioic acid, dimethyl ester**	106-65-0	**P7920**
115	55	59	114	87	27	29	45	**146**	100	80	51	27	18	15	10	9	**0.25**	6	10	4	–	–	–	–	–	–	–	–	–	**Succinic acid, dimethyl ester**		**C1344**
115	55	59	114	87	45	116	56	**146**	100	48	38	28	14	6	6	5	**0.10**	6	10	4	–	–	–	–	–	–	–	–	–	**Succinic acid, dimethyl ester**	106-65-0	**P7916**
115	55	114	59	87	45	43	29	**146**	100	32	28	20	14	8	7	6	**0.00**	6	10	4	–	–	–	–	–	–	–	–	–	**Succinic acid, dimethyl ester**		**P0313**
115	71	58	61	55	67	79	97	**146**	100	62	57	35	23	17	15	11	**2.00**	7	14	3	–	–	–	–	–	–	–	–	–	**Pyran, tetrahydro-2-methoxy-6-hydroxymethyl-**		**L9944**
115	146	117	78	91	105	92	131	**146**	100	36	30	25	20	19	18	15		11	14	–	–	–	–	–	–	–	–	–	–	**Cyclohexane, 2,4-cyclopentadien-1-ylidene-**	3141-04-6	**Q9046**
117	66	118	115	91	146	65	39	**146**	100	82	51	31	28	28	26	23		10	10	1	–	–	–	–	–	–	–	–	–	**Tricyclo[5.2.1.0$^{(2,6)}$]deca-4,8-dien-3-one, endo-**		**M1271**
117	89	61	118	59	90	119	29	**146**	100	71	25	11	10	6	4	4	**2.35**	7	18	1	–	–	–	–	–	–	–	1	–	**Silane, triethylmethoxy-**	2117-34-2	**Q7412**
117	104	25	146	91	118	105	115	**146**	100	89	70	55	54	26	23	22		11	14	–	–	–	–	–	–	–	–	–	–	**Benzene, cyclopentyl-**		**03515**
117	104	115	146	91	118	116	28	**146**	100	30	29	25	24	10	8	7		11	14	–	–	–	–	–	–	–	–	–	–	**Benzene, 1-pentenyl-**	826-18-6	**Q4283**
117	104	146	91	118	105	115	39	**146**	100	86	58	43	21	21	16	15		11	14	–	–	–	–	–	–	–	–	–	–	**Benzene, cyclopentyl-**	700-88-9	**Q3786**
117	115	91	39	146	118	116	51	**146**	100	35	22	11	10	9	8	8		11	14	–	–	–	–	–	–	–	–	–	–	**Benzene, (1-ethyl-2-propenyl)-**	19947-22-9	**R8426**
117	115	104	91	146	39	51	118	**146**	100	37	31	29	21	15	11	9		11	14	–	–	–	–	–	–	–	–	–	–	**Benzene, 1-pentenyl-**	826-18-6	**Q4282**
117	115	146	118	91	116	39	27	**146**	100	20	15	10	9	9	7	6		11	14	–	–	–	–	–	–	–	–	–	–	**Indan, 1-ethyl-**	4830-99-3	**H1498**
117	118	91	146	66	115	104	39	**146**	100	42	28	26	20	18	16	14		10	10	1	–	–	–	–	–	–	–	–	–	**Homocubanone, 1,3-bis-**	15584-52-8	**R5771**
117	128	115	131	116	145	51	63	**146**	100	64	50	49	39	38	32	27	**20.25**	10	10	1	–	–	–	–	–	–	–	–	–	**Cycloprop[a]inden-6-ol, 1,1a,6,6a-tetrahydro-**	22228-27-9	**06853**
117	146	77	145	144	118	104	89	**146**	100	75	67	50	30	27	25	22		9	10	–	2	–	–	–	–	–	–	–	–	**2-Imidazoline, 2-phenyl-**	936-49-2	**Q4714**
117	146	115	91	116	39	51	118	**146**	100	87	70	48	32	31	26	23		10	10	1	–	–	–	–	–	–	–	–	–	**2-Butenal, 2-phenyl-**		**L5263**
117	146	115	91	116	39	118	51	**146**	100	90	71	44	33	26	25	20		10	10	1	–	–	–	–	–	–	–	–	–	**2-Butenal, 2-phenyl-**		**L5264**
117	146	115	91	116	118	39	51	**146**	100	88	80	38	34	18	17	16		10	10	1	–	–	–	–	–	–	–	–	–	**Acetaldehyde, 2-ethylidene-2-phenyl-**	4411-89-6	**R0408**
117	146	145	77	118	104	89	88	**146**	100	77	50	46	27	25	23	20		9	10	–	2	–	–	–	–	–	–	–	–	**Imidazoline, 2-phenyl-**		**L4997**
118	90	146	39	89	63	51	91	**146**	100	67	59	24	23	19	17	14		10	10	1	–	–	–	–	–	–	–	–	–	**1(2H)-Naphthalenone, 3,4-dihydro-**	529-34-0	**H0785**
118	90	146	89	39	63	51	91	**146**	100	70	55	23	22	19	17	14		10	10	1	–	–	–	–	–	–	–	–	–	**1(2H)-Naphthalenone, 3,4-dihydro-**	529-34-0	**Q1668**
118	91	117	131	146	115	103	78	**146**	100	24	23	23	18	18	17	12		11	14	–	–	–	–	–	–	–	–	–	–	**Benzene, (1-methylenebutyl)-**	5676-32-4	**R1665**

MASS TO CHARGE RATIOS								M.W.	INTENSITIES								Parent	C	H	O	N	Cl	Br	F	S	P	B	Si	X	COMPOUND NAME	CAS Reg No	No
118	131	146	39	27	51	105	15	**146**	100	90	75	53	42	37	33	33		11	14	–	–	–	–	–	–	–	–	–	–	Naphthalene, 1,2,3,4-tetrahydro-6-methyl-		V0262
118	146	90	89	63	62	51	64	**146**	100	89	44	35	25	10	9	9		9	6	2	–	–	–	–	–	–	–	–	–	Coumarin		15440
118	146	90	89	63	62	64	119	**146**	100	75	43	35	23	9	9	9		9	6	2	–	–	–	–	–	–	–	–	–	Coumarin	91-64-5	P6660
118	146	90	115	89	91	39	63	**146**	100	58	49	17	17	14	12	12		10	10	1	–	–	–	–	–	–	–	–	–	1(2H)-Naphthalenone, 3,4-dihydro-		U0014
118	146	91	63	64	90	39	52	**146**	100	75	42	26	25	18	13	12		8	6	1	2	–	–	–	–	–	–	–	–	2(1H)-Quinoxalinone	1196-57-2	Q5699
118	146	91	103	104	90	119	39	**146**	100	79	41	27	25	18	13	12		8	6	1	2	–	–	–	–	–	–	–	–	2(1H)-Quinoxalinone	1196-57-2	Q5698
118	146	145	105	41	78	119	147	**146**	100	87	52	22	15	13	11	11		9	10	–	2	–	–	–	–	–	–	–	–	Pyridine, 3-(1-pyrrolin-2-yl)-	532-12-7	Q1692
118	146	145	105	78	50	147	119	**146**	100	86	59	24	19	15	11	10		9	10	–	2	–	–	–	–	–	–	–	–	Pyridine, 3-(1-pyrrolin-2-yl)-	532-12-7	Q1693
126	47	62	91	41	64	128	77	**146**	100	41	40	38	34	34	32	25	0.00	4	6	–	–	1	–	3	–	–	–	–	–	Butane, 4-chloro-1,1,1-trifluoro-	406-85-9	Q0689
127	89	108	51	54	70	32	35	**146**	100	26	9	8	7	5	5	5	0.00	–	–	–	–	–	–	6	1	–	–	–	–	Sulphur hexafluoride		X0550
127	89	108	129	54	51	70	32	**146**	100	20	10	5	4	4	3	2	0.00	–	–	–	–	–	–	6	1	–	–	–	–	Sulphur hexafluoride		M5676
127	28	32	89	108	51	129	70	**146**	100	60	25	24	8	5	5	4	0.00	–	–	–	–	–	–	6	1	–	–	–	–	Sulphur hexafluoride	2551-62-4	Q8305
128	72	99	79	39	41	85	27	**146**	100	90	65	41	40	40	38	29	0.00	8	12	–	–	–	–	2	–	–	–	–	–	Bicyclo[2.2.2]octane, 1,4-difluoro-	20277-40-1	R8602
130	84	129	131	83	85	102	147	**146**	100	72	7	7	6	5	5	5	0.00	5	10	3	2	–	–	–	–	–	–	–	–	L-Glutamine	56-85-9	P4744
131	73	132	45	59	43	133	115	**146**	100	43	15	10	9	9	7	6	0.00	6	18	–	–	–	–	–	–	–	–	2	–	2,4-Disilapentane, 2,2,4-trimethyl-		04463
131	75	73	103	44	89	132	59	**146**	100	95	42	21	12	12	10	8	0.00	7	18	1	–	–	–	–	–	–	–	1	–	Silane, butoxytrimethyl-	1825-65-6	Q6841
131	75	73	103	89	45	132	59	**146**	100	95	45	22	13	13	10	8	0.00	7	18	1	–	–	–	–	–	–	–	1	–	Silane, butoxytrimethyl-		L5195
131	91	146	39	129	51	41	27	**146**	100	55	48	25	20	18	17	17		11	14	–	–	–	–	–	–	–	–	–	–	Benzene, (2-methyl-2-butenyl)-		V0321
131	91	146	51	39	27	41	77	**146**	100	40	31	18	17	16	16	16		11	14	–	–	–	–	–	–	–	–	–	–	Benzene, (1,1-dimethyl-2-propenyl)-		V0310
131	91	146	115	51	39	116	77	**146**	100	19	15	14	9	9	8	8		11	14	–	–	–	–	–	–	–	–	–	–	Indan, 1,1-dimethyl		M0148
131	91	146	115	132	116	39	51	**146**	100	17	15	11	11	8	8	7		11	14	–	–	–	–	–	–	–	–	–	–	Indan, 1,1-dimethyl		Y1776
131	103	146	145	77	51	43	132	**146**	100	90	65	49	46	28	23	12		10	10	1	–	–	–	–	–	–	–	–	–	3-Buten-2-one, 4-phenyl-	122-57-6	P9242
131	103	146	145	77	51	43	132	**146**	100	82	65	53	38	23	21	10		10	10	1	–	–	–	–	–	–	–	–	–	3-Buten-2-one, 4-phenyl-	122-57-6	P9241
131	103	146	145	77	51	43	132	**146**	100	80	75	50	36	23	18	10		10	10	1	–	–	–	–	–	–	–	–	–	3-Buten-2-one, 4-phenyl-		Z0789
131	118	146	39	105	27	117	51	**146**	100	87	73	39	36	32	29	29		11	14	–	–	–	–	–	–	–	–	–	–	Naphthalene, 1,2,3,4-tetrahydro-5-methyl-		V0261
131	118	146	105	117	115	91	142	**146**	100	94	71	37	35	33	28	20		11	14	–	–	–	–	–	–	–	–	–	–	Naphthalene, 1,2,3,4-tetrahydro-6-methyl-	1680-51-9	Q6494
131	118	146	105	129	115	39	91	**146**	100	98	80	39	34	32	31	30		11	14	–	–	–	–	–	–	–	–	–	–	Naphthalene, 1,2,3,4-tetrahydro-6-methyl-	1680-51-9	H1224
131	146	51	77	115	103	117	39	**146**	100	67	38	35	34	33	28	27		10	10	1	–	–	–	–	–	–	–	–	–	1-Indanone, 3-methyl-		U0002
131	146	77	51	63	39	115	117	**146**	100	32	11	10	9	8	6	4		10	10	1	–	–	–	–	–	–	–	–	–	Benzofuran, 5-ethyl		L6638
131	146	77	132	147	91	118	104	**146**	100	84	17	12	10	8	8	7		9	10	–	2	–	–	–	–	–	–	–	–	Benzimidazole, 1-ethyl-	7035-68-9	R2801
131	146	91	103	77	51	132	115	**146**	100	43	37	33	22	14	13	11		11	14	–	–	–	–	–	–	–	–	–	–	Benzene, (2-methyl-1-methylenepropyl)-	17498-71-4	R7041
131	146	91	115	117	116	129	132	**146**	100	59	50	24	17	14	12	11		11	14	–	–	–	–	–	–	–	–	–	–	Benzene, (2-methyl-1-butenyl)-	56253-64-6	T3223
131	146	91	115	129	39	132	128	**146**	100	30	21	17	15	12	11	10		11	14	–	–	–	–	–	–	–	–	–	–	Indan, 1,2-dimethyl-		Y1106
131	146	91	115	129	116	128	77	**146**	100	83	46	43	27	25	23	21		11	14	–	–	–	–	–	–	–	–	–	–	Styrene, 2,4,6-trimethyl-	769-25-5	Q4064
131	146	91	115	132	116	39	51	**146**	100	14	14	12	10	8	7	7		11	14	–	–	–	–	–	–	–	–	–	–	Indan, 1,1-dimethyl		V0189
131	146	91	115	132	129	39	51	**146**	100	27	19	13	12	11	9	9		11	14	–	–	–	–	–	–	–	–	–	–	Indan, 1,3-dimethyl-		Y1107
131	146	91	118	115	117	39	132	**146**	100	30	21	19	16	15	11	11		11	14	–	–	–	–	–	–	–	–	–	–	Naphthalene, 1,2,3,4-tetrahydro-1-methyl-		V0202
131	146	91	118	115	117	129	132	**146**	100	35	20	19	18	14	13	11		11	14	–	–	–	–	–	–	–	–	–	–	Naphthalene, 1,2,3,4-tetrahydro-5-methyl-	2809-64-5	H1360
131	146	91	118	115	117	132	51	**146**	100	30	20	18	16	14	11	10		11	14	–	–	–	–	–	–	–	–	–	–	Naphthalene, 1,2,3,4-tetrahydro-1-methyl-		Y1179
131	146	115	91	132	129	116	39	**146**	100	27	13	11	11	9	9	9		11	14	–	–	–	–	–	–	–	–	–	–	Indan, 1,6-dimethyl-		Y1108
131	146	115	145	128	132	27	39	**146**	100	35	14	14	11	11	11	11		11	14	–	–	–	–	–	–	–	–	–	–	Indan, 4,7-dimethyl-	6682-71-9	H1625
131	146	117	77	51	115	118	91	**146**	100	62	32	30	26	20	18	17		10	10	1	–	–	–	–	–	–	–	–	–	1-Indanone, 3-methyl-		L7551
131	146	118	105	27	39	91	28	**146**	100	78	73	41	28	27	23	22		11	14	–	–	–	–	–	–	–	–	–	–	Naphthalene, 1,2,3,4-tetrahydro-5-methyl-		Y1449
131	146	145	115	39	27	128	91	**146**	100	40	18	15	12	12	12	11		11	14	–	–	–	–	–	–	–	–	–	–	Indan, 5,6-dimethyl-	1075-22-5	H1137
131	146	145	115	39	128	27	129	**146**	100	35	18	14	12	11	11	10		11	14	–	–	–	–	–	–	–	–	–	–	Indan, 4,6-dimethyl-	1685-82-1	H1225
131	146	145	115	39	128	129	27	**146**	100	42	17	14	11	11	11	11		11	14	–	–	–	–	–	–	–	–	–	–	Indan, 5,6-dimethyl-		V0192
131	146	145	115	118	117	127	132	**146**	100	98	78	28	19	19	16	12		10	10	1	–	–	–	–	–	–	–	–	–	Benzopyran, 3,4-methylene-		M5806
131	146	145	115	128	132	27	129	**146**	100	36	14	14	11	11	10	10		11	14	–	–	–	–	–	–	–	–	–	–	Indan, 4,7-dimethyl-		V0191
131	146	145	115	129	128	39	132	**146**	100	36	17	14	11	11	11	10		11	14	–	–	–	–	–	–	–	–	–	–	Indan, 4,6-dimethyl-		V0190
131	146	145	115	129	128	132	39	**146**	100	40	15	13	12	11	11	11		11	14	–	–	–	–	–	–	–	–	–	–	Indan, 4,7-dimethyl-		Y1109
145	115	117	146	91	78	29	63	**146**	100	78	73	66	47	33	25	20		10	10	1	–	–	–	–	–	–	–	–	–	2-Propenal, 2-methyl-3-phenyl-	101-39-3	P7479
145	117	146	115	39	78	91	51	**146**	100	81	65	57	38	29	27	25		10	10	1	–	–	–	–	–	–	–	–	–	2-Propenal, 2-methyl-3-phenyl-	101-39-3	P7480
145	131	144	146	129	115	132	143	**146**	100	96	61	52	23	18	17	16		4	14	–	–	–	–	–	–	–	–	3	–	1,3,5-Trisilacyclohexane, 1-methyl-		04466
145	131	146	39	104	118	132	144	**146**	100	62	39	11	11	11	11	9		9	10	–	2	–	–	–	–	–	–	–	–	1H-Pyrrolo[2,3-b]pyridine, 2-ethyl-	23612-49-9	S0277
145	131	146	132	118	91	39	63	**146**	100	71	58	45	36	24	21	14		9	10	–	2	–	–	–	–	–	–	–	–	1H-Pyrrolo[2,3-b]pyridine, 3,4-dimethyl-	23612-70-6	S0279
145	146	131	39	63	28	27	118	**146**	100	64	25	12	12	11	10	10		9	10	–	2	–	–	–	–	–	–	–	–	Benzimidazole, 2-ethyl-	1848-84-6	Q6882

MASS TO CHARGE RATIOS								M.W.	INTENSITIES								Parent	C	H	O	N	Cl	Br	F	S	P	B	Si	X	COMPOUND NAME	CAS Reg No	No
145	146	131	77	118	39	64	65	**146**	100	54	19	7	7	6	6	6		9	10	–	2	–	–	–	–	–	–	–	–	**Benzimidazole, 2-ethyl-**		**L2253**
146	18	32	118	43	64	91	45	**146**	100	64	48	46	28	28	25	25		8	6	1	2	–	–	–	–	–	–	–	–	**1,8-Naphthyridin-2-ol**		**Y2353**
146	44	42	43	73	74	72	147	**146**	100	90	87	55	51	47	42	35		5	10	1	2	–	–	–	1	–	–	–	–	**2H-1,3,5-Oxadiazin-2-thione, tetrahydro-3,5-dimethyl-**		**D2913**
146	45	71	72	99	147	85	100	**146**	100	20	18	16	13	12	11	10		5	6	1	–	–	–	–	2	–	–	–	–	**Thiophene, 2,5-dihydro-2-oxo-4-(methylthio)-**	7210-63-1	**R2948**
146	45	71	72	99	147	85	148	**146**	100	20	18	16	13	12	11	10		5	6	1	–	–	–	–	2	–	–	–	–	**Thiophene, 2,5-dihydro-2-oxo-4-(methylthio)-**		**04439**
146	59	28	56	88	44	148		**146**	100	52	46	18	14	10	8			4	6	–	2	–	–	–	2	–	–	–	–	**1,3,4-Thiadiazole-2(3H)-thione, 4,5-dimethyl-**		**M2571**
146	60	69	102	131	61	68	70	**146**	100	91	73	65	61	23	18	16		7	14	1	–	–	–	–	1	–	–	–	–	**1,3-Oxathiane, 2α,4α,6α-trimethyl-**		**P2802**
146	60	69	102	131	61	68	86	**146**	100	90	72	65	61	23	18	16		7	14	1	–	–	–	–	1	–	–	–	–	**1,3-Oxathiane, 2α,4α,6α-trimethyl-**	22521-88-6	**R9795**
146	60	104	59	130	70	43	45	**146**	100	92	90	81	76	70	54	41		4	6	2	2	–	–	–	1	–	–	–	–	**1,3-Oxathiolan-2-imine, N-(iminocarbonyl)-**	5997-41-1	**R1980**
146	71	99	45	103	55	118	100	**146**	100	74	64	56	42	42	26	26		5	6	1	–	–	–	–	2	–	–	–	–	**Thiophene, 2,5-dihydro-2-oxo-5-(methylthio)-**		**04442**
146	72	105	42	18	28	44	41	**146**	100	59	46	38	30	22	22	22		4	6	–	2	–	–	–	2	–	–	–	–	**1,3,4-Thiadiazole-2(3H)-thione, 3,5-dimethyl-**	7111-96-8	**R2845**
146	72	105	42	64	28	44	41	**146**	100	60	44	38	22	22	20	20		4	6	–	2	–	–	–	2	–	–	–	–	**1,3,4-Thiadiazole-2(3H)-thione, 3,5-dimethyl-**		**M2573**
146	76	51	69	75	94	144	33	**146**	100	60	59	57	37	36	31	23		1	2	–	–	–	–	3	–	–	–	–	1	**Arsine, trifluoromethyl-**		**01122**
146	77	145	91	51	118	104	117	**146**	100	67	47	34	21	18	14	11		9	10	–	2	–	–	–	–	–	–	–	–	**2-Pyrazoline, 1-phenyl-**		**00050**
146	78	119	51	92	52	77	147	**146**	100	36	32	21	20	12	9	9		7	6	–	4	–	–	–	–	–	–	–	–	**Pteridine, 7-methyl-**	936-40-3	**Q4712**
146	83	73	52	58	148	102	82	**146**	100	57	54	54	41	38	19	17		4	3	–	2	1	–	–	1	–	–	–	–	**3(2H)-Pyridazinethione, 6-chloro-**	3916-78-7	**Q9927**
146	89	63	76	90	102	39	50	**146**	100	66	27	20	19	19	17	17		8	6	1	2	–	–	–	–	–	–	–	–	**Cinnoline, 2-oxide**	4215-44-5	**R0211**
146	89	63	90	118	39	91	128	**146**	100	63	27	20	20	14	13	11		8	6	1	2	–	–	–	–	–	–	–	–	**1(2H)-Phthalazinone**	119-39-1	**P9014**
146	89	92	87	91	63	86	90	**146**	100	93	35	28	17	15	13	13		8	6	1	2	–	–	–	–	–	–	–	–	**Cinnoline, 1-oxide**	1125-61-7	**Q5439**
146	91	64	76	50	102	118	130	**146**	100	35	20	20	17	15	15	15		8	6	1	2	–	–	–	–	–	–	–	–	**Quinoxaline, 1-oxide**	6935-29-1	**R2706**
146	92	63	64	119	93	118	91	**146**	100	70	45	42	40	25	25	20		8	6	1	2	–	–	–	–	–	–	–	–	**5-Quinazolinol**	7556-88-9	**R3277**
146	92	119	63	64	145	62	90	**146**	100	60	55	50	25	22	18	15		8	6	1	2	–	–	–	–	–	–	–	–	**7-Quinazolinol**	7556-97-0	**R3285**
146	92	119	63	147	64	145	90	**146**	100	30	27	14	12	8	8	6		8	6	1	2	–	–	–	–	–	–	–	–	**6-Quinazolinol**	7556-93-6	**R3282**
146	103	76	29	31	43	105	41	**146**	100	90	73	60	43	43	40	33		4	3	2	2	1	–	–	–	–	–	–	–	**Uracil, 5-chloro-**	1820-81-1	**Q6809**
146	103	76	29	43	31	105	41	**146**	100	92	74	61	44	43	39	34		4	3	2	2	1	–	–	–	–	–	–	–	**Uracil, 5-chloro-**		**L6393**
146	104	76	90	50	118	74	75	**146**	100	74	71	40	35	21	14	14		9	6	2	–	–	–	–	–	–	–	–	–	**1,3-Indandione**		**M4645**
146	104	76	90	50	118	89	74	**146**	100	74	71	40	35	21	15	14		9	6	2	–	–	–	–	–	–	–	–	–	**1,3-Indandione**	606-23-5	**Q2722**
146	104	117	118	115	91	131	145	**146**	100	97	58	51	48	40	34	29		10	10	1	–	–	–	–	–	–	–	–	–	**Naphthalene, 1,2-epoxy-1,2,3,4-tetrahydro-**		**M8519**
146	104	117	118	115	91	131	145	**146**	100	99	59	53	50	41	34	29		10	10	1	–	–	–	–	–	–	–	–	–	**Naphthalene, 1,2-epoxy-1,2,3,4-tetrahydro-**	2461-34-9	**Q8149**
146	104	118	147	90	105	119	91	**146**	100	15	11	9	7	4	1	1		9	6	2	–	–	–	–	–	–	–	–	–	**1,3-Indandione**	606-23-5	**Q2723**
146	105	78	52	26	65	51	38	**146**	100	69	46	18	17	17	14	13		7	6	–	4	–	–	–	–	–	–	–	–	**Pteridine, 4-methyl-**	2432-21-5	**Q8027**
146	105	78	52	65	51	147	64	**146**	100	68	43	19	19	15	10	9		7	6	–	4	–	–	–	–	–	–	–	–	**Pteridine, 4-methyl-**	2432-21-5	**Q8028**
146	115	102	120	147	144	145	116	**146**	100	26	14	13	10	9	8	3		9	7	–	–	–	–	–	–	1	–	–	–	**Isophosphinoline**	253-37-2	**Q0113**
146	116	89	91	76	130	103	117	**146**	100	82	41	34	29	24	19	15		8	6	1	2	–	–	–	–	–	–	–	–	**Quinazoline, 3-oxide**	32907-43-0	**S3935**
146	117	91	115	103	63	77	145	**146**	100	51	46	45	39	29	27	24		10	10	1	–	–	–	–	–	–	–	–	–	**4,6-Deca-2,8-diendiyn-1-ol**		**L3016**
146	117	145	103	91	78	131	118	**146**	100	52	16	16	9	7	6	5		10	10	1	–	–	–	–	–	–	–	–	–	**4,6-Deca-2,8-diendiyn-1-ol**		**L3017**
146	118	18	145	120	59	63	147	**146**	100	86	53	51	30	27	25	24		8	6	1	2	–	–	–	–	–	–	–	–	**1,6-Naphthyridin-4-ol**		**Y2355**
146	118	64	91	145	147	63	117	**146**	100	75	18	18	14	12	8	8		8	6	1	2	–	–	–	–	–	–	–	–	**2(1H)-Quinazolinone**	7471-58-1	**R3228**
146	118	89	90	63	91			**146**	100	75	62	50	38	28				8	6	1	2	–	–	–	–	–	–	–	–	**3(2H)-Cinnolinone**		**M6617**
146	118	90	89	63	59	147	45	**146**	100	60	24	19	16	12	10	8		9	6	2	–	–	–	–	–	–	–	–	–	**Coumarin**	91-64-5	**P6658**
146	118	90	145	91	119	64	92	**146**	100	28	20	20	18	18	15	13		8	6	1	2	–	–	–	–	–	–	–	–	**4(1H)-Quinazolinone**	491-36-1	**Q1208**
146	118	91	64	52	39	63	38	**146**	100	74	26	14	13	12	12	11		8	6	1	2	–	–	–	–	–	–	–	–	**1,5-Naphthyridin-4-ol**		**Y2354**
146	118	91	64	63	90	52	147	**146**	100	99	77	41	34	25	14	14		8	6	1	2	–	–	–	–	–	–	–	–	**1H-Benzimidazole-2-carboxaldehyde**	3314-30-5	**09686**
146	118	91	64	63	90	147	52	**146**	100	99	77	41	34	25	14	14		8	6	1	2	–	–	–	–	–	–	–	–	**2-Benzimidazolecarboxaldehyde**		**M8260**
146	118	91	78	63	147	59	38	**146**	100	33	18	17	12	11	11	10		8	6	1	2	–	–	–	–	–	–	–	–	**1,8-Naphthyridin-4-ol**		**Y2357**
146	118	92	63	120	64	90	89	**146**	100	63	59	39	33	32	19	15		9	6	2	–	–	–	–	–	–	–	–	–	**Chromone**	491-38-3	**Q1211**
146	118	92	120	63	64	28	50	**146**	100	52	44	27	25	20	16	15		9	6	2	–	–	–	–	–	–	–	–	–	**Chromone**		**00755**
146	118	92	120	63	64	90	50	**146**	100	51	38	27	21	18	14	12		9	6	2	–	–	–	–	–	–	–	–	–	**Chromone**	491-38-3	**Q1210**
146	118	145	91	119	64	63	147	**146**	100	36	36	27	21	21	18	17		8	6	1	2	–	–	–	–	–	–	–	–	**1,7-Naphthyridin-4-ol**		**Y2356**
146	119	63	64	92	91	147	62	**146**	100	40	25	18	16	12	12	8		8	6	1	2	–	–	–	–	–	–	–	–	**8-Quinazolinol**	7557-02-0	**R3290**
146	119	63	64	92	91	147	90	**146**	100	40	25	18	16	12	12	8		8	6	1	2	–	–	–	–	–	–	–	–	**8-Quinazolinol**		**L1992**
146	119	78	79	52	51	26	92	**146**	100	61	31	26	21	14	9	9		7	6	–	4	–	–	–	–	–	–	–	–	**Pteridine, 2-methyl-**	2432-20-4	**Q8026**
146	127	145	96	51	77	50	75	**146**	100	43	42	38	18	16	13	9		7	5	–	–	–	–	3	–	–	–	–	–	**Toluene, α,α,α-trifluoro-**		**X0439**
146	131	115	145	85	117	91	103	**146**	100	93	43	39	35	31	30	26		10	10	1	–	–	–	–	–	–	–	–	–	**2-Propyn-1-ol, 3-p-tolyl-**	16017-24-6	**R5984**
146	131	118	145	117	130	144	104	**146**	100	52	45	38	18	13	10	9		8	11	–	2	–	–	–	–	–	1	–	–	**1H-1,3,2-Benzodiazaborole, 2-ethyl-2,3-dihydro-**	74663-81-3	**T8304**
146	131	145	39	115	51	117	91	**146**	100	90	68	22	21	21	14	14		10	10	1	–	–	–	–	–	–	–	–	–	**Benzofuran, 5,6-dimethyl-**		**L6637**

MASS TO CHARGE RATIOS								M.W.	INTENSITIES								Parent	C	H	O	N	Cl	Br	F	S	P	B	Si	X	COMPOUND NAME	CAS Reg No	No
146	145	20	115	131	91	52	72	**146**	100	88	18	18	17	14	13	12		10	10	1	–	–	–	–	–	–	–	–	–	**Benzofuran, 4,7-dimethyl-**	28715-26-6	**S2180**
146	145	77	51	78	104	147	52	**146**	100	91	16	12	12	12	11	8		9	10	–	2	–	–	–	–	–	–	–	–	**Benzimidazole, 2,5-dimethyl-**	1792-41-2	**Q6755**
146	145	77	118	91	51	117	147	**146**	100	75	44	31	22	21	16	11		9	10	–	2	–	–	–	–	–	–	–	–	**2-Pyrazoline, 3-phenyl-**		**00056**
146	145	117	39	115	18	131	51	**146**	100	87	20	18	18	18	17	13		10	10	1	–	–	–	–	–	–	–	–	–	**Benzofuran, 4,7-dimethyl-**		**W0109**
146	145	117	115	131	39	91	51	**146**	100	84	23	22	20	20	18	17		10	10	1	–	–	–	–	–	–	–	–	–	**Benzofuran, 2,6-dimethyl-**		**L6636**
146	145	117	119	147	91	118	76	**146**	100	30	22	11	8	8	7	6		7	7	1	2	–	–	–	–	–	1	–	–	**2,3,1-Benzodiazaborine, 1,2-dihydro-4-hydroxy-**		**L4334**
146	145	127	96	77	51	147	50	**146**	100	40	33	28	10	10	8	6		7	5	–	–	–	–	3	–	–	–	–	–	**Toluene, α,α,α-trifluoro-**		**Z0808**
146	145	131	28	77	104	44	63	**146**	100	51	45	25	22	18	17	10		9	10	–	2	–	–	–	–	–	–	–	–	**Benzimidazole, 1,2-dimethyl-**		**L7527**
146	145	131	91	147	118	132	65	**146**	100	76	66	22	11	10	8	7		9	10	–	2	–	–	–	–	–	–	–	–	**Benzimidazole, 5,6-dimethyl-**		**02063**
146	145	131	115	117	39	91	51	**146**	100	94	24	20	19	18	14	14		10	10	1	–	–	–	–	–	–	–	–	–	**Benzofuran, 3,6-dimethyl-**		**L6635**
146	145	131	128	118	117	28	89	**146**	100	93	58	42	40	34	32	28		9	10	–	2	–	–	–	–	–	–	–	–	**Cinnoline, 1,2-dihydro-2-methyl-**	54063-10-4	**S8766**
146	145	144	50	63	96	51	94	**146**	100	8	4	2	2	2	1	1		10	7	–	–	–	–	1	–	–	–	–	–	**Naphthalene, 1-fluoro-**		**L0595**
146	145	144	63	50	51	94	96	**146**	100	7	4	2	1	1	1	1		10	7	–	–	–	–	1	–	–	–	–	–	**Naphthalene, 2-fluoro-**		**L0596**
146	147	66	72	148	52	59	45	**146**	100	14	14	10	7	5	5	4		6	18	–	–	–	–	–	–	–	–	2	–	**Disilane, hexamethyl-**		**A0637**
146	147	73	145	125	120	60	144	**146**	100	11	9	8	6	5	4	4		10	7	–	–	–	–	1	–	–	–	–	–	**Naphthalene, 1-fluoro-**		**Z0795**
146	147	73	145	125	120	60	144	**146**	100	11	9	7	6	5	4	4		10	7	–	–	–	–	1	–	–	–	–	–	**Naphthalene, 2-fluoro-**		**Z0797**
146	148	40	28	38	119	92	94	**146**	100	99	64	31	28	23	21	20		3	3	–	2	–	1	–	–	–	–	–	–	**Pyrazole, 4-bromo-**		**L8574**
146	148	40	28	38	119	92	94	**146**	100	98	64	41	27	22	21	20		3	3	–	2	–	1	–	–	–	–	–	–	**Pyrazole, 4-bromo-**	2075-45-8	**Q7326**
146	148	40	28	38	119	92	94	**146**	100	97	63	30	28	22	21	20		3	3	–	2	–	1	–	–	–	–	–	–	**Pyrazole, 4-bromo-**	2075-45-8	**Q7327**
146	148	40	28	67	39	38	92	**146**	100	95	82	57	37	25	18	18		3	3	–	2	–	1	–	–	–	–	–	–	**Imidazole, 4-bromo-**	2302-25-2	**Q7798**
146	148	40	28	67	39	94	92	**146**	100	95	82	57	37	25	18	18		3	3	–	2	–	1	–	–	–	–	–	–	**Imidazole, 5-bromo-**		**02196**
146	148	111	28	75	113	150	32	**146**	100	64	40	31	30	13	10	8		6	4	–	–	2	–	–	–	–	–	–	–	**Benzene, 1,2-dichloro-**	95-50-1	**P6957**
146	148	111	28	75	113	150	32	**146**	100	77	51	39	37	16	12	10		6	4	–	–	2	–	–	–	–	–	–	–	**Benzene, 1,3-dichloro-**	541-73-1	**Q1839**
146	148	111	75	50	74	113	73	**146**	100	65	36	25	19	16	11	11		6	4	–	–	2	–	–	–	–	–	–	–	**Benzene, 1,3-dichloro-**	541-73-1	**Q1838**
146	148	111	75	50	113	74	150	**146**	100	61	38	26	13	13	12	10		6	4	–	–	2	–	–	–	–	–	–	–	**Benzene, 1,2-dichloro-**		**D0380**
146	148	111	75	74	50	113	73	**146**	100	64	35	22	14	12	11	11		6	4	–	–	2	–	–	–	–	–	–	–	**Benzene, 1,4-dichloro-**	106-46-7	**P7896**
146	148	111	75	74	51	73	56	**146**	100	78	40	29	18	16	14	12		6	4	–	–	2	–	–	–	–	–	–	–	**Benzene, 1,4-dichloro-**	106-46-7	**P7899**
146	148	111	75	74	113	50	150	**146**	100	64	37	22	13	12	12	10		6	4	–	–	2	–	–	–	–	–	–	–	**Benzene, 1,3-dichloro-**	541-73-1	**Q1835**
146	148	111	75	113	74	50	150	**146**	100	64	38	23	12	12	11	10		6	4	–	–	2	–	–	–	–	–	–	–	**Benzene, 1,2-dichloro-**	95-50-1	**P6955**
146	148	111	79	78	50	150	113	**146**	100	65	37	27	18	16	12	12		6	4	–	–	2	–	–	–	–	–	–	–	**Benzene, 1,4-dichloro-**		**D2440**
147	106	70	107	148	146	134	145	**146**	100	95	14	9	8	6	6	6		9	10	–	2	–	–	–	–	–	–	–	–	**Propanenitrile, 3-(phenylamino)-**	1075-76-9	**Q5238**
147	119	131	105	148	103	117	133	**146**	100	52	20	10	8	6	5	5	**0.00**	7	14	3	–	–	–	–	–	–	–	–	–	**Lactic acid, butyl ester**		**P1674**
27	29	74	73	30	45	26	57	**147**	100	34	27	26	24	22	13	12	**0.00**	5	9	4	1	–	–	–	–	–	–	–	–	**Propanoic acid, 2-nitroethyl ester**	5390-28-3	**R1371**
28	43	18	60	77	61	27	76	**147**	100	83	77	72	70	68	55	45	**12.67**	6	13	1	1	–	–	–	1	–	–	–	–	**Acetamide, N-(diethylsulphonio)-**		**05912**
30	43	28	72	42	18	55	57	**147**	100	70	66	64	61	46	35	34	**1.59**	2	5	3	5	–	–	–	–	–	–	–	–	**Guanidine, N-methyl-N′-nitro-N-nitroso-**	70-25-7	**P5369**
30	46	47	66	28	69	44	20	**147**	100	90	76	60	58	42	22	10	**0.00**	1	–	4	1	–	–	3	–	–	–	–	–	**Nitrous acid, trifluoromethylperoxy-**		**14630**
30	147	130	117	118	144	116	145	**147**	100	99	70	61	51	49	47	42		9	9	1	1	–	–	–	–	–	–	–	–	**2-Indolizinemethanol**	22320-21-4	**R9628**
31	147	130	117	118	144	116	145	**147**	100	99	70	60	52	50	48	43		9	9	1	1	–	–	–	–	–	–	–	–	**2-Indolizinemethanol**		**L8621**
39	80	53	147	38	78	118	132	**147**	100	28	24	17	15	15	11	5		9	9	1	1	–	–	–	–	–	–	–	–	**Pyridine, 2-methyl-3-(2-propynyloxy)-**	69022-72-6	**T6987**
39	91	119	118	27	51	93	65	**147**	100	89	83	78	68	58	54	50	**12.00**	8	9	–	3	–	–	–	–	–	–	–	–	**Benzene, 2-azido-1,3-dimethyl-**	26334-20-3	**09795**
39	91	119	118	27	93	65	77	**147**	100	89	83	78	68	54	50	48	**12.00**	8	9	–	3	–	–	–	–	–	–	–	–	**Benzene, 2-azido-1,3-dimethyl-**	26334-20-3	**S1329**
41	43	39	61	101	72	91	115	**147**	100	65	48	44	41	26	14	5	**2.00**	5	9	–	1	–	–	–	2	–	–	–	–	**Isothiocyanic acid, 3-(methylthio)propyl-**		**17551**
42	147	149	79	81	120	122		**147**	100	95	95	25	25	25	25			2	2	–	3	–	1	–	–	–	–	–	–	**1H-1,2,4-Triazole, 3-bromo-**	7343-33-1	**R3079**
43	29	41	46	76	27	42	39	**147**	100	31	29	24	20	19	11	10	**0.00**	6	13	3	1	–	–	–	–	–	–	–	–	**Nitric acid, hexyl ester**		**L3319**
43	29	41	46	76	27	42	71	**147**	100	30	29	24	20	19	11	10	**0.00**	6	13	3	1	–	–	–	–	–	–	–	–	**Nitric acid, hexyl ester**		**01617**
43	51	58	147	39	50	105	42	**147**	100	96	94	81	80	64	54	53		8	9	–	3	–	–	–	–	–	–	–	–	**[1,2,4]Triazolo[1,5-a]pyridine, 2,7-dimethyl-**	4931-22-0	**R0954**
43	51	58	147	39	54	105	42	**147**	100	96	94	81	80	64	54	53		8	9	–	3	–	–	–	–	–	–	–	–	**1,2,4-Triazolo[4,3-a]pyridine, 3,7-dimethyl-**		**L8660**
43	72	42	57	101	46	55	71	**147**	100	99	98	87	35	26	17	17	**1.15**	2	5	3	5	–	–	–	–	–	–	–	–	**Guanidine, N-methyl-N′-nitro-N-nitroso-**	70-25-7	**P5370**
43	88	52	87	28	15	90	61	**147**	100	11	5	4	4	4	4	3	**0.00**	5	6	2	1	1	–	–	–	–	–	–	–	**Acetic acid, 2-chloro-1-cyanoethyl-**		**Z0813**
44	72	29	43	27	147	41	60	**147**	100	89	60	57	49	46	36	34		6	13	1	1	–	–	–	1	–	–	–	–	**Thiocarbamic acid, N-ethyl-, isopropyl ester**		**C1464**
45	59	58	102	115	70	42	85	**147**	100	21	20	20	20	17	15	15	**0.29**	6	13	3	1	–	–	–	–	–	–	–	–	**Acetamide, 2-methoxy-N-(2-methoxyethyl)-**	55956-18-8	**T2454**
47	46	31	65	35	116	112	30	**147**	100	87	41	39	28	10	10	10	**1.90**	2	1	1	1	1	–	3	–	–	–	–	–	**1,2-Oxazetidine, perfluoro-4-chloro-**		**L9588**
52	147	39	79	38	51	53	42	**147**	100	72	67	52	50	47	45	43		8	9	–	3	–	–	–	–	–	–	–	–	**Imidazo[1,2-b]pyridazine, 2,6-dimethyl-**		**L4222**
54	133	135	93	29	53	52	28	**147**	100	93	92	44	36	28	25	21	**0.00**	4	6	–	1	–	1	–	–	–	–	–	–	**Butanenitrile, 4-bromo-**		**Z0812**

MASS TO CHARGE RATIOS								M.W.	INTENSITIES								Parent	C	H	O	N	Cl	Br	F	S	P	B	Si	X	COMPOUND NAME	CAS Reg No	No
56	28	104	146	91	42	147	15	**147**	100	15	14	14	11	11	8	8		10	13	–	1	–	–	–	–	–	–	–	–	**Aziridine, 1-(2-phenylethyl)-**	3164-46-3	**H1385**
56	28	104	146	91	91.5	42	147	**147**	100	15	14	14	12	11	11	8		10	13	–	1	–	–	–	–	–	–	–	–	**Aziridine, 1-(2-phenylethyl)-**		**00100**
57	30	56	44	74	40	103	42	**147**	100	86	50	36	28	27	21	21	**0.56**	7	17	2	1	–	–	–	–	–	–	–	–	**Propylamine, 3-(2-methoxy-1-methylethoxy)-**	55759-85-8	**T2055**
58	29	36	42	44	31	88	38	**147**	100	21	10	7	7	7	6	5	**4.29**	6	13	3	1	–	–	–	–	–	–	–	–	**Butanoic acid, 4-(dimethylamino)-3-hydroxy-**	3688-46-8	**Q9665**
58	71	72	87	147	103	102	104	**147**	100	5	4	1	1	1	1	1		6	13	1	1	–	–	–	1	–	–	–	–	**Choline thioacetate**		**L4137**
59	31	102	58	28	29	56	74	**147**	100	99	89	72	62	59	58	50	**0.00**	6	13	3	1	–	–	–	–	–	–	–	–	**L-Homoserine, O-ethyl-**	17268-93-8	**R6721**
59	116	41	42	28	29	39	30	**147**	100	47	43	35	30	21	15	14	**0.00**	5	9	4	1	–	–	–	–	–	–	–	–	**Butanoic acid, 4-nitro-, methyl ester**	13013-02-0	**R4130**
64	91	93	65	63	147	119	52	**147**	100	95	60	60	50	40	40	33		7	5	1	3	–	–	–	–	–	–	–	–	**Tropone, 4-azido-**		**L7532**
74	30	29	57	103	56	45	31	**147**	100	54	52	27	26	16	13	10	**0.00**	6	13	3	1	–	–	–	–	–	–	–	–	**L-Threonine, ethyl ester**	23926-51-4	**S0400**
74	42	116	98	56	30	36	44	**147**	100	34	22	20	20	12	10	8	**0.00**	6	13	3	1	–	–	–	–	–	–	–	–	**L-Serine, N-methyl-, ethyl ester**		**L8827**
76	147	104	50	103	74	75	77	**147**	100	81	76	52	42	24	20	9		8	5	2	1	–	–	–	–	–	–	–	–	**Phthalimide**		**06707**
77	104	147	105	51	132	119	106	**147**	100	99	60	56	48	47	42	29		10	13	–	1	–	–	–	–	–	–	–	–	**Azetidine, 2-methyl-1-phenyl-**	55702-57-3	**06964**
78	30	60	69	48	44	62	50	**147**	100	61	56	51	17	14	12	9	**2.00**	2	4	1	1	–	–	3	1	–	–	–	–	**Methanesulphinamide, 1,1,1-trifluoro-N-methyl-**	51735-82-1	**S7757**
78	147	51	50	69	128	52	76	**147**	100	57	32	21	16	14	11	6		6	4	–	1	–	–	3	–	–	–	–	–	**Pyridine, 2-trifluoromethyl-**		**L2347**
81	41	79	53	39	27	148	67	**147**	100	16	15	13	12	9	9	8	**0.60**	6	10	1	1	1	–	–	–	–	–	–	–	**Cyclohexane, 1-chloro-2-nitroso-**	16580-31-7	**R6258**
81	147	53	39	51	28	82	52	**147**	100	33	26	8	6	5	5	4		9	9	1	1	–	–	–	–	–	–	–	–	**1H-Pyrrole, 1-(2-furanylmethyl)-**	1438-94-4	**Q5967**
84	18	28	41	56	17	44	27	**147**	100	71	55	28	16	14	9	7	**0.37**	5	9	4	1	–	–	–	–	–	–	–	–	**L-Glutamic acid**	56-86-0	**P4747**
84	28	41	18	56	27	85	29	**147**	100	40	35	28	14	7	7	7	**0.00**	5	9	4	1	–	–	–	–	–	–	–	–	**L-Glutamic acid**	56-86-0	**P4745**
84	41	56	44	29	45	39	85	**147**	100	41	22	11	6	6	5	5	**0.00**	5	9	4	1	–	–	–	–	–	–	–	–	**L-Glutamic acid**	56-86-0	**P4746**
86	42	58	47	56	70	87	44	**147**	100	25	20	12	9	7	6	5	**0.00**	7	17	–	1	–	–	–	1	–	–	–	–	**Ethylamine, N-ethyl-N-(ethylthio)methyl-**	3492-79-3	**Q9464**
89	132	30	53	27	28	91	39	**147**	100	69	56	49	41	39	32	27	**3.32**	7	14	–	1	1	–	–	–	–	–	–	–	**Allylamine, 3-chloro-N-isopropyl-2-methyl-, (E)-**	23240-44-0	**06953**
89	132	30	53	27	28	91	39	**147**	100	78	59	53	44	42	32	29	**4.18**	7	14	–	1	1	–	–	–	–	–	–	–	**Allylamine, 3-chloro-N-isopropyl-2-methyl-, (Z)-**	23240-43-9	**06954**
91	64	78	51	63	50	52	65	**147**	100	32	25	20	20	19	14	10	**3.80**	6	5	–	5	–	–	–	–	–	–	–	–	**Pyridine, 2-(1H-tetrazol-5-yl)-**	33893-89-9	**S4439**
91	118	146	119	104	77	51	89	**147**	100	75	24	22	19	15	12	12	**10.89**	10	13	–	1	–	–	–	–	–	–	–	–	**1-Propylamine, N-benzylidene-**	6852-55-7	**R2602**
91	118	146	119	104	89	147	90	**147**	100	75	23	21	18	12	9	8		10	13	–	1	–	–	–	–	–	–	–	–	**1-Propylamine, N-benzylidene-**	6852-55-7	**R2603**
91	146	104	118	78	39	103	51	**147**	100	86	77	68	40	27	23	22	**13.01**	9	9	1	1	–	–	–	–	–	–	–	–	**4-Azatricyclo[3.3.2.0^{2,8}]deca-6,9-dien-3-one**	17303-53-6	**R6782**
91	147	77	64	63	52	92	51	**147**	100	42	18	14	8	7	7	6		8	9	–	3	–	–	–	–	–	–	–	–	**2H-Benzotriazole, 1-ethyl-**		**M7900**
93	55	147	27	65	28	39	66	**147**	100	71	29	26	10	10	9	8		9	9	1	1	–	–	–	–	–	–	–	–	**Acrylamide, N-phenyl-**		**F0144**
102	30	74	75	57	45	73	103	**147**	100	42	37	37	26	25	18	3	**0.00**	5	9	4	1	–	–	–	–	–	–	–	–	**L-Serine, N-acetyl-**	16354-58-8	**09216**
104	32	91	146	78	118	39	103	**147**	100	84	72	62	55	53	35	35	**15.01**	9	9	1	1	–	–	–	–	–	–	–	–	**7-Azabicyclo[4.2.2]deca-2,4,9-trien-8-one**	17198-06-0	**R6682**
104	76	147	103	75	74	66	105	**147**	100	92	69	26	14	14	12	9		8	5	2	1	–	–	–	–	–	–	–	–	**Phthalimide**		**00160**
104	78	77	103	105	118	51	119	**147**	100	18	13	13	13	13	7	6	**6.01**	9	9	1	1	–	–	–	–	–	–	–	–	**2-Azetidinone, 4-phenyl-**	5661-55-2	**R1643**
104	107	91	77	103	51	78	39	**147**	100	65	57	27	24	23	22	20	**15.00**	9	9	1	1	–	–	–	–	–	–	–	–	**3H-2-Benzopyran-3-imine, 1,4-dihydro-**	38866-67-0	**S5965**
104	132	147	146	43	130	105	103	**147**	100	80	25	25	24	18	18	16		10	13	–	1	–	–	–	–	–	–	–	–	**Isoquinoline, 1,2,3,4-tetrahydro-3-methyl-**		**05711**
105	77	51	28	64	50	119	38	**147**	100	57	34	27	27	21	21	18	**13.00**	7	5	1	3	–	–	–	–	–	–	–	–	**Benzoyl azide**	582-61-6	**09805**
105	77	104	51	78	50	103	43	**147**	100	70	50	39	22	20	17	14	**5.00**	8	9	–	3	–	–	–	–	–	–	–	–	**Benzene, (1-azidoethyl)-**	32366-25-9	**S3626**
105	79	147	39	52	78	106	51	**147**	100	77	71	41	29	29	29	27		8	9	–	3	–	–	–	–	–	–	–	–	**1,2,4-Triazolo[4,3-a]pyridine, 3,8-dimethyl-**	13936-48-6	**R4840**
106	69	78	51	41	147	39	50	**147**	100	90	81	73	61	61	36	22		9	9	1	1	–	–	–	–	–	–	–	–	**Cyclopropyl 4-pyridinyl ketone**	39512-48-6	**S6081**
106	78	51	147	41	69	39	50	**147**	100	69	46	41	31	31	29	18		9	9	1	1	–	–	–	–	–	–	–	–	**Cyclopropyl 3-pyridinyl ketone**	24966-13-0	**S0886**
107	108	79	77	116	18	51	28	**147**	100	51	50	33	22	20	18	16	**3.26**	9	9	1	1	–	–	–	–	–	–	–	–	**Benzenepropanenitrile, β-hydroxy-**	17190-29-3	**R6678**
112	147	149	76	114	50	51	85	**147**	100	81	51	49	33	17	12	12		5	3	–	1	2	–	–	–	–	–	–	–	**Pyridine, 2,6-dichloro-**	2402-78-0	**Q7959**
117	116	147	89	90	132	63	77	**147**	100	69	57	55	48	41	29	18		9	9	1	1	–	–	–	–	–	–	–	–	**1H-Indole, 1-methoxy-**		**P3445**
118	78	41	51	39	79	119	147	**147**	100	57	37	31	29	26	24	23		9	9	1	1	–	–	–	–	–	–	–	–	**Cyclopropyl 2-pyridinyl ketone**	57276-28-5	**T4434**
118	104	42	119	51	146	77	78	**147**	100	65	46	23	22	20	20	19	**16.42**	10	13	–	1	–	–	–	–	–	–	–	–	**Azetidine, 1-methyl-2-phenyl-**	55702-58-4	**06963**
118	117	103	78	91	77	115	147	**147**	100	52	30	18	17	13	11	1		10	13	–	1	–	–	–	–	–	–	–	–	**Azetidine, 3-methyl-3-phenyl-**		**L5154**
118	117	103	78	91	77	119	115	**147**	100	52	30	18	17	13	12	11	**1.00**	10	13	–	1	–	–	–	–	–	–	–	–	**Azetidine, 3-methyl-3-phenyl-**	5961-33-1	**R1948**
118	147	59	104	78	105	77	91	**147**	100	88	44	38	28	25	22	22		9	9	1	1	–	–	–	–	–	–	–	–	**2H-Indol-2-one, 1,3-dihydro-1-methyl-**	61-70-1	**P5106**
118	147	91	119	117	65	148	89	**147**	100	95	28	16	15	10	9	8		9	9	1	1	–	–	–	–	–	–	–	–	**1H-Indole-1-carboxaldehyde, 2,3-dihydro-**	2861-59-8	**Q8747**
118	147	146	119	132	91	117	130	**147**	100	74	43	39	35	23	18	13		10	13	–	1	–	–	–	–	–	–	–	–	**1H-1-Benzazepine, 2,3,4,5-tetrahydro-**	1701-57-1	**Q6546**
119	65	91	29	39	147	27	63	**147**	100	46	26	25	25	25	23	18		9	9	1	1	–	–	–	–	–	–	–	–	**Benzonitrile, 4-ethoxy-**	25117-74-2	**S0959**
119	92	64	147	63	91	39	50	**147**	100	73	40	39	35	22	13	12		8	5	2	1	–	–	–	–	–	–	–	–	**Indole-2,3-dione**	91-56-5	**P6636**
119	92	147	64	91	38	50	39	**147**	100	78	68	34	21	13	13	10		8	5	2	1	–	–	–	–	–	–	–	–	**2,3-Indolinediol**		**P3200**
119	147	29	27	43	91	39	64	**147**	100	25	25	19	16	15	14	14		9	9	1	1	–	–	–	–	–	–	–	–	**Benzonitrile, 3-ethoxy-**	25117-75-3	**S0960**
119	147	92	64	63	91	45.5	50	**147**	100	64	59	23	19	17	12	10		8	5	2	1	–	–	–	–	–	–	–	–	**Indole-2,3-dione**		**D1541**
119	147	92	64	63	91	76	38	**147**	100	85	77	33	26	24	20	15		8	5	2	1	–	–	–	–	–	–	–	–	**Indole-2,3-dione**	91-56-5	**P6640**
119	147	146	118	91	39	65	77	**147**	100	82	42	23	18	11	11	11		10	13	–	1	–	–	–	–	–	–	–	–	**2-Naphthalenamine, 5,6,7,8-tetrahydro-**	2217-43-8	**Q7649**

MASS TO CHARGE RATIOS								M.W.	INTENSITIES								Parent	C	H	O	N	Cl	Br	F	S	P	B	Si	X	COMPOUND NAME	CAS Reg No	No
122	107	121	55	77	123	39	91	**147**	100	67	50	18	16	14	11	10	**0.00**	9	9	1	1	–	–	–	–	–	–	–	–	**Cyanic acid, 2,4-dimethylphenyl ester**		**02904**
129	147	104	91	119	120	79	130	**147**	100	58	47	45	25	22	18	18		9	9	1	1	–	–	–	–	–	–	–	–	**Benzyl cyanide, 2-(hydroxymethyl)-**	67519-22-6	**T6847**
130	147	102	75	76	50	51	131	**147**	100	82	65	23	22	21	18	11		8	5	2	1	–	–	–	–	–	–	–	–	**Benzoic acid, 3-cyano-**	1877-72-1	**Q6938**
130	147	102	75	76	50	51	131	**147**	100	70	49	18	16	14	13	11		8	5	2	1	–	–	–	–	–	–	–	–	**Benzoic acid, 4-cyano-**	619-65-8	**Q2987**
132	42	57	134	98	41	56	96	**147**	100	61	35	33	23	22	17	16	**14.02**	7	14	–	1	1	–	–	–	–	–	–	–	**Piperidine, 3-chloro-1-ethyl-**	2167-11-5	**Q7530**
132	91	147	51	131	70	27	103	**147**	100	60	53	25	25	15	15	15		9	14	–	1	–	–	–	–	–	1	–	–	**Boranamine, N,N,1-trimethyl-1-phenyl-**	3519-71-9	**Q9492**
132	117	146	133	28	144	130	118	**147**	100	17	16	15	12	8	8	7	**4.00**	10	13	–	1	–	–	–	–	–	–	–	–	**Isoquinoline, 1,2,3,4-tetrahydro-1-methyl-**		**05710**
132	147	43	130	105	103	144	28	**147**	100	31	30	23	22	20	17	15		10	13	–	1	–	–	–	–	–	–	–	–	**Isoquinoline, 1,2,3,4-tetrahydro-3-methyl-**		**L7916**
132	147	104	105	77	43	133	146	**147**	100	52	35	23	16	11	11	11		10	13	–	1	–	–	–	–	–	–	–	–	**2-Propylamine, N-benzylidene-**	6852-56-8	**R2606**
132	147	104	105	133	146	89	90	**147**	100	52	35	23	11	11	8	7		10	13	–	1	–	–	–	–	–	–	–	–	**2-Propylamine, N-benzylidene-**	6852-56-8	**R2607**
132	147	105	104	77	51	41	43	**147**	100	42	39	32	19	11	11	10		10	13	–	1	–	–	–	–	–	–	–	–	**2-Propylamine, N-benzylidene-**	6852-56-8	**R2604**
132	147	117	130	133	91	77	146	**147**	100	38	30	14	12	10	8	8		10	13	–	1	–	–	–	–	–	–	–	–	**1H-Indole, 2,3-dihydro-1,2-dimethyl-**	26216-93-3	**S1284**
132	147	117	133	130	77	65	143	**147**	100	31	13	11	10	10	6	5		10	13	–	1	–	–	–	–	–	–	–	–	**Quinoline, 1,2,3,4-tetrahydro-2-methyl-**	1780-19-4	**Q6737**
132	147	130	117	133	146	77	64	**147**	100	48	16	16	11	10	10	9		10	13	–	1	–	–	–	–	–	–	–	–	**Quinoline, 1,2,3,4-tetrahydro-4-methyl-**		**L3598**
132	147	146	78	65	51	52	50	**147**	100	79	46	36	35	26	21	17		8	9	–	3	–	–	–	–	–	–	–	–	**1,2,4-Triazolo[4,3-a]pyridine, 3-ethyl-**	4919-17-9	**R0935**
132	147	146	78	65	51	52	64	**147**	100	79	46	37	36	27	21	17		8	9	–	3	–	–	–	–	–	–	–	–	**1,2,4-Triazolo[4,3-a]pyridine, 3-ethyl-**		**L8647**
132	147	146	117	131	133	89	28	**147**	100	56	28	27	15	14	13	10		10	13	–	1	–	–	–	–	–	–	–	–	**5H-2-Pyrindine, (S)-6,7-dihydro-4,7-dimethyl-**	524-03-8	**Q1609**
146	105	42	132	15	91	28	147	**147**	100	44	39	32	27	27	24	19		10	13	–	1	–	–	–	–	–	–	–	–	**Aziridine, trans-1,2-dimethyl-3-phenyl-**	936-43-6	**06904**
146	118	117	147	91	76	90	119	**147**	100	67	60	37	26	19	19	15		9	9	1	1	–	–	–	–	–	–	–	–	**2(1H)-Quinolinone, 3,4-dihydro-**	553-03-7	**Q1974**
146	147	103	131	77	44	102	51	**147**	100	41	35	31	20	15	14	10		9	9	1	1	–	–	–	–	–	–	–	–	**Acrylamide, 3-phenyl-**	621-79-4	**Q3055**
146	147	118	148	117	63	91	73	**147**	100	62	20	17	17	16	15	12		9	9	1	1	–	–	–	–	–	–	–	–	**1H-Indol-4-ol, 3-methyl**	1125-31-1	**Q5436**
147	43	42	28	132	134	148	133	**147**	100	18	16	15	15	12	12	11		10	13	–	1	–	–	–	–	–	–	–	–	**Cyclopropylamine, N-methyl-1-phenyl-**	56771-48-3	**T4158**
147	51	39	78	118	50	146	52	**147**	100	23	21	17	17	15	15	13		9	9	1	1	–	–	–	–	–	–	–	–	**Furo[2,3-c]pyridine, 2,7-dimethyl-**	69022-77-1	**T6992**
147	51	78	50	128	69	76	127	**147**	100	53	37	36	27	19	12	11		6	4	–	1	–	–	3	–	–	–	–	–	**Pyridine, 4-trifluoromethyl-**		**L2355**
147	51	78	50	128	127	69	76	**147**	100	47	35	34	32	31	26	23		6	4	–	1	–	–	3	–	–	–	–	–	**Pyridine, 3-trifluoromethyl-**		**L2356**
147	51	104	120	78	50	90	77	**147**	100	73	71	66	65	46	40	38		7	5	1	3	–	–	–	–	–	–	–	–	**1,2,4-Oxadiazole, 3-(2-pyridyl)-**		**01150**
147	52	79	105	39	51	106	38	**147**	100	63	50	40	33	27	23	20		8	9	–	3	–	–	–	–	–	–	–	–	**1,2,4-Triazolo[4,3-a]pyridine, 3,5-dimethyl-**	4919-12-4	**R0933**
147	52	79	105	39	51	106	65	**147**	100	63	50	40	33	27	23	20		8	9	–	3	–	–	–	–	–	–	–	–	**1,2,4-Triazolo[4,3-a]pyridine, 3,5-dimethyl-**		**L8656**
147	72	44	41	43	105	60	42	**147**	100	71	50	43	37	34	31	28		6	13	1	1	–	–	–	1	–	–	–	–	**Thiocarbamic acid, N-ethyl-, isopropyl ester**		**C1605**
147	77	107	132	51	104	91	63	**147**	100	88	84	71	51	46	36	30		9	9	1	1	–	–	–	–	–	–	–	–	**Benzyl cyanide, 2-methoxy-**		**M6972**
147	77	146	132	107	51	104	116	**147**	100	67	43	42	39	32	25	24		9	9	1	1	–	–	–	–	–	–	–	–	**Benzyl cyanide, 4-methoxy-**	104-47-2	**P7716**
147	77	146	132	116	51	107	104	**147**	100	47	39	34	22	21	18	17		9	9	1	1	–	–	–	–	–	–	–	–	**Benzyl cyanide, 3-methoxy-**		**M6973**
147	78	44	43	146	52	51	77	**147**	100	92	64	53	53	33	31	31		9	9	1	1	–	–	–	–	–	–	–	–	**2H-Pyrano[2,3-c]pyridine, 8-methyl-**	69022-78-2	**T6993**
147	78	104	51	64	91	52	50	**147**	100	76	49	47	37	36	29	28		7	5	1	3	–	–	–	–	–	–	–	–	**1,3,4-Oxadiazole, 2-(2-pyridyl)-**		**01152**
147	91	64	77	119	63	27	148	**147**	100	95	24	21	16	12	10	10		8	9	–	3	–	–	–	–	–	–	–	–	**2H-Benzotriazole, 2-ethyl-**	16584-04-6	**R6260**
147	91	64	77	119	63	132	148	**147**	100	96	25	21	16	12	9	9		8	9	–	3	–	–	–	–	–	–	–	–	**2H-Benzotriazole, 2-ethyl-**		**M7901**
147	92	50	38	64	65	119	51	**147**	100	32	21	18	18	18	18	15		7	5	1	3	–	–	–	–	–	–	–	–	**Pyrido[3,4-d]pyrimidin-4(3H)-one**	19178-25-7	**R8021**
147	92	65	64	119	52	66	51	**147**	100	97	78	74	65	55	36	19		7	5	1	3	–	–	–	–	–	–	–	–	**1H-Imidazo[4,5-c]pyridine-2-carboxaldehyde**	56805-25-5	**09926**
147	92	76	50	64	91	63	90	**147**	100	90	72	61	53	50	28	18		7	5	1	3	–	–	–	–	–	–	–	–	**1,2,3-Benzotriazin-4(3H)-one**		**M2525**
147	92	76	50	64	91	104	63	**147**	100	62	52	44	38	26	20	18		7	5	1	3	–	–	–	–	–	–	–	–	**1,2,3-Benzotriazin-4(3H)-one**	90-16-4	**P6549**
147	92	93	64	50	65	53	37	**147**	100	80	30	21	18	18	15	12		7	5	1	3	–	–	–	–	–	–	–	–	**Pyrido[4,3-d]pyrimidin-4(3H)-one**	16952-64-0	**R6534**
147	92	119	64	65	93	120	148	**147**	100	28	25	10	10	9	8	8		7	5	1	3	–	–	–	–	–	–	–	–	**Pyrido[2,3-d]pyrimidin-4(1H)-one**	24410-19-3	**09863**
147	92	119	65	133	148	93	66	**147**	100	92	60	18	9	9	8	6		7	5	1	3	–	–	–	–	–	–	–	–	**1H-Imidazo[4,5-b]pyridine-2-carboxaldehyde**	56805-24-4	**09925**
147	92	119	93	148	64	120	65	**147**	100	24	20	10	9	8	8	7		7	5	1	3	–	–	–	–	–	–	–	–	**Pyrido[2,3-d]pyrimidin-4(1H)-one**	24410-19-3	**09767**
147	101	75	117	89	84	74	51	**147**	100	93	53	47	37	24	24	22		8	5	2	1	–	–	–	–	–	–	–	–	**Benzene, 1-ethynyl-4-nitro-**		**D2666**
147	103	76	146	117	148	77	75	**147**	100	62	43	24	16	8	7	7		7	6	2	1	–	–	–	–	–	1	–	–	**4-Hydroxy-4,3-borozaro isoquinoline**		**L4337**
147	104	76	103	50	148	75	74	**147**	100	58	40	13	11	11	7	7		8	5	2	1	–	–	–	–	–	–	–	–	**Phthalimide**		**D0449**
147	104	148	42	103	78	132	77	**147**	100	74	57	18	13	11	11	10		10	13	–	1	–	–	–	–	–	–	–	–	**Isoquinoline, 1,2,3,4-tetrahydro-1-methyl-**	4965-09-7	**R0978**
147	104	148	42	103	78	132	77	**147**	100	65	50	15	11	10	10	8		10	13	–	1	–	–	–	–	–	–	–	–	**Isoquinoline, 1,2,3,4-tetrahydro-2-methyl-**		**L0924**
147	114	73	60	43	91	45	75	**147**	100	69	28	25	20	19	12	11		3	5	–	3	–	–	–	2	–	–	–	–	**1,3,4-Thiadiazol-2-amine, 5-(methylthio)-**	5319-77-7	**R1290**
147	118	132	146	117	104			**147**	100	99	25	5	5	4				9	9	1	1	–	–	–	–	–	–	–	–	**2H-Indol-2-one, 1,3-dihydro-1-methyl-**		**L8049**
147	119	92	64	65	91	38	77	**147**	100	76	39	22	19	15	14	14		7	5	1	3	–	–	–	–	–	–	–	–	**Pyrido[3,2-d]pyrimidin-4-ol**	37538-67-3	**S5510**
147	119	118	132	117	104	146		**147**	100	56	52	28	16	16	8			9	9	1	1	–	–	–	–	–	–	–	–	**2H-Indol-2-one, 1,3-dihydro-3-methyl-**		**L8047**
147	119	146	118	132	130	131	91	**147**	100	72	38	17	17	16	16	9		10	13	–	1	–	–	–	–	–	–	–	–	**1-Naphthalenamine, 5,6,7,8-tetrahydro-**	2217-41-6	**Q7648**
147	119	146	132	130	131	106	118	**147**	100	51	34	13	13	12	9	9		10	13	–	1	–	–	–	–	–	–	–	–	**1-Naphthalenamine, 5,6,7,8-tetrahydro-**	2217-41-6	**Q7647**
147	119	146	143	115	144	130	131	**147**	100	74	53	44	17	17	12	12		10	13	–	1	–	–	–	–	–	–	–	–	**2-Naphthalenamine, 5,6,7,8-tetrahydro-**	2217-43-8	**Q7650**

MASS TO CHARGE RATIOS								M.W.	INTENSITIES								Parent	C	H	O	N	Cl	Br	F	S	P	B	Si	X	COMPOUND NAME	CAS Reg No	No
147	130	103	77	105	118	146	148	**147**	100	50	21	20	16	13	13	13		9	9	1	1	–	–	–	–	–	–	–	–	1H-Indol-1-ol, 2-methyl-		M3247
147	132	89	45	146	133	87	73	**147**	100	98	34	32	32	25	16	14		10	13	–	1	–	–	–	–	–	–	–	–	5H-2-Pyrindine, (S)-6,7-dihydro-4,7-dimethyl-	524-03-8	Q1610
147	132	118	91	120	105	130	57	**147**	100	67	61	31	23	22	22	19		10	13	–	1	–	–	–	–	–	–	–	–	Aniline, N-methyl-2-allyl-	41652-73-7	S6708
147	146	118	132	130	117	91	104	**147**	100	59	44	41	23	18	18	17		10	13	–	1	–	–	–	–	–	–	–	–	Quinoline, 1,2,3,4-tetrahydro-3-methyl-	20668-20-6	R8851
147	146	119	132	28	39	91	77	**147**	100	89	58	38	21	18	14	13		10	13	–	1	–	–	–	–	–	–	–	–	Isoquinoline, 5,6,7,8-tetrahydro-3-methyl-	37009-20-4	S5452
147	146	132	131	130	117	91	144	**147**	100	88	34	22	19	15	12	11		10	13	–	1	–	–	–	–	–	–	–	–	Quinoline, 1,2,3,4-tetrahydro-6-methyl-	91-61-2	P6651
18	30	130	28	42	99	100	17	**148**	100	85	81	33	24	23	22	21	**0.00**	6	16	2	2	–	–	–	–	–	–	–	–	Ethylenediamine, N,N′-bis(hydroxyethyl)-	4439-20-7	R0447
27	41	45	39	28	47	29	43	**148**	100	45	43	32	31	31	28	27	**7.73**	6	12	2	–	–	–	–	1	–	–	–	–	Propanoic acid, 3-(propylthio)-	5402-63-1	R1393
27	45	41	39	47	28	29	43	**148**	100	67	46	32	31	30	27	27	**7.20**	6	12	2	–	–	–	–	1	–	–	–	–	Propanoic acid, 3-(propylthio)-		L7587
28	93	66	39	54	67	92	32	**148**	100	64	32	25	19	15	10	10	**3.71**	9	12	–	2	–	–	–	–	–	–	–	–	2-Propenimidamide, N-allylidene-N′-allyl-	61141-58-0	T5281
29	56	55	47	41	27	46	92	**148**	100	74	73	59	36	34	28	24	**10.17**	6	12	2	–	–	–	–	1	–	–	–	–	Acetic acid, mercapto-, butyl ester	10047-28-6	R3557
29	69	100	51	31	50	101	32	**148**	100	14	14	13	12	3	2	2	**0.00**	3	1	1	–	–	–	5	–	–	–	–	–	Propanal, 2,2,3,3,3-trifluoro-		04497
30	28	18	42	61	32	17	31	**148**	100	39	29	9	7	7	7	6	**0.00**	5	12	3	2	–	–	–	–	–	–	–	–	Urea, N,N′-bis(2-hydroxyethyl)-	15438-70-7	R5737
31	49	77	113	82	51	115	117	**148**	100	17	12	8	5	5	5	4	**0.30**	2	3	1	–	3	–	–	–	–	–	–	–	Ethanol, 2,2,2-trichloro-	115-20-8	P8829
36	113	38	148	71	45	35	28	**148**	100	62	33	21	21	17	11	10		4	5	–	2	1	–	–	1	–	–	–	–	2-Thiazolamine, 4-(chloromethyl)-		Z0854
41	28	55	70	27	56	29	39	**148**	100	75	72	67	55	51	49	46	**0.00**	8	17	–	–	1	–	–	–	–	–	–	–	Octane, 4-chloro-	999-07-5	Q4949
41	39	106	133	57	43	27	42	**148**	100	47	46	46	39	34	32	30	**7.88**	9	12	–	2	–	–	–	–	–	–	–	–	Propanedinitrile, (1,2,2-trimethylpropylidene)-	13017-53-3	R4135
41	45	43	106	148	72	74	64	**148**	100	47	45	28	21	20	19	14		6	12	–	–	–	–	–	2	–	–	–	–	Propyl trans-1-propenyl disulphide		L6100
41	45	43	148	106	27	72	74	**148**	100	55	51	39	36	36	26	21		6	12	–	–	–	–	–	2	–	–	–	–	Propyl cis-1-propenyl disulphide		L6099
41	55	56	70	27	43	29	83	**148**	100	74	66	61	56	53	52	38	**0.00**	8	17	–	–	1	–	–	–	–	–	–	–	Octane, 2-chloro-	628-61-5	Q3294
41	55	56	70	27	43	29	83	**148**	100	74	66	61	56	53	52	38	**0.00**	8	17	–	–	1	–	–	–	–	–	–	–	Octane, 3-chloro-	1117-79-9	Q5331
41	57	29	56	89	45	55	73	**148**	100	88	79	77	56	38	32	32	**27.02**	6	12	2	–	–	–	–	1	–	–	–	–	Acetic acid, (sec-butylthio)-	22683-43-8	R9919
41	69	39	27	53	67	40	38	**148**	100	94	48	30	25	14	11	10	**0.10**	5	9	–	–	–	1	–	–	–	–	–	–	2-Pentene, 4-bromo-	1809-26-3	Q6780
41	70	55	27	43	56	29	42	**148**	100	76	76	72	72	61	58	48	**0.06**	8	17	–	–	1	–	–	–	–	–	–	–	Octane, 2-chloro-		U0076
41	106	39	133	42	43	27	79	**148**	100	79	78	70	62	60	38	36	**8.17**	9	12	–	2	–	–	–	–	–	–	–	–	1,1-Cyclopropanedicarbonitrile, 2,2,3,3-tetramethyl-	1195-70-6	Q5692
43	28	14	58	44	27	13	29	**148**	100	39	31	9	6	4	3	3	**0.00**	6	12	4	–	–	–	–	–	–	–	–	–	1,2,4,5-Tetroxane, 3,3,6,6-tetramethyl-	1073-91-2	Q5215
43	41	55	42	68	27	71	29	**148**	100	63	63	41	41	38	38	34	**0.00**	7	13	1	–	1	–	–	–	–	–	–	–	Heptanoyl chloride	2528-61-2	Q8276
43	42	44	41	75	57	89	29	**148**	100	63	50	44	40	39	37	30	**0.00**	6	12	4	–	–	–	–	–	–	–	–	–	Propanoic acid, 2,3-dimethoxy-, methyl ester	29749-76-6	S2633
43	45	87	44	88	58	75	42	**148**	100	56	39	24	11	10	9	8	**0.00**	6	12	4	–	–	–	–	–	–	–	–	–	Acetic acid, 2-(2-hydroxyethoxy)ethyl ester		C1998
43	56	40	84	57	28	70	44	**148**	100	60	42	41	37	28	26	18	**0.70**	6	12	2	–	–	–	–	1	–	–	–	–	Thiophene, tetrahydrodimethyl-, 1,1-dioxide	26445-81-8	H1895
43	61	27	106	41	148	60	75	**148**	100	92	43	41	40	20	20	15		6	12	2	–	–	–	–	1	–	–	–	–	Propanoic acid, 2-mercapto-, isopropyl ester		02008
43	89	41	57	106	63	27	29	**148**	100	91	90	87	87	42	40	40	**30.03**	7	16	1	–	–	–	–	1	–	–	–	–	Butyl isopropyl sulphoxide	2977-03-9	Q8887
43	89	41	57	106	63	29	27	**148**	100	91	89	88	77	41	41	40	**31.00**	7	16	1	–	–	–	–	1	–	–	–	–	Butyl isopropyl sulphoxide		L8557
43	105	91	148	77	51	39	27	**148**	100	40	35	27	12	11	9	8		10	12	1	–	–	–	–	–	–	–	–	–	2-Butanone, 4-phenyl-	2550-26-7	Q8301
43	105	148	94	91	55	133	77	**148**	100	80	63	41	38	38	37	34		10	12	1	–	–	–	–	–	–	–	–	–	3-Buten-2-ol, 2-phenyl-	6051-52-1	R2025
43	133	148	129	132	128	39	49	**148**	100	38	17	15	8	8	6	5		5	7	2	–	–	–	2	–	–	1	–	–	Boron, difluoro(2,4-pentanedionato)-	15390-25-7	R5727
43	148	75	106	115	45	47	58	**148**	100	90	65	46	37	25	14	10		4	8	2	2	–	–	–	1	–	–	–	–	Acetic acid, 2-(thiocarboxy)hydrazide, O-methyl ester	20184-99-0	R8533
44	77	148	106	147	104	133	42	**148**	100	90	83	45	42	39	32	32		9	12	–	2	–	–	–	–	–	–	–	–	Formamidine, N,N-dimethyl-N′-phenyl-		Q6745
44	79	91	105	41	77	119	66	**148**	100	50	47	32	31	25	22	22	**8.00**	11	16	–	–	–	–	–	–	–	–	–	–	1-Butene, allo-cis-1-(2,5-cycloheptadienyl)-		M6451
44	79	91	105	41	77	119	66	**148**	100	51	48	33	32	25	24	23	**8.00**	11	16	–	–	–	–	–	–	–	–	–	–	1-Butene, allo-cis-1-(2,5-cycloheptadienyl)-		06550
45	56	85	61	75	41	55	57	**148**	100	33	32	31	28	21	20	19	**0.00**	7	16	3	–	–	–	–	–	–	–	–	–	1-Propanol, 2,2-bis(methoxymethyl)-	20637-34-7	R8810
45	71	56	85	61	75	41	55	**148**	100	52	33	33	31	28	22	20	**0.00**	7	16	3	–	–	–	–	–	–	–	–	–	1-Propanol, 2,2-bis(methoxymethyl)-		L4715
45	71	85	56	61	75	41	55	**148**	100	51	32	32	31	27	21	20	**0.00**	7	16	3	–	–	–	–	–	–	–	–	–	1-Propanol, 3-methoxy-2-(methoxymethyl)-2-methyl-		02477
45	103	71	73	41	59	116	43	**148**	100	23	14	9	6	5	4	4	**0.00**	7	16	3	–	–	–	–	–	–	–	–	–	Butane, 1,2,4-trimethoxy-	20637-48-3	R8818
47	29	103	75	27	31	45	15	**148**	100	54	40	38	28	24	15	12	**0.00**	7	16	3	–	–	–	–	–	–	–	–	–	Orthoformic acid, triethyl ester	122-51-0	H0553
47	103	75	45	104	43	63	91	**148**	100	64	46	12	4	3	2	1	**0.90**	7	16	3	–	–	–	–	–	–	–	–	–	Orthoformic acid, triethyl ester		B0393
49	85	113	83	115	51	87	28	**148**	100	66	65	58	42	32	25	21	**0.00**	2	3	1	–	3	–	–	–	–	–	–	–	Chloromethyl dichloromethyl ether		Z0852
51	69	79	31	29	50	101	32	**148**	100	48	41	14	12	10	10	10	**1.40**	3	1	1	–	–	–	5	–	–	–	–	–	Acetone, pentafluoro-		01664
55	42	41	39	27	79	29	43	**148**	100	60	36	24	23	20	20	13	**0.50**	9	12	–	2	–	–	–	–	–	–	–	–	1,1-Cyclopropanedicarbonitrile, 2-methyl-2-propyl-		01304
55	56	41	83	42	28	39	27	**148**	100	73	63	23	22	16	15	14	**10.01**	6	12	2	–	–	–	–	1	–	–	–	–	Thiepane, 1,1-dioxide	6251-33-8	R2169
55	56	41	83	42	28	39	27	**148**	100	74	66	24	24	18	17	16	**11.00**	6	12	2	–	–	–	–	1	–	–	–	–	Thiepane, 1,1-dioxide		L8571
55	94	148	39	29	131	77	105	**148**	100	50	48	22	20	18	13	13		10	12	1	–	–	–	–	–	–	–	–	–	2-Methylallyl phenyl ether		Z0846
55	118	54	47	71	148	109	41	**148**	100	70	46	32	30	25	18	17		5	9	3	–	–	–	–	–	1	–	–	–	2,6,7-Trioxa-1-phosphabicyclo[2.2.2]octane, 4-methyl-		01493
55	148	41	83	115	87	67	81	**148**	100	72	56	26	21	18	17	10		6	12	–	–	–	–	–	2	–	–	–	–	1,2-Dithiocane		16049

MASS TO CHARGE RATIOS								M.W.	INTENSITIES									Parent	C	H	O	N	Cl	Br	F	S	P	B	Si	X	COMPOUND NAME	CAS Reg No	No
56	28	55	27	120	43	26	148	**148**	100	96	61	49	46	27	24	23		5	8	3	–	–	–	–	1	–	–	–	–	**4H-Thiopyran-4-one, tetrahydro-, 1,1-dioxide**	17396-35-9	**R6908**
56	28	55	120	27	43	148	26	**148**	100	94	60	45	44	28	23	23		5	8	3	–	–	–	–	1	–	–	–	–	**4H-Thiopyran-4-one, tetrahydro-, 4,4-dioxide**		**L5478**
56	55	120	44	148	64	48	54	**148**	100	50	19	9	9	8	7	6		5	8	3	–	–	–	–	1	–	–	–	–	**4H-Thiopyran-4-one, tetrahydro-, 1,1-dioxide**	17396-35-9	**R6909**
57	29	47	56	41	75	27	43	**148**	100	95	86	84	83	34	34	23	**3.00**	6	12	2	–	–	–	–	1	–	–	–	–	**Acetic acid, mercapto-, sec-butyl ester**		**02002**
57	31	117	29	43	45	58	61	**148**	100	41	32	32	31	20	18	17	**0.40**	6	12	4	–	–	–	–	–	–	–	–	–	**1,4-Dioxane-2,6-dimethanol**	54120-69-3	**S8796**
57	31	117	43	29	60	45	61	**148**	100	47	43	38	35	23	22	22	**0.80**	6	12	4	–	–	–	–	–	–	–	–	–	**1,4-Dioxane-2,5-dimethanol**	14236-12-5	**R5071**
57	41	43	29	27	55	99	39	**148**	100	39	30	29	29	28	16	15	**0.04**	8	17	–	–	1	–	–	–	–	–	–	–	**Heptane, 1-(chloromethyl)-**		**U0077**
57	41	148	56	39	45	58	59	**148**	100	69	23	19	16	12	9	9		6	12	2	–	–	–	–	1	–	–	–	–	**Acetic acid, (tert-butylthio)-**	24310-22-3	**S0528**
57	43	99	41	55	29	98	27	**148**	100	22	22	21	19	10	8	7	**0.10**	8	17	–	–	1	–	–	–	–	–	–	–	**Heptane, 1-(chloromethyl)-**		**L0515**
57	73	60	74	75	55	86	130	**148**	100	55	35	30	30	22	21	19	**1.06**	6	12	4	–	–	–	–	–	–	–	–	–	**1,2,4,5-Cyclohexanetetrol, (1α,2α,4α,5β)-**	55156-13-3	**T0452**
57	92	91	41	29	39	65	148	**148**	100	73	40	28	23	15	10	10		11	16	–	–	–	–	–	–	–	–	–	–	**Benzene, (2,2-dimethylpropyl)-**		**Y1445**
57	92	91	41	65	148	133	51	**148**	100	73	40	28	9	9	7	5		11	16	–	–	–	–	–	–	–	–	–	–	**Benzene, (2,2-dimethylpropyl)-**	1007-26-7	**Q5036**
58	55	56	41	68	39	44	79	**148**	100	92	76	74	61	58	55	53	**0.00**	7	13	1	–	1	–	–	–	–	–	–	–	**Cycloheptanol, trans-2-chloro-**		**M8428**
59	45	31	73	41	29	43	42	**148**	100	11	10	10	7	7	7	7	**0.00**	7	16	3	–	–	–	–	–	–	–	–	–	**2-Propanol, 1-(2-methoxypropoxy)-**	13429-07-7	**R4526**
59	73	45	41	103	31	117	43	**148**	100	95	76	42	40	37	24	13	**0.00**	7	16	3	–	–	–	–	–	–	–	–	–	**1-Propanol, 2-(2-methoxy-1-isopropoxy)-**	55956-21-3	**T2457**
59	73	117	31	41	45	29	43	**148**	100	48	23	18	16	15	10	9	**0.00**	7	16	3	–	–	–	–	–	–	–	–	–	**1-Propanol, 2-(2-methoxypropoxy)-**	13588-28-8	**R4649**
59	86	103	58	87	73	43	131	**148**	100	85	47	29	24	23	22	22	**0.00**	4	16	–	–	–	–	–	–	–	–	3	–	**1,3,5-Trisilahexane, 5-methyl-**	18827-17-3	**R7831**
59	103	45	73	31	41	43	42	**148**	100	38	37	30	21	20	8	7	**0.00**	7	16	3	–	–	–	–	–	–	–	–	–	**Dipropylene glycol methyl ether**		**Z0817**
60	56	57	73	112	86	45	43	**148**	100	75	68	60	54	45	42	36	**3.00**	6	12	4	–	–	–	–	–	–	–	–	–	**1,2,3,5-Cyclohexanetetrol**		**L3424**
60	57	58	73	112	86	45	43	**148**	100	44	39	35	31	26	24	21	**1.72**	6	12	4	–	–	–	–	–	–	–	–	–	**1,2,3,5-Cyclohexanetetrol, (1α,2β,3α,5β)-**	53585-08-3	**S8519**
60	61	70	57	43	44	41	45	**148**	100	53	43	20	17	17	16	16	**0.00**	6	12	4	–	–	–	–	–	–	–	–	–	**Pentopyranoside, methyl 4-deoxy-β-D-threo-**		**L3820**
61	43	29	41	60	106	88	148	**148**	100	74	36	31	28	22	19	13		6	12	2	–	–	–	–	1	–	–	–	–	**Propanoic acid, 2-mercapto-, propyl ester**		**02007**
61	44	43	45	104	57	41	70	**148**	100	72	38	31	26	18	18	13	**2.00**	6	12	4	–	–	–	–	–	–	–	–	–	**Pentopyranoside, methyl 3-deoxy-β-D-threo-**		**L3819**
61	148	47	55	75	48	45	27	**148**	100	63	50	47	44	37	37	35		5	8	3	–	–	–	–	1	–	–	–	–	**Butanoic acid, 2-oxo-, 4-methylthio-**		**03456**
65	83	85	45	67	51	66	77	**148**	100	4	4	3	2	2	2	2	**0.20**	3	4	–	–	2	–	2	–	–	–	–	–	**Propane, 1,1-dichloro-2,2-difluoro-**		**A0307**
66	82	117	91	67	130	79	92	**148**	100	78	26	24	19	19	17	16	**3.26**	10	12	1	–	–	–	–	–	–	–	–	–	**1,2,4-Metheno-1H-cyclobuta[cd]pentalen-3-ol, (1α,1aβ,2α,3α,3aβ,4α,4aβ,5bβ,6S*)-octahydro-**	13351-15-0	**R4468**
66	82	117	91	130	67	79	92	**148**	100	79	27	24	20	20	17	16	**3.02**	10	12	1	–	–	–	–	–	–	–	–	–	**1,2,4-Metheno-1H-cyclobuta[cd]pentalen-3-ol, (1α,1aβ,2α,3β,3aβ,4α,5aβ,5bβ,6S*)-octahydro-**	15776-05-3	**09272**
66	130	82	117	91	116	79	39	**148**	100	50	39	20	20	17	14	13	**2.27**	10	12	1	–	–	–	–	–	–	–	–	–	**1,2,4-Metheno-1H-cyclobuta[cd]pentalen-3-ol, (1α,1aβ,2α,3β,3aβ,4α,5aβ,5bβ,6S*)-octahydro-**	15776-05-3	**R5837**
66	130	82	117	129	115	91	39	**148**	100	51	36	24	17	16	13	11	**4.30**	10	12	1	–	–	–	–	–	–	–	–	–	**Tricyclo[5.2.1.0^{2,6}]deca-4,8-dien-3-ol, endo-syn-**		**M1272**
66	130	82	129	117	91	115	79	**148**	100	49	39	22	20	20	17	14	**2.02**	10	12	1	–	–	–	–	–	–	–	–	–	**1,2,4-Metheno-1H-cyclobuta[cd]pentalen-3-ol, (1α,1aβ,2α,3α,3aβ,4α,4aβ,5bβ,6S*)-octahydro-**	13351-15-0	**09271**
66	148	120	65	93	92	64	55	**148**	100	68	50	35	31	26	11	9		6	4	1	4	–	–	–	–	–	–	–	–	**1H-Purine-8-carboxaldehyde**	56805-26-6	**09927**
69	41	67	39	70	68	27	42	**148**	100	37	11	10	6	5	4	3	**0.83**	5	9	–	–	–	1	–	–	–	–	–	–	**Cyclopentane, bromo-**		**Z0848**
69	41	67	68	39	70	53	27	**148**	100	40	28	14	14	6	6	5	**1.00**	5	9	–	–	–	1	–	–	–	–	–	–	**Cyclopentane, bromo-**		**05706**
69	41	67	70	68	27	28	42	**148**	100	37	11	6	5	4	3	3	**0.80**	5	9	–	–	–	1	–	–	–	–	–	–	**Cyclopentane, bromo-**		**L0530**
69	63	28	35	113	31	50	44	**148**	100	32	11	9	4	3	3	3	**0.16**	2	–	2	–	1	–	3	–	–	–	–	–	**Formic acid, chloro-, trifluoromethyl ester**		**L6750**
69	129	131	79	81	50	31	148	**148**	100	19	19	14	13	12	10	10		1	–	–	–	–	1	3	–	–	–	–	–	**Methane, bromotrifluoro-**		**W0145**
69	129	131	148	150	79	81	50	**148**	100	20	20	19	19	8	8	6		1	–	–	–	–	1	3	–	–	–	–	–	**Methane, bromotrifluoro-**		**A0117**
69	148	150	129	131	79	81	50	**148**	100	15	14	14	13	5	5	4		1	–	–	–	–	1	3	–	–	–	–	–	**Methane, bromotrifluoro-**		**Z0815**
70	43	55	56	41	83	69	84	**148**	100	74	68	64	63	59	46	42	**0.00**	8	17	–	–	1	–	–	–	–	–	–	–	**Octane, 2-chloro-**	628-61-5	**Q3292**
70	73	57	45	88	43	61	41	**148**	100	72	63	57	46	43	40	37	**0.00**	6	12	4	–	–	–	–	–	–	–	–	–	**Xylofuranoside, methyl 5-deoxy-β-D-**		**L3821**
74	75	43	148	47	45	41	89	**148**	100	83	53	43	33	30	29	28		6	12	2	–	–	–	–	1	–	–	–	–	**Acetic acid, (propylthio)-, methyl ester**	20600-65-1	**R8771**
74	148	42	75	45	60	47	72	**148**	100	50	40	28	20	15	13	10		4	8	–	2	–	–	–	2	–	–	–	–	**Ethanedithioamide, N,N′-dimethyl-**	120-79-6	**P9106**
74	148	59	133	41	45	75	39	**148**	100	68	60	29	25	19	19	18		6	12	–	–	–	–	–	2	–	–	–	–	**1,3-Dithiane, 2,2-dimethyl-**	6007-22-3	**R1987**
75	29	85	117	31	59	47	43	**148**	100	25	23	18	18	17	15	13	**0.19**	6	12	4	–	–	–	–	–	–	–	–	–	**Propanoic acid, 3,3-dimethoxy-, methyl ester**		**C1016**
75	88	148	43	89	60	106	41	**148**	100	88	73	62	51	37	36	35		6	12	2	–	–	–	–	1	–	–	–	–	**Propanoic acid, 3-(isopropylthio)-**	24383-50-4	**S0572**
76	119	148	60	104	44			**148**	100	94	43	18	8	8				6	17	–	2	–	–	–	–	1	–	–	–	**Bis(dimethylamino)ethylphosphine**		**L9528**
77	55	41	132	28	83	39	27	**148**	100	99	69	46	41	35	32	29	**0.00**	6	12	2	–	–	–	–	1	–	–	–	–	**Thiophene, tetrahydro-2,5-dimethyl-, 1,1-dioxide**	1003-77-6	**Q4995**
77	105	91	131	107	121	51	106	**148**	100	97	62	54	53	51	47	39	**28.16**	10	12	1	–	–	–	–	–	–	–	–	–	**1-Propene, 3-methoxy-1-phenyl-**		**Z0836**
79	80	91	133	39	41	77	105	**148**	100	82	27	23	21	20	20	15	**3.58**	11	16	–	–	–	–	–	–	–	–	–	–	**Cyclohexene, 4-isopropenyl-3-vinyl**	61142-61-8	**T5487**
79	94	80	91	77	93	39	41	**148**	100	46	16	15	15	14	11	10	**1.44**	11	16	–	–	–	–	–	–	–	–	–	–	**Cyclohexene, 3,4-divinyl-3-ethyl-**	61141-77-3	**T5319**
79	94	91	77	80	39	93	41	**148**	100	58	16	15	15	13	12	12	**6.16**	11	16	–	–	–	–	–	–	–	–	–	–	**Cyclohexene, 5,6-divinyl-1-methyl-**	61141-78-4	**T5322**
81	15	67	51	69	117	63	47	**148**	100	24	22	10	7	7	6	5	**0.00**	3	4	1	–	1	–	3	–	–	–	–	–	**Methyl 2-chloro-1,1,2-trifluoroethyl ether**		**Z0850**

MASS TO CHARGE RATIOS								M.W.	INTENSITIES								Parent	C	H	O	N	Cl	Br	F	S	P	B	Si	X	COMPOUND NAME	CAS Reg No	No
81	148	28	147	53	54	27	52	**148**	100	65	15	10	9	9	8	7		7	8	–	4	–	–	–	–	–	–	–	–	**Methane, 1,1′-dipyrazolyl-**		**C1725**
85	120	52	87	148	51	53	60	**148**	100	35	29	29	28	25	22	22		4	2	–	2	2	–	–	–	–	–	–	–	**Pyridazine, 3,6-dichloro-**	141-30-0	**P9809**
86	73	60	71	57	44	43	70	**148**	100	72	31	30	29	20	20	17	**1.18**	6	12	4	–	–	–	–	–	–	–	–	–	**1,2,3,4-Cyclohexanetetrol**	3877-34-7	**Q9882**
89	41	55	56	29	47	61	27	**148**	100	96	93	91	86	85	75	57	**54.05**	6	12	2	–	–	–	–	1	–	–	–	–	**Acetic acid, (butylthio)-**	20600-61-7	**R8767**
89	41	56	57	47	55	148	43	**148**	100	97	97	91	80	75	74	63		6	12	2	–	–	–	–	1	–	–	–	–	**Acetic acid, (iso-butylthio)-**		**L6282**
89	56	41	57	47	55	148	77	**148**	100	96	96	90	79	74	73	62		6	12	2	–	–	–	–	1	–	–	–	–	**Acetic acid, (iso-butylthio)-**		**L6785**
89	56	41	57	47	55	148	77	**148**	100	97	96	93	81	74	74	63		6	12	2	–	–	–	–	1	–	–	–	–	**Acetic acid, (iso-butylthio)-**	20600-62-8	**R8768**
89	73	59	133	45	103	43	75	**148**	100	78	41	34	33	23	19	13	**1.00**	6	16	2	–	–	–	–	–	–	–	1	–	**Silane, (2-methoxyethoxy)trimethyl-**	18173-74-5	**R7413**
91	41	43	27	29	55	39	57	**148**	100	83	76	62	56	55	34	32	**0.10**	8	17	–	–	1	–	–	–	–	–	–	–	**Octane, 1-chloro-**	111-85-3	**H0480**
91	41	43	27	55	29	57	39	**148**	100	99	97	68	68	64	40	37	**0.10**	8	17	–	–	1	–	–	–	–	–	–	–	**Octane, 1-chloro-**		**U0075**
91	41	79	27	105	67	119	53	**148**	100	68	52	48	48	40	31	29	**1.00**	11	16	–	–	–	–	–	–	–	–	–	–	**1,6-Undecadiyne**	64275-43-0	**T6420**
91	43	41	55	93	69	57	29	**148**	100	54	39	39	33	28	27	18	**0.08**	8	17	–	–	1	–	–	–	–	–	–	–	**Octane, 1-chloro-**		**Z0840**
91	79	92	107	108	77	105	51	**148**	100	52	49	46	43	32	15	13	**0.77**	10	12	1	–	–	–	–	–	–	–	–	–	**Allyl benzyl ether**		**Z0844**
91	92	148	39	65	41	105	51	**148**	100	58	21	13	12	11	9	7		11	16	–	–	–	–	–	–	–	–	–	–	**Benzene, pentyl-**		**V0167**
91	92	148	105	65	41	29	78	**148**	100	68	28	11	10	8	7	6		11	16	–	–	–	–	–	–	–	–	–	–	**Benzene, pentyl-**	538-68-1	**Q1768**
91	92	148	105	65	41	39	78	**148**	100	68	26	18	10	10	9	7		11	16	–	–	–	–	–	–	–	–	–	–	**Benzene, pentyl-**		**Y1766**
91	119	148	41	27	39	92	77	**148**	100	57	20	18	10	10	7	7		11	16	–	–	–	–	–	–	–	–	–	–	**Benzene, (1-ethylpropyl)-**		**Y1185**
91	119	148	41	92	39	77	120	**148**	100	49	17	12	7	5	5	5		11	16	–	–	–	–	–	–	–	–	–	–	**Benzene, (1-ethylpropyl)-**	1196-58-3	**Q5700**
91	133	148	105	39	77	106	41	**148**	100	98	52	43	38	29	29	21		11	16	–	–	–	–	–	–	–	–	–	–	**1,3-Cyclopentadiene, 5-(1,3-dimethylbutylidene)-**	7338-49-0	**R3071**
91	148	39	27	38	53	51	66	**148**	100	68	46	31	24	23	22	22		9	8	2	–	–	–	–	–	–	–	–	–	**Methane, 2,2′-difuryl-**	1197-40-6	**Q5713**
91	148	118	117	147	77	51	92	**148**	100	67	40	24	23	18	17	12		8	9	2	–	–	–	–	–	–	1	–	–	**1,3,2-Dioxaborolane, 2-phenyl-**	4406-72-8	**R0403**
92	41	43	57	29	63	27	89	**148**	100	95	93	67	63	42	41	37	**27.02**	7	16	1	–	–	–	–	1	–	–	–	–	**Butyl propyl sulphoxide**	2977-02-8	**Q8886**
92	91	41	148	57	65	39	105	**148**	100	71	20	17	17	13	12	10		11	16	–	–	–	–	–	–	–	–	–	–	**3-Methyl-1-phenylbutane**		**Y1958**
92	91	57	41	133	65	148	29	**148**	100	60	49	25	14	13	12	12		11	16	–	–	–	–	–	–	–	–	–	–	**Benzene, (2,2-dimethylpropyl)-**	1007-26-7	**Q5035**
92	91	57	148	41	29	39	27	**148**	100	77	30	26	25	24	15	13		11	16	–	–	–	–	–	–	–	–	–	–	**1-Phenyl-2-methylbutane**		**Y0610**
92	91	93	105	133	115	117	148	**148**	100	91	34	30	7	5	4	2		11	16	–	–	–	–	–	–	–	–	–	–	**Bicyclo[2.2.1]hept-5-ene, 2,2,4-trimethyl-7-methylene-**		**M6737**
92	91	148	41	39	27	57	65	**148**	100	89	21	20	16	15	14	14		11	16	–	–	–	–	–	–	–	–	–	–	**3-Methyl-1-phenylbutane**		**V0297**
92	91	148	41	105	27	39	57	**148**	100	65	20	16	13	12	12	12		11	16	–	–	–	–	–	–	–	–	–	–	**3-Methyl-1-phenylbutane**		**Y0611**
94	28	55	39	29	27	148	95	**148**	100	31	29	13	13	11	8	7		10	12	1	–	–	–	–	–	–	–	–	–	**1-Methylallyl phenyl ether**	22509-78-0	**R9790**
94	55	28	39	148	29	95	27	**148**	100	26	18	8	8	8	7	6		10	12	1	–	–	–	–	–	–	–	–	–	**2-Butenyl phenyl ether**	14503-58-3	**R5249**
102	30	148	75	90	51	76	50	**148**	100	91	90	67	52	41	40	22		7	4	2	2	–	–	–	–	–	–	–	–	**Benzonitrile, 2-nitro-**	612-24-8	**Q2836**
102	75	148	76	30	50	118	63	**148**	100	67	55	32	27	19	16	12		7	4	2	2	–	–	–	–	–	–	–	–	**Benzonitrile, 2-nitro-**		**D0702**
102	148	30	75	51	50	76	90	**148**	100	66	56	49	29	29	27	19		7	4	2	2	–	–	–	–	–	–	–	–	**Benzonitrile, 3-nitro-**	619-24-9	**Q2981**
102	148	51	90	75	76	50	30	**148**	100	80	68	66	65	61	49	38		7	4	2	2	–	–	–	–	–	–	–	–	**Benzonitrile, 4-nitro-**	619-72-7	**Q2990**
102	148	75	30	51	99	90	76	**148**	100	41	40	33	24	23	21	18		7	4	2	2	–	–	–	–	–	–	–	–	**Benzonitrile, 4-nitro-**		**D0704**
102	148	75	51	30	76	90	50	**148**	100	48	42	19	19	17	15	14		7	4	2	2	–	–	–	–	–	–	–	–	**Benzonitrile, 3-nitro-**		**D0696**
102	148	75	51	50	76	90	118	**148**	100	92	69	48	41	39	27	27		7	4	2	2	–	–	–	–	–	–	–	–	**Benzene, 1-isocyano-4-nitro-**	1984-23-2	**Q7169**
102	148	75	90	76	74	50	118	**148**	100	90	52	41	33	19	18	12		7	4	2	2	–	–	–	–	–	–	–	–	**Benzonitrile, 2-nitro-**		**04489**
103	29	31	45	27	47	28	76	**148**	100	37	29	28	18	17	16	8	**0.00**	7	16	3	–	–	–	–	–	–	–	–	–	**Orthoformic acid, triethyl ester**		**D0657**
104	76	50	38	74	37	75	148	**148**	100	90	60	24	24	22	14	13		8	4	3	–	–	–	–	–	–	–	–	–	**Phthalic anhydride**	85-44-9	**P6257**
104	76	50	74	38	37	75	148	**148**	100	89	60	24	23	22	14	13		8	4	3	–	–	–	–	–	–	–	–	–	**1,3-Isobenzofurandione**	85-44-9	**P6258**
104	76	148	50	74	38	28	75	**148**	100	85	61	59	19	17	13	11		8	4	3	–	–	–	–	–	–	–	–	–	**Phthalic anhydride**		**D0463**
104	91	105	65	148	92	78	51	**148**	100	30	10	6	6	5	4	3		10	12	1	–	–	–	–	–	–	–	–	–	**Benzenebutanal**	18328-11-5	**R7531**
104	91	148	103	78	51	39	63	**148**	100	30	25	22	20	16	15	14		9	8	2	–	–	–	–	–	–	–	–	–	**3H-2-Benzopyran-3-one, 1,4-dihydro-**	4385-35-7	**R0384**
105	43	148	91	115	133	129	77	**148**	100	77	65	55	33	33	29	28		10	12	1	–	–	–	–	–	–	–	–	–	**3-Buten-2-ol, 4-phenyl-**	17488-65-2	**R7038**
105	77	51	27	39	148	41	120	**148**	100	66	28	20	9	8	7	7		10	12	1	–	–	–	–	–	–	–	–	–	**1-Butanone, 1-phenyl-**	495-40-9	**Q1249**
105	77	51	39	41	50	148	43	**148**	100	70	38	13	13	13	11	8		10	12	1	–	–	–	–	–	–	–	–	–	**1-Propanone, 2-methyl-1-phenyl-**	611-70-1	**08506**
105	77	51	43	50	106	78	74	**148**	100	75	32	20	14	7	6	4	**2.10**	9	8	2	–	–	–	–	–	–	–	–	–	**1,2-Propanedione, 1-phenyl-**	579-07-7	**H0854**
105	77	51	43	106	50	78	148	**148**	100	62	15	9	8	5	5	3		9	8	2	–	–	–	–	–	–	–	–	–	**1,2-Propanedione, 1-phenyl-**		**Z0832**
105	77	51	106	50	78	27	148	**148**	100	50	20	9	6	4	3	3		9	8	2	–	–	–	–	–	–	–	–	–	**Benzoic acid, vinyl ester**		**C0033**
105	77	51	106	50	148	78	43	**148**	100	36	15	8	5	5	3	3		10	12	1	–	–	–	–	–	–	–	–	–	**1-Propanone, 2-methyl-1-phenyl-**	611-70-1	**Q2827**
105	77	51	106	148	78	50	27	**148**	100	29	8	8	7	2	2	2		10	12	1	–	–	–	–	–	–	–	–	–	**1-Propanone, 2-methyl-1-phenyl-**		**Z0835**
105	77	51	148	50	120	27	39	**148**	100	47	21	12	8	7	7	4		10	12	1	–	–	–	–	–	–	–	–	–	**1-Butanone, 1-phenyl-**		**02573**
105	77	148	51	106	120	78	50	**148**	100	43	22	12	10	10	6	4		10	12	1	–	–	–	–	–	–	–	–	–	**1-Butanone, 1-phenyl-**	495-40-9	**Q1250**
105	91	133	79	41	92	77	120	**148**	100	58	55	36	34	28	24	17	**2.00**	11	16	–	–	–	–	–	–	–	–	–	–	**Tricyclo[3.2.1.0$^{(2,4)}$]octane, (1α,2α,4α,5α)-3,3-dimethyl-8-methylene-**	66930-02-7	**T6713**
105	91	148	27	77	106	39	79	**148**	100	18	14	14	11	10	8	7		11	16	–	–	–	–	–	–	–	–	–	–	**2-Phenylpentane**		**Y2109**

MASS TO CHARGE RATIOS								M.W.	INTENSITIES								Parent	C	H	O	N	Cl	Br	F	S	P	B	Si	X	COMPOUND NAME	CAS Reg No	No
105	91	148	119	106	77	79	103	**148**	100	40	22	17	10	9	7	5		11	16	–	–	–	–	–	–	–	–	–	–	2-Phenylpentane		Z0833
105	106	148	91	77	27	104	79	**148**	100	12	12	10	8	8	6	5		11	16	–	–	–	–	–	–	–	–	–	–	2-Phenyl-3-methylbutane		P1128
105	133	77	148	51	79	91	39	**148**	100	89	67	50	48	47	41	31		10	12	1	–	–	–	–	–	–	–	–	–	Benzaldehyde, 4-isopropyl-	122-03-2	P9199
105	133	148	91	120	41	79	119	**148**	100	87	50	40	26	25	25	20		11	16	–	–	–	–	–	–	–	–	–	–	Bicyclo[2.2.1]heptane, 2-isopropyl-7-methylene-	66929-97-3	T6708
105	147	42	26	148	40	119	38	**148**	100	62	45	42	39	35	30	25		9	12	–	2	–	–	–	–	–	–	–	–	Nicotinonitrile, 1,4-dihydro-1-propyl-	19424-17-0	R8125
105	147	43	27	148	41	119	39	**148**	100	62	44	40	38	34	30	24		9	12	–	2	–	–	–	–	–	–	–	–	Nicotinonitrile, 1,4-dihydro-1-propyl-		L2709
105	148	77	51	79	106	103	149	**148**	100	21	19	16	14	11	10	10		10	12	1	–	–	–	–	–	–	–	–	–	2,4,6-Cycloheptatrien-1-one, 4-isopropyl-	13656-81-0	R4697
105	148	77	79	91	115	133	89	**148**	100	60	18	18	14	14	12	10		10	12	1	–	–	–	–	–	–	–	–	–	1-Propene, 2-methoxy-1-phenyl-		P3485
105	148	91	27	106	77	28	39	**148**	100	14	13	10	9	8	8	6		11	16	–	–	–	–	–	–	–	–	–	–	2-Phenylpentane		Y1444
105	148	91	77	79	103	115	133	**148**	100	94	38	34	30	24	24	24		10	12	1	–	–	–	–	–	–	–	–	–	1-Propene, 2-methoxy-3-phenyl-		P3480
105	148	106	77	27	91	39	79	**148**	100	28	28	17	16	16	14	11		11	16	–	–	–	–	–	–	–	–	–	–	1-Methyl-4-isobutylbenzene		V0312
105	148	106	91	77	27	79	104	**148**	100	13	12	11	9	9	7	7		11	16	–	–	–	–	–	–	–	–	–	–	2-Phenyl-3-methylbutane		Y0612
107	148	133	91	78	119	105	77	**148**	100	83	57	36	27	26	22	20		10	12	1	–	–	–	–	–	–	–	–	–	1-Benzoxepin, 2,3,4,5-tetrahydro-	6169-78-4	R2124
113	69	129	85	63	93	44	32	**148**	100	66	10	10	9	7	4	4	**1.70**	3	1	–	–	1	–	4	–	–	–	–	–	Propene, 3-chloro-1,1,3,3-tetrafluoro-		Z0819
117	115	77	116	103	106	91	45	**148**	100	75	70	69	58	49	43	39	**39.00**	10	12	1	–	–	–	–	–	–	–	–	–	1,3,5,7-Cyclooctatetraene, 1-(methoxymethyl)-	30844-13-4	08351
117	118	115	91	116	103	119	77	**148**	100	63	48	24	12	7	6	5	**1.99**	10	12	1	–	–	–	–	–	–	–	–	–	2-Buten-1-ol, 2-phenyl-	6052-63-7	R2026
118	52	51	53	79	148	119	64	**148**	100	52	43	33	32	24	17	14		8	8	1	2	–	–	–	–	–	–	–	–	Pyridine, 4-(4,5-dihydro-2-oxazolyl)-	54120-68-2	S8795
119	70	120	147	148	80	41	118	**148**	100	83	34	32	22	21	20	16		9	12	–	2	–	–	–	–	–	–	–	–	Nornicotine, (S)-(-)-	494-97-3	Q1245
119	70	147	120	148	118	80	105	**148**	100	80	34	33	23	22	22	14		9	12	–	2	–	–	–	–	–	–	–	–	Nornicotine, (S)-(-)-	494-97-3	H0730
119	91	41	77	27	39	148	79	**148**	100	54	22	13	13	12	11	11		11	16	–	–	–	–	–	–	–	–	–	–	2-Phenyl-2-methylbutane		V0311
119	91	41	148	27	39	120	77	**148**	100	48	17	13	11	10	10	9		11	16	–	–	–	–	–	–	–	–	–	–	2-Phenyl-2-methylbutane		Y0935
119	91	148	39	63	147	51	65	**148**	100	41	39	19	18	15	15	14		9	8	2	–	–	–	–	–	–	–	–	–	Phthalide, 5-methyl-	54120-64-8	S8793
119	91	150	65	120	63	89	151	**148**	100	45	22	15	9	7	6	5	**0.00**	9	8	2	–	–	–	–	–	–	–	–	–	m-Toluic acid, methyl ester		M8362
119	92	28	52	65	29	79	39	**148**	100	63	48	43	41	34	27	27	**2.30**	9	12	–	2	–	–	–	–	–	–	–	–	Propylamine, N-(α-picolidene)-		M1087
119	148	65	92	120	130	39	51	**148**	100	52	21	18	18	17	13	11		9	12	–	2	–	–	–	–	–	–	–	–	1H-1,5-Benzodiazepine, 2,3,4,5-tetrahydro-	6516-89-8	R2339
119	148	90	91	89	63	118	147	**148**	100	90	46	44	39	26	24	17		9	8	2	–	–	–	–	–	–	–	–	–	3(2H)-Benzofuranone, 6-methyl-		02277
120	91	148	92	119	51	65	63	**148**	100	98	95	31	31	22	17	13		9	8	2	–	–	–	–	–	–	–	–	–	2(3H)-Benzofuranone, 3-methyl-	32267-71-3	S3549
120	92	64	63	38	121	37	50	**148**	100	70	31	28	10	8	7	7	**2.62**	8	4	3	–	–	–	–	–	–	–	–	–	2,3-Benzofurandione		P1081
120	92	64	63	121	29	148	28	**148**	100	50	19	15	10	6	5	5		8	4	3	–	–	–	–	–	–	–	–	–	2,3-Benzofurandione	4732-72-3	R0772
120	92	64	63	121	148	19	50	**148**	100	50	19	15	9	5	5	5		8	4	3	–	–	–	–	–	–	–	–	–	2,3-Benzofurandione		L1313
120	105	78	77	91	51	130	121	**148**	100	88	54	41	16	11	10	9	**7.29**	10	12	1	–	–	–	–	–	–	–	–	–	Cyclobutanol, 1-phenyl-	935-64-8	Q4701
120	130	91	119	148	147	129	105	**148**	100	94	73	58	45	43	35	34		10	12	1	–	–	–	–	–	–	–	–	–	1-Naphthalenol, 1,2,3,4-tetrahydro-	529-33-9	Q1667
120	148	92	64	63	121	149	39	**148**	100	83	55	13	10	10	8	5		9	8	2	–	–	–	–	–	–	–	–	–	4H-1-Benzopyran-4-one, 2,3-dihydro-	491-37-2	Q1209
120	148	147	91	107	121	77	39	**148**	100	77	26	24	15	11	11	8		10	12	1	–	–	–	–	–	–	–	–	–	2-Naphthalenol, 5,6,7,8-tetrahydro-	1125-78-6	Q5443
130	129	115	128	51	64	39	63	**148**	100	79	56	46	33	23	23	21	**0.40**	10	12	1	–	–	–	–	–	–	–	–	–	1-Naphthalenol, 1,2,3,4-tetrahydro-	529-33-9	H0784
132	131	77	90	148	105	104	118	**148**	100	63	22	19	19	12	7	7		8	8	1	2	–	–	–	–	–	–	–	–	Benzimidazole, 2-methyl-, 3-oxide	16007-52-6	R5961
132	131	77	148	43	44	63	105	**148**	100	62	23	22	20	20	18	17		8	8	1	2	–	–	–	–	–	–	–	–	Benzimidazole, 2-methyl-, 3-oxide	16007-52-6	R5960
133	52	92	79	41	78	29	51	**148**	100	86	72	55	54	52	46	45	**2.70**	9	12	–	2	–	–	–	–	–	–	–	–	Isopropylamine, N-(α-picolidene)-		M1088
133	77	89	103	105	75	45	59	**148**	100	50	42	28	26	24	19	16	**0.33**	6	16	2	–	–	–	–	–	–	–	1	–	Silane, diethoxydimethyl-	78-62-6	P5888
133	105	41	148	93	91	115	134	**148**	100	38	23	18	16	14	13	11		11	16	–	–	–	–	–	–	–	–	–	–	Benzene, 1-tert-butyl-4-methyl-	98-51-1	P7162
133	105	77	148	79	43	103	78	**148**	100	77	38	36	27	24	21	16		10	12	1	–	–	–	–	–	–	–	–	–	Acetophenone, 2′,5′-dimethyl-	2142-73-6	Q7472
133	105	148	41	91	93	39	134	**148**	100	33	25	22	14	14	12	11		11	16	–	–	–	–	–	–	–	–	–	–	Benzene, 1-tert-butyl-3-methyl-		Y0442
133	105	148	41	91	93	39	134	**148**	100	30	23	21	14	13	12	11		11	16	–	–	–	–	–	–	–	–	–	–	Benzene, 1-tert-butyl-4-methyl-		Y0443
133	105	148	41	93	39	91	134	**148**	100	33	24	20	14	14	13	11		11	16	–	–	–	–	–	–	–	–	–	–	Benzene, 1-tert-butyl-3-methyl-	1075-38-3	Q5231
133	105	148	77	43	79	51	103	**148**	100	65	35	31	28	24	17	17		10	12	1	–	–	–	–	–	–	–	–	–	Acetophenone, 3′,4′-dimethyl-	3637-01-2	Q9594
133	105	148	77	43	79	134	103	**148**	100	50	45	14	13	10	10	8		10	12	1	–	–	–	–	–	–	–	–	–	Acetophenone, 2′,4′-dimethyl-		Z0845
133	105	148	77	79	43	103	51	**148**	100	54	31	28	22	16	15	13		10	12	1	–	–	–	–	–	–	–	–	–	Acetophenone, 3′,4′-dimethyl-	3637-01-2	Q9595
133	105	148	119	91	79	77	103	**148**	100	74	70	39	31	31	20	17		10	12	1	–	–	–	–	–	–	–	–	–	Benzaldehyde, 4-isopropyl-		01691
133	105	148	119	91	134	117	77	**148**	100	36	31	21	16	11	8	6		11	16	–	–	–	–	–	–	–	–	–	–	Benzene, 1-ethyl-4-isopropyl-		Z0829
133	119	148	91	105	117	115	77	**148**	100	89	42	27	24	17	15	13		11	16	–	–	–	–	–	–	–	–	–	–	Benzene, 1,3-diethyl-5-methyl-	2050-24-0	Q7252
133	135	137	113	63	115	148	150	**148**	100	99	34	29	24	19	14	14		1	3	–	–	3	–	–	–	–	–	1	–	Silane, trichloromethyl-		C0756
133	147	134	73	59	119	66	135	**148**	100	20	14	11	10	10	7	7	**3.00**	5	16	1	–	–	–	–	–	–	–	2	–	Disiloxane, pentamethyl-	1438-82-0	Q5966
133	148	39	134	91	27	41	105	**148**	100	23	10	10	10	9	8	8		11	16	–	–	–	–	–	–	–	–	–	–	1,3-Dimethyl-4-isopropylbenzene		Y1186
133	148	91	39	134	41	27	105	**148**	100	26	11	10	10	9	9	9		11	16	–	–	–	–	–	–	–	–	–	–	1,3-Dimethyl-5-isopropylbenzene		Y1187
133	148	91	104	79	29	43	27	**148**	100	68	63	57	55	54	54	53		10	12	1	–	–	–	–	–	–	–	–	–	Propanal, 3-p-tolyl-		X1284
133	148	105	79	77	134	43	103	**148**	100	27	25	13	12	10	9	8		10	12	1	–	–	–	–	–	–	–	–	–	Acetophenone, 4′-ethyl-	937-30-4	Q4721

MASS TO CHARGE RATIOS								M.W.	INTENSITIES								Parent	C	H	O	N	Cl	Br	F	S	P	B	Si	X	COMPOUND NAME	CAS Reg No	No
133	148	105	107	77	91	134	131	**148**	100	73	37	23	16	11	10	9		10	12	1	–	–	–	–	–	–	–	–	–	**Phenol, 2-methallyl-**		**Z0843**
133	148	105	119	91	134	147		**148**	100	38	33	18	13	11	6			11	16	–	–	–	–	–	–	–	–	–	–	**1-Ethyl-3-isopropylbenzene**		**Z0827**
133	148	107	77	105	147	55	39	**148**	100	84	64	22	22	21	12	12		10	12	1	–	–	–	–	–	–	–	–	–	**Phenol, 4-methallyl-**		**Z0841**
133	148	107	94	105	91	119	77	**148**	100	97	74	69	35	32	32	24		10	12	1	–	–	–	–	–	–	–	–	–	**4H-1-Benzopyran, 2,3-dihydro-2-methyl-**		**Z0839**
133	148	119	134	105	91	115	117	**148**	100	30	21	16	13	10	8	7		11	16	–	–	–	–	–	–	–	–	–	–	**2,4,5-Trimethylethylbenzene**		**03058**
133	148	134	91	105	39	27	41	**148**	100	25	10	10	10	10	9	9		11	16	–	–	–	–	–	–	–	–	–	–	**1,4-Dimethyl-2-isopropylbenzene**		**Y1188**
133	148	134	91	147	41	149	39	**148**	100	57	12	10	9	8	8	8		11	16	–	–	–	–	–	–	–	–	–	–	**Benzene, pentamethyl-**	700-12-9	**Q3772**
133	148	134	105	91	117	115	131	**148**	100	24	11	9	8	6	6	4		11	16	–	–	–	–	–	–	–	–	–	–	**1,3-Dimethyl-4-isopropylbenzene**		**Z0834**
133	148	134	105	91	117	115	131	**148**	100	25	11	10	8	6	5	5		11	16	–	–	–	–	–	–	–	–	–	–	**1,4-Dimethyl-2-isopropylbenzene**		**Z0816**
133	148	146	131	91	105	134	115	**148**	100	26	19	17	16	13	12	9		11	16	–	–	–	–	–	–	–	–	–	–	**1,3-Dimethyl-5-isopropylbenzene**		**Z0820**
133	148	147	131	91	105	77	39	**148**	100	59	41	18	14	12	12	12		10	12	1	–	–	–	–	–	–	–	–	–	**4-Indanol, 6-methyl-**		**14722**
133	148	147	134	91	149	105	117	**148**	100	53	15	13	9	6	6	6		11	16	–	–	–	–	–	–	–	–	–	–	**Benzene, pentamethyl-**		**Z0831**
133	149	148	43	115	69	65	39	**148**	100	28	27	20	18	7	6	6		5	9	3	–	–	–	–	–	1	–	–	–	**Phosphonic acid, 3,3-dimethylallyl ester**		**L1410**
135	133	137	63	113	115	148	150	**148**	100	99	35	20	20	13	13	13		1	3	–	–	3	–	–	–	–	–	1	–	**Silane, trichloromethyl-**	75-79-6	**P5655**
147	103	148	77	104	44	51	91	**148**	100	97	89	70	67	58	55	38		9	8	2	–	–	–	–	–	–	–	–	–	**Cinnamic acid**	621-82-9	**Q3056**
147	148	45	149	69	74	39	51	**148**	100	76	14	12	10	10	8	7		9	8	–	–	–	–	–	1	–	–	–	–	**Benzo[b]thiophene, 4-methyl-**		**Y1027**
147	148	45	149	74	69	39	115	**148**	100	76	14	12	10	10	8	8		9	8	–	–	–	–	–	1	–	–	–	–	**Benzo[b]thiophene, 4-methyl-**	14315-11-8	**R5142**
147	148	103	77	51	102	131	91	**148**	100	94	63	50	50	44	31	25		9	8	2	–	–	–	–	–	–	–	–	–	**Cinnamic acid, (E)-**	140-10-3	**P9758**
147	148	103	77	131	51	102	90	**148**	100	91	42	26	23	19	17	16		9	8	2	–	–	–	–	–	–	–	–	–	**Cinnamic acid**		**Z0823**
147	148	119	91	77	105	63	65	**148**	100	73	50	19	18	18	9	9		10	12	1	–	–	–	–	–	–	–	–	–	**Benzaldehyde, 2,4,6-trimethyl-**	487-68-3	**H0721**
147	148	119	91	105	77	120	118	**148**	100	73	50	19	18	18	8	2		10	12	1	–	–	–	–	–	–	–	–	–	**Benzaldehyde, 2,4,6-trimethyl-**		**04333**
147	148	119	91	105	120			**148**	100	73	37	16	15	2				10	12	1	–	–	–	–	–	–	–	–	–	**Benzaldehyde, 2,4,5-trimethyl-**	5779-72-6	**R1792**
147	148	119	105	91	39	77	51	**148**	100	79	48	22	22	13	13	11		10	12	1	–	–	–	–	–	–	–	–	–	**Benzaldehyde, 2,4,5-trimethyl-**	5779-72-6	**R1791**
147	148	119	105	91	120			**148**	100	60	37	18	12	3				10	12	1	–	–	–	–	–	–	–	–	–	**Benzaldehyde, 2,4,6-trimethyl-**	487-68-3	**Q1156**
147	148	149	45	69	74	39	63	**148**	100	83	13	11	10	10	9	8		9	8	–	–	–	–	–	1	–	–	–	–	**Benzo[b]thiophene, 5-methyl-**		**Y1026**
148	38	52	65	37	92	79	120	**148**	100	85	73	56	48	48	44	34		5	4	–	6	–	–	–	–	–	–	–	–	**Pyrazine, 1H-tetrazol-5-yl-**	16289-54-6	**R6106**
148	42	108	66	121	67	149	65	**148**	100	48	44	26	21	16	11	10		7	8	–	4	–	–	–	–	–	–	–	–	**4-Pyrimidineamine, 5-cyano-2,6-dimethyl-**		**D1668**
148	46	69	45	47	101	150	82	**148**	100	83	42	31	27	12	9	6		1	3	–	–	–	–	2	2	1	–	–	–	**Phosphonothioic difluoride, methylthio-**		**L4072**
148	52	93	39	65	66	51	53	**148**	100	83	80	55	48	38	33	28		7	8	–	4	–	–	–	–	–	–	–	–	**1,2,4-Triazolo[4,3-a]pyridin-3-amine, 5-methyl-**	5595-15-3	**R1569**
148	52	93	39	65	66	92	51	**148**	100	52	44	42	33	33	29	27		7	8	–	4	–	–	–	–	–	–	–	–	**1,2,4-Triazolo[4,3-a]pyridin-3-amine, 6-methyl-**	5528-60-9	**R1510**
148	53	67	52	54	51	80	121	**148**	100	47	37	34	30	24	23	22		7	8	–	4	–	–	–	–	–	–	–	–	**1,2,4-Triazolo[4,3-a]pyrazine, 5,8-dimethyl-**		**M3590**
148	53	80	52	40	39	42	41	**148**	100	93	63	54	42	39	34	32		7	8	–	4	–	–	–	–	–	–	–	–	**1,2,4-Triazolo[4,3-a]pyrazine, 3,8-dimethyl-**	19848-78-3	**R8333**
148	54	149	67	95				**148**	100	10	8	5	4					7	8	–	4	–	–	–	–	–	–	–	–	**Pyrazolo[5,1-c][1,2,4]triazine, 3,4-dimethyl-**	6726-49-4	**R2496**
148	66	51	39	65	53	52	27	**148**	100	55	20	18	15	14	14	13		7	8	–	4	–	–	–	–	–	–	–	–	**1,2,4-Triazolo[4,3-b]pyridazine, 6,7-dimethyl-**		**M0190**
148	66	120	93	121	40	67	94	**148**	100	43	35	30	24	22	15	13		6	4	1	4	–	–	–	–	–	–	–	–	**4(1H)-Pteridinone**	700-47-0	**Q3778**
148	66	121	93	67	120	52	50	**148**	100	54	35	29	24	22	21	16		6	4	1	4	–	–	–	–	–	–	–	–	**4(1H)-Pteridinone**	700-47-0	**Q3781**
148	66	121	93	67	120	53	51	**148**	100	54	36	29	24	22	21	16		6	4	1	4	–	–	–	–	–	–	–	–	**4(1H)-Pteridinone**	700-47-0	**Q3780**
148	66	147	53	41	56	52	133	**148**	100	91	61	40	39	38	35	35		7	8	–	4	–	–	–	–	–	–	–	–	**1,2,4-Triazolo[4,3-a]pyrazine, 3-ethyl-**	33590-18-0	**S4268**
148	74	45	77	46	42	43	76	**148**	100	60	45	43	38	30	29	28		3	4	1	2	–	–	–	2	–	–	–	–	**4-Thiazolidinone, 3-amino-2-thioxo-**	1438-16-0	**Q5955**
148	75	45	29	59	119	27	47	**148**	100	50	47	28	27	27	22	20		6	12	–	–	–	–	–	2	–	–	–	–	**Ethylene, 1,2-bis(ethylthio)-**	13105-10-7	**H1703**
148	76	104	105	91	50	133	77	**148**	100	84	80	50	50	44	39	23		9	8	2	–	–	–	–	–	–	–	–	–	**3(2H)-Benzofuranone, 2-methyl-**		**02274**
148	77	105	51	133	50	63	149	**148**	100	48	45	42	41	21	12	12		9	8	2	–	–	–	–	–	–	–	–	–	**Benzofuran, 7-methoxy-**	7168-85-6	**R2898**
148	77	105	147	133	51	76	50	**148**	100	32	28	28	24	16	13	13		8	8	1	2	–	–	–	–	–	–	–	–	**3H-Indazol-3-one, 1,2-dihydro-1-methyl-**		**L5304**
148	77	105	147	133	52	76	51	**148**	100	27	24	24	20	14	11	10		8	8	1	2	–	–	–	–	–	–	–	–	**3H-Indazol-3-one, 1,2-dihydro-1-methyl-**	1006-19-5	**Q5027**
148	77	119	102	131	130	91		**148**	100	65	46	43	21	19	13			9	8	2	–	–	–	–	–	–	–	–	–	**1-Indanone, 3-hydroxy-**		**M6148**
148	77	121	117	78	51	39	91	**148**	100	89	72	70	58	57	56	56		10	12	1	–	–	–	–	–	–	–	–	–	**Anisole, 4-allyl-**	140-67-0	**P9792**
148	77	133	51	147	76	119	105	**148**	100	54	41	21	21	19	17	15		8	8	1	2	–	–	–	–	–	–	–	–	**1H-Indazole, 3-methoxy-**	1848-41-5	**Q6879**
148	77	133	51	147	119	76	50	**148**	100	54	41	21	20	18	18	15		8	8	1	2	–	–	–	–	–	–	–	–	**1H-Indazole, 3-methoxy-**	1848-41-5	**Q6878**
148	77	133	105	147	51	76	50	**148**	100	32	30	28	28	17	13	12		8	8	1	2	–	–	–	–	–	–	–	–	**3H-Indazol-3-one, 1,2-dihydro-1-methyl-**	1006-19-5	**Q5026**
148	78	105	79	149	43	52	92	**148**	100	19	18	13	8	7	7	7		7	8	–	4	–	–	–	–	–	–	–	–	**1H-Benzotriazol-6-amine, 1-methyl-**	26861-23-4	**S1514**
148	79	69	45	46	47	64	78	**148**	100	64	23	21	12	11	10	8		2	3	–	–	–	–	3	2	–	–	–	–	**Methyl trifluoromethyl disulphide**		**M0711**
148	80	107	53	52	77	79	51	**148**	100	67	35	33	11	11	11	10		7	8	–	4	–	–	–	–	–	–	–	–	**1,2,4-Triazolo[4,3-a]pyridin-8-amine, 3-methyl-**	31040-12-7	**S3124**
148	80	107	53	79	77	52	106	**148**	100	67	35	33	11	11	11	10		7	8	–	4	–	–	–	–	–	–	–	–	**1,2,4-Triazolo[4,3-a]pyridin-8-amine, 3-methyl-**		**M5048**
148	83	39	59	150	58	69	45	**148**	100	65	15	14	14	11	11	10		4	4	–	–	–	–	–	3	–	–	–	–	**3H-1,2-Dithiole-3-thione, 5-methyl-**	3354-40-3	**Q9261**
148	88	75	89	61	87	59	117	**148**	100	99	70	49	46	46	43	25		6	12	2	–	–	–	–	1	–	–	–	–	**Propanoic acid, 3-(ethylthio)-, methyl ester**		**L7576**
148	88	75	89	86	61	59	60	**148**	100	99	70	49	46	46	43	40		6	12	2	–	–	–	–	1	–	–	–	–	**Propanoic acid, 3-(ethylthio)-, methyl ester**		**05583**

MASS TO CHARGE RATIOS								M.W.	INTENSITIES								Parent	C	H	O	N	Cl	Br	F	S	P	B	Si	X	COMPOUND NAME	CAS Reg No	No
148	91	39	27	120	65	53	147	**148**	100	99	44	34	28	27	23	23		9	8	2	–	–	–	–	–	–	–	–	–	**Methane, 2,2′-difuryl-**	1197-40-6	**Q5712**
148	91	119	120	65	92	51	149	**148**	100	74	42	32	16	12	9	8		8	8	1	2	–	–	–	–	–	–	–	–	**2-Indolinon-1-amine**		**Y2489**
148	91	120	39	147	65	119	53	**148**	100	92	26	21	20	19	17	15		9	8	2	–	–	–	–	–	–	–	–	–	**Methane, 2,2′-difuryl-**	1197-40-6	**H1174**
148	93	39	65	52	92	105	51	**148**	100	44	29	22	20	18	18	16		7	8	–	4	–	–	–	–	–	–	–	–	**1,2,4-Triazolo[4,3-a]pyridin-3-amine, 7-methyl-**	5006-56-4	**R1007**
148	94	92	66	61	64	53	63	**148**	100	50	43	32	15	13	13	11		8	4	3	–	–	–	–	–	–	–	–	–	**3,6-Isobenzofurandione**		**P4049**
148	105	43	91	77	79	51	78	**148**	100	97	79	67	17	12	10	10		10	12	1	–	–	–	–	–	–	–	–	–	**2-Butanone, 4-phenyl-**	2550-26-7	**Q8302**
148	105	43	91	77	133	79	103	**148**	100	99	99	70	20	18	17	14		10	12	1	–	–	–	–	–	–	–	–	–	**2-Butanone, 3-phenyl-**	769-59-5	**Q4065**
148	105	78	51	149	92	119	120	**148**	100	21	20	7	7	5	5	1		7	8	–	4	–	–	–	–	–	–	–	–	**1H-Benzotriazol-4-amine, 1-methyl-**	27799-82-2	**S1858**
148	105	78	79	52	119	149	92	**148**	100	20	19	13	9	8	8	7		7	8	–	4	–	–	–	–	–	–	–	–	**1H-Benzotriazol-5-amine, 1-methyl-**	27799-83-3	**S1859**
148	105	78	119	51	149	92	120	**148**	100	40	22	17	8	8	6	3		7	8	–	4	–	–	–	–	–	–	–	–	**1H-Benzotriazol-7-amine, 1-methyl-**	13183-01-2	**R4323**
148	105	119	77	147	76	92	50	**148**	100	44	36	32	28	23	23	15		8	8	1	2	–	–	–	–	–	–	–	–	**3H-Indazol-3-one, 1,2-dihydro-2-methyl-**	1848-40-4	**Q6876**
148	105	119	77	147	92	76	120	**148**	100	44	35	32	30	23	22	19		8	8	1	2	–	–	–	–	–	–	–	–	**3H-Indazol-3-one, 1,2-dihydro-2-methyl-**	1848-40-4	**Q6877**
148	107	133	91	78	119	77	105	**148**	100	90	55	28	28	23	14	14		10	12	1	–	–	–	–	–	–	–	–	–	**1-Benzoxepin, 2,3,4,5-tetrahydro-**	6169-78-4	**R2125**
148	115	106	42	75	44	46	149	**148**	100	59	58	52	45	32	30	29		4	8	2	2	–	–	–	1	–	–	–	–	**Acetic acid, 2-(thiocarboxy)hydrazide, O-methyl ester**	20184-99-0	**R8534**
148	119	91	90	89	63	51	147	**148**	100	97	72	47	37	23	17	16		9	8	2	–	–	–	–	–	–	–	–	–	**3(2H)-Benzofuranone, 5-methyl-**		**02276**
148	119	91	90	89	63	51	147	**148**	100	98	95	46	34	26	19	12		9	8	2	–	–	–	–	–	–	–	–	–	**3(2H)-Benzofuranone, 7-methyl-**		**02278**
148	119	91	90	89	63	147	51	**148**	100	86	63	46	35	31	16	16		9	8	2	–	–	–	–	–	–	–	–	–	**3(2H)-Benzofuranone, 4-methyl-**		**02275**
148	119	120	42	78	51	64	77	**148**	100	67	27	13	10	8	4	3		8	8	1	2	–	–	–	–	–	–	–	–	**2-Pyridone-3-carbonitrile, 4,6-dimethyl-**		**L4185**
148	119	120	105	42	149	78	39	**148**	100	66	26	15	12	10	10	8		8	8	1	2	–	–	–	–	–	–	–	–	**2-Pyridone-3-carbonitrile, 4,6-dimethyl-**		**02357**
148	119	147	149	51	78	106	59.5	**148**	100	37	20	9	6	6	5	5		8	8	1	2	–	–	–	–	–	–	–	–	**2H-Benzimidazol-2-one, 1,3-dihydro-1-methyl-**		**D1301**
148	120	66	44	93	121	40	54	**148**	100	30	28	26	25	12	11	10		6	4	1	4	–	–	–	–	–	–	–	–	**6(5H)-Pteridinone**		**L4225**
148	120	66	93	121	149	65	51	**148**	100	28	27	22	9	8	6	4		6	4	1	4	–	–	–	–	–	–	–	–	**6(5H)-Pteridinone**	2432-26-0	**Q8031**
148	120	78	147	149	105	104	106	**148**	100	46	41	36	33	29	22	22		8	8	1	2	–	–	–	–	–	–	–	–	**2(3H)-Benzoxazolimine, 3-methyl-**	18034-93-0	**R7345**
148	120	91	78	119	39	92	51	**148**	100	73	43	31	17	13	13	12		9	8	2	–	–	–	–	–	–	–	–	–	**Coumarin, 3,4-dihydro-**		**Z0826**
148	120	91	78	119	51	92	149	**148**	100	63	33	26	12	11	10	9		9	8	2	–	–	–	–	–	–	–	–	–	**Coumarin, 3,4-dihydro-**	119-84-6	**P9037**
148	120	91	107	147	133	77	121	**148**	100	92	26	23	22	14	11	9		10	12	1	–	–	–	–	–	–	–	–	–	**1-Naphthalenol, 5,6,7,8-tetrahydro-**	529-35-1	**Q1671**
148	120	93	66	149	94	150	121	**148**	100	28	20	11	10	5	5	5		6	4	1	4	–	–	–	–	–	–	–	–	**7(1H)-Pteridinone**		**L4226**
148	120	93	149	66	51	52	121	**148**	100	32	26	8	7	4	3	3		6	4	1	4	–	–	–	–	–	–	–	–	**7(1H)-Pteridinone**	2432-27-1	**Q8032**
148	121	67	93	66	94	52	120	**148**	100	87	39	30	19	18	16	12		6	4	1	4	–	–	–	–	–	–	–	–	**2(1H)-Pteridinone**	2432-24-8	**Q8029**
148	121	67	93	94	51	120	66	**148**	100	61	29	25	13	9	9	9		6	4	1	4	–	–	–	–	–	–	–	–	**2(1H)-Pteridinone**	2432-24-8	**Q8030**
148	133	77	51	105	50	63		**148**	100	71	40	37	23	17	11			9	8	2	–	–	–	–	–	–	–	–	–	**Benzofuran, 5-methoxy-**		**L6651**
148	133	77	51	105	50	63	149	**148**	100	72	40	38	22	18	13	10		9	8	2	–	–	–	–	–	–	–	–	–	**Benzofuran, 5-methoxy-**	13391-28-1	**R4504**
148	147	44	77	104	106	133	149	**148**	100	42	34	32	18	18	18	10		9	12	–	2	–	–	–	–	–	–	–	–	**Formamidine, N,N-dimethyl-N′-phenyl-**	1783-25-1	**Q6744**
148	147	77	104	106	133	149	51	**148**	100	43	32	19	19	18	11	9		9	12	–	2	–	–	–	–	–	–	–	–	**Formamidine, N,N-dimethyl-N′-phenyl-**	1783-25-1	**Q6746**
148	147	77	105	117	133	51	121	**148**	100	41	37	31	28	28	26	23		10	12	1	–	–	–	–	–	–	–	–	–	**Anisole, 4-(1-propenyl)-**	104-46-1	**09731**
148	147	91	119	65	39	63	28	**148**	100	89	60	37	23	22	15	12		9	8	2	–	–	–	–	–	–	–	–	–	**Terephthalaldehyde, 2-methyl-**		**03101**
148	147	103	28	77	51	44	131	**148**	100	99	65	64	59	57	47	42		9	8	2	–	–	–	–	–	–	–	–	–	**Cinnamic acid, (E)-**		**05030**
148	147	117	133	77	105	121	79	**148**	100	41	24	24	21	20	17	13		10	12	1	–	–	–	–	–	–	–	–	–	**Anisole, 4-(1-propenyl)-**	104-46-1	**P7709**
148	147	119	105	106	120	93	61	**148**	100	90	19	15	15	15	14	12		8	8	1	2	–	–	–	–	–	–	–	–	**2H-Benzimidazol-2-one, 1,3-dihydro-5-methyl-**	5400-75-9	**R1390**
148	147	119	120	149	78	105	74	**148**	100	41	36	19	16	13	13	10		8	8	1	2	–	–	–	–	–	–	–	–	**2-Benzoxazolamine, N-methyl-**	19776-98-8	**R8278**
148	147	121	117	133	105	77	91	**148**	100	45	33	26	20	16	15	15		10	12	1	–	–	–	–	–	–	–	–	–	**Anisole, 4-allyl-**	140-67-0	**P9793**
148	147	133	117	77	121	105	149	**148**	100	36	19	18	14	14	13	10		10	12	1	–	–	–	–	–	–	–	–	–	**Anisole, 4-(1-propenyl)-**	104-46-1	**P7715**
148	147	149	45	74	63	121	39	**148**	100	99	14	12	10	9	8	8		9	8	–	–	–	–	–	1	–	–	–	–	**Benzo[b]thiophene, 6-methyl-**	16587-47-6	**R6265**
148	147	149	93	65	105	106	74	**148**	100	41	10	7	6	6	6	6		8	8	1	2	–	–	–	–	–	–	–	–	**2H-Benzimidazol-2-one, 1,3-dihydro-5-methyl-**		**D0906**
148	147	149	120	65	93	106	105	**148**	100	46	10	8	6	6	6	6		8	8	1	2	–	–	–	–	–	–	–	–	**2H-Benzimidazol-2-one, 1,3-dihydro-5-methyl-**		**D1542**
148	147	149	120	93	74	105	119	**148**	100	27	10	9	9	7	7	6		8	8	1	2	–	–	–	–	–	–	–	–	**2H-Benzimidazol-2-one, 1,3-dihydro-4-methyl-**		**D1549**
148	150	113	115	152	78	47	82	**148**	100	99	62	40	33	13	12	9		2	–	–	–	3	–	1	–	–	–	–	–	**Ethylene, trichlorofluoro-**		**A0232**
148	150	113	115	152	78	117	47	**148**	100	98	59	39	31	17	15	14		2	–	–	–	3	–	1	–	–	–	–	–	**Ethylene, trichlorofluoro-**		**Z0821**
30	31	47	100	50	69	33	64	**149**	100	46	22	20	11	5	3	2	**0.00**	2	–	1	1	–	–	5	–	–	–	–	–	**1,2-Oxazetidine, pentafluoro-**		**L9591**
30	91	149	104	132	92			**149**	100	15	15	4	2	1				10	15	–	1	–	–	–	–	–	–	–	–	**4-Phenylbutylamine**	13214-66-9	**R4370**
31	64	28	83	33	69	50	45	**149**	100	91	69	45	26	25	21	20	**0.00**	1	–	–	3	–	–	5	–	–	–	–	–	**3-Difluoramino-1,2,3-trifluorodiaziridine**		**02609**
41	39	80	149	148	79	53	134	**149**	100	99	88	81	57	37	32	31		9	11	1	1	–	–	–	–	–	–	–	–	**Pyridine, 2-methyl-3-(2-propenyloxy)-**	69022-75-9	**T6990**
42	56	28	41	27	55	39	29	**149**	100	84	65	60	31	20	18	14	**7.50**	4	8	–	1	–	1	–	–	–	–	–	–	**Azetidine, 1-bromo-2-methyl-**	38455-32-2	**S5839**
43	28	30	15	106	91	149	39	**149**	100	76	73	52	52	24	24	19		9	11	1	1	–	–	–	–	–	–	–	–	**Acetamide, N-benzyl-**	588-46-5	**Q2359**

MASS TO CHARGE RATIOS								M.W.	INTENSITIES								Parent	C	H	O	N	Cl	Br	F	S	P	B	Si	X	COMPOUND NAME	CAS Reg No	No
43	28	30	106	15	91	149	51	**149**	100	76	73	52	52	24	24	19		9	11	1	1	–	–	–	–	–	–	–	–	**Acetamide, N-benzyl-**		**06604**
43	30	50	91	149	76	15	77	**149**	100	42	42	42	34	30	22	20		8	7	2	1	–	–	–	–	–	–	–	–	**Acetophenone, 4-nitroso-**	31125-05-0	**S3219**
43	149	60	45	48	102	47	107	**149**	100	54	16	10	10	9	7	7		4	7	1	1	–	–	–	2	–	–	–	–	**Carbamic acid, acetyldithio-, methyl ester**	16696-88-1	**R6381**
44	70	30	28	39	42	41	151	**149**	100	24	18	15	13	12	8	6	**4.97**	4	8	–	1	–	1	–	–	–	–	–	–	**2-Propen-1-amine, 2-bromo-N-methyl-**	28952-70-7	**S2284**
44	91	132	117	65	45	42	77	**149**	100	51	31	19	9	7	7	6	**2.00**	10	15	–	1	–	–	–	–	–	–	–	–	**1-Methyl-3-phenylpropylamine**		**D2894**
45	91	36	104	149	30	65	38	**149**	100	75	65	50	40	38	29	22		10	15	–	1	–	–	–	–	–	–	–	–	**4-Phenylbutylamine**		**L9174**
51	106	78	121	39	52	50	64	**149**	100	96	81	64	50	40	35	30	**30.07**	7	7	1	3	–	–	–	–	–	–	–	–	**Benzene, 1-azido-3-methoxy-**	3866-16-8	**Q9873**
56	134	136	121	123	149	151	69	**149**	100	10	10	8	8	8	8	7		4	8	–	1	–	1	–	–	–	–	–	–	**Azetidine, 1-bromo-2-methyl-**	38455-32-2	**S5840**
58	29	91	30	56	31	42	59	**149**	100	34	33	33	24	20	19	18	**1.23**	10	15	–	1	–	–	–	–	–	–	–	–	**Methylamphetamine**		**M5583**
58	30	18	36	29	72	44	28	**149**	100	85	64	56	55	55	54	43	**5.70**	6	12	1	1	1	–	–	–	–	–	–	–	**Acetamide, 2-chloro-N,N-diethyl-**	2315-36-8	**Q7831**
58	30	56	91	59	42	28	134	**149**	100	7	6	5	4	3	3	3	**0.00**	10	15	–	1	–	–	–	–	–	–	–	–	**Deoxyephedrine phenethylamine, α,N-dimethyl-**	7632-10-2	**R3329**
58	41	42	91	59	65	39	43	**149**	100	10	10	9	8	6	5	3	**0.24**	10	15	–	1	–	–	–	–	–	–	–	–	**Phenethylamine, α,α-dimethyl-**	122-09-8	**P9202**
58	91	42	28	41	59	65	32	**149**	100	8	7	5	5	5	4	4	**0.00**	10	15	–	1	–	–	–	–	–	–	–	–	**Phenethylamine, α,α-dimethyl-**	122-09-8	**P9201**
58	91	59	43	56	65	134	39	**149**	100	7	5	3	3	3	3	2	**0.00**	10	15	–	1	–	–	–	–	–	–	–	–	**(+)-Methylamphetamine**	537-46-2	**Q1747**
58	91	59	56	42	65	44	39	**149**	100	5	5	5	4	3	3	2	**0.09**	10	15	–	1	–	–	–	–	–	–	–	–	**Methylamphetamine**	29088-49-1	**S2357**
58	91	59	56	42	65	134	41	**149**	100	8	6	5	4	4	3	2	**0.00**	10	15	–	1	–	–	–	–	–	–	–	–	**(-)-Methylamphetamine**	33817-09-3	**S4399**
58	91	59	134	65	56	43	51	**149**	100	7	5	3	3	3	3	2	**0.00**	10	15	–	1	–	–	–	–	–	–	–	–	**(-)-Methylamphetamine**		**03797**
58	91	65	104	77	59	132	105	**149**	100	8	6	4	3	3	3	3	**1.40**	10	15	–	1	–	–	–	–	–	–	–	–	**Phenethylamine, N,N-dimethyl-**	1126-71-2	**Q5458**
58	91	77	134	148	87	92	65	**149**	100	93	24	20	12	12	10	9	**4.00**	10	15	–	1	–	–	–	–	–	–	–	–	**Methylamphetamine**		**M0440**
58	105	149	148	42	15	77	106	**149**	100	83	56	48	27	16	14	14		10	15	–	1	–	–	–	–	–	–	–	–	**N,N-Dimethyl-4-methylbenzylamine**		**03094**
61	28	56	75	149	55	74	131	**149**	100	54	54	35	30	25	25	24		5	11	2	1	–	–	–	1	–	–	–	–	**L-Methionine**	63-68-3	**P5179**
61	56	75	28	55	101	74	149	**149**	100	53	37	28	23	18	17	17		5	11	2	1	–	–	–	1	–	–	–	–	**Methionine**		**L1600**
61	131	75	74	83	101	104	116	**149**	100	46	39	27	25	25	17	15	**15.00**	5	11	2	1	–	–	–	1	–	–	–	–	**L-Methionine**	63-68-3	**P5180**
67	149	39	120	66	54	109	42	**149**	100	61	31	24	22	16	16	12		7	7	1	3	–	–	–	–	–	–	–	–	**4-(2-Butynoyl)-5-methyl-1,2,3-triazole**		**15022**
68	67	53	79	81	94	110	134	**149**	100	80	29	12	6	5	4	3	**1.00**	10	15	–	1	–	–	–	–	–	–	–	–	**Cyclobutaneacetonitrile, 1-methyl-2-(1-isopropenyl)-**	55760-15-1	**T2084**
74	118	28	30	56	45	42	44	**149**	100	80	72	71	70	34	25	18	**2.00**	6	15	3	1	–	–	–	–	–	–	–	–	**Triethanolamine**		**D1641**
76	88	121	44	149	42	43	29	**149**	100	95	48	45	45	20	18	15		5	11	–	1	–	–	–	2	–	–	–	–	**Carbamodithioic acid, dimethyl-, ethyl ester**	617-38-9	**08781**
77	44	105	104	28	119	91	149	**149**	100	78	10	8	3	1	1	1		8	7	2	1	–	–	–	–	–	–	–	–	**2-Oxo-3-phenyl-1,3-oxazetidine**		**L2812**
77	44	105	104	51	28	50	52	**149**	100	77	9	7	4	3	2	1	**0.10**	8	7	2	1	–	–	–	–	–	–	–	–	**2-Oxo-3-phenyl-1,3-oxazetidine**		**01108**
77	102	149	91	51	103	132	65	**149**	100	61	50	41	35	25	16	16		8	7	2	1	–	–	–	–	–	–	–	–	**Styrene, β-nitro-**	102-96-5	**P7581**
77	105	148	149	51	106	50	78	**149**	100	99	67	55	35	16	10	10		9	11	1	1	–	–	–	–	–	–	–	–	**Benzamide, N,N-dimethyl-**	611-74-5	**Q2829**
79	78	134	51	43	121	80	149	**149**	100	73	33	19	17	16	15	15		9	11	1	1	–	–	–	–	–	–	–	–	**1-Butanone, 1-(2-pyridinyl)-**	22971-32-0	**S0017**
79	78	134	51	43	121	149	52	**149**	100	73	33	20	18	16	16	14		9	11	1	1	–	–	–	–	–	–	–	–	**1-Butanone, 1-(2-pyridinyl)-**	22971-32-0	**S0018**
80	149	79	120	52	53	121	43	**149**	100	90	55	50	48	30	29	24		7	7	1	3	–	–	–	–	–	–	–	–	**2-Methylimidazo[1,2-a]pyrazin-3-one**		**M0781**
81	149	66	93	120				**149**	100	99	24	20	12					8	7	2	1	–	–	–	–	–	–	–	–	**2(5H)-Furanone, 5-(1-cyanoethylidene)-4-methyl-**		**M3179**
86	41	28	39	42	43	27	69	**149**	100	99	48	34	23	22	21	20	**0.00**	5	11	2	1	–	–	–	1	–	–	–	–	**Propanal, 2-methyl-2-(methylsulphinyl)-, oxime**	7635-32-7	**R3336**
88	41	43	39	91	57	42	55	**149**	100	76	74	60	56	52	45	36	**0.00**	5	11	–	1	–	–	–	2	–	–	–	–	**Carbamodithioic acid, dimethyl-, ethyl ester**		**M0077**
91	44	36	149	119	65	42	45	**149**	100	98	92	78	40	40	38	36		10	15	–	1	–	–	–	–	–	–	–	–	**N-Methyl-3-phenyl-propylamine**		**L9175**
91	65	39	92	63	51	89	149	**149**	100	16	11	8	7	6	4	4		8	7	–	1	–	–	–	1	–	–	–	–	**Benzyl thiocyanate**	3012-37-1	**Q8916**
91	92	85	150	89	119	83	97	**149**	100	9	6	3	3	2	1	1	**0.30**	8	7	–	1	–	–	–	1	–	–	–	–	**Benzyl isothiocyanate**	622-78-6	**Q3081**
91	134	65	92	39	51	41	42	**149**	100	33	13	9	8	5	5	5	**2.50**	10	15	–	1	–	–	–	–	–	–	–	–	**Benzylamine, N-isopropyl-**	102-97-6	**P7582**
91	134	65	92	106	149	39	78	**149**	100	99	91	73	66	61	56	36		9	11	1	1	–	–	–	–	–	–	–	–	**Azocine, 2-methoxy-8-methyl-**	27153-33-9	**S1633**
91	149	65	118	92	117	89	39	**149**	100	78	31	29	24	20	19	17		9	11	1	1	–	–	–	–	–	–	–	–	**Benzaldehyde, 4-methyl-, O-methyloxime**	33499-39-7	**S4213**
91	149	116	92	90	65	117	131	**149**	100	70	40	28	26	25	25	25		9	11	1	1	–	–	–	–	–	–	–	–	**2-Propanone, 1-phenyl-, oxime**	13213-36-0	**R4369**
93	29	149	39	27	41	65	51	**149**	100	27	27	25	23	19	13	11		10	15	–	1	–	–	–	–	–	–	–	–	**Pyridine, 4-pentyl-**	2961-50-4	**H1372**
93	39	57	134	41	29	91	27	**149**	100	12	12	11	10	9	9	8	**0.00**	10	15	–	1	–	–	–	–	–	–	–	–	**Pyridine, 2-neopentyl-**	31590-84-8	**06863**
93	106	120	27	39	29	65	51	**149**	100	23	22	16	14	11	9	7	**1.50**	10	15	–	1	–	–	–	–	–	–	–	–	**Pyridine, 2-pentyl-**	2294-76-0	**H1307**
93	149	39	92	65	44	66	52	**149**	100	74	74	60	56	32	30	30		7	7	1	3	–	–	–	–	–	–	–	–	**1,2,4-Triazolo[4,3-a]pyridin-3(2H)-one, 8-methyl-**		**L8666**
94	56	93	79	149	65	63	61	**149**	100	97	21	19	17	12	7	6		5	12	–	1	–	–	–	1	1	–	–	–	**Allylamine, N-(dimethylthiophosphinyl)-**		**16254**
104	30	58	91	39	65	51	103	**149**	100	94	56	49	34	33	22	16	**8.00**	9	11	1	1	–	–	–	–	–	–	–	–	**Formamide, N-(2-phenylethyl)-**	23069-99-0	**S0053**
105	77	148	149	51	106	42	43	**149**	100	50	29	23	13	8	6	5		9	11	1	1	–	–	–	–	–	–	–	–	**Benzamide, N,N-dimethyl-**	611-74-5	**Q2828**
105	77	148	149	51	106	42	50	**149**	100	99	62	48	44	22	19	17		9	11	1	1	–	–	–	–	–	–	–	–	**Benzamide, N,N-dimethyl-**		**05267**
105	77	149	148	51	106	50	78	**149**	100	50	35	21	17	9	6	5		9	11	1	1	–	–	–	–	–	–	–	–	**Benzamide, N-ethyl-**	614-17-5	**Q2890**
105	104	77	121	103	51	148	76	**149**	100	65	55	50	30	27	18	15	**4.50**	9	11	1	1	–	–	–	–	–	–	–	–	**Ethyl α-iminobenzyl ether**		**02541**
105	148	91	77	104	44	150	149	**149**	100	80	27	21	20	19	18	18		9	11	1	1	–	–	–	–	–	–	–	–	**1,3,5-Cycloheptatriene-1-carboxamide, 7-methyl-**	56771-82-5	**08923**
106	78	121	149	51	118	107	79	**149**	100	52	25	22	17	9	8	6		9	11	1	1	–	–	–	–	–	–	–	–	**1-Butanone, 1-(3-pyridinyl)-**	1701-70-8	**Q6548**

MASS TO CHARGE RATIOS								M.W.	INTENSITIES								Parent	C	H	O	N	Cl	Br	F	S	P	B	Si	X	COMPOUND NAME	CAS Reg No	No
106	78	149	121	51	43	79	107	**149**	100	55	43	29	25	13	13	8		9	11	1	1	–	–	–	–	–	–	–	–	1-Butanone, 1-(4-pyridinyl)-	1701-71-9	Q6550
106	107	91	28	77	149	119	65	**149**	100	86	38	30	15	13	12	11		8	11	–	3	–	–	–	–	–	–	–	–	Triazene, 3-methyl-1-p-tolyl-		C1474
106	107	149	77	150	120	79	78	**149**	100	24	20	6	4	3	3	3		10	15	–	1	–	–	–	–	–	–	–	–	Aniline, 4-butyl-		D1072
106	148	107	93	36	28	77	43	**149**	100	61	43	42	39	27	27	25	**14.90**	8	11	–	3	–	–	–	–	–	–	–	–	Guanidine, N-methyl-N-phenyl-		02975
106	148	107	93	36	77	43	149	**149**	100	61	43	43	39	28	25	15		8	11	–	3	–	–	–	–	–	–	–	–	Guanidine, N-methyl-N-phenyl-		D1088
106	149	43	91	107	79	77	51	**149**	100	79	40	31	24	17	11	9		9	11	1	1	–	–	–	–	–	–	–	–	Acetamide, N-benzyl-	588-46-5	Q2360
106	149	77	107	79	78	65	104	**149**	100	16	9	8	4	3	3	3		10	15	–	1	–	–	–	–	–	–	–	–	Aniline, 4-butyl-	104-13-2	P7700
106	149	107	77	80	29	42	65	**149**	100	35	22	14	10	8	6	4		10	15	–	1	–	–	–	–	–	–	–	–	Pyridine, 5-butyl-2-methyl-		L6107
106	149	107	93	77	43	150	51	**149**	100	64	44	42	26	25	15	12		8	11	–	3	–	–	–	–	–	–	–	–	Guanidine, N-methyl-N-phenyl-	20600-59-3	R8765
106	149	148	43	79	44	91	107	**149**	100	63	30	24	24	20	18	18		8	11	–	3	–	–	–	–	–	–	–	–	Guanidine, benzyl-	2211-57-6	Q7617
106	149	148	79	43	44	91	107	**149**	100	67	30	25	24	20	18	17		8	11	–	3	–	–	–	–	–	–	–	–	Guanidine, benzyl-		L1821
107	106	43	149	77	65	79	39	**149**	100	39	36	36	14	9	9	8		9	11	1	1	–	–	–	–	–	–	–	–	3-Methylacetanilide		L7232
107	106	149	43	77	39	64	51	**149**	100	81	45	38	20	10	10	9		9	11	1	1	–	–	–	–	–	–	–	–	4-Methylacetanilide		L7231
107	106	149	43	77	51	108	52	**149**	100	62	44	24	15	9	7	7		9	11	1	1	–	–	–	–	–	–	–	–	4-Methylacetanilide		05681
107	106	149	43	77	51	108	56	**149**	100	77	59	28	21	10	7	6		9	11	1	1	–	–	–	–	–	–	–	–	Acetamide, N-methyl-N-phenyl-	579-10-2	Q2259
107	106	149	43	77	78	79	105	**149**	100	53	42	42	24	12	8	8		9	11	1	1	–	–	–	–	–	–	–	–	2-Methylacetanilide		05668
107	106	149	43	77	108	51	79	**149**	100	55	42	22	12	9	7	6		9	11	1	1	–	–	–	–	–	–	–	–	2-Methylacetanilide	120-66-1	P9092
107	106	149	43	77	108	79	51	**149**	100	61	51	20	12	8	7	6		9	11	1	1	–	–	–	–	–	–	–	–	4-Methylacetanilide	103-89-9	P7691
107	106	149	43	77	108	79	150	**149**	100	54	50	19	11	9	6	5		9	11	1	1	–	–	–	–	–	–	–	–	2-Methylacetanilide	120-66-1	P9091
107	149	106	43	77	79	78	108	**149**	100	42	27	25	19	9	9	7		9	11	1	1	–	–	–	–	–	–	–	–	3-Methylacetanilide		05669
107	149	106	43	77	108	79	39	**149**	100	44	32	17	9	8	6	5		9	11	1	1	–	–	–	–	–	–	–	–	3-Methylacetanilide	537-92-8	Q1754
109	67	149	81	41	69	107	79	**149**	100	67	48	42	32	30	28	25		10	15	–	1	–	–	–	–	–	–	–	–	Cyclobutaneacetonitrile, 1-methyl-2-(1-isopropylidene)-	55760-14-0	T2083
109	120	149	80	52	51	108	79	**149**	100	84	72	58	49	27	25	23		8	7	2	1	–	–	–	–	–	–	–	–	2H-1,4-Benzoxazin-3(4H)-one		B0040
118	56	45	42	44	43	41	57	**149**	100	69	60	56	27	25	14	8	**0.60**	6	15	3	1	–	–	–	–	–	–	–	–	Triethanolamine	102-71-6	H0267
118	56	74	45	30	42	44	27	**149**	100	65	63	43	30	23	12	11	**0.65**	6	15	3	1	–	–	–	–	–	–	–	–	Triethanolamine		G0519
120	51	78	106	39	52	50	38	**149**	100	98	89	43	39	37	26	22	**14.81**	7	7	1	3	–	–	–	–	–	–	–	–	Benzene, 1-azido-2-methoxy-	20442-97-1	R8685
120	121	77	51	105	149	122	91	**149**	100	80	24	24	13	10	8	6		9	11	1	1	–	–	–	–	–	–	–	–	3-Dimethylaminotropone		L7537
120	148	149	121	77	119	39	91	**149**	100	93	69	29	19	16	16	13		10	15	–	1	–	–	–	–	–	–	–	–	2-Ethyl-5-propylpyridine		C1645
120	149	106	121	77	91	132	28	**149**	100	91	52	40	22	17	14	13		9	11	1	1	–	–	–	–	–	–	–	–	Formamide, N-(2,4-dimethylphenyl)-	60397-77-5	T5208
120	149	121	93	65	52	150	51	**149**	100	80	37	17	15	10	9	7		9	11	1	1	–	–	–	–	–	–	–	–	1,5-Benzoxazepine, 2,3,4,5-tetrahydro-	7160-97-6	R2892
121	52	78	80	106	51	64	91	**149**	100	79	71	69	53	49	39	26	**22.64**	7	7	1	3	–	–	–	–	–	–	–	–	Benzene, 1-azido-4-methoxy-	2101-87-3	Q7376
127	43	42	67	86	129	44	48	**149**	100	87	70	63	37	20	16	12	**0.10**	2	6	1	1	–	–	3	1	–	–	–	–	N-(Dimethylamino)trifluorosulphur oxide		L6131
131	149	105	134	91	119	65	77	**149**	100	70	55	45	35	23	10	10		9	11	1	1	–	–	–	–	–	–	–	–	Benzaldehyde, 3,5-dimethyl-, oxime	75601-36-4	T9000
134	106	77	149	51	104	135	79	**149**	100	54	33	28	13	11	10	9		10	15	–	1	–	–	–	–	–	–	–	–	Aniline, N,N-diethyl-		D0777
134	106	78	51	104	79	118	135	**149**	100	29	23	14	14	12	10	9	**3.76**	9	11	1	1	–	–	–	–	–	–	–	–	Pyridine, 2-[1-(methoxymethyl)vinyl]-		D0396
134	106	149	77	104	79	51	28	**149**	100	50	35	30	12	11	11	10		10	15	–	1	–	–	–	–	–	–	–	–	Aniline, N,N-diethyl-		D1267
134	106	149	77	135	104	51	91	**149**	100	37	32	24	9	8	7	5		10	15	–	1	–	–	–	–	–	–	–	–	Aniline, N,N-diethyl-	91-66-7	P6662
134	149	106	51	135	150	52	63	**149**	100	92	72	29	13	13	11	10		8	7	2	1	–	–	–	–	–	–	–	–	Benzonitrile, 4-hydroxy-3-methoxy-	4421-08-3	R0420
134	149	106	119	77	135	148	28	**149**	100	45	19	15	15	13	10	10		10	15	–	1	–	–	–	–	–	–	–	–	Aniline, N,4-diethyl-		D1268
134	149	119	120	91	77	135	117	**149**	100	37	25	17	16	12	10	10		10	15	–	1	–	–	–	–	–	–	–	–	Aniline, 2,6-diethyl-	579-66-8	Q2261
134	149	135	107	69	75	28	122	**149**	100	27	10	9	9	5	5	4		9	8	–	1	–	–	1	–	–	–	–	–	Benzeneacetonitrile, 4-fluoro-α-methyl-	51965-61-8	S7819
148	91	77	120	106	119	51	104	**149**	100	92	55	27	23	22	19	18	**0.00**	9	11	1	1	–	–	–	–	–	–	–	–	Oxazolidine, 3-phenyl-	20503-92-8	R8702
148	108	69	149	63	82	45	150	**149**	100	32	29	17	16	11	11	11		8	7	–	!	–	–	–	1	–	–	–	–	Benzothiazole, 2-methyl-		Y1760
148	149	77	42	51	132	105	150	**149**	100	78	18	14	11	11	8	8		9	11	1	1	–	–	–	–	–	–	–	–	4-Dimethylaminobenzaldehyde		C1488
148	149	77	42	132	150	105	120	**149**	100	93	17	14	11	9	8	7		9	11	1	1	–	–	–	–	–	–	–	–	4-Dimethylaminobenzaldehyde	100-10-7	P7332
148	149	77	150	132	42	61	105	**149**	100	84	9	9	8	6	6	5		9	11	1	1	–	–	–	–	–	–	–	–	4-Dimethylaminobenzaldehyde		D1413
148	149	134	91	77	135	105	133	**149**	100	67	35	25	23	20	16	16		10	15	–	1	–	–	–	–	–	–	–	–	Aniline, N,N,3,5-tetramethyl-	4913-13-7	R0927
148	149	150	147	151	146	152	153	**149**	100	82	62	51	37	11	10	5		–	4	–	3	2	–	–	–	–	3	–	–	2,4-Dichloroborazine		L1059
149	43	102	107	60	151	90	45	**149**	100	26	24	21	17	17	15	14		4	7	1	1	–	–	–	2	–	–	–	–	Carbamic acid, acetyldithio-, methyl ester	16696-88-1	R6380
149	43	133	39	120	132	104	55	**149**	100	18	18	17	15	15	14	11		8	7	2	1	–	–	–	–	–	–	–	–	Furo[3,2-b]pyridine, 2-methyl-, 4-oxide	69022-83-9	T6996
149	66	80	67	116	130	79	133	**149**	100	45	33	33	32	12	11	10		6	7	–	5	–	–	–	–	–	–	–	–	5,7-Dimethyltetrazolo[1 5-a]pyrimidine		M5028
149	77	78	104	120	103	51	121	**149**	100	64	46	43	41	37	27	25		9	11	1	1	–	–	–	–	–	–	–	–	Benzaldehyde, O-ethyloxime	13858-87-2	R4769
149	77	106	79	107	51	28	65	**149**	100	79	46	43	39	27	22	19		10	15	–	1	–	–	–	–	–	–	–	–	Aniline, N-butyl-		D0595
149	92	28	121	120	69	19	43	**149**	100	63	54	52	52	47	42	40		6	7	–	5	–	–	–	–	–	–	–	–	Adenine, N-methyl-		M5534
149	93	65	92	66	39	52	64	**149**	100	89	51	43	40	38	21	19		7	7	1	3	–	–	–	–	–	–	–	–	1,2,4-Triazolo[4,3-a]pyridin-3(2H)-one, 5-methyl-	4926-18-5	R0947
149	93	120	121	28	148	30	66	**149**	100	59	50	36	29	23	21	19		6	7	–	5	–	–	–	–	–	–	–	–	Adenine, N-methyl-	443-72-1	Q0761

MASS TO CHARGE RATIOS								M.W.	INTENSITIES								Parent	C	H	O	N	Cl	Br	F	S	P	B	Si	X	COMPOUND NAME	CAS Reg No	No
149	93	120	121	148	28	119	36	**149**	100	52	50	38	24	19	16	15		6	7	–	5	–	–	–	–	–	–	–	–	**Adenine, N-methyl-**	443-72-1	**Q0762**
149	106	51	78	52	121	39	50	**149**	100	83	30	30	20	14	10	10		7	7	1	3	–	–	–	–	–	–	–	–	**1H-Benzotriazole, 4-methoxy-**	27799-90-2	**S1861**
149	106	77	51	121	120	93	66	**149**	100	99	37	17	16	14	12	11		9	11	1	1	–	–	–	–	–	–	–	–	**Formamide, N-ethyl-N-phenyl-**	5461-49-4	**R1465**
149	106	79	51	52	78	121	134	**149**	100	74	30	26	14	13	13	10		7	7	1	3	–	–	–	–	–	–	–	–	**1H-Benzotriazole, 5-methoxy-**	27799-91-3	**S1862**
149	108	69	63	82	45	150	39	**149**	100	32	29	16	11	11	10	9		8	7	–	1	–	–	–	1	–	–	–	–	**Benzothiazole, 2-methyl-**	120-75-2	**P9103**
149	108	69	148	63	82	150	109	**149**	100	12	10	9	8	8	8	6		8	7	–	1	–	–	–	1	–	–	–	–	**Benzothiazole, 2-methyl-**	120-75-2	**P9105**
149	117	148	116	105				**149**	100	45	39	12	3					8	7	–	1	–	–	–	1	–	–	–	–	**2-Indolinethione**		**L8043**
149	120	79	65	108	150	63	92	**149**	100	98	17	15	13	13	10	10		8	7	2	1	–	–	–	–	–	–	–	–	**2H-1,4-Benzoxazin-3(4H)-one**	5466-88-6	**R1475**
149	120	121	94	39	65	66	52	**149**	100	85	52	24	22	20	17	15		8	7	2	1	–	–	–	–	–	–	–	–	**2H-Indol-2-one, 1,3-dihydro-5-hydroxy-**	3416-18-0	**Q9359**
149	120	134	79	106	65	121	148	**149**	100	58	34	32	28	22	17	15		9	11	1	1	–	–	–	–	–	–	–	–	**Furo[2,3-c]pyridine, 2,3-dihydro-2,7-dimethyl-**	69022-82-8	**T6995**
149	121	57	87	85	61	151	42	**149**	100	57	54	50	48	42	38	23		4	4	1	1	1	–	–	1	–	–	–	–	**2,3-Dihydro-2-methyl-3-oxo-5-chloroisothiazole**		**D2871**
149	121	92	120	65	39	29	27	**149**	100	83	76	40	39	33	25	18		9	11	1	1	–	–	–	–	–	–	–	–	**2-Ethoxy-1-(3′-pyridyl)ethylene**		**A0745**
149	122	109	108	134	81	95	93	**149**	100	16	13	7	7	6	4	1		6	7	–	5	–	–	–	–	–	–	–	–	**5-Methyl-7-amino-s-triazolo[1,5-a]pyrimidine**		**17291**
149	148	42	67	95	54	66	40	**149**	100	64	50	25	17	13	13	11		6	7	–	5	–	–	–	–	–	–	–	–	**Adenine, 7-methyl-**	935-69-3	**Q4705**
149	148	79	52	150	92	66	93	**149**	100	13	13	10	8	8	8	7		7	7	1	3	–	–	–	–	–	–	–	–	**1-Methyl-1,3-diaza-3a-azoniaindene-2-oxide**		**05809**
149	148	121	108	69	150	63	116	**149**	100	34	27	17	15	12	10	8		8	7	–	1	–	–	–	1	–	–	–	–	**1,2-Benzisothiazole, 3-methyl-**	6187-89-9	**R2135**
149	148	134	118	132	133	77	105	**149**	100	86	74	27	24	21	20	16		10	15	–	1	–	–	–	–	–	–	–	–	**Aniline, N,N,2,4-tetramethyl-**		**D1322**
150	86	114	152	148	151	115	149	**149**	100	76	62	31	17	10	5	5		7	16	–	1	1	–	–	–	–	–	–	–	**1-Propanamine, 3-chloro-N,N-diethyl-, hydrochloride**	4535-85-7	**R0545**
150	104	102	133	84	151	77	152	**149**	100	47	17	13	9	8	7	5	**2.06**	5	11	2	1	–	–	–	1	–	–	–	–	**D-Methionine**	348-67-4	**Q0556**
150	133	104	151	56	102	152	131	**149**	100	40	20	7	5	5	5	4	**0.00**	5	11	2	1	–	–	–	1	–	–	–	–	**L-Methionine**	63-68-3	**P5181**
18	36	38	17	135	28	120	45	**150**	100	71	24	22	19	19	16	10	**0.58**	8	10	1	2	–	–	–	–	–	–	–	–	**Aniline, N,N-dimethyl-4-nitroso-**	138-89-6	**P9745**
28	44	150	40	105	73	29	77	**150**	100	83	44	40	39	39	26	24		9	10	2	–	–	–	–	–	–	–	–	–	**1,3-Dioxolane, 2-phenyl-**		**00508**
28	80	67	41	108	79	81	93	**150**	100	90	77	74	73	61	59	51	**15.29**	11	18	–	–	–	–	–	–	–	–	–	–	**Bicyclo[2.2.1]heptane, 2-methyl-3-isopropenyl-**	62337-89-7	**T6065**
28	80	107	70	122	91	150	135	**150**	100	94	20	16	12	5	4	2		10	14	1	–	–	–	–	–	–	–	–	–	**Bicyclo[3.2.0]hept-2-en-6-one, 2,7,7-trimethyl-**		**M3668**
28	88	41	105	29	27	42	60	**150**	100	49	48	48	42	24	21	20	**0.06**	6	11	2	–	1	–	–	–	–	–	–	–	**Ethyl 4-chlorobutyrate**		**C0832**
28	107	150	108	18	32	135	91	**150**	100	76	71	59	45	41	28	26		10	14	1	–	–	–	–	–	–	–	–	–	**2-Cyclohexen-1-one, 3,5,5-trimethyl-4-methylene-**		**M8792**
29	41	94	57	27	150	66	39	**150**	100	64	43	38	35	24	19	9		6	14	–	–	–	–	–	2	–	–	–	–	**Ethyl butyl disulphide**		**17116**
29	66	122	94	27	57	41	45	**150**	100	95	72	69	52	29	22	14	**11.62**	6	14	–	–	–	–	–	2	–	–	–	–	**Ethyl isobutyl disulphide**		**Y0521**
29	94	41	57	66	27	150	39	**150**	100	80	65	50	29	29	24	10		6	14	–	–	–	–	–	2	–	–	–	–	**Ethyl sec-butyl disulphide**		**17115**
29	94	66	27	122	41	57	150	**150**	100	78	67	48	42	25	24	16		6	14	–	–	–	–	–	2	–	–	–	–	**Ethyl sec-butyl disulphide**		**Y0520**
29	150	28	27	62	61	122	76	**150**	100	53	32	28	15	13	12	11		5	10	1	–	–	–	–	2	–	–	–	–	**Carbonodithioic acid, O,S-diethyl ester**	623-79-0	**Q3133**
30	150	52	42	15	77	120	105	**150**	100	88	75	54	36	24	23	22		8	10	1	2	–	–	–	–	–	–	–	–	**Aniline, N,N-dimethyl-4-nitroso-**	138-89-6	**P9744**
31	69	131	100	150	81	12	50	**150**	100	77	72	36	29	14	13	12		3	–	–	–	–	–	6	–	–	–	–	–	**Hexafluoropropene**		**Y0728**
32	59	60	150	85	64	76	108	**150**	100	90	80	65	56	32	32	28		2	2	–	2	–	–	–	3	–	–	–	–	**5-Amino-1,2,4-dithiazole-3-thione**		**L6532**
41	39	81	150	53	40	109	55	**150**	100	32	25	22	17	14	12	9		9	14	–	2	–	–	–	–	–	–	–	–	**2-Propenal, diallylhydrazone**	18491-20-8	**R7662**
41	39	107	150	29	91	43	53	**150**	100	96	62	62	58	42	38	38		10	14	1	–	–	–	–	–	–	–	–	–	**2-Cyclohexen-1-one, 3-methyl-6-isopropylidene-**	491-09-8	**Q1198**
41	43	29	27	71	150	45	39	**150**	100	99	62	61	54	46	40	38		6	14	–	–	–	–	–	2	–	–	–	–	**Methyl isopentyl disulphide**		**17108**
41	79	107	67	39	93	27	81	**150**	100	89	84	84	74	65	54	46	**29.82**	11	18	–	–	–	–	–	–	–	–	–	–	**Bicyclo[5.1.0]octane, 8-isopropylidene-**		**Y2183**
41	79	122	121	69	40	78	53	**150**	100	86	59	33	31	26	17	15	**3.31**	10	19	–	–	–	–	–	–	–	1	–	–	**Borane, diethyl(1-ethyl-1,2-butadienyl)-**	74752-99-1	**T8480**
42	55	70	43	41	63	29	71	**150**	100	80	60	51	42	30	29	25	**0.17**	6	11	2	–	1	–	–	–	–	–	–	–	**Carbonochloridic acid, pentyl ester**	638-41-5	**Q3496**
43	41	27	39	108	150	42	66	**150**	100	59	40	20	18	12	11	9		6	14	–	–	–	–	–	2	–	–	–	–	**Isopropyl propyl disulphide**		**17121**
43	41	27	42	28	39	44	108	**150**	100	21	12	8	5	5	5	5	**2.20**	6	14	2	–	–	–	–	1	–	–	–	–	**Dipropyl sulphone**	598-03-8	**Q2588**
43	41	27	42	29	39	71	55	**150**	100	62	61	52	43	40	36	19	**0.06**	5	11	–	–	–	1	–	–	–	–	–	–	**Pentane, 2-bromo-**	107-81-3	**P8017**
43	41	27	108	39	150	66	42	**150**	100	50	31	26	18	18	11	9		6	14	–	–	–	–	–	2	–	–	–	–	**Diisopropyl disulphide**		**17120**
43	41	27	108	150	39	66	45	**150**	100	30	26	22	21	15	11	8		6	14	–	–	–	–	–	2	–	–	–	–	**Isopropyl propyl disulphide**	33672-51-4	**H1970**
43	41	27	150	108	39	45	47	**150**	100	39	38	24	20	17	14	9		6	14	–	–	–	–	–	2	–	–	–	–	**Dipropyl disulphide**		**Y1392**
43	41	27	150	108	39	66	42	**150**	100	52	38	20	19	15	10	9		6	14	–	–	–	–	–	2	–	–	–	–	**Dipropyl disulphide**		**17129**
43	41	29	80	27	150	45	39	**150**	100	87	78	63	57	42	35	31		6	14	–	–	–	–	–	2	–	–	–	–	**Methyl n-pentyl disulphide**		**17109**
43	41	67	42	109	79	78	93	**150**	100	60	54	49	39	35	35	32	**12.34**	11	18	–	–	–	–	–	–	–	–	–	–	**Spiro[4.5]decane, 6-methylene-**	19144-01-5	**R7999**
43	41	108	27	150	39	66	59	**150**	100	31	29	27	24	18	12	8		6	14	–	–	–	–	–	2	–	–	–	–	**Diisopropyl disulphide**		**Y1411**
43	41	150	108	27	42	39	66	**150**	100	33	25	21	16	12	11	9		6	14	–	–	–	–	–	2	–	–	–	–	**Dipropyl disulphide**	629-19-6	**Q3338**
43	54	55	73	61	41	90	20	**150**	100	30	20	16	14	6	6	5	**0.04**	6	11	2	–	1	–	–	–	–	–	–	–	**4-Chlorobutyl acetate**		**C0083**
43	55	70	28	71	41	42	32	**150**	100	59	50	49	45	32	17	14	**0.40**	5	11	–	–	–	1	–	–	–	–	–	–	**1-Bromo-3-methylbutane**		**P8020**
43	71	28	55	41	29	42	32	**150**	100	82	47	36	25	18	18	12	**0.00**	5	11	–	–	–	1	–	–	–	–	–	–	**Pentane, 2-bromo-**	107-81-3	**P8018**

MASS TO CHARGE RATIOS								M.W.	INTENSITIES								Parent	C	H	O	N	Cl	Br	F	S	P	B	Si	X	COMPOUND NAME	CAS Reg No	No
43	71	41	27	29	39	55	42	**150**	100	83	41	40	31	27	26	16	**0.30**	5	11	–	–	–	1	–	–	–	–	–	–	**Pentane, 2-bromo-**	107-81-3	**H0370**
43	71	41	29	55	27	42	71	**150**	100	94	28	17	17	13	8	2	**0.80**	5	11	–	–	–	1	–	–	–	–	–	–	**1-Bromo-2-methylbutane**		**L0533**
43	71	41	42	55	39	40	70	**150**	100	77	56	38	34	33	6	6	**2.69**	5	11	–	–	–	1	–	–	–	–	–	–	**1-Bromopentane**		**Y1524**
43	71	41	55	29	27	39	42	**150**	100	94	28	17	17	13	12	8	**0.83**	5	11	–	–	–	1	–	–	–	–	–	–	**3-Bromopentane**		**Z0862**
43	71	55	70	41	27	29	39	**150**	100	48	36	34	34	24	17	14	**1.90**	5	11	–	–	–	1	–	–	–	–	–	–	**1-Bromo-3-methylbutane**	107-82-4	**P8019**
43	71	70	55	41	27	29	42	**150**	100	60	43	41	32	20	14	13	**9.36**	5	11	–	–	–	1	–	–	–	–	–	–	**1-Bromo-3-methylbutane**		**Z0860**
43	76	108	42	118	59	41	69	**150**	100	9	7	6	5	4	4	4	**2.90**	5	7	3	–	1	–	–	–	–	–	–	–	**Butanoic acid, 2-chloro-3-oxo-, methyl ester**	4755-81-1	**R0802**
43	77	79	107	150	51	53	78	**150**	100	90	88	64	62	37	25	17		9	10	2	–	–	–	–	–	–	–	–	–	**3-Penten-2-one, 3-(2-furanyl)-**	56335-77-4	**T3513**
43	77	107	150	51	39	15	79	**150**	100	98	55	48	37	30	25	21		9	10	2	–	–	–	–	–	–	–	–	–	**Acetone, 1-phenoxy-**		**Y0834**
43	79	41	39	93	55	29	27	**150**	100	97	76	59	56	51	50	47	**5.54**	11	18	–	–	–	–	–	–	–	–	–	–	**3-Undecen-1-yne, (E)-**	74744-33-5	**T8441**
43	81	69	109	41	95	29	57	**150**	100	96	82	82	65	62	55	46	**0.00**	11	18	–	–	–	–	–	–	–	–	–	–	**Bicyclo[5.1.0]octane, 8-isopropylidene-**	54166-47-1	**S8821**
43	87	27	15	55	29	72	39	**150**	100	24	13	13	8	6	4	4	**0.00**	6	11	2	–	1	–	–	–	–	–	–	–	**threo-3-Chloro-2-acetoxybutane**	54192-20-0	**H2034**
43	105	91	106	117	132	77	115	**150**	100	91	84	84	84	49	30	26	**0.00**	10	14	1	–	–	–	–	–	–	–	–	–	**Toluene, 3-(2-propanol)-**		**L9480**
43	108	150	41	66	59	44	110	**150**	100	34	31	26	13	6	3	3		6	14	–	–	–	–	–	2	–	–	–	–	**Diisopropyl disulphide**	4253-89-8	**R0252**
43	122	79	107	91	135	150		**150**	100	34	23	16	12	10	4			10	14	1	–	–	–	–	–	–	–	–	–	**Bicyclo[2.2.1]heptane, 1-acetyl-7-methylene-**		**M1253**
43	135	91	132	117	65	115	39	**150**	100	53	17	14	13	8	7	6	**4.10**	10	14	1	–	–	–	–	–	–	–	–	–	**Benzenemethanol, α,α-4-trimethyl-**	1197-01-9	**Q5708**
43	135	91	150	65	136	39	67	**150**	100	50	11	7	6	5	5	3		10	14	1	–	–	–	–	–	–	–	–	–	**Benzenemethanol, 4-isopropyl-**	536-60-7	**Q1732**
44	78	79	55	77	69	57	43	**150**	100	62	51	42	39	34	33	32	**30.00**	8	6	3	–	–	–	–	–	–	–	–	–	**1,2-Dihydrophthalic anhydride**		**D2050**
45	27	104	132	59	58	87	60	**150**	100	69	60	59	55	45	43	41	**0.00**	4	6	4	–	–	–	–	1	–	–	–	–	**Butanedioic acid, mercapto-**	70-49-5	**P5374**
45	28	31	29	89	58	43	32	**150**	100	45	18	15	11	10	9	8	**0.00**	6	14	4	–	–	–	–	–	–	–	–	–	**Triethylene glycol**	112-27-6	**H0494**
45	29	44	43	31	58	30	89	**150**	100	68	66	32	25	19	15	12	**0.44**	6	14	4	–	–	–	–	–	–	–	–	–	**Triethylene glycol**		**C1282**
45	47	58	59	29	77	31	43	**150**	100	67	66	61	36	27	23	22	**5.00**	5	10	3	–	–	–	–	1	–	–	–	–	**Methoxyethyl mercaptoacetate**		**02005**
45	58	89	31	29	43	44	27	**150**	100	11	9	8	8	7	7	7	**0.00**	6	14	4	–	–	–	–	–	–	–	–	–	**Triethylene glycol**	112-27-6	**P8673**
45	60	28	31	32	27	29	43	**150**	100	55	50	43	21	13	13	11	**0.00**	4	10	4	2	–	–	–	–	–	–	–	–	**Ethylhydrazine oxalate**	6629-60-3	**R2425**
47	45	60	77	132	46	42	61	**150**	100	80	75	49	39	37	35	32	**26.95**	4	6	4	–	–	–	–	1	–	–	–	–	**Thiodiacetic acid**	123-93-3	**P9370**
47	148	67	129	131	130	149	83	**150**	100	97	95	92	74	69	69	58	**36.00**	–	2	1	–	–	–	4	–	–	–	2		**1,1,1′,1″-Tetrafluorodisiloxane**		**M2965**
54	86	105	51	52	55	70	74	**150**	100	66	55	51	28	25	22	19	**0.00**	6	11	2	–	1	–	–	–	–	–	–	–	**Ethyl 4-chlorobutyrate**	3153-36-4	**Q9069**
55	15	56	91	41	39	29	115	**150**	100	64	60	47	42	39	35	34	**0.10**	6	11	2	–	1	–	–	–	–	–	–	–	**Propanoic acid, 3-chloro-2,2-dimethyl-, methyl ester**	21491-96-3	**H1851**
56	57	29	41	77	27	49	42	**150**	100	91	90	82	52	51	38	27	**0.07**	6	11	2	–	1	–	–	–	–	–	–	–	**Butyl chloroacetate**		**04691**
56	57	41	29	77	27	49	28	**150**	100	80	75	70	52	26	26	24	**0.00**	6	11	2	–	1	–	–	–	–	–	–	–	**Butyl chloroacetate**	590-02-3	**Q2418**
57	29	41	27	94	150	32	39	**150**	100	48	44	10	8	8	7	6		6	14	–	–	–	–	–	2	–	–	–	–	**Ethyl tert-butyl disulphide**		**17114**
57	29	41	27	150	94	39	66	**150**	100	47	40	21	13	12	12	9		6	14	–	–	–	–	–	2	–	–	–	–	**Ethyl tert-butyl disulphide**	4151-69-3	**H1455**
57	29	41	95	27	28	56	66	**150**	100	93	56	33	30	20	17	11	**1.80**	6	14	2	–	–	–	–	1	–	–	–	–	**Butyl ethyl sulphone**	31124-38-6	**S3212**
57	55	41	56	29	39	27	43	**150**	100	60	56	48	39	29	25	20	**6.00**	5	11	–	–	–	1	–	–	–	–	–	–	**Neopentyl bromide**		**M7309**
57	55	41	56	29	39	27	43	**150**	100	60	56	47	39	32	25	20	**4.22**	5	11	–	–	–	1	–	–	–	–	–	–	**Neopentyl bromide**	630-17-1	**Q3397**
58	43	71	27	41	55	29	39	**150**	100	15	15	14	11	11	9	8	**0.23**	5	10	3	–	–	–	–	1	–	–	–	–	**Sulpholane, 3-methoxy-**		**C1490**
59	40	91	118	150	119	52	64	**150**	100	65	57	53	53	51	38	36		7	6	2	2	–	–	–	–	–	–	–	–	**Methyl 1,2-dicyanocyclopropane-1-carboxylate**		**L3199**
61	44	150	135	55	74	87	45	**150**	100	61	34	25	21	20	19	17		6	14	–	–	–	–	–	2	–	–	–	–	**1,4-Bis(methylthio)butane**	15394-33-9	**H1762**
61	55	41	45	74	47	150	87	**150**	100	23	21	21	19	16	14	13		6	14	–	–	–	–	–	2	–	–	–	–	**1,4-Bis(methylthio)butane**		**17202**
65	77	121	150	51	64	91	78	**150**	100	62	26	25	20	16	15	6		8	10	1	2	–	–	–	–	–	–	–	–	**Diazene, ethylphenyl-, 1-oxide, (E)-**	35150-78-8	**09837**
65	77	150	51	121	64	91	78	**150**	100	62	24	23	17	16	14	8		8	10	1	2	–	–	–	–	–	–	–	–	**Diazene, ethylphenyl-, 1-oxide, (Z)-**	35150-77-7	**09836**
65	108	151	66	80	150	79	108	**150**	100	96	32	31	14	9	9	8		6	15	2	–	–	–	–	–	1	–	–	–	**Di-isopropylphosphinic acid**		**L2620**
66	94	67	107	79	41	68	80	**150**	100	28	25	20	19	19	18	18	**3.42**	11	18	–	–	–	–	–	–	–	–	–	–	**Tricyclo[4.2.1.0$^{(2,5)}$]nonane, 3,4-dimethyl-**	50333-74-9	**S7272**
67	41	66	28	55	39	108	95	**150**	100	64	44	42	36	30	30	25	**1.00**	11	18	–	–	–	–	–	–	–	–	–	–	**Bicyclo[2.2.1]heptane, 2-butylidene-**	62211-86-3	**T5946**
67	83	84	66	41	39	68	65	**150**	100	22	22	17	14	12	8	7	**0.10**	10	14	1	–	–	–	–	–	–	–	–	–	**Bis(cyclopent-2-enyl) ether**		**C0045**
67	109	41	55	79	81	39	27	**150**	100	51	28	21	18	16	15	9	**1.89**	11	18	–	–	–	–	–	–	–	–	–	–	**Cyclooctene, 3-(2-propenyl)-**	61141-59-1	**T5282**
67	109	41	55	79	81	39	27	**150**	100	51	28	21	18	16	15	9	**1.88**	11	18	–	–	–	–	–	–	–	–	–	–	**Cyclooctene, 3-allyl-**	61141-59-1	**T5283**
68	79	67	39	41	53	27	107	**150**	100	59	52	49	44	42	35	33	**25.00**	10	14	1	–	–	–	–	–	–	–	–	–	**1-Cyclohexene-1-carboxaldehyde, (S)-4-isopropenyl-**	18031-40-8	**09596**
68	79	67	39	41	53	27	107	**150**	100	59	52	49	44	42	35	33	**0.00**	10	14	1	–	–	–	–	–	–	–	–	–	**1-Cyclohexene-1-carboxaldehyde, 4-isopropyl-**		**M4266**
68	79	67	39	53	107	41	77	**150**	100	60	54	48	46	44	42	37	**32.83**	10	14	1	–	–	–	–	–	–	–	–	–	**1-Cyclohexene-1-carboxaldehyde, 4-isopropyl-**	2111-75-3	**H1286**
68	122	95	82	55	135	40	150	**150**	100	90	62	52	45	40	24	19		8	10	1	2	–	–	–	–	–	–	–	–	**Cyclobutyl 1H-imidazol-2-yl ketone**	69393-26-6	**T7073**
68	122	95	135	40	107	150	55	**150**	100	66	59	34	28	28	24	21		8	10	1	2	–	–	–	–	–	–	–	–	**4-Penten-1-one, 1-(1H-imidazol-2-yl)-**	69393-37-9	**T7083**
68	150	41	53	95	123	42	67	**150**	100	70	60	47	34	33	14	14		6	6	1	4	–	–	–	–	–	–	–	–	**6H-Purin-6-one, 3,7-dihydro-3-methyl-**	1006-11-7	**Q5023**
69	41	79	39	53	77	93	107	**150**	100	85	26	18	17	12	12	12	**4.02**	10	14	1	–	–	–	–	–	–	–	–	–	**1,7-Octadien-3-one, 2-methyl-6-methylene-**	41702-60-7	**S6712**
69	41	81	150	82	53	39	43	**150**	100	74	55	37	27	21	18	12		10	14	1	–	–	–	–	–	–	–	–	–	**Furan, 3-(4-methyl-3-pentenyl)-**		**01042**
69	131	31	100	150	81	50	93	**150**	100	96	89	37	20	19	16	15		3	–	–	–	–	–	6	–	–	–	–	–	**Hexafluoropropene**		**D1665**

MASS TO CHARGE RATIOS								M.W.	INTENSITIES								Parent	C	H	O	N	Cl	Br	F	S	P	B	Si	X	COMPOUND NAME	CAS Reg No	No
69	131	150	100	31	81	50	93	**150**	100	94	58	53	39	14	5	5		3	–	–	–	–	–	6	–	–	–	–	–	Hexafluoropropene		A0308
71	43	41	42	55	27	29	39	**150**	100	99	36	28	26	19	19	13	**9.23**	5	11	–	–	–	1	–	–	–	–	–	–	1-Bromopentane		Z0863
71	43	41	42	55	27	29	150	**150**	100	99	36	28	26	19	19	9		5	11	–	–	–	1	–	–	–	–	–	–	1-Bromopentane		L0531
71	43	41	55	29	27	42	70	**150**	100	85	27	25	19	14	5	3	**0.30**	5	11	–	–	–	1	–	–	–	–	–	–	2-Bromo-2-methylbutane		L0535
71	43	41	55	29	39	27	72	**150**	100	85	27	25	19	14	14	6	**0.03**	5	11	–	–	–	1	–	–	–	–	–	–	2-Bromo-2-methylbutane		Z0888
71	43	41	55	29	57	27	42	**150**	100	82	43	30	22	21	17	15	**4.88**	5	11	–	–	–	1	–	–	–	–	–	–	1-Bromo-2-methylbutane		Z0882
71	43	41	55	57	29	27	70	**150**	100	79	41	28	26	22	17	13	**3.00**	5	11	–	–	–	1	–	–	–	–	–	–	2-Bromo-2-methylbutane		L0534
72	71	91	39	65	78	51	52	**150**	100	30	18	12	9	7	6	3	**0.00**	9	10	2	–	–	–	–	–	–	–	–	–	4,7-Etheno-1,3-benzodioxole, 3a,4,7,7a-tetrahydro-	69956-57-6	T7545
72	91	104	65	71	78	39	92	**150**	100	92	51	25	25	20	19	15	**3.00**	9	10	2	–	–	–	–	–	–	–	–	–	Cyclopropa[3,4]pentaleno[1,2-d][1,3]dioxole, 2aα,2bα,2cα,5aα,5bα,5cα-hexahydro-	69956-56-5	T7544
73	60	43	57	29	71	31	42	**150**	100	50	21	21	19	16	16	14	**0.26**	5	10	5	–	–	–	–	–	–	–	–	–	D-Ribose	50-69-1	P4525
73	60	43	57	71	45	149	55	**150**	100	28	10	10	10	7	6	6	**1.00**	5	10	5	–	–	–	–	–	–	–	–	–	1,2,3,4,5-Cyclopentanepentol	56772-25-9	08498
75	27	150	29	89	61	47	60	**150**	100	62	54	52	52	46	43	41		6	14	–	–	–	–	–	2	–	–	–	–	1,2-Bis(ethylthio)ethane		Y1902
75	43	59	150	45	61	79	103	**150**	100	71	25	17	12	6	5	5		5	10	1	–	–	–	–	2	–	–	–	–	Ethanethioic acid, S-[1-(methylthio)ethyl] ester	38634-60-5	S5908
75	73	47	45	119	31	76	29	**150**	100	17	15	12	11	5	3	2	**0.00**	6	14	4	–	–	–	–	–	–	–	–	–	Ethane, 1,1,2,2-tetramethoxy-	2517-44-4	Q8250
75	150	89	27	29	61	60	47	**150**	100	63	53	52	46	42	38	37		6	14	–	–	–	–	–	2	–	–	–	–	1,2-Bis(ethylthio)ethane		Y2093
75	150	89	61	60	47	29	27	**150**	100	65	58	45	41	40	26	21		6	14	–	–	–	–	–	2	–	–	–	–	1,2-Bis(ethylthio)ethane	5395-75-5	H1535
77	51	107	78	133	108	65	150	**150**	100	51	48	44	26	10	9	7		8	10	1	2	–	–	–	–	–	–	–	–	Diazene, ethylphenyl-, 2-oxide, (E)-	35150-76-6	09839
77	107	51	78	133	150	65	91	**150**	100	49	46	35	23	15	4	4		8	10	1	2	–	–	–	–	–	–	–	–	Diazene, ethylphenyl-, 2-oxide, (Z)-	35150-72-2	09838
77	150	41	91	121	51	93	53	**150**	100	89	56	55	53	48	44	35		9	10	2	–	–	–	–	–	–	–	–	–	2-Furanacetaldehyde, α-isopropylidene-	31681-28-4	S3380
77	150	107	43	79	51	108	94	**150**	100	93	79	75	24	22	16	16		9	10	2	–	–	–	–	–	–	–	–	–	Acetone, 1-phenoxy-		Z0861
79	41	43	39	55	93	29	67	**150**	100	62	57	46	44	40	38	36	**0.38**	11	18	–	–	–	–	–	–	–	–	–	–	1-Undecen-3-yne	74744-28-8	T8436
79	41	93	77	29	55	43	91	**150**	100	54	49	46	42	42	35	33	**11.80**	11	18	–	–	–	–	–	–	–	–	–	–	3-Undecen-5-yne, (Z)-	74744-27-7	T8435
79	43	41	39	93	29	55	27	**150**	100	93	76	57	55	52	50	47	**1.78**	11	18	–	–	–	–	–	–	–	–	–	–	3-Undecen-1-yne, (Z)-	74744-32-4	T8440
79	67	93	41	81	68	107	39	**150**	100	88	77	61	48	46	43	40	**25.85**	11	18	–	–	–	–	–	–	–	–	–	–	Cyclooctene, 3-isopropenyl-	61233-78-1	T5696
79	77	80	41	91	93	29	39	**150**	100	44	39	27	27	22	20	18	**15.60**	11	18	–	–	–	–	–	–	–	–	–	–	5-Undecen-3-yne, (E)-	74744-31-3	T8439
79	80	77	41	91	93	29	39	**150**	100	36	35	28	23	20	20	19	**11.32**	11	18	–	–	–	–	–	–	–	–	–	–	5-Undecen-3-yne, (Z)-	74744-30-2	T8438
79	80	93	41	91	77	67	39	**150**	100	41	37	32	29	27	18	17	**5.80**	11	18	–	–	–	–	–	–	–	–	–	–	Cyclopropane, (E)-1-vinyl-2-hexenyl-1α,2β-(+-)-	22822-99-7	08099
79	80	93	41	91	77	67	66	**150**	100	41	37	32	29	27	26	18	**5.80**	11	18	–	–	–	–	–	–	–	–	–	–	Dicytopterene A, (+-)-		L6682
79	91	135	94	107	117	41	77	**150**	100	80	79	60	44	43	43	42	**5.00**	10	14	1	–	–	–	–	–	–	–	–	–	1-Cyclohexanol, cis-(cis-2-isopropenyl-3-methylene)-		L1311
79	91	135	94	107	117	41	77	**150**	100	80	79	60	45	44	44	43	**5.79**	10	14	1	–	–	–	–	–	–	–	–	–	3-Cyclohexen-1-ol, 5-methylene-6-isopropenyl-	54274-41-8	S8863
79	92	150	93	135	91	117	77	**150**	100	89	84	62	53	48	37	34		10	14	1	–	–	–	–	–	–	–	–	–	Indan-1-one, cis-8-methyl-4,7,8,9-tetrahydro-		01274
79	93	77	41	55	91	29	95	**150**	100	51	51	41	38	36	34	33	**12.48**	11	18	–	–	–	–	–	–	–	–	–	–	3-Undecen-5-yne, (E)-	74744-29-9	T8437
79	93	80	91	77	94	41	150	**150**	100	78	49	44	42	29	26	22		11	18	–	–	–	–	–	–	–	–	–	–	Cyclohepta[1,4]diene, 6-butyl-		L6683
79	93	150	77	91	107	122	121	**150**	100	52	44	38	38	26	19	18		10	14	1	–	–	–	–	–	–	–	–	–	Bicyclo[3.2.0]hept-6-en-2-one, cis-6-propyl-		14832
79	93	150	77	91	122	107	121	**150**	100	55	40	38	35	32	26	18		10	14	1	–	–	–	–	–	–	–	–	–	Bicyclo[3.2.0]hept-2-en-3-one, cis-1-propyl-		14834
79	106	39	80	150	109	41	67	**150**	100	76	63	49	47	45	42	39		10	14	1	–	–	–	–	–	–	–	–	–	4,7-Methano-5H-inden-5-one, octahydro-	13380-94-4	R4498
79	107	41	27	39	81	67	94	**150**	100	66	55	43	39	38	37	34	**26.28**	11	18	–	–	–	–	–	–	–	–	–	–	Cyclohexene, (E)-3-(3-methyl-1-butenyl)-	56030-49-0	T2564
79	107	41	39	77	108	91	27	**150**	100	76	53	50	41	41	40	38	**9.21**	10	14	1	–	–	–	–	–	–	–	–	–	Bicyclo[3.1.1]hept-2-ene-2-carboxaldehyde, (1S)-6,6-dimethyl-	23727-16-4	S0327
79	107	41	39	108	77	91	27	**150**	100	75	53	50	41	40	39	38	**0.00**	10	14	1	–	–	–	–	–	–	–	–	–	Bicyclo[3.1.1]hept-2-ene-2-carboxaldehyde, 6,6-dimethyl-	564-94-3	H0843
79	107	91	28	77	122	78	41	**150**	100	54	45	33	26	25	24	19	**1.00**	10	14	1	–	–	–	–	–	–	–	–	–	Tricyclo[3.2.1.0$^{(2,4)}$]octan-8-one, 1α,2α,4α,5α,3,3-dimethyl-	66930-01-6	T6712
79	107	94	150	67	41	81	108	**150**	100	87	77	65	54	52	46	33		11	18	–	–	–	–	–	–	–	–	–	–	Spiro[5.5]undec-1-ene	699-56-9	Q3771
79	107	108	41	77	106	91	105	**150**	100	73	38	36	35	35	33	26	**4.61**	10	14	1	–	–	–	–	–	–	–	–	–	Bicyclo[3.1.1]hept-2-ene-2-carboxaldehyde, 6,6-dimethyl-	564-94-3	Q2139
79	107	108	106	77	91	41	105	**150**	100	83	42	38	38	33	33	28	**4.20**	10	14	1	–	–	–	–	–	–	–	–	–	Bicyclo[3.1.1]hept-2-ene-2-carboxaldehyde, 6,6-dimethyl-	564-94-3	H0842
79	121	150	94	39	55	41	27	**150**	100	80	65	51	36	36	33	28		10	14	1	–	–	–	–	–	–	–	–	–	Spiro[2.4]heptan-4-one, 1-(1-propenyl)-	52056-49-2	S7828
79	150	121	55	91	41	135	67	**150**	100	95	79	77	49	47	40	35		10	14	1	–	–	–	–	–	–	–	–	–	2-Cyclopenten-1-one, (Z)-2-(2-pentenyl)-	41031-88-3	S6520
80	79	70	107	77	122	91	78	**150**	100	79	46	33	30	27	18	16	**0.00**	10	14	1	–	–	–	–	–	–	–	–	–	Bicyclo[3.2.0]hept-2-en-6-one, (-)-2,7,7-trimethyl-		M6190
81	92	43	79	107	54	91	80	**150**	100	75	72	70	53	41	40	34	**25.22**	10	14	1	–	–	–	–	–	–	–	–	–	3-Buten-2-one, 4-(3-cyclohexen-1-yl)-		Z0875
82	39	54	27	41	93	108	53	**150**	100	52	46	31	31	26	25	23	**8.96**	10	14	1	–	–	–	–	–	–	–	–	–	2-Cyclohexen-1-one, 2-methyl-5-isopropenyl-		W0094
82	39	150	54	135	41	107	27	**150**	100	32	30	19	18	17	17	14		10	14	1	–	–	–	–	–	–	–	–	–	2-Cyclohexen-1-one, (+)-3-methyl-6-isopropenyl-	16750-82-6	R6432
82	39	150	54	135	107	41	27	**150**	100	31	29	19	17	16	16	13		10	14	1	–	–	–	–	–	–	–	–	–	2-Cyclohexen-1-one, 3-methyl-6-isopropenyl-	529-01-1	H0779
82	54	39	41	27	108	53	93	**150**	100	47	42	25	23	21	19	18	**5.75**	10	14	1	–	–	–	–	–	–	–	–	–	2-Cyclohexen-1-one, (R)-2-methyl-5-isopropenyl-	6485-40-1	R2325
82	54	39	41	93	53	108	79	**150**	100	67	58	32	25	23	18	14	**1.00**	10	14	1	–	–	–	–	–	–	–	–	–	2-Cyclohexen-1-one, 2-methyl-5-isopropenyl-	99-49-0	P7250
82	54	39	41	108	27	93	53	**150**	100	59	44	32	32	28	27	20	**7.00**	10	14	1	–	–	–	–	–	–	–	–	–	2-Cyclohexen-1-one, (S)-2-methyl-5-isopropenyl-	2244-16-8	Q7719
82	54	39	41	108	93	27	53	**150**	100	65	50	35	35	30	28	22	**7.20**	10	14	1	–	–	–	–	–	–	–	–	–	2-Cyclohexen-1-one, (R)-2-methyl-5-isopropenyl-	6485-40-1	R2326

MASS TO CHARGE RATIOS								M.W.	INTENSITIES								Parent	C	H	O	N	Cl	Br	F	S	P	B	Si	X	COMPOUND NAME	CAS Reg No	No
82	54	39	93	108	41	107	53	**150**	100	44	33	28	27	24	18	17	**6.71**	10	14	1	–	–	–	–	–	–	–	–	–	**2-Cyclohexen-1-one, (S)-2-methyl-5-isopropenyl-**	2244-16-8	**Q7718**
82	54	108	93	58	107	106	41	**150**	100	48	31	27	15	14	13	10	**5.20**	10	14	1	–	–	–	–	–	–	–	–	–	**2-Cyclohexen-1-one, 2-methyl-5-isopropenyl-**	99-49-0	**P7251**
82	108	54	93	107	106	39	41	**150**	100	38	37	28	19	15	15	11	**9.60**	10	14	1	–	–	–	–	–	–	–	–	–	**2-Cyclohexen-1-one, (S)-2-methyl-5-isopropenyl-**	2244-16-8	**Q7720**
83	79	93	107	150	77	91	94	**150**	100	67	40	39	35	34	28	12		10	14	1	–	–	–	–	–	–	–	–	–	**Bicyclo[3.2.0]hept-6-en-2-one, cis-7-propyl-**		**14829**
83	85	67	79	87	95	45	150	**150**	100	63	23	15	10	10	8	8		2	2	–	–	3	–	1	–	–	–	–	–	**1,1,2-Trichloro-2-fluoroethane**		**02701**
83	85	67	101	115	79	87	103	**150**	100	62	17	14	13	11	10	9	**8.51**	2	2	–	–	3	–	1	–	–	–	–	–	**1,1,2-Trichloro-2-fluoroethane**		**Z0856**
83	85	67	115	87	117	95	69	**150**	100	65	24	15	10	10	9	8	**5.80**	2	2	–	–	3	–	1	–	–	–	–	–	**1,1,2-Trichloro-2-fluoroethane**		**A0233**
85	17	45	58	41	28	53	71	**150**	100	76	57	32	32	29	29	27	**0.00**	6	11	2	–	1	–	–	–	–	–	–	–	**3-Chloromethyl-3-methoxymethyl-oxacyclobutane**		**D0357**
85	55	45	58	71	41	83	39	**150**	100	43	42	31	31	24	23	14	**0.00**	6	11	2	–	1	–	–	–	–	–	–	–	**3-Chloromethyl-3-methoxymethyl-oxacyclobutane**		**D0354**
87	41	40	55	67	116	82	83	**150**	100	91	89	86	50	46	32	32	**14.00**	6	14	–	–	–	–	–	2	–	–	–	–	**1,6-Hexanedithiol**		**16048**
89	61	59	150	45	60	35	43	**150**	100	76	26	17	15	13	11	11		6	14	–	–	–	–	–	2	–	–	–	–	**1,1-Bis(ethylthio)ethane**		**17203**
89	61	150	59	29	45	60	35	**150**	100	49	19	14	12	8	8	6		6	14	–	–	–	–	–	2	–	–	–	–	**1,1-Bis(ethylthio)ethane**	14252-42-7	**H1732**
89	150	122	61	47	62	75	45	**150**	100	63	35	24	24	17	12	10		5	10	1	–	–	–	–	2	–	–	–	–	**Carbonodithioic acid, S,S-diethyl ester**	623-80-3	**Q3134**
91	42	51	39	77	30	50	92	**150**	100	55	24	23	20	16	12	11	**9.55**	8	10	1	2	–	–	–	–	–	–	–	–	**N-Methyl-N-nitrosobenzylamine**	937-40-6	**Q4724**
91	43	110	63	93	27	135	42	**150**	100	49	45	39	32	21	17	17	**0.10**	6	11	2	–	1	–	–	–	–	–	–	–	**Isopropyl 3-chloropropionate**		**Z0869**
91	59	106	51	65	77	105	150	**150**	100	76	44	34	34	31	27	25		10	14	1	–	–	–	–	–	–	–	–	–	**Benzene, (2-ethoxyethyl)-**	1817-90-9	**Q6801**
91	92	66	79	107	43	77	108	**150**	100	48	10	8	7	5	4	4	**1.00**	10	14	1	–	–	–	–	–	–	–	–	–	**Benzene, (propoxymethyl)-**	937-61-1	**Q4725**
91	104	72	78	65	39	71	92	**150**	100	82	52	38	30	25	16	15	**0.50**	9	10	2	–	–	–	–	–	–	–	–	–	**Cyclopropa[3,4]pentaleno[1,2-d][1,3]dioxole, 2aα,2bα,2cβ,5aβ,5bα,5cα-hexahydro-**	70004-62-5	**T7565**
91	104	150	105	77	78	51	65	**150**	100	41	38	16	12	11	10	9		9	10	2	–	–	–	–	–	–	–	–	–	**Benzenepropanoic acid**	501-52-0	**Q1320**
91	104	150	105	78	77	51	65	**150**	100	58	47	22	17	17	16	11		9	10	2	–	–	–	–	–	–	–	–	–	**Benzenepropanoic acid**		**04995**
91	106	105	45	77	79	107	78	**150**	100	50	40	26	21	16	14	12	**2.94**	10	14	1	–	–	–	–	–	–	–	–	–	**Benzeneethanol, α,β-dimethyl-**	52089-32-4	**S7858**
91	106	105	133	78	77	92	65	**150**	100	32	30	22	18	10	9	7	**4.04**	9	10	2	–	–	–	–	–	–	–	–	–	**7-Oxabicyclo[4.2.1]nona-2,4-dien-8-one, 9-methyl-**	56771-81-4	**08929**
91	118	32	150	65	90	39	92	**150**	100	51	41	25	17	10	10	10		8	10	1	2	–	–	–	–	–	–	–	–	**Benzeneacetic acid, hydrazide**	937-39-3	**Q4722**
91	150	42	92	77	65	51	43	**150**	100	22	12	9	6	6	5	4		8	10	1	2	–	–	–	–	–	–	–	–	**N-Methyl-N-nitrosobenzylamine**		**M8827**
91	150	59	92	151	119	118	105	**150**	100	62	11	9	7	4	3	2		9	10	2	–	–	–	–	–	–	–	–	–	**Benzeneacetic acid, methyl ester**	101-41-7	**P7490**
91	150	65	15	92	39	59	89	**150**	100	25	9	9	8	7	5	5		9	10	2	–	–	–	–	–	–	–	–	–	**Benzeneacetic acid, methyl ester**		**03084**
91	150	65	59	92	89	151	90	**150**	100	36	9	8	5	4	3	3		9	10	2	–	–	–	–	–	–	–	–	–	**Benzeneacetic acid, methyl ester**	101-41-7	**P7489**
91	150	92	39	65	77	120	51	**150**	100	98	33	30	29	27	21	19		8	10	1	2	–	–	–	–	–	–	–	–	**N-Methyl-N-nitrosobenzylamine**		**05890**
92	59	19	91	28	43	65	18	**150**	100	60	60	57	30	27	21	21	**5.40**	10	14	1	–	–	–	–	–	–	–	–	–	**Benzeneethanol, α,α-dimethyl-**		**06529**
92	59	91	43	135	65	31	39	**150**	100	55	38	28	13	10	8	7	**0.00**	10	14	1	–	–	–	–	–	–	–	–	–	**Benzeneethanol, α,α-dimethyl-**		**L6158**
92	91	65	59	31	103	77	93	**150**	100	71	18	17	11	10	10	9	**1.10**	10	14	1	–	–	–	–	–	–	–	–	–	**Benzeneethanol, α-ethyl-**	701-70-2	**Q3788**
93	67	79	41	68	81	55	39	**150**	100	71	70	69	58	53	48	47	**2.82**	11	18	–	–	–	–	–	–	–	–	–	–	**Cyclohexane, 2,4-divinyl-1-methyl-**	61142-71-0	**T5508**
93	79	150	121	91	77	41	55	**150**	100	90	80	66	62	54	32	31		11	18	–	–	–	–	–	–	–	–	–	–	**3-Nonen-5-yne, 4-ethyl-**	74685-67-9	**T8383**
93	79	150	121	91	77	55	41	**150**	100	96	83	65	59	54	37	36		11	18	–	–	–	–	–	–	–	–	–	–	**3-Nonen-5-yne, 4-ethyl-, (E)-**	74744-60-8	**T8469**
93	79	150	121	91	77	55	41	**150**	100	94	79	66	61	53	32	31		11	18	–	–	–	–	–	–	–	–	–	–	**3-Nonen-5-yne, 4-ethyl-, (Z)-**	74744-26-6	**T8434**
93	112	30	62	74	94	18	50	**150**	100	58	26	10	7	4	2	2	**0.00**	3		–	–	–	–	6	–	–	–	–	–	**Hexafluorocyclopropane**	931-91-9	**Q4660**
93	150	66	65	58	39	94	92	**150**	100	18	13	11	10	9	8	6		8	10	1	2	–	–	–	–	–	–	–	–	**1-Phenyl-3-methylurea**	1007-36-9	**Q5039**
93	150	77	65	50	92	120	30	**150**	100	26	12	9	6	6	6	6		7	6	2	2	–	–	–	–	–	–	–	–	**Benzofurazan, 4-methoxy-**	22698-43-7	**R9925**
93	150	84	79	70	80	107	41	**150**	100	94	91	88	69	65	57	54		10	14	1	–	–	–	–	–	–	–	–	–	**Bicyclo[3.2.1]oct-6-en-3-one, 2,2-dimethyl-**		**L6700**
94	29	150	39	27	41	65	77	**150**	100	17	16	15	11	10	10	9		10	14	1	–	–	–	–	–	–	–	–	–	**Butyl phenyl ether**	1126-79-0	**H1152**
94	39	41	95	57	29	65	66	**150**	100	13	13	12	10	8	7	7	**0.00**	10	14	1	–	–	–	–	–	–	–	–	–	**Benzene, tert-butoxy-**	6669-13-2	**R2454**
94	41	39	57	77	51	65	66	**150**	100	11	11	10	4	4	4	4	**0.80**	10	14	1	–	–	–	–	–	–	–	–	–	**Benzene, tert-butoxy-**	6669-13-2	**H1621**
94	41	77	51	57	150	65	66	**150**	100	29	15	12	12	12	9	9		10	14	1	–	–	–	–	–	–	–	–	–	**Benzene, isobutoxy-**	1126-75-6	**Q5459**
94	41	95	57	39	29	135	77	**150**	100	10	9	8	7	7	6	5	**2.10**	10	14	1	–	–	–	–	–	–	–	–	–	**Benzene, tert-butoxy-**		**C0570**
94	57	150	95	65	77	151	51	**150**	100	40	28	8	5	4	3	2		9	10	2	–	–	–	–	–	–	–	–	–	**Propanoic acid, phenyl ester**	637-27-4	**Q3462**
94	81	107	150	79	80	93	28	**150**	100	44	30	22	21	20	18	15		11	18	–	–	–	–	–	–	–	–	–	–	**Triquinacene, 1-methyl-perhydro-**		**16283**
94	95	77	41	66	39	29	65	**150**	100	8	6	5	4	4	4	3	**0.00**	10	14	1	–	–	–	–	–	–	–	–	–	**Benzene, sec-butoxy-**	10574-17-1	**R3939**
94	95	77	107	41	66	39	29	**150**	100	8	6	6	5	4	4	4	**0.00**	10	14	1	–	–	–	–	–	–	–	–	–	**Benzene, sec-butoxy-**	10574-17-1	**R3938**
94	150	29	95	41	77	39	51	**150**	100	9	8	7	6	6	5	4		10	14	1	–	–	–	–	–	–	–	–	–	**Benzene, sec-butoxy-**		**C0569**
94	150	29	95	77	41	39	65	**150**	100	20	9	7	6	6	5	3		10	14	1	–	–	–	–	–	–	–	–	–	**Butyl phenyl ether**		**C0567**
94	150	29	95	77	41	39	66	**150**	100	19	8	7	7	6	4	4		10	14	1	–	–	–	–	–	–	–	–	–	**Butyl phenyl ether**		**D0437**
94	150	77	31	29	57	107	39	**150**	100	78	50	37	29	28	25	18		9	10	2	–	–	–	–	–	–	–	–	–	**Propane, 1,2-epoxy-3-phenoxy-**	122-60-1	**P9243**
95	67	66	41	94	79	39	55	**150**	100	32	23	20	14	10	10	9	**6.58**	11	18	–	–	–	–	–	–	–	–	–	–	**Bicyclo[2.2.1]heptane, 2-(2-methyl-1-propenyl)-**	61142-27-6	**T5419**
95	67	135	66	41	94	79	39	**150**	100	32	24	23	20	14	10	10	**6.58**	11	18	–	–	–	–	–	–	–	–	–	–	**Bicyclo[2.2.1]heptane, 2-(2-methyl-1-propenyl)-**	61142-27-6	**T5418**

MASS TO CHARGE RATIOS								M.W.	INTENSITIES									Parent	C	H	O	N	Cl	Br	F	S	P	B	Si	X	COMPOUND NAME	CAS Reg No	No
95	68	97	135	41	123	55	53	**150**	100	42	25	25	16	12	9	7	**5.00**	8	10	1	2	–	–	–	–	–	–	–	–	**Bicyclo[1.1.1]pentan-2-ol, 2-(1H-imidazol-4-yl)-**	69393-38-0	**T7084**
95	150	40	68	108	122	55	81	**150**	100	14	13	12	7	7	6	5		8	10	1	2	–	–	–	–	–	–	–	–	**4-Penten-1-one, 1-(1H-imidazol-4-yl)-**	69393-39-1	**T7085**
95	150	55	40	135	67	68	122	**150**	100	16	13	10	9	8	8	7		8	10	1	2	–	–	–	–	–	–	–	–	**Cyclobutyl 1H-imidazol-4-yl ketone**	69393-27-7	**T7074**
96	81	67	41	55	79	95	68	**150**	100	69	38	29	22	21	21	19	**17.00**	11	18	–	–	–	–	–	–	–	–	–	–	**Naphthalene, trans-1,2,3,4,4a,5,8,8a-octahydro-4a-methyl-**	21789-56-0	**R9382**
100	69	31	81	131	50	101	112	**150**	100	94	30	18	16	14	2	1	**1.00**	3	–	–	–	–	–	6	–	–	–	–	–	**Hexafluorocyclopropane**		**D1739**
104	91	65	29	39	31	92	51	**150**	100	68	17	16	15	14	13	13	**0.00**	9	10	2	–	–	–	–	–	–	–	–	–	**Formic acid, 2-phenylethyl ester**		**04197**
104	91	65	39	117	51	150	92	**150**	100	97	34	25	24	16	15	14		10	14	1	–	–	–	–	–	–	–	–	–	**Benzenebutanol**	3360-41-6	**Q9266**
104	91	105	65	103	51	39	31	**150**	100	59	12	11	8	7	7	7	**0.00**	9	10	2	–	–	–	–	–	–	–	–	–	**Formic acid, 2-phenylethyl ester**	104-62-1	**P7738**
104	107	132	77	103	131	91	150	**150**	100	61	59	39	37	32	31	31		9	10	2	–	–	–	–	–	–	–	–	–	**1H-Indene-1,2-diol, cis-2,3-dihydro-**	4647-42-1	**R0677**
104	132	107	77	103	150	91	131	**150**	100	73	72	44	40	40	34	34		9	10	2	–	–	–	–	–	–	–	–	–	**1H-Indene-1,2-diol, trans-2,3-dihydro-**	4647-43-2	**R0678**
104	150	117	115	39	122	135	51	**150**	100	96	42	41	32	31	29	27		9	10	–	–	–	–	–	1	–	–	–	–	**2-Thianaphthalene, 1,2,3,4-tetrahydro-**		**Y1885**
105	44	150	91	104	77	106	119	**150**	100	63	31	27	19	17	11	10		9	10	2	–	–	–	–	–	–	–	–	–	**Acetic acid, 2-methylphenyl ester**		**C0607**
105	77	51	27	29	50	150	78	**150**	100	62	39	17	15	13	12	7		9	10	2	–	–	–	–	–	–	–	–	–	**Benzoic acid, ethyl ester**		**17376**
105	77	51	121	122	45	103	50	**150**	100	52	16	14	14	10	9	8	**3.00**	8	10	1	2	–	–	–	–	–	–	–	–	**Benzoic acid, 2-methylhydrazide**	1660-24-8	**08245**
105	77	51	122	150	27	29	50	**150**	100	48	28	26	19	15	13	12		9	10	2	–	–	–	–	–	–	–	–	–	**Benzoic acid, ethyl ester**		**W0091**
105	77	122	50	51	150	76	104	**150**	100	39	30	24	23	23	23	17		8	6	3	–	–	–	–	–	–	–	–	–	**Phthalaldehydic acid**		**M2207**
105	77	122	76	50	51	150	104	**150**	100	38	30	23	21	20	20	15		8	6	3	–	–	–	–	–	–	–	–	–	**Phthalaldehydic acid**	119-67-5	**P9033**
105	77	122	150	51	106	50	78	**150**	100	43	32	19	16	10	5	4		9	10	2	–	–	–	–	–	–	–	–	–	**Benzoic acid, ethyl ester**	93-89-0	**P6819**
105	104	150	44	45	72	41	71	**150**	100	90	74	50	50	34	30	29		4	6	2	–	–	–	–	2	–	–	–	–	**1,2-Dithiolane-3-carboxylic acid**	6629-12-5	**R2423**
105	122	77	76	51	50	104	149	**150**	100	50	44	24	20	20	19	11	**6.28**	8	6	3	–	–	–	–	–	–	–	–	–	**Phthalaldehydic acid**		**Z0893**
105	135	102	133	101	131	136	103	**150**	100	84	74	60	58	48	38	36	**4.49**	4	12	1	–	–	–	–	–	–	–	–	1	**Germane, trimethylmethoxy-**		**L7445**
105	150	45	44	72	41	71	39	**150**	100	74	50	50	34	30	29	20		4	6	2	–	–	–	–	2	–	–	–	–	**1,2-Dithiolane-3-carboxylic acid**		**02166**
105	150	104	132	77	133	91	103	**150**	100	98	91	90	50	33	30	27		9	10	2	–	–	–	–	–	–	–	–	–	**Benzoic acid, 2,5-dimethyl-**	610-72-0	**Q2799**
105	150	104	132	77	133	91	106	**150**	100	98	90	90	50	33	30	11		9	10	2	–	–	–	–	–	–	–	–	–	**Benzoic acid, 2,5-dimethyl-**		**04315**
105	150	133	77	91	51	39	45	**150**	100	88	37	36	32	29	27	18		9	10	2	–	–	–	–	–	–	–	–	–	**Benzoic acid, 3,4-dimethyl-**	619-04-5	**Q2978**
105	150	133	77	91	132	104	135	**150**	100	88	37	36	32	18	17	13		9	10	2	–	–	–	–	–	–	–	–	–	**Benzoic acid, 3,4-dimethyl-**		**04319**
107	69	41	79	150	91			**150**	100	60	48	25	17	13				11	18	–	–	–	–	–	–	–	–	–	–	**Bicyclo[3.1.1]heptane, α-ethylidene-**		**P0453**
107	79	150	91	41	122	93	39	**150**	100	94	55	34	30	26	24	16		10	14	1	–	–	–	–	–	–	–	–	–	**Bicyclo[2.2.1]heptan-7-one, 2-isopropylidene-**	66929-96-2	**T6707**
107	80	108	30	53	28	72	27	**150**	100	13	10	8	7	6	6	5	**0.52**	9	14	–	2	–	–	–	–	–	–	–	–	**Pyridine, 2-(α-aminobutyl)-**		**D0456**
107	91	39	135	41	80	150	27	**150**	100	88	75	69	65	58	58	53		10	14	1	–	–	–	–	–	–	–	–	–	**Bicyclo[3.1.1]hept-3-en-2-one, (1R)-4,6,6-trimethyl-**		**L1075**
107	91	39	135	41	80	150	27	**150**	100	87	73	69	65	58	56	52		10	14	1	–	–	–	–	–	–	–	–	–	**Bicyclo[3.1.1]hept-3-en-2-one, (1R)-4,6,6-trimethyl-**	18309-32-5	**09595**
107	91	39	135	41	80	150	27	**150**	100	88	75	69	65	58	58	63		10	14	1	–	–	–	–	–	–	–	–	–	**Bicyclo[3.1.1]hept-3-en-2-one, 4,6,6-trimethyl-**	80-57-9	**H0130**
107	91	43	90	79	150	106	77	**150**	100	49	47	41	27	21	17	13		9	10	2	–	–	–	–	–	–	–	–	–	**Acetic acid, benzyl ester**		**F0155**
107	91	77	122	150	121	79	41	**150**	100	47	37	36	32	27	21	18		10	14	1	–	–	–	–	–	–	–	–	–	**2,5-Cyclohexadien-1-one, 4-ethyl-3,4-dimethyl-**	17429-35-5	**R6982**
107	91	108	39	150	41	79	27	**150**	100	48	45	39	35	29	26	22		10	14	1	–	–	–	–	–	–	–	–	–	**2,4-Cycloheptadien-1-one, 2,6,6-trimethyl-**	503-93-5	**H0747**
107	91	121	150	105	79	77	39	**150**	100	74	64	47	38	23	22	21		10	14	1	–	–	–	–	–	–	–	–	–	**1,3-Cyclohexadiene-1-carboxaldehyde, 2,6,6-trimethyl-**	116-26-7	**P8904**
107	94	150	77	43	55	39	121	**150**	100	40	34	19	17	17	15	14		9	10	2	–	–	–	–	–	–	–	–	–	**Phenol, 4-(3-hydroxy-1-propenyl)-**	3690-05-9	**09991**
107	135	150	91	80	39	41	79	**150**	100	81	60	59	57	43	41	38		10	14	1	–	–	–	–	–	–	–	–	–	**Bicyclo[3.1.1]hept-3-en-2-one, 4,6,6-trimethyl-**	80-57-9	**H0129**
107	150	77	43	108	79	39	51	**150**	100	22	18	17	14	11	9	6		10	14	1	–	–	–	–	–	–	–	–	–	**Phenol, 2-butyl-**		**14738**
107	150	77	108	39	81	121	51	**150**	100	17	13	10	7	7	5	4		10	14	1	–	–	–	–	–	–	–	–	–	**Phenol, 4-butyl-**		**14740**
107	150	77	108	39	121	41	51	**150**	100	17	13	11	10	6	5	5		10	14	1	–	–	–	–	–	–	–	–	–	**Phenol, 4-isobutyl-**		**14742**
107	150	108	77	79	39	41	43	**150**	100	25	22	17	11	9	7	6		10	14	1	–	–	–	–	–	–	–	–	–	**Phenol, 2-isobutyl-**		**14741**
108	43	91	90	79	77	51	65	**150**	100	90	78	47	37	29	26	26	**19.00**	9	10	2	–	–	–	–	–	–	–	–	–	**Acetic acid, benzyl ester**		**17378**
108	43	107	77	79	150	39	80	**150**	100	45	39	22	19	15	11	9		9	10	2	–	–	–	–	–	–	–	–	–	**Acetic acid, 3-methylphenyl ester**		**L7240**
108	43	150	66	52	67	65	53	**150**	100	68	52	18	16	12	10	10		5	6	–	6	–	–	–	–	–	–	–	–	**2-Hydrazomethyl-3-amino-4-cyanopyrazole**		**M8144**
108	91	43	90	150	79	77	107	**150**	100	71	45	42	36	33	27	20		9	10	2	–	–	–	–	–	–	–	–	–	**Acetic acid, benzyl ester**		**D2442**
108	95	93	67	69	41	79	94	**150**	100	70	56	54	53	50	50	41	**23.76**	10	14	1	–	–	–	–	–	–	–	–	–	**5(4H)-Indanone, trans-3a,7a-dihydro-7a-methyl-**	17429-25-3	**R6971**
108	107	15	77	51	28	150	40	**150**	100	43	20	16	12	10	9	9		9	10	2	–	–	–	–	–	–	–	–	–	**Acetic acid, 4-methylphenyl ester**	140-39-6	**H0632**
108	107	43	51	77	150	79		**150**	100	40	23	16	12	11	8			9	10	2	–	–	–	–	–	–	–	–	–	**Acetic acid, 4-methylphenyl ether**		**L7239**
108	107	43	77	79	150	15	39	**150**	100	49	31	20	15	13	11	10		9	10	2	–	–	–	–	–	–	–	–	–	**Acetic acid, 3-methylphenyl ester**		**D1667**
108	107	43	77	150	39	79	90	**150**	100	30	26	15	13	11	11	10		9	10	2	–	–	–	–	–	–	–	–	–	**Acetic acid, 2-methylphenyl ester**		**C1643**
108	107	43	150	77	79	109	90	**150**	100	34	19	13	9	9	8	6		9	10	2	–	–	–	–	–	–	–	–	–	**Acetic acid, 3-methylphenyl ester**		**C0467**
108	107	43	150	77	90	15	109	**150**	100	30	22	13	10	9	9	8		9	10	2	–	–	–	–	–	–	–	–	–	**Acetic acid, 2-methylphenyl ester**		**03029**
108	107	43	150	77	109	79	51	**150**	100	41	18	16	9	9	6	5		9	10	2	–	–	–	–	–	–	–	–	–	**Acetic acid, 4-methylphenyl ester**	140-39-6	**P9784**
108	107	77	150	39	79	41	51	**150**	100	53	24	22	17	9	8	7		10	14	1	–	–	–	–	–	–	–	–	–	**Phenol, 3-butyl-**		**14739**
108	107	91	39	79	41	135	77	**150**	100	76	44	25	23	22	22	19	**17.32**	10	14	1	–	–	–	–	–	–	–	–	–	**Bicyclo[3.1.0]hex-3-en-2-one, 4-methyl-1-isopropyl-**	24545-81-1	**H1875**

MASS TO CHARGE RATIOS								M.W.	INTENSITIES								Parent	C	H	O	N	Cl	Br	F	S	P	B	Si	X	COMPOUND NAME	CAS Reg No	No
108	107	91	79	135	39	41	77	**150**	100	85	47	28	23	21	20	20	**16.00**	10	14	1	–	–	–	–	–	–	–	–	–	**Bicyclo[3.1.0]hex-3-en-2-one, 4-methyl-1-isopropyl-**	24545-81-1	**S0638**
108	107	150	109	39	41	77	91	**150**	100	25	20	9	7	6	6	6		10	14	1	–	–	–	–	–	–	–	–	–	**Toluene, 4-isopropoxy-**		**C0412**
108	150	39	79	27	77	41	109	**150**	100	29	20	17	13	12	10	7		10	14	1	–	–	–	–	–	–	–	–	–	**Benzofuran, 4,5,6,7-tetrahydro-3,6-dimethyl-**	494-90-6	**H0729**
108	150	79	39	109	77	41	91	**150**	100	26	16	10	9	9	6	6		10	14	1	–	–	–	–	–	–	–	–	–	**Benzofuran, 4,5,6,7-tetrahydro-3,6-dimethyl-**		**03271**
108	150	79	109	39	77	41	91	**150**	100	26	13	8	8	7	6	5		10	14	1	–	–	–	–	–	–	–	–	–	**Benzofuran, 4,5,6,7-tetrahydro-3,6-dimethyl-**	494-90-6	**H0728**
108	150	80	43	81	53	151	109	**150**	100	94	32	30	16	9	9	9		8	10	1	2	–	–	–	–	–	–	–	–	**Acetamide, N-(3-aminophenyl)-**	102-28-3	**P7547**
108	150	80	81	43	53	109	52	**150**	100	49	32	25	21	13	12	10		8	10	1	2	–	–	–	–	–	–	–	–	**Acetamide, N-(2-aminophenyl)-**		**D1642**
108	150	107	80	81	53	43	109	**150**	100	41	38	25	12	12	11	11		8	10	1	2	–	–	–	–	–	–	–	–	**Acetamide, N-(4-aminophenyl)-**	122-80-5	**P9259**
115	150	152	149	151	116	114	63	**150**	100	76	25	21	14	10	10	9		9	7	–	–	1	–	–	–	–	–	–	–	**Benzene, 1-chloro-4-(1-propynyl)-**	2809-65-6	**Q8682**
118	117	119	91	121	77	149	150	**150**	100	43	23	18	16	12	2	1		10	14	1	–	–	–	–	–	–	–	–	–	**2-Ethylbenzyl methyl ether**		**M0627**
119	91	65	39	150	63	120	89	**150**	100	69	26	14	14	11	10	9		8	10	1	2	–	–	–	–	–	–	–	–	**Benzoic acid, 4-methyl-, hydrazide**	3619-22-5	**Q9579**
119	91	118	150	65	90	39	63	**150**	100	67	55	47	26	20	14	11		9	10	2	–	–	–	–	–	–	–	–	–	**Benzoic acid, 2-methyl-, methyl ester**		**C1405**
119	91	118	150	65	90	89	39	**150**	100	67	62	52	19	18	16	10		9	10	2	–	–	–	–	–	–	–	–	–	**Benzoic acid, 2-methyl-, methyl ester**	89-71-4	**P6491**
119	91	118	150	65	90	89	120	**150**	100	67	62	52	18	18	16	9		9	10	2	–	–	–	–	–	–	–	–	–	**Benzoic acid, 2-methyl-, methyl ester**	89-71-4	**H0160**
119	91	150	65	120	39	63	89	**150**	100	66	37	23	12	11	8	6		9	10	2	–	–	–	–	–	–	–	–	–	**Benzoic acid, 4-methyl-, methyl ester**		**C2019**
119	91	150	65	120	117	89	39	**150**	100	51	42	13	10	7	6	6		9	10	2	–	–	–	–	–	–	–	–	–	**Benzoic acid, 3-methyl-, methyl ester**	99-36-5	**P7246**
119	91	150	65	120	117	89	63	**150**	100	51	41	13	10	7	6	5		9	10	2	–	–	–	–	–	–	–	–	–	**Benzoic acid, 3-methyl-, methyl ester**	99-36-5	**H0232**
119	91	150	117	65	116	120	89	**150**	100	43	35	18	13	10	9	8		9	10	2	–	–	–	–	–	–	–	–	–	**Benzoic acid, 4-methyl-, methyl ester**	99-75-2	**H0235**
119	91	150	117	65	116	120	90	**150**	100	43	35	18	13	10	9	8		9	10	2	–	–	–	–	–	–	–	–	–	**Benzoic acid, 4-methyl-, methyl ester**	99-75-2	**P7262**
120	77	106	104	121	51	119	118	**150**	100	93	67	38	35	29	25	22		8	10	1	2	–	–	–	–	–	–	–	–	**N-Ethyl-N-nitrosoaniline**		**D2224**
120	77	106	121	104	51	150	105	**150**	100	41	17	15	12	11	10	9		8	10	1	2	–	–	–	–	–	–	–	–	**N-Ethyl-N-nitrosoaniline**		**M8824**
121	28	107	91	18	135	105	79	**150**	100	54	41	37	34	33	27	24	**10.00**	10	14	1	–	–	–	–	–	–	–	–	–	**3-Cyclohexen-1-carboxaldehyde, 6,6-dimethyl-2-methylene-**		**M8793**
121	41	79	67	93	95	55	77	**150**	100	82	76	51	49	49	30	30	**23.00**	11	18	–	–	–	–	–	–	–	–	–	–	**1H-Indene, trans-1-ethylideneoctahydro-**	56324-70-0	**T3480**
121	43	150	18	56	91	122	77	**150**	100	24	17	12	9	9	9	8		10	14	1	–	–	–	–	–	–	–	–	–	**Benzene, 1-methoxy-4-propyl-**		**00068**
121	77	91	93	51	53	41	65	**150**	100	88	52	33	23	20	19	19	**2.00**	9	10	2	–	–	–	–	–	–	–	–	–	**2-Furanacetaldehyde, α-methyl-α-vinyl-**	31776-28-0	**S3399**
121	77	150	39	107	122	103	91	**150**	100	13	13	11	10	9	9	7		10	14	1	–	–	–	–	–	–	–	–	–	**Phenol, 4-sec-butyl-**	99-71-8	**H0234**
121	77	150	91	39	122	51	53	**150**	100	23	23	20	11	11	7	7		10	14	1	–	–	–	–	–	–	–	–	–	**Phenol, 2-methyl-6-propyl-**		**14733**
121	93	65	123	63	95	27	150	**150**	100	88	42	35	34	32	16	16		6	15	–	–	1	–	–	–	–	–	1	–	**Silane, chlorotriethyl-**	994-30-9	**Q4929**
121	93	65	150	39	122	63	28	**150**	100	18	15	10	7	7	4	1		9	10	2	–	–	–	–	–	–	–	–	–	**1-Propanone, 1-(4-hydroxyphenyl)-**	70-70-2	**P5380**
121	103	77	150	91	39	107	27	**150**	100	19	19	17	14	13	12	12		10	14	1	–	–	–	–	–	–	–	–	–	**Phenol, 2-sec-butyl-**	89-72-5	**H0161**
121	150	39	65	122	93	104	76	**150**	100	39	31	29	23	18	17	16		9	10	2	–	–	–	–	–	–	–	–	–	**Benzaldehyde, 2-ethoxy-**	613-69-4	**Q2874**
121	150	43	77	91	39	51	93	**150**	100	27	18	18	16	8	6	6		10	14	1	–	–	–	–	–	–	–	–	–	**Phenol, 4-methyl-2-propyl-**		**14732**
121	150	52	41	80	109	122	63	**150**	100	99	62	60	60	40	40	32		9	10	2	–	–	–	–	–	–	–	–	–	**2H-1,5-Benzodioxepin, 3,4-dihydro-**	7216-18-4	**R2968**
121	150	71	122	91	39	51	41	**150**	100	19	12	10	9	7	5	4		10	14	1	–	–	–	–	–	–	–	–	–	**Phenol, 2-methyl-4-propyl-**		**14731**
121	150	77	91	122	39	51	65	**150**	100	65	41	35	26	16	12	12		10	14	1	–	–	–	–	–	–	–	–	–	**Phenol, 3-methyl-6-propyl-**		**14734**
121	150	77	122	107	103	91	39	**150**	100	20	9	9	9	8	6	4		10	14	1	–	–	–	–	–	–	–	–	–	**Phenol, 4-sec-butyl-**		**C0447**
121	150	107	103	77	122	91	39	**150**	100	28	17	12	11	9	6	6		10	14	1	–	–	–	–	–	–	–	–	–	**Phenol, 2-sec-butyl-**		**C0446**
121	150	122	65	39	29	27	93	**150**	100	49	44	29	27	24	21	20		9	10	2	–	–	–	–	–	–	–	–	–	**Benzaldehyde, 3-ethoxy-**	22924-15-8	**R9996**
121	150	122	65	39	29	27	93	**150**	100	38	27	25	23	18	15	14		9	10	2	–	–	–	–	–	–	–	–	–	**Benzaldehyde, 4-ethoxy-**	10031-82-0	**R3539**
121	150	122	65	39	93	51	63	**150**	100	63	35	32	32	23	15	12		9	10	2	–	–	–	–	–	–	–	–	–	**Benzaldehyde, 4-ethoxy-**	10031-82-0	**R3540**
121	150	122	132	151	135	131	133	**150**	100	45	26	13	9	8	8	5		9	10	2	–	–	–	–	–	–	–	–	–	**Benzaldehyde, 2-ethoxy-**	613-69-4	**L6141**
122	39	42	135	27	53	41	150	**150**	100	23	21	20	14	11	8	8		9	14	–	2	–	–	–	–	–	–	–	–	**Pyrazine, 2,5-dimethyl-3-propyl-**	18433-97-1	**H1809**
122	79	150	94	41	108	93	77	**150**	100	57	50	48	47	45	43	30		10	14	1	–	–	–	–	–	–	–	–	–	**2(3H)-Naphthalenone, 4,4a,5,6,7,8-hexahydro-**	1196-55-0	**Q5697**
122	150	109	96	133	39	121	123	**150**	100	28	25	14	13	10	10	10		10	11	–	–	–	–	1	–	–	–	–	–	**Naphthalene, 6-fluoro-1,2,3,4-tetrahydro-**	2840-40-6	**Q8720**
122	150	109	133	135	96	123	121	**150**	100	34	32	14	13	11	11	9		10	11	–	–	–	–	1	–	–	–	–	–	**Naphthalene, 5-fluoro-1,2,3,4-tetrahydro-**	700-45-8	**Q3776**
129	130	39	122	135	107			**150**	100	78	18	17	15	6			**0.00**	9	14	–	2	–	–	–	–	–	–	–	–	**Pyrazine, 2,6-diethyl-3-methyl-**		**M4232**
132	150	91	107	135	39	133	119	**150**	100	67	58	53	44	40	37	33		10	14	1	–	–	–	–	–	–	–	–	–	**Benzenemethanol, 2,4,5-trimethyl-**	4393-05-9	**H1464**
132	150	104	105	77	51	39	133	**150**	100	66	58	48	36	31	30	26		9	10	2	–	–	–	–	–	–	–	–	–	**Benzoic acid, 2,6-dimethyl-**	632-46-2	**Q3409**
132	150	104	105	77	133	91	106	**150**	100	66	58	48	36	26	18	5		9	10	2	–	–	–	–	–	–	–	–	–	**Benzoic acid, 2,6-dimethyl-**		**04314**
132	150	105	104	133	77	51	39	**150**	100	90	70	55	52	42	37	34		9	10	2	–	–	–	–	–	–	–	–	–	**Benzoic acid, 2,4-dimethyl-**	611-01-8	**Q2801**
132	150	105	104	133	77	91	106	**150**	100	89	71	54	52	43	25	8		9	10	2	–	–	–	–	–	–	–	–	–	**Benzoic acid, 2,4-dimethyl-**		**04316**
133	87	88	115	89	129	116	100	**150**	100	62	56	47	34	26	24	23	**0.28**	4	10	4	2	–	–	–	–	–	–	–	–	**DL-Asparagine, monohydrate**	69833-18-7	**T7448**
134	149	40	90	78	80	118	104	**150**	100	56	53	45	43	43	34	32	**8.01**	11	18	–	–	–	–	–	–	–	–	–	–	**Cyclopropane, diisopropylidenedimethyl-**	1781-49-3	**Q6738**
135	43	91	77	119	118	117	73	**150**	100	44	24	18	18	17	14	13	**0.23**	10	14	1	–	–	–	–	–	–	–	–	–	**Benzene, (1-methoxy-1-isopropyl)-**	935-67-1	**Q4704**
135	44	150	107	28	95	18	136	**150**	100	27	23	20	15	10	9	9		10	14	1	–	–	–	–	–	–	–	–	–	**Phenol, 4-tert-butyl-**		**D0125**
135	55	150	79	41	42	93	39	**150**	100	64	50	50	30	30	27	26		10	14	1	–	–	–	–	–	–	–	–	–	**Cyclohexanone, 2-(2-butynyl)-**		**Z0886**

MASS TO CHARGE RATIOS								M.W.	INTENSITIES								Parent	C	H	O	N	Cl	Br	F	S	P	B	Si	X	COMPOUND NAME	CAS Reg No	No
135	77	150	43	92	64	63	107	**150**	100	40	33	26	24	18	17	15		9	10	2	–	–	–	–	–	–	–	–	–	**Acetophenone, 4-methoxy-**	100-06-1	**09732**
135	77	150	43	136	92	51	63	**150**	100	39	34	18	16	15	14	14		9	10	2	–	–	–	–	–	–	–	–	–	**Acetophenone, 2-methoxy-**		**P1129**
135	91	39	150	115	107	77	117	**150**	100	37	22	21	20	18	17	14		10	14	1	–	–	–	–	–	–	–	–	–	**Phenol, 5-methyl-2-isopropyl-**	89-83-8	**P6515**
135	93	150	80	92	66	108	136	**150**	100	67	20	17	17	15	13	13		8	10	1	2	–	–	–	–	–	–	–	–	**Pyridinium, 1-(acetylamino)-2-methyl-**	7584-27-2	**R3307**
135	93	150	149					**150**	100	62	23	15						8	10	1	2	–	–	–	–	–	–	–	–	**Pyridinium, 1-(acetylamino)-4-methyl-**		**L8679**
135	93	150	149	66	51	65	92	**150**	100	63	24	15	14	13	13	13		8	10	1	2	–	–	–	–	–	–	–	–	**4-Picolinium, 1-acetamido-**	7584-29-4	**R3308**
135	105	91	79	121	77	150	41	**150**	100	50	47	36	31	30	29	24		10	14	1	–	–	–	–	–	–	–	–	–	**1-Oxaspiro[2.5]oct-5-ene, 8,8-dimethyl-4-methylene-**	54345-60-7	**S8904**
135	105	107	77	79	43	51	106	**150**	100	99	72	55	47	29	20	14	**2.05**	10	14	1	–	–	–	–	–	–	–	–	–	**Benzene, (2-ethoxyethyl)-**		**Z0874**
135	107	41	39	150	95	77	91	**150**	100	49	23	17	16	14	14	13		10	14	1	–	–	–	–	–	–	–	–	–	**Phenol, 4-tert-butyl-**		**C0002**
135	107	150	41	95	136	77	91	**150**	100	33	25	14	13	11	11	10		10	14	1	–	–	–	–	–	–	–	–	–	**Phenol, 4-tert-butyl-**		**D1519**
135	107	150	91	39	41	28	77	**150**	100	59	31	28	27	21	17	15		10	14	1	–	–	–	–	–	–	–	–	–	**Phenol, 2-tert-butyl-**	88-18-6	**P6444**
135	107	150	95	41	136	77	39	**150**	100	33	31	15	13	10	7	7		10	14	1	–	–	–	–	–	–	–	–	–	**Phenol, 3-tert-butyl-**	585-34-2	**Q2332**
135	107	150	115	91	41	136	39	**150**	100	60	43	12	12	10	10	8		10	14	1	–	–	–	–	–	–	–	–	–	**Phenol, 2-tert-butyl-**		**C0441**
135	132	117	43	28	92	150	136	**150**	100	81	44	38	26	14	11	11		10	14	1	–	–	–	–	–	–	–	–	–	**Benzenemethanol, α,α-4-trimethyl-**		**01695**
135	132	117	43	92	150	136	91	**150**	100	80	44	39	14	13	12	11		10	14	1	–	–	–	–	–	–	–	–	–	**Benzenemethanol, α,α-4-trimethyl-**	1197-01-9	**Q5709**
135	136	43	150	105	107	53	137	**150**	100	14	13	7	7	7	5	4		9	14	–	–	–	–	–	–	–	–	1	–	**Silane, trimethylphenyl-**	768-32-1	**Q4056**
135	136	150	43	105	137	53	91	**150**	100	13	13	6	5	4	4	3		9	14	–	–	–	–	–	–	–	–	1	–	**Silane, trimethylphenyl-**	768-32-1	**Q4057**
135	150	67	136	52	151	68		**150**	100	62	14	9	6	5	1			7	10	–	4	–	–	–	–	–	–	–	–	**Pyrazolo[5,1-c]-as-triazine, 4,6-dihydro-3,4-dimethyl-**	6726-50-7	**R2497**
135	150	77	92	107	43	64	136	**150**	100	36	25	15	12	10	9	8		9	10	2	–	–	–	–	–	–	–	–	–	**Acetophenone, 4-methoxy-**	100-06-1	**P7328**
135	150	77	92	107	136	43	64	**150**	100	37	26	15	15	9	9	8		9	10	2	–	–	–	–	–	–	–	–	–	**Acetophenone, 4-methoxy-**		**Z0892**
135	150	77	107	43	136	39	51	**150**	100	44	17	14	13	8	7	6		9	10	2	–	–	–	–	–	–	–	–	–	**Acetophenone, 2-hydroxy-4-methyl-**		**C0469**
135	150	77	107	43	136	51	39	**150**	100	60	21	20	17	12	10	7		9	10	2	–	–	–	–	–	–	–	–	–	**Benzene, 1-hydroxy-2-acetyl-4-methyl-**	1450-72-2	**Q6003**
135	150	77	107	79	43	55	39	**150**	100	40	38	28	19	15	14	12		9	10	2	–	–	–	–	–	–	–	–	–	**Acetophenone, 4-hydroxy-3-methyl-**		**D1663**
135	150	79	109	107	39	93	121	**150**	100	79	63	50	47	45	40	36		10	14	1	–	–	–	–	–	–	–	–	–	**2H-Inden-2-one, (S)-1,4,5,6,7,7a-hexahydro-7a-methyl-**	54725-16-5	**S9505**
135	150	91	39	41	77	149	79	**150**	100	75	25	23	16	15	15	14		10	14	1	–	–	–	–	–	–	–	–	–	**Phenol, 2,3,5,6-tetramethyl-**		**14735**
135	150	91	39	77	79	136	41	**150**	100	38	23	16	11	11	11	9		10	14	1	–	–	–	–	–	–	–	–	–	**Phenol, 4,5-dimethyl-2-ethyl-**		**14727**
135	150	91	77	79	105	136	107	**150**	100	58	26	14	12	12	11	11		10	14	1	–	–	–	–	–	–	–	–	–	**Phenol, 2,3,5,6-tetramethyl-**	527-35-5	**Q1639**
135	150	91	107	115	117	136	105	**150**	100	34	14	9	9	9	9	4		10	14	1	–	–	–	–	–	–	–	–	–	**Phenol, 5-methyl-2-isopropyl-**	89-83-8	**P6514**
135	150	91	121	77	107	39	136	**150**	100	37	24	20	15	13	11	11		10	14	1	–	–	–	–	–	–	–	–	–	**Phenol, 3,4-diethyl-**		**14737**
135	150	91	136	117	107	115	105	**150**	100	34	15	10	10	10	9	3		10	14	1	–	–	–	–	–	–	–	–	–	**Phenol, 5-methyl-2-isopropyl-**		**01697**
135	150	91	136	117	115	107	39	**150**	100	27	14	10	10	9	7	7		10	14	1	–	–	–	–	–	–	–	–	–	**Phenol, 2-methyl-5-isopropyl-**	499-75-2	**Q1305**
135	150	91	136	121	79	151	39	**150**	100	89	39	32	10	10	9	9		10	14	1	–	–	–	–	–	–	–	–	–	**Benzene, 1-methoxy-2,4,6-trimethyl-**	4028-66-4	**09956**
135	150	105	120	91	136	77	103	**150**	100	26	21	12	11	9	8	8		10	14	1	–	–	–	–	–	–	–	–	–	**Benzene, 1-methoxy-4-isopropyl-**		**F0381**
135	150	105	136	91	77	103	79	**150**	100	28	16	10	10	7	6	5		10	14	1	–	–	–	–	–	–	–	–	–	**Benzene, 1-methoxy-4-isopropyl-**		**Z0890**
135	150	107	91	136	121	115	117	**150**	100	34	16	15	10	8	8	7		10	14	1	–	–	–	–	–	–	–	–	–	**Phenol, 2-methyl-5-isopropyl-**		**01698**
135	150	107	105	119	79	91	117	**150**	100	52	52	34	30	28	18	15		10	14	1	–	–	–	–	–	–	–	–	–	**Benzenemethanol, 4-isopropyl-**		**01694**
135	150	121	91	77	28	122	103	**150**	100	84	77	26	16	15	13	10		10	14	1	–	–	–	–	–	–	–	–	–	**Phenol, 3,5-diethyl-**	1197-34-8	**Q5711**
135	150	121	91	77	136	39	107	**150**	100	35	28	25	17	15	12	12		10	14	1	–	–	–	–	–	–	–	–	–	**Phenol, 2,5-diethyl-**		**14736**
135	150	136	151	119	134	120	121	**150**	100	31	10	4	2	2	1	1		10	14	1	–	–	–	–	–	–	–	–	–	**Phenol, 2-tert-butyl-**	88-18-6	**H0156**
149	69	135	107	150				**150**	100	37	17	17	14					10	14	1	–	–	–	–	–	–	–	–	–	**Cyclopentenone, 3,3-dimethyl-2-isopropenyl-**		**L6025**
149	105	73	150	90	45			**150**	100	45	42	36	22	21				9	10	2	–	–	–	–	–	–	–	–	–	**1,3-Dioxolane, 2-phenyl-**		**M3975**
149	105	150	73	77	91	45	51	**150**	100	39	38	35	26	18	18	18		9	10	2	–	–	–	–	–	–	–	–	–	**1,3-Dioxolane, 2-phenyl-**	936-51-6	**Q4715**
149	150	39	122	53	135	42	54	**150**	100	78	19	15	14	13	12	12		9	14	–	2	–	–	–	–	–	–	–	–	**Pyrazine, 3,5-diethyl-2-methyl-**	18138-05-1	**R7392**
149	150	42	53	54	39	122	41	**150**	100	92	35	34	27	26	24	18		9	14	–	2	–	–	–	–	–	–	–	–	**Pyrazine, 2-ethyl-3,5,6-trimethyl-**		**L5261**
149	150	51	50	65	77	121	105	**150**	100	82	43	40	33	30	27	22		8	6	3	–	–	–	–	–	–	–	–	–	**Terephthalaldehydic acid**	619-66-9	**H0944**
149	150	53	42	54	39	122	67	**150**	100	95	38	32	28	27	21	20		9	14	–	2	–	–	–	–	–	–	–	–	**Pyrazine, 2-ethyl-3,5,6-trimethyl-**		**L5262**
149	150	63	121	65	62	38	61	**150**	100	82	42	30	24	17	16	14		8	6	3	–	–	–	–	–	–	–	–	–	**Piperonal**		**03597**
149	150	63	121	65	91	62	29	**150**	100	86	34	34	21	13	12	10		8	6	3	–	–	–	–	–	–	–	–	–	**Piperonal**	120-57-0	**P9085**
149	150	121	63	65	151	91	62	**150**	100	85	24	17	10	8	8	6		8	6	3	–	–	–	–	–	–	–	–	–	**Piperonal**		**03320**
149	150	121	65	51	77	50	105	**150**	100	70	28	20	19	18	14	12		8	6	3	–	–	–	–	–	–	–	–	–	**Terephthalaldehydic acid**		**C1271**
149	150	148	105	147	145	53	151	**150**	100	87	76	41	37	26	23	19		7	10	–	–	–	–	–	–	–	–	2	–	**1H-1,3-Disilaindene, 2,3-dihydro-**	4361-65-3	**R0364**
150	40	39	68	122	151	67	41	**150**	100	25	25	23	22	12	12	10		6	6	1	4	–	–	–	–	–	–	–	–	**5-Methyl-7-hydroxy-s-triazolo[1,5-a]pyrimidine**		**D1019**
150	41	53	67	93	109	55	54	**150**	100	99	81	72	72	66	62	57		10	19	–	–	–	–	–	–	–	1	–	–	**9-Borabicyclo[3.3.1]nonane, 9-ethyl-**	52102-17-7	**S7868**
150	42	122	28	121	68	53	54	**150**	100	31	13	13	11	9	9	8		6	6	1	4	–	–	–	–	–	–	–	–	**6H-Purin-6-one, 1,7-dihydro-1-methyl-**	1125-39-9	**Q5437**
150	53	43	149	151	79	110	81	**150**	100	18	14	12	9	9	8	7		5	6	–	6	–	–	–	–	–	–	–	–	**Imidazo[5,1-f][1,2,4]triazine-2,7-diamine**	51292-20-7	**S7625**

MASS TO CHARGE RATIOS								M.W.	INTENSITIES								Parent	C	H	O	N	Cl	Br	F	S	P	B	Si	X	COMPOUND NAME	CAS Reg No	No
150	68	42	109	151	122	43	121	**150**	100	15	14	10	8	8	6	4		6	6	1	4	–	–	–	–	–	–	–	–	**2-Cyanoamino-4-hydroxy-6-methylpyrimidine**		**D1397**
150	74	45	59	32	64	76	77	**150**	100	89	55	42	34	34	29	18		2	2	–	2	–	–	–	3	–	–	–	–	**1,3,4-Thiadiazolidine-2,5-dithione**	1072-71-5	**Q5192**
150	75	118	151	122	65	106	149	**150**	100	9	8	8	8	8	7	6		7	6	–	2	–	–	–	1	–	–	–	–	**2-Mercaptobenzimidazole**		**D2130**
150	79	80	77	107	135	122	121	**150**	100	97	30	29	22	18	18	7		9	10	2	–	–	–	–	–	–	–	–	–	**2-Cyclopenten-1,4-dione, 2-allyl-3-methyl-**		**M1302**
150	79	80	81	41	72	78	117	**150**	100	59	54	35	16	16	16	16		10	14	1	–	–	–	–	–	–	–	–	–	**Tricyclo[3.3.1.1$^{(3,7)}$]decanone**	700-58-3	**08304**
150	79	84	67	149	55	93	91	**150**	100	68	62	40	39	36	34	34		10	14	1	–	–	–	–	–	–	–	–	–	**Cyclopentanone, 2-cyclopentylidene-**		**Z0891**
150	80	41	79	121	122	67	81	**150**	100	46	40	40	39	39	35	27		11	18	–	–	–	–	–	–	–	–	–	–	**Tricyclo[5.3.1.0$^{(3,8)}$]undecane**		**P3400**
150	81	99	75	31	119	100	80	**150**	100	40	21	16	14	14	9	7		6	2	–	–	–	–	4	–	–	–	–	–	**Benzene, 1,2,3,5-tetrafluoro-**	2367-82-0	**Q7884**
150	81	99	75	31	119	100	130	**150**	100	42	21	16	13	13	10	7		6	2	–	–	–	–	4	–	–	–	–	–	**Benzene, 1,2,4,5-tetrafluoro-**	327-54-8	**Q0497**
150	81	99	75	31	119	100	151	**150**	100	40	23	15	14	11	10	7		6	2	–	–	–	–	4	–	–	–	–	–	**Benzene, 1,2,3,4-tetrafluoro-**	551-62-2	**Q1949**
150	81	99	119	75	151	100	31	**150**	100	23	12	11	9	7	6	6		6	2	–	–	–	–	4	–	–	–	–	–	**Benzene, 1,2,3,5-tetrafluoro-**	2367-82-0	**Q7886**
150	81	99	119	75	151	100	31	**150**	100	23	14	12	10	8	6	5		6	2	–	–	–	–	4	–	–	–	–	–	**Benzene, 1,2,4,5-tetrafluoro-**	327-54-8	**Q0499**
150	81	99	119	75	151	131	100	**150**	100	23	12	11	8	8	6	5		6	2	–	–	–	–	4	–	–	–	–	–	**Benzene, 1,2,4,5-tetrafluoro-**	327-54-8	**Q0498**
150	81	99	119	151	75	100	131	**150**	100	19	11	7	7	6	4	4		6	2	–	–	–	–	4	–	–	–	–	–	**Benzene, 1,2,3,4-tetrafluoro-**	551-62-2	**Q1950**
150	85	119	63	97	122	105	125	**150**	100	73	58	52	48	42	41	21		7	6	2	2	–	–	–	–	–	–	–	–	**Methyl diazocyclopentadiene-3-carboxylate**		**M1597**
150	89	41	135	39	83	91	55	**150**	100	82	61	53	50	50	50	42		10	14	1	–	–	–	–	–	–	–	–	–	**1,5,7-Octatrien-3-one, (E)-2,6-dimethyl-**	55712-51-1	**T1905**
150	91	104	105	77	65	107	133	**150**	100	99	51	22	17	12	2	2		9	10	2	–	–	–	–	–	–	–	–	–	**Benzenepropanoic acid**	501-52-0	**M1203**
150	93	135	94	107	79	80	81	**150**	100	48	45	32	32	29	24	21		11	18	–	–	–	–	–	–	–	–	–	–	**Tricyclo[4.3.1.1$^{(3,8)}$]undecane**	281-46-9	**Q0194**
150	94	107	95	121	149	122	81	**150**	100	82	82	66	66	62	62	43		9	14	–	2	–	–	–	–	–	–	–	–	**1H-Cyclooctapyrazole, 4,5,6,7,8,9-hexahydro-**	15984-10-8	**R5956**
150	94	121	93	80	107	149	134	**150**	100	96	86	66	39	38	38	36		9	14	–	2	–	–	–	–	–	–	–	–	**Piperidine, 2-(1H-pyrrol-2-yl)-**	54966-12-0	**S9935**
150	95	66	79	67	80	93	107	**150**	100	75	71	68	67	55	37	28		10	14	1	–	–	–	–	–	–	–	–	–	**2,5-Methano-1H-inden-7(4H)-one, hexahydro-**	27567-85-7	**S1725**
150	95	135	93	79	91	27	39	**150**	100	67	60	41	39	33	31	29		10	14	1	–	–	–	–	–	–	–	–	–	**2-Cyclopenten-1-one, (Z)-2-(2-butenyl)-3-methyl-**	17190-71-5	**R6679**
150	95	135	93	79	91	27	39	**150**	100	70	60	41	40	35	33	30		10	14	1	–	–	–	–	–	–	–	–	–	**2-Cyclopenten-1-one, (Z)-2-(2-butenyl)-3-methyl-**		**M7959**
150	96	69	123	45	151	63	39	**150**	100	27	25	25	14	12	11	9		7	6	–	2	–	–	–	1	–	–	–	–	**2-Benzothiazolamine**	136-95-8	**P9718**
150	96	69	123	75	151	28	82	**150**	100	46	45	43	29	18	15	14		7	6	–	2	–	–	–	1	–	–	–	–	**2-Benzothiazolamine**	136-95-8	**P9717**
150	105	61	103	152	107	59	151	**150**	100	90	9	9	9	8	7	6		4	6	2	–	–	–	–	2	–	–	–	–	**1,2-Dithiolane-3-carboxylic acid**	6629-12-5	**R2424**
150	105	92	65	120	151	50	39	**150**	100	63	60	59	47	37	35	31		8	10	1	2	–	–	–	–	–	–	–	–	**N-Ethyl-p-nitrosoaniline**		**L3168**
150	105	133	91	77	79	103	104	**150**	100	99	40	35	32	15	14	13		9	10	2	–	–	–	–	–	–	–	–	–	**Benzoic acid, 3,5-dimethyl-**	499-06-9	**Q1301**
150	105	133	91	77	104	135	106	**150**	100	99	40	35	32	13	11	10		9	10	2	–	–	–	–	–	–	–	–	–	**Benzoic acid, 3,5-dimethyl-**		**04318**
150	106	123	52	96	118	69	45	**150**	100	30	21	15	15	15	12	12		7	6	–	2	–	–	–	1	–	–	–	–	**6-Benzothiazolamine**	533-30-2	**Q1699**
150	106	123	96	118	69	45	61	**150**	100	30	21	15	15	12	12	9		7	6	–	2	–	–	–	1	–	–	–	–	**6-Benzothiazolamine**		**L4695**
150	107	63	91	64	92	119	151	**150**	100	99	80	65	27	25	14	10		7	6	2	2	–	–	–	–	–	–	–	–	**Methyl diazocyclopentadiene-2-carboxylate**		**M1596**
150	107	78	91	119	106	131	77	**150**	100	95	31	30	23	21	18	17		9	10	2	–	–	–	–	–	–	–	–	–	**2H-1-Benzopyran-3-ol, 3,4-dihydro-**	21834-60-6	**R9389**
150	107	122	68	79	39	54	96	**150**	100	35	29	28	28	27	14	14		9	10	2	–	–	–	–	–	–	–	–	–	**2,5-Cyclohexadiene-1,4-dione, 2,3,5-trimethyl-**	935-92-2	**Q4706**
150	107	122	79	68	39	151	121	**150**	100	35	29	28	28	27	14	14		9	10	2	–	–	–	–	–	–	–	–	–	**1,4-Benzoquinone, 2,3,5-trimethyl-**		**04932**
150	107	135	82	109	108	91	122	**150**	100	41	30	20	19	14	10	10		10	14	1	–	–	–	–	–	–	–	–	–	**2-Cyclohexen-1-one, 3-methyl-6-isopropylidene-**	491-09-8	**Q1197**
150	107	135	82	109	151	108	122	**150**	100	41	30	20	18	14	14	10		10	14	1	–	–	–	–	–	–	–	–	–	**2-Cyclohexen-1-one, 3-methyl-6-isopropylidene-**		**01696**
150	120	42	105	77	119	79	104	**150**	100	28	27	24	23	17	13	12		8	10	1	2	–	–	–	–	–	–	–	–	**Aniline, N,N-dimethyl-4-nitroso-**		**C1739**
150	120	77	80	18	65	63	52	**150**	100	42	27	23	21	21	19	18		7	6	2	2	–	–	–	–	–	–	–	–	**Benzofurazan, 5-methoxy-**	4413-48-3	**R0411**
150	121	122	45	77	50	69	51	**150**	100	83	74	56	35	32	31	29		8	6	1	–	–	–	–	1	–	–	–	–	**Benzo[b]thiophene-4-ol**	3610-02-4	**Q9566**
150	122	68	121	95	94	107	109	**150**	100	21	18	7	4	3	1	1		6	6	1	4	–	–	–	–	–	–	–	–	**5-Methyl-7-hydroxy-s-triazolo[1,5-a]pyrimidine**		**17293**
150	122	80	67	41	39	121	93	**150**	100	95	77	72	64	51	51	44		11	18	–	–	–	–	–	–	–	–	–	–	**Tricyclo[5.2.2.0$^{(2,6)}$]undecane**		**P3401**
150	123	96	151	69	122	152	108	**150**	100	20	18	10	10	7	5	5		7	6	–	2	–	–	–	1	–	–	–	–	**2-Benzothiazolamine**		**D2592**
150	132	105	104	77	51	39	91	**150**	100	97	95	72	50	44	38	38		9	10	2	–	–	–	–	–	–	–	–	–	**Benzoic acid, 2,3-dimethyl-**	603-79-2	**Q2675**
150	132	105	104	77	91	133	135	**150**	100	97	95	72	50	38	29	15		9	10	2	–	–	–	–	–	–	–	–	–	**Benzoic acid, 2,3-dimethyl-**		**04317**
150	132	105	104	133	77	51	91	**150**	100	98	62	45	44	26	20	16		9	10	2	–	–	–	–	–	–	–	–	–	**Benzoic acid, 2,4-dimethyl-**	611-01-8	**H0922**
150	135	91	136	105	119	121	79	**150**	100	90	39	30	25	23	22	11		10	14	1	–	–	–	–	–	–	–	–	–	**Benzene, 1-methoxy-2,3,6-trimethyl-**	21573-36-4	**09954**
150	135	121	122	45	104	78	91	**150**	100	59	34	32	20	19	19	19		9	10	–	–	–	–	–	1	–	–	–	–	**1-Thianaphthalene, 1,2,3,4-tetrahydro-**		**Y1884**
150	135	122	121	91	115	104	149	**150**	100	70	36	33	19	18	17	15		9	10	–	–	–	–	–	1	–	–	–	–	**2H-1-Benzothiopyran, 3,4-dihydro-**	2054-35-5	**Q7296**
150	135	149	117	118	59	151	91	**150**	100	67	42	29	22	17	17	14		9	10	–	–	–	–	–	1	–	–	–	–	**Thiirane, 2-methyl-3-phenyl-**	67921-36-2	**T6896**
150	149	68	53	67	96	42	41	**150**	100	37	30	25	22	20	16	9		6	6	1	4	–	–	–	–	–	–	–	–	**6H-Purin-6-one, 1,7-dihydro-7-methyl-**	1006-08-2	**Q5022**
150	149	93	120	121	66	119	53	**150**	100	55	48	40	31	27	20	16		6	6	1	4	–	–	–	–	–	–	–	–	**1H-Purine, 6-methoxy-**	1074-89-1	**Q5230**
150	149	101	81	131	28	51	69	**150**	100	46	29	28	23	21	19	18		5	5	–	2	–	–	3	–	–	–	–	–	**3-Methyl-5-trifluoromethylpyrazole**		**02369**
150	149	135	28	122	107	132	106	**150**	100	73	57	21	19	15	15	14		9	14	–	2	–	–	–	–	–	–	–	–	**1,3-Benzenediamine, 2,4,6-trimethyl-**		**D0933**
150	149	135	56	39	121	28	41	**150**	100	63	62	50	36	23	16	14		9	14	–	2	–	–	–	–	–	–	–	–	**Pyrazine, 2,3-diethyl-5-methyl-**	18138-04-0	**R7391**
150	149	135	56	39	121	151		**150**	100	62	60	52	36	22	10			9	14	–	2	–	–	–	–	–	–	–	–	**Pyrazine, 2,3-diethyl-5-methyl-**		**M4229**

MASS TO CHARGE RATIOS								M.W.	INTENSITIES								Parent	C	H	O	N	Cl	Br	F	S	P	B	Si	X	COMPOUND NAME	CAS Reg No	No
150	151	65	118	75	122	63	149	**150**	100	8	8	8	8	8	6	6		7	6	–	2	–	–	–	1	–	–	–	–	**2-Mercaptobenzimidazole**		**D1577**
150	152	42	71	149	151	53	104	**150**	100	99	70	68	55	54	45	23		3	3	2	–	–	1	–	–	–	–	–	–	**Propanedial, bromo-**	2065-75-0	**Q7318**
150	152	107	109	55	71	53	56	**150**	100	99	74	74	60	60	58	58		4	7	1	–	–	1	–	–	–	–	–	–	**2-Methoxyallyl bromide**		**P3489**
151	91	119	134	149				**150**	100	98	93	26	11				**0.00**	9	14	–	2	–	–	–	–	–	–	–	–	**Hydrazine, (1-methyl-2-phenylethyl)-**	55-52-7	**P4680**
151	150	108	109					**150**	100	14	3	2						8	10	1	2	–	–	–	–	–	–	–	–	**Acetamide, N-(4-aminophenyl)-**	122-80-5	**P9260**
135	50	121	91	77	136	51	65	**150**	100	19	18	16	13	10	10	6		10	14	1	–	–	–	–	–	–	–	–	–	**Phenol, 2,4-diethyl-**		**L7953**
28	150	123	136	146	147	122	95	**151**	100	98	57	52	51	40	37	31	**0.00**	10	17	–	1	–	–	–	–	–	–	–	–	**Pyrrolidine, 1-(1-cyclohexen-1-yl)-**		**00513**
30	44	18	14	28	16	17	43	**151**	100	37	13	6	5	4	3	3	**0.00**	1	1	6	3	–	–	–	–	–	–	–	–	**Methane, trinitro-**	517-25-9	**Q1531**
30	45	91	65	39	92	51	44	**151**	100	74	41	10	5	5	4	4	**0.00**	9	13	1	1	–	–	–	–	–	–	–	–	**Ethanamine, 2-benzyloxy-**		**16238**
30	78	15	51	122	39	52	77	**151**	100	42	32	21	20	19	18	16	**0.90**	9	13	1	1	–	–	–	–	–	–	–	–	**Benzeneethanamine, 4-methoxy-**	55-81-2	**P4683**
30	78	28	15	51	122	39	52	**151**	100	42	37	32	21	20	19	18	**0.90**	9	13	1	1	–	–	–	–	–	–	–	–	**Benzeneethanamine, 4-methoxy-**		**06589**
32	77	151	65	93	119	31	51	**151**	100	18	13	8	8	8	7	7		7	9	1	3	–	–	–	–	–	–	–	–	**Hydrazinecarboxamide, N-phenyl-**	537-47-3	**Q1750**
43	60	92	91	151	94	108	81	**151**	100	71	67	66	25	23	21	20		9	13	1	1	–	–	–	–	–	–	–	–	**Acetamide, syn-N-bicyclo[2.2.1]hept-2-en-7-yl-**	14174-01-7	**R5024**
43	109	81	80	151	42	53	108	**151**	100	51	41	33	26	25	18	14		8	9	2	1	–	–	–	–	–	–	–	–	**Acetamide, N-(3-hydroxyphenyl)-**	621-42-1	**Q3033**
43	109	151	80	39	108	92	51	**151**	100	88	27	24	20	16	15	14		8	9	2	1	–	–	–	–	–	–	–	–	**Acetic acid, 4-picolyl-, methyl ester**		**02651**
43	136	109	151	44	94	58	124	**151**	100	35	28	23	15	13	11	6		8	9	2	1	–	–	–	–	–	–	–	–	**Cyclopropane, 1,1-diacetyl-2-cyano-**		**L3198**
44	36	151	77	45	51	91	107	**151**	100	10	7	4	4	3	3	2		9	13	1	1	–	–	–	–	–	–	–	–	**Phenol, 2-(2-propanamine)-**		**15978**
44	77	51	79	42	78	43	45	**151**	100	7	4	4	3	2	2	2	**0.00**	9	13	1	1	–	–	–	–	–	–	–	–	**Benzenemethanol, (R*,R*)-α-(1-aminoethyl)-**	36393-56-3	**S5248**
44	77	79	45	51	42	78	100	**151**	100	6	4	3	3	3	2	1	**0.00**	9	13	1	1	–	–	–	–	–	–	–	–	**Benzenemethanol, R-(R*,S*)-α-(1-aminoethyl)-**	492-41-1	**Q1221**
44	151	107	108	77	121	28	91	**151**	100	2	2	1	1	1	1	1		9	13	1	1	–	–	–	–	–	–	–	–	**Phenol, 4-[2-(methylamino)ethyl]-**	370-98-9	**09151**
45	46	75	29	31	73	43	30	**151**	100	34	18	16	15	13	10	10	**0.00**	4	9	5	1	–	–	–	–	–	–	–	–	**Nitric acid, 2-(2-hydroxyethoxy)ethyl ester**		**01625**
46	16	104	26	42	150	30		**151**	100	45	29	18	17	13	2		**0.00**	1	1	6	3	–	–	–	–	–	–	–	–	**Methane, trinitro-**	517-25-9	**09643**
51	44	77	151	150	50	105	76	**151**	100	81	72	59	47	46	29	20		7	5	3	1	–	–	–	–	–	–	–	–	**Benzaldehyde, 3-nitro-**		**14711**
53	30	28	27	51	58	38	29	**151**	100	75	50	45	39	36	17	16	**0.00**	7	9	1	3	–	–	–	–	–	–	–	–	**Formamide, N,N-bis(β-cyanoethyl)-**		**D0602**
58	94	93	151	65	79	62	76	**151**	100	16	12	8	4	4	3	3		5	14	–	1	–	–	–	1	1	–	–	–	**Isopropanamine, N-(dimethylthiophosphinyl)-**		**16255**
65	121	51	93	76	50	39	105	**151**	100	90	85	65	60	60	45	40	**0.05**	7	5	3	1	–	–	–	–	–	–	–	–	**Benzaldehyde, 2-nitro-**		**D1280**
77	43	134	78	79	51	103	106	**151**	100	95	87	63	57	51	45	42	**12.00**	8	9	2	1	–	–	–	–	–	–	–	–	**Benzene, 1-ethyl-2-nitro-**		**14692**
77	79	105	91	120	119	134	106	**151**	100	73	63	59	48	45	44	38	**22.00**	8	9	2	1	–	–	–	–	–	–	–	–	**Benzene, 1,4-dimethyl-2-nitro-**		**F0007**
77	79	134	78	103	106	51	63	**151**	100	75	39	38	35	34	27	20	**6.70**	8	9	2	1	–	–	–	–	–	–	–	–	**Benzene, 1,4-dimethyl-2-nitro-**	89-58-7	**P6486**
77	134	79	103	106	78	51	39	**151**	100	98	97	37	36	30	22	18	**13.60**	8	9	2	1	–	–	–	–	–	–	–	–	**Benzene, 1,2-dimethyl-3-nitro-**	83-41-0	**P6138**
79	78	51	107	52	106	50	80	**151**	100	55	30	22	19	17	10	9	**1.60**	8	9	2	1	–	–	–	–	–	–	–	–	**2-Pyridinecarboxylic acid, ethyl ester**	2524-52-9	**Q8268**
79	134	106	103	78	51	65	91	**151**	100	85	79	32	21	20	20	19	**19.00**	8	9	2	1	–	–	–	–	–	–	–	–	**Benzene, 2,4-dimethyl-1-nitro-**	89-87-2	**P6517**
80	95	122	94	81	151	82	108	**151**	100	90	77	72	52	43	33	28		8	13	–	3	–	–	–	–	–	–	–	–	**Cyclooctene, 1-azido-**	40934-24-5	**S6494**
91	92	60	151	94	108	81	80	**151**	100	88	72	34	31	28	28	21		9	13	1	1	–	–	–	–	–	–	–	–	**Acetamide, syn-N-bicyclo[2.2.1]hept-2-en-7-yl-**	14174-01-7	**R5025**
91	151	92	60	65	89	134	51	**151**	100	96	89	71	61	57	49	47		8	9	–	1	–	–	–	1	–	–	–	–	**Benzeneethanethioamide**	645-54-5	**Q3586**
92	65	151	39	119	59	93		**151**	100	73	63	25	15	11	10			8	9	2	1	–	–	–	–	–	–	–	–	**Azepine, N-acetate**		**L7989**
93	92	60	43	151	95	108	109	**151**	100	96	86	82	72	38	38	28		9	13	1	1	–	–	–	–	–	–	–	–	**Acetamide, anti-N-bicyclo[2.2.1]hept-2-en-7-yl-**	14098-17-0	**R4984**
93	135	65	151	51	66	80	92	**151**	100	84	37	35	30	30	27	26		7	9	1	3	–	–	–	–	–	–	–	–	**3-Picolinium, 1-ureido-, hydroxide, inner salt**	31479-64-8	**S3312**
93	151	59	150	110	77	51	42	**151**	100	98	95	92	77	76	60	52		8	9	–	1	–	–	–	1	–	–	–	–	**Ethanethioamide, N-phenyl-**	637-53-6	**Q3467**
94	57	28	39	66	65	56	27	**151**	100	53	41	27	26	23	21	20	**0.00**	8	9	2	1	–	–	–	–	–	–	–	–	**Carbamic acid, methyl-, phenyl ester**	1943-79-9	**Q7118**
94	66	39	65	95	151	51	77	**151**	100	18	13	11	10	7	5	5		8	9	2	1	–	–	–	–	–	–	–	–	**Carbamic acid, methyl-, phenyl ester**	1943-79-9	**Q7119**
94	151	86	93	39	41	76	95	**151**	100	42	23	18	15	15	15	11		8	9	2	1	–	–	–	–	–	–	–	–	**1H-Pyrrole-2-carboxylic acid, allyl ester**	35889-85-1	**S5106**
96	151	123	69	122	70	95	78	**151**	100	92	60	24	16	12	10	8		7	5	1	1	–	–	–	1	–	–	–	–	**2(3H)-Benzothiazolone**	934-34-9	**Q4689**
105	77	51	151	106	50	78	76	**151**	100	63	23	21	11	9	8	7		8	9	2	1	–	–	–	–	–	–	–	–	**Hydroxylamine, N-benzoyl-O-methyl-**		**L5764**
105	77	79	103	51	106	78	104	**151**	100	27	24	16	13	10	9	8	**0.00**	8	9	2	1	–	–	–	–	–	–	–	–	**Benzene, (1-nitroethyl)-**		**L5642**
105	104	120	106	118	91	133	122	**151**	100	80	38	28	23	22	17	16	**0.00**	8	9	2	1	–	–	–	–	–	–	–	–	**Benzene, (2-nitroethyl)-**	6125-24-2	**R2076**
106	66	151	79	107	44	41	77	**151**	100	65	57	44	35	26	25	20		8	9	2	1	–	–	–	–	–	–	–	–	**1H-Pyrrole-2-carboxylic acid, (E)-1-(1-propenyl)-**	34600-54-9 -	**09899**
106	77	151	66	51	107	79	65	**151**	100	31	25	18	15	13	12	12		8	9	2	1	–	–	–	–	–	–	–	–	**Glycine, phenyl-**		**D1277**
106	78	51	123	27	29	151	50	**151**	100	71	62	46	40	35	29	27		8	9	2	1	–	–	–	–	–	–	–	–	**3-Pyridinecarboxylic acid, ethyl ester**	614-18-6	**H0931**
107	151	132	69	42	15	43	88	**151**	100	23	23	18	12	10	10	2		2	6	–	1	–	–	4	–	1	–	–	–	**Phosphorane, dimethylamino-tetrafluoro-**		**L8147**
108	43	109	39	65	79	80	78	**151**	100	99	64	27	26	26	22	22	**0.30**	8	9	2	1	–	–	–	–	–	–	–	–	**Pyridine, 2-(acetoxymethyl)-**	1007-49-4	**08425**
108	44	80	109	28	79	106	107	**151**	100	97	32	20	15	9	9	8	**0.00**	8	9	2	1	–	–	–	–	–	–	–	–	**Pyridinium, 1-(1-carboxyethyl)-, hydroxide, inner salt**	36880-54-3	**S5425**

MASS TO CHARGE RATIOS								M.W.	INTENSITIES								Parent	C	H	O	N	Cl	Br	F	S	P	B	Si	X	COMPOUND NAME	CAS Reg No	No
108	151	93	109	135	92	39	65	**151**	100	55	47	25	20	14	7	6		9	13	1	1	–	–	–	–	–	–	–	–	Pyridine, 4-butyl-, 1-oxide		M2454
108	151	93	109	135	92	39	91	**151**	100	55	47	24	19	14	8	7		9	13	1	1	–	–	–	–	–	–	–	–	Pyridine, 4-butyl-, 1-oxide	31396-34-6	S3283
109	43	80	53	151	52	51	39	**151**	100	81	28	18	15	9	9	9		8	9	2	1	–	–	–	–	–	–	–	–	4-Picoline, 3-acetoxy-		02650
109	43	80	151	27	53	110	81	**151**	100	73	28	22	19	18	12	9		8	9	2	1	–	–	–	–	–	–	–	–	2-Picoline, 5-acetoxy-	4842-89-1	08424
109	43	80	151	53	52	110	108	**151**	100	34	28	27	11	10	10	8		8	9	2	1	–	–	–	–	–	–	–	–	Acetamide, N-(3-hydroxyphenyl)-	614-80-2	Q2898
109	43	80	151	53	110	52	108	**151**	100	34	28	27	11	10	10	8		8	9	2	1	–	–	–	–	–	–	–	–	Acetamide, N-(2-hydroxyphenyl)-		00159
109	93	122	92	106	78	151	39	**151**	100	74	60	54	35	24	21	20		9	13	1	1	–	–	–	–	–	–	–	–	Pyridine, 2-butyl-, 1-oxide	31396-32-4	S3279
109	93	122	92	106	78	151	136	**151**	100	73	58	53	34	24	22	13		9	13	1	1	–	–	–	–	–	–	–	–	Pyridine, 2-butyl-, 1-oxide		M2452
109	151	43	79	80	53	108	110	**151**	100	27	26	19	13	11	10	9		8	9	2	1	–	–	–	–	–	–	–	–	Acetamide, N-(4-hydroxyphenyl)-	103-90-2	P7693
109	151	43	80	81	108	86	57	**151**	100	30	22	13	11	10	9	8		8	9	2	1	–	–	–	–	–	–	–	–	Acetamide, N-(4-hydroxyphenyl)-		03765
109	151	92	93	135	39	65	53	**151**	100	63	40	37	27	14	12	11		9	13	1	1	–	–	–	–	–	–	–	–	Pyridine, 3-butyl-, 1-oxide	31396-33-5	S3281
109	151	92	93	135	39	65	122	**151**	100	63	41	39	28	14	12	7		9	13	1	1	–	–	–	–	–	–	–	–	Pyridine, 3-butyl-, 1-oxide		M2453
109	151	122	93	106	110	152	92	**151**	100	46	25	18	8	8	7	6		9	13	1	1	–	–	–	–	–	–	–	–	Pyridine, 2-butyl-, 1-oxide	31396-32-4	S3280
110	122	151	123	41	108	91	94	**151**	100	69	67	64	58	48	31	31		10	17	–	1	–	–	–	–	–	–	–	–	Naphthalen-4a,8a-imine, octahydro-	5735-21-7	R1714
115	43	36	46	73	45	28	38	**151**	100	98	82	82	71	71	63	32	**0.00**	3	6	–	3	1	–	–	1	–	–	–	–	2-Thiazolamine, 4,5-dihydro-4-imino-, monohydrochloride	36518-76-0	S5281
116	115	144	118	117	155	84	74	**151**	100	7	6	4	4	2	1	1	**0.00**	3	6	–	3	1	–	–	1	–	–	–	–	2-Thiazolamine, 4,5-dihydro-4-imino-, monohydrochloride	36518-76-0	S5282
116	151	89	115	153	150	63	117	**151**	100	76	30	29	28	17	16	15		8	6	–	1	1	–	–	–	–	–	–	–	Benzonitrile, 2-chloro-6-methyl-	6575-09-3	R2380
116	151	89	117	63	50	153	75	**151**	100	50	29	18	17	16	16	13		8	6	–	1	1	–	–	–	–	–	–	–	Benzeneacetonitrile, 3-chloro-	1529-41-5	Q6165
116	151	89	117	153	63	50	75	**151**	100	25	19	9	8	8	6	6		8	6	–	1	1	–	–	–	–	–	–	–	Benzeneacetonitrile, 4-chloro-	140-53-4	P9788
116	151	115	89	63	39	153	62	**151**	100	51	23	23	19	17	16	11		8	6	–	1	1	–	–	–	–	–	–	–	Toluene, 2-cyano-3-chloro-		P1134
118	119	43	32	80	79	78	92	**151**	100	66	47	35	17	17	16	15	**2.00**	8	9	2	1	–	–	–	–	–	–	–	–	Acetic acid, 2-picolyl-, methyl ester		02658
119	91	64	31	28	32	29	63	**151**	100	58	39	28	21	19	15	13	**0.00**	8	9	2	1	–	–	–	–	–	–	–	–	Carbamic acid, phenyl-, methyl ester	2603-10-3	Q8405
119	92	151	65	120	39	63	64	**151**	100	63	59	38	31	20	13	13		8	9	2	1	–	–	–	–	–	–	–	–	Benzoic acid, 2-amino-, methyl ester	134-20-3	P9668
119	92	151	120	65	39	91	64	**151**	100	55	55	36	33	17	11	10		8	9	2	1	–	–	–	–	–	–	–	–	Benzoic acid, 2-amino-, methyl ester	134-20-3	P9667
119	151	92	120	65	39	91	15	**151**	100	63	57	36	25	13	13	11		8	9	2	1	–	–	–	–	–	–	–	–	Benzoic acid, 2-amino-, methyl ester		03082
120	92	65	151	121	39	63	66	**151**	100	31	24	12	8	7	4	4		7	9	1	3	–	–	–	–	–	–	–	–	Benzoic acid, 4-amino-, hydrazide	5351-17-7	R1332
120	136	45	106	78	108	107	121	**151**	100	81	65	45	27	24	22	17	**0.47**	9	13	1	1	–	–	–	–	–	–	–	–	Pyridine, 2-(1-methoxyisopropyl)-		D0395
120	137	121	136	92	138	152		**151**	100	22	8	5	2	2	2		**0.00**	8	7	3	–	–	–	–	–	–	–	–	–	Benzoic acid, 2-hydroxy-methyl ester, negative ion	61141-13-7	T5227
120	150	91	121	65	119	77	92	**151**	100	28	13	9	6	4	4	4	**3.07**	9	13	1	1	–	–	–	–	–	–	–	–	Ethanol, 2-(3-methylphenyl)amino-	102-41-0	P7550
120	151	92	65	121	39	152	46	**151**	100	49	31	22	8	7	4	4		8	9	2	1	–	–	–	–	–	–	–	–	Benzoic acid, 4-amino-, methyl ester		F0057
120	151	92	65	121	152	63	39	**151**	100	57	27	19	8	6	5	4		8	9	2	1	–	–	–	–	–	–	–	–	Benzoic acid, 4-amino-, methyl ester	619-45-4	Q2983
120	151	92	121	152	65	93	122	**151**	100	87	12	7	7	2	2	1		8	9	2	1	–	–	–	–	–	–	–	–	Benzoic acid, 4-amino-, methyl ester	619-45-4	Q2984
121	65	51	93	76	50	104	77	**151**	100	65	44	40	37	32	22	21	**0.00**	7	5	3	1	–	–	–	–	–	–	–	–	Benzaldehyde, 2-nitro-		14710
121	65	52	93	76	51	104	77	**151**	100	80	56	54	53	36	30	26	**0.00**	7	5	3	1	–	–	–	–	–	–	–	–	Benzaldehyde, 2-nitro-	552-89-6	Q1971
123	122	137	94	107	106	151	136	**151**	100	86	32	21	21	20	16	16		8	9	2	1	–	–	–	–	–	–	–	–	Phenol, 3,5-dimethyl-4-nitroso-	19628-76-3	R8208
123	151	122	108	109	149			**151**	100	71	69	24	5	5				9	13	1	1	–	–	–	–	–	–	–	–	7(1H)-Quinolinone, 2,3,4,4a,5,6-hexahydro-	1971-15-9	Q7143
133	90	134	103	135	63	64	151	**151**	100	47	41	30	26	21	21	21		8	9	2	1	–	–	–	–	–	–	–	–	Benzaldehyde, (E)-4-methoxy-, oxime	3717-21-3	Q9703
133	151	108	90	77	103	134	63	**151**	100	99	51	46	29	28	28	23		8	9	2	1	–	–	–	–	–	–	–	–	Benzaldehyde, (Z)-4-methoxy-, oxime	3717-22-4	Q9704
134	77	79	106	91	103	105	28	**151**	100	77	71	53	53	42	38	38	**35.52**	8	9	2	1	–	–	–	–	–	–	–	–	Toluene, 4-(nitromethyl)-		03640
134	79	77	106	91	103	39	41	**151**	100	85	83	44	34	33	27	27	**23.50**	8	9	2	1	–	–	–	–	–	–	–	–	Benzene, 1,4-dimethyl-2-nitro-		F0004
134	79	77	106	103	78	51	105	**151**	100	82	73	33	25	22	19	18	**13.60**	8	9	2	1	–	–	–	–	–	–	–	–	Benzene, 2,4-dimethyl-1-nitro-		F0006
134	151	150	135	77	118	148	120	**151**	100	88	56	16	12	11	11	10		9	13	1	1	–	–	–	–	–	–	–	–	Benzenemethanol, 4-(dimethylamino)-	1703-46-4	Q6551
134	152	117	150					**151**	100	5	4	2					**0.00**	9	13	1	1	–	–	–	–	–	–	–	–	Benzenemethanol, R-(R*,S*)-(+−)-α-(1-aminoethyl)-	14838-15-4	R5428
135	152	107	150					**151**	100	42	5	3					**0.00**	9	13	1	1	–	–	–	–	–	–	–	–	Phenol, 4-(2-aminopropyl)-	103-86-6	P7689
136	45	107	120	108	93	39	65	**151**	100	39	38	24	19	11	10	10	**1.24**	9	13	1	1	–	–	–	–	–	–	–	–	Pyridine, 2-(β-methoxyethyl)-6-methyl-		D0393
136	151	29	122	137	77	107	150	**151**	100	55	13	12	9	8	7	7		9	13	1	1	–	–	–	–	–	–	–	–	Phenol, 4-methyl-2-(N-ethylamino)-		D0448
136	151	108	65	137	120	92	42	**151**	100	51	17	12	11	10	8	8		9	13	1	1	–	–	–	–	–	–	–	–	Anilinium-4-oxide, N,N,N-trimethyl-		L9265
136	151	122	77	137	107	150	27	**151**	100	47	11	11	9	8	7	5		9	13	1	1	–	–	–	–	–	–	–	–	Phenol, 4-methyl-3-(N-ethylamino)-		D1467
136	151	122	123	77	107	68	137	**151**	100	42	30	25	25	12	11	10		9	13	1	1	–	–	–	–	–	–	–	–	Phenol, 4-methyl-2-(N-ethylamino)-		D0425
146	143	147	115	116	144	117	119	**151**	100	90	86	66	39	30	27	21	**6.00**	10	17	–	1	–	–	–	–	–	–	–	–	Pyrrolidine, 1-(1-cyclohexen-1-yl)-	1125-99-1	Q5446
150	151	77	120	152	148	106	91	**151**	100	87	11	9	9	8	6	6		9	13	1	1	–	–	–	–	–	–	–	–	Benzenemethanol, 3-(dimethylamino)-	23501-93-1	S0212
150	151	122	136	121	108	148	149	**151**	100	46	19	19	14	9	9	9		10	17	–	1	–	–	–	–	–	–	–	–	Piperidine, 1-(1-cyclopenten-1-yl)-	1614-92-2	Q6331
150	151	122	136	121	148	108	110	**151**	100	46	19	19	14	9	9	6		10	17	–	1	–	–	–	–	–	–	–	–	Piperidine, 1-(1-cyclopenten-1-yl)-		L8850
150	151	123	136	122	95	41	70	**151**	100	99	67	59	45	43	35	27		10	17	–	1	–	–	–	–	–	–	–	–	Pyrrolidine, 1-(1-cyclohexen-1-yl)-		C0106
150	151	135	108	42	152	65	136	**151**	100	99	19	13	11	11	10	10		9	13	1	1	–	–	–	–	–	–	–	–	Anilinium-3-oxide, N,N,N-trimethyl-		L9267
151	42	136	44	58	120	108	65	**151**	100	77	62	48	44	30	27	22		9	13	1	1	–	–	–	–	–	–	–	–	Anilinium-2-oxide, N,N,N-trimethyl-		L9269

MASS TO CHARGE RATIOS								M.W.	INTENSITIES								Parent	C	H	O	N	Cl	Br	F	S	P	B	Si	X	COMPOUND NAME	CAS Reg No	No
151	43	28	44	54	27	53	109	**151**	100	54	50	43	29	21	21	21		5	5	1	5	–	–	–	–	–	–	–	–	6H-Purin-6-one, 2-amino-1,7-dihydro-	73-40-5	P5513
151	44	43	28	54	109	53	110	**151**	100	62	43	30	21	18	16	14		5	5	1	5	–	–	–	–	–	–	–	–	6H-Purin-6-one, 2-amino-1,7-dihydro-	73-40-5	P5512
151	51	77	28	50	76	66	105	**151**	100	95	90	65	48	34	34	32		7	5	3	1	–	–	–	–	–	–	–	–	Benzaldehyde, 4-nitro-		D1282
151	55	56	42	68	82	67	110	**151**	100	69	67	63	60	41	35	33		9	18	–	1	–	–	–	–	–	1	–	–	9-Borabicyclo[3.3.1]nonan-9-amine, N-methyl-	63366-66-5	T6254
151	65	93	50	121	51	76	74	**151**	100	93	58	45	42	28	17	13		7	5	3	1	–	–	–	–	–	–	–	–	Benzoic acid, 2-nitroso-	612-27-1	Q2842
151	77	51	150	28	105	50	76	**151**	100	99	99	81	67	60	47	35		7	5	3	1	–	–	–	–	–	–	–	–	Benzaldehyde, 3-nitro-		D1281
151	77	105	79	51	78	103	106	**151**	100	86	82	54	36	36	27	21		8	9	2	1	–	–	–	–	–	–	–	–	Benzene, 1-ethyl-4-nitro-		14694
151	77	105	79	103	44	51	121	**151**	100	98	85	80	33	30	29	25		8	9	2	1	–	–	–	–	–	–	–	–	Benzene, 1,2-dimethyl-4-nitro-	99-51-4	P7252
151	77	105	79	134	103	136	51	**151**	100	95	95	86	72	54	45	32		8	9	2	1	–	–	–	–	–	–	–	–	Benzene, 1-ethyl-3-nitro-		14693
151	79	80	78	39	77	123	122	**151**	100	86	60	19	18	18	14	13		8	9	2	1	–	–	–	–	–	–	–	–	1H-Isoindole-1,3(2H)-dione, cis-3a,4,7,7a-tetrahydro-	1469-48-3	Q6046
151	82	106	31	75	69	132	124	**151**	100	16	14	14	11	8	7	5		5	1	–	1	–	–	4	–	–	–	–	–	Pyridine, 2,3,5,6-tetrafluoro-		M2174
151	82	106	31	75	69	132	152	**151**	100	17	15	14	12	8	7	7		5	1	–	1	–	–	4	–	–	–	–	–	Pyridine, 2,3,5,6-tetrafluoro-	2875-18-5	Q8761
151	83	51	39	59	38	52	45	**151**	100	65	42	40	37	36	35	29		6	5	–	3	–	–	–	1	–	–	–	–	Thiazolo[5,4-d]pyrimidine, 2-methyl-	13554-88-6	R4629
151	91	64	63	152	96	65	52	**151**	100	32	22	13	9	6	6	6		7	5	1	1	–	–	–	1	–	–	–	–	2(3H)-Benzoxazolethione	2382-96-9	Q7906
151	93	51	78	66	52	79	152	**151**	100	47	25	24	23	17	17	17		6	5	–	3	–	–	–	1	–	–	–	–	1,2,4-Triazolo[4,3-a]pyridine-3(2H)-thione	6952-68-7	R2731
151	93	51	78	66	79	52	152	**151**	100	46	27	25	24	18	18	18		6	5	–	3	–	–	–	1	–	–	–	–	1,2,4-Triazolo[4,3-a]pyridine-3(2H)-thione		L8649
151	96	123	39	65	45	69	53	**151**	100	70	47	40	32	23	22	22		7	5	1	1	–	–	–	1	–	–	–	–	Thiocyanic acid, 4-hydroxyphenyl ester	3774-52-5	Q9804
151	96	152	69	50	108	123	63	**151**	100	34	10	9	7	7	7	6		7	5	1	1	–	–	–	1	–	–	–	–	1,2-Benzisothiazol-3(2H)-one	2634-33-5	Q8458
151	96	152	69	123	108	50	77	**151**	100	34	10	9	7	7	7	6		7	5	1	1	–	–	–	1	–	–	–	–	1,2-Benzisothiazol-3(2H)-one		M8503
151	105	77	103	134	79	78	51	**151**	100	92	87	54	54	54	43	36		8	9	2	1	–	–	–	–	–	–	–	–	Benzene, 1-ethyl-4-nitro-		03028
151	106	119	65	77	59	39	92	**151**	100	67	55	45	22	19	18	17		8	9	2	1	–	–	–	–	–	–	–	–	Carbamic acid, phenyl-, methyl ester	2603-10-3	Q8404
151	106	119	92	65	77	15	59	**151**	100	43	28	21	20	11	11	10		8	9	2	1	–	–	–	–	–	–	–	–	Carbamic acid, phenyl-, methyl ester	2603-10-3	Q8406
151	108	152	77	134	107	92	109	**151**	100	36	10	7	7	6	4	4		8	9	2	1	–	–	–	–	–	–	–	–	Benzaldehyde, 4-methoxy-, oxime	3235-04-9	Q9139
151	108	152	124	109	120	107	134	**151**	100	13	11	7	6	6	2	2		8	9	2	1	–	–	–	–	–	–	–	–	Benzaldehyde, 3-methoxy-, oxime	38489-80-4	S5856
151	109	135	93	152	110	92	136	**151**	100	85	35	19	10	7	5	4		9	13	1	1	–	–	–	–	–	–	–	–	Pyridine, 3-butyl-, 1-oxide	31396-33-5	S3282
151	110	83	52	45	63	42	80	**151**	100	80	40	16	15	11	10	10		6	5	–	3	–	–	–	1	–	–	–	–	Thiazolo[5,4-d]pyrimidine, 5-methyl-	13554-89-7	R4630
151	118	91	135	65	60	39	89	**151**	100	88	42	39	26	19	16	14		8	9	–	1	–	–	–	1	–	–	–	–	Toluene, 4-thioamide		15058
151	118	91	136	77	106	132	120	**151**	100	85	53	39	21	19	18	17		9	13	1	1	–	–	–	–	–	–	–	–	Benzenemethanol, 2-(dimethylamino)-	4707-56-6	R0740
151	122	71	136	110	84	79	70	**151**	100	99	98	81	74	54	51	50		10	17	–	1	–	–	–	–	–	–	–	–	Bicyclo[3.3.0]oct-2-ene, 7-(dimethylamino)-		M8276
151	122	82	94	123				**151**	100	46	22	17	13					8	9	2	1	–	–	–	–	–	–	–	–	Pyridoxal, 5-deoxy-		L2298
151	123	96	152	62.5	69	122	70	**151**	100	46	44	9	7	6	6	5		7	5	1	1	–	–	–	1	–	–	–	–	2(3H)-Benzothiazolone		D0757
151	124	45	152	83	97	39	66	**151**	100	22	18	14	12	12	8	8		6	5	–	3	–	–	–	1	–	–	–	–	Thiazolo[5,4-d]pyrimidine, 7-methyl-	13316-06-8	R4442
151	124	96	45	28	62	70	95	**151**	100	65	65	46	30	21	21	18		7	5	1	1	–	–	–	1	–	–	–	–	Thieno[3,2-c]pyridin-4(5H)-one	27685-92-3	S1739
151	135	93	108	109	152	136	94	**151**	100	34	33	32	26	10	4	3		9	13	1	1	–	–	–	–	–	–	–	–	Pyridine, 4-butyl-, 1-oxide	31396-34-6	S3284
151	136	109	150	117	118	104	78	**151**	100	91	21	20	19	15	13	12		8	9	–	1	–	–	–	1	–	–	–	–	2H-Benzthiazine, 3,4-dihydro-		P0214
151	150	44	51	77	50	105	76	**151**	100	85	78	67	59	32	17	16		7	5	3	1	–	–	–	–	–	–	–	–	Benzaldehyde, 4-nitro-		14712
151	150	51	77	50	105	76	104	**151**	100	82	70	66	30	23	17	17		7	5	3	1	–	–	–	–	–	–	–	–	Benzaldehyde, 4-nitro-	555-16-8	Q2010
151	150	77	51	105	50	76	104	**151**	100	85	74	66	50	28	22	16		7	5	3	1	–	–	–	–	–	–	–	–	Benzaldehyde, 3-nitro-		Z0896
27	108	29	110	28	45	73	109	**152**	100	99	94	94	68	58	53	50	**33.33**	3	5	2	–	–	1	–	–	–	–	–	–	Propanoic acid, 3-bromo-		Z0899
27	124	53	67	39	95	54	41	**152**	100	99	96	93	91	77	72	71	**8.42**	9	12	2	–	–	–	–	–	–	–	–	–	2(3H)-Benzofuranone, hexahydro-3-methylene-	53387-38-5	S8434
28	27	41	39	55	29	26	95	**152**	100	86	77	72	43	41	37	30	**10.00**	10	16	1	–	–	–	–	–	–	–	–	–	Tricyclo[5.2.1.0^{4,10}]decan-10-ol		L5485
28	32	152	93	65	135	14	39	**152**	100	29	6	4	4	3	3	3		8	8	3	–	–	–	–	–	–	–	–	–	1,3-Benzodioxole-5-methanol	495-76-1	Q1261
29	28	18	58	30	17	56	44	**152**	100	37	37	32	32	9	5	5	**0.00**	4	8	6	–	–	–	–	–	–	–	–	–	Glyoxal monohydrate		06695
29	79	47	103	27	107	75	81	**152**	100	90	87	57	56	42	36	29	**0.00**	6	13	2	–	1	–	–	–	–	–	–	–	Ethane, 2-chloro-1,1-diethoxy-	621-62-5	H0954
30	44	29	28	137	80	42	27	**152**	100	28	15	11	8	6	4	4	**0.76**	4	12	2	2	–	–	–	1	–	–	–	–	Sulphamide, diethyl-		M8783
30	77	104	107	51	78	52	80	**152**	100	72	42	38	35	34	33	33	**21.70**	7	8	2	2	–	–	–	–	–	–	–	–	Aniline, 4-methyl-3-nitro-	119-32-4	P9000
31	45	41	43	39	91	69	152	**152**	100	46	38	34	28	25	22	20		10	16	1	–	–	–	–	–	–	–	–	–	trans-3,7-Dimethyl-2,4,6-octatriene-1-ol		P4387
31	59	43	58	45	42	50	109	**152**	100	48	33	23	12	10	10	10	**2.35**	4	9	4	–	–	–	–	–	1	–	–	–	Phosphoric acid, vinyl dimethyl ester	10429-10-4	R3839
32	95	67	41	81	40	109	39	**152**	100	99	80	77	74	71	60	58	**45.00**	10	16	1	–	–	–	–	–	–	–	–	–	2-Indanone, trans-hexahydro-3a-methyl-	20379-99-1	R8646
41	28	137	69	39	114	81	32	**152**	100	97	90	59	58	45	45	40	**34.00**	10	16	1	–	–	–	–	–	–	–	–	–	(Z)-3,3-Dimethyl-1-formylmethylenecyclohexane		06478
41	29	39	67	27	55	83	95	**152**	100	59	59	57	49	46	36	35	**23.22**	10	16	1	–	–	–	–	–	–	–	–	–	2,4-Decadienal, (E,E)-	25152-84-5	H1886
41	29	39	67	83	55	27	95	**152**	100	58	58	57	48	47	44	34	**20.62**	10	16	1	–	–	–	–	–	–	–	–	–	2,4-Decadienal, (E,Z)-	25152-83-4	H1885
41	39	81	67	75	103	42	27	**152**	100	63	63	61	57	49	36	29	**1.38**	6	10	–	–	2	–	–	–	–	–	–	–	1-Pentene, 5-chloro-4-(chloromethyl)-	27990-74-5	06827
41	55	27	81	39	29	82	68	**152**	100	72	60	60	57	53	45	40	**1.00**	11	20	–	–	–	–	–	–	–	–	–	–	Bicyclo[5.2.0]nonane, cis-1,7-dimethyl-	20130-83-0	R8510

MASS TO CHARGE RATIOS								M.W.	INTENSITIES								Parent	C	H	O	N	Cl	Br	F	S	P	B	Si	X	COMPOUND NAME	CAS Reg No	No
41	55	39	81	29	27	68	82	**152**	100	88	60	60	58	53	40	33	**2.00**	11	20	–	–	–	–	–	–	–	–	–	–	1,8-Nonadiene, 2,8-dimethyl-	20054-25-5	R8466
41	55	39	152	28	29	56	125	**152**	100	56	21	17	12	10	10	10		9	16	–	2	–	–	–	–	–	–	–	–	Propanal, di-2-propenylhydrazone	75268-09-6	T8866
41	55	67	39	81	27	36	75	**152**	100	81	68	66	54	34	30	27	**1.94**	6	10	–	–	2	–	–	–	–	–	–	–	1-Hexene, 5,6-dichloro-		C0990
41	55	81	108	67	152	95	54	**152**	100	98	90	85	75	56	45	43		10	16	1	–	–	–	–	–	–	–	–	–	2(1H)-Naphthalenone, octahydro-, trans-	16021-08-2	R5985
41	67	95	152	82	81	55	39	**152**	100	87	76	70	67	67	62	50		11	20	–	–	–	–	–	–	–	–	–	–	Bicyclo[4.4.0]decane, trans-anti-2-methyl-		Y1952
41	69	39	43	84	53	55	81	**152**	100	78	39	23	22	14	12	12	**5.00**	10	16	1	–	–	–	–	–	–	–	–	–	2,6-Octadienal, (E)-3,7-dimethyl-	141-27-5	P9807
41	69	39	53	67	84	55	59	**152**	100	54	33	14	14	11	10	10	**0.00**	10	16	1	–	–	–	–	–	–	–	–	–	2,6-Octadienal, (Z)-3,7-dimethyl-	106-26-3	P7854
41	69	39	67	94	53	83	84	**152**	100	59	35	19	16	15	15	15	**0.00**	10	16	1	–	–	–	–	–	–	–	–	–	2,6-Octadienal, 3,7-dimethyl-		P4164
41	69	39	84	94	27	29	67	**152**	100	83	22	22	16	15	14	13	**4.90**	10	16	1	–	–	–	–	–	–	–	–	–	2,6-Octadienal, 3,7-dimethyl-	5392-40-5	R1372
41	69	39	111	27	42	55	77	**152**	100	44	25	10	9	6	5	5	**0.00**	10	16	1	–	–	–	–	–	–	–	–	–	1,6-Heptadien-4-ol, 4-allyl-		C1364
41	69	43	91	84	119	55	67	**152**	100	80	41	28	23	23	18	18	**0.00**	10	16	1	–	–	–	–	–	–	–	–	–	2,6-Octadienal, (Z)-3,7-dimethyl-	106-26-3	P7853
41	69	55	68	67	81	109	82	**152**	100	81	49	32	29	29	20	19	**1.68**	11	20	–	–	–	–	–	–	–	–	–	–	1,7-Nonadiene, 4,8-dimethyl-	62108-28-5	T5837
41	69	55	81	105				**152**	100	60	36	22	14				**0.00**	11	20	–	–	–	–	–	–	–	–	–	–	1,7-Nonadiene, 4,8-dimethyl-	62108-28-5	T5838
41	69	74	55	43	56	59	110	**152**	100	96	69	59	32	32	30	27	**6.00**	10	16	1	–	–	–	–	–	–	–	–	–	6-Oxabicyclo[3.2.1]oct-3-ene, 4,7,7-trimethyl-	2437-97-0	Q8086
41	69	137	84	55	53	152	123	**152**	100	89	41	28	11	10	7	3		10	16	1	–	–	–	–	–	–	–	–	–	2,6-Octadienal, (E)-2,6-dimethyl-		L7733
41	71	67	43	69	39	68	79	**152**	100	93	92	83	80	73	66	65	**1.96**	10	16	1	–	–	–	–	–	–	–	–	–	1,5,7-Octatrien-3-ol, 2,6-dimethyl-	29414-56-0	S2516
41	81	43	67	55	27	29	39	**152**	100	77	69	62	57	50	47	42	**0.00**	11	20	–	–	–	–	–	–	–	–	–	–	1-Undecyne	2243-98-3	Q7712
41	95	55	67	27	81	39	68	**152**	100	96	71	64	63	62	60	52	**0.00**	11	20	–	–	–	–	–	–	–	–	–	–	2-Undecyne	60212-29-5	T5156
41	109	69	152	137	39	32	81	**152**	100	63	63	46	46	42	42	38		10	16	1	–	–	–	–	–	–	–	–	–	(E)-3,3-Dimethyl-1-formylmethylenecyclohexane		06479
41	137	152	39	81	123	67	109	**152**	100	90	67	66	66	66	64	62		10	16	1	–	–	–	–	–	–	–	–	–	1-Cyclohexene-1-carboxaldehyde, 2,6,6-trimethyl-	432-25-7	Q0709
43	41	39	67	27	81	55	29	**152**	100	85	73	63	61	56	43	37	**7.26**	10	16	1	–	–	–	–	–	–	–	–	–	Cyclohexane, 1,2-epoxy-2-methyl-5-isopropenyl-		X1046
43	41	39	67	27	81	55	29	**152**	100	85	73	63	61	56	43	37	**7.31**	10	16	1	–	–	–	–	–	–	–	–	–	7-Oxabicyclo[4.1.0]heptane, 1-methyl-4-isopropenyl-	1195-92-2	H1172
43	41	110	152	112	81	44	74	**152**	100	23	21	9	7	4	3	3		6	14	–	–	1	–	–	–	1	–	–	–	Phosphine, diisopropylchloro-	40244-90-4	S6259
43	41	110	152	112	81	154	74	**152**	100	23	21	10	9	5	5	4		6	14	–	–	1	–	–	–	1	–	–	–	Phosphine, diisopropylchloro-	40244-90-4	S6258
43	71	81	53	41	152	51	82	**152**	100	43	36	20	15	8	6	6		9	12	2	–	–	–	–	–	–	–	–	–	2-Pentanone, 1-(2-furanyl)-	20907-03-3	R8994
43	81	71	53	41	51	152	52	**152**	100	34	21	16	12	5	5	4		9	12	2	–	–	–	–	–	–	–	–	–	2-Butanone, 1-(2-furanyl)-3-methyl-	20907-04-4	R8995
43	81	93	39	55	41	137	27	**152**	100	96	95	93	87	85	81	75	**57.36**	9	12	2	–	–	–	–	–	–	–	–	–	7-Oxabicyclo[4.3.0]non-3-en-8-one, 1-methyl-		P1185
43	83	81	108	85	123	67	79	**152**	100	82	78	74	56	56	49	43	**0.00**	10	16	1	–	–	–	–	–	–	–	–	–	2-Butanone, 4-(2-cyclohexen-1-yl)-	42185-49-9	S6874
43	92	66	91	79	110	81	77	**152**	100	46	39	32	20	16	15	12	**12.00**	9	12	2	–	–	–	–	–	–	–	–	–	Tricyclo[2.2.1.0$^{(2,6)}$]heptan-3-ol, acetate	6555-48-2	08896
43	92	66	91	79	110	152	77	**152**	100	46	39	32	20	16	12	12		9	12	2	–	–	–	–	–	–	–	–	–	Tricyclo[2.2.1.0$^{(2,6)}$]heptan-1-ol, acetate		M4632
43	95	137	41	39	109	67	152	**152**	100	63	59	47	44	36	33	32		10	16	1	–	–	–	–	–	–	–	–	–	2-Oxabicyclo[3.2.1]octane, (+)-1,4-dimethyl-8-methylene-		L9034
43	105	121	77	51	120	78	39	**152**	100	77	44	42	27	19	13	11	**0.00**	9	12	2	–	–	–	–	–	–	–	–	–	Hydroperoxide, α-cumyl-	80-15-9	P6035
43	109	79	39	152	41	91	81	**152**	100	93	69	54	51	47	46	43		9	12	2	–	–	–	–	–	–	–	–	–	2-Cyclopenten-1-one, 2-allyl-4-hydroxy-3-methyl-	551-45-1	Q1948
43	109	81	94	95	53	41	68	**152**	100	27	23	18	12	11	9	6	**2.02**	9	12	2	–	–	–	–	–	–	–	–	–	2-Cyclohexen-1-one, 4-(2-oxopropyl)-	56051-94-6	T2620
43	110	41	27	152	39	112	81	**152**	100	24	23	14	12	10	8	6		6	14	–	–	1	–	–	–	1	–	–	–	Phosphine, diisopropylchloro-	40244-90-4	S6257
43	119	105	121	77	91	120	51	**152**	100	91	76	74	67	42	33	30	**0.26**	9	12	2	–	–	–	–	–	–	–	–	–	Hydroperoxide, α-cumyl-		Z0904
43	137	152	123	109	67	95	41	**152**	100	78	44	36	36	31	17	17		10	16	1	–	–	–	–	–	–	–	–	–	1-Cyclopentene, 1-acetyl-2,4,5-trimethyl-		M0042
44	76	73	136	69	68	80	67	**152**	100	77	37	34	31	30	29	26	**2.50**	8	8	3	–	–	–	–	–	–	–	–	–	Benzoic acid, 2-hydroxy-6-methyl-		00153
45	73	27	47	46	152	58	59	**152**	100	69	31	24	17	9	8	7		4	8	2	–	–	–	–	2	–	–	–	–	2,4-Dithiahex-5-ene, 2,2-dioxa-		14854
46	30	29	76	28	31	44	15	**152**	100	22	14	11	5	3	2	2	**0.00**	2	4	6	2	–	–	–	–	–	–	–	–	Ethylene dinitrate		01645
46	43	29	30	15	28	27	45	**152**	100	36	14	11	9	5	4	3	**0.00**	2	4	6	2	–	–	–	–	–	–	–	–	Ethylene dinitrate		L3330
47	79	103	75	107	29	81	109	**152**	100	99	93	62	54	46	32	17	**0.00**	6	13	2	–	1	–	–	–	–	–	–	–	Ethane, 2-chloro-1,1-diethoxy-	621-62-5	Q3040
53	109	79	49	152	51	91	67	**152**	100	95	65	52	50	43	42	41		9	12	2	–	–	–	–	–	–	–	–	–	2-Cyclopenten-1-one, 2-allyl-4-hydroxy-3-methyl-		M7966
54	41	67	55	68	81	27	43	**152**	100	97	72	70	63	63	60	53	**10.28**	11	20	–	–	–	–	–	–	–	–	–	–	1,4-Undecadiene, (E)-	55976-13-1	T2509
54	67	41	81	55	27	95	39	**152**	100	92	80	74	58	53	52	51	**1.61**	11	20	–	–	–	–	–	–	–	–	–	–	5-Undecyne	2294-72-6	Q7780
54	67	81	109	41	55	68	95	**152**	100	88	60	60	40	35	35	21	**0.30**	11	20	–	–	–	–	–	–	–	–	–	–	5,6-Undecadiene	18937-82-1	R7894
55	41	69	83	110	152			**152**	100	97	95	59	22	21				10	16	1	–	–	–	–	–	–	–	–	–	Cyclohexyl isopropenyl ketone		M0714
55	69	41	83	95	39	67	81	**152**	100	84	77	76	35	32	21	19	**10.23**	10	16	1	–	–	–	–	–	–	–	–	–	Bicyclo[3.1.1]heptan-3-one, (1α,2β,5α)-2,6,6-trimethyl-	15358-88-0	R5703
55	69	83	41	95	39	81	97	**152**	100	98	97	68	39	26	23	23	**18.52**	10	16	1	–	–	–	–	–	–	–	–	–	Bicyclo[3.1.1]heptan-3-one, (1α,2β,5α)-2,6,6-trimethyl-	15358-88-0	H1760
55	69	123	82	96	152	137		**152**	100	60	28	20	13	5	2			10	16	1	–	–	–	–	–	–	–	–	–	Cyclopentanone, 3-(1,1-dimethyl-2-propenyl)-		L9575
55	81	108	67	41	152	95	28	**152**	100	93	91	78	69	62	57	52		10	16	1	–	–	–	–	–	–	–	–	–	2-Decalone, cis-		D0205
55	81	108	152	95	41	67	94	**152**	100	85	84	62	56	50	50	48		10	16	1	–	–	–	–	–	–	–	–	–	2(1H)-Naphthalenone, octahydro-, trans-	16021-08-2	R5986
56	79	28	41	109	29	27	57	**152**	100	57	50	50	40	25	22	21	**0.45**	5	12	3	–	–	–	–	1	–	–	–	–	Methanesulphonic acid, butyl ester	1912-32-9	Q7005
56	152	43	57	83	69	111	55	**152**	100	71	66	60	49	49	39	31		9	17	1	–	–	–	–	–	–	1	–	–	9-Borabicyclo[3.3.1]nonane, 9-methoxy-	38050-71-4	S5656
57	69	85	55	68	152	95	123	**152**	100	80	53	29	29	16	12	8		8	12	1	2	–	–	–	–	–	–	–	–	1H-Imidazole, 1-(1-oxopentyl)-	69393-13-1	T7062
59	31	27	29	106	108	28	18	**152**	100	61	36	34	19	18	11	10	**5.50**	4	9	1	–	–	1	–	–	–	–	–	–	Ethane, 1-bromo-2-ethoxy-	592-55-2	Q2501

MASS TO CHARGE RATIOS								M.W.	INTENSITIES								Parent	C	H	O	N	Cl	Br	F	S	P	B	Si	X	COMPOUND NAME	CAS Reg No	No
59	39	52	53	43	81	94	95	**152**	100	93	91	82	57	55	55	55	**25.00**	7	8	2	2	–	–	–	–	–	–	–	–	**Furfural, N-methyl-N-formylhydrazone**		**16840**
59	45	60	44	152	58	64	102	**152**	100	85	81	65	46	43	37	33		4	8	–	–	–	–	–	3	–	–	–	–	**1,2,4-Trithiolane, 3,5-dimethyl-**		**L3989**
59	60	152	45	92	88	64	58	**152**	100	71	70	57	49	45	41	32		4	8	–	–	–	–	–	3	–	–	–	–	**1,2,4-Trithiolane, 3,5-dimethyl-**	23654-92-4	**S0303**
59	93	95	121	72	123	152	154	**152**	100	49	49	42	38	38	35	32		3	5	2	–	–	1	–	–	–	–	–	–	**Acetic acid, bromo-, methyl ester**	96-32-2	**P7043**
59	93	95	121	123	72	29	108	**152**	100	84	77	55	54	47	45	39	**33.34**	3	5	2	–	–	1	–	–	–	–	–	–	**Acetic acid, bromo-, methyl ester**		**Z0906**
59	94	152	77	29	45	31	58	**152**	100	64	59	44	21	21	20	17		9	12	2	–	–	–	–	–	–	–	–	–	**Ethane, 1-methoxy-2-phenoxy-**		**Z0914**
61	43	44	74	91	73	103	45	**152**	100	57	47	44	44	42	34	33	**0.30**	5	12	5	–	–	–	–	–	–	–	–	–	**Xylitol**	87-99-0	**P6425**
61	43	74	44	73	91	56	45	**152**	100	50	49	49	38	37	33	33	**0.00**	5	12	5	–	–	–	–	–	–	–	–	–	**Xylitol**	87-99-0	**P6424**
65	78	108	152	77	59	93	51	**152**	100	55	42	37	35	21	20	19		8	8	3	–	–	–	–	–	–	–	–	–	**Carbonic acid, methyl phenyl ester**	13509-27-8	**R4601**
67	41	39	81	43	55	68	109	**152**	100	89	50	46	45	42	41	39	**0.10**	11	20	–	–	–	–	–	–	–	–	–	–	**3-Undecyne**	60212-30-8	**T5158**
67	41	81	55	27	39	29	54	**152**	100	54	53	35	35	34	31	30	**0.10**	11	20	–	–	–	–	–	–	–	–	–	–	**4-Undecyne**	60212-31-9	**T5161**
67	41	82	81	123	55	95	109	**152**	100	46	40	36	31	26	20	17	**0.00**	11	20	–	–	–	–	–	–	–	–	–	–	**Cyclopropane, (+-)-1,1-dimethyl-2-isopropyl-3-isopropylidene-**	56701-50-9	**T4132**
67	41	91	79	81	108	55	93	**152**	100	96	73	68	67	58	56	51	**27.00**	10	16	1	–	–	–	–	–	–	–	–	–	**Naphth[2,3-b]oxirene, decahydro-**	21399-51-9	**R9252**
67	54	81	95	55	41	82	68	**152**	100	96	86	59	57	46	29	28	**2.70**	11	20	–	–	–	–	–	–	–	–	–	–	**5-Undecyne**	2294-72-6	**Q7781**
67	69	41	81	55	27	39	109	**152**	100	99	99	86	66	56	44	40	**16.50**	11	20	–	–	–	–	–	–	–	–	–	–	**1,4-Undecadiene, (Z)-**	55976-14-2	**T2510**
67	69	41	82	81	79	123	83	**152**	100	88	77	71	69	45	43	41	**0.10**	10	16	1	–	–	–	–	–	–	–	–	–	**Spiro[bicyclo[3.1.1]heptane-2,2′-oxirane], 6,6-dimethyl-**	6931-54-0	**R2704**
67	95	41	68	81	82	55	39	**152**	100	77	72	67	49	48	41	36	**28.80**	10	16	1	–	–	–	–	–	–	–	–	–	**p-Menth-8-en-2-one**	7764-50-3	**R3469**
67	95	41	68	81	82	55	69	**152**	100	76	72	67	49	48	41	35	**28.80**	10	16	1	–	–	–	–	–	–	–	–	–	**p-Menth-8-en-2-one**		**00882**
67	95	68	41	82	81	69	55	**152**	100	78	72	64	57	56	42	41	**23.50**	10	16	1	–	–	–	–	–	–	–	–	–	**p-Menth-8-en-2-one**	7764-50-3	**R3470**
67	95	68	41	82	81	69	55	**152**	100	92	76	68	60	54	49	43	**28.13**	10	16	1	–	–	–	–	–	–	–	–	–	**p-Menth-8-en-2-one, trans-**	5948-04-9	**H1573**
67	95	68	82	81	69	109	152	**152**	100	88	82	50	48	45	29	27		10	16	1	–	–	–	–	–	–	–	–	–	**Menth-8(9)en-2-one**		**L2446**
67	96	41	81	109	152	55	39	**152**	100	97	89	80	69	63	59	48		11	20	–	–	–	–	–	–	–	–	–	–	**Spiro[5.5]undecane**		**Y1723**
67	96	82	41	95	81	55	68	**152**	100	99	90	76	74	60	58	36	**16.63**	11	20	–	–	–	–	–	–	–	–	–	–	**4H-Cyclopentacyclooctene, decahydro-**	6663-95-2	**R2451**
67	109	82	27	42	152	41	26	**152**	100	73	71	58	28	26	22	22		5	4	2	4	–	–	–	–	–	–	–	–	**1H-Purine-2,6-dione, 3,7-dihydro-**	69-89-6	**P5362**
67	111	41	39	95	93	81	79	**152**	100	70	48	43	35	28	27	24	**17.83**	10	16	1	–	–	–	–	–	–	–	–	–	**Spiro[4.5]decan-6-one**	13388-94-8	**R4502**
67	111	41	39	95	93	81	108	**152**	100	69	47	43	35	28	26	23	**18.00**	10	16	1	–	–	–	–	–	–	–	–	–	**Spiro[4.5]decan-6-one**		**M6765**
67	117	85	69	31	119	87	35	**152**	100	53	36	33	28	17	11	11	**3.52**	2	1	–	–	2	–	3	–	–	–	–	–	**Ethane, 1,2-dichloro-1,1,2-trifluoro-**		**W0139**
67	117	85	69	119	31	152	51	**152**	100	58	33	32	18	10	7	6		2	1	–	–	2	–	3	–	–	–	–	–	**Ethane, 1,2-dichloro-1,1,2-trifluoro-**		**A0235**
67	152	98	81	96	82	54	41	**152**	100	95	95	81	59	56	53	52		10	16	1	–	–	–	–	–	–	–	–	–	**Bicyclo[4.3.1]decan-10-one**	20440-21-5	**R8681**
68	79	67	93	41	55	121	91	**152**	100	89	66	65	55	52	52	43	**7.01**	10	16	1	–	–	–	–	–	–	–	–	–	**p-Mentha-1,8-dien-7-ol**	536-59-4	**Q1731**
68	79	93	67	121	41	55	91	**152**	100	73	57	53	46	42	41	31	**12.41**	10	16	1	–	–	–	–	–	–	–	–	–	**p-Mentha-1,8-dien-7-ol**	536-59-4	**H0789**
68	96	152	18	28	40	39	41	**152**	100	96	64	54	53	35	32	16		9	12	2	–	–	–	–	–	–	–	–	–	**Cyclohex-2-en-1,4-dione, 3,5,5-trimethyl-**		**M8798**
68	110	95	152	82	123	41	57	**152**	100	93	87	70	52	37	33	17		8	12	1	2	–	–	–	–	–	–	–	–	**1H-Imidazole, 2-(1-oxopentyl)-**	69393-14-2	**T7063**
69	41	84	39	94	27	53	83	**152**	100	69	30	19	16	13	10	10	**8.31**	10	16	1	–	–	–	–	–	–	–	–	–	**2,6-Octadienal, (E)-3,7-dimethyl-**	141-27-5	**H0639**
69	41	84	39	94	83	53	109	**152**	100	77	26	15	13	10	10	8	**5.54**	10	16	1	–	–	–	–	–	–	–	–	–	**2,6-Octadienal, 3,7-dimethyl-**	5392-40-5	**R1373**
69	41	84	39	94	109	95	81	**152**	100	99	32	30	27	22	19	13	**2.90**	10	16	1	–	–	–	–	–	–	–	–	–	**2,6-Octadienal, (Z)-3,7-dimethyl-**	106-26-3	**H0326**
69	41	84	94	43	109	53	67	**152**	100	67	45	25	22	7	5	5	**2.00**	10	16	1	–	–	–	–	–	–	–	–	–	**3,7-Nonadien-2-one, (E)-8-methyl-**	35408-14-1	**S4948**
69	41	84	94	109	67	83	81	**152**	100	87	28	16	13	12	12	10	**3.80**	10	16	1	–	–	–	–	–	–	–	–	–	**2,6-Octadienal, (E)-3,7-dimethyl-**	141-27-5	**H0640**
69	43	110	124	83	123	53	50	**152**	100	50	43	43	15	15	13	6	**1.00**	3	3	–	4	–	–	3	–	–	–	–	–	**1H-Tetrazole, 1-methyl-5-(trifluoromethyl)-**	697-94-9	**Q3763**
69	64	133	31	45	113	33	44	**152**	100	34	30	10	8	6	6	3	**0.00**	3	2	–	–	–	–	6	–	–	–	–	–	**Propane, 1,1,1,3,3,3-hexafluoro-**	690-39-1	**Q3704**
69	64	133	101	114	132	83		**152**	100	62	28	18	12	3	2		**0.00**	3	2	–	–	–	–	6	–	–	–	–	–	**Propane, 1,1,1,3,3,3-hexafluoro-**	690-39-1	**Q3705**
69	81	41	152	109	80	39	95	**152**	100	86	40	22	19	19	17	17		10	16	1	–	–	–	–	–	–	–	–	–	**3-Bornanone, (1S,4S)-(-)-**	10292-98-5	**H1682**
69	81	152	41	109	95	80	67	**152**	100	96	50	33	31	30	25	14		10	16	1	–	–	–	–	–	–	–	–	–	**3-Bornanone, (1R,4R)-**	13854-85-8	**R4763**
69	81	152	41	109	95	80	67	**152**	100	96	50	33	31	30	25	14		10	16	1	–	–	–	–	–	–	–	–	–	**3-Bornanone, (1S,4S)-(-)-**	10292-98-5	**R3720**
69	81	152	41	109	95	80	68	**152**	100	97	51	35	33	32	25	16		10	16	1	–	–	–	–	–	–	–	–	–	**3-Bornanone**		**M3952**
69	82	41	67	123	81	83	55	**152**	100	82	82	80	64	61	54	38	**4.50**	10	16	1	–	–	–	–	–	–	–	–	–	**Bicyclo[3.1.1]heptane-2-carboxaldehyde, 6,6-dimethyl-**	4764-14-1	**R0805**
69	133	67	87	83	48	135	85	**152**	100	93	92	85	82	62	59	53	**40.84**	2	1	–	–	2	–	3	–	–	–	–	–	**Ethane, 2,2-dichloro-1,1,1-trifluoro-**		**D0576**
69	152	39	66	53	40	124	122	**152**	100	33	32	24	23	15	14	14		8	8	3	–	–	–	–	–	–	–	–	–	**1,4-Benzoquinone, 2-methyl-5-methoxy-**		**04936**
70	92	41	55	83	91	69	39	**152**	100	98	97	92	89	61	54	42	**0.00**	10	16	1	–	–	–	–	–	–	–	–	–	**2(10)-Pinen-3-ol**	5947-36-4	**R1926**
70	152	69	42	68	124	39	151	**152**	100	95	71	63	29	29	28	28		8	12	1	2	–	–	–	–	–	–	–	–	**4(3H)-Pyrimidinone, 2-ethyl-3,6-dimethyl-**	32363-54-5	**S3617**
70	152	69	42	68	124	151	123	**152**	100	98	71	65	30	28	28	20		8	12	1	2	–	–	–	–	–	–	–	–	**4(3H)-Pyrimidinone, 2-ethyl-3,6-dimethyl-**	32363-54-5	**S3616**
70	152	69	42	124	68	137	82	**152**	100	97	71	67	28	28	18	13		8	12	1	2	–	–	–	–	–	–	–	–	**4(3H)-Pyrimidinone, 2-ethyl-3,6-dimethyl-**		**M2279**
73	28	27	45	30	152	154	107	**152**	100	84	78	41	28	27	27	22		3	5	2	–	–	1	–	–	–	–	–	–	**Propanoic acid, 3-bromo-**	590-92-1	**Q2435**
73	75	137	45	74	59	43	152	**152**	100	38	24	20	8	8	8	7		4	12	2	–	–	–	–	1	–	–	1	–	**Methanesulphinate, trimethylsilyl-**		**01505**
76	43	41	42	27	44	39	61	**152**	100	28	23	15	15	10	8	8	**0.50**	4	8	–	–	–	–	–	3	–	–	–	–	**Carbonotrithiolate, isopropyl-**		**14888**
76	47	43	42	29	41	44	45	**152**	100	20	19	19	15	15	9	5	**0.00**	4	8	–	–	–	–	–	3	–	–	–	–	**Carbonotrithiolate, propyl-**		**14887**

MASS TO CHARGE RATIOS								M.W.	INTENSITIES								Parent	C	H	O	N	Cl	Br	F	S	P	B	Si	X	COMPOUND NAME	CAS Reg No	No
76	90	38	64	78	58	95	65	**152**	100	99	56	52	52	47	36	32	**0.00**	9	12	2	–	–	–	–	–	–	–	–	–	**Tricyclo[3.2.0.0$^{(2,7)}$]heptane-3-carboxylic acid, (1α,2α,3α,5β,7α)-, methyl ester**	56701-05-4	**T4094**
77	79	78	94	51	122	104	152	**152**	100	91	22	18	18	17	15	13		7	8	2	2	–	–	–	–	–	–	–	–	**Aniline, 2-methyl-5-nitro-**		**D0697**
77	79	105	152	30	51	78	106	**152**	100	76	53	51	48	40	36	33		7	8	2	2	–	–	–	–	–	–	–	–	**Aniline, N-methyl-2-nitro-**	612-28-2	**Q2843**
77	135	107	152	79	106	105	104	**152**	100	75	73	71	62	49	45	36		7	8	2	2	–	–	–	–	–	–	–	–	**Aniline, 4-methyl-3-nitro-**		**D0706**
78	106	134	77	107	152	51	39	**152**	100	74	72	38	38	32	27	20		8	8	3	–	–	–	–	–	–	–	–	–	**Benzeneacetic acid, 2-hydroxy-**	614-75-5	**Q2896**
79	43	78	77	121	91	41	80	**152**	100	52	18	14	12	12	9	7	**1.50**	10	16	1	–	–	–	–	–	–	–	–	–	**p-Mentha-2,5-dien-7-ol, trans-**	19907-89-2	**H1843**
79	43	78	121	91	77	41	120	**152**	100	60	20	14	12	12	10	8	**1.40**	10	16	1	–	–	–	–	–	–	–	–	–	**p-Mentha-2,5-dien-7-ol, cis-**	19907-88-1	**H1842**
79	43	91	92	41	77	134	121	**152**	100	48	41	25	14	14	14	10	**2.70**	10	16	1	–	–	–	–	–	–	–	–	–	**p-Mentha-1,4-dien-7-ol**	22539-72-6	**H1854**
79	47	29	28	103	107	27	81	**152**	100	94	64	62	58	44	32	32	**0.30**	6	13	2	–	1	–	–	–	–	–	–	–	**Ethane, 2-chloro-1,1-diethoxy-**		**A0746**
79	77	107	51	28	105	50	78	**152**	100	75	50	28	25	12	12	12	**6.13**	8	8	3	–	–	–	–	–	–	–	–	–	**Benzeneacetic acid, α-hydroxy-**	90-64-2	**P6575**
79	80	67	68	44	77	124	51	**152**	100	46	25	25	20	20	16	14	**0.60**	8	8	3	–	–	–	–	–	–	–	–	–	**1,3-Isobenzofurandione, 3a,4,7,7a-tetrahydro-**	85-43-8	**P6253**
79	80	91	41	108	39	77	93	**152**	100	94	38	28	25	18	17	16	**3.20**	10	16	1	–	–	–	–	–	–	–	–	–	**2-Pinen-10-ol**		**00884**
79	80	124	39	77	78	51	27	**152**	100	51	35	17	15	13	11	10	**1.00**	8	8	3	–	–	–	–	–	–	–	–	–	**1,3-Isobenzofurandione, 3a,4,7,7a-tetrahydro-**	85-43-8	**P6254**
79	80	134	107	108	67	119	93	**152**	100	88	86	81	81	72	50	46	**18.95**	10	16	1	–	–	–	–	–	–	–	–	–	**4,7-Methano-1H-inden-1-ol, 2,3,3a,4,5,6,7,7a-octahydro-**		**Z0917**
79	81	97	41	67	39	55	68	**152**	100	87	74	72	69	63	44	41	**30.61**	10	16	1	–	–	–	–	–	–	–	–	–	**Spiro[4.5]decan-1-one**	4728-91-0	**R0769**
79	81	97	41	67	39	84	55	**152**	100	86	73	72	67	63	47	43	**31.00**	10	16	1	–	–	–	–	–	–	–	–	–	**Spiro[4.5]decan-1-one**		**M6766**
79	91	41	39	44	119	77	32	**152**	100	63	47	42	37	35	33	27	**0.00**	10	16	1	–	–	–	–	–	–	–	–	–	**3,7-Octadien-2-ol, (E)-2-methyl-6-methylene-**	6994-89-4	**R2772**
79	91	41	108	77	39	93	43	**152**	100	42	27	27	19	19	19	16	**3.00**	10	16	1	–	–	–	–	–	–	–	–	–	**2-Pinen-10-ol**	515-00-4	**H0772**
79	91	152	108	77	31	80	41	**152**	100	21	12	11	10	8	7	6		10	16	1	–	–	–	–	–	–	–	–	–	**p-Mentha-1,5-dien-7-ol**	19876-45-0	**H1839**
79	93	92	91	41	119	67	105	**152**	100	99	74	73	68	63	50	48	**5.30**	10	16	1	–	–	–	–	–	–	–	–	–	**p-Mentha-1(7),8(10)-dien-9-ol**	29548-13-8	**H1932**
79	93	92	91	106	119	105	67	**152**	100	99	73	63	63	57	43	33	**1.80**	10	16	1	–	–	–	–	–	–	–	–	–	**p-Mentha-1(7),8(10)-dien-9-ol**	29548-13-8	**H1933**
79	97	39	67	55	27	110	119	**152**	100	70	68	43	24	24	11	6	**0.10**	10	16	1	–	–	–	–	–	–	–	–	–	**(6R,3R,S)-(+)-2,3-Epoxy-cis-2,3-dimethylocta-4,7-diene**		**M8432**
79	97	39	67	55	27	110	123	**152**	100	73	68	48	29	23	13	4	**1.00**	10	16	1	–	–	–	–	–	–	–	–	–	**(6R,3R,S)-(-)-2,3-Epoxy-trans-2,3-dimethylocta-4,7-diene**		**M8433**
79	97	125	81	108	107	65	123	**152**	100	87	78	25	23	22	18	11	**0.00**	5	13	3	–	–	–	–	–	1	–	–	–	**Phosphonic acid, ethyl-, ethyl methyl ester**		**16699**
79	108	91	93	119	28	92	107	**152**	100	37	35	19	15	15	12	11	**2.40**	10	16	1	–	–	–	–	–	–	–	–	–	**2-Pinen-10-ol**		**01704**
79	124	80	39	77	78	51	44	**152**	100	53	48	20	11	11	11	7	**1.00**	8	8	3	–	–	–	–	–	–	–	–	–	**1,3-Isobenzofurandione, 3a,4,7,7a-tetrahydro-**	85-43-8	**P6255**
80	79	152	77	52	50	78	81	**152**	100	67	25	14	9	7	7	7		8	8	3	–	–	–	–	–	–	–	–	–	**1,3-Isobenzofurandione, trans-3a,4,7,7a-tetrahydro-**	13149-03-6	**R4234**
80	81	67	54	41	82	79	116	**152**	100	92	16	15	14	10	9	8	**1.82**	6	10	–	–	2	–	–	–	–	–	–	–	**Cyclohexane, 1,2-dichloro-**	1121-21-7	**Q5386**
80	81	116	79	82	67	41	54	**152**	100	27	21	20	20	19	15	15	**4.27**	6	10	–	–	2	–	–	–	–	–	–	–	**Cyclohexane, 1,4-dichloro-**	19398-57-3	**R8114**
81	41	29	89	67	27	152		**152**	100	31	19	17	16	16	15			10	16	1	–	–	–	–	–	–	–	–	–	**2,4-Decadienal, (E,E)-**		**M4214**
81	41	39	29	67	27	83	54	**152**	100	43	29	20	20	17	12	11	**4.00**	10	16	1	–	–	–	–	–	–	–	–	–	**2,4-Decadienal, (E,E)-**	25152-84-5	**S0972**
81	41	39	82	80	53	36	116	**152**	100	52	16	15	9	9	9	7	**1.00**	6	10	–	–	2	–	–	–	–	–	–	–	**Cyclohexane, 1,1-dichloro-**		**M8399**
81	41	67	39	152	109	27	53	**152**	100	75	71	66	61	52	50	30		10	16	1	–	–	–	–	–	–	–	–	–	**Cyclohexanone, (R)-(+)-2-isopropylidene-5-methyl-**	89-82-7	**P6509**
81	41	67	39	152	109	27	69	**152**	100	75	71	66	61	52	50	30		10	16	1	–	–	–	–	–	–	–	–	–	**Cyclohexanone, 2-isopropylidene-5-methyl-**		**W0096**
81	41	67	55	39	43	27	29	**152**	100	96	80	63	53	51	42	41	**0.00**	11	20	–	–	–	–	–	–	–	–	–	–	**1-Undecyne**	2243-98-3	**Q7711**
81	41	83	67	55	95	82	68	**152**	100	26	21	21	17	14	14	11	**7.00**	10	16	1	–	–	–	–	–	–	–	–	–	**2,4-Decadienal, (E,Z)-**		**L8886**
81	41	96	67	68	55	152	95	**152**	100	64	58	50	39	38	35	31		10	16	1	–	–	–	–	–	–	–	–	–	**1-Indanone, trans-hexahydro-7a-methyl-**	17428-83-0	**R6942**
81	41	96	67	68	55	152	95	**152**	100	63	56	50	39	38	35	31		10	16	1	–	–	–	–	–	–	–	–	–	**1-Indanone, trans-hexahydro-7a-methyl-**	17428-83-0	**R6943**
81	41	96	67	68	55	152	108	**152**	100	64	57	50	39	38	35	27		10	16	1	–	–	–	–	–	–	–	–	–	**1-Indanone, trans-hexahydro-7a-methyl-**		**01270**
81	41	117	39	82	119	80	53	**152**	100	52	30	16	14	11	9	9	**0.00**	6	10	–	–	2	–	–	–	–	–	–	–	**Cyclohexane, 1,2-dichloro-**		**05688**
81	41	152	67	95	55	82	39	**152**	100	94	85	80	75	64	52	51		11	20	–	–	–	–	–	–	–	–	–	–	**Decalin, trans-2-methyl-**		**X2000**
81	41	152	67	95	55	82	68	**152**	100	95	89	87	82	65	55	50		11	20	–	–	–	–	–	–	–	–	–	–	**Bicyclo[4.4.0]decane, trans-anti-3-methyl-**		**Y1954**
81	67	41	39	152	82	109	27	**152**	100	73	61	47	46	42	41	34		10	16	1	–	–	–	–	–	–	–	–	–	**Cyclohexanone, 2-isopropylidene-5-methyl-**	15932-80-6	**R5919**
81	67	95	41	68	96	55	39	**152**	100	65	57	44	42	40	30	29	**20.00**	10	16	1	–	–	–	–	–	–	–	–	–	**Spiro[3.5]nonanone, (4R*,5R*)-5-methyl-**		**P0296**
81	67	95	96	68	41	109	110	**152**	100	62	57	46	42	37	32	31	**26.00**	10	16	1	–	–	–	–	–	–	–	–	–	**Spiro[3.5]nonan-1-one, 5-methyl-, trans-**	65147-56-0	**T6539**
81	67	96	41	68	95	55	110	**152**	100	46	42	41	34	27	26	24	**15.00**	10	16	1	–	–	–	–	–	–	–	–	–	**1-Indanone, cis-hexahydro-7a-methyl-**	13025-91-7	**R4143**
81	67	109	41	152	68	39	93	**152**	100	97	93	76	62	60	55	54		10	16	1	–	–	–	–	–	–	–	–	–	**p-Menth-8-en-3-one, trans-**	29606-79-9	**H1938**
81	67	152	109	43	82	39	69	**152**	100	7	6	4	4	3	3	3		10	16	1	–	–	–	–	–	–	–	–	–	**Cyclohexanone, (R)-(+)-2-isopropylidene-5-methyl-**	89-82-7	**H0164**
81	67	152	109	43	82	69	39	**152**	100	73	60	42	36	33	25	25		10	16	1	–	–	–	–	–	–	–	–	–	**Cyclohexanone, 2-isopropylidene-5-methyl-**		**01705**
81	68	67	69	95	41	109	55	**152**	100	8	7	7	6	5	4	3	**1.20**	10	16	1	–	–	–	–	–	–	–	–	–	**Thujone, (-)-**	546-80-5	**H0825**
81	69	41	39	27	80	152	53	**152**	100	57	42	26	21	13	10	10		10	16	1	–	–	–	–	–	–	–	–	–	**2-Norbornanone, 1,3,3-trimethyl-**		**W0095**
81	69	41	152	80	82	109	39	**152**	100	47	20	17	14	9	7	6		10	16	1	–	–	–	–	–	–	–	–	–	**2-Norbornanone, 1,3,3-trimethyl-**	1195-79-5	**Q5695**
81	80	40	55	38	116	79	28	**152**	100	32	14	9	9	8	8	8	**1.30**	6	10	–	–	2	–	–	–	–	–	–	–	**Cyclohexane, cis-1,2-dichloro-**		**M8401**
81	80	41	39	75	67	55	82	**152**	100	48	23	13	11	10	10	9	**3.00**	6	10	–	–	2	–	–	–	–	–	–	–	**Cyclohexane, trans-1,2-dichloro-**		**05689**

MASS TO CHARGE RATIOS								M.W.	INTENSITIES								Parent	C	H	O	N	Cl	Br	F	S	P	B	Si	X	COMPOUND NAME	CAS Reg No	No
81	80	41	39	78	55	67	152	152	100	48	23	13	11	10	10	3		6	10	–	–	2	–	–	–	–	–	–	–	Cyclohexane, trans-1,2-dichloro-		L6852
81	80	41	39	116	54	55	117	152	100	28	13	11	10	6	6	6	2.00	6	10	–	–	2	–	–	–	–	–	–	–	Cyclohexane, cis-1,4-dichloro-		L6847
81	80	41	39	116	79	117	82	152	100	28	13	11	10	8	6	6	2.00	6	10	–	–	2	–	–	–	–	–	–	–	Cyclohexane, cis-1,4-dichloro-		05694
81	80	41	67	39	55	79	152	152	100	67	17	16	13	13	10	3		6	10	–	–	2	–	–	–	–	–	–	–	Cyclohexane, cis-1,3-dichloro-		L6849
81	80	41	67	55	39	79	75	152	100	67	17	16	13	13	10	8	3.00	6	10	–	–	2	–	–	–	–	–	–	–	Cyclohexane, cis-1,3-dichloro-		05692
81	80	41	79	39	54	67	53	152	100	47	23	22	19	15	13	11	3.00	6	10	–	–	2	–	–	–	–	–	–	–	Cyclohexane, 1,2-dichloro-		M0673
81	80	41	82	75	39	116	79	152	100	23	16	13	9	9	8	8	3.00	6	10	–	–	2	–	–	–	–	–	–	–	Cyclohexane, trans-1,4-dichloro-		05693
81	80	55	116	79	28	82	117	152	100	32	9	8	8	8	6	4	1.00	6	10	–	–	2	–	–	–	–	–	–	–	Cyclohexane, cis-1,2-dichloro-		05690
81	80	55	116	79	82	54	53	152	100	12	9	8	8	6	4	4	1.00	6	10	–	–	2	–	–	–	–	–	–	–	Cyclohexane, cis-1,2-dichloro-		L6851
81	80	116	41	39	79	82	67	152	100	22	18	11	9	8	6	5	0.00	6	10	–	–	2	–	–	–	–	–	–	–	Cyclohexane, trans-1,3-dichloro-		M8402
81	80	116	41	39	79	82	118	152	100	22	18	11	9	8	6	5	0.00	6	10	–	–	2	–	–	–	–	–	–	–	Cyclohexane, trans-1,3-dichloro-		05691
81	80	116	79	82	54	41	67	152	100	32	8	8	7	6	5	5	1.40	6	10	–	–	2	–	–	–	–	–	–	–	Cyclohexane, 1,3-dichloro-	55887-78-0	T2302
81	95	57	96	41	137	109	55	152	100	65	56	44	39	38	34	30	1.07	11	20	–	–	–	–	–	–	–	–	–	–	3-Octyne, 2,2,7-trimethyl-	55402-13-6	T1080
81	96	67	82	41	95	55	68	152	100	93	61	42	31	27	24	22	21.02	11	20	–	–	–	–	–	–	–	–	–	–	Cyclohexene, 1-pentyl-	15232-85-6	R5615
81	96	67	82	55	68	152	41	152	100	91	61	38	25	22	20	19		11	20	–	–	–	–	–	–	–	–	–	–	Cyclohexene, 1-pentyl-		M7999
81	96	67	82	95	55	68	41	152	100	90	61	37	26	25	22	19	19.00	11	20	–	–	–	–	–	–	–	–	–	–	Cyclohexene, 1-pentyl-	15232-85-6	R5614
81	96	109	41	67	43	55	95	152	100	46	38	27	23	19	19	14	8.00	11	20	–	–	–	–	–	–	–	–	–	–	Cyclopropane, 1-isopropyl-2-(2-methyl-1-methylenepropyl)-	56259-17-7	T3236
81	96	110	66	41	67	152	95	152	100	58	47	44	37	36	36	35		10	16	1	–	–	–	–	–	–	–	–	–	1-Indanone, cis-hexahydro-7a-methyl-	13025-91-7	R4144
81	110	41	68	95	69	67	152	152	100	83	69	55	52	50	50	11		10	16	1	–	–	–	–	–	–	–	–	–	Isothujone, (+)-		M4165
81	110	68	41	67	69	152		152	100	76	72	72	58	56	11			10	16	1	–	–	–	–	–	–	–	–	–	Thujone, (-)-		M4164
81	110	68	69	67	95	41	109	152	100	79	77	67	67	58	51	41	12.00	10	16	1	–	–	–	–	–	–	–	–	–	Thujone		01707
81	110	68	95	69	67	41	82	152	100	96	74	72	72	58	32	29	0.00	10	16	1	–	–	–	–	–	–	–	–	–	Isothujone		01708
81	110	109	92	95	91	41	69	152	100	68	68	62	60	57	57	51	7.10	10	16	1	–	–	–	–	–	–	–	–	–	Sabinol		01706
81	116	118	88	80	79	53	41	152	100	68	22	20	19	14	12	9	0.00	6	10	–	–	2	–	–	–	–	–	–	–	Cyclohexane, 1,1-dichloro-	2108-92-1	Q7390
81	123	41	94	39	27	43	29	152	100	82	72	43	41	40	37	33	12.00	10	16	1	–	–	–	–	–	–	–	–	–	2-Cyclohexene-1-carboxaldehyde, 2,6,6-trimethyl-	432-24-6	Q0708
81	123	53	41	82	152	51	65	152	100	22	11	9	6	6	5	5		9	12	2	–	–	–	–	–	–	–	–	–	2-Furanacetaldehyde, α-propyl-	31681-26-2	S3379
81	152	67	82	41	95	109	110	152	100	96	70	63	57	43	42	40		10	16	1	–	–	–	–	–	–	–	–	–	Bicyclo[4.1.0]heptan-3-one, (1R)-(1α,4β,6α)-4,7,7-trimethyl-	4176-01-6	R0179
81	152	67	82	41	95	110	109	152	100	84	72	59	57	46	42	40		10	16	1	–	–	–	–	–	–	–	–	–	Bicyclo[4.1.0]heptan-3-one, (1R)-(1α,4α,6α)-4,7,7-trimethyl-	4176-04-9	R0180
81	152	67	82	41	95	110	109	152	100	84	70	59	56	46	42	40		10	16	1	–	–	–	–	–	–	–	–	–	3-Caranone, trans-		H0004
81	152	67	82	41	109	95	110	152	100	95	69	63	56	42	42	40		10	16	1	–	–	–	–	–	–	–	–	–	3-Caranone, cis-		M4263
81	152	67	82	41	109	95	110	152	100	95	69	63	56	42	42	40		10	16	1	–	–	–	–	–	–	–	–	–	4,7-Methano-1H-inden-1-ol, octahydro-	55255-97-5	H2145
81	152	67	109	41	137	82	68	152	100	84	59	45	37	33	30	21		10	16	1	–	–	–	–	–	–	–	–	–	Cyclohexanone, (R)-(+)-2-isopropylidene-5-methyl-	89-82-7	P6508
82	40	57	41	43	55	67	81	152	100	94	73	64	64	63	58	51	18.00	11	20	–	–	–	–	–	–	–	–	–	–	Bicyclo[4.1.0]heptane, 7-butyl-	18645-10-8	R7759
82	41	95	109	152	69	81	39	152	100	97	97	89	67	57	42	37		10	16	1	–	–	–	–	–	–	–	–	–	Bicyclo[3.2.0]heptan-2-one, 1,4,4-trimethyl-	55759-84-7	T2054
82	57	55	41	43	67	81	96	152	100	70	63	60	60	58	51	49	17.00	11	20	–	–	–	–	–	–	–	–	–	–	Bicyclo[4.1.0]heptane, 7-butyl-	18645-10-8	R7760
82	66	152	110	94	41	81	56	152	100	42	40	39	23	16	12	9		10	16	1	–	–	–	–	–	–	–	–	–	2-Caranone	497-62-1	Q1287
82	67	95	110	41	39	152	81	152	100	77	51	45	33	23	22	18		10	16	1	–	–	–	–	–	–	–	–	–	2-Caranone	497-62-1	Q1286
82	70	152	81	42	41	39	43	152	100	82	70	66	51	45	45	29		9	12	2	–	–	–	–	–	–	–	–	–	8-Oxabicyclo[3.2.1]oct-6-en-3-one, 2,2-dimethyl-		L6699
82	81	152	41	54	109	39	69	152	100	37	28	23	20	17	16	15		10	16	1	–	–	–	–	–	–	–	–	–	2-Cyclohexen-1-one, (S)-2-methyl-5-isopropyl-	499-71-8	H0738
82	81	152	109	69	95	79	110	152	100	44	28	19	17	16	11	10		10	16	1	–	–	–	–	–	–	–	–	–	Cyclohexanone, 2-methylene-5-isopropyl-	15297-07-1	R5677
82	81	152	109	69	95	79	110	152	100	43	27	19	18	16	12	10		10	16	1	–	–	–	–	–	–	–	–	–	Menth-1(7)en-2-one		L2445
82	108	41	95	54	107	137	55	152	100	58	26	24	17	17	16	12	10.01	10	16	1	–	–	–	–	–	–	–	–	–	p-Menth-8-en-3-one, trans-	29606-79-9	S2586
82	110	95	39	41	137	109	54	152	100	65	25	20	20	19	18	15	12.51	10	16	1	–	–	–	–	–	–	–	–	–	2-Cyclohexen-1-one, 2-methyl-5-isopropyl-	89-81-6	P6506
82	110	95	41	39	137	109	43	152	100	72	27	23	21	21	20	19	14.04	10	16	1	–	–	–	–	–	–	–	–	–	2-Cyclohexen-1-one, 2-methyl-5-isopropyl-	89-81-6	P6505
82	110	95	137	109	39	54	152	152	100	79	32	25	23	17	15	14		10	16	1	–	–	–	–	–	–	–	–	–	2-Cyclohexen-1-one, 2-methyl-5-isopropyl-	89-81-6	P6507
83	55	39	41	53	69	136	67	152	100	34	14	12	8	6	5	5	3.38	10	16	1	–	–	–	–	–	–	–	–	–	1,5-Heptadien-4-one, 3,3,6-trimethyl-	546-49-6	Q1915
83	55	39	84	41	53	69	56	152	100	27	7	6	6	4	3	2	0.20	10	16	1	–	–	–	–	–	–	–	–	–	1,5-Heptadien-4-one, 3,3,6-trimethyl-		03475
83	55	69	41	81	95	39	97	152	100	66	60	46	18	16	14	14	13.81	10	16	1	–	–	–	–	–	–	–	–	–	Bicyclo[3.1.1]heptan-3-one, (1α,2α,5α)-2,6,6-trimethyl-	547-60-4	H0826
83	55	95	81	41	109	69	84	152	100	46	38	32	32	28	21	21	19.82	10	16	1	–	–	–	–	–	–	–	–	–	Bicyclo[3.1.1]heptan-2-one, 3,6,6-trimethyl-	16022-08-5	H1780
83	85	69	67	31	133	48	87	152	100	66	16	16	14	14	12	11	7.26	2	1	–	–	2	–	3	–	–	–	–	–	Ethane, 2,2-dichloro-1,1,1-trifluoro-		W0140
83	85	152	67	87	133	154	69	152	100	65	15	11	10	10	9	8		2	1	–	–	2	–	3	–	–	–	–	–	Ethane, 2,2-dichloro-1,1,1-trifluoro-		A0234
84	41	67	39	55	83	54	85	152	100	30	29	23	15	13	11	11	1.86	10	16	1	–	–	–	–	–	–	–	–	–	2-Cyclopentyl-1-cyclopentanone		Y1249
84	134	109	41	55	119	83	91	152	100	65	54	53	43	41	39	38	5.50	10	16	1	–	–	–	–	–	–	–	–	–	cis-Carveol		03279
91	43	92	41	109	119	53	39	152	100	66	51	16	10	10	9	9	0.30	10	16	1	–	–	–	–	–	–	–	–	–	Sabinol, (+)-cis-	471-16-9	H0711
91	92	45	120	65	79	119	77	152	100	56	55	32	11	9	9	8	2.00	9	12	2	–	–	–	–	–	–	–	–	–	Benzene, (dimethoxy)methyl-	31600-55-2	S3347
91	92	107	152	65	79	63	77	152	100	25	20	18	7	3	2	2		9	12	2	–	–	–	–	–	–	–	–	–	Ethanol, 2-(benzyloxy)-	622-08-2	Q3058

MASS TO CHARGE RATIOS								M.W.	INTENSITIES								Parent	C	H	O	N	Cl	Br	F	S	P	B	Si	X	COMPOUND NAME	CAS Reg No	No
91	92	119	41	43	39	65	109	**152**	100	53	31	17	16	14	14	14	**0.00**	10	16	1	–	–	–	–	–	–	–	–	–	3-Thujen-2-ol, stereoisomer	3310-03-0	Q9206
91	93	134	66	119	81	79	109	**152**	100	81	74	68	58	58	57	56	**4.00**	10	16	1	–	–	–	–	–	–	–	–	–	4-Oxatricyclo[4.3.0.0$^{(2,8)}$]nonane, 5,5-dimethyl-		L9481
91	118	117	92	152	61	65	39	**152**	100	95	66	34	23	22	21	17		9	12	–	–	–	–	–	1	–	–	–	–	Propanethiol, 3-phenyl-		00622
91	121	152	45	77	51	39	137	**152**	100	93	63	26	24	23	22	21		9	12	2	–	–	–	–	–	–	–	–	–	Benzene, 1-methoxy-2-(methoxymethyl)-	21998-86-7	09734
91	152	29	92	65	45	138	39	**152**	100	24	14	13	9	8	7	4		9	12	–	–	–	–	–	1	–	–	–	–	Benzyl ethyl sulphide		00175
91	152	93	77	120	92	137	65	**152**	100	78	75	60	55	38	34	33		9	12	2	–	–	–	–	–	–	–	–	–	2-Propenoic acid, (E)-3-(1-cyclopenten-1-yl)-, methyl ester	54526-80-6	S9258
91	152	104	51	65	92	77	78	**152**	100	31	10	10	8	8	7	7		9	9	1	–	–	–	1	–	–	–	–	–	Benzenepropanoyl fluoride	458-69-5	Q0796
92	27	90	76	150	65	91	38	**152**	100	93	81	68	66	61	50	38	**1.00**	9	12	2	–	–	–	–	–	–	–	–	–	Tricyclo[3.2.0.0$^{(2,7)}$]heptane-3-carboxylic acid, ($1\alpha,2\alpha,3\beta,5\beta,7\alpha$)-, methyl ester	56760-80-6	T4151
92	41	91	55	70	83	79	59	**152**	100	84	84	81	78	74	58	58	**0.90**	10	16	1	–	–	–	–	–	–	–	–	–	2-Pinen-4-ol, trans-	1820-09-3	H1260
92	55	70	41	83	91	69	43	**152**	100	91	91	87	84	64	53	40	**0.80**	10	16	1	–	–	–	–	–	–	–	–	–	2(10)-Pinen-3-ol, (1S,3R,5S)-(-)-	547-61-5	Q1920
92	91	42	81	41	43	109	55	**152**	100	75	54	46	45	43	38	34	**0.00**	10	16	1	–	–	–	–	–	–	–	–	–	Sabinol		M4162
92	91	81	41	43	109	55	79	**152**	100	84	57	46	33	30	30	30	**0.00**	10	16	1	–	–	–	–	–	–	–	–	–	Sabinol, (-)-cis-	3310-02-9	Q9205
92	91	81	109	70	95	119	134	**152**	100	75	47	34	25	24	23	22	**0.25**	10	16	1	–	–	–	–	–	–	–	–	–	Bicyclo[3.1.0]hexan-3-ol, 4-methylene-1-isopropyl-, (1S)-($1\alpha,3\beta,5\alpha$)-	471-16-9	09501
92	91	81	134	79	109	41	43	**152**	100	82	49	35	29	29	28	25	**1.89**	10	16	1	–	–	–	–	–	–	–	–	–	1,3-Cyclohexadiene, 2-methyl-5-isopropyl-, monoepoxide	72138-69-3	T7734
93	79	92	106	91	119	105	67	**152**	100	99	72	62	62	56	43	33	**1.80**	10	16	1	–	–	–	–	–	–	–	–	–	p-Mentha-1(7),8-dien-10-ol		01700
93	81	41	96	109	91	67	55	**152**	100	74	73	64	58	57	56	51	**5.00**	10	16	1	–	–	–	–	–	–	–	–	–	cis-(2-cis-Isopropenyl-3-methylene) cyclohexanol		L1308
93	81	41	96	119	109	91	67	**152**	100	74	74	64	59	58	58	56	**5.61**	10	16	1	–	–	–	–	–	–	–	–	–	o-Mentha-1(7),8-dien-3-ol	15358-81-3	R5702
93	152	77	66	110	60	65	119	**152**	100	65	26	23	20	20	19	18		7	8	–	2	–	–	–	1	–	–	–	–	Thiourea, phenyl-		D1725
94	59	77	28	45	31	41	78	**152**	100	80	36	35	34	30	21	19	**19.41**	9	12	2	–	–	–	–	–	–	–	–	–	2-Propanol, 1-phenoxy-		D0827
94	79	41	95	67	68	27	93	**152**	100	55	22	20	20	18	17	17	**2.30**	10	16	1	–	–	–	–	–	–	–	–	–	3-Cyclohexene-1-acetaldehyde, α,4-dimethyl-	29548-14-9	H1934
94	79	67	95	93	77	55	68	**152**	100	73	22	16	13	11	10	10	**0.40**	10	16	1	–	–	–	–	–	–	–	–	–	3-Cyclohexene-1-acetaldehyde, α,4-dimethyl-	29548-14-9	S2562
94	79	95	67	41	55	68	93	**152**	100	50	15	14	13	13	12	10	**1.00**	10	16	1	–	–	–	–	–	–	–	–	–	3-Cyclohexene-1-acetaldehyde, α,4-dimethyl-	29548-14-9	H1935
94	152	77	108	28	78	45	95	**152**	100	27	24	18	18	15	13	13		9	12	2	–	–	–	–	–	–	–	–	–	2-Propanol, 1-phenoxy-		D1554
94	152	77	121	95	31	51	66	**152**	100	15	15	12	8	6	5	5		9	12	2	–	–	–	–	–	–	–	–	–	1-Propanol, 2-phenoxy-		Z0901
95	39	41	96	152	38	27	68	**152**	100	26	14	8	7	7	5	4		8	8	3	–	–	–	–	–	–	–	–	–	Furan, 2-carboxylic acid-, allyl ester		03037
95	41	69	97	67	81	83	110	**152**	100	88	87	77	63	63	53	52	**46.00**	10	16	1	–	–	–	–	–	–	–	–	–	Bicyclo[3.1.0]hexan-2-one, ($1\alpha,4\beta,5\alpha$)-4-methyl-1-isopropyl-	2506-61-8	Q8238
95	41	81	39	27	69	108	55	**152**	100	95	75	60	49	48	41	39	**28.48**	10	16	1	–	–	–	–	–	–	–	–	–	Camphor		W0097
95	41	81	69	55	83	108	109	**152**	100	92	71	46	44	41	34	29	**15.15**	10	16	1	–	–	–	–	–	–	–	–	–	Camphor	76-22-2	P5693
95	41	151	94	29	57	27	56	**152**	100	94	65	64	61	60	40	38	**0.00**	5	12	–	–	–	–	–	–	–	–	–	1	Butane, 1-(methylseleno)-	32773-42-5	S3881
95	41	152	39	67	109	81	94	**152**	100	90	76	72	60	58	52	45		10	16	1	–	–	–	–	–	–	–	–	–	2-Indanone, cis-hexahydro-3a-methyl-	13351-29-6	R4469
95	43	152	109	27	39	41	82	**152**	100	93	28	20	15	10	10	9		9	12	2	–	–	–	–	–	–	–	–	–	2-Butanone, 4-(5-methyl-2-furanyl)-	13679-56-6	R4707
95	55	81	41	67	152	96	39	**152**	100	83	78	73	61	58	43	37		11	20	–	–	–	–	–	–	–	–	–	–	Bicyclo[4.4.0]decane, cis-syn-3-methyl-		Y1953
95	57	67	94	152	55	79	41	**152**	100	99	83	71	46	44	39	36		10	16	1	–	–	–	–	–	–	–	–	–	1-Cyclohexene, 1-methyl-2-propanoyl-		M0065
95	57	67	94	152	79	41	96	**152**	100	35	20	14	13	10	10	8		10	16	1	–	–	–	–	–	–	–	–	–	2-Cyclopentene, 1-propanoyl-2-ethyl-		M0056
95	65	41	67	110	39	27	53	**152**	100	60	48	45	30	25	20	16	**1.39**	10	16	1	–	–	–	–	–	–	–	–	–	5-Octyn-4-one, 2,7-dimethyl-	29030-74-8	06787
95	67	41	81	55	96	123	29	**152**	100	26	14	13	13	9	8	7	**0.68**	11	20	–	–	–	–	–	–	–	–	–	–	Norbornane, 2-sec-butyl-	74663-93-7	T8316
95	67	81	41	96	55	82	68	**152**	100	69	35	34	32	23	22	19	**6.09**	11	20	–	–	–	–	–	–	–	–	–	–	Norbornane, 2-isobutyl-	18127-14-5	R7386
95	67	81	68	82	96	41	66	**152**	100	69	28	21	19	15	13	10	**0.00**	11	20	–	–	–	–	–	–	–	–	–	–	Norbornane, 2-isobutyl-	18127-14-5	R7385
95	67	81	82	41	96	68	55	**152**	100	52	24	23	23	21	20	19	**6.74**	11	20	–	–	–	–	–	–	–	–	–	–	Bicyclo[2.2.1]heptane, 2-butyl-	61177-16-0	T5543
95	81	41	67	152	55	39	27	**152**	100	93	91	71	67	59	49	48		11	20	–	–	–	–	–	–	–	–	–	–	Decalin, cis-2-methyl-		X2001
95	81	108	152	41	83	109	69	**152**	100	65	45	40	35	31	30	28		10	16	1	–	–	–	–	–	–	–	–	–	2-Bornanone		M3950
95	81	152	108	41	83	109	69	**152**	100	66	50	45	35	31	30	28		10	16	1	–	–	–	–	–	–	–	–	–	Camphor	76-22-2	P5692
95	110	41	55	69	152	39	67	**152**	100	48	44	41	35	31	24	23		10	16	1	–	–	–	–	–	–	–	–	–	Norbornan-5-one, 2,2-dimethyl-3α-methyl-		L1291
95	110	41	55	69	152	39	67	**152**	100	48	44	41	35	30	24	22		10	16	1	–	–	–	–	–	–	–	–	–	2-Norbornanone, exo-5,5,6-trimethyl-	3649-86-3	Q9604
95	110	55	152	41	67	69	81	**152**	100	80	70	65	63	52	52	50		10	16	1	–	–	–	–	–	–	–	–	–	Bicyclo[4.1.0]heptan-2-one, 3,5,5-trimethyl-	29750-24-1	S2635
95	110	109	41	67	123	55	124	**152**	100	55	48	39	32	30	27	23	**19.00**	10	16	1	–	–	–	–	–	–	–	–	–	2-Cyclohexen-1-one, 4-ethyl-3,4-dimethyl-	17622-46-7	R7111
96	41	81	95	67	152	55	82	**152**	100	92	90	90	87	86	60	53		11	20	–	–	–	–	–	–	–	–	–	–	Bicyclo[4.4.0]decane, cis-syn-2-methyl-		Y1951
96	81	67	41	55	68	152	95	**152**	100	95	68	29	23	19	18	16		11	20	–	–	–	–	–	–	–	–	–	–	Cyclohexene, 1-isopentyl-	3983-04-8	Q9977
97	39	41	44	96	40	95	79	**152**	100	50	38	32	30	29	24	23	**22.85**	9	12	2	–	–	–	–	–	–	–	–	–	Spiro[4.4]nona-1,6-dione	27723-43-9	S1755
97	39	41	44	96	40	95	152	**152**	100	50	37	31	30	29	24	23		9	12	2	–	–	–	–	–	–	–	–	–	Spiro[4.4]nona-1,6-dione		M6773
98	67	152	54	41	55	81	96	**152**	100	80	68	66	62	61	59	56		10	16	1	–	–	–	–	–	–	–	–	–	Bicyclo[5.2.1]decan-10-one	4696-15-5	R0715
98	142	67	54	152	41	55	81	**152**	100	83	80	66	65	62	61	59		10	16	1	–	–	–	–	–	–	–	–	–	Bicyclo[5.2.1]decan-10-one	4696-15-5	R0718
98	152	96	81	67	82	110	95	**152**	100	85	69	62	61	42	38	37		10	16	1	–	–	–	–	–	–	–	–	–	Bicyclo[4.3.1]decan-10-one	20440-21-5	R8682
98	152	110	96	67	81	84	95	**152**	100	55	53	51	50	46	46	46		10	16	1	–	–	–	–	–	–	–	–	–	Bicyclo[5.2.1]decan-10-one	4696-15-5	R0716

MASS TO CHARGE RATIOS								M.W.	INTENSITIES								Parent	C	H	O	N	Cl	Br	F	S	P	B	Si	X	COMPOUND NAME	CAS Reg No	No
105	77	51	152	50	106	28	45	**152**	100	64	29	15	13	8	6	5		8	8	1	–	–	–	–	1	–	–	–	–	**Benzenecarbothioic acid, S-methyl ester**	5925-68-8	**R1907**
105	77	106	122	51	29	30	50	**152**	100	92	65	42	35	31	26	17	**2.17**	8	8	3	–	–	–	–	–	–	–	–	–	**1,2,4-Trioxolane, 3-phenyl-**	23253-30-7	**S0138**
105	134	77	133	51	76	50	106	**152**	100	39	38	14	10	9	8	8	**0.07**	8	8	3	–	–	–	–	–	–	–	–	–	**Benzoic acid, 2-(hydroxymethyl)-**		**Z0910**
105	152	77	123	135	79	92	39	**152**	100	84	62	52	40	37	33	29		8	8	3	–	–	–	–	–	–	–	–	–	**Benzoic acid, 2-methoxy-**	579-75-9	**Q2262**
105	152	123	77	135	79	92	63	**152**	100	73	51	50	33	30	29	21		8	8	3	–	–	–	–	–	–	–	–	–	**Benzoic acid, 2-methoxy-**	579-75-9	**Q2263**
106	78	134	152	107	77	51	79	**152**	100	88	81	73	60	56	29	23		8	8	3	–	–	–	–	–	–	–	–	–	**Benzeneacetic acid, 2-hydroxy-**		**04977**
106	93	77	66	137	65	92	28	**152**	100	86	33	27	19	18	13	13	**0.35**	8	12	1	2	–	–	–	–	–	–	–	–	**Ethanol, 2-(1-phenylhydrazino)-**	49540-59-2	**S7123**
106	134	152	78	107	77	38	79	**152**	100	70	63	55	40	40	40	17		8	8	3	–	–	–	–	–	–	–	–	–	**Benzeneacetic acid, 4-hydroxy-**		**03447**
106	152	77	79	91	51	78	104	**152**	100	91	76	66	31	27	26	26		7	8	2	2	–	–	–	–	–	–	–	–	**Aniline, 4-methyl-2-nitro-**		**D1810**
107	77	152	94	79	51	65	39	**152**	100	93	81	24	21	21	15	12		8	8	3	–	–	–	–	–	–	–	–	–	**Phenol, O-acetic acid**		**Z0907**
107	137	77	51	39	43	91	109	**152**	100	99	73	55	50	47	46	46	**16.60**	9	12	2	–	–	–	–	–	–	–	–	–	**Benzyl alcohol, α-methyl-2-methoxy-**		**16507**
107	152	77	51	108	39	53	78	**152**	100	26	15	8	8	6	5	5		8	8	3	–	–	–	–	–	–	–	–	–	**Benzeneacetic acid, 4-hydroxy-**		**04979**
107	152	77	108	79	39	51	78	**152**	100	56	25	20	9	8	6	5		8	8	3	–	–	–	–	–	–	–	–	–	**Benzeneacetic acid, 3-hydroxy-**		**03450**
107	152	108	39	51	79	78	77	**152**	100	50	19	10	9	7	7	6		8	8	3	–	–	–	–	–	–	–	–	–	**Benzeneacetic acid, 3-hydroxy-**	621-37-4	**Q3031**
108	41	93	39	27	55	29	95	**152**	100	94	65	63	59	57	53	44	**6.01**	10	16	1	–	–	–	–	–	–	–	–	–	**Pinane, 2,3-epoxy-**	1686-14-2	**H1226**
108	81	55	67	41	152	95	79	**152**	100	88	86	58	46	43	39	33		10	16	1	–	–	–	–	–	–	–	–	–	**2-Decalone, trans-**		**D0206**
108	93	95	67	109	39	91	81	**152**	100	54	32	25	25	16	16	16	**1.20**	10	16	1	–	–	–	–	–	–	–	–	–	**3-Cyclopentene-1-acetaldehyde, 2,2,3-trimethyl-**	4501-58-0	**H1475**
108	95	41	55	69	39	67	109	**152**	100	79	50	45	35	26	25	25	**18.18**	10	16	1	–	–	–	–	–	–	–	–	–	**2-Norbornanone, endo-5,5,6-trimethyl-**	3767-44-0	**Q9794**
108	95	41	55	69	67	39	109	**152**	100	80	50	45	35	26	26	26	**18.00**	10	16	1	–	–	–	–	–	–	–	–	–	**Norbornan-5-one, 2,2-dimethyl-3β-methyl-**		**L1292**
108	107	152	91	45	39	77	65	**152**	100	52	39	30	18	15	15	13		9	12	2	–	–	–	–	–	–	–	–	–	**Ethanol, 2-(p-tolyloxy)-**		**C0208**
108	107	152	91	109	77	65	45	**152**	100	49	45	21	12	9	8	7		9	12	2	–	–	–	–	–	–	–	–	–	**Ethanol, 2-(p-tolyloxy)-**		**Z0915**
108	110	152	43	109	107	41	83	**152**	100	89	79	52	51	25	24	17		9	13	–	–	–	–	–	–	1	–	–	–	**Phosphine, isopropylphenyl-**	54722-12-2	**S9486**
108	152	67	124	96	109	42	93	**152**	100	40	33	32	30	30	28	23		8	12	1	2	–	–	–	–	–	–	–	–	**Pyrimidine, 2-ethoxy-4,6-dimethyl-**	7781-21-7	**R3476**
108	152	107	91	109	65	79	77	**152**	100	48	40	32	29	11	10	9		9	12	2	–	–	–	–	–	–	–	–	–	**Ethanol, 2-(m-tolyloxy)-**		**Z0913**
109	43	67	137	41	81	152	55	**152**	100	73	51	35	24	22	22	19		10	16	1	–	–	–	–	–	–	–	–	–	**1-Cyclohexene, 4-acetyl-1,4-dimethyl-**	43219-68-7	**S7094**
109	43	152	28	82	81	53	39	**152**	100	66	21	20	13	9	9	9		8	8	3	–	–	–	–	–	–	–	–	–	**Phenol, 3-acetoxy-**		**D1473**
109	67	43	41	81	55	110	93	**152**	100	39	37	11	10	9	8	8	**1.51**	10	16	1	–	–	–	–	–	–	–	–	–	**3-Cyclohexene, 1-acetyl-1,3-dimethyl-**	51733-68-7	**S7749**
109	67	43	137	81	41	55	68	**152**	100	70	52	28	23	21	19	18	**8.89**	10	16	1	–	–	–	–	–	–	–	–	–	**1-Cyclohexene, 4-acetyl-1,4-dimethyl-**		**P3435**
109	67	43	152	55	110	81	41	**152**	100	29	24	11	10	9	9	9		10	16	1	–	–	–	–	–	–	–	–	–	**2-Cyclopentene, 1-acetyl-2,4,5-trimethyl-**		**M0060**
109	83	55	29	41	39	27	55	**152**	100	51	39	24	23	23	22	20	**1.50**	10	16	1	–	–	–	–	–	–	–	–	–	**2,5-Nonadiene-4-one, (E)-2-methyl-**		**C0493**
109	84	41	91	55	119	83	39	**152**	100	77	51	41	40	37	36	34	**24.00**	10	16	1	–	–	–	–	–	–	–	–	–	**trans-Carveol**		**03280**
109	123	81	67	82	41	152	43	**152**	100	84	64	60	49	44	38	36		10	16	1	–	–	–	–	–	–	–	–	–	**1-Cyclohexene-4-carboxaldehyde, 1,2,4-trimethyl-**		**Z0909**
109	124	152	123	27	81	95	29	**152**	100	85	73	46	28	25	23	21		9	12	2	–	–	–	–	–	–	–	–	–	**Benzene, 1-ethoxy-4-methoxy-**	5076-72-2	**R1075**
109	152	52	53	28	27	29	44	**152**	100	71	47	26	25	10	10	10		5	4	2	4	–	–	–	–	–	–	–	–	**1H-Pyrazolo[3,4-d]pyrimidine-4,6(5H,7H)-dione**	2465-59-0	**Q8161**
109	152	52	53	51	28	81	110	**152**	100	83	30	16	8	8	6	6		5	4	2	4	–	–	–	–	–	–	–	–	**1H-Pyrazolo[3,4-d]pyrimidine-4,6(5H,7H)-dione**	2465-59-0	**Q8162**
109	152	83	123	124	137	75	95	**152**	100	70	16	16	11	11	10	10		9	9	1	–	–	–	1	–	–	–	–	–	**Benzene, (Z)-1-fluoro-2-(2-methoxyvinyl)-**	54533-36-7	**S9261**
109	152	137	83	107	110	57	108	**152**	100	66	22	18	10	9	8	8		9	9	1	–	–	–	1	–	–	–	–	–	**Benzene, (Z)-1-fluoro-4-(2-methoxyvinyl)-**	54533-37-8	**S9262**
110	40	123	152	45	41	109	43	**152**	100	56	52	46	35	16	16	13		9	12	–	–	–	–	–	1	–	–	–	–	**Phenyl propyl sulphide**	874-79-3	**Q4444**
110	43	152	111	15	28	81	39	**152**	100	50	17	7	5	3	2	2		8	8	3	–	–	–	–	–	–	–	–	–	**1,3-Benzenediol, monoacetate**	102-29-4	**H0265**
110	44	43	41	137	28	27	81	**152**	100	43	27	26	24	23	21	19	**8.60**	8	12	1	2	–	–	–	–	–	–	–	–	**2-Pyrazinone, 2,3-dihydro-3-isobutyl-**		**P3943**
110	66	82	65	79	77	51	93	**152**	100	83	56	21	15	15	12	10	**2.50**	8	8	3	–	–	–	–	–	–	–	–	–	**1-Carboxybicyclo[2.2.1]hept-5-en-2-one**		**M0305**
110	81	41	123	82	54	42	138	**152**	100	38	34	30	23	20	17	17	**4.00**	8	12	1	2	–	–	–	–	–	–	–	–	**Pyrazine, 2-hydroxy-3-isobutyl-**		**M2955**
110	95	39	55	43	123	152	67	**152**	100	74	24	12	9	8	5	3		9	12	2	–	–	–	–	–	–	–	–	–	**1-Pentanone, 1-(2-furanyl)-**		**L0805**
110	95	40	68	152	123	67	82	**152**	100	93	14	11	11	8	6	3		8	12	1	2	–	–	–	–	–	–	–	–	**1H-Imidazole, 4-(1-oxopentyl)-**	69393-15-3	**T7064**
110	95	93	81	41	55	138	68	**152**	100	36	26	25	24	21	21	20	**1.00**	10	18	–	1	–	–	–	–	–	–	–	–	**2-Isopropyl-5-methyl-7-azabicyclo[4.1.0]heptane**		**P3056**
110	95	152	67	41	39	109	27	**152**	100	67	32	27	17	15	9	9		10	16	1	–	–	–	–	–	–	–	–	–	**p-Menth-3-en-2-one**	499-74-1	**Q1304**
110	152	39	43	27	109	41	65	**152**	100	40	20	18	16	15	13	12		9	12	–	–	–	–	–	1	–	–	–	–	**Ethyl o-tolyl sulphide**		**Y2203**
110	152	95	67	137	41	39	81	**152**	100	73	50	37	33	33	18	17		10	16	1	–	–	–	–	–	–	–	–	–	**p-Menth-4-en-3-one**		**00881**
110	152	111	27	81	109	43	39	**152**	100	21	7	6	5	5	5	5		9	12	2	–	–	–	–	–	–	–	–	–	**Phenol, 4-propoxy-**		**Z0912**
110	152	123	45	27	39	51	82	**152**	100	75	61	31	30	27	19	19		9	12	–	–	–	–	–	1	–	–	–	–	**Phenyl propyl sulphide**		**Y2204**
113	81	79	109	39	41	45	77	**152**	100	50	15	11	10	10	10	9	**1.00**	10	16	1	–	–	–	–	–	–	–	–	–	**Cyclohexane, 1-methoxy-1-(1,2-propadienyl)-**	49833-93-4	**S7237**
116	115	117	54	58	89	63	36	**152**	100	92	16	11	9	9	8	8	**0.42**	9	9	–	–	1	–	–	–	–	–	–	–	**Indan, 1-chloro-**		**Z0920**
117	115	152	91	116	118	154	39	**152**	100	40	25	23	10	10	8	8		9	9	–	–	1	–	–	–	–	–	–	–	**Benzene, (3-chloro-2-propenyl)-**		**Z0916**
117	115	152	116	118	57.5	58	154	**152**	100	36	21	11	11	9	8	7		9	9	–	–	1	–	–	–	–	–	–	–	**Benzene, (3-chloro-1-propenyl)-**		**Z0926**
117	116	115	152	154	118	91	89	**152**	100	72	71	45	14	13	9	7		9	9	–	–	1	–	–	–	–	–	–	–	**Indan, 2-chloro-**		**Y2486**

MASS TO CHARGE RATIOS								M.W.	INTENSITIES								Parent	C	H	O	N	Cl	Br	F	S	P	B	Si	X	COMPOUND NAME	CAS Reg No	No
117	119	47	35	82	121	84	49	152	100	96	48	44	30	30	19	15	0.00	1	–	–	–	4	–	–	–	–	–	–	–	Methane, tetrachloro-		Y0603
117	119	121	82	46	84	35	36	152	100	99	34	22	20	15	14	12	0.00	1	–	–	–	4	–	–	–	–	–	–	–	Methane, tetrachloro-		C0365
117	119	121	82	47	84	35	149	152	100	96	32	24	21	15	11	7	0.00	1	–	–	–	4	–	–	–	–	–	–	–	Methane, tetrachloro-		A0119
117	119	152	154	47	156	121	35	152	100	64	38	37	25	11	10	9		–	–	1	–	3	–	–	–	1	–	–	–	Phosphoryl chloride	10025-87-3	R3534
117	152	115	91	154	118	116	57.5	152	100	29	29	11	10	10	9	7		9	9	–	–	1	–	–	–	–	–	–	–	Benzyl chloride, ar-vinyl-		Z0903
117	152	115	154	119	91	118	116	152	100	73	44	29	23	21	16	12		9	9	–	–	1	–	–	–	–	–	–	–	Toluene, ar-(α-chlorovinyl)-		Z0923
118	133	93	88	18	91	42	27	152	100	58	56	46	46	44	37	25	17.00	10	16	1	–	–	–	–	–	–	–	–	–	cis-Carveol		L8875
119	134	91	92	109	93	105	84	152	100	81	66	45	43	39	30	30	6.00	10	16	1	–	–	–	–	–	–	–	–	–	L-Carveol		01702
119	152	118	65	91	92	39	64	152	100	64	62	33	32	30	25	23		7	8	–	2	–	–	–	1	–	–	–	–	Benzenecarbothioamide, 2-amino-	2454-39-9	Q8128
120	92	152	39	121	65	15	63	152	100	58	41	35	32	26	24	17		8	8	3	–	–	–	–	–	–	–	–	–	Benzoic acid, 2-hydroxy-, methyl ester	119-36-8	H0535
120	92	152	121	39	65	64	93	152	100	47	44	29	24	21	13	12		8	8	3	–	–	–	–	–	–	–	–	–	Benzoic acid, 2-hydroxy-, methyl ester	119-36-8	P9004
120	92	152	121	65	93	64	63	152	100	54	49	29	18	12	12	10		8	8	3	–	–	–	–	–	–	–	–	–	Benzoic acid, 2-hydroxy-, methyl ester		03799
121	39	65	93	29	14	16	152	152	100	55	55	55	32	25	25	24		8	8	3	–	–	–	–	–	–	–	–	–	Benzoic acid, 3-hydroxy-, methyl ester	19438-10-9	R8140
121	59	74	77	78	91	152	51	152	100	48	33	22	21	14	10	10		9	12	2	–	–	–	–	–	–	–	–	–	1,3,5-Cycloheptatriene, 7,7-dimethoxy-		M3202
121	65	93	152	44	63	64	53	152	100	55	55	24	22	21	14	12		8	8	3	–	–	–	–	–	–	–	–	–	Benzoic acid, 3-hydroxy-, methyl ester	19438-10-9	R8141
121	93	39	65	152	44	63	64	152	100	54	54	54	24	20	20	13		8	8	3	–	–	–	–	–	–	–	–	–	Benzoic acid, 3-hydroxy-, methyl ester	19438-10-9	R8142
121	93	65	39	152	122	63	31	152	100	26	22	13	10	8	4	4		7	8	2	2	–	–	–	–	–	–	–	–	Benzoic acid, 4-hydroxy-, hydrazide	5351-23-5	R1335
121	93	79	91	77	41	94	43	152	100	77	27	25	20	18	15	15	13.31	10	16	1	–	–	–	–	–	–	–	–	–	Tricyclo[2.2.1.0$^{(2,6)}$]heptane-3-methanol, 2,3-dimethyl-	29550-55-8	H1937
121	93	94	79	92	122	152	28	152	100	62	19	14	13	12	10	9		10	16	1	–	–	–	–	–	–	–	–	–	Tricyclo[2.2.1.0$^{(2,6)}$]heptane-3-methanol, 2,3-dimethyl-		01730
121	94	67	28	40	66	152	31	152	100	45	35	23	23	13	13	12		6	8	1	4	–	–	–	–	–	–	–	–	1H-Purine-6-methanol, 6,7-dihydro-	36361-68-9	S5222
121	152	65	93	39	122	63	38	152	100	38	21	20	16	8	7	4		8	8	3	–	–	–	–	–	–	–	–	–	Benzoic acid, 4-hydroxy-, methyl ester		C0102
121	152	65	93	39	122	63	53	152	100	21	21	16	13	8	4	4		7	8	2	2	–	–	–	–	–	–	–	–	Benzoic acid, 2-hydroxy-, hydrazide	936-02-7	Q4710
121	152	77	51	122	50	28	91	152	100	63	29	23	23	10	9	8		8	8	1	–	–	–	–	1	–	–	–	–	Benzenecarbothioic acid, O-methyl ester	5873-86-9	R1852
121	152	91	90	15	59	107	61	152	100	58	47	32	19	17	15	15		4	12	4	–	–	–	–	–	–	–	1	–	Silicic acid, tetramethyl ester		05930
121	152	91	90	59	45	107	61	152	100	59	49	31	20	15	14	14		4	12	4	–	–	–	–	–	–	–	1	–	Silicic acid, tetramethyl ester		W0026
121	152	93	28	65	39	122	63	152	100	80	70	68	63	43	32	23		8	8	3	–	–	–	–	–	–	–	–	–	Benzoic acid, 4-hydroxy-, methyl ester	99-76-3	P7264
121	152	93	65	39	122	153	28	152	100	32	25	17	12	7	3	3		8	8	3	–	–	–	–	–	–	–	–	–	Benzoic acid, 4-hydroxy-, methyl ester		F0054
121	152	122	77	153	119	51	154	152	100	88	53	50	41	35	33	26		7	8	–	2	–	–	–	1	–	–	–	–	Benzenecarbothioic acid, hydrazide	20605-40-7	R8775
121	152	122	91	43	41	77	78	152	100	63	61	46	39	22	20	19		9	12	2	–	–	–	–	–	–	–	–	–	Benzeneethanol, 3-methoxy-	5020-41-7	R1029
123	77	81	55	41	67	152	43	152	100	90	74	20	19	18	15	13		11	20	–	–	–	–	–	–	–	–	–	–	3-Heptyne, 5,5-diethyl-	61228-06-6	T5619
123	81	53	41	55	95	110	43	152	100	96	32	29	24	23	21	19	15.00	9	12	2	–	–	–	–	–	–	–	–	–	2-Furanacetaldehyde, α-isopropyl-	31681-30-8	S3381
123	81	152	41	55	67	95	45	152	100	74	55	34	30	25	21	19		11	20	–	–	–	–	–	–	–	–	–	–	3,4-Heptadiene, 3,5-diethyl-	61228-07-7	T5620
123	95	67	152	55	41	124	57	152	100	99	50	30	25	21	19	17		10	16	1	–	–	–	–	–	–	–	–	–	1-Cyclohexene, 2-methyl-1-propanoyl-		M0052
123	95	75	152	50	27	29	69	152	100	38	14	8	6	5	4	3		9	9	1	–	–	–	1	–	–	–	–	–	Propanophenone, 4-fluoro-		02575
123	152	67	55	41	95	124	57	152	100	24	22	12	11	10	9	7		10	16	1	–	–	–	–	–	–	–	–	–	1-Cyclopentene, 1-propanoyl-2-ethyl-		M0041
124	69	105	96	43	50	40	55	152	100	95	30	20	15	15	7	7	0.00	3	3	–	4	–	–	3	–	–	–	–	–	2H-Tetrazole, 2-methyl-5-(trifluoromethyl)-	768-27-4	Q4055
124	79	80	39	78	77	51	123	152	100	92	65	29	24	21	15	13	0.00	8	8	3	–	–	–	–	–	–	–	–	–	4-Cyclohexene, 1,2-dicarboxylic acid anhydride		C0965
124	137	84	42	152	43	151	125	152	100	27	10	8	8	7	7	6		8	12	1	2	–	–	–	–	–	–	–	–	4(3H)-Pyrimidinone, 6-methyl-2-propyl-	16858-16-5	R6504
124	137	84	152	42	83	96	68	152	100	26	20	8	8	5	5	4		8	12	1	2	–	–	–	–	–	–	–	–	4(3H)-Pyrimidinone, 6-methyl-2-propyl-		M2268
124	137	94	41	95	53	93	42	152	100	25	24	20	16	16	15	13	5.00	8	12	1	2	–	–	–	–	–	–	–	–	Pyrazine, 2-methoxy-3-propyl-		M2952
124	137	95	42	152	54	41	96	152	100	58	52	46	37	31	23	20		8	12	1	2	–	–	–	–	–	–	–	–	2-Pyrazinone, 1,2-dihydro-1-methyl-3-propyl-		M2963
124	152	94	95	27	81	29	39	152	100	73	60	37	30	26	23	23		9	12	2	–	–	–	–	–	–	–	–	–	Benzene, 1-ethoxy-3-methoxy-	25783-45-3	S1169
125	79	95	107	96	124	47	97	152	100	62	51	45	41	30	26	20	1.26	5	13	3	–	–	–	–	–	1	–	–	–	Phosphonic acid, ethyl-, ethyl methyl ester	5301-65-5	R1279
134	78	107	91	51	77	133	119	152	100	58	51	35	33	32	27	25	0.00	9	12	2	–	–	–	–	–	–	–	–	–	Benzenepropanol, 2-hydroxy-	1481-92-1	Q6081
134	92	79	80	67	95	150	105	152	100	61	55	38	31	24	19	14	13.00	10	16	1	–	–	–	–	–	–	–	–	–	2α,5-Methanoindan-7-ol, 3aβ,4,5β,6,7β,7aβ-hexahydro-	28840-88-2	S2240
134	106	152	105	78	77	135	51	152	100	94	61	30	23	19	15	12		8	8	3	–	–	–	–	–	–	–	–	–	Benzoic acid, 2-hydroxy-3-methyl-		Z0902
134	152	150	92	79	80	66	67	152	100	48	22	21	19	13	12	11		10	16	1	–	–	–	–	–	–	–	–	–	2α,5-Methanoindan-7-ol, 3aβ,4,5β,6,7α,7aβ-hexahydro-	28840-87-1	S2239
137	34	39	41	53	152	79	109	152	100	98	75	45	23	20	18	16		9	12	2	–	–	–	–	–	–	–	–	–	Furan, 2-formyl-5-tert-butyl-		D2697
137	41	152	69	138	59	43	28	152	100	28	21	19	13	12	11	9		9	16	–	–	–	–	–	–	–	–	1	–	Silane, trimethyl(4-methyl-3-penten-1-ynyl)-	62338-12-9	T6114
137	84	39	42	54	152	41	43	152	100	38	29	29	25	24	23	21		8	12	1	2	–	–	–	–	–	–	–	–	4(3H)-Pyrimidinone, 2-isopropyl-6-methyl-	2814-20-2	Q8687
137	84	42	54	152	68	109	124	152	100	40	31	27	27	14	14	13		8	12	1	2	–	–	–	–	–	–	–	–	4(3H)-Pyrimidinone, 2-isopropyl-6-methyl-	2814-20-2	Q8688
137	84	152	42	28	41	43	54	152	100	46	35	30	28	22	22	20		8	12	1	2	–	–	–	–	–	–	–	–	4(3H)-Pyrimidinone, 2-isopropyl-6-methyl-	2814-20-2	Q8689
137	93	108	71	79	67	66	91	152	100	48	39	38	36	34	26	20	1.00	10	16	1	–	–	–	–	–	–	–	–	–	3,5-Methano-2H-cyclopenta[b]furan, 2,2-dimethyl-hexahydro-		L9479
137	109	69	41	93	79	55	39	152	100	26	26	24	16	13	12	11	8.60	10	16	1	–	–	–	–	–	–	–	–	–	3,6-Dimethyl-2,3,3a,4,5,7a-hexahydrobenzofuran	70786-44-6	T7608
137	109	79	41	96	107	43	67	152	100	42	41	37	32	31	30	30	12.00	10	16	1	–	–	–	–	–	–	–	–	–	1-Oxaspiro[2.5]octane, 4,4-dimethyl-8-methylene-	54345-56-1	S8900
137	124	109	152	42	54	56	55	152	100	77	74	60	51	21	19	13		8	12	1	2	–	–	–	–	–	–	–	–	2-Pyrazinone, 1,2-dihydro-3-isopropyl-1-methyl-		M2960

MASS TO CHARGE RATIOS								M.W.	INTENSITIES								Parent	C	H	O	N	Cl	Br	F	S	P	B	Si	X	COMPOUND NAME	CAS Reg No	No
137	152	41	124	43	105	68	52	**152**	100	38	25	21	14	13	12	12		8	12	1	2	–	–	–	–	–	–	–	–	**Pyrazine, 2-isopropyl-3-methoxy-**		**M2953**
137	152	43	28	138	81	109	53	**152**	100	39	10	8	8	8	8	7		8	8	3	–	–	–	–	–	–	–	–	–	**Acetophenone, 2,4-dihydroxy-**		**03055**
137	152	43	53	81	109	69	52	**152**	100	56	41	24	22	19	12	12		8	8	3	–	–	–	–	–	–	–	–	–	**Hydroquinone, 2-acetyl-**		**M6979**
137	152	43	123	53	81	109	51	**152**	100	70	27	26	26	21	19	11		8	8	3	–	–	–	–	–	–	–	–	–	**Acetophenone, 2,5-dihydroxy-**	490-78-8	**Q1189**
137	152	59	83	69	109	73	107	**152**	100	20	14	14	7	7	6	6		9	16	–	–	–	–	–	–	–	–	1	–	**3-Hexen-1-yne, (E)-1-trimethylsilyl-**		**P1563**
137	152	71	94	123	45	91	77	**152**	100	48	25	21	16	12	12	7		9	12	2	–	–	–	–	–	–	–	–	–	**Phenol, 4-ethyl-2-methoxy-**		**P3286**
137	152	77	121	138	91	39	51	**152**	100	43	10	9	9	8	7	7		9	12	2	–	–	–	–	–	–	–	–	–	**Phenol, 4-ethyl-2-methoxy-**	2785-89-9	**Q8649**
137	152	79	81	95	110	107	41	**152**	100	99	92	75	65	53	50	49		10	16	1	–	–	–	–	–	–	–	–	–	**Cyclopenta[c]furan, 4,7-dimethyl-1,3,4,4a,5,6-hexahydro-**		**L9029**
137	152	123	81	109	28	67	41	**152**	100	96	83	66	63	60	46	40		10	16	1	–	–	–	–	–	–	–	–	–	**1-Cyclohexene-1-carboxaldehyde, 2,6,6-trimethyl-**		**00883**
137	152	124	40	41	105	28	39	**152**	100	40	20	11	10	9	8	8		8	12	1	2	–	–	–	–	–	–	–	–	**Pyrazine, 2-isopropyl-3-methoxy-**	25773-40-4	**S1166**
143	148	142	144	149	141	147	145	**152**	100	95	94	86	85	74	69	66	**2.37**	2	18	–	–	–	–	–	–	–	10	–	–	**Decaborane, ethyl-**		**05349**
147	146	148	145	149	113	150	114	**152**	100	90	85	64	63	53	51	47	**20.00**	4	16	–	–	–	–	–	–	–	8	–	–	**5,6-Dicarbadecaborane(12), 5,6-dimethyl-**	31566-09-3	**S3335**
150	107	79	68	122	39	54	121	**152**	100	83	67	60	59	42	29	28	**0.40**	9	12	2	–	–	–	–	–	–	–	–	–	**1,4-Benzenediol, 2,3,5-trimethyl-**	700-13-0	**Q3773**
151	152	18	15	81	29	51	52	**152**	100	96	95	50	42	39	32	30		8	8	3	–	–	–	–	–	–	–	–	–	**Benzaldehyde, 4-hydroxy-3-methoxy-**	121-33-5	**H0546**
151	152	18	123	81	51	109	52	**152**	100	63	37	18	16	14	12	11		8	8	3	–	–	–	–	–	–	–	–	–	**Benzaldehyde, 3-hydroxy-4-methoxy-**	621-59-0	**H0951**
151	152	69	39	44	51	41	43	**152**	100	70	20	15	13	10	10	8		8	8	3	–	–	–	–	–	–	–	–	–	**Benzaldehyde, 6-methyl-2,4-dihydroxy-**		**L4027**
151	152	91	69	153	39	55	51	**152**	100	72	23	11	7	7	5	5		8	8	3	–	–	–	–	–	–	–	–	–	**Benzaldehyde, 6-methyl-2,4-dihydroxy-**		**05935**
151	152	95	53	63	108	29	81	**152**	100	65	14	12	10	9	8	8		8	8	3	–	–	–	–	–	–	–	–	–	**Benzaldehyde, 2-hydroxy-4-methoxy-**	673-22-3	**Q3652**
152	28	119	125	69	70	153	45	**152**	100	28	22	19	15	15	13	12		5	4	–	4	–	–	–	1	–	–	–	–	**4H-Pyrazolo[3,4-d]pyrimidine-4-thione, 1,5-dihydro-**	5334-23-6	**R1312**
152	31	62	107	69	133	88	121	**152**	100	70	40	35	25	20	15	10		4	–	–	2	–	–	4	–	–	–	–	–	**Pyrimidine, tetrafluoro-**		**L2035**
152	41	69	56	84	68	42	83	**152**	100	76	66	55	49	46	44	41		8	12	1	2	–	–	–	–	–	–	–	–	**Piperidine, 1-(cyanoacetyl)-**	15029-30-8	**R5533**
152	42	123	96	70	39	41	55	**152**	100	77	66	48	30	19	16	15		8	12	1	2	–	–	–	–	–	–	–	–	**4(3H)-Pyrimidinone, 2,6-dimethyl-3-ethyl-**	32363-52-3	**S3614**
152	42	124	96	70	55	68	153	**152**	100	77	66	48	30	15	11	10		8	12	1	2	–	–	–	–	–	–	–	–	**4(3H)-Pyrimidinone, 2,6-dimethyl-3-ethyl-**		**M2274**
152	43	41	55	136	44	57	60	**152**	100	30	27	27	24	20	20	20		5	4	–	4	–	–	–	1	–	–	–	–	**6H-Purine-6-thione, 1,7-dihydro-**	50-44-2	**P4488**
152	43	110	93	39	94	55	54	**152**	100	79	55	38	23	21	21	20		7	8	2	2	–	–	–	–	–	–	–	–	**Pyridine, 3-acetamido-, N-oxide**		**D2867**
152	47	105	137	106	45	46	48	**152**	100	64	64	56	47	39	33	30		3	9	–	–	–	–	–	3	–	1	–	–	**Thioboric acid (H3BS3), trimethyl ester**	997-49-9	**Q4942**
152	54	109	53	81	34	153	70	**152**	100	97	79	23	9	7	7	7		5	4	2	4	–	–	–	–	–	–	–	–	**1H-Purine-2,6-dione, 3,7-dihydro-**	69-89-6	**P5363**
152	54	109	53	81	44	70	153	**152**	100	96	73	25	10	9	8	8		5	4	2	4	–	–	–	–	–	–	–	–	**1H-Purine-2,6-dione, 3,7-dihydro-**	69-89-6	**P5360**
152	59	60	92	88	45	64	58	**152**	100	57	40	40	35	30	30	18		4	8	–	–	–	–	–	3	–	–	–	–	**1,2,4-Trithiolane, 3,5-dimethyl-**	23654-92-4	**S0304**
152	59	79	107	66	78	120	92	**152**	100	80	43	41	40	28	22	21		7	8	2	2	–	–	–	–	–	–	–	–	**Carbamic acid, N-(1,3-butadiene-4-cyano)-, methyl ester**		**M8212**
152	60	59	45	124	87	64	78	**152**	100	66	56	52	32	30	30	25		4	8	–	–	–	–	–	3	–	–	–	–	**1,2,5-Trithiepane**		**L9751**
152	65	78	108	76	39	93	79	**152**	100	90	71	68	45	28	25	14		8	8	3	–	–	–	–	–	–	–	–	–	**Carbonic acid, methyl phenyl ester**	13509-27-8	**R4600**
152	76	148	151	153	75	150	63	**152**	100	20	16	14	13	10	9	8		12	8	–	–	–	–	–	–	–	–	–	–	**Biphenylene**		**D0775**
152	76	151	153	150	63	75	154	**152**	100	17	17	16	11	7	5	3		12	8	–	–	–	–	–	–	–	–	–	–	**Acenaphthylene**	208-96-8	**Q0068**
152	77	79	106	135	78	104	122	**152**	100	67	54	40	15	15	13	12		7	8	2	2	–	–	–	–	–	–	–	–	**Aniline, 5-methyl-2-nitro-**		**D0699**
152	77	106	79	28	52	104	78	**152**	100	63	50	41	36	19	18	18		7	8	2	2	–	–	–	–	–	–	–	–	**Aniline, 4-methyl-2-nitro-**	89-62-3	**P6489**
152	77	106	79	94	51	78	104	**152**	100	96	92	78	35	33	33	30		7	8	2	2	–	–	–	–	–	–	–	–	**Aniline, 2-methyl-4-nitro-**	99-52-5	**P7253**
152	77	106	79	94	51	78	104	**152**	100	96	92	78	35	33	33	30		7	8	2	2	–	–	–	–	–	–	–	–	**Aniline, 2-methyl-5-nitro-**	99-55-8	**P7256**
152	77	135	91	39	63	123	79	**152**	100	99	70	69	68	63	58	49		8	8	3	–	–	–	–	–	–	–	–	–	**Benzoic acid, 2-methoxy-**	579-75-9	**Q2264**
152	89	154	63	62	44	39	153	**152**	100	41	24	18	16	10	6	6		8	5	1	–	1	–	–	–	–	–	–	–	**Benzofuran, 7-chloro-**	24410-55-7	**S0584**
152	89	154	63	62	44	153	39	**152**	100	53	30	23	20	13	8	8		8	5	1	–	1	–	–	–	–	–	–	–	**Benzofuran, 7-chloro-**		**L6643**
152	89	154	63	62	44	153	61	**152**	100	55	33	25	20	12	11	8		8	5	1	–	1	–	–	–	–	–	–	–	**Benzofuran, 5-chloro-**	23145-05-3	**S0087**
152	89	154	63	62	153	44	124	**152**	100	53	30	25	20	10	10	8		8	5	1	–	1	–	–	–	–	–	–	–	**Benzofuran, 5-chloro-**		**L6642**
152	91	137	45	27	124	123	29	**152**	100	59	52	33	27	26	21	17		9	12	–	–	–	–	–	1	–	–	–	–	**Ethyl m-tolyl sulphide**		**Y2202**
152	91	137	124	45	27	39	29	**152**	100	61	53	33	30	29	20	18		9	12	–	–	–	–	–	1	–	–	–	–	**Ethyl m-tolyl sulphide**		**Y2201**
152	93	110	119	41	77	57	66	**152**	100	79	37	34	33	29	28	27		7	8	–	2	–	–	–	1	–	–	–	–	**Thiourea, phenyl-**	103-85-5	**P7688**
152	93	120	121	66	65	52	53	**152**	100	94	90	60	56	28	23	11		7	8	2	2	–	–	–	–	–	–	–	–	**3-Pyridinecarboxylic acid, 4-amino-, methyl ester**	16135-36-7	**R6052**
152	93	135	65	151	39	123	122	**152**	100	60	52	52	46	29	25	25		8	8	3	–	–	–	–	–	–	–	–	–	**Benzenemethanol, 3,4-methylenedioxy-**		**L3680**
152	97	45	70	96	124			**152**	100	49	48	20	14	10				6	4	1	2	–	–	–	1	–	–	–	–	**3(2H)-Thieno(3,2-c)pyridazinone**		**M6616**
152	106	151	109	81	53	29	27	**152**	100	39	36	31	25	20	19	14		8	8	3	–	–	–	–	–	–	–	–	–	**Benzaldehyde, 2-hydroxy-3-methoxy-**	148-53-8	**H0664**
152	109	53	54	108	81	80	151	**152**	100	78	54	41	35	28	27	25		7	8	2	2	–	–	–	–	–	–	–	–	**1H-Pyrrolo[2,3-b]pyridine-2,6-dione, 3,3a,4,5-tetrahydro-**	17384-56-4	**R6898**
152	109	95	121	123	76	52	80	**152**	100	47	26	25	12	11	10	10		8	8	3	–	–	–	–	–	–	–	–	–	**1,4-Benzodioxan-2-ol**	5770-59-2	**R1784**
152	109	95	121	123	110	52	77	**152**	100	49	27	26	16	16	14	13		8	8	3	–	–	–	–	–	–	–	–	–	**1,4-Benzodioxan-2-ol**		**M2219**
152	110	108	96	134	81	137	152	**152**	100	83	56	54	18	18	8	1		10	16	1	–	–	–	–	–	–	–	–	–	**1-Indanone, cis-hexahydro-7a-methyl-**		**01272**
152	119	125	71	98	45	153	70	**152**	100	20	17	15	12	11	10	9		5	4	–	4	–	–	–	1	–	–	–	–	**6H-Purine-6-thione, 1,7-dihydro-**	50-44-2	**P4487**
152	123	91	45	137	27	124	39	**152**	100	55	52	51	33	29	24	19		9	12	–	–	–	–	–	1	–	–	–	–	**Ethyl o-tolyl sulphide**		**Y2200**

MASS TO CHARGE RATIOS								M.W.	INTENSITIES								Parent	C	H	O	N	Cl	Br	F	S	P	B	Si	X	COMPOUND NAME	CAS Reg No	No
152	127	151	80	139	76	114	153	**152**	100	29	12	10	8	4	4	3		2	1	–	–	–	–	–	–	–	–	–	1	Acetylene, iodo-		Z0905
152	135	28	77	44	92	107	63	**152**	100	93	38	20	12	11	11	9		8	8	3	–	–	–	–	–	–	–	–	–	Benzoic acid, 4-methoxy-		C0284
152	135	77	92	63	64	107	50	**152**	100	96	24	15	15	13	12	10		8	8	3	–	–	–	–	–	–	–	–	–	Benzoic acid, 4-methoxy-	100-09-4	P7330
152	135	77	107	63	81	105	92	**152**	100	33	18	17	14	13	13	12		8	8	3	–	–	–	–	–	–	–	–	–	Benzoic acid, 3-methoxy-	586-38-9	Q2337
152	135	77	107	92	153	136	64	**152**	100	98	18	11	10	8	8	6		8	8	3	–	–	–	–	–	–	–	–	–	Benzoic acid, 4-methoxy-		F0467
152	135	107	77	81	63	105	92	**152**	100	35	16	16	13	12	12	11		8	8	3	–	–	–	–	–	–	–	–	–	Benzoic acid, 3-methoxy-	586-38-9	Q2338
152	135	107	77	105	81	65	92	**152**	100	38	17	16	13	11	11	10		8	8	3	–	–	–	–	–	–	–	–	–	Benzoic acid, 3-methoxy-		Z0921
152	136	108	28	42	43	39	95	**152**	100	50	29	24	23	16	16	15		7	8	2	2	–	–	–	–	–	–	–	–	3-Pyridinecarboxamide, 1,6-dihydro-N-methyl-6-oxo-	1007-18-7	Q5034
152	136	108	28	42	43	39	95	**152**	100	51	28	24	23	17	16	15		7	8	2	2	–	–	–	–	–	–	–	–	3-Pyridinecarboxamide, 1,6-dihydro-1-methyl-6-oxo-	701-44-0	Q3787
152	137	77	151	78	39	153	107	**152**	100	53	34	33	27	12	10	10		9	12	2	–	–	–	–	–	–	–	–	–	Phenol, 5,6-dimethyl-3-methoxy-		05949
152	151	76	150	153	63	75	149	**152**	100	20	17	14	14	8	7	4		12	8	–	–	–	–	–	–	–	–	–	–	Acenaphthylene	208-96-8	Q0067
152	151	76	153	63	150	74	75	**152**	100	33	17	13	12	12	10	9		12	8	–	–	–	–	–	–	–	–	–	–	Biphenylene	259-79-0	Q0131
152	151	81	109	51	52	53	123	**152**	100	97	30	21	19	18	17	16		8	8	3	–	–	–	–	–	–	–	–	–	Benzaldehyde, 4-hydroxy-3-methoxy-		03951
152	151	81	123	109	53	51	52	**152**	100	91	21	17	16	14	13	13		8	8	3	–	–	–	–	–	–	–	–	–	Benzaldehyde, 4-hydroxy-3-methoxy-		D0046
152	151	82	123	54	109	44	41	**152**	100	63	48	40	32	11	10	10		8	12	1	2	–	–	–	–	–	–	–	–	2H-Pyrido[1,2-a]pyrimidine, 3,4,6,7,8,9-hexahydro-4-oxo-		L2963
152	151	96	55	41	42	123	98	**152**	100	97	61	59	56	55	54	42		9	16	–	2	–	–	–	–	–	–	–	–	1,5-Diazabicyclo[5.4.0]undec-5-ene		D2294
152	151	153	150	76	126	63	75	**152**	100	18	14	10	9	7	6	5		12	8	–	–	–	–	–	–	–	–	–	–	Biphenylene	259-79-0	Q0132
152	154	73	117	79	37	45	75	**152**	100	69	49	32	18	17	17	16		4	2	–	–	2	–	–	1	–	–	–	–	Thiophene, 2,5-dichloro-	3172-52-9	Q9081
152	154	73	117	79	57	82	45	**152**	100	67	45	34	16	15	14	13		4	2	–	–	2	–	–	1	–	–	–	–	Thiophene, 2,5-dichloro-	3172-52-9	Q9080
152	154	90	63	64	118	153	62	**152**	100	34	32	20	19	15	13	12		7	5	–	2	1	–	–	–	–	–	–	–	Benzimidazole, 2-chloro-		D1581
152	154	125	90	63	117	153	127	**152**	100	33	24	15	11	11	9	8		7	5	–	2	1	–	–	–	–	–	–	–	Benzonitrile, 2-amino-5-chloro-	5922-60-1	R1903
153	70	154	72	114	109	107	76	**152**	100	14	13	9	9	8	8	7	**0.00**	10	16	1	–	–	–	–	–	–	–	–	–	Camphor, (15,45)-(-)-	464-48-2	Q0824
153	107	134	135	136	152	154	151	**152**	100	13	8	8	8	8	8	3		8	8	3	–	–	–	–	–	–	–	–	–	Benzeneacetic acid, 3-hydroxy-	621-37-4	Q3032
153	125	139	149	115	133	114		**152**	100	36	25	25	23	20	13		**0.00**	8	8	3	–	–	–	–	–	–	–	–	–	1,3-Isobenzofurandione, 4,5,6,7-tetrahydro-	2426-02-0	Q8021
153	135	152	107	154	134	136	155	**152**	100	54	36	18	13	9	4	3		8	8	3	–	–	–	–	–	–	–	–	–	Benzeneacetic acid, 2-hydroxy-	614-75-5	Q2897
28	42	41	81	83	68	82	96	**153**	100	45	37	37	12	11	10	10	**1.00**	9	15	1	1	–	–	–	–	–	–	–	–	2-Azetidinone, 1,3,3-trimethyl-4-isopropylidene-	50483-91-5	S7309
30	36	123	28	32	77	38	95	**153**	100	82	69	69	44	29	26	25	**2.60**	8	11	2	1	–	–	–	–	–	–	–	–	Benzylalcohol, α-(aminomethyl)-4-hydroxy-		06553
30	51	77	28	39	78	27	29	**153**	100	23	16	15	13	8	8	7	**0.80**	8	11	2	1	–	–	–	–	–	–	–	–	Dopamine		06593
30	51	77	39	123	124	78	27	**153**	100	23	16	13	12	10	8	8	**0.80**	8	11	2	1	–	–	–	–	–	–	–	–	Dopamine	51-61-6	P4572
30	56	152	57	94	137	41	92	**153**	100	25	22	20	16	16	12	10	**0.00**	4	11	–	1	–	–	–	–	–	–	–	1	1-Propanamine, 3-(methylseleno)-	55021-80-2	T0062
30	153	80	125	78	106	152	66	**153**	100	69	28	23	21	20	17	14		6	7	2	3	–	–	–	–	–	–	–	–	2-Pyridinamine, N-methyl-5-nitro-	4093-89-4	R0081
40	153	64	126	37	155	99	38	**153**	100	51	44	31	21	17	17	15		6	4	–	3	1	–	–	–	–	–	–	–	6-Chloroimidazo[1,2-b]pyridazine		L4220
41	43	82	96	54	55	69	110	**153**	100	87	69	68	66	61	61	61	**0.32**	10	19	–	1	–	–	–	–	–	–	–	–	Decanenitrile		C0460
41	44	112	69	39	27	28	42	**153**	100	81	49	46	41	37	36	34	**0.33**	10	19	–	1	–	–	–	–	–	–	–	–	Aziridine, trans-2-(tert-butyl)-3-methyl-1-(2-propenyl)-	55669-80-2	06905
41	96	110	82	43	97	83	69	**153**	100	92	88	87	83	83	75	73	**0.70**	10	19	–	1	–	–	–	–	–	–	–	–	Decanenitrile	1975-78-6	Q7152
41	153	67	82	55	81	40	68	**153**	100	96	70	47	45	42	41	40		9	15	1	1	–	–	–	–	–	–	–	–	2H-Azepin-2-one, hexahydro-3-(2-propenyl)-	29559-34-0	S2576
42	96	110	57	41	153	39	95	**153**	100	85	72	37	26	22	21	16		9	15	1	1	–	–	–	–	–	–	–	–	9-Azabicyclo[3.3.1]nonan-3-one, 9-methyl-	552-70-5	Q1966
42	153	43	91	110	72	138	67	**153**	100	95	70	65	35	30	30	15		9	15	1	1	–	–	–	–	–	–	–	–	Piperidine, 1-acetyl-4-ethylidene-	67727-82-6	T6869
43	41	107	30	153	109	122	55	**153**	100	55	53	51	47	31	30	29		10	19	–	1	–	–	–	–	–	–	–	–	3-Azabicyclo[3.2.1]octane, (1R)-1,8,8-trimethyl-	465-49-6	Q0841
44	42	56	152	54	43	41	68	**153**	100	51	38	36	34	31	31	28	**0.00**	9	15	1	1	–	–	–	–	–	–	–	–	3-Azabicyclo[3.3.1]nonan-9-one, 3-methyl-	4146-35-4	R0137
44	42	83	109	45	110	43	138	**153**	100	5	5	3	2	2	2	2	**0.10**	9	12	–	1	–	–	1	–	–	–	–	–	Phenylethylamine, 4-fluoro-α-methyl-	459-02-9	Q0797
44	109	80	81	53	91	45	54	**153**	100	40	30	26	17	9	8	4	**0.00**	7	7	3	1	–	–	–	–	–	–	–	–	Benzoic acid, 4-amino-2-hydroxy-		L1395
52	77	51	78	53	79	39	63	**153**	100	75	39	25	22	19	19	17	**0.00**	6	7	2	3	–	–	–	–	–	–	–	–	Hydrazine, (2-nitrophenyl)-		03995
52	77	51	153	78	53	79	63	**153**	100	75	39	37	25	22	19	17		6	7	2	3	–	–	–	–	–	–	–	–	Hydrazine, (2-nitrophenyl)-	3034-19-3	Q8950
52	77	153	51	78	53	39	63	**153**	100	76	36	34	21	20	15	15		6	7	2	3	–	–	–	–	–	–	–	–	Hydrazine, (2-nitrophenyl)-	3034-19-3	Q8949
54	57	153	68	61	42	80	43	**153**	100	98	58	47	36	35	20	18		9	15	1	1	–	–	–	–	–	–	–	–	9-Azanoradamantane, 9-methyl-N-oxide		M8277
58	42	28	59	153	30	57	41	**153**	100	18	17	12	10	9	7	6		8	15	–	3	–	–	–	–	–	–	–	–	Histamine, N,N,2-trimethyl-	45967-45-1	S7107
58	42	41	39	69	44	82	28	**153**	100	71	54	50	26	23	16	16	**14.07**	9	15	1	1	–	–	–	–	–	–	–	–	3-Dimethylaminoprop-1-en-2-yl cyclopropyl ketone		P1097
66	107	153	135	65	51	53	106	**153**	100	58	42	28	16	12	11	11		8	11	2	1	–	–	–	–	–	–	–	–	3,4-Pyridinedimethanol, 6-methyl-	4664-11-3	R0689
66	107	153	135	65	51	53	106	**153**	100	58	42	29	15	12	11	11		8	11	2	1	–	–	–	–	–	–	–	–	4-Pyridinemethanol, 3-hydroxy-2,5-dimethyl-		L1811
67	153	112	71	154				**153**	100	40	35	15	6					6	7	–	3	–	–	–	1	–	–	–	–	3,4-Dimethylthiazolo(2,3-c)-s-triazole		M6114
69	134	46	153	65	70	51	31	**153**	100	48	45	44	32	17	6	6		1	–	–	1	–	–	5	1	–	–	–	–	Imidosulphurous difluoride, (trifluoromethyl)-	1512-14-7	Q6130
70	138	55	153	56	96	68	110	**153**	100	96	81	69	60	57	48	42		9	15	1	1	–	–	–	–	–	–	–	–	2H-Azepin-2-one, hexahydro-1-(2-propenyl)-	17356-28-4	R6868
71	84	110	153	124	125	136	138	**153**	100	66	25	25	18	18	5	5		10	19	–	1	–	–	–	–	–	–	–	–	4-Cycloocten-1-amine, N,N-dimethyl-	66950-37-6	T6714

MASS TO CHARGE RATIOS								M.W.	INTENSITIES								Parent	C	H	O	N	Cl	Br	F	S	P	B	Si	X	COMPOUND NAME	CAS Reg No	No
71	110	69	55	83	54	53	109	**153**	100	63	43	32	27	13	12	11	**0.98**	9	15	1	1	–	–	–	–	–	–	–	–	**Heptanenitrile, 4-acetyl-**	55320-41-7	**T0859**
77	79	51	78	135	52	91	105	**153**	100	60	34	30	24	23	21	21	**0.00**	7	7	3	1	–	–	–	–	–	–	–	–	**Benzenemethanol, 2-nitro-**	612-25-9	**Q2840**
77	79	51	91	105	52	50	135	**153**	100	53	37	35	25	23	20	20	**0.00**	7	7	3	1	–	–	–	–	–	–	–	–	**Benzenemethanol, 2-nitro-**	612-25-9	**Q2839**
77	79	107	78	39	51	52	53	**153**	100	89	46	28	21	20	13	13	**0.00**	7	7	3	1	–	–	–	–	–	–	–	–	**Tricyclo[2.2.1.0$^{(1,4)}$]heptan-2-one, 6-nitro-**	56666-50-3	**T4016**
77	106	153	92	123	51	64	63	**153**	100	85	78	57	39	30	30	28		7	7	3	1	–	–	–	–	–	–	–	–	**Benzene, 1-methoxy-2-nitro-**	91-23-6	**P6625**
77	107	51	89	78	30	153	79	**153**	100	52	37	36	34	30	26	25		7	7	3	1	–	–	–	–	–	–	–	–	**Benzenemethanol, 4-nitro-**	619-73-8	**Q2991**
77	136	53	153	80	51	55	52	**153**	100	93	36	35	32	28	25	24		7	7	3	1	–	–	–	–	–	–	–	–	**Phenol, 3-methyl-4-nitro-**	2581-34-2	**Q8368**
77	153	106	91	123	64	63	78	**153**	100	84	75	56	38	28	25	23		7	7	3	1	–	–	–	–	–	–	–	–	**Benzene, 1-methoxy-2-nitro-**	91-23-6	**P6627**
77	153	106	92	123	51	63	64	**153**	100	83	77	52	37	35	33	33		7	7	3	1	–	–	–	–	–	–	–	–	**Benzene, 1-methoxy-2-nitro-**	91-23-6	**P6629**
79	108	78	109	52	66	43	41	**153**	100	73	51	50	32	27	27	27	**20.00**	7	7	3	1	–	–	–	–	–	–	–	–	**3-Methoxy-2-pyridinecarboxylic acid**		**M6794**
79	153	126	18	154	17	155	95	**153**	100	88	73	66	63	56	55	53		5	3	1	3	–	–	–	1	–	–	–	–	**[1,2,5]Thiadiazolo[3,4-c]pyridin-4(5H)-one**	26271-18-1	**09939**
80	98	126	81	108	109	45	153	**153**	100	89	79	55	19	18	16	15		4	12	3	1	–	–	–	–	1	–	–	–	**Phosphoramidic acid, diethyl ester**		**M7587**
80	98	126	81	108	109	153	46	**153**	100	87	79	54	19	17	16	14		4	12	3	1	–	–	–	–	1	–	–	–	**Phosphoramidic acid, diethyl ester**	1068-21-9	**Q5162**
82	67	153	54	41	81	28	99	**153**	100	85	67	49	15	12	11	10		8	11	2	1	–	–	–	–	–	–	–	–	**1,2-Cyclohexanedicarboximide**	1444-94-6	**Q5974**
82	68	67	42	96	41	108	94	**153**	100	33	31	29	24	22	17	17	**0.40**	10	19	–	1	–	–	–	–	–	–	–	–	**1-Methyl-4-isopropyl-7-azabicyclo[4.1.0]heptane**		**P3059**
82	153	152	41	28	42	39	27	**153**	100	34	34	28	22	19	18	17		8	11	2	1	–	–	–	–	–	–	–	–	**Furo[2,3,4-gh]pyrrolizin-2(2aH)-one, (2aα,7aα,7bα)-hexahydro-**	25471-69-6	**S1090**
83	55	43	98	39	41	53	56	**153**	100	86	76	62	33	16	12	10	**3.00**	9	15	1	1	–	–	–	–	–	–	–	–	**2-Cyclohexen-1-one, 3,5-dimethyl-, O-methyloxime**	56336-06-2	**T3541**
83	153	82	28	43	110	53	68	**153**	100	99	97	95	94	93	73	64		9	15	1	1	–	–	–	–	–	–	–	–	**8-Azabicyclo[3.2.1]octane, 8-acetyl-**	769-04-0	**Q4063**
86	30	58	41	29	138	153	27	**153**	100	15	14	13	13	11	11	11		10	19	–	1	–	–	–	–	–	–	–	–	**3-Buten-1-amine, N,N-diethyl-3-methyl-2-methylene-**	38644-66-5	**S5917**
90	63	39	64	153	36	91	119	**153**	100	38	34	33	33	30	29	28		6	4	–	3	1	–	–	–	–	–	–	–	**1H-Benzotriazole, 3-chloro-**		**L8589**
90	153	63	39	35	125	64	155	**153**	100	37	25	23	22	18	15	13		6	4	–	3	1	–	–	–	–	–	–	–	**1H-Benzotriazole, 1-chloro-**	21050-95-3	**R9073**
92	64	151	39	119	28	59	93	**153**	100	68	65	22	12	11	9	8	**0.00**	8	11	2	1	–	–	–	–	–	–	–	–	**Carbamic acid, 1,3,5-hexatrienyl-, methyl ester**	56701-03-2	**T4092**
92	153	57	155	94	119	118	59	**153**	100	64	49	45	36	23	20	9		3	1	–	1	2	–	–	1	–	–	–	–	**2,5-Dichlorothiazole**		**E0010**
94	42	108	153	96	73	57	82	**153**	100	42	17	17	14	7	6	5		9	15	1	1	–	–	–	–	–	–	–	–	**9-Azabicyclo[3.3.1]non-6-en-2-ol, 9-methyl-, endo-**	49656-54-4	**S7189**
95	43	82	44	41	68	67	153	**153**	100	94	84	43	39	32	31	26		10	19	–	1	–	–	–	–	–	–	–	–	**Bornylamine, endo-**	464-42-6	**Q0822**
95	43	82	44	41	68	69	153	**153**	100	95	85	43	38	30	30	26		10	19	–	1	–	–	–	–	–	–	–	–	**Bornylamine, endo-**	464-42-6	**Q0821**
95	43	82	44	41	69	68	153	**153**	100	94	85	43	39	31	30	26		10	19	–	1	–	–	–	–	–	–	–	–	**Bornylamine**		**L1532**
96	110	153	42	57	94	95	43	**153**	100	63	53	51	23	22	20	18		9	15	1	1	–	–	–	–	–	–	–	–	**9-Azabicyclo[3.3.1]nonan-3-one, 9-methyl-**	552-70-5	**Q1964**
97	108	53	153	29	27	125	66	**153**	100	79	62	59	54	51	44	35		8	11	2	1	–	–	–	–	–	–	–	–	**2-Butenoic acid, 2-cyano-3-methyl-, ethyl ester**	759-58-0	**Q3952**
97	124	125	83	96	69	55	153	**153**	100	92	77	67	50	41	29	28		9	15	1	1	–	–	–	–	–	–	–	–	**1-Oxoquinolizidine**		**M0104**
104	62	89	47	61	46	51	106	**153**	100	43	10	10	9	6	6	5	**1.06**	4	8	1	1	1	–	–	1	–	–	–	–	**Dimethylsulphoniochloroacetamidate**		**06230**
105	153	152	77	93	109	108	106	**153**	100	87	84	53	40	33	29	28		7	7	3	1	–	–	–	–	–	–	–	–	**2-Pyridinecarboxylic acid, 6-methoxy-**	26893-73-2	**S1553**
107	80	53	39	52	108	51	30	**153**	100	62	51	21	15	13	11	9	**5.00**	6	7	2	3	–	–	–	–	–	–	–	–	**2-Pyridinamine, 3-methyl-N-nitro-**	18344-53-1	**R7536**
107	80	53	39	52	108	51	109	**153**	100	62	51	21	15	13	11	8	**5.00**	6	7	2	3	–	–	–	–	–	–	–	–	**2-Pyridinamine, 3-methyl-N-nitro-**		**M2361**
107	80	78	42	153	53	66	92	**153**	100	64	63	32	31	30	25	23		6	7	2	3	–	–	–	–	–	–	–	–	**1-Methyl-2-nitraminopyridine**		**M2365**
107	80	78	42	153	53	66	92	**153**	100	64	63	32	31	30	25	23		6	7	2	3	–	–	–	–	–	–	–	–	**2(1H)-Pyridinimine, 1-methyl-N-nitro-**	31396-29-9	**S3275**
108	30	80	54	39	53	65	107	**153**	100	70	67	40	26	24	24	24	**5.00**	6	7	2	3	–	–	–	–	–	–	–	–	**2-Pyridinamine, 3-methyl-N-nitro-**	18344-53-1	**R7535**
108	31	80	153	124	45	28	81	**153**	100	91	67	55	53	45	36	34		8	11	2	1	–	–	–	–	–	–	–	–	**1-Cyano-2-ethoxycarbonyl-but-2-ene**		**03365**
108	44	109	81	70	68	66	80	**153**	100	57	41	20	14	13	10	10	**3.00**	8	11	2	1	–	–	–	–	–	–	–	–	**2-Butynoic acid, 4-(1-pyrrolidinyl)-**	38346-98-4	**S5732**
108	44	109	81	70	68	80	66	**153**	100	57	47	20	14	13	10	10	**3.00**	8	11	2	1	–	–	–	–	–	–	–	–	**2-Butynoic acid, 4-(1-pyrrolidinyl)-**		**06549**
109	107	81	80	153	108	78	79	**153**	100	53	51	44	27	25	21	16		6	7	2	3	–	–	–	–	–	–	–	–	**2(1H)-Pyridinimine, 1-methyl-N-nitro-, radical(1+)-**	55521-05-6	**T1394**
109	108	79	68	52	93	67	51	**153**	100	18	17	13	12	10	9	9	**7.00**	7	7	3	1	–	–	–	–	–	–	–	–	**4-Methoxy-2-pyridinecarboxylic acid**		**M6795**
109	153	108	66	93	52	51	79	**153**	100	45	33	28	18	18	14	14		7	7	3	1	–	–	–	–	–	–	–	–	**2-Pyridinecarboxylic acid, 5-methoxy-**	29082-92-6	**S2356**
110	43	28	153	111	58	82	44	**153**	100	42	40	36	32	29	9	8		9	15	1	1	–	–	–	–	–	–	–	–	**3-Butyl-2-methyl-2-pyrrolin-4-one**		**15196**
110	43	96	93	82	42	83	153	**153**	100	94	40	36	32	27	26	25		9	15	1	1	–	–	–	–	–	–	–	–	**9-Azabicyclo[3.3.1]nonan-3-one, 1-methyl-**		**L1031**
110	44	55	125	82	83	41	56	**153**	100	95	76	61	41	38	38	25	**2.61**	10	19	–	1	–	–	–	–	–	–	–	–	**Cyclohexanamine, N-butylidene-**	1197-52-0	**Q5715**
110	72	82	41	54	111	27	29	**153**	100	56	55	33	33	33	32	26	**7.01**	8	11	2	1	–	–	–	–	–	–	–	–	**2(5H)-Furanone, 5-(butylimino)-**	27396-39-0	**S1700**
110	72	82	111	54	41	27	29	**153**	100	56	55	33	33	33	32	26	**7.00**	8	11	2	1	–	–	–	–	–	–	–	–	**Isomaleimide, N-(n-butyl)-**		**05777**
110	96	42	153	44	155	57	95	**153**	100	83	70	50	40	27	24	23		9	15	1	1	–	–	–	–	–	–	–	–	**9-Azabicyclo[3.3.1]nonan-3-one, 9-methyl-**	552-70-5	**Q1965**
110	111	153	43	82	98	54	27	**153**	100	53	43	22	19	18	18	18		8	11	2	1	–	–	–	–	–	–	–	–	**Maleimide, N-(n-butyl)-**		**05771**
110	153	42	97	96	41	67	82	**153**	100	10	9	9	8	5	4	4		10	19	–	1	–	–	–	–	–	–	–	–	**Quinoline, trans-decahydro-1-methyl-**	875-63-8	**Q4449**
110	153	82	41	55	67	43	69	**153**	100	25	14	12	11	10	8	8		9	15	1	1	–	–	–	–	–	–	–	–	**2-Oxoquinolizidine**		**14925**
110	153	96	97	111	42	41	124	**153**	100	10	9	8	8	7	5	3		10	19	–	1	–	–	–	–	–	–	–	–	**Quinoline, cis-decahydro-1-methyl-**		**M2235**
110	153	96	111	42	97	41	82	**153**	100	10	9	8	7	7	4	4		10	19	–	1	–	–	–	–	–	–	–	–	**Quinoline, cis-decahydro-1-methyl-**	16726-25-3	**R6406**
110	153	97	96	42	41	82	124	**153**	100	10	9	8	8	5	4	3		10	19	–	1	–	–	–	–	–	–	–	–	**Quinoline, trans-decahydro-1-methyl-**		**M2237**
111	67	153	47	78	49	152	39	**153**	100	81	79	42	41	27	25	20		8	11	–	1	–	–	–	1	–	–	–	–	**1-Propyl-2-pyridthione**		**01415**

MASS TO CHARGE RATIOS								M.W.	INTENSITIES								Parent	C	H	O	N	Cl	Br	F	S	P	B	Si	X	COMPOUND NAME	CAS Reg No	No
113	112	42	94	56	82	69	81	**153**	100	97	72	35	25	23	18	14	**0.00**	2	13	–	1	–	–	2	–	1	3	–	–	**Dimethylaminodifluorophosphine-triborane**		**M6936**
117	153	136	135	104	118	134	106	**153**	100	73	65	54	54	35	35	31		8	11	2	1	–	–	–	–	–	–	–	–	**5H-Pyrrolizine, 6,7-dihydro-7-hydroxy-1-hydroxymethyl-**		**L6166**
117	153	136	135	104	134	118	90	**153**	100	73	65	57	51	35	33	29		8	11	2	1	–	–	–	–	–	–	–	–	**1H-Pyrrolizine-7-methanol, 2,3-dihydro-1-hydroxy-**	26400-45-3	**S1342**
118	90	84	100	72	130	116	91	**153**	100	99	14	13	10	10	7	7	**0.00**	4	8	1	1	1	–	–	1	–	–	–	–	**2(3H)-Thiophenone, 3-aminodihydro-, hydrochloride, (+-)-**	6038-19-3	**R2015**
120	153	39	93	138	65	27	81	**153**	100	76	63	62	58	40	37	34		8	11	–	1	–	–	–	1	–	–	–	–	**2-Ethylthio-6-methylpyridine**		**01419**
121	152	130	107	115	153	129	108	**153**	100	70	68	58	55	47	44	38		9	15	1	1	–	–	–	–	–	–	–	–	**Morpholine, 4-(1-cyclopenten-1-yl)-**	936-52-7	**Q4716**
122	153	121	93	138	94	120	53	**153**	100	96	53	41	31	19	18	15		8	11	2	1	–	–	–	–	–	–	–	–	**1H-Pyrrole-3-carboxylic acid, 2,4-dimethyl-, methyl ester**	52459-90-2	**S7951**
124	28	153	41	125	139	84	55	**153**	100	18	18	14	11	8	8	6		10	19	–	1	–	–	–	–	–	–	–	–	**Piperidine, 1-(1-pentene)-**		**00519**
124	30	123	153	77	51	125	78	**153**	100	83	36	24	13	10	6	5		8	11	2	1	–	–	–	–	–	–	–	–	**Dopamine**	51-61-6	**P4573**
124	97	153	83	125	96	69	55	**153**	100	93	63	53	50	46	41	20		9	15	1	1	–	–	–	–	–	–	–	–	**3-Oxoquinolizidine**		**M0108**
124	110	41	153	125	84	96	111	**153**	100	34	19	15	11	9	8	8		10	19	–	1	–	–	–	–	–	–	–	–	**Piperidine, 1-cyclopentyl-**		**D0420**
135	28	108	125	43	54	81	71	**153**	100	55	49	41	34	29	23	23	**13.90**	5	7	1	5	–	–	–	–	–	–	–	–	**6-Amino-8-hydroxy-7,8-dihydropurine**		**06463**
135	36	78	80	52	38	53	51	**153**	100	52	26	19	17	16	14	10	**0.00**	6	7	2	3	–	–	–	–	–	–	–	–	**3H-Pyrazolo[4,3-b]pyridine-3,3-diol, 1,2-dihydro-**	55760-13-9	**T2082**
135	134	106	107	77	79	41	51	**153**	100	64	50	27	25	25	20	18	**6.01**	8	11	2	1	–	–	–	–	–	–	–	–	**4-Pyridinemethanol, 3-hydroxy-2,5-dimethyl-**	4811-03-4	**R0842**
135	153	79	107	36	80	136	52	**153**	100	80	70	60	24	23	22	21		7	7	3	1	–	–	–	–	–	–	–	–	**Benzoic acid, 4-amino-2-hydroxy-**		**L1392**
136	78	104	51	153	39	77	50	**153**	100	42	42	40	31	30	28	21		7	7	1	1	–	–	–	1	–	–	–	–	**Aniline, 2-methyl-N-sulphinyl-**	15182-74-8	**R5590**
136	79	106	153	80	134	94		**153**	100	98	83	62	60	57	39			8	11	2	1	–	–	–	–	–	–	–	–	**1H-Pyrrolizine-7-methanol, (+-)-2,3-dihydro-1-hydroxy-**		**M5822**
136	138	153	110	41	43	28	83	**153**	100	69	43	20	17	16	16	15		9	15	1	1	–	–	–	–	–	–	–	–	**1-Piperidino-1-buten-3-one**		**00601**
136	153	28	77	53	39	51	80	**153**	100	99	71	69	25	24	23	23		7	7	3	1	–	–	–	–	–	–	–	–	**Phenol, 3-methyl-4-nitro-**		**C0796**
138	41	153	124	42	55	136	139	**153**	100	33	25	18	13	13	13	10		10	19	–	1	–	–	–	–	–	–	–	–	**Piperidine, 1-(2-methyl-1-butenyl)-**	35155-43-2	**S4847**
138	69	153						**153**	100	82	29							9	15	1	1	–	–	–	–	–	–	–	–	**Piperidine, 1-(1-oxo-2-butenyl)-**	3626-69-5	**Q9590**
138	95	152	136	70	96	139	153	**153**	100	33	17	15	12	10	10	10		10	19	–	1	–	–	–	–	–	–	–	–	**Indolizine, octahydro-5,7-dimethyl-**	6753-28-2	**R2520**
138	111	153	124	120	78	67	125	**153**	100	99	85	85	85	71	71	57		8	11	–	1	–	–	–	1	–	–	–	–	**Pyridine, 2-(propylthio)-**		**L9406**
138	124	153	44	110	109	154	84	**153**	100	97	91	73	48	43	29	24		7	11	1	3	–	–	–	–	–	–	–	–	**Pyrimidine, 2-(dimethylamino)-4-hydroxy-6-methyl-**		**D0862**
138	153	43	18	125	109	97	42	**153**	100	70	65	62	55	45	35	35		7	11	1	3	–	–	–	–	–	–	–	–	**2-Pyrimidinamine, 4-ethoxy-6-methyl-**	7749-48-6	**R3456**
138	153	94	29	41	28	95	108	**153**	100	91	59	45	41	41	40	38		9	15	1	1	–	–	–	–	–	–	–	–	**Morpholine, 4-(3-methyl-1,3-butadienyl)-**	32363-15-8	**S3607**
138	153	110	95	43	52	41	139	**153**	100	48	30	22	12	11	10	10		8	11	2	1	–	–	–	–	–	–	–	–	**Aniline, 2,5-dimethoxy-**	102-56-7	**P7558**
151	26	30	124	152	42	61	125	**153**	100	59	14	13	13	7	7	6	**0.00**	11	7	–	1	–	–	–	–	–	–	–	–	**Naphthalene, 1-cyano-**	86-53-3	**P6315**
151	77	105	91	51	59	152	50	**153**	100	83	68	26	24	17	11	7	**1.20**	6	7	2	3	–	–	–	–	–	–	–	–	**1,2-Benzenediamine, 4-nitro-**	99-56-9	**P7257**
152	137	57	30	58	120	122		**153**	100	54	27	18	2	2	2		**0.00**	4	11	–	1	–	–	–	–	–	–	–	1	**1-Propanamine, 3-(methylseleno)-**	55021-80-2	**T0061**
153	36	152	137	136	30	122	38	**153**	100	97	93	88	79	75	68	33		8	11	2	1	–	–	–	–	–	–	–	–	**Phenol, 4-(aminomethyl)-2-methoxy-**	1196-92-5	**Q5707**
153	39	78	138	51	52	77	104	**153**	100	85	85	83	80	60	51	46		7	7	1	1	–	–	–	1	–	–	–	–	**Aniline, 4-methyl-N-sulphinyl-**	15795-42-3	**R5854**
153	39	125	97	110	70	124	38	**153**	100	86	49	24	19	19	13	13		7	7	1	1	–	–	–	1	–	–	–	–	**Thiazolo[3,2-a]pyridinium, 2,3-dihydro-8-hydroxy-, hydroxide, inner salt**	23003-45-4	**S0038**
153	39	138	92	78	77	51	65	**153**	100	57	38	38	38	36	34	30		7	7	1	1	–	–	–	1	–	–	–	–	**Aniline, 3-methyl-N-sulphinyl-**		**02210**
153	44	42	138	124	109	110	15	**153**	100	90	80	62	47	32	25	22		7	11	1	3	–	–	–	–	–	–	–	–	**Pyrimidine, 2-(dimethylamino)-6-hydroxy-4-methyl-**		**D1285**
153	63	125	90	155	98	62	127	**153**	100	68	63	35	31	27	23	20		6	4	–	3	1	–	–	–	–	–	–	–	**1H-Benzotriazole, 5-chloro-**	94-97-3	**P6901**
153	67	40	112	42	154			**153**	100	80	66	36	36	10				6	7	–	3	–	–	–	1	–	–	–	–	**2,4-Dimethylthiazolo(3,2-b)-s-triazole**		**M6126**
153	69	96	138	110	84	83	152	**153**	100	63	51	38	32	23	22	18		10	19	–	1	–	–	–	–	–	–	–	–	**Bicyclo[3.3.1]nonane, 9-(methylamino)-**		**M2056**
153	77	78	51	53	52	39	105	**153**	100	75	35	34	30	24	22	19		7	7	3	1	–	–	–	–	–	–	–	–	**Phenol, 4-methyl-2-nitro-**	119-33-5	**P9002**
153	77	78	51	107	39	52	53	**153**	100	33	19	17	15	14	14	14		7	7	3	1	–	–	–	–	–	–	–	–	**3-Hydroxy-4-nitro-toluene**		**D1522**
153	77	92	107	64	63	95	50	**153**	100	81	76	56	46	38	25	21		7	7	3	1	–	–	–	–	–	–	–	–	**Barbituric acid, 5-allyl-1,3-dimethyl-5-(1-methylbutyl)-**	555-03-3	**Q2006**
153	77	92	123	64	50	63	107	**153**	100	53	45	30	29	21	21	13		7	7	3	1	–	–	–	–	–	–	–	–	**Benzene, 1-methoxy-4-nitro-**	100-17-4	**P7340**
153	77	92	123	64	63	50	95	**153**	100	51	44	29	28	20	20	12		7	7	3	1	–	–	–	–	–	–	–	–	**Benzene, 1-methoxy-4-nitro-**	100-17-4	**P7342**
153	81	152	125	92	80	27	65	**153**	100	77	75	72	30	27	27	25		8	11	–	1	–	–	–	1	–	–	–	–	**2-Ethylthio-4-methylpyridine**		**01421**
153	81	152	125	92	80	65	39	**153**	100	77	75	72	30	27	25	20		8	11	–	1	–	–	–	1	–	–	–	–	**1-Ethyl-4-methyl-2-pyridthione**		**01411**
153	83	110	152	55	111	138	96	**153**	100	93	55	36	36	24	19	16		9	15	1	1	–	–	–	–	–	–	–	–	**2-Oxoquinolizidine**		**M0106**
153	90	63	80	64	154	50	53	**153**	100	37	34	27	22	18	17	17		6	7	2	3	–	–	–	–	–	–	–	–	**Hydrazine, (4-nitrophenyl)-**	100-16-3	**P7338**
153	90	63	80	64	154	107	53	**153**	100	37	34	26	22	18	17	17		6	7	2	3	–	–	–	–	–	–	–	–	**Hydrazine, (4-nitrophenyl)-**		**03991**
153	90	125	39	38	44	37	63	**153**	100	56	54	52	47	47	45	45		7	4	1	1	1	–	–	–	–	–	–	–	**Benzene, 1-chloro-4-isocyanato-**	104-12-1	**09735**
153	95	75	154	109	126	69	155	**153**	100	48	22	9	6	6	5	5		7	4	–	1	–	–	1	1	–	–	–	–	**Benzene, 1-fluoro-3-isothiocyanato-**	404-72-8	**Q0688**
153	97	138	152	83	84	55	125	**153**	100	68	63	53	48	38	28	24		9	15	1	1	–	–	–	–	–	–	–	–	**4-Oxoquinolizidine**		**M0354**
153	107	80	52	53	79	105	54	**153**	100	75	52	36	36	20	12	11		6	7	2	3	–	–	–	–	–	–	–	–	**1,4-Benzenediamine, 2-nitro-**	5307-14-2	**R1282**
153	107	135	79	78	108	136	154	**153**	100	94	70	21	9	9	8	8		7	7	3	1	–	–	–	–	–	–	–	–	**Benzoic acid, 2-amino-3-hydroxy-**	548-93-6	**Q1937**
153	108	152	109	107	106	39	154	**153**	100	51	32	20	17	13	13	12		8	11	–	1	–	–	–	1	–	–	–	–	**1,4,6-Trimethyl-2-pyridthione**		**01409**
153	111	124	39	43	41	67	78	**153**	100	87	41	28	25	18	18	18		8	11	–	1	–	–	–	1	–	–	–	–	**Pyridine, 3-(propylthio)-**	26891-62-3	**S1533**
153	111	124	43	39	41	51	67	**153**	100	92	50	28	19	19	19	19		8	11	–	1	–	–	–	1	–	–	–	–	**Pyridine, 4-(propylthio)-**	26891-61-2	**S1532**

MASS TO CHARGE RATIOS								M.W.	INTENSITIES								Parent	C	H	O	N	Cl	Br	F	S	P	B	Si	X	COMPOUND NAME	CAS Reg No	No
153	111	124	43	39	67	41		**153**	100	88	44	25	25	19	19			8	11	–	1	–	–	–	1	–	–	–	–	**Pyridine, 3-(propylthio)-**		**L9405**
153	111	124	43	67	51	41	39	**153**	100	94	50	25	19	19	19	19		8	11	–	1	–	–	–	1	–	–	–	–	**Pyridine, 4-(propylthio)-**		**L9404**
153	122	138	120	94	121	93	67	**153**	100	97	62	34	32	27	25	20		8	11	2	1	–	–	–	–	–	–	–	–	**1H-Pyrrole-3-carboxylic acid, 2,5-dimethyl-, methyl ester**	69687-80-5	**T7216**
153	124	135	152	41	42	53	43	**153**	100	63	39	38	22	21	21	20		8	11	2	1	–	–	–	–	–	–	–	–	**3-Pyridinemethanol, 5-hydroxy-4,6-dimethyl-**	61-67-6	**P5105**
153	125	63	90	155	37	38	62	**153**	100	41	35	34	33	21	19	19		7	4	1	1	1	–	–	–	–	–	–	–	**Benzene, chloroisocyanato-**	51134-03-3	**H2000**
153	125	155	90	63	127	64	154	**153**	100	41	39	34	22	15	10	10		7	4	1	1	1	–	–	–	–	–	–	–	**Benzene, 1-chloro-4-isocyanato-**	104-12-1	**P7698**
153	126	154	63	152	28	127	76	**153**	100	17	13	10	6	6	6	5		11	7	–	1	–	–	–	–	–	–	–	–	**Naphthalene, 2-cyano-**		**14663**
153	126	154	63	152	76	127	75	**153**	100	18	13	10	6	6	5	5		11	7	–	1	–	–	–	–	–	–	–	–	**Naphthalene, 1-cyano-**		**14662**
153	126	154	76	63	152	75	127	**153**	100	18	13	12	12	6	5	5		11	7	–	1	–	–	–	–	–	–	–	–	**Naphthalene, 1-cyano-**	86-53-3	**P6314**
153	126	154	127	152	125	151	155	**153**	100	23	13	8	7	5	3	1		11	7	–	1	–	–	–	–	–	–	–	–	**Naphthalene, 1-isocyano-**	1984-04-9	**Q7168**
153	126	154	152	63	75.5	128	127	**153**	100	13	12	6	6	5	5	5		11	7	–	1	–	–	–	–	–	–	–	–	**Naphthalene, 2-cyano-**		**C0409**
153	133	152	134	154	114	135		**153**	100	67	63	44	22	9	7			–	1	–	1	–	–	4	–	2	–	–	–	**Iminobisdifluorophosphine**		**M6530**
153	135	117	118	136	80	105	151	**153**	100	30	24	21	19	19	16	16		6	7	2	3	–	–	–	–	–	–	–	–	**1,2-Benzenediamine, 3-nitro-**	3694-52-8	**Q9681**
153	152	125	81	79	44	92	52	**153**	100	61	52	49	30	27	22	22		8	11	–	1	–	–	–	1	–	–	–	–	**1-Ethyl-6-methyl-2-pyridthione**		**01412**
153	152	137	136	122	30	110	28	**153**	100	93	88	79	67	60	33	32		8	11	2	1	–	–	–	–	–	–	–	–	**Phenol, 4-(aminomethyl)-2-methoxy-**	1196-92-5	**Q5706**
154	136	137	155	120	135	121	138	**153**	100	80	9	8	3	3	1	1	**0.00**	7	7	3	1	–	–	–	–	–	–	–	–	**Benzenemethanol, 2-nitro-**	612-25-9	**Q2841**
154	155	137	107	121	136	138	153	**153**	100	8	7	3	2	1	1	1		7	7	3	1	–	–	–	–	–	–	–	–	**Benzenemethanol, 4-nitro-**	619-73-8	**Q2992**
18	44	42	17	15	28	45	110	**154**	100	89	33	32	30	23	23	16	**4.70**	4	12	1	2	–	–	1	–	1	–	–	–	**Phosphorodiamidic fluoride, tetramethyl-**	115-26-4	**P8832**
27	41	39	73	29	79	55	67	**154**	100	99	95	90	75	64	62	58	**38.53**	9	14	2	–	–	–	–	–	–	–	–	–	**5H-Cyclohepta-1,4-dioxin, 2,3,4a,6,7,9a-hexahydro-, cis-**	55956-39-3	**T2475**
27	81	98	29	53	126	79	97	**154**	100	98	84	70	70	67	66	54	**4.39**	9	14	2	–	–	–	–	–	–	–	–	–	**Spirohexane-1-carboxylic acid, ethyl ester**	17202-57-2	**R6687**
27	89	46	26	70	135	127	154	**154**	100	99	17	15	9	9	8	3		2	3	–	–	–	–	5	1	–	–	–	–	**Sulphur, pentafluoro(vinyl)-**		**16280**
28	18	56	139	42	32	154	41	**154**	100	90	62	61	51	48	42	38		9	14	2	–	–	–	–	–	–	–	–	–	**1,4-Cyclohexanedione, 3,5,5-trimethyl-**		**M8791**
28	40	55	85	39	32	84	41	**154**	100	61	52	45	43	42	38	35	**0.14**	9	14	2	–	–	–	–	–	–	–	–	–	**2H-Pyran, 2-(3-butynyloxy)tetrahydro-**	40365-61-5	**S6297**
29	31	27	28	45	59	15	139	**154**	100	76	43	33	33	32	23	15	**0.00**	4	10	4	–	–	–	–	1	–	–	–	–	**Sulphuric acid, diethyl ester**		**X1049**
29	31	27	28	45	59	15	139	**154**	100	76	44	33	33	26	23	15	**0.00**	4	10	4	–	–	–	–	1	–	–	–	–	**Sulphuric acid, diethyl ester**	64-67-5	**H0032**
29	41	95	27	55	39	123	66	**154**	100	82	72	70	68	64	50	48	**0.00**	9	14	2	–	–	–	–	–	–	–	–	–	**Methyl octynoate**		**X1048**
29	41	95	27	55	39	123	66	**154**	100	82	72	70	68	64	50	48	**0.00**	9	14	2	–	–	–	–	–	–	–	–	–	**2-Octynoic acid, methyl ester**	111-12-6	**H0455**
31	29	28	45	27	59	64	26	**154**	100	74	59	36	34	23	17	17	**0.00**	4	10	4	–	–	–	–	1	–	–	–	–	**Sulphuric acid, diethyl ester**		**F0126**
32	154	71	121	67	41	93	111	**154**	100	56	50	50	38	37	37	34		9	14	–	–	–	–	–	1	–	–	–	–	**2-Norbornanethione, 3,3-dimethyl-**	33312-98-0	**S4103**
39	98	41	126	58	97	45	77	**154**	100	79	64	50	48	46	45	44	**39.00**	9	14	–	–	–	–	–	1	–	–	–	–	**2-Cyclohexene-1-thione, 3,6,6-trimethyl-**	38693-71-9	**S5931**
41	27	39	29	55	70	53	67	**154**	100	91	82	73	44	37	34	34	**0.44**	9	14	2	–	–	–	–	–	–	–	–	–	**3-Nonynoic acid**	56630-33-2	**T3936**
41	39	27	43	44	81	29	55	**154**	100	98	93	87	85	73	67	47	**0.14**	9	14	2	–	–	–	–	–	–	–	–	–	**2-Nonynoic acid**	1846-70-4	**Q6869**
41	39	55	67	79	43	81	107	**154**	100	55	55	52	51	46	45	43	**2.10**	10	18	1	–	–	–	–	–	–	–	–	–	**Cyclohexanol, 1α,2β,5α-2-methyl-5-isopropenyl-**		**00885**
41	39	79	67	27	45	94	53	**154**	100	94	79	57	55	47	43	34	**1.74**	9	14	2	–	–	–	–	–	–	–	–	–	**6-Nonynoic acid**	56630-31-0	**T3934**
41	39	82	29	70	27	67	57	**154**	100	95	66	61	60	56	52	51	**1.34**	9	14	2	–	–	–	–	–	–	–	–	–	**Cyclohexanol, trans-2-(2-propynyloxy)-**	7229-32-5	**06942**
41	43	55	29	27	70	57	39	**154**	100	98	74	70	63	63	47	46	**0.50**	10	18	1	–	–	–	–	–	–	–	–	–	**2-Decenal, (Z)-**	2497-25-8	**Q8214**
41	43	55	56	70	57	69	83	**154**	100	84	70	58	52	44	44	33	**5.77**	11	22	–	–	–	–	–	–	–	–	–	–	**1-Undecene**		**Y0988**
41	43	55	56	70	69	29	57	**154**	100	85	77	70	57	56	53	51	**10.67**	11	22	–	–	–	–	–	–	–	–	–	–	**1-Undecene**		**C1075**
41	43	55	67	81	29	39	27	**154**	100	85	78	71	62	56	56	48	**0.20**	10	18	1	–	–	–	–	–	–	–	–	–	**2-Decyn-1-ol**	4117-14-0	**R0118**
41	43	55	70	29	39	27	57	**154**	100	99	71	55	53	48	45	43	**0.20**	10	18	1	–	–	–	–	–	–	–	–	–	**2-Decenal, (E)-**	3913-81-3	**Q9925**
41	43	55	70	56	69	29	83	**154**	100	87	79	67	67	55	54	51	**8.63**	11	22	–	–	–	–	–	–	–	–	–	–	**1-Undecene**		**V0014**
41	43	82	84	93	55	69	83	**154**	100	95	90	85	75	70	64	54	**43.90**	10	18	1	–	–	–	–	–	–	–	–	–	**2-Cyclohexen-1-ol, 2-methyl-5-isopropyl-**		**00886**
41	55	29	69	154	39	139	27	**154**	100	90	71	61	56	48	45	39		5	9	–	–	–	–	3	–	–	–	1	–	**Silane, trifluoro(2-methyl-2-butenyl)-**	51676-19-8	**S7734**
41	55	43	56	29	57	39	69	**154**	100	94	70	62	58	50	50	50	**19.85**	11	22	–	–	–	–	–	–	–	–	–	–	**2-Undecene, (Z)-**	821-96-5	**Q4232**
41	55	43	69	56	29	39	70	**154**	100	66	58	49	49	38	38	37	**15.91**	11	22	–	–	–	–	–	–	–	–	–	–	**3-Undecene, (Z)-**	821-97-6	**Q4234**
41	55	69	27	56	82	39	42	**154**	100	95	58	53	51	48	41	36	**0.00**	6	12	–	–	2	–	–	–	–	–	–	–	**Hexane, 1,6-dichloro-**		**C0991**
41	55	69	43	56	29	39	27	**154**	100	98	55	55	55	46	43	42	**19.28**	11	22	–	–	–	–	–	–	–	–	–	–	**4-Undecene, (Z)-**	821-98-7	**Q4236**
41	55	69	43	56	29	70	39	**154**	100	62	55	55	47	37	37	36	**16.81**	11	22	–	–	–	–	–	–	–	–	–	–	**3-Undecene, (E)-**	1002-68-2	**Q4978**
41	55	69	81	95	121	29	111	**154**	100	86	79	61	50	43	37	33	**14.00**	10	18	1	–	–	–	–	–	–	–	–	–	**Cyclohexanol, (+)-1α,2α,5α-5-methyl-2-isopropenyl-**		**L1286**
41	55	125	154	39	83	81	69	**154**	100	86	61	56	39	38	36	32		10	18	1	–	–	–	–	–	–	–	–	–	**2-Heptenal, 2-propyl-**	34880-43-8	**S4755**
41	56	42	43	69	55	53	84	**154**	100	78	48	45	22	19	17	16	**7.00**	9	14	2	–	–	–	–	–	–	–	–	–	**1,3-Cyclopentanedione, 4-butyl-**	54244-72-3	**S8843**
41	67	55	80	30	42	95	154	**154**	100	82	82	81	76	72	65	58		8	14	1	2	–	–	–	–	–	–	–	–	**3-Azabicyclo[3.2.2]nonane, 3-nitroso-**	1522-09-4	**Q6145**
41	69	18	39	93	27	29	68	**154**	100	65	37	29	26	23	20	11	**1.80**	10	18	1	–	–	–	–	–	–	–	–	–	**2,6-Octadien-1-ol, (E)-3,7-dimethyl-**		**01713**
41	69	39	68	29	27	53	67	**154**	100	99	26	23	18	15	14	12	**4.10**	10	18	1	–	–	–	–	–	–	–	–	–	**2,6-Octadien-1-ol, (E)-3,7-dimethyl-**	106-24-1	**H0322**

MASS TO CHARGE RATIOS								M.W.	INTENSITIES								Parent	C	H	O	N	Cl	Br	F	S	P	B	Si	X	COMPOUND NAME	CAS Reg No	No
41	69	39	68	93	29	53	27	**154**	100	87	26	21	19	17	16	15	**5.20**	10	18	1	–	–	–	–	–	–	–	–	–	2,6-Octadien-1-ol, (Z)-3,7-dimethyl-	106-25-2	H0324
41	69	55	81	67	68	39	71	**154**	100	60	55	54	53	49	45	44	**0.00**	10	18	1	–	–	–	–	–	–	–	–	–	Cyclohexanol, (1R)-1α,2β,5α-5-methyl-2-isopropenyl-	89-79-2	P6498
41	69	55	81	71	68	67	56	**154**	100	72	68	67	67	66	59	48	**9.55**	10	18	1	–	–	–	–	–	–	–	–	–	Cyclohexanol, (1R)-1α,2β,5α-5-methyl-2-isopropenyl-	89-79-2	P6496
41	69	55	81	95	121	27	111	**154**	100	84	65	60	42	40	31	28	**11.00**	10	18	1	–	–	–	–	–	–	–	–	–	Cyclohexanol, (1R)-(+)-1α,2β,5α-5-methyl-2-isopropenyl-		L1285
41	69	55	81	95	121	27	111	**154**	100	84	62	59	43	41	30	27	**10.00**	10	18	1	–	–	–	–	–	–	–	–	–	Cyclohexanol, (1R)-(-)-1α,2β,5α-5-methyl-2-isopropenyl-		L1288
41	69	55	81	121	95	111	27	**154**	100	83	66	55	47	47	36	33	**16.00**	10	18	1	–	–	–	–	–	–	–	–	–	Cyclohexanol, (+)-1α,2α,5α-5-methyl-2-isopropenyl-		L1287
41	69	55	95	56	39	67	43	**154**	100	74	31	28	20	18	16	14	**3.00**	10	18	1	–	–	–	–	–	–	–	–	–	6-Octenal, 3,7-dimethyl-	106-23-0	P7842
41	69	84	43	39	27	29	42	**154**	100	79	74	43	31	26	20	10	**5.65**	10	18	1	–	–	–	–	–	–	–	–	–	1-Nonen-3-one, 2-methyl-	51756-19-5	S7773
41	69	95	55	56	39	67	43	**154**	100	98	48	46	29	25	23	22	**13.71**	10	18	1	–	–	–	–	–	–	–	–	–	6-Octenal, 3,7-dimethyl-	106-23-0	H0320
41	70	56	55	39	98	42	43	**154**	100	86	78	69	65	61	58	45	**7.01**	9	14	2	–	–	–	–	–	–	–	–	–	1,3-Cyclopentanedione, 4-butyl-	54244-72-3	S8842
41	71	70	93	39	29	69	43	**154**	100	98	23	21	18	18	17	13	**4.90**	10	18	1	–	–	–	–	–	–	–	–	–	2,6-Octadien-1-ol, (Z)-3,7-dimethyl-	106-25-2	P7851
41	81	43	58	68	54	18	28	**154**	100	83	60	56	56	45	44	32	**5.05**	8	14	1	2	–	–	–	–	–	–	–	–	1,2-Oxazetidine, 4,4-dimethyl-N-(2-cyanoprop-2-yl)-		P1208
41	81	109	69	67	121	43	55	**154**	100	81	81	68	62	58	49	47	**30.03**	10	18	1	–	–	–	–	–	–	–	–	–	3,6-Octadien-1-ol, (Z)-3,7-dimethyl-	5944-20-7	H1572
41	112	69	55	27	39	43	29	**154**	100	87	74	68	63	55	49	38	**21.16**	10	18	1	–	–	–	–	–	–	–	–	–	Cyclohexanone, trans-5-methyl-2-isopropyl-		W0099
42	56	41	139	69	70	154	55	**154**	100	88	67	33	31	28	23	19		9	14	2	–	–	–	–	–	–	–	–	–	1,4-Cyclohexanedione, 2,2,6-trimethyl-	20547-99-3	R8719
42	111	56	55	27	41	29	43	**154**	100	90	72	61	36	32	21	21	**16.40**	9	18	–	2	–	–	–	–	–	–	–	–	4-Penten-2-one, 3-methyl-, isopropylhydrazone	16713-39-6	R6390
42	126	139	82	27	54	28	154	**154**	100	90	42	41	36	31	26	26		7	10	2	2	–	–	–	–	–	–	–	–	4(1H)-Pyrimidinone, 5-ethoxy-2-methyl-	24611-11-8	S0708
42	154	126	84	83	68	110	27	**154**	100	95	63	60	55	32	28	26		7	10	2	2	–	–	–	–	–	–	–	–	Uracil, 3-ethyl-6-methyl-		L6391
42	154	126	84	83	68	110	27	**154**	100	90	63	60	55	32	28	25		7	10	2	2	–	–	–	–	–	–	–	–	Uracil, 3-ethyl-6-methyl-	1006-24-2	Q5030
43	41	55	39	111	97	42	67	**154**	100	93	72	58	56	55	46	46	**19.02**	9	14	2	–	–	–	–	–	–	–	–	–	1-Oxaspiro[2.5]octan-4-one, 2,2-dimethyl-	50786-09-9	S7469
43	41	55	69	39	29	81	27	**154**	100	74	43	43	34	34	27	25	**0.41**	10	18	1	–	–	–	–	–	–	–	–	–	2,7-Dimethyl-octa-2,7-dienol		C1187
43	41	55	70	29	83	27	57	**154**	100	88	70	70	67	51	50	46	**2.00**	10	18	1	–	–	–	–	–	–	–	–	–	2-Decenal, (E)-	3913-81-3	Q9926
43	41	55	93	95	79	81	39	**154**	100	69	65	53	51	36	36	35	**0.00**	10	18	1	–	–	–	–	–	–	–	–	–	Bicyclo[3.1.0]hexan-3-ol, 4-methyl-1-isopropyl-	513-23-5	Q1483
43	41	55	93	95	81	39	79	**154**	100	55	53	53	37	32	31	28	**0.00**	10	18	1	–	–	–	–	–	–	–	–	–	Bicyclo[3.1.0]hexan-3-ol, 4-methyl-1-isopropyl-	513-23-5	Q1484
43	41	69	136	55	84	121	123	**154**	100	82	55	27	26	20	19	15	**1.00**	10	18	1	–	–	–	–	–	–	–	–	–	2,6-Octadien-1-ol, (E)-2,6-dimethyl-		L7734
43	41	71	81	55	39	69	27	**154**	100	49	39	39	34	33	31	28	**16.00**	10	18	1	–	–	–	–	–	–	–	–	–	2-Oxabicyclo[2.2.2]octane, 1,3,3-trimethyl-	470-82-6	Q0914
43	41	81	29	55	69	67	27	**154**	100	80	58	55	52	42	41	40	**0.10**	10	18	1	–	–	–	–	–	–	–	–	–	3-Decyn-2-ol	69668-93-5	T7204
43	41	81	71	27	38	55	69	**154**	100	36	33	30	27	27	26	25	**20.44**	10	18	1	–	–	–	–	–	–	–	–	–	p-Menthane, 1,8-epoxy-		W0103
43	41	81	71	27	38	55	69	**154**	100	36	33	30	27	27	26	25	**20.44**	10	18	1	–	–	–	–	–	–	–	–	–	2-Oxabicyclo[2.2.2]octane, 1,3,3-trimethyl-	470-82-6	Q0917
43	42	83	68	111	82	44	154	**154**	100	90	81	75	72	56	55	47		8	14	1	2	–	–	–	–	–	–	–	–	3-Buten-2-one, 4-(1-aziridinyl)-4-(dimethylamino)-	49582-43-6	S7132
43	45	60	95	79	154	94	112	**154**	100	76	41	38	11	9	8	5		8	10	3	–	–	–	–	–	–	–	–	–	5-Methyl-2-furfuryl acetate		M5738
43	55	41	56	70	84	71	69	**154**	100	44	40	32	29	25	24	22	**4.30**	11	22	–	–	–	–	–	–	–	–	–	–	4-Decene, 7-methyl-, (E)-	62338-48-1	T6165
43	55	41	58	96	39	71	97	**154**	100	80	70	39	38	38	35	34	**7.20**	10	18	1	–	–	–	–	–	–	–	–	–	2-Butanone, 4-cyclohexyl-		03309
43	55	41	69	27	29	139	71	**154**	100	72	35	34	32	28	25	24	**2.99**	10	18	1	–	–	–	–	–	–	–	–	–	3-Decen-2-one	10519-33-2	R3907
43	55	41	69	71	139	97	39	**154**	100	75	48	42	38	38	36	24	**5.00**	10	18	1	–	–	–	–	–	–	–	–	–	3-Decen-2-one	10519-33-2	R3908
43	55	41	69	139	71	97	39	**154**	100	74	47	43	38	36	31	24	**4.00**	10	18	1	–	–	–	–	–	–	–	–	–	3-Decen-2-one	10519-33-2	R3909
43	55	41	95	93	39	79	67	**154**	100	57	53	50	46	31	30	27	**0.00**	10	18	1	–	–	–	–	–	–	–	–	–	Bicyclo[3.1.0]hexan-3-ol, 4-methyl-1-isopropyl-	513-23-5	Q1485
43	55	41	96	71	58	97	81	**154**	100	57	45	42	42	39	32	28	**3.55**	10	18	1	–	–	–	–	–	–	–	–	–	2-Butanone, 4-cyclohexyl-	2316-85-0	Q7836
43	55	56	41	70	69	140	57	**154**	100	96	86	83	65	61	52	50	**0.00**	7	6	2	–	–	–	–	1	–	–	–	–	Thiosalicylic acid	7283-41-2	R3010
43	55	70	29	57	83	27	39	**154**	100	79	73	60	57	57	46	46	**0.60**	10	18	1	–	–	–	–	–	–	–	–	–	2-Decenal, (E)-	3913-81-3	H1437
43	58	71	55	41	96	69	94	**154**	100	71	28	24	22	13	12	12	**2.00**	10	18	1	–	–	–	–	–	–	–	–	–	9-Decen-2-one	35194-30-0	S4875
43	59	85	139	121	136	154		**154**	100	55	33	26	20	6	1			10	18	1	–	–	–	–	–	–	–	–	–	2,5,5-Trimethylhepta-3,6-dien-2-ol		M5247
43	59	121	81	138	136	152	154	**154**	100	59	47	38	19	7	2	1		10	18	1	–	–	–	–	–	–	–	–	–	2,4,4-Trimethyl-3-methylenehex-5-en-2-ol		M5246
43	65	94	66	41	79	39	111	**154**	100	38	30	28	16	15	14	14	**0.45**	9	14	2	–	–	–	–	–	–	–	–	–	Bicyclo[2.2.1]heptan-2-ol, acetate		03627
43	69	41	55	111	125	154	39	**154**	100	46	36	36	36	26	24	15		10	18	1	–	–	–	–	–	–	–	–	–	2-Heptanone, 3-propylidene-	32064-70-3	S3467
43	69	41	68	93	67	81	39	**154**	100	98	68	39	29	19	17	17	**2.18**	10	18	1	–	–	–	–	–	–	–	–	–	2,6-Octadien-1-ol, 3,7-dimethyl-	624-15-7	Q3140
43	69	41	68	93	67	95	39	**154**	100	98	68	39	29	19	17	17	**2.18**	10	18	1	–	–	–	–	–	–	–	–	–	2,6-Octadien-1-ol, 3,7-dimethyl-		X0721
43	69	55	41	111	125	154	139	**154**	100	47	37	37	37	26	26	16		10	18	1	–	–	–	–	–	–	–	–	–	3-Butylhex-3-en-2-one		M2307
43	69	55	41	139	154	27	39	**154**	100	74	47	43	35	25	24	21		10	18	1	–	–	–	–	–	–	–	–	–	3-Ethyl-4-methyl-3-hepten-2-one		04727
43	69	84	41	55	71	96	111	**154**	100	77	57	56	42	39	23	15	**4.00**	10	18	1	–	–	–	–	–	–	–	–	–	Cyclopentane, 1-acetyl-2,2,3-trimethyl-	17983-22-1	R7310
43	69	154	41	55	139	125	111	**154**	100	53	36	34	33	28	24	19		10	18	1	–	–	–	–	–	–	–	–	–	3-Hepten-2-one, 3-propyl-	32064-69-0	S3465
43	69	154	55	41	139	125	111	**154**	100	53	37	33	33	28	24	19		10	18	1	–	–	–	–	–	–	–	–	–	Hept-3-en-2-one, 3-butyl-		M2306
43	70	41	55	69	113	85	95	**154**	100	32	15	10	10	8	8	5	**0.28**	10	18	1	–	–	–	–	–	–	–	–	–	1,6-Octadien-4-ol, 4,7-dimethyl-	74421-31-1	T8100
43	71	41	54	81	55	96	58	**154**	100	59	39	31	29	27	25	22	**5.00**	10	18	1	–	–	–	–	–	–	–	–	–	7-Decen-2-one	35194-33-3	S4877
43	71	41	69	86	93	96	39	**154**	100	89	61	43	36	34	33	32	**5.50**	10	18	1	–	–	–	–	–	–	–	–	–	Bicyclo[2.2.1]heptan-2-ol, 2,3,3-trimethyl-	465-31-6	Q0839

MASS TO CHARGE RATIOS								M.W.	INTENSITIES								Parent	C	H	O	N	Cl	Br	F	S	P	B	Si	X	COMPOUND NAME	CAS Reg No	No
43	71	55	81	83	41	96	69	**154**	100	56	44	44	43	40	32	31	**2.30**	10	18	1	–	–	–	–	–	–	–	–	–	**Cyclopentanol, (1R)-1α,2α,3α-1,2-dimethyl-3-isopropenyl-**	4028-60-8	**09563**
43	71	55	96	81	41	121	69	**154**	100	74	50	50	45	40	40	38	**0.50**	10	18	1	–	–	–	–	–	–	–	–	–	**Cyclopentanol, (1R)-1α,2α,3β-1,2-dimethyl-3-isopropenyl-**	4028-59-5	**09564**
43	71	68	69	139	81	41	56	**154**	100	90	84	74	65	61	58	54	**0.10**	10	18	1	–	–	–	–	–	–	–	–	–	**2H-Pyran, 2-vinyltetrahydro-2,6,6-trimethyl-**	7392-19-0	**R3151**
43	71	111	55	41	69	125	81	**154**	100	55	52	45	36	33	20	18	**15.01**	10	18	1	–	–	–	–	–	–	–	–	–	**7-Oxabicyclo[2.2.1]heptane, 1-methyl-4-isopropyl-**	470-67-7	**Q0909**
43	79	94	39	41	27	15	53	**154**	100	83	27	25	23	20	16	14	**0.05**	9	14	2	–	–	–	–	–	–	–	–	–	**5-Hexen-2-one, 3-ethylidene-1-methoxy-**	55956-40-6	**T2476**
43	81	55	69	41	96	121	107	**154**	100	70	65	60	39	38	36	30	**22.00**	10	18	1	–	–	–	–	–	–	–	–	–	**1-Cyclopentene-1-methanol, cis-α,α-4,5-tetramethyl-**	56666-68-3	**09567**
43	81	55	69	121	41	96	107	**154**	100	70	65	60	50	40	36	30	**22.00**	10	18	1	–	–	–	–	–	–	–	–	–	**1-Cyclopentene-1-methanol, trans-α,α-4,5-tetramethyl-**	56666-69-4	**09568**
43	81	71	108	84	154	69	111	**154**	100	64	58	52	49	44	43	42		10	18	1	–	–	–	–	–	–	–	–	–	**2-Oxabicyclo[2.2.2]octane, 1,3,3-trimethyl-**	470-82-6	**Q0918**
43	84	42	41	82	70	55	83	**154**	100	91	71	45	22	20	15	15	**0.00**	9	18	–	2	–	–	–	–	–	–	–	–	**Pyrrolidine, 1,1′-methylenebis-**	7309-47-9	**R3050**
43	93	121	95	41	55	154		**154**	100	70	69	67	60	50	1			10	18	1	–	–	–	–	–	–	–	–	–	**Bicyclo[3.1.0]hexan-3-ol, (1S)-1α,3β,4α,5α-4-methyl-1-isopropyl-**		**M4163**
43	96	55	67	81	41	69	71	**154**	100	70	56	35	32	29	22	16	**4.00**	10	18	1	–	–	–	–	–	–	–	–	–	**5-Octen-2-one, 6-ethyl-**	51298-28-3	**S7629**
43	96	67	58	41	55	97	95	**154**	100	76	71	61	58	52	47	45	**6.70**	9	14	2	–	–	–	–	–	–	–	–	–	**8-Oxo-2-nonenal**		**P1167**
43	96	81	93	136	121	41	71	**154**	100	74	64	58	53	47	36	35	**3.30**	10	18	1	–	–	–	–	–	–	–	–	–	**Bicyclo[4.1.0]heptan-3-ol, (1S)-1α,3α,6α-3,7,7-trimethyl-**	4017-79-2	**Q9991**
43	96	81	93	136	121	41	71	**154**	100	76	65	58	54	48	36	35	**0.00**	10	18	1	–	–	–	–	–	–	–	–	–	**Bicyclo[4.1.0]heptan-3-ol, (1S)-1α,3α,6α-3,7,7-trimethyl-**	4017-79-2	**H1439**
43	96	81	93	136	121	41	71	**154**	100	76	65	58	54	48	36	35	**0.00**	10	18	1	–	–	–	–	–	–	–	–	–	**Bicyclo[4.1.0]heptan-4-ol, (+)-trans-3,7,7-trimethyl-**		**M4274**
43	96	81	121	93	136	41	71	**154**	100	78	77	66	65	62	37	37	**1.70**	10	18	1	–	–	–	–	–	–	–	–	–	**Bicyclo[4.1.0]heptan-3-ol, (1S)-1α,3β,6α-3,7,7-trimethyl-**	4017-92-9	**Q9994**
43	96	81	121	93	136	41	71	**154**	100	77	77	65	64	61	36	36	**0.00**	10	18	1	–	–	–	–	–	–	–	–	–	**Bicyclo[4.1.0]heptan-3-ol, trans-, (-)-trans-3,7,7-trimethyl-**	4017-92-9	**H1442**
43	96	81	121	93	136	71	41	**154**	100	77	77	65	64	61	36	36	**0.00**	10	18	1	–	–	–	–	–	–	–	–	–	**Bicyclo[4.1.0]heptan-4-ol, (+)-cis-3,77-trimethyl-**		**M4273**
43	98	83	41	69	139	55	57	**154**	100	60	37	30	27	27	24	17	**0.00**	9	14	2	–	–	–	–	–	–	–	–	–	**1,3-Dioxolane, 2,2-dimethyl-4,5-divinyl-**		**M4009**
43	98	83	41	69	139	55	57	**154**	100	58	36	29	27	26	22	15	**0.00**	9	14	2	–	–	–	–	–	–	–	–	–	**1,3-Dioxolane, 2,2-dimethyl-4,5-divinyl-**	4362-67-8	**R0367**
43	111	83	55	109	95	138	125	**154**	100	53	19	19	17	9	8	6	**0.00**	8	10	3	–	–	–	–	–	–	–	–	–	**5,6-Epoxy-2-hydroxy-cis-2,6-dimethyl-cyclohex-3-en-1-one**		**L9779**
43	121	71	55	81	96	41	136	**154**	100	64	57	50	46	45	40	37	**1.00**	10	18	1	–	–	–	–	–	–	–	–	–	**Cyclopentanol, (1R)-1α,2β,3α-1,2-dimethyl-3-isopropenyl-**	4099-07-4	**09561**
44	42	41	154	95	30	39	55	**154**	100	60	56	56	41	35	33	31		8	14	1	2	–	–	–	–	–	–	–	–	**3-Azabicyclo[3.2.2]nonane, 3-nitroso-**	1522-09-4	**Q6146**
44	42	124	43	96	52	154	38	**154**	100	83	74	44	31	23	18	15		5	6	2	4	–	–	–	–	–	–	–	–	**Sydnone, 4-cyano-3-(dimethylamino)-**	69978-13-8	**T7562**
45	27	93	43	29	63	41	66	**154**	100	66	46	27	26	20	20	17	**0.00**	4	10	4	–	–	–	–	1	–	–	–	–	**Sulphone, 2-hydroxyethyl-**	2580-77-0	**Q8367**
45	29	28	57	19	33	30	43	**154**	100	99	97	95	70	67	64	64	**6.79**	9	14	2	–	–	–	–	–	–	–	–	–	**2(5H)-Furanone, 5-pentyl-**	21963-26-8	**R9468**
45	36	18	29	118	28	38	44	**154**	100	38	17	16	15	15	12	9	**0.00**	4	11	2	2	1	–	–	–	–	–	–	–	**Acetic acid, hydrazino-, ethyl ester, monohydrochloride**	6945-92-2	**R2720**
45	43	139	39	41	46	154	105	**154**	100	78	69	53	52	52	39	38		9	14	–	–	–	–	–	1	–	–	–	–	**2-Cyclopentene-1-thione, 2,3,4,4-tetramethyl-**	30221-54-6	**S2819**
45	79	93	41	67	55	71	80	**154**	100	83	61	37	33	30	27	18	**0.00**	10	18	1	–	–	–	–	–	–	–	–	–	**3-Nonyne, 9-methoxy-**	54699-39-7	**S9449**
45	92	64	79	154	47	46	43	**154**	100	81	50	48	27	23	22	21		4	10	2	–	–	–	–	2	–	–	–	–	**Disulphide, bis(2-hydroxyethyl)-**	1892-29-1	**Q6965**
47	55	29	59	27	75	39	45	**154**	100	81	29	28	21	18	10	9	**0.00**	4	8	–	–	–	1	1	–	–	–	–	–	**Butane, 2-fluoro-2-bromo-**		**D0064**
50	120	92	43	110	80	139	29	**154**	100	81	76	75	69	60	59	53	**20.00**	10	18	1	–	–	–	–	–	–	–	–	–	**Cyclopropane, 1-(3-hydroxybut-1-en-3-yl)-2-isopropyl-**		**L8877**
55	29	41	125	69	27	57	43	**154**	100	35	25	24	18	17	16	13	**7.11**	10	18	1	–	–	–	–	–	–	–	–	–	**4-Hepten-3-one, 5-ethyl-4-methyl-**	22319-28-4	**R9625**
55	39	41	27	94	45	54	67	**154**	100	99	99	90	87	85	84	83	**0.34**	9	14	2	–	–	–	–	–	–	–	–	–	**8-Nonynoic acid**	30964-01-3	**S3088**
55	41	43	56	29	57	69	70	**154**	100	91	63	60	54	47	46	46	**20.15**	11	22	–	–	–	–	–	–	–	–	–	–	**2-Undecene, (E)-**	693-61-8	**Q3725**
55	41	56	69	43	70	29	42	**154**	100	75	65	58	56	42	33	29	**12.96**	11	22	–	–	–	–	–	–	–	–	–	–	**4-Undecene, (E)-**	693-62-9	**Q3728**
55	41	56	69	70	43	29	27	**154**	100	66	60	58	38	36	31	27	**9.95**	11	22	–	–	–	–	–	–	–	–	–	–	**5-Undecene, (E)-**	764-97-6	**Q4008**
55	41	69	43	71	83	154	139	**154**	100	66	53	43	39	32	32	27		10	18	1	–	–	–	–	–	–	–	–	–	**Cyclohexanone, 4-ethyl-3,4-dimethyl-**	17429-42-4	**R6988**
55	41	69	56	27	29	70	43	**154**	100	72	55	52	41	40	38	35	**18.11**	11	22	–	–	–	–	–	–	–	–	–	–	**5-Undecene, (Z)-**	764-96-5	**Q4007**
55	41	83	42	82	126	56	97	**154**	100	80	47	43	34	32	31	28	**17.62**	10	18	1	–	–	–	–	–	–	–	–	–	**Cyclohexanone, 2,6-diethyl-**	16519-68-9	**R6231**
55	41	83	42	82	126	56	97	**154**	100	66	47	43	33	33	30	27	**20.00**	10	18	1	–	–	–	–	–	–	–	–	–	**Cyclohexanone, 2,6-diethyl-**	16519-68-9	**R6232**
55	41	97	43	56	70	83	126	**154**	100	72	63	57	56	54	30	26	**16.00**	9	14	2	–	–	–	–	–	–	–	–	–	**1,3-Cyclohexanedione, 6-ethyl-2-methyl-**		**L1099**
55	41	97	56	83	69	27	43	**154**	100	67	57	50	45	35	33	33	**0.00**	10	18	1	–	–	–	–	–	–	–	–	–	**Cyclopentanone, 2-methyl-4-(2-methylpropyl)-**	69770-96-3	**T7406**
55	41	111	98	42	97	39	56	**154**	100	92	53	49	43	39	37	36	**15.24**	10	18	1	–	–	–	–	–	–	–	–	–	**Cyclodecanone**	1502-06-3	**Q6126**
55	41	126	68	97	110	81	43	**154**	100	40	34	29	29	28	13	13	**0.00**	10	18	1	–	–	–	–	–	–	–	–	–	**Cyclohexanone, 2,2-diethyl-**		**L1109**
55	41	126	97	66	110	43	81	**154**	100	39	35	31	30	28	14	14	**0.00**	10	18	1	–	–	–	–	–	–	–	–	–	**Cyclohexanone, 2,2-diethyl-**	16519-67-8	**R6230**
55	43	56	69	41	57	70	84	**154**	100	83	71	71	48	31	28	27	**3.14**	11	22	–	–	–	–	–	–	–	–	–	–	**2-Decene, 7-methyl-, (Z)-**	74630-23-2	**T8172**
55	43	111	41	69	154	56	83	**154**	100	28	25	13	9	9	8	6		10	18	1	–	–	–	–	–	–	–	–	–	**Cyclopropane, 1-isobutoxy-2-propyl-**	56259-15-5	**T3234**
55	56	41	69	43	70	42	29	**154**	100	79	70	55	50	46	45	37	**5.23**	11	22	–	–	–	–	–	–	–	–	–	–	**Cyclopropane, 1-pentyl-2-propyl-**	41977-33-7	**S6782**
55	56	43	41	69	70	57	29	**154**	100	85	85	71	65	56	41	40	**0.56**	11	22	–	–	–	–	–	–	–	–	–	–	**Cyclopropane, octyl-**	1472-09-9	**Q6056**
55	56	69	41	83	70	57	29	**154**	100	80	54	50	34	30	30	28	**10.64**	11	22	–	–	–	–	–	–	–	–	–	–	**4-Decene, 5-methyl-, (E)-**	62338-51-6	**T6171**
55	56	69	43	70	83	57	97	**154**	100	80	73	53	51	49	37	34	**1.20**	11	22	–	–	–	–	–	–	–	–	–	–	**Cyclodecane, methyl-**	13151-43-4	**R4248**
55	56	69	70	41	43	40	84	**154**	100	88	69	60	52	42	35	29	**24.00**	11	22	–	–	–	–	–	–	–	–	–	–	**Cyclopropane, 1,2-dibutyl-**		**M7982**
55	56	69	70	41	43	42	57	**154**	100	87	70	60	52	43	36	28	**22.00**	11	22	–	–	–	–	–	–	–	–	–	–	**Cyclopropane, 1-pentyl-2-propyl-**	41977-33-7	**S6781**
55	56	69	70	41	43	42	57	**154**	100	99	78	69	54	44	42	31	**28.24**	11	22	–	–	–	–	–	–	–	–	–	–	**Cyclopropane, 1,2-dibutyl-**	41977-32-6	**S6779**

MASS TO CHARGE RATIOS								M.W.	INTENSITIES								Parent	C	H	O	N	Cl	Br	F	S	P	B	Si	X	COMPOUND NAME	CAS Reg No	No
55	56	69	70	41	43	42	57	**154**	100	81	66	59	46	37	36	26	**24.00**	11	22	–	–	–	–	–	–	–	–	–	–	**Cyclopropane, 1,2-dibutyl-**	41977-32-6	**S6778**
55	69	41	70	83	29	56	57	**154**	100	69	44	44	42	28	18	17	**6.01**	11	22	–	–	–	–	–	–	–	–	–	–	**4-Decene, 3-methyl-, (E)-**	62338-47-0	**T6164**
55	69	56	41	27	29	43	97	**154**	100	40	30	27	16	16	13	12	**4.06**	11	22	–	–	–	–	–	–	–	–	–	–	**4-Decene, 4-methyl-, (E)-**	60366-66-7	**T5187**
55	69	56	41	27	29	57	39	**154**	100	63	63	56	42	39	26	25	**15.11**	11	22	–	–	–	–	–	–	–	–	–	–	**1-Decene, 5-methyl-**	54244-79-0	**S8848**
55	69	56	41	97	29	57	43	**154**	100	33	31	28	24	16	15	13	**4.37**	11	22	–	–	–	–	–	–	–	–	–	–	**4-Decene, (E)-6-methyl-**	36229-57-9	**S5172**
55	69	56	70	41	43	154	83	**154**	100	71	68	55	50	38	34	30		11	22	–	–	–	–	–	–	–	–	–	–	**5-Undecene**		**M7984**
55	69	56	70	41	43	154	83	**154**	100	71	66	55	49	37	33	30		11	22	–	–	–	–	–	–	–	–	–	–	**5-Undecene**	4941-53-1	**R0965**
55	69	56	70	97	41	57	43	**154**	100	71	49	35	34	31	26	22	**4.00**	11	22	–	–	–	–	–	–	–	–	–	–	**Cyclopropane, 1-butyl-1-methyl-2-propyl-**	41977-34-8	**S6784**
55	70	57	41	69	43	83	56	**154**	100	92	73	66	65	50	45	44	**3.20**	11	22	–	–	–	–	–	–	–	–	–	–	**2-Decene, 8-methyl-, (Z)-**	74630-25-4	**T8174**
55	81	41	95	97	67	79	39	**154**	100	77	49	47	39	38	26	25	**3.50**	10	18	1	–	–	–	–	–	–	–	–	–	**p-Menth-8(10)-en-9-ol, cis-**	15714-13-3	**H1769**
55	81	41	95	97	67	93	68	**154**	100	70	45	42	41	34	27	24	**1.50**	10	18	1	–	–	–	–	–	–	–	–	–	**p-Menth-8(10)-en-9-ol, trans-**	15714-12-2	**H1768**
55	82	67	73	27	54	41	83	**154**	100	65	43	21	18	17	14	12	**0.23**	9	14	2	–	–	–	–	–	–	–	–	–	**Cyclohexyl acrylate**		**Z0935**
55	84	97	154	83	42	112	125	**154**	100	60	46	44	39	38	35	35		9	14	2	–	–	–	–	–	–	–	–	–	**1,3-Cyclohexanedione, 2-propyl-**	54244-73-4	**S8844**
55	97	43	41	69	29	39	27	**154**	100	38	36	29	17	16	15	11	**0.00**	10	18	1	–	–	–	–	–	–	–	–	–	**1-Decyn-4-ol**	27907-00-2	**S1916**
55	97	96	41	69	29	83	154	**154**	100	98	40	30	21	13	10	2		11	22	–	–	–	–	–	–	–	–	–	–	**Cycloheptane, butyl-**		**L6685**
55	97	112	27	29	39	111	70	**154**	100	87	28	24	23	20	19	16	**0.00**	10	18	1	–	–	–	–	–	–	–	–	–	**6-Decen-5-one**	32064-79-2	**S3484**
55	97	112	39	111	70	42	57	**154**	100	88	28	20	18	17	13	10	**1.00**	10	18	1	–	–	–	–	–	–	–	–	–	**6-Decen-5-one**	32064-79-2	**S3485**
55	97	112	111	39	70	42	69	**154**	100	89	28	18	18	17	13	8	**1.50**	10	18	1	–	–	–	–	–	–	–	–	–	**6-Decen-5-one**		**M2316**
55	98	42	27	154	41	69	39	**154**	100	54	53	41	39	33	32	31		9	14	2	–	–	–	–	–	–	–	–	–	**5H-Cyclohepta-1,4-dioxin, 2,3,6,7,8,9-hexahydro-**	55956-38-2	**T2474**
55	99	45	72	84	101	56	83	**154**	100	88	26	16	13	6	5	5	**1.50**	7	10	2	2	–	–	–	–	–	–	–	–	**2-Propenamide, N,N′-methylenebis-**		**G0788**
55	100	95	69	68	29	94	79	**154**	100	79	27	22	20	18	17	12	**0.88**	9	14	2	–	–	–	–	–	–	–	–	–	**2,6-Heptadienoic acid, 3-methyl-, methyl ester**	62185-61-9	**T5911**
55	111	41	29	57	112	27	125	**154**	100	71	29	26	23	16	12	10	**2.00**	9	18	–	2	–	–	–	–	–	–	–	–	**Carbodiimide, N,N′-dibutyl-**		**D1520**
55	111	98	27	56	97	58	69	**154**	100	53	47	42	39	35	34	30	**18.32**	10	18	1	–	–	–	–	–	–	–	–	–	**Cyclodecanone**	1502-06-3	**H1189**
56	41	57	69	55	43	29	27	**154**	100	34	29	27	26	17	14	10	**3.00**	11	22	–	–	–	–	–	–	–	–	–	–	**1-Decene, 2-methyl-**	13151-27-4	**R4239**
56	43	41	69	57	55	70	29	**154**	100	80	64	64	61	57	28	27	**0.68**	11	22	–	–	–	–	–	–	–	–	–	–	**1-Decene, 9-methyl-**	61142-78-7	**T5522**
56	43	57	55	41	70	69	29	**154**	100	98	83	80	53	46	44	30	**4.16**	11	22	–	–	–	–	–	–	–	–	–	–	**2-Decene, 6-methyl-, (Z)-**	74630-31-2	**T8180**
56	55	41	43	70	69	57	42	**154**	100	98	98	78	71	66	47	45	**1.60**	11	22	–	–	–	–	–	–	–	–	–	–	**Cyclopropane, 1-heptyl-2-methyl-**	74663-91-5	**T8314**
56	55	41	69	43	57	29	70	**154**	100	78	66	63	55	43	25	24	**9.44**	11	22	–	–	–	–	–	–	–	–	–	–	**4-Decene, 9-methyl-, (E)-**	62338-49-2	**T6168**
56	55	69	41	43	57	70	42	**154**	100	76	76	52	49	43	37	21	**6.00**	11	22	–	–	–	–	–	–	–	–	–	–	**Cyclopropane, 1-butyl-2-(2-methylpropyl)-**	41977-35-9	**S6785**
56	55	69	41	43	84	70	57	**154**	100	56	39	28	17	17	10	8	**7.00**	11	22	–	–	–	–	–	–	–	–	–	–	**Decane, 4-methylene-**	24949-41-5	**S0880**
56	55	69	41	43	84	70	97	**154**	100	56	39	29	17	17	10	7	**7.01**	11	22	–	–	–	–	–	–	–	–	–	–	**Decane, 4-methylene-**	24949-41-5	**S0882**
56	69	55	41	43	57	70	29	**154**	100	92	80	58	47	43	27	22	**10.50**	11	22	–	–	–	–	–	–	–	–	–	–	**4-Decene, 2-methyl-, (E)-**	28665-56-7	**S2166**
56	69	55	41	43	57	70	29	**154**	100	83	72	60	50	45	29	22	**10.01**	11	22	–	–	–	–	–	–	–	–	–	–	**4-Decene, 2-methyl-, (Z)-**	55499-07-5	**T1258**
56	69	55	41	57	43	70	29	**154**	100	99	72	63	40	36	28	24	**8.84**	11	22	–	–	–	–	–	–	–	–	–	–	**3-Decene, 2-methyl-, (Z)-**	55499-05-3	**T1255**
56	69	55	43	57	41	29	70	**154**	100	64	63	63	61	55	25	24	**4.23**	11	22	–	–	–	–	–	–	–	–	–	–	**2-Decene, 9-methyl-, (Z)-**	74630-24-3	**T8173**
56	84	55	41	69	43	85	57	**154**	100	40	30	24	22	17	13	8	**7.01**	11	22	–	–	–	–	–	–	–	–	–	–	**Decane, 4-methylene-**	24949-41-5	**S0881**
57	41	55	29	125	69	97	56	**154**	100	48	44	40	18	11	10	8	**5.79**	10	18	1	–	–	–	–	–	–	–	–	–	**4-Hepten-3-one, 5-ethyl-4-methyl-**	22319-28-4	**R9626**
57	41	98	43	55	29	27	39	**154**	100	50	49	28	27	26	23	22	**10.14**	10	18	1	–	–	–	–	–	–	–	–	–	**Cyclohexanone, 4-tert-butyl-**		**U0021**
57	43	41	29	27	55	39	72	**154**	100	63	59	55	52	39	25	25	**0.00**	10	18	1	–	–	–	–	–	–	–	–	–	**4-Ethyl-1-octyn-3-ol**		**U0066**
57	43	41	55	56	29	98	69	**154**	100	30	23	20	18	14	9	7	**1.90**	11	22	–	–	–	–	–	–	–	–	–	–	**2-Decene, 5-methyl-, (Z)-**	74645-86-6	**T8238**
57	55	29	41	27	97	69	125	**154**	100	97	65	31	21	20	20	16	**0.53**	10	18	1	–	–	–	–	–	–	–	–	–	**5-Hepten-3-one, 5-ethyl-4-methyl-**	74764-56-0	**T8520**
57	71	112	84	70	111	56	85	**154**	100	93	46	22	20	13	10	9	**2.00**	11	22	–	–	–	–	–	–	–	–	–	–	**1-Decene, 4-methyl-**	13151-29-6	**R4241**
57	72	43	41	29	27	18	44	**154**	100	77	56	52	50	45	31	29	**0.00**	10	18	1	–	–	–	–	–	–	–	–	–	**4-Ethyl-1-octyn-3-ol**		**00437**
57	85	41	42	69	43	55	58	**154**	100	75	73	33	25	11	7	5	**0.00**	6	9	1	–	–	–	3	–	–	–	–	–	**2-Hexanone, 1,1,1-trifluoro-**		**L6235**
57	85	41	42	69	43	55	58	**154**	100	76	73	33	25	13	8	6	**0.20**	6	9	1	–	–	–	3	–	–	–	–	–	**2-Hexanone, 1,1,1-trifluoro-**	360-34-9	**Q0583**
57	97	98	154	45	139	53	58	**154**	100	78	71	30	28	17	12	8		9	14	–	–	–	–	–	1	–	–	–	–	**Thiophene, 2-(2,2-dimethylpropyl)-**		**Y2047**
57	97	98	154	45	139	53	99	**154**	100	78	71	30	28	17	13	8		9	14	–	–	–	–	–	1	–	–	–	–	**Thiophene, 2-(2,2-dimethylpropyl)-**		**X0828**
57	98	41	29	97	69	39	55	**154**	100	44	41	19	14	14	10	9	**0.00**	10	18	1	–	–	–	–	–	–	–	–	–	**Cyclopropane, 1-tert-butoxy-2-isopropylidene-**		**W0152**
57	98	41	55	83	154	43	69	**154**	100	80	29	22	22	18	16	13		10	18	1	–	–	–	–	–	–	–	–	–	**Cyclohexanone, 4-tert-butyl-**		**Z0948**
59	43	41	39	53	68	79	81	**154**	100	95	84	45	25	23	23	20	**0.00**	10	18	1	–	–	–	–	–	–	–	–	–	**7-Octen-2-ol, 2-methyl-6-methylene-**	543-39-5	**Q1864**
59	43	41	68	79	81	93	80	**154**	100	65	59	39	39	36	36	34	**0.00**	10	18	1	–	–	–	–	–	–	–	–	–	**7-Octen-2-ol, 2-methyl-6-methylene-**	543-39-5	**Q1865**
59	43	79	41	81	93	68	80	**154**	100	52	35	27	27	26	24	22	**0.00**	10	18	1	–	–	–	–	–	–	–	–	–	**7-Octen-2-ol, 2-methyl-6-methylene-**	543-39-5	**Q1863**
59	43	93	68	41	81	67	121	**154**	100	64	54	52	39	29	28	27	**0.00**	10	18	1	–	–	–	–	–	–	–	–	–	**p-Menth-1-en-8-ol**	98-55-5	**P7166**
59	43	93	81	41	121	67	39	**154**	100	40	35	26	21	18	17	12	**0.00**	10	18	1	–	–	–	–	–	–	–	–	–	**3-Cyclohexen-1-methanol, (S)-α,α,4-trimethyl-**	10482-56-1	**R3876**
59	81	43	96	31	67	154	139	**154**	100	31	17	14	9	1	1	1		10	18	1	–	–	–	–	–	–	–	–	–	**4,7-Octadien-2-ol, (R)-(+)-cis-2,6-dimethyl-**		**M8435**

MASS TO CHARGE RATIOS								M.W.	INTENSITIES								Parent	C	H	O	N	Cl	Br	F	S	P	B	Si	X	COMPOUND NAME	CAS Reg No	No
59	81	96	43	31	67	154	139	**154**	100	40	18	16	9	2	1	1		10	18	1	–	–	–	–	–	–	–	–	–	**4,7-Octadien-2-ol, (R)-(-)-trans-2,6-dimethyl-**		**M8434**
59	93	136	121	81	43	95	92	**154**	100	59	58	54	32	30	18	15	**1.10**	10	18	1	–	–	–	–	–	–	–	–	–	**3-Cyclohexen-1-methanol, (S)-α,α,4-trimethyl-**		**C1916**
59	121	93	136	43	81	41	55	**154**	100	66	65	58	43	40	24	18	**2.10**	10	18	1	–	–	–	–	–	–	–	–	–	**3-Cyclohexen-1-methanol, (S)-α,α,4-trimethyl-**		**C1167**
61	106	45	154	35	46	108	93	**154**	100	69	29	16	12	11	10	10		4	10	–	–	–	–	–	3	–	–	–	–	**Methane, tris(methylthio)-**	5418-86-0	**H1543**
64	154	156	37	63	38	99	51	**154**	100	88	29	26	19	13	11	9		5	3	–	4	1	–	–	–	–	–	–	–	**1,2,4-Triazolo[4,3-b]pyridazine, 6-chloro-**	28593-24-0	**S2137**
67	41	68	39	95	57	69	55	**154**	100	97	66	57	53	33	33	32	**0.16**	10	18	1	–	–	–	–	–	–	–	–	–	**2-Cyclopentyl-1-cyclopentanol**		**Y1246**
67	41	109	39	54	79	81	55	**154**	100	80	65	58	48	46	42	41	**29.00**	9	14	2	–	–	–	–	–	–	–	–	–	**4-Cyclooctaene-1-carboxylic acid**		**C1704**
67	81	82	68	41	54	110	39	**154**	100	55	47	36	32	28	23	23	**4.20**	9	14	2	–	–	–	–	–	–	–	–	–	**Phthalide, 3α-methyl-trans-hexahydro-**		**16522**
67	82	81	68	41	54	110	39	**154**	100	53	43	34	29	28	23	21	**3.41**	9	14	2	–	–	–	–	–	–	–	–	–	**Phthalide, 3β-methyl-trans-hexahydro-**		**16523**
67	109	41	39	154	81	82	79	**154**	100	77	71	48	40	36	33	33		9	14	2	–	–	–	–	–	–	–	–	–	**4-Cyclooctaene-1-carboxylic acid**		**C0198**
68	27	39	41	55	79	94	53	**154**	100	98	90	90	80	76	76	73	**0.64**	9	14	2	–	–	–	–	–	–	–	–	–	**7-Nonynoic acid**	56630-32-1	**T3935**
68	41	43	69	39	67	45	53	**154**	100	70	66	64	37	35	26	26	**1.63**	10	18	1	–	–	–	–	–	–	–	–	–	**7-Octen-4-ol, (S)-2-methyl-6-methylene-**	35628-05-8	**S5029**
68	67	41	69	31	109	29	55	**154**	100	52	43	40	38	30	25	20	**2.50**	10	18	1	–	–	–	–	–	–	–	–	–	**Cyclobutaneethanol, 1-methyl-2-(1-methylvinyl)-, trans-**	30346-21-5	**S2864**
68	67	41	109	69	53	56	55	**154**	100	48	42	27	25	23	20	19	**2.00**	10	18	1	–	–	–	–	–	–	–	–	–	**Cyclobutaneethanol, (1R)-cis-1-methyl-2-(1-methylvinyl)-**		**06476**
68	67	109	55	53	39	81	121	**154**	100	53	53	28	27	26	26	25	**13.00**	10	18	1	–	–	–	–	–	–	–	–	–	**Cyclobutaneethanol, (1R)-cis-1-methyl-2-(1-methylvinyl)-**	26532-22-9	**S1398**
68	69	125	124	39	70	98	41	**154**	100	52	36	35	27	19	19	15	**8.76**	7	11	3	–	–	–	–	–	–	1	–	–	**2-Propenal, 3-(2-ethyl-1,3,2-dioxaborolan-4-yl)-, (E)-**	74807-48-0	**T8675**
69	41	39	67	43	68	71	53	**154**	100	58	21	19	17	15	12	12	**0.00**	10	18	1	–	–	–	–	–	–	–	–	–	**2-Pentene, 4,4′-oxybis-**	52867-34-2	**S8149**
69	41	39	68	67	53	55	43	**154**	100	97	28	21	18	11	11	10	**0.00**	10	18	1	–	–	–	–	–	–	–	–	–	**2,6-Octadien-1-ol, (E)-3,7-dimethyl-**	106-24-1	**P7846**
69	41	43	39	93	68	29	27	**154**	100	99	54	24	21	21	17	16	**2.07**	10	18	1	–	–	–	–	–	–	–	–	–	**2,6-Octadien-1-ol, 2,7-dimethyl-**	22410-74-8	**R9733**
69	41	43	68	123	81	70	55	**154**	100	61	38	23	21	16	15	15	**0.26**	10	18	1	–	–	–	–	–	–	–	–	–	**4-Hexen-1-ol, 2-vinyl-2,5-dimethyl-**	50598-21-5	**S7346**
69	41	56	55	70	84	43	29	**154**	100	58	50	41	30	23	21	13	**2.47**	11	22	–	–	–	–	–	–	–	–	–	–	**2-Decene, 4-methyl-, (Z)-**	74630-30-1	**T8179**
69	41	93	68	80	67	121	70	**154**	100	45	43	25	17	13	13	9	**1.70**	10	18	1	–	–	–	–	–	–	–	–	–	**2,6-Octadien-1-ol, (Z)-3,7-dimethyl-**	106-25-2	**H0325**
69	41	93	79	121	39	136	68	**154**	100	88	63	53	48	44	40	37	**7.00**	10	18	1	–	–	–	–	–	–	–	–	–	**2-(3′,3′-Dimethylcyclohexylidene)ethanol**		**06477**
69	41	95	55	121	67	56	111	**154**	100	85	62	44	29	26	26	24	**14.54**	10	18	1	–	–	–	–	–	–	–	–	–	**6-Octenal, 3,7-dimethyl-**	106-23-0	**P7841**
69	41	111	68	93	67	81	123	**154**	100	70	25	23	16	14	11	10	**0.46**	10	18	1	–	–	–	–	–	–	–	–	–	**4-Hexen-1-ol, (R)-5-methyl-2-isopropenyl-**	498-16-8	**Q1293**
69	41	111	68	93	123	39	43	**154**	100	62	31	21	18	17	16	11	**1.40**	10	18	1	–	–	–	–	–	–	–	–	–	**4-Hexen-1-ol, (R)-5-methyl-2-isopropenyl-**	498-16-8	**H0735**
69	41	111	93	67	39	109	68	**154**	100	64	21	14	10	10	10	8	**0.40**	10	18	1	–	–	–	–	–	–	–	–	–	**6-Octen-1-ol, 7-methyl-3-methylene-**	13066-51-8	**H1702**
69	43	55	111	41	154	96	71	**154**	100	94	48	40	31	29	28	19		10	18	1	–	–	–	–	–	–	–	–	–	**Cyclohexane, 1-acetyl-2,2-dimethyl-**	17983-26-5	**R7314**
69	43	55	111	44	96	41	81	**154**	100	62	44	41	35	33	32	31	**26.00**	10	18	1	–	–	–	–	–	–	–	–	–	**Cyclohexane, 1-acetyl-2,2-dimethyl-**	17983-26-5	**R7313**
69	43	97	58	40	41	28	39	**154**	100	47	31	18	12	9	7	7	**5.12**	5	5	2	–	–	–	3	–	–	–	–	–	**Acetic acid, trifluoro-, isopropenyl ester**		**Z0950**
69	55	41	43	111	70	27	83	**154**	100	83	31	31	28	26	12	12	**11.00**	11	22	–	–	–	–	–	–	–	–	–	–	**4-Octene, (S)-(E)-2,3,7-trimethyl-**	52763-13-0	**S8095**
69	55	41	70	43	111	84	29	**154**	100	66	27	22	18	18	14	12	**11.00**	11	22	–	–	–	–	–	–	–	–	–	–	**4-Octene, 2,3,6-trimethyl-**	63830-65-9	**T6294**
69	55	41	111	43	56	70	67	**154**	100	57	40	30	29	27	20	16	**1.12**	11	22	–	–	–	–	–	–	–	–	–	–	**Cyclopentane, 1-butyl-2-ethyl-**	72993-32-9	**T7828**
69	55	41	111	70	43	84	83	**154**	100	64	27	20	19	17	13	12	**10.00**	11	22	–	–	–	–	–	–	–	–	–	–	**4-Octene, 2,3,6-trimethyl-**	63830-65-9	**T6295**
69	55	56	41	84	70	83	43	**154**	100	75	73	67	44	43	38	38	**20.20**	11	22	–	–	–	–	–	–	–	–	–	–	**Cyclohexane, 1-ethyl-2,2,6-trimethyl-**		**P3949**
69	55	83	125	41	57	70	43	**154**	100	46	38	38	26	23	12	10	**2.18**	11	22	–	–	–	–	–	–	–	–	–	–	**Cyclohexane, 2,4-diethyl-1-methyl-**	61142-70-9	**T5505**
69	55	111	41	83	125	57	70	**154**	100	43	42	28	26	24	15	13	**3.68**	11	22	–	–	–	–	–	–	–	–	–	–	**Cyclohexane, 1-ethyl-2-propyl-**	62238-33-9	**T6022**
69	55	125	83	41	57	70	43	**154**	100	48	46	40	27	21	14	12	**5.17**	11	22	–	–	–	–	–	–	–	–	–	–	**Cyclohexane, 1,2-diethyl-3-methyl-**	61141-80-8	**T5325**
69	55	125	83	70	41	57	43	**154**	100	70	66	59	51	35	27	14	**2.56**	11	22	–	–	–	–	–	–	–	–	–	–	**Cyclohexane, 1,2-diethyl-1-methyl-**	61141-79-5	**T5324**
69	55	125	83	70	41	57	154	**154**	100	70	66	59	51	35	27	20		11	22	–	–	–	–	–	–	–	–	–	–	**Cyclohexane, 1,2-diethyl-1-methyl-**	61141-79-5	**T5323**
69	56	41	55	57	43	70	27	**154**	100	69	63	30	23	20	19	11	**6.82**	11	22	–	–	–	–	–	–	–	–	–	–	**2-Decene, 2-methyl-**	23381-92-2	**S0175**
69	56	41	55	70	84	43	83	**154**	100	84	77	74	45	43	41	35	**12.00**	11	22	–	–	–	–	–	–	–	–	–	–	**Cyclohexane, 1,1-dimethyl-2-propyl-**		**P3950**
69	56	55	41	84	43	57	70	**154**	100	63	59	54	28	27	24	23	**8.42**	11	22	–	–	–	–	–	–	–	–	–	–	**Nonane, 2-methyl-3-methylene-**	55499-08-6	**T1259**
69	81	67	55	71	68	56	41	**154**	100	85	85	85	81	77	74	70	**11.10**	10	18	1	–	–	–	–	–	–	–	–	–	**Cyclohexanol, (1R)-1α,2β,5α-5-methyl-2-isopropenyl-**		**01723**
69	83	52	50	31	102	33	64	**154**	100	70	39	24	21	17	14	14	**0.00**	1	–	–	2	–	–	6	–	–	–	–	–	**Bis(difluoramino)difluoromethane**		**L1012**
69	85	126	98	154	110	41	139	**154**	100	97	95	91	69	62	57	44		7	10	2	2	–	–	–	–	–	–	–	–	**4(1H)-Pyrimidinone, 6-ethoxy-2-methyl-**	38249-34-2	**S5707**
69	97	44	41	39	53	111	139	**154**	100	87	54	25	24	11	8	8	**0.00**	10	18	1	–	–	–	–	–	–	–	–	–	**3-Ethoxy-3,4-dimethylhexyne**		**04834**
69	111	41	68	93	123	67	81	**154**	100	51	34	28	22	19	13	12	**0.00**	10	18	1	–	–	–	–	–	–	–	–	–	**4-Hexen-1-ol, (R)-5-methyl-2-isopropenyl-**	498-16-8	**Q1294**
69	111	55	43	110	41	70	83	**154**	100	74	68	38	34	32	30	29	**3.31**	11	22	–	–	–	–	–	–	–	–	–	–	**Cyclohexane, (1,2-dimethylpropyl)-**	51284-29-8	**S7619**
69	139	41	55	29	39	27	83	**154**	100	93	84	63	46	44	42	40	**8.00**	10	18	1	–	–	–	–	–	–	–	–	–	**2H-Pyran, tetrahydro-4-methyl-2-(2-methyl-1-propenyl)-**	16409-43-1	**R6167**
69	139	41	55	83	42	43	85	**154**	100	96	56	52	36	25	23	20	**11.01**	10	18	1	–	–	–	–	–	–	–	–	–	**2H-Pyran, tetrahydro-4-methyl-2-(2-methyl-1-propenyl)-**	16409-43-1	**R6168**
70	42	41	39	27	55	154	83	**154**	100	46	32	21	19	17	14	14		9	14	2	–	–	–	–	–	–	–	–	–	**1,2-Cyclopentanedione, 3,3,5,5-tetramethyl-**	20633-06-1	**R8793**
70	42	41	39	95	67	110	154	**154**	100	45	33	20	13	10	8	1		9	14	2	–	–	–	–	–	–	–	–	–	**1,1,6,6-Tetramethyl-5-oxo-4-oxaspiro[2.3]hexane**		**L6713**
70	42	41	154	83	55	39	71	**154**	100	23	16	12	11	10	10	5		9	14	2	–	–	–	–	–	–	–	–	–	**1,2-Cyclopentanedione, tetramethyl-**		**D1999**
70	43	41	55	69	84	81	83	**154**	100	91	51	51	51	49	29	24	**0.00**	10	18	1	–	–	–	–	–	–	–	–	–	**Bicyclo[3.1.1]heptan-3-ol, 1α,2β,3α,5α-2,6,6-trimethyl-**	27779-29-9	**S1808**
70	55	41	43	69	29	56	57	**154**	100	97	69	53	48	45	35	33	**6.69**	11	22	–	–	–	–	–	–	–	–	–	–	**4-Decene, 8-methyl-, (E)-**	62338-50-5	**T6170**

MASS TO CHARGE RATIOS								M.W.	INTENSITIES								Parent	C	H	O	N	Cl	Br	F	S	P	B	Si	X	COMPOUND NAME	CAS Reg No	No
70	55	41	57	69	43	83	29	**154**	100	95	86	69	64	59	49	43	**0.60**	11	22	–	–	–	–	–	–	–	–	–	–	1-Decene, 8-methyl-	61142-79-8	T5524
70	55	41	69	43	71	42	56	**154**	100	58	47	37	25	17	16	16	**5.69**	11	22	–	–	–	–	–	–	–	–	–	–	2-Decene, 3-methyl-, (Z)-	74630-26-5	T8175
70	57	71	95	154	126	111		**154**	100	67	57	47	39	21	21			9	14	2	–	–	–	–	–	–	–	–	–	endo-3-Hydroxy-1-methyl-anti-7-methylbicyclo[2.2.1]heptane-2-one		L9796
70	71	43	41	55	69	29	27	**154**	100	63	44	41	37	28	22	21	**0.22**	11	22	–	–	–	–	–	–	–	–	–	–	2-Cyclohexyl-2-methylbutane		Y0929
70	71	43	55	69	41	83	125	**154**	100	57	49	38	29	27	18	17	**0.50**	11	22	–	–	–	–	–	–	–	–	–	–	2-Cyclohexyl-2-methylbutane		T9033
71	41	55	111	39	83	43	67	**154**	100	43	43	25	22	19	12	10	**10.00**	10	18	1	–	–	–	–	–	–	–	–	–	5-Hepten-3-one, 5-ethyl-2-methyl-	49833-97-8	S7240
71	43	41	93	55	69	80	39	**154**	100	72	72	63	59	47	27	22	**0.54**	10	18	1	–	–	–	–	–	–	–	–	–	1,6-Octadien-3-ol, 3,7-dimethyl-	78-70-6	P5895
71	43	93	69	136	68	41	121	**154**	100	77	55	41	39	36	32	30	**0.00**	10	18	1	–	–	–	–	–	–	–	–	–	p-Menth-4(8)-en-9-ol	138-87-4	P9742
71	43	93	69	136	68	41	121	**154**	100	77	55	41	39	36	32	30	**0.00**	10	18	1	–	–	–	–	–	–	–	–	–	Cyclohexanol, 1-methyl-4-isopropenyl-	138-87-4	H0625
71	43	93	111	41	55	69	67	**154**	100	57	33	33	30	27	18	17	**3.00**	10	18	1	–	–	–	–	–	–	–	–	–	3-Cyclohexen-1-ol, 4-methyl-1-isopropyl-	562-74-3	Q2104
71	43	93	136	69	68	121	107	**154**	100	64	60	52	41	34	32	32	**0.00**	10	18	1	–	–	–	–	–	–	–	–	–	Cyclohexanol, trans-1-methyl-4-isopropenyl-		M1336
71	52	136	43	107	121	69	68	**154**	100	93	84	64	48	42	42	29	**0.00**	10	18	1	–	–	–	–	–	–	–	–	–	Cyclohexanol, cis-1-methyl-4-propenyl-		M1337
71	93	41	43	69	55	80	39	**154**	100	93	79	65	59	56	31	25	**0.50**	10	18	1	–	–	–	–	–	–	–	–	–	1,6-Octadien-3-ol, 3,7-dimethyl-	78-70-6	H0092
71	93	43	111	86	55	69	68	**154**	100	47	43	43	22	21	21	13	**10.91**	10	18	1	–	–	–	–	–	–	–	–	–	3-Cyclohexen-1-ol, 4-methyl-1-isopropyl-	562-74-3	H0839
71	93	136	43	69	121	107	94	**154**	100	53	50	50	45	38	37	33	**1.97**	10	18	1	–	–	–	–	–	–	–	–	–	p-Menth-4(8)-en-9-ol	138-87-4	P9743
71	111	43	93	86	154	41	69	**154**	100	61	47	39	27	21	20	19		10	18	1	–	–	–	–	–	–	–	–	–	3-Cyclohexen-1-ol, (R)-4-methyl-1-isopropyl-	20126-76-5	R8508
71	111	93	86	43	154	69	41	**154**	100	58	40	27	22	21	19	13		10	18	1	–	–	–	–	–	–	–	–	–	3-Cyclohexen-1-ol, 4-methyl-1-isopropyl-	562-74-3	Q2103
71	126	111	57	94	70	95	154	**154**	100	17	4	3	2	1	1	1		9	14	2	–	–	–	–	–	–	–	–	–	Bicyclo[2.2.1]heptan-2-one, endo-1,3-dimethyl-3-hydroxy-		L9795
73	59	139	79	43	80	45	74	**154**	100	45	42	20	14	14	13	9	**7.87**	9	18	–	–	–	–	–	–	–	–	1	–	Silane, 1-cyclohexen-1-yltrimethyl-	17874-17-8	06876
73	80	59	74	154	79	45	75	**154**	100	15	7	7	7	6	5	5		9	18	–	–	–	–	–	–	–	–	1	–	Silane, 2-cyclohexen-1-yltrimethyl-	40934-71-2	S6495
73	139	59	79	80	154	45	74	**154**	100	59	41	31	23	16	9	8		9	18	–	–	–	–	–	–	–	–	1	–	Silane, 1-cyclohexen-1-yltrimethyl-	17874-17-8	R7232
74	55	39	95	41	59	80	81	**154**	100	80	71	65	63	56	56	54	**0.24**	9	14	2	–	–	–	–	–	–	–	–	–	7-Octynoic acid, methyl ester	18458-50-9	R7646
75	39	27	28	77	61	55	44	**154**	100	44	36	36	34	28	18	18	**0.00**	4	4	2	–	2	–	–	–	–	–	–	–	2-Furanone, dichloro-		A0747
75	47	59	94	79	154			**154**	100	28	24	19	18	2				4	10	–	–	–	–	–	3	–	–	–	–	Trisulphide, methyl propyl		M4188
75	55	29	47	27	74	73	41	**154**	100	38	33	28	16	12	11	10	**4.86**	4	8	–	–	–	1	1	–	–	–	–	–	Butane, 1-fluoro-3-bromo-		D0285
75	59	41	47	45	79	49	60	**154**	100	27	26	26	25	12	9	9	**0.00**	4	10	–	–	–	–	–	3	–	–	–	–	Disulphide, methyl 1-(methylthio)ethyl	4413-29-0	R0410
75	77	61	109	39	41	111	63	**154**	100	33	20	19	15	14	13	10	**1.56**	4	4	2	–	2	–	–	–	–	–	–	–	2-Furanone, 3,3-dichloro-		Z0937
77	51	50	105	78	39	52	48	**154**	100	47	22	16	16	12	10	10	**5.00**	6	6	1	2	–	–	–	1	–	–	–	–	Sulphinylaminoaniline		02214
77	51	85	27	78	115	57	75	**154**	100	22	7	4	3	3	3	3	**0.30**	6	6	–	–	–	–	4	–	–	–	–	–	1,5-Hexadiene, 3,3,4,4-tetrafluoro-	1763-21-9	08149
77	51	85	134					**154**	100	22	7	1					**0.30**	6	6	–	–	–	–	4	–	–	–	–	–	1,5-Hexadiene, 3,3,4,4-tetrafluoro-		M7734
79	39	27	41	67	43	29	53	**154**	100	96	94	90	86	68	54	52	**3.04**	9	14	2	–	–	–	–	–	–	–	–	–	5-Nonynoic acid	56630-34-3	T3937
79	80	77	41	136	81	93	91	**154**	100	66	52	38	35	33	32	31	**1.70**	10	18	1	–	–	–	–	–	–	–	–	–	2,4-Decadien-1-ol, (E,E)-	18409-21-7	H1808
79	80	77	41	136	93	81	91	**154**	100	66	51	37	34	33	33	31	**0.00**	10	18	1	–	–	–	–	–	–	–	–	–	2,4-Decadien-1-ol, (E,E)-		M4234
79	80	81	77	41	91	136	39	**154**	100	60	50	48	45	35	31	31	**2.60**	10	18	1	–	–	–	–	–	–	–	–	–	2,4-Decadien-1-ol, (E,Z)-	16195-71-4	H1781
79	93	107	136	41	121	81	97	**154**	100	58	58	58	45	45	34	33	**5.00**	10	18	1	–	–	–	–	–	–	–	–	–	p-Menth-4(8)-en-9-ol	15714-11-1	H1767
79	93	108	78	39	41	67	80	**154**	100	41	30	18	17	17	17	17	**0.01**	9	14	2	–	–	–	–	–	–	–	–	–	Formic acid, 1-(3-cyclohexen-1-yl)ethyl ester		C0835
79	154	41	39	78	28	27	45	**154**	100	78	47	42	37	31	30	22		9	14	–	–	–	–	–	1	–	–	–	–	2-Thiatricyclo[3.3.1.1$^{(3,7)}$]decane		Y1886
80	81	79	94	84	71	112	45	**154**	100	95	91	71	66	59	49	44	**1.00**	9	14	2	–	–	–	–	–	–	–	–	–	Bicyclo[3.2.0]heptan-6-one, 1-methoxymethyl-		M2840
81	29	27	57	98	52	53	154	**154**	100	49	43	41	38	34	28	19		8	10	3	–	–	–	–	–	–	–	–	–	Furfuryl propanoate		P3942
81	41	55	69	39	67	53	43	**154**	100	45	35	35	24	23	22	21	**3.00**	8	10	3	–	–	–	–	–	–	–	–	–	3,8,11-Trioxatetracyclo[4.4.1.0$^{(2,4)}$.0$^{(7,9)}$]undecane, (1α,2α,4α,6α,7β,9β)-	50267-11-3	S7244
81	41	70	98	43	57	53	99	**154**	100	64	52	37	36	35	23	21	**0.00**	10	18	1	–	–	–	–	–	–	–	–	–	Cyclohexene, 3-(2-methylpropoxy)-	32730-40-8	S3868
81	43	93	121	136	58	55	41	**154**	100	74	42	39	37	36	31	31	**4.30**	10	18	1	–	–	–	–	–	–	–	–	–	3-Cyclohexen-1-ol, 1-methyl-4-isopropyl-	586-82-3	H0865
81	43	96	83	55	41	69	154	**154**	100	90	90	80	45	33	25	22		10	18	1	–	–	–	–	–	–	–	–	–	2-Oxabicyclo[2.2.1]heptane, (1R,4S,7R)-(+)-1,3,3,7-tetramethyl-	15404-56-5	09569
81	43	125	83	96	55	41	69	**154**	100	70	63	60	50	37	27	16	**13.00**	10	18	1	–	–	–	–	–	–	–	–	–	2-Oxabicyclo[2.2.1]heptane, (1R,4S,7S)-(+)-1,3,7,7-tetramethyl-	15404-57-6	09570
81	55	56	41	57	27	29	39	**154**	100	96	89	77	74	71	53	53	**0.82**	9	14	2	–	–	–	–	–	–	–	–	–	1,3-Benzodioxole, hexahydro-2-vinyl-	55702-63-1	06943
81	55	95	97	67	79	68	93	**154**	100	91	68	53	38	32	31	28	**2.30**	10	18	1	–	–	–	–	–	–	–	–	–	p-Menth-8-en-10-ol		01722
81	67	82	54	41	110	68	95	**154**	100	78	61	41	33	24	23	22	**3.20**	9	14	2	–	–	–	–	–	–	–	–	–	Phthalide, 3β-methyl-cis-hexahydro-		16524
81	67	82	110	41	54	39	43	**154**	100	70	64	29	28	28	20	18	**2.11**	9	14	2	–	–	–	–	–	–	–	–	–	Phthalide, 3α-methyl-cis-hexahydro-		16525
81	69	55	39	41	53	71	83	**154**	100	80	71	64	59	55	40	40	**35.00**	8	10	3	–	–	–	–	–	–	–	–	–	3,8,11-Trioxatetracyclo[4.4.1.0$^{(2,4)}$.0$^{(7,9)}$]undecane, (1α,2β,4β,6α,7β,9β)-	50267-13-5	S7246
81	71	108	43	84	69	93	111	**154**	100	95	75	75	65	65	60	55	**45.50**	10	18	1	–	–	–	–	–	–	–	–	–	7-Oxabicyclo[2.2.1]heptane, 1-methyl-8-isopropyl-		01733
81	79	29	27	53	39	41	80	**154**	100	32	23	21	21	20	18	10	**0.19**	9	14	2	–	–	–	–	–	–	–	–	–	Bicyclo[2.1.0]pentane-5-carboxylic acid, 1-methyl-, ethyl ester	74810-55-2	T8707
81	80	43	41	69	71	84	72	**154**	100	55	46	45	24	22	21	21	**0.00**	10	18	1	–	–	–	–	–	–	–	–	–	Bicyclo[2.2.1]heptan-2-ol, 1,3,3-trimimethyl-,endo-		M4109
81	80	43	84	69	72	71	82	**154**	100	74	24	22	22	21	20	19	**1.90**	10	18	1	–	–	–	–	–	–	–	–	–	Bicyclo[2.2.1]heptan-2-ol (D)-1,2,3-trimethyl-		01709
81	80	69	43	71	67	82	84	**154**	100	61	23	21	20	19	19	19	**0.00**	10	18	1	–	–	–	–	–	–	–	–	–	Bicyclo[2.2.1]heptan-2-ol, 1,3,3-trimethyl-	1632-73-1	Q6379
81	80	79	108	29	27	41	109	**154**	100	71	38	36	23	18	17	17	**15.70**	9	14	2	–	–	–	–	–	–	–	–	–	3-Cyclohexene-1-carboxylic acid, ethyl ester		C0745
81	98	154	57	29	52	53	27	**154**	100	54	39	38	30	26	23	19		8	10	3	–	–	–	–	–	–	–	–	–	Furfuryl propanoate		Z0934

MASS TO CHARGE RATIOS								M.W.	INTENSITIES								Parent	C	H	O	N	Cl	Br	F	S	P	B	Si	X	COMPOUND NAME	CAS Reg No	No
82	54	39	43	111	126	67	154	**154**	100	28	26	17	10	9	6	1		7	10	2	2	–	–	–	–	–	–	–	–	$\Delta^{(2')}$-Pyrazolino[2,3-c]-δ-caprolactone, (3R,5S)-		L6136
82	67	54	41	28	39	27	53	**154**	100	92	64	28	19	17	10	9	**0.00**	8	10	3	–	–	–	–	–	–	–	–	–	1,3-Isobenzofurandione, hexahydro-	85-42-7	P6252
82	67	54	41	39	27	53	81	**154**	100	98	82	38	35	26	11	11	**0.00**	8	10	3	–	–	–	–	–	–	–	–	–	1,3-Isobenzofurandione, cis-hexahydro-		P0470
82	67	54	52	39	41	55	53	**154**	100	80	66	40	32	29	27	10	**1.00**	8	10	3	–	–	–	–	–	–	–	–	–	1,3-Isobenzofurandione, hexahydro-	85-42-7	P6251
82	112	54	153	69	125	96	139	**154**	100	57	49	46	24	15	8	3	**0.00**	7	10	2	2	–	–	–	–	–	–	–	–	Uracil, 1-propyl-		L5861
82	112	154	125	69	155	96	42	**154**	100	80	76	28	28	28	12	12		7	10	2	2	–	–	–	–	–	–	–	–	Uracil, 1-propyl-		M2736
83	41	55	111	39	28	42	29	**154**	100	73	72	59	34	22	20	17	**0.53**	9	14	2	–	–	–	–	–	–	–	–	–	Cyclopentylacetic acid, vinyl ester		03566
83	41	69	55	43	97	56	139	**154**	100	63	50	39	35	23	21	20	**12.00**	9	14	2	–	–	–	–	–	–	–	–	–	7-Oxabicyclo[4.1.0]heptan-2-one, 4,4,6-trimethyl-	10276-21-8	R3714
83	42	30	43	54	44	114	41	**154**	100	86	65	40	39	38	31	27	**11.30**	9	18	–	2	–	–	–	–	–	–	–	–	Propanenitrile, 3-(hexylamino)-	55490-85-2	T1188
83	43	39	41	53	79	51	69	**154**	100	20	14	13	7	6	5	5	**0.03**	10	18	1	–	–	–	–	–	–	–	–	–	3-Methoxy-3,4-dimethylheptyne		04835
83	55	41	82	43	69	84	29	**154**	100	40	19	12	12	11	10	7	**1.92**	11	22	–	–	–	–	–	–	–	–	–	–	2-Heptene, 5-ethyl-2,4-dimethyl-	74421-06-0	T8075
83	55	41	111	39	29	67	28	**154**	100	64	41	30	21	14	11	11	**0.23**	9	14	2	–	–	–	–	–	–	–	–	–	Cyclohexanecarboxylic acid, vinyl ester		03567
83	55	43	41	81	95	57	93	**154**	100	72	69	56	40	39	30	30	**4.60**	10	18	1	–	–	–	–	–	–	–	–	–	Cyclohexanol, 1α,2α,3α-2-methyl-3-propenyl-	54244-81-4	S8850
83	55	56	41	97	154	139	69	**154**	100	39	28	18	15	14	13	10		10	18	1	–	–	–	–	–	–	–	–	–	Cyclohexanone, 3,3,5,5-tetramethyl-	14376-79-5	R5177
83	55	69	70	84	41	154	43	**154**	100	88	54	35	34	32	26	18		11	22	–	–	–	–	–	–	–	–	–	–	2-Octene, 2,3,7-trimethyl-	33933-75-4	S4463
83	55	69	82	70	125	41	43	**154**	100	99	65	63	55	46	41	36	**8.98**	11	22	–	–	–	–	–	–	–	–	–	–	Cyclohexane, (1-ethylpropyl)-	26321-98-2	S1326
83	55	82	41	67	154	43	69	**154**	100	73	69	27	18	11	11	11		11	22	–	–	–	–	–	–	–	–	–	–	Cyclohexane, pentyl-	4292-92-6	R0298
83	55	98	41	39	125	43	111	**154**	100	37	35	17	15	15	14	12	**2.00**	10	18	1	–	–	–	–	–	–	–	–	–	3-Decen-5-one	32064-73-6	S3472
83	55	98	125	41	39	43	111	**154**	100	37	36	14	14	13	13	12	**1.00**	10	18	1	–	–	–	–	–	–	–	–	–	3-Decen-5-one		M2310
83	98	55	43	41	27	29	39	**154**	100	29	25	19	10	9	9	9	**3.00**	10	18	1	–	–	–	–	–	–	–	–	–	2-Nonen-4-one, 2-methyl-	2903-23-3	Q8795
83	139	55	43	41	84	82	69	**154**	100	50	33	27	24	23	18	12	**2.70**	10	18	1	–	–	–	–	–	–	–	–	–	Bicyclo[2.2.1]heptan-1-ol, 2,3,3-trimethyl-		M1057
83	154	56	98	55	41	70	39	**154**	100	31	20	17	16	13	9	6		9	14	2	–	–	–	–	–	–	–	–	–	1,3-Cyclohexanedione, 2,5,5-trimethyl-	1125-11-7	Q5435
83	154	56	98	55	41	70	45	**154**	100	31	20	18	16	12	10	7		9	14	2	–	–	–	–	–	–	–	–	–	1,3-Cyclohexanedione, 2,5,5-trimethyl-		L1097
84	42	55	56	30	43	83	85	**154**	100	43	14	13	11	9	9	7	**0.75**	9	18	–	2	–	–	–	–	–	–	–	–	Azetidine, 1,1′-methylenebis[2-methyl-	38455-30-0	S5836
84	42	55	56	83	43	154	41	**154**	100	44	15	14	10	8	8	6		9	18	–	2	–	–	–	–	–	–	–	–	Azetidine, 1,1′-methylenebis[2-methyl-	38455-30-0	S5838
84	83	154	85	42	71	153	155	**154**	100	24	13	7	4	4	4	4		9	18	–	2	–	–	–	–	–	–	–	–	Azetidine, 1,1′-methylenebis[2-methyl-	38455-30-0	S5837
84	93	91	77	139	41	83	121	**154**	100	83	27	26	22	21	21	21	**6.31**	10	18	1	–	–	–	–	–	–	–	–	–	2-Cyclohexen-1-ol, 3-methyl-6-isopropyl-, trans-	16721-39-4	R6395
84	93	139	41	83	43	77	91	**154**	100	61	29	25	24	24	20	18	**6.00**	10	18	1	–	–	–	–	–	–	–	–	–	1-Cyclohexen-3-ol, cis-1-methyl-4-isopropyl-		L1125
84	93	139	41	83	43	77	91	**154**	100	61	29	25	25	24	20	18	**6.31**	10	18	1	–	–	–	–	–	–	–	–	–	2-Cyclohexen-1-ol, 3-methyl-6-isopropyl-, cis-	16721-38-3	R6394
84	95	153	96	70	41	83	82	**154**	100	74	71	65	48	45	42	28	**10.00**	10	18	1	–	–	–	–	–	–	–	–	–	Bicyclo[2.2.1]heptan-2-ol, 4,7,7-trimethyl-	22336-76-1	R9638
84	125	43	154	41	55	111	39	**154**	100	58	31	27	21	18	16	15		10	18	1	–	–	–	–	–	–	–	–	–	Bicyclo[2.2.2]octane, 1-methoxy-4-methyl-	6555-95-9	R2366
85	41	55	43	69	86	93	29	**154**	100	19	15	10	8	7	7	7	**0.30**	10	18	1	–	–	–	–	–	–	–	–	–	2-Norpinanol, 3,6,6-trimethyl-	29548-09-2	H1931
85	41	67	27	39	29	81	154	**154**	100	45	41	37	36	34	33	33		9	14	2	–	–	–	–	–	–	–	–	–	1,4-Benzodioxin, trans-octahydro-2-methylene-	38653-34-8	06944
85	43	69	55	154	139	39	91	**154**	100	80	73	11	11	8	6	6		5	5	2	–	–	–	3	–	–	–	–	–	2,4-Pentanedione, 1,1,1-trifluoro-	367-57-7	Q0610
85	67	54	154	41	81	27	39	**154**	100	76	46	44	35	35	33	30		9	14	2	–	–	–	–	–	–	–	–	–	1,4-Benzodioxin, trans-4a,5,6,7,8,8a-hexahydro-2-methyl-	7196-96-5	06945
85	69	31	87	50	35	119	66	**154**	100	61	38	32	17	8	6	4	**0.00**	2	–	–	–	1	–	5	–	–	–	–	–	Ethane, 1-chloro-1,1,2,2,2-pentafluoro-		W0128
85	70	86	121	84	93	136		**154**	100	15	14	7	7	5	4		**0.00**	10	18	1	–	–	–	–	–	–	–	–	–	1,5-Heptadien-4-ol, (-)-3,3,6-trimethyl-		M8313
85	119	69	31	87	135	28	32	**154**	100	56	52	34	33	24	19	18	**0.00**	2	–	–	–	1	–	5	–	–	–	–	–	Ethane, 1-chloro-1,1,2,2,2-pentafluoro-	76-15-3	P5688
85	119	69	87	135	31	137	50	**154**	100	61	46	33	23	10	8	7	**0.00**	2	–	–	–	1	–	5	–	–	–	–	–	Ethane, 1-chloro-1,1,2,2,2-pentafluoro-		A0236
86	154	119	156	58	64	101	42	**154**	100	55	25	20	15	10	10	7		5	3	–	4	1	–	–	–	–	–	–	–	1H-Purine, 6-chloro-	87-42-3	P6371
88	53	89	90	39	27	124	75	**154**	100	72	39	31	27	25	16	15	**0.09**	5	8	1	–	2	–	–	–	–	–	–	–	3,3-Bis(chloromethyl)oxacyclobutane		D0353
91	55	93	29	63	39	41	29	**154**	100	62	29	16	14	13	8	8	**0.03**	5	8	1	–	2	–	–	–	–	–	–	–	Chloropentanoyl chloride		F0458
91	65	92	63	77	154	66	155	**154**	100	12	8	6	4	4	2	2		8	10	1	–	–	–	–	1	–	–	–	–	Benzene, [(methylsulphinyl)methyl]-	824-86-2	Q4273
91	84	49	28	57	44	32	55	**154**	100	99	77	75	75	68	59	57	**0.00**	6	6	3	2	–	–	–	–	–	–	–	–	Phenol, 2-amino-4-nitro-	99-57-0	P7258
91	92	154	39	65	51	63	156	**154**	100	27	17	12	12	9	6	5		9	11	–	–	1	–	–	–	–	–	–	–	Benzene, (3-chloropropyl)-		04692
91	92	154	65	51	105	156	63	**154**	100	87	54	41	24	17	17	16		9	11	–	–	1	–	–	–	–	–	–	–	Benzene, (3-chloropropyl)-	104-52-9	P7723
91	92	154	65	105	39	51	77	**154**	100	27	22	7	5	4	4	3		9	11	–	–	1	–	–	–	–	–	–	–	Benzene, dimethyl-α-chloroethyl-		L0636
91	119	125	39	51	65	62	89	**154**	100	72	70	43	38	33	29	27	**16.80**	8	7	1	–	1	–	–	–	–	–	–	–	Phenylacetyl chloride		B0012
91	154	92	107	119	65	117	51	**154**	100	15	10	8	8	6	6	5		9	11	–	–	1	–	–	–	–	–	–	–	Benzene, (2-chloropropyl)-		L0635
91	154	92	119	107	117	65	77	**154**	100	15	10	8	8	6	6	5		9	11	–	–	1	–	–	–	–	–	–	–	Benzene, (2-chloropropyl)-		Z0932
93	40	77	91	121	136	41	43	**154**	100	70	33	33	33	29	21	21	**0.00**	10	18	1	–	–	–	–	–	–	–	–	–	Bicyclo[3.1.0]hexan-2-ol, 2-methyl-5-isopropyl-	546-79-2	Q1916
93	55	41	39	27	57	79	29	**154**	100	84	82	62	59	56	52	46	**0.01**	9	14	2	–	–	–	–	–	–	–	–	–	Octa-1,7-dienyl-3-formate		C0834
93	67	81	79	121	41	77	43	**154**	100	84	50	43	41	32	28	28	**17.82**	10	18	1	–	–	–	–	–	–	–	–	–	p-Menth-2-en-7-ol	19898-87-4	H1841
93	67	81	79	121	41	77	123	**154**	100	92	55	45	37	35	30	30	**16.01**	10	18	1	–	–	–	–	–	–	–	–	–	p-Menth-2-en-7-ol, cis-	19898-86-3	H1840
93	71	41	55	43	69	80	67	**154**	100	96	58	56	53	50	36	28	**0.00**	10	18	1	–	–	–	–	–	–	–	–	–	1,6-Octadien-3-ol, 3,7-dimethyl-	78-70-6	H0093
93	94	79	81	41	67	55	121	**154**	100	62	49	43	39	37	32	29	**3.00**	10	18	1	–	–	–	–	–	–	–	–	–	p-Menth-1(7)-en-9-ol		M7030

MASS TO CHARGE RATIOS								M.W.	INTENSITIES								Parent	C	H	O	N	Cl	Br	F	S	P	B	Si	X	COMPOUND NAME	CAS Reg No	No
93	94	79	81	41	67	107	55	**154**	100	62	49	43	40	37	35	32	**3.20**	10	18	1	–	–	–	–	–	–	–	–	–	**p-Menth-1-en-9-ol**	29548-16-1	**H1936**
93	108	79	31	29	41	80	67	**154**	100	58	54	37	28	26	22	22	**7.18**	10	18	1	–	–	–	–	–	–	–	–	–	**1-Ethoxymethyl-4-methylene-cyclohexane**		**03032**
93	121	136	81	43	55	41	97	**154**	100	94	88	70	66	61	56	40	**3.30**	10	18	1	–	–	–	–	–	–	–	–	–	**Bicyclo[4.1.0]heptan-3-ol, (1R)-1α,3β,4α,6α.-4,7,7-trimethyl-**	4089-03-6	**R0079**
93	121	136	81	43	55	41	97	**154**	100	95	88	68	66	61	56	39	**0.00**	10	18	1	–	–	–	–	–	–	–	–	–	**Bicyclo[4.1.0]heptan-3-ol, (1R)-1α,3β,4α,6α.-4,7,7-trimethyl-**	4089-03-6	**H1449**
93	121	136	81	43	55	41	97	**154**	100	95	88	68	66	61	56	39	**0.00**	10	18	1	–	–	–	–	–	–	–	–	–	**Bicyclo[4.1.0]heptan-3-ol, cis-, (+)-trans-3,7,7-trimethyl-**		**M4271**
93	121	136	81	43	55	41	107	**154**	100	98	98	71	69	65	59	45	**0.00**	10	18	1	–	–	–	–	–	–	–	–	–	**Bicyclo[4.1.0]heptan-3-ol, (1R)-1α,3α,4β-6α-4,7,7-trimethyl-**	4017-88-3	**H1440**
93	121	136	95	43	81	110	107	**154**	100	75	54	40	37	35	34	27	**0.00**	10	18	1	–	–	–	–	–	–	–	–	–	**Bicyclo[3.1.0]hexan-3-ol, 1α,3β,4β,5α-4-methyl-1-isopropyl-**		**01718**
93	121	136	111	43	41	55	79	**154**	100	92	86	80	78	78	67	58	**0.00**	10	18	1	–	–	–	–	–	–	–	–	–	**Bicyclo[4.1.0]heptan-2-ol, trans-, (-)-cis-3,7,7-trimethyl-**		**M4267**
93	121	136	111	43	41	55	79	**154**	100	92	86	80	78	78	67	58	**0.00**	10	18	1	–	–	–	–	–	–	–	–	–	**Bicyclo[4.1.0]heptan-5-ol, (1S,3R,5S,6R)-(-)-3,7,7-trimethyl-**	6909-21-3	**H1636**
93	136	121	81	43	55	41	107	**154**	100	98	98	71	69	65	59	45	**0.00**	10	18	1	–	–	–	–	–	–	–	–	–	**Bicyclo[4.1.0]heptan-3-ol, trans-, (-)-cis-3,7,7-trimethyl-**		**M4272**
94	61	65	77	60	66	95	45	**154**	100	15	8	8	7	7	7	6	**4.00**	8	10	1	–	–	–	–	1	–	–	–	–	**Ethanethiol, 2-phenoxy-**	6338-63-2	**R2254**
94	93	68	95	79	67	107	121	**154**	100	89	72	65	61	59	53	51	**26.32**	10	18	1	–	–	–	–	–	–	–	–	–	**p-Menth-1(7)-en-9-ol**	18479-68-0	**H1818**
94	93	95	79	107	121	68	67	**154**	100	52	36	33	33	33	29	25	**8.31**	10	18	1	–	–	–	–	–	–	–	–	–	**3-Cyclohexen-1-ol, 1-methyl-4-isopropyl-**	586-82-3	**H0866**
94	93	95	121	107	79	68	81	**154**	100	51	35	33	33	33	29	25	**8.30**	10	18	1	–	–	–	–	–	–	–	–	–	**p-Menth-1-en-10-ol**		**01717**
94	93	121	154	107	95	136	123	**154**	100	80	79	66	66	63	51	45		10	18	1	–	–	–	–	–	–	–	–	–	**(4R,8R)-p-Menth-1-en-9-ol**		**04637**
94	95	79	154	67	122	68	55	**154**	100	59	51	25	23	20	17	16		9	14	2	–	–	–	–	–	–	–	–	–	**3-Cyclohexene-1-carboxylic acid, 4-methyl-, methyl ester**	6493-79-4	**R2330**
94	136	95	67	55	121	79	81	**154**	100	70	65	63	60	53	52	44	**0.50**	10	18	1	–	–	–	–	–	–	–	–	–	**2-Naphthalenol, decahydro-**	825-51-4	**Q4277**
95	41	27	39	110	43	29	55	**154**	100	32	21	20	20	18	16	15	**0.93**	10	18	1	–	–	–	–	–	–	–	–	–	**Bicyclo[2.2.1]heptan-2-ol, 1,7,7-trimethyl-, (1S)-endo-**	464-45-9	**Q0823**
95	41	43	110	55	93	39	136	**154**	100	38	24	22	21	20	16	16	**1.30**	10	18	1	–	–	–	–	–	–	–	–	–	**Bicyclo[2.2.1]heptan-2-ol, 1,7,7-trimethyl-, exo-**	124-76-5	**P9446**
95	41	110	43	55	39	27	67	**154**	100	29	24	18	16	13	11	11	**2.00**	10	18	1	–	–	–	–	–	–	–	–	–	**Bicyclo[2.2.1]heptan-2-ol, 1,7,7-trimethyl-, endo-**	507-70-0	**Q1428**
95	43	94	41	45	79	81	80	**154**	100	78	73	70	66	65	58	49	**1.00**	9	14	2	–	–	–	–	–	–	–	–	–	**Bicyclo[3.1.1]heptan-6-one, 1-methoxymethyl-**		**M2839**
95	55	67	41	39	79	53	154	**154**	100	35	32	27	23	18	17	16		9	14	2	–	–	–	–	–	–	–	–	–	**Cyclopropanecarboxylic acid, 2,2-dimethyl-3-vinyl-, methyl ester**	41977-59-7	**S6806**
95	67	79	41	55	111	154	39	**154**	100	64	49	46	45	32	26	24		9	14	2	–	–	–	–	–	–	–	–	–	**Cyclopropanecarboxylic acid, 2-(2-methyl-1-propenyl)-, methyl ester**	74841-59-1	**T8778**
95	79	94	28	67	55	96	123	**154**	100	24	20	16	13	8	8	7	**2.84**	9	14	2	–	–	–	–	–	–	–	–	–	**Cyclopentanecarboxylic acid, 2-methyl-3-methylene-, methyl ester**	74764-25-3	**T8496**
95	83	55	41	121	93	43	57	**154**	100	92	90	80	75	44	44	42	**5.00**	10	18	1	–	–	–	–	–	–	–	–	–	**Cyclohexanol, cis-2-isopropyl-3-methylene-**		**L1304**
95	93	110	121	82	96	136	92	**154**	100	27	24	19	14	13	13	11	**0.60**	10	18	1	–	–	–	–	–	–	–	–	–	**Bicyclo[2.2.1]heptan-2-ol, 1,7,7-trimethyl-, exo-**	124-76-5	**H0602**
95	94	67	79	55	154	93	96	**154**	100	39	25	17	11	11	7	7		9	14	2	–	–	–	–	–	–	–	–	–	**2-Cyclopentene-1-carboxylic acid, 3,4-dimethyl-, methyl ester**	62185-63-1	**T5915**
95	94	79	67	55	41	139	93	**154**	100	62	52	21	20	20	17	17	**3.64**	9	14	2	–	–	–	–	–	–	–	–	–	**Cyclopentanecarboxylic acid, 2-methyl-4-methylene-, methyl ester**	74764-24-2	**T8495**
95	94	79	67	55	122	93	123	**154**	100	72	51	25	18	15	12	12	**6.66**	9	14	2	–	–	–	–	–	–	–	–	–	**Cyclopentanecarboxylic acid, 3-methyl-4-methylene-, methyl ester**	62185-62-0	**T5914**
95	94	79	154	67	93	77	55	**154**	100	71	43	30	23	16	12	11		9	14	2	–	–	–	–	–	–	–	–	–	**3-Cyclopentene-1-carboxylic acid, 3,4-dimethyl-, methyl ester**	62185-64-2	**T5917**
95	110	41	55	63	69	96	43	**154**	100	18	15	9	7	7	7	6	**1.00**	10	18	1	–	–	–	–	–	–	–	–	–	**Bicyclo[2.2.1]heptan-2-ol, 1,7,7-trimethyl-, exo-**	124-76-5	**08902**
95	110	41	55	67	43	93	96	**154**	100	17	15	13	12	9	9	9	**0.00**	10	18	1	–	–	–	–	–	–	–	–	–	**Bicyclo[2.2.1]heptan-2-ol, 1,7,7-trimethyl-, endo-**	507-70-0	**Q1425**
95	112	59	39	154	113	43	41	**154**	100	79	20	19	18	16	11	9		8	10	3	–	–	–	–	–	–	–	–	–	**Furancarboxylic acid, isopropyl ester**		**Z0946**
95	112	113	39	154	96	41	27	**154**	100	65	20	15	11	9	6	5		8	10	3	–	–	–	–	–	–	–	–	–	**Furancarboxylic acid, propyl ester**		**Z0944**
95	136	111	139	41	93	121	81	**154**	100	62	58	58	56	45	43	42	**18.00**	10	18	1	–	–	–	–	–	–	–	–	–	**Bicyclo[2.2.1]heptan-2-ol, 4,7,7-trimethyl-**	22336-76-1	**R9639**
96	95	154	28	94	38	39	97	**154**	100	45	34	24	15	14	13	13		8	10	3	–	–	–	–	–	–	–	–	–	**1,4-Dioxane, 2-(2-furanyl)-**	56666-97-8	**T4051**
96	154	77	105	97	155	49	95	**154**	100	50	41	10	6	6	4	4		11	6	1	–	–	–	–	–	–	–	–	–	**2,4-Pentadiyn-1-one, 1-phenyl-**	29743-36-0	**S2629**
96	154	112	69	139	41	42	43	**154**	100	92	82	74	32	32	30	28		7	10	2	2	–	–	–	–	–	–	–	–	**Uracil, 1-isopropyl-**		**M2738**
97	41	55	69	84	43	83	154	**154**	100	56	44	43	42	37	33	27		9	14	2	–	–	–	–	–	–	–	–	–	**1,3-Cyclohexanedione, 5-isopropyl-**		**L1092**
97	43	40	58	41	57	98	95	**154**	100	11	10	6	6	3	3	3	**2.00**	8	10	3	–	–	–	–	–	–	–	–	–	**3-Butene-1,2-diol, 1-(2-furanyl)-**		**L5086**
97	43	41	58	57	44	55	95	**154**	100	11	6	6	4	3	3	3	**0.60**	8	10	3	–	–	–	–	–	–	–	–	–	**3-Butene-1,2-diol, 1-(2-furanyl)-**	19261-13-3	**R8046**
97	43	58	41	57	95	39	44	**154**	100	11	6	5	3	3	2	2	**0.30**	8	10	3	–	–	–	–	–	–	–	–	–	**3-Butene-1,2-diol, 1-(2-furanyl)-**	19261-13-3	**R8045**
97	55	69	56	70	41	43	154	**154**	100	43	31	29	24	21	16	14		11	22	–	–	–	–	–	–	–	–	–	–	**5-Undecene**	4941-53-1	**R0966**
97	55	84	41	27	43	39	29	**154**	100	64	61	43	25	24	23	21	**15.00**	10	18	1	–	–	–	–	–	–	–	–	–	**3-Decyn-1-ol**	51721-39-2	**S7745**
97	84	154	55	41	43	126	98	**154**	100	93	88	62	52	50	48	41		9	14	2	–	–	–	–	–	–	–	–	–	**Bicyclo[2.2.2]octanone, 4-methoxy-**	4893-16-7	**R0918**
97	98	154	45	39	41	99	53	**154**	100	41	19	14	13	10	7	6		9	14	–	–	–	–	–	1	–	–	–	–	**Thiophene, 2-isopentyl-**		**Y2046**
97	98	154	45	99	53	111	84	**154**	100	21	20	15	6	5	4	3		9	14	–	–	–	–	–	1	–	–	–	–	**Thiophene, 2-pentyl-**		**Y2045**
98	70	41	57	27	55	39	97	**154**	100	80	45	40	29	27	26	25	**2.00**	10	18	1	–	–	–	–	–	–	–	–	–	**Cyclohexene, 1-tert-butoxy-**	31053-82-4	**06990**
98	112	70	69	39	41	42	18	**154**	100	67	50	32	30	28	24	12		9	14	2	–	–	–	–	–	–	–	–	–	**2-Cyclohexen-1-one, 4-hydroxy-3,5,5-trimethyl-**		**M8797**
99	81	127	82	155	109	45	111	**154**	100	70	56	51	51	41	39	21	**0.00**	4	11	4	–	–	–	–	–	1	–	–	–	**Phosphoric acid, diethyl ester**	598-02-7	**Q2587**
99	100	55	39	27	41	28	125	**154**	100	17	16	16	15	13	13	13	**2.74**	9	14	2	–	–	–	–	–	–	–	–	–	**1,4-Dioxaspiro[4.6]undec-7-ene**	7140-60-5	**R2872**
100	43	99	27	41	39	73	29	**154**	100	79	69	65	62	59	53	49	**37.68**	9	14	2	–	–	–	–	–	–	–	–	–	**5H-Cyclohepta-1,4-dioxin, trans-2,3,4a,6,7,9a-hexahydro-**	55975-33-2	**T2488**
101	103	56	84	55	69	41	97	**154**	100	58	51	45	42	31	26	25	**3.00**	10	18	1	–	–	–	–	–	–	–	–	–	**Cyclobutanone, 2,2-dipropyl-**	61406-27-7	**T5726**

MASS TO CHARGE RATIOS								M.W.	INTENSITIES								Parent	C	H	O	N	Cl	Br	F	S	P	B	Si	X	COMPOUND NAME	CAS Reg No	No
103	141	154	77	51	139	156	140	**154**	100	77	72	33	25	24	24	23		9	11	–	–	1	–	–	–	–	–	–	–	**Benzene, 1-chloro-4-isopropyl-**		**Z0943**
103	154	127	50	76	51	155	153	**154**	100	72	71	49	47	42	40	31		10	6	–	2	–	–	–	–	–	–	–	–	**Propanedinitrile, benzylidene-**		**Q8554**
105	77	51	106	50	91	78	74	**154**	100	41	11	8	5	4	3	2	**0.52**	8	7	1	–	1	–	–	–	–	–	–	–	**Acetophenone, 2′-chloro-**		**Z0938**
105	77	51	154	91	65	120		**154**	100	41	14	9	4	2	1			8	7	1	–	1	–	–	–	–	–	–	–	**Acetophenone, 2′-chloro-**	532-27-4	**Q1695**
105	154	77	103	106	79	51	39	**154**	100	15	10	10	9	8	6	4		9	11	–	–	1	–	–	–	–	–	–	–	**β-Chlorocumene**		**L0637**
105	154	77	103	106	79	51	91	**154**	100	15	10	10	9	8	6	6		9	11	–	–	1	–	–	–	–	–	–	–	**β-Chlorocumene**		**Z0933**
107	91	79	41	136	77	93	105	**154**	100	52	34	25	20	19	18	14	**2.00**	10	18	1	–	–	–	–	–	–	–	–	–	**2-Cyclohexen-1-ol, 4-ethyl-1,4-dimethyl-**	55162-55-5	**T0474**
108	95	44	127	55	111	42	70	**154**	100	52	47	43	39	35	34	34	**21.13**	9	14	2	–	–	–	–	–	–	–	–	–	**2-Oxabicyclo[2.2.1]heptan-3-one, 1,7,7-trimethyl-**	19893-77-7	**R8363**
110	42	76	15	44	60	119	154	**154**	100	60	59	54	52	47	46	37		4	12	–	2	1	–	–	–	1	–	–	–	**Bis(dimethylamino)chlorophosphine**		**05473**
110	55	53	126	27	154	82	54	**154**	100	93	68	57	56	55	53	43		7	6	4	–	–	–	–	–	–	–	–	–	**4H-Furo[3,2-c]pyran-2(6H)-one, 4-hydroxy-**	149-29-1	**P9965**
110	111	154	82	65	93	81	39	**154**	100	43	21	18	15	14	10	9		8	10	3	–	–	–	–	–	–	–	–	–	**Phenol, 3-(2-hydroxyethoxy)-**	49650-88-6	**S7181**
111	39	154	126	27	45	83	112	**154**	100	27	21	15	13	7	6	6		8	10	1	–	–	–	–	1	–	–	–	–	**1-Butanone, 1-(2-thienyl)-**	5333-83-5	**R1311**
111	41	43	93	55	121	69	95	**154**	100	81	74	74	71	67	66	60	**26.00**	10	18	1	–	–	–	–	–	–	–	–	–	**Bicyclo[4.1.0]heptan-2-ol, trans-, trans-3,7,7-trimethyl-**		**L1068**
111	41	43	93	55	121	69	95	**154**	100	81	74	74	71	67	66	60	**0.00**	10	18	1	–	–	–	–	–	–	–	–	–	**Bicyclo[4.1.0]heptan-5-ol, trans-, (+)-trans-3,7,7-trimethyl-**	6909-22-4	**H1637**
111	41	93	43	55	121	69	95	**154**	100	81	74	74	71	67	66	60	**0.00**	10	18	1	–	–	–	–	–	–	–	–	–	**Bicyclo[4.1.0]heptan-2-ol, trans-, (+)-trans-3,7,7-trimethyl-**		**M4270**
111	43	41	57	55	71	83	28	**154**	100	87	56	55	54	31	23	21	**15.95**	10	18	1	–	–	–	–	–	–	–	–	–	**4-Hepten-3-one, 2,5,6-trimethyl-**	16466-21-0	**R6195**
111	43	41	71	27	39	69	29	**154**	100	64	47	39	37	26	23	18	**13.00**	10	18	1	–	–	–	–	–	–	–	–	–	**5-Nonen-4-one, 6-methyl-, (E)-**		**L9818**
111	43	55	41	71	27	39	69	**154**	100	64	46	43	39	37	26	23	**13.13**	10	18	1	–	–	–	–	–	–	–	–	–	**5-Nonen-4-one, 6-methyl-**		**04719**
111	43	85	55	154	139	69	39	**154**	100	88	86	72	67	55	42	34		8	10	3	–	–	–	–	–	–	–	–	–	**2H-Pyran-2-one, 3-ethyl-4-hydroxy-6-methyl-**	50607-35-7	**S7354**
111	55	28	41	44	69	43	154	**154**	100	77	69	65	52	39	35	29		9	18	–	2	–	–	–	–	–	–	–	–	**Pentanal, 2-methylene-, isopropylhydrazone**	33063-80-8	**S3969**
111	55	41	43	39	69	154	53	**154**	100	28	25	17	12	12	7	6		10	18	1	–	–	–	–	–	–	–	–	–	**4-Hepten-3-one, 5-ethyl-2-methyl-**	49833-96-7	**S7239**
111	55	41	43	93	69	121	95	**154**	100	88	81	73	72	67	66	60	**25.82**	10	18	1	–	–	–	–	–	–	–	–	–	**Bicyclo[4.1.0]heptan-5-ol, trans-, (+)-trans-3,7,7-trimethyl-**	6909-22-4	**R2681**
111	55	41	154	69	83	43	97	**154**	100	63	39	25	23	21	15	14		10	18	1	–	–	–	–	–	–	–	–	–	**Cyclohexanone, trans-2-methyl-5-isopropyl-**	499-70-7	**H0737**
111	124	53	83	125	81	98	154	**154**	100	69	46	43	39	39	32	30		7	11	3	–	–	–	–	–	–	1	–	–	**D-Erythro-pent-1-enitol, 1,5-anhydro-2-deoxy-, cyclic ethylboronate**	74793-26-3	**T8606**
112	41	69	55	43	139	70	56	**154**	100	88	80	77	46	40	37	36	**25.00**	10	18	1	–	–	–	–	–	–	–	–	–	**Cyclohexanone, 5-methyl-2-isopropyl-**		**D1545**
112	55	70	84	41	83	42	43	**154**	100	42	39	36	34	25	22	20	**6.91**	9	14	2	–	–	–	–	–	–	–	–	–	**1,3-Cyclohexanedione, 4-propyl-**	18456-81-0	**R7628**
112	69	41	55	43	56	70	139	**154**	100	87	75	66	45	43	43	40	**27.02**	10	18	1	–	–	–	–	–	–	–	–	–	**Cyclohexanone, 5-methyl-2-isopropyl-, cis-**	491-07-6	**Q1196**
112	69	41	55	43	139	70	56	**154**	100	76	72	57	38	33	33	33	**23.09**	10	18	1	–	–	–	–	–	–	–	–	–	**Cyclohexanone, (2R)-cis-5-methyl-2-isopropyl-**	1196-31-2	**09591**
112	69	41	55	139	70	56	43	**154**	100	72	67	55	39	36	34	32	**26.02**	10	18	1	–	–	–	–	–	–	–	–	–	**Cyclohexanone, trans-5-methyl-2-isopropyl-**	89-80-5	**P6501**
112	69	41	55	139	70	56	154	**154**	100	56	44	42	35	29	25	23		10	18	1	–	–	–	–	–	–	–	–	–	**Cyclohexanone, 5-methyl-2-isopropyl-, cis-**	491-07-6	**Q1194**
112	69	54	55	70	139	97	83	**154**	100	95	83	47	42	29	27	26	**17.00**	10	18	1	–	–	–	–	–	–	–	–	–	**Cyclohexanone, 5-methyl-2-isopropyl-, cis-**	491-07-6	**Q1195**
112	69	139	154	111	97	83	95	**154**	100	44	36	28	27	24	22	22		10	18	1	–	–	–	–	–	–	–	–	–	**Cyclohexanone, trans-5-methyl-2-isopropyl-**	89-80-5	**P6504**
112	84	55	70	41	83	43	42	**154**	100	50	43	40	35	26	21	19	**7.00**	9	14	2	–	–	–	–	–	–	–	–	–	**1,3-Cyclohexanedione, 6-propyl-**		**L1101**
112	111	55	154	41	83	125	39	**154**	100	66	32	30	21	20	20	16		9	14	2	–	–	–	–	–	–	–	–	–	**1,3-Cyclopentanedione, 2-butyl-**	825-31-0	**Q4274**
113	67	41	95	43	54	39	55	**154**	100	62	45	37	32	24	23	16	**0.28**	9	14	2	–	–	–	–	–	–	–	–	–	**Cyclopropanecarboxylic acid, 2,2-dimethyl-3-(2-propenyl)-**	74685-76-0	**T8392**
113	70	154	96	139	42	43	84	**154**	100	70	32	26	12	12	12	12		7	10	2	2	–	–	–	–	–	–	–	–	**Uracil, 3-isopropyl-**		**M2739**
113	115	63	117	154	39	156	41	**154**	100	66	15	11	11	9	7	6		4	8	–	–	2	–	–	–	–	–	1	–	**Silane, dichloromethyl-2-propenyl-**	1873-92-3	**Q6931**
113	154	96	82	70	69	28	112	**154**	100	39	30	25	24	12	11	10		7	10	2	2	–	–	–	–	–	–	–	–	**Uracil, 3-propyl-**		**M2737**
119	89	120	117	102	90	118	103	**154**	100	33	22	14	14	13	7	6	**0.09**	4	11	2	2	1	–	–	–	–	–	–	–	**Acetic acid, hydrazino-, ethyl ester, monohydrochloride**	6945-92-2	**R2721**
119	91	65	39	89	120	63	90	**154**	100	64	15	10	10	10	10	7	**4.78**	8	7	1	–	1	–	–	–	–	–	–	–	**Benzoyl chloride, 2-methyl-**		**03027**
119	91	65	63	89	120	154	92	**154**	100	57	17	10	9	8	5	5		8	7	1	–	1	–	–	–	–	–	–	–	**Benzoyl chloride, 3-methyl-**	1711-06-4	**Q6565**
119	154	91	103	104	105	139	117	**154**	100	31	16	13	12	12	12	10		9	11	–	–	1	–	–	–	–	–	–	–	**β-Chlorocumene**		**L0633**
119	154	91	103	104	105	139	120	**154**	100	31	16	13	12	12	12	10		9	11	–	–	1	–	–	–	–	–	–	–	**Benzyl chloride, ar-ethyl-**		**Z0929**
119	154	91	117	120	156	103	77	**154**	100	20	15	13	10	7	6	6		9	11	–	–	1	–	–	–	–	–	–	–	**Toluene, ar-(1-chloroethyl)-**		**Z0930**
119	154	91	120	77	117	103	115	**154**	100	24	19	10	10	9	8	8		9	11	–	–	1	–	–	–	–	–	–	–	**Benzene, 4-(chloromethyl)-1,2-dimethyl-**	102-46-5	**P7552**
119	154	139	91	117	120	77	103	**154**	100	57	14	12	10	10	9	8		9	11	–	–	1	–	–	–	–	–	–	–	**Benzene, 1-chloro-2,4,6-trimethyl-**		**L0613**
119	154	156	139	91	117	120	77	**154**	100	57	18	14	12	10	10	9		9	11	–	–	1	–	–	–	–	–	–	–	**Benzene, 1-chloro-2,4,6-trimethyl-**		**Z0939**
121	43	71	136	41	55	81	93	**154**	100	75	40	40	36	36	28	28	**0.00**	10	18	1	–	–	–	–	–	–	–	–	–	**Cyclopentanol, (1R)-1α,2β,3β-1,2-dimethyl-3-isopropenyl-**	4028-58-4	**09562**
123	45	154	110	51	77	65	109	**154**	100	89	62	51	30	27	22	19		8	10	1	–	–	–	–	1	–	–	–	–	**2-Hydroxyethyl phenyl sulphide**		**G0256**
123	81	67	41	95	55	79	107	**154**	100	72	29	26	25	24	20	19	**15.01**	10	18	1	–	–	–	–	–	–	–	–	–	**p-Menth-3-en-9-ol**	15714-10-0	**H1766**
123	154	43	139	94	122	53	81	**154**	100	98	80	77	20	14	12	12		8	10	3	–	–	–	–	–	–	–	–	–	**3-Furancarboxylic acid, 2,5-dimethyl-, methyl ester**	6148-34-1	**H1597**
123	154	43	139	94	122	95	81	**154**	100	98	80	77	20	14	12	12		8	10	3	–	–	–	–	–	–	–	–	–	**3-Furancarboxylic acid, 2,5-dimethyl-, methyl ester**		**04428**
125	29	154	139	42	58	56	97	**154**	100	59	56	41	37	34	33	33		9	18	–	2	–	–	–	–	–	–	–	–	**Butenal, 2-methylene-, diethylhydrazone**	25186-13-4	**S0986**
125	43	29	55	41	27	57	39	**154**	100	86	44	37	36	32	21	21	**20.00**	10	18	1	–	–	–	–	–	–	–	–	–	**Furan, cis-2,4-diethyl-3,5-dimethyl-4,5-dihydro-**		**M0084**
125	43	29	55	41	27	154	39	**154**	100	83	40	31	31	28	19	18		10	18	1	–	–	–	–	–	–	–	–	–	**Furan, trans-2,4-diethyl-3,5-dimethyl-4,5-dihydro-**		**M0085**
125	58	154	29	55	139	42	82	**154**	100	95	95	84	67	67	61	61		9	18	–	2	–	–	–	–	–	–	–	–	**2-Butenal, 2-methyl-, diethylhydrazone**	25186-08-7	**S0984**

MASS TO CHARGE RATIOS								M.W.	INTENSITIES								Parent	C	H	O	N	Cl	Br	F	S	P	B	Si	X	COMPOUND NAME	CAS Reg No	No
125	69	124	41	57	68	40	29	**154**	100	59	50	41	34	17	12	12	**0.50**	8	20	1	–	–	–	–	–	–	2	–	–	**Borinic acid, diethyl-, anhydride**	7318-84-5	**R3058**
125	99	39	27	81	41	55	154	**154**	100	48	45	38	31	30	28	26		9	14	2	–	–	–	–	–	–	–	–	–	**1,4-Dioxaspiro[4.6]undec-6-ene**	1728-24-1	**Q6590**
125	127	154	119	126	156	91	89	**154**	100	32	24	10	9	8	7	7		9	11	–	–	1	–	–	–	–	–	–	–	**Benzene, 1-chloro-2-propyl-**		**Z0949**
125	154	119	126	89	91	63	39	**154**	100	24	10	9	7	7	4	3		9	11	–	–	1	–	–	–	–	–	–	–	**Benzene, 1-chloro-2-propyl-**		**L0611**
125	154	126	89	91	119	39	51	**154**	100	21	8	6	4	4	3	3		9	11	–	–	1	–	–	–	–	–	–	–	**Benzene, 1-chloro-4-propyl-**		**L0612**
125	154	139	91	110	126	45	97	**154**	100	33	12	11	9	9	9	9		9	14	–	–	–	–	–	1	–	–	–	–	**Thiophene, 2-ethyl-5-propyl-**	54244-74-5	**H2035**
125	154	139	91	126	110	97	45	**154**	100	33	12	11	9	9	8	8		9	14	–	–	–	–	–	1	–	–	–	–	**Thiophene, 2-ethyl-5-propyl-**		**Y2048**
126	69	55	154	40	97	39	41	**154**	100	80	68	58	54	53	50	45		7	6	4	–	–	–	–	–	–	–	–	–	**Phyllostine**		**06362**
126	69	55	154	41	97	40	42	**154**	100	80	69	59	57	54	52	47		7	6	4	–	–	–	–	–	–	–	–	–	**Phyllostine**		**M2946**
126	69	55	154	97	138	71		**154**	100	80	68	58	53	32	36			7	6	4	–	–	–	–	–	–	–	–	–	**Phyllostine**		**M7225**
126	111	55	154	41	83	125	39	**154**	100	67	34	33	22	22	22	17		9	14	2	–	–	–	–	–	–	–	–	–	**1,3-Cyclopentanedione, 2-butyl-**		**M3936**
126	123	95	94	154	98	68	66	**154**	100	70	67	66	61	49	46	24		7	6	4	–	–	–	–	–	–	–	–	–	**2H-Pyran-5-carboxylic acid, 2-oxo-, methyl ester**		**15051**
136	42	135	121	94	39	80	41	**154**	100	39	37	30	30	16	14	9	**0.00**	8	14	1	2	–	–	–	–	–	–	–	–	**Imidazole, 1,2-dimethyl-(2-hydroxyisopropyl)-**		**M6722**
136	52	154	108	80	51	53	28	**154**	100	50	33	33	31	27	24	15		7	6	4	–	–	–	–	–	–	–	–	–	**2,3-Dihydroxybenzoic acid**		**04958**
136	67	94	41	95	81	55	79	**154**	100	76	60	59	50	45	43	40	**9.00**	10	18	1	–	–	–	–	–	–	–	–	–	**1-Naphthalenol, decahydro-**		**L6808**
136	95	94	79	67	121	93	107	**154**	100	63	53	48	44	37	35	33	**1.00**	10	18	1	–	–	–	–	–	–	–	–	–	**2-Naphthalenol, decahydro-**		**L6807**
136	108	18	52	17	80	154	137	**154**	100	85	59	17	17	16	14	12		7	6	4	–	–	–	–	–	–	–	–	–	**2,6-Dihydroxybenzoic acid**		**04961**
136	108	109	154	69	137	110	39	**154**	100	46	22	21	11	10	6	6		7	6	2	–	–	–	–	1	–	–	–	–	**Benzoic acid, 2-mercapto-**		**03026**
136	108	154	69	39	137	109	45	**154**	100	78	45	31	21	20	19	18		7	6	2	–	–	–	–	1	–	–	–	–	**Benzoic acid, 2-mercapto-**	147-93-3	**P9946**
136	108	154	69	137	105	109	122	**154**	100	40	24	11	9	9	8	7		7	6	2	–	–	–	–	1	–	–	–	–	**Thiosalicylic acid**		**D1034**
136	108	154	80	52	95	69	51	**154**	100	61	59	28	22	19	18	17		7	6	4	–	–	–	–	–	–	–	–	–	**2,4-Dihydroxybenzoic acid**		**04959**
136	108	154	137	69	109	105	122	**154**	100	39	24	12	10	9	9	8		7	6	2	–	–	–	–	1	–	–	–	–	**Thiosalicylic acid**		**L1193**
136	121	81	93	43	41	55	107	**154**	100	99	79	78	58	54	54	36	**1.70**	10	18	1	–	–	–	–	–	–	–	–	–	**Bicyclo[4.1.0]heptan-3-ol, (1R)-1α,3α,4α,6α-4,7,7-trimethyl-**	4017-89-4	**Q9993**
136	121	93	81	43	41	55	107	**154**	100	99	78	63	59	55	54	37	**0.00**	10	18	1	–	–	–	–	–	–	–	–	–	**Bicyclo[4.1.0]heptan-3-ol, (1R)-1α,3α,4α,6α-4,7,7-trimethyl-**	4017-89-4	**H1441**
136	121	93	81	43	41	55	107	**154**	100	99	78	63	59	55	54	37	**0.00**	10	18	1	–	–	–	–	–	–	–	–	–	**Bicyclo[4.1.0]heptan-3-ol, trans-, (-)-trans-3,7,7-trimethyl-**		**M4269**
136	121	93	81	43	55	41	96	**154**	100	98	86	65	54	54	50	33	**3.30**	10	18	1	–	–	–	–	–	–	–	–	–	**Bicyclo[4.1.0]heptan-3-ol, (1R)-1α,3β,4β,6α-4,7,7-trimethyl-**	4017-93-0	**Q9995**
136	121	93	81	55	43	41	96	**154**	100	99	85	67	53	53	50	33	**0.00**	10	18	1	–	–	–	–	–	–	–	–	–	**Bicyclo[4.1.0]heptan-3-ol, (1R)-1α,3β,4β,6α-4,7,7-trimethyl-**	4017-93-0	**H1443**
136	121	93	81	55	43	41	97	**154**	100	99	85	67	53	53	50	33	**0.00**	10	18	1	–	–	–	–	–	–	–	–	–	**Bicyclo[4.1.0]heptan-3-ol, cis-, (+)-cis-3,7,7-trimethyl-**		**M4268**
136	154	52	80	53	82	54	51	**154**	100	37	32	29	22	13	11	11		7	6	4	–	–	–	–	–	–	–	–	–	**2,5-Dihydroxybenzoic acid**		**04960**
138	91	123	137	45	79	77	121	**154**	100	49	32	16	15	10	9	9	**0.00**	8	10	1	–	–	–	–	1	–	–	–	–	**Benzene, 1-methoxy-4-(methylthio)-**	1879-16-9	**Q6946**
139	41	43	111	55	44	154	42	**154**	100	91	68	65	64	62	52	49		9	18	–	2	–	–	–	–	–	–	–	–	**Butyraldehyde, 3-methyl-2-methylene-, isopropylhydrazone**	33063-81-9	**S3970**
139	43	41	55	39	42	67	70	**154**	100	65	60	40	38	35	35	34	**25.02**	9	14	2	–	–	–	–	–	–	–	–	–	**1-Oxaspiro[2.5]octan-4-one, 2,2-dimethyl-**		**P4161**
139	43	41	55	39	67	42	70	**154**	100	63	59	39	38	35	33	32	**24.00**	9	14	2	–	–	–	–	–	–	–	–	–	**1-Oxaspiro[2.5]octan-4-one, 2,2-dimethyl-**	50786-09-9	**S7468**
139	43	57	29	41	27	55	69	**154**	100	93	90	76	63	55	55	42	**22.92**	10	18	1	–	–	–	–	–	–	–	–	–	**Furan, 4,5-diethyl-2,3-dihydro-2,3-dimethyl-**	54244-89-2	**S8857**
139	43	57	29	41	55	27	69	**154**	100	93	90	76	63	55	55	42	**23.00**	10	18	1	–	–	–	–	–	–	–	–	–	**Furan, trans-2,3-diethyl-4,5-dimethyl-4,5-dihydro-**		**M0087**
139	43	68	71	81	41	121	56	**154**	100	81	56	50	47	46	33	28	**3.00**	10	18	1	–	–	–	–	–	–	–	–	–	**2H-Pyran, 2-vinyltetrahydro-2,6,6-trimethyl-**	7392-19-0	**R3152**
139	57	29	43	55	41	27	69	**154**	100	77	61	60	47	46	42	36	**0.00**	10	18	1	–	–	–	–	–	–	–	–	–	**Furan, cis-2,3-diethyl-4,5-dimethyl-4,5-dihydro-**		**M0086**
139	68	154	83	43				**154**	100	60	58	25	20					7	10	2	2	–	–	–	–	–	–	–	–	**2,5-Pyrrolidinedione, 3-(1-aminoethylidene)-4-methyl-**	58467-29-1	**T5039**
139	69	41	55	83	39	154	29	**154**	100	45	31	23	19	19	18	15		10	18	1	–	–	–	–	–	–	–	–	–	**2H-Pyran, tetrahydro-4-methyl-2-(2-methyl-1-propenyl)-**		**03305**
139	73	140	43	79	83	80	59	**154**	100	16	14	12	11	10	8	6	**2.15**	9	18	–	–	–	–	–	–	–	–	1	–	**Silane, 1-hexynyltrimethyl-**	3844-94-8	**Q9855**
139	95	109	41	121	43	55	136	**154**	100	95	65	50	41	30	29	25	**0.00**	10	18	1	–	–	–	–	–	–	–	–	–	**Bicyclo[2.2.1]heptan-2-ol, endo-1,5,5-trimethyl-**		**M4110**
139	103	141	154	77	51	156	140	**154**	100	44	32	30	17	11	10	9		9	11	–	–	1	–	–	–	–	–	–	–	**Benzene, 1-chloro-2-isopropyl-**		**Z0941**
139	103	154	77	51	140	119	104	**154**	100	44	30	17	11	9	6	5		9	11	–	–	1	–	–	–	–	–	–	–	**Benzene, 1-chloro-2-isopropyl-**		**L0609**
139	103	154	77	51	140	119	104	**154**	100	42	30	14	11	9	8	6		9	11	–	–	1	–	–	–	–	–	–	–	**Benzene, 1-chloro-4-isopropyl-**		**L0610**
139	111	141	43	75	154	50	113	**154**	100	49	31	30	28	26	24	15		8	7	1	–	1	–	–	–	–	–	–	–	**Acetophenone, 4′-chloro-**		**02577**
139	111	141	154	75	43	113	50	**154**	100	46	32	29	22	20	15	14		8	7	1	–	1	–	–	–	–	–	–	–	**Acetophenone, 4′-chloro-**	99-91-2	**P7299**
139	111	154	141	43	113	75	156	**154**	100	49	37	33	17	16	15	12		8	7	1	–	1	–	–	–	–	–	–	–	**Acetophenone, 3′-chloro-**		**Z0936**
139	111	154	141	75	113	43	156	**154**	100	45	34	33	18	15	14	11		8	7	1	–	1	–	–	–	–	–	–	–	**Acetophenone, 4′-chloro-**		**Z0931**
139	141	111	154	43	75	113	156	**154**	100	36	34	25	18	15	12	9		8	7	1	–	1	–	–	–	–	–	–	–	**Acetophenone, 2′-chloro-**		**Z0940**
139	154	39	105	41	79	91	98	**154**	100	70	45	39	38	31	31	31		9	14	–	–	–	–	–	1	–	–	–	–	**2-Cyclohexene-1-thione, 3,5,5-trimethyl-**	30221-55-7	**S2820**
139	154	43	69	84	41	110	55	**154**	100	95	64	60	57	14	14	12		8	10	3	–	–	–	–	–	–	–	–	–	**1,3-Cyclopentanedione, 2-acetyl-4-methyl-**	4056-69-3	**R0038**
139	154	43	83	57	111	63	140	**154**	100	52	42	29	22	20	9	8		8	7	2	–	–	–	1	–	–	–	–	–	**5-Fluoro-2-hydroxyacetophenone**		**L7941**
139	154	43	84	155	27	69	111	**154**	100	95	64	54	40	20	20	17		8	10	3	–	–	–	–	–	–	–	–	–	**1,3-Cyclopentanedione, 2-acetyl-4-methyl-**	4056-69-3	**R0039**
139	154	44	58	42	55	69	96	**154**	100	71	47	38	34	28	28	27		6	10	1	4	–	–	–	–	–	–	–	–	**1,3,5-Triazin-2-amine, N-ethyl-4-methoxy-**	37034-43-8	**S5455**
139	154	83	57	111	63	140	81	**154**	100	45	23	20	14	11	8	7		8	7	2	–	–	–	1	–	–	–	–	–	**3-Fluoro-2-hydroxyacetophenone**		**L7939**
139	154	111	43	83	57	63	140	**154**	100	36	33	28	26	24	12	8		8	7	2	–	–	–	1	–	–	–	–	–	**3-Fluoro-4-hydroxyacetophenone**		**L7940**

MASS TO CHARGE RATIOS								M.W.	INTENSITIES								Parent	C	H	O	N	Cl	Br	F	S	P	B	Si	X	COMPOUND NAME	CAS Reg No	No
153	154	152	76	128	63	64	155	**154**	100	76	28	22	18	11	10	10		12	10	–	–	–	–	–	–	–	–	–	–	**1,4-Ethenonaphthalene, 1,4-dihydro-**	7322-47-6	**R3061**
153	154	152	155	127	151	125	102	**154**	100	70	43	19	15	11	9	7		12	10	–	–	–	–	–	–	–	–	–	–	**Benzene, (2,4-cyclopentadien-1-ylidenemethyl)-**	7338-50-3	**R3072**
154	18	28	17	109	81	32	138	**154**	100	86	41	38	34	13	12	11		7	6	4	–	–	–	–	–	–	–	–	–	**3,4-Dihydroxybenzoic acid**		**04962**
154	18	137	109	17	69	28	81	**154**	100	68	58	22	16	15	10	10		7	6	4	–	–	–	–	–	–	–	–	–	**Benzoic acid, 3,5-dihydroxy-**		**04963**
154	28	154	152	155	44	151	76	**154**	100	73	32	26	12	11	8	5		12	10	–	–	–	–	–	–	–	–	–	–	**1,1′-Biphenyl**		**D0875**
154	39	56	97	82	28	55	42	**154**	100	41	33	32	26	21	12	11		7	10	2	2	–	–	–	–	–	–	–	–	**Uracil, 1,3,6-trimethyl-**	13509-52-9	**R4615**
154	45	39	109	65	137	121	69	**154**	100	71	63	62	62	60	49	38		7	6	2	–	–	–	–	1	–	–	–	–	**2-Propenoic acid, 3-(2-thienyl)-**	1124-65-8	**Q5431**
154	45	51	93	126	152	99		**154**	100	48	36	32	28	14	8			6	6	1	2	–	–	–	1	–	–	–	–	**6,7-Dihydrothieno[3,2-c]pyridazin-3(2H)-one**		**M6613**
154	45	139	77	15	39	51	95	**154**	100	91	52	31	24	22	18	16		8	10	1	–	–	–	–	1	–	–	–	–	**Phenol, 3-methyl-4-(methylthio)-**	3120-74-9	**H1384**
154	52	53	79	80	30	96	51	**154**	100	99	74	66	65	60	45	32		6	6	3	2	–	–	–	–	–	–	–	–	**Phenol, 4-amino-2-nitro-**	119-34-6	**P9003**
154	54	84	82	111	56	153	68	**154**	100	42	34	30	27	27	23	21		6	15	–	4	–	–	–	–	–	1	–	–	**1,2,5-Triethylcyclotetrazenoborane**		**05759**
154	65	121	153	90	77	89	110	**154**	100	72	71	64	60	59	53	50		7	6	–	–	–	–	–	2	–	–	–	–	**2,4,6-Cycloheptatriene-1-thione, 2-mercapto-**		**05501**
154	68	69	97	155	96			**154**	100	31	28	17	14	14				7	10	2	2	–	–	–	–	–	–	–	–	**Uracil, 1,3,5-trimethyl-**		**L7203**
154	68	69	97	155	96	43	56	**154**	100	30	30	17	14	13	7	6		7	10	2	2	–	–	–	–	–	–	–	–	**Uracil, 1,3,5-trimethyl-**	4401-71-2	**R0399**
154	69	28	125	43	111	18	139	**154**	100	71	65	59	57	50	49	43		5	10	–	6	–	–	–	–	–	–	–	–	**Melamine, 1,3-dimethyl-**		**D0669**
154	77	121	153	90	69	89	110	**154**	100	72	71	64	60	59	52	50		7	6	–	–	–	–	–	2	–	–	–	–	**2,4,6-Cycloheptatriene-1-thione, 2-mercapto-**	21505-25-9	**R9284**
154	79	39	41	78	27	45	97	**154**	100	91	35	31	29	27	20	18		9	14	–	–	–	–	–	1	–	–	–	–	**2-Thiatricyclo[3.3.1.1$^{(3,7)}$]decane**		**Y0940**
154	81	80	53	42	45	46	28	**154**	100	97	57	14	13	13	13	11		6	6	1	2	–	–	–	1	–	–	–	–	**Acetonitrile, (3-methyl-4-oxo-2-thiazolidinylidene)-**	56196-65-7	**T2989**
154	85	84	38	69	58	28	31	**154**	100	72	57	43	33	31	31	30		4	2	–	2	–	–	4	–	–	–	–	–	**3-Amino-2,4,4,4-tetrafluoro-2-butenenitrile**		**L5874**
154	97	126	45	139	53	39	98	**154**	100	84	57	34	31	22	20	20		8	10	1	–	–	–	–	1	–	–	–	–	**Phenol, 2-(ethylthio)-**		**03698**
154	98	70	139	112	83	111	155	**154**	100	39	36	35	18	15	15	12		9	14	2	–	–	–	–	–	–	–	–	–	**1,3-Cyclohexanedione, 2,5,5-trimethyl-**		**E0005**
154	109	67	125	79	39	45	41	**154**	100	90	66	65	52	50	39	38		9	14	2	–	–	–	–	–	–	–	–	–	**Bicyclo[2.2.2]octane-1-carboxylic acid**	699-55-8	**Q3770**
154	121	77	45	155	78	95	96	**154**	100	50	13	13	12	10	10	10		8	10	1	–	–	–	–	1	–	–	–	–	**Benzene, 1-methoxy-3-(methylthio)-**	2388-74-1	**Q7932**
154	124	156	126	30	73	37	38	**154**	100	95	35	34	31	28	20	20		6	3	1	2	1	–	–	–	–	–	–	–	**Benzofurazan, 4-chloro-**	7116-16-7	**R2847**
154	125	69	94	111	95	124	155	**154**	100	47	21	17	14	9	9	9		8	10	3	–	–	–	–	–	–	–	–	–	**Phenol, 3,5-dimethoxy-**	500-99-2	**Q1318**
154	125	99	67	153	55	81	41	**154**	100	87	73	43	35	31	28	27		9	14	2	–	–	–	–	–	–	–	–	–	**1,4-Dioxaspiro[4.5]decane, 6-methylene-**	23153-81-3	**09486**
154	127	76	75	102	101	77	63	**154**	100	32	27	21	16	14	14	14		10	6	–	2	–	–	–	–	–	–	–	–	**2-Quinolinecarbonitrile**		**L2528**
154	127	76	75	102	128	77	63	**154**	100	30	26	22	17	14	14	13		10	6	–	2	–	–	–	–	–	–	–	–	**2-Quinolinecarbonitrile**	1436-43-7	**Q5953**
154	127	103	76	51	155	100	50	**154**	100	63	49	15	13	10	10	8		10	6	–	2	–	–	–	–	–	–	–	–	**Propanedinitrile, benzylidene-**	2700-22-3	**Q8552**
154	127	103	155	153	128	50	51	**154**	100	45	28	12	8	7	6	6		10	6	–	2	–	–	–	–	–	–	–	–	**Propanedinitrile, benzylidene-**	2700-22-3	**Q8553**
154	127	155	75	51	74	76	128	**154**	100	46	17	16	14	14	11	11		10	6	–	2	–	–	–	–	–	–	–	–	**1-Isoquinolinecarbonitrile**	1198-30-7	**Q5719**
154	128	77	76	102	129	63	78	**154**	100	35	29	27	20	20	16	16		10	6	–	2	–	–	–	–	–	–	–	–	**2-Quinolinecarbonitrile**	1436-43-7	**Q5954**
154	137	28	109	32	31	155	81	**154**	100	58	22	20	14	11	10	10		7	6	4	–	–	–	–	–	–	–	–	–	**3,4-Dihydroxybenzoic acid**		**06220**
154	137	109	69	81	51	155	39	**154**	100	59	25	22	13	10	9	8		7	6	4	–	–	–	–	–	–	–	–	–	**Benzoic acid, 3,5-dihydroxy-**		**D1291**
154	137	109	69	81	155	53	51	**154**	100	56	21	17	9	8	6	6		7	6	4	–	–	–	–	–	–	–	–	–	**Benzoic acid, 3,5-dihydroxy-**	99-10-5	**P7232**
154	139	45	77	95	111	155	65	**154**	100	37	22	16	16	16	10	8		8	10	1	–	–	–	–	1	–	–	–	–	**Benzene, 1-methoxy-2-(methylthio)-**	2388-73-0	**Q7931**
154	139	45	77	111	95	155	65	**154**	100	36	22	17	16	15	10	8		8	10	1	–	–	–	–	1	–	–	–	–	**Benzene, 1-methoxy-2-(methylthio)-**		**L1447**
154	139	93	96	39	111	15	65	**154**	100	63	53	53	47	44	40	37		8	10	3	–	–	–	–	–	–	–	–	–	**Phenol, 2,6-dimethoxy-**	91-10-1	**P6600**
154	139	93	96	65	111	51	45	**154**	100	55	41	32	30	30	22	20		8	10	3	–	–	–	–	–	–	–	–	–	**Phenol, 2,6-dimethoxy-**	91-10-1	**P6601**
154	139	111	69	39	65	55	93	**154**	100	69	31	12	11	11	10	10		8	10	3	–	–	–	–	–	–	–	–	–	**Phenol, 3,4-dimethoxy-**	2033-89-8	**Q7219**
154	139	111	69	125	68	110	97	**154**	100	54	46	44	32	28	15	14		5	10	–	6	–	–	–	–	–	–	–	–	**Melamine, 1,3-dimethyl-**		**D1459**
154	139	111	77	96	140	155	45	**154**	100	74	12	10	10	9	9	7		8	10	1	–	–	–	–	1	–	–	–	–	**Benzene, 1-methoxy-4-(methylthio)-**	1879-16-9	**Q6945**
154	139	111	77	155	140	96	69	**154**	100	94	15	14	12	12	12	9		8	10	1	–	–	–	–	1	–	–	–	–	**Benzene, 1-methoxy-4-(methylthio)-**		**L1445**
154	153	152	76	151	155	63	77	**154**	100	95	53	26	16	12	12	11		12	10	–	–	–	–	–	–	–	–	–	–	**Acenaphthene**		**Y1436**
154	153	152	76	151	155	77	63	**154**	100	86	43	28	15	13	12	11		12	10	–	–	–	–	–	–	–	–	–	–	**Acenaphthene**		**V0322**
154	153	152	76	155	51	77	63	**154**	100	26	21	17	13	10	10	7		12	10	–	–	–	–	–	–	–	–	–	–	**1,1′-Biphenyl**		**Y0613**
154	153	152	76	155	151	77	63	**154**	100	76	37	18	14	12	9	6		12	10	–	–	–	–	–	–	–	–	–	–	**Acenaphthene**		**C1609**
154	153	152	155	76	77	51	63	**154**	100	27	22	13	12	7	6	6		12	10	–	–	–	–	–	–	–	–	–	–	**1,1′-Biphenyl-**		**V0122**
154	153	152	155	151	128	77	127	**154**	100	40	32	13	10	9	7	6		12	10	–	–	–	–	–	–	–	–	–	–	**Naphthalene, 2-vinyl-**	827-54-3	**Q4296**
156	141	45	123	110	95	69	85	**154**	100	85	36	27	22	21	20	19	**0.00**	7	6	2	–	–	–	–	1	–	–	–	–	**1,2-Benzoquinone, 4-(methylthio)-**		**M0451**
28	140	155	85	32	100	154	45	**155**	100	77	62	24	24	18	17	12		8	13	–	1	–	–	–	1	–	–	–	–	**Thiazole, 2,5-diethyl-4-methyl-**	41981-71-9	**S6820**
30	140	142	77	120	44	28	58	**155**	100	60	19	15	13	12	12	7	**3.90**	8	10	–	1	1	–	–	–	–	–	–	–	**Benzeneethanamine, 2-chloro-**	13078-80-3	**R4181**
41	29	27	56	99	43	28	55	**155**	100	82	77	68	66	58	45	42	**2.00**	9	17	1	1	–	–	–	–	–	–	–	–	**Octane, 1-isocyanato-**	3158-26-7	**Q9071**
41	81	73	55	39	67	27	123	**155**	100	63	56	53	47	45	45	44	**4.50**	9	17	1	1	–	–	–	–	–	–	–	–	**Cyclononanone, oxime**	2972-02-3	**Q8877**

MASS TO CHARGE RATIOS								M.W.	INTENSITIES								Parent	C	H	O	N	Cl	Br	F	S	P	B	Si	X	COMPOUND NAME	CAS Reg No	No
42	112	43	84	99	41	56	71	**155**	100	92	39	39	36	24	20	15	**0.00**	10	21	–	1	–	–	–	–	–	–	–	–	Methylamine, N-(1-isopropylhexylidene)-	18641-77-5	R7753
42	127	68	41	43	44	96	110	**155**	100	80	68	58	51	50	40	33	**11.00**	8	13	2	1	–	–	–	–	–	–	–	–	1-Azabicyclo[2.2.2]octan-3-one, 6-(hydroxymethyl)-	34291-62-8	S4609
42	127	68	41	44	43	96	110	**155**	100	80	68	62	48	47	40	35	**14.00**	8	13	2	1	–	–	–	–	–	–	–	–	1-Azabicyclo[2.2.2]octan-3-one, 2-(hydroxymethyl)-		M3810
43	44	155	127	69	98	42	140	**155**	100	70	54	41	35	28	27	24		5	9	1	5	–	–	–	–	–	–	–	–	1,3,5-Triazin-2(1H)-one, 4-amino-6-(ethylamino)-	7313-54-4	R3053
43	56	54	55	41	42	31	27	**155**	100	92	52	48	44	40	32	28	**0.20**	9	17	1	1	–	–	–	–	–	–	–	–	Propanenitrile, 3-(hexyloxy)-	5327-02-6	09679
43	113	69	155	39	41	98	112	**155**	100	70	65	38	30	30	25	15		7	9	3	1	–	–	–	–	–	–	–	–	2-Ethyl-3-methylsuccinimide	58501-92-1	T5047
44	43	42	57	58	74	154	71	**155**	100	47	39	38	35	32	29	26	**25.00**	9	17	1	1	–	–	–	–	–	–	–	–	3-Azabicyclo[3.2.1]octane, 9β-hydroxy-3,9α-dimethyl-		P4046
44	154	58	42	57	155	95	41	**155**	100	51	39	36	32	31	26	24		9	17	1	1	–	–	–	–	–	–	–	–	3-Azabicyclo[3.3.1]nonan-9-ol, 3-methyl-, anti-	13962-79-3	R4864
55	41	155	112	54	67	42	84	**155**	100	80	78	72	67	51	46	44		7	13	1	3	–	–	–	–	–	–	–	–	Hydrazinecarboxamide, 2-cyclohexylidene-	1589-61-3	Q6271
55	54	82	59	60	83	72	69	**155**	100	44	43	23	23	21	17	16	**0.17**	8	13	2	1	–	–	–	–	–	–	–	–	Methyl 6-cyanohexanoate		C0138
55	83	82	113	41	70	97	69	**155**	100	50	34	25	21	21	17	17	**7.09**	8	13	2	1	–	–	–	–	–	–	–	–	2,6-Piperidinedione, 4-ethyl-4-methyl-	64-65-3	P5223
57	100	155	29	112	127	83	85	**155**	100	85	57	50	30	21	12	11		8	13	2	1	–	–	–	–	–	–	–	–	N-Ethyl-2-methylglutarimide		M5819
58	41	55	59	44	42	56	39	**155**	100	7	5	5	4	4	3	3	**0.21**	10	21	–	1	–	–	–	–	–	–	–	–	Cyclohexaneethanamine, N-α-dimethyl-	101-40-6	P7482
58	41	59	55	30	44	56	29	**155**	100	6	6	5	5	4	3	3	**0.90**	10	21	–	1	–	–	–	–	–	–	–	–	Cyclohexaneethanamine, N-α-dimethyl-	101-40-6	P7481
58	44	42	57	155	41	154	95	**155**	100	57	20	14	14	13	12	11		9	17	1	1	–	–	–	–	–	–	–	–	3-Azabicyclo[3.3.1]nonan-9-ol, 3-methyl-, syn-	13493-40-8	R4593
58	56	127	41	43	69	126	57	**155**	100	64	59	59	51	47	34	18	**0.29**	5	8	1	1	–	–	3	–	–	–	–	–	Acetamide, 2,2,2-trifluoro-N-propyl-	10056-69-6	R3563
58	67	110	44	54	41	39	82	**155**	100	65	38	36	32	26	26	21	**0.00**	9	17	1	1	–	–	–	–	–	–	–	–	Cyclohexanone, 2-[(dimethylamino)methyl]-	15409-60-6	R5731
64	37	28	38	63	99	36	52	**155**	100	27	20	15	12	11	9	9	**1.00**	4	2	–	5	1	–	–	–	–	–	–	–	Tetrazolo[1,5-b]pyridazine, 6-chloro-	21413-15-0	R9260
67	55	41	84	54	69	83	112	**155**	100	90	72	72	63	60	58	52	**52.05**	7	13	1	3	–	–	–	–	–	–	–	–	Hydrazinecarboxamide, 2-cyclohexylidene-	1589-61-3	Q6272
67	55	84	41	54	69	83	112	**155**	100	89	72	70	62	60	58	50	**50.00**	7	13	1	3	–	–	–	–	–	–	–	–	Hydrazinecarboxamide, 2-cyclohexylidene-	1589-61-3	Q6270
68	85	41	43	113	82	97	110	**155**	100	45	35	33	32	28	27	19	**9.09**	8	13	2	1	–	–	–	–	–	–	–	–	Butanoic acid, 2-cyano-3-methyl-, ethyl ester	3213-49-8	Q9121
68	99	41	59	55	123	112	124	**155**	100	46	27	23	20	16	14	14	**6.55**	8	13	2	1	–	–	–	–	–	–	–	–	Hexanoic acid, 2-cyano-, methyl ester	7309-46-8	R3049
69	31	155	100	28	58	127	108	**155**	100	73	42	41	36	29	16	16		3	1	–	3	–	–	4	–	–	–	–	–	1H-Tetrafluoroprop-1-enyl azide		M1457
70	28	43	84	41	44	56	29	**155**	100	52	24	23	21	17	16	15	**0.13**	10	21	–	1	–	–	–	–	–	–	–	–	Aziridine, 2-heptyl-3-methyl-	61142-05-0	T5376
70	43	28	31	55	59	27	41	**155**	100	88	70	68	47	38	35	34	**18.72**	8	13	2	1	–	–	–	–	–	–	–	–	Trachelanthamidine, 1,2-β-epoxy-	15211-03-7	R5600
70	43	41	56	55	71	98	81	**155**	100	10	7	7	6	5	4	3	**1.20**	10	21	–	1	–	–	–	–	–	–	–	–	Neoisomenthylamine		15104
70	43	41	56	55	98	44	81	**155**	100	12	9	9	7	5	5	5	**4.10**	10	21	–	1	–	–	–	–	–	–	–	–	Cyclohexanamine, 1α,2α,5β-5-methyl-2-isopropyl-		15102
70	43	41	56	81	55	98	39	**155**	100	13	12	8	6	5	5	5	**3.30**	10	21	–	1	–	–	–	–	–	–	–	–	Menthylamine		15101
70	43	44	41	155	56	71	98	**155**	100	10	9	7	7	5	5	5		10	21	–	1	–	–	–	–	–	–	–	–	Cyclohexanamine, 1α,2α,5β-5-methyl-2-isopropyl-	23399-21-5	S0177
70	43	56	41	55	71	98	81	**155**	100	8	6	6	5	5	5	4	**2.60**	10	21	–	1	–	–	–	–	–	–	–	–	Isomenthylamine		15103
70	55	59	58	155	124	54	96	**155**	100	40	36	30	17	13	11	11		8	13	2	1	–	–	–	–	–	–	–	–	Trachelanthamidine, 1,2-β-epoxy-	15211-03-7	R5601
70	112	43	57	155	56	98	96	**155**	100	75	68	51	30	25	23	19		8	13	2	1	–	–	–	–	–	–	–	–	3-Piperidinone, 1-acetyl-6-methyl-	54751-97-2	S9589
71	42	98	43	57	55	126	40	**155**	100	93	65	50	25	18	17	15	**1.00**	10	21	–	1	–	–	–	–	–	–	–	–	Methylamine, N-(1-butylpentylidene)-	10599-81-2	R3979
71	113	43	98	140	70	126	155	**155**	100	84	79	61	61	60	58	50		9	17	1	1	–	–	–	–	–	–	–	–	3-Octen-2-one, 4-(methylamino)-	24985-58-8	S0892
74	56	57	29	155	55	43	41	**155**	100	73	24	21	21	11	11	8		9	17	1	1	–	–	–	–	–	–	–	–	Propanamide, N-cyclohexyl-	1126-56-3	Q5454
74	75	41	81	53	110	57	67	**155**	100	37	26	24	19	18	17	15	**0.30**	8	13	2	1	–	–	–	–	–	–	–	–	2-Amino-3-(methylenecyclopropyl)butyric acid		01453
80	111	155	94	41	68	81	54	**155**	100	58	18	14	13	13	13	11		8	13	2	1	–	–	–	–	–	–	–	–	1H-Pyrrolizine-7-methanol, (1S)-cis-2,3,5,7a-tetrahydro-1-hydroxy-	520-63-8	Q1564
80	111	155	94	68	81	41	53	**155**	100	57	18	14	14	14	13	13		8	13	2	1	–	–	–	–	–	–	–	–	1H-Pyrrolizine-7-methanol, (1S)-cis-2,3,5,7a-tetrahydro-1-hydroxy-		M2118
82	81	34	110	54	55	137	83	**155**	100	51	35	17	15	15	15	14	**10.00**	6	9	2	3	–	–	–	–	–	–	–	–	Histidine		L1602
82	81	44	110	54	55	83	109	**155**	100	51	35	19	16	16	14	13	**2.10**	6	9	2	3	–	–	–	–	–	–	–	–	Histidine		06250
83	55	98	41	39	42	53	70	**155**	100	84	72	43	40	18	12	8	**1.00**	8	13	2	1	–	–	–	–	–	–	–	–	2,4-Azetidinedione, 3,3-diethyl-1-methyl-	69315-91-9	T7046
83	98	111	155	55	154	97	84	**155**	100	54	48	36	30	20	19	17		9	17	1	1	–	–	–	–	–	–	–	–	2H-Quinolizin-1-ol, octahydro-, trans-	10447-20-8	R3847
83	98	111	155	55	154	97	110	**155**	100	67	62	45	26	26	22	19		9	17	1	1	–	–	–	–	–	–	–	–	2H-Quinolizin-1-ol, octahydro-	22525-60-6	R9798
83	98	111	155	55	154	97	110	**155**	100	66	63	45	26	26	22	19		9	17	1	1	–	–	–	–	–	–	–	–	2H-Quinolizin-1-ol, octahydro-, cis-	10447-19-5	R3846
83	154	155	97	55	84	98	126	**155**	100	95	75	70	50	45	45	32		9	17	1	1	–	–	–	–	–	–	–	–	2H-Quinolizin-3-ol, octahydro-	54308-61-1	S8872
84	43	88	155	41	72	70	112	**155**	100	62	51	37	35	30	28	23		9	17	1	1	–	–	–	–	–	–	–	–	Acetamide, N-cyclopentyl-N-ethyl-	54244-76-7	S8846
92	77	140	51	65	94	125	50	**155**	100	94	64	34	25	14	14	11	**8.00**	7	9	1	1	–	–	–	1	–	–	–	–	Sulphoximine, S-methyl-S-phenyl-	4381-25-3	R0377
93	155	30	92	60	63	47	125	**155**	100	97	52	29	20	20	17	16		3	10	2	1	–	–	–	1	1	–	–	–	Phosphoramidothioic acid, methyl-, O,O-dimethyl ester	31464-99-0	S3311
95	155	122	69	68	41	40	43	**155**	100	68	48	41	39	34	31	26		6	9	–	3	–	–	–	1	–	–	–	–	4-Pyrimidinamine, 2-(ethylthio)-	54308-63-3	S8874
96	155	140	42	43	81	94	53	**155**	100	95	87	77	70	49	48	39		8	13	2	1	–	–	–	–	–	–	–	–	3-Pyridinecarboxylic acid, 1,2,5,6-tetrahydro-1-methyl-, methyl ester	63-75-2	P5187
97	56	43	112	42	41	39	44	**155**	100	33	19	19	15	14	6	6	**5.00**	7	13	1	3	–	–	–	–	–	–	–	–	1H-Pyrazole-1-carboxamide, 4,5-dihydro-3,5,5-trimethyl-	3786-02-5	Q9814
97	154	83	55	138	155	110	113	**155**	100	88	78	76	66	62	48	31		9	17	1	1	–	–	–	–	–	–	–	–	2H-Quinolizin-2-ol, octahydro-, trans-	31172-60-8	S3226
97	154	155	138	83	55	110	113	**155**	100	87	63	62	57	50	44	36		9	17	1	1	–	–	–	–	–	–	–	–	2H-Quinolizin-2-ol, octahydro-	54308-62-2	S8873
97	155	95	96	41	42	39	140	**155**	100	40	33	31	30	23	18	18		7	13	1	3	–	–	–	–	–	–	–	–	Hydrazinecarboxamide, 2-(1,3-dimethyl-2-butenylidene)-	3780-62-9	Q9811
98	41	70	42	96	99	97	43	**155**	100	42	42	32	25	20	15	14	**7.00**	9	17	1	1	–	–	–	–	–	–	–	–	Acetone, 1-(1-methyl-2-piperidinyl)-, (+-)-	18747-42-7	R7801
98	41	99	42	55	155	44	43	**155**	100	7	7	6	5	4	3	3		10	21	–	1	–	–	–	–	–	–	–	–	Piperidine, 1-pentyl-	10324-58-0	R3751

MASS TO CHARGE RATIOS								M.W.	INTENSITIES								Parent	C	H	O	N	Cl	Br	F	S	P	B	Si	X	COMPOUND NAME	CAS Reg No	No
98	43	70	71	41	42	69	30	**155**	100	45	40	33	29	22	20	18	**0.66**	10	21	–	1	–	–	–	–	–	–	–	–	**1-Butanamine, 2-methyl-N-(2-methylbutylidene)-**	54518-97-7	**S9257**
98	71	56	113	155	41	55	39	**155**	100	28	26	22	20	12	10	8		9	17	1	1	–	–	–	–	–	–	–	–	**2-Octen-4-one, 2-(methylamino)-**	24985-57-7	**S0891**
98	84	155	110	112	138	140	124	**155**	100	72	65	17	14	14	14	12		9	17	1	1	–	–	–	–	–	–	–	–	**2-Dimethylamino-3-endo-hydroxybicyclo[2.2.1]heptane**		**P0462**
100	113	55	56	155	84	41	45	**155**	100	51	46	38	28	25	23	18		8	13	2	1	–	–	–	–	–	–	–	–	**2,5-Pyrrolidinedione, 1-butyl-**	3470-96-0	**Q9441**
110	42	155	44	41	82	109	39	**155**	100	76	72	24	21	17	14	10		8	13	2	1	–	–	–	–	–	–	–	–	**3-Oxa-9-azabicyclo[3.3.1]nonan-7-one, 9-methyl-**	7224-81-9	**R2975**
110	43	42	29	111	58	140	155	**155**	100	34	27	18	18	16	16	12		9	17	1	1	–	–	–	–	–	–	–	–	**4-Pyridinemethanol, 1-ethyl-1,2,3,6-tetrahydro-α-methyl-**	37835-57-7	**S5609**
110	156	108	81	82	83	63	109	**155**	100	26	13	11	11	11	10	10	**0.00**	6	9	2	3	–	–	–	–	–	–	–	–	**Histidine**	4998-57-6	**R1001**
112	30	84	28	41	56	29	27	**155**	100	49	36	33	33	31	30	28	**7.11**	10	21	–	1	–	–	–	–	–	–	–	–	**Cyclohexanamine, N-butyl-**	10108-56-2	**H1680**
112	155	140						**155**	100	53	42							9	17	1	1	–	–	–	–	–	–	–	–	**Piperidine, 1-(2-methyl-1-oxopropyl)-**	17201-04-6	**R6684**
112	155	140	126	44				**155**	100	20	12	7	5					9	17	1	1	–	–	–	–	–	–	–	–	**6-Azabicyclo[3.2.1]octane, 5-methoxy-6-methyl-**	35790-99-9	**S5073**
112	155	140	126	44				**155**	100	20	12	7	5					9	17	1	1	–	–	–	–	–	–	–	–	**6-Azabicyclo[3.2.1]octane, 6-methyl-5-methoxy-**		**M7431**
113	28	71	45	126	112	155	140	**155**	100	39	25	19	19	17	17	12		8	13	–	1	–	–	–	1	–	–	–	–	**Thiazole, 4-butyl-2-methyl-**	41981-69-5	**S6818**
113	43	70	41	55	85	71	57	**155**	100	77	74	53	49	39	33	32	**4.25**	9	17	1	1	–	–	–	–	–	–	–	–	**Pyrrolidine, 1-(1-oxopentyl)-**	4419-57-2	**R0417**
113	56	43	41	70	127	55	155	**155**	100	89	56	42	42	38	33	27		8	13	2	1	–	–	–	–	–	–	–	–	**2H-Pyrrol-2-one, 5-ethoxy-3,4-dihydro-3,4-dimethyl-, cis-**	64833-41-6	**T6520**
113	56	70	41	55	127	155	43	**155**	100	76	41	35	35	35	29	24		8	13	2	1	–	–	–	–	–	–	–	–	**2H-Pyrrol-2-one, 5-ethoxy-3,4-dihydro-3,4-dimethyl-, trans-**	64833-42-7	**T6521**
113	70	43	71	55	85	41	57	**155**	100	53	32	28	27	27	19	18	**11.88**	9	17	1	1	–	–	–	–	–	–	–	–	**Pyrrolidine, 1-(1-oxopentyl)-**	4419-57-2	**R0416**
113	126	112	71	72	39	73	41	**155**	100	52	49	47	47	29	20	18	**11.00**	8	13	–	1	–	–	–	1	–	–	–	–	**Thiazole, 2-butyl-5-methyl-**	52414-85-4	**S7937**
113	155	84	43	55	99	126	42	**155**	100	60	16	12	10	3	3	3		7	9	3	1	–	–	–	–	–	–	–	–	**α-Acetamido-β-methylbutenolide**		**M2826**
120	127	65	92	155	63	39	64	**155**	100	81	45	42	37	30	29	28		7	6	1	1	1	–	–	–	–	–	–	–	**Formamide, N-(2-chlorophenyl)-**	2596-93-2	**Q8388**
126	41	155	42	94	82	55	39	**155**	100	65	62	57	42	41	34	28		9	17	1	1	–	–	–	–	–	–	–	–	**3-Octen-2-one, O-methyloxime**	39209-05-7	**S6055**
126	41	155	42	94	82	55	53	**155**	100	65	64	56	42	41	34	28		9	17	1	1	–	–	–	–	–	–	–	–	**3-Octen-2-one, O-methyloxime**	39209-05-7	**S6056**
126	155	71	45	39	154	127	41	**155**	100	93	60	51	40	35	32	30		8	13	–	1	–	–	–	1	–	–	–	–	**Thiazole, 2-ethyl-5-propyl-**	27149-25-3	**S1631**
126	155	85	45	127	59	41	128	**155**	100	36	18	10	8	8	6	5		8	13	–	1	–	–	–	1	–	–	–	–	**Thiazole, 2,4-dimethyl-5-propyl-**	41981-70-8	**S6819**
127	55	70	41	42	128	69	112	**155**	100	60	42	20	18	9	8	8	**2.50**	8	13	2	1	–	–	–	–	–	–	–	–	**2,5-Pyrrolidinedione, 3-ethyl-1,3-dimethyl-**	13861-99-9	**R4774**
127	126	155	86	71	140	85	154	**155**	100	35	28	25	24	21	12	10		8	13	–	1	–	–	–	1	–	–	–	–	**Thiazole, 4-ethyl-2-propyl-**	41981-68-4	**S6817**
127	140	71	155	45	154	85	126	**155**	100	25	23	20	20	19	17	11		8	13	–	1	–	–	–	1	–	–	–	–	**Thiazole, 4,5-dimethyl-2-propyl-**	41981-72-0	**S6821**
137	139	50	75	138	102	51	155	**155**	100	57	40	40	40	38	26	19		7	6	1	1	1	–	–	–	–	–	–	–	**Benzaldehyde, 3-chloro-, oxime, (Z)-**	3717-33-7	**Q9709**
137	139	138	75	50	102	51	52	**155**	100	66	52	43	39	37	32	28	**26.00**	7	6	1	1	1	–	–	–	–	–	–	–	**Benzaldehyde, 3-chloro-, oxime, (E)-**	4006-79-5	**Q9986**
137	139	138	75	50	102	51	155	**155**	100	57	40	40	40	38	26	19		7	6	1	1	1	–	–	–	–	–	–	–	**Benzaldehyde, 3-chloro-, oxime**		**M7923**
137	155	109	68	80	42	53	43	**155**	100	87	72	42	30	29	16	12		7	9	3	1	–	–	–	–	–	–	–	–	**3,5-Pyridinediol, 4-(hydroxymethyl)-2-methyl-**	2029-60-9	**Q7202**
137	155	112	75	139	102	111	50	**155**	100	90	71	50	42	41	40	35		7	6	1	1	1	–	–	–	–	–	–	–	**Benzaldehyde, 3-chloro-, oxime, (Z)-**		**M7921**
137	155	112	75	139	102	111	50	**155**	100	90	71	50	42	41	40	35		7	6	1	1	1	–	–	–	–	–	–	–	**Benzaldehyde, 4-chloro-, oxime, (Z)-**	3717-23-5	**Q9705**
139	155	111	141	75	157	113	50	**155**	100	87	68	50	38	31	22	22		7	6	1	1	1	–	–	–	–	–	–	–	**Benzamide, 4-chloro-**		**02902**
140	43	86	155	127	69	111	99	**155**	100	79	74	70	54	41	39	38		6	9	2	3	–	–	–	–	–	–	–	–	**4(1H)-Pyrimidinone, 2-amino-6-ethoxy-**	42956-82-1	**S7027**
140	45	41	71	39	72	155	73	**155**	100	36	34	33	29	21	19	16		8	13	–	1	–	–	–	1	–	–	–	–	**Thiazole, 2-tert-butyl-4-methyl-**	15679-14-8	**R5804**
140	62	155	76	156	79	63	142	**155**	100	71	69	47	29	13	10	9		3	9	2	1	–	–	–	2	–	–	–	–	**Dimethylsulphoniomethylsulphonamidate**		**06226**
140	72	41	55	42	27	44	84	**155**	100	43	18	17	16	16	12	11	**4.16**	10	21	–	1	–	–	–	–	–	–	–	–	**3-Octen-2-amine, N,N-dimethyl-, (E)-**	55956-31-5	**T2467**
140	84	139	56	98	126	85	55	**155**	100	28	25	20	17	11	10	10	**1.00**	8	18	1	1	–	–	–	–	–	1	–	–	**2-Amino-2-methylpropanol butyl boronate**		**05102**
140	128	127	108	112	141	39	41	**155**	100	63	29	22	16	12	9	9	**2.00**	8	13	–	1	–	–	–	1	–	–	–	–	**2H-Pyrrole, 3,4-dihydro-5-[2-(methylthio)-1-propenyl]-**	54031-34-4	**09149**
140	155	112	126					**155**	100	83	50	33						9	17	1	1	–	–	–	–	–	–	–	–	**Piperidine, 1-(1-oxobutyl)-**	4637-70-1	**R0666**
154	83	155	97	126	84	55	98	**155**	100	78	68	61	41	40	36	33		9	17	1	1	–	–	–	–	–	–	–	–	**2H-Quinolizin-3-ol, octahydro-, trans-**	15769-36-5	**R5826**
154	155	153	77	156	127	152	129	**155**	100	98	18	16	12	12	10	9		11	9	–	1	–	–	–	–	–	–	–	–	**Pyridine, 2-phenyl-**		**A0653**
155	56	55	70	83	126	41	39	**155**	100	99	78	50	41	34	27	18		8	13	2	1	–	–	–	–	–	–	–	–	**2,6-Piperidinedione, 1,4,4-trimethyl-**	25115-67-7	**S0933**
155	56	55	70	83	128	43	140	**155**	100	96	75	50	40	12	10	10		8	13	2	1	–	–	–	–	–	–	–	–	**2,6-Piperidinedione, 1,4,4-trimethyl-**		**L8187**
155	57	126	83	56	43	55	41	**155**	100	91	54	46	45	39	37	32		5	9	1	5	–	–	–	–	–	–	–	–	**1,3,5-Triazin-2(1H)-one, 4,6-bis(methylamino)-**	55702-52-8	**T1874**
155	109	82	154	54	55	81	156	**155**	100	64	32	20	17	15	11	9		6	9	–	3	–	–	–	1	–	–	–	–	**4-Pyrimidinamine, 5-methyl-2-(methylthio)-**	54308-64-4	**S8875**
155	109	83	125	57	107	97	63	**155**	100	93	91	39	26	25	24	20		7	6	2	1	–	–	1	–	–	–	–	–	**Benzene, 1-fluoro-2-methyl-4-nitro-**	455-88-9	**Q0790**
155	112	75	111	50	137	157	102	**155**	100	91	63	52	43	38	33	30		7	6	1	1	1	–	–	–	–	–	–	–	**Benzaldehyde, 4-chloro-, oxime, (E)-**	3717-24-6	**Q9706**
155	112	75	111	50	137	157	114	**155**	100	91	63	52	43	38	33	29		7	6	1	1	1	–	–	–	–	–	–	–	**Benzaldehyde, 4-chloro-, oxime, (E)-**		**M7920**
155	122	53	52	27	80	154	94	**155**	100	92	33	18	18	18	17	16		7	9	1	1	–	–	–	1	–	–	–	–	**3-Pyridinol, 6-methyl-2-(methylthio)-**	23003-25-0	**S0030**
155	154	41	39	55	122	98	30	**155**	100	50	44	40	40	40	35	30		8	13	–	1	–	–	–	1	–	–	–	–	**2-Piperidinethione, 3-(2-propenyl)-**	37047-16-8	**S5457**
155	154	42	109	137	80	43	45	**155**	100	52	50	42	37	25	20	17		7	9	3	1	–	–	–	–	–	–	–	–	**3-Pyridinemethanol, 4,5-dihydroxy-6-methyl-**	700-73-2	**Q3782**
155	154	42	109	137	80	43	152	**155**	100	50	50	40	35	24	20	16		7	9	3	1	–	–	–	–	–	–	–	–	**4-Norpyridoxol**		**L1810**
155	154	77	156	51	127	128	50	**155**	100	62	13	11	11	10	7	6		11	9	–	1	–	–	–	–	–	–	–	–	**Pyridine, 2-phenyl-**	1008-89-5	**Q5051**
155	154	77	156	127	51	128	77.5	**155**	100	83	18	13	13	11	10	8		11	9	–	1	–	–	–	–	–	–	–	–	**Pyridine, 2-phenyl-**		**M3203**
155	154	127	94	128	153	102	156	**155**	100	90	25	19	13	13	12	11		11	9	–	1	–	–	–	–	–	–	–	–	**Pyridine, 3-phenyl-**	1008-88-4	**Q5050**

MASS TO CHARGE RATIOS	M.W.	INTENSITIES	Parent	C	H	O	N	Cl	Br	F	S	P	B	Si	X	COMPOUND NAME	CAS Reg No	No
155 154 127 128 156 102 51 115	**155**	100 34 15 15 13 12 12 10		11	9	–	1	–	–	–	–	–	–	–	–	**Pyridine, 4-phenyl-**		**M3205**
155 154 127 128 156 115 102 51	**155**	100 40 15 14 12 10 9 9		11	9	–	1	–	–	–	–	–	–	–	–	**Pyridine, 4-phenyl-**	939-23-1	**Q4745**
155 154 140 100 59 45 99 39	**155**	100 98 90 56 52 39 34 29		8	13	–	1	–	–	–	1	–	–	–	–	**Thiazole, 2,4-diethyl-5-methyl-**	52414-89-8	**S7941**
155 154 156 127 128 64 115 103	**155**	100 35 14 13 12 10 9 7		11	9	–	1	–	–	–	–	–	–	–	–	**Pyridine, 4-phenyl-**		**A0654**
155 154 156 127 128 102 51 76	**155**	100 43 13 12 10 9 7 5		11	9	–	1	–	–	–	–	–	–	–	–	**Pyridine, 3-phenyl-**		**M3204**
155 156 58 44 138 95 45 42	**155**	100 97 79 59 59 50 44 38		9	17	1	1	–	–	–	–	–	–	–	–	**3-Azabicyclo[3.3.1]nonan-9-ol, 3-methyl-, syn-**	13493-40-8	**R4594**
155 156 138 44 45 58 95 42	**155**	100 95 66 63 58 58 58 45		9	17	1	1	–	–	–	–	–	–	–	–	**3-Azabicyclo[3.3.1]nonan-9-ol, 3-methyl-, anti-**	13962-79-3	**R4865**
155 157 112 120 92 130 156 100	**155**	100 40 29 28 24 24 15 11		7	6	1	1	1	–	–	–	–	–	–	–	**Benzaldehyde, 3-chloro-, oxime**	34158-71-9	**S4559**
155 157 112 125 156 114 92 100	**155**	100 34 32 14 13 12 9 5		7	6	1	1	1	–	–	–	–	–	–	–	**Benzaldehyde, 4-chloro-, oxime**	3848-36-0	**Q9858**
14 18 55 73 28 32 44 41	**156**	100 99 99 99 99 99 81 80	**2.00**	9	16	2	–	–	–	–	–	–	–	–	–	**7-Octenoic acid, methyl ester**		**L4076**
28 29 121 49 27 63 26 30	**156**	100 68 36 31 30 26 20 17	**3.83**	4	6	2	–	2	–	–	–	–	–	–	–	**1,4-Dioxane, 2,3-dichloro-**		**04693**
28 43 44 29 19 27 85 41	**156**	100 99 98 83 73 48 46 42	**0.00**	10	20	1	–	–	–	–	–	–	–	–	–	**Heptanal, 3,4,5-trimethyl-**	54308-66-6	**S8877**
28 44 124 111 31 81 109 32	**156**	100 62 54 43 24 20 17 15	**2.50**	8	12	3	–	–	–	–	–	–	–	–	–	**Furan, 2-(1,2-dimethoxyethyl)-**	53914-27-5	**S8682**
28 121 29 63 49 27 64 31	**156**	100 43 26 26 25 19 17 16	**5.80**	4	6	2	–	2	–	–	–	–	–	–	–	**1,4-Dioxane, 2,3-dichloro-**	95-59-0	**P6972**
28 121 63 49 29 64 123 27	**156**	100 57 31 28 26 21 19 14	**13.57**	4	6	2	–	2	–	–	–	–	–	–	–	**1,4-Dioxane, 2,3-dichloro-**		**Z0985**
29 27 83 28 48 85 15 77	**156**	100 27 11 10 7 7 5 5	**0.10**	4	6	2	–	2	–	–	–	–	–	–	–	**Acetic acid, dichloro-, ethyl ester**	535-15-9	**H0788**
29 27 83 28 48 85 76 77	**156**	100 30 12 10 9 8 6 5	**0.04**	4	6	2	–	2	–	–	–	–	–	–	–	**Acetic acid, dichloro-, ethyl ester**		**Y0789**
29 27 83 85 28 77 76 48	**156**	100 16 15 10 10 7 5 5	**0.00**	4	6	2	–	2	–	–	–	–	–	–	–	**Acetic acid, dichloro-, ethyl ester**		**Z0964**
29 41 27 28 71 39 43 42	**156**	100 80 63 58 55 55 49 44	**4.07**	9	21	–	–	–	–	–	–	–	–	–	1	**Aluminium, tripropyl-**	102-67-0	**P7559**
29 45 38 39 96 37 66 55	**156**	100 92 90 68 63 55 50 30	**9.01**	6	4	5	–	–	–	–	–	–	–	–	–	**2,5-Furandicarboxylic acid**	3238-40-2	**Q9140**
29 45 112 38 39 37 156 139	**156**	100 82 74 60 46 45 41 39		6	4	5	–	–	–	–	–	–	–	–	–	**3,4-Furandicarboxylic acid**	3387-26-6	**Q9307**
29 55 41 27 45 83 54 39	**156**	100 79 55 47 35 34 24 23	**8.11**	9	16	2	–	–	–	–	–	–	–	–	–	**3-Heptenoic acid, ethyl ester, (E)-**	54340-71-5	**06782**
29 57 43 32 28 55 69 41	**156**	100 99 81 78 74 71 59 56	**12.00**	7	8	4	–	–	–	–	–	–	–	–	–	**4-Hexenoic acid, 3-methyl-2,6-dioxo-**	56771-77-8	**09636**
29 68 40 43 27 39 44 42	**156**	100 65 49 47 39 37 34 24	**0.00**	6	8	3	2	–	–	–	–	–	–	–	–	**Carbamic acid, (cyanoacetyl)-, ethyl ester**	6629-04-5	**R2421**
30 70 98 56 44 57 41 55	**156**	100 89 50 50 44 34 33 30	**1.57**	9	20	–	2	–	–	–	–	–	–	–	–	**Cyclohexylamine, N-(3-aminopropyl)-**		**F0406**
31 55 110 45 111 73 54 128	**156**	100 95 86 47 44 41 35 29	**7.20**	8	12	3	–	–	–	–	–	–	–	–	–	**Cyclopentanecarboxylic acid, 2-oxo-, ethyl ester**		**C0278**
39 29 69 71 27 111 117 41	**156**	100 84 61 52 51 36 35 33	**0.00**	8	12	3	–	–	–	–	–	–	–	–	–	**Propanoic acid, 3-(2-propynyloxy)-, ethyl ester**	55702-68-6	**06938**
40 95 70 69 68 123 41 67	**156**	100 64 61 50 37 36 30 30	**24.02**	6	8	1	2	–	–	–	1	–	–	–	–	**4(1H)-Pyrimidinone, 2-(ethylthio)-**	6965-19-1	**R2738**
41 43 71 55 29 56 58 27	**156**	100 99 98 94 91 91 84 82	**3.00**	10	20	1	–	–	–	–	–	–	–	–	–	**1,2-Epoxydecane**		**17398**
41 43 99 27 39 29 71 42	**156**	100 94 62 54 53 51 48 24	**0.00**	9	16	2	–	–	–	–	–	–	–	–	–	**Hexanoic acid, 2-propenyl ester**		**17330**
41 43 113 96 44 98 39 69	**156**	100 52 50 49 49 47 39 37	**24.62**	7	12	2	2	–	–	–	–	–	–	–	–	**2-Butenamide, N-(aminocarbonyl)-2-ethyl-, (Z)-**	95-04-5	**P6903**
41 44 36 76 39 94 38 78	**156**	100 88 68 66 59 39 28 22	**0.00**	4	6	2	–	2	–	–	–	–	–	–	–	**2,3-Dichlorobutyric acid**		**Z0969**
41 55 57 82 67 81 42 68	**156**	100 68 68 66 57 52 48 48	**0.90**	10	20	1	–	–	–	–	–	–	–	–	–	**Cyclodecanol**	1502-05-2	**Q6125**
41 57 39 29 27 81 99 127	**156**	100 37 27 25 20 15 14 9	**0.00**	9	16	2	–	–	–	–	–	–	–	–	–	**1,1-Diallyloxy propane**		**C1026**
41 63 76 27 30 28 39 29	**156**	100 55 53 43 39 36 30 30	**0.10**	4	6	2	–	2	–	–	–	–	–	–	–	**Carbonochloridic acid, 3-chloropropyl ester**	628-11-5	**H1002**
41 68 69 55 88 67 60 82	**156**	100 87 71 71 70 53 50 48	**19.00**	9	16	2	–	–	–	–	–	–	–	–	–	**Ethyl trans-4-heptenoate**		**03491**
41 69 55 67 81 82 95 43	**156**	100 87 53 46 42 42 35 25	**7.00**	10	20	1	–	–	–	–	–	–	–	–	–	**6-Octen-1-ol, 3,7-dimethyl-**		**D2022**
41 69 55 82 67 81 31 95	**156**	100 68 42 40 38 31 25 24	**10.51**	10	20	1	–	–	–	–	–	–	–	–	–	**6-Octen-1-ol, 3,7-dimethyl-**	106-22-9	**H0317**
41 69 70 87 42 43 55 39	**156**	100 99 60 49 40 36 35 33	**0.10**	9	16	2	–	–	–	–	–	–	–	–	–	**2-Propenoic acid, 2-methyl-, pentyl ester**	2849-98-1	**Q8732**
41 77 39 79 27 49 38 37	**156**	100 93 55 36 21 14 13 8	**0.00**	3	6	–	–	1	1	–	–	–	–	–	–	**Propane, 2-bromo-1-chloro-**	3017-95-6	**Q8920**
41 77 158 76 156 27 79 39	**156**	100 77 56 46 44 29 26 26		3	6	–	–	1	1	–	–	–	–	–	–	**1-Chloro-3-bromopropane**		**Z0956**
41 111 39 113 75 28 57 76	**156**	100 77 49 49 48 46 36 34	**0.00**	4	6	2	–	2	–	–	–	–	–	–	–	**2,2-Dichlorobutyric acid**		**Z0979**
41 156 109 67 39 141 81 45	**156**	100 94 90 82 79 61 59 48		9	16	–	–	–	–	–	1	–	–	–	–	**2-Thia-(cis-decahydronaphthalene)**		**Y1050**
42 41 43 44 70 39 57 45	**156**	100 44 39 36 28 18 16 13	**7.50**	8	16	1	2	–	–	–	–	–	–	–	–	**2-Propenal, 3-(dimethylamino)-3-(isopropylamino)-**	42801-00-3	**S6985**
43 28 67 83 55 95 81 41	**156**	100 18 17 16 15 13 12 12	**0.63**	8	12	3	–	–	–	–	–	–	–	–	–	**2-(Acetoxymethyl)-3,4-dihydro-2H-pyran**		**D0176**
43 41 57 29 55 44 27 56	**156**	100 99 82 81 65 63 52 38	**0.00**	10	20	1	–	–	–	–	–	–	–	–	–	**Decanal**	112-31-2	**P8680**
43 41 68 69 71 70 99 67	**156**	100 86 84 65 49 39 38 31	**0.10**	10	20	1	–	–	–	–	–	–	–	–	–	**1-Pentene, 5-(pentyloxy)-**	56052-88-1	**T2718**
43 41 99 71 55 39 69 29	**156**	100 84 70 46 30 27 26 25	**0.00**	9	16	2	–	–	–	–	–	–	–	–	–	**Hexanoic acid, 2-propenyl ester**	123-68-2	**P9342**
43 54 41 27 55 39 99 29	**156**	100 19 18 17 16 15 14 12	**0.01**	9	16	2	–	–	–	–	–	–	–	–	–	**Hept-1-enyl-3-acetate**		**C0810**
43 54 41 55 39 27 81 96	**156**	100 30 26 23 22 19 19 15	**0.01**	9	16	2	–	–	–	–	–	–	–	–	–	**Acetic acid, 2-heptenyl ester**		**C0815**
43 54 81 67 41 96 55 27	**156**	100 45 20 17 16 16 14 11	**0.00**	9	16	2	–	–	–	–	–	–	–	–	–	**Acetic acid, cis-3-heptenyl ester**		**P3902**
43 54 81 96 67 55 41 39	**156**	100 68 56 47 33 24 21 10	**0.00**	9	16	2	–	–	–	–	–	–	–	–	–	**3-Hepten-1-ol, acetate**	34942-91-1	**S4762**
43 55 41 97 29 69 57 113	**156**	100 20 13 11 8 8 7 7	**0.00**	9	16	2	–	–	–	–	–	–	–	–	–	**1-Hepten-1-ol, acetate**	35468-97-4	**S4973**

MASS TO CHARGE RATIOS								M.W.	INTENSITIES								Parent	C	H	O	N	Cl	Br	F	S	P	B	Si	X	COMPOUND NAME	CAS Reg No	No
43	56	45	41	29	69	55	42	**156**	100	95	92	91	89	89	87	86	**4.00**	10	20	1	–	–	–	–	–	–	–	–	–	**trans-2,3-Epoxydecane**		**17399**
43	57	31	96	68	45	114	41	**156**	100	35	27	18	13	12	11	10	**4.70**	9	16	2	–	–	–	–	–	–	–	–	–	**1-Hepten-1-ol, acetate, (Z)-**	17574-86-6	**R7073**
43	57	41	29	71	27	55	56	**156**	100	94	65	48	41	40	32	21	**0.80**	10	20	1	–	–	–	–	–	–	–	–	–	**Isooctane, (vinyloxy)-**	37769-62-3	**H1981**
43	57	41	29	71	27	85	42	**156**	100	86	45	41	36	29	21	16	**3.60**	11	24	–	–	–	–	–	–	–	–	–	–	**Undecane**	1120-21-4	**Q5356**
43	57	41	29	71	27	85	42	**156**	100	85	43	39	36	23	21	16	**3.80**	11	24	–	–	–	–	–	–	–	–	–	–	**Undecane**		**Y0403**
43	57	41	71	27	29	42	39	**156**	100	69	51	38	34	34	26	19	**1.70**	11	24	–	–	–	–	–	–	–	–	–	–	**Decane, 2-methyl-**	6975-98-0	**R2764**
43	57	41	71	29	27	39	85	**156**	100	59	28	21	17	16	9	8	**3.29**	9	16	2	–	–	–	–	–	–	–	–	–	**3,4-Hexanedione, 2,2,5-trimethyl-**	20633-03-8	**R8792**
43	57	41	71	42	85	39	56	**156**	100	68	50	37	25	17	17	15	**1.04**	11	24	–	–	–	–	–	–	–	–	–	–	**Decane, 2-methyl-**		**Y2017**
43	57	41	71	42	85	39	56	**156**	100	70	51	39	26	18	17	15	**1.08**	11	24	–	–	–	–	–	–	–	–	–	–	**Decane, 2-methyl-**		**Y1794**
43	57	71	41	29	85	56	42	**156**	100	83	38	36	28	20	15	14	**2.60**	11	24	–	–	–	–	–	–	–	–	–	–	**Undecane**	1120-21-4	**Q5358**
43	57	71	41	70	29	55	56	**156**	100	78	74	25	24	14	12	11	**0.23**	11	24	–	–	–	–	–	–	–	–	–	–	**Nonane, 2,6-dimethyl-**	17302-28-2	**R6774**
43	57	71	85	41	29	56	84	**156**	100	84	63	31	28	15	15	13	**0.91**	11	24	–	–	–	–	–	–	–	–	–	–	**Octane, 5-ethyl-2-methyl-**	62016-18-6	**T5767**
43	57	71	85	70	84	56	55	**156**	100	94	60	39	34	33	22	20	**1.00**	11	24	–	–	–	–	–	–	–	–	–	–	**Nonane, 4,5-dimethyl-**	17302-23-7	**R6772**
43	58	71	41	27	72	39	29	**156**	100	43	24	14	14	11	11	10	**0.05**	9	16	2	–	–	–	–	–	–	–	–	–	**Hept-1-enyl-2-acetate**		**C0812**
43	58	71	41	59	27	29	57	**156**	100	96	30	25	24	23	20	15	**6.01**	10	20	1	–	–	–	–	–	–	–	–	–	**2-Decanone**	693-54-9	**H1051**
43	71	27	58	41	113	29	86	**156**	100	42	36	36	33	24	22	20	**0.25**	10	20	1	–	–	–	–	–	–	–	–	–	**4-Decanone**		**H0972**
43	71	41	55	156	39	70	69	**156**	100	93	44	32	28	21	20	9		7	12	2	2	–	–	–	–	–	–	–	–	**Sydnone, 3-isopentyl-**	26537-51-9	**S1435**
43	71	55	81	41	39	114	27	**156**	100	65	23	22	20	18	18	18	**1.77**	9	16	2	–	–	–	–	–	–	–	–	–	**Hept-2-enyl-2-acetate**		**C0811**
43	71	57	41	29	27	70	55	**156**	100	78	65	51	41	38	33	22	**1.80**	11	24	–	–	–	–	–	–	–	–	–	–	**Decane, 4-methyl-**	2847-72-5	**Q8727**
43	71	57	70	41	29	55	27	**156**	100	76	75	29	27	19	13	12	**0.99**	11	24	–	–	–	–	–	–	–	–	–	–	**Decane, 4-methyl-**	2847-72-5	**Q8730**
43	71	57	85	41	70	29	55	**156**	100	71	62	29	26	17	14	12	**0.10**	11	24	–	–	–	–	–	–	–	–	–	–	**Octane, 6-ethyl-2-methyl-**	62016-19-7	**T5770**
43	71	58	27	41	113	86	29	**156**	100	46	39	36	32	31	22	20	**3.50**	10	20	1	–	–	–	–	–	–	–	–	–	**4-Decanone**	624-16-8	**H0971**
43	71	58	114	27	18	41	39	**156**	100	88	20	17	17	17	16	15	**2.06**	9	16	2	–	–	–	–	–	–	–	–	–	**Acetic acid, 2-heptenyl ester**		**C0813**
43	71	95	58	86	41	69	113	**156**	100	83	75	64	41	27	23	16	**11.11**	10	20	1	–	–	–	–	–	–	–	–	–	**4-Nonanone, 8-methyl-**	6137-29-7	**R2086**
43	71	99	41	69	55	39	42	**156**	100	84	38	26	19	14	9	8	**0.01**	10	20	1	–	–	–	–	–	–	–	–	–	**2-Pentene, 5-(pentyloxy)-, (E)-**	56052-85-8	**T2715**
43	71	113	100	58	85	114	72	**156**	100	99	23	22	19	13	13	11	**5.00**	9	16	2	–	–	–	–	–	–	–	–	–	**2,4-Pentanedione, 3-butyl-**	1540-36-9	**Q6184**
43	81	54	41	67	96	55	39	**156**	100	51	44	32	29	25	25	21	**0.01**	9	16	2	–	–	–	–	–	–	–	–	–	**3-Hepten-1-ol, acetate**		**C0814**
43	83	156	128	72	100	55	56	**156**	100	44	26	20	16	15	14	12		6	8	3	2	–	–	–	–	–	–	–	–	**Butanoic acid, 2-diazo-3-oxo-, ethyl ester**	2009-97-4	**08180**
43	85	41	39	29	57	42	69	**156**	100	77	34	17	16	12	9	8	**0.03**	9	16	2	–	–	–	–	–	–	–	–	–	**Vinyl 2,2-dimethylpentanoate**		**03568**
43	85	114	68	27	98	41	86	**156**	100	29	26	15	13	13	12	11	**4.00**	9	16	2	–	–	–	–	–	–	–	–	–	**exo-Brevicomin**		**15146**
43	95	138	81	41	39	55	82	**156**	100	80	59	59	35	29	27	26	**0.30**	10	20	1	–	–	–	–	–	–	–	–	–	**Menthol, (1R,3R,4S)-(-)-**	2216-51-5	**Q7642**
43	96	81	67	68	55	41	97	**156**	100	69	50	26	23	22	16	7	**0.00**	9	16	2	–	–	–	–	–	–	–	–	–	**Cyclohexanol, 2-methyl-, acetate, cis-**	54714-33-9	**S9480**
43	96	81	68	55	67	41	97	**156**	100	63	36	19	17	16	13	7	**0.19**	9	16	2	–	–	–	–	–	–	–	–	–	**Cyclohexanol, 2-methyl-, acetate, trans-**	15288-15-0	**R5663**
43	96	87	68	55	67	41	97	**156**	100	75	43	24	21	19	15	8	**0.03**	9	16	2	–	–	–	–	–	–	–	–	–	**Cyclohexanol, 2-methyl-, acetate, trans-**		**L2937**
43	99	41	71	55	100	29	39	**156**	100	82	79	46	29	29	25	24	**0.20**	9	16	2	–	–	–	–	–	–	–	–	–	**Hexanoic acid, 2-propenyl ester**		**P3900**
43	113	41	27	71	29	85	39	**156**	100	33	30	29	18	16	14	13	**5.71**	10	20	1	–	–	–	–	–	–	–	–	–	**3-Nonanone, 2-methyl-**	5445-31-8	**H1544**
43	113	67	114	41	96	85	39	**156**	100	26	17	12	10	8	7	5	**4.00**	8	12	3	–	–	–	–	–	–	–	–	–	**7-Oxabicyclo[4.1.0]heptan-1-ol, acetate**	14161-46-7	**R5013**
43	127	141	156	41	99	81	85	**156**	100	97	53	48	17	13	10	10		9	16	2	–	–	–	–	–	–	–	–	–	**3-Octen-2-one, 4-methoxy-**	24985-52-2	**S0890**
43	127	156	95	125	114	55	41	**156**	100	99	59	43	42	37	30	26		9	16	2	–	–	–	–	–	–	–	–	–	**2-Heptenoic acid, 3-methyl-, methyl ester**	50652-81-8	**S7421**
44	42	43	28	71	57	72	41	**156**	100	84	50	32	22	18	18	17	**6.28**	7	16	–	4	–	–	–	–	–	–	–	–	**6H-Pyrazolo[1,2-a][1,2,4,5]tetrazine, hexahydro-2,3-dimethyl-**	70517-50-9	**T7596**
44	42	43	82	41	156	85	58	**156**	100	94	73	65	47	44	40	39		8	16	1	2	–	–	–	–	–	–	–	–	**2-Propenal, 3-(dimethylamino)-2-(isopropylamino)-**	42801-01-4	**S6986**
44	45	41	42	43	156	70	71	**156**	100	95	45	45	43	38	32	16		9	20	–	2	–	–	–	–	–	–	–	–	**4-Heptanone, dimethylhydrazone**	14090-58-5	**R4966**
44	45	42	41	43	156	71	72	**156**	100	95	44	44	41	38	31	15		9	20	–	2	–	–	–	–	–	–	–	–	**4-Heptanone, dimethylhydrazone**		**L1528**
44	81	31	28	110	53	86	94	**156**	100	85	62	45	39	37	34	34	**0.00**	8	12	3	–	–	–	–	–	–	–	–	–	**2-Furanethanol, β-ethoxy-**	14133-53-0	**R5000**
45	96	81	55	82	83	67	41	**156**	100	74	59	59	58	51	46	31	**0.00**	10	20	1	–	–	–	–	–	–	–	–	–	**4-Cyclohexyl-2-butanol**		**Z0975**
45	156	39	55	111	41	43	124	**156**	100	28	10	9	8	7	7	7		8	12	3	–	–	–	–	–	–	–	–	–	**1,2-Cyclopentanedione, 3-(2-methoxyethyl)-**	69687-99-6	**T7235**
55	41	68	67	43	69	81	54	**156**	100	86	73	52	52	52	47	44	**0.50**	10	20	1	–	–	–	–	–	–	–	–	–	**3-Decen-1-ol, (E)-**	10339-60-3	**R3758**
55	41	68	67	81	43	54	69	**156**	100	96	86	63	63	59	49	46	**0.40**	10	20	1	–	–	–	–	–	–	–	–	–	**3-Decen-1-ol, (Z)-**	10340-22-4	**R3763**
55	41	69	60	68	96	73	138	**156**	100	64	50	42	36	35	29	22	**1.00**	9	16	2	–	–	–	–	–	–	–	–	–	**8-Nonenoic acid**	31642-67-8	**S3367**
55	41	74	73	82	43	29	58	**156**	100	88	78	57	53	50	49	49	**18.81**	9	16	2	–	–	–	–	–	–	–	–	–	**Cyclohexanone, 2-ethyl-4-methoxy-**	13482-27-4	**R4582**
55	41	83	39	88	68	43	54	**156**	100	85	27	25	19	18	16	15	**2.10**	9	16	2	–	–	–	–	–	–	–	–	–	**3-Heptenoic acid, ethyl ester, (E)-**		**03490**
55	41	87	29	27	39	59	42	**156**	100	85	73	70	47	40	33	31	**2.00**	9	16	2	–	–	–	–	–	–	–	–	–	**2-Octenoic acid, methyl ester, (E)-**	7367-81-9	**R3124**
55	41	87	29	39	27	68	59	**156**	100	82	79	69	50	50	34	32	**7.61**	9	16	2	–	–	–	–	–	–	–	–	–	**2-Octenoic acid, methyl ester**	2396-85-2	**H1329**
55	41	88	68	60	110	39	69	**156**	100	91	82	66	56	49	46	44	**1.80**	9	16	2	–	–	–	–	–	–	–	–	–	**Ethyl trans-6-heptenoate**		**03493**
55	43	82	59	54	101	83	69	**156**	100	74	58	51	48	46	39	33	**11.00**	8	12	3	–	–	–	–	–	–	–	–	–	**6-Heptenoic acid, 3-oxo-, methyl ester**	30414-57-4	**S2904**
55	57	43	56	41	29	27	42	**156**	100	94	87	86	81	63	50	41	**2.00**	10	20	1	–	–	–	–	–	–	–	–	–	**trans-4,5-Epoxydecane**		**17400**

MASS TO CHARGE RATIOS								M.W.	INTENSITIES								Parent	C	H	O	N	Cl	Br	F	S	P	B	Si	X	COMPOUND NAME	CAS Reg No	No
55	67	41	81	68	82	54	57	**156**	100	97	85	75	74	71	68	67	**0.20**	10	20	1	–	–	–	–	–	–	–	–	–	**Cyclodecanol**	1502-05-2	**Q6124**
55	67	41	81	95	27	110	138	**156**	100	98	89	74	53	35	20	10	**1.00**	10	20	1	–	–	–	–	–	–	–	–	–	**5-Decen-1-ol, (Z)-**	51652-47-2	**S7728**
55	67	41	81	95	29	31	110	**156**	100	91	80	73	45	32	27	18	**1.00**	10	20	1	–	–	–	–	–	–	–	–	–	**5-Decen-1-ol, (E)-**	56578-18-8	**T3750**
55	67	68	41	81	54	82	69	**156**	100	71	60	60	54	50	37	25	**0.00**	10	20	1	–	–	–	–	–	–	–	–	–	**9-Decen-1-ol**	13019-22-2	**R4139**
55	69	96	81	41	95	97	83	**156**	100	58	49	47	39	35	30	22	**0.00**	10	20	1	–	–	–	–	–	–	–	–	–	**p-Menthan-9-ol, cis-**	5113-95-1	**H1520**
55	69	96	81	41	95	97	83	**156**	100	68	48	46	42	34	30	29	**0.00**	10	20	1	–	–	–	–	–	–	–	–	–	**p-Menthan-9-ol, trans-**	5113-94-0	**H1519**
55	73	29	110	128	111	101	82	**156**	100	65	59	48	46	44	25	23	**17.52**	8	12	3	–	–	–	–	–	–	–	–	–	**Cyclopentanecarboxylic acid, 2-oxo-, ethyl ester**	611-10-9	**H0923**
55	74	41	82	59	54	27	39	**156**	100	78	66	54	54	33	32	32	**2.10**	9	16	2	–	–	–	–	–	–	–	–	–	**3-Octenoic acid, methyl ester, (Z)-**	69668-85-5	**T7196**
55	74	82	59	41	124	43	96	**156**	100	79	63	62	60	39	34	34	**3.59**	9	16	2	–	–	–	–	–	–	–	–	–	**3-Octenoic acid, methyl ester, (E)-**	35234-16-3	**S4894**
55	87	82	15	97	27	70	81	**156**	100	34	29	26	25	24	23	21	**7.81**	9	16	2	–	–	–	–	–	–	–	–	–	**Cyclohexanecarboxylic acid, 4-methyl-, methyl ester**	51181-40-9	**S7591**
55	99	56	82	43	100	128	129	**156**	100	36	29	25	22	21	20	20	**1.60**	7	13	3	–	–	–	–	–	–	1	–	–	**3-Hydroxypropionic acid butyl boronate**		**05090**
55	111	41	73	99	43	39	68	**156**	100	52	52	40	39	28	26	24	**4.60**	9	16	2	–	–	–	–	–	–	–	–	–	**Ethyl trans-2-heptenoate**		**03489**
55	113	124	87	97	96	82	156	**156**	100	49	36	31	31	30	23	16		9	16	2	–	–	–	–	–	–	–	–	–	**Methyl cycloheptanecarboxylate**		**C0176**
56	70	30	98	44	55	57	41	**156**	100	75	71	45	44	41	35	34	**2.33**	9	20	–	2	–	–	–	–	–	–	–	–	**Cyclohexylamine, N-(3-aminopropyl)-**		**D0637**
56	156	58	43	70	57	71	72	**156**	100	62	35	22	21	17	17	11		6	8	3	2	–	–	–	–	–	–	–	–	**1-Ethyl-3-methyl-2,4,5-trioxoimidazolidine**		**17221**
57	29	41	39	28	70	27	86	**156**	100	95	45	33	29	27	23	14	**0.00**	9	16	2	–	–	–	–	–	–	–	–	–	**6-Hepten-3-one, 5-hydroxy-4,6-dimethyl-**	62338-59-4	**T6188**
57	29	43	72	41	27	55	39	**156**	100	59	43	32	32	24	11	10	**0.35**	10	20	1	–	–	–	–	–	–	–	–	–	**3-Decanone**	928-80-3	**Q4593**
57	29	67	41	55	82	27	39	**156**	100	28	20	17	16	12	9	7	**1.60**	9	16	2	–	–	–	–	–	–	–	–	–	**2-Hexen-1-ol, propanoate, (E)-**	53398-80-4	**S8439**
57	29	72	43	27	127	41	55	**156**	100	56	52	33	32	25	25	12	**3.50**	10	20	1	–	–	–	–	–	–	–	–	–	**3-Decanone**	928-80-3	**H1116**
57	29	86	43	41	27	55	39	**156**	100	42	35	24	20	14	7	6	**0.00**	10	20	1	–	–	–	–	–	–	–	–	–	**3-Heptanone, 5-ethyl-4-methyl-**	27607-63-2	**S1729**
57	41	29	56	44	27	100	82	**156**	100	93	71	56	44	32	30	28	**7.90**	9	16	2	–	–	–	–	–	–	–	–	–	**2-Isobutoxy-3,4-dihydro-2H-pyran**		**D1615**
57	41	43	54	55	67	29	68	**156**	100	91	75	68	59	55	46	46	**0.50**	10	20	1	–	–	–	–	–	–	–	–	–	**2-Decen-1-ol, (E)-**	18409-18-2	**R7589**
57	41	43	54	55	67	68	29	**156**	100	82	75	71	68	52	45	39	**0.20**	10	20	1	–	–	–	–	–	–	–	–	–	**2-Decen-1-ol, (Z)-**	4194-71-2	**R0194**
57	41	43	58	55	42	56	71	**156**	100	93	57	53	26	18	16	16	**0.17**	10	20	1	–	–	–	–	–	–	–	–	–	**Heptane, 1-(2-propenyloxy)-**	16519-24-7	**R6224**
57	41	55	56	82	71	83	113	**156**	100	49	42	22	22	20	20	18	**9.00**	10	20	1	–	–	–	–	–	–	–	–	–	**2-Hexene, 1-butoxy-, (E)-**	54340-67-9	**S8883**
57	43	41	29	27	85	84	56	**156**	100	96	50	45	35	33	21	18	**2.00**	11	24	–	–	–	–	–	–	–	–	–	–	**Decane, 5-methyl-**	13151-35-4	**R4244**
57	43	41	55	29	54	70	68	**156**	100	78	70	62	45	40	38	34	**0.40**	10	20	1	–	–	–	–	–	–	–	–	–	**2-Decen-1-ol, (E)-**	18409-18-2	**H1807**
57	43	41	55	29	54	70	81	**156**	100	78	70	62	44	41	38	37	**0.00**	10	20	1	–	–	–	–	–	–	–	–	–	**2-Decen-1-ol, (E)-**		**M4238**
57	43	41	55	42	70	44	82	**156**	100	93	84	84	57	56	56	55	**0.50**	10	20	1	–	–	–	–	–	–	–	–	–	**Decanal**	112-31-2	**P8682**
57	43	41	55	70	71	44	82	**156**	100	84	67	60	51	49	47	43	**0.00**	10	20	1	–	–	–	–	–	–	–	–	–	**Decanal**		**C1901**
57	43	41	69	86	71	55	42	**156**	100	72	51	50	29	20	15	13	**9.00**	10	20	1	–	–	–	–	–	–	–	–	–	**2-Pentene, 1-(pentyloxy)-, (E)-**	54340-68-0	**S8885**
57	43	56	41	70	29	85	71	**156**	100	45	30	19	11	11	10	9	**0.35**	11	24	–	–	–	–	–	–	–	–	–	–	**Octane, 2,5,6-trimethyl-**	62016-14-2	**T5765**
57	43	71	41	56	29	55	70	**156**	100	84	76	27	18	12	12	11	**0.00**	11	24	–	–	–	–	–	–	–	–	–	–	**Octane, 2,3,7-trimethyl-**	62016-34-6	**T5776**
57	43	71	41	70	55	29	56	**156**	100	74	65	37	29	25	24	16	**0.39**	10	20	1	–	–	–	–	–	–	–	–	–	**Vinyl 2-ethylhexyl ether**		**Z0965**
57	43	71	41	112	70	29	55	**156**	100	95	90	37	25	21	20	15	**0.26**	11	24	–	–	–	–	–	–	–	–	–	–	**Nonane, 2,3-dimethyl-**	2884-06-2	**Q8781**
57	43	71	56	41	85	29	27	**156**	100	74	58	37	36	32	29	13	**0.58**	11	24	–	–	–	–	–	–	–	–	–	–	**Decane, 3-methyl-**	13151-34-3	**R4242**
57	43	71	85	41	56	29	55	**156**	100	68	26	23	23	13	13	8	**0.07**	11	24	–	–	–	–	–	–	–	–	–	–	**Octane, 2,4,6-trimethyl-**	62016-37-9	**T5778**
57	43	85	41	29	84	56	98	**156**	100	86	24	21	17	16	14	12	**0.90**	11	24	–	–	–	–	–	–	–	–	–	–	**Decane, 5-methyl-**	13151-35-4	**R4245**
57	43	85	41	84	56	29	99	**156**	100	77	28	22	16	16	13	11	**2.15**	11	24	–	–	–	–	–	–	–	–	–	–	**Nonane, 2,5-dimethyl-**		**Y1943**
57	55	41	56	71	82	83	113	**156**	100	42	39	21	20	20	19	18	**10.01**	10	20	1	–	–	–	–	–	–	–	–	–	**2-Hexene, 1-butoxy-, (E)-**	54340-67-9	**S8884**
57	56	43	41	71	29	85	58	**156**	100	42	19	16	11	11	8	5	**0.00**	11	24	–	–	–	–	–	–	–	–	–	–	**Octane, 2,2,6-trimethyl-**	62016-28-8	**T5771**
57	67	82	29	41	27	55	39	**156**	100	72	64	41	16	11	11	8	**0.00**	9	16	2	–	–	–	–	–	–	–	–	–	**3-Hexen-1-ol, propanoate, (Z)-**	33467-74-2	**S4179**
57	69	41	43	99	55	42	29	**156**	100	89	80	75	75	71	69	63	**6.00**	10	20	1	–	–	–	–	–	–	–	–	–	**trans-5,6-Epoxydecane**		**17401**
57	71	43	41	70	29	56	55	**156**	100	84	78	27	21	16	12	11	**0.04**	11	24	–	–	–	–	–	–	–	–	–	–	**Octane, 2,3,6-trimethyl-**	62016-33-5	**T5773**
57	71	43	41	85	56	29	55	**156**	100	64	64	33	32	28	26	11	**0.24**	11	24	–	–	–	–	–	–	–	–	–	–	**Nonane, 3,7-dimethyl-**	17302-32-8	**R6776**
57	81	67	56	82	83	41	123	**156**	100	50	37	35	35	28	25	21	**0.22**	10	20	1	–	–	–	–	–	–	–	–	–	**Cyclohexanol, 4-tert-butyl-**		**Z0967**
57	82	67	29	75	83	55	41	**156**	100	90	59	35	35	34	33	20	**0.07**	9	16	2	–	–	–	–	–	–	–	–	–	**Cyclohexyl propionate**		**D0145**
57	82	67	81	41	83	80	55	**156**	100	87	54	30	27	23	19	18	**0.36**	10	20	1	–	–	–	–	–	–	–	–	–	**Cyclohexanol, 2-tert-butyl-**		**Z0986**
57	82	99	67	81	56	80	41	**156**	100	52	48	45	37	36	35	30	**7.00**	10	20	1	–	–	–	–	–	–	–	–	–	**Cyclohexanol, cis-4-tert-butyl-**	937-05-3	**Q4720**
57	82	99	67	81	56	80	41	**156**	100	52	48	45	37	36	35	30	**7.00**	10	20	1	–	–	–	–	–	–	–	–	–	**Cyclohexanol, 4-tert-butyl-**	98-52-2	**P7164**
57	85	41	43	29	27	71	39	**156**	100	58	48	39	37	20	17	14	**2.00**	9	16	2	–	–	–	–	–	–	–	–	–	**4-Octanone, 2,3-epoxy-2-methyl-**	17257-83-9	**R6715**
57	85	41	43	71	39	72	69	**156**	100	59	49	39	17	15	12	9	**3.70**	9	16	2	–	–	–	–	–	–	–	–	–	**4-Octanone, 2,3-epoxy-2-methyl-**	17257-83-9	**R6717**
57	95	113	41	55	43	71	82	**156**	100	48	24	23	19	18	14	13	**0.00**	10	20	1	–	–	–	–	–	–	–	–	–	**Cyclopropanemethanol, α,2-diisopropyl-**	56259-16-6	**T3235**
58	43	29	57	27	41	85	71	**156**	100	99	98	85	73	71	69	60	**14.17**	10	20	1	–	–	–	–	–	–	–	–	–	**5-Decanone**	820-29-1	**Q4214**
58	43	59	71	41	57	55	156	**156**	100	78	27	23	15	13	8	7		10	20	1	–	–	–	–	–	–	–	–	–	**2-Decanone**	693-54-9	**Q3724**
58	43	59	71	57	41	156	55	**156**	100	60	33	29	15	10	10	9		10	20	1	–	–	–	–	–	–	–	–	–	**2-Decanone**	693-54-9	**Q3723**

MASS TO CHARGE RATIOS								M.W.	INTENSITIES								Parent	C	H	O	N	Cl	Br	F	S	P	B	Si	X	COMPOUND NAME	CAS Reg No	No
59	41	95	31	81	55	39	67	**156**	100	31	24	22	18	17	15	15	**0.00**	10	20	1	–	–	–	–	–	–	–	–	–	**m-Menthan-8-ol**		**L6156**
59	58	55	41	43	81	60	31	**156**	100	15	13	11	8	6	5	4	**0.00**	10	20	1	–	–	–	–	–	–	–	–	–	**p-Menthan-8-ol**	498-81-7	**Q1300**
59	141	41	33	56	60	39	43	**156**	100	7	6	4	3	3	2	2	**0.00**	10	20	1	–	–	–	–	–	–	–	–	–	**Cycloheptanemethanol, α,α,-dimethyl-**	16624-02-5	**R6284**
59	141	55	41	43	31	39	60	**156**	100	8	7	7	6	4	3	3	**0.00**	10	20	1	–	–	–	–	–	–	–	–	–	**Cycloheptanemethanol, α,α-dimethyl-**		**L6146**
59	156	43	42	44	30	28	97	**156**	100	49	44	32	18	14	13	10		3	10	–	2	–	–	1	1	1	–	–	–	**Phosphonofluoridothioic hydrazide, P,2,2-trimethyl-**	36267-52-4	**09477**
60	55	88	68	61	41	70	69	**156**	100	95	93	91	83	71	53	50	**19.00**	9	16	2	–	–	–	–	–	–	–	–	–	**Ethyl trans-5-heptenoate**		**03492**
62	59	97	45	64	61	99	15	**156**	100	68	37	36	33	30	24	23	**0.14**	4	6	2	–	2	–	–	–	–	–	–	–	**Methyl 2,3-dichloropropionate**		**Z0973**
67	138	66	65	112	93	82	55	**156**	100	83	61	55	53	36	34	26	**12.19**	7	8	4	–	–	–	–	–	–	–	–	–	**1-Cyclopentene-1,2-dicarboxylic acid**	3128-15-2	**Q9038**
67	156	41	155	124	54	53	82	**156**	100	81	77	62	52	43	35	34		7	12	2	2	–	–	–	–	–	–	–	–	**Hydrazinecarboxylic acid, cyclopentylidene-, methyl ester**	14702-41-1	**R5367**
68	81	54	67	41	55	138	39	**156**	100	90	72	70	61	41	37	36	**0.20**	10	20	1	–	–	–	–	–	–	–	–	–	**3-Decen-2-ol, (Z)-**	69668-91-3	**T7202**
68	81	67	54	41	55	39	43	**156**	100	94	87	82	78	45	42	41	**0.00**	10	20	1	–	–	–	–	–	–	–	–	–	**3-Decen-2-ol, (E)-**	69668-92-4	**T7203**
68	156	69	40	44	28	113	67	**156**	100	63	25	22	14	13	10	7		5	4	4	2	–	–	–	–	–	–	–	–	**4-Pyrimidinecarboxylic acid, 1,2,3,6-tetrahydro-2,6-dioxo-**	65-86-1	**P5249**
69	41	82	55	81	67	95	56	**156**	100	90	53	51	45	44	38	30	**11.91**	10	20	1	–	–	–	–	–	–	–	–	–	**6-Octen-1-ol, 3,7-dimethyl-**	106-22-9	**H0318**
69	56	55	70	156	74	57	141	**156**	100	91	53	38	31	23	21	16		9	18	1	1	–	–	–	–	–	–	–	–	**1-Piperidinyloxy, 2,2,6,6-tetramethyl-**	2564-83-2	**Q8325**
69	57	56	112	43	55	70	113	**156**	100	78	73	55	55	50	33	19	**0.30**	10	20	1	–	–	–	–	–	–	–	–	–	**3-Isopropylheptanal**		**M8217**
70	42	59	43	41	58	39	27	**156**	100	94	42	36	31	28	22	9	**6.00**	8	12	3	–	–	–	–	–	–	–	–	–	**2,2,5,5-Tetramethyl-3,4-dioxo-tetrahydrofuran**		**02052**
70	83	100	98	128	113	156		**156**	100	46	29	21	8	8	1			9	16	2	–	–	–	–	–	–	–	–	–	**1,4-Dioxospiro[2.2]pentane, 5-tert-butyl-2,2-dimethyl-**		**L6254**
70	98	56	43	42	72	112	55	**156**	100	58	42	34	32	32	26	22	**10.00**	8	16	1	2	–	–	–	–	–	–	–	–	**3-Buten-2-one, 4,4-bis(dimethylamino)-**	49582-46-9	**S7135**
71	43	57	70	41	85	55	29	**156**	100	74	41	27	20	19	11	11	**0.00**	11	24	–	–	–	–	–	–	–	–	–	–	**Octane, 2,6,6-trimethyl-**	54166-32-4	**S8820**
71	43	95	113	41	55	98	81	**156**	100	62	51	29	20	16	16	15	**4.80**	10	20	1	–	–	–	–	–	–	–	–	–	**p-Menthan-1-ol, trans-**	3901-93-7	**09221**
71	43	100	85	113	58	114	57	**156**	100	80	39	32	26	24	20	16	**8.01**	9	16	2	–	–	–	–	–	–	–	–	–	**2,4-Pentanedione, 3-butyl-**	1540-36-9	**Q6183**
71	45	42	43	41	95	39	68	**156**	100	85	80	77	62	49	45	38	**1.82**	9	16	2	–	–	–	–	–	–	–	–	–	**2,4-Dimethyl-6-(prop-1-enyl-1)-1,3-dioxan**		**C0803**
71	57	43	70	112	113	41	55	**156**	100	73	69	55	42	28	27	18	**1.02**	11	24	–	–	–	–	–	–	–	–	–	–	**Decane, 4-methyl-**	2847-72-5	**Q8729**
71	57	156	55	56	98	100	68	**156**	100	74	66	59	37	15	15	8		7	12	2	2	–	–	–	–	–	–	–	–	**Sydnone, 3-neopentyl-**	26537-48-4	**S1433**
71	68	41	69	43	55	81	56	**156**	100	38	35	31	28	28	24	20	**4.60**	10	20	1	–	–	–	–	–	–	–	–	–	**2-Octen-1-ol, (E)-3,7-dimethyl-**		**L7776**
71	68	41	69	43	55	81	56	**156**	100	38	36	32	28	28	24	20	**4.64**	10	20	1	–	–	–	–	–	–	–	–	–	**6-Octen-1-ol, (+-)-3,7-dimethyl-**	26489-01-0	**S1383**
71	81	95	41	55	43	69	57	**156**	100	54	52	40	39	32	29	23	**0.30**	10	20	1	–	–	–	–	–	–	–	–	–	**Isomenthol**	490-99-3	**Q1190**
71	81	95	41	55	82	43	69	**156**	100	70	65	44	43	34	33	31	**0.19**	10	20	1	–	–	–	–	–	–	–	–	–	**Menthol**	1490-04-6	**09217**
71	81	95	41	55	82	43	69	**156**	100	76	71	55	47	36	35	34	**0.00**	10	20	1	–	–	–	–	–	–	–	–	–	**Menthol**	1490-04-6	**Q6104**
71	81	95	41	55	82	43	69	**156**	100	70	65	44	43	34	33	31	**0.00**	10	20	1	–	–	–	–	–	–	–	–	–	**Menthol, cis-1,3,trans-1,4-**	89-78-1	**P6494**
71	81	95	41	55	82	43	69	**156**	100	75	64	44	43	38	34	34	**0.00**	10	20	1	–	–	–	–	–	–	–	–	–	**1-Isopropyl-2-hydroxy-4-methylcyclohexane**		**P1144**
71	81	95	55	82	41	138	69	**156**	100	82	74	41	39	37	33	32	**0.18**	10	20	1	–	–	–	–	–	–	–	–	–	**Menthol, cis-1,3,trans-1,4-**	89-78-1	**P6493**
71	81	95	82	123	96	69	67	**156**	100	89	68	50	34	33	27	24	**0.00**	10	20	1	–	–	–	–	–	–	–	–	–	**Menthol**		**01726**
71	95	81	41	43	55	69	82	**156**	100	59	58	53	41	39	37	34	**0.00**	10	20	1	–	–	–	–	–	–	–	–	–	**Neoisomenthol**	491-02-1	**Q1193**
71	95	81	41	55	43	69	82	**156**	100	54	42	36	35	30	26	25	**0.35**	10	20	1	–	–	–	–	–	–	–	–	–	**Neo-menthol**	491-01-0	**09219**
71	95	81	41	55	43	69	82	**156**	100	57	52	42	42	32	32	29	**0.76**	10	20	1	–	–	–	–	–	–	–	–	–	**Neoisomenthol**	491-02-1	**09507**
71	95	81	41	55	69	43	82	**156**	100	72	63	45	43	34	32	32	**0.00**	10	20	1	–	–	–	–	–	–	–	–	–	**Isomenthol**	490-99-3	**H0725**
71	113	86	85	99	87	156	72	**156**	100	77	67	30	19	13	9	8		10	20	1	–	–	–	–	–	–	–	–	–	**4-Decanone**	624-16-8	**H0973**
73	45	49	29	27	43	61	63	**156**	100	25	9	9	8	6	5	4	**0.32**	4	6	2	–	2	–	–	–	–	–	–	–	**2-(Dichloromethyl)-1,3-dioxolane**		**Z0983**
73	55	110	39	111	128	41	54	**156**	100	97	81	70	66	62	49	48	**11.40**	8	12	3	–	–	–	–	–	–	–	–	–	**Cyclopentanecarboxylic acid, 2-oxo-, ethyl ester**		**Y1441**
73	75	45	43	39	59	55	41	**156**	100	98	91	65	51	42	35	32	**0.00**	8	16	1	–	–	–	–	–	–	–	1	–	**1-Trimethylsiloxy-cyclopentene-1**		**L9049**
73	75	99	141	45	43	59	41	**156**	100	97	40	40	32	21	16	15	**10.23**	8	16	1	–	–	–	–	–	–	–	1	–	**Silane, [(2-cyclopropylvinyl)oxy]trimethyl-**	74685-52-2	**T8368**
74	55	82	41	43	67	96	59	**156**	100	77	64	59	49	47	40	36	**14.00**	9	16	2	–	–	–	–	–	–	–	–	–	**4-Octenoic acid, methyl ester**	1732-00-9	**Q6623**
74	55	82	41	67	43	124	59	**156**	100	82	65	62	52	47	41	36	**3.20**	9	16	2	–	–	–	–	–	–	–	–	–	**4-Octenoic acid, methyl ester, (Z)-**	21063-71-8	**R9081**
74	82	41	55	71	58	73	96	**156**	100	70	69	64	48	47	45	45	**40.34**	9	16	2	–	–	–	–	–	–	–	–	–	**Cyclohexanone, 2-ethyl-4-methoxy-**	13482-27-4	**R4583**
74	82	41	55	71	58	73	96	**156**	100	69	68	62	47	46	44	44	**39.00**	9	16	2	–	–	–	–	–	–	–	–	–	**Cyclohexanone, 2-ethyl-4-methoxy-**		**L1757**
77	27	51	31	75	26	57	137	**156**	100	14	9	7	7	5	5	5	**0.00**	3	3	–	–	–	1	2	–	–	–	–	–	**3-Bromo-3,3-difluoro-1-propene**		**Z0971**
77	41	76	45	79	39	27	31	**156**	100	84	46	46	38	35	34	18	**0.80**	3	6	–	–	1	1	–	–	–	–	–	–	**Propane, 2-bromo-1-chloro-**	3017-95-6	**Q8921**
77	65	156	93	63	158	44	112	**156**	100	54	46	34	32	15	12	11		7	5	2	–	1	–	–	–	–	–	–	–	**Carbonochloridic acid, phenyl ester**	1885-14-9	**Q6950**
77	79	83	93	91	107	156	121	**156**	100	88	86	74	60	51	36	15		8	9	1	–	1	–	–	–	–	–	–	–	**7-(Chloromethyl)-cis-bicyclo[3.2.0]hept-2-en-6-one**		**14837**
77	94	156	51	141	50	65	78	**156**	100	33	33	30	30	8	8	7		7	8	2	–	–	–	–	1	–	–	–	–	**Benzene, (methylsulphonyl)-**		**G0574**
77	156	65	93	63	158	94	112	**156**	100	65	52	37	30	22	16	15		7	5	2	–	1	–	–	–	–	–	–	–	**Carbonochloridic acid, phenyl ester**	1885-14-9	**Q6949**
77	156	94	141	78	93	125		**156**	100	40	32	28	8	6	2			7	8	2	–	–	–	–	1	–	–	–	–	**Benzene, (methylsulphonyl)-**	3112-85-4	**Q9022**
77	156	158	51	50	37	78	74	**156**	100	68	66	23	19	12	7	6		6	5	–	–	–	1	–	–	–	–	–	–	**Bromobenzene**		**C0768**
77	156	158	51	50	38	74	78	**156**	100	77	76	43	37	15	13	10		6	5	–	–	–	1	–	–	–	–	–	–	**Bromobenzene**		**Y1296**
77	156	158	51	50	78	38	74	**156**	100	61	59	21	16	10	8	6		6	5	–	–	–	1	–	–	–	–	–	–	**Bromobenzene**		**D0733**

MASS TO CHARGE RATIOS								M.W.	INTENSITIES								Parent	C	H	O	N	Cl	Br	F	S	P	B	Si	X	COMPOUND NAME	CAS Reg No	No
81	43	53	156	45	27	82		**156**	100	27	18	16	8	7	5			7	8	2	–	–	–	–	1	–	–	–	–	**Furfuryl thioacetate**		**M4202**
81	43	53	156	45	27	82	113	**156**	100	27	18	16	8	7	5	4		7	8	2	–	–	–	–	1	–	–	–	–	**Furfuryl thioacetate**	13678-68-7	**H1717**
81	99	43	70	55	41	59	57	**156**	100	89	46	29	26	18	14	12	**0.10**	10	20	1	–	–	–	–	–	–	–	–	–	**Furan, tetrahydro-2,2-dimethyl-5-sec-butyl-**	33978-70-0	**S4493**
81	109	57	55	82	67	41	80	**156**	100	51	33	27	26	26	20	16	**0.00**	10	20	1	–	–	–	–	–	–	–	–	–	**Cyclohexanol, 4-sec-butyl-**		**Z0968**
81	111	82	54	95	83	112	156	**156**	100	58	27	12	10	7	6	6		6	8	3	2	–	–	–	–	–	–	–	–	**1H-Imidazole-1-propanoic acid, α-hydroxy-, (S)-**	51103-59-4	**S7567**
81	156	53	27	41	82	45	40	**156**	100	22	10	7	6	6	5	3		8	12	1	–	–	–	–	1	–	–	–	–	**Furfuryl isopropyl sulphide**	1883-78-9	**H1267**
81	156	82	41	45	43	40		**156**	100	22	6	6	5	3	3			8	12	1	–	–	–	–	1	–	–	–	–	**Furfuryl isopropyl sulphide**		**M4203**
82	41	55	74	67	83	69	56	**156**	100	44	37	26	25	23	22	22	**8.90**	9	16	2	–	–	–	–	–	–	–	–	–	**Methyl 6-methylhept-6-enoate**		**C0101**
82	55	60	29	41	69	111	68	**156**	100	67	67	57	55	49	33	32	**11.68**	9	16	2	–	–	–	–	–	–	–	–	–	**5-Hexenoic acid, 5-methyl-, ethyl ester**	39495-82-4	**S6079**
83	55	41	101	29	27	156	111	**156**	100	91	53	49	48	32	30	26		9	16	2	–	–	–	–	–	–	–	–	–	**Cyclohexanecarboxylic acid, ethyl ester**	3289-28-9	**Q9186**
83	100	57	101	56	55	41		**156**	100	80	80	45	30	20	20		**0.00**	9	16	2	–	–	–	–	–	–	–	–	–	**tert-Butyl 3,3-dimethylacrylate**		**M2704**
83	156	110	57	63	126	98	90	**156**	100	76	58	27	18	17	14	12		6	5	2	2	–	–	1	–	–	–	–	–	**Aniline, 4-fluoro-3-nitro-**	364-76-1	**Q0603**
84	43	83	55	41	39	56	54	**156**	100	88	74	46	46	31	24	14	**0.00**	7	8	4	–	–	–	–	–	–	–	–	–	**7,7-Dimethyl-2,4-dioxo-3,6-dioxa-bicyclo[3,2,0]heptane**		**L9625**
85	29	41	27	43	56	55	39	**156**	100	58	26	25	21	21	18	13	**0.20**	9	16	2	–	–	–	–	–	–	–	–	–	**2(3H)-Furanone, dihydro-5-pentyl-**	104-61-0	**P7736**
85	29	41	56	55	27	43	28	**156**	100	16	9	8	8	7	7	6	**0.50**	9	16	2	–	–	–	–	–	–	–	–	–	**2(3H)-Furanone, dihydro-5-pentyl-**	104-61-0	**H0288**
85	29	56	43	41	28	55	57	**156**	100	23	13	12	11	11	11	10	**1.20**	9	16	2	–	–	–	–	–	–	–	–	–	**2(3H)-Furanone, dihydro-5-pentyl-**	104-61-0	**P7737**
85	43	41	57	141	101	69	100	**156**	100	56	22	13	10	9	8	8	**4.00**	9	16	2	–	–	–	–	–	–	–	–	–	**3-Penten-2-one, 4-butoxy-**	3431-87-6	**Q9373**
85	59	43	100	98	60	55	71	**156**	100	78	68	57	54	41	25	20	**12.00**	8	16	1	2	–	–	–	–	–	–	–	–	**Hexanal N-methyl-N-formylhydrazone**		**16834**
85	71	41	43	86	39	55	57	**156**	100	44	41	36	34	17	13	12	**0.00**	9	16	2	–	–	–	–	–	–	–	–	–	**2,6-Octadiene-4,5-diol, 4-methyl-**	56335-74-1	**T3510**
85	72	43	41	57	39	71	86	**156**	100	53	39	37	24	17	15	12	**1.00**	9	16	2	–	–	–	–	–	–	–	–	–	**1,5-Heptadiene-3,4-diol, 2,5-dimethyl-**	22607-16-5	**R9860**
85	72	43	41	57	71	55	67	**156**	100	53	39	38	25	15	12	10	**1.00**	9	16	2	–	–	–	–	–	–	–	–	–	**1,5-Heptadiene-3,4-diol, 2,5-dimethyl-**		**L5079**
86	44	85	156	43	59	42	45	**156**	100	89	72	56	45	41	35	35		9	20	–	2	–	–	–	–	–	–	–	–	**Heptanal, dimethylhydrazone**	67660-53-1	**T6861**
87	67	55	128	41	125	96	79	**156**	100	41	29	27	26	22	16	15	**0.00**	8	12	3	–	–	–	–	–	–	–	–	–	**Cyclopentanecarboxylic acid, 3-formyl-, methyl ester, cis-**	65553-68-6	**T6562**
88	68	41	55	60	110	69	61	**156**	100	80	79	79	62	59	46	42	**6.00**	9	16	2	–	–	–	–	–	–	–	–	–	**6-Heptenoic acid, ethyl ester**	25118-23-4	**S0961**
91	36	30	65	92	39	38	51	**156**	100	90	58	43	41	32	30	27	**0.00**	8	11	–	1	1	–	–	–	–	–	–	–	**Phenethylamine hydrochloride**	156-28-5	**Q0020**
91	115	155	128	78	141	51	156	**156**	100	52	47	47	41	40	38	29		12	12	–	–	–	–	–	–	–	–	–	–	**Tricyclo[5.3.2.0$^{(4,8)}$]-dodeca-2,5,9,11-tetraene**		**00253**
91	125	126	156	89	127	63	128	**156**	100	62	48	32	27	23	22	16		8	9	1	–	1	–	–	–	–	–	–	–	**Benzeneethanol, 3-chloro-**	5182-44-5	**R1178**
94	91	79	77	89	93	95	97	**156**	100	69	31	17	15	15	15	8	**0.00**	9	16	2	–	–	–	–	–	–	–	–	–	**3-Heptyne-2,6-diol, 5,5-dimethyl-**	61228-11-3	**T5624**
94	156	107	77	63	65	158	27	**156**	100	41	29	22	19	15	14	13		8	9	1	–	1	–	–	–	–	–	–	–	**β-Chlorophenetole**		**Z0954**
95	55	69	41	67	81	43	57	**156**	100	39	35	23	21	18	15	13	**0.00**	10	20	1	–	–	–	–	–	–	–	–	–	**p-Menthan-7-ol, cis-**	13828-37-0	**H1723**
95	57	55	43	41	113	69	83	**156**	100	56	51	46	41	36	28	23	**1.60**	10	20	1	–	–	–	–	–	–	–	–	–	**Neoisocarvomenthol**	42846-32-2	**09513**
95	57	55	43	113	41	69	83	**156**	100	55	48	46	45	38	27	24	**1.80**	10	20	1	–	–	–	–	–	–	–	–	–	**Carvomenthol**	499-69-4	**09510**
95	57	55	113	41	43	69	81	**156**	100	48	47	44	36	33	25	24	**2.00**	10	20	1	–	–	–	–	–	–	–	–	–	**Carvomenthol**		**03291**
95	57	55	115	41	69	83	82	**156**	100	74	55	46	39	27	24	22	**0.00**	10	20	1	–	–	–	–	–	–	–	–	–	**Carvomenthol**		**M4148**
95	57	113	55	43	41	31	138	**156**	100	55	53	44	43	32	31	27	**2.80**	10	20	1	–	–	–	–	–	–	–	–	–	**Neocarvomenthol**	1126-40-5	**Q5449**
95	57	113	55	43	41	69	83	**156**	100	57	56	47	45	38	27	21	**5.20**	10	20	1	–	–	–	–	–	–	–	–	–	**Isocarvomenthol**	3127-80-8	**09223**
95	57	113	55	43	41	138	69	**156**	100	55	53	44	43	32	27	26	**2.80**	10	20	1	–	–	–	–	–	–	–	–	–	**Neocarvomenthol**	1126-40-5	**09512**
95	69	41	55	67	81	43	83	**156**	100	36	28	24	20	16	13	13	**0.00**	10	20	1	–	–	–	–	–	–	–	–	–	**p-Menthan-7-ol, trans-**	13674-19-6	**H1714**
95	83	57	43	41	55	96	82	**156**	100	89	66	58	56	47	47	42	**0.00**	10	20	1	–	–	–	–	–	–	–	–	–	**o-Menthan-3-ol, cis-1,2,cis-1,3-**	31104-61-7	**S3199**
95	113	69	43	41	55	56	57	**156**	100	62	37	29	23	19	17	15	**0.30**	10	20	1	–	–	–	–	–	–	–	–	–	**Furan, tetrahydro-2,5-dipropyl-**	4457-62-9	**R0470**
97	41	69	39	125	156	123	95	**156**	100	56	46	42	33	29	28	18		7	8	4	–	–	–	–	–	–	–	–	–	**2-Furancarboxylic acid, 5-(hydroxymethyl)-, methyl ester**	36802-01-4	**S5369**
97	41	69	125	156	123	95	127	**156**	100	93	75	49	49	32	21	18		7	8	4	–	–	–	–	–	–	–	–	–	**2-Furancarboxylic acid, 5-(hydroxymethyl)-, methyl ester**	36802-01-4	**S5368**
97	55	45	73	83	60	44	67	**156**	100	51	26	22	19	18	13	10	**0.95**	9	16	2	–	–	–	–	–	–	–	–	–	**3-Cyclohexylpropionic acid**		**Z0963**
97	59	99	61	62	15	27	63	**156**	100	76	65	32	19	16	12	12	**0.19**	4	6	2	–	2	–	–	–	–	–	–	–	**Methyl 2,2-dichloropropionate**		**Z0988**
97	98	41	59	71	43	70	39	**156**	100	91	33	24	18	17	17	16	**2.97**	8	12	3	–	–	–	–	–	–	–	–	–	**1,2-Butanediol, 1-(2-furyl)-**	4208-60-0	**R0202**
97	98	59	70	42	69	41	57	**156**	100	91	25	17	17	17	15	15	**2.00**	8	12	3	–	–	–	–	–	–	–	–	–	**1,2-Butanediol, 1-(2-furyl)-**		**L5081**
97	98	59	71	42	70	41	57	**156**	100	91	26	18	17	17	16	16	**2.00**	8	12	3	–	–	–	–	–	–	–	–	–	**1,2-Butanediol, 1-(2-furyl)-**	4208-60-0	**R0203**
97	157	114						**156**	100	73	17						**0.00**	7	12	2	2	–	–	–	–	–	–	–	–	**2-Butenamide, N-(aminocarbonyl)-2-ethyl-, (Z)-**	95-04-5	**P6904**
98	42	70	97	156	43	44	56	**156**	100	92	67	67	58	54	37	29		8	16	1	2	–	–	–	–	–	–	–	–	**3-Buten-2-one, 3,4-bis(dimethylamino)-**	49582-60-7	**S7142**
99	43	42	41	27	29	71	69	**156**	100	39	39	37	33	27	26	20	**1.33**	9	16	2	–	–	–	–	–	–	–	–	–	**2(3H)-Furanone, 5-butyldihydro-4-methyl-, cis-**	55013-32-6	**06874**
99	86	87	100	156	52	51		**156**	100	18	4	4	4	2	1			9	16	2	–	–	–	–	–	–	–	–	–	**1,4-Dioxaspiro[4.5]decane, 8-methyl-**	935-51-3	**Q4700**
99	100	55	56	42	86	43	84	**156**	100	33	14	11	5	5	4	4	**4.00**	8	12	3	–	–	–	–	–	–	–	–	–	**1,4-Dioxaspiro[4.5]decan-8-one**	4746-97-8	**R0789**
99	100	55	56	156	84	86		**156**	100	34	18	15	7	6	6			8	12	3	–	–	–	–	–	–	–	–	–	**1,4-Dioxaspiro[4.5]decan-8-one**		**E0017**
99	114	59	43	41	39	100	40	**156**	100	19	10	8	6	5	5	2	**1.00**	9	16	2	–	–	–	–	–	–	–	–	–	**2-Octen-4-one, 2-methoxy-**	24985-48-6	**S0889**
99	141	43	41	56	42	27	58	**156**	100	56	56	38	33	29	22	15	**14.40**	9	20	–	2	–	–	–	–	–	–	–	–	**Acetone, diisopropylhydrazone**	36909-55-4	**S5432**
99	156	100	55	56	87	126	42	**156**	100	40	32	14	12	9	7	6		8	12	3	–	–	–	–	–	–	–	–	–	**1,4-Dioxaspiro[4.5]decan-8-one**	4746-97-8	**R0788**

MASS TO CHARGE RATIOS								M.W.	INTENSITIES								Parent	C	H	O	N	Cl	Br	F	S	P	B	Si	X	COMPOUND NAME	CAS Reg No	No
100	41	57	45	101	102	141	156	**156**	100	43	29	20	11	11	7	7		8	12	1	–	–	–	–	1	–	–	–	–	**Thiophene, 3-tert-butoxy-**	49596-64-7	**S7158**
100	57	41	45	55	56	71	72	**156**	100	71	49	29	17	14	14	14	**8.57**	8	12	1	–	–	–	–	1	–	–	–	–	**Thiophene, 2-tert-butoxy-**	23290-55-3	**S0161**
100	57	41	45	101	102	55	99	**156**	100	23	21	16	9	7	6	6	**2.86**	8	12	1	–	–	–	–	1	–	–	–	–	**Thiophene, 3-tert-butoxy-**	49596-64-7	**S7157**
100	58	41	45	156	56	71	72	**156**	100	72	52	25	10	10	10	10		8	12	1	–	–	–	–	1	–	–	–	–	**Thiophene, 2-tert-butoxy-**	23290-55-3	**S0162**
100	70	58	44	28	43	56	42	**156**	100	83	78	74	59	51	46	44	**9.11**	9	20	–	2	–	–	–	–	–	–	–	–	**Piperazine, 2,5-dimethyl-3-propyl-**	54365-81-0	**H2049**
101	55	100	114	41	39	96	69	**156**	100	58	33	30	25	18	17	16	**2.00**	8	12	3	–	–	–	–	–	–	–	–	–	**2,4(3H,5H)-Furandione, 3-isobutyl-**	22884-76-0	**R9983**
101	98	100	55	41	43	83	56	**156**	100	88	56	55	34	30	28	28	**18.50**	9	16	2	–	–	–	–	–	–	–	–	–	**1,7-Dioxaspiro[5.5]undecane**		**17527**
101	114	56	85	156	41	42	113	**156**	100	40	27	27	27	20	12	12		7	12	2	2	–	–	–	–	–	–	–	–	**Hydantoin, 3-butyl-**	33599-31-4	**S4276**
101	114	156	127	113	85	56	102	**156**	100	45	32	10	9	7	5	5		7	12	2	2	–	–	–	–	–	–	–	–	**Hydantoin, 3-butyl-**	33599-31-4	**S4277**
104	52	156	38	27	24	78	28	**156**	100	85	48	12	9	9	8	7		6	–	–	6	–	–	–	–	–	–	–	–	**Paracyanogen**		**D0856**
107	63	41	109	65	76	77	49	**156**	100	96	35	33	31	26	23	10	**0.00**	4	6	2	–	2	–	–	–	–	–	–	–	**2-Chloro-1-methylethyl-chloroformate**		**Z0976**
107	79	77	51	108	156	78	50	**156**	100	42	25	10	8	6	5	4		8	9	1	–	1	–	–	–	–	–	–	–	**Benzyl alcohol, α-(chloromethyl)-**	1674-30-2	**Q6472**
107	156	77	108	91	120	39	65	**156**	100	15	9	7	5	5	5	4		8	9	1	–	1	–	–	–	–	–	–	–	**Phenol, 4-(α-chloroethyl)-**		**F0216**
109	41	156	39	67	141	81	45	**156**	100	86	82	66	65	50	46	39		9	16	–	–	–	–	–	1	–	–	–	–	**2-Thiabicyclo[4.4.0]decane, trans-**		**Y1051**
109	73	43	69	41	55	138	67	**156**	100	99	82	82	61	53	31	30	**0.30**	10	20	1	–	–	–	–	–	–	–	–	–	**1-Octen-3-ol, 3,7-dimethyl-**	18479-49-7	**R7659**
109	81	82	57	67	55	70	41	**156**	100	51	49	47	44	42	34	32	**0.00**	10	20	1	–	–	–	–	–	–	–	–	–	**Cyclohexanol, 2-sec-butyl-**		**Z0966**
110	71	96	112	53	81	97	55	**156**	100	83	70	69	65	53	51	39	**2.95**	7	8	4	–	–	–	–	–	–	–	–	–	**2,3-Epoxy-1-hydroxy-5-hydroxymethylcyclohex-5-en-4-one**		**P1138**
110	79	109	156	47	80	126	45	**156**	100	63	63	49	28	17	16	13		3	9	3	–	–	–	–	1	1	–	–	–	**Phosphorothioic acid, O,O,S-trimethyl ester**	152-20-5	**09445**
110	138	81	82	39	53	156	65	**156**	100	96	91	84	75	72	66	49		7	8	4	–	–	–	–	–	–	–	–	–	**1,5-Cyclohexadiene-1-carboxylic acid, 3,4-dihydroxy-**	24554-00-5	**S0669**
110	138	82	39	53	156	65	121	**156**	100	94	90	74	64	50	40	39		7	8	4	–	–	–	–	–	–	–	–	–	**1,5-Cyclohexadiene-1-carboxylic acid, 3,4-dihydroxy-**		**L8059**
111	28	112	156	45	39	32	95	**156**	100	70	30	28	21	15	14	14		8	12	3	–	–	–	–	–	–	–	–	–	**Furan, 2-(1,2-dimethoxyethyl)-**	53914-27-5	**S8681**
111	113	83	128	127	156			**156**	100	43	43	40	23	23				7	8	4	–	–	–	–	–	–	–	–	–	**β-Ethoxycarbonyl-butenolide**		**M2831**
111	142	39	28	44	83	112	57	**156**	100	50	27	23	11	10	10	7	**0.00**	7	8	2	–	–	–	–	1	–	–	–	–	**2-Thiabicyclo[3.1.0]hex-3-ene-3-carboxylic acid, methyl ester**	56666-83-2	**T4037**
111	156	112	139	44	18	41	39	**156**	100	78	39	33	33	25	24	22		7	8	2	–	–	–	–	1	–	–	–	–	**3,5-Dimethyl thiophen-2-carboxylic acid**		**C0012**
112	44	156	95	45	83	84	113	**156**	100	43	23	18	18	17	11	10		8	9	2	–	–	–	1	–	–	–	–	–	**Ethanol, 2-(4-fluorophenoxy)-**	2924-66-5	**Q8839**
112	56	43	55	42	70	69	45	**156**	100	63	62	57	46	40	33	32	**0.40**	7	13	3	–	–	–	–	–	–	1	–	–	**Lactic acid n-butyl boronate**		**05085**
112	69	139	55	41	154	97	111	**156**	100	56	44	38	36	31	26	25	**0.00**	10	20	1	–	–	–	–	–	–	–	–	–	**Menthol, cis-1,3,trans-1,4-**	89-78-1	**P6495**
112	110	44	32	64	42	69	85	**156**	100	84	30	25	22	21	20	17	**15.11**	5	4	4	2	–	–	–	–	–	–	–	–	**Uracil-5-carboxyic acid**		**D1201**
113	42	156	114	41	43	56	85	**156**	100	69	34	14	10	8	6	6		7	12	2	2	–	–	–	–	–	–	–	–	**Hydantoin, 1-butyl-**	33599-32-5	**S4279**
113	42	156	114	41	85	101	127	**156**	100	71	35	15	10	7	6	4		7	12	2	2	–	–	–	–	–	–	–	–	**Hydantoin, 1-butyl-**		**M3312**
113	57	43	112	28	29	27	111	**156**	100	50	33	27	19	19	13	11	**0.32**	7	13	3	–	–	–	–	–	–	1	–	–	**1,3,2-Dioxaborolane, 2-ethyl-4-methyl-4-acetyl-**	74646-02-9	**T8253**
113	95	43	99	41	55	67	27	**156**	100	78	65	27	19	15	10	9	**0.65**	10	20	1	–	–	–	–	–	–	–	–	–	**p-Menthan-4-ol**	470-65-5	**Q0908**
113	95	43	99	41	55	67	27	**156**	100	78	63	27	19	15	10	9	**0.65**	10	20	1	–	–	–	–	–	–	–	–	–	**p-Menthan-4-ol, cis-**	3239-02-9	**09226**
113	128	72	75	127	141	59	156	**156**	100	76	43	27	22	18	16	16		8	16	1	–	–	–	–	–	–	–	1	–	**Silacycloheptan-4-one, 1,1-dimethyl-**	10325-26-5	**R3752**
113	156	100	67	81	41	87	79	**156**	100	39	34	20	16	16	15	14		9	16	–	–	–	–	–	1	–	–	–	–	**2-Thiabicyclo[4.4.0]decane, trans-**		**Y1915**
113	156	114	127	42	56	101	85	**156**	100	91	18	6	4	4	4	2		7	12	2	2	–	–	–	–	–	–	–	–	**Hydantoin, 1-butyl-**	33599-32-5	**S4280**
116	89	117	39	63	51	50	75	**156**	100	16	9	9	8	6	6	5	**1.80**	10	8	–	2	–	–	–	–	–	–	–	–	**Hydrocinnamonitrile, p-cyano-**	18176-72-2	**R7414**
116	156	63	89	39	129	51	117	**156**	100	33	19	19	18	16	16	14		10	8	–	2	–	–	–	–	–	–	–	–	**1,3-Benzenediacetonitrile**	626-22-2	**Q3205**
116	156	117	51	89	63	39	50	**156**	100	23	9	9	9	9	8	7		10	8	–	2	–	–	–	–	–	–	–	–	**1,4-Benzenediacetonitrile**	622-75-3	**Q3078**
121	39	79	67	65	41	51	27	**156**	100	72	69	68	60	56	55	52	**5.06**	9	13	–	–	1	–	–	–	–	–	–	–	**Cyclohexane, (3-chloro-1-propynyl)-**	55723-99-4	**06780**
121	156	91	77	39	51	65	158	**156**	100	59	50	34	27	26	23	19		8	9	1	–	1	–	–	–	–	–	–	–	**Phenol, 4-chloro-3,5-dimethyl-**	88-04-0	**P6426**
124	81	55	83	67	109	79	95	**156**	100	88	66	56	43	38	35	30	**0.00**	9	16	2	–	–	–	–	–	–	–	–	–	**5-Oxaspiro[2.4]heptane, cis-1,1-dimethyl-4-methoxy-**		**M0562**
124	81	55	83	67	109	79	95	**156**	100	92	72	54	47	37	34	29	**0.00**	9	16	2	–	–	–	–	–	–	–	–	–	**5-Oxaspiro[2.4]heptane, trans-1,1-dimethyl-4-methoxy-**		**M0563**
125	97	28	111	81	41	27	29	**156**	100	90	85	49	33	30	22	22	**20.02**	8	12	3	–	–	–	–	–	–	–	–	–	**2-Furanethanol, β-ethoxy-**	14133-53-0	**R5001**
126	30	55	41	42	43	27	29	**156**	100	72	72	71	56	33	30	28	**2.20**	8	16	1	2	–	–	–	–	–	–	–	–	**1H-Azonine, octahydro-1-nitroso-**	20917-50-4	**R8998**
126	41	55	30	42	44	43	56	**156**	100	67	65	49	47	43	29	25	**8.54**	8	16	1	2	–	–	–	–	–	–	–	–	**1H-Azonine, octahydro-1-nitroso-**	20917-50-4	**R8999**
127	56	128	126	41	84	54	57	**156**	100	52	17	6	4	4	3	3	**2.00**	7	12	2	2	–	–	–	–	–	–	–	–	**Hydantoin, 5,5-diethyl-**	5455-34-5	**R1457**
127	56	128	126	41	84	57	156	**156**	100	53	18	6	5	5	3	3		7	12	2	2	–	–	–	–	–	–	–	–	**Hydantoin, 5,5-diethyl-**		**M3318**
127	69	55	41	83	39	81	43	**156**	100	48	28	24	10	9	8	8	**3.60**	9	16	2	–	–	–	–	–	–	–	–	–	**3-Butenoic acid, 2,2-diethyl-3-methyl-**	38477-06-4	**S5852**
127	69	55	111	41	43	81	39	**156**	100	83	56	53	28	19	19	11	**8.10**	9	16	2	–	–	–	–	–	–	–	–	–	**3-Pentenoic acid, 2,2-diethyl-**	38477-07-5	**S5853**
127	85	43	99	30	41	156	28	**156**	100	33	25	25	24	19	16	13		9	20	–	2	–	–	–	–	–	–	–	–	**Propanal, dipropylhydrazone**	34687-35-9	**S4705**
127	86	156	99	68	57	70	128	**156**	100	84	64	62	35	18	17	8		10	20	1	–	–	–	–	–	–	–	–	–	**2-Pentene, 1-(pentyloxy)-, (E)-**	54340-68-0	**S8886**
127	156	128	157	141	140	155	139	**156**	100	62	45	12	9	2	2	2		2	5	–	–	–	–	–	–	–	–	–	1	**Ethane, iodo-**		**D0312**
128	81	55	87	41	69	109	100	**156**	100	95	82	73	59	39	35	30	**11.00**	9	16	2	–	–	–	–	–	–	–	–	–	**Cyclopentanecarboxylic acid, 3,3-dimethyl-, methyl ester**	69393-31-3	**T7078**
128	127	102	129	43	126	77	78	**156**	100	15	13	12	10	8	6	6	**3.40**	11	8	1	–	–	–	–	–	–	–	–	–	**Bicyclo[4.4.1]undeca-1,3,5,7,9-pentaen-11-one**	36628-80-5	**09442**

MASS TO CHARGE RATIOS								M.W.	INTENSITIES								Parent	C	H	O	N	Cl	Br	F	S	P	B	Si	X	COMPOUND NAME	CAS Reg No	No
128	130	156	64	158	92	63	129	**156**	100	32	30	14	10	8	7	7		8	9	1	–	1	–	–	–	–	–	–	–	**o-Chlorophenetole**		**Z0972**
128	130	156	65	29	27	63	39	**156**	100	32	28	21	19	18	16	12		8	9	1	–	1	–	–	–	–	–	–	–	**Benzene, 1-chloro-3-ethoxy-**	2655-83-6	**Q8494**
128	130	156	65	158	129	75	29	**156**	100	33	33	11	10	7	7	6		8	9	1	–	1	–	–	–	–	–	–	–	**p-Chlorophenetole**		**Z0960**
129	116	156	102	130	128	89	51	**156**	100	50	47	27	26	21	19	18		10	8	–	2	–	–	–	–	–	–	–	–	**1,2-Benzenediacetonitrile**	613-73-0	**Q2876**
138	86	35	23	109	36	128	23	**156**	100	47	39	37	34	34	32	32	**28.00**	7	12	2	2	–	–	–	–	–	–	–	–	**2,6-Dioxo-1,5-diazacyclononane**		**L2957**
138	110	109	82	81	39	156	53	**156**	100	92	56	55	44	39	35	35		7	8	4	–	–	–	–	–	–	–	–	–	**2,3-Dihydro-2,3-dihydroxybenzoic acid**		**L7723**
138	112	156	28	81	82	110	18	**156**	100	38	33	29	25	25	23	21		7	5	3	–	–	–	1	–	–	–	–	–	**3-Fluorosalicylic acid**		**Z0982**
139	75	111	156	74	141	113	76	**156**	100	71	70	53	36	28	22	18		7	5	2	–	1	–	–	–	–	–	–	–	**Benzoic acid, 4-chloro-**	74-11-3	**P5515**
139	156	44	111	75	141	50	158	**156**	100	69	54	53	45	34	33	24		7	5	2	–	1	–	–	–	–	–	–	–	**Benzoic acid, 4-chloro-**		**D1186**
139	156	50	75	111	121	141	51	**156**	100	68	51	47	44	34	34	27		7	5	2	–	1	–	–	–	–	–	–	–	**Benzoic acid, 2-chloro-**	118-91-2	**P8986**
139	156	75	111	141	74	158	76	**156**	100	93	77	51	33	33	31	22		7	5	2	–	1	–	–	–	–	–	–	–	**Benzoic acid, 4-chloro-**		**B0193**
139	156	111	141	158	75	113	50	**156**	100	96	52	33	31	28	17	15		7	5	2	–	1	–	–	–	–	–	–	–	**Benzoic acid, 3-chloro-**	535-80-8	**Q1725**
139	156	111	158	141	113	75	157	**156**	100	97	85	76	72	63	60	53		7	5	2	–	1	–	–	–	–	–	–	–	**Benzoic acid, 3-chloro-**	535-80-8	**Q1726**
139	156	141	111	158	75	50	113	**156**	100	74	32	30	25	16	10	10		7	5	2	–	1	–	–	–	–	–	–	–	**Benzoic acid, 2-chloro-**	118-91-2	**P8987**
141	43	81	59	41	99	39	42	**156**	100	95	95	88	77	67	50	45	**0.00**	9	16	2	–	–	–	–	–	–	–	–	–	**1,2-Cyclohexanediol acetonide**		**P3402**
141	59	73	43	114	45	99	85	**156**	100	82	60	29	24	23	18	14	**0.30**	9	20	–	–	–	–	–	–	–	–	1	–	**Silane, 1-hexenyltrimethyl-, (Z)-**	52835-06-0	**S8140**
141	70	156	100	85	126	72		**156**	100	79	69	52	50	20	19			8	14	2	1	–	–	–	–	–	–	–	–	**1-Pyrrolidinyloxy, 2,2,5,5-tetramethyl-3-oxo-**	2154-34-9	**Q7510**
141	75	73	83	142	43	115	45	**156**	100	52	45	40	13	13	9	9	**0.00**	8	16	1	–	–	–	–	–	–	–	1	–	**Silane, [(1,1-dimethyl-2-propynyl)oxy]trimethyl-**	17869-77-1	**R7230**
141	77	143	43	156	113	51	70.5	**156**	100	69	31	29	28	26	13	10		8	9	1	–	1	–	–	–	–	–	–	–	**p-Chloro-α-hydroxyethyl benzene**		**Z0961**
141	77	143	156	113	43	51	70.5	**156**	100	64	31	24	20	16	13	10		8	9	1	–	1	–	–	–	–	–	–	–	**1-(2-Chlorophenyl)ethanol**		**Z0962**
141	113	156	140	65	39	45	97	**156**	100	71	65	48	48	39	38	36		7	8	2	–	–	–	–	1	–	–	–	–	**Phenol, 2-(methylsulphinyl)-**	1074-02-8	**Q5217**
141	128	105	143	52	156	27	79	**156**	100	37	32	31	29	29	23	23		7	9	–	2	1	–	–	–	–	–	–	–	**Pyrazine, 2-chloro-3-isopropyl-**	57674-20-1	**T4779**
141	142	113	73	43	59	115	143	**156**	100	17	15	14	9	8	8	8	**7.07**	7	16	–	–	–	–	–	–	–	–	2	–	**1,3-Disilacyclopent-4-ene, 1,1,3,3-tetramethyl-**	5927-28-6	**R1913**
141	156	77	143	51	121	63	158	**156**	100	49	42	34	24	23	17	16		8	9	1	–	1	–	–	–	–	–	–	–	**4-Chloro-2-ethyl phenol**		**L7947**
141	156	115	142	63	76	70	128	**156**	100	51	20	12	10	9	9	9		12	12	–	–	–	–	–	–	–	–	–	–	**Naphthalene, 2-ethyl-**		**Y1968**
141	156	115	142	128	27	63	76	**156**	100	51	21	12	10	9	8	7		12	12	–	–	–	–	–	–	–	–	–	–	**Naphthalene, 1-ethyl-**		**W0059**
141	156	115	142	128	63	76	157	**156**	100	49	20	12	10	8	7	7		12	12	–	–	–	–	–	–	–	–	–	–	**Naphthalene, 1-ethyl-**	1127-76-0	**Q5476**
141	156	115	142	128	70.5	63	76	**156**	100	49	20	12	10	8	8	7		12	12	–	–	–	–	–	–	–	–	–	–	**Naphthalene, 1-ethyl-**		**V0323**
141	156	115	142	128	70.5	76	63	**156**	100	56	20	12	12	8	8	8		12	12	–	–	–	–	–	–	–	–	–	–	**Naphthalene, 2-ethyl-**		**V0324**
141	156	115	142	128	76	63	157	**156**	100	58	20	13	12	9	9	8		12	12	–	–	–	–	–	–	–	–	–	–	**Naphthalene, 2-ethyl-**	939-27-5	**H1123**
141	156	143	77	51	121	63	158	**156**	100	35	33	29	22	20	14	11		8	9	1	–	1	–	–	–	–	–	–	–	**6-Chloro-2-ethyl phenol**		**L7946**
155	156	101	157	28	128	77	78	**156**	100	99	16	15	14	14	12	10		10	8	–	2	–	–	–	–	–	–	–	–	**6-Indolizinecarbonitrile, 2-methyl-**	22320-36-1	**R9631**
155	156	128	77	130	51	101	63	**156**	100	74	21	19	16	12	9	8		10	8	–	2	–	–	–	–	–	–	–	–	**1H-Indole-2-carbonitrile, 3-methyl-**	13006-59-2	**R4126**
155	156	130	128	101	77	102	129	**156**	100	70	36	14	11	9	7	7		10	8	–	2	–	–	–	–	–	–	–	–	**1H-Indole-3-acetonitrile**	771-51-7	**Q4074**
155	156	157	39	66	128	56	158	**156**	100	61	36	26	26	22	20	19		7	9	–	2	1	–	–	–	–	–	–	–	**Pyrimidine, 2-chloro-4-ethyl-6-methyl-**	61233-53-2	**T5661**
156	28	155	91	154	141	115	32	**156**	100	78	48	35	35	31	25	22	•	12	12	–	–	–	–	–	–	–	–	–	–	**Benzene, (1,4-cyclohexadien-1-yl)-**	13703-52-1	**R4718**
156	28	155	128	115	141	51	78	**156**	100	63	47	42	41	38	35	33		12	12	–	–	–	–	–	–	–	–	–	–	**Benzene, 1,5-cyclohexadien-1-yl-**	15619-34-8	**R5789**
156	29	27	127	26	28	128	141	**156**	100	75	63	31	14	9	8	2		2	5	–	–	–	–	–	–	–	–	–	1	**Ethane, iodo-**	75-03-6	**H0050**
156	29	27	127	128	28	141		**156**	100	36	19	15	6	3	2			2	5	–	–	–	–	–	–	–	–	–	1	**Ethane, iodo-**		**L0564**
156	53	80	126	41	39	42	55	**156**	100	74	50	30	29	27	22	22		6	8	3	2	–	–	–	–	–	–	–	–	**3-Pyridinecarboxylic acid, 1,2,5,6-tetrahydro-1-nitroso-**	55557-01-2	**T1554**
156	55	109	110	54	83	81	82	**156**	100	25	23	23	21	21	17	16		6	8	1	2	–	–	–	1	–	–	–	–	**4(1H)-Pyrimidinone, 5-methyl-2-(methylthio)-**	20651-30-3	**R8828**
156	80	52	108	50	51	41	43	**156**	100	98	64	40	20	20	12	11		6	4	3	–	–	–	–	1	–	–	–	–	**1,3,2-Benzodioxathiole, 2-oxide**	6255-58-9	**R2174**
156	91	155	78	115	128	51	77	**156**	100	55	45	40	37	37	31	31		12	12	–	–	–	–	–	–	–	–	–	–	**Benzene, 2,4-cyclohexadien-1-yl-**	21473-05-2	**R9277**
156	99	84	113	65	138			**156**	100	56	30	23	14	2				6	8	1	2	–	–	–	1	–	–	–	–	**4,4a,6,7-Tetrahydrothieno[3,2-c]pyridazin-3(2H)-one**		**M6611**
156	104	77	131	76	102	129	157	**156**	100	45	44	22	19	17	15	13		8	4	–	4	–	–	–	–	–	–	–	–	**Pyrido[2,3-d]pyrimidine-4-carbonitrile**	29482-47-1	**09763**
156	110	67	18	68	43	83	41	**156**	100	95	59	44	44	41	37	28		5	8	–	4	–	–	–	1	–	–	–	–	**4,6-Pyrimidinediamine, 2-(methylthio)-**	1005-39-6	**Q5014**
156	111	53	55	110	81	127	96	**156**	100	42	29	28	22	18	11	8		6	8	3	2	–	–	–	–	–	–	–	–	**2,3-Pyrazinedione, 1,4-dihydro-6-(hydroxymethyl)-1-methyl-**	61481-37-6	**T5735**
156	123	42	109	54	82	55	28	**156**	100	62	27	27	24	24	21	21		6	8	1	2	–	–	–	1	–	–	–	–	**5-Pyrimidinol, 2-methyl-4-(methylthio)-**	35231-61-9	**S4892**
156	123	86	81	67	127	79	41	**156**	100	95	86	73	31	27	26	25		9	16	–	–	–	–	–	1	–	–	–	–	**Bicyclo[2.2.2]octane-1-thiol, 4-methyl-**	39825-77-9	**S6155**
156	126	47	125	15	109	158	157	**156**	100	62	26	22	9	5	5	4		3	9	3	–	–	–	–	1	1	–	–	–	**Phosphorothioic acid, O,O,O-trimethyl ester**	152-18-1	**Q0008**
156	128	91	155	115	141	28	77	**156**	100	70	61	45	38	36	35	29		12	12	–	–	–	–	–	–	–	–	–	–	**Benzene, 2,4-cyclohexadien-1-yl-**	21473-05-2	**R9276**
156	128	127	155	126	157	77	75	**156**	100	83	78	59	21	12	9	9		11	8	1	–	–	–	–	–	–	–	–	–	**1-Naphthalenecarboxaldehyde**	66-77-3	**P5270**
156	129	102	103	51	76	50	52	**156**	100	60	46	20	17	15	12	12		10	8	–	2	–	–	–	–	–	–	–	–	**Pyrimidine, 4-phenyl-**	3438-48-0	**Q9388**
156	139	39	95	45	55	128	157	**156**	100	69	35	18	17	12	8	7		6	4	5	–	–	–	–	–	–	–	–	–	**2,5-Furandicarboxylic acid**	3238-40-2	**Q9141**
156	139	58	95	143	157	111	140	**156**	100	84	38	20	8	7	7	6		6	4	5	–	–	–	–	–	–	–	–	–	**2,5-Furandicarboxylic acid**	3238-40-2	**Q9142**
156	141	155	77	76	157	115	128	**156**	100	55	31	16	14	13	13	12		12	12	–	–	–	–	–	–	–	–	–	–	**Naphthalene, 1,5-dimethyl-**	571-61-9	**H0851**

MASS TO CHARGE RATIOS								M.W.	INTENSITIES								Parent	C	H	O	N	Cl	Br	F	S	P	B	Si	X	COMPOUND NAME	CAS Reg No	No
156	141	155	77	157	76	115	153	**156**	100	56	29	12	12	10	10	9		12	12	–	–	–	–	–	–	–	–	–	–	Naphthalene, 1,5-dimethyl-		00649
156	141	155	77	157	128	76	115	**156**	100	47	32	14	13	12	11	10		12	12	–	–	–	–	–	–	–	–	–	–	Naphthalene, 2,7-dimethyl-	582-16-1	Q2293
156	141	155	115	128	76	77	63	**156**	100	70	28	18	17	11	10	10		12	12	–	–	–	–	–	–	–	–	–	–	Naphthalene, 1,3-dimethyl-		V0259
156	141	155	115	128	157	76	63	**156**	100	67	25	16	15	13	12	11		12	12	–	–	–	–	–	–	–	–	–	–	Naphthalene, 1,3-dimethyl-	575-41-7	H0852
156	141	155	115	157	128	153	152	**156**	100	87	22	13	12	10	9	9		12	12	–	–	–	–	–	–	–	–	–	–	Naphthalene, 1,4-dimethyl-	571-58-4	09953
156	141	155	115	157	142	76	153	**156**	100	94	19	16	13	11	10	10		12	12	–	–	–	–	–	–	–	–	–	–	Naphthalene, 1,2-dimethyl-		00647
156	141	155	115	157	153	128	142	**156**	100	70	23	13	13	9	9	8		12	12	–	–	–	–	–	–	–	–	–	–	Naphthalene, 1,3-dimethyl-		00648
156	141	155	153	115	157	152	76	**156**	100	77	25	16	15	12	12	12		12	12	–	–	–	–	–	–	–	–	–	–	Naphthalene, 1,8-dimethyl-	569-41-5	09946
156	141	155	157	77	76	115	153	**156**	100	56	30	13	12	10	10	10		12	12	–	–	–	–	–	–	–	–	–	–	Naphthalene, 1,6-dimethyl-	575-43-9	Q2237
156	141	155	157	77	76	153	115	**156**	100	48	34	13	12	9	9	9		12	12	–	–	–	–	–	–	–	–	–	–	Naphthalene, 2,6-dimethyl-	581-42-0	Q2288
156	141	155	157	77	76	153	115	**156**	100	50	32	13	12	9	9	8		12	12	–	–	–	–	–	–	–	–	–	–	Naphthalene, 2,7-dimethyl-		00653
156	141	155	157	77	115	76	153	**156**	100	56	29	13	11	10	10	9		12	12	–	–	–	–	–	–	–	–	–	–	Naphthalene, 2,6-dimethyl-		00650
156	141	155	157	115	76	153	128	**156**	100	71	24	14	14	10	9	9		12	12	–	–	–	–	–	–	–	–	–	–	Naphthalene, 2,3-dimethyl-	581-40-8	Q2287
156	141	155	157	115	153	152	128	**156**	100	68	28	12	12	11	11	9		12	12	–	–	–	–	–	–	–	–	–	–	Naphthalene, 1,7-dimethyl-	575-37-1	09945
156	141	155	157	128	76	152	77	**156**	100	5	4	1	1	1	1	1		12	12	–	–	–	–	–	–	–	–	–	–	Naphthalene, 2,6-dimethyl-	581-42-0	Q2290
156	155	51	78	128	129	50	157	**156**	100	37	25	23	21	18	14	14		10	8	–	2	–	–	–	–	–	–	–	–	2,2′-Bipyridine		Y0630
156	155	52	157	129	128	50	77	**156**	100	35	13	11	10	10	9	9		10	8	–	2	–	–	–	–	–	–	–	–	4,4′-Bipyridine		D0155
156	155	52	157	129	128	51	76	**156**	100	35	14	12	12	11	11	10		10	8	–	2	–	–	–	–	–	–	–	–	4,4′-Bipyridine		M6604
156	155	78	63	130	51	128	79	**156**	100	73	45	33	25	18	15	14		10	8	–	2	–	–	–	–	–	–	–	–	2,3′-Bipyridine		D1590
156	155	78	91	141	77	115	51	**156**	100	44	33	31	30	28	26	24		12	12	–	–	–	–	–	–	–	–	–	–	Benzene, 2,5-cyclohexadien-1-yl-	4794-05-2	R0821
156	155	91	78	141	115	51	129	**156**	100	44	31	31	29	27	24	15		12	12	–	–	–	–	–	–	–	–	–	–	Benzene, 2,5-cyclohexadien-1-yl-	4794-05-2	R0822
156	155	91	141	115	78	77	128	**156**	100	48	34	31	25	23	21	21		12	12	–	–	–	–	–	–	–	–	–	–	Benzene, (1,4-cyclohexadien-1-yl)-	13703-52-1	R4720
156	155	91	141	115	128	129	76	**156**	100	48	35	31	25	21	14	12		12	12	–	–	–	–	–	–	–	–	–	–	Benzene, (1,4-cyclohexadien-1-yl)-	13703-52-1	R4719
156	155	101	128	157	39	77	78	**156**	100	99	14	14	14	14	12	9		10	8	–	2	–	–	–	–	–	–	–	–	6-Indolizinecarbonitrile, 2-methyl-		L8634
156	155	115	128	141	91	78	51	**156**	100	45	39	38	37	37	33	33		12	12	–	–	–	–	–	–	–	–	–	–	Benzene, 1,3-cyclohexadien-1-yl-	15619-32-6	R5787
156	155	115	128	141	91	129	76	**156**	100	48	43	38	38	33	24	15		12	12	–	–	–	–	–	–	–	–	–	–	Benzene, 1,3-cyclohexadien-1-yl-	15619-32-6	R5788
156	155	128	78	129	51	157	50	**156**	100	32	18	14	14	13	12	8		10	8	–	2	–	–	–	–	–	–	–	–	2,2′-Bipyridine		Y2372
156	155	128	115	141	91	129	76	**156**	100	48	43	40	40	33	23	15		12	12	–	–	–	–	–	–	–	–	–	–	Benzene, 1,5-cyclohexadien-1-yl-	15619-34-8	R5790
156	155	128	129	78	51	157	130	**156**	100	43	23	21	19	16	15	9		10	8	–	2	–	–	–	–	–	–	–	–	2,2′-Bipyridine		A0648
156	155	129	51	78	50	102	128	**156**	100	29	25	25	19	14	14	13		10	8	–	2	–	–	–	–	–	–	–	–	2,4′-Bipyridine		D0156
156	155	129	51	128	157	78	130	**156**	100	41	34	15	14	14	14	10		10	8	–	2	–	–	–	–	–	–	–	–	2,4′-Bipyridine		A0647
156	155	141	91	154	115	77	78	**156**	100	49	38	33	30	28	27	26		12	12	–	–	–	–	–	–	–	–	–	–	Benzene, 2,5-cyclohexadien-1-yl-	4794-05-2	R0823
156	155	157	128	51	50	129	76	**156**	100	35	12	10	10	10	9	9		10	8	–	2	–	–	–	–	–	–	–	–	3,3′-Bipyridine		D1869
156	155	157	128	51	129	76	102	**156**	100	32	11	9	9	9	8	8		10	8	–	2	–	–	–	–	–	–	–	–	3,3′-Bipyridine	581-46-4	Q2292
156	155	157	128	129	51	78	103	**156**	100	43	12	9	8	8	6	5		10	8	–	2	–	–	–	–	–	–	–	–	4,4′-Bipyridine		A0649
156	155	157	158	110	127	99	138	**156**	100	87	36	32	18	16	14	13		7	5	2	–	1	–	–	–	–	–	–	–	5-Chlorosalicylaldehyde		Z0977
28	101	32	84	157	41	59	42	**157**	100	95	82	43	28	28	24	24		8	15	2	1	–	–	–	–	–	–	–	–	t-Butyl 3-aminocrotonate		00577
30	41	29	27	43	28	18	45	**157**	100	11	8	8	8	7	7	5	**0.89**	10	23	–	1	–	–	–	–	–	–	–	–	Decanamine		X0143
30	41	29	27	43	28	18	45	**157**	100	11	8	8	8	7	7	5	**0.90**	10	23	–	1	–	–	–	–	–	–	–	–	1-Decanamine	2016-57-1	H1275
30	41	29	44	27	43	28	45	**157**	100	10	8	8	7	6	6	6	**1.00**	10	23	–	1	–	–	–	–	–	–	–	–	1-Decanamine	2016-57-1	H1276
30	43	68	41	72	101	73	69	**157**	100	44	25	23	15	14	14	14	**3.00**	8	15	2	1	–	–	–	–	–	–	–	–	5-Hydroxyoctane-8-lactam		05561
30	57	29	43	44	86	87	27	**157**	100	39	35	23	22	22	21	12	**4.00**	9	19	1	1	–	–	–	–	–	–	–	–	Propanamide, N-hexyl-	10264-24-1	R3699
30	58	59	41	46	29	27	43	**157**	100	92	78	41	39	33	28	25	**4.40**	9	19	1	1	–	–	–	–	–	–	–	–	Formamide, N-octyl-	6282-06-0	H1609
30	102	29	41	43	57	27	58	**157**	100	49	34	14	12	10	10	9	**2.50**	8	17	1	2	–	–	–	–	–	–	–	–	N-Pentyl ethylcarbamate		F0299
36	57	41	40	44	38	55	39	**157**	100	99	84	83	73	67	66	55	**1.80**	8	15	2	1	–	–	–	–	–	–	–	–	Oxiranecarboxamide, 2-ethyl-3-propyl-	126-93-2	P9507
38	94	39	93	121	66	65	67	**157**	100	37	30	29	25	20	17	14	**0.00**	5	4	1	3	1	–	–	–	–	–	–	–	Pyrido-3-diazo-4-oxide hydrochloride		P1843
43	27	31	44	29	88	45	85	**157**	100	62	28	28	19	19	15	14	**0.00**	7	11	3	1	–	–	–	–	–	–	–	–	Butanoic acid, 3-cyano-3-hydroxy-, ethyl ester	6330-37-6	R2246
43	29	57	27	41	39	56	42	**157**	100	20	18	17	13	9	7	5	**0.50**	7	11	3	1	–	–	–	–	–	–	–	–	2,4-Oxazolidinedione, 5-ethyl-3,5-dimethyl-	115-67-3	P8877
43	30	72	84	102	15	41	60	**157**	100	87	82	38	36	21	20	16	**2.00**	8	15	2	1	–	–	–	–	–	–	–	–	N-Isobutyldiacetamide		02230
43	41	44	86	29	15	102	27	**157**	100	78	76	44	41	24	22	20	**1.00**	8	15	2	1	–	–	–	–	–	–	–	–	N-sec-Butyldiacetamide		L1899
43	41	44	86	29	15	102	60	**157**	100	78	76	44	41	24	22	20	**1.00**	8	15	2	1	–	–	–	–	–	–	–	–	N-sec-Butyldiacetamide		02231
43	58	142	100	70	42	72	41	**157**	100	43	20	12	10	9	7	7	**0.34**	9	19	1	1	–	–	–	–	–	–	–	–	Oxazolidine, 2,2,5-trimethyl-3-propyl-	55955-98-1	T2434
43	72	30	73	84	142	114	102	**157**	100	91	82	36	35	34	19	18	**6.51**	8	15	2	1	–	–	–	–	–	–	–	–	N-Butyldiacetamide	1563-86-6	Q6223

MASS TO CHARGE RATIOS								M.W.	INTENSITIES								Parent	C	H	O	N	Cl	Br	F	S	P	B	Si	X	COMPOUND NAME	CAS Reg No	No
43	86	42	30	87	58	44	157	**157**	100	27	27	12	10	10	10	6		9	19	1	1	–	–	–	–	–	–	–	–	N-Acetyl-N-methyl-1-aminohexane		M5881
43	129	57	27	29	41	15	39	**157**	100	50	17	10	10	10	5	5	2.00	7	11	3	1	–	–	–	–	–	–	–	–	2,4-Oxazolidinedione, 5-ethyl-3,5-dimethyl-	115-67-3	P8878
44	46	43	70	77	157	45	85	**157**	100	39	35	29	27	27	24	23		8	15	2	1	–	–	–	–	–	–	–	–	3-Buten-2-one, 4-(dimethylamino)-4-ethoxy-	49582-71-0	S7150
44	74	112	41	68	72	56	42	**157**	100	83	54	24	23	17	17	16	0.00	7	11	3	1	–	–	–	–	–	–	–	–	2-Amino-4-hydroxyhept-6-ynoic acid		05470
44	100	30	43	45	29	41	27	**157**	100	38	31	30	29	16	15	14	5.71	10	23	–	1	–	–	–	–	–	–	–	–	Diisopentylamine	544-00-3	H0821
44	100	43	30	41	29	157	71	**157**	100	37	26	16	9	7	7	6		10	23	–	1	–	–	–	–	–	–	–	–	Diisopentylamine	544-00-3	Q1875
46	43	30	41	55	72	57	69	**157**	100	37	33	33	26	16	15	15	7.00	9	19	1	1	–	–	–	–	–	–	–	–	Isoxazolidine, 5-hexyl-, (+)-	64018-29-7	T6362
49	51	122	124	86	52	36	87	**157**	100	44	38	24	16	14	10	8	0.00	3	2	–	1	3	–	–	–	–	–	–	–	Propanenitrile, 2,2,3-trichloro-	813-74-1	Q4177
50	58	52	36	15	42	44	38	**157**	100	44	36	32	19	15	13	10	0.00	5	13	–	1	2	–	–	–	–	–	–	–	Ethylaminium chloride, 2-chloro-N,N,N-trimethyl-	999-81-5	Q4954
56	43	98	41	39	57	55	97	**157**	100	56	56	9	6	6	4	4	1.00	7	11	3	1	–	–	–	–	–	–	–	–	5-Isoxazolecarboxylic acid, (R)-4,5-dihydro-3,5-dimethyl-, methyl ester	64018-41-3	T6367
57	58	41	56	29	157	85	102	**157**	100	30	29	18	17	14	11	11		9	19	1	1	–	–	–	–	–	–	–	–	Propanamide, N-isopropyl-2,2-dimethyl-	686-96-4	Q3697
57	58	41	56	157	102	85	142	**157**	100	30	30	19	14	11	11	9		9	19	1	1	–	–	–	–	–	–	–	–	N-tert-Butyl-2,2,2-trimethylacetamide		M7833
58	42	41	59	157	30	43	39	**157**	100	21	17	16	9	9	8	6		10	23	–	1	–	–	–	–	–	–	–	–	1-Hexanamine, 2-ethyl-N,N-dimethyl-		C2187
58	42	41	71	39	59	28	43	**157**	100	14	11	11	10	4	4	4	0.00	8	15	2	1	–	–	–	–	–	–	–	–	2-Propenoic acid, 2-methyl-, 2-(dimethylamino)ethyl ester	2867-47-2	H1364
58	42	41	157	29	43	44	85	**157**	100	8	7	6	6	5	5	4		10	23	–	1	–	–	–	–	–	–	–	–	N,N-Dimethyloctylamine		C1828
58	50	36	42	15	52	44	43	**157**	100	63	27	27	27	24	23	16	0.00	5	13	–	1	2	–	–	–	–	–	–	–	Ethylaminium chloride, 2-chloro-N,N,N-trimethyl-	999-81-5	Q4955
58	59	42	157	41	44	57	84	**157**	100	4	3	3	2	2	2	2		10	23	–	1	–	–	–	–	–	–	–	–	1-Hexanamine, 2-ethyl-N,N-dimethyl-	28056-87-3	S1950
58	59	60	42	157	41	44	57	**157**	100	4	4	3	3	2	2	2		10	23	–	1	–	–	–	–	–	–	–	–	1-Hexanamine, 2-ethyl-N,N-dimethyl-	28056-87-3	S1949
58	100	115	43	57	128	41	157	**157**	100	14	14	13	12	11	9	9		9	19	1	1	–	–	–	–	–	–	–	–	Pentanamide, N-methyl-N-isopropyl-	54965-74-1	S9896
58	142	42	41	86	124	39	43	**157**	100	89	54	37	22	21	17	15	0.30	9	19	1	1	–	–	–	–	–	–	–	–	4-Piperidinol, 2,2,6,6-tetramethyl-	2403-88-5	Q7967
59	72	43	44	41	55	86	29	**157**	100	27	13	13	9	6	6	5	0.90	9	19	1	1	–	–	–	–	–	–	–	–	Nonamide		L0374
59	72	44	43	41	86	55	73	**157**	100	27	13	13	9	6	6	5	0.90	9	19	1	1	–	–	–	–	–	–	–	–	Nonamide		04066
70	43	113	112	41	28	85	42	**157**	100	63	28	19	19	19	15	11	2.20	7	11	3	1	–	–	–	–	–	–	–	–	L-Proline, 1-acetyl-		06260
72	114	29	30	44	41	58	27	**157**	100	70	55	50	33	32	26	24	8.23	9	19	1	1	–	–	–	–	–	–	–	–	N,N-Dibutylformamide		C1803
72	114	57	29	41	30	44	27	**157**	100	71	46	42	38	33	33	21	8.00	9	19	1	1	–	–	–	–	–	–	–	–	N,N-Dibutylformamide		G0140
73	41	27	29	39	57	43	55	**157**	100	54	40	37	25	20	18	17	2.00	9	19	1	1	–	–	–	–	–	–	–	–	Dibutyl ketoxime		L1481
73	41	27	29	39	57	43	55	**157**	100	54	39	36	24	19	17	17	0.00	9	19	1	1	–	–	–	–	–	–	–	–	5-Nonanone, oxime	14475-42-4	R5229
73	100	41	42	86	59	45	74	**157**	100	38	14	12	12	9	9	8	1.66	8	19	–	1	–	–	–	–	–	–	1	–	Silanamine, N-(2,2-dimethylpropylidene)-1,1,1-trimethyl-	61860-99-9	T5754
75	111	50	127	99	157	74	113	**157**	100	64	50	42	39	39	35	21		6	4	2	1	1	–	–	–	–	–	–	–	Benzene, 1-chloro-4-nitro-	100-00-5	P7317
75	111	157	50	127	99	113	74	**157**	100	86	60	45	40	35	27	27		6	4	2	1	1	–	–	–	–	–	–	–	Benzene, 1-chloro-4-nitro-		C0131
75	111	157	99	50	127	74	113	**157**	100	67	50	48	26	24	23	22		6	4	2	1	1	–	–	–	–	–	–	–	Benzene, 1-chloro-2-nitro-	88-73-3	P6457
75	157	111	99	159	113	127	50	**157**	100	83	83	44	26	26	26	26		6	4	2	1	1	–	–	–	–	–	–	–	Benzene, 1-chloro-2-nitro-		14678
77	51	93	157	50	141	94	39	**157**	100	57	36	30	25	21	19	12		6	7	2	1	–	–	–	1	–	–	–	–	Benzenesulphonamide	98-10-2	P7152
77	51	93	157	50	141	94	39	**157**	100	47	36	29	25	20	19	12		6	7	2	1	–	–	–	1	–	–	–	–	Benzenesulphonamide		L6775
77	51	157	93	141	94	50	78	**157**	100	38	37	31	26	16	12	8		6	7	2	1	–	–	–	1	–	–	–	–	Benzenesulphonamide	98-10-2	P7153
78	158	160	50	52	27	28	26	**157**	100	27	27	20	12	10	8	7	0.18	5	4	–	1	–	1	–	–	–	–	–	–	2-Bromopyridine		X0307
82	42	28	96	83	41	57	55	**157**	100	68	64	63	60	39	34	29	13.79	8	15	2	1	–	–	–	–	–	–	–	–	Tropine N-oxide A	32663-71-1	S3816
82	42	28	96	83	41	57	55	**157**	100	99	99	86	86	66	54	51	21.00	8	15	2	1	–	–	–	–	–	–	–	–	Tropine N-oxide A		M6678
82	42	28	96	83	67	41	57	**157**	100	69	63	61	59	38	38	34	13.50	8	15	2	1	–	–	–	–	–	–	–	–	Tropine N-oxide B		M6679
82	113	157	41	83	55	27	42	**157**	100	22	10	7	7	6	5	5		8	15	2	1	–	–	–	–	–	–	–	–	1H-Pyrrolizine-1-methanol, [1S-(1α,7α,7aβ)]-hexahydro-7-hydroxy-	520-62-7	Q1563
82	113	157	83	114	80	100	81	**157**	100	36	17	10	5	5	4	3		8	15	2	1	–	–	–	–	–	–	–	–	1H-Pyrrolizine-1-methanol, [1S-(1α,7α,7aβ)]-hexahydro-7-hydroxy-		L3766
82	113	157	114	83	80	99	81	**157**	100	37	17	13	10	5	4	3		8	15	2	1	–	–	–	–	–	–	–	–	1H-Pyrrolizine-1-methanol, [1S-(1α,7α,7aα)]-hexahydro-7-hydroxy-		L3767
83	157	98	55	140	111	84	108	**157**	100	32	26	22	14	13	9	7		8	15	2	1	–	–	–	–	–	–	–	–	1H-Pyrrolizine-1-methanol, hexahydro-2-hydroxy-		L9584
84	71	70	86	83	157	82	95	**157**	100	69	60	28	15	13	8	5		8	17	1	2	–	–	–	–	–	–	–	–	1-Pyrrolidinyloxy, 3-amino-2,2,5,5-tetramethyl-	34272-83-8	S4602
84	103	112	41	75	56	54	45	**157**	100	62	60	36	33	16	14	14	0.10	8	15	2	1	–	–	–	–	–	–	–	–	Butanenitrile, 4,4-diethoxy-	18381-45-8	R7560
84	157	85	42	41	43	125	158	**157**	100	26	7	5	4	3	3	3		7	11	3	1	–	–	–	–	–	–	–	–	4-Hexenoic acid, 5-amino-3-oxo-, methyl ester	52812-86-9	S8136
85	44	72	42	157	69	86	58	**157**	100	66	58	40	38	21	18	17		7	15	1	3	–	–	–	–	–	–	–	–	2-Dimethylamino-2-oxo-trimethylacetamidine		L9566
85	129	57	84	58	112	45	76	**157**	100	83	46	42	41	36	19	15	0.00	6	7	2	1	–	–	–	1	–	–	–	–	3-Isothiazolecarboxylic acid, ethyl ester	23244-32-8	S0133
85	157	142	45	58	41	39	27	**157**	100	80	70	64	53	52	51	48		6	7	2	1	–	–	–	1	–	–	–	–	5-Thiazoleacetic acid, 4-methyl-		M2020
86	44	30	114	43	29	41	57	**157**	100	81	60	48	33	22	21	18	8.00	10	23	–	1	–	–	–	–	–	–	–	–	1-Hexanamine, N-butyl-	30278-08-1	S2848
86	44	43	58	42	128	41	57	**157**	100	63	37	34	28	26	25	9	5.00	10	23	–	1	–	–	–	–	–	–	–	–	Hexylamine, N-methyl-N-propyl-	24552-00-9	S0659
86	44	43	58	42	128	41	57	**157**	100	63	38	34	28	28	25	9	5.00	10	23	–	1	–	–	–	–	–	–	–	–	Hexylamine, N-methyl-N-propyl-	24552-00-9	S0660
86	85	43	58	87	30	99	157	**157**	100	18	17	8	5	5	4	3		9	19	1	1	–	–	–	–	–	–	–	–	5-Diethylaminopentane-2-one		D0271
86	128	42	41	71	44	58	56	**157**	100	64	16	13	12	9	8	7	2.00	10	23	–	1	–	–	–	–	–	–	–	–	3-Octanamine, N,N-dimethyl-	24539-82-0	S0619
87	42	41	43	100	114	57	27	**157**	100	84	36	30	25	18	17	13	4.61	9	19	1	1	–	–	–	–	–	–	–	–	6-Methylheptan-2-one O-methyloxime	36382-58-8	S5232
87	42	41	43	100	114	57	29	**157**	100	83	36	30	24	18	17	13	4.00	9	19	1	1	–	–	–	–	–	–	–	–	6-Methylheptan-2-one O-methyloxime		06451
87	42	41	43	100	114	57	29	**157**	100	84	37	32	24	18	18	15	5.00	9	19	1	1	–	–	–	–	–	–	–	–	6-Methylheptan-2-one O-methyloxime		M4381

MASS TO CHARGE RATIOS								M.W.	INTENSITIES								Parent	C	H	O	N	Cl	Br	F	S	P	B	Si	X	COMPOUND NAME	CAS Reg No	No
91	65	39	157	92	156	80	51	**157**	100	14	14	13	12	11	10	8		11	11	–	1	–	–	–	–	–	–	–	–	**N-Benzylpyrrole**		**Y0632**
91	65	157	92	156	80	51	158	**157**	100	14	14	12	11	10	8	4		11	11	–	1	–	–	–	–	–	–	–	–	**N-Benzylpyrrole**	2051-97-0	**Q7294**
91	92	65	103	122	51	28	39	**157**	100	27	25	21	19	16	14	12	**0.00**	7	10	–	2	1	–	–	–	–	–	–	–	**Hydrazine, benzyl-, monohydrochloride**	1073-62-7	**Q5211**
94	38	66	39	93	65	129	95	**157**	100	77	68	65	26	24	24	21	**0.00**	5	4	1	3	1	–	–	–	–	–	–	–	**Pyrido-3-diazo-2-oxide hydrochloride**		**P1845**
98	42	41	70	27	55	99	59	**157**	100	18	15	12	7	7	7	6	**1.00**	7	11	3	1	–	–	–	–	–	–	–	–	**L-Proline, 1-methyl-5-oxo-, methyl ester**	42435-88-1	**S6907**
98	55	42	70	99	157			**157**	100	22	18	10	7	1				7	11	3	1	–	–	–	–	–	–	–	–	**Proline, 2-methyl-5-oxo-, methyl ester**	56145-24-5	**T2876**
98	55	56	114	41	28	31	27	**157**	100	91	84	71	66	61	55	49	**2.76**	9	19	1	1	–	–	–	–	–	–	–	–	**1-Aziridinepropanol, trans-2-methyl-3-isopropyl-**	55669-83-5	**06903**
100	43	82	44	157	142	58	56	**157**	100	73	43	41	35	30	27	21		8	15	2	1	–	–	–	–	–	–	–	–	**3-Piperidinol, 1-acetyl-6-methyl-**	54751-96-1	**S9588**
100	44	30	43	29	41	27	28	**157**	100	68	46	44	30	22	21	12	**4.80**	10	23	–	1	–	–	–	–	–	–	–	–	**1-Pentanamine, N-pentyl-**	2050-92-2	**H1280**
100	44	30	43	114	41	29	101	**157**	100	46	31	28	15	11	7	7	**7.00**	10	23	–	1	–	–	–	–	–	–	–	–	**1-Pentanamine, N-pentyl-**	2050-92-2	**Q7265**
100	128	55	42	44	72	41	142	**157**	100	84	16	13	13	12	10	10	**0.15**	10	23	–	1	–	–	–	–	–	–	–	–	**N-Ethyl-3-methyl-3-heptanamine**		**16062**
111	157	75	113	159	29	74	76	**157**	100	73	52	32	23	10	10	8		6	4	2	1	1	–	–	–	–	–	–	–	**Benzene, 1-chloro-3-nitro-**	121-73-3	**P9176**
112	41	42	113	39	54	100	45	**157**	100	9	8	8	7	7	7	6	**0.00**	8	15	2	1	–	–	–	–	–	–	–	–	**Cycloheptanecarboxylic acid, 1-amino-**	6949-77-5	**R2725**
112	84	56	55	157	113	41	44	**157**	100	24	23	16	13	11	10	9		7	11	3	1	–	–	–	–	–	–	–	–	**2-Piperidinecarboxylic acid, 1-formyl-**	54966-20-0	**S9943**
112	95	74	94	67	43	82	80	**157**	100	54	54	39	39	36	34	34	**0.00**	7	11	3	1	–	–	–	–	–	–	–	–	**2-Amino-4-hydroxymethylhex-5-ynoic acid**		**05469**
112	113	111	30	45	157	74	57	**157**	100	6	5	5	3	1	1	1		7	11	3	1	–	–	–	–	–	–	–	–	**L-Proline, 1-acetyl-**	68-95-1	**09210**
112	157	42	110	44	57	43	58	**157**	100	93	71	66	57	57	34	32		8	15	2	1	–	–	–	–	–	–	–	–	**3-Oxa-9-azabicyclo[3.3.1]nonan-7-ol, 9-methyl-, endo-**	7224-84-2	**R2976**
112	157	45	85	158	18	113	59	**157**	100	45	28	28	18	14	8	7		6	7	2	1	–	–	–	1	–	–	–	–	**5-Thiazoleacetic acid, 4-methyl-**	5255-33-4	**R1223**
113	71	98	45	69	85	43	68	**157**	100	72	65	48	41	40	30	28	**1.00**	7	11	3	1	–	–	–	–	–	–	–	–	**2,5-Pyrrolidinedione, 3-(1-hydroxyethyl)-4-methyl-**	54124-14-0	**S8798**
113	78	115	51	44	50	76	52	**157**	100	92	29	25	16	16	12	9	**2.35**	6	4	2	1	1	–	–	–	–	–	–	–	**2-Pyridinecarboxylic acid, 6-chloro-**	4684-94-0	**R0711**
114	76	157	59	88	15			**157**	100	38	22	11	7	5				8	15	2	1	–	–	–	–	–	–	–	–	**Methyl N-cyclohexylcarbamate**		**M4591**
115	42	56	157	73	88	130	61	**157**	100	24	17	15	8	7	7	5		6	12	–	3	–	–	–	–	1	–	–	–	**Tris(1-aziranyl)phosphine**		**L9523**
126	127	42	55	56	41	125	100	**157**	100	49	42	36	33	24	24	20	**7.00**	6	12	3	1	–	–	–	–	–	1	–	–	**2,8,9-Trioxa-5-aza-1-boratricyclo[3.3.3.0$^{(1,5)}$]undecane**		**17260**
128	29	28	42	84	41	27	56	**157**	100	74	52	44	44	35	31	28	**18.03**	8	15	2	1	–	–	–	–	–	–	–	–	**1-Piperidinecarboxylic acid, ethyl ester**	5325-94-0	**R1295**
129	88	157	142	73	57	89	101	**157**	100	40	24	18	16	9	8	8		6	11	–	3	–	–	–	1	–	–	–	–	**3-Propyl-5-methylamino-1,2,4-thiadiazole**	32039-22-8	**S3444**
129	101	38	39	95	131	103	66	**157**	100	59	51	35	34	33	19	18	**0.00**	5	4	1	3	1	–	–	–	–	–	–	–	**Pyrido-3-diazo-6-oxide hydrochloride**		**P1844**
129	157	116	153	142	156	130	44	**157**	100	46	31	23	15	12	11	10		11	11	–	1	–	–	–	–	–	–	–	–	**2-Naphthonitrile, 5,6,7,8-tetrahydro-**	17104-67-5	**R6631**
129	157	130	102	51	128	27	77	**157**	100	15	15	14	14	12	10	9		11	11	–	1	–	–	–	–	–	–	–	–	**Cyclobutanecarbonitrile, 1-phenyl-**	14377-68-5	**R5179**
129	157	153	116	156	142	130	128	**157**	100	45	36	27	18	16	13	11		11	11	–	1	–	–	–	–	–	–	–	–	**1-Naphthalenecarbonitrile, 5,6,7,8-tetrahydro-**	29809-13-0	**S2685**
140	158	141	113	97				**157**	100	68	48	24	17				**0.00**	8	15	2	1	–	–	–	–	–	–	–	–	**Oxiranecarboxamide, 2-ethyl-3-propyl-**	126-93-2	**P9508**
142	32	42	57	124	58	28	84	**157**	100	63	58	45	43	39	38	37	**27.00**	9	19	1	1	–	–	–	–	–	–	–	–	**4-Piperidinol, 1,4-diethyl-**	37835-53-3	**S5608**
142	58	28	42	55	157	43	29	**157**	100	49	28	26	25	24	20	17		9	19	1	1	–	–	–	–	–	–	–	–	**4-Piperidinemethanol, 1-ethyl-α-methyl-**	37835-58-8	**S5610**
142	157	73	41	100	75	156	59	**157**	100	26	8	8	5	5	4	3		7	15	1	1	–	–	–	–	–	–	1	–	**4-Aminobutyrolactam TMS**		**M6623**
142	157	83	58	85	100	156	60	**157**	100	68	38	28	18	16	16	15		8	15	–	1	–	–	–	1	–	–	–	–	**2-Pyrrolidinethione, 3,3,5,5-tetramethyl-**	35418-38-3	**S4950**
142	157	115	156	143	63	158	89	**157**	100	67	27	18	13	11	10	9		11	11	–	1	–	–	–	–	–	–	–	–	**Quinoline, 3-ethyl-**	1873-54-7	**Q6930**
142	157	156	63	143	76	115	141	**157**	100	52	14	10	10	9	8	8		11	11	–	1	–	–	–	–	–	–	–	–	**Quinoline, 6-ethyl-**		**L3615**
142	157	156	63	143	76	141	74	**157**	100	53	13	10	10	9	8	7		11	11	–	1	–	–	–	–	–	–	–	–	**Quinoline, 6-ethyl-**	19655-60-8	**R8222**
142	157	156	143	129	141	51	63	**157**	100	65	34	15	13	12	8	8		11	11	–	1	–	–	–	–	–	–	–	–	**Quinoline, 7-ethyl-**	7661-47-4	**R3363**
142	157	156	143	129	141	116	158	**157**	100	65	33	15	13	13	8	7		11	11	–	1	–	–	–	–	–	–	–	–	**Quinoline, 7-ethyl-**	7661-47-4	**R3364**
156	157	77	51	78	52	80	50	**157**	100	30	24	22	11	6	6	5		11	11	–	1	–	–	–	–	–	–	–	–	**Pyridine, 1,4-dihydro-1-phenyl-**	34865-02-6	**S4753**
156	157	77	51	78	80	50	52	**157**	100	34	16	12	10	6	3	3		11	11	–	1	–	–	–	–	–	–	–	–	**Pyridine, 1,2-dihydro-1-phenyl-**	50900-29-3	**S7525**
156	157	129	51	77	128	50	76	**157**	100	36	23	13	13	12	10	9		11	11	–	1	–	–	–	–	–	–	–	–	**Isoquinoline, 1-ethyl-**	7661-60-1	**R3379**
156	157	129	128	77	106	158	130	**157**	100	70	29	16	10	9	8	7		11	11	–	1	–	–	–	–	–	–	–	–	**Quinoline, 2-ethyl-**		**C1233**
156	157	129	128	77	130	51	102	**157**	100	58	23	17	8	8	6	6		11	11	–	1	–	–	–	–	–	–	–	–	**Quinoline, 2-ethyl-**	1613-34-9	**Q6320**
156	157	129	128	77	130	75	102	**157**	100	64	31	20	14	13	12	12		11	11	–	1	–	–	–	–	–	–	–	–	**Quinoline, 2-ethyl-**	1613-34-9	**Q6321**
156	157	129	128	127	77	115	51	**157**	100	85	75	49	34	24	20	19		11	11	–	1	–	–	–	–	–	–	–	–	**1-Naphthalenemethanamine**	118-31-0	**P8957**
156	157	129	154	77	142	63	128	**157**	100	69	34	16	10	10	9	9		11	11	–	1	–	–	–	–	–	–	–	–	**Quinoline, 8-ethyl-**	19655-56-2	**R8221**
157	28	156	115	158	142	39	63	**157**	100	39	24	21	15	12	10	10		11	11	–	1	–	–	–	–	–	–	–	–	**Quinoline, 2,3-dimethyl-**	1721-89-7	**Q6581**
157	43	130	159	42	28	39	132	**157**	100	52	38	35	27	19	18	14		6	8	–	3	1	–	–	–	–	–	–	–	**2-Pyrimidinamine, 5-chloro-4,6-dimethyl-**	7749-61-3	**R3458**
157	52	63	67	156	66	90	64	**157**	100	60	47	46	44	42	39	36		9	7	–	3	–	–	–	–	–	–	–	–	**1H-Benzimidazole-2-acetonitrile**	4414-88-4	**R0413**
157	75	111	99	159	30	113	50	**157**	100	95	90	40	34	33	30	27		6	4	2	1	1	–	–	–	–	–	–	–	**Benzene, 1-chloro-2-nitro-**		**D2447**
157	111	75	127	99	50	113	159	**157**	100	94	91	40	30	28	27	25		6	4	2	1	1	–	–	–	–	–	–	–	**Benzene, 1-chloro-4-nitro-**		**D0373**
157	115	128	43	41	54	60	55	**157**	100	87	76	72	46	36	36	34		6	11	–	3	–	–	–	1	–	–	–	–	**Hydrazinecarbothioamide, 2-cyclopentylidene-**	7283-39-8	**R3008**
157	115	156	158	142	116	63	89	**157**	100	14	13	12	8	6	6	5		11	11	–	1	–	–	–	–	–	–	–	–	**Quinoline, 2,4-dimethyl-**	1198-37-4	**Q5722**
157	142	156	115	76	63	74	129	**157**	100	60	44	33	16	13	13	13		11	11	–	1	–	–	–	–	–	–	–	–	**Quinoline, 4-ethyl-**	19020-26-9	**R7925**

MASS TO CHARGE RATIOS								M.W.	INTENSITIES								Parent	C	H	O	N	Cl	Br	F	S	P	B	Si	X	COMPOUND NAME	CAS Reg No	No
157	142	156	115	77	63	75	129	**157**	100	60	44	33	15	14	13	12		11	11	–	1	–	–	–	–	–	–	–	–	Quinoline, 4-ethyl-		L3617
157	156	115	129	158	128	91	63	**157**	100	80	50	30	25	23	19	13		11	11	–	1	–	–	–	–	–	–	–	–	N-p-Tolylpyrrole	827-60-1	Q4297
157	156	115	142	158	63	77	89	**157**	100	46	16	13	12	7	7	7		11	11	–	1	–	–	–	–	–	–	–	–	Quinoline, 2,6-dimethyl-	877-43-0	Q4454
157	156	142	77	158	154	65	63	**157**	100	52	34	12	11	10	8	7		11	11	–	1	–	–	–	–	–	–	–	–	Quinoline, 5,8-dimethyl-	2623-50-9	Q8438
157	156	142	115	158	63	89	128	**157**	100	40	14	14	12	7	5	5		11	11	–	1	–	–	–	–	–	–	–	–	Quinoline, 2,7-dimethyl-	93-37-8	P6781
157	156	142	158	77	128	63	115	**157**	100	27	13	11	10	8	7	5		11	11	–	1	–	–	–	–	–	–	–	–	Quinoline, 4,8-dimethyl-	13362-80-6	R4484
157	156	158	115	142	39	51	63	**157**	100	33	13	10	9	8	7	7		11	11	–	1	–	–	–	–	–	–	–	–	Quinoline, 2,6-dimethyl-		Y0631
157	156	158	115	142	63	51	116	**157**	100	19	17	15	8	7	6	6		11	11	–	1	–	–	–	–	–	–	–	–	Quinoline, 2,4-dimethyl-	1198-37-4	Q5720
157	156	158	115	142	78.5	63	39	**157**	100	19	12	8	7	3	3	2		11	11	–	1	–	–	–	–	–	–	–	–	Quinoline, 2,7-dimethyl-		Y2466
157	156	158	115	142	78.5	128	154	**157**	100	25	13	6	5	3	2	2		11	11	–	1	–	–	–	–	–	–	–	–	Quinoline, 2,6-dimethyl-		Y2465
157	158	42	156	64	116	129	65	**157**	100	28	21	21	14	11	11	10		9	7	–	3	–	–	–	–	–	–	–	–	3,5-Pyridinedicarbonitrile, 2,6-dimethyl-	1656-95-7	Q6447
157	158	115	156	39	142	116	51	**157**	100	12	12	9	5	5	4	4		11	11	–	1	–	–	–	–	–	–	–	–	Quinoline, 2,4-dimethyl-		Y2464
157	159	51	50	78	52	79	158	**157**	100	98	48	20	18	13	12	8		5	4	–	1	–	1	–	–	–	–	–	–	2-Bromopyridine		Z0991
157	159	78	51	50	79	49	52	**157**	100	97	81	40	20	5	5	4		5	4	–	1	–	1	–	–	–	–	–	–	3-Bromopyridine		Z0992
18	27	44	14	43	101	15	40	**158**	100	92	92	42	21	15	13	13	**0.40**	8	14	3	–	–	–	–	–	–	–	–	–	Heptanoic acid, 4-oxo-, methyl ester	49770-81-2	S7217
28	71	43	70	89	42	41	55	**158**	100	77	73	55	45	26	22	18	**0.00**	9	18	2	–	–	–	–	–	–	–	–	–	Butanoic acid, pentyl ester	540-18-1	Q1803
29	27	43	88	41	60	55	39	**158**	100	73	60	58	52	29	27	23	**0.40**	9	18	2	–	–	–	–	–	–	–	–	–	Heptanoic acid, ethyl ester		I7343
29	101	27	57	129	41	39	28	**158**	100	38	37	31	29	27	20	17	**0.00**	9	18	2	–	–	–	–	–	–	–	–	–	1,3-Dioxolane, 2-butyl-2-ethyl-		00559
40	60	41	43	55	57	158	45	**158**	100	99	86	60	48	46	35	28		9	18	–	–	–	–	–	1	–	–	–	–	Heptane, 1-(vinylthio)-	21961-05-7	R9465
41	43	55	57	29	56	70	27	**158**	100	94	71	56	51	51	49	38	**0.02**	10	22	1	–	–	–	–	–	–	–	–	–	1-Decanol		Y0880
41	55	43	56	70	69	31	57	**158**	100	88	84	64	59	56	44	39	**0.00**	10	22	1	–	–	–	–	–	–	–	–	–	1-Decanol		C1879
41	59	57	43	85	56	39	29	**158**	100	96	89	78	41	37	32	32	**1.50**	8	14	3	–	–	–	–	–	–	–	–	–	Butanoic acid, 3-oxo-, tert-butyl ester	1694-31-1	H1227
41	67	39	43	56	55	98	69	**158**	100	68	66	57	54	49	49	38	**0.00**	8	14	3	–	–	–	–	–	–	–	–	–	4-Hexenoic acid, 6-hydroxy-4-methyl-, methyl ester, (Z)-	67884-44-0	T6885
41	68	69	101	158	67	27	29	**158**	100	99	75	64	55	54	46	44		9	18	–	–	–	–	–	1	–	–	–	–	Cyclopentane, butylthio-		Y2149
41	69	68	67	158	115	57	39	**158**	100	84	62	61	50	46	45	44		9	18	–	–	–	–	–	1	–	–	–	–	Cyclopentane, isobutylthio-		Y2152
41	81	44	39	43	55	98	53	**158**	100	90	85	70	56	53	48	40	**0.00**	8	14	3	–	–	–	–	–	–	–	–	–	4-Hexenoic acid, 6-hydroxy-4-methyl-, methyl ester, (E)-	53585-95-8	S8520
41	84	130	45	70	62	43	58	**158**	100	61	38	36	36	35	27	22	**14.00**	7	14	2	2	–	–	–	–	–	–	–	–	Hydrazinecarboxylic acid, butylidene-, ethyl ester	7400-28-4	R3165
42	113	29	30	57	128	100	28	**158**	100	71	40	33	31	20	15	14	**0.00**	6	10	3	2	–	–	–	–	–	–	–	–	1-Imidazolidinemethanol, 4,4-dimethyl-2,5-dioxo-	16228-00-5	R6089
42	158	73	101	72	100	74	102	**158**	100	78	42	32	15	5	4	4		6	7	2	2	–	–	1	–	–	–	–	–	N,N'-Dimethyl-5-fluorouracil		16614
42	158	76	160	117	52	103	44	**158**	100	81	26	24	22	15	13	12		6	7	1	2	1	–	–	–	–	–	–	–	4(3H)-Pyrimidinone, 5-chloro-2,6-dimethyl-	20551-34-2	R8722
42	158	76	160	117	130	43	159	**158**	100	41	14	14	12	5	3	3		6	7	1	2	1	–	–	–	–	–	–	–	4(3H)-Pyrimidinone, 5-chloro-2,6-dimethyl-	20551-34-2	R8723
43	27	28	55	42	99	29	26	**158**	100	15	15	12	11	10	9	8	**0.00**	7	10	4	–	–	–	–	–	–	–	–	–	Allylidenediacetate		C1173
43	28	42	27	29	116	45	115	**158**	100	18	12	8	7	7	6	6	**0.05**	7	10	4	–	–	–	–	–	–	–	–	–	cis-1,3-Diacetoxy-1-propene		C0849
43	28	42	45	27	29	60	56	**158**	100	47	15	14	11	10	8	7	**0.05**	7	10	4	–	–	–	–	–	–	–	–	–	trans-1,3-Diacetoxy-1-propene		C0850
43	28	85	29	113	27	84	69	**158**	100	89	87	71	50	46	43	38	**11.80**	8	14	3	–	–	–	–	–	–	–	–	–	Ethyl β-ethoxycrotonate		01665
43	29	71	115	41	87	42	158	**158**	100	55	43	31	29	23	22	18		8	14	3	–	–	–	–	–	–	–	–	–	Pentanoic acid, 4-methyl-3-oxo-, ethyl ester	7152-15-0	H1646
43	30	44	56	73	86	72	57	**158**	100	95	71	43	33	32	26	21	**8.00**	7	14	2	2	–	–	–	–	–	–	–	–	N,N'-Diacetyl-1,3-diaminopropane		M5823
43	31	99	29	59	27	71	41	**158**	100	69	61	59	56	45	43	29	**0.13**	9	18	2	–	–	–	–	–	–	–	–	–	2-Heptanone, 1-ethoxy-	51149-70-3	06760
43	39	41	45	27	38	26	69	**158**	100	80	64	56	39	30	28	26	**2.00**	7	10	2	–	–	–	–	1	–	–	–	–	Acetoacetic acid, 1-thio-, S-allyl ester	15780-65-1	R5846
43	39	70	42	41	71	56	30	**158**	100	99	47	45	40	33	32	24	**22.30**	8	18	1	2	–	–	–	–	–	–	–	–	1-Pentanamine, N-isopropyl-N-nitroso-		05887
43	41	29	42	27	55	28	72	**158**	100	58	58	55	53	45	43	42	**2.70**	8	14	3	–	–	–	–	–	–	–	–	–	4H,5H-Pyrano[4,3-d]-1,3-dioxin, tetrahydro-8a-methyl-	54340-98-6	H2047
43	41	42	29	27	55	28	72	**158**	100	58	58	55	53	45	43	42	**2.70**	8	14	3	–	–	–	–	–	–	–	–	–	9-Methyl-1,3,6-trioxadecalin		X0879
43	41	55	56	70	29	69	83	**158**	100	85	82	80	68	55	52	44	**0.00**	10	22	1	–	–	–	–	–	–	–	–	–	1-Decanol		C1114
43	41	56	55	87	29	27	57	**158**	100	48	46	37	36	30	27	25	**0.00**	9	18	2	–	–	–	–	–	–	–	–	–	2-Heptanol, acetate	5921-82-4	R1902
43	41	57	58	135	40	39	152	**158**	100	44	40	38	38	35	32	29	**0.00**	12	14	–	–	–	–	–	–	–	–	–	–	Benzene, (isopropylidenecyclopropyl)-	56701-47-4	T4129
43	41	69	84	39	125	42	85	**158**	100	68	37	34	25	16	10	7	**0.00**	9	18	2	–	–	–	–	–	–	–	–	–	2-Butanone, 4-butoxy-3-methyl-		Z1012
43	41	71	27	39	70	42	73	**158**	100	49	48	37	21	12	12	8	**0.00**	8	14	3	–	–	–	–	–	–	–	–	–	Isobutyric anhydride	97-72-3	P7114
43	41	71	29	55	27	39	113	**158**	100	48	33	31	26	26	25	19	**2.00**	8	14	3	–	–	–	–	–	–	–	–	–	1,3,9-Trioxaspiro[5.5]undecane	429-36-7	H0695
43	42	41	27	29	39	57	128	**158**	100	56	41	27	21	21	20	16	**7.00**	12	14	–	–	–	–	–	–	–	–	–	–	Tricyclo[3.2.1.0^{2,4}]oct-6-ene, 3-(2-methyl-1-propenylidene)-	59055-14-0	T5104
43	42	98	56	41	128	70	30	**158**	100	75	42	41	36	31	27	19	**2.03**	5	10	2	4	–	–	–	–	–	–	–	–	1H-1,4-Diazepine, hexahydro-1,4-dinitroso-	55557-00-1	T1553
43	44	41	42	27	28	85	56	**158**	100	43	34	25	25	18	14	14	**0.00**	8	14	3	–	–	–	–	–	–	–	–	–	Butanoic acid, 3-oxo-, isobutyl ester		02117
43	44	130	71	41	61	55	115	**158**	100	97	62	47	30	27	25	20	**0.00**	7	14	2	2	–	–	–	–	–	–	–	–	N-(2-Ethylbutanoyl)urea		M1201
43	55	15	99	45	26	28	42	**158**	100	9	8	8	7	7	6	3	**0.00**	7	10	4	–	–	–	–	–	–	–	–	–	Allylidenediacetate	869-29-4	Q4405
43	55	99	45	56				**158**	100	9	8	7	2				**0.00**	7	10	4	–	–	–	–	–	–	–	–	–	Allylidenediacetate		Z1010

MASS TO CHARGE RATIOS								M.W.	INTENSITIES								Parent	C	H	O	N	Cl	Br	F	S	P	B	Si	X	COMPOUND NAME	CAS Reg No	No
43	56	41	85	103	57	84	29	**158**	100	76	38	35	30	25	25	21	**4.00**	8	14	3	–	–	–	–	–	–	–	–	–	**Butanoic acid, 3-oxo-, butyl ester**	591-60-6	**H0884**
43	56	55	41	57	70	69	27	**158**	100	87	84	81	67	65	65	46	**0.00**	10	22	1	–	–	–	–	–	–	–	–	–	**1-Octanol, 3,7-dimethyl-**	106-21-8	**H0316**
43	56	55	41	71	57	70	69	**158**	100	86	84	81	79	66	65	64	**0.00**	10	22	1	–	–	–	–	–	–	–	–	–	**1-Octanol, 3,7-dimethyl-**		**00430**
43	56	70	41	55	61	42	69	**158**	100	38	29	25	24	20	17	17	**0.00**	9	18	2	–	–	–	–	–	–	–	–	–	**Acetic acid, heptyl ester**	112-06-1	**P8655**
43	57	42	84	30	29	86	56	**158**	100	95	70	65	53	33	21	21	**3.85**	8	18	1	2	–	–	–	–	–	–	–	–	**1-Propanamine, 2-methyl-N-isobutyl-N-nitroso-**		**03834**
43	57	56	41	55	69	71	58	**158**	100	65	64	49	33	30	29	23	**0.00**	10	22	1	–	–	–	–	–	–	–	–	–	**1-Octanol, 2,7-dimethyl-**	15250-22-3	**R5620**
43	57	71	41	55	29	85	27	**158**	100	69	64	64	53	43	39	35	**0.00**	10	22	1	–	–	–	–	–	–	–	–	–	**Pyrrolo[2,3-b]indole, 1,2,3,3a,8,8a-hexahydro-3a,8-dimethyl-**		**00431**
43	57	71	41	55	29	85	27	**158**	100	70	65	64	53	44	39	36	**0.00**	10	22	1	–	–	–	–	–	–	–	–	–	**1-Heptanol, 2-propyl-**	10042-59-8	**H1676**
43	57	71	41	85	55	29	127	**158**	100	82	79	54	46	45	44	37	**0.07**	10	22	1	–	–	–	–	–	–	–	–	–	**1-Octanol, 2,2-dimethyl-**		**00426**
43	57	82	41	44	67	99	58	**158**	100	65	38	30	23	19	18	14	**0.00**	8	14	3	–	–	–	–	–	–	–	–	–	**Butanoic acid, 3-oxo-, tert-butyl ester**	1694-31-1	**Q6534**
43	58	29	28	27	57	41	40	**158**	100	64	47	41	25	18	14	11	**0.00**	9	18	2	–	–	–	–	–	–	–	–	–	**2-Hexanone, 4-hydroxy-3-propyl-**	62338-17-4	**T6123**
43	58	59	55	41	71	82	42	**158**	100	85	66	45	36	19	17	9	**0.00**	9	18	2	–	–	–	–	–	–	–	–	–	**2-Nonanone, 9-hydroxy-**	25368-56-3	**S1036**
43	69	101	42	41	27	143	158	**158**	100	98	72	70	55	37	35	28		7	14	–	2	–	–	–	1	–	–	–	–	**N-Isothiocyanatodiisopropylamine**		**01109**
43	70	71	41	55	27	42	39	**158**	100	75	69	44	42	38	23	18	**0.00**	9	18	2	–	–	–	–	–	–	–	–	–	**Propanoic acid, 2-methyl-, isopentyl ester**	2050-01-3	**Q7251**
43	70	98	56	141	72	71	41	**158**	100	84	70	36	34	29	29	28	**14.80**	8	18	1	2	–	–	–	–	–	–	–	–	**1-Pentanamine, N-propyl-N-nitroso-**		**05886**
43	71	29	41	42	115	69	87	**158**	100	76	62	29	24	24	19	19	**12.41**	8	14	3	–	–	–	–	–	–	–	–	–	**Hexanoic acid, 3-oxo-, ethyl ester**	3249-68-1	**H1386**
43	71	45	55	115	41	27	29	**158**	100	97	47	26	23	23	16	15	**0.00**	10	22	1	–	–	–	–	–	–	–	–	–	**Bis(2-pentyl) ether**	56762-00-6	**T4153**
43	71	55	70	89	41	42	27	**158**	100	97	90	53	53	39	39	37	**0.00**	9	18	2	–	–	–	–	–	–	–	–	–	**Butanoic acid, pentyl ester**	540-18-1	**Q1802**
43	71	57	41	85	29	55	127	**158**	100	87	84	55	49	39	38	29	**0.00**	10	22	1	–	–	–	–	–	–	–	–	–	**1-Octanol, 2,2-dimethyl-**	2370-14-1	**H1313**
43	71	70	41	29	42	27	69	**158**	100	96	52	40	31	28	23	18	**6.31**	10	22	1	–	–	–	–	–	–	–	–	–	**Dipentyl ether**	693-65-2	**Q3729**
43	71	70	41	55	42	29	27	**158**	100	92	81	22	19	14	12	12	**0.00**	9	18	2	–	–	–	–	–	–	–	–	–	**Propanoic acid, 2-methyl-, tert-pentyl ester**	2445-69-4	**Q8112**
43	71	70	55	41	27	42	89	**158**	100	97	87	44	34	31	22	16	**0.00**	9	18	2	–	–	–	–	–	–	–	–	–	**Butanoic acid, isopentyl ester**	106-27-4	**P7855**
43	71	89	70	41	42	27	29	**158**	100	34	34	28	27	20	20	15	**0.00**	9	18	2	–	–	–	–	–	–	–	–	–	**Propanoic acid, 2-methyl-, pentyl ester**	2445-72-9	**Q8113**
43	71	112	97	58	57	69	130	**158**	100	54	33	33	31	22	16	13	**0.04**	8	14	3	–	–	–	–	–	–	–	–	–	**Cyclohexanone, cis-2,6-dimethyl-2,6-dihydroxy-**		**L9780**
43	71	115	55	130	59	127	98	**158**	100	78	52	44	26	23	21	5	**0.00**	8	14	3	–	–	–	–	–	–	–	–	–	**Heptanoic acid, 4-oxo-, methyl ester**		**16468**
43	73	101	116	29	113	55	88	**158**	100	41	35	31	28	19	17	17	**1.20**	8	14	3	–	–	–	–	–	–	–	–	–	**Butanoic acid, 2-ethyl-3-oxo-, ethyl ester**		**L1239**
43	85	69	59	91	98	107	116	**158**	100	43	21	10	9	9	8	8	**6.00**	7	10	4	–	–	–	–	–	–	–	–	–	**Hexanoic acid, 3,5-dioxo-, methyl ester**	29736-80-9	**S2622**
43	98	56	55	41	101	58	61	**158**	100	17	10	7	6	6	5	5	**0.00**	8	14	3	–	–	–	–	–	–	–	–	–	**2-Hexanone, 6-(acetyloxy)-**	4305-26-4	**R0305**
43	99	27	60	41	42	29	117	**158**	100	39	35	34	33	23	21	19	**0.30**	9	18	2	–	–	–	–	–	–	–	–	–	**Hexanoic acid, isopropyl ester**	2311-46-8	**H1308**
43	101	116	69	15	41	39	27	**158**	100	60	31	23	20	14	12	12	**0.12**	8	14	3	–	–	–	–	–	–	–	–	–	**Butanoic acid, 2-acetyl-3-methyl-, methyl ester**	51756-10-6	**S7771**
43	113	88	112	85	55	42	60	**158**	100	25	23	23	22	18	13	12	**1.00**	8	14	3	–	–	–	–	–	–	–	–	–	**Hexanoic acid, 5-oxo-, ethyl ester**	13984-57-1	**R4880**
43	113	101	112	73	88	116	87	**158**	100	43	23	17	16	13	13	12	**7.31**	8	14	3	–	–	–	–	–	–	–	–	–	**Pentanoic acid, 2-methyl-4-oxo-, ethyl ester**	4749-12-6	**R0795**
43	115	45	41	57	59	55	29	**158**	100	80	70	50	30	27	26	25	**0.00**	8	14	3	–	–	–	–	–	–	–	–	–	**2-Pentenoic acid, 2-methoxy-4-methyl-, methyl ester**	56009-36-0	**T2547**
43	115	158	100	87	142			**158**	100	98	61	43	39	9				10	6	2	–	–	–	–	–	–	–	–	–	**1,2-Epoxydeca-4,6,8-triyn-3-one**		**L6005**
43	116	158	42	60	88	130	55	**158**	100	71	64	28	27	22	18	17		5	6	2	2	–	–	–	1	–	–	–	–	**4-Imidazolidinone, 1-acetyl-2-thioxo-**	584-26-9	**09263**
43	129	41	45	57	29	39	59	**158**	100	93	71	62	62	45	36	33	**0.00**	8	14	3	–	–	–	–	–	–	–	–	–	**2-Pentenoic acid, 2-methoxy-3-methyl-, methyl ester**	56009-35-9	**T2546**
43	158	112	84	59	85	58	87	**158**	100	87	70	58	47	38	37	28		6	10	3	2	–	–	–	–	–	–	–	–	**(R)-N-Acetyl-4-amino-2-methyl-3-isoxazolidinone**		**L1491**
43	158	112	84	59	85	58	87	**158**	100	99	70	57	47	37	36	29		6	10	3	2	–	–	–	–	–	–	–	–	**Acetamide, N-(2-methyl-3-oxo-4-isoxazolidinyl)-**	14617-48-2	**R5286**
43	158	115	116	63	57.5	89	65	**158**	100	98	90	31	20	20	13	13		11	10	1	–	–	–	–	–	–	–	–	–	**1H-Indene, 3-acetyl-**		**M0371**
44	56	42	116	43	57	69	55	**158**	100	85	37	34	24	22	17	15	**13.40**	7	14	2	2	–	–	–	–	–	–	–	–	**1-Piperazinecarboxylic acid, ethyl ester**	120-43-4	**P9072**
44	87	99	143	71	98	88	42	**158**	100	99	17	16	13	6	5	4	**0.00**	8	14	3	–	–	–	–	–	–	–	–	–	**2-Butanone, 4-(2-methyl-1,3-dioxolan-2-yl)-**	33528-35-7	**S4237**
45	43	41	29	27	55	69	57	**158**	100	23	21	17	15	14	13	10	**0.00**	10	22	1	–	–	–	–	–	–	–	–	–	**2-Decanol**	1120-06-5	**Q5353**
45	43	55	41	69	56	57	29	**158**	100	20	15	15	14	11	10	9	**0.00**	10	22	1	–	–	–	–	–	–	–	–	–	**2-Decanol**	1120-06-5	**Q5354**
45	43	117	27	73	70	41	71	**158**	100	36	20	18	16	14	14	12	**0.00**	8	14	3	–	–	–	–	–	–	–	–	–	**Bis(2-vinyloxyethyl) ether**		**Z0995**
45	55	67	97	41	71	82	83	**158**	100	20	20	12	11	7	7	6	**3.60**	9	18	2	–	–	–	–	–	–	–	–	–	**Cycloheptane, (methoxymethoxy)-**	42604-10-4	**S6962**
45	70	55	56	41	43	83	42	**158**	100	78	75	60	57	48	39	37	**0.00**	9	18	2	–	–	–	–	–	–	–	–	–	**2-Octanol, formate**		**C0054**
47	29	51	28	50	53	79	115	**158**	100	39	31	18	16	14	14	14	**4.00**	7	7	2	–	1	–	–	–	–	–	–	–	**Phenol, 2-chloro-6-methoxy-**	72403-03-3	**T7812**
47	103	29	75	41	113	27	57	**158**	100	86	71	49	38	35	33	32	**0.00**	9	18	2	–	–	–	–	–	–	–	–	–	**1-Butene, 4,4-diethoxy-2-methyl-**	54340-95-3	**S8896**
52	39	27	79	158	51	28	92	**158**	100	49	38	27	27	24	23	23		10	10	–	2	–	–	–	–	–	–	–	–	**1-Cyclohexene, 1,4-dicyano-4-vinyl-**		**D0652**
52	158	160	51	104	106	79	81	**158**	100	99	97	81	56	55	33	31		4	3	–	2	–	1	–	–	–	–	–	–	**Pyrimidine, 5-bromo-**	4595-59-9	**R0632**
53	96	52	27	31	28	67	51	**158**	100	74	71	69	61	53	42	41	**0.00**	10	10	–	2	–	–	–	–	–	–	–	–	**1-Cyclohexene, dicyanovinyl-**		**D0607**
55	43	73	97	41	69	71	56	**158**	100	44	44	36	18	15	12	12	**0.10**	10	22	1	–	–	–	–	–	–	–	–	–	**4-Decanol**	2051-31-2	**Q7273**
55	73	97	43	41	69	29	115	**158**	100	44	32	30	18	12	11	11	**0.03**	10	22	1	–	–	–	–	–	–	–	–	–	**4-Decanol**	2051-31-2	**Q7275**
55	73	97	43	41	115	31	69	**158**	100	80	54	49	38	19	17	15	**0.06**	10	22	1	–	–	–	–	–	–	–	–	–	**4-Decanol**	2051-31-2	**Q7276**
55	83	43	70	31	41	85	98	**158**	100	93	66	60	58	55	36	35	**0.00**	9	18	2	–	–	–	–	–	–	–	–	–	**Furan, 2-methoxy-3,3,5,5-tetramethyltetrahydro**		**M0553**

MASS TO CHARGE RATIOS								M.W.	INTENSITIES								Parent	C	H	O	N	Cl	Br	F	S	P	B	Si	X	COMPOUND NAME	CAS Reg No	No
55	114	116	87	99	115	83	59	**158**	100	49	32	27	27	26	25	23	**3.80**	7	10	4	–	–	–	–	–	–	–	–	–	**3-Furancarboxylic acid, tetrahydro-2-methyl-5-oxo-, methyl ester**	35096-31-2	**S4829**
56	43	55	70	57	69	41	71	**158**	100	85	83	83	75	70	57	35	**0.00**	10	22	1	–	–	–	–	–	–	–	–	–	**1-Octanol, 2,7-dimethyl-**		**Z0994**
56	55	70	43	41	84	69	42	**158**	100	82	78	76	75	61	56	53	**0.00**	9	18	2	–	–	–	–	–	–	–	–	–	**Formic acid, octyl ester**		**C0053**
56	57	85	103	41	29	60	55	**158**	100	76	71	67	64	55	24	18	**0.80**	9	18	2	–	–	–	–	–	–	–	–	–	**Pentanoic acid, butyl ester**	591-68-4	**Q2470**
56	98	42	69	49	41	30	57	**158**	100	53	52	26	26	20	20	19	**8.40**	5	10	2	4	–	–	–	–	–	–	–	–	**Piperazine, 2-methyl-1,4-dinitroso-**	55556-94-0	**T1546**
56	102	83	87	103	55	111	143	**158**	100	59	45	37	27	23	17	17	**0.04**	9	18	2	–	–	–	–	–	–	–	–	–	**Pentanoic acid, 2,4,4-trimethyl-, methyl ester**		**C0189**
57	29	27	43	56	75	41	84	**158**	100	75	44	44	38	35	28	27	**0.00**	9	18	2	–	–	–	–	–	–	–	–	–	**Propanoic acid, hexyl ester**	2445-76-3	**H1336**
57	29	41	84	27	42	43	30	**158**	100	94	82	80	62	61	61	57	**13.91**	8	18	1	2	–	–	–	–	–	–	–	–	**1-Butanamine, N-butyl-N-nitroso-**		**D0232**
57	29	59	31	99	41	27	43	**158**	100	37	35	34	32	23	20	19	**0.04**	9	18	2	–	–	–	–	–	–	–	–	–	**2-Pentanone, 1-ethoxy-4,4-dimethyl-**	51193-45-4	**S7592**
57	41	39	29	85	27	15	55	**158**	100	90	57	42	42	22	22	20	**0.44**	9	18	2	–	–	–	–	–	–	–	–	–	**Methacrylaldehyde, tert-butyl methyl acetal**	23230-83-3	**06956**
57	41	43	85	59	56	55	42	**158**	100	95	39	38	31	30	25	11	**0.00**	9	18	2	–	–	–	–	–	–	–	–	–	**2H-Pyran, 2-tert-butoxytetrahydro-**	1927-69-1	**Q7069**
57	41	43	99	29	27	55	116	**158**	100	34	29	27	22	21	21	21	**0.00**	9	18	2	–	–	–	–	–	–	–	–	–	**Pentanoic acid, 2-ethyl-2-methyl-, methyl ester**	37974-23-5	**S5634**
57	41	69	39	68	29	158	102	**158**	100	60	42	27	27	26	25	24		9	18	–	–	–	–	–	1	–	–	–	–	**Cyclopentane, tert-butylthio-**		**05872**
57	41	83	60	29	43	56	27	**158**	100	45	35	29	28	24	24	23	**0.20**	9	18	2	–	–	–	–	–	–	–	–	–	**Hexanoic acid, 3,5,5-trimethyl-**	3302-10-1	**H1388**
57	41	84	42	43	30	32	44	**158**	100	80	80	71	64	57	42	32	**17.29**	8	18	1	2	–	–	–	–	–	–	–	–	**1-Butanamine, N-butyl-N-nitroso-**	924-16-3	**Q4552**
57	43	42	84	115	41	158	30	**158**	100	98	75	75	62	60	41	37		8	18	1	2	–	–	–	–	–	–	–	–	**1-Propanamine, 2-methyl-N-isobutyl-N-nitroso-**	997-95-5	**Q4943**
57	55	41	45	29	39	15	27	**158**	100	69	43	39	36	26	19	17	**0.44**	9	18	2	–	–	–	–	–	–	–	–	–	**Propene, 3-tert-butoxy-2-(methoxymethyl)-**	23230-86-6	**06955**
57	56	75	84	43	29	28	18	**158**	100	69	55	53	48	41	41	27	**0.00**	9	18	2	–	–	–	–	–	–	–	–	–	**Propanoic acid, hexyl ester**	2445-76-3	**Q8114**
57	70	45	69	41	33	43	71	**158**	100	72	61	45	37	34	20	20	**0.00**	10	22	1	–	–	–	–	–	–	–	–	–	**Nonyl methyl ether**		**D0740**
57	83	41	56	60	55	103	69	**158**	100	45	35	32	20	19	19	13	**0.01**	9	18	2	–	–	–	–	–	–	–	–	–	**Hexanoic acid, 3,5,5-trimethyl-**		**C0321**
57	84	56	158	41	42	29	70	**158**	100	82	76	34	34	30	25	23		8	18	1	2	–	–	–	–	–	–	–	–	**1-Butanamine, N-sec-butyl-N-nitroso-**		**05882**
57	85	41	56	29	103	43	27	**158**	100	77	70	69	46	26	22	20	**0.80**	9	18	2	–	–	–	–	–	–	–	–	–	**Butanoic acid, 3-methyl-, isobutyl ester**	589-59-3	**Q2392**
57	85	41	56	103	74	58	73	**158**	100	70	64	50	47	23	16	14	**0.15**	9	18	2	–	–	–	–	–	–	–	–	–	**Butanoic acid, 2-methyl-, sec-butyl ester**	869-08-9	**Q4403**
57	85	43	41	143	59	56	87	**158**	100	35	33	24	14	11	10	7	**0.00**	10	22	1	–	–	–	–	–	–	–	–	–	**tert-Butyl 3,3-dimethylbutyl ether**	4419-58-3	**R0418**
57	85	56	29	41	103	27	74	**158**	100	66	50	37	36	27	14	11	**0.00**	9	18	2	–	–	–	–	–	–	–	–	–	**Butanoic acid, 2-methyl-, isobutyl ester**	2445-67-2	**Q8110**
57	85	56	41	29	43	27	103	**158**	100	88	56	46	35	20	18	18	**0.10**	9	18	2	–	–	–	–	–	–	–	–	–	**Butanoic acid, 3-methyl-, isobutyl ester**	589-59-3	**Q2391**
57	85	56	41	29	60	43	103	**158**	100	82	60	46	24	20	18	16	**0.10**	9	18	2	–	–	–	–	–	–	–	–	–	**Butanoic acid, 3-methyl-, isobutyl ester**	589-59-3	**Q2390**
57	85	56	41	29	103	27	60	**158**	100	99	94	52	45	29	18	17	**0.60**	9	18	2	–	–	–	–	–	–	–	–	–	**Pentanoic acid, isobutyl ester**	10588-10-0	**R3955**
57	85	56	41	74	103	29	28	**158**	100	58	50	42	40	35	29	24	**0.00**	9	18	2	–	–	–	–	–	–	–	–	–	**Butanoic acid, 2-methyl-, isobutyl ester**	2445-67-2	**Q8111**
57	85	56	43	41	29	103	27	**158**	100	77	76	62	55	55	43	23	**0.00**	9	18	2	–	–	–	–	–	–	–	–	–	**Butanoic acid, 3-methyl-, butyl ester**	109-19-3	**P8247**
57	85	101	43	116	41	59	69	**158**	100	98	57	53	50	48	34	33	**16.00**	8	14	3	–	–	–	–	–	–	–	–	–	**Hexanoic acid, 5-methyl-3-oxo-, methyl ester**	30414-55-2	**S2903**
57	88	101	41	69	55	87	29	**158**	100	95	27	21	17	14	14	14	**0.30**	9	18	2	–	–	–	–	–	–	–	–	–	**Hexanoic acid, 2,4-dimethyl-, methyl ester, (2DL,4L)-**	14251-44-6	**H1731**
57	103	29	85	56	41	74	27	**158**	100	63	54	48	44	44	18	17	**0.00**	9	18	2	–	–	–	–	–	–	–	–	–	**Butanoic acid, 2-methyl-, butyl ester**		**P3901**
58	30	84	86	44	87	72	42	**158**	100	91	71	64	44	37	34	30	**18.65**	9	22	–	2	–	–	–	–	–	–	–	–	**1,4-Pentanediamine, N,N-diethyl-**		**D0570**
58	41	85	96	39	43	45	101	**158**	100	44	35	31	26	24	24	24	**0.00**	9	18	2	–	–	–	–	–	–	–	–	–	**Cyclohexane, 1,3-dimethoxy-5-methyl-**	30363-82-7	**S2877**
58	57	85	113	45	102	76	53	**158**	100	50	35	33	33	32	22	19	**0.00**	5	6	2	2	–	–	–	1	–	–	–	–	**Ethyl 1,2,3-thiadiazole-4-carboxylate**		**M0726**
58	68	71	94	41	126	72	75	**158**	100	97	83	77	50	48	41	38	**4.00**	9	18	2	–	–	–	–	–	–	–	–	–	**Cyclohexane, (1R)-cis-3-dimethoxy-2-cis-methyl-**		**15129**
58	75	101	68	41	43	39	85	**158**	100	25	22	19	18	17	16	13	**0.60**	8	14	3	–	–	–	–	–	–	–	–	–	**Cyclohexanone, 3,5-dimethoxy-, cis-**	30363-85-0	**S2881**
58	75	126	41	43	68	39	101	**158**	100	30	26	23	22	21	20	20	**1.00**	8	14	3	–	–	–	–	–	–	–	–	–	**Cyclohexanone, 3,5-dimethoxy-, trans-**	29887-64-7	**S2728**
58	84	42	44	98	113	114	158	**158**	100	15	15	7	6	5	5	1		9	22	–	2	–	–	–	–	–	–	–	–	**1,5-Pentanediamine, N,N,N′,N′-tetramethyl-**		**15801**
58	85	41	43	101	45	39	96	**158**	100	38	36	24	24	23	16	15	**0.40**	9	18	2	–	–	–	–	–	–	–	–	–	**Cyclohexane, 1,3-dimethoxy-5-methyl-**	30363-82-7	**S2878**
58	126	41	85	111	43	45	39	**158**	100	52	47	38	31	30	30	25	**0.00**	9	18	2	–	–	–	–	–	–	–	–	–	**Cyclohexane, 1α,3β,5α-1,3-dimethoxy-5-methyl-**	29887-62-5	**S2726**
58	141	156	130					**158**	100	5	2	2					**0.30**	7	14	2	2	–	–	–	–	–	–	–	–	**N-(4-Oximino)hexylformamide**		**L7725**
59	41	83	55	57	69	85	67	**158**	100	24	22	21	13	9	8	7	**2.00**	9	18	2	–	–	–	–	–	–	–	–	–	**Cyclohexane, (ethoxymethoxy)-**	54699-29-5	**S9439**
59	43	57	84	41	69	85	44	**158**	100	56	35	34	30	26	22	20	**0.18**	8	14	3	–	–	–	–	–	–	–	–	–	**Butanoic acid, 3-oxo-, tert-butyl ester**	1694-31-1	**H1228**
59	55	41	83	29	31	67	89	**158**	100	21	13	10	10	9	7	6	**0.00**	9	18	2	–	–	–	–	–	–	–	–	–	**3-Hexene, 1-isopropoxy-, (Z)-**		**X1700**
59	55	83	41	29	67	31	82	**158**	100	34	27	23	15	13	11	10	**0.00**	9	18	2	–	–	–	–	–	–	–	–	–	**1-Methoxy-1-(trans-2-hexenoxy)ethane**		**X1699**
59	55	83	41	29	67	31	82	**158**	100	34	27	23	15	13	11	10	**0.00**	9	18	2	–	–	–	–	–	–	–	–	–	**3-Hexene, 1-isopropoxy-, (E)-**	54340-97-5	**S8898**
59	69	43	55	29	41	26	31	**158**	100	83	51	51	48	43	41	26	**0.00**	10	22	1	–	–	–	–	–	–	–	–	–	**3-Octanol, 6-ethyl-**	19781-27-2	**H1837**
59	69	43	55	29	41	26	111	**158**	100	83	51	50	48	43	40	25	**0.00**	10	22	1	–	–	–	–	–	–	–	–	–	**3-Octanol, 6-ethyl-**		**00445**
59	69	55	41	43	31	29	57	**158**	100	70	37	31	27	20	18	18	**0.00**	10	22	1	–	–	–	–	–	–	–	–	–	**3-Decanol**	1565-81-7	**Q6225**
59	69	55	41	129	43	111	57	**158**	100	66	33	29	26	22	18	13	**0.25**	10	22	1	–	–	–	–	–	–	–	–	–	**3-Decanol**	1565-81-7	**Q6226**
59	69	127	40	126	99	41	55	**158**	100	63	44	43	33	32	30	20	**1.50**	7	10	4	–	–	–	–	–	–	–	–	–	**Butanedioic acid, methylene-, dimethyl ester**	617-52-7	**Q2950**
59	73	115	87	45	158	43	72	**158**	100	99	78	78	54	29	15	11		9	22	–	–	–	–	–	–	–	–	1	–	**Silane, triisopropyl-**		**M6923**
59	158	44	127	43	69	99	55	**158**	100	30	22	18	16	15	12	10		5	6	4	2	–	–	–	–	–	–	–	–	**Propanedioic acid, diazo-, dimethyl ester**	6773-29-1	**08182**
60	73	57	43	41	55	40	114	**158**	100	90	58	39	38	36	20	20	**1.70**	9	18	2	–	–	–	–	–	–	–	–	–	**Nonanoic acid**		**04015**

MASS TO CHARGE RATIOS								M.W.	INTENSITIES								Parent	C	H	O	N	Cl	Br	F	S	P	B	Si	X	COMPOUND NAME	CAS Reg No	No
60	73	57	43	41	55	40	115	**158**	100	90	58	39	38	36	20	20	**1.70**	9	18	2	–	–	–	–	–	–	–	–	–	Nonanoic acid	112-05-0	**P8652**
61	41	129	69	29	158	57	39	**158**	100	97	91	65	50	50	43	42		9	18	–	–	–	–	–	1	–	–	–	–	Cyclopentane, sec-butylthio-		**Y2150**
68	58	71	94	126	41	75	72	**158**	100	93	89	88	64	51	43	39	**4.00**	9	18	2	–	–	–	–	–	–	–	–	–	Cyclohexane, (1R)-cis-3-dimethoxy-2-trans-methyl-		**15128**
68	126	58	71	94	41	75	43	**158**	100	94	74	71	54	52	43	34	**3.00**	9	18	2	–	–	–	–	–	–	–	–	–	Cyclohexane, (1R)-trans-3-dimethoxy-2-methyl-		**15127**
69	55	83	87	41	29	101	43	**158**	100	78	78	57	56	29	28	26	**0.00**	10	22	1	–	–	–	–	–	–	–	–	–	5-Decanol	5205-34-5	**R1195**
69	70	139	89	51	31	120	32	**158**	100	26	22	12	10	6	5	5	**0.00**	1	–	–	–	–	–	6	1	–	–	–	–	Sulphur, trifluoro(trifluoromethyl)-	374-10-7	**Q0636**
69	83	87	55	41	43	101	57	**158**	100	75	59	54	53	32	29	23	**0.08**	10	22	1	–	–	–	–	–	–	–	–	–	5-Decanol	5205-34-5	**R1196**
70	43	71	69	101	41	55	29	**158**	100	94	90	46	24	21	20	11	**0.20**	10	22	1	–	–	–	–	–	–	–	–	–	Diisopentyl ether		**L0419**
70	45	69	41	57	55	101	43	**158**	100	83	62	51	47	40	32	27	**0.00**	10	22	1	–	–	–	–	–	–	–	–	–	Nonyl methyl ether		**D0796**
71	41	45	94	97	58	126	55	**158**	100	50	48	33	31	29	25	19	**4.00**	9	18	2	–	–	–	–	–	–	–	–	–	Cycloheptane, 1,2-dimethoxy-, trans-	29887-78-3	**S2735**
71	41	45	97	72	126	87	98	**158**	100	79	78	77	73	73	66	66	**0.00**	9	18	2	–	–	–	–	–	–	–	–	–	Cycloheptane, 1,4-dimethoxy-, trans-	29887-80-7	**S2737**
71	41	126	58	45	111	84	97	**158**	100	37	37	36	33	28	21	19	**0.00**	9	18	2	–	–	–	–	–	–	–	–	–	Cycloheptane, 1,3-dimethoxy-, trans-	29887-79-4	**S2736**
71	43	27	60	41	42	39	28	**158**	100	65	33	29	26	16	14	10	**0.00**	8	14	3	–	–	–	–	–	–	–	–	–	Butyric anhydride	106-31-0	**P7860**
71	43	29	60	55	70	73		**158**	100	55	16	2	2	1	1		**0.00**	8	14	3	–	–	–	–	–	–	–	–	–	Butyric anhydride		**L8273**
71	43	29	70	41	27	43	69	**158**	100	92	43	40	36	34	22	17	**1.61**	10	22	1	–	–	–	–	–	–	–	–	–	Dipentyl ether		**Y0835**
71	43	41	27	42	72	39	28	**158**	100	44	12	11	5	5	4	2	**0.04**	8	14	3	–	–	–	–	–	–	–	–	–	Butyric anhydride		**Z1005**
71	43	41	59	29	45	55	70	**158**	100	38	30	26	24	23	20	19	**0.00**	10	22	1	–	–	–	–	–	–	–	–	–	Diisopentyl ether	544-01-4	**Q1876**
71	43	70	27	41	55	29	42	**158**	100	81	67	43	40	31	25	21	**0.10**	9	18	2	–	–	–	–	–	–	–	–	–	Butanoic acid, pentyl ester	540-18-1	**H0800**
71	43	70	41	40	27	29	31	**158**	100	81	47	34	31	29	26	25	**0.10**	9	18	2	–	–	–	–	–	–	–	–	–	Butanoic acid, isopentyl ester	106-27-4	**H0327**
71	43	70	69	41	42	29	55	**158**	100	74	44	19	16	15	11	11	**3.00**	10	22	1	–	–	–	–	–	–	–	–	–	Dipentyl ether	693-65-2	**Q3730**
71	43	70	89	41	115	55	45	**158**	100	78	19	17	15	11	10	7	**0.40**	9	18	2	–	–	–	–	–	–	–	–	–	Propanoic acid, 2-methyl-, sec-pentyl ester	54340-93-1	**S8895**
71	58	41	45	59	84	96	101	**158**	100	43	34	23	19	18	18	18	**0.00**	9	18	2	–	–	–	–	–	–	–	–	–	Cycloheptane, 1,3-dimethoxy-, cis-	30363-90-7	**S2885**
71	97	87	45	41	58	98	67	**158**	100	82	78	74	72	44	40	38	**1.00**	9	18	2	–	–	–	–	–	–	–	–	–	Cycloheptane, 1,4-dimethoxy-, cis-	30363-91-8	**S2886**
72	71	85	158	128	84	95	144	**158**	100	46	26	23	8	8	6	5		8	16	2	1	–	–	–	–	–	–	–	–	1-Pyrrolidinyloxy, 3-hydroxy-2,2,5,5-tetramethyl-	2154-37-2	**Q7511**
73	45	44	55	43	100	158	72	**158**	100	84	60	53	45	45	42	24		5	6	4	2	–	–	–	–	–	–	–	–	Sydnone, 3-(2-carboxyethyl)-	26574-32-3	**S1463**
73	55	43	29	69	41	27	70	**158**	100	35	34	30	30	24	22	18	**0.00**	10	22	1	–	–	–	–	–	–	–	–	–	3-Octanol, 3,6-dimethyl-	151-19-9	**H0671**
73	55	43	69	41	129	70	29	**158**	100	37	34	26	20	19	17	15	**0.01**	10	22	1	–	–	–	–	–	–	–	–	–	3-Nonanol, 3-methyl-		**C0603**
73	69	55	43	41	27	70	29	**158**	100	57	54	47	45	38	35	29	**0.00**	10	22	1	–	–	–	–	–	–	–	–	–	3-Octanol, 3,7-dimethyl-	78-69-3	**H0091**
73	69	55	43	41	29	27	70	**158**	100	56	41	32	24	15	14	14	**0.00**	10	22	1	–	–	–	–	–	–	–	–	–	3-Octanol, 3,7-dimethyl-	78-69-3	**P5890**
73	85	45	41	29	43	84	28	**158**	100	20	15	10	9	7	7	7	**0.24**	8	14	3	–	–	–	–	–	–	–	–	–	2-(Tetrahydropyran-2-yl)-1,3-dioxolane		**D0161**
73	139	55	43	101	115	59	45	**158**	100	89	49	40	30	25	24	22	**0.70**	9	18	2	–	–	–	–	–	–	–	–	–	2-Heptanone, 3-ethyl-3-hydroxy-	54658-03-6	**S9401**
73	143	93	43	129	75	69	57	**158**	100	72	50	47	40	37	28	10	**0.00**	8	18	1	–	–	–	–	–	–	–	1	–	cis-Pent-2-en-1-ol trimethylsilyl ether		**P3289**
74	43	41	88	29	27	55	59	**158**	100	47	42	39	37	32	29	22	**0.00**	9	18	2	–	–	–	–	–	–	–	–	–	Octanoic acid, methyl ester		**17340**
74	87	43	41	55	29	57	73	**158**	100	44	30	26	23	22	21	16	**0.63**	9	18	2	–	–	–	–	–	–	–	–	–	Octanoic acid, methyl ester		**C1549**
74	87	43	41	55	57	69	82	**158**	100	53	48	35	30	19	18	17	**0.00**	9	18	2	–	–	–	–	–	–	–	–	–	Heptanoic acid, 6-methyl-, methyl ester		**P4000**
74	87	43	41	55	57	127	59	**158**	100	42	22	18	17	15	15	12	**3.50**	9	18	2	–	–	–	–	–	–	–	–	–	Octanoic acid, methyl ester	111-11-5	**H0453**
75	71	41	68	29	95	94	39	**158**	100	81	55	54	31	30	27	27	**0.48**	9	18	2	–	–	–	–	–	–	–	–	–	2-Heptene, 7,7-dimethoxy-		**C1040**
77	158	94	51	50	65	66	78	**158**	100	83	80	50	21	19	12	10		6	6	3	–	–	–	–	1	–	–	–	–	Benzenesulphonic acid		**C0332**
78	59	44	58	62	57	158	63	**158**	100	75	60	60	45	31	28	27		3	7	2	–	–	–	1	2	–	–	–	–	S-(2-Fluoroethyl) methanesulphonothioate		**16043**
79	51	78	59	27	29	77	80	**158**	100	14	13	9	6	5	4	3	**0.05**	6	10	–	–	–	–	4	–	–	–	–	–	Hexane, 3,3,4,4-tetrafluoro-	648-36-2	**08159**
79	51	78	59	27	29	109		**158**	100	14	13	9	6	5	1		**0.00**	6	10	–	–	–	–	4	–	–	–	–	–	Hexane, 3,3,4,4-tetrafluoro-		**M7729**
79	80	45	43	158	81	41	78	**158**	100	85	76	75	75	56	42	39		8	11	1	–	1	–	–	–	–	–	–	–	Bicyclo[2.2.2]octan-2-one, 5-chloro-, exo-	56324-75-5	**T3485**
79	143	128	77	80	115	39	91	**158**	100	79	61	42	42	42	34	34	**34.00**	12	14	–	–	–	–	–	–	–	–	–	–	Dicyclopropa[cd,gh]pentalene, octahydro-1-(2-methyl-2-propenylidene)-	62025-04-1	**T5785**
80	79	39	27	77	51	52	81	**158**	100	24	11	8	8	8	6	5	**1.10**	10	10	–	2	–	–	–	–	–	–	–	–	Bicyclo[2.2.2]oct-5-ene-2,3-dicarbonitrile	62249-52-9	**T6032**
80	79	128	143	158	77	114	91	**158**	100	60	60	32	31	29	29	28		12	14	–	–	–	–	–	–	–	–	–	–	Dicyclopropa[cd,gh]pentalene, octahydro-1-(2-methyl-1-propenylidene)-	62025-03-0	**T5784**
80	81	67	54	95	88	55	68	**158**	100	95	50	46	46	44	42	42	**24.00**	8	11	1	–	1	–	–	–	–	–	–	–	Bicyclo[2.2.2]octanone, 3-chloro-	23804-48-0	**S0352**
81	75	54	67	41	55	129	96	**158**	100	55	45	41	40	30	26	20	**20.00**	9	18	–	–	–	–	–	1	–	–	–	–	3-Heptene, 7-(ethylthio)-	55320-20-2	**T0839**
82	42	128	55	41	30	43	45	**158**	100	71	45	42	23	22	20	20	**16.36**	6	10	3	2	–	–	–	–	–	–	–	–	4-Piperidinecarboxylic acid, 1-nitroso-	6238-69-3	**R2162**
82	67	41	55	158	27	43	115	**158**	100	99	95	76	66	62	57	48		9	18	–	–	–	–	–	1	–	–	–	–	Cyclohexane, isopropylthio-		**Y2153**
82	67	41	55	158	27	83	39	**158**	100	89	77	70	55	51	46	35		9	18	–	–	–	–	–	1	–	–	–	–	Cyclohexane, propylthio-		**Y2154**
83	55	113	41	84	42	82	54	**158**	100	74	54	23	18	16	16	15	**10.57**	6	10	3	2	–	–	–	–	–	–	–	–	2-Piperidinecarboxylic acid, 1-nitroso-	4515-18-8	**R0529**
83	55	113	84	41	42	30	56	**158**	100	77	50	31	29	24	19	19	**11.12**	6	10	3	2	–	–	–	–	–	–	–	–	2-Piperidinecarboxylic acid, 1-nitroso-, (S)-	30310-83-9	**S2851**
84	57	41	29	43	42	30	116	**158**	100	79	53	53	41	37	31	27	**4.30**	8	18	1	2	–	–	–	–	–	–	–	–	1-Butanamine, N-butyl-N-nitroso-	924-16-3	**Q4554**
84	86	28	44	128	43	47	104	**158**	100	65	41	26	20	19	18	13	**5.00**	12	14	–	–	–	–	–	–	–	–	–	–	4a,8a-Ethenonaphthalene, 1,4,5,8-tetrahydro-	20295-17-4	**R8613**
84	86	143	140	88	111	158	125	**158**	100	63	56	12	11	8	7	5		8	14	3	–	–	–	–	–	–	–	–	–	Methyl (1-hydroxy-2,2-dimethylcyclopropyl)acetate		**L6718**
85	41	56	57	43	55	42	67	**158**	100	78	74	64	22	22	6	5	**4.00**	9	18	2	–	–	–	–	–	–	–	–	–	Butyl tetrahydropyranyl ether		**L3488**

MASS TO CHARGE RATIOS								M.W.	INTENSITIES								Parent	C	H	O	N	Cl	Br	F	S	P	B	Si	X	COMPOUND NAME	CAS Reg No	No
85	41	56	57	43	55	42	67	**158**	100	78	74	63	23	23	11	11	**4.06**	9	18	2	–	–	–	–	–	–	–	–	–	**2H-Pyran, 2-butoxytetrahydro-**	1927-68-0	**Q7068**
85	43	56	84	57	83	41	55	**158**	100	89	34	24	19	18	17	14	**1.00**	10	22	1	–	–	–	–	–	–	–	–	–	**Diisopentyl ether**	544-01-4	**Q1877**
85	43	103	57	41	29	59	69	**158**	100	38	37	31	26	25	25	25	**2.00**	8	14	3	–	–	–	–	–	–	–	–	–	**Butanoic acid, 3-oxo-, sec-butyl ester**	13562-76-0	**H1712**
85	43	103	57	41	87	69	29	**158**	100	38	37	31	26	25	25	25	**2.00**	8	14	3	–	–	–	–	–	–	–	–	–	**Butanoic acid, 3-oxo-, sec-butyl ester**		**L1322**
85	43	103	57	41	87	69	59	**158**	100	38	37	31	26	25	25	25	**2.00**	8	14	3	–	–	–	–	–	–	–	–	–	**Butanoic acid, 3-oxo-, sec-butyl ester**		**02118**
85	43	113	29	18	84	69	27	**158**	100	94	63	58	52	48	39	32	**15.80**	8	14	3	–	–	–	–	–	–	–	–	–	**Ethyl β-ethoxycrotonate**		**01666**
85	56	41	57	55	43	42	67	**158**	100	72	69	59	25	20	9	8	**5.00**	9	18	2	–	–	–	–	–	–	–	–	–	**2H-Pyran, 2-butoxytetrahydro-**	1927-68-0	**Q7067**
85	56	57	115	157	103	158	86	**158**	100	30	20	10	10	10	6	5		9	18	2	–	–	–	–	–	–	–	–	–	**Butyl tetrahydropyranyl ether**		**L3491**
85	88	86	84	100	77	102	130	**158**	100	18	14	12	6	4	4	3	**0.10**	9	18	2	–	–	–	–	–	–	–	–	–	**Propanoic acid, hexyl ester**		**H1337**
86	42	58	44	70	56	85	72	**158**	100	75	66	28	27	21	20	14	**0.00**	9	22	–	2	–	–	–	–	–	–	–	–	**Methanediamine, N,N,N′,N′-tetraethyl-**	102-53-4	**P7554**
87	28	43	32	143	41	85	27	**158**	100	90	38	20	16	9	6	6	**0.00**	9	18	2	–	–	–	–	–	–	–	–	–	**1,3-Dioxolane, 2-methyl-2-isopentyl-**		**00569**
87	43	28	143	41	32	27	88	**158**	100	37	32	20	7	6	5	5	**0.00**	9	18	2	–	–	–	–	–	–	–	–	–	**1,3-Dioxolane, 2-pentyl-2-methyl-**		**00570**
87	43	45	111	27	41	55	115	**158**	100	56	55	46	41	40	38	32	**0.00**	10	22	1	–	–	–	–	–	–	–	–	–	**4-Octanol, 4,5-dimethyl-**	54340-92-0	**H2046**
87	43	143	28	41	55	27	85	**158**	100	37	21	7	7	5	5	5	**0.00**	9	18	2	–	–	–	–	–	–	–	–	–	**1,3-Dioxolane, 2-pentyl-2-methyl-**		**L1505**
87	45	41	58	71	55	79	39	**158**	100	76	41	38	30	29	29	28	**0.00**	9	18	2	–	–	–	–	–	–	–	–	–	**Cyclohexane, 1,4-dimethoxy-2-methyl-**	30363-88-3	**S2883**
87	45	41	58	71	126	39	55	**158**	100	96	58	55	48	48	40	37	**0.00**	9	18	2	–	–	–	–	–	–	–	–	–	**Cyclohexane, 1,4-dimethoxy-2-methyl-**	29887-66-9	**S2729**
87	45	43	115	55	29	41	27	**158**	100	84	72	49	40	40	40	40	**0.00**	10	22	1	–	–	–	–	–	–	–	–	–	**4-Nonanol, 4-methyl-**	23418-38-4	**H1860**
87	45	43	115	55	31	41	29	**158**	100	84	72	49	40	40	40	39	**0.00**	10	22	1	–	–	–	–	–	–	–	–	–	**4-Nonanol, 4-methyl-**	23418-38-4	**04130**
87	55	43	41	27	56	69	45	**158**	100	92	78	74	62	61	48	47	**0.00**	10	22	1	–	–	–	–	–	–	–	–	–	**4-Octanol, 4,7-dimethyl-**	19781-13-6	**H1836**
87	55	81	130	98	80	108	41	**158**	100	36	31	30	15	14	13	13	**0.91**	8	14	3	–	–	–	–	–	–	–	–	–	**Methyl 2-hydroxycyclohexanecarboxylate**		**Z1007**
87	57	102	41	29	55	43	27	**158**	100	81	75	65	47	44	42	35	**0.38**	9	18	2	–	–	–	–	–	–	–	–	–	**Hexanoic acid, 2-ethyl-, methyl ester**		**D0963**
87	102	57	41	15	27	29	55	**158**	100	89	53	39	32	29	29	28	**0.90**	9	18	2	–	–	–	–	–	–	–	–	–	**Hexanoic acid, 2-ethyl-, methyl ester**		**03633**
87	102	57	41	55	29	27	43	**158**	100	91	65	47	40	40	38	31	**0.00**	9	18	2	–	–	–	–	–	–	–	–	–	**Hexanoic acid, 2-ethyl-, methyl ester**	816-19-3	**Q4196**
87	115	45	43	55	41	27	29	**158**	100	51	51	42	39	33	32	31	**0.00**	10	22	1	–	–	–	–	–	–	–	–	–	**4-Nonanol, 4-methyl-**	23418-38-4	**H1859**
87	116	57	55	41	27	29	43	**158**	100	44	40	30	28	27	23	21	**0.00**	9	18	2	–	–	–	–	–	–	–	–	–	**Pentanoic acid, 2-propyl-, methyl ester**	22632-59-3	**R9906**
87	158	59	73	143	129	101	29	**158**	100	34	25	23	18	13	13	12		9	22	–	2	–	–	–	–	–	–	–	–	**Hydrazine, 1,1-diethyl-2-pentyl-**	67398-41-8	**T6806**
88	43	27	41	60	113	29	55	**158**	100	80	73	54	41	39	33	33	**1.10**	9	18	2	–	–	–	–	–	–	–	–	–	**Heptanoic acid, ethyl ester**	106-30-9	**H0330**
88	43	29	41	113	27	60	101	**158**	100	61	52	39	36	35	30	28	**3.02**	9	18	2	–	–	–	–	–	–	–	–	–	**Heptanoic acid, ethyl ester**		**C1795**
88	57	41	29	101	43	27	39	**158**	100	38	34	22	22	21	20	17	**0.39**	9	18	2	–	–	–	–	–	–	–	–	–	**Heptanoic acid, 2-methyl-, methyl ester**	51209-78-0	**S7595**
88	57	41	101	29	27	43	59	**158**	100	38	26	23	22	19	17	17	**0.00**	9	18	2	–	–	–	–	–	–	–	–	–	**Heptanoic acid, 2-methyl-, methyl ester**	51209-78-0	**S7596**
88	57	101	41	43	29	55	59	**158**	100	24	16	14	11	9	8	7	**1.00**	9	18	2	–	–	–	–	–	–	–	–	–	**Heptanoic acid, 2-methyl-, methyl ester**		**C1700**
88	57	101	41	69	55	87	29	**158**	100	35	28	22	19	15	15	14	**0.00**	9	18	2	–	–	–	–	–	–	–	–	–	**Hexanoic acid, 2,4-dimethyl-, methyl ester, [S-(R*,R*)]-**	14251-45-7	**R5083**
88	73	101	41	43	55	87	57	**158**	100	86	35	25	24	19	17	16	**0.70**	9	18	2	–	–	–	–	–	–	–	–	–	**Heptanoic acid, 2-ethyl-**		**04016**
89	69	159	45	61	158	58	60	**158**	100	80	64	26	23	23	13	12		4	5	1	–	–	–	3	1	–	–	–	–	**Ethanethioic acid, trifluoro-, S-ethyl ester**	383-64-2	**Q0652**
91	158	65	159	92				**158**	100	58	10	8	7					10	10	–	2	–	–	–	–	–	–	–	–	**1H-Imidazole, 1-benzyl-**	4238-71-5	**R0236**
93	122	39	27	79	123	41	53	**158**	100	94	81	63	55	47	46	45	**15.10**	9	15	–	–	1	–	–	–	–	–	–	–	**Bicyclo[2.2.2]octane, 1-chloro-4-methyl-**	7697-06-5	**R3405**
94	51	77	50	65	47	39	78	**158**	100	32	26	22	13	12	11	9	**0.00**	6	7	3	–	–	–	–	–	1	–	–	–	**Phenylphosphonic acid**	1571-33-1	**Q6236**
94	158	51	77	50	47	39	65	**158**	100	53	24	23	14	7	7	6		6	7	3	–	–	–	–	–	1	–	–	–	**Phenylphosphonic acid**		**M3601**
94	158	77	51	41	43	55	45	**158**	100	60	27	22	16	15	13	12		6	7	3	–	–	–	–	–	1	–	–	–	**Phenylphosphonic acid**		**C1840**
95	78	96	70	41	43	79	112	**158**	100	83	66	57	49	40	40	36	**0.00**	8	14	3	–	–	–	–	–	–	–	–	–	**Bicyclo[2.2.2]octan-2,6,7-triol, asym-**		**M6956**
99	44	158	98	42	43	28	30	**158**	100	48	34	28	15	13	12	9		5	10	2	4	–	–	–	–	–	–	–	–	**Biuret, 1-[(dimethylamino)methylene]-**	10264-58-1	**R3701**
99	86	55	42	43	41	100	57	**158**	100	33	22	19	14	9	7	5	**3.00**	8	14	3	–	–	–	–	–	–	–	–	–	**1,4-Dioxaspiro[4.5]decan-8-ol**	22428-87-1	**R9756**
101	55	45	83	56	43	41	69	**158**	100	42	38	28	22	21	20	20	**0.00**	10	22	1	–	–	–	–	–	–	–	–	–	**5-Nonanol, 5-methyl-**	33933-78-7	**S4465**
101	57	83	55	43	45	59	41	**158**	100	37	28	25	24	23	18	16	**0.00**	10	22	1	–	–	–	–	–	–	–	–	–	**4-Octanol, 2,4-dimethyl-**	33933-79-8	**S4466**
101	57	129	43	41	55	99	130	**158**	100	88	73	34	22	12	11	9	**0.00**	9	18	2	–	–	–	–	–	–	–	–	–	**1,3-Dioxolane, 2-ethyl-2-isobutyl-**	935-45-5	**Q4698**
101	57	129	99	55	102	130	58	**158**	100	85	62	14	12	10	10	3	**0.00**	9	18	2	–	–	–	–	–	–	–	–	–	**1,3-Dioxolane, 2-butyl-2-ethyl-**	935-49-9	**Q4699**
101	127	95	88	158				**158**	100	26	12	6	2					9	18	2	–	–	–	–	–	–	–	–	–	**Cyclohexane, 1,1-dimethoxy-4-methyl-**	18349-20-7	**R7541**
101	127	115	95	158	88			**158**	100	20	13	9	9	5				9	18	2	–	–	–	–	–	–	–	–	–	**Cyclohexane, 1,1-dimethoxy-2-methyl-**	38574-09-3	**S5884**
102	30	29	111	41	27	129	44	**158**	100	79	56	47	46	37	36	35	**2.80**	7	14	–	2	–	–	–	1	–	–	–	–	**1H-Imidazole, 2-(butylthio)-4,5-dihydro-**	62059-38-5	**T5789**
102	158	76	50	51	130	75	74	**158**	100	42	34	23	20	20	16	13		9	6	1	2	–	–	–	–	–	–	–	–	**1H-Inden-1-one, 2-diazo-2,3-dihydro-**	1775-23-1	**Q6724**
104	129	130	91	117	128	115	78	**158**	100	82	73	70	61	51	50	44	**30.03**	12	14	–	–	–	–	–	–	–	–	–	–	**4a,8a-Ethenonaphthalene, 1,4,5,8-tetrahydro-**	20295-17-4	**R8612**
104	158	105	91	103	78	77	115	**158**	100	27	9	7	5	5	5	5		12	14	–	–	–	–	–	–	–	–	–	–	**4-Phenylcylcohexene**		**Z0993**
108	158	45	143	50	75	112	63	**158**	100	86	65	62	46	43	32	31		7	7	–	–	1	–	–	1	–	–	–	–	**Benzene, 1-chloro-4-(methylthio)-**	123-09-1	**P9281**
109	67	158	41	54	39	79	81	**158**	100	41	40	34	28	24	23	20		9	15	–	–	1	–	–	–	–	–	–	–	**Bicyclo[2.2.1]heptane, 3-chloro-2,2-dimethyl-, exo-**		**L5340**
109	67	158	41	55	39	78	69	**158**	100	42	40	33	27	23	22	18		9	15	–	–	1	–	–	–	–	–	–	–	**Bicyclo[2.2.1]heptane, 3-chloro-2,2-dimethyl-, exo-**	22768-97-4	**R9944**
109	67	158	41	79	81	69	54	**158**	100	68	49	47	40	37	33	30		9	15	–	–	1	–	–	–	–	–	–	–	**Bicyclo[2.2.1]heptane, 2-chloro-7,7-dimethyl-**		**L5341**

MASS TO CHARGE RATIOS								M.W.	INTENSITIES								Parent	C	H	O	N	Cl	Br	F	S	P	B	Si	X	COMPOUND NAME	CAS Reg No	No
109	67	158	41	79	81	69	55	**158**	100	68	50	47	41	37	33	30		9	15	–	–	1	–	–	–	–	–	–	–	**Bicyclo[2.2.1]heptane, 2-chloro-7,7-dimethyl-, exo-**	22768-98-5	**R9945**
111	158	83	112	160	45	159	44	**158**	100	65	6	6	6	5	5	5		6	6	1	–	–	–	–	2	–	–	–	–	**Methyl 2-furancarbodithioate**	35972-85-1	**S5130**
113	127	67	81	95	70	83	98	**158**	100	78	60	42	24	23	11	9	**2.50**	8	14	3	–	–	–	–	–	–	–	–	–	**2-Ethoxy-6-hydroxymethyl-5,6-dihydro-α-pyran**		**L9941**
114	72	44	82	42	158	55	56	**158**	100	87	84	74	71	55	45	44		7	14	2	2	–	–	–	–	–	–	–	–	**2-Propenoic acid, 3-(dimethylamino)-3-(methylamino)-, methyl ester**	49582-53-8	**S7139**
114	132	69	70	158	42	88	15	**158**	100	38	27	17	11	9	7	7		3	6	–	2	–	–	3	–	1	–	–	–	**(Dimethylamino)cyanotrifluorophosphorane**		**L4068**
114	158	60	98	55	99	41	81	**158**	100	72	67	65	38	26	20	17		8	14	1	–	–	–	–	1	–	–	–	–	**1-Oxa-4-thiaspiro[4.5]decane**	177-15-1	**Q0031**
115	41	55	101	143	158	87	74	**158**	100	83	82	77	74	52	48	33		9	18	–	–	–	–	–	1	–	–	–	–	**Thiophene, 3-butyltetrahydro-2-methyl-**	55320-22-4	**T0841**
115	41	57	117	43	56	87	114	**158**	100	48	43	35	31	31	27	26	**8.00**	7	15	3	–	–	–	–	–	–	1	–	–	**1,3,2-Dioxaborolane, 4-methyl-2-isobutoxy-**	52910-21-1	**S8168**
115	41	114	57	43	117	85	42	**158**	100	29	26	24	16	15	13	11	**3.00**	7	15	3	–	–	–	–	–	–	1	–	–	**1,3,2-Dioxaborinane, 2-isobutoxy-**	55162-67-9	**T0485**
115	43	55	87	59	127	41	71	**158**	100	45	37	19	17	15	13	13	**1.50**	8	14	3	–	–	–	–	–	–	–	–	–	**Hexanoic acid, 5-methyl-4-oxo-, methyl ester**	34553-37-2	**08684**
115	43	71	41	27	116	39	72	**158**	100	47	38	11	9	7	4	4	**0.07**	9	18	2	–	–	–	–	–	–	–	–	–	**1,3-Dioxolane, 2,2-dipropyl-**		**C0347**
115	43	97	69	41	55	70	79	**158**	100	90	64	60	53	33	26	23	**4.00**	9	18	2	–	–	–	–	–	–	–	–	–	**1,2-Cyclohexanediol, 1-isopropyl-, cis-**	56335-93-4	**T3528**
115	73	75	130	72	143	116	74	**158**	100	82	76	34	18	15	10	8	**0.00**	8	18	1	–	–	–	–	–	–	–	1	–	**2-Pentanone, 5-(trimethylsilyl)-**	17012-93-0	**R6568**
115	116	114	28	128	91	39	127	**158**	100	28	22	14	12	10	6	5	**3.50**	12	14	–	–	–	–	–	–	–	–	–	–	**Indan, 2-allyl-**	24329-97-3	**S0549**
115	127	101	95	88	116	102	143	**158**	100	63	58	25	10	10	9	7	**4.30**	9	18	2	–	–	–	–	–	–	–	–	–	**Cyclohexane, 1,1-dimethoxy-3-methyl-**	18349-16-1	**R7540**
115	129	41	55	87	158	69	81	**158**	100	69	46	42	34	26	22	19		9	18	–	–	–	–	–	1	–	–	–	–	**2H-Thiopyran, tetrahydro-2-methyl-3-propyl-**	55320-23-5	**T0842**
115	129	130	158	64	128	51	116	**158**	100	89	84	42	25	25	24	22		10	10	–	2	–	–	–	–	–	–	–	–	**1H-2,3-Benzodiazepine, 1-methyl-**	29100-32-1	**S2361**
115	129	143	158	128	102	116	117	**158**	100	57	57	51	34	20	19	13		12	14	–	–	–	–	–	–	–	–	–	–	**Benzene, 1-hexynyl-**	1129-65-3	**Q5486**
115	158	60	98	55	99	41	81	**158**	100	73	67	66	38	26	22	18		8	14	1	–	–	–	–	1	–	–	–	–	**1-Oxa-4-thiaspiro[4.5]decane**		**M3401**
115	158	63	128	159	116	89	143	**158**	100	91	13	13	11	10	8	8		11	10	1	–	–	–	–	–	–	–	–	–	**Naphthalene, 2-methoxy-**	93-04-9	**H0180**
115	158	73	130	143	59	117	43	**158**	100	81	75	61	54	52	49	41		7	18	–	–	–	–	–	–	–	–	2	–	**1,2-Disilacyclopentane, 1,1,2,2-tetramethyl-**	15003-82-4	**R5524**
115	158	143	63	159	89	116	51	**158**	100	91	36	13	11	10	10	7		11	10	1	–	–	–	–	–	–	–	–	–	**Naphthalene, 1-methoxy-**	2216-69-5	**H1296**
116	41	84	44	57	59	42	55	**158**	100	48	47	44	25	23	22	22	**1.01**	7	14	2	2	–	–	–	–	–	–	–	–	**Carbazic acid, 3-pentylidene-, methyl ester**	14702-36-4	**R5359**
116	71	158	43	39	27	41	45	**158**	100	33	31	26	18	16	16	13		7	10	–	–	–	–	–	2	–	–	–	–	**2-(Isopropylthio)thiophene**		**Y2123**
116	115	158	129	128	117	51	64	**158**	100	37	29	19	11	10	8	7		11	10	1	–	–	–	–	–	–	–	–	–	**1,4-Methanonaphthalen-2(1H)-one, 3,4-dihydro-**	7374-90-5	**R3130**
116	158	43	41	56	60	57	99	**158**	100	64	33	32	27	20	18	13		6	10	1	2	–	–	–	1	–	–	–	–	**4-Imidazolidinone, 5-isopropyl-2-thioxo-**	56805-20-0	**09266**
117	76	158	77	118	159	91	92	**158**	100	88	43	42	12	4	4	1		8	6	–	4	–	–	–	–	–	–	–	–	**2,3-Dicyano-5,6-dimethylpyrazine**		**17167**
117	158	76	50	77	90	75	159	**158**	100	83	33	19	19	13	11	9		10	10	–	2	–	–	–	–	–	–	–	–	**Quinoxaline, 2,3-dimethyl-**	2379-55-7	**Q7894**
117	158	76	77	50	159	75	90	**158**	100	82	28	26	18	10	9	7		10	10	–	2	–	–	–	–	–	–	–	–	**Quinazoline, 2,3-dimethyl-**		**M5455**
117	158	78	79	52	77	159	118	**158**	100	92	30	18	14	10	10	9		10	10	–	2	–	–	–	–	–	–	–	–	**Quinoxaline, 2,3-dimethyl-**	2379-55-7	**Q7895**
122	79	106	80	107	123	121	94	**158**	100	47	45	17	16	8	5	3	**0.00**	7	11	–	2	1	–	–	–	–	–	–	–	**Pyridinium, 1-amino-2,6-dimethyl-, chloride**	34061-85-3	**S4542**
122	106	36	79	77	91	38	78	**158**	100	60	44	35	33	24	19	15	**0.00**	7	11	–	2	1	–	–	–	–	–	–	–	**Hydrazine, (4-methylphenyl)-, monohydrochloride**	637-60-5	**Q3472**
123	122	124	136	151	106	134	135	**158**	100	43	9	5	3	3	2	2	**0.00**	7	11	–	2	1	–	–	–	–	–	–	–	**Hydrazine, (2-methylphenyl)-, monohydrochloride**	635-26-7	**Q3443**
123	125	87	51	158	160	89	59	**158**	100	70	55	30	25	24	18	15		4	5	–	–	3	–	–	–	–	–	–	–	**1,1,3-Trichloro-2-methylpropene**		**Z1000**
123	125	87	51	158	160	89	127	**158**	100	65	54	28	26	25	17	11		4	5	–	–	3	–	–	–	–	–	–	–	**3,3,3-Trichloro-2-methylpropene**		**Z1002**
123	158	121	160	122	125	157	159	**158**	100	88	84	58	38	34	24	21		6	5	–	–	2	–	–	–	–	1	–	–	**Phenyldichloroboron**		**02492**
126	59	99	127	68	39	98	86	**158**	100	80	79	73	30	26	26	24	**2.16**	7	10	4	–	–	–	–	–	–	–	–	–	**2-Pentenedioic acid, dimethyl ester**	5164-76-1	**R1168**
126	158	127	44	159	128	45	70	**158**	100	41	28	20	14	12	11	11		6	6	3	–	–	–	–	1	–	–	–	–	**Methyl 3-hydroxythiophene-2-carboxylate**	5118-06-9	**R1114**
126	158	127	44	159	128	98	70	**158**	100	41	28	20	14	12	11	11		6	6	3	–	–	–	–	1	–	–	–	–	**Methyl 3-hydroxythiophene-2-carboxylate**		**04432**
127	59	126	99	158	157			**158**	100	63	40	13	8	8				7	10	4	–	–	–	–	–	–	–	–	–	**1,1-Dimethoxycarbonylcyclopropane**		**M0023**
128	158	144	28	143	115	39	91	**158**	100	73	68	64	64	50	41	36		12	14	–	–	–	–	–	–	–	–	–	–	**Bicyclo[3.2.1]octa-2,6-diene, 4-(2-methyl-1-propenylidene)-**	62025-02-9	**T5783**
129	87	73	128	59	130	101	143	**158**	100	67	45	25	21	11	10	9	**0.00**	7	19	1	–	–	–	–	–	–	1	1	–	**Borinic acid, diethyl-, trimethylsilyl ester**	74630-37-8	**T8186**
129	115	128	158	102	127	51	77	**158**	100	92	74	66	56	42	40	36		11	10	1	–	–	–	–	–	–	–	–	–	**1-Hydroxy-5-phenyl-2-pentene-4-yne**		**M7674**
129	115	158	87	43	41	30	72	**158**	100	46	39	33	28	19	17	15		9	22	–	2	–	–	–	–	–	–	–	–	**Hydrazine, tripropyl-**	67398-42-9	**T6807**
129	128	127	158	130	51	63	77	**158**	100	44	23	18	13	11	8	8		11	10	1	–	–	–	–	–	–	–	–	–	**1,4-Methanonaphthalen-9-ol, 1,4-dihydro-**	4796-33-2	**R0824**
129	128	141	142	158	127	115	130	**158**	100	47	40	39	28	22	20	13		11	10	1	–	–	–	–	–	–	–	–	–	**2,7-Methanonaphth[2,3-b]oxirene, 1aα,2β,7β,7aα-1a,2,7,7a-tetrahydro-**	13137-34-3	**R4225**
129	130	158	128	115	127	131	51	**158**	100	83	45	33	24	11	10	8		12	14	–	–	–	–	–	–	–	–	–	–	**1,4-Ethanonaphthalene, 1,2,3,4-tetrahydro-**	4175-52-4	**R0177**
129	158	128	127	141	157	51	115	**158**	100	66	34	30	21	16	14	13		11	10	1	–	–	–	–	–	–	–	–	–	**Naphthalene, 1-hydroxymethyl-**		**M7672**
129	158	128	127	141	157	51	115	**158**	100	70	40	35	20	18	13	13		11	10	1	–	–	–	–	–	–	–	–	–	**Naphthalene, 2-hydroxymethyl-**		**M7673**
129	158	130	143	115	128	91	77	**158**	100	97	80	69	67	46	31	24		12	14	–	–	–	–	–	–	–	–	–	–	**Benzene, 1-cyclohexen-1-yl-**	771-98-2	**Q4088**
130	29	27	58	158	57	115	30	**158**	100	89	67	48	41	30	25	23		6	10	3	2	–	–	–	–	–	–	–	–	**2-Ethoxy-4-ethyl-Δ^2-1,3,4-oxadiazolin-5-one**		**P2811**
130	102	51	50	76	75	74	131	**158**	100	86	40	37	36	21	20	14	**9.00**	10	6	2	–	–	–	–	–	–	–	–	–	**1,2-Naphthalenedione**		**02054**
130	102	51	76	50	158	75	131	**158**	100	63	31	21	19	19	11	11		10	6	2	–	–	–	–	–	–	–	–	–	**1,2-Naphthalenedione**		**D1247**
130	102	76	131	75	50	51	103	**158**	100	52	13	11	8	8	7	6	**6.00**	10	6	2	–	–	–	–	–	–	–	–	–	**1,2-Naphthalenedione**		**L4574**
130	129	115	128	64	51	131	127	**158**	100	53	35	23	16	15	11	10	**0.00**	11	10	1	–	–	–	–	–	–	–	–	–	**1,4-Methanonaphthalen-9-one, 1,2,3,4-tetrahydro-**	6165-88-4	**R2123**
130	131	116	158	92	105	129	118	**158**	100	74	69	50	40	37	35	31		12	14	–	–	–	–	–	–	–	–	–	–	**4a,8a-Ethenonaphthalene, 1,2,3,4-tetrahydro-**	24139-33-1	**S0464**

MASS TO CHARGE RATIOS								M.W.	INTENSITIES								Parent	C	H	O	N	Cl	Br	F	S	P	B	Si	X	COMPOUND NAME	CAS Reg No	No
130	158	129	115	128	131	157	141	**158**	100	34	30	23	15	11	10	7		12	14	–	–	–	–	–	–	–	–	–	–	**Acenaphthene, 2a,3,4,5-tetrahydro-**		**Y1217**
141	41	67	109	55	158	79	81	**158**	100	49	49	40	34	32	24	24		8	14	1	–	–	–	–	1	–	–	–	–	**9-Thiabicyclo[3.3.1]nonane, 9-oxide**	6508-98-1	**R2334**
143	45	39	158	69	59	71	99	**158**	100	77	52	49	36	31	23	22		7	10	–	–	–	–	–	2	–	–	–	–	**2-Ethyl-5-(methylthio)thiophene**		**Y2404**
143	81	96	41	145	79	91	67	**158**	100	38	38	37	34	31	31	27	**26.00**	9	15	–	–	1	–	–	–	–	–	–	–	**3-Heptyne, 7-chloro-2,2-dimethyl-**	55402-10-3	**T1077**
143	87	85	113	115	158	103	129	**158**	100	99	96	74	35	26	12	3		9	18	2	–	–	–	–	–	–	–	–	–	**1,3-Diethoxy-2-methyl-1-butene**		**L7732**
143	128	115	142	129	116	158	157	**158**	100	47	30	21	18	18	14	14		12	14	–	–	–	–	–	–	–	–	–	–	**1-Phenyl-2-isopropylidenecyclopropane**		**Y2184**
143	158	128	115	141	142	157	77	**158**	100	68	41	26	24	20	13	12		12	14	–	–	–	–	–	–	–	–	–	–	**Benzene, 1,3,5-trimethyl-2-(1,2-propadienyl)-**	29555-07-5	**S2571**
143	158	128	141	115	144	127	129	**158**	100	68	52	15	14	13	11	11		12	14	–	–	–	–	–	–	–	–	–	–	**1,1,3-Trimethylindene**		**17560**
151	150	152	149	153	154	155	148	**158**	100	95	83	73	65	54	44	43	**14.70**	–	13	–	–	1	–	–	–	–	10	–	–	**Chlorodecaborane (13)**		**W0034**
157	76	50	127	156	128	62	49	**158**	100	32	30	30	28	20	18	17	**12.01**	10	10	–	2	–	–	–	–	–	–	–	–	**1H-Pyrazole, 3-methyl-5-phenyl-**	3347-62-4	**Q9249**
157	158	130	76	103	50	102	77	**158**	100	88	31	27	18	18	13	11		10	10	–	2	–	–	–	–	–	–	–	–	**2-Ethylquinoxaline**		**M1510**
157	158	130	76	103	50	102	159	**158**	100	87	31	26	18	18	13	12		10	10	–	2	–	–	–	–	–	–	–	–	**2-Ethylquinoxaline**		**M5456**
157	158	132	156	66				**158**	100	86	22	15	8					10	10	–	2	–	–	–	–	–	–	–	–	**Cyclobuta[b]quinoxaline, 1,2,2a,3-tetrahydro-**		**L6046**
157	158	132	156	66	159	39	63	**158**	100	90	23	15	14	10	8	7		10	10	–	2	–	–	–	–	–	–	–	–	**Cyclobuta[b]quinoxaline, 1,2,2a,3-tetrahydro-**	21943-51-1	**R9458**
157	158	159	129	94	160	75	95	**158**	100	66	38	30	28	22	20	20		7	4	1	–	1	–	1	–	–	–	–	–	**Benzaldehyde, 2-chloro-6-fluoro-**	387-45-1	**Q0655**
158	36	157	130	38	79	159	103	**158**	100	48	30	21	15	14	12	8		10	10	–	2	–	–	–	–	–	–	–	–	**1,4-Naphthalenediamine**		**D1673**
158	39	51	63	143	89	157	50	**158**	100	50	30	25	25	20	17	16		10	10	–	2	–	–	–	–	–	–	–	–	**2,5-Dimethyl-1,8-naphthyridine**		**L2276**
158	39	51	143	63	89	157	64	**158**	100	50	30	25	25	20	17	16		10	10	–	2	–	–	–	–	–	–	–	–	**2,5-Dimethyl-1,8-naphthyridine**		**01142**
158	76	102	104	130	50	28	75	**158**	100	58	53	49	43	25	18	13		10	6	2	–	–	–	–	–	–	–	–	–	**1,4-Naphthalenedione**	130-15-4	**P9586**
158	77	94	51	65	141	66	78	**158**	100	87	76	39	17	9	8	8		6	6	3	–	–	–	–	1	–	–	–	–	**Benzenesulphonic acid**		**M4340**
158	77	94	51	65	141	66	93	**158**	100	85	74	39	15	9	8	7		6	6	3	–	–	–	–	1	–	–	–	–	**Benzenesulphonic acid**	98-11-3	**P7154**
158	77	131	51	91	103	157	55	**158**	100	43	38	33	25	25	25	20		10	10	–	2	–	–	–	–	–	–	–	–	**1H-Imidazole, 2-(4-methylphenyl)-**	37122-50-2	**S5467**
158	102	130	75	76	79	159	129	**158**	100	22	17	8	8	7	7	6		10	6	2	–	–	–	–	–	–	–	–	–	**Benzo[1,2-b:4,3-b′]difuran**		**L2263**
158	102	130	159	75	76	79	129	**158**	100	23	18	10	8	8	8	8		10	6	2	–	–	–	–	–	–	–	–	–	**Benzo[1,2-b:4,3-b′]difuran**	210-79-7	**Q0070**
158	103	129	130	143	115	91	67	**158**	100	62	56	50	37	34	33	25		12	14	–	–	–	–	–	–	–	–	–	–	**3-Phenylcyclohexene**		**Z1008**
158	104	76	18	102	130	50	51	**158**	100	39	34	34	31	28	19	14		10	6	2	–	–	–	–	–	–	–	–	–	**1,4-Naphthalenedione**		**D0278**
158	104	76	102	130	50	51	159	**158**	100	39	35	31	28	19	14	11		10	6	2	–	–	–	–	–	–	–	–	–	**1,4-Naphthalenedione**	130-15-4	**P9587**
158	104	77	76	75	28	159	49	**158**	100	78	31	29	17	14	11	10		8	6	–	4	–	–	–	–	–	–	–	–	**5,5′-Bipyrimidine**		**P1361**
158	115	128	127	143	89	63	129	**158**	100	77	10	6	6	5	5	4		11	10	1	–	–	–	–	–	–	–	–	–	**Naphthalene, 2-methoxy-**		**L2873**
158	115	129	128	38	127	51	63	**158**	100	55	40	26	14	12	11	10		10	10	–	2	–	–	–	–	–	–	–	–	**Cinnoline, 3,4-dimethyl-**	3929-83-7	**Q9938**
158	115	143	159	144	116	63	89	**158**	100	70	38	12	10	7	7	6		11	10	1	–	–	–	–	–	–	–	–	–	**Naphthalene, 1-methoxy-**		**Z0998**
158	115	159	128	143	116	127	89	**158**	100	64	12	11	9	6	5	5		11	10	1	–	–	–	–	–	–	–	–	–	**Naphthalene, 2-methoxy-**	93-04-9	**Z0999**
158	116	39	63	90	38	51	52	**158**	100	28	23	19	16	15	13	13		8	6	–	4	–	–	–	–	–	–	–	–	**1,3-Bis(cyanamido)benzene**		**D1471**
158	128	143	115	117	118	159	129	**158**	100	34	31	20	19	18	13	12		12	14	–	–	–	–	–	–	–	–	–	–	**1,3-Diisopropenylbenzene**		**Z1009**
158	129	128	157	115	51	127	159	**158**	100	29	28	23	22	14	13	12		11	10	1	–	–	–	–	–	–	–	–	–	**1-Naphthalenol, 3-methyl-**		**U0136**
158	129	128	157	115	127	159	51	**158**	100	38	36	23	21	16	12	8		11	10	1	–	–	–	–	–	–	–	–	–	**1-Naphthalenol, 2-methyl-**		**U0135**
158	129	130	143	115	91	128	104	**158**	100	62	55	44	38	34	23	22		12	14	–	–	–	–	–	–	–	–	–	–	**Benzene, 1-cyclohexen-1-yl-**		**Z1004**
158	129	130	143	115	91	128	117	**158**	100	71	68	47	46	30	27	18		12	14	–	–	–	–	–	–	–	–	–	–	**Benzene, 1-cyclohexen-1-yl-**	771-98-2	**Q4087**
158	130	14	28	42	39	15	16	**158**	100	15	14	13	12	11	11	10		10	10	–	2	–	–	–	–	–	–	–	–	**Pyridine, 3-(1-methyl-1H-pyrrol-2-yl)-**	487-19-4	**H0720**
158	130	39	131	51	77	157	63	**158**	100	45	29	29	24	22	20	15		10	10	–	2	–	–	–	–	–	–	–	–	**3,5-Dimethyl-1,8-naphthyridine**		**L2273**
158	130	79	77	159	103	157	65	**158**	100	30	14	12	12	11	11	8		10	10	–	2	–	–	–	–	–	–	–	–	**1,8-Naphthalenediamine**	479-27-6	**Q1006**
158	130	131	39	51	77	157	103	**158**	100	45	29	29	24	22	20	15		10	10	–	2	–	–	–	–	–	–	–	–	**3,5-Dimethyl-1,8-naphthyridine**		**01145**
158	130	131	39	77	157	51	63	**158**	100	51	32	26	25	20	19	15		10	10	–	2	–	–	–	–	–	–	–	–	**3,6-Dimethyl-1,8-naphthyridine**		**01146**
158	130	131	157	143	159	103		**158**	100	30	25	23	17	14	10			10	10	–	2	–	–	–	–	–	–	–	–	**4,5-Dimethyl-1,8-naphthyridine**		**L2271**
158	130	131	157	143	159	116	159	**158**	100	30	25	23	17	14	10	1		10	10	–	2	–	–	–	–	–	–	–	–	**4,5-Dimethyl-1,8-naphthyridine**		**01147**
158	131	39	118	41	77	104	63	**158**	100	68	26	20	20	20	20	16		10	10	–	2	–	–	–	–	–	–	–	–	**2-Allylindazole**		**L8418**
158	131	77	104	28	39	118	41	**158**	100	63	35	30	25	24	18	18		10	10	–	2	–	–	–	–	–	–	–	–	**1-Allylindazole**		**L8417**
158	143	117	76	77	102	159	75	**158**	100	50	44	19	16	12	12	8		10	10	–	2	–	–	–	–	–	–	–	–	**Quinazoline, 2,4-dimethyl-**	703-63-9	**Q3793**
158	143	117	76	77	102	159	116	**158**	100	50	44	19	16	12	12	8		10	10	–	2	–	–	–	–	–	–	–	–	**Quinazoline, 2,4-dimethyl-**		**L2006**
158	143	128	115	117	159	28	129	**158**	100	45	22	16	14	13	8	8		12	14	–	–	–	–	–	–	–	–	–	–	**1,4-Diisopropenylbenzene**		**Z1011**
158	143	128	115	117	159	103	41	**158**	100	54	26	21	17	13	10	10		12	14	–	–	–	–	–	–	–	–	–	–	**1,4-Diisopropenylbenzene**		**F0200**
158	157	39	130	51	77	159	63	**158**	100	40	21	19	15	14	14	13		10	10	–	2	–	–	–	–	–	–	–	–	**2,6-Dimethyl-1,8-naphthyridine**		**L2275**
158	157	95	131	130	103	57	110	**158**	100	25	15	15	14	10	8	8		10	10	–	2	–	–	–	–	–	–	–	–	**1H-Imidazole, 4-(4-methylphenyl)-**	670-91-7	**Q3638**
158	157	115	144	128	129	127	116	**158**	100	46	40	35	30	24	14	14		11	10	1	–	–	–	–	–	–	–	–	–	**1-Naphthalenol, 4-methyl-**		**U0137**
158	157	131	41	130	159	77	104	**158**	100	81	27	16	13	12	11	7		10	10	–	2	–	–	–	–	–	–	–	–	**1-Allylbenzimidazole**		**L1935**

MASS TO CHARGE RATIOS								M.W.	INTENSITIES								Parent	C	H	O	N	Cl	Br	F	S	P	B	Si	X	COMPOUND NAME	CAS Reg No	No
158	157	131	41	130	159	77	156	**158**	100	81	27	16	13	12	11	7		10	10	–	2	–	–	–	–	–	–	–	–	**1-Allylbenzimidazole**		**02064**
158	157	143	159	39	142	89	63	**158**	100	23	23	14	14	11	11	10		10	10	–	2	–	–	–	–	–	–	–	–	**2,4-Dimethyl-1,8-naphthyridine**		**L2270**
158	157	143	159	142	89	63	116	**158**	100	23	23	14	11	11	10	9		10	10	–	2	–	–	–	–	–	–	–	–	**2,4-Dimethyl-1,8-naphthyridine**		**01148**
158	157	159	77	128	51	129	130	**158**	100	21	11	10	10	7	7	7		10	10	–	2	–	–	–	–	–	–	–	–	**3-Phenyl-5-methylpyrazole**		**L1977**
158	157	159	89	132	39	63	116	**158**	100	35	14	14	12	12	10	10		10	10	–	2	–	–	–	–	–	–	–	–	**2,7-Dimethyl-1,8-naphthyridine**		**L2274**
158	157	159	117	130	143	103	129	**158**	100	16	12	3	3	2	2	2		10	10	–	2	–	–	–	–	–	–	–	–	**1H-Pyrazole, 3-methyl-5-phenyl-**		**M3113**
158	157	159	128	77	130	129	51	**158**	100	21	11	10	10	7	7	7		10	10	–	2	–	–	–	–	–	–	–	–	**1H-Pyrazole, 3-methyl-5-phenyl-**		**02370**
159	127	67	71	97	83	69	45	**158**	100	71	31	29	28	27	26	25	**12.60**	9	18	2	–	–	–	–	–	–	–	–	–	**Nonanoic acid**	112-05-0	**P8654**
30	43	86	44	116	41	42	56	**159**	100	88	59	39	25	19	18	14	**6.00**	7	13	3	1	–	–	–	–	–	–	–	–	**Butanoic acid, 4-acetylamino-, methyl ester**		**M5889**
42	116	57	159	41	43	70	72	**159**	100	50	48	47	42	20	17	17		6	13	–	3	–	–	–	1	–	–	–	–	**Hydrazinecarbothioamide, 2-sec-pentylidene-**		**L4968**
42	116	57	159	41	43	70	72	**159**	100	49	47	46	40	19	16	16		6	13	–	3	–	–	–	1	–	–	–	–	**Hydrazinecarbothioamide, 2-sec-pentylidene-**	1752-39-2	**Q6663**
43	72	99	28	114	74	57	60	**159**	100	81	65	47	37	31	29	24	**2.80**	7	13	3	1	–	–	–	–	–	–	–	–	**Valine, N-acetyl-**		**06255**
43	131	56	61	88	15	57	28	**159**	100	56	55	40	29	20	19	17	**2.66**	6	9	2	1	–	–	–	1	–	–	–	–	**Acetamide, N-(tetrahydro-2-oxo-3-thienyl)-**	1195-16-0	**Q5689**
44	128	72	42	159	69	59	43	**159**	100	40	34	27	21	17	11	10		7	13	3	1	–	–	–	–	–	–	–	–	**2-Propenoic acid, 3-(dimethylamino)-3-methoxy-, methyl ester**	49582-69-6	**S7149**
48	69	32	90	46	50	76	143	**159**	100	22	20	18	6	6	4	1	**0.00**	2	–	2	1	–	–	3	1	–	–	–	–	**N-(Trifluoroacetyl)sulphuroxidoimide**		**L9486**
57	41	30	55	28	29	97	18	**159**	100	57	46	38	34	27	27	22	**0.00**	8	17	2	1	–	–	–	–	–	–	–	–	**Pentane, 2,2,4-trimethyl-4-nitro-**	5342-78-9	**R1321**
58	36	43	84	57	38	44	56	**159**	100	71	60	59	42	39	37	27	**5.49**	7	13	3	1	–	–	–	–	–	–	–	–	**Leucine, 3-methyl-4,5-dihydroxy-**	69597-54-2	**T7159**
58	43	100	41	101	59	42	69	**159**	100	95	70	37	34	33	29	20	**17.00**	7	13	3	1	–	–	–	–	–	–	–	–	**5-Isoxazolidinecarboxylic acid, 3,5-dimethyl-, methyl ester, (3S)-trans-**	64018-39-9	**T6365**
58	102	42	41	86	57	43	44	**159**	100	28	11	8	8	6	5	4	**0.70**	9	21	1	1	–	–	–	–	–	–	–	–	**N,N-Dimethyl-3-tert-butoxypropylamine**		**16230**
58	102	42	59	159	41	44	87	**159**	100	5	4	4	3	3	3	3		9	21	1	1	–	–	–	–	–	–	–	–	**N,N-Dimethyl-3-butoxypropylamine**		**16232**
59	44	28	55	41	86	72	51	**159**	100	51	39	27	26	22	20	18	**0.44**	7	13	3	1	–	–	–	–	–	–	–	–	**Pentanoic acid, 5-carbamoyl-, methyl ester**		**C0143**
66	131	159	98	61	46	45	114	**159**	100	75	67	62	31	27	11	9		2	7	–	1	–	–	1	2	1	–	–	–	**Thiophosphorylfluoride, aminothioethyl-**		**L7678**
68	41	44	43	74	67	96	45	**159**	100	51	47	45	42	40	38	35	**0.00**	7	13	3	1	–	–	–	–	–	–	–	–	**2-Amino-6-hydroxy-4-methylhex-4-enoic acid**		**01452**
69	90	48	82	64	32	44	63	**159**	100	78	57	55	52	40	40	29	**22.00**	2	–	2	1	–	–	3	1	–	–	–	–	**Methanesulphinyl isocyanate, trifluoro-**	51735-89-8	**S7764**
71	86	159	87	101				**159**	100	52	38	11	4					8	17	2	1	–	–	–	–	–	–	–	–	**3-Dimethylamino-4-hydroxy-4-methyltetrahydro-pyran**		**M8204**
72	43	113	30	74	28	99	116	**159**	100	59	34	24	23	21	15	14	**6.60**	7	13	3	1	–	–	–	–	–	–	–	–	**Valine, N-acetyl-**		**06254**
72	100	44	42	56	30	43	57	**159**	100	85	43	38	24	19	11	9	**0.56**	6	13	2	3	–	–	–	–	–	–	–	–	**Urea, N,N-diethyl-N′-methyl-N′-nitroso-**	50285-72-8	**S7268**
72	102	144	70	73	86	116	159	**159**	100	74	25	22	15	14	10	10		8	17	2	1	–	–	–	–	–	–	–	–	**Glycine, N-isopropyl-, isopropyl ester**	56771-76-7	**09649**
74	87	41	55	43	59	75	69	**159**	100	54	23	22	21	16	15	11	**0.00**	10	9	1	1	–	–	–	–	–	–	–	–	**2-Naphthalenol, 8-amino-**	118-46-7	**P8960**
76	103	159	131	50	75	51	104	**159**	100	80	56	52	34	19	13	13		8	5	1	3	–	–	–	–	–	–	–	–	**2H-Indol-2-one, 3-diazo-1,3-dihydro-**	3265-29-0	**Q9169**
79	52	80	51	64	50	48	78	**159**	100	82	45	31	21	18	17	13	**0.00**	5	5	3	1	–	–	–	1	–	–	–	–	**Pyridine, compd. with sulphur trioxide (1:1)**	26412-87-3	**S1343**
80	79	78	53	52	77	159	158	**159**	100	83	51	38	36	34	28	22		–	5	–	3	–	1	–	–	–	3	–	–	**Bromoborazine**		**M0733**
80	79	78	77	52	159	53	158	**159**	100	82	65	50	47	47	38	35		–	5	–	3	–	1	–	–	–	3	–	–	**B-Monobromoborazine**		**M2999**
80	108	81	120	109	94	110	122	**159**	100	33	12	9	2	1	1	1	**0.00**	5	5	3	1	–	–	–	1	–	–	–	–	**Pyridine, compd. with sulphur trioxide (1:1)**	26412-87-3	**S1344**
85	98	41	55	44	18	43	112	**159**	100	42	22	21	20	18	14	14	**0.00**	8	17	2	1	–	–	–	–	–	–	–	–	**N-(2-Hydroxyethyl)-hexanamide**		**00010**
86	30	28	29	27	41	43	44	**159**	100	66	33	20	19	17	16	11	**0.00**	8	17	2	1	–	–	–	–	–	–	–	–	**L-Norleucine, ethyl ester**	22628-26-8	**R9898**
86	30	28	41	44	43	29	69	**159**	100	71	36	14	13	13	12	11	**0.00**	8	17	2	1	–	–	–	–	–	–	–	–	**DL-Norleucine, ethyl ester**	39978-46-6	**S6193**
86	30	29	43	41	56	44	102	**159**	100	45	17	10	10	10	9	6	**0.10**	8	17	2	1	–	–	–	–	–	–	–	–	**L-Norleucine, ethyl ester**	22628-26-8	**H1855**
86	30	29	44	27	102	41	43	**159**	100	32	9	9	8	8	8	8	**0.00**	8	17	2	1	–	–	–	–	–	–	–	–	**DL-Norleucine, ethyl ester**	39978-46-6	**S6192**
86	30	29	74	102	41	44	69	**159**	100	31	26	19	17	11	11	11	**0.10**	8	17	2	1	–	–	–	–	–	–	–	–	**L-Isoleucine, ethyl ester**	921-74-4	**H1105**
86	30	44	43	29	27	41	112	**159**	100	35	34	22	17	16	15	13	**0.00**	8	17	2	1	–	–	–	–	–	–	–	–	**DL-Leucine, ethyl ester**	2899-43-6	**Q8793**
86	30	44	43	29	41	102	74	**159**	100	37	33	19	11	11	11	9	**0.00**	8	17	2	1	–	–	–	–	–	–	–	–	**L-Leucine, ethyl ester**	2743-60-4	**Q8589**
86	30	58	29	56	42	41	44	**159**	100	34	31	13	13	13	12	12	**0.00**	8	21	–	3	–	–	–	–	–	–	–	–	**Bis(β-diethylaminoethylamine)**		**D0582**
86	30	160	69	102	87	74	44	**159**	100	23	13	7	7	7	5	5	**0.00**	8	17	2	1	–	–	–	–	–	–	–	–	**L-Norleucine, ethyl ester**	22628-26-8	**R9899**
86	44	30	43	29	28	27	41	**159**	100	50	38	23	19	18	18	11	**0.10**	8	17	2	1	–	–	–	–	–	–	–	–	**L-Leucine, ethyl ester**	2743-60-4	**H1355**
86	58	30	28	43	29	42	41	**159**	100	5	3	3	3	2	2	2	**1.20**	9	21	1	1	–	–	–	–	–	–	–	–	**1-(Diethylamino)pentane-2-ol**		**D1295**
86	74	30	102	29	44	69	41	**159**	100	21	21	19	18	17	13	12	**0.00**	8	17	2	1	–	–	–	–	–	–	–	–	**L-Isoleucine, ethyl ester**	921-74-4	**Q4545**
86	74	102	30	69	29	44	41	**159**	100	24	24	20	14	12	11	10	**0.00**	8	17	2	1	–	–	–	–	–	–	–	–	**L-Isoleucine, ethyl ester**	921-74-4	**Q4546**
86	102	74	69	30	87	29	44	**159**	100	20	19	11	10	7	6	6	**0.00**	8	17	2	1	–	–	–	–	–	–	–	–	**DL-Isoleucine, ethyl ester**	55056-62-7	**T0185**
87	45	72	39	27	159	53	59	**159**	100	95	40	34	33	27	20	19		6	9	–	1	–	–	–	2	–	–	–	–	**4-Methylthio-3-butenylisothiocyanate**		**00560**
90	89	130	116	131	117	115	103	**159**	100	91	84	66	66	34	30	23	**8.00**	9	9	–	3	–	–	–	–	–	–	–	–	**Benzene, (2-azido-1-propenyl)-, (E)-**	20544-84-7	**R8715**
91	159	82	68	158	42	65	118	**159**	100	97	91	55	51	26	20	17		11	13	–	1	–	–	–	–	–	–	–	–	**Benzenemethanamine, N-methyl-N-2-propynyl-**	555-57-7	**Q2025**
91	159	158	132	32	65	104	77	**159**	100	89	75	65	41	27	22	19		9	9	–	3	–	–	–	–	–	–	–	–	**1-Benzyl-1,2,4-triazole**		**06409**
91	159	158	132	104	131	105	117	**159**	100	89	75	65	22	17	8	4		9	9	–	3	–	–	–	–	–	–	–	–	**1-Benzyl-1,2,4-triazole**		**M0578**

MASS TO CHARGE RATIOS								M.W.	INTENSITIES								Parent	C	H	O	N	Cl	Br	F	S	P	B	Si	X	COMPOUND NAME	CAS Reg No	No
94	159	51	77	50	66	39	82	**159**	100	55	32	27	17	16	7	3		6	7	1	1	–	–	1	–	1	–	–	–	**Phenyl-fluorophosphorylamide**		**M1038**
100	58	43	101	159	59	41	42	**159**	100	98	92	69	51	47	39	28		7	13	3	1	–	–	–	–	–	–	–	–	**5-Isoxazolidinecarboxylic acid, 3,5-dimethyl-, methyl ester, (3R)-cis-**	64018-40-2	**T6366**
101	116	100	55	44	131	69	45	**159**	100	60	57	49	46	32	30	29	**18.00**	7	13	3	1	–	–	–	–	–	–	–	–	**Butanoic acid, 2-(aminocarbonyl)-2-ethyl-**	4431-54-3	**R0433**
102	43	159	41	60	27	28	58	**159**	100	74	68	41	28	27	26	24		6	13	–	3	–	–	–	1	–	–	–	–	**Hydrazinecarbothioamide, 2-pentylidene-**	22397-19-9	**R9721**
102	43	159	41	60	58	54	42	**159**	100	75	68	42	28	24	20	17		6	13	–	3	–	–	–	1	–	–	–	–	**Hydrazinecarbothioamide, 2-pentylidene-**	22397-19-9	**R9722**
102	73	144	103	41	74	59	45	**159**	100	81	19	10	9	9	8	8	**0.56**	8	21	–	1	–	–	–	–	–	–	1	–	**Silanamine, N-(2,2-dimethylpropyl)-1,1,1-trimethyl-**	74421-07-1	**T8076**
105	77	43	51	104	82	90	89	**159**	100	98	72	57	42	28	25	25	**9.94**	10	9	1	1	–	–	–	–	–	–	–	–	**Isoxazole, 3-methyl-5-phenyl-**		**B0210**
105	77	159	51	78	130	104	90	**159**	100	89	73	39	23	23	21	18		10	9	1	1	–	–	–	–	–	–	–	–	**Isoxazole, 4-methyl-5-phenyl-**	14677-22-6	**R5350**
105	159	77	51	104	82	89	130	**159**	100	90	89	45	39	30	22	20		10	9	1	1	–	–	–	–	–	–	–	–	**Isoxazole, 3-methyl-5-phenyl-**	1008-75-9	**Q5048**
114	74	57	30	75	85	45	115	**159**	100	29	27	16	11	8	6	5	**0.10**	7	13	3	1	–	–	–	–	–	–	–	–	**Valine, N-acetyl-**	96-81-1	**09209**
115	74	42	70	41	45	43	28	**159**	100	85	45	26	23	16	15	11	**0.27**	7	13	3	1	–	–	–	–	–	–	–	–	**2-Oxazolidinone, 3-(2-hydroxypropyl)-5-methyl-**	3375-84-6	**Q9283**
115	158	82	159	42	116	58	89	**159**	100	85	52	52	50	19	15	14		11	13	–	1	–	–	–	–	–	–	–	–	**2-Propyn-1-amine, N,N-dimethyl-3-phenyl-**	2568-65-2	**Q8340**
116	159	89	63	62	117	160	50	**159**	100	87	34	20	10	10	9	7		10	9	1	1	–	–	–	–	–	–	–	–	**Quinoline, 3-methoxy-**	6931-17-5	**R2698**
116	159	89	63	129	62	144	160	**159**	100	97	38	27	15	12	12	11		10	9	1	1	–	–	–	–	–	–	–	–	**Quinoline, 6-methoxy-**	5263-87-6	**R1249**
129	159	130	158	63	102	89	128	**159**	100	88	84	81	42	35	34	27		10	9	1	1	–	–	–	–	–	–	–	–	**Quinoline, 8-methoxy-**	938-33-0	**Q4734**
129	159	158	130	102	63	89	128	**159**	100	87	71	56	35	35	32	31		10	9	1	1	–	–	–	–	–	–	–	–	**Quinoline, 2-methoxy-**	6931-16-4	**R2696**
129	159	158	130	102	63	89	128	**159**	100	88	76	58	40	38	37	30		10	9	1	1	–	–	–	–	–	–	–	–	**Quinoline, 2-methoxy-**	6931-16-4	**R2697**
130	129	115	159	131	158	116	144	**159**	100	42	38	37	32	31	18	17		11	13	–	1	–	–	–	–	–	–	–	–	**1,5-Methano-2,3,4,5-tetrahydro-1H-2-benzazepine**		**M0682**
130	159	131	77	103	51	65	160	**159**	100	75	24	14	12	10	8	8		10	9	1	1	–	–	–	–	–	–	–	–	**4-Methylcarbostyril**		**01460**
130	159	131	117	115	104	132	77	**159**	100	93	70	56	50	35	31	30		10	9	1	1	–	–	–	–	–	–	–	–	**Benzene, (1-isocyanato-2-propenyl)-**	55887-59-7	**T2280**
130	159	142	103	131	77	115	51	**159**	100	65	15	14	14	13	11	10		10	9	1	1	–	–	–	–	–	–	–	–	**Quinoline, 6-methyl-, 1-oxide**	4053-42-3	**R0033**
131	130	132	116	89	90	115	77	**159**	100	24	24	18	15	14	12	10	**3.00**	11	13	–	1	–	–	–	–	–	–	–	–	**Naphthalen-1,4-imine, 1,2,3,4-tetrahydro-9-methyl-**	55257-99-3	**T0646**
131	159	143	115	77	103	158	63	**159**	100	92	90	39	27	21	21	18		10	9	1	1	–	–	–	–	–	–	–	–	**Quinoline, 4-methyl-, 1-oxide**	4053-40-1	**R0032**
142	159	115	42	143	39	44	89	**159**	100	72	44	29	27	24	17	13		10	9	1	1	–	–	–	–	–	–	–	–	**Isoquinoline, 3-methyl-, 2-oxide**	14548-00-6	**R5269**
142	159	115	116	143	63	89	51	**159**	100	80	47	26	14	12	12	11		10	9	1	1	–	–	–	–	–	–	–	–	**Quinoline, 2-methyl-, 1-oxide**	1076-28-4	**Q5242**
142	159	115	116	143	140	51	64	**159**	100	68	47	33	32	15	14	12		10	9	1	1	–	–	–	–	–	–	–	–	**Quinoline, 2-methyl-, 1-oxide**	1076-28-4	**Q5243**
144	159	77	116	43	51	117	39	**159**	100	68	54	31	24	23	23	18		10	9	1	1	–	–	–	–	–	–	–	–	**Isoxazole, 5-methyl-3-phenyl-**	1008-74-8	**Q5047**
144	159	77	116	43	51	117	89	**159**	100	68	54	31	23	22	22	14		10	9	1	1	–	–	–	–	–	–	–	–	**Isoxazole, 5-methyl-3-phenyl-**		**L6540**
144	159	89	116	145	63	28	39	**159**	100	44	18	18	11	9	9	6		10	9	1	1	–	–	–	–	–	–	–	–	**3-Acetylindole**	703-80-0	**Q3794**
144	159	116	89	63	145	38	117	**159**	100	83	60	27	13	12	10	10		10	9	1	1	–	–	–	–	–	–	–	–	**3-Acetylindolizine**	25314-91-4	**S1003**
144	159	116	89	63	145	44	160	**159**	100	83	59	27	14	12	10	10		10	9	1	1	–	–	–	–	–	–	–	–	**3-Acetylindolizine**		**L8632**
144	159	117	77	103	158	115	78	**159**	100	66	50	38	35	34	25	21		11	13	–	1	–	–	–	–	–	–	–	–	**2,3,3-Trimethylindolenine**		**L3361**
144	159	117	77	103	158	115	131	**159**	100	66	50	38	35	34	25	21		11	13	–	1	–	–	–	–	–	–	–	–	**2,3,3-Trimethylindolenine**		**01432**
144	159	130	145	117	158	115	77	**159**	100	55	52	52	30	30	21	15		11	13	–	1	–	–	–	–	–	–	–	–	**Benzonitrile, 2,6-diethyl-**	6575-14-0	**R2381**
144	159	130	158	131	117	115	103	**159**	100	73	26	21	16	7	7	7		11	13	–	1	–	–	–	–	–	–	–	–	**3-Methyl-3-ethylindolenine**		**L2186**
144	159	143	158	130	115	117	104	**159**	100	50	15	14	10	5	4	4		11	13	–	1	–	–	–	–	–	–	–	–	**2-Ethyl-3-methylindole**		**L2180**
144	159	158	145	39	143	160	115	**159**	100	93	47	15	14	12	11	10		11	13	–	1	–	–	–	–	–	–	–	–	**1H-Indole, 5,6,7-trimethyl-**	54340-99-7	**H2048**
157	140	137	159	112	142	141	76	**159**	100	51	40	34	27	16	15	14		6	6	2	1	1	–	–	–	–	–	–	–	**2-Chloro-5-pyridinecarboxylic acid**		**M6800**
157	140	159	112	50	142	76	51	**159**	100	60	32	29	23	20	20	19		6	6	2	1	1	–	–	–	–	–	–	–	**2-Chloro-3-pyridinecarboxylic acid**		**M6799**
157	159	122	140	50	112	51	85	**159**	100	33	24	18	18	13	12	10		6	6	2	1	1	–	–	–	–	–	–	–	**2-Chloro-4-pyridinecarboxylic acid**		**M6805**
158	159	104	131	77	103	76	132	**159**	100	93	35	30	18	18	16	10		9	9	–	3	–	–	–	–	–	–	–	–	**Pyrido[2,3-d]pyrimidine, 4-ethyl-**	28732-68-5	**09762**
158	159	144	115	143	157	156	160	**159**	100	81	43	10	10	9	8	8		11	13	–	1	–	–	–	–	–	–	–	–	**1H-Indole, 2,5,5-trimethyl-**	21296-92-4	**R9213**
158	159	144	115	160	143	157	78	**159**	100	87	50	16	13	13	11	10		11	13	–	1	–	–	–	–	–	–	–	–	**2,3,7-Trimethylindole**		**M5474**
158	159	144	143	115	77	160	128	**159**	100	88	57	21	18	12	11	9		11	13	–	1	–	–	–	–	–	–	–	–	**1H-Indole, 1,2,3-trimethyl-**		**M5472**
158	159	144	143	115	160	77	51	**159**	100	90	48	12	12	11	10	9		11	13	–	1	–	–	–	–	–	–	–	–	**1H-Indole, 1,2,3-trimethyl-**	1971-46-6	**H1272**
158	159	144	143	160	115	77	145	**159**	100	95	54	21	15	14	8	7		11	13	–	1	–	–	–	–	–	–	–	–	**1H-Indole, 1,2,3-trimethyl-**	1971-46-6	**H1271**
158	159	144	160	157	143	115	156	**159**	100	85	43	10	10	10	10	9		11	13	–	1	–	–	–	–	–	–	–	–	**1H-Indole, 2,5,5-trimethyl-**		**M5473**
159	30	97	124	161	96	47	126	**159**	100	87	52	49	38	36	34	28		2	7	1	1	1	–	–	1	1	–	–	–	**Phosphoramidochloridothioic acid, methyl-, O-methyl ester**	681-04-9	**Q3683**
159	69	101	32	64	50	161	58	**159**	100	70	56	23	20	10	9	9		1	–	–	1	–	–	2	2	1	–	–	–	**Thiophosphoryl fluoride isothiocyanate**	14526-12-6	**R5262**
159	69	101	32	64	50	161	58	**159**	100	70	60	23	20	10	9	8		1	–	–	1	–	–	2	2	1	–	–	–	**Thiophosphoryl fluoride isothiocyanate**		**M1186**
159	90	89	131	130	63	103	39	**159**	100	86	58	52	37	34	30	22		10	9	1	1	–	–	–	–	–	–	–	–	**Oxazole, 2-methyl-4-phenyl-**	20662-90-2	**R8837**
159	90	130	104	131	77	89	103	**159**	100	77	69	38	35	30	21	20		10	9	1	1	–	–	–	–	–	–	–	–	**Oxazole, 4-methyl-2-phenyl-**	877-39-4	**Q4453**
159	104	78	89	63	77	43	39	**159**	100	70	33	31	28	26	23	20		10	9	1	1	–	–	–	–	–	–	–	–	**Oxazole, 5-methyl-4-phenyl-**	1008-28-2	**Q5043**
159	104	103	78	89	63	77	43	**159**	100	70	34	32	30	28	26	23		10	9	1	1	–	–	–	–	–	–	–	–	**Oxazole, 5-methyl-4-phenyl-**		**L1783**
159	116	50	51	89	129	158	63	**159**	100	52	37	33	27	21	16	16		10	9	1	1	–	–	–	–	–	–	–	–	**Quinoline, 4-methoxy-**	607-31-8	**Q2744**
159	116	89	144	62	50	61	160	**159**	100	96	36	34	21	12	12	10		10	9	1	1	–	–	–	–	–	–	–	–	**Quinoline, 5-methoxy-**	6931-19-7	**R2699**

MASS TO CHARGE RATIOS								M.W.	INTENSITIES								Parent	C	H	O	N	Cl	Br	F	S	P	B	Si	X	COMPOUND NAME	CAS Reg No	No
159	116	129	89	63	130	62	50	**159**	100	76	38	32	20	14	11	10		10	9	1	1	–	–	–	–	–	–	–	–	Quinoline, 7-methoxy-	4964-76-5	**R0976**
159	116	129	89	63	130	62	160	**159**	100	78	40	36	24	16	13	12		10	9	1	1	–	–	–	–	–	–	–	–	Quinoline, 7-methoxy-	4964-76-5	**R0977**
159	116	144	89	130	160	77	105	**159**	100	59	22	20	12	11	10	9		10	9	1	1	–	–	–	–	–	–	–	–	Oxazole, 5-methyl-2-phenyl-	5221-67-0	**R1204**
159	117	43	116	89	104	90	63	**159**	100	93	63	55	54	37	29	28		10	9	1	1	–	–	–	–	–	–	–	–	Isoxazole, 5-methyl-4-phenyl-		**L6542**
159	117	43	116	89	104	103	90	**159**	100	95	63	56	55	38	33	30		10	9	1	1	–	–	–	–	–	–	–	–	Isoxazole, 5-methyl-4-phenyl-	23253-49-8	**S0139**
159	129	130	158	63	102	89	51	**159**	100	98	86	79	40	39	38	23		10	9	1	1	–	–	–	–	–	–	–	–	Quinoline, 8-methoxy-	938-33-0	**Q4735**
159	130	45	77	103	160	115	131	**159**	100	60	12	11	11	11	10	9		10	9	1	1	–	–	–	–	–	–	–	–	Quinoline, 4-methyl-, 1-oxide	4053-40-1	**R0031**
159	130	77	131	103	51	63	141	**159**	100	98	31	30	24	20	15	14		10	9	1	1	–	–	–	–	–	–	–	–	3-Methylcarbostyril		**01459**
159	130	90	77	131	160	51	105	**159**	100	66	32	23	22	15	13	11		10	9	1	1	–	–	–	–	–	–	–	–	Oxazole, 4-methyl-5-phenyl-	1008-29-3	**Q5044**
159	130	131	77	51	90	103	158	**159**	100	58	43	14	13	11	8	8		10	9	1	1	–	–	–	–	–	–	–	–	N-Methylcarbostyril		**L2103**
159	130	131	77	51	90	158	103	**159**	100	58	44	15	13	11	11	10		10	9	1	1	–	–	–	–	–	–	–	–	N-Methylcarbostyril		**01458**
159	130	131	93	39	77	43	63	**159**	100	72	52	33	30	26	23	21		10	9	1	1	–	–	–	–	–	–	–	–	4-Quinolinol, 2-methyl-	607-67-0	**Q2752**
159	130	131	158	132	43	28	144	**159**	100	50	35	30	25	24	20	20		11	13	–	1	–	–	–	–	–	–	–	–	2H-1,4-Ethanoquinoline, 3,4-dihydro-	4363-25-1	**R0368**
159	130	158	39	93	68	51	77	**159**	100	56	35	24	19	17	15	15		10	9	1	1	–	–	–	–	–	–	–	–	2-Cyclobuten-1-one, 3-(phenylamino)-	38425-49-9	**S5806**
159	130	158	103	77	160	131	104	**159**	100	17	16	15	14	13	10	9		9	9	–	3	–	–	–	–	–	–	–	–	1,2,3-Triazole, 4-(4-methylphenyl)-		**P1533**
159	131	130	28	18	160	77	103	**159**	100	30	24	17	12	12	10	7		10	9	1	1	–	–	–	–	–	–	–	–	8-Quinolinol, 4-methyl-		**D0337**
159	131	130	77	63	51	89	50	**159**	100	84	52	24	17	16	16	14		10	9	1	1	–	–	–	–	–	–	–	–	4(1H)-Quinolinone, 1-methyl-	83-54-5	**P6154**
159	131	130	77	160	51	63	103	**159**	100	50	25	12	12	11	11	9		10	9	1	1	–	–	–	–	–	–	–	–	8-Quinolinol, 2-methyl-		**04622**
159	131	130	160	77	51	63	103	**159**	100	51	23	12	11	10	10	8		10	9	1	1	–	–	–	–	–	–	–	–	8-Quinolinol, 2-methyl-	826-81-3	**Q4285**
159	131	130	160	77	51	65	103	**159**	100	32	23	12	9	7	6	5		10	9	1	1	–	–	–	–	–	–	–	–	8-Quinolinol, 4-methyl-		**04621**
159	131	130	160	77	51	65	103	**159**	100	32	22	10	8	6	6	6		10	9	1	1	–	–	–	–	–	–	–	–	8-Quinolinol, 4-methyl-	3846-73-9	**Q9856**
159	131	130	160	77	103	63	51	**159**	100	51	26	11	8	8	7	6		10	9	1	1	–	–	–	–	–	–	–	–	8-Quinolinemethanol	16032-35-2	**R5990**
159	131	130	160	103	77	89	132	**159**	100	29	15	11	6	6	3	3		10	9	1	1	–	–	–	–	–	–	–	–	8-Quinolinol, 2-methyl-	826-81-3	**Q4286**
159	132	133	158	160	131	142	90	**159**	100	23	21	15	13	11	6	5		9	9	–	3	–	–	–	–	–	–	–	–	1,8-Naphthyridin-2-amine, 7-methyl-	1568-93-0	**Q6231**
159	132	158	131	160	133	116	104	**159**	100	42	25	18	18	15	11	8		9	9	–	3	–	–	–	–	–	–	–	–	1,8-Naphthyridin-2-amine, 5-methyl-	1568-92-9	**Q6230**
159	142	115	143	116	160	51	57	**159**	100	85	79	21	12	10	6	6		10	9	1	1	–	–	–	–	–	–	–	–	Isoquinoline, 1-methyl-, 2-oxide	3222-65-9	**Q9127**
159	158	43	129	67	161	160	94	**159**	100	73	60	36	35	33	30	19		5	6	1	3	1	–	–	–	–	–	–	–	2-Pyrimidinamine, 4-chloro-6-methoxy-	5734-64-5	**R1713**
159	158	130	77	103	160	28	51	**159**	100	61	61	21	14	11	11	9		10	9	1	1	–	–	–	–	–	–	–	–	Quinoline, 8-hydroxy-7-methyl-		**D0338**
159	158	130	77	103	160	131	51	**159**	100	62	61	17	14	11	10	10		10	9	1	1	–	–	–	–	–	–	–	–	Quinoline, 8-hydroxy-7-methyl-		**00181**
159	158	130	129	128	77	101	102	**159**	100	90	81	32	31	18	14	13		10	9	1	1	–	–	–	–	–	–	–	–	Quinoline, 2-hydroxymethyl-	1780-17-2	**Q6736**
159	158	130	129	128	77	102	101	**159**	100	89	82	32	32	16	13	13		10	9	1	1	–	–	–	–	–	–	–	–	Quinoline, 2-hydroxymethyl-		**04619**
14	18	90	32	44	27	28	54	**160**	100	99	99	98	78	74	70	65	**0.30**	8	16	3	–	–	–	–	–	–	–	–	–	Heptanoic acid, 2-hydroxy-, methyl ester	54340-91-9	**S8894**
15	43	83	27	125	47	85	63	**160**	100	85	50	39	36	35	32	28	**0.00**	3	3	1	–	3	–	–	–	–	–	–	–	Acetone, 1,1,1-trichloro-	918-00-3	**Q4529**
28	32	41	43	42	60	58	125	**160**	100	99	99	99	95	93	62	60	**10.01**	6	12	3	2	–	–	–	–	–	–	–	–	2(1H)-Pyrimidinone, tetrahydro-4,5-dihydroxy-1,3-dimethyl-, cis-	25127-82-6	**S0963**
28	43	117	55	41	56	160	89	**160**	100	55	42	27	25	23	19	16		9	20	–	–	–	–	–	1	–	–	–	–	Hexane, 1-[isopropylthio]-	56273-33-7	**T3342**
29	30	27	43	56	44	31	41	**160**	100	80	48	43	40	30	28	25	**2.75**	6	12	3	2	–	–	–	–	–	–	–	–	Ethyl N-propyl-N-nitrosocarbamate		**P3473**
29	43	115	27	42	133	31	88	**160**	100	46	42	32	27	22	19	14	**1.00**	7	12	4	–	–	–	–	–	–	–	–	–	Diethyl malonate	105-53-3	**H0304**
29	115	43	133	88	42	27	60	**160**	100	71	55	42	24	23	20	17	**5.00**	7	12	4	–	–	–	–	–	–	–	–	–	Diethyl malonate		**A0748**
31	43	59	41	44	27	45	101	**160**	100	46	44	37	36	32	30	30	**18.00**	7	12	2	–	–	–	–	1	–	–	–	–	Acetoacetic acid, 3-thio-, propyl ester		**L4484**
31	100	43	59	41	44	27	45	**160**	100	99	46	43	37	36	32	31	**17.33**	7	12	2	–	–	–	–	1	–	–	–	–	Acetoacetic acid, 3-thio-, propyl ester	18457-87-9	**R7643**
39	41	29	69	125	67	97	43	**160**	100	71	67	41	32	31	27	25	**12.01**	6	5	3	–	1	–	–	–	–	–	–	–	4H-Pyran-4-one, 2-(chloromethyl)-5-hydroxy-	7559-81-1	**R3294**
41	43	56	55	70	69	39	47	**160**	100	76	72	70	46	44	39	39	**14.00**	9	20	–	–	–	–	–	1	–	–	–	–	1-Nonanethiol	1455-21-6	**Q6014**
41	69	55	39	56	27	29	68	**160**	100	83	76	52	46	42	25	25	**4.49**	10	12	–	2	–	–	–	–	–	–	–	–	Bicyclo[4.1.0]heptane-7,7-dicarbonitrile, 1-methyl-	74764-53-7	**T8517**
42	43	84	70	117	41	40	71	**160**	100	72	65	51	45	40	38	31	**1.83**	7	16	2	2	–	–	–	–	–	–	–	–	N-Propyl-N-butyl-nitramine		**03865**
43	15	83	27	125	47	85	63	**160**	100	12	6	5	4	4	4	3	**0.00**	3	3	1	–	3	–	–	–	–	–	–	–	Acetone, 1,1,1-trichloro-	918-00-3	**Q4527**
43	28	44	27	29	41	60	39	**160**	100	80	80	71	66	65	37	29	**1.67**	8	16	3	–	–	–	–	–	–	–	–	–	1,2,4-Trioxolane, 3,5-dipropyl-	1696-03-3	**Q6537**
43	42	87	58	116	41	86	44	**160**	100	26	11	7	5	5	5	3	**0.00**	7	12	4	–	–	–	–	–	–	–	–	–	1,2-Diacetoxypropane		**C2158**
43	53	117	81	143	119	125	131	**160**	100	9	5	3	2	1	1	1	**1.00**	7	9	2	–	1	–	–	–	–	–	–	–	2-Heptenal, 2-chloro-6-oxo-, (E)-	68200-78-2	**T6915**
43	55	60	73	88	131	54	29	**160**	100	93	58	56	48	41	37	31	**6.71**	8	16	1	–	–	–	–	1	–	–	–	–	1,3-Oxathiane, 2-ethyl-2,6-dimethyl-, cis-	30032-10-1	**S2773**
43	55	60	73	88	131	54	29	**160**	100	93	58	56	48	41	37	31	**6.70**	8	16	1	–	–	–	–	1	–	–	–	–	1,3-Oxathiane, 2-ethyl-2,6-dimethyl-, trans-		**M3459**
43	55	73	60	88	131	54	27	**160**	100	97	71	68	59	55	39	32	**10.10**	8	16	1	–	–	–	–	1	–	–	–	–	1,3-Oxathiane, 2-ethyl-2,6-dimethyl-, trans-	30032-11-2	**S2774**
43	55	73	60	88	131	54	46	**160**	100	97	71	68	59	55	39	32	**10.10**	8	16	1	–	–	–	–	1	–	–	–	–	1,3-Oxathiane, 2-ethyl-2,6-dimethyl-, cis-		**M3458**
43	58	31	84	101	145			**160**	100	93	78	28	1	1			**0.00**	8	16	3	–	–	–	–	–	–	–	–	–	1,3-Dioxane-2-propanol, 2-methyl-		**M4569**
43	58	57	84	85	45	41	42	**160**	100	94	50	28	25	24	22	17	**0.00**	8	16	3	–	–	–	–	–	–	–	–	–	1,3-Dioxane-2-propanol, 2-methyl-	36651-31-7	**S5325**

MASS TO CHARGE RATIOS								M.W.	INTENSITIES								Parent	C	H	O	N	Cl	Br	F	S	P	B	Si	X	COMPOUND NAME	CAS Reg No	No
43	59	76	118	160	45	58	42	**160**	100	89	25	24	18	13	8	7		5	8	2	2	–	–	–	1	–	–	–	–	**Acetamide, N,N′-carbonothioylbis-**	4984-27-4	**R0991**
43	61	69	41	160	42	60	103	**160**	100	80	73	60	29	14	14	13		8	16	1	–	–	–	–	1	–	–	–	–	**Acetone, 1-(pentylthio)-**	56052-25-6	**T2652**
43	61	100	57	88	58	15	72	**160**	100	9	7	7	6	6	5	4	**0.00**	7	12	4	–	–	–	–	–	–	–	–	–	**1,3-Propanediol diacetate**		**Z1030**
43	70	71	55	41	29	27	45	**160**	100	44	32	28	22	20	15	12	**0.00**	8	16	3	–	–	–	–	–	–	–	–	–	**Propanoic acid, 2-hydroxy-, pentyl ester**	6382-06-5	**H1614**
43	71	29	117	27	55	41	60	**160**	100	96	76	60	54	46	39	35	**0.20**	8	16	3	–	–	–	–	–	–	–	–	–	**Hexanoic acid, 3-hydroxy-, ethyl ester**	2305-25-1	**Q7806**
43	73	59	45	60	41	31	102	**160**	100	31	31	20	20	16	15	11	**0.01**	8	16	3	–	–	–	–	–	–	–	–	–	**Isopropyl isopropoxyacetate**		**02497**
43	73	85	29	57	131	27	55	**160**	100	54	44	41	29	26	25	22	**0.13**	8	16	3	–	–	–	–	–	–	–	–	–	**Ethyl 3-hydroxy-3-methylpentanoate**		**C0502**
43	76	118	41	75	160	47	64	**160**	100	62	53	41	36	27	13	12		8	17	1	–	–	–	–	–	1	–	–	–	**Phosphine, acetyldiisopropyl-**	50837-80-4	**S7496**
43	76	118	41	75	160	64	47	**160**	100	61	52	42	37	28	14	14		8	17	1	–	–	–	–	–	1	–	–	–	**Phosphine, acetyldiisopropyl-**		**M7844**
43	77	90	118	160	103	76	104	**160**	100	31	26	21	21	17	13	13		8	8	–	4	–	–	–	–	–	–	–	–	**1-Methyl-5-phenyltetrazole**		**L4052**
43	84	45	60	85	55	71	87	**160**	100	94	50	44	35	27	27	23	**6.00**	7	12	2	–	–	–	–	1	–	–	–	–	**Ethanethioic acid, S-(tetrahydro-2H-pyran-3-yl) ester**	35890-63-2	**S5110**
43	84	55	41	56	85	69	77	**160**	100	43	22	20	17	12	10	10	**8.06**	8	16	1	–	–	–	–	1	–	–	–	–	**Ethanethioic acid, S-(1-ethylbutyl) ester**	55590-84-6	**T1650**
43	84	117	55	41	56	100	160	**160**	100	17	16	16	16	12	9	7		8	16	1	–	–	–	–	1	–	–	–	–	**Acetic acid, thio-, S-hexyl ester**	2307-12-2	**Q7812**
43	87	31	98	99	145			**160**	100	64	45	16	13	8			**0.00**	8	16	3	–	–	–	–	–	–	–	–	–	**1,3-Dioxolane-2-butanol, 2-methyl-**		**M4561**
43	87	41	56	45	69	29	57	**160**	100	88	71	69	58	57	54	37	**0.00**	8	16	3	–	–	–	–	–	–	–	–	–	**Butanoic acid, 3-hydroxy-, butyl ester**	53605-94-0	**S8540**
43	87	55	98	41	99	83	97	**160**	100	64	24	16	15	14	11	8	**0.00**	8	16	3	–	–	–	–	–	–	–	–	–	**1,3-Dioxolane-2-butanol, 2-methyl-**	5745-75-5	**R1720**
43	98	83	55	54	41	87	56	**160**	100	42	29	24	15	13	13	11	**0.00**	8	16	3	–	–	–	–	–	–	–	–	–	**1,3-Dioxolane-2-propanol, α,2-dimethyl-**	54632-67-6	**S9353**
43	99	71	131	29	41	55	27	**160**	100	80	77	27	25	23	16	9	**0.38**	8	16	1	–	–	–	–	1	–	–	–	–	**Hexanethioic acid, S-ethyl ester**		**X1872**
43	99	71	131	29	41	55	28	**160**	100	80	77	27	25	23	16	9	**0.38**	8	16	1	–	–	–	–	1	–	–	–	–	**Hexanethioic acid, S-ethyl ester**	2450-12-6	**Q8124**
43	113	85	41	57	145	55	75	**160**	100	52	40	29	23	19	11	6	**0.43**	8	16	1	–	–	–	–	1	–	–	–	–	**Heptanethioic acid, S-methyl ester**	2432-82-8	**Q8062**
43	114	41	68	73	60	74	55	**160**	100	26	19	18	18	17	13	12	**0.00**	7	12	4	–	–	–	–	–	–	–	–	–	**5-Acetoxypentanoic acid**		**D1578**
43	160	115	91	117	145	159	89	**160**	100	55	43	42	38	36	12	10		11	12	1	–	–	–	–	–	–	–	–	–	**Undeca-3,9-dien-5,7-diyn-2-ol**		**L3007**
44	28	99	142	42	56	71	43	**160**	100	47	46	45	13	12	10	10	**0.00**	6	12	3	2	–	–	–	–	–	–	–	–	**L-Alanine, N-L-alanyl-**	1948-31-8	**Q7120**
45	71	43	73	115	55	29	27	**160**	100	94	84	47	36	23	16	15	**0.00**	9	20	2	–	–	–	–	–	–	–	–	–	**2-Butanol, 3-sec-pentyloxy-**	74810-43-8	**T8695**
46	89	115	43	44	72	28	57	**160**	100	93	51	48	36	16	6	5	**0.00**	5	8	4	2	–	–	–	–	–	–	–	–	**2,4(1H,3H)-Pyrimidinethione, dihydro-5,6-dihydroxy-5-methyl-, trans-**		**16504**
50	104	38	132	74	44	37	76	**160**	100	56	23	20	19	16	15	14	**4.37**	9	4	3	–	–	–	–	–	–	–	–	–	**Indanetrione**		**05272**
55	41	43	84	76	61	56	83	**160**	100	83	74	53	48	27	24	24	**1.00**	8	16	1	–	–	–	–	1	–	–	–	–	**2H-Pyran, tetrahydro-2-[isopropylthio]-**	1927-57-7	**Q7066**
55	59	74	43	41	114	27	42	**160**	100	73	56	55	48	45	44	41	**0.00**	7	12	4	–	–	–	–	–	–	–	–	–	**Monomethyl adipate**		**C1568**
55	60	114	83	101	41	44	43	**160**	100	73	73	71	68	46	40	39	**0.10**	7	12	4	–	–	–	–	–	–	–	–	–	**Pimelic acid**	111-16-0	**P8492**
55	60	114	83	101	41	45	43	**160**	100	73	73	72	67	46	41	39	**0.00**	7	12	4	–	–	–	–	–	–	–	–	–	**Pimelic acid**		**L8611**
55	68	67	41	82	81	54	69	**160**	100	82	82	76	56	53	52	50	**0.00**	9	20	2	–	–	–	–	–	–	–	–	–	**1,9-Nonanediol**		**Z1029**
55	73	41	60	83	87	43	130	**160**	100	81	60	53	49	39	34	32	**0.00**	8	16	3	–	–	–	–	–	–	–	–	–	**Octanoic acid, 8-hydroxy-**	764-89-6	**Q4004**
55	83	60	114	101	41	73	45	**160**	100	75	74	71	59	39	36	36	**0.00**	7	12	4	–	–	–	–	–	–	–	–	–	**Pimelic acid**		**Z1040**
55	97	43	101	41	30	28	27	**160**	100	44	24	20	18	10	10	9	**0.31**	7	16	–	2	–	–	–	1	–	–	–	–	**Thiourea, N,N′-dipropyl-**	26536-60-7	**S1417**
55	101	59	100	114	56	129	83	**160**	100	66	63	61	49	41	41	40	**0.00**	7	12	4	–	–	–	–	–	–	–	–	–	**Pentanedioic acid, 2-methyl-, monomethyl ester**	72088-36-9	**T7707**
55	117	60	43	46	41	54	39	**160**	100	99	47	32	28	27	26	24	**21.00**	8	16	1	–	–	–	–	1	–	–	–	–	**cis-2-Isopropyl-2-methyl-1,3-oxathiane**		**M3456**
55	117	60	43	46	41	54	47	**160**	100	99	47	32	28	27	26	24	**21.02**	8	16	1	–	–	–	–	1	–	–	–	–	**1,3-Oxathiane, 2-isopropyl-6-methyl-**	33709-60-3	**S4324**
56	41	30	42	44	115	46	43	**160**	100	86	72	53	53	46	42	39	**19.33**	5	8	4	2	–	–	–	–	–	–	–	–	**L-Proline, 4-hydroxy-1-nitroso-, trans-**	30310-80-6	**S2850**
57	29	41	43	160	91	27	58	**160**	100	21	10	8	6	5	5	4		8	16	1	–	–	–	–	1	–	–	–	–	**Propanethioic acid, S-pentyl ester**		**X1866**
57	29	41	43	160	91	58	56	**160**	100	21	10	8	6	5	4	4		8	16	1	–	–	–	–	1	–	–	–	–	**Propanethioic acid, S-pentyl ester**	2602-64-4	**Q8403**
57	29	100	70	43	41	69	55	**160**	100	20	19	17	11	11	7	6	**3.46**	8	16	1	–	–	–	–	1	–	–	–	–	**Propanethioic acid, S-isopentyl ester**	2432-49-7	**Q8047**
57	41	87	44	56	58	43	42	**160**	100	83	35	6	6	6	4	3	**0.00**	9	20	2	–	–	–	–	–	–	–	–	–	**Diisobutoxymethane**	2568-91-4	**Q8343**
57	41	87	44	56	58	43	55	**160**	100	81	34	6	6	6	5	3	**0.00**	9	20	2	–	–	–	–	–	–	–	–	–	**Diisobutoxymethane**	2568-91-4	**Q8342**
57	43	56	87	41	85	44	88	**160**	100	83	51	38	31	21	12	12	**0.00**	8	16	3	–	–	–	–	–	–	–	–	–	**2-Butoxyethyl acetate**		**C1996**
57	43	56	87	85	41	88	29	**160**	100	74	53	37	25	24	14	14	**0.00**	8	16	3	–	–	–	–	–	–	–	–	–	**2-Butoxyethyl acetate**		**G0724**
57	43	100	56	58	87	45	42	**160**	100	13	6	3	3	3	2	1	**0.00**	7	12	4	–	–	–	–	–	–	–	–	–	**1-Acetoxy-2-propionoxyethane**		**C1983**
57	45	87	41	59	58	43	75	**160**	100	48	48	27	16	10	7	7	**0.00**	9	20	2	–	–	–	–	–	–	–	–	–	**Bis(sec-butoxy)methane**	2568-92-5	**Q8344**
57	59	41	56	115	43	44	55	**160**	100	78	75	33	29	27	26	12	**0.00**	9	20	2	–	–	–	–	–	–	–	–	–	**Di-tert-butoxymethane**	2568-93-6	**Q8346**
57	59	41	56	115	43	44	65	**160**	100	77	76	33	28	27	26	20	**0.00**	9	20	2	–	–	–	–	–	–	–	–	–	**Di-tert-butoxymethane**	2568-93-6	**Q8347**
57	59	41	115	56	28	29	39	**160**	100	55	49	20	16	15	14	11	**0.01**	9	20	2	–	–	–	–	–	–	–	–	–	**Di-tert-butoxymethane**	2568-93-6	**Q8345**
57	70	103	41	69	55	43	29	**160**	100	31	28	25	25	20	16	16	**1.60**	9	20	–	–	–	–	–	1	–	–	–	–	**Hexanethiol, 3,5,5-trimethyl-**		**C0022**
57	85	41	43	160	29	39	117	**160**	100	91	39	23	19	8	8	8		8	16	1	–	–	–	–	1	–	–	–	–	**Butanethioic acid, 3-methyl-, S-propyl ester**		**X1871**
57	85	41	43	160	29	39	117	**160**	100	91	39	23	19	8	8	8		8	16	1	–	–	–	–	1	–	–	–	–	**Butanoic acid, 3-methylthio-, S-propyl ester**	2432-58-8	**Q8055**
57	85	41	117	29	43	27	55	**160**	100	91	46	24	22	10	7	6	**0.78**	8	16	1	–	–	–	–	1	–	–	–	–	**Pentanethioic acid, S-propyl ester**		**X1870**
57	85	41	117	29	43	55	39	**160**	100	91	46	24	22	10	6	6	**0.78**	8	16	1	–	–	–	–	1	–	–	–	–	**Pentanethioic acid, S-propyl ester**	2432-76-0	**Q8056**
57	87	29	41	27	39	56	28	**160**	100	46	28	26	16	8	8	6	**0.14**	9	20	2	–	–	–	–	–	–	–	–	–	**Dibutoxymethane**		**Y1096**

MASS TO CHARGE RATIOS								M.W.	INTENSITIES								Parent	C	H	O	N	Cl	Br	F	S	P	B	Si	X	COMPOUND NAME	CAS Reg No	No
57	87	41	29	27	39	43	44	**160**	100	38	25	22	13	9	9	8	**0.06**	9	20	2	–	–	–	–	–	–	–	–	–	**Diisobutoxymethane**		**Y1097**
57	87	45	29	41	27	59	43	**160**	100	54	53	44	28	23	16	13	**0.00**	9	20	2	–	–	–	–	–	–	–	–	–	**Bis(sec-butoxy)methane**		**Y1098**
57	87	85	45	41	43	56	103	**160**	100	85	66	51	49	46	25	24	**0.00**	8	16	3	–	–	–	–	–	–	–	–	–	**Butanoic acid, 4-butoxy-**	55724-73-7	**T2030**
58	29	87	115	86	57	43	30	**160**	100	67	66	60	50	48	36	33	**0.30**	8	16	3	–	–	–	–	–	–	–	–	–	**Furan, 2,5-diethoxytetrahydro-**	3320-90-9	**Q9213**
58	42	28	30	43	27	44	59	**160**	100	15	7	6	6	5	5	4	**0.00**	8	20	1	2	–	–	–	–	–	–	–	–	**Bis(2-dimethylaminoethyl) ether**	3033-62-3	**Q8945**
58	43	160	44	41	60	27	42	**160**	100	97	71	42	38	33	25	22		7	16	–	2	–	–	–	1	–	–	–	–	**Thiourea, N,N′-diisopropyl-**	2986-17-6	**Q8896**
58	59	87	43	41	130	45	39	**160**	100	56	44	26	24	24	13	11	**0.30**	8	16	3	–	–	–	–	–	–	–	–	–	**Cyclohexanol, 3,5-dimethoxy-**	30363-83-8	**S2880**
58	59	87	43	130	41	29	33	**160**	100	56	44	26	24	24	21	16	**0.50**	8	16	3	–	–	–	–	–	–	–	–	–	**Cyclohexanol, 3,5-dimethoxy-**	30363-83-8	**S2879**
58	71	42	28	72	44	30	43	**160**	100	23	20	15	15	14	10	10	**0.05**	8	20	1	2	–	–	–	–	–	–	–	–	**Bis(2-dimethylaminoethyl) ether**		**D1446**
58	110	59	43	87	41	128	29	**160**	100	97	63	40	36	33	31	28	**0.00**	8	16	3	–	–	–	–	–	–	–	–	–	**Cyclohexanol, 3,5-dimethoxy-**	30363-64-5	**S2871**
58	110	59	43	87	41	128	45	**160**	100	97	63	40	36	32	30	19	**0.00**	8	16	3	–	–	–	–	–	–	–	–	–	**Cyclohexanol, 3,5-dimethoxy-, 3cis-5trans-**	29887-63-6	**S2727**
59	43	41	85	29	61	56	55	**160**	100	58	23	22	20	17	17	13	**0.00**	9	20	2	–	–	–	–	–	–	–	–	–	**Hexane, 1-isopropoxy-**	54340-90-8	**S8893**
59	43	101	41	31	58	89	131	**160**	100	97	48	36	35	30	27	23	**0.00**	9	20	2	–	–	–	–	–	–	–	–	–	**Propane, 1,1-dipropoxy-**	4744-11-0	**H1488**
59	60	43	45	44	15	42	27	**160**	100	57	30	28	27	24	21	13	**3.99**	6	12	3	2	–	–	–	–	–	–	–	–	**Butanedioic acid, mono(2,2-dimethylhydrazide)**	1596-84-5	**Q6281**
59	60	45	43	44	42	58	55	**160**	100	56	40	38	34	33	11	11	**0.85**	6	12	3	2	–	–	–	–	–	–	–	–	**Butanedioic acid, mono(2,2-dimethylhydrazide)**	1596-84-5	**Q6282**
59	60	118	100	44	45	42	101	**160**	100	51	19	18	14	13	9	6	**4.54**	6	12	3	2	–	–	–	–	–	–	–	–	**Butanedioic acid, mono(2,2-dimethylhydrazide)**	1596-84-5	**Q6283**
59	99	15	55	129	100	42	41	**160**	100	54	53	45	38	37	31	24	**0.10**	7	12	4	–	–	–	–	–	–	–	–	–	**Dimethyl glutarate**	1119-40-0	**H1144**
59	100	55	42	101	129	41	128	**160**	100	59	48	45	43	41	34	27	**0.00**	7	12	4	–	–	–	–	–	–	–	–	–	**Dimethyl glutarate**		**C1289**
59	100	129	15	101	55	43	128	**160**	100	64	53	49	46	45	42	33	**0.00**	7	12	4	–	–	–	–	–	–	–	–	–	**Dimethyl glutarate**		**D0072**
59	129	41	128	101	42	69	100	**160**	100	34	29	20	19	18	17	17	**0.10**	7	12	4	–	–	–	–	–	–	–	–	–	**Butanedioic acid, methyl-, dimethyl ester**		**03275**
59	129	128	101	69	100	41	87	**160**	100	52	33	23	21	21	21	18	**0.00**	7	12	4	–	–	–	–	–	–	–	–	–	**Butanedioic acid, methyl-, dimethyl ester**		**C1668**
59	129	128	101	100	69	87	41	**160**	100	84	64	58	54	31	30	28	**0.00**	7	12	4	–	–	–	–	–	–	–	–	–	**Butanedioic acid, methyl-, dimethyl ester**	1604-11-1	**Q6304**
59	132	69	55	129	101	100	41	**160**	100	38	26	23	22	21	19	16	**0.00**	7	12	4	–	–	–	–	–	–	–	–	–	**Propanedioic acid, ethyl-, dimethyl ester**	26717-67-9	**S1486**
59	160	43	42	69	44	101	30	**160**	100	69	29	27	14	11	5	4		2	7	–	2	–	–	2	1	1	–	–	–	**Phosphorodifluoridothioic hydrazide, 2,2-dimethyl-**	36267-50-2	**09475**
60	102	59	160	58	86	84	61	**160**	100	62	40	36	34	22	20	16		7	12	2	–	–	–	–	1	–	–	–	–	**3-Thiopropyl-4-hydroxybutanoic acid lactone**		**M1485**
62	89	63	64	27	91	65	53	**160**	100	72	49	33	25	23	15	14	**0.00**	4	7	–	–	3	–	–	–	–	–	–	–	**Trichlorobutane**		**Z1038**
63	78	45	160	61	15	125	48	**160**	100	66	62	45	20	18	14	10		3	6	1	–	2	–	–	1	–	–	–	–	**Dimethylsulphoxonium dichloromethylide**		**16308**
67	68	53	64	96	95	97	55	**160**	100	89	82	50	33	28	23	15	**0.00**	5	8	2	2	–	–	–	1	–	–	–	–	**4-Methyl-6-thia-2,3-diazabicyclo[3.2.0]hept-2-ene-6,6-dioxide**		**M3105**
67	81	39	41	27	79	53	51	**160**	100	31	17	16	14	12	10	9	**4.17**	6	9	–	–	–	1	–	–	–	–	–	–	**Cyclopentene, 3-(bromomethyl)-**	17645-61-3	**06828**
69	41	55	56	39	27	29	68	**160**	100	99	67	60	52	48	26	26	**13.40**	10	12	–	2	–	–	–	–	–	–	–	–	**Propanedinitrile, (2-methylcyclohexylidene)-**	13017-64-6	**R4136**
69	41	91	18	39	160	65	17	**160**	100	92	45	41	30	22	20	12		11	12	1	–	–	–	–	–	–	–	–	–	**3-Buten-2-one, 3-methyl-1-phenyl-**	55956-30-4	**T2466**
69	55	70	41	29	43	57	59	**160**	100	82	77	56	45	42	38	33	**0.00**	9	20	2	–	–	–	–	–	–	–	–	–	**1,3-Propanediol, 2-butyl-2-ethyl-**	115-84-4	**P8883**
69	70	41	112	43	59	57	29	**160**	100	68	41	33	33	29	27	23	**0.03**	9	20	2	–	–	–	–	–	–	–	–	–	**1,3-Propanediol, 2-butyl-2-ethyl-**		**Z1031**
69	87	43	45	29	41	27	104	**160**	100	89	70	52	33	29	20	16	**2.12**	8	16	3	–	–	–	–	–	–	–	–	–	**Ethyl 2-hydroxy-4-methylpentanoate**		**P1161**
69	119	91	160	41	132	145	65	**160**	100	93	71	58	38	28	21	16		11	12	1	–	–	–	–	–	–	–	–	–	**Benzyl cyclopropyl ketone**	14113-94-1	**R4989**
71	41	128	58	55	75	85	72	**160**	100	40	9	8	7	6	6	5	**0.00**	9	20	2	–	–	–	–	–	–	–	–	–	**Heptane, 1,1-dimethoxy-**	10032-05-0	**R3542**
71	43	41	160	27	55	105	29	**160**	100	62	20	15	6	5	5	5		8	16	1	–	–	–	–	1	–	–	–	–	**Butanethioic acid, S-butyl ester**		**X1868**
71	43	41	160	55	105	29	72	**160**	100	62	20	15	5	5	5	5		8	16	1	–	–	–	–	1	–	–	–	–	**Butanethioic acid, S-butyl ester**	2432-52-2	**Q8050**
71	43	41	160	57	55	27	39	**160**	100	70	25	19	10	6	6	6		8	16	1	–	–	–	–	1	–	–	–	–	**Butanethioic acid, S-isobutyl ester**		**X1869**
71	43	41	160	57	55	39	72	**160**	100	70	25	19	10	6	6	5		8	16	1	–	–	–	–	1	–	–	–	–	**Butanethioic acid, S-tert-butyl ester**	6330-43-4	**R2247**
71	43	73	55	45	115	41	29	**160**	100	66	34	18	18	17	14	14	**0.03**	9	20	2	–	–	–	–	–	–	–	–	–	**2-Butanol, 3-tert-pentyloxy-**	74793-66-1	**T8647**
71	43	101	129	90	27	130	28	**160**	100	34	12	11	9	9	8	8	**3.60**	7	12	4	–	–	–	–	–	–	–	–	–	**1-Acetoxy-2-propionoxyethane**		**M8074**
73	45	43	71	75	29	145	41	**160**	100	82	64	37	27	26	23	21	**0.00**	9	20	2	–	–	–	–	–	–	–	–	–	**Pentane, 1-(1-ethoxyethoxy)-**	13442-89-2	**R4533**
73	59	87	117	131	160	45	43	**160**	100	72	68	36	29	23	18	14		7	20	–	–	–	–	–	–	–	–	2	–	**Pentamethylethyldisilane**		**02878**
73	74	160	88	67	45	70	42	**160**	100	92	88	79	66	28	26	26		5	8	–	2	–	–	–	2	–	–	–	–	**4-Methyl-5-ethyl-2-thio-1,3,4-thiadiazole**		**M2568**
73	75	103	145	29	45	43	59	**160**	100	71	61	53	21	21	16	9	**0.82**	8	20	1	–	–	–	–	–	–	–	1	–	**2,2-Dimethylpropanol trimethylsilyl ether**		**04246**
73	75	131	145	45	43	29	61	**160**	100	83	66	26	24	18	18	9	**0.07**	8	20	1	–	–	–	–	–	–	–	1	–	**2-Methyl-2-butanol trimethylsilyl ether**		**04258**
73	75	145	45	43	74	117	47	**160**	100	86	43	16	11	10	8	7	**0.00**	7	16	2	–	–	–	–	–	–	–	1	–	**Propanoic acid, 2-methyl-, trimethylsilyl ester**	16883-61-7	**R6520**
73	103	61	75	89	59	74	45	**160**	100	30	14	14	13	12	9	8	**0.67**	8	20	1	–	–	–	–	–	–	–	1	–	**Silane, (butoxymethyl)trimethyl-**	18246-52-1	**R7453**
73	117	75	145	45	118	74	43	**160**	100	91	81	21	18	9	9	7	**1.10**	8	20	1	–	–	–	–	–	–	–	1	–	**Silane, trimethylsec-pentyloxy-**	1825-67-8	**Q6843**
74	55	59	43	114	101	129	41	**160**	100	83	74	73	60	58	46	44	**0.00**	7	12	4	–	–	–	–	–	–	–	–	–	**Monomethyl adipate**		**D1340**
75	55	69	114	68	71	67	96	**160**	100	25	25	25	16	16	12	9	**0.00**	8	16	3	–	–	–	–	–	–	–	–	–	**1,1-Dimethoxy-3-methyl-2-pentanone**		**P3339**
75	71	55	129	41	45	58	97	**160**	100	16	14	13	10	9	6	5	**0.08**	9	20	2	–	–	–	–	–	–	–	–	–	**Heptane, 1,1-dimethoxy-**		**B0491**
75	73	145	45	43	76	47	27	**160**	100	56	36	15	9	8	7	7	**0.00**	7	16	2	–	–	–	–	–	–	–	1	–	**Butanoic acid, trimethylsilyl ester**	16844-99-8	**R6495**
75	145	73	103	29	45	43	146	**160**	100	78	73	52	25	22	15	10	**1.01**	8	20	1	–	–	–	–	–	–	–	1	–	**2-Methylbutanol trimethylsilyl ether**		**04244**
76	118	43	41	75	160	27	61	**160**	100	84	74	66	57	42	28	24		9	21	–	–	–	–	–	–	1	–	–	–	**Phosphine, triisopropyl-**	6476-36-4	**R2315**

MASS TO CHARGE RATIOS								M.W.	INTENSITIES								Parent	C	H	O	N	Cl	Br	F	S	P	B	Si	X	COMPOUND NAME	CAS Reg No	No
77	132	52	50	53	76	160	51	**160**	100	86	83	47	46	29	26	23		6	4	–	6	–	–	–	–	–	–	–	–	5-Azidobenzotriazole		D1546
78	52	77	103	131	160			**160**	100	46	35	17	9	2				8	8	–	4	–	–	–	–	–	–	–	–	5H-Tetrazolo[1,5-a]azonine		M5012
78	52	77	105	160				**160**	100	22	16	9	2					8	8	–	4	–	–	–	–	–	–	–	–	5H-Tetrazolo[5,1-a]isoindole, 5a,9a-dihydro-		M5013
79	77	107	114	142	78	95	160	**160**	100	90	60	59	43	38	35	32		7	9	2	–	1	–	–	–	–	–	–	–	3,5-Cyclohexadiene-1,2-diol, 3-chloro-6-methyl-		L5474
79	77	107	114	142	78	95	160	**160**	100	89	58	58	42	38	36	31		7	9	2	–	1	–	–	–	–	–	–	–	3,5-Cyclohexadiene-1,2-diol, 3-chloro-6-methyl-	19337-58-7	R8087
79	80	77	81	39	51	78	52	**160**	100	56	39	15	15	13	12	10	**0.12**	6	9	–	–	–	1	–	–	–	–	–	–	Cyclohexene, 3-bromo-		C0263
80	79	81	77	160	39	78	91	**160**	100	29	14	7	5	5	5	3		12	16	–	–	–	–	–	–	–	–	–	–	4,7-Methanoindene, 2,5-dimethyl-3a,4,7,7a-tetrahydro-		Y1617
81	41	39	53	79	27	160	162	**160**	100	52	48	44	31	19	18	17		6	9	–	–	–	1	–	–	–	–	–	–	1,3-Butadiene, 2-(bromomethyl)-3-methyl-	74793-41-2	T8622
81	53	54	41	79	160	162	39	**160**	100	76	39	34	28	28	26	21		6	9	–	–	–	1	–	–	–	–	–	–	2-Hexyne, 6-bromo-	55402-12-5	T1079
81	79	53	41	39	77	27	80	**160**	100	34	19	16	13	12	11	10	**0.49**	6	9	–	–	–	1	–	–	–	–	–	–	Cyclohexene, 3-bromo-	1521-51-3	Q6144
81	79	80	55	67	160			**160**	100	27	10	4	3	2				6	9	–	–	–	1	–	–	–	–	–	–	Cyclohexene, 3-bromo-	1521-51-3	Z1018
84	43	71	111	41	55	58	59	**160**	100	62	45	25	12	10	10	10	**0.00**	8	16	3	–	–	–	–	–	–	–	–	–	1,3-Dimethylcyclohexan-xylo-1,2,3-triol		L9781
84	43	101	45	41	40	42	83	**160**	100	90	87	42	35	33	15	15	**0.00**	8	16	3	–	–	–	–	–	–	–	–	–	1,3-Dioxolane-2-propanol, 2,4-dimethyl-	36651-29-3	S5322
84	43	101	45	145				**160**	100	91	87	42	4				**0.00**	8	16	3	–	–	–	–	–	–	–	–	–	1,3-Dioxolane-2-propanol, α,2-dimethyl-		M4567
85	43	160	28	118	41	76	42	**160**	100	97	24	15	12	12	11	11		7	12	2	–	–	–	–	1	–	–	–	–	Butanethioic acid, 3-oxo-, S-propyl ester		02121
85	43	160	76	28	41	132	69	**160**	100	86	34	14	10	9	9	7		7	12	2	–	–	–	–	1	–	–	–	–	Butanethioic acid, 3-oxo-, S-isopropyl ester	15780-62-8	R5844
85	43	160	76	28	132	41	86	**160**	100	88	32	14	10	9	8	6		7	12	2	–	–	–	–	1	–	–	–	–	Butanethioic acid, 3-oxo-, S-isopropyl ester		L1327
85	59	43	103	45	41	57	69	**160**	100	90	89	47	35	25	17	16	**0.00**	9	20	2	–	–	–	–	–	–	–	–	–	1-(1,3-Dimethylbutoxy)-2-propanol		Z1027
85	101	59	43	117	87	41	74	**160**	100	99	89	84	71	70	59	29	**0.00**	8	16	3	–	–	–	–	–	–	–	–	–	Butanoic acid, 4-isopropoxy-, methyl ester	29006-05-1	S2306
87	43	45	59	113	145	69	41	**160**	100	51	15	13	8	8	7	6	**0.00**	8	16	3	–	–	–	–	–	–	–	–	–	1,3-Dioxolane, 2-(3-methoxypropyl)-2-methyl-	54751-80-3	S9572
87	55	75	83	56	57	59	71	**160**	100	75	20	20	7	7	7	5	**1.20**	8	16	3	–	–	–	–	–	–	–	–	–	1,3-Dimethoxy-3-methyl-2-pentanone		P3337
88	29	41	31	55	42	69	101	**160**	100	96	88	85	85	77	69	61	**0.53**	8	16	3	–	–	–	–	–	–	–	–	–	6-Hydroxyhexanoic acid, ethyl ester		C0052
89	46	115	43	44	72	28	61	**160**	100	77	45	42	22	15	14	13	**0.00**	5	8	4	2	–	–	–	–	–	–	–	–	2,4(1H,3H)-Pyrimidinedione, dihydro-5,6-dihydroxy-5-methyl-	2943-56-8	Q8860
89	46	115	43	44	72	28	61	**160**	100	78	65	41	23	15	14	13	**0.00**	5	8	4	2	–	–	–	–	–	–	–	–	2,4(1H,3H)-Pyrimidinedione, dihydro-5,6-dihydroxy-5-methyl-		03425
89	160	132	63	131	161	90	62	**160**	100	95	84	24	10	9	9	8		9	8	1	2	–	–	–	–	–	–	–	–	2-Methyl-3(2H)-cinnolinone		Y2490
91	41	39	131	79	77	117	105	**160**	100	47	42	41	40	38	38	34	**22.68**	12	16	–	–	–	–	–	–	–	–	–	–	Cyclohexane, 3-methylene-5-(1-propenylidene)-1-vinyl-	61142-28-7	T5420
91	41	79	105	77	39	117	131	**160**	100	50	50	45	44	44	43	29	**18.94**	12	16	–	–	–	–	–	–	–	–	–	–	Cyclooctene, 4-methylene-6-(1-propenylidene)-	61142-29-8	T5421
91	64	43	63	120	39	160	51	**160**	100	47	40	29	27	27	25	25		9	8	1	2	–	–	–	–	–	–	–	–	5-Methyl-3-phenyl-1,2,4-oxadiazole		D0372
91	115	90	160	53	116	79	77	**160**	100	78	60	37	35	34	33	31		10	8	2	–	–	–	–	–	–	–	–	–	Benzyl propanoate		L1501
91	115	90	160	116	53	79	77	**160**	100	70	60	55	35	35	33	30		10	8	2	–	–	–	–	–	–	–	–	–	Benzyl propanoate		M4251
91	116	65	92	117	51	104	160	**160**	100	19	10	9	5	4	4	3		11	12	1	–	–	–	–	–	–	–	–	–	2-Pentenal, 5-phenyl-	33046-84-3	S3964
91	117	132	104	131	118	39	78	**160**	100	65	50	43	29	28	24	24	**10.01**	12	16	–	–	–	–	–	–	–	–	–	–	4a,8a-Ethenonaphthalene, 1,2,3,4,5,8-hexahydro-	24139-32-0	S0463
91	117	160	39	145	131	51	77	**160**	100	83	81	52	51	47	44	44		12	16	–	–	–	–	–	–	–	–	–	–	Biphenylene, trans-1,2,3,6,7,8,8a,8b-octahydro-,	28229-15-4	06974
91	159	65	160	131	51	92	42	**160**	100	48	21	20	19	12	11	9		10	12	–	2	–	–	–	–	–	–	–	–	2-Benzylimidazoline	59-98-3	P5015
91	160	28	43	86	159	141	16	**160**	100	47	31	29	20	18	16	16		8	7	–	–	–	–	3	–	–	–	–	–	Benzene, 1-methyl-3-(trifluoromethyl)-		06687
91	160	159	141	69	109	92	43	**160**	100	81	21	21	21	19	18	18		8	7	–	–	–	–	3	–	–	–	–	–	Benzene, 1-methyl-4-(trifluoromethyl)-		06681
94	79	91	93	77	39	92	160	**160**	100	69	30	27	23	20	19	16		12	16	–	–	–	–	–	–	–	–	–	–	1,4-Methanonaphthalene, 1,4,4a,5,6,8a-hexahydro-7-methyl-		C1638
97	99	61	63	28	101	27	18	**160**	100	65	28	23	21	10	10	8	**0.00**	3	3	1	–	3	–	–	–	–	–	–	–	2,2-Dichloropropionyl chloride		Z1039
98	87	145	43	99				**160**	100	62	20	16	16				**0.00**	8	16	3	–	–	–	–	–	–	–	–	–	1,3-Dioxolane-2-butanol, 2-methyl-	5745-75-5	R1721
101	85	59	43	117	87	41	45	**160**	100	99	89	85	71	68	58	29	**0.00**	8	16	3	–	–	–	–	–	–	–	–	–	Butanoic acid, 4-isopropoxy-, methyl ester	29006-05-1	S2307
102	60	69	145	68	160	43	61	**160**	100	94	66	43	42	33	27	26		8	16	1	–	–	–	–	1	–	–	–	–	1,3-Oxathiane, 2,2,4,6-tetramethyl-, cis-	34560-79-7	S4667
102	88	60	160	42	87	74	103	**160**	100	67	60	48	45	43	38	28		7	12	2	–	–	–	–	1	–	–	–	–	1,4-Oxathiepan-2-one, 3,3-dimethyl-	35562-79-9	09472
103	47	71	75	115	43	29	45	**160**	100	68	65	54	41	37	36	35	**0.00**	9	20	2	–	–	–	–	–	–	–	–	–	Butane, 1,1-diethoxy-3-methyl-	3842-03-3	H1433
103	47	75	29	45	71	28	41	**160**	100	72	60	47	44	43	40	37	**0.00**	9	20	2	–	–	–	–	–	–	–	–	–	Butane, 1,1-diethoxy-2-methyl-	3658-94-4	H1420
103	47	75	115	69	45	71	29	**160**	100	60	48	41	30	27	26	25	**0.00**	9	20	2	–	–	–	–	–	–	–	–	–	Butane, 1,1-diethoxy-2-methyl-		X1701
103	47	75	115	69	45	71	29	**160**	100	60	48	42	30	27	26	25	**0.00**	9	20	2	–	–	–	–	–	–	–	–	–	Butane, 1,1-diethoxy-3-methyl-	3842-03-3	Q9853
103	57	69	47	115	75	29	85	**160**	100	73	67	62	56	48	45	34	**0.00**	9	20	2	–	–	–	–	–	–	–	–	–	Pentane, 1,1-diethoxy-	3658-79-5	H1419
103	69	115	47	75	29	57	41	**160**	100	65	64	58	48	35	28	22	**0.00**	9	20	2	–	–	–	–	–	–	–	–	–	Diethoxypentane		X1676
103	69	115	47	75	29	57	41	**160**	100	65	64	58	48	35	28	22	**0.00**	9	20	2	–	–	–	–	–	–	–	–	–	Pentane, 1,1-diethoxy-	3658-79-5	Q9619
103	160	132	104	42	39	131	102	**160**	100	80	48	38	36	34	33	31		7	9	–	4	–	–	–	–	–	1	–	–	2-Methyl-5-phenylcyclotetrazenoborane		00992
103	160	159	131	89	130	129	104	**160**	100	80	67	47	33	27	25	14		9	8	1	2	–	–	–	–	–	–	–	–	1-Methoxyphthalazine		M8372
104	76	50	132	38	74	160	105	**160**	100	83	46	38	16	13	10	10		9	4	3	–	–	–	–	–	–	–	–	–	Indanetrione		02911
104	77	51	57	103	160	105	76	**160**	100	35	18	17	17	16	15	11		9	8	1	2	–	–	–	–	–	–	–	–	4-Amino-3-phenylisoxazole		L6549
104	86	73	41	105	55	39	87	**160**	100	53	40	29	24	22	14	13	**0.00**	7	12	4	–	–	–	–	–	–	–	–	–	Butylmalonic acid		L5905
104	91	41	105	39	65	92	27	**160**	100	22	16	13	10	9	8	7	**0.44**	12	16	–	–	–	–	–	–	–	–	–	–	Benzene, (4-methyl-4-pentenyl)-	6683-49-4	R2464
104	91	41	105	69	92	39	65	**160**	100	23	18	14	13	9	7	7	**0.99**	12	16	–	–	–	–	–	–	–	–	–	–	Benzene, (4-methyl-4-pentenyl)-	6683-49-4	R2463

MASS TO CHARGE RATIOS								M.W.	INTENSITIES								Parent	C	H	O	N	Cl	Br	F	S	P	B	Si	X	COMPOUND NAME	CAS Reg No	No
104	91	69	41	105	92	65	78	**160**	100	21	14	13	12	8	5	4	**4.36**	12	16	–	–	–	–	–	–	–	–	–	–	**Benzene, (4-methyl-4-pentenyl)-**	6683-49-4	**R2466**
104	91	92	41	105	39	65	27	**160**	100	73	47	37	28	22	19	17	**8.26**	12	16	–	–	–	–	–	–	–	–	–	–	**Benzene, 4-hexenyl-**	23086-43-3	**S0058**
104	91	92	105	41	69	65	39	**160**	100	97	66	53	30	20	16	13	**10.97**	12	16	–	–	–	–	–	–	–	–	–	–	**Benzene, (3-methyl-4-pentenyl)-**	42524-30-1	**S6933**
104	91	92	105	41	69	160	65	**160**	100	84	58	48	23	16	16	16		12	16	–	–	–	–	–	–	–	–	–	–	**Benzene, (3-methyl-4-pentenyl)-**	42524-30-1	**S6932**
104	117	91	160	92	115	78	77	**160**	100	90	74	70	23	18	17	17		12	16	–	–	–	–	–	–	–	–	–	–	**Benzene, cyclohexyl-**	827-52-1	**Q4295**
104	117	160	91	27	39	92	41	**160**	100	90	76	72	28	27	24	22		12	16	–	–	–	–	–	–	–	–	–	–	**Benzene, cyclohexyl-**		**Y1294**
104	117	160	91	131	105	118	92	**160**	100	41	33	30	25	24	13	11		12	16	–	–	–	–	–	–	–	–	–	–	**Benzene, (3-methylcyclopentyl)-**	5078-75-1	**R1076**
104	160	117	91	92	41	105	118	**160**	100	78	77	64	24	18	17	14		12	16	–	–	–	–	–	–	–	–	–	–	**Benzene, cyclohexyl-**		**C1678**
104	160	145	91	105	115	131	117	**160**	100	46	19	18	13	10	10	9		12	16	–	–	–	–	–	–	–	–	–	–	**Tetralin, 2,3-dimethyl-**		**00658**
105	28	79	118	106	77	103	160	**160**	100	19	10	9	8	7	5	3		12	16	–	–	–	–	–	–	–	–	–	–	**Benzene, (1,3-dimethyl-3-butenyl)-**	56851-51-5	**T4238**
105	77	27	79	39	51	106	103	**160**	100	14	14	13	11	9	8	7	**0.92**	12	16	–	–	–	–	–	–	–	–	–	–	**Benzene, (1,3-dimethyl-3-butenyl)-**	56851-51-5	**T4237**
105	77	43	121	120	51	39	40	**160**	100	71	58	45	30	22	20	17	**4.61**	11	12	1	–	–	–	–	–	–	–	–	–	**Benzyl alcohol, α-methyl-α-(2-propynyl)-**		**Z1032**
105	77	104	51	160	132	144	89	**160**	100	90	75	58	50	45	45	43		9	8	1	2	–	–	–	–	–	–	–	–	**5-Isoxazolamine, 3-phenyl-**	4369-55-5	**R0370**
105	77	104	52	160	132	144	89	**160**	100	91	75	57	50	45	44	43		9	8	1	2	–	–	–	–	–	–	–	–	**5-Isoxazolamine, 3-phenyl-**		**L8465**
105	77	106	79	103	39	27	51	**160**	100	10	9	9	5	4	4	4	**1.38**	12	16	–	–	–	–	–	–	–	–	–	–	**Benzene, (1,3-dimethyl-3-butenyl)-**	56851-51-5	**T4236**
105	104	88	77	116	51	132	63	**160**	100	75	38	35	35	30	28	25	**8.00**	9	8	1	2	–	–	–	–	–	–	–	–	**2H-Azirine-2-carboxamide, 3-phenyl-**		**L8468**
105	104	89	63	77	116	51	132	**160**	100	75	38	35	35	35	30	28	**7.01**	9	8	1	2	–	–	–	–	–	–	–	–	**2H-Azirine-2-carboxamide, 3-phenyl-**	28883-94-5	**S2253**
105	106	77	79	103	104	160	51	**160**	100	25	19	18	17	16	7	7		12	16	–	–	–	–	–	–	–	–	–	–	**Benzene, (1,2-dimethyl-3-butenyl)-**	50871-04-0	**08739**
105	160	106	77	79	145	103	161	**160**	100	41	16	11	9	6	6	5		12	16	–	–	–	–	–	–	–	–	–	–	**Benzene, 1-(3-methyl-3-butenyl)-4-methyl-**		**C1914**
106	91	78	79	39	41	77	105	**160**	100	81	38	37	35	31	26	23	**5.67**	12	16	–	–	–	–	–	–	–	–	–	–	**Spiro[2.4]heptane, 1-vinyl-5-(1-propenylidene)-**	74793-03-6	**T8582**
114	45	141	43	143	73	62	53	**160**	100	91	87	81	79	79	79	66	**0.00**	10	8	2	–	–	–	–	–	–	–	–	–	**2,3-Naphthalenediol**	92-44-4	**P6701**
115	29	55	101	59	27	57	28	**160**	100	64	63	52	36	35	18	17	**0.57**	7	12	4	–	–	–	–	–	–	–	–	–	**Butanedioic acid, ethyl methyl ester**	627-73-6	**Q3265**
115	39	87	59	45	51	97	69	**160**	100	20	20	16	14	14	14	12	**3.00**	6	5	4	–	–	–	1	–	–	–	–	–	**2-Fluoromuconic acid**		**00246**
115	43	87	41	55	45	69	60	**160**	100	71	67	44	44	34	33	26	**0.00**	6	8	5	–	–	–	–	–	–	–	–	–	**2-Ketoadipic acid**		**D1411**
115	55	101	59	129	88	87	57	**160**	100	41	38	17	14	12	11	10	**0.50**	7	12	4	–	–	–	–	–	–	–	–	–	**Butanedioic acid, ethyl methyl ester**		**C2153**
115	133	29	43	42	88	31	27	**160**	100	71	30	29	22	19	19	17	**12.80**	7	12	4	–	–	–	–	–	–	–	–	–	**Diethyl malonate**		**C1782**
116	115	117	160	65	128	129	28	**160**	100	30	16	15	5	5	5	4		11	12	1	–	–	–	–	–	–	–	–	–	**1,4-Methanonaphthalen-2-ol, 1α,2β,3,4α-tetrahydro-**	13153-75-8	**R4294**
117	43	41	74	46	75	69	39	**160**	100	87	55	48	37	18	17	16	**6.11**	8	16	1	–	–	–	–	1	–	–	–	–	**1,3-Oxathiane, 2-methyl-2-isopropyl-**	30098-81-8	**S2802**
117	43	160	115	91	118	116	127	**160**	100	53	38	27	15	13	8	6		11	12	1	–	–	–	–	–	–	–	–	–	**3-Penten-2-one, 5-phenyl-**	10521-97-8	**R3911**
117	73	75	45	43	145	118	29	**160**	100	99	48	20	19	16	12	9	**0.97**	8	20	1	–	–	–	–	–	–	–	1	–	**3-Methyl-2-butanol trimethylsilyl ether**		**04254**
117	73	75	145	45	43	118	29	**160**	100	94	76	26	24	18	12	11	**1.01**	8	20	1	–	–	–	–	–	–	–	1	–	**Silane, trimethylsec-pentyloxy-**		**04253**
117	118	91	115	160	104	78	103	**160**	100	43	32	30	20	16	16	14		12	16	–	–	–	–	–	–	–	–	–	–	**1,3,5,7-Cyclooctatetraene, 1-butyl-**	13402-37-4	**R4515**
117	132	91	39	41	104	51	115	**160**	100	96	49	36	34	25	21	21	**1.27**	12	16	–	–	–	–	–	–	–	–	–	–	**2-Cyclopropyl-2-phenylpropane**		**Y1962**
117	145	160	131	101	77	100	130	**160**	100	99	74	58	58	50	37	36		10	12	–	2	–	–	–	–	–	–	–	–	**1H-Imidazole, 4,5-dihydro-4-methyl-2-phenyl-**		**L5004**
117	145	160	131	104	77	103	130	**160**	100	98	75	58	57	50	37	35		10	12	–	2	–	–	–	–	–	–	–	–	**1H-Imidazole, 4,5-dihydro-4-methyl-2-phenyl-**	939-06-0	**Q4744**
117	145	160	131	104	77	103	130	**160**	100	99	76	60	58	53	39	38		10	12	–	2	–	–	–	–	–	–	–	–	**1H-Imidazole, 4,5-dihydro-4-methyl-2-phenyl-**	939-06-0	**Q4743**
117	160	159	115	145	43	91	116	**160**	100	96	94	67	47	36	27	21		11	12	1	–	–	–	–	–	–	–	–	–	**3-Buten-2-one, 3-methyl-4-phenyl-**		**Z1024**
118	90	160	28	89	131	39	145	**160**	100	61	47	26	21	17	16	15		11	12	1	–	–	–	–	–	–	–	–	–	**1-Tetralone, 2-methyl-**	1590-08-5	**Q6275**
118	90	160	42	63	115			**160**	100	80	28	23	19	7				6	13	1	2	–	–	–	–	1	–	–	–	**Phosphine, ethoxybis(1-aziranyl)-**		**L9526**
118	117	43	145	78	115	103	41	**160**	100	22	21	15	14	13	13	12	**9.43**	12	16	–	–	–	–	–	–	–	–	–	–	**Benzene, (3-methyl-1-methylenebutyl)-**	38212-14-5	**S5699**
118	160	43	91	132	90	63	64	**160**	100	58	52	26	26	18	17	17		9	8	1	2	–	–	–	–	–	–	–	–	**2-Acetylbenzimidazole**	939-70-8	**Q4749**
118	160	90	145	91	115	89	117	**160**	100	53	42	39	15	15	13	10		11	12	1	–	–	–	–	–	–	–	–	–	**1-Tetralone, 3-methyl-**		**U0145**
118	160	90	145	131	119	91	39	**160**	100	72	38	21	17	10	10	10		11	12	1	–	–	–	–	–	–	–	–	–	**1-Tetralone, 2-methyl-**		**L2481**
118	160	145	105	117	115	119	128	**160**	100	71	44	26	21	14	12	12		12	16	–	–	–	–	–	–	–	–	–	–	**Tetralin, 2,6-dimethyl-**		**00659**
119	118	160	92	91	117	161	42	**160**	100	77	32	30	28	18	13	11		10	12	–	2	–	–	–	–	–	–	–	–	**4H-1,3-Benzo[e]diazepine, 1,5-dihydro-3-methyl-**		**05686**
121	123	45	42	43	95	77	93	**160**	100	95	62	34	32	28	27	25	**0.00**	7	12	4	–	–	–	–	–	–	–	–	–	**1,2-Diacetoxypropane**		**Z1037**
125	89	127	63	62	50	160	51	**160**	100	36	32	29	18	16	16	11		7	6	–	–	2	–	–	–	–	–	–	–	**Benzene, 1-chloro-4-(chloromethyl)-**	104-83-6	**P7755**
125	127	89	63	160	62	162	41	**160**	100	35	24	20	12	12	8	7		7	6	–	–	2	–	–	–	–	–	–	–	**Benzal chloride**		**D1198**
125	127	160	89	63	162	126	62	**160**	100	32	14	13	9	9	8	7		7	6	–	–	2	–	–	–	–	–	–	–	**Benzal chloride**		**Z1035**
125	127	160	89	162	63	62	139	**160**	100	32	22	15	15	10	9	8		7	6	–	–	2	–	–	–	–	–	–	–	**Benzene, 1-chloro-2-(chloromethyl)-**		**Z1023**
125	127	160	162	89	126	63	62	**160**	100	33	24	14	12	8	8	7		7	6	–	–	2	–	–	–	–	–	–	–	**Benzene, 1-chloro-3-(chloromethyl)-**	620-20-2	**Q3010**
125	127	160	162	89	126	63	62	**160**	100	34	24	16	14	8	8	6		7	6	–	–	2	–	–	–	–	–	–	–	**Benzene, 1-chloro-4-(chloromethyl)-**	104-83-6	**P7754**
125	160	89	127	162	28	126	63	**160**	100	37	34	32	23	14	10	10		7	6	–	–	2	–	–	–	–	–	–	–	**Benzene, 2,4-dichloro-1-methyl-**	95-73-8	**P6985**
125	160	127	162	89	63	62	126	**160**	100	46	31	30	27	13	13	11		7	6	–	–	2	–	–	–	–	–	–	–	**Benzene, 1,3-dichloro-2-methyl-**	118-69-4	**P8966**
125	160	127	162	89	159	63	62	**160**	100	47	32	30	20	12	12	12		7	6	–	–	2	–	–	–	–	–	–	–	**Benzene, 2,4-dichloro-1-methyl-**	95-73-8	**P6984**
125	160	127	162	89	159	161	63	**160**	100	47	32	31	15	11	10	10		7	6	–	–	2	–	–	–	–	–	–	–	**Benzene, 1,2-dichloro-4-methyl-**	95-75-0	**P6986**

MASS TO CHARGE RATIOS								M.W.	INTENSITIES								Parent	C	H	O	N	Cl	Br	F	S	P	B	Si	X	COMPOUND NAME	CAS Reg No	No
125	160	162	115	127	89	63	161	**160**	100	83	53	40	33	26	14	14		7	6	–	–	2	–	–	–	–	–	–	–	**Benzene, 1,4-dichloro-2-methyl-**	19398-61-9	**R8115**
125	160	162	127	89	159	161	63	**160**	100	61	40	32	23	16	14	13		7	6	–	–	2	–	–	–	–	–	–	–	**Benzene, 2,4-dichloro-1-methyl-**	95-73-8	**P6983**
128	97	75	71	41	101	45	58	**160**	100	76	71	58	51	36	31	22	**6.01**	8	16	3	–	–	–	–	–	–	–	–	–	**Cyclopentane, 1,2,3-trimethoxy-**	29887-58-9	**S2722**
129	57	115	72	75	47	101	44	**160**	100	73	35	33	33	30	30	28	**2.00**	8	16	3	–	–	–	–	–	–	–	–	–	**2-Ethoxy-6-hydroxymethyl-tetrahydropyran**		**L9945**
129	130	158	131	141	157	159	142	**160**	100	57	50	28	24	20	18	9	**1.50**	11	12	1	–	–	–	–	–	–	–	–	–	**Tetracyclo[4.3.2.0$^{(2,9)}$.0$^{(3,5)}$]undeca-7,10-dien-4-ol, stereoisomer**	57122-23-3	**T4314**
130	97	160	47	28	125	132	162	**160**	100	90	90	80	51	44	37	33		2	6	2	–	1	–	–	1	1	–	–	–	**Phosphorochloridothioic acid, O,O-dimethyl ester**	2524-03-0	**Q8265**
130	131	30	77	160	103	36	102	**160**	100	58	44	23	21	17	10	9		10	12	–	2	–	–	–	–	–	–	–	–	**1H-Indole-3-ethanamine**	61-54-1	**P5100**
130	131	77	103	160	102	51	129	**160**	100	46	26	16	11	11	9	9		10	12	–	2	–	–	–	–	–	–	–	–	**1H-Indole-3-ethanamine**	61-54-1	**P5101**
130	131	160	77	103	132	102	78	**160**	100	54	23	9	6	5	4	4		10	12	–	2	–	–	–	–	–	–	–	–	**1H-Indole-3-ethanamine**	61-54-1	**P5103**
130	160	97	47	125	132	162	99	**160**	100	99	81	59	45	37	37	27		2	6	2	–	1	–	–	1	1	–	–	–	**Phosphorochloridothioic acid, O,O-dimethyl ester**	2524-03-0	**Q8266**
131	43	57	28	41	29	27	39	**160**	100	76	44	38	36	36	36	18	**6.00**	12	16	–	–	–	–	–	–	–	–	–	–	**Indane, 1-ethyl-1-methyl-**		**Y1965**
131	77	103	51					**160**	100	99	98	58					**0.00**	10	8	2	–	–	–	–	–	–	–	–	–	**10-Oxo-cis,cis-matricarianol**		**L6583**
131	91	160	29	27	28	132	115	**160**	100	16	14	13	12	12	11	8		12	16	–	–	–	–	–	–	–	–	–	–	**Tetralin, 1-ethyl-**		**Y1212**
131	91	160	132	115	129	116	128	**160**	100	15	14	11	10	7	7	7		12	16	–	–	–	–	–	–	–	–	–	–	**Tetralin, 1-ethyl-**		**Y1180**
131	103	28	75	87	59	45	47	**160**	100	59	37	28	26	21	17	14	**0.59**	8	20	1	–	–	–	–	–	–	–	1	–	**Silane, ethoxytriethyl-**	597-67-1	**Q2582**
131	103	77	160	51	102	132	76	**160**	100	60	39	37	17	14	12	8		11	12	1	–	–	–	–	–	–	–	–	–	**1-Penten-3-one, 1-phenyl-**	3152-68-9	**Q9067**
131	129	115	128	132	29	40	116	**160**	100	38	19	19	19	13	13	13	**13.01**	11	12	1	–	–	–	–	–	–	–	–	–	**1,4-Methanonaphthalen-9-ol, 1,2,3,4-tetrahydro-**	55255-94-2	**T0628**
131	129	128	132	91	115	160	127	**160**	100	96	46	30	28	26	23	20		11	12	1	–	–	–	–	–	–	–	–	–	**1,4-Methanonaphthalen-9-ol, syn-1,2,3,4-tetrahydro-, stereoisomer**	13999-10-5	**R4888**
131	129	128	160	115	132	116	91	**160**	100	38	16	15	12	12	11	9		11	12	1	–	–	–	–	–	–	–	–	–	**1,4-Methanonaphthalen-9-ol, anti-1,2,3,4-tetrahydro-, stereoisomer**	1198-20-5	**Q5718**
131	129	160	128	132	115	91	116	**160**	100	37	17	15	14	13	9	8		11	12	1	–	–	–	–	–	–	–	–	–	**1,4-Methanonaphthalen-9-ol, 1,2,3,4-tetrahydro-**	55255-94-2	**T0627**
131	160	132						**160**	100	13	11							11	12	1	–	–	–	–	–	–	–	–	–	**Δ^3-Chromene, 2-ethyl-**		**L7842**
131	160	132	51	77	39	50	63	**160**	100	91	62	39	25	21	19	17		10	8	2	–	–	–	–	–	–	–	–	–	**3-Methylcoumarin**	2445-82-1	**Q8117**
131	160	145	27	132	91	39	117	**160**	100	30	18	17	16	16	12	12		12	16	–	–	–	–	–	–	–	–	–	–	**Tetralin, 5-ethyl-**		**Y1450**
131	160	145	132	117	115	91	128	**160**	100	41	35	27	21	20	19	14		12	16	–	–	–	–	–	–	–	–	–	–	**Tetralin, 6-ethyl-**		**V0325**
132	104	77	131	103	43	76	89	**160**	100	73	54	42	39	38	27	13	**12.00**	8	8	–	4	–	–	–	–	–	–	–	–	**2-Methyl-5-phenyltetrazole**		**L4051**
132	131	160	145	77	159	133	63	**160**	100	32	29	29	17	17	14	12		10	12	–	2	–	–	–	–	–	–	–	–	**1H-Benzimidazole, 2-propyl-**	5465-29-2	**R1473**
132	160	104	78	51	103	77	39	**160**	100	63	56	23	22	22	21	20		11	12	1	–	–	–	–	–	–	–	–	–	**1-Tetralone, 5-methyl-**	6939-35-1	**R2715**
132	160	104	78	103	51	77	39	**160**	100	48	35	19	17	16	16	15		11	12	1	–	–	–	–	–	–	–	–	–	**1-Tetralone, 8-methyl-**	51015-28-2	**S7543**
132	160	104	145	118	117	115	103	**160**	100	95	84	66	53	31	31	31		11	12	1	–	–	–	–	–	–	–	–	–	**1-Tetralone, 4-methyl-**		**U0016**
132	160	131	104	77	51	78	103	**160**	100	92	85	43	32	31	28	27		10	8	2	–	–	–	–	–	–	–	–	–	**7-Methylcoumarin**	2445-83-2	**Q8118**
132	160	131	145	133	92	63	64	**160**	100	31	25	24	11	9	8	7		10	12	–	2	–	–	–	–	–	–	–	–	**1H-Benzimidazole, 2-propyl-**	5465-29-2	**R1474**
135	133	63	125	127	98	124	126	**160**	100	99	92	82	56	43	42	42	**33.70**	2	3	–	–	3	–	–	–	–	–	1	–	**Silane, trichlorovinyl-**	75-94-5	**P5668**
135	133	125	63	127	160	162	124	**160**	100	98	95	72	63	61	61	53		2	3	–	–	3	–	–	–	–	–	1	–	**Silane, trichlorovinyl-**		**D1380**
142	141	159	115	160	143	71	63	**160**	100	63	28	28	23	17	10	9		11	12	1	–	–	–	–	–	–	–	–	–	**2-Cyclopenten-1-ol, 1-phenyl-**	56667-10-8	**T4066**
143	160	102	76	144	50	89	51	**160**	100	77	35	16	16	15	10	9		9	8	1	2	–	–	–	–	–	–	–	–	**Quinoxaline, 2-methyl-, 1-oxide**	18916-44-4	**R7869**
145	73	146	45	65	147	129	59	**160**	100	57	16	11	9	8	8	8	**0.00**	7	20	–	–	–	–	–	–	–	–	2	–	**Silane, methylenebis[trimethyl-**		**04464**
145	73	146	45	129	147	59	65	**160**	100	43	17	14	9	8	7	5	**0.13**	7	20	–	–	–	–	–	–	–	–	2	–	**Silane, methylenebis[trimethyl-**	2117-28-4	**08817**
145	73	146	65	44	45	59	129	**160**	100	88	50	12	11	11	9	8	**0.00**	7	20	–	–	–	–	–	–	–	–	2	–	**Silane, methylenebis[trimethyl-**		**D0638**
145	75	73	89	103	69	45	43	**160**	100	87	71	70	42	22	17	12	**0.00**	8	20	1	–	–	–	–	–	–	–	1	–	**Silane, trimethylisopentyloxy-**		**L5203**
145	75	73	89	103	69	45	146	**160**	100	86	70	70	41	21	17	13	**0.00**	8	20	1	–	–	–	–	–	–	–	1	–	**Silane, trimethylisopentyloxy-**	18246-56-5	**R7454**
145	75	73	103	89	146	45	69	**160**	100	93	40	23	15	14	10	8	**0.00**	8	20	1	–	–	–	–	–	–	–	1	–	**Silane, trimethyl(pentyloxy)-**	14629-45-9	**R5300**
145	75	73	103	89	146	69	45	**160**	100	79	39	24	16	13	9	5	**1.00**	8	20	1	–	–	–	–	–	–	–	1	–	**Silane, trimethyl(pentyloxy)-**	14629-45-9	**R5303**
145	75	73	103	89	146	69	76	**160**	100	77	39	24	16	13	9	6	**1.00**	8	20	1	–	–	–	–	–	–	–	1	–	**Silane, trimethyl(pentyloxy)-**	14629-45-9	**R5301**
145	75	103	89	73	45	43	29	**160**	100	85	79	66	65	27	24	19	**0.39**	8	20	1	–	–	–	–	–	–	–	1	–	**Silane, trimethylisopentyloxy-**		**04245**
145	89	73	105	101	74	90	72	**160**	100	88	85	61	39	36	27	24	**3.00**	7	16	2	–	–	–	–	–	–	–	1	–	**Propanoic acid, 3-(trimethylsilyl)-, methyl ester**		**L8808**
145	89	73	105	101	74	90	72	**160**	100	87	82	60	39	35	25	23	**0.00**	7	16	2	–	–	–	–	–	–	–	1	–	**Propanoic acid, 3-(trimethylsilyl)-, methyl ester**	18296-04-3	**R7495**
145	89	101	77	61	133	115	45	**160**	100	37	35	25	23	23	22	19	**0.20**	7	16	2	–	–	–	–	–	–	–	1	–	**Silane, vinyldiethoxymethyl-**	5507-44-8	**R1491**
145	91	117	160	105	41	130	77	**160**	100	31	27	26	16	16	14	13		12	16	–	–	–	–	–	–	–	–	–	–	**Benzene, (1,3-dimethyl-2-butenyl)-**	50704-01-3	**S7449**
145	91	160	117	57	105	41	146	**160**	100	41	31	26	25	16	15	12		12	16	–	–	–	–	–	–	–	–	–	–	**Styrene, α-tert-butyl-**	5676-29-9	**R1663**
145	103	104	57	41	160	91	77	**160**	100	86	76	69	38	38	37	30		12	16	–	–	–	–	–	–	–	–	–	–	**Styrene, α-tert-butyl-**	5676-29-9	**R1664**
145	117	160	91	115	128	146	129	**160**	100	24	22	19	16	16	16	15		12	16	–	–	–	–	–	–	–	–	–	–	**Styrene, α-methyl-2-isopropyl**	5557-93-7	**R1547**
145	119	133	59	73	117	146	31	**160**	100	49	40	30	21	21	15	14	**4.90**	6	16	1	–	–	–	–	–	–	–	2	–	**Disiloxane, 1-vinyl-1,1,3,3-tetramethyl-**	55967-52-7	**T2482**
145	131	160	146	144	39	104	118	**160**	100	46	38	36	7	6	6	6		10	12	–	2	–	–	–	–	–	–	–	–	**1H-Pyrrolo[2,3-b]pyridine, 2-isopropyl-**	27257-18-7	**S1665**
145	159	160	146	73	143	161	158	**160**	100	50	26	19	18	17	16	16		5	16	–	–	–	–	–	–	–	–	3	–	**1,1-Dimethyl-1,3,5-trisilacyclohexane**		**04467**
145	160	89	146	63	161	90	62	**160**	100	56	23	10	8	6	4	4		11	12	1	–	–	–	–	–	–	–	–	–	**Benzofuran, 2-isopropyl-**		**M1420**
145	160	105	117	41	146	115	128	**160**	100	39	21	17	15	9	8	7		12	16	–	–	–	–	–	–	–	–	–	–	**Cumene, 4-isopropylidene-**		**F0199**

MASS TO CHARGE RATIOS								M.W.	INTENSITIES								Parent	C	H	O	N	Cl	Br	F	S	P	B	Si	X	COMPOUND NAME	CAS Reg No	No
145	160	105	117	91	146	41	115	**160**	100	49	17	17	14	12	11	9		12	16	–	–	–	–	–	–	–	–	–	–	**Cumene, 3-isopropenyl-**	1129-29-9	**Q5483**
145	160	105	117	146	41	91	147	**160**	100	43	16	13	12	11	11	9		12	16	–	–	–	–	–	–	–	–	–	–	**Cumene, 4-isopropylidene-**	2388-14-9	**Q7930**
145	160	115	91	117	146	43	161	**160**	100	39	30	14	13	11	10	8		11	12	1	–	–	–	–	–	–	–	–	–	**Acetophenone, 4-isopropenyl-**		**Z1034**
145	160	115	117	91	39	51	146	**160**	100	35	25	20	16	13	13	11		11	12	1	–	–	–	–	–	–	–	–	–	**1-Indanone, 3,3-dimethyl-**		**U0003**
145	160	115	117	91	128	39	129	**160**	100	16	13	13	12	9	8	7		12	16	–	–	–	–	–	–	–	–	–	–	**Tetralin, 1,1-dimethyl-**	1985-59-7	**H1274**
145	160	117	115	146	91	128	39	**160**	100	15	13	12	12	11	9	7		12	16	–	–	–	–	–	–	–	–	–	–	**Tetralin, 1,1-dimethyl-**		**V0204**
145	160	117	146	105	91	41	128	**160**	100	26	22	12	11	8	8	6		12	16	–	–	–	–	–	–	–	–	–	–	**Styrene, 4-tert-butyl-**		**Z1036**
145	160	128	115	129	130	27	39	**160**	100	20	11	9	9	9	8	7		12	16	–	–	–	–	–	–	–	–	–	–	**Indane, 1,4,7-trimethyl-**	54340-87-3	**H2044**
145	160	128	115	129	130	27	39	**160**	100	19	11	9	9	9	8	7		12	16	–	–	–	–	–	–	–	–	–	–	**Indane, 1,5,7-trimethyl-**	54340-88-4	**H2045**
145	160	128	115	129	130	39	15	**160**	100	15	10	10	8	7	7	7		12	16	–	–	–	–	–	–	–	–	–	–	**Indane, 1,1,4-trimethyl-**	16204-72-1	**H1785**
145	160	128	115	129	130	39	15	**160**	100	17	10	10	8	7	7	7		12	16	–	–	–	–	–	–	–	–	–	–	**Indane, 1,1,6-trimethyl-**	14276-95-0	**H1735**
145	160	128	129	146	159	39	27	**160**	100	37	12	12	12	11	10	10		12	16	–	–	–	–	–	–	–	–	–	–	**Indane, 4,5,7-trimethyl-**		**V0198**
145	160	128	132					**160**	100	86	27	10						12	16	–	–	–	–	–	–	–	–	–	–	**Benzene, 1,2,4-trimethyl-ar-isopropenyl-**		**Z1019**
145	160	128	146	129	115	117	130	**160**	100	21	16	15	13	12	10	9		12	16	–	–	–	–	–	–	–	–	–	–	**Indane, 1,1,3-trimethyl-**	2613-76-5	**Q8419**
145	160	128	159	129	39	27	115	**160**	100	37	12	12	11	11	10	10		12	16	–	–	–	–	–	–	–	–	–	–	**Indane, 4,5,7-trimethyl-**	6682-06-0	**H1622**
145	160	130	91	105	115	146	129	**160**	100	48	18	17	16	15	13	13		12	16	–	–	–	–	–	–	–	–	–	–	**(E)-2-Butene, 1-(3,4-dimethylphenyl)-**		**03004**
145	160	130	91	105	146	115	129	**160**	100	52	20	16	14	13	13	13		12	16	–	–	–	–	–	–	–	–	–	–	**2-Butene, 1-(3,4-dimethylphenyl)-**		**03011**
145	160	131	115	159	118	117	132	**160**	100	69	58	27	24	17	13	11		11	12	1	–	–	–	–	–	–	–	–	–	**Cyclopropa[c]chromene, cis-2-methyl-**		**M5810**
145	160	131	115	159	118	117	132	**160**	100	66	60	34	23	18	15	10		11	12	1	–	–	–	–	–	–	–	–	–	**Cyclopropa[c]chromene, trans-2-methyl-**		**M5809**
145	160	132	115	128	117	129	91	**160**	100	73	45	18	17	15	15	13		12	16	–	–	–	–	–	–	–	–	–	–	**Tetralin, 6,7-dimethyl-**		**V0205**
145	160	132	117	146	119	128	115	**160**	100	64	32	13	12	12	11	11		12	16	–	–	–	–	–	–	–	–	–	–	**Tetralin, 6,7-dimethyl-**		**00661**
145	160	132	146	117	115	128	118	**160**	100	34	15	12	10	10	10	9		12	16	–	–	–	–	–	–	–	–	–	–	**Tetralin, 1,5-dimethyl-**		**00657**
145	160	132	146	117	119	128	129	**160**	100	50	24	12	12	10	10	9		12	16	–	–	–	–	–	–	–	–	–	–	**Tetralin, 5,6-dimethyl-**		**00660**
145	160	143	128	115	132	39	117	**160**	100	32	26	24	21	17	13	13		12	16	–	–	–	–	–	–	–	–	–	–	**Tetralin, 1,4-dimethyl-**	4175-54-6	**H1459**
145	160	146	91	51	77	94	144	**160**	100	12	11	8	5	4	4	4		11	12	1	–	–	–	–	–	–	–	–	–	**2H-1-Benzopyran, 2,2-dimethyl-**	2513-25-9	**Q8248**
145	160	146	117	91	128	115	129	**160**	100	19	12	11	9	8	7	7		12	16	–	–	–	–	–	–	–	–	–	–	**Indane, 1,1,3-trimethyl-**		**Z1017**
145	160	146	128	115	129	130	39	**160**	100	15	11	10	9	8	7	6		12	16	–	–	–	–	–	–	–	–	–	–	**Indane, 1,1,4-trimethyl-**		**V0193**
145	160	146	128	115	129	130	39	**160**	100	16	12	10	9	8	8	6		12	16	–	–	–	–	–	–	–	–	–	–	**Indane, 1,1,6-trimethyl-**		**V0195**
145	160	146	128	129	130	115	27	**160**	100	20	12	11	10	9	9	8		12	16	–	–	–	–	–	–	–	–	–	–	**Indane, 1,4,7-trimethyl-**		**V0196**
145	160	146	128	129	130	115	27	**160**	100	19	12	10	10	9	9	7		12	16	–	–	–	–	–	–	–	–	–	–	**Indane, 1,5,7-trimethyl-**		**V0197**
145	160	159	28	92	65	39	146	**160**	100	38	23	22	19	15	14	10		10	12	–	2	–	–	–	–	–	–	–	–	**2-Isopropylbenzimidazole**		**L2251**
145	160	159	92	146	65	39	63	**160**	100	38	27	17	13	12	8	8		10	12	–	2	–	–	–	–	–	–	–	–	**2-Isopropylbenzimidazole**	5851-43-4	**R1834**
159	91	160	122	77	145	107	115	**160**	100	81	81	78	77	75	71	44		11	12	1	–	–	–	–	–	–	–	–	–	**2,4-Cyclohexadien-1-one, 4,6-dimethyl-6-(2-propynyl)-**	51738-15-9	**S7767**
159	160	77	51	131	50	103	39	**160**	100	77	42	26	23	13	13	10		10	8	2	–	–	–	–	–	–	–	–	–	**Cyclopenta[c]pyran-7-carboxaldehyde, 4-methyl-**	63661-79-0	**T6285**
159	160	118	93	119	145	92	51	**160**	100	98	72	55	52	52	46	40		10	12	–	2	–	–	–	–	–	–	–	–	**Pyrazolo[1,5-a]pyridine, 2,3,7-trimethyl-**	17408-34-3	**R6922**
159	160	129	76	103	50	75	48	**160**	100	89	69	59	53	42	42	33		8	8	–	4	–	–	–	–	–	–	–	–	**1,4-Diaminophthalazine**		**L1847**
159	160	129	76	103	75	50	49	**160**	100	89	69	59	53	42	42	33		8	8	–	4	–	–	–	–	–	–	–	–	**1,4-Diaminophthalazine**		**02083**
160	42	132	119	50	131	92	76	**160**	100	80	43	34	26	23	22	20		9	8	1	2	–	–	–	–	–	–	–	–	**3-Methylquinazol-4-one**		**L6623**
160	42	132	119	50	131	92	76	**160**	100	78	43	34	26	23	22	20		9	8	1	2	–	–	–	–	–	–	–	–	**4(3H)-Quinazolinone, 3-methyl-**	2436-66-0	**Q8076**
160	67	94	66	161				**160**	100	70	58	26	21					9	8	1	2	–	–	–	–	–	–	–	–	**2,2'-Dipyrrylketone**		**L0941**
160	67	94	66	161	131	104	68	**160**	100	92	67	27	14	6	6	5		9	8	1	2	–	–	–	–	–	–	–	–	**2,2'-Dipyrrylketone**		**L6250**
160	70	76	42	43	68	54	34	**160**	100	89	84	68	67	62	53	50		5	8	–	2	–	–	–	2	–	–	–	–	**1,2,3-Thiadiazolium, 4-ethyl-5-mercapto-3-methyl-, hydroxide, inner salt**	56701-32-7	**T4114**
160	72	162	125	79	73	159	45	**160**	100	54	37	32	29	26	23	20		5	5	–	2	1	–	–	1	–	–	–	–	**Pyridazine, 3-chloro-6-(methylthio)-**	7145-61-1	**R2874**
160	78	26	104	52	51	28	77	**160**	100	82	67	61	43	39	28	27		6	4	–	6	–	–	–	–	–	–	–	–	**6-Azidoimidazo[1,2-b]pyridazine**		**M0332**
160	87	41	119	59	45	73	39	**160**	100	99	68	61	58	52	44	40		7	12	2	–	–	–	–	1	–	–	–	–	**Methyl 3-(prop-2'-enylthio)propionate**		**05586**
160	91	117	145	131	79	132	104	**160**	100	91	90	65	59	44	37	37		12	16	–	–	–	–	–	–	–	–	–	–	**Tricyclo[6.4.0.0$^{(2,7)}$]dodeca-2,12-diene, cis-**		**M7475**
160	92	132	131	78	66	120	79	**160**	100	90	73	64	60	22	20	18		9	8	1	2	–	–	–	–	–	–	–	–	**2H-Pyrido[1,2-a]pyrimidin-2-one, 4-methyl-**	35549-22-5	**S4995**
160	102	129	128	103	133	75	90	**160**	100	47	41	40	19	10	10	7		9	8	1	2	–	–	–	–	–	–	–	–	**Benzonitrile, 4-[(methoxyimino)methyl]-**		**M3380**
160	102	129	128	103	133	75	161	**160**	100	47	41	40	19	12	10	10		9	8	1	2	–	–	–	–	–	–	–	–	**Benzonitrile, 4-[(methoxyimino)methyl]-**	33499-34-2	**S4209**
160	103	77	102	104	51	161	129	**160**	100	90	45	29	20	18	13	13		9	8	1	2	–	–	–	–	–	–	–	–	**3-Phenyl-5-pyrazolone**		**L7290**
160	103	77	102	104	51	161	129	**160**	100	90	45	29	20	18	13	13		9	8	1	2	–	–	–	–	–	–	–	–	**3H-Pyrazol-3-one, 2,4-dihydro-5-phenyl-**	4860-93-9	**R0886**
160	103	77	131	51	50	102	104	**160**	100	59	43	39	30	26	25	24		9	8	1	2	–	–	–	–	–	–	–	–	**3,4-Dihydro-1-methyl-4-oxophthalazine**		**02085**
160	103	106	130	90	161	159	75	**160**	100	38	18	16	12	12	10	8		9	8	1	2	–	–	–	–	–	–	–	–	**Quinazoline, 5-methoxy-**	7556-87-8	**R3276**
160	103	106	130	90	161	159	75	**160**	100	38	18	16	12	12	10	8		9	8	1	2	–	–	–	–	–	–	–	–	**Quinazoline, 6-methoxy-**	7556-92-5	**R3281**
160	103	106	130	90	161	159	75	**160**	100	38	18	16	12	12	10	8		9	8	1	2	–	–	–	–	–	–	–	–	**Quinazoline, 7-methoxy-**	10105-37-0	**R3581**
160	103	115	77	144	91	78	161	**160**	100	24	23	21	16	11	10	10		9	8	1	2	–	–	–	–	–	–	–	–	**Cinnoline, 4-methyl-, 2-oxide**	5580-85-8	**R1562**

MASS TO CHARGE RATIOS								M.W.	INTENSITIES								Parent	C	H	O	N	Cl	Br	F	S	P	B	Si	X	COMPOUND NAME	CAS Reg No	No
160	103	159	131	130	76	102	75	**160**	100	56	50	32	29	16	16	12		9	8	1	2	–	–	–	–	–	–	–	–	**Quinazoline, 4-methoxy-**	16347-95-8	**R6138**
160	103	159	131	130	102	76	161	**160**	100	56	50	32	29	16	16	12		9	8	1	2	–	–	–	–	–	–	–	–	**Quinazoline, 4-methoxy-**		**L1985**
160	104	77	52	54	132	51	26	**160**	100	38	34	30	30	26	25	23		8	4	2	2	–	–	–	–	–	–	–	–	**Benzene, 1,4-diisocyanato-**	104-49-4	**H0285**
160	104	105	78	133	77	63	161	**160**	100	42	37	18	18	15	11	11		9	8	1	2	–	–	–	–	–	–	–	–	**4(1H)-Quinazolinone, 1-methyl-**	3476-68-4	**Q9450**
160	104	161	77	78	144	131	103	**160**	100	25	24	19	19	19	17	15		9	8	1	2	–	–	–	–	–	–	–	–	**Quinazoline, 4-methyl-, 1-oxide**	37920-72-2	**S5620**
160	114	131	161	77	113	51	63	**160**	100	44	13	11	11	8	7	6		10	8	2	–	–	–	–	–	–	–	–	–	**2,3-Naphthalenediol**	92-44-4	**P6702**
160	115	15	159	145	144	117	129	**160**	100	56	50	46	38	32	30	28		11	12	1	–	–	–	–	–	–	–	–	–	**Naphthalene, 1,2-dihydro-6-methoxy-**		**V0448**
160	115	128	80	63	45	39	116	**160**	100	27	6	5	4	4	4	3		10	8	–	–	–	–	–	1	–	–	–	–	**3-Phenylthiophene**		**M1106**
160	115	128	80	159	121	116	102	**160**	100	27	7	6	5	4	4	4		10	8	–	–	–	–	–	1	–	–	–	–	**2-Phenylthiophene**		**M1105**
160	115	128	161	116	79	159	80	**160**	100	35	22	20	15	13	13	8		10	8	–	–	–	–	–	1	–	–	–	–	**2-Naphthalenethiol**		**L1199**
160	115	144	77	43	104	57	161	**160**	100	49	49	12	11	11	10	10		9	8	1	2	–	–	–	–	–	–	–	–	**Cinnoline, 4-methyl-, 1-oxide**	5580-86-9	**R1563**
160	115	159	145	15	117	144	129	**160**	100	55	44	44	35	33	27	24		11	12	1	–	–	–	–	–	–	–	–	–	**Naphthalene, 1,2-dihydro-7-methoxy-**		**V0449**
160	115	161	39	51	80	128	45	**160**	100	28	12	10	10	9	9	9		10	8	–	–	–	–	–	1	–	–	–	–	**2-Phenylthiophene**	825-55-8	**Q4279**
160	115	161	45	39	63	51	159	**160**	100	27	11	9	7	7	6	6		10	8	–	–	–	–	–	1	–	–	–	–	**3-Phenylthiophene**		**V0243**
160	116	143	159	144	77	130	102	**160**	100	33	29	25	20	18	17	16		9	8	1	2	–	–	–	–	–	–	–	–	**Quinazoline, 4-methyl-, 3-oxide**	10501-56-1	**R3893**
160	117	115	131	132	27	51	118	**160**	100	73	30	23	23	22	22	22		11	12	1	–	–	–	–	–	–	–	–	–	**1-Indanone, 4,7-dimethyl-**		**U0004**
160	117	132	115	27	39	51	131	**160**	100	83	60	31	28	27	24	23		11	12	1	–	–	–	–	–	–	–	–	–	**1-Indanone, 5,6-dimethyl-**		**U0005**
160	117	132	159	115	27	39	51	**160**	100	49	26	24	23	19	18	17		11	12	1	–	–	–	–	–	–	–	–	–	**1-Indanone, 5,7-dimethyl-**		**U0006**
160	119	78	92	51	42	161	52	**160**	100	64	49	22	21	18	10	9		8	8	–	4	–	–	–	–	–	–	–	–	**Pteridine, 6,7-dimethyl-**	704-61-0	**Q3795**
160	119	92	90	42	161	118	145	**160**	100	10	10	10	10	9	9	8		9	8	1	2	–	–	–	–	–	–	–	–	**3,4-Dihydro-2-methyl-4-oxoquinazoline**		**M0494**
160	120	92	132	131	63	64	39	**160**	100	51	38	26	23	18	16	16		10	8	2	–	–	–	–	–	–	–	–	–	**2-Methylchromone**		**00756**
160	120	92	132	131	63	64	161	**160**	100	50	37	25	22	17	15	10		10	8	2	–	–	–	–	–	–	–	–	–	**2-Methylchromone**		**L3559**
160	128	115	116	52	63	79	127	**160**	100	77	46	18	17	14	14	14		10	8	–	–	–	–	–	1	–	–	–	–	**2-Naphthalenethiol**	91-60-1	**P6650**
160	128	115	116	79	127	161	159	**160**	100	77	46	18	14	14	12	11		10	8	–	–	–	–	–	1	–	–	–	–	**2-Naphthalenethiol**	91-60-1	**H0175**
160	128	115	133	157	116	107	129	**160**	100	94	60	29	17	16	14	13		10	9	–	–	–	–	–	–	1	–	–	–	**Isophosphinoline, 3-methyl-**	49622-63-1	**S7170**
160	128	115	133	157	158	161	129	**160**	100	98	48	37	26	22	18	17		10	9	–	–	–	–	–	–	1	–	–	–	**Isophosphinoline, 1-methyl-**	57328-60-6	**T4611**
160	130	97	162	125	132	47	99	**160**	100	86	59	37	35	32	32	19		2	6	2	–	1	–	–	1	1	–	–	–	**Phosphorochloridothioic acid, O,O-dimethyl ester**		**L4593**
160	130	103	159	131	90	129	76	**160**	100	64	56	43	42	21	16	14		9	8	1	2	–	–	–	–	–	–	–	–	**Quinazoline, 2-methoxy-**	6141-15-7	**R2092**
160	130	118	131	119	90	89	91	**160**	100	78	64	61	30	30	21	20		10	12	–	2	–	–	–	–	–	–	–	–	**3H-1,3-Benzo[d]diazepine, 4,5-dihydro-2-methyl-**		**05687**
160	131	90	76	39	50	64	63	**160**	100	45	21	18	17	16	13	12		9	8	1	2	–	–	–	–	–	–	–	–	**Quinoxaline, 2-methyl-, 4-oxide**	18916-45-5	**R7870**
160	131	103	77	161	78	51	39	**160**	100	42	35	31	25	21	20	14		10	8	2	–	–	–	–	–	–	–	–	–	**Furan, 2,2′-divinylbis-, (E)-**	1439-19-6	**Q5968**
160	131	132	103	161	51	77	105	**160**	100	97	83	8	8	7	7	7		10	8	2	–	–	–	–	–	–	–	–	–	**4-Methylcoumarin**	607-71-6	**Q2753**
160	131	132	103	161	51	77	133	**160**	100	98	84	9	9	8	7	7		10	8	2	–	–	–	–	–	–	–	–	–	**4-Methylcoumarin**		**L9204**
160	131	161	77	80	103	132	51	**160**	100	25	11	8	7	6	6	5		10	8	2	–	–	–	–	–	–	–	–	–	**2,7-Naphthalenediol**	582-17-2	**Q2294**
160	132	77	104	76	78	53	105	**160**	100	68	68	33	33	31	24	24		8	4	2	2	–	–	–	–	–	–	–	–	**1,2-Benzenedicarbonitrile, 3,6-dihydroxy-**	4733-50-0	**R0775**
160	132	78	131	51	79	52	159	**160**	100	80	70	57	40	22	16	8		9	8	1	2	–	–	–	–	–	–	–	–	**4H-Pyrido[1,2-a]pyrimidin-4-one, 2-methyl-**	1693-94-3	**Q6533**
160	132	131	51	77	103	78	50	**160**	100	90	82	39	26	24	22	17		10	8	2	–	–	–	–	–	–	–	–	–	**6-Methylcoumarin**		**B0050**
160	132	131	104	51	77	161	52	**160**	100	48	32	20	16	12	12	11		10	8	2	–	–	–	–	–	–	–	–	–	**6-Methylcoumarin**	92-48-8	**P6703**
160	144	116	89	63	28	39	52	**160**	100	82	73	67	51	42	38	28		9	8	1	2	–	–	–	–	–	–	–	–	**3-Indolizinecarboxamide**	22320-27-0	**R9629**
160	144	116	89	63	30	41	51	**160**	100	80	72	66	50	40	37	29		9	8	1	2	–	–	–	–	–	–	–	–	**3-Indolizinecarboxamide**		**L8635**
160	145	28	130	105	128	39	115	**160**	100	91	32	21	21	19	17	17		12	16	–	–	–	–	–	–	–	–	–	–	**Benzene, 1,2,4-trimethyl-5-isopropenyl-**		**Y1773**
160	145	91	77	115	121	131		**160**	100	76	60	57	38	29	22			11	12	1	–	–	–	–	–	–	–	–	–	**2,4-Cyclohexadien-1-one, 2,6-dimethyl-6-(2-propynyl)-**	51738-14-8	**S7766**
160	145	107	77	131				**160**	100	67	30	29	23					11	12	1	–	–	–	–	–	–	–	–	–	**Phenol, 4-((E)-2,4-pentadienyl)-**		**L9907**
160	145	117	43	159	131	115	91	**160**	100	42	28	15	14	4	3	3		11	12	1	–	–	–	–	–	–	–	–	–	**Undeca-3,9-dien-5,7-diyn-2-ol**		**L3008**
160	145	117	162	147	119	161	81	**160**	100	76	39	32	25	12	8	7		7	6	1	–	1	–	1	–	–	–	–	–	**4-Chloro-2-fluoroanisole**		**Z1025**
160	159	128	116	76	127	69	161	**160**	100	74	27	26	26	24	22	20		5	4	–	–	–	–	–	3	–	–	–	–	**[1,2]Dithiolo[1,5-b][1,2]dithiole-7-S(IV)**	252-09-5	**Q0112**
160	159	130	131	103	76	90	104	**160**	100	86	62	50	26	23	16	13		9	8	1	2	–	–	–	–	–	–	–	–	**Quinazoline, 8-methoxy-**	7557-01-9	**R3289**
160	159	130	131	103	76	90	117	**160**	100	86	62	50	26	23	16	13		9	8	1	2	–	–	–	–	–	–	–	–	**Quinazoline, 8-methoxy-**		**L1983**
160	159	145	91	161	28	77	65	**160**	100	82	33	12	12	10	10	8		10	12	–	2	–	–	–	–	–	–	–	–	**1,2,5-Trimethylbenzimidazole**		**L7528**
160	159	145	116	91	132	146	147	**160**	100	82	81	78	72	44	44	32		8	9	1	2	–	–	–	–	–	1	–	–	**3-Methyl-4-hydroxy-4,3-borazaroisoquinoline**		**L4335**
160	161	145						**160**	100	13	2							12	16	–	–	–	–	–	–	–	–	–	–	**Cumene, isopropenyl-**		**Z1026**
18	42	28	51	17	144	30	15	**161**	100	58	56	55	37	29	29	28	**16.51**	4	4	2	3	1	–	–	–	–	–	–	–	**1H-Pyrazole, 3-chloro-5-methyl-4-nitro-**	6814-58-0	**R2570**
28	43	58	116	56	74	32	44	**161**	100	94	47	34	33	29	26	24	**0.00**	7	15	3	1	–	–	–	–	–	–	–	–	**L-Homoserine, O-propyl-**	18312-28-2	**R7512**
29	117	27	42	15	132	43	44	**161**	100	58	53	38	31	30	13	12	**4.30**	4	11	–	1	–	–	3	–	1	–	–	–	**Phosphorane, dimethylaminoethyltrifluoro-**		**L8142**

MASS TO CHARGE RATIOS								M.W.	INTENSITIES								Parent	C	H	O	N	Cl	Br	F	S	P	B	Si	X	COMPOUND NAME	CAS Reg No	No
39	161	52	41	93	51	160	40	**161**	100	84	70	65	63	53	39	37		9	11	–	3	–	–	–	–	–	–	–	–	s-Triazolo[4,3-a]pyridine, 2,5,7-trimethyl-	4931-30-0	R0955
39	161	52	41	93	51	160	119	**161**	100	84	70	65	63	53	39	37		9	11	–	3	–	–	–	–	–	–	–	–	s-Triazolo[4,3-a]pyridine, 3,4,6-trimethyl-		L8661
43	30	72	42	56	115	71	46	**161**	100	34	33	31	20	19	17	16	0.35	3	7	3	5	–	–	–	–	–	–	–	–	Guanidine, N-nitrosoethyl-N′-nitro-		P4389
43	30	119	60	72	118	44	76	**161**	100	84	33	28	16	12	12	10	0.00	6	11	2	1	–	–	–	1	–	–	–	–	Ethanethioic acid, S-2-(acetylamino)ethyl ester		M6721
43	57	41	55	29	46	69	76	**161**	100	49	47	45	42	33	30	25	0.00	7	15	3	1	–	–	–	–	–	–	–	–	Nitric acid, heptyl ester		01615
43	60	84	88	56	42	102	99	**161**	100	75	58	45	36	34	27	24	0.00	6	11	4	1	–	–	–	–	–	–	–	–	DL-Serine, N-acetyl-, methyl ester	55299-56-4	T0798
43	64	91	161	133	63	90	119	**161**	100	43	40	36	34	27	24	19		8	7	1	3	–	–	–	–	–	–	–	–	1H-Benzotriazole, 1-acetyl-	18773-93-8	R7814
44	84	144	43	69	41	102	57	**161**	100	70	48	33	19	15	15	15	0.48	4	11	2	5	–	–	–	–	–	–	–	–	Acetamidoxime, 2,2′-iminobis-	20004-00-6	08187
52	161	51	39	78	145	146	77	**161**	100	29	25	19	16	16	16	11		10	11	1	1	–	–	–	–	–	–	–	–	7-Azatricyclo[4.2.2.0$^{(2,5)}$]deca-3,7,9-triene, 8-methoxy-, exo-	21681-33-4	R9341
52	161	51	39	78	146	50	79	**161**	100	28	23	20	16	15	13	12		10	11	1	1	–	–	–	–	–	–	–	–	7-Azatricyclo[4.2.2.0$^{(2,5)}$]deca-3,7,9-triene, 8-methoxy-, endo-	21681-32-3	R9340
55	73	28	59	83	41	30	29	**161**	100	57	56	49	48	32	27	26	0.00	6	11	4	1	–	–	–	–	–	–	–	–	Pentanoic acid, 4-nitro-, methyl ester	10312-37-5	R3740
55	73	59	41	130	29	28	83	**161**	100	57	48	37	31	30	29	29	0.00	6	11	4	1	–	–	–	–	–	–	–	–	Pentanoic acid, 5-nitro-, methyl ester	34805-47-5	S4732
56	42	161	163	120	122			**161**	100	60	24	24	10	10				3	4	–	3	–	1	–	–	–	–	–	–	1H-1,2,4-Triazole, 3-bromo-5-methyl-	26557-90-4	S1456
56	161	146	91	42	84	105	57	**161**	100	38	25	19	18	15	15	14		11	15	–	1	–	–	–	–	–	–	–	–	Methylamine, N-(1-methyl-3-phenylpropylidene)-	29666-60-2	S2607
58	42	72	59	45	43	73	44	**161**	100	10	9	8	6	5	5	3	1.00	7	19	1	1	–	–	–	–	–	–	1	–	Ethylamine, N,N-dimethyl-2-(trimethylsilyloxy)-	16654-64-1	R6330
58	42	73	59	45	43	74	44	**161**	100	10	9	8	7	6	6	5	1.50	7	19	1	1	–	–	–	–	–	–	1	–	Ethylamine, N,N-dimethyl-2-(trimethylsilyloxy)-		L3507
58	45	28	29	44	146	72	100	**161**	100	99	64	63	57	44	39	29	10.00	7	15	3	1	–	–	–	–	–	–	–	–	Carbamic acid, N,N-diethyl-, 2-hydroxyethyl ester		C1196
58	45	146	29	66	72	100	118	**161**	100	84	57	47	44	36	36	33	12.33	7	15	3	1	–	–	–	–	–	–	–	–	Carbamic acid, N,N-diethyl-, 2-hydroxyethyl ester		C1236
58	117	115	146	161	42	91	39	**161**	100	99	99	86	68	68	60	34		11	15	–	1	–	–	–	–	–	–	–	–	Benzylamine, N,N-dimethyl-2-vinyl-		L8738
61	115	41	44	55	72	85	87	**161**	100	58	50	38	38	19	10	10	5.00	6	11	–	1	–	–	–	2	–	–	–	–	Butane, 1-isothiocyanato-4-(methylthio)-		17552
66	65	95	39	144	40	51	52	**161**	100	26	24	19	18	13	11	8	7.40	10	11	1	1	–	–	–	–	–	–	–	–	4,8-(Oximinomethano)-3a,4,8,8a-tetrahydroindene		C1238
70	91	42	39	28	65	41	51	**161**	100	14	10	9	7	7	7	5	0.91	11	15	–	1	–	–	–	–	–	–	–	–	Aziridine, 2,3-dimethyl-1-benzyl-, trans-	24432-52-8	06891
70	105	56	146	91	161	41	42	**161**	100	12	9	7	6	6	5	5		11	15	–	1	–	–	–	–	–	–	–	–	Benzeneethanamine, N-isopropylidene-	10433-34-8	R3844
70	105	71	146	77	41	30	91	**161**	100	12	5	5	5	5	4	4	0.80	11	15	–	1	–	–	–	–	–	–	–	–	Phenylethylamine, N-isopropylidene-		05166
72	100	44	42	56	161	109	41	**161**	100	94	65	24	15	9	8	7		7	15	1	1	–	–	–	1	–	–	–	–	Carbamothioic acid, diethyl-, S-ethyl ester	2941-55-1	Q8856
74	59	56	60	43	70	88	116	**161**	100	76	42	36	29	28	14	7	0.00	7	15	3	1	–	–	–	–	–	–	–	–	4-Amino-2-ethoxy-3-hydroxy-1-oxacyclohexane		M2057
76	118	161	43	41	60	75	44	**161**	100	20	14	10	9	8	7	6		8	20	–	1	–	–	–	–	1	–	–	–	Phosphinous amide, N,N-dimethyl-P,P-diisopropyl-	72740-05-7	T7826
78	51	161	52	77	28	27	26	**161**	100	55	48	35	30	27	20	16		5	3	–	7	–	–	–	–	–	–	–	–	6-Azido-s-triazolo[4,3-b]pyridazine		M0333
86	30	44	58	42	56	45	87	**161**	100	73	71	71	69	62	60	55	16.60	8	19	2	1	–	–	–	–	–	–	–	–	Ethylamine, N,N-diethyl-2-(2-hydroxyethoxy)-		C2171
86	58	30	45	87	42	100	161	**161**	100	10	9	7	6	5	4	4		8	19	2	1	–	–	–	–	–	–	–	–	Ethylamine, N,N-diethyl-2-(2-hydroxyethoxy)-		C1223
87	69	116	41	62	30	42	45	**161**	100	52	44	40	23	15	15	11	9.60	6	11	2	1	–	–	–	1	–	–	–	–	4-Thiazolidinecarboxylic acid, 5,5-dimethyl-		P2718
87	161	72	88	41	71	86	43	**161**	100	44	19	17	16	12	12	10		6	11	2	1	–	–	–	1	–	–	–	–	Acetic acid, (dimethylamino)thioxo-, ethyl ester	16703-48-3	R6384
90	105	41	57	42	161	58	44	**161**	100	57	46	38	34	19	14	13		8	19	–	1	–	–	–	1	–	–	–	–	Diethylamine, N-(t-butylthio)-		M1290
91	65	92	41	39	160	42	161	**161**	100	9	9	8	8	7	7	5		11	15	–	1	–	–	–	–	–	–	–	–	Azetidine, 3-methyl-1-benzyl-	55702-31-3	06967
91	79	161	65	77	92	51	107	**161**	100	36	30	26	25	21	19	19		10	11	1	1	–	–	–	–	–	–	–	–	Benzyl 2-cyanoethyl ether		D1620
91	92	65	161	42	160	146	39	**161**	100	13	11	10	9	8	8	8		11	15	–	1	–	–	–	–	–	–	–	–	Azetidine, 1-benzyl-2-methyl-	7730-40-7	06966
91	161	79	107	160	92	132	77	**161**	100	67	27	27	25	20	16	15		10	11	1	1	–	–	–	–	–	–	–	–	Benzyl 2-cyanoethyl ether		D1716
91	161	118	119	92	162	120		**161**	100	70	20	10	7	6	1			8	7	1	3	–	–	–	–	–	–	–	–	3H-1,2,4-Triazol-3-one, 2,4-dihydro-2-phenyl-	21434-16-2	R9265
93	41	69	39	65	79	92	51	**161**	100	76	57	54	22	18	18	15	3.50	10	11	1	1	–	–	–	–	–	–	–	–	Pyridine, 2-cyclopropylacetyl-	57276-32-1	T4435
93	69	41	39	65	92	161	63	**161**	100	85	83	54	19	18	10	9		10	11	1	1	–	–	–	–	–	–	–	–	Pyridine, 3-cyclopropylacetyl-	57276-33-2	T4436
93	69	41	39	92	94	63	70	**161**	100	88	45	38	13	7	6	4	2.80	10	11	1	1	–	–	–	–	–	–	–	–	Pyridine, 4-cyclopropylacetyl-	6580-95-6	R2383
102	73	89	118	59	146	45	43	**161**	100	69	53	21	18	17	12	10	1.02	6	15	2	1	–	–	–	–	–	–	1	–	Glycine, N-(trimethylsilyl)-, methyl ester	25688-72-6	S1151
102	73	89	118	59	146	45	161	**161**	100	72	54	22	19	18	12	2		6	15	2	1	–	–	–	–	–	–	1	–	Glycine, N-(trimethylsilyl)-, methyl ester		05602
102	73	89	118	146	59	45	103	**161**	100	69	53	21	17	17	11	9	1.00	6	15	2	1	–	–	–	–	–	–	1	–	Glycine, N-(trimethylsilyl)-, methyl ester		M1161
103	104	77	51	76	119	105	52	**161**	100	69	63	51	33	25	20	17	16.00	9	7	2	1	–	–	–	–	–	–	–	–	5(4H)-Isoxazolone, 3-phenyl-	1076-59-1	09451
103	105	77	51	104	106	51	161	**161**	100	62	43	26	25	25	25	25		9	7	2	1	–	–	–	–	–	–	–	–	5-Isoxazolone, 3-phenyl-		L5820
103	105	77	51	106	104	133	89	**161**	100	61	43	26	26	25	16	12	0.00	9	7	2	1	–	–	–	–	–	–	–	–	5-Isoxazolol, 3-phenyl-	23253-51-2	S0140
103	161	77	51	44	104	93	76	**161**	100	55	44	22	21	18	15	12		9	7	2	1	–	–	–	–	–	–	–	–	5-Isoxazolol, 3-phenyl-		D1509
103	161	77	51	105	93	104	50	**161**	100	62	51	36	21	21	20	14		9	7	2	1	–	–	–	–	–	–	–	–	5-Isoxazolol, 3-phenyl-		05572
104	77	51	103	105	41	39	76	**161**	100	19	10	10	9	8	6	5	3.09	11	15	–	1	–	–	–	–	–	–	–	–	Benzylidenimine, α-tert-butyl-	33611-54-0	S4284
104	77	51	105	41	154	57	161	**161**	100	27	16	16	13	7	6	5		11	15	–	1	–	–	–	–	–	–	–	–	Benzylidenimine, α-tert-butyl-	33611-54-0	09693
105	104	77	161					**161**	100	34	24	20						11	15	–	1	–	–	–	–	–	–	–	–	Azetidine, 3,3-dimethyl-1-phenyl-		L6581
105	132	65	91	39	133	79	106	**161**	100	50	30	17	15	12	11	11	0.00	11	15	–	1	–	–	–	–	–	–	–	–	Cyclopropanamine, N-methyl-1-(4-methylphenyl)-	56701-44-1	T4126
105	161	78	51	52	50	104	162	**161**	100	79	47	24	11	9	7	7		7	7	–	5	–	–	–	–	–	–	–	–	N-Formimidoyl-N′-(2-pyridylformimidoyl)diimide		15820
105	161	104	133	51	77	78	52	**161**	100	70	68	38	30	27	27	25		9	7	2	1	–	–	–	–	–	–	–	–	1H-Indole-2,3-dione, 7-methyl-	1127-59-9	Q5474
106	161	77	107	51	162	104	39	**161**	100	44	16	9	7	6	5	4		10	11	1	1	–	–	–	–	–	–	–	–	2-Pyrrolidinone, 1-phenyl-	4641-57-0	R0668

MASS TO CHARGE RATIOS								M.W.	INTENSITIES								Parent	C	H	O	N	Cl	Br	F	S	P	B	Si	X	COMPOUND NAME	CAS Reg No	No
114	141	161	142	88	69	63	115	**161**	100	71	67	19	8	8	7	7		7	6	–	1	–	–	3	–	–	–	–	–	Aniline, 2-(trifluoromethyl)-	8-01-5	P6442
115	161	63	89	114	39	144	116	**161**	100	45	22	17	16	15	12	11		9	7	2	1	–	–	–	–	–	–	–	–	1H-Indene, 5-nitro-	41734-55-8	S6714
117	115	161	91	116	118	44	39	**161**	100	50	31	29	27	24	21	17		10	11	1	1	–	–	–	–	–	–	–	–	1-Cyclopropanecarboxamide, trans-2-phenyl-		16003
117	161	144	90	89	116	63	62	**161**	100	23	21	12	12	7	5	3		9	7	2	1	–	–	–	–	–	–	–	–	1H-Indole-3-carboxylic acid	771-50-6	Q4073
118	91	119	84	104	132	83	160	**161**	100	87	37	35	31	28	24	20	**16.83**	11	15	–	1	–	–	–	–	–	–	–	–	Butylamine, N-benzylidene-	1077-18-5	Q5249
118	91	119	117	104	132	84	160	**161**	100	92	34	34	27	27	25	20	**17.20**	11	15	–	1	–	–	–	–	–	–	–	–	Butylamine, N-benzylidene-	1077-18-5	Q5248
118	161	146	117	91	89	162	119	**161**	100	90	75	35	20	11	10	9		10	11	1	1	–	–	–	–	–	–	–	–	1H-Indole, 5-methoxy-2-methyl-		L3477
118	161	146	117	91	90	89	119	**161**	100	92	77	35	20	11	10	10		10	11	1	1	–	–	–	–	–	–	–	–	1H-Indole, 5-methoxy-2-methyl-	1076-74-0	Q5247
119	118	77	117	91	103	51	78	**161**	100	76	67	45	40	40	39	29	**0.50**	9	11	–	3	–	–	–	–	–	–	–	–	Cumene, α-azido-	32366-26-0	S3627
119	146	161	132	118	39	41	91	**161**	100	96	85	54	44	31	29	25		11	15	–	1	–	–	–	–	–	–	–	–	Cyclohexene, trans-1,5,5-trimethyl-3-cyanomethylene-		P2655
119	146	161	132	118	39	91	105	**161**	100	91	76	52	45	28	24	24		11	15	–	1	–	–	–	–	–	–	–	–	Cyclohexene, cis-1,5,5-trimethyl-3-cyanomethylene-		P2654
119	161	92	120	52	93	51	53	**161**	100	89	40	40	37	35	33	31		9	11	–	3	–	–	–	–	–	–	–	–	s-Triazolo[4,3-a]pyridine, 3,5,7-trimethyl-	4919-15-7	R0934
120	65	41	161	92	91	118	132	**161**	100	88	80	64	60	52	50	42		10	11	1	1	–	–	–	–	–	–	–	–	4-Penten-1-one, 1-(2-propenyl)-3-cyano-3-methyl-	69688-00-2	T7236
120	161	78	51	43	90	52	64	**161**	100	81	50	31	30	27	16	15		8	7	1	3	–	–	–	–	–	–	–	–	5-Methyl-3-(2-pyridyl)-1,2,4-oxadiazole		01151
121	161	39	65	93	105	77	51	**161**	100	89	20	20	20	13	11	10		9	7	2	1	–	–	–	–	–	–	–	–	Isoxazole, 5-(2-hydroxyphenyl)-		P1965
130	28	161	131	32	31	77	42	**161**	100	50	30	12	12	8	8	8		10	11	1	1	–	–	–	–	–	–	–	–	1H-Indole-3-ethanol	526-55-6	Q1626
130	88	56	74	118	42	86	29	**161**	100	76	53	45	30	23	21	19	**1.20**	8	19	2	1	–	–	–	–	–	–	–	–	Diethanolamine, N-butyl-	102-79-4	P7567
130	102	161	75	131	50	76	160	**161**	100	45	21	13	8	8	7	6		9	7	2	1	–	–	–	–	–	–	–	–	Benzoic acid, 4-cyano-, methyl ester		F0049
130	102	161	131	75	76	103	51	**161**	100	60	35	29	26	18	18	17		9	7	2	1	–	–	–	–	–	–	–	–	Benzoic acid, 2-cyano-, methyl ester	6587-24-2	R2389
130	161	77	103	131	31	102	51	**161**	100	15	12	9	8	8	6	4		10	11	1	1	–	–	–	–	–	–	–	–	1H-Indole-3-ethanol	526-55-6	Q1627
130	161	131	77	103	129	102	128	**161**	100	98	84	62	46	32	26	18		10	11	1	1	–	–	–	–	–	–	–	–	Tryptophol		L8328
132	104	161	77	91	131	103	27	**161**	100	66	43	34	32	25	21	19		10	16	–	1	–	–	–	–	–	1	–	–	Borane, (anilino)diethyl-	22093-18-1	R9553
132	104	161	91	77	131	103	133	**161**	100	60	42	38	32	25	20	17		10	16	–	1	–	–	–	–	–	1	–	–	Borane, (anilino)diethyl-	22093-18-1	R9552
132	146	105	104	133	91	77	41	**161**	100	31	18	17	17	12	11	10	**5.94**	11	15	–	1	–	–	–	–	–	–	–	–	2-Butanamine, N-benzylidene-	40051-50-1	S6211
132	146	105	104	133	91	89	90	**161**	100	29	17	16	15	11	7	7	**4.00**	11	15	–	1	–	–	–	–	–	–	–	–	2-Butanamine, N-benzylidene-	40051-50-1	S6212
133	77	161	104	51	105	78	50	**161**	100	65	65	60	45	45	28	25		9	7	2	1	–	–	–	–	–	–	–	–	4(3H)-Quinolinone, 3-hydroxy-	55759-82-5	T2052
133	161	104	78	51	77	52	105	**161**	100	68	55	27	25	24	20	18		9	7	2	1	–	–	–	–	–	–	–	–	1H-Indole-2,3-dione, 5-methyl-	608-05-9	Q2759
133	161	104	105	89				**161**	100	86	86	56	48					9	7	2	1	–	–	–	–	–	–	–	–	3-Aminoisocoumarin		M7110
133	161	106	78	51	104	105	77	**161**	100	72	46	30	25	24	22	21		9	7	2	1	–	–	–	–	–	–	–	–	1H-Indole-2,3-dione, 4-methyl-	1128-44-5	Q5480
133	161	106	78	104	51	77	105	**161**	100	66	42	35	28	24	22	22		9	7	2	1	–	–	–	–	–	–	–	–	1H-Indole-2,3-dione, 6-methyl-	1128-47-8	Q5481
134	93	161	41	69	79	94	39	**161**	100	76	65	50	41	40	37	34		11	15	–	1	–	–	–	–	–	–	–	–	Tricyclo[3.3.1.1$^{(3,7)}$]decane-1-carbonitrile	23074-42-2	S0054
134	161	79	91	55	57	162	69	**161**	100	96	22	17	16	16	16	14		8	7	1	3	–	–	–	–	–	–	–	–	Benzoxazine, 2-amino-3-imino-		E0020
143	133	161	115	89	105	116	63	**161**	100	93	90	85	44	34	31	30		9	7	2	1	–	–	–	–	–	–	–	–	Benzoic acid, 2-(cyanomethyl)-	6627-91-4	R2416
145	104	77	161	51				**161**	100	90	74	49	49					8	7	1	3	–	–	–	–	–	–	–	–	1,2,4-Triazole, 3-phenyl-, 4N-oxide		M8290
145	161	89	90	118	105	116	63	**161**	100	79	59	46	36	36	35	35		9	7	2	1	–	–	–	–	–	–	–	–	1(2H)-Isoquinolinone, 2-hydroxy-		05393
146	28	104	144	160	161	147	103	**161**	100	53	42	26	17	16	12	9		11	15	–	1	–	–	–	–	–	–	–	–	Isoquinoline, 2,3-dimethyl-1,2,3,4-tetrahydro-		05713
146	57	41	106	29	104	105	64.5	**161**	100	82	39	37	29	28	17	17	**14.10**	11	15	–	1	–	–	–	–	–	–	–	–	2-Propanamine, 2-methyl-N-benzylidene-		C0753
146	57	106	104	41	161	65	105	**161**	100	58	34	25	24	20	14	13		11	15	–	1	–	–	–	–	–	–	–	–	2-Propanamine, 2-methyl-N-benzylidene-	6852-58-0	R2609
146	57	106	104	77	90	105	161	**161**	100	47	37	30	17	14	13	13		11	15	–	1	–	–	–	–	–	–	–	–	Butylamine, N-benzylidene-	1077-18-5	Q5250
146	106	104	161	105	147	90	89	**161**	100	34	25	19	13	12	9	8		11	15	–	1	–	–	–	–	–	–	–	–	2-Propanamine, 2-methyl-N-benzylidene-	6852-58-0	R2610
146	118	161	117	132	91	128	77	**161**	100	74	74	50	50	47	47	44		10	11	1	1	–	–	–	–	–	–	–	–	2H-Indol-2-one, 1,3-dihydro-3,3-dimethyl-	19155-24-9	R8003
146	130	147	73	100	45	148	59	**161**	100	35	19	13	10	9	8	7	**2.71**	6	19	–	1	–	–	–	–	–	–	2	–	Disilazane, 1,1,1,3,3,3-hexamethyl-	999-97-3	Q4957
146	131	91	130	77	161	160	144	**161**	100	53	40	40	19	18	12	10		11	15	–	1	–	–	–	–	–	–	–	–	Indoline, 2,3,3-trimethyl-		L3358
146	131	130	91	77	161	147	160	**161**	100	53	40	40	19	18	14	12		11	15	–	1	–	–	–	–	–	–	–	–	Indoline, 2,3,3-trimethyl-		01441
146	147	130	65.5	148	73	100	45	**161**	100	48	17	16	13	12	5	5	**3.80**	6	19	–	1	–	–	–	–	–	–	2	–	Disilazane, 1,1,1,3,3,3-hexamethyl-		C0107
146	147	130	148	73	100	45	161	**161**	100	22	14	9	8	5	4	4		6	19	–	1	–	–	–	–	–	–	2	–	Disilazane, 1,1,1,3,3,3-hexamethyl-	999-97-3	Q4958
146	147	132	117	42	144	131	115	**161**	100	11	11	9	8	7	7	6	**3.00**	11	15	–	1	–	–	–	–	–	–	–	–	Isoquinoline, 1,2-dimethyl-1,2,3,4-tetrahydro-		05712
147	148	73	66	149	131	45	59	**161**	100	16	14	8	8	7	6	6	**0.00**	6	19	–	1	–	–	–	–	–	–	2	–	Silanamine, 1,1,1-trimethyl-N-(trimethylsilyl)-	999-97-3	08819
159	106	158	161	160	104	92	77	**161**	100	37	21	20	17	17	15	13		9	11	–	3	–	–	–	–	–	–	–	–	Pyrazole, tetrahydro-1-phenyl-3-imino-		D0907
160	28	104	91	78	128	103	130	**161**	100	99	52	50	48	38	33	31	**27.52**	10	11	1	1	–	–	–	–	–	–	–	–	9-Azabicyclo[6.4.2]deca-2,4,9-triene, 10-methoxy-		P4027
160	90	161	91	79	118	83	89	**161**	100	85	75	55	32	30	25	25		9	12	1	1	–	–	–	–	–	1	–	–	2-Methyl-1,3,2-oxazaborolidine	69597-55-3	T7160
160	104	78	91	128	103	77	130	**161**	100	48	45	45	35	28	25	24	**24.02**	10	11	1	1	–	–	–	–	–	–	–	–	4-Azatricyclo[3.3.2.0$^{(2,8)}$]deca-3,6,9-triene, 3-methoxy-	17198-09-3	R6683
160	161	84	77	42	28	105	162	**161**	100	56	54	9	8	7.	7	6		10	11	1	1	–	–	–	–	–	–	–	–	1-Propene, 2-amino-1-benzoyl-		00595
161	42	133	36	92	162	77	78	**161**	100	26	22	14	14	10	8	8		8	7	1	3	–	–	–	–	–	–	–	–	Pyrido[3,2-d]pyrimidin-4(3H)-one, 2-methyl-	3303-26-2	Q9200
161	42	133	160	162	50	105	132	**161**	100	31	22	13	13	12	12	11		8	7	1	3	–	–	–	–	–	–	–	–	Pyrido[3,4-d]pyrimidin-4(3H)-one, 3-methyl-	22389-82-8	R9686
161	52	39	65	79	105	160	51	**161**	100	66	64	52	52	50	39	30		9	11	–	3	–	–	–	–	–	–	–	–	s-Triazolo[4,3-a]pyridine, 3-ethyl-5-methyl-	4919-18-0	R0936

MASS TO CHARGE RATIOS								M.W.	INTENSITIES								Parent	C	H	O	N	Cl	Br	F	S	P	B	Si	X	COMPOUND NAME	CAS Reg No	No
161	57	59	76	162	58	75	77	**161**	100	99	13	13	13	10	6	5		9	7	–	1	–	–	–	1	–	–	–	–	**Thiazole, 2-phenyl-**	1826-11-5	**Q6844**
161	58	77	51	135	160	50	162	**161**	100	29	22	21	16	14	12	11		9	7	–	1	–	–	–	1	–	–	–	–	**Isothiazole, 3-phenyl-**	10514-34-8	**R3896**
161	76	104	50	66	117	160	77	**161**	100	46	42	27	25	19	15	14		9	7	2	1	–	–	–	–	–	–	–	–	**Phthalimide, N-methyl-**		**D1706**
161	89	116	90	104	144	162	145	**161**	100	17	17	12	11	11	11	10		9	7	2	1	–	–	–	–	–	–	–	–	**2-Quinolinol, 1-oxide**	10285-97-9	**R3717**
161	104	76	117	162	105	160	118	**161**	100	48	42	35	10	10	8	6		9	7	2	1	–	–	–	–	–	–	–	–	**Phthalimide, N-methyl-**	550-44-7	**Q1943**
161	104	77	50	78	105	76	64	**161**	100	99	87	85	75	68	64	42		8	7	1	3	–	–	–	–	–	–	–	–	**3H-1,2,3-Benzotriazin-4-one, 3-methyl-**		**M2526**
161	104	77	51	103	105	76	118	**161**	100	98	28	12	11	11	8	6		8	7	1	3	–	–	–	–	–	–	–	–	**1,2,4-Oxadiazol-5-amine, 3-phenyl-**	3663-37-4	**Q9629**
161	104	77	103	78	76	64	90	**161**	100	99	99	99	99	99	98	98		8	7	1	3	–	–	–	–	–	–	–	–	**3H-1,2,3-Benzotriazin-4-one, 3-methyl-**		**L6742**
161	104	90	80	92	77	119	64	**161**	100	99	99	99	96	96	91	91		8	7	1	3	–	–	–	–	–	–	–	–	**3H-1,2,3-Benzotriazin-4-one, 1-methyl-**		**L6740**
161	104	105	78	133	77	50	63	**161**	100	77	63	46	37	26	18	18		9	7	2	1	–	–	–	–	–	–	–	–	**1H-Indole-2,3-dione, 1-methyl-**	2058-74-4	**Q7306**
161	104	160	131	132	77	76	103	**161**	100	63	30	23	19	18	16	15		8	7	1	3	–	–	–	–	–	–	–	–	**Pyrido[2,3-d]pyrimidine, 4-methoxy-**	28732-78-7	**09769**
161	105	76	117	132	133	162	77	**161**	100	46	43	37	14	13	12	10		9	7	2	1	–	–	–	–	–	–	–	–	**Phthalimide, N-methyl-**	550-44-7	**Q1942**
161	105	78	133	77	63	50	51	**161**	100	67	40	33	29	20	17	15		9	7	2	1	–	–	–	–	–	–	–	–	**1H-Indole-2,3-dione, 1-methyl-**		**M1230**
161	116	89	90	162	144	104	145	**161**	100	17	17	12	11	11	11	10		9	7	2	1	–	–	–	–	–	–	–	–	**2(1H)-Quinolinone, 1-hydroxy-**		**05383**
161	118	146	132	160	133	131		**161**	100	71	57	25	9	7	7			10	11	1	1	–	–	–	–	–	–	–	–	**Oxindole, N,3-dimethyl-**		**L8046**
161	121	92	120	63	94	64	133	**161**	100	73	48	28	21	21	19	19		9	7	2	1	–	–	–	–	–	–	–	–	**2-Aminochromone**		**P1973**
161	128	117	101	89	162	51	75	**161**	100	91	33	28	24	23	20	18		9	7	–	1	–	–	–	1	–	–	–	–	**2(1H)-Quinolinethione**	2637-37-8	**Q8465**
161	128	133	60	74	45	77	57	**161**	100	80	68	54	46	19	16	13		4	7	–	3	–	–	–	2	–	–	–	–	**1,3,4-Thiadiazol-2-amine, 5-(ethylthio)-**	25660-70-2	**S1148**
161	132	160	133	77	104	39	105	**161**	100	40	36	28	28	25	23	21		9	7	2	1	–	–	–	–	–	–	–	–	**Isoxazole, 3-(2-hydroxyphenyl)-**		**P1966**
161	133	160	132	119	78	120	146	**161**	100	47	32	25	14	10	10	10		9	11	–	3	–	–	–	–	–	–	–	–	**Cyclopenta[4,5]pyrrolo[1,2-b][1,2,4]triazole, 4a,5,6,7,7a,8-hexahydro-8-methylene-**	50872-97-4	**S7512**
161	134	160	162	90	67	89	63	**161**	100	25	15	14	9	8	8	7		9	7	–	1	–	–	–	1	–	–	–	–	**Isothiazole, 4-phenyl-**	936-46-9	**Q4713**
161	134	160	162	90	67	89	163	**161**	100	25	15	14	9	8	8	7		9	7	–	1	–	–	–	1	–	–	–	–	**Isothiazole, 4-phenyl-**		**L5417**
161	142	114	111	160	162	65	140	**161**	100	21	21	11	8	8	6	6		7	6	–	1	–	–	3	–	–	–	–	–	**Aniline, 3-(trifluoromethyl)-**	98-16-8	**P7157**
161	144	89	116	162	63	145	39	**161**	100	88	26	22	18	14	13	9		9	7	2	1	–	–	–	–	–	–	–	–	**1H-Indole-3-carboxylic acid**		**05042**
161	160	117	78	162	116	128	89	**161**	100	40	26	12	12	10	10	8		9	7	–	1	–	–	–	1	–	–	–	–	**Pyridine, 3-(2-thienyl)-**	21298-53-3	**R9217**
161	162	89	63	77	76	103	114	**161**	100	10	10	7	7	6	5	4		9	7	2	1	–	–	–	–	–	–	–	–	**Benzene, 1-nitro-4-(1-propynyl)-**	28289-83-0	**S2018**
161	163	43	90	40	44	63	58	**161**	100	66	63	42	37	32	27	19		6	5	–	1	2	–	–	–	–	–	–	–	**Aniline, 2,5-dichloro-**	95-82-9	**P6994**
161	163	90	63	62	126	99	125	**161**	100	65	39	21	14	13	13	11		6	5	–	1	2	–	–	–	–	–	–	–	**Aniline, 2,6-dichloro-**	608-31-1	**Q2765**
161	163	90	63	99	126	62	40	**161**	100	63	27	23	21	21	13	11		6	5	–	1	2	–	–	–	–	–	–	–	**Aniline, 3,4-dichloro-**	95-76-1	**P6987**
161	163	90	63	99	126	62	52	**161**	100	56	35	30	22	17	15	13		6	5	1	–	2	–	–	–	–	–	–	–	**Aniline, 2,5-dichloro-**		**P6995**
161	163	90	63	99	126	62	73	**161**	100	60	39	38	28	22	21	13		6	5	–	1	2	–	–	–	–	–	–	–	**Aniline, 3,5-dichloro-**	626-43-7	**Q3214**
161	163	90	63	99	165	52	62	**161**	100	63	23	21	16	10	9	9		6	5	–	1	2	–	–	–	–	–	–	–	**Aniline, 2,5-dichloro-**		**D1574**
161	163	90	63	99	165	126	80.5	**161**	100	63	17	14	13	11	11	10		6	5	–	1	2	–	–	–	–	–	–	–	**Aniline, dichloro-**		**D0009**
161	163	90	99	63	165	126	127	**161**	100	62	16	11	11	10	10	8		6	5	–	1	2	–	–	–	–	–	–	–	**Aniline, 2,3-dichloro-**	608-27-5	**Q2764**
161	163	90	99	126	63	40	44	**161**	100	64	28	25	22	20	16	15		6	5	–	1	2	–	–	–	–	–	–	–	**Aniline, 2,4-dichloro-**	554-00-7	**Q1990**
161	163	90	99	126	165	62	125	**161**	100	65	26	22	17	10	10	9		6	5	–	1	2	–	–	–	–	–	–	–	**Aniline, 3,5-dichloro-**	626-43-7	**Q3215**
161	163	99	90	165	126	63	162	**161**	100	64	14	12	10	10	8	8		6	5	–	1	2	–	–	–	–	–	–	–	**Aniline, 3,4-dichloro-**	95-76-1	**P6988**
29	39	94	31	43	68	65	55	**162**	100	99	95	85	70	70	60	58	**0.00**	7	14	4	–	–	–	–	–	–	–	–	–	**Methyl-2-deoxy-L-fucoside**		**P4043**
29	41	57	27	89	106	63	39	**162**	100	97	55	43	41	30	27	26	**4.00**	8	18	1	–	–	–	–	1	–	–	–	–	**Dibutyl sulphoxide**	2168-93-6	**Q7534**
29	45	57	41	31	43	39	56	**162**	100	96	76	56	38	26	18	15	**0.00**	8	18	3	–	–	–	–	–	–	–	–	–	**Ethanol, 2-(2-butoxyethoxy)-**	112-34-5	**H0497**
38	29	94	31	43	68	65	54	**162**	100	99	95	85	70	70	60	58	**0.00**	7	14	4	–	–	–	–	–	–	–	–	–	**Methyl-2-deoxy-L-fucoside**		**L2848**
41	29	56	57	27	61	39	55	**162**	100	70	65	57	41	40	33	33	**3.00**	8	18	1	–	–	–	–	1	–	–	–	–	**Dibutyl sulphoxide**	2168-93-6	**Q7535**
41	39	67	55	82	83	27	42	**162**	100	63	60	53	41	37	35	20	**0.70**	6	11	–	–	–	1	–	–	–	–	–	–	**1-Hexene, 5-bromo-**		**C0978**
41	39	121	120	18	65	76	92	**162**	100	50	29	28	16	15	14	13	**1.04**	10	10	2	–	–	–	–	–	–	–	–	–	**2-Allyloxybenzaldehyde**		**Z1070**
41	55	39	83	67	54	27	82	**162**	100	94	62	61	47	37	34	32	**3.20**	6	11	–	–	–	1	–	–	–	–	–	–	**1-Hexene, 6-bromo-**		**C0980**
41	55	43	39	42	57	84	82	**162**	100	99	78	52	49	48	40	33	**0.00**	8	15	1	–	1	–	–	–	–	–	–	–	**Octanoyl chloride**	111-64-8	**P8554**
41	56	27	43	39	55	83	53	**162**	100	72	70	67	58	42	26	23	**18.60**	6	11	–	–	–	1	–	–	–	–	–	–	**1-Hexene, 1-bromo-, (E)-**	13154-13-7	**R4300**
41	69	39	27	53	28	67	68	**162**	100	78	25	19	16	16	13	8	**0.00**	6	11	–	–	–	1	–	–	–	–	–	–	**1-Pentene, 3-bromo-4-methyl-**	815-47-4	**Q4185**
41	69	97	57	70	79	55	43	**162**	100	93	60	50	33	33	29	29	**1.91**	6	10	3	–	–	–	–	1	–	–	–	–	**1,2-Cyclohexanediol, cyclic sulphite, trans-**	19456-19-0	**R8160**
41	69	97	57	79	70	29	27	**162**	100	91	59	50	35	33	32	31	**1.98**	6	10	3	–	–	–	–	1	–	–	–	–	**1,2-Cyclohexanediol, cyclic sulphite, trans-**	19456-19-0	**R8159**
41	91	105	133	55	77	119	39	**162**	100	86	86	68	56	55	52	50	**37.00**	12	18	–	–	–	–	–	–	–	–	–	–	**3,4-Nonadien-6-yne, 5-ethyl-3-methyl-**	61227-88-1	**T5605**
41	97	69	42	79	55	67	70	**162**	100	90	88	65	65	62	57	50	**2.38**	6	10	3	–	–	–	–	1	–	–	–	–	**1,2-Cyclohexanediol, cyclic sulphite, cis-**	19456-18-9	**R8158**
41	97	69	79	42	55	67	70	**162**	100	91	90	67	66	62	57	51	**2.00**	6	10	3	–	–	–	–	1	–	–	–	–	**1,2-Cyclohexanediol, cyclic sulphite, cis-**	19456-18-9	**R8157**

MASS TO CHARGE RATIOS								M.W.	INTENSITIES								Parent	C	H	O	N	Cl	Br	F	S	P	B	Si	X	COMPOUND NAME	CAS Reg No	No
41	106	29	39	45	162	72	27	**162**	100	70	45	33	26	24	18	16		7	14	–	–	–	–	–	2	–	–	–	–	sec-Butyl trans-prop-1-enyl disulphide		L6102
41	106	29	45	58	162	72	59	**162**	100	69	48	33	29	23	20	16		7	14	–	–	–	–	–	2	–	–	–	–	sec-Butyl cis-prop-1-enyl disulphide		L6101
41	162	39	121	65	161	18	133	**162**	100	50	23	18	10	8	8	7		10	10	2	–	–	–	–	–	–	–	–	–	4-Allyloxybenzaldehyde		Z1068
41	162	161	39	121	133	65	51	**162**	100	69	26	24	20	11	10	8		10	10	2	–	–	–	–	–	–	–	–	–	2,3-Dihydro-2-methyl-5-benzofurancarboxaldehyde		Z1071
42	30	88	117	43	44	60	31	**162**	100	53	48	29	27	26	23	23	**3.14**	4	6	5	2	–	–	–	–	–	–	–	–	Glycine, N-(carboxymethyl)-N-nitroso-	25081-31-6	S0926
42	33	58	117	97	162	115	40	**162**	100	69	25	14	14	13	12	12		5	10	–	2	–	–	–	2	–	–	–	–	3,7-Dithia-1,5-diazabicyclo[3.3.1]nonane		D2610
42	44	43	57	89	162	72	41	**162**	100	42	35	28	26	14	14	11		5	10	–	2	–	–	–	2	–	–	–	–	2H-1,3,5-Thiadiazine-2-thione, tetrahydro-3,5-dimethyl-	533-74-4	Q1703
42	135	162	67	53	80	52	78	**162**	100	87	87	35	27	20	17	14		7	6	1	4	–	–	–	–	–	–	–	–	4(1H)-Pteridinone, 6-methyl-	16041-24-0	R5996
43	29	27	31	42	60	45	15	**162**	100	96	76	74	61	58	46	31	**0.00**	8	18	3	–	–	–	–	–	–	–	–	–	Ethane, 1,1,1-triethoxy-	78-39-7	H0089
43	45	42	60	61	46	116	44	**162**	100	66	34	30	22	18	7	5	**0.00**	8	18	3	–	–	–	–	–	–	–	–	–	Ethane, 1,1,1-triethoxy-	78-39-7	P5868
43	45	60	42	61	46	116	44	**162**	100	68	30	22	22	19	7	5	**0.00**	8	18	3	–	–	–	–	–	–	–	–	–	Ethane, 1,1,1-triethoxy-	78-39-7	P5867
43	47	70	29	41	71	27	55	**162**	100	38	37	36	34	30	24	23	**4.00**	7	14	2	–	–	–	–	1	–	–	–	–	Isopentyl mercaptoacetate		02003
43	71	91	70	92	29	41	39	**162**	100	98	78	59	56	21	20	20	**6.01**	12	18	–	–	–	–	–	–	–	–	–	–	Benzene, (2,2-dimethylbutyl)-	28080-86-6	H1918
43	84	45	83	39	55	41	46	**162**	100	34	14	12	9	7	6	5	**4.00**	6	10	1	–	–	–	–	2	–	–	–	–	1,3-Dithiolo[4,5-b]furan, tetrahydro-3a-methyl-	67411-25-0	T6817
43	84	83	41	42	54	55	53	**162**	100	58	24	21	14	14	13	12	**0.00**	7	14	2	–	–	–	–	1	–	–	–	–	1,3-Oxathiolane-2-propanol, 2-methyl-	36651-30-6	S5324
43	84	83	103	31				**162**	100	58	29	1	1				**0.00**	7	14	2	–	–	–	–	1	–	–	–	–	5-Hydroxy-2-pentanone hemithioethyleneketal		M4568
43	91	50	120	162	64	65	76	**162**	100	42	40	30	25	15	15	13		10	10	2	–	–	–	–	–	–	–	–	–	2-Hydroxy-2-methyl-1-indanone		14635
43	91	71	27	39	41	77	105	**162**	100	57	50	20	19	19	15	14	**8.11**	11	14	1	–	–	–	–	–	–	–	–	–	2-Butanone, 3-methyl-1-phenyl-	2893-05-2	H1368
44	83	85	36	28	47	38	87	**162**	100	73	47	32	14	14	11	8	**0.00**	2	1	2	–	3	–	–	–	–	–	–	–	Trichloracetic acid		Z1050
44	162	67	42	43	107	135	80	**162**	100	50	24	22	20	20	18	17		7	6	1	4	–	–	–	–	–	–	–	–	4(1H)-Pteridinone, 6-methyl-	16041-24-0	R5995
45	31	69	63	67	46	51	33	**162**	100	7	6	4	4	3	3	2	**0.40**	4	6	1	–	1	–	3	–	–	–	–	–	2-Chloro-2,3,3-trifluoro-methoxypropane		A0749
45	59	72	31	43	73	29	28	**162**	100	53	45	45	43	43	25	15	**0.00**	8	18	3	–	–	–	–	–	–	–	–	–	Bis(2-ethoxyethyl) ether	112-36-7	P8685
45	59	73	72	31	29	43	44	**162**	100	38	35	35	28	20	11	10	**0.05**	8	18	3	–	–	–	–	–	–	–	–	–	Bis(2-ethoxyethyl) ether		F0235
45	60	29	15	31	42	28	46	**162**	100	22	19	14	8	4	3	3	**0.00**	6	10	5	–	–	–	–	–	–	–	–	–	Methoxyacetic anhydride		Z1067
45	61	117	57	41	71	58	85	**162**	100	48	42	25	19	17	15	11	**0.00**	7	14	4	–	–	–	–	–	–	–	–	–	Methyl 2-deoxy-5-O-methyl-β-D-erythro-pentofuranoside		L3822
45	117	61	57	41	71	85	70	**162**	100	61	31	20	15	15	13	11	**0.00**	7	14	4	–	–	–	–	–	–	–	–	–	Methyl 3-deoxy-5-O-methyl-β-D-erythro-pentofuranoside		L3823
51	162	119	147	118	144	145	143	**162**	100	72	71	54	36	30	20	17		9	10	1	2	–	–	–	–	–	–	–	–	2-(1-Hydroxyethyl)benzimidazole		02066
54	39	41	67	79	80	93	53	**162**	100	51	51	47	42	31	27	15	**8.11**	12	18	–	–	–	–	–	–	–	–	–	–	Cyclododecatriene	27070-59-3	S1603
54	39	79	67	41	80	93	91	**162**	100	73	63	53	46	41	39	30	**3.50**	12	18	–	–	–	–	–	–	–	–	–	–	1,5,9-Cyclododecatriene	4904-61-4	R0926
54	67	39	93	41	79	80	27	**162**	100	96	90	78	68	66	56	53	**14.26**	12	18	–	–	–	–	–	–	–	–	–	–	1,5,9-Cyclododecatriene, (E,E,E)-		V0266
54	67	79	93	80	39	41	91	**162**	100	34	27	24	24	17	15	9	**3.65**	12	18	–	–	–	–	–	–	–	–	–	–	1,5,9-Cyclododecatriene, (E,E,E)-	676-22-2	Q3670
54	79	67	80	93	39	41	91	**162**	100	55	51	38	33	28	27	18	**6.09**	12	18	–	–	–	–	–	–	–	–	–	–	1,5,9-Cyclododecatriene, (E,E,Z)-	706-31-0	Q3803
54	79	67	80	93	39	41	91	**162**	100	74	64	49	42	37	35	28	**5.98**	12	18	–	–	–	–	–	–	–	–	–	–	1,5,9-Cyclododecatriene, (E,Z,Z)-	2765-29-9	Q8623
54	79	67	80	93	41	39	91	**162**	100	89	75	69	48	41	40	32	**1.56**	12	18	–	–	–	–	–	–	–	–	–	–	1,5,9-Cyclododecatriene, (Z,Z,Z)-	4736-48-5	R0779
54	79	67	93	41	91	80	39	**162**	100	99	74	58	52	46	45	41	**1.49**	12	18	–	–	–	–	–	–	–	–	–	–	Cyclooctene, 5,6-divinyl-	46045-35-6	S7109
54	105	40	42	28	39	87	55	**162**	100	74	41	39	34	31	29	16	**0.00**	5	10	2	2	–	–	–	1	–	–	–	–	Ethanimidothioic acid, N-[[(methylamino)carbonyl]oxy]-, methyl ester	16752-77-5	R6436
55	41	27	43	29	42	39	57	**162**	100	78	77	60	51	41	38	37	**0.10**	8	15	1	–	1	–	–	–	–	–	–	–	Octanoyl chloride	111-64-8	H0468
55	41	83	39	67	82	54	42	**162**	100	86	58	38	25	25	22	15	**3.03**	6	11	–	–	–	1	–	–	–	–	–	–	1-Hexene, 6-bromo-	2695-47-8	Q8547
55	41	97	42	27	39	29	70	**162**	100	35	34	29	26	24	20	13	**0.00**	10	14	–	2	–	–	–	–	–	–	–	–	Propanedinitrile, (2-methylcyclohexyl)-	74764-54-8	T8518
55	56	41	42	43	69	27	84	**162**	100	75	74	63	60	55	42	36	**0.50**	10	14	–	2	–	–	–	–	–	–	–	–	2-Butyl-2-methyl-1,1-cyclopropanedicarbonitrile		01305
55	84	41	78	56	67	79	107	**162**	100	74	48	42	34	25	19	13	**0.00**	9	10	1	2	–	–	–	–	–	–	–	–	2,3-Dicyano-1-oxaspiro[3,4]octane		L9623
57	41	29	56	162	106	45	27	**162**	100	31	20	13	12	12	10	10		7	14	2	–	–	–	–	1	–	–	–	–	Propionic acid, 3-(tert-butylthio)-		05580
57	45	41	29	75	56	87	89	**162**	100	99	29	25	23	18	16	12	**0.00**	8	18	3	–	–	–	–	–	–	–	–	–	Ethanol, 1-(2-butoxyethoxy)-	54446-78-5	S9104
57	45	75	29	56	41	87	72	**162**	100	86	18	17	16	15	12	10	**0.00**	8	18	3	–	–	–	–	–	–	–	–	–	Ethanol, 2-(2-butoxyethoxy)-	112-34-5	P8684
57	55	106	41	99	70	43	127	**162**	100	40	34	32	19	18	17	15	**0.00**	8	15	1	–	1	–	–	–	–	–	–	–	Hexanoyl chloride, 2-ethyl-	760-67-8	Q3961
57	73	45	74	86	61	87	69	**162**	100	74	54	50	37	33	32	31	**14.90**	6	10	3	–	–	–	–	1	–	–	–	–	D-Fructose, 1,3,6-trideoxy-3,6-epithio-	55780-98-8	T2108
57	85	58	43	41	29	142	39	**162**	100	85	36	35	32	18	11	10	**0.00**	8	18	3	–	–	–	–	–	–	–	–	–	Ethanol, 2-(2-butoxyethoxy)-		F0244
57	91	41	43	106	162	105	65	**162**	100	89	31	29	27	25	21	15		12	18	–	–	–	–	–	–	–	–	–	–	Benzene, (3,3-dimethylbutyl)-		Y1960
57	91	43	41	106	162	105	65	**162**	100	82	51	41	27	27	21	17		12	18	–	–	–	–	–	–	–	–	–	–	Benzene, (3,3-dimethylbutyl)-	17314-92-0	R6843
57	91	106	162	43	105	41	71	**162**	100	85	37	36	29	23	20	14		12	18	–	–	–	–	–	–	–	–	–	–	Benzene, (3,3-dimethylbutyl)-	17314-92-0	R6844
57	106	41	29	162	58	56	163	**162**	100	20	14	11	10	7	5	5		8	19	1	–	–	–	–	–	1	–	–	–	Phosphine oxide, di-tert-butyl-	684-19-5	Q3691
57	106	41	162	29	58	56	163	**162**	100	22	16	12	11	7	6	6		8	19	1	–	–	–	–	–	1	–	–	–	Phosphine oxide, di-tert-butyl-	684-19-5	Q3692
58	105	32	42	88	47	59	45	**162**	100	97	33	28	26	20	15	11	**6.26**	5	10	2	2	–	–	–	1	–	–	–	–	Ethanimidothioic acid, N-[[(methylamino)carbonyl]oxy]-, methyl ester	16752-77-5	R6438
58	105	42	88	47	45	28	59	**162**	100	96	26	22	18	14	14	12	**4.24**	5	10	2	2	–	–	–	1	–	–	–	–	Ethanimidothioic acid, N-[[(methylamino)carbonyl]oxy]-, methyl ester		Y2400
59	45	31	73	103	60	29	41	**162**	100	51	28	20	19	12	11	10	**0.00**	8	18	3	–	–	–	–	–	–	–	–	–	2-Propanol, 1-(2-ethoxypropoxy)-		Z1078
59	62	101	17	74	145	100	16	**162**	100	82	78	73	61	40	36	32	**3.00**	6	10	1	–	–	–	–	2	–	–	–	–	S-Ethyl 3-thiobut-2-ene-thioate		L6178

MASS TO CHARGE RATIOS								M.W.	INTENSITIES								Parent	C	H	O	N	Cl	Br	F	S	P	B	Si	X	COMPOUND NAME	CAS Reg No	No
59	62	101	44	29	45	47	39	**162**	100	80	79	75	75	74	66	62	**2.40**	6	10	1	–	–	–	–	2	–	–	–	–	Acetoacetic acid, 1,3-dithio-, S-ethyl ester	20383-01-1	R8648
66	79	94	93	162	67	41	91	**162**	100	57	47	44	41	38	38	35		12	18	–	–	–	–	–	–	–	–	–	–	2-Methyl-5,8-methylene-1,4,4a,5,6,7,8,8a-octahydro-naphthalene		C1614
67	41	54	79	93	82	81	80	**162**	100	59	56	52	51	38	35	33	**6.80**	12	18	–	–	–	–	–	–	–	–	–	–	endo,endo-2,6-Divinyl-cis-bicyclo[3.3.0]octane		01606
67	66	95	96	162	91	41	39	**162**	100	72	38	27	26	18	14	13		11	14	1	–	–	–	–	–	–	–	–	–	Bis(cyclopent-1-enyl)ketone		C1910
68	132	69	67	39	47	41	162	**162**	100	51	45	41	25	24	22	19		6	11	3	–	–	–	–	–	1	–	–	–	4-Ethyl-2,6,7-trioxa-1-phosphabicyclo[2.2.2]octane		01494
69	39	27	55	41	29	53	26	**162**	100	86	40	21	18	17	14	13	**0.00**	5	7	1	–	–	1	–	–	–	–	–	–	1-Propyne, 3-(2-bromoethoxy)-	18668-74-1	06912
69	41	39	94	162	68	65	70	**162**	100	31	21	20	15	11	8	6		10	10	2	–	–	–	–	–	–	–	–	–	2-Butenoic acid, phenyl ester	46117-37-7	S7110
69	41	94	162	65	77	51	82	**162**	100	95	20	18	12	5	4	2		10	10	2	–	–	–	–	–	–	–	–	–	2-Propenoic acid, 2-methyl-, phenyl ester	2177-70-0	Q7547
70	43	44	133	162	42	106	117	**162**	100	72	43	43	32	29	29	29		5	11	2	2	–	–	–	–	1	–	–	–	Ethyl N,N-dimethylphosphoramidocyanidate		16706
71	43	91	41	65	162	39	72	**162**	100	90	32	13	13	11	8	5		11	14	1	–	–	–	–	–	–	–	–	–	2-Pentanone, 1-phenyl-	6683-92-7	R2467
71	91	43	27	39	77	105	106	**162**	100	53	29	26	23	22	19	18	**15.57**	11	14	1	–	–	–	–	–	–	–	–	–	2-Pentanone, 1-phenyl-		04307
71	103	43	61	59	33	31	42	**162**	100	96	91	50	33	27	16	14	**0.00**	6	10	5	–	–	–	–	–	–	–	–	–	Dimethyl malate		D1664
72	44	15	18	115	42	162	145	**162**	100	65	43	28	28	27	26	23		5	10	2	2	–	–	–	1	–	–	–	–	Ethanimidothioic acid, 2-(dimethylamino)-N-hydroxy-2-oxo-, methyl ester	30558-43-1	S2928
73	58	45	103	72	41	59	85	**162**	100	50	41	27	24	19	18	13	**0.00**	8	18	3	–	–	–	–	–	–	–	–	–	Pentane, 1,2,3-trimethoxy-		02468
73	75	103	147	44	59	43	62	**162**	100	86	80	40	28	24	20	10	**1.00**	7	18	2	–	–	–	–	–	–	–	1	–	Silane, (2-ethoxyethoxy)trimethyl-		L3498
73	75	103	147	45	59	43	61	**162**	100	87	80	42	28	23	20	11	**0.04**	7	18	2	–	–	–	–	–	–	–	1	–	Silane, (2-ethoxyethoxy)trimethyl-	16654-45-8	R6307
73	75	103	147	45	59	43	61	**162**	100	87	79	44	35	27	25	11	**0.00**	7	18	2	–	–	–	–	–	–	–	1	–	Silane, (2-ethoxyethoxy)trimethyl-	16654-45-8	R6306
74	86	57	59	58	45	43	85	**162**	100	37	35	27	26	23	13	13	**0.90**	7	14	4	–	–	–	–	–	–	–	–	–	D-Cymarose	13089-76-4	R4191
74	101	55	29	57	43	131	105	**162**	100	84	74	69	59	56	50	49	**0.00**	8	18	3	–	–	–	–	–	–	–	–	–	Pentane, 1,1,1-trimethoxy-	13820-09-2	R4753
74	101	131	105	85	31	87	32	**162**	100	85	50	49	37	34	30	20	**0.00**	8	18	3	–	–	–	–	–	–	–	–	–	Pentane, 1,1,1-trimethoxy-		Z1081
74	130	86	57	58	59	45	145	**162**	100	56	37	35	28	28	24	16	**10.00**	7	14	4	–	–	–	–	–	–	–	–	–	D-Cymarose		M3331
75	45	85	71	55	41	86	72	**162**	100	95	47	41	22	13	12	8	**0.00**	8	18	3	–	–	–	–	–	–	–	–	–	Pentane, 1,2,3-trimethoxy-	20637-28-9	R8805
75	45	85	71	55	41	86	72	**162**	100	94	46	41	23	13	12	8	**0.00**	8	18	3	–	–	–	–	–	–	–	–	–	1-Methoxy-2,2-bis(methoxymethyl)propane		02475
77	104	51	50	76	162	105	78	**162**	100	97	36	19	12	11	9	9		8	6	2	2	–	–	–	–	–	–	–	–	Sydnone, 3-phenyl-	120-06-9	P9043
77	104	51	162	50	78	52	105	**162**	100	84	50	32	25	21	17	12		8	6	2	2	–	–	–	–	–	–	–	–	Sydnone, 3-phenyl-	120-06-9	P9042
77	133	132	162	51	134	105	78	**162**	100	93	23	21	15	9	8	8		10	15	1	–	–	–	–	–	–	1	–	–	Borinic acid, diethyl-, phenyl ester	74685-90-8	T8406
78	28	51	77	52	37	38	26	**162**	100	99	54	29	25	15	12	12	**2.00**	4	2	–	8	–	–	–	–	–	–	–	–	6-Azidotetrazolo[1,5-b]pyridazine		M0327
78	162	131	161	104	103	77	135	**162**	100	33	10	9	9	7	5	4		10	10	2	–	–	–	–	–	–	–	–	–	1,3-Benzodioxole, 5-(1-propenyl)-		Z1051
79	41	80	91	93	39	54	67	**162**	100	71	59	58	52	41	39	37	**0.42**	12	18	–	–	–	–	–	–	–	–	–	–	Spiro[2.9]dodeca-4,8-diene	62108-42-3	T5869
79	41	91	39	93	77	80	54	**162**	100	94	90	83	74	60	48	47	**0.70**	12	18	–	–	–	–	–	–	–	–	–	–	Spiro[2.9]dodeca-4,8-diene	62108-42-3	T5868
79	54	67	93	41	91	80	39	**162**	100	75	66	64	59	56	48	47	**10.85**	12	18	–	–	–	–	–	–	–	–	–	–	Cyclooctene, 5,6-divinyl-, cis-	53264-72-5	S8365
79	54	67	93	91	41	80	39	**162**	100	82	68	60	49	49	42	38	**1.01**	12	18	–	–	–	–	–	–	–	–	–	–	Cyclooctene, 5,6-divinyl-, trans-	53264-71-4	S8364
79	67	93	54	91	41	133	80	**162**	100	83	73	69	65	61	56	44	**1.49**	12	18	–	–	–	–	–	–	–	–	–	–	Cyclohexane, 1,2,4-trivinyl-	2855-27-8	Q8738
79	67	93	80	41	91	39	95	**162**	100	62	55	51	41	33	27	26	**5.18**	12	18	–	–	–	–	–	–	–	–	–	–	1,4,8-Dodecatriene, (E,E,E)-	24252-85-5	S0507
79	67	93	91	133	54	41	80	**162**	100	81	78	71	71	64	57	43	**1.33**	12	18	–	–	–	–	–	–	–	–	–	–	Cyclohexane, 1,2,4-trivinyl-	2855-27-8	Q8739
79	93	91	41	105	77	39	67	**162**	100	90	63	50	42	42	37	34	**2.16**	12	18	–	–	–	–	–	–	–	–	–	–	Cyclohexane, 1,5-divinyl-3-methyl-2-methylene-, (1α,3α,5α)-	74742-35-1	T8428
80	91	69	41	79	162	77	120	**162**	100	85	84	82	70	60	57	53		11	14	1	–	–	–	–	–	–	–	–	–	2(1H)-Naphthalenone, 4a,5,8,8a-tetrahydro-4a-methyl-, trans-	17429-21-9	R6970
81	80	41	79	53	39	27	77	**162**	100	56	22	22	15	13	12	8	**0.00**	12	18	–	–	–	–	–	–	–	–	–	–	Bi-2-cyclohexen-1-yl	1541-20-4	Q6186
81	80	79	53	41	27	39	77	**162**	100	52	15	13	13	9	9	8	**0.27**	12	18	–	–	–	–	–	–	–	–	–	–	Bi-2-cyclohexen-1-yl	1541-20-4	06844
83	55	41	39	67	54	84	27	**162**	100	46	21	9	9	7	6	5	**1.16**	6	11	–	–	–	1	–	–	–	–	–	–	Bromocyclohexane		Z1066
83	55	41	39	84	27	67	54	**162**	100	49	26	10	7	7	5	5	**1.19**	6	11	–	–	–	1	–	–	–	–	–	–	Bromocyclohexane		04599
83	55	41	54	67	53	84	40	**162**	100	76	54	12	11	8	6	5	**1.00**	6	11	–	–	–	1	–	–	–	–	–	–	Bromocyclohexane	108-85-0	P8160
83	84	47	129	86	48	127	49	**162**	100	64	20	11	10	9	8	6	**0.33**	1	1	–	–	2	1	–	–	–	–	–	–	Methane, bromodichloro-	75-27-4	P5593
83	85	47	35	36	48	49	87	**162**	100	66	38	19	16	16	13	10	**0.00**	2	1	2	–	3	–	–	–	–	–	–	–	Trichloroacetic acid		D1486
83	85	47	48	129	127	87	79	**162**	100	65	23	14	13	10	10	9	**0.60**	1	1	–	–	2	1	–	–	–	–	–	–	Methane, bromodichloro-		A0120
83	85	129	47	127	87	48	79	**162**	100	66	17	16	13	11	11	7	**0.60**	1	1	–	–	2	1	–	–	–	–	–	–	Methane, bromodichloro-	75-27-4	P5591
84	42	133	162	161	51	119	65	**162**	100	99	99	50	39	30	29	27		10	14	–	2	–	–	–	–	–	–	–	–	Nicotine	54-11-5	P4653
84	105	106	133	28	119	162	161	**162**	100	58	45	42	36	32	31	22		10	14	–	2	–	–	–	–	–	–	–	–	Pyridine, 3-(2-piperidinyl)-, (S)-	494-52-0	H0727
84	105	106	133	119	162	41	39	**162**	100	59	47	44	33	32	26	25		10	14	–	2	–	–	–	–	–	–	–	–	Pyridine, 3-(2-piperidinyl)-, (S)-	494-52-0	Q1244
84	133	42	162	161	28	39	51	**162**	100	27	20	19	18	17	9	7		10	14	–	2	–	–	–	–	–	–	–	–	Nicotine	54-11-5	P4654
84	133	162	161	158	85	119	42	**162**	100	24	19	15	8	6	5	4		10	14	–	2	–	–	–	–	–	–	–	–	Nicotine	54-11-5	P4656
89	56	41	29	57	88	87	162	**162**	100	64	59	50	50	44	32	31		7	14	2	–	–	–	–	1	–	–	–	–	Propionic acid, 3-(sec-butylthio)-	24383-15-1	S0571
89	56	57	61	41	55	45	88	**162**	100	57	54	42	38	29	25	23	**7.60**	7	14	2	–	–	–	–	1	–	–	–	–	Propionic acid, 3-(isobutylthio)-	23246-19-7	S0136
89	56	57	61	41	55	45	106	**162**	100	57	54	42	38	28	25	22	**7.36**	7	14	2	–	–	–	–	1	–	–	–	–	Propionic acid, 3-(isobutylthio)-		L7589
89	57	56	41	29	88	87	162	**162**	100	74	63	58	50	44	31	30		7	14	2	–	–	–	–	1	–	–	–	–	Propionic acid, 3-(sec-butylthio)-		L7590
89	57	56	41	29	88	162	87	**162**	100	74	64	60	51	44	32	32		7	14	2	–	–	–	–	1	–	–	–	–	Propionic acid, 3-(sec-butylthio)-		L6782

MASS TO CHARGE RATIOS								M.W.	INTENSITIES								Parent	C	H	O	N	Cl	Br	F	S	P	B	Si	X	COMPOUND NAME	CAS Reg No	No
89	61	56	55	41	27	29	45	162	100	99	87	80	71	69	60	53	17.00	7	14	2	–	–	–	–	1	–	–	–	–	Propionic acid, 3-(butylthio)-		05579
89	61	56	55	41	162			162	100	99	86	80	51	16				7	14	2	–	–	–	–	1	–	–	–	–	Propionic acid, 3-(butylthio)-		L6783
89	74	61	55	162	45	41	47	162	100	90	67	51	50	28	26	24		7	14	2	–	–	–	–	1	–	–	–	–	Acetic acid, (butylthio)-, methyl ester	10309-14-5	R3732
89	74	162	57	45	41	55	43	162	100	81	68	58	47	43	37	30		7	14	2	–	–	–	–	1	–	–	–	–	Acetic acid, (isobutylthio)-, methyl ester	20600-66-2	R8772
89	74	162	57	47	43	55	103	162	100	81	66	56	46	43	35	30		7	14	2	–	–	–	–	1	–	–	–	–	Propionic acid, 3-(isobutylthio)-		L6784
89	135	63	90	116	79	91	77	162	100	80	41	39	38	34	30	29	2.03	8	6	2	2	–	–	–	–	–	–	–	–	2-Nitrobenzyl cyanide	610-66-2	Q2797
90	118	162	89	63	134	62	64	162	100	71	63	57	43	37	19	18		9	6	3	–	–	–	–	–	–	–	–	–	3-Methylphthalic anhydride		D0718
91	2	119	133	162	41	92	39	162	100	28	21	14	11	10	8	7		12	18	–	–	–	–	–	–	–	–	–	–	3-Phenylhexane		Y1189
91	43	41	119	65	79	77	92	162	100	69	52	47	22	22	17	17	16.00	11	14	1	–	–	–	–	–	–	–	–	–	endo-4-Acetyltetracyclo[6.1.0$^{(2,6)}$.0$^{(5,9)}$]nonane		B0559
91	43	55	41	57	69	29	56	162	100	58	40	37	26	24	17	15	0.30	9	19	–	–	1	–	–	–	–	–	–	–	1-Chlorononane		L0516
91	43	55	41	93	57	69	29	162	100	58	40	37	33	26	24	17	0.27	9	19	–	–	1	–	–	–	–	–	–	–	1-Chlorononane		Z1074
91	79	41	105	39	134	77	119	162	100	87	57	56	47	43	41	41	0.83	12	18	–	–	–	–	–	–	–	–	–	–	Dispiro[2.0.2.5]undecane, 8-methylene-	51567-09-0	S7702
91	79	41	105	119	39	77	134	162	100	80	52	51	49	40	39	38	1.42	12	18	–	–	–	–	–	–	–	–	–	–	Dispiro[2.1.2.4]undecane, 8-methylene-	51567-08-9	S7701
91	92	162	43	105	27	65	41	162	100	72	22	14	11	10	10	9		12	18	–	–	–	–	–	–	–	–	–	–	1-Phenylhexane		03509
91	92	162	105	43	65	27	78	162	100	76	24	10	10	7	7	6		12	18	–	–	–	–	–	–	–	–	–	–	1-Phenylhexane		V0058
91	92	162	118	117	104	129	65	162	100	33	33	24	19	16	14	11		11	14	1	–	–	–	–	–	–	–	–	–	Benzenepentanal	36884-28-3	S5428
91	105	41	79	67	55	133	39	162	100	78	70	67	57	55	51	44	0.85	12	18	–	–	–	–	–	–	–	–	–	–	Cyclopropane, 1-(2-methylene-3-butenyl)-1-(1-methylenepropyl)-	51567-07-8	S7699
91	119	43	41	117	65	79	92	162	100	94	86	65	25	24	22	20	16.40	11	14	1	–	–	–	–	–	–	–	–	–	exo-4-Acetyltetracyclo[6.1.0$^{(2,6)}$.0$^{(5,9)}$]nonane		B0558
91	119	133	162	92	77	120	65	162	100	22	17	12	8	3	3	3		12	18	–	–	–	–	–	–	–	–	–	–	3-Phenylhexane	4468-42-2	R0485
91	133	55	27	29	105	39	92	162	100	65	21	15	15	15	9	8	6.97	12	18	–	–	–	–	–	–	–	–	–	–	3-Phenyl-3-methylpentane		Y1190
91	133	162	92	104	27	41	77	162	100	16	14	8	6	6	5	4		12	18	–	–	–	–	–	–	–	–	–	–	3-Phenylhexane		V0060
91	147	73	29	162	75	45	43	162	100	76	74	30	23	23	20	19		7	18	–	–	–	–	–	1	–	–	1	–	Butyl trimethylsilyl sulphide		04259
91	162	133	119	92	65	51	77	162	100	60	28	24	15	14	8	7		9	10	1	2	–	–	–	–	–	–	–	–	1-Methylamino-2-indolinone		Y2491
92	43	91	29	71	27	162	41	162	100	77	64	25	21	20	18	15		12	18	–	–	–	–	–	–	–	–	–	–	1-Phenyl-2-ethylbutane		Y1191
92	91	43	162	65	71	41	93	162	100	77	23	23	16	14	8	8		12	18	–	–	–	–	–	–	–	–	–	–	Benzene, (2-methylpentyl)-	39916-61-5	S6180
92	91	43	162	105	65	93	29	162	100	57	21	16	11	8	8	8		12	18	–	–	–	–	–	–	–	–	–	–	Benzene, (3-methylpentyl)-	54410-69-4	H2053
92	120	63	39	64	65	38	121	162	100	53	39	37	37	20	16	15	14.00	10	10	2	–	–	–	–	–	–	–	–	–	4H-1-Benzopyran-4-one, 2,3-dihydro-2-methyl-	5631-75-4	R1620
93	31	162	74	112	12	50	55	162	100	50	30	12	11	7	6	6		4	–	–	–	–	–	6	–	–	–	–	–	Hexafluoro-1,3-butadiene		Y0730
93	31	162	112	143	74	69	62	162	100	51	29	19	19	8	7	6		4	–	–	–	–	–	6	–	–	–	–	–	Hexafluorocyclobutene		W0110
93	31	162	143	74	69	12	62	162	100	64	26	19	9	8	7	6		4	–	–	–	–	–	6	–	–	–	–	–	Hexafluorocyclobutene		Y0732
93	108	91	41	77	79	105	39	162	100	74	24	20	19	15	15	12	4.92	12	18	–	–	–	–	–	–	–	–	–	–	Cyclohexene, 3,4-divinyl-1,6-dimethyl-	61142-14-1	T5395
93	108	91	77	41	79	39	80	162	100	44	21	17	14	12	11	10	7.56	12	18	–	–	–	–	–	–	–	–	–	–	Cyclohexene, 4-vinyl-3-(1-methyl-1-propenyl)-	61142-15-2	T5397
93	143	31	69	162	74	55	124	162	100	82	53	42	40	22	15	14		4	–	–	–	–	–	6	–	–	–	–	–	Hexafluoro-2-butyne		Y0731
93	143	162	31	69	74	124	112	162	100	77	42	40	39	19	14	12		4	–	–	–	–	–	6	–	–	–	–	–	Hexafluoro-2-butyne		W0111
93	143	162	69	112	124	31	74	162	100	60	52	28	13	10	10	9		4	–	–	–	–	–	6	–	–	–	–	–	Hexafluoro-2-butyne		A0324
93	162	31	112	74	143	69	124	162	100	44	15	12	7	6	5	4		4	–	–	–	–	–	6	–	–	–	–	–	Hexafluoro-1,3-butadiene		Z1046
93	162	112	31	143	69	74	62	162	100	48	23	22	17	7	5	4		4	–	–	–	–	–	6	–	–	–	–	–	Hexafluorocyclobutene		Z1048
94	41	28	69	162	39	67	77	162	100	28	21	18	8	8	5	5		11	14	1	–	–	–	–	–	–	–	–	–	Benzene, [(1,2-dimethyl-2-propenyl)oxy]-	62338-46-9	T6162
94	41	69	39	147	27	65	53	162	100	23	22	19	10	9	9	8	7.68	11	14	1	–	–	–	–	–	–	–	–	–	Benzene, (3-methyl-2-butenyl)oxy-		03043
94	95	79	41	93	67	91	39	162	100	87	73	59	58	55	53	45	16.83	12	18	–	–	–	–	–	–	–	–	–	–	Tetracyclo[5.2.1.0$^{(2,6)}$.0$^{(3,5)}$]decane, 4,4-dimethyl-	74646-38-1	T8280
99	39	63	73	38	37	101	162	162	100	75	42	34	30	30	27	26		5	4	–	2	2	–	–	–	–	–	–	–	3,6-Dichloro-4-methylpyridazine		02073
102	51	90	63	89	50	62	108	162	100	28	28	26	26	22	15	12	2.20	8	6	–	2	–	–	–	1	–	–	–	–	1,2,3-Thiadiazole, 4-phenyl-	25445-77-6	S1088
102	103	162	132	146	145			162	100	44	15	14	6	2				8	6	2	2	–	–	–	–	–	–	–	–	4-Phenylfurazan 2-oxide		M6110
103	71	43	61	59	44	42	104	162	100	87	79	36	23	23	9	3	0.00	6	10	5	–	–	–	–	–	–	–	–	–	Dimethyl malate	1587-15-1	Q6262
103	71	43	61	59	113	42	74	162	100	91	74	49	30	16	11	11	0.00	6	10	5	–	–	–	–	–	–	–	–	–	Dimethyl malate		03298
103	77	102	51	58	50	104	91	162	100	74	71	60	58	39	33	32	16.20	10	10	2	–	–	–	–	–	–	–	–	–	Methyl tetracyclo[3.3.0.0$^{(2,4)}$.0$^{(3,6)}$]oct-7-ene-4-carboxylate		05360
103	105	161	91	77	162	163	104	162	100	80	71	69	51	36	33	29		9	11	2	–	–	–	–	–	–	1	–	–	1,3,2-Dioxaborinane, 2-phenyl-		M7560
104	43	91	105	162	65	51	58	162	100	26	22	12	8	6	4	4		11	14	1	–	–	–	–	–	–	–	–	–	2-Pentanone, 5-phenyl-	2235-83-8	Q7693
104	43	91	105	162	65	58	78	162	100	47	23	12	8	7	5	4		11	14	1	–	–	–	–	–	–	–	–	–	2-Pentanone, 5-phenyl-		L1544
104	59	77	51	90	89	133	162	162	100	75	63	55	41	38	30	25		9	10	1	2	–	–	–	–	–	–	–	–	Benzaldehyde N-methyl-N-formylhydrazone		16841
104	162	76	132	105	77	51	50	162	100	94	31	27	19	19	17	17		8	6	2	2	–	–	–	–	–	–	–	–	Cyclophthalylhydrazide		G0444
104	162	77	105	103	51	119	91	162	100	98	60	43	40	30	26	9		8	6	2	2	–	–	–	–	–	–	–	–	1,2,4-Oxadiazol-3(2H)-one, 5-phenyl-	21084-84-4	R9099
105	57	106	41	29	104	77	39	162	100	97	93	33	22	18	17	16	5.98	12	18	–	–	–	–	–	–	–	–	–	–	2,2-Dimethyl-3-phenylbutane		Y1959
105	77	41	57	29	51	106	103	162	100	26	14	14	11	10	8	6	1.89	11	14	1	–	–	–	–	–	–	–	–	–	1-Propanone, 2,2-dimethyl-1-phenyl-	938-16-9	Q4732
105	77	51	106	162	41	39	50	162	100	32	13	9	8	7	7	4		10	10	2	–	–	–	–	–	–	–	–	–	Allyl benzoate		C0032
105	77	51	106	162	41	117	50	162	100	28	8	8	6	4	3	2		10	10	2	–	–	–	–	–	–	–	–	–	Allyl benzoate	583-04-0	H0856

MASS TO CHARGE RATIOS								M.W.	INTENSITIES								Parent	C	H	O	N	Cl	Br	F	S	P	B	Si	X	COMPOUND NAME	CAS Reg No	No
105	77	69	162	147	43	51	161	**162**	100	83	75	74	65	57	48	34		10	10	2	–	–	–	–	–	–	–	–	–	**1,3-Butanedione, 1-phenyl-**		**04946**
105	77	162	106	51	39	41	117	**162**	100	20	12	9	8	6	6	6		10	10	2	–	–	–	–	–	–	–	–	–	**Allyl benzoate**	583-04-0	**H0857**
105	91	27	162	106	29	77	41	**162**	100	13	12	11	10	9	7	7		12	18	–	–	–	–	–	–	–	–	–	–	**2-Phenylhexane**		**Y1767**
105	91	41	119	162	27	77	147	**162**	100	72	67	53	53	51	48	42		12	18	–	–	–	–	–	–	–	–	–	–	**3,5-Decadiyne, 2,2-dimethyl-**	55682-73-0	**06791**
105	91	162	106	77	79	104	103	**162**	100	14	12	10	8	5	4	4		12	18	–	–	–	–	–	–	–	–	–	–	**2-Phenylhexane**		**V0059**
105	106	91	162	77	79	41	103	**162**	100	36	20	7	7	7	5	5		12	18	–	–	–	–	–	–	–	–	–	–	**Benzene, (1,3-dimethylbutyl)-**	19219-84-2	**R8036**
105	106	120	91	77	119	93	162	**162**	100	66	41	34	27	27	18	18		11	14	1	–	–	–	–	–	–	–	–	–	**Benzene, 1-methyl-4-[(2-propenyloxy)methyl]-**	42463-79-6	**S6912**
105	106	161	91	77	162	163	51	**162**	100	79	73	70	51	36	33	31		9	11	2	–	–	–	–	–	–	1	–	–	**1,3,2-Dioxaborinane, 2-phenyl-**	4406-77-3	**R0404**
105	120	77	51	106	162	119	78	**162**	100	40	35	9	8	8	7	5		11	14	1	–	–	–	–	–	–	–	–	–	**1-Pentanone, 1-phenyl-**		**Z1064**
105	133	41	162	27	42	91	39	**162**	100	97	28	24	18	17	16	15		12	18	–	–	–	–	–	–	–	–	–	–	**3-(4′-Methylphenyl)-pentane**		**Y1193**
105	133	162	41	91	27	39	29	**162**	100	59	31	31	28	20	14	13		12	18	–	–	–	–	–	–	–	–	–	–	**3-(2′-Methylphenyl)pentane**		**Y1192**
105	161	29	41	27	162	119	57	**162**	100	73	60	51	45	40	39	34		10	14	–	2	–	–	–	–	–	–	–	–	**Nicotinonitrile, 1-butyl-1,4-dihydro-**	19424-18-1	**R8126**
105	162	31	117	91	119	133	115	**162**	100	60	54	51	50	46	39	36		11	14	1	–	–	–	–	–	–	–	–	–	**Cinnamyl ethyl ether**		**Z1073**
105	162	50	103	39	90	49	104	**162**	100	50	43	26	21	20	19	19		9	10	1	2	–	–	–	–	–	–	–	–	**2-Imidazolidinone, 1-phenyl-**	1848-69-7	**Q6881**
106	162	104	105	134	102	133	103	**162**	100	53	44	42	20	10	10	9		6	15	–	–	–	–	–	–	–	–	–	1	**Arsine, triethyl-**	617-75-4	**Q2951**
107	147	162	76	129	90	108	51	**162**	100	45	43	13	13	12	9	8		11	14	1	–	–	–	–	–	–	–	–	–	**2H-1-Benzopyran, 3,4-dihydro-2,2-dimethyl-**	1198-96-5	**Q5736**
107	147	162	77	91	78	51	41	**162**	100	36	36	13	12	11	9	8		11	14	1	–	–	–	–	–	–	–	–	–	**2H-1-Benzopyran, 3,4-dihydro-2,2-dimethyl-**	1198-96-5	**Q5735**
107	147	162	77	91	119	78	108	**162**	100	43	42	13	12	11	9	9		11	14	1	–	–	–	–	–	–	–	–	–	**2H-1-Benzopyran, 3,4-dihydro-2,2-dimethyl-**	1198-96-5	**Q5737**
112	69	46	70	47	77	65	96	**162**	100	89	48	42	22	20	15	9	**2.50**	2	–	1	1	–	–	4	1	–	–	–	–	**Sulphimine, difluoro-N-trifluoroacetyl-**		**05497**
115	117	116	91	92	162	29	105	**162**	100	76	62	60	60	54	53	41		10	10	2	–	–	–	–	–	–	–	–	–	**Cinnamyl formate**		**04202**
116	44	89	162	63	50	77	132	**162**	100	93	84	82	32	23	23	23		8	6	2	2	–	–	–	–	–	–	–	–	**4-Nitrobenzyl cyanide**	555-21-5	**Q2011**
116	89	63	162	39	50	30		**162**	100	85	39	33	29	26	23			8	6	2	2	–	–	–	–	–	–	–	–	**3-Nitrobenzyl cyanide**		**M6976**
116	89	162	63	50	77	132	104	**162**	100	99	49	46	26	22	19	19		8	6	2	2	–	–	–	–	–	–	–	–	**4-Nitrobenzyl cyanide**		**M6975**
116	115	149	118	77	90	51	162	**162**	100	88	72	42	30	28	23	20		10	10	2	–	–	–	–	–	–	–	–	–	**1,2-Dihydroxy-1,2-dihydronaphthalene**		**02337**
117	115	91	116	162	39	107	51	**162**	100	60	34	31	31	26	20	19		10	10	2	–	–	–	–	–	–	–	–	–	**trans-2-Phenyl-1-cyclopropanecarboxylic acid**		**16000**
117	118	115	91	116	78	162	77	**162**	100	79	51	50	30	29	28	22		11	14	1	–	–	–	–	–	–	–	–	–	**1,3,5,7-Cyclooctatetraene-1-propanol**	54365-73-0	**S8932**
117	162	115	91	116	39	118	51	**162**	100	41	38	21	12	11	10	8		10	10	2	–	–	–	–	–	–	–	–	–	**3-Butenoic acid, 4-phenyl-**	2243-53-0	**Q7709**
117	162	115	116	91	144	39	51	**162**	100	83	71	53	32	24	20	18		10	10	2	–	–	–	–	–	–	–	–	–	**Cyclopropanecarboxylic acid, 1-phenyl-**	6120-95-2	**R2071**
118	45	56	57	103	43	41	85	**162**	100	99	99	99	99	99	93	93	**0.00**	7	14	4	–	–	–	–	–	–	–	–	–	**Butanoic acid, 2,3-dihydroxy-2-isopropyl-, [S-(R*,R*)]-**	17132-48-8	**R6636**
119	59	43	121	58	120	45	61	**162**	100	40	12	9	7	7	5	5	**2.00**	6	10	1	–	–	–	–	2	–	–	–	–	**Methyl 2-methyl-1,3-dithiolan-2-yl ketone**	33266-07-8	**S4019**
119	91	41	27	40	39	118	120	**162**	100	37	24	13	13	12	11	10	**3.85**	12	18	–	–	–	–	–	–	–	–	–	–	**2,3-Dimethyl-3-phenylbutane**		**Y1768**
119	91	41	27	105	39	120	162	**162**	100	38	24	13	10	10	9	8		12	18	–	–	–	–	–	–	–	–	–	–	**2-Phenyl-2-methylpentane**		**Y1446**
119	91	43	65	29	15	39	120	**162**	100	60	27	18	14	9	7	6	**0.50**	10	10	2	–	–	–	–	–	–	–	–	–	**Vinyl p-toluate**		**F0100**
119	91	105	162	79	77	78	92	**162**	100	38	11	9	7	7	3	3		12	18	–	–	–	–	–	–	–	–	–	–	**2-Phenyl-2-methylpentane**		**Z1061**
119	91	162	120	41	105	79	77	**162**	100	30	14	11	11	10	6	5		12	18	–	–	–	–	–	–	–	–	–	–	**2-Methyl-2-phenylpentane**		**C1743**
119	92	29	52	28	163	79	106	**162**	100	59	34	30	30	27	25	23	**5.60**	10	14	–	2	–	–	–	–	–	–	–	–	**1-Butanamine, N-(2-pyridinylmethylene)-**		**M1089**
119	92	65	29	93	27	41	120	**162**	100	53	14	13	11	11	11	10	**0.27**	10	14	–	2	–	–	–	–	–	–	–	–	**1-Butanamine, N-(2-pyridinylmethylene)-**	7032-24-8	**R2797**
119	105	120	162	91	77	106	43	**162**	100	38	20	14	10	6	6	4		11	14	1	–	–	–	–	–	–	–	–	–	**6,8-Dimethylbicyclo[3.2.2]nona-6,8-dien-3-one**		**P3482**
119	105	162	120	106	103	104	121	**162**	100	52	34	30	10	4	4	4		11	14	1	–	–	–	–	–	–	–	–	–	**1,5-Dimethylbicyclo[3.2.2]nona-6,8-dien-3-one**		**P3483**
119	120	162	91	39	105	41	77	**162**	100	19	18	9	8	7	7	6		12	18	–	–	–	–	–	–	–	–	–	–	**1,4-Dimethyl-2-isobutylbenzene**		**V0169**
119	120	162	91	105	77	41	27	**162**	100	19	19	9	7	6	4	4		12	18	–	–	–	–	–	–	–	–	–	–	**1,4-Dimethyl-2-isobutylbenzene**		**V0112**
119	147	162	92	65	132	133	120	**162**	100	74	73	35	31	26	21	19		10	14	–	2	–	–	–	–	–	–	–	–	**1H-1,5-Benzodiazepine, 2,3,4,5-tetrahydro-2-methyl-**	40358-34-7	**S6292**
119	162	92	64	63	91	39	38	**162**	100	96	89	44	36	26	20	19		8	6	2	2	–	–	–	–	–	–	–	–	**2,4(1H,3H)-Quinazolinedione**	86-96-4	**P6354**
119	162	92	64	163	63	91	120	**162**	100	80	50	20	20	17	12	12		8	6	2	2	–	–	–	–	–	–	–	–	**2,4(1H,3H)-Quinazolinedione**	86-96-4	**P6355**
120	92	162	64	63	161	121	91	**162**	100	46	34	17	17	9	9	7		8	7	3	–	–	–	–	–	–	1	–	–	**Salicylic acid methyl boronate**		**05112**
120	119	129	144	91	39	128	51	**162**	100	84	57	53	53	27	24	22	**19.35**	11	14	1	–	–	–	–	–	–	–	–	–	**1-Naphthol, 1,2,3,4-tetrahydro-2-methyl-**	32281-70-2	**S3556**
120	162	92	121	163	57	63	55	**162**	100	98	66	58	16	9	9	8		9	6	3	–	–	–	–	–	–	–	–	–	**4-Hydroxycoumarin**	1076-38-6	**Q5244**
121	77	162	91	41	39	93	122	**162**	100	46	42	36	29	29	14	12		11	14	1	–	–	–	–	–	–	–	–	–	**1-Allyloxy-2,4-dimethylbenzene**		**C1383**
121	78	162	134	69	50	51	52	**162**	100	70	70	35	32	15	15	15		8	6	2	2	–	–	–	–	–	–	–	–	**2H-Pyrido[1,2-a]pyrimidine-2,4(3H)-dione**		**17537**
121	162	67	42	66	44	107	65	**162**	100	99	53	26	23	14	13	11		7	6	1	4	–	–	–	–	–	–	–	–	**4(1H)-Pteridinone, 7-methyl-**	34244-80-9	**S4593**
121	162	93	69	39	65	147	163	**162**	100	93	28	19	18	17	12	12		10	10	2	–	–	–	–	–	–	–	–	–	**2-Buten-1-one, 1-(4-hydroxyphenyl)-**	939-49-1	**Q4748**
123	81	73	63	107	162	121	124	**162**	100	17	15	12	12	12	10	10		8	18	1	–	–	–	–	1	–	–	–	–	**Diisobutyl sulphoxide**	3085-40-3	**09648**
126	36	83	110	38	109	96	31	**162**	100	44	39	29	21	19	18	14	**0.00**	6	8	–	2	1	–	1	–	–	–	–	–	**Hydrazine, (3-fluorophenyl)-, monohydrochloride**	2924-16-5	**Q8837**
126	83	110	18	36	111	38	109	**162**	100	58	45	27	27	18	15	12	**0.00**	6	8	–	2	1	–	1	–	–	–	–	–	**Hydrazine, (2-fluorophenyl)-, monohydrochloride**	2924-15-4	**Q8834**
126	83	110	36	38	95	57	96	**162**	100	63	61	47	21	17	14	14	**0.00**	6	8	–	2	1	–	1	–	–	–	–	–	**Hydrazine, (4-fluorophenyl)-, monohydrochloride**	823-85-8	**Q4264**
127	125	126	110	112	138	128	141	**162**	100	39	16	15	14	11	11	9	**0.00**	6	8	–	2	1	–	1	–	–	–	–	–	**Hydrazine, (3-fluorophenyl)-, monohydrochloride**	2924-16-5	**Q8838**

MASS TO CHARGE RATIOS								M.W.	INTENSITIES								Parent	C	H	O	N	Cl	Br	F	S	P	B	Si	X	COMPOUND NAME	CAS Reg No	No
127	126	109	107	140	108	128	110	**162**	100	48	28	27	13	10	7	7	**0.00**	6	8	–	2	1	–	1	–	–	–	–	–	Hydrazine, (2-fluorophenyl)-, monohydrochloride	2924-15-4	Q8835
127	126	125	110	107	112	91	108	**162**	100	53	23	19	11	10	8	8	**0.00**	6	8	–	2	1	–	1	–	–	–	–	–	Hydrazine, (4-fluorophenyl)-, monohydrochloride	823-85-8	Q4265
129	120	144	91	119	128	162	39	**162**	100	82	58	50	48	37	28	28		11	14	1	–	–	–	–	–	–	–	–	–	1-Naphthol, 1,2,3,4-tetrahydro-3-methyl-	3344-45-4	Q9243
131	103	162	51	161	102	132	104	**162**	100	64	43	27	18	13	9	8		10	10	2	–	–	–	–	–	–	–	–	–	Methyl cinnamate		F0359
131	103	162	77	51	102	52	50	**162**	100	68	47	46	34	16	16	13		10	10	2	–	–	–	–	–	–	–	–	–	2-Propenoic acid, 3-phenyl-, methyl ester	103-26-4	P7607
131	103	162	77	51	102	161	50	**162**	100	59	51	41	34	17	16	15		10	10	2	–	–	–	–	–	–	–	–	–	Cinnamic acid, (E)-methyl ester	1754-62-7	H1250
131	162	103	77	40	51	15	132	**162**	100	40	35	27	16	16	13	10		10	10	2	–	–	–	–	–	–	–	–	–	Methyl 4-vinylbenzoate		03632
131	162	103	77	51	161	102	132	**162**	100	60	59	37	20	16	14	11		10	10	2	–	–	–	–	–	–	–	–	–	Methyl cinnamate		P3444
133	91	28	162	27	29	134	41	**162**	100	31	23	20	17	12	11	9		12	18	–	–	–	–	–	–	–	–	–	–	1,4-Dipropylbenzene		Y1194
133	91	105	77	41	134	147	162	**162**	100	23	20	17	16	12	12	2		12	18	–	–	–	–	–	–	–	–	–	–	2,5-Octadiyne, 4,4-diethyl-	61227-87-0	T5604
133	105	77	132	104	103	164	51	**162**	100	71	55	38	35	30	29	29	**0.00**	10	10	2	–	–	–	–	–	–	–	–	–	Methyl 2,4-dimethylbenzoate		M8363
133	162	104	51	134	55	65	41	**162**	100	48	35	15	11	8	7	7		10	14	–	2	–	–	–	–	–	–	–	–	Benzaldehyde, propylhydrazone	22162-27-2	R9589
133	162	134	27	91	119	29	105	**162**	100	17	12	11	10	8	8	8		12	18	–	–	–	–	–	–	–	–	–	–	Benzene, 2,4-dimethyl-1-(1-methylpropyl)-	1483-60-9	Q6086
134	102	90	51	89	63	50	62	**162**	100	91	25	25	24	24	20	14	**2.00**	8	6	–	2	–	–	–	1	–	–	–	–	1,2,3-Thiadiazole, 4-phenyl-		L9081
134	162	78	105	77	63	67	106	**162**	100	79	31	25	18	12	10	10		9	6	3	–	–	–	–	–	–	–	–	–	7-Hydroxycoumarin	93-35-6	P6780
134	162	91	15	161	39	115	131	**162**	100	82	33	31	28	16	14	13		11	14	1	–	–	–	–	–	–	–	–	–	Naphthalene, 1,2,3,4-tetrahydro-6-methoxy-		V0450
134	162	91	161	115	39	131	65	**162**	100	66	36	28	23	13	13	12		11	14	1	–	–	–	–	–	–	–	–	–	Naphthalene, 1,2,3,4-tetrahydro-6-methoxy-	1730-48-9	Q6594
134	162	105	147	79	78	51	91	**162**	100	60	45	45	34	30	25	25		9	10	1	2	–	–	–	–	–	–	–	–	2-Benzoxazolamine, N-ethyl-	21326-91-0	R9228
134	162	106	78	77	105	51	135	**162**	100	72	25	23	14	14	12	11		10	10	2	–	–	–	–	–	–	–	–	–	4H-1-Benzopyran-4-one, 2,3-dihydro-6-methyl-	39513-75-2	S6082
144	115	133						**162**	100	95	15						**0.00**	10	10	2	–	–	–	–	–	–	–	–	–	(Z,Z)-10-Hydroxy-2,8-decadien-4,6-diyn-1-ol		L6584
146	28	147	130	73	148	45	59	**162**	100	61	42	20	14	12	9	7	**0.60**	6	18	1	–	–	–	–	–	–	–	2	–	Hexamethyldisiloxane	107-46-0	H0366
147	43	91	119	162	148	77	50	**162**	100	29	23	22	13	9	7	7		10	10	2	–	–	–	–	–	–	–	–	–	1,4-Diacetylbenzene		F0127
147	43	91	162	51	41	39	77	**162**	100	91	23	22	18	17	16	16		11	14	1	–	–	–	–	–	–	–	–	–	4-Isopropylacetophenone		Y1749
147	43	91	162	119	50	76	77	**162**	100	57	24	23	19	16	13	11		10	10	2	–	–	–	–	–	–	–	–	–	1,4-Diacetylbenzene		Y1753
147	43	162	91	148	119	77	41	**162**	100	40	26	14	11	9	9	7		11	14	1	–	–	–	–	–	–	–	–	–	4-Isopropylacetophenone	645-13-6	Q3577
147	73	148	149	45	66	59	131	**162**	100	17	15	11	7	7	7	5	**0.11**	6	18	1	–	–	–	–	–	–	–	2	–	Hexamethyldisiloxane		G0309
147	91	43	119	76	50	77	162	**162**	100	46	38	24	17	12	12	12		10	10	2	–	–	–	–	–	–	–	–	–	1,3-Diacetylbenzene	6781-42-6	R2539
147	103	59	101	161	73	145	160	**162**	100	81	54	54	42	39	25	25	**8.00**	5	18	–	–	–	–	–	–	–	–	3	–	Silane, (silylmethyl)[(trimethylsilyl)methyl]-	55836-80-1	T2217
147	105	91	119	162	106	41	55	**162**	100	87	81	73	61	59	41	32		12	18	–	–	–	–	–	–	–	–	–	–	Cyclohexene, 1,5,5-trimethyl-6-(2-propenylidene)-	56248-17-0	T3177
147	115	39	43	77	79	117	65	**162**	100	9	8	8	8	7	7	5	**3.60**	12	18	–	–	–	–	–	–	–	–	–	–	1,2-Diisopropylbenzene	577-55-9	Q2248
147	119	43	162	105	91	41	39	**162**	100	37	31	29	25	24	19	13		12	18	–	–	–	–	–	–	–	–	–	–	1,3-Diisopropylbenzene		V0168
147	119	91	162	77	43	41	148	**162**	100	57	33	27	18	15	12	11		11	14	1	–	–	–	–	–	–	–	–	–	2,3,4-Trimethylacetophenone	1467-36-3	Q6040
147	119	105	91	162	43	41	117	**162**	100	36	29	29	28	26	10	9		12	18	–	–	–	–	–	–	–	–	–	–	1,4-Diisopropylbenzene		F0198
147	119	162	43	105	91	41	27	**162**	100	39	35	30	23	23	17	16		12	18	–	–	–	–	–	–	–	–	–	–	1,3-Diisopropylbenzene		Y0058
147	119	162	43	105	91	41	148	**162**	100	35	29	26	22	21	14	12		12	18	–	–	–	–	–	–	–	–	–	–	1,3-Diisopropylbenzene		V0111
147	119	162	91	41	148	105	27	**162**	100	41	36	29	18	13	12	11		12	18	–	–	–	–	–	–	–	–	–	–	1,2-Diisopropylbenzene		Y0057
147	119	162	91	43	105	41	39	**162**	100	28	25	17	16	14	14	11		12	18	–	–	–	–	–	–	–	–	–	–	1,4-Diisopropylbenzene		Y0978
147	119	162	91	148	77	120	117	**162**	100	52	31	12	11	7	5	5		11	14	1	–	–	–	–	–	–	–	–	–	2,4,6-Trimethylacetophenone		Z1077
147	119	162	91	148	117	115	43	**162**	100	44	40	20	12	9	7	6		11	14	1	–	–	–	–	–	–	–	–	–	2,4,5-Trimethylacetophenone	2040-07-5	Q7240
147	119	162	107	41	91	39	148	**162**	100	25	23	20	16	14	13	12		12	18	–	–	–	–	–	–	–	–	–	–	1,3-Dimethyl-5-tert-butylbenzene		Y2110
147	129	162	77	128	91	51	39	**162**	100	47	26	16	16	16	14	14		11	14	1	–	–	–	–	–	–	–	–	–	1H-Inden-1-ol, 2,3-dihydro-3,3-dimethyl-	38393-92-9	S5779
147	133	162	28	119	105	91	117	**162**	100	74	46	39	34	30	23	16		12	18	–	–	–	–	–	–	–	–	–	–	Benzene, 1,2,4-triethyl-	877-44-1	Q4457
147	133	162	91	148	119	115	117	**162**	100	51	41	14	12	11	10	10		12	18	–	–	–	–	–	–	–	–	–	–	Benzene, 1,2-diethyl-4,5-dimethyl-	19961-07-0	R8442
147	133	162	105	29	27	91	39	**162**	100	84	50	27	25	22	20	16		12	18	–	–	–	–	–	–	–	–	–	–	1,3,5-Triethylbenzene		Y1196
147	133	162	105	91	27	29	39	**162**	100	81	58	25	20	19	17	14		12	18	–	–	–	–	–	–	–	–	–	–	1,3,5-Triethylbenzene		Y1175
147	133	162	119	105	91	148	117	**162**	100	78	53	28	25	16	12	11		12	18	–	–	–	–	–	–	–	–	–	–	Benzene, 1,2,4-triethyl-	877-44-1	Q4456
147	145	43	162	148	53	105	163	**162**	100	32	25	23	15	11	9	7		10	14	–	–	–	–	–	–	–	–	1	–	1H-1-Silaindene, 2,3-dihydro-1,1-dimethyl-	17158-48-4	R6652
147	148	149	131	73	59	43	45	**162**	100	14	7	2	2	2	2	1	**0.00**	6	18	1	–	–	–	–	–	–	–	2	–	Hexamethyldisiloxane		I6740
147	162	27	148	39	91	41	161	**162**	100	58	12	11	11	9	9	7		12	18	–	–	–	–	–	–	–	–	–	–	Benzene, hexamethyl-		Y1770
147	162	41	119	107	91	39	148	**162**	100	25	22	21	20	13	13	12		12	18	–	–	–	–	–	–	–	–	–	–	1,3-Dimethyl-5-tert-butylbenzene		Y1195
147	162	43	119	91	148	77	76	**162**	100	24	23	20	19	10	7	6		10	10	2	–	–	–	–	–	–	–	–	–	1,4-Diacetylbenzene		Z1062
147	162	52	77	51	148	76	92	**162**	100	57	21	17	14	14	11	9		9	10	1	2	–	–	–	–	–	–	–	–	3H-Indazol-3-one, 1-ethyl-1,2-dihydro-	54385-62-5	S8945
147	162	91	65	119	134	39	77	**162**	100	95	28	18	18	18	17	16		10	10	2	–	–	–	–	–	–	–	–	–	1H-Inden-1-one, 2,3-dihydro-7-hydroxy-3-methyl-	40513-50-6	S6312
147	162	91	105	41	119	107	55	**162**	100	73	45	43	41	36	29	29		12	18	–	–	–	–	–	–	–	–	–	–	Bicyclo[2.2.2]octa-2,5-diene, 1,2,3,6-tetramethyl-	62338-43-6	T6156
147	162	119	91	43	105	148	41	**162**	100	29	28	18	17	15	13	12		12	18	–	–	–	–	–	–	–	–	–	–	1,4-Diisopropylbenzene	100-18-5	P7343
147	162	119	91	105	148	41	117	**162**	100	31	19	17	16	12	11	9		12	18	–	–	–	–	–	–	–	–	–	–	Bicyclo[2.2.0]hexa-2,5-diene, 1,2,3,4,5,6-hexamethyl-	7641-77-2	R3339

MASS TO CHARGE RATIOS								M.W.	INTENSITIES								Parent	C	H	O	N	Cl	Br	F	S	P	B	Si	X	COMPOUND NAME	CAS Reg No	No
147	162	119	105	41	91	39	27	**162**	100	57	38	35	33	31	20	18		12	18	–	–	–	–	–	–	–	–	–	–	**Tricyclo[3.2.1.0$^{(2,7)}$]oct-3-ene, 2,3,4,5-tetramethyl-**	62338-44-7	**T6158**
147	162	132	119	148	133	92	163	**162**	100	56	32	23	11	11	10	7		10	14	–	2	–	–	–	–	–	–	–	–	**1,2,3,4-Tetrahydro-2,3-dimethylquinoxaline**		**M0195**
147	162	133	148	91	119	105	117	**162**	100	37	24	12	8	8	6	6		12	18	–	–	–	–	–	–	–	–	–	–	**1,2-Dimethyl-3,4-diethylbenzene**		**Z1044**
147	162	148	41	39	91	27	119	**162**	100	22	12	10	9	9	9	8		12	18	–	–	–	–	–	–	–	–	–	–	**1,2,4-Trimethyl-5-isopropylbenzene**		**Y1769**
147	162	148	63	69	134	115	89	**162**	100	44	11	8	7	6	6	6		10	10	–	–	–	–	–	1	–	–	–	–	**Benzo[b]thiophene, 7-ethyl-**		**Y1847**
147	162	148	91	119	28	163	105	**162**	100	55	12	8	7	7	7	7		12	18	–	–	–	–	–	–	–	–	–	–	**Benzene, hexamethyl-**	87-85-4	**P6413**
147	162	148	149	133	91	39	27	**162**	100	99	73	68	49	29	26	22		12	18	–	–	–	–	–	–	–	–	–	–	**1,2,4,5-Tetramethyl-3-ethylbenzene**		**V0273**
160	77	51	104	78	131	105	50	**162**	100	63	30	29	21	20	16	11	**2.70**	9	10	1	2	–	–	–	–	–	–	–	–	**3-Pyrazolidinone, 1-phenyl-**	92-43-3	**P6700**
162	39	52	80	91	53	54	134	**162**	100	30	25	24	20	16	14	14		10	10	2	–	–	–	–	–	–	–	–	–	**3-Methylene-1,5-benzodioxepane**		**03751**
162	39	53	52	42	67	80	120	**162**	100	75	75	70	57	55	55	47		8	10	–	4	–	–	–	–	–	–	–	–	**s-Triazolo[4,3-a]pyrazine, 3,5,8-trimethyl-**	19848-79-4	**R8334**
162	39	80	91	134	163	105	133	**162**	100	30	24	20	14	11	8	8		10	10	2	–	–	–	–	–	–	–	–	–	**3-Methylene-1,5-benzodioxepane**		**L4317**
162	42	93	40	44	66	135	41	**162**	100	80	22	21	20	20	18	15		7	6	1	4	–	–	–	–	–	–	–	–	**4(1H)-Pteridinone, 2-methyl-**	34244-78-5	**S4591**
162	43	91	27	119	147	53	39	**162**	100	89	78	47	34	31	30	26		10	10	2	–	–	–	–	–	–	–	–	–	**Furan, 2-(2-furanylmethyl)-5-methyl-**	13678-51-8	**R4703**
162	44	106	134	80	52	42	66	**162**	100	43	35	33	22	21	17	17		7	6	1	4	–	–	–	–	–	–	–	–	**6(5H)-Pteridinone, 4-methyl-**	16041-28-4	**R6001**
162	53	80	52	39	40	42	147	**162**	100	93	70	53	45	37	37	37		8	10	–	4	–	–	–	–	–	–	–	–	**s-Triazolo[4,3-a]pyrazine, 3-ethyl-8-methyl-**	19848-80-7	**R8335**
162	63	98	164	99	62	126	73	**162**	100	91	61	58	23	21	21	20		6	4	1	–	2	–	–	–	–	–	–	–	**Phenol, 2,4-dichloro-**	120-83-2	**P9121**
162	69	147	161	77	105	43	85	**162**	100	95	70	41	40	35	33	28		10	10	2	–	–	–	–	–	–	–	–	–	**1,3-Butanedione, 1-phenyl-**	93-91-4	**P6823**
162	80	66	44	107	42	134	54	**162**	100	37	34	33	33	32	29	17		7	6	1	4	–	–	–	–	–	–	–	–	**6(5H)-Pteridinone, 2-methyl-**		**L4228**
162	80	66	107	44	42	134	53	**162**	100	37	35	35	34	30	30	17		7	6	1	4	–	–	–	–	–	–	–	–	**6(5H)-Pteridinone, 2-methyl-**	16041-25-1	**R5997**
162	82	80	91	147	79	134	105	**162**	100	78	31	25	23	22	20	18		11	14	1	–	–	–	–	–	–	–	–	–	**Tricyclo[4.4.0.0$^{(2,7)}$]dec-4-en-3-one, 6-methyl-**	6518-50-9	**R2340**
162	90	118	119	91	161	89	147	**162**	100	54	42	36	36	32	29	28		10	10	2	–	–	–	–	–	–	–	–	–	**2,7-Dimethyl-3(2H)-benzofuranone**		**02267**
162	90	118	119	147	161	160	91	**162**	100	45	44	42	32	30	30	27		10	10	2	–	–	–	–	–	–	–	–	–	**2,5-Dimethyl-3(2H)-benzofuranone**		**02265**
162	90	118	147	119	161	89	160	**162**	100	57	45	44	40	37	36	33		10	10	2	–	–	–	–	–	–	–	–	–	**2,4-Dimethyl-3(2H)-benzofuranone**		**02264**
162	91	39	134	119	133	105	77	**162**	100	82	51	49	46	32	30	21		10	10	2	–	–	–	–	–	–	–	–	–	**3-Methylbicyclo[4.3.0]nona-3,8-dien-5,7-dione**		**03756**
162	91	39	134	119	133	105	106	**162**	100	82	51	49	46	32	30	13		10	10	2	–	–	–	–	–	–	–	–	–	**Tetrahydro-3a,4,7,7a-methyl-5-indene-1,7-dione**		**L4319**
162	91	43	147	161	119	53	27	**162**	100	53	39	24	24	23	14	13		10	10	2	–	–	–	–	–	–	–	–	–	**Furan, 2-(2-furanylmethyl)-5-methyl-**	13678-51-8	**H1715**
162	91	43	161	147	119	161		**162**	100	53	38	24	24	23	20			10	10	2	–	–	–	–	–	–	–	–	–	**Furan, 2-(2-furanylmethyl)-5-methyl-**		**M4191**
162	91	106	105	133	39	134	163	**162**	100	65	35	30	20	20	14	11		10	10	2	–	–	–	–	–	–	–	–	–	**(4′-Methyl-2′-furyl)-2-cyclopentane-2-one**		**L4318**
162	91	120	44	161	147	118	163	**162**	100	38	35	35	34	31	29	12		10	14	–	2	–	–	–	–	–	–	–	–	**N,N-Dimethyl-N′-p-tolylformamidine**		**06333**
162	93	92	65	106	133	77	39	**162**	100	77	73	62	42	35	35	28		10	14	–	2	–	–	–	–	–	–	–	–	**Propanal, 2-methyl-, phenylhydrazone**	5570-70-7	**R1552**
162	93	120	38	121	64	39	51	**162**	100	68	62	33	30	29	27	27		8	6	2	2	–	–	–	–	–	–	–	–	**2,4-Dihydroxy-1,7-naphthyridine**		**Y2360**
162	93	134	79	39	18	92	67	**162**	100	46	46	31	27	26	26	22		8	6	2	2	–	–	–	–	–	–	–	–	**2,4-Dihydroxy-1,5-naphthyridine**		**Y2358**
162	104	76	50	77	105	51	132	**162**	100	96	56	36	32	22	15	12		8	6	2	2	–	–	–	–	–	–	–	–	**1H-Isoindole-1,3(2H)-dione, 2-amino-**	1875-48-5	**Q6933**
162	104	131	77	103	135	51	161	**162**	100	45	44	39	33	32	32	27		10	10	2	–	–	–	–	–	–	–	–	–	**1,3-Benzodioxole, 5-(2-propenyl)-**	94-59-7	**P6860**
162	104	131	103	161	78	77	132	**162**	100	42	30	28	20	17	16	13		10	10	2	–	–	–	–	–	–	–	–	–	**1,3-Benzodioxole, 5-(1-propenyl)-**		**01728**
162	104	131	135	103	161	51	77	**162**	100	37	35	34	28	27	25	21		10	10	2	–	–	–	–	–	–	–	–	–	**1,3-Benzodioxole, 5-(2-propenyl)-**	94-59-7	**P6863**
162	105	69	147	161	77	43	78	**162**	100	87	80	78	73	56	43	22		10	10	2	–	–	–	–	–	–	–	–	–	**1,3-Butanedione, 1-phenyl-**		**D2312**
162	105	74	64	43	59	90	46	**162**	100	59	57	39	38	31	26	23		3	6	–	4	–	–	–	2	–	–	–	–	**1,2,4-Thiadiazol-5(2H)-one, 3-(methylthio)-, hydrazone**	38362-23-1	**S5739**
162	105	79	82	134	147	54	161	**162**	100	24	23	21	21	21	20	20		10	10	2	–	–	–	–	–	–	–	–	–	**Tetrahydronaphthoquinone**		**D1189**
162	105	91	95	41	119	133	39	**162**	100	97	90	81	62	59	58	57		11	14	1	–	–	–	–	–	–	–	–	–	**Pyrethrone**		**M7961**
162	105	91	95	41	119	133	39	**162**	100	96	87	80	63	58	57	56		11	14	1	–	–	–	–	–	–	–	–	–	**Pyrethrone**	22610-79-3	**R9869**
162	105	91	119	147	120	28	39	**162**	100	72	63	41	41	40	39	30		11	14	1	–	–	–	–	–	–	–	–	–	**Isopyrethrone**		**M7962**
162	105	91	119	147	120	28	39	**162**	100	71	71	40	40	39	38	30		11	14	1	–	–	–	–	–	–	–	–	–	**Isopyrethrone**	22610-80-6	**R9870**
162	105	119	147	120	91	87	88	**162**	100	72	44	40	38	34	16	12		11	14	1	–	–	–	–	–	–	–	–	–	**8-Isopropylidenebicyclo[3.2.1]oct-6-en-3-one**		**P3477**
162	106	43	104	56	58	77	51	**162**	100	77	61	51	38	28	28	19		10	10	2	–	–	–	–	–	–	–	–	–	**4-Phenylbutyrolactone**		**15674**
162	107	108	80	55	163	18	27	**162**	100	99	80	19	14	10	9	8		9	10	1	2	–	–	–	–	–	–	–	–	**N-Acrylyl-p-phenylenediamine**		**D1169**
162	107	134	80	66	93	119	163	**162**	100	30	28	24	22	10	10	10		7	6	1	4	–	–	–	–	–	–	–	–	**6(5H)-Pteridinone, 4-methyl-**	16041-28-4	**R6000**
162	107	134	80	66	93	119	163	**162**	100	30	28	23	22	10	10	9		7	6	1	4	–	–	–	–	–	–	–	–	**7(8H)-Pteridinone, 4-methyl-**		**L4232**
162	116	39	104	77	163	117	42	**162**	100	87	13	12	10	8	8	7		8	6	2	2	–	–	–	–	–	–	–	–	**1H-Indole, 5-nitro-**		**P3201**
162	116	89	63	104	115	163	62	**162**	100	94	36	17	13	10	9	9		8	6	2	2	–	–	–	–	–	–	–	–	**1H-Indole, 7-nitro-**		**P3202**
162	118	119	90	147	89	91	63	**162**	100	78	67	54	53	37	33	23		10	10	2	–	–	–	–	–	–	–	–	–	**2,6-Dimethyl-3(2H)-benzofuranone**		**02266**
162	119	160	147	93	117	158	91	**162**	100	60	48	36	35	30	18	17		5	6	1	–	–	–	–	–	–	–	–	1	**Furan, 2-(methylselenyl)-**		**L8526**
162	119	160	147	93	117	158	164	**162**	100	58	47	35	33	29	18	18		5	6	1	–	–	–	–	–	–	–	–	1	**Furan, 2-(methylselenyl)-**	13129-43-6	**R4218**
162	120	121	42	106	94	53	41	**162**	100	25	22	19	19	15	13	11		8	10	–	4	–	–	–	–	–	–	–	–	**[1,2,4]Triazolo[1,5-a]pyrazine, 2,5,8-trimethyl-**	54410-76-3	**S8970**
162	120	121	106	42	94	53	79	**162**	100	25	22	19	19	15	13	11		8	10	–	4	–	–	–	–	–	–	–	–	**s-Triazolo[1,5-a]pyrazine, 2,5,6-trimethyl-**		**M3598**
162	121	67	42	66	107	44	163	**162**	100	99	53	27	22	14	14	11		7	6	1	4	–	–	–	–	–	–	–	–	**4(1H)-Pteridinone, 7-methyl-**		**M3772**

MASS TO CHARGE RATIOS								M.W.	INTENSITIES								Parent	C	H	O	N	Cl	Br	F	S	P	B	Si	X	COMPOUND NAME	CAS Reg No	No
162	121	78	28	44	134	69	32	**162**	100	81	50	46	30	22	21	17		8	6	2	2	–	–	–	–	–	–	–	–	2H-Pyrido[1,2-a]pyrimidine-2,4(3H)-dione		D1173
162	121	93	39	120	92	134	79	**162**	100	35	32	19	15	14	14	13		8	6	2	2	–	–	–	–	–	–	–	–	2,4-Dihydroxy-1,8-naphthyridine		Y2361
162	121	93	120	18	52	44	66	**162**	100	72	42	37	36	15	12	12		8	6	2	2	–	–	–	–	–	–	–	–	2,4-Dihydroxy-1,6-naphthyridine		Y2359
162	126	63	77	51	50	64	76	**162**	100	13	10	10	5	4	2	2		10	7	–	–	1	–	–	–	–	–	–	–	2-Chloronaphthalene		L0625
162	127	164	126	28	163	77	101	**162**	100	44	36	20	17	13	8	6		10	7	–	–	1	–	–	–	–	–	–	–	1-Chloronaphthalene	90-13-1	P6543
162	127	164	126	63	163	75	74	**162**	100	34	32	28	14	13	13	12		10	7	–	–	1	–	–	–	–	–	–	–	1-Chloronaphthalene		D2006
162	127	164	126	163	77	101	75	**162**	100	37	30	20	10	8	6	6		10	7	–	–	1	–	–	–	–	–	–	–	1-Chloronaphthalene	90-13-1	P6544
162	131	104	135	77	161	132	78	**162**	100	38	31	26	26	23	20	19		10	10	2	–	–	–	–	–	–	–	–	–	1,3-Benzodioxole, 5-(2-propenyl)-		01727
162	132	121	120	106	118	147	77	**162**	100	72	54	54	42	32	31	24		10	14	–	2	–	–	–	–	–	–	–	–	Methanimidamide, N-(2,4-dimethylphenyl)-N′-methyl-	33089-74-6	S3978
162	133	104	105	77	51	103	63	**162**	100	94	39	36	24	24	23	20		10	10	2	–	–	–	–	–	–	–	–	–	4,6-Dimethyl-3(2H)-benzofuranone		02269
162	133	105	51	77	91	104	103	**162**	100	74	35	27	26	24	21	21		10	10	2	–	–	–	–	–	–	–	–	–	4,7-Dimethyl-3(2H)-benzofuranone		02270
162	133	105	104	51	91	103	77	**162**	100	92	59	29	23	22	18	17		10	10	2	–	–	–	–	–	–	–	–	–	5,7-Dimethyl-3(2H)-benzofuranone		02272
162	133	105	104	51	103	77	161	**162**	100	94	36	29	25	24	20	19		10	10	2	–	–	–	–	–	–	–	–	–	5,6-Dimethyl-3(2H)-benzofuranone		02271
162	133	105	104	77	51	103	91	**162**	100	63	34	21	20	20	19	16		10	10	2	–	–	–	–	–	–	–	–	–	4,5-Dimethyl-3(2H)-benzofuranone		02268
162	133	105	104	103	77	51	147	**162**	100	94	31	26	24	24	24	22		10	10	2	–	–	–	–	–	–	–	–	–	6,7-Dimethyl-3(2H)-benzofuranone		02273
162	133	115	134	116	77	91	105	**162**	100	45	41	36	30	29	26	25		10	10	2	–	–	–	–	–	–	–	–	–	3-Allylsalicylaldehyde		Z1069
162	133	147	91	161	77	131	163	**162**	100	98	52	21	21	17	15	13		11	14	1	–	–	–	–	–	–	–	–	–	Anisole, p-(1-ethylvinyl)-	21758-19-0	R9374
162	134	42	66	94	133	80	51	**162**	100	70	25	25	25	18	16	14		7	6	1	4	–	–	–	–	–	–	–	–	7(8H)-Pteridinone, 6-methyl-	16041-30-8	R6003
162	134	91	92	133	51	120	65	**162**	100	99	98	62	39	34	31	26		10	10	2	–	–	–	–	–	–	–	–	–	3,4-Dihydro-6-methylcoumarin		B0051
162	134	92	105	77	64	63	119	**162**	100	22	16	14	10	10	8	7		8	6	2	2	–	–	–	–	–	–	–	–	3,4-Dihydroxycinnoline		B0674
162	134	93	66	42	44	120	94	**162**	100	54	48	44	22	22	13	9		7	6	1	4	–	–	–	–	–	–	–	–	6(5H)-Pteridinone, 7-methyl-	1128-60-5	Q5482
162	134	93	66	42	44	120	163	**162**	100	55	47	43	20	20	14	11		7	6	1	4	–	–	–	–	–	–	–	–	6(5H)-Pteridinone, 7-methyl-		L4234
162	134	94	66	80	42	67	53	**162**	100	57	34	28	17	15	15	12		7	6	1	4	–	–	–	–	–	–	–	–	6-Methyl-1-hydroxypteridine		P4042
162	134	94	66	80	42	67	107	**162**	100	55	34	25	19	15	14	12		7	6	1	4	–	–	–	–	–	–	–	–	7(8H)-Pteridinone, 6-methyl-		L4235
162	134	106	79	52	105	51	163	**162**	100	42	39	20	18	12	10	9		8	6	2	2	–	–	–	–	–	–	–	–	2,3-Quinoxalinedione, 1,4-dihydro-	15804-19-0	R5859
162	134	106	79	105	52	163	78	**162**	100	48	43	27	17	13	11	10		8	6	2	2	–	–	–	–	–	–	–	–	2,3-Quinoxalinedione, 1,4-dihydro-		D1593
162	134	106	135	53	42	80	121	**162**	100	28	27	17	14	13	12	12		7	6	1	4	–	–	–	–	–	–	–	–	6(5H)-Pteridinone, 4-methyl-	16041-28-4	R5999
162	134	107	66	65	80	163	93	**162**	100	26	20	14	11	11	9	8		7	6	1	4	–	–	–	–	–	–	–	–	7(8H)-Pteridinone, 4-methyl-	16041-29-5	R6002
162	134	119	91	103	77	135	65	**162**	100	93	77	61	16	14	14	13		10	10	2	–	–	–	–	–	–	–	–	–	2(3H)-Benzofuranone, 3,3-dimethyl-	13524-76-0	R4618
162	134	131	91	147	161	104	115	**162**	100	56	32	28	25	21	18	17		11	14	1	–	–	–	–	–	–	–	–	–	Naphthalene, 1,2,3,4-tetrahydro-5-methoxy-	1008-19-1	Q5042
162	134	133	91	51	77	163	38	**162**	100	47	30	26	17	15	12	12		10	10	2	–	–	–	–	–	–	–	–	–	4-Hydroxy-7-methylindan-1-one		B0097
162	135	67	42	107	53	52	94	**162**	100	88	38	23	19	18	17	17		7	6	1	4	–	–	–	–	–	–	–	–	2(1H)-Pteridinone, 6-methyl-	16041-23-9	R5993
162	135	67	94	107	42	39	53	**162**	100	83	41	30	23	10	9	9		7	6	1	4	–	–	–	–	–	–	–	–	2(1H)-Pteridinone, 6-methyl-	16041-23-9	R5994
162	145	89	39	63	62	78	51	**162**	100	84	46	40	36	23	14	12		9	6	3	–	–	–	–	–	–	–	–	–	Benzofuran-3-carboxylic acid		P1107
162	147	115	77	161	105	145	131	**162**	100	53	38	30	26	25	18	16		10	10	2	–	–	–	–	–	–	–	–	–	1,4-Dihydro-5,8-dihydroxynaphthalene		D1202
162	147	119	91	161	163	145	148	**162**	100	61	18	15	13	12	8	7		11	14	1	–	–	–	–	–	–	–	–	–	2,4-Dimethyl-6-allylphenol		C1384
162	147	133	78	119	163	77	44	**162**	100	78	25	22	19	17	15	14		9	10	1	2	–	–	–	–	–	–	–	–	2-Benzoxazolamine, N,N-dimethyl-	13858-89-4	R4770
162	147	163	148	161	89	115	74	**162**	100	57	8	8	4	4	4	3		10	10	–	–	–	–	–	1	–	–	–	–	Benzo[b]thiophene, 2-ethyl-	1196-81-2	Q5705
162	161	28	39	147	29	41	27	**162**	100	89	47	29	29	25	23	22		10	10	–	–	–	–	–	1	–	–	–	–	Benzo[b]thiophene, 2,6-dimethyl-		Y1231
162	161	44	91	118	120	147	163	**162**	100	41	35	34	26	25	23	12		10	14	–	2	–	–	–	–	–	–	–	–	N,N-Dimethyl-N′-m-tolylformamidine		06336
162	161	131	91	108	119	134	123	**162**	100	60	47	32	30	28	25	24		10	10	2	–	–	–	–	–	–	–	–	–	4-Methoxycinnamaldehyde		M4246
162	161	131	91	119	133	134	65	**162**	100	70	66	35	32	31	27	24		10	10	2	–	–	–	–	–	–	–	–	–	3-Methoxycinnamaldehyde		15414
162	161	133	105	77	51	39	103	**162**	100	91	38	32	31	21	18	16		10	10	2	–	–	–	–	–	–	–	–	–	2,5-Dimethylterephthaldehyde		03103
162	161	147	163	80	128	63	115	**162**	100	84	26	14	11	10	10	9		10	10	–	–	–	–	–	1	–	–	–	–	Benzo[b]thiophene, 2,7-dimethyl-		Y1849
162	161	147	163	128	80	115	69	**162**	100	89	26	14	10	10	9	9		10	10	–	–	–	–	–	1	–	–	–	–	Benzo[b]thiophene, 2,5-dimethyl-		Y1848
162	164	63	98	99	126	100	166	**162**	100	62	50	38	13	13	13	10		6	4	1	–	2	–	–	–	–	–	–	–	Phenol, 2,4-dichloro-		Y2435
162	164	63	98	99	166	163	100	**162**	100	67	20	15	12	11	7	6		6	4	1	–	2	–	–	–	–	–	–	–	Phenol, 2,5-dichloro-	583-78-8	Q2313
162	164	63	98	126	99	62	73	**162**	100	65	65	39	20	17	17	16		6	4	1	–	2	–	–	–	–	–	–	–	Phenol, 2,4-dichloro-		D1251
162	164	63	98	127	166	99	163	**162**	100	64	21	15	13	11	6	6		6	4	1	–	2	–	–	–	–	–	–	–	Phenol, 2,6-dichloro-	87-65-0	P6402
162	164	63	98	166	99	163	165	**162**	100	64	16	12	11	10	7	4		6	4	1	–	2	–	–	–	–	–	–	–	Phenol, 2,5-dichloro-	583-78-8	Q2314
162	164	63	126	98	166	163	99	**162**	100	64	29	20	20	11	7	7		6	4	1	–	2	–	–	–	–	–	–	–	Phenol, 2,6-dichloro-	87-65-0	P6400
162	164	63	166	73	163	62	127	**162**	100	63	18	9	8	7	5	4		6	4	1	–	2	–	–	–	–	–	–	–	Phenol, 3,5-dichloro-	591-35-5	Q2452
162	164	83	33	64	93	63	69	**162**	100	99	70	38	18	17	10	9		2	2	–	–	–	1	3	–	–	–	–	–	Bromo-1,1,1-trifluoro-ethane		A0237
162	164	83	39	45	57	81	38	**162**	100	98	42	25	25	23	16	12		4	3	–	–	–	1	–	1	–	–	–	–	Thiophene, 2-bromo-	1003-09-4	Q4983
162	164	83	45	39	57	81	82	**162**	100	98	42	25	25	23	16	12		4	3	–	–	–	1	–	1	–	–	–	–	Thiophene, 2-bromo-		02174
162	164	99	63	166	107	109	163	**162**	100	65	21	14	11	9	8	8		6	4	1	–	2	–	–	–	–	–	–	–	Phenol, 3,4-dichloro-	95-77-2	P6990

MASS TO CHARGE RATIOS								M.W.	INTENSITIES								Parent	C	H	O	N	Cl	Br	F	S	P	B	Si	X	COMPOUND NAME	CAS Reg No	No
162	164	126	63	98	128	99	166	**162**	100	63	35	29	15	12	12	11		6	4	1	–	2	–	–	–	–	–	–	–	Phenol, 2,3-dichloro-	576-24-9	Q2240
162	164	127	128	126	163	63	77	**162**	100	32	32	17	13	11	10	10		10	7	–	–	1	–	–	–	–	–	–	–	2-Chloronaphthalene	91-58-7	P6648
164	83	162	39	57	45	38	81	**162**	100	99	96	71	34	33	20	18		4	3	–	–	–	1	–	1	–	–	–	–	Thiophene, 3-bromo-		M1241
164	162	83	39	45	43	60	38	**162**	100	93	65	54	38	29	20	16		4	3	–	–	–	1	–	1	–	–	–	–	Thiophene, 2-bromo-		M1240
164	162	166	160	158	168			**162**	100	77	28	7	3	1				–	–	1	–	1	1	–	1	–	–	–	–	Thionyl bromide chloride		L7377
28	163	121	135	93	46	44	27	**163**	100	91	62	33	27	26	25	22		4	10	–	3	–	–	–	1	1	–	–	–	Diethylphosphinothioic azide		16817
30	104	28	43	163	32	72	91	**163**	100	90	86	32	26	24	20	19		10	13	1	1	–	–	–	–	–	–	–	–	Acetamide, N-(2-phenylethyl)-		05189
30	104	43	72	163	91	164	105	**163**	100	75	22	16	12	11	9	8		10	13	1	1	–	–	–	–	–	–	–	–	Acetamide, N-(2-phenylethyl)		06594
30	163	91	146	72	104	92		**163**	100	14	12	8	3	3	2			11	17	–	1	–	–	–	–	–	–	–	–	Benzenepentanamine	17734-21-3	R7160
34	42	43	59	44	41	33	88	**163**	100	99	97	75	62	52	50	36	**3.50**	5	9	3	1	–	–	–	1	–	–	–	–	Alanine, (+-)-N-acetyl-2-mercapto-,	55956-23-5	T2458
40	68	52	135	108	79	163		**163**	100	57	56	50	29	17	1			7	5	2	3	–	–	–	–	–	–	–	–	2-Azido-5-methyl-1,4-benzoquinone		M3185
44	105	91	77	119	41	42	115	**163**	100	58	46	38	35	29	28	23	**4.00**	11	17	–	1	–	–	–	–	–	–	–	–	2,5-Dimethylamphetamine	75659-62-0	T9016
44	105	91	77	119	42	120	41	**163**	100	43	34	27	25	19	18	16	**1.00**	11	17	–	1	–	–	–	–	–	–	–	–	3,5-Dimethylamphetamine	75659-63-1	T9017
44	105	91	77	119	103	115	42	**163**	100	46	41	34	31	21	21	20	**1.00**	11	17	–	1	–	–	–	–	–	–	–	–	2,3-Dimethylamphetamine	75659-60-8	T9014
44	105	91	119	77	42	103	120	**163**	100	40	37	33	29	19	19	19	**1.00**	11	17	–	1	–	–	–	–	–	–	–	–	2,6-Dimethylamphetamine	57204-69-0	T4379
44	105	91	119	77	120	115	41	**163**	100	19	14	13	12	9	8	7	**1.00**	11	17	–	1	–	–	–	–	–	–	–	–	2,4-Dimethylamphetamine	75659-61-9	T9015
44	105	91	119	120	77	41	115	**163**	100	88	64	61	52	48	35	34	**1.00**	11	17	–	1	–	–	–	–	–	–	–	–	3,4-Dimethylamphetamine	102-31-8	P7548
57	84	165	163	28	45	138	44	**163**	100	85	83	70	16	10	9	8		3	2	–	1	–	1	–	1	–	–	–	–	5-Bromothiazole		L7869
57	84	165	163	28	45	138	136	**163**	100	85	83	70	16	10	9	8		3	2	–	1	–	1	–	1	–	–	–	–	5-Bromothiazole		05648
58	28	42	44	39	30	32	165	**163**	100	35	27	12	8	6	6	6	**5.70**	5	10	–	1	–	1	–	–	–	–	–	–	2-Propen-1-amine, 2-bromo-N,N-dimethyl-	14326-14-8	R5154
58	36	91	42	44	163	59	38	**163**	100	84	64	60	44	42	41	28		11	17	–	1	–	–	–	–	–	–	–	–	N,N-Dimethyl-3-phenylproplamine		L9176
58	42	77	51	59	43	105	50	**163**	100	18	12	10	8	4	4	3	**2.40**	10	13	1	1	–	–	–	–	–	–	–	–	Acetophenone, α-(dimethylamino)-		15595
58	42	77	51	59	43	105	52	**163**	100	9	5	4	3	2	2	2	**1.20**	10	13	1	1	–	–	–	–	–	–	–	–	Acetophenone, α-(dimethylamino)-	3319-03-7	Q9212
58	163	165	57	45	60	44	59	**163**	100	70	70	12	7	6	5	5		3	2	–	1	–	1	–	1	–	–	–	–	Thiazole, 2-bromo-	3034-53-5	Q8955
66	98	91	65	67	163	92	97	**163**	100	14	13	11	8	6	5	4		9	9	2	1	–	–	–	–	–	–	–	–	4,7-Methano-1H-isoindole-1,3(2H)-dione, 3a,4,7,7a-tetrahydro-, (3aα4α,7α,7aα)-	6265-30-1	R2184
69	41	163	39	67	42	94	120	**163**	100	77	66	46	36	36	35	29		10	13	1	1	–	–	–	–	–	–	–	–	5-Cyclopropyl-3,4-tetramethyleneisoxazole		M0394
70	65	165	163	146	144	46	84	**163**	100	81	50	50	41	41	35	25		–	–	–	1	–	1	2	1	–	–	–	–	N-Bromosulphurdifluoroimide		L6592
71	56	28	27	30	70	42	55	**163**	100	76	25	17	15	15	14	14	**1.48**	6	13	2	1	–	–	–	1	–	–	–	–	3-Ethylaminosulpholane		C1491
72	44	42	91	56	70	65	73	**163**	100	68	61	48	44	28	28	25	**0.39**	11	17	–	1	–	–	–	–	–	–	–	–	N,N-Dimethylamphetamine	4075-96-1	R0066
72	44	55	43	85	57	29	119	**163**	100	53	26	14	13	13	11	10	**0.00**	6	11	3	–	–	–	–	1	–	–	–	–	3-Ethoxysulpholene		L3284
72	44	91	73	42	65	66	56	**163**	100	27	9	5	4	4	3	3	**0.00**	11	17	–	1	–	–	–	–	–	–	–	–	Benzeneethanamine, N-ethyl-α-methyl-	457-87-4	Q0792
72	91	56	73	65	42	41	57	**163**	100	6	6	5	4	3	3	3	**0.00**	11	17	–	1	–	–	–	–	–	–	–	–	Benzeneethanamine, N,α,α-trimethyl-	100-92-5	P7451
72	91	56	73	65	148	42	39	**163**	100	9	6	6	5	5	5	4	**0.00**	11	17	–	1	–	–	–	–	–	–	–	–	Benzeneethanamine, N,α,α-trimethyl-	100-92-5	P7450
72	104	58	83	91	105	163	77	**163**	100	66	57	32	30	28	25	19		10	13	1	1	–	–	–	–	–	–	–	–	Benzeneacetamide, N,N-dimethyl-	18925-69-4	R7882
72	163	91	44	42	65	73	90	**163**	100	20	14	5	4	4	4	4		10	13	1	1	–	–	–	–	–	–	–	–	Benzeneacetamide, N,N-dimethyl-	18925-69-4	R7883
75	56	74	55	101	61	28	83	**163**	100	49	48	38	37	35	35	34	**18.07**	6	13	2	1	–	–	–	1	–	–	–	–	DL-Homocysteine, S-ethyl-	67-21-0	P5275
76	88	60	116	44	163	29	91	**163**	100	89	81	72	64	47	38	38		6	13	–	1	–	–	–	2	–	–	–	–	Carbamodithioic acid, diethyl-, methyl ester	686-07-7	08779
77	104	43	78	51	120	121	163	**163**	100	72	57	45	42	36	36	33		10	13	1	1	–	–	–	–	–	–	–	–	Benzaldehyde, O-propyloxime	33581-40-7	S4257
79	78	134	106	50	163	80	51	**163**	100	75	55	23	22	21	18	17		10	13	1	1	–	–	–	–	–	–	–	–	1-Pentanone, 1-(2-pyridinyl)-	7137-97-5	R2871
79	78	134	106	51	163	80	52	**163**	100	75	56	23	22	22	18	17		10	13	1	1	–	–	–	–	–	–	–	–	1-Pentanone, 1-(2-pyridinyl)-	7137-97-5	R2870
81	41	28	39	54	27	53	79	**163**	100	33	26	21	21	18	17	10	**0.00**	6	10	2	1	1	–	–	–	–	–	–	–	1-Chloro-1-nitrocyclohexane		C1304
81	41	39	27	53	55	79	82	**163**	100	27	17	16	15	14	7	6	**0.01**	6	10	2	1	1	–	–	–	–	–	–	–	1-Chloro-1-nitrocyclohexane		C1250
81	41	39	28	27	53	55	127	**163**	100	23	22	22	20	16	12	11	**0.00**	6	10	2	1	1	–	–	–	–	–	–	–	1-Chloro-1-nitrocyclohexane		C1292
82	163	135	134	109	108	120		**163**	100	76	61	40	34	18	16			7	9	–	5	–	–	–	–	–	–	–	–	5,7,8-Trimethyltetrazolo[1,5-c]pyrimidine		M5035
88	163	121	41	43	44	73	120	**163**	100	52	31	22	18	15	13	11		6	13	–	1	–	–	–	2	–	–	–	–	Isopropyl dimethyldithiocarbamate		M0078
89	43	47	32	28	74	61	41	**163**	100	90	66	53	46	45	43	41	**13.40**	6	13	2	1	–	–	–	1	–	–	–	–	L-Cysteine, S-propyl-	1115-93-1	Q5322
90	63	163	117	133	62	105	52	**163**	100	90	89	71	61	44	34	31		7	5	2	3	–	–	–	–	–	–	–	–	1H-Benzimidazole, 5-nitro-	94-52-0	P6859
90	163	133	117	63	39	52	105	**163**	100	98	71	63	56	27	23	22		7	5	2	3	–	–	–	–	–	–	–	–	Benzonitrile, 2-amino-5-nitro-	17420-30-3	R6936
91	28	119	41	92	163	120	39	**163**	100	22	21	17	16	15	15	13		10	13	1	1	–	–	–	–	–	–	–	–	2-Phenylbutyramide		06569
91	90	92	62	71	70	107	104	**163**	100	53	13	11	9	9	9	8	**0.00**	9	9	–	1	–	–	–	1	–	–	–	–	Benzene, (2-isothiocyanatoethyl)-	2257-09-2	Q7744
91	92	133	65	77	51	163	105	**163**	100	34	28	23	23	16	16	12		10	13	1	1	–	–	–	–	–	–	–	–	Acetone benzyloxime		15634
91	106	90	89	51	79	43	77	**163**	100	61	46	36	30	30	28	27	**13.00**	9	9	2	1	–	–	–	–	–	–	–	–	Oxiranecarboxamide, 3-phenyl-		L1834
91	106	90	89	51	79	77	44	**163**	100	62	47	37	31	31	28	28	**13.01**	9	9	2	1	–	–	–	–	–	–	–	–	Oxiranecarboxamide, trans-3-phenyl-	19464-96-1	R8166

MASS TO CHARGE RATIOS								M.W.	INTENSITIES								Parent	C	H	O	N	Cl	Br	F	S	P	B	Si	X	COMPOUND NAME	CAS Reg No	No
91	106	90	89	79	77	107	65	**163**	100	61	50	42	30	27	25	22	**9.95**	9	9	2	1	–	–	–	–	–	–	–	–	**Oxiranecarboxamide, 3-phenyl-**	18538-53-9	**R7682**
91	119	41	92	120	163	39	78	**163**	100	21	17	16	15	15	13	12		10	13	1	1	–	–	–	–	–	–	–	–	**2-Phenylbutyramide**	90-26-6	**P6551**
91	119	163	135	120	41	92	78	**163**	100	32	25	21	18	11	10	8		10	13	1	1	–	–	–	–	–	–	–	–	**2-Phenylbutyramide**		**05921**
91	148	65	92	41	39	42	149	**163**	100	48	11	7	7	6	6	5	**0.40**	11	17	–	1	–	–	–	–	–	–	–	–	**Benzylamine, tert-butyl-**	3378-72-1	**Q9297**
93	27	39	134	29	120	41	28	**163**	100	16	14	13	11	10	10	10	**1.10**	11	17	–	1	–	–	–	–	–	–	–	–	**Pyridine, 2-hexyl-**	1129-69-7	**H1154**
93	106	120	94	27	39	107	65	**163**	100	20	18	6	5	5	4	4	**2.47**	11	17	–	1	–	–	–	–	–	–	–	–	**Pyridine, 2-hexyl-**	1129-69-7	**Q5487**
94	163	93	42	79	67	52	134	**163**	100	58	34	25	24	23	19	10		8	9	1	3	–	–	–	–	–	–	–	–	**2,7-Dimethylimidazo[1,2-a]pyrazin-3-one**		**M0780**
103	133	134	163	65	77	90	120	**163**	100	95	88	68	46	37	37	30		9	9	2	1	–	–	–	–	–	–	–	–	**Benzonitrile, 3,5-dimethoxy-**	19179-31-8	**R8022**
104	43	91	163	72	65	105	51	**163**	100	56	30	22	20	18	11	9		10	13	1	1	–	–	–	–	–	–	–	–	**Acetamide, N-(2-phenylethyl)**		**15234**
105	77	43	163	51	50	76	78	**163**	100	64	43	40	38	16	13	11		9	9	2	1	–	–	–	–	–	–	–	–	**N-Acetylbenzamide**		**02235**
105	77	51	50	118	163	106	74	**163**	100	80	34	15	9	8	8	7		9	9	2	1	–	–	–	–	–	–	–	–	**1,2-Propanedione, 1-phenyl-, 2-oxime**	119-51-7	**P9018**
105	77	163	51	106	134	162	50	**163**	100	35	25	11	8	5	4	3		10	13	1	1	–	–	–	–	–	–	–	–	**Benzamide, N-propyl-**	10546-70-0	**R3925**
105	104	77	163	106	51	78	91	**163**	100	52	37	33	13	11	6	6		10	13	1	1	–	–	–	–	–	–	–	–	**Morpholine, 4-phenyl-**	92-53-5	**P6715**
106	28	79	77	36	107	29	27	**163**	100	44	33	16	16	9	9	7	**0.80**	10	13	1	1	–	–	–	–	–	–	–	–	**2-Butanone, 1-amino-1-phenyl-**		**06568**
106	77	51	107	163	41	79	78	**163**	100	20	12	11	11	10	5	4		11	17	–	1	–	–	–	–	–	–	–	–	**Aniline, N-(2,2-dimethylpropyl)-**	7210-81-3	**R2960**
106	79	77	29	107	27	51	104	**163**	100	33	16	9	9	7	6	6	**0.80**	10	13	1	1	–	–	–	–	–	–	–	–	**2-Butanone, 1-amino-1-phenyl-**	32187-26-1	**S3517**
106	93	107	41	78	51	65	79	**163**	100	38	25	19	19	15	14	14	**1.00**	11	17	–	1	–	–	–	–	–	–	–	–	**Pyridine, 2-(3,3-dimethylbutyl)-**	60263-44-7	**T5166**
106	135	51	77	163	78	91	38	**163**	100	90	37	30	28	23	23	22		9	9	2	1	–	–	–	–	–	–	–	–	**Formamide, N-(2-formylphenyl)-N-methyl-**	52479-54-6	**S7979**
106	163	43	77	121	51	107	120	**163**	100	33	24	17	14	8	7	6		10	13	1	1	–	–	–	–	–	–	–	–	**Acetamide, N-ethyl-N-phenyl-**	529-65-7	**Q1673**
106	163	43	77	121	107	135	51	**163**	100	33	25	24	20	12	11	10		10	13	1	1	–	–	–	–	–	–	–	–	**Acetamide, N-ethyl-N-phenyl-**		**D1265**
106	163	43	104	120	42	44	77	**163**	100	41	37	33	26	25	22	22		10	13	1	1	–	–	–	–	–	–	–	–	**Acetamide, N-(1-phenylethyl)-**		**P1188**
106	164	120	104	43	42	44	105	**163**	100	57	33	28	24	17	17	17	**4.00**	10	13	1	1	–	–	–	–	–	–	–	–	**Acetamide, N-(1-phenylethyl)-**	6284-14-6	**R2200**
108	40	107	136	163	91	51	57	**163**	100	88	35	34	32	11	5	5		9	10	–	1	–	–	–	–	1	–	–	–	**4,5-Dihydro-3-phenyl-3H-1,3-azaphosphate**		**14644**
115	91	77	116	117	129	163		**163**	100	78	73	37	36	33	9			9	9	2	1	–	–	–	–	–	–	–	–	**2-Phenyl-1-nitropropene**		**L7163**
115	91	105	116	117	163	89	77	**163**	100	56	51	46	32	30	19	17		9	9	2	1	–	–	–	–	–	–	–	–	**Benzene, (2-nitro-1-propenyl)-**	705-60-2	**Q3798**
115	105	91	77	116	106	51	117	**163**	100	61	41	39	39	37	25	24	**22.37**	9	9	2	1	–	–	–	–	–	–	–	–	**Benzene, (2-nitro-1-propenyl)-**	705-60-2	**Q3797**
115	163	116	39	91	117	51	63	**163**	100	75	48	45	42	25	24	24		9	9	2	1	–	–	–	–	–	–	–	–	**Benzene, 1-cyclopropyl-4-nitro-**	6921-44-4	**R2688**
115	163	116	91	39	117	63	51	**163**	100	62	48	45	34	32	18	17		9	9	2	1	–	–	–	–	–	–	–	–	**Benzene, 1-cyclopropyl-3-nitro-**	22396-07-2	**R9713**
117	43	163	106	77	107	118	91	**163**	100	95	80	77	30	29	29	24		9	9	2	1	–	–	–	–	–	–	–	–	**1H-Indole-1-carboxaldehyde, 2,3-dihydro-2-hydroxy-**	13303-68-9	**R4423**
117	119	30	82	121	47	84	35	**163**	100	96	45	32	31	27	20	13	**0.00**	1	–	2	1	3	–	–	–	–	–	–	–	**Methane, trichloronitro-**		**01983**
117	145	90	89	63	106	116	51	**163**	100	73	67	54	32	17	16	14	**1.00**	9	9	2	1	–	–	–	–	–	–	–	–	**1H-Indole-1-carboxaldehyde, 2,3-dihydro-2-hydroxy-**	13303-68-9	**R4422**
119	76	44	28	15	60	45	42	**163**	100	98	86	54	47	42	38	34	**27.50**	6	18	–	3	–	–	–	–	1	–	–	–	**Tris(dimethylamino)phosphine**		**05471**
119	76	163	44	60				**163**	100	82	36	7	7					6	18	–	3	–	–	–	–	1	–	–	–	**Tris(dimethylamino)phosphine**		**L9522**
119	103	60	104	120	61	77	163	**163**	100	90	52	52	44	40	39	38		8	9	1	3	–	–	–	–	–	–	–	–	**Benzaldehyde semicarbazone**	1574-10-3	**Q6238**
119	103	60	104	120	61	77	163	**163**	100	91	50	50	43	39	37	37		8	9	1	3	–	–	–	–	–	–	–	–	**Benzaldehyde semicarbazone**	1574-10-3	**Q6237**
119	103	104	60	120	61	77	163	**163**	100	88	55	51	43	40	38	38		8	9	1	3	–	–	–	–	–	–	–	–	**Benzaldehyde semicarbazone**		**L4973**
120	16	91	103	72	30	43	77	**163**	100	33	22	22	18	14	14	13	**0.90**	10	13	1	1	–	–	–	–	–	–	–	–	**2-Butanone, 3-amino-4-phenyl-**	40513-35-7	**S6311**
120	121	43	163	65	92	63	39	**163**	100	60	29	22	17	15	6	5		9	9	2	1	–	–	–	–	–	–	–	–	**Acetamide, N-(4-formylphenyl)-**	122-85-0	**P9262**
120	163	93	50	65	38	52	53	**163**	100	88	85	70	44	36	35	32		7	5	2	3	–	–	–	–	–	–	–	–	**Pyrido[4,3-d]pyrimidine-2,4(1H,3H)-dione**	16952-65-1	**R6535**
121	120	163	43	91	56	65	122	**163**	100	89	43	18	16	14	9	9		10	13	1	1	–	–	–	–	–	–	–	–	**Acetamide, N-methyl-N-(4-methylphenyl)-**	612-03-3	**Q2835**
121	120	163	106	43	122	77	164	**163**	100	42	42	34	26	19	11	11		10	13	1	1	–	–	–	–	–	–	–	–	**Acetamide, N-(2,4-dimethylphenyl)-**	2050-43-3	**Q7253**
121	163	43	77	78	120	104	94	**163**	100	85	71	52	50	41	32	22		10	13	1	1	–	–	–	–	–	–	–	–	**Benzaldehyde, O-isopropyloxime**	33499-41-1	**S4215**
121	163	120	106	43	77	122	91	**163**	100	55	39	33	23	12	11	10		10	13	1	1	–	–	–	–	–	–	–	–	**Acetamide, N-(2,6-dimethylphenyl)-**	2198-53-0	**Q7582**
121	163	120	106	43	122	77	91	**163**	100	59	38	26	24	12	10	8		10	13	1	1	–	–	–	–	–	–	–	–	**Acetamide, N-(2,6-dimethylphenyl)-**	2198-53-0	**Q7583**
128	163	165	67	130	62	42	86	**163**	100	76	51	38	33	13	12	12		4	3	–	3	2	–	–	–	–	–	–	–	**2-Pyrimidinamine, 4,6-dichloro-**	56-05-3	**P4687**
128	163	165	67	130	92	62	86	**163**	100	76	50	38	33	30	12	11		4	3	–	3	2	–	–	–	–	–	–	–	**2-Pyrimidinamine, 4,6-dichloro-**		**L1201**
128	163	165	130	67	92	43	62	**163**	100	75	50	36	25	20	12	9		4	3	–	3	2	–	–	–	–	–	–	–	**2-Pyrimidinamine, 4,6-dichloro-**	56-05-3	**P4686**
128	164	86	114	166	102	100	129	**163**	100	50	17	16	15	11	7	6	**0.00**	8	18	–	1	1	–	–	–	–	–	–	–	**2-Propanamine, N-(2-chloroethyl)-N-isopropyl-, hydrochloride**	4261-68-1	**R0267**
133	163	77	104	105	51	76	132	**163**	100	86	80	66	64	57	50	50		9	9	2	1	–	–	–	–	–	–	–	–	**1H-Pyrano[3,4-c]pyridin-1-one, 3,4-dihydro-**		**L3938**
134	163	148	44	93	119	28	120	**163**	100	69	54	28	27	24	18	15		7	9	–	5	–	–	–	–	–	–	–	–	**Adenine, N,N-dimethyl-**	938-55-6	**Q4736**
134	163	148	44	119	93	120	121	**163**	100	78	45	34	21	19	14	13		7	9	–	5	–	–	–	–	–	–	–	–	**Adenine, N,N-dimethyl-**	938-55-6	**Q4737**
135	91	77	79	51	39	115	52	**163**	100	87	85	75	72	63	57	52	**2.00**	9	9	2	1	–	–	–	–	–	–	–	–	**Benzene, 1-cyclopropyl-2-nitro-**	10292-65-6	**R3719**
135	163	91	109	108	134	70	83	**163**	100	95	12	10	10	8	8	6		8	5	1	1	–	–	–	1	–	–	–	–	**2-Benzothiazolecarboxaldehyde**		**L4698**
135	163	91	109	108	164	70	134	**163**	100	95	12	10	10	9	8	8		8	5	1	1	–	–	–	1	–	–	–	–	**2-Benzothiazolecarboxaldehyde**	6639-57-2	**R2437**
148	91	77	79	120	39	28	106	**163**	100	64	52	48	41	36	31	29	**0.00**	10	13	1	1	–	–	–	–	–	–	–	–	**Azocine, 2-methoxy-3,8-dimethyl-**	20205-53-2	**R8566**
148	95	163	68	94	123	162	105	**163**	100	77	67	32	25	22	18	16		11	17	–	1	–	–	–	–	–	–	–	–	**(+)-(3S)-(4-Methyl-3-cyclohexen-(1R)-yl)-butyronitrile**		**04638**

MASS TO CHARGE RATIOS								M.W.	INTENSITIES								Parent	C	H	O	N	Cl	Br	F	S	P	B	Si	X	COMPOUND NAME	CAS Reg No	No
148	105	44	163	147	51	77	91	**163**	100	97	81	64	61	50	47	42		10	13	1	1	–	–	–	–	–	–	–	–	**Benzamide, 4-isopropyl-**	619-76-1	**Q2993**
148	105	163	147	51	77	91	103	**163**	100	97	64	61	50	47	42	33		10	13	1	1	–	–	–	–	–	–	–	–	**Benzamide, 4-isopropyl-**	619-76-1	**Q2994**
148	163	77	92	65	120	164	15	**163**	100	96	61	60	56	51	22	17		9	9	2	1	–	–	–	–	–	–	–	–	**Benzonitrile, 3,4-dimethoxy-**	2024-83-1	**Q7197**
148	163	91	79	120	39	77	106	**163**	100	74	61	44	41	36	31	30		10	13	1	1	–	–	–	–	–	–	–	–	**Azocine, 2-methoxy-3,8-dimethyl-**	20205-53-2	**R8567**
148	163	106	162	78	51	39	85	**163**	100	80	71	60	55	50	45	42		9	9	2	1	–	–	–	–	–	–	–	–	**1,3-Butanedione, 1-(3-pyridinyl)-**	3594-37-4	**Q9558**
148	163	106	162	78	85	69	51	**163**	100	80	71	62	54	42	39	30		9	9	2	1	–	–	–	–	–	–	–	–	**1,3-Butanedione, 1-(3-pyridinyl)-**		**L9289**
148	163	120	91	118	149	65	134	**163**	100	26	15	13	12	11	6	5		11	17	–	1	–	–	–	–	–	–	–	–	**2-Diethylaminotoluene**		**D1656**
163	43	42	133	28	93	77	66	**163**	100	42	39	37	24	24	18	17		8	9	1	3	–	–	–	–	–	–	–	–	**Benzofurazan, 5-(dimethylamino)-**	6124-22-7	**R2073**
163	67	120	80	94	54	52	107	**163**	100	32	26	25	22	20	19	19		7	9	–	5	–	–	–	–	–	–	–	–	**s-Triazolo[4,3-a]pyrazine, 3-amino-5,8-dimethyl-**	19855-02-8	**R8340**
163	77	78	81	66	67	79	82	**163**	100	72	70	36	16	16	14	14		7	9	–	5	–	–	–	–	–	–	–	–	**2-Amino-6,7-dimethylpyrazolo[5,1-c][1,2,4]triazine**		**P1492**
163	89	63	117	62	51	50	133	**163**	100	80	64	53	33	20	18	14		8	5	3	1	–	–	–	–	–	–	–	–	**Benzofuran, 5-nitro-**		**L6650**
163	89	63	117	62	51	50	133	**163**	100	71	66	54	34	20	19	16		8	5	3	1	–	–	–	–	–	–	–	–	**Benzofuran, 5-nitro-**	18761-31-4	**R7811**
163	91	164	76	103	63	134	165	**163**	100	20	10	6	5	5	5	5		7	5	–	3	–	–	–	1	–	–	–	–	**Pyrido[2,3-d]pyridazine-5(6H)-thione**	15370-85-1	**R5720**
163	92	120	65	38	64	66	41	**163**	100	98	43	33	18	15	12	11		7	5	2	3	–	–	–	–	–	–	–	–	**Pyrido[3,2-d]pyrimidine-2,4(1H,3H)-dione**	37538-68-4	**S5511**
163	92	148	77	120	65	50	15	**163**	100	62	59	45	43	32	21	20		9	9	2	1	–	–	–	–	–	–	–	–	**Benzonitrile, 2,3-dimethoxy-**	5653-62-3	**R1634**
163	93	120	92	65	64	38	164	**163**	100	40	40	32	10	9	8	8		7	5	2	3	–	–	–	–	–	–	–	–	**Pyrido[2,3-d]pyrimidine-2,4(1H,3H)-dione**	21038-66-4	**R9068**
163	94	40	42	67	29	43	44	**163**	100	35	20	20	20	10	10	10		5	4	–	3	–	–	3	–	–	–	–	–	**Pyrimidine, 2-amino-4-(trifluoromethyl)-**	16075-42-6	**R6019**
163	104	76	105	77	133	147	50	**163**	100	50	49	34	31	26	23	23		8	5	3	1	–	–	–	–	–	–	–	–	**N-Hydroxyphthalimide**	524-38-9	**Q1612**
163	105	120	148	42	91	77	93	**163**	100	81	41	39	33	27	21	20		10	13	1	1	–	–	–	–	–	–	–	–	**N-Methyl-N-(4-methylbenzyl)formamide**		**03109**
163	115	128	126	127	102	134	164	**163**	100	65	59	50	44	42	26	11		9	9	2	1	–	–	–	–	–	–	–	–	**Isoxazole, 5-(2-furanyl)-3,4-dimethyl-**	75601-30-8	**T8994**
163	120	79	52	51	164	78	42	**163**	100	43	32	17	11	11	9	8		7	5	2	3	–	–	–	–	–	–	–	–	**Pyrido[3,4-d]pyrimidine-2,4(1H,3H)-dione**	21038-67-5	**R9069**
163	120	93	80	82	65	92	64	**163**	100	43	33	25	25	13	12	11		7	5	2	3	–	–	–	–	–	–	–	–	**Pyrido[3,4-d]pyrimidine-2,4(1H,3H)-dione**	21038-67-5	**09882**
163	121	162	122	77	69	78	42	**163**	100	61	41	38	32	32	26	21		9	9	–	1	–	–	–	1	–	–	–	–	**Benzothiazole, 2,5-dimethyl-**	95-26-1	**P6933**
163	122	109	164	108	135	121	120	**163**	100	23	12	10	8	8	7	5		6	5	1	5	–	–	–	–	–	–	–	–	**4(1H)-Pteridinone, 2-amino-**	2236-60-4	**Q7694**
163	128	165	50	75	101	51	136	**163**	100	74	31	27	24	21	21	16		9	6	–	1	1	–	–	–	–	–	–	–	**2-Propenenitrile, 3-(4-chlorophenyl)-**	28446-72-2	**S2094**
163	128	165	101	51	75	50	164	**163**	100	88	34	22	17	16	15	14		9	6	–	1	1	–	–	–	–	–	–	–	**Quinoline, 2-chloro-**	612-62-4	**Q2851**
163	130	148	131	162	149	119		**163**	100	68	41	30	29	11	6			9	9	–	1	–	–	–	1	–	–	–	–	**N-Methyl-2-indolinethione**		**L8044**
163	130	162	148	131	149	119		**163**	100	85	64	15	13	3	2			9	9	–	1	–	–	–	1	–	–	–	–	**3-Methyl-2-indolinethione**		**L8042**
163	131	51	77	102	148	146	91	**163**	100	97	88	81	66	63	60	56		10	13	1	1	–	–	–	–	–	–	–	–	**Benzamide, 2-isopropyl-**	56177-33-4	**T2890**
163	132	104	51	77	164	131	133	**163**	100	98	63	29	27	14	11	11		9	9	2	1	–	–	–	–	–	–	–	–	**3-Carbomethoxy-5-vinylpyridine**		**P2556**
163	134	162	120	133	65	77	164	**163**	100	40	20	20	17	15	13	11		9	9	2	1	–	–	–	–	–	–	–	–	**Benzonitrile, 2,4-dimethoxy-**	4107-65-7	**R0103**
163	135	91	79	52	63	50	51	**163**	100	55	34	25	23	21	21	20		7	5	–	3	–	–	–	1	–	–	–	–	**Pyrido[2,3-d]pyridazine-8(7H)-thione**	15370-74-8	**R5719**
163	148	162	164	149	91	131	39	**163**	100	94	37	13	12	8	7	6		11	17	–	1	–	–	–	–	–	–	–	–	**Pentamethylaminobenzene**		**03576**
163	162	70	84	91	96	81	79	**163**	100	70	48	45	41	40	23	21		11	17	–	1	–	–	–	–	–	–	–	–	**4-(1-Pyrrolidinylmethylene)cyclohex-1-ene**		**00522**
163	162	108	107	164	42	134	56	**163**	100	64	17	16	11	8	8	6		7	9	–	5	–	–	–	–	–	–	–	–	**4-Methyl-5-(5-methylpyrazol-3-yl)-1,2,3-triazole**		**P1552**
165	94	105	132	119	104	77	151	**163**	100	68	68	54	53	43	41	34	**0.00**	10	13	1	1	–	–	–	–	–	–	–	–	**Acetophenone, 2′-(dimethylamino)-**	10336-55-7	**R3757**
18	75	58	77	118	50	17	110	**164**	100	88	57	33	32	25	21	20	**0.15**	7	15	1	1	1	–	–	–	–	–	–	–	**2-Propen-1-aminium, 3-chloro-N-(2-hydroxyethyl)-N,N-dimethyl-, chloride**	55975-95-6	**T2491**
18	82	17	84	83	111	29	47	**164**	100	22	22	14	8	8	7	7	**0.00**	2	3	2	–	3	–	–	–	–	–	–	–	**Chloral hydrate**		**Z1086**
28	32	105	44	87	83	77	43	**164**	100	70	47	45	32	30	25	25	**1.50**	10	12	2	–	–	–	–	–	–	–	–	–	**2-Methyl-2-phenyl-1,3-dioxolane**		**00523**
38	64	90	52	76	36	78	118	**164**	100	87	83	70	65	60	59	55	**0.00**	12	20	–	–	–	–	–	–	–	–	–	–	**Bicyclo[6.1.0]nonane, 9-isopropylidene-**	56666-90-1	**T4045**
41	18	82	83	55	28	54	96	**164**	100	96	82	72	52	41	31	31	**0.04**	10	16	–	2	–	–	–	–	–	–	–	–	**Sebaconitrile**		**D0035**
41	27	39	43	29	26	42	120	**164**	100	16	10	7	6	4	4	3	**0.74**	4	5	2	–	–	1	–	–	–	–	–	–	**3-Bromooxalan-2-one**		**P1101**
41	39	68	79	110	67	164	93	**164**	100	99	94	91	87	85	71	70		11	16	1	–	–	–	–	–	–	–	–	–	**2(1H)-Naphthalenone, 3,4,4a,5,8,8a-hexahydro-4a-methyl-, trans-**	55283-48-2	**T0769**
41	53	55	122	51	107	136	40	**164**	100	51	45	44	37	34	32	31	**26.26**	11	16	1	–	–	–	–	–	–	–	–	–	**2(3H)-Naphthalenone, 4,4a,5,6,7,8-hexahydro-4a-methyl-, (S)-**	4087-39-2	**R0075**
41	79	121	93	91	43	77	55	**164**	100	76	71	70	56	55	49	44	**7.00**	11	16	1	–	–	–	–	–	–	–	–	–	**1(2H)-Naphthalenone, 3,4,4a,5,8,8a-hexahydro-8a-methyl-, trans-**	21841-29-2	**R9390**
41	122	69	95	67	79	55	53	**164**	100	77	75	45	42	41	36	35	**19.00**	11	16	1	–	–	–	–	–	–	–	–	–	**2(1H)-Naphthalenone, 4a,5,6,7,8,8a-hexahydro-4a-methyl-, trans-**	22844-34-4	**R9958**
41	149	164	107	121	91	39	43	**164**	100	97	84	78	69	67	57	52		12	20	–	–	–	–	–	–	–	–	–	–	**3-Octen-5-yne, 2,2,7,7-tetramethyl-**	55682-74-1	**06792**
43	28	41	29	55	27	57	32	**164**	100	74	67	56	34	33	32	27	**0.00**	6	12	5	–	–	–	–	–	–	–	–	–	**β-L-Arabinopyranoside, methyl**	1825-00-9	**Q6817**
43	28	55	41	85	56	135	137	**164**	100	63	40	34	30	19	19	19	**0.20**	6	13	–	–	–	1	–	–	–	–	–	–	**Hexane, 1-bromo-**	111-25-1	**P8498**
43	29	27	94	121	76	26	42	**164**	100	26	21	14	12	7	6	5	**1.27**	6	9	3	–	1	–	–	–	–	–	–	–	**Ethyl 2-chloroacetoacetate**		**04694**
43	29	41	27	71	164	55	39	**164**	100	36	29	28	24	13	12	10		7	16	–	–	–	–	–	2	–	–	–	–	**Ethyl isopentyl disulphide**		**17117**
43	29	41	57	108	27	164	39	**164**	100	66	61	46	35	26	15	12		7	16	–	–	–	–	–	2	–	–	–	–	**Propyl sec-butyl disulphide**		**17130**
43	41	29	56	64	27	82	59	**164**	100	97	71	61	55	51	51	48	**37.89**	7	16	–	–	–	–	–	2	–	–	–	–	**Methyl hexyl disulphide**		**17110**
43	41	29	57	27	164	108	39	**164**	100	72	68	66	36	21	19	14		7	16	–	–	–	–	–	2	–	–	–	–	**Propyl butyl disulphide**		**17131**

MASS TO CHARGE RATIOS								M.W.	INTENSITIES									Parent	C	H	O	N	Cl	Br	F	S	P	B	Si	X	COMPOUND NAME	CAS Reg No	No
43	41	57	29	108	27	39	164	**164**	100	60	58	51	25	24	13	12			7	16	–	–	–	–	–	2	–	–	–	–	**Isopropyl sec-butyl disulphide**		**17124**
43	41	85	32	42	69	39	56	**164**	100	76	60	50	43	36	27	9	**1.00**	6	13	–	–	–	1	–	–	–	–	–	–	**Pentane, 1-bromo-4-methyl-**	626-88-0	**Q3227**
43	41	85	55	135	29	137	57	**164**	100	36	33	28	22	21	21	16	**1.00**	6	13	–	–	–	1	–	–	–	–	–	–	**Hexane, 1-bromo-**	111-25-1	**P8499**
43	56	41	42	83	57	58	59	**164**	100	73	36	31	26	18	18	12	**1.00**	6	12	3	–	–	–	–	1	–	–	–	–	**2-Methylpentane-2,4-diol sulphite (liquid form)**		**L7311**
43	56	41	42	83	59	57	55	**164**	100	96	48	46	31	29	19	14	**2.00**	6	12	3	–	–	–	–	1	–	–	–	–	**2-Methylpentane-2,4-diol sulphite (solid form)**		**L7310**
43	57	41	29	27	42	28	39	**164**	100	93	31	18	13	12	7	5	**2.30**	7	16	2	–	–	–	–	1	–	–	–	–	**Butyl isopropyl sulphone**	31124-40-0	**S3214**
43	57	41	29	27	42	28	39	**164**	100	93	32	18	14	14	7	6	**2.00**	7	16	2	–	–	–	–	1	–	–	–	–	**Butyl isopropyl sulphone**		**L8568**
43	57	41	29	27	109	39	28	**164**	100	97	89	58	44	27	23	18	**9.00**	7	16	2	–	–	–	–	1	–	–	–	–	**Butyl propyl sulphone**		**L8567**
43	57	41	29	27	109	39	28	**164**	100	95	88	58	44	26	23	18	**0.80**	7	16	2	–	–	–	–	1	–	–	–	–	**Butyl propyl sulphone**	31124-39-7	**S3213**
43	57	106	41	58	42	85	48	**164**	100	69	47	46	17	14	7	6	**1.33**	6	12	3	–	–	–	–	1	–	–	–	–	**1,3,2-Dioxathiolane, 4,4,5,5-tetramethyl-, 2-oxide**	19424-26-1	**R8129**
43	57	106	41	58	42	85	48	**164**	100	69	47	46	16	12	7	5	**1.00**	6	12	3	–	–	–	–	1	–	–	–	–	**1,3,2-Dioxathiolane, 4,4,5,5-tetramethyl-, 2-oxide**		**L2162**
43	58	41	84	42	83	85	44	**164**	100	66	14	10	6	5	5	3	**3.00**	5	9	1	–	–	1	–	–	–	–	–	–	**2-Pentanone, 5-bromo-**	3884-71-7	**Q9896**
43	66	71	29	59	41	94	79	**164**	100	76	71	42	35	30	27	27	**13.46**	7	16	–	–	–	–	–	2	–	–	–	–	**Ethyl pentyl disulphide**		**17118**
43	67	58	82	41	81	78	39	**164**	100	70	65	61	55	53	47	43	**30.00**	12	20	–	–	–	–	–	–	–	–	–	–	**Spiro[5.5]undecane, 1-methyl-**		**M6780**
43	67	58	82	41	81	78	39	**164**	100	70	65	62	55	53	47	44	**29.90**	12	20	–	–	–	–	–	–	–	–	–	–	**Spiro[5.5]undecane, 1-methylene-**	27723-50-8	**S1756**
43	85	41	27	29	39	55	57	**164**	100	57	38	32	22	21	19	12	**0.10**	6	13	–	–	–	1	–	–	–	–	–	–	**Hexane, 3-bromo-**	3377-87-5	**H1397**
43	85	41	55	57	27	29	42	**164**	100	87	27	22	15	12	12	10	**0.23**	6	13	–	–	–	1	–	–	–	–	–	–	**Hexane, 3-bromo-**		**Z1100**
43	85	41	57	55	27	29	42	**164**	100	90	27	15	15	12	10	10	**0.11**	6	13	–	–	–	1	–	–	–	–	–	–	**Hexane, 2-bromo-**		**Z1101**
43	89	41	45	73	61	47	75	**164**	100	54	51	23	16	12	11	8	**4.00**	6	12	1	–	–	–	–	2	–	–	–	–	**Ethanethioic acid, S-[1-(methylthio)propyl] ester**	69078-73-5	**T6998**
43	94	70	71	164	39	41	68	**164**	100	89	65	56	22	11	10	8		10	12	2	–	–	–	–	–	–	–	–	–	**Phenyl isobutyrate**		**C0439**
43	121	58	71	78	68	86	149	**164**	100	45	39	28	24	20	11	2	**0.00**	9	12	1	2	–	–	–	–	–	–	–	–	**3,4-Dicyano-2-methyl-2-propyl-oxetane**		**L9624**
43	122	92	45	44	124	76	118	**164**	100	23	20	12	11	8	7	6	**3.00**	6	9	3	–	1	–	–	–	–	–	–	–	**Ethyl 2-chloroacetoacetate**		**04913**
43	135	137	85	41	55	57	27	**164**	100	50	49	49	38	34	22	18	**2.28**	6	13	–	–	–	1	–	–	–	–	–	–	**Hexane, 1-bromo-**		**Z1093**
43	149	164	41	77	79	91	107	**164**	100	96	45	36	33	27	25	22		11	16	1	–	–	–	–	–	–	–	–	–	**5-Hepten-3-yn-2-one, 6-methyl-5-isopropyl-**	63922-42-9	**T6320**
43	164	41	28	27	29	62	60	**164**	100	45	38	34	29	29	25	25		6	12	1	–	–	–	–	2	–	–	–	–	**Carbonodithioic acid, S-ethyl-O-isopropyl ester**	38379-93-0	**S5752**
44	40	107	135	29	164	41	43	**164**	100	9	9	8	6	3	2	2		11	16	1	–	–	–	–	–	–	–	–	–	**Phenol, 2-(1,1-dimethylpropyl)-**		**C1031**
44	66	108	52	75	107	164	80	**164**	100	48	38	37	37	33	32	26		7	8	1	4	–	–	–	–	–	–	–	–	**s-Triazolo[4,3-a]pyrazin-3(2H)-one, 5,8-dimethyl-**	19855-19-7	**R8341**
44	95	145	164					**164**	100	93	32	13						4	2	–	–	–	–	6	–	–	–	–	–	**2-Butene, 1,1,1,4,4,4-hexafluoro-, (E)-**	66711-86-2	**T6686**
44	104	77	40	41	42	43	50	**164**	100	78	51	24	15	13	13	13	**0.00**	8	8	2	2	–	–	–	–	–	–	–	–	**3-Pyridinecarboxaldehyde, O-acetyloxime, (E)-**	74231-55-3	**T7844**
44	164	42	120	91	43	56	57	**164**	100	27	24	20	11	8	7	6		5	13	2	2	–	–	–	–	1	–	–	–	**2-Dimethylamino-3-methyl-1,3,2-oxazaphospholidine-2-oxide**		**G0473**
45	28	30	74	27	41	29	43	**164**	100	35	20	18	17	12	8	8	**0.00**	5	12	4	2	–	–	–	–	–	–	–	–	**Propylhydrazine oxalate (1:1)**	6340-91-6	**R2258**
45	59	58	89	31	29	43	44	**164**	100	71	31	29	19	17	10	9	**0.00**	7	16	4	–	–	–	–	–	–	–	–	–	**Triethylene glycol methyl ether**		**Z1104**
45	59	58	89	31	43	44	88	**164**	100	86	40	35	18	14	11	8	**0.00**	7	16	4	–	–	–	–	–	–	–	–	–	**Triethylene glycol methyl ether**		**C1862**
51	39	50	76	78	136	63	64	**164**	100	55	49	47	45	43	32	30	**7.66**	6	4	2	4	–	–	–	–	–	–	–	–	**Benzene, 1-azido-2-nitro-**	1516-58-1	**Q6136**
51	39	78	28	76	30	136	50	**164**	100	54	54	52	50	47	44	40	**7.00**	6	4	2	4	–	–	–	–	–	–	–	–	**Benzene, 1-azido-2-nitro-**	1516-58-1	**09799**
54	67	81	41	80	55	121	68	**164**	100	95	66	61	46	42	42	39	**6.42**	12	20	–	–	–	–	–	–	–	–	–	–	**1,5-Cyclododecadiene, (E,E)-**	1684-05-5	**Q6498**
56	41	28	39	121	55	29	43	**164**	100	99	96	88	87	83	75	73	**0.00**	5	8	4	–	–	–	–	1	–	–	–	–	**2-Sulphopivalic anhydride**		**L4458**
56	55	164	91	28	26	82	39	**164**	100	83	78	69	63	31	31	29		9	8	3	–	–	–	–	–	–	–	–	–	**2-Oxotetrahydrofuran-5-spiro-1′-(4′-oxocyclohexa-2,5-diene)**		**P2410**
57	29	27	56	107	109	28	135	**164**	100	46	16	12	11	11	8	5	**3.55**	5	9	1	–	–	1	–	–	–	–	–	–	**2-Bromo-3-pentanone**		**Z1095**
57	41	29	43	27	39	108	164	**164**	100	59	34	28	19	14	8	7		7	16	–	–	–	–	–	2	–	–	–	–	**Isopropyl t-butyl disulphide**		**17122**
57	41	43	64	29	39	67	48	**164**	100	94	87	84	43	41	36	34	**0.11**	6	12	3	–	–	–	–	1	–	–	–	–	**1,3,2-Dioxathiolane, 4,4,5,5-tetramethyl-, 2-oxide**	19424-26-1	**R8128**
57	43	41	29	27	122	164	39	**164**	100	56	45	38	22	17	16	9		7	16	–	–	–	–	–	2	–	–	–	–	**Isopropyl butyl disulphide**		**17125**
57	43	41	58	39	42	105	55	**164**	100	92	46	14	9	9	8	7	**0.27**	7	16	2	–	–	–	–	1	–	–	–	–	**Butyl isopropyl sulphone**	31124-40-0	**S3215**
57	56	71	55	72	70	58	86	**164**	100	99	99	75	68	54	35	20	**3.00**	11	16	1	–	–	–	–	–	–	–	–	–	**Bicyclo[3.2.1]octan-2-one, 1-(1-propenyl)-**	56630-96-7	**T3995**
57	67	85	164	166	41	29	27	**164**	100	28	23	23	22	18	17	14		5	9	1	–	–	1	–	–	–	–	–	–	**Cyclopentanol, 2-bromo-, trans-**	20377-79-1	**R8643**
57	85	55	41	84	29	43	69	**164**	100	62	45	44	28	26	23	20	**6.08**	6	13	–	–	–	1	–	–	–	–	–	–	**Pentane, 1-bromo-3-methyl-**		**Z1099**
57	85	67	164	41	166	29	27	**164**	100	26	20	19	18	18	18	14		5	9	1	–	–	1	–	–	–	–	–	–	**Cyclopentanol, 2-bromo-, cis-**	28435-62-3	**S2090**
57	149	109	41	81	67	55	39	**164**	100	88	37	30	26	23	21	20	**17.95**	12	20	–	–	–	–	–	–	–	–	–	–	**Naphthalene, 1,2,3,4,4a,5,6,8a-octahydro-4a,8-dimethyl-**	55976-09-5	**T2505**
59	32	42	28	41	74	27	43	**164**	100	56	39	35	27	25	21	18	**0.00**	5	12	4	2	–	–	–	–	–	–	–	–	**Isopropylhydrazine oxalate (1:1)**	6629-61-4	**R2426**
59	91	131	146	65	77	78	31	**164**	100	98	65	39	15	13	10	9	**0.00**	11	16	1	–	–	–	–	–	–	–	–	–	**1-Propanol, 1,1-dimethyl-3-phenyl-**	103-05-9	**P7586**
61	68	41	69	164	116	67	117	**164**	100	42	36	35	34	26	14	13		7	16	–	–	–	–	–	2	–	–	–	–	**Pentane, 1,5-bis(methylthio)-**	54410-63-8	**H2052**
63	30	39	90	136	64	62	28	**164**	100	94	67	67	49	43	41	34	**24.00**	6	4	2	4	–	–	–	–	–	–	–	–	**Benzene, 1-azido-4-nitro-**	1516-60-5	**09801**
66	39	91	65	40	54	92	38	**164**	100	29	23	22	16	13	12	11	**2.90**	9	8	3	–	–	–	–	–	–	–	–	–	**cis-endo-Bicyclo-[2,2,1]-hepta-5-ene 2,3-dicarboxylic acid anhydride**		**C0217**
66	79	43	41	77	93	29	55	**164**	100	59	50	39	35	31	24	24	**8.26**	12	20	–	–	–	–	–	–	–	–	–	–	**4-Dodecen-2-yne, (Z)-**	74744-39-1	**T8448**
66	79	43	77	41	93	29	67	**164**	100	61	43	35	30	28	21	20	**11.54**	12	20	–	–	–	–	–	–	–	–	–	–	**4-Dodecen-2-yne, (E)-**	74744-40-4	**T8449**
67	54	81	41	55	68	80	121	**164**	100	89	69	62	45	40	40	39	**5.99**	12	20	–	–	–	–	–	–	–	–	–	–	**1,5-Cyclododecadiene, (E,Z)-**	19428-99-0	**R8136**

MASS TO CHARGE RATIOS								M.W.	INTENSITIES								Parent	C	H	O	N	Cl	Br	F	S	P	B	Si	X	COMPOUND NAME	CAS Reg No	No
67	54	81	41	55	80	68	79	**164**	100	84	72	63	46	44	42	39	**5.87**	12	20	–	–	–	–	–	–	–	–	–	–	**1,5-Cyclododecadiene, (Z,Z)-**	31821-17-7	**S3402**
67	79	81	41	55	54	93	68	**164**	100	69	66	58	45	41	40	35	**2.33**	12	20	–	–	–	–	–	–	–	–	–	–	**Cyclododecyne**	1129-90-4	**Q5491**
67	81	41	82	55	79	83	164	**164**	100	92	76	74	74	48	47	28		12	20	–	–	–	–	–	–	–	–	–	–	**4-Cyclohexylcyclohexene**		**D0966**
67	164	82	41	81	54	79	55	**164**	100	83	83	64	63	44	43	40		12	20	–	–	–	–	–	–	–	–	–	–	**1,4-Ethanonaphthalene, decahydro-**	703-34-4	**06975**
68	55	39	122	67	27	124	81	**164**	100	40	40	39	33	25	24	19	**1.20**	7	10	–	–	2	–	–	–	–	–	–	–	**Bicyclo[4.1.0]heptane, 7,7-dichloro-**	823-69-8	**H1084**
68	67	39	41	65	28	93	53	**164**	100	50	8	8	7	7	7	7	**0.00**	7	10	–	–	2	–	–	–	–	–	–	–	**Spiro[2.4]heptane, 1,1-dichloro-**	54788-76-0	**S9626**
68	67	101	129	39	93	66	65	**164**	100	51	29	13	12	12	11	11	**4.00**	7	10	–	–	2	–	–	–	–	–	–	–	**2,2-Dichloronorbornane**		**C1436**
68	81	67	93	129	164	53	55	**164**	100	46	27	13	9	8	8	7		7	10	–	–	2	–	–	–	–	–	–	–	**1-(Dichloromethyl)cyclohexene**		**14932**
69	95	145	51	164				**164**	100	98	15	10	5					4	2	–	–	–	–	6	–	–	–	–	–	**2-Butene, 1,1,1,4,4,4-hexafluoro-, (Z)-**	692-49-9	**Q3708**
69	122	41	67	95	79	107	53	**164**	100	98	72	58	58	58	40	31	**24.42**	11	16	1	–	–	–	–	–	–	–	–	–	**2(1H)-Naphthalenone, 4a,5,6,7,8,8a-hexahydro-8a-methyl-, trans-**	54410-78-5	**S8971**
69	122	41	67	95	79	107	93	**164**	100	97	71	58	58	57	39	35	**25.00**	11	16	1	–	–	–	–	–	–	–	–	–	**2-Decalone, trans-3,4-dehydro-10-methyl-**		**L2144**
70	107	121	41	66	55	67	93	**164**	100	67	63	59	57	49	49	46	**11.91**	12	20	–	–	–	–	–	–	–	–	–	–	**Tricyclo[4.2.1.0$^{(2,5)}$]nonane, 3,3,4-trimethyl-**	69219-09-6	**T7027**
72	164	43	119	44	91	41	73	**164**	100	38	25	19	13	8	7	7		9	12	1	2	–	–	–	–	–	–	–	–	**Urea, N-ethyl-N′-phenyl-**	621-04-5	**Q3021**
72	164	44	65	42	39	77	18	**164**	100	26	25	22	14	14	12	11		9	12	1	2	–	–	–	–	–	–	–	–	**Urea, N,N-dimethyl-N′-phenyl-**	101-42-8	**P7491**
72	164	44	119	45	91	42	73	**164**	100	36	25	19	12	8	7	7		9	12	1	2	–	–	–	–	–	–	–	–	**Urea, N-ethyl-N′-phenyl-**		**L1961**
73	45	57	61	75	74	60	87	**164**	100	56	45	24	19	15	13	13	**0.00**	6	12	5	–	–	–	–	–	–	–	–	–	**α-D-Xylofuranoside, methyl**	1824-96-0	**Q6816**
73	60	71	57	43	87	128	74	**164**	100	95	60	36	35	34	34	32	**0.00**	6	12	5	–	–	–	–	–	–	–	–	–	**1,2,3,4,5-Cyclohexanepentol**		**L3427**
73	60	71	57	43	128	87	74	**164**	100	41	25	16	15	15	15	14	**0.00**	6	12	5	–	–	–	–	–	–	–	–	–	**Inositol, 1-deoxy-**	62076-18-0	**T5806**
73	91	45	65	28	74	39	103	**164**	100	21	8	5	5	4	4	3	**1.50**	10	12	2	–	–	–	–	–	–	–	–	–	**2-Benzyl-1,3-dioxolane**		**00571**
79	27	65	41	93	39	66	77	**164**	100	66	64	62	57	45	40	39	**3.73**	12	20	–	–	–	–	–	–	–	–	–	–	**5-Decene, 4-ethynyl-, (E)-**	55976-10-8	**T2506**
79	41	39	77	91	164	93	53	**164**	100	98	95	66	63	60	55	52		11	16	1	–	–	–	–	–	–	–	–	–	**Jasmone**		**03301**
79	41	43	93	29	55	67	80	**164**	100	63	55	48	47	42	39	37	**1.06**	12	20	–	–	–	–	–	–	–	–	–	–	**1-Dodecen-3-yne**	74744-36-8	**T8444**
79	41	43	93	55	29	39	80	**164**	100	85	77	62	60	58	55	46	**1.62**	12	20	–	–	–	–	–	–	–	–	–	–	**3-Dodecen-1-yne, (Z)-**	25091-24-1	**S0928**
79	41	55	110	164	39	27	77	**164**	100	96	91	86	85	82	74	59		11	16	1	–	–	–	–	–	–	–	–	–	**Jasmone, cis-**	488-10-8	**Q1160**
79	41	81	43	93	77	55	29	**164**	100	39	36	36	36	35	30	27	**4.75**	12	20	–	–	–	–	–	–	–	–	–	–	**2-Dodecen-4-yne, (Z)-**	74744-37-9	**T8446**
79	43	41	93	29	55	39	27	**164**	100	86	83	63	57	57	55	46	**2.39**	12	20	–	–	–	–	–	–	–	–	–	–	**3-Dodecen-1-yne, (E)-**	25091-25-2	**S0929**
79	55	41	43	93	29	39	67	**164**	100	60	59	43	42	40	38	36	**0.16**	12	20	–	–	–	–	–	–	–	–	–	–	**1-Dodecen-3-yne**	74744-36-8	**T8445**
79	77	94	93	91	107	164	108	**164**	100	41	40	38	35	25	24	18		11	16	1	–	–	–	–	–	–	–	–	–	**Bicyclo[3.2.0]hept-2-en-6-one, cis-1-butyl-**		**14835**
79	80	164	107	77	91	93	121	**164**	100	76	66	55	47	47	39	35		10	12	2	–	–	–	–	–	–	–	–	–	**Cyclopenta[c]pyran-3(4H)-one, 4a,5-dihydro-4,7-dimethyl-**	75364-51-1	**T8946**
79	81	41	77	43	93	55	29	**164**	100	46	39	37	35	35	30	29	**5.31**	12	20	–	–	–	–	–	–	–	–	–	–	**2-Dodecen-4-yne, (E)-**	74744-38-0	**T8447**
79	93	27	77	41	39	65	67	**164**	100	87	47	44	43	33	31	31	**30.13**	12	20	–	–	–	–	–	–	–	–	–	–	**5-Dodecen-7-yne, (E)-**	16336-82-6	**R6129**
79	93	41	77	55	67	43	27	**164**	100	78	47	42	34	32	31	28	**13.62**	12	20	–	–	–	–	–	–	–	–	–	–	**5-Dodecen-7-yne, (E)-**	16336-82-6	**R6128**
79	93	41	77	55	67	43	27	**164**	100	81	47	42	31	31	28	28	**13.82**	12	20	–	–	–	–	–	–	–	–	–	–	**5-Dodecen-7-yne, (Z)-**	16336-83-7	**R6130**
79	93	77	27	41	39	91	164	**164**	100	92	44	43	40	32	31	29		12	20	–	–	–	–	–	–	–	–	–	–	**5-Dodecen-7-yne, (Z)-**	16336-83-7	**06795**
79	93	94	77	91	164	107	121	**164**	100	41	41	39	37	30	26	15		11	16	1	–	–	–	–	–	–	–	–	–	**Bicyclo[3.2.0]hept-6-en-2-one,- cis-6-butyl-**		**14833**
79	107	94	41	27	67	39	77	**164**	100	69	53	49	40	35	31	30	**20.57**	12	20	–	–	–	–	–	–	–	–	–	–	**Cyclohexene, 3-(1-hexenyl)-, (E)-**	55976-11-9	**T2507**
79	122	121	164	80	47			**164**	100	32	16	5	5	3				7	17	2	–	–	–	–	–	1	–	–	–	**Methyldiisopropylphosphinate**		**L2616**
81	83	67	85	47	48	98	95	**164**	100	12	7	7	6	5	5	4	**0.00**	3	4	1	–	2	–	2	–	–	–	–	–	**Ethane, 2,2-dichloro-1,1-difluoro-1-methoxy-**	76-38-0	**P5696**
82	39	79	27	80	54	83	53	**164**	100	76	73	66	62	59	41	37	**0.00**	10	12	2	–	–	–	–	–	–	–	–	–	**Cyclobuta[1,2:3,4]dicyclodentene-1,4-dione, octahydro-, (3aα,3bβ,6aβ,6bα)-**	2065-43-2	**Q7317**
82	39	79	164	27	80	54	83	**164**	100	76	73	70	66	62	59	41		10	12	2	–	–	–	–	–	–	–	–	–	**Cyclobuta[1,2:3,4]dicyclodentene-1,4-dione, octahydro-, (3aα,3bβ,6aβ,6bα)-**	2065-43-2	**Q7316**
82	164	67	81	83	41	55	79	**164**	100	68	65	64	58	43	42	36		12	20	–	–	–	–	–	–	–	–	–	–	**1-Cyclohexylcyclohexene**		**C1677**
83	79	107	164	77	93	91	94	**164**	100	58	27	24	20	20	16	16		11	16	1	–	–	–	–	–	–	–	–	–	**Bicyclo[3.2.0]hept-6-en-2-one, cis-7-butyl-**		**14830**
85	79	81	87	166	50	164	129	**164**	100	36	36	33	17	17	13	9		–	–	–	–	1	1	1	–	1	–	–	–	**Bromochlorofluorophosphine**		**P2850**
85	87	129	131	31	50	79	81	**164**	100	32	20	19	18	15	14	14	**0.27**	1	–	–	–	1	1	2	–	–	–	–	–	**Difluorochlorobromomethane**		**Y0695**
85	87	129	131	147	79	81	50	**164**	100	32	20	20	8	7	7	7	**0.00**	1	–	–	–	1	1	2	–	–	–	–	–	**Difluorochlorobromomethane**		**Z1084**
85	133	135	105	107	59	164	166	**164**	100	99	99	56	56	29	24	24		4	5	2	–	–	1	–	–	–	–	–	–	**Methyl (E)-3-bromoacrylate**		**P1725**
86	73	58	91	78	39	51	65	**164**	100	44	27	15	8	7	6	5	**1.00**	10	12	2	–	–	–	–	–	–	–	–	–	**Benzo[3,4]cyclobuta[1,2-b]-1,4-dioxin, 2,3,4a,4b,8a,8b-hexahydro-**	69956-61-2	**T7547**
87	43	149	41	99	105	151	55	**164**	100	74	27	14	10	9	9	6	**0.00**	7	13	2	–	1	–	–	–	–	–	–	–	**1,3-Dioxolane, 2-(3-chloropropyl)-2-methyl-**	5978-08-5	**R1963**
87	85	45	86	132	164	44	119	**164**	100	78	50	35	32	31	30	28		5	8	2	–	–	–	–	2	–	–	–	–	**1,2-Dithiane-3-carboxylic acid**	14091-98-6	**R4978**
89	61	164	41	103	75	29	47	**164**	100	39	32	21	17	16	15	13		7	16	–	–	–	–	–	2	–	–	–	–	**Propane, 1,2-bis(ethylthio)-**	54410-62-7	**H2051**
90	63	39	64	136	38	164	50	**164**	100	77	64	32	20	16	16	15		6	4	2	4	–	–	–	–	–	–	–	–	**Benzene, 1-azido-3-nitro-**	1516-59-2	**09800**
91	17	119	77	39	41	51	164	**164**	100	34	30	20	17	15	15	14		10	12	2	–	–	–	–	–	–	–	–	–	**2-Phenylbutyric acid**	90-27-7	**P6552**
91	29	31	164	65	27	92	39	**164**	100	39	15	14	12	11	11	9		10	12	2	–	–	–	–	–	–	–	–	–	**Benzeneacetic acid, ethyl ester**	101-97-3	**P7520**
91	29	65	92	39	164	28	27	**164**	100	35	13	11	10	10	10	9		10	12	2	–	–	–	–	–	–	–	–	–	**4-Ethylphenyl acetate**		**P3923**
91	29	164	65	92	39	27	28	**164**	100	25	16	12	11	7	5	5		10	12	2	–	–	–	–	–	–	–	–	–	**Benzeneacetic acid, ethyl ester**	101-97-3	**P7521**
91	57	149	41	79	65	92	107	**164**	100	24	19	12	12	11	10	8	**2.00**	11	16	1	–	–	–	–	–	–	–	–	–	**Benzyl tert-butyl ether**	3459-80-1	**Q9422**

MASS TO CHARGE RATIOS								M.W.	INTENSITIES								Parent	C	H	O	N	Cl	Br	F	S	P	B	Si	X	COMPOUND NAME	CAS Reg No	No
91	57	149	41	92	79	65	107	**164**	100	23	22	8	8	7	7	7	**4.11**	11	16	1	–	–	–	–	–	–	–	–	–	**Benzyl tert-butyl ether**		**C1482**
91	59	106	105	43	77	121	107	**164**	100	99	99	90	61	38	31	28	**10.00**	11	16	1	–	–	–	–	–	–	–	–	–	**1,1-Dimethyl-2-phenylpropan-1-ol**		**06528**
91	90	78	164	51	77	65	105	**164**	100	71	46	34	29	24	22	22		9	8	3	–	–	–	–	–	–	–	–	–	**1,3-Dioxolan-2-one, 4-phenyl-**	4427-92-3	**R0430**
91	90	118	164	65	39	119	89	**164**	100	73	72	41	30	29	24	23		9	8	3	–	–	–	–	–	–	–	–	–	**Phenylpyruvic acid**		**05061**
91	92	107	108	65	79	41	77	**164**	100	62	8	8	7	7	4	4	**1.00**	11	16	1	–	–	–	–	–	–	–	–	–	**Benzyl butyl ether**	588-67-0	**Q2367**
91	104	117	92	65	146	105	77	**164**	100	63	40	23	22	22	15	14	**0.00**	11	16	1	–	–	–	–	–	–	–	–	–	**Benzenepentanol**	10521-91-2	**R3910**
91	106	59	105	77	149	79	164	**164**	100	99	99	90	38	26	26	10		11	16	1	–	–	–	–	–	–	–	–	–	**2-Propenol, 2,3-dimethyl-3-phenyl-**		**M6057**
91	108	29	57	164	27	90	65	**164**	100	80	46	43	26	26	26	19		10	12	2	–	–	–	–	–	–	–	–	–	**Benzyl propionate**		**04193**
91	108	57	29	90	164	27	65	**164**	100	83	46	43	27	23	22	18		10	12	2	–	–	–	–	–	–	–	–	–	**Benzyl propionate**	122-63-4	**H0555**
91	119	77	39	164	41	79	51	**164**	100	30	19	15	15	13	13	13		10	12	2	–	–	–	–	–	–	–	–	–	**2-Phenylbutyric acid**	90-27-7	**P6554**
91	119	77	41	51	164	79	92	**164**	100	30	20	15	15	14	14	11		10	12	2	–	–	–	–	–	–	–	–	–	**2-Phenylbutyric acid**	90-27-7	**P6553**
91	119	164	39	65	63	89	92	**164**	100	79	24	21	21	15	11	10		9	8	3	–	–	–	–	–	–	–	–	–	**2,3-Dihydrobenzofuran-3-carboxylic acid**		**P1108**
91	134	64	164	63	53	80	52	**164**	100	62	48	48	15	13	13	11		6	4	2	4	–	–	–	–	–	–	–	–	**s-Triazolo[1,5-a]pyridine, 8-nitro-**	31040-18-3	**S3127**
91	134	64	164	90	63	53	80	**164**	100	62	48	48	20	15	13	13		6	4	2	4	–	–	–	–	–	–	–	–	**[1,2,4]Triazolo[1,5-a]pyridine, 6-nitro-**	31040-14-9	**S3125**
91	149	57	92	164	150			**164**	100	28	23	15	6	5				11	16	1	–	–	–	–	–	–	–	–	–	**Benzyl tert-butyl ether**	3459-80-1	**Q9424**
91	164	65	92	63	89	51	90	**164**	100	19	11	11	3	3	2	2		10	12	2	–	–	–	–	–	–	–	–	–	**Benzeneacetic acid, ethyl ester**		**15239**
91	164	92	28	65	29	77	39	**164**	100	20	9	7	7	7	5	4		9	12	1	2	–	–	–	–	–	–	–	–	**N-Ethyl-N-nitrosobenzylamine**		**M8828**
92	91	55	93	65	43	103	73	**164**	100	41	17	8	7	7	6	5	**0.30**	11	16	1	–	–	–	–	–	–	–	–	–	**Benzyl alcohol, α-butyl-**	583-03-9	**Q2298**
93	41	107	91	27	79	77	39	**164**	100	74	73	65	55	50	49	45	**39.86**	12	20	–	–	–	–	–	–	–	–	–	–	**3-Decen-5-yne, 2,2-dimethyl-, (Z)-**	55638-49-8	**06794**
93	73	95	121	74	149	75	89	**164**	100	79	79	50	48	42	25	25	**0.00**	6	13	1	–	1	–	–	–	–	–	1	–	**Propanoyl chloride, 3-(trimethylsilyl)-**	18187-31-0	**R7423**
93	95	73	101	74	149	89	75	**164**	100	79	79	50	47	44	26	24	**0.00**	6	13	1	–	1	–	–	–	–	–	1	–	**Propanoyl chloride, 3-(trimethylsilyl)-**		**L8811**
93	107	41	91	164	27	77	79	**164**	100	84	58	55	48	46	43	40		12	20	–	–	–	–	–	–	–	–	–	–	**5-Decen-3-yne, 2,2-dimethyl-, (Z)-**	55669-91-5	**06793**
93	107	41	108	135	91	83	109	**164**	100	76	51	44	40	34	33	30	**25.19**	12	20	–	–	–	–	–	–	–	–	–	–	**Bicyclo[2.2.2]oct-2-ene, 1,2,3,6-tetramethyl-**	62376-14-1	**T6193**
93	108	107	91	41	79	67	77	**164**	100	72	56	19	17	13	13	12	**2.09**	12	20	–	–	–	–	–	–	–	–	–	–	**Spiro[2.4]heptane, 1,2,4,5-tetramethyl-6-methylene-**	74792-98-6	**T8577**
93	136	121	149	164	108			**164**	100	73	70	65	60	45				10	12	2	–	–	–	–	–	–	–	–	–	**1,1,5-Trimethyl-2-formylcyclohexa-2,5-dien-4-one**		**L7335**
93	164	65	66	94	29	39	119	**164**	100	11	10	10	8	7	7	7		9	12	1	2	–	–	–	–	–	–	–	–	**Urea, N,N-dimethyl-N′-phenyl-**	101-42-8	**P7495**
94	43	55	70	41	39	29	77	**164**	100	40	19	15	14	13	13	11	**4.80**	11	16	1	–	–	–	–	–	–	–	–	–	**Benzene, (1,2-dimethylpropoxy)-**	62338-26-5	**T6140**
94	43	55	164	70	41	77	95	**164**	100	27	17	16	15	13	10	8		11	16	1	–	–	–	–	–	–	–	–	–	**Neopentyl phenyl ether**	2189-88-0	**Q7574**
94	43	71	39	27	41	65	164	**164**	100	98	56	25	19	18	12	12		10	12	2	–	–	–	–	–	–	–	–	–	**Butanoic acid, phenyl ester**	4346-18-3	**R0342**
94	43	71	164	95	41	65	77	**164**	100	50	50	30	9	7	7	7		10	12	2	–	–	–	–	–	–	–	–	–	**Butanoic acid, phenyl ester**	4346-18-3	**R0343**
95	67	41	96	39	55	27	66	**164**	100	25	24	9	9	8	7	6	**0.35**	12	20	–	–	–	–	–	–	–	–	–	–	**Bicyclo[2.2.1]heptane, 2-(1,1-dimethyl-2-propenyl)-**	69219-08-5	**T7026**
95	164	41	43	79	110	55	28	**164**	100	41	38	25	24	23	22	21		11	16	1	–	–	–	–	–	–	–	–	–	**Jasmone**		**M7960**
95	164	41	43	79	110	56	39	**164**	100	41	34	25	24	24	23	22		11	16	1	–	–	–	–	–	–	–	–	–	**Jasmone, cis-**	488-10-8	**Q1161**
97	96	41	39	93	95	27	43	**164**	100	89	31	25	25	25	23	21	**3.72**	10	12	2	–	–	–	–	–	–	–	–	–	**Cyclobuta[1,2:3,4]dicyclopentene-1,4-dione, octahydro-, (3aα,3bα,6aα,6bβ)-**	74708-72-8	**T8409**
103	75	41	59	74	57	29	47	**164**	100	28	19	17	11	10	9	9	**3.30**	7	16	–	–	–	–	–	2	–	–	–	–	**Propane, 2,2-bis(ethylthio)-**	14252-45-0	**H1733**
103	90	164	104	76	51	77	65	**164**	100	70	39	38	14	11	10	8		10	12	2	–	–	–	–	–	–	–	–	–	**Benzenepropanoic acid, methyl ester**	103-25-3	**P7601**
104	43	91	105	65	39	51	77	**164**	100	96	28	14	12	10	10	9	**0.00**	10	12	2	–	–	–	–	–	–	–	–	–	**Acetic acid, 2-phenylethyl ester**	103-45-7	**P7631**
104	43	91	105	65	39	51	77	**164**	100	82	21	13	9	9	8	7	**0.00**	10	12	2	–	–	–	–	–	–	–	–	–	**Acetic acid, 2-phenylethyl ester**	103-45-7	**H0273**
104	43	122	105	76	107	77	78	**164**	100	82	76	71	36	34	26	26	**16.40**	10	12	2	–	–	–	–	–	–	–	–	–	**1-Phenylethyl acetate**		**15662**
104	77	44	50	43	42	51	64	**164**	100	95	82	55	45	36	36	36	**0.00**	8	8	2	2	–	–	–	–	–	–	–	–	**4-Pyridinecarboxaldehyde, O-acetyloxime, (E)-**	74231-54-2	**T7843**
104	77	44	122	79	43	51	76	**164**	100	52	37	35	17	15	12	12	**0.00**	8	8	2	2	–	–	–	–	–	–	–	–	**2-Pyridinecarboxaldehyde, O-acetyloxime, (E)-**	74231-53-1	**T7842**
104	91	105	164	65	39	51	45	**164**	100	83	41	37	25	18	18	16		10	12	2	–	–	–	–	–	–	–	–	–	**4-Phenylbutyric acid**	1821-12-1	**Q6810**
104	91	105	164	65	60	39	92	**164**	100	71	54	35	15	10	10	8		10	12	2	–	–	–	–	–	–	–	–	–	**4-Phenylbutyric acid**		**05003**
104	91	105	164	77	133	51	78	**164**	100	63	38	37	15	11	11	11		10	12	2	–	–	–	–	–	–	–	–	–	**Benzenepropanoic acid, methyl ester**	103-25-3	**P7599**
104	91	105	164	79	51	77	52	**164**	100	63	37	34	26	18	16	14		10	12	2	–	–	–	–	–	–	–	–	–	**Benzenepropanoic acid, methyl ester**	103-25-3	**P7600**
104	92	105	91	103	44	56	73	**164**	100	17	15	12	10	2	2	2	**0.10**	10	12	2	–	–	–	–	–	–	–	–	–	**Acetic acid, 2-phenylethyl ester**		**P7633**
104	105	43	103	91	77	78	107	**164**	100	35	20	12	12	10	9	7	**0.57**	10	12	2	–	–	–	–	–	–	–	–	–	**2-Methylbenzyl acetate**		**03031**
104	107	145	43	91	164	77	79	**164**	100	97	65	49	45	44	31	30		10	12	2	–	–	–	–	–	–	–	–	–	**1H-Indene-1,2-diol, 2,3-dihydro-2-methyl-, cis-**	56588-40-0	**T3784**
105	77	51	50	28	106	78	27	**164**	100	73	36	11	10	7	6	3	**0.21**	9	8	3	–	–	–	–	–	–	–	–	–	**Benzeneacetic acid, α-oxo-, methyl ester**	15206-55-0	**R5597**
105	77	51	50	106	78	74	76	**164**	100	69	30	13	8	5	4	4	**0.80**	9	8	3	–	–	–	–	–	–	–	–	–	**Benzeneacetic acid, α-oxo-, methyl ester**	15206-55-0	**R5598**
105	77	51	106	31	50	78	29	**164**	100	44	12	9	4	4	4	3	**2.00**	9	8	3	–	–	–	–	–	–	–	–	–	**2-(Formyloxy)acetophenone**	55153-12-3	**T0429**
105	77	51	164	44	50	136	106	**164**	100	91	50	49	27	20	15	14		8	8	2	2	–	–	–	–	–	–	–	–	**Benzamide, N-(aminocarbonyl)-**	614-22-2	**Q2891**
105	77	79	164	103	51	78	106	**164**	100	24	17	16	14	11	10	10		10	12	2	–	–	–	–	–	–	–	–	–	**Benzeneacetic acid, α-methyl-, methyl ester**	31508-44-8	**S3329**
105	77	123	51	43	59	122	27	**164**	100	41	27	26	25	22	19	16	**11.50**	10	12	2	–	–	–	–	–	–	–	–	–	**Isopropyl benzoate**		**04210**
105	77	123	59	51	43	122	41	**164**	100	35	25	21	20	18	18	17	**14.29**	10	12	2	–	–	–	–	–	–	–	–	–	**Isopropyl benzoate**		**C1416**

MASS TO CHARGE RATIOS								M.W.	INTENSITIES								Parent	C	H	O	N	Cl	Br	F	S	P	B	Si	X	COMPOUND NAME	CAS Reg No	No
105	77	123	122	59	164	51	43	**164**	100	32	31	20	19	13	12	11		10	12	2	–	–	–	–	–	–	–	–	–	**Isopropyl benzoate**	939-48-0	**H1124**
105	104	77	133	51	136	50	76	**164**	100	53	53	47	36	34	34	32	**3.00**	9	8	3	–	–	–	–	–	–	–	–	–	**Methyl 2-formylbenzoate**		**03089**
105	107	135	133	85	164	166	59	**164**	100	94	92	88	80	59	58	47		4	5	2	–	–	1	–	–	–	–	–	–	**Methyl 2-bromoacrylate**		**P1726**
105	123	77	51	164				**164**	100	54	40	15	8					10	12	2	–	–	–	–	–	–	–	–	–	**Benzoic acid, propyl ester**		**L8109**
105	163	77	164	106	51	87	78	**164**	100	75	50	37	31	26	23	18		10	12	2	–	–	–	–	–	–	–	–	–	**1,3-Dioxane, 2-phenyl-**	772-01-0	**Q4089**
105	164	45	59	41	44	72	69	**164**	100	59	51	49	31	29	19	16		5	8	2	–	–	–	–	2	–	–	–	–	**1,2-Dithiolane-3-carboxylic acid, methyl ester**		**L7820**
106	59	91	105	107	149	43	77	**164**	100	54	47	18	10	10	10	8	**0.00**	11	16	1	–	–	–	–	–	–	–	–	–	**Phenylethanol, α,α,4-trimethyl-**		**Z1097**
106	135	134	28	77	104	30	164	**164**	100	35	34	25	24	15	14	13		9	12	1	2	–	–	–	–	–	–	–	–	**Phenyl propyl nitrosamine**		**L3175**
107	79	82	67	41	93	95	94	**164**	100	75	65	65	61	60	58	54	**11.70**	12	20	–	–	–	–	–	–	–	–	–	–	**Cyclohexane, 1,5-diethenyl-2,3-dimethyl-, 1α,5α-divinyl**	74806-57-8	**T8671**
107	79	93	67	41	81	82	94	**164**	100	66	57	53	49	43	43	42	**5.13**	12	20	–	–	–	–	–	–	–	–	–	–	**Cyclohexane, 2β,3β-dimethyl-1α,5β-divinyl-**	68779-12-4	**T6964**
107	79	93	67	41	82	95	81	**164**	100	66	59	54	53	49	45	44	**11.17**	12	20	–	–	–	–	–	–	–	–	–	–	**Cyclohexane, 2β,3α-dimethyl-1α,5β-divinyl-**	68779-14-6	**T6965**
107	106	162	77	79	108	58	15	**164**	100	75	44	15	12	11	10	10	**0.00**	9	12	1	2	–	–	–	–	–	–	–	–	**Urea, N-methyl-N′-(4-methylphenyl)-**		**L2692**
107	106	164	77	79	108	15	58	**164**	100	75	44	15	12	11	10	10		9	12	1	2	–	–	–	–	–	–	–	–	**Urea, N-methyl-N′-(4-methylphenyl)-**	19873-46-2	**R8357**
107	108	77	164	38	36	79	37	**164**	100	26	20	20	15	14	12	9		11	16	1	–	–	–	–	–	–	–	–	–	**Phenol, 2-pentyl-**		**L6446**
107	108	77	164	41	39	79	40	**164**	100	26	20	20	15	13	12	10		11	16	1	–	–	–	–	–	–	–	–	–	**Phenol, 2-pentyl-**	136-81-2	**P9714**
107	108	164	77	39	41	40	121	**164**	100	20	16	13	8	8	5	5		11	16	1	–	–	–	–	–	–	–	–	–	**Phenol, 4-pentyl-**	14938-35-3	**R5487**
107	164	43	77	94	121	39	108	**164**	100	77	70	32	29	27	17	17		10	12	2	–	–	–	–	–	–	–	–	–	**4-(4-Hydroxyphenyl)-2-butanone**		**05253**
107	164	43	94	77	121	108	149	**164**	100	39	31	16	14	14	8	7		10	12	2	–	–	–	–	–	–	–	–	–	**4-(4-Hydroxyphenyl)-2-butanone**		**00031**
108	56	94	164	42	70	120	121	**164**	100	98	92	83	59	46	46	39		8	12	–	4	–	–	–	–	–	–	–	–	**1-Propen-2-amine, N,N-dimethyl-1-(1,2,4-triazin-5-yl)-**	51659-18-8	**S7732**
108	91	57	29	32	90	79	164	**164**	100	73	52	42	33	29	23	19		10	12	2	–	–	–	–	–	–	–	–	–	**Benzyl propionate**		**P9244**
108	107	41	77	39	109	79	149	**164**	100	53	28	26	23	17	15	13	**3.90**	11	16	1	–	–	–	–	–	–	–	–	–	**tert-Butyl 4-tolyl ether**		**C0881**
108	107	77	109	149	79	91	121	**164**	100	25	13	13	10	8	8	8	**7.51**	11	16	1	–	–	–	–	–	–	–	–	–	**tert-Butyl 4-tolyl ether**	15359-98-5	**R5706**
108	107	109	41	57	39	77	91	**164**	100	15	9	6	5	5	4	4	**2.12**	11	16	1	–	–	–	–	–	–	–	–	–	**tert-Butyl 3-tolyl ether**		**C0411**
108	107	109	41	57	77	79	90	**164**	100	28	15	14	14	13	11	11	**10.01**	11	16	1	–	–	–	–	–	–	–	–	–	**tert-Butyl 3-tolyl ether**	15359-97-4	**R5705**
108	107	109	57	77	90	91	79	**164**	100	25	14	13	13	13	13	11	**5.00**	11	16	1	–	–	–	–	–	–	–	–	–	**tert-Butyl 2-tolyl ether**	15359-96-3	**R5704**
108	107	164	77	41	109	39	40	**164**	100	46	23	21	17	17	15	13		11	16	1	–	–	–	–	–	–	–	–	–	**Phenol, 3-pentyl-**	20056-66-0	**R8475**
108	107	164	77	109	39	37	38	**164**	100	45	23	21	18	17	15	13		11	16	1	–	–	–	–	–	–	–	–	–	**Butane, 3,2-dimethyl-1,1,1-triphenyl-**		**L6447**
108	107	164	109	29	41	91	39	**164**	100	18	17	10	6	6	5	5		11	16	1	–	–	–	–	–	–	–	–	–	**sec-Butyl 3-tolyl ether**		**C0413**
108	107	164	109	41	29	77	91	**164**	100	28	14	9	5	5	5	5		11	16	1	–	–	–	–	–	–	–	–	–	**sec-Butyl 4-tolyl ether**		**C0252**
108	164	91	77	107	57	29	79	**164**	100	99	79	70	69	41	39	37		10	12	2	–	–	–	–	–	–	–	–	–	**Oxirane, [(2-methylphenoxy)methyl]-**	2210-79-9	**Q7616**
108	164	91	77	107	57	29	79	**164**	100	99	87	79	65	39	39	39		10	12	2	–	–	–	–	–	–	–	–	–	**Oxirane, [(2-methylphenoxy)methyl]-**	2210-79-9	**Q7615**
108	164	107	77	91	29	31	27	**164**	100	89	72	66	62	59	41	34		10	12	2	–	–	–	–	–	–	–	–	–	**Oxirane, (4-methylphenoxy)methyl-**	2186-24-5	**Q7571**
109	93	164	91	41	108	79	120	**164**	100	80	79	53	50	47	42	42		11	16	1	–	–	–	–	–	–	–	–	–	**Inden-5(4H)-one, 2,6,7,7a-tetrahydro-4,4-dimethyl-**	18366-35-3	**R7546**
110	40	81	41	67	95	82	55	**164**	100	97	44	40	32	30	28	27	**12.12**	12	20	–	–	–	–	–	–	–	–	–	–	**1H-Benzocycloheptene, 4,4a,5,6,7,8,9,9a-octahydro-4a-methyl-, trans-**	55103-61-2	**T0270**
110	55	121	164	41	52	80	43	**164**	100	80	70	58	55	55	28	25		10	12	2	–	–	–	–	–	–	–	–	–	**1,6-Benzodioxocin, 2,3,4,5-tetrahydro-**	7124-91-6	**R2853**
110	55	164	39	109	29	65	51	**164**	100	85	30	18	17	15	11	10		10	12	–	–	–	–	–	1	–	–	–	–	**Phenyl but-1-en-3-yl sulphide**		**C1665**
110	55	164	39	109	29	65	51	**164**	100	85	42	20	18	17	13	12		10	12	–	–	–	–	–	1	–	–	–	–	**Phenyl but-1-en-4-yl sulphide**		**C1666**
118	146	39	91	90	89	63	65	**164**	100	71	36	32	32	25	25	21	**16.67**	9	8	3	–	–	–	–	–	–	–	–	–	**2-Propenoic acid, 3-(2-hydroxyphenyl)-**		**05032**
118	164	90	89	63	51	119	165	**164**	100	70	60	20	12	8	8	7		9	8	1	–	–	–	–	1	–	–	–	–	**1H-2-Benzothiopyran-4(3H)-one**	4426-76-0	**R0428**
119	44	91	45	64	28	120	63	**164**	100	40	35	22	20	10	8	7	**0.00**	9	12	1	2	–	–	–	–	–	–	–	–	**Urea, N,N-dimethyl-N′-phenyl-**	101-42-8	**P7493**
119	163	73	164	45	105			**164**	100	69	24	19	15	13				10	12	2	–	–	–	–	–	–	–	–	–	**1,3-Dioxolane, 2-(4-methylphenyl)-**	2403-51-2	**Q7963**
119	164	135	149	92	91	118	120	**164**	100	94	71	47	38	24	13	12		10	16	–	2	–	–	–	–	–	–	–	–	**1,2-Benzenediamine, N,N′-diethyl-**		**L6422**
119	164	135	149	93	65	92	120	**164**	100	95	74	52	41	26	26	24		10	16	–	2	–	–	–	–	–	–	–	–	**1,2-Benzenediamine, N,N′-diethyl-**		**L6416**
119	164	135	149	93	65	120	92	**164**	100	94	72	50	40	26	23	20		10	16	–	2	–	–	–	–	–	–	–	–	**1,2-Benzenediamine, N,N′-diethyl-**	24340-87-2	**S0554**
120	119	145	91	117	103	115	106	**164**	100	74	68	33	14	12	11	9	**3.56**	10	12	2	–	–	–	–	–	–	–	–	–	**1,2-Naphthalenediol, 1,2,3,4-tetrahydro-**	41137-14-8	**S6564**
120	119	146	91	104	117	115	65	**164**	100	75	68	32	21	13	9	8	**3.00**	10	12	2	–	–	–	–	–	–	–	–	–	**1,2-Naphthalenediol, 1,2,3,4-tetrahydro-, cis-**	21016-53-5	**R9052**
120	119	146	91	117	121	65	115	**164**	100	75	66	36	18	17	13	13	**7.00**	10	12	2	–	–	–	–	–	–	–	–	–	**1,2-Naphthalenediol, 1,2,3,4-tetrahydro-**	41137-14-8	**S6562**
120	119	146	91	164	117	121	104	**164**	100	68	43	27	21	14	10	9		10	12	2	–	–	–	–	–	–	–	–	–	**1,2-Naphthalenediol, 1,2,3,4-tetrahydro-, trans-**	14211-53-1	**R5052**
120	146	92	117	104	115	107	65	**164**	100	69	33	14	12	11	10	9	**3.60**	10	12	2	–	–	–	–	–	–	–	–	–	**1,2-Naphthalenediol, 1,2,3,4-tetrahydro-**	41137-14-8	**S6563**
121	39	33	164	41	79	109	93	**164**	100	56	49	49	48	48	42	39		11	16	1	–	–	–	–	–	–	–	–	–	**2(1H)-Azulenone, 4,5,6,7,8,8a-hexahydro-8a-methyl-, (S)-**	55103-73-6	**T0281**
121	43	77	105	122	51	41	27	**164**	100	74	15	10	9	8	6	6	**0.51**	11	16	1	–	–	–	–	–	–	–	–	–	**2-Butanol, 3-methyl-2-phenyl-**		**C0558**
121	43	164	76	122	51	77	91	**164**	100	21	13	10	10	7	7	5		10	12	2	–	–	–	–	–	–	–	–	–	**Acetone, 1-(4-methoxyphenyl)-**	122-84-9	**P9261**
121	52	65	63	164	41	51	64	**164**	100	64	64	57	50	46	43	40		10	12	2	–	–	–	–	–	–	–	–	–	**1,3-Benzodioxole, 2-propyl-**		**L9261**
121	65	52	63	164	41	51	64	**164**	100	63	62	55	49	45	40	38		10	12	2	–	–	–	–	–	–	–	–	–	**1,3-Benzodioxole, 2-propyl-**	30458-34-5	**S2915**
121	91	122	59	90	123	61	92	**164**	100	46	9	5	5	5	4	4	**2.30**	6	16	3	–	–	–	–	–	–	–	1	–	**Silane, trimethoxypropyl-**	1067-25-0	**Q5161**
121	93	41	39	79	164	43	77	**164**	100	89	81	80	78	65	53	50		10	12	2	–	–	–	–	–	–	–	–	–	**4-Cyclopentene-1,3-dione, 4-(3-methyl-2-butenyl)-**	58940-75-3	**T5100**

MASS TO CHARGE RATIOS								M.W.	INTENSITIES								Parent	C	H	O	N	Cl	Br	F	S	P	B	Si	X	COMPOUND NAME	CAS Reg No	No
121	93	79	41	107	108	55	164	**164**	100	77	65	64	55	53	51	48		12	20	–	–	–	–	–	–	–	–	–	–	Bicyclo[2.2.1]heptane, 2-ethylidene-1,7,7-trimethyl-, (E)-	62413-60-9	T6201
121	93	79	108	41	107	164	57	**164**	100	90	79	74	69	61	58	57		12	20	–	–	–	–	–	–	–	–	–	–	Bicyclo[2.2.1]heptane, 2-ethylidene-1,7,7-trimethyl-, (Z)-	62413-61-0	T6203
121	149	164	77	91	41	65	50	**164**	100	77	59	41	27	26	25	23		10	12	2	–	–	–	–	–	–	–	–	–	2,4,6-Cycloheptatrien-1-one, 2-hydroxy-5-isopropyl-	672-76-4	Q3646
121	164	43	122	77	78	91	135	**164**	100	12	10	9	8	7	5	5		10	12	2	–	–	–	–	–	–	–	–	–	Acetone, 1-(4-methoxyphenyl)-	122-84-9	09736
121	164	91	77	65	105	50	52	**164**	100	43	19	16	15	15	13	11		10	12	2	–	–	–	–	–	–	–	–	–	2,4,6-Cycloheptatrien-1-one, 2-hydroxy-4-isopropyl-	499-44-5	Q1302
121	164	122	43	78	77	91	51	**164**	100	16	10	9	6	6	5	3		10	12	2	–	–	–	–	–	–	–	–	–	Acetone, 1-(4-methoxyphenyl)-		C0414
121	164	136	54	93	39	53	135	**164**	100	63	55	51	48	47	43	27		10	12	2	–	–	–	–	–	–	–	–	–	2,5-Cyclohexadiene-1,4-dione, 2,3,5,6-tetramethyl-	527-17-3	Q1636
122	39	42	27	135	123	41	53	**164**	100	17	15	11	11	9	8	8	**0.60**	10	16	–	2	–	–	–	–	–	–	–	–	Pyrazine, 3-butyl-2,5-dimethyl-	40790-29-2	H1990
122	39	42	27	149	41	53	123	**164**	100	17	16	11	11	9	9	8	**4.80**	10	16	–	2	–	–	–	–	–	–	–	–	Pyrazine, 2,5-dimethyl-3-isobutyl-	32736-94-0	H1955
122	39	42	135	27	41	123	53	**164**	100	18	12	11	11	9	8	8	**0.70**	10	16	–	2	–	–	–	–	–	–	–	–	Pyrazine, 2-butyl-3,5-dimethyl-	50888-63-6	H1999
122	39	123	27	136	42	53	80	**164**	100	19	18	15	13	12	10	8	**2.70**	10	16	–	2	–	–	–	–	–	–	–	–	Pyrazine, 5-butyl-2,3-dimethyl-	15834-78-3	H1775
122	39	149	42	27	28	164	41	**164**	100	22	14	13	12	10	10	9		10	16	–	2	–	–	–	–	–	–	–	–	Pyrazine, 2,3-dimethyl-5-(2-methylpropyl)-	54410-83-2	H2054
122	66	69	79	67	41	109	92	**164**	100	81	69	48	43	38	38	31	**30.62**	11	16	1	–	–	–	–	–	–	–	–	–	2(1H)-Naphthalenone, 4a,5,6,7,8,8a-hexahydro-4a-methyl-, trans-	22844-34-4	R9961
122	69	79	67	95	41	107	93	**164**	100	69	48	42	40	38	38	33	**30.00**	11	16	1	–	–	–	–	–	–	–	–	–	2(1H)-Naphthalenone, 4a,5,6,7,8,8a-hexahydro-4a-methyl-, trans-	22844-34-4	R9960
122	69	79	67	95	41	107	93	**164**	100	68	49	43	38	38	37	33	**31.00**	11	16	1	–	–	–	–	–	–	–	–	–	2-Decalone, trans-3,4-dehydro-10-methyl-		M2685
122	104	105	43	107	165	164	77	**164**	100	96	76	56	40	30	27	24		10	12	2	–	–	–	–	–	–	–	–	–	1-Phenylethyl acetate		Z1092
122	104	105	164	107	103	43	78	**164**	100	65	62	55	45	27	25	24		10	12	2	–	–	–	–	–	–	–	–	–	4-Methylbenzyl acetate		F0478
122	105	43	104	164	107	45	91	**164**	100	89	86	82	59	42	32	28		10	12	2	–	–	–	–	–	–	–	–	–	1-Phenylethyl acetate		C1341
122	107	43	164	77	123	108	121	**164**	100	78	17	14	10	9	6	5		10	12	2	–	–	–	–	–	–	–	–	–	3-Ethylphenyl acetate		Z1094
122	149	107	164	121	28	77	44	**164**	100	88	53	43	28	23	19	16		10	12	2	–	–	–	–	–	–	–	–	–	2-Hydroxy-4,6-dimethylacetophenone		C0374
123	93	105	135	65	94	149	77	**164**	100	94	43	39	38	27	20	15	**0.00**	7	17	2	–	–	–	–	–	1	–	–	–	Isopropyldiethylphosphinate		L2615
129	164	102	166	75	76	130	165	**164**	100	72	34	24	16	14	11	8		8	5	–	2	1	–	–	–	–	–	–	–	Quinazoline, 4-chloro-	5190-68-1	R1182
129	164	131	69	166	85	145	95	**164**	100	49	34	33	31	17	13	11		3	1	–	–	2	–	3	–	–	–	–	–	3,3,3-Trifluoro-1,2-dichloropropene		Z1082
131	103	77	149	164	51	91	146	**164**	100	45	40	38	37	27	26	17		10	12	2	–	–	–	–	–	–	–	–	–	Benzoic acid, 2-isopropyl-	2438-04-2	Q8088
131	121	146	117	43	103	118	145	**164**	100	89	77	55	53	48	48	38	**19.00**	10	12	2	–	–	–	–	–	–	–	–	–	1H-Indene-1,2-diol, 2,3-dihydro-1-methyl-, cis-	56588-29-5	T3773
132	77	133	104	103	131	105	51	**164**	100	81	63	54	51	50	38	35	**24.71**	10	12	2	–	–	–	–	–	–	–	–	–	Benzoic acid, 2-ethyl-, methyl ester	50604-01-8	S7352
132	90	91	75	37	63	89	106	**164**	100	24	23	20	16	16	16	16	**0.00**	12	20	–	–	–	–	–	–	–	–	–	–	Tricyclo[4.4.2.0]tetradecane		P0033
133	105	132	164	77	104	103	79	**164**	100	51	41	40	26	14	13	12		10	12	2	–	–	–	–	–	–	–	–	–	Benzoic acid, 2,4-dimethyl-, methyl ester	23617-71-2	S0291
133	105	164	77	79	103	51	134	**164**	100	37	29	20	16	13	10	9		10	12	2	–	–	–	–	–	–	–	–	–	Benzoic acid, 4-ethyl-, methyl ester	7364-20-7	R3109
133	132	105	77	104	164	103	79	**164**	100	95	72	58	42	34	33	31		10	12	2	–	–	–	–	–	–	–	–	–	Benzoic acid, 2,6-dimethyl-, methyl ester	14920-81-1	R5479
133	132	105	104	77	103	164	79	**164**	100	93	79	45	39	28	28	22		10	12	2	–	–	–	–	–	–	–	–	–	Benzoic acid, 2,3-dimethyl-, methyl ester	15012-36-9	R5526
133	132	105	164	104	77	103	79	**164**	100	77	65	56	41	41	21	16		10	12	2	–	–	–	–	–	–	–	–	–	Benzoic acid, 2,5-dimethyl-, methyl ester	13730-55-7	R4730
133	164	105	77	51	163	50	76	**164**	100	53	30	20	20	18	16	9		9	8	3	–	–	–	–	–	–	–	–	–	Methyl 4-formylbenzoate		03643
133	164	105	77	51	163	50	76	**164**	100	52	38	31	21	20	13	9		9	8	3	–	–	–	–	–	–	–	–	–	Methyl 4-formylbenzoate		F0323
133	164	105	77	134	79	103	78	**164**	100	39	39	18	10	10	10	7		10	12	2	–	–	–	–	–	–	–	–	–	Benzoic acid, 3,5-dimethyl-, methyl ester	25081-39-4	S0927
133	164	105	77	134	103	79	78	**164**	100	33	29	12	11	9	9	5		10	12	2	–	–	–	–	–	–	–	–	–	Benzoic acid, 3,4-dimethyl-, methyl ester	38404-42-1	S5781
133	164	105	163	77	51	50	134	**164**	100	61	26	24	18	13	10	10		9	8	3	–	–	–	–	–	–	–	–	–	Methyl 4-formylbenzoate		C1481
134	106	77	104	135	105	51	118	**164**	100	90	38	20	19	15	11	10	**7.00**	9	12	1	2	–	–	–	–	–	–	–	–	Phenyl propyl nitrosamine		M8825
135	29	73	27	107	75	47	45	**164**	100	88	86	84	74	71	71	63	**34.43**	7	16	–	–	–	–	–	2	–	–	–	–	Propane, 1,3-bis(ethylthio)-	33672-52-5	H1971
135	105	164	136	91	77	121	79	**164**	100	16	15	10	8	7	7	6		11	16	1	–	–	–	–	–	–	–	–	–	Anisole, 4-sec-butyl-	4917-90-2	R0930
135	107	27	29	73	47	75	45	**164**	100	81	67	65	65	57	55	51	**22.90**	7	16	–	–	–	–	–	2	–	–	–	–	Propane, 1,3-bis(ethylthio)-		Y1903
135	107	41	164	39	55	77	95	**164**	100	26	13	9	9	8	8	8		11	16	1	–	–	–	–	–	–	–	–	–	Phenol, 4-(1,1-dimethylpropyl)-		C1032
135	107	79	136	91	29	57	164	**164**	100	80	70	44	35	36	23	8		11	16	1	–	–	–	–	–	–	–	–	–	Bicyclo[2.2.1]heptane, 7-methylene-1-propionyl-		M1254
135	107	164	135	95	41	149	77	**164**	100	26	11	10	8	6	5	5		11	16	1	–	–	–	–	–	–	–	–	–	Phenol, 4-(1,1-dimethylpropyl)-		Z1096
135	149	164	121	91	107	136	77	**164**	100	94	62	34	33	33	22	21		11	16	1	–	–	–	–	–	–	–	–	–	Phenol, 2-ethyl-5-propyl-		14743
135	164	77	107	92	136	64	63	**164**	100	16	15	9	9	9	5	3		10	12	2	–	–	–	–	–	–	–	–	–	4-Methoxypropiophenone		Z1089
136	107	73	75	47	41	61	29	**164**	100	76	50	38	30	23	23	22	**21.42**	7	16	–	–	–	–	–	2	–	–	–	–	Propane, 1,3-bis(ethylthio)-	33672-52-5	H1972
136	108	164	70	137	50	83	51	**164**	100	28	27	12	7	6	6	4		9	8	1	–	–	–	–	1	–	–	–	–	4H-1-Benzothiopyran-4-one, 2,3-dihydro-	3528-17-4	Q9501
136	135	149	27	122	53	42	28	**164**	100	52	48	30	28	27	21	20	**13.81**	10	16	–	2	–	–	–	–	–	–	–	–	Pyrazine, 5-sec-butyl-2,3-dimethyl-	32263-00-6	H1954
136	164	80	79	122	121	66	77	**164**	100	70	40	32	32	16	12	12		10	12	2	–	–	–	–	–	–	–	–	–	1H-Indene-1,6(2H)-dione, 3,3a,4,5-tetrahydro-3a-methyl-	66708-19-8	T6679
145	164	69	114	75	50	163	95	**164**	100	99	81	80	58	51	28	24		7	4	–	–	–	–	4	–	–	–	–	–	Benzene, 1-fluoro-2-(trifluoromethyl)-	392-85-8	Q0664
145	164	114	69	75	50	95	74	**164**	100	85	80	59	54	36	25	20		7	4	–	–	–	–	4	–	–	–	–	–	Benzene, 1-fluoro-4-(trifluoromethyl)-	402-44-8	Q0682
146	164	119	147	118	91	77	105	**164**	100	87	42	40	33	19	14	12		10	12	2	–	–	–	–	–	–	–	–	–	2,4,6-Trimethylbenzoic acid		L0296
146	164	119	147	118	105	149	163	**164**	100	70	43	41	30	15	6	5		10	12	2	–	–	–	–	–	–	–	–	–	2,4,6-Trimethylbenzoic acid		04320
146	164	119	147	118	117	91	77	**164**	100	87	42	40	33	22	19	14		10	12	2	–	–	–	–	–	–	–	–	–	2,4,6-Trimethylbenzoic acid		Z1098
147	149	111	113	165				**164**	100	97	75	49	22				**0.00**	2	3	2	–	3	–	–	–	–	–	–	–	Chloral hydrate	302-17-0	Q0359

MASS TO CHARGE RATIOS								M.W.	INTENSITIES								Parent	C	H	O	N	Cl	Br	F	S	P	B	Si	X	COMPOUND NAME	CAS Reg No	No
149	41	79	93	81	107	55	95	**164**	100	90	65	64	52	52	46	44	**31.31**	12	20	–	–	–	–	–	–	–	–	–	–	**1H-Indene, 1-ethylideneoctahydro-7a-methyl-, 1(E)-ethylideneoctahydro-3aα-7aβmethyl-**	56324-68-6	**T3478**
149	41	79	93	107	67	81	95	**164**	100	61	53	53	48	46	40	40	**36.00**	12	20	–	–	–	–	–	–	–	–	–	–	**1H-Indene, 1-ethylideneoctahydro-7a-methyl-, 1(Z)-ethylideneoctahydro-3aα-7aβmethyl-**	56324-69-7	**T3479**
149	41	93	79	67	107	55	121	**164**	100	99	76	70	59	54	52	51	**35.00**	12	20	–	–	–	–	–	–	–	–	–	–	**1H-Indene, 1-ethylideneoctahydro-7a-methyl-, cis-**	56362-87-9	**T3579**
149	41	164	107	121	91	43	77	**164**	100	92	90	78	69	67	52	52		12	20	–	–	–	–	–	–	–	–	–	–	**3-Octen-5-yne, 2,2,7,7-tetramethyl-, (E)-**	55976-12-0	**T2508**
149	77	105	103	51	79	164	50	**164**	100	64	58	41	36	36	33	30		10	12	2	–	–	–	–	–	–	–	–	–	**Benzoic acid, 3-isopropyl-**	5651-47-8	**R1632**
149	93	107	41	121	39	27	53	**164**	100	90	87	79	67	56	45	44	**43.92**	12	20	–	–	–	–	–	–	–	–	–	–	**Cyclohexane, 1,1,4,4-tetramethyl-2,6-bis(methylene)-**	40482-18-6	**06857**
149	105	77	119	164	79	51	103	**164**	100	58	48	38	38	33	29	29		10	12	2	–	–	–	–	–	–	–	–	–	**Benzoic acid, 4-isopropyl-**	536-66-3	**Q1733**
149	107	106	122	65	92	150	43	**164**	100	42	17	14	11	10	9	8	**8.00**	9	12	1	2	–	–	–	–	–	–	–	–	**Pyridinium, 1-(acetylamino)-2,6-dimethyl-**	31020-35-6	**S3110**
149	107	106	122	164	123	163		**164**	100	41	17	15	8	5	1			9	12	1	2	–	–	–	–	–	–	–	–	**Pyridinium, 1-(acetylamino)-2,6-dimethyl-**		**L8681**
149	119	164	91	121	90	89	106	**164**	100	71	25	24	22	14	10	10		4	9	2	–	–	–	–	–	–	–	–	1	**1,3,2-Dioxarsenane, 2-methyl-**	24635-97-0	**S0729**
149	119	164	91	121	90	106	89	**164**	100	53	25	24	21	14	12	12		4	9	2	–	–	–	–	–	–	–	–	1	**1,3,2-Dioxarsenane, 2-methyl-**		**M8683**
149	120	164	119	92	121	91	150	**164**	100	50	43	24	21	17	17	10		10	16	–	2	–	–	–	–	–	–	–	–	**1,4-Benzenediamine, N,N-diethyl-**	93-05-0	**P6762**
149	121	164	91	28	41	116	77	**164**	100	52	30	14	8	8	7	7		11	16	1	–	–	–	–	–	–	–	–	–	**Phenol, 2-tert-butyl-5-methyl-**		**F0103**
149	121	164	91	41	163	150	77	**164**	100	67	37	15	13	11	11	10		11	16	1	–	–	–	–	–	–	–	–	–	**Phenol, 2-tert-butyl-4-methyl-**	2409-55-4	**Q7974**
149	121	164	91	77	150	107	108	**164**	100	48	27	18	18	12	12	10		11	16	1	–	–	–	–	–	–	–	–	–	**Phenol, 2-tert-butyl-5-methyl-**	88-60-8	**H0157**
149	121	164	91	150	116	77	115	**164**	100	50	36	14	11	8	7	7		11	16	1	–	–	–	–	–	–	–	–	–	**Phenol, 2-tert-butyl-6-methyl-**		**Z1106**
149	121	164	104	150	65	76	93	**164**	100	53	16	10	9	7	7	6		9	8	3	–	–	–	–	–	–	–	–	–	**4-Acetylbenzoic acid**		**C0661**
149	121	164	150	91	77	115	116	**164**	100	34	31	11	10	6	6	5		11	16	1	–	–	–	–	–	–	–	–	–	**Phenol, 2-tert-butyl-3-methyl-**		**Z1085**
149	121	164	150	91	115	109	77	**164**	100	41	35	12	10	6	6	5		11	16	1	–	–	–	–	–	–	–	–	–	**Phenol, 2-tert-butyl-4-methyl-**		**C1872**
149	151	93	41	107	39	150	27	**164**	100	83	49	33	29	22	18	17	**12.78**	12	20	–	–	–	–	–	–	–	–	–	–	**Adamantane, 1,3-dimethyl-**		**V0272**
149	164	67	65	106	163	120	150	**164**	100	91	57	24	24	16	16	15		10	16	–	2	–	–	–	–	–	–	–	–	**1,3-Benzenediamine, N,N′-diethyl-**	5857-99-8	**R1845**
149	164	105	119	77	79	91	150	**164**	100	47	33	32	19	14	13	11		10	12	2	–	–	–	–	–	–	–	–	–	**Benzoic acid, 4-isopropyl-**	536-66-3	**H0791**
149	164	105	119	77	91	103	79	**164**	100	46	43	38	33	19	19	17		10	12	2	–	–	–	–	–	–	–	–	–	**Benzoic acid, 4-isopropyl-**	536-66-3	**Q1734**
149	164	106	91	92	120	147	117	**164**	100	49	15	8	6	5	5	3		10	16	–	2	–	–	–	–	–	–	–	–	**1,3-Benzenediamine, N,N′-diethyl-**		**L6424**
149	164	119	91	77	134	65		**164**	100	25	19	18	8	7	6			11	16	1	–	–	–	–	–	–	–	–	–	**2-Isopropyl-5-methylanisole**		**M6731**
149	164	121	93	52	51	66	136	**164**	100	90	40	20	18	15	15	10		8	8	2	2	–	–	–	–	–	–	–	–	**2H-Benzimidazol-2-one, 1,3-dihydro-5-methoxy-**	2080-75-3	**Q7359**
149	164	121	109	150	41	91	77	**164**	100	32	25	12	12	11	7	7		11	16	1	–	–	–	–	–	–	–	–	–	**Phenol, 3-methyl-4-tert-butyl-**		**C0311**
149	164	121	150	91	116	109	115	**164**	100	32	30	11	8	6	5	5		11	16	1	–	–	–	–	–	–	–	–	–	**Phenol, 2-tert-butyl-5-methyl-**		**C1873**
149	164	121	150	109	41	91	77	**164**	100	26	17	11	10	6	6	5		11	16	1	–	–	–	–	–	–	–	–	–	**Phenol, 4-tert-butyl-2-methyl-**		**Z1087**
149	164	121	150	109	135	41	91	**164**	100	23	21	13	12	11	11	11		11	16	1	–	–	–	–	–	–	–	–	–	**Benzene, 1-butyl-4-methoxy-**	18272-84-9	**R7471**
149	164	121	150	109	135	91	41	**164**	100	23	16	14	11	9	8	6		11	16	1	–	–	–	–	–	–	–	–	–	**Anisole, 4-tert-butyl-**		**Z1103**
149	164	131	77	43	91	150	53	**164**	100	38	20	19	18	11	10	10		10	12	2	–	–	–	–	–	–	–	–	–	**5-Ethyl-2-hydroxyacetophenone**		**L7943**
149	164	135	67	65	80	107	106	**164**	100	73	64	47	22	22	22	20		10	16	–	2	–	–	–	–	–	–	–	–	**1,4-Benzenediamine, N,N′-diethyl-**		**L6418**
149	164	135	67	65	80	107	147	**164**	100	73	66	48	23	23	23	22		10	16	–	2	–	–	–	–	–	–	–	–	**1,4-Benzenediamine, N,N′-diethyl-**	3010-30-8	**Q8913**
149	164	135	107	106	147	92	120	**164**	100	71	64	22	22	22	12	11		10	16	–	2	–	–	–	–	–	–	–	–	**1,4-Benzenediamine, N,N′-diethyl-**		**L6426**
149	164	150	73	120	151	107	83	**164**	100	17	15	8	7	7	6	5		10	16	–	–	–	–	–	–	–	–	1	–	**Silane, 1,3-heptadiynyltrimethyl-**	19024-47-6	**R7927**
162	51	66	107	80	42	134	65	**164**	100	54	49	38	33	30	28	27	**3.50**	7	8	1	4	–	–	–	–	–	–	–	–	**7(8H)-Pteridinone, 2-methyl-**	16041-26-2	**R5998**
163	105	78	77	164	91	90	51	**164**	100	91	52	50	41	39	38	31		10	12	2	–	–	–	–	–	–	–	–	–	**1,3-Dioxolane, 4-methyl-2-phenyl-**	2568-25-4	**Q8339**
163	149	164	147	144	105	148	162	**164**	100	97	90	39	36	34	31	30		8	12	–	–	–	–	–	–	–	–	2	–	**1,3-Disilaindan, 1-methyl-**	18292-03-0	**R7489**
163	164	77	51	105	78	52	106	**164**	100	25	19	12	7	4	2	1		10	12	2	–	–	–	–	–	–	–	–	–	**5-Propyl-1,3-benzodioxole**		**L3684**
163	164	108	107	135	109	136	122	**164**	100	94	35	19	19	12	12	11		10	16	–	2	–	–	–	–	–	–	–	–	**2,3′-Bipyridine, 1′,3,4,4′,5,5′,6,6′-octahydro-**	18017-50-0	**R7339**
163	164	145	75	31	137	99	93	**164**	100	76	48	10	8	8	8	7		7	4	–	–	–	–	4	–	–	–	–	–	**Toluene, 2,3,4,5-tetrafluoro-**		**M2156**
163	164	145	75	93	100	137	31	**164**	100	75	47	10	8	8	8	7		7	4	–	–	–	–	4	–	–	–	–	–	**Toluene, 2,3,4,5-tetrafluoro-**	21622-19-5	**R9317**
164	15	27	76	148	38	90	54	**164**	100	97	63	38	33	31	27	26		10	12	2	–	–	–	–	–	–	–	–	–	**Phenol, 2-methoxy-4-(2-propenyl)-**	97-53-0	**H0215**
164	39	136	27	51	66	110	42	**164**	100	66	59	41	38	37	35	34		9	8	3	–	–	–	–	–	–	–	–	–	**3,4-Dihydro-8-hydroxychroman-2-one**		**D1356**
164	39	149	27	41	77	51	15	**164**	100	60	50	35	33	30	28	27		10	12	2	–	–	–	–	–	–	–	–	–	**7-Benzofuranol, 2,3-dihydro-2,2-dimethyl-**	1563-38-8	**Q6216**
164	42	27	68	18	69	39	28	**164**	100	96	40	29	27	27	19	18		7	8	1	4	–	–	–	–	–	–	–	–	**2-Cyanoamino-4-hydroxy-5,6-dimethyl-pyrimidine**		**D1364**
164	44	120	122	149	36	163	93	**164**	100	32	28	28	26	20	18	14		9	12	1	2	–	–	–	–	–	–	–	–	**N,N-Dimethyl-N′-(4-hydroxyphenyl)formamidine**		**06339**
164	55	149	77	103	121	133	131	**164**	100	54	43	42	26	23	23	22		10	12	2	–	–	–	–	–	–	–	–	–	**Phenol, 2-methoxy-5-(1-propenyl)-, (E)-**	19784-98-6	**R8290**
164	68	42	129	166	87	62	36	**164**	100	98	90	73	64	62	61	27		3	2	–	4	2	–	–	–	–	–	–	–	**1,3,5-Triazin-2-amine, 4,6-dichloro-**	933-20-0	**Q4678**
164	82	80	79	83	81	55	95	**164**	100	83	58	56	44	39	37	35		10	12	2	–	–	–	–	–	–	–	–	–	**3,10-Bicyclo[5.3.0.0[2,6]]decanedione**		**M3189**
164	86	132	117	71	85	165	91	**164**	100	46	31	28	24	15	12	10		11	16	1	–	–	–	–	–	–	–	–	–	**2,4-Methano-1H-cycloprop[cd]indene, octahydro-5-methoxy-**	61233-46-3	**T5654**
164	86	132	117	71	165	85	79	**164**	100	33	25	22	20	13	12	7		11	16	1	–	–	–	–	–	–	–	–	–	**Protoadamantene, exo-2-methoxy-**	53075-08-4	**S8293**
164	90	18	134	63	118	39	28	**164**	100	37	25	13	13	10	9	9		7	4	3	2	–	–	–	–	–	–	–	–	**Benzene, 1-isocyanato-4-nitro-**		**D1159**

MASS TO CHARGE RATIOS								M.W.	INTENSITIES								Parent	C	H	O	N	Cl	Br	F	S	P	B	Si	X	COMPOUND NAME	CAS Reg No	No
164	90	134	63	106	118	64	39	**164**	100	81	44	28	18	15	14	12		7	4	3	2	–	–	–	–	–	–	–	–	**Benzene, 1-isocyanato-4-nitro-**	100-28-7	**P7352**
164	91	64	107	134	53	52	63	**164**	100	49	30	29	20	17	12	12		6	4	2	4	–	–	–	–	–	–	–	–	**s-Triazolo[4,3-a]pyridine, 8-nitro-**	31040-09-2	**S3121**
164	93	66	121	27	25	28	54	**164**	100	65	54	52	29	12	11	9		6	4	2	4	–	–	–	–	–	–	–	–	**2,4(1H,3H)-Pteridinedione**	487-21-8	**Q1145**
164	93	66	121	67	53	65	41	**164**	100	71	61	56	20	19	10	9		6	4	2	4	–	–	–	–	–	–	–	–	**2,4(1H,3H)-Pteridinedione**	487-21-8	**Q1144**
164	94	77	123	107	66	65	79	**164**	100	91	59	54	48	48	43	39		10	12	2	–	–	–	–	–	–	–	–	–	**2,3,4,5-Tetrahydro-7-hydroxy-1-benzoxepin**		**M6622**
164	102	166	129	75	137	44	50	**164**	100	33	32	24	15	13	12	12		8	5	–	2	1	–	–	–	–	–	–	–	**3-Chloro-1,8-naphthyridine**		**M8768**
164	107	131	91	133	145	77	121	**164**	100	82	70	63	49	42	39	34		10	12	2	–	–	–	–	–	–	–	–	–	**1-Benzoxepin-3-ol, 2,3,4,5-tetrahydro-**	38824-30-5	**S5960**
164	110	82	54	42	55	27	165	**164**	100	45	42	28	26	17	16	16		7	8	1	4	–	–	–	–	–	–	–	–	**3-Methyl-5-(5-methyl-1,2,3-triazol-4-yl)-isoxazole**		**P1554**
164	110	82	54	42	55	27	165	**164**	100	45	42	28	26	17	16	16		7	8	1	4	–	–	–	–	–	–	–	–	**4-Methyl-5-(3-methylisoxazol-5-yl)-1,2,3-triazole**		**15031**
164	110	149	79	41	55	122		**164**	100	63	50	48	47	45	43			11	16	1	–	–	–	–	–	–	–	–	–	**Jasmone, cis-**		**M4208**
164	110	149	163	135	69	123	165	**164**	100	60	52	50	20	15	14	11		9	12	1	2	–	–	–	–	–	–	–	–	**4H-Pyrido[1,2-a]pyrimidin-4-one, 6,7,8,9-tetrahydro-6-methyl-**	32092-29-8	**S3491**
164	119	146	118	91	39	105	147	**164**	100	93	67	65	42	39	38	34		10	12	2	–	–	–	–	–	–	–	–	–	**Benzoic acid, 2,4,5-trimethyl-**	528-90-5	**Q1660**
164	119	146	118	105	91	147	77	**164**	100	93	66	65	38	38	34	32		10	12	2	–	–	–	–	–	–	–	–	–	**Benzoic acid, 2,4,5-trimethyl-**		**04321**
164	121	82	42	149	135	134	165	**164**	100	30	24	20	16	12	10	9		8	8	2	2	–	–	–	–	–	–	–	–	**3-Pyridinecarbonitrile, 1,2-dihydro-4-methoxy-1-methyl-2-oxo-**	524-40-3	**Q1613**
164	121	82	136	42	149	135	134	**164**	100	30	24	20	20	15	13	11		8	8	2	2	–	–	–	–	–	–	–	–	**3-Pyridinecarbonitrile, 1,2-dihydro-4-methoxy-1-methyl-2-oxo-**		**03472**
164	121	82	136	135	149	134	165	**164**	100	31	24	23	17	16	12	10		8	8	2	2	–	–	–	–	–	–	–	–	**3-Pyridinecarbonitrile, 1,2-dihydro-4-methoxy-1-methyl-2-oxo-**	524-40-3	**Q1614**
164	121	136	54	93	39	53	27	**164**	100	63	37	32	28	24	23	23		10	12	2	–	–	–	–	–	–	–	–	–	**2,5-Cyclohexadiene-1,4-dione, 2,3,5,6-tetramethyl-**		**01497**
164	121	136	54	93	53	39	91	**164**	100	91	66	49	45	29	29	19		10	12	2	–	–	–	–	–	–	–	–	–	**2,5-Cyclohexadiene-1,4-dione, 2,3,5,6-tetramethyl-**	527-17-3	**Q1635**
164	129	166	102	76	137	75	165	**164**	100	60	36	24	20	18	12	11		8	5	–	2	1	–	–	–	–	–	–	–	**Quinazoline, 2-chloro-**	6141-13-5	**R2091**
164	129	166	102	165	130	75	76	**164**	100	92	34	25	10	10	9	9		8	5	–	2	1	–	–	–	–	–	–	–	**2-Chloro-1,8-naphthyridine**		**M8767**
164	131	163	118	122	165	149	119	**164**	100	64	30	18	17	14	11	10		8	8	–	2	–	–	–	1	–	–	–	–	**1H-Benzimidazole, 2-(methylthio)-**	7152-24-1	**R2883**
164	132	86	85	131	73	45	60	**164**	100	81	76	72	59	55	54	53		5	8	2	–	–	–	–	2	–	–	–	–	**1,2-Dithiane-4-carboxylic acid**	14091-99-7	**R4979**
164	134	66	79	44	52	40	93	**164**	100	45	33	30	28	28	27	22		6	4	2	4	–	–	–	–	–	–	–	–	**4(3H)-Pteridinone, 3-hydroxy-**	18106-57-5	**R7371**
164	134	129	166	136	47	131	63	**164**	100	97	82	69	66	65	30	23		1	3	1	–	2	–	–	1	1	–	–	–	**Phosphorodichloridothioic acid, O-methyl ester**	2523-94-6	**Q8264**
164	135	136	163	108	30	69	82	**164**	100	58	55	30	27	20	12	12		8	8	–	2	–	–	–	1	–	–	–	–	**1H-Benzimidazole, 2-(methylthio)-**		**16559**
164	135	149	123	91	136	121	134	**164**	100	71	38	37	31	24	17	17		10	12	–	–	–	–	–	1	–	–	–	–	**1-Benzothiepin, 2,3,4,5-tetrahydro-**	4370-78-9	**R0371**
164	136	63	163	135	165	96	42	**164**	100	49	39	23	20	16	11	9		8	8	–	2	–	–	–	1	–	–	–	–	**2-Benzothiazolamine, N-methyl-**	16954-69-1	**R6537**
164	136	122	80	109	137	165	47	**164**	100	96	33	22	22	22	22	20		8	8	–	2	–	–	–	1	–	–	–	–	**2(3H)-Benzothiazolimine, 3-methyl-**	14779-16-9	**R5404**
164	136	122	165	69	109	163	45	**164**	100	77	14	10	9	8	7	6		8	8	–	2	–	–	–	1	–	–	–	–	**2(3H)-Benzothiazolimine, 3-methyl-**		**16557**
164	137	166	110	75	165	139	163	**164**	100	40	36	30	16	16	12	10		8	5	–	2	1	–	–	–	–	–	–	–	**Quinazoline, 5-chloro-**	7556-90-3	**R3279**
164	137	166	110	75	165	139	163	**164**	100	40	36	30	16	16	12	10		8	5	–	2	1	–	–	–	–	–	–	–	**Quinazoline, 6-chloro-**	700-78-7	**Q3783**
164	137	166	110	75	165	139	163	**164**	100	40	36	30	16	16	12	10		8	5	–	2	1	–	–	–	–	–	–	–	**Quinazoline, 7-chloro-**	7556-99-2	**R3287**
164	137	166	110	75	165	139	163	**164**	100	40	36	30	16	16	12	10		8	5	–	2	1	–	–	–	–	–	–	–	**Quinazoline, 8-chloro-**	7557-04-2	**R3292**
164	147	119	163	118	91	65	39	**164**	100	41	24	24	20	19	17	15		9	8	3	–	–	–	–	–	–	–	–	–	**2-Propenoic acid, 3-(4-hydroxyphenyl)-**	7400-08-0	**R3160**
164	149	55	77	91	103	121	39	**164**	100	43	40	37	32	29	29	20		10	12	2	–	–	–	–	–	–	–	–	–	**Phenol, 2-methoxy-5-(1-propenyl)-, (E)-**	19784-98-6	**R8289**
164	149	55	103	77	121	91	104	**164**	100	40	35	30	30	26	25	21		10	12	2	–	–	–	–	–	–	–	–	–	**Phenol, 2-methoxy-4-(1-propenyl)-**		**01729**
164	149	55	103	91	77	121	131	**164**	100	45	36	35	32	31	29	25		10	12	2	–	–	–	–	–	–	–	–	–	**Phenol, 2-methoxy-4-(1-propenyl)-, (E)-**	5932-68-3	**R1916**
164	149	77	103	55	131	91	137	**164**	100	33	27	25	22	21	21	19		10	12	2	–	–	–	–	–	–	–	–	–	**Phenol, 2-methoxy-4-(2-propenyl)-**	97-53-0	**P7105**
164	149	131	77	103	55	165	133	**164**	100	31	15	14	13	12	11	10		10	12	2	–	–	–	–	–	–	–	–	–	**Phenol, 2-methoxy-4-(1-propenyl)-**	97-54-1	**P7108**
164	149	131	121	103	77	91	165	**164**	100	27	23	23	22	20	14	11		10	12	2	–	–	–	–	–	–	–	–	–	**Phenol, 2-methoxy-6-(1-propenyl)-**		**Z1088**
164	149	131	137	103	77	133	165	**164**	100	31	19	18	15	15	14	11		10	12	2	–	–	–	–	–	–	–	–	–	**Phenol, 2-methoxy-4-(2-propenyl)-**	97-53-0	**P7104**
164	149	135	74	66	121	133	105	**164**	100	94	86	69	50	26	24	23		10	16	–	2	–	–	–	–	–	–	–	–	**1,4-Benzenediamine, N,N-dimethyl-N′-diethyl-**	24340-88-3	**S0555**
164	149	135	121	133	105	120	119	**164**	100	94	84	25	25	25	22	19		10	16	–	2	–	–	–	–	–	–	–	–	**1,4-Benzenediamine, N,N-dimethyl-N′-diethyl-**		**L6420**
164	150	121	41	40	39	151	77	**164**	100	98	90	82	77	74	66	55		10	12	2	–	–	–	–	–	–	–	–	–	**2,5-Cyclohexadiene-1,4-diene, 2-tert-butyl-**	3602-55-9	**Q9561**
164	163	44	122	36	120	93	149	**164**	100	44	38	27	21	17	16	15		9	12	1	2	–	–	–	–	–	–	–	–	**N,N-Dimethyl-N′-(3-hydroxyphenyl)formamidine**		**06337**
164	163	82	136	165	110	121	131	**164**	100	39	12	10	10	9	8	7		8	8	–	2	–	–	–	1	–	–	–	–	**2-Benzothiazolamine, 6-methyl-**	2536-91-6	**Q8288**
164	163	136	165	121	104	137	131	**164**	100	48	13	12	12	10	10	10		8	8	–	2	–	–	–	1	–	–	–	–	**2-Benzothiazolamine, 4-methyl-**	1477-42-5	**Q6074**
165	147	164	166	107	123	148	167	**164**	100	13	11	10	2	2	2	2		9	8	3	–	–	–	–	–	–	–	–	–	**2-Propenoic acid, 3-(4-hydroxyphenyl)-**	7400-08-0	**R3162**
165	147	166	164	148	115	146	167	**164**	100	68	18	10	6	3	3	3		9	8	3	–	–	–	–	–	–	–	–	–	**2-Propenoic acid, 3-(2-hydroxyphenyl)-**	583-17-5	**Q2300**
165	147	166	164	167	148			**164**	100	13	11	7	4	2				9	8	3	–	–	–	–	–	–	–	–	–	**2-Propenoic acid, 3-(2-hydroxyphenyl)-**	583-17-5	**Q2301**
165	166	147	164	123	167	148		**164**	100	12	9	7	2	2	1			9	8	3	–	–	–	–	–	–	–	–	–	**2-Propenoic acid, 3-(3-hydroxyphenyl)-**		**P3977**
165	166	164						**164**	100	17	13							9	8	3	–	–	–	–	–	–	–	–	–	**2-Propenoic acid, 3-(3-hydroxyphenyl)-**		**P3976**
165	166	164						**164**	100	11	7							9	8	3	–	–	–	–	–	–	–	–	–	**2-Propenoic acid, 3-(4-hydroxyphenyl)-**	7400-08-0	**R3161**
166	164	129	131	168	47	94	35	**164**	100	79	69	66	48	42	40	35		2	–	–	–	4	–	–	–	–	–	–	–	**Tetrachloroethylene**	127-18-4	**H0608**
166	164	129	131	168	94	133	96	**164**	100	78	64	62	49	21	20	14		2	–	–	–	4	–	–	–	–	–	–	–	**Tetrachloroethylene**	127-18-4	**P9515**
166	164	129	131	168	94	133	96	**164**	100	79	61	58	46	28	19	18		2	–	–	–	4	–	–	–	–	–	–	–	**Tetrachloroethylene**		**A0238**

MASS TO CHARGE RATIOS								M.W.	INTENSITIES								Parent	C	H	O	N	Cl	Br	F	S	P	B	Si	X	COMPOUND NAME	CAS Reg No	No
27	31	42	119	57	120	102	165	**165**	100	71	66	56	40	23	19	17		10	15	1	1	–	–	–	–	–	–	–	–	Benzeneethanol, 2-amino-α,β-dimethyl-	69611-51-4	T7174
30	18	165	75	105	62	38	64	**165**	100	98	91	68	58	49	32	32		6	3	3	3	–	–	–	–	–	–	–	–	Benzofurazan, 4-nitro-	16322-19-3	R6120
30	31	47	100	50	35	49	51	**165**	100	32	23	20	13	11	8	7	0.30	2	–	1	1	1	–	4	–	–	–	–	–	Perfluoro-2-chloro-1,2-oxazetidine		L9590
30	46	27	15	43	26	40	41	**165**	100	56	27	17	12	6	5	3	0.00	2	3	6	3	–	–	–	–	–	–	–	–	Ethane, 1,1,1-trinitro-	595-86-8	Q2565
30	46	27	28	15	43	18	26	**165**	100	60	18	16	13	9	5	4	0.00	2	3	6	3	–	–	–	–	–	–	–	–	Ethane, 1,1,1-trinitro-	595-86-8	Q2563
30	165	62	77	38	64	105	63	**165**	100	70	57	45	43	33	29	28		6	3	3	3	–	–	–	–	–	–	–	–	Benzofurazan, 5-nitro-	18772-11-7	R7813
43	77	91	51	41	148	78	107	**165**	100	85	70	44	43	40	33	31	0.40	9	11	2	1	–	–	–	–	–	–	–	–	Cumene, 2-nitro-		14698
43	94	93	43	110	108	57	41	**165**	100	99	28	20	18	17	15	15	0.00	11	19	–	1	–	–	–	–	–	–	–	–	1-Amino-homoadamantane		L8516
44	59	91	58	65	30	31	42	**165**	100	43	19	10	5	3	3	3	0.50	10	15	1	1	–	–	–	–	–	–	–	–	N-Methyl-2-benzyloxyethylamine		16237
44	94	95	43	110	108	57	41	**165**	100	99	27	20	19	16	14	13	8.01	11	19	–	1	–	–	–	–	–	–	–	–	Tricyclo[4.3.1.1$^{(3,8)}$]undecan-1-amine	31083-61-1	S3193
44	122	36	91	65	78	45	51	**165**	100	14	14	14	5	5	4	4	3.50	10	15	1	1	–	–	–	–	–	–	–	–	2-Amino-1-(2-methoxyphenyl)propane		15981
46	16	119	73	27	42	26	30	**165**	100	31	16	6	6	6	4	2	0.00	2	3	6	3	–	–	–	–	–	–	–	–	Ethane, 1,1,1-trinitro-	595-86-8	09642
47	30	31	116	50	35	118	69	**165**	100	92	63	31	20	15	11	10	0.00	2	–	1	1	1	–	4	–	–	–	–	–	Perfluoro-4-chloro-2-fluoro-1,2-oxazetidine		L9872
50	165	76	30	135	75	15	103	**165**	100	85	83	75	63	61	59	51		8	7	3	1	–	–	–	–	–	–	–	–	Benzoic acid, 4-nitroso-, methyl ester	13170-28-0	R4315
56	98	41	68	80	55	71	57	**165**	100	73	30	25	16	9	6	5	1.99	5	12	3	1	–	–	–	–	1	–	–	–	1,3,2-Dioxaphospholan-2-amine, 5,5-dimethyl-, 2-oxide	29727-88-6	S2621
56	98	41	68	80	55	71	135	**165**	100	72	30	25	16	9	6	4	2.00	5	12	3	1	–	–	–	–	1	–	–	–	1,3,2-Dioxaphospholan-2-amine, 5,5-dimethyl-, 2-oxide		M7591
58	28	30	56	42	107	59	44	**165**	100	11	6	5	4	4	4	4	0.40	10	15	1	1	–	–	–	–	–	–	–	–	Phenol, 4-[2-(methylamino)propyl]-	370-14-9	Q0614
58	30	59	56	77	42	28	29	**165**	100	8	4	3	3	2	1	1	0.00	10	15	1	1	–	–	–	–	–	–	–	–	2-Methylamino-1-phenylpropan-1-ol		P1136
58	32	77	43	44	56	42	57	**165**	100	12	11	8	8	8	7	7	0.00	10	15	1	1	–	–	–	–	–	–	–	–	Benzenemethanol, α-[1-(methylamino)ethyl]-, (R)-(R*,S*)-	299-42-3	Q0313
58	42	30	59	32	57	77	91	**165**	100	80	65	65	40	40	39	32	5.00	10	15	1	1	–	–	–	–	–	–	–	–	Phenol, 4-[2-(dimethylamino)ethyl]-	539-15-1	Q1783
58	42	165	77	107	121	78	91	**165**	100	12	11	10	8	7	4	4		10	15	1	1	–	–	–	–	–	–	–	–	Phenol, 4-[3-(methylamino)propyl]-	32180-92-0	09150
58	59	77	30	56	42	105	51	**165**	100	7	5	4	4	3	3	2	0.02	10	15	1	1	–	–	–	–	–	–	–	–	Pseudoephedrine		05168
58	69	32	79	30	41	59	57	**165**	100	24	20	14	14	14	11	9	0.00	10	15	1	1	–	–	–	–	–	–	–	–	Ephedrine		M3081
58	77	42	51	56	44	59	43	**165**	100	9	7	7	6	5	5	4	0.00	10	15	1	1	–	–	–	–	–	–	–	–	Benzenemethanol, α-[1-(methylamino)ethyl]-, (S)-(R*,R*)-	90-82-4	P6584
58	77	51	49	56	59	42	43	**165**	100	12	7	6	6	6	6	6	0.00	10	15	1	1	–	–	–	–	–	–	–	–	Benzenemethanol, α-[1-(methylamino)ethyl]-, (S)-(R*,R*)-	90-82-4	P6583
58	77	56	42	59	51	43	79	**165**	100	7	6	5	4	4	3	3	0.00	10	15	1	1	–	–	–	–	–	–	–	–	Benzenemethanol, α-[1-(methylamino)ethyl]-, (R*,S*)-(+-)-	90-81-3	P6580
58	77	105	106	42	56	51	50	**165**	100	30	25	24	10	9	6	5	0.00	10	15	1	1	–	–	–	–	–	–	–	–	Benzenemethanol, α-[1-(methylamino)ethyl]-, (S)-(R*,S*)-	321-98-2	Q0490
58	133	28	44	42	59	30	43	**165**	100	79	74	62	53	31	29	29	0.00	10	15	1	1	–	–	–	–	–	–	–	–	Benzenemethanol, α-[(ethylamino)methyl]-	5300-22-1	R1278
58	165	36	59	77	56	107	91	**165**	100	17	14	7	5	5	4	4		10	15	1	1	–	–	–	–	–	–	–	–	1-(2-Hydroxyphenyl)-2-(methylamino)propane		15980
58	165	42	44	59	77	43	30	**165**	100	8	7	7	3	3	2	2		10	15	1	1	–	–	–	–	–	–	–	–	N,N-Dimethyl-2-phenoxyethylamine		16241
61	75	44	41	76	150	103	148	**165**	100	29	28	19	13	13	12	11	4.10	5	11	3	1	–	–	–	1	–	–	–	–	Butanoic acid, 2-(aminooxy)-4-(methylthio)-	54533-39-0	S9263
65	93	77	135	92	39	43	51	**165**	100	98	95	70	41	38	37	37	1.69	7	7	2	3	–	–	–	–	–	–	–	–	Urea, N-nitroso-N-phenyl-	6268-32-2	R2188
70	150	72	166	86	88	151	152	**165**	100	82	32	25	22	11	5	3	0.00	5	11	3	1	–	–	–	1	–	–	–	–	Propanal, 2-methyl-2-(methylsulphonyl)-, oxime	14357-44-9	R5167
72	94	93	165	132	55	76	56	**165**	100	54	38	20	12	8	7	6		6	16	–	1	–	–	–	1	1	–	–	–	N-(Dimethylthiophosphinyl)-2-butylamine		16256
72	94	165	93	132	76	79	65	**165**	100	93	62	46	11	10	10	8		6	16	–	1	–	–	–	1	1	–	–	–	N-(Dimethylthiophosphinyl)butylamine		16257
74	120	91	92	28	65	103	77	**165**	100	74	55	18	15	10	9	7	7.43	9	11	2	1	–	–	–	–	–	–	–	–	L-Phenylalanine		P5189
74	120	91	92	51	93	119	75	**165**	100	65	53	18	6	4	4	4	3.95	9	11	2	1	–	–	–	–	–	–	–	–	L-Phenylalanine	63-91-2	P5190
79	42	134	65	165	63	77	93	**165**	100	73	67	35	31	19	19	16		9	11	2	1	–	–	–	–	–	–	–	–	1,4-Cyclopentadiene-1-carboxylic acid, 3-(1-aminoethylidene)-, methyl ester	14469-78-4	R5218
84	165	55	82	67	97	41	39	**165**	100	59	56	52	52	46	46	46		6	13	1	1	–	–	1	–	1	–	–	–	Cyclohexylfluorophosphorylamide		M1039
86	41	28	39	15	42	27	69	**165**	100	81	36	26	23	18	17	17	0.00	5	11	3	1	–	–	–	1	–	–	–	–	Propanal, 2-methyl-2-(methylsulphonyl)-, oxime	14357-44-9	R5166
86	79	116	30	58	43	112	29	**165**	100	35	32	25	23	20	18	18	0.00	7	16	1	1	1	–	–	–	–	–	–	–	2-Propanol, 1-chloro-3-(N,N-diethylamino)-		F0229
88	149	121	93	94	76	105	151	**165**	100	90	21	12	12	11	9	8	7.70	5	11	1	1	–	–	–	2	–	–	–	–	Diethyl N-hydroxycarbonimidodithioate		14867
89	91	149	105	117	148	115	90	**165**	100	28	28	18	18	18	12	10	2.00	10	13	2	–	–	–	–	–	–	–	–	–	2-Propanol, 2-methoxy-1-phenyl-		P3478
91	43	77	51	39	65	92	50	**165**	100	18	17	15	15	14	9	6	1.00	9	11	2	1	–	–	–	–	–	–	–	–	Hydroxylamine, N-acetyl-O-benzyl-		L5766
91	105	135	77	79	30	107	51	**165**	100	58	50	47	42	40	38	28	0.00	9	11	2	1	–	–	–	–	–	–	–	–	Nitrous acid, 3-phenylpropyl ester	28537-55-5	S2111
91	117	104	65	107	43	39	57	**165**	100	31	28	16	15	12	10	10	0.30	9	11	2	1	–	–	–	–	–	–	–	–	Benzene, (3-nitropropyl)-	22818-69-5	R9953
91	118	41	117	39	65	51	77	**165**	100	51	22	18	13	12	10	9	0.00	9	11	2	1	–	–	–	–	–	–	–	–	Benzene, (2-nitropropyl)-		L5648
91	118	41	117	39	65	51	119	**165**	100	50	22	18	13	12	10	10	0.00	9	11	2	1	–	–	–	–	–	–	–	–	Benzene, (2-nitropropyl)-	17322-34-8	R6848
91	119	41	77	39	51	92	104	**165**	100	37	17	9	7	7	7	6	0.00	9	11	2	1	–	–	–	–	–	–	–	–	Benzene, (1-nitropropyl)-		L5645
91	119	41	77	92	39	51	104	**165**	100	38	17	9	8	7	7	6	0.00	9	11	2	1	–	–	–	–	–	–	–	–	Benzene, (1-nitropropyl)-	5279-14-1	R1252
91	136	78	165	106	41	90	89	**165**	100	76	71	64	52	50	46	43		9	11	2	1	–	–	–	–	–	–	–	–	Benzene, 1-nitro-4-propyl-		14697
92	134	165	77	63	93	118	39	**165**	100	93	43	27	26	22	21	18		9	11	2	1	–	–	–	–	–	–	–	–	3-Fulvenecarboxylic acid, α-amino-, methyl ester		L1380
93	29	165	106	65	137	27	39	**165**	100	95	66	65	40	40	36	33		9	11	2	1	–	–	–	–	–	–	–	–	Carbamic acid, phenyl-, ethyl ester	101-99-5	P7524
94	44	67	108	57	95	75	109	**165**	100	96	54	54	38	28	25	21	0.00	11	19	–	1	–	–	–	–	–	–	–	–	3-Amino-homoadamantane		L8517
94	44	70	57	95	108	78	109	**165**	100	96	54	38	28	27	25	21	19.02	11	19	–	1	–	–	–	–	–	–	–	–	Tricyclo[4.3.1.1$^{(3,8)}$]undecan-1-amine	3048-63-3	Q8963
94	95	44	165	122				**165**	100	37	34	11	6					10	15	1	1	–	–	–	–	–	–	–	–	8-Azabicyclo[3.2.1]oct-6-en-3-one, 2,2,8-trimethyl		L6701

MASS TO CHARGE RATIOS								M.W.	INTENSITIES								Parent	C	H	O	N	Cl	Br	F	S	P	B	Si	X	COMPOUND NAME	CAS Reg No	No
94	165	67	66	70	122	81	110	**165**	100	89	38	33	30	28	11	9		6	7	1	5	–	–	–	–	–	–	–	–	Tetrazolo[1,5-a]pyrimidine, 5-methoxy-7-methyl-		M5030
104	17	16	18	50	28	38	74	**165**	100	97	65	65	40	21	17	17	0.00	8	7	3	1	–	–	–	–	–	–	–	–	Phthalaldehydic acid, oxime	6383-59-1	R2283
104	165	130	77	167	76	105	166	**165**	100	78	63	38	26	13	11	9		7	4	–	3	1	–	–	–	–	–	–	–	Pyrido[2,3-d]pyrimidine, 4-chloro-	28732-79-8	09768
105	43	123	106	94	39	165	104	**165**	100	47	39	15	15	13	9	9		9	11	2	1	–	–	–	–	–	–	–	–	4-Pyridinemethanol, 3-methyl-, acetate		02666
105	77	29	51	122	147	50	134	**165**	100	67	47	28	20	14	10	9	2.24	9	11	2	1	–	–	–	–	–	–	–	–	Benzamide, N-(2-hydroxyethyl)-	18838-10-3	R7834
105	77	51	29	121	50	165	76	**165**	100	60	25	18	16	15	15	12		9	11	2	1	–	–	–	–	–	–	–	–	Hydroxylamine, N-benzoyl-O-ethyl-		L5765
105	77	139	79	94	165	39	51	**165**	100	65	61	56	55	52	45	42		9	11	2	1	–	–	–	–	–	–	–	–	2-Azabicyclo[3.2.0]hepta-3,6-diene-2-carboxylic acid, 4-methyl-, methyl ester	56667-06-2	T4061
106	139	65	133	28	94	39	104	**165**	100	45	44	40	39	35	25	25	24.02	9	11	2	1	–	–	–	–	–	–	–	–	2-Azabicyclo[3.2.0]hepta-3,6-diene-2-carboxylic acid, 1-methyl-, methyl ester	56667-07-3	T4062
106	139	94	77	165	79	39	51	**165**	100	71	66	60	57	51	50	43		9	11	2	1	–	–	–	–	–	–	–	–	2-Azabicyclo[3.2.0]hepta-3,6-diene-2-carboxylic acid, 4-methyl-, methyl ester		L8011
106	139	165	65	133	94	39	104	**165**	100	53	52	51	43	42	29	25		9	11	2	1	–	–	–	–	–	–	–	–	2-Azabicyclo[3.2.0]hepta-3,6-diene-2-carboxylic acid, 1-methyl-, methyl ester		L8010
106	165	77	18	104	107	51	79	**165**	100	30	15	14	13	8	6	6		9	11	2	1	–	–	–	–	–	–	–	–	Glycine, 2-phenyl-, methyl ester	26682-99-5	S1485
107	148	79	86	91	105	108	166	**165**	100	53	27	11	11	9	9	7	0.00	10	15	1	1	–	–	–	–	–	–	–	–	Benzenemethanol, α-[1-(methylamino)ethyl]-, (R*,S*)-(+-)-	90-81-3	P6581
107	149	165	106	79	122	164	77	**165**	100	84	41	34	25	24	20	19		8	11	1	3	–	–	–	–	–	–	–	–	Pyridinium, 3,5-dimethyl-1-ureido-, hydroxide, inner salt	31382-90-8	S3264
108	107	77	58	79	15	51	39	**165**	100	31	22	21	17	13	11	10	9.00	9	11	2	1	–	–	–	–	–	–	–	–	Carbamic acid, methyl-, 3-methylphenyl ester	1129-41-5	Q5485
108	123	165	43	52	80	53	122	**165**	100	57	49	37	15	14	10	9		9	11	2	1	–	–	–	–	–	–	–	–	Acetamide, N-(4-methoxyphenyl)-	51-66-1	P4575
108	123	165	43	80	65	52	109	**165**	100	89	71	24	22	10	9	8		9	11	2	1	–	–	–	–	–	–	–	–	Acetamide, N-(2-methoxyphenyl)-	93-26-5	P6775
108	123	165	43	122	80	52	109	**165**	100	48	35	21	16	10	9	7		9	11	2	1	–	–	–	–	–	–	–	–	Acetamide, N-(4-methoxyphenyl)-	51-66-1	P4576
108	165	44	43	123	150	80	166	**165**	100	88	50	45	45	30	15	10		8	11	1	3	–	–	–	–	–	–	–	–	Guanidine, 1-(4-methoxyphenyl)-		D1094
108	165	123	43	122	80	52	166	**165**	100	91	71	22	13	9	9	9		9	11	2	1	–	–	–	–	–	–	–	–	Acetamide, N-(4-methoxyphenyl)-		05680
109	67	81	41	79	96	135	93	**165**	100	64	47	43	39	38	38	36	4.00	11	19	–	1	–	–	–	–	–	–	–	–	2-Naphthalenamine, 1,2,4a,5,6,7,8,8a-octahydro-4a-methyl-	56053-03-3	T2733
109	108	165	122	43	53	94	148	**165**	100	98	98	56	46	44	42	29		10	15	1	1	–	–	–	–	–	–	–	–	1H-Pyrrole-2-carboxaldehyde, 5-methyl-1-isobutyl-	66054-34-0	T6598
119	91	93	31	64	29	106	45	**165**	100	46	35	32	27	22	20	19	16.20	9	11	2	1	–	–	–	–	–	–	–	–	Carbamic acid, phenyl-, ethyl ester		D1343
119	165	92	120	65	39	40	91	**165**	100	53	35	33	19	7	7	7		9	11	2	1	–	–	–	–	–	–	–	–	Anthranilic acid, ethyl ester	87-25-2	P6361
119	165	92	120	65	91	63	64	**165**	100	52	43	37	32	11	10	9		9	11	2	1	–	–	–	–	–	–	–	–	Anthranilic acid, ethyl ester		U0078
120	65	92	27	39	29	165	28	**165**	100	63	45	34	32	31	23	20		9	11	2	1	–	–	–	–	–	–	–	–	Benzoic acid, 4-amino-, ethyl ester	94-09-7	P6837
120	65	92	39	165	63	137	64	**165**	100	63	43	32	24	20	20	15		9	11	2	1	–	–	–	–	–	–	–	–	Benzoic acid, 4-amino-, ethyl ester	94-09-7	P6836
120	92	105	119	148	150	121	133	**165**	100	52	46	42	40	38	33	27	11.00	9	11	2	1	–	–	–	–	–	–	–	–	Benzamide, 2-ethoxy-	938-73-8	Q4738
120	92	105	121	150	148	133	93	**165**	100	60	50	36	26	25	22	12	7.00	9	11	2	1	–	–	–	–	–	–	–	–	Benzamide, 2-ethoxy-	938-73-8	Q4739
120	92	165	65	93	137	39	121	**165**	100	91	76	66	51	41	25	21		9	11	2	1	–	–	–	–	–	–	–	–	Benzoic acid, 3-amino-, ethyl ester	582-33-2	Q2295
120	106	77	121	135	78	104	28	**165**	100	66	50	35	27	17	16	15	0.00	10	15	1	1	–	–	–	–	–	–	–	–	Ethanol, 2-(ethylphenylamino)-	92-50-2	P6704
120	121	165	65	93	39	77	52	**165**	100	50	39	16	11	11	8	8		9	11	2	1	–	–	–	–	–	–	–	–	1,5-Benzoxazepine, 3-hydroxy-2,3,4,5-tetrahydro-		M8249
120	165	149	65	93	63	78	90	**165**	100	75	40	30	20	10	10	10		8	7	3	1	–	–	–	–	–	–	–	–	2H-1,4-Benzoxazin-3(4H)-one, 4-hydroxy-	771-26-6	Q4072
121	165	93	137	122	92	149	94	**165**	100	48	16	15	10	10	7	6		9	11	2	1	–	–	–	–	–	–	–	–	Benzamide, 3-ethoxy-	55836-69-6	T2207
121	165	149	93	122	92	108	166	**165**	100	25	25	11	8	6	6	5		9	11	2	1	–	–	–	–	–	–	–	–	Benzamide, 4-ethoxy-	55836-71-0	T2209
123	96	165	43	18	67	42	39	**165**	100	39	37	30	26	12	10	10		8	11	1	3	–	–	–	–	–	–	–	–	Pyrimidine, 2-acetamido-4,6-dimethyl-		L1208
123	165	43	94	93	80	122	52	**165**	100	62	44	42	34	14	12	11		9	11	2	1	–	–	–	–	–	–	–	–	Acetamide, N-(3-methoxyphenyl)-		L7230
125	105	39	77	80	79	51	59	**165**	100	85	52	52	51	43	32	30	18.52	9	11	2	1	–	–	–	–	–	–	–	–	2-Azabicyclo[3.2.0]hepta-3,6-diene-2-carboxylic acid, 1-methyl-, methyl ester	56667-07-3	T4063
125	106	77	39	80	79	165	51	**165**	100	87	58	58	51	48	47	34		9	11	2	1	–	–	–	–	–	–	–	–	2-Azabicyclo[3.2.0]hepta-3,6-diene-2-carboxylic acid, 7-methyl-, methyl ester		L8012
125	133	44	132	106	31	32	165	**165**	100	83	38	38	36	29	29	27		9	11	2	1	–	–	–	–	–	–	–	–	2-Azabicyclo[3.2.0]hepta-3,6-diene-2-carboxylic acid, 6-methyl-, methyl ester	56667-08-4	T4064
125	133	132	44	106	165	80	39	**165**	100	85	43	40	38	34	34	29		9	11	2	1	–	–	–	–	–	–	–	–	2-Azabicyclo[3.2.0]hepta-3,6-diene-2-carboxylic acid, 6-methyl-, methyl ester		L8014
130	36	45	113	86	42	71	38	**165**	100	78	52	48	34	31	30	26	0.00	4	6	1	2	1	–	–	1	–	–	–	–	2(3H)-Thiazolimine, 3-hydroxy-4-methyl-, monohydrochloride	55889-47-9	T2319
130	117	48	79	47	165	95	44	**165**	100	69	54	53	41	41	31	30		1	2	–	1	3	–	–	1	–	–	–	–	Sulphenamide, trichloromethyl-		P2537
133	28	104	165	106	132	78	31	**165**	100	37	37	30	29	25	22	18		9	11	2	1	–	–	–	–	–	–	–	–	Azepinecarboxylic acid, 2-methyl-, methyl ester		P4094
133	44	165	40	132	106	77	104	**165**	100	70	50	45	40	30	25	20		9	11	2	1	–	–	–	–	–	–	–	–	1-Azepinecarboxylic acid, 4-methyl-, methyl ester		L8001
133	104	165	106	132	78	44	105	**165**	100	44	41	38	30	30	28	23		9	11	2	1	–	–	–	–	–	–	–	–	1-Azepinecarboxylic acid, 3-methyl-, methyl ester		L7990
133	106	104	165	132	78	28	105	**165**	100	45	36	32	26	23	18	18		9	11	2	1	–	–	–	–	–	–	–	–	Azepinecarboxylic acid, 1-methyl-, methyl ester		P4095
133	106	104	165	132	78	105	77	**165**	100	55	50	40	30	30	25	18		9	11	2	1	–	–	–	–	–	–	–	–	1-Azepinecarboxylic acid, 2-methyl-, methyl ester		L8000

MASS TO CHARGE RATIOS								M.W.	INTENSITIES								Parent	C	H	O	N	Cl	Br	F	S	P	B	Si	X	COMPOUND NAME	CAS Reg No	No
133	106	132	28	165	77	139	31	**165**	100	62	51	48	45	28	28	26		9	11	2	1	–	–	–	–	–	–	–	–	**2-Azabicyclo[3.2.0]hepta-3,6-diene-2-carboxylic acid, 5-methyl-, methyl ester**	56666-99-0	**T4053**
133	106	132	165	139	79	91	104	**165**	100	64	57	47	33	28	25	24		9	11	2	1	–	–	–	–	–	–	–	–	**2-Azabicyclo[3.2.0]hepta-3,6-diene-2-carboxylic acid, 5-methyl-, methyl ester**		**L8013**
134	46	148	91	135	105	107	120	**165**	100	50	19	17	17	16	12	9	**4.00**	8	7	3	1	–	–	–	–	–	–	–	–	**Oxirane, (2-nitrophenyl)-**	39830-70-1	**S6161**
134	148	165	120	164	135	46	107	**165**	100	78	60	56	54	41	26	14		8	7	3	1	–	–	–	–	–	–	–	–	**Benzeneacetaldehyde, 2-nitro-**	1969-73-9	**Q7140**
134	165	107	77	135	78	106	39	**165**	100	49	44	11	10	10	9	7		9	11	2	1	–	–	–	–	–	–	–	–	**Acetic acid, (1-methyl-4(1H)-pyridinylidene)-, methyl ester**	39998-22-6	**S6200**
134	165	107	78	106	77	79	135	**165**	100	55	48	20	13	11	9	9		9	11	2	1	–	–	–	–	–	–	–	–	**Acetic acid, (1-methyl-2(1H)-pyridinylidene)-, methyl ester**	39998-21-5	**S6199**
135	79	93	41	67	39	77	55	**165**	100	69	51	34	27	24	23	22	**0.00**	10	15	1	1	–	–	–	–	–	–	–	–	**1-Nitrosoadamantane**		**16007**
135	151	109	122	73	56	86	54	**165**	100	46	18	18	11	10	8	6	**0.00**	5	5	1	1	2	–	–	–	–	–	–	–	**5-(Dichloromethylene)-3,4-didehydromorpholine**		**14931**
136	42	70	81	55	94	165	122	**165**	100	30	23	20	17	15	15	10		10	15	1	1	–	–	–	–	–	–	–	–	**1-Azabicyclo[2.2.2]octane-2-carboxaldehyde, 5-vinyl-, 4S-(4α,5β)-**	75364-48-6	**T8943**
136	44	165	137	69	164	55	58	**165**	100	91	90	30	19	18	17	17		8	7	1	1	–	–	–	1	–	–	–	–	**Thiazolo[3,2-a]pyridinium, 8-hydroxy-5-methyl-, hydroxide, inner salt**	30277-17-9	**S2845**
136	78	165	137	122	77	52	28	**165**	100	66	52	21	17	17	12	12		10	15	1	1	–	–	–	–	–	–	–	–	**Aniline, 4-ethoxyethyl-**	55956-29-1	**T2465**
136	90	91	165	41	89	51	77	**165**	100	81	72	46	37	37	32	32		9	11	2	1	–	–	–	–	–	–	–	–	**Benzene, 1-nitro-3-propyl-**		**14696**
136	165	120	69	45	96	39	109	**165**	100	92	40	32	30	29	23	20		8	7	1	1	–	–	–	1	–	–	–	–	**2H-1,4-Benzothiazin-3(4H)-one**	5325-20-2	**R1292**
136	165	137	109	69	108	50	63	**165**	100	98	49	36	30	29	13	13		8	7	1	1	–	–	–	1	–	–	–	–	**1,2-Benzisothiazoline, 2-methyl-**		**D2102**
136	165	137	111	164	70	122	150	**165**	100	85	52	50	45	45	43	32		11	19	–	1	–	–	–	–	–	–	–	–	**1-(1-Pyrrolidinyl)-1-cycloheptene**		**00515**
137	165	136	122	108	109			**165**	100	75	69	21	16	14				10	15	1	1	–	–	–	–	–	–	–	–	**7(1H)-Quinolone, 2,3,4,4a,5,6-hexahydro-1-methyl-**	3334-95-0	**Q9232**
138	94	79	32	106	77	59	52	**165**	100	80	63	62	57	54	49	42	**6.01**	9	11	2	1	–	–	–	–	–	–	–	–	**5-Azatricyclo[4.2.0.0^(2,4)]oct-7-ene-5-carboxylic acid, methyl ester**	22139-35-1	**R9579**
138	94	165	59	77	79	28	27	**165**	100	72	68	50	50	42	41	39		9	11	2	1	–	–	–	–	–	–	–	–	**4-Azabicyclo[5.1.0]octa-2,5-diene-4-carboxylic acid, methyl ester**	20953-81-5	**R9010**
139	94	106	28	165	65	133	39	**165**	100	59	55	49	42	38	34	27		9	11	2	1	–	–	–	–	–	–	–	–	**2-Azabicyclo[3.2.0]hepta-3,6-diene-1-carboxylic acid, 3-methyl-, methyl ester**	56666-98-9	**T4052**
139	106	94	133	165	104	39	59	**165**	100	61	61	55	52	31	30	29		9	11	2	1	–	–	–	–	–	–	–	–	**2-Azabicyclo[3.2.0]hepta-3,6-diene-2-carboxylic acid, 3-methyl-, methyl ester**		**L8009**
148	65	91	39	63	92	89	165	**165**	100	57	38	32	27	25	22	18		8	7	3	1	–	–	–	–	–	–	–	–	**3-Nitro-4-methylbenzaldehyde**		**03106**
148	91	92	78	120	130	77	65	**165**	100	53	50	28	26	24	21	20	**4.00**	9	11	2	1	–	–	–	–	–	–	–	–	**Benzene, 1-nitro-2-propyl-**		**14695**
148	165	91	93	77	41	120	119	**165**	100	76	69	55	53	46	40	39		9	11	2	1	–	–	–	–	–	–	–	–	**Benzene, 1,3,5-trimethyl-2-nitro-**	603-71-4	**08539**
150	43	104	165	77	103	91	41	**165**	100	51	49	31	31	28	27	23		9	11	2	1	–	–	–	–	–	–	–	–	**Cumene, 3-nitro-**		**14699**
150	51	76	50	123	115	151	77	**165**	100	23	19	13	13	9	9	8	**3.00**	8	7	3	1	–	–	–	–	–	–	–	–	**Acetophenone, 2′-nitro-**	577-59-3	**Q2250**
150	73	165	43	151	45	164	65	**165**	100	70	24	16	14	14	14	9		9	15	–	1	–	–	–	–	–	–	1	–	**Pyridine, 2-[(trimethylsilyl)methyl]-**	17881-80-0	**06862**
150	91	92	104	77	41	165	51	**165**	100	51	40	40	39	37	32	31		9	11	2	1	–	–	–	–	–	–	–	–	**Cumene, 4-nitro-**		**14700**
150	104	43	76	165	50	151	75	**165**	100	27	22	17	14	10	8	6		8	7	3	1	–	–	–	–	–	–	–	–	**Acetophenone, 3′-nitro-**	121-89-1	**P9190**
150	104	43	165	76	92	50	151	**165**	100	28	24	19	13	10	9	8		8	7	3	1	–	–	–	–	–	–	–	–	**Acetophenone, 4′-nitro-**	100-19-6	**P7344**
150	122	165	65	29	93	136	39	**165**	100	41	37	23	18	17	16	16		10	15	1	1	–	–	–	–	–	–	–	–	**Phenol, 3-(diethylamino)-**		**D1676**
150	122	165	94	93	65	120	151	**165**	100	52	34	13	13	13	11	11		10	15	1	1	–	–	–	–	–	–	–	–	**Phenol, 3-(diethylamino)-**	91-68-9	**P6663**
150	151	122	136	108	148	149	109	**165**	100	45	18	18	12	12	12	9	**0.00**	11	19	–	1	–	–	–	–	–	–	–	–	**N-(Cyclopenten-1-yl)-hexamethylenimine**		**L8723**
150	151	136	122	148	149	108	124	**165**	100	45	18	18	12	12	12	7	**0.00**	11	19	–	1	–	–	–	–	–	–	–	–	**N-(Cyclopentenyl-1)-hexamethyleneimine**		**L8849**
150	165	91	104	77	92	41	103	**165**	100	40	39	35	32	31	25	24		9	11	2	1	–	–	–	–	–	–	–	–	**Cumene, 4-nitro-**	1817-47-6	**Q6791**
150	165	122	135	43	92	77	52	**165**	100	76	30	18	14	14	13	11		9	11	2	1	–	–	–	–	–	–	–	–	**Acetophenone, 3-amino-4-methoxy-**		**Z1109**
150	165	135	151	107	164	92	77	**165**	100	33	16	10	7	6	6	6		10	15	1	1	–	–	–	–	–	–	–	–	**N-Methyl-N-ethyl-3-methoxy-aniline**		**D1645**
160	161	131	118	150	165	122	136	**165**	100	76	56	45	40	29	26	26		11	19	–	1	–	–	–	–	–	–	–	–	**Pyrrolidine, 1-(6-methyl-1-cyclohexen-1-yl)-**	5049-51-4	**R1042**
164	165	28	148	77	32	42	166	**165**	100	77	40	16	12	11	9	8		9	11	2	1	–	–	–	–	–	–	–	–	**Benzoic acid, 4-(dimethylamino)-**	619-84-1	**Q2997**
164	165	166	77	148	149	28	65	**165**	100	70	7	7	7	6	6	5		9	11	2	1	–	–	–	–	–	–	–	–	**Benzoic acid, 3-(N,N-dimethylamino)-**		**Z1107**
165	28	57	53	30	43	110	83	**165**	100	52	41	30	26	22	22	20		6	7	1	5	–	–	–	–	–	–	–	–	**Guanine, 1-methyl-**	938-85-2	**Q4741**
165	31	43	28	68	42	44	124	**165**	100	68	42	36	36	30	23	20		6	7	1	5	–	–	–	–	–	–	–	–	**Guanine, 7-methyl-**	578-76-7	**Q2255**
165	43	68	53	42	124	67	123	**165**	100	40	35	23	22	21	16	14		6	7	1	5	–	–	–	–	–	–	–	–	**Guanine, 7-methyl-**	578-76-7	**Q2256**
165	52	107	39	53	51	92	93	**165**	100	40	36	33	31	24	20	20		7	7	–	3	–	–	–	1	–	–	–	–	**s-Triazolo[4,3-a]pyridine-3-thiol, 7-methyl-**	4926-23-2	**R0950**
165	57	28	110	53	83	109	135	**165**	100	24	19	15	14	14	13	11		6	7	1	5	–	–	–	–	–	–	–	–	**Guanine, 1-methyl-**	938-85-2	**Q4740**
165	57	54	43	68	42	55	166	**165**	100	24	19	17	14	14	13	12		6	7	1	5	–	–	–	–	–	–	–	–	**Guanine, 2-methyl-**	10030-78-1	**R3537**
165	68	41	123	95	28	53	44	**165**	100	44	33	33	31	29	20	18		6	7	1	5	–	–	–	–	–	–	–	–	**Guanine, 3-methyl-**	2958-98-7	**Q8872**
165	80	81	79	77	78	166	58	**165**	100	90	80	60	20	16	12	11		9	11	2	1	–	–	–	–	–	–	–	–	**1H-Isoindole-1,3(2H)-dione, 4,5,6,7-tetrahydro-2-methyl-**	28839-49-8	**S2237**
165	80	81	79	77	78	166	59	**165**	100	90	80	60	20	16	12	11		9	11	2	1	–	–	–	–	–	–	–	–	**1H-Isoindole-1,3(2H)-dione, 4,5,6,7-tetrahydro-2-methyl-**	28839-49-8	**S2238**
165	93	106	29	65	92	77	66	**165**	100	85	56	29	19	15	13	11		9	11	2	1	–	–	–	–	–	–	–	–	**Carbamic acid, phenyl-, ethyl ester**	101-99-5	**P7523**
165	94	135	43	108	122	136	107	**165**	100	61	57	55	34	30	25	11		9	11	2	1	–	–	–	–	–	–	–	–	**4H-Furo[2,3-c]azepine, 2-methyl-8-oxo-5,6,7,8-tetrahydro-**		**B0361**
165	106	65	133	79	63	50	77	**165**	100	76	75	50	44	31	25	23		9	11	2	1	–	–	–	–	–	–	–	–	**Carbamic acid, (2-methylphenyl)-, methyl ester**	14983-92-7	**R5518**
165	107	80	164	92	39	65	52	**165**	100	71	56	46	37	36	29	27		7	7	–	3	–	–	–	1	–	–	–	–	**s-Triazolo[4,3-a]pyridine-3-thiol, 5-methyl-**	4926-22-1	**R0949**

MASS TO CHARGE RATIOS								M.W.	INTENSITIES								Parent	C	H	O	N	Cl	Br	F	S	P	B	Si	X	COMPOUND NAME	CAS Reg No	No
165	108	136	42	51	53	50	164	**165**	100	80	76	33	32	26	20	18		8	7	3	1	–	–	–	–	–	–	–	–	**Furo[3,4-c]pyridin-3(1H)-one, 7-hydroxy-6-methyl-**	4543-56-0	**R0576**
165	110	136	44	57	108	109	135	**165**	100	36	31	30	27	26	25	22		6	7	1	5	–	–	–	–	–	–	–	–	**Guanine, 2-methyl-**	10030-78-1	**R3538**
165	118	91	106	164	104	77	119	**165**	100	95	53	40	40	36	23	23		9	11	–	1	–	–	–	1	–	–	–	–	**2-Phenylthiazolidine**		**P2714**
165	118	137	31	99	166	82	88	**165**	100	16	14	8	8	7	6	6		6	3	–	1	–	–	4	–	–	–	–	–	**Aniline, 2,3,4,5-tetrafluoro-**	5580-80-3	**R1561**
165	119	118	137	31	99	166	75	**165**	100	59	16	14	8	8	7	6		6	3	–	1	–	–	4	–	–	–	–	–	**Aniline, 2,3,4,5-tetrafluoro-**	5580-80-3	**R1560**
165	120	133	105	106	77	79	166	**165**	100	29	29	23	16	13	13	11		9	11	2	1	–	–	–	–	–	–	–	–	**Carbamic acid, (3-methylphenyl)-, methyl ester**	39076-18-1	**S6020**
165	122	150	134	166	164	107	151	**165**	100	30	27	18	11	10	10	9		10	15	1	1	–	–	–	–	–	–	–	–	**3-Methoxy-2,4,6-trimethylaniline**		**05954**
165	133	166	164	137	82.5	167	105	**165**	100	15	10	10	9	7	5	5		7	7	–	3	–	–	–	1	–	–	–	–	**2-Benzimidazolethiol, 6-amino-**		**D1543**
165	134	90	77	133	107	103	64	**165**	100	45	37	36	28	25	23	20		9	11	2	1	–	–	–	–	–	–	–	–	**Benzaldehyde, 4-methoxy-, O-methyloxime**		**M3385**
165	136	108	42	51	119	147	52	**165**	100	71	33	28	24	21	21	19		8	7	3	1	–	–	–	–	–	–	–	–	**Furo[3,4-c]pyridin-1(3H)-one, 7-hydroxy-6-methyl-**	4753-19-9	**R0798**
165	136	108	42	51	119	147	53	**165**	100	72	32	28	24	21	21	19		8	7	3	1	–	–	–	–	–	–	–	–	**Furo[3,4-c]pyridin-1(3H)-one, 7-hydroxy-6-methyl-**		**L1817**
165	136	108	43	51	53	50	66	**165**	100	76	59	34	32	26	21	18		8	7	3	1	–	–	–	–	–	–	–	–	**6-Oxa-3-azabicyclo[3.2.1]octa-1,3,5(8)-trien-7-one, 8-(hydroxymethyl)-4-methyl-**	55255-96-4	**T0630**
165	136	120	96	69	70	166	63	**165**	100	56	25	12	10	10	8	5		8	7	1	1	–	–	–	1	–	–	–	–	**2H-1,4-Benzothiazin-3(4H)-one**	5325-20-2	**R1293**
165	136	164	135	43	108	44	134	**165**	100	49	40	37	27	25	22	19		6	7	1	5	–	–	–	–	–	–	–	–	**Guanine, 6-methyl-**	20535-83-5	**R8713**
165	136	164	135	137	106	108	109	**165**	100	58	26	25	17	14	14	13		8	7	1	1	–	–	–	1	–	–	–	–	**1,2-Benzisothiazole, 3-methoxy-**	40991-38-6	**S6502**
165	137	39	136	105	71	166	104	**165**	100	57	43	26	13	12	12	11		8	7	1	1	–	–	–	1	–	–	–	–	**Thiazolo[3,2-a]pyridinium, 8-hydroxy-3-methyl-, hydroxide, inner salt**	30276-99-4	**S2842**
165	137	150	136	135	134	109	122	**165**	100	82	60	49	33	33	27	23		10	15	1	1	–	–	–	–	–	–	–	–	**Quinoline, 2,3,4,4a,5,6-hexahydro-7-methoxy-**	19500-64-2	**R8176**
165	145	118	137	99	88	138	75	**165**	100	35	23	17	13	10	10	9		6	3	–	1	–	–	4	–	–	–	–	–	**Aniline, 2,3,5,6-tetrafluoro-**		**D0923**
165	164	121	77	69	63	110	166	**165**	100	29	13	13	13	13	11	10		8	7	1	1	–	–	–	1	–	–	–	–	**1,2-Benzisothiazoline, 5-methyl-**		**D2083**
165	164	150	134	149	148	135	166	**165**	100	73	72	22	18	13	13	11		10	15	1	1	–	–	–	–	–	–	–	–	**Phenol, 4-(dimethylamino)-3,5-dimethyl-**	6120-10-1	**R2069**
165	164	150	136	122	41	160	137	**165**	100	82	70	42	23	21	19	19		11	19	–	1	–	–	–	–	–	–	–	–	**1-Piperidino-1-cyclohexene**		**00514**
166	120	148	167	121	91	74	131	**165**	100	83	10	10	8	6	5	4	**0.00**	9	11	2	1	–	–	–	–	–	–	–	–	**L-Phenylalanine**	63-91-2	**P5192**
166	138	120	122	94				**165**	100	15	11	8	5				**0.00**	9	11	2	1	–	–	–	–	–	–	–	–	**Benzoic acid, 4-amino-, ethyl ester**	94-09-7	**P6838**
166	148	167	58	149	88	164	59	**165**	100	80	35	33	32	28	24	18	**3.50**	10	15	1	1	–	–	–	–	–	–	–	–	**Benzenemethanol, α-[1-(methylamino)ethyl]-, (R)-(R*,S*)-**	299-42-3	**Q0319**
166	148	167	107	149	84	118	136	**165**	100	30	21	12	5	2	2	2	**0.00**	10	15	1	1	–	–	–	–	–	–	–	–	**Benzenemethanol, α-[1-(methylamino)ethyl]-, (R)-(R*,S*)-**	299-42-3	**Q0318**
167	70	139	53	52	168	111	166	**165**	100	53	33	19	13	12	11	11	**0.00**	8	7	1	1	–	–	–	1	–	–	–	–	**1,4-Oxathiino[3,2-b]pyridine, 6-methyl-**	56114-39-7	**T2799**
19	69	147	47	31	50	97	150	**166**	100	27	4	2	1	1	1	1	**0.50**	3	–	1	–	–	–	6	–	–	–	–	–	**Acetone, 1,1,1,3,3,3-hexafluoro-**		**M3746**
29	31	133	135	107	77	44	43	**166**	100	48	48	41	39	38	36	33	**18.86**	9	10	3	–	–	–	–	–	–	–	–	–	**Methyl 4-hydroxymethylbenzoate**		**C1647**
29	41	57	70	27	42	39	55	**166**	100	99	55	51	48	48	43	39	**2.68**	8	13	–	–	–	–	3	–	–	–	–	–	**2-Octene, 1,1,2-trifluoro-**	74810-70-1	**T8722**
29	77	105	76	166	61	45	47	**166**	100	24	20	14	14	12	9	5		5	10	–	–	–	–	–	3	–	–	–	–	**Diethyl carbonotrithioate**		**14893**
29	121	123	43	42	27	93	95	**166**	100	66	60	47	46	35	30	29	**16.50**	4	7	2	–	–	1	–	–	–	–	–	–	**2-Bromoethyl acetate**		**C0974**
39	166	78	77	38	52	51	127	**166**	100	97	75	35	30	28	27	25		3	3	–	–	–	–	–	–	–	–	–	1	**3-Iodopropyne**		**Z1121**
41	39	27	81	29	55	67	53	**166**	100	81	69	66	59	55	55	46	**2.00**	10	14	2	–	–	–	–	–	–	–	–	–	**Cyclopentaneacetaldehyde, 2-formyl-3-methyl-α-methylene-**	5951-57-5	**R1930**
41	43	81	67	55	29	27	39	**166**	100	86	81	65	63	62	62	46	**0.00**	12	22	–	–	–	–	–	–	–	–	–	–	**1-Dodecyne**		**Y0537**
41	55	67	39	81	27	29	54	**166**	100	75	56	54	41	33	29	21	**0.17**	11	18	1	–	–	–	–	–	–	–	–	–	**1-Allyloxy-octa-2,7-diene**		**C1103**
41	55	67	39	95	81	69	166	**166**	100	77	73	59	59	58	48	43		11	18	1	–	–	–	–	–	–	–	–	–	**2(1H)-Naphthalenone, 1α,4aβ,8aα,-octahydro-1-methyl-**	21102-88-5	**R9105**
41	55	67	54	81	82	69	68	**166**	100	99	59	54	54	48	46	41	**1.76**	12	22	–	–	–	–	–	–	–	–	–	–	**1,11-Dodecadiene**		**X1932**
41	55	67	54	82	81	39	96	**166**	100	74	68	60	58	49	48	41	**27.47**	12	22	–	–	–	–	–	–	–	–	–	–	**Cyclododecene**		**V0238**
41	55	67	95	108	81	69	53	**166**	100	70	64	64	54	48	37	34	**28.00**	11	18	1	–	–	–	–	–	–	–	–	–	**2(1H)-Naphthalenone, octahydro-8a-methyl-, cis-**	2530-17-8	**Q8278**
41	55	69	67	137	81	27	40	**166**	100	53	49	45	34	33	29	27	**14.04**	11	23	–	–	–	–	–	–	–	1	–	–	**Borane, diethyl(1-ethyl-2-methyl-1-butenyl)-, (E)-**	61204-98-6	**T5570**
41	55	95	39	81	109	166	67	**166**	100	75	75	66	63	62	60	59		11	18	1	–	–	–	–	–	–	–	–	–	**2(1H)-Naphthalenone, octahydro-4a-methyl-, cis-**	938-06-7	**Q4727**
41	67	54	55	82	39	81	96	**166**	100	83	75	71	52	48	45	38	**21.02**	12	22	–	–	–	–	–	–	–	–	–	–	**Cyclododecene**	1501-82-2	**Q6123**
41	70	43	29	27	28	39	42	**166**	100	88	80	68	35	29	12	10	**3.70**	8	14	–	4	–	–	–	–	–	–	–	–	**3,6-Dipropyl-1,2,4,5-tetrazine**		**01295**
41	95	39	81	70	42	43	96	**166**	100	93	82	79	76	65	64	60	**47.70**	10	14	2	–	–	–	–	–	–	–	–	–	**8-Oxabicyclo[3.2.1]oct-6-en-3-one, 2,2,7-trimethyl-**		**L6706**
41	96	67	81	55	82	39	109	**166**	100	92	90	85	75	50	44	42	**33.97**	12	22	–	–	–	–	–	–	–	–	–	–	**Spiro[5.6]dodecane**		**Y1724**
41	111	55	166	109	39	81	95	**166**	100	75	74	74	72	64	62	62		11	18	1	–	–	–	–	–	–	–	–	–	**2(1H)-Naphthalenone, octahydro-4a-methyl-, trans-**	938-07-8	**Q4728**
41	122	81	67	39	55	96	166	**166**	100	95	69	68	62	60	36	36		11	18	1	–	–	–	–	–	–	–	–	–	**2(1H)-Naphthalenone, octahydro-3-methyl-, 3α,4aβ,8aα-octahydro-3-methyl-**	55332-01-9	**T0935**
41	123	39	67	27	81	95	55	**166**	100	94	73	66	54	51	46	45	**24.46**	11	18	1	–	–	–	–	–	–	–	–	–	**Cyclohexanone, 2,5-dimethyl-2-isopropenyl-**		**U0022**
41	123	39	67	81	95	55	82	**166**	100	98	76	67	52	47	47	42	**23.83**	11	18	1	–	–	–	–	–	–	–	–	–	**Cyclohexanone, 2,5-dimethyl-2-isopropenyl-**	6711-26-8	**R2488**
43	27	106	108	87	29	42	26	**166**	100	22	20	19	11	9	8	7	**0.02**	4	7	2	–	–	1	–	–	–	–	–	–	**2-Bromoethyl acetate**		**Y0792**
43	41	27	28	31	42	29	39	**166**	100	22	18	12	12	8	8	7	**0.00**	6	14	3	–	–	–	–	1	–	–	–	–	**Sulphurous acid, dipropyl ester**	623-98-3	**H0969**
43	41	27	73	29	42	31	125	**166**	100	13	12	9	8	6	5	5	**0.01**	6	14	3	–	–	–	–	1	–	–	–	–	**Sulphurous acid, diisopropyl ester**		**C0578**

MASS TO CHARGE RATIOS								M.W.	INTENSITIES								Parent	C	H	O	N	Cl	Br	F	S	P	B	Si	X	COMPOUND NAME	CAS Reg No	No
43	41	94	95	27	29	28	42	**166**	100	13	13	13	12	9	7	7	**0.05**	6	14	3	–	–	–	–	1	–	–	–	–	**Sulphurous acid, diisopropyl ester**	4773-13-1	**R0812**
43	42	28	70	54	41	68	27	**166**	100	81	53	42	34	33	32	30	**1.80**	8	14	–	4	–	–	–	–	–	–	–	–	**3,6-Diisopropyl-1,2,4,5-tetrazine**		**01296**
43	45	41	59	27	125	42	28	**166**	100	69	18	11	11	10	9	8	**0.89**	6	14	3	–	–	–	–	1	–	–	–	–	**Sulphurous acid, dipropyl ester**		**C0583**
43	79	28	45	123	122	44	59	**166**	100	23	11	10	9	8	5	4	**1.02**	5	10	4	–	–	–	–	1	–	–	–	–	**Methylsulphonic acid, 3-oxobut-2-yl ester**		**P1245**
43	81	41	67	71	108	55	96	**166**	100	63	50	38	37	37	23	20	**7.00**	11	18	1	–	–	–	–	–	–	–	–	–	**1H-Indene, 1α,3aα,7aα-octahydro-1-acetyl-**	56362-32-4	**T3561**
43	81	67	41	55	29	54	69	**166**	100	98	91	91	71	45	44	35	**0.00**	12	22	–	–	–	–	–	–	–	–	–	–	**1-Dodecyne**	765-03-7	**Q4010**
43	81	71	108	67	96	55	148	**166**	100	86	79	69	49	39	30	30	**5.00**	11	18	1	–	–	–	–	–	–	–	–	–	**1H-Indene, 1α,3aβ,7aα-octahydro-1-acetyl-**	56362-33-5	**T3562**
43	81	108	41	55	67	84	69	**166**	100	43	39	35	26	23	21	21	**0.75**	11	18	1	–	–	–	–	–	–	–	–	–	**4-Penten-2-one, 3-cyclohexyl-**	55702-54-0	**T1876**
43	94	73	77	51	166	41	65	**166**	100	99	32	25	18	16	15	15		10	14	2	–	–	–	–	–	–	–	–	–	**Methane, phenoxypropoxy-**	4457-16-3	**R0467**
43	106	108	27	15	73	87	42	**166**	100	20	19	16	12	12	8	4	**0.05**	4	7	2	–	–	1	–	–	–	–	–	–	**2-Bromoethyl acetate**		**C0763**
43	121	18	77	51	105	122	17	**166**	100	54	17	8	5	5	5	4	**0.17**	9	10	3	–	–	–	–	–	–	–	–	–	**Benzeneacetic acid, α-hydroxy-α-methyl-**		**06198**
43	137	166	151	81	109	67	41	**166**	100	91	48	32	27	16	15	13		11	18	1	–	–	–	–	–	–	–	–	–	**1-Cyclopentene, 1-acetyl-2-butyl-**		**M0044**
44	45	122	166	42	123	43	58	**166**	100	59	32	26	11	9	8	6		5	15	2	2	–	–	–	–	1	–	–	–	**Methoxy-N,N,N′,N′-tetramethyl-phosphoramide**		**G0423**
45	55	87	134	136	41	57	42	**166**	100	11	10	7	7	5	4	3	**0.00**	5	11	1	–	–	1	–	–	–	–	–	–	**Butane, 1-bromo-4-methoxy-**	4457-67-4	**R0471**
45	71	85	86	99	55	40	41	**166**	100	60	53	22	22	17	14	14	**0.00**	7	15	2	–	1	–	–	–	–	–	–	–	**Propane, 2-(chloromethyl)-1,3-dimethoxy-2-methyl-**	20637-37-0	**R8813**
45	71	85	86	99	55	41	58	**166**	100	59	52	22	22	17	16	14	**0.00**	7	15	2	–	1	–	–	–	–	–	–	–	**Propane, 2-(chloromethyl)-1,3-dimethoxy-2-methyl-**		**02478**
45	94	166	73	77	31	72	59	**166**	100	56	35	35	33	22	21	15		10	14	2	–	–	–	–	–	–	–	–	–	**1-Ethoxy-2-phenoxyethane**		**Z1127**
46	29	30	43	28	27	15	42	**166**	100	16	16	11	11	4	4	3	**0.00**	3	6	6	2	–	–	–	–	–	–	–	–	**1,2-Propanediol, dinitrate**		**01640**
46	29	30	43	28	76	15	27	**166**	100	17	16	12	11	9	4	4	**0.00**	3	6	6	2	–	–	–	–	–	–	–	–	**1,2-Propanediol, dinitrate**		**L3321**
46	76	30	29	43	28	27	15	**166**	100	16	15	12	8	7	4	3	**0.00**	3	6	6	2	–	–	–	–	–	–	–	–	**1,3-Propanediol, dinitrate**	3457-90-7	**01639**
51	150	50	76	65	77	166	78	**166**	100	92	69	55	52	38	34	22		7	6	3	2	–	–	–	–	–	–	–	–	**Benzamide, 2-nitro-**	610-15-1	**Q2788**
53	69	94	39	41	44	121	125	**166**	100	65	43	41	38	38	32	31	**3.00**	9	10	3	–	–	–	–	–	–	–	–	–	**2-Butynoic acid, 4-cyclopropyl-4-oxo-, ethyl ester**	54966-48-2	**S9968**
54	80	81	79	107	166	55	53	**166**	100	89	63	56	42	35	34	33		10	14	2	–	–	–	–	–	–	–	–	–	**Methyl 6-methyleneocta-3,7-dienoate**		**C1674**
55	41	83	67	82	43	27	39	**166**	100	37	26	19	14	11	9	9	**0.17**	12	22	–	–	–	–	–	–	–	–	–	–	**1,5-Octadiene, 7-methyl-3-isopropyl-**	74630-12-9	**T8160**
55	41	83	82	67	69	39	110	**166**	100	35	29	18	13	8	8	8	**0.17**	12	22	–	–	–	–	–	–	–	–	–	–	**3,7-Decadiene, 2,9-dimethyl-**	74630-13-0	**T8161**
55	42	39	41	40	67	96	110	**166**	100	96	94	92	70	70	70	63	**40.00**	10	14	2	–	–	–	–	–	–	–	–	–	**Spiro[4.5]decane-6,10-dione**	6684-66-8	**R2468**
55	110	166	112	168	89	75	36	**166**	100	90	60	58	37	33	32	26		5	4	2	–	2	–	–	–	–	–	–	–	**1,3-Cyclopentanedione, 2,2-dichloro-**	14203-21-5	**R5048**
55	110	166	112	168	89	75	131	**166**	100	91	60	58	37	35	34	25		5	4	2	–	2	–	–	–	–	–	–	–	**1,3-Cyclopentanedione, 2,2-dichloro-**		**M3934**
56	123	82	85	67	55	41	54	**166**	100	81	80	70	60	56	55	51	**4.10**	9	14	1	2	–	–	–	–	–	–	–	–	**Acetamide, 2-cyano-N-cyclohexyl-**		**D1597**
57	29	27	43	28	26	66	15	**166**	100	79	31	21	16	9	6	5	**0.00**	8	10	2	2	–	–	–	–	–	–	–	–	**Propanedinitrile, ethyl(1-oxopropoxy)-**	54411-13-1	**H2062**
57	29	166	164	120	27	138	43	**166**	100	71	67	34	18	16	16	13		5	10	1	–	–	–	–	–	–	–	–	1	**O-Ethyl selenopropionate**		**16549**
57	41	29	43	28	166	58	27	**166**	100	25	15	8	6	5	4	2		7	16	–	–	1	–	–	–	1	–	–	–	**Phosphinous chloride, tert-butylisopropyl-**	29949-66-4	**S2760**
57	93	87	63	41	27	29	95	**166**	100	95	73	64	45	41	41	32	**0.00**	7	15	2	–	1	–	–	–	–	–	–	–	**Butoxy-(2-chloroethoxy)-methane**		**G0753**
57	95	41	81	27	109	67	123	**166**	100	85	85	69	53	50	48	47	**35.36**	12	22	–	–	–	–	–	–	–	–	–	–	**3,5-Decadiene, 2,2-dimethyl-, (Z,Z)-**	55638-50-1	**06801**
57	109	107	105	111	41	108	138	**166**	100	72	53	33	32	20	13	13	**11.06**	4	9	–	–	1	–	–	–	–	–	–	1	**Germacyclopentane, 1-chloro-**	4554-75-0	**R0596**
61	107	60	89	75	27	44	45	**166**	100	27	23	19	13	12	12	11	**0.00**	6	14	3	–	–	–	–	1	–	–	–	–	**Ethanol, 2-[2-(2-mercaptoethoxy)ethoxy]-**	56282-36-1	**T3354**
66	43	67	81	39	91	79	28	**166**	100	49	7	7	6	5	5	4	**0.00**	10	14	2	–	–	–	–	–	–	–	–	–	**Bicyclo[2.2.1]hept-5-ene-2-carboxylic acid, ethyl ester**	10138-32-6	**R3592**
66	94	39	27	67	79	41	53	**166**	100	26	16	10	9	8	6	5	**0.36**	9	10	3	–	–	–	–	–	–	–	–	–	**Bicyclo[2.2.1]heptane-2,3-dicarboxylic acid anhydride**		**C0648**
66	110	137	67	166	27	39	41	**166**	100	65	61	55	52	49	45	37		10	14	2	–	–	–	–	–	–	–	–	–	**5,8-Methano-5H-cyclohepta-1,4-dioxin, 2,3,6,7,8,9-hexahydro-**	55956-36-0	**T2472**
67	41	55	81	68	43	29	95	**166**	100	64	52	42	36	32	27	26	**0.30**	12	22	–	–	–	–	–	–	–	–	–	–	**3-Dodecyne**	6790-27-8	**R2551**
67	41	55	81	68	95	43	109	**166**	100	55	47	46	35	31	27	26	**0.39**	12	22	–	–	–	–	–	–	–	–	–	–	**3-Dodecyne**	6790-27-8	**R2552**
67	41	82	55	81	68	95	69	**166**	100	76	74	67	62	39	37	36	**5.00**	12	22	–	–	–	–	–	–	–	–	–	–	**3,9-Dodecadiene**	54764-65-7	**S9602**
67	55	82	41	81	54	96	68	**166**	100	90	85	81	79	72	62	49	**20.62**	12	22	–	–	–	–	–	–	–	–	–	–	**Cyclododecene, (Z)-**	1129-89-1	**Q5490**
67	55	82	81	41	54	96	68	**166**	100	89	85	79	73	68	60	48	**24.10**	12	22	–	–	–	–	–	–	–	–	–	–	**Cyclododecene, (E)-**	1486-75-5	**Q6099**
67	69	51	53	83	32	35	85	**166**	100	32	32	10	9	8	4	3	**0.00**	–	–	6	–	2	–	–	–	–	–	–	–	**Dichlorine hexoxide**		**L9879**
67	81	41	54	27	55	68	82	**166**	100	50	32	32	24	23	20	18	**18.04**	12	22	–	–	–	–	–	–	–	–	–	–	**5,7-Dodecadiene, (E,Z)-**	21293-04-9	**06803**
67	81	41	54	27	55	68	82	**166**	100	49	38	29	28	24	22	21	**16.86**	12	22	–	–	–	–	–	–	–	–	–	–	**5,7-Dodecadiene, (Z,Z)-**	6108-62-9	**06802**
67	81	41	54	68	55	82	79	**166**	100	49	34	33	22	21	18	14	**5.51**	12	22	–	–	–	–	–	–	–	–	–	–	**5,7-Dodecadiene, (E,Z)-**	21293-04-9	**R9212**
67	81	41	54	68	82	55	79	**166**	100	50	30	28	21	19	18	14	**11.25**	12	22	–	–	–	–	–	–	–	–	–	–	**5,7-Dodecadiene, (E,E)-**	30651-68-4	**S2961**
67	81	54	41	68	55	82	27	**166**	100	51	40	38	26	22	19	17	**8.19**	12	22	–	–	–	–	–	–	–	–	–	–	**5,7-Dodecadiene, (Z,Z)-**	6108-62-9	**R2057**
67	81	54	55	95	41	43	68	**166**	100	97	90	53	48	41	31	30	**0.77**	12	22	–	–	–	–	–	–	–	–	–	–	**5-Dodecyne**	19780-12-2	**R8280**
67	82	55	41	81	83	96	95	**166**	100	85	68	60	60	50	45	35	**17.00**	12	22	–	–	–	–	–	–	–	–	–	–	**Bicyclo[4.1.0]heptane, 7-pentyl-**	41977-45-1	**S6800**
67	109	81	55	80	40	98	82	**166**	100	98	72	59	58	55	45	42	**5.50**	12	22	–	–	–	–	–	–	–	–	–	–	**Cyclopropane, hexylisopropylidene-**	56701-46-3	**T4128**
67	109	82	41	81	55	68	83	**166**	100	87	65	61	57	57	43	40	**5.22**	12	22	–	–	–	–	–	–	–	–	–	–	**Cyclopropane, 2-hexyl-1-isopropylidene-**		**Y2185**
67	166	43	109	151	39	124	85	**166**	100	83	67	40	34	19	17	17		9	10	3	–	–	–	–	–	–	–	–	–	**3-Acetyl-2,6-dimethylpyran-4-one**		**03252**
67	166	43	109	151	124	148	71	**166**	100	82	63	49	36	16	11	5		9	10	3	–	–	–	–	–	–	–	–	–	**3-Acetyl-2,6-dimethylpyran-4-one**		**L6822**

MASS TO CHARGE RATIOS								M.W.	INTENSITIES								Parent	C	H	O	N	Cl	Br	F	S	P	B	Si	X	COMPOUND NAME	CAS Reg No	No
68	81	67	41	82	79	55	43	**166**	100	58	35	30	23	18	17	15	**8.71**	12	22	–	–	–	–	–	–	–	–	–	–	2,4-Dodecadiene, (E,Z)-	74685-27-1	T8342
69	31	50	81	100	47	119	97	**166**	100	54	34	21	20	18	17	7	**0.00**	3	–	1	–	–	–	6	–	–	–	–	–	Perfluoropropylene oxide	428-59-1	H0694
69	41	83	43	39	98	81	123	**166**	100	62	62	45	24	22	21	18	**6.00**	11	18	1	–	–	–	–	–	–	–	–	–	4,8-Dimethyl-nona-3,7-dien-2-one		M2625
69	41	83	43	98	123	39	108	**166**	100	53	53	31	18	15	14	13	**6.00**	11	18	1	–	–	–	–	–	–	–	–	–	trans-4,8-Dimethyl-nona-3,7-dien-2-one		M2626
69	41	83	84	133	95	91	123	**166**	100	87	80	77	71	49	45	45	**35.51**	11	18	1	–	–	–	–	–	–	–	–	–	1-Oxaspiro[2.2]pentane, 2,2,4,4-tetramethyl-5-isopropylidene-	15448-69-8	R5741
69	41	83	84	133	95	123	91	**166**	100	87	79	77	71	49	45	45	**35.00**	11	18	1	–	–	–	–	–	–	–	–	–	1-Oxaspiro[2.2]pentane, 2,2,5,5-tetramethyl-4-isopropylidene-		L2940
69	41	97	39	27	70	43	67	**166**	100	59	13	6	4	3	2	2	**0.18**	11	18	1	–	–	–	–	–	–	–	–	–	2,7-Nonadien-5-one, 4,6-dimethyl-	74630-80-1	T8227
69	50	138	102	88	152	166		**166**	100	26	12	11	9	1	1			–	6	–	–	–	–	4	–	2	2	–	–	Diborane, tetrafluorodiphosinyl-		M8790
69	97	147	31	50	78	28	119	**166**	100	46	11	11	5	4	3	2	**1.30**	3	–	1	–	–	–	6	–	–	–	–	–	Acetone, 1,1,1,3,3,3-hexafluoro-	684-16-2	Q3690
69	97	147	50	31	28	166	78	**166**	100	58	19	15	8	6	5	4		3	–	1	–	–	–	6	–	–	–	–	–	Acetone, 1,1,1,3,3,3-hexafluoro-		M3745
69	97	166	59	28	77	138	26	**166**	100	16	15	13	7	6	6	6		2	4	–	–	–	–	4	–	2	–	–	–	Phosphonous difluoride, 1,2-ethanediylbis-	50966-32-0	S7534
69	111	55	95	110	41	43	112	**166**	100	67	41	33	17	16	7	7	**0.00**	12	22	–	–	–	–	–	–	–	–	–	–	Cyclopentane, 1,1,3-trimethyl-3-(2-methyl-2-propenyl)-	74421-09-3	T8078
69	166	147	31	131	168	116	149	**166**	100	76	67	64	47	25	25	22		3	–	–	–	1	–	5	–	–	–	–	–	2-Propene, 2-chloro-1,1,1,3,3-pentafluoro-		W0129
70	28	42	55	79	97	41	43	**166**	100	95	83	74	61	52	52	36	**0.18**	6	14	3	–	–	–	–	1	–	–	–	–	Methanesulphonic acid, pentyl ester	6968-20-3	R2740
70	28	42	55	79	97	41	43	**166**	100	95	83	74	60	52	51	36	**0.20**	6	14	3	–	–	–	–	1	–	–	–	–	Sulphurous acid, dipropyl ester		L3486
70	44	41	43	42	166	39	81	**166**	100	57	42	39	37	36	29	25		10	14	2	–	–	–	–	–	–	–	–	–	8-Oxabicyclo[3.2.1]oct-6-en-3-one, 1,4,4-trimethyl-		L6705
70	95	43	41	67	81	71	55	**166**	100	97	57	50	47	46	41	35	**0.00**	12	22	–	–	–	–	–	–	–	–	–	–	Bicyclo[2.2.1]heptane, 2-isopentyl-	74793-73-0	T8654
73	123	125	43	45	153	151	74	**166**	100	34	33	19	18	17	17	8	**1.14**	4	11	–	–	–	1	–	–	–	–	1	–	Silane, (bromomethyl)trimethyl-	18243-41-9	R7452
75	39	76	77	41	78	131	55	**166**	100	62	52	38	28	26	25	23	**0.00**	6	8	1	–	2	–	–	–	–	–	–	–	2-(Xylyloxy)ethanol		Z1113
75	47	29	45	137	166	74	46	**166**	100	32	13	11	11	10	10	8		6	14	1	–	–	–	–	2	–	–	–	–	Ethane, 1,1′-[oxybis(methylenethio)]bis-	54411-14-2	H2063
75	91	47	15	103	31	51	77	**166**	100	18	12	10	10	6	6	6	**0.00**	10	14	2	–	–	–	–	–	–	–	–	–	2,2-Dimethoxy-1-phenylethane		03637
75	104	91	47	166	27	77	29	**166**	100	24	21	21	18	16	15	13		10	14	–	–	–	–	–	1	–	–	–	–	1-Phenyl-3-thiapentane		Y1905
76	41	56	29	27	44	90	57	**166**	100	41	39	17	16	16	15	15	**0.00**	5	10	–	–	–	–	–	3	–	–	–	–	Butyl carbonotrithioate		14889
76	41	57	29	61	90	44	27	**166**	100	35	28	27	19	16	16	15	**0.00**	5	10	–	–	–	–	–	3	–	–	–	–	sec-Butyl carbonotrithioate		14890
76	41	57	90	29	39	27	75	**166**	100	85	72	61	57	46	28	27	**0.00**	5	10	–	–	–	–	–	3	–	–	–	–	tert-Butyl carbonotrithioate		14891
77	42	49	73	107	117	15	45	**166**	100	45	41	29	28	26	22	20	**0.60**	5	7	4	–	1	–	–	–	–	–	–	–	Methyl chloroacetoxyacetate		M8075
77	91	109	116	51	65	138	79	**166**	100	95	87	87	73	73	73	55	**50.90**	10	14	2	–	–	–	–	–	–	–	–	–	Acetic acid, (2-methyl-2-cyclohexen-1-ylidene)-, methyl ester	74367-15-0	T7971
77	107	51	39	166	79	50	65	**166**	100	86	75	61	47	39	35	30		9	10	3	–	–	–	–	–	–	–	–	–	Acetic acid, phenoxy-, methyl ester	2065-23-8	Q7313
77	107	166	51	79	39	65	45	**166**	100	92	65	30	27	18	17	16		9	10	3	–	–	–	–	–	–	–	–	–	Acetic acid, phenoxy-, methyl ester	2065-23-8	Q7314
77	107	166	122	121	79	91	59	**166**	100	98	93	92	88	85	72	35		9	10	3	–	–	–	–	–	–	–	–	–	Carbonic acid, methyl p-tolyl ester	1848-01-7	Q6874
78	80	59	79	44	42	77	41	**166**	100	79	71	55	52	42	35	34	**3.00**	11	18	1	–	–	–	–	–	–	–	–	–	Bicyclo[2.2.1]heptane-2-methanol, α,α,-dimethyl-7-methylene-, endo-	66929-99-5	T6710
78	134	106	51	77	52	107	39	**166**	100	78	56	25	22	18	18	16	**8.00**	9	10	3	–	–	–	–	–	–	–	–	–	Benzeneacetic acid, 2-hydroxy-, methyl ester	22446-37-3	R9767
79	67	92	41	91	29	27	166	**166**	100	84	80	76	76	74	72	63		11	18	1	–	–	–	–	–	–	–	–	–	Cyclohexene, 1-(3-ethoxy-1-propenyl)-, (Z)-	51149-78-1	S7582
79	78	40	96	138	166	44	41	**166**	100	63	58	37	35	32	28	27		10	14	2	–	–	–	–	–	–	–	–	–	Tricyclo[3.3.1.1(3,7)]decanone,1α,3β,4α,5α,7β,-4-hydroxy-	51020-65-6	08308
79	96	138	78	166	41	80	81	**166**	100	71	60	59	52	32	32	31		10	14	2	–	–	–	–	–	–	–	–	–	Tricyclo[3.3.1.1(3,7)]decanone, 1α,3β,4β,5α,7β,-4-hydroxy-	51020-64-5	08307
79	106	77	107	138	59	83	44	**166**	100	95	94	60	37	36	36	32	**16.00**	9	10	3	–	–	–	–	–	–	–	–	–	Methyl 2-oxo-cis-bicyclo[3.2.0]hept-6-ene-7-carboxylate		14839
79	121	52	94	51	80	166	78	**166**	100	47	18	17	9	9	9	7		8	10	2	2	–	–	–	–	–	–	–	–	Pyridinium, 1-[(ethoxycarbonyl)amino]-, hydroxide, inner salt	23025-55-0	S0043
80	166	107	138	151	91			**166**	100	7	6	5	4	4				10	14	2	–	–	–	–	–	–	–	–	–	3,8,8-Trimethyl-7-oxabicyclo[3.3.0]oct-2-en-6-one		M3666
81	41	43	67	83	55	29	39	**166**	100	27	17	15	14	14	12	12	**4.00**	11	18	1	–	–	–	–	–	–	–	–	–	2,4-Undecadienal	13162-46-4	R4306
81	41	68	43	55	39	83	82	**166**	100	29	22	17	17	16	15	14	**3.00**	11	18	1	–	–	–	–	–	–	–	–	–	2,4-Undecadienal, (E,E)-	30361-29-6	S2868
81	43	67	41	55	54	95	82	**166**	100	90	84	82	68	55	43	41	**0.20**	12	22	–	–	–	–	–	–	–	–	–	–	1-Dodecyne	765-03-7	Q4012
81	53	41	79	27	55	29	57	**166**	100	37	36	31	20	18	17	16	**0.00**	10	19	1	–	–	–	–	–	–	1	–	–	Borinic acid, diethyl-, 5-hexynyl ester	62338-11-8	T6111
81	55	41	67	95	137	109	166	**166**	100	95	94	90	61	53	40	3		12	22	–	–	–	–	–	–	–	–	–	–	Vinylcyclodecane		M6759
81	79	109	77	108	91	105	80	**166**	100	51	40	27	27	23	20	16	**3.00**	10	14	2	–	–	–	–	–	–	–	–	–	2-Cyclopentene-1-acetaldehyde, 2-formyl-α,3-dimethyl-	75332-42-2	T8923
81	95	166	67	55	41	82	109	**166**	100	97	75	53	53	42	40	34		12	22	–	–	–	–	–	–	–	–	–	–	2,6-Dimethyldecahydronaphthalene		00672
81	96	95	41	39	166	70	42	**166**	100	81	67	65	64	37	31	28		10	14	2	–	–	–	–	–	–	–	–	–	2,2,4-Trimethyl-8-oxabicyclo[3.2.1]oct-6-en-3-one		M3005
81	110	41	79	39	82	111	44	**166**	100	99	28	21	13	11	11	10	**0.00**	10	19	1	–	–	–	–	–	–	1	–	–	2H-1,2-Oxaborin, 2,3,3-triethyl-3,6-dihydro-	32765-44-9	S3878
82	65	83	111	81	93	29	139	**166**	100	85	61	51	50	38	32	31	**18.40**	6	15	3	–	–	–	–	–	1	–	–	–	Triethyl phosphite	122-52-1	P9239
82	83	41	55	67	166	39	29	**166**	100	53	47	45	38	23	19	16		12	22	–	–	–	–	–	–	–	–	–	–	Cyclohexylcyclohexane		Y1288
82	83	55	41	66	39	54	166	**166**	100	58	52	51	43	19	15	15		12	22	–	–	–	–	–	–	–	–	–	–	Cyclohexylcyclohexane		Y1670
82	83	55	67	41	166	54	39	**166**	100	44	40	34	24	17	11	7		12	22	–	–	–	–	–	–	–	–	–	–	Cyclohexylcyclohexane		C1314
82	83	67	41	166	39	27	53	**166**	100	74	42	37	28	27	21	19		11	18	1	–	–	–	–	–	–	–	–	–	Cyclohexanone, 2,2,5,5-tetramethyl-3-methylene-	35505-97-6	06856
82	111	65	139	83	81	166	93	**166**	100	76	76	72	62	51	50	48		6	15	3	–	–	–	–	–	1	–	–	–	Triethyl phosphite		C1943
82	124	41	39	27	109	54	55	**166**	100	33	26	24	19	12	10	10	**2.90**	11	18	1	–	–	–	–	–	–	–	–	–	2-Cyclohexen-1-one, 3,6-dimethyl-6-isopropyl-	54410-58-1	H2050
83	45	109	43	41	42	59	65	**166**	100	80	50	40	32	30	30	13	**0.00**	6	15	3	–	–	–	–	–	1	–	–	–	Dipropyl hydrogen phosphite		D2969
83	55	41	67	95	130	166	25.1	**166**	100	56	13	5	2	2	1	1		7	12	–	–	2	–	–	–	–	–	–	–	(Dichloromethyl)cyclohexane		14934

MASS TO CHARGE RATIOS								M.W.	INTENSITIES								Parent	C	H	O	N	Cl	Br	F	S	P	B	Si	X	COMPOUND NAME	CAS Reg No	No
83	82	55	41	67	96	166	68	**166**	100	94	75	63	47	39	26	26		12	22	–	–	–	–	–	–	–	–	–	–	Cyclopentylcyclohexylmethane		V0264
83	84	69	166	41	81	55	123	**166**	100	94	82	45	34	18	18	14		11	18	1	–	–	–	–	–	–	–	–	–	Cyclobutanone, 4-isopropylidene-2,2,3,3-trimethyl-		L2939
83	85	26	35	96	60	61	87	**166**	100	64	17	16	13	12	11	10	**5.61**	2	2	–	–	4	–	–	–	–	–	–	–	Ethane, 1,1,2,2-tetrachloro-	79-34-5	H0116
83	85	61	95	96	97	132	98	**166**	100	64	28	23	21	21	16	13	**5.30**	2	2	–	–	4	–	–	–	–	–	–	–	Ethane, 1,1,2,2-tetrachloro-		A0239
83	85	95	87	61	60	168	131	**166**	100	63	11	10	8	8	8	8	**6.20**	2	2	–	–	4	–	–	–	–	–	–	–	Ethane, 1,1,2,2-tetrachloro-		Y1631
83	97	55	165	166	41	42	69	**166**	100	83	36	27	27	21	19	17		10	18	–	2	–	–	–	–	–	–	–	–	1H,5H-Pyrrolo[1′,2′:3,4]imidazo[1,5-a]pyridine, octahydro-	54966-11-9	S9934
83	109	43	45	41	27	39	65	**166**	100	86	51	25	24	13	13	10	**0.00**	6	15	3	–	–	–	–	–	1	–	–	–	Phosphonic acid, diisopropyl ester	1809-20-7	Q6779
84	97	166	55	41	67	95	54	**166**	100	82	75	68	61	59	55	51		11	18	1	–	–	–	–	–	–	–	–	–	Bicyclo[6.3.0]undecan-2-one		P2986
84	97	166	55	41	67	109	112	**166**	100	80	80	64	62	60	40	36		11	18	1	–	–	–	–	–	–	–	–	–	4H-Cyclopentacycloocten-4-one, decahydro-	55723-95-0	T1954
87	67	41	59	39	166	168	27	**166**	100	94	72	42	24	21	20	11		5	8	–	–	–	1	1	–	–	–	–	–	Cyclopentane, 1-bromo-2-fluoro-, cis-	51422-72-1	S7651
87	67	41	59	39	166	168	85	**166**	100	92	71	63	34	17	17	15		5	8	–	–	–	1	1	–	–	–	–	–	Cyclopentane, 1-bromo-2-fluoro-, trans-	51422-73-2	S7652
91	45	107	65	92	166	105	31	**166**	100	81	28	13	11	9	8	7		10	14	2	–	–	–	–	–	–	–	–	–	Benzene, [(ethoxymethoxy)methyl]-	54673-14-2	S9416
91	45	107	166	65	92	105	77	**166**	100	55	33	18	16	12	9	6		10	14	2	–	–	–	–	–	–	–	–	–	Benzene, [(2-methoxyethoxy)methyl]-	31600-56-3	S3348
91	77	51	79	44	65	108	50	**166**	100	42	31	28	18	18	17	16	**0.00**	8	10	2	2	–	–	–	–	–	–	–	–	Urea, benzyloxy-	2048-50-2	Q7247
91	92	45	107	166	65	75	105	**166**	100	47	24	17	11	10	6	4		10	14	2	–	–	–	–	–	–	–	–	–	1-(Benzyloxy)-2-propanol		Z1126
91	107	92	79	65	108	77	31	**166**	100	89	34	18	14	10	9	7	**4.53**	10	14	2	–	–	–	–	–	–	–	–	–	1-Propanol, 3-benzyloxy-		Z1124
91	121	166	65	77	108	39	93	**166**	100	82	78	25	19	19	18	15		9	10	3	–	–	–	–	–	–	–	–	–	2-(2-Methylphenoxy)acetic acid		P1142
91	121	166	77	65	51	148	122	**166**	100	63	30	25	19	18	17	16		10	14	2	–	–	–	–	–	–	–	–	–	Benzenepropanol, 2-methoxy-	10493-37-5	R3882
91	121	166	122	107	51	78	77	**166**	100	55	39	37	24	23	21	21		9	10	3	–	–	–	–	–	–	–	–	–	Benzeneacetic acid, 2-methoxy-		04980
91	148	65	92	103	39	51	77	**166**	100	27	23	22	17	17	15	14	**9.30**	9	10	3	–	–	–	–	–	–	–	–	–	Benzenepropanoic acid, α-hydroxy-		05023
91	148	92	65	103	166	121	147	**166**	100	34	12	9	9	9	7	7		9	10	3	–	–	–	–	–	–	–	–	–	Benzenepropanoic acid, α-hydroxy-	156-05-8	Q0017
91	166	65	119	75	138			**166**	100	41	13	13	4	1				9	10	1	–	–	–	–	1	–	–	–	–	Benzeneethanethioic acid, S-methyl ester	5925-74-6	R1909
91	166	122	79	77	107	92	59	**166**	100	83	71	69	68	43	40	32		9	10	3	–	–	–	–	–	–	–	–	–	Carbonic acid, methyl m-tolyl ester	1848-02-8	Q6875
93	111	65	81	82	135	94	109	**166**	100	87	57	46	39	30	24	19	**15.00**	6	15	3	–	–	–	–	–	1	–	–	–	Phosphonic acid, ethyl-, diethyl ester		16697
93	111	65	81	82	139	94	109	**166**	100	87	57	46	39	30	24	19	**15.00**	6	15	3	–	–	–	–	–	1	–	–	–	Phosphonic acid, ethyl-, diethyl ester	78-38-6	P5864
93	120	166	52	45	70	66	65	**166**	100	70	70	44	39	35	31	26		6	6	–	4	–	–	–	1	–	–	–	–	1H-Purine, 2-(methylthio)-	33512-51-5	S4226
94	28	77	166	65	64	95	39	**166**	100	14	10	6	6	5	5	4		9	10	3	–	–	–	–	–	–	–	–	–	Carbonic acid, ethyl phenyl ester		L5550
94	29	77	67	166	65	95	39	**166**	100	14	10	7	7	6	6	5		9	10	3	–	–	–	–	–	–	–	–	–	Carbonic acid, ethyl phenyl ester	3878-46-4	Q9889
94	41	42	138	140	18	87	45	**166**	100	96	50	44	43	40	36	36	**0.53**	4	7	2	–	–	1	–	–	–	–	–	–	Butyric acid, α-bromo-		Z1116
94	43	77	41	51	107	65	66	**166**	100	32	16	12	12	12	10	10	**6.93**	10	14	2	–	–	–	–	–	–	–	–	–	Methane, isopropoxyphenoxy-	828-12-6	Q4300
94	77	65	66	95	51	166	63	**166**	100	13	11	10	6	3	3	2		9	10	3	–	–	–	–	–	–	–	–	–	Carbonic acid, ethyl phenyl ester	3878-46-4	Q9890
94	166	79	107	135	138	91	93	**166**	100	84	68	37	37	32	26	22		10	14	2	–	–	–	–	–	–	–	–	–	2-Propenoic acid, 3-(cyclohexenyl)-, methyl ester	74367-01-4	T7957
95	41	39	105	67	123	133	56	**166**	100	87	66	51	48	46	45	43	**39.00**	10	14	2	–	–	–	–	–	–	–	–	–	3-Cyclopenten-1-one, 2-hydroxy-3-(3-methyl-2-butenyl)-	69745-70-6	T7383
95	44	166	96	94	109	41	67	**166**	100	38	16	11	10	10	6	6		11	18	1	–	–	–	–	–	–	–	–	–	Tricyclo[4.3.1.1$^{(3,8)}$]undecan-1-ol	31061-64-0	S3154
95	44	166	96	94	109	79	41	**166**	100	40	16	12	10	10	7	7		11	18	1	–	–	–	–	–	–	–	–	–	Tricyclo[4.3.1.1$^{(3,8)}$]undecan-1-ol		L8522
95	55	67	81	166	69	82	109	**166**	100	85	75	70	63	58	58	45		11	18	1	–	–	–	–	–	–	–	–	–	2(1H)-Naphthalenone, octahydro-8a-methyl-, trans-	1197-95-1	Q5717
95	73	108	166	45	59	109	39	**166**	100	68	59	41	30	20	19	14		11	18	1	–	–	–	–	–	–	–	–	–	Bicyclo[2.2.1]heptan-2-one, 1,3,7,7-tetramethyl-		M3951
95	73	108	166	45	59	109	72	**166**	100	69	59	42	30	20	18	15		11	18	1	–	–	–	–	–	–	–	–	–	Bicyclo[2.2.1]heptan-2-one, 1,3,7,7-tetramethyl-	5811-48-3	R1805
95	81	96	67	55	110	41	166	**166**	100	90	74	62	49	49	48	41		12	22	–	–	–	–	–	–	–	–	–	–	1H-Indene, 1α,3aβ,7aα-1-ethyloctahydro-7a-methyl-	56324-71-1	T3481
95	81	166	55	67	41	82	110	**166**	100	50	35	31	27	26	25	19		12	22	–	–	–	–	–	–	–	–	–	–	1,6-Dimethyldecalin		00606
95	81	166	55	67	82	41	109	**166**	100	91	68	51	49	43	41	37		12	22	–	–	–	–	–	–	–	–	–	–	1,6-Dimethyldecalin		00671
95	82	109	68	67	41	81	55	**166**	100	80	79	64	55	51	51	35	**30.00**	11	18	1	–	–	–	–	–	–	–	–	–	(4R*,5R*,9S*)-5,9-Dimethylspiro[3.5]nonan-1-one		P0297
95	83	55	69	41	138	39	67	**166**	100	77	75	74	64	32	28	26	**17.38**	10	14	2	–	–	–	–	–	–	–	–	–	Camphorquinone	465-29-2	Q0837
95	83	69	41	55	138	39	166	**166**	100	94	79	72	47	34	32	26		10	14	2	–	–	–	–	–	–	–	–	–	Camphorquinone		05266
95	83	108	166	55	69	109	82	**166**	100	69	59	41	30	20	18	15		11	18	1	–	–	–	–	–	–	–	–	–	Bicyclo[2.2.1]heptan-2-one, 1,3,7,7-tetramethyl-	5811-48-3	R1806
95	93	69	166	41	55	138	167	**166**	100	80	65	55	45	33	30	20		10	14	2	–	–	–	–	–	–	–	–	–	Camphorquinone		D1687
95	94	39	41	79	55	67	68	**166**	100	46	39	36	35	33	31	28	**0.00**	7	12	–	–	2	–	–	–	–	–	–	–	trans-1,2-Dichlorocycloheptane		M8424
95	94	55	68	54	81	41	39	**166**	100	44	42	38	34	33	33	33	**0.00**	7	12	–	–	2	–	–	–	–	–	–	–	cis-1,4-Dichlorocycloheptane		M8423
95	94	79	39	41	67	55	54	**166**	100	69	38	25	24	21	19	18	**0.00**	7	12	–	–	2	–	–	–	–	–	–	–	cis-1,4-Dichlorocycloheptane		M8427
95	94	79	39	41	67	81	54	**166**	100	73	66	41	40	39	32	32	**0.00**	7	12	–	–	2	–	–	–	–	–	–	–	cis-1,3-Dichlorocycloheptane		M8426
95	94	79	81	68	54	102	67	**166**	100	31	31	22	17	15	12	12	**0.00**	7	12	–	–	2	–	–	–	–	–	–	–	trans-1,3-Dichlorocycloheptane		M8425
95	96	81	166	109	67	56	41	**166**	100	99	94	85	80	78	67	65		12	22	–	–	–	–	–	–	–	–	–	–	1,2-Dimethyldecahydronaphthalene		00663
95	109	44	166	110	96	79	108	**166**	100	49	42	28	20	19	18	18		11	18	1	–	–	–	–	–	–	–	–	–	Tricyclo[4.3.1.1$^{(3,8)}$]undecan-3-ol	14504-80-4	R5250
95	109	44	166	110	96	108	79	**166**	100	50	43	30	22	21	20	20		11	18	1	–	–	–	–	–	–	–	–	–	Tricyclo[4.3.1.1$^{(3,8)}$]undecan-3-ol		L8521
95	110	55	41	67	81	69	68	**166**	100	54	34	23	17	17	11	8	**0.00**	12	22	–	–	–	–	–	–	–	–	–	–	Cyclopropane, 2-(1,1-dimethyl-2-pentenyl)-1,1-dimethyl-	74663-76-6	T8299
95	110	166	111	96	67	43	39	**166**	100	98	59	54	54	51	48	48		10	14	2	–	–	–	–	–	–	–	–	–	Isoamyl 3-furyl ketone		M1199

MASS TO CHARGE RATIOS								M.W.	INTENSITIES								Parent	C	H	O	N	Cl	Br	F	S	P	B	Si	X	COMPOUND NAME	CAS Reg No	No
95	137	55	81	41	166	67	29	**166**	100	71	68	68	57	52	39	34		12	22	–	–	–	–	–	–	–	–	–	–	3,5-Octadiene, 4,5-diethyl-, (E,Z)-	21293-02-7	06799
95	166	81	82	96	67	55	41	**166**	100	65	56	46	45	43	41	35		12	22	–	–	–	–	–	–	–	–	–	–	1,5-Dimethyldecahydronaphthalene		00670
95	166	151	81	55	109	41	67	**166**	100	64	64	56	46	42	40	36		12	22	–	–	–	–	–	–	–	–	–	–	2,3-Dimethyldecahydronaphthalene		00664
96	41	39	42	81	95	166	43	**166**	100	95	84	63	52	50	48	47		10	14	2	–	–	–	–	–	–	–	–	–	2,2,6-Trimethyl-8-oxabicyclo[3.2.1]oct-6-en-3-one		L6707
97	41	69	81	55	121	124	137	**166**	100	43	23	22	10	3	2	2	**1.00**	10	14	2	–	–	–	–	–	–	–	–	–	2H-Pyran-2-one, 5,6-dihydro-6-(2-pentenyl)-, (Z)-	75363-59-6	T8942
97	41	69	110	98	45	53	39	**166**	100	70	63	34	22	19	18	16	**12.00**	10	14	–	–	–	–	–	1	–	–	–	–	3-(4-Methylpent-3-enyl)thiophene		16854
97	55	41	68	67	96	39	69	**166**	100	90	56	38	30	27	18	17	**1.02**	12	22	–	–	–	–	–	–	–	–	–	–	1,1-Dicyclopentylethane		Y0956
97	55	41	68	96	67	39	69	**166**	100	77	54	33	30	28	22	17	**1.54**	12	22	–	–	–	–	–	–	–	–	–	–	1,1-Dicyclopentylethane		Y1806
98	111	41	67	39	81	55	95	**166**	100	70	40	31	28	26	25	23	**18.00**	11	18	1	–	–	–	–	–	–	–	–	–	Bicyclo[5.3.1]undecan-11-one	13348-11-3	R4464
98	111	55	41	166	67	81	39	**166**	100	86	43	40	40	36	29	26		11	18	1	–	–	–	–	–	–	–	–	–	Bicyclo[5.3.1]undecan-11-one	13348-11-3	R4463
99	43	108	123	67	81	41	93	**166**	100	57	44	32	22	22	18	14	**3.00**	11	18	1	–	–	–	–	–	–	–	–	–	Bicyclo[2.2.1]heptane, 2-acetyl-3,3-dimethyl-, endo-	15820-33-4	R5863
99	43	108	123	81	67	41	93	**166**	100	57	44	31	21	21	17	13	**3.00**	11	18	1	–	–	–	–	–	–	–	–	–	3-α-Acetyl-2,2-dimethylnorbornane		L1294
99	67	51	101	64	49	98	69	**166**	100	50	34	32	28	22	18	17	**1.00**	3	3	–	–	2	–	3	–	–	–	–	–	1,2,2-Trifluoro-1,3-dichloro-propane		A0322
99	155	82	81	127	65	109	111	**166**	100	83	70	64	62	56	53	52	**17.00**	6	15	3	–	–	–	–	–	1	–	–	–	Triethyl phosphite		D2468
101	95	103	151	85	153	67	166	**166**	100	85	63	61	45	39	23	6		10	14	2	–	–	–	–	–	–	–	–	–	Neonepetalactone		L9035
102	166	148	75	65	76	149	119	**166**	100	76	59	52	44	43	39	35		7	6	3	2	–	–	–	–	–	–	–	–	Benzaldehyde, 3-nitro-, oxime, (Z)-	3717-30-4	Q9708
104	76	50	105	122	148	77	74	**166**	100	81	48	43	32	22	22	19	**4.50**	8	6	4	–	–	–	–	–	–	–	–	–	Phthalic acid		C0513
104	76	148	75	77	105	122	91	**166**	100	89	16	13	10	9	1	1	**0.00**	8	6	4	–	–	–	–	–	–	–	–	–	Phthalic acid		04322
105	41	39	91	27	31	93	77	**166**	100	34	25	24	24	22	22	18	**4.06**	11	18	1	–	–	–	–	–	–	–	–	–	6,6-Dimethyl-2-(2-hydroxyethyl)-2-norpinene		W0100
105	77	28	106	51	29	122	45	**166**	100	93	66	54	46	41	38	25	**4.57**	9	10	3	–	–	–	–	–	–	–	–	–	1,2,4-Trioxolane, 3-methyl-5-phenyl-	23888-16-6	S0388
105	77	51	166	106	78	167	45	**166**	100	36	12	11	9	3	1	1		9	10	1	–	–	–	–	1	–	–	–	–	Benzenecarbothioic acid, S-ethyl ester	1484-17-9	Q6089
105	77	166	45	61	167	168	121	**166**	100	55	12	2	2	1	1	1		9	10	1	–	–	–	–	1	–	–	–	–	Benzenecarbothioic acid, S-ethyl ester	1484-17-9	Q6090
105	77	166	91	47	167	168	121	**166**	100	53	11	10	3	1	1	1		9	10	1	–	–	–	–	1	–	–	–	–	Benzenecarbothioic acid, 4-methyl-, S-methyl ester	5925-77-9	R1910
105	77	166	91	47	167	168	121	**166**	100	65	15	14	2	2	1	1		9	10	1	–	–	–	–	1	–	–	–	–	Benzenecarbothioic acid, 4-methyl-, S-methyl ester	28145-55-3	S1969
105	79	91	93	92	41	77	106	**166**	100	20	20	18	17	14	12	10	**5.88**	11	18	1	–	–	–	–	–	–	–	–	–	6,6-Dimethyl-2-(2-hydroxyethyl)-2-norpinene		Z1125
105	107	151	79	77	121	106	166	**166**	100	41	25	23	21	13	13	13		10	14	2	–	–	–	–	–	–	–	–	–	2-(α-Methylbenzyloxy)ethanol		Z1117
105	121	166	77	122	51	78	106	**166**	100	86	64	51	35	16	9	8		9	10	1	–	–	–	–	1	–	–	–	–	Benzenecarbothioic acid, O-ethyl ester	936-61-8	Q4717
105	122	50	76	77	65	104	51	**166**	100	86	44	40	39	37	25	22	**20.09**	8	6	4	–	–	–	–	–	–	–	–	–	Phthalic acid		D1055
105	135	118	117	166	91	77	134	**166**	100	81	75	30	17	16	15	14		10	14	2	–	–	–	–	–	–	–	–	–	4-Xylene, bis(hydroxymethyl)-		F0137
105	151	51	43	133	77	39	121	**166**	100	52	50	48	39	34	28	22	**4.70**	10	14	2	–	–	–	–	–	–	–	–	–	2-Propanol, 2-(2-methoxyphenyl)-		16509
105	166	90	73	47	96	85	97	**166**	100	71	65	63	60	42	38	32		3	3	–	2	1	–	–	2	–	–	–	–	1,2,4-Thiadiazole, 5-chloro-3-(methylthio)-	21735-15-9	R9371
106	50	78	76	167	168	45	52	**166**	100	47	35	23	19	13	12	12	**0.00**	9	10	1	–	–	–	–	1	–	–	–	–	Benzenecarbothioic acid, S-ethyl ester	1484-17-9	Q6092
107	28	105	77	79	166	106	44	**166**	100	53	37	37	32	25	13	12		9	10	3	–	–	–	–	–	–	–	–	–	Methyl mandelate		03659
107	79	77	51	78	50	55	58	**166**	100	93	60	35	33	13	13	12	**5.04**	9	10	3	–	–	–	–	–	–	–	–	–	Methyl mandelate	771-90-4	Q4085
107	79	77	166	51	108	105	15	**166**	100	76	46	30	17	14	12	10		9	10	3	–	–	–	–	–	–	–	–	–	Methyl mandelate		05006
107	91	92	79	108	65	77	166	**166**	100	92	19	15	15	9	8	7		10	14	2	–	–	–	–	–	–	–	–	–	1-Propanol, 3-benzyloxy-	4799-68-2	R0829
107	122	166	77	123	135	105	79	**166**	100	45	39	15	15	10	10	10		10	14	2	–	–	–	–	–	–	–	–	–	2-(4-Ethylphenoxy)ethanol		Z1128
107	133	148	166	77	108	45	94	**166**	100	83	34	25	19	19	17	12		10	14	2	–	–	–	–	–	–	–	–	–	4-(3-Hydroxybutyl)phenol		00030
107	135	77	89	166	79	105	51	**166**	100	94	41	36	34	31	24	15		9	10	3	–	–	–	–	–	–	–	–	–	Methyl 4-hydroxymethylbenzoate		F0074
107	137	77	39	91	105	121	65	**166**	100	94	89	48	44	37	37	36	**3.40**	10	14	2	–	–	–	–	–	–	–	–	–	1-Propanol, 1-(2-methoxyphenyl)-		16508
107	166	77	51	78	108	39	52	**166**	100	22	19	9	9	9	6	6		9	10	3	–	–	–	–	–	–	–	–	–	Benzeneacetic acid, 4-hydroxy-, methyl ester	14199-15-6	R5040
107	166	77	59	108	15	39	78	**166**	100	47	20	11	10	10	9	8		9	10	3	–	–	–	–	–	–	–	–	–	Benzeneacetic acid, 3-hydroxy-, methyl ester	42058-59-3	S6842
107	166	77	59	108	78	51	79	**166**	100	47	20	11	10	8	7	6		9	10	3	–	–	–	–	–	–	–	–	–	Benzeneacetic acid, 3-hydroxy-, methyl ester	42058-59-3	S6843
107	166	77	78	108	59	39	51	**166**	100	77	30	14	14	13	11	11		9	10	3	–	–	–	–	–	–	–	–	–	Benzeneacetic acid, 3-hydroxy-, methyl ester	42058-59-3	S6845
107	166	77	108	15	51	31	78	**166**	100	23	14	10	9	8	6	6		9	10	3	–	–	–	–	–	–	–	–	–	Benzeneacetic acid, 4-hydroxy-, methyl ester	14199-15-6	R5034
107	166	77	108	39	120	65	91	**166**	100	44	20	16	15	12	10	10		9	10	3	–	–	–	–	–	–	–	–	–	Benzenepropanoic acid, 4-hydroxy-	501-97-3	Q1327
107	166	77	108	51	39	78	53	**166**	100	14	14	7	7	5	5	4		9	10	3	–	–	–	–	–	–	–	–	–	Benzeneacetic acid, 4-hydroxy-, methyl ester	14199-15-6	R5036
107	166	77	108	120	39	91	65	**166**	100	25	8	7	6	5	4	3		9	10	3	–	–	–	–	–	–	–	–	–	Benzenepropanoic acid, 4-hydroxy-	501-97-3	Q1328
107	166	77	108	151	167	78	51	**166**	100	23	11	7	6	4	4	4		10	14	2	–	–	–	–	–	–	–	–	–	Nepetalactone		03469
108	107	79	43	58	77	44	59	**166**	100	53	47	42	24	23	12	12	**0.99**	10	14	2	–	–	–	–	–	–	–	–	–	1,2-Butanediol, 1-phenyl-	22607-13-2	R9859
109	41	55	95	68	110	67	69	**166**	100	43	37	33	31	31	28	26	**6.65**	12	22	–	–	–	–	–	–	–	–	–	–	Bicyclo[2.2.2]octane, 1,2,3,6-tetramethyl-	62338-45-8	T6160
109	41	110	95	69	55	122	67	**166**	100	76	76	72	70	66	66	50	**50.50**	11	18	1	–	–	–	–	–	–	–	–	–	4,4-Dimethyl-2-allylcyclohexanone		17286
109	41	123	57	95	43	29	55	**166**	100	75	66	61	44	41	39	39	**31.36**	12	22	–	–	–	–	–	–	–	–	–	–	3,5-Octadiene, 4,5-diethyl-, (Z,Z)-	21293-03-8	06798
109	107	93	164	91	108	79	41	**166**	100	89	86	85	56	55	53	50	**0.00**	11	18	1	–	–	–	–	–	–	–	–	–	4,4-Dimethyl-4,6,7,7a-tetrahydroindan-5-one		L5968
109	166	110	53	81	82	99	95	**166**	100	57	52	45	33	28	26	14		10	14	2	–	–	–	–	–	–	–	–	–	5-Pentylpyran-2-one		M0135
110	39	41	43	81	95	109	53	**166**	100	95	64	53	44	43	37	35		11	18	1	–	–	–	–	–	–	–	–	–	1,2-Dimethyl-5-isopropyl-cyclohexen-3-one		L9030

MASS TO CHARGE RATIOS								M.W.	INTENSITIES								Parent	C	H	O	N	Cl	Br	F	S	P	B	Si	X	COMPOUND NAME	CAS Reg No	No
110	45	123	166	41	57	51	65	**166**	100	76	56	55	53	35	25	21		10	14	–	–	–	–	–	1	–	–	–	–	**Benzene, [(2-methylpropyl)thio]-**	13307-61-4	**R4440**
110	57	41	39	29	166	109	65	**166**	100	34	21	19	18	11	11	11		10	14	–	–	–	–	–	1	–	–	–	–	**Benzene, (tert-butylthio)-**		**Y2207**
110	95	41	67	82	166	39	27	**166**	100	55	42	40	40	36	36	28		11	18	1	–	–	–	–	–	–	–	–	–	**2-Cyclohexen-1-one, 5,5-dimethyl-3-isopropyl-**	28017-79-0	**06852**
110	109	166	79	80	39	41	111	**166**	100	64	40	24	15	9	7	5		5	11	4	–	–	–	–	–	1	–	–	–	**Phosphoric acid, dimethyl 1-propenyl ester**	55712-50-0	**T1904**
110	166	29	41	39	27	109	57	**166**	100	32	24	17	16	16	15	12		10	14	–	–	–	–	–	1	–	–	–	–	**Benzene, [(2-methylpropyl)thio]-**		**Y2206**
110	166	29	111	41	81	109	39	**166**	100	16	7	7	5	4	3	3		10	14	2	–	–	–	–	–	–	–	–	–	**4-Butoxyphenol**		**Z1123**
110	166	109	138	81	29	137	27	**166**	100	62	62	16	13	10	9	8		10	14	2	–	–	–	–	–	–	–	–	–	**1,4-Diethoxybenzene**		**Z1132**
110	166	123	29	27	45	39	109	**166**	100	48	28	25	21	18	17	16		10	14	–	–	–	–	–	1	–	–	–	–	**Benzene, (butylthio)-**		**Y2205**
110	166	123	29	41	65	77	111	**166**	100	46	25	11	10	9	9	9		10	14	–	–	–	–	–	1	–	–	–	–	**Benzene, (butylthio)-**	1126-80-3	**Q5464**
110	166	123	45	41	109	65	51	**166**	100	42	24	15	10	10	8	7		10	14	–	–	–	–	–	1	–	–	–	–	**Benzene, (butylthio)-**	1126-80-3	**Q5465**
110	166	123	46	39	42	29	58	**166**	100	63	61	31	28	27	25	25		10	14	–	–	–	–	–	1	–	–	–	–	**Benzene, [(2-methylpropyl)thio]-**		**Y2208**
111	41	81	98	166	55	122	69	**166**	100	56	50	40	39	38	25	24		11	18	1	–	–	–	–	–	–	–	–	–	**Spiro[5.5]undecan-1-one**		**M6764**
111	44	110	55	41	67	166	138	**166**	100	95	90	74	67	52	38	35		10	14	2	–	–	–	–	–	–	–	–	–	**Spiro[4.5]decane-1,6-dione**	36803-48-2	**S5370**
111	67	81	166	41	98	55	95	**166**	100	56	54	49	48	43	28	26		11	18	1	–	–	–	–	–	–	–	–	–	**Spiro[5.5]undecan-1-one**		**M3827**
111	67	81	166	41	98	55	122	**166**	100	56	54	49	48	43	32	27		11	18	1	–	–	–	–	–	–	–	–	–	**Spiro[5.5]undecan-1-one**	1781-83-5	**Q6741**
111	95	41	81	124	67	55	68	**166**	100	71	65	64	63	61	37	36	**0.00**	11	18	1	–	–	–	–	–	–	–	–	–	**1(2H)-Naphthalenone, octahydro-8a-methyl-, cis-**	770-62-7	**Q4070**
111	166	94	95	69	110	109	81	**166**	100	67	61	42	41	38	36	30		11	18	1	–	–	–	–	–	–	–	–	–	**Spiro[5.5]undecan-3-one**		**M3829**
111	166	94	95	110	69	109	81	**166**	100	60	55	38	38	37	36	27		11	18	1	–	–	–	–	–	–	–	–	–	**Spiro[5.5]undecan-3-one**	1890-25-1	**Q6961**
118	43	117	57	91	135	77	29	**166**	100	57	32	31	30	30	22	18	**0.00**	10	14	2	–	–	–	–	–	–	–	–	–	**1,3-Propanediol, 2-methyl-2-phenyl-**	24765-53-5	**S0807**
118	43	135	117	57	91	77	103	**166**	100	58	37	31	30	29	21	14	**0.00**	10	14	2	–	–	–	–	–	–	–	–	–	**1,3-Propanediol, 2-methyl-2-phenyl-**		**M7675**
118	101	166	121	120	109	149	142	**166**	100	45	41	31	24	19	19	17		9	7	2	–	–	–	1	–	–	–	–	–	**2-Propenoic acid, 3-(2-fluorophenyl)-**	451-69-4	**Q0777**
119	91	105	137	136	120	65	31	**166**	100	78	66	30	29	19	18	16	**8.18**	10	14	2	–	–	–	–	–	–	–	–	–	**2-(3-Methylbenzyloxy)ethanol**		**Z1136**
120	92	121	166	39	65	27	29	**166**	100	44	30	30	27	21	17	14		9	10	3	–	–	–	–	–	–	–	–	–	**Benzoic acid, 2-hydroxy-, ethyl ester**	118-61-6	**H0530**
121	18	28	94	17	122	120	149	**166**	100	60	37	15	12	12	11	9	**5.58**	7	10	1	4	–	–	–	–	–	–	–	–	**1H-Purine-6-methanol, 6,7-dihydro-α-methyl-**	36361-69-0	**S5223**
121	77	91	105	44	51	122	106	**166**	100	35	18	15	12	10	7	6	**0.07**	9	10	3	–	–	–	–	–	–	–	–	–	**Benzeneacetic acid, 2-methoxy-**		**F0302**
121	77	91	122	15	51	105	29	**166**	100	16	11	9	7	5	5	4	**0.32**	10	14	2	–	–	–	–	–	–	–	–	–	**1,2-Dimethoxy-1-phenylethane**		**03067**
121	77	91	122	105	51	78	89	**166**	100	19	10	10	5	3	2	2	**1.76**	9	10	3	–	–	–	–	–	–	–	–	–	**Benzeneacetic acid, α-methoxy-**		**P1089**
121	93	91	77	166	65	39	51	**166**	100	68	66	60	31	31	27	21		9	10	3	–	–	–	–	–	–	–	–	–	**4-Methylmandelic acid**		**D2942**
121	94	166	77	51	65	39	66	**166**	100	81	65	42	12	10	10	9		9	10	3	–	–	–	–	–	–	–	–	–	**2-Phenoxypropionic acid**		**Z1118**
121	105	166	77	122	51	78	106	**166**	100	78	50	48	34	13	10	10		9	10	1	–	–	–	–	1	–	–	–	–	**Benzenecarbothioic acid, O-ethyl ester**		**M8005**
121	105	166	77	122	78	123	106	**166**	100	79	51	48	32	8	8	8		9	10	1	–	–	–	–	1	–	–	–	–	**Benzenecarbothioic acid, O-ethyl ester**	936-61-8	**Q4718**
121	138	166	65	29	39	93	63	**166**	100	69	53	18	11	11	11	9		9	10	3	–	–	–	–	–	–	–	–	–	**Benzoic acid, 4-ethoxy-**	619-86-3	**Q2998**
121	166	65	39	138	94	31	29	**166**	100	38	36	34	28	23	21	20		9	10	3	–	–	–	–	–	–	–	–	–	**Ethyl 2-furanacrylate**		**X0702**
121	166	65	39	138	94	31	29	**166**	100	38	36	34	28	23	21	21		9	10	3	–	–	–	–	–	–	–	–	–	**2-Propenoic acid, 3-(2-furanyl)-, ethyl ester**	623-20-1	**Q3105**
121	166	77	122	91	78	51	167	**166**	100	31	9	9	7	7	6	4		9	10	3	–	–	–	–	–	–	–	–	–	**Benzeneacetic acid, 4-methoxy-**		**P1146**
121	166	78	77	51	122	52	39	**166**	100	25	14	12	10	9	6	6		9	10	3	–	–	–	–	–	–	–	–	–	**Benzeneacetic acid, 4-methoxy-**		**04982**
121	166	91	78	77	51	39	122	**166**	100	76	37	25	24	20	19	17		9	10	3	–	–	–	–	–	–	–	–	–	**Benzeneacetic acid, 3-methoxy-**		**04981**
121	166	120	122	78	91	77	89	**166**	100	31	14	10	8	8	6	4		9	10	3	–	–	–	–	–	–	–	–	–	**Benzenemethanol, 4-methoxy-, formate**	122-91-8	**P9264**
121	166	122	28	165	73	57	45	**166**	100	68	60	45	45	40	37	28		9	10	3	–	–	–	–	–	–	–	–	–	**Phenol, 2-(1,3-dioxolan-2-yl)-**	6988-19-8	**R2770**
121	166	122	77	91	167	105	133	**166**	100	65	21	19	9	7	6	4		9	10	1	–	–	–	–	1	–	–	–	–	**Benzenecarbothioic acid, 3-methyl-, O-methyl ester**	26027-98-5	**S1218**
121	166	122	77	105	133	91	167	**166**	100	64	24	20	10	7	7	6		9	10	1	–	–	–	–	1	–	–	–	–	**Benzenecarbothioic acid, 4-methyl-, O-methyl ester**	5977-80-0	**R1962**
121	166	138	93	65	122	92	63	**166**	100	43	36	29	26	19	7	5		9	10	3	–	–	–	–	–	–	–	–	–	**Benzoic acid, 4-hydroxy-, ethyl ester**	120-47-8	**P9077**
122	166	107	123	105	77	79	94	**166**	100	58	50	32	24	18	16	13		10	14	2	–	–	–	–	–	–	–	–	–	**2-(x-Xylyloxy)ethanol**		**Z1133**
123	43	108	67	81	99	41	93	**166**	100	75	73	43	43	33	28	18	**7.81**	11	18	1	–	–	–	–	–	–	–	–	–	**Bicyclo[2.2.1]heptane, 2-acetyl-3,3-dimethyl-, exo-**	15780-34-4	**R5839**
123	43	108	81	67	99	41	109	**166**	100	75	73	43	42	33	28	18	**7.00**	11	18	1	–	–	–	–	–	–	–	–	–	**3-β-Acetyl-2,2-dimethylnorbornane**		**L1296**
123	95	75	138	166	27	50	39	**166**	100	36	13	12	6	6	4	3		10	11	1	–	–	–	1	–	–	–	–	–	**p-Fluorobutyrophenone**		**02576**
123	108	166	67	41	81	55	95	**166**	100	92	39	36	35	35	30	30		11	18	1	–	–	–	–	–	–	–	–	–	**Spiro[5.5]undecan-2-one**	1781-81-3	**Q6739**
123	108	166	67	81	41	148	95	**166**	100	92	39	36	35	35	29	24		11	18	1	–	–	–	–	–	–	–	–	–	**Spiro[5.5]undecan-2-one**		**M3828**
123	111	41	67	39	95	151	55	**166**	100	94	65	53	50	49	48	46	**38.00**	11	18	1	–	–	–	–	–	–	–	–	–	**1(2H)-Naphthalenone, octahydro-4a-methyl-, trans-**	937-99-5	**Q4726**
123	151	166	77	55	41	39	53	**166**	100	96	45	19	16	15	12	12		10	14	2	–	–	–	–	–	–	–	–	–	**1,4-Benzenediol, 2-tert-butyl-**	1948-33-0	**Q7121**
123	166	55	95	43	71	137	41	**166**	100	33	31	29	21	20	20	17		11	18	1	–	–	–	–	–	–	–	–	–	**1-Butanone, 1-bicyclo[4.1.0]hept-7-yl-**	54764-62-4	**S9599**
124	41	94	151	39	43	95	53	**166**	100	21	20	16	13	11	11	11	**3.50**	9	14	1	2	–	–	–	–	–	–	–	–	**Pyrazine, 2-methoxy-3-isobutyl-**		**L8887**
124	43	94	95	52	66	81	63	**166**	100	51	47	42	23	19	19	18	**14.60**	9	10	3	–	–	–	–	–	–	–	–	–	**Phenol, 3-methoxy-, acetate**		**L7238**
124	91	166	27	39	43	45	123	**166**	100	63	60	21	21	19	18	16		10	14	–	–	–	–	–	1	–	–	–	–	**4-Methyl-1-(2-methyl-1-thiapropyl)benzene**		**Y2211**
124	94	151	41	95	81	93	53	**166**	100	21	18	9	9	8	8	6	**2.10**	9	14	1	2	–	–	–	–	–	–	–	–	**Pyrazine, 2-methoxy-3-isobutyl-**	24683-00-9	**S0745**
124	94	166	43	95	125	52	39	**166**	100	22	20	18	12	8	5	4		9	10	3	–	–	–	–	–	–	–	–	–	**Phenol, 3-methoxy-, acetate**	5451-83-2	**R1451**

MASS TO CHARGE RATIOS								M.W.	INTENSITIES								Parent	C	H	O	N	Cl	Br	F	S	P	B	Si	X	COMPOUND NAME	CAS Reg No	No
124	109	43	15	81	52	28	51	**166**	100	55	35	23	15	15	11	9	**6.61**	9	10	3	–	–	–	–	–	–	–	–	–	**Phenol, 2-methoxy-, acetate**	613-70-7	**H0930**
124	109	43	15	166	110	125	81	**166**	100	59	27	16	10	10	8	8		9	10	3	–	–	–	–	–	–	–	–	–	**4-Methoxyphenyl acetate**		**03005**
124	109	43	81	166	52	53	95	**166**	100	63	22	12	11	6	6	4		9	10	3	–	–	–	–	–	–	–	–	–	**4-Methoxyphenyl acetate**		**L7237**
124	109	43	81	166	125	52	65	**166**	100	51	14	10	10	8	5	3		9	10	3	–	–	–	–	–	–	–	–	–	**Phenol, 2-methoxy-, acetate**	613-70-7	**Q2875**
124	109	166	43	125	81	123	95	**166**	100	55	12	10	8	6	4	3		9	10	3	–	–	–	–	–	–	–	–	–	**4-Methoxyphenyl acetate**	1200-06-2	**Q5739**
124	151	95	42	41	54	166	96	**166**	100	48	39	35	24	22	21	17		9	14	1	2	–	–	–	–	–	–	–	–	**1,2-Dihydro-3-isobutyl-1-methyl-pyrazin-2-one**		**M2962**
124	166	91	39	27	43	45	41	**166**	100	58	54	23	21	21	18	16		10	14	–	–	–	–	–	1	–	–	–	–	**3-Methyl-1-(2-methyl-1-thiapropyl)benzene**		**Y2210**
124	166	109	123	108	121	77	43	**166**	100	69	42	31	28	26	14	14		10	15	–	–	–	–	–	–	1	–	–	–	**Phosphine, methylisopropylphenyl-**	36050-92-7	**S5140**
125	81	39	27	53	166	126	77	**166**	100	21	14	12	11	10	8	8		10	14	2	–	–	–	–	–	–	–	–	–	**Spiro[bicyclo[3.2.1]oct-3-ene-2,2′-[1,3]dioxolane]**	55956-35-9	**T2471**
127	109	166	95	79	96	39	128	**166**	100	27	14	8	4	4	4	3		5	11	4	–	–	–	–	–	1	–	–	–	**Phosphoric acid, dimethyl isopropenyl ester**	4185-82-4	**R0189**
130	49	98	69	132	51	131	67	**166**	100	67	50	36	35	30	29	27	**22.47**	3	3	–	–	2	–	3	–	–	–	–	–	**1,1,1-Trifluoro-2,3-dichloropropane**		**Z1129**
131	31	69	147	93	81	166	85	**166**	100	75	74	15	13	11	11	10		3	–	–	–	1	–	5	–	–	–	–	–	**1-Propene, 3-chloro-1,1,2,3,3-pentafluoro-**		**W0130**
131	69	31	147	166	85	93	81	**166**	100	69	31	14	13	9	8	8		3	–	–	–	1	–	5	–	–	–	–	–	**1-Propene, 3-chloro-1,1,2,3,3-pentafluoro-**		**05350**
131	91	115	166	51	129	116	132	**166**	100	41	22	21	15	14	13	11		10	11	–	–	1	–	–	–	–	–	–	–	**2-Chloro-1-phenyl-2-butene**		**02502**
131	91	166	115	51	129	65	39	**166**	100	55	21	19	16	13	12	12		10	11	–	–	1	–	–	–	–	–	–	–	**3-Chloro-1-phenyl-cis-2-butene**		**02501**
131	117	91	166	115	116	132	51	**166**	100	40	30	30	21	16	11	11		10	11	–	–	1	–	–	–	–	–	–	–	**Benzene, 1-(chloromethyl)-4-allyl-**	36875-10-2	**S5391**
131	133	117	119	35	95	26	135	**166**	100	95	76	72	39	39	37	31	**0.10**	2	2	–	–	4	–	–	–	–	–	–	–	**Ethane, 1,1,1,2-tetrachloro-**	630-20-6	**H1025**
131	133	117	119	95	135	121	97	**166**	100	96	76	73	34	31	23	23	**0.00**	2	2	–	–	4	–	–	–	–	–	–	–	**Ethane, 1,1,1,2-tetrachloro-**		**Y1630**
131	133	117	119	135	95	121	61	**166**	100	96	80	76	30	28	24	20	**0.00**	2	2	–	–	4	–	–	–	–	–	–	–	**Ethane, 1,1,1,2-tetrachloro-**		**A0240**
133	91	105	41	148	93	77	95	**166**	100	66	65	63	49	36	27	25	**8.23**	11	18	1	–	–	–	–	–	–	–	–	–	**3,4-Hexadien-2-ol, 3-isopropenyl-2,5-dimethyl-**	15448-75-6	**R5742**
133	91	105	148	93	77	95	55	**166**	100	67	65	50	37	28	26	24	**8.00**	11	18	1	–	–	–	–	–	–	–	–	–	**3,4-Hexadien-2-ol, 3-isopropenyl-2,5-dimethyl-**		**L2938**
134	106	166	77	78	135	105	51	**166**	100	88	48	34	28	26	24	20		9	10	3	–	–	–	–	–	–	–	–	–	**Benzoic acid, 2-hydroxy-3-methyl-, methyl ester**	23287-26-5	**S0160**
134	106	166	135	77	105	78	51	**166**	100	97	52	29	28	24	23	14		9	10	3	–	–	–	–	–	–	–	–	–	**Benzoic acid, 2-hydroxy-3-methyl-, methyl ester**		**D2323**
134	166	106	135	78	105	167	77	**166**	100	41	27	21	14	12	9	8		9	10	3	–	–	–	–	–	–	–	–	–	**Benzoic acid, 2-hydroxy-6-methyl-, methyl ester**	33528-09-5	**S4236**
135	18	166	107	77	92	17	64	**166**	100	75	58	36	31	26	24	18		9	10	3	–	–	–	–	–	–	–	–	–	**Benzoic acid, 3-methoxy-, methyl ester**		**04956**
135	77	92	133	166	91	105	120	**166**	100	60	40	40	40	20	20	6		9	10	3	–	–	–	–	–	–	–	–	–	**Benzoic acid, 2-methoxy-, methyl ester**	606-45-1	**Q2736**
135	77	133	166	92	63	96	64	**166**	100	51	39	31	26	19	18	17		9	10	3	–	–	–	–	–	–	–	–	–	**Benzoic acid, 2-methoxy-, methyl ester**	606-45-1	**Q2732**
135	133	77	166	92	105	137	134	**166**	100	68	63	47	31	22	19	17		9	10	3	–	–	–	–	–	–	–	–	–	**Benzoic acid, 2-methoxy-, methyl ester**	606-45-1	**Q2733**
135	151	150	165	120	121	136		**166**	100	39	29	22	18	6	1		**0.00**	3	10	–	–	–	–	–	–	–	–	–	1	**Trimethyltin hydride**		**M6921**
135	166	14	72	77	92	98	40	**166**	100	38	36	24	18	16	16	14		9	10	3	–	–	–	–	–	–	–	–	–	**Benzoic acid, 4-methoxy-, methyl ester**	121-98-2	**P9195**
135	166	77	92	107	136	64	63	**166**	100	37	18	12	10	10	8	7		9	10	3	–	–	–	–	–	–	–	–	–	**Benzoic acid, 4-methoxy-, methyl ester**		**C0395**
135	166	77	107	92	136	64	63	**166**	100	34	17	13	11	8	6	5		9	10	3	–	–	–	–	–	–	–	–	–	**Methyl anisate**		**F0077**
135	166	107	77	92	64	63	136	**166**	100	58	36	31	26	18	17	10		9	10	3	–	–	–	–	–	–	–	–	–	**Benzoic acid, 3-methoxy-, methyl ester**	5368-81-0	**R1360**
135	166	107	77	136	79	78	137	**166**	100	48	24	18	10	8	6	6		9	10	3	–	–	–	–	–	–	–	–	–	**Benzoic acid, 3-methoxy-4-methyl-**	7151-68-0	**R2882**
135	166	136	167	77	107	92	137	**166**	100	59	8	6	5	5	2	1		9	10	3	–	–	–	–	–	–	–	–	–	**Benzoic acid, 4-methoxy-, methyl ester**	121-98-2	**P9196**
135	166	151	165	91	136	149	77	**166**	100	51	27	22	14	13	9	7		10	14	2	–	–	–	–	–	–	–	–	–	**3,5-Dimethyl-4-hydroxybenzyl methyl ether**		**P2476**
137	28	138	27	29	81	109	53	**166**	100	47	38	26	24	13	12	12	**4.70**	9	10	3	–	–	–	–	–	–	–	–	–	**Benzaldehyde, 3-ethoxy-4-hydroxy-**	121-32-4	**H0545**
137	107	148	95	123	91	133	97	**166**	100	79	42	39	32	22	21	13	**1.60**	11	18	1	–	–	–	–	–	–	–	–	–	**1,3,5,5-Tetramethyl-1-formylcyclohex-4-ene**		**M6740**
137	109	77	94	166	138	135	149	**166**	100	21	15	13	11	9	8	8		10	14	2	–	–	–	–	–	–	–	–	–	**1-Propanol, 1-(4-methoxyphenyl)-**		**Z1114**
137	109	138	165	110	118	166	65	**166**	100	51	16	15	11	5	4	3		8	6	2	–	–	–	–	1	–	–	–	–	**Benzo[b]thiophene, 1,1-dioxide**	825-44-5	**Q4276**
137	138	166	27	120	53	92	81	**166**	100	80	54	29	25	24	23	23		9	10	3	–	–	–	–	–	–	–	–	–	**Benzaldehyde, 3-ethoxy-2-hydroxy-**	492-88-6	**Q1224**
137	166	27	29	138	39	28	109	**166**	100	29	25	25	14	13	13	11		10	14	2	–	–	–	–	–	–	–	–	–	**Phenol, 2-methoxy-4-propyl-**	2785-87-7	**Q8647**
137	166	27	29	138	39	109	77	**166**	100	30	25	24	14	13	12	10		10	14	2	–	–	–	–	–	–	–	–	–	**Phenol, 2-methoxy-5-propyl-**		**L8092**
137	166	29	138	39	51	109	77	**166**	100	29	24	15	14	11	11	10		10	14	2	–	–	–	–	–	–	–	–	–	**Phenol, 2-methoxy-4-propyl-**	2785-87-7	**Q8648**
138	121	93	65	166	39	63	139	**166**	100	89	31	27	22	20	13	8		9	10	3	–	–	–	–	–	–	–	–	–	**Benzoic acid, 3-ethoxy-**	621-51-2	**Q3036**
138	124	151	137	44	28	41	105	**166**	100	59	47	34	15	14	13	13	**1.70**	9	14	1	2	–	–	–	–	–	–	–	–	**Pyrazine, 2-methoxy-3-sec-butyl-**	24168-70-5	**S0483**
148	80	79	41	91	119	81	92	**166**	100	98	80	41	41	37	35	34	**12.00**	11	18	1	–	–	–	–	–	–	–	–	–	**4-Homoisotwistane, 5-hydroxy-, endo-**		**P0988**
148	119	79	80	92	41	91	81	**166**	100	75	61	51	41	40	36	33	**22.00**	11	18	1	–	–	–	–	–	–	–	–	–	**4-Homoisotwistane, 5-hydroxy-, exo-**		**P0989**
149	121	166	105	91	104	147	122	**166**	100	25	18	16	13	13	10	8		8	6	4	–	–	–	–	–	–	–	–	–	**Terephthalic acid**	100-21-0	**H0244**
149	123	166	41	39	77	150	147	**166**	100	81	45	15	12	12	10	9		10	14	2	–	–	–	–	–	–	–	–	–	**1,4-Benzenediol, 2-tert-butyl-**		**C1092**
149	166	65	50	121	39	51	74	**166**	100	81	69	42	37	36	30	20		8	6	4	–	–	–	–	–	–	–	–	–	**Terephthalic acid**		**D1060**
149	166	65	121	50	39	51	76	**166**	100	85	51	35	25	21	18	14		8	6	4	–	–	–	–	–	–	–	–	–	**Isophthalic acid**		**D1058**
149	166	65	121	50	51	39	150	**166**	100	89	31	28	14	11	10	9		8	6	4	–	–	–	–	–	–	–	–	–	**Isophthalic acid**		**C0270**
149	166	121	75	76	77	150	105	**166**	100	86	27	16	16	12	10	6		8	6	4	–	–	–	–	–	–	–	–	–	**Terephthalic acid**		**04324**
149	166	121	105	77	122	76	75	**166**	100	79	30	29	28	23	22	19		8	6	4	–	–	–	–	–	–	–	–	–	**Isophthalic acid**		**04323**
150	164	83	152	134	133	110	166	**166**	100	27	27	24	23	23	20	19		12	22	–	–	–	–	–	–	–	–	–	–	**Hexamethylcyclohexene**		**L7633**

MASS TO CHARGE RATIOS								M.W.	INTENSITIES								Parent	C	H	O	N	Cl	Br	F	S	P	B	Si	X	COMPOUND NAME	CAS Reg No	No
150	166	51	50	76	65	77	167	**166**	100	29	27	18	16	15	12	10		7	6	3	2	–	–	–	–	–	–	–	–	**Benzamide, 2-nitro-**	610-15-1	**Q2789**
150	166	76	102	75	50	104	74	**166**	100	68	49	48	48	40	37	25		7	6	3	2	–	–	–	–	–	–	–	–	**Benzamide, 4-nitro-**	619-80-7	**Q2995**
150	166	76	104	50	92	120		**166**	100	68	37	35	27	15	4			7	6	3	2	–	–	–	–	–	–	–	–	**Benzamide, 3-nitro-**		**L6340**
150	166	76	104	50	92	120		**166**	100	82	37	36	32	25	14			7	6	3	2	–	–	–	–	–	–	–	–	**Benzamide, 4-nitro-**		**L6339**
150	166	102	118	148	75	76	90	**166**	100	80	50	49	49	20	18	18		7	6	3	2	–	–	–	–	–	–	–	–	**Benzamide, 2-nitro-**	610-15-1	**Q2787**
150	166	122	118	149	65	63	75	**166**	100	23	21	20	20	18	17	17		7	6	1	2	–	–	–	1	–	–	–	–	**2-Mercaptobenzimidazole N-oxide**		**L9787**
151	43	166	41	123	109	81	91	**166**	100	98	54	34	32	30	29	23		11	18	1	–	–	–	–	–	–	–	–	–	**5-Hepten-3-yn-2-ol, 6-methyl-5-isopropyl-**	63922-41-8	**T6319**
151	43	166	109	123	81	39	77	**166**	100	89	51	16	8	6	5	4		10	14	2	–	–	–	–	–	–	–	–	–	**2,5-Dimethyl-3-ethyl-4-acetylfuran**		**L0809**
151	43	166	152	136	41	135	121	**166**	100	81	47	42	40	39	29	26		11	18	1	–	–	–	–	–	–	–	–	–	**2-Isopropyl-5-tert-butylfuran**		**D2803**
151	59	166	73	109	83	107	97	**166**	100	20	16	15	12	11	6	4		10	18	–	–	–	–	–	–	–	–	1	–	**cis-1-Trimethylsilylhept-3-en-1-yne**		**P1564**
151	79	107	41	91	43	69	110	**166**	100	74	66	52	45	44	42	41	**31.00**	11	18	1	–	–	–	–	–	–	–	–	–	**1-Oxaspiro[2.5]octane, 2,4,4-trimethyl-8-methylene-**	54345-62-9	**S8906**
151	93	109	95	123	108	107	152	**166**	100	90	60	24	21	20	17	11	**3.00**	11	18	1	–	–	–	–	–	–	–	–	–	**1,3,3,5-Tetramethyl-2-oxabicyclo[3.3.0]oct-7-ene**		**M6738**
151	121	105	149	136	119	103	135	**166**	100	80	78	72	68	60	60	58	**0.90**	4	12	2	–	–	–	–	–	–	–	–	1	**Germane, dimethyldimethoxy-**		**L7446**
151	123	133	91	150	45	75	166	**166**	100	58	57	51	43	31	28	26		9	14	1	–	–	–	–	–	–	–	1	–	**Phenol, 2-(trimethylsilyl)-**	15288-53-6	**R5675**
151	123	133	91	150	45	166	135	**166**	100	58	57	51	43	31	26	22		9	14	1	–	–	–	–	–	–	–	1	–	**Phenol, 2-(trimethylsilyl)-**	15288-53-6	**R5674**
151	153	166	136	168	123	138	121	**166**	100	61	46	37	34	27	27	26		3	9	–	–	–	–	–	–	–	–	–	1	**Stibine, trimethyl-**	594-10-5	**Q2542**
151	166	18	152	28	77	75	91	**166**	100	27	15	14	14	7	7	6		9	14	1	–	–	–	–	–	–	–	1	–	**Phenol, trimethylsilyl-**		**D0010**
151	166	41	123	51	77	105	152	**166**	100	25	24	22	12	12	11	10		10	14	2	–	–	–	–	–	–	–	–	–	**1,2-Benzenediol, 4-tert-butyl-**	98-29-3	**P7159**
151	166	43	41	39	123	95	133	**166**	100	72	32	18	18	14	14	12		9	10	3	–	–	–	–	–	–	–	–	–	**Acetophenone, 2′-hydroxy-5′-methoxy-**	705-15-7	**Q3796**
151	166	43	65	108	77	136	39	**166**	100	38	33	23	20	16	13	13		9	10	3	–	–	–	–	–	–	–	–	–	**Acetophenone, 2′-hydroxy-6′-methoxy-**	703-23-1	**Q3792**
151	166	43	108	95	152	39	51	**166**	100	35	21	10	10	10	7	5		9	10	3	–	–	–	–	–	–	–	–	–	**Acetophenone, 2′-hydroxy-4′-methoxy-**	552-41-0	**Q1961**
151	166	43	152	167	109	81	131	**166**	100	60	18	11	7	6	4	4		10	14	2	–	–	–	–	–	–	–	–	–	**2,4-Dimethyl-3-acetyl-5-ethylfuran**		**17505**
151	166	59	109	83	73	107	122	**166**	100	20	13	12	11	10	8	8		10	18	–	–	–	–	–	–	–	–	1	–	**trans-1-Trimethylsilylhept-3-en-1-yne**		**P1565**
151	166	123	43	52	51	65	77	**166**	100	42	29	20	15	12	12	11		9	10	3	–	–	–	–	–	–	–	–	–	**Acetophenone, 4′-hydroxy-3′-methoxy-**	498-02-2	**Q1291**
151	166	123	43	52	108	65	152	**166**	100	59	30	24	20	14	12	9		9	10	3	–	–	–	–	–	–	–	–	–	**Acetophenone, 4′-hydroxy-3′-methoxy-**	498-02-2	**Q1290**
151	166	123	43	108	52	152	65	**166**	100	46	22	16	10	10	10	8		9	10	3	–	–	–	–	–	–	–	–	–	**Acetophenone, 4′-hydroxy-3′-methoxy-**	498-02-2	**H0734**
151	166	123	105	152	77	41	111	**166**	100	23	23	13	11	11	10	10		10	14	2	–	–	–	–	–	–	–	–	–	**1,2-Benzenediol, 4-tert-butyl-**		**C0134**
151	166	123	152	135	105	41	77	**166**	100	30	17	11	8	7	7	7		10	14	2	–	–	–	–	–	–	–	–	–	**1,2-Benzenediol, 4-tert-butyl-**		**Z1111**
151	166	138	54	165	119			**166**	100	48	29	14	12	10				9	14	1	2	–	–	–	–	–	–	–	–	**2-Methoxy-3-isopropyl-5-methylpyrazine**		**M5536**
151	166	152	73	91	77	75	45	**166**	100	34	17	11	9	9	7	6		9	14	1	–	–	–	–	–	–	–	1	–	**Phenol, trimethylsilyl-**		**P3282**
151	166	152	77	45	75	91	51	**166**	100	29	14	12	12	10	10	9		9	14	1	–	–	–	–	–	–	–	1	–	**Phenol, trimethylsilyl-**	1529-17-5	**Q6161**
151	166	167	124	123	152	80	42	**166**	100	86	26	11	10	9	8	5		9	14	1	2	–	–	–	–	–	–	–	–	**2-Methoxy-4-dimethylaminoaniline**		**D2646**
165	166	39	167	91	83	55	43	**166**	100	76	11	8	7	7	7	7		9	10	3	–	–	–	–	–	–	–	–	–	**Benzaldehyde, 2,4-dihydroxy-3,6-dimethyl-**		**05947**
165	166	69	39	41	167	137	91	**166**	100	81	13	12	9	8	7	7		9	10	3	–	–	–	–	–	–	–	–	–	**2,4-Dihydroxy-5,6-dimethylbenzaldehyde**		**05938**
165	166	77	41	39	43	167	55	**166**	100	69	13	13	11	9	8	8		9	10	3	–	–	–	–	–	–	–	–	–	**2-Hydroxy-4-methoxy-6-methylbenzaldehyde**		**05936**
165	166	77	51	131	104	167	76	**166**	100	88	27	17	15	13	11	11		8	7	–	2	1	–	–	–	–	–	–	–	**1H-Benzimidazole, 2-chloro-6-methyl-**		**D1586**
165	166	81	83	163	164	82	83	**166**	100	90	21	19	17	15	15	13		13	10	–	–	–	–	–	–	–	–	–	–	**5-Methylacenaphthylene**		**L4628**
165	166	85	163	84	164	83	86	**166**	100	52	16	16	12	12	8	8		13	10	–	–	–	–	–	–	–	–	–	–	**1-Methylacenaphthylene**		**L4625**
165	166	103	164	83	82	139	83	**166**	100	92	18	15	13	12	9	7		13	10	–	–	–	–	–	–	–	–	–	–	**4-Methylacenaphthylene**		**L4627**
165	166	163	82	83	164	115	139	**166**	100	51	16	14	12	10	7	7		13	10	–	–	–	–	–	–	–	–	–	–	**1H-Phenalene**	203-80-5	**Q0055**
165	166	163	164	83	82	139	83	**166**	100	98	18	15	11	11	9	6		13	10	–	–	–	–	–	–	–	–	–	–	**3-Methylacenaphthylene**		**L4626**
165	166	164	167	91	83	137	77	**166**	100	75	8	8	5	5	5	4		9	10	3	–	–	–	–	–	–	–	–	–	**Benzaldehyde, 2,4-dihydroxy-3,6-dimethyl-**	34883-14-2	**S4756**
166	42	45	70	52	53	67	79	**166**	100	57	19	19	14	14	14	14		6	6	–	4	–	–	–	1	–	–	–	–	**6H-Purine-6-thione, 1,9-dihydro-9-methyl-**	1006-20-8	**Q5028**
166	42	138	70	71	111	53	112	**166**	100	56	33	28	28	28	22	22		6	6	–	4	–	–	–	1	–	–	–	–	**6H-Purine-6-thione, 3,7-dihydro-3-methyl-**	1006-12-8	**Q5025**
166	42	138	111	70	71	112	52	**166**	100	39	26	19	17	14	13	10		6	6	–	4	–	–	–	1	–	–	–	–	**6H-Purine-6-thione, 3,7-dihydro-3-methyl-**	1006-12-8	**Q5024**
166	43	28	109	39	137	79	105	**166**	100	77	42	38	33	30	29	29		10	14	2	–	–	–	–	–	–	–	–	–	**Cinerolone**		**M7963**
166	43	28	109	39	137	79	105	**166**	100	75	44	34	33	29	29	28		10	14	2	–	–	–	–	–	–	–	–	–	**Cinerolone**	17190-74-8	**R6680**
166	43	121	136	77	165	105	122	**166**	100	44	33	27	27	21	20	17		8	10	2	2	–	–	–	–	–	–	–	–	**Nitrobenzene, 4-dimethylamino-**		**D2334**
166	43	137	109	151	123	28	95	**166**	100	44	21	19	17	17	15	15		10	14	2	–	–	–	–	–	–	–	–	–	**Cinerolone**		**02261**
166	44	42	41	43	57	138	167	**166**	100	35	15	13	13	10	10	10		6	6	–	4	–	–	–	1	–	–	–	–	**6H-Purine-6-thione, 1,7-dihydro-1-methyl-**	1006-22-0	**Q5029**
166	44	165	133	69	66	41	70	**166**	100	71	41	40	21	20	18	17		6	6	–	4	–	–	–	1	–	–	–	–	**1H-Purine, 8-(methylthio)-**	33426-53-8	**S4163**
166	45	121	69	167	168	134	63	**166**	100	32	31	12	12	10	7	7		8	6	–	–	–	–	–	2	–	–	–	–	**3,3′-Dithienyl**		**Y1539**
166	65	75	102	76	50	103	51	**166**	100	35	30	26	24	19	16	14		7	6	3	2	–	–	–	–	–	–	–	–	**Benzaldehyde, 4-nitro-, oxime, (E)-**		**M7928**
166	65	75	102	76	50	103	51	**166**	100	35	30	26	24	19	16	14		7	6	3	2	–	–	–	–	–	–	–	–	**Benzaldehyde, 4-nitro-, oxime, (Z)-**	3717-20-2	**Q9702**
166	65	102	76	75	119	50	103	**166**	100	79	68	64	61	55	46	40		7	6	3	2	–	–	–	–	–	–	–	–	**Benzaldehyde, 3-nitro-, oxime, (E)-**		**M7929**
166	65	102	76	75	119	50	149	**166**	100	79	68	64	61	55	46	42		7	6	3	2	–	–	–	–	–	–	–	–	**Benzaldehyde, 3-nitro-, oxime, (E)-**	3717-29-1	**Q9707**

MASS TO CHARGE RATIOS								M.W.	INTENSITIES								Parent	C	H	O	N	Cl	Br	F	S	P	B	Si	X	COMPOUND NAME	CAS Reg No	No
166	65	136	167	92	81	93	102	**166**	100	12	12	11	7	6	6	4		7	6	3	2	–	–	–	–	–	–	–	–	**Benzaldehyde, 4-nitro-, oxime**	1129-37-9	**Q5484**
166	68	41	95	53	123	42	167	**166**	100	45	33	28	22	22	10	10		6	6	2	4	–	–	–	–	–	–	–	–	**1H-Purine-2,6-dione, 3,7-dihydro-3-methyl-**	1076-22-8	**Q5240**
166	68	95	123	53	41	167	67	**166**	100	41	26	24	19	15	8	8		6	6	2	4	–	–	–	–	–	–	–	–	**1H-Purine-2,6-dione, 3,7-dihydro-3-methyl-**	1076-22-8	**Q5241**
166	68	123	53	67	40	42	167	**166**	100	94	39	33	12	10	9	8		6	6	2	4	–	–	–	–	–	–	–	–	**1H-Purine-2,6-dione, 3,7-dihydromethyl-**	28109-92-4	**S1960**
166	69	109	41	83	123	55	39	**166**	100	45	40	40	35	25	15	13		10	14	2	–	–	–	–	–	–	–	–	–	**Bicyclo[2.2.1]heptane-2,5-dione, 1,7,7-trimethyl-**		**03427**
166	69	147	131	168	116	31	149	**166**	100	86	58	51	33	23	22	19		3	–	–	–	1	–	5	–	–	–	–	–	**2-Propene, 2-chloro-1,1,1,3,3-pentafluoro-**		**Z1115**
166	70	55	68	67	97	41	110	**166**	100	61	57	57	52	52	43	32		10	14	2	–	–	–	–	–	–	–	–	–	**1H-Indene-1,6(2H)-dione, hexahydro-3a-methyl-**	66708-23-4	**T6681**
166	77	42	104	105	120	165	119	**166**	100	50	47	35	34	31	29	28		8	10	2	2	–	–	–	–	–	–	–	–	**Aniline, N,N-dimethyl-3-nitro-**	619-31-8	**Q2982**
166	77	76	51	151	65	52	108	**166**	100	36	31	31	28	24	23	22		9	10	3	–	–	–	–	–	–	–	–	–	**Benzaldehyde, 2,3-dimethoxy-**	86-51-1	**H0149**
166	77	95	165	65	41	79	67	**166**	100	68	65	61	27	25	24	20		9	10	3	–	–	–	–	–	–	–	–	–	**Benzaldehyde, 3,4-dimethoxy-**	120-14-9	**P9063**
166	78	138	133	137	105	167	51	**166**	100	40	30	20	17	15	12	11		7	6	1	2	–	–	–	1	–	–	–	–	**4-Methyl-5-cyano-6-mercapto-pyrid-2-one**		**D1552**
166	81	123	80	94	109	69	85	**166**	100	44	44	25	25	25	18	16		10	14	2	–	–	–	–	–	–	–	–	–	**Cyclopenta[c]pyran-1(4aH)-one, 5,6,7,7a-tetrahydro-4,7-dimethyl-**	490-10-8	**Q1186**
166	91	77	103	137	123	51	119	**166**	100	93	77	73	59	57	54	42		9	10	1	–	–	–	–	1	–	–	–	–	**Benzene, [2-(methylsulphinyl)vinyl]-**	7715-00-6	**R3425**
166	91	77	103	137	123	51	138	**166**	100	93	77	73	59	57	54	42		9	10	1	–	–	–	–	1	–	–	–	–	**Benzene, [2-(methylsulphinyl)vinyl]-**		**M7237**
166	93	30	77	91	120	108	39	**166**	100	76	53	51	47	41	37	30		8	10	2	2	–	–	–	–	–	–	–	–	**Aniline, 4,5-dimethyl-2-nitro-**	6972-71-0	**R2757**
166	93	57	133	43	41	55	69	**166**	100	24	18	18	15	14	13	12		8	10	–	2	–	–	–	1	–	–	–	–	**Thiourea, N-methyl-N′-phenyl-**	2724-69-8	**Q8578**
166	93	165	120	66	121	65	167	**166**	100	39	31	20	15	12	11	10		6	6	–	4	–	–	–	1	–	–	–	–	**1H-Purine, 6-(methylthio)-**	50-66-8	**P4521**
166	93	165	120	121	66	65	167	**166**	100	42	36	22	15	14	10	10		6	6	–	4	–	–	–	1	–	–	–	–	**1H-Purine, 6-(methylthio)-**	50-66-8	**P4522**
166	94	139	80	67	66	93	79	**166**	100	96	91	74	61	56	42	39		8	10	2	2	–	–	–	–	–	–	–	–	**1-Ethoxycarbonyl-1H-1,2-diazepine**		**L9799**
166	96	151	165	110	137	55	41	**166**	100	86	80	57	48	47	43	35		9	14	1	2	–	–	–	–	–	–	–	–	**4-Oxo-2,3,4,6,7,8,9,10-octahydro pyrimido[1,2-a]azepine**		**L2962**
166	98	42	71	45	133	167	70	**166**	100	36	21	12	11	9	9	8		6	6	–	4	–	–	–	1	–	–	–	–	**6H-Purine-6-thione, 1,7-dihydro-8-methyl-**	1126-23-4	**Q5447**
166	102	75	65	76	148	50	51	**166**	100	68	41	39	38	37	32	24		7	6	3	2	–	–	–	–	–	–	–	–	**Benzaldehyde, 4-nitro-, oxime, (E)-**	3717-19-9	**Q9701**
166	102	75	65	76	148	50	103	**166**	100	68	41	39	38	37	32	24		7	6	3	2	–	–	–	–	–	–	–	–	**Benzaldehyde, 4-nitro-, oxime, (Z)-**		**M7927**
166	107	134	80	106	167	53	52	**166**	100	51	18	16	11	10	8	6		8	10	2	2	–	–	–	–	–	–	–	–	**Carbamic acid, (4-aminophenyl)-, methyl ester**	6465-03-8	**R2308**
166	109	54	28	53	81	137	136	**166**	100	51	45	15	13	13	12	9		6	6	2	4	–	–	–	–	–	–	–	–	**1H-Purine-2,6-dione, 3,7-dihydro-1-methyl-**	6136-37-4	**R2083**
166	119	65	91	102	149	103	81	**166**	100	84	83	43	39	35	34	25		7	6	3	2	–	–	–	–	–	–	–	–	**Benzaldehyde, 3-nitro-, oxime**	3431-62-7	**Q9372**
166	121	45	69	77	134	83	108	**166**	100	35	27	15	12	11	10	10		8	6	–	–	–	–	–	2	–	–	–	–	**3,3′-Dithienyl**	3172-56-3	**Q9082**
166	121	45	69	167	134	58	168	**166**	100	29	26	16	11	10	9	9		8	6	–	–	–	–	–	2	–	–	–	–	**2,2′-Dithienyl**		**Y1537**
166	121	45	69	167	168	58	39	**166**	100	29	29	13	11	10	8	8		8	6	–	–	–	–	–	2	–	–	–	–	**2,3′-Dithienyl**		**Y1538**
166	124	91	137	45	27	39	41	**166**	100	82	72	60	55	37	32	21		10	14	–	–	–	–	–	1	–	–	–	–	**2-Methyl-1-(1-thiabutyl)benzene**		**Y2212**
166	124	91	137	45	27	39	123	**166**	100	77	68	68	41	34	27	20		10	14	–	–	–	–	–	1	–	–	–	–	**4-Methyl-1-(1-thiabutyl)benzene**		**Y2214**
166	124	137	91	45	27	39	41	**166**	100	87	73	70	45	37	34	22		10	14	–	–	–	–	–	1	–	–	–	–	**3-Methyl-1-(1-thiabutyl)benzene**		**Y2213**
166	131	137	151	116	115	168	101	**166**	100	90	59	55	44	42	33	30		10	11	–	–	1	–	–	–	–	–	–	–	**Benzene, 1-chloro-4-(1-methylenepropyl)-**	21758-20-3	**R9375**
166	133	42	53	45	41	52	66	**166**	100	75	34	19	16	12	11	11		6	6	–	4	–	–	–	1	–	–	–	–	**6H-Purine-6-thione, 1,7-dihydro-2-methyl-**	38917-31-6	**S5971**
166	134	93	135	167	120	94	81	**166**	100	82	48	45	11	10	10	8		11	18	1	–	–	–	–	–	–	–	–	–	**Tricyclo[3.3.1.1(3,7)]decane, 2-methoxy-**	19066-23-0	**R7952**
166	135	107	167	136	77	108	59	**166**	100	90	15	11	9	5	4	3		9	10	3	–	–	–	–	–	–	–	–	–	**Benzoic acid, 3-methoxy-, methyl ester**	5368-81-0	**R1361**
166	151	41	91	135	39	167	165	**166**	100	64	16	14	11	11	10	9		10	14	2	–	–	–	–	–	–	–	–	–	**3-Methoxy-2,4,6-trimethylphenol**		**05950**
166	151	93	167	136	105	152	77	**166**	100	81	66	34	34	28	27	27		8	10	2	2	–	–	–	–	–	–	–	–	**Aniline, 2-ethyl-4-nitro**		**D1633**
166	151	123	120	106	95	108	165	**166**	100	49	36	32	27	24	18	17		9	10	3	–	–	–	–	–	–	–	–	–	**Benzaldehyde, 2,5-dimethoxy-**	93-02-7	**P6761**
166	151	135	91	77	39	167	123	**166**	100	56	27	14	13	13	11	11		10	14	2	–	–	–	–	–	–	–	–	–	**3-Methoxy-2,4,5-trimethylphenol**		**05951**
166	151	165	77	91	39	167	123	**166**	100	75	21	13	12	12	11	11		10	14	2	–	–	–	–	–	–	–	–	–	**3-Methoxy-4,5,6-trimethylphenol**		**05953**
166	151	165	91	77	39	135	123	**166**	100	67	18	16	15	15	12	12		10	14	2	–	–	–	–	–	–	–	–	–	**3-Methoxy-2,5,6-trimethylphenol**		**05952**
166	165	15	95	51	77	79	167	**166**	100	49	28	28	26	23	18	15		9	10	3	–	–	–	–	–	–	–	–	–	**Benzaldehyde, 3,4-dimethoxy-**	120-14-9	**H0537**
166	165	44	68	167	138	41	42	**166**	100	34	25	10	10	9	7	7		6	6	–	4	–	–	–	1	–	–	–	–	**6H-Purine-6-thione, 1,7-dihydro-7-methyl-**	3324-79-6	**Q9215**
166	165	82.5	163	164	167	83	82	**166**	100	83	17	15	14	14	12	10		13	10	–	–	–	–	–	–	–	–	–	–	**9H-Fluorene**		**W0061**
166	165	82.5	163	167	83	164	82	**166**	100	77	13	12	12	11	7	7		13	10	–	–	–	–	–	–	–	–	–	–	**9H-Fluorene**		**Y2419**
166	165	85	86	84	83	167	163	**166**	100	80	73	54	42	25	14	12		13	10	–	–	–	–	–	–	–	–	–	–	**9H-Fluorene**		**C0645**
166	165	95	77	151	167	51	79	**166**	100	52	18	14	14	10	9	9		9	10	3	–	–	–	–	–	–	–	–	–	**Benzaldehyde, 3,4-dimethoxy-**	120-14-9	**P9062**
166	165	149	63	119	65	121	62	**166**	100	99	25	23	14	14	13	11		8	6	4	–	–	–	–	–	–	–	–	–	**Piperonylic acid**		**C0971**
166	165	149	77	18	121	44	167	**166**	100	91	30	25	17	13	12	11		8	6	4	–	–	–	–	–	–	–	–	–	**Piperonylic acid**		**L3691**
166	165	149	135	63	120	106	122	**166**	100	83	50	29	23	19	19	19		9	10	3	–	–	–	–	–	–	–	–	–	**Benzaldehyde, 2,4-dimethoxy-**	613-45-6	**H0929**
166	165	167	168	131	51	103	77	**166**	100	95	39	35	21	20	15	11		9	7	1	–	1	–	–	–	–	–	–	–	**4-Chloro-2-methylbenzofuran**		**Z1122**
166	165	168	167	131	63	83	62	**166**	100	40	33	23	22	15	9	7		8	7	–	2	1	–	–	–	–	–	–	–	**1H-Benzimidazole, 5-chloro-2-methyl-**	2818-69-1	**Q8698**
166	168	94	122	59	89	96	124	**166**	100	63	55	40	39	37	35	26		4	–	3	–	2	–	–	–	–	–	–	–	**Dichloromaleic anhydride**		**00998**

MASS TO CHARGE RATIOS								M.W.	INTENSITIES								Parent	C	H	O	N	Cl	Br	F	S	P	B	Si	X	COMPOUND NAME	CAS Reg No	No
30	18	138	36	137	29	35	17	**167**	100	68	46	25	15	12	11	10	**7.90**	9	13	2	1	–	–	–	–	–	–	–	–	**Phenol, 4-(2-aminoethyl)-2-methoxy-**		**06590**
30	72	45	56	166	43	41	42	**167**	100	34	15	10	10	8	7	6	**0.00**	5	13	–	1	–	–	–	–	–	–	–	1	**1-Butanamine, 4-(methylseleno)-**	55021-81-3	**T0064**
30	72	166	57	43	45	55	56	**167**	100	58	20	12	9	6	6	6	**0.00**	5	13	–	1	–	–	–	–	–	–	–	1	**1-Butanamine, 4-(methylseleno)-**	55021-81-3	**T0063**
30	95	138	110	167	41	80	79	**167**	100	88	29	26	15	13	13	10		10	17	1	1	–	–	–	–	–	–	–	–	**Bicyclo[3.3.1]nonan-3-one, 7-(aminomethyl)-**	56701-31-6	**08571**
30	138	137	29	167	123	149	31	**167**	100	46	15	12	8	7	7	5		9	13	2	1	–	–	–	–	–	–	–	–	**Phenol, 4-(2-aminoethyl)methoxy-**	29249-00-1	**S2406**
30	138	137	123	167	122	139	94	**167**	100	89	36	23	17	12	10	8		9	13	2	1	–	–	–	–	–	–	–	–	**Phenol, 2-(2-aminoethyl)-5-methoxy-**	54410-97-8	**S8983**
41	43	29	27	55	97	54	57	**167**	100	70	63	55	46	46	38	38	**0.20**	11	21	–	1	–	–	–	–	–	–	–	–	**Undecanenitrile**	2244-07-7	**H1300**
41	43	55	97	57	69	96	110	**167**	100	87	68	66	59	51	48	46	**0.00**	11	21	–	1	–	–	–	–	–	–	–	–	**Undecanenitrile**	2244-07-7	**Q7715**
41	43	97	96	110	82	55	57	**167**	100	96	91	79	75	72	71	69	**3.00**	11	21	–	1	–	–	–	–	–	–	–	–	**Undecanenitrile**	2244-07-7	**Q7717**
41	69	124	122	125	152	150	55	**167**	100	74	57	40	38	38	35	32	**7.00**	10	17	1	1	–	–	–	–	–	–	–	–	**Bicyclo[3.2.0]heptan-3-one, 1,4,4-trimethyl-, oxime**	55760-17-3	**T2086**
41	69	136	81	55	95	39	83	**167**	100	85	60	56	53	50	44	41	**24.02**	10	17	1	1	–	–	–	–	–	–	–	–	**Bicyclo[2.2.1]heptan-2-one, 4,7,7-trimethyl-, oxime**	4514-87-8	**R0527**
43	42	108	80	167	152	79	44	**167**	100	86	83	76	76	48	41	40		9	13	2	1	–	–	–	–	–	–	–	–	**1-Azabicyclo[2.2.2]oct-2-ene-3-carboxylic acid, methyl ester**	31539-88-5	**S3330**
43	42	108	167	80	152	79	44	**167**	100	88	83	77	77	48	43	42		9	13	2	1	–	–	–	–	–	–	–	–	**3-Carboxymethyl-7,8-dihydroquinuclidine**		**M7856**
43	44	167	57	42	55	71	139	**167**	100	29	23	17	14	13	12	11		7	13	–	5	–	–	–	–	–	–	–	–	**4,6-Bis(ethylamino)-s-triazine**		**03616**
43	45	44	60	42	28	29		**167**	100	39	32	26	13	9	7		**0.00**	2	4	2	–	–	–	–	–	–	–	–	1	**Acetic acid, silver(1+) salt**	563-63-3	**Q2123**
43	68	110	82	167	126	44	97	**167**	100	45	33	18	15	13	10	10		9	13	2	1	–	–	–	–	–	–	–	–	**2-Butanone, 4-(3,5-dimethyl-4-isoxazolyl)-**	19788-38-6	**R8294**
43	68	110	82	167	126	97	44	**167**	100	46	34	18	16	13	12	11		9	13	2	1	–	–	–	–	–	–	–	–	**2-Butanone, 4-(3,5-dimethyl-4-isoxazolyl)-**		**L5661**
43	107	80	41	81	67	106	39	**167**	100	75	27	23	16	14	13	13	**0.13**	9	13	2	1	–	–	–	–	–	–	–	–	**1-Acetoxy-1-cyano-cyclohexane**		**C1429**
44	28	42	77	108	39	107	65	**167**	100	26	21	15	12	11	10	8	**0.40**	9	13	2	1	–	–	–	–	–	–	–	–	**Benzenemethanol, 4-hydroxy-α-[(methylamino)methyl]-**	94-07-5	**P6834**
44	42	41	55	57	83	39	43	**167**	100	46	33	31	30	25	20	20	**15.91**	10	17	1	1	–	–	–	–	–	–	–	–	**8-Azabicyclo[4.3.1]decan-10-one, 8-methyl-**	4146-36-5	**R0138**
44	45	123	46	77	95	121	43	**167**	100	9	5	4	4	3	2	2	**0.51**	9	13	2	1	–	–	–	–	–	–	–	–	**Benzenemethanol, 4-hydroxy-α-[(methylamino)methyl]-**		**05794**
44	123	77	105	76	50	106	49	**167**	100	94	66	54	45	38	27	25	**0.00**	7	5	4	1	–	–	–	–	–	–	–	–	**2,3-Pyridinedicarboxylic acid**	89-00-9	**P6476**
57	111	41	29	39	167	112	51	**167**	100	80	51	30	23	21	14	11		9	13	–	1	–	–	–	1	–	–	–	–	**Pyridine, 4-(tert-butylthio)-**	18794-26-8	**R7817**
57	111	41	29	39	167	112	67	**167**	100	84	50	31	24	22	20	12		9	13	–	1	–	–	–	1	–	–	–	–	**Pyridine, 4-(tert-butylthio)-**		**02641**
57	111	41	29	167	39	112		**167**	100	79	47	31	21	21	16			9	13	–	1	–	–	–	1	–	–	–	–	**Pyridine, 4-(tert-butylthio)-**		**L9410**
58	36	28	42	59	15	43	30	**167**	100	25	18	17	16	16	14	12	**1.71**	5	14	1	3	1	–	–	–	–	–	–	–	**Ethanaminium, 2-hydrazino-N,N,N-trimethyl-2-oxo-, chloride**	123-46-6	**P9326**
58	166	42	44	72	30	41	71	**167**	100	24	10	5	5	3	3	3		5	13	–	1	–	–	–	–	–	–	–	1	**Ethylamine, N,N-dimethyl-2-(methylseleno)-**		**T0067**
58	167	44	32	42	168	41	43	**167**	100	95	79	73	47	45	36	34		11	21	–	1	–	–	–	–	–	–	–	–	**1H-2-Pyrindine, octahydro-2,4,7-trimethyl-**	13448-21-0	**R4536**
58	167	168	169	45	60	57	59	**167**	100	96	10	10	8	6	5	5		7	5	–	1	–	–	–	2	–	–	–	–	**Thiazole, 2-(2-thienyl)-**	42140-95-4	**S6860**
65	77	50	51	93	123	76	141	**167**	100	54	49	39	37	29	26	22	**18.80**	7	5	4	1	–	–	–	–	–	–	–	–	**Benzoic acid, 2-nitro-**		**B0365**
65	167	50	121	75	51	76	74	**167**	100	58	41	34	27	25	22	21		7	5	4	1	–	–	–	–	–	–	–	–	**Benzoic acid, 4-nitro-**	62-23-7	**P5125**
67	137	82	81	110	28	167	109	**167**	100	81	49	45	42	35	34	30		10	17	1	1	–	–	–	–	–	–	–	–	**8-Azabicyclo[3.2.1]octane, 8-(1-oxopropyl)-**	56771-94-9	**T4164**
67	167	112	71	168				**167**	100	62	54	19	6					7	9	–	3	–	–	–	1	–	–	–	–	**3-Ethyl-4-methylthiazolo[2,3-c]-s-triazole**		**M6115**
69	136	41	151	95	108	81	109	**167**	100	78	50	50	48	46	40	37	**2.00**	10	17	1	1	–	–	–	–	–	–	–	–	**Bicyclo[2.2.1]heptan-2-one, 4,7,7-trimethyl-, oxime**	4514-87-8	**R0528**
77	18	123	28	51	44	65	93	**167**	100	63	63	46	32	27	24	19	**17.74**	7	5	4	1	–	–	–	–	–	–	–	–	**Benzoic acid, 2-nitro-**	552-16-9	**Q1954**
81	91	106	95	79	68	67	78	**167**	100	97	84	64	53	48	44	43	**0.00**	9	13	2	1	–	–	–	–	–	–	–	–	**Cyclohexanol, 1-ethynyl-, carbamate**	126-52-3	**P9494**
82	42	81	167	96	83	41	124	**167**	100	26	20	20	19	14	13	3		10	17	1	1	–	–	–	–	–	–	–	–	**8-Azabicyclo[3.2.1]octan-3-one, 2,2,8-trimethyl-**		**L6716**
83	139	98	55	70	41	152	39	**167**	100	66	63	48	47	26	17	17	**4.54**	9	13	2	1	–	–	–	–	–	–	–	–	**2,4(1H,3H)-Pyridinedione, 3,3-diethyl-**	77-04-3	**P5759**
84	125	97	167	96	68	55	127	**167**	100	99	42	23	14	7	6	6		8	9	3	1	–	–	–	–	–	–	–	–	**2(1H)-Pyridinone, 4-(acetyloxy)-6-methyl-**	13959-08-5	**R4862**
90	137	120	91	150	167	77	89	**167**	100	99	88	45	34	27	22	22		8	9	3	1	–	–	–	–	–	–	–	–	**Benzeneethanol, 3-nitro-**	52022-77-2	**S7824**
91	43	67	81	78	79	106	44	**167**	100	80	56	55	51	49	43	42	**0.00**	9	13	2	1	–	–	–	–	–	–	–	–	**Cyclohexanol, 1-ethynyl-, carbamate**	72347-67-2	**T7769**
91	44	134	167	42	43	45	59	**167**	100	87	53	53	37	19	16	11		4	10	2	1	–	–	–	1	1	–	–	–	**1,3,2-Dioxaphospholan-2-amine, N,N-dimethyl-, 2-sulphide**	7114-53-6	**08695**
91	150	65	167	92	45	123	51	**167**	100	22	16	13	10	10	7	6		8	9	1	1	–	–	–	1	–	–	–	–	**Thioformhydroximic acid, S-benzyl ester, anti-**		**M0374**
95	134	93	67	79	33	135	41	**167**	100	60	42	28	26	24	21	20	**12.00**	10	17	1	1	–	–	–	–	–	–	–	–	**Bicyclo[2.2.1]heptan-2-one, 1,7,7-trimethyl-, oxime**	13559-66-5	**R4633**
96	95	167	44	57	84	70	41	**167**	100	98	86	41	33	24	17	16		11	21	–	1	–	–	–	–	–	–	–	–	**Bicyclo[2.2.1]heptan-2-amine, N,1,7,7-tetramethyl-**	22285-82-1	**R9620**
96	139	167	152	125	124	97	95	**167**	100	98	89	42	34	24	19	14		7	9	2	3	–	–	–	–	–	–	–	–	**1-Methyl-1,2,3,6-tetrahydropyridine-2,3,6-trione-3-methyl hydrazone**		**L7628**
97	110	152	167	96	54	111	124	**167**	100	56	22	22	17	15	15	15		10	17	1	1	–	–	–	–	–	–	–	–	**Oxazole, 2-hexyl-5-methyl-**	16400-62-7	**R6161**
97	110	152	167	96	55	124	111	**167**	100	55	22	19	17	16	15	14		10	17	1	1	–	–	–	–	–	–	–	–	**Oxazole, 2-hexyl-5-methyl-**	16400-62-7	**R6162**
98	167	110	95	44	97	152	41	**167**	100	87	64	45	30	30	30	25		11	21	–	1	–	–	–	–	–	–	–	–	**Bicyclo[2.2.1]heptan-2-amine, N,4,7,7-tetramethyl-**	35973-44-5	**S5132**
102	84	36	42	72	131	61	56	**167**	100	96	86	70	61	58	41	39	**0.00**	6	14	–	1	1	–	–	1	–	–	–	–	**2-Ethyl-2-methylthiazolidine hydrochloride**		**P2712**
104	77	103	105	28	91	78	51	**167**	100	20	20	17	15	12	11	9	**8.50**	9	10	–	1	1	–	–	–	–	–	–	–	**1-Chloro-2-phenyl-azetidine**	30839-64-6	**S3030**
104	103	77	78	91	132	131	167	**167**	100	20	20	13	12	10	4	3		9	10	–	1	1	–	–	–	–	–	–	–	**1-Chloro-2-phenyl-azetidine**		**M6783**
104	103	77	105	28	91	132	167	**167**	100	20	20	18	15	10	7	7		9	10	–	1	1	–	–	–	–	–	–	–	**1-Chloro-2-phenyl-azetidine**		**M4688**
109	167	29	65	139	27	39	63	**167**	100	78	74	71	60	44	44	38		8	9	3	1	–	–	–	–	–	–	–	–	**Benzene, 1-ethoxy-4-nitro-**	100-29-8	**P7353**
110	15	64	167	27	63			**167**	100	15	10	9	6	5				8	9	3	1	–	–	–	–	–	–	–	–	**1,2-Benzenediol, mono(methylcarbamate)**		**L2699**
110	96	139	97	167				**167**	100	36	19	13	8					10	17	1	1	–	–	–	–	–	–	–	–	**Cyclohexanone, α-pyrrolidine-**		**L8395**

MASS TO CHARGE RATIOS								M.W.	INTENSITIES								Parent	C	H	O	N	Cl	Br	F	S	P	B	Si	X	COMPOUND NAME	CAS Reg No	No
110	109	66	111	58	65	167	112	**167**	100	19	12	11	10	9	9	6		8	9	1	1	–	–	–	1	–	–	–	–	Carbamothioic acid, methyl-, S-phenyl ester	13509-39-2	R4613
110	167	111	96	97	42	166	41	**167**	100	15	9	8	7	4	4	3		11	21	–	1	–	–	–	–	–	–	–	–	Quinoline, decahydro-1,7-dimethyl-	32064-85-0	S3486
111	29	167	39	41	57	124	51	**167**	100	60	53	47	37	20	20	13		9	13	–	1	–	–	–	1	–	–	–	–	Pyridine, 3-(butylthio)-	26891-65-6	S1535
111	29	167	39	41	124	57		**167**	100	60	53	47	33	20	20			9	13	–	1	–	–	–	1	–	–	–	–	Pyridine, 3-(butylthio)-		L9408
111	57	39	41	29	167			**167**	100	71	33	31	29	14				9	13	–	1	–	–	–	1	–	–	–	–	Pyridine, 3-(tert-butylthio)-		L9411
111	57	39	41	29	167	112	67	**167**	100	73	39	35	27	15	12	12		9	13	–	1	–	–	–	1	–	–	–	–	Pyridine, 3-(tert-butylthio)-		02646
111	57	39	41	29	167	112	67	**167**	100	72	35	34	30	15	12	11		9	13	–	1	–	–	–	1	–	–	–	–	Pyridine, 3-(tert-butylthio)-	18794-30-4	R7819
111	67	56	41	39	29	78	112	**167**	100	42	22	20	18	16	11	10	**6.40**	9	13	–	1	–	–	–	1	–	–	–	–	Pyridine, 2-(tert-butylthio)-	18794-29-1	R7818
111	67	56	41	39	29	112	78	**167**	100	41	21	21	20	17	16	11	**7.00**	9	13	–	1	–	–	–	1	–	–	–	–	Pyridine, 2-(tert-butylthio)-		02645
111	67	56	41	39	29	112	78	**167**	100	44	20	20	18	16	12	10	**6.00**	9	13	–	1	–	–	–	1	–	–	–	–	Pyridine, 2-(tert-butylthio)-		L9412
111	167	29	41	39	51	112	57	**167**	100	69	64	47	41	31	30	22		9	13	–	1	–	–	–	1	–	–	–	–	Pyridine, 4-(butylthio)-	26891-64-5	S1534
111	167	29	41	39	124	51		**167**	100	67	58	42	42	33	33			9	13	–	1	–	–	–	1	–	–	–	–	Pyridine, 4-(butylthio)-		L9407
118	91	51	77	27	63	104	167	**167**	100	80	20	20	19	14	13	11		9	10	–	1	1	–	–	–	–	–	–	–	Ethanamine, 2-chloro-N-benzylidene-	70509-19-2	T7593
119	28	77	18	91	120	167	47	**167**	100	40	26	23	23	23	23	20		8	9	1	1	–	–	–	1	–	–	–	–	Carbamothioic acid, phenyl-, S-methyl ester	13509-38-1	R4612
121	167	122	93	66	94	120	67	**167**	100	98	67	52	34	21	21	21		9	13	2	1	–	–	–	–	–	–	–	–	1H-Pyrrole-2-carboxylic acid, 4,5-dimethyl-, ethyl ester	2199-45-3	Q7588
121	167	122	93	120	66	138	94	**167**	100	99	73	60	47	37	35	24		9	13	2	1	–	–	–	–	–	–	–	–	1H-Pyrrole-2-carboxylic acid, 3,5-dimethyl-, ethyl ester	2199-44-2	Q7587
122	44	123	55	81	82	83	94	**167**	100	67	40	23	23	17	16	15	**2.00**	9	13	2	1	–	–	–	–	–	–	–	–	2-Butynoic acid, 4-(1-piperidinyl)-	38346-97-3	S5731
122	77	95	28	123	44	39	120	**167**	100	21	19	17	10	6	6	5	**1.46**	8	9	3	1	–	–	–	–	–	–	–	–	DL-Glycine, 3-hydroxyphenyl-		03445
123	44	41	51	78	105	77	50	**167**	100	88	61	57	48	36	33	31	**0.00**	7	5	4	1	–	–	–	–	–	–	–	–	2,5-Pyridinedicarboxylic acid	100-26-5	P7350
123	105	51	50	78	52	45	76	**167**	100	84	39	29	25	23	23	14	**0.50**	7	5	4	1	–	–	–	–	–	–	–	–	2,6-Pyridinedicarboxylic acid		M6796
124	41	55	69	67	53	43	167	**167**	100	82	80	76	70	68	66	61		10	17	1	1	–	–	–	–	–	–	–	–	Bicyclo[2.2.1]heptan-2-one, 1,7,7-trimethyl-, oxime	13559-66-5	R4634
124	126	125	81	123	83	42	15	**167**	100	64	38	31	26	20	19	18	**1.48**	8	11	–	1	1	–	–	–	–	1	–	–	Boranamine, 1-chloro-N,N-dimethyl-1-phenyl-	1196-44-7	Q5696
124	168	110	111	125	41	96	83	**167**	100	24	16	14	14	11	9	8	**2.50**	11	21	–	1	–	–	–	–	–	–	–	–	11-Azabicyclo[4.4.1]undecane, 11-methyl-	72101-37-2	T7715
125	84	97	167	96	69	55	68	**167**	100	99	41	24	14	10	6	6		8	9	3	1	–	–	–	–	–	–	–	–	2(1H)-Pyridinone, 4-(acetyloxy)-6-methyl-		M3430
125	107	126	168	118	163	108	124	**167**	100	44	10	9	6	5	4	2	**0.00**	9	13	2	1	–	–	–	–	–	–	–	–	Cyclohexanol, 1-ethynyl-, carbamate	126-52-3	P9495
125	111	78	138	67	39	79	29	**167**	100	98	73	73	68	43	39	34	**31.70**	9	13	–	1	–	–	–	1	–	–	–	–	Pyridine, 2-(butylthio)-	26891-66-7	S1536
125	111	138	78	67	167	79	39	**167**	100	99	75	75	62	37	37	37		9	13	–	1	–	–	–	1	–	–	–	–	Pyridine, 2-(butylthio)-		L9409
125	167	43	124	93	80	81	126	**167**	100	86	76	53	36	25	25	23		8	9	1	1	–	–	–	1	–	–	–	–	Acetamide, N-(4-mercaptophenyl)-	1126-81-4	Q5467
132	115	87	133	143	142	172	171	**167**	100	13	10	9	8	7	7	6	**0.37**	6	14	2	1	1	–	–	–	–	–	–	–	Butanoic acid, 4-amino-, ethyl ester, hydrochloride	6937-16-2	R2708
135	94	41	79	93	39	61	57	**167**	100	92	44	36	33	25	22	21	**4.00**	10	17	1	1	–	–	–	–	–	–	–	–	1-(Hydroxyamino)adamantane		16006
135	108	69	91	54	82	136	63	**167**	100	34	23	12	11	10	9	9	**8.80**	7	5	–	1	–	–	–	2	–	–	–	–	2(3H)-Benzothiazolethione		C0408
135	167	136	107	79	19	80	52	**167**	100	79	55	47	45	21	20	13		8	9	3	1	–	–	–	–	–	–	–	–	Methyl 4-aminosalicylate		L1393
137	90	91	107	89	77	31	78	**167**	100	44	40	34	29	28	25	19	**19.20**	8	9	3	1	–	–	–	–	–	–	–	–	Benzeneethanol, 4-nitro-	100-27-6	P7351
139	93	167	29	81	39	27	63	**167**	100	88	70	60	38	37	36	36		8	9	3	1	–	–	–	–	–	–	–	–	Benzene, 1-ethoxy-3-nitro-	621-52-3	Q3038
149	43	28	107	45	60	125	52	**167**	100	85	81	66	51	40	34	17	**9.50**	8	9	3	1	–	–	–	–	–	–	–	–	2,6-Dihydroxy-acetylaminobenzene		D1714
149	120	167	36	148	150	38	51	**167**	100	47	33	30	22	16	15	14		8	9	3	1	–	–	–	–	–	–	–	–	4-Pyridinecarboxaldehyde, 3-hydroxy-5-(hydroxymethyl)-2-methyl-	66-72-8	P5267
150	167	91	117	39	65	152	77	**167**	100	46	36	19	16	14	13	12		8	9	1	1	–	–	–	1	–	–	–	–	2,6-Dimethylsulphinylaniline		L2769
150	167	91	117	39	65	152	92	**167**	100	46	36	19	16	14	13	12		8	9	1	1	–	–	–	1	–	–	–	–	2,6-Dimethylsulphinylaniline		02213
150	168	166						**167**	100	15	5						**0.00**	9	13	2	1	–	–	–	–	–	–	–	–	Benzenemethanol, 3-hydroxy-α-[(methylamino)methyl]-, (R)-	59-42-7	P4984
152	167	84	153	68	168	53	69	**167**	100	53	16	8	6	6	5	5		8	9	3	1	–	–	–	–	–	–	–	–	2(1H)-Pyridinone, 3-acetyl-4-hydroxy-6-methyl-	5501-39-3	R1486
152	167	84	153	168	68	125	53	**167**	100	63	16	9	7	7	5	5		8	9	3	1	–	–	–	–	–	–	–	–	3-Acetyl-4-hydroxy-6-methyl-pyridin-2-one		M3433
156	157	158	97	141				**167**	100	8	5	1	1				**0.00**	8	7	2	–	–	–	–	1	–	–	–	–	Benzoic acid, 2-mercapto-, methyl ester, ion(1-)	61233-66-7	T5674
166	58	167	152	43	84	67	81	**167**	100	81	50	20	18	13	10	9		11	21	–	1	–	–	–	–	–	–	–	–	α-Skytanthine		M0127
166	58	167	152	43	84	81	67	**167**	100	99	50	22	19	14	13	13		11	21	–	1	–	–	–	–	–	–	–	–	β-Skytanthine		M0128
166	58	167	152	43	84	110	67	**167**	100	72	47	23	19	18	12	11		11	21	–	1	–	–	–	–	–	–	–	–	δ-Skytanthine		M0130
166	107	108	167	152	94	42	39	**167**	100	78	72	63	52	28	20	19		9	13	2	1	–	–	–	–	–	–	–	–	3-Pyridineacetic acid, 1,4-dihydro-1-methyl-, methyl ester	39998-23-7	S6201
166	167	58	152	110	84	67	81	**167**	100	85	75	20	15	6	6	5		11	21	–	1	–	–	–	–	–	–	–	–	γ-Skytanthine		M0129
167	39	120	149	42	121	52	80	**167**	100	79	74	70	59	54	46	42		8	9	3	1	–	–	–	–	–	–	–	–	4-Pyridinecarboxaldehyde, 3-hydroxy-5-(hydroxymethyl)-2-methyl-	66-72-8	P5269
167	41	80	123	108	94	39	96	**167**	100	54	53	45	41	34	33	33		9	13	2	1	–	–	–	–	–	–	–	–	2-Oxa-6-azatricyclo[3.3.1.1$^{(3,7)}$]decane-6-carboxaldehyde	50267-24-8	S7252
167	58	168	44	42	43	152	41	**167**	100	78	49	42	23	20	20	17		11	21	–	1	–	–	–	–	–	–	–	–	β-Skytanthine	24282-31-3	S0520
167	64	121	44	62	137	18	28	**167**	100	40	30	29	23	21	19	15		7	5	4	1	–	–	–	–	–	–	–	–	1,3-Benzodioxide, 4-nitro-		L3689
167	65	39	166	120	53	63	75	**167**	100	31	27	24	13	13	12	10		7	5	4	1	–	–	–	–	–	–	–	–	5-Nitrosalicylaldehyde		02944
167	65	77	93	44	123	51	50	**167**	100	80	55	50	49	41	29	27		7	5	4	1	–	–	–	–	–	–	–	–	Benzoic acid, 2-nitro-	552-16-9	Q1953
167	65	121	50	51	168	137	81	**167**	100	66	45	24	16	10	9	8		7	5	4	1	–	–	–	–	–	–	–	–	Benzoic acid, 4-nitro-	62-23-7	P5128
167	65	121	50	75	51	76	44	**167**	100	66	45	23	19	15	14	12		7	5	4	1	–	–	–	–	–	–	–	–	Benzoic acid, 4-nitro-	62-23-7	P5124
167	65	121	50	75	76	51	74	**167**	100	58	47	17	16	15	12	11		7	5	4	1	–	–	–	–	–	–	–	–	Benzoic acid, 3-nitro-	121-92-6	P9193

MASS TO CHARGE RATIOS								M.W.	INTENSITIES								Parent	C	H	O	N	Cl	Br	F	S	P	B	Si	X	COMPOUND NAME	CAS Reg No	No
167	65	137	63	121	107	62	79	**167**	100	38	37	26	22	20	19	12		7	5	4	1	–	–	–	–	–	–	–	–	**1,3-Benzodioxole, 5-nitro-**	2620-44-2	**Q8426**
167	69	45	63	39	32	64	38	**167**	100	33	23	20	19	19	17	17		7	5	–	1	–	–	–	2	–	–	–	–	**2(3H)-Benzothiazolethione**	149-30-4	**H0665**
167	70	139	53	138	166	168	52	**167**	100	53	31	28	25	17	15	14		8	9	1	1	–	–	–	1	–	–	–	–	**Thiazolo[3,2-a]pyridinium, 2,3-dihydro-8-hydroxy-5-methyl-, hydroxide, inner salt**	23003-43-2	**S0037**
167	80	149	120	42	52	121	134	**167**	100	43	25	22	21	20	20	17		8	9	3	1	–	–	–	–	–	–	–	–	**Isopyridoxal**	6560-46-9	**R2370**
167	83	166	44	168	139	140	39	**167**	100	16	14	13	12	10	7	6		12	9	–	1	–	–	–	–	–	–	–	–	**Carbazole**		**Y0638**
167	88	53	38	81	91	36	115	**167**	100	51	38	24	16	15	13	13		8	1	–	5	–	–	–	–	–	–	–	–	**Tetracyanopyrrole**		**17187**
167	108	69	91	96	135	109	123	**167**	100	33	26	22	19	19	15	13		7	5	–	1	–	–	–	2	–	–	–	–	**2(3H)-Benzothiazolethione**	149-30-4	**P9967**
167	108	81	41	109	166	152	54	**167**	100	97	87	71	65	57	57	45		10	17	1	1	–	–	–	–	–	–	–	–	**Morpholine, 4-(1-cyclohexen-1-yl)-**	670-80-4	**Q3637**
167	108	165	59	106	169	107	105	**167**	100	56	44	31	31	23	21	18		3	5	–	1	–	–	–	1	–	–	–	1	**1,3-Selenazolidine-2-thione**		**15182**
167	111	41	152	94	124	68	150	**167**	100	87	56	53	38	38	36	36		10	17	1	1	–	–	–	–	–	–	–	–	**Bicyclo[2.2.1]heptan-2-one, 4,7,7-trimethyl-, oxime**	4514-87-8	**R0526**
167	120	138	106	122	124	94	93	**167**	100	97	85	43	29	27	18	15		9	13	2	1	–	–	–	–	–	–	–	–	**1H-Pyrrole-2-carboxylic acid, 3-ethyl-, ethyl ester**	69687-81-6	**T7217**
167	121	76	104	50	168	151	92	**167**	100	99	69	46	38	33	29	24		7	5	2	1	–	–	–	1	–	–	–	–	**2,3-Dihydro-1,3-dioxo-1,2-benzisothiazole**		**D2777**
167	124	41	69	110	43	39	152	**167**	100	76	68	36	33	32	30	30		10	17	1	1	–	–	–	–	–	–	–	–	**Bicyclo[2.2.1]heptan-2-one, 1,7,7-trimethyl-, oxime**	13559-66-5	**R4632**
167	132	138	169	139	77	51	140	**167**	100	76	41	36	35	27	22	16		8	6	1	1	1	–	–	–	–	–	–	–	**2-Isocyanato-4-chlorotoluene**		**D0849**
167	149	36	120	39	121	80	52	**167**	100	74	69	65	43	42	33	32		8	9	3	1	–	–	–	–	–	–	–	–	**4-Pyridinecarboxaldehyde, 3-hydroxy-5-(hydroxymethyl)-2-methyl-**	66-72-8	**P5268**
167	152	44	138	42	124	123	53	**167**	100	75	70	58	39	39	34	21		8	13	1	3	–	–	–	–	–	–	–	–	**2-Dimethylamino-4,5-dimetyl-6-hydroxypyrimidine**		**D2089**
167	152	106	122	124	93	41	78	**167**	100	74	61	51	46	32	23	23		9	13	2	1	–	–	–	–	–	–	–	–	**1H-Pyrrole-2-carboxylic acid, 5-ethyl-, ethyl ester**	35011-31-5	**S4781**
167	152	138	44	124	69	55	123	**167**	100	80	72	69	61	59	56	52		8	13	1	3	–	–	–	–	–	–	–	–	**2-Dimethylamino-4-hydroxy-5,6-dimethylpyrimidine**		**D2760**
167	166	108	28	81	152	109	136	**167**	100	56	45	39	36	35	30	23		10	17	1	1	–	–	–	–	–	–	–	–	**Morpholine, 4-(1-cyclohexen-1-yl)-**		**00549**
167	166	140	139	168	63	70	115	**167**	100	54	22	22	13	8	7	7		12	9	–	1	–	–	–	–	–	–	–	–	**1-Naphthaleneacetonitrile**	132-75-2	**P9638**
167	166	140	139	168	69	70	28	**167**	100	65	21	19	14	12	11	8		12	9	–	1	–	–	–	–	–	–	–	–	**1-Naphthaleneacetonitrile**	132-75-2	**P9637**
167	166	140	139	168	141	169		**167**	100	48	20	18	14	2	1			12	9	–	1	–	–	–	–	–	–	–	–	**1-Naphthyl isocyanide, 2-methyl-**	20600-57-1	**R8764**
167	166	168	83	139	39	63	69.5	**167**	100	17	14	13	11	5	5	4		12	9	–	1	–	–	–	–	–	–	–	–	**Carbazole**		**W0106**
167	166	168	83	139	140	69.5	70.5	**167**	100	13	13	11	8	6	3	3		12	9	–	1	–	–	–	–	–	–	–	–	**Carbazole**		**Y2468**
167	166	168	139	83.5	140	63	69.5	**167**	100	22	13	13	10	9	5	5		12	9	–	1	–	–	–	–	–	–	–	–	**5H-Indeno[1,2-b]pyridine**		**Y2467**
168	151	169	113	167	152	166	170	**167**	100	10	10	3	2	1	1	1		9	13	2	1	–	–	–	–	–	–	–	–	**Phenol, 4-(2-aminoethyl)-2-methoxy-**	554-52-9	**Q1999**
168	169	150	151	138	152	167	170	**167**	100	10	4	4	3	3	2	2		7	5	4	1	–	–	–	–	–	–	–	–	**Benzoic acid, 3-nitro-**	121-92-6	**P9194**
28	32	73	153	43	18	123	14	**168**	100	31	8	5	3	3	3	3	**2.20**	8	8	4	–	–	–	–	–	–	–	–	–	**Acetophenone, 2′,4′,6′-trihydroxy-**	480-66-0	**Q1031**
29	55	81	95	54	41	39	27	**168**	100	98	87	76	73	64	63	58	**12.00**	10	16	2	–	–	–	–	–	–	–	–	–	**2,7-Octadienoic acid, ethyl ester, (E)-**	55282-91-2	**T0711**
30	75	168	50	76	122	92	74	**168**	100	91	67	64	61	33	29	24		6	4	4	2	–	–	–	–	–	–	–	–	**Benzene, 1,4-dinitro-**		**00168**
30	75	168	76	50	122	92	18	**168**	100	75	70	52	47	28	28	26		6	4	4	2	–	–	–	–	–	–	–	–	**Benzene, 1,4-dinitro-**		**05836**
30	168	76	75	50	92	122	74	**168**	100	94	80	79	64	44	36	23		6	4	4	2	–	–	–	–	–	–	–	–	**Benzene, 1,3-dinitro-**		**03064**
32	85	41	168	113	125	112	95	**168**	100	96	91	83	75	75	52	48		10	16	–	–	–	–	–	1	–	–	–	–	**Thiofenchone**		**L9100**
41	29	43	27	79	39	55	67	**168**	100	91	83	81	71	68	60	56	**0.00**	10	16	2	–	–	–	–	–	–	–	–	–	**2-Nonynoic acid, methyl ester**	111-80-8	**H0476**
41	39	67	55	43	81	59	69	**168**	100	69	60	56	54	53	46	42	**0.26**	10	16	2	–	–	–	–	–	–	–	–	–	**Cyclopropanecarboxylic acid, 3-(3-butenyl)-2,2-dimethyl-**	74779-76-3	**T8542**
41	43	55	56	29	69	57	70	**168**	100	84	68	60	54	45	42	40	**6.28**	12	24	–	–	–	–	–	–	–	–	–	–	**1-Dodecene**		**C1076**
41	43	55	56	69	70	29	83	**168**	100	92	80	64	58	56	54	51	**8.48**	12	24	–	–	–	–	–	–	–	–	–	–	**1-Dodecene**		**V0031**
41	43	55	69	56	27	57	39	**168**	100	99	97	88	59	35	34	33	**0.00**	12	24	–	–	–	–	–	–	–	–	–	–	**1-Heptene, 2-isobutyl-6-methyl-**		**00022**
41	43	81	108	67	55	42	69	**168**	100	59	53	52	51	45	41	39	**0.00**	10	16	2	–	–	–	–	–	–	–	–	–	**1-Oxaspiro[2.5]octan-4-one, 2,2,6-trimethyl-, cis-**	13080-29-0	**R4183**
41	43	108	69	55	70	42	81	**168**	100	88	63	56	55	50	47	46	**6.00**	10	16	2	–	–	–	–	–	–	–	–	–	**1-Oxaspiro[2.5]octan-4-one, 2,2,6-trimethyl-, trans-**	13080-28-9	**R4182**
41	55	69	56	70	43	83	57	**168**	100	80	72	60	58	49	42	41	**14.96**	12	24	–	–	–	–	–	–	–	–	–	–	**3-Dodecene, (Z)-**	7239-23-8	**R2991**
41	56	43	69	99	85	55	28	**168**	100	95	53	38	36	33	29	29	**0.05**	8	12	2	2	–	–	–	–	–	–	–	–	**Hexane, 1,6-diisocyanato-**		**F0122**
41	58	168	96	139	29	42	97	**168**	100	96	84	83	48	42	41	41		10	20	–	2	–	–	–	–	–	–	–	–	**Crotonaldehyde, 2,3-dimethyl-, diethylhydrazone**	25290-27-1	**S0999**
41	69	168	97	100	153	55	67	**168**	100	63	62	55	53	53	50	46		10	16	2	–	–	–	–	–	–	–	–	–	**4(1H)-Isobenzofuranone, hexahydro-3a,7a-dimethyl-, cis-(+-)-**	54346-05-3	**S8922**
41	79	43	27	39	29	67	55	**168**	100	83	76	75	74	62	60	42	**0.00**	10	16	2	–	–	–	–	–	–	–	–	–	**2-Nonynoic acid, methyl ester**	111-80-8	**P8601**
41	84	55	43	29	54	27	67	**168**	100	80	72	53	49	48	41	37	**0.50**	11	20	1	–	–	–	–	–	–	–	–	–	**4-Undecenal, (Z)-**		**P3911**
41	84	55	43	29	54	83	67	**168**	100	95	80	58	46	46	44	43	**1.00**	11	20	1	–	–	–	–	–	–	–	–	–	**4-Undecenal, (E)-**		**P3912**
41	84	97	43	69	168	111	98	**168**	100	68	59	56	51	51	44	38		10	16	2	–	–	–	–	–	–	–	–	–	**Bicyclo[2.2.2]octanone, 4-methoxy-1-methyl-**	3907-11-7	**Q9914**
41	126	98	97	95	42	55	70	**168**	100	91	76	62	52	43	43	38	**0.00**	10	16	2	–	–	–	–	–	–	–	–	–	**2-Cyclohexen-1-one, 3-(hydroxymethyl)-6-isopropyl-**	55955-54-9	**T2386**
41	168	39	127	42	67	27	54	**168**	100	55	40	15	10	8	7	6		3	5	–	–	–	–	–	–	–	–	–	1	**Allyl iodide**		**Z1149**
43	27	39	55	71	44	28	119	**168**	100	17	13	12	11	9	8	7	**0.16**	10	16	2	–	–	–	–	–	–	–	–	–	**p-Menthane, cis-1,2:4,5-diepoxy-**	42569-58-4	**S6953**
43	39	67	41	27	54	55	79	**168**	100	37	31	29	25	23	20	16	**0.01**	10	16	2	–	–	–	–	–	–	–	–	–	**2,7-Octadieniol, acetate**		**C0821**
43	41	57	71	69	85	55	27	**168**	100	70	65	64	33	29	27	24	**0.00**	12	24	–	–	–	–	–	–	–	–	–	–	**1-Nonene, 4,6,8-trimethyl-**	54410-98-9	**S8984**

MASS TO CHARGE RATIOS								M.W.	INTENSITIES								Parent	C	H	O	N	Cl	Br	F	S	P	B	Si	X	COMPOUND NAME	CAS Reg No	No
43	41	71	70	27	29	39	57	**168**	100	70	57	52	40	37	25	22	**0.50**	7	14	–	–	2	–	–	–	–	–	–	–	1,1-Dichloro-3-methylhexane		01469
43	41	97	71	79	68	82	55	**168**	100	58	55	48	26	19	19	15	**4.00**	10	16	2	–	–	–	–	–	–	–	–	–	2-Octenal, (Z)-3,7-dimethyl-6-oxo-		16483
43	41	123	85	93	107	81	153	**168**	100	63	60	48	48	48	42	40	**33.00**	11	20	1	–	–	–	–	–	–	–	–	–	1-Cyclohexene-1-methanol, α,2,6,6-tetramethyl-	54345-61-8	S8905
43	42	41	55	39	72	69	93	**168**	100	79	66	60	52	49	45	44	**0.00**	11	20	1	–	–	–	–	–	–	–	–	–	trans-p-Meth-8-en-1-yl methyl ether		M1338
43	42	140	139	168	41	137	111	**168**	100	96	92	75	73	63	37	37		6	8	2	4	–	–	–	–	–	–	–	–	Piperazine, 2,6-bis(formylimino)-		06721
43	54	67	79	99	41	93	80	**168**	100	23	21	12	10	10	10	9	**0.00**	10	16	2	–	–	–	–	–	–	–	–	–	1,7-Octadien-3-ol, acetate	3491-26-7	Q9462
43	55	56	69	41	84	57	70	**168**	100	97	77	73	45	38	37	34	**3.84**	12	24	–	–	–	–	–	–	–	–	–	–	2-Undecene, 8-methyl-, (Z)-	74630-44-7	T8193
43	55	56	70	41	71	69	84	**168**	100	65	43	39	34	30	27	19	**4.56**	12	24	–	–	–	–	–	–	–	–	–	–	5-Undecene, 8-methyl-, (E)-	39546-85-5	S6088
43	55	69	56	41	84	70	83	**168**	100	74	61	56	49	45	33	31	**0.64**	12	24	–	–	–	–	–	–	–	–	–	–	1-Undecene, 8-methyl-	74630-40-3	T8189
43	55	111	41	85	153	83	72	**168**	100	68	64	42	41	40	38	25	**17.50**	11	20	1	–	–	–	–	–	–	–	–	–	3-Decen-2-one, 3-methyl-		Z1155
43	57	71	41	85	55	29	56	**168**	100	68	65	44	35	23	18	16	**0.29**	12	24	–	–	–	–	–	–	–	–	–	–	1-Undecene, 4-methyl-	74630-39-0	T8188
43	67	54	41	79	93	55	80	**168**	100	31	22	16	15	13	12	10	**0.00**	10	16	2	–	–	–	–	–	–	–	–	–	2,7-Octadien-1-ol, acetate, (E)-	30460-73-2	S2918
43	67	54	79	41	93	55	80	**168**	100	36	26	17	17	15	13	12	**0.00**	10	16	2	–	–	–	–	–	–	–	–	–	2,7-Octadien-1-ol, acetate, (Z)-	30460-72-1	S2917
43	69	55	41	56	57	70	29	**168**	100	78	61	54	53	51	32	25	**0.74**	12	24	–	–	–	–	–	–	–	–	–	–	1-Undecene, 7-methyl-	74630-42-5	T8191
43	71	41	27	39	69	83	29	**168**	100	28	25	14	12	5	4	4	**0.10**	10	16	2	–	–	–	–	–	–	–	–	–	p-Menthane, trans-1,2:4,5-diepoxy-	42569-59-5	S6954
43	79	77	41	39	27	67	93	**168**	100	58	27	22	21	17	14	13	**4.70**	10	16	2	–	–	–	–	–	–	–	–	–	2,4-Octadien-1-ol, (E,E)-, acetate		P3903
43	85	168	153	69	125	98	84	**168**	100	57	54	38	26	22	15	11		8	8	4	–	–	–	–	–	–	–	–	–	2-Hydroxy-3-acetyl-6-methyl-4-pyrone		03254
43	85	168	153	69	125	98	84	**168**	100	55	53	37	26	21	16	11		8	8	4	–	–	–	–	–	–	–	–	–	2-Hydroxy-3-acetyl-6-methyl-4-pyrone		L6821
43	95	41	107	110	55	67	79	**168**	100	41	30	29	27	22	18	13	**6.00**	10	16	2	–	–	–	–	–	–	–	–	–	2-Heptenal, (E)-3-isopropyl-6-oxo-		16484
43	95	69	41	110	85	55	67	**168**	100	59	49	46	42	35	24	15	**7.00**	11	20	1	–	–	–	–	–	–	–	–	–	7-Nonen-2-one, 4,8-dimethyl-	3664-64-0	Q9631
43	97	41	71	55	69	39	82	**168**	100	63	55	25	25	23	20	17	**1.10**	10	16	2	–	–	–	–	–	–	–	–	–	p-Menth-2-ene, 1,4-epidioxy-	512-85-6	H0761
43	97	41	71	79	69	82	55	**168**	100	63	61	47	26	19	19	15	**4.00**	10	16	2	–	–	–	–	–	–	–	–	–	2-Octenal, (E)-3,7-dimethyl-6-oxo-		16482
43	97	121	95	107	55	137	72	**168**	100	59	55	44	42	40	38	30	**23.00**	10	16	2	–	–	–	–	–	–	–	–	–	2-Cyclohexene-1-carboxaldehyde, 5-hydroxy-2,6,6-trimethyl-	70429-50-4	T7587
43	121	41	136	97	93	55	69	**168**	100	54	49	45	43	40	24	18	**0.59**	10	16	2	–	–	–	–	–	–	–	–	–	p-Menth-2-ene, 1,4-epidioxy-	512-85-6	Q1481
43	125	123	83	139	97	109	152	**168**	100	42	14	12	11	10	8	3	**0.00**	9	12	3	–	–	–	–	–	–	–	–	–	3-Cyclohexen-2-ol-1-one, 5,6-epoxy-2,4,6-trimethyl-		L9782
43	126	69	42	87	153	168	84	**168**	100	52	25	10	10	10	9	8		8	8	4	–	–	–	–	–	–	–	–	–	2H-Pyran-2-one, 4-hydroxy-6-(2-oxopropyl)-	10310-07-3	R3734
43	140	168	137	95	109	125	153	**168**	100	75	73	52	48	39	34	31		8	8	4	–	–	–	–	–	–	–	–	–	2H-Pyran-5-carboxylic acid, 6-methyl-2-oxo-, methyl ester	669-40-9	Q3633
44	54	43	125	42	28	69	168	**168**	100	94	72	68	67	40	34	34		5	4	3	4	–	–	–	–	–	–	–	–	1H-Purine-2,6,8(3H)-trione, 7,9-dihydro-		L7307
45	63	58	75	43	65	107	44	**168**	100	36	15	15	13	11	11	9	**0.00**	6	13	3	–	1	–	–	–	–	–	–	–	Ethanol, 2-[2-(2-chloroethoxy)ethoxy]-	5197-62-6	R1188
45	63	75	27	107	65	58	31	**168**	100	31	17	13	12	10	9	8	**0.00**	6	13	3	–	1	–	–	–	–	–	–	–	Ethanol, 2-[2-(2-chloroethoxy)ethoxy]-		Z1159
45	168	133	46	119	61	170	73	**168**	100	84	78	67	44	39	37	35		5	9	–	–	1	–	–	2	–	–	–	–	2-Chloromethyl-1,4-dithiane		D1521
51	99	29	49	69	79	129	101	**168**	100	90	64	62	52	50	31	19	**0.24**	3	2	1	–	–	–	6	–	–	–	–	–	2-Propanol, 1,1,1,3,3,3-hexafluoro-		G0209
54	53	45	98	84	31	97	52	**168**	100	23	19	19	19	18	16	15	**0.58**	8	12	2	2	–	–	–	–	–	–	–	–	Ethylene dioxy dipropionitrile		D0981
54	79	66	80	39	67	93	77	**168**	100	68	39	36	33	26	23	17	**0.00**	6	7	–	–	2	–	1	–	–	–	–	–	4-Fluoro-4,5-dichlorocyclo-hexene		Z1162
54	125	69	53	168	70	55	97	**168**	100	52	42	29	28	17	17	17		5	4	3	4	–	–	–	–	–	–	–	–	1H-Purine-2,6,8(3H)-trione, 7,9-dihydro-	69-93-2	P5364
55	29	67	54	43	82	68	69	**168**	100	52	47	37	35	35	35	33	**0.00**	11	20	1	–	–	–	–	–	–	–	–	–	Undecenal	1337-83-3	H1179
55	41	56	43	69	70	57	29	**168**	100	82	60	55	54	35	33	31	**5.80**	12	24	–	–	–	–	–	–	–	–	–	–	4-Dodecene, (E)-	7206-15-7	R2932
55	41	56	69	43	70	29	83	**168**	100	71	54	52	42	37	30	25	**7.35**	12	24	–	–	–	–	–	–	–	–	–	–	5-Dodecene, (E)-	7206-16-8	R2933
55	41	56	69	43	70	57	83	**168**	100	95	90	88	72	65	58	40	**10.70**	12	24	–	–	–	–	–	–	–	–	–	–	3-Dodecene, (Z)-	7239-23-8	R2990
55	41	67	29	39	54	57	43	**168**	100	90	58	37	36	34	31	31	**0.00**	11	20	1	–	–	–	–	–	–	–	–	–	10-Undecenal	112-45-8	P8714
55	41	69	56	43	70	57	83	**168**	100	99	96	87	74	67	62	40	**10.75**	12	24	–	–	–	–	–	–	–	–	–	–	3-Dodecene, (E)-	7206-14-6	R2931
55	41	69	56	83	43	70	28	**168**	100	77	73	71	60	57	55	51	**3.87**	12	24	–	–	–	–	–	–	–	–	–	–	Cyclododecane	294-62-2	Q0264
55	41	69	56	83	43	70	57	**168**	100	95	75	70	64	56	55	44	**34.21**	12	24	–	–	–	–	–	–	–	–	–	–	Cyclododecane		C1564
55	41	126	69	27	43	97	39	**168**	100	96	82	68	51	48	45	45	**6.96**	11	20	1	–	–	–	–	–	–	–	–	–	1-Cyclohexanone, 2,5-dimethyl-2-isopropyl-		U0024
55	41	126	69	43	39	97	84	**168**	100	95	82	68	47	44	44	25	**9.00**	11	20	1	–	–	–	–	–	–	–	–	–	Cyclohexanone, 2,5-dimethyl-2-isopropenyl-		M2688
55	43	56	41	69	57	70	29	**168**	100	86	74	68	63	59	57	39	**6.97**	12	24	–	–	–	–	–	–	–	–	–	–	2-Dodecene, (E)-	7206-13-5	R2930
55	43	56	69	41	70	57	83	**168**	100	88	86	72	69	63	61	42	**10.04**	12	24	–	–	–	–	–	–	–	–	–	–	2-Dodecene, (Z)-	7206-26-0	R2939
55	56	41	69	83	70	43	27	**168**	100	54	47	39	30	25	25	22	**4.36**	12	24	–	–	–	–	–	–	–	–	–	–	4-Undecene, 5-methyl-, (E)-	41851-94-9	S6738
55	56	41	70	69	43	57	83	**168**	100	83	77	75	71	67	40	37	**1.96**	12	24	–	–	–	–	–	–	–	–	–	–	Cyclopropane, 1-ethyl-2-heptyl-	74663-86-8	T8309
55	56	43	69	41	70	57	83	**168**	100	91	85	73	71	67	57	51	**0.71**	12	24	–	–	–	–	–	–	–	–	–	–	Cyclopropane, nonyl-	74663-85-7	T8308
55	56	69	41	43	70	42	57	**168**	100	94	77	61	51	49	39	33	**3.64**	12	24	–	–	–	–	–	–	–	–	–	–	Cyclopropane, 1-butyl-2-pentyl-, cis-	74663-88-0	T8311
55	56	69	41	70	43	57	42	**168**	100	82	73	66	52	50	35	34	**2.99**	12	24	–	–	–	–	–	–	–	–	–	–	Cyclopropane, 1-butyl-2-pentyl-, trans-	74663-87-9	T8310
55	56	69	41	70	43	57	42	**168**	100	89	65	63	59	55	38	35	**3.93**	12	24	–	–	–	–	–	–	–	–	–	–	Cyclopropane, 1-hexyl-2-propyl-, cis-	74630-58-3	T8207
55	56	69	57	70	83	84	97	**168**	100	75	62	62	59	47	35	30	**4.52**	12	24	–	–	–	–	–	–	–	–	–	–	1-Dodecene		Y1359
55	56	69	70	83	41	57	43	**168**	100	83	49	47	43	39	38	28	**6.67**	12	24	–	–	–	–	–	–	–	–	–	–	4-Undecene, 5-methyl-, (Z)-	74630-69-6	T8218
55	56	83	69	70	57	41	43	**168**	100	85	52	48	42	36	34	20	**15.00**	12	24	–	–	–	–	–	–	–	–	–	–	4-Undecene, 5-methyl-	20634-43-9	R8795

MASS TO CHARGE RATIOS								M.W.	INTENSITIES								Parent	C	H	O	N	Cl	Br	F	S	P	B	Si	X	COMPOUND NAME	CAS Reg No	No
55	69	41	56	70	43	57	29	**168**	100	86	65	61	44	41	31	29	**9.76**	12	24	–	–	–	–	–	–	–	–	–	–	**6-Dodecene, (E)-**	7206-17-9	**R2934**
55	69	56	41	43	70	57	83	**168**	100	70	66	56	53	46	33	31	**8.33**	12	24	–	–	–	–	–	–	–	–	–	–	**5-Dodecene, (Z)-**	7206-28-2	**R2940**
55	69	56	41	97	84	83	43	**168**	100	51	42	27	22	19	17	15	**6.30**	12	24	–	–	–	–	–	–	–	–	–	–	**4-Undecene, 4-methyl-, (Z)-**	74630-57-2	**T8206**
55	69	56	97	41	84	83	70	**168**	100	48	39	26	25	23	17	15	**10.00**	12	24	–	–	–	–	–	–	–	–	–	–	**4-Undecene, 4-methyl-**	61142-40-3	**T5442**
55	71	94	54	59	39	41	79	**168**	100	32	29	26	24	19	19	18	**10.82**	10	16	2	–	–	–	–	–	–	–	–	–	**3,7-Nonadienoic acid, methyl ester**		**C1562**
55	82	83	43	69	41	67	84	**168**	100	96	91	88	70	55	39	36	**4.14**	12	24	–	–	–	–	–	–	–	–	–	–	**Cyclohexane, (1,3-dimethylbutyl)-**	61142-19-6	**T5404**
55	83	41	39	168	27	29	28	**168**	100	86	55	20	20	18	12	10		8	12	2	2	–	–	–	–	–	–	–	–	**1,2,3-Oxadiazoline, 3-cyclohexyl-5-oxo-**	69597-56-4	**T7161**
55	83	41	43	29	57	27	28	**168**	100	60	45	28	23	20	19	15	**13.80**	10	21	1	–	–	–	–	–	–	1	–	–	**Borinic acid, diethyl-, 2-ethyl-1-butenyl ester**	60671-96-7	**T5219**
55	83	41	70	69	29	43	57	**168**	100	52	50	39	36	23	19	18	**4.59**	12	24	–	–	–	–	–	–	–	–	–	–	**4-Undecene, 3-methyl-, (E)-**	74630-59-4	**T8208**
55	83	41	168	39	27	29	28	**168**	100	86	55	20	20	18	12	10		8	12	2	2	–	–	–	–	–	–	–	–	**1,2,3-Oxadiazoline, 3-cyclohexyl-5-oxo-**		**02061**
55	83	56	41	70	82	69	43	**168**	100	74	47	45	33	31	29	28	**0.98**	12	24	–	–	–	–	–	–	–	–	–	–	**Cyclopentane, 1-hexyl-3-methyl-**	61142-68-5	**T5502**
55	83	69	56	41	70	43	84	**168**	100	77	66	62	50	50	48	38	**12.10**	12	24	–	–	–	–	–	–	–	–	–	–	**Cyclododecane**		**D0959**
55	83	70	69	41	57	56	43	**168**	100	65	54	42	38	22	20	19	**4.46**	12	24	–	–	–	–	–	–	–	–	–	–	**4-Undecene, 3-methyl-, (Z)-**	74645-87-7	**T8239**
55	83	109	114	82	108	137	41	**168**	100	38	37	32	23	17	17	14	**8.00**	10	16	2	–	–	–	–	–	–	–	–	–	**2,6-Octadienoic acid, 3-methyl-, methyl ester, (E,Z)-**	55283-12-0	**T0732**
55	84	97	112	113	125	43	126	**168**	100	73	57	55	53	46	40	40	**38.94**	10	16	2	–	–	–	–	–	–	–	–	–	**1,3-Cyclohexanedione, 2-butyl-**	18456-90-1	**R7629**
55	97	41	96	69	29	43	27	**168**	100	79	52	39	36	33	30	29	**8.81**	12	24	–	–	–	–	–	–	–	–	–	–	**Cyclohexane, 1-methyl-4-(1-methylbutyl)-**	54411-00-6	**S8985**
55	109	114	83	137	82	108	168	**168**	100	34	30	24	19	18	17	13		10	16	2	–	–	–	–	–	–	–	–	–	**2,6-Octadienoic acid, 3-methyl-, methyl ester, (E,E)-**	55283-13-1	**T0733**
55	125	41	43	27	69	39	29	**168**	100	56	36	28	25	21	16	15	**6.77**	11	20	1	–	–	–	–	–	–	–	–	–	**4-Hepten-3-one, 2,4-dimethyl-5-ethyl-**		**04726**
55	126	69	41	97	70	95	111	**168**	100	81	63	61	43	25	23	22	**0.00**	11	20	1	–	–	–	–	–	–	–	–	–	**Cyclohexanone, 2-ethyl-2-propyl-**	55283-56-2	**T0776**
56	28	125	42	29	71	112	140	**168**	100	86	74	73	33	31	29	24	**9.10**	5	13	1	2	–	–	1	1	–	–	–	–	**Diethylaminosulphur(VI)oxide monofluoride-methylimide**		**M6672**
56	41	43	85	69	99	39	98	**168**	100	68	36	34	26	23	20	20	**0.00**	8	12	2	2	–	–	–	–	–	–	–	–	**Hexane, 1,6-diisocyanato-**	822-06-0	**Q4238**
56	41	69	55	43	57	83	39	**168**	100	84	84	82	64	44	33	31	**9.15**	12	24	–	–	–	–	–	–	–	–	–	–	**4-Undecene, 2-methyl-, (E)-**	28665-57-8	**S2167**
56	43	41	57	69	55	70	29	**168**	100	72	66	61	50	44	40	22	**4.20**	12	24	–	–	–	–	–	–	–	–	–	–	**3-Undecene, 7-methyl-, (E)-**	74630-53-8	**T8202**
56	43	55	69	41	84	70	57	**168**	100	99	79	57	53	42	31	25	**6.01**	12	24	–	–	–	–	–	–	–	–	–	–	**4-Undecene, 8-methyl-, (Z)-**	74630-55-0	**T8204**
56	43	57	41	69	55	70	29	**168**	100	91	72	68	66	53	41	21	**3.55**	12	24	–	–	–	–	–	–	–	–	–	–	**3-Undecene, 7-methyl-, (Z)-**	74630-49-2	**T8198**
56	43	57	55	41	69	70	83	**168**	100	96	87	72	63	39	35	34	**0.70**	12	24	–	–	–	–	–	–	–	–	–	–	**1-Undecene, 5-methyl-**	74630-38-9	**T8187**
56	43	57	69	41	55	70	83	**168**	100	70	59	54	50	48	25	23	**1.27**	12	24	–	–	–	–	–	–	–	–	–	–	**1-Undecene, 10-methyl-**	22370-55-4	**R9655**
56	55	41	43	69	57	83	29	**168**	100	89	87	74	72	51	33	29	**4.75**	12	24	–	–	–	–	–	–	–	–	–	–	**4-Undecene, 10-methyl-, (E)-**	74630-60-7	**T8209**
56	55	41	70	43	69	57	29	**168**	100	28	22	19	14	13	13	9	**0.00**	12	24	–	–	–	–	–	–	–	–	–	–	**Cyclobutane, 1-hexyl-2,3-dimethyl-**	55170-84-8	**T0521**
56	55	69	84	41	43	70	29	**168**	100	72	64	45	43	25	19	15	**11.00**	12	24	–	–	–	–	–	–	–	–	–	–	**3-Undecene, 4-methyl-**	74630-68-5	**T8217**
56	57	41	69	55	43	29	70	**168**	100	38	29	28	25	20	13	13	**3.70**	12	24	–	–	–	–	–	–	–	–	–	–	**1-Undecene, 2-methyl-**	18516-37-5	**R7668**
56	57	41	69	168	72	39	55	**168**	100	51	26	25	21	20	12	11		10	16	2	–	–	–	–	–	–	–	–	–	**1,2-Cyclohexanedione, 3,3,6,6-tetramethyl-**	20651-89-2	**R8829**
56	57	55	41	69	29	70	97	**168**	100	86	63	54	45	35	25	19	**4.36**	12	24	–	–	–	–	–	–	–	–	–	–	**1-Heptene, 2-pentyl-**	17799-46-1	**R7192**
56	57	55	41	69	70	97	112	**168**	100	47	38	35	30	17	16	14	**8.00**	12	24	–	–	–	–	–	–	–	–	–	–	**Undecane, 6-methylene-**		**M3473**
56	57	55	41	69	70	97	112	**168**	100	47	37	30	30	17	17	12	**8.01**	12	24	–	–	–	–	–	–	–	–	–	–	**1-Heptene, 2-pentyl-**	17799-46-1	**R7193**
56	57	55	69	41	70	43	29	**168**	100	29	27	23	22	19	15	10	**1.16**	12	24	–	–	–	–	–	–	–	–	–	–	**Undecane, 5-methylene-**	5698-48-6	**R1690**
56	57	55	69	41	70	84	97	**168**	100	83	69	52	46	30	26	26	**11.00**	12	24	–	–	–	–	–	–	–	–	–	–	**1-Heptene, 2-pentyl-**	17799-46-1	**R7194**
56	69	55	41	57	43	70	29	**168**	100	98	72	67	47	36	24	22	**7.34**	12	24	–	–	–	–	–	–	–	–	–	–	**3-Undecene, 2-methyl-, (E)-**	74630-51-6	**T8200**
56	69	55	41	57	43	70	29	**168**	100	70	59	51	47	37	26	23	**5.48**	12	24	–	–	–	–	–	–	–	–	–	–	**5-Undecene, 2-methyl-, (Z)-**	74630-63-0	**T8212**
56	83	84	28	112	42	41	27	**168**	100	99	68	43	36	32	26	25	**0.00**	8	16	–	4	–	–	–	–	–	–	–	–	**1H,5H,7H,11H-Dipyrazolo[1,2-a:1′,2′-d][1,2,4,5]tetrazine, tetrahydro-**	37882-92-1	**S5613**
56	98	70	125	54	68	84	57	**168**	100	83	57	27	26	26	19	15	**11.21**	12	24	–	–	–	–	–	–	–	–	–	–	**Cyclohexane, 1-butyl-3-ethyl-**	54410-99-0	**H2059**
57	41	29	55	27	58	69	112	**168**	100	18	13	8	5	5	5	5	**0.86**	12	24	–	–	–	–	–	–	–	–	–	–	**4-Decene, 2,2-dimethyl-, (Z)-**	55499-03-1	**T1252**
57	41	29	55	69	56	112	70	**168**	100	19	12	9	8	6	5	5	**1.48**	12	24	–	–	–	–	–	–	–	–	–	–	**4-Decene, 2,2-dimethyl-, (E)-**	55534-69-5	**T1491**
57	41	29	97	56	112	39	42	**168**	100	25	15	15	12	12	7	7	**0.11**	10	20	–	2	–	–	–	–	–	–	–	–	**Ethanedimine, N,N′-di-tert-butyl-**	30834-74-3	**S3025**
57	41	43	56	55	70	29	69	**168**	100	33	32	22	21	16	16	15	**3.07**	12	24	–	–	–	–	–	–	–	–	–	–	**3-Undecene, 6-methyl-, (E)-**	74630-52-7	**T8201**
57	43	41	83	55	56	70	71	**168**	100	98	58	57	52	48	39	39	**1.26**	12	24	–	–	–	–	–	–	–	–	–	–	**1-Decene, 2,4-dimethyl-**	55170-80-4	**T0519**
57	43	71	41	55	29	56	70	**168**	100	70	68	34	31	22	22	14	**3.64**	12	24	–	–	–	–	–	–	–	–	–	–	**2-Undecene, 5-methyl-**	56851-34-4	**T4232**
57	43	71	41	55	56	29	70	**168**	100	77	67	39	36	27	24	24	**0.10**	12	24	–	–	–	–	–	–	–	–	–	–	**1-Decene, 3,4-dimethyl-**	50871-03-9	**S7510**
57	55	70	69	83	56	41	43	**168**	100	78	72	64	58	46	43	41	**0.33**	12	24	–	–	–	–	–	–	–	–	–	–	**Cyclopropane, 1-sec-butyl-**	64723-36-0	**T6509**
57	56	55	43	69	41	29	70	**168**	100	93	69	53	41	40	27	24	**3.52**	12	24	–	–	–	–	–	–	–	–	–	–	**2-Undecene, 6-methyl-, (E)-**	74630-61-8	**T8210**
57	56	55	43	69	41	97	70	**168**	100	77	66	54	40	38	27	26	**3.38**	12	24	–	–	–	–	–	–	–	–	–	–	**2-Undecene, 6-methyl-, (Z)-**	74630-43-6	**T8192**
57	56	69	41	112	55	43	168	**168**	100	95	45	40	36	34	24	16		12	24	–	–	–	–	–	–	–	–	–	–	**Decane, 2,9-dimethyl-5-methylene-**	33717-92-9	**S4330**
57	69	55	41	110	29	43	111	**168**	100	43	39	32	15	14	13	10	**3.00**	12	24	–	–	–	–	–	–	–	–	–	–	**4-Octene, 2,2,3,7-tetramethyl-, (S)-(E)-**	63865-57-6	**T6305**
57	69	70	83	125	97	126	140	**168**	100	90	85	81	29	28	21	9	**4.00**	11	20	1	–	–	–	–	–	–	–	–	–	**1,3-Di-t-butyl allene oxide**		**L6255**
57	95	112	41	29	39	27	81	**168**	100	46	39	37	22	19	18	17	**0.27**	11	20	1	–	–	–	–	–	–	–	–	–	**Cycloheptene, 1-tert-butoxy-**	49565-07-3	**S7127**
57	97	41	29	55	69	39	27	**168**	100	31	30	19	13	11	10	9	**3.80**	12	24	–	–	–	–	–	–	–	–	–	–	**Triisobutene**	7756-94-7	**H1665**

MASS TO CHARGE RATIOS								M.W.	INTENSITIES								Parent	C	H	O	N	Cl	Br	F	S	P	B	Si	X	COMPOUND NAME	CAS Reg No	No
57	97	41	29	55	69	112	83	**168**	100	25	21	13	10	9	8	8	**4.50**	12	24	–	–	–	–	–	–	–	–	–	–	**Triisobutylene**		**C0606**
57	97	111	69	126	112	168		**168**	100	75	55	53	25	24	1			11	20	1	–	–	–	–	–	–	–	–	–	**Cyclopropanone, 2,2-di-tert-butyl-**		**L5860**
58	41	153	42	113	70	84	97	**168**	100	64	50	29	29	24	22	16	**14.00**	9	16	1	2	–	–	–	–	–	–	–	–	**2H-Imidazol-2-one, 1-tert-butyl-1,5-dihydro-5,5-dimethyl-**	67969-57-7	**T6904**
59	45	74	43	122	121	44	123	**168**	100	76	71	42	32	32	24	13	**2.74**	8	8	4	–	–	–	–	–	–	–	–	–	**Benzeneacetic acid, α,2-dihydroxy-**		**B0520**
59	57	31	153	43	29	55	41	**168**	100	25	11	8	6	5	5	5	**0.00**	5	12	4	–	–	–	–	1	–	–	–	–	**1,2-Propanediol, 2-methyl-, 1-methanesulphonate**	74792-80-6	**T8561**
59	67	82	43	95	107	41	55	**168**	100	28	28	27	23	17	17	16	**1.00**	11	20	1	–	–	–	–	–	–	–	–	–	**1-Cyclohexene, 1,3-dimethyl-4-(1-hydroxy-isopropyl)-**		**M2627**
65	75	78	124	168	77	108	47	**168**	100	89	73	64	64	48	29	24		8	8	2	–	–	–	–	1	–	–	–	–	**Methyl phenyl thiocarbonate**	1007-37-0	**Q5040**
65	75	78	168	124	77	108	93	**168**	100	90	75	65	64	50	32	28		8	8	2	–	–	–	–	1	–	–	–	–	**Methyl phenyl thiocarbonate**		**L0817**
67	32	82	54	41	79	83	109	**168**	100	59	51	25	25	24	24	23	**0.00**	11	20	1	–	–	–	–	–	–	–	–	–	**2,7-Octadiene, 1-isopropoxy-**		**C0903**
67	39	41	79	84	97	27	59	**168**	100	53	50	50	49	43	38	36	**0.24**	10	16	2	–	–	–	–	–	–	–	–	–	**4-Nonynoic acid, methyl ester**	20731-15-1	**R8891**
67	41	59	79	108	94	55	93	**168**	100	94	80	80	74	73	67	59	**0.95**	10	16	2	–	–	–	–	–	–	–	–	–	**3-Nonynoic acid, methyl ester**	7003-47-6	**R2781**
67	43	41	57	55	82	39	27	**168**	100	98	64	58	56	43	37	33	**0.27**	11	20	1	–	–	–	–	–	–	–	–	–	**2,7-Octadiene, 1-isopropoxy-**		**C0896**
67	71	113	55	54	85	68	108	**168**	100	99	84	77	74	74	71	58	**49.00**	10	16	2	–	–	–	–	–	–	–	–	–	**2H-Oxecin-2-one, 3,4,7,8,9,10-hexahydro-10-methyl-, (Z)-(+-)-**	67400-99-1	**T6808**
67	109	41	108	94	55	81	168	**168**	100	80	53	46	38	36	36	34		10	16	2	–	–	–	–	–	–	–	–	–	**3-Cyclooctenecarboxylic acid, methyl ester**		**C0086**
67	109	108	87	41	79	136	168	**168**	100	85	56	53	50	43	41	40		10	16	2	–	–	–	–	–	–	–	–	–	**5-Cyclooctenecarboxylic acid, methyl ester**		**C0393**
67	109	127	41	89	168	108	81	**168**	100	99	97	51	43	40	37	36		10	16	2	–	–	–	–	–	–	–	–	–	**1-Pentalenecarboxylic acid, octahydro-, methyl ester**		**C0199**
68	67	41	83	39	53	56	55	**168**	100	94	59	49	30	29	26	25	**9.00**	10	16	2	–	–	–	–	–	–	–	–	–	**4,7-Dioxaspiro[2.4]heptane, 1,1,6,6-tetramethyl-5-methylene-**		**L6712**
68	67	110	43	82	41	55	39	**168**	100	68	42	21	16	14	9	9	**0.20**	10	16	2	–	–	–	–	–	–	–	–	–	**2H-Pyran-3(4H)-one, dihydro-2,2,6-trimethyl-6-vinyl-**	33933-72-1	**S4460**
68	108	67	125	41	81	43	69	**168**	100	92	62	29	28	28	26	26	**5.00**	10	16	2	–	–	–	–	–	–	–	–	–	**Cyclobutaneacetic acid, 1-methyl-2-isopropenyl-**	55760-16-2	**T2085**
69	41	43	107	39	67	82	53	**168**	100	83	44	32	24	20	18	13	**1.00**	11	20	1	–	–	–	–	–	–	–	–	–	**2,6-Octadien-1-ol, 2,3,7-trimethyl**		**M2624**
69	41	55	43	67	27	125	83	**168**	100	89	44	35	30	24	20	19	**3.00**	12	24	–	–	–	–	–	–	–	–	–	–	**4-Nonene, 2,3,3-trimethyl-, (E)-**	63830-67-1	**T6298**
69	41	55	125	83	43	57	27	**168**	100	31	27	19	18	17	11	10	**2.00**	12	24	–	–	–	–	–	–	–	–	–	–	**4-Nonene, 2,3,3-trimethyl-, (Z)-**	63830-68-2	**T6299**
69	43	55	41	125	18	139	97	**168**	100	59	54	54	29	29	27	24	**5.70**	10	16	2	–	–	–	–	–	–	–	–	–	**p-Menth-2-ene, 1,4-epidioxy-**		**01731**
69	55	41	43	29	57	111	39	**168**	100	49	40	37	17	16	15	15	**0.00**	11	20	1	–	–	–	–	–	–	–	–	–	**1-Undecyn-4-ol**	22127-86-2	**R9573**
69	55	41	56	70	43	57	83	**168**	100	94	91	91	65	50	48	36	**8.00**	12	24	–	–	–	–	–	–	–	–	–	–	**Cyclohexane, 1,1,3-trimethyl-2-propyl-**		**P3951**
69	55	41	56	70	83	43	57	**168**	100	98	96	60	57	39	34	33	**11.83**	12	24	–	–	–	–	–	–	–	–	–	–	**6-Dodecene, (E)-**	7206-17-9	**R2935**
69	55	41	70	43	57	83	84	**168**	100	48	25	24	23	22	20	10	**9.00**	12	24	–	–	–	–	–	–	–	–	–	–	**4-Octene, 2,3,6,7-tetramethyl-**	63830-66-0	**T6297**
69	55	56	41	43	70	57	111	**168**	100	92	42	35	24	22	21	16	**4.07**	12	24	–	–	–	–	–	–	–	–	–	–	**5-Undecene, 7-methyl-, (Z)-**	74630-62-9	**T8211**
69	55	56	41	57	70	43	29	**168**	100	81	55	46	25	22	20	18	**7.93**	12	24	–	–	–	–	–	–	–	–	–	–	**5-Undecene, 5-methyl-, (Z)-**	57024-93-8	**T4307**
69	55	56	41	57	70	111	43	**168**	100	72	54	33	28	28	21	21	**14.45**	12	24	–	–	–	–	–	–	–	–	–	–	**5-Undecene, 5-methyl-**	31613-73-7	**S3361**
69	55	56	41	70	57	43	111	**168**	100	85	40	32	20	20	19	15	**3.69**	12	24	–	–	–	–	–	–	–	–	–	–	**5-Undecene, 7-methyl-, (E)-**	74630-66-3	**T8215**
69	55	56	41	70	83	57	43	**168**	100	65	58	48	35	30	29	29	**4.28**	12	24	–	–	–	–	–	–	–	–	–	–	**Cyclopentane, 1-butyl-2-propyl-**	62199-50-2	**T5925**
69	55	57	41	43	70	83	84	**168**	100	52	25	24	24	22	22	11	**8.00**	12	24	–	–	–	–	–	–	–	–	–	–	**4-Octene, 2,3,6,7-tetramethyl-**	63830-66-0	**T6296**
69	55	111	43	41	110	83	29	**168**	100	58	48	45	38	24	22	19	**0.47**	12	24	–	–	–	–	–	–	–	–	–	–	**Cyclohexane, (1,2-dimethylbutyl)-**	61142-37-8	**T5436**
69	56	41	57	55	70	43	29	**168**	100	70	59	33	31	23	15	13	**8.17**	12	24	–	–	–	–	–	–	–	–	–	–	**2-Undecene, 2-methyl-**	56888-88-1	**T4242**
69	56	55	41	57	43	70	83	**168**	100	92	67	57	38	36	26	19	**5.53**	12	24	–	–	–	–	–	–	–	–	–	–	**3-Undecene, 2-methyl-, (Z)-**	74630-48-1	**T8197**
69	68	67	85	93	55	70	59	**168**	100	27	23	22	18	17	13	13	**4.60**	11	20	1	–	–	–	–	–	–	–	–	–	**2,6-Octadiene, 1-methoxy-3,7-dimethyl-, (E)-**	2565-82-4	**Q8327**
69	70	71	168	15	42	28	43	**168**	100	82	61	46	29	21	20	9		6	12	–	6	–	–	–	–	–	–	–	–	**1,2,4,5-Tetrazine, 3,6-bis(dimethylamino)-**		**01298**
69	83	55	41	57	70	84	29	**168**	100	94	70	47	30	27	27	23	**5.43**	12	24	–	–	–	–	–	–	–	–	–	–	**3-Decene, 2,2-dimethyl-, (E)-**	55499-02-0	**T1250**
69	87	41	67	82	39	55	54	**168**	100	74	25	19	17	11	11	8	**0.35**	10	16	2	–	–	–	–	–	–	–	–	–	**2-Butenoic acid, cyclohexyl ester**		**Z1157**
69	111	55	41	29	57	82	56	**168**	100	70	44	27	11	11	10	10	**0.00**	12	24	–	–	–	–	–	–	–	–	–	–	**Cyclooctane, sec-butyl-**	16538-89-9	**R6242**
69	111	55	41	43	56	70	29	**168**	100	72	57	36	19	18	16	14	**0.00**	12	24	–	–	–	–	–	–	–	–	–	–	**Cyclooctane, butyl-**	16538-93-5	**R6245**
69	129	20	109	50	31	99	168	**168**	100	55	40	31	30	27	24	20		2	2	–	2	–	–	6	–	–	–	–	–	**1,2-Bis(trifluoromethyl)hydrazine**		**L1533**
69	139	95	153	53	59	125	168	**168**	100	49	41	31	28	18	16	9		8	8	4	–	–	–	–	–	–	–	–	–	**1,4-Benzoquinone, 2,5-dimethoxy-**		**D2607**
69	168	80	53	59	138	170	97	**168**	100	34	34	24	17	14	11	11		8	8	4	–	–	–	–	–	–	–	–	–	**1,4-Benzoquinone, 2,6-dimethoxy-**		**M6990**
70	28	30	56	97	58	26	38	**168**	100	92	64	58	48	44	41	29	**0.00**	11	20	1	–	–	–	–	–	–	–	–	–	**Cyclopropane, 1-(2-methylbutoxy)-2-(1-isopropylidene)-**	56667-09-5	**T4065**
70	41	43	55	27	67	81	29	**168**	100	70	60	45	31	27	25	23	**0.12**	7	14	–	–	2	–	–	–	–	–	–	–	**1,1-Dichloroheptane**		**01468**
70	41	55	57	69	83	43	56	**168**	100	93	84	71	62	56	48	45	**6.28**	12	24	–	–	–	–	–	–	–	–	–	–	**3-Undecene, 9-methyl-, (E)-**	74630-54-9	**T8203**
70	41	57	43	55	29	83	69	**168**	100	94	89	82	80	72	57	47	**0.70**	11	20	1	–	–	–	–	–	–	–	–	–	**2-Undecenal**	2463-77-6	**Q8156**
70	42	55	108	168	153	123	124	**168**	100	41	25	7	3	2	2	1		10	16	2	–	–	–	–	–	–	–	–	–	**4-Oxaspiro[2.3]hexan-5-one, 1,1,2,6,6-pentamethyl-**		**M3004**
70	55	41	43	42	71	83	69	**168**	100	57	34	20	20	19	19	18	**1.54**	12	24	–	–	–	–	–	–	–	–	–	–	**Undecane, 3-methylene-**	71138-64-2	**T7610**
70	55	41	57	43	83	69	56	**168**	100	84	69	69	60	60	51	43	**0.46**	12	24	–	–	–	–	–	–	–	–	–	–	**1-Undecene, 9-methyl-**	74630-41-4	**T8190**
70	55	41	57	69	83	43	56	**168**	100	83	83	65	56	55	46	41	**3.46**	12	24	–	–	–	–	–	–	–	–	–	–	**3-Undecene, 9-methyl-, (Z)-**	74630-50-5	**T8199**
70	55	41	69	43	83	57	56	**168**	100	83	46	41	38	32	31	27	**3.72**	12	24	–	–	–	–	–	–	–	–	–	–	**5-Undecene, 3-methyl-, (E)-**	74630-67-4	**T8216**
70	55	41	69	71	83	43	56	**168**	100	48	39	30	20	16	16	15	**6.16**	12	24	–	–	–	–	–	–	–	–	–	–	**2-Undecene, 3-methyl-, (E)-**	74630-47-0	**T8196**
70	55	41	69	71	83	43	56	**168**	100	48	38	27	21	19	18	15	**5.33**	12	24	–	–	–	–	–	–	–	–	–	–	**2-Undecene, 3-methyl-, (Z)-**	57024-90-5	**T4306**

MASS TO CHARGE RATIOS								M.W.	INTENSITIES								Parent	C	H	O	N	Cl	Br	F	S	P	B	Si	X	COMPOUND NAME	CAS Reg No	No
70	55	41	69	83	43	57	56	**168**	100	91	52	50	50	49	48	33	**4.66**	12	24	–	–	–	–	–	–	–	–	–	–	**5-Undecene, 3-methyl-, (Z)-**	74630-64-1	**T8213**
70	55	41	83	69	43	57	56	**168**	100	91	57	56	47	46	45	34	**4.99**	12	24	–	–	–	–	–	–	–	–	–	–	**4-Undecene, 9-methyl-, (Z)-**	74630-56-1	**T8205**
70	55	57	83	41	43	69	56	**168**	100	97	60	53	49	45	44	37	**3.70**	12	24	–	–	–	–	–	–	–	–	–	–	**2-Undecene, 9-methyl-, (E)-**	74630-46-9	**T8195**
70	55	57	83	41	43	69	56	**168**	100	86	61	52	49	48	44	35	**3.01**	12	24	–	–	–	–	–	–	–	–	–	–	**2-Undecene, 9-methyl-, (Z)-**	74630-45-8	**T8194**
70	57	55	41	56	69	29	83	**168**	100	97	75	74	62	59	46	43	**5.39**	12	24	–	–	–	–	–	–	–	–	–	–	**5-Undecene, 9-methyl-, (Z)-**	74630-65-2	**T8214**
71	43	55	125	41	69	153	168	**168**	100	68	39	38	33	28	17	17		11	20	1	–	–	–	–	–	–	–	–	–	**3-Nonen-2-one, 3-ethyl-**	56312-56-2	**T3440**
71	98	55	43	83	69	97	41	**168**	100	94	53	53	39	32	25	23	**5.80**	11	20	1	–	–	–	–	–	–	–	–	–	**Cyclohexanone, 4-(1,1-dimethylpropyl)-**	16587-71-6	**R6266**
73	28	41	97	45	153	168	74	**168**	100	19	14	11	10	9	9	9		9	21	–	–	–	–	–	–	–	1	1	–	**Borane, dimethyl[1-methyl-2-(trimethylsilyl)-1-propenyl]-**	62108-35-4	**T5853**
73	93	43	67	41	39	27	55	**168**	100	98	96	94	93	89	83	77	**15.00**	10	16	2	–	–	–	–	–	–	–	–	–	**Bicyclo[1.1.0]butane-1-carboxylic acid, 2,2,4,4-tetramethyl-, methyl ester**		**00972**
73	111	168	74	153	97	169		**168**	100	23	15	11	7	5	3			10	20	–	–	–	–	–	–	–	–	1	–	**Silane, (1,1-dimethyl-2-pentynyl)trimethyl-**	61227-99-4	**T5616**
74	41	43	55	67	59	79	39	**168**	100	63	59	57	46	39	38	36	**0.54**	10	16	2	–	–	–	–	–	–	–	–	–	**8-Nonynoic acid, methyl ester**	7003-48-7	**R2782**
74	94	55	41	95	43	67	79	**168**	100	64	52	51	51	40	39	38	**1.04**	10	16	2	–	–	–	–	–	–	–	–	–	**8-Nonynoic acid, methyl ester**	7003-48-7	**R2783**
75	77	94	133	39	131	168	51	**168**	100	46	38	37	28	22	19	14		9	9	1	–	1	–	–	–	–	–	–	–	**3-Chloroallyl phenyl ether**		**Z1156**
75	140	65	47	77	168	94	108	**168**	100	46	27	20	13	12	10	8		8	8	2	–	–	–	–	1	–	–	–	–	**S-Methyl phenyl thiocarbonate**		**L6781**
75	140	65	77	47	168	94	51	**168**	100	45	28	22	20	11	10	9		8	8	2	–	–	–	–	1	–	–	–	–	**S-Methyl phenyl thiocarbonate**	13509-28-9	**R4602**
75	140	65	77	47	168	94	108	**168**	100	46	28	23	20	15	10	9		8	8	2	–	–	–	–	1	–	–	–	–	**S-Methyl phenyl thiocarbonate**		**L0816**
77	124	60	59	64	45	76	112	**168**	100	97	81	58	58	45	45	27	**14.00**	4	8	1	–	–	–	–	3	–	–	–	–	**1,2,5-Trithiepane-5-oxide**		**L9753**
78	51	94	50	122	138	52	112	**168**	100	22	18	12	11	10	10	8	**0.00**	6	4	4	2	–	–	–	–	–	–	–	–	**2-Nitro-3-pyridinecarboxylic acid**		**M6801**
79	74	43	67	97	126	94	55	**168**	100	75	70	54	52	52	42	39	**10.38**	10	16	2	–	–	–	–	–	–	–	–	–	**5-Nonynoic acid, methyl ester**	20731-16-2	**R8892**
79	78	168	81	148	93	80	92	**168**	100	54	36	27	19	18	17	14		10	13	1	–	–	–	1	–	–	–	–	–	**Tricyclo[3.3.1.1$^{(3,7)}$]decan-2-one, 4-fluoro-, (1α,3β,4α,5α,7β)-**	56781-83-0	**08302**
79	94	67	43	59	55	93	108	**168**	100	89	64	44	38	33	29	29	**0.00**	10	16	2	–	–	–	–	–	–	–	–	–	**6-Nonynoic acid, methyl ester**	20731-17-3	**R8894**
79	100	109	107	67	139	93	108	**168**	100	70	70	38	38	33	33	28	**1.00**	10	16	2	–	–	–	–	–	–	–	–	–	**2-Nonynoic acid, methyl ester**		**L4471**
79	108	80	140	168	95	96	81	**168**	100	67	42	25	24	20	20	15		5	13	2	–	–	–	–	1	1	–	–	–	**O,S-Diethyl methylphosphonothioate**		**16702**
79	136	108	39	27	53	31	52	**168**	100	86	63	62	48	48	43	43	**5.59**	9	12	3	–	–	–	–	–	–	–	–	–	**Cyclohexanecarboxylic acid, 3-methylene-2-oxo-, methyl ester**	55956-42-8	**T2478**
79	150	135	80	43	41	153	69	**168**	100	96	71	69	65	63	55	42	**4.00**	10	16	2	–	–	–	–	–	–	–	–	–	**p-Menth-4-en-3-one, (1R)-8-hydroxy-**		**15826**
80	69	168	138	97	125			**168**	100	99	88	33	29	22				8	8	4	–	–	–	–	–	–	–	–	–	**1,4-Benzoquinone, 2,6-dimethoxy-**		**L9699**
81	57	98	41	43	70	71	53	**168**	100	60	60	38	37	25	21	13	**0.00**	11	20	1	–	–	–	–	–	–	–	–	–	**Cyclohexene, 3-(2,2-dimethylpropoxy)-**	54965-85-4	**S9907**
81	67	113	41	153	69	126	82	**168**	100	62	51	42	36	32	27	23	**15.06**	10	16	2	–	–	–	–	–	–	–	–	–	**Cyclopenta[c]pyran-1(3H)-one, hexahydro-4,7-dimethyl-**		**03479**
81	79	53	109	41	27	39	150	**168**	100	27	25	20	17	9	9	8	**3.26**	9	12	3	–	–	–	–	–	–	–	–	–	**4′-Cyclohexeneacetic acid, 2-oxo-, methyl ester**		**P1079**
81	79	109	27	15	39	150	41	**168**	100	90	62	31	29	25	24	15	**9.00**	9	12	3	–	–	–	–	–	–	–	–	–	**3′-Cyclohexene-1-glyoxylic acid methyl ester**		**L9371**
81	96	54	55	67	68	39	41	**168**	100	75	46	23	20	20	19	11	**0.00**	9	12	3	–	–	–	–	–	–	–	–	–	**1,3-Isobenzofurandione, hexahydro-5-methyl-**	19438-60-9	**R8143**
81	98	168	43	71	52	53	80	**168**	100	47	29	26	21	18	16	16		9	12	3	–	–	–	–	–	–	–	–	–	**Butanoic acid, (2-furanyl)methyl ester**		**Z1152**
81	109	67	95	168	41	108	55	**168**	100	84	61	49	45	44	44	40		10	16	2	–	–	–	–	–	–	–	–	–	**1(2H)-Naphthalenone, octahydro-4-hydroxy-, trans-**	21766-50-7	**R9379**
81	109	68	95	41	168	108	55	**168**	100	84	61	49	44	44	43	40		10	16	2	–	–	–	–	–	–	–	–	–	**1(2H)-Naphthalenone, octahydro-4-hydroxy-, trans-**	21766-50-7	**R9380**
81	113	67	41	95	69	153	55	**168**	100	68	61	53	38	35	30	30	**22.00**	10	16	2	–	–	–	–	–	–	–	–	–	**Cyclopenta[c]pyran-1(3H)-one, hexahydro-4,7-dimethyl-**		**L9037**
81	113	153	126	168	67	82	95	**168**	100	85	67	43	36	29	28	27		10	16	2	–	–	–	–	–	–	–	–	–	**Cyclopenta[c]pyran-1(3H)-one, hexahydro-4,7-dimethyl-**	21950-33-4	**R9460**
81	123	41	67	39	168	122	139	**168**	100	98	72	71	67	66	65	57		10	16	2	–	–	–	–	–	–	–	–	–	**Bicyclo[2.2.2]octane-1-carboxylic acid, 4-methyl-**	702-67-0	**Q3791**
81	123	41	67	88	79	39	55	**168**	100	96	41	41	39	35	24	21	**16.00**	10	16	2	–	–	–	–	–	–	–	–	–	**1-Cyclohexene-1-acetic acid, α,α-dimethyl-**	16642-55-0	**R6292**
82	30	84	56	168	55	28	42	**168**	100	55	46	45	38	28	27	26		10	20	–	2	–	–	–	–	–	–	–	–	**4,4′-Bipiperidyl**		**A0650**
82	112	168	126	69	96	113	83	**168**	100	68	60	29	28	18	12	12		8	12	2	2	–	–	–	–	–	–	–	–	**Uracil, 1-butyl-**		**M2740**
82	124	56	126	168	83	94	109	**168**	100	54	39	28	24	19	15	15		8	12	2	2	–	–	–	–	–	–	–	–	**2-Butynoic acid, 4-(1-piperazinyl)-**	38346-96-2	**S5730**
82	124	126	168	83	109	94	85	**168**	100	54	28	24	19	15	15	12		8	12	2	2	–	–	–	–	–	–	–	–	**2-Butynoic acid, 4-(1-piperazinyl)-**		**06547**
82	168	84	30	56	112	125	44	**168**	100	70	42	28	26	26	21	19		10	20	–	2	–	–	–	–	–	–	–	–	**4,4′-Bipiperydyl**		**C0743**
83	41	55	42	70	43	39	168	**168**	100	28	23	20	17	16	12	11		10	16	2	–	–	–	–	–	–	–	–	–	**1,3-Cyclohexanedione, 2,2-dimethyl-5,5-dimethyl-**		**L1051**
83	55	41	69	43	29	84	168	**168**	100	27	19	13	8	8	7	6		12	24	–	–	–	–	–	–	–	–	–	–	**2-Decene, 2,4-dimethyl-**	74421-03-7	**T8071**
83	55	41	69	43	84	56	29	**168**	100	32	17	14	8	8	7	7	**4.06**	12	24	–	–	–	–	–	–	–	–	–	–	**2-Decene, 2,4-dimethyl-**	74421-03-7	**T8072**
83	55	41	82	57	69	29	56	**168**	100	88	44	36	36	24	23	21	**1.84**	12	24	–	–	–	–	–	–	–	–	–	–	**Cyclohexane, (3-methylpentyl)-**	61142-38-9	**T5439**
83	55	69	57	41	97	139	43	**168**	100	61	58	33	30	22	21	13	**3.00**	12	24	–	–	–	–	–	–	–	–	–	–	**Cyclohexane, 1,5-diethyl-2,3-dimethyl-**	74663-66-4	**T8289**
83	55	82	41	43	56	67	69	**168**	100	72	67	29	22	20	19	17	**4.93**	12	24	–	–	–	–	–	–	–	–	–	–	**Cyclohexane, (4-methylpentyl)-**	61142-20-9	**T5406**
83	55	82	41	67	43	56	84	**168**	100	85	72	34	21	15	13	12	**2.10**	12	24	–	–	–	–	–	–	–	–	–	–	**Cyclohexane, hexyl-**	4292-75-5	**R0295**
83	55	168	84	41	112	69	70	**168**	100	37	26	26	20	19	18	15		10	16	2	–	–	–	–	–	–	–	–	–	**1,3-Cyclohexanedione, 5,5-dimethyl-2-ethyl-**		**L1053**
83	55	168	84	43	112	69	70	**168**	100	37	27	26	20	18	18	14		10	16	2	–	–	–	–	–	–	–	–	–	**1,3-Cyclohexanedione, 5,5-dimethyl-ethyl-**		**M0446**
83	55	168	84	45	69	112	70	**168**	100	35	25	25	21	20	19	13		10	16	2	–	–	–	–	–	–	–	–	–	**1,3-Cyclohexanedione, 5,5-dimethyl-ethyl-**		**L4224**
83	56	168	70	41	55	58	111	**168**	100	92	75	69	47	38	30	28		7	8	3	2	–	–	–	–	–	–	–	–	**1-Allyl-3-methyl-2,4,5-trioxoimidazolidine**		**17227**
83	69	97	55	41	43	57	84	**168**	100	62	52	45	36	34	31	31	**24.72**	12	24	–	–	–	–	–	–	–	–	–	–	**Cyclohexane, hexamethyl-**		**D0446**
83	85	31	43	47	29	57	45	**168**	100	93	87	74	72	62	50	49	**4.00**	8	8	4	–	–	–	–	–	–	–	–	–	**1,2-Benzoquinone, 5-hydroxymethyl-3-methoxy-**		**P3306**

MASS TO CHARGE RATIOS								M.W.	INTENSITIES								Parent	C	H	O	N	Cl	Br	F	S	P	B	Si	X	COMPOUND NAME	CAS Reg No	No
83	85	87	31	35	47	48	67	**168**	100	77	15	12	10	9	9	7	**0.11**	2	1	–	–	3	–	2	–	–	–	–	–	**1,1,2-Trichloro-2,2-difluoroethane**		**W0138**
83	85	87	133	135	31	47	48	**168**	100	69	44	33	16	7	7	5	**3.56**	2	1	–	–	3	–	2	–	–	–	–	–	**1,1,2-Trichloro-2,2-difluoroethane**		**D0618**
83	85	133	87	135	168	170	98	**168**	100	75	19	13	11	8	7	6		2	1	–	–	3	–	2	–	–	–	–	–	**1,1,2-Trichloro-2,2-difluoroethane**		**A0241**
83	97	69	110	95	153	151	168	**168**	100	48	44	40	33	29	28	26		12	24	–	–	–	–	–	–	–	–	–	–	**Cyclohexane, hexamethyl-**		**L7634**
83	168	55	41	84	113	70	69	**168**	100	25	25	16	14	12	12	12		10	16	2	–	–	–	–	–	–	–	–	–	**1,3-Cyclohexanedione, 5,5-dimethyl-2-ethyl-**		**L1096**
83	168	56	70	42	41	84	39	**168**	100	15	14	14	10	9	7	6		10	16	2	–	–	–	–	–	–	–	–	–	**1,3-Cyclohexanedione, 2,2,5,5-tetramethyl-**	702-50-1	**Q3790**
84	28	56	85	30	55	83	41	**168**	100	19	16	8	8	7	7	6	**0.00**	10	20	–	2	–	–	–	–	–	–	–	–	**2,2′-Dipyridyl**		**D1453**
84	56	168	153	126	83	125	57	**168**	100	75	72	71	64	57	57	48		9	12	3	–	–	–	–	–	–	–	–	–	**2-Cyclohexen-1,4-dione, 2-hydroxy-3,5,5-trimethyl-**		**M8796**
84	112	68	69	41	39	168	43	**168**	100	93	70	66	46	44	43	34		10	16	2	–	–	–	–	–	–	–	–	–	**2-Cyclohexen-1-one, 3-ethoxy-5,5-dimethyl-**		**L1049**
84	112	68	69	45	43	168	47	**168**	100	93	71	67	46	44	43	34		10	16	2	–	–	–	–	–	–	–	–	–	**2-Cyclohexen-1-one, 3-ethoxy-5,5-dimethyl-**	6267-39-6	**R2187**
84	121	70	56	43	42	85	57	**168**	100	76	75	60	56	54	52	50	**39.00**	10	4	1	2	–	–	–	–	–	–	–	–	**4-Phenylenediamine, N-ethyl-N-acetyl-**		**D1650**
85	43	83	41	153	86	155	157	**168**	100	82	20	12	9	7	6	3	**0.00**	5	6	2	–	2	–	–	–	–	–	–	–	**2,4-Pentanedione, 1,1-dichloro-**	53009-77-1	**S8205**
85	54	29	68	41	55	39	67	**168**	100	71	59	56	48	40	29	28	**0.80**	10	16	2	–	–	–	–	–	–	–	–	–	**2-Pyranone, tetrahydro-6-(3-butenyl)-**		**C0976**
85	168	113	125	39	112	93	95	**168**	100	99	83	82	80	61	60	60		10	16	–	–	–	–	–	1	–	–	–	–	**Thiocamphor**	7519-74-6	**R3265**
89	41	45	61	47	79	73	39	**168**	100	89	48	41	18	18	16	15	**0.00**	5	12	–	–	–	–	–	3	–	–	–	–	**Disulphide, methyl 1-(methylthio)propyl**	53897-66-8	**S8643**
89	41	49	73	59	45	61	47	**168**	100	30	27	18	17	13	8	7	**0.00**	5	12	–	–	–	–	–	3	–	–	–	–	**Disulphide, methyl 1-methyl-1-(methylthio)ethyl**	69078-84-8	**T7008**
89	53	75	88	91	62	77	39	**168**	100	70	59	42	33	30	19	18	**0.00**	4	6	–	–	1	1	–	–	–	–	–	–	**Cyclobutane, 1-bromo-2-chloro-**	55887-83-7	**T2307**
89	53	91	133	135	75	27	54	**168**	100	44	32	27	26	19	16	12	**3.10**	4	6	–	–	1	1	–	–	–	–	–	–	**1-Bromo-2-chloro-2-butene**		**Z1141**
89	53	91	170	168	132	134	39	**168**	100	70	32	11	9	9	8	8		4	6	–	–	1	1	–	–	–	–	–	–	**Cyclobutane, 1-bromo-3-chloro-**	4935-03-9	**R0959**
89	142	140	91	53	144	61	54	**168**	100	60	46	34	24	14	12	6	**0.30**	4	6	–	–	1	1	–	–	–	–	–	–	**Cyclobutane, 1-bromo-1-chloro-**	31038-07-0	**S3112**
91	65	103	104	77	78	105	66	**168**	100	12	9	9	4	4	4	2	**0.00**	9	12	1	–	–	–	–	1	–	–	–	–	**Methyl phenylethyl sulphoxide**	7714-32-1	**R3423**
91	105	104	168	132	51	77	103	**168**	100	71	64	30	28	25	23	22		9	9	1	–	1	–	–	–	–	–	–	–	**Benzenepropanoyl chloride**	645-45-4	**Q3583**
94	77	29	168	31	95	39	43	**168**	100	20	14	14	14	13	12	11		9	12	3	–	–	–	–	–	–	–	–	–	**1,2-Propanediol, 3-phenoxy-**		**Z1163**
94	79	67	41	108	59	39	93	**168**	100	92	58	50	38	34	33	33	**0.34**	10	16	2	–	–	–	–	–	–	–	–	–	**6-Nonynoic acid, methyl ester**	20731-17-3	**R8893**
94	79	68	55	95	41	27	53	**168**	100	54	53	52	46	45	38	38	**0.24**	10	16	2	–	–	–	–	–	–	–	–	–	**7-Nonynoic acid, methyl ester**	20731-18-4	**R8895**
94	151	28	27	30	42	51	39	**168**	100	59	58	58	58	58	54	53	**39.54**	8	12	2	2	–	–	–	–	–	–	–	–	**Pyridoxamine**	85-87-0	**P6277**
95	29	67	55	168	41	79	53	**168**	100	29	28	19	13	13	11	8		10	16	2	–	–	–	–	–	–	–	–	–	**Cyclopropanecarboxylic acid, 3-ethenyl-2,2-dimethyl-, ethyl ester**	60066-50-4	**T5149**
95	43	107	41	106	109	55	168	**168**	100	29	26	24	21	20	13	7		11	20	1	–	–	–	–	–	–	–	–	–	**Borneol, exo-2-methyl-**		**L9345**
95	56	41	55	83	29	27	39	**168**	100	48	45	44	42	27	21	20	**0.02**	11	20	1	–	–	–	–	–	–	–	–	–	**Cyclohexanemethanol, α-(2-methylallyl)-**	31569-55-8	**06771**
95	67	41	81	109	68	55	82	**168**	100	87	77	76	60	59	46	46	**8.00**	10	16	2	–	–	–	–	–	–	–	–	–	**Cyclopenta[c]pyran-3(1H)-one, hexahydro-4,7-dimethyl-, (4S)-(4α,4aβ,7β,7aβ)-**	485-43-8	**Q1106**
95	81	109	67	68	82	41	69	**168**	100	52	52	50	32	30	25	24	**10.40**	10	16	2	–	–	–	–	–	–	–	–	–	**Cyclopenta[c]pyran-3(1H)-one, hexahydro-4,7-dimethyl-, (4S)-(4α.,4aβ,7β,7aβ)-**	485-43-8	**Q1107**
95	110	150	168	124	153	121		**168**	100	47	6	5	5	2	2			9	12	3										**1-Pentanone, 1-(3′-furanyl)-4-hydroxy-**		**M6870**
95	112	113	56	39	168	41	29	**168**	100	63	50	19	18	16	13	10		9	12	3	–	–	–	–	–	–	–	–	–	**2-Furancarboxylic acid, butyl ester**		**Z1154**
95	123	28	18	168	65	39	32	**168**	100	71	62	35	29	18	17	16		8	8	4	–	–	–	–	–	–	–	–	–	**Benzeneacetic acid, α,3-dihydroxy-**		**05008**
95	126	83	55	69	111	110	153	**168**	100	65	45	31	21	12	11	10	**0.20**	11	20	1	–	–	–	–	–	–	–	–	–	**2-Oxabicyclo[3.3.0]octane, 1,3,3,5-tetramethyl-**		**M6739**
96	84	83	168	110	55	42	41	**168**	100	90	80	67	44	43	30	28		9	16	1	2	–	–	–	–	–	–	–	–	**4,7-Diaza-3-oxo-bicyclo[5.4.0]undecane**		**01450**
96	126	168	83	139	154	41	42	**168**	100	80	54	28	14	14	12	12		8	12	2	2	–	–	–	–	–	–	–	–	**Uracil, 6-methyl-1-propyl-**		**M2742**
96	139	41	168	58	29	153	42	**168**	100	89	86	83	76	57	56	54		10	20	–	2	–	–	–	–	–	–	–	–	**2-Pentenal, 2-methyl-, diethylhydrazone**	25186-09-8	**S0985**
97	41	43	99	112	71	69	125	**168**	100	52	50	40	37	29	22	20	**5.00**	11	20	1	–	–	–	–	–	–	–	–	–	**3-Decen-5-one, 2-methyl-**	32064-75-8	**S3477**
97	41	43	99	112	71	69	125	**168**	100	50	48	39	36	27	21	19	**4.00**	11	20	1	–	–	–	–	–	–	–	–	–	**3-Decen-5-one, 2-methyl-**	32064-75-8	**S3476**
97	41	72	39	43	69	57	98	**168**	100	49	38	32	19	15	13	11	**3.00**	9	12	3	–	–	–	–	–	–	–	–	–	**3-Butene-1,2-diol, 1-(2-furanyl)-3-methyl-**	21141-71-9	**R9113**
97	41	72	43	69	57	98	42	**168**	100	52	39	20	16	13	11	8	**4.00**	9	12	3	–	–	–	–	–	–	–	–	–	**3-Butene-1,2-diol, 1-(2-furanyl)-3-methyl-**	21141-71-9	**R9114**
97	41	72	43	69	57	98	71	**168**	100	51	39	20	16	14	12	9	**3.00**	9	12	3	–	–	–	–	–	–	–	–	–	**3-Butene-1,2-diol, 1-(2-furanyl)-3-methyl-**		**L5085**
97	43	71	72	41	98	95	55	**168**	100	42	39	32	24	24	17	13	**1.00**	9	12	3	–	–	–	–	–	–	–	–	–	**3-Butene-1,2-diol, 1-(2-furanyl)-2-methyl-**	18927-20-3	**R7887**
97	43	71	72	98	41	39	95	**168**	100	42	40	32	24	23	18	16	**1.00**	9	12	3	–	–	–	–	–	–	–	–	–	**3-Butene-1,2-diol, 1-(2-furanyl)-2-methyl-**	18927-20-3	**R7886**
97	43	71	72	98	41	95	55	**168**	100	42	40	32	24	24	17	14	**1.00**	9	12	3	–	–	–	–	–	–	–	–	–	**3-Butene-1,2-diol, 1-(2-furanyl)-2-methyl-**		**L5087**
97	55	41	29	27	96	69	43	**168**	100	74	41	29	22	20	19	16	**7.01**	12	24	–	–	–	–	–	–	–	–	–	–	**Cyclohexane, 1-methyl-4-pentyl-**	54411-01-7	**S8986**
97	55	41	96	29	27	39	69	**168**	100	81	38	28	27	21	15	15	**10.01**	12	24	–	–	–	–	–	–	–	–	–	–	**Cyclohexane, 1-methyl-3-pentyl-**	54411-02-8	**S8988**
97	55	41	96	29	27	69	39	**168**	100	89	42	37	31	24	17	17	**10.71**	12	24	–	–	–	–	–	–	–	–	–	–	**Cyclohexane, 1-methyl-2-pentyl-**	54411-01-7	**S8987**
97	55	41	96	29	27	69	39	**168**	100	89	42	36	31	24	17	17	**10.66**	12	24	–	–	–	–	–	–	–	–	–	–	**Cyclohexane, 1-methyl-4-pentyl-**		**X2009**
97	55	112	41	125	70	27	43	**168**	100	80	51	37	28	19	18	17	**1.01**	11	20	1	–	–	–	–	–	–	–	–	–	**4-Undecen-6-one**	32064-74-7	**S3474**
97	55	112	41	125	70	43	39	**168**	100	79	52	38	28	20	19	17	**2.00**	11	20	1	–	–	–	–	–	–	–	–	–	**4-Undecen-6-one**	32064-74-7	**S3475**
97	68	40	69	38	28	39	27	**168**	100	66	27	24	15	10	10	10	**3.00**	10	16	2	–	–	–	–	–	–	–	–	–	**2H-Pyran-2-one, 5,6-dihydro-6-pentyl,-(-)-**		**L5698**
97	68	43	69	41	42	45	44	**168**	100	67	27	25	16	11	9	8	**3.27**	10	16	2	–	–	–	–	–	–	–	–	–	**2H-Pyran-2-one, 5,6-dihydro-6-pentyl-, (R)-**	51154-96-2	**S7584**

MASS TO CHARGE RATIOS								M.W.	INTENSITIES								Parent	C	H	O	N	Cl	Br	F	S	P	B	Si	X	COMPOUND NAME	CAS Reg No	No
97	69	43	41	39	53	79	55	**168**	100	73	50	27	22	11	9	9	**0.00**	11	20	1	–	–	–	–	–	–	–	–	–	Heptyne, 3,4-dimethyl-3-ethoxy-		**04836**
97	69	168	125	41	70	71	153	**168**	100	44	32	25	16	12	12	12		9	16	1	2	–	–	–	–	–	–	–	–	1H-Pyrazole-1-carboxaldehyde, 4-ethyl-4,5-dihydro-5-propyl-	54411-09-5	**S8990**
97	98	168	43	45	39	99	41	**168**	100	46	25	23	13	11	8	8		10	16	–	–	–	–	–	1	–	–	–	–	Thiophene, 2-(2-ethylbutyl)-		**Y2050**
97	98	168	45	39	29	99	41	**168**	100	23	13	9	7	6	6	6		10	16	–	–	–	–	–	1	–	–	–	–	Thiophene, 2-hexyl-		**Y1876**
97	98	168	45	39	41	111	53	**168**	100	21	20	12	11	8	6	5		10	16	–	–	–	–	–	1	–	–	–	–	Thiophene, 2-hexyl-	18794-77-9	**R7822**
97	98	168	45	43	99	111	169	**168**	100	27	24	14	12	7	3	3		10	16	–	–	–	–	–	1	–	–	–	–	Thiophene, 2-(4-methylpentyl)-		**Y2049**
97	98	168	45	43	99	111	169	**168**	100	27	24	15	12	7	4	3		10	16	–	–	–	–	–	1	–	–	–	–	Thiophene, 2-isohexyl-	4861-59-0	**H1501**
97	111	69	5	126	112	168		**168**	100	78	62	50	40	28	1			11	20	1	–	–	–	–	–	–	–	–	–	Butyl-2,3,3-trimethylcyclobutanone		**L5859**
97	112	41	57	84	55	29	39	**168**	100	36	31	27	21	21	19	17	**0.99**	11	20	1	–	–	–	–	–	–	–	–	–	Cyclohexene, 1-tert-butoxy-3-methyl-	40648-24-6	**06991**
97	125	29	95	27	41	79	168	**168**	100	94	89	88	62	54	50	47		10	16	2	–	–	–	–	–	–	–	–	–	2,4-Heptadienoic acid, 6-methyl-, ethyl ester	10236-06-3	**R3679**
97	139	168	41	58	153	69	42	**168**	100	64	58	54	48	47	39	36		10	20	–	2	–	–	–	–	–	–	–	–	Butanol, 3-methyl-2-methylene-, diethylhydrazone	25186-15-6	**S0988**
97	168	98	45	39	41	99	53	**168**	100	25	23	11	9	7	6	5		10	16	–	–	–	–	–	1	–	–	–	–	Thiophene, 2-hexyl-		**X0095**
98	55	140	42	41	39	69	70	**168**	100	34	28	26	22	21	21	16	**4.00**	9	12	3	–	–	–	–	–	–	–	–	–	1-Oxaspiro[4.5]decane-2,4-dione	22884-78-2	**R9985**
98	55	140	42	41	69	39	70	**168**	100	35	29	27	23	22	21	16	**4.00**	9	12	3	–	–	–	–	–	–	–	–	–	γ-Spirocyclohexyletetronic acid		**L5040**
98	70	56	41	55	57	43	168	**168**	100	93	83	66	58	37	33	31		10	16	2	–	–	–	–	–	–	–	–	–	1,3-Cyclopentanedione, 4-isopentyl-	939-86-6	**Q4750**
98	70	168	111	97				**168**	100	65	31	10	10					10	16	2	–	–	–	–	–	–	–	–	–	1,3-Cyclopentanedione, 4-isopentyl-		**M3939**
98	126	124	41	69	70	125	39	**168**	100	60	46	35	28	26	23	21	**17.00**	10	16	2	–	–	–	–	–	–	–	–	–	2-Cyclohexen-1-one, 4-hydroxy-3-methyl-6-isopropyl-, trans-	55955-53-8	**T2385**
99	43	57	69	41	95	55	70	**168**	100	62	40	32	31	28	27	23	**18.00**	11	20	1	–	–	–	–	–	–	–	–	–	Cyclohexanol, 1-ethyl-2,2-dimethyl-6-methylene-	54345-64-1	**S8908**
99	69	29	57	139	168	43	119	**168**	100	90	49	48	43	23	20	19		6	7	2	–	–	–	3	–	–	–	–	–	2,4-Hexanedione, 1,1,1-trifluoro-	400-54-4	**Q0676**
99	79	51	69	129	101	49	50	**168**	100	45	42	36	32	25	21	6	**0.00**	3	2	1	–	–	–	6	–	–	–	–	–	2-Propanol, 1,1,1,3,3,3-hexafluoro-	920-66-1	**Q4537**
100	41	69	68	67	53	109	168	**168**	100	81	64	17	14	9	8	2		10	16	2	–	–	–	–	–	–	–	–	–	2,6-Nonadienoic acid, methyl ester, (E,Z)-	41654-18-6	**08682**
105	117	162	115	133	77	91	51	**168**	100	38	37	36	29	28	28	24	**0.00**	11	20	1	–	–	–	–	–	–	–	–	–	Cyclohexane, (3-ethoxy-1-propenyl)-, (Z)-	55702-30-2	**T1849**
106	104	134	164	107	147	71	69	**168**	100	17	16	14	13	13	13	12	**0.00**	8	9	–	2	1	–	–	–	–	–	–	–	Benzeneacetonitrile, α-amino-, hydrochloride	53641-60-4	**S8550**
107	41	137	81	95	43	55	69	**168**	100	75	50	45	45	35	29	29	**10.00**	11	20	1	–	–	–	–	–	–	–	–	–	Borneol, 2-methyl-		**15929**
108	93	109	67	168	41	107	91	**168**	100	73	64	34	29	17	14	14		10	16	2	–	–	–	–	–	–	–	–	–	3-Cyclohexene-1-carboxylic acid, 3,4-dimethyl-, methyl ester	5688-48-2	**R1679**
108	94	95	79	93	112	84	67	**168**	100	87	52	51	50	45	43	37	**0.00**	10	16	2	–	–	–	–	–	–	–	–	–	3-Nonynoic acid, methyl ester		**L4473**
109	59	168	65	124	69	91	78	**168**	100	57	50	44	37	37	32	31		8	8	2	–	–	–	–	1	–	–	–	–	Methyl phenyl thiocarbonate		**L6780**
109	67	41	55	39	93	43	168	**168**	100	39	30	28	20	20	19	16		10	16	2	–	–	–	–	–	–	–	–	–	Cyclopropanecarboxylic acid, 2,2-dimethyl-3-(1-propenyl)-, methyl ester, ester, (Z)-trans	33383-56-1	**S4153**
109	67	43	95	41	110	69	124	**168**	100	86	80	78	56	55	35	34	**6.83**	10	16	2	–	–	–	–	–	–	–	–	–	3-Oxabicyclo[4.1.0]heptan-2-one, 4,4,7,7-tetramethyl-	22841-82-3	**R9957**
109	77	41	55	39	93	43	168	**168**	100	40	30	29	20	20	19	18		10	16	2	–	–	–	–	–	–	–	–	–	Cyclopropanecarboxylic acid, 2,2-dimethyl-3-(1-propenyl)-, methyl ester		**M8714**
109	81	168	67	108	95	79	55	**168**	100	69	40	39	33	31	26	22		10	16	2	–	–	–	–	–	–	–	–	–	1(2H)-Naphthalenone, octahydro-4-hydroxy-, trans-	21766-50-7	**R9378**
109	168	65	69	124	59	91	78	**168**	100	54	48	40	39	38	37	35		8	8	2	–	–	–	–	1	–	–	–	–	Methyl S-phenyl thiocarbonate		**L0815**
109	168	65	69	124	59	91	78	**168**	100	51	46	38	38	37	36	33		8	8	2	–	–	–	–	1	–	–	–	–	Methyl S-phenyl thiocarbonate	3186-52-5	**Q9092**
110	67	82	44	70	107	168	69	**168**	100	72	57	57	54	51	48	45		10	16	2	–	–	–	–	–	–	–	–	–	Cyclobutanone, 2-isopropylidene-4-(1-hydroxy-isopropyl)-		**M0556**
111	47	65	93	140	48	124	45	**168**	100	99	99	99	93	71	66	65	**16.95**	5	13	2	–	–	–	–	1	1	–	–	–	Phosphonothioic acid, ethyl-, O-ethyl S-methyl ester	2511-12-8	**Q8244**
111	57	69	41	97	55	84	83	**168**	100	93	41	31	31	29	20	17	**4.00**	12	24	–	–	–	–	–	–	–	–	–	–	3-Hexene, 2,2,3,4,5,5-hexamethyl-, (E)-	54290-40-3	**S8866**
111	69	41	97	125	39	110	53	**168**	100	21	19	18	18	15	9	8	**3.43**	10	16	2	–	–	–	–	–	–	–	–	–	2-Cyclopenten-1-one, 5-butyl-3-methoxy-	53690-89-4	**S8560**
111	69	43	168	39	153	45	84	**168**	100	80	75	59	56	38	24	18		8	8	2	–	–	–	–	1	–	–	–	–	1,3-Butanedione, 1-(2-thienyl)-	3051-27-2	**Q8964**
111	69	55	41	43	27	29	39	**168**	100	84	57	51	25	24	24	18	**11.14**	12	24	–	–	–	–	–	–	–	–	–	–	Cyclohexane, 1,trans-4-dimethyl-trans-2-isobutyl-		**Y2000**
111	69	55	41	43	39	56	57	**168**	100	82	61	54	26	21	16	12	**8.45**	12	24	–	–	–	–	–	–	–	–	–	–	Cyclohexane, 1,trans-4-dimethyl-trans-2-isobutyl-		**V0163**
112	41	111	69	125	84	39	97	**168**	100	35	34	34	34	25	25	19	**13.75**	10	16	2	–	–	–	–	–	–	–	–	–	2-Cyclopenten-1-one, 4-butyl-3-methoxy-	53690-92-9	**S8561**
112	70	41	57	97	55	29	27	**168**	100	91	52	48	46	37	31	29	**1.58**	11	20	1	–	–	–	–	–	–	–	–	–	Cyclohexene, 1-tert-butoxy-6-methyl-	40648-25-7	**06993**
112	70	55	41	84	83	43	42	**168**	100	40	33	27	25	22	18	15	**11.00**	10	16	2	–	–	–	–	–	–	–	–	–	1,3-Cyclohexanedione, 6-butyl-		**L1100**
112	84	39	44	41	168	57	126	**168**	100	63	36	32	31	27	19	17		9	12	3	–	–	–	–	–	–	–	–	–	1-Cyclohexenecarboxylic acid, 3-oxo-methyl ester		**E0004**
112	97	41	84	57	55	29	27	**168**	100	61	45	42	32	28	27	23	**1.04**	11	20	1	–	–	–	–	–	–	–	–	–	Cyclohexene, 1-tert-butoxy-2-methyl-	40648-26-8	**06992**
112	111	41	168	99	43	125	69	**168**	100	38	22	16	15	10	10	7		10	16	2	–	–	–	–	–	–	–	–	–	1,3-Cyclopentanedione, 2-isopentyl-	827-03-2	**Q4288**
112	111	168	99	83	55	98		**168**	100	38	16	15	11	11	7			10	16	2	–	–	–	–	–	–	–	–	–	1,3-Cyclopentanedione, 4-isopentyl-		**M3938**
113	41	59	42	55	69	45	114	**168**	100	39	35	29	21	19	19	10	**5.00**	10	20	–	2	–	–	–	–	–	–	–	–	1-Azepinamine, N-(1-methyl-2-propenyl)-hexahydro-		**05219**
113	126	96	70	139	152	168	82	**168**	100	28	20	20	8	8	8	8		8	12	2	2	–	–	–	–	–	–	–	–	Uracil, 3-butyl-		**M2741**
120	119	91	77	135	121	168	167	**168**	100	47	41	26	24	18	5	4		9	12	1	–	–	–	–	1	–	–	–	–	2-Hydroxymethyltolyl methyl sulphide		**M0623**
121	78	91	77	51	45	65	52	**168**	100	57	53	41	37	27	26	24	**17.00**	9	12	1	–	–	–	–	1	–	–	–	–	3-Methoxybenzyl methyl sulphide		**M0621**
121	79	122	58	95	77	94	81	**168**	100	91	91	86	86	80	74	63	**23.00**	10	16	2	–	–	–	–	–	–	–	–	–	1-Cyclopentene-1-propanoic acid, β-methyl-, methyl ester	61833-30-5	**T5752**
121	168	77	51	69	122	45	169	**168**	100	70	45	21	10	9	7	7		8	8	–	–	–	–	–	2	–	–	–	–	Methyl dithiobenzoate	2168-78-7	**Q7532**
122	41	57	51	124	43	69	50	**168**	100	69	68	64	42	34	33	31	**0.00**	6	4	4	2	–	–	–	–	–	–	–	–	2-Pyridinecarboxylic acid, 6-nitro-	26893-68-5	**S1551**
122	41	57	51	124	69	50	125	**168**	100	69	68	64	42	33	31	29	**0.00**	6	4	4	2	–	–	–	–	–	–	–	–	2-Pyridinecarboxylic acid, 6-nitro-		**M2441**

MASS TO CHARGE RATIOS								M.W.	INTENSITIES								Parent	C	H	O	N	Cl	Br	F	S	P	B	Si	X	COMPOUND NAME	CAS Reg No	No
122	51	78	50	45	123	77	76	**168**	100	22	19	14	14	10	10	10	**1.69**	6	4	4	2	–	–	–	–	–	–	–	–	**2-Nitro-5-pyridinecarboxylic acid**		**M6802**
122	66	51	50	105	76	45	57	**168**	100	88	68	58	54	53	49	44	**3.47**	6	4	4	2	–	–	–	–	–	–	–	–	**2-Nitro-4-pyridinecarboxylic acid**		**M6804**
122	94	150	66	39	65	55	67	**168**	100	81	81	20	18	16	12	10	**7.29**	8	8	4	–	–	–	–	–	–	–	–	–	**Benzeneacetic acid, 2,5-dihydroxy-**	451-13-8	**Q0773**
123	28	16	95	77	168	121	122	**168**	100	61	35	26	24	21	18	12		8	8	4	–	–	–	–	–	–	–	–	–	**Benzeneacetic acid, α,4-dihydroxy-**		**05009**
123	45	168	51	109	65	77	39	**168**	100	89	88	38	33	27	27	22		8	8	2	–	–	–	–	1	–	–	–	–	**Acetic acid, (phenylthio)-**	103-04-8	**P7583**
123	45	168	109	51	65	39	77	**168**	100	84	79	35	30	23	18	14		8	8	2	–	–	–	–	1	–	–	–	–	**Acetic acid, (phenylthio)-**	103-04-8	**P7584**
123	45	168	109	51	65	39	77	**168**	100	84	79	35	30	23	18	14		8	8	2	–	–	–	–	1	–	–	–	–	**Phenylthioglycollic acid**		**L6292**
123	77	168	51	124	39	105	65	**168**	100	29	27	25	10	6	5	5		8	8	4	–	–	–	–	–	–	–	–	–	**Benzeneacetic acid, 3,4-dihydroxy-**		**04988**
123	81	41	43	168	39	69	107	**168**	100	65	54	42	37	32	30	28		10	16	2	–	–	–	–	–	–	–	–	–	**Cyclopropanecarboxylic acid, 2,2-dimethyl-3-(2-methyl-1-propenyl)-,trans-**		**02262**
123	81	41	168	69	43	107	153	**168**	100	70	48	38	34	34	27	27		10	16	2	–	–	–	–	–	–	–	–	–	**Cyclopropanecarboxylic acid, 2,2-dimethyl-3-(2-methyl-1-propenyl)-, cis-**	15259-78-6	**R5625**
123	95	75	140	29	168	27	124	**168**	100	51	32	31	12	12	10	9		9	9	2	–	–	–	1	–	–	–	–	–	**Benzoic acid, 4-fluoro-, ethyl ester**	451-46-7	**Q0776**
123	95	77	168	39	65	121	124	**168**	100	34	32	17	10	10	9	8		8	8	4	–	–	–	–	–	–	–	–	–	**Benzeneacetic acid, α,4-dihydroxy-**	1198-84-1	**Q5733**
123	107	41	153	81	91	39	67	**168**	100	86	81	66	66	60	51	46	**29.46**	10	16	2	–	–	–	–	–	–	–	–	–	**Cyclopropanecarboxylic acid, 2,2-dimethyl-3-(2-methyl-1-propenyl)-**	10453-89-1	**R3855**
123	107	91	93	138	137	92	45	**168**	100	35	29	22	17	16	6	5	**0.00**	3	9	3	–	–	–	–	–	–	–	–	1	**Arsonic acid, methyl-, dimethyl ester**	23809-18-9	**S0354**
123	107	91	93	138	137	92	121	**168**	100	35	29	22	17	17	5	5	**0.00**	3	9	3	–	–	–	–	–	–	–	–	1	**Arsonic acid, methyl-, dimethyl ester**	23809-18-9	**S0355**
123	168	139	43	122	44	39	41	**168**	100	85	70	40	34	18	16	15		9	12	3	–	–	–	–	–	–	–	–	–	**3-Furancarboxylic acid, 2,4-dimethyl-, ethyl ester**	6148-33-0	**H1596**
124	18	150	123	45	168	107	135	**168**	100	88	61	56	50	49	28	27		9	12	3	–	–	–	–	–	–	–	–	–	**2-Propanol, (-)-1-(2,5-dihydroxyphenyl)-**		**00264**
124	51	50	78	45	52	76	77	**168**	100	47	26	26	13	11	10	10	**0.00**	6	4	4	2	–	–	–	–	–	–	–	–	**2-Pyridinecarboxylic acid, 5-nitro-**	30651-24-2	**S2960**
125	43	41	168	55	27	39	69	**168**	100	95	88	75	54	46	43	43		10	16	2	–	–	–	–	–	–	–	–	–	**2-Cyclohexen-1-one, 2-hydroxy-6-methyl-3-isopropyl-**	54783-36-7	**S9625**
125	55	97	41	43	71	126	69	**168**	100	81	39	25	23	20	10	7	**2.00**	11	20	1	–	–	–	–	–	–	–	–	–	**5-Undecen-4-one**	56312-55-1	**T3439**
125	77	51	168	78	50	65	97	**168**	100	70	32	29	11	10	10	10		8	8	2	–	–	–	–	1	–	–	–	–	**Phenyl vinyl sulphone**	5535-48-8	**R1519**
125	77	51	168	78	50	97	65	**168**	100	88	55	33	21	20	18	17		8	8	2	–	–	–	–	1	–	–	–	–	**Phenyl vinyl sulphone**		**G0255**
125	168	116	126	153	97	39	110	**168**	100	27	12	10	8	8	7	6		10	16	–	–	–	–	–	1	–	–	–	–	**Thiophene, 2-ethyl-5-butyl-**		**Y2051**
125	168	126	41	39	110	91	97	**168**	100	21	9	8	7	6	6	5		10	16	–	–	–	–	–	1	–	–	–	–	**Thiophene, 2-ethyl-5-isobutyl-**	54411-05-1	**H2060**
125	168	126	41	39	110	91	127	**168**	100	21	9	8	7	6	6	4		10	16	–	–	–	–	–	1	–	–	–	–	**Thiophene, 2-ethyl-5-isobutyl-**		**Y2052**
125	168	126	153	97	39	45	110	**168**	100	27	11	8	8	7	7	7		10	16	–	–	–	–	–	1	–	–	–	–	**Thiophene, 2-butyl-5-ethyl-**	54411-06-2	**H2061**
126	41	43	168	27	125	39	55	**168**	100	82	56	45	40	39	36	36		10	16	2	–	–	–	–	–	–	–	–	–	**2-Cyclohexen-1-one, 2-hydroxy-3-methyl-6-isopropyl-**	490-03-9	**Q1185**
126	43	111	84	55	41	97	98	**168**	100	61	51	27	25	24	15	15	**5.08**	10	16	2	–	–	–	–	–	–	–	–	–	**1-Cyclohexen-1-ol, 2,6-dimethyl-, acetate**	6203-89-0	**R2144**
126	55	41	97	43	42	111	70	**168**	100	58	48	28	21	19	17	13	**9.00**	10	16	2	–	–	–	–	–	–	–	–	–	**1,3-Cyclopentanedione, 2-ethyl-4-propyl-**	57157-04-7	**T4344**
126	55	98	168	139	125	153	140	**168**	100	58	16	9	9	9	6	2		10	16	2	–	–	–	–	–	–	–	–	–	**1,3-Cyclopentanedione, 2-ethyl-4-propyl-**		**M3940**
126	94	108	168	140	139	97	95	**168**	100	47	30	17	14	13	8	7		10	16	2	–	–	–	–	–	–	–	–	–	**5-Nonynoic acid, methyl ester**		**L4475**
126	97	41	39	67	125	52	139	**168**	100	63	45	40	39	31	28	28	**15.70**	10	16	2	–	–	–	–	–	–	–	–	–	**2-Cyclopenten-1-one, 2-butyl-3-methoxy-**	22975-39-9	**S0019**
126	125	168	83	111	153			**168**	100	41	34	13	13	11				9	12	3	–	–	–	–	–	–	–	–	–	**1-Cyclopentanone, 2,5-diacetyl-**		**L1663**
126	168	97	39	45	41	43	139	**168**	100	59	52	31	29	23	21	20		9	12	1	–	–	–	–	1	–	–	–	–	**2-Hydroxyphenyl propyl sulphide**		**03699**
126	168	97	43	98	39	41	53	**168**	100	53	34	13	13	13	13	8		9	12	1	–	–	–	–	1	–	–	–	–	**2-Hydroxyphenyl isopropyl sulphide**	29549-62-0	**S2566**
126	168	97	43	98	39	41	127	**168**	100	54	33	12	12	11	11	7		9	12	1	–	–	–	–	1	–	–	–	–	**2-Hydroxyphenyl isopropyl sulphide**		**03700**
126	168	97	98	39	45	41	43	**168**	100	60	52	31	31	30	23	21		9	12	1	–	–	–	–	1	–	–	–	–	**2-Hydroxyphenyl propyl sulphide**	24362-86-5	**S0561**
127	42	168	126	84	110	83	41	**168**	100	70	64	58	43	33	30	30		8	12	2	2	–	–	–	–	–	–	–	–	**Uracil, 6-methyl-3-propyl-**		**L6392**
127	42	168	126	84	110	83	41	**168**	100	70	63	58	43	33	32	30		8	12	2	2	–	–	–	–	–	–	–	–	**Uracil, 6-methyl-3-propyl-**	7454-99-1	**R3219**
127	168	126	110	84	83	42	96	**168**	100	70	68	60	44	32	30	10		8	12	2	2	–	–	–	–	–	–	–	–	**Uracil, 6-methyl-3-propyl-**		**M2743**
131	36	104	132	105	77	27	51	**168**	100	93	85	83	73	72	69	67	**0.00**	8	9	–	2	1	–	–	–	–	–	–	–	**Benzeneacetonitrile, α-amino-, hydrochloride**	53641-60-4	**S8549**
133	131	94	105	39	77	132	65	**168**	100	72	50	40	38	36	35	30	**29.02**	9	9	1	–	1	–	–	–	–	–	–	–	**2-Chloroallyl phenyl ether**		**Z1158**
133	135	170	168	63	137	172	35	**168**	100	99	54	41	36	34	27	26		–	–	–	–	4	–	–	–	–	–	1	–	**Silane, tetrachloro-**	10026-04-7	**H1673**
133	135	170	168	137	63	172	35	**168**	100	99	46	36	33	29	23	14		–	–	–	–	4	–	–	–	–	–	1	–	**Silane, tetrachloro-**	10026-04-7	**R3536**
133	168	117	105	91	132	131	77	**168**	100	19	14	10	9	9	8	5		10	13	–	–	1	–	–	–	–	–	–	–	**α-Chloroethyl-dimethylbenzene**		**L0638**
133	168	117	134	105	91	132	115	**168**	100	19	14	11	10	9	9	9		10	13	–	–	1	–	–	–	–	–	–	–	**x-Xylene, ar-(1-chloroethyl)-**		**Z1143**
135	107	121	168	39	91	55	43	**168**	100	96	70	68	67	66	61	61		10	16	2	–	–	–	–	–	–	–	–	–	**1-Cyclohexene-1-carboxaldehyde, 2,6,6-trimethyl-4-hydroxy-**		**M8795**
136	18	28	108	52	137	168	80	**168**	100	42	28	27	26	26	25	20		8	8	4	–	–	–	–	–	–	–	–	–	**Benzoic acid, 2,3-dihydroxy-, methyl ester**	2411-83-8	**Q7977**
136	41	71	27	39	94	29	67	**168**	100	75	65	34	34	32	31	31	**8.50**	11	20	1	–	–	–	–	–	–	–	–	–	**Decalin, 2-methoxy-**	55473-38-6	**T1186**
136	71	94	125	41	95	107	81	**168**	100	49	35	34	30	27	27	25	**16.00**	11	20	1	–	–	–	–	–	–	–	–	–	**Naphthalene, decahydro-1-methoxy-**	21720-89-8	**R9352**
136	108	18	168	52	80	137	53	**168**	100	62	60	50	31	25	22	21		8	8	4	–	–	–	–	–	–	–	–	–	**Benzoic acid, 2,6-dihydroxy-, methyl ester**	2150-45-0	**Q7497**
136	108	52	137	168	80	51	53	**168**	100	27	26	26	25	20	16	16		8	8	4	–	–	–	–	–	–	–	–	–	**Benzoic acid, 2,3-dihydroxy-, methyl ester**	2411-83-8	**Q7978**
136	108	137	168	52	80	53	51	**168**	100	26	25	25	24	19	15	14		8	8	4	–	–	–	–	–	–	–	–	–	**Benzoic acid, 2,5-dihydroxy-, methyl ester**	2150-46-1	**Q7500**
136	108	137	168	151	109	122	138	**168**	100	56	56	51	16	11	9	9		9	12	3	–	–	–	–	–	–	–	–	–	**Phenol, 2-methoxymethyl-5-methoxy-**		**P1456**
136	108	168	52	80	137	53	51	**168**	100	62	50	31	25	22	21	19		8	8	4	–	–	–	–	–	–	–	–	–	**Benzoic acid, 2,6-dihydroxy-, methyl ester**	2150-45-0	**Q7498**
136	108	168	52	80	137	53	107	**168**	100	62	51	30	24	23	21	19		8	8	4	–	–	–	–	–	–	–	–	–	**Benzoic acid, 2,6-dihydroxy-, methyl ester**	2150-45-0	**Q7496**

MASS TO CHARGE RATIOS								M.W.	INTENSITIES								Parent	C	H	O	N	Cl	Br	F	S	P	B	Si	X	COMPOUND NAME	CAS Reg No	No
136	108	168	137	109	69	138	65	**168**	100	28	20	20	13	9	7	6		8	8	2	–	–	–	–	1	–	–	–	–	**Methyl thiosalicylate**		**L1192**
136	168	28	17	108	80	137	52	**168**	100	45	38	30	30	23	22	21		8	8	4	–	–	–	–	–	–	–	–	–	**Benzoic acid, 2,5-dihydroxy-, methyl ester**	2150-46-1	**Q7499**
136	168	28	137	108	18	69	80	**168**	100	85	49	48	43	15	13	13		8	8	4	–	–	–	–	–	–	–	–	–	**Benzoic acid, 2,4-dihydroxy-, methyl ester**	2150-47-2	**Q7501**
136	168	108	52	53	137	80	15	**168**	100	33	28	25	24	23	21	21		8	8	4	–	–	–	–	–	–	–	–	–	**Benzoic acid, 2,5-dihydroxy-, methyl ester**		**03076**
136	168	108	80	137	52	53	81	**168**	100	44	29	21	21	19	18	7		8	8	4	–	–	–	–	–	–	–	–	–	**Benzoic acid, 2,3-dihydroxy-, methyl ester**	2411-83-8	**Q7979**
136	168	137	108	69	80	53	51	**168**	100	86	49	45	15	15	12	11		8	8	4	–	–	–	–	–	–	–	–	–	**Benzoic acid, 2,4-dihydroxy-, methyl ester**	2150-47-2	**Q7503**
136	168	137	108	69	80	169	53	**168**	100	85	48	43	13	13	10	9		8	8	4	–	–	–	–	–	–	–	–	–	**Benzoic acid, 2,4-dihydroxy-, methyl ester**	2150-47-2	**Q7502**
137	28	18	168	81	32	109	59	**168**	100	61	46	45	27	25	24	24		8	8	4	–	–	–	–	–	–	–	–	–	**Benzoic acid, 3,4-dihydroxy-, methyl ester**	2150-43-8	**Q7493**
137	70	81	67	109	41	168	123	**168**	100	78	46	31	31	21	16	15		10	16	2	–	–	–	–	–	–	–	–	–	**1-Cyclohexene-1-carboxaldehyde, 5-hydroxy-2,6,6-trimethyl-**	66465-72-3	**T6649**
137	107	138	106	91	136	168	66	**168**	100	92	54	22	16	16	7	6		3	9	3	–	–	–	–	–	–	–	–	1	**Arsenous acid, trimethyl ester**	6596-95-8	**R2395**
137	168	28	109	18	69	81	110	**168**	100	65	57	41	31	25	18	15		8	8	4	–	–	–	–	–	–	–	–	–	**Benzoic acid, 3,5-dihydroxy-, methyl ester**		**P2889**
137	168	81	109	59	53	138	51	**168**	100	45	27	24	24	21	20	19		8	8	4	–	–	–	–	–	–	–	–	–	**Benzoic acid, 3,4-dihydroxy-, methyl ester**	2150-43-8	**Q7494**
137	168	109	69	110	81	138	53	**168**	100	99	89	67	39	36	34	22		8	8	4	–	–	–	–	–	–	–	–	–	**Benzoic acid, 3,5-dihydroxy-, methyl ester**	2150-44-9	**Q7495**
138	124	151	137	105	123	41	166	**168**	100	68	50	35	12	10	8	5	**0.00**	9	16	1	2	–	–	–	–	–	–	–	–	**Pyrazine, 3-sec-butyl-2-methoxy-**		**L7860**
139	41	168	29	42	58	153	30	**168**	100	44	38	36	33	31	29	28		10	20	–	2	–	–	–	–	–	–	–	–	**Pentanal, 2-methylene-, diethylhydrazone**	25186-14-5	**S0987**
139	43	111	138	110	28	27	140	**168**	100	94	34	27	10	10	8	7	**0.00**	9	17	2	–	–	–	–	–	–	1	–	–	**Boron, diethyl(2,4-pentanedionato)-**	19469-60-4	**R8170**
139	84	56	44	138	45	28	153	**168**	100	73	73	67	66	64	53	42	**36.80**	8	22	–	2	–	–	–	–	–	2	–	–	**1,2-Diborane(4)diamine, 1,2-diethyl-N,N,N′,N′-tetramethyl-**	19162-23-3	**R8009**
139	84	56	44	138	45	153	82	**168**	100	73	73	67	66	64	53	40	**36.94**	8	22	–	2	–	–	–	–	–	2	–	–	**1,2-Diborane(4)diamine, 1,2-diethyl-N,N,N′,N′-tetramethyl-**	19162-23-3	**R8008**
139	103	141	168	77	125	140	170	**168**	100	39	31	20	15	12	9	7		10	13	–	–	1	–	–	–	–	–	–	–	**Benzene, 1-chloro-4-sec-butyl-**	36383-14-9	**S5235**
139	111	141	75	50	113	168	27	**168**	100	33	31	20	12	10	7	6		9	9	1	–	1	–	–	–	–	–	–	–	**1-Propanone, 1-(4-chlorophenyl)-**		**02578**
139	125	126	168	43	103	91	117	**168**	100	95	62	60	45	36	34	28		10	13	–	–	1	–	–	–	–	–	–	–	**1-Chloro-2-butylbenzene**		**L0614**
139	125	126	168	43	127	141	103	**168**	100	88	67	61	44	34	33	32		10	13	–	–	1	–	–	–	–	–	–	–	**Chlorobenzene, ar-sec-butyl-**		**Z1148**
139	138	168	55	167	111	112	29	**168**	100	76	73	59	49	35	28	27		6	15	3	–	–	–	–	–	–	3	–	–	**Boroxin, triethyl-**		**W0043**
139	138	168	167	111	55	112	137	**168**	100	76	66	52	34	29	28	24		6	15	3	–	–	–	–	–	–	3	–	–	**Boroxin, triethyl-**	3043-60-5	**Q8959**
139	140	168	91	77	141	105	169	**168**	100	97	82	65	22	10	9	9		12	8	1	–	–	–	–	–	–	–	–	–	**2,4-Hexadiyn-1-one, 1-phenyl-**	495-74-9	**Q1260**
139	141	111	75	113	140	168	50	**168**	100	33	33	16	10	9	8	8		9	9	1	–	1	–	–	–	–	–	–	–	**1-Propanone, 1-(4-chlorophenyl)-**	6285-05-8	**R2203**
139	141	111	168	75	113	140	50	**168**	100	32	28	12	11	9	8	4		9	9	1	–	1	–	–	–	–	–	–	–	**1-Propanone, 1-(4-chlorophenyl)-**		**Z1151**
139	168	97	110	140	111	45	39	**168**	100	28	15	10	10	8	7	6		10	16	–	–	–	–	–	1	–	–	–	–	**Thiophene, 2,5-dibutyl-**		**Y2053**
140	56	153	82	168	28	42	27	**168**	100	98	98	80	61	51	36	32		8	12	2	2	–	–	–	–	–	–	–	–	**4(3H)-Pyrimidinone, 5-ethoxy-2,3-dimethyl-**	24614-11-7	**S0717**
140	69	68	42	98	97	67	168	**168**	100	72	69	65	23	21	10	8		8	12	2	2	–	–	–	–	–	–	–	–	**Formamide, N-methyl-N-[(1-methyl-2-oxo-3-pyrrolidinylidene)methyl]-**		**M0617**
140	112	43	125	41	153	70	141	**168**	100	55	17	16	12	11	9	9	**6.00**	8	16	–	4	–	–	–	–	–	–	–	–	**1,2,4,5-Tetrazine, 1,2-dihydro-3,6-dipropyl-**		**17018**
140	126	43	125	41	55	77	83	**168**	100	88	60	51	38	37	26	25	**5.70**	9	12	3	–	–	–	–	–	–	–	–	–	**1,2,4-Cyclopentanetrione, 3-butyl-**	46005-09-8	**S7108**
150	122	168	44	66	94	69	64	**168**	100	52	52	22	20	20	18	12		8	8	4	–	–	–	–	–	–	–	–	–	**Benzoic acid, 2,4-dihydroxy-6-methyl-**	480-64-8	**Q1028**
150	168	108	69	80	52	39	51	**168**	100	80	79	66	51	43	43	37		8	8	4	–	–	–	–	–	–	–	–	–	**Benzaldehyde, 2′,4′-dihydroxy-6-hydroxymethyl-**		**L4026**
150	168	122	44	66	94	69	64	**168**	100	56	55	23	21	21	18	12		8	8	4	–	–	–	–	–	–	–	–	–	**Benzoic acid, 2,4-dihydroxy-6-methyl-**	480-64-8	**Q1029**
150	168	122	44	66	94	69	64	**168**	100	56	55	23	20	20	18	12		8	8	4	–	–	–	–	–	–	–	–	–	**Orsellinic acid**		**L2158**
151	94	168	150	122	106	123	42	**168**	100	92	52	40	32	31	28	24		8	12	2	2	–	–	–	–	–	–	–	–	**Pyridoxamine**		**L3785**
151	168	108	44	39	125	52	53	**168**	100	73	72	51	40	35	34	29		7	8	3	2	–	–	–	–	–	–	–	–	**3-Carbamoyl-4-methyl-6-hydroxy-pyrid-2-one**		**D1399**
153	97	73	168	139	111	154	78	**168**	100	90	44	21	16	15	15	13		10	20	–	–	–	–	–	–	–	–	1	–	**Silane, (3,3-dimethyl-1-pentynyl)trimethyl-**	61227-97-2	**T5614**
153	117	133	168	155	119	91	115	**168**	100	61	50	48	33	32	26	17		10	13	–	–	1	–	–	–	–	–	–	–	**Toluene, α-chloro-ar-isopropyl**		**Z1160**
153	125	155	168	41	127	154	170	**168**	100	42	33	27	24	14	10	9		10	13	–	–	1	–	–	–	–	–	–	–	**ar-tert-Butyl-ar-chlorobenzene**		**Z1150**
153	125	155	168	43	89	127	63	**168**	100	39	32	28	23	18	13	11		9	9	1	–	1	–	–	–	–	–	–	–	**Acetophenone, 4′-chloro-2′-methyl-**		**D0070**
153	125	155	168	89	127	43	63	**168**	100	44	32	32	16	14	14	11		9	9	1	–	1	–	–	–	–	–	–	–	**Acetophenone, 4′-chloro-3′-methyl-**		**Z1164**
153	125	168	41	154	51	77	39	**168**	100	42	27	24	10	6	6	5		10	13	–	–	1	–	–	–	–	–	–	–	**Benzene, ar-chloro-ar-tert-butyl-**		**L0615**
153	133	168	139	105	91	103	77	**168**	100	54	49	24	17	15	15	12		10	13	–	–	1	–	–	–	–	–	–	–	**1-Chloro-2,4-diethylbenzene**		**L0617**
153	155	125	41	168	154	127	170	**168**	100	29	29	28	22	11	9	8		10	13	–	–	1	–	–	–	–	–	–	–	**Benzene, 1-chloro-4-tert-butyl-**		**C1581**
153	155	168	116	115	91	154	170	**168**	100	32	28	23	16	10	10	9		10	13	–	–	1	–	–	–	–	–	–	–	**ar-Chloro-p-cymene**		**Z1145**
153	155	168	117	115	91	170	154	**168**	100	32	30	25	17	11	11	10		10	13	–	–	1	–	–	–	–	–	–	–	**2-Chloro-p-cymene**		**Z1161**
153	155	168	117	115	133	91	154	**168**	100	32	29	23	16	12	10	10		10	13	–	–	1	–	–	–	–	–	–	–	**Isopropylchlorotoluene**		**Z1146**
153	168	100	154	59	73	155	169	**168**	100	24	17	13	5	4	4	3		7	12	1	2	–	–	–	–	–	–	1	–	**Pyrimidine, 2-trimethylsiloxy-**		**L3833**
153	168	117	133	91	154	118	39	**168**	100	29	23	12	10	10	5	4		10	13	–	–	1	–	–	–	–	–	–	–	**Isopropylchlorotoluene**		**L0616**
153	168	133	155	139	170	103	115	**168**	100	46	43	32	24	15	15	14		10	13	–	–	1	–	–	–	–	–	–	–	**Benzene, diethyl-ar-chloro-**		**Z1139**
153	168	152	167	165	114	151	104	**168**	100	82	39	33	21	12	12	10		13	12	–	–	–	–	–	–	–	–	–	–	**Fulvene, 6-methyl-6-phenyl-**	2320-32-3	**Q7839**
166	168	135	137	139	109	122	107	**168**	100	33	16	14	12	12	12	10		9	12	3	–	–	–	–	–	–	–	–	–	**Benzyl alcohol, 3′,5′-dimethoxy-**		**L5792**
167	168	153	152	165				**168**	100	98	63	41	40					13	12	–	–	–	–	–	–	–	–	–	–	**7,8-Benzobicyclo[4.2.1]nona-2,4-diene**		**M8261**
167	168	165	154	152	153	151	166	**168**	100	99	45	40	36	35	30	29		13	12	–	–	–	–	–	–	–	–	–	–	**Biphenyl, 2-methyl-**		**M2459**

MASS TO CHARGE RATIOS								M.W.	INTENSITIES								Parent	C	H	O	N	Cl	Br	F	S	P	B	Si	X	COMPOUND NAME	CAS Reg No	No
168	28	153	122	80	52	95	65	**168**	100	36	35	25	24	23	19	15		7	8	3	2	–	–	–	–	–	–	–	–	**Aniline, 2-methoxy-5-nitro-**		**D1713**
168	31	137	118	169	93	117	75	**168**	100	15	14	8	8	7	7	6		6	1	–	–	–	–	5	–	–	–	–	–	**Benzene, pentafluoro-**		**A0750**
168	41	139	114	55	86	153	135	**168**	100	23	21	20	15	15	14	12		8	12	–	2	–	–	–	1	–	–	–	–	**Cycloocta[d]-1,2,3-thiadiazole, 4,5,6,7,8,9-tetrahydro-**		**C0336**
168	42	58	40	94	109	150	80	**168**	100	29	24	18	17	16	15	12		10	16	2	–	–	–	–	–	–	–	–	–	**Bicyclo[2.2.1]heptane-2,7-dione, 3,3-dimethyl-6-isopropylidene-**		**M0570**
168	43	85	153	125	69	98	84	**168**	100	93	80	64	33	30	19	17		8	8	4	–	–	–	–	–	–	–	–	–	**2H-Pyran-2,4(3H)-dione, 3-acetyl-6-methyl-**	520-45-6	**H0776**
168	44	139	153	107	42	121	43	**168**	100	52	29	29	27	21	17	17		6	8	2	4	–	–	–	–	–	–	–	–	**Pyrimidine, 2-(dimethylamino)-5-nitro-**	14233-44-4	**R5068**
168	45	151	123	69	50	77	65	**168**	100	79	75	30	26	26	24	24		8	8	2	–	–	–	–	1	–	–	–	–	**Benzoic acid, 4-(methylthio)-**	13205-48-6	**R4360**
168	52	79	153	95	122	65	77	**168**	100	47	42	40	37	29	26	24		7	8	3	2	–	–	–	–	–	–	–	–	**Aniline, 2-methoxy-5-nitro-**	99-59-2	**P7260**
168	54	114	62	140	88	38	36	**168**	100	25	20	19	18	17	16	10		8	–	1	4	–	–	–	–	–	–	–	–	**Tetracyanofuran**		**I7188**
168	55	66	111	140	44	39	139	**168**	100	69	57	46	40	40	39	37		8	8	4	–	–	–	–	–	–	–	–	–	**1,4-Benzoquinone, 2,5-dihydroxy-3,6-dimethyl-**		**O4935**
168	60	54	82	27	59	28	45	**168**	100	85	26	26	23	23	17	14		7	8	1	2	–	–	–	1	–	–	–	–	**Thiazolo[3,2-c]pyrimidin-4-ium, 2,3-dihydro-8-hydroxy-5-methyl-, hydroxide, inner salt**	24614-07-1	**S0715**
168	75	30	76	50	122	92	64	**168**	100	97	94	69	61	34	30	23		6	4	4	2	–	–	–	–	–	–	–	–	**Benzene, 1,4-dinitro-**	100-25-4	**P7348**
168	75	30	76	92	50	122	64	**168**	100	66	63	61	42	41	33	15		6	4	4	2	–	–	–	–	–	–	–	–	**Benzene, 1,3-dinitro-**		**C0788**
168	75	76	30	18	50	122	92	**168**	100	60	55	50	41	39	30	21		6	4	4	2	–	–	–	–	–	–	–	–	**Benzene, 1,3-dinitro-**		**D1082**
168	78	51	170	76	27	37	50	**168**	100	93	37	33	23	21	20	20		6	5	–	4	1	–	–	–	–	–	–	–	**1,2,4-Triazolo[4,3-b]pyridazine, 8-chloro-6-methyl-**	28593-25-1	**S2138**
168	79	41	80	27	93	45	85	**168**	100	74	64	57	53	42	37	36		10	16	–	–	–	–	–	1	–	–	–	–	**endo-4,7-Ethano-cis-2-thiahexahydroindan**		**Y1887**
168	79	98	81	80	97	41	78	**168**	100	78	63	51	29	27	19	19		10	13	1	–	–	–	1	–	–	–	–	–	**Tricyclo[3.3.1.1$^{(3,7)}$]decan-2-one, 4-fluoro-, (1α,3β,4β,5α,7β)-**	56781-84-1	**O8301**
168	79	124	96	95	80	107	97	**168**	100	74	57	55	51	46	21	18		5	13	2	–	–	–	–	1	1	–	–	–	**O,O-Diethyl methylphosphonothionate**		**P1891**
168	81	139	111	110	96	124	153	**168**	100	70	50	50	50	50	40	10		9	16	1	2	–	–	–	–	–	–	–	–	**Quinazoline-2(1H)-one, 4a-methyl-cis-octahydro-**		**M7033**
168	85	153	43	69	125	98	111	**168**	100	82	75	75	72	39	26	18		8	8	4	–	–	–	–	–	–	–	–	–	**2-Hydroxy-3-acetyl-6-methyl-4-pyrone**		**M0071**
168	99	137	31	93	118	149	117	**168**	100	45	16	13	10	9	9	8		6	1	–	–	–	–	5	–	–	–	–	–	**Benzene, pentafluoro-**	363-72-4	**Q0602**
168	99	137	31	93	149	118	117	**168**	100	47	14	13	8	7	7	6		6	1	–	–	–	–	5	–	–	–	–	–	**2-Oxazolidinone, 4-methyl-5-phenyl-, cis-**		**M2148**
168	114	169	43	128	141	84		**168**	100	20	13	8	7	7	6			11	8	–	2	–	–	–	–	–	–	–	–	**Imidazo[2,1-a]isoquinoline**	234-70-8	**Q0100**
168	120	103	104	78	169	137	77	**168**	100	65	40	40	32	31	30	22		8	8	2	–	–	–	–	1	–	–	–	–	**Benzo[b]thiophene, 2,3-dihydro-, 1,1-dioxide**	14315-13-0	**R5144**
168	123	77	51	105	124	43	65	**168**	100	86	45	37	31	19	11	11		8	8	4	–	–	–	–	–	–	–	–	–	**Benzeneacetic acid, 3,4-dihydroxy-**	102-32-9	**P7549**
168	124	153	121	122	135	45	150	**168**	100	40	32	24	23	19	17	16		8	8	2	–	–	–	–	1	–	–	–	–	**Benzoic acid, 2-(methylthio)-**	3724-10-5	**Q9721**
168	133	170	152	125	105	77	51	**168**	100	60	32	29	25	24	18	16		9	9	1	–	1	–	–	–	–	–	–	–	**Benzofuran, 2,3-dihydro-5-chloro-2-methyl-**		**Z1147**
168	139	69	125	109	167	79	95	**168**	100	88	21	20	20	15	14	13		9	12	3	–	–	–	–	–	–	–	–	–	**Benzene, 1,3,5-trimethoxy-**	621-23-8	**Q3027**
168	139	140	111	99	82	55	42	**168**	100	64	64	50	44	41	41	35		8	12	2	2	–	–	–	–	–	–	–	–	**Pyrimidine, 5-ethoxy-4-methoxy-2-methyl-**	24614-12-8	**S0718**
168	139	151	137	65	109	97	77	**168**	100	33	28	25	20	17	16	16		9	12	3	–	–	–	–	–	–	–	–	–	**Benzyl alcohol, 3,4′-dimethoxy-**		**Z1153**
168	139	169	63	141				**168**	100	15	10	5	5					12	8	1	–	–	–	–	–	–	–	–	–	**Naphtho[2,1-b]furan**	232-95-1	**Q0097**
168	139	169	84	44	63	69	39	**168**	100	23	13	11	6	5	5	5		12	8	1	–	–	–	–	–	–	–	–	–	**Dibenzofuran**		**Y0633**
168	139	169	84	63	39	62	140	**168**	100	29	13	10	7	6	4	4		12	8	1	–	–	–	–	–	–	–	–	–	**Dibenzofuran**	132-64-9	**P9623**
168	139	169	84	140	114	113	89	**168**	100	22	13	3	3	2	2	1		12	8	1	–	–	–	–	–	–	–	–	–	**Dibenzofuran**		**C1919**
168	139	169	114	140	64	113	167	**168**	100	35	27	26	26	20	20	20		11	8	–	2	–	–	–	–	–	–	–	–	**2-Quinolinecarbonitrile, 4-methyl-**	10590-69-9	**R3964**
168	140	141	128	77	103	114	169	**168**	100	25	24	21	14	12	12	11		11	8	–	2	–	–	–	–	–	–	–	–	**Propanedinitrile, (1-phenylethylidene)-**	5447-87-0	**R1443**
168	140	169	141	114	84	71	113	**168**	100	54	24	24	21	15	12	11		11	8	–	2	–	–	–	–	–	–	–	–	**1-Naphthalenecarbonitrile, 4-amino-**	58728-64-6	**T5061**
168	140	169	141	115	114	128	63	**168**	100	68	42	35	33	31	26	18		11	8	–	2	–	–	–	–	–	–	–	–	**1-Isoquinolinecarbonitrile, 3-methyl-**	22381-52-8	**R9666**
168	141	169	114	113	142	88	167	**168**	100	20	14	12	10	8	7	6		11	8	–	2	–	–	–	–	–	–	–	–	**9H-Pyrido[3,4-b]indole**	244-63-3	**Q0107**
168	151	169	123	108	45	65	32	**168**	100	71	37	13	11	11	10	8		8	8	2	–	–	–	–	1	–	–	–	–	**Benzoic acid, 4-(methylthio)-**	13205-48-6	**R4361**
168	153	32	52	79	122	28	107	**168**	100	61	59	58	52	47	45	40		7	8	3	2	–	–	–	–	–	–	–	–	**Aniline, 4-methoxy-2-nitro-**	96-96-8	**P7086**
168	153	97	125	51	151	52	53	**168**	100	66	34	22	22	19	19	14		8	8	4	–	–	–	–	–	–	–	–	–	**Vanillic acid**		**O3953**
168	153	97	125	151	51	52	53	**168**	100	63	30	22	16	16	13	9		8	8	4	–	–	–	–	–	–	–	–	–	**Benzoic acid, 4-hydroxy-3-methoxy-**		**O4969**
168	153	110	125	93	95	39	65	**168**	100	88	47	40	37	30	24	16		9	12	3	–	–	–	–	–	–	–	–	–	**Benzene, 1,2,3-trimethoxy-**	634-36-6	**Q3426**
168	153	122	52	79	95	65	169	**168**	100	21	18	14	12	11	10	10		7	8	3	2	–	–	–	–	–	–	–	–	**Aniline, 2-methoxy-5-nitro-**		**D1243**
168	167	153	165	152	141	115	139	**168**	100	82	66	32	29	28	27	15		13	12	–	–	–	–	–	–	–	–	–	–	**Naphthalene, 1-allyl-**	2489-86-3	**H1340**
168	167	165	91	152	39	51	153	**168**	100	87	33	25	18	16	16	14		13	12	–	–	–	–	–	–	–	–	–	–	**Diphenylmethane**		**Y1521**
168	167	165	91	152	153	169	166	**168**	100	90	23	18	18	16	15	13		13	12	–	–	–	–	–	–	–	–	–	–	**Diphenylmethane**	101-81-5	**P7504**
168	167	165	91	152	166	169	153	**168**	100	73	26	16	13	11	11	10		13	12	–	–	–	–	–	–	–	–	–	–	**Diphenylmethane**	101-81-5	**P7507**
168	167	165	152	169	39	153	51	**168**	100	43	19	18	14	12	12	9		13	12	–	–	–	–	–	–	–	–	–	–	**Biphenyl, 3-methyl-**		**Y0907**
168	167	165	152	169	153	166	83	**168**	100	69	24	19	14	14	10	9		13	12	–	–	–	–	–	–	–	–	–	–	**Biphenyl, 4-methyl-**	644-08-6	**Q3561**
168	167	165	153	152	39	169	83	**168**	100	75	32	26	22	16	14	13		13	12	–	–	–	–	–	–	–	–	–	–	**Biphenyl, 2-methyl-**		**Y0906**
168	167	165	153	152	83	169	166	**168**	100	84	31	29	22	14	13	10		13	12	–	–	–	–	–	–	–	–	–	–	**Biphenyl, 2-methyl-**		**Z1142**
168	167	165	153	152	166	154	151	**168**	100	58	26	22	22	17	15	14		13	12	–	–	–	–	–	–	–	–	–	–	**Biphenyl, 3-methyl-**		**M2460**
168	167	165	153	166	152	154	151	**168**	100	80	31	23	22	22	18	16		13	12	–	–	–	–	–	–	–	–	–	–	**Biphenyl, 4-methyl-**		**M2461**

MASS TO CHARGE RATIOS								M.W.	INTENSITIES								Parent	C	H	O	N	Cl	Br	F	S	P	B	Si	X	COMPOUND NAME	CAS Reg No	No
168	169	151	123	69	45	105	65	**168**	100	45	16	15	13	12	12	11		8	8	2	–	–	–	–	1	–	–	–	–	**Benzoic acid, 3-(methylthio)-**	825-99-0	**Q4280**
168	170	31	78	133	123	69	88	**168**	100	33	25	25	15	15	10	8		4	–	–	2	1	–	3	–	–	–	–	–	**5-Chloro-2,4,6-trifluoropyrimidine**		**L2034**
168	170	89	133	169	132	63	69	**168**	100	38	17	13	10	6	5	5		8	5	–	–	1	–	–	1	–	–	–	–	**Benzo[b]thiophene, 3-chloro-**	7342-86-1	**R3075**
168	170	113	78	63	169	76	43	**168**	100	33	18	16	14	10	9	9		7	5	1	2	1	–	–	–	–	–	–	–	**2-Benzoxazolamine, 5-chloro-**		**03781**
169	171	170	168	172				**168**	100	32	11	8	3					7	5	1	2	1	–	–	–	–	–	–	–	**2-Benzoxazolamine, 5-chloro-**	61-80-3	**P5108**
169	197	120	81	141	170	209	123	**168**	100	24	13	13	12	11	11	8	**0.00**	9	12	3	–	–	–	–	–	–	–	–	–	**8-Oxaspiro[4.5]decane-7,9-dione**	5662-95-3	**R1646**
19	46	16	26	123	42	47	77	**169**	100	72	18	18	16	5	5	4	**0.00**	1	–	6	3	–	–	1	–	–	–	–	–	**Methane, fluorotrinitro-**	1840-42-2	**09638**
30	17	65	93	28	16	39	139	**169**	100	70	53	49	38	36	28	17	**1.50**	8	11	3	1	–	–	–	–	–	–	–	–	**1,2-Benzenediol, 4-(2-amino-1-hydroxyethyl)-**		**06561**
30	17	65	93	28	16	39	139	**169**	100	70	53	49	38	36	28	17	**1.50**	8	11	3	1	–	–	–	–	–	–	–	–	**1,2-Benzenediol, 4-(2-amino-1-hydroxyethyl)-, (R)-**	51-41-2	**P4560**
32	84	43	88	112	169	44	56	**169**	100	57	47	33	22	20	19	19		10	19	1	1	–	–	–	–	–	–	–	–	**Acetamide, N-cyclohexyl-N-ethyl-**	1128-34-3	**Q5478**
41	73	81	110	95	137	57	55	**169**	100	99	83	82	76	62	60	57	**7.31**	10	19	1	1	–	–	–	–	–	–	–	–	**Cyclodecanone, oxime**	2972-01-2	**Q8876**
41	83	55	31	152	28	27	138	**169**	100	99	90	86	78	77	72	59	**37.00**	10	19	1	1	–	–	–	–	–	–	–	–	**(+)-Epilupinine**	486-71-5	**Q1131**
42	111	83	82	41	112	94	55	**169**	100	99	97	44	28	19	15	13	**13.23**	9	15	2	1	–	–	–	–	–	–	–	–	**Tropinone, (+)-6β-methoxy-**	4839-12-7	**R0863**
43	28	32	16	72	127	29	45	**169**	100	57	47	42	21	18	18	17	**6.20**	8	5	1	1	–	–	2	–	–	–	–	–	**α,α-Difluorobenzyl isocyanate**		**06684**
43	86	44	41	154	42	156	83	**169**	100	79	63	25	20	14	13	9	**3.90**	5	9	1	1	2	–	–	–	–	–	–	–	**Acetamide, 2,2-dichloro-N-isopropyl-**		**B0449**
43	127	63	99	73	39	38	64	**169**	100	44	38	30	21	19	18	17	**10.00**	8	8	1	1	1	–	–	–	–	–	–	–	**Acetanilide, 4′chloro-**	539-03-7	**Q1782**
43	154	112	44	58	69	169	42	**169**	100	82	54	52	47	47	43	39		6	11	1	5	–	–	–	–	–	–	–	–	**1,3,5-Triazin-2(1H)-one, 4-amino-6-isopropyl-**	19988-24-0	**R8450**
44	43	58	42	57	108	41	71	**169**	100	45	37	31	23	22	21	21	**21.21**	10	19	1	1	–	–	–	–	–	–	–	–	**3-Azabicyclo[3.3.1]nonan-9α-ol, 3,9-dimethyl-**	14948-72-2	**R5489**
44	58	138	95	42	41	168	71	**169**	100	97	97	92	84	81	68	65	**58.06**	10	19	1	1	–	–	–	–	–	–	–	–	**3-Azabicyclo[3.3.1]nonane, 9α-methoxy-3-methyl-**	13466-48-3	**R4549**
44	59	168	43	71	42	169	41	**169**	100	64	55	48	31	30	30	22		10	19	1	1	–	–	–	–	–	–	–	–	**3-Azabicyclo[3.3.1]nonan-9-ol, 3,9-dimethyl-, syn-**	54411-15-3	**S8991**
44	125	45	42	89	91	63	39	**169**	100	4	4	3	3	2	2	1	**0.10**	9	12	–	1	1	–	–	–	–	–	–	–	**p-Chloroamphetamine**	64-12-0	**P5204**
44	125	67	68	86	124	56	66	**169**	100	59	33	29	24	18	16	15	**2.00**	8	11	3	1	–	–	–	–	–	–	–	–	**2-Butynoic acid, 4-(4-morpholinyl)-**	38346-95-1	**S5729**
44	154	41	28	56	59	57	114	**169**	100	72	37	27	25	20	17	16	**0.00**	6	10	1	1	–	–	3	–	–	–	–	–	**Acetamide, N-tert-butyl-2,2,2-trifluoro-**	1960-29-8	**Q7130**
46	30	28	31	42	20	60	13	**169**	100	41	16	9	4	3	3	1	**0.00**	1	–	6	3	–	–	1	–	–	–	–	–	**Methane, fluorotrinitro-**	1840-42-2	**Q6861**
46	30	28	31	44	61	16	14	**169**	100	42	17	10	4	1	1	1	**0.00**	1	–	6	3	–	–	1	–	–	–	–	–	**Methane, fluorotrinitro-**	1840-42-2	**Q6862**
51	78	39	141	63	48	52	98	**169**	100	85	78	78	74	74	51	51	**37.00**	7	7	2	1	–	–	–	1	–	–	–	–	**Aniline, 3-methoxy-N-sulphinyl-**		**L2772**
51	78	39	141	63	48	98	52	**169**	100	87	73	70	66	65	52	51	**38.00**	7	7	2	1	–	–	–	1	–	–	–	–	**Aniline, 3-methoxy-N-sulphinyl-**		**L6770**
53	52	51	69	70	50	54	59	**169**	100	38	28	21	18	12	9	8	**0.00**	8	11	1	1	–	–	–	1	–	–	–	–	**2(1H)-Pyridinethione, 3-ethoxy-6-methyl-**	40585-12-4	**S6353**
54	82	85	69	41	96	113	55	**169**	100	53	43	37	34	33	29	26	**4.05**	9	15	2	1	–	–	–	–	–	–	–	–	**Hexanoic acid, 2-cyano-, ethyl ester**	7391-39-1	**R3149**
54	82	110	57	41	126	43	85	**169**	100	43	41	34	32	28	24	20	**10.13**	9	15	2	1	–	–	–	–	–	–	–	–	**Pentanoic acid, 2-cyano-4-methyl-, ethyl ester**	7352-02-5	**R3088**
56	97	69	57	110	55	83	81	**169**	100	81	44	43	39	37	29	29	**15.41**	8	15	1	3	–	–	–	–	–	–	–	–	**1-(Acetylaminoethyl)-2-methyl-4,5-dihydroimidazole**		**D1248**
57	41	39	42	55	70	58	68	**169**	100	47	15	12	12	12	10	10	**0.60**	10	19	1	1	–	–	–	–	–	–	–	–	**Aziridinone, 1,3-di-tert-butyl-**	14387-89-4	**R5184**
57	41	70	58	86	84	39	68	**169**	100	16	9	6	5	4	3	3	**0.50**	10	19	1	1	–	–	–	–	–	–	–	–	**Aziridinone, 1,3-di-tert-butyl-**	14387-89-4	**R5185**
58	44	42	41	94	138	59	169	**169**	100	53	26	26	26	26	25	19		10	19	1	1	–	–	–	–	–	–	–	–	**3-Azabicyclo[3.3.1]nonane, 9β-methoxy-3-methyl-**	13466-47-2	**R4548**
59	169	111	31	43	45	82	170	**169**	100	66	32	21	17	11	9	7		7	11	2	3	–	–	–	–	–	–	–	–	**Pyrimidine, 2-amino-5-(2-methoxyethoxy)-**		**L9832**
67	68	83	110	142	82	55	85	**169**	100	76	74	68	53	31	25	22	**13.00**	9	15	2	1	–	–	–	–	–	–	–	–	**1H-Pyrrolizine-1-carboxylic acid, hexahydro-, methyl ester**		**M0156**
68	51	78	141	39	48	63	52	**169**	100	93	78	64	62	59	59	47	**33.33**	7	7	2	1	–	–	–	1	–	–	–	–	**Aniline, 3-methoxy-N-sulphinyl-**	17420-00-7	**R6932**
68	85	113	96	41	57	114	124	**169**	100	63	51	38	37	33	22	17	**2.69**	9	15	2	1	–	–	–	–	–	–	–	–	**Pentanoic acid, 2-cyano-3-methyl-, ethyl ester**	7309-45-7	**R3048**
70	41	43	57	71	126	84	42	**169**	100	39	25	21	19	18	16	12	**5.00**	11	23	–	1	–	–	–	–	–	–	–	–	**Butylamine, N-(1-propylbutylidene)-**	10599-80-1	**R3978**
70	44	55	124	41	45	169	43	**169**	100	48	43	23	22	22	20	18		9	15	2	1	–	–	–	–	–	–	–	–	**Supinidine, 1β,2β-epoxy-O[1]-methyl-**	15211-08-2	**R5602**
71	42	98	112	84	72	43	41	**169**	100	52	30	22	15	12	11	10	**0.00**	11	23	–	1	–	–	–	–	–	–	–	–	**Methylamine, N-(1-butylhexylidene)-**	18641-76-4	**R7752**
71	110	169	84	140	87	124	154	**169**	100	19	19	17	17	13	5	3		10	19	1	1	–	–	–	–	–	–	–	–	**4-Cycloocten-1-ol, 8-(dimethylamino)-, trans-**	62579-07-1	**T6216**
78	51	50	28	27	52	37	49	**169**	100	41	21	20	19	18	12	12	**2.00**	5	4	–	5	1	–	–	–	–	–	–	–	**Tetrazolo[1,5-b]pyridazine, 6-chloro-7-methyl-**	28691-22-7	**S2177**
80	169	108	171	81	141	143	114	**169**	100	93	63	32	23	22	10	5		5	4	–	5	1	–	–	–	–	–	–	–	**Tetrazolo[1,5-a]pyrimidine, 5-chloro-7-methyl-**		**M5029**
83	82	55	41	28	110	169	42	**169**	100	40	29	15	14	12	12	10		9	15	2	1	–	–	–	–	–	–	–	–	**1H-Pyrrolizine-1-carboxylic acid, hexahydro-, methyl ester**	54514-96-4	**S9239**
83	82	55	41	28	169	110	42	**169**	100	39	29	15	14	12	11	9		9	15	2	1	–	–	–	–	–	–	–	–	**1H-Pyrrolizine-1-carboxylic acid, (+)-hexahydro-, methyl ester**		**L5239**
83	152	97	169	55	40	96	168	**169**	100	87	79	74	61	60	57	51		10	19	1	1	–	–	–	–	–	–	–	–	**(-)-Lupinine**	486-70-4	**Q1130**
83	152	138	41	55	97	169	28	**169**	100	95	71	64	61	58	48	47		10	19	1	1	–	–	–	–	–	–	–	–	**(-)-Lupinine**	486-70-4	**Q1129**
84	43	88	112	169	44	56	41	**169**	100	83	58	36	35	34	34	29		10	19	1	1	–	–	–	–	–	–	–	–	**Acetamide, N-cyclohexyl-N-ethyl-**	1128-34-3	**Q5479**
84	55	85	57	94	82	69	165	**169**	100	8	8	5	5	5	3	3	**0.30**	11	23	–	1	–	–	–	–	–	–	–	–	**Pyrrolidine, 2-hexyl-1-methyl-**	3447-05-0	**Q9400**
84	55	94	57	82	165	69	110	**169**	100	8	5	5	5	3	3	2	**0.30**	11	23	–	1	–	–	–	–	–	–	–	–	**Pyrrolidine, 2-hexyl-1-methyl-**		**05407**
84	56	41	69	169	83	111	67	**169**	100	78	74	74	74	71	65	54		8	15	1	3	–	–	–	–	–	–	–	–	**4-Methylcyclohexanone semicarbazone**	5439-97-4	**R1431**
84	56	69	41	169	83	112	54	**169**	100	77	75	74	74	71	66	63		8	15	1	3	–	–	–	–	–	–	–	–	**4-Methylcyclohexanone semicarbazone**	5439-97-4	**R1429**
84	98	56	95	53	140	41	30	**169**	100	46	30	27	18	17	16	15	**13.01**	10	19	1	1	–	–	–	–	–	–	–	–	**3-endo-Amino-3-endo-bornanol**	1925-44-6	**Q7063**

MASS TO CHARGE RATIOS								M.W.	INTENSITIES								Parent	C	H	O	N	Cl	Br	F	S	P	B	Si	X	COMPOUND NAME	CAS Reg No	No
84	98	56	95	140	41	30	169	**169**	100	46	31	27	17	17	16	13		10	19	1	1	–	–	–	–	–	–	–	–	3-endo-Amino-2-endo-bornanol		M3958
85	84	41	57	112	42	140	55	**169**	100	70	40	33	31	18	18	17	**1.00**	11	23	–	1	–	–	–	–	–	–	–	–	Ethylamine, N-(1-butylpentylidene)-	10599-82-3	R3980
85	113	68	96	29	27	67	95	**169**	100	76	75	60	59	43	40	27	**21.00**	8	11	3	1	–	–	–	–	–	–	–	–	2-Propenoic acid, 2-cyano-3-ethoxy-, ethyl ester	94-05-3	P6833
86	58	30	36	28	44	27	29	**169**	100	77	74	62	31	30	29	27	**0.00**	6	16	–	1	1	–	–	1	–	–	–	–	Ethanethiol, 2-(diethylamino)-, hydrochloride	1942-52-5	Q7115
86	140	57	41	85	55	99	56	**169**	100	80	70	60	50	48	40	25	**4.60**	9	15	2	1	–	–	–	–	–	–	–	–	2-Pyrrolidinone, N-(1-oxopentyl)-		B0438
88	56	43	41	55	169	71	39	**169**	100	85	74	43	21	18	15	12		10	19	1	1	–	–	–	–	–	–	–	–	Butanamide, N-cyclohexyl-	1199-87-7	Q5738
93	139	65	39	111	137	140	53	**169**	100	95	91	33	30	24	21	21	**12.30**	8	11	3	1	–	–	–	–	–	–	–	–	1,2-Benzenediol, 4-(2-amino-1-hydroxyethyl)-, (S)-	149-95-1	P9973
94	169	151	106	36	107	122	38	**169**	100	95	92	87	74	25	24	23		8	11	3	1	–	–	–	–	–	–	–	–	3,4-Pyridinedimethanol, 5-hydroxy-6-methyl-	65-23-6	P5231
95	69	127	41	27	43	154	169	**169**	100	79	77	71	45	45	44	42		7	11	–	3	–	–	–	1	–	–	–	–	4-Pyrimidinamine, 2-(propylthio)-	54410-88-7	S8980
95	96	42	28	54	68	44	41	**169**	100	88	20	19	12	11	11	9	**1.56**	7	11	2	3	–	–	–	–	–	–	–	–	L-Histidine, 1-methyl-	332-80-9	Q0525
95	125	39	124	96	45	67	56	**169**	100	46	45	10	7	5	4	3	**1.10**	7	7	4	1	–	–	–	–	–	–	–	–	Glycine, furoyl ester		P4390
96	95	42	81	124	28	68	54	**169**	100	72	25	22	21	18	13	11	**1.50**	7	11	2	3	–	–	–	–	–	–	–	–	L-Histidine, 3-methyl-	368-16-1	Q0611
97	110	61	169	41	67	94	55	**169**	100	96	72	61	53	41	40	39		8	15	1	3	–	–	–	–	–	–	–	–	2-Pentenal, 2-ethyl-, semicarbazone	16983-61-2	R6554
97	138	110	169	154	139	28	111	**169**	100	94	24	14	13	12	11	11		8	11	1	1	–	–	–	1	–	–	–	–	Ethanol, 2-(methyl-2-thienylmethylene)amino-	55956-24-6	T2459
98	134	84	132	136	99	162	135	**169**	100	37	25	15	10	5	3	2	**0.00**	6	13	–	1	2	–	–	–	–	–	–	–	Pyrrolidine, 1-(2-chloroethyl)-, hydrochloride	7250-67-1	R2999
98	134	97	125	99	84	129	113	**169**	100	18	14	11	10	9	9	9	**0.00**	6	13	–	1	2	–	–	–	–	–	–	–	Piperidine, 4-chloro-1-methyl-, hydrochloride	5382-23-0	R1370
102	34	65	44	81	42	47	82	**169**	100	82	54	51	35	35	35	32	**5.33**	3	8	5	1	–	–	–	–	1	–	–	–	Glycine, N-(phosphonomethyl)-	1071-83-6	Q5175
110	43	127	28	54	26	82	99	**169**	100	45	43	33	29	24	22	14	**0.00**	7	7	4	1	–	–	–	–	–	–	–	–	1H-Pyrrole-2,5-dione, 1-[(acetyloxy)methyl]-	7450-68-2	R3215
111	41	110	67	39	53	42	44	**169**	100	74	29	28	22	22	18	18	**9.00**	8	15	1	3	–	–	–	–	–	–	–	–	3-Penten-2-one, 3,4-dimethyl-, semicarbazone	16983-60-1	R6553
112	154	169						**169**	100	83	69							10	19	1	1	–	–	–	–	–	–	–	–	Piperidine, 1-(3-methyl-1-oxobutyl)-	18071-41-5	R7353
112	169	154						**169**	100	14	6							10	19	1	1	–	–	–	–	–	–	–	–	Piperidine, 1-(2,2-dimethyl-1-oxopropyl)-	55581-65-2	T1638
112	170	140	126	152	113	124	80	**169**	100	64	39	14	11	8	7	6	**1.20**	7	7	2	1	–	–	–	1	–	–	–	–	Acetic acid, (4-pyridinylthio)-	10351-19-6	R3782
113	81	41	85	55	67	29	96	**169**	100	41	39	21	21	19	18	15	**1.50**	10	19	1	1	–	–	–	–	–	–	–	–	2-Butylcyclohexanone oxime		D0993
120	51	78	169	121	106	27	52	**169**	100	78	51	46	37	34	33	26		7	7	2	1	–	–	–	1	–	–	–	–	Aniline, 2-methoxy-N-sulphinyl-		L2773
126	41	56	127	69	100	57	58	**169**	100	70	59	45	39	37	33	25	**0.00**	6	10	1	1	–	–	3	–	–	–	–	–	Acetamide, N-butyl-2,2,2-trifluoro-	400-59-9	Q0678
126	70	98	43	56	99	41	42	**169**	100	58	58	23	22	18	16	15	**1.00**	7	11	2	3	–	–	–	–	–	–	–	–	1,2,4-Triazabicyclo[2.2.2]octan-3-one, 2-acetyl-	29924-76-3	S2753
126	127	56	41	69	100	57	114	**169**	100	41	31	26	24	18	17	17	**0.13**	6	10	1	1	–	–	3	–	–	–	–	–	Acetamide, N-butyl-2,2,2-trifluoro-	400-59-9	Q0677
126	169	41	42	55	94	81	82	**169**	100	60	59	54	43	39	35	33		10	19	1	1	–	–	–	–	–	–	–	–	3-Nonen-2-one, O-methyloxime	56335-96-7	T3531
126	169	127	155	71	45	72	41	**169**	100	92	72	71	62	58	57	52		9	15	–	1	–	–	–	1	–	–	–	–	Thiazole, 5-butyl-2-ethyl-	52414-84-3	S7936
127	43	129	169	63	99	73	65	**169**	100	44	33	26	17	16	10	10		8	8	1	1	1	–	–	–	–	–	–	–	Acetanilide, 4′chloro-		05675
127	43	129	169	65	92	63	99	**169**	100	46	33	24	10	9	9	8		8	8	1	1	1	–	–	–	–	–	–	–	Acetanilide, 4′chloro-		L7233
127	43	129	169	65	92	63	171	**169**	100	51	32	26	11	10	9	8		8	8	1	1	1	–	–	–	–	–	–	–	Acetanilide, 3′-chloro-		L7234
127	56	126	41	43	58	69	57	**169**	100	69	61	54	47	37	29	21	**0.54**	6	10	1	1	–	–	3	–	–	–	–	–	Acetamide, N-isobutyl-2,2,2-trifluoro-	1817-28-3	Q6790
127	85	140	169	126	59	154	45	**169**	100	27	24	22	21	18	13	10		9	15	–	1	–	–	–	1	–	–	–	–	Thiazole, 4-butyl-2,5-dimethyl-	41981-77-5	S6825
134	100	86	135	136	132	162	101	**169**	100	58	54	8	5	4	2	2	**0.00**	6	16	–	1	1	–	–	1	–	–	–	–	Ethanethiol, 2-(diethylamino)-, hydrochloride	1942-52-5	Q7116
136	169	53	27	80	141	154	52	**169**	100	50	38	25	22	22	22	18		8	11	1	1	–	–	–	1	–	–	–	–	3-Pyridinol, 2-(ethylthio)-6-methyl-	23003-26-1	S0031
140	41	69	154	28	56	57	45	**169**	100	14	13	10	8	8	6	6	**0.35**	6	10	1	1	–	–	3	–	–	–	–	–	Acetamide, N-sec-butyl-2,2,2-trifluoro-	1815-81-2	Q6784
140	112	169	154					**169**	100	83	33	17						10	19	1	1	–	–	–	–	–	–	–	–	Piperidine, 1-(1-oxopentyl)-	18494-52-5	R7664
140	169	99	154	59	141	65	45	**169**	100	41	16	16	15	13	8	8		9	15	–	1	–	–	–	1	–	–	–	–	Thiazole, 4-ethyl-2-methyl-5-propyl-	41981-75-3	S6824
141	70	55	41	42	69	112	126	**169**	100	40	36	10	10	8	7	7	**2.00**	9	15	2	1	–	–	–	–	–	–	–	–	2,5-Pyrrolidinedione, 1,3-diethyl-3-methyl-	54410-85-4	S8976
141	140	114	169	63	39	113	62	**169**	100	62	37	22	20	16	15	12		10	7	–	3	–	–	–	–	–	–	–	–	Naphthalene, 1-azido-	6921-40-0	09790
141	140	154	169	112	98	71	45	**169**	100	27	20	17	16	15	13	11		9	15	–	1	–	–	–	1	–	–	–	–	Thiazole, 2,5-dipropyl-	41981-73-1	S6822
141	140	169	99	154	59	168	65	**169**	100	69	67	33	33	20	15	14		9	15	–	1	–	–	–	1	–	–	–	–	Thiazole, 5-ethyl-2-methyl-4-propyl-	4276-67-9	R0281
141	154	71	169	45	168	142	140	**169**	100	22	22	17	14	12	9	9		9	15	–	1	–	–	–	1	–	–	–	–	Thiazole, 2,4-dipropyl-	41981-74-2	S6823
141	154	169	85	140	126	99	45	**169**	100	34	27	18	17	15	14	13		9	15	–	1	–	–	–	1	–	–	–	–	Thiazole, 5-ethyl-4-methyl-2-propyl-	41981-78-6	S6826
142	143	168	169	78	51	52	63	**169**	100	93	91	91	51	40	24	20		10	7	–	3	–	–	–	–	–	–	–	–	1,2-Cyclopropanedicarbonitrile, 3-(2-pyridinyl)-	67824-31-1	T6873
152	126	28	169	154	69	96	42	**169**	100	71	66	53	52	37	35	27		9	15	2	1	–	–	–	–	–	–	–	–	2-Morpholino-2-penten-4-one		00575
154	40	169	41	111	56	68	81	**169**	100	84	75	65	53	47	45	43		8	15	1	3	–	–	–	–	–	–	–	–	3-Methylcyclohexanone semicarbazone	54410-86-5	S8977
154	41	169	111	56	68	69	55	**169**	100	73	67	58	55	52	47	44		8	15	1	3	–	–	–	–	–	–	–	–	3-Methylcyclohexanone semicarbazone	54410-86-5	S8978
154	59	56	41	114	57	42	69	**169**	100	36	33	27	26	20	14	14	**0.71**	6	10	1	1	–	–	3	–	–	–	–	–	Acetamide, N-tert-butyl-2,2,2-trifluoro-	1960-29-8	Q7131
154	112	43	56	41	140	27	98	**169**	100	81	79	55	54	50	49	44	**20.88**	10	24	–	1	–	–	–	–	–	1	–	–	Boranamine, 1,1-diethyl-N,N-diisopropyl-	74663-92-6	T8315
154	169	41	57	43	110	140	55	**169**	100	90	57	52	47	37	37	30		10	19	1	1	–	–	–	–	–	–	–	–	Morpholine, 4-(1-isopropyl-1-propenyl)-	55103-87-2	T0294
168	169	167	65	51	91	39	28	**169**	100	27	24	7	6	6	6	5		12	11	–	1	–	–	–	–	–	–	–	–	Pyridine, 2-benzyl-	101-82-6	P7508
169	18	113	78	171	17	63	51	**169**	100	80	40	37	34	17	16	14		7	4	2	1	1	–	–	–	–	–	–	–	2(3H)-Benzoxazolone, 5-chloro-	95-25-0	P6930
169	41	67	55	61	95	110	68	**169**	100	49	43	40	39	39	39	37		8	15	1	3	–	–	–	–	–	–	–	–	2-Methylcyclohexanone semicarbazone	4549-20-6	R0581
169	41	67	55	110	61	95	68	**169**	100	47	43	39	38	38	38	37		8	15	1	3	–	–	–	–	–	–	–	–	2-Methylcyclohexanone semicarbazone	4549-20-6	R0582

MASS TO CHARGE RATIOS								M.W.	INTENSITIES								Parent	C	H	O	N	Cl	Br	F	S	P	B	Si	X	COMPOUND NAME	CAS Reg No	No
169	41	67	55	110	95	61	68	**169**	100	48	43	41	39	38	37	35		8	15	1	3	–	–	–	–	–	–	–	–	**2-Methylcyclohexanone semicarbazone**		**M7363**
169	41	136	67	129	140	54	55	**169**	100	69	34	31	30	27	26	25		9	15	–	1	–	–	–	1	–	–	–	–	**2H-Azepine-2-thione, 2-allylhexahydro-**		**P4040**
169	43	44	141	154	69	111	57	**169**	100	92	86	86	64	54	50	47		6	11	1	5	–	–	–	–	–	–	–	–	**1,3,5-Triazine-2,4-diamine, N-ethyl-6-methoxy-**	30360-56-6	**S2866**
169	51	50	106	52	39	121	64	**169**	100	83	35	34	30	30	29	27		7	7	2	1	–	–	–	1	–	–	–	–	**Aniline, 4-methoxy-N-sulphinyl-**	13165-69-0	**R4311**
169	51	50	106	78	52	39	121	**169**	100	83	35	34	33	30	29	29		7	7	2	1	–	–	–	1	–	–	–	–	**Aniline, 4-methoxy-N-sulphinyl-**		**L2771**
169	59	98	70	95	41	86	60	**169**	100	85	62	52	50	44	28	25		10	19	1	1	–	–	–	–	–	–	–	–	**2-endo-Amino-3-endo-bornanol**	32344-86-8	**S3596**
169	65	93	108	52	53	109	51	**169**	100	70	56	43	35	30	29	23		7	7	4	1	–	–	–	–	–	–	–	–	**Anisole, 2-nitro-4-hydroxy-**		**D0925**
169	69	98	80	51	86	40	77	**169**	100	85	61	51	45	29	25	25		10	19	1	1	–	–	–	–	–	–	–	–	**2-endo-Amino-3-endo-bornanol**		**M3957**
169	77	111	137	142	75	171	102	**169**	100	81	63	58	48	46	31	26		8	8	1	1	1	–	–	–	–	–	–	–	**Benzaldehyde, 3-chloro-, O-methyloxime**	33499-36-4	**S4211**
169	78	113	171	51	63	44	50	**169**	100	58	55	31	20	20	18	17		7	4	2	1	1	–	–	–	–	–	–	–	**2(3H)-Benzoxazolone, 5-chloro-**	95-25-0	**P6931**
169	80	92	64	96	108	97	113	**169**	100	74	68	60	43	35	23	22		4	12	2	1	–	–	–	1	1	–	–	–	**Phosphoramidothioic acid, O,O-diethyl ester**	17321-48-1	**R6847**
169	84	41	83	69	112	55	67	**169**	100	87	58	52	51	49	43	40		8	15	1	3	–	–	–	–	–	–	–	–	**4-Methylcyclohexanone semicarbazone**	5439-97-4	**R1430**
169	100	124	93	138	150	74	55	**169**	100	33	29	21	14	12	11	4		5	–	–	1	–	–	5	–	–	–	–	–	**Pyridine, pentafluoro-**	700-16-3	**Q3775**
169	100	124	138	150	93	69	31	**169**	100	19	19	13	12	11	7	6		5	–	–	1	–	–	5	–	–	–	–	–	**Pyridine, pentafluoro-**		**M4490**
169	100	124	138	150	93	170	69	**169**	100	19	19	12	11	10	6	6		5	–	–	1	–	–	5	–	–	–	–	–	**Pyridine, pentafluoro-**	700-16-3	**Q3774**
169	102	137	75	111	138	171	134	**169**	100	58	51	47	40	35	33	29		8	8	1	1	1	–	–	–	–	–	–	–	**Benzaldehyde, 2-chloro-, O-methyloxime**		**M3397**
169	102	137	75	111	171	138	134	**169**	100	57	50	45	40	34	32	28		8	8	1	1	1	–	–	–	–	–	–	–	**Benzaldehyde, 2-chloro-, O-methyloxime**	33513-35-8	**S4228**
169	109	136	81	82	53	141	154	**169**	100	98	63	36	31	29	28	28		7	11	–	3	–	–	–	1	–	–	–	–	**4-Pyrimidinamine, 2-(ethylthio)-5-methyl-**	54410-87-6	**S8979**
169	111	137	138	75	171	113	102	**169**	100	65	44	41	39	32	24	22		8	8	1	1	1	–	–	–	–	–	–	–	**Benzaldehyde, 4-chloro-, O-methyloxime**	33499-37-5	**S4212**
169	120	51	78	121	106	27	52	**169**	100	80	64	41	29	27	25	21		7	7	2	1	–	–	–	1	–	–	–	–	**Aniline, 2-methoxy-N-sulphinyl-**	17419-98-6	**R6931**
169	134	171	39	91	154	118	77	**169**	100	39	32	25	23	23	17	17		9	12	–	1	1	–	–	–	–	–	–	–	**2-Chloro-3,4,5,6-tetramethylpyridine**		**M8740**
169	141	97	53	168	27	170	80	**169**	100	60	20	18	16	14	11	10		8	11	1	1	–	–	–	1	–	–	–	–	**2(1H)-Pyridinethione, 1-ethyl-3-hydroxy-6-methyl-**	24207-15-6	**S0499**
169	141	140	170	28	114	85	71	**169**	100	20	18	13	12	11	10	9		11	7	1	1	–	–	–	–	–	–	–	–	**1-Napthylisocyanate**		**05904**
169	168	141	83	115	167	170	85	**169**	100	22	18	17	14	14	14	10		12	11	–	1	–	–	–	–	–	–	–	–	**3-Aminobiphenyl**	2243-47-2	**Q7708**
169	168	142	84.5	78	115	114	88	**169**	100	10	8	8	8	7	7	5		10	7	–	3	–	–	–	–	–	–	–	–	**Dipyrido[2,3-b][3,2-d]pyrrole**		**01223**
169	168	167	39	115	170	63	51	**169**	100	83	42	14	13	12	12	11		12	11	–	1	–	–	–	–	–	–	–	–	**2-Aminobiphenyl**	90-41-5	**P6560**
169	168	167	51	77	65	66	84	**169**	100	66	38	23	19	14	13	13		12	11	–	1	–	–	–	–	–	–	–	–	**Diphenylamine**	122-39-4	**P9224**
169	168	167	82.5	170	51	77	66	**169**	100	36	26	21	13	13	12	9		12	11	–	1	–	–	–	–	–	–	–	–	**Diphenylamine**		**D0381**
169	168	167	83.5	170	166	115	139	**169**	100	72	39	15	14	8	7	5		12	11	–	1	–	–	–	–	–	–	–	–	**2-Aminobiphenyl**		**D2304**
169	168	167	170	51	77	66	166	**169**	100	40	24	13	8	8	6	5		12	11	–	1	–	–	–	–	–	–	–	–	**Diphenylamine**	122-39-4	**08834**
169	168	167	170	141	115	18	83	**169**	100	23	14	13	10	9	8	7		12	11	–	1	–	–	–	–	–	–	–	–	**3-Aminobiphenyl**	2243-47-2	**Q7706**
169	168	167	170	141	115	83	84	**169**	100	23	14	13	10	9	7	6		12	11	–	1	–	–	–	–	–	–	–	–	**3-Aminobiphenyl**	2243-47-2	**Q7707**
169	168	170	167	115	141	63	139	**169**	100	23	15	13	12	11	8	6		12	11	–	1	–	–	–	–	–	–	–	–	**4-Aminobiphenyl**	92-67-1	**P6721**
169	168	170	167	115	141	84	39	**169**	100	35	25	22	20	18	14	12		12	11	–	1	–	–	–	–	–	–	–	–	**4-Aminobiphenyl**	92-67-1	**P6720**
169	170	168	84.5	167	115	141	83.5	**169**	100	14	11	9	9	8	6	5		12	11	–	1	–	–	–	–	–	–	–	–	**4-Aminobiphenyl**		**D0922**
169	171	69	108	63	82	134	39	**169**	100	37	33	26	16	14	13	11		7	4	–	1	1	–	–	1	–	–	–	–	**Benzothiazole, chloro-**	72403-12-4	**H2220**
169	171	69	108	134	170	82	63	**169**	100	39	33	29	20	9	6	5		7	4	–	1	1	–	–	1	–	–	–	–	**Benzothiazole, 2-chloro-**		**D0715**
169	171	108	69	134	63	82	39	**169**	100	37	36	34	22	19	17	12		7	4	–	1	1	–	–	1	–	–	–	–	**Benzothiazole, 2-chloro-**	615-20-3	**Q2907**
169	171	134	63	170	69	107	133	**169**	100	40	20	19	13	11	10	10		7	4	–	1	1	–	–	1	–	–	–	–	**Thieno[3,2-c]pyridine, 2-chloro-**	28783-23-5	**S2206**
169	171	134	108	90	69	63	170	**169**	100	35	31	22	10	9	8	8		7	4	–	1	1	–	–	1	–	–	–	–	**1,2-Benzisothiazole, 3-chloro-**	7716-66-7	**R3428**
169	171	134	133	135	170	63	45	**169**	100	36	18	16	11	11	9	6		7	4	–	1	1	–	–	1	–	–	–	–	**Thieno[2,3-b]pyridine, 3-chloro-**	53399-36-3	**S8444**
169	171	168	134	91	39	170	65	**169**	100	32	24	21	20	20	18	14		9	12	–	1	1	–	–	–	–	–	–	–	**3-Chloro-2,4,5,6-tetramethylpyridine**		**M8741**
170	152	141	168					**169**	100	86	10	7					**0.00**	9	15	2	1	–	–	–	–	–	–	–	–	**2,4-Piperidinedione, 3,3-diethyl-**	77-03-2	**P5758**
18	58	16	29	86	27	172	44	**170**	100	59	40	31	23	22	17	16	**1.00**	6	2	6	–	–	–	–	–	–	–	–	–	**5,6-Dihydroxy-cyclohex-5-ene-1,2,3,4-tetrone**		**L3249**
18	58	17	29	86	28	114	172	**170**	100	59	40	31	23	22	20	17	**11.00**	6	2	6	–	–	–	–	–	–	–	–	–	**5,6-Dihydroxy-cyclohex-5-ene-1,2,3,4-tetrone**		**01488**
27	63	91	62	28	26	65	93	**170**	100	71	57	45	33	28	24	18	**0.00**	5	8	2	–	2	–	–	–	–	–	–	–	**2-Chloroethyl 3-chloropropionate**		**C0853**
28	44	29	58	12				**170**	100	1	1	1	1				**0.00**	4	–	4	–	–	–	–	–	–	–	–	1	**Nickel carbonyl**		**X0312**
29	28	89	59	45	58	31	43	**170**	100	64	47	31	31	31	30	28	**0.14**	10	18	2	–	–	–	–	–	–	–	–	–	**3-Nonenoic acid, methyl ester**	13481-87-3	**R4573**
29	55	41	83	39	81	96	43	**170**	100	90	82	60	44	37	28	27	**6.00**	10	18	2	–	–	–	–	–	–	–	–	–	**Pentanoic acid, 4,4-dimethyl-3-methylene-, ethyl ester**	36976-64-4	**S5445**
40	70	41	95	39	69	128	43	**170**	100	90	74	57	43	43	42	33	**8.01**	7	10	1	2	–	–	–	1	–	–	–	–	**4(1H)-Pyrimidinone, 2-(propylthio)-**	54460-95-6	**S9121**
41	29	57	69	68	39	27	55	**170**	100	54	43	28	24	22	21	21	**3.60**	10	18	2	–	–	–	–	–	–	–	–	–	**3-Hexenoic acid, butyl ester, (Z)-**	69668-84-4	**T7195**
41	43	39	107	137	79	95	91	**170**	100	97	94	90	88	84	74	73	**0.00**	10	18	2	–	–	–	–	–	–	–	–	–	**2-Hydroxymethyl-3-(β-hydroxyisopropyl)-1-methyl-1-cyclopentene**		**L9028**
41	43	55	111	83	97	109	125	**170**	100	74	61	55	52	46	40	36	**0.00**	9	14	3	–	–	–	–	–	–	–	–	–	**Methyl 3,4-dimethyl-5,6-dihydro-α-pyran-6-carboxylate**		**05655**
41	55	29	39	97	81	126	47	**170**	100	85	84	81	58	44	36	33	**7.00**	10	18	2	–	–	–	–	–	–	–	–	–	**2-Pentenoic acid, 3,4,4-trimethyl-, ethyl ester, (E)-**	16812-82-1	**R6473**

MASS TO CHARGE RATIOS								M.W.	INTENSITIES								Parent	C	H	O	N	Cl	Br	F	S	P	B	Si	X	COMPOUND NAME	CAS Reg No	No
41	55	113	27	39	81	43	29	**170**	100	89	77	76	73	71	66	65	**2.04**	10	18	2	–	–	–	–	–	–	–	–	–	**2-Nonenoic acid, methyl ester**	111-79-5	**P8599**
41	69	55	56	42	39	140	97	**170**	100	99	72	69	62	46	43	31	**19.99**	9	18	1	2	–	–	–	–	–	–	–	–	**Piperidine, 2,2,6,6-tetramethyl-1-nitroso-**	6130-93-4	**R2081**
41	69	87	39	56	43	27	29	**170**	100	89	53	44	41	41	30	30	**0.10**	10	18	2	–	–	–	–	–	–	–	–	–	**Hexyl methacrylate**	142-09-6	**H0645**
41	71	85	55	57	43	67	86	**170**	100	96	37	30	30	26	26	22	**7.41**	10	18	2	–	–	–	–	–	–	–	–	–	**2,6-Octadiene-4,5-diol, 3,6-dimethyl-**	10317-05-2	**R3745**
41	74	55	96	59	54	69	15	**170**	100	98	97	81	65	54	52	40	**2.04**	10	18	2	–	–	–	–	–	–	–	–	–	**3-Nonenoic acid, methyl ester**	13481-87-3	**R4572**
41	101	81	39	71	55	29	27	**170**	100	76	49	44	31	29	23	22	**0.03**	10	18	2	–	–	–	–	–	–	–	–	–	**1-Hexene, 6-allyloxy-6-methoxy-**		**C1037**
41	155	69	57	29	39	61	43	**170**	100	73	59	52	19	9	9	9	**0.00**	6	9	2	–	–	–	3	–	–	–	–	–	**tert-Butyl trifluoroacetate**		**Z1195**
42	98	43	170	58	86	127	41	**170**	100	67	65	62	51	48	47	38		9	18	1	2	–	–	–	–	–	–	–	–	**3-Buten-2-one, 4-(dimethylamino)-3-isopropylamino-**	49582-65-2	**S7147**
42	126	71	112	41	99	59	44	**170**	100	87	32	30	26	25	16	16	**11.00**	6	10	2	4	–	–	–	–	–	–	–	–	**5-Imino-3-oxopiperazin-1-ylacetamide**		**06708**
43	15	128	95	39	127	67	41	**170**	100	29	29	26	19	18	17	17	**0.36**	9	14	3	–	–	–	–	–	–	–	–	–	**4-Pentenoic acid, 2-acetyl-4-methyl-, methyl ester**	20962-71-4	**R9017**
43	41	27	170	39	28	127	42	**170**	100	42	41	20	17	11	9	4		3	7	–	–	–	–	–	–	–	–	–	1	**1-Iodopropane**	107-08-4	**P7969**
43	41	27	170	39	127	38	26	**170**	100	52	49	42	28	17	6	5		3	7	–	–	–	–	–	–	–	–	–	1	**2-Iodopropane**	75-30-9	**H0054**
43	41	29	27	55	39	56	73	**170**	100	88	56	51	48	47	31	31	**0.17**	10	18	2	–	–	–	–	–	–	–	–	–	**Dec-2-enoic acid**		**C0509**
43	41	71	27	89	67	82	39	**170**	100	95	95	85	59	58	57	50	**0.50**	10	18	2	–	–	–	–	–	–	–	–	–	**Cyclohexyl butyrate**		**17379**
43	44	85	40	59	100	113	71	**170**	100	99	90	88	85	78	55	26	**15.00**	9	18	1	2	–	–	–	–	–	–	–	–	**Heptanal N-methyl-N-formylhydrazone**		**16835**
43	53	58	27	15	95	45	29	**170**	100	27	17	14	13	6	5	5	**0.00**	9	14	3	–	–	–	–	–	–	–	–	–	**2-Propanol, 1-[(1-methyl-2-propynyl)oxy]-, acetate**	38653-27-9	**06946**
43	54	41	55	67	81	68	29	**170**	100	44	29	22	21	19	18	16	**0.02**	10	18	2	–	–	–	–	–	–	–	–	–	**2-Octen-1-ol acetate**		**C0690**
43	54	81	67	68	44	41	110	**170**	100	66	35	33	30	26	24	24	**0.00**	10	18	2	–	–	–	–	–	–	–	–	–	**3-Octen-1-ol, acetate, (E)-**	35602-33-6	**S5017**
43	54	81	68	67	41	110	55	**170**	100	59	36	31	30	25	23	20	**0.00**	10	18	2	–	–	–	–	–	–	–	–	–	**3-Octen-1-ol, acetate, (Z)-**	69668-83-3	**T7194**
43	55	58	100	70	85	57	27	**170**	100	60	60	35	30	26	25	10	**3.00**	10	18	2	–	–	–	–	–	–	–	–	–	**7-Octen-4-one, (+)-6-hydroxy-2,6-dimethyl-**		**L7442**
43	55	97	44	83	125	53	41	**170**	100	45	26	23	22	17	16	14	**0.00**	9	14	3	–	–	–	–	–	–	–	–	–	**3-Pentyn-2-one, 5,5-diethoxy-**	55402-04-5	**T1071**
43	57	41	55	82	44	56	29	**170**	100	91	75	69	57	49	49	47	**0.30**	11	22	1	–	–	–	–	–	–	–	–	–	**Undecanal**		**L0112**
43	57	41	71	29	27	85	42	**170**	100	69	53	39	35	29	26	22	**0.90**	12	26	–	–	–	–	–	–	–	–	–	–	**Undecane, 2-methyl-**	7045-71-8	**R2805**
43	57	58	71	41	86	27	29	**170**	100	78	67	55	40	33	31	28	**2.00**	11	22	1	–	–	–	–	–	–	–	–	–	**4-Undecanone**	14476-37-0	**R5232**
43	57	71	41	85	29	42	56	**170**	100	76	46	30	26	20	17	15	**0.48**	12	26	–	–	–	–	–	–	–	–	–	–	**Undecane, 2-methyl-**	7045-71-8	**R2804**
43	57	71	41	85	29	84	56	**170**	100	79	46	29	25	21	18	15	**0.43**	12	26	–	–	–	–	–	–	–	–	–	–	**Undecane, 5-methyl-**	1632-70-8	**Q6376**
43	57	71	41	85	42	56	29	**170**	100	80	42	36	25	19	18	15	**0.00**	12	26	–	–	–	–	–	–	–	–	–	–	**Decane, 2,9-dimethyl-**	1002-17-1	**Q4966**
43	57	71	41	85	56	29	55	**170**	100	73	49	29	28	21	14	11	**0.00**	12	26	–	–	–	–	–	–	–	–	–	–	**Octane, 3-ethyl-2,7-dimethyl-**	62183-55-5	**T5885**
43	57	71	58	86	41	127	55	**170**	100	88	62	60	54	44	36	18	**7.01**	11	22	1	–	–	–	–	–	–	–	–	–	**4-Undecanone**	14476-37-0	**R5233**
43	57	71	85	41	29	56	27	**170**	100	69	38	30	23	14	13	9	**0.00**	12	26	–	–	–	–	–	–	–	–	–	–	**Decane, 2,4-dimethyl-**	2801-84-5	**Q8670**
43	57	71	85	41	84	29	112	**170**	100	81	55	40	28	28	19	17	**2.04**	12	26	–	–	–	–	–	–	–	–	–	–	**Undecane, 5-methyl-**		**L7430**
43	57	71	85	84	41	56	112	**170**	100	93	65	42	28	24	18	16	**1.30**	12	26	–	–	–	–	–	–	–	–	–	–	**Undecane, 5-methyl-**	1632-70-8	**Q6375**
43	58	29	57	41	85	27	113	**170**	100	98	80	75	68	68	57	44	**4.60**	11	22	1	–	–	–	–	–	–	–	–	–	**5-Undecanone**	33083-83-9	**H1957**
43	58	41	71	59	29	27	39	**170**	100	86	27	26	24	21	20	11	**3.70**	11	22	1	–	–	–	–	–	–	–	–	–	**2-Undecanone**	112-12-9	**H0487**
43	58	57	29	85	41	27	113	**170**	100	96	68	60	56	54	34	29	**2.00**	11	22	1	–	–	–	–	–	–	–	–	–	**5-Undecanone**		**S3973**
43	58	71	41	59	29	27	55	**170**	100	89	28	28	25	20	20	12	**0.00**	11	22	1	–	–	–	–	–	–	–	–	–	**Undecanone**	53452-70-3	**H2009**
43	58	71	59	41	27	29	57	**170**	100	98	31	27	26	20	20	11	**5.50**	11	22	1	–	–	–	–	–	–	–	–	–	**2-Undecanone**	112-12-9	**H0486**
43	58	71	128	59	41	72	68	**170**	100	46	37	13	11	11	10	10	**0.19**	10	18	2	–	–	–	–	–	–	–	–	–	**1-Octen-2-ol acetate**		**C0211**
43	67	81	82	41	55	39	54	**170**	100	44	44	41	36	28	22	15	**0.00**	10	18	2	–	–	–	–	–	–	–	–	–	**Cyclohexaneethanol, acetate**	21722-83-8	**R9353**
43	69	41	58	109	71	55	82	**170**	100	45	40	40	30	22	20	20	**2.00**	10	18	2	–	–	–	–	–	–	–	–	–	**1-Hydroxy-p-menth-3-one**		**15825**
43	71	41	55	29	56	57	58	**170**	100	99	89	75	62	57	53	51	**2.00**	11	22	1	–	–	–	–	–	–	–	–	–	**1,2-Epoxyundecane**		**17402**
43	71	57	41	29	27	70	85	**170**	100	69	51	50	40	32	30	28	**1.30**	12	26	–	–	–	–	–	–	–	–	–	–	**Undecane, 4-methyl-**	2980-69-0	**Q8890**
43	71	57	41	70	85	29	27	**170**	100	67	55	30	30	24	23	15	**0.53**	12	26	–	–	–	–	–	–	–	–	–	–	**Undecane, 4-methyl-**	2980-69-0	**Q8891**
43	71	58	29	41	27	53	55	**170**	100	84	50	35	30	27	25	17	**0.00**	11	22	1	–	–	–	–	–	–	–	–	–	**6-Undecanone**	927-49-1	**Q4578**
43	71	58	99	29	41	27	39	**170**	100	60	55	48	42	40	38	19	**5.58**	11	22	1	–	–	–	–	–	–	–	–	–	**5-Decanone, 2-methyl-**	54410-89-8	**S8981**
43	71	58	99	29	41	27	55	**170**	100	68	63	54	42	33	31	18	**3.00**	11	22	1	–	–	–	–	–	–	–	–	–	**6-Undecanone**	927-49-1	**Q4577**
43	71	58	109	86	57	41	82	**170**	100	98	85	69	64	51	40	31	**8.08**	11	22	1	–	–	–	–	–	–	–	–	–	**4-Decanone, 9-methyl-**	29379-11-1	**S2502**
43	71	82	55	89	67	41	83	**170**	100	94	73	62	59	53	50	38	**0.07**	10	18	2	–	–	–	–	–	–	–	–	–	**Cyclohexyl butyrate**		**D0144**
43	71	100	110	85	113	101	69	**170**	100	60	31	26	22	16	15	15	**5.00**	10	18	2	–	–	–	–	–	–	–	–	–	**3-Acetyl-6-methyl-heptan-2-one**		**04940**
43	71	128	58	68	41	81	85	**170**	100	79	23	22	21	18	13	12	**1.70**	10	18	2	–	–	–	–	–	–	–	–	–	**2-Octen-2-ol, acetate**		**C0210**
43	79	81	15	121	61	45	49	**170**	100	86	28	12	12	8	8	8	**0.00**	5	8	2	–	2	–	–	–	–	–	–	–	**2,3-Dichloropropyl acetate**		**Z1196**
43	82	85	81	152	83	41	110	**170**	100	33	31	30	26	20	19	16	**6.15**	9	14	3	–	–	–	–	–	–	–	–	–	**Hexanoic acid, 4,4-dimethyl-3-methylene-5-oxo-**	6994-96-3	**R2774**
43	84	57	85	56	41	71	55	**170**	100	47	44	35	26	24	19	15	**0.50**	12	26	–	–	–	–	–	–	–	–	–	–	**Decane, 5,6-dimethyl-**	1636-43-7	**Q6399**
43	85	41	69	84	67	55	42	**170**	100	82	50	35	29	25	20	19	**18.02**	8	14	2	2	–	–	–	–	–	–	–	–	**1,2,3-Oxadiazolium, 3-(2,2-dimethylbutyl)-5-hydroxy-**	54460-94-5	**S9120**
43	85	42	41	126	84	59	58	**170**	100	79	60	37	30	24	22	22	**0.28**	8	15	3	–	–	–	–	–	–	1	–	–	**α-Hydroxyisobutyric acid butyl boronate**		**05086**
43	86	57	128	170	42	39	87	**170**	100	61	15	12	6	5	4	3		8	10	4	–	–	–	–	–	–	–	–	–	**1,3-Butadiene, (E,Z)-1,4-diacetoxy-**		**C1576**

MASS TO CHARGE RATIOS								M.W.	INTENSITIES								Parent	C	H	O	N	Cl	Br	F	S	P	B	Si	X	COMPOUND NAME	CAS Reg No	No
43	86	57	128	170	42	39	87	**170**	100	96	19	14	8	6	4	4		8	10	4	–	–	–	–	–	–	–	–	–	**1,3-Butadiene, (Z,Z)-1,4-diacetoxy-**		**C1575**
43	86	57	128	170	42	87	39	**170**	100	99	19	17	10	6	4	4		8	10	4	–	–	–	–	–	–	–	–	–	**1,3-Butadiene, (E,E)-1,4-diacetoxy-**		**C1577**
43	99	54	41	72	55	67	27	**170**	100	18	17	12	8	8	7	7	**0.01**	10	18	2	–	–	–	–	–	–	–	–	–	**1-Octen-3-ol acetate**		**C0561**
43	99	54	41	72	55	67	128	**170**	100	24	17	11	9	9	8	8	**0.00**	10	18	2	–	–	–	–	–	–	–	–	–	**Octen-1-ol, acetate**	32717-31-0	**S3859**
43	127	29	128	99	81	100	55	**170**	100	44	24	23	20	19	19	17	**1.60**	9	14	3	–	–	–	–	–	–	–	–	–	**4-Pentenoic acid, 2-acetyl-, ethyl ester**	610-89-9	**H0921**
43	127	71	126	28	125	29	111	**170**	100	87	65	42	31	26	24	23	**0.92**	8	15	3	–	–	–	–	–	–	1	–	–	**4-Acetyl-2-ethyl-4,5-dimethyl-1,3,2-dioxaborolane**	74646-04-1	**T8255**
43	127	128	81	55	100	99	83	**170**	100	51	29	22	22	21	20	16	**2.00**	9	14	3	–	–	–	–	–	–	–	–	–	**4-Pentenoic acid, 2-acetyl-, ethyl ester**		**04912**
43	152	121	81	72	107	41	95	**170**	100	83	80	79	59	52	51	47	**1.00**	10	18	2	–	–	–	–	–	–	–	–	–	**2-Cyclohexene-1-methanol, 5-hydroxy-2,6,6-trimethyl-**	70429-49-1	**T7586**
43	170	41	27	39	127	42	38	**170**	100	46	45	44	19	17	4	4		3	7	–	–	–	–	–	–	–	–	–	1	**2-Iodopropane**		**Z1178**
43	170	41	27	127	42	128	28	**170**	100	46	45	44	17	4	3	3		3	7	–	–	–	–	–	–	–	–	–	1	**2-Iodopropane**		**L0566**
43	170	41	27	127	141	128	42	**170**	100	68	35	26	14	3	3	3		3	7	–	–	–	–	–	–	–	–	–	1	**1-Iodopropane**		**L0565**
43	170	41	39	127	141	155		**170**	100	48	44	21	12	2	1			3	7	–	–	–	–	–	–	–	–	–	1	**1-Iodopropane**	107-08-4	**H0355**
44	55	125	72	81	127	85	126	**170**	100	77	66	63	62	50	42	42	**2.00**	8	14	2	2	–	–	–	–	–	–	–	–	**cis-1,4-Cyclohexanedicarboxamide**		**16367**
44	126	42	83	68	18	41	40	**170**	100	95	87	44	44	42	17	12	**1.00**	6	6	4	2	–	–	–	–	–	–	–	–	**6-Carboxymethyluracil**		**L5227**
45	41	77	121	39	79	49	123	**170**	100	55	16	13	12	9	7	4	**0.01**	6	12	1	–	2	–	–	–	–	–	–	–	**Bis(1-chloroisopropyl) ether**		**C0486**
45	41	77	121	107	79	123	71	**170**	100	49	46	35	28	19	12	10	**0.10**	6	12	1	–	2	–	–	–	–	–	–	–	**Bis(3-chloropropyl) ether**	629-36-7	**Q3343**
45	41	121	77	79	123	39	107	**170**	100	53	31	27	15	11	8	7	**0.00**	6	12	1	–	2	–	–	–	–	–	–	–	**Bis(2-chloroisopropyl)ether**		**S6099**
45	41	121	107	79	123	71	39	**170**	100	52	29	23	17	10	9	9	**0.06**	6	12	1	–	2	–	–	–	–	–	–	–	**Bis(2-chloropropyl) ether**		**Z1167**
45	43	41	77	121	79	27	39	**170**	100	36	34	19	15	12	11	7	**0.00**	6	12	1	–	2	–	–	–	–	–	–	–	**Bis(1-chloroisopropyl) ether**		**X0805**
45	43	41	77	121	79	27	39	**170**	100	36	34	19	15	12	11	7	**0.00**	6	12	1	–	2	–	–	–	–	–	–	–	**Bis(2-chloroisopropyl) ether**	39638-32-9	**S6097**
45	78	46	124	170	60	47	64	**170**	100	90	66	44	43	39	18	10		3	6	–	–	–	–	–	4	–	–	–	–	**1,2,4,6-Tetrathiepane**		**01655**
45	121	41	77	79	123	39	43	**170**	100	26	25	13	10	9	5	4	**0.00**	6	12	1	–	2	–	–	–	–	–	–	–	**Bis(1-chloroisopropyl) ether**		**Z1165**
50	78	52	49	80	42	51	48	**170**	100	61	31	29	16	13	11	5	**0.00**	4	4	3	–	2	–	–	–	–	–	–	–	**2,3,5-Trioxabicyclo[2.1.0]pentane, 1,4-bis(chloromethyl)-**	56247-52-0	**T3119**
53	125	29	98	27	45	99	43	**170**	100	91	80	47	46	30	27	26	**0.00**	8	10	4	–	–	–	–	–	–	–	–	–	**Diethyl acetylenedicarboxylate**		**C1684**
53	170	80	140	81	45	108	59	**170**	100	85	82	57	48	45	42	35		7	10	3	2	–	–	–	–	–	–	–	–	**3-Pyridinecarboxylic acid, 1,2,5,6-tetrahydro-1-nitroso-, methyl ester**	55557-02-3	**T1555**
55	27	26	28	29	56	31	68	**170**	100	53	15	12	8	5	5	5	**0.00**	8	10	4	–	–	–	–	–	–	–	–	–	**Ethylene glycol diacrylate**		**C0870**
55	29	41	27	82	88	96	43	**170**	100	71	36	27	27	27	22	19	**2.40**	10	18	2	–	–	–	–	–	–	–	–	–	**3-Octenoic acid, ethyl ester, (Z)-**	69668-87-7	**T7198**
55	29	96	41	82	88	124	43	**170**	100	64	32	31	27	24	22	20	**13.11**	10	18	2	–	–	–	–	–	–	–	–	–	**3-Octenoic acid, ethyl ester**	1117-65-3	**Q5329**
55	41	31	39	67	81	54	57	**170**	100	73	64	63	52	50	41	40	**1.60**	10	18	2	–	–	–	–	–	–	–	–	–	**1-(2-Hydroxyethoxy)octa-2,7-diene**		**C2209**
55	41	74	43	39	67	27	45	**170**	100	92	90	66	60	60	57	54	**0.44**	10	18	2	–	–	–	–	–	–	–	–	–	**4-Nonenoic acid, methyl ester**	20731-19-5	**R8896**
55	43	54	69	82	41	83	42	**170**	100	83	62	59	56	46	43	39	**11.00**	9	14	3	–	–	–	–	–	–	–	–	–	**6-Heptenoic acid, 3-oxo-, ethyl ester**		**R7086**
55	57	72	43	41	56	39	42	**170**	100	87	79	52	44	20	17	11	**1.00**	11	22	1	–	–	–	–	–	–	–	–	–	**Heptane, 1-(2-butenyloxy)-, (E)-**	56052-77-8	**T2703**
55	60	83	127	41	134	111	69	**170**	100	82	61	58	47	39	34	31	**2.62**	10	18	2	–	–	–	–	–	–	–	–	–	**4-Cyclohexylbutyric acid**		**Z1184**
55	67	41	68	82	81	69	54	**170**	100	82	71	69	59	58	52	48	**0.00**	11	22	1	–	–	–	–	–	–	–	–	–	**10-Undecen-1-ol**	112-43-6	**P8713**
55	68	138	82	83	67	41	96	**170**	100	48	44	40	39	32	31	26	**0.00**	9	14	3	–	–	–	–	–	–	–	–	–	**Cyclopentanepropanoic acid, 2-oxo-, methyl ester**	10407-36-0	**R3815**
55	74	59	41	69	96	43	87	**170**	100	70	46	45	28	28	26	26	**0.44**	10	18	2	–	–	–	–	–	–	–	–	–	**7-Nonenoic acid, methyl ester**	20731-22-0	**R8901**
55	88	82	124	41	96	60	101	**170**	100	93	55	52	49	43	39	31	**2.00**	10	18	2	–	–	–	–	–	–	–	–	–	**7-Octenoic acid, ethyl ester**	35194-38-8	**S4879**
55	91	39	41	93	49	53	51	**170**	100	60	29	24	23	12	9	8	**0.00**	4	8	–	–	1	1	–	–	–	–	–	–	**Butane, 1-bromo-4-chloro-**	6940-78-9	**R2717**
56	41	114	55	83	57	42	72	**170**	100	33	24	17	16	15	9	7	**5.50**	9	16	2	1	–	–	–	–	–	–	–	–	**1-Piperidinyloxy, 2,2,6,6-tetramethyl-4-oxo-**	2896-70-0	**Q8791**
56	70	141	57	55	28	140	41	**170**	100	60	54	29	23	20	16	16	**0.50**	9	19	2	–	–	–	–	–	–	1	–	–	**1,3,2-Dioxaborinane, 2,4-diethyl-5,6-dimethyl-**	74744-56-2	**T8465**
56	115	41	43	128	57	44	170	**170**	100	43	32	28	22	16	12	11		7	10	3	2	–	–	–	–	–	–	–	–	**1-Butyl-2,4,5-trioxoimidazolidine**		**17219**
57	29	55	96	41	71	27	81	**170**	100	28	21	15	13	13	11	10	**4.00**	10	18	2	–	–	–	–	–	–	–	–	–	**α-Multistriatin**		**15144**
57	41	85	29	58	39	170	56	**170**	100	22	16	14	6	6	5	5		10	18	2	–	–	–	–	–	–	–	–	–	**2,2,5,5-Tetramethyl-hexan-3,4-dione**		**02050**
57	41	85	29	58	170	56	42	**170**	100	22	16	14	6	5	5	5		10	18	2	–	–	–	–	–	–	–	–	–	**2,2,5,5-Tetramethyl-hexan-3,4-dione**		**M4137**
57	41	85	44	39	58	170	42	**170**	100	16	11	8	5	4	4	2		10	18	2	–	–	–	–	–	–	–	–	–	**3,4-Hexanedione, 2,2,5,5-tetramethyl-**	4388-88-9	**R0386**
57	43	41	29	27	56	98	55	**170**	100	46	34	23	19	15	13	12	**0.90**	12	26	–	–	–	–	–	–	–	–	–	–	**Decane, 2,5-dimethyl-**	17312-50-4	**R6788**
57	43	41	29	98	56	27	55	**170**	100	29	17	14	13	9	8	7	**0.42**	12	26	–	–	–	–	–	–	–	–	–	–	**Undecane, 6-methyl-**	17302-33-9	**R6777**
57	43	41	98	56	99	29	70	**170**	100	30	15	13	11	11	9	9	**1.22**	12	26	–	–	–	–	–	–	–	–	–	–	**Decane, 2,5-dimethyl-**		**Y1944**
57	43	55	41	82	83	71	39	**170**	100	78	51	50	29	24	23	15	**5.00**	11	22	1	–	–	–	–	–	–	–	–	–	**2-Hexene, 1-(pentyloxy)-, (E)-**	56052-82-5	**T2710**
57	43	55	41	82	83	71	39	**170**	100	88	51	50	30	25	23	15	**6.00**	11	22	1	–	–	–	–	–	–	–	–	–	**2-Hexene, 1-(pentyloxy)-, (E)-**	56052-82-5	**T2709**
57	43	58	71	41	29	56	54	**170**	100	82	32	30	18	11	10	8	**4.51**	11	22	1	–	–	–	–	–	–	–	–	–	**2-Undecanone**		**D0298**
57	43	71	41	29	85	27	55	**170**	100	97	54	49	38	36	25	18	**7.92**	12	26	–	–	–	–	–	–	–	–	–	–	**Dodecane**		**V0023**
57	43	71	41	85	56	55	70	**170**	100	90	51	33	30	15	14	11	**8.15**	12	26	–	–	–	–	–	–	–	–	–	–	**Dodecane**		**Y1598**
57	43	71	56	41	29	85	27	**170**	100	75	57	35	24	17	17	15	**0.19**	12	26	–	–	–	–	–	–	–	–	–	–	**Decane, 3,4-dimethyl-**	17312-45-7	**R6786**
57	43	71	56	41	29	85	112	**170**	100	75	57	35	24	17	17	14	**0.20**	12	26	–	–	–	–	–	–	–	–	–	–	**Decane, 3,4-dimethyl-**	17312-45-7	**R6787**
57	43	71	85	41	29	56	84	**170**	100	87	62	38	28	19	19	17	**1.26**	12	26	–	–	–	–	–	–	–	–	–	–	**Decane, 3,6-dimethyl-**	17312-53-7	**R6790**

MASS TO CHARGE RATIOS								M.W.	INTENSITIES								Parent	C	H	O	N	Cl	Br	F	S	P	B	Si	X	COMPOUND NAME	CAS Reg No	No
57	43	71	85	41	56	29	113	**170**	100	49	47	37	27	24	20	10	**0.10**	12	26	–	–	–	–	–	–	–	–	–	–	**Decane, 3,8-dimethyl-**	17312-55-9	**R6792**
57	43	71	85	56	41	29	27	**170**	100	64	40	33	30	30	25	12	**0.27**	12	26	–	–	–	–	–	–	–	–	–	–	**Undecane, 3-methyl-**	1002-43-3	**Q4973**
57	43	71	85	56	41	29	55	**170**	100	61	40	33	29	28	23	10	**0.05**	12	26	–	–	–	–	–	–	–	–	–	–	**Undecane, 3-methyl-**	1002-43-3	**Q4975**
57	43	71	85	56	70	41	55	**170**	100	78	51	30	14	13	12	8	**7.40**	12	26	–	–	–	–	–	–	–	–	–	–	**Dodecane**		**C1925**
57	56	41	29	28	71	99	58	**170**	100	47	42	30	28	22	20	17	**2.00**	9	18	1	2	–	–	–	–	–	–	–	–	**Diaziridinone, di-tert-butyl-**	19656-74-7	**R8224**
57	56	41	29	43	55	71	27	**170**	100	38	21	14	12	6	6	5	**0.03**	12	26	–	–	–	–	–	–	–	–	–	–	**Heptane, 2,2,4,6,6-pentamethyl-**		**Y0405**
57	56	41	29	43	71	55	112	**170**	100	49	26	12	12	6	6	6	**1.00**	12	26	–	–	–	–	–	–	–	–	–	–	**Heptane, 2,2,4,6,6-pentamethyl-**		**L1806**
57	56	41	43	29	71	55	39	**170**	100	59	35	20	20	9	9	7	**0.00**	12	26	–	–	–	–	–	–	–	–	–	–	**Heptane, 2,2,4,6,6-pentamethyl-**		**C1447**
57	56	41	43	29	71	55	58	**170**	100	68	19	18	10	7	6	4	**0.00**	12	26	–	–	–	–	–	–	–	–	–	–	**Nonane, 2,2,3-trimethyl-**	55499-04-2	**T1253**
57	56	41	43	29	71	85	58	**170**	100	44	17	16	10	8	5	4	**0.01**	12	26	–	–	–	–	–	–	–	–	–	–	**Decane, 2,2-dimethyl-**	17302-37-3	**R6779**
57	71	43	112	85	126	41	70	**170**	100	93	55	34	21	20	15	10	**4.30**	12	26	–	–	–	–	–	–	–	–	–	–	**Nonane, 5-propyl-**	998-35-6	**Q4945**
57	72	29	43	27	41	141	71	**170**	100	78	72	47	40	34	32	30	**3.90**	11	22	1	–	–	–	–	–	–	–	–	–	**3-Undecanone**	2216-87-7	**H1298**
57	72	29	43	41	71	27	55	**170**	100	75	70	53	34	30	27	20	**1.00**	11	22	1	–	–	–	–	–	–	–	–	–	**3-Undecanone**	2216-87-7	**Q7646**
57	72	29	43	71	41	141	27	**170**	100	80	51	49	32	32	26	19	**2.25**	11	22	1	–	–	–	–	–	–	–	–	–	**3-Undecanone**	2216-87-7	**Q7645**
57	85	41	29	56	58	141	59	**170**	100	24	13	8	5	5	4	3	**0.00**	9	19	2	–	–	–	–	–	–	1	–	–	**Propanoic acid, 2,2-dimethyl-, anhydride with diethylborinic acid**	34574-27-1	**S4669**
57	95	72	69	43	85	55	41	**170**	100	40	11	9	9	7	7	7	**4.92**	10	18	2	–	–	–	–	–	–	–	–	–	**3,8-Decanedione**		**03381**
57	95	98	72	69	43	41	55	**170**	100	45	24	12	9	8	7	7	**5.00**	10	18	2	–	–	–	–	–	–	–	–	–	**3,8-Decanedione**	2955-63-7	**Q8865**
57	96	81	29	55	68	97	41	**170**	100	54	40	38	28	15	15	14	**0.00**	10	18	2	–	–	–	–	–	–	–	–	–	**Cyclohexanol, 2-methyl-, propionate, trans-**	15287-79-3	**R5653**
57	170	69	85	55	112	56	70	**170**	100	35	32	32	18	13	10	8		8	14	2	2	–	–	–	–	–	–	–	–	**Sydnone, 3-(3,3-dimethylbutyl)-**	26537-49-5	**S1434**
58	95	108	41	67	134	81	79	**170**	100	97	90	83	83	67	63	61	**5.00**	10	18	2	–	–	–	–	–	–	–	–	–	**4a,8a-Naphthalenediol, octahydro-, cis-**	28795-95-1	**S2210**
58	108	95	134	67	41	81	79	**170**	100	98	96	76	71	58	54	52	**8.68**	10	18	2	–	–	–	–	–	–	–	–	–	**1,4-Naphthalenediol, decahydro-, (1α,4α,4aα,8aα)-**	1127-51-1	**Q5469**
58	114	44	70	84	113	28	41	**170**	100	82	58	56	54	42	41	36	**5.50**	10	22	–	2	–	–	–	–	–	–	–	–	**Piperazine, 2,3-dimethyl-5-isobutyl-**	54410-91-2	**H2056**
59	29	28	42	43	44	30	170	**170**	100	65	48	46	36	19	18	8		4	12	–	2	–	–	1	1	1	–	–	–	**Phosphonofluoridothioic hydrazide, P-ethyl-2,2-dimethyl-**	36267-53-5	**09478**
59	41	43	55	69	67	58	81	**170**	100	13	12	11	8	8	8	7	**0.00**	11	22	1	–	–	–	–	–	–	–	–	–	**Cyclooctanemethanol, α,α-dimethyl-**		**L6147**
59	41	43	55	69	67	58	81	**170**	100	13	12	11	8	7	6	6	**0.00**	11	22	1	–	–	–	–	–	–	–	–	–	**Cyclooctanemethanol, α,α-dimethyl-**	16624-06-9	**R6285**
59	43	94	55	68	93	111	41	**170**	100	46	39	37	33	28	27	22	**0.00**	10	18	2	–	–	–	–	–	–	–	–	–	**2-Furanmethanol, cis-5-vinyltetrahydro-α,α,5-trimethyl-**	5989-33-3	**R1978**
59	79	41	43	55	39	81	76	**170**	100	33	25	22	18	16	14	10	**0.00**	5	8	2	–	2	–	–	–	–	–	–	–	**1-(Chloromethyl)propyl chloroformate**		**Z1179**
59	111	75	113	41	39	15	77	**170**	100	75	58	49	42	22	22	19	**0.00**	5	8	2	–	2	–	–	–	–	–	–	–	**Methyl 2,2-dichlorobutyrate**		**Z1180**
61	91	45	47	46	63	60	81	**170**	100	92	89	44	28	23	22	13	**2.10**	4	10	3	–	–	–	–	2	–	–	–	–	**3,5-Dithiahexanol 5,5-dioxide**		**14852**
67	41	54	170	138	55	81	96	**170**	100	74	69	54	47	36	34	31		8	14	2	2	–	–	–	–	–	–	–	–	**Carbazic acid, 3-cyclohexylidene-, methyl ester**	14702-42-2	**R5370**
67	41	55	82	95	31	109	124	**170**	100	95	90	68	57	28	16	12	**1.00**	11	22	1	–	–	–	–	–	–	–	–	–	**5-Undecen-1-ol, (Z)-**	64275-76-9	**T6442**
67	41	170	82	124	45	53	97	**170**	100	62	38	37	37	35	35	35		8	14	2	2	–	–	–	–	–	–	–	–	**Hydrazinecarboxylic acid, cyclopentylidene-, ethyl ester**	55401-89-3	**T1056**
67	71	82	43	41	27	39	55	**170**	100	87	81	78	46	33	22	21	**0.00**	10	18	2	–	–	–	–	–	–	–	–	–	**Butanoic acid, 3-hexenyl ester, (Z)-**	16491-36-4	**R6204**
67	82	43	41	56	55	71	27	**170**	100	57	51	35	30	28	28	25	**0.00**	10	18	2	–	–	–	–	–	–	–	–	–	**Butanoic acid, 4-hexenyl ester, (Z)-**	69727-41-9	**T7361**
67	82	43	71	41	27	39	55	**170**	100	91	80	75	48	29	25	20	**0.00**	10	18	2	–	–	–	–	–	–	–	–	–	**Butanoic acid, 3-hexenyl ester, (E)-**	53398-84-8	**S8441**
67	112	41	140	29	39	27	66	**170**	100	99	82	81	75	64	59	47	**13.11**	9	14	3	–	–	–	–	–	–	–	–	–	**4-Oxepincarboxylic acid, 2,3,6,7-tetrahydro-, ethyl ester**	38858-66-1	**06948**
68	57	41	85	69	29	67	27	**170**	100	44	39	33	22	18	16	15	**0.00**	10	18	2	–	–	–	–	–	–	–	–	–	**Butanoic acid, 3-methyl-, 3-methyl-3-butenyl ester**	54410-94-5	**S8982**
68	59	94	67	43	41	55	81	**170**	100	64	51	43	32	19	19	19	**0.00**	10	18	2	–	–	–	–	–	–	–	–	–	**2H-Pyran-3-ol, 6-vinyltetrahydro-2,2,6-trimethyl-**	14049-11-7	**09573**
69	41	101	67	68	40	103	170	**170**	100	74	66	58	58	50	32	29		10	18	–	–	–	–	–	1	–	–	–	–	**Dicyclopentyl sulphide**		**L3696**
69	41	101	68	67	39	170	103	**170**	100	99	63	50	46	41	27	24		10	18	–	–	–	–	–	1	–	–	–	–	**Dicyclopentyl sulphide**		**Y0860**
69	41	101	68	67	170	39	103	**170**	100	82	69	51	43	33	32	25		10	18	–	–	–	–	–	1	–	–	–	–	**Dicyclopentyl sulphide**		**Y2158**
69	55	41	87	113	138	74	96	**170**	100	64	60	60	49	38	35	31	**19.60**	10	18	2	–	–	–	–	–	–	–	–	–	**Methyl cyclooctanecarboxylate**		**C0095**
69	87	41	56	43	55	84	42	**170**	100	79	30	28	27	17	15	12	**0.00**	10	18	2	–	–	–	–	–	–	–	–	–	**Hexyl crotonate**		**Z1187**
69	97	41	142	97	113	125	55	**170**	100	99	90	82	62	62	41	35	**6.30**	9	14	3	–	–	–	–	–	–	–	–	–	**2-Methyl-2-ethoxycarbonylcyclopentanone**		**C0094**
69	102	82	132	101	151	31		**170**	100	32	27	16	14	14	4		**0.00**	3	1	–	–	–	–	7	–	–	–	–	–	**Propane, 1,1,1,2,3,3,3-heptafluoro-**	431-89-0	**Q0705**
69	111	41	55	39	88	27	29	**170**	100	89	71	65	40	38	33	32	**5.50**	10	18	2	–	–	–	–	–	–	–	–	–	**Cycloheptanecarboxylic acid, 1-methyl-, methyl ester**	7362-77-8	**R3102**
69	139	41	55					**170**	100	81	43	31					**0.30**	10	18	2	–	–	–	–	–	–	–	–	–	**1-Hydroxymethyl-4,8-dimethyl-2-oxabicyclo[3.3.0]octane**		**L9033**
69	170	63	82	31	32	50	151	**170**	100	26	15	10	7	5	3	3		2	–	–	–	–	–	6	1	–	–	–	–	**Bis(trifluoromethyl)sulphide**	371-78-8	**Q0621**
70	44	42	43	84	98	41	170	**170**	100	83	73	73	61	51	45	37		9	18	1	2	–	–	–	–	–	–	–	–	**3-Buten-2-one, 4-(dimethylamino)-4-isopropylamino-**	49582-55-0	**S7140**
70	71	123	81	67	55	41	82	**170**	100	92	57	49	43	32	24	19	**0.00**	11	22	1	–	–	–	–	–	–	–	–	–	**4-Pentylcyclohexanol**		**Z1183**
70	98	72	42	84	153	82	56	**170**	100	50	48	47	47	42	29	26	**24.00**	9	18	1	2	–	–	–	–	–	–	–	–	**2-Propenal, 2-(diethylamino)-3-(dimethylamino)-**	49582-61-8	**S7144**
70	114	58	44	43	113	28	41	**170**	100	92	77	70	69	63	46	45	**8.31**	10	22	–	2	–	–	–	–	–	–	–	–	**Piperazine, 2,5-dimethyl-3-isobutyl-**	54410-92-3	**H2057**
70	129	113	43	42	41	57	50	**170**	100	71	65	62	59	44	31	30	**0.00**	8	15	3	–	–	–	–	–	–	1	–	–	**β-Hydroxybutyric acid butyl boronate**		**05091**
70	129	170	43	155	42	41	58	**170**	100	50	46	29	24	17	16	14		7	10	3	2	–	–	–	–	–	–	–	–	**1-Methyl-3-isopropyl-2,4,5-trioxoimidazolidine**		**17224**
70	137	128	170	69	96	95	155	**170**	100	87	80	57	51	38	29	26		7	10	1	2	–	–	–	1	–	–	–	–	**2-Isopropylthiouracil**		**17038**
71	43	58	128	85	170			**170**	100	70	22	21	13	4				10	18	2	–	–	–	–	–	–	–	–	–	**2-Octen-2-ol, acetate**	26735-85-3	**S1495**

MASS TO CHARGE RATIOS								M.W.	INTENSITIES								Parent	C	H	O	N	Cl	Br	F	S	P	B	Si	X	COMPOUND NAME	CAS Reg No	No
71	43	67	41	27	39	55	82	170	100	69	69	60	39	36	29	29	1.00	10	18	2	–	–	–	–	–	–	–	–	–	Butanoic acid, 2-hexenyl ester, (Z)-	56922-77-1	T4286
71	43	85	100	58	170			170	100	96	44	26	23	3				10	18	2	–	–	–	–	–	–	–	–	–	2-Octen-2-ol, acetate	26735-85-3	S1494
71	67	41	43	27	39	82	55	170	100	89	75	67	47	47	35	33	1.00	10	18	2	–	–	–	–	–	–	–	–	–	Butanoic acid, 2-hexenyl ester, (E)-	53398-83-7	S8440
71	99	127	72	41	43	86	58	170	100	12	12	10	5	5	5	4	2.00	11	22	1	–	–	–	–	–	–	–	–	–	2-Undecen-4-ol	22381-86-8	R9677
71	127	99	86	43	58	170	57	170	100	12	12	6	6	5	2	1		11	22	1	–	–	–	–	–	–	–	–	–	4-Undecen-2-ol		L4953
72	41	43	57	71	155	85	69	170	100	66	60	50	34	33	32	30	14.00	10	18	2	–	–	–	–	–	–	–	–	–	Cyclohexanone, 4-hydroxy-3,3,5,5-tetramethyl-	17429-06-0	R6969
72	57	43	41	55	56	170	39	170	100	87	47	40	26	17	15	10		11	22	1	–	–	–	–	–	–	–	–	–	Heptane, 1-(1-butenyloxy)-, (Z)-	56052-79-0	T2705
72	57	43	41	55	56	170	69	170	100	88	45	40	26	17	17	11		11	22	1	–	–	–	–	–	–	–	–	–	Heptane, 1-(1-butenyloxy)-, (E)-	56052-80-3	T2706
73	75	170	155	45				170	100	76	61	61	19					9	18	1	–	–	–	–	–	–	–	1	–	1-Methyl-2-trimethylsilyloxy-cyclopent-1-ene		L9048
73	98	43	55	97	41	39	71	170	100	86	54	51	23	20	15	14	2.00	9	14	3	–	–	–	–	–	–	–	–	–	1,2-Butanediol, 1-(2-furyl)-2-methyl-	18927-21-4	R7888
73	98	43	55	97	41	71	70	170	100	87	54	52	24	20	15	13	2.00	9	14	3	–	–	–	–	–	–	–	–	–	1,2-Butanediol, 1-(2-furyl)-2-methyl-		L5082
73	98	43	55	97	41	71	123	170	100	88	54	51	24	20	14	14	2.00	9	14	3	–	–	–	–	–	–	–	–	–	1,2-Butanediol, 1-(2-furyl)-3-methyl-	21221-66-9	R9158
73	155	59	170	45	74	99	28	170	100	17	10	10	9	8	7	5		10	22	–	–	–	–	–	–	–	–	1	–	Silane, (2-ethyl-1-methyl-1-butenyl)trimethyl-	41784-60-5	S6731
74	41	55	43	59	67	39	96	170	100	93	87	47	46	43	41	41	0.54	10	18	2	–	–	–	–	–	–	–	–	–	6-Nonenoic acid, methyl ester	20731-21-9	R8899
74	41	55	43	69	45	87	96	170	100	68	68	48	48	36	33	33	0.34	10	18	2	–	–	–	–	–	–	–	–	–	8-Nonenoic acid, methyl ester	20731-23-1	R8902
74	41	55	96	45	138	43	59	170	100	82	70	57	51	39	39	36	6.04	10	18	2	–	–	–	–	–	–	–	–	–	6-Nonenoic acid, methyl ester	20731-21-9	R8900
74	45	55	41	43	96	81	54	170	100	96	77	65	64	58	38	35	3.04	10	18	2	–	–	–	–	–	–	–	–	–	5-Nonenoic acid, methyl ester	20731-20-8	R8898
74	55	41	96	138	59	43	87	170	100	75	71	65	47	43	38	36	7.00	10	18	2	–	–	–	–	–	–	–	–	–	6-Nonenoic acid, methyl ester, (Z)-	41654-17-5	08681
74	55	96	97	41	84	67	43	170	100	92	76	69	61	46	45	41	5.74	10	18	2	–	–	–	–	–	–	–	–	–	4-Nonenoic acid, methyl ester	20731-19-5	R8897
75	55	73	147	42	170	27	41	170	100	97	76	63	58	43	35	35		9	18	1	–	–	–	–	–	–	–	1	–	Silane, (1-cyclohexen-1-yloxy)trimethyl-	6651-36-1	06877
75	73	170	155	142	127	169	79	170	100	48	40	21	19	15	15	10		9	18	1	–	–	–	–	–	–	–	1	–	Silane, (2-cyclohexen-1-yloxy)trimethyl-	54725-71-2	S9557
75	73	170	155	169	45			170	100	97	37	36	28	19				9	18	1	–	–	–	–	–	–	–	1	–	2-Trimethylsilyloxy-3-methyl-cyclopent-1-ene		L9047
75	123	85	138	107	139	91	41	170	100	20	19	18	14	13	9	8	7.66	10	18	2	–	–	–	–	–	–	–	–	–	4-Methyl-3-cyclohexene-1-carboxaldehyde dimethyl acetal		Z1190
76	39	15	41	59	75	78	77	170	100	62	51	50	38	37	30	16	0.00	5	8	2	–	2	–	–	–	–	–	–	–	Butanoic acid, 2,3-dichloro-, methyl ester	54460-97-8	S9122
76	39	15	41	59	75	78	77	170	100	62	51	50	38	37	30	16	0.00	5	8	2	–	2	–	–	–	–	–	–	–	Methyl α,β-dichloroisobutyrate		X1246
77	78	51	94	170	29	141	27	170	100	47	42	39	30	28	20	18		8	10	2	–	–	–	–	1	–	–	–	–	Benzene, (ethylsulphonyl)-	599-70-2	Q2621
79	108	80	52	51	152	77	50	170	100	63	45	36	32	30	21	18	0.00	8	10	4	–	–	–	–	–	–	–	–	–	1-Cyclohexene-1,2-dicarboxylic acid	635-08-5	Q3440
79	124	80	78	152	77	123	81	170	100	57	24	15	15	8	8	5	1.95	8	10	4	–	–	–	–	–	–	–	–	–	4-Cyclohexene-1,2-dicarboxylic acid, cis-	2305-26-2	Q7807
79	124	80	152	78	123	77	125	170	100	57	25	15	15	9	8	6	1.00	8	10	4	–	–	–	–	–	–	–	–	–	4-Cyclohexene-1,2-dicarboxylic acid, cis-		M4606
79	124	123	152	81	77	80	125	170	100	96	37	37	34	30	30	16	0.00	8	10	4	–	–	–	–	–	–	–	–	–	2-Cyclohexene-1,2-dicarboxylic acid	38765-78-5	S5948
81	41	67	111	55	39	141	79	170	100	98	75	73	71	62	62	60	30.00	9	14	3	–	–	–	–	–	–	–	–	–	2H-Pyran-2-one, 5-ethylidenetetrahydro-4-(2-hydroxyethyl)-		P2548
81	69	87	88	84	41	55	43	170	100	56	56	40	36	36	34	30	3.99	10	18	2	–	–	–	–	–	–	–	–	–	Fencholic acid		Z1192
81	110	28	46	61	60	170	78	170	100	52	37	29	22	17	16	15		4	12	2	2	–	–	1	–	1	–	–	–	Phosphorodiamidous fluoride, N,N′-dimethoxy-N,N′-dimethyl-	22692-27-9	08913
81	155	73	45	75	43	170	61	170	100	89	84	55	34	21	21	12		8	14	2	–	–	–	–	–	–	–	1	–	2-Furfuryl alcohol trimethylsilyl ether		P3288
81	155	73	75	53	45	170	27	170	100	51	19	15	14	9	8	7		8	14	2	–	–	–	–	–	–	–	1	–	2-Furfuryl alcohol trimethylsilyl ether	2846-62-0	Q8724
82	67	71	43	41	27	55	39	170	100	91	84	68	33	16	16	13	0.00	10	18	2	–	–	–	–	–	–	–	–	–	Butanoic acid, 3-hexenyl ester, (Z)-	16491-36-4	H1790
82	71	43	67	41	89	55	44	170	100	91	85	76	60	53	46	44	0.00	10	18	2	–	–	–	–	–	–	–	–	–	Cyclohexyl butyrate		C1334
82	72	170	42	83	40	44	58	170	100	45	45	32	32	16	13	13		9	18	1	2	–	–	–	–	–	–	–	–	2-Propenal, 2-(diethylamino)-3-(dimethylamino)-	49582-61-8	S7143
82	127	57	67	41	126	55	54	170	100	91	40	37	27	24	22	20	7.00	8	15	3	–	–	–	–	–	–	1	–	–	1,3,2-Dioxaborolane, 2-(cyclohexyloxy)-	55089-04-8	T0215
83	96	57	59	97	126	95	170	170	100	85	55	43	43	38	35	32		8	7	3	–	–	–	1	–	–	–	–	–	Carbonic acid, 3-fluorophenyl methyl ester	1847-99-0	Q6873
83	111	31	59	55	41	29	27	170	100	46	46	45	45	37	37	25	0.26	10	18	2	–	–	–	–	–	–	–	–	–	Acetone, 1-cyclopentyl-3-ethoxy-	51149-71-4	S7578
83	111	126	57	59	170	95	75	170	100	68	49	43	30	27	26	12		8	7	3	–	–	–	1	–	–	–	–	–	Carbonic acid, 4-fluorophenyl methyl ester	1847-98-9	Q6872
84	30	42	55	70	100	43	82	170	100	10	10	7	6	3	3	3	1.15	10	22	–	2	–	–	–	–	–	–	–	–	Pyrrolidene, N-(6-aminohexyl)-		F0405
84	43	59	85	69	170	28	39	170	100	87	58	48	30	26	17	17		8	10	4	–	–	–	–	–	–	–	–	–	2,4(3H,5H)-Furandione, 3-acetyl-5,5-dimethyl-	22884-84-0	R9990
84	67	108	41	55	57	93	95	170	100	53	44	35	26	26	26	26	1.00	10	18	2	–	–	–	–	–	–	–	–	–	1,1′-Bicyclopentyl-2,2′-diol		17051
84	69	41	55	87	39	27	29	170	100	74	34	20	15	13	13	10	8.28	10	18	2	–	–	–	–	–	–	–	–	–	Cyclopentanecarboxylic acid, 1,2,2,3-tetramethyl-	464-88-0	Q0830
85	29	41	43	128	55	56	27	170	100	14	9	9	9	9	8	6	0.10	10	18	2	–	–	–	–	–	–	–	–	–	2(3H)-Furanone, 5-hexyldihydro-	706-14-9	H1057
85	29	128	41	43	55	56	28	170	100	24	17	14	14	14	13	11	0.30	10	18	2	–	–	–	–	–	–	–	–	–	2(3H)-Furanone, 5-hexyldihydro-	706-14-9	Q3801
85	41	43	55	56	42	57	45	170	100	20	15	14	10	8	7	7	0.09	10	18	2	–	–	–	–	–	–	–	–	–	2(3H)-Furanone, 5-hexyldihydro-	706-14-9	Q3802
85	42	170	69	58	86	44	59	170	100	14	12	10	9	9	8	7		8	18	–	4	–	–	–	–	–	–	–	–	Hexamethyl oxamidine		L9565
85	57	41	29	27	86	55	58	170	100	85	28	20	8	8	7	7	6.63	10	18	2	–	–	–	–	–	–	–	–	–	5,6-Decanedione	5579-73-7	R1559
85	75	41	29	170	58	55		170	100	85	30	20	10	8	8			10	18	2	–	–	–	–	–	–	–	–	–	5,6-Decanedione		M4135
85	84	43	41	57	67	29	55	170	100	49	21	19	18	17	15	13	0.05	10	18	2	–	–	–	–	–	–	–	–	–	2,2′-Bi-2H-pyran, octahydro-	16282-29-4	R6101
85	84	67	55	41	43	57	86	170	100	43	30	18	16	10	8	8	1.00	10	18	2	–	–	–	–	–	–	–	–	–	1,1′-Bicyclopentyl-1,1′-diol		17054
85	86	39	71	41	43	55	57	170	100	57	30	28	27	8	8	8	1.98	10	18	2	–	–	–	–	–	–	–	–	–	2,6-Octadiene-4,5-diol, 3,6-dimethyl-	10317-05-2	R3746
85	86	71	41	57	55	67	43	170	100	58	28	27	8	8	8	8	5.00	10	18	2	–	–	–	–	–	–	–	–	–	2,6-Octadiene-4,5-diol, 3,6-dimethyl-		L5077

MASS TO CHARGE RATIOS								M.W.	INTENSITIES								Parent	C	H	O	N	Cl	Br	F	S	P	B	Si	X	COMPOUND NAME	CAS Reg No	No
85	113	43	55	81	67	155	141	**170**	100	93	37	16	13	10	1	1	**0.50**	10	18	2	–	–	–	–	–	–	–	–	–	**3-Ethoxy-2,4-dimethyl-4-hexenal**		**L7730**
85	135	87	137	31	101	100	50	**170**	100	52	33	17	9	9	6	5	**0.10**	2	–	–	–	2	–	4	–	–	–	–	–	**1,2-Dichloro-1,1,2,2-tetrafluoroethane**		**Z1166**
85	135	87	137	31	101	103	50	**170**	100	56	32	18	15	11	7	7	**0.10**	2	–	–	–	2	–	4	–	–	–	–	–	**1,2-Dichloro-1,1,2,2-tetrafluoroethane**	76-14-2	**P5687**
85	135	87	137	100	101	31	103	**170**	100	59	33	19	19	10	10	7	**0.05**	2	–	–	–	2	–	4	–	–	–	–	–	**1,2-Dichloro-1,1,2,2-tetrafluoroethane**		**A0243**
87	55	41	43	29	27	39	69	**170**	100	91	89	83	56	48	42	39	**1.00**	10	18	2	–	–	–	–	–	–	–	–	–	**2-Nonenoic acid, methyl ester, (E)-**	14952-06-8	**R5508**
87	56	69	84	155	41	43	170	**170**	100	91	88	86	82	56	56	52		10	18	2	–	–	–	–	–	–	–	–	–	**1,6-Dioxaspiro[4.5]decane, 9,9-dimethyl-**	40730-61-8	**S6423**
88	41	71	83	102	55	69	82	**170**	100	51	43	37	35	31	30	23	**14.21**	10	18	2	–	–	–	–	–	–	–	–	–	**Cyclohexanone, 4-methoxy-2,2,6-trimethyl-**	17429-03-7	**R6962**
91	65	39	92	63	170	172	51	**170**	100	11	10	8	7	5	5	5		7	7	–	–	–	1	–	–	–	–	–	–	**Benzyl bromide**	100-39-0	**H0245**
91	65	63	89	51	90	50		**170**	100	67	19	15	10	9	8		**0.00**	7	7	–	–	–	1	–	–	–	–	–	–	**Cycloheptatrienylium, bromide**	5376-03-4	**R1366**
91	65	92	63	51	89	170	41	**170**	100	41	26	16	12	10	10	6		8	10	2	–	–	–	–	1	–	–	–	–	**Benzene, [(methylsulphonyl)methyl]-**	3112-90-1	**Q9023**
91	65	92	63	172	170	89	42	**170**	100	9	7	6	6	6	5	4		7	7	–	–	–	1	–	–	–	–	–	–	**Benzyl bromide**	100-39-0	**P7358**
91	92	39	65	51	63	50	38	**170**	100	36	25	17	16	13	12	10	**1.70**	7	7	–	–	–	1	–	–	–	–	–	–	**Benzyl bromide**	100-39-0	**H0246**
91	170	80	64	79	52	51	63	**170**	100	72	54	52	52	23	20	14		11	10	–	2	–	–	–	–	–	–	–	–	**N-(Phenylimino)pyridinium betaine**	31378-82-2	**S3254**
91	170	171	155	107	77	89	92	**170**	100	67	67	59	33	6	6	6		8	10	2	–	–	–	–	1	–	–	–	–	**Benzene, 1-methyl-4-(methylsulphonyl)-**	3185-99-7	**Q9091**
91	170	172	39	63	65	50	89	**170**	100	49	47	22	20	20	12	12		7	7	–	–	–	1	–	–	–	–	–	–	**Benzene, 1-bromo-4-methyl-**		**Y0492**
91	170	172	39	63	65	90	89	**170**	100	48	47	24	22	20	20	17		7	7	–	–	–	1	–	–	–	–	–	–	**Benzene, 1-bromo-2-methyl-**		**Y0491**
91	170	172	63	89	65	171	90	**170**	100	65	63	14	11	10	10	8		7	7	–	–	–	1	–	–	–	–	–	–	**Benzene, 1-bromo-3-methyl-**	591-17-3	**Q2441**
91	170	172	65	171	92	169	173	**170**	100	60	58	14	9	8	5	5		7	7	–	–	–	1	–	–	–	–	–	–	**Benzene, 1-bromo-4-methyl-**	106-38-7	**P7877**
91	170	172	65	171	92	173	90	**170**	100	67	65	17	9	8	5	5		7	7	–	–	–	1	–	–	–	–	–	–	**Benzene, 1-bromo-3-methyl-**	591-17-3	**Q2442**
91	170	172	90	65	92	171	89	**170**	100	58	56	14	13	9	7	7		7	7	–	–	–	1	–	–	–	–	–	–	**Benzene, 1-bromo-2-methyl-**	95-46-5	**P6937**
91	170	172	90	89	65	63	92	**170**	100	43	43	21	19	14	13	9		7	7	–	–	–	1	–	–	–	–	–	–	**Benzene, 1-bromo-2-methyl-**	95-46-5	**P6936**
91	172	170	28	65	39	89	63	**170**	100	49	48	32	24	13	13	12		7	7	–	–	–	1	–	–	–	–	–	–	**Benzene, 1-bromo-4-methyl-**	106-38-7	**P7876**
94	77	39	65	95	170	49	51	**170**	100	16	15	14	9	8	8	6		8	7	2	–	1	–	–	–	–	–	–	–	**Phenyl chloroacetate**		**C0694**
95	43	41	69	81	55	111	60	**170**	100	68	58	42	40	38	30	28	**0.20**	10	18	2	–	–	–	–	–	–	–	–	–	**Bicyclo[2.2.1]heptane-2,3-diol, 1,7,7-trimethyl-, (exo,exo)-**	56614-57-4	**T3915**
95	43	41	81	69	55	111	82	**170**	100	71	61	48	44	38	35	31	**0.00**	10	18	2	–	–	–	–	–	–	–	–	–	**Bicyclo[2.2.1]heptane-2,3-diol, 1,7,7-trimethyl-, (2-endo,3-exo)-**	13837-85-9	**R4756**
95	43	41	81	69	55	111	82	**170**	100	60	59	49	44	38	36	31	**0.99**	10	18	2	–	–	–	–	–	–	–	–	–	**Bicyclo[2.2.1]heptane-2,3-diol, 1,7,7-trimethyl-, (2-exo,3-endo)-**	56614-58-5	**T3916**
95	43	41	111	69	81	60	55	**170**	100	65	49	37	36	34	32	31	**0.00**	10	18	2	–	–	–	–	–	–	–	–	–	**Bicyclo[2.2.1]heptane-2,3-diol, 1,7,7-trimethyl-, (endo,endo)-**	38226-15-2	**S5704**
95	108	93	94	41	43	67	109	**170**	100	99	63	58	52	47	42	42	**0.00**	10	18	2	–	–	–	–	–	–	–	–	–	**2,10-Bornanediol, exo-**	1925-39-9	**Q7062**
95	139	41	43	67	55	93	39	**170**	100	21	17	13	12	12	10	10	**0.00**	10	18	2	–	–	–	–	–	–	–	–	–	**Bicyclo[2.2.1]heptane-7-methanol, 2-hydroxy-1,7-dimethyl-**	54831-21-9	**S9685**
96	170	141	65	142	113	39	124	**170**	100	89	62	39	36	30	28	24		8	10	2	–	–	–	–	1	–	–	–	–	**Phenol, o-(ethylsulphinyl)-**	29634-40-0	**S2595**
97	41	43	29	27	39	170	69	**170**	100	32	19	17	15	13	12	10		9	14	3	–	–	–	–	–	–	–	–	–	**2H-Pyran-4-carboxylic acid, 3,4-dihydro-5-methyl-, ethyl ester**	38858-64-9	**06947**
97	125	41	39	45	27	29	81	**170**	100	82	24	22	22	15	14	10	**7.01**	9	14	3	–	–	–	–	–	–	–	–	–	**1-Methoxy-2-ethoxyethylfuran**		**P0004**
97	125	68	126	69	42	41	47	**170**	100	45	36	21	19	14	13	10	**2.00**	8	14	2	2	–	–	–	–	–	–	–	–	**1H-Imidazole, 2-(diethoxymethyl)-**	13750-84-0	**R4740**
97	125	68	126	69	42	41	96	**170**	100	45	36	21	19	14	13	10	**2.00**	8	14	2	2	–	–	–	–	–	–	–	–	**1H-Imidazole, 2-(diethoxymethyl)-**		**02184**
98	55	84	41	42	43	56	82	**170**	100	67	61	57	39	32	29	27	**2.00**	10	18	2	–	–	–	–	–	–	–	–	–	**2-Oxecanone, 10-methyl-, (+-)-**	65371-24-6	**T6556**
99	42	41	55	43	71	70	114	**170**	100	40	36	32	32	30	28	10	**0.00**	10	18	2	–	–	–	–	–	–	–	–	–	**2H-Pyran-2-one, tetrahydro-6-pentyl-**		**M4120**
99	43	71	69	83	55	100	70	**170**	100	43	24	21	9	8	7	6	**0.00**	9	14	3	–	–	–	–	–	–	–	–	–	**2,5-Furandione, 3-(1,1-dimethylpropyl)dihydro-**	56666-76-3	**T4030**
99	71	70	42	55	43	41	56	**170**	100	41	34	31	30	27	24	17	**3.50**	10	18	2	–	–	–	–	–	–	–	–	–	**2H-Pyran-2-one, tetrahydro-6-pentyl-**	705-86-2	**Q3800**
99	98	142	170	44	112	72	111	**170**	100	97	60	48	48	43	18	17		8	14	2	2	–	–	–	–	–	–	–	–	**N-Methyl-N-[(1-methyl-2-oxo-3-pyrrolidinyl)methyl]formamide**		**M0616**
100	127	170	44	68	42	72	139	**170**	100	91	57	56	45	44	44	43		8	14	2	2	–	–	–	–	–	–	–	–	**2-Propenoic acid, 3-(1-aziridinyl)-3-(dimethylamino)-, methyl ester**	49582-44-7	**S7133**
100	170	81	67	41	39	79	155	**170**	100	72	51	28	27	26	24	23		10	18	–	–	–	–	–	1	–	–	–	–	**Bicyclo[2.2.2]octane, 1-methyl-4-(methylthio)-**	54461-02-8	**S9123**
101	41	43	27	29	69	55	39	**170**	100	80	58	51	50	50	46	42	**4.75**	10	18	2	–	–	–	–	–	–	–	–	–	**Octanoic acid, 2-methylene-, methyl ester**	3618-40-4	**Q9577**
101	41	55	114	27	43	39	31	**170**	100	72	65	65	62	61	55	42	**4.00**	9	14	3	–	–	–	–	–	–	–	–	–	**2,4(3H,5H)-Furandione, 3-isopentyl-**	22884-77-1	**R9984**
104	66	170	105	103	78	39	77	**170**	100	52	11	10	9	8	7	6		13	14	–	–	–	–	–	–	–	–	–	–	**5-Phenylnorbornene**		**C1259**
105	77	39	51	122	135	65	73	**170**	100	98	74	73	54	52	50	50	**6.00**	8	10	4	–	–	–	–	–	–	–	–	–	**1,3-Cyclohexadiene-1-carboxylic acid, 5-hydroxy-6-methoxy-, trans-**	55712-75-9	**T1924**
105	91	106	135	79	77	107	104	**170**	100	93	70	28	27	23	20	19	**1.00**	9	11	1	–	1	–	–	–	–	–	–	–	**exo-2-Chloro-5,6-dimethylidene-syn-7-norbornanol**		**P1354**
106	79	170	52	105	51	78	53	**170**	100	87	85	60	50	25	21	15		6	6	2	2	–	–	–	1	–	–	–	–	**2,1,3-Benzothiadiazole, 1,3-dihydro-, 2,2-dioxide**	1615-06-1	**Q6332**
107	65	170	155	91	39	63	92	**170**	100	98	97	95	66	63	38	32		8	10	2	–	–	–	–	1	–	–	–	–	**Benzene, 1-methyl-4-(methylsulphonyl)-**	3185-99-7	**Q9089**
107	77	170	51	28	79	65	172	**170**	100	75	34	20	18	15	11	11		8	7	2	–	1	–	–	–	–	–	–	–	**Phenoxyacetyl chloride**		**Z1197**
108	67	152	134	41	70	81	79	**170**	100	75	48	44	42	41	36	34	**16.00**	10	18	2	–	–	–	–	–	–	–	–	–	**trans-Decalin-2α,3β-diol**		**M8626**
108	67	152	134	41	70	81	79	**170**	100	67	64	59	57	55	47	45	**22.37**	10	18	2	–	–	–	–	–	–	–	–	–	**2,3-Naphthalenediol, decahydro-, (2α,3β,4aα,8aβ)-**	20835-21-6	**R8961**
108	107	91	63	121	172	77	65	**170**	100	39	24	23	21	18	17	13	**5.57**	9	11	1	–	1	–	–	–	–	–	–	–	**β-Chloro-o-methylphenetole**		**Z1191**
108	107	170	91	27	121	63	77	**170**	100	65	63	30	30	27	27	27		9	11	1	–	1	–	–	–	–	–	–	–	**1-Chloro-2-p-tolyloxyethane**		**F0441**
108	112	58	67	134	95	41	81	**170**	100	89	85	84	84	77	74	61	**29.54**	10	18	2	–	–	–	–	–	–	–	–	–	**1,4-Naphthalenediol, decahydro-, (1α,4α,4aα,8aβ)-**	1127-52-2	**Q5470**
109	41	43	55	81	67	97	69	**170**	100	84	58	50	42	35	32	31	**20.00**	10	18	2	–	–	–	–	–	–	–	–	–	**4-Isobenzofuranol, octahydro-3a,7a-dimethyl-, (3aα,4β,7aα)-(+-)-**	54382-58-0	**S8941**
110	43	95	83	41	39	128	67	**170**	100	91	41	34	33	28	23	23	**0.00**	9	14	3	–	–	–	–	–	–	–	–	–	**2-Hexenoic acid, 3,4,4-trimethyl-5-oxo-, (E)-**	6994-95-2	**R2773**

MASS TO CHARGE RATIOS								M.W.	INTENSITIES								Parent	C	H	O	N	Cl	Br	F	S	P	B	Si	X	COMPOUND NAME	CAS Reg No	No
110	95	67	43	41	39	109	82	**170**	100	59	36	25	22	20	16	10	**0.18**	9	14	3	–	–	–	–	–	–	–	–	–	**2-Hexenoic acid, 3,4,4-trimethyl-5-oxo-, (Z)-**	14919-56-3	**R5477**
111	27	39	29	81	31	112	53	**170**	100	21	21	19	14	13	12	11	**8.01**	9	14	3	–	–	–	–	–	–	–	–	–	**Furan, 2-(2-ethoxy-1-methoxyethyl)-**	72403-07-7	**T7816**
111	51	79	59	139	52	123	50	**170**	100	21	20	19	17	16	12	10	**3.60**	8	10	4	–	–	–	–	–	–	–	–	–	**2,4-Hexadienedioic acid, dimethyl ester, (E,Z)-**	692-92-2	**Q3713**
111	51	123	52	139	79	59	170	**170**	100	14	14	11	11	11	9	8		8	10	4	–	–	–	–	–	–	–	–	–	**2,4-Hexadienedioic acid, dimethyl ester, (Z,Z)-**	692-91-1	**Q3712**
111	52	139	51	53	55	68	142	**170**	100	19	18	16	15	15	11	10	**2.70**	8	10	4	–	–	–	–	–	–	–	–	–	**3-Cyclobutene-1,2-dicarboxylic acid, dimethyl ester, cis-**	42577-15-1	**S6956**
111	69	41	29	27	39	81	115	**170**	100	99	75	50	49	35	31	28	**9.90**	10	18	2	–	–	–	–	–	–	–	–	–	**Cyclohexanecarboxylic acid, 1-ethyl-, methyl ester**	4630-81-3	**R0656**
111	138	110	52	51	59	53	139	**170**	100	63	56	43	39	30	26	24	**14.80**	8	10	4	–	–	–	–	–	–	–	–	–	**3-Cyclobutene-1,2-dicarboxylic acid, dimethyl ester, trans-**	1517-11-9	**Q6138**
111	139	59	55	53	52	83	28	**170**	100	15	13	12	12	12	10	10	**1.96**	8	10	4	–	–	–	–	–	–	–	–	–	**3-Cyclobutene-1,2-dicarboxylic acid, dimethyl ester**	60333-14-4	**T5168**
111	139	170	141	75	113	76	172	**170**	100	98	85	76	75	59	47	43		8	7	2	–	1	–	–	–	–	–	–	–	**Benzoic acid, 3-chloro-, methyl ester**	2905-65-9	**Q8797**
111	170	139	51	59	79	52	123	**170**	100	35	34	15	15	15	14	12		8	10	4	–	–	–	–	–	–	–	–	–	**2,4-Hexadienedioic acid, dimethyl ester, (E,E)-**	1119-43-3	**Q5343**
113	28	44	59	85	91	114	119	**170**	100	63	35	19	10	10	10	9	**0.00**	8	10	2	–	–	–	–	1	–	–	–	–	**2-Thiabicyclo[3.1.0]hex-3-ene-6-carboxylic acid, 3-methyl-, methyl ester**	56701-04-3	**T4093**
113	55	170	28	42	27	152	41	**170**	100	50	47	46	44	44	42	41		8	14	2	2	–	–	–	–	–	–	–	–	**2,6-Dioxo-1,5-diazacyclodecane**		**L2958**
113	96	74	87	170	43	97	138	**170**	100	58	48	40	35	33	28	26		10	18	2	–	–	–	–	–	–	–	–	–	**2-Nonenoic acid, methyl ester**		**L4477**
113	114	42	41	57	43	84	112	**170**	100	58	47	17	16	7	6	5	**0.20**	8	14	2	2	–	–	–	–	–	–	–	–	**2,4-Imidazolidinedione, 5-methyl-5-isobutyl-**	27886-67-5	**S1913**
114	58	44	70	113	28	43	56	**170**	100	72	64	62	53	51	50	45	**7.91**	10	22	–	2	–	–	–	–	–	–	–	–	**Piperazine, 3-butyl-2,5-dimethyl-**	54410-93-4	**H2058**
114	71	59	86	45	53	113	56	**170**	100	93	80	79	71	60	57	46	**2.86**	9	14	1	–	–	–	–	1	–	–	–	–	**Thiophene, 2-tert-butoxy-5-methyl-**	54461-04-0	**S9125**
114	127	99	72	142	59	75	61	**170**	100	96	60	58	58	42	39	24	**0.30**	9	18	1	–	–	–	–	–	–	–	1	–	**Silacyclooctan-5-one, 1,1-dimethyl-**	10325-31-2	**R3753**
114	142	113	88	170				**170**	100	33	20	18	17					10	6	1	2	–	–	–	–	–	–	–	–	**2-Naphthalenediazonium, 1-hydroxy-**	33670-73-4	**S4310**
115	97	55	73	56	29	27	127	**170**	100	64	59	32	26	24	13	12	**0.00**	10	18	2	–	–	–	–	–	–	–	–	–	**2-Hexenoic acid, butyl ester, (E)-**	54411-16-4	**S8992**
117	119	121	135	82	91	105	84	**170**	100	95	40	22	21	19	16	15	**8.00**	9	11	1	–	1	–	–	–	–	–	–	–	**6-Chloromethyl-5-methylidene-anti-3-nortricyclanol**		**P1355**
118	170	90	63	115	62	51	64	**170**	100	72	34	28	16	14	11	11		10	6	1	2	–	–	–	–	–	–	–	–	**1,3-Benzoxazepine-2-carbonitrile**	16393-03-6	**R6157**
121	39	152	81	53	110	65	83	**170**	100	73	69	68	63	60	50	50	**49.00**	8	10	4	–	–	–	–	–	–	–	–	–	**1,5-Cyclohexadiene-1-carboxylic acid, 3,4-dihydroxy-, methyl ester, trans-**	52183-77-4	**S7889**
121	91	170	51	66	77	64	78	**170**	100	93	24	19	16	16	10	8		9	11	1	–	1	–	–	–	–	–	–	–	**Benzene, 1-(2-chloroethyl)-2-methoxy-**	35144-25-3	**S4835**
123	138	39	43	79	105	55	81	**170**	100	84	57	52	42	37	36	29	**0.00**	10	18	2	–	–	–	–	–	–	–	–	–	**2-Methoxy-3-isopropylidene-5,5-dimethyltetrahydrofuran**		**M0559**
123	155	51	109	139	29	39	52	**170**	100	58	48	46	45	45	44	38	**19.00**	8	10	4	–	–	–	–	–	–	–	–	–	**2-Methoxymethyl-3-methoxycarbonylfuran**		**06269**
125	44	55	81	126	83	72	54	**170**	100	45	39	39	30	22	21	20	**1.00**	8	14	2	2	–	–	–	–	–	–	–	–	**trans-1,4-Cyclohexanedicarboxamide**		**16368**
125	53	29	98	27	80	45	124	**170**	100	78	44	37	24	20	20	16	**0.00**	8	10	4	–	–	–	–	–	–	–	–	–	**Diethyl acetylenedicarboxylate**		**L1499**
125	53	29	98	45	80	124	126	**170**	100	77	44	38	20	20	18	15	**0.00**	8	10	4	–	–	–	–	–	–	–	–	–	**Diethyl acetylenedicarboxylate**	762-21-0	**Q3967**
125	127	170	91	172	89	126	63	**170**	100	33	33	21	11	11	8	6		8	7	2	–	1	–	–	–	–	–	–	–	**Benzeneacetic acid, 4-chloro-**	1878-66-6	**Q6944**
125	170	135	91	127	89	90	63	**170**	100	49	43	36	33	21	13	11		8	7	2	–	1	–	–	–	–	–	–	–	**Benzeneacetic acid, 2-chloro-**		**Z1185**
126	82	55	29	54	28	83	125	**170**	100	88	70	52	35	27	19	18	**2.00**	6	6	4	2	–	–	–	–	–	–	–	–	**5-Carboxymethyluracil**		**L5226**
127	44	98	153	126	55	72	125	**170**	100	40	36	35	34	26	25	25	**5.00**	8	14	2	2	–	–	–	–	–	–	–	–	**trans-1,2-Cyclohexanedicarboxamide**		**16364**
127	71	170	86	152	128	72	87	**170**	100	58	49	43	39	8	1	1		11	22	1	–	–	–	–	–	–	–	–	–	**2-Undecen-4-ol**	22381-86-8	**R9678**
127	71	170	86	152	128	87	171	**170**	100	59	49	43	40	7	1	1		11	22	1	–	–	–	–	–	–	–	–	–	**4-Undecen-2-ol**		**L4955**
127	129	65	92	170	44	63	99	**170**	100	54	35	32	29	28	24	21		7	7	1	2	1	–	–	–	–	–	–	–	**Urea, (4-chlorophenyl)-**	140-38-5	**P9782**
128	43	130	65	63	99	170	73	**170**	100	55	32	12	11	9	9	9		8	7	2	–	1	–	–	–	–	–	–	–	**4-Chlorophenyl acetate**		**L7241**
128	43	130	170	63	65	64	99	**170**	100	73	33	18	14	13	9	9		8	7	2	–	1	–	–	–	–	–	–	–	**3-Chlorophenyl acetate**		**L7242**
128	130	41	43	27	39	28	93	**170**	100	30	29	25	18	17	12	11	**0.40**	8	11	–	2	1	–	–	–	–	–	–	–	**Pyrazine, 2-chloro-3-(2-methylpropyl)-**	57674-17-6	**T4776**
128	130	43	170	129	65	63	73	**170**	100	32	26	12	7	6	5	5		8	7	2	–	1	–	–	–	–	–	–	–	**4-Chlorophenyl acetate**		**Z1189**
128	137	170	127	155	86	85	129	**170**	100	58	55	33	25	17	14	13		7	10	1	2	–	–	–	1	–	–	–	–	**4-Isopropylthiouracil**		**17032**
129	69	41	101	127	84	170	27	**170**	100	41	36	33	30	29	25	21		8	10	4	–	–	–	–	–	–	–	–	–	**Penicillic acid**	90-65-3	**P6576**
130	129	103	102	77	51	128	170	**170**	100	61	32	28	26	24	17	14		11	10	–	2	–	–	–	–	–	–	–	–	**1,3-Dicyano-2-phenylpropane**		**D1660**
134	152	108	41	67	70	81	55	**170**	100	97	64	43	38	37	36	34	**23.61**	10	18	2	–	–	–	–	–	–	–	–	–	**2,3-Naphthalenediol, decahydro-**	57397-07-6	**T4713**
135	77	92	63	64	107	28	170	**170**	100	28	22	14	14	11	11	9		8	7	2	–	1	–	–	–	–	–	–	–	**Benzoyl chloride, 4-methoxy-**	100-07-2	**P7329**
135	101	85	69	151				**170**	100	65	23	6	4				**0.00**	2	–	–	–	2	–	4	–	–	–	–	–	**1,1-Dichloro-1,2,2,2-tetrafluoroethane**	374-07-2	**Q0635**
135	101	85	103	31	69	137	87	**170**	100	84	57	53	50	38	31	18	**0.12**	2	–	–	–	2	–	4	–	–	–	–	–	**1,1-Dichloro-1,2,2,2-tetrafluoroethane**		**W0127**
135	101	85	103	69	31	137	87	**170**	100	90	60	57	43	39	32	19	**0.20**	2	–	–	–	2	–	4	–	–	–	–	–	**1,1-Dichloro-1,2,2,2-tetrafluoroethane**	374-07-2	**Q0634**
135	133	77	106	170	36	51	136	**170**	100	22	15	14	14	13	11	11		8	7	2	–	1	–	–	–	–	–	–	–	**5-(Chloromethyl)salicylaldehyde**		**Z1194**
135	137	39	75	109	99	96	111	**170**	100	62	44	40	33	27	23	22	**11.00**	5	5	–	–	3	–	–	–	–	–	–	–	**Cyclopentene, trichloro-**	72347-65-0	**T7767**
138	41	139	59	55	170	111	74	**170**	100	55	53	39	35	31	29	27		9	14	3	–	–	–	–	–	–	–	–	–	**2-Methyl-5-(methoxycarbonylmethyl)cyclopentanone**		**C0250**
139	111	75	141	170	113	140	76	**170**	100	75	59	56	45	32	18	17		8	7	2	–	1	–	–	–	–	–	–	–	**Benzoic acid, 4-chloro-, methyl ester**	1126-46-1	**Q5453**
139	111	141	75	170	50	113	172	**170**	100	38	35	26	23	15	12	10		8	7	2	–	1	–	–	–	–	–	–	–	**Benzoic acid, 4-chloro-, methyl ester**	1126-46-1	**Q5451**
139	111	141	75	170	113	76	172	**170**	100	88	80	75	55	32	24	22		8	7	2	–	1	–	–	–	–	–	–	–	**Benzoic acid, 2-chloro-, methyl ester**	610-96-8	**Q2800**
139	111	141	170	75	50	113	15	**170**	100	39	33	29	19	13	13	10		8	7	2	–	1	–	–	–	–	–	–	–	**Benzoic acid, 4-chloro-, methyl ester**		**03051**
139	111	141	170	75	113	50	172	**170**	100	34	33	27	18	11	11	9		8	7	2	–	1	–	–	–	–	–	–	–	**Benzoic acid, 2-chloro-, methyl ester**		**03053**
139	111	170	141	75	113	50	15	**170**	100	46	32	32	20	15	13	11		8	7	2	–	1	–	–	–	–	–	–	–	**Benzoic acid, 3-chloro-, methyl ester**		**03052**

MASS TO CHARGE RATIOS								M.W.	INTENSITIES								Parent	C	H	O	N	Cl	Br	F	S	P	B	Si	X	COMPOUND NAME	CAS Reg No	No
141	168	142	115	167	139	63	29	**170**	100	72	55	41	29	28	12	11	**0.76**	12	10	1	–	–	–	–	–	–	–	–	–	**1H,3H-Naphtho[1,8-cd]pyran**	203-84-9	**Q0056**
141	170	69	55	57	97	83	71	**170**	100	58	39	37	37	35	32	29		12	10	1	–	–	–	–	–	–	–	–	–	**Dodec-trans-4-ene-6,8,10-triyn-3-one**		**P1561**
142	42	72	54	28	109	170	29	**170**	100	99	82	71	65	63	63	53		7	10	1	2	–	–	–	1	–	–	–	–	**4(1H)-Pyrimidinethione, 5-ethoxy-2-methyl-**	24611-13-0	**S0710**
142	114	170	143	51	141	38	113	**170**	100	36	23	23	16	14	11	9		11	10	–	2	–	–	–	–	–	–	–	–	**Ethyl phenyl malononitrile**		**B0831**
142	115	63	89	170	90	62	64	**170**	100	72	70	70	44	38	33	33		10	6	1	2	–	–	–	–	–	–	–	–	**3,1-Benzoxazepine-2-carbonitrile**		**R7637**
142	115	89	63	170	90	62	64	**170**	100	69	68	63	39	37	33	30		10	6	1	2	–	–	–	–	–	–	–	–	**3,1-Benzoxazepine-2-carbonitrile**	18457-80-2	**R7638**
142	115	170	63	89	154	62	90	**170**	100	70	60	55	36	29	25	22		10	6	1	2	–	–	–	–	–	–	–	–	**1,3-Benzoxazepine-2-carbonitrile**		**L6006**
142	115	170	63	89	154	62	90	**170**	100	69	60	54	36	28	26	22		10	6	1	2	–	–	–	–	–	–	–	–	**3,1-Benzoxazepine-2-carbonitrile**	18457-80-2	**R7636**
142	141	170	115	143	91	128	77	**170**	100	29	21	14	12	4	4	3		13	14	–	–	–	–	–	–	–	–	–	–	**Bicyclo[2.2.1]hept-2-ene, 2-phenyl-**	4237-08-5	**R0234**
142	155	144	128	141	105	143	52	**170**	100	45	32	31	26	25	15	15	**0.60**	8	11	–	2	1	–	–	–	–	–	–	–	**Pyrazine, 2-chloro-3-(1-methylpropyl)-**	57674-18-7	**T4777**
150	95	110	109	108	107	135	152	**170**	100	70	60	60	60	45	45	33	**0.00**	9	14	3	–	–	–	–	–	–	–	–	–	**cis-2,6-Dihydroxy-2,4,6-trimethylcyclohex-3-en-1-one**		**L9785**
152	44	126	170	124	106	43	45	**170**	100	78	68	41	27	26	26	23		7	6	5	–	–	–	–	–	–	–	–	–	**2,3,4-Trihydroxybenzoic acid**		**C0451**
152	134	108	41	55	67	126	98	**170**	100	81	58	46	27	24	23	21	**10.00**	10	18	2	–	–	–	–	–	–	–	–	–	**cis-Decalin-2α,3β-diol**		**M8627**
152	134	108	41	55	67	126	98	**170**	100	80	58	46	26	25	23	21	**9.42**	10	18	2	–	–	–	–	–	–	–	–	–	**2,3-Naphthalenediol, decahydro-, (2α,3β,4aα,8aα)-**	42177-35-5	**S6870**
152	134	108	67	95	41	81	79	**170**	100	90	73	70	64	61	47	45	**1.17**	10	18	2	–	–	–	–	–	–	–	–	–	**1,4-Naphthalenediol, decahydro-, (1α,4β,4aα,8aα)-**	1127-54-4	**Q5472**
152	134	108	67	95	81	41	93	**170**	100	65	62	60	52	45	42	39	**6.21**	10	18	2	–	–	–	–	–	–	–	–	–	**1,4-Naphthalenediol, decahydro-, (1α,4β,4aα,8aβ)-**	1127-55-5	**Q5473**
152	134	108	67	95	112	81	111	**170**	100	65	63	55	54	42	40	37	**4.39**	10	18	2	–	–	–	–	–	–	–	–	–	**1,4-Naphthalenediol, decahydro-, (1α,4β,4aβ,8aα)-**	1127-53-3	**Q5471**
153	125	44	82	67	98	81	126	**170**	100	50	47	45	43	36	35	33	**14.00**	8	14	2	2	–	–	–	–	–	–	–	–	**cis-1,2-Cyclohexanedicarboxamide**		**16363**
153	170	126	155	63	172	28	154	**170**	100	70	50	36	33	27	26	24		7	7	1	2	1	–	–	–	–	–	–	–	**2-Amino-4-chlorobenzamide**		**D1481**
154	77	127	76	63	78	102	62	**170**	100	37	37	35	30	23	23	21	**11.63**	10	6	1	2	–	–	–	–	–	–	–	–	**2-Quinolinecarbonitrile, 1-oxide**	18457-79-9	**R7635**
154	127	76	75	63	77	102	101	**170**	100	37	36	32	28	21	21	18	**7.69**	10	6	1	2	–	–	–	–	–	–	–	–	**2-Quinolinecarbonitrile, 1-oxide**	18457-79-9	**R7634**
154	127	142	102	170	115			**170**	100	40	22	18	13	7				10	6	1	2	–	–	–	–	–	–	–	–	**2-Quinolinecarbonitrile, 1-oxide**		**M3244**
155	73	156	70	170	157	147	43	**170**	100	20	18	10	8	8	8	7		8	18	–	–	–	–	–	–	–	–	2	–	**Bis(trimethylsilyl)acetylene**	14630-40-1	**R5332**
155	98	43	51	126	52	53	50	**170**	100	37	34	32	27	27	22	20	**17.72**	7	6	5	–	–	–	–	–	–	–	–	–	**3,4-Furandicarboxylic acid, 2-methyl-**	54576-44-2	**S9330**
155	127	170	126	43	128	156	63	**170**	100	93	49	16	13	13	12	11		12	10	1	–	–	–	–	–	–	–	–	–	**1-Acetylnaphthalene**	941-98-0	**Q4763**
155	127	170	126	43	128	156	63	**170**	100	93	49	15	13	12	12	10		12	10	1	–	–	–	–	–	–	–	–	–	**2-Acetylnaphthalene**	93-08-3	**P6763**
155	127	170	126	128	156	29	63	**170**	100	93	54	14	12	12	12	10		12	10	1	–	–	–	–	–	–	–	–	–	**2-Acetylnaphthalene**		**D0416**
155	127	170	126	156	128	77	171	**170**	100	83	53	12	12	12	9	8		12	10	1	–	–	–	–	–	–	–	–	–	**1-Acetylnaphthalene**		**D0469**
155	157	170	91	172	156	102	120	**170**	100	32	32	18	11	9	8	7		9	11	1	–	1	–	–	–	–	–	–	–	**4-Chloro-2-isopropylphenol**		**Z1177**
155	170	79	140	66	65	105	90	**170**	100	96	79	27	18	15	7	4		7	11	–	–	–	–	–	–	–	–	–	1	**σ-Cyclopentadienyldimethylarsenic**		**15857**
155	170	93	77	51	63	109	91	**170**	100	78	76	66	24	22	21	19		8	11	2	–	–	–	–	–	1	–	–	–	**O,O-Dimethyl phenylphosphonite**		**C1762**
155	170	127	115	118	75	50	51	**170**	100	67	43	33	19	17	15	15		10	6	1	2	–	–	–	–	–	–	–	–	**1-Isoquinolinecarbonitrile, 2-oxide**	6969-11-5	**R2744**
155	170	128	156	153	127	152	115	**170**	100	33	16	14	10	9	9	9		13	14	–	–	–	–	–	–	–	–	–	–	**2-Isopropylnaphthalene**		**Y1969**
155	170	135	157	91	172	51	156	**170**	100	71	70	34	26	19	13	11		9	11	1	–	1	–	–	–	–	–	–	–	**Phenol, 4-chloro-3-ethyl-5-methyl-**	1125-66-2	**Q5440**
155	170	141	128	153	142	76	115	**170**	100	36	17	16	13	10	8	8		13	14	–	–	–	–	–	–	–	–	–	–	**1-Isopropylnaphthalene**		**03409**
155	170	153	128	152	115	169	156	**170**	100	73	25	19	19	18	16	13		13	14	–	–	–	–	–	–	–	–	–	–	**Naphthalene, 1,4,6-trimethyl-**	2131-42-2	**Q7426**
155	170	153	152	128	115	156	154	**170**	100	74	31	24	20	19	13	12		13	14	–	–	–	–	–	–	–	–	–	–	**Naphthalene, 1,4,5-trimethyl-**	2131-41-1	**Q7425**
155	170	153	152	169	156	171	115	**170**	100	94	27	20	16	13	13	13		13	14	–	–	–	–	–	–	–	–	–	–	**Naphthalene, 1,6,7-trimethyl-**	2245-38-7	**Q7724**
155	170	157	43	172	127	99	128	**170**	100	50	32	18	16	15	11	8		8	7	2	–	1	–	–	–	–	–	–	–	**5-Chloro-2-hydroxyacetophenone**		**Z1188**
169	110	82	55	83	140	42	154	**170**	100	80	60	43	40	40	30	30	**5.00**	8	14	2	2	–	–	–	–	–	–	–	–	**1,4-Diazabicyclo[2.2.2]octane-2-carboxylic acid, methyl ester**	29924-68-3	**S2749**
169	141	115	142	171	139	170	89	**170**	100	62	53	26	23	16	15	12		12	10	1	–	–	–	–	–	–	–	–	–	**1,1′-Biphenyl-2-ol**	90-43-7	**P6568**
169	170	67	77	51	41	50	115	**170**	100	70	58	54	37	24	11	10		11	10	–	2	–	–	–	–	–	–	–	–	**N-Benzylidene-1-aminopyrrole**		**05230**
170	41	67	81	127	79	101	128	**170**	100	92	85	69	69	68	66	60		10	18	–	–	–	–	–	1	–	–	–	–	**2-Methyl-1-thiodecalin**		**L6863**
170	49	67	127	81	79	101	128	**170**	100	92	85	69	69	68	66	60		10	18	–	–	–	–	–	1	–	–	–	–	**2-Methylperhydro-1-benzothiopyran**		**M2650**
170	51	77	141	39	142	50	65	**170**	100	65	51	44	36	21	20	17		12	10	1	–	–	–	–	–	–	–	–	–	**Diphenyl ether**		**D2025**
170	51	77	141	39	142	50	169	**170**	100	52	46	40	32	19	15	15		12	10	1	–	–	–	–	–	–	–	–	–	**Diphenyl ether**	101-84-8	**H0264**
170	51	77	141	39	142	169	50	**170**	100	56	53	34	29	20	18	15		12	10	1	–	–	–	–	–	–	–	–	–	**Diphenyl ether**		**Y0636**
170	91	172	65	171	63	89	39	**170**	100	99	98	21	15	13	12	11		7	7	–	–	–	1	–	–	–	–	–	–	**Benzene, 1-bromo-3-methyl-**		**Z1173**
170	102	142	88	129	115	76	130	**170**	100	84	68	68	68	54	25	21		9	6	–	4	–	–	–	–	–	–	–	–	**3-(2-Cyanophenyl)-s-triazole**		**L8352**
170	102	171	67	77	169	103	105	**170**	100	51	32	30	29	29	28	26		11	10	–	2	–	–	–	–	–	–	–	–	**Pyrimidine, 2-methyl-4-phenyl-**	21203-79-2	**R9154**
170	103	155	104	76	39	77	51	**170**	100	65	24	22	18	17	17	13		11	10	–	2	–	–	–	–	–	–	–	–	**Pyrimidine, 4-methyl-2-phenyl-**	34771-48-7	**S4729**
170	114	142	57	88	71			**170**	100	86	23	22	21	13				11	6	2	–	–	–	–	–	–	–	–	–	**1,8-Naphtholactone**		**L9377**
170	115	118	89	143	63	90	88	**170**	100	46	30	18	17	16	16	14		10	6	1	2	–	–	–	–	–	–	–	–	**1-Isoquinolinecarbonitrile, 2-oxide**	6969-11-5	**R2743**
170	115	126	113	63	114	142	140	**170**	100	28	22	19	18	15	13	11		10	6	1	2	–	–	–	–	–	–	–	–	**Benz[cd]indazole 1-oxide**		**M1049**
170	125	153	135	91	172	127	155	**170**	100	75	55	49	33	33	21	20		8	7	2	–	1	–	–	–	–	–	–	–	**3-Chloro-4-methylbenzoic acid**		**C2204**
170	127	81	79	67	101	128	74	**170**	100	73	73	73	73	67	60	47		10	18	–	–	–	–	–	1	–	–	–	–	**3-Methyl-2-thiobicyclo[4.4.0]decane**		**L9498**

MASS TO CHARGE RATIOS								M.W.	INTENSITIES								Parent	C	H	O	N	Cl	Br	F	S	P	B	Si	X	COMPOUND NAME	CAS Reg No	No
170	127	140	98	56	85	114	70	**170**	100	98	45	40	35	30	30	27		9	18	1	2	–	–	–	–	–	–	–	–	**2H-Azepin-2-one, 1-(3-aminopropyl)hexahydro-**	24566-95-8	**S0674**
170	137	55	84	83	142	54	27	**170**	100	59	55	50	46	45	39	38		7	10	1	2	–	–	–	1	–	–	–	–	**4(1H)-Pyrimidinone, 2-(ethylthio)-5-methyl-**	13480-95-0	**R4570**
170	141	50	115	171	169	63	139	**170**	100	28	26	22	12	10	6	6		12	10	1	–	–	–	–	–	–	–	–	–	**1,1′-Biphenyl-4-ol**		**G0324**
170	141	115	171	85	39	143	169	**170**	100	13	12	12	8	7	7	7		12	10	1	–	–	–	–	–	–	–	–	–	**1,1′-Biphenyl-4-ol**		**Y0635**
170	142	68	83	41	114	28	27	**170**	100	74	71	65	38	33	32	27		7	10	1	2	–	–	–	1	–	–	–	–	**6-Propyl-2-thiouracil**	51-52-5	**P4567**
170	142	115	143	114	64	88	63	**170**	100	54	52	23	17	15	14	12		10	6	1	2	–	–	–	–	–	–	–	–	**Quinaldonitrile, 3-hydroxy-**	15462-43-8	**R5751**
170	143	102	39	155	51	103	76	**170**	100	45	29	23	21	19	18	17		11	10	–	2	–	–	–	–	–	–	–	–	**Pyrimidine, 4-methyl-6-phenyl-**	17759-27-2	**R7178**
170	143	116	52	92	64	65	28	**170**	100	56	26	25	20	16	15	10		9	6	–	4	–	–	–	–	–	–	–	–	**1,3,6,9b-Tetraazaphenalene**	37159-99-2	**S5479**
170	155	59	169	45	39	153	51	**170**	100	78	52	51	34	27	19	18		8	10	–	–	–	–	–	2	–	–	–	–	**1,3-Dihydro-4,6-dimethylthieno[3,4-c]thiophene**		**Y1865**
170	155	128	169	115	152	153	141	**170**	100	61	24	19	18	17	16	15		13	14	–	–	–	–	–	–	–	–	–	–	**Naphthalene, 1,3,6-trimethyl-**	3031-08-1	**Q8941**
170	155	153	152	169	171	128	156	**170**	100	77	19	17	15	14	12	10		13	14	–	–	–	–	–	–	–	–	–	–	**Naphthalene, 1,4,5-trimethyl-**		**V0298**
170	155	153	169	152	171	128	115	**170**	100	67	17	17	16	14	11	9		13	14	–	–	–	–	–	–	–	–	–	–	**1,3,8-Trimethylnaphthalene**		**V0274**
170	155	169	153	171	42	152	156	**170**	100	61	17	14	14	11	11	9		13	14	–	–	–	–	–	–	–	–	–	–	**Naphthalene, 2,3,6-trimethyl-**	829-26-5	**06754**
170	155	169	153	171	152	128	115	**170**	100	62	18	14	14	13	11	9		13	14	–	–	–	–	–	–	–	–	–	–	**Naphthalene, 1,6,7-trimethyl-**		**03520**
170	155	169	171	153	152	128	27	**170**	100	61	21	14	13	12	10	8		13	14	–	–	–	–	–	–	–	–	–	–	**Naphthalene, 2,3,6-trimethyl-**	829-26-5	**H1087**
170	155	169	171	153	152	128	156	**170**	100	69	18	14	14	12	10	9		13	14	–	–	–	–	–	–	–	–	–	–	**Naphthalene, 1,4,6-trimethyl-**		**V0313**
170	169	78	115	143	142	130	51	**170**	100	93	54	41	36	32	31	24		11	10	–	2	–	–	–	–	–	–	–	–	**1H-Imidazole, (E)-1-(2-phenylvinyl)-**	56382-62-8	**T3584**
170	169	141	115	168	39	171	63	**170**	100	52	27	21	15	14	14	11		12	10	1	–	–	–	–	–	–	–	–	–	**1,1′-Biphenyl-2-ol**		**Y0634**
170	169	141	115	171	142	168	139	**170**	100	63	23	14	13	8	7	6		12	10	1	–	–	–	–	–	–	–	–	–	**1,1′-Biphenyl-3-ol**		**D0553**
170	169	141	115	171	168	76	139	**170**	100	69	25	14	12	11	10	8		12	10	1	–	–	–	–	–	–	–	–	–	**1,1′-Biphenyl-2-ol**		**D0552**
170	171	141	85	169	115	76	89	**170**	100	12	12	10	8	8	6	5		12	10	1	–	–	–	–	–	–	–	–	–	**1,1′-Biphenyl-4-ol**		**D0554**
170	171	141	169	115	85	139	84	**170**	100	13	12	12	7	4	3	3		12	10	1	–	–	–	–	–	–	–	–	–	**1,1′-Biphenyl-3-ol**	580-51-8	**Q2280**
170	172	107	45	135	63	97	142	**170**	100	61	56	53	30	28	25	22		6	3	–	2	1	–	–	1	–	–	–	–	**3-Chlorothieno[3,2-c]pyridazine**		**M6618**
171	128	173	130	154	156	127	87	**170**	100	72	32	30	18	16	12	12	**5.77**	7	7	1	2	1	–	–	–	–	–	–	–	**Urea, (4-chlorophenyl)-**	140-38-5	**P9783**

MASS TO CHARGE RATIOS								M.W.	INTENSITIES								Parent	C	H	O	N	Cl	Br	F	S	P	B	Si	X	COMPOUND NAME	CAS Reg No	No
15	171	70	126	141	42	28	58	**171**	100	98	89	86	82	52	34	25		6	9	3	3	–	–	–	–	–	–	–	–	**2,4,6-Trimethoxy-triazine**		**01118**
29	42	44	27	56	142	100	26	**171**	100	84	66	61	60	53	40	38	**34.93**	8	13	3	1	–	–	–	–	–	–	–	–	**1-Piperidinecarboxylic acid, 4-oxo-, ethyl ester**	29976-53-2	**S2769**
30	41	43	44	45	18	55	29	**171**	100	9	8	8	8	6	6	5	**1.00**	11	25	–	1	–	–	–	–	–	–	–	–	**1-Undecanamine**	7307-55-3	**R3042**
30	43	41	29	28	55	27	56	**171**	100	28	26	20	20	17	16	14	**0.50**	11	25	–	1	–	–	–	–	–	–	–	–	**1-Undecanamine**	7307-55-3	**H1648**
30	43	71	41	44	27	101	128	**171**	100	81	43	33	33	20	20	20	**7.00**	10	21	1	1	–	–	–	–	–	–	–	–	**Butanamide, N-hexyl-**	10264-17-2	**R3698**
30	118	91	36	117	56	57	37	**171**	100	63	47	28	27	25	24	23	**0.00**	9	14	–	1	1	–	–	–	–	–	–	–	**Benzenepropanamine, hydrochloride**	30684-05-0	**S2967**
41	43	55	56	29	57	69	42	**171**	100	94	83	58	49	47	44	43	**0.00**	9	17	–	1	–	–	–	1	–	–	–	–	**Thiocyanic acid, octyl ester**	19942-78-0	**R8425**
41	55	69	27	29	39	43	67	**171**	100	75	70	54	36	32	31	23	**0.50**	9	17	2	1	–	–	–	–	–	–	–	–	**4-Nonene, 5-nitro-**	6065-01-6	**H1582**
41	72	44	128	43	115	70	85	**171**	100	85	51	49	44	42	33	32	**26.00**	8	17	1	3	–	–	–	–	–	–	–	–	**4-Heptanone, semicarbazone**	3622-68-2	**Q9586**
41	72	44	128	43	115	70	85	**171**	100	85	53	48	45	42	33	33	**26.02**	8	17	1	3	–	–	–	–	–	–	–	–	**4-Heptanone, semicarbazone**	3622-68-2	**Q9587**
41	115	43	138	55	72	57	42	**171**	100	98	92	50	46	42	38	26	**2.00**	9	17	–	1	–	–	–	1	–	–	–	–	**Octane, 1-isothiocyanato-**	4430-45-9	**R0432**
42	57	58	56	71	43	114	170	**171**	100	88	65	53	45	42	36	35	**26.10**	9	21	–	3	–	–	–	–	–	–	–	–	**1,3,5-Triazine, 1,3,5-triethylhexahydro-**		**04003**
42	83	111	82	58	57	41	110	**171**	100	53	46	26	20	19	15	14	**6.31**	8	13	3	1	–	–	–	–	–	–	–	–	**8-Azabicyclo[3.2.1]octan-3-one, 6,7-dihydroxy-8-methyl-**	54725-52-9	**S9538**
43	55	99	42	41	82	39	27	**171**	100	43	42	42	41	36	32	31	**0.00**	8	13	3	1	–	–	–	–	–	–	–	–	**1-Nitroso-1-acetoxy-cyclohexane**		**L0931**
43	69	39	127	44	70	85	27	**171**	100	43	24	22	21	21	21	16	**7.01**	6	5	5	1	–	–	–	–	–	–	–	–	**Sorbic acid, 3,5-dihydroxy-2-nitro-, δ-lactone**	668-43-9	**Q3630**
43	171	85	15	29	115	143	156	**171**	100	98	95	87	83	83	60	52		7	13	2	3	–	–	–	–	–	–	–	–	**1,2,4-Triazolidin-3,5-dione, 1,4-diethyl-2-methyl-**		**P2808**
44	100	114	43	30	41	29	98	**171**	100	85	65	60	59	24	18	16	**6.00**	11	25	–	1	–	–	–	–	–	–	–	–	**1-Hexanamine, N-pentyl-**	41495-45-8	**S6663**
44	171	142	156	93	173	144	66	**171**	100	88	79	59	29	29	25	23		7	10	–	3	1	–	–	–	–	–	–	–	**4-Pyrimidinamine, 2-chloro-N,N,6-trimethyl-**	535-89-7	**Q1728**
58	41	59	42	84	43	29	27	**171**	100	9	8	8	6	4	4	4	**3.53**	11	25	–	1	–	–	–	–	–	–	–	–	**Nonamine, N,N-dimethyl-**		**C1498**
58	42	73	72	59	41	55	171	**171**	100	6	5	5	4	3	2	2		10	21	1	1	–	–	–	–	–	–	–	–	**N,N-Dimethyl-2-cyclohexyloxyethylamine**		**16243**
58	42	114	28	71	56	57	30	**171**	100	52	20	20	19	19	16	15	**2.92**	9	21	–	3	–	–	–	–	–	–	–	–	**1,3,5-Triazine, 1,3,5-triethylhexahydro-**	7779-27-3	**R3473**
58	115	60	100	43	72	128	73	**171**	100	71	49	47	41	35	30	30	**8.00**	10	21	1	1	–	–	–	–	–	–	–	–	**N,N-Diethylhexanamide**		**04153**
58	171	56	28	143	29	57	15	**171**	100	97	40	33	26	15	14	11		6	9	3	3	–	–	–	–	–	–	–	–	**1,3,5-Triazine-2,4,6(1H,3H,5H)-trione, 1,3,5-trimethyl-**		**01119**
58	171	56	143	28	57	29	142	**171**	100	87	36	28	20	16	15	9		6	9	3	3	–	–	–	–	–	–	–	–	**1,3,5-Triazine-2,4,6(1H,3H,5H)-trione, 1,3,5-trimethyl-**	827-16-7	**Q4293**
59	72	114	43	55	41	57	44	**171**	100	46	27	18	17	16	15	15	**0.70**	10	21	1	1	–	–	–	–	–	–	–	–	**γ-sec-Butyl-caproamide**		**04138**
59	85	69	41	141	68	171	139	**171**	100	30	15	10	10	7	5	1		8	13	3	1	–	–	–	–	–	–	–	–	**2,5-Pyrrolidinedione, 3-(1-methoxyethyl)-4-methyl-**	58467-32-6	**T5042**
59	114	57	115	43	41	55	44	**171**	100	21	16	11	11	11	9	8	**0.50**	10	21	1	1	–	–	–	–	–	–	–	–	**γ-tert-Butyl-caproamide**		**04067**
61	96	69	82	171	75	124	110	**171**	100	64	22	21	18	13	10	8		9	17	–	1	–	–	–	1	–	–	–	–	**Octanenitrile, 8-(methylthio)-**	58214-93-0	**T4972**
67	171	112	172	71				**171**	100	78	30	7	4					5	5	–	3	–	–	–	2	–	–	–	–	**3-Mercapto-4-methylthiazolo[2,3-c]-s-triazole**		**M6117**
69	41	42	84	85	54	39	45	**171**	100	58	47	46	45	44	35	34	**1.77**	6	9	3	3	–	–	–	–	–	–	–	–	**Ribopyranoside, methyl 2,3-anhydro-4-azido-4-deoxy-, β-L-**	20379-33-3	**R8645**

MASS TO CHARGE RATIOS								M.W.	INTENSITIES								Parent	C	H	O	N	Cl	Br	F	S	P	B	Si	X	COMPOUND NAME	CAS Reg No	No
69	112	43	41	171	67			171	100	32	14	11	11	9				8	13	3	1	–	–	–	–	–	–	–	–	L-Proline, 1-acetyl-, methyl ester	27460-51-1	S1706
70	58	42	113	99	56	28	72	171	100	81	31	30	24	19	18	15	0.00	9	21	–	3	–	–	–	–	–	–	–	–	Piperazine, N-methyl-N′-(dimethylaminoethyl)-		D0879
70	112	43	171	41	68	71	28	171	100	36	12	12	8	8	8	7		8	13	3	1	–	–	–	–	–	–	–	–	L-Proline, 1-acetyl-, methyl ester	27460-51-1	S1705
70	113	58	99	42	72	71	56	171	100	71	54	27	21	16	14	14	0.38	9	21	–	3	–	–	–	–	–	–	–	–	Piperazine, N-methyl-N′-(dimethylaminoethyl)-		D0707
82	83	42	112	57	171	70	154	171	100	97	59	59	55	31	16	14		9	17	2	1	–	–	–	–	–	–	–	–	9-Azabicyclo[4.2.1]nonane-2,5-diol, 9-methyl-, (endo,endo)-	49656-39-5	S7183
83	42	111	82	58	57	41	110	171	100	94	84	49	37	36	28	24	11.31	8	13	3	1	–	–	–	–	–	–	–	–	8-Azabicyclo[3.2.1]octan-3-one, 6,7-dihydroxy-8-methyl-, (exo,exo)-	575-63-3	Q2238
83	55	82	171	112	54	56	53	171	100	85	28	17	15	14	11	9		8	13	3	1	–	–	–	–	–	–	–	–	Glycine, N-(2-methyl-1-oxo-2-butenyl)-, methyl ester, (E)-	55649-53-1	T1746
83	82	55	171	54	53	41	44	171	100	81	47	21	18	13	11	10		8	13	3	1	–	–	–	–	–	–	–	–	Glycine, N-(3-methyl-1-oxo-2-butenyl)-, methyl ester	56009-34-8	T2545
85	129	57	84	58	112	45	76	171	100	83	46	42	41	36	19	15	0.00	6	7	2	2	–	–	–	1	–	–	–	–	3-Carboethoxyisothiazole		L5421
86	128	43	44	30	87	100	29	171	100	23	19	15	12	10	7	7	5.00	10	21	1	1	–	–	–	–	–	–	–	–	N,N-Dibutylacetamide		04152
87	41	29	42	43	57	27	54	171	100	52	31	28	22	20	20	17	1.56	10	21	1	1	–	–	–	–	–	–	–	–	5-Nonanone, O-methyloxime	56292-94-5	T3387
87	41	42	29	57	142	55	129	171	100	25	22	21	16	13	12	12	5.00	10	21	1	1	–	–	–	–	–	–	–	–	5-Nonanone, O-methyloxime	56292-94-5	T3388
87	42	100	41	57	29	55	43	171	100	56	28	24	17	13	13	11	5.88	10	21	1	1	–	–	–	–	–	–	–	–	2-Nonanone, O-methyloxime	56292-72-9	T3365
90	91	106	65	171	89	39	107	171	100	70	62	34	30	23	21	18		7	9	2	1	–	–	–	1	–	–	–	–	Toluene-2-sulphonamide		M8475
90	91	106	65	171	89	39	107	171	100	72	62	34	31	23	21	17		7	9	2	1	–	–	–	1	–	–	–	–	Toluene-2-sulphonamide	88-19-7	08236
91	65	171	155	39	107	63	108	171	100	39	34	30	30	23	17	16		7	9	2	1	–	–	–	1	–	–	–	–	Toluene-4-sulphonamide		02240
91	171	155	65	107	108	39	63	171	100	38	33	27	19	15	10	9		7	9	2	1	–	–	–	1	–	–	–	–	Toluene-4-sulphonamide		G0283
92	65	39	93	171	78			171	100	70	20	18	15	15				7	9	2	1	–	–	–	1	–	–	–	–	N-methanesulphonyl azepine		L7996
92	65	108	80	51	52	109	78	171	100	44	29	22	21	20	16	14	11.00	6	6	–	1	–	1	–	–	–	–	–	–	Pyridine, 2-(bromomethyl)-	55401-97-3	T1064
92	171	173	91	84	174	172	87	171	100	99	99	19	12	11	10	8		6	6	–	1	–	1	–	–	–	–	–	–	Aniline, 2-bromo-	615-36-1	Q2911
99	71	72	126	171	45	127	39	171	100	46	40	40	34	30	26	25		7	9	2	1	–	–	–	1	–	–	–	–	2-Thiazolecarboxylic acid, 4-methyl-, ethyl ester	7210-73-3	R2954
100	72	114	60	43	55	142	70	171	100	98	77	45	37	31	30	24	1.00	10	21	1	1	–	–	–	–	–	–	–	–	3-Acetamido-3-methylheptane		16086
100	86	60	43	142	55	128	83	171	100	48	35	31	26	26	18	18	0.70	10	21	1	1	–	–	–	–	–	–	–	–	3-Acetamido-3-ethylhexane		16087
100	86	142	114	171	58	72	57	171	100	42	24	20	20	16	16	12		10	21	1	1	–	–	–	–	–	–	–	–	N,N-Di-(1-methylpropyl)-acetamide		P2303
100	142	55	42	41	44	29	72	171	100	76	18	12	11	10	10	10	0.20	11	25	–	1	–	–	–	–	–	–	–	–	N-Ethyl-3-methyl-3-octanamine		16063
112	42	82	70	57	83	171	96	171	100	90	56	55	52	51	48	34		9	17	2	1	–	–	–	–	–	–	–	–	9-Azabicyclo[3.3.1]nonane-2,6-diol, 9-methyl-, (endo,endo)-	49656-40-8	S7184
112	55	56	84	27	42	41	113	171	100	20	20	10	9	9	8	7	0.00	8	13	3	1	–	–	–	–	–	–	–	–	2-Pyrrolidinecarboxylic acid, 1,2-dimethyl-5-oxo-, methyl ester	56145-23-4	T2875
113	76	15	51	29	49	78	115	171	100	71	58	45	42	34	31	29	5.80	7	6	2	1	1	–	–	–	–	–	–	–	2-Pyridinecarboxylic acid, 6-chloro-, methyl ester	6636-55-1	R2433
113	96	42	57	41	44	82	94	171	100	63	49	32	20	20	17	17	8.91	9	17	2	1	–	–	–	–	–	–	–	–	8-Azabicyclo[3.2.1]octan-3-ol, 6-methoxy-8-methyl-	54725-47-2	S9531
113	96	42	57	172	94	41	44	171	100	58	49	31	29	23	20	20	8.00	9	17	2	1	–	–	–	–	–	–	–	–	8-Azabicyclo[3.2.1]octan-3-ol, 6-methoxy-8-methyl-	54725-47-2	S9532
113	96	42	58	41	44	94	82	171	100	90	76	44	28	27	24	22	11.86	9	17	2	1	–	–	–	–	–	–	–	–	8-Azabicyclo[3.2.1]octan-3-ol, 6-methoxy-8-methyl-, (3-endo,6-exo)-	56051-37-7	T2565
114	128	41	44	42	156	43	55	171	100	87	12	12	12	9	9	8	0.20	11	25	–	1	–	–	–	–	–	–	–	–	N-Ethyl-4-methyl-4-octanamine		16064
115	129	41	43	85	86	55	44	171	100	99	66	60	59	59	37	36	9.00	8	17	1	3	–	–	–	–	–	–	–	–	Valeraldehyde, 2,2-dimethyl-, semicarbazone	16519-71-4	R6234
126	41	127	100	42	54	87	39	171	100	10	10	9	8	7	7	6	0.00	9	17	2	1	–	–	–	–	–	–	–	–	Cyclooctanecarboxylic acid, 1-amino-	28248-38-6	S2011
126	55	56	127	125	41	45	42	171	100	34	29	28	24	23	17	16	0.00	7	14	3	1	–	–	–	–	–	1	–	–	2,9,10-Trioxa-6-aza-1-boratricyclo[4.3.0(1,6)]dodecane		17261
126	125	55	43	58	41	127	42	171	100	90	57	50	45	40	38	31	23.70	10	21	1	1	–	–	–	–	–	–	–	–	3-(β,β-Dimethylpiperidyl)-1-propanol		C0913
127	44	110	84	86	42	69	71	171	100	69	53	52	36	30	24	15	3.00	7	13	2	3	–	–	–	–	–	–	–	–	β-(Ethylideneimino)ethylmalonamide		M5258
128	129	41	55	43	96	54	60	171	100	64	42	39	36	34	33	25	0.00	7	13	–	3	–	–	–	1	–	–	–	–	Hydrazinecarbothioamide, 2-cyclohexylidene-	5351-77-9	R1338
128	142	55	41	129	43	44	30	171	100	51	11	9	9	7	7	7	0.10	11	25	–	1	–	–	–	–	–	–	–	–	N,4-Diethyl-4-heptanamine		16066
128	171	44	154	96	112	86	140	171	100	42	40	18	17	16	12	12		9	17	2	1	–	–	–	–	–	–	–	–	6-Azabicyclo[3.2.1]octan-8-ol, 5-methoxy-6-methyl-, syn-	39077-13-9	S6022
128	171	44	154	96	112	156	140	171	100	42	40	18	17	16	12	12		9	17	2	1	–	–	–	–	–	–	–	–	6-Azabicyclo[3.2.1]octan-8-ol, 5-methoxy-6-methyl-, syn-		M7436
129	128	171	84	96				171	100	52	26	24	12					6	9	1	3	–	–	–	1	–	–	–	–	3-(Acetonylthio)-5-methyl-s-triazole		M6129
130	101	45	131	175	129	30	57	171	100	12	9	7	7	3	3	3	0.00	7	9	4	1	–	–	–	–	–	–	–	–	Proline, 1-acetyl-5-oxo-	56805-18-6	09215
136	45	75	109	50	63	137	171	171	100	54	16	15	13	12	11	10		7	6	–	1	1	–	–	1	–	–	–	–	Methanethioamide, N-(2-chlorophenyl)-	26074-38-4	S1230
136	89	171	125	63	90	78	77	171	100	55	31	28	25	21	16	15		7	6	2	1	1	–	–	–	–	–	–	–	Benzene, 1-(chloromethyl)-4-nitro-	100-14-1	P7335
142	114	55	143	41	44	56	30	171	100	57	10	10	9	9	8	8	0.10	11	25	–	1	–	–	–	–	–	–	–	–	N,3-Diethyl-3-heptanamine		16065
142	171	115	143	89	63	75	116	171	100	33	26	11	7	7	6	6		12	13	–	1	–	–	–	–	–	–	–	–	Quinoline, 3-propyl-	20668-43-3	R8859
142	171	115	143	89	63	116	172	171	100	34	26	11	7	6	6	6		12	13	–	1	–	–	–	–	–	–	–	–	Quinoline, 3-propyl-		L3618
142	171	143	115	156	170	60	63	171	100	99	75	61	36	25	21	18		12	13	–	1	–	–	–	–	–	–	–	–	Quinoline, 4-propyl-	20668-44-4	R8860
142	171	143	141	115	156	116	129	171	100	32	28	11	9	8	6	6		12	13	–	1	–	–	–	–	–	–	–	–	Quinoline, 7-propyl-	7661-59-8	R3378
142	172	143	41	43	141	39	115	171	100	29	16	10	10	10	8	8	0.00	12	13	–	1	–	–	–	–	–	–	–	–	Quinoline, 6-propyl-	7661-58-7	R3377
143	77	51	171	170	115	39	116	171	100	70	69	62	52	47	45	25		11	9	1	1	–	–	–	–	–	–	–	–	1-Phenyl-2-pyridone		01428
143	156	115	170	171	144	128	129	171	100	25	20	20	15	14	11	10		12	13	–	1	–	–	–	–	–	–	–	–	Isoquinoline, 1-propyl-	7661-37-2	R3351
143	156	144	128	171	115	129	77	171	100	26	13	12	11	8	8	6		12	13	–	1	–	–	–	–	–	–	–	–	Quinoline, 2-propyl-	1613-32-7	Q6319
143	171	170	144	115	168	167	77	171	100	58	22	13	10	8	6	6		12	13	–	1	–	–	–	–	–	–	–	–	1H-Carbazole, 2,3,4,9-tetrahydro-		L4286
143	171	170	144	115	168	172	39	171	100	48	19	12	10	7	6	6		12	13	–	1	–	–	–	–	–	–	–	–	1H-Carbazole, 2,3,4,9-tetrahydro-	942-01-8	H1126

MASS TO CHARGE RATIOS	M.W.	INTENSITIES	Parent	C	H	O	N	Cl	Br	F	S	P	B	Si	X	COMPOUND NAME	CAS Reg No	No
153 127 154 126 171 77 63 115	**171**	100 67 59 43 40 26 25 25		11	9	1	1	–	–	–	–	–	–	–	–	**1-Naphthalenecarboxaldehyde, oxime, (E)-**	51873-97-3	**S7803**
153 154 127 155 126 128 63 171	**171**	100 35 28 28 22 18 16 16		11	9	1	1	–	–	–	–	–	–	–	–	**2-Naphthalenecarboxaldehyde, oxime, (E)-**	51873-98-4	**S7804**
154 89 63 90 126 99 125 30	**171**	100 97 82 59 55 50 46 46	**31.36**	7	6	2	1	1	–	–	–	–	–	–	–	**2-Chloro-6-nitrotoluene**		**03584**
156 85 171 29 28 18 58 27	**171**	100 75 74 64 57 55 36 28		7	13	2	3	–	–	–	–	–	–	–	–	**Δ^2-1,2,4-Triazolin-5-one, 1,4-diethyl-3-methoxy-**		**P2807**
156 100 58 57 60 115 59 82	**171**	100 84 67 38 15 14 12 6	**0.00**	8	18	1	1	–	–	–	–	–	–	–	1	**N-(Dimethyl aluminium)-butylacetamide**		**L4636**
156 143 171 142 129 170 154 157	**171**	100 48 40 25 22 20 16 14		12	13	–	1	–	–	–	–	–	–	–	–	**Quinoline, 8-propyl-**	7661-53-2	**R3372**
156 171 129 128 115 127 154 77	**171**	100 82 78 42 36 32 23 21		12	13	–	1	–	–	–	–	–	–	–	–	**1-Naphthalenamine, N-ethyl-**	118-44-5	**P8959**
156 171 143 170 129 142 154 157	**171**	100 51 44 28 24 23 17 13		12	13	–	1	–	–	–	–	–	–	–	–	**Quinoline, 8-propyl-**	7661-53-2	**R3371**
156 171 143 170 129 142 154 157	**171**	100 50 43 39 23 22 17 12		12	13	–	1	–	–	–	–	–	–	–	–	**Quinoline, 8-propyl-**	7661-53-2	**R3373**
156 171 170 73 75 86 45 100	**171**	100 41 38 26 14 8 7 6		8	17	1	1	–	–	–	–	–	–	1	–	**TMS-5-Amino-valeric acid lactam**		**05615**
156 171 170 128 129 143 157 77	**171**	100 36 25 24 20 20 16 12		12	13	–	1	–	–	–	–	–	–	–	–	**Quinoline, 2-isopropyl-**	17507-24-3	**R7044**
170 171 39 115 143 51 77 50	**171**	100 67 48 23 12 11 11 9		11	9	1	1	–	–	–	–	–	–	–	–	**3-Pyridinol, 2-phenyl-**	3308-02-9	**Q9204**
170 171 39 115 143 77 51 86	**171**	100 67 48 23 12 12 12 10		11	9	1	1	–	–	–	–	–	–	–	–	**3-Pyridinol, 2-phenyl-**		**M5213**
170 171 77 51 154 156 172 39	**171**	100 79 30 26 13 11 10 9		12	13	–	1	–	–	–	–	–	–	–	–	**1H-Pyrrole, 2,5-dimethyl-1-phenyl-**	83-24-9	**P6123**
170 171 143 52 78 115 77 172	**171**	100 91 56 38 31 24 17 14		11	9	1	1	–	–	–	–	–	–	–	–	**Pyridine, phenoxy-**	72088-25-6	**T7696**
170 171 143 89 102 172 117 28	**171**	100 85 15 13 11 11 10 8		10	9	–	3	–	–	–	–	–	–	–	–	**5-Pyrimidinamine, 4-phenyl-**	3435-23-2	**Q9381**
170 171 143 115 172 116 144 142	**171**	100 66 26 15 11 9 8 7		12	13	–	1	–	–	–	–	–	–	–	–	**Quinoline, 2-ethyl-4-methyl-**	33357-44-7	**S4149**
170 171 156 154 168 128 144 172	**171**	100 83 36 20 15 14 12 11		12	13	–	1	–	–	–	–	–	–	–	–	**1,7-Dimethylene-2,3-dimethylindole**		**M5739**
171 28 70 101 114 99 42 41	**171**	100 47 42 39 29 28 16 15		8	13	3	1	–	–	–	–	–	–	–	–	**9,9-Dimethyl-1,4,7-dioxazospirononan-8-one**		**P1175**
171 56 29 57 70 143 142 85	**171**	100 80 38 29 21 21 13 9		6	9	3	3	–	–	–	–	–	–	–	–	**1,3,5-Triazine-2,4,6(1H,3H,5H)-trione, 1,3,5-trimethyl-**		**P3944**
171 89 125 63 77 173 99 141	**171**	100 86 77 43 36 33 30 25		7	6	2	1	1	–	–	–	–	–	–	–	**Benzene, 2-chloro-1-methyl-4-nitro-**	121-86-8	**P9187**
171 92 173 91 172 174 86 87	**171**	100 86 84 13 13 10 9 8		6	6	–	1	–	1	–	–	–	–	–	–	**Aniline, 4-bromo-**	106-40-1	**P7879**
171 99 84 56 156 114 157 138	**171**	100 58 50 38 32 23 20 16		6	9	3	3	–	–	–	–	–	–	–	–	**1,2,3,6-Tetrahydro-1,3-dimethyl-4-methoxy-2,6-dioxo-1,3,5-triazine**		**L4180**
171 100 173 75 74 136 99 50	**171**	100 71 69 56 37 37 32 30		7	3	–	1	2	–	–	–	–	–	–	–	**Benzonitrile, 2,6-dichloro-**	1194-65-6	**Q5684**
171 128 129 41 55 43 96 54	**171**	100 65 41 27 26 23 22 21		7	13	–	3	–	–	–	1	–	–	–	–	**Hydrazinecarbothioamide, 2-cyclohexylidene**		**L4971**
171 128 129 41 55 43 96 54	**171**	100 63 41 24 24 22 21 20		7	13	–	3	–	–	–	1	–	–	–	–	**Hydrazinecarbothioamide, 2-cyclohexylidene-**	5351-77-9	**R1337**
171 136 173 82 109 45 38 172	**171**	100 48 36 28 22 14 9 8		5	2	–	3	1	–	–	1	–	–	–	–	**Thiazolo[5,4-d]pyrimidine, 7-chloro-**	13316-12-6	**R4446**
171 142 143 115 156 170 63 89	**171**	100 99 77 60 36 24 18 17		12	13	–	1	–	–	–	–	–	–	–	–	**Quinoline, 4-propyl-**		**L3619**
171 143 172 170 39 144 142 72	**171**	100 62 50 49 9 8 7 5		11	9	1	1	–	–	–	–	–	–	–	–	**6-Phenyl-2-pyridone**		**01429**
171 144 41 104 102 116 117 143	**171**	100 42 34 24 18 12 12 12		10	9	–	3	–	–	–	–	–	–	–	–	**Pyrazinamine, 5-phenyl-**	13535-13-2	**R4622**
171 155 76 50 108 90 116 51	**171**	100 68 48 40 37 32 23 20		9	5	1	3	–	–	–	–	–	–	–	–	**2-Quinoxalinecarbonitrile, 1-oxide**	18457-81-3	**R7639**
171 156 128 143 170 142 69 43	**171**	100 82 40 36 30 26 14 11		7	13	–	3	–	–	–	1	–	–	–	–	**3-Mercapto-4-ethyl-5-isopropyl-1,2,4-triazole**		**17009**
171 170 128 127 42 154 129 126	**171**	100 87 42 30 26 26 21 13		12	13	–	1	–	–	–	–	–	–	–	–	**1-Naphthalenamine, N,N-dimethyl-**	86-56-6	**P6317**
171 170 143 115 172 116 51 39	**171**	100 55 43 40 13 11 10 10		11	9	1	1	–	–	–	–	–	–	–	–	**4-Phenyl-2-pyridone**		**01427**
171 170 156 130 144 77 131 143	**171**	100 63 55 49 29 10 9 9		12	13	–	1	–	–	–	–	–	–	–	–	**3-Methyl-3-allylindolenine**		**L2183**
171 170 156 172 128 115 129 127	**171**	100 39 22 13 9 6 6 5		12	13	–	1	–	–	–	–	–	–	–	–	**Quinoline, 2,3,4-trimethyl-**	2437-72-1	**Q8082**
171 173 28 136 100 75 50 175	**171**	100 83 37 31 31 24 23 18		7	3	–	1	2	–	–	–	–	–	–	–	**Benzonitrile, 2,6-dichloro-**	1194-65-6	**Q5685**
171 173 83 110 82 45 52 51	**171**	100 35 27 21 16 15 12 10		5	2	–	3	1	–	–	1	–	–	–	–	**Thiazolo[5,4-d]pyrimidine, 5-chloro-**	13316-08-0	**R4444**
172 131 174 105 132 173 120 171	**171**	100 91 32 17 13 12 6 6		7	6	2	1	1	–	–	–	–	–	–	–	**2-Nitrobenzyl chloride**		**P3987**
172 174 71 85 97 83 69 111	**171**	100 65 25 20 18 15 14 14	**2.57**	7	3	–	1	2	–	–	–	–	–	–	–	**Benzonitrile, 2,6-dichloro-**	1194-65-6	**Q5686**
172 174 173 108 145 136 155 171	**171**	100 31 12 8 8 4 4 4		7	6	2	1	1	–	–	–	–	–	–	–	**Benzene, 1-(chloromethyl)-4-nitro-**	100-14-1	**P7336**
14 55 113 59 27 13 139 70	**172**	100 85 70 66 62 57 46 38	**14.50**	8	12	4	–	–	–	–	–	–	–	–	–	**1,2-Cyclobutanedicarboxylic acid, dimethyl ester, trans-**	7371-67-7	**R3128**
15 55 113 59 27 14 140 71	**172**	100 85 69 67 63 57 45 38	**9.80**	8	12	4	–	–	–	–	–	–	–	–	–	**1,2-Cyclobutanedicarboxylic acid, dimethyl ester, trans-**		**00211**
15 112 81 113 59 27 109 41	**172**	100 73 71 50 50 49 44 42	**0.68**	8	12	4	–	–	–	–	–	–	–	–	–	**Propanedioic acid, 2-propenyl-, dimethyl ester**	40637-56-7	**S6372**
18 43 41 55 29 56 69 27	**172**	100 71 68 58 50 43 40 39	**0.00**	11	24	1	–	–	–	–	–	–	–	–	–	**1-Undecanol**		**04077**
18 128 17 43 83 110 57 55	**172**	100 54 28 27 25 20 16 13	**0.00**	9	16	3	–	–	–	–	–	–	–	–	–	**2-Hexenoic acid, 5-hydroxy-3,4,4-trimethyl-, (E)-**	14919-59-6	**R5478**
28 18 32 43 43 14 17 44	**172**	100 26 19 10 10 6 6 6	**0.01**	9	16	3	–	–	–	–	–	–	–	–	–	**Octanoic acid, 7-oxo-, methyl ester**		**01007**
28 32 154 126 172 156 128 14	**172**	100 31 26 15 10 8 6 5		7	5	3	–	1	–	–	–	–	–	–	–	**Benzoic acid, 5-chloro-2-hydroxy-**	321-14-2	**Q0485**
28 59 87 115 144 172 116 143	**172**	100 93 85 75 36 21 17 10		4	1	4	–	–	–	–	–	–	–	–	1	**Cobalt, tetracarbonyl hydride**		**02429**
28 70 85 103 43 29 57 41	**172**	100 56 41 39 36 27 27 23	**0.00**	10	20	2	–	–	–	–	–	–	–	–	–	**Pentanoic acid, pentyl ester**	2173-56-0	**Q7541**
29 27 41 43 56 57 60 55	**172**	100 75 63 60 45 41 41 39	**0.10**	10	20	2	–	–	–	–	–	–	–	–	–	**Hexanoic acid, butyl ester**	626-82-4	**Q3224**
29 41 43 56 27 57 99 71	**172**	100 92 91 68 65 65 45 43	**0.10**	10	20	2	–	–	–	–	–	–	–	–	–	**Hexanoic acid, 2-methylpropyl ester**	105-79-3	**P7820**
29 57 27 41 43 56 28 55	**172**	100 72 55 44 24 23 18 18	**0.00**	10	20	2	–	–	–	–	–	–	–	–	–	**Propanoic acid, heptyl ester**		**17356**
29 71 45 72 39 59 88 144	**172**	100 70 56 36 25 21 21 16	**3.50**	6	8	2	2	–	–	–	1	–	–	–	–	**1,2,3-Thiadiazole-4-carboxylic acid, 5-methyl-, ethyl ester**	29682-53-9	**S2611**

MASS TO CHARGE RATIOS								M.W.	INTENSITIES								Parent	C	H	O	N	Cl	Br	F	S	P	B	Si	X	COMPOUND NAME	CAS Reg No	No
29	88	27	41	57	55	43	60	**172**	100	66	62	55	37	36	34	30	**0.50**	10	20	2	–	–	–	–	–	–	–	–	–	**Ethyl octanoate**		**17339**
29	117	27	145	45	28	31	119	**172**	100	94	84	73	54	42	33	33	**1.00**	4	10	3	–	1	–	–	–	1	–	–	–	**Phosphorochloridic acid, diethyl ester**	814-49-3	**Q4179**
30	44	56	45	41	55	143	156	**172**	100	15	7	6	6	6	4	4	**0.09**	10	24	–	2	–	–	–	–	–	–	–	–	**1,10-Decamethylenediamine**		**F0370**
31	57	115	59	45	63	89	143	**172**	100	46	43	37	29	26	26	17	**5.00**	12	12	1	–	–	–	–	–	–	–	–	–	**Dodec-trans-4-ene-6,8,10-triyn-3-ol**		**P1560**
41	69	68	101	172	67	27	103	**172**	100	86	78	53	45	45	42	39		10	20	–	–	–	–	–	1	–	–	–	–	**Cyclopentane, pentylthio-**		**Y2159**
41	74	87	43	55	69	57	59	**172**	100	89	88	81	76	72	51	45	**0.00**	9	16	3	–	–	–	–	–	–	–	–	–	**Methyl 8-oxooctanoate**		**16473**
42	55	40	111	139	84	71	69	**172**	100	71	71	59	56	56	53	51	**5.91**	10	20	2	–	–	–	–	–	–	–	–	–	**1,2-Cyclohexanediol, 3-methyl-6-isopropyl-, (1α,2β,3β,6α)-**	42962-93-6	**S7029**
43	17	28	16	114	85	42	98	**172**	100	50	28	11	11	9	9	6	**0.00**	7	8	5	–	–	–	–	–	–	–	–	–	**β-D-lyxo-Hexopyranos-2-ulose, 1,6-anhydro-3,4-O-methylene-**	72101-48-5	**T7726**
43	41	29	55	42	87	56	70	**172**	100	68	56	53	51	50	49	45	**0.00**	10	20	2	–	–	–	–	–	–	–	–	–	**2-Octanol, acetate**	2051-50-5	**Q7279**
43	41	56	70	55	29	42	61	**172**	100	28	24	22	22	21	18	18	**0.00**	10	20	2	–	–	–	–	–	–	–	–	–	**Octyl acetate**		**04033**
43	41	69	29	27	55	70	39	**172**	100	68	46	22	21	21	19	16	**0.00**	10	20	2	–	–	–	–	–	–	–	–	–	**3-Octyl acetate**		**P3904**
43	41	70	42	39	45	60	14	**172**	100	94	85	58	55	43	36	20	**0.00**	8	12	4	–	–	–	–	–	–	–	–	–	**1,4-Diacetoxy-but-1-ene**		**Z1215**
43	44	58	41	42	86	87	172	**172**	100	30	27	19	19	19	12	7		8	16	2	2	–	–	–	–	–	–	–	–	**N,N′-diisopropyloxamide**		**C2165**
43	45	28	171	155	44	42	29	**172**	100	94	75	75	61	34	31	25	**13.00**	1	5	–	–	–	–	–	–	–	–	1	1	**Silane, (iodomethyl)-**	7570-22-1	**08833**
43	55	41	56	69	57	70	29	**172**	100	89	86	68	66	58	58	52	**0.00**	11	24	1	–	–	–	–	–	–	–	–	–	**1-Undecanol**		**C1284**
43	56	70	55	84	61	69	83	**172**	100	42	41	31	31	30	28	28	**0.03**	10	20	2	–	–	–	–	–	–	–	–	–	**Octyl acetate**		**C0075**
43	57	41	70	55	69	29	44	**172**	100	81	55	52	37	35	31	31	**0.00**	10	20	2	–	–	–	–	–	–	–	–	–	**Octyl acetate**		**17364**
43	57	71	41	56	73	61	55	**172**	100	51	39	34	27	24	24	24	**0.20**	11	24	1	–	–	–	–	–	–	–	–	–	**Octyl propyl ether**	29379-41-7	**S2506**
43	58	41	27	29	72	57	39	**172**	100	37	33	23	21	12	12	11	**0.00**	10	20	2	–	–	–	–	–	–	–	–	–	**2-Hexanone, 4-hydroxy-5-methyl-3-propyl-**	61141-74-0	**T5313**
43	70	15	39	42	112	41	26	**172**	100	27	13	6	5	4	4	4	**0.00**	8	12	4	–	–	–	–	–	–	–	–	–	**1,4-Diacetoxy-but-1-ene**		**03629**
43	70	30	73	72	112	87	129	**172**	100	55	51	50	44	31	28	27	**10.00**	8	16	2	2	–	–	–	–	–	–	–	–	**N,N′-diacetylputrescine**		**M5825**
43	70	39	42	112	41	61	113	**172**	100	39	9	7	6	5	4	4	**0.00**	8	12	4	–	–	–	–	–	–	–	–	–	**1,4-Diacetoxy-but-2-ene**		**C1587**
43	70	42	41	39	59	27	28	**172**	100	91	78	30	29	20	16	11	**0.00**	8	12	4	–	–	–	–	–	–	–	–	–	**1,4-Dioxane-2,5-dione, 3,3,6,6-tetramethyl-**	6713-72-0	**R2491**
43	70	57	41	55	29	27	56	**172**	100	43	31	27	26	19	15	15	**0.00**	10	20	2	–	–	–	–	–	–	–	–	–	**3-Methylheptyl acetate**		**17363**
43	70	57	55	41	56	83	29	**172**	100	60	38	33	29	20	17	16	**0.00**	10	20	2	–	–	–	–	–	–	–	–	–	**2-Ethylhexyl acetate**		**X0732**
43	71	27	41	29	89	56	42	**172**	100	70	67	67	45	36	30	27	**0.00**	10	20	2	–	–	–	–	–	–	–	–	–	**Butanoic acid, hexyl ester**		**17348**
43	71	41	27	89	56	84	29	**172**	100	74	46	44	43	36	31	30	**0.10**	10	20	2	–	–	–	–	–	–	–	–	–	**Butanoic acid, hexyl ester**	2639-63-6	**H1351**
43	71	85	56	41	70	69	42	**172**	100	58	29	19	14	13	12	11	**0.00**	11	24	1	–	–	–	–	–	–	–	–	–	**Hexyl pentyl ether**	32357-83-8	**S3600**
43	81	100	71	53	41	39	27	**172**	100	70	55	25	12	12	11	11	**0.12**	8	12	4	–	–	–	–	–	–	–	–	–	**2H-Pyran-3-ol, 3,6-dihydro-6-methoxy-, acetate, (3R)-cis-**	26532-19-4	**08893**
43	84	57	98	155	44	41	42	**172**	100	93	81	55	44	40	39	36	**24.70**	9	20	1	2	–	–	–	–	–	–	–	–	**Butylpentylnitrosamine**		**05888**
43	86	58	42	172	28	44		**172**	100	65	31	20	9	8	5			6	12	2	4	–	–	–	–	–	–	–	–	**Bis(dimethylaminoisocyanate)**		**M1450**
43	87	41	55	69	111	71	58	**172**	100	90	55	41	35	35	29	23	**0.20**	10	20	2	–	–	–	–	–	–	–	–	–	**4-Hydroxymenthol**		**15823**
43	87	55	15	27	116	41	130	**172**	100	73	25	23	19	18	15	14	**0.10**	9	16	3	–	–	–	–	–	–	–	–	–	**Pentanoic acid, 2-acetyl-4-methyl-, methyl ester**	51756-09-3	**S7770**
43	87	55	29	58	27	41	116	**172**	100	39	27	17	17	16	16	9	**0.50**	9	16	3	–	–	–	–	–	–	–	–	–	**Methyl 2-butyl-acetoacetate**		**D2004**
43	87	55	116	130	41	101	58	**172**	100	62	33	23	18	17	15	15	**0.42**	9	16	3	–	–	–	–	–	–	–	–	–	**Methyl 2-butyl-acetoacetate**		**D1643**
43	87	112	70	41	28	55	56	**172**	100	26	20	17	17	16	16	13	**0.00**	10	20	2	–	–	–	–	–	–	–	–	–	**2-Octanol, acetate**	2051-50-5	**Q7280**
43	89	71	56	84	41	55	69	**172**	100	61	42	41	38	25	18	16	**0.00**	10	20	2	–	–	–	–	–	–	–	–	–	**Propanoic acid, 2-methyl-, hexyl ester**	2349-07-7	**Q7866**
43	99	129	55	71	41	111	84	**172**	100	61	55	31	27	27	24	16	**4.20**	10	20	2	–	–	–	–	–	–	–	–	–	**1,2-Cyclohexanediol, 4-methyl-1-isopropyl-, (1α,2α,4α)-**	42962-98-1	**S7030**
43	99	129	55	71	41	111	84	**172**	100	62	55	31	27	27	24	16	**4.00**	10	20	2	–	–	–	–	–	–	–	–	–	**4-Hydroxymenthol**		**L1801**
43	100	81	71	41	142	39	27	**172**	100	66	57	25	11	10	10	9	**0.13**	8	12	4	–	–	–	–	–	–	–	–	–	**2H-Pyran-3-ol, 3,6-dihydro-6-methoxy-, acetate, (3S-trans)-**	25878-56-2	**08894**
43	113	131	41	60	61	27	29	**172**	100	67	64	64	60	46	44	40	**2.50**	10	20	2	–	–	–	–	–	–	–	–	–	**Pentanoic acid, pentyl ester**		**C1796**
43	115	87	58	55	83	69	95	**172**	100	58	25	21	19	17	16	15	**3.73**	9	16	3	–	–	–	–	–	–	–	–	–	**Octanoic acid, 7-oxo-, methyl ester**	16493-42-8	**R6207**
43	115	87	58	55	83	69	95	**172**	100	53	24	21	19	17	16	15	**2.00**	9	16	3	–	–	–	–	–	–	–	–	–	**Octanoic acid, 7-oxo-, methyl ester**	16493-42-8	**R6206**
43	115	87	130	69	29	127	41	**172**	100	80	54	51	30	27	24	18	**0.50**	9	16	3	–	–	–	–	–	–	–	–	–	**Butanoic acid, 2-acetyl-3-methyl-, ethyl ester**	1522-46-9	**H1192**
43	115	87	130	69	29	127	85	**172**	100	80	54	51	30	27	24	18	**0.50**	9	16	3	–	–	–	–	–	–	–	–	–	**Butanoic acid, 2-acetyl-3-methyl-, ethyl ester**		**L1235**
43	115	88	157	81	143	141	172	**172**	100	88	82	57	30	25	24	24		9	16	3	–	–	–	–	–	–	–	–	–	**Spiro[4,4-dimethoxyoxetane-2,1′-(2′,2′-dimethylcyclopropane)]**		**L6714**
43	115	101	81	127	73	126	84	**172**	100	32	25	23	21	15	15	13	**5.00**	9	16	3	–	–	–	–	–	–	–	–	–	**Heptanoic acid, 6-oxo-, ethyl ester**	30956-41-3	**S3086**
43	115	130	87	69	127	45	44	**172**	100	84	62	50	38	23	20	17	**2.00**	9	16	3	–	–	–	–	–	–	–	–	–	**Butanoic acid, 2-acetyl-3-methyl-, ethyl ester**	1522-46-9	**Q6149**
43	116	99	101	74	59	71	41	**172**	100	82	55	39	37	36	35	32	**5.00**	9	16	3	–	–	–	–	–	–	–	–	–	**Octanoic acid, 3-oxo-, methyl ester**	22348-95-4	**R9645**
43	141	57	29	111	140	69	31	**172**	100	94	63	28	24	23	22	19	**0.52**	7	13	4	–	–	–	–	–	–	1	–	–	**DL-Ribitol, 1,4-anhydro-, cyclic 2,3-(ethylboronate)**	74810-31-4	**T8683**
44	29	172	27	42	28	72	58	**172**	100	54	42	11	11	10	7	6		8	20	–	4	–	–	–	–	–	–	–	–	**2-Tetrazene, 1,1,4,4-tetraethyl-**	13304-29-5	**R4436**
44	43	57	73	42	74	155	41	**172**	100	99	57	54	52	39	37	35	**3.89**	9	20	1	2	–	–	–	–	–	–	–	–	**Methyl octyl nitrosamine**		**03843**
44	43	172	58	59	72	42	41	**172**	100	86	82	77	64	36	30	21		8	20	–	4	–	–	–	–	–	–	–	–	**2-Tetrazene, 1,1-dimethyl-4,4-diisopropyl-**	64113-41-3	**T6393**
44	114	172	42	43	45	69	142	**172**	100	50	40	33	33	27	10	10		5	8	3	4	–	–	–	–	–	–	–	–	**Sydnone, 3-(dimethylamino)-4-[(hydroxyimino)methyl]-**	69978-11-6	**T7560**
44	115	30	28	43	59	46	42	**172**	100	78	39	35	34	34	33	27	**0.00**	8	20	–	4	–	–	–	–	–	–	–	–	**Diazene, [1-(2,2-dimethylhydrazino)butyl]ethyl-**	51576-33-1	**S7707**
44	115	72	29	42	58	28	27	**172**	100	76	52	36	31	29	28	22	**0.00**	8	20	–	4	–	–	–	–	–	–	–	–	**Diazene, [1-(2,2-diethylhydrazino)ethyl]ethyl-**	51576-32-0	**S7706**

MASS TO CHARGE RATIOS								M.W.	INTENSITIES								Parent	C	H	O	N	Cl	Br	F	S	P	B	Si	X	COMPOUND NAME	CAS Reg No	No
45	27	172	29	43	127	31	28	**172**	100	50	29	29	28	24	23	21		2	5	1	–	–	–	–	–	–	–	–	1	2-Iodo-ethanol		C0879
45	41	55	69	43	111	57	71	**172**	100	31	30	28	20	20	20	20	**3.30**	10	20	2	–	–	–	–	–	–	–	–	–	Cyclooctane, (methoxymethoxy)-	42604-11-5	S6963
45	43	41	29	27	55	57	69	**172**	100	23	20	16	15	15	12	9	**0.03**	11	24	1	–	–	–	–	–	–	–	–	–	2-Undecanol		U0039
45	43	41	55	56	57	29	69	**172**	100	44	35	32	23	23	21	20	**0.00**	11	24	1	–	–	–	–	–	–	–	–	–	2-Undecanol		P3898
45	57	55	70	41	43	29	69	**172**	100	62	61	51	49	47	42	40	**0.00**	11	24	1	–	–	–	–	–	–	–	–	–	2-Nonanol, 5-ethyl-	103-08-2	H0269
45	57	55	70	41	43	29	69	**172**	100	62	60	51	48	46	42	39	**0.00**	11	24	1	–	–	–	–	–	–	–	–	–	5-Ethyl-2-nonanol		00422
45	57	70	55	69	41	112	98	**172**	100	97	78	78	57	41	40	35	**0.02**	11	24	1	–	–	–	–	–	–	–	–	–	2-Nonanol, 5-ethyl-		C0269
45	57	70	55	69	112	43	98	**172**	100	84	79	75	57	51	42	42	**0.00**	11	24	1	–	–	–	–	–	–	–	–	–	5-Ethyl-2-nonanol		Z1212
47	103	75	45	29	28	27	104	**172**	100	97	77	41	26	23	18	18	**0.30**	10	20	2	–	–	–	–	–	–	–	–	–	2-Hexene, 1,1-diethoxy-	54306-00-2	S8871
54	39	27	79	67	80	41	93	**172**	100	30	20	20	16	13	13	9	**0.13**	8	12	2	–	–	–	–	1	–	–	–	–	2,5-Divinyl-tetrahydrothiophen-1,1-dioxide		C1330
54	39	79	27	67	41	91	55	**172**	100	39	28	27	25	21	15	14	**0.25**	8	12	2	–	–	–	–	1	–	–	–	–	3,6-Divinyl-1,2-oxathiane-2-oxide		C1329
54	52	53	26	66	28	27	51	**172**	100	49	48	45	39	32	20	20	**1.00**	9	8	–	4	–	–	–	–	–	–	–	–	1,3,3,5-Tetracyanopentane		F0365
54	55	68	28	118	107	172	108	**172**	100	66	10	9	3	3	2	1		6	8	2	2	–	–	–	1	–	–	–	–	Bis(2-cyanoethyl)sulphone		M1275
54	57	41	26	39	67	53	171	**172**	100	91	68	65	65	55	51	46	**6.00**	9	16	3	–	–	–	–	–	–	–	–	–	1,4,8-Trioxaspiro[2.5]octane, 2,2,6,6-tetramethyl-	25109-69-7	S0931
55	43	41	69	56	70	83	57	**172**	100	95	82	77	77	71	65	54	**0.00**	11	24	1	–	–	–	–	–	–	–	–	–	1-Undecanol		W0151
55	70	59	144	57	26	28	31	**172**	100	96	58	50	26	25	25	25	**0.00**	8	12	4	–	–	–	–	–	–	–	–	–	1,4-Dioxane-2,5-dione, 3,6-diethyl-	4374-57-6	R0374
55	74	41	69	43	83	67	87	**172**	100	95	94	79	66	62	54	52	**38.00**	10	20	–	–	–	–	–	1	–	–	–	–	1,2-Epithiodecane		P3418
56	87	172	41	59	74	55	43	**172**	100	85	70	65	65	60	55	40		9	16	1	–	–	–	–	1	–	–	–	–	2,2,6,6-Tetramethylthiacyclohexan-4-one		M2693
56	112	41	42	70	69	30	97	**172**	100	42	23	23	20	18	15	14	**3.53**	6	12	2	4	–	–	–	–	–	–	–	–	Piperazine, 2,5-dimethyl-1,4-dinitroso-	55556-88-2	T1540
57	29	56	75	27	41	70	43	**172**	100	69	38	35	35	32	28	24	**0.00**	10	20	2	–	–	–	–	–	–	–	–	–	Propanoic acid, heptyl ester	2216-81-1	H1297
57	41	29	88	43	87	115	85	**172**	100	47	43	30	27	24	24	18	**2.40**	9	16	3	–	–	–	–	–	–	–	–	–	Ethyl, γ,γ,γ-trimethylacetoacetate		L1222
57	41	29	88	43	87	115	85	**172**	100	47	43	30	27	24	24	18	**2.40**	9	16	3	–	–	–	–	–	–	–	–	–	Pentanoic acid, 4,4-dimethyl-3-oxo-, ethyl ester	17094-34-7	H1794
57	41	101	97	116	39	55	43	**172**	100	54	44	29	29	22	20	17	**0.00**	10	20	2	–	–	–	–	–	–	–	–	–	Methyl 2,2,4,4-tetramethylpentanoate		03570
57	43	45	70	55	71	69	41	**172**	100	88	82	75	74	56	53	45	**0.00**	11	24	1	–	–	–	–	–	–	–	–	–	5-Ethyl-2-nonanol		Z1218
57	43	56	172	70	155	116	115	**172**	100	68	55	49	35	33	27	25		9	20	1	2	–	–	–	–	–	–	–	–	sec-Butylpentylnitrosamine		05889
57	43	85	41	55	71	29	69	**172**	100	91	59	57	57	55	40	37	**0.00**	11	24	1	–	–	–	–	–	–	–	–	–	1-Hexanol, 2-ethyl-2-propyl-	54461-00-6	H2064
57	55	41	43	29	84	56	45	**172**	100	90	86	76	64	60	48	43	**0.00**	9	16	3	–	–	–	–	–	–	–	–	–	Methyl 2,3-epoxy-octanoate		L6106
57	56	28	70	18	75	29	98	**172**	100	54	51	50	47	46	37	35	**0.00**	10	20	2	–	–	–	–	–	–	–	–	–	Propanoic acid, heptyl ester	2216-81-1	Q7644
57	71	41	56	172	86	42	116	**172**	100	73	57	35	30	28	24	23		9	18	2	1	–	–	–	–	–	–	–	–	1-Piperidinyloxy, 4-hydroxy-2,2,6,6-tetramethyl-	2226-96-2	Q7673
57	71	43	99	74	41	56	117	**172**	100	81	80	72	61	57	37	35	**0.00**	10	20	2	–	–	–	–	–	–	–	–	–	Pentanoic acid, 2-methyl-, 1-methylpropyl ester	57983-17-2	T4839
57	74	41	83	43	29	55	56	**172**	100	98	62	54	32	31	29	20	**0.00**	10	20	2	–	–	–	–	–	–	–	–	–	Methyl 3,5,5-trimethyl hexanoate		D0962
57	82	41	83	29	55	172	39	**172**	100	58	52	39	31	28	27	22		10	20	–	–	–	–	–	1	–	–	–	–	Cyclohexane, tert-butylthio-		Y2157
57	83	41	55	116	172	82	91	**172**	100	44	22	21	18	16	10	9		10	21	–	–	–	–	–	–	1	–	–	–	Phosphine, cyclohexyltert-butyl-	62337-90-0	T6068
57	85	115	55	98	29	41	130	**172**	100	67	61	60	50	47	42	36	**0.00**	9	16	3	–	–	–	–	–	–	–	–	–	Methyl 4-oxooctanoate		16469
58	42	128	84	41	43	44	59	**172**	100	23	7	6	5	5	5	4	**0.80**	10	24	–	2	–	–	–	–	–	–	–	–	N,N,N′,N′-Tetramethyl-1,6-hexanediamine	111-18-2	P8496
58	55	56	86	72	101	85	59	**172**	100	71	56	44	36	22	18	18	**1.54**	10	24	–	2	–	–	–	–	–	–	–	–	N,N,N′,N′-Tetramethyl-1,6-hexanediamine		15802
58	57	41	61	157	84	39	56	**172**	100	25	20	14	13	12	9	9	**8.00**	9	20	1	2	–	–	–	–	–	–	–	–	Urea, di-(tert-butyl)-		00693
58	72	96	41	71	115	85	43	**172**	100	95	70	65	61	55	45	44	**0.20**	10	20	2	–	–	–	–	–	–	–	–	–	1(R)-Ethoxy-3-cis-methoxy-5-cis-methylcyclohexane		15126
59	28	103	101	85	26	172	54	**172**	100	54	52	27	25	21	19	14		6	8	4	2	–	–	–	–	–	–	–	–	Diazosuccinic acid dimethyl ester		P2304
59	43	71	41	55	69	39	81	**172**	100	65	29	20	13	10	9	7	**0.00**	10	20	2	–	–	–	–	–	–	–	–	–	Octanal, 7-hydroxy-3,7-dimethyl-	107-75-5	P8015
59	43	71	41	55	69	96	81	**172**	100	47	35	17	12	11	8	8	**0.00**	10	20	2	–	–	–	–	–	–	–	–	–	Octanal, 7-hydroxy-3,7-dimethyl-	107-75-5	P8014
59	43	71	41	69	55	96	81	**172**	100	50	39	19	13	12	9	9	**0.00**	10	20	2	–	–	–	–	–	–	–	–	–	Octanal, 7-hydroxy-3,7-dimethyl-	107-75-5	H0369
59	87	126	41	43	57	72	81	**172**	100	87	65	48	48	36	34	34	**2.00**	10	20	2	–	–	–	–	–	–	–	–	–	Cyclohexane, 1,4-diethoxy-, trans-	29887-72-7	S2730
59	115	44	43	28	42	29	27	**172**	100	56	36	21	18	15	14	11	**0.00**	8	20	–	4	–	–	–	–	–	–	–	–	Diazene, [1-(2,2-dimethylhydrazino)-2-methylpropyl]ethyl-	61940-94-1	T5761
60	43	41	55	57	69	45	56	**172**	100	86	78	54	46	37	34	31	**18.00**	10	20	–	–	–	–	–	1	–	–	–	–	Octane, 1-(vinylthio)-	42779-08-8	S6981
60	73	41	57	43	55	71	29	**172**	100	85	54	53	52	41	38	37	**11.80**	10	20	2	–	–	–	–	–	–	–	–	–	Decanoic acid		C0741
60	73	43	129	41	57	69	71	**172**	100	71	45	35	29	27	22	21	**2.37**	10	20	2	–	–	–	–	–	–	–	–	–	Decanoic acid		D1048
60	115	55	172	84	144	88	41	**172**	100	64	52	47	24	23	18	17		8	12	2	–	–	–	–	1	–	–	–	–	1-Oxa-4-thiaspiro[4.5]decan-6-one	33266-05-6	S4017
65	101	136	109	138	111	39	103	**172**	100	91	48	47	31	30	30	28	**10.41**	5	7	–	–	3	–	–	–	–	–	–	–	1,1,5-Trichloro-1-pentene		Z1216
68	58	41	94	57	71	72	126	**172**	100	81	78	66	52	52	51	50	**2.00**	10	20	2	–	–	–	–	–	–	–	–	–	1(R)-Ethoxy-3-trans-methoxy-2-trans-methylcyclohexane		15137
68	58	94	41	71	72	57	85	**172**	100	99	81	68	58	58	53	51	**2.00**	10	20	2	–	–	–	–	–	–	–	–	–	1(R)-Ethoxy-3-cis-methoxy-2-trans-methylcyclohexane		15139
68	58	94	41	85	72	57	71	**172**	100	98	87	74	72	67	58	56	**1.00**	10	20	2	–	–	–	–	–	–	–	–	–	1(R)-Ethoxy-3-cis-methoxy-2-cis-methylcyclohexane		15140
68	69	85	71	114	157	86	60	**172**	100	67	28	25	17	15	9	7	**0.00**	8	12	4	–	–	–	–	–	–	–	–	–	Ribofuranose, 1,5-anhydro-2,3-o-isopropylidene-, D-	4625-13-2	R0655
68	126	41	72	58	71	94	111	**172**	100	87	74	65	64	60	58	54	**1.00**	10	20	2	–	–	–	–	–	–	–	–	–	1(R)-Ethoxy-3-trans-methoxy-2-cis-methylcyclohexane		15138
69	31	41	87	99	70	43	71	**172**	100	41	30	22	16	11	10	10	**2.00**	10	20	2	–	–	–	–	–	–	–	–	–	3,3,7-Trimethyl-4-oxa-7-octen-1-ol		16209
69	57	56	43	41	55	70	71	**172**	100	88	88	80	69	64	55	44	**0.00**	11	24	1	–	–	–	–	–	–	–	–	–	1-Nonanol, 4,8-dimethyl-	33933-80-1	S4467

MASS TO CHARGE RATIOS								M.W.	INTENSITIES								Parent	C	H	O	N	Cl	Br	F	S	P	B	Si	X	COMPOUND NAME	CAS Reg No	No
69	109	27	41	67	108	43	66	**172**	100	60	45	37	26	25	23	22	**20.00**	9	13	1	–	1	–	–	–	–	–	–	–	2-Norbornanone, 6-chloro-3,3-dimethyl-, exo-		**L3472**
69	109	28	41	67	66	108	43	**172**	100	60	46	37	27	24	24	22	**20.40**	9	13	1	–	1	–	–	–	–	–	–	–	2-Norbornanone, 6-chloro-3,3-dimethyl-, exo-	16205-79-1	**R6081**
70	43	57	85	41	29	103	27	**172**	100	84	84	78	65	48	45	42	**0.10**	10	20	2	–	–	–	–	–	–	–	–	–	Pentanoic acid, pentyl ester	2173-56-0	**H1291**
70	43	85	57	41	55	71	29	**172**	100	48	40	38	33	26	24	22	**0.20**	10	20	2	–	–	–	–	–	–	–	–	–	Butanoic acid, 3-methyl-, 3-methylbutyl ester	659-70-1	**Q3617**
70	43	85	57	55	71	42	103	**172**	100	65	52	50	34	31	12	10	**0.00**	10	20	2	–	–	–	–	–	–	–	–	–	Butanoic acid, 3-methyl-, 3-methylbutyl ester	659-70-1	**Q3618**
70	57	85	43	41	29	55	71	**172**	100	82	71	43	35	31	23	22	**0.20**	10	20	2	–	–	–	–	–	–	–	–	–	Butanoic acid, 2-methyl-, 2-methylbutyl ester	2445-78-5	**Q8116**
70	85	18	57	43	71	41	55	**172**	100	80	71	56	46	29	27	17	**0.60**	10	20	2	–	–	–	–	–	–	–	–	–	Butanoic acid, 3-methyl-, 2-methylbutyl ester	2445-77-4	**Q8115**
70	85	18	57	43	71	41	55	**172**	100	80	71	56	46	29	27	18	**0.61**	10	20	2	–	–	–	–	–	–	–	–	–	2-Methylbutyl isopentanoate		**X1826**
70	85	57	43	71	41	55	29	**172**	100	83	41	27	23	21	21	18	**0.67**	10	20	2	–	–	–	–	–	–	–	–	–	Pentanoic acid, 2-methylbutyl ester	55590-83-5	**T1649**
71	43	41	55	111	58	56	83	**172**	100	72	35	32	32	25	24	19	**4.30**	10	20	2	–	–	–	–	–	–	–	–	–	1,2-Cyclohexanediol, 1-methyl-4-isopropyl-	33669-76-0	**S4309**
71	43	41	55	111	58	56	83	**172**	100	72	35	32	32	25	24	19	**4.00**	10	20	2	–	–	–	–	–	–	–	–	–	1,2-Cyclohexanediol, 4-methyl-1-isopropyl-, (1α,2α,4α)-		**L1802**
71	45	43	69	58	97	41	86	**172**	100	91	76	65	57	44	43	33	**4.00**	10	20	2	–	–	–	–	–	–	–	–	–	4-Nonanone, 9-methoxy-	54699-40-0	**S9450**
71	45	72	144	88	69	127	67	**172**	100	75	53	36	32	26	25	25	**5.00**	6	8	2	2	–	–	–	1	–	–	–	–	1,2,3-Thiadiazole-4-carboxylic acid, 5-methyl-, ethyl ester		**M0727**
71	55	81	41	95	112	29	123	**172**	100	98	95	85	61	41	35	30	**1.00**	10	20	2	–	–	–	–	–	–	–	–	–	Cyclohexane, 1β-(1α-methyl-2-hydroxyethyl)-2β-hydroxy-4α-methyl-		**L1281**
71	59	141	15	108	28	113	41	**172**	100	92	71	69	57	56	40	37	**1.66**	8	12	4	–	–	–	–	–	–	–	–	–	1,4-Dimethoxycarbonylbut-2-ene		**D1190**
71	85	57	172	86	41	116	68	**172**	100	77	75	69	65	51	50	41		9	18	2	1	–	–	–	–	–	–	–	–	1-Piperidinyloxy, 4-hydroxy-2,2,6,6-tetramethyl-	2226-96-2	**Q7672**
71	89	84	69	73	85	88	72	**172**	100	63	48	20	9	8	6	5	**0.10**	10	20	2	–	–	–	–	–	–	–	–	–	Butanoic acid, hexyl ester	2639-63-6	**H1352**
71	172	85	86	158	142	157	140	**172**	100	41	30	18	10	9	8	7		9	18	2	1	–	–	–	–	–	–	–	–	1-Pyrrolidinyloxy, 3-(hydroxymethyl)-2,2,5,5-tetramethyl-	27298-75-5	**S1671**
72	43	45	172	42	30	41	44	**172**	100	88	51	42	31	28	26	26		8	20	–	4	–	–	–	–	–	–	–	–	2-Tetrazene, 1,4-dimethyl-1,4-diisopropyl-	13304-28-4	**R4435**
72	100	58	44	172	42	56	73	**172**	100	76	22	21	19	9	9	8		9	20	1	2	–	–	–	–	–	–	–	–	Urea, tetraethyl-	1187-03-7	**Q5624**
72	100	172	58	44	56	42	73	**172**	100	77	21	17	8	5	3	3		9	20	1	2	–	–	–	–	–	–	–	–	Urea, tetraethyl-		**C2068**
72	126	84	154	144	72	172		**172**	100	39	23	9	6	4	1			7	12	3	2	–	–	–	–	–	–	–	–	N-[(5-Hydroxy-2-oxo-3-pyrrolidinyl)methyl]-N-methylformamide		**M0613**
73	41	43	55	28	84	27	57	**172**	100	50	46	41	29	24	23	21	**0.00**	10	20	2	–	–	–	–	–	–	–	–	–	Decanoic acid		**D0596**
73	45	55	83	41	29	103	67	**172**	100	62	26	21	14	9	8	8	**0.00**	10	20	2	–	–	–	–	–	–	–	–	–	2-Hexene, 1-(1-ethoxyethoxy)-, (Z)-	37657-99-1	**S5553**
73	45	55	83	41	29	103	67	**172**	100	62	26	21	14	9	8	8	**0.00**	10	20	2	–	–	–	–	–	–	–	–	–	3-Hexene, 1-(1-ethoxyethoxy)-, (Z)-	28069-74-1	**H1914**
73	45	83	55	41	57	29	67	**172**	100	90	69	53	40	30	27	27	**0.00**	10	20	2	–	–	–	–	–	–	–	–	–	2-Hexene, 1-(1-ethoxyethoxy)-, (E)-	54484-66-1	**S9167**
73	45	157	99	74	43	172	83	**172**	100	16	15	12	8	7	5	4		8	20	–	–	–	–	–	–	–	–	2	–	Ethylene 1,2-bis(trimethylsilyl)-	1473-61-6	**Q6066**
73	69	143	41	45	55	43	111	**172**	100	35	31	16	15	12	9	8	**0.10**	11	24	1	–	–	–	–	–	–	–	–	–	Decane, 3-methoxy-	55955-64-1	**T2396**
73	69	143	41	45	55	43	111	**172**	100	35	32	17	16	14	9	7	**0.05**	11	24	1	–	–	–	–	–	–	–	–	–	Decane, 3-methoxy-	55955-64-1	**T2397**
74	41	87	43	55	29	27	39	**172**	100	55	46	38	35	32	29	23	**0.29**	10	20	2	–	–	–	–	–	–	–	–	–	Methyl nonanoate		**C0861**
74	43	41	87	27	29	55	59	**172**	100	55	48	41	32	29	27	20	**0.00**	10	20	2	–	–	–	–	–	–	–	–	–	Methyl nonanoate		**17338**
74	57	83	41	116	29	55	117	**172**	100	79	48	30	24	20	20	15	**0.02**	10	20	2	–	–	–	–	–	–	–	–	–	Methyl 4,5,5-trimethylhexanoate		**C0177**
74	86	43	41	55	57	75	141	**172**	100	47	18	15	11	9	9	9	**2.30**	10	20	2	–	–	–	–	–	–	–	–	–	Methyl nonanoate		**C0360**
74	87	75	97	85	141	129	101	**172**	100	63	19	14	10	7	7	7	**5.00**	10	20	2	–	–	–	–	–	–	–	–	–	Methyl 7-methyloctanoate		**M1173**
74	101	83	69	55	57	115	59	**172**	100	55	23	22	21	21	18	17	**1.70**	10	20	2	–	–	–	–	–	–	–	–	–	Heptanoic acid, 3,5-dimethyl-, methyl ester	2490-54-2	**H1341**
75	57	129	157	73	41	27	29	**172**	100	60	51	50	50	35	32	30	**14.90**	9	20	1	–	–	–	–	–	–	–	1	–	Silane, (cyclohexyloxy)trimethyl-	13871-89-1	**R4787**
75	67	73	82	54	45	43	29	**172**	100	52	46	43	30	17	9	9	**0.00**	9	20	1	–	–	–	–	–	–	–	1	–	Cyclohexanol, 2-(trimethylsilyl)-, cis-	20584-43-4	**06878**
75	73	67	82	54	45	59	43	**172**	100	62	45	37	26	17	11	10	**0.00**	9	20	1	–	–	–	–	–	–	–	1	–	Cyclohexanol, 2-(trimethylsilyl)-, trans-	20584-41-2	**06879**
75	73	67	82	54	155	45	170	**172**	100	55	47	28	19	12	11	11	**0.00**	9	20	1	–	–	–	–	–	–	–	1	–	Cyclohexanol, 2-(trimethylsilyl)-, cis-	20584-43-4	**R8743**
75	73	157	45	54	74	76	47	**172**	100	91	43	13	13	9	7	7	**1.30**	8	16	2	–	–	–	–	–	–	–	1	–	4-Pentenoic acid, trimethylsilyl ester	23523-56-0	**S0249**
75	116	73	45	43	76	47	44	**172**	100	60	13	11	10	6	6	5	**0.00**	8	16	2	–	–	–	–	–	–	–	1	–	2-Butenoic acid, 3-methyl-, trimethylsilyl ester	25436-25-3	**S1079**
75	157	82	83	73	113	45	55	**172**	100	49	42	33	27	21	15	15	**12.22**	8	16	2	–	–	–	–	–	–	–	1	–	2-Butenoic acid, 3-methyl-, trimethylsilyl ester	25436-25-3	**S1076**
75	157	82	83	73	113	45	55	**172**	100	46	41	33	27	21	16	15	**11.36**	8	16	2	–	–	–	–	–	–	–	1	–	2-Butenoic acid, 3-methyl-, trimethylsilyl ester	25436-25-3	**S1077**
75	157	82	83	73	113	172	45	**172**	100	60	34	26	18	13	13	12		8	16	2	–	–	–	–	–	–	–	1	–	2-Butenoic acid, 2-methyl-, trimethylsilyl ester, (E)-		**T1287**
75	157	129	73	172	45	41	61	**172**	100	55	49	45	27	19	10	10		9	20	1	–	–	–	–	–	–	–	1	–	Silane, (cyclohexyloxy)trimethyl-	13871-89-1	**R4786**
77	78	143	31	51	79	172	142	**172**	100	83	78	77	47	30	29	18		6	8	2	2	–	–	–	1	–	–	–	–	Benzenesulphonic acid, hydrazide	80-17-1	**P6037**
77	79	137	109	51	39	81	65	**172**	100	75	65	57	47	44	30	29	**13.00**	7	5	1	–	1	–	–	1	–	–	–	–	Carbonochloridothioic acid, O-phenyl ester	1005-56-7	**Q5017**
77	141	50	172	78	51	79	52	**172**	100	37	33	24	14	12	9	8		7	8	3	–	–	–	–	1	–	–	–	–	Benzenesulphonic acid, methyl ester		**D1145**
78	48	28	51	64	52	50	39	**172**	100	73	53	50	35	31	30	21	**0.00**	6	8	2	2	–	–	–	1	–	–	–	–	Benzenesulphonic acid, hydrazide		**02242**
78	51	29	50	64	31	40	48	**172**	100	64	43	40	35	28	28	28	**2.00**	6	8	2	2	–	–	–	1	–	–	–	–	Benzenesulphonic acid, hydrazide	80-17-1	**P6036**
81	31	123	41	55	67	29	95	**172**	100	76	66	66	55	44	38	38	**0.00**	10	20	2	–	–	–	–	–	–	–	–	–	Cyclopentaneethanol, 2-(hydroxymethyl)-β,3-dimethyl-	485-42-7	**Q1105**
81	55	41	71	95	20	112	124	**172**	100	77	62	60	40	30	29	25	**1.00**	10	20	2	–	–	–	–	–	–	–	–	–	Cyclohexane, 1β-(1β-methyl-2-hydroxyethyl)-2α-hydroxy-4α-methyl-		**L1284**
81	55	71	41	95	112	29	123	**172**	100	92	88	77	52	39	34	24	**1.00**	10	20	2	–	–	–	–	–	–	–	–	–	Cyclohexane, 1α-(1α-methyl-2-hydroxyethyl)-2β-hydroxy-4α-methyl-		**L1279**
81	55	71	41	95	112	29	123	**172**	100	95	90	78	47	37	32	26	**1.00**	10	20	2	–	–	–	–	–	–	–	–	–	Cyclohexane, 1α-(1β-methyl-2-hydroxyethyl)-2β-hydroxy-4α-methyl-		**L1278**
81	67	55	95	41	27	109	130	**172**	100	97	88	77	68	45	7	7	**1.00**	10	17	–	–	1	–	–	–	–	–	–	–	5-Decyne, 1-chloro-	54377-34-3	**S8935**
81	71	55	41	95	29	112	124	**172**	100	82	82	65	38	28	27	25	**1.00**	10	20	2	–	–	–	–	–	–	–	–	–	Cyclohexane, 1β-(1α-methyl-2-hydroxyethyl)-2α-hydroxy-4α-methyl-		**L1283**

MASS TO CHARGE RATIOS								M.W.	INTENSITIES								Parent	C	H	O	N	Cl	Br	F	S	P	B	Si	X	COMPOUND NAME	CAS Reg No	No
81	71	55	41	95	112	29	123	**172**	100	88	83	70	54	29	29	28	**1.00**	10	20	2	–	–	–	–	–	–	–	–	–	**Cyclohexane, 1α-(1β-methyl-2-hydroxyethyl)-2α-hydroxy-4α-methyl-**		**L1280**
81	80	94	65	174	105	159	145	**172**	100	34	10	8	6	2	1	1	**0.00**	12	12	1	–	–	–	–	–	–	–	–	–	**cis-Hex-2-yn-4-enyl phenyl ether**		**L9906**
81	82	67	126	128	54	108	55	**172**	100	79	76	55	50	45	44	40	**0.00**	8	12	4	–	–	–	–	–	–	–	–	–	**1,2-Cyclohexanedicarboxylic acid, trans-**	2305-32-0	**Q7808**
81	82	67	126	128	108	54	80	**172**	100	79	77	57	53	45	45	40	**0.00**	8	12	4	–	–	–	–	–	–	–	–	–	**1,2-Cyclohexanedicarboxylic acid, trans-**		**M4601**
81	113	55	53	41	71	69	45	**172**	100	81	44	43	35	34	22	21	**0.50**	8	12	4	–	–	–	–	–	–	–	–	–	**2H-Pyran-6-carboxylic acid, 5,6-dihydro-2-methoxy-, methyl ester**		**05657**
81	126	67	82	18	54	108	80	**172**	100	83	70	57	53	46	42	32	**0.01**	8	12	4	–	–	–	–	–	–	–	–	–	**1,2-Cyclohexanedicarboxylic acid, cis-**		**C1267**
81	126	67	108	154	79	68	97	**172**	100	90	75	60	40	17	16	16	**0.00**	8	12	4	–	–	–	–	–	–	–	–	–	**1,2-Cyclohexanedicarboxylic acid, cis-**	610-09-3	**Q2786**
81	126	67	108	154	80	79	68	**172**	100	91	75	59	41	40	17	17	**0.00**	8	12	4	–	–	–	–	–	–	–	–	–	**1,2-Cyclohexanedicarboxylic acid, cis-**		**M4599**
81	126	108	154	80	41	67	43	**172**	100	49	37	31	24	21	19	17	**0.01**	8	12	4	–	–	–	–	–	–	–	–	–	**1,4-Cyclohexanedicarboxylic acid, trans-**		**C1375**
81	126	108	154	80	67	41	44	**172**	100	83	59	39	37	33	31	28	**0.01**	8	12	4	–	–	–	–	–	–	–	–	–	**1,4-Cyclohexanedicarboxylic acid, cis-**		**C1374**
81	172	93	41	67	123	138	80	**172**	100	13	12	10	10	10	10	8		10	17	–	–	1	–	–	–	–	–	–	–	**Bicyclo[2.2.1]heptane, 2-chloro-1,3,3-trimethyl-, endo-**	3372-12-1	**Q9278**
82	55	41	172	83	29	27	39	**172**	100	71	67	50	49	47	42	28		10	20	–	–	–	–	–	1	–	–	–	–	**Cyclohexane, butylthio-**		**05859**
82	67	55	41	172	83	29	27	**172**	100	75	71	67	50	49	47	42		10	20	–	–	–	–	–	1	–	–	–	–	**Cyclohexane, butylthio-**		**Y2155**
82	93	81	41	68	172	39	80	**172**	100	18	17	16	15	14	13	12		10	17	–	–	1	–	–	–	–	–	–	–	**Bicyclo[2.2.1]heptane, 2-chloro-1,3,3-trimethyl-, endo-**	3372-12-1	**Q9277**
83	55	101	29	41	27	43	57	**172**	100	67	55	40	38	32	28	17	**0.10**	11	24	1	–	–	–	–	–	–	–	–	–	**6-Undecanol**	23708-56-7	**H1864**
83	85	47	43	48	87	49	57	**172**	100	66	24	12	11	11	9	8	**1.00**	9	16	3	–	–	–	–	–	–	–	–	–	**Hexanoic acid, 2-methyl-3-oxo-, ethyl ester**	29304-40-3	**S2416**
84	30	112	41	42	83	55	56	**172**	100	89	75	66	65	55	53	51	**4.49**	6	12	2	4	–	–	–	–	–	–	–	–	**1,5-Diazocine, octahydro-1,5-dinitroso-**	55556-89-3	**T1541**
85	29	41	27	130	43	55	39	**172**	100	96	72	55	49	45	39	27	**1.00**	9	16	3	–	–	–	–	–	–	–	–	–	**2H-Pyran-2-acetic acid, tetrahydro-, ethyl ester**	38786-78-6	**H1984**
85	57	97	98	172	70	99	127	**172**	100	80	46	38	29	22	13	13		9	16	3	–	–	–	–	–	–	–	–	–	**4-Pentenoic acid, 5-ethoxy-, ethyl ester, (E)-**	55162-84-0	**T0502**
85	125	57	98	55	43	97	69	**172**	100	60	38	31	28	23	22	18	**15.00**	10	20	2	–	–	–	–	–	–	–	–	–	**1,2-Cyclohexanediol, 1,2-diethyl-**	56363-86-1	**T3580**
86	30	100	72	58	148	87	43	**172**	100	38	13	13	11	6	6	6	**5.00**	9	20	1	2	–	–	–	–	–	–	–	–	**N-Acetyl-N′,N′-diethyl-1,3-diaminopropane**		**M5885**
86	42	58	56	87	44	100	43	**172**	100	17	17	10	6	5	4	4	**2.00**	10	24	–	2	–	–	–	–	–	–	–	–	**1,2-Ethanediamine, N,N,N′,N′-tetraethyl-**	150-77-6	**P9991**
86	58	87	42	44	56	100	172	**172**	100	8	6	4	3	3	3	3		10	24	–	2	–	–	–	–	–	–	–	–	**1,2-Ethanediamine, N,N,N′,N′-tetramethyl-**		**C1895**
86	85	45	172	87	39	88	97	**172**	100	23	12	8	7	5	5	3		8	12	–	–	–	–	–	2	–	–	–	–	**Cyclobuta[1,2-b:4,3-b′]dithiophene, octahydro-**	62338-05-0	**T6098**
86	85	172	45	87	88	97	41	**172**	100	22	8	7	7	5	3	3		8	12	–	–	–	–	–	2	–	–	–	–	**Cyclobuta[1,2-b:3,4-b′]dithiophene, octahydro-, (3aα,3bβ,6aβ,6bα)**	74421-28-6	**T8097**
86	87	44	88	42	43	45	41	**172**	100	99	65	24	19	16	16	11	**4.00**	10	24	–	2	–	–	–	–	–	–	–	–	**1,2-Ethanediamine, N,N′-dimethyl-N,N′-diisopropyl-**	54966-00-6	**S9923**
87	41	28	55	116	43	27	29	**172**	100	39	36	32	27	24	23	23	**0.00**	10	20	2	–	–	–	–	–	–	–	–	–	**Methyl 2-propylhexanoate**		**C0858**
87	44	29	42	41	28	43	45	**172**	100	87	22	22	15	13	13	13	**0.00**	8	20	–	4	–	–	–	–	–	–	–	–	**Diazene, butyl[1-(2,2-dimethylhydrazino)ethyl]-**	61940-95-2	**T5762**
87	59	41	43	57	72	128	81	**172**	100	96	46	40	39	33	32	29	**1.70**	10	20	2	–	–	–	–	–	–	–	–	–	**Cyclohexane, 1,4-diethoxy-, cis-**	30363-87-2	**S2882**
87	59	172	44	115	29	43	42	**172**	100	26	21	11	10	9	8	7		10	24	–	2	–	–	–	–	–	–	–	–	**Hydrazine, 1,1-diethyl-2-sec-hexyl-**	67552-94-7	**T6852**
87	74	43	57	55	41	88	99	**172**	100	95	85	70	58	47	44	34	**0.60**	10	20	2	–	–	–	–	–	–	–	–	–	**2-Decalone, trans-**	15870-07-2	**R5895**
87	102	41	43	57	55	29	115	**172**	100	99	47	43	38	35	26	24	**0.40**	10	20	2	–	–	–	–	–	–	–	–	–	**Methyl 2-ethylheptanoate**		**04021**
87	102	41	55	28	29	43	57	**172**	100	82	64	40	39	37	36	27	**0.13**	10	20	2	–	–	–	–	–	–	–	–	–	**Methyl 2-ethylheptanoate**		**C0859**
88	29	27	41	43	57	55	101	**172**	100	87	58	51	42	41	36	35	**1.40**	10	20	2	–	–	–	–	–	–	–	–	–	**Ethyl octanoate**	106-32-1	**H0331**
88	29	41	43	57	27	60	101	**172**	100	72	54	48	47	41	38	38	**0.15**	10	20	2	–	–	–	–	–	–	–	–	–	**Ethyl octanoate**		**C0715**
88	41	29	43	27	57	55	39	**172**	100	59	34	30	29	29	28	27	**0.21**	10	20	2	–	–	–	–	–	–	–	–	–	**Octanoic acid, 2-methyl-, methyl ester**		**C0860**
88	41	101	43	57	29	27	55	**172**	100	32	23	22	21	19	16	15	**0.29**	10	20	2	–	–	–	–	–	–	–	–	–	**Octanoic acid, 2-methyl-, methyl ester**	2177-86-8	**Q7556**
88	43	101	41	57	55	69	29	**172**	100	32	30	28	23	20	20	18	**0.70**	10	20	2	–	–	–	–	–	–	–	–	–	**Heptanoic acid, 2,4-dimethyl-, methyl ester, (R,R)-(-)-**	18524-86-2	**H1819**
88	74	87	57	43	41	55	101	**172**	100	79	55	44	39	39	34	28	**0.23**	10	20	2	–	–	–	–	–	–	–	–	–	**2-Octanol, acetate**		**C0719**
88	101	40	42	55	57	87	129	**172**	100	49	38	29	23	20	15	12	**0.00**	10	20	2	–	–	–	–	–	–	–	–	–	**Heptanoic acid, 2,6-dimethyl-, methyl ester**		**M8356**
88	101	41	43	55	57	29	59	**172**	100	21	16	15	13	13	8	8	**0.00**	10	20	2	–	–	–	–	–	–	–	–	–	**Heptanoic acid, 2,6-dimethyl-, methyl ester**	33315-72-9	**S4113**
88	101	41	43	57	55	69	59	**172**	100	45	25	25	25	20	16	13	**3.00**	10	20	2	–	–	–	–	–	–	–	–	–	**Octanoic acid, 2-methyl-, methyl ester**	2177-86-8	**08672**
88	101	43	41	69	55	57	59	**172**	100	38	31	26	21	20	19	17	**0.50**	10	20	2	–	–	–	–	–	–	–	–	–	**Heptanoic acid, 2,4-dimethyl-, methyl ester, (2S,4R)-(+)-**	18450-78-7	**H1813**
88	115	144	59	172	116	143	89	**172**	100	94	74	72	32	27	25	8		4	1	4	–	–	–	–	–	–	–	–	1	**Cobalt, tetracarbonyl hydride**		**L3943**
88	172	62	87	50	89	61	173	**172**	100	70	30	10	9	8	7	7		9	4	2	2	–	–	–	–	–	–	–	–	**1H-Indene-1,3(2H)-dione, 2-diazo-**	1807-49-4	**Q6777**
88	172	115	101	81	141	75	79	**172**	100	79	66	53	39	34	31	29		9	16	3	–	–	–	–	–	–	–	–	–	**Bicyclo[2.2.1]heptan-2-ol, 3,3-dimethoxy-**	75332-36-4	**T8918**
90	172	126	63	99	174	114	52	**172**	100	63	53	42	33	21	21	19		6	5	2	2	1	–	–	–	–	–	–	–	**Aniline, 2-chloro-5-nitro-**	6283-25-6	**R2199**
91	104	92	129	130	117	81	118	**172**	100	34	23	23	22	20	17	14	**6.00**	13	16	–	–	–	–	–	–	–	–	–	–	**Benzene, 6-heptynyl-**	56293-02-8	**T3396**
91	129	143	65	39	144	92	41	**172**	100	21	18	15	10	8	7	6	**1.00**	13	16	–	–	–	–	–	–	–	–	–	–	**Benzene, 3-heptynyl-**	56293-04-0	**T3398**
91	172	65	92	173				**172**	100	47	8	8	6					11	12	–	2	–	–	–	–	–	–	–	–	**1H-Imidazole, 2-methyl-1-benzyl-**	13750-62-4	**R4736**
93	63	44	27	95	65	29	31	**172**	100	83	63	53	33	27	23	23	**0.00**	5	10	2	–	2	–	–	–	–	–	–	–	**Bis(2-chloroethoxy)ethane**		**G0752**
93	63	95	27	65	123	31	125	**172**	100	66	32	22	21	21	19	7	**0.10**	5	10	2	–	2	–	–	–	–	–	–	–	**Bis(2-chloroethoxy)ethane**	111-91-1	**P8637**
93	67	95	57	31	78	69	26	**172**	100	41	27	25	20	14	13	10	**0.00**	3	3	–	–	1	1	1	–	–	–	–	–	**Cyclopropane, 1-bromo-1-chloro-2-fluoro-**	24071-59-8	**S0449**
93	74	69	81	79	153	155	122	**172**	100	15	12	4	3	2	2	2	**1.51**	3	–	–	–	–	1	3	–	–	–	–	–	**Cyclopropene, 1-bromo-2,3,3-trifluoro-**	29777-44-4	**S2651**
93	81	136	121	80	41	94	157	**172**	100	90	57	52	48	40	30	28	**15.01**	10	17	–	–	1	–	–	–	–	–	–	–	**Bicyclo[2.2.1]heptane, 2-chloro-2,7,7-trimethyl-, exo-**	22852-22-8	**R9969**
93	120	135	95	41	79	107	67	**172**	100	82	48	46	37	27	27	20	**2.00**	10	17	–	–	1	–	–	–	–	–	–	–	**Bicyclo[2.2.1]heptane, 2-chloro-2,3,3-trimethyl-**	465-30-5	**Q0838**

MASS TO CHARGE RATIOS								M.W.	INTENSITIES								Parent	C	H	O	N	Cl	Br	F	S	P	B	Si	X	COMPOUND NAME	CAS Reg No	No
93	120	135	95	41	107	78	94	**172**	100	85	50	48	38	28	27	18	**2.00**	10	17	–	–	1	–	–	–	–	–	–	–	Bicyclo[2.2.1]heptane, 2-chloro-2,3,3-trimethyl-		L5344
93	121	135	95	41	39	68	107	**172**	100	77	48	45	35	23	23	23	**2.00**	10	17	–	–	1	–	–	–	–	–	–	–	Bicyclo[2.2.1]heptane, 2-chloro-1,7,7-trimethyl-, exo-	559-45-5	Q2075
93	172	125	47	79	63	109	126	**172**	100	97	78	48	33	27	25	23		3	9	2	–	–	–	–	2	1	–	–	–	Phosphorodithioic acid, O,O,S-trimethyl ester	2953-29-9	09444
93	174	95	172	176	81	79	91	**172**	100	87	84	46	43	27	27	15		1	2	–	–	–	2	–	–	–	–	–	–	Methane, dibromo-		W0021
95	93	120	136	42	41	79	110	**172**	100	95	90	90	48	43	38	38	**5.00**	10	17	–	–	1	–	–	–	–	–	–	–	Bicyclo[2.2.1]heptane, 2-chloro-1,7,7-trimethyl-, exo-	559-45-5	Q2074
95	93	121	81	136	110	41	67	**172**	100	53	32	30	30	25	25	23	**0.85**	10	17	–	–	1	–	–	–	–	–	–	–	Bicyclo[2.2.1]heptane, 2-chloro-1,7,7-trimethyl-, (1R)-endo-	30462-53-4	S2920
95	93	121	136	43	42	110	107	**172**	100	95	90	79	48	42	39	30	**6.00**	10	17	–	–	1	–	–	–	–	–	–	–	Bicyclo[2.2.1]heptane, 2-chloro-1,7,7-trimethyl-, exo-		L5342
95	110	136	81	93	41	121	157	**172**	100	52	52	33	33	27	25	16	**10.01**	10	17	–	–	1	–	–	–	–	–	–	–	Bicyclo[2.2.1]heptane, 2-chloro-1,7,7-trimethyl-, endo-	464-41-5	Q0820
96	58	72	41	115	95	85	71	**172**	100	77	68	51	43	37	35	33	**0.30**	10	20	2	–	–	–	–	–	–	–	–	–	1(R)-Ethoxy-3-cis-methoxy-5-trans-methylcyclohexane		15125
98	57	70	99	113	97	43	28	**172**	100	50	46	44	39	29	27	22	**0.79**	7	13	4	–	–	–	–	–	–	1	–	–	β-D-erythro-Pentopyranose, 2-deoxy-, cyclic 3,4-(ethylboronate)	64780-32-1	T6511
99	40	55	41	86	44	45	42	**172**	100	53	52	37	37	31	31	28	**1.33**	9	16	3	–	–	–	–	–	–	–	–	–	1,4-Dioxaspiro[4.5]decane, 8-methoxy-	56292-99-0	T3393
99	43	41	55	69	87	70	115	**172**	100	80	75	65	50	46	44	44	**0.60**	9	16	3	–	–	–	–	–	–	–	–	–	cis-2-Isopropyl-2-methyl-3-carbethoxy-oxirane		L6971
99	43	41	55	69	87	115	70	**172**	100	80	75	65	50	46	44	44	**0.60**	9	16	3	–	–	–	–	–	–	–	–	–	trans-2-Isopropyl-2-methyl-3-carbethoxy-oxirane		05460
99	56	41	27	54	31	43	26	**172**	100	61	37	23	23	23	21	21	**0.00**	8	12	4	–	–	–	–	–	–	–	–	–	Butyl maleate		Z1219
99	56	43	41	29	57	27	71	**172**	100	79	75	60	55	53	48	30	**0.10**	10	20	2	–	–	–	–	–	–	–	–	–	Hexanoic acid, 2-methylpropyl ester		04055
99	74	43	101	56	57	71	75	**172**	100	41	35	25	14	12	12	11	**0.00**	9	16	3	–	–	–	–	–	–	–	–	–	Pentanoic acid, 4-oxo-, butyl ester	2052-15-5	Q7295
99	127	126	100	82	128	71	143	**172**	100	96	44	33	27	25	17	9	**0.10**	8	12	4	–	–	–	–	–	–	–	–	–	2-Butenedioic acid (Z)-, diethyl ester	141-05-9	H0634
99	129	81	43	69	55	57	70	**172**	100	76	75	60	37	30	20	15	**2.00**	10	20	2	–	–	–	–	–	–	–	–	–	1,3-Dioxane, 4,6-diisopropyl-, trans-	16731-94-5	R6414
100	71	172	127	99	55	45	126	**172**	100	73	55	46	40	29	28	24		7	8	3	–	–	–	–	1	–	–	–	–	2-Thiophenecarboxylic acid, 5-hydroxy-, ethyl ester	7210-60-8	R2947
100	112	113	43	154	55	31	41	**172**	100	47	38	32	25	24	19	18	**1.36**	7	12	3	2	–	–	–	–	–	–	–	–	2,4-Imidazolidinedione, 5-(4-hydroxybutyl)-	5458-06-0	09960
101	57	116	41	115	39	43	83	**172**	100	64	50	44	25	22	19	18	**0.00**	10	20	2	–	–	–	–	–	–	–	–	–	Methyl 3,3-dimethyl-2-isopropylbutanoate		03569
102	61	69	172	71	99	157		**172**	100	90	48	40	28	4	2			6	12	–	4	–	–	–	1	–	–	–	–	2,4-Dimethyl-3,5-dimethylimino-1,2,4-thiadiazolidine		L8341
102	89	172	90	63	51	116	50	**172**	100	71	60	52	40	31	25	21		10	8	1	2	–	–	–	–	–	–	–	–	1H-Imidazole-2-carboxaldehyde, 4-phenyl-	56248-10-3	09924
102	144	116	100	130	114	142	74	**172**	100	98	89	82	78	72	70	69	**42.57**	7	14	–	–	–	–	–	–	–	–	–	1	4-Germaspiro[3.4]octane	4514-07-2	R0524
104	143	91	129	172	105	92	144	**172**	100	50	45	40	26	25	22	17		13	16	–	–	–	–	–	–	–	–	–	–	Benzene, 4-heptynyl-	56293-03-9	T3397
104	144	76	115	116	50	105	75	**172**	100	90	80	68	67	35	27	25	**0.00**	11	8	2	–	–	–	–	–	–	–	–	–	1,4-Naphthalenedione, 2-methyl-		04921
105	172	77	95	67	171	51	41	**172**	100	93	79	43	29	23	23	19		12	12	1	–	–	–	–	–	–	–	–	–	1-Cyclopentene, 1-benzoyl-		M0048
105	172	95	77	39	173	144	115	**172**	100	99	60	55	12	12	11	10		11	8	2	–	–	–	–	–	–	–	–	–	Furanyl phenyl ketone	72088-24-5	H2209
107	79	108	93	91	172	39	77	**172**	100	84	66	62	53	53	34	33		8	12	–	–	–	–	–	2	–	–	–	–	1,4,5,6,7,8-Hexahydro-2,3-benzodithiin		16784
108	140	81	71	59	109	141	113	**172**	100	95	66	53	45	40	39	26	**0.00**	8	12	4	–	–	–	–	–	–	–	–	–	Dimethyl hex-2-en-1,6-dioate		C1962
109	111	27	39	41	96	65	103	**172**	100	60	60	59	46	43	40	37	**26.40**	5	7	–	–	3	–	–	–	–	–	–	–	1,1,5-Trichloro-1-pentene		01473
109	137	65	38	172	110	69	51	**172**	100	24	23	18	17	16	12	11		7	5	1	–	1	–	–	1	–	–	–	–	Carbonochloridothioic acid, S-phenyl ester	13464-19-2	R4546
109	144	27	29	146	28	42	108	**172**	100	51	21	18	17	15	11	10	**0.00**	7	9	1	2	1	–	–	–	–	–	–	–	Pyrimidine, 4-chloro-5-ethoxy-2-methyl-	24611-12-9	S0709
111	82	81	95	83	141	123	172	**172**	100	76	47	21	18	9	6	3		7	12	3	2	–	–	–	–	–	–	–	–	L-erythro-4-(Imidazol-4-yl)butane-1,2,3-triol		L2851
111	172	144	39	112	173	174	83	**172**	100	69	28	19	7	6	6	6		7	8	1	–	–	–	–	2	–	–	–	–	2-Furancarbodithioic acid, ethyl ester	20849-29-0	R8969
112	70	56	69	43	83	71	45	**172**	100	60	40	27	24	24	12	9	**7.99**	6	12	2	4	–	–	–	–	–	–	–	–	Piperazine, 2,6-dimethyl-1,4-dinitroso-	55380-34-2	T1005
112	140	141	113	59	81	27	53	**172**	100	65	42	41	40	35	35	35	**0.49**	8	12	4	–	–	–	–	–	–	–	–	–	1,2-Cyclobutanedicarboxylic acid, dimethyl ester	3396-20-1	Q9326
112	140	141	113	59	81	53	82	**172**	100	63	39	39	37	34	33	22	**0.54**	8	12	4	–	–	–	–	–	–	–	–	–	Pentanedioic acid, 2-methylene-, dimethyl ester	5621-44-3	R1610
113	42	70	29	44	172	43	27	**172**	100	97	14	10	9	9	8	7		9	20	1	2	–	–	–	–	–	–	–	–	2-Butanone, (2-ethoxyethyl)methylhydrazone	75268-06-3	T8863
113	44	43	172	42	114	27	29	**172**	100	47	14	12	10	9	8	6		9	20	1	2	–	–	–	–	–	–	–	–	Butanal, (2-ethoxyethyl)methylhydrazone	75268-04-1	T8861
113	67	141	95	99	70	81	83	**172**	100	43	31	20	18	16	14	7	**2.00**	9	16	3	–	–	–	–	–	–	–	–	–	2-Propoxy-6-(hydroxymethyl)-5,6-dihydro-α-pyran		L9942
113	71	141	31	54	73	38	80	**172**	100	76	76	70	67	62	61	53	**5.57**	8	12	4	–	–	–	–	–	–	–	–	–	1,2-Cyclobutanedicarboxylic acid, dimethyl ester, cis-	2607-03-6	Q8412
113	71	141	31	55	73	80	140	**172**	100	75	70	70	67	62	55	48	**4.00**	8	12	4	–	–	–	–	–	–	–	–	–	1,2-Cyclobutanedicarboxylic acid, dimethyl ester, cis		00214
113	85	43	55	67	172			**172**	100	95	21	10	6	1				10	20	2	–	–	–	–	–	–	–	–	–	3-Ethoxy-2,4-dimethyl-4-hexenol		L7731
113	157	141	112	81	53	140	172	**172**	100	65	58	49	36	34	23	3		8	12	4	–	–	–	–	–	–	–	–	–	1-Methoxycarbonyl-1-methoxycarbonylmethyl-cyclopropane		M0034
114	72	172	98	42	44	70	129	**172**	100	67	48	37	31	25	25	23		8	16	2	2	–	–	–	–	–	–	–	–	2-Propenoic acid, 3,3-bis(dimethylamino)-, methyl ester	26394-95-6	S1340
115	57	73	43	55	59	143	69	**172**	100	66	44	40	35	28	26	25	**0.00**	11	24	1	–	–	–	–	–	–	–	–	–	4-Heptanol, 4-ethyl-2,6-dimethyl-		Z1213
115	103	70	41	42	55	102	85	**172**	100	70	52	40	29	20	18	16	**0.10**	8	17	3	–	–	–	–	–	–	1	–	–	1,3,2-Dioxaborinane, 2-(pentyloxy)-	55162-68-0	T0486
115	114	116	27	127	128	38	40	**172**	100	19	10	9	6	6	4	3	**0.00**	12	12	1	–	–	–	–	–	–	–	–	–	Cyclobut[c]indene-1-carboxaldehyde, 1,2,2a,3-tetrahydro-	56701-48-5	T4130
115	116	172	144	63	89	101	129	**172**	100	43	32	24	13	12	12	12		10	8	1	2	–	–	–	–	–	–	–	–	1H-Inden-1-one, 2-diazo-2,3-dihydro-3-methyl-	54789-38-7	S9636
115	172	77	116	104	89	103	117	**172**	100	62	27	27	22	20	18	16		10	8	1	2	–	–	–	–	–	–	–	–	1H-Pyrazole-3-carboxaldehyde, 5-phenyl-	57204-65-6	09923
115	172	129	101	75	128	51	50	**172**	100	84	44	39	39	38	36	34		10	8	1	2	–	–	–	–	–	–	–	–	Quinoline-2-carboxaldehyde oxime		05258
116	29	71	172	41	39	45	27	**172**	100	59	35	34	27	21	20	20		8	12	–	–	–	–	–	2	–	–	–	–	Thiophene, 2-(butylthio)-		Y2124
116	29	71	172	41	39	45	57	**172**	100	59	35	34	27	21	20	20		8	12	–	–	–	–	–	2	–	–	–	–	Thiophene, 2-(butylthio)-	3988-71-4	Q9979
116	57	101	29	41	73	43	55	**172**	100	97	79	53	52	37	34	33	**1.17**	10	20	2	–	–	–	–	–	–	–	–	–	Ethyl α-ethylhexanoate		C0840
116	172	43	129	41	60	115	57	**172**	100	74	70	35	32	26	18	18		7	12	1	2	–	–	–	1	–	–	–	–	4-Imidazolidinone, 5-(2-methylpropyl)-2-thioxo-	56805-19-7	09267

MASS TO CHARGE RATIOS								M.W.	INTENSITIES								Parent	C	H	O	N	Cl	Br	F	S	P	B	Si	X	COMPOUND NAME	CAS Reg No	No
116	172	57	41	60	55	56	99	**172**	100	44	33	23	9	6	5	5		7	12	1	2	–	–	–	1	–	–	–	–	**4-Imidazolidinone, 5-(1-methylpropyl)-2-thioxo-**	56830-83-2	**09268**
117	56	99	41	43	57	29	60	**172**	100	94	92	47	45	31	31	27	**0.61**	10	20	2	–	–	–	–	–	–	–	–	–	**Hexanoic acid, butyl ester**		**C1780**
125	79	47	172	126	45	48	46	**172**	100	97	89	60	45	40	28	24		3	9	2	–	–	–	–	2	1	–	–	–	**Phosphorodithioic acid, O,S,S-trimethyl ester**	22608-53-3	**09443**
126	41	72	58	43	111	85	84	**172**	100	52	52	46	41	41	40	39	**0.20**	10	20	2	–	–	–	–	–	–	–	–	–	**1(R)-Ethoxy-3-trans-methoxy-5-trans-methylcyclohexane**		**15123**
126	67	31	97	65	98	127	172	**172**	100	43	40	40	30	30	30	27		8	12	2	–	–	–	–	1	–	–	–	–	**Cyclopentanecarboxylic acid, 2-thioxo-, ethyl ester**	20628-12-0	**R8788**
126	99	172	90	63	128	101	40	**172**	100	84	83	70	63	33	30	29		6	5	2	2	1	–	–	–	–	–	–	–	**Aniline, 4-chloro-3-nitro-**	635-22-3	**Q3442**
126	172	127	44	45	128	98	173	**172**	100	38	25	15	12	11	11	9		7	8	3	–	–	–	–	1	–	–	–	–	**2-Thiophenecarboxylic acid, 3-hydroxy-, ethyl ester**	2158-88-5	**Q7517**
126	172	127	44	98	173	128	45	**172**	100	95	25	13	10	10	10	9		7	8	3	–	–	–	–	1	–	–	–	–	**2-Thiophenecarboxylic acid, 3-hydroxy-, ethyl ester**	2158-88-5	**Q7516**
127	99	126	82	71	100	128	81	**172**	100	76	25	18	15	13	10	8	**0.10**	8	12	4	–	–	–	–	–	–	–	–	–	**2-Butenedioic acid (E)-, diethyl ester**	623-91-6	**H0966**
127	155	173	128	162	81	137	156	**172**	100	43	26	8	7	5	4	3	**0.00**	8	12	4	–	–	–	–	–	–	–	–	–	**1,4-Cyclohexanedicarboxylic acid, trans-**	619-82-9	**Q2996**
128	99	54	127	52	53	82	115	**172**	100	67	29	21	15	15	14	14	**0.00**	8	12	4	–	–	–	–	–	–	–	–	–	**2-Butenedioic acid (E)-, diethyl ester**		**D0857**
128	130	172	45	111	65	75	113	**172**	100	32	22	18	12	10	10	6		8	9	2	–	1	–	–	–	–	–	–	–	**2-(4′-Chlorophenoxy)-ethanol**		**F0083**
128	130	172	45	111	75	65	63	**172**	100	34	25	17	16	16	14	10		8	9	2	–	1	–	–	–	–	–	–	–	**2-(4′-Chlorophenoxy)-ethanol**		**D1686**
128	130	172	45	111	174	129	75	**172**	100	32	27	11	11	9	8	8		8	9	2	–	1	–	–	–	–	–	–	–	**2-(4′-Chlorophenoxy)-ethanol**		**Z1217**
128	130	172	64	45	75	111	174	**172**	100	36	25	14	14	12	11	10		8	9	2	–	1	–	–	–	–	–	–	–	**2-(2′-Chlorophenoxy)-ethanol**		**D1685**
128	143	144	115	129	141	172	116	**172**	100	90	45	43	41	30	24	19		12	12	1	–	–	–	–	–	–	–	–	–	**2,7-Ethanonaphth[2,3-b]oxirene, 1a,2,7,7a-tetrahydro-, (1aα,2α,7α,7aα)-**	54515-76-3	**S9250**
129	43	101	141	17	55	18	130	**172**	100	87	43	25	23	23	13	13	**0.00**	8	12	4	–	–	–	–	–	–	–	–	–	**2,5-Dihydro-2,5-dimethoxy-2-furyl methyl ketone**	13156-18-8	**R4304**
129	55	57	172	41	143	73	42	**172**	100	51	23	18	12	11	10	10		9	16	3	–	–	–	–	–	–	–	–	–	**2-Hydroxymethyl-1,4-dioxaspiro[4.5]decane**		**C2102**
129	97	81	112	98	141	140		**172**	100	78	37	31	23	11	6		**0.70**	8	12	4	–	–	–	–	–	–	–	–	–	**2-Acetoxymethyl-but-2-enoic acid**		**L7334**
129	115	130	128	172	131	143		**172**	100	53	48	44	37	36	35			13	16	–	–	–	–	–	–	–	–	–	–	**7,8-Benzbicyclo[4.2.1]nonane**		**M8262**
129	128	115	41	101	55	45	71	**172**	100	27	22	19	18	17	14	11	**0.00**	8	17	3	–	–	–	–	–	–	1	–	–	**1,3,2-Dioxaborinane, 2-(1-methylbutoxy)-**	55162-69-1	**T0487**
129	172	41	55	42	69	115	112	**172**	100	39	32	27	23	23	23	20		9	16	1	–	–	–	–	1	–	–	–	–	**1-Oxa-4-thiaspiro[4.4]nonane, 6,9-dimethyl-**	57156-88-4	**T4330**
129	172	130	128	91	115	81	77	**172**	100	88	85	67	50	49	33	25		13	16	–	–	–	–	–	–	–	–	–	–	**Benzene, 2-heptynyl-**	54725-17-6	**S9506**
130	84	41	43	45	57	58	55	**172**	100	60	59	33	30	24	24	23	**1.00**	8	16	2	2	–	–	–	–	–	–	–	–	**Carbazic acid, 3-pentylidene-, ethyl ester**	14702-38-6	**R5363**
130	128	129	131	115	172	116	127	**172**	100	65	50	42	27	24	10	10		12	12	1	–	–	–	–	–	–	–	–	–	**1,4-Ethanonaphthalen-2(1H)-one, 3,4-dihydro-**	13153-76-9	**R4295**
130	159	158	144	131	77	172	63	**172**	100	68	65	49	46	46	35	31		12	14	–	1	–	–	–	–	–	–	–	–	**2-Methyl-5-(4-methyl-pent-1-ynyl)-pyridine**		**L6112**
140	41	58	43	72	95	112	71	**172**	100	70	68	55	46	45	42	37	**1.10**	10	20	2	–	–	–	–	–	–	–	–	–	**1(R)-Ethoxy-3-trans-methoxy-5-cis-methylcyclohexane**		**15124**
140	81	108	71	59	53	27	141	**172**	100	96	88	75	68	62	48	47	**0.99**	8	12	4	–	–	–	–	–	–	–	–	–	**Dimethyl hex-2-en-1,6-dioate**		**C1017**
140	172	141	44	114	45	112	67	**172**	100	49	29	22	15	12	12	11		7	8	3	–	–	–	–	1	–	–	–	–	**2-Thiophenecarboxylic acid, 3-hydroxy-5-methyl-, methyl ester**	5556-22-9	**R1544**
141	140	59	41	113	53	43	54	**172**	100	88	82	76	63	38	36	25	**5.02**	8	12	4	–	–	–	–	–	–	–	–	–	**2-Butenedioic acid, 2,3-dimethyl-, dimethyl ester**	13314-92-6	**R4441**
142	99	172	63	90	126	144	114	**172**	100	91	88	72	63	39	32	31		6	5	2	2	1	–	–	–	–	–	–	–	**Aniline, 3-chloro-4-nitro-**	825-41-2	**Q4275**
142	129	42	113	70	84	30	58	**172**	100	99	72	45	35	25	24	23	**0.00**	7	12	3	2	–	–	–	–	–	–	–	–	**3-(2′-Hydroxyethyl)-5,5-dimethyl-hydantoin**		**06698**
143	41	55	61	29	83	67	82	**172**	100	93	83	81	71	68	66	61	**59.48**	10	20	–	–	–	–	–	1	–	–	–	–	**Cyclohexane, sec-butylthio-**		**Y2156**
143	128	144	141	115	129	172	116	**172**	100	82	65	55	48	46	45	27		12	12	1	–	–	–	–	–	–	–	–	–	**2,7-Ethanonaphth[2,3-b]oxirene, 1a,2,7,7a-tetrahydro-, (1aα,2β,7β,7aα)-**	54461-07-3	**S9127**
144	115	116	131	145	129	172	63	**172**	100	50	33	15	15	14	14	10		12	12	1	–	–	–	–	–	–	–	–	–	**5(6H)-Benzocyclooctenone, 7,8-dihydro-**	69576-87-0	**T7147**
144	115	172	116	145	89	28	143	**172**	100	83	58	31	11	10	9	8		12	12	1	–	–	–	–	–	–	–	–	–	**Ethyl naphthyl ether**		**03056**
144	143	28	172	89	29	90	39	**172**	100	80	65	65	60	51	44	42		10	8	1	2	–	–	–	–	–	–	–	–	**Formamide, N-(β-cyanostyryl)-**		**L7112**
144	143	28	172	89	29	90	39	**172**	100	98	80	78	73	63	54	51		10	8	1	2	–	–	–	–	–	–	–	–	**Formamide, N-(β-cyanostyryl)-**	23228-05-9	**S0119**
144	172	115	116	129	130	145	128	**172**	100	59	52	46	13	13	12	10		12	12	1	–	–	–	–	–	–	–	–	–	**2-Cyclohexen-1-one, 3-phenyl-**	10345-87-6	**R3778**
144	172	115	116	145	173	89	127	**172**	100	62	53	28	11	8	6	6		12	12	1	–	–	–	–	–	–	–	–	–	**Ethyl naphthyl ether**		**Z1208**
144	172	115	145	116	173	127	63	**172**	100	55	31	11	9	7	5	4		12	12	1	–	–	–	–	–	–	–	–	–	**Ethyl 2-naphthyl ether**		**Z1209**
157	45	172	129	59	39	99	69	**172**	100	91	78	65	63	56	53	39		8	12	–	–	–	–	–	2	–	–	–	–	**2-Ethyl-5-(ethylthio)thiophene**		**Y2405**
157	75	73	44	172				**172**	100	83	75	45	20					9	20	1	–	–	–	–	–	–	–	1	–	**1-tert-Butyl-1-trimethylsiloxy-ethylene**		**L9043**
157	75	73	55	83	45	29	113	**172**	100	90	56	42	42	22	17	15	**4.80**	8	16	2	–	–	–	–	–	–	–	1	–	**2-Butenoic acid, 2-methyl-, trimethylsilyl ester, (E)-**	55517-33-4	**T1288**
157	75	73	83	54	158	113	172	**172**	100	58	37	28	25	13	8	6		8	16	2	–	–	–	–	–	–	–	1	–	**2-Butenoic acid, 2-methyl-, trimethylsilyl ester, (E)-**	55517-33-4	**T1290**
157	79	63	129	65	172	159	53	**172**	100	55	53	47	46	38	33	29		8	9	2	–	1	–	–	–	–	–	–	–	**Benzene, 2-chloro-1,4-dimethoxy-**	2100-42-7	**Q7374**
157	80	79	81	41	95	109	159	**172**	100	65	40	32	30	30	30	30	**5.00**	10	17	–	–	1	–	–	–	–	–	–	–	**Bicyclo[2.2.1]heptane, 2-chloro-1,5,5-trimethyl-, exo-**	1126-28-9	**Q5448**
157	80	92	94	109	159	40	79	**172**	100	37	35	34	33	32	31	31	**3.00**	10	17	–	–	1	–	–	–	–	–	–	–	**Bicyclo[2.2.1]heptane, 2-chloro-2,5,5-trimethyl-, exo-**		**L5350**
157	80	93	95	41	79	110	159	**172**	100	37	35	33	32	32	32	32	**3.00**	10	17	–	–	1	–	–	–	–	–	–	–	**Bicyclo[2.2.1]heptane, 2-chloro-2,5,5-trimethyl-, exo-**	22768-99-6	**R9946**
157	142	128	172	141	115	158	28	**172**	100	32	16	16	12	10	10	8		13	16	–	–	–	–	–	–	–	–	–	–	**Benzene, 1-methyl-3-isopropylidenecyclopropyl-**	56701-42-9	**T4124**
157	142	129	172	115	158	141	128	**172**	100	62	30	25	23	21	21	17		13	16	–	–	–	–	–	–	–	–	–	–	**Cyclopropane, 1-(4-methylphenyl)-2-isopropylidene-**		**Y2186**
157	142	172	141	115	128	129	77	**172**	100	55	36	27	22	22	16	14		13	16	–	–	–	–	–	–	–	–	–	–	**Benzene, 2-(1,3-butadienyl)-1,3,5-trimethyl-**	5732-00-3	**R1712**
157	142	172	141	115	128	155	170	**172**	100	41	40	29	17	17	15	13		13	16	–	–	–	–	–	–	–	–	–	–	**Naphthalene, 1,2-dihydro-1,5,8-trimethyl-**	4506-36-9	**H1476**
157	142	172	141	115	158	39	77	**172**	100	43	26	20	13	12	9	8		13	16	–	–	–	–	–	–	–	–	–	–	**Naphthalene, 1,2-dihydro-1,1,6-trimethyl-**		**P3926**
157	142	172	141	158	115	128	143	**172**	100	45	39	27	15	14	13	12		13	16	–	–	–	–	–	–	–	–	–	–	**Naphthalene, 1,2-dihydro-1,5,8-trimethyl-**		**V0217**
157	142	172	141	158	128	115	143	**172**	100	44	40	29	18	17	17	16		13	16	–	–	–	–	–	–	–	–	–	–	**Naphthalene, 1,2-dihydro-1,5,8-trimethyl-**		**00103**

MASS TO CHARGE RATIOS								M.W.	INTENSITIES								Parent	C	H	O	N	Cl	Br	F	S	P	B	Si	X	COMPOUND NAME	CAS Reg No	No
157	142	172	141	173	116	78	44	**172**	100	42	33	19	14	11	8	7		13	16	–	–	–	–	–	–	–	–	–	–	Naphthalene, dihydro-trimethyl-		L6041
157	142	172	161	158	115	128	129	**172**	100	48	24	18	9	8	7	6		13	16	–	–	–	–	–	–	–	–	–	–	Naphthalene, 1,2-dihydro-3,8,8-trimethyl-		M1525
157	172	43	59	76	45	85	159	**172**	100	78	28	13	10	9	9	9		7	8	1	–	–	–	–	2	–	–	–	–	Acetone, 1-(5-methyl-3H-1,2-dithiol-3-ylidene)-	1005-55-6	Q5016
157	172	142	128	115	171	170	77	**172**	100	44	38	18	17	15	12	10		13	16	–	–	–	–	–	–	–	–	–	–	Naphthalene, 1,2-dihydro-2,5,7-trimethyl-	53156-03-9	S8331
157	172	142	141	115	128	77	143	**172**	100	59	36	26	15	14	12	11		13	16	–	–	–	–	–	–	–	–	–	–	Naphthalene, 1,2-dihydro-4,6,8-trimethyl-	53156-12-0	S8334
157	172	142	141	115	128	171	77	**172**	100	75	33	21	10	10	7	6		13	16	–	–	–	–	–	–	–	–	–	–	Naphthalene, 1,2-dihydro-4,5,7-trimethyl-	53156-11-9	S8333
157	172	142	141	115	158	128	143	**172**	100	46	41	26	13	13	13	12		13	16	–	–	–	–	–	–	–	–	–	–	Naphthalene, 1,2-dihydro-1,4,6-trimethyl-		V0314
157	172	142	141	128	115	171	143	**172**	100	76	32	28	18	17	14	13		13	16	–	–	–	–	–	–	–	–	–	–	Naphthalene, 1,2-dihydro-3,6,8-trimethyl-	53156-06-2	S8332
157	172	142	141	143	128	115	156	**172**	100	83	37	25	20	15	14	14		13	16	–	–	–	–	–	–	–	–	–	–	Naphthalene, 1,2-dihydro-3,5,8-trimethyl-		V0219
157	172	142	141	143	158	156	173	**172**	100	70	35	19	17	14	13	11		13	16	–	–	–	–	–	–	–	–	–	–	Naphthalene, 1,2-dihydro-2,5,8-trimethyl-	30316-23-5	09944
157	172	142	141	155	128	115	143	**172**	100	43	41	27	22	18	18	18		13	16	–	–	–	–	–	–	–	–	–	–	Naphthalene, 1,2-dihydro-2,5,8-trimethyl-		V0218
157	172	142	141	155	143	170	128	**172**	100	54	40	25	22	19	18	18		13	16	–	–	–	–	–	–	–	–	–	–	Naphthalene, 1,2-dihydro-2,5,8-trimethyl-		V0326
157	172	142	158	141	115	128	77	**172**	100	77	50	39	24	13	10	9		13	16	–	–	–	–	–	–	–	–	–	–	Naphthalene, 1,2-dihydro-1,1,6-trimethyl-		M3144
157	172	142	158	141	115	128	129	**172**	100	76	49	38	24	13	11	9		13	16	–	–	–	–	–	–	–	–	–	–	Naphthalene, 1,2-dihydro-1,1,6-trimethyl-		M5361
157	172	159	129	79	174	63	65	**172**	100	59	33	30	23	20	20	18		8	9	2	–	1	–	–	–	–	–	–	–	Benzene, 2-chloro-1,4-dimethoxy-		D1616
158	130	172	77	144	131	171	117	**172**	100	76	51	35	35	27	25	25		12	14	–	1	–	–	–	–	–	–	–	–	2-Methyl-5-(hex-1-ynyl)-pyridine		L6111
166	165	135	137	122	109	107	77	**172**	100	30	14	10	10	8	8	8	0.00	9	16	3	–	–	–	–	–	–	–	–	–	3,5-Dimethoxybenzaldehyde		L5793
171	90	116	172	117	89	170	173	**172**	100	97	60	59	54	48	22	21		9	8	–	4	–	–	–	–	–	–	–	–	5,6-Dihydro-s-triazolo[3,4-a]phthalazine		L8350
171	172	56	42	117	144	118	76	**172**	100	82	55	51	25	19	18	17		7	9	1	2	1	–	–	–	–	–	–	–	4(3H)-Pyrimidinone, 5-chloro-2-ethyl-6-methyl-		M2271
171	172	56	42	173	39	54	117	**172**	100	82	55	51	38	34	34	25		7	9	1	2	1	–	–	–	–	–	–	–	4(3H)-Pyrimidinone, 5-chloro-2-ethyl-6-methyl-	20551-33-1	R8720
172	28	127	155	32	173	126	63	**172**	100	84	51	44	22	13	12	9		11	8	2	–	–	–	–	–	–	–	–	–	2-Naphthoic acid		05066
172	56	42	174	117	144	76	89	**172**	100	67	62	34	31	23	21	10		7	9	1	2	1	–	–	–	–	–	–	–	4(3H)-Pyrimidinone, 5-chloro-2-ethyl-6-methyl-	20551-33-1	R8721
172	70	144	28	18	29	69	42	**172**	100	93	76	68	60	59	46	35		6	4	6	–	–	–	–	–	–	–	–	–	Tetrahydroxy-p-benzoquinone		01492
172	76	146	51	63	39	50	144	**172**	100	3	3	2	2	1	1	1		12	9	–	–	–	–	1	–	–	–	–	–	1,1′-Biphenyl, 2-fluoro-		L0597
172	87	101	141	86	63	113	144	**172**	100	40	37	32	25	20	19	14		11	8	2	–	–	–	–	–	–	–	–	–	Dec-4,6,8-triyn-2-enoic acid, methyl ester		D1451
172	90	63	126	174	142	99	52	**172**	100	80	33	33	33	29	27	17		6	5	2	2	1	–	–	–	–	–	–	–	Aniline, 2-chloro-4-nitro-	121-87-9	P9188
172	90	142	63	52	99	126	174	**172**	100	97	85	63	41	40	38	34		6	5	2	2	1	–	–	–	–	–	–	–	Aniline, 2-chloro-4-nitro-		D1504
172	91	43	55	108	41	57	65	**172**	100	60	40	25	25	20	17	14		7	8	3	–	–	–	–	1	–	–	–	–	Benzenesulphonic acid, 4-methyl-	104-15-4	P7702
172	91	107	65	108	39	89	77	**172**	100	85	33	25	18	14	10	10		7	8	3	–	–	–	–	1	–	–	–	–	Benzenesulphonic acid, 4-methyl-		D1290
172	91	107	65	108	77	155	123	**172**	100	98	43	31	27	16	6	2		7	8	3	–	–	–	–	1	–	–	–	–	Benzenesulphonic acid, 4-methyl-	104-15-4	P7705
172	92	156	65	108	39	64	63	**172**	100	87	87	62	46	19	12	10		6	8	2	2	–	–	–	1	–	–	–	–	Benzenesulphonamide, 4-amino	63-74-1	P5182
172	92	156	65	108	63	64	80	**172**	100	80	75	58	47	8	8	7		6	8	2	2	–	–	–	1	–	–	–	–	Benzenesulphonamide, 4-amino-	63-74-1	P5184
172	102	89	90	116	145	173	117	**172**	100	42	22	18	13	13	13	11		10	8	1	2	–	–	–	–	–	–	–	–	1H-Imidazole-2-carboxaldehyde, 4-phenyl-	56248-10-3	T3170
172	104	76	115	144	116	50	105	**172**	100	41	29	25	25	24	15	14		11	8	2	–	–	–	–	–	–	–	–	–	1,4-Naphthalenedione, 2-methyl-	58-27-5	P4911
172	109	65	157	93	39	63	81	**172**	100	80	66	57	53	31	22	15		7	8	3	–	–	–	–	1	–	–	–	–	2-Hydroxyphenyl methyl sulphone		03709
172	111	125	97	112	124	93	144	**172**	100	47	39	36	25	22	19	17		8	12	–	–	–	–	–	2	–	–	–	–	Thiophene, 3-(dihydro-3(2H)-thienylidene)tetrahydro-	40697-97-0	S6388
172	111	157	139	126	125	45	79	**172**	100	37	33	30	27	24	15	10		6	8	–	2	–	–	–	2	–	–	–	–	2,4-Bis(methylthio)pyrimidine		P1979
172	115	129	173	142	101	116	102	**172**	100	44	28	13	13	9	8	6		10	8	1	2	–	–	–	–	–	–	–	–	Quinoline-2-carboxaldehyde oxime		04617
172	115	129	173	142	101	116	171	**172**	100	41	24	13	12	9	8	6		10	8	1	2	–	–	–	–	–	–	–	–	Quinoline-2-carboxaldehyde oxime		L6080
172	126	99	63	90	28	174	128	**172**	100	91	62	55	47	39	32	28		6	5	2	2	1	–	–	–	–	–	–	–	Aniline, 4-chloro-2-nitro-		D0213
172	126	99	90	174	63	128	91	**172**	100	73	50	34	32	29	23	17		6	5	2	2	1	–	–	–	–	–	–	–	Aniline, 4-chloro-2-nitro-		03096
172	127	155	44	91	43	126	92	**172**	100	53	52	44	20	17	14	13		11	8	2	–	–	–	–	–	–	–	–	–	1-Naphthoic acid	86-55-5	H0150
172	127	155	126	173	115	63	77	**172**	100	46	43	14	13	9	9	8		11	8	2	–	–	–	–	–	–	–	–	–	1-Naphthoic acid		05065
172	129	128	171	173	115	127	39	**172**	100	56	30	12	12	11	11	7		11	12	–	2	–	–	–	–	–	–	–	–	Cinnoline, 4-ethyl-3-methyl-	20873-32-9	R8982
172	155	28	127	34	32	33	126	**172**	100	67	51	50	49	25	21	12		11	8	2	–	–	–	–	–	–	–	–	–	1-Naphthoic acid		Z1204
172	155	127	44	43	126	63	128	**172**	100	49	48	37	18	10	8	8		11	8	2	–	–	–	–	–	–	–	–	–	2-Naphthoic acid		L0300
172	155	127	44	43	126	77	63	**172**	100	49	48	37	18	10	9	8		11	8	2	–	–	–	–	–	–	–	–	–	2-Naphthoic acid	93-09-4	H0181
172	156	92	65	108	173	157	63	**172**	100	70	53	33	27	6	5	4		6	8	2	2	–	–	–	1	–	–	–	–	Benzenesulphonamide, 4-amino-	63-74-1	P5183
172	156	173	128	155	77	42	86	**172**	100	10	8	8	7	5	4	4		11	12	–	2	–	–	–	–	–	–	–	–	2-Propenenitrile, 3-[4-(dimethylamino)phenyl]-	32444-63-6	S3661
172	157	129	128	115	171	173	158	**172**	100	30	24	21	14	13	13	8		12	12	1	–	–	–	–	–	–	–	–	–	1-Naphthol, 5,7-dimethyl-		U0138
172	157	129	128	173	171	115	127	**172**	100	27	23	22	14	13	13	8		12	12	1	–	–	–	–	–	–	–	–	–	1-Naphthol, 6,7-dimethyl-		U0139
172	157	131	128	171	55	129	173	**172**	100	46	32	28	23	16	15	15		12	12	1	–	–	–	–	–	–	–	–	–	Benzofuran, 2-isopropenyl-3-methyl-	23911-58-2	S0392
172	157	174	129	159	131			**172**	100	35	34	20	12	7				8	9	2	–	1	–	–	–	–	–	–	–	3,4-Dimethoxy-chlorobenzene		L9859
172	171	76	130	50	77	144	117	**172**	100	59	27	20	17	16	15	14		11	12	–	2	–	–	–	–	–	–	–	–	Quinoxaline, 2-ethyl-3-methyl-	37920-99-3	S5623
172	171	131	144	146	77	51	173	**172**	100	50	39	25	19	16	15	14		9	8	–	4	–	–	–	–	–	–	–	–	N,N′-dicyano-4-methyl-3-phenylene diamine		D1313
172	171	144	115	63	143	116	173	**172**	100	68	56	53	19	15	15	14		11	8	2	–	–	–	–	–	–	–	–	–	1-Formyl-2-hydroxy-naphthalene		D1671

MASS TO CHARGE RATIOS								M.W.	INTENSITIES								Parent	C	H	O	N	Cl	Br	F	S	P	B	Si	X	COMPOUND NAME	CAS Reg No	No
172	171	170	173	85	86	73	133	**172**	100	29	19	13	9	6	5	3		12	9	–	–	–	–	1	–	–	–	–	–	1,1′-Biphenyl, 4-fluoro-		Z1207
172	171	170	173	85	146	75	151	**172**	100	35	22	13	7	5	5	5		12	9	–	–	–	–	1	–	–	–	–	–	1,1′-Biphenyl, 2-fluoro-	321-60-8	Q0489
172	171	173	157	130	158			**172**	100	17	14	10	7	6				11	12	–	2	–	–	–	–	–	–	–	–	2,4,7-Trimethyl-1,8-naphthyridine		01149
172	174	65	64	39	63	38	37	**172**	100	97	54	38	35	32	22	14		6	5	1	–	–	1	–	–	–	–	–	–	Phenol, 2-bromo-	95-56-7	H0203
172	174	65	64	63	93	39	173	**172**	100	98	28	21	12	10	9	7		6	5	1	–	–	1	–	–	–	–	–	–	Phenol, 2-bromo-		Z1206
172	174	65	64	63	93	92	143	**172**	100	95	61	42	28	15	10	3		6	5	1	–	–	1	–	–	–	–	–	–	Phenol, 2-bromo-		L6036
172	174	65	93	39	18	63	173	**172**	100	97	38	34	14	10	10	7		6	5	1	–	–	1	–	–	–	–	–	–	Phenol, 3-bromo-		Z1210
172	174	65	93	39	62	87	63	**172**	100	99	64	51	28	27	25	15		6	5	1	–	–	1	–	–	–	–	–	–	Phenol, 4-bromo-		D1073
172	174	65	93	39	63	38	86	**172**	100	97	49	28	21	11	8	8		6	5	1	–	–	1	–	–	–	–	–	–	Phenol, 4-bromo-		C0762
172	174	65	93	63	64	87	86	**172**	100	98	49	46	12	8	6	6		6	5	1	–	–	1	–	–	–	–	–	–	Phenol, 3-bromo-		L6034
172	174	137	102	101	139	75	68	**172**	100	64	55	23	21	18	12	12		8	6	–	–	2	–	–	–	–	–	–	–	2,5-Dichlorostyrene		Z1201
173	175	158	172	174	201	200	160	**172**	100	28	16	9	7	5	5	5		7	9	1	2	1	–	–	–	–	–	–	–	Hydrazine, (2-chloro-5-methoxyphenyl)-	69833-19-8	T7449
174	93	95	172	176	91	79	81	**172**	100	78	64	51	48	13	12	12		1	2	–	–	–	2	–	–	–	–	–	–	Methane, dibromo-		A0121
174	93	95	172	176	91	81	79	**172**	100	96	84	53	50	11	9	9		1	2	–	–	–	2	–	–	–	–	–	–	Methane, dibromo-	74-95-3	P5544
174	172	93	39	63	65	38	64	**172**	100	98	46	39	34	27	24	20		6	5	1	–	–	1	–	–	–	–	–	–	Phenol, 4-bromo-		00165
30	43	100	44	72	130	42	56	**173**	100	66	46	24	23	22	16	13	**6.00**	8	15	3	1	–	–	–	–	–	–	–	–	Methyl N-acetyl-5-aminopentanoate		M5891
30	57	41	44	131	29	85	43	**173**	100	46	32	30	24	23	22	19	**0.29**	8	15	3	1	–	–	–	–	–	–	–	–	Glycine, N-(3-methyl-1-oxobutyl)-, methyl ester	56009-37-1	T2548
30	114	45	41	44	55	86	143	**173**	100	12	8	5	5	4	4	3	**0.52**	9	19	2	1	–	–	–	–	–	–	–	–	Nonanoic acid, 9-amino-		D1142
30	131	57	85	41	44	29	90	**173**	100	71	64	42	35	33	29	24	**3.00**	8	15	3	1	–	–	–	–	–	–	–	–	Glycine, N-(3-methyl-1-oxobutyl)-, methyl ester	56009-37-1	T2549
41	39	56	28	27	18	42	70	**173**	100	87	85	68	62	57	53	52	**5.91**	8	12	1	1	1	–	–	–	–	–	–	–	Acetamide, N,N-diallyl-2-chloro-	93-71-0	P6801
41	56	39	70	42	49	138	55	**173**	100	65	65	50	49	47	39	34	**10.01**	8	12	1	1	1	–	–	–	–	–	–	–	Acetamide, N,N-diallyl-2-chloro-	93-71-0	P6802
43	41	27	29	55	42	39	70	**173**	100	57	53	43	35	34	27	26	**0.00**	8	15	3	1	–	–	–	–	–	–	–	–	2-Octanone, 1-nitro-	16067-01-9	R6014
43	44	114	42	45	173	131	87	**173**	100	29	28	22	22	18	11	10		7	11	2	1	–	–	–	1	–	–	–	–	2-Propenethioamide, 3-(acetyloxy)-N,N-dimethyl-, (E)-	52118-16-8	S7875
43	55	41	71	69	57	44	85	**173**	100	67	67	58	46	35	32	32	**11.30**	5	8	–	5	1	–	–	–	–	–	–	–	1,3,5-Triazine-2,4-diamine, 6-chloro-N-ethyl-	1007-28-9	Q5038
43	57	41	71	85	55	56	70	**173**	100	71	40	38	28	28	19	18	**0.50**	10	23	1	1	–	–	–	–	–	–	–	–	Hydroxylamine, O-decyl-		02539
43	69	41	55	109	83	39	71	**173**	100	32	22	13	11	7	6	6	**0.00**	8	15	3	1	–	–	–	–	–	–	–	–	2-Heptanone, 6-methyl-5-nitro-	66972-02-9	T6717
43	86	68	129	85	41	128	28	**173**	100	65	35	27	21	20	15	14	**0.60**	7	11	4	1	–	–	–	–	–	–	–	–	N-Acetyl-L-hydroxyproline		06261
43	99	57	86	44	41	60	30	**173**	100	89	50	39	39	39	36	33	**2.66**	8	15	3	1	–	–	–	–	–	–	–	–	L-Isoleucine, N-acetyl-		03454
44	43	173	68	158	145	42	69	**173**	100	87	50	48	47	34	25	23		5	8	–	5	1	–	–	–	–	–	–	–	1,3,5-Triazine-2,4-diamine, 6-chloro-N-ethyl-	1007-28-9	Q5037
45	72	117	46	73	44	59	173	**173**	100	56	53	47	44	21	16	13		5	7	2	3	–	–	–	1	–	–	–	–	4-Ethoxycarbonylamino-1,2,3-thiadiazole		M0722
57	86	43	128	41	142	85	44	**173**	100	97	95	31	24	22	18	17	**10.00**	10	23	1	1	–	–	–	–	–	–	–	–	N,N-Diisopropyl-2,2,2-trimethylacetamide		M7831
69	147	81	150	169	77	66	73	**173**	100	26	12	8	7	5	4	3	**0.00**	4	10	1	1	–	–	3	–	–	–	1	–	Hydroxylamine, N-trifluoro-O-trimethylsilyl-		L4638
72	58	70	42	115	44	71	43	**173**	100	88	20	16	15	12	11	11	**0.02**	9	23	–	3	–	–	–	–	–	–	–	–	1,2-Ethanediamine, N-[2-(dimethylamino)ethyl]-N,N′,N′-trimethyl-		D0877
72	58	115	70	71	42	102	103	**173**	100	62	19	12	9	7	5	5	**0.00**	9	23	–	3	–	–	–	–	–	–	–	–	1,2-Ethanediamine, N-[2-(dimethylamino)ethyl]-N,N′,N′-trimethyl-	3030-47-5	Q8939
72	114	43	88	28	99	55	15	**173**	100	67	51	45	43	23	16	12	**1.50**	8	15	3	1	–	–	–	–	–	–	–	–	DL-Valine, N-acetyl-, methyl ester	52152-47-3	S7881
72	114	88	43	99	60	55	89	**173**	100	88	46	29	24	12	11	8	**1.02**	8	15	3	1	–	–	–	–	–	–	–	–	DL-Valine, N-acetyl-, methyl ester	52152-47-3	S7882
84	55	41	85	42	173	56	116	**173**	100	88	68	64	64	35	32	31		9	19	–	1	–	–	–	1	–	–	–	–	Piperidine, N-butylthio-		M1288
85	114	69	41	28	29	57	46	**173**	100	91	44	33	32	29	27	26	**1.00**	8	15	3	1	–	–	–	–	–	–	–	–	Isoleucine, N-formyl-, methyl ester		L1609
86	43	128	30	117	74	99	44	**173**	100	76	34	30	22	21	20	19	**6.30**	8	15	3	1	–	–	–	–	–	–	–	–	Norleucine, N-acetyl-		06256
86	43	128	44	117	99	30	74	**173**	100	73	40	38	36	32	26	21	**3.80**	8	15	3	1	–	–	–	–	–	–	–	–	DL-Leucine, N-acetyl-		06257
86	70	116	81	82	79	80	41	**173**	100	95	82	76	70	62	60	54	**37.00**	9	19	2	1	–	–	–	–	–	–	–	–	L-Alanine, N-isopropyl-, isopropyl ester	56805-00-6	09669
90	77	173	76	91	63	89	104	**173**	100	52	47	39	35	33	32	32		9	7	1	3	–	–	–	–	–	–	–	–	1,2,4-Triazole-3-carboxaldehyde, 5-phenyl-	26899-64-9	09681
91	173	172	92	145	130	65	144	**173**	100	30	28	17	13	12	9	7		12	15	–	1	–	–	–	–	–	–	–	–	Benzenehexanenitrile	17777-31-0	R7183
94	42	31	28	50	47	44	43	**173**	100	43	17	14	11	11	11	10	**6.00**	2	6	–	1	–	1	1	–	1	–	–	–	Phosphine, (dimethylamino)bromofluoro-		L4069
99	43	117	86	57	128	28	41	**173**	100	68	52	43	40	38	24	24	**2.70**	8	15	3	1	–	–	–	–	–	–	–	–	DL-Isoleucine, N-acetyl-		06258
99	43	117	86	57	128	41	30	**173**	100	94	52	45	37	32	27	26	**0.00**	8	15	3	1	–	–	–	–	–	–	–	–	D-Alloisoleucine, N-acetyl-		03455
100	72	56	44	42	30	58	57	**173**	100	83	45	40	29	14	8	6	**0.23**	7	15	2	3	–	–	–	–	–	–	–	–	Urea, triethylnitroso-	50285-70-6	S7266
105	77	173	51	78	50	103	39	**173**	100	94	66	56	32	24	23	23		11	11	1	1	–	–	–	–	–	–	–	–	Isoxazole, 3-ethyl-5-phenyl-		05574
114	43	44	173	42	131	87	45	**173**	100	96	80	73	56	40	32	30		7	11	2	1	–	–	–	1	–	–	–	–	2-Propenethioamide, 3-(acetyloxy)-N,N-dimethyl-, (Z)-	41783-61-3	S6729
114	69	44	43	46	72	41	28	**173**	100	45	41	38	34	34	24	23	**2.00**	8	15	3	1	–	–	–	–	–	–	–	–	Leucine, N-formyl-, methyl ester		L1608
115	173	156	128	101	63	75	89	**173**	100	97	92	77	28	27	26	24		10	7	2	1	–	–	–	–	–	–	–	–	Pyridine, 2-benzoyl-		C1740
117	41	57	55	42	43	56	173	**173**	100	97	86	45	38	36	29	25		9	19	–	1	–	–	–	1	–	–	–	–	Piperidine, N-tert-butylthio-		M1289
117	45	73	72	58	46	101	44	**173**	100	99	97	95	93	89	60	28	**7.00**	5	7	2	3	–	–	–	1	–	–	–	–	5-Ethoxycarbonylamino-1,2,3-thiadiazole		M0723

MASS TO CHARGE RATIOS								M.W.	INTENSITIES								Parent	C	H	O	N	Cl	Br	F	S	P	B	Si	X	COMPOUND NAME	CAS Reg No	No
117	116	91	145	115	77	103	144	**173**	100	98	79	54	48	39	37	25	**7.14**	12	15	–	1	–	–	–	–	–	–	–	–	**Butanenitrile, 2-ethyl-2-phenyl-**		**D0574**
117	126	41	58	173	131	144	90	**173**	100	27	16	13	13	11	9	7		7	11	–	1	–	–	–	2	–	–	–	–	**Thiazole, 2-(butylthio)-**	69390-08-5	**T7057**
118	100	84	173	99	114	131	158	**173**	100	60	45	45	31	15	3	3		8	15	3	1	–	–	–	–	–	–	–	–	**Butyl N-acetamidoacetate**		**P1481**
127	73	129	100	128	93	92	30	**173**	100	51	42	35	29	27	25	24	**10.00**	5	4	2	3	1	–	–	–	–	–	–	–	**Pyridine, 5-chloro-2-nitramino-**		**M2362**
127	73	129	100	128	93	101	92	**173**	100	51	42	35	29	27	26	25	**10.01**	5	4	2	3	1	–	–	–	–	–	–	–	**Pyridine, 5-chloro-2-nitramino-**	31396-27-7	**S3274**
127	115	173	126	77	51	75	63	**173**	100	83	43	38	36	22	20	17		10	7	2	1	–	–	–	–	–	–	–	–	**Naphthalene, 1-nitro-**	86-57-7	**P6319**
127	115	173	126	77	145	75	101	**173**	100	85	47	35	27	19	19	18		10	7	2	1	–	–	–	–	–	–	–	–	**Naphthalene, 1-nitro-**		**D0137**
127	173	115	126	77	75	101	51	**173**	100	40	38	23	22	15	13	13		10	7	2	1	–	–	–	–	–	–	–	–	**Naphthalene, 2-nitro-**		**D0755**
127	173	115	126	77	101	75	128	**173**	100	41	38	22	22	14	14	13		10	7	2	1	–	–	–	–	–	–	–	–	**Naphthalene, 2-nitro-**		**M6006**
127	173	115	126	77	129	128	75	**173**	100	80	65	25	18	16	15	12		10	7	2	1	–	–	–	–	–	–	–	–	**Naphthalene, 1-nitro-**	86-57-7	**P6318**
128	30	101	129	44	130	39	103	**173**	100	95	95	40	39	36	35	31	**0.00**	5	4	2	3	1	–	–	–	–	–	–	–	**Pyridine, 5-chloro-2-nitramino-**	31396-27-7	**S3273**
129	128	102	173	101	75	51	50	**173**	100	25	21	18	17	16	15	12		10	7	2	1	–	–	–	–	–	–	–	–	**2-Quinolinecarboxylic acid**	93-10-7	**P6765**
129	141	158	128	127	115	157	142	**173**	100	92	65	45	38	19	18	17	**0.00**	11	11	1	1	–	–	–	–	–	–	–	–	**Hydroxylamine, O-α-naphthylmethyl-**		**00305**
129	173	128	115	156	102	75	51	**173**	100	61	58	54	46	45	34	32		10	7	2	1	–	–	–	–	–	–	–	–	**1-Naphthol, 2-nitroso-**	132-53-6	**P9620**
129	173	128	115	156	102	75	51	**173**	100	61	58	54	45	44	34	31		10	7	2	1	–	–	–	–	–	–	–	–	**2-Naphthol, 1-nitroso-**		**L3182**
130	129	115	104	28	128	131	173	**173**	100	60	46	44	40	39	33	31		12	15	–	1	–	–	–	–	–	–	–	–	**Aziridine, 1-(1,2,3,4-tetrahydro-2-naphthyl)-**	23853-53-4	**H1867**
130	158	173	131	74	77	115	103	**173**	100	67	60	58	20	12	7	7		12	15	–	1	–	–	–	–	–	–	–	–	**3-Methyl-3-isopropylindolenine**		**L2184**
130	173	77	117	93	51	41	172	**173**	100	68	48	21	15	14	12	12		12	15	–	1	–	–	–	–	–	–	–	–	**Aniline, N-cyclohexylidene-**		**D0317**
130	173	77	131	103	43	51	102	**173**	100	18	13	9	7	5	4	4		11	11	1	1	–	–	–	–	–	–	–	–	**Acetone, 1-(1H-indol-3-yl)-**	1201-26-9	**Q5742**
130	173	129	115	144	128	77	103	**173**	100	67	53	37	30	26	18	16		11	11	1	1	–	–	–	–	–	–	–	–	**1,5-Methano-3-oxo-2,3,4,5-tetrahydro-1H-2-benzazepine**		**M0681**
130	173	131	77	103	129	43	102	**173**	100	32	19	16	11	9	7	6		11	11	1	1	–	–	–	–	–	–	–	–	**Acetone, 1-(1H-indol-3-yl)-**	1201-26-9	**Q5741**
130	173	143	131	117	171	144	118	**173**	100	31	28	23	16	13	13	7		12	15	–	1	–	–	–	–	–	–	–	–	**Carbazole, 1,2,3,4,4a,9a-hexahydro-**		**D1648**
134	173	105	158	172	77	79	132	**173**	100	53	27	22	13	11	11	11		12	15	–	1	–	–	–	–	–	–	–	–	**2,6-Xylidine, N-methyl-N-2-propynyl-**	31078-98-5	**S3165**
138	110	63	90	39	173	83	76	**173**	100	53	45	44	43	38	20	19		6	4	1	1	1	–	–	1	–	–	–	–	**Aniline, 2-chloro-N-sulphinyl-**		**L2766**
138	110	173	63	90	127	39	83	**173**	100	54	48	45	44	36	29	20		6	4	1	1	1	–	–	1	–	–	–	–	**Aniline, 2-chloro-N-sulphinyl-**	5464-64-2	**R1470**
138	173	90	63	110	39	64	127	**173**	100	54	54	54	49	31	29	23		6	4	1	1	1	–	–	1	–	–	–	–	**Aniline, 4-chloro-N-sulphinyl-**		**02208**
138	173	110	90	63	39	45	99	**173**	100	63	56	52	48	33	25	24		6	4	1	1	1	–	–	1	–	–	–	–	**Aniline, 3-chloro-N-sulphinyl-**		**L2765**
138	173	110	90	63	39	45	175	**173**	100	63	56	52	48	33	25	24		6	4	1	1	1	–	–	1	–	–	–	–	**Aniline, 3-chloro-N-sulphinyl-**		**02207**
141	38	127	129	156	158	155	128	**173**	100	44	35	32	23	22	22	19	**4.30**	11	11	1	1	–	–	–	–	–	–	–	–	**2-Aminoxymethylnaphthalene**		**02553**
142	174	143	172	86	173			**173**	100	13	9	5	4	3				10	23	1	1	–	–	–	–	–	–	–	–	**Ethanol, 2-(dibutylamino)-**	102-81-8	**P7568**
143	173	63	99	107	62	73	30	**173**	100	99	74	68	50	41	40	36		6	4	3	1	1	–	–	–	–	–	–	–	**Phenol, 2-chloro-4-nitro-**	619-08-9	**Q2979**
144	130	129	115	77	173	83	51	**173**	100	21	15	14	8	7	6	5		12	15	–	1	–	–	–	–	–	–	–	–	**1,4-Ethanoisoquinoline, 1,2,3,4-tetrahydro-2-methyl-**	63385-90-0	**T6256**
144	130	173	145	131	158	78	77	**173**	100	55	45	30	20	15	15	15		12	15	–	1	–	–	–	–	–	–	–	–	**3-Methyl-3-propylindolenine**		**L2185**
144	145	130	158	173	172	77	115	**173**	100	80	50	47	40	30	28	27		12	15	–	1	–	–	–	–	–	–	–	–	**2-Ethyl-3,3-dimethylindolenine**		**01435**
145	144	117	130	118	115	146	91	**173**	100	55	46	20	18	12	10	9	**2.00**	11	11	1	1	–	–	–	–	–	–	–	–	**2H-1,4-Ethanoquinolin-3(4H)-one**	24562-79-6	**S0673**
145	144	117	130	118	146	91	77	**173**	100	54	50	24	24	20	10	8	**4.00**	11	11	1	1	–	–	–	–	–	–	–	–	**2H-1,4-Ethanoquinolin-3(4H)-one**		**M3800**
145	173	117	147	28	175	29	27	**173**	100	54	34	33	22	18	13	12		6	8	1	3	1	–	–	–	–	–	–	–	**5-Pyrimidinamine, 2-chloro-4-ethoxy-**	54484-70-7	**S9168**
156	173	129	157	116	115	128	89	**173**	100	60	23	18	17	13	13	11		11	11	1	1	–	–	–	–	–	–	–	–	**Quinoline, 2,3-dimethyl-, 1-oxide**	14300-11-9	**R5118**
156	173	130	115	102	128	157	51	**173**	100	93	78	71	68	58	57	41		10	7	2	1	–	–	–	–	–	–	–	–	**1-Naphthol, 2-nitroso-**		**L3171**
156	173	157	129	115	114	128	77	**173**	100	71	52	32	27	26	21	15		11	11	1	1	–	–	–	–	–	–	–	–	**Quinoline, 2,4-dimethyl-, 1-oxide**	14300-12-0	**R5120**
156	173	157	129	116	115	128	174	**173**	100	71	19	18	13	10	10	8		11	11	1	1	–	–	–	–	–	–	–	–	**Quinoline, 2,4-dimethyl-, 1-oxide**	14300-12-0	**R5119**
158	130	173	159	115	156	91	103	**173**	100	21	19	13	11	11	9	9		12	15	–	1	–	–	–	–	–	–	–	–	**4H-Pyrrolo[3,2,1-ij]quinoline, 1,2,5,6-tetrahydro-4-methyl-**	40135-99-7	**S6229**
158	159	157	173	115	39	79	77	**173**	100	14	8	7	6	6	5	4		12	15	–	1	–	–	–	–	–	–	–	–	**Quinoline, 1,2-dihydro-2,2,4-trimethyl-**	147-47-7	**H0663**
158	173	103	117	89	77	63	104	**173**	100	95	48	27	23	21	15	15		11	11	1	1	–	–	–	–	–	–	–	–	**Oxazole, 5-ethyl-4-phenyl-**	20662-91-3	**R8838**
158	173	103	117	89	77	174	104	**173**	100	95	48	27	23	21	15	15		11	11	1	1	–	–	–	–	–	–	–	–	**Oxazole, 5-ethyl-4-phenyl-**		**02098**
158	173	107	106	143	91			**173**	100	66	55	42	14	10				12	15	–	1	–	–	–	–	–	–	–	–	**p-Toluidine, N-(1,1-dimethyl-2-propynyl)-**	14465-52-2	**R5215**
158	173	130	77	103	50	172	159	**173**	100	89	61	30	23	13	13	12		11	11	1	1	–	–	–	–	–	–	–	–	**Indole, 2-acetyl-3-methyl-**	16244-23-8	**R6092**
158	173	130	77	103	172	51	159	**173**	100	90	61	30	23	13	13	12		11	11	1	1	–	–	–	–	–	–	–	–	**Indole, 2-acetyl-3-methyl-**		**L3216**
158	173	130	118	117	115	77	91	**173**	100	27	12	11	11	10	4	4		12	15	–	1	–	–	–	–	–	–	–	–	**Indole, 3-tert-butyl-**		**L2177**
158	173	130	156	77	27	159	103	**173**	100	82	65	40	25	17	14	13		11	11	1	1	–	–	–	–	–	–	–	–	**Indolizine, 3-acetyl-5-methyl-**	31108-61-9	**S3206**
158	173	130	172	156	115	143	91	**173**	100	50	45	30	21	18	15	14		12	15	–	1	–	–	–	–	–	–	–	–	**4H-Pyrrolo[3,2,1-ij]quinoline, 1,2,5,6-tetrahydro-6-methyl-**	40135-93-1	**S6226**
158	173	143	159	157	115	172	156	**173**	100	34	19	13	8	8	7	5		12	15	–	1	–	–	–	–	–	–	–	–	**1H-Indole, 2,3-dihydro-1,3,3-trimethyl-2-methylene-**	118-12-7	**P8952**
158	173	144	143	130	115	159	145	**173**	100	35	34	30	24	22	18	16		12	15	–	1	–	–	–	–	–	–	–	–	**3,3-Diethylindolenine**		**L2187**
158	173	145	117	77	115	172	91	**173**	100	68	50	25	21	20	18	16		12	15	–	1	–	–	–	–	–	–	–	–	**3-Ethyl-2,3-dimethylindolenine**		**01433**
158	173	159	143	117	130	174	157	**173**	100	44	13	12	9	7	6	6		12	15	–	1	–	–	–	–	–	–	–	–	**Indole, 2-tert-butyl-**		**M5740**
160	128	130	146	161	145	109	117	**173**	100	35	34	28	26	25	23	23	**0.00**	11	11	1	1	–	–	–	–	–	–	–	–	**5-Azatricyclo[7.2.0.0(1,4)]undeca-2,5,7,10-tetraene, 6-methoxy-**	56909-00-3	**T4256**

MASS TO CHARGE RATIOS								M.W.	INTENSITIES								Parent	C	H	O	N	Cl	Br	F	S	P	B	Si	X	COMPOUND NAME	CAS Reg No	No
173	54	26	129	103	64	91	117	**173**	100	34	21	20	19	16	15	15		10	7	2	1	–	–	–	–	–	–	–	–	Maleimide, N-phenyl-	941-69-5	**Q4761**
173	54	27	129	26	174	103	64	**173**	100	20	14	12	11	11	10	7		10	7	2	1	–	–	–	–	–	–	–	–	Maleimide, N-phenyl-	941-69-5	**Q4760**
173	54	27	129	174	26	103	117	**173**	100	20	14	12	11	11	10	7		10	7	2	1	–	–	–	–	–	–	–	–	Maleimide, N-phenyl-		**05770**
173	54	103	129	26	51	77	91	**173**	100	32	30	30	20	16	16	16		10	7	2	1	–	–	–	–	–	–	–	–	2(5H)-Furanone, 5-(phenylimino)-	19990-26-2	**R8451**
173	54	129	103	26	117	91	77	**173**	100	32	30	30	20	16	16	16		10	7	2	1	–	–	–	–	–	–	–	–	2(5H)-Furanone, 5-(phenylimino)-		**05776**
173	54	129	103	39	117	26	91	**173**	100	37	35	30	29	23	21	21		10	7	2	1	–	–	–	–	–	–	–	–	2(5H)-Furanone, 5-(phenylimino)-	19990-26-2	**R8452**
173	68	142	28	100	45	114	31	**173**	100	72	67	63	29	26	19	19		6	7	3	1	–	–	–	1	–	–	–	–	Acetic acid, (4-oxo-2-thiazolidinylidene)-, methyl ester	56196-66-8	**T2990**
173	77	104	105	68	103	78	115	**173**	100	50	50	50	28	15	14	14		11	11	1	1	–	–	–	–	–	–	–	–	Isoxazole, 3,4-dimethyl-5-phenyl-	37503-18-7	**S5501**
173	89	172	117	90	145	118	144	**173**	100	39	37	29	26	19	18	18		9	7	1	3	–	–	–	–	–	–	–	–	1,2,3-Triazole-4-carboxaldehyde, 5-phenyl-		**P1549**
173	104	103	77	78	43	105	51	**173**	100	62	21	21	18	18	16	13		11	11	1	1	–	–	–	–	–	–	–	–	Oxazole, 2,5-dimethyl-4-phenyl-		**02099**
173	117	89	145	63	116	39	90	**173**	100	40	27	26	19	15	12	12		10	7	2	1	–	–	–	–	–	–	–	–	2-Quinolinecarboxaldehyde, 8-hydroxy-		**04650**
173	117	89	145	63	116	90	144	**173**	100	40	27	25	19	14	12	11		10	7	2	1	–	–	–	–	–	–	–	–	2-Quinolinecarboxaldehyde, 8-hydroxy-		**L6078**
173	117	89	145	63	116	90	144	**173**	100	39	27	27	20	15	12	12		10	7	2	1	–	–	–	–	–	–	–	–	2-Quinolinecarboxaldehyde, 8-hydroxy-	14510-06-6	**R5255**
173	130	77	174	51	103	158	63	**173**	100	84	19	15	13	12	11	9		11	11	1	1	–	–	–	–	–	–	–	–	Quinoline, 6-methoxy-4-methyl-	41037-26-7	**S6521**
173	130	144	172	158	145	117	77	**173**	100	22	20	20	15	15	8	5		11	11	1	1	–	–	–	–	–	–	–	–	8-Quinolinol, 4-ethyl-		**D0309**
173	130	158	174	77	103	51	131	**173**	100	52	41	15	12	11	6	6		11	11	1	1	–	–	–	–	–	–	–	–	Quinoline, 6-methoxy-2-methyl-	1078-28-0	**Q5252**
173	144	130	158	77	131	51	115	**173**	100	52	43	25	16	13	13	12		11	11	1	1	–	–	–	–	–	–	–	–	2-Quinolinol, 3,4-dimethyl-		**01461**
173	144	130	158	77	131	115	51	**173**	100	51	43	24	17	14	14	13		11	11	1	1	–	–	–	–	–	–	–	–	2-Quinolinol, 3,4-dimethyl-		**L2100**
173	172	158	115	174	157	85	156	**173**	100	80	59	14	13	13	11	10		12	15	–	1	–	–	–	–	–	–	–	–	1,2,3,7-Tetramethylindole		**M5475**
173	175	67	18	94	17	28	52	**173**	100	99	40	37	35	27	27	15		4	4	–	3	–	1	–	–	–	–	–	–	2-Pyrimidinamine, 5-bromo-	7752-82-1	**R3461**
29	59	55	129	42	43	101	27	**174**	100	89	68	65	64	52	43	40	**0.00**	8	14	4	–	–	–	–	–	–	–	–	–	Pentanedioic acid, ethyl methyl diester	51503-30-1	**S7683**
29	129	74	56	57	28	27	102	**174**	100	45	44	23	23	23	20	19	**13.51**	8	14	4	–	–	–	–	–	–	–	–	–	Propanedioic acid, methyl-, diethyl ester	609-08-5	**Q2778**
30	29	42	15	28	43	41	100	**174**	100	53	36	26	25	23	21	13	**0.03**	3	6	3	6	–	–	–	–	–	–	–	–	Cyclotrimethylenetrinitrosamine		**L2369**
41	29	87	73	174	45	72	39	**174**	100	98	96	73	64	64	50	46		8	14	2	–	–	–	–	1	–	–	–	–	Propanoic acid, 3-(2-propenylthio)-, ethyl ester		**05587**
41	39	117	58	107	67	174	57	**174**	100	14	13	11	11	10	8	8		5	6	1	–	1	–	3	–	–	–	–	–	Allyl (2-chloro-1,1,2-trifluoroethyl) ether		**A0401**
41	43	55	56	70	69	57	47	**174**	100	80	73	55	51	43	38	37	**11.51**	10	22	–	–	–	–	–	1	–	–	–	–	1-Decanethiol	143-10-2	**H0657**
41	43	55	70	56	69	83	57	**174**	100	93	92	74	71	60	51	44	**28.78**	10	22	–	–	–	–	–	1	–	–	–	–	1-Decanethiol		**Y2086**
41	55	56	84	57	54	83	53	**174**	100	80	44	35	32	17	15	12	**0.00**	9	18	1	–	–	–	–	1	–	–	–	–	2H-Pyran, 2-(tert-butylthio)tetrahydro-	1927-53-3	**Q7065**
41	55	69	60	45	43	39	73	**174**	100	87	74	71	62	44	43	38	**0.00**	8	14	4	–	–	–	–	–	–	–	–	–	Octanedioic acid	505-48-6	**Q1406**
42	43	131	84	41	57	85	86	**174**	100	95	63	40	39	27	25	19	**6.74**	8	18	2	2	–	–	–	–	–	–	–	–	Di-isobutyl nitramine		**03854**
42	174	117	89	176	118	88	90	**174**	100	71	62	45	23	7	4	4		6	7	2	2	1	–	–	–	–	–	–	–	Uracil, N,N′-dimethyl-5-chloro-		**16615**
43	28	71	72	55	61	99	87	**174**	100	24	13	9	8	7	6	6	**0.00**	8	14	4	–	–	–	–	–	–	–	–	–	1,3-Butandiol, diacetate		**D0049**
43	28	149	71	55	169	61	41	**174**	100	41	12	11	11	10	9	9	**0.00**	8	14	4	–	–	–	–	–	–	–	–	–	1,3-Butanediol, diacetate, (3S)-		**01001**
43	41	57	55	69	56	174	70	**174**	100	89	87	84	64	59	50	47		10	22	–	–	–	–	–	1	–	–	–	–	3-Decanethiol		**M1441**
43	41	57	55	69	56	174	70	**174**	100	90	88	85	65	61	52	49		10	22	–	–	–	–	–	1	–	–	–	–	3-Decanethiol	56009-26-8	**T2536**
43	42	45	28	61	70	99	41	**174**	100	24	24	19	15	14	14	13	**0.01**	8	14	4	–	–	–	–	–	–	–	–	–	3-Methyl-4-acetoxypentanoic acid		**C0662**
43	45	42	71	113	41	29	87	**174**	100	33	22	19	12	12	10	9	**0.10**	8	14	4	–	–	–	–	–	–	–	–	–	1,3-Dioxan-4-ol, 2,6-dimethyl-, acetate	828-00-2	**Q4299**
43	47	103	129	75	83	55	57	**174**	100	81	65	55	43	40	35	31	**0.00**	9	18	3	–	–	–	–	–	–	–	–	–	2-Pentanone, 5,5-diethoxy-	14499-41-3	**R5245**
43	54	71	42	61	73	55	27	**174**	100	22	11	9	8	6	5	4	**0.00**	8	14	4	–	–	–	–	–	–	–	–	–	1,4-Butanediol, diacetate	628-67-1	**H1007**
43	54	71	61	73	42	55	114	**174**	100	34	15	11	8	7	6	3	**0.00**	8	14	4	–	–	–	–	–	–	–	–	–	1,4-Butanediol, diacetate	628-67-1	**Q3298**
43	55	71	73	41	56	85	42	**174**	100	67	52	43	33	28	28	24	**0.00**	10	22	2	–	–	–	–	–	–	–	–	–	1-Butanol, 4-(hexyloxy)-	4541-13-3	**R0566**
43	57	70	55	112	41	99	27	**174**	100	98	82	57	40	32	19	18	**0.00**	10	22	2	–	–	–	–	–	–	–	–	–	Propane, 2-methyl-1,2-dipropoxy-		**Z1233**
43	87	41	86	44	73	45	61	**174**	100	34	11	5	5	4	3	3	**3.00**	8	14	4	–	–	–	–	–	–	–	–	–	1,4,5,8-Tetroxadecalin, 4a,8a-dimethyl-		**M3192**
43	99	71	41	131	55	29	28	**174**	100	97	76	30	25	16	8	8	**0.57**	9	18	1	–	–	–	–	1	–	–	–	–	Hexanethioic acid, S-propyl ester	2432-78-2	**Q8058**
43	131	55	60	87	41	88	54	**174**	100	61	58	41	39	36	32	24	**2.10**	9	18	1	–	–	–	–	1	–	–	–	–	1,3-Oxathiane, trans-2,6-dimethyl-2-isopropyl-		**M3460**
43	131	55	60	87	41	88	54	**174**	100	61	58	41	39	36	32	24	**2.10**	9	18	1	–	–	–	–	1	–	–	–	–	1,3-Oxathiane, 2-isopropyl-2,6-dimethyl-	33709-61-4	**S4325**
43	131	95	67	53	133	174	138	**174**	100	23	13	12	7	5	4	2		8	11	2	–	1	–	–	–	–	–	–	–	3-Octene-2,7-dione, 3-chloro-, (E)-	68200-79-3	**T6916**
43	159	99	114	143	103	101		**174**	100	21	20	10	8	6	1		**0.00**	8	14	4	–	–	–	–	–	–	–	–	–	Methyl 2,3-O-isopropylidene-β-L-erythrofuranoside		**M7036**
43	159	101	72	57	42	59	28	**174**	100	34	19	11	9	6	6	5	**0.00**	8	14	4	–	–	–	–	–	–	–	–	–	1,3-Dioxolane-4-methanol, 2,2-dimethyl-, acetate	14739-11-8	**R5384**
45	57	101	29	41	27	43	56	**174**	100	74	66	38	25	19	15	8	**0.00**	10	22	2	–	–	–	–	–	–	–	–	–	Ethane, 1,1-di-sec-butoxy-		**Y1101**
45	57	101	41	29	56	43	83	**174**	100	65	65	42	28	21	15	13	**0.00**	10	22	2	–	–	–	–	–	–	–	–	–	Ethane, 1,1-di-sec-butoxy-	5314-41-0	**H1527**
45	87	41	55	71	86	39	99	**174**	100	47	21	18	12	11	7	6	**0.00**	10	22	2	–	–	–	–	–	–	–	–	–	Hexane, 2-ethyl-1,3-dimethoxy-		**02462**
45	101	57	41	29	83	56	28	**174**	100	99	77	24	19	17	11	10	**0.00**	10	22	2	–	–	–	–	–	–	–	–	–	Ethane, 1,1-di-sec-butoxy-	5314-41-0	**R1286**
55	27	29	39	54	53	56	41	**174**	100	21	19	17	13	10	9	7	**2.24**	8	14	–	–	–	–	–	–	–	–	–	1	Zinc, di-3-butenyl-	29067-32-1	**S2346**

MASS TO CHARGE RATIOS								M.W.	INTENSITIES								Parent	C	H	O	N	Cl	Br	F	S	P	B	Si	X	COMPOUND NAME	CAS Reg No	No
55	29	39	27	41	95	68	56	**174**	100	32	31	27	24	16	15	14	**4.58**	8	14	–	–	–	–	–	–	–	–	–	1	**Zinc, bis(2-methyl-2-propenyl)-**	15961-33-8	**R5933**
55	29	39	27	54	56	53	174	**174**	100	18	14	13	12	9	9	9		8	14	–	–	–	–	–	–	–	–	–	1	**Zinc, di-2-butenyl-**	7544-41-4	**R3268**
55	41	29	39	56	27	54	95	**174**	100	27	25	22	21	18	11	10	**8.01**	8	14	–	–	–	–	–	–	–	–	–	1	**Zinc, [(1,2,3-ε)-2-butenyl][(1,2,3-ε)-2-methyl-2-propenyl]-**	74811-13-5	**T8764**
55	41	68	67	82	31	69	81	**174**	100	86	78	66	63	52	48	45	**0.00**	10	22	2	–	–	–	–	–	–	–	–	–	**1,10-Decanediol**	112-47-0	**P8716**
55	41	68	69	138	56	97	42	**174**	100	58	56	46	30	30	25	24	**0.00**	8	14	4	–	–	–	–	–	–	–	–	–	**Octanedioic acid**		**D0761**
55	67	68	41	81	82	69	31	**174**	100	79	73	72	53	52	46	45	**0.00**	10	22	2	–	–	–	–	–	–	–	–	–	**1,10-Decanediol**	112-47-0	**P8715**
55	70	41	42	43	47	61	104	**174**	100	81	56	44	38	24	23	17	**0.00**	10	22	–	–	–	–	–	1	–	–	–	–	**Isopentyl pentyl sulphide**	7352-01-4	**R3086**
55	83	41	82	67	47	39	27	**174**	100	70	60	59	26	26	24	24	**3.00**	8	14	2	–	–	–	–	1	–	–	–	–	**Acetic acid, 2-mercapto-, cyclohexyl ester**		**02004**
55	114	59	15	73	115	143	83	**174**	100	78	75	62	57	45	32	32	**0.10**	8	14	4	–	–	–	–	–	–	–	–	–	**Pentanedioic acid, 2-methyl-, dimethyl ester**	14035-94-0	**H1726**
56	43	71	89	41	45	55	57	**174**	100	87	80	71	26	18	12	11	**0.01**	9	18	3	–	–	–	–	–	–	–	–	–	**1,3-Propanediol, 2,2-dimethyl-, isobutanoate**		**C0774**
57	29	28	27	87	100	45	58	**174**	100	26	6	6	4	4	4	3	**0.00**	8	14	4	–	–	–	–	–	–	–	–	–	**1,2-Ethanediol, dipropanoate**		**Z1236**
57	41	29	28	86	118	87	174	**174**	100	40	34	32	30	29	25	16		8	14	2	–	–	–	–	1	–	–	–	–	**2-Propenoic acid, 3-tert-butylthio-, methyl ester**		**M7860**
57	41	29	28	86	118	87	174	**174**	100	40	33	30	28	26	23	15		8	14	2	–	–	–	–	1	–	–	–	–	**2-Propenoic acid, 3-tert-butylthio-, methyl ester**	50838-20-5	**S7504**
57	41	43	29	56	71	28	59	**174**	100	25	19	17	14	13	13	10	**0.00**	10	22	2	–	–	–	–	–	–	–	–	–	**Ethane, 1,2-di-tert-butoxy-**	26547-47-7	**S1452**
57	43	69	84	45	71	41	55	**174**	100	70	65	62	60	54	46	44	**0.07**	10	22	2	–	–	–	–	–	–	–	–	–	**Ethanol, 2-octyloxy-**		**Z1239**
57	45	41	56	73	118	101	43	**174**	100	52	33	25	9	9	7	7	**0.00**	9	18	3	–	–	–	–	–	–	–	–	–	**Carbonic acid, di-sec-butyl ester**	623-63-2	**Q3130**
57	45	41	73	118	56	101	59	**174**	100	53	34	30	30	26	25	20	**0.00**	9	18	3	–	–	–	–	–	–	–	–	–	**Carbonic acid, di-sec-butyl ester**	623-63-2	**Q3129**
57	45	74	85	87	101	59	41	**174**	100	71	63	62	62	59	55	51	**1.96**	9	18	3	–	–	–	–	–	–	–	–	–	**Butanoic acid, 4-butoxy-, methyl ester**	29006-06-2	**S2309**
57	45	101	29	41	27	43	56	**174**	100	84	76	69	58	46	46	34	**0.00**	10	22	2	–	–	–	–	–	–	–	–	–	**Ethane, 1,1-dibutoxy-**		**Y1121**
57	45	101	41	29	159	56	27	**174**	100	96	77	29	28	14	10	7	**0.02**	10	22	2	–	–	–	–	–	–	–	–	–	**Ethane, 1,1-dibutoxy-**		**C0346**
57	56	41	29	63	43	73	58	**174**	100	33	22	14	10	6	5	5	**0.00**	9	18	3	–	–	–	–	–	–	–	–	–	**Carbonic acid, diisobutyl ester**		**Z1229**
57	56	41	45	73	87	102	55	**174**	100	23	19	12	10	9	8	7	**0.60**	10	22	2	–	–	–	–	–	–	–	–	–	**Ethane, 1,2-dibutoxy-**		**C2128**
57	56	41	63	29	55	73	118	**174**	100	40	32	26	23	13	12	8	**0.08**	9	18	3	–	–	–	–	–	–	–	–	–	**Carbonic acid, dibutyl ester**		**Z1225**
57	56	41	101	43	63	118	119	**174**	100	33	31	28	9	9	6	4	**0.00**	9	18	3	–	–	–	–	–	–	–	–	–	**Carbonic acid, diisobutyl ester**	539-92-4	**Q1795**
57	74	45	85	87	101	59	41	**174**	100	82	70	62	62	59	55	50	**0.00**	9	18	3	–	–	–	–	–	–	–	–	–	**Butanoic acid, 4-butoxy-, methyl ester**	29006-06-2	**S2308**
57	85	41	174	29	43	56	55	**174**	100	87	32	16	11	9	7	6		9	18	1	–	–	–	–	1	–	–	–	–	**Butanethioic acid, 3-methyl-, S-sec-butyl ester**	2432-91-9	**Q8066**
57	85	118	41	43	174	29	90	**174**	100	56	43	38	32	25	19	17		8	14	2	–	–	–	–	1	–	–	–	–	**Butanethioic acid, 3-oxo-, S-tert-butyl ester**	15925-47-0	**H1776**
57	101	41	45	29	43	56	39	**174**	100	49	31	21	17	11	9	9	**0.00**	10	22	2	–	–	–	–	–	–	–	–	–	**Ethane, 1,1-di-isobutoxy-**		**C1433**
57	101	45	41	29	43	27	39	**174**	100	49	38	31	28	21	18	10	**0.00**	10	22	2	–	–	–	–	–	–	–	–	–	**Ethane, 1,1-di-isobutoxy-**		**Y1100**
57	101	45	41	29	159	56	43	**174**	100	91	88	36	26	21	13	10	**0.00**	10	22	2	–	–	–	–	–	–	–	–	–	**Ethane, 1,1-dibutoxy-**	871-22-7	**Q4410**
57	101	45	41	29	159	56	58	**174**	100	56	29	21	12	7	7	7	**0.00**	10	22	2	–	–	–	–	–	–	–	–	–	**Ethane, 1,1-di-isobutoxy-**	5669-09-0	**R1648**
57	114	85	86	45	68	39	55	**174**	100	70	48	35	34	24	21	16	**0.00**	8	14	4	–	–	–	–	–	–	–	–	–	**2H-Pyran-2-methanol, 6-ethoxy-3,6-dihydro-3-hydroxy-**	56196-33-9	**T2954**
57	118	41	29	117	77	115	39	**174**	100	58	23	17	10	10	9	8	**5.28**	13	18	–	–	–	–	–	–	–	–	–	–	**Benzene, (3,3-dimethyl-1-methylenebutyl)-**	7283-47-8	**R3011**
57	127	43	41	55	159	29	75	**174**	100	43	31	27	17	9	7	5	**0.30**	9	18	1	–	–	–	–	1	–	–	–	–	**Octanethioic acid, S-methyl ester**	2432-83-9	**Q8063**
58	75	112	144	101	85	110	80	**174**	100	46	33	31	26	19	16	14	**0.00**	9	18	3	–	–	–	–	–	–	–	–	–	**Cyclohexane, 1α,3α,5α-trimethoxy-**	30363-89-4	**S2884**
58	101	45	142	84	103	71	41	**174**	100	49	45	37	32	31	25	20	**0.40**	9	18	3	–	–	–	–	–	–	–	–	–	**Cyclohexane, 1,2,4-trimethoxy-**		**S2873**
58	101	142	103	84	45	71	41	**174**	100	59	48	44	38	32	25	23	**1.00**	9	18	3	–	–	–	–	–	–	–	–	–	**Cyclohexane, 1,2,4-trimethoxy-**	29887-74-9	**S2732**
58	110	75	85	45	101	41	43	**174**	100	82	36	20	19	18	17	17	**0.00**	9	18	3	–	–	–	–	–	–	–	–	–	**Cyclohexane, 1α,3α,5β-trimethoxy-**	29887-75-0	**S2733**
58	110	75	85	101	45	43	84	**174**	100	96	37	26	23	21	20	20	**0.00**	9	18	3	–	–	–	–	–	–	–	–	–	**Cyclohexane, 1α,3α,5β-trimethoxy-**	29887-75-0	**S2734**
59	41	31	45	58	57	117	43	**174**	100	19	19	12	10	9	8	8	**1.25**	9	18	3	–	–	–	–	–	–	–	–	–	**2-Propanol, 1-(1-methyl-2-(2-propenyloxy)ethoxy)-**	55956-25-7	**T2461**
59	41	103	31	45	57	43	39	**174**	100	49	33	20	17	16	9	7	**0.04**	9	18	3	–	–	–	–	–	–	–	–	–	**2-Propanol, 1-(1-methyl-2-(2-propenyloxy)ethoxy)-**	55956-25-7	**T2460**
59	43	41	55	56	69	58	57	**174**	100	24	13	12	8	7	6	5	**0.00**	10	22	2	–	–	–	–	–	–	–	–	–	**1,8-Nonanediol, 8-methyl-**	54725-73-4	**S9559**
59	43	55	41	69	70	56	83	**174**	100	29	19	18	14	12	11	9	**0.00**	10	22	2	–	–	–	–	–	–	–	–	–	**1,7-Octanediol, 3,7-dimethyl-**	107-74-4	**H0368**
59	43	55	70	41	69	83	56	**174**	100	22	18	14	13	11	10	9	**0.00**	10	22	2	–	–	–	–	–	–	–	–	–	**1,7-Octanediol, 3,7-dimethyl-**	107-74-4	**P8013**
59	55	114	43	101	111	74	41	**174**	100	72	46	42	39	38	36	30	**0.00**	8	14	4	–	–	–	–	–	–	–	–	–	**Hexanedioic acid, dimethyl ester**	627-93-0	**Q3269**
59	55	114	101	111	143	74	43	**174**	100	77	64	59	47	47	43	37	**0.11**	8	14	4	–	–	–	–	–	–	–	–	–	**Hexanedioic acid, dimethyl ester**		**C1346**
59	57	43	41	29	61	159	99	**174**	100	59	21	19	16	14	12	10	**0.00**	10	22	2	–	–	–	–	–	–	–	–	–	**Heptane, 1-(1-methoxyethoxy)-**	54532-15-9	**S9259**
59	114	143	101	69	41	73	55	**174**	100	90	82	79	76	61	58	55	**0.00**	8	14	4	–	–	–	–	–	–	–	–	–	**Pentanedioic acid, 3-methyl-, dimethyl ester**	19013-37-7	**R7919**
60	69	97	73	138	55	68	115	**174**	100	83	56	46	46	40	29	21	**0.08**	8	14	4	–	–	–	–	–	–	–	–	–	**Octanedioic acid**		**C0188**
60	102	174	73	55	59	99	98	**174**	100	88	28	21	21	18	17	17		8	14	2	–	–	–	–	1	–	–	–	–	**2-Furanone, tetrahydro-5-methyl-4-(propylthio)-**		**M1488**
60	116	41	45	174	55	71	88	**174**	100	74	59	58	34	24	24	24		8	14	2	–	–	–	–	1	–	–	–	–	**8-Thiabicyclo[3.2.1]octan-3-ol, 6-methoxy-**	54725-51-8	**S9537**
60	116	41	45	174	88	56	73	**174**	100	73	59	59	33	23	23	23		8	14	2	–	–	–	–	1	–	–	–	–	**8-Thiabicyclo[3.2.1]3endo-ol, 6-exo-methoxy-**	56323-65-0	**T3463**
63	78	91	51	64	174	118	50	**174**	100	84	81	80	67	66	53	44		8	6	1	4	–	–	–	–	–	–	–	–	**1H-1,2,4-Triazole-3-carboxaldehyde, 5-(4-pyridyl)-**		**M8256**
64	124	113	95	114	31	29	33	**174**	100	67	53	26	25	22	19	18	**10.00**	5	6	2	–	–	–	4	–	–	–	–	–	**1,3-Dioxepane, 5,5,6,6-tetrafluoro-**		**M4480**
64	124	113	95	114	31	29	96	**174**	100	67	53	26	25	22	19	19	**10.00**	5	6	2	–	–	–	4	–	–	–	–	–	**1,3-Dioxepane, 5,5,6,6-tetrafluoro-**	1547-52-0	**Q6189**
64	124	113	95	114	51	31	29	**174**	100	67	53	26	25	24	22	19	**10.00**	5	6	2	–	–	–	4	–	–	–	–	–	**1,3-Dioxepane, 5,5,6,6-tetrafluoro-**	1547-52-0	**Q6188**

MASS TO CHARGE RATIOS								M.W.	INTENSITIES								Parent	C	H	O	N	Cl	Br	F	S	P	B	Si	X	COMPOUND NAME	CAS Reg No	No
67	39	41	82	138	54	45	61	**174**	100	86	74	58	44	39	35	32	**5.62**	8	16	–	–	–	–	–	–	2	–	–	–	**1,2,3,4-Tetramethyl-tetrahydro-1,2-diphosphorine**		**P4038**
67	39	41	82	138	54	45	62	**174**	100	86	74	58	43	38	35	32	**28.00**	8	16	–	–	–	–	–	–	2	–	–	–	**1,2,4,5-Tetramethyl-tetrahydro-1,2-diphosphorine**		**L4256**
67	41	45	55	141	100	79	174	**174**	100	77	36	25	24	23	21	21		8	14	–	–	–	–	–	2	–	–	–	–	**trans-2,6-Dithiabicyclo[5.3.0]decane**		**L3512**
67	41	100	45	71	174	145	141	**174**	100	65	63	42	32	29	18	8		8	14	–	–	–	–	–	2	–	–	–	–	**1,5-Dithiaspiro[5.4]decane**		**L3509**
69	67	41	95	82	76	42	68	**174**	100	46	22	21	21	16	11	11	**0.00**	6	10	2	2	–	–	–	1	–	–	–	–	**2,3,7-Diazathiabicyclo[3.2.0]hept-2-ene-7,7-dioxide, 4,4-dimethyl-**		**M3109**
70	43	41	61	55	71	39	174	**174**	100	45	37	37	35	16	15	15		10	22	–	–	–	–	–	1	–	–	–	–	**Diisopentyl sulphide**	544-02-5	**Q1878**
70	43	41	61	69	42	103	55	**174**	100	69	64	63	50	42	34	33	**25.12**	10	22	–	–	–	–	–	1	–	–	–	–	**Dipentyl sulphide**	872-10-6	**H1096**
70	43	61	55	41	42	69	174	**174**	100	32	29	26	24	16	15	14		10	22	–	–	–	–	–	1	–	–	–	–	**Isopentyl pentyl sulphide**	7352-01-4	**R3087**
71	43	41	174	105	72	27	55	**174**	100	57	19	7	6	5	5	4		9	18	1	–	–	–	–	1	–	–	–	–	**Butanethioic acid, S-pentyl ester**		**X1875**
71	43	41	174	105	72	55	42	**174**	100	57	19	7	6	5	4	4		9	18	1	–	–	–	–	1	–	–	–	–	**Butanethioic acid, S-pentyl ester**	2432-53-3	**Q8051**
71	75	43	73	70	159	45	101	**174**	100	30	25	22	16	13	7	7	**0.00**	8	18	2	–	–	–	–	–	–	–	1	–	**Silane, trimethyl[(tetrahydrofurfuryl)oxy]-**	3067-36-5	**Q8976**
72	29	44	115	28	56	42	27	**174**	100	57	40	40	28	28	23	21	**8.59**	8	18	2	2	–	–	–	–	–	–	–	–	**Methyl 2,3,3-triethylcarbazate**		**P2815**
73	43	28	41	95	55	127	29	**174**	100	12	11	10	10	10	7	7	**0.00**	10	22	2	–	–	–	–	–	–	–	–	–	**Hexane, 2,5-dimethoxy-2,5-dimethyl-**	53273-13-5	**S8368**
73	44	43	42	139	60	28	30	**174**	100	33	27	24	17	16	12	8	**0.00**	3	9	–	2	2	–	–	–	1	–	–	–	**Phosphorodichloridous hydrazide, trimethyl-**	22692-21-3	**08906**
73	45	43	75	85	41	29	28	**174**	100	73	57	27	25	21	18	16	**0.00**	10	22	2	–	–	–	–	–	–	–	–	–	**Hexane, 1-(1-ethoxyethoxy)-**	54484-73-0	**S9169**
73	57	29	118	141	41	56	97	**174**	100	11	10	6	6	5	5	3	**0.00**	9	18	3	–	–	–	–	–	–	–	–	–	**Carbonic acid, dibutyl ester**	542-52-9	**Q1846**
73	59	55	115	41	114	29	83	**174**	100	44	38	35	31	24	22	21	**0.00**	8	14	4	–	–	–	–	–	–	–	–	–	**Butanedioic acid, 2,2-dimethyl-, dimethyl ester**	49827-44-3	**S7234**
73	72	43	104	59	42	57	103	**174**	100	37	28	17	14	11	10	8	**0.00**	3	9	6	–	–	–	–	–	–	3	–	–	**Boroxin, trimethoxy-**	102-24-9	**P7543**
73	75	159	74	29	41	76	160	**174**	100	75	41	10	7	6	6	6	**0.00**	8	18	2	–	–	–	–	–	–	–	1	–	**Butanoic acid, 2-methyl-, trimethylsilyl ester**	55557-14-7	**T1571**
73	85	159	86	59	45	58	43	**174**	100	38	31	27	15	13	10	8	**0.00**	8	22	–	–	–	–	–	–	–	–	2	–	**2,2,3,4,4-Pentamethyl-2,4,-disilapentane**		**04900**
73	86	85	45	159	131	58	74	**174**	100	22	17	13	11	9	9	8	**4.44**	8	22	–	–	–	–	–	–	–	–	2	–	**2,2,5,5-Tetramethyl-2,5-disilahexane**		**04905**
73	86	85	159	174	131	45	74	**174**	100	25	17	16	10	10	9	8		8	22	–	–	–	–	–	–	–	–	2	–	**2,2,5,5-Tetramethyl-2,5-disilahexane**		**L2109**
73	89	145	159	72	74	90	104	**174**	100	66	25	20	13	10	8	8	**0.00**	8	18	2	–	–	–	–	–	–	–	1	–	**Butanoic acid, 4-(trimethylsilyl)-, methyl ester**	27798-48-7	**S1820**
73	89	146	159	72	74	104	131	**174**	100	66	26	23	16	11	9	7	**0.00**	8	18	2	–	–	–	–	–	–	–	1	–	**Butanoic acid, 4-(trimethylsilyl)-, methyl ester**		**M2974**
73	89	159	70	55	59	45	43	**174**	100	94	73	30	25	24	14	11	**0.41**	8	18	2	–	–	–	–	–	–	–	1	–	**Propanoic acid, 2-methyl-3-(trimethylsilyl)-, methyl ester**	18388-42-6	**R7563**
73	115	69	127	97	41	43	55	**174**	100	90	83	75	62	55	41	40	**0.00**	8	14	4	–	–	–	–	–	–	–	–	–	**1,5-Pentanedioic acid, 3-ethyl-3-methyl-**		**P1174**
74	103	72	101	73	89	75	70	**174**	100	79	72	71	60	56	52	50	**29.00**	7	16	–	–	–	–	–	–	–	–	–	1	**Germacyclopentane, 1-propyl-**	4554-78-3	**R0597**
74	103	101	130	72	99	174	89	**174**	100	99	92	76	69	67	66	62		7	16	–	–	–	–	–	–	–	–	–	1	**Germacyclopentane, 1-propyl-**	4554-78-3	**R0598**
75	71	41	55	69	43	45	43	**174**	100	79	37	16	16	15	13	12	**0.00**	10	22	2	–	–	–	–	–	–	–	–	–	**Octane, 1,1-dimethoxy-**		**C1793**
75	73	159	45	117	29	47	74	**174**	100	69	40	16	13	10	8	8	**0.00**	8	18	2	–	–	–	–	–	–	–	1	–	**Pentanoic acid, trimethylsilyl ester**	26429-16-3	**S1348**
75	73	159	45	117	41	43	76	**174**	100	67	41	15	15	9	8	8	**0.00**	8	18	2	–	–	–	–	–	–	–	1	–	**Butanoic acid, 3-methyl-, trimethylsilyl ester**	55557-13-6	**T1568**
75	73	159	45	117	47	160	74	**174**	100	68	62	28	18	11	11	9	**0.00**	8	18	2	–	–	–	–	–	–	–	1	–	**Pentanoic acid, trimethylsilyl ester**	26429-16-3	**S1350**
75	73	159	103	29	43	45	59	**174**	100	75	58	56	25	21	21	9	**0.30**	9	22	1	–	–	–	–	–	–	–	1	–	**2-Ethylbutanol trimethylsilyl ether**		**04249**
75	73	159	103	43	45	29	61	**174**	100	75	61	59	23	21	20	9	**1.06**	9	22	1	–	–	–	–	–	–	–	1	–	**2-Methylpentanol trimethylsilyl ether**		**04247**
75	73	159	117	45	41	76	74	**174**	100	60	44	15	11	9	8	7	**0.75**	8	18	2	–	–	–	–	–	–	–	1	–	**Butanoic acid, 3-methyl-, trimethylsilyl ester**	55557-13-6	**T1567**
75	95	159	174	111	83	15	50	**174**	100	96	95	91	77	55	44	40		7	7	2	–	–	–	1	1	–	–	–	–	**Benzene, 1-fluoro-4-(methylsulphonyl)-**	455-15-2	**Q0783**
75	159	50	108	45	74	158	57	**174**	100	78	78	68	56	47	46	43	**28.52**	7	7	1	–	1	–	–	1	–	–	–	–	**Benzene, 1-chloro-4-(methylsulphinyl)-**	934-73-6	**Q4691**
77	65	92	146	93	39	145	78	**174**	100	83	73	69	68	64	59	48	**22.00**	9	10	–	4	–	–	–	–	–	–	–	–	**1-Phenylamino-4-methyl-1,2,3-triazole**		**01104**
77	91	174	51	39	41	105	64	**174**	100	78	73	50	48	33	30	24		10	10	1	2	–	–	–	–	–	–	–	–	**3-Methyl-1-phenylpyrazol-5-one**		**02374**
77	91	174	105	51	64	78	132	**174**	100	96	95	39	31	20	15	13		10	10	1	2	–	–	–	–	–	–	–	–	**3H-Pyrazol-3-one, 2,4-dihydro-5-methyl-2-phenyl-**	89-25-8	**09452**
77	105	78	51	174	42			**174**	100	28	18	17	12	12				9	10	–	4	–	–	–	–	–	–	–	–	**N-Methyl-N-phenylazoaminoacetonitrile**		**M1476**
79	55	95	94	77	39	67	41	**174**	100	91	68	64	35	28	22	22	**8.00**	7	11	–	–	–	1	–	–	–	–	–	–	**4-Cycloheptene, 1-bromo-**		**05707**
81	30	41	28	55	39	27	54	**174**	100	72	67	65	46	35	33	32	**0.00**	6	10	4	2	–	–	–	–	–	–	–	–	**Cyclohexane, 1,1-dinitro-**		**C1305**
81	39	41	65	94	174	159		**174**	100	27	24	20	8	4	2			12	14	1	–	–	–	–	–	–	–	–	–	**trans-1-Methyl-penta-2,4-dienyl phenyl ether**		**L9904**
81	95	41	123	55	138	82	67	**174**	100	87	46	46	46	39	35	35	**0.00**	10	19	–	–	1	–	–	–	–	–	–	–	**Cyclohexane, (1S)-1α-isopropyl-2β-chloro-4-methyl-**	16052-42-9	**R6008**
81	95	123	55	67	138	82	41	**174**	100	86	41	38	35	33	32	28	**0.00**	10	19	–	–	1	–	–	–	–	–	–	–	**Cyclohexane, (1S)-1α-isopropyl-2β-chloro-4β-methyl-**	16052-42-9	**R6009**
81	114	174	45	59	61	41	105	**174**	100	60	56	47	46	37	30	23		8	14	–	–	–	–	–	2	–	–	–	–	**trans-2,5-Dithiabicyclo[4.4.0]decane**		**L3510**
81	174	45	113	41	92	67	61	**174**	100	43	32	30	24	20	14	10		8	14	–	–	–	–	–	2	–	–	–	–	**cis-2,5-Dithiabicyclo[4.4.0]decane**		**L3511**
83	75	73	159	89	103	29	45	**174**	100	87	74	68	53	44	37	31	**0.95**	9	22	1	–	–	–	–	–	–	–	1	–	**3-Methylpentanol trimethylsilyl ether**		**04248**
83	75	159	73	103	55	45	84	**174**	100	62	48	44	27	23	12	12	**0.00**	9	22	1	–	–	–	–	–	–	–	1	–	**Silane, (isohexyloxy)trimethyl-**	6689-18-5	**R2471**
83	75	159	73	103	55	84	45	**174**	100	61	47	47	28	25	14	14	**0.00**	9	22	1	–	–	–	–	–	–	–	1	–	**Silane, (isohexyloxy)trimethyl-**		**L5204**
84	30	56	43	29	101	72	42	**174**	100	49	29	22	14	14	12	10	**0.80**	8	18	2	2	–	–	–	–	–	–	–	–	**L-Lysine, ethyl ester**	4117-33-3	**H1452**
84	30	56	43	29	101	72	42	**174**	100	49	31	22	15	14	11	8	**0.82**	8	18	2	2	–	–	–	–	–	–	–	–	**L-Lysine, ethyl ester**	4117-33-3	**R0119**
84	42	43	131	41	57	86	44	**174**	100	57	52	38	31	27	22	15	**1.06**	8	18	2	2	–	–	–	–	–	–	–	–	**Dibutyl nitramine**		**03853**
84	71	41	45	75	69	101	85	**174**	100	46	23	23	18	16	11	10	**2.00**	9	18	3	–	–	–	–	–	–	–	–	–	**DL-Cyclohexane, 1,2,3-trimethoxy-**	30363-70-3	**S2872**
84	71	41	45	75	101	43	97	**174**	100	39	17	15	14	10	8	8	**2.00**	9	18	3	–	–	–	–	–	–	–	–	–	**D-Cyclohexane, 1,2,3-trimethoxy-**	30377-28-7	**S2896**

MASS TO CHARGE RATIOS								M.W.	INTENSITIES								Parent	C	H	O	N	Cl	Br	F	S	P	B	Si	X	COMPOUND NAME	CAS Reg No	No
84	71	45	41	39	75	43	56	**174**	100	67	38	37	23	23	17	17	**5.00**	9	18	3	–	–	–	–	–	–	–	–	–	**L-Cyclohexane, 1,2,3-trimethoxy-**	29887-73-8	**S2731**
84	98	73	75	147	69	99	57	**174**	100	72	64	29	24	10	8	8	**0.00**	7	14	3	–	–	–	–	–	–	–	1	–	**Butanoic acid, 3-oxo-, trimethylsilyl ester**	18457-02-8	**R7630**
84	116	56	114	99	143	88	59	**174**	100	95	47	45	37	31	25	23	**0.00**	9	18	3	–	–	–	–	–	–	–	–	–	**cis-2-Methoxy-4-hydroxy-3,3,5,5-tetramethyltetrahydrofuran**		**M0554**
85	41	57	43	55	67	56	45	**174**	100	49	30	26	19	18	13	10	**5.00**	9	18	1	–	–	–	–	1	–	–	–	–	**2H-Pyran, 2-(butylthio)tetrahydro-**	16315-52-9	**R6112**
85	41	57	43	55	67	56	45	**174**	100	39	27	26	22	19	16	8	**3.85**	9	18	1	–	–	–	–	1	–	–	–	–	**2H-Pyran, 2-(butylthio)tetrahydro-**	16315-52-9	**R6113**
85	41	57	43	55	67	56	47	**174**	100	38	26	24	20	18	16	8	**4.00**	9	18	1	–	–	–	–	1	–	–	–	–	**Butyl tetrahydropyranyl sulphide**		**L3494**
85	43	45	73	41	129	55	57	**174**	100	81	42	35	15	13	12	12	**0.00**	10	22	2	–	–	–	–	–	–	–	–	–	**2-Butanol, 3-(1,3-dimethylbutoxy)-**	74810-45-0	**T8697**
85	43	56	41	174	84	90	28	**174**	100	65	20	13	13	10	10	9		8	14	2	–	–	–	–	1	–	–	–	–	**Butanethioic acid, 3-oxo-, S-butyl ester**	15780-63-9	**H1772**
85	43	57	174	41	29	61	90	**174**	100	66	20	18	13	11	10	10		8	14	2	–	–	–	–	1	–	–	–	–	**Butanethioic acid, 3-oxo-, S-sec-butyl ester**	15780-64-0	**H1773**
85	56	174	41	90	84	28	57	**174**	100	20	13	13	10	10	9	8		8	14	2	–	–	–	–	1	–	–	–	–	**Butanethioic acid, 3-oxo-, S-butyl ester**		**02122**
85	57	41	117	29	55	56	86	**174**	100	86	31	26	12	9	7	6	**2.22**	9	18	1	–	–	–	–	1	–	–	–	–	**Pentanethioic acid, S-sec-butyl ester**	2450-11-5	**Q8123**
87	43	44	88	45	114	101		**174**	100	98	8	7	4	3	2		**0.00**	8	14	4	–	–	–	–	–	–	–	–	–	**1,3-Dioxolane, 2-methyl-, 2,2′-bis-**		**M3193**
87	43	99	159	143	85	71		**174**	100	64	41	21	14	9	6		**0.00**	8	14	4	–	–	–	–	–	–	–	–	–	**1,3-Dioxolane-2-propanoic acid, 2-methyl-, methyl ester**	35351-33-8	**S4923**
87	43	159	31	112				**174**	100	42	17	8	2				**0.00**	9	18	3	–	–	–	–	–	–	–	–	–	**1,3-Dioxolane-2-pentanol, 2-methyl-**		**M4562**
87	43	159	41	55	58	69	88	**174**	100	50	14	10	6	5	5	5	**0.00**	9	18	3	–	–	–	–	–	–	–	–	–	**1,3-Dioxolane-2-pentanol, 2-methyl-**	36651-23-7	**S5317**
87	86	31	43	73	28	59	45	**174**	100	74	37	25	20	18	14	11	**5.78**	8	14	4	–	–	–	–	–	–	–	–	–	**2,2′-Bi-1,4-dioxane**	14230-41-2	**R5067**
87	88	173	115	89	73	71	174	**174**	100	20	10	5	2	2	2	1		8	14	4	–	–	–	–	–	–	–	–	–	**Bis-1,3-dioxan-2-yl**		**M5430**
87	159	112	43					**174**	100	24	11	2					**0.00**	9	18	3	–	–	–	–	–	–	–	–	–	**1,3-Dioxolane-2-pentanol, 2-methyl-**	36651-23-7	**S5318**
88	53	113	105	51	27	39	77	**174**	100	56	54	49	45	45	41	39	**11.21**	8	8	–	–	2	–	–	–	–	–	–	–	**1,3-Butadiene, 2-chloro-, dimer**	14523-89-8	**H1746**
91	39	41	51	65	30	50	54	**174**	100	51	46	40	33	21	20	19	**5.00**	11	14	–	2	–	–	–	–	–	–	–	–	**Butanenitrile, 4-amino-N-benzyl-**		**M5857**
91	104	55	41	92	174	65	82	**174**	100	25	22	15	14	10	7	7		13	18	–	–	–	–	–	–	–	–	–	–	**Benzene, 3-heptenyl-**	26447-64-3	**S1359**
91	104	56	41	92	174	65	82	**174**	100	26	21	16	15	10	8	8		13	18	–	–	–	–	–	–	–	–	–	–	**Benzene, 3-heptenyl-**	26447-64-3	**S1358**
91	104	92	174	117	131	145		**174**	100	24	13	10	6	4	2			13	18	–	–	–	–	–	–	–	–	–	–	**Benzene, 3-heptenyl-**		**L8314**
91	116	42	92	65	131	174	117	**174**	100	20	13	7	6	6	5	3		12	14	1	–	–	–	–	–	–	–	–	–	**3-Hexen-2-one, 6-phenyl-**	33046-41-2	**S3956**
91	116	43	65	92	131	174	117	**174**	100	21	20	8	8	8	7	4		12	14	1	–	–	–	–	–	–	–	–	–	**3-Hexen-2-one, 6-phenyl-**	33046-41-2	**S3957**
91	130	83	105	70	92	104	65	**174**	100	45	39	35	30	29	28	16	**3.03**	12	14	1	–	–	–	–	–	–	–	–	–	**2-Hexenal, 6-phenyl-, (E)-**	55282-87-6	**T0707**
91	174	65	39	63	89	90	77	**174**	100	75	31	20	14	12	11	11		7	7	2	–	–	–	1	1	–	–	–	–	**Benzenesulphonyl fluoride, 4-methyl-**	455-16-3	**Q0785**
92	55	91	83	154	41	174	39	**174**	100	53	49	48	42	40	29	28		13	18	–	–	–	–	–	–	–	–	–	–	**Cyclohexylphenylmethane**		**03601**
94	44	96	95	125	128	97	36	**174**	100	70	66	54	53	52	35	32	**7.46**	3	1	2	–	3	–	–	–	–	–	–	–	**Trichloroacrylic acid**		**Z1232**
94	66	65	39	63	40	38	50	**174**	100	55	40	25	13	11	10	9	**0.00**	6	6	4	–	–	–	–	1	–	–	–	–	**Benzenesulphonic acid, 4-hydroxy-**	98-67-9	**P7179**
95	53	39	67	41	27	55	54	**174**	100	31	29	27	25	22	17	15	**12.29**	7	11	–	–	–	1	–	–	–	–	–	–	**Cycloheptene, 1-bromo-**	18317-64-1	**06982**
95	67	39	79	27	53	41	55	**174**	100	30	24	21	18	16	16	14	**10.37**	7	11	–	–	–	1	–	–	–	–	–	–	**Cyclohexene, 1-bromo-6-methyl-**	40648-09-7	**06981**
95	81	39	41	67	79	27	53	**174**	100	33	23	22	19	17	17	15	**1.22**	7	11	–	–	–	1	–	–	–	–	–	–	**Cyclohexene, 3-(bromomethyl)-**	34825-93-9	**06831**
95	176	97	174	178	60	141	139	**174**	100	81	62	52	38	29	19	14		2	1	–	–	2	1	–	–	–	–	–	–	**1,1-Dichloro-2-bromoethylene**		**M8130**
99	85	43	71	41	69	83	95	**174**	100	69	65	29	14	12	12	10	**0.00**	9	18	3	–	–	–	–	–	–	–	–	–	**1,3,5-Trimethyl-cyclohexan-xylo-1,2,3-triol**		**L9783**
100	41	56	29	39	101	31	45	**174**	100	67	53	44	42	41	38	33	**28.33**	8	14	2	–	–	–	–	1	–	–	–	–	**Butanoic acid, 3-thio-, butyl ester**	18457-88-0	**R7644**
100	41	56	29	39	101	31	45	**174**	100	65	54	44	42	40	38	34	**28.00**	8	14	2	–	–	–	–	1	–	–	–	–	**Butanoic acid, 3-thio-, butyl ester**		**L4485**
101	29	129	27	28	55	73	45	**174**	100	84	58	47	42	25	17	16	**0.40**	8	14	4	–	–	–	–	–	–	–	–	–	**Butanedioic acid, diethyl ester**	123-25-1	**H0568**
101	29	129	27	55	73	56	45	**174**	100	93	77	38	32	21	19	17	**2.46**	8	14	4	–	–	–	–	–	–	–	–	–	**Butanedioic acid, diethyl ester**		**C1347**
101	43	59	29	42	57	55	69	**174**	100	78	65	40	40	27	26	26	**2.00**	7	10	5	–	–	–	–	–	–	–	–	–	**Malonic acid, acetyl-, dimethyl ester**	17094-36-9	**H1795**
101	55	73	56	29	74	45	27	**174**	100	21	20	14	13	12	10	8	**2.25**	7	10	5	–	–	–	–	–	–	–	–	–	**Heptanedioic acid, 4-oxo-**		**D1428**
101	69	43	59	55	129	131	174	**174**	100	72	14	8	4	2	1	1		9	18	3	–	–	–	–	–	–	–	–	–	**2-Pentanone, 1,3-dimethoxy-3,4-dimethyl-**		**P3343**
101	111	114	59	74	142	55	43	**174**	100	89	79	75	62	58	57	43	**0.00**	8	14	4	–	–	–	–	–	–	–	–	–	**Hexanedioic acid, dimethyl ester**	627-93-0	**Q3271**
101	129	73	102	74	128	100	130	**174**	100	71	18	13	13	12	5	4	**0.70**	8	14	4	–	–	–	–	–	–	–	–	–	**Butanedioic acid, diethyl ester**	123-25-1	**H0569**
103	43	74	71	55	61	83	125	**174**	100	43	42	38	19	17	11	7	**0.60**	9	18	3	–	–	–	–	–	–	–	–	–	**Octanoic acid, 2-hydroxy-, methyl ester**		**B0010**
103	47	129	75	83	55	29	57	**174**	100	44	42	38	37	28	21	13	**0.00**	10	22	2	–	–	–	–	–	–	–	–	–	**Hexane, 1,1-diethoxy-**	3658-93-3	**Q9622**
104	41	91	105	69	55	70	39	**174**	100	76	74	63	58	39	18	17	**0.66**	13	18	–	–	–	–	–	–	–	–	–	–	**Benzene, (3,3-dimethyl-4-pentenyl)-**	61142-18-5	**T5402**
104	91	92	105	41	55	174	117	**174**	100	57	38	27	20	17	16	15		13	18	–	–	–	–	–	–	–	–	–	–	**3-Heptene, 7-phenyl-**	26447-65-4	**S1360**
104	91	92	105	117	174	131	145	**174**	100	57	37	27	15	14	5	2		13	18	–	–	–	–	–	–	–	–	–	–	**3-Heptene, 7-phenyl-**		**L8315**
104	91	117	92	174	55	105	41	**174**	100	90	39	30	28	23	20	17		13	18	–	–	–	–	–	–	–	–	–	–	**Benzene, 5-heptenyl-**	26447-66-5	**S1363**
104	91	117	92	174	55	105	41	**174**	100	89	39	28	28	22	20	17		13	18	–	–	–	–	–	–	–	–	–	–	**Benzene, 5-heptenyl-**	26447-66-5	**S1362**
104	91	117	174	92	105	131	115	**174**	100	88	40	27	26	18	8	3		13	18	–	–	–	–	–	–	–	–	–	–	**Benzene, 5-heptenyl-**		**L8316**
104	117	91	174	115	55	118	41	**174**	100	93	68	50	15	14	14	13		13	18	–	–	–	–	–	–	–	–	–	–	**Benzene, 2-heptenyl-**	26447-63-2	**S1356**
104	117	91	174	115	131	145		**174**	100	92	67	49	13	11	2			13	18	–	–	–	–	–	–	–	–	–	–	**Benzene, 2-heptenyl-**		**L8313**
104	118	91	117	105	41	55	174	**174**	100	86	75	75	50	49	46	46		13	18	–	–	–	–	–	–	–	–	–	–	**Benzene, (2,2-dimethylcyclopentyl)-**	19960-99-7	**R8440**
104	125	77	103	127	78	139	63	**174**	100	99	94	92	82	78	55	49	**33.20**	8	8	–	–	2	–	–	–	–	–	–	–	**Benzene, (1,2-dichloroethyl)-**	1074-11-9	**Q5219**

MASS TO CHARGE RATIOS								M.W.	INTENSITIES								Parent	C	H	O	N	Cl	Br	F	S	P	B	Si	X	COMPOUND NAME	CAS Reg No	No
104	131	91	117	174	105	55	118	**174**	100	57	33	31	28	15	14	12		13	18	–	–	–	–	–	–	–	–	–	–	**Benzene, (2,4-dimethylcyclopentyl)-**	74421-27-5	**T8096**
105	41	69	106	77	104	79	27	**174**	100	19	11	9	9	9	8	7	**0.30**	13	18	–	–	–	–	–	–	–	–	–	–	**Benzene, (1,2,2-trimethyl-3-butenyl)-**	61142-17-4	**T5401**
105	174	39	77	51	68	69	40	**174**	100	52	47	46	35	34	34	31		11	10	2	–	–	–	–	–	–	–	–	–	**2(5H)-Furanone, 4-methyl-5-phenyl-**	21053-63-4	**R9075**
105	174	77	76	146	50	89	118	**174**	100	95	32	31	29	22	19	13		10	6	3	–	–	–	–	–	–	–	–	–	**1,4-Naphthalenedione, 2-hydroxy-**	83-72-7	**P6162**
106	107	134	121	60	77	79	120	**174**	100	83	32	30	28	28	10	9	**2.50**	11	14	–	2	–	–	–	–	–	–	–	–	**Propanenitrile, 3-(ethylphenylamino)-**	148-87-8	**P9963**
109	111	75	61	97	29	31	99	**174**	100	64	36	36	30	25	24	19	**0.00**	4	5	1	–	3	–	–	–	–	–	–	–	**Butane, 1,1,1-trichloro-3,4-epoxy-**	3083-25-8	**Q9002**
111	141	75	113	50	139	69.5	74	**174**	100	87	59	32	32	27	23	22	**0.00**	7	4	1	–	2	–	–	–	–	–	–	–	**Benzoyl chloride, 2-chloro-**		**Z1226**
114	55	73	115	143	59	83	142	**174**	100	62	51	47	43	40	37	35	**0.00**	8	14	4	–	–	–	–	–	–	–	–	–	**Pentanedioic acid, 2-methyl-, dimethyl ester**	14035-94-0	**R4927**
114	57	29	86	85	43	129	31	**174**	100	72	38	35	33	25	22	21	**0.00**	8	14	4	–	–	–	–	–	–	–	–	–	**Ethyl-2,3-dideoxy-α-D-erythro-hex-2-enopyranoside**		**M5595**
115	45	59	57	143	55	74	83	**174**	100	89	56	53	25	18	18	17	**1.00**	7	10	5	–	–	–	–	–	–	–	–	–	**2-Butenedioic acid, 2-methoxy-, dimethyl ester**	26579-97-5	**S1467**
115	55	59	43	113	103	87	71	**174**	100	69	67	20	19	16	16	15	**0.00**	7	10	5	–	–	–	–	–	–	–	–	–	**Pentanedioic acid, 2-oxo-, dimethyl ester**		**03299**
115	55	59	87	27	45	29	42	**174**	100	62	54	17	14	10	8	7	**1.00**	7	10	5	–	–	–	–	–	–	–	–	–	**Pentanedioic acid, 2-oxo-, dimethyl ester**	13192-04-6	**R4354**
115	117	174	91	103	131	146	51	**174**	100	86	76	62	57	52	52	38		12	14	1	–	–	–	–	–	–	–	–	–	**Benzeneacetaldehyde, α-(2-methylpropylidene)-**	26643-91-4	**S1480**
115	143	57	101	67	97	79	83	**174**	100	95	58	47	40	40	37	30	**0.00**	9	18	3	–	–	–	–	–	–	–	–	–	**2-Propoxy-6-hydroxymethyl-tetrahydropyran**		**L9946**
116	84	56	114	143	99	88	59	**174**	100	64	37	30	29	23	21	16	**0.00**	9	18	3	–	–	–	–	–	–	–	–	–	**trans-2-Methoxy-4-hydroxy-3,3,5,5-tetramethyltetrahydrofuran**		**M0555**
116	101	128	174	75	51	89	77	**174**	100	58	53	51	46	45	41	37		9	6	2	2	–	–	–	–	–	–	–	–	**Quinoline, 8-nitro-**	607-35-2	**Q2747**
117	57	41	43	74	46	75	29	**174**	100	66	57	57	32	30	23	18	**8.11**	9	18	1	–	–	–	–	1	–	–	–	–	**1,3-Oxathiane, 2-tert-butyl-2-methyl-**	24699-60-3	**S0752**
117	73	75	45	29	159	43	118	**174**	100	77	64	25	20	18	13	11	**0.72**	9	22	1	–	–	–	–	–	–	–	1	–	**2-Hexanol trimethylsilyl ether**		**04255**
117	104	91	174	115	118	41	105	**174**	100	99	66	57	16	16	12	12		13	18	–	–	–	–	–	–	–	–	–	–	**Benzene, 2-heptenyl-, (Z)-**	54725-18-7	**S9507**
117	104	174	91	115	118	105	92	**174**	100	84	31	26	26	14	10	8		13	18	–	–	–	–	–	–	–	–	–	–	**Benzene, 1-heptenyl-**	829-99-2	**Q4307**
117	104	174	91	115	118	105	116	**174**	100	89	34	29	24	14	10	8		13	18	–	–	–	–	–	–	–	–	–	–	**Benzene, 1-heptenyl-**	829-99-2	**Q4308**
117	104	174	115	91	118	105	116	**174**	100	85	32	26	25	14	9	8		13	18	–	–	–	–	–	–	–	–	–	–	**Benzene, 1-heptenyl-**	829-99-2	**Q4306**
117	131	174	43	91	115	116	129	**174**	100	95	72	57	43	42	31	24		12	14	1	–	–	–	–	–	–	–	–	–	**2-Butanone, 4-(vinylphenyl)-**	72361-18-3	**T7799**
118	83	174	120	55	176	159	56	**174**	100	37	34	33	19	11	10	10		8	11	2	–	1	–	–	–	–	–	–	–	**2-Chlorodimedone**		**L1095**
118	105	119	117	91	77	41	106	**174**	100	24	13	11	8	6	6	5	**1.14**	13	18	–	–	–	–	–	–	–	–	–	–	**Benzene, 1-methyl-4-(4-methyl-4-pentenyl)-**	74672-08-5	**T8323**
118	117	29	41	119	57	103	91	**174**	100	14	13	10	10	8	7	7	**3.67**	13	18	–	–	–	–	–	–	–	–	–	–	**Benzene, (3-methyl-1-methylenepentyl)-**	74810-69-8	**T8721**
118	119	50	103	77	63	90	65	**174**	100	79	40	38	37	37	35	32	**7.00**	10	10	1	2	–	–	–	–	–	–	–	–	**Isoxazole, 5-amino-3-p-tolyl-**		**L8466**
118	119	77	50	65	63	103	91	**174**	100	78	47	32	29	25	25	22	**4.00**	10	10	1	2	–	–	–	–	–	–	–	–	**2H-Azirine-3-carboxamide, 2-p-tolyl-**		**L8469**
118	119	77	51	65	63	103	91	**174**	100	77	47	33	29	27	27	23	**5.00**	10	10	1	2	–	–	–	–	–	–	–	–	**2H-Azirine-2-carboxamide, 3-p-tolyl-**	28883-95-6	**S2254**
118	119	103	51	63	77	91	65	**174**	100	78	48	40	37	36	35	32	**7.01**	10	10	1	2	–	–	–	–	–	–	–	–	**Isoxazole, 5-amino-3-p-tolyl-**	28883-91-2	**S2252**
124	174	155	93	69	31	105	74	**174**	100	74	42	34	29	24	15	8		5	–	–	–	–	–	6	–	–	–	–	–	**1,3-Cyclopentadiene, 1,2,3,4,5,5-hexafluoro-**	699-39-8	**Q3769**
125	103	127	51	104	139	77	174	**174**	100	39	32	27	22	20	20	15		8	8	–	–	2	–	–	–	–	–	–	–	**Benzene, (1,2-dichloroethyl)-**	1074-11-9	**Q5218**
125	127	103	139	51	174	77	104	**174**	100	33	30	21	18	17	16	14		8	8	–	–	2	–	–	–	–	–	–	–	**Benzene, (1,2-dichloroethyl)-**		**Z1220**
125	127	174	176	126	51	89	103	**174**	100	32	19	12	8	6	5	5		8	8	–	–	2	–	–	–	–	–	–	–	**Chlorobenzene, ar-(2-chloroethyl)-**		**P0318**
128	145	115	131	129	77	117	144	**174**	100	80	62	54	43	36	36	36	**20.00**	12	14	1	–	–	–	–	–	–	–	–	–	**5-Benzocyclooctenol, 5,6,7,8-tetrahydro-, (E)-**	69576-88-1	**T7148**
128	145	131	115	91	129	77	132	**174**	100	94	68	64	41	40	39	39	**35.00**	12	14	1	–	–	–	–	–	–	–	–	–	**5-Benzocyclooctenol, 5,6,7,8-tetrahydro-, (Z)-**	64129-38-0	**T6402**
128	174	93	101	116	51	77	43	**174**	100	77	43	41	38	31	31	30		9	6	2	2	–	–	–	–	–	–	–	–	**Quinoline, 5-nitro-**	607-34-1	**Q2745**
128	174	101	75	116	102	77	51	**174**	100	57	37	22	20	17	17	14		9	6	2	2	–	–	–	–	–	–	–	–	**Quinoline, 5-nitro-**		**D2449**
129	59	55	101	100	143	128	43	**174**	100	77	58	58	50	41	40	38	**0.00**	8	14	4	–	–	–	–	–	–	–	–	–	**Pentanedioic acid, ethyl methyl diester**		**C2152**
129	74	102	56	73	147	101	174	**174**	100	76	35	30	22	19	12	11		8	14	4	–	–	–	–	–	–	–	–	–	**Propanedioic acid, methyl-, diethyl ester**		**M0027**
129	115	28	130	128	39	51	91	**174**	100	65	60	60	40	30	23	20	**0.00**	11	10	2	–	–	–	–	–	–	–	–	–	**2-Oxatricyclo[5.5.0.0^{4,10}]dodeca-5,8,11-trien-3-one**	56909-26-3	**T4280**
130	44	174	131	77	45	42	129	**174**	100	24	23	19	12	10	9	9		11	14	–	2	–	–	–	–	–	–	–	–	**1H-Indole-3-methanamine, N,N-dimethyl-**	87-52-5	**P6388**
130	129	174	128	115	131	127	32	**174**	100	34	22	21	18	14	7	4		12	14	1	–	–	–	–	–	–	–	–	–	**1,4-Ethanonaphthalen-2-ol, 1α,2α,3,4α-tetrahydro-**	13153-77-0	**R4296**
130	129	174	128	115	131	127	51	**174**	100	32	24	19	16	15	6	5		12	14	1	–	–	–	–	–	–	–	–	–	**1,4-Ethanonaphthalen-2-ol, 1α,2β,3,4α-tetrahydro-**	13153-78-1	**R4297**
130	174	77	131	103	102	51	129	**174**	100	22	12	10	8	6	5	5		10	10	1	2	–	–	–	–	–	–	–	–	**1H-Indole-3-acetamide**	879-37-8	**Q4464**
131	91	174	115	39	65	146	51	**174**	100	18	17	13	12	10	9	8		12	14	1	–	–	–	–	–	–	–	–	–	**3,8-Dimethyl-1,2,3,6-tetrahydroazulene-6-one**		**P1696**
131	103	77	28	51	132	174	27	**174**	100	44	31	15	12	9	9	7		12	14	1	–	–	–	–	–	–	–	–	–	**1-Penten-3-one, 4-methyl-1-phenyl-**	3160-32-5	**Q9072**
131	117	146	51	103	77	78	118	**174**	100	89	87	70	65	55	50	49	**24.00**	11	10	2	–	–	–	–	–	–	–	–	–	**1,2-Indandione, 3,3-dimethyl-**		**L7549**
131	146	117	103	51	77	78	118	**174**	100	94	88	59	57	44	43	42	**28.00**	11	10	2	–	–	–	–	–	–	–	–	–	**2,3-Indandione, 1,1-dimethyl-**		**02053**
131	159	77	174	103	105	51	132	**174**	100	55	21	21	19	17	12	10		11	10	2	–	–	–	–	–	–	–	–	–	**2(5H)-Furanone, 5-methyl-5-phenyl-**	53774-21-3	**S8592**
131	159	174	115	145	132	118	144	**174**	100	72	58	21	17	15	12	10		12	14	1	–	–	–	–	–	–	–	–	–	**Benzo[b]cyclopropa[d]pyran, 2,2-dimethyl-**		**M5813**
131	174	118	105	106	91	117	115	**174**	100	97	82	71	47	45	32	25		13	18	–	–	–	–	–	–	–	–	–	–	**Benzene, 1-cyclohexyl-3-methyl-**	4575-46-6	**06976**
132	59	113	55	100	143	69	41	**174**	100	84	76	71	47	29	25	22	**0.00**	8	14	4	–	–	–	–	–	–	–	–	–	**Propanedioic acid, propyl-, dimethyl ester**	14035-96-2	**R4928**
132	100	15	59	69	101	143	41	**174**	100	55	49	48	44	31	30	20	**0.01**	8	14	4	–	–	–	–	–	–	–	–	–	**Propanedioic acid, isopropyl-, dimethyl ester**	51122-91-9	**S7573**
132	131	77	43	103	174	51	133	**174**	100	42	28	28	18	15	12	10		11	10	2	–	–	–	–	–	–	–	–	–	**Indan-1-one enol acetate**		**L2483**
132	131	159	174	173	133	39	42	**174**	100	24	15	13	11	10	5	5		11	14	–	2	–	–	–	–	–	–	–	–	**1H-Benzimidazole, 2-isobutyl-**	5851-45-6	**R1836**

MASS TO CHARGE RATIOS								M.W.	INTENSITIES								Parent	C	H	O	N	Cl	Br	F	S	P	B	Si	X	COMPOUND NAME	CAS Reg No	No
132	131	174	159	173	133	77	39	**174**	100	27	17	15	10	10	8	6		11	14	–	2	–	–	–	–	–	–	–	–	**1H-Benzimidazole, 2-isobutyl-**		**L2257**
132	145	131	174	133	77	65	146	**174**	100	23	16	10	9	7	6	6		11	14	–	2	–	–	–	–	–	–	–	–	**1H-Benzimidazole, 2-butyl-**		**L2250**
132	145	131	174	133	77	146	159	**174**	100	24	16	15	9	7	7	6		11	14	–	2	–	–	–	–	–	–	–	–	**1H-Benzimidazole, 2-butyl-**	5851-44-5	**R1835**
133	134	73	159	59	135	119	117	**174**	100	14	10	9	8	7	4	4	**2.80**	7	18	1	–	–	–	–	–	–	–	2	–	**Disiloxane, pentamethylvinyl-**	1438-79-5	**Q5965**
138	36	95	38	92	122	65	78	**174**	100	43	27	21	15	14	13	13	**0.00**	7	11	1	2	1	–	–	–	–	–	–	–	**Hydrazine, (3-methoxyphenyl)-, monohydrochloride**	39232-91-2	**S6064**
138	120	36	123	78	38	51	77	**174**	100	70	63	51	48	29	28	26	**0.00**	7	11	1	2	1	–	–	–	–	–	–	–	**Hydrazine, (2-methoxyphenyl)-, monohydrochloride**	6971-45-5	**R2750**
138	122	123	36	80	38	108	52	**174**	100	96	75	61	33	28	25	19	**0.00**	7	11	1	2	1	–	–	–	–	–	–	–	**Hydrazine, (4-methoxyphenyl)-, monohydrochloride**	19501-58-7	**R8177**
139	103	141	174	125	77	51	176	**174**	100	44	33	20	18	17	15	13		8	8	–	–	2	–	–	–	–	–	–	–	**Chlorobenzene, 2-(1-chloroethyl)-**		**Z1224**
139	111	141	75	113	50	74	38	**174**	100	41	32	22	14	13	10	8	**8.10**	7	4	1	–	2	–	–	–	–	–	–	–	**Benzoyl chloride, 4-chloro-**		**Z1231**
139	111	141	75	113	50	74	174	**174**	100	41	33	20	13	12	9	8		7	4	1	–	2	–	–	–	–	–	–	–	**Benzoyl chloride, 4-chloro-**	122-01-0	**P9198**
139	122	124	137	109	138	123	91	**174**	100	88	82	65	46	38	25	17	**0.00**	7	11	1	2	1	–	–	–	–	–	–	–	**Hydrazine, (2-methoxyphenyl)-, monohydrochloride**	6971-45-5	**R2751**
139	141	119	91	120	103	174	51	**174**	100	33	27	24	22	19	17	15		8	8	–	–	2	–	–	–	–	–	–	–	**p-Xylene, α,α-dichloro-**		**Z1234**
139	141	174	51	103	77	176	140	**174**	100	33	18	14	13	13	12	10		8	8	–	–	2	–	–	–	–	–	–	–	**m-Xylene, α,α-dichloro-**		**Z1223**
139	141	174	103	104	51	176	173	**174**	100	32	21	18	16	14	14	12		8	8	–	–	2	–	–	–	–	–	–	–	**m-Xylene, α,α-dichloro-**		**Z1237**
139	174	176	141	103	51	77	140	**174**	100	63	40	32	23	21	15	11		8	8	–	–	2	–	–	–	–	–	–	–	**p-Xylene, 2,5-dichloro-**		**Z1228**
143	65	84	105	43	59	99	115	**174**	100	46	45	37	33	18	14	12	**0.00**	8	14	4	–	–	–	–	–	–	–	–	–	**3-Penten-2-one, 5,5,5-trimethoxy-, (Z)-**	61203-80-3	**T5568**
143	83	159	43	115	111	89	53	**174**	100	60	47	43	43	30	17	15	**0.00**	8	14	4	–	–	–	–	–	–	–	–	–	**2-Pentenoic acid, 4,4-dimethoxy-, methyl ester, (Z)-**	61203-77-8	**T5566**
143	129	97	159	43	145	83	113	**174**	100	60	37	36	33	30	24	23	**23.00**	8	14	4	–	–	–	–	–	–	–	–	–	**2-Pentenoic acid, 4,4-dimethoxy-, methyl ester, (E)-**	42997-93-3	**S7038**
144	129	145	128	115	174	143	39	**174**	100	59	28	27	24	21	13	13		12	14	1	–	–	–	–	–	–	–	–	–	**1H,3H-Naphtho[1,8-cd]pyran, 3a,4,5,6-tetrahydro-**	36051-81-7	**S5141**
144	145	130	173	115	131	174	132	**174**	100	69	50	42	33	28	26	24		11	14	–	2	–	–	–	–	–	–	–	–	**Indeno[2,1-d]imidazole, 1,2,3,3a,4,8b-hexahydro-1-methyl-**		**M2930**
146	118	63	89	147	59	62	51	**174**	100	75	35	35	23	21	17	12	**8.00**	10	6	3	–	–	–	–	–	–	–	–	–	**1,2-Naphthalenedione, 6-hydroxy-**	607-20-5	**Q2743**
146	118	89	63	147	59	62	176	**174**	100	75	35	35	23	21	17	12	**8.00**	10	6	3	–	–	–	–	–	–	–	–	–	**1,2-Naphthalenedione, 6-hydroxy-**		**M5909**
146	118	130	174	145	44	91	117	**174**	100	73	56	40	30	27	23	23		10	10	1	2	–	–	–	–	–	–	–	–	**2H-1,4-Ethanocinnolin-3(4H)-one**	30986-10-8	**S3092**
146	118	130	174	145	91	44	77	**174**	100	76	55	40	29	29	28	20		10	10	1	2	–	–	–	–	–	–	–	–	**2-Azabenz[b]quinuclidin-3-one**		**M3813**
146	130	103	159	174	145	118	90	**174**	100	45	43	36	36	32	28	18		10	10	1	2	–	–	–	–	–	–	–	–	**Quinazoline, 4-ethoxy-**	16347-96-9	**R6139**
146	130	103	174	159	145	118	119	**174**	100	45	43	36	36	32	28	18		10	10	1	2	–	–	–	–	–	–	–	–	**Quinazoline, 4-ethoxy-**		**L1982**
146	145	132	159	28	174	92	65	**174**	100	95	49	35	29	26	24	20		11	14	–	2	–	–	–	–	–	–	–	–	**1H-Benzimidazole, 2-sec-butyl-**		**L2256**
146	174	117	115	91	39	77	118	**174**	100	50	33	21	14	13	13	13		12	14	1	–	–	–	–	–	–	–	–	–	**1(2H)-Naphthalenone, 8-ethyl-3,4-dihydro-**	51015-33-9	**S7545**
146	174	117	118	115	159	39	103	**174**	100	58	28	27	21	20	18	17		12	14	1	–	–	–	–	–	–	–	–	–	**1(2H)-Naphthalenone, 3,4-dihydro-5,6-dimethyl-**	32281-65-5	**S3555**
146	174	117	118	115	159	145	91	**174**	100	89	62	56	39	32	28	26		12	14	1	–	–	–	–	–	–	–	–	–	**1(2H)-Naphthalenone, 5-ethyl-3,4-dihydro-**	51015-31-7	**S7544**
146	174	118	117	39	132	91	103	**174**	100	45	19	18	15	14	13	13		12	14	1	–	–	–	–	–	–	–	–	–	**1(2H)-Naphthalenone, 3,4-dihydro-6,8-dimethyl-**	30316-30-4	**S2855**
146	174	118	117	115	103	91	39	**174**	100	66	31	28	23	16	16	15		12	14	1	–	–	–	–	–	–	–	–	–	**1(2H)-Naphthalenone, 3,4-dihydro-5,8-dimethyl-**		**U0095**
146	174	118	117	115	159	91	132	**174**	100	85	71	30	28	24	22	21		12	14	1	–	–	–	–	–	–	–	–	–	**1(2H)-Naphthalenone, 3,4-dihydro-5,7-dimethyl-**		**U0094**
146	174	118	159	115	91	117	39	**174**	100	64	60	23	21	17	16	16		12	14	1	–	–	–	–	–	–	–	–	–	**1(2H)-Naphthalenone, 3,4-dihydro-6,7-dimethyl-**		**U0096**
156	158	18	43	28	65	172	39	**174**	100	95	94	73	69	47	43	42	**33.80**	7	7	3	–	1	–	–	–	–	–	–	–	**Benzyl alcohol, 3-chloro-2,5-dihydroxy-**		**06361**
157	174	129	102	158	76	50	130	**174**	100	52	40	21	18	17	14	12		10	10	1	2	–	–	–	–	–	–	–	–	**Quinoxaline, 2-ethyl-, 1-oxide**	16154-82-8	**R6059**
157	174	158	117	76	89	50	156	**174**	100	70	22	20	19	16	15	14		10	10	1	2	–	–	–	–	–	–	–	–	**Quinoxaline, 2,3-dimethyl-, 1-oxide**	6940-11-0	**R2716**
159	75	73	103	29	45	43	89	**174**	100	93	47	25	24	21	17	16	**0.92**	9	22	1	–	–	–	–	–	–	–	1	–	**Silane, (hexyloxy)trimethyl-**		**04238**
159	75	73	103	89	83	55	160	**174**	100	98	48	31	25	19	16	15	**0.00**	9	22	1	–	–	–	–	–	–	–	1	–	**Silane, (hexyloxy)trimethyl-**	17888-62-9	**R7251**
159	75	73	103	89	160	45	83	**174**	100	82	42	26	18	13	12	12	**0.00**	9	22	1	–	–	–	–	–	–	–	1	–	**Silane, (hexyloxy)trimethyl-**	17888-62-9	**R7252**
159	78	51	76	174	90	63	104	**174**	100	50	37	33	32	27	25	15		10	10	1	2	–	–	–	–	–	–	–	–	**Pyrazolo[1,5-a]pyridine, 3-acetyl-3-methyl-**	17408-29-6	**R6919**
159	128	129	144	160	174	115	143	**174**	100	33	30	29	28	22	20	13		13	18	–	–	–	–	–	–	–	–	–	–	**1H-Indene, 2,3-dihydro-1,1,5,6-tetramethyl-**	942-43-8	**Q4766**
159	132	174	128	115	131	129	160	**174**	100	51	30	17	16	15	14	13		13	18	–	–	–	–	–	–	–	–	–	–	**Naphthalene, 1,2,3,4-tetrahydro-1,4,6-trimethyl-**		**V0269**
159	133	105	39	77	41	174	69	**174**	100	37	33	31	25	24	21	16		12	14	1	–	–	–	–	–	–	–	–	–	**2′,5′-Dimethylcrotonophenone**		**U0025**
159	133	174	105	39	77	41	27	**174**	100	88	78	56	39	37	23	22		12	14	1	–	–	–	–	–	–	–	–	–	**2,2′,5′-Trimethylacrylophenone**		**U0026**
159	160	174	128	39	41	115	129	**174**	100	15	15	9	8	8	8	8		13	18	–	–	–	–	–	–	–	–	–	–	**Naphthalene, 1,2,3,4-tetrahydro-1,1,6-trimethyl-**	475-03-6	**Q0974**
159	161	139	174	176	103	141	51	**174**	100	62	51	42	27	18	16	12		8	8	–	–	2	–	–	–	–	–	–	–	**Benzene, 1,4-dichloro-ar-ethyl-**		**Z1241**
159	161	139	174	176	103	141	163	**174**	100	64	46	39	24	14	14	11		8	8	–	–	2	–	–	–	–	–	–	–	**Benzene, 2,4-dichloro-1-ethyl-**	54484-62-7	**S9166**
159	161	139	174	176	141	103	51	**174**	100	63	62	42	27	20	19	12		8	8	–	–	2	–	–	–	–	–	–	–	**Benzene, 1,2-dichloro-3-ethyl-**	54484-61-6	**S9165**
159	161	139	174	176	141	103	51	**174**	100	64	52	45	28	16	16	11		8	8	–	–	2	–	–	–	–	–	–	–	**Benzene, 1,4-dichloro-2-ethyl-**		**Z1221**
159	161	139	174	176	141	163	160	**174**	100	63	48	40	26	16	11	8		8	8	–	–	2	–	–	–	–	–	–	–	**Benzene, 1,2-dichloro-4-ethyl-**	6623-59-2	**R2407**
159	161	174	176	139	163	103	160	**174**	100	64	29	18	14	11	10	8		8	8	–	–	2	–	–	–	–	–	–	–	**Benzene, 1,3-dichloro-2-ethyl-**		**Z1222**
159	173	160	73	59	174	161	157	**174**	100	24	21	18	13	12	12	12		6	18	–	–	–	–	–	–	–	–	3	–	**1,1,3-Trimethyl-1,3,5-trisilacyclohexane**		**04468**
159	174	115	160	39	116	91	131	**174**	100	30	17	13	12	11	11	9		12	14	1	–	–	–	–	–	–	–	–	–	**1H-Inden-1-one, 2,3-dihydro-3,3,6-trimethyl-**		**U0007**
159	174	128	129	144	115	15	39	**174**	100	15	9	8	8	7	6	6		13	18	–	–	–	–	–	–	–	–	–	–	**1H-Indene, 2,3-dihydro-1,1,4,5-tetramethyl-**	16204-57-2	**H1782**
159	174	128	144	129	27	39	115	**174**	100	16	9	8	8	7	6	6		13	18	–	–	–	–	–	–	–	–	–	–	**1H-Indene, 2,3-dihydro-1,1,4,6-tetramethyl-**	941-60-6	**H1125**

MASS TO CHARGE RATIOS								M.W.	INTENSITIES								Parent	C	H	O	N	Cl	Br	F	S	P	B	Si	X	COMPOUND NAME	CAS Reg No	No
159	174	128	144	129	27	39	115	**174**	100	16	10	9	8	8	6	6		13	18	–	–	–	–	–	–	–	–	–	–	1H-Indene, 2,3-dihydro-1,1,4,7-tetramethyl-	1078-04-2	H1138
159	174	128	144	129	115	39	15	**174**	100	17	9	8	8	7	6	6		13	18	–	–	–	–	–	–	–	–	–	–	1H-Indene, 2,3-dihydro-1,1,6,7-tetramethyl-	16204-58-3	H1783
159	174	131	103	77	105	160	102	**174**	100	84	25	20	17	13	12	11		11	10	2	–	–	–	–	–	–	–	–	–	1-Naphthalenol, 4-methoxy-	84-85-5	P6229
159	174	131	115	91	160	128	116	**174**	100	71	21	21	13	12	12	12		12	14	1	–	–	–	–	–	–	–	–	–	1H-Inden-1-one, 2,3-dihydro-3,4,7-trimethyl-		U0008
159	174	132	119	115	117	128	39	**174**	100	92	81	44	27	24	23	22		13	18	–	–	–	–	–	–	–	–	–	–	Naphthalene, 1,2,3,4-tetrahydro-2,5,8-trimethyl-	30316-17-7	H1942
159	174	132	119	115	117	128	91	**174**	100	91	83	42	25	23	22	18		13	18	–	–	–	–	–	–	–	–	–	–	Naphthalene, 1,2,3,4-tetrahydro-2,5,8-trimethyl-	30316-17-7	H1941
159	174	132	119	115	117	128	129	**174**	100	91	84	42	24	23	22	19		13	18	–	–	–	–	–	–	–	–	–	–	Naphthalene, 1,2,3,4-tetrahydro-2,5,8-trimethyl-		V0214
159	174	132	160	146	128	129	115	**174**	100	34	13	13	13	12	12	11		13	18	–	–	–	–	–	–	–	–	–	–	Naphthalene, 1,2,3,4-tetrahydro-1,5,7-trimethyl-		V0278
159	174	144	128	129	175	160	143	**174**	100	83	26	17	17	12	12	11		13	18	–	–	–	–	–	–	–	–	–	–	Benzene, 1,2,3,4-tetramethyl-4-(2-propenyl)-	61142-76-5	T5516
159	174	144	131	129	128	115	105	**174**	100	25	20	17	16	16	11	10		13	18	–	–	–	–	–	–	–	–	–	–	3,8,8-Trimethyltetrahydronaphthalene		M1526
159	174	160	43	129	105	53	161	**174**	100	18	16	12	9	7	6	5		11	14	–	–	–	–	–	–	–	–	1	–	Silane, trimethyl(phenylethynyl)-	2170-06-1	Q7537
159	174	160	128	129	115	131	91	**174**	100	20	18	11	11	10	10	7		13	18	–	–	–	–	–	–	–	–	–	–	Naphthalene, 1,2,3,4-tetrahydro-1,1,6-trimethyl-		P3927
159	174	160	128	129	144	28	115	**174**	100	18	13	9	9	9	8	8		13	18	–	–	–	–	–	–	–	–	–	–	Naphthalene, 1,2,3,4-tetrahydro-1,6,8-trimethyl-		V0277
159	174	160	128	129	144	115	15	**174**	100	15	13	9	8	8	6	6		13	18	–	–	–	–	–	–	–	–	–	–	1H-Indene, 2,3-dihydro-1,1,4,5-tetramethyl-		V0207
159	174	160	128	129	144	115	39	**174**	100	22	13	10	10	9	9	7		13	18	–	–	–	–	–	–	–	–	–	–	Naphthalene, 1,2,3,4-tetrahydro-1,5,8-trimethyl-		V0276
159	174	160	128	129	144	115	39	**174**	100	16	13	9	9	8	6	5		13	18	–	–	–	–	–	–	–	–	–	–	1H-Indene, 2,3-dihydro-1,1,6,7-tetramethyl-		V0209
159	174	160	128	144	129	27	39	**174**	100	15	12	9	8	8	7	6		13	18	–	–	–	–	–	–	–	–	–	–	1H-Indene, 2,3-dihydro-1,1,4,6-tetramethyl-		V0208
159	174	160	129	105	115	131	77	**174**	100	18	15	13	13	9	8	7		11	14	–	–	–	–	–	–	–	–	1	–	Silane, trimethyl(phenylethynyl)-		M7476
159	174	160	131	129	128	105	144	**174**	100	20	13	9	6	6	6	6		13	18	–	–	–	–	–	–	–	–	–	–	Naphthalene, 1,2,3,4-tetrahydro-1,1,6-trimethyl-		03759
159	174	173	160	119	132	92	65	**174**	100	80	24	13	11	11	10	9		11	14	–	2	–	–	–	–	–	–	–	–	1H-Benzimidazole, 2-tert-butyl-	24425-13-6	S0587
173	174	46	146	30	175	39	145	**174**	100	99	20	18	13	12	9	8		11	14	–	2	–	–	–	–	–	–	–	–	Pyridine, 2-amino-3:4,5:6-bis(trimethylene)-		D1241
173	175	174	145	176	147	75	74	**174**	100	70	58	40	38	25	20	17		7	4	1	–	2	–	–	–	–	–	–	–	Benzaldehyde, 3,4-dichloro-		Z1227
173	175	174	176	75	145	74	111	**174**	100	68	57	37	23	21	17	15		7	4	1	–	2	–	–	–	–	–	–	–	Benzaldehyde, 2,6-dichloro-	83-38-5	P6137
173	175	174	176	145	75	147	74	**174**	100	70	61	39	26	18	17	15		7	4	1	–	2	–	–	–	–	–	–	–	Benzaldehyde, 2,4-dichloro-		Z1240
174	91	77	105	51	39	175	41	**174**	100	66	64	32	17	15	14	13		10	10	1	2	–	–	–	–	–	–	–	–	3-Methyl-1-phenylpyrazol-5-one		D1502
174	91	77	105	51	64	175	132	**174**	100	75	72	30	18	13	12	11		10	10	1	2	–	–	–	–	–	–	–	–	3H-Pyrazol-3-one, 2,4-dihydro-5-methyl-2-phenyl-	89-25-8	08086
174	91	77	105	51	64	175	132	**174**	100	74	74	30	19	14	13	12		10	10	1	2	–	–	–	–	–	–	–	–	3H-Pyrazol-3-one, 2,4-dihydro-5-methyl-2-phenyl-	89-25-8	P6480
174	91	77	105	175	51	64	39	**174**	100	63	58	23	11	11	9	9		10	10	1	2	–	–	–	–	–	–	–	–	3-Methyl-1-phenylpyrazol-5-one		D1209
174	95	176	75	50	74	94	68	**174**	100	99	98	39	16	10	9	8		6	4	–	–	–	1	1	–	–	–	–	–	1-Bromo-3-fluorobenzene		03178
174	95	176	75	50	74	94	87	**174**	100	99	97	34	14	9	8	7		6	4	–	–	–	1	1	–	–	–	–	–	1-Bromo-4-fluorobenzene		03179
174	97	173	45	175	129	115	141	**174**	100	93	76	52	15	14	13	12		11	10	–	–	–	–	–	1	–	–	–	–	Thiophene, 2-benzyl-		Y2165
174	103	77	104	51	175	131	43	**174**	100	94	26	16	15	12	9	9		10	10	1	2	–	–	–	–	–	–	–	–	3H-Pyrazol-3-one, 2,4-dihydro-2-methyl-5-phenyl-	41927-50-8	S6773
174	103	117	104	77	118	115	78	**174**	100	85	37	29	27	27	26	23		11	10	2	–	–	–	–	–	–	–	–	–	1,2-Cyclopentanedione, 3-phenyl-	69745-71-7	T7384
174	103	131	91	115	159	77	117	**174**	100	58	53	52	39	30	30	30		12	14	1	–	–	–	–	–	–	–	–	–	4-Methyl-2-phenyl-2-pentenal		L5265
174	103	131	91	159	115	145	117	**174**	100	60	52	48	41	37	33	33		12	14	1	–	–	–	–	–	–	–	–	–	4-Methyl-2-phenyl-2-pentenal		L5266
174	104	131	103	42	91	77	70	**174**	100	79	79	41	40	36	35	34		12	14	1	–	–	–	–	–	–	–	–	–	Styrene, cis-β-(tetrahydro-2-furyl)-		15874
174	105	77	146	76	50	59	89	**174**	100	85	27	25	23	18	12	12		10	6	3	–	–	–	–	–	–	–	–	–	1,4-Naphthalenedione, 2-hydroxy-	83-72-7	P6161
174	105	146	175	147	106	176	118	**174**	100	29	25	12	3	2	2	2		10	6	3	–	–	–	–	–	–	–	–	–	1,4-Naphthalenedione, 2-hydroxy-	83-72-7	P6163
174	116	89	144	63	175	146	129	**174**	100	53	24	18	11	11	10	9		9	6	2	2	–	–	–	–	–	–	–	–	Quinoline, 8-hydroxy-5-nitroso-		D1584
174	116	128	101	74	51	89	144	**174**	100	76	74	48	29	26	25	22		9	6	2	2	–	–	–	–	–	–	–	–	Quinoline, 8-nitro-	607-35-2	Q2746
174	118	120	63	92	173	64	146	**174**	100	46	33	32	32	23	18	18		10	6	3	–	–	–	–	–	–	–	–	–	1,4-Naphthalenedione, 5-hydroxy-	481-39-0	Q1062
174	118	132	131	117	173	145	144	**174**	100	88	72	68	29	25	22	16		10	15	–	2	–	–	–	–	–	1	–	–	1,2-Benzenediamine, butyl boronate		05106
174	120	176	122	40	67	95	68	**174**	100	98	98	97	72	49	49	44		4	3	1	2	–	1	–	–	–	–	–	–	4(1H)-Pyrimidinone, 5-bromo-	19808-30-1	R8310
174	128	101	75	116	77	51	102	**174**	100	99	41	24	24	23	22	17		9	6	2	2	–	–	–	–	–	–	–	–	Quinoline, 7-nitro-	613-51-4	Q2873
174	129	102	90	103	58	45	142	**174**	100	12	10	4	3	3	3	1		9	6	–	2	–	–	–	1	–	–	–	–	Thiazolo[3,2-a]benzimidazole		L9390
174	130	144	131	145	146	159	173	**174**	100	73	73	46	44	27	22	20		11	14	–	2	–	–	–	–	–	–	–	–	Pyrrolo[2,3-b]indole, 1,2,3,3a,8,8a-hexahydro-3a-methyl-, (3aS-cis)-	55255-88-4	T0623
174	130	156	155	158	129	77	175	**174**	100	38	29	28	19	16	15	14		10	10	1	2	–	–	–	–	–	–	–	–	6-Indolizinecarboxamide, 2-methyl-	22380-20-7	R9665
174	131	104	70	77	42	91	71	**174**	100	64	56	49	49	47	40	38		12	14	1	–	–	–	–	–	–	–	–	–	Styrene, trans-β-(tetrahydro-2-furyl)-		15875
174	131	159	77	102	175	51	87	**174**	100	99	35	20	15	12	10	10		11	10	2	–	–	–	–	–	–	–	–	–	2-Naphthalenol, 3-methoxy-	18515-11-2	R7667
174	131	173	91	43	159	115	116	**174**	100	91	72	62	61	59	25	22		12	14	1	–	–	–	–	–	–	–	–	–	2-Pentanone, 3-benzylidene-		Z1230
174	132	159	104	157	145	91	77	**174**	100	27	25	24	21	20	19	18		10	10	1	2	–	–	–	–	–	–	–	–	Quinazoline, 4-ethyl-, 3-oxide	37920-74-4	S5621
174	142	141	133	115	129	128	175	**174**	100	48	37	31	28	23	20	13		11	11	–	–	–	–	–	–	1	–	–	–	Isophosphinoline, 1,3-dimethyl-	57328-61-7	T4612
174	142	148	28	120	175	77	146	**174**	100	27	19	17	13	11	11	11		9	6	–	2	–	–	–	1	–	–	–	–	Thiocyanic acid, 1H-indol-3-yl ester		L6726
174	143	159	115	131	77	91	79	**174**	100	56	44	42	42	37	37	25		12	14	1	–	–	–	–	–	–	–	–	–	Benzene, 1-(1-cyclopenten-1-yl)-2-methoxy-	39877-86-6	S6171
174	144	130	131	145	146	159	173	**174**	100	72	72	46	44	27	23	20		11	14	–	2	–	–	–	–	–	–	–	–	Pyrrolo[2,3-b]indol-5-ol, 1,2,3,3a,8,8a-hexahydro-1,3a,8-trimethyl-		04430
174	145	28	27	173	51	39	146	**174**	100	40	39	28	27	24	22	22		9	6	2	2	–	–	–	–	–	–	–	–	Benzene, 1,3-diisocyanatomethyl-	26471-62-5	H1897

MASS TO CHARGE RATIOS								M.W.	INTENSITIES								Parent	C	H	O	N	Cl	Br	F	S	P	B	Si	X	COMPOUND NAME	CAS Reg No	No
174	145	28	27	173	51	39	146	**174**	100	40	39	38	27	24	22	22		9	6	2	2	–	–	–	–	–	–	–	–	Toluene diisocyanate		X1358
174	145	92	146	65	93	39	175	**174**	100	80	60	53	30	30	23	11		10	10	1	2	–	–	–	–	–	–	–	–	4H-Pyrido[1,2-a]pyrimidin-4-one, 3,6-dimethyl-	39080-46-1	S6027
174	145	102	87	175	176	146	54	**174**	100	21	14	10	10	10	8	6		10	6	1	–	–	–	–	1	–	–	–	–	Thieno[3,2-e]benzofuran	438-27-7	Q0747
174	145	102	175	87	146	55	57	**174**	100	20	15	10	8	7	6	5		10	6	1	–	–	–	–	1	–	–	–	–	Thienobenzofuran		L2261
174	145	146	28	173	132	118	91	**174**	100	31	27	25	21	13	12	11		9	6	2	2	–	–	–	–	–	–	–	–	Toluene diisocyanate		G0022
174	145	146	39	118	91	132	173	**174**	100	47	45	34	23	20	18	18		9	6	2	2	–	–	–	–	–	–	–	–	Toluene diisocyanate		D0012
174	145	146	175	73	72.5	117	118	**174**	100	38	16	12	10	10	5	5		10	10	1	2	–	–	–	–	–	–	–	–	2-Quinolone, 7-amino-4-methyl-		D1334
174	146	145	65	175	39	147	159	**174**	100	86	58	25	12	12	11	7		10	10	1	2	–	–	–	–	–	–	–	–	2H-Pyrido[1,2-a]pyrimidin-2-one, 4,8-dimethyl-	22365-23-7	R9652
174	146	145	92	65	28	131	175	**174**	100	86	58	27	25	19	13	12		10	10	1	2	–	–	–	–	–	–	–	–	2H-Pyrido[1,2-a]pyrimidin-2-one, 4,8-dimethyl-		L5567
174	146	145	92	65	39	93	175	**174**	100	85	40	38	29	24	18	11		10	10	1	2	–	–	–	–	–	–	–	–	4H-Pyrido[1,2-a]pyrimidin-4-one, 2,6-dimethyl-	16867-28-0	R6510
174	146	145	129	30	173	117	89	**174**	100	57	34	30	29	22	19	13		10	10	1	2	–	–	–	–	–	–	–	–	8-Quinolinol, 2-(aminomethyl)-		L6077
174	146	145	129	30	173	117	89	**174**	100	47	34	30	29	23	19	14		10	10	1	2	–	–	–	–	–	–	–	–	8-Quinolinol, 2-(aminomethyl)-	17018-81-4	R6579
174	146	145	129	173	117	89	175	**174**	100	57	34	30	23	19	14	13		10	10	1	2	–	–	–	–	–	–	–	–	8-Quinolinol, 2-(aminomethyl)-		04618
174	157	132	159	77	158	131	145	**174**	100	38	28	23	21	19	17	17		10	10	1	2	–	–	–	–	–	–	–	–	Quinazoline, 4-ethyl-, 1-oxide	37920-75-5	S5622
174	173	97	45	129	175	39	51	**174**	100	85	67	22	20	14	13	10		11	10	–	–	–	–	–	1	–	–	–	–	Thiophene, 2-benzyl-	13132-15-5	R4222
174	173	97	45	129	175	39	141	**174**	100	85	67	22	20	14	13	10		11	10	–	–	–	–	–	1	–	–	–	–	Thiophene, 2-benzyl-		02170
174	173	157	76	50	146	39	42	**174**	100	99	18	16	15	15	13	13		10	10	1	2	–	–	–	–	–	–	–	–	Quinoxaline, 2-ethyl-, 4-oxide	16154-83-9	R6060
174	176	52	79	140	106	78	113	**174**	100	62	34	24	21	20	16	14		6	4	–	2	2	–	–	–	–	–	–	–	Dichloroquinone diimide		E0034
174	176	95	75	50	94	68	74	**174**	100	97	88	31	11	9	8	8		6	4	–	–	–	1	1	–	–	–	–	–	1-Bromo-2-fluorobenzene		03177
175	157	145	177	105	146	156	127	**174**	100	38	33	31	26	20	18	16	**1.44**	4	3	2	4	1	–	–	–	–	–	–	–	4-Pyrimidinamine, 6-chloro-5-nitro-	4316-94-3	R0317
175	173	174	176	39	38	117	119	**174**	100	98	95	91	50	40	17	16		5	3	2	–	–	1	–	–	–	–	–	–	Furan, 5-bromo-2-formyl-		04429
28	84	43	42	134	32	126	175	**175**	100	96	68	40	33	32	24	20		7	10	2	1	1	–	–	–	–	–	–	–	1-Chloro-3-(1-aminoethylidene)-pentane-2,4-dione		00581
41	55	97	110	83	68	124	138	**175**	100	83	68	67	62	55	47	20	**0.00**	10	9	2	1	–	–	–	–	–	–	–	–	1,3-Benzodioxole-5-propanenitrile	5703-61-7	R1694
43	85	15	42	28	27	41	44	**175**	100	22	21	16	13	8	7	6	**0.00**	6	9	5	1	–	–	–	–	–	–	–	–	DL-Aspartic, N-acetyl-		06268
43	175	104	132	117	116	118	77	**175**	100	98	71	69	60	25	25	23		11	13	1	1	–	–	–	–	–	–	–	–	Isoquinoline, 2-acetyl-1,2,3,4-tetrahydro-	14028-67-2	R4914
56	43	69	41	29	46	76	27	**175**	100	85	61	59	47	34	26	24	**0.00**	8	17	3	1	–	–	–	–	–	–	–	–	Nitric acid, octyl ester		01614
56	54	68	139	55	81	101	124	**175**	100	94	36	25	23	22	9	4	**0.00**	6	10	1	3	1	–	–	–	–	–	–	–	4-Cyano-1-ethyl-2-imidazolidinone-hydrochloride		M0185
57	58	28	56	130	29	41	74	**175**	100	68	57	36	36	34	34	32	**0.00**	8	17	3	1	–	–	–	–	–	–	–	–	L-Homoserine, O-butyl-	17673-71-1	R7140
59	86	42	116	54	45	175	144	**175**	100	39	36	30	21	16	13	12		6	9	5	1	–	–	–	–	–	–	–	–	Propanedioic acid, (methoxyimino)-, dimethyl ester	55590-76-6	T1648
69	28	41	97	55	39	27	129	**175**	100	71	70	38	28	24	19	18	**0.00**	7	13	4	1	–	–	–	–	–	–	–	–	Pentanoic acid, 4-methyl-4-nitro-, methyl ester	16507-02-1	R6214
69	41	55	59	43	74	85	144	**175**	100	98	71	60	54	50	45	36	**0.00**	7	13	4	1	–	–	–	–	–	–	–	–	Hexanoic acid, 6-nitro-, methyl ester		D1434
69	140	41	175					**175**	100	65	30	1						7	10	2	1	1	–	–	–	–	–	–	–	2,5-Pyrrolidinedione, 3-(1-chloroethyl)-4-methyl-	54124-15-1	S8799
72	43	97	106	175	105	83	88	**175**	100	83	82	67	60	50	35	28		8	17	1	1	–	–	–	1	–	–	–	–	Carbamic acid, dimethylthio-, O-neopentyl ester	21299-37-6	R9221
72	117	57	77	104	51	71	175	**175**	100	52	35	35	35	30	30	17		11	13	1	1	–	–	–	–	–	–	–	–	3-Methoxy-2-phenylpyrroline		P1572
73	75	160	45	131	30	28	116	**175**	100	76	31	26	23	15	13	13	**0.00**	6	13	3	1	–	–	–	–	–	–	1	–	Glycine, N-formyl-, trimethylsilyl ester	55836-37-8	T2174
73	160	59	45	75	74	58	43	**175**	100	93	39	25	24	20	17	14	**0.00**	6	13	3	1	–	–	–	–	–	–	1	–	Acetic acid, (methoxyimino)-, trimethylsilyl ester	55493-91-9	T1205
75	51	50	63	101	78	89	90	**175**	100	51	31	31	30	22	15	11	**11.00**	8	5	2	3	–	–	–	–	–	–	–	–	8-Nitrocinnoline		L4194
77	27	175	51	177	26	52	104	**175**	100	96	80	60	58	38	28	20		7	7	–	1	2	–	–	–	–	–	–	–	3,4-Dichloro-5-methylaniline		D2100
86	58	30	28	87	29	59	56	**175**	100	13	8	6	6	5	5	5	**1.94**	9	21	2	1	–	–	–	–	–	–	–	–	Ethanamine, N,N-dimethyl-2-(2-methoxyethoxy)-	74685-75-9	T8391
88	70	60	57	73	112	130	157	**175**	100	41	33	25	13	9	6	3	**0.30**	8	17	3	1	–	–	–	–	–	–	–	–	4-Methylamino-2-ethoxy-3-hydroxy-1-oxacyclohexane		M2058
88	116	33	99	132	59	44	71	**175**	100	97	90	43	24	21	19	15	**0.00**	6	9	5	1	–	–	–	–	–	–	–	–	Malonic acid, formamido-, dimethyl ester	27160-23-2	S1636
89	130	174	176	129	63	128	62	**175**	100	85	80	72	54	42	40	39	**28.00**	10	9	2	1	–	–	–	–	–	–	–	–	1H-Indole-2-carboxylic acid, 1-methyl-		L2591
90	91	45	175	108	107	130	79	**175**	100	94	62	62	60	52	50	33		10	9	2	1	–	–	–	–	–	–	–	–	Acetic acid, cyano-, benzyl ester	14447-18-8	R5211
90	91	175	108	107	130	79	77	**175**	100	94	64	61	53	50	33	25		10	9	2	1	–	–	–	–	–	–	–	–	Acetic acid, cyano-, benzyl ester		L1493
90	175	117	147	89	118	146	91	**175**	100	79	65	54	49	36	34	26		10	9	2	1	–	–	–	–	–	–	–	–	1H-Pyrano[3,4-c]pyridin-1-one, 3,4-dihydro-5-vinyl-		L3940
91	84	65	175	150	71	77		**175**	100	45	33	28	19	13	11			11	13	1	1	–	–	–	–	–	–	–	–	1-Benzyl-2-pyrrolidinone		M8222
91	90	160	175	117	89	159	174	**175**	100	91	82	33	27	26	23	20		10	14	1	1	–	–	–	–	–	1	–	–	1,3,2-Oxazaborolidine, 2,4-dimethyl-5-phenyl-	26535-23-9	S1400
91	104	175	43	69	118	67	146	**175**	100	83	74	35	11	9	6	5		10	9	2	1	–	–	–	–	–	–	–	–	5-Methyl-2-phenyl-4-isoxazolin-3-one		L9538
91	117	175	130	131	90	77	89	**175**	100	38	38	23	13	10	9	9		10	9	2	1	–	–	–	–	–	–	–	–	5(2H)-Oxazolone, 4-benzyl-	49656-77-1	S7202
91	118	160	132	104	119	105	41	**175**	100	99	72	67	50	32	26	23	**12.87**	12	17	–	1	–	–	–	–	–	–	–	–	1-Pentanamine, N-benzylidene-	22710-00-5	R9929
91	118	160	132	104	119	105	98	**175**	100	99	71	66	50	30	24	20	**10.00**	12	17	–	1	–	–	–	–	–	–	–	–	1-Pentanamine, N-benzylidene-	22710-00-5	R9930
91	175	132	92	176	119	133		**175**	100	70	10	7	6	4	1			9	9	1	3	–	–	–	–	–	–	–	–	3H-1,2,4-Triazol-3-one, 2,4-dihydro-5-methyl-2-phenyl-	22863-24-7	R9978
94	77	64	175	149	36	39	44	**175**	100	84	77	74	68	67	63	61		6	7	2	1	–	–	1	–	1	–	–	–	Phenoxyfluorophosphorylamide		M1034
104	105	106	103	131	130	132	175	**175**	100	78	64	30	21	18	15	15		10	9	2	1	–	–	–	–	–	–	–	–	4-Methyl-3-phenylisoxazol-5-one		L5809

MASS TO CHARGE RATIOS								M.W.	INTENSITIES								Parent	C	H	O	N	Cl	Br	F	S	P	B	Si	X	COMPOUND NAME	CAS Reg No	No
105	40	77	116	89	44	120	63	**175**	100	68	44	28	23	20	18	18	**2.00**	10	9	2	1	–	–	–	–	–	–	–	–	**1H-Azirine-3-carboxylic acid, 2-phenyl-methyl ester**		**M2070**
105	40	77	116	89	44	120	63	**175**	100	68	43	28	23	20	18	17	**1.58**	10	9	2	1	–	–	–	–	–	–	–	–	**2H-Azirine-2-carboxylic acid, 3-phenyl-, methyl ester**	18709-45-0	**R7791**
105	77	144	116	51	89	63	39	**175**	100	42	20	20	16	16	16	12	**5.00**	10	9	2	1	–	–	–	–	–	–	–	–	**Isoxazole, 5-methoxy-3-phenyl-**		**L5815**
105	77	144	116	88	51	63	40	**175**	100	42	21	19	18	17	15	12	**0.00**	10	9	2	1	–	–	–	–	–	–	–	–	**Isoxazole, 5-methoxy-3-phenyl-**	18803-02-6	**R7827**
105	104	43	175	78	133	77	51	**175**	100	91	71	54	39	33	29	25		10	9	2	1	–	–	–	–	–	–	–	–	**Indole, 1-acetoxy-**		**L4862**
105	104	43	175	78	133	77	51	**175**	100	91	71	54	39	33	29	25		10	9	2	1	–	–	–	–	–	–	–	–	**2H-Indol-2-one, 1-acetyl-1,3-dihydro-**	21905-78-2	**08826**
105	120	147	132	146	106	117	118	**175**	100	45	20	16	10	8	6	6	**4.00**	10	9	2	1	–	–	–	–	–	–	–	–	**Isoxazole, 5-methoxy-3-phenyl-**		**L5816**
106	28	79	77	53	51	107	104	**175**	100	31	31	19	12	10	10	8	**0.00**	8	8	–	1	–	–	3	–	–	–	–	–	**2,2,2-Trifluoro-1-phenyl-ethylamine**		**14935**
106	132	175	44	118	119	107	77	**175**	100	76	55	43	28	22	18	17		12	17	–	1	–	–	–	–	–	–	–	–	**Aniline, 2-cyclohexyl-**	4806-81-9	**R0835**
116	84	56	144	88	117	143	85	**175**	100	74	38	18	16	14	10	8	**1.00**	7	13	4	1	–	–	–	–	–	–	–	–	**Dimethyl glutamate**		**L8285**
116	131	89	59	117	15	63	90	**175**	100	25	20	18	11	11	9	7	**4.96**	10	9	2	1	–	–	–	–	–	–	–	–	**Acetic acid, cyano-, benzyl ester**		**D0151**
117	90	31	89	133	29	116	63	**175**	100	42	40	26	17	17	16	15	**7.35**	10	9	2	1	–	–	–	–	–	–	–	–	**Indole, 1-acetoxy-**		**P3446**
117	118	116	130	131	133	63	77	**175**	100	94	86	86	84	84	77	72	**50.00**	10	9	2	1	–	–	–	–	–	–	–	–	**Indole, 1-acetoxy-**		**P1488**
118	119	42	175	117	91	132	77	**175**	100	29	23	20	16	15	11	10		12	17	–	1	–	–	–	–	–	–	–	–	**Azetidine, 1,3,3-trimethyl-2-phenyl-**	15451-12-4	**R5745**
119	175	133	118	132	146	174	120	**175**	100	45	28	25	17	14	11	9		10	14	1	1	–	–	–	–	–	1	–	–	**1,3,2-Benzoxazaborolidine, 2-butyl-**		**05105**
120	106	175	161	91	28	77	121	**175**	100	42	41	18	12	12	9	9		11	13	1	1	–	–	–	–	–	–	–	–	**2-Pyrrolidinone, 1-p-tolyl-**	3063-79-4	**Q8974**
120	175	92	146	65	147	119	64	**175**	100	66	38	32	17	15	15	13		10	9	2	1	–	–	–	–	–	–	–	–	**2,5-Dioxo-1,2,3,5-tetrahydro-1H-benz[b]azepine**		**05729**
129	78	175	102	75	51	63	50	**175**	100	96	87	57	54	46	21	20		8	5	2	3	–	–	–	–	–	–	–	–	**3-Nitrocinnoline**		**L4192**
129	175	105	102	69	118	42	147	**175**	100	75	61	52	43	18	17	7		10	9	2	1	–	–	–	–	–	–	–	–	**2-Methyl-5-phenyl-4-isoxazolin-3-one**		**L9541**
130	131	175	77	103	129	128	117	**175**	100	85	62	36	28	24	20	20		11	13	1	1	–	–	–	–	–	–	–	–	**3-(3-Indolyl)-propan-1-ol**		**L8327**
130	159	175	77	131	51	103	158	**175**	100	62	50	20	18	15	15	14		10	9	2	1	–	–	–	–	–	–	–	–	**2(1H)-Quinolone, 1-hydroxy-4-methyl-**	21201-47-8	**R9152**
130	175	77	131	103	51	102	129	**175**	100	31	14	11	8	6	6	5		10	9	2	1	–	–	–	–	–	–	–	–	**1H-Indole-3-acetic acid**	87-51-4	**P6386**
130	175	77	131	103	102	129	51	**175**	100	14	6	5	4	2	2	2		10	9	2	1	–	–	–	–	–	–	–	–	**1H-Indole-3-acetic acid**	87-51-4	**P6387**
130	175	77	131	103	102	129	128	**175**	100	85	31	27	25	14	11	11		10	9	2	1	–	–	–	–	–	–	–	–	**1H-Indole-3-acetic acid**	87-51-4	**P6385**
130	175	103	77	131	29	41	51	**175**	100	35	18	17	12	7	7	6		10	9	2	1	–	–	–	–	–	–	–	–	**1H-Indole-1-acetic acid**		**P3204**
131	175	89	103	104	63	132	76	**175**	100	78	74	54	50	49	39	36		9	9	1	3	–	–	–	–	–	–	–	–	**3(2H)-Isoquinolinone, 1-amino-, oxime**	41536-79-2	**08198**
132	32	175	93	110	118	77	133	**175**	100	38	28	17	17	13	12	11		12	17	–	1	–	–	–	–	–	–	–	–	**Aniline, N-cyclohexyl-**		**D0173**
132	91	131	175	89	133	117	27	**175**	100	38	26	21	11	11	10	9		11	18	–	1	–	–	–	–	–	1	–	–	**Boranamine, N,N-dimethyl-1-phenyl-1-propyl-**	55976-16-4	**T2512**
132	160	133	105	104	91	77	43	**175**	100	50	34	21	20	16	13	12	**5.00**	12	17	–	1	–	–	–	–	–	–	–	–	**2-Pentanamine, N-benzylidene-**	41122-65-0	**S6558**
132	160	133	105	104	91	134	89	**175**	100	49	34	21	20	16	12	8	**5.00**	12	17	–	1	–	–	–	–	–	–	–	–	**2-Pentanamine, N-benzylidene-**	41122-65-0	**S6559**
132	175	93	133	119	77	106	169	**175**	100	37	16	12	11	10	9	9		12	17	–	1	–	–	–	–	–	–	–	–	**Aniline, N-cyclohexyl-**		**C0390**
132	175	119	133	40	118	65	77	**175**	100	32	22	15	12	12	11	11		12	17	–	1	–	–	–	–	–	–	–	–	**Aniline, 4-cyclohexyl-**	6373-50-8	**R2273**
133	175	74	43	57	100	147	135	**175**	100	35	24	18	15	13	11	10		5	9	–	3	–	–	–	2	–	–	–	–	**1,3,4-Thiadiazol-2-amine, 5-(isopropylthio)-**	30062-47-6	**S2784**
133	175	74	43	60	41	57	128	**175**	100	29	25	24	21	15	12	10		5	9	–	3	–	–	–	2	–	–	–	–	**1,3,4-Thiadiazol-2-amine, 5-(propylthio)-**	30062-49-8	**S2785**
143	175	144	116	89	115	174	63	**175**	100	90	80	53	44	37	29	25		10	9	2	1	–	–	–	–	–	–	–	–	**Benzoic acid, 2-(cyanomethyl)-, methyl ester**	5597-04-6	**R1572**
144	89	175	115	143	116	114	176	**175**	100	92	88	80	74	70	58	40		10	9	2	1	–	–	–	–	–	–	–	–	**Indole-2-carboxylic acid, methyl ester**		**L2594**
144	130	175	131	146	77	132	119	**175**	100	87	85	33	32	26	26	21		11	13	1	1	–	–	–	–	–	–	–	–	**5-Methyl-3,4-benz-2-aza-8-oxabicyclo[3.3.0]octane**		**04476**
144	175	89	116	107	28	145	63	**175**	100	56	17	17	17	15	11	9		10	9	2	1	–	–	–	–	–	–	–	–	**1H-Indole-3-carboxylic acid, methyl ester**		**05043**
144	175	89	116	145	176	117	115	**175**	100	52	17	17	10	6	4	4		10	9	2	1	–	–	–	–	–	–	–	–	**1H-Indole-3-carboxylic acid, methyl ester**	942-24-5	**Q4765**
144	175	116	89	145	44	63	176	**175**	100	53	17	17	11	9	7	6		10	9	2	1	–	–	–	–	–	–	–	–	**1H-Indole-3-carboxylic acid, methyl ester**	942-24-5	**Q4764**
145	175	102	75	118	128	129	90	**175**	100	76	71	42	36	30	30	26		8	5	2	3	–	–	–	–	–	–	–	–	**Quinazoline, 5-nitro-**	7556-91-4	**R3280**
146	42	128	100	72	175	59	82	**175**	100	43	43	29	28	24	22	22		7	13	2	1	–	–	–	1	–	–	–	–	**2-Ethyl-2-methyl-4-thiazolidinecarboxylic acid**		**P2715**
146	86	130	131	160	175	144	91	**175**	100	39	37	34	33	29	23	18		12	17	–	1	–	–	–	–	–	–	–	–	**2-Ethyl-3,3-dimethylindoline**		**01442**
146	118	91	175	117	130	147	89	**175**	100	20	17	14	12	12	12	9		12	17	–	1	–	–	–	–	–	–	–	–	**1H-Indole, 2,3-dihydro-1-sec-butyl-**	55955-58-3	**T2390**
146	144	131	130	160	175	132	77	**175**	100	30	30	26	19	18	15	13		12	17	–	1	–	–	–	–	–	–	–	–	**3-Ethyl-2,3-dimethylindoline**		**01443**
146	175	117	147	144	131			**175**	100	20	15	14	11	11				12	17	–	1	–	–	–	–	–	–	–	–	**1,3-Dimethyl-2-ethyl-2,3-dihydroindole**		**M7508**
146	175	147	176	117	43	177	145	**175**	100	26	13	3	3	2	2	2		10	9	2	1	–	–	–	–	–	–	–	–	**1H-Indole-3-acetaldehyde, 5-hydroxy-**	1892-21-3	**Q6964**
147	77	175	132	146	51	50	76	**175**	100	67	55	45	45	34	25	24		10	9	2	1	–	–	–	–	–	–	–	–	**4(1H)-Quinolinone, 3-hydroxy-1-methyl-**	55759-83-6	**T2053**
158	159	91	131	77	51	132		**175**	100	90	29	26	16	16	14		**10.00**	9	9	1	3	–	–	–	–	–	–	–	–	**1,2,4-Triazole-4-N-oxide, 3-benzyl-**		**M8289**
159	43	161	68	42	124	76	160	**175**	100	84	51	23	15	12	11	10	**2.40**	4	6	1	5	1	–	–	–	–	–	–	–	**s-Triazine oxide, 2,4-diamino-6-chloromethyl-**		**B0127**
160	28	117	91	174	39	145	51	**175**	100	88	46	44	42	38	28	27	**22.02**	11	13	1	1	–	–	–	–	–	–	–	–	**7-Azabicyclo[4.2.2]deca-2,4,7,9-tetraene, 8-methoxy-10-methyl-**	20205-45-2	**R8563**
160	86	73	59	161	45	175	87	**175**	100	96	50	32	18	16	14	9		7	21	–	1	–	–	–	–	–	–	2	–	**Silanamine, N,1,1,1-tetramethyl-N-(trimethylsilyl)-**	920-68-3	**Q4538**
160	86	73	59	161	175	45	162	**175**	100	67	45	24	18	15	11	8		7	21	–	1	–	–	–	–	–	–	2	–	**Silanamine, N,1,1,1-tetramethyl-N-(trimethylsilyl)-**	920-68-3	**09160**
160	86	73	161	59	175	45	162	**175**	100	44	31	17	14	13	8	7		7	21	–	1	–	–	–	–	–	–	2	–	**Silanamine, N,1,1,1-tetramethyl-N-(trimethylsilyl)-**	920-68-3	**Q4540**
160	145	144	175	115	130	77	91	**175**	100	77	43	27	13	13	12	10		12	17	–	1	–	–	–	–	–	–	–	–	**1H-Indole, 2,3-dihydro-1,2,3,3-tetramethyl-**	13034-76-9	**R4154**

MASS TO CHARGE RATIOS								M.W.	INTENSITIES								Parent	C	H	O	N	Cl	Br	F	S	P	B	Si	X	COMPOUND NAME	CAS Reg No	No
160	174	175	121	120	161	109		**175**	100	23	23	14	13	12	10			10	13	–	3	–	–	–	–	–	–	–	–	**5H-Pyrrolo[1,2-b][1,2,4]triazole, 6,7-dihydro-6-methyl-7-methylene-6-isopropenyl-**	49629-08-5	**S7176**
160	175	28	43	91	133	77	104	**175**	100	60	23	21	21	16	15	14		11	13	1	1	–	–	–	–	–	–	–	–	**3H-Indole, 3-methoxy-2,3-dimethyl-**	37914-61-7	**S5619**
160	175	66	76	105	161	77	50	**175**	100	50	15	13	11	11	10	9		10	9	2	1	–	–	–	–	–	–	–	–	**Phthalimide, N-ethyl-**	5022-29-7	**R1030**
160	175	132	174	145	118	174	161	**175**	100	90	30	25	25	25	20	20		11	13	1	1	–	–	–	–	–	–	–	–	**2H-Indol-2-one, 1,3-dihydro-1,3,3-trimethyl-**		**L3749**
160	175	133	159	145	117	161	131	**175**	100	87	29	24	23	20	19	17		11	13	1	1	–	–	–	–	–	–	–	–	**2H-Indol-2-one, 1,3-dihydro-1,3,3-trimethyl-**	20200-86-6	**R8561**
160	175	144	161	145	118	130	91	**175**	100	30	18	16	14	12	10	8		12	17	–	1	–	–	–	–	–	–	–	–	**2,2,4-Trimethyl-1,2,3,4-tetrahydroquinoline**		**D1263**
160	175	145	144	159	161	118	130	**175**	100	70	33	25	15	14	13	12		12	17	–	1	–	–	–	–	–	–	–	–	**1-Naphthalenamine, 5,6,7,8-tetrahydro-N,N-dimethyl-**	13541-35-0	**R4624**
160	175	161	176	145	115	77	91	**175**	100	52	12	6	6	4	3	3		11	13	1	1	–	–	–	–	–	–	–	–	**2H-Indol-2-one, 1,3-dihydro-1,3,3-trimethyl-**	20200-86-6	**R8562**
174	175	98	158	105	77	56	176	**175**	100	67	60	50	20	20	16	9		11	13	1	1	–	–	–	–	–	–	–	–	**1-Benzoyl-2-methylamino-1-propene**		**00594**
175	75	129	89	63	101	145	51	**175**	100	84	48	38	35	34	24	21		8	5	2	3	–	–	–	–	–	–	–	–	**5-Nitrocinnoline**		**L4193**
175	77	72	71	51	142	176	174	**175**	100	22	19	18	18	16	15	14		10	9	–	1	–	–	–	1	–	–	–	–	**Isothiazole, 5-methyl-3-phenyl-**		**L4303**
175	93	55	120	56	119	77	28	**175**	100	30	26	25	22	20	17	14		10	9	2	1	–	–	–	–	–	–	–	–	**2,5-Dioxo-1-phenylpyrrolidine**		**D1020**
175	102	75	129	145	117	90	74	**175**	100	75	42	39	29	21	17	16		8	5	2	3	–	–	–	–	–	–	–	–	**Quinazoline, 6-nitro-**	7556-95-8	**R3284**
175	104	132	117	43	116	118	77	**175**	100	91	78	77	63	32	30	29		11	13	1	1	–	–	–	–	–	–	–	–	**Isoquinoline, 2-acetyl-1,2,3,4-tetrahydro-**	14028-67-2	**R4915**
175	105	77	174	70	132	146	87.5	**175**	100	86	36	13	8	7	6	4		10	9	2	1	–	–	–	–	–	–	–	–	**3-Methoxy-5-phenyl-isoxazole**		**L9533**
175	117	144	116	89	29	63	176	**175**	100	76	63	61	30	23	17	14		10	9	2	1	–	–	–	–	–	–	–	–	**2-Indolizinecarboxylic acid, methyl ester**	16959-62-9	**R6544**
175	117	144	116	89	30	63	176	**175**	100	75	62	61	30	24	16	14		10	9	2	1	–	–	–	–	–	–	–	–	**2-Indolizinecarboxylic acid, methyl ester**		**L8631**
175	120	176	79	52	42	51	78	**175**	100	10	10	9	8	6	6	5		9	9	1	3	–	–	–	–	–	–	–	–	**Pyrido[3,4-d]pyrimidin-4(3H)-one, 6,8-dimethyl-**	22378-51-4	**R9662**
175	121	146	174	120	131	147	103	**175**	100	45	43	40	28	26	18	16		11	13	1	1	–	–	–	–	–	–	–	–	**2-Propenal, 3-[4-(dimethylamino)phenyl]-**	6203-18-5	**R2143**
175	129	94	67	177	174	131	176	**175**	100	93	84	47	47	32	31	22		5	6	–	3	1	–	–	1	–	–	–	–	**4-Pyrimidinamine, 6-chloro-2-(methylthio)-**	1005-38-5	**Q5012**
175	129	102	75	145	117	176	118	**175**	100	60	53	30	25	13	12	11		8	5	2	3	–	–	–	–	–	–	–	–	**Quinazoline, 7-nitro-**	7557-00-8	**R3288**
175	129	157	144	174	89	117	128	**175**	100	70	30	16	14	13	12	12		10	9	2	1	–	–	–	–	–	–	–	–	**2-Quinolinemethanol, 8-hydroxy-**		**L6075**
175	129	157	146	174	89	128	63	**175**	100	60	31	16	14	14	12	12		10	9	2	1	–	–	–	–	–	–	–	–	**2-Quinolinemethanol, 8-hydroxy-**		**04620**
175	129	157	146	174	117	89	128	**175**	100	50	31	18	15	13	12	12		10	9	2	1	–	–	–	–	–	–	–	–	**2-Quinolinemethanol, 8-hydroxy-**	17018-82-5	**R6580**
175	130	131	174	89	129	128	176	**175**	100	44	32	23	22	17	14	14		10	9	2	1	–	–	–	–	–	–	–	–	**1H-Indole-2-carboxylic acid, 1-methyl-**	16136-58-6	**R6053**
175	130	131	174	89	174	129	128	**175**	100	44	31	22	21	16	15	14		10	9	2	1	–	–	–	–	–	–	–	–	**1H-Indole-2-carboxylic acid, 1-methyl-**		**L3480**
175	132	104	176	77	116	89	159	**175**	100	38	16	10	6	5	4	4		10	9	2	1	–	–	–	–	–	–	–	–	**Quinoline, 6-methoxy-, 1-oxide**	6563-13-9	**R2371**
175	132	160	176	133	77	51	105	**175**	100	32	21	15	13	10	6	6		9	9	1	3	–	–	–	–	–	–	–	–	**1,2,3-Triazole, 4-(4-methoxyphenyl)-**		**P1536**
175	134	42	77	51	106	78	105	**175**	100	93	90	37	35	35	18	15		9	9	1	3	–	–	–	–	–	–	–	–	**1H-1,2,4-Triazolium, 3-hydroxy-4-methyl-1-phenyl-, hydroxide, inner salt**	28718-27-6	**S2182**
175	134	73	89	90	51	102	77	**175**	100	74	33	20	16	16	12	11		10	9	–	1	–	–	–	1	–	–	–	–	**Isothiazole, 3-methyl-5-phenyl-**		**05725**
175	134	121	146	132	133	147	120	**175**	100	45	30	25	23	20	20	17		10	13	–	3	–	–	–	–	–	–	–	–	**6H-1,2,4-Triazolo[1,5-a]indole, 4a,5,7,8,8a,9-hexahydro-9-methylene-**	49629-06-3	**S7175**
175	134	176	73	102	63	77	177	**175**	100	33	13	11	10	7	7	6		10	9	–	1	–	–	–	1	–	–	–	–	**Isothiazole, 3-methyl-5-phenyl-**	1732-45-2	**Q6631**
175	145	102	90	117	75	129	118	**175**	100	69	57	53	52	39	31	22		8	5	2	3	–	–	–	–	–	–	–	–	**Quinazoline, 8-nitro-**	7557-05-3	**R3293**
175	146	39	41	77	120	134	133	**175**	100	93	53	47	47	40	40	33		10	13	–	3	–	–	–	–	–	–	–	–	**6H-1,2,4-Triazolo[4,3-a]indole, 4a,5,7,8,8a,9-hexahydro-9-methylene-**	50873-04-6	**S7514**
175	146	104	132	105	77	133	78	**175**	100	82	77	71	69	54	35	28		10	9	2	1	–	–	–	–	–	–	–	–	**2(1H)-Quinolinone, 4-hydroxy-1-methyl-**	1677-46-9	**Q6478**
175	148	121	176	69	64	43	177	**175**	100	33	31	16	15	13	7	7		8	5	–	3	–	–	–	1	–	–	–	–	**6-Cyanobenzothiazole**		**D1709**
175	160	43	132	133	104	51	77	**175**	100	49	42	41	38	15	13	10		10	9	2	1	–	–	–	–	–	–	–	–	**Isoxazole, 3-(2-hydroxyphenyl)-5-methyl-**		**P1971**
175	160	174	120	134	145			**175**	100	72	22	19	15	14				10	13	–	3	–	–	–	–	–	–	–	–	**5H-1,2,4-Triazolo[1,5-a]azepine, 8,9-dihydro-6,7-dimethyl-9-methylene-**	49629-10-9	**S7177**
175	174	147	131	146	176	84	159	**175**	100	93	60	24	22	19	17	16		12	17	–	1	–	–	–	–	–	–	–	–	**2-Naphthalenamine, 5,6,7,8-tetrahydro-N,N-dimethyl-**	13541-31-6	**R4623**
28	43	44	29	57	41	27	31	**176**	100	84	69	62	60	55	51	51	**0.00**	7	12	5	–	–	–	–	–	–	–	–	–	**α-D-Mannopyranoside, methyl 3,6-anhydro-**	15814-56-9	**R5861**
28	176	178	133	75	32	160	74	**176**	100	82	52	40	33	30	27	26		6	6	–	2	2	–	–	–	–	–	–	–	**Hydrazine, (2,5-dichlorophenyl)-**	305-15-7	**Q0387**
29	27	31	32	45	104	30	59	**176**	100	34	29	27	25	12	10	10	**1.70**	6	12	4	2	–	–	–	–	–	–	–	–	**1,2-Hydrazinedicarboxylic acid, diethyl ester**	4114-28-7	**R0112**
29	31	28	27	44	42	43	32	**176**	100	74	65	55	48	47	23	17	**16.92**	6	12	4	2	–	–	–	–	–	–	–	–	**1,2-Hydrazinedicarboxylic acid, diethyl ester**		**P0185**
29	31	57	27	28	75	46	74	**176**	100	88	68	38	25	19	14	12	**0.00**	9	20	3	–	–	–	–	–	–	–	–	–	**Propane, 1,1,1-triethoxy-**	115-80-0	**P8882**
29	32	31	45	59	104	27	103	**176**	100	46	37	28	20	15	14	11	**3.90**	6	12	4	2	–	–	–	–	–	–	–	–	**1,2-Hydrazinedicarboxylic acid, diethyl ester**		**D1596**
29	41	59	89	27	88	57	28	**176**	100	98	94	83	67	56	50	49	**35.40**	8	16	2	–	–	–	–	1	–	–	–	–	**4-Thia-5-methyl-heptanoic acid, methyl ester**		**L7591**
29	57	31	102	73	60	69	74	**176**	100	87	76	74	57	56	56	51	**0.00**	7	12	5	–	–	–	–	–	–	–	–	–	**α-D-Glucopyranoside, methyl 3,6-anhydro-**	13407-60-8	**R4518**
29	57	69	31	43	41	27	28	**176**	100	88	84	79	75	66	61	55	**0.00**	7	12	5	–	–	–	–	–	–	–	–	–	**β-D-Glucopyranoside, methyl 3,6-anhydro-**	3056-46-0	**Q8966**
31	32	79	176	78	69	80	148	**176**	100	70	38	20	20	20	12	5		9	8	2	2	–	–	–	–	–	–	–	–	**Anhydro-2-hydroxy-1-methyl-4-oxopyrido[1,2-a]pyrimidinium hydroxide**		**M6111**
39	41	91	93	77	27	79	53	**176**	100	93	52	52	47	43	43	30	**2.00**	12	16	1	–	–	–	–	–	–	–	–	–	**2,2-Diallyl-cyclohex-3-en-1-one**		**M2604**
42	135	176	67	52	53	80	79	**176**	100	99	91	50	17	17	17	13		8	8	1	4	–	–	–	–	–	–	–	–	**4(1H)-Pteridinone, 6,7-dimethyl-**	14684-54-9	**R5353**
42	176	149	53	80	40	177	41	**176**	100	75	48	13	11	9	9	8		8	8	1	4	–	–	–	–	–	–	–	–	**4(3H)-Pteridinone, 2,6-dimethyl-**	34244-77-4	**S4590**
42	176	149	53	80	177	40	79	**176**	100	74	48	14	12	10	10	7		8	8	1	4	–	–	–	–	–	–	–	–	**4(3H)-Pteridinone, 2,6-dimethyl-**		**M3767**

MASS TO CHARGE RATIOS								M.W.	INTENSITIES								Parent	C	H	O	N	Cl	Br	F	S	P	B	Si	X	COMPOUND NAME	CAS Reg No	No
43	29	31	45	59	72	44	73	**176**	100	51	42	40	24	18	10	9	**0.00**	8	16	4	–	–	–	–	–	–	–	–	–	**Ethanol, 2-(2-ethoxyethoxy)-, acetate**	112-15-2	**H0490**
43	41	39	27	76	59	44	61	**176**	100	90	67	64	63	60	50	43	**0.00**	7	12	1	–	–	–	–	2	–	–	–	–	**Acetoacetic acid, 1,3-dithio-, S-isopropyl ester**	20383-02-2	**R8649**
43	41	39	45	175	27	43	72	**176**	100	45	26	23	19	18	17	11	**1.50**	8	16	–	–	–	–	–	2	–	–	–	–	**Iso-pentyl cis-prop-1-enyl disulphide**		**L6103**
43	41	105	58	29	27	39	55	**176**	100	58	41	37	31	29	24	21	**5.00**	13	20	–	–	–	–	–	–	–	–	–	–	**Megastigma-3,7(Z),9-triene**		**P3953**
43	47	39	45	175	29	27	74	**176**	100	48	27	26	20	18	17	11	**1.50**	8	16	–	–	–	–	–	2	–	–	–	–	**Iso-pentyl trans-prop-1-enyl disulphide**		**L6104**
43	55	56	41	70	69	57	42	**176**	100	96	86	83	65	61	51	42	**0.00**	10	21	–	–	1	–	–	–	–	–	–	–	**Decane, 3-chloro-**	1002-11-5	**Q4964**
43	55	56	41	70	69	140	57	**176**	100	99	91	89	68	64	51	51	**0.20**	10	21	–	–	1	–	–	–	–	–	–	–	**Decane, 3-chloro-**	1002-11-5	**Q4965**
43	55	56	41	70	69	140	57	**176**	100	99	91	89	68	63	51	49	**0.30**	10	21	–	–	1	–	–	–	–	–	–	–	**Decane, 3-chloro-**		**M1436**
43	55	176	161	133	115	177	91	**176**	100	93	81	63	28	23	21	17		11	12	2	–	–	–	–	–	–	–	–	–	**2,4-Pentanedione, 3-phenyl-**	5910-25-8	**R1890**
43	71	103	74	129	61	59	42	**176**	100	59	59	56	51	24	20	19	**0.00**	7	12	5	–	–	–	–	–	–	–	–	–	**Pentanedioic acid, 3-hydroxy-, dimethyl ester**	7250-55-7	**R2997**
43	76	59	74	100	42	101		**176**	100	65	63	26	19	19	3		**0.00**	7	12	1	–	–	–	–	2	–	–	–	–	**S-Isopropyl 3-thiobut-2-ene-thioate**		**L6180**
43	91	41	55	29	27	57	69	**176**	100	92	86	61	59	55	52	32	**0.30**	10	21	–	–	1	–	–	–	–	–	–	–	**Decane, 1-chloro-**	1002-69-3	**H1131**
43	91	85	92	41	27	28	83	**176**	100	39	38	31	25	21	19	19	**10.30**	13	20	–	–	–	–	–	–	–	–	–	–	**1-Phenyl-2,4-dimethylpentane**		**Y1197**
43	91	118	71	176	117	58	85	**176**	100	99	73	43	41	37	21	20		12	16	1	–	–	–	–	–	–	–	–	–	**2-Hexanone, 6-phenyl-**	14171-89-2	**R5021**
43	103	145	74	116	44	86	15	**176**	100	22	7	4	4	4	4	3	**0.00**	7	12	5	–	–	–	–	–	–	–	–	–	**Glycerol diacetate**		**Z1251**
43	105	175	41	119	27	176	29	**176**	100	93	84	53	50	45	42	40		11	16	–	2	–	–	–	–	–	–	–	–	**Nicotinonitrile, 1,4-dihydro-1-pentyl-**		**L2707**
43	115	29	44	27	116	85	40	**176**	100	41	38	37	37	30	29	26	**5.58**	11	12	2	–	–	–	–	–	–	–	–	–	**2-Propen-1-ol, 3-phenyl-, acetate**		**C1003**
43	115	116	134	117	77	105	51	**176**	100	82	58	53	36	28	28	22	**5.40**	11	12	2	–	–	–	–	–	–	–	–	–	**1-Phenyl-prop-2-en-1-yl acetate**		**C0531**
43	115	134	105	116	117	176	133	**176**	100	44	25	24	23	23	16	16		11	12	2	–	–	–	–	–	–	–	–	–	**2-Propen-1-ol, 3-phenyl-, acetate**	103-54-8	**H0276**
43	115	134	116	105	133	117	92	**176**	100	67	44	37	33	33	32	28	**27.04**	11	12	2	–	–	–	–	–	–	–	–	–	**2-Propen-1-ol, 3-phenyl-, acetate**	103-54-8	**P7643**
43	176	27	105	95	161	133	175	**176**	100	36	17	17	13	13	11	11		11	12	2	–	–	–	–	–	–	–	–	–	**Bis(2-methylfuran-2-yl)methane**	13679-43-1	**R4705**
43	176	161	77	134	51	175		**176**	100	81	63	15	15	11	3			11	12	2	–	–	–	–	–	–	–	–	–	**2,4-Pentanedione, 3-phenyl-**		**L9293**
44	105	175	42	119	27	176	29	**176**	100	92	84	52	50	50	43	39		11	16	–	2	–	–	–	–	–	–	–	–	**Nicotinonitrile, 1,4-dihydro-1-pentyl-**	19424-19-2	**R8127**
44	176	60	88	56	45	89	42	**176**	100	64	51	32	14	12	10	9		6	12	–	2	–	–	–	2	–	–	–	–	**Ethanedithioamide, N,N′-diethyl-**	16475-50-6	**R6198**
45	74	102	103	130	147	131		**176**	100	29	26	14	12	9	4		**0.00**	9	20	3	–	–	–	–	–	–	–	–	–	**Propane, 1,1,1-triethoxy-**		**Z1272**
45	87	58	86	55	117	59	71	**176**	100	50	35	16	15	14	11	9	**0.00**	9	20	3	–	–	–	–	–	–	–	–	–	**Hexane, 1,2,3-trimethoxy-**		**02471**
45	87	58	86	55	117	71	75	**176**	100	50	35	16	15	14	10	9	**0.00**	9	20	3	–	–	–	–	–	–	–	–	–	**Hexane, 1,2,3-trimethoxy-**		**L4725**
45	89	43	18	29	15	87	27	**176**	100	73	69	50	45	41	32	20	**0.00**	8	16	4	–	–	–	–	–	–	–	–	–	**1,3,5,7-Tetroxocane, 2,4,6,8-tetramethyl-**	108-62-3	**P8137**
47	75	103	45	43	104	131	76	**176**	100	70	58	9	4	4	3	3	**0.00**	8	16	4	–	–	–	–	–	–	–	–	–	**Acetic acid, diethoxy-, ethyl ester**	6065-82-3	**R2032**
55	41	27	42	39	97	70	29	**176**	100	44	37	32	30	26	24	21	**0.98**	7	13	–	–	–	1	–	–	–	–	–	–	**Cyclopropane, 1-bromo-2-butyl-, trans-**	32816-30-1	**06764**
55	41	161	43	59	39	42	97	**176**	100	79	62	50	41	40	40	38	**15.00**	8	17	2	–	–	–	–	–	1	–	–	–	**1,1,2,3,3-Pentamethyl-1,3-propylene phosphinic acid**		**A0752**
55	141	73	57	60	98	84	41	**176**	100	92	72	66	64	62	56	51	**0.00**	9	17	1	–	1	–	–	–	–	–	–	–	**Nonanoyl chloride**	764-85-2	**Q4003**
56	41	69	55	29	43	108	57	**176**	100	96	82	79	62	48	44	43	**0.70**	11	16	–	2	–	–	–	–	–	–	–	–	**2-Pentyl-2-methyl-1,1-cyclopropanedicarbonitrile**		**01306**
57	73	60	59	28	43	61	44	**176**	100	95	85	75	65	65	65	62	**0.00**	7	12	5	–	–	–	–	–	–	–	–	–	**α-D-Galactopyranoside, methyl 3,6-anhydro-**	5540-31-8	**R1526**
57	87	41	29	56	58	103	27	**176**	100	65	17	14	9	6	5	5	**0.00**	9	20	3	–	–	–	–	–	–	–	–	–	**Dibutoxymethanol**		**Z1266**
59	15	117	119	82	121	47	84	**176**	100	21	21	20	10	7	6	6	**0.00**	3	3	2	–	3	–	–	–	–	–	–	–	**Methyl trichloroacetate**		**C0082**
59	43	125	77	127	82	41	97	**176**	100	46	45	39	28	27	24	20	**0.00**	4	7	1	–	3	–	–	–	–	–	–	–	**2-Propanol, 1,1,1-trichloro-2-methyl-**	57-15-8	**P4772**
59	45	87	43	31	41	103	101	**176**	100	54	30	23	16	14	12	8	**0.00**	9	20	3	–	–	–	–	–	–	–	–	–	**3-(3-Isopropoxy)propoxypropanol**		**Z1271**
59	117	15	119	28	82	47	84	**176**	100	26	25	25	17	16	14	11	**0.00**	3	3	2	–	3	–	–	–	–	–	–	–	**Methyl trichloroacetate**		**X0450**
59	117	119	15	82	121	84	47	**176**	100	32	30	20	14	10	9	8	**0.00**	3	3	2	–	3	–	–	–	–	–	–	–	**Methyl trichloroacetate**		**Z1253**
59	129	41	128	101	100	42	69	**176**	100	33	24	21	18	17	15	15	**0.00**	8	16	4	–	–	–	–	–	–	–	–	–	**Methyl 2-methyl-4,4-dimethoxy-butanoate**	25252-24-8	**S0991**
61	96	44	98	36	63	38	60	**176**	100	89	82	57	45	33	15	13	**0.00**	3	3	2	–	3	–	–	–	–	–	–	–	**2,2,3-Trichloropropionic acid**		**Z1269**
65	41	52	38	92	39	37	51	**176**	100	70	60	60	41	41	33	32	**1.00**	5	4	–	8	–	–	–	–	–	–	–	–	**6-Azido-8-methyltetrazolo[1,5-b]pyridazine**		**M0329**
65	52	41	64	92	51	66	63	**176**	100	98	98	58	55	53	44	37	**1.00**	5	4	–	8	–	–	–	–	–	–	–	–	**6-Azido-7-methyltetrazolo[1,5-b]pyridazine**		**M0328**
66	67	135	79	91	81	39	41	**176**	100	35	35	32	27	25	25	22	**18.31**	12	16	1	–	–	–	–	–	–	–	–	–	**1,4:5,8-Dimethanonaphthalen-9-ol, 1,4,4a,5,6,7,8,8a-octahydro-**	28068-45-3	**S1951**
66	109	132	91	39	67	110	176	**176**	100	20	17	14	12	11	10	10		12	16	1	–	–	–	–	–	–	–	–	–	**endo,exo-1,2,3,4,4a,5,8,8a-Octahydro-1,4-5,8-dimethano-naphthalen-anti-2-ol**		**M7367**
67	53	39	40	27	38	176	41	**176**	100	40	22	18	16	12	10	10		5	4	–	8	–	–	–	–	–	–	–	–	**5-Azido-7-methyltetrazolo[1,5-a]pyrimidine**		**M5032**
67	55	41	82	131	146	117	39	**176**	100	99	85	75	68	64	55	51	**28.00**	7	13	3	–	–	–	–	–	1	–	–	–	**4-Propyl-2,6,7-trioxa-1-phosphabicyclo[2.2.2]octane**		**01495**
67	176	53	39	40	27	38	41	**176**	100	44	18	15	14	9	7	6		5	4	–	8	–	–	–	–	–	–	–	–	**5-Azido-6-methyltetrazolo[1,5-a]pyrimidine**		**M5033**
69	41	55	87	176	67	143	101	**176**	100	94	93	36	36	26	19	13		8	16	–	–	–	–	–	2	–	–	–	–	**1,2-Dithiecane**		**16051**
69	43	64	48	15	42	14	101	**176**	100	88	82	65	35	31	24	21	**0.00**	3	3	3	–	–	–	3	1	–	–	–	–	**Trifluoromethylsulphinyl acetate**		**M2792**
69	108	41	176	78	91	39	92	**176**	100	39	23	17	13	12	11	9		11	12	2	–	–	–	–	–	–	–	–	–	**2-Butenoic acid, 4-methylphenyl ester, (E)-**	41873-74-9	**S6761**
69	115	143	59	47	29	142	159	**176**	100	83	52	47	38	20	19	19	**0.00**	7	12	5	–	–	–	–	–	–	–	–	–	**Butanedioic acid, methoxy-, dimethyl ester**	4148-97-4	**R0150**
70	55	41	39	27	29	53	42	**176**	100	74	28	26	22	13	12	11	**0.00**	7	13	–	–	–	1	–	–	–	–	–	–	**Cyclopropane, 1-bromo-2-tert-butyl-**	55682-99-0	**06763**
73	29	58	60	101	76	31	59	**176**	100	74	51	50	47	38	33	28	**4.19**	6	8	6	–	–	–	–	–	–	–	–	–	**D-Glucuronic acid, γ-lactone**	32449-92-6	**S3664**

MASS TO CHARGE RATIOS								M.W.	INTENSITIES								Parent	C	H	O	N	Cl	Br	F	S	P	B	Si	X	COMPOUND NAME	CAS Reg No	No
73	29	60	31	43	57	101	27	**176**	100	55	38	31	28	23	22	20	**2.35**	6	8	6	–	–	–	–	–	–	–	–	–	**D-Glucuronic acid, γ-lactone**	32449-92-6	**S3663**
73	76	43	119	103	41	45	117	**176**	100	99	48	44	32	11	9	9	**0.00**	8	20	2	–	–	–	–	–	–	–	1	–	**Silane, trimethyl(2-isopropoxyethoxy)-**	54550-18-4	**S9316**
75	117	59	55	147	48	44	115	**176**	100	61	16	7	6	6	5	5	**0.00**	7	12	5	–	–	–	–	–	–	–	–	–	**Butanedioic acid, methoxy-, dimethyl ester**	4148-97-4	**R0151**
77	51	141	50	176	78	39	74	**176**	100	47	40	25	16	13	11	7		6	5	2	–	1	–	–	1	–	–	–	–	**Benzenesulphonyl chloride**		**02246**
77	78	141	51	64	176	52	110	**176**	100	49	44	31	19	3	3	3		6	5	2	–	1	–	–	1	–	–	–	–	**Benzenesulphonyl chloride**		**D0639**
77	79	159	161	105	83	97	107	**176**	100	33	30	28	27	25	20	13	**0.00**	4	7	1	–	3	–	–	–	–	–	–	–	**4,4,4-Trichlorobutan-1-ol**		**P3541**
77	118	51	176	50	119	78	76	**176**	100	96	51	32	19	15	15	11		9	8	2	2	–	–	–	–	–	–	–	–	**4-Methyl-3-phenylsydnone**		**02055**
79	91	41	107	67	105	93	55	**176**	100	80	76	68	63	56	54	50	**37.20**	13	20	–	–	–	–	–	–	–	–	–	–	**Cyclohexane, 1,2-divinyl-4-isopropylidene-, cis-**	34528-95-5	**S4659**
81	65	82	116	130	176	129	128	**176**	100	8	6	6	6	5	4	3		11	12	2	–	–	–	–	–	–	–	–	–	**2-Pentenoic acid, 5-phenyl-, (E)-**	55320-96-2	**T0913**
82	66	91	39	79	77	41	94	**176**	100	51	27	22	22	21	18	18	**12.80**	12	16	1	–	–	–	–	–	–	–	–	–	**1,4,:5,8-Dimethanonaphthalen-2-ol, 1,2,3,4,4a,5,8,8a-octahydro-, (1α,2α,4α,4aα,5α,8α,8aα)-**	38409-40-4	**S5791**
83	43	97	41	55	57	81	58	**176**	100	35	23	22	18	16	16	9	**0.00**	7	13	–	–	–	1	–	–	–	–	–	–	**2-Pentene, 5-bromo-2,3-dimethyl-**	56312-52-8	**T3436**
83	57	82	68	176	118	93	120	**176**	100	57	44	41	38	27	25	20		11	16	–	2	–	–	–	–	–	–	–	–	**Despropionyl norfentanyl**		**P0896**
83	134	79	94	91	41	107	77	**176**	100	74	66	63	57	56	37	35	**34.00**	12	16	1	–	–	–	–	–	–	–	–	–	**2(1H)-Naphthalenone, 4a,5,8,8a-tetrahydro-4,4a-dimethyl-, trans-**	55103-77-0	**T0284**
84	176	94	83	85				**176**	100	48	41	40	16					11	16	–	2	–	–	–	–	–	–	–	–	**Despropionyl norfentanyl**		**L8288**
84	176	94	83	85				**176**	100	48	44	36	16					11	16	–	2	–	–	–	–	–	–	–	–	**Despropionyl norfentanyl**		**L6737**
85	29	91	176	65	39	27	51	**176**	100	55	54	36	20	17	14	12		11	12	2	–	–	–	–	–	–	–	–	–	**4-Hydroxy-5-phenyl pentanoic acid, lactone**		**C1004**
85	91	51	65	43	77	103	117	**176**	100	40	20	20	18	16	10	8	**3.00**	10	12	1	2	–	–	–	–	–	–	–	–	**Phenylacetaldehyde N-methyl-N-formylhydrazone**		**16842**
88	53	113	105	51	27	39	77	**176**	100	56	54	49	45	45	41	39	**11.20**	8	10	–	–	2	–	–	–	–	–	–	–	**1,5-Dichloro-cycloocta-1,5-diene**		**X1359**
88	90	53	141	105	51	113	77	**176**	100	33	32	28	22	18	18	16	**16.20**	8	10	–	–	2	–	–	–	–	–	–	–	**Cyclohexene, 1-chloro-4-(1-chlorovinyl)-**	13547-06-3	**08111**
88	141	53	90	105	27	39	51	**176**	100	45	35	33	20	16	16	16	**1.00**	8	10	–	–	2	–	–	–	–	–	–	–	**1,5-Cyclooctadiene, 1,6-dichloro-**	29480-42-0	**08112**
89	73	119	45	58	55	59	75	**176**	100	40	34	30	22	16	16	15	**5.00**	8	20	2	–	–	–	–	–	–	–	1	–	**Silane, (4-methoxybutoxy)trimethyl-**		**L3497**
89	73	119	45	58	55	75	59	**176**	100	42	34	32	24	18	17	16	**0.50**	8	20	2	–	–	–	–	–	–	–	1	–	**Silane, (4-methoxybutoxy)trimethyl-**	16654-44-7	**R6303**
90	132	89	176	131	105	91	77	**176**	100	40	19	11	10	10	8	8		9	9	3	–	–	–	–	–	–	1	–	–	**Mandelic acid methylboronate**		**05108**
91	43	57	55	41	69	105	29	**176**	100	70	46	41	35	32	20	16	**0.30**	10	21	–	–	1	–	–	–	–	–	–	–	**Decane, 1-chloro-**		**L0517**
91	43	118	71	117	176	58	85	**176**	100	93	60	36	30	30	20	18		12	16	1	–	–	–	–	–	–	–	–	–	**2-Hexanone, 6-phenyl-**	14171-89-2	**R5022**
91	43	118	71	117	176	58	92	**176**	100	94	61	36	31	31	19	19		12	16	1	–	–	–	–	–	–	–	–	–	**2-Hexanone, 6-phenyl-**	14171-89-2	**R5023**
91	65	39	77	63	45.5	51	92	**176**	100	41	33	30	16	13	11	9	**3.00**	9	8	2	2	–	–	–	–	–	–	–	–	**3-Benzylsydnone**		**02059**
91	65	39	77	63	46	51	50	**176**	100	41	33	30	16	13	11	9	**3.00**	9	8	2	2	–	–	–	–	–	–	–	–	**3-Benzylsydnone**		**L3760**
91	92	43	176	41	65	105	29	**176**	100	96	30	18	14	11	11	10		13	20	–	–	–	–	–	–	–	–	–	–	**Benzene, heptyl-**		**Y1614**
91	92	176	41	39	27	29	65	**176**	100	90	23	20	16	14	14	13		13	20	–	–	–	–	–	–	–	–	–	–	**Benzene, heptyl-**	1078-71-3	**Q5257**
91	93	92	67	41	176	109	39	**176**	100	62	59	41	38	37	34	29		13	20	–	–	–	–	–	–	–	–	–	–	**4,7-Methano-1H-indene, octahydro-2-isopropylidene-**	74793-54-7	**T8635**
91	105	28	27	133	29	147	41	**176**	100	64	63	41	40	35	23	17	**5.80**	13	20	–	–	–	–	–	–	–	–	–	–	**3-Phenyl-3-methylhexane**		**Y1448**
91	105	41	27	77	29	119	39	**176**	100	88	63	54	50	45	40	38	**2.58**	13	20	–	–	–	–	–	–	–	–	–	–	**3,5-Dodecadiyne, 2-methyl-**	55638-52-3	**06811**
91	105	43	71	176	133	41	77	**176**	100	95	85	79	51	47	19	19		12	16	1	–	–	–	–	–	–	–	–	–	**3-Hexanone, 1-phenyl-**	29898-25-7	**S2738**
91	105	106	161	41	43	119	107	**176**	100	61	43	39	29	24	23	22	**21.00**	13	20	–	–	–	–	–	–	–	–	–	–	**1,1,6-Trimethyl-1,2,3,4,5,6-hexahydronaphthalene**		**P3959**
91	105	147	41	27	29	39	92	**176**	100	54	26	19	19	18	10	8	**2.60**	13	20	–	–	–	–	–	–	–	–	–	–	**3-Ethyl-3-phenylpentane**		**Y1447**
91	105	147	41	117	115	27	77	**176**	100	72	41	11	10	9	8	8	**4.39**	13	20	–	–	–	–	–	–	–	–	–	–	**3-Ethyl-3-phenylpentane**		**03510**
91	130	176	117	129	104	115	92	**176**	100	55	55	46	39	32	27	23		12	16	1	–	–	–	–	–	–	–	–	–	**2-Phenylcyclohexanol**		**D0976**
91	133	55	27	105	41	176	39	**176**	100	58	18	14	13	11	10	10		13	20	–	–	–	–	–	–	–	–	–	–	**3-Phenyl-2,4-dimethylpentane**		**Y1198**
91	133	176	92	27	41	39	104	**176**	100	28	11	9	9	9	8	7		13	20	–	–	–	–	–	–	–	–	–	–	**Benzene, (1-propylbutyl)-**	2132-86-7	**Q7429**
91	176	41	92	65	39	119	51	**176**	100	20	17	12	11	8	4	3		11	12	2	–	–	–	–	–	–	–	–	–	**Benzeneacetic acid, 2-propenyl ester**	1797-74-6	**Q6763**
91	176	92	65	119	63	89	118	**176**	100	20	12	11	4	3	3	3		11	12	2	–	–	–	–	–	–	–	–	–	**Benzeneacetic acid, 2-propenyl ester**	1797-74-6	**Q6764**
91	176	92	130	104	117	129	28	**176**	100	87	45	44	44	41	25	25		12	16	1	–	–	–	–	–	–	–	–	–	**2-Phenylcyclohexanol**		**Z1248**
91	176	133	92	177	119	134		**176**	100	60	10	8	6	2	1			9	8	2	2	–	–	–	–	–	–	–	–	**1,3,4-Oxadiazol-2(3H)-one, 5-methyl-3-phenyl-**	28740-63-8	**S2188**
92	91	176	43	105	41	65	93	**176**	100	94	25	23	10	9	9	9		13	20	–	–	–	–	–	–	–	–	–	–	**Benzene, heptyl-**	1078-71-3	**Q5256**
94	28	55	41	32	95	67	176	**176**	100	38	12	10	10	8	7	6		12	16	1	–	–	–	–	–	–	–	–	–	**Cyclohexyl phenyl ether**		**D0643**
94	55	41	39	28	67	176	95	**176**	100	17	16	12	11	10	9	8		12	16	1	–	–	–	–	–	–	–	–	–	**Cyclohexyl phenyl ether**		**D1207**
94	176	55	95	41	67	39	77	**176**	100	13	9	8	7	6	4	4		12	16	1	–	–	–	–	–	–	–	–	–	**Cyclohexyl phenyl ether**		**Z1244**
97	55	39	41	81	67	83	98	**176**	100	78	16	16	16	9	8	8	**0.35**	7	13	–	–	–	1	–	–	–	–	–	–	**1-Methyl-2-bromocyclohexane**		**Z1257**
97	55	41	39	98	81	27	69	**176**	100	71	12	8	8	7	6	5	**0.62**	7	13	–	–	–	1	–	–	–	–	–	–	**1-Methyl-4-bromocyclohexane**		**Z1261**
97	55	41	54	67	81	27	68	**176**	100	95	19	15	15	10	8	8	**0.00**	7	13	–	–	–	1	–	–	–	–	–	–	**Bromocycloheptane**		**L0542**
97	55	41	67	54	39	81	68	**176**	100	95	19	15	15	13	10	8	**0.00**	7	13	–	–	–	1	–	–	–	–	–	–	**Bromocycloheptane**		**Z1254**
97	55	41	81	67	83	98	27	**176**	100	78	16	16	9	8	8	7	**0.40**	7	13	–	–	–	1	–	–	–	–	–	–	**1-Methyl-2-bromocyclohexane**		**L0543**
97	55	41	81	98	27	69	29	**176**	100	68	12	8	8	5	5	4	**0.80**	7	13	–	–	–	1	–	–	–	–	–	–	**1-Methyl-3-bromocyclohexane**		**L0544**
97	55	41	98	81	27	69	29	**176**	100	71	12	8	7	6	5	4	**0.60**	7	13	–	–	–	1	–	–	–	–	–	–	**1-Methyl-4-bromocyclohexane**		**L0545**

MASS TO CHARGE RATIOS								M.W.	INTENSITIES								Parent	C	H	O	N	Cl	Br	F	S	P	B	Si	X	COMPOUND NAME	CAS Reg No	No
97	55	41	98	81	39	27	69	**176**	100	68	12	8	8	7	5	5	**0.75**	7	13	–	–	–	1	–	–	–	–	–	–	1-Methyl-3-bromocyclohexane		Z1259
97	99	61	143	178	83	141	101	**176**	100	64	22	14	13	12	11	10	**7.77**	2	3	–	–	2	1	–	–	–	–	–	–	1,1-Dichloro-2-bromoethane		Z1249
98	42	41	39	176	40	51	118	**176**	100	36	28	20	18	15	12	12		10	12	1	2	–	–	–	–	–	–	–	–	2-Pyrrolidinone, 1-methyl-5-(3-pyridinyl)-, (S)-	486-56-6	Q1123
98	55	69	42	41	39	70	80	**176**	100	94	47	47	43	37	35	27	**0.00**	10	12	1	2	–	–	–	–	–	–	–	–	1-Oxaspiro[3.5]nonane, 2,3-dicyano-		L9622
98	119	176	175	42	99	120	133	**176**	100	22	19	12	11	9	9	9		11	16	–	2	–	–	–	–	–	–	–	–	Pyridine, 2-(1-methyl-2-pyridinyl)-	19730-04-2	R8259
98	176	119	42	175	99	120	105	**176**	100	22	15	12	9	8	7	6		11	16	–	2	–	–	–	–	–	–	–	–	Pyridine, 3-(1-methyl-2-piperidinyl)-, (S)-	24380-92-5	S0567
98	176	147	42	119	51	41	91	**176**	100	29	12	10	7	6	5	5		10	12	1	2	–	–	–	–	–	–	–	–	2-Pyrrolidinone, 1-methyl-5-(3-pyridinyl)-, (S)-	486-56-6	Q1124
99	86	42	55	41	43	53	100	**176**	100	35	21	19	16	8	5	5	**1.00**	8	13	2	–	1	–	–	–	–	–	–	–	1,4-Dioxaspiro[4.5]decane, 8-chloro-	55724-03-3	T1961
99	132	175	42	91	176	118	77	**176**	100	45	33	16	14	8	7	7		11	16	–	2	–	–	–	–	–	–	–	–	Imidazolidine, 1,3-dimethyl-2-phenyl-		M3971
99	132	175	42	91	176	118	100	**176**	100	45	33	16	14	8	7	7		11	16	–	2	–	–	–	–	–	–	–	–	Imidazolidine, 1,3-dimethyl-2-phenyl-	23229-37-0	S0122
99	176	143	65	98	39	41	129	**176**	100	29	23	11	10	9	9	9		11	12	–	–	–	–	–	1	–	–	–	–	Benzene, [(3-methyl-1,3-butadienyl)thio]-	53097-26-0	S8299
101	43	41	45	59	39	76	47	**176**	100	77	76	67	67	65	65	60	**2.38**	7	12	1	–	–	–	–	2	–	–	–	–	Acetoacetic acid, 1,3-dithio-, S-propyl ester	20560-74-1	R8725
101	43	76	59	100	133	42	74	**176**	100	76	70	67	55	50	39	36	**3.00**	7	12	1	–	–	–	–	2	–	–	–	–	S-Propyl 3-thiobut-2-ene-thioate		L6179
104	51	132	77	63	103	50	78	**176**	100	65	65	52	47	45	43	40	**21.02**	10	8	3	–	–	–	–	–	–	–	–	–	1,3-Isobenzofurandione, 4,7-dimethyl-	5463-50-3	R1467
104	133	103	89	63	115	77	176	**176**	100	99	88	62	61	61	60	58		9	8	2	2	–	–	–	–	–	–	–	–	Cinnoline, 4-methyl-, 1,2-dioxide	5004-33-1	R1004
104	158	176	91	143	117	118	130	**176**	100	82	71	64	63	56	48	45		12	16	1	–	–	–	–	–	–	–	–	–	4-Cyclohexylphenol		Z1250
104	176	105	133	77	78	51	148	**176**	100	94	70	34	28	22	18	14		9	8	2	2	–	–	–	–	–	–	–	–	2,4-Imidazolidinedione, 5-phenyl-		M3320
104	176	105	133	77	78	51	148	**176**	100	96	70	34	28	21	18	11		9	8	2	2	–	–	–	–	–	–	–	–	2,4-Imidazolidinedione, 5-phenyl-	89-24-7	P6479
105	41	161	119	91	55	176	120	**176**	100	76	75	72	61	53	53	48		13	20	–	–	–	–	–	–	–	–	–	–	Megastigma-4,6(E),8(E)-triene		P3954
105	77	51	176	106	78	76	177	**176**	100	97	39	23	13	7	4	3		9	8	2	2	–	–	–	–	–	–	–	–	1,3,4-Oxadiazolium, 5-hydroxy-2-methyl-3-phenyl-, hydroxide, inner salt	24660-53-5	S0744
105	77	55	51	106	54	39	28	**176**	100	32	27	13	10	10	8	6	**3.24**	11	12	2	–	–	–	–	–	–	–	–	–	3-Buten-2-yl benzoate		P1224
105	77	120	162	51	106	41	78	**176**	100	32	27	19	9	7	5	5	**0.00**	12	16	1	–	–	–	–	–	–	–	–	–	Acetophenone, 2′-(2-methylpropyl)-	62059-55-6	T5805
105	77	133	134	43	106	51	176	**176**	100	50	26	24	22	17	14	8		11	12	2	–	–	–	–	–	–	–	–	–	1-Benzoyl-1-methyl-acetone		04947
105	77	148	106	42	51	78	39	**176**	100	43	29	27	22	20	12	10	**5.00**	10	8	3	–	–	–	–	–	–	–	–	–	γ-Phenyltetronic acid		L5041
105	77	176	143	91	175	55	157	**176**	100	55	45	37	32	27	25	25		12	16	1	–	–	–	–	–	–	–	–	–	Benzene, (1-ethoxy-2-methyl-1-propenyl)-	16282-15-8	08508
105	91	41	106	39	29	119	27	**176**	100	99	77	46	40	37	36	32	**29.00**	13	20	–	–	–	–	–	–	–	–	–	–	Megastigma-7(E),9,13-triene		P3958
105	91	106	176	41	77	27	39	**176**	100	16	12	11	9	9	9	8		13	20	–	–	–	–	–	–	–	–	–	–	Heptane, 2-phenyl-	2132-84-5	Q7428
105	92	176	117	91	115	133	43	**176**	100	75	66	50	37	36	35	24		12	16	1	–	–	–	–	–	–	–	–	–	Cinnamyl propyl ether		Z1263
105	94	77	43	120	51	148	39	**176**	100	41	39	23	18	14	12	9	**0.00**	11	12	2	–	–	–	–	–	–	–	–	–	2(3H)-Furanone, dihydro-5-methyl-5-phenyl-	21303-80-0	R9224
105	119	161	41	176	91	55	120	**176**	100	73	73	68	60	59	48	47		13	20	–	–	–	–	–	–	–	–	–	–	Megastigma-4,6(Z),8(Z)-triene		P3955
105	120	41	91	92	39	77	55	**176**	100	99	48	40	36	28	26	22	**12.00**	13	20	–	–	–	–	–	–	–	–	–	–	Megastigma-3,7(E),9-triene		P3952
105	120	77	28	51	27	176	106	**176**	100	54	50	25	17	10	9	8		12	16	1	–	–	–	–	–	–	–	–	–	Pentyl phenyl ketone		03589
105	134	77	133	51	50	104	89	**176**	100	67	37	20	10	9	5	3	**0.00**	10	8	3	–	–	–	–	–	–	–	–	–	3-Acetylphthalide		L6556
105	161	41	119	176	55	91	120	**176**	100	83	72	68	53	52	52	52		13	20	–	–	–	–	–	–	–	–	–	–	Megastigma-4,6(Z),8(E)-triene		P3956
105	161	119	41	91	176	55	120	**176**	100	72	71	67	55	54	46	44		13	20	–	–	–	–	–	–	–	–	–	–	Megastigma-4,6(E),8(Z)-triene		P3957
107	90	176	77	51	89	42	105	**176**	100	91	84	68	57	57	54	54		9	8	2	2	–	–	–	–	–	–	–	–	4(5H)-Oxazolone, 2-amino-5-phenyl-	2152-34-3	Q7506
107	133	176	120	91	108	134	177	**176**	100	99	88	65	17	17	14	12		12	16	1	–	–	–	–	–	–	–	–	–	2-Cyclohexylphenol		Z1246
107	176	77	90	51	42	89	79	**176**	100	90	76	66	52	51	51	49		9	8	2	2	–	–	–	–	–	–	–	–	4(5H)-Oxazolone, 2-amino-5-phenyl-	2152-34-3	Q7508
113	88	53	105	77	115	51	79	**176**	100	70	37	34	34	33	29	27	**12.40**	8	10	–	–	2	–	–	–	–	–	–	–	Cyclohexene, 1-chloro-5-(1-chlorovinyl)-	13547-07-4	08110
116	43	85	119	61	71	31	101	**176**	100	29	29	23	19	18	16	15	**10.00**	6	8	6	–	–	–	–	–	–	–	–	–	L-Ascorbic acid	50-81-7	P4532
116	115	117	105	77	103	63	51	**176**	100	18	12	10	3	2	2	2	**0.00**	11	12	2	–	–	–	–	–	–	–	–	–	2-Indanyl acetate		Y2483
116	115	117	133	134	91	77	105	**176**	100	37	32	11	8	5	3	3	**0.00**	11	12	2	–	–	–	–	–	–	–	–	–	2-Indanyl acetate		Y2482
116	115	117	176	91	15	39	51	**176**	100	67	52	37	35	26	20	19		11	12	2	–	–	–	–	–	–	–	–	–	Benzenepropanoic acid, α-methylene-, methyl ester	3070-71-1	Q8980
117	115	176	116	144	145	51	63	**176**	100	68	36	34	31	19	16	12		11	12	2	–	–	–	–	–	–	–	–	–	Methyl trans-2-phenyl-1-cyclopropanecarboxylate		16004
118	91	44	117	65	90	176	89	**176**	100	96	75	59	41	38	36	33		9	8	2	2	–	–	–	–	–	–	–	–	Sydnone, 3-(2-methylphenyl)-	3483-18-9	Q9456
119	43	91	118	77	117	41	39	**176**	100	85	67	32	23	23	22	19	**1.73**	12	16	1	–	–	–	–	–	–	–	–	–	2-Pentanone, 4-methyl-4-phenyl-		C0862
119	43	91	118	176	41	120	77	**176**	100	88	48	25	21	14	10	8		12	16	1	–	–	–	–	–	–	–	–	–	2-Pentanone, 4-methyl-4-phenyl-	7403-42-1	R3167
119	176	92	64	63	90	91	120	**176**	100	59	41	20	18	14	12	12		9	8	2	2	–	–	–	–	–	–	–	–	2,4(1H,3H)-Quinazolinedione, 3-methyl-	607-19-2	Q2742
120	105	91	92	41	79	77	107	**176**	100	98	34	33	24	22	17	15	**13.00**	13	20	–	–	–	–	–	–	–	–	–	–	Cyclohexene, 6-(1,3-butadienyl)-1,5,5-trimethyl-	56248-15-8	T3175
120	133	176	107	105	134	91	77	**176**	100	80	33	28	10	10	9	8		12	16	1	–	–	–	–	–	–	–	–	–	4-Cyclohexylphenol		C1471
120	176	148	94	69	50	76	93	**176**	100	50	33	23	18	16	15	15		8	4	1	2	–	–	–	1	–	–	–	–	Benzo[b]thiophen-2(3H)-one, 3-diazo-	54518-09-1	S9255
129	130	51	104	60	77	103	176	**176**	100	70	16	15	10	10	10	10		10	12	1	2	–	–	–	–	–	–	–	–	2H-1,2-Oxazine, 3,6-dihydro-2-methyl-6-(3-pyridyl)-	1131-49-3	Q5495
131	77	176	103	147	105	91	119	**176**	100	97	92	80	53	51	49	44		11	12	2	–	–	–	–	–	–	–	–	–	3-Ethoxyindan-1-one		M6149
131	103	77	176	51	27	29	104	**176**	100	50	40	29	27	20	19	15		11	12	2	–	–	–	–	–	–	–	–	–	2-Propenoic acid, 3-phenyl-, ethyl ester		04214
131	103	77	176	51	29	104	102	**176**	100	43	34	23	20	13	13	12		11	12	2	–	–	–	–	–	–	–	–	–	2-Propenoic acid, 3-phenyl-, ethyl ester	103-36-6	P7626
131	130	176	103	158	77			**176**	100	99	83	78	56	44				10	8	3	–	–	–	–	–	–	–	–	–	3-Carboxyindan-1-one		M0683

MASS TO CHARGE RATIOS								M.W.	INTENSITIES								Parent	C	H	O	N	Cl	Br	F	S	P	B	Si	X	COMPOUND NAME	CAS Reg No	No
131	176	91	115	116	129	132	51	**176**	100	50	41	18	15	13	12	11		11	12	2	–	–	–	–	–	–	–	–	–	3-Pentenoic acid, 4-phenyl-		**P2957**
131	176	91	129	132	51	77	53	**176**	100	50	41	13	12	11	11	8		11	12	2	–	–	–	–	–	–	–	–	–	3-Pentenoic acid, 4-phenyl-	53774-19-9	**S8591**
131	176	158	91	130	115	129	51	**176**	100	75	71	41	36	36	30	29		11	12	2	–	–	–	–	–	–	–	–	–	1-Naphthalenecarboxylic acid, 5,6,7,8-tetrahydro-	4242-18-6	**R0241**
131	177	91	159	176	119	132	178	**176**	100	72	36	34	13	11	11	9		11	12	2	–	–	–	–	–	–	–	–	–	Benzeneacetic acid, 2-propenyl ester	1797-74-6	**Q6765**
132	104	176	103	78	77	63	39	**176**	100	58	49	26	18	17	12	12		10	8	3	–	–	–	–	–	–	–	–	–	1,3-Isobenzofurandione, 5,6-dimethyl-	5999-20-2	**R1981**
133	39	41	91	161	105	77	148	**176**	100	41	37	35	34	31	26	24	**13.00**	12	16	1	–	–	–	–	–	–	–	–	–	2-Cyclopenten-1-one, 2,3,5-trimethyl-4-methylene-5-isopropenyl-	50506-60-0	**S7313**
133	106	42	78	29	105	41	134	**176**	100	41	22	19	15	11	11	11	**1.90**	11	16	–	2	–	–	–	–	–	–	–	–	1-Butanamine, N-[1-(2-pyridinyl)ethylidene]-	74764-33-3	**T8503**
133	107	176	120	91	77	79	51	**176**	100	78	67	64	24	20	20	11		12	16	1	–	–	–	–	–	–	–	–	–	2-Cyclohexylphenol		**C1470**
133	132	42	104	43	28	105	78	**176**	100	52	30	27	19	15	13	12	**0.11**	10	12	1	2	–	–	–	–	–	–	–	–	1-Aziridinecarboxamide, N-(4-methylphenyl)-	829-65-2	**Q4305**
133	176	107	120	28	177	105	77	**176**	100	59	41	25	9	8	7	6		12	16	1	–	–	–	–	–	–	–	–	–	4-Cyclohexylphenol		**Z1262**
133	176	161	163	135	178	75	63	**176**	100	99	89	67	62	60	37	36		7	6	1	–	2	–	–	–	–	–	–	–	Benzene, 1,3-dichloro-2-methoxy-	1984-65-2	**Q7173**
134	43	115	105	103	77	176	91	**176**	100	74	37	27	24	16	11	10		11	12	2	–	–	–	–	–	–	–	–	–	2-Phenyl allyl acetate		**C0236**
134	119	133	43	176	91	115	77	**176**	100	34	31	28	24	16	12	11		11	12	2	–	–	–	–	–	–	–	–	–	o-Allylphenyl acetate		**Z1260**
134	176	106	78	135	39	51	77	**176**	100	75	58	53	46	43	37	31		11	12	2	–	–	–	–	–	–	–	–	–	4H-1-Benzopyran-4-one, 2,3-dihydro-2,7-dimethyl-	69687-88-3	**T7224**
134	176	106	78	135	39	77	105	**176**	100	39	30	22	19	19	17	15		11	12	2	–	–	–	–	–	–	–	–	–	4H-1-Benzopyran-4-one, 2,3-dihydro-2,5-dimethyl-	69687-87-2	**T7223**
134	176	135	161	106	78	77	177	**176**	100	83	37	24	18	15	13	11		11	12	2	–	–	–	–	–	–	–	–	–	4H-1-Benzopyran-4-one, 2,3-dihydro-2,6-dimethyl-	51423-95-1	**S7658**
134	176	147	79	77	78	41	64	**176**	100	66	44	17	14	14	13	13		10	12	1	2	–	–	–	–	–	–	–	–	2-Benzoxazolamine, N-propyl-	28291-80-7	**S2026**
134	176	161	79	135	91	177	51	**176**	100	43	20	15	13	11	11	9		10	12	1	2	–	–	–	–	–	–	–	–	Benzoxazole, 2-(isopropylamino)-	28455-42-7	**S2097**
134	176	161	79	135	91	177	133	**176**	100	43	20	15	13	11	11	9		10	12	1	2	–	–	–	–	–	–	–	–	Benzoxazole, 2-(isopropylamino)-		**L9139**
139	157	77	91	51	50	39	27	**176**	100	58	40	34	27	10	8	3	**0.00**	8	11	–	–	–	–	2	–	1	–	–	–	Phenyldimethyldifluorophosphorane		**L8136**
139	161	176	75	111	133	163	135	**176**	100	80	68	63	63	63	49	44		7	6	1	–	2	–	–	–	–	–	–	–	Benzene, 2,4-dichloro-1-methoxy-	553-82-2	**Q1983**
140	142	133	135	43	42	41	161	**176**	100	66	57	56	56	30	22	21	**8.11**	3	7	–	–	3	–	–	–	–	–	1	–	Silane, trichloropropyl-	141-57-1	**P9816**
141	75	77	143	176	178	105	74	**176**	100	46	43	43	36	24	14	12		7	6	1	–	2	–	–	–	–	–	–	–	Phenol, dichloro-4-methyl-	62609-00-1	**T6218**
141	142	176	28	115	139	43	45	**176**	100	50	36	33	29	26	21	21		11	9	–	–	1	–	–	–	–	–	–	–	Naphthalene, 1-(chloromethyl)-	86-52-2	**P6313**
141	143	145	106	71	108	36	47	**176**	100	97	29	25	21	16	12	11	**5.08**	3	–	–	–	4	–	–	–	–	–	–	–	Cyclopropene, tetrachloro-	6262-42-6	**R2178**
141	176	115	139	178	63	89	113	**176**	100	33	16	15	11	5	4	2		11	9	–	–	1	–	–	–	–	–	–	–	Naphthalene, 1-(chloromethyl)-		**M7669**
141	176	115	139	178	63	89	140	**176**	100	33	14	13	11	5	3	2		11	9	–	–	1	–	–	–	–	–	–	–	2-Chloromethyl-naphthalene		**M7670**
141	176	115	178	63	139	51	87	**176**	100	40	36	13	12	12	4	4		11	9	–	–	1	–	–	–	–	–	–	–	1-Chloro-5-phenyl-2-pentene-4-yne		**M7671**
141	176	142	115	139	70	178	70.5	**176**	100	23	14	14	11	9	7	6		11	9	–	–	1	–	–	–	–	–	–	–	Naphthalene, 1-(chloromethyl)-		**Z1256**
141	176	178	77	143	51	177	75	**176**	100	93	60	39	32	16	14	13		7	6	1	–	2	–	–	–	–	–	–	–	Phenol, 2,4-dichloro-6-methyl-	1570-65-6	**Q6235**
145	146	130	176	128	129	18	115	**176**	100	14	13	12	12	11	11	11		12	16	1	–	–	–	–	–	–	–	–	–	1-Naphthalenemethanol, 1,2,3,4-tetrahydro-8-methyl-	36052-28-5	**S5142**
146	147	32	18	30	176	17	14	**176**	100	58	44	41	32	24	9	9		10	12	1	2	–	–	–	–	–	–	–	–	1H-Indol-5-ol, 3-(2-aminoethyl)-		**06582**
147	77	146	105	92	119	176	132	**176**	100	50	50	46	44	43	41	33		10	12	1	2	–	–	–	–	–	–	–	–	1,5-Benzodiazocin-6(1H)-one, 2,3,4,5-tetrahydro-	51111-02-5	**S7571**
147	176	132	175	77	148	174	134	**176**	100	81	66	53	34	31	19	15		10	12	1	2	–	–	–	–	–	–	–	–	1H-Imidazole, 4,5-dihydro-2-(4-methoxyphenyl)-	6302-84-7	**R2222**
147	176	132	175	77	148	174	177	**176**	100	81	60	53	34	32	19	17		10	12	1	2	–	–	–	–	–	–	–	–	1H-Imidazole, 4,5-dihydro-2-(4-methoxyphenyl)-		**L4998**
147	176	148	69	115	149	45	77	**176**	100	28	14	6	6	5	5	5		11	12	–	–	–	–	–	1	–	–	–	–	2-Propyl-1-thiaindene		**Y1850**
148	39	41	91	120	51	77	65	**176**	100	84	80	74	60	48	46	36	**26.00**	12	16	1	–	–	–	–	–	–	–	–	–	Dibenzofuran, 1,2,3,4,6,7,8,9-octahydro-	1010-77-1	**Q5057**
148	176	147	91	177	149	74	120	**176**	100	99	76	20	17	15	14	13		10	8	3	–	–	–	–	–	–	–	–	–	2H-1-Benzopyran-2-one, 7-hydroxy-4-methyl-	90-33-5	**P6557**
148	176	149	120	91	77	105	161	**176**	100	99	75	53	22	19	18	13		11	12	2	–	–	–	–	–	–	–	–	–	6-Methoxy-3,4-dihydro-1(2H)-naphthalenone		**U0146**
158	157	144	78	159	132	143	118	**176**	100	72	27	23	21	18	18	17	**11.01**	10	12	1	2	–	–	–	–	–	–	–	–	Benzimidazole, 2-isopropyl-, 3-oxide	16007-54-8	**R5963**
159	161	105	163	107	141	123	125	**176**	100	93	48	29	17	16	16	11	**0.00**	4	7	1	–	3	–	–	–	–	–	–	–	2-Propanol, 1,1,1-trichloro-2-methyl-		**P3655**
161	41	43	55	29	65	97	176	**176**	100	89	63	63	50	50	50	42		8	17	2	–	–	–	–	–	1	–	–	–	1-Hydroxy-2,2,3,4,4-pentamethylphosphetan 1-oxide		**P2609**
161	43	176	162	133	91	105	118	**176**	100	30	23	12	10	6	5	5		12	16	1	–	–	–	–	–	–	–	–	–	Acetophenone, 4′-tert-butyl-	943-27-1	**Q4771**
161	43	176	162	133	91	118	115	**176**	100	26	19	9	6	5	4	4		12	16	1	–	–	–	–	–	–	–	–	–	Acetophenone, 4′-tert-butyl-		**C1585**
161	69	97	57	41	43	59	64	**176**	100	66	66	61	61	56	44	40	**19.58**	8	17	2	–	–	–	–	–	1	–	–	–	2,3,4-Trimethylpentane-2,4-phosphinic acid		**D0888**
161	91	107	176	133	119	79	55	**176**	100	34	33	25	25	21	16	10		13	20	–	–	–	–	–	–	–	–	–	–	1,5,5,9-Tetramethyl-bicyclo[4.3.0]nona-6,8-diene		**M3608**
161	105	121	77	43	117	51	162	**176**	100	41	38	34	32	14	14	11	**8.20**	11	12	2	–	–	–	–	–	–	–	–	–	2(3H)-Furanone, dihydro-5-methyl-5-phenyl-		**C0793**
161	120	176	95	107	133	81	91	**176**	100	79	59	53	23	14	14	12		12	16	1	–	–	–	–	–	–	–	–	–	trans-2-Oxo-bicyclo[3.1.0]hex-3-ene-6-spiro-(2′,2′-dimethylcyclopentane)		**M8082**
161	121	133	176	119	162	105	41	**176**	100	33	26	26	18	14	13	13		13	20	–	–	–	–	–	–	–	–	–	–	1,3,5-Cycloheptatriene, 2,3,4,5,7,7-hexamethyl-	74779-68-3	**T8534**
161	133	176	163	135	178	63	75	**176**	100	97	87	64	63	56	26	25		7	6	1	–	2	–	–	–	–	–	–	–	Benzene, 1,3-dichloro-2-methoxy-	1984-65-2	**Q7172**
161	135	176	162	175	77	41	69	**176**	100	27	22	16	13	11	9	9		11	12	2	–	–	–	–	–	–	–	–	–	2-Buten-1-one, 1-(2-hydroxy-5-methylphenyl)-	5631-63-0	**08740**
161	143	131	91	128	176	115	158	**176**	100	59	36	27	27	22	21	17		12	16	1	–	–	–	–	–	–	–	–	–	1H-Indene-4-methanol, 2,3-dihydro-1,1-dimethyl-	55591-09-8	**T1676**
161	145	135	176	162	146	73	105	**176**	100	86	37	29	16	14	13	13		11	16	–	–	–	–	–	–	–	–	1	–	Silane, trimethylstyryl-	18001-47-3	**R7332**
161	147	176	133	119	91	162	105	**176**	100	59	50	24	22	17	14	12		13	20	–	–	–	–	–	–	–	–	–	–	Benzene, 1,2,4-triethyl-5-methyl-	19961-08-1	**R8444**
161	176	162	115	128	63	177	69	**176**	100	45	12	9	7	6	6	5		11	12	–	–	–	–	–	1	–	–	–	–	2-Ethyl-7-methyl-1-thiaindene		**Y1853**

MASS TO CHARGE RATIOS								M.W.	INTENSITIES								Parent	C	H	O	N	Cl	Br	F	S	P	B	Si	X	COMPOUND NAME	CAS Reg No	No
161	176	162	115	160	128	175	69	**176**	100	46	12	9	7	7	6	6		11	12	–	–	–	–	–	1	–	–	–	–	2-Ethyl-5-methyl-1-thiaindene		Y1852
161	176	162	115	160	147	128	177	**176**	100	57	12	10	8	7	7	7		11	12	–	–	–	–	–	1	–	–	–	–	2-Methyl-7-ethyl-1-thiaindene		Y1851
161	176	162	133	41	105	91	115	**176**	100	18	13	11	10	10	9	7		13	20	–	–	–	–	–	–	–	–	–	–	Benzene, 3-tert-butyl-1-methyl-5-ethyl		03526
161	176	162	133	119	91	105	41	**176**	100	21	12	8	7	6	6	5		13	20	–	–	–	–	–	–	–	–	–	–	Benzene, 1,2,3,4-tetramethyl-5-isopropyl-	61142-67-4	T5499
161	176	162	147	177	145	175	131	**176**	100	56	17	14	8	7	7	6		13	20	–	–	–	–	–	–	–	–	–	–	Benzene, ethylpentamethyl-	2388-04-7	Q7929
161	176	177	162	145	105	175	77	**176**	100	95	12	12	11	11	10	9		11	12	2	–	–	–	–	–	–	–	–	–	5-Methoxy-6,7-dimethylbenzofuran		06304
176	36	178	38	141	133	124	75	**176**	100	82	63	36	27	23	22	21		6	6	–	2	2	–	–	–	–	–	–	–	Hydrazine, (3,5-dichlorophenyl)-	57396-93-7	T4697
176	42	135	44	57	41	43	68	**176**	100	90	45	22	20	17	17	15		8	8	1	4	–	–	–	–	–	–	–	–	4(3H)-Pteridinone, 2,7-dimethyl-	34244-79-6	S4592
176	43	120	106	94	121	54	161	**176**	100	47	39	38	35	34	32	26		9	12	–	4	–	–	–	–	–	–	–	–	1,2,4-Triazolo[1,5-a]pyrazine, 2-ethyl-5,8-dimethyl-	54518-05-7	S9252
176	43	161	55	134	133	105	115	**176**	100	68	68	49	44	26	23	19		11	12	2	–	–	–	–	–	–	–	–	–	2-Penten-4-one, 3-phenyl-2-hydroxy-		C0377
176	43	161	119	133	105	91	95	**176**	100	95	58	48	33	33	21	20		11	12	2	–	–	–	–	–	–	–	–	–	Bis(2-methylfuran-2-yl)methane		M6490
176	53	42	54	39	120	130	52	**176**	100	89	53	43	39	33	33	32		9	12	–	4	–	–	–	–	–	–	–	–	s-Triazolo[4,3-a]pyrazine, 3-ethyl-5,8-dimethyl-	19848-81-8	R8336
176	53	42	54	39	130	80	67	**176**	100	89	53	43	39	33	32	32		9	12	–	4	–	–	–	–	–	–	–	–	s-Triazolo[4,3-a]pyrazine, 3-ethyl-5,8-dimethyl-		M3585
176	55	175	56	120	42	147	148	**176**	100	34	26	20	9	9	4	3		5	5	2	–	–	1	–	–	–	–	–	–	1,3-Cyclopentanedione, 2-bromo-		M3932
176	88	45	89	61	29	27	55	**176**	100	99	76	74	64	64	61	60		8	16	2	–	–	–	–	1	–	–	–	–	Propanoic acid, 3-(butylthio)-, methyl ester		05584
176	91	147	119	65	39	53	51	**176**	100	89	51	33	22	17	14	13		10	8	3	–	–	–	–	–	–	–	–	–	2-Furancarboxaldehyde, 5-(2-furanylmethyl)-		M6497
176	91	147	119	65	175	177	39	**176**	100	48	36	25	12	12	12	10		10	8	3	–	–	–	–	–	–	–	–	–	2-Furancarboxaldehyde, 5-(2-furanylmethyl)-	33488-56-1	S4197
176	91	161	105	147	77	115	119	**176**	100	94	87	86	76	61	46	45		12	16	1	–	–	–	–	–	–	–	–	–	1H-Indene-3-carboxaldehyde, 2,6,7,7a-tetrahydro-1,5-dimethyl-	63767-07-7	T6289
176	103	89	175	131	132	129	76	**176**	100	83	49	44	30	15	15	10		9	8	–	2	–	–	–	1	–	–	–	–	1-Methylthiophthalazine		M8373
176	104	148	132	51	103	77	105	**176**	100	84	64	60	47	34	32	26		10	8	3	–	–	–	–	–	–	–	–	–	1,3-Isobenzofurandione, 4,7-dimethyl-	5463-50-3	R1468
176	105	57	46	45	83	74	28	**176**	100	59	59	39	33	26	25	19		4	8	–	4	–	–	–	2	–	–	–	–	1,3,5-Thiadiazole, 2-(1-methylhydrazino)-4-(methylthio)-		05906
176	105	57	74	83	46	45	90	**176**	100	64	59	25	21	19	18	17		4	8	–	4	–	–	–	2	–	–	–	–	1,2,4-Thiadiazole, 5-(1-methylhydrazino)-3-(methylthio)-	38362-24-2	S5740
176	105	104	78	77	51	63	50	**176**	100	86	76	40	34	26	21	17		9	8	2	2	–	–	–	–	–	–	–	–	2,4(1H,3H)-Quinazolinedione, 1-methyl-	604-50-2	Q2685
176	107	90	89	77	79	105	70	**176**	100	97	57	54	46	41	34	34		9	8	2	2	–	–	–	–	–	–	–	–	4(5H)-Oxazolone, 2-amino-5-phenyl-	2152-34-3	Q7507
176	108	120	133	107	121	177	134	**176**	100	73	57	44	39	31	13	13		12	16	1	–	–	–	–	–	–	–	–	–	3-Cyclohexylphenol		Z1267
176	115	147	121	45	69	52	77	**176**	100	80	65	37	32	32	32	32		10	8	1	–	–	–	–	1	–	–	–	–	Furan, 2-[2-(2-thienyl)vinyl]-, (E)-	13640-90-9	R4692
176	119	39	161	133	92	65	177	**176**	100	91	84	84	40	18	17	14		11	16	–	2	–	–	–	–	–	–	–	–	1H-1,5-Benzodiazepine, 2,3,4,5-tetrahydro-2,4-dimethyl-	40358-37-0	S6293
176	119	118	120	90	91	89	63	**176**	100	72	66	65	49	48	47	36		10	8	3	–	–	–	–	–	–	–	–	–	1H-2-Benzopyran-5-carboxaldehyde, 3,4-dihydro-1-oxo-	50276-98-7	08437
176	132	78	131	79	52	133	51	**176**	100	90	40	20	18	17	13	12		9	8	–	2	–	–	–	1	–	–	–	–	4H-Pyrido[1,2-a]pyrimidine-4-thione, 2-methyl-	50993-74-3	S7538
176	132	131	77	104	51	103	133	**176**	100	97	40	21	17	11	11	11		9	8	2	2	–	–	–	–	–	–	–	–	Carbostyril, 3-amino-1-hydroxy-	16551-96-5	R6251
176	132	131	77	104	177	159	133	**176**	100	97	40	21	17	11	11	11		9	8	2	2	–	–	–	–	–	–	–	–	Carbostyril, 3-amino-1-hydroxy-		05386
176	133	77	105	51	147	161	134	**176**	100	62	29	29	25	23	20	14		10	8	3	–	–	–	–	–	–	–	–	–	3-Benzofurancarboxaldehyde, 2-methoxy-	40800-89-3	S6444
176	133	148	77	51	63	105	177	**176**	100	83	82	22	21	12	12	11		10	8	3	–	–	–	–	–	–	–	–	–	2H-1-Benzopyran-2-one, 7-methoxy-	531-59-9	Q1688
176	133	161	91	145	105	117	144	**176**	100	48	32	16	16	14	14	14		12	16	1	–	–	–	–	–	–	–	–	–	1-Propene, 2-methoxy-1-(2,5-dimethylbenzene)-		P3487
176	133	178	135	63	161	15	75	**176**	100	86	64	55	47	36	35	28		7	6	1	–	2	–	–	–	–	–	–	–	Benzene, 1,2-dichloro-3-methoxy-	1984-59-4	Q7171
176	136	108	137	52	177	80	53	**176**	100	80	16	13	12	12	10	9		10	8	3	–	–	–	–	–	–	–	–	–	4H-1-Benzopyran-4-one, 6-hydroxy-2-methyl-	22105-12-0	R9557
176	136	108	137	177	52	80	147	**176**	100	80	16	13	12	12	10	8		10	8	3	–	–	–	–	–	–	–	–	–	4H-1-Benzopyran-4-one, 6-hydroxy-2-methyl-		M3520
176	145	147	133	77	51	105	177	**176**	100	53	44	37	23	22	22	13		10	8	3	–	–	–	–	–	–	–	–	–	2(3H)-Benzofuranone, 3-(methoxymethylene)-	40800-90-6	S6445
176	146	90	76	117	77	160	177	**176**	100	63	18	14	12	11	9	9		9	8	2	2	–	–	–	–	–	–	–	–	4-Quinazolinol, 2-methyl-, 3-oxide	54518-07-9	S9253
176	146	178	148	133	111	135	63	**176**	100	94	64	62	54	42	35	27		7	6	1	–	2	–	–	–	–	–	–	–	Benzene, 1,3-dichloro-5-methoxy-	33719-74-3	S4355
176	148	108	147	51	136	43	52	**176**	100	83	69	60	53	53	49	44		10	8	3	–	–	–	–	–	–	–	–	–	4H-1-Benzopyran-4-one, 7-hydroxy-2-methyl-		B0187
176	148	147	91	120	177	65	51	**176**	100	83	54	15	12	12	9	8		10	8	3	–	–	–	–	–	–	–	–	–	2H-1-Benzopyran-2-one, 7-methoxy-		15625
176	148	147	177	149	91	120	119	**176**	100	84	56	10	9	8	7	6		10	8	3	–	–	–	–	–	–	–	–	–	2H-1-Benzopyran-2-one, 7-hydroxy-4-methyl-	90-33-5	P6556
176	161	133	163	135	63	75	73	**176**	100	68	56	43	34	25	18	17		7	6	1	–	2	–	–	–	–	–	–	–	Benzene, 2,4-dichloro-1-methoxy-	553-82-2	Q1984
176	161	133	178	163	135	63	73	**176**	100	83	61	61	52	40	19	18		7	6	1	–	2	–	–	–	–	–	–	–	Benzene, 2,4-dichloro-1-methoxy-		Y2437
176	175	110	177	67	142	178	131	**176**	100	37	37	19	18	17	8	7		9	8	–	2	–	–	–	1	–	–	–	–	2,2'-Dipyrrylthione		L6245
176	175	132	147	104	78	105	77	**176**	100	87	59	51	41	27	20	20		10	12	1	2	–	–	–	–	–	–	–	–	3-Ethyl-1,2,3,4-tetrahydro-2-oxoquinazoline		M0498
176	175	146	42	90	160	131	63	**176**	100	40	33	30	26	23	18	16		9	8	2	2	–	–	–	–	–	–	–	–	Quinoxaline, 2-methoxy-, 4-oxide	18916-46-6	R7871
176	175	161	177	115	63	128	162	**176**	100	56	54	14	11	8	7	6		11	12	–	–	–	–	–	1	–	–	–	–	2,5,7-Trimethyl-1-thiaindene		Y1854
176	178	40	28	43	69	120	42	**176**	100	99	86	84	65	64	54	46		2	6	–	4	–	1	–	–	–	1	–	–	1H-Tetrazaborole, 5-bromo-4,5-dihydro-1,4-dimethyl-	21960-50-9	R9464
176	178	52	78	88	114	177	53	**176**	100	67	31	24	21	19	18	17		6	6	–	2	2	–	–	–	–	–	–	–	1,4-Benzenediamine, 2,6-dichloro-	609-20-1	Q2780
176	178	69	57	177	55	97	175	**176**	100	97	85	45	38	34	26	26		5	5	2	–	–	1	–	–	–	–	–	–	1,3-Cyclopentanedione, 2-bromo-	14203-24-8	R5049
176	178	97	77	27	69	95	51	**176**	100	96	41	36	36	25	22	19		3	4	–	–	–	1	3	–	–	–	–	–	Bromotrifluoropropane		Z1258
177	160	178	161					**176**	100	15	13	2					**0.00**	10	12	1	2	–	–	–	–	–	–	–	–	1H-Indol-5-ol, 3-(2-aminoethyl)-	50-67-9	P4524
177	179	176	178	142	143	141	162	**176**	100	62	34	28	15	14	12	12		6	6	–	2	2	–	–	–	–	–	–	–	Hydrazine, (2,5-dichlorophenyl)-	305-15-7	Q0388
178	176	40	28	43	69	120	42	**176**	100	99	88	83	65	64	54	48		2	6	–	4	–	1	–	–	–	1	–	–	1H-Tetrazaborole, 5-bromo-4,5-dihydro-1,4-dimethyl-		05763

MASS TO CHARGE RATIOS	M.W.	INTENSITIES	Parent	C	H	O	N	Cl	Br	F	S	P	B	Si	X	COMPOUND NAME	CAS Reg No	No
178 176 97 61 128 180 31 177	**176**	100 77 54 35 29 24 19 18		2	-	-	-	1	1	2	-	-	-	-	-	Ethylene, 1-bromo-2-chloro-1,2-difluoro-		Z1247
178 176 97 128 31 180 126 47	**176**	100 76 49 27 25 24 21 16		2	-	-	-	1	1	2	-	-	-	-	-	Ethylene, 1,1-difluoro-2-chloro-2-bromo-		Z1268
178 176 97 180 99 128 126	**176**	100 76 39 24 16 14 11		2	-	-	-	1	1	2	-	-	-	-	-	Ethylene, 1,1-difluoro-2-chloro-2-bromo-		M8128
178 176 180 97 128 126 47 99	**176**	100 75 25 17 12 9 8 6		2	-	-	-	1	1	2	-	-	-	-	-	Ethylene, 1,1-difluoro-2-chloro-2-bromo-		A0244
28 43 44 41 61 45 48 42	**177**	100 87 83 82 76 60 53 49	**0.00**	6	11	1	1	-	-	-	2	-	-	-	-	2-Oxazolidinethione, 5-[2-(methylthio)ethyl]-	56909-10-5	T4266
28 134 67 95 79 162 177 110	**177**	100 66 59 34 33 28 26 23		10	11	2	1	-	-	-	-	-	-	-	-	2(5H)-Furanone, 4-tert-butyl-(cyanomethylene)-		M3176
30 177 91 92 104 86 170	**177**	100 14 11 4 3 2 2		12	19	-	1	-	-	-	-	-	-	-	-	Benzenehexanamine	17734-20-2	R7159
41 88 39 57 42 44 121 73	**177**	100 95 58 56 50 31 27 18	**0.00**	7	15	-	1	-	-	-	2	-	-	-	-	Carbamodithioic acid, dimethyl-, tert-butyl ester		M0079
43 44 82 69 64 76 42 63	**177**	100 88 77 62 40 29 22 18	**0.00**	2	2	1	1	-	-	3	2	-	-	-	-	Trifluoromethyldithioformamide		P2256
44 86 43 177 104 42 91 65	**177**	100 34 14 12 7 5 5 4		11	15	1	1	-	-	-	-	-	-	-	-	Acetamide, N-methyl-N-(2-phenylethyl)-	50893-11-3	S7522
44 86 43 177 104 91 42 65	**177**	100 35 15 14 8 7 6 4		11	15	1	1	-	-	-	-	-	-	-	-	Acetamide, N-methyl-N-(2-phenylethyl)-		P0944
44 86 118 43 91 177	**177**	100 68 40 18 8 3		11	15	1	1	-	-	-	-	-	-	-	-	N-Acetylamphetamine		L9447
44 91 43 92 32 104 117 105	**177**	100 80 34 32 25 19 19 18	**0.00**	12	19	-	1	-	-	-	-	-	-	-	-	Benzenehexanamine	17734-20-2	R7158
44 133 177 134 32 92 91 90	**177**	100 58 48 42 29 20 17 14		6	16	1	3	-	-	-	-	1	-	-	-	1,3-Dimethyl-2-oxo-2-dimethylamino-1,3,2-diazaphospholidine		G0438
44 177 161 78 42 119 133 92	**177**	100 99 99 47 33 25 25 24		8	7	2	3	-	-	-	-	-	-	-	-	Pyrido[3,2-d]pyrimidin-4(3H)-one, 3-hydroxy-2-methyl-	3303-23-9	Q9199
47 30 31 50 100 78 45 42	**177**	100 23 10 5 3 3 2 2	**1.10**	3	-	2	1	-	-	5	-	-	-	-	-	Perfluoro-2-fluoroformyl-1,2-oxazetidine		L9592
49 84 93 132 86 51 77 91	**177**	100 99 99 99 92 81 73 68	**60.99**	11	15	1	1	-	-	-	-	-	-	-	-	Aniline, N-[1-(methoxymethyl)cyclopropyl]-	42540-70-5	S6935
57 41 56 121 103 39 77 29	**177**	100 76 33 31 28 25 24 24	**14.80**	11	15	1	1	-	-	-	-	-	-	-	-	2-tert-Butyl-3-phenyloxazidine		C0754
57 93 40 41 177 65 77 44	**177**	100 67 45 31 24 12 11 9		11	15	1	1	-	-	-	-	-	-	-	-	Propanamide, 2,2-dimethyl-N-phenyl-	6625-74-7	R2410
57 93 177 41 65 77 66 85	**177**	100 71 39 24 11 10 7 7		11	15	1	1	-	-	-	-	-	-	-	-	Propanamide, 2,2-dimethyl-N-phenyl-	6625-74-7	R2411
60 42 177 77 51 117 91 61	**177**	100 9 5 4 4 4 3 3		11	15	1	1	-	-	-	-	-	-	-	-	2H-1,2-Oxazine, tetrahydro-2-methyl-6-phenyl-	15769-89-8	R5830
60 42 177 91 77 51 117 43	**177**	100 9 5 5 5 4 3 3		11	15	1	1	-	-	-	-	-	-	-	-	2H-1,2-Oxazine, tetrahydro-2-methyl-6-phenyl-		04815
61 56 104 29 74 30 42 44	**177**	100 50 50 22 16 12 9 9	**2.21**	7	15	2	1	-	-	-	1	-	-	-	-	L-Methionine, ethyl ester	3082-77-7	Q9001
61 104 56 29 74 177 30 75	**177**	100 50 50 22 15 12 11 8		7	15	2	1	-	-	-	1	-	-	-	-	L-Methionine, ethyl ester	3082-77-7	H1383
69 109 41 52 177 28 39 18	**177**	100 77 50 22 19 18 15 14		10	11	2	1	-	-	-	-	-	-	-	-	2H-1,6-Benzoxazocin-5(6H)-one, 3,4-dihydro-	51110-93-1	S7569
69 177 89 26 31 39 158 50	**177**	100 29 15 6 5 3 3 2		4	1	-	1	-	-	6	-	-	-	-	-	N,N-Bis(trifluoromethyl)aminoacetylene		L2922
71 42 43 56 177 77 70 72	**177**	100 34 30 30 16 7 6 5		11	15	1	1	-	-	-	-	-	-	-	-	Morpholine, 3-methyl-2-phenyl-	134-49-6	P9673
71 42 56 43 177 28 77 72	**177**	100 45 32 27 11 10 7 5		11	15	1	1	-	-	-	-	-	-	-	-	Morpholine, 3-methyl-2-phenyl-	134-49-6	P9674
71 179 177 72 98 45 39 59	**177**	100 80 77 73 53 43 35 20		4	4	-	1	-	1	-	1	-	-	-	-	Thiazole, 2-bromo-4-methyl-	7238-61-1	R2987
73 177 118 117 91 30 44 178	**177**	100 68 43 34 33 30 13 11		11	15	1	1	-	-	-	-	-	-	-	-	Acetamide, N-(3-phenylpropyl)-	34059-10-4	S4526
76 60 116 44 149 72 88 177	**177**	100 55 55 53 53 49 49 47		7	15	-	1	-	-	-	2	-	-	-	-	Carbamodithioic acid, diethyl-, ethyl ester	4740-11-8	08782
76 147 104 50 103 74 75 77	**177**	100 69 59 38 29 23 16 9	**0.00**	9	7	3	1	-	-	-	-	-	-	-	-	1H-Isoindole-1,3(2H)-dione, 2-(hydroxymethyl)-	118-29-6	P8956
77 65 92 51 91 102 131 76	**177**	100 83 75 61 55 46 41 35	**7.23**	9	7	3	1	-	-	-	-	-	-	-	-	2-(3-Oxo-1-propenyl)-1-nitrobenzene		P1121
77 130 51 102 103 75 63 131	**177**	100 72 62 47 45 38 33 32	**18.00**	9	7	3	1	-	-	-	-	-	-	-	-	1-(4-Nitrophenyl)-3-hydroxyprop-1-yne		D2665
79 78 134 177 106 121 43 80	**177**	100 66 57 26 23 22 20 18		11	15	1	1	-	-	-	-	-	-	-	-	1-Hexanone, 1-(2-pyridinyl)-	42203-03-2	S6880
79 78 134 177 106 121 43 80	**177**	100 67 59 27 22 21 20 18		11	15	1	1	-	-	-	-	-	-	-	-	1-Hexanone, 1-(2-pyridinyl)-	42203-03-2	S6879
79 177 135 77 76 51 91 52	**177**	100 68 59 37 31 27 26 25		9	7	3	1	-	-	-	-	-	-	-	-	Carbostyril, 1,4-dihydroxy-	21201-44-5	R9150
79 177 135 77 76 51 91 52	**177**	100 68 59 37 31 27 26 25		9	7	3	1	-	-	-	-	-	-	-	-	1,4-Dihydroxy-2(1H)-quinolone		05388
81 40 149 93 177	**177**	100 57 34 14 3		8	7	2	3	-	-	-	-	-	-	-	-	2-Azido-3,6-dimethyl-1,4-benzoquinone		M3186
88 42 43 89 57 41 28 56	**177**	100 94 50 45 35 32 25 23	**3.97**	7	15	2	1	-	-	-	1	-	-	-	-	DL-Cysteine, 2-methyl-S-propyl-	33099-16-0	S3987
91 86 177 65 92 38 51 41	**177**	100 70 43 15 11 11 9 8		10	11	-	1	-	-	-	1	-	-	-	-	Benzene, (2-isothiocyanatopropyl)-		M5584
91 86 177 65 92 39 51 41	**177**	100 69 43 15 12 11 9 8		10	11	-	1	-	-	-	1	-	-	-	-	Benzene, (2-isothiocyanatopropyl)-	16220-05-6	R6085
91 177 176 77 64 51 178 63	**177**	100 89 73 32 24 22 13 11		8	7	-	3	-	-	-	1	-	-	-	-	1-Phenyl-1,2,4-triazoline-5-thione		P2564
93 66 65 43 39 69 92 84	**177**	100 42 17 16 13 13 13 11	**0.50**	10	11	2	1	-	-	-	-	-	-	-	-	Acetoacetanilide		D0738
93 135 43 77 117 136 94 177	**177**	100 66 23 15 10 6 6 5		10	11	2	1	-	-	-	-	-	-	-	-	N-Phenyldiacetamide		02233
98 177 179 70 132 134	**177**	100 69 69 37 32 32		4	4	2	1	-	1	-	-	-	-	-	-	α-Amino-β-bromobutenolide		M2829
104 105 78 133 77 63 177 64	**177**	100 67 45 38 29 24 24 19		9	7	3	1	-	-	-	-	-	-	-	-	2H-3,1-Benzoxazine-2,4(1H)-dione, 1-methyl-	10328-92-4	R3755
104 133 77 78 51 177 45 106	**177**	100 85 31 21 19 14 13 11		10	11	2	1	-	-	-	-	-	-	-	-	2-Oxazolidinone, 5-methyl-4-phenyl-, cis-	19901-86-1	R8368
104 133 105 77 78 51 177 106	**177**	100 95 93 31 25 20 11 10		10	11	2	1	-	-	-	-	-	-	-	-	2-Oxazolidinone, 5-methyl-4-phenyl-, trans-	19901-85-0	R8367
104 177 77 45 51 105 50 74	**177**	100 36 28 25 17 14 14 8		9	7	1	1	-	-	-	1	-	-	-	-	4-Isothiazolol, 3-phenyl-	19389-31-2	R8112
105 39 120 77 91 162 119 41	**177**	100 43 43 40 40 28 20 19	**7.01**	11	15	1	1	-	-	-	-	-	-	-	-	Azocine, 2-methoxy-4,6,8-trimethyl-	27153-35-1	S1634
105 58 162 77 106 177	**177**	100 27 20 16 16 6		12	19	-	1	-	-	-	-	-	-	-	-	N-tert-Butyl-α-phenylethylamine		L9963
105 77 122 177 162 51 106 42	**177**	100 60 23 23 20 18 12 9		11	15	1	1	-	-	-	-	-	-	-	-	Benzamide, N-tert-butyl-	5894-65-5	R1871

MASS TO CHARGE RATIOS								M.W.	INTENSITIES								Parent	C	H	O	N	Cl	Br	F	S	P	B	Si	X	COMPOUND NAME	CAS Reg No	No
105	77	135	177	134	51	106	148	**177**	100	32	15	13	11	9	8	3		11	15	1	1	–	–	–	–	–	–	–	–	**Benzamide, N-butyl-**	2782-40-3	**Q8643**
105	77	176	177	51	106	78	148	**177**	100	34	28	13	8	8	3	3		11	15	1	1	–	–	–	–	–	–	–	–	**Benzamide, N,N-diethyl-**	1696-17-9	**Q6538**
105	162	30	28	27	29	77	112	**177**	100	56	37	33	30	24	22	21	**1.10**	12	19	–	1	–	–	–	–	–	–	–	–	**Benzylamine, N-butyl-α-methyl-**	5412-64-6	**H1540**
106	91	177	43	44	86	120	65	**177**	100	73	67	31	28	16	16	14		11	15	1	1	–	–	–	–	–	–	–	–	**Acetamide, N-ethyl-N-benzyl-**	34597-04-1	**S4670**
106	91	177	43	44	120	65	58	**177**	100	83	82	31	23	19	15	13		11	15	1	1	–	–	–	–	–	–	–	–	**Acetamide, N-ethyl-N-benzyl-**	34597-04-1	**S4671**
106	107	163	177	120	77	131	79	**177**	100	22	22	14	14	12	8	6		12	19	–	1	–	–	–	–	–	–	–	–	**Pyridine, 5-isohexyl-2-methyl-**		**L6109**
106	120	107	177	77	131	79	148	**177**	100	36	35	22	14	13	10	8		12	19	–	1	–	–	–	–	–	–	–	–	**Pyridine, 5-hexyl-2-methyl-**		**L6108**
106	135	148	27	107	93	134	118	**177**	100	33	28	21	14	13	13	12	**1.00**	12	19	–	1	–	–	–	–	–	–	–	–	**Pyridine, 2-(1-propylbutyl)-**	54518-13-7	**H2065**
107	79	105	77	43	177	51	42	**177**	100	47	28	26	18	16	14	10		10	11	2	1	–	–	–	–	–	–	–	–	**2-Oxazolidinone, 4-methyl-5-phenyl-, cis-**	28044-22-6	**S1940**
107	79	105	77	43	177	51	91	**177**	100	47	28	27	19	17	14	9		10	11	2	1	–	–	–	–	–	–	–	–	**cis-4-Methyl-5-phenyl-2-oxazolidone**		**M2145**
115	142	177	116	140	179	114	143	**177**	100	96	52	18	18	17	17	11		10	8	–	1	1	–	–	–	–	–	–	–	**Cyclopropanecarbonitrile, 1-(4-chlorophenyl)-**	64399-27-5	**T6463**
118	39	146	106	117	52	177	65	**177**	100	63	43	40	35	25	23	20		10	11	2	1	–	–	–	–	–	–	–	–	**2-Propenoic acid, 3-(di-2-propylamino)-, methyl ester**		**M7851**
118	39	146	106	117	52	177	65	**177**	100	63	42	40	34	24	21	17		10	11	2	1	–	–	–	–	–	–	–	–	**2-Propenoic acid, 3-(di-2-propynylamino)-, methyl ester**	50838-16-9	**S7500**
119	27	42	133	175	78	120	92	**177**	100	24	20	19	18	17	16	15	**0.00**	11	15	1	1	–	–	–	–	–	–	–	–	**6-Azaspiro[2.5]octa-4,7-diene, 6-acetyl-1,1-dimethyl-**	34995-43-2	**S4776**
120	121	42	177	106	51	104	41	**177**	100	10	9	9	8	7	7	7		12	19	–	1	–	–	–	–	–	–	–	–	**Aniline, N-(2,2-dimethylpropyl)-N-methyl-**	53927-61-0	**S8685**
120	135	92	134	177	147	77	106	**177**	100	98	57	53	50	40	37	27		9	11	1	3	–	–	–	–	–	–	–	–	**Benzene, 1-acetyl-4-(3-methyl-1-triazenyl)-**	51029-21-1	**S7550**
120	162	77	177	118	121	41	43	**177**	100	58	24	13	12	10	10	8		12	19	–	1	–	–	–	–	–	–	–	–	**Aniline, N,N-diisopropyl-**		**D0971**
120	177	92	121	44	28	134	148	**177**	100	48	43	43	31	22	22	22		10	11	2	1	–	–	–	–	–	–	–	–	**6H-1,5-Benzoxazocin-6-one, 2,3,4,5-tetrahydro-**	51110-99-7	**S7570**
120	177	92	121	178	64	93	105	**177**	100	45	26	10	6	2	2	2		9	7	3	1	–	–	–	–	–	–	–	–	**2H-1,3-Benzoxazine-2,4(3H)-dione, 3-methyl-**	1672-01-1	**Q6469**
120	177	92	121	178	64	105	93	**177**	100	47	28	10	6	3	3	2		9	7	3	1	–	–	–	–	–	–	–	–	**2H-1,3-Benzoxazine-2,4(3H)-dione, 3-methyl-**		**M3211**
120	177	105	104	58	43	77	162	**177**	100	90	55	22	21	21	15	15		11	15	1	1	–	–	–	–	–	–	–	–	**N-Acetyl-N-methyl-1-phenylethylamine**		**L5358**
130	159	116	118	91	128	32	77	**177**	100	69	60	53	50	45	36	35	**12.00**	10	11	2	1	–	–	–	–	–	–	–	–	**Naphthalene, 1,2,3,4-tetrahydro-5-nitro-**	29809-14-1	**S2686**
130	159	131	77	51	103	50	52	**177**	100	51	45	23	17	12	9	9	**0.01**	10	11	2	1	–	–	–	–	–	–	–	–	**1-Indolinecarboxaldehyde, 2-hydroxy-5-methyl-**	13303-69-0	**R4425**
131	130	177	120	132	77	149	159	**177**	100	86	79	56	32	30	22	20		10	11	2	1	–	–	–	–	–	–	–	–	**1-Indolinecarboxaldehyde, 2-hydroxy-7-methyl-**	22614-65-9	**R9877**
132	177	146	161	134	117			**177**	100	95	94	73	71	44				10	11	2	1	–	–	–	–	–	–	–	–	**1-Hydroxy-3,3-dimethyl-3H-2-indolone**		**M6657**
133	59	90	103	102	64	63	177	**177**	100	79	68	40	26	20	19	17		9	7	3	1	–	–	–	–	–	–	–	–	**Carbonic acid, methyl ester, ester with p-hydroxybenzonitrile**	17175-18-7	**R6669**
133	59	103	90	102	63	177	64	**177**	100	91	81	62	35	27	24	21		9	7	3	1	–	–	–	–	–	–	–	–	**Carbonic acid, methyl ester, ester with m-hydroxybenzonitrile**	17175-19-8	**R6670**
133	77	134	119	177	103	92	51	**177**	100	58	55	37	26	22	20	18		9	11	1	3	–	–	–	–	–	–	–	–	**Hydrazinecarboxamide, 2-(1-phenylethylidene)-**	2492-30-0	**Q8205**
133	77	134	177	119	103	92	51	**177**	100	58	55	45	36	22	19	18		9	11	1	3	–	–	–	–	–	–	–	–	**Hydrazinecarboxamide, 2-(1-phenylethylidene)-**	2492-30-0	**Q8204**
133	134	119	77	104	177	103	51	**177**	100	80	66	60	54	40	20	15		9	11	1	3	–	–	–	–	–	–	–	–	**Hydrazinecarboxamide, 2-(1-phenylethylidene)-**	2492-30-0	**Q8203**
133	177	160	132	104	44	105	51	**177**	100	97	65	25	23	20	17	13		9	7	3	1	–	–	–	–	–	–	–	–	**1H-Indole-3-carboxylic acid, 5-hydroxy-**	3705-21-3	**Q9685**
134	163	42	135	44	128	77	51	**177**	100	83	24	24	21	20	19	18	**0.00**	10	11	–	1	–	–	–	1	–	–	–	–	**Isocarbostyril, 3,4-dihydro-2-methylthio-**	6552-61-0	**R2358**
135	106	177	107	43	117	118	77	**177**	100	92	75	42	41	39	38	17		10	11	2	1	–	–	–	–	–	–	–	–	**2-Indolinol, 1-acetyl-**	5552-45-4	**R1536**
135	177	77	103	51	76	50	74	**177**	100	79	56	55	35	32	26	23		8	7	–	3	–	–	–	1	–	–	–	–	**1,2,4-Thiadiazole, 3-phenyl-5-amino-**	17467-15-1	**R7024**
135	177	103	136	77	74	104	42	**177**	100	80	20	11	11	8	7	7		8	7	–	3	–	–	–	1	–	–	–	–	**3-Phenyl-5-amino-1,2,4-thiadiazole**		**06690**
135	177	103	136	77	74	104	137	**177**	100	80	20	11	11	8	7	6		8	7	–	3	–	–	–	1	–	–	–	–	**1,2,4-Thiadiazole, 3-phenyl-5-amino-**		**M8233**
143	116	34	144	89	52	64	62	**177**	100	38	19	16	13	13	12	11	**3.70**	8	7	–	3	–	–	–	1	–	–	–	–	**2-Amino-5-cyanothionobenzamide**		**D2710**
144	130	175	131	146	77	132	119	**177**	100	87	85	33	31	26	25	21	**2.84**	11	15	1	1	–	–	–	–	–	–	–	–	**3-Methyltetrahydrofurano[2,3-b]indole**		**00844**
146	177	147	117	178	145	65	118	**177**	100	26	9	3	3	3	1	1		10	11	2	1	–	–	–	–	–	–	–	–	**1H-Indole-3-ethanol, 5-hydroxy-**	154-02-9	**Q0013**
147	76	92	50	64	105	148	77	**177**	100	75	74	57	47	27	27	24	**20.02**	8	7	2	3	–	–	–	–	–	–	–	–	**1,2,3-Benzotriazin-4(3H)-one, 3-(hydroxymethyl)-**	24310-40-5	**S0537**
147	76	104	29	30	50	103	74	**177**	100	71	66	50	45	37	18	14	**5.79**	9	7	3	1	–	–	–	–	–	–	–	–	**N-(Hydroxymethyl)phthalimide**		**G0407**
148	149	177	41	27	134	39	146	**177**	100	26	19	14	11	11	11	10		12	19	–	1	–	–	–	–	–	–	–	–	**Pyrrolidine, 1-bicyclo[3.2.1]oct-2-en-3-yl-**	49826-47-3	**S7228**
148	162	147	177	121	134	149	91	**177**	100	52	51	33	15	14	12	10		12	19	–	1	–	–	–	–	–	–	–	–	**Pyridine, 3,5-diethyl-2-propyl-**		**C0322**
159	177	131	76	103	160	104	75	**177**	100	46	45	12	11	11	7	7		9	7	3	1	–	–	–	–	–	–	–	–	**1H-Indole-3-carboxylic acid, 4-hydroxy-**	24370-76-1	**S0562**
162	118	177	117	133	91	77		**177**	100	68	52	52	40	34	14			10	11	2	1	–	–	–	–	–	–	–	–	**Pedicularine**		**M3236**
162	118	177	133	91	77			**177**	100	68	52	40	34	14				10	11	2	1	–	–	–	–	–	–	–	–	**Pedicularine**		**L9350**
162	177	120	163	117	146	178	132	**177**	100	35	12	12	6	6	5	5		12	19	–	1	–	–	–	–	–	–	–	–	**Aniline, 2,6-diisopropyl-**	24544-04-5	**S0637**
162	177	134	77	163	106	51	132	**177**	100	36	33	13	12	10	7	6		11	15	1	1	–	–	–	–	–	–	–	–	**Benzaldehyde, 4-(diethylamino)-**		**Z1270**
162	177	134	104	76	50	75	149	**177**	100	83	45	27	23	22	16	13		9	7	1	1	–	–	–	1	–	–	–	–	**3H-Indol-3-one, 2-(methylthio)-**	35524-66-4	**08044**
162	177	134	118	163	132	106	28	**177**	100	38	27	18	16	12	10	10		12	19	–	1	–	–	–	–	–	–	–	–	**Aniline, 4,N,N-triethyl-**		**D1269**
162	177	134	163	77	106	178	132	**177**	100	43	24	10	8	8	6	6		11	15	1	1	–	–	–	–	–	–	–	–	**Benzaldehyde, 4-(diethylamino)-**	120-21-8	**P9066**
176	45	91	72	105	44	46	104	**177**	100	65	61	49	37	35	24	17	**0.00**	11	15	1	1	–	–	–	–	–	–	–	–	**Benzenepropanamide, N,N-dimethyl-**	5830-31-9	**R1815**
176	77	56	148	42	135	175	178	**177**	100	88	25	17	16	13	13	10		10	15	–	3	–	–	–	–	–	–	–	–	**1,2,3,5,6,9,10,11-Octahydrocyclopenta[e]imidazo[1,2-g][1,4]-diazepine**		**D2002**
177	42	67	137	41	150	66	40	**177**	100	41	29	26	23	15	13	10		6	6	–	3	–	–	3	–	–	–	–	–	**4-Pyrimidinamine, 2-methyl-6-(trifluoromethyl)-**	54518-10-4	**S9256**
177	43	42	28	67	108	130	66	**177**	100	40	38	32	29	22	18	17		6	6	–	3	–	–	3	–	–	–	–	–	**2-Pyrimidinamine, 4-methyl-6-(trifluoromethyl)-**		**05504**
177	43	108	109	136	66	178	107	**177**	100	32	17	13	12	12	11	10		7	7	1	5	–	–	–	–	–	–	–	–	**4(1H)-Pteridinone, 2-amino-7-methyl-**	13040-58-9	**R4159**

MASS TO CHARGE RATIOS								M.W.	INTENSITIES								Parent	C	H	O	N	Cl	Br	F	S	P	B	Si	X	COMPOUND NAME	CAS Reg No	No
177	43	109	108	42	135	107	150	**177**	100	23	15	14	13	13	10	10		7	7	1	5	–	–	–	–	–	–	–	–	4(1H)-Pteridinone, 2-amino-6-methyl-	708-75-8	Q3811
177	77	105	91	119	161	162	120	**177**	100	90	30	23	18	5	4	3		9	11	1	3	–	–	–	–	–	–	–	–	3-Amino-1-phenyl-2-imidazolidinone		L5951
177	78	132	160	104	77	103	51	**177**	100	51	50	50	49	45	40	36		8	7	2	3	–	–	–	–	–	–	–	–	1H-Pyrrolo[2,3-b]pyridine, 2-methyl-3-nitro-	23616-50-4	S0281
177	84	130	44	162	86	46	179	**177**	100	69	52	32	22	16	15	14		5	7	–	1	–	–	–	3	–	–	–	–	Isothiazole, 3,5-bis(methylthio)-		M8592
177	84	130	44	162	86	46	179	**177**	100	69	52	32	22	16	15	14		5	7	–	1	–	–	–	3	–	–	–	–	Thiazole, 2,5-bis(methylthio)-	56248-20-5	T3180
177	90	131	104	77	63	119	42	**177**	100	49	42	35	27	21	20	12		8	7	2	3	–	–	–	–	–	–	–	–	2H-Indazole, 2-methyl-4-nitro-	26120-44-5	09080
177	91	77	150	92	51	64	104	**177**	100	93	49	33	32	19	17	14		8	7	–	3	–	–	–	1	–	–	–	–	2-Phenyl-1,2,4-triazoline-5-thione		P2565
177	91	160	131	130	115	116	129	**177**	100	65	61	55	49	35	27	24		10	11	2	1	–	–	–	–	–	–	–	–	Naphthalene, 1,2,3,4-tetrahydro-6-nitro-	19353-86-7	R8098
177	102	90	80	103	134	107	116	**177**	100	96	96	91	81	81	81	76		8	7	–	3	–	–	–	1	–	–	–	–	1-Methyl-1,2,3-benzotriazine-4-thione		L6739
177	104	132	176	76	63	77	105	**177**	100	80	23	22	21	13	12	12		8	7	–	3	–	–	–	1	–	–	–	–	Pyrido[2,3-d]pyridazine, 5-(methylthio)-	20970-15-4	R9019
177	115	179	75	111	142	149	141	**177**	100	90	37	30	17	12	12	11		10	8	–	1	1	–	–	–	–	–	–	–	1H-Pyrrole, 1-(4-chlorophenyl)-	5044-38-2	R1041
177	118	104	77	91	51	103	119	**177**	100	47	38	32	25	21	21	14		8	7	–	3	–	–	–	1	–	–	–	–	3H-1,2,4-Triazole-3-thione, 1,2-dihydro-5-phenyl-	3414-94-6	Q9357
177	118	104	77	178	91	74	103	**177**	100	26	22	15	11	10	8	7		8	7	–	3	–	–	–	1	–	–	–	–	3-Phenyl-1,2,4-triazoline-5-thione		P2566
177	119	91	65	92	39	63	178	**177**	100	78	62	28	22	13	13	13		8	7	2	3	–	–	–	–	–	–	–	–	1,4-Phthalazinedione, 5-amino-2,3-dihydro-	521-31-3	Q1576
177	120	131	130	43	77	132	121	**177**	100	51	43	28	20	19	19	17		10	11	2	1	–	–	–	–	–	–	–	–	1-Indolinecarboxaldehyde, 2-hydroxy-5-methyl-	13303-69-0	R4426
177	131	116	90	104	63	77	119	**177**	100	33	24	21	20	18	18	18		8	7	2	3	–	–	–	–	–	–	–	–	1H-Indazole, 1-methyl-4-nitro-	26120-43-4	09079
177	134	106	107	79	52	105	78	**177**	100	44	36	32	29	26	15	13		8	7	2	3	–	–	–	–	–	–	–	–	Pyrido[3,2-d]pyrimidine-2,4(1H,3H)-dione, 6-methyl-	2499-96-9	Q8218
177	134	176	162	15	178	135	163	**177**	100	50	43	23	12	12	5	2		11	15	1	1	–	–	–	–	–	–	–	–	5-Hexen-3-yn-2-one, 6-(1-piperidinyl)-	29971-61-7	S2766
177	135	107	42					177	100	40	40	40						10	11	2	1	–	–	–	–	–	–	–	–	N-(p-Methoxybenzoyl)aziridine		L7807
177	136	42	53	137	66	178	86	**177**	100	27	17	14	14	12	11	8		8	11	–	5	–	–	–	–	–	–	–	–	3-Amino-5,7,8-trimethyl-s-triazolo[4,3-c]pyrimidine		D0011
177	142	115	179	114	178	140	63	**177**	100	63	35	34	15	13	12	9		10	8	–	1	1	–	–	–	–	–	–	–	3-Chloro-4-methylquinoline		M8771
177	144	176	145	162	133			**177**	100	93	64	15	10	2				10	11	–	1	–	–	–	1	–	–	–	–	N-Methyl-3-methyl-2-indolinethione		L8041
177	149	121	117	108	148	80	104	**177**	100	99	99	95	95	90	90	90		8	7	–	3	–	–	–	1	–	–	–	–	3-Methyl-1,2,3-benzotriazine-4-thione		L6738
177	150	176	105	108	96	45	123	**177**	100	30	26	17	16	15	14	14		8	7	–	3	–	–	–	1	–	–	–	–	4-Pyrimidinamine, 5-(2-thienyl)-	58758-95-5	T5079
177	160	131	91	130	115	129	44	**177**	100	59	54	52	48	31	25	23		10	11	2	1	–	–	–	–	–	–	–	–	Naphthalene, 1,2,3,4-tetrahydro-6-nitro-	19353-86-7	R8097
177	162	107	94	116	79	178	77	**177**	100	69	62	34	15	15	14	14		10	11	2	1	–	–	–	–	–	–	–	–	Benzeneacetonitrile, 3,4-dimethoxy-	93-17-4	P6772
177	162	109	134	149	122	44	108	**177**	100	79	28	22	20	19	13	12		8	11	–	5	–	–	–	–	–	–	–	–	5-Methyl-7-ethylamino-s-triazolo[1,5-a]pyrimidine		17290
177	176	77	51	91	178	135	65	**177**	100	92	46	25	19	15	14	13		8	7	–	3	–	–	–	1	–	–	–	–	4-Phenyl-1,2,4-triazoline-5-thione		P2567
177	179	57	98	71	45	73	138	**177**	100	96	93	59	37	19	19	19		4	4	–	1	–	1	–	1	–	–	–	–	Isothiazole, 5-bromo-3-methyl-	20493-60-1	R8698
177	179	114	178	78	181	52	176	**177**	100	64	18	12	11	11	10	9		6	5	1	1	2	–	–	–	–	–	–	–	Phenol, 4-amino-3,5-dichloro-	26271-75-0	S1303
177	179	142	115	178	140	75	101	**177**	100	33	23	17	13	12	8	7		10	8	–	1	1	–	–	–	–	–	–	–	3-Chloro-2-methylquinoline		M8770
178	100	176	91	119				**177**	100	18	10	8	5				**0.00**	11	15	1	1	–	–	–	–	–	–	–	–	Morpholine, 3-methyl-2-phenyl-	134-49-6	P9675
27	87	45	89	178	132	114	60	**178**	100	93	93	78	68	68	68	54		6	10	4	–	–	–	–	1	–	–	–	–	Propanoic acid, 3,3′-thiobis-		G0455
32	41	56	57	73	29	88	39	**178**	100	70	54	34	33	25	20	18	**0.00**	6	14	4	2	–	–	–	–	–	–	–	–	Hydrazine, tert-butyl-, oxalate (1:1)	32154-73-7	S3507
32	44	41	56	29	57	73	88	**178**	100	90	70	55	33	32	32	22	**0.00**	6	14	4	2	–	–	–	–	–	–	–	–	Hydrazine, butyl-, oxalate (1:1)	6629-62-5	R2427
39	27	29	55	28	26	51	41	**178**	100	99	77	49	44	43	38	37	**0.24**	11	14	2	–	–	–	–	–	–	–	–	–	2H-Pyran, 2-(2,5-hexadiynyloxy)tetrahydro-	40924-58-1	S6492
39	27	51	29	41	50	55	28	**178**	100	89	81	64	62	52	52	42	**0.14**	11	14	2	–	–	–	–	–	–	–	–	–	2H-Pyran, 2-(2,5-hexadiynyloxy)tetrahydro-	40924-58-1	S6491
39	41	110	92	63	137	52	178	**178**	100	85	81	63	63	60	60	58		10	10	3	–	–	–	–	–	–	–	–	–	3(2H)-Benzofuranone, 7-hydroxy-2,2-dimethyl-	17781-16-7	R7186
40	55	41	69	87	67	101	115	**178**	100	83	72	61	59	46	41	31	**9.60**	8	18	–	–	–	–	–	2	–	–	–	–	1,8-Octanedithiol		16050
41	69	67	95	79	136	53	55	**178**	100	58	57	44	41	41	39	38	**10.00**	12	18	1	–	–	–	–	–	–	–	–	–	2H-Benzocyclohepten-2-one, 1,4a,5,6,7,8,9,9a-octahydro-4a-methyl-, trans-	17429-26-4	R6973
41	83	55	69	81	93	67	39	**178**	100	76	72	66	63	54	53	44	**0.66**	13	22	–	–	–	–	–	–	–	–	–	–	Bicyclo[3.1.1]heptane, 2,6,6-trimethyl-3-(2-propenyl)-, (1α,2β3α,5α)-	50746-55-9	S7462
41	93	67	81	107	55	68	79	**178**	100	91	68	67	67	64	54	49	**5.78**	13	22	–	–	–	–	–	–	–	–	–	–	Cyclohexane, 1-methyl-2,4-diisopropenyl-, (1α,2β,4β)-	62337-95-5	T6077
41	93	67	107	81	55	28	68	**178**	100	90	67	66	65	64	58	53	**5.69**	13	22	–	–	–	–	–	–	–	–	–	–	Cyclohexane, 1-methyl-2,4-diisopropenyl-	61142-58-3	T5480
41	95	136	69	67	79	109	108	**178**	100	99	93	93	76	56	53	49	**46.00**	12	18	1	–	–	–	–	–	–	–	–	–	cis-9,10-Dimethyl-3,4-dehydro-2-decalone		L2143
41	107	122	163	121	56	39	77	**178**	100	78	70	57	46	44	43	25	**21.50**	12	18	1	–	–	–	–	–	–	–	–	–	2,4-Dimethyl-6-butylphenol		D0033
41	110	69	52	43	42	121	178	**178**	100	99	87	38	35	33	22	22		11	14	2	–	–	–	–	–	–	–	–	–	2H-1,7-Benzodioxonin, 3,4,5,6-tetrahydro-	7124-99-4	R2854
41	136	95	67	79	55	81	121	**178**	100	89	82	79	61	47	43	42	**18.00**	12	18	1	–	–	–	–	–	–	–	–	–	2H-Benzocyclohepten-2-one, 1,4a,5,6,7,8,9,9a-octahydro-4a-methyl-, trans-	17429-26-4	R6972
42	178	150	68	69	41	159	149	**178**	100	77	21	20	13	12	9	8		6	5	1	2	–	–	3	–	–	–	–	–	4-Pyrimidinol, 2-methyl-6-(trifluoromethyl)-	2836-44-4	Q8718
43	41	27	29	39	108	71	42	**178**	100	63	35	28	21	18	15	13	**12.40**	8	18	–	–	–	–	–	2	–	–	–	–	Propyl pentyl disulphide		17133
43	41	42	178	47	150	103	75	**178**	100	21	15	15	8	7	6	6		7	14	1	–	–	–	–	2	–	–	–	–	Carbonic acid, dithio-, S,S-dipropyl ester	10596-56-2	R3968
43	41	71	27	39	29	178	55	**178**	100	55	37	29	18	14	12	11		8	18	–	–	–	–	–	2	–	–	–	–	Propyl isopentyl disulphide		17132
43	41	76	178	61	103	42	75	**178**	100	27	25	22	18	12	10	6		7	14	1	–	–	–	–	2	–	–	–	–	Carbonic acid, dithio-, S,S-diisopropyl ester	16118-33-5	R6042

MASS TO CHARGE RATIOS								M.W.	INTENSITIES								Parent	C	H	O	N	Cl	Br	F	S	P	B	Si	X	COMPOUND NAME	CAS Reg No	No
43	41	178	76	75	94	39	59	**178**	100	26	26	11	10	10	8	8		7	14	1	–	–	–	–	2	–	–	–	–	**Carbonic acid, dithio-, O,S-diisopropyl ester**	19615-06-6	**R8203**
43	42	41	27	29	57	39	79	**178**	100	95	85	45	42	37	33	23	**0.00**	12	18	1	–	–	–	–	–	–	–	–	–	**Bicyclo[3.3.1]nonan-2-one, 9-isopropylidene-**	18346-78-6	**R7539**
43	44	29	27	94	41	42	178	**178**	100	75	60	44	43	30	22	20		8	18	–	–	–	–	–	2	–	–	–	–	**Ethyl hexyl disulphide**		**17119**
43	44	42	178	135	150	133	106	**178**	100	37	30	20	14	10	9	7		6	15	2	2	–	–	–	–	1	–	–	–	**1,3-Dimethyl-2-ethoxy-2-oxo-1,3,2-diazaphospholidine**		**G0443**
43	61	178	74	89	47	55	41	**178**	100	99	74	72	66	60	43	41		8	18	–	–	–	–	–	2	–	–	–	–	**Ethane, 1,2-bis(isopropylthio)-**	5865-15-6	**H1562**
43	71	41	27	29	39	178	136	**178**	100	56	46	32	18	15	14	12		8	18	–	–	–	–	–	2	–	–	–	–	**Isopropyl isopentyl disulphide**		**17126**
43	71	41	27	29	178	136	103	**178**	100	56	32	23	16	15	12	9		8	18	–	–	–	–	–	2	–	–	–	–	**Isopropyl pentyl disulphide**		**17127**
43	79	41	93	55	29	39	67	**178**	100	89	83	60	59	57	50	45	**1.58**	13	22	–	–	–	–	–	–	–	–	–	–	**3-Tridecen-1-yne, (E)-**	74744-41-5	**T8450**
43	99	55	41	71	42	44	53	**178**	100	18	13	5	4	3	2	2	**0.00**	6	11	1	–	–	1	–	–	–	–	–	–	**2-Hexanone, 6-bromo-**	10226-29-6	**R3668**
43	105	28	77	42	51	123	32	**178**	100	79	48	30	18	12	10	7	**0.00**	10	10	3	–	–	–	–	–	–	–	–	–	**Benzenepropanoic acid, β-oxo-, methyl ester**	614-27-7	**Q2893**
43	135	41	178	39	91	27	28	**178**	100	72	56	54	52	45	37	33		11	14	2	–	–	–	–	–	–	–	–	–	**Pyrethrolone**	487-67-2	**Q1155**
43	136	107	91	90	89	178	15	**178**	100	77	54	52	37	31	31	23		10	10	3	–	–	–	–	–	–	–	–	–	**4-Formylbenzyl acetate**		**03013**
43	163	41	145	39	91	105	147	**178**	100	20	19	19	12	12	11	10	**2.13**	12	18	1	–	–	–	–	–	–	–	–	–	**2-(3′-Isopropylphenyl)-1-propanol**		**Y1750**
45	28	29	88	27	30	41	44	**178**	100	19	17	13	11	11	10	9	**0.00**	6	14	4	2	–	–	–	–	–	–	–	–	**Hydrazine, butyl-, oxalate (1:1)**	6629-62-5	**R2428**
45	29	31	15	58	43	28	27	**178**	100	40	33	26	18	15	12	9	**0.00**	7	14	5	–	–	–	–	–	–	–	–	–	**Bis-(2-methoxyethyl) carbonate**	626-84-6	**Q3225**
45	59	72	73	31	89	29	44	**178**	100	23	22	19	16	13	10	9	**0.00**	8	18	4	–	–	–	–	–	–	–	–	–	**3,6-Dioxa-5-ethoxy-octanol**		**Z1277**
45	75	71	41	55	85	101	84	**178**	100	86	51	30	26	25	20	17	**0.00**	8	18	4	–	–	–	–	–	–	–	–	–	**1-Propanol, 3-methoxy-2,2-bis(methoxymethyl)-**	20637-36-9	**R8812**
45	75	71	41	55	85	101	84	**178**	100	81	51	29	27	25	20	17	**0.00**	8	18	4	–	–	–	–	–	–	–	–	–	**1-Propanol, 3-methoxy-2,2-bis(methoxymethyl)-**		**02480**
45	75	101	59	58	88	89	119	**178**	100	43	39	35	28	27	21	14	**0.00**	8	18	4	–	–	–	–	–	–	–	–	–	**Butane, 1,2,3,4-tetramethoxy-**	3011-85-6	**Q8915**
45	87	27	89	178	114	132	105	**178**	100	79	70	61	57	55	54	38		6	10	4	–	–	–	–	1	–	–	–	–	**Propanoic acid, 3,3′-thiobis-**		**P8493**
49	79	64	99	31	51	45	80	**178**	100	71	64	62	40	37	35	22	**5.09**	2	2	–	–	1	1	2	–	–	–	–	–	**1-Bromo-2-chloro-1,1-difluoro-ethane**		**D0580**
50	31	100	69	109	114	128	81	**178**	100	61	38	33	18	9	9	8	**6.00**	3	–	–	2	–	–	6	–	–	–	–	–	**N-(2,2,3,3-Tetrafluoroaziridyl)difluoromethyleneimine**		**L2297**
51	91	178	77	62	45	121	50	**178**	100	94	71	61	49	44	38	37		9	11	–	2	–	–	–	–	1	–	–	–	**Cyanamide, (dimethylphenylphosphoranylidene)-**	66055-11-6	**T6600**
53	135	51	178	49	91	27	79	**178**	100	75	58	57	53	43	38	36		11	14	2	–	–	–	–	–	–	–	–	–	**Pyrethrolone**		**M7965**
56	43	55	41	42	71	57	81	**178**	100	88	74	57	50	50	29	15	**1.98**	7	15	–	–	–	1	–	–	–	–	–	–	**Pentane, 1-bromo-3,4-dimethyl-**	6570-92-9	**R2377**
57	29	41	27	39	122	45	178	**178**	100	81	78	34	19	12	12	12		8	18	–	–	–	–	–	2	–	–	–	–	**Dibutyl disulphide**		**17144**
57	29	41	122	27	56	39	178	**178**	100	52	38	17	14	11	9	8		8	18	–	–	–	–	–	2	–	–	–	–	**Di-sec-butyl disulphide**		**17139**
57	29	41	122	27	178	39	55	**178**	100	45	35	26	19	17	11	6		8	18	–	–	–	–	–	2	–	–	–	–	**Di-sec-butyl disulphide**		**Y1502**
57	29	41	122	178	58	56	39	**178**	100	23	18	6	4	4	4	3		8	18	–	–	–	–	–	2	–	–	–	–	**tert-Butyl sec-butyl disulphide**		**17135**
57	29	41	123	56	27	28	55	**178**	100	42	37	35	16	10	9	7	**2.34**	8	18	2	–	–	–	–	1	–	–	–	–	**Dibutyl sulphone**	598-04-9	**Q2591**
57	29	58	42	122	41	27	30	**178**	100	85	47	45	42	39	22	16	**15.03**	8	18	–	–	–	–	–	2	–	–	–	–	**Butyl sec-butyl disulphide**		**17140**
57	41	29	39	56	58	27	122	**178**	100	80	44	18	15	12	10	8	**7.04**	8	18	–	–	–	–	–	2	–	–	–	–	**Di-tert-butyl disulphide**		**17123**
57	41	29	39	178	27	122	58	**178**	100	28	24	10	9	8	7	5		8	18	–	–	–	–	–	2	–	–	–	–	**Di-tert-butyl disulphide**		**Y2092**
57	41	29	56	39	32	28	58	**178**	100	31	25	9	9	7	7	5	**0.00**	8	18	2	–	–	–	–	1	–	–	–	–	**Di-tert-butyl sulphone**	1886-75-5	**H1268**
57	41	29	64	56	121	178	123	**178**	100	34	28	21	16	12	7	7		8	18	–	–	–	–	–	–	–	–	–	1	**Zinc, di-sec-butyl-**	7446-94-8	**R3214**
57	41	29	121	43	123	27	28	**178**	100	44	34	24	18	14	11	10	**7.35**	8	18	–	–	–	–	–	–	–	–	–	1	**Zinc, dibutyl-**	1119-90-0	**Q5352**
57	41	29	122	178	56	27	55	**178**	100	51	44	31	25	22	20	13		8	18	–	–	–	–	–	2	–	–	–	–	**Dibutyl disulphide**	629-45-8	**Q3345**
57	41	29	178	27	39	122	43	**178**	100	37	29	16	8	7	7	6		8	18	–	–	–	–	–	2	–	–	–	–	**Diisobutyl disulphide**		**02683**
57	41	29	178	122	39	58	27	**178**	100	31	21	9	9	8	5	5		8	18	–	–	–	–	–	2	–	–	–	–	**Di-tert-butyl disulphide**		**03402**
57	41	43	27	29	39	55	99	**178**	100	44	38	27	27	18	16	12	**0.00**	7	15	–	–	–	1	–	–	–	–	–	–	**Heptane, 3-bromo-**	1974-05-6	**H1273**
57	41	43	39	55	29	27	42	**178**	100	58	30	22	21	19	18	15	**0.00**	7	15	–	–	–	1	–	–	–	–	–	–	**Heptane, 2-bromo-**	1974-04-5	**Q7150**
57	41	56	29	42	39	27	55	**178**	100	48	28	17	14	13	7	7	**5.69**	8	18	–	–	–	–	–	–	–	–	–	1	**Zinc, di-tert-butyl-**	16636-96-7	**R6288**
57	41	58	29	27	178	122	39	**178**	100	34	16	15	9	7	6	6		8	18	–	–	–	–	–	2	–	–	–	–	**Butyl tert-butyl disulphide**		**17136**
57	41	122	178	39	55	59	45	**178**	100	58	55	33	16	10	9	7		8	18	–	–	–	–	–	2	–	–	–	–	**Di-sec-butyl disulphide**	5943-30-6	**R1923**
57	41	123	29	56	27	58	39	**178**	100	36	26	22	20	7	7	6	**1.00**	8	18	2	–	–	–	–	1	–	–	–	–	**Diisobutyl sulphone**	10495-45-1	**R3883**
57	41	178	122	39	45	47	55	**178**	100	54	38	37	17	13	13	12		8	18	–	–	–	–	–	2	–	–	–	–	**Dibutyl disulphide**		**03534**
57	99	41	43	29	55	27	56	**178**	100	28	27	27	11	11	8	7	**0.03**	7	15	–	–	–	1	–	–	–	–	–	–	**Heptane, 3-bromo-**		**L0547**
57	123	40	29	56	121	27	55	**178**	100	69	50	43	18	18	15	13	**10.01**	8	18	2	–	–	–	–	1	–	–	–	–	**Dibutyl sulphone**	598-04-9	**Q2589**
57	135	43	41	55	29	27	69	**178**	100	52	46	45	31	20	16	16	**1.00**	7	15	–	–	–	1	–	–	–	–	–	–	**Heptane, 1-bromo-**		**L0546**
57	135	137	43	41	55	29	27	**178**	100	52	52	46	45	31	20	16	**1.24**	7	15	–	–	–	1	–	–	–	–	–	–	**Heptane, 1-bromo-**		**Z1278**
58	59	105	28	178	77	179	101	**178**	100	38	23	13	8	7	4	3		10	14	1	2	–	–	–	–	–	–	–	–	**Trimethylammonioacetamidate**		**06193**
58	120	92	18	65	119	39	17	**178**	100	92	90	85	75	70	67	60	**57.45**	10	14	1	2	–	–	–	–	–	–	–	–	**Benzamide, 2-amino-N-isopropyl-**	30391-89-0	**S2898**
58	148	120	93	40	178	66	108	**178**	100	93	75	36	34	34	29	21		7	6	2	4	–	–	–	–	–	–	–	–	**4(3H)-Pteridinone, 3-methoxy-**	26070-05-3	**S1228**
58	178	85	132	133	106	77	70	**178**	100	52	40	29	25	22	14	12		11	18	–	2	–	–	–	–	–	–	–	–	**1,3-Propanediamine, N,N-dimethyl-N′-phenyl-**	13658-95-2	**R4698**
59	58	29	45	31	28	43	103	**178**	100	30	26	22	21	9	8	8	**0.00**	8	18	4	–	–	–	–	–	–	–	–	–	**2,5,8,11-Tetraoxadodecane**	112-49-2	**P8718**
60	74	28	29	43	71	57	61	**178**	100	48	45	36	36	36	33	32	**0.00**	7	14	5	–	–	–	–	–	–	–	–	–	**α-L-Galactopyranoside, methyl 6-deoxy-**	14687-15-1	**R5355**

MASS TO CHARGE RATIOS								M.W.	INTENSITIES								Parent	C	H	O	N	Cl	Br	F	S	P	B	Si	X	COMPOUND NAME	CAS Reg No	No
60	119	118	178	117	51	61	120	**178**	100	88	49	16	11	10	10	6		10	14	1	2	–	–	–	–	–	–	–	–	**2H-1,2-Oxazine, tetrahydro-2-methyl-6-(3-pyridinyl)-, (-)-**	15769-88-7	**R5828**
60	119	118	178	117	84	120	78	**178**	100	94	79	25	15	11	10	9		10	14	1	2	–	–	–	–	–	–	–	–	**Pyridine, 3-(1-methyl-2-pyrrolidinyl)-, N-oxide, (2S)-**	491-26-9	**Q1200**
61	55	82	67	83	54	87	178	**178**	100	52	42	25	22	13	12	11		8	18	–	–	–	–	–	2	–	–	–	–	**2,9-Dithiadecane**		**17199**
65	39	51	150	89	27	28	77	**178**	100	38	35	29	28	20	20	20	**4.00**	7	6	2	4	–	–	–	–	–	–	–	–	**Benzene, 1-azido-4-methyl-2-nitro-**	20615-75-2	**R8782**
65	39	89	51	150	77	90	66	**178**	100	34	30	30	26	20	14	14	**4.29**	7	6	2	4	–	–	–	–	–	–	–	–	**Benzene, 1-azido-4-methyl-2-nitro-**	20615-75-2	**R8783**
65	51	39	77	89	90	64	50	**178**	100	45	42	33	20	20	19	18	**6.98**	7	6	2	4	–	–	–	–	–	–	–	–	**Benzene, 2-azido-1-methyl-3-nitro-**	16714-18-4	**R6392**
67	82	79	39	143	107	27	41	**178**	100	61	45	41	38	38	31	29	**2.15**	8	12	–	–	2	–	–	–	–	–	–	–	**Bicyclo[3.2.1]octane, 2,2-dichloro-**	55956-44-0	**T2480**
71	41	178	180	67	39	72	27	**178**	100	19	18	17	12	9	7	6		6	11	1	–	–	1	–	–	–	–	–	–	**Cyclopentane, 1-bromo-2-methoxy-, trans-**	51422-76-5	**S7655**
71	43	41	69	110	39	27	84	**178**	100	73	72	61	44	41	40	34	**24.55**	11	14	–	–	–	–	–	1	–	–	–	–	**3-Methylbut-2-enyl phenyl sulphide**		**03042**
71	178	113	67	161	105	55	85	**178**	100	74	36	25	17	8	6	6		6	10	2	–	–	–	–	2	–	–	–	–	**1,2-Dithiolane-3-propanoic acid**	13125-44-5	**R4215**
71	178	180	41	39	67	55	72	**178**	100	21	20	18	12	11	8	7		6	11	1	–	–	1	–	–	–	–	–	–	**Cyclopentane, 1-bromo-2-methoxy-, cis-**	51475-11-7	**S7671**
73	45	57	87	74	61	58	59	**178**	100	65	29	18	15	13	13	11	**0.00**	7	14	5	–	–	–	–	–	–	–	–	–	**α-D-Xylofuranoside, methyl 5-O-methyl-**	35007-57-9	**S4779**
73	45	75	32	74	29	41	31	**178**	100	80	20	17	13	12	8	7	**6.51**	8	6	1	2	–	–	–	1	–	–	–	–	**1,2,3-Oxadiazolium, 5-mercapto-3-phenyl-**	56666-77-4	**T4031**
73	113	41	39	45	72	64	178	**178**	100	88	86	46	35	18	16	16		6	10	–	–	–	–	–	3	–	–	–	–	**Di-allyltri-sulphide**		**03444**
73	163	135	178	164	74	136	91	**178**	100	86	39	16	14	12	9	9		11	18	–	–	–	–	–	–	–	–	1	–	**1-Phenyl-2-trimethylsilyl-ethane**		**L9763**
74	73	45	71	43	59	75	87	**178**	100	41	13	11	8	8	8	8	**0.30**	7	14	5	–	–	–	–	–	–	–	–	–	**L-Thevetose**	18546-09-3	**R7688**
74	87	105	100	85	73	128	83	**178**	100	81	65	55	51	42	24	22	**3.00**	7	14	5	–	–	–	–	–	–	–	–	–	**L-Thevetose**		**M3330**
74	91	104	43	105	147	178	65	**178**	100	92	88	45	43	27	26	23		11	14	2	–	–	–	–	–	–	–	–	–	**Benzenebutanoic acid, methyl ester**		**C1644**
74	104	91	18	105	43	178	147	**178**	100	81	63	54	36	34	30	27		11	14	2	–	–	–	–	–	–	–	–	–	**Benzenebutanoic acid, methyl ester**		**05004**
74	104	91	105	43	147	146	178	**178**	100	90	65	37	33	30	29	28		11	14	2	–	–	–	–	–	–	–	–	–	**Benzenebutanoic acid, methyl ester**	2046-17-5	**Q7244**
74	105	91	65	104	39	28	27	**178**	100	53	53	16	15	13	13	12	**8.00**	11	14	2	–	–	–	–	–	–	–	–	–	**2-Methyl-3-phenylbutanoic acid**		**U0141**
75	15	61	29	31	89	47	27	**178**	100	21	19	19	16	16	13	8	**0.00**	8	18	4	–	–	–	–	–	–	–	–	–	**Propane, 1-ethoxy-1,3,3-trimethoxy-**	123-59-1	**H0578**
76	104	50	132	74	28	38	37	**178**	100	91	54	28	25	23	14	14	**0.00**	9	6	4	–	–	–	–	–	–	–	–	–	**1H-Indene-1,3(2H)-dione, 2,2-dihydroxy-**	485-47-2	**Q1108**
77	28	105	178	78	51			**178**	100	50	38	24	24	22				8	6	1	2	–	–	–	1	–	–	–	–	**3-Phenyl-1,2,3-thiadiazol-4-one**		**M2577**
77	104	51	150	39	78	28	50	**178**	100	79	59	32	31	23	21	21	**17.00**	7	6	2	4	–	–	–	–	–	–	–	–	**Benzene, 2-azido-1-methyl-4-nitro-**	40515-19-3	**S6316**
77	178	28	51	27	132	39	50	**178**	100	76	55	46	26	24	23	19		8	6	3	2	–	–	–	–	–	–	–	–	**2-Isocyano-4-nitro-toluene**		**D0903**
78	80	106	79	100	39	51	77	**178**	100	35	22	21	19	13	12	10	**6.51**	10	10	3	–	–	–	–	–	–	–	–	–	**4,7-Ethanoisobenzofuran-1,3-dione, 3a,4,7,7a-tetrahydro-, (3aα,4α,7α,7aα)-**	24327-08-0	**S0546**
79	29	94	41	43	93	91	55	**178**	100	32	30	30	30	30	23	20	**12.58**	13	22	–	–	–	–	–	–	–	–	–	–	**6-Tridecen-4-yne, (E)-**	74744-46-0	**T8455**
79	41	121	136	93	107	178	67	**178**	100	94	87	87	69	58	57	56		12	18	1	–	–	–	–	–	–	–	–	–	**2H-Benzocyclohepten-2-one, 3,4,4a,5,6,7,8,9-octahydro-4a-methyl-, (S)-**	55103-71-4	**T0280**
79	43	41	93	29	55	80	39	**178**	100	99	93	64	60	60	57	53	**2.05**	13	22	–	–	–	–	–	–	–	–	–	–	**3-Tridecen-1-yne, (Z)-**	37981-62-7	**S5639**
79	67	93	41	43	29	77	55	**178**	100	65	62	57	40	40	35	35	**7.31**	13	22	–	–	–	–	–	–	–	–	–	–	**4-Tridecen-6-yne, (Z)-**	74744-42-6	**T8451**
79	67	93	41	43	55	29	77	**178**	100	83	68	59	43	41	40	38	**8.93**	13	22	–	–	–	–	–	–	–	–	–	–	**4-Tridecen-6-yne, (E)-**	74744-43-7	**T8452**
79	93	94	41	43	29	91	55	**178**	100	32	29	29	27	22	20	20	**8.76**	13	22	–	–	–	–	–	–	–	–	–	–	**6-Tridecen-4-yne, (Z)-**	74744-45-9	**T8454**
79	94	91	93	107	150	108	178	**178**	100	66	46	41	36	36	27	26		12	18	1	–	–	–	–	–	–	–	–	–	**1-Pentyl-cis-bicyclo[3.2.0]hept-6-en-2-one**		**14836**
79	94	91	178	93	107	121	150	**178**	100	76	56	50	41	41	26	22		12	18	1	–	–	–	–	–	–	–	–	–	**6-Pentyl-cis-bicyclo[3.2.0]hept-6-en-2-one**		**14844**
79	163	178	107	41	122	43	39	**178**	100	95	82	76	62	62	61	47		12	18	1	–	–	–	–	–	–	–	–	–	**2-Cyclohexen-1-one, 3,5,5-trimethyl-2-(2-propenyl)-**	53543-47-8	**S8516**
80	79	91	39	77	46	178	50	**178**	100	18	12	11	8	8	6	6		10	10	3	–	–	–	–	–	–	–	–	–	**Nadic maleic anhydride**		**M0587**
81	53	27	178	97	82	52	133	**178**	100	24	10	9	9	8	8	6		10	10	3	–	–	–	–	–	–	–	–	–	**2-Furfuryl vinylacrylate**		**M6480**
81	53	43	27	39	51	26	82	**178**	100	26	20	19	10	10	8	8	**3.97**	10	10	3	–	–	–	–	–	–	–	–	–	**2(5H)-Furanone, 5-(2-furanylmethyl)-5-methyl-**	31969-27-4	**S3422**
81	57	99	41	55	27	29	43	**178**	100	71	43	19	17	14	14	13	**9.55**	6	11	1	–	–	1	–	–	–	–	–	–	**Cyclohexanol, 2-bromo-, cis-**	16536-57-5	**R6239**
81	82	53	27	39	41	29	38	**178**	100	39	33	29	28	12	11	10	**5.59**	10	10	3	–	–	–	–	–	–	–	–	–	**Di-2-furfuryl ether**	4437-22-3	**R0443**
81	82	53	27	97	39	178	41	**178**	100	47	20	10	9	8	7	5		10	10	3	–	–	–	–	–	–	–	–	–	**Di-2-furfuryl ether**	4437-22-3	**H1469**
81	96	136	93	108	121	91	178	**178**	100	75	55	32	25	24	23	17		12	18	1	–	–	–	–	–	–	–	–	–	**trans-2-Oxo-bicyclo[3.1.0]hexane-6-spiro-(2′,2′-dimethylcyclopentane)**		**M8084**
81	97	93	41	119	135	134	91	**178**	100	60	42	37	34	32	28	28	**2.20**	12	18	1	–	–	–	–	–	–	–	–	–	**(+)-trans-2-(Mentha-1′,8′dienyl(-6′))-acetaldehyde**		**M0423**
81	99	57	41	55	29	43	39	**178**	100	70	69	22	16	14	14	13	**6.90**	6	11	1	–	–	1	–	–	–	–	–	–	**Cyclohexanol, 2-bromo-, trans-**	2425-33-4	**Q8016**
82	67	28	41	54	55	57	83	**178**	100	94	57	54	54	47	44	43	**1.15**	7	14	3	–	–	–	–	1	–	–	–	–	**Methanesulphonic acid, cyclohexyl ester**	16156-56-2	**R6061**
83	79	107	94	77	178	93	91	**178**	100	56	28	23	20	20	18	16		12	18	1	–	–	–	–	–	–	–	–	–	**7-Pentyl-cis-bicyclo[3.2.0]hept-6-en-2-one**		**14831**
84	119	60	118	160	159	162	133	**178**	100	72	45	45	44	36	33	29	**11.40**	10	14	1	2	–	–	–	–	–	–	–	–	**Pyridine, 3-(1-methyl-2-pyrrolidinyl)-, N-oxide, (2S)-**	491-26-9	**Q1199**
84	133	83	162	119	85	160	161	**178**	100	24	22	22	21	16	14	14	**1.70**	10	14	1	2	–	–	–	–	–	–	–	–	**Pyridine, 3-(1-methyl-2-pyrrolidinyl)-, N-oxide, (2S)-**	491-26-9	**Q1201**
84	178	95	110	28	42	151	43	**178**	100	57	51	34	32	21	18	15		5	6	–	8	–	–	–	–	–	–	–	–	**1,3-Bis(4′,2-triazole-3-yl)-1,3-diazapropene**		**D1377**
84	178	161	133	118	82	132	162	**178**	100	26	17	14	7	7	6	6		10	14	1	2	–	–	–	–	–	–	–	–	**Nicotine-N-oxide**	2820-55-5	**Q8703**
84	178	165	133	118	65	82	85	**178**	100	25	18	14	8	7	7	7		10	14	1	2	–	–	–	–	–	–	–	–	**Nicotine-N-oxide**		**M7808**
85	91	100	43	39	41	60	65	**178**	100	78	48	41	22	20	20	16	**1.30**	11	14	2	–	–	–	–	–	–	–	–	–	**Benzo[3,4]cyclobuta[1,2-d]-1,3-dioxole, 3aα,3bβ,7aβ,7bα-tetrahydro-2,2-dimethyl-**	63456-12-2	**T6266**
87	43	28	91	32	88	105	92	**178**	100	50	30	14	7	4	3	3	**0.00**	11	14	2	–	–	–	–	–	–	–	–	–	**2-Methyl-2-benzyl-1,3-dioxolane**		**00572**

MASS TO CHARGE RATIOS								M.W.	INTENSITIES								Parent	C	H	O	N	Cl	Br	F	S	P	B	Si	X	COMPOUND NAME	CAS Reg No	No
87	45	55	88	71	57	59	73	**178**	100	29	16	15	13	13	11	10	**0.00**	7	14	5	–	–	–	–	–	–	–	–	–	**α-D-Xylofuranoside, methyl 2-O-methyl-**	32469-86-6	**S3698**
87	45	75	71	57	59	88	74	**178**	100	46	33	23	19	15	12	11	**0.00**	7	14	5	–	–	–	–	–	–	–	–	–	**α-D-Xylofuranoside, methyl 3-O-methyl-**	34338-86-8	**S4629**
89	133	163	59	73	117	147	45	**178**	100	78	58	52	17	15	10	3	**0.00**	6	18	2	–	–	–	–	–	–	–	2	–	**1,2-Dimethoxy-tetramethyldisilane**		**M3253**
89	133	163	59	73	117	147	178	**178**	100	79	60	49	19	17	11	10		6	18	2	–	–	–	–	–	–	–	2	–	**1,2-Dimethoxy-tetramethyldisilane**		**M0649**
90	33	29	119	31	59	60	91	**178**	100	62	38	32	28	26	16	15	**0.00**	6	10	6	–	–	–	–	–	–	–	–	–	**Butanedioic acid, 2,3-dihydroxy- [R-(R*,R*)]-, dimethyl ester**	608-68-4	**Q2767**
91	43	92	65	136	41	178	119	**178**	100	43	22	16	15	14	12	6		11	14	2	–	–	–	–	–	–	–	–	–	**Phenylacetic acid propyl ester**		**15395**
91	43	108	27	178	39	71	41	**178**	100	37	22	16	16	14	13	13		11	14	2	–	–	–	–	–	–	–	–	–	**Propanoic acid, 2-methyl-, benzyl ester**		**04195**
91	59	31	29	134	65	27	39	**178**	100	88	83	33	28	23	16	14	**7.40**	11	14	2	–	–	–	–	–	–	–	–	–	**Acetone, 1-ethoxy-3-phenyl-**	51149-73-6	**S7580**
91	108	43	32	71	65	90	178	**178**	100	48	40	38	21	16	14	14		11	14	2	–	–	–	–	–	–	–	–	–	**Propanoic acid, 2-methyl-, benzyl ester**	103-28-6	**P7609**
91	108	43	71	90	27	65	39	**178**	100	90	63	45	27	24	24	22	**20.00**	11	14	2	–	–	–	–	–	–	–	–	–	**Butanoic acid, benzyl ester**	103-37-7	**P7628**
91	109	50	65	110	63	89	51	**178**	100	74	70	49	43	20	11	10	**0.00**	7	7	–	–	–	–	4	–	–	1	–	–	**Cycloheptatrienylium, tetrafluoroborate(1-)**	27081-10-3	**S1608**
91	109	65	49	110	39	44	20	**178**	100	73	48	43	43	27	23	22	**0.00**	7	7	–	–	–	–	4	–	–	1	–	–	**Cycloheptatrienylium, tetrafluoroborate(1-)**	27081-10-3	**S1605**
91	118	44	92	65	178	39	90	**178**	100	90	87	65	41	30	26	26		9	10	2	2	–	–	–	–	–	–	–	–	**Benzeneacetamide, N-(aminocarbonyl)-**	63-98-9	**P5193**
91	118	65	90	39	119	178	31	**178**	100	19	18	13	12	11	11	10		10	10	3	–	–	–	–	–	–	–	–	–	**Benzenepropanoic acid, α-oxo-, methyl ester**	6362-58-9	**R2268**
91	118	117	92	178	119	65	39	**178**	100	90	16	13	13	11	10	9		11	14	2	–	–	–	–	–	–	–	–	–	**3-Methyl-4-phenylbutanoic acid**		**U0142**
91	118	119	104	88	65	41	178	**178**	100	35	12	10	10	9	9	8		11	14	2	–	–	–	–	–	–	–	–	–	**Benzenepropanoic acid, β-methyl-, methyl ester**		**F0300**
91	120	43	103	85	39	55	65	**178**	100	53	27	19	16	15	15	15	**0.80**	11	14	2	–	–	–	–	–	–	–	–	–	**Cyclopropa[3,4]pentaleno[1,2-d]1,3-dioxole, 2aα,2bα,2cα,5aα,5bα,5cα-hexahydro-4,4-dimethyl-**	63456-13-3	**T6267**
91	178	147	39	81	51	27	53	**178**	100	87	83	76	68	61	59	56		10	10	3	–	–	–	–	–	–	–	–	–	**2-Furanmethanol, 5-(2-furanylmethyl)-**	29953-17-1	**S2761**
93	79	91	107	41	77	43	178	**178**	100	58	56	46	41	33	31	25		12	18	1	–	–	–	–	–	–	–	–	–	**trans-2-Isopropylbicylclo[4.3.0]non-3-en-8-one**		**P0969**
93	79	91	135	178	41	107	43	**178**	100	84	49	44	41	38	34	33		12	18	1	–	–	–	–	–	–	–	–	–	**cis-2-Isopropylbicyclo[4.3.0]non-3-en-8-one**		**P0968**
93	178	109	143	180	31	111	74	**178**	100	80	55	46	26	19	18	16		4	–	–	–	1	–	5	–	–	–	–	–	**1-Chloroperfluoro-1,3-butadiene**		**Z1275**
94	57	41	85	178	65	95	77	**178**	100	58	19	16	10	10	8	6		11	14	2	–	–	–	–	–	–	–	–	–	**Propanoic acid, 2,2-dimethyl-, phenyl ester**	4920-92-7	**R0937**
94	80	65	79	93	149	107	108	**178**	100	36	29	13	12	10	9	7	**0.00**	8	19	2	–	–	–	–	–	1	–	–	–	**Phosphinic acid, dibutyl-**		**L2614**
94	85	57	178	60	55	41	73	**178**	100	94	71	31	30	28	24	10		11	14	2	–	–	–	–	–	–	–	–	–	**Pentanoic acid, phenyl ester**	20115-23-5	**R8501**
94	178	43	95	77	41	55	39	**178**	100	17	14	7	6	6	4	4		12	18	1	–	–	–	–	–	–	–	–	–	**Hexyl phenyl ether**		**Z1273**
95	41	136	69	67	79	109	55	**178**	100	99	93	93	76	56	53	50	**47.24**	12	18	1	–	–	–	–	–	–	–	–	–	**2(1H)-Naphthalenone, 4a,5,6,7,8,8a-hexahydro-4a,8a-dimethyl-, cis-**	13485-66-0	**R4587**
95	73	55	178	110	111	75	57	**178**	100	39	33	25	16	15	13	12		11	14	2	–	–	–	–	–	–	–	–	–	**3-Furyl cyclohexyl ketone**	36646-68-1	**S5310**
95	83	55	178	41	110	111	85	**178**	100	40	34	26	20	18	15	14		11	14	2	–	–	–	–	–	–	–	–	–	**3-Furyl cyclohexyl ketone**		**M4500**
96	83	109	55	82	41	151	40	**178**	100	58	42	40	40	38	36	34	**16.81**	9	10	2	2	–	–	–	–	–	–	–	–	**Isoxazole, 5,5′-(1,3-propanediyl)bis-**	37704-51-1	**S5577**
96	124	41	55	66	39	95	79	**178**	100	58	52	33	32	28	24	22	**15.00**	13	22	–	–	–	–	–	–	–	–	–	–	**Benzocyclooctene, 1,4,4a,5,6,7,8,9,10,10a-decahydro-4a-methyl-, trans-**	55103-62-3	**T0271**
97	96	67	41	81	82	55	39	**178**	100	84	75	66	63	50	42	35	**26.50**	13	22	–	–	–	–	–	–	–	–	–	–	**Dodecahydrofluorene**		**Y0749**
97	96	67	81	41	82	54	39	**178**	100	82	70	58	55	51	32	26	**16.80**	13	22	–	–	–	–	–	–	–	–	–	–	**Dodecahydrofluorene**		**Y0897**
99	101	49	64	79	51	81	129	**178**	100	33	13	10	9	5	4	4	**1.40**	2	2	–	–	1	1	2	–	–	–	–	–	**1-Bromo-2-chloro-1,1-difluoro-ethane**		**A0245**
99	143	145	180	178	64	101	93	**178**	100	80	74	65	49	41	37	25		2	2	–	–	1	1	2	–	–	–	–	–	**2-Bromo-1-chloro-1,1-difluoro-ethane**		**A0246**
101	99	51	49	131	129	81	79	**178**	100	99	11	11	8	8	5	5	**3.00**	2	2	–	–	1	1	2	–	–	–	–	–	**1-Bromo-2-chloro-1,1-difluoro-ethane**		**L5372**
103	119	75	73	45	117	85	59	**178**	100	79	50	41	31	21	20	18	**0.00**	6	10	6	–	–	–	–	–	–	–	–	–	**Butanedioic acid, 2,3-dihydroxy- [R-(R*,R*)]-, dimethyl ester**	608-68-4	**Q2766**
104	57	27	91	105	65	77	103	**178**	100	63	32	18	17	14	12	12	**0.00**	11	14	2	–	–	–	–	–	–	–	–	–	**Propanoic acid, 2-phenylethyl ester**		**17377**
104	57	29	65	27	105	28	77	**178**	100	53	40	22	16	15	9	7	**0.00**	11	14	2	–	–	–	–	–	–	–	–	–	**Propanoic acid, 2-phenylethyl ester**		**04199**
104	77	51	78	150	76	28	39	**178**	100	72	70	30	30	28	26	23	**23.00**	7	6	2	4	–	–	–	–	–	–	–	–	**Benzene, 4-azido-1-methyl-2-nitro-**	40515-18-2	**S6315**
104	91	107	105	178	77	79	27	**178**	100	69	46	46	24	17	15	15		11	14	2	–	–	–	–	–	–	–	–	–	**Ethyl 2-phenylpropionate**		**F0309**
104	91	107	105	178	77	79	133	**178**	100	62	41	40	30	19	15	14		11	14	2	–	–	–	–	–	–	–	–	–	**Ethyl 3-phenylpropionate**		**M1535**
104	91	178	107	105	77	133	65	**178**	100	57	46	46	44	18	17	9		11	14	2	–	–	–	–	–	–	–	–	–	**Ethyl 3-phenylpropionate**		**M1205**
105	77	43	51	106	50	78	118	**178**	100	36	22	10	9	5	5	5	**3.00**	10	10	3	–	–	–	–	–	–	–	–	–	**Acetophenone, 2-hydroxy-, acetate**	2243-35-8	**Q7704**
105	77	43	106	51	118	50	78	**178**	100	28	15	8	7	2	2	2	**0.42**	10	10	3	–	–	–	–	–	–	–	–	–	**Phenacyl acetate**		**Z1288**
105	77	51	27	50	18	106	45	**178**	100	62	25	11	9	9	8	7	**3.71**	10	10	3	–	–	–	–	–	–	–	–	–	**Benzenebutanoic acid, γ-oxo-**	2051-95-8	**Q7293**
105	77	51	29	50	106	78	32	**178**	100	51	27	18	11	9	4	3	**0.42**	10	10	3	–	–	–	–	–	–	–	–	–	**Benzoylformic acid, ethyl ester**		**03594**
105	77	51	106	28	27	50	160	**178**	100	45	17	8	8	7	5	5	**4.18**	10	10	3	–	–	–	–	–	–	–	–	–	**Benzenebutanoic acid, γ-oxo-**	2051-95-8	**Q7292**
105	77	51	106	50	78	150	73	**178**	100	44	14	7	4	2	1	1	**1.20**	10	10	3	–	–	–	–	–	–	–	–	–	**Benzoylformic acid, ethyl ester**		**15753**
105	86	67	89	70	48	51	19	**178**	100	24	23	8	6	4	3	3	**0.00**	–	–	1	–	1	–	5	1	–	–	–	–	**Chloroxysulphurpentafluoride**		**L6693**
105	118	178	121	119	147	106	104	**178**	100	99	46	12	11	9	8	6		11	14	2	–	–	–	–	–	–	–	–	–	**Benzenepropanoic acid, β-methyl-, methyl ester**	3461-39-0	**Q9427**
105	123	77	51	56	122	41	50	**178**	100	61	53	24	21	17	14	8	**2.00**	11	14	2	–	–	–	–	–	–	–	–	–	**Benzoic acid, butyl ester**	136-60-7	**P9710**
105	123	77	56	51	41	27	29	**178**	100	45	42	26	20	12	12	10	**0.00**	11	14	2	–	–	–	–	–	–	–	–	–	**Isobutyl benzoate**		**04211**
105	123	77	56	51	106	78	41	**178**	100	50	30	22	9	8	5	5	**0.00**	11	14	2	–	–	–	–	–	–	–	–	–	**Isobutyl benzoate**	120-50-3	**P9079**
105	123	77	56	51	122	28	41	**178**	100	65	33	21	10	9	7	7	**3.00**	11	14	2	–	–	–	–	–	–	–	–	–	**Benzoic acid, butyl ester**	136-60-7	**P9709**
105	123	77	56	122	51	41	29	**178**	100	68	38	22	18	11	7	6	**1.20**	11	14	2	–	–	–	–	–	–	–	–	–	**Benzoic acid, butyl ester**		**F0223**

MASS TO CHARGE RATIOS								M.W.	INTENSITIES								Parent	C	H	O	N	Cl	Br	F	S	P	B	Si	X	COMPOUND NAME	CAS Reg No	No
105	177	90	56	77	178	55	78	**178**	100	83	52	43	39	35	27	26		11	14	2	–	–	–	–	–	–	–	–	–	**1,3-Dioxolane, 4,5-dimethyl-2-phenyl-**	4359-31-3	**R0353**
106	78	51	177	178	29	28	27	**178**	100	46	26	25	14	11	9	8		10	14	1	2	–	–	–	–	–	–	–	–	**3-Pyridinecarboxamide, N,N-diethyl-**	59-26-7	**P4981**
106	148	77	149	104	107	105	43	**178**	100	41	24	11	10	9	8	7	**3.00**	10	14	1	2	–	–	–	–	–	–	–	–	**N-Butyl-N-nitrosoaniline**		**M8826**
106	178	63	102	30	64	123	28	**178**	100	96	56	46	46	43	39	34		8	6	3	2	–	–	–	–	–	–	–	–	**2-Cyano-methoxy-nitrobenzene**		**D0908**
107	79	77	108	41	57	29	105	**178**	100	30	13	7	7	6	5	4	**4.14**	12	18	1	–	–	–	–	–	–	–	–	–	**Benzenemethanol, α-(2,2-dimethylpropyl)-**	62338-03-8	**T6094**
107	122	57	29	178	77	108	123	**178**	100	86	19	18	11	9	8	8		11	14	2	–	–	–	–	–	–	–	–	–	**4-Ethyl-phenyl propionate**		**Z1279**
107	142	79	143	39	77	178	144	**178**	100	95	63	42	41	36	33	33		8	12	–	–	2	–	–	–	–	–	–	–	**Bicyclo[2.2.2]octane, 1,4-dichloro-**	1123-39-3	**Q5420**
107	178	108	77	39	41	78	179	**178**	100	16	11	9	4	4	3	3		12	18	1	–	–	–	–	–	–	–	–	–	**Phenol, 2-hexyl-**		**14745**
108	43	107	71	27	77	41	39	**178**	100	46	17	15	13	11	10	8	**4.00**	11	14	2	–	–	–	–	–	–	–	–	–	**Butanoic acid, 4-methylphenyl ester**	14617-92-6	**R5287**
108	43	107	77	71	41	109	178	**178**	100	50	29	16	16	10	9	8		11	14	2	–	–	–	–	–	–	–	–	–	**Propanoic acid, 2-methyl-, 4-methylphenyl ester**	103-93-5	**P7696**
108	71	43	27	41	39	107	77	**178**	100	92	77	19	17	15	15	13	**5.20**	11	14	2	–	–	–	–	–	–	–	–	–	**Butanoic acid, 3-methylphenyl ester**	7476-80-4	**R3234**
108	91	43	32	71	90	79	178	**178**	100	94	49	35	35	20	18	15		11	14	2	–	–	–	–	–	–	–	–	–	**Butanoic acid, benzyl ester**	103-37-7	**P7627**
108	91	43	71	27	90	39	41	**178**	100	98	56	42	24	24	18	17	**16.82**	11	14	2	–	–	–	–	–	–	–	–	–	**Butanoic acid, benzyl ester**	103-37-7	**P7629**
109	45	178	58	40	41	39	70	**178**	100	31	15	15	13	12	9	5		7	6	–	4	–	–	–	1	–	–	–	–	**1-Methyl-4-(2-thienyl)-s-tetrazine**		**15821**
109	49	91	110	65	39	48	83	**178**	100	63	49	44	22	16	15	15	**0.00**	7	7	–	–	–	–	4	–	–	1	–	–	**Cycloheptatrienylium, tetrafluoroborate(1-)**	27081-10-3	**S1607**
109	67	41	55	81	110	69	70	**178**	100	94	35	31	17	14	13	11	**0.05**	12	23	–	–	–	–	–	–	–	1	–	–	**Borane, 1-cycloocten-1-yldiethyl-**	61141-95-5	**T5356**
109	178	51	69	65	64	127	63	**178**	100	88	25	22	17	15	11	10		6	5	–	–	–	–	2	1	1	–	–	–	**Phosphonothioic difluoride, phenyl-**	657-40-9	**Q3615**
110	68	85	178	95	41	55	149	**178**	100	56	52	36	34	28	17	17		10	14	1	2	–	–	–	–	–	–	–	–	**1H-Imidazole, 2-(cyclopentylacetyl)-**	69393-24-4	**T7071**
110	95	41	68	178	55	149	82	**178**	100	44	10	9	5	4	4	3		10	14	1	2	–	–	–	–	–	–	–	–	**1H-Imidazole, 4-(cyclopentylacetyl)-**	69393-25-5	**T7072**
110	178	41	111	109	69	67	65	**178**	100	25	12	8	7	7	5	5		11	14	–	–	–	–	–	1	–	–	–	–	**Cyclopentyl phenyl sulphide**		**L3693**
111	122	41	69	79	55	109	93	**178**	100	99	60	50	37	25	25	22	**0.00**	12	18	1	–	–	–	–	–	–	–	–	–	**1-Oxaspiro[4.5]dec-3-ene, 6,6-dimethyl-10-methylene-**	54345-69-6	**S8913**
115	178	180	87	114	149	63	89	**178**	100	69	23	16	16	15	13	12		10	7	1	–	1	–	–	–	–	–	–	–	**1-Naphthalenol, 4-chloro-**	604-44-4	**Q2684**
117	119	145	143	121	180	147	178	**178**	100	94	69	60	56	40	36	34		3	2	–	–	4	–	–	–	–	–	–	–	**1,3,3,3-Tetrachloropropene**		**M8133**
118	77	51	91	28	65	39	64	**178**	100	95	83	83	75	71	59	57	**13.58**	7	6	–	4	–	–	–	1	–	–	–	–	**1,2,3,4-Thiatriazol-5-amine, N-phenyl-**	13078-30-3	**R4179**
118	91	44	92	178	65	90	39	**178**	100	80	45	43	32	20	13	10		9	10	2	2	–	–	–	–	–	–	–	–	**Benzeneacetamide, N-(aminocarbonyl)-**	63-98-9	**P5194**
118	91	117	92	43	119	41	105	**178**	100	50	49	19	17	14	8	8	**0.32**	12	18	1	–	–	–	–	–	–	–	–	–	**3-Phenylpropyl propyl ether**		**Z1284**
118	117	43	91	119	105	65	77	**178**	100	73	41	34	9	8	7	6	**0.10**	11	14	2	–	–	–	–	–	–	–	–	–	**Benzenepropanol, acetate**	122-72-5	**P9249**
118	117	119	92	43	93	106	42	**178**	100	49	11	4	2	2	2	1	**1.00**	11	14	2	–	–	–	–	–	–	–	–	–	**Benzenepropanol, acetate**	122-72-5	**P9250**
119	60	118	178	84	78	120	117	**178**	100	88	58	14	13	10	10	9		10	14	1	2	–	–	–	–	–	–	–	–	**2H-1,2-Oxazine, tetrahydro-2-methyl-6-(3-pyridinyl)-, (-)-**	15769-88-7	**R5827**
119	91	121	178	41	43	117	77	**178**	100	42	20	20	19	12	12	12		11	14	2	–	–	–	–	–	–	–	–	–	**3,3-Dimethyl-3-phenylpropanoic acid**		**03592**
119	91	178	118	151	179	120	41	**178**	100	99	80	28	13	12	12	11		11	14	2	–	–	–	–	–	–	–	–	–	**Benzeneacetic acid, α-ethyl-, methyl ester**	2294-71-5	**Q7779**
119	117	118	160	91	43	115	134	**178**	100	58	49	47	40	30	29	25	**2.93**	11	14	2	–	–	–	–	–	–	–	–	–	**1,2-Naphthalenediol, 1,2,3,4-tetrahydro-4-methyl-**	51086-38-5	**S7562**
119	160	117	91	134	118	43	145	**178**	100	41	32	29	28	27	23	17	**3.00**	11	14	2	–	–	–	–	–	–	–	–	–	**1,2-Naphthalenediol, 1,2,3,4-tetrahydro-1-methyl-, cis-**	56588-36-4	**T3780**
120	41	121	39	92	178	65	27	**178**	100	66	63	56	32	31	25	14		10	10	3	–	–	–	–	–	–	–	–	–	**Benzoic acid, 2-hydroxy-, 2-propenyl ester**		**04220**
121	91	90	77	89	51	122	118	**178**	100	38	34	14	14	12	9	9	**1.25**	10	10	3	–	–	–	–	–	–	–	–	–	**Oxiranecarboxylic acid, 3-phenyl-, methyl ester**	37161-74-3	**S5484**
121	91	90	89	77	51	118	122	**178**	100	37	34	18	14	11	9	8	**1.00**	10	10	3	–	–	–	–	–	–	–	–	–	**Oxiranecarboxylic acid, 3-phenyl-, methyl ester**		**L1833**
121	91	90	89	77	51	122	118	**178**	100	38	34	18	14	11	11	9	**2.00**	10	10	3	–	–	–	–	–	–	–	–	–	**Oxiranecarboxylic acid, 3-phenyl-, methyl ester, trans-**	19190-80-8	**R8027**
121	91	178	122	93	64	77	78	**178**	100	53	23	13	12	10	10	8		12	18	1	–	–	–	–	–	–	–	–	–	**Anisole, 2-pentyl-**	20056-56-8	**R8467**
121	93	65	164	136	122	39	63	**178**	100	18	17	10	8	8	7	4	**0.00**	11	14	2	–	–	–	–	–	–	–	–	–	**1-Pentanone, 1-(4-hydroxyphenyl)-**	2589-71-1	**Q8381**
121	119	163	43	91	41	59	77	**178**	100	81	70	59	39	19	17	14	**0.00**	12	18	1	–	–	–	–	–	–	–	–	–	**Propyl α,α-dimethylbenzyl ether**		**Z1293**
121	119	163	43	91	59	41	77	**178**	100	76	53	51	33	16	14	14	**0.00**	12	18	1	–	–	–	–	–	–	–	–	–	**Isopropyl α,α-dimethylbenzyl ether**		**Z1291**
121	178	43	91	122	108	135	77	**178**	100	29	21	9	9	8	7	6		11	14	2	–	–	–	–	–	–	–	–	–	**2-Butanone, 4-(4-methoxyphenyl)-**	104-20-1	**09738**
121	178	122	77	78	40	91	41	**178**	100	14	10	9	9	8	8	7		12	18	1	–	–	–	–	–	–	–	–	–	**Benzene, 1-methoxy-4-pentyl-**	20056-58-0	**R8469**
122	39	135	42	163	27	41	123	**178**	100	15	13	12	9	9	9	8	**0.20**	11	18	–	2	–	–	–	–	–	–	–	–	**Pyrazine, 2,5-dimethyl-3-(3-methylbutyl)-**	18433-98-2	**H1810**
122	79	41	107	93	91	77	53	**178**	100	69	34	27	24	22	19	18	**0.00**	12	18	1	–	–	–	–	–	–	–	–	–	**1-Oxaspiro[4.5]deca-3,6-diene, 6,10,10-trimethyl-**	54345-68-5	**S8912**
122	109	41	123	39	83	103	27	**178**	100	25	14	10	6	6	5	5	**0.21**	12	15	–	–	–	–	1	–	–	–	–	–	**Benzene, 1-fluoro-4-(4-methyl-4-pentenyl)-**	74646-35-8	**T8277**
122	121	91	178	77	78	40	65	**178**	100	33	25	23	13	12	10	9		12	18	1	–	–	–	–	–	–	–	–	–	**Benzene, 1-methoxy-3-pentyl-**	20056-57-9	**R8468**
122	121	91	178	77	78	40	65	**178**	100	35	25	23	15	13	10	9		12	18	1	–	–	–	–	–	–	–	–	–	**Benzene, 1-methoxy-3-pentyl-**		**L6438**
122	121	135	178	136	163	150		**178**	100	60	56	35	25	20	18			12	18	1	–	–	–	–	–	–	–	–	–	**4-Oxo-7-methyl-bicyclo[5.4.0]undecane**		**L7325**
122	178	107	123	121	41	77	57	**178**	100	27	19	10	9	7	7	6		12	18	1	–	–	–	–	–	–	–	–	–	**Benzene, 2-butoxy-1,3-dimethyl-**	56052-33-6	**T2659**
123	39	57	58	32	41	42	43	**178**	100	98	85	82	66	60	60	60	**23.00**	8	18	2	–	–	–	–	1	–	–	–	–	**Diisobutyl sulphone**	10495-45-1	**09667**
123	103	124	27	77	39	97	101	**178**	100	27	8	7	7	5	4	3	**0.89**	12	15	–	–	–	–	1	–	–	–	–	–	**Benzene, 1-(1,3-dimethyl-3-butenyl)-4-fluoro-**	74646-34-7	**T8276**
124	178	59	98	125	179	85	86	**178**	100	58	15	10	7	7	3	3		9	11	–	–	–	–	–	–	–	–	–	1	**Cobalt, π-cyclopentadienyl(1-methylene-π-allyl)-**	1271-08-5	**Q5879**
124	178	59	98	125	179	97	39	**178**	100	45	18	12	6	4	3	2		9	11	–	–	–	–	–	–	–	–	–	1	**Cobalt, π-cyclopentadienyl(1-methylene-π-allyl)-**	1271-08-5	**Q5878**
124	178	126	58	180	112	123	125	**178**	100	72	38	38	29	27	23	15		9	12	–	–	–	–	–	–	–	–	–	1	**Nickel, [(1,2,3-η)-2-butenyl](η^5-2,4-cyclopentadien-1-yl)-**	51733-18-7	**S7748**

MASS TO CHARGE RATIOS								M.W.	INTENSITIES								Parent	C	H	O	N	Cl	Br	F	S	P	B	Si	X	COMPOUND NAME	CAS Reg No	No
129	77	67	93	39	27	79	41	**178**	100	95	79	77	72	69	67	61	**36.62**	8	12	–	–	2	–	–	–	–	–	–	–	**3,5-Octadiene, 1,8-dichloro-**	55682-96-7	**06783**
132	131	77	103	51	135	102	91	**178**	100	45	35	31	27	23	22	22	**15.00**	10	10	1	–	–	–	–	1	–	–	–	–	**Thioindan-1-one, 2-methyl-**		**M0629**
133	105	134	77	90	51	149	76	**178**	100	38	30	22	17	13	11	10	**0.55**	10	10	3	–	–	–	–	–	–	–	–	–	**3-Ethoxyphthalide**		**Z1285**
133	178	163	77	29	105	27	76	**178**	100	57	34	23	22	21	20	20		10	14	1	2	–	–	–	–	–	–	–	–	**Aniline, N,N-diethyl-4-nitroso-**	120-22-9	**P9067**
133	178	163	77	29	105	76	27	**178**	100	57	33	25	22	20	20	20		10	14	1	2	–	–	–	–	–	–	–	–	**Aniline, N,N-diethyl-4-nitroso-**		**L3181**
133	178	163	134	179	105	77	149	**178**	100	81	36	16	14	14	10	9		10	14	1	2	–	–	–	–	–	–	–	–	**Aniline, N,N-diethyl-4-nitroso-**		**C1742**
134	44	106	162	45	79	52	51	**178**	100	63	43	38	24	19	17	16	**0.00**	9	10	2	2	–	–	–	–	–	–	–	–	**Benzimidazole, 2-ethoxy-, 3-oxide**	16007-57-1	**R5965**
134	178	51	78	160	77	106	52	**178**	100	87	55	47	45	42	31	30		10	10	3	–	–	–	–	–	–	–	–	–	**1H-2-Benzopyran-1-one, 3,4-dihydro-8-hydroxy-3-methyl-**	17397-85-2	**R6915**
135	94	95	178	121	96	149	82	**178**	100	66	66	61	57	41	37	34		11	18	–	2	–	–	–	–	–	–	–	–	**1H-Cyclodecapyrazole, 4,5,6,7,8,9,10,11-octahydro-**	34176-71-1	**S4561**
135	178	136	77	51	18	105	39	**178**	100	22	17	12	8	5	5	4		11	14	2	–	–	–	–	–	–	–	–	–	**1,3-Benzodioxole, 5-tert-butyl-**	7228-36-6	**R2979**
136	43	44	78	119	77	120	40	**178**	100	73	38	27	23	22	22	21	**6.00**	9	10	2	2	–	–	–	–	–	–	–	–	**Pyridine, 4-acetyl-O-acetyloxime**	3240-22-0	**Q9147**
136	43	107	178	91	90	77	51	**178**	100	92	77	67	40	35	33	31		10	10	3	–	–	–	–	–	–	–	–	–	**4-Formylbenzyl acetate**		**C1457**
136	78	44	43	119	40	79	104	**178**	100	35	30	28	27	24	20	20	**4.00**	9	10	2	2	–	–	–	–	–	–	–	–	**Pyridine, 2-acetyl-O-acetyloxime**	3240-16-2	**Q9145**
136	104	43	135	44	77	78	105	**178**	100	38	30	29	28	27	26	24	**7.00**	9	10	2	2	–	–	–	–	–	–	–	–	**Pyridine, 3-acetyl-O-acetyloxime**	3240-21-9	**Q9146**
136	135	107	178	163	121	91	77	**178**	100	74	64	52	47	42	41	26		12	18	1	–	–	–	–	–	–	–	–	–	**2-Ethyl-5-butylphenol**		**14744**
136	178	108	70	137	64	82	138	**178**	100	35	22	9	8	4	4	4		10	10	1	–	–	–	–	1	–	–	–	–	**4H-1-Benzothiopyran-4-one, 2,3-dihydro-3-methyl-**	771-17-5	**Q4071**
136	178	108	70	163	64	82	134	**178**	100	45	25	12	7	5	5	5		10	10	1	–	–	–	–	1	–	–	–	–	**4H-1-Benzothiopyran-4-one, 2,3-dihydro-2-methyl-**	826-86-8	**Q4287**
136	178	108	80	95	150	179	63	**178**	100	95	58	21	16	10	10	8		9	6	4	–	–	–	–	–	–	–	–	–	**2H-1-Benzopyran-2-one, 4,7-dihydroxy-**	1983-81-9	**Q7167**
138	28	178	139	163	41	70	55	**178**	100	28	16	11	9	9	6	4		11	18	–	2	–	–	–	–	–	–	–	–	**3-(1-Pyrrolidinylmethylene)-1-cyano-pentane**		**00511**
142	36	126	99	77	144	38	128	**178**	100	58	48	39	33	32	28	19	**0.00**	6	8	–	2	2	–	–	–	–	–	–	–	**Hydrazine, (2-chlorophenyl)-, monohydrochloride**	41052-75-9	**S6526**
142	36	144	99	77	126	38	107	**178**	100	51	31	28	26	24	22	20	**0.00**	6	8	–	2	2	–	–	–	–	–	–	–	**Hydrazine, (3-chlorophenyl)-, monohydrochloride**	2312-23-4	**Q7823**
142	126	36	99	144	38	128	77	**178**	100	66	60	41	33	27	22	20	**0.00**	6	8	–	2	2	–	–	–	–	–	–	–	**Hydrazine, (4-chlorophenyl)-, monohydrochloride**	1073-70-7	**Q5212**
142	177	179	144	107	63	69	28	**178**	100	75	53	37	24	18	18	15	**10.20**	6	4	–	–	2	–	–	1	–	–	–	–	**Benzenethiol, 2,5-dichloro-**	5858-18-4	**R1846**
143	107	91	178	145	79	53	180	**178**	100	77	65	33	32	31	23	21		8	12	–	–	2	–	–	–	–	–	–	–	**Cyclobutene, 3,4-dichloro-1,2,3,4-tetramethyl-**	1194-30-5	**Q5682**
143	145	83	147	85	180	178	73	**178**	100	98	42	31	27	20	16	12		3	2	–	–	4	–	–	–	–	–	–	–	**1,2,3,3-Tetrachloropropene**		**Z1274**
143	145	108	144	107	154	109	141	**178**	100	23	16	13	9	8	8	8	**0.00**	6	8	–	2	2	–	–	–	–	–	–	–	**Hydrazine, (3-chlorophenyl)-, monohydrochloride**	2312-23-4	**Q7825**
143	145	142	144	128	126	141	108	**178**	100	31	29	17	12	8	7	7	**0.00**	6	8	–	2	2	–	–	–	–	–	–	–	**Hydrazine, (2-chlorophenyl)-, monohydrochloride**	41052-75-9	**S6527**
143	178	145	180	77	107	144	50	**178**	100	47	33	30	25	14	7	5		6	5	–	–	2	–	–	–	1	–	–	–	**Phenyldichlorophosphine**		**02738**
145	115	160	146	141	142	91	43	**178**	100	34	29	15	15	14	14	14	**0.00**	11	14	2	–	–	–	–	–	–	–	–	–	**1,3,3-Trimethyl-1-hydroxyphthalane**		**01477**
145	116	69	178	71	91	41	39	**178**	100	24	20	18	18	12	10	9		11	14	2	–	–	–	–	–	–	–	–	–	**Pyrethrolone**		**02259**
145	160	91	146	120	115	161	107	**178**	100	13	13	11	10	9	5	5	**0.00**	11	14	2	–	–	–	–	–	–	–	–	–	**4-(2-Hydroxyphenyl)-2-methyl-cis-but-3-en-2-ol**		**04800**
146	118	91	90	147	63	89	103	**178**	100	99	42	32	28	25	24	24	**19.10**	10	10	3	–	–	–	–	–	–	–	–	–	**2-Propenoic acid, 3-(2-hydroxyphenyl)-, methyl ester**	20883-98-1	**R8990**
147	91	178	104	146	105	43	77	**178**	100	42	36	35	33	25	15	14		9	11	3	–	–	–	–	–	–	1	–	–	**1,3,2-Dioxaborolane-4-methanol, 2-phenyl-**	2412-76-2	**Q7981**
147	146	119	91	178	118	117	77	**178**	100	81	52	44	35	25	23	20		11	14	2	–	–	–	–	–	–	–	–	–	**Benzoic acid, 2,4,6-trimethyl-, methyl ester**	2282-84-0	**Q7763**
147	146	178	119	91	118	39	77	**178**	100	58	50	39	30	26	19	17		11	14	2	–	–	–	–	–	–	–	–	–	**Benzoic acid, 2,4,5-trimethyl-, methyl ester**	51664-96-1	**S7733**
147	178	91	119	65	177	118	148	**178**	100	78	40	33	25	19	15	14		10	10	3	–	–	–	–	–	–	–	–	–	**2-Propenoic acid, 3-(3-hydroxyphenyl)-, methyl ester**	3943-95-1	**Q9946**
147	178	119	16	28	91	65	39	**178**	100	65	28	27	25	21	17	16		10	10	3	–	–	–	–	–	–	–	–	–	**2-Propenoic acid, 3-(4-hydroxyphenyl)-, methyl ester**		**05034**
147	178	119	91	40	65	118	148	**178**	100	76	33	27	26	18	14	13		10	10	3	–	–	–	–	–	–	–	–	–	**2-Propenoic acid, 3-(4-hydroxyphenyl)-, methyl ester**	3943-97-3	**Q9947**
149	119	178	91	121	92	120	104	**178**	100	45	20	15	13	12	6	5		5	11	2	–	–	–	–	–	–	–	–	1	**1,3,2-Dioxarsenane, 2-ethyl-**	42541-31-1	**S6939**
149	119	178	91	121	92	120	150	**178**	100	45	20	14	13	12	5	4		5	11	2	–	–	–	–	–	–	–	–	1	**1,3,2-Dioxarsenane, 2-ethyl-**		**M8684**
149	120	122	151	69	42	178	180	**178**	100	95	94	94	78	71	67	66		4	3	3	–	–	1	–	–	–	–	–	–	**3-Bromo-4-hydroxy-furan-2-one**		**D1404**
149	133	79	178	81	67	18	28	**178**	100	68	58	52	50	46	46	36		12	18	1	–	–	–	–	–	–	–	–	–	**Cyclohexanone, 2-cyclohexylidene-**		**D0047**
149	178	79	81	67	135	93	91	**178**	100	61	54	47	45	37	28	26		12	18	1	–	–	–	–	–	–	–	–	–	**Cyclohexanone, 2-cyclohexylidene-**	1011-12-7	**Q5060**
149	178	81	79	67	41	135	91	**178**	100	65	58	55	50	47	37	30		12	18	1	–	–	–	–	–	–	–	–	–	**Cyclohexanone, 2-cyclohexylidene-**		**C0224**
150	75	87	55	47	29	121	45	**178**	100	91	48	31	30	25	24	21	**15.81**	8	18	–	–	–	–	–	2	–	–	–	–	**Butane, 1,4-bis(ethylthio)-**	54576-32-8	**H2066**
150	178	121	78	77	122	151	63	**178**	100	66	42	16	11	10	9	8		10	10	1	–	–	–	–	1	–	–	–	–	**4H-1-Benzothiopyran-4-one, 2,3-dihydro-8-methyl-**	29373-02-2	**S2497**
150	178	136	101	96	163	123	45	**178**	100	76	18	12	11	10	10	8		9	10	–	2	–	–	–	1	–	–	–	–	**2-(Phenylimino)thiazolidine**		**E0039**
150	178	136	151	123	109	177	96	**178**	100	46	14	10	8	7	7	6		9	10	–	2	–	–	–	1	–	–	–	–	**2-Imino-3-ethylbenzothiazoline**		**16560**
160	131	132	121	39	104	77	66	**178**	100	97	63	54	48	41	40	37	**33.33**	10	10	3	–	–	–	–	–	–	–	–	–	**1(2H)-Naphthalenone, 3,4-dihydro-4,5-dihydroxy-, (S)-**	22332-51-0	**R9637**
163	41	93	91	39	107	55	79	**178**	100	24	19	17	16	16	15	15	**8.00**	12	18	1	–	–	–	–	–	–	–	–	–	**2-Propenal, 3-(2,6,6-trimethyl-1-cyclohexen-1-yl)-**	4951-40-0	**R0971**
163	43	57	178	91	164	121	41	**178**	100	38	27	19	12	12	9	7		12	18	1	–	–	–	–	–	–	–	–	–	**4-tert-Butyl-α-methylbenzyl alcohol**		**Z1292**
163	43	121	145	164	91	120	115	**178**	100	36	12	11	11	9	7	6	**2.94**	11	14	2	–	–	–	–	–	–	–	–	–	**2-(4-Acetylphenyl)-propan-2-ol**		**03065**
163	55	123	81	178	41	107	39	**178**	100	90	71	58	54	42	31	24		12	18	1	–	–	–	–	–	–	–	–	–	**2-Propen-1-one, 1-(2,6,6-trimethyl-1-cyclohexen-1-yl)-**	56248-16-9	**T3176**
163	55	151	43	162	27	79	135	**178**	100	49	27	26	25	24	15	14	**5.98**	10	15	2	–	–	–	–	–	–	1	–	–	**4H-1,3,2-Dioxaborin, 4,6-divinyl-2-ethyl-4-methyl-**	74630-03-8	**T8151**
163	73	178	164	165	45	74	75	**178**	100	82	26	16	12	8	7	7		6	18	–	–	–	–	–	1	–	–	2	–	**Hexamethyldisilathiane**		**16741**
163	119	91	147	178	145	59	131	**178**	100	58	42	36	31	27	24	21		11	14	2	–	–	–	–	–	–	–	–	–	**Methyl cuminate**		**F0060**

MASS TO CHARGE RATIOS								M.W.	INTENSITIES								Parent	C	H	O	N	Cl	Br	F	S	P	B	Si	X	COMPOUND NAME	CAS Reg No	No
163	119	178	147	91	77	59	103	178	100	52	41	40	39	26	26	22		11	14	2	–	–	–	–	–	–	–	–	–	4-Isopropylbenzoic acid, methyl ester		Y1754
163	121	91	107	178	77	164	43	178	100	28	21	20	19	15	13	12		12	18	1	–	–	–	–	–	–	–	–	–	Phenol, 2,5-diisopropyl-	35946-91-9	S5122
163	133	119	77	105	45	89	164	178	100	63	49	34	17	16	16	13	4.20	7	18	3	–	–	–	–	–	–	–	1	–	Silane, triethoxymethyl-	2031-67-6	Q7204
163	135	29	28	107	27	91	77	178	100	69	45	41	40	32	32	25	23.40	12	18	1	–	–	–	–	–	–	–	–	–	Ethyl 4-tertbutylphenyl ether		C0874
163	135	121	178	107	91	77	43	178	100	50	46	43	31	20	15	13		12	18	1	–	–	–	–	–	–	–	–	–	Phenol, 3,5-diisopropyl-	26886-05-5	S1530
163	135	147	43	103	178	119	76	178	100	25	18	16	12	9	9	8		10	10	3	–	–	–	–	–	–	–	–	–	Methyl 4-acetylbenzoate		F0322
163	135	178	18	28	41	91	130	178	100	25	18	15	11	9	5	5		12	18	1	–	–	–	–	–	–	–	–	–	2,3-Dimethyl-6-tert-butyl phenol		D0045
163	135	178	91	41	77	79	39	178	100	24	18	17	11	6	5	4		11	14	2	–	–	–	–	–	–	–	–	–	Benzoic acid, 4-tert-butyl-		L0298
163	135	178	91	164	41	77	79	178	100	24	18	17	11	11	6	5		11	14	2	–	–	–	–	–	–	–	–	–	Benzoic acid, 4-tert-butyl-	98-73-7	P7181
163	135	178	107	164	41	91	77	178	100	38	26	15	12	7	7	6		12	18	1	–	–	–	–	–	–	–	–	–	Ethyl 4-tertbutylphenyl ether		Z1281
163	135	178	164	91	41	130	105	178	100	31	27	12	12	11	9	9		12	18	1	–	–	–	–	–	–	–	–	–	2,3-Dimethyl-6-tert-butyl phenol		C0526
163	135	178	164	91	130	105	77	178	100	35	27	13	12	9	9	8		12	18	1	–	–	–	–	–	–	–	–	–	2,4-Dimethyl-6-tert-butyl phenol		C1878
163	145	43	178	91	105	164	122	178	100	66	27	16	15	15	13	12		12	18	1	–	–	–	–	–	–	–	–	–	trans-1,5,5-Trimethyl-3-acetonylidenecyclohexene		P2656
163	145	43	178	105	41	91	39	178	100	68	58	45	24	21	21	18		12	18	1	–	–	–	–	–	–	–	–	–	cis-1,5,5-Trimethyl-3-acetonylidenecyclohexene		P2657
163	178	91	41	117	27	39	43	178	100	25	16	16	15	13	12	12		12	18	1	–	–	–	–	–	–	–	–	–	Phenol, 2,6-diisopropyl-		X1360
163	178	91	41	117	27	164	39	178	100	25	16	16	15	14	13	12		12	18	1	–	–	–	–	–	–	–	–	–	Phenol, 2,6-diisopropyl-	2078-54-8	H1283
163	178	117	91	164	121	43	77	178	100	79	43	32	31	25	24	20		12	18	1	–	–	–	–	–	–	–	–	–	Phenol, 2,6-diisopropyl-		B0095
163	178	121	164	135	43	107	91	178	100	24	13	13	9	9	7	6		12	18	1	–	–	–	–	–	–	–	–	–	2,4-Diisopropylphenol		Z1276
163	178	135	164	41	91	130	105	178	100	34	34	14	8	8	8	7		12	18	1	–	–	–	–	–	–	–	–	–	2,4-Dimethyl-6-tert-butyl phenol		C0228
163	178	135	164	117	91	115	107	178	100	24	17	12	7	5	4	4		12	18	1	–	–	–	–	–	–	–	–	–	3-Ethyl-6-tert-butylphenol		C1874
163	178	135	164	123	41	77	91	178	100	25	16	12	12	11	7	7		12	18	1	–	–	–	–	–	–	–	–	–	2,5-Dimethyl-4-tert-butylphenol		C0600
163	178	135	164	123	121	105	91	178	100	28	12	12	9	4	4	4		12	18	1	–	–	–	–	–	–	–	–	–	2,5-Dimethyl-4-tert-butylphenol		C1875
163	178	164	41	123	135	91	39	178	100	25	13	10	10	9	6	5		12	18	1	–	–	–	–	–	–	–	–	–	2,6-Dimethyl-4-tert-butyl phenol		C0599
163	178	177	164	161	43	145	105	178	100	31	20	18	15	13	13	11		9	14	–	–	–	–	–	–	–	–	2	–	1,3-Disilaindan, 1,3-dimethyl-	17864-73-2	R7228
175	176	177	85	86	178	113	87	178	100	82	70	59	59	51	34	32		5	4	1	2	2	–	–	–	–	–	–	–	Pyrimidine, 4,6-dichloro-5-methoxy-	5018-38-2	R1021
176	178	133	161	135	163	63	180	178	100	64	58	35	29	23	13	12		7	8	1	–	2	–	–	–	–	–	–	–	ar,ar-Dichloroanisole		P0319
177	118	178	77	104	150	91	51	178	100	84	82	34	22	18	18	17		9	10	–	2	–	–	–	1	–	–	–	–	2-(Phenylimino)thiazolidine		Z1294
178	27	107	80	135	43	26	56	178	100	89	62	41	40	23	18	16		7	6	2	4	–	–	–	–	–	–	–	–	2,4(1H,3H)-Pteridinedione, 6-methyl-	13401-19-9	R4513
178	28	107	80	135	43	56	54	178	100	82	60	40	40	35	27	18		7	6	2	4	–	–	–	–	–	–	–	–	2,4(1H,3H)-Pteridinedione, 7-methyl-	13401-38-2	R4514
178	43	66	39	65	67	42	107	178	100	18	15	14	12	12	11	10		7	10	–	6	–	–	–	–	–	–	–	–	Imidazo[5,1-f][1,2,4]triazine-2,7-diamine, 4,5-dimethyl-	50473-86-4	S7308
178	43	93	135	161	121	136	163	178	100	50	42	29	29	21	21	21		9	10	2	2	–	–	–	–	–	–	–	–	Pyridin-3-amine, 2,4-diacetyl-	51460-33-4	S7665
178	57	148	53	93	42	44	66	178	100	51	40	27	25	18	16	14		7	6	2	4	–	–	–	–	–	–	–	–	4(3H)-Pteridinone, 3-hydroxy-6-methyl-		L9089
178	57	148	53	93	42	44	107	178	100	53	42	27	25	18	17	15		7	6	2	4	–	–	–	–	–	–	–	–	4(3H)-Pteridinone, 3-hydroxy-6-methyl-	18106-59-7	R7373
178	63	150	104	51	77	79	120	178	100	60	32	28	21	21	20	17		7	6	2	4	–	–	–	–	–	–	–	–	1H-Benzotriazole, 1-methyl-5-nitro-	25877-34-3	S1192
178	69	109	150	149	39	42	54	178	100	45	35	25	23	21	18	16		6	5	1	2	–	–	3	–	–	–	–	–	4(1H)-Pyrimidinone, 6-methyl-2-(trifluoromethyl)-	2557-79-1	Q8316
178	74	151	179	100	126	89	63	178	100	10	10	10	10	6	5	4		10	2	–	4	–	–	–	–	–	–	–	–	1,2,4,5-Tetracyanobenzene		I7185
178	77	51	65	63	78	150	179	178	100	27	23	23	20	14	10	10		7	6	2	4	–	–	–	–	–	–	–	–	1H-Benzotriazole, 1-methyl-7-nitro-	14209-07-5	R5051
178	79	120	40	148	52	42	58	178	100	37	28	25	25	23	18	17		7	6	2	4	–	–	–	–	–	–	–	–	4(3H)-Pteridinone, 3-hydroxy-2-methyl-	18106-58-6	R7372
178	79	120	148	40	52	42	57	178	100	37	27	25	25	23	18	17		7	6	2	4	–	–	–	–	–	–	–	–	4(3H)-Pteridinone, 3-hydroxy-2-methyl-		L9088
178	89	117	148	43	62	105	132	178	100	41	37	20	17	13	10	10		7	6	2	4	–	–	–	–	–	–	–	–	1H-Benzotriazole, 1-methyl-6-nitro-	25877-35-4	S1193
178	89	117	148	62	105	43	63	178	100	55	40	29	18	17	16	10		7	6	2	4	–	–	–	–	–	–	–	–	1H-Benzotriazole, 1-methyl-4-nitro-	27799-86-6	S1860
178	89	176	76	88	177	151	152	178	100	22	17	14	11	8	6	4		14	10	–	–	–	–	–	–	–	–	–	–	Anthracene		D0283
178	91	43	107	148	53	64	52	178	100	30	26	24	24	22	20	18		7	6	2	4	–	–	–	–	–	–	–	–	1,2,4-Triazolo[4,3-a]pyridine, 3-methyl-8-nitro-	31040-10-5	S3122
178	91	107	103	147	163	77	79	178	100	69	63	59	50	36	35	31		11	14	2	–	–	–	–	–	–	–	–	–	Benzene, 1,2-dimethoxy-4-(2-propenyl)-	93-15-2	P6769
178	91	148	64	80	149	107	92	178	100	60	46	28	15	12	11	10		7	6	2	4	–	–	–	–	–	–	–	–	1,2,4-Triazolo[1,5-a]pyridine, 2-methyl-8-nitro-	7169-91-7	R2901
178	92	163	108	78	104	51	80	178	100	77	65	54	42	40	32	32		11	14	2	–	–	–	–	–	–	–	–	–	Benzene, 1,2-dimethoxy-4-(1-propenyl)-	93-16-3	P6771
178	97	66	84	39	45	91	51	178	100	97	91	58	52	32	30	27		10	10	1	–	–	–	–	1	–	–	–	–	1,3,5-Ethanylylidene-2-thiacyclobuta[cd]pentalen-7-one, octahydro-	19086-85-2	R7965
178	103	77	131	104	51	160	161	178	100	32	28	27	27	24	20	19		8	6	3	2	–	–	–	–	–	–	–	–	7-Nitrooxindole		M7487
178	115	180	143	75	102	116	50	178	100	41	30	22	19	18	16	14		9	7	–	2	1	–	–	–	–	–	–	–	Phthalazine, 1-chloro-4-methyl-	19064-68-7	R7950
178	119	105	106	77	104	179	91	178	100	39	27	24	21	12	11	10		9	10	2	2	–	–	–	–	–	–	–	–	Pyridine, 2,4-diacetyl-3-amino-		P2087
178	120	119	65	92	179	177	121	178	100	78	50	22	19	18	18	14		10	14	1	2	–	–	–	–	–	–	–	–	Aniline, 4-(4-morpholinyl)-	2524-67-6	Q8270
178	121	42	120	94	107	177	39	178	100	89	45	45	36	27	25	21		10	14	1	2	–	–	–	–	–	–	–	–	1-Methyl-5(1′-methyl-2′-pyrryl)-pyrrolidin-2-one		00986
178	122	135	121	150	163	136		178	100	64	62	60	49	44	32			12	18	1	–	–	–	–	–	–	–	–	–	3-Oxo-7-methyl-bicyclo[5.4.0]undecane		L7324
178	122	150	179	163	136	51	177	178	100	84	71	14	14	12	9	8		10	10	3	–	–	–	–	–	–	–	–	–	1,2,3,4-Tetrahydro-6,7-dihydroxynaphthalene-1-one		02341
178	124	177	163	39	41	149	137	178	100	64	45	38	17	14	14	13		10	14	1	2	–	–	–	–	–	–	–	–	4H-Pyrido[1,2-a]pyrimidin-4-one, 6,7,8,9-tetrahydro-3,6-dimethyl-	54504-62-0	S9231
178	132	27	87	114	45	89	55	178	100	93	92	87	85	77	72	51		6	10	4	–	–	–	–	1	–	–	–	–	Propanoic acid, 3,3′-thiobis-		D1400

MASS TO CHARGE RATIOS								M.W.	INTENSITIES								Parent	C	H	O	N	Cl	Br	F	S	P	B	Si	X	COMPOUND NAME	CAS Reg No	No
178	132	63	148	64	80	91	52	**178**	100	65	41	32	30	20	19	12		7	6	2	4	–	–	–	–	–	–	–	–	1,2,4-Triazolo[1,5-a]pyridine, 2-methyl-6-nitro-	7169-92-8	**R2902**
178	135	42	107	28	179	93	52	**178**	100	34	30	25	22	22	17	9		7	6	2	4	–	–	–	–	–	–	–	–	2,4(1H,3H)-Pteridinedione, 8-methyl-	13300-38-4	**R4416**
178	135	42	107	28	179	93	52	**178**	100	46	30	25	22	22	17	9		7	6	2	4	–	–	–	–	–	–	–	–	2,4(1H,3H)-Pteridinedione, 8-methyl-		**L4564**
178	135	79	123	41	90	107	91	**178**	100	96	90	86	78	65	61	55		12	18	1	–	–	–	–	–	–	–	–	–	2(1H)-Naphthalenone, 3,4,5,6,7,8-hexahydro-1,1-dimethyl-	1609-25-2	**Q6308**
178	135	79	123	41	93	107	91	**178**	100	96	95	91	83	67	65	61		12	18	1	–	–	–	–	–	–	–	–	–	2(1H)-Naphthalenone, 1,1-dimethyl-3,4,4a,5,6,7-hexahydro-		**L5970**
178	136	41	122	150	135	79	93	**178**	100	72	58	58	50	48	46	44		12	18	1	–	–	–	–	–	–	–	–	–	Bicyclo[4.4.0]dec-1-en-3-one, 6,10-dimethyl-, (+)-(6S,10R)-		**16024**
178	147	145	146	120	77	105	148	**178**	100	63	45	31	24	13	10	9		10	14	1	2	–	–	–	–	–	–	–	–	Benzaldehyde, 3-nitro-, O-methyloxime		**M3384**
178	147	145	146	120	77	179	105	**178**	100	63	45	31	24	13	11	10		10	14	1	2	–	–	–	–	–	–	–	–	Benzaldehyde, 4-(dimethylamino)-, O-methyloxime	19293-74-4	**R8065**
178	147	163	91	103	151	179	107	**178**	100	28	28	16	16	14	12	11		11	14	2	–	–	–	–	–	–	–	–	–	Benzene, 1,2-dimethoxy-4-(2-propenyl)-	93-15-2	**H0182**
178	148	93	42	66	44	53	67	**178**	100	67	41	37	33	27	22	18		7	6	2	4	–	–	–	–	–	–	–	–	4(3H)-Pteridinone, 3-hydroxy-7-methyl-		**L9090**
178	148	93	42	66	44	53	67	**178**	100	67	42	37	33	23	22	18		7	6	2	4	–	–	–	–	–	–	–	–	4(3H)-Pteridinone, 3-hydroxy-7-methyl-	18106-60-0	**R7374**
178	148	117	62	89	120	77	38	**178**	100	91	91	46	44	34	33	29		8	6	3	2	–	–	–	–	–	–	–	–	2-Cyano-4-nitro-anisole		**D1579**
178	149	93	80	107	161	106	121	**178**	100	46	34	25	19	17	15	14		10	14	1	2	–	–	–	–	–	–	–	–	1-Piperidinecarboxaldehyde, 2-(1H-pyrrol-2-yl)-	54966-09-5	**S9932**
178	149	134	150	147	148	135	179	**178**	100	77	63	29	29	16	14	14		11	14	–	–	–	–	–	1	–	–	–	–	2-Ethylthiochroman		**03624**
178	150	51	50	39	69	53	76	**178**	100	98	41	34	31	30	25	20		9	6	4	–	–	–	–	–	–	–	–	–	6,7-Dihydroxy-2-oxo-2H-chromene		**D2689**
178	150	163	136	44	108	109	69	**178**	100	84	68	42	40	29	27	25		9	10	–	2	–	–	–	1	–	–	–	–	2-Benzothiazolamine, N-ethyl-		**L9153**
178	150	163	136	44	108	135	109	**178**	100	94	75	34	23	19	19	15		9	10	–	2	–	–	–	1	–	–	–	–	2-Benzothiazolamine, N-ethyl-		**16561**
178	160	52	95	66	134	67	80	**178**	100	76	20	20	18	17	15	15		7	6	2	4	–	–	–	–	–	–	–	–	Pyrazolo[5,1-c]-as-triazine-3-carboxylic acid, 4-methyl-	6726-55-2	**R2499**
178	160	95	52	66	134	80	67	**178**	100	76	20	20	18	17	15	15		7	6	2	4	–	–	–	–	–	–	–	–	4-Methyl-pyrazolo[3,2-c]-as-triazine-3-carboxylic acid		**M3847**
178	161	177	133	77	89	179	132	**178**	100	33	18	17	14	13	12	11		10	10	3	–	–	–	–	–	–	–	–	–	4-Methoxycinnamic acid		**P1143**
178	163	107	91	103	77	147	79	**178**	100	40	24	22	17	11	10	10		11	14	2	–	–	–	–	–	–	–	–	–	Benzene, 1,2-dimethoxy-4-(1-propenyl)-	93-16-3	**P6770**
178	163	107	91	103	179	79	147	**178**	100	45	31	23	19	12	10	10		11	14	2	–	–	–	–	–	–	–	–	–	Benzene, 1,2-dimethoxy-4-(1-propenyl)-		**03314**
178	163	136	44	134	177	179	42	**178**	100	48	20	17	15	13	12	11		10	14	1	2	–	–	–	–	–	–	–	–	N,N-Dimethyl-N′-(p-methoxy-phenyl)formamidine		**06334**
178	163	147	91	103	107	179	77	**178**	100	29	27	23	21	17	13	12		11	14	2	–	–	–	–	–	–	–	–	–	Benzene, 1,2-dimethoxy-4-(2-propenyl)-	93-15-2	**P6768**
178	163	150	135	43	122	179	164	**178**	100	79	43	29	23	12	12	9		11	14	2	–	–	–	–	–	–	–	–	–	2-Methyl-3-acetyl-4,5,6,7-tetrahydro[b]furan		**17504**
178	163	176	97	161	180	71	174	**178**	100	70	47	31	31	21	19	18		5	6	–	–	–	–	–	1	–	–	–	1	Thiophene, 3-(methylseleno)-	31053-53-9	**S3141**
178	163	176	161	71	119	180	165	**178**	100	94	47	43	25	20	20	19		5	6	–	–	–	–	–	1	–	–	–	1	Thiophene, 2-(methylseleno)-		**L8527**
178	163	176	161	71	180	119	165	**178**	100	96	47	43	24	20	19	18		5	6	–	–	–	–	–	1	–	–	–	1	Thiophene, 2-(methylseleno)-	20892-42-6	**R8991**
178	163	176	161	71	180	119	174	**178**	100	82	46	40	31	20	18	18		5	6	–	–	–	–	–	1	–	–	–	1	Selenophene, 2-(methylthio)-	31053-54-0	**S3142**
178	163	176	161	71	180	119	174	**178**	100	85	48	42	33	22	20	19		5	6	–	–	–	–	–	1	–	–	–	1	Selenophene, 2-(methylthio)-		**L8529**
178	163	176	161	97	180	71	45	**178**	100	70	47	33	32	23	20	17		5	6	–	–	–	–	–	1	–	–	–	1	Thiophene, 3-(methylseleno)-		**L8528**
178	163	177	179	92	39	150	136	**178**	100	72	58	21	18	16	14	13		9	10	–	2	–	–	–	1	–	–	–	–	2-Benzothiazolamine, 5,6-dimethyl-	29927-08-0	**S2754**
178	176	76	179	89	41	43	177	**178**	100	17	17	16	16	15	9	9		14	10	–	–	–	–	–	–	–	–	–	–	Anthracene		**C0473**
178	176	76	179	89	88	177	152	**178**	100	18	16	15	13	10	10	9		14	10	–	–	–	–	–	–	–	–	–	–	9H-Fluorene, 9-methylene-	4425-82-5	**R0426**
178	176	179	89	76	88	151	152	**178**	100	17	16	14	11	9	6	6		14	10	–	–	–	–	–	–	–	–	–	–	Anthracene		**W0063**
178	176	179	89	76	88	151	152	**178**	100	18	16	13	12	10	7	7		14	10	–	–	–	–	–	–	–	–	–	–	Phenanthrene		**W0062**
178	176	179	89	152	177	63	151	**178**	100	48	46	46	26	25	23	23		14	10	–	–	–	–	–	–	–	–	–	–	Diphenyl acetylene		**D0561**
178	176	179	177	89	76	152	151	**178**	100	21	16	12	11	10	7	7		14	10	–	–	–	–	–	–	–	–	–	–	Phenanthrene		**D1756**
178	177	121	42	120	94	122	107	**178**	100	97	90	56	39	37	34	25		10	14	1	2	–	–	–	–	–	–	–	–	1-Methyl-5(1′-methyl-3′-pyrryl)-pyrrolidin-2-one		**00987**
178	177	145	15	42	69	89	152	**178**	100	76	63	62	43	30	28	28		9	10	–	2	–	–	–	1	–	–	–	–	Thiocyanic acid, 4-(dimethylamino)phenyl ester	7152-80-9	**R2885**
178	177	163	136	179	150	107	134	**178**	100	40	16	15	12	12	10	7		10	14	1	2	–	–	–	–	–	–	–	–	Methanimidamide, N′-(3-methoxyphenyl)-N,N-dimethyl-	1202-42-2	**Q5747**
178	179	176	76	89	88	152	177	**178**	100	15	14	11	10	8	7	7		14	10	–	–	–	–	–	–	–	–	–	–	Phenanthrene	85-01-8	**P6236**
178	179	176	76	89	152	177	151	**178**	100	14	13	11	10	7	6	6		14	10	–	–	–	–	–	–	–	–	–	–	Diphenyl acetylene		**A0753**
178	180	115	86	51	114	182	50	**178**	100	64	16	15	13	12	11	10		6	4	2	–	2	–	–	–	–	–	–	–	1,3-Benzenediol, 4,6-dichloro-	137-19-9	**P9723**
178	180	151	116	89	179	143	142	**178**	100	32	23	15	14	14	9	8		9	7	–	2	1	–	–	–	–	–	–	–	8-Quinolinamine, 6-chloro-	5470-75-7	**R1480**
179	161	180	178	162	121	181	137	**178**	100	56	18	16	7	2	2	1		10	10	3	–	–	–	–	–	–	–	–	–	2-Methoxycinnamic acid		**P3978**
179	161	180	178	181	162	165		**178**	100	80	11	8	2	1	1			10	10	3	–	–	–	–	–	–	–	–	–	3-Methoxycinnamic acid		**P3979**
179	176	152	177	151	76	150	63	**178**	100	94	58	57	50	30	29	28	**0.00**	14	10	–	–	–	–	–	–	–	–	–	–	Diphenyl acetylene		**D0192**
179	180	178	161	137	162	181	121	**178**	100	15	13	12	4	2	2	1		10	10	3	–	–	–	–	–	–	–	–	–	4-Methoxycinnamic acid		**P3980**
180	178	99	71	45	39	38	69	**178**	100	90	53	51	30	27	13	10		4	3	1	–	–	1	–	1	–	–	–	–	2(5H)-Thiophenone, 5-bromo-	17019-33-9	**R6581**
180	178	99	71	45	39	38	152	**178**	100	95	56	54	32	29	14	11		4	3	1	–	–	1	–	1	–	–	–	–	2(5H)-Thiophenone, 4-bromo-		**04438**
28	44	41	27	39	164	179	29	**179**	100	42	41	40	39	32	30	23		11	17	1	1	–	–	–	–	–	–	–	–	2-Amino-4-methyl-6-tert-butyl-phenol		**03261**
30	28	76	162	89	27	17	51	**179**	100	96	88	75	67	65	55	48	**46.00**	7	5	3	3	–	–	–	–	–	–	–	–	Benzofurazan, 5-methyl-4-nitro-	16322-21-7	**R6121**
39	47	41	55	119	53	40	103	**179**	100	67	54	32	26	24	21	17	**6.00**	4	6	5	1	–	–	–	–	1	–	–	–	4-Nitro-2,6,7-trioxa-1-phosphabicyclo[2.2.2]octane		**01496**

MASS TO CHARGE RATIOS	M.W.	INTENSITIES	Parent	C	H	O	N	Cl	Br	F	S	P	B	Si	X	COMPOUND NAME	CAS Reg No	No
41 96 108 39 106 56 43 94	**179**	100 90 74 72 65 54 50 50	**9.00**	10	13	2	1	–	–	–	–	–	–	–	–	**Cyclopentanecarbonitrile, 5-hydroxy-1-methyl-3-oxo-2-(2-propenyl)-**	69745-72-8	**T7385**
42 109 135 136 108 121 122 110	**179**	100 97 29 20 16 14 14 11	**9.00**	11	17	1	1	–	–	–	–	–	–	–	–	**Cyclohexanecarbonitrile, 1-(3-oxobutyl)-**	58422-83-6	**T5031**
43 93 28 41 179 39 137 27	**179**	100 70 62 27 23 20 19 18		10	13	2	1	–	–	–	–	–	–	–	–	**Carbamic acid, phenyl-, isopropyl ester**	122-42-9	**P9235**
43 93 41 179 137 39 120 27	**179**	100 89 57 36 35 34 33 28		10	13	2	1	–	–	–	–	–	–	–	–	**Carbamic acid, phenyl-, isopropyl ester**	122-42-9	**P9229**
44 58 28 18 41 36 20 30	**179**	100 55 19 18 13 9 9 9	**1.30**	11	17	1	1	–	–	–	–	–	–	–	–	**Ethanamine, 2-(2,6-dimethylphenoxy)-N-methyl-**	14573-22-9	**08560**
44 107 45 121 122 18 91 42	**179**	100 65 59 35 24 18 17 15	**2.50**	11	17	1	1	–	–	–	–	–	–	–	–	**Phenol, 2-[(dimethylamino)methyl]-4-ethyl-**	55955-99-2	**T2435**
44 135 45 179 42 92 136 46	**179**	100 89 89 43 29 25 21 20		6	18	1	3	–	–	–	–	1	–	–	–	**Hexamethyl phosphoramide**		**D0837**
46 30 29 76 28 31 43 44	**179**	100 24 15 9 6 5 5 3	**0.00**	3	5	6	3	–	–	–	–	–	–	–	–	**Nitroglycerine**		**L3313**
56 179 70 55 134 69 57 41	**179**	100 48 16 12 12 12 11 9		10	13	2	1	–	–	–	–	–	–	–	–	**Tricyclo[3.3.1.1$^{(3,7)}$]decane-2,6-dione, 4-amino-**	56728-08-6	**08322**
58 36 91 59 56 121 65 179	**179**	100 36 21 18 13 8 6 6		11	17	1	1	–	–	–	–	–	–	–	–	**Benzeneethanamine, 2-methoxy-N,α-dimethyl-**		**15979**
58 73 91 42 45 59 65 30	**179**	100 16 8 5 5 3 2 2	**1.40**	11	17	1	1	–	–	–	–	–	–	–	–	**Ethanamine, N,N-dimethyl-2-(phenylmethoxy)-**		**16242**
58 73 91 45 59 42 65 134	**179**	100 13 8 5 4 3 2 2	**2.00**	11	17	1	1	–	–	–	–	–	–	–	–	**Ethanamine, N,N-dimethyl-2-(phenylmethoxy)-**	27058-12-4	**S1598**
58 73 91 45 59 42 65 179	**179**	100 13 8 5 4 3 3 3		11	17	1	1	–	–	–	–	–	–	–	–	**Ethanamine, N,N-dimethyl-2-(phenylmethoxy)-**	27058-12-4	**S1599**
58 91 42 56 78 65 77 51	**179**	100 12 7 7 7 7 5 4	**0.00**	11	17	1	1	–	–	–	–	–	–	–	–	**Benzeneethanamine, 2-methoxy-N,α-dimethyl-**	93-30-1	**P6778**
58 179 42 59 77 39 44 41	**179**	100 16 5 4 3 3 2 2		11	17	1	1	–	–	–	–	–	–	–	–	**N,N-Dimethyl-3-phenoxypropylamine**		**16227**
65 103 179 76 50 29 104 75	**179**	100 96 94 83 81 72 69 52		9	9	3	1	–	–	–	–	–	–	–	–	**Benzoic acid, 4-nitroso-, ethyl ester**	7476-79-1	**R3232**
69 112 41 56 28 40 42 27	**179**	100 94 90 30 30 21 18 17	**8.10**	9	13	1	3	–	–	–	–	–	–	–	–	**1-Piperidino carboxyl imidazole**		**D1012**
69 179 27 64 96 134 91 91	**179**	100 52 31 29 28 11 10 5		4	3	–	1	–	–	6	–	–	–	–	–	**N,N-Bistrifluoromethyl vinylamine**		**L2721**
83 28 179 85 136 47 150 84	**179**	100 95 70 65 48 26 24 22		11	17	1	1	–	–	–	–	–	–	–	–	**1-Piperidino-4,4-dimethyl-1-cyclobuten-3-one**		**00565**
88 120 91 33 60 65 28 103	**179**	100 80 32 19 15 15 14 11	**1.66**	10	13	2	1	–	–	–	–	–	–	–	–	**2-Amino-3-phenylpropanoic acid, methyl ester**		**P1104**
88 120 91 33 60 65 103 77	**179**	100 78 31 21 14 13 12 10	**1.40**	10	13	2	1	–	–	–	–	–	–	–	–	**L-Phenylalanine, methyl ester**	2577-90-4	**Q8365**
91 92 179 105 107 65 143 104	**179**	100 42 25 18 18 11 10 9		10	10	–	1	1	–	–	–	–	–	–	–	**Benzenebutanenitrile, α-chloro-**	53279-93-9	**S8372**
91 148 121 65 77 39 51 78	**179**	100 74 24 23 21 19 19 19	**17.00**	10	13	2	1	–	–	–	–	–	–	–	–	**Acetone, 1-(2-methoxyphenyl)-, oxime**	43021-97-2	**S7042**
91 164 77 115 119 134 92 117	**179**	100 60 46 37 28 25 20 19	**12.60**	10	13	2	1	–	–	–	–	–	–	–	–	**Benzene, 2-nitro-1-tert-butyl-**		**M5105**
93 43 179 137 120 41 65 39	**179**	100 70 57 45 29 17 13 11		10	13	2	1	–	–	–	–	–	–	–	–	**Carbamic acid, phenyl-, isopropyl ester**	122-42-9	**P9231**
93 179 43 120 41 137 106 65	**179**	100 76 40 24 18 16 15 13		10	13	2	1	–	–	–	–	–	–	–	–	**Carbamic acid, phenyl-, propyl ester**	5532-90-1	**R1517**
93 179 119 120 63 121 137 41	**179**	100 76 65 24 23 22 16 15		10	13	2	1	–	–	–	–	–	–	–	–	**Carbamic acid, phenyl-, propyl ester**	5532-90-1	**R1516**
95 179 164	**179**	100 45 41		11	17	1	1	–	–	–	–	–	–	–	–	**Piperidine, 1-(1-oxo-2,4-hexadienyl)-, (E,E)-**	61233-61-2	**T5669**
98 55 41 179 54 83 69 27	**179**	100 58 43 39 35 30 18 18		12	21	–	1	–	–	–	–	–	–	–	–	**Cyclohexylidene cyclohexylamine**		**D0810**
105 77 51 76 122 117 50 161	**179**	100 78 42 32 30 26 24 23	**0.40**	9	9	3	1	–	–	–	–	–	–	–	–	**Glycine, N-benzoyl-**	495-69-2	**Q1255**
105 77 51 135 134 106 161 50	**179**	100 54 18 16 11 8 7 6	**3.39**	9	9	3	1	–	–	–	–	–	–	–	–	**Glycine, N-benzoyl-**	495-69-2	**Q1257**
105 77 135 51 134 106 50 78	**179**	100 98 35 35 23 13 12 8	**2.50**	9	9	3	1	–	–	–	–	–	–	–	–	**Glycine, N-benzoyl-**		**B0302**
105 77 179 103 44 50 28 106	**179**	100 51 34 33 14 12 10 8		8	5	2	1	–	–	–	1	–	–	–	–	**5-Phenyl-1,3,4-oxathiazol-2-one**		**L1743**
105 179 180 122 135 106 181 93	**179**	100 50 13 11 9 8 6 6		8	5	2	1	–	–	–	1	–	–	–	–	**5-Phenyl-1,3,4-oxathiazol-2-one**		**D2637**
106 146 179 118 120 161 77	**179**	100 75 74 20 15 14 13		11	17	1	1	–	–	–	–	–	–	–	–	**Benzenepropanol, 2-amino-α,α-dimethyl-**	69611-46-7	**T7169**
107 27 29 164 15 42 26 179	**179**	100 30 26 22 20 13 7 6		4	10	–	1	–	–	4	–	1	–	–	–	**(Diethylamino)tetrafluorophosphorane**		**L8146**
107 134 179 106 78 77 108 135	**179**	100 80 67 30 26 17 13 13		10	13	2	1	–	–	–	–	–	–	–	–	**Acetic acid, (1-methyl-2(1H)-pyridinylidene)-, ethyl ester**	37515-50-7	**S5505**
108 109 43 80 137 179 53 81	**179**	100 90 67 29 29 26 25 25		10	13	2	1	–	–	–	–	–	–	–	–	**Acetamide, N-(4-ethoxyphenyl)-**	62-44-2	**P5133**
108 109 44 179 137 28 80 81	**179**	100 84 52 51 43 26 17 16		10	13	2	1	–	–	–	–	–	–	–	–	**Acetamide, N-(4-ethoxyphenyl)-**	62-44-2	**P5135**
109 81 152 124 106 65 137 45	**179**	100 87 74 48 30 24 23 22	**2.00**	4	10	3	3	–	–	–	–	1	–	–	–	**Diethyl phosphorazidate**		**15853**
111 179 93 94 69 67 66 112	**179**	100 90 86 71 58 24 23 21		10	13	2	1	–	–	–	–	–	–	–	–	**1H-Pyrrole-2-carboxylic acid, 1,1-dimethyl-2-propenyl ester**	54576-33-9	**S9327**
115 79 52 88 64 75 51 179	**179**	100 60 44 40 25 20 20 20		7	5	–	1	–	–	4	–	–	–	–	–	**3-(2-Cyanovinyl)-1,1,2,2-tetrafluorocyclobutane**		**D1701**
119 57 137 92 120 179 65 72	**179**	100 37 34 34 32 29 29 22		10	13	2	1	–	–	–	–	–	–	–	–	**Isopropyl 2-aminobenzoate**		**U0079**
119 137 179 92 65 120 64 63	**179**	100 53 25 22 13 9 8 7		9	9	3	1	–	–	–	–	–	–	–	–	**Benzoic acid, 2-(acetylamino)-**	89-52-1	**P6485**
119 151 92 65 179 120 39 63	**179**	100 48 46 27 27 22 15 15		9	9	3	1	–	–	–	–	–	–	–	–	**Methyl N-formylanthranilate**		**16347**
120 79 179 77 56 78 51 91	**179**	100 36 35 30 12 11 11 10		10	13	2	1	–	–	–	–	–	–	–	–	**2,7-Dimethyl-N-carbomethoxy-azepine**		**L8003**
120 137 179 65 92 121 39 41	**179**	100 71 50 23 21 14 8 7		10	13	2	1	–	–	–	–	–	–	–	–	**Isopropyl 4-aminobenzoate**		**P1137**
120 147 179 91 132 77 93 118	**179**	100 70 70 33 30 26 22 20		10	13	2	1	–	–	–	–	–	–	–	–	**2,5-Dimethyl-azepine-methyl ester**		**P4093**
120 153 179 108 77 79 94 59	**179**	100 72 52 31 27 26 17 15		10	13	2	1	–	–	–	–	–	–	–	–	**2-Azabicyclo[3.2.0]hepta-3,6-diene-2-carboxylic acid, 1,3-dimethyl-, methyl ester**	56701-07-6	**T4096**
120 179 147 77 28 91 93 132	**179**	100 87 63 56 55 51 48 48		10	13	2	1	–	–	–	–	–	–	–	–	**1H-Azepine-1-carboxylic acid, 4,5-dimethyl-, methyl ester**	20646-44-0	**R8825**
120 179 147 132 76 91 93 39	**179**	100 96 72 57 29 27 23 20		10	13	2	1	–	–	–	–	–	–	–	–	**1H-Azepine-1-carboxylic acid, 4,5-dimethyl-, methyl ester**		**L8002**
120 179 147 132 91 77 93 118	**179**	100 93 84 41 41 38 33 32		10	13	2	1	–	–	–	–	–	–	–	–	**3,6-Dimethyl-N-carbomethoxy azepine**		**L7991**
121 179 78 146 162 77 41 91	**179**	100 27 13 13 13 12 10 10		10	13	2	1	–	–	–	–	–	–	–	–	**Acetone, 1-(4-methoxyphenyl)-, oxime**	52271-41-7	**S7913**
121 179 120 147 119 91 148 77	**179**	100 99 81 58 28 13 13 12		10	13	2	1	–	–	–	–	–	–	–	–	**Carbamic acid, (2,6-dimethylphenyl)-, methyl ester**	20642-93-7	**R8824**
122 107 28 121 77 37 78 90	**179**	100 91 64 48 37 27 21 20	**4.49**	10	13	2	1	–	–	–	–	–	–	–	–	**Phenol, 3,4-dimethyl-, methylcarbamate**	2425-10-7	**Q8014**

MASS TO CHARGE RATIOS								M.W.	INTENSITIES								Parent	C	H	O	N	Cl	Br	F	S	P	B	Si	X	COMPOUND NAME	CAS Reg No	No
122	107	77	121	123	179	91	79	**179**	100	33	12	12	12	12	7	6		10	13	2	1	–	–	–	–	–	–	–	–	**Phenol, 3,5-dimethyl-, methylcarbamate**	2655-14-3	**Q8491**
122	137	179	56	43	136	65	66	**179**	100	31	27	26	23	9	8	8		10	13	2	1	–	–	–	–	–	–	–	–	**Acetamide, N-(4-methoxyphenyl)-N-methyl-**	35813-38-8	**S5083**
122	179	85	123	108	136	79	107	**179**	100	21	15	13	12	8	5	5		12	21	–	1	–	–	–	–	–	–	–	–	**Tricyclo[3.3.1.1$^{(3,7)}$]decan-1-amine, N,N-dimethyl-**	3717-40-6	**Q9710**
124	152	106	107	136	45	81	134	**179**	100	72	52	43	18	17	15	10	**1.00**	5	10	4	1	–	–	–	–	1	–	–	–	**Diethyl phosphor(isocyanatidate)**		**15849**
132	160	174	175	150	146	130	161	**179**	100	86	80	80	58	41	33	32	**17.00**	12	21	–	1	–	–	–	–	–	–	–	–	**N-(3-Ethyl-cyclohexen-2-yl)-pyrrolidine**		**L8846**
132	160	174	175	150	146	136	130	**179**	100	86	80	80	58	41	36	33	**17.00**	12	21	–	1	–	–	–	–	–	–	–	–	**Pyrrolidine, 1-(6-ethyl-1-cyclohexen-1-yl)-**	26974-21-0	**S1581**
132	164	148	179	91	77	146	44	**179**	100	99	96	89	58	55	48	43		10	13	2	1	–	–	–	–	–	–	–	–	**Benzoic acid, 2-(dimethylamino)-, methyl ester**	10072-05-6	**R3574**
134	105	121	91	104	103	148	106	**179**	100	67	65	65	54	42	23	22	**15.71**	11	17	1	1	–	–	–	–	–	–	–	–	**Benzeneethanamine, β-methoxy-N,N-dimethyl-**	6721-66-0	**R2494**
134	135	179	65	77	42	39	51	**179**	100	39	36	14	8	8	8	7		10	13	2	1	–	–	–	–	–	–	–	–	**3-Hydroxy-5-methyl-2,3,4,5-tetrahydro-1,5-benzoxazepine**		**M8250**
135	44	45	136	179	92	46	42	**179**	100	83	55	32	29	24	20	14		6	18	1	3	–	–	–	–	1	–	–	–	**Hexamethyl phosphoramide**		**F0403**
135	44	45	179	136	92	42	46	**179**	100	98	80	38	24	24	24	18		6	18	1	3	–	–	–	–	1	–	–	–	**Hexamethyl phosphoramide**		**C0110**
135	44	108	69	91	63	136	82	**179**	100	90	25	16	13	9	9	7	**0.00**	8	5	2	1	–	–	–	1	–	–	–	–	**1,2-Benzisothiazole-3-carboxylic acid**	40991-34-2	**S6501**
135	164	73	59	91	45	179	178	**179**	100	76	74	33	29	26	26	20		10	17	–	1	–	–	–	–	–	–	1	–	**Silanamine, 1,1,1-trimethyl-N-benzyl-**	14856-79-2	**R5443**
135	164	73	106	91	59	179	107	**179**	100	86	64	42	31	29	29	26		10	17	–	1	–	–	–	–	–	–	1	–	**Silanamine, 1,1,1-trimethyl-N-benzyl-**	14856-79-2	**R5444**
135	164	73	106	91	179	59	45	**179**	100	87	64	42	31	30	29	26		10	17	–	1	–	–	–	–	–	–	1	–	**Silanamine, 1,1,1-trimethyl-N-benzyl-**	14856-79-2	**R5445**
136	179	122	137	178	41	80	81	**179**	100	34	30	21	17	14	12	10		12	21	–	1	–	–	–	–	–	–	–	–	**Decahydro carbazole**		**D1318**
137	43	27	90	120	91	179	41	**179**	100	84	43	41	40	35	33	28		10	13	2	1	–	–	–	–	–	–	–	–	**3-Butylnitrobenzene**		**D2223**
137	120	179	43	65	92	138	121	**179**	100	55	45	28	9	8	8	5		9	9	3	1	–	–	–	–	–	–	–	–	**4-Carboxyacetanilide**		**05678**
138	53	107	105	79	179	41	91	**179**	100	83	78	65	58	56	55	52		11	17	1	1	–	–	–	–	–	–	–	–	**2-Cyclohexen-1-one, 2-methyl-5-isopropyl-, O-methyloxime, (+)-**	57397-12-3	**T4718**
144	77	179	116	51	89	181	50	**179**	100	74	48	40	34	24	16	15		9	6	1	1	1	–	–	–	–	–	–	–	**5-Chloro-3-phenylisoxazole**		**05571**
146	175	136	179	131	164	150	178	**179**	100	83	62	51	40	37	31	30		12	21	–	1	–	–	–	–	–	–	–	–	**N-(Cyclohexen-1-yl)-hexamethylenimine**		**L8852**
146	175	137	179	131	164	150	178	**179**	100	83	62	51	40	37	31	30		12	21	–	1	–	–	–	–	–	–	–	–	**N-(Cyclohexen-1-yl)-hexamethylenimine**		**L8720**
146	175	179	131	164	150	178	138	**179**	100	83	51	40	37	31	30	28		12	21	–	1	–	–	–	–	–	–	–	–	**N-(Cyclohexen-1-yl)-hexamethylenimine**	23430-63-9	**S0190**
148	120	91	65	118	179	149	77	**179**	100	51	36	15	15	12	12	9		11	17	1	1	–	–	–	–	–	–	–	–	**Ethanol, 2-[ethyl(3-methylphenyl)amino]-**	91-88-3	**P6683**
148	149	119	135	136	179	120	121	**179**	100	93	41	35	24	23	19	19		7	9	1	5	–	–	–	–	–	–	–	–	**6-(2-Hydroxyethyl)-aminopurine**		**L1038**
148	179	132	164	44	91	77	74	**179**	100	92	89	80	54	51	47	38		10	13	2	1	–	–	–	–	–	–	–	–	**Benzenaminium, 2-carboxy-N,N,N,-trimethyl-, hydroxide inner salt**		**M8649**
148	179	132	164	44	91	77	146	**179**	100	92	89	80	53	51	47	39		10	13	2	1	–	–	–	–	–	–	–	–	**Benzenaminium, 2-carboxy-N,N,N-trimethyl-, hydroxide, inner salt**	21864-63-1	**R9400**
148	179	178	74	41	77	149	180	**179**	100	97	53	15	13	13	11	11		10	13	2	1	–	–	–	–	–	–	–	–	**Benzenaminium, 4-carboxy-N,N,N-trimethyl-, hydroxide, inner salt**		**M8651**
148	179	178	77	180	149	105	132	**179**	100	98	51	12	11	11	9	9		10	13	2	1	–	–	–	–	–	–	–	–	**Benzenaminium, 4-carboxy-N,N,N-trimethyl-, hydroxide, inner salt**	33046-28-5	**S3954**
149	180	178	121					**179**	100	74	19	13					**0.00**	11	17	1	1	–	–	–	–	–	–	–	–	**Benzeneethanamine, 2-methoxy-N,α-dimethyl-**	93-30-1	**P6779**
150	164	136	179	77	107	120	67	**179**	100	84	84	65	37	23	21	16		10	17	–	3	–	–	–	–	–	–	–	–	**2-Diethylamino-4,6-dimethylpyrimidine**		**D2814**
150	179	151	178	100	180	39	125	**179**	100	84	32	21	12	11	10	10		9	9	1	1	–	–	–	1	–	–	–	–	**Thiazolo[3,2-a]pyridinium, 8-hydroxy-2,5-dimethyl-**	30276-97-2	**S2841**
151	179	96	50	69	76	124	45	**179**	100	34	32	11	11	11	10	9		9	9	1	1	–	–	–	1	–	–	–	–	**1,2-Benzisothiazole, 3-ethoxy-**	34263-64-4	**S4600**
151	179	96	76	69	50	124	152	**179**	100	34	32	11	11	11	10	9		9	9	1	1	–	–	–	1	–	–	–	–	**1,2-Benzisothiazole, 3-ethoxy-**		**M8505**
152	179	153	180	103	99	125	178	**179**	100	97	16	14	11	7	5	4		11	5	–	3	–	–	–	–	–	–	–	–	**1,1,2-Tricyano-2-phenyl-ethane**		**D1437**
162	91	164	117	39	118	120	115	**179**	100	79	67	55	53	52	51	44	**36.80**	10	13	2	1	–	–	–	–	–	–	–	–	**Benzene, 1-methyl-4-isopropyl-2-nitro-**	943-15-7	**Q4770**
162	164	118	63	117	179	39	41	**179**	100	85	47	45	44	41	40	33		10	13	2	1	–	–	–	–	–	–	–	–	**Benzene, 1-methyl-4-isopropyl-2-nitro-**		**C0613**
164	91	77	115	134	119	179	117	**179**	100	72	36	36	36	32	31	25		10	13	2	1	–	–	–	–	–	–	–	–	**Benzene, 2-nitro-1-tert-butyl-**		**14701**
164	106	73	18	29	59	165	43	**179**	100	57	52	31	26	16	15	14	**12.58**	10	17	–	1	–	–	–	–	–	–	1	–	**Pyridine, 2-[2-(trimethylsilyl)ethyl]-**	17890-16-3	**06864**
164	136	41	117	91	118	115	51	**179**	100	44	29	26	25	25	25	22	**18.50**	10	13	2	1	–	–	–	–	–	–	–	–	**1-tert-Butyl-3-nitrobenzene**		**14702**
164	136	108	179	84	42	151	53	**179**	100	92	69	46	38	31	25	25		10	15	1	2	–	–	–	–	–	–	–	–	**2,5-Dioxo-7-methyl-4-isopropyl-2,5-dihydro-1H-azepine**		**B0297**
164	136	108	179	84	42	151	150	**179**	100	92	69	46	38	31	25	25		10	13	2	1	–	–	–	–	–	–	–	–	**2,5-Dioxo-7-methyl-4-isopropyl-2,5-dihydro-1H-azepine**		**05251**
164	136	118	91	179	106	117	165	**179**	100	25	22	21	20	16	16	15		10	13	2	1	–	–	–	–	–	–	–	–	**1-tert-Butyl-4-nitrobenzene**		**14703**
164	179	43	136	104	148	78	50	**179**	100	42	34	33	18	18	13	12		9	9	3	1	–	–	–	–	–	–	–	–	**3-Acetyl-5-carbomethoxypyridine**		**P2553**
164	179	136	69	95	45	63	109	**179**	100	99	62	33	26	23	21	14		9	9	1	1	–	–	–	1	–	–	–	–	**Benzothiazole, 6-methoxy-2-methyl-**	2941-72-2	**Q8858**
165	44	166	138	78	105	106	107	**179**	100	25	22	10	8	8	7	7	**6.00**	9	11	2	2	–	–	–	–	–	–	–	–	**3-(1-Aminoethyl)-5-methoxycarbonylpyridine**		**P2558**
175	132	104	44	51	77	78	50	**179**	100	92	74	48	30	29	23	22	**0.00**	10	13	2	1	–	–	–	–	–	–	–	–	**1H-Indol-2-ol, 2,3-dihydro-5-methoxy-1-methyl-**	56588-19-3	**T3763**
178	28	172	96	41	179	32	164	**179**	100	56	25	22	21	19	17	16		12	21	–	1	–	–	–	–	–	–	–	–	**Hexahydrojulindine**		**D0188**
178	179	120	148	74	180	77	104	**179**	100	92	13	13	12	10	9	7		10	13	2	1	–	–	–	–	–	–	–	–	**Benzenaminium, 3-carboxy-N,N,N-trimethyl-, hydroxide, inner salt**		**M8650**
178	179	120	148	180	77	104	118	**179**	100	92	13	13	10	10	8	6		10	13	2	1	–	–	–	–	–	–	–	–	**Benzenaminium, 3-carboxy-N,N,N-trimethyl-, hydroxide, inner salt**	33192-03-9	**S3999**
178	179	148	120	180	77	42	74	**179**	100	82	11	10	9	7	6	5		10	13	2	1	–	–	–	–	–	–	–	–	**Benzenaminium, 4-carboxy-N,N,N-trimethyl-, hydroxide, inner salt**	33046-28-5	**S3955**
179	44	95	43	150	41	55	57	**179**	100	84	52	34	34	32	32	31		7	9	1	5	–	–	–	–	–	–	–	–	**1H-Purin-2-amine, 6-methoxy-N-methyl-**	50704-44-4	**S7451**
179	44	150	108	53	42	71	180	**179**	100	43	25	19	17	15	10	9		7	9	1	5	–	–	–	–	–	–	–	–	**6H-Purin-6-one, 2-(dimethylamino)-1,7-dihydro-**	1445-15-4	**Q5980**
179	46	180						**179**	100	18	10							9	9	3	1	–	–	–	–	–	–	–	–	**Acetone, 1-(3-nitrophenyl)-**	39896-32-7	**S6177**
179	46	180						**179**	100	26	12							9	9	3	1	–	–	–	–	–	–	–	–	**Acetone, 1-(4-nitrophenyl)-**	5332-96-7	**R1307**
179	52	77	100	127	180	63	76	**179**	100	75	65	41	40	26	21	18		9	1	–	5	–	–	–	–	–	–	–	–	**2,3,5,6-Pyridinetetracarbonitrile**	17638-20-9	**R7123**

MASS TO CHARGE RATIOS								M.W.	INTENSITIES								Parent	C	H	O	N	Cl	Br	F	S	P	B	Si	X	COMPOUND NAME	CAS Reg No	No
179	59	180	57	63	61	55	58	**179**	100	14	12	9	7	6	5	5		11	17	1	1	–	–	–	–	–	–	–	–	**6H-2-Pyridin-6-one, 1,2,3,4,7,7a-hexahydro-2,4,7-trimethyl-, 4(R)-(4α,7β,7aβ)-**	6878-83-7	**R2648**
179	76	104	43	119	77	60	51	**179**	100	47	41	37	27	24	17	12		8	9	–	3	–	–	–	1	–	–	–	–	**Hydrazinecarbothioamide, 2-benzylidene-**	1627-73-2	**Q6357**
179	78	149	51	80	52	79	64	**179**	100	30	14	13	9	7	6	6		6	5	2	5	–	–	–	–	–	–	–	–	**2-Amino-6-nitro-s-triazolo[1,5-a]pyridine**		**M5042**
179	80	79	28	77	78	18	27	**179**	100	92	83	52	29	22	17	17		10	13	2	1	–	–	–	–	–	–	–	–	**4-Cyclohexene-1,2-dicarboximide, N-ethyl-, cis-**	28915-98-2	**S2272**
179	80	79	28	77	78	18	27	**179**	100	94	83	51	29	23	17	17		10	13	2	1	–	–	–	–	–	–	–	–	**4-Cyclohexene-1,2-dicarboximide, N-ethyl-, cis-**	28915-98-2	**S2271**
179	89	125	152	116	124	180	63	**179**	100	41	21	20	18	14	13	12		8	6	–	3	1	–	–	–	–	–	–	–	**4-(4-Chlorophenyl)-1,2,3-triazole**		**P1534**
179	108	134	109	180	107	135	151	**179**	100	15	15	13	10	8	8	8		6	5	2	5	–	–	–	–	–	–	–	–	**4,7(1H,8H)-Pteridinedione, 2-amino-**	529-69-1	**Q1674**
179	111	110	68	41	109	180	42	**179**	100	50	44	17	13	12	12	11		9	9	1	1	–	–	–	1	–	–	–	–	**Isoxazole, 3,4-dimethyl-5-(2-thienyl)-**	56421-65-9	**T3595**
179	134	149	46	162	118	91	178	**179**	100	96	50	38	38	22	18	18		9	9	3	1	–	–	–	–	–	–	–	–	**Acetone, 1-(2-nitrophenyl)-**	1969-72-8	**Q7139**
179	135	44	150	164	108	43	28	**179**	100	40	25	22	22	14	13	12		7	9	1	5	–	–	–	–	–	–	–	–	**6H-Purin-6-one, 2-(dimethylamino)-1,7-dihydro-**	1445-15-4	**Q5979**
179	135	44	150	164	108	109	136	**179**	100	50	41	32	26	16	13	12		7	9	1	5	–	–	–	–	–	–	–	–	**6H-Purin-6-one, 2-(dimethylamino)-1,7-dihydro-**	1445-15-4	**Q5978**
179	135	79	78	39	38	37	147	**179**	100	97	40	34	30	26	21	21		7	5	3	3	–	–	–	–	–	–	–	–	**1,2,4-Triazolo[4,3-a]pyridine-8-carboxylic acid, 2,3-dihydro-3-oxo-**	53975-72-7	**S8723**
179	136	121	43	78	106	28	77	**179**	100	98	69	64	48	43	24	22		10	13	2	1	–	–	–	–	–	–	–	–	**Acetamide, N-[(4-methoxyphenyl)methyl]-**		**06607**
179	150	151	39	53	110	72	178	**179**	100	90	60	27	18	17	16	15		9	9	1	1	–	–	–	1	–	–	–	–	**Thiazolo[3,2-a]pyridinium, 8-hydroxy-3,5-dimethyl-**	30277-00-0	**S2843**
179	151	116	89	181	63	153	62	**179**	100	76	62	37	33	25	25	22		9	6	1	1	1	–	–	–	–	–	–	–	**8-Quinolinol, 5-chloro-**	130-16-5	**P9589**
179	151	123	95	180	51	52	39	**179**	100	70	18	13	12	9	9	9		9	9	3	1	–	–	–	–	–	–	–	–	**1,8(2H,5H)-Isoquinolinedione, 6,7-dihydro-3-hydroxy-**	37704-54-4	**S5578**
179	151	164	134	28	135	43	109	**179**	100	78	59	40	35	34	32	32		7	9	1	5	–	–	–	–	–	–	–	–	**2-Amino-6-ethoxypurine**		**L7329**
179	152	109	110	151	134	180		**179**	100	33	28	22	9	8	8			6	5	2	5	–	–	–	–	–	–	–	–	**4,6-Pteridinedione, 2-amino-1,5-dihydro-**	119-44-8	**P9016**
179	163	30	89	18	119	76	133	**179**	100	75	61	59	56	38	36	22		7	5	3	3	–	–	–	–	–	–	–	–	**1-Nitro-3-methylbenzo[c]-1,2,5-oxadiazole**		**06211**
179	178	180	76	126	151	152	177	**179**	100	23	14	9	6	6	6	5		13	9	–	1	–	–	–	–	–	–	–	–	**Pyridine, 2-(phenylethynyl)-**	13141-42-9	**R4227**
179	178	180	76	152	151	177	63	**179**	100	16	14	12	8	7	7	4		13	9	–	1	–	–	–	–	–	–	–	–	**9H-Fluoren-9-imine**	4440-33-9	**R0448**
179	178	180	76	177	151	152	89	**179**	100	19	14	11	8	7	6	4		13	9	–	1	–	–	–	–	–	–	–	–	**1,1′-Biphenyl-2-carbonitrile**	24973-49-7	**S0888**
179	178	180	89	90	76	63	151	**179**	100	14	14	12	11	8	7	7		13	9	–	1	–	–	–	–	–	–	–	–	**Acridine**		**Y0639**
179	178	180	89	151	177	152	153	**179**	100	14	13	12	7	7	6	3		13	9	–	1	–	–	–	–	–	–	–	–	**Acridine**	260-94-6	**Q0135**
179	178	180	89.5	89	151	76	152	**179**	100	27	14	13	11	10	9	7		13	9	–	1	–	–	–	–	–	–	–	–	**Benzo[h]quinoline**		**F0162**
179	178	180	89.5	151	76	89	152	**179**	100	21	14	11	9	8	8	8		13	9	–	1	–	–	–	–	–	–	–	–	**Benzo[h]quinoline**		**Y1909**
179	178	180	89.5	151	89	152	76	**179**	100	17	14	7	6	5	4	4		13	9	–	1	–	–	–	–	–	–	–	–	**Benzo[h]quinoline**		**Y2471**
179	178	180	152	177	89	77	151	**179**	100	30	13	9	7	7	5	4		12	10	–	1	–	–	–	–	–	1	–	–	**12,11-Borazarophenanthrene**		**L4339**
179	180	178	76	151	152	89.5	63	**179**	100	14	14	12	11	8	6	5		13	9	–	1	–	–	–	–	–	–	–	–	**Benzo[h]quinoline**		**Y2470**
179	180	178	76	151	152	177	63	**179**	100	25	24	16	15	11	9	8		13	9	–	1	–	–	–	–	–	–	–	–	**Phenanthridine**	229-87-8	**Q0092**
179	180	178	152	151	63	177	75	**179**	100	14	12	7	6	5	5	5		13	9	–	1	–	–	–	–	–	–	–	–	**Acridine**		**Y2469**
180	163	136						**179**	100	49	14						**0.00**	10	13	2	1	–	–	–	–	–	–	–	–	**1,3-Benzodioxole-5-ethanamine, α-methyl-**	4764-17-4	**R0806**
28	180	179	178	165	44	89	76	**180**	100	99	98	67	45	33	28	19		14	12	–	–	–	–	–	–	–	–	–	–	**(E)-1,2-Diphenylethylene**	103-30-0	**P7615**
29	109	107	27	108	110	57	28	**180**	100	78	77	48	43	28	22	21	**13.14**	5	9	2	–	–	1	–	–	–	–	–	–	**Ethyl 2-bromopropionate**		**Z1295**
30	43	58	28	151	41	29	44	**180**	100	17	15	11	8	7	7	2	**0.31**	6	16	2	2	–	–	–	1	–	–	–	–	**Dipropylsulphamide**		**M8784**
39	27	43	41	137	180	147	65	**180**	100	83	78	77	72	55	52	49		10	12	3	–	–	–	–	–	–	–	–	–	**3,7-Benzofurandiol, 2,3-dihydro-2,2-dimethyl-**	17781-15-6	**R7185**
41	28	55	94	56	42	68	27	**180**	100	93	83	79	60	57	54	52	**1.37**	9	12	2	2	–	–	–	–	–	–	–	–	**2,4-Diisocyanato(methyl)cyclohexane**		**D0905**
41	55	56	67	81	68	54	96	**180**	100	76	63	63	62	42	40	38	**19.00**	12	20	1	–	–	–	–	–	–	–	–	–	**2H-Cyclopentacycloocten-2-one, decahydro-3a-methyl-, trans-**	55103-65-6	**T0274**
41	55	67	81	109	69	68	95	**180**	100	85	64	61	46	44	33	32	**26.00**	12	20	1	–	–	–	–	–	–	–	–	–	**2H-Benzocyclohepten-2-one, decahydro-4a-methyl-, trans-**	55103-64-5	**T0273**
41	55	69	67	39	81	125	123	**180**	100	79	73	56	49	48	46	45	**27.72**	12	20	1	–	–	–	–	–	–	–	–	–	**2(1H)-Naphthalenone, octahydro-1,4a-dimethyl-, (1α,4aβ,8aα)-**	22738-31-4	**R9937**
41	55	95	151	81	69	67	109	**180**	100	94	89	69	67	64	55	54	**21.97**	13	24	–	–	–	–	–	–	–	–	–	–	**Cyclohexane, (2-ethyl-1-methyl-1-butenyl)-**	74810-42-7	**T8694**
41	67	81	95	39	55	109	136	**180**	100	64	62	56	53	51	47	47	**27.00**	12	20	1	–	–	–	–	–	–	–	–	–	**1(2H)-Naphthalenone, octahydro-3,8a-dimethyl-, (3α,4aβ,8aα)-**	941-20-8	**Q4755**
41	74	45	180	73	47	46	59	**180**	100	80	66	26	25	22	20	18		6	12	–	–	–	–	–	3	–	–	–	–	**1,2,4-Trithiolane, 3,5-diethyl-**	54644-28-9	**S9364**
41	95	67	109	123	124	81	69	**180**	100	99	73	72	68	68	59	54	**3.00**	11	16	2	–	–	–	–	–	–	–	–	–	**Cyclopropylidene-3,3-dimethylcyclohex-5-ene diepoxide**		**P1339**
41	95	81	42	67	55	39	71	**180**	100	79	60	50	50	49	48	48	**28.00**	12	20	1	–	–	–	–	–	–	–	–	–	**2(1H)-Naphthalenone, octahydro-4,4a-dimethyl-, (4α,4aα,8aβ)-**	941-19-5	**Q4754**
41	95	125	67	124	109	123	83	**180**	100	94	80	73	72	67	65	61	**2.00**	11	16	2	–	–	–	–	–	–	–	–	–	**Spiro[cyclobutane-1,3′-[7]oxabicyclo[4.1.0]heptan]-2-one, 4′,4′-dimethyl-**	75314-18-0	**T8897**
41	109	55	180	39	69	67	108	**180**	100	99	67	58	54	47	46	45		12	20	1	–	–	–	–	–	–	–	–	–	**2(1H)-Naphthalenone, octahydro-4a,5-dimethyl-, (4aα,5α,8aβ)-**	51557-64-3	**S7696**
41	165	147	105	91	93	55	81	**180**	100	97	95	84	80	79	77	75	**68.99**	12	20	1	–	–	–	–	–	–	–	–	–	**2-Propen-1-ol, 3-(2,6,6-trimethyl-1-cyclohexen-1-yl)-**	4808-01-9	**R0838**
43	27	165	167	29	106	108	45	**180**	100	48	41	40	30	24	24	17	**0.00**	5	9	2	–	–	1	–	–	–	–	–	–	**1,3-Dioxane, 5-bromo-2-methyl-, trans-**	35878-05-8	**S5100**
43	41	81	122	67	55	71	95	**180**	100	51	36	33	29	28	27	26	**2.00**	12	20	1	–	–	–	–	–	–	–	–	–	**3aα,4,5,6,7,7a-Hexahydro-7aβ-methyl-1β-indanyl methyl ketone**	16510-55-7	**R6217**
43	44	180	42	58	85	57	41	**180**	100	92	53	52	50	46	20	19		5	12	–	2	–	–	–	–	–	–	–	1	**Selenourea, tetramethyl-**	5943-53-3	**R1924**
43	44	180	42	58	85	57	136	**180**	100	93	52	50	48	45	19	18		5	12	–	2	–	–	–	–	–	–	–	1	**Selenourea, tetramethyl-**		**M8457**
43	55	180	41	39	27	28	29	**180**	100	65	62	57	41	36	34	27		11	16	2	–	–	–	–	–	–	–	–	–	**2-Cyclopenten-1-one, 4-hydroxy-3-methyl-2-(2-pentenyl)-**	22054-39-3	**R9543**

MASS TO CHARGE RATIOS								M.W.	INTENSITIES								Parent	C	H	O	N	Cl	Br	F	S	P	B	Si	X	COMPOUND NAME	CAS Reg No	No
43	55	180	51	49	27	28	29	**180**	100	63	60	48	40	38	37	25		11	16	2	–	–	–	–	–	–	–	–	–	2-Cyclopenten-1-one, 4-hydroxy-3-methyl-2-(2-pentenyl)-		M7964
43	57	41	58	55	69	165	123	**180**	100	81	38	21	18	17	11	11	**7.00**	12	20	1	–	–	–	–	–	–	–	–	–	2,2,7,7-Tetramethylocta-4,5-dien-3-one		02384
43	72	41	29	180	27	88	178	**180**	100	88	76	52	39	32	30	19		6	12	1	–	–	–	–	–	–	–	–	1	O-Ethyl selenobutyrate		16552
43	87	41	120	122	61	73	39	**180**	100	32	15	14	14	12	4	4	**0.00**	5	9	2	–	–	1	–	–	–	–	–	–	1-Bromoisopropyl acetate		Z1300
43	96	85	41	57	53	110	138	**180**	100	99	68	23	14	12	11	9	**1.00**	11	16	2	–	–	–	–	–	–	–	–	–	3-Octyne-2,5-dione, 6,6,7-trimethyl-	63922-61-2	T6337
43	121	77	105	51	122	78	104	**180**	100	93	24	24	11	8	5	5	**4.41**	10	12	3	–	–	–	–	–	–	–	–	–	Methyl 3-phenyllactate		P3443
43	122	41	67	93	81	79	107	**180**	100	83	44	34	33	30	27	25	**1.01**	12	20	1	–	–	–	–	–	–	–	–	–	2-Pentanone, 5-(2-methylenecyclohexyl)-, stereoisomer	22629-28-3	R9902
43	122	41	81	71	95	67	55	**180**	100	88	68	65	61	52	44	38	**2.38**	12	20	1	–	–	–	–	–	–	–	–	–	cis-8-Methyl-1β-acetylhydrindane		P4034
43	122	41	81	71	95	67	55	**180**	100	86	68	65	61	52	44	37	**2.00**	12	20	1	–	–	–	–	–	–	–	–	–	cis-8-Methyl-1β-acetylhydrindane		L2327
43	122	41	81	71	95	67	55	**180**	100	87	67	65	61	52	44	37	**2.00**	12	20	1	–	–	–	–	–	–	–	–	–	3aβ,4,5,6,7,7a-Hexahydro-7aβ-methyl-1α-indanyl methyl ketone	17986-97-9	R7326
43	122	71	81	41	110	95	67	**180**	100	97	92	62	58	52	49	46	**1.00**	12	20	1	–	–	–	–	–	–	–	–	–	3aα,4,5,6,7,7a-Hexahydro-7aβ-methyl-1α-indanyl methyl ketone	17986-96-8	R7325
43	122	81	95	41	71	55	110	**180**	100	96	69	62	56	52	42	40	**10.00**	12	20	1	–	–	–	–	–	–	–	–	–	3aα,4,5,6,7,7a-Hexahydro-7aβ-methyl-1β-indanyl methyl ketone	16510-55-7	R6218
43	122	81	95	41	71	67	55	**180**	100	90	70	62	56	53	44	42	**9.96**	12	20	1	–	–	–	–	–	–	–	–	–	trans-8-Methyl-1β-acetylhydrindane		P4035
43	123	138	95	41				**180**	100	99	74	16	10				**0.00**	11	16	2	–	–	–	–	–	–	–	–	–	3-Heptyne-2,6-dione, 5-methyl-5-isopropyl-	63922-44-1	T6322
43	123	165	137	180	41	95	55	**180**	100	58	57	30	27	19	11	9		12	20	1	–	–	–	–	–	–	–	–	–	Methyl 2,4,4,5,5-pentamethylcyclopent-1-enyl ketone		M0043
43	138	92	65	180	64	80	63	**180**	100	89	52	27	24	9	9	9		8	8	3	2	–	–	–	–	–	–	–	–	3-Nitroacetanilide		L7236
43	138	108	92	65	180	63	64	**180**	100	85	39	29	29	28	12	11		8	8	3	2	–	–	–	–	–	–	–	–	4-Nitroacetanilide		L7235
43	151	109	180	27	41	29	39	**180**	100	40	23	16	12	12	11	11		12	20	1	–	–	–	–	–	–	–	–	–	1-Acetyl-4,5-diethyl-2-methyl-1-cyclopentene	62338-24-3	T6135
43	165	180	79	123	81	137	51	**180**	100	56	45	24	22	9	5	4		10	12	3	–	–	–	–	–	–	–	–	–	2,5-Dimethyl-3,4-diacetylfuran		L0810
43	180	108	80	90	92	91	77	**180**	100	6	6	6	3	2	2	2		8	8	3	2	–	–	–	–	–	–	–	–	Acetamide, N-(2-nitrophenyl)-		05671
44	95	165	67	41	55	57	43	**180**	100	55	17	17	16	15	11	9	**3.00**	12	20	1	–	–	–	–	–	–	–	–	–	1-tert-Butyl-3-pivaloylcyclopropene		02383
45	69	41	101	55	42	46	67	**180**	100	45	15	10	4	3	2	2	**0.00**	6	13	1	–	–	1	–	–	–	–	–	–	5-Bromopentyl methyl ether	14155-86-3	R5011
45	69	41	101	55	70	135	137	**180**	100	44	15	6	4	2	2	2	**0.00**	6	13	1	–	–	1	–	–	–	–	–	–	5-Bromopentyl methyl ether	14155-86-3	R5010
46	43	29	30	15	28	27	45	**180**	100	36	14	11	9	5	3	2	**0.00**	4	8	6	2	–	–	–	–	–	–	–	–	1,2-Dimethyl-ethylene dinitrate		01630
46	76	29	30	28	27	31	42	**180**	100	39	25	21	14	9	8	8	**0.00**	4	8	6	2	–	–	–	–	–	–	–	–	Tetramethylene dinitrate		01631
46	76	29	30	28	31	42	57	**180**	100	40	25	21	14	9	8	7	**0.00**	4	8	6	2	–	–	–	–	–	–	–	–	Tetramethylene dinitrate		L3325
55	41	81	67	82	54	69	68	**180**	100	95	54	52	50	45	42	38	**1.50**	13	24	–	–	–	–	–	–	–	–	–	–	1,12-Tridecadiene	21964-48-7	R9470
55	53	79	83	135	56	80	82	**180**	100	19	10	10	5	4	4	4	**0.00**	10	12	3	–	–	–	–	–	–	–	–	–	2-Butynoic acid, 4-cyclobutyl-4-oxo-, ethyl ester	54966-51-7	S9971
55	67	54	124	83	96	95	109	**180**	100	96	81	70	68	41	38	16	**16.43**	12	20	1	–	–	–	–	–	–	–	–	–	4-Cycloocten-1-one, 8-butyl-, (Z)-	68344-59-2	T6932
55	81	82	95	67	69	122	68	**180**	100	70	67	66	63	52	47	41	**26.00**	12	20	1	–	–	–	–	–	–	–	–	–	2H-Benzocyclohepten-2-one, decahydro-9a-methyl-, trans-	55103-67-8	T0276
55	81	97	41	83	82	67	69	**180**	100	48	44	41	39	35	34	30	**2.57**	13	24	–	–	–	–	–	–	–	–	–	–	Cyclohexane, (2,2-dimethylcyclopentyl)-	61142-23-2	T5411
55	83	41	98	151	67	125	82	**180**	100	77	63	59	52	42	38	37	**33.12**	12	20	1	–	–	–	–	–	–	–	–	–	4-Cyclohexylcyclohexanone		Z1318
55	83	42	28	166	84	126	29	**180**	100	89	70	54	24	23	22	21	**9.30**	6	13	1	2	–	–	1	1	–	–	–	–	Piperidinosulphur(VI)oxide monofluoride-methylimide		M6673
55	97	96	41	67	81	82	39	**180**	100	99	78	62	36	29	25	22	**5.35**	13	24	–	–	–	–	–	–	–	–	–	–	1-Methyl-2-cyclohexylcyclohexane		Y1672
55	97	96	41	82	67	81	39	**180**	100	94	64	61	35	34	31	21	**12.97**	13	24	–	–	–	–	–	–	–	–	–	–	1-Methyl-2-cyclohexylcyclohexane		Y1671
55	126	97	39	180	53	45	98	**180**	100	49	35	28	27	22	15	10		10	12	1	–	–	–	–	1	–	–	–	–	But-2-enyl 2-hydroxyphenyl sulphide		03705
56	55	41	39	89	57	27	53	**180**	100	38	22	19	19	19	17	17	**0.84**	8	14	–	–	2	–	–	–	–	–	–	–	1-Pentene, 5-chloro-4-(chloromethyl)-2,4-dimethyl-	38696-17-2	S5933
57	41	29	58	43	55	39	27	**180**	100	15	9	4	3	3	3	3	**0.00**	8	18	–	–	1	–	–	–	1	–	–	–	Phosphinous chloride, tert-butyl-2-methylpropyl-	62238-16-8	T5990
57	41	180	58	55	182	43	61	**180**	100	19	14	10	6	6	4	4		8	18	–	–	1	–	–	–	1	–	–	–	Phosphinous chloride, di-tert-butyl-	13716-10-4	R4725
57	41	180	58	55	182	81	60	**180**	100	19	14	9	5	5	4	4		8	18	–	–	1	–	–	–	1	–	–	–	Phosphinous chloride, di-tert-butyl-	13716-10-4	R4724
57	91	41	29	180	124	65	39	**180**	100	49	28	18	18	16	10	9		11	17	–	–	–	–	–	–	1	–	–	–	Phosphine, benzyl-tert-butyl-	56522-08-8	T3653
57	134	75	61	60	89	117	41	**180**	100	60	50	50	45	45	40	40	**0.00**	9	8	2	–	–	–	–	1	–	–	–	–	tert-Butyl 4-thiahexanoate		M2699
58	81	55	41	95	124	109	137	**180**	100	90	66	60	55	45	32	6	**3.00**	13	24	–	–	–	–	–	–	–	–	–	–	1,6-Undecadiene, 2,6-dimethyl-, (E)-	69690-70-6	T7307
59	74	41	75	45	180	58	106	**180**	100	82	55	43	22	22	17	13		6	12	–	–	–	–	–	3	–	–	–	–	1,2,4-Trithiolane, 3,3,5,5-tetramethyl-	38348-31-1	S5733
59	105	75	77	51	43	106	58	**180**	100	33	30	19	12	10	10	7	**1.30**	10	12	3	–	–	–	–	–	–	–	–	–	Ethanol, 1-methoxy-, benzoate		P2080
59	111	74	81	67	109	82	95	**180**	100	65	61	48	48	35	35	26	**17.00**	12	20	1	–	–	–	–	–	–	–	–	–	cis,trans-4a,5-Dimethyl-1-decalone		L7692
59	124	98	152	28	180	39	97	**180**	100	97	27	21	19	19	14	8		7	5	2	–	–	–	–	–	–	–	–	1	Cobalt, dicarbonyl($\eta^{(5)}$-cyclopentadienyl)-	12078-25-0	R4025
60	59	180	55	115	61	120	88	**180**	100	60	41	29	27	24	22	16		6	12	–	–	–	–	–	3	–	–	–	–	1,3,5-Trithiane, 2,4,6-trimethyl-		C0354
60	180	61	84	98	137	139	151	**180**	100	99	79	75	65	46	33	33		10	16	1	2	–	–	–	–	–	–	–	–	2H-Cycloheptapyrazin-2-one, 1,3,5,6,7,8,9,9a-octahydro-9a-methyl-	66434-22-8	T6634
60	180	120	55	45	61	59	88	**180**	100	63	26	23	22	21	18	15		6	12	–	–	–	–	–	3	–	–	–	–	1,3,5-Trithiane, 2,4,6-trimethyl-		Y2135
63	131	133	62	97	109	145	147	**180**	100	67	64	58	58	40	38	37	**0.86**	3	4	–	–	4	–	–	–	–	–	–	–	1,2,2,3-Tetrachloropropane		Z1303
67	80	77	53	81	108	93	66	**180**	100	95	92	85	60	59	50	41	**0.00**	9	12	2	2	–	–	–	–	–	–	–	–	1-Ethoxycarbonyl-3-methyl-1H-1,2-diazepine		L9800
67	81	41	68	27	55	123	29	**180**	100	52	41	35	28	27	25	24	**3.10**	13	24	–	–	–	–	–	–	–	–	–	–	5-Undecene, 7-vinyl-	55976-07-3	T2503
67	81	41	180	125	96	39	55	**180**	100	99	82	73	64	57	56	56		12	20	1	–	–	–	–	–	–	–	–	–	Spiro[5.6]dodecan-7-one	4728-90-9	R0768
67	81	41	180	125	96	55	109	**180**	100	98	82	73	64	56	55	49		12	20	1	–	–	–	–	–	–	–	–	–	Spiro[5.6]dodecan-7-one		M6770
67	81	123	57	80	41	180	79	**180**	100	73	67	60	22	22	20	16		12	20	1	–	–	–	–	–	–	–	–	–	Ethyl 2-butylcyclopent-2-enyl ketone		M0058

MASS TO CHARGE RATIOS								M.W.	INTENSITIES									Parent	C	H	O	N	Cl	Br	F	S	P	B	Si	X	COMPOUND NAME	CAS Reg No	No
68	67	81	82	41	55	43	79	**180**	100	95	94	91	83	74	71	62	**0.00**	12	20	1	–	–	–	–	–	–	–	–	–	**Cyclohexanol, 4-vinyl-4-methyl-3-isopropenyl-, (1α,3β,4α)-**	56298-46-5	**T3422**
68	81	67	82	41	55	43	79	**180**	100	90	89	84	77	71	65	63	**0.00**	12	20	1	–	–	–	–	–	–	–	–	–	**Cyclohexanol, 4-vinyl-4-methyl-3-isopropenyl-, (1α,3α,4β)-**	56298-45-4	**T3421**
68	180	137	69	40	43	108	28	**180**	100	58	22	15	14	7	6	5		5	3	2	2	–	–	3	–	–	–	–	–	**2,4(1H,3H)-Pyrimidinedione, 6-(trifluoromethyl)-**	672-45-7	**Q3644**
69	111	152	65	83	139	70	91	**180**	100	38	7	5	5	4	3	3	**3.00**	7	7	2	–	–	–	3	–	–	–	–	–	**1,3-Butanedione, 1-cyclopropyl-4,4,4-trifluoro-**	30923-69-4	**S3080**
72	59	31	42	18	60	29	70	**180**	100	81	77	72	65	56	26	20	**0.00**	6	12	6	–	–	–	–	–	–	–	–	–	**D-Glucose**	50-99-7	**P4541**
73	60	43	71	102	72	74	42	**180**	100	91	35	35	26	24	23	20	**0.00**	6	12	6	–	–	–	–	–	–	–	–	–	**scyllo-Inositol**		**L3421**
73	60	71	43	42	74	144	45	**180**	100	11	8	7	4	4	4	4	**0.00**	6	12	6	–	–	–	–	–	–	–	–	–	**cis-Inositol**	576-63-6	**Q2244**
73	60	71	43	102	72	74	42	**180**	100	21	10	9	8	7	6	6	**0.00**	6	12	6	–	–	–	–	–	–	–	–	–	**scyllo-Inositol**	488-59-5	**Q1168**
73	60	71	102	43	42	72	61	**180**	100	29	14	12	11	9	7	6	**0.00**	6	12	6	–	–	–	–	–	–	–	–	–	**myo-Inositol**	87-89-8	**P6421**
73	60	71	102	43	72	74	42	**180**	100	15	9	9	7	5	5	5	**0.00**	6	12	6	–	–	–	–	–	–	–	–	–	**muco-Inositol**	488-55-1	**Q1166**
73	60	71	102	74	43	72	144	**180**	100	20	8	6	5	5	5	4	**0.00**	6	12	6	–	–	–	–	–	–	–	–	–	**epi-Inositol**	488-58-4	**Q1167**
73	60	102	43	71	42	72	45	**180**	100	18	15	10	9	7	6	5	**0.00**	6	12	6	–	–	–	–	–	–	–	–	–	**L-Inositol**		**P4033**
73	60	102	43	71	57	42	55	**180**	100	20	11	10	10	6	5	5	**0.00**	6	12	6	–	–	–	–	–	–	–	–	–	**allo-Inositol**	643-10-7	**Q3554**
73	60	102	71	43	72	57	74	**180**	100	17	10	9	8	6	5	5	**0.00**	6	12	6	–	–	–	–	–	–	–	–	–	**neo-Inositol**	488-54-0	**Q1165**
73	60	102	71	43	72	74	29	**180**	100	18	12	9	7	6	5	5	**0.00**	6	12	6	–	–	–	–	–	–	–	–	–	**myo-Inositol**	6917-35-7	**R2685**
73	103	85	60	86	101	131	149	**180**	100	88	70	56	44	42	42	30	**0.00**	6	12	6	–	–	–	–	–	–	–	–	–	**D-Glucose**		**M3332**
74	41	45	59	180	106	116	182	**180**	100	78	68	24	10	6	5	1		6	12	–	–	–	–	–	3	–	–	–	–	**trans-3,5-Diethyl-1,2,4-trithiolane**		**16813**
74	45	41	59	180	106	116	182	**180**	100	74	72	34	10	7	4	1		6	12	–	–	–	–	–	3	–	–	–	–	**cis-3,5-Diethyl-1,2,4-trithiolane**		**16814**
74	109	145	75	73	50	84	37	**180**	100	80	52	46	45	33	32	28	**28.00**	6	3	–	–	3	–	–	–	–	–	–	–	**Benzene, 1,2,4-trichloro-**	120-82-1	**P9116**
75	110	77	97	61	112	49	99	**180**	100	39	33	31	28	25	20	20	**0.63**	3	4	–	–	4	–	–	–	–	–	–	–	**1,1,1,2-Tetrachloropropane**		**Z1309**
76	102	85	132	114	130	142	140	**180**	100	42	19	13	12	10	7	6	**0.00**	4	7	2	1	–	1	–	–	–	–	–	–	**2(3H)-Furanone, 3-aminodihydro-, hydrobromide**	6305-38-0	**R2226**
79	78	148	41	180	71	91	92	**180**	100	76	62	28	25	17	15	14		11	16	2	–	–	–	–	–	–	–	–	–	**Tricyclo[3.3.1.1$^{(3,7)}$]decanone, 4-methoxy-**		**M8606**
79	78	148	41	180	71	91	92	**180**	100	76	61	29	24	18	15	13		11	16	2	–	–	–	–	–	–	–	–	–	**Tricyclo[3.3.1.1$^{(3,7)}$]decanone, 4-methoxy-, (1α,3β,4α,5α,7β)-**	41398-33-8	**S6617**
79	150	91	107	77	67	109	122	**180**	100	89	89	68	66	64	52	41	**15.00**	11	16	2	–	–	–	–	–	–	–	–	–	**2-Hydroxymethyltricyclo[5.3.0.0$^{(2,7)}$]decan-10-one**		**M0573**
80	53	108	81	77	93	94	66	**180**	100	69	42	39	31	20	20	13	**0.00**	9	12	2	2	–	–	–	–	–	–	–	–	**1-Ethoxycarbonyl-5-methyl-1H-1,2-diazepine**		**L9801**
80	81	108	53	180	39	107	93	**180**	100	79	64	60	54	42	33	20		9	12	2	2	–	–	–	–	–	–	–	–	**1-Ethoxycarbonyl-4-methyl-1H-1,2-diazepine**		**L9803**
81	41	43	29	67	55	27	82	**180**	100	40	28	23	21	20	19	18	**2.00**	12	20	1	–	–	–	–	–	–	–	–	–	**2,4-Dodecadienal, (E,E)-**	21662-16-8	**R9330**
81	41	43	83	67	55	29	82	**180**	100	26	20	17	16	15	14	11	**3.00**	12	20	1	–	–	–	–	–	–	–	–	–	**2,4-Dodecadienal**	13162-47-5	**R4307**
81	69	55	68	41	109	124	95	**180**	100	80	65	64	60	46	38	37	**2.00**	13	24	–	–	–	–	–	–	–	–	–	–	**1,6-Decadiene, 2,6,9-trimethyl-, (E)-**	69690-72-8	**T7308**
81	95	55	67	68	96	41	82	**180**	100	76	46	46	41	40	33	31	**21.21**	13	24	–	–	–	–	–	–	–	–	–	–	**Bicyclo[4.1.0]heptane, 3-methyl-7-pentyl-**	41977-48-4	**S6804**
81	95	67	55	68	96	41	82	**180**	100	75	46	46	41	40	33	32	**22.11**	13	24	–	–	–	–	–	–	–	–	–	–	**Bicyclo[4.1.0]heptane, 2-methyl-7-pentyl-**	55937-92-3	**T2367**
81	101	41	59	55	39	180	182	**180**	100	54	27	21	19	15	12	12		6	10	–	–	–	1	1	–	–	–	–	–	**Cyclohexane, 1-bromo-2-fluoro-, cis-**	51422-74-3	**S7653**
81	101	41	59	55	39	180	182	**180**	100	59	28	23	20	14	13	12		6	10	–	–	–	1	1	–	–	–	–	–	**Cyclohexane, 1-bromo-2-fluoro-, trans-**	17170-96-6	**R6656**
83	55	82	41	67	96	39	97	**180**	100	84	83	69	34	23	21	18	**17.29**	13	24	–	–	–	–	–	–	–	–	–	–	**Dicyclohexylmethane**		**Y1683**
83	79	57	124	41	107	29	39	**180**	100	71	67	65	30	26	24	21	**0.48**	12	20	1	–	–	–	–	–	–	–	–	–	**Bicyclo[3.2.1]oct-2-ene, 4-tert-butoxy-**	49826-51-9	**S7229**
83	82	55	41	67	180	39	96	**180**	100	86	85	68	32	26	24	24		13	24	–	–	–	–	–	–	–	–	–	–	**Dicyclohexylmethane**		**Y1807**
83	82	55	41	67	180	96	39	**180**	100	89	83	59	34	20	19	18		13	24	–	–	–	–	–	–	–	–	–	–	**Dicyclohexylmethane**		**V0254**
86	146	174	147	87	100	144	160	**180**	100	60	7	5	5	4	3	2	**0.00**	7	15	2	1	1	–	–	–	–	–	–	–	**β-Alanine, N,N-diethyl-, hydrochloride**	15674-67-6	**R5797**
87	94	59	180	65	77	55	107	**180**	100	74	54	47	33	33	32	26		10	12	3	–	–	–	–	–	–	–	–	–	**Propanoic acid, 3-phenoxy-, methyl ester**	7497-89-4	**R3248**
87	94	180	59	65	77	107	39	**180**	100	89	63	53	49	49	41	41		10	12	3	–	–	–	–	–	–	–	–	–	**Propanoic acid, 3-phenoxy-, methyl ester**	7497-89-4	**R3247**
89	43	47	91	27	104	39	55	**180**	100	69	51	49	40	38	29	29	**28.76**	11	16	–	–	–	–	–	1	–	–	–	–	**4-Methyl-1-phenyl-3-thiapentane**		**Y1906**
91	92	59	107	31	65	180	89	**180**	100	49	30	18	13	11	9	9		11	16	2	–	–	–	–	–	–	–	–	–	**1-Benzyloxy-2-butanol**		**Z1314**
91	107	92	56	120	65	108	161	**180**	100	46	23	16	13	11	11	10	**1.69**	11	16	2	–	–	–	–	–	–	–	–	–	**4-(Benzyloxy)-2-butanol**		**Z1312**
91	107	92	108	71	79	65	43	**180**	100	73	21	18	14	12	9	8	**3.23**	11	16	2	–	–	–	–	–	–	–	–	–	**1-Butanol, 4-benzyloxy-**	4541-14-4	**R0569**
91	107	92	108	71	79	65	43	**180**	100	72	21	19	12	11	9	8	**2.00**	11	16	2	–	–	–	–	–	–	–	–	–	**1-Butanol, 4-benzyloxy-**	4541-14-4	**R0568**
91	107	92	108	79	65	77	31	**180**	100	51	40	14	13	12	9	9	**3.59**	11	16	2	–	–	–	–	–	–	–	–	–	**1-Butanol, 4-benzyloxy-**		**Z1311**
91	121	51	65	78	52	50	63	**180**	100	77	29	22	20	17	12	12	**0.00**	10	12	3	–	–	–	–	–	–	–	–	–	**Benzeneacetic acid, 2-methoxy-, methyl ester**	27798-60-3	**S1834**
91	121	78	65	77	52	51	180	**180**	100	80	71	31	23	20	19	17		10	12	3	–	–	–	–	–	–	–	–	–	**Benzeneacetic acid, 2-methoxy-, methyl ester**	27798-60-3	**S1835**
91	162	28	92	103	121	65	77	**180**	100	28	20	18	15	15	11	9	**3.10**	10	12	3	–	–	–	–	–	–	–	–	–	**Methyl 3-phenyllactate**		**05024**
91	162	103	92	121	65	131	77	**180**	100	45	18	14	12	10	8	7	**0.00**	10	12	3	–	–	–	–	–	–	–	–	–	**Methyl 3-phenyllactate**	13674-16-3	**R4700**
91	165	135	73	65	166	180	45	**180**	100	79	54	18	13	11	9	8		10	16	1	–	–	–	–	–	–	–	1	–	**Silane, trimethyl(benzyloxy)-**	14642-79-6	**R5335**
91	165	135	73	65	166	180	45	**180**	100	94	65	20	14	13	10	8		10	16	1	–	–	–	–	–	–	–	1	–	**Silane, trimethyl(benzyloxy)-**		**15694**
93	79	136	121	77	91	108	107	**180**	100	50	47	44	39	37	25	22	**8.00**	10	12	3	–	–	–	–	–	–	–	–	–	**Cyclopenta[c]pyran-1,3-dione, 4,4a,5,6-tetrahydro-4,7-dimethyl-**	66407-26-9	**T6628**
93	136	91	39	77	79	40	27	**180**	100	88	56	50	50	50	38	31	**25.02**	10	12	3	–	–	–	–	–	–	–	–	–	**1,3-Isobenzofurandione, 4,5,6,7-tetrahydro-4,7-dimethyl-**	54576-43-1	**S9329**
93	180	44	146	118	77	51	135	**180**	100	77	53	50	47	47	46	37		9	12	–	2	–	–	–	1	–	–	–	–	**N-Ethyl-N'-phenylthiourea**		**C0194**
93	180	108	91	77	107	41	181	**180**	100	61	54	24	13	13	12	9		10	12	3	–	–	–	–	–	–	–	–	–	**1,3-Isobenzofurandione, 3a,4,7,7a-tetrahydro-5,6-dimethyl-, trans-**	35973-49-0	**S5134**

MASS TO CHARGE RATIOS								M.W.	INTENSITIES								Parent	C	H	O	N	Cl	Br	F	S	P	B	Si	X	COMPOUND NAME	CAS Reg No	No
94	41	45	43	77	87	65	51	**180**	100	19	18	14	12	11	10	9	**7.00**	10	12	3	–	–	–	–	–	–	–	–	–	Butanoic acid, 4-phenoxy-	6303-58-8	R2224
94	43	41	77	65	51	95	66	**180**	100	27	15	13	8	6	6	5	**1.90**	10	12	3	–	–	–	–	–	–	–	–	–	Carbonic acid, phenyl propyl ester	13183-16-9	R4329
94	43	121	77	41	136	95	44	**180**	100	45	42	15	15	8	7	6	**2.42**	10	12	3	–	–	–	–	–	–	–	–	–	Carbonic acid, isopropyl phenyl ester	943-57-7	Q4774
94	96	74	42	41	86	59	56	**180**	100	93	82	78	70	38	35	26	**0.40**	5	9	2	–	–	1	–	–	–	–	–	–	Butanoic acid, 4-bromo-, methyl ester	4897-84-1	R0922
94	107	57	77	41	51	150	180	**180**	100	27	26	26	13	9	7	7		11	16	2	–	–	–	–	–	–	–	–	–	Methane, sec-butoxyphenoxy-	5107-69-7	R1107
94	180	87	77	66	65	45	43	**180**	100	69	53	52	49	46	45	43		10	12	3	–	–	–	–	–	–	–	–	–	Butanoic acid, 4-phenoxy-	6303-58-8	R2223
95	67	41	82	81	55	27	29	**180**	100	88	83	73	67	56	54	52	**31.72**	13	24	–	–	–	–	–	–	–	–	–	–	3,5-Dodecadiene, 2-methyl-	55638-51-2	06810
95	67	41	82	81	55	96	68	**180**	100	54	29	27	25	25	23	20	**5.79**	13	24	–	–	–	–	–	–	–	–	–	–	Bicyclo[2.2.1]heptane, 2-hexyl-	61141-60-4	T5285
95	67	138	41	55	81	109	123	**180**	100	55	47	46	37	32	32	11	**2.00**	12	20	1	–	–	–	–	–	–	–	–	–	2,2-Dipropylcyclohex-3-en-1-one		M2611
95	81	67	41	55	165	96	82	**180**	100	68	25	22	19	18	17	13	**2.28**	13	24	–	–	–	–	–	–	–	–	–	–	Cyclopentene, 5-hexyl-3,3-dimethyl-	61142-66-3	T5498
95	110	41	39	70	109	42	180	**180**	100	85	56	38	30	26	24	23		11	16	2	–	–	–	–	–	–	–	–	–	2,2,4,4-Tetramethyl-8-oxabicyclo[3.2.1]oct-6-en-3-one		L6703
95	124	41	57	39	29	27	96	**180**	100	27	21	17	17	14	13	12	**0.81**	12	20	1	–	–	–	–	–	–	–	–	–	Bicyclo[3.2.1]oct-2-ene, 3-tert-butoxy-	37609-41-9	S5549
95	133	165	41	55	81	43	67	**180**	100	94	89	84	68	62	57	57	**16.87**	12	20	1	–	–	–	–	–	–	–	–	–	Naphth[1,2-b]oxirene, decahydro-1a,7-dimethyl-	55976-08-4	T2504
95	138	67	151	55	81	79	122	**180**	100	96	94	90	88	84	62	50	**50.00**	10	12	3	–	–	–	–	–	–	–	–	–	Indeno[3a,4-b]oxirene-2,5(1aH,3H)-dione, tetrahydro-4a-methyl-, (1aα,4aβ,7aR*)-	57345-10-5	T4615
95	151	67	41	109	123	55	29	**180**	100	96	89	61	43	38	35	29	**13.58**	11	21	1	–	–	–	–	–	–	1	–	–	1,2-Oxaborole, 2,3,4-triethyl-2,5-dihydro-5,5-dimethyl-	61142-64-1	T5494
95	151	109	41	55	81	67	69	**180**	100	76	73	69	69	61	59	56	**19.93**	13	24	–	–	–	–	–	–	–	–	–	–	Cyclohexane, (2-ethyl-1-methylbutylidene)-	74810-41-6	T8693
96	83	81	41	180	55	39	67	**180**	100	95	55	47	44	34	29	29		12	20	1	–	–	–	–	–	–	–	–	–	Cyclohexanone, 3-ethylidene-2,2,5,5-tetramethyl-	38366-85-7	S5743
96	83	81	41	180	55	39	67	**180**	100	96	55	48	44	34	30	29		12	20	1	–	–	–	–	–	–	–	–	–	Cyclohexanone, 3-isopropylidene-2,5,5-trimethyl-	38696-32-1	06858
97	41	55	69	39	180	95	162	**180**	100	30	29	27	18	13	8	6		11	16	2	–	–	–	–	–	–	–	–	–	3-Furanmethanol, α-cyclohexyl-	36646-66-9	S5308
97	41	55	98	69	39	78	180	**180**	100	31	29	27	27	19	14	14		11	16	2	–	–	–	–	–	–	–	–	–	3-Furanmethanol, α-cyclohexyl-		M4498
97	63	147	145	131	61	133	99	**180**	100	43	30	28	25	23	23	23	**0.19**	3	4	–	–	4	–	–	–	–	–	–	–	1,1,2,2-Tetrachloropropane		Z1305
97	94	43	41	59	39	95	73	**180**	100	83	69	65	49	42	37	35	**3.10**	10	12	3	–	–	–	–	–	–	–	–	–	2-(2-Furyl)-5,5-dimethyl-4-methylene-1,3-dioxolane		L6709
97	123	43	79	45	41	39	27	**180**	100	40	40	35	33	25	15	13	**0.00**	7	17	3	–	–	–	–	–	1	–	–	–	Diisopropyl methylphosphonate	1445-75-6	Q5984
97	123	79	43	39	45	81	41	**180**	100	59	26	21	14	14	9	3	**0.00**	7	17	3	–	–	–	–	–	1	–	–	–	Diisopropyl methylphosphonate		16698
98	41	55	67	83	70	81	39	**180**	100	38	33	26	25	21	14	13	**0.86**	12	20	1	–	–	–	–	–	–	–	–	–	2-Cyclohexylcyclohexanone		D0965
98	41	67	55	27	83	70	81	**180**	100	61	34	31	27	21	20	18	**0.77**	12	20	1	–	–	–	–	–	–	–	–	–	2-Cyclohexylcyclohexanone		C0506
98	83	55	70	41	67	99	97	**180**	100	13	13	13	13	11	9	8	**1.07**	12	20	1	–	–	–	–	–	–	–	–	–	2-Cyclohexylcyclohexanone		Z1316
100	84	180	182	99	57	83	97	**180**	100	50	43	43	42	19	19	15		8	5	–	–	–	1	–	–	–	–	–	–	Benzene, (bromoethynyl)-	932-87-6	Q4671
101	103	146	145	31	79	81	105	**180**	100	64	21	16	12	11	11	10	**0.00**	1	–	–	–	2	1	1	–	–	–	–	–	Fluorodichlorobromomethane		D0566
101	103	147	145	31	105	79	81	**180**	100	67	38	29	13	11	10	10	**0.00**	1	–	–	–	2	1	1	–	–	–	–	–	Fluorodichlorobromomethane		A0116
101	103	147	145	105	31	149	66	**180**	100	65	35	27	11	9	9	8	**0.00**	1	–	–	–	2	1	1	–	–	–	–	–	Fluorodichlorobromomethane		Z1308
104	76	148	31	50	29	149	105	**180**	100	84	46	44	37	20	19	12	**0.60**	9	8	4	–	–	–	–	–	–	–	–	–	Methyl hydrogen phthalate		L0308
104	76	148	31	50	32	29	149	**180**	100	84	46	44	37	34	20	19	**0.64**	9	8	4	–	–	–	–	–	–	–	–	–	Methyl hydrogen phthalate		Z1302
105	77	91	180	45	61	181	182	**180**	100	46	15	12	2	2	1	1		10	12	1	–	–	–	–	1	–	–	–	–	Benzenecarbothioic acid, 3-methyl-, S-ethyl ester	28145-61-1	S1973
105	77	180	91	45	61	181	182	**180**	100	41	8	5	2	2	1	1		10	12	1	–	–	–	–	1	–	–	–	–	Benzenecarbothioic acid, 4-methyl-, S-ethyl ester	28145-60-0	S1972
105	91	151	43	77	133	39	147	**180**	100	81	55	50	48	46	37	34	**0.00**	11	16	2	–	–	–	–	–	–	–	–	–	α-Ethyl-o-methoxy-α-methylbenzyl alcohol		16510
105	147	41	119	44	162	91	106	**180**	100	82	72	71	65	58	48	39	**0.00**	12	20	1	–	–	–	–	–	–	–	–	–	3-Allyl-3-hydroxy-1,5,5-trimethyl-1-cyclohexene		L8804
106	78	135	51	162	50	107	180	**180**	100	61	32	28	15	10	8	7		8	8	3	2	–	–	–	–	–	–	–	–	Glycine, N-(3-pyridinylcarbonyl)-	583-08-4	Q2299
106	107	89	135	90	91	105	108	**180**	100	99	89	74	58	37	32	21	**10.53**	9	8	4	–	–	–	–	–	–	–	–	–	Spiro[3.3]hepta-1,5-diene-2,6-dicarboxylic acid, (+-)-	52097-95-7	S7866
107	28	79	77	105	180	108	106	**180**	100	36	30	25	21	17	8	8		10	12	3	–	–	–	–	–	–	–	–	–	Ethyl mandelate		03660
107	43	77	165	109	79	122	138	**180**	100	29	22	12	11	10	7	7	**1.00**	11	16	2	–	–	–	–	–	–	–	–	–	3-Butyn-2-one, 4-[3,3-dimethyl-2-isopropyloxiranyl]-	63922-43-0	T6321
107	77	134	180	106	78	51	108	**180**	100	29	27	24	16	16	14	11		9	8	4	–	–	–	–	–	–	–	–	–	p-Hydroxyphenylpyruvic acid		05062
107	79	77	29	105	51	32	106	**180**	100	51	49	28	26	22	11	11	**4.83**	10	12	3	–	–	–	–	–	–	–	–	–	Ethyl 2-hydroxy-2-phenylacetate		03593
107	93	91	44	152	41	67	108	**180**	100	74	64	36	31	26	25	21	**6.00**	10	12	3	–	–	–	–	–	–	–	–	–	1,3-Isobenzofurandione, 3a,4,7,7a-tetrahydro-5,6-dimethyl-	5438-24-4	R1426
107	108	109	153	163	57	97	134	**180**	100	66	51	44	41	36	32	27	**13.60**	8	5	2	2	–	–	1	–	–	–	–	–	Benzeneacetonitrile, 5-fluoro-2-nitro-	3456-75-5	Q9419
107	120	180	77	108	39	91	121	**180**	100	33	26	9	9	7	7	6		10	12	3	–	–	–	–	–	–	–	–	–	Methyl 3-(4-hydroxyphenyl)propionate		04998
107	120	180	121	108	77	57	76	**180**	100	69	41	24	15	14	9	8		10	12	3	–	–	–	–	–	–	–	–	–	4-(p-Hydroxyphenyl)butyric acid		C0962
107	180	29	108	77	27	44	45	**180**	100	27	9	9	7	4	4	3		10	12	3	–	–	–	–	–	–	–	–	–	Ethyl p-hydroxyphenylacetate		03452
107	180	29	108	77	181	27	90	**180**	100	31	18	13	10	4	4	4		10	12	3	–	–	–	–	–	–	–	–	–	Ethyl m-hydroxyphenyl acetate		03451
109	27	124	41	43	53	39	29	**180**	100	38	37	34	31	25	23	21	**1.06**	12	20	1	–	–	–	–	–	–	–	–	–	Dodec-5-yn-6-one		06797
109	62	111	113	83	97	64	85	**180**	100	90	63	58	41	37	29	26	**0.15**	3	4	–	–	4	–	–	–	–	–	–	–	1,1,2,3-Tetrachloropropane		Z1307
109	63	111	145	147	49	83	85	**180**	100	71	66	63	60	42	38	25	**0.01**	3	4	–	–	4	–	–	–	–	–	–	–	1,1,1,3-Tetrachloropropane		C0838
109	63	145	111	147	49	83	29	**180**	100	87	64	60	59	52	35	27	**0.00**	3	4	–	–	4	–	–	–	–	–	–	–	1,1,1,3-Tetrachloropropane		01464
109	67	71	43	41	108	180	79	**180**	100	98	92	63	24	23	21	17		12	20	1	–	–	–	–	–	–	–	–	–	Propyl 2-propylcyclopent-2-enyl ketone		M0057
109	67	137	43	41	108	93	55	**180**	100	39	37	31	17	13	11	10	**0.00**	12	20	1	–	–	–	–	–	–	–	–	–	1-Propanone, 1-(1,4-dimethyl-3-cyclohexen-1-yl)-2-methyl-	37730-45-3	S5588

MASS TO CHARGE RATIOS								M.W.	INTENSITIES								Parent	C	H	O	N	Cl	Br	F	S	P	B	Si	X	COMPOUND NAME	CAS Reg No	No
109	81	99	180	153	125	54	137	180	100	80	66	52	51	42	38	33		6	13	4	–	–	–	–	–	1	–	–	–	Phosphoric acid, vinyl diethyl ester	4851-64-3	R0879
109	96	41	110	151	66	84	65	180	100	72	13	9	8	7	7	6	2.00	10	16	1	2	–	–	–	–	–	–	–	–	1-Piperidinecarboxaldehyde, 2-(3,4-dihydro-2H-pyrrol-5-yl)-	52196-11-9	S7898
109	123	180	79	41	93	110	124	180	100	42	27	22	16	15	14	14		12	20	1	–	–	–	–	–	–	–	–	–	Tricyclo[4.3.1.1$^{(3,8)}$]undecane, 3-methoxy-		L8513
109	123	180	79	41	94	85	92	180	100	42	26	21	16	16	13	13		12	20	1	–	–	–	–	–	–	–	–	–	Tricyclo[4.3.1.1$^{(3,8)}$]undecane, 3-methoxy-	21898-92-0	R9415
109	124	81	41	57	39	53	29	180	100	42	40	38	30	24	22	21	0.22	12	20	1	–	–	–	–	–	–	–	–	–	5-Octyn-4-one, 2,2,7,7-tetramethyl-	28884-89-1	06796
109	145	147	111	63	83	49	85	180	100	72	69	66	60	37	32	24	0.00	3	4	–	–	4	–	–	–	–	–	–	–	1,1,1,3-Tetrachloropropane		Z1310
109	180	110	123	41	79	67	91	180	100	14	10	10	9	8	7	7		12	20	1	–	–	–	–	–	–	–	–	–	Tricyclo[4.3.1.1$^{(3,8)}$]undecane, 1-methoxy-	21898-95-3	R9416
109	180	110	123	41	79	91	108	180	100	15	12	12	11	9	8	8		12	20	1	–	–	–	–	–	–	–	–	–	Tricyclo[4.3.1.1$^{(3,8)}$]undecane, 1-methoxy-		L8514
109	180	137	123	18	39	77	124	180	100	98	89	77	71	68	50	49		10	12	3	–	–	–	–	–	–	–	–	–	2,4,4-Trimethyl-3-carboxaldehyde-5-hydroxy-1-cyclohexanone-2,5-diene		M8794
110	59	109	43	31	70	41	95	180	100	68	62	48	41	38	37	33	3.40	10	12	3	–	–	–	–	–	–	–	–	–	1-Formyl-2,2-dimethyl-8-oxabicyclo[3.2.1]oct-6-en-3-one		L6708
110	81	180	109	41	53	39	29	180	100	19	12	11	10	10	10	10		11	16	2	–	–	–	–	–	–	–	–	–	Phenol, 4-(pentyloxy)-	18979-53-8	R7905
110	123	180	97	95	137			180	100	59	45	38	23	19				12	20	1	–	–	–	–	–	–	–	–	–	3-Oxo-10,10-dimethyl-spiro[5.4]decane		M8085
110	180	123	43	109	45	41	38	180	100	48	27	18	14	12	11	9		11	16	–	–	–	–	–	1	–	–	–	–	Benzene, (pentylthio)-	1129-70-0	Q5488
110	180	123	43	109	45	41	77	180	100	49	27	18	14	12	11	9		11	16	–	–	–	–	–	1	–	–	–	–	Benzene, (pentylthio)-		L1451
111	43	109	137	41	67	110	39	180	100	73	43	39	35	30	21	20	19.02	11	16	2	–	–	–	–	–	–	–	–	–	2(4H)-Benzofuranone, 5,6,7,7a-tetrahydro-4,4,7a-trimethyl-	15356-74-8	R5696
111	43	109	137	67	41	110	180	180	100	80	41	36	34	30	27	27		11	16	2	–	–	–	–	–	–	–	–	–	2(4H)-Benzofuranone, 5,6,7,7a-tetrahydro-4,4,7a-trimethyl-, (R)-	17092-92-1	R6624
111	43	137	180	67	69	55	79	180	100	64	28	25	21	18	14	12		11	16	2	–	–	–	–	–	–	–	–	–	2(4H)-Benzofuranone, 5,6,7,7a-tetrahydro-4,4,7a-trimethyl-		M4189
111	137	180	67	95	124	81	55	180	100	42	34	30	16	16	15	12		11	16	2	–	–	–	–	–	–	–	–	–	2(4H)-Benzofuranone, 5,6,7,7a-tetrahydro-4,4,7a-trimethyl-	15356-74-8	R5697
113	56	68	41	74	95	55	67	180	100	83	42	23	23	20	12	11	1.50	6	13	4	–	–	–	–	–	1	–	–	–	1,3,2-Dioxaphosphorinane, 2-methoxy-5,5-dimethyl-, 2-oxide	1005-96-5	08699
115	91	105	133	180	51	77	63	180	100	72	65	55	47	40	39	30		10	12	1	–	–	–	–	1	–	–	–	–	Methyl (1-methylstyryl) sulphoxide	24378-01-6	S0566
115	137	117	91	180	116	105	51	180	100	81	76	49	44	43	24	22		10	12	1	–	–	–	–	1	–	–	–	–	Methyl (2-methylstyryl) sulphoxide	21147-09-1	R9115
118	77	71	146	100	51	180	91	180	100	88	65	65	64	62	50	49		9	12	–	2	–	–	–	1	–	–	–	–	N-Ethyl-N′-phenylthiourea		E0028
118	90	89	162	119	91	77	136	180	100	60	40	20	9	5	2	1	0.00	9	8	4	–	–	–	–	–	–	–	–	–	4-Methylphthalic acid		04325
119	134	91	84	41	43	92	55	180	100	96	87	86	80	64	60	55	0.00	11	16	2	–	–	–	–	–	–	–	–	–	Carveyl formate		M0421
120	92	121	39	138	65	27	43	180	100	29	28	27	25	18	15	14	12.01	10	12	3	–	–	–	–	–	–	–	–	–	Benzoic acid, 2-hydroxy-, isopropyl ester	607-85-2	H0918
120	92	121	180	133	149	147	165	180	100	45	22	20	15	15	14	14		10	12	3	–	–	–	–	–	–	–	–	–	Benzoic acid, 2-ethoxy-, methyl ester	3686-55-3	Q9661
120	121	66	28	93	38	52	42	180	100	50	48	42	24	19	18	16	0.70	8	12	1	4	–	–	–	–	–	–	–	–	6H-Purine, 5,7-dihydro-6-(1-methylethoxy)-	56247-56-4	T3124
120	138	43	92	121	39	63	64	180	100	62	46	26	13	7	7	7	2.67	9	8	4	–	–	–	–	–	–	–	–	–	Salicyclic acid acetate	50-78-2	P4529
120	138	43	92	121	64	65	63	180	100	59	48	34	15	10	9	8	1.00	9	8	4	–	–	–	–	–	–	–	–	–	Salicyclic acid acetate	50-78-2	P4527
121	31	180	59	29	27	45	44	180	100	63	51	36	34	27	27	26		10	12	3	–	–	–	–	–	–	–	–	–	Benzeneacetic acid, 3-methoxy-, methyl ester	18927-05-4	R7884
121	39	65	138	93	41	63	43	180	100	64	59	44	25	21	16	13	6.01	10	12	3	–	–	–	–	–	–	–	–	–	Benzoic acid, 4-hydroxy-, propyl ester	94-13-3	P6841
121	43	18	17	77	105	122	51	180	100	85	55	24	22	16	15	15	7.47	10	12	3	–	–	–	–	–	–	–	–	–	Methyl α-phenyllactate		05028
121	77	91	105	122	51	78	44	180	100	25	15	8	8	6	3	2	0.00	10	12	3	–	–	–	–	–	–	–	–	–	Benzeneacetic acid, α-methoxy-, methyl ester, (+-)-	56143-21-6	T2837
121	77	91	180	136	135	93	59	180	100	44	43	36	26	21	19	18		10	12	3	–	–	–	–	–	–	–	–	–	Carbonic acid, methyl 3,4-xylyl ester	31268-81-2	S3238
121	79	180	149	93	67	41	92	180	100	55	50	47	38	24	17	15		11	16	2	–	–	–	–	–	–	–	–	–	Tricyclo[3.3.1.1$^{(3,7)}$]decan-2-one, 4-(hydroxymethyl)-, (1α,3β,4β,5α,7β)-	56781-91-0	08303
121	91	77	180	59	136	105	51	180	100	48	47	32	23	19	17	13		10	12	3	–	–	–	–	–	–	–	–	–	Carbonic acid, 2,3-dimethylphenyl methyl ester	54644-37-0	S9373
121	91	77	180	59	136	105	51	180	100	58	57	39	28	22	20	15		10	12	3	–	–	–	–	–	–	–	–	–	Carbonic acid, 2,6-dimethylphenyl methyl ester	34949-12-7	S4766
121	91	180	44	65	122	78	148	180	100	75	72	9	8	8	7	7		10	12	3	–	–	–	–	–	–	–	–	–	Benzeneacetic acid, 4-methoxy-, methyl ester	23786-14-3	S0344
121	91	180	148	65	93	122	44	180	100	72	42	11	9	8	8	7		10	12	3	–	–	–	–	–	–	–	–	–	Benzeneacetic acid, 2-methoxy-, methyl ester	27798-60-3	S1836
121	105	77	137	107	120	122	51	180	100	34	31	23	13	11	11	10	8.80	10	12	3	–	–	–	–	–	–	–	–	–	Acetoxymethoxyphenylmethane		P2081
121	105	77	137	107	120	122	51	180	100	34	31	23	13	11	11	10	8.80	10	12	3	–	–	–	–	–	–	–	–	–	Benzenemethanol, α-methoxy-, acetate	51835-45-1	S7788
121	105	180	77	122	181	45	93	180	100	80	50	37	33	6	4	3		10	12	1	–	–	–	–	1	–	–	–	–	Benzenecarbothioic acid, 4-methyl-, O-ethyl ester	26028-04-6	S1219
121	105	180	77	181	45	182	93	180	100	71	64	51	7	5	3	3		10	12	1	–	–	–	–	1	–	–	–	–	m-Toluic acid, thio-, O-ethyl ester	26028-05-7	S1220
121	138	180	93	65	122	139	151	180	100	82	40	32	27	23	17	6		10	12	3	–	–	–	–	–	–	–	–	–	Benzoic acid, 4-hydroxy-, propyl ester	94-13-3	P6842
121	149	133	165	89	180	179	91	180	100	89	59	58	44	42	23	23		10	12	3	–	–	–	–	–	–	–	–	–	Methyl 4-(methoxymethyl)benzoate		C1395
121	163	181	122	139	138	164	179	180	100	34	17	8	8	4	4	2	0.00	9	8	4	–	–	–	–	–	–	–	–	–	Salicyclic acid acetate	50-78-2	P4531
121	165	180	77	91	103	122	136	180	100	56	29	12	11	9	9	9		11	16	2	–	–	–	–	–	–	–	–	–	2-(p-Isopropylphenoxy)ethanol		Z1315
121	180	43	120	77	91	78	138	180	100	38	37	36	19	17	15	14		10	12	3	–	–	–	–	–	–	–	–	–	Benzenemethanol, 4-methoxy-, acetate	104-21-2	09739
121	180	78	15	122	77	51	52	180	100	29	19	15	14	12	12	8		10	12	3	–	–	–	–	–	–	–	–	–	Benzeneacetic acid, 4-methoxy-, methyl ester		04985
121	180	91	78	15	122	77	51	180	100	57	23	20	17	12	12	12		10	12	3	–	–	–	–	–	–	–	–	–	Benzeneacetic acid, 3-methoxy, methyl ester		04984
121	180	91	78	51	39	122	77	180	100	53	22	17	12	9	9	9		10	12	3	–	–	–	–	–	–	–	–	–	Benzeneacetic acid, 3-methoxy-, methyl ester	18927-05-4	H1825
121	180	120	43	77	91	138	78	180	100	42	40	24	19	19	18	12		10	12	3	–	–	–	–	–	–	–	–	–	Benzenemethanol, ar-methoxy-, acetate	1331-83-5	Q5913
121	180	122	77	78	51	91	52	180	100	35	16	13	13	8	8	5		10	12	3	–	–	–	–	–	–	–	–	–	Benzeneacetic acid, 4-methoxy-, methyl ester		15304
122	43	80	41	93	79	81	84	180	100	98	72	59	59	43	37	30	2.00	12	20	1	–	–	–	–	–	–	–	–	–	Cyclobut[c]inden-2-ol, decahydro-2-methyl-	16510-56-8	R6219
122	43	81	41	95	67	71	55	180	100	93	56	51	48	39	38	36	3.00	12	20	1	–	–	–	–	–	–	–	–	–	3aβ,4,5,6,7,7a-Hexahydro-7aβ-methyl-1β-indanyl methyl ketone	17986-87-7	R7318
122	81	71	43	95	84	110	162	180	100	59	56	51	50	43	39	30	11.00	12	20	1	–	–	–	–	–	–	–	–	–	3aα,4,5,6,7,7a-Hexahydro-7aβ-methyl-1β-indanyl methyl ketone	16510-55-7	R6216

MASS TO CHARGE RATIOS								M.W.	INTENSITIES								Parent	C	H	O	N	Cl	Br	F	S	P	B	Si	X	COMPOUND NAME	CAS Reg No	No
122	82	109	55	81	67	69	123	**180**	100	99	99	85	65	63	63	62	**61.00**	12	20	1	–	–	–	–	–	–	–	–	–	**2(1H)-Naphthalenone, octahydro-8,8a-dimethyl-, (4aα,8β,8aβ)-**	941-17-3	**Q4753**
122	95	76	180	150	50	61	69	**180**	100	96	53	22	21	15	14	10		8	5	2	2	–	–	1	–	–	–	–	–	**Sydnone, 3-(4-fluorophenyl)-**	5352-95-4	**R1342**
122	150	92	180	138	106	108	164	**180**	100	77	68	41	36	12	5	1		7	8	2	4	–	–	–	–	–	–	–	–	**1-Triazene, 1-methyl-3-(3-nitrophenyl)-**	51029-19-7	**S7549**
123	28	44	95	81	96	67	94	**180**	100	81	50	39	39	35	31	23	**9.40**	11	16	2	–	–	–	–	–	–	–	–	–	**5-Cyclohexane spirocyclohexan-1,3-dione**		**D0795**
123	28	95	44	81	55	67	94	**180**	100	84	57	50	41	31	31	27	**9.56**	11	16	2	–	–	–	–	–	–	–	–	–	**5-Cyclohexane spirocyclohexan-1,3-dione**		**D0741**
123	108	180	124	80	109	43	40	**180**	100	48	28	8	4	4	4	4		11	16	2	–	–	–	–	–	–	–	–	–	**Benzene, 1-butoxy-4-methoxy-**	20743-95-7	**R8912**
123	138	137	95	55	80	41	57	**180**	100	73	42	39	36	31	26	25	**12.00**	12	20	1	–	–	–	–	–	–	–	–	–	**1-Pentanone, 1-bicyclo[4.1.0]hept-7-yl-**	54764-59-9	**S9596**
124	41	43	55	39	96	53	180	**180**	100	29	28	27	27	22	19	15		11	16	2	–	–	–	–	–	–	–	–	–	**1,1-Dimethyl-4-allylcyclohexane-3,5-dione**		**M2814**
124	57	41	29	180	109	108	121	**180**	100	60	30	24	23	21	17	12		11	17	–	–	–	–	–	–	1	–	–	–	**Phosphine, tert-butylmethylphenyl-**	7621-16-1	**R3327**
124	57	91	41	39	29	180	45	**180**	100	35	24	20	17	17	14	12		11	16	–	–	–	–	–	1	–	–	–	–	**3-Methyl-1-(2,2-dimethyl-1-thiapropyl)benzene**		**Y2222**
124	91	45	41	29	39	180	27	**180**	100	28	22	22	18	17	13	10		11	16	–	–	–	–	–	1	–	–	–	–	**2-Methyl-1-(2,2-dimethyl-1-thiapropyl)benzene**		**Y2221**
124	91	57	41	29	39	180	45	**180**	100	30	27	19	16	15	14	11		11	16	–	–	–	–	–	1	–	–	–	–	**4-Methyl-1-(2,2-dimethyl-1-thiapropyl)benzene**		**Y2223**
124	93	81	41	68	91	96	55	**180**	100	82	73	49	46	46	43	41	**5.00**	12	20	1	–	–	–	–	–	–	–	–	–	**2-Propen-1-ol, 3-(2,6,6-trimethyl-2-cyclohexen-1-yl)-**	29460-67-1	**S2530**
124	95	165	94	180	57	52	53	**180**	100	88	69	25	19	16	13	13		11	16	2	–	–	–	–	–	–	–	–	–	**Benzene, 1-tert-butoxy-3-methoxy-**	15359-99-6	**R5707**
124	109	125	165	41	81	107	54	**180**	100	48	13	11	10	8	8	6	**6.31**	11	16	2	–	–	–	–	–	–	–	–	–	**Benzene, 1-tert-butoxy-4-methoxy-**	15360-00-6	**R5708**
124	110	95	81	41	123	54	42	**180**	100	67	67	54	46	46	28	26	**2.70**	10	16	1	2	–	–	–	–	–	–	–	–	**2-Hydroxy-3-hexylpyrazine**		**M2956**
124	152	123	137	95	96	180	165	**180**	100	57	31	28	22	21	16	15		11	16	2	–	–	–	–	–	–	–	–	–	**2-Methyl-3-pentyl-2-cyclopentene-1,4-dione**		**M1303**
124	180	91	29	27	41	39	123	**180**	100	44	41	26	17	17	15	15		11	16	–	–	–	–	–	1	–	–	–	–	**4-Methyl-1-(2-methyl-1-thiabutyl)benzene**		**Y2220**
124	180	91	29	41	39	27	45	**180**	100	44	36	27	18	18	17	15		11	16	–	–	–	–	–	1	–	–	–	–	**3-Methyl-1-(2-methyl-1-thiabutyl)benzene**		**Y2219**
124	180	91	29	45	41	27	39	**180**	100	44	40	30	26	19	18	17		11	16	–	–	–	–	–	1	–	–	–	–	**2-Methyl-1-(2-methyl-1-thiabutyl)benzene**		**Y2218**
124	180	91	45	29	137	27	39	**180**	100	66	44	37	32	29	26	20		11	16	–	–	–	–	–	1	–	–	–	–	**2-Methyl-1-(1-thiapentyl)benzene**		**Y2215**
124	180	91	137	29	45	27	39	**180**	100	76	48	38	32	29	27	19		11	16	–	–	–	–	–	1	–	–	–	–	**Benzene, 1-(butylthio)-4-methyl-**		**Y2217**
124	180	91	137	29	45	27	39	**180**	100	65	42	36	30	28	26	21		11	16	–	–	–	–	–	1	–	–	–	–	**3-Methyl-1-(1-thiapentyl)benzene**		**Y2216**
124	180	91	137	45	29	123	41	**180**	100	68	55	34	23	22	16	14		11	16	–	–	–	–	–	1	–	–	–	–	**Benzene, 1-(butylthio)-4-methyl-**	21784-96-3	**R9381**
124	180	137	77	95	107	151	165	**180**	100	23	14	4	4	3	2	1		11	16	2	–	–	–	–	–	–	–	–	–	**1,3-Dihydroxy-5-amylbenzene**		**L7093**
124	180	137	91	39	41	29	27	**180**	100	79	66	47	28	27	25	22		11	16	–	–	–	–	–	1	–	–	–	–	**4-Methyl-1-(3-methyl-1-thiabutyl)benzene**		**Y2226**
124	180	137	91	45	39	41	29	**180**	100	75	70	45	39	31	28	26		11	16	–	–	–	–	–	1	–	–	–	–	**3-Methyl-1-(3-methyl-1-thiabutyl)benzene**		**Y2225**
124	180	137	91	45	41	39	57	**180**	100	77	59	49	48	31	31	30		11	16	–	–	–	–	–	1	–	–	–	–	**2-Methyl-1-(3-methyl-1-thiabutyl)benzene**		**Y2224**
127	109	180	95	110	42	128	39	**180**	100	18	10	5	4	3	3	3		6	13	4	–	–	–	–	–	1	–	–	–	**Phosphoric acid, dimethyl 1-methylpropenyl ester**	14477-80-6	**R5234**
127	109	180	110	79	39	128	60	**180**	100	15	10	5	3	3	2	1		6	13	4	–	–	–	–	–	1	–	–	–	**Phosphoric acid, dimethyl 1-methylpropenyl ester**	14477-80-6	**R5235**
129	145	165	180	128	91	130	103	**180**	100	97	36	33	29	26	23	21		11	13	–	–	1	–	–	–	–	–	–	–	**Benzene, (1-chloro-2,2-dimethylcyclopropyl)-**	13153-97-4	**R4299**
132	90	104	118	180	131	89	103	**180**	100	43	37	29	27	24	20	17		9	8	2	–	–	–	–	1	–	–	–	–	**1H-2-Benzothiopyran-4(3H)-one, 2-oxide**	29399-50-6	**S2511**
132	163	133	180	179	120			**180**	100	22	20	10	9	3				9	12	2	2	–	–	–	–	–	–	–	–	**Benzenemethanamine, N,N-dimethyl-2-nitro-**	55581-64-1	**T1637**
133	147	105	77	92	132	51	64	**180**	100	47	7	5	2	2	1	1	**0.00**	10	12	3	–	–	–	–	–	–	–	–	–	**Benzoic acid, 2-ethoxy-, methyl ester**	3686-55-3	**Q9662**
133	148	105	43	77	51	180	134	**180**	100	49	22	21	21	12	11	10		10	12	3	–	–	–	–	–	–	–	–	–	**1,3-Cyclopentadiene-1-carboxylic acid, 5-(1-hydroxyethylidene)-2-methyl-, methyl ester**	14374-52-8	**R5176**
133	148	105	77	43	51	180	134	**180**	100	49	22	21	21	12	11	10		10	12	3	–	–	–	–	–	–	–	–	–	**2-Methoxycarbonyl-3-methyl-α-hydroxyfulvene**		**L1377**
134	106	107	78	180	77	31	29	**180**	100	70	56	38	33	21	14	13		10	12	3	–	–	–	–	–	–	–	–	–	**Ethyl o-hydroxyphenylacetate**		**03449**
135	108	137	109	107	80	163	43	**180**	100	86	70	65	64	48	40	39	**0.00**	9	12	2	2	–	–	–	–	–	–	–	–	**Urea, (4-ethoxyphenyl)-**	150-69-6	**P9989**
135	108	163	137	109	107	80	43	**180**	100	86	75	70	65	64	48	39	**1.00**	9	12	2	2	–	–	–	–	–	–	–	–	**Urea, (4-ethoxyphenyl)-**	150-69-6	**P9988**
135	133	77	53	180	92	27	29	**180**	100	35	34	31	20	18	18	17		10	12	3	–	–	–	–	–	–	–	–	–	**Benzoic acid, 2-methoxy-, ethyl ester**	7335-26-4	**09740**
135	180	77	92	152	136	29	27	**180**	100	26	16	15	14	12	11	11		10	12	3	–	–	–	–	–	–	–	–	–	**Benzoic acid, 4-methoxy-, ethyl ester**	94-30-4	**09741**
135	180	107	77	152	92	136	165	**180**	100	48	29	22	17	16	15	6		10	12	3	–	–	–	–	–	–	–	–	–	**Benzoic acid, 3-methoxy-, ethyl ester**	10259-22-0	**R3696**
135	180	152	77	136	107	92	64	**180**	100	28	18	13	12	7	7	4		10	12	3	–	–	–	–	–	–	–	–	–	**Benzoic acid, 4-methoxy-, ethyl ester**		**G0714**
135	180	152	136	77	92	107	165	**180**	100	35	16	12	12	9	8	3		10	12	3	–	–	–	–	–	–	–	–	–	**Benzoic acid, 4-methoxy-, ethyl ester**	94-30-4	**P6850**
136	44	180	36	89	107	18	77	**180**	100	74	43	43	36	32	31	27		9	8	4	–	–	–	–	–	–	–	–	–	**3,4-Dihydroxycinnamic acid**		**05039**
137	43	180	122	94	39	51	138	**180**	100	49	29	22	21	19	19	16		10	12	3	–	–	–	–	–	–	–	–	–	**Acetone, 1-(4-hydroxy-3-methoxyphenyl)-**		**03959**
137	53	43	81	28	126	111	125	**180**	100	79	76	74	40	40	34	31	**0.05**	9	13	3	–	–	–	–	–	–	1	–	–	**1,3,2-Dioxaborolane, 2-ethyl-5-ethynyl-4-methyl-4-acetyl-**	74646-01-8	**T8252**
137	67	55	81	41	95	180	165	**180**	100	48	44	42	40	37	37	33		12	20	1	–	–	–	–	–	–	–	–	–	**2-(4-Heptylidene)cyclopentan-1-one**		**M2612**
137	95	43	57	81	41	122	55	**180**	100	30	19	12	10	9	6	6	**0.10**	12	20	1	–	–	–	–	–	–	–	–	–	**Methyl 1,2,3,4,5-pentamethylcyclopent-2-enyl ketone**		**M0061**
137	109	115	180	63	131	89	65	**180**	100	53	33	32	21	21	16	14		9	8	2	–	–	–	–	1	–	–	–	–	**2-Methylthianaphthene-1,1-dioxide**		**16609**
137	124	29	91	31	51	151	152	**180**	100	52	49	43	39	37	37	36	**33.60**	10	12	3	–	–	–	–	–	–	–	–	–	**4-γ-Hydroxypropenyl-2-methoxyphenol**		**03961**
137	180	67	138	43	41	55	81	**180**	100	18	15	10	9	9	6	5		12	20	1	–	–	–	–	–	–	–	–	–	**Propyl 2-propylcyclopent-1-enyl ketone**		**M0046**
137	180	124	29	39	91	31	51	**180**	100	53	50	50	42	41	40	37		10	12	3	–	–	–	–	–	–	–	–	–	**Phenol, 4-(3-hydroxy-1-propenyl)-2-methoxy-**	458-35-5	**Q0795**
137	180	124	39	91	51	151	152	**180**	100	53	51	42	41	38	38	37		10	12	3	–	–	–	–	–	–	–	–	–	**4-γ-Hydroxypropenyl-2-methoxyphenol**		**L6591**
138	43	92	180	65	139	108	52	**180**	100	40	29	20	16	9	9	7		8	8	3	2	–	–	–	–	–	–	–	–	**Acetamide, N-(2-nitrophenyl)-**	552-32-9	**Q1960**

MASS TO CHARGE RATIOS								M.W.	INTENSITIES								Parent	C	H	O	N	Cl	Br	F	S	P	B	Si	X	COMPOUND NAME	CAS Reg No	No
138	43	92	180	80	91	108	90	**180**	100	79	61	36	7	6	3	2		8	8	3	2	–	–	–	–	–	–	–	–	**3-Nitroacetanilide**		**05672**
138	43	180	108	92	65	63	64	**180**	100	73	52	34	26	17	11	8		8	8	3	2	–	–	–	–	–	–	–	–	**4-Nitroacetanilide**		**05677**
138	80	81	43	95	92	123	96	**180**	100	85	48	40	35	17	17	14	**6.00**	11	16	2	–	–	–	–	–	–	–	–	–	**1-Propen-2-ol, 3-cyclohexylidene-, acetate**	49833-95-6	**S7238**
138	94	180	43	92	108	93	66	**180**	100	60	31	30	28	24	23	15		8	8	3	2	–	–	–	–	–	–	–	–	**2-Pyridinecarboxylic acid, 6-(acetylamino)-**	26893-72-1	**S1552**
138	94	180	43	92	108	93	139	**180**	100	60	31	30	28	24	23	13		8	8	3	2	–	–	–	–	–	–	–	–	**2-Pyridinecarboxylic acid, 6-(acetylamino)-**		**M2439**
138	95	151	67	81	79	55	110	**180**	100	66	57	46	46	45	41	41	**15.00**	10	12	3	–	–	–	–	–	–	–	–	–	**Indeno[3a,4-b]oxirene-2,5(1aH,3H)-dione, tetrahydro-4a-methyl-, (1α,4α,7aR*)-**	57345-09-2	**T4614**
138	107	108	77	180	78	31	51	**180**	100	46	25	22	17	13	10	9		10	12	3	–	–	–	–	–	–	–	–	–	**p-Acetoxyphenylethanol**		**P2460**
138	121	180	139	93	94	122	140	**180**	100	55	19	11	7	6	5	4		9	8	4	–	–	–	–	–	–	–	–	–	**Benzoic acid, 4-(acetyloxy)-**	2345-34-8	**Q7856**
139	97	181	125	167	123	179	154	**180**	100	85	75	48	25	14	14	10	**0.00**	7	17	3	–	–	–	–	–	1	–	–	–	**Diisopropyl methylphosphonate**	1445-75-6	**Q5985**
139	181	121	95	167				**180**	100	90	60	18	10				**0.00**	10	12	3	–	–	–	–	–	–	–	–	–	**Benzoic acid, 4-hydroxy-, propyl ester**	94-13-3	**P6843**
141	77	81	50	180	51	78	39	**180**	100	77	71	70	47	25	14	13		9	9	2	–	–	–	–	–	1	–	–	–	**p-Allenyl-p-phenyl phosphinic acid**		**L1413**
144	36	127	59	85	128	38	28	**180**	100	57	32	26	26	26	18	15	**0.00**	5	9	1	2	1	–	–	1	–	–	–	–	**2(3H)-Thiazolimine, 3-hydroxy-4,5-dimethyl-, monohydrochloride**	56756-80-0	**T4150**
144	36	127	128	45	28	38	85	**180**	100	62	42	26	23	23	21	19	**0.00**	5	9	1	2	1	–	–	1	–	–	–	–	**2(3H)-Thiazolimine, 4-ethyl-3-hydroxy-, monohydrochloride**	58275-60-8	**T4981**
145	117	115	55	127	36	91	144	**180**	100	37	30	23	20	19	19	17	**0.00**	10	9	1	–	1	–	–	–	–	–	–	–	**trans-2-Phenyl-1-cyclopropanecarbonyl chloride**		**16001**
145	147	149	75	180				**180**	100	64	12	12	10					3	1	–	–	3	–	2	–	–	–	–	–	**1,1-Difluoro-3,3,3-trichloropropene**		**M8132**
147	105	123	41	55	81	109	119	**180**	100	93	92	85	81	74	62	58	**26.00**	12	20	1	–	–	–	–	–	–	–	–	–	**1-Cyclohexene-1-methanol, α-vinyl-2,6,6-trimethyl-**	51768-87-7	**S7775**
148	149	180	91	90	150	181	105	**180**	100	99	77	35	19	13	11	8		10	12	3	–	–	–	–	–	–	–	–	–	**Benzoic acid, 2-ethyl-6-hydroxy-, methyl ester**	55836-64-1	**T2202**
149	65	50	121	180	39	76	51	**180**	100	42	26	26	25	16	14	14		9	8	4	–	–	–	–	–	–	–	–	–	**Methyl hydrogen terephthalate**		**Y1755**
149	120	93	92	180	94	65	119	**180**	100	78	76	59	33	25	24	23		10	16	1	2	–	–	–	–	–	–	–	–	**N-Ethyl-N-(2-hydroxyethyl)-4-amino-aniline**		**D1511**
149	121	180	65	150	50	76	75	**180**	100	24	24	18	8	7	5	5		9	8	4	–	–	–	–	–	–	–	–	–	**Methyl hydrogen terephthalate**		**F0079**
149	180	121	63	65	62	150	91	**180**	100	55	20	17	15	9	8	8		9	8	4	–	–	–	–	–	–	–	–	–	**Methyl piperonylate**		**L3690**
149	180	121	65	150	50	75	76	**180**	100	35	17	15	10	7	5	5		9	8	4	–	–	–	–	–	–	–	–	–	**Methyl hydrogen terepthalate**		**C0166**
150	79	91	107	77	122	93	121	**180**	100	59	57	52	43	33	31	29	**25.00**	11	16	2	–	–	–	–	–	–	–	–	–	**10-Hydroxymethyl-$\Delta^{(1,9)}$-2-octalone**		**M0572**
150	104	76	180	50	92	164	120	**180**	100	64	60	45	30	13	12	5		8	8	3	2	–	–	–	–	–	–	–	–	**N-Methyl 3-nitrobenzamide**		**L6342**
150	104	76	180	92	50	120	164	**180**	100	66	58	54	38	32	25	23		8	8	3	2	–	–	–	–	–	–	–	–	**N-Methyl 3-nitrobenzamide**		**L6341**
150	151	30	104	43	165	76	92	**180**	100	81	35	29	26	18	14	11	**1.49**	8	8	3	2	–	–	–	–	–	–	–	–	**Acetophenone, 4′-nitro-, oxime**	10342-64-0	**R3771**
151	180	81	34	152	57	67	43	**180**	100	21	16	14	12	12	8	8		12	20	1	–	–	–	–	–	–	–	–	–	**Ethyl 2-butylcyclopent-1-enyl ketone**		**M0045**
152	93	108	107	91	77	38	40	**180**	100	80	58	31	30	27	23	14	**3.00**	10	12	3	–	–	–	–	–	–	–	–	–	**1,3-Isobenzofurandione, 3a,4,7,7a-tetrahydro-4,7-dimethyl-**	2651-48-1	**Q8485**
152	124	77	96	123	41	180	151	**180**	100	80	78	47	38	36	35	29		10	17	2	–	–	–	–	–	–	1	–	–	**2-Hydroxycyclohexanone N-butyl boronate**		**05082**
152	151	180	55	81	41	109	124	**180**	100	9	4	3	3	3	3	2		12	20	1	–	–	–	–	–	–	–	–	–	**2,4-Diethylocta-2,4-dienal**		**D0601**
152	180	96	137	76	104	153	69	**180**	100	25	22	17	10	10	9	8		9	8	2	–	–	–	–	1	–	–	–	–	**4H-1-Benzothiopyran-4-one, 2,3-dihydro-, 1-oxide**	26524-91-4	**S1387**
152	180	151	63	153	76	181	150	**180**	100	67	42	15	14	13	11	11		12	8	–	2	–	–	–	–	–	–	–	–	**Benzo[c]cinnoline**		**02040**
152	180	151	76	63	150	153	181	**180**	100	87	28	23	14	13	13	12		12	8	–	2	–	–	–	–	–	–	–	–	**Benzo[c]cinnoline**	230-17-1	**Q0095**
152	180	151	150	76	126	153	181	**180**	100	87	42	22	14	14	13	12		12	8	–	2	–	–	–	–	–	–	–	–	**Benzo[c]cinnoline**	230-17-1	**Q0094**
153	155	30	108	110	28	136	138	**180**	100	98	84	66	65	51	50	49	**0.00**	5	9	2	–	–	1	–	–	–	–	–	–	**Ethyl 3-bromopropionate**		**Z1298**
162	91	180	136	134	77	163	135	**180**	100	84	81	47	42	41	35	33		9	8	4	–	–	–	–	–	–	–	–	–	**Methylterephthalic acid**		**04328**
162	180	91	39	163	63	134	77	**180**	100	84	49	40	39	39	38	37		9	8	4	–	–	–	–	–	–	–	–	–	**4-Methylisophthalic acid**	3347-99-7	**Q9251**
162	180	91	163	134	77	135	136	**180**	100	84	49	39	38	37	31	29		9	8	4	–	–	–	–	–	–	–	–	–	**4-Methylisophthalic acid**		**04326**
163	181	180	121	164	161	182	135	**180**	100	47	27	19	15	8	8	4		10	12	3	–	–	–	–	–	–	–	–	–	**3-(o-Methoxyphenyl)propionic acid**		**P3982**
165	64	180	48	44	43	77	53	**180**	100	56	28	22	21	19	17	17		10	12	3	–	–	–	–	–	–	–	–	–	**2-Acetyl-5-methoxy-3-methylphenol**		**M6981**
165	77	180	43	79	137	122	166	**180**	100	37	30	25	24	22	13	13		10	12	3	–	–	–	–	–	–	–	–	–	**3,4-Dimethoxyacetophenone**	1131-62-0	**Q5496**
165	91	135	73	65	180	166	45	**180**	100	88	62	21	14	14	11	9		10	16	1	–	–	–	–	–	–	–	1	–	**Silane, trimethyl(benzyloxy)-**	14642-79-6	**R5334**
165	91	180	135	73	45	75	166	**180**	100	89	53	30	28	19	15	15		10	16	1	–	–	–	–	–	–	–	1	–	**Silane, trimethyl(2-methylphenoxy)-**	1009-02-5	**Q5054**
165	91	180	135	73	45	166	149	**180**	100	86	58	39	22	16	16	14		10	16	1	–	–	–	–	–	–	–	1	–	**Silane, trimethyl(2-methylphenoxy)-**	1009-02-5	**Q5053**
165	91	180	135	73	166	149	45	**180**	100	72	62	29	20	17	15	11		10	16	1	–	–	–	–	–	–	–	1	–	**Silane, trimethyl(2-methylphenoxy)-**		**16497**
165	109	121	135	91	180	137	89	**180**	100	68	52	42	25	23	23	14		5	13	2	–	–	–	–	–	–	–	–	1	**Arsonous acid, methyl-, diethyl ester**	40515-06-8	**S6313**
165	119	180	77	118	166	79	89	**180**	100	35	34	18	16	10	9	9		9	12	2	2	–	–	–	–	–	–	–	–	**Aniline, N-ethyl-2-methyl-5-nitro-**	56288-95-0	**T3363**
165	123	41	95	55	39	43	109	**180**	100	56	49	38	32	31	31	28	**10.01**	11	16	2	–	–	–	–	–	–	–	–	–	**2(3H)-Benzofuranone, 3a,4,5,6-tetrahydro-3a,6,6-trimethyl-**	16778-26-0	**R6455**
165	135	150	120	121	132	134	149	**180**	100	21	19	7	4	3	3	1	**1.02**	4	12	–	–	–	–	–	–	–	–	–	1	**Tetramethyltin**		**01163**
165	135	150	120	121	134	133	149	**180**	100	23	20	8	5	3	1	1	**0.51**	4	12	–	–	–	–	–	–	–	–	–	1	**Tetramethyltin**		**05509**
165	137	180	41	77	39	91	166	**180**	100	53	47	16	15	13	13	11		11	16	2	–	–	–	–	–	–	–	–	–	**Phenol, tert-butyl-4-methoxy-**	25013-16-5	**S0898**
165	137	180	167	145	101	102	43	**180**	100	40	33	33	29	28	28	22		10	9	1	–	1	–	–	–	–	–	–	–	**4-(p-Chlorophenyl)-3-buten-2-one**		**Z1301**
165	150	180	43	41	135	149		**180**	100	17	16	12	7	6	5			12	20	1	–	–	–	–	–	–	–	–	–	**2,5-Di-tert-butylfuran**		**02382**
165	151	43	136	180	57	135	166	**180**	100	92	58	54	37	17	12	12		12	20	1	–	–	–	–	–	–	–	–	–	**2-Butyl-5-tert-butylfuran**		**D2837**
165	163	161	164	162	32	135	150	**180**	100	72	45	28	25	23	22	22	**0.90**	4	12	–	–	–	–	–	–	–	–	–	1	**Tetramethyltin**		**02387**

MASS TO CHARGE RATIOS								M.W.	INTENSITIES								Parent	C	H	O	N	Cl	Br	F	S	P	B	Si	X	COMPOUND NAME	CAS Reg No	No
165	167	180	109	138	77	69	64	**180**	100	29	27	10	7	7	7	7		10	12	3	–	–	–	–	–	–	–	–	–	**2-Acetyl-3-methoxy-5-methylphenol**		**M6980**
165	180	44	152	45	111	166	136	**180**	100	54	23	20	12	12	10	9		7	8	–	4	–	–	–	1	–	–	–	–	**Thiazolo[5,4-d]pyrimidine, 5-(ethylamino)-**	19835-21-3	**R8319**
165	180	45	91	73	43	75	77	**180**	100	39	12	11	11	8	8	5		10	16	1	–	–	–	–	–	–	–	1	–	**Silane, trimethyl(4-methylphenoxy)-**		**04262**
165	180	89	76	179	178	82	166	**180**	100	8	4	3	2	2	2	2		14	12	–	–	–	–	–	–	–	–	–	–	**9H-Fluorene, 2-methyl-**	1430-97-3	**Q5939**
165	180	89	178	179	76	166	152	**180**	100	70	24	22	21	19	15	15		14	12	–	–	–	–	–	–	–	–	–	–	**9H-Fluorene, 2-methyl-**	1430-97-3	**Q5938**
165	180	89	179	178	181	76	166	**180**	100	93	27	26	25	19	18	16		14	12	–	–	–	–	–	–	–	–	–	–	**9H-Fluorene, 4-methyl-**	1556-99-6	**Q6199**
165	180	91	45	73	75	43	105	**180**	100	34	13	10	8	8	8	5		10	16	1	–	–	–	–	–	–	–	1	–	**Silane, trimethyl(3-methylphenoxy)-**		**04261**
165	180	91	166	75	45	73	43	**180**	100	35	20	16	8	8	6	6		10	16	1	–	–	–	–	–	–	–	1	–	**Silane, trimethyl(3-methylphenoxy)-**		**M0837**
165	180	91	166	135	73	181	79	**180**	100	50	30	15	14	10	8	8		10	16	1	–	–	–	–	–	–	–	1	–	**Silane, trimethyl(4-methylphenoxy)-**	17902-32-8	**R7256**
165	180	105	135	149	117	91	150	**180**	100	60	20	10	6	6	5	4		11	16	2	–	–	–	–	–	–	–	–	–	**3-Methoxy-4-isopropylbenzyl alcohol**		**M6730**
165	180	107	77	43	166	150	122	**180**	100	49	18	12	12	11	11	11		10	12	3	–	–	–	–	–	–	–	–	–	**2,5-Dimethoxyacetophenone**	1201-38-3	**Q5745**
165	180	109	147	137	77	91	79	**180**	100	63	13	11	10	7	7	5		10	12	3	–	–	–	–	–	–	–	–	–	**Toluene, 3-hydroxy-4-acetyl-6-methoxy-**	4223-84-1	**08664**
165	180	137	91	166	115	41	57	**180**	100	26	23	20	17	16	14	13		11	16	–	–	–	–	–	1	–	–	–	–	**Benzenethiol, 4-tert-butyl-2-methyl-**	15570-10-2	**R5769**
165	180	137	91	166	115	57	41	**180**	100	26	22	20	17	15	13	13		11	16	–	–	–	–	–	1	–	–	–	–	**2-Methyl-4-tert-butylthiophenol**		**L1197**
165	180	137	166	77	43	79	122	**180**	100	51	11	10	10	10	8	6		10	12	3	–	–	–	–	–	–	–	–	–	**3,4-Dimethoxyacetophenone**	1131-62-0	**Q5497**
165	180	137	166	181	91	150	149	**180**	100	57	23	12	7	5	4	3		11	16	2	–	–	–	–	–	–	–	–	–	**2-tert-Butyl-4-methoxyphenol**		**C0624**
165	180	138	28	137	110	181	166	**180**	100	99	23	22	16	16	15	13		8	8	1	2	–	–	–	1	–	–	–	–	**2-Benzothiazolamine, 6-methoxy-**	1747-60-0	**Q6658**
165	180	138	137	110	181	166	69	**180**	100	99	35	28	24	21	18	16		8	8	1	2	–	–	–	1	–	–	–	–	**2-Benzothiazolamine, 6-methoxy-**	1747-60-0	**Q6659**
165	180	166	91	181	149	136	167	**180**	100	39	16	12	6	5	5	4		10	16	1	–	–	–	–	–	–	–	1	–	**Silane, trimethyl(3-methylphenoxy)-**	17902-31-7	**R7255**
165	180	166	178	89	179	76	181	**180**	100	59	24	17	14	14	10	10		14	12	–	–	–	–	–	–	–	–	–	–	**9H-Fluorene, 9-methyl-**	2523-37-7	**Q8260**
165	180	178	166	179	181	164	176	**180**	100	66	22	16	14	10	8	7		14	12	–	–	–	–	–	–	–	–	–	–	**9H-Fluorene, 9-methyl-**	2523-37-7	**Q8263**
165	180	178	179	89	166	181	76	**180**	100	84	20	18	15	15	14	11		14	12	–	–	–	–	–	–	–	–	–	–	**9H-Fluorene, 9-methyl-**	2523-37-7	**Q8261**
165	180	179	166	105	133	137	77	**180**	100	28	15	12	11	9	8	6		11	16	2	–	–	–	–	–	–	–	–	–	**tert-Butyl-2-methoxyphenol**		**Z1317**
178	177	176	165	89	179	76	88	**180**	100	59	35	20	20	15	13	9	**1.11**	14	12	–	–	–	–	–	–	–	–	–	–	**Phenanthrene, 9,10-dihydro-**	776-35-2	**Q4107**
179	135	180	73	45	121			**180**	100	76	41	19	13	4				10	12	3	–	–	–	–	–	–	–	–	–	**1,3-Dioxolane, 2-(4-methoxyphenyl)-**	2403-50-1	**Q7962**
179	180	43	165	55	41	39	81	**180**	100	85	45	25	20	18	15	14		10	12	3	–	–	–	–	–	–	–	–	–	**4H-1-Benzopyran-4-one, 5,6,7,8-tetrahydro-3-hydroxy-2-methyl-**	35942-12-2	**S5119**
179	180	57	29	137	83	113	41	**180**	100	79	44	35	25	25	21	21		11	16	2	–	–	–	–	–	–	–	–	–	**2,6-Diethyl-3,5-dimethylpyran-4-one**		**03256**
179	180	178	89	165	176	76	181	**180**	100	96	67	26	24	17	16	15		14	12	–	–	–	–	–	–	–	–	–	–	**Anthracene, 9,10-dihydro-**		**D0977**
179	180	178	165	89	76	177	51	**180**	100	97	71	43	30	23	19	18		14	12	–	–	–	–	–	–	–	–	–	–	**(Z)-1,2-Diphenylethylene**	645-49-8	**Q3585**
180	27	109	137	53	55	40	82	**180**	100	75	60	39	38	38	31	31		6	4	3	4	–	–	–	–	–	–	–	–	**2,4,6(3H)-Pteridinetrione, 1,5-dihydro-**	2577-35-7	**Q8361**
180	30	75	44	103	164	51	28	**180**	100	52	25	24	24	23	19	17		7	4	4	2	–	–	–	–	–	–	–	–	**5-Carboxy-2,1,3-benzoxadiazole N-oxide**		**D0935**
180	39	115	79	40	52	116	88	**180**	100	81	70	67	67	46	45	45		8	8	–	–	–	–	4	–	–	–	–	–	**2,2,3,3-Tetrafluoro-7-methylene-spiro[3.3]heptane**		**M5945**
180	41	165	81	123	95	137	109	**180**	100	70	68	56	49	42	42	28		11	16	2	–	–	–	–	–	–	–	–	–	**4,7-Dimethyl-1-oxa-1,2,3,4,5,6,7,8-octahydronaphthalen-2-one**		**P2110**
180	43	137	41	109	55	69	81	**180**	100	56	54	50	44	37	24	22		10	12	3	–	–	–	–	–	–	–	–	–	**1,2,4-Cyclopentanetrione, 3-(2-pentenyl)-**	54644-27-8	**S9363**
180	43	137	41	109	55	69	81	**180**	100	57	55	52	44	38	24	23		10	12	3	–	–	–	–	–	–	–	–	–	**3-(3′-Methylbut-2′-enyl)-1,2,4-cyclopentanetrione**		**M4664**
180	44	163	39	134	136	89	179	**180**	100	20	20	16	16	12	10	10		9	8	4	–	–	–	–	–	–	–	–	–	**3,4-Dihydroxycinnamic acid**	331-39-5	**Q0521**
180	53	95	67	80	52	54	59	**180**	100	32	27	23	23	22	22	22		7	8	–	4	–	–	–	1	–	–	–	–	**s-Triazolo[4,3-a]pyrazine-3-thiol, 5,8-dimethyl-**	19854-99-0	**R8339**
180	55	41	109	27	126	137	133	**180**	100	31	28	26	23	16	16	16		11	16	2	–	–	–	–	–	–	–	–	–	**2-Cyclopenten-1-one, 4-hydroxy-3-methyl-2-(2-pentenyl)-**		**02260**
180	55	67	109	82	15	42	181	**180**	100	38	35	30	25	17	11	9		7	8	2	4	–	–	–	–	–	–	–	–	**1H-Purine-2,6-dione, 3,7-dihydro-3,7-dimethyl-**	83-67-0	**P6155**
180	55	67	109	82	137	181	54	**180**	100	59	43	32	30	10	10	8		7	8	2	4	–	–	–	–	–	–	–	–	**1H-Purine-2,6-dione, 3,7-dihydro-3,7-dimethyl-**	83-67-0	**P6159**
180	55	95	107	79	152	96	67	**180**	100	60	51	38	35	28	27	25		10	12	3	–	–	–	–	–	–	–	–	–	**Tricyclo[3.3.1.1$^{(3,7)}$]decane-2,6-dione, 4-hydroxy-**	56781-80-7	**08329**
180	63	122	107	134	150	45	181	**180**	100	45	39	19	19	18	16	10		7	4	2	2	–	–	–	1	–	–	–	–	**Thieno[3,2-c]pyridine, 3-nitro-**	28783-05-3	**S2198**
180	63	134	107	150	122	45	62	**180**	100	56	31	21	21	18	16	12		7	4	2	2	–	–	–	1	–	–	–	–	**Thieno[2,3-c]pyridine, 3-nitro-**	28783-28-0	**S2207**
180	65	121	50	76	150	75	51	**180**	100	92	80	40	32	32	28	20		9	8	4	–	–	–	–	–	–	–	–	–	**1,3-Benzenedicarboxylic acid, monomethyl ester**	1877-71-0	**Q6937**
180	88	147	71	77	44	136	179	**180**	100	70	56	35	34	31	28	28		9	12	–	2	–	–	–	1	–	–	–	–	**Thiourea, N,N-dimethyl-N′-phenyl-**	705-62-4	**Q3799**
180	93	58	77	147	44	57	119	**180**	100	72	27	27	26	17	15	15		9	12	–	2	–	–	–	1	–	–	–	–	**N-Ethyl-N′-phenylthiourea**	2741-06-2	**Q8588**
180	93	179	134	135	66	92	181	**180**	100	49	40	18	15	13	13	12		7	8	–	4	–	–	–	1	–	–	–	–	**1H-Purine, 2-methyl-6-(methylthio)-**	1008-47-5	**Q5045**
180	95	68	41	53	28	96	181	**180**	100	56	41	23	20	11	10	9		7	8	2	4	–	–	–	–	–	–	–	–	**1H-Purine-2,6-dione, 3,7-dihydro-1,3-dimethyl-**	58-55-9	**P4931**
180	95	68	53	123	96	181	94	**180**	100	52	36	13	12	8	8	5		7	8	2	4	–	–	–	–	–	–	–	–	**1H-Purine-2,6-dione, 3,7-dihydro-1,3-dimethyl-**		**P4932**
180	95	68	53	123	96	181	151	**180**	100	71	57	29	14	13	11	10		7	8	2	4	–	–	–	–	–	–	–	–	**1H-Purine-2,6-dione, 3,7-dihydro-1,3-dimethyl-**	58-55-9	**P4933**
180	103	76	75	102	77	92	133	**180**	100	20	15	10	7	7	5	5		8	8	3	2	–	–	–	–	–	–	–	–	**Benzaldehyde, 4-nitro-, O-methyloxime**		**M3382**
180	103	76	75	181	77	102	149	**180**	100	20	15	10	9	7	7	7		8	8	3	2	–	–	–	–	–	–	–	–	**Benzaldehyde, 4-nitro-, O-methyloxime**	33499-32-0	**S4207**
180	103	76	77	75	149	181	92	**180**	100	23	17	13	11	11	9	6		8	8	3	2	–	–	–	–	–	–	–	–	**Benzaldehyde, 3-nitro-, O-methyloxime**	33499-33-1	**S4208**
180	107	134	179	42	135	181	133	**180**	100	34	26	19	14	13	11	11		7	8	–	4	–	–	–	1	–	–	–	–	**7H-Purine, 7-methyl-6-(methylthio)-**	1008-01-1	**Q5041**
180	107	179	42	134	166	44	80	**180**	100	40	35	27	23	23	19	15		7	8	–	4	–	–	–	1	–	–	–	–	**7H-Purinium, 6-mercapto-7,9-dimethyl-, hydroxide, inner salt**	5752-11-4	**R1728**
180	107	179	134	80	135	181	42	**180**	100	46	32	22	17	13	13	12		7	8	–	4	–	–	–	1	–	–	–	–	**9H-Purine, 9-methyl-6-(methylthio)-**	1127-75-9	**Q5475**

MASS TO CHARGE RATIOS								M.W.	INTENSITIES								Parent	C	H	O	N	Cl	Br	F	S	P	B	Si	X	COMPOUND NAME	CAS Reg No	No
180	109	55	67	82	137	181	108	**180**	100	25	24	22	20	9	8	7		7	8	2	4	–	–	–	–	–	–	–	–	**1H-Purine-2,6-dione, 3,7-dihydro-3,7-dimethyl-**	83-67-0	**P6156**
180	109	137	68	81	123	181	69	**180**	100	39	34	21	9	8	8	7		6	4	3	4	–	–	–	–	–	–	–	–	**2,4,7(1H,3H,8H)-Pteridinetrione**		**L8495**
180	109	137	68	81	181	123	69	**180**	100	40	34	22	10	10	8	7		6	4	3	4	–	–	–	–	–	–	–	–	**2,4,7(1H,3H,8H)-Pteridinetrione**	2577-38-0	**Q8362**
180	120	163	135	65	121	119	92	**180**	100	40	38	30	28	25	25	25		8	8	3	2	–	–	–	–	–	–	–	–	**Furfurylidenemalonamide**		**M5253**
180	128	76	64	181	77	90	75	**180**	100	99	99	44	33	17	16	15		10	4	–	4	–	–	–	–	–	–	–	–	**2,3-Dicyanoquinoxaline**		**17171**
180	134	135	163	89	179	77	51	**180**	100	40	39	31	17	15	12	12		9	8	4	–	–	–	–	–	–	–	–	–	**3,4-Dihydroxycinnamic acid**	331-39-5	**Q0520**
180	134	163	89	51	39	135	44	**180**	100	50	48	40	35	33	33	32		9	8	4	–	–	–	–	–	–	–	–	–	**2-Propenoic acid, 3-(3,4-dihydroxyphenyl)-**	331-39-5	**06751**
180	137	43	41	109	121	94	39	**180**	100	45	42	35	29	26	25	24		10	12	3	–	–	–	–	–	–	–	–	–	**1,2,4-Cyclopentanetrione, 3-(2-pentenyl)-**	54644-27-8	**S9362**
180	145	109	74	73	75	72	90	**180**	100	25	15	13	8	7	7	7		6	3	–	–	3	–	–	–	–	–	–	–	**Benzene, 1,2,4-trichloro-**		**F0221**
180	145	161	182	75	130	69	74	**180**	100	60	45	32	31	26	17	16		7	4	–	–	1	–	3	–	–	–	–	–	**Benzene, 1-chloro-4-(trifluoromethyl)-**	98-56-6	**P7168**
180	145	182	161	75	130	181	163	**180**	100	48	36	19	10	10	9	6		7	4	–	–	1	–	3	–	–	–	–	–	**Benzene, 1-chloro-3-(trifluoromethyl)-**		**D0458**
180	150	96	79	50	106	51	42	**180**	100	89	51	46	42	40	38	38		6	4	3	4	–	–	–	–	–	–	–	–	**1H-1,2,4-Triazole, 3-(5-nitro-2-furanyl)-**	5019-55-6	**R1022**
180	151	179	150	137	110	165	69	**180**	100	95	91	84	58	49	46	38		8	8	1	2	–	–	–	1	–	–	–	–	**2-Benzothiazolamine, 4-methoxy-**	5464-79-9	**R1471**
180	152	76	151	63	150	75	181	**180**	100	94	48	25	21	20	16	14		13	8	1	–	–	–	–	–	–	–	–	–	**Perinaphthindenone**		**D0732**
180	152	76	151	150	63	75	126	**180**	100	34	22	21	13	9	9	9		13	8	1	–	–	–	–	–	–	–	–	–	**9H-Fluoren-9-one**		**Y2423**
180	152	90	106	133	179	181	134	**180**	100	23	14	14	13	10	7	6		6	4	–	2	–	–	4	–	–	–	–	–	**1,3-Benzenediamine, 2,4,5,6-tetrafluoro-**	1198-63-6	**Q5729**
180	152	151	39	78	51	106	53	**180**	100	92	70	22	20	17	14	13		9	8	4	–	–	–	–	–	–	–	–	–	**2,4-Diformyl-3,5-dihydroxytoluene**		**05940**
180	152	151	76	181	150	74	126	**180**	100	33	17	17	14	12	8	7		13	8	1	–	–	–	–	–	–	–	–	–	**9H-Fluoren-9-one**	486-25-9	**Q1121**
180	152	151	136	181	125	137	138	**180**	100	59	26	20	17	11	10	10		9	12	2	2	–	–	–	–	–	–	–	–	**1-Ethyl-3-iminomethyl-4-methyl-6-hydroxy-2-pyridone**		**D1506**
180	152	151	181	150	76	126	74	**180**	100	33	20	20	12	8	8	6		13	8	1	–	–	–	–	–	–	–	–	–	**9H-Fluoren-9-one**	486-25-9	**Q1120**
180	152	182	117	154	146	123	181	**180**	100	51	32	21	16	9	9	8		8	5	1	2	1	–	–	–	–	–	–	–	**4-Chloro-3-cinnolinol**		**Y2513**
180	153	179	181	62	152	90	126	**180**	100	47	20	15	12	10	9	8		12	8	–	2	–	–	–	–	–	–	–	–	**1,8-Phenanthroline**		**L9951**
180	153	179	181	152	126	63	51	**180**	100	20	18	17	9	8	6	6		12	8	–	2	–	–	–	–	–	–	–	–	**2,7-Phenanthroline**		**L9954**
180	153	181	179	152	75	76	126	**180**	100	43	16	11	10	9	9	9		12	8	–	2	–	–	–	–	–	–	–	–	**1,7-Phenanthroline**		**L9950**
180	163	134	135	91	133	118	108	**180**	100	50	41	32	22	21	21	21		9	12	2	2	–	–	–	–	–	–	–	–	**2,4,6-Trimethyl-3-nitroaniline**		**05957**
180	163	135	77	91	89	90	164	**180**	100	76	44	31	24	16	12	8		9	8	4	–	–	–	–	–	–	–	–	–	**5-Methylisophthalic acid**		**04327**
180	165	89	178	179	76	181	166	**180**	100	96	28	25	25	22	16	15		14	12	–	–	–	–	–	–	–	–	–	–	**9H-Fluorene, 1-methyl-**	1730-37-6	**Q6591**
180	165	178	179	89	76	181	166	**180**	100	92	26	25	22	19	16	14		14	12	–	–	–	–	–	–	–	–	–	–	**9H-Fluorene, 2-methyl-**		**P2745**
180	165	179	178	89	76	181	82.5	**180**	100	91	23	23	23	18	15	15		14	12	–	–	–	–	–	–	–	–	–	–	**9H-Fluorene, 1-methyl-**		**00665**
180	165	179	178	89	76	181	166	**180**	100	95	25	23	17	15	15	14		14	12	–	–	–	–	–	–	–	–	–	–	**9H-Fluorene, 1-methyl-**		**03524**
180	165	179	178	89	77	76	39	**180**	100	66	63	42	27	26	21	15		14	12	–	–	–	–	–	–	–	–	–	–	**1,1-Diphenylethylene**		**Y0957**
180	178	179	76	165	181	152	89	**180**	100	28	21	20	19	15	14	11		14	12	–	–	–	–	–	–	–	–	–	–	**1,1'-Biphenyl, 4-vinyl-**	2350-89-2	**Q7869**
180	179	39	77	91	69	41	181	**180**	100	98	21	17	15	15	13	11		10	12	3	–	–	–	–	–	–	–	–	–	**2-Hydroxy-4-methoxy-5,6-dimethylbenzaldehyde**		**05939**
180	179	42	44	181	70	152	41	**180**	100	70	17	17	12	8	8	6		7	8	–	4	–	–	–	1	–	–	–	–	**6H-Purine-6-thione, 3,7-dihydro-3,7-dimethyl-**	5759-60-4	**R1775**
180	179	43	41	55	60	57	181	**180**	100	97	21	21	18	16	15	12		10	12	3	–	–	–	–	–	–	–	–	–	**2-Hydroxy-4-methoxy-3,6-dimethylbenzaldehyde**		**05948**
180	179	50	90	76	153	63	51	**180**	100	22	15	14	11	7	6	5		12	8	–	2	–	–	–	–	–	–	–	–	**Phenazine**	92-82-0	**P6729**
180	179	51	50	153	181	75	76	**180**	100	46	21	15	14	13	11	10		12	8	–	2	–	–	–	–	–	–	–	–	**Benzonitrile, 2-(2-pyridinyl)-**	74764-51-5	**T8515**
180	179	76	90	181	153	63	128	**180**	100	20	12	12	12	7	6	6		12	8	–	2	–	–	–	–	–	–	–	–	**Phenazine**	92-82-0	**P6730**
180	179	76	152	102	77	181	89	**180**	100	75	20	20	15	14	13	13		12	8	–	2	–	–	–	–	–	–	–	–	**Phenazine**	92-82-0	**P6728**
180	179	90	152	133	106	181	70	**180**	100	25	11	11	11	10	7	6		6	4	–	2	–	–	4	–	–	–	–	–	**1,4-Benzenediamine, 2,3,5,6-tetrafluoro-**	1198-64-7	**Q5732**
180	179	107	134	42	135	181	65	**180**	100	39	39	27	19	14	14	14		7	8	–	4	–	–	–	1	–	–	–	–	**1H-Purine, 8-methyl-6-(methylthio)-**	1008-51-1	**Q5046**
180	179	127	152	153	181			**180**	100	32	21	21	20	20				12	8	–	2	–	–	–	–	–	–	–	–	**Pyridine, 3,3'-(1,2-ethynediyl)bis-**	50559-45-0	**S7322**
180	179	133	152	90	106	181	134	**180**	100	25	12	11	11	10	7	5		6	4	–	2	–	–	4	–	–	–	–	–	**1,4-Benzenediamine, 2,3,5,6-tetrafluoro-**	1198-64-7	**Q5731**
180	179	153	181	126	152	125	63	**180**	100	27	23	16	16	14	9	8		12	8	–	2	–	–	–	–	–	–	–	–	**3,8-Phenanthroline**		**L9957**
180	179	153	181	152	126	74	75	**180**	100	22	21	15	9	8	7	7		12	8	–	2	–	–	–	–	–	–	–	–	**2,8-Phenanthroline**		**L9955**
180	179	154	153	181	90	152	127	**180**	100	31	18	16	14	10	9	9		12	8	–	2	–	–	–	–	–	–	–	–	**1,10-Phenanthroline**		**L9953**
180	179	154	153	181	152	127	125	**180**	100	42	16	14	14	8	7	6		12	8	–	2	–	–	–	–	–	–	–	–	**1,10-Phenanthroline**	66-71-7	**P5266**
180	179	154	181	90	153	127	76	**180**	100	39	20	14	9	8	6	6		12	8	–	2	–	–	–	–	–	–	–	–	**1,9-Phenanthroline**		**L9952**
180	179	163	162	44	32	120	39	**180**	100	91	52	18	18	17	16	14		10	12	3	–	–	–	–	–	–	–	–	–	**2,4-Dimethoxy-6-methylbenzaldehyde**		**05937**
180	179	165	178	51	89	77	76	**180**	100	65	64	44	26	21	20	16		14	12	–	–	–	–	–	–	–	–	–	–	**1,1-Diphenylethylene**		**Y0750**
180	179	165	178	51	89	77	177	**180**	100	59	59	51	19	17	17	15		14	12	–	–	–	–	–	–	–	–	–	–	**1,1-Diphenylethylene**		**C1119**
180	179	178	89	76	181	165	176	**180**	100	92	52	29	19	15	12	12		14	12	–	–	–	–	–	–	–	–	–	–	**Anthracene, 9,10-dihydro-**		**D0832**
180	179	178	165	89	76	177	51	**180**	100	99	68	43	37	28	18	17		14	12	–	–	–	–	–	–	–	–	–	–	**(E)-1,2-Diphenylethylene**	103-30-0	**P7614**
180	179	178	165	89	76	181	63	**180**	100	76	43	28	20	19	14	13		14	12	–	–	–	–	–	–	–	–	–	–	**(Z)-1,2-Diphenylethylene**	645-49-8	**Q3584**
180	179	178	165	89	76	181	176	**180**	100	91	53	35	26	16	15	9		14	12	–	–	–	–	–	–	–	–	–	–	**(Z)-1,2-Diphenylethylene**		**C0256**
180	179	178	165	89	76	181	177	**180**	100	97	60	41	29	20	14	10		14	12	–	–	–	–	–	–	–	–	–	–	**1,2-Diphenylethylene**		**F0109**

MASS TO CHARGE RATIOS	M.W.	INTENSITIES	Parent	C	H	O	N	Cl	Br	F	S	P	B	Si	X	COMPOUND NAME	CAS Reg No	No
180 179 178 165 89 181 76 102	**180**	100 58 34 24 16 15 10 7		14	12	–	–	–	–	–	–	–	–	–	–	**1,2-Diphenylethylene**	588-59-0	**Q2363**
180 179 178 165 89 181 76 176	**180**	100 67 40 27 18 14 11 10		14	12	–	–	–	–	–	–	–	–	–	–	**Phenanthrene, 9,10-dihydro-**		**V0270**
180 179 178 165 89 181 153 105	**180**	100 90 56 45 27 15 12 11		14	12	–	–	–	–	–	–	–	–	–	–	**(E)-1,2-Diphenylethylene**	103-30-0	**P7616**
180 179 178 165 102 152 181 78	**180**	100 86 57 54 28 21 14 13		14	12	–	–	–	–	–	–	–	–	–	–	**1,3,5,7-Cyclooctatetraene, 1-phenyl-**	4603-00-3	**R0641**
180 179 178 165 181 152 151 166	**180**	100 63 37 22 16 6 5 3		14	12	–	–	–	–	–	–	–	–	–	–	**Phenanthrene, 9,10-dihydro-**	776-35-2	**Q4106**
180 179 178 165 181 177 176 153	**180**	100 85 55 30 19 10 10 9		14	12	–	–	–	–	–	–	–	–	–	–	**1,2-Diphenylethylene**	588-59-0	**Q2364**
180 179 181 152 153 127 126 63	**180**	100 39 14 13 13 13 12 12		12	8	–	2	–	–	–	–	–	–	–	–	**4,6-Phenanthroline**		**L9960**
180 179 181 153 152 126 63 90	**180**	100 27 15 12 8 7 6 5		12	8	–	2	–	–	–	–	–	–	–	–	**4,7-Phenanthroline**		**L9959**
180 179 181 154 153 63 74 75	**180**	100 23 15 13 11 11 8 8		12	8	–	2	–	–	–	–	–	–	–	–	**2,9-Phenanthroline**		**L9956**
180 181 179 153 152 90 63 126	**180**	100 15 14 13 8 8 7 7		12	8	–	2	–	–	–	–	–	–	–	–	**3,8-Phenanthroline**		**L9958**
180 182 28 145 184 109 147 75	**180**	100 96 35 30 30 26 19 11		6	3	–	–	3	–	–	–	–	–	–	–	**Benzene, 1,2,4-trichloro-**	120-82-1	**P9109**
180 182 74 145 109 147 184 75	**180**	100 94 43 37 36 26 25 23		6	3	–	–	3	–	–	–	–	–	–	–	**Benzene, 1,3,5-trichloro-**	108-70-3	**P8147**
180 182 101 111 113 51 31 161	**180**	100 98 64 42 41 35 12 12		2	1	–	–	–	1	4	–	–	–	–	–	**1,1,1,2-Tetrafluoro-2-bromo-ethane**		**A0247**
180 182 145 184 74 109 147 73	**180**	100 92 31 30 19 18 18 14		6	3	–	–	3	–	–	–	–	–	–	–	**Benzene, 1,3,5-trichloro-**	108-70-3	**P8143**
180 182 184 145 73 108 147 74	**180**	100 98 47 44 35 30 29 21		6	3	–	–	3	–	–	–	–	–	–	–	**Benzene, 1,3,5-trichloro-**	108-70-3	**P8148**
180 182 184 145 147 108 73 57	**180**	100 99 45 39 32 31 27 19		6	3	–	–	3	–	–	–	–	–	–	–	**Benzene, 1,2,3-trichloro-**	87-61-6	**P6395**
180 182 184 145 147 109 74 75	**180**	100 97 31 26 16 15 12 7		6	3	–	–	3	–	–	–	–	–	–	–	**Benzene, 1,2,3-trichloro-**	87-61-6	**P6393**
181 163 182 180 165 183	**180**	100 37 19 7 2 1		10	12	3	–	–	–	–	–	–	–	–	–	**3-(p-Methoxyphenyl)propionic acid**		**P3983**
182 180 109 145 74 147 184 75	**180**	100 94 40 40 39 30 27 23		6	3	–	–	3	–	–	–	–	–	–	–	**Benzene, 1,2,3-trichloro-**	87-61-6	**P6391**
18 28 108 44 17 109 30 27	**181**	100 80 64 26 21 11 9 9	**4.05**	9	11	3	1	–	–	–	–	–	–	–	–	**L-Tyrosine**	60-18-4	**P5031**
28 108 139 109 166 180 94 81	**181**	100 79 48 45 35 30 29 27	**0.00**	11	19	1	1	–	–	–	–	–	–	–	–	**1-Morpholino-4-methylcyclohexene**		**00544**
29 92 91 66 115 93 43 44	**181**	100 89 76 62 52 47 47 43	**40.42**	10	15	2	1	–	–	–	–	–	–	–	–	**Carbamic acid, tricyclo[2.2.1.0$^{(2,6)}$]hept-3-yl-, ethyl ester**	709-70-6	**Q3817**
30 15 14 152 16 39 65 151	**181**	100 32 27 17 13 13 11 10	**1.40**	10	15	2	1	–	–	–	–	–	–	–	–	**Benzeneethanamine, 3,4-dimethoxy-**	120-20-7	**P9064**
30 28 15 14 152 39 16 65	**181**	100 37 32 27 17 13 13 11	**1.40**	10	15	2	1	–	–	–	–	–	–	–	–	**Benzeneethanamine, 3,4-dimethoxy-**		**06592**
30 86 41 69 56 108 58 67	**181**	100 75 20 15 13 9 8 8	**0.00**	6	15	–	1	–	–	–	–	–	–	–	1	**1-Pentanamine, 5-(methylseleno)-**	55021-82-4	**T0066**
30 181 151 123 135 64 108 76	**181**	100 84 65 63 61 57 39 37		6	3	2	3	–	–	–	1	–	–	–	–	**2,1,3-Benzothiadiazole, 4-nitro-**	6583-06-8	**R2387**
36 109 79 38 52 39 51 35	**181**	100 96 95 60 53 30 27 26	**0.00**	5	9	–	3	2	–	–	–	–	–	–	–	**2(1H)-Pyridinone, hydrazone, dihydrochloride**	62437-99-4	**T6210**
43 63 65 93 139 64 181 81	**181**	100 11 11 10 9 6 6 4		8	7	4	1	–	–	–	–	–	–	–	–	**Acetic acid, 3-nitrophenyl ester**		**L7244**
43 69 111 41 181 39 42 27	**181**	100 60 57 36 30 24 22 22		11	19	1	1	–	–	–	–	–	–	–	–	**Acetamide, N-(4-methylbicyclo[2.2.2]oct-1-yl)-**	1130-36-5	**Q5493**
43 109 63 65 139 39 81 93	**181**	100 12 11 10 7 5 5 5	**4.00**	8	7	4	1	–	–	–	–	–	–	–	–	**Acetic acid, 4-nitrophenyl ester**		**L7243**
43 136 93 94 66 111 153 141	**181**	100 53 43 43 35 24 21 16	**6.00**	9	11	3	1	–	–	–	–	–	–	–	–	**1-Ethoxycarbonyl-1-acetyl-2-cyanocyclopropane**		**L3196**
43 139 63 181 109 65 64 93	**181**	100 73 50 47 47 31 23 22		8	7	4	1	–	–	–	–	–	–	–	–	**Acetic acid, 4-nitrophenyl ester**	830-03-5	**Q4309**
43 181 71 40 138 42 44 55	**181**	100 56 49 45 41 41 41 40		8	15	–	5	–	–	–	–	–	–	–	–	**s-Triazine, 2,4-bis(ethylamino)-6-methyl-**	1973-07-5	**Q7149**
44 45 28 18 42 43 137 138	**181**	100 58 31 20 16 14 11 10	**0.82**	10	15	2	1	–	–	–	–	–	–	–	–	**Phenol, 2-[(dimethylamino)methyl]-4-methoxy-**	23562-77-8	**S0255**
44 57 41 18 29 28 39 45	**181**	100 50 32 30 16 10 10 10	**0.00**	7	16	2	1	1	–	–	–	–	–	–	–	**tert-Butyl 2-aminopropanoate hydrochloride**		**P1199**
47 30 31 35 116 50 49 37	**181**	100 90 41 30 22 14 10 9	**0.00**	2	–	1	1	2	–	3	–	–	–	–	–	**Perfluoro-2,4-dichloro-1,2-oxazetidine**		**L9873**
57 125 41 39 29 181 92 79	**181**	100 83 34 30 26 24 20 15		10	15	–	1	–	–	–	1	–	–	–	–	**4-Picolyl tert-butyl sulphide**		**02642**
57 181 45 43 108 152 42 52	**181**	100 96 67 55 44 29 24 23		7	7	1	3	–	–	–	1	–	–	–	–	**3,4-Dihydro-4-oxo-3-amino-2-methylthieno[2,3-d]pyrimidine**		**D2357**
57 289 74 216 28 73 29 287	**181**	100 74 61 53 43 43 41 40	**0.00**	3	6	2	–	–	–	–	–	–	–	–	1	**Propanoic acid, silver(1+) salt**	5489-14-5	**R1483**
58 42 41 39 28 27 15 59	**181**	100 12 11 9 8 8 8 7	**0.45**	12	23	–	1	–	–	–	–	–	–	–	–	**(+)-1-Methyl-cis-2-(N,N-dimethylaminomethyl)-3-isopropylidenecyclopentane**		**U0131**
58 42 41 39 28 27 79 15	**181**	100 8 8 6 6 6 6 5	**0.37**	12	23	–	1	–	–	–	–	–	–	–	–	**(-)-1-Methyl-trans-2-(N,N-dimethylaminomethyl)-3-isopropylidenecyclopentane**		**U0132**
58 42 180 41 84 30 44 94	**181**	100 14 10 6 6 4 4 4	**0.00**	6	15	–	1	–	–	–	–	–	–	–	1	**1-Propanamine, N,N-dimethyl-3-(methylseleno)-**	55021-84-6	**T0068**
58 44 98 166 181 152 82 110	**181**	100 24 16 11 5 5 4 3		12	23	–	1	–	–	–	–	–	–	–	–	**2S-Isopropenyl-N,N,5S-trimethylcyclopentane-1S-methylamine**		**M0133**
58 44 166 181 124 82 152 138	**181**	100 12 3 2 2 2 1 1		12	23	–	1	–	–	–	–	–	–	–	–	**N,N-Dimethyl-2R-(3S-methyl-2-methylene-1R-cyclopentane)propylamine**		**M0132**
58 44 181 166 98 110 82 152	**181**	100 10 8 6 6 4 4 3		12	23	–	1	–	–	–	–	–	–	–	–	**2S-Isopropenyl-N,N,5S-trimethylcyclopentane-1R-methylamine**		**M0131**
58 67 166 86 29 41 55 42	**181**	100 82 54 44 44 43 35 30	**8.58**	12	23	–	1	–	–	–	–	–	–	–	–	**2,7-Octadien-1-amine, N,N-diethyl-, (E)-**	64596-17-4	**T6507**
58 95 110 41 72 42 181 98	**181**	100 96 89 44 41 34 28 26		12	23	–	1	–	–	–	–	–	–	–	–	**Bicyclo[2.2.1]heptan-2-amine, N,N,1,7,7-pentamethyl-, endo-**	14727-50-5	**R5376**
58 98 110 82 44 181 166 124	**181**	100 13 8 6 6 4 3 2		12	23	–	1	–	–	–	–	–	–	–	–	**N,N-Dimethyl-2S-(3S-methyl-2-methylene-1R-cyclopentane)propylamine**		**M0134**
61 56 104 74 28 100 177 131	**181**	100 65 59 20 16 14 13 12	**0.00**	7	16	2	1	1	–	–	–	–	–	–	–	**Ethyl 2-amino-4-methylthiobutanoate hydrochloride**		**P1159**
68 181 96 69 125 41 70 124	**181**	100 72 58 46 38 37 36 35		9	11	3	1	–	–	–	–	–	–	–	–	**3,8-Dioxa-11-azatetracyclo[4.4.1.0$^{(2,4)}$.0$^{(7,9)}$]undecane-11-carboxaldehyde, (1α,2β,4β,6α,7β,9β)-**	50267-15-7	**S7247**
69 181 112 101 146 46 77 93	**181**	100 56 26 24 20 19 11 8		2	–	–	1	1	–	4	1	–	–	–	–	**N-Trifluoromethylthiochlorofluoromethimine**		**P2257**

MASS TO CHARGE RATIOS								M.W.	INTENSITIES								Parent	C	H	O	N	Cl	Br	F	S	P	B	Si	X	COMPOUND NAME	CAS Reg No	No
73	181	65	91	92				**181**	100	55	45	35	22					9	15	1	1	–	–	–	–	–	–	1	–	Aniline, N-[(trimethylsilyl)oxy]-	58751-79-4	T5076
76	181	113	138	94	96	79	111	**181**	100	85	83	64	55	53	44	40		6	7	–	5	–	–	–	1	–	–	–	–	7-Methyl-5-methylmercaptotetrazolo[1,5-c]pyrimidine		M5037
77	181	107	91	39	63	65	79	**181**	100	99	66	44	39	29	28	27		8	7	4	1	–	–	–	–	–	–	–	–	Benzoic acid, 5-methyl-2-nitro-		P0467
79	110	69	181	120	123	121	41	**181**	100	93	82	81	69	62	52	49		9	15	1	3	–	–	–	–	–	–	–	–	Hydrazinecarboxamide, 2-[1-(2-methyl-1-cyclopenten-1-yl)ethylidene]-	1601-03-2	Q6293
80	153	124	152	93	181	79	81	**181**	100	95	63	47	32	27	21	18		10	15	2	1	–	–	–	–	–	–	–	–	2-Azabicyclo[2.2.2]oct-5-ene-2-carboxylic acid, ethyl ester	3693-69-4	08935
83	98	55	96	111	84	110	97	**181**	100	69	50	48	29	28	24	23	**22.65**	11	19	1	1	–	–	–	–	–	–	–	–	2H-Quinolizin-1-ol, 1-vinyloctahydro-	69597-57-5	T7163
83	98	96	55	162	111	163	84	**181**	100	68	49	48	29	29	25	25	**20.79**	11	19	1	1	–	–	–	–	–	–	–	–	2H-Quinolizin-1-ol, 1-vinyloctahydro-	69597-57-5	T7162
83	166	153	84	98	55	181	41	**181**	100	86	80	56	50	44	24	20		10	15	2	1	–	–	–	–	–	–	–	–	2,4-Dioxo-3,3-diethyl-5-methyltetrahydropyridine		L6857
84	41	55	56	85	42	43	53	**181**	100	13	7	5	5	2	2	2	**0.00**	11	19	1	1	–	–	–	–	–	–	–	–	2-Pyrrolidinone, 5-(cyclohexylmethyl)-	14293-08-4	R5111
86	30	69	180	150	56	148	58	**181**	100	19	10	9	6	5	4	3	**0.00**	6	15	–	1	–	–	–	–	–	–	–	1	1-Pentanamine, 5-(methylseleno)-	55021-82-4	T0065
91	107	44	149	65	131	120	103	**181**	100	35	26	18	16	16	15	12	**0.50**	9	11	3	1	–	–	–	–	–	–	–	–	Benzenepropanoic acid, α-(aminooxy)-	5619-43-2	R1606
93	94	88	181	65	109	122	79	**181**	100	74	61	51	23	22	19	17		5	12	2	1	–	–	–	1	1	–	–	–	N-(Dimethylthiophosphinyl)glycine methyl ester		16272
94	43	138	180	67	136	95	135	**181**	100	55	39	38	37	25	25	22	**5.25**	8	9	3	2	–	–	–	–	–	–	–	–	3-Acetamido-2-pyridinecarboxylic acid		M6798
95	110	41	72	42	181	98	55	**181**	100	93	45	43	35	30	28	23		12	23	–	1	–	–	–	–	–	–	–	–	Bicyclo[2.2.1]heptan-2-amine, N,N,1,7,7-pentamethyl-	22243-41-0	R9609
95	148	41	67	39	93	55	109	**181**	100	35	31	25	23	23	22	19	**5.00**	11	19	1	1	–	–	–	–	–	–	–	–	2-Norbornanone, 1,3,7,7-tetramethyl-, oxime	32134-53-5	S3502
96	69	55	41	54	42	97	57	**181**	100	48	44	22	21	20	18	18	**10.24**	10	20	1	1	–	–	–	–	–	1	–	–	Cyclohexanone, O-(diethylboryl)oxime	74421-34-4	T8103
97	43	41	110	96	57	82	124	**181**	100	82	80	78	76	65	57	55	**4.00**	12	23	–	1	–	–	–	–	–	–	–	–	Dodecanenitrile	2437-25-4	Q8080
98	69	112	41	45	44	93	46	**181**	100	94	94	85	63	55	40	35	**21.00**	12	23	–	1	–	–	–	–	–	–	–	–	2,6-Octadien-1-amine, N,N,3,7-tetramethyl-	3710-93-8	Q9694
98	80	140	43	41	122	42	81	**181**	100	26	26	22	20	18	9	7	**0.10**	6	16	3	1	–	–	–	–	1	–	–	–	Phosphoramidic acid, dipropyl ester	17123-09-0	09347
98	124	41	45	80	43	42	140	**181**	100	39	26	22	20	16	15	14	**3.37**	6	16	3	1	–	–	–	–	1	–	–	–	Phosphoramidic acid, diisopropyl ester	6415-20-9	R2293
99	81	55	39	43	83	41	44	**181**	100	75	37	25	25	21	20	18	**0.00**	10	15	2	1	–	–	–	–	–	–	–	–	Cyclohexanol, 1-(2-propynyl)-, carbamate	358-52-1	Q0578
100	181	104	76	50	92	120	165	**181**	100	76	32	30	23	21	19	17		7	7	3	3	–	–	–	–	–	–	–	–	N-Amino-p-nitrobenzamide		L6343
102	181	183	51	75	50	91	182	**181**	100	72	70	25	24	20	13	10		7	4	–	1	–	1	–	–	–	–	–	–	Benzonitrile, 4-bromo-	623-00-7	Q3095
102	181	183	75	18	28	50	17	**181**	100	78	77	25	24	23	22	17		7	4	–	1	–	1	–	–	–	–	–	–	Benzonitrile, 3-bromo-	6952-59-6	R2729
102	181	183	75	51	50	76	74	**181**	100	87	87	74	54	47	35	20		7	4	–	1	–	1	–	–	–	–	–	–	Benzonitrile, 2-bromo-	2042-37-7	Q7243
104	105	134	181	62	77	18	61	**181**	100	94	53	45	45	38	35	35		9	11	1	1	–	–	–	1	–	–	–	–	Dimethylsulphoniobenzamidate		06215
104	181	150	76	75	50	164	120	**181**	100	96	81	73	57	55	53	51		8	7	4	1	–	–	–	–	–	–	–	–	Benzoic acid, 4-nitro-, methyl ester		D0321
105	151	181	30	104	152	63	77	**181**	100	88	37	25	20	17	16	15		7	7	3	3	–	–	–	–	–	–	–	–	4-Nitro-N-nitroso-N-methylaniline		C1755
107	79	120	77	75	44	43	51	**181**	100	72	51	44	31	23	20	17	**0.00**	9	11	3	1	–	–	–	–	–	–	–	–	1,2-Ethanediol, 1-phenyl-, 2-carbamate	94-35-9	P6851
107	108	77	28	74	91	44	181	**181**	100	11	8	5	5	5	4	4		9	11	3	1	–	–	–	–	–	–	–	–	L-Tyrosine	60-18-4	P5032
110	43	111	42	41	27	29	69	**181**	100	37	27	25	18	14	11	10	**10.00**	11	19	1	1	–	–	–	–	–	–	–	–	Oxazole, 5-hexyl-2,4-dimethyl-		L1792
110	43	111	42	41	28	30	181	**181**	100	37	27	26	19	14	11	11		11	19	1	1	–	–	–	–	–	–	–	–	Oxazole, 5-hexyl-2,4-dimethyl-	20662-85-5	R8832
110	138	150	111	48	73	108	139	**181**	100	13	11	7	2	2	1	1	**0.00**	5	9	–	3	2	–	–	–	–	–	–	–	2(1H)-Pyridinone, hydrazone, dihydrochloride	62437-99-4	T6211
111	43	110	42	69	112	41	124	**181**	100	56	56	18	9	7	5	5	**4.00**	11	19	1	1	–	–	–	–	–	–	–	–	Oxazole, 4-hexyl-2,5-dimethyl-		L1791
111	43	110	42	69	112	124	41	**181**	100	63	53	20	10	7	7	6	**4.90**	11	19	1	1	–	–	–	–	–	–	–	–	Oxazole, 4-hexyl-2,5-dimethyl-	20662-86-6	R8833
111	124	43	41	55	42	110	138	**181**	100	64	38	31	26	23	23	22	**19.12**	11	19	1	1	–	–	–	–	–	–	–	–	Oxazole, 2-hexyl-4,5-dimethyl-	20662-87-7	R8834
111	139	98	56	110	181	69	82	**181**	100	89	87	42	42	33	19	19		9	11	3	1	–	–	–	–	–	–	–	–	2(1H)-Pyridone, 4-acetoxy-1,6-dimethyl-	7211-75-8	R2964
111	139	98	56	110	181	69	82	**181**	100	92	86	43	42	32	19	19		9	11	3	1	–	–	–	–	–	–	–	–	2(1H)-Pyridone, 4-acetoxy-1,6-dimethyl-		M3431
112	69	46	70	47	77	65	96	**181**	100	89	48	42	22	20	15	9	**0.00**	2	–	1	1	–	–	5	1	–	–	–	–	N-Trifluoroacetyl-(sulphur)-difluoroimide		L6870
112	181	124	95	58	111	98	166	**181**	100	86	71	37	36	30	28	20		12	23	–	1	–	–	–	–	–	–	–	–	Bicyclo[2.2.1]heptan-2-amine, N,N,4,7,7-pentamethyl-	35973-45-6	S5133
121	28	65	93	40	32	163	133	**181**	100	45	36	32	23	22	20	14	**3.28**	9	11	3	1	–	–	–	–	–	–	–	–	Benzamide, 4-hydroxy-N-(2-hydroxyethyl)-	75268-14-3	T8871
121	164	107	182					**181**	100	43	4	1					**0.00**	9	11	3	1	–	–	–	–	–	–	–	–	1,2-Ethanediol, 1-phenyl-, 2-carbamate	94-35-9	P6852
122	181	43	93	39	92	53	42	**181**	100	65	42	41	31	25	23	22		9	11	3	1	–	–	–	–	–	–	–	–	Pyrrole-2-carboxaldehyde, 5-(acetoxymethyl)-1-methyl-		M5737
122	181	43	93	92	53	42	52	**181**	100	65	42	41	25	23	22	20		9	11	3	1	–	–	–	–	–	–	–	–	Pyrrole-2-carboxaldehyde, 5-(acetoxymethyl)-1-methyl-	30569-18-7	S2935
123	121	41	181	39	166	44	79	**181**	100	46	39	39	33	28	27	25		9	15	1	3	–	–	–	–	–	–	–	–	2-Isopropylidenecyclopentanone semicarbazone	16983-64-5	R6556
124	28	180	125	43	41	55	70	**181**	100	19	15	10	10	10	9	8	**6.00**	11	19	1	1	–	–	–	–	–	–	–	–	1-(1-Pyrrolidinyl)-2-methyl-4-acetylcyclobutane		00553
125	57	41	29	53	39	181	126	**181**	100	59	24	20	18	17	16	12		10	15	–	1	–	–	–	1	–	–	–	–	3-tert-Butylmercapto-4-picoline		02653
125	57	41	181	29	126	124	53	**181**	100	43	23	14	12	11	10	10		10	15	–	1	–	–	–	1	–	–	–	–	5-tert-Butylmercapto-2-picoline		02660
125	57	41	181	53	126	39	29	**181**	100	43	17	13	12	11	10	10		10	15	–	1	–	–	–	1	–	–	–	–	3-tert-Butylmercapto-5-picoline		02664
125	81	39	126	57	41	80	29	**181**	100	44	14	12	12	11	8	8	**7.00**	10	15	–	1	–	–	–	1	–	–	–	–	6-tert-Butylmercapto-2-picoline		02659
125	81	126	57	41	39	181	80	**181**	100	20	14	12	11	11	9	8		10	15	–	1	–	–	–	1	–	–	–	–	2-tert-Butylmercapto-4-picoline		02652
125	81	126	57	41	39	181	80	**181**	100	30	11	11	9	9	8	7		10	15	–	1	–	–	–	1	–	–	–	–	2-tert-Butylmercapto-5-picoline		02663
125	93	57	92	65	66	56	77	**181**	100	60	59	31	26	21	18	17	**15.00**	10	15	–	1	–	–	–	1	–	–	–	–	N-(tert-Butylthio)aniline		M1291
125	124	57	41	79	93	29	126	**181**	100	37	30	15	13	11	11	10	**5.00**	10	15	–	1	–	–	–	1	–	–	–	–	2-Picolyl tert-butyl sulphide		02661
125	124	81	126	39	57	41	79	**181**	100	13	12	11	11	10	10	8	**6.00**	10	15	–	1	–	–	–	1	–	–	–	–	2-tert-Butylmercapto-3-picoline		02662
125	164	181	55	66	42	108	166	**181**	100	88	68	48	43	42	31	30		9	11	3	1	–	–	–	–	–	–	–	–	3,5-Dioxo-4-methyl-2,3,5,6,7,8-hexahydro-4H-1,2-benzoxazine		L6626

MASS TO CHARGE RATIOS								M.W.	INTENSITIES								Parent	C	H	O	N	Cl	Br	F	S	P	B	Si	X	COMPOUND NAME	CAS Reg No	No
133	134	109	181	115	123	39	135	**181**	100	67	56	42	41	33	28	28		9	8	2	1	–	–	1	–	–	–	–	–	Benzene, 1-fluoro-4-(2-nitro-1-propenyl)-	775-31-5	Q4099
134	181	152	120	136	138	92	106	**181**	100	85	70	50	36	17	16	14		10	15	2	1	–	–	–	–	–	–	–	–	1H-Pyrrole-2-carboxylic acid, 3-ethyl-5-methyl-, ethyl ester	69687-83-8	T7219
135	181	107	134	79	163	42	52	**181**	100	48	29	28	20	17	16	15		8	7	4	1	–	–	–	–	–	–	–	–	4-Pyridinecarboxylic acid, 5-formyl-3-hydroxy-2-methyl-	7442-76-4	R3209
136	90	181	89	120	91	77	79	**181**	100	90	89	53	53	44	41	28		8	7	4	1	–	–	–	–	–	–	–	–	Benzeneacetic acid, 3-nitro-	1877-73-2	Q6940
136	165	107	182	147	137	164	135	**181**	100	55	30	28	11	10	10	8	**0.00**	9	11	3	1	–	–	–	–	–	–	–	–	L-Tyrosine	60-18-4	P5033
136	181	164	109	165	70	123	65	**181**	100	80	55	48	17	12	12	10		8	7	2	1	–	–	–	1	–	–	–	–	2H-1,4-Benzothiazin-3(4H)-one, 4-hydroxy-	21069-05-6	R9087
137	123	79	138	109	41	96	95	**181**	100	93	92	90	83	64	64	52	**49.00**	9	15	1	3	–	–	–	–	–	–	–	–	1-Acetylcyclohexene semicarbazone	7499-13-0	R3251
137	181	122	94	138	39	44	123	**181**	100	27	17	16	11	9	9	9		9	11	3	1	–	–	–	–	–	–	–	–	Acetamide, 2-(4-hydroxy-3-methoxyphenyl)-	29121-49-1	S2365
138	44	96	181	139	43	42	55	**181**	100	90	22	16	11	10	9	9		9	15	1	3	–	–	–	–	–	–	–	–	2-Amino-4-hydroxy-5-tert-butyl-6-methylpyrimidine		D1490
138	56	41	55	44	82	28	139	**181**	100	51	29	24	13	13	11	11	**1.08**	12	23	–	1	–	–	–	–	–	–	–	–	Dicyclohexylamine		C0528
138	56	181	55	41	139	30	67	**181**	100	39	16	12	11	11	8	7		12	23	–	1	–	–	–	–	–	–	–	–	Dicyclohexylamine		D1497
138	56	181	139	55	41	44	100	**181**	100	33	14	11	10	8	7	7		12	23	–	1	–	–	–	–	–	–	–	–	Dicyclohexylamine		06544
138	56	181	139	100	98	182	57	**181**	100	19	17	11	7	3	3	1		12	23	–	1	–	–	–	–	–	–	–	–	Bicyclo[2.2.1]heptan-2-amine, N,N,2,3,3-pentamethyl-	3570-07-8	Q9537
138	181	139	41	43	55	82	111	**181**	100	20	13	8	3	3	3	3		11	19	1	1	–	–	–	–	–	–	–	–	1-Penten-3-one, 4-methyl-1-(1-piperidinyl)-	13606-83-2	R4665
146	77	104	132	91	118	117	181	**181**	100	83	71	58	33	30	29	21		10	12	–	1	1	–	–	–	–	–	–	–	Aniline, N-[1-(chloromethyl)cyclopropyl]-	42540-69-2	S6934
146	181	139	166	119	130	153	131	**181**	100	99	57	57	54	52	43	36		10	12	–	1	1	–	–	–	–	–	–	–	cis-1-Chloro-5,5-dimethyl-3-cyanomethylenecyclohexene		P2659
150	50	181	104	76	75	92	120	**181**	100	50	48	38	34	23	22	15		8	7	4	1	–	–	–	–	–	–	–	–	Benzoic acid, 4-nitro-, methyl ester	619-50-1	Q2985
150	76	51	75	181	151	50	92	**181**	100	13	12	12	11	10	9	8		8	7	4	1	–	–	–	–	–	–	–	–	Benzoic acid, 2-nitro-, methyl ester	606-27-9	Q2724
150	76	104	50	75	151	74	30	**181**	100	55	40	38	30	28	26	26	**20.50**	8	7	4	1	–	–	–	–	–	–	–	–	Benzoic acid, 3-nitro-, methyl ester	618-95-1	Q2975
150	104	76	181	50	92	120		**181**	100	52	50	25	19	9	1			7	7	3	3	–	–	–	–	–	–	–	–	N-Amino-m-nitrobenzamide		L6344
150	104	181	76	164	120	50	75	**181**	100	25	23	19	17	16	16	15		8	7	4	1	–	–	–	–	–	–	–	–	Benzoic acid, 4-nitro-, methyl ester		F0056
150	106	77	28	45	181	104	79	**181**	100	79	26	24	14	14	11	10		10	15	2	1	–	–	–	–	–	–	–	–	N,N-Bis(2-hydroxyethyl)aniline		D1712
150	164	151	135	120	121	134	149	**181**	100	11	10	7	2	1	1	1	**0.00**	8	7	4	1	–	–	–	–	–	–	–	–	Benzoic acid, 2-nitro-, methyl ester		Q2725
150	181	120	118	119	117	151	106	**181**	100	56	53	31	31	19	13	12		10	15	2	1	–	–	–	–	–	–	–	–	5H-Pyrrolizine, 6,7-dihydro-7-methoxy-1-methoxymethyl-		L6167
150	181	120	119	118	117	107	151	**181**	100	57	55	34	32	19	13	12		10	15	2	1	–	–	–	–	–	–	–	–	1H-Pyrrolizine, 2,3-dihydro-1-methoxy-7-(methoxymethyl)-	28333-17-7	S2037
150	182	151	165	183	149	181	135	**181**	100	51	11	7	6	3	3	1		8	7	4	1	–	–	–	–	–	–	–	–	Benzoic acid, 2-nitro-, methyl ester	606-27-9	Q2726
152	57	181	153	101	125	100	84	**181**	100	52	31	14	12	10	9	8		9	11	3	1	–	–	–	–	–	–	–	–	2(1H)-Pyridinone, 4-hydroxy-6-methyl-3-(1-oxopropyl)-	7135-82-2	R2864
152	151	181	137	153	107	106	65	**181**	100	56	16	15	9	8	7	6		10	15	2	1	–	–	–	–	–	–	–	–	Benzeneethanamine, 3,4-dimethoxy-		B0837
152	166	181	138	42	109	84	72	**181**	100	54	53	42	30	29	26	24		9	15	1	3	–	–	–	–	–	–	–	–	2-Diethylamino-4-hydroxy-6-methylpyrimidine		D2464
152	181	108	136	138	134	93	166	**181**	100	76	61	55	48	34	21	17		10	15	2	1	–	–	–	–	–	–	–	–	1H-Pyrrole-3-carboxylic acid, 2-ethyl-5-methyl-, ethyl ester	27172-03-8	S1639
152	181	137	153	77	166	154	180	**181**	100	98	40	39	37	36	35	34		9	13	–	1	1	–	–	–	–	1	–	–	Boranamine, 1-chloro-1-ethyl-N-methyl-N-phenyl-	55702-64-2	T1882
153	107	139	78	94	120	53	67	**181**	100	32	29	29	23	19	19	16	**0.30**	9	11	3	1	–	–	–	–	–	–	–	–	1-Acetylaminobicyclo[2.2.1]hept-5-en-2-one		M0306
164	77	65	92	89	39	63	120	**181**	100	34	24	24	21	21	20	14	**6.30**	8	7	4	1	–	–	–	–	–	–	–	–	Benzoic acid, 4-methyl-2-nitro-		F0029
164	90	79	77	105	181	86	67	**181**	100	89	46	29	29	29	25	24		11	19	1	1	–	–	–	–	–	–	–	–	1-Naphthalenamine, 1,2,3,4,4a,5,8,8a-octahydro-N-hydroxy-3-methyl-, 1S-($1\alpha,3\beta,4a\beta,8a\beta$)-	69686-58-4	T7208
165	89	63	90	119	30	78	39	**181**	100	79	56	26	25	23	20	18	**0.00**	8	7	4	1	–	–	–	–	–	–	–	–	Benzoic acid, 4-methyl-3-nitro-	96-98-0	P7087
166	58	109	138	167	41	67	55	**181**	100	25	17	16	13	11	10	8	**2.00**	12	23	–	1	–	–	–	–	–	–	–	–	2,2,4-Trimethyldecahydroquinoline		D1264
166	130	168	167	75.5	146	93	169	**181**	100	50	40	23	17	14	9	8	**0.40**	5	16	–	1	1	–	–	–	–	–	2	–	Pentamethylchlorodisilazane		L2120
166	130	168	167	146	93	169	73	**181**	100	99	90	52	31	20	18	18	**1.20**	5	16	–	1	1	–	–	–	–	–	2	–	Pentamethylchlorodisilazane	3449-23-8	Q9405
166	138	134	181	106	43	78	104	**181**	100	47	22	22	20	18	18	18		9	11	3	1	–	–	–	–	–	–	–	–	3-Carbomethoxy-5-(1′-hydroxyethyl)pyridine		P2554
166	152	84	138	181	109	72	69	**181**	100	68	47	36	34	28	26	23		9	15	1	3	–	–	–	–	–	–	–	–	2-Diethylamino-4-hydroxy-6-methylpyrimidine		D2815
166	181	56	98	167	82	182	69	**181**	100	63	21	16	12	10	10	8		9	11	3	1	–	–	–	–	–	–	–	–	2(1H)-Pyridinone, 3-acetyl-4-hydroxy-1,6-dimethyl		M3434
166	181	56	98	167	82	182	69	**181**	100	62	21	16	12	9	9	7		9	11	3	1	–	–	–	–	–	–	–	–	2(1H)-Pyridinone, 3-acetyl-4-hydroxy-1,6-dimethyl-	7202-55-3	R2923
166	181	120	138	136	107	92	108	**181**	100	82	75	43	37	29	15	14		10	15	2	1	–	–	–	–	–	–	–	–	1H-Pyrrole-2-carboxylic acid, 5-ethyl-4-methyl-, ethyl ester	69687-82-7	T7218
166	181	165	139	152	140			**181**	100	57	43	34	13	10				13	11	–	1	–	–	–	–	–	–	–	–	9-Methylcarbazole		M5015
180	104	77	181	78	51	105	152	**181**	100	55	45	39	20	15	9	5		13	11	–	1	–	–	–	–	–	–	–	–	Benzophenonimine		L7508
180	104	77	181	78	51	182	105	**181**	100	56	48	46	20	19	6	5		13	11	–	1	–	–	–	–	–	–	–	–	Benzophenonimine	1013-88-3	Q5066
180	179	181	154	92	178	78	153	**181**	100	53	22	17	11	10	9	8		13	11	–	1	–	–	–	–	–	–	–	–	Phenanthridine, 5,6-dihydro-	27799-79-7	S1855
180	181	77	51	104	78	182	50	**181**	100	91	77	26	17	17	15	7		13	11	–	1	–	–	–	–	–	–	–	–	Aniline, N-benzylidene-	538-51-2	Q1764
180	181	77	51	182	104	78	76	**181**	100	96	47	15	13	12	11	5		13	11	–	1	–	–	–	–	–	–	–	–	Aniline, N-benzylidene-		D0411
180	181	152	51	76	77	63	50	**181**	100	58	22	18	12	11	11	9		13	11	–	1	–	–	–	–	–	–	–	–	3-Styrylpyridine		L4641
180	181	152	76	153	51	166	154	**181**	100	87	16	8	8	8	7	6		13	11	–	1	–	–	–	–	–	–	–	–	4-Styrylpyridine		L4642
180	181	152	78	77	79	90	76	**181**	100	25	9	7	7	5	5	4		13	11	–	1	–	–	–	–	–	–	–	–	2-Styrylpyridine		L4640
181	42	68	96	28	124	29	40	**181**	100	91	87	52	52	43	43	42		10	15	2	1	–	–	–	–	–	–	–	–	2-(Morpholinomethylene)-3,4-dihydropyran		00548
181	42	152	43	108	80	44	45	**181**	100	78	77	76	61	55	43	36		10	15	2	1	–	–	–	–	–	–	–	–	3-Ethoxycarbonyl-7,8-dihydroquinuclidine		M7857

MASS TO CHARGE RATIOS								M.W.	INTENSITIES								Parent	C	H	O	N	Cl	Br	F	S	P	B	Si	X	COMPOUND NAME	CAS Reg No	No
181	70	53	166	39	51	52	41	**181**	100	67	30	25	17	14	14	13		9	11	1	1	–	–	–	1	–	–	–	–	**Thiazolo[3,2-a]pyridinium, 2,3-dihydro-8-hydroxy-2,5-dimethyl-, hydroxide, inner salt**	23933-08-6	**S0409**
181	76	129	75	182	50	77	51	**181**	100	98	38	15	12	12	12	3		9	3	–	5	–	–	–	–	–	–	–	–	**2,3-Dicyanopyrido[2,3-b]pyrazine**		**17174**
181	84	58	100	28	43	41	166	**181**	100	95	85	80	80	67	47	45		11	19	1	1	–	–	–	–	–	–	–	–	**4-Cyclohexyliminopentan-2-one**		**D1289**
181	108	139	109	166	180	28	94	**181**	100	79	48	45	35	30	30	29		11	19	1	1	–	–	–	–	–	–	–	–	**1-Morpholino-4-methylcyclohexene**		**04492**
181	110	86	126	113	106	138	107	**181**	100	30	25	24	23	17	15	9		6	7	–	5	–	–	–	1	–	–	–	–	**7-Methyl-5-methylmercaptotetrazolo[1,5-a]pyrimidine**		**M5031**
181	135	28	134	93	43	108	53	**181**	100	31	24	21	21	20	18	15		6	7	–	5	–	–	–	1	–	–	–	–	**1H-Purine-2-amine, 6-(methylthio)-**	1198-47-6	**Q5724**
181	146	39	166	119	41	139	130	**181**	100	97	74	60	57	51	51	49		10	12	–	1	1	–	–	–	–	–	–	–	**trans-1-Chloro-5,5-dimethyl-3-cyanomethylenecyclohexene**		**P2658**
181	148	108	45	180	69	15	135	**181**	100	60	32	26	22	17	17	15		8	7	–	1	–	–	–	2	–	–	–	–	**Benzothiazole, 2-(methylthio)-**	615-22-5	**H0935**
181	148	108	180	69	45	136	149	**181**	100	77	39	28	21	18	18	14		8	7	–	1	–	–	–	2	–	–	–	–	**Benzothiazole, 2-(methylthio)-**	615-22-5	**Q2909**
181	148	108	180	135	136	69	122	**181**	100	69	43	20	16	16	14	13		8	7	–	1	–	–	–	2	–	–	–	–	**Benzothiazole, 2-(methylthio)-**		**16572**
181	148	136	45	104	108	69	77	**181**	100	50	28	20	20	16	16	14		8	7	–	1	–	–	–	2	–	–	–	–	**2(3H)-Benzothiazolethione, 3-methyl-**	2254-94-6	**Q7735**
181	148	136	122	149	111	121	182	**181**	100	35	16	13	11	10	10	10		8	7	–	1	–	–	–	2	–	–	–	–	**2(3H)-Benzothiazolethione, 3-methyl-**		**16575**
181	149	95	182	59	15	106	107	**181**	100	36	13	10	10	10	9	8		9	11	3	1	–	–	–	–	–	–	–	–	**Carbamic acid, (3-methoxyphenyl)-, methyl ester**	51422-77-6	**S7656**
181	152	42	43	108	80	44	136	**181**	100	78	75	74	60	53	41	35		10	15	2	1	–	–	–	–	–	–	–	–	**1-Azabicyclo[2.2.2]oct-2-ene-3-carboxylic acid, ethyl ester**	6238-32-0	**R2161**
181	153	125	152	137	182	44	53	**181**	100	34	32	16	12	11	6	6		9	11	3	1	–	–	–	–	–	–	–	–	**2(1H)-Pyridinone, 1-ethyl-3-formyl-6-hydroxy-4-methyl-**		**D1487**
181	164	91	32	109	43	39	77	**181**	100	93	53	28	27	25	25	24		9	11	3	1	–	–	–	–	–	–	–	–	**2,4,6-Trimethyl-3-nitrophenol**		**05956**
181	180	78	51	79	105	182	94	**181**	100	94	75	26	18	17	13	10		13	11	–	1	–	–	–	–	–	–	–	–	**Aniline, N-benzylidene-**	538-51-2	**Q1765**
181	180	152	90	166	140	76	63	**181**	100	56	15	11	9	8	7	7		13	11	–	1	–	–	–	–	–	–	–	–	**9-Methylcarbazole**		**Y1996**
181	180	152	90	182	153	76	165	**181**	100	66	17	14	14	8	7	7		13	11	–	1	–	–	–	–	–	–	–	–	**9H-Fluoren-2-amine**	153-78-6	**Q0012**
181	180	152	90.5	182	140	166	151	**181**	100	53	22	14	14	11	9	7		13	11	–	1	–	–	–	–	–	–	–	–	**9-Methylcarbazole**		**L7851**
181	180	182	164	183	152	179	178	**181**	100	71	14	9	9	9	8	6		13	11	–	1	–	–	–	–	–	–	–	–	**9H-Carbazole, 2-methyl-**	3652-91-3	**Q9616**
181	180	182	179	90	77	152	178	**181**	100	73	14	13	11	11	9	6		13	11	–	1	–	–	–	–	–	–	–	–	**9H-Carbazole, 2-methyl-**	3652-91-3	**Q9615**
181	180	182	179	90.5	96.5	90	77	**181**	100	73	14	13	12	11	11	11		13	11	–	1	–	–	–	–	–	–	–	–	**9H-Carbazole, 2-methyl-**		**W0107**
182	125	141	71	123	122	153	140	**181**	100	43	35	35	35	33	33	26	**14.75**	9	8	2	1	–	–	1	–	–	–	–	–	**Benzene, 1-fluoro-4-(2-nitro-1-propenyl)-**	775-31-5	**Q4100**
182	150	183	165	151	120	135	119	**181**	100	85	50	27	18	10	10	8	**0.00**	8	7	4	1	–	–	–	–	–	–	–	–	**Benzoic acid, 3-nitro-, methyl ester**	618-95-1	**Q2977**
182	164	183	165	138	120	166	121	**181**	100	57	10	5	4	2	2	1	**1.00**	8	7	4	1	–	–	–	–	–	–	–	–	**Benzeneacetic acid, 2-nitro-**	3740-52-1	**Q9761**
182	183	137	165	166	164	184	152	**181**	100	8	3	3	3	2	2	1	**1.00**	8	7	4	1	–	–	–	–	–	–	–	–	**Benzeneacetic acid, 3-nitro-**		**P3981**
182	183	181	150	165	180	184		**181**	100	10	5	3	2	1	1			8	7	4	1	–	–	–	–	–	–	–	–	**Benzoic acid, 3-nitro-, methyl ester**	618-95-1	**Q2976**
28	36	56	54	29	38	55	111	**182**	100	79	74	42	29	26	26	11	**0.00**	6	12	–	2	2	–	–	–	–	–	–	–	**Propanimidamide, N-(1-chloro-1-propenyl)-, monohydrochloride**	40645-62-3	**S6377**
30	28	44	182	39	78	52	63	**182**	100	69	58	56	55	52	45	45		7	6	4	2	–	–	–	–	–	–	–	–	**Benzene, 4-methyl-1,2-dinitro-**	610-39-9	**Q2794**
30	55	139	41	83	125	27	29	**182**	100	85	82	70	67	64	56	42	**16.19**	12	22	1	–	–	–	–	–	–	–	–	–	**Cyclohexanol, 1-(1-hexenyl)-, (E)-**	34678-40-5	**S4704**
30	89	182	90	136	106	64	51	**182**	100	99	68	61	55	43	17	15		7	6	4	2	–	–	–	–	–	–	–	–	**Benzene, 1-methyl-3,5-dinitro-**		**00169**
30	100	182	124	136	75	152	50	**182**	100	80	79	45	45	37	35	32		7	3	2	2	1	–	–	–	–	–	–	–	**Benzonitrile, 5-chloro-2-nitro-**	34662-31-2	**S4697**
30	100	182	136	75	124	138	184	**182**	100	81	73	72	37	36	25	24		7	3	2	2	1	–	–	–	–	–	–	–	**Benzonitrile, 2-chloro-6-nitro-**	6575-07-1	**R2378**
30	153	106	43	136	152	78	140	**182**	100	77	56	35	26	21	20	12	**1.92**	7	10	2	4	–	–	–	–	–	–	–	–	**1,2-Ethanediamine, N-(5-nitro-2-pyridinyl)-**	29602-39-9	**S2584**
30	182	39	78	63	52	77	89	**182**	100	56	55	52	45	45	42	41		7	6	4	2	–	–	–	–	–	–	–	–	**Benzene, 4-methyl-1,2-dinitro-**		**00162**
30	182	136	100	28	75	124	184	**182**	100	86	74	71	59	33	33	27		7	3	2	2	1	–	–	–	–	–	–	–	**Benzonitrile, 2-chloro-6-nitro-**		**03544**
31	132	29	134	36	49	69	99	**182**	100	15	11	9	8	5	4	3	**0.00**	3	3	1	–	2	–	3	–	–	–	–	–	**2,3,3-Trifluoro-2,3-dichloropropanol**		**A0755**
32	40	55	117	119	84	121	182	**182**	100	64	19	18	17	12	9	2		12	22	1	–	–	–	–	–	–	–	–	–	**4-Cycloocten-1-ol, 8-butyl-, (1α,4Z,8β)-**	68344-56-9	**T6931**
41	43	55	56	57	70	69	29	**182**	100	85	78	52	51	46	44	43	**7.92**	13	26	–	–	–	–	–	–	–	–	–	–	**1-Tridecene**		**C1077**
41	43	55	57	56	69	70	83	**182**	100	84	69	49	46	41	40	37	**3.51**	13	26	–	–	–	–	–	–	–	–	–	–	**1-Tridecene**		**Y1833**
41	43	55	57	56	69	83	70	**182**	100	90	81	60	59	58	58	56	**7.07**	13	26	–	–	–	–	–	–	–	–	–	–	**1-Tridecene**		**V0032**
41	54	55	43	29	67	27	68	**182**	100	82	74	65	61	57	42	36	**0.20**	12	22	1	–	–	–	–	–	–	–	–	–	**trans-Dodec-5-enal**		**P3914**
41	54	55	67	29	43	68	98	**182**	100	80	71	60	55	51	51	40	**0.80**	12	22	1	–	–	–	–	–	–	–	–	–	**cis-Dodec-5-enal**		**P3913**
41	55	57	29	43	71	42	39	**182**	100	90	59	56	55	53	36	35	**23.47**	12	22	1	–	–	–	–	–	–	–	–	–	**Cyclododecanone**		**C1317**
41	55	58	71	29	27	43	42	**182**	100	86	54	51	50	50	48	37	**0.00**	12	22	1	–	–	–	–	–	–	–	–	–	**Cyclododecanone**	830-13-7	**H1088**
41	93	69	39	79	27	77	68	**182**	100	92	91	42	26	24	24	23	**0.00**	11	18	2	–	–	–	–	–	–	–	–	–	**2,6-Octadien-1-ol, 3,7-dimethyl-, formate, (E)-**	105-86-2	**P7825**
41	105	58	77	107	42	120	79	**182**	100	98	86	58	43	21	17	16	**0.00**	7	12	1	–	2	–	–	–	–	–	–	–	**4-Heptanone, 1,7-dichloro-**	40624-07-5	**S6365**
41	125	27	55	43	29	83	40	**182**	100	70	41	38	36	30	27	27	**1.12**	12	27	–	–	–	–	–	–	–	1	–	–	**Borane, tributyl-**		**W0011**
42	41	30	182	81	55	95	43	**182**	100	93	70	69	60	58	52	49		10	18	1	2	–	–	–	–	–	–	–	–	**3-Azabicyclo[3.2.1]octane, 1,8,8-trimethyl-3-nitroso-**	4074-30-0	**R0063**
42	56	68	83	82	84	85	70	**182**	100	85	46	36	34	34	34	33	**1.00**	12	22	1	–	–	–	–	–	–	–	–	–	**13-Oxabicyclo[10.1.0]tridecane**	286-99-7	**Q0219**
42	155	39	153	27	41	140	184	**182**	100	56	47	43	38	27	24	21	**16.45**	5	8	–	–	1	1	–	–	–	–	–	–	**1-Pentene, 1-bromo-1-chloro-**	55683-03-9	**06774**
43	41	55	69	39	85	97	139	**182**	100	47	47	32	20	17	17	8	**1.00**	11	18	2	–	–	–	–	–	–	–	–	–	**3-Acetyl-2,2,4-trimethylcyclohexanone**		**M2629**

MASS TO CHARGE RATIOS								M.W.	INTENSITIES								Parent	C	H	O	N	Cl	Br	F	S	P	B	Si	X	COMPOUND NAME	CAS Reg No	No
43	41	59	64	42	75	74	124	**182**	100	61	26	18	17	15	13	12	**11.00**	6	14	2	–	–	–	–	2	–	–	–	–	S-Isopropyl 2-propanesulphonothioate		**16042**
43	41	68	54	69	79	39	27	**182**	100	48	26	22	19	16	15	12	**0.00**	11	18	2	–	–	–	–	–	–	–	–	–	trans,cis-Nona-2,6-dienyl acetate		**P3905**
43	41	69	139	55	167	81	57	**182**	100	82	74	59	58	43	38	37	**3.00**	11	18	2	–	–	–	–	–	–	–	–	–	2(3H)-Benzofuranone, hexahydro-4,4,7a-trimethyl-	16778-27-1	**R6456**
43	41	76	75	61	27	42	103	**182**	100	32	24	18	18	14	11	10	**3.00**	6	14	2	–	–	–	–	2	–	–	–	–	S,S-Dioxobis(isopropyl)disulphide		**D2345**
43	41	112	55	69	79	122	107	**182**	100	44	38	33	22	18	18	17	**1.12**	11	18	2	–	–	–	–	–	–	–	–	–	2(1H)-Naphthalenone, octahydro-8a-hydroxy-4a-methyl-, cis-	4707-07-7	**R0734**
43	55	41	125	182	153	69	167	**182**	100	39	28	27	23	18	15	15		12	22	1	–	–	–	–	–	–	–	–	–	3-Octen-2-one, 3-butyl-	32064-71-4	**S3468**
43	55	41	125	182	153	69	167	**182**	100	38	27	25	23	18	15	13		12	22	1	–	–	–	–	–	–	–	–	–	3-Octen-2-one, 3-butyl-		**M2308**
43	58	71	41	55	59	82	69	**182**	100	90	37	32	32	23	17	12	**3.00**	12	22	1	–	–	–	–	–	–	–	–	–	11-Dodecen-2-one	5009-33-6	**R1013**
43	71	112	41	27	83	55	57	**182**	100	94	26	18	14	8	8	8	**4.80**	10	11	2	–	–	–	1	–	–	–	–	–	Butyric acid, m-fluorophenyl ester	29052-04-8	**S2330**
43	71	112	41	27	83	57	39	**182**	100	81	60	20	17	13	11	8	**4.40**	10	11	2	–	–	–	1	–	–	–	–	–	Butyric acid, p-fluorophenyl ester	587-89-3	**Q2354**
43	79	94	110	80	41	83	55	**182**	100	24	16	16	15	12	8	7	**2.00**	10	14	3	–	–	–	–	–	–	–	–	–	Bicyclo[2.2.2]octanone, 4-(acetyloxy)-	56324-76-6	**T3486**
43	97	112	83	69	41	59	55	**182**	100	94	87	81	47	41	37	32	**0.00**	11	18	2	–	–	–	–	–	–	–	–	–	1,3-Dioxolane, 2,2-dimethyl-4,5-di-1-propenyl-	36334-88-0	**S5208**
43	98	122	84	107	41	55	109	**182**	100	60	60	45	45	30	22	20	**0.00**	11	18	2	–	–	–	–	–	–	–	–	–	2-Cyclohexen-1-ol, 2,6,6-trimethyl-, acetate	54345-58-3	**S8902**
43	107	123	138	41	91	79	122	**182**	100	45	44	42	15	12	10	10	**0.00**	11	18	2	–	–	–	–	–	–	–	–	–	4-Heptyn-2-one, 6-hydroxy-3-methyl-3-isopropyl-	63922-57-6	**T6333**
43	112	97	41	69	83	59	55	**182**	100	99	78	45	33	30	27	26	**0.00**	11	18	2	–	–	–	–	–	–	–	–	–	1,3-Dioxolane, 2,2-dimethyl-4,5-diisopropenyl-	36334-87-9	**S5207**
43	139	83	27	55	28	126	111	**182**	100	81	71	45	44	43	43	38	**1.21**	9	15	3	–	–	–	–	–	–	1	–	–	1,3,2-Dioxaborolane, 4-acetyl-2-ethyl-4-methyl-5-vinyl-	74646-08-5	**T8259**
43	167	182	169	184	147	89	171	**182**	100	56	32	27	22	16	12	6		6	8	2	–	2	–	–	–	–	–	–	–	3-Penten-2-one, 5,5-dichloro-4-methoxy-, (E)-	61203-75-6	**T5565**
43	182	75	41	76	27	47	150	**182**	100	58	53	47	24	21	16	15		6	14	–	–	–	–	–	3	–	–	–	–	Dipropyltrisulphide		**03443**
43	182	91	61	58	60	59	42	**182**	100	99	47	39	19	15	10	8		8	10	1	2	–	–	–	1	–	–	–	–	Carbazic acid, 3-phenylthio-, O-methyl ester	20184-98-9	**R8532**
44	28	182	167	71	18	153	124	**182**	100	90	67	43	40	28	24	22		7	14	–	6	–	–	–	–	–	–	–	–	Tetramethylmelamine		**D0653**
45	31	39	94	44	43	65	77	**182**	100	87	84	71	54	51	51	45	**29.50**	10	14	3	–	–	–	–	–	–	–	–	–	Diethylene glycol monophenyl ether		**C2097**
45	46	47	79	182	92	44	42	**182**	100	76	62	55	36	31	26	22		4	6	4	–	–	–	–	2	–	–	–	–	Acetic acid, 2,2′-dithiobis-	505-73-7	**Q1411**
45	94	77	182	121	65	89	51	**182**	100	55	32	26	13	11	9	8		10	14	3	–	–	–	–	–	–	–	–	–	2-(2-Phenoxyethoxy)ethanol		**Z1333**
46	30	43	31	29	28	32	18	**182**	100	50	27	27	21	13	8	7	**0.00**	3	6	7	2	–	–	–	–	–	–	–	–	Glycerol 1,3-dinitrate		**01638**
46	30	43	31	29	28	44	45	**182**	100	51	28	28	22	13	6	6	**0.00**	3	6	7	2	–	–	–	–	–	–	–	–	Glycerol 1,3-dinitrate		**L3329**
49	67	117	147	51	69	115	149	**182**	100	77	72	70	38	26	25	23	**0.26**	3	3	1	–	2	–	3	–	–	–	–	–	Ethane, 2-chloro-1-(chloromethoxy)-1,1,2-trifluoro-	428-92-2	**Q0702**
50	47	69	31	116	119	97	28	**182**	100	68	28	22	15	10	10	4	**0.00**	3	–	2	–	–	–	6	–	–	–	–	–	Perfluoro-1,3-dioxolane		**L8394**
55	41	43	69	56	70	57	83	**182**	100	96	74	72	55	42	40	36	**13.01**	13	26	–	–	–	–	–	–	–	–	–	–	6-Tridecene	24949-38-0	**S0877**
55	41	58	71	28	43	98	83	**182**	100	85	59	57	49	46	45	32	**16.23**	12	22	1	–	–	–	–	–	–	–	–	–	Cyclododecanone		**D1255**
55	41	83	111	125	43	42	84	**182**	100	98	82	43	41	41	39	32	**3.00**	11	18	2	–	–	–	–	–	–	–	–	–	5-Pentylcyclohexan-1,3-dione		**L1091**
55	41	111	139	43	69	83	182	**182**	100	94	49	40	36	36	35	33		12	22	1	–	–	–	–	–	–	–	–	–	2-Octenal, 2-butyl-	13019-16-4	**R4137**
55	43	41	97	70	56	57	69	**182**	100	82	61	57	47	36	29	29	**0.11**	8	16	–	–	2	–	–	–	–	–	–	–	1,2-Dichlorooctane		**C0251**
55	57	70	125	69	83	97	113	**182**	100	55	31	28	15	13	10	6	**3.00**	12	22	1	–	–	–	–	–	–	–	–	–	1-Propanone, 1-(2-tert-butylcyclopropyl)-2,2-dimethyl-, trans-	35606-02-1	**S5019**
55	69	41	56	70	83	57	43	**182**	100	82	73	60	51	50	29	26	**21.33**	13	26	–	–	–	–	–	–	–	–	–	–	4-Nonene, 5-butyl-		**Y1834**
55	69	41	56	71	83	57	43	**182**	100	82	74	60	52	50	31	27	**15.60**	13	26	–	–	–	–	–	–	–	–	–	–	4-Nonene, 5-butyl-		**Y1782**
55	69	41	83	70	56	57	29	**182**	100	86	78	58	52	52	49	48	**21.00**	13	26	–	–	–	–	–	–	–	–	–	–	4-Nonene, 5-butyl-		**V0033**
55	103	45	39	61	47	79	87	**182**	100	77	25	12	12	9	8	8	**1.00**	6	14	–	–	–	–	–	3	–	–	–	–	Disulphide, methyl 2-methyl-1-(methylthio)propyl	69078-81-5	**T7005**
55	111	126	41	43	125	70	97	**182**	100	92	53	49	36	32	31	19	**0.00**	12	22	1	–	–	–	–	–	–	–	–	–	7-Dodecen-6-one	32064-76-9	**S3479**
55	111	126	41	70	43	125	97	**182**	100	93	53	50	44	38	32	19	**2.00**	12	22	1	–	–	–	–	–	–	–	–	–	7-Dodecen-6-one	32064-76-9	**S3478**
55	111	126	41	125	43	70	97	**182**	100	92	54	48	33	33	32	19	**0.00**	12	22	1	–	–	–	–	–	–	–	–	–	Dodec-5-en-7-one		**M2313**
55	125	57	70	83	69	97	56	**182**	100	25	22	17	13	12	9	5	**5.00**	12	22	1	–	–	–	–	–	–	–	–	–	1-Propanone, 1-(2-tert-butylcyclopropyl)-2,2-dimethyl-, cis-	35606-03-2	**S5020**
55	139	65	98	41	43	83	70	**182**	100	93	72	59	52	48	43	33	**6.00**	12	22	1	–	–	–	–	–	–	–	–	–	Cyclohexanone, 4-ethyl-4-methyl-3-isopropyl-, trans-	55821-16-4	**T2122**
56	69	57	55	41	70	43	83	**182**	100	60	55	53	47	33	30	19	**2.05**	13	26	–	–	–	–	–	–	–	–	–	–	Cyclopentane, 3-hexyl-1,1-dimethyl-	61142-65-2	**T5495**
57	41	69	43	71	70	55	29	**182**	100	98	84	81	62	51	49	32	**0.26**	13	26	–	–	–	–	–	–	–	–	–	–	2-Undecene, 4,5-dimethyl-, [R*,S*-(Z)]-	55170-93-9	**T0526**
57	69	70	41	43	71	55	56	**182**	100	77	75	71	67	57	39	35	**13.85**	13	26	–	–	–	–	–	–	–	–	–	–	2-Undecane, 2,5-dimethyl-		**S7159**
57	69	70	43	41	71	55	56	**182**	100	80	75	73	70	57	42	36	**7.87**	13	26	–	–	–	–	–	–	–	–	–	–	2-Undecene, 2,5-dimethyl-	49622-16-4	**S7161**
57	70	69	71	43	41	55	56	**182**	100	85	77	62	59	49	36	33	**20.58**	13	26	–	–	–	–	–	–	–	–	–	–	2-Undecene, 2,5-dimethyl-	49622-16-4	**S7160**
57	96	81	86	41	43	55	71	**182**	100	83	52	45	43	42	31	25	**0.00**	10	14	3	–	–	–	–	–	–	–	–	–	1,3-Cyclopentanedione, 4-hydroxy-5-(3-methyl-1-butenyl)-	57156-89-5	**T4331**
59	41	124	43	55	73	70	182	**182**	100	60	53	38	37	27	17	15		10	18	1	2	–	–	–	–	–	–	–	–	2-Octenal, N-methyl-N-formylhydrazone		**16839**
59	87	123	69	51	27	119	125	**182**	100	99	78	77	69	57	53	50	**17.10**	6	8	2	–	2	–	–	–	–	–	–	–	Cyclopropanecarboxylic acid, 2,2-dichloro-1-methyl-, methyl ester	1447-13-8	**Q5989**
61	45	105	60	91	104	47	59	**182**	100	62	51	29	26	21	18	17	**0.70**	6	14	2	–	–	–	–	2	–	–	–	–	1,2-Di(2-hydroxyethylthio)ethane		**X1640**
61	103	43	41	59	75	45	60	**182**	100	83	54	28	21	16	14	11	**1.00**	6	14	–	–	–	–	–	3	–	–	–	–	Disulphide, methyl 1-(propylthio)ethyl	69078-87-1	**T7011**
67	103	41	39	66	105	68	183	**182**	100	25	21	12	12	8	6	6	**4.40**	5	8	–	–	1	1	–	–	–	–	–	–	Cyclopentane, 1-bromo-2-chloro-, cis-	37722-39-7	**S5585**
67	103	41	39	105	68	27	65	**182**	100	31	20	15	10	8	4	4	**2.75**	5	8	–	–	1	1	–	–	–	–	–	–	Cyclopentane, 1-bromo-2-chloro-, trans-	14376-82-0	**R5178**
67	140	81	96	87	123	79	182	**182**	100	91	88	86	66	53	47	45		11	18	2	–	–	–	–	–	–	–	–	–	Methyl 3-methyloctahydropentalene-1-carboxylate		**Z1332**
68	95	110	41	94	27	55	67	**182**	100	96	48	45	42	39	39	37	**8.01**	10	14	3	–	–	–	–	–	–	–	–	–	1,3-Isobenzofurandione, hexahydro-4,7-dimethyl-	54644-18-7	**S9357**

MASS TO CHARGE RATIOS								M.W.	INTENSITIES								Parent	C	H	O	N	Cl	Br	F	S	P	B	Si	X	COMPOUND NAME	CAS Reg No	No
68	122	81	95	71	43	128	55	**182**	100	87	80	52	48	46	43	40	**6.00**	10	14	3	–	–	–	–	–	–	–	–	–	Diplodialide-A		P1595
69	41	55	56	29	57	27	43	**182**	100	97	83	62	55	49	43	41	**17.62**	13	26	–	–	–	–	–	–	–	–	–	–	Cyclohexane, 2-butyl-1,1,3-trimethyl-	54676-39-0	S9417
69	41	56	55	84	70	43	29	**182**	100	64	56	45	33	32	22	20	**2.03**	13	26	–	–	–	–	–	–	–	–	–	–	2-Dodecene, 4-methyl-	56851-45-7	T4235
69	41	57	43	70	71	55	29	**182**	100	78	62	59	50	45	44	28	**0.17**	13	26	–	–	–	–	–	–	–	–	–	–	2-Undecene, 4,5-dimethyl-, [R*,R*-(E)]-	55170-92-8	T0523
69	41	68	93	136	67	70	121	**182**	100	35	21	15	11	6	6	6	**0.40**	11	18	2	–	–	–	–	–	–	–	–	–	2,6-Octadien-1-ol, 3,7-dimethyl-, formate, (E)-	105-86-2	H0312
69	41	108	109	139	67	68	107	**182**	100	51	32	22	20	13	13	13	**9.00**	11	18	2	–	–	–	–	–	–	–	–	–	Methyl γ-geranate		I4838
69	41	114	83	123	53	70	82	**182**	100	48	29	14	12	6	6	6	**2.00**	11	18	2	–	–	–	–	–	–	–	–	–	2,6-Octadienoic acid, 3,7-dimethyl-, methyl ester, (E)-	1189-09-9	Q5633
69	41	114	83	123	82	53	67	**182**	100	52	40	21	13	10	7	7	**6.86**	11	18	2	–	–	–	–	–	–	–	–	–	2,6-Octadienoic acid, 3,7-dimethyl-, methyl ester, (Z)-	1862-61-9	Q6923
69	41	114	83	123	82	53	151	**182**	100	56	33	17	16	8	6	6	**2.00**	11	18	2	–	–	–	–	–	–	–	–	–	2,6-Octadienoic acid, 3,7-dimethyl-, methyl ester, (E)-		L5671
69	41	114	83	123	82	122	53	**182**	100	57	34	17	16	8	7	6	**3.00**	11	18	2	–	–	–	–	–	–	–	–	–	2,6-Octadienoic acid, 3,7-dimethyl-, methyl ester	2349-14-6	Q7868
69	43	73	111	55	60	83	153	**182**	100	95	87	80	47	35	34	30	**8.00**	10	18	1	2	–	–	–	–	–	–	–	–	1-Octen-3-one, N-methyl-N-formylhydrazone		I6846
69	55	41	83	57	43	29	39	**182**	100	55	45	40	35	31	21	15	**0.00**	12	22	1	–	–	–	–	–	–	–	–	–	1-Dodecyn-4-ol	74646-36-9	T8278
69	55	83	41	56	111	57	70	**182**	100	76	63	50	46	40	40	37	**6.51**	13	26	–	–	–	–	–	–	–	–	–	–	Cyclopentane, 1-pentyl-2-propyl-	62199-51-3	T5928
69	55	83	56	41	57	70	125	**182**	100	62	57	45	39	38	31	28	**5.61**	13	26	–	–	–	–	–	–	–	–	–	–	Cyclopentane, 1,2-dibutyl-	62199-52-4	T5930
69	56	41	57	55	70	43	83	**182**	100	69	55	33	29	23	22	15	**14.00**	13	26	–	–	–	–	–	–	–	–	–	–	2-Dodecene, 2-methyl-	55103-82-7	T0289
69	84	41	43	97	85	39	29	**182**	100	82	29	10	9	6	6	6	**1.91**	12	22	1	–	–	–	–	–	–	–	–	–	Dodec-2-en-4-one		C0458
69	113	139	119	182	71	85	147	**182**	100	80	80	17	16	12	10	10		7	9	2	–	–	–	3	–	–	–	–	–	2,4-Heptanedione, 1,1,1-trifluoro-	33284-43-4	S4045
70	41	44	67	55	82	85	39	**182**	100	70	54	54	47	40	38	37	**5.00**	11	18	2	–	–	–	–	–	–	–	–	–	1-Oxaspiro[4.4]nonan-4-one, 2-isopropyl-	34003-75-3	S4511
70	43	41	57	55	83	29	69	**182**	100	94	89	76	74	62	55	43	**0.60**	12	22	1	–	–	–	–	–	–	–	–	–	2-Dodecenal	4826-62-4	R0855
70	55	56	41	126	69	57	43	**182**	100	80	63	46	44	36	35	34	**8.11**	13	26	–	–	–	–	–	–	–	–	–	–	Cyclobutane, 3-hexyl-1,1,2-trimethyl-	62338-52-7	T6173
70	55	56	126	69	97	57	83	**182**	100	64	57	50	38	36	36	33	**1.11**	13	26	–	–	–	–	–	–	–	–	–	–	Cyclobutane, 3-hexyl-1,1,2-trimethyl-, cis-	49622-21-1	S7169
70	69	55	56	41	140	57	42	**182**	100	33	31	29	24	13	12	10	**0.03**	13	26	–	–	–	–	–	–	–	–	–	–	Cyclobutane, 2-hexyl-1,1,4-trimethyl-	62338-53-8	T6176
70	69	56	55	140	57	41	84	**182**	100	31	27	25	20	12	12	9	**0.09**	13	26	–	–	–	–	–	–	–	–	–	–	Cyclobutane, 2-hexyl-1,1,4-trimethyl-, cis-	49622-19-7	S7167
70	71	43	55	69	41	105	57	**182**	100	91	73	35	27	24	17	12	**0.00**	13	26	–	–	–	–	–	–	–	–	–	–	Cyclohexane, (1,2,2-trimethylbutyl)-	61142-21-0	T5408
70	122	43	78	111	140	93	55	**182**	100	92	79	68	68	59	52	38	**22.70**	11	18	2	–	–	–	–	–	–	–	–	–	Bicyclo[2.2.2]octan-1-ol, 4-methyl-, acetate	54644-25-6	S9360
71	43	55	97	70	83	41	69	**182**	100	66	49	48	48	40	28	19	**0.00**	13	26	–	–	–	–	–	–	–	–	–	–	Cyclohexane, (3,3-dimethylpentyl)-	61142-22-1	T5410
75	108	107	77	147	39	79	91	**182**	100	86	76	62	33	32	32	27	**18.10**	10	11	1	–	1	–	–	–	–	–	–	–	3-Chloroallyl o-tolyl ether		Z1328
75	108	147	77	107	39	91	182	**182**	100	55	55	52	50	28	23	22		10	11	1	–	1	–	–	–	–	–	–	–	3-Chloroallyl m-methylphenyl ether		Z1330
75	120	47	45	29	79	61	182	**182**	100	61	38	22	15	13	12	11		6	14	–	–	–	–	–	3	–	–	–	–	3,5,7-Trithianonane		X1635
77	51	105	182	78	152	50	153	**182**	100	25	24	16	7	6	4	3		12	10	–	2	–	–	–	–	–	–	–	–	Diazene, diphenyl-	103-33-3	P7622
77	51	182	181	52	79	78	155	**182**	100	96	84	81	77	74	57	44		12	10	–	2	–	–	–	–	–	–	–	–	Pyridine, 2-(N-phenylformimidoyl)-		M1091
77	93	105	182	51	66	78	65	**182**	100	39	23	23	21	12	9	7		12	10	–	2	–	–	–	–	–	–	–	–	Diazene, diphenyl-		D0016
77	105	182	51	152	78	153	183	**182**	100	32	28	16	8	8	7	5		12	10	–	2	–	–	–	–	–	–	–	–	Diazene, diphenyl-		D0621
77	182	51	78	152	153	183	27	**182**	100	27	20	6	4	4	3	2		12	10	–	2	–	–	–	–	–	–	–	–	Diazene, diphenyl-, trans-		02680
77	182	51	104	181	79	50	52	**182**	100	90	80	44	40	36	21	19		12	10	–	2	–	–	–	–	–	–	–	–	Pyridine, 4-(N-phenylformimidoyl)-	27768-46-3	S1801
78	84	182	110	66	45	58	77	**182**	100	44	36	27	25	12	9	8		8	6	3	–	–	–	–	1	–	–	–	–	7-Thiabicyclo[2.2.1]hept-5-ene-2,3-dicarboxylic anhydride		I6211
79	93	108	81	45	107	91	67	**182**	100	70	56	53	51	48	43	40	**1.24**	11	18	2	–	–	–	–	–	–	–	–	–	1-(1-Ethynylcyclohexyloxy)-2-propanol		Z1334
79	108	140	80	96	182	41	95	**182**	100	72	69	38	34	21	21	20		6	15	2	–	–	–	–	1	1	–	–	–	Phosphonothioic acid, methyl-, O-ethyl S-propyl ester	13088-83-0	R4188
79	108	140	80	96	182	41	95	**182**	100	75	70	38	35	25	23	21		6	15	2	–	–	–	–	1	1	–	–	–	Phosphonothioic acid, methyl-, O-ethyl S-propyl ester		M8026
79	148	55	44	70	69	133	87	**182**	100	59	59	49	41	40	32	18	**12.00**	4	10	2	2	–	–	–	2	–	–	–	–	1-(Methylsulphonyl)-3-ethylthiourea		L7260
80	83	53	39	182	55	28	67	**182**	100	99	70	68	67	67	62	54		9	10	4	–	–	–	–	–	–	–	–	–	2,5-Cyclohexadiene-1,4-dione, 2-hydroxy-6-(hydroxymethyl)-3,5-dimethyl-	22631-97-6	R9904
81	53	110	39	55	120	164	136	**182**	100	60	58	50	23	17	17	8	**0.00**	8	6	5	–	–	–	–	–	–	–	–	–	Bisoxireno[e,g]isobenzofuran-3,5-dione, hexahydro-, (1aα,1bβ,2aβ,2bβ,5aα,5bα)-	52183-73-0	S7887
81	84	55	41	69	43	95	123	**182**	100	97	83	74	70	63	59	53	**6.60**	12	22	1	–	–	–	–	–	–	–	–	–	Cyclohexan-1α-ol, 4α-methyl-4-ethyl-3β-propenyl-	56272-09-4	T3281
81	150	41	67	108	122	79	182	**182**	100	72	66	65	62	61	59	55		11	18	2	–	–	–	–	–	–	–	–	–	1(2H)-Naphthalenone, octahydro-4-methoxy-, trans-	21727-79-7	R9359
81	150	108	41	67	122	79	182	**182**	100	73	69	66	65	61	55	55		11	18	2	–	–	–	–	–	–	–	–	–	1(2H)-Naphthalenone, octahydro-4-methoxy-, trans-	21727-79-7	R9360
81	150	108	41	67	122	79	182	**182**	100	72	68	66	64	61	58	55		11	18	2	–	–	–	–	–	–	–	–	–	4-Methoxy-1-decalone		L9616
82	67	55	100	83	28	54	41	**182**	100	99	87	75	55	52	51	46	**20.00**	12	22	1	–	–	–	–	–	–	–	–	–	Dicyclohexyl ether		D1420
82	81	67	55	83	164	41	57	**182**	100	62	56	54	52	50	29	20	**0.19**	12	22	1	–	–	–	–	–	–	–	–	–	3-Cyclohexylcyclohexanol		Z1329
82	81	164	83	55	67	41	80	**182**	100	95	75	61	56	51	33	32	**0.37**	12	22	1	–	–	–	–	–	–	–	–	–	4-Cyclohexylcyclohexanol		Z1321
82	182	110	95	124	167	138		**182**	100	35	23	20	6	5	5			10	14	3	–	–	–	–	–	–	–	–	–	3-exo,8,8-Trimethyl-7-oxabicyclo[3.3.0]octa-2,6-dione		M3667
83	55	84	42	111	182	98	59	**182**	100	69	57	29	27	23	18	18		11	18	2	–	–	–	–	–	–	–	–	–	1,3-Cyclohexanedione, 5,5-dimethyl-2-propyl-	1919-64-8	Q7041
83	55	84	42	111	182	98	69	**182**	100	69	56	29	27	24	21	21		11	18	2	–	–	–	–	–	–	–	–	–	1,3-Cyclohexanedione, 5,5-dimethyl-2-propyl-		L7938
83	82	55	67	41	68	84	81	**182**	100	39	31	16	13	10	7	5	**0.40**	12	22	1	–	–	–	–	–	–	–	–	–	Bis(cyclopentylmethyl) ether		C1906
83	85	67	51	69	53	32	35	**182**	100	32	31	11	10	4	2	1	**0.09**	–	–	7	–	2	–	–	–	–	–	–	–	Dichlorine heptoxide		L9878

MASS TO CHARGE RATIOS								M.W.	INTENSITIES								Parent	C	H	O	N	Cl	Br	F	S	P	B	Si	X	COMPOUND NAME	CAS Reg No	No
83	85	67	69	51	44	53	36	**182**	100	33	31	10	9	4	2	1	**0.67**	–	–	7	–	2	–	–	–	–	–	–	–	Dichlorine heptoxide		**02510**
83	85	117	119	47	28	87	48	**182**	100	65	27	26	25	13	11	10	**0.00**	2	2	1	–	4	–	–	–	–	–	–	–	Bis(dichloromethyl) ether		**Z1335**
83	140	167	98	182	154	41	55	**182**	100	40	40	24	20	19	15	14		10	14	3	–	–	–	–	–	–	–	–	–	2-Cyclohexene-1,4-dione, 2-methoxy-3,5,5-trimethyl-	41654-27-7	**08692**
84	70	42	56	41	44	113	49	**182**	100	58	49	46	36	36	32	30	**25.00**	10	18	1	2	–	–	–	–	–	–	–	–	2-Propenal, 3-(dimethylamino)-3-(1-piperidinyl)-	49582-39-0	**S7128**
84	81	55	69	41	113	95	43	**182**	100	86	85	83	79	77	74	70	**18.00**	12	22	1	–	–	–	–	–	–	–	–	–	Cyclohexan-1α-ol, 4β-methyl-4-ethyl-3α-isopropenyl-	56272-08-3	**T3280**
84	99	58	125	181	56	71	98	**182**	100	65	62	50	43	30	30	25	**5.00**	10	18	1	2	–	–	–	–	–	–	–	–	2-Quinuclidinone, 6,6,8,8-tetramethyl-	29924-75-2	**S2751**
84	112	55	41	70	56	69	83	**182**	100	77	59	50	41	40	33	21	**16.00**	11	18	2	–	–	–	–	–	–	–	–	–	1,3-Cyclopentanedione, 4-methyl-5-pentyl-	57157-05-8	**T4345**
85	95	97	123	141	167	149	182	**182**	100	50	20	15	9	6	4	2		12	22	1	–	–	–	–	–	–	–	–	–	2-(2,3-Dimethyl-3-hydroxycyclopentyl)-2-methyltetrahydrofuran		**M7141**
88	55	41	67	69	83	109	123	**182**	100	59	56	46	41	37	31	27	**13.62**	10	14	3	–	–	–	–	–	–	–	–	–	exo-2-Hydroxycamphene-endo-2-carboxylic acid lactone		**P4091**
88	55	42	67	69	83	109	123	**182**	100	59	57	46	41	31	30	26	**14.00**	10	14	3	–	–	–	–	–	–	–	–	–	exo-2-Hydroxycamphene-endo-2-carboxylic acid lactone		**L3473**
89	182	30	63	40	90	136	106	**182**	100	87	55	44	44	42	36	31		7	6	4	2	–	–	–	–	–	–	–	–	Benzene, 1-methyl-3,5-dinitro-		**05825**
90	38	50	64	62	114	31	76	**182**	100	94	50	47	44	36	32	32	**0.00**	14	14	–	–	–	–	–	–	–	–	–	–	Bi-1,3,5-cycloheptatrien-1-yl	35393-05-6	**S4932**
91	39	65	104	78	51	63	92	**182**	100	19	17	16	15	10	9	8	**0.45**	14	14	–	–	–	–	–	–	–	–	–	–	Bi-2,4,6-cycloheptatrien-1-yl		**Y1437**
91	92	123	65	51	39	77	47	**182**	100	32	28	20	17	15	14	14	**1.75**	9	10	2	–	–	–	–	1	–	–	–	–	Acetic acid, mercapto-, benzyl ester		**L3161**
91	117	103	146	119	39	51	77	**182**	100	95	41	38	35	30	29	25	**2.60**	10	11	1	–	1	–	–	–	–	–	–	–	2-Phenylbutyryl chloride		**B0299**
91	118	117	119	65	92	115	105	**182**	100	80	60	16	12	11	8	6	**0.00**	10	14	1	–	–	–	–	1	–	–	–	–	Sulphoxide, methyl 3-phenylpropyl	14198-13-1	**R5033**
91	123	45	65	182	92	39	63	**182**	100	39	19	19	19	11	9	7		9	10	2	–	–	–	–	1	–	–	–	–	Acetic acid, (benzyl)thio-		**L6293**
91	123	182	45	65	92	39	51	**182**	100	69	43	35	33	20	19	11		9	10	2	–	–	–	–	1	–	–	–	–	Acetic acid, (benzyl)thio-	103-46-8	**P7634**
91	131	146	65	51	41	77	92	**182**	100	45	31	18	13	11	10	9	**1.00**	11	15	–	–	1	–	–	–	–	–	–	–	Benzene, (3-chloro-3-methylbutyl)-	4830-95-9	**R0858**
91	150	121	182					**182**	100	35	20	10						9	10	4	–	–	–	–	–	–	–	–	–	Methyl 6-methoxysalicylate		**L6604**
91	182	65	39	92	51	63	77	**182**	100	20	14	9	8	6	4	3		14	14	–	–	–	–	–	–	–	–	–	–	Bibenzyl		**Y0752**
91	182	65	92	39	183	77	51	**182**	100	20	7	7	3	3	2	2		14	14	–	–	–	–	–	–	–	–	–	–	Bibenzyl		**V0039**
91	182	65	92	39	183	104	51	**182**	100	19	11	7	3	3	3	3		14	14	–	–	–	–	–	–	–	–	–	–	Bibenzyl		**F0177**
94	41	182	67	114	137	86	93	**182**	100	46	46	42	40	35	28	28		11	18	2	–	–	–	–	–	–	–	–	–	Bicyclo[4.1.0]heptane-7-carboxylic acid, 3-methyl-, ethyl ester	54764-60-2	**S9597**
95	31	59	29	27	41	123	182	**182**	100	99	93	48	35	34	29	26		11	18	2	–	–	–	–	–	–	–	–	–	2-Propanone, 1-(1-cyclohexen-1-yl)-3-ethoxy-	51149-72-5	**S7579**
95	81	167	67	41	88	55	39	**182**	100	69	64	47	39	29	28	26	**17.20**	11	18	2	–	–	–	–	–	–	–	–	–	1-Cycloheptene-1-acetic acid, α,α-dimethyl-	16642-56-1	**R6293**
95	121	93	136	41	43	55	110	**182**	100	36	36	34	29	17	16	15	**0.50**	11	18	2	–	–	–	–	–	–	–	–	–	Bicyclo[2.2.1]heptan-2-ol, 1,7,7-trimethyl-, formate, endo-	7492-41-3	**H1657**
96	53	109	39	68	81	41	40	**182**	100	99	87	81	65	55	52	42	**0.00**	9	10	4	–	–	–	–	–	–	–	–	–	Ethisolide		**P0915**
97	41	79	84	182	91	55	67	**182**	100	82	80	79	78	61	60	58		11	18	2	–	–	–	–	–	–	–	–	–	1,6-Methanonaphthalene-1,9(2H)-diol, octahydro-, (1α,4aα,6β,8aα,9S*)-	62725-46-6	**T6233**
97	57	41	43	86	85	98	71	**182**	100	81	76	76	71	56	40	39	**1.00**	10	14	3	–	–	–	–	–	–	–	–	–	3-Butene-1,2-diol, 1-(2-furyl)-2,3-dimethyl-	19757-51-8	**R8270**
97	57	43	41	86	39	85	98	**182**	100	81	75	74	72	66	55	41	**1.00**	10	14	3	–	–	–	–	–	–	–	–	–	3-Butene-1,2-diol, 1-(2-furyl)-2,3-dimethyl-	19757-51-8	**R8269**
97	57	98	83	41	55	182	43	**182**	100	50	27	19	18	14	6	6		12	22	1	–	–	–	–	–	–	–	–	–	Cyclohexanone, 3-(3,3-dimethylbutyl)-	40564-94-1	**S6339**
97	73	167	111	153	69	108	182	**182**	100	81	51	28	26	18	14	13		11	22	–	–	–	–	–	–	–	–	1	–	Silane, (3-ethyl-3-methyl-1-pentynyl)trimethyl-	61228-00-0	**T5617**
97	84	43	122	140	69	83	139	**182**	100	88	70	68	40	16	12	11	**0.01**	10	14	3	–	–	–	–	–	–	–	–	–	3-(2-Oxocyclopentyl)-2,4-pentanedione		**17499**
97	98	182	45	39	41	111	99	**182**	100	25	21	10	9	9	7	7		11	18	–	–	–	–	–	1	–	–	–	–	Thiophene, 2-heptyl-	18794-78-0	**H1822**
97	98	182	45	41	39	110	99	**182**	100	25	21	10	9	9	7	7		11	18	–	–	–	–	–	1	–	–	–	–	Thiophene, 2-heptyl-		**Y2054**
98	42	41	55	99	97	44	43	**182**	100	25	21	11	10	8	7	5	**1.00**	11	22	–	2	–	–	–	–	–	–	–	–	Piperidine, 1,1′-methylenebis-	880-09-1	**Q4467**
98	109	29	81	126	154	39	41	**182**	100	84	77	43	41	36	34	33	**18.64**	10	14	3	–	–	–	–	–	–	–	–	–	4-Ethoxycarbonyl-3-methylcyclohex-2-en-1-one		**P1173**
99	81	155	82	45	109	127	43	**182**	100	71	56	45	45	44	41	24	**3.80**	6	15	4	–	–	–	–	–	1	–	–	–	Phosphoric acid, triethyl ester	78-40-0	**H0090**
99	126	82	84	41	83	85	43	**182**	100	88	40	25	18	17	12	10	**0.00**	7	16	2	–	–	–	1	–	1	–	–	–	Phosphorofluoridic acid, methyl-, 1,2,2-trimethylpropyl ester		**16707**
99	127	139	138	140	183			**182**	100	53	26	11	10	10			**0.00**	7	16	2	–	–	–	1	–	1	–	–	–	Phosphonofluoridic acid, methyl-, 1,2,2-trimethylpropyl ester	96-64-0	**P7078**
100	55	82	83	41	57	67	29	**182**	100	85	80	71	56	41	37	22	**17.10**	12	22	1	–	–	–	–	–	–	–	–	–	Dicyclohexyl ether		**C1335**
100	63	182	113	82	31	69	163	**182**	100	39	29	15	15	14	11	8		3	–	–	–	–	–	6	1	–	–	–	–	Perfluorothietane		**03200**
100	82	55	83	57	41	67	182	**182**	100	72	62	51	30	27	23	22		12	22	1	–	–	–	–	–	–	–	–	–	Dicyclohexyl ether	4645-15-2	**R0676**
102	103	77	91	182	51	119	50	**182**	100	46	31	26	20	18	8	6		9	10	2	–	–	–	–	1	–	–	–	–	Benzene, 2-(methylsulphonyl)vinyl-	5342-84-7	**R1322**
103	55	59	87	45	61	79	135	**182**	100	86	17	15	11	10	5	3	**0.00**	6	14	–	–	–	–	–	3	–	–	–	–	Disulphide, methyl 1-methyl-1-(methylthio)propyl	69078-85-9	**T7009**
104	77	103	121	51	91	78	105	**182**	100	52	37	37	28	26	26	21	**1.30**	8	10	3	2	–	–	–	–	–	–	–	–	1-Hydroxylamino-2-nitro-1-phenylethane		**B1000**
105	77	182	47	165	183	91	121	**182**	100	11	8	2	2	1	1	1		9	10	2	–	–	–	–	1	–	–	–	–	Benzenecarbothioic acid, 4-methoxy-, S-methyl ester	5925-72-4	**R1908**
105	77	182	51	50	106	183	181	**182**	100	63	51	28	10	9	8	6		13	10	1	–	–	–	–	–	–	–	–	–	Benzophenone		**C1842**
105	77	182	51	106	181	183	76	**182**	100	50	46	12	7	7	7	4		13	10	1	–	–	–	–	–	–	–	–	–	Benzophenone		**D0001**
105	77	182	51	106	183	50	181	**182**	100	58	44	20	8	7	6	5		13	10	1	–	–	–	–	–	–	–	–	–	Benzophenone	119-61-9	**H0536**
105	151	77	51	135	45	91	50	**182**	100	90	56	24	22	12	12	10	**0.00**	10	14	3	–	–	–	–	–	–	–	–	–	Benzene, (trimethoxymethyl)-	707-07-3	**Q3807**
105	151	77	135	51	152	91		**182**	100	90	70	20	20	5	5		**0.00**	10	14	3	–	–	–	–	–	–	–	–	–	Benzene, (trimethoxymethyl)-		**M4127**
107	18	77	108	182	17	39	91	**182**	100	30	10	9	8	7	5	4		9	10	4	–	–	–	–	–	–	–	–	–	Benzenepropanoic acid, α,4-dihydroxy-		**05025**
107	43	122	84	41	81	91	55	**182**	100	55	40	19	15	14	14	10	**0.00**	11	18	2	–	–	–	–	–	–	–	–	–	2-Cyclohexen-1-ol, 2,4,4-trimethyl-, acetate	54345-57-2	**S8901**
107	77	108	182	39	91	51	53	**182**	100	9	8	7	4	3	3	3		9	10	4	–	–	–	–	–	–	–	–	–	Benzenepropanoic acid, α,4-dihydroxy-	306-23-0	**Q0396**

MASS TO CHARGE RATIOS								M.W.	INTENSITIES								Parent	C	H	O	N	Cl	Br	F	S	P	B	Si	X	COMPOUND NAME	CAS Reg No	No
108	107	91	182	109	77	65	79	**182**	100	24	23	19	13	12	11	9		10	14	3	–	–	–	–	–	–	–	–	–	1,2-Propanediol, 3-(2-methylphenoxy)-	59-47-2	P4993
108	182	91	109	77	65	79	39	**182**	100	16	14	13	12	9	8	8		10	14	3	–	–	–	–	–	–	–	–	–	1,2-Propanediol, 3-(2-methylphenoxy)-	59-47-2	P4992
109	41	107	69	182	67	93	43	**182**	100	76	76	65	46	43	40	36		11	18	2	–	–	–	–	–	–	–	–	–	3,6-Octadienoic acid, 3,7-dimethyl-, methyl ester, (Z)-	16750-88-2	R6433
109	41	110	91	107	95	77	79	**182**	100	25	23	21	18	17	14	14	**0.00**	10	14	3	–	–	–	–	–	–	–	–	–	1(3H)-Isobenzofuranone, 3a,4,5,7a-tetrahydro-4-hydroxy-3a,7a-dimethyl-, (3aα,4β,7aα)-(+-)-	54346-06-4	S8923
109	43	41	81	69	55	93	39	**182**	100	97	94	81	56	48	43	40	**3.20**	11	18	2	–	–	–	–	–	–	–	–	–	4β-(Hydroxymethyl)thujone		17567
109	43	81	79	41	94	124	53	**182**	100	75	32	20	17	16	14	12	**0.00**	11	18	2	–	–	–	–	–	–	–	–	–	3-Butyn-2-ol, 4-(3,3-dimethyl-2-isopropyloxiranyl)-	63922-49-6	T6326
109	44	124	108	150	182	53	110	**182**	100	24	19	18	17	16	8	8		9	10	4	–	–	–	–	–	–	–	–	–	2-Furanpropionic acid, 3-methyl-β-oxo-, methyl ester	5896-38-8	H1566
109	137	182	77	94	66	65	39	**182**	100	88	56	39	37	14	12	11		9	10	4	–	–	–	–	–	–	–	–	–	Benzeneacetic acid, α-hydroxy-3-methoxy-	21150-12-9	R9127
111	41	69	55	39	126	139	42	**182**	100	99	57	50	43	42	33	31	**7.00**	11	18	2	–	–	–	–	–	–	–	–	–	1,3-Cyclohexanedione, 2-butyl-2-methyl-		L1087
111	41	69	55	39	126	139	42	**182**	100	89	57	50	43	43	34	32	**7.41**	11	18	2	–	–	–	–	–	–	–	–	–	1,3-Cyclohexanedione, 2-butyl-2-methyl-	54644-26-7	S9361
111	65	43	39	41	147	137	67	**182**	100	86	84	83	42	42	39	37	**0.69**	6	8	2	–	2	–	–	–	–	–	–	–	Cyclopropanecarboxylic acid, 2,3-dichloro-2,3-dimethyl-	61216-61-3	T5571
111	126	39	27	29	139	41	182	**182**	100	74	29	18	12	8	8	7		10	14	1	–	–	–	–	1	–	–	–	–	1-Hexanone, 1-(2-thienyl)-	26447-67-6	S1364
111	126	41	39	69	53	112	125	**182**	100	47	27	20	14	13	12	12	**9.22**	11	18	2	–	–	–	–	–	–	–	–	–	2-Cyclohexen-1-one, 4-butyl-3-methoxy-	53690-84-9	S8558
111	167	182	83	55	70	56	82	**182**	100	76	28	12	9	8	8	6		8	14	1	4	–	–	–	–	–	–	–	–	1-Butyl-4-acetylimino-1,2,4-triazolium ylide		06414
112	41	55	43	111	67	29	69	**182**	100	30	28	25	23	16	14	14	**7.00**	12	22	1	–	–	–	–	–	–	–	–	–	Geosmin		P0378
113	69	63	182	31	163	94	76	**182**	100	55	49	47	23	18	15	14		3	–	–	–	–	–	6	1	–	–	–	–	2-Propanethione, 1,1,1,3,3,3-hexafluoro-	1490-33-1	Q6105
113	111	139	97	81	152	59	79	**182**	100	60	50	47	43	43	38	35	**14.00**	11	18	2	–	–	–	–	–	–	–	–	–	2,4-Heptadienoic acid, 4-propyl-, methyl ester, (E,E)-	67428-34-6	T6824
119	182	91	50	76	120	64	75	**182**	100	70	44	37	25	14	13	13		7	6	2	2	–	–	–	1	–	–	–	–	1,2-Benzisothiazol-3-amine, 1,1-dioxide	7668-28-2	R3382
121	153	182	154	122	77	45	78	**182**	100	90	87	73	44	36	29	19		9	10	–	–	–	–	–	2	–	–	–	–	1,3-Dithiolane, 2-phenyl-	5616-55-7	R1589
121	153	182	154	122	77	45	78	**182**	100	88	86	71	42	36	28	19		9	10	–	–	–	–	–	2	–	–	–	–	1,3-Dithiolane, 2-phenyl-		M8886
121	182	77	178	122	154	51	28	**182**	100	40	19	11	9	7	7	6		9	10	–	–	–	–	–	2	–	–	–	–	Benzenecarbodithioic acid, ethyl ester	936-63-0	Q4719
121	182	105	122	149	91	183	77	**182**	100	75	28	25	13	9	8	5		9	10	2	–	–	–	–	1	–	–	–	–	Benzenecarbothioic acid, 4-methoxy-, O-methyl ester	5925-50-8	R1905
123	81	41	43	107	39	182	67	**182**	100	46	36	25	25	21	21	20		11	18	2	–	–	–	–	–	–	–	–	–	Cyclopropanecarboxylic acid, 2,2-dimethyl-3-(2-methyl-1-propenyl)-, methyl ester	5460-63-9	R1463
123	81	41	43	107	182	67	39	**182**	100	47	38	23	23	20	20	20		11	18	2	–	–	–	–	–	–	–	–	–	Cyclopropanecarboxylic acid, 2,2-dimethyl-3-(2-methyl-1-propenyl)-, methyl ester		M8713
123	164	18	136	182	39	36	110	**182**	100	63	52	50	41	29	24	21		9	10	4	–	–	–	–	–	–	–	–	–	2-(2,3-Dihydroxyphenyl)propionic acid		D1366
123	182	85	41	138	59	124	44	**182**	100	35	24	13	12	10	9	7		9	10	4	–	–	–	–	–	–	–	–	–	Carbonic acid, 4-methoxyphenyl methyl ester	22159-41-7	R9586
123	182	136	130	77	124	18	51	**182**	100	38	12	11	9	8	8	6		9	10	4	–	–	–	–	–	–	–	–	–	3-(3′,4′-Dihydroxyphenyl)propionic acid		05001
125	153	56	82	84	42	43	44	**182**	100	65	60	60	60	55	49	49	**3.00**	10	18	1	2	–	–	–	–	–	–	–	–	Isoxazole, 5-amino-3-butyl-4-propyl-	28884-14-2	S2256
125	153	56	84	82	42	43	44	**182**	100	63	59	59	58	54	50	50	**3.00**	10	18	1	2	–	–	–	–	–	–	–	–	Isoxazole, 5-amino-3-butyl-4-propyl-		L8470
125	182	126	97	41	39	127	110	**182**	100	21	19	9	8	8	6	6		11	18	–	–	–	–	–	1	–	–	–	–	Thiophene, 2-ethyl-5-isopentyl-		Y2055
126	57	41	39	97	53	44	45	**182**	100	68	68	45	38	19	19	16	**14.87**	10	14	1	–	–	–	–	1	–	–	–	–	2-Hydroxyphenyl tert-butyl sulphide		03703
126	68	41	55	39	69	40	125	**182**	100	36	26	25	24	24	23	19	**2.31**	11	18	2	–	–	–	–	–	–	–	–	–	2-Cyclohexen-1-one, 6-butyl-3-methoxy-	53690-81-6	S8557
126	97	182	41	39	57	53	98	**182**	100	38	32	28	20	17	14	14		10	14	1	–	–	–	–	1	–	–	–	–	2-Hydroxyphenyl sec-butyl sulphide		03708
126	154	182	63	74	76	155	127	**182**	100	97	54	24	16	15	14	12		12	6	2	–	–	–	–	–	–	–	–	–	1,2-Acenaphthylenedione	82-86-0	P6108
126	182	41	57	39	97	45	139	**182**	100	58	45	40	28	26	24	21		10	14	1	–	–	–	–	1	–	–	–	–	2-Hydroxyphenyl isobutyl sulphide		03702
126	182	41	97	39	45	57	94	**182**	100	41	33	25	20	17	15	12		10	14	1	–	–	–	–	1	–	–	–	–	2-Hydroxyphenyl butyl sulphide		03701
126	182	139	69	28	127	111	154	**182**	100	77	48	47	46	33	30	30		10	14	3	–	–	–	–	–	–	–	–	–	2-Oxaspiro[4.5]dec-3-en-1-one, 4-methoxy-	69597-58-6	T7164
126	182	139	69	28	127	154	111	**182**	100	78	48	47	44	33	30	30		10	14	3	–	–	–	–	–	–	–	–	–	γ-Spirocyclohexyltetronic acid methyl ether		L5048
126	182	154	139	83	98	57	125	**182**	100	25	17	15	11	11	8	8		10	14	3	–	–	–	–	–	–	–	–	–	1,2,4-Cyclopentanetrione, 3-(1-methylbutyl)-	54644-19-8	S9358
126	182	154	139	83	98	57	125	**182**	100	26	18	16	12	11	9	8		10	14	3	–	–	–	–	–	–	–	–	–	3-Isopentyl-1,2,4-cyclopentanetrione		M4663
127	111	182	125	123	142	105	140	**182**	100	49	32	28	18	17	14	9		6	16	–	2	–	–	2	–	–	–	1	–	Hydrazine, 2-[difluoro(1-methylpropyl)silyl]-1,1-dimethyl-	66436-27-9	T6637
127	182	54	126	41	139	153	97	**182**	100	97	40	40	31	31	23	20		9	14	2	2	–	–	–	–	–	–	–	–	1,3-Diazaspiro[4.5]decane-2,4-dione, 3-methyl-	707-09-5	Q3808
129	111	99	183	103	165			**182**	100	61	55	47	33	21			**0.00**	6	14	6	–	–	–	–	–	–	–	–	–	Mannitol	87-78-5	P6408
136	67	94	41	95	81	57	107	**182**	100	35	32	29	29	27	26	26	**12.00**	12	22	1	–	–	–	–	–	–	–	–	–	1-Ethoxydecalin		L9621
136	67	94	95	41	57	81	107	**182**	100	35	31	29	29	27	26	25	**10.28**	12	22	1	–	–	–	–	–	–	–	–	–	Naphthalene, 1-ethoxydecahydro-, trans-	21727-85-5	R9367
136	100	182	30	124	75	50	152	**182**	100	98	92	85	46	46	43	38		7	3	2	2	1	–	–	–	–	–	–	–	Benzonitrile, 2-chloro-5-nitro-	16588-02-6	R6267
136	164	182	138	137	165	183	107	**182**	100	93	63	57	52	32	22	16		9	10	4	–	–	–	–	–	–	–	–	–	Benzoic acid, 2,4-dihydroxy-3,6-dimethyl-	4707-46-4	R0737
137	17	109	77	182	94	135	121	**182**	100	77	73	43	36	30	24	17		9	10	4	–	–	–	–	–	–	–	–	–	Benzeneacetic acid, α-hydroxy-4-methoxy-		05012
137	77	28	109	107	79	94	18	**182**	100	56	54	34	30	29	26	16	**11.60**	9	10	4	–	–	–	–	–	–	–	–	–	Benzeneacetic acid, α-hydroxy-3-methoxy-		05011
137	81	95	182	127	67	41	55	**182**	100	87	79	47	38	34	32	21		11	18	2	–	–	–	–	–	–	–	–	–	4a(2H)-Naphthalenecarboxylic acid, octahydro-, cis-	3021-73-6	Q8929
137	81	95	182	127	67	41	55	**182**	100	94	71	45	38	31	26	22		11	18	2	–	–	–	–	–	–	–	–	–	4a(2H)-Naphthalenecarboxylic acid, octahydro-, trans-	2543-75-1	Q8294
137	83	39	182	40	68	111	69	**182**	100	92	64	57	54	40	30	29		9	10	4	–	–	–	–	–	–	–	–	–	2,3-Dimethoxy-5-methyl-1,4-benzoquinone		04937

MASS TO CHARGE RATIOS								M.W.	INTENSITIES								Parent	C	H	O	N	Cl	Br	F	S	P	B	Si	X	COMPOUND NAME	CAS Reg No	No
137	105	135	121	103	152	133	119	**182**	100	88	76	64	64	50	50	48	**0.12**	4	12	3	–	–	–	–	–	–	–	–	1	**Methyl(trimethoxy)germane**		**L7447**
137	107	77	121	182	138	51	94	**182**	100	51	23	16	14	13	11	10		9	10	4	–	–	–	–	–	–	–	–	–	**Benzeneacetic acid, α-hydroxy-2-methoxy-**	10408-29-4	**R3816**
137	109	182	77	18	94	66	39	**182**	100	99	52	47	37	37	16	16		9	10	4	–	–	–	–	–	–	–	–	–	**Benzeneacetic acid, α-hydroxy-2-methoxy-**		**05010**
137	182	122	94	39	51	65	138	**182**	100	35	20	19	14	13	11	10		9	10	4	–	–	–	–	–	–	–	–	–	**Benzeneacetic acid, 4-hydroxy-3-methoxy-**		**04991**
137	182	122	94	138	51	65	77	**182**	100	34	12	10	9	9	7	6		9	10	4	–	–	–	–	–	–	–	–	–	**Benzeneacetic acid, 4-hydroxy-3-methoxy-**	306-08-1	**Q0394**
137	182	138	122	94	39	45	77	**182**	100	18	15	14	12	8	8	8		9	10	4	–	–	–	–	–	–	–	–	–	**Benzeneacetic acid, 4-hydroxy-3-methoxy-**	306-08-1	**Q0393**
138	44	164	107	109	182	136	76	**182**	100	91	43	32	28	21	17	16		9	10	4	–	–	–	–	–	–	–	–	–	**Benzoic acid, 2-hydroxy-4-methoxy-6-methyl-**	570-10-5	**Q2201**
138	44	164	107	109	182	136	77	**182**	100	79	39	29	26	18	15	14		9	10	4	–	–	–	–	–	–	–	–	–	**Benzoic acid, 2-hydroxy-4-methoxy-6-methyl-**	570-10-5	**Q2200**
139	69	113	182	119	43	57	71	**182**	100	71	38	28	22	12	6	6		7	9	2	–	–	–	3	–	–	–	–	–	**2,4-Hexanedione, 1,1,1-trifluoro-5-methyl-**	30984-28-2	**S3091**
139	83	142	97	42	30	41	57	**182**	100	45	34	33	28	16	15	12	**0.00**	11	22	–	2	–	–	–	–	–	–	–	–	**Propanenitrile, 3-(dibutylamino)-**	25726-99-2	**S1155**
139	91	182	107	65	39	77	89	**182**	100	80	64	29	23	12	8	8		9	10	2	–	–	–	–	1	–	–	–	–	**Benzene, 1-(vinylsulphonyl)-4-methyl-**	5535-52-4	**R1522**
139	111	141	75	147	50	113	154	**182**	100	32	31	20	13	12	10	9	**0.99**	10	11	1	–	1	–	–	–	–	–	–	–	**p-Chlorobutyrophenone**		**02579**
139	141	28	32	111	182	140	43	**182**	100	33	32	19	18	16	7	6		10	11	1	–	1	–	–	–	–	–	–	–	**m-Chlorophenyl isopropyl ketone**		**06221**
139	153	182	97	111	110	45	123	**182**	100	68	28	22	16	11	10	9		11	18	–	–	–	–	–	1	–	–	–	–	**Thiophene, 2-butyl-5-propyl-**		**Y2056**
139	167	43	41	69	81	96	55	**182**	100	98	98	83	80	50	46	42	**0.00**	11	18	2	–	–	–	–	–	–	–	–	–	**2-Hydroxy-2,6,6-trimethylcyclohexylacetic acid γ-lactone**		**L8884**
139	182	111	97	153	110	140	45	**182**	100	21	13	12	9	9	8	6		11	18	–	–	–	–	–	1	–	–	–	–	**Thiophene, 2-isobutyl-5-propyl-**		**Y2057**
140	41	167	125	43	27	55	182	**182**	100	86	86	50	48	45	41	40		11	18	2	–	–	–	–	–	–	–	–	–	**Cyclohexanecarboxaldehyde, 6-methyl-3-isopropyl-2-oxo-**	28745-06-4	**S2191**
140	43	182	69	125	59	97	141	**182**	100	50	16	15	14	10	9	8		9	10	4	–	–	–	–	–	–	–	–	–	**2H-Pyran-2-one, 4-methoxy-6-(2-oxopropyl)-**	21179-76-0	**R9145**
140	153	139	151	55	182	41	79	**182**	100	67	60	56	48	39	27	24		11	18	2	–	–	–	–	–	–	–	–	–	**2-Cyclohexen-1-one, 2-butyl-3-methoxy-**	53690-86-1	**S8559**
141	113	67	95	109	41	29	43	**182**	100	67	60	49	30	29	28	20	**0.46**	11	18	2	–	–	–	–	–	–	–	–	–	**Cyclopropanecarboxylic acid, 2,2-dimethyl-3-(2-propenyl)-, ethyl ester, trans-**	74753-02-9	**T8483**
147	44	182	140	111	42	138	75	**182**	100	96	54	36	33	31	30	28		9	11	–	2	1	–	–	–	–	–	–	–	**N,N-Dimethyl-N′-(o-chlorophenyl)formamidine**	2103-49-3	**Q7380**
147	69	182	149	184	163	93	31	**182**	100	47	32	32	21	12	12	9		3	–	–	–	2	–	4	–	–	–	–	–	**1,2-Dichloro-1,3,3,3-tetrafluoropropene**		**Z1322**
147	135	121	165	109	183			**182**	100	79	65	48	43	21			**0.00**	10	14	3	–	–	–	–	–	–	–	–	–	**1,2-Propanediol, 3-(2-methylphenoxy)-**	59-47-2	**P4994**
147	182	91	115	184	131	77	148	**182**	100	47	25	23	16	13	13	11		10	11	1	–	1	–	–	–	–	–	–	–	**p-(3-Chloroallyl)anisole**		**Z1331**
147	182	148	91	133	184	115	131	**182**	100	24	15	10	10	8	7	7		11	15	–	–	1	–	–	–	–	–	–	–	**1,2,3,4-Tetramethyl-5-(chloromethyl)benzene**		**D1461**
148	73	103	150	146	101	102	147	**182**	100	94	88	82	78	74	72	68	**16.66**	2	10	–	–	–	–	–	–	–	–	–	2	**Digermane, ethyl-**	20549-65-9	**08625**
150	122	182	69	151	66	53	94	**182**	100	65	38	33	31	30	24	23		9	10	4	–	–	–	–	–	–	–	–	–	**Benzoic acid, 2,4-dihydroxy-6-methyl-, methyl ester**	3187-58-4	**Q9095**
150	122	182	69	151	66	94	65	**182**	100	72	41	36	34	33	24	21		9	10	4	–	–	–	–	–	–	–	–	–	**Benzoic acid, 2,4-dihydroxy-6-methyl-, methyl ester**	3187-58-4	**Q9096**
150	122	182	151	94	69	31	39	**182**	100	52	47	32	17	16	15	14		9	10	4	–	–	–	–	–	–	–	–	–	**Benzoic acid, 2,4-dihydroxy-6-methyl-, methyl ester**	3187-58-4	**Q9097**
151	182	32	18	52	123	51	152	**182**	100	61	30	26	15	14	12	11		9	10	4	–	–	–	–	–	–	–	–	–	**Benzoic acid, 4-hydroxy-3-methoxy-, methyl ester**	3943-74-6	**Q9945**
151	182	123	152	51	108	65	177	**182**	100	54	18	10	9	8	6	6		9	10	4	–	–	–	–	–	–	–	–	–	**Benzoic acid, 4-hydroxy-3-methoxy-, methyl ester**		**F0384**
153	182	111	43	69	41	55	82	**182**	100	56	54	41	41	35	30	30		11	22	–	2	–	–	–	–	–	–	–	–	**2-Butenal, 3-methyl-, dipropylhydrazone**	75268-12-1	**T8869**
153	182	152	181	76				**182**	100	94	58	41	37					13	10	1	–	–	–	–	–	–	–	–	–	**5-Acenaphthaldehyde**		**L7775**
154	126	182	63	86	83	81	155	**182**	100	90	69	28	20	17	16	14		12	6	2	–	–	–	–	–	–	–	–	–	**1,2-Acenaphthylenedione**	82-86-0	**P6109**
154	182	139	65	153	125	110	95	**182**	100	75	45	33	21	13	13	12		10	14	3	–	–	–	–	–	–	–	–	–	**Benzene, 2-ethoxy-1,3-dimethoxy-**	29515-37-5	**S2551**
155	99	127	31	44	109	29	27	**182**	100	70	47	40	40	38	45	42	**23.28**	6	15	4	–	–	–	–	–	1	–	–	–	**Phosphoric acid, triethyl ester**		**C1812**
164	18	119	182	136	107	39	79	**182**	100	52	40	34	30	16	15	12		8	6	5	–	–	–	–	–	–	–	–	–	**Hydroxyterephthalic acid**		**C1269**
164	67	83	55	81	82	96	41	**182**	100	94	88	78	76	69	62	55	**0.30**	12	22	1	–	–	–	–	–	–	–	–	–	**2-Cyclohexylcyclohexanol**		**Z1319**
164	82	80	68	67	81	96	95	**182**	100	87	60	58	56	53	51	36	**9.71**	12	22	1	–	–	–	–	–	–	–	–	–	**13-Oxabicyclo[10.1.0]tridecane**	286-99-7	**Q0220**
164	96	182	68	39	65	136	53	**182**	100	72	58	31	24	22	19	18		8	6	5	–	–	–	–	–	–	–	–	–	**Furfurylidenemalonic acid**		**L5926**
165	63	52	89	77	39	51	78	**182**	100	33	29	28	23	21	19	18	**0.00**	7	6	4	2	–	–	–	–	–	–	–	–	**Benzene, 1-methyl-2,3-dinitro-**		**05829**
165	63	52	89	77	39	51	182	**182**	100	33	29	28	23	21	19	18		7	6	4	2	–	–	–	–	–	–	–	–	**Benzene, 1-methyl-2,3-dinitro-**		**D0135**
165	63	89	90	77	51	64	78	**182**	100	72	63	47	40	39	33	32	**0.00**	7	6	4	2	–	–	–	–	–	–	–	–	**Benzene, 2-methyl-1,3-dinitro-**	606-20-2	**Q2719**
165	63	89	90	77	78	51	64	**182**	100	48	48	41	28	27	25	23	**1.64**	7	6	4	2	–	–	–	–	–	–	–	–	**Benzene, 2-methyl-1,3-dinitro-**		**D0134**
165	89	63	28	90	119	30	182	**182**	100	42	27	17	17	12	11	11		7	6	4	2	–	–	–	–	–	–	–	–	**Benzene, 1-methyldinitro-**		**D0300**
165	89	63	28	119	30	90	78	**182**	100	87	61	53	45	36	32	31	**10.06**	7	6	4	2	–	–	–	–	–	–	–	–	**Benzene, 2-methyl-1,4-dinitro-**	619-15-8	**Q2980**
165	89	63	90	30	39	51	119	**182**	100	65	31	29	27	20	14	13	**10.65**	7	6	4	2	–	–	–	–	–	–	–	–	**Benzene, 1-methyl-2,4-dinitro-**	121-14-2	**P9138**
165	89	63	90	39	119	51	78	**182**	100	83	60	34	27	25	22	22	**7.00**	7	6	4	2	–	–	–	–	–	–	–	–	**Benzene, 1-methyl-2,4-dinitro-**	121-14-2	**P9139**
165	89	63	90	119	78	182	51	**182**	100	50	30	23	17	12	12	11		7	6	4	2	–	–	–	–	–	–	–	–	**Benzene, 1-methyldinitro-**		**D0391**
165	135	77	91	51	52	63	64	**182**	100	71	51	50	48	48	46	40	**17.50**	7	6	4	2	–	–	–	–	–	–	–	–	**Benzene, 1-methyl-2,3-dinitro-**		**C1461**
167	44	91	165	182	152	166	39	**182**	100	80	78	76	50	45	40	38		14	14	–	–	–	–	–	–	–	–	–	–	**Bi-2,4,6-cycloheptatrien-1-yl**	831-18-5	**Q4317**
167	137	91	59	168	75	105	182	**182**	100	36	25	24	14	14	13	11		9	14	2	–	–	–	–	–	–	–	1	–	**Silane, dimethoxymethylphenyl-**	3027-21-2	**Q8936**
167	165	182	168	152	166	77	75	**182**	100	36	24	24	24	13	12	7		14	14	–	–	–	–	–	–	–	–	–	–	**1,1-Diphenylethane**		**01513**
167	169	182	139	91	131	168	115	**182**	100	32	18	18	15	13	11	9		11	15	–	–	1	–	–	–	–	–	–	–	**Benzene, 1-(chloromethyl)-4-tert-butyl-**	19692-45-6	**R8240**
167	182	43	69	168	67	39	31	**182**	100	37	15	10	9	8	7	6		9	10	4	–	–	–	–	–	–	–	–	–	**Acetophenone, 2′,6′-dihydroxy-4′-methoxy-**	7507-89-3	**R3257**

MASS TO CHARGE RATIOS								M.W.	INTENSITIES								Parent	C	H	O	N	Cl	Br	F	S	P	B	Si	X	COMPOUND NAME	CAS Reg No	No
167	182	104	165	91	166	168	152	**182**	100	78	36	34	19	18	14	12		14	14	–	–	–	–	–	–	–	–	–	–	Benzene, 1-methyl-2-benzyl-	713-36-0	Q3835
167	182	104	165	91	166	168	181	**182**	100	93	54	36	31	28	24	21		14	14	–	–	–	–	–	–	–	–	–	–	Benzene, 1-methyl-2-benzyl-		D2605
167	182	122	41	27	124	111	39	**182**	100	52	36	28	26	25	23	20		8	10	3	2	–	–	–	–	–	–	–	–	2,4,6(1H,3H,5H)-Pyrimidinetrione, 5-(2-methylpropylidene)-	27406-43-5	S1703
167	182	135	151	136	168	183	43	**182**	100	70	46	18	14	12	8	5		10	14	3	–	–	–	–	–	–	–	–	–	2,4-Dimethyl-3-(methoxycarbonyl)-5-ethylfuran		17503
167	182	165	77	51	168	152	166	**182**	100	36	25	15	15	15	12	9		14	14	–	–	–	–	–	–	–	–	–	–	1,1-Diphenylethane	612-00-0	Q2833
167	182	165	104	166	91	168	152	**182**	100	74	31	27	21	16	14	14		14	14	–	–	–	–	–	–	–	–	–	–	Benzene, 1-methyl-2-benzyl-	713-36-0	Q3834
167	182	165	115	181	128	152	166	**182**	100	98	46	34	33	30	30	26		14	14	–	–	–	–	–	–	–	–	–	–	Tricyclo[4.4.1.0$^{(2,5)}$]undeca-1(10),3,6,8-tetraene, 11-isopropylidene-	55836-29-8	T2167
167	182	165	152	166	168	83	51	**182**	100	71	43	23	18	15	14	12		14	14	–	–	–	–	–	–	–	–	–	–	1-Ethyl-2-phenylbenzene (2-ethylbiphenyl)		Y0908
167	182	165	166	152	181	168	89	**182**	100	73	40	22	16	16	15	14		14	14	–	–	–	–	–	–	–	–	–	–	1,1′-Biphenyl, 2,2′-dimethyl-	605-39-0	Q2702
167	182	165	166	168	152	181	183	**182**	100	81	40	21	14	14	13	12		14	14	–	–	–	–	–	–	–	–	–	–	1,1′-Biphenyl, 2,2′-dimethyl-	605-39-0	Q2704
167	182	165	166	181	152	89	168	**182**	100	76	42	26	22	17	15	15		14	14	–	–	–	–	–	–	–	–	–	–	1,1′-Biphenyl, 2,3′-dimethyl-	611-43-8	Q2819
167	182	165	166	181	152	168	153	**182**	100	72	46	31	26	21	17	12		14	14	–	–	–	–	–	–	–	–	–	–	1,1′-Biphenyl, 2,3′-dimethyl-		M2463
167	182	165	166	181	152	168	153	**182**	100	94	55	35	33	23	16	15		14	14	–	–	–	–	–	–	–	–	–	–	1,1′-Biphenyl, 2,4′-dimethyl-		M2464
167	182	165	166	181	168	44	89	**182**	100	68	33	23	19	15	14	13		14	14	–	–	–	–	–	–	–	–	–	–	Benzene, 1-methyl-4-benzyl-	620-83-7	Q3014
167	182	165	166	181	168	89	152	**182**	100	95	44	27	27	18	18	17		14	14	–	–	–	–	–	–	–	–	–	–	1,1′-Biphenyl, 2,4′-dimethyl-	611-61-0	Q2825
167	182	165	166	181	168	91	183	**182**	100	76	34	19	17	14	12	11		14	14	–	–	–	–	–	–	–	–	–	–	Benzene, 1-methyl-4-benzyl-	620-83-7	Q3015
180	134	119	42	107	165	70	94	**182**	100	44	30	29	25	22	20	15	**5.00**	7	10	–	4	–	–	–	1	–	–	–	–	3H-Purine, 6,7-dihydro-3-methyl-6-(methylthio)-	37527-51-8	S5509
181	77	182	51	79	155	154	78	**182**	100	94	74	57	53	53	35	30		12	10	–	2	–	–	–	–	–	–	–	–	Pyridine, 2-(N-phenylformimidoyl)-	7032-25-9	R2798
181	125	99	84	153	58	70	71	**182**	100	58	40	28	23	20	20	20	**10.01**	10	18	1	2	–	–	–	–	–	–	–	–	2-Quinuclidinone, 6,6,8,8-tetramethyl-	29924-75-2	S2752
181	182	28	43	44	51	154	42	**182**	100	97	31	31	27	25	25	22		12	10	–	2	–	–	–	–	–	–	–	–	Pyridine, 4,4′-vinylidenedi-	1135-32-6	Q5509
181	182	31	132	163	93	161	75	**182**	100	88	58	57	50	21	21	19		7	3	–	–	–	–	5	–	–	–	–	–	Benzene, pentafluoromethyl-	771-56-2	Q4075
181	182	31	132	163	93	161	75	**182**	100	84	72	69	61	25	24	23		7	3	–	–	–	–	5	–	–	–	–	–	Benzene, pentafluoromethyl-	771-56-2	Q4076
181	182	76	152	90	90.5	63	183	**182**	100	48	15	14	7	7	5	5		13	10	1	–	–	–	–	–	–	–	–	–	9H-Xanthene		F0286
181	182	132	163	31	161	93	75	**182**	100	82	67	62	42	30	24	20		7	3	–	–	–	–	5	–	–	–	–	–	Benzene, pentafluoromethyl-	771-56-2	Q4077
181	182	152	76	91	183	90.5	151	**182**	100	64	18	12	10	6	5	5		13	10	1	–	–	–	–	–	–	–	–	–	9H-Xanthene		C1450
181	182	154	51	155	127	77	50	**182**	100	96	28	20	15	14	13	13		12	10	–	2	–	–	–	–	–	–	–	–	Pyridine, 4,4′-vinylidenedi-		L4643
182	44	138	65	136	90	80	52	**182**	100	64	20	19	18	15	14	14		7	6	4	2	–	–	–	–	–	–	–	–	Benzoic acid, 3-amino-2-nitro-		D0914
182	76	43	139	167	153	44	68	**182**	100	84	59	55	44	40	38	36		7	14	–	6	–	–	–	–	–	–	–	–	1,3,5-Triazine-2,4,6-triamine, N,N′-diethyl-	5606-16-6	R1579
182	77	181	51	79	104	63	52	**182**	100	92	76	55	25	22	16	14		12	10	–	2	–	–	–	–	–	–	–	–	Pyridine, 3-(N-phenylformimidoyl)-	29722-97-2	S2618
182	78	184	51	28	52	39	183	**182**	100	80	27	26	18	14	13	10		7	7	–	4	1	–	–	–	–	–	–	–	1,2,4-Triazolo[4,3-b]pyridazine, 6-chloro-3,7-dimethyl-	28593-26-2	S2139
182	79	55	107	68	80	67	91	**182**	100	61	48	45	42	34	30	18		10	11	2	–	–	–	1	–	–	–	–	–	2,6-Adamantanedione, 4-fluoro-	19305-99-8	08323
182	83	153	57	69	55	181	111	**182**	100	75	64	40	26	23	20	18		9	10	4	–	–	–	–	–	–	–	–	–	1,2,4-Cyclopentanetrione, 3-methyl-5-(1-oxopropyl)-	57174-14-8	T4355
182	95	113	78	138	59	112	41	**182**	100	58	58	46	45	41	34	33		9	10	4	–	–	–	–	–	–	–	–	–	Carbonic acid, 3-methoxyphenyl methyl ester	54644-49-4	S9384
182	97	83	69	84	111	55	56	**182**	100	38	33	30	26	25	20	20		13	26	–	–	–	–	–	–	–	–	–	–	6-Tridecene	24949-38-0	S0878
182	102	89	75	74	63	91		**182**	100	62	16	10	10	8	8			8	6	–	–	–	–	–	–	–	–	–	1	Benzo[b]selenophene		L8228
182	102	180	178	179	184	89	181	**182**	100	63	51	20	20	19	17	12		8	6	–	–	–	–	–	–	–	–	–	1	Benzo[b]selenophene	272-30-0	Q0155
182	106	71	105	134	75	31	56	**182**	100	60	22	21	20	17	11	10		6	2	2	–	–	–	4	–	–	–	–	–	1,4-Benzenediol, 2,3,5,6-tetrafluoro-	771-63-1	Q4083
182	106	71	134	105	75	31	181	**182**	100	59	22	20	20	16	9	9		6	2	2	–	–	–	4	–	–	–	–	–	1,4-Benzenediol, 2,3,5,6-tetrafluoro-		M2170
182	106	105	75	164	134	31	91	**182**	100	45	17	12	10	8	7	7		6	2	2	–	–	–	4	–	–	–	–	–	1,3-Benzenediol, 2,4,5,6-tetrafluoro-	16840-25-8	R6489
182	106	105	164	75	134	91	93	**182**	100	46	17	11	10	9	8	8		6	2	2	–	–	–	4	–	–	–	–	–	1,3-Benzenediol, 2,4,5,6-tetrafluoro-		M2169
182	107	77	150	92	91	65	93	**182**	100	79	70	57	50	41	36	34		8	10	1	2	–	–	–	1	–	–	–	–	Carbazic acid, 3-phenylthio-, O-methyl ester	20184-98-9	R8531
182	124	68	53	41	95	42	123	**182**	100	47	45	39	35	33	26	19		6	6	1	4	–	–	–	1	–	–	–	–	Xanthine, 3-methyl-2-thio-	28139-02-8	S1968
182	126	139	127	68	55	41	56	**182**	100	92	72	47	40	29	15	13		9	14	2	2	–	–	–	–	–	–	–	–	1,3-Diazaspiro[4.5]decane-2,4-dione, 1-methyl-	878-46-6	Q4462
182	126	139	127	68	55	41	114	**182**	100	92	72	47	41	29	15	12		9	14	2	2	–	–	–	–	–	–	–	–	1,3-Diazaspiro[4.5]decane-2,4-dione, 1-methyl-		M3322
182	126	139	127	114	140	153	68	**182**	100	48	26	25	5	3	2	1		9	14	2	2	–	–	–	–	–	–	–	–	1,3-Diazaspiro[4.5]decane-2,4-dione, 1-methyl-	878-46-6	Q4463
182	126	167	48	96	183	127	168	**182**	100	35	30	27	15	9	4	3		9	14	2	2	–	–	–	–	–	–	–	–	Uracil, 1-butyl-6-methyl-	1010-89-5	Q5058
182	126	168	68	96				**182**	100	34	28	26	13					9	14	2	2	–	–	–	–	–	–	–	–	Uracil, 1-butyl-6-methyl-		L6404
182	127	27	128	55	29	39	31	**182**	100	52	33	32	31	25	18	14		3	3	1	–	–	–	–	–	–	–	–	1	2-Propyn-1-ol, 1-iodo-		X0451
182	127	27	128	55	29	39	153	**182**	100	52	33	32	32	25	18	15		3	3	1	–	–	–	–	–	–	–	–	1	2-Propyn-1-ol, 1-iodo-	54724-99-1	S9488
182	127	126	54	139	41	153	97	**182**	100	99	41	40	32	31	24	21		9	14	2	2	–	–	–	–	–	–	–	–	1,3-Diazaspiro[4.5]decane-2,4-dione, 3-methyl-		M3323
182	127	140	165	126	128	153	84	**182**	100	77	29	19	11	10	6	5		9	14	2	2	–	–	–	–	–	–	–	–	Uracil, 3-butyl-6-methyl-		L6403
182	127	140	165	126	128	183	153	**182**	100	75	28	20	11	10	9	6		9	14	2	2	–	–	–	–	–	–	–	–	Uracil, 3-butyl-6-methyl-	1010-90-8	Q5059
182	128	50	76	75	51	101	103	**182**	100	89	56	43	25	24	24	15		10	6	–	4	–	–	–	–	–	–	–	–	Quinoxalino[2,3-d]pyridazine		L1839
182	128	50	76	75	101	51	103	**182**	100	89	56	50	25	25	24	16		10	6	–	4	–	–	–	–	–	–	–	–	Pyridazino[4,5-b]quinoxaline	19064-75-6	R7951
182	151	150	121	167	122	45	152	**182**	100	79	36	34	30	29	28	19		9	10	2	–	–	–	–	1	–	–	–	–	Benzoic acid, 2-(methylthio)-, methyl ester	3704-28-7	Q9684
182	153	114	152	181	183			**182**	100	71	65	52	15	14				13	10	1	–	–	–	–	–	–	–	–	–	2-(cis,cis-Nonadien-6,8-diyn-2,4-ylidene)-2,5-dihydrofuran		L1388

MASS TO CHARGE RATIOS								M.W.	INTENSITIES								Parent	C	H	O	N	Cl	Br	F	S	P	B	Si	X	COMPOUND NAME	CAS Reg No	No
182	154	127	183	128	153	100	101	**182**	100	41	25	18	9	9	7	5		11	6	1	2	–	–	–	–	–	–	–	–	**5H-Cyclopenta[2,1-b:3,4-b]dipyridin-5-one**		**16519**
182	154	181	183	127	114	140	155	**182**	100	23	23	12	10	8	8	8		12	10	–	2	–	–	–	–	–	–	–	–	**9H-Pyrido[3,4-b]indole, 1-methyl-**	486-84-0	**Q1133**
182	163	132	113	181	183	164	119	**182**	100	79	61	15	15	10	8	5		7	3	–	–	–	–	5	–	–	–	–	–	**3,4-Difluoro-(trifluoromethyl)benzene**		**P2249**
182	166	181	168	183	89	152	167	**182**	100	19	19	17	15	14	14	12		14	14	–	–	–	–	–	–	–	–	–	–	**1,1′-Biphenyl, 2,2′-dimethyl-**		**Q2705**
182	167	111	51	77	95	79	121	**182**	100	33	27	23	22	20	20	18		9	10	4	–	–	–	–	–	–	–	–	–	**Benzoic acid, 3,4-dimethoxy-**		**04972**
182	167	165	181	166	183	89	152	**182**	100	36	29	24	18	16	12	10		14	14	–	–	–	–	–	–	–	–	–	–	**1,1′-Biphenyl, 3,3′-dimethyl-**	612-75-9	**Q2855**
182	167	165	181	166	183	152	91	**182**	100	31	27	18	15	15	9	5		14	14	–	–	–	–	–	–	–	–	–	–	**1,1′-Biphenyl, 3,3′-dimethyl-**	612-75-9	**Q2856**
182	167	165	181	183	89	90	152	**182**	100	44	28	15	14	13	13	8		14	14	–	–	–	–	–	–	–	–	–	–	**1,1′-Biphenyl, 4,4′-dimethyl-**		**F0116**
182	167	165	181	183	166	90	152	**182**	100	32	27	25	15	13	9	9		14	14	–	–	–	–	–	–	–	–	–	–	**1,1′-Biphenyl, 3,4′-dimethyl-**	7383-90-6	**R3141**
182	167	181	165	166	152	164	180	**182**	100	55	51	45	26	18	10	10		14	14	–	–	–	–	–	–	–	–	–	–	**1,1′-Biphenyl, 3,4′-dimethyl-**		**M2466**
182	167	181	165	166	164	152	180	**182**	100	45	37	34	18	9	9	9		14	14	–	–	–	–	–	–	–	–	–	–	**1,1′-Biphenyl, 4,4′-dimethyl-**		**M2467**
182	167	181	165	183	166	152	76	**182**	100	44	33	29	16	15	8	7		14	14	–	–	–	–	–	–	–	–	–	–	**1,1′-Biphenyl, 4,4′-dimethyl-**	613-33-2	**Q2868**
182	167	181	183	165	166	89	90	**182**	100	16	15	15	10	9	6	6		14	14	–	–	–	–	–	–	–	–	–	–	**1,1′-Biphenyl, 3,3′-dimethyl-**		**Q2857**
182	181	39	51	111	65	167	79	**182**	100	46	24	20	19	16	16	14		9	10	4	–	–	–	–	–	–	–	–	–	**Benzaldehyde, 4-hydroxy-3,5-dimethoxy-**	134-96-3	**P9684**
182	181	39	51	111	65	167	93	**182**	100	46	24	20	19	16	16	14		9	10	4	–	–	–	–	–	–	–	–	–	**Benzaldehyde, 4-hydroxy-3,5-dimethoxy-**		**03952**
182	181	39	51	111	65	167	138	**182**	100	46	24	20	20	17	17	14		9	10	4	–	–	–	–	–	–	–	–	–	**Benzaldehyde, 4-hydroxy-3,5-dimethoxy-**	134-96-3	**P9685**
182	181	44	184	183	140	111	167	**182**	100	59	33	31	28	20	18	16		9	11	–	2	1	–	–	–	–	–	–	–	**N,N-Dimethyl-N′-(m-chlorophenyl)formamidine**		**06342**
182	181	152	18	183	154	153	165	**182**	100	59	25	14	14	13	13	11		13	10	1	–	–	–	–	–	–	–	–	–	**2-Hydroxyfluorene**		**D0794**
182	181	152	153	76	151	183	154	**182**	100	93	58	37	19	17	13	12		13	10	1	–	–	–	–	–	–	–	–	–	**4-Phenylbenzaldehyde**		**03088**
182	181	152	183	76	91	180	63	**182**	100	79	16	14	12	10	9	9		13	10	1	–	–	–	–	–	–	–	–	–	**Dibenzofuran, 4-methyl-**	7320-53-8	**R3060**
182	181	153	154	140	127	166		**182**	100	19	12	11	10	9	4			12	10	–	2	–	–	–	–	–	–	–	–	**3-Methyl-1H-benzo[de]cinnoline**		**M8171**
182	181	154	183	155	127	141	128	**182**	100	24	18	15	8	6	4	4		12	10	–	2	–	–	–	–	–	–	–	–	**9H-Pyrido[3,4-b]indole, 1-methyl-**	486-84-0	**Q1132**
182	183	152	62	91	184	151	51	**182**	100	48	16	5	5	5	4	3		13	10	1	–	–	–	–	–	–	–	–	–	**9H-Xanthene**	92-83-1	**P6731**
182	183	181	152	184	76	91	180	**182**	100	97	79	16	13	13	10	9		13	10	1	–	–	–	–	–	–	–	–	–	**Dibenzofuran, 4-methyl-**		**W0102**
182	184	44	181	167	140	183	111	**182**	100	32	30	29	23	23	19	18		9	11	–	2	1	–	–	–	–	–	–	–	**N,N-Dimethyl-N′-(p-chlorophenyl)formamidine**		**06324**
182	184	86	147	51	149	62	186	**182**	100	97	78	76	56	50	40	31		4	1	–	2	3	–	–	–	–	–	–	–	**Pyrimidine, 2,4,6-trichloro-**	3764-01-0	**Q9785**
182	184	103	77	51	50	102	75	**182**	100	94	81	72	50	31	29	17		8	7	–	–	–	1	–	–	–	–	–	–	**Benzene, 1-bromo-4-vinyl-**	2039-82-9	**Q7236**
182	184	104	77	51	103	50	183	**182**	100	98	95	46	34	16	13	9		8	7	–	–	–	1	–	–	–	–	–	–	**β-Bromostyrene**		**Z1323**
182	184	147	86	51	149	62	186	**182**	100	96	78	74	66	48	34	28		4	1	–	2	3	–	–	–	–	–	–	–	**Pyrimidine, 2,4,6-trichloro-**		**D0018**
182	184	181	167	140	183	111	138	**182**	100	32	29	23	23	19	18	15		9	11	–	2	1	–	–	–	–	–	–	–	**N,N-Dimethyl-N′-(p-chlorophenyl)formamidine**	2103-46-0	**Q7379**
29	117	39	27	67	154	66	183	**183**	100	79	43	42	27	19	14	13		6	9	–	1	–	–	3	–	1	–	–	–	**Ethylpyrryltrifluorophosphorane**		**L8140**
41	73	55	57	39	27	95	29	**183**	100	59	50	39	36	36	36	35	**4.40**	11	21	1	1	–	–	–	–	–	–	–	–	**Cycloundecanone, oxime**	3189-61-5	**Q9101**
41	140	96	183	102	39			**183**	100	36	28	24	20	20				10	17	2	1	–	–	–	–	–	–	–	–	**Allyl N-cyclohexylcarbamate**		**M4593**
43	44	41	42	183	59	69	55	**183**	100	77	25	25	25	23	23	21		7	13	1	5	–	–	–	–	–	–	–	–	**1,3,5-Triazin-2(1H)-one, 4,6-bis(ethylamino)-**	2599-11-3	**Q8400**
43	96	67	42	155	41	39	44	**183**	100	99	68	40	40	38	30	30	**10.01**	9	13	3	1	–	–	–	–	–	–	–	–	**1-Azabicyclo[2.2.2]octane-2-carboxylic acid, 5-oxo-, methyl ester**	30740-21-7	**S2989**
44	18	30	28	31	17	58	29	**183**	100	89	59	58	34	23	20	9	**1.70**	9	13	3	1	–	–	–	–	–	–	–	–	**1,2-Benzenediol, 4-[1-hydroxy-2-(methylamino)ethyl]-, (R)-**	51-43-4	**P4561**
44	43	74	59	42	71	41	58	**183**	100	50	44	41	34	32	28	18	**13.20**	11	21	1	1	–	–	–	–	–	–	–	–	**3-Azabicyclo[4.3.1]decan-9-ol, 3,9-dimethyl-**	54724-97-9	**S9487**
44	65	93	39	45	42	53	137	**183**	100	12	9	7	6	5	4	4	**2.50**	9	13	3	1	–	–	–	–	–	–	–	–	**1,2-Benzenediol, 4-[1-hydroxy-2-(methylamino)ethyl]-, (R)-**	51-43-4	**P4562**
44	82	57	41	43	39	56	42	**183**	100	99	70	51	47	46	44	40	**22.70**	10	17	2	1	–	–	–	–	–	–	–	–	**3-(3′-Allylpiperid-4-yl)propanoic acid**		**P2728**
44	88	183	136	181	134	121	72	**183**	100	91	77	66	36	32	26	23		4	9	–	1	–	–	–	1	–	–	–	1	**Carbamoselenothioic acid, dimethyl-, S-methyl ester**	21347-33-1	**R9243**
50	42	183	85	140	112	64	49	**183**	100	82	51	50	45	44	38	28		7	6	1	3	1	–	–	–	–	–	–	–	**8-Chloro-7-methoxy-s-triazolo[1,5-a]pyridine**		**M5044**
55	126	70	41	127	57	43	69	**183**	100	86	84	79	72	67	66	51	**0.00**	7	12	1	1	–	–	3	–	–	–	–	–	**Acetamide, 2,2,2-trifluoro-N-isopentyl-**	14719-24-5	**R5373**
58	42	41	89	63	125	40	39	**183**	100	23	13	13	10	9	8	6	**0.00**	10	14	–	1	1	–	–	–	–	–	–	–	**Phenylethylamine, 4-chloro-α,α-dimethyl-**	461-78-9	**Q0808**
64	183	63	149	91	107	137	52	**183**	100	82	41	37	32	27	20	20		6	5	4	3	–	–	–	–	–	–	–	–	**Aniline, 3,5-dinitro-**	618-87-1	**Q2974**
68	167	69	53	94	40	137	52	**183**	100	45	41	34	29	28	26	25	**12.10**	8	9	4	1	–	–	–	–	–	–	–	–	**p-Benzoquinone, 2,6-dimethoxy-, 4-oxime**	22867-29-4	**R9979**
69	97	87	55	81	43	95	53	**183**	100	45	43	37	27	23	22	21	**0.00**	10	17	2	1	–	–	–	–	–	–	–	–	**Bicyclo[3.2.0]heptan-3-one, 2-hydroxy-1,4,4-trimethyl-, oxime**	53171-59-8	**S8338**
70	82	61	83	57	59	183	109	**183**	100	81	76	68	60	54	53	46		6	5	–	3	–	–	–	2	–	–	–	–	**Thiazolo[5,4-d]pyrimidine-7(4H)-thione, 5-methyl-**	54774-93-5	**S9617**
76	50	183	92	120	119	74	104	**183**	100	60	50	36	30	27	23	21		7	5	3	1	–	–	–	1	–	–	–	–	**1,2-Benzisothiazol-3(2H)-one, 1,1-dioxide**	81-07-2	**P6080**
76	183	119	50	92	120	74	104	**183**	100	97	83	77	65	63	42	40		7	5	3	1	–	–	–	1	–	–	–	–	**1,2-Benzisothiazol-3(2H)-one, 1,1-dioxide**	81-07-2	**P6081**
77	50	51	183	105	78	52	154	**183**	100	56	56	56	42	29	11	7		11	9	–	3	–	–	–	–	–	–	–	–	**Pyridine, 4-(phenylazo)-**	2569-58-6	**Q8353**
77	103	183	181	51	74	80	157	**183**	100	73	48	22	19	15	13	13		7	5	–	1	–	–	–	–	–	–	–	1	**Selenocyanic acid, phenyl ester**		**L4162**
77	103	183	181	51	74	80	157	**183**	100	73	48	23	19	15	15	14		7	5	–	1	–	–	–	–	–	–	–	1	**Selenocyanic acid, phenyl ester**	2179-79-5	**Q7565**
77	105	155	182	51	183	154	78	**183**	100	79	77	41	32	30	20	18		12	9	1	1	–	–	–	–	–	–	–	–	**Pyridine, 2-benzoyl**	91-02-1	**P6598**

MASS TO CHARGE RATIOS								M.W.	INTENSITIES								Parent	C	H	O	N	Cl	Br	F	S	P	B	Si	X	COMPOUND NAME	CAS Reg No	No
77	105	155	182	183	51	154	78	**183**	100	97	80	53	48	39	20	19		12	9	1	1	–	–	–	–	–	–	–	–	**4-Nitroso-N,N-diethylaniline**		**C1741**
77	141	51	50	53	78	64	183	**183**	100	50	33	11	11	10	9	9		6	5	2	3	–	–	–	1	–	–	–	–	**Benzenesulphonyl azide**	938-10-3	**Q4731**
77	155	78	51	154	105	50	69	**183**	100	39	37	36	20	14	7	5	**0.00**	11	9	–	3	–	–	–	–	–	–	–	–	**Pyridine, 2-(phenylazo)-**	2569-57-5	**Q8352**
77	155	78	51	154	105	50	93	**183**	100	39	37	36	20	14	7	5	**0.00**	11	9	–	3	–	–	–	–	–	–	–	–	**Pyridine, 2-(phenylazo)-**		**L8170**
77	183	51	50	78	105	58	154	**183**	100	63	56	53	49	42	23	13		11	9	–	3	–	–	–	–	–	–	–	–	**Pyridine, 3-(phenylazo)-**	2569-55-3	**Q8351**
79	183	30	51	77	125	153	50	**183**	100	97	78	73	45	38	38	34		8	9	4	1	–	–	–	–	–	–	–	–	**Benzene, 1,2-dimethoxy-4-nitro-**	709-09-1	**Q3812**
82	110	81	29	83	54	74	55	**183**	100	41	24	16	13	10	10	7	**0.00**	8	13	2	3	–	–	–	–	–	–	–	–	**L-Histidine, ethyl ester**	7555-06-8	**R3273**
83	96	97	111	110	55	183	84	**183**	100	72	58	44	43	38	36	33		10	17	2	1	–	–	–	–	–	–	–	–	**2H-Quinolizine-1-carboxylic acid, octahydro-, (1R-trans)-**	574-99-2	**Q2234**
85	86	87	104	44	33	47	42.5	**183**	100	64	55	41	37	32	21	15	**0.87**	9	7	1	1	–	–	2	–	–	–	–	–	**α-Isocyanato-α,α-difluoro-p-xylene**		**06682**
91	65	77	106	183	51	92	104	**183**	100	22	20	12	11	9	9	7		13	13	–	1	–	–	–	–	–	–	–	–	**Benzylamine, N-phenyl-**	103-32-2	**P7617**
91	141	39	75	44	63	65	40	**183**	100	80	80	76	68	60	55	55	**13.10**	9	7	1	1	–	–	2	–	–	–	–	–	**α-Isocyanato-α,α-difluoro-m-xylene**		**06679**
91	183	182	106	77	28	65	184	**183**	100	75	28	20	20	17	14	13		13	13	–	1	–	–	–	–	–	–	–	–	**Benzylamine, N-phenyl-**		**D0762**
95	39	124	183	112	38	96	29	**183**	100	27	21	15	14	8	7	6		8	9	4	1	–	–	–	–	–	–	–	–	**Glycine, N-(2-furanylcarbonyl)-, methyl ester**	13290-00-1	**R4411**
95	124	39	183	96	29	38		**183**	100	28	20	15	8	6	5			8	9	4	1	–	–	–	–	–	–	–	–	**Glycine, N-(3-furanylcarbonyl)-, methyl ester**	56145-22-3	**T2874**
95	124	43	183	96	87	67	41	**183**	100	99	86	73	69	59	31	30		8	9	4	1	–	–	–	–	–	–	–	–	**Glycine, N-(2-furanylcarbonyl)-, methyl ester**	13290-00-1	**R4410**
97	61	124	41	183	55	39	44	**183**	100	74	67	61	38	36	32	32		9	17	1	3	–	–	–	–	–	–	–	–	**Hydrazinecarboxamide, 2-(2-ethyl-2-hexenylidene)-**	16983-62-3	**R6555**
98	70	112	154	183	44	95	99	**183**	100	45	38	34	17	11	11	10		11	21	1	1	–	–	–	–	–	–	–	–	**2-Bornanol, 3-(methylamino)-, endo,endo-**	1925-46-8	**Q7064**
99	155	127	81	109	82	45	29	**183**	100	97	67	40	36	29	17	17	**6.03**	6	16	4	–	–	–	–	–	1	–	–	–	**Phosphoric acid, triethyl ester**		**G0431**
105	183	51	78	106	182	50	184	**183**	100	92	47	32	27	23	16	13		12	9	1	1	–	–	–	–	–	–	–	–	**Pyridine, 3-benzoyl**	5424-19-1	**R1416**
105	183	77	51	78	106	182	50	**183**	100	91	67	47	32	27	23	16		12	9	1	1	–	–	–	–	–	–	–	–	**Pyridine, 3-benzoyl**	5424-19-1	**R1417**
105	183	77	51	184	106	50	78	**183**	100	82	36	23	12	10	9	9		12	9	1	1	–	–	–	–	–	–	–	–	**Pyridine, 4-benzoyl**	14548-46-0	**R5272**
110	42	183	53	43	57	56	111	**183**	100	38	23	18	17	17	15	12		10	17	2	1	–	–	–	–	–	–	–	–	**1-Azabicyclo[2.2.2]octane-4-carboxylic acid, ethyl ester**	22766-68-3	**R9942**
112	148	150	146	98	113	149	80	**183**	100	95	26	17	12	9	4	3	**0.00**	7	15	–	1	2	–	–	–	–	–	–	–	**Piperidine, 1-(2-chloroethyl)-, hydrochloride**	2008-75-5	**Q7188**
112	154	183	168					**183**	100	40	36	4						11	21	1	1	–	–	–	–	–	–	–	–	**Piperidine, 1-(1-oxohexyl)-**	15770-38-4	**R5835**
112	183	168						**183**	100	49	38							11	21	1	1	–	–	–	–	–	–	–	–	**Piperidine, 1-(3,3-dimethyl-1-oxobutyl)-**	29846-84-2	**S2712**
115	96	42	68	69	41	97	55	**183**	100	93	47	44	40	40	37	35	**25.00**	9	13	3	1	–	–	–	–	–	–	–	–	**1-Azabicyclo[2.2.2]octane-2-carboxylic acid, 5-oxo-, methyl ester**		**M3803**
122	183	168	138	28	94	110	154	**183**	100	41	38	31	31	15	13	9		10	17	2	1	–	–	–	–	–	–	–	–	**2-Pyrrolidineacetic acid, 5,5-dimethyl-, ethyl ester**		**L2267**
126	41	42	183	94	43	55	58	**183**	100	52	52	44	38	36	33	30		11	21	1	1	–	–	–	–	–	–	–	–	**3-Decen-2-one, O-methyloxime**	39209-06-8	**S6057**
126	41	114	127	42	55	69	43	**183**	100	82	75	71	70	46	44	43	**0.00**	7	12	1	1	–	–	3	–	–	–	–	–	**Acetamide, 2,2,2-trifluoro-N-pentyl-**	14618-15-6	**R5291**
126	42	41	183	94	43	55	58	**183**	100	53	51	44	39	33	33	31		11	21	1	1	–	–	–	–	–	–	–	–	**3-Decen-2-one, O-methyloxime**	39209-06-8	**S6058**
127	95	141	69	154	41	29	27	**183**	100	98	90	87	66	60	55	45	**34.03**	8	13	–	3	–	–	–	1	–	–	–	–	**4-Pyrimidinamine, 2-(butylthio)-**	54774-88-8	**S9614**
132	147	146	117	131	133	130	148	**183**	100	58	32	29	16	11	9	5	**0.00**	10	14	–	1	1	–	–	–	–	–	–	–	**Actinidine hydrochloride**		**L1133**
135	77	47	48	103	51	45	76	**183**	100	92	80	68	53	42	41	30	**0.00**	8	9	–	1	–	–	–	2	–	–	–	–	**Carbamodithioic acid, phenyl-, methyl ester**	701-73-5	**Q3789**
136	42	94	43	18	95	28	96	**183**	100	67	63	50	35	31	22	22	**5.79**	4	10	3	1	–	–	–	1	1	–	–	–	**Phosphoramidothioic acid, acetyl-, O,S-dimethyl ester**	30560-19-1	**S2930**
136	94	42	43	95	96	125	47	**183**	100	70	59	59	31	21	16	15	**3.27**	4	10	3	1	–	–	–	1	1	–	–	–	**Phosphoramidothioic acid, acetyl-, O,S-dimethyl ester**		**Y2477**
138	42	154	183	110	55	111	83	**183**	100	87	87	78	67	44	31	28		9	13	3	1	–	–	–	–	–	–	–	–	**3-Pyridinecarboxylic acid, 1,4,5,6-tetrahydro-2-methyl-6-oxo-, ethyl ester**	4027-39-8	**R0005**
138	110	154	182	28	70	111	41	**183**	100	78	63	54	54	41	36	24	**7.00**	10	17	2	1	–	–	–	–	–	–	–	–	**Ethyl 3-(1-pyrrolidinyl)crotonate**		**00541**
139	182	141	111	183	184	75	113	**183**	100	36	34	26	23	14	13	9		9	10	1	1	1	–	–	–	–	–	–	–	**Benzamide, 2-chloro-N,N-dimethyl-**	6526-67-6	**R2345**
139	182	141	111	183	184	75	140	**183**	100	36	34	25	22	13	12	9		9	10	1	1	1	–	–	–	–	–	–	–	**Benzamide, 2-chloro-N,N-dimethyl-**	6526-67-6	**R2344**
140	43	141	47	183	138	39	108	**183**	100	45	35	32	29	16	15	15		8	9	2	1	–	–	–	1	–	–	–	–	**Acetone, 1-(3-hydroxy-2-pyridinyl)thio-**	30221-74-0	**S2822**
141	41	69	81	137	55	43	183	**183**	100	43	30	27	26	22	17	17		11	21	1	1	–	–	–	–	–	–	–	–	**Cyclohexanone, 5-methyl-2-isopropyl-, O-methyloxime, (2S-trans)-**	57396-81-3	**T4684**
141	59	85	154	41	142	183	45	**183**	100	28	26	25	14	12	12	11		10	17	–	1	–	–	–	1	–	–	–	–	**Thiazole, 2-butyl-4-ethyl-5-methyl-**	52414-88-7	**S7940**
141	108	43	39	183	140	142	95	**183**	100	70	39	26	25	15	8	7		8	9	2	1	–	–	–	1	–	–	–	–	**3-Pyridinol, 2-(methylthio)-, acetate**	42715-30-0	**S6975**
141	154	39	41	71	45	98	142	**183**	100	73	37	35	35	30	30	30	**19.00**	10	17	–	1	–	–	–	1	–	–	–	–	**Thiazole, 2-butyl-5-propyl-**	52414-86-5	**S7938**
150	183	154	27	53	94	110	28	**183**	100	81	80	67	56	55	52	51		9	13	1	1	–	–	–	1	–	–	–	–	**Pyridinium, 2-(ethylthio)-3-hydroxy-1,6-dimethyl-, hydroxide, inner salt**	39132-48-4	**S6035**
153	93	30	65	36	32	18	125	**183**	100	68	45	34	28	21	20	18	**13.00**	9	13	3	1	–	–	–	–	–	–	–	–	**α-(Aminomethyl)vanillyl alcohol**		**06557**
153	138	41	95	39	58	67	109	**183**	100	70	49	46	33	32	32	32	**24.38**	9	15	2	2	–	–	–	–	–	–	–	–	**1H-Pyrrol-1-yloxy, 3-(aminocarbonyl)-2,5-dihydro-2,2,5,5-tetramethyl-**	3229-73-0	**Q9132**
154	112	183	168					**183**	100	74	39	32						11	21	1	1	–	–	–	–	–	–	–	–	**Piperidine, 1-(2-ethyl-1-oxobutyl)-**	55581-66-3	**T1639**
155	96	42	68	41	69	97	55	**183**	100	98	48	45	37	37	37	33	**22.40**	9	13	3	1	–	–	–	–	–	–	–	–	**1-Azabicyclo[2.2.2]octane-2-carboxylic acid, 5-oxo-, methyl ester**	30740-21-7	**S2990**
155	105	183	182	51	154	77	78	**183**	100	85	79	75	31	28	23	17		12	9	1	1	–	–	–	–	–	–	–	–	**Pyridine, 2-benzoyl**	91-02-1	**P6599**
155	140	83	98	41	55	28	18	**183**	100	89	67	52	47	44	38	26	**2.01**	10	17	2	1	–	–	–	–	–	–	–	–	**2,4-Piperidinedione, 3,3-diethyl-5-methyl-**	125-64-4	**P9471**
155	140	83	98	55	56	57	97	**183**	100	77	54	47	34	9	8	8	**2.90**	10	17	2	1	–	–	–	–	–	–	–	–	**2,4-Piperidinedione, 3,3-diethyl-5-methyl-**	125-64-4	**P9472**
165	45	136	44	108	43	183	147	**183**	100	69	61	53	39	36	32	27		8	9	4	1	–	–	–	–	–	–	–	–	**4-Pyridinecarboxylic acid, 3-hydroxy-5-(hydroxymethyl)-2-methyl-**	82-82-6	**P6107**
165	63	119	91	183	39	53	81	**183**	100	80	69	41	31	26	15	9		7	5	5	1	–	–	–	–	–	–	–	–	**Salicylic acid, 4-nitro-**		**D1661**
165	107	183	91	63	119	166	53	**183**	100	49	48	27	13	13	13	10		7	5	5	1	–	–	–	–	–	–	–	–	**Salicylic acid, 3-nitro-**		**L5144**
165	107	183	91	63	119	166	54	**183**	100	48	48	23	12	12	12	9		7	5	5	1	–	–	–	–	–	–	–	–	**Salicylic acid, 3-nitro-**	85-38-1	**P6250**

MASS TO CHARGE RATIOS								M.W.	INTENSITIES								Parent	C	H	O	N	Cl	Br	F	S	P	B	Si	X	COMPOUND NAME	CAS Reg No	No
165	137	109	94	124	183	129		**183**	100	62	10	9	6	5	3			8	9	4	1	–	–	–	–	–	–	–	–	**1H-Pyrrole-3-propanoic acid, 2,5-dihydro-4-methyl-2,5-dioxo-**	487-65-0	**Q1154**
165	183	107	91	119	63	166	53	**183**	100	49	49	27	15	13	13	11		7	5	5	1	–	–	–	–	–	–	–	–	**Salicylic acid, 3-nitro-**		**04641**
166	77	15	51	39	67	41	69	**183**	100	30	14	12	8	6	5	5	**4.70**	6	9	–	1	–	–	3	–	1	–	–	–	**Ethylpyrryltrifluorophosphorane**		**L8139**
166	181	28	180	108	41	167	95	**183**	100	38	25	21	14	14	13	10	**1.00**	11	21	1	1	–	–	–	–	–	–	–	–	**1-Morpholino-3-methylcyclohexane**		**00539**
166	184	164	123	182				**183**	100	14	5	3	3				**0.00**	9	13	3	1	–	–	–	–	–	–	–	–	**1,2-Benzenediol, 4-[1-hydroxy-2-(methylamino)ethyl]-, (R)-**	51-43-4	**P4563**
168	183	97	69	82	68	41	96	**183**	100	99	70	63	40	24	12	12		10	17	2	1	–	–	–	–	–	–	–	–	**2H-Pyran-2-one, 4-(diethylamino)-5,6-dihydro-5-methyl-**	54774-87-7	**S9613**
168	183	97	69	82	68	96	41	**183**	100	99	70	63	40	24	12	12		10	17	2	1	–	–	–	–	–	–	–	–	**4-Diethylamino-5,5-diethyl-2-oxo-2,5-dihydrofuran**		**L5058**
179	178	164	165	31	180	176	90	**183**	100	40	34	29	23	13	9	8	**0.00**	13	13	–	1	–	–	–	–	–	–	–	–	**2-Biphenylamine, 3-methyl-**	14294-33-8	**R5113**
182	183	106	91	79	167	65	169	**183**	100	87	44	42	24	13	12	12		13	13	–	1	–	–	–	–	–	–	–	–	**Pyridine, 2-(2-phenylethyl)-**	2116-62-3	**Q7409**
183	28	121	154	168	53	27	82	**183**	100	97	95	95	70	69	60	52		9	13	1	1	–	–	–	1	–	–	–	–	**Pyridine, 3-ethoxy-6-methyl-2-(methylthio)-**	37989-61-0	**S5648**
183	71	130	69	103	85	132	70	**183**	100	94	70	69	66	65	57	54		7	5	–	1	–	–	–	–	–	–	–	1	**1,2-Benzisoselenazole**	272-31-1	**Q0156**
183	91	52	64	153	63	41	107	**183**	100	70	53	39	32	29	19	19		6	5	4	3	–	–	–	–	–	–	–	–	**Aniline, 2,4-dinitro-**	97-02-9	**P7089**
183	91	52	64	153	63	107	137	**183**	100	91	69	50	41	36	24	23		6	5	4	3	–	–	–	–	–	–	–	–	**Aniline, 2,4-dinitro-**	97-02-9	**P7090**
183	91	64	63	65	121	153	92	**183**	100	35	27	25	24	22	19	17		6	5	4	3	–	–	–	–	–	–	–	–	**Aniline, 2,6-dinitro-**	606-22-4	**Q2721**
183	106	31	136	155	117	137	184	**183**	100	68	40	18	15	9	8	8		6	2	–	1	–	–	5	–	–	–	–	–	**Aniline, 2,3,4,5,6-pentafluoro-**	771-60-8	**Q4078**
183	112	44	95	126	84	73	41	**183**	100	85	77	60	57	53	39	38		11	21	1	1	–	–	–	–	–	–	–	–	**3-Bornanol, 2-(methylamino)-, endo,endo-**	32232-17-0	**S3542**
183	126	61	124	41	55	67	108	**183**	100	59	52	52	51	51	37	37		9	17	1	3	–	–	–	–	–	–	–	–	**Hydrazinecarboxamide, 2-(2,6-dimethylcyclohexylidene)-**	57174-11-5	**T4353**
183	136	155	117	184	163	113	106	**183**	100	26	16	9	8	7	7	7		6	2	–	1	–	–	5	–	–	–	–	–	**Aniline, 2,3,4,5,6-pentafluoro-**	771-60-8	**Q4079**
183	154	182	28	184	127	51	77	**183**	100	41	33	24	15	11	10	9		12	9	1	1	–	–	–	–	–	–	–	–	**10H-Phenoxazine**	135-67-1	**08971**
183	155	140	127	168				**183**	100	42	39	13	5					12	9	1	1	–	–	–	–	–	–	–	–	**3-Methylnaphtho[1,8-de]-1,2-oxazine**		**M8172**
183	155	184	127	182	128	154	126	**183**	100	58	14	10	9	8	7	3		12	9	1	1	–	–	–	–	–	–	–	–	**3-Dibenzofuranamine**	4106-66-5	**R0101**
183	156	181	154	179	180	185	71	**183**	100	49	49	23	18	18	17	14		7	5	–	1	–	–	–	–	–	–	–	1	**Benzoselenazole**	273-91-6	**Q0167**
183	181	103	179	180	185	102	156	**183**	100	62	36	26	24	22	19	16		7	5	–	1	–	–	–	–	–	–	–	1	**Selenolo[2,3-b]pyridine**	39835-86-4	**S6163**
183	182	77	167	51	184	104	168	**183**	100	55	28	22	16	14	14	9		13	13	–	1	–	–	–	–	–	–	–	–	**Diphenylamine, N-methyl-**	552-82-9	**Q1967**
183	182	91	77	184	167	90.5	65	**183**	100	42	22	17	15	15	14	9		13	13	–	1	–	–	–	–	–	–	–	–	**Diphenylamine, 4-methyl**		**D1488**
183	182	106	165	167	180	90	77	**183**	100	62	47	25	12	10	9	9		13	13	–	1	–	–	–	–	–	–	–	–	**Aniline, 4-benzyl-**		**M7950**
183	182	167	104	77	184	51	91	**183**	100	62	26	18	17	14	12	6		13	13	–	1	–	–	–	–	–	–	–	–	**Diphenylamine, N-methyl-**		**D1153**
183	182	167	106	51	77	39	180	**183**	100	52	30	28	26	23	22	21		13	13	–	1	–	–	–	–	–	–	–	–	**Aniline, 2-methyl-N-phenyl-**	1205-39-6	**Q5755**
183	184	127	128	91.5	154	28	182	**183**	100	13	13	11	10	10	10	8		12	9	1	1	–	–	–	–	–	–	–	–	**3-Dibenzofuranamine**		**D0714**
183	184	127	182	154	155	156	126	**183**	100	13	10	9	8	6	5	3		12	9	1	1	–	–	–	–	–	–	–	–	**2-Dibenzofuranamine**	3693-22-9	**Q9680**
183	184	154	127	128	182	126	102	**183**	100	13	12	12	9	5	4	4		12	9	1	1	–	–	–	–	–	–	–	–	**4-Dibenzofuranamine**	50548-43-1	**S7321**
183	184	154	127	182	155	128	156	**183**	100	31	30	23	20	20	14	11		12	9	1	1	–	–	–	–	–	–	–	–	**1-Dibenzofuranamine**	50548-40-8	**S7320**
183	185	87	122	61	187	124	35	**183**	100	98	84	42	35	30	27	21		3	–	–	3	3	–	–	–	–	–	–	–	**1,3,5-Triazine, 2,4,6-trichloro-**		**D1353**
183	185	142	148	107	184	182	144	**183**	100	40	16	16	11	11	8	6		8	6	–	1	1	–	–	1	–	–	–	–	**Benzothiazole, 5-chloro-2-methyl-**		**M3346**
183	185	142	148	184	107	182	144	**183**	100	38	17	17	13	11	8	7		8	6	–	1	1	–	–	1	–	–	–	–	**Benzothiazole, 5-chloro-2-methyl-**	1006-99-1	**Q5033**
184	143	185	186	183	171	161	127	**183**	100	37	7	6	4	4	4	3		4	10	3	1	–	–	–	1	1	–	–	–	**Phosphoramidothioic acid, acetyl-, O,S-dimethyl ester**	30560-19-1	**S2932**
184	166	155	182					**183**	100	60	13	6					**0.00**	10	17	2	1	–	–	–	–	–	–	–	–	**2,4-Piperidinedione, 3,3-diethyl-5-methyl-**	125-64-4	**P9473**
18	58	29	28	46	17	74	45	**184**	100	69	68	42	32	31	27	15	**0.00**	4	8	8	–	–	–	–	–	–	–	–	–	**Octahydroxycyclobutane**		**01489**
18	58	29	44	28	46	17	74	**184**	100	69	68	48	42	33	31	27	**0.00**	4	8	8	–	–	–	–	–	–	–	–	–	**Octahydroxycyclobutane**	20389-20-2	**R8653**
28	41	43	55	14	29	27	59	**184**	100	99	76	71	67	67	64	58	**1.80**	11	20	2	–	–	–	–	–	–	–	–	–	**3-Decenoic acid, methyl ester, cis-**		**P4089**
28	138	92	46	184	78	76	140	**184**	100	37	37	23	10	8	5	5		–	–	–	4	–	–	–	4	–	–	–	–	**Tetrasulphur tetranitride**		**C0634**
29	41	99	43	27	39	42	57	**184**	100	93	92	88	85	77	70	65	**0.00**	9	17	3	–	–	–	–	–	–	1	–	–	**1,3,2-Dioxaborolane, 2-ethyl-4-(3-oxiranylpropyl)-**	74810-66-5	**T8718**
40	70	41	95	128	39	69	142	**184**	100	96	71	59	49	40	39	38	**7.01**	8	12	1	2	–	–	–	1	–	–	–	–	**Thiouracil, 2-butyl-**	54774-97-9	**S9622**
40	96	41	142	124	43	39	184	**184**	100	72	50	43	34	30	28	17		9	12	2	–	–	–	–	1	–	–	–	–	**Phenol, O-(propylsulphinyl)-**	29634-41-1	**S2596**
41	29	57	39	114	27	30	18	**184**	100	87	69	57	57	54	41	40	**9.60**	7	12	2	4	–	–	–	–	–	–	–	–	**1,2,4-Triazine-3,5(2H,4H)-dione, 4-amino-6-tert-butyl-**	56507-37-0	**T3651**
41	43	29	55	57	27	44	82	**184**	100	93	70	53	48	47	37	30	**0.24**	12	24	1	–	–	–	–	–	–	–	–	–	**Dodecanal**	112-54-9	**P8724**
41	43	29	87	27	39	55	53	**184**	100	67	60	57	55	53	45	29	**0.47**	11	20	2	–	–	–	–	–	–	–	–	–	**2-Decenoic acid, methyl ester**		**C0510**
41	43	87	98	69	97	45	95	**184**	100	81	66	60	59	47	46	41	**2.00**	10	16	3	–	–	–	–	–	–	–	–	–	**1,2-Butanediol, 1-(2-furyl)-2,3-dimethyl-**	18927-22-5	**R7889**
41	55	43	69	70	97	82	125	**184**	100	99	75	25	25	21	17	13	**5.00**	10	16	3	–	–	–	–	–	–	–	–	–	**Dihydrodiplodialide-A**		**P1596**
41	55	67	31	81	95	109	124	**184**	100	89	79	54	52	43	14	4	**0.00**	12	24	1	–	–	–	–	–	–	–	–	–	**5-Dodecen-1-ol, (Z)-**	40642-38-4	**S6374**
41	55	69	97	88	84	152	56	**184**	100	79	51	42	38	37	35	34	**1.00**	10	16	3	–	–	–	–	–	–	–	–	–	**Cyclopentanepropionic acid, α-methyl-2-oxo-, methyl ester**	14128-60-0	**R4993**
41	55	69	97	88	84	152	56	**184**	100	79	51	43	39	38	36	35	**2.40**	10	16	3	–	–	–	–	–	–	–	–	–	**2-Methyl-3-(2-oxocyclopentyl) propionate**		**P4088**
41	55	82	57	67	68	29	43	**184**	100	90	81	66	59	57	53	51	**1.13**	12	24	1	–	–	–	–	–	–	–	–	–	**Cyclododecanol**		**C1318**
41	57	81	127	58	42	55	43	**184**	100	42	37	25	10	9	9	6	**0.50**	10	16	3	–	–	–	–	–	–	–	–	–	**Orthoformic acid, triallyl ester**	16754-50-0	**R6443**

MASS TO CHARGE RATIOS								M.W.	INTENSITIES								Parent	C	H	O	N	Cl	Br	F	S	P	B	Si	X	COMPOUND NAME	CAS Reg No	No
41	67	82	69	83	55	184	39	**184**	100	73	65	60	56	54	49	39		11	20	–	–	–	–	–	1	–	–	–	–	(Cyclopentylthio)cyclohexane		Y2160
41	69	95	55	110	59	67	82	**184**	100	67	48	42	35	25	21	20	**0.00**	11	20	2	–	–	–	–	–	–	–	–	–	6-Octenoic acid, 3,7-dimethyl-, methyl ester	2270-60-2	Q7750
43	41	57	29	55	82	27	56	**184**	100	97	82	70	63	44	40	37	**0.40**	12	24	1	–	–	–	–	–	–	–	–	–	Dodecanal	112-54-9	P8725
43	41	71	29	55	57	82	58	**184**	100	98	94	93	92	89	82	81	**4.00**	12	24	1	–	–	–	–	–	–	–	–	–	1,2-Epoxydodecane		17403
43	41	99	58	71	68	69	27	**184**	100	74	64	50	45	43	38	30	**1.50**	11	20	2	–	–	–	–	–	–	–	–	–	Hexanoic acid, 2-pentenyl ester, (Z)-	74298-89-8	T7862
43	45	41	97	27	99	42	91	**184**	100	21	17	14	14	9	8	8	**0.11**	6	10	2	–	2	–	–	–	–	–	–	–	Isopropyl 2,2-dichloropropionate		Z1345
43	54	41	99	67	55	29	27	**184**	100	27	18	15	13	12	11	10	**0.00**	11	20	2	–	–	–	–	–	–	–	–	–	Non-3-enyl acetate		P3906
43	57	29	41	55	39	127	71	**184**	100	92	82	68	66	64	61	47	**0.00**	4	9	–	–	–	–	–	–	–	–	–	1	tert-Butyl iodide	558-17-8	H0837
43	57	41	29	71	85	27	55	**184**	100	86	49	48	42	26	22	19	**4.60**	13	28	–	–	–	–	–	–	–	–	–	–	Tridecane	629-50-5	Q3348
43	57	41	55	44	29	82	56	**184**	100	98	74	63	57	49	48	41	**0.00**	12	24	1	–	–	–	–	–	–	–	–	–	Dodecanal	112-54-9	P8723
43	57	41	55	56	70	69	71	**184**	100	72	39	35	30	30	27	24	**2.97**	12	24	1	–	–	–	–	–	–	–	–	–	Decane, 1-vinyloxy-	765-05-9	Q4014
43	57	41	71	85	55	42	56	**184**	100	90	57	47	29	21	17	16	**5.28**	13	28	–	–	–	–	–	–	–	–	–	–	Tridecane		Y1795
43	57	71	41	85	29	42	56	**184**	100	86	43	33	27	21	17	14	**0.14**	13	28	–	–	–	–	–	–	–	–	–	–	Dodecane, 2-methyl-	1560-97-0	Q6211
43	57	71	41	85	126	55	127	**184**	100	84	84	65	56	43	29	19	**1.00**	13	28	–	–	–	–	–	–	–	–	–	–	Nonane, 5-butyl-	17312-63-9	H1796
43	57	71	70	85	41	29	55	**184**	100	74	73	38	36	25	17	15	**0.50**	13	28	–	–	–	–	–	–	–	–	–	–	Dodecane, 4-methyl-	6117-97-1	R2066
43	57	71	70	85	41	29	55	**184**	100	75	66	28	27	26	16	14	**0.18**	13	28	–	–	–	–	–	–	–	–	–	–	Undecane, 2,8-dimethyl-	17301-25-6	R6750
43	57	71	85	41	29	42	56	**184**	100	94	51	39	37	20	18	17	**1.70**	13	28	–	–	–	–	–	–	–	–	–	–	Dodecane, 2-methyl-		05532
43	57	71	85	41	29	56	84	**184**	100	89	51	43	33	26	21	15	**0.12**	13	28	–	–	–	–	–	–	–	–	–	–	Undecane, 3,7-dimethyl-	17301-29-0	R6758
43	57	71	85	41	29	56	84	**184**	100	69	41	35	27	17	14	14	**0.00**	13	28	–	–	–	–	–	–	–	–	–	–	Undecane, 5,7-dimethyl-	17312-83-3	R6838
43	57	71	85	41	29	70	56	**184**	100	77	50	33	23	19	12	11	**0.06**	13	28	–	–	–	–	–	–	–	–	–	–	Undecane, 4,7-dimethyl-	17301-32-5	R6765
43	57	71	85	41	44	56	84	**184**	100	72	43	37	27	21	13	11	**0.00**	13	28	–	–	–	–	–	–	–	–	–	–	Decane, 2,4,6-trimethyl-	62108-27-4	T5836
43	57	71	85	41	55	29	140	**184**	100	89	65	42	30	17	16	15	**0.00**	13	28	–	–	–	–	–	–	–	–	–	–	Undecane, 2,3-dimethyl-	17312-77-5	R6824
43	57	71	85	41	55	70	84	**184**	100	85	71	49	26	16	15	13	**0.00**	13	28	–	–	–	–	–	–	–	–	–	–	Decane, 2,3,7-trimethyl-	62238-13-5	T5984
43	57	71	85	41	56	29	84	**184**	100	61	39	36	26	17	16	15	**0.00**	13	28	–	–	–	–	–	–	–	–	–	–	Undecane, 2,7-dimethyl-	17301-24-5	R6748
43	57	71	85	41	56	42	29	**184**	100	99	50	34	33	22	18	16	**0.33**	13	28	–	–	–	–	–	–	–	–	–	–	Undecane, 2,10-dimethyl-	17301-27-8	R6755
43	57	71	85	41	56	84	69	**184**	100	72	43	37	27	13	11	10	**0.00**	13	28	–	–	–	–	–	–	–	–	–	–	Decane, 2,4,6-trimethyl-	62108-27-4	T5835
43	57	71	85	41	70	55	140	**184**	100	92	68	44	30	16	16	16	**0.00**	13	28	–	–	–	–	–	–	–	–	–	–	Undecane, 2,3-dimethyl-	17312-77-5	R6823
43	57	71	85	41	70	55	141	**184**	100	92	64	48	24	15	14	13	**0.00**	13	28	–	–	–	–	–	–	–	–	–	–	Decane, 2,3,6-trimethyl-	62238-12-4	T5982
43	57	71	85	56	41	29	126	**184**	100	95	72	54	47	35	24	22	**0.00**	13	28	–	–	–	–	–	–	–	–	–	–	Undecane, 3,4-dimethyl-	17312-78-6	R6826
43	57	71	85	70	41	29	55	**184**	100	66	64	32	31	22	16	15	**0.20**	13	28	–	–	–	–	–	–	–	–	–	–	Undecane, 4,8-dimethyl-	17301-33-6	R6768
43	57	85	71	41	29	55	84	**184**	100	95	52	45	30	18	17	15	**0.00**	13	28	–	–	–	–	–	–	–	–	–	–	Undecane, 4-ethyl-	17312-59-3	R6799
43	57	85	71	41	29	84	56	**184**	100	51	40	36	24	19	18	12	**0.00**	13	28	–	–	–	–	–	–	–	–	–	–	Dodecane, 5-methyl-	17453-93-9	R7018
43	57	85	71	41	56	84	29	**184**	100	70	60	44	27	18	15	15	**0.29**	13	28	–	–	–	–	–	–	–	–	–	–	Undecane, 2,4-dimethyl-	17312-80-0	R6832
43	58	41	29	27	71	113	28	**184**	100	55	42	37	35	32	23	23	**0.00**	12	24	1	–	–	–	–	–	–	–	–	–	5-Undecanone, 2-methyl-	50639-02-6	S7391
43	58	71	29	41	27	99	113	**184**	100	49	47	39	35	35	35	31	**2.40**	12	24	1	–	–	–	–	–	–	–	–	–	6-Dodecanone	6064-27-3	H1580
43	58	71	41	29	27	113	99	**184**	100	42	42	40	36	31	25	23	**3.31**	12	24	1	–	–	–	–	–	–	–	–	–	6-Dodecanone		04300
43	58	71	59	41	29	27	55	**184**	100	98	32	31	30	21	20	14	**5.10**	12	24	1	–	–	–	–	–	–	–	–	–	2-Dodecanone	6175-49-1	H1603
43	59	85	41	100	60	126	69	**184**	100	90	78	60	60	43	28	20	**1.00**	10	20	1	2	–	–	–	–	–	–	–	–	Octanal N-methyl-N-formylhydrazone		16836
43	71	57	41	85	29	70	27	**184**	100	60	53	45	32	31	29	27	**1.05**	13	28	–	–	–	–	–	–	–	–	–	–	Undecane, 4,8-dimethyl-	17301-33-6	R6766
43	71	57	41	85	126	55	127	**184**	100	90	84	66	56	42	29	18	**1.00**	13	28	–	–	–	–	–	–	–	–	–	–	Nonane, 5-butyl-		Y2018
43	71	57	70	85	41	55	29	**184**	100	98	94	53	30	28	17	15	**0.00**	13	28	–	–	–	–	–	–	–	–	–	–	Decane, 2,3,4-trimethyl-	62238-15-7	T5987
43	71	58	41	86	27	57	141	**184**	100	90	64	49	46	44	42	35	**4.60**	12	24	1	–	–	–	–	–	–	–	–	–	4-Dodecanone	6137-26-4	H1589
43	71	58	57	56	41	69	126	**184**	100	75	42	33	24	20	16	16	**0.50**	12	24	1	–	–	–	–	–	–	–	–	–	2-Decanone, 5,9-dimethyl-	33933-82-3	S4469
43	71	58	86	41	57	123	99	**184**	100	99	86	70	42	36	31	21	**9.09**	12	24	1	–	–	–	–	–	–	–	–	–	4-Undecanone, 10-methyl-	29379-12-2	S2503
43	83	123	124	55	41	58	71	**184**	100	56	45	24	18	14	11	11	**0.00**	11	20	2	–	–	–	–	–	–	–	–	–	2,6-Heptanedione, 3-methyl-3-isopropyl-	63922-59-8	T6335
43	85	57	41	71	29	27	56	**184**	100	61	56	49	36	32	26	18	**0.90**	13	28	–	–	–	–	–	–	–	–	–	–	Undecane, 2,4-dimethyl-	17312-80-0	R6829
43	85	141	28	126	57	111	125	**184**	100	87	79	40	38	32	27	26	**0.11**	9	17	3	–	–	–	–	–	–	1	–	–	1,3,2-Dioxaborolane, 4-acetyl-2-ethyl-4,5,5-trimethyl-	74646-11-0	T8262
43	89	61	169	42	27	29	127	**184**	100	34	15	13	12	8	8	8	**7.00**	3	5	1	–	–	–	5	1	–	–	–	–	2-Oxopropylsulphur pentafluoride		P1716
43	124	96	95	109	55	67	15	**184**	100	63	48	21	19	19	14	14	**0.30**	10	16	3	–	–	–	–	–	–	–	–	–	Bicyclo[2.2.2]octane-1,4-diol, monoacetate	54774-94-6	S9618
43	125	97	127	41	28	99	42	**184**	100	37	24	23	21	16	15	15	**0.14**	6	10	2	–	2	–	–	–	–	–	–	–	Isopropyl 2,3-dichloropropionate		Z1346
43	127	58	129	15	41	55	57	**184**	100	68	42	25	23	21	19	19	**15.00**	8	9	1	2	1	–	–	–	–	–	–	–	Urea, N-(2-chlorophenyl)-N′-methyl-	15500-96-6	R5760
43	142	184	63	49	77	89	115	**184**	100	53	33	13	9	7	7	7		11	8	1	2	–	–	–	–	–	–	–	–	3,1-Benzoxazepine-2-carbonitrile, 4-methyl-		L6007
43	142	184	63	77	89	115	62	**184**	100	52	32	12	7	7	7	7		11	8	1	2	–	–	–	–	–	–	–	–	3,1-Benzoxazepine-2-carbonitrile, 4-methyl-	19062-85-2	R7943
43	153	137	169	15	184	123	45	**184**	100	84	81	62	32	30	19	16		9	12	4	–	–	–	–	–	–	–	–	–	Methyl 2-(methoxymethyl)-5-methylfuran-3-carboxylate		06270
44	45	100	41	42	43	57	60	**184**	100	57	48	40	34	28	24	22	**21.00**	11	24	–	2	–	–	–	–	–	–	–	–	5-Nonanone, dimethylhydrazone	14090-59-6	R4967
44	45	100	41	42	43	57	184	**184**	100	56	48	40	33	27	24	21		11	24	–	2	–	–	–	–	–	–	–	–	5-Nonanone, dimethylhydrazone	14090-59-6	R4968

MASS TO CHARGE RATIOS								M.W.	INTENSITIES								Parent	C	H	O	N	Cl	Br	F	S	P	B	Si	X	COMPOUND NAME	CAS Reg No	No
44	139	123	65	93	166	137	138	184	100	67	58	52	50	49	37	28	22.96	8	8	5	–	–	–	–	–	–	–	–	–	Benzeneacetic acid, α,3,4-trihydroxy-	775-01-9	Q4095
45	46	32	60	64	47	92	184	184	100	80	57	33	24	23	20	20		4	8	–	–	–	–	–	4	–	–	–	–	1,3,5,7-Tetrathiocane	2373-00-4	Q7891
51	117	67	69	118	119	101	133	184	100	75	43	14	9	9	5	2	0.00	3	2	1	–	1	–	5	–	–	–	–	–	Ethane, 2-chloro-1-(difluoromethoxy)-1,1,2-trifluoro-	13838-16-9	R4757
55	41	56	61	51	69	50	57	184	100	97	73	45	39	33	28	25	0.00	7	11	2	–	–	–	3	–	–	–	–	–	2H-Pyran, tetrahydro-2-(2,2,2-trifluoroethoxy)-	16408-83-6	R6166
55	41	69	83	82	96	73	60	184	100	56	44	38	30	30	29	27	0.00	11	20	2	–	–	–	–	–	–	–	–	–	10-Undecenoic acid	112-38-9	P8690
55	43	56	41	69	70	82	83	184	100	97	89	89	83	67	58	50	0.00	11	20	2	–	–	–	–	–	–	–	–	–	Cascarillic acid		P3052
55	56	70	41	43	69	27	73	184	100	46	40	36	35	29	26	26	0.00	11	20	2	–	–	–	–	–	–	–	–	–	Acrylic acid, octyl ester	2499-59-4	Q8217
55	68	27	57	41	29	43	56	184	100	58	55	35	35	29	23	21	0.00	11	20	2	–	–	–	–	–	–	–	–	–	Acrylic acid, 2-ethylhexyl ester	103-11-7	H0270
55	69	97	88	84	152	56	59	184	100	64	53	49	47	45	44	38	2.00	10	16	3	–	–	–	–	–	–	–	–	–	2-Methyl-3-(2-oxocyclopentyl) propionate		L1546
55	69	99	41	184	56	81	142	184	100	81	48	44	38	22	18	18		11	20	2	–	–	–	–	–	–	–	–	–	3,3-Dimethyl-1,5-dioxaspiro[5.5]undecane		Z1370
55	70	41	57	27	43	56	83	184	100	81	50	50	41	26	24	21	0.00	11	20	2	–	–	–	–	–	–	–	–	–	Acrylic acid, 2-ethylhexyl ester		G0232
55	70	57	29	83	56	41	43	184	100	85	43	25	24	23	22	19	0.00	11	20	2	–	–	–	–	–	–	–	–	–	Acrylic acid, 5-ethylhexyl ester		Z1368
55	70	57	43	41	27	56	83	184	100	79	41	27	24	22	21	19	0.01	11	20	2	–	–	–	–	–	–	–	–	–	Acrylic acid, 2-ethylhexyl ester		C0653
55	83	41	82	96	67	28	81	184	100	62	62	58	54	39	35	27	0.04	12	24	1	–	–	–	–	–	–	–	–	–	6-Cyclohexylhexan-1-ol		03587
56	41	42	39	83	97	184	57	184	100	35	27	17	15	15	12	12		9	16	2	2	–	–	–	–	–	–	–	–	4-Piperidinone, 2,2,6,6-tetramethyl-1-nitroso-	640-01-7	Q3524
56	58	41	55	27	167	140	141	184	100	46	26	23	21	20	19	18	1.19	10	20	1	2	–	–	–	–	–	–	–	–	Propanal, 2-(cyclohexylamino)-2-methyl-, oxime	55975-99-0	T2495
56	101	41	55	57	73	184	42	184	100	56	44	22	19	19	12	11		10	16	3	–	–	–	–	–	–	–	–	–	4,5-Oxepanedione, 3,3,6,6-tetramethyl-	42031-65-2	S6835
56	103	98	86	43	44	41	55	184	100	98	68	52	37	25	23	20	1.90	9	16	2	2	–	–	–	–	–	–	–	–	Malonamide, N-cyclohexyl-		D1576
56	129	58	142	41	184	43	57	184	100	73	38	34	28	22	19	17		8	12	3	2	–	–	–	–	–	–	–	–	1-Butyl-3-methyl-2,4,5-trioxoimidazolidine		17222
57	29	41	27	184	39	28	26	184	100	78	56	39	36	17	16	7		4	9	–	–	–	–	–	–	–	–	–	1	Butane, 1-iodo-	542-69-8	H0813
57	29	41	184	27	39	127	28	184	100	63	54	32	27	19	8	7		4	9	–	–	–	–	–	–	–	–	–	1	Butane, 2-iodo-	513-48-4	H0766
57	29	184	41	27	39	127	58	184	100	37	36	36	10	9	6	4		4	9	–	–	–	–	–	–	–	–	–	1	Butane, 2-iodo-		Z1349
57	41	29	39	27	43	55	127	184	100	53	40	23	15	13	9	8	1.46	4	9	–	–	–	–	–	–	–	–	–	1	tert-Butyl iodide	558-17-8	Q2068
57	41	29	39	184	27	42	43	184	100	67	55	27	25	22	7	6		4	9	–	–	–	–	–	–	–	–	–	1	Isobutyl iodide	513-38-2	H0763
57	41	29	127	27	55	56	42	184	100	48	29	11	7	6	4	4	3.00	4	9	–	–	–	–	–	–	–	–	–	1	tert-Butyl iodide		L0570
57	41	184	29	27	127	55	43	184	100	45	40	40	10	5	4	4		4	9	–	–	–	–	–	–	–	–	–	1	Isobutyl iodide		L0569
57	41	184	29	39	27	127	58	184	100	45	40	40	15	10	5	4		4	9	–	–	–	–	–	–	–	–	–	1	Isobutyl iodide		Z1339
57	43	41	71	29	27	56	55	184	100	58	40	36	27	21	16	15	1.00	13	28	–	–	–	–	–	–	–	–	–	–	Undecane, 2,6-dimethyl-	17301-23-4	R6745
57	43	56	41	71	44	70	84	184	100	70	25	23	20	16	15	13	0.00	13	28	–	–	–	–	–	–	–	–	–	–	Decane, 2,5,6-trimethyl-	62108-23-0	T5828
57	43	56	41	71	70	84	55	184	100	70	25	23	20	15	13	13	0.00	13	28	–	–	–	–	–	–	–	–	–	–	Decane, 2,5,6-trimethyl-	62108-23-0	T5827
57	43	56	41	84	71	98	29	184	100	79	28	24	23	19	19	18	0.13	13	28	–	–	–	–	–	–	–	–	–	–	Undecane, 5,6-dimethyl-	17615-91-7	R7103
57	43	56	41	84	71	98	85	184	100	79	28	24	23	19	19	17	0.32	13	28	–	–	–	–	–	–	–	–	–	–	Undecane, 5,6-dimethyl-	17615-91-7	R7102
57	43	71	41	29	56	70	55	184	100	43	28	20	13	13	10	8	0.23	13	28	–	–	–	–	–	–	–	–	–	–	Undecane, 2,5-dimethyl-	17301-22-3	R6744
57	43	71	41	29	56	85	55	184	100	40	39	19	14	14	11	10	0.52	13	28	–	–	–	–	–	–	–	–	–	–	Undecane, 3,6-dimethyl-	17301-28-9	R6757
57	43	71	41	29	56	98	55	184	100	41	32	17	13	10	9	8	0.43	13	28	–	–	–	–	–	–	–	–	–	–	Dodecane, 6-methyl-	6044-71-9	R2019
57	43	71	41	29	85	55	112	184	100	63	62	24	19	16	12	10	0.17	13	28	–	–	–	–	–	–	–	–	–	–	Undecane, 6-ethyl-	17312-60-6	R6802
57	43	71	41	44	56	55	85	184	100	48	32	22	15	14	10	9	0.40	13	28	–	–	–	–	–	–	–	–	–	–	Decane, 2,6,8-trimethyl-	62108-26-3	T5834
57	43	71	41	56	29	70	112	184	100	39	35	18	13	11	11	9	1.22	13	28	–	–	–	–	–	–	–	–	–	–	Undecane, 2,5-dimethyl-		Y1945
57	43	71	41	56	29	98	55	184	100	42	33	18	14	12	8	8	0.27	13	28	–	–	–	–	–	–	–	–	–	–	Undecane, 2,6-dimethyl-	17301-23-4	R6747
57	43	71	41	56	39	55	70	184	100	45	31	21	13	11	7	6	0.00	13	28	–	–	–	–	–	–	–	–	–	–	Decane, 2,5,9-trimethyl-	62108-22-9	T5825
57	43	71	41	56	44	99	85	184	100	47	29	22	20	12	12	11	0.00	13	28	–	–	–	–	–	–	–	–	–	–	Decane, 2,6,6-trimethyl-	62108-24-1	T5830
57	43	71	41	56	55	85	99	184	100	48	32	22	14	10	9	8	0.40	13	28	–	–	–	–	–	–	–	–	–	–	Decane, 2,6,8-trimethyl-	62108-26-3	T5833
57	43	71	41	56	99	85	55	184	100	47	29	22	20	12	11	8	0.00	13	28	–	–	–	–	–	–	–	–	–	–	Decane, 2,6,6-trimethyl-	62108-24-1	T5829
57	43	71	41	85	29	27	55	184	100	95	58	50	39	37	23	20	7.25	13	28	–	–	–	–	–	–	–	–	–	–	Tridecane		V0024
57	43	71	41	85	29	55	56	184	100	64	37	27	21	21	12	10	0.00	13	28	–	–	–	–	–	–	–	–	–	–	Undecane, 5-ethyl-	17453-94-0	R7019
57	43	71	41	85	29	70	56	184	100	70	50	20	16	16	15	10	0.23	13	28	–	–	–	–	–	–	–	–	–	–	Undecane, 4,6-dimethyl-	17312-82-2	R6835
57	43	71	41	85	56	29	99	184	100	40	37	19	14	12	12	9	0.38	13	28	–	–	–	–	–	–	–	–	–	–	Undecane, 3,5-dimethyl-	17312-81-1	R6834
57	43	71	41	85	56	55	70	184	100	76	43	30	25	13	11	7	0.00	13	28	–	–	–	–	–	–	–	–	–	–	Decane, 6-ethyl-2-methyl-	62108-21-8	T5823
57	43	71	41	99	85	56	29	184	100	36	35	17	15	15	12	11	0.22	13	28	–	–	–	–	–	–	–	–	–	–	Undecane, 5,5-dimethyl-	17312-73-1	R6816
57	43	71	56	41	85	29	55	184	100	58	37	30	30	23	22	12	0.00	13	28	–	–	–	–	–	–	–	–	–	–	Dodecane, 3-methyl-	17312-57-1	R6796
57	43	71	56	85	41	29	99	184	100	51	40	31	27	25	16	10	0.17	13	28	–	–	–	–	–	–	–	–	–	–	Undecane, 2,9-dimethyl-	17301-26-7	R6753
57	43	71	70	41	29	55	112	184	100	77	59	43	29	22	17	16	0.00	13	28	–	–	–	–	–	–	–	–	–	–	Undecane, 4,5-dimethyl-	17312-79-7	R6827
57	43	71	70	41	56	44	55	184	100	61	49	25	25	21	19	15	0.00	13	28	–	–	–	–	–	–	–	–	–	–	Decane, 2,6,7-trimethyl-	62108-25-2	T5832
57	43	71	70	41	56	55	42	184	100	61	49	25	25	21	15	9	0.00	13	28	–	–	–	–	–	–	–	–	–	–	Decane, 2,6,7-trimethyl-	62108-25-2	T5831
57	43	71	70	112	41	55	29	184	100	82	79	36	30	30	22	17	0.26	13	28	–	–	–	–	–	–	–	–	–	–	Nonane, 4-methyl-5-propyl-	62185-55-1	T5901
57	43	71	85	41	70	29	55	184	100	98	65	37	29	25	20	19	0.00	13	28	–	–	–	–	–	–	–	–	–	–	Undecane, 3-ethyl-	17312-58-2	R6798

MASS TO CHARGE RATIOS								M.W.	INTENSITIES								Parent	C	H	O	N	Cl	Br	F	S	P	B	Si	X	COMPOUND NAME	CAS Reg No	No
57	43	71	85	41	70	29	111	**184**	100	82	73	45	28	27	17	15	**0.00**	13	28	–	–	–	–	–	–	–	–	–	–	**Decane, 2,3,8-trimethyl-**	62238-14-6	**T5986**
57	43	71	85	41	141	70	55	**184**	100	67	59	39	23	13	13	12	**0.00**	13	28	–	–	–	–	–	–	–	–	–	–	**Decane, 2,3,5-trimethyl-**	62238-11-3	**T5980**
57	43	71	85	56	32	155	41	**184**	100	54	53	42	32	28	27	24	**9.33**	13	28	–	–	–	–	–	–	–	–	–	–	**Dodecane, 3-methyl-**	17312-57-1	**R6794**
57	43	71	85	56	41	29	55	**184**	100	52	41	29	29	26	19	11	**0.14**	13	28	–	–	–	–	–	–	–	–	–	–	**Dodecane, 3-methyl-**	17312-57-1	**R6795**
57	43	71	85	70	41	29	56	**184**	100	86	71	38	27	26	21	17	**0.00**	13	28	–	–	–	–	–	–	–	–	–	–	**Undecane, 3,8-dimethyl-**	17301-30-3	**R6760**
57	43	85	71	41	84	28	29	**184**	100	99	94	51	29	24	22	20	**0.00**	13	28	–	–	–	–	–	–	–	–	–	–	**Decane, 3-ethyl-3-methyl-**	17312-66-2	**R6812**
57	56	41	43	71	29	55	85	**184**	100	50	16	16	10	9	5	5	**0.00**	13	28	–	–	–	–	–	–	–	–	–	–	**Undecane, 2,2-dimethyl-**	17312-64-0	**R6809**
57	56	41	43	71	29	85	55	**184**	100	48	15	15	12	8	5	5	**0.00**	13	28	–	–	–	–	–	–	–	–	–	–	**Decane, 2,2,4-trimethyl-**	62237-98-3	**T5954**
57	56	41	43	71	29	85	55	**184**	100	45	15	15	12	9	6	5	**0.00**	13	28	–	–	–	–	–	–	–	–	–	–	**Decane, 2,2,8-trimethyl-**	62238-01-1	**T5960**
57	56	41	43	71	39	29	85	**184**	100	48	15	15	12	12	8	5	**0.00**	13	28	–	–	–	–	–	–	–	–	–	–	**Decane, 2,2,4-trimethyl-**	62237-98-3	**T5953**
57	56	43	41	71	29	28	55	**184**	100	77	18	17	8	8	8	6	**0.00**	13	28	–	–	–	–	–	–	–	–	–	–	**Decane, 2,2,3-trimethyl-**	62338-09-4	**T6107**
57	56	43	41	71	29	85	55	**184**	100	45	15	14	12	8	5	5	**0.01**	13	28	–	–	–	–	–	–	–	–	–	–	**Decane, 2,2,5-trimethyl-**	62237-96-1	**T5949**
57	56	43	41	71	29	85	55	**184**	100	49	23	15	15	8	8	6	**0.00**	13	28	–	–	–	–	–	–	–	–	–	–	**Decane, 2,2,6-trimethyl-**	62237-97-2	**T5951**
57	56	43	41	71	29	85	55	**184**	100	48	22	15	13	8	7	5	**0.00**	13	28	–	–	–	–	–	–	–	–	–	–	**Decane, 2,2,7-trimethyl-**	62237-99-4	**T5956**
57	56	43	41	71	29	85	55	**184**	100	48	17	16	10	8	6	5	**0.00**	13	28	–	–	–	–	–	–	–	–	–	–	**Decane, 2,2,9-trimethyl-**	62238-00-0	**T5958**
57	56	43	41	71	29	85	58	**184**	100	36	11	11	6	6	3	3	**0.00**	13	28	–	–	–	–	–	–	–	–	–	–	**Undecane, 2,2-dimethyl-**	17312-64-0	**R6808**
57	56	43	71	85	41	29	70	**184**	100	40	34	19	18	16	12	8	**0.00**	13	28	–	–	–	–	–	–	–	–	–	–	**Heptane, 2,2,3,4,6,6-hexamethyl-**	62108-32-1	**T5847**
57	56	71	41	43	29	58	85	**184**	100	42	15	14	12	9	4	4	**0.00**	13	28	–	–	–	–	–	–	–	–	–	–	**Heptane, 4-ethyl-2,2,6,6-tetramethyl-**	62108-31-0	**T5845**
57	56	71	85	155	99	113	154	**184**	100	84	84	78	68	36	28	25	**1.50**	13	28	–	–	–	–	–	–	–	–	–	–	**Undecane, 2,9-dimethyl-**		**L3070**
57	56	84	41	129	58	169	184	**184**	100	42	35	25	19	10	8	6		8	12	3	2	–	–	–	–	–	–	–	–	**1-tert-Butyl-3-methyl-2,4,5-trioxoimidazolidine**		**17225**
57	58	29	41	85	43	27	127	**184**	100	76	51	46	37	33	29	22	**3.80**	12	24	1	–	–	–	–	–	–	–	–	–	**5-Dodecanone**	19780-10-0	**H1834**
57	58	85	43	41	127	109	83	**184**	100	71	59	54	33	32	31	30	**4.30**	12	24	1	–	–	–	–	–	–	–	–	–	**4-Nonanone, 2,6,8-trimethyl-**		**C0259**
57	59	45	74	82	81	69	95	**184**	100	55	43	40	40	34	28	26	**0.00**	12	24	1	–	–	–	–	–	–	–	–	–	**Cyclohexanol, 3-(3,3-dimethylbutyl)-**	40564-98-5	**S6341**
57	68	43	41	69	29	67	109	**184**	100	99	52	48	36	24	22	21	**0.40**	11	20	2	–	–	–	–	–	–	–	–	–	**3,5,5-Trimethylhex-2-enyl acetate**		**C0503**
57	71	43	41	85	55	113	127	**184**	100	81	71	53	33	31	22	15	**0.00**	13	28	–	–	–	–	–	–	–	–	–	–	**Decane, 5-methyl-5-ethyl-**		**Y1542**
57	71	43	56	98	70	44	85	**184**	100	36	20	14	8	8	7	6	**1.50**	13	28	–	–	–	–	–	–	–	–	–	–	**Undecane, 2,6-dimethyl-**		**L3072**
57	71	43	85	41	29	55	56	**184**	100	80	74	36	30	18	16	10	**0.47**	13	28	–	–	–	–	–	–	–	–	–	–	**Decane, 5-propyl-**	17312-62-8	**R6804**
57	71	43	85	41	29	55	70	**184**	100	81	62	41	29	18	17	12	**0.19**	13	28	–	–	–	–	–	–	–	–	–	–	**Nonane, 3-methyl-5-propyl-**	31081-18-2	**S3181**
57	71	43	85	41	29	56	55	**184**	100	75	70	35	29	15	14	13	**0.00**	13	28	–	–	–	–	–	–	–	–	–	–	**Nonane, 2-methyl-5-propyl-**	31081-17-1	**S3179**
57	71	43	85	41	56	29	55	**184**	100	43	41	27	25	24	18	12	**0.20**	13	28	–	–	–	–	–	–	–	–	–	–	**Undecane, 3,9-dimethyl-**	17301-31-4	**R6763**
57	71	43	85	41	56	126	29	**184**	100	96	95	52	41	34	31	27	**0.00**	13	28	–	–	–	–	–	–	–	–	–	–	**Nonane, 5-sec-butyl-**	62185-54-0	**T5898**
57	71	43	85	41	126	56	29	**184**	100	99	94	52	35	19	18	18	**0.00**	13	28	–	–	–	–	–	–	–	–	–	–	**Nonane, 5-isobutyl-**	62185-53-9	**T5897**
57	71	43	113	41	56	29	112	**184**	100	70	42	23	19	16	14	10	**0.00**	13	28	–	–	–	–	–	–	–	–	–	–	**Undecane, 6,6-dimethyl-**	17312-76-4	**R6821**
57	71	85	56	155	99	70	126	**184**	100	76	68	60	52	32	24	20	**1.50**	13	28	–	–	–	–	–	–	–	–	–	–	**Undecane, 3,9-dimethyl-**		**L3069**
57	71	85	99	70	98	56	112	**184**	100	56	40	20	20	20	19	17	**1.50**	13	28	–	–	–	–	–	–	–	–	–	–	**Undecane, 2,4-dimethyl-**		**L3073**
57	72	29	43	41	27	85	155	**184**	100	99	81	62	42	41	37	36	**3.90**	12	24	1	–	–	–	–	–	–	–	–	–	**3-Dodecanone**	1534-27-6	**H1195**
57	72	43	29	71	41	85	73	**184**	100	95	77	43	36	36	30	23	**1.41**	12	24	1	–	–	–	–	–	–	–	–	–	**3-Dodecanone**		**Q6176**
57	72	43	29	85	71	41	73	**184**	100	94	71	50	32	32	31	22	**1.24**	12	24	1	–	–	–	–	–	–	–	–	–	**3-Dodecanone**	1534-27-6	**Q6175**
57	96	81	43	55	71	41	128	**184**	100	82	53	42	31	25	24	21	**7.45**	10	16	3	–	–	–	–	–	–	–	–	–	**1,3-Cyclopentanedione, 4-hydroxy-5-isopentyl-**	36903-65-8	**S5431**
57	96	81	86	41	43	55	71	**184**	100	83	53	45	43	42	31	25	**8.00**	10	16	3	–	–	–	–	–	–	–	–	–	**1,3-Cyclopentanedione, 4-hydroxy-5-isopentyl-**		**M4666**
57	99	127	98	71	70	126	111	**184**	100	50	42	28	18	12	12	7	**0.00**	13	28	–	–	–	–	–	–	–	–	–	–	**Undecane, 5,5-dimethyl-**		**L3075**
57	129	56	127	128	81	41	123	**184**	100	81	54	53	30	25	22	15	**1.80**	11	20	2	–	–	–	–	–	–	–	–	–	**Cyclohexanecarboxylic acid, 4-tert-butyl-, trans-**	943-29-3	**Q4773**
57	184	29	41	27	39	127	28	**184**	100	55	53	45	20	9	7	6		4	9	–	–	–	–	–	–	–	–	–	1	**Butane, 1-iodo-**		**Z1341**
57	184	29	41	27	127	55	56	**184**	100	38	37	36	10	6	4	3		4	9	–	–	–	–	–	–	–	–	–	1	**Butane, 2-iodo-**		**L0568**
57	184	29	41	27	127	155	28	**184**	100	55	53	45	20	7	6	6		4	9	–	–	–	–	–	–	–	–	–	1	**Butane, 1-iodo-**		**L0567**
58	43	57	41	29	71	55	27	**184**	100	27	22	20	15	12	11	8	**0.20**	12	24	1	–	–	–	–	–	–	–	–	–	**Undecanal, 2-methyl-**	110-41-8	**P8355**
58	43	57	41	71	55	29	69	**184**	100	27	22	15	15	10	9	5	**0.30**	12	24	1	–	–	–	–	–	–	–	–	–	**Undecanal, 2-methyl-**		**L0118**
58	43	57	71	41	55	29	126	**184**	100	26	21	15	15	10	9	5	**0.31**	12	24	1	–	–	–	–	–	–	–	–	–	**Undecanal, 2-methyl-**		**Z1356**
58	43	59	71	41	29	55	57	**184**	100	84	32	29	24	12	12	12	**3.08**	12	24	1	–	–	–	–	–	–	–	–	–	**2-Dodecanone**	6175-49-1	**R2134**
69	41	55	81	95	82	68	67	**184**	100	77	55	40	40	38	36	31	**0.50**	11	20	2	–	–	–	–	–	–	–	–	–	**6-Octen-1-ol, 3,7-dimethyl-, formate**	105-85-1	**P7823**
69	41	55	125	83	101	88	29	**184**	100	96	65	57	53	47	42	41	**5.10**	11	20	2	–	–	–	–	–	–	–	–	–	**Cyclooctanecarboxylic acid, 1-methyl-, methyl ester**	7393-17-1	**R3153**
69	41	82	81	95	55	123	138	**184**	100	70	66	56	55	50	48	30	**0.00**	11	20	2	–	–	–	–	–	–	–	–	–	**6-Octen-1-ol, 3,7-dimethyl-, formate**	105-85-1	**P7824**
69	125	41	83	55	142	27	39	**184**	100	79	76	62	57	47	43	39	**8.90**	11	20	2	–	–	–	–	–	–	–	–	–	**Cyclohexanecarboxylic acid, 1-propyl-, methyl ester**	4630-86-8	**R0661**
69	139	115	41	29	45	42	31	**184**	100	21	17	16	9	9	8	7	**0.50**	6	7	3	–	–	–	3	–	–	–	–	–	**Butanoic acid, 4,4,4-trifluoro-3-oxo-, ethyl ester**	372-31-6	**Q0627**
70	41	40	55	82	111	71	56	**184**	100	98	97	93	40	40	39	39	**0.00**	9	12	4	–	–	–	–	–	–	–	–	–	**1,3-Dioxane-4,6-dione, 5,5-dimethyl-2-isopropylidene-**	4858-67-7	**R0885**
70	43	55	41	42	56	29	57	**184**	100	63	58	47	39	37	26	25	**0.00**	8	15	1	–	–	–	3	–	–	–	–	–	**2-Octanol, 1,1,1-trifluoro-**	453-43-0	**Q0780**

MASS TO CHARGE RATIOS								M.W.	INTENSITIES								Parent	C	H	O	N	Cl	Br	F	S	P	B	Si	X	COMPOUND NAME	CAS Reg No	No
70	43	81	55	112	95	124	83	**184**	100	86	70	64	56	53	48	43	**5.00**	10	16	3	–	–	–	–	–	–	–	–	–	**Diplodialide-B**		**P1597**
70	56	126	111	97	184	85	155	**184**	100	94	63	55	53	49	39	4		11	20	2	–	–	–	–	–	–	–	–	–	**2,6-Diethyl-3,5-dimethyltetrahydropyranone**		**L5391**
70	98	43	72	42	112	111	56	**184**	100	59	33	33	31	26	25	23	**21.00**	10	20	1	2	–	–	–	–	–	–	–	–	**3-Buten-2-one, 4-(diethylamino)-4-(dimethylamino)-**	49582-49-2	**S7136**
70	155	41	55	57	29	69	42	**184**	100	41	26	23	22	18	11	11	**0.45**	10	21	2	–	–	–	–	–	–	1	–	–	**1,3,2-Dioxaborinane, 2,4,6-triethyl-5-methyl-**	74744-58-4	**T8467**
71	43	57	70	85	41	29	55	**184**	100	63	61	40	22	21	15	14	**0.00**	13	28	–	–	–	–	–	–	–	–	–	–	**Decane, 3,3,8-trimethyl-**	62338-16-3	**T6121**
71	43	57	70	85	41	55	29	**184**	100	61	59	38	22	20	13	10	**0.00**	13	28	–	–	–	–	–	–	–	–	–	–	**Decane, 2,7,7-trimethyl-**	62338-15-2	**T6119**
71	43	57	70	85	41	55	29	**184**	100	70	60	41	23	18	13	12	**0.00**	13	28	–	–	–	–	–	–	–	–	–	–	**Decane, 3,3,5-trimethyl-**	62338-13-0	**T6115**
71	43	57	70	85	41	55	29	**184**	100	71	56	41	23	19	13	11	**0.00**	13	28	–	–	–	–	–	–	–	–	–	–	**Decane, 3,3,6-trimethyl-**	62338-14-1	**T6118**
71	43	57	70	85	41	55	29	**184**	100	63	54	39	19	19	13	11	**0.00**	13	28	–	–	–	–	–	–	–	–	–	–	**Undecane, 3,3-dimethyl-**	17312-65-1	**R6810**
71	43	58	86	57	141	41	87	**184**	100	98	85	75	63	57	35	22	**7.00**	12	24	1	–	–	–	–	–	–	–	–	–	**4-Dodecanone**	6137-26-4	**R2085**
71	43	70	57	41	55	29	27	**184**	100	94	85	42	26	22	14	9	**0.00**	13	28	–	–	–	–	–	–	–	–	–	–	**Decane, 3,3,4-trimethyl-**	49622-18-6	**S7165**
71	57	43	41	85	105	127	95	**184**	100	80	48	33	21	19	14	11	**7.50**	12	24	1	–	–	–	–	–	–	–	–	–	**Cyclohexanol, 1-methyl-2-cis-methyl-4-trans-tert-butyl-**		**M8111**
71	57	43	85	41	127	29	55	**184**	100	89	77	62	25	23	15	14	**0.00**	13	28	–	–	–	–	–	–	–	–	–	–	**Nonane, 5-methyl-5-propyl-**	17312-75-3	**R6818**
71	57	43	85	126	41	29	127	**184**	100	78	78	63	50	43	35	23	**1.23**	13	28	–	–	–	–	–	–	–	–	–	–	**Nonane, 5-butyl-**		**V0025**
71	85	57	84	70	126	91	125	**184**	100	84	66	50	30	20	12	12	**1.50**	13	28	–	–	–	–	–	–	–	–	–	–	**Undecane, 3,6-dimethyl-**		**L3074**
71	96	43	81	55	41	97	67	**184**	100	53	48	34	30	21	20	15	**0.00**	11	20	2	–	–	–	–	–	–	–	–	–	**Butanoic acid, 2-methylcyclohexyl ester, cis-**	54714-35-1	**S9482**
71	96	43	81	55	41	97	67	**184**	100	69	66	46	37	24	24	14	**0.00**	11	20	2	–	–	–	–	–	–	–	–	–	**Butanoic acid, 2-methylcyclohexyl ester, trans-**	15287-80-6	**R5654**
73	28	59	43	45	44	29	53	**184**	100	20	17	15	12	11	7	6	**0.00**	9	12	2	–	–	–	–	1	–	–	–	–	**2-Thiabicyclo[3.1.0]hex-3-ene-6-carboxylic acid, 1,3-dimethyl-, methyl ester**	56666-52-5	**T4019**
73	70	69	84	83	112	71	68	**184**	100	97	68	59	53	41	21	18	**0.20**	11	20	2	–	–	–	–	–	–	–	–	–	**Acrylic acid, octyl ester**	2499-59-4	**H1346**
73	184	75	169	142	127	156		**184**	100	98	85	74	43	29	24			10	20	1	–	–	–	–	–	–	–	1	–	**2-Trimethylsiloxy-3-methyl-1-cyclohexene**		**L9050**
74	43	41	55	69	110	54	44	**184**	100	74	57	56	44	42	33	32	**3.04**	11	20	2	–	–	–	–	–	–	–	–	–	**4-Decenoic acid, methyl ester**		**C0596**
74	110	55	41	69	67	152	54	**184**	100	60	55	53	46	39	34	33	**6.04**	11	20	2	–	–	–	–	–	–	–	–	–	**4-Decenoic acid, methyl ester**	1191-02-2	**Q5641**
75	124	109	184	65	78	91	77	**184**	100	86	63	48	35	30	27	24		8	8	1	–	–	–	–	2	–	–	–	–	**Carbonodithioic acid, O-methyl S-phenyl ester**	6047-46-7	**R2023**
76	28	36	102	59	74	29	43	**184**	100	69	50	41	32	32	27	21	**0.00**	5	11	2	1	1	–	–	1	–	–	–	–	**L-Cysteine, ethyl ester, hydrochloride**	868-59-7	**Q4397**
77	44	105	182	51	78	28	152	**184**	100	83	27	21	16	7	6	5	**0.40**	12	12	–	2	–	–	–	–	–	–	–	–	**Hydrazine, 1,2-diphenyl-**		**D0026**
77	51	50	105	49	156	158	78	**184**	100	62	38	24	16	15	15	9	**7.01**	7	5	1	–	–	1	–	–	–	–	–	–	**2,4,6-Cycloheptatrien-1-one, 2-bromo-**	932-55-8	**Q4664**
77	93	105	182	66	51	184	65	**184**	100	58	28	26	23	21	14	12		12	12	–	2	–	–	–	–	–	–	–	–	**Hydrazine, 1,2-diphenyl-**		**F0118**
77	104	51	105	27	41	39	85	**184**	100	47	23	21	21	12	11	10	**6.11**	5	7	–	–	–	1	2	–	–	–	–	–	**1-Pentene, 5-bromo-5,5-difluoro-**	74685-91-9	**T8407**
77	183	184	118	51	143	78	105	**184**	100	51	48	40	26	11	9	8		12	12	–	2	–	–	–	–	–	–	–	–	**N-(1-Phenylethylidene)-1-aminopyrrole**		**05231**
78	52	51	77	79	104	50	54	**184**	100	24	22	20	16	15	12	12	**4.41**	12	12	–	2	–	–	–	–	–	–	–	–	**Tricyclo[4.2.2.0$^{(2,5)}$]dec-9-ene-3,7-dicarbonitrile**	20185-25-5	**R8543**
78	52	51	77	79	104	105	129	**184**	100	24	22	20	16	14	12	12	**4.00**	12	12	–	2	–	–	–	–	–	–	–	–	**Tricyclo[4.2.2.0$^{(2,5)}$]dec-7-ene-3,10-dicarbonitrile**		**L2731**
78	77	105	184	186	51	52	79	**184**	100	65	49	39	38	24	19	17		8	9	–	–	–	1	–	–	–	–	–	–	**m-Xylene, 5-bromo-**	556-96-7	**Q2048**
79	149	78	121	148	184	93	67	**184**	100	61	53	44	41	34	19	18		10	13	1	–	1	–	–	–	–	–	–	–	**2-Adamantanone, 4-chloro-, syn-**	19543-61-4	**R8190**
79	149	78	121	148	184	93	67	**184**	100	62	53	44	41	33	17	16		10	13	1	–	1	–	–	–	–	–	–	–	**2-Adamantanone, 4a-chloro-**		**M8603**
79	151	117	119	114	81	186	44	**184**	100	59	55	52	34	31	26	26	**18.98**	1	–	–	–	4	–	–	1	–	–	–	–	**Trichloromethylsulphenyl chloride**		**D0316**
80	105	184	104	79	78	52	106	**184**	100	71	59	51	38	33	32	27		12	12	–	2	–	–	–	–	–	–	–	–	**Pyridinium, 1-p-toluidino-, hydroxide, inner salt**	31378-92-4	**S3259**
81	55	124	69	112	67	95	122	**184**	100	72	70	67	61	60	54	53	**4.00**	12	24	1	–	–	–	–	–	–	–	–	–	**Cyclohexanol, 2,2-dipropyl-**		**M2619**
81	84	55	123	41	43	69	137	**184**	100	87	81	81	67	58	58	58	**0.00**	12	24	1	–	–	–	–	–	–	–	–	–	**Cyclohexanol, 4-ethyl-4-methyl-3-isopropyl-, (1α,3α,4β)-**	55869-52-8	**T2257**
82	55	57	41	67	68	81	96	**184**	100	98	94	90	89	70	67	55	**0.00**	12	24	1	–	–	–	–	–	–	–	–	–	**Cyclododecanol**	1724-39-6	**Q6588**
82	103	67	85	57	41	55	83	**184**	100	86	81	78	75	71	65	45	**0.09**	11	20	2	–	–	–	–	–	–	–	–	–	**Cyclohexyl pentanoate**		**C1336**
82	184	44	54	156	102	128	51	**184**	100	99	66	58	56	55	54	28		12	8	2	–	–	–	–	–	–	–	–	–	**2-Phenylbenzoquinone**		**D0720**
84	151	142	55	184	54	83	110	**184**	100	83	77	50	39	27	24	22		8	12	1	2	–	–	–	1	–	–	–	–	**Thiouracil, 2-isopropyl-5-methyl-**		**17027**
85	28	29	55	41	127	57	43	**184**	100	28	26	22	20	17	16	16	**0.70**	11	20	2	–	–	–	–	–	–	–	–	–	**2(3H)-Furanone, 5-heptyldihydro-**	104-67-6	**P7739**
85	29	41	55	128	56	43	57	**184**	100	17	14	12	10	10	9	9	**0.20**	11	20	2	–	–	–	–	–	–	–	–	–	**2(3H)-Furanone, 5-heptyldihydro-**	104-67-6	**H0290**
85	29	55	41	43	56	69	57	**184**	100	37	29	24	16	15	13	13	**0.10**	11	20	2	–	–	–	–	–	–	–	–	–	**2(3H)-Furanone, 5-heptyldihydro-**	104-67-6	**H0291**
85	43	57	71	84	41	56	29	**184**	100	91	69	34	26	23	20	12	**0.00**	13	28	–	–	–	–	–	–	–	–	–	–	**Undecane, 4,4-dimethyl-**	17312-68-4	**R6815**
85	57	43	110	141	113	127	29	**184**	100	72	41	32	31	23	13	9	**0.00**	10	16	3	–	–	–	–	–	–	–	–	–	**3-(1-Methyl-2-oxobutyl)-2,4-pentanedione**		**17498**
85	64	82	117	63	149	67	31	**184**	100	63	56	40	36	27	22	22	**14.80**	1	–	–	–	2	–	2	2	–	–	–	–	**Chlorodifluoromethylthiosulphenyl chloride**		**P2265**
86	91	108	87	79	115	107	139	**184**	100	44	16	11	11	10	10	5	**2.00**	10	20	1	2	–	–	–	–	–	–	–	–	**6-(4-Aminobutyl)hexane 6-lactam**		**05560**
87	41	43	55	29	27	69	74	**184**	100	94	93	82	58	43	43	39	**0.50**	11	20	2	–	–	–	–	–	–	–	–	–	**2-Decenoic acid, methyl ester, (E)-**	7367-85-3	**R3125**
87	43	41	55	39	81	99	107	**184**	100	38	10	8	5	5	4	4	**0.00**	11	20	2	–	–	–	–	–	–	–	–	–	**1,3-Dioxolane, 2-methyl-2-(4-methyl-3-methylenepentyl)-**	66972-05-2	**T6718**
87	43	41	55	113	69	74	29	**184**	100	73	64	63	39	38	37	34	**1.44**	11	20	2	–	–	–	–	–	–	–	–	–	**2-Decenoic acid, methyl ester**	2482-39-5	**Q8180**
87	95	124	138	114	153	152	115	**184**	100	70	32	29	26	19	16	13	**0.00**	10	16	3	–	–	–	–	–	–	–	–	–	**Cyclopentanecarboxylic acid, 3-formyl-2,2-dimethyl-, methyl ester, cis-**	68546-55-4	**T6940**
88	55	41	69	138	96	60	101	**184**	100	84	80	65	50	48	41	39	**2.00**	11	20	2	–	–	–	–	–	–	–	–	–	**8-Nonenoic acid, ethyl ester**	35194-39-9	**S4880**
91	44	36	149	65	117	42	45	**184**	100	97	92	77	40	39	38	36	**0.00**	10	15	–	1	1	–	–	–	–	–	–	–	**Propylamine, N-methyl-, hydrochloride**	30684-07-2	**S2969**

MASS TO CHARGE RATIOS								M.W.	INTENSITIES								Parent	C	H	O	N	Cl	Br	F	S	P	B	Si	X	COMPOUND NAME	CAS Reg No	No
91	64	92	65	120	48	51	104	**184**	100	27	24	20	18	12	9	8	**0.11**	8	8	3	–	–	–	–	1	–	–	–	–	**1,2-Ethanediol, phenyl-, cyclic sulphite**	4464-74-8	**R0480**
91	65	92	39	184	51	28	63	**184**	100	12	7	7	4	3	3	2		13	12	1	–	–	–	–	–	–	–	–	–	**Benzene, (phenoxymethyl)-**	946-80-5	**Q4795**
91	76	94	39	65	156	77	66	**184**	100	62	53	21	19	19	15	14	**2.00**	8	8	1	–	–	–	–	2	–	–	–	–	**Carbonodithioic acid, S-methyl O-phenyl ester**	13509-30-3	**R4604**
91	92	28	79	105	39	44	77	**184**	100	76	73	70	70	54	52	42	**22.52**	9	12	2	–	–	–	–	1	–	–	–	–	**9-Thiabicyclo[6.2.0]deca-1(8),6-diene, 9,9-dioxide**	20452-34-0	**R8686**
91	93	184	64	94	65	92	66	**184**	100	95	91	48	41	29	25	22		12	12	–	2	–	–	–	–	–	–	–	–	**3-Picolinium, 1-anilino-, hydroxide, inner salt**	31382-88-4	**S3263**
91	93	184	64	94	92			**184**	100	94	91	48	35	19				12	12	–	2	–	–	–	–	–	–	–	–	**3-Picolinium, 1-anilino-, hydroxide, inner salt**		**L9278**
91	105	51	77	104	78	103	65	**184**	100	51	21	21	18	17	15	12	**11.00**	8	9	–	–	–	1	–	–	–	–	–	–	**Benzene, (2-bromoethyl)-**	103-63-9	**P7646**
91	105	77	184	51	186	104	39	**184**	100	53	19	17	16	16	14	13		8	9	–	–	–	1	–	–	–	–	–	–	**Benzene, (2-bromoethyl)-**	103-63-9	**P7645**
91	105	184	186	18	51	77	79	**184**	100	45	16	15	14	14	13	9		8	9	–	–	–	1	–	–	–	–	–	–	**Benzene, (2-bromoethyl)-**	103-63-9	**P7644**
91	108	90	107	94	184	77	65	**184**	100	68	46	36	26	25	20	18		9	9	2	–	1	–	–	–	–	–	–	–	**Benzyl chloroacetate**		**C0695**
91	108	90	184	107	51	77	65	**184**	100	55	39	26	21	21	20	17		9	9	2	–	1	–	–	–	–	–	–	–	**Benzyl chloroacetate**	140-18-1	**H0627**
91	156	77	65	51	93	45	50	**184**	100	96	67	61	49	32	32	30	**22.45**	8	8	1	–	–	–	–	2	–	–	–	–	**Carbonodithioic acid, S-methyl O-phenyl ester**	13509-30-3	**R4605**
91	156	77	65	51	95	45	50	**184**	100	95	68	62	50	32	31	30	**22.00**	8	8	1	–	–	–	–	2	–	–	–	–	**Carbonodithioic acid, S-methyl O-phenyl ester**		**L2936**
91	184	65	92	39	51	185	63	**184**	100	22	14	9	8	4	3	3		13	12	1	–	–	–	–	–	–	–	–	–	**Benzene, (phenoxymethyl)-**		**D0694**
95	113	43	123	69	81	55	41	**184**	100	86	51	44	42	42	40	32	**0.50**	12	24	1	–	–	–	–	–	–	–	–	–	**Furan, tetrahydro-2-isopentyl-5-propyl-**	33933-71-0	**S4459**
96	68	81	57	55	127	67	41	**184**	100	95	91	58	52	41	40	38	**4.00**	9	17	3	–	–	–	–	–	–	1	–	–	**1,3,2-Dioxaborolane, 2-[(2-methylcyclohexyl)oxy]-**	55162-66-8	**T0484**
97	125	43	28	29	39	41	138	**184**	100	74	20	19	9	8	8	8	**0.00**	10	16	3	–	–	–	–	–	–	–	–	–	**Furan, 2-(1,2-diethoxyethyl)-**	14133-54-1	**R5002**
98	87	41	69	43	45	97	123	**184**	100	87	42	41	39	27	27	20	**3.00**	10	16	3	–	–	–	–	–	–	–	–	–	**1,4-Butanediol, 1-(2-furyl)-2,3-dimethyl-**	10564-02-0	**R3930**
98	87	41	69	43	97	45	123	**184**	100	87	41	41	39	27	26	19	**2.00**	10	16	3	–	–	–	–	–	–	–	–	–	**1,2-Butanediol, 1-(2-furyl)-2,3-dimethyl-**	18927-22-5	**R7890**
99	42	70	71	55	43	41	114	**184**	100	55	36	36	33	32	27	18	**3.10**	11	20	2	–	–	–	–	–	–	–	–	–	**2H-Pyran-2-one, 6-hexyltetrahydro-**	710-04-3	**Q3822**
99	101	85	49	51	149	69	148	**184**	100	32	28	18	18	17	14	10	**0.60**	3	2	–	–	2	–	4	–	–	–	–	–	**1,3-Dichloro-1,1,2,2-tetrafluoropropane**		**A0310**
101	73	55	41	83	43	81	102	**184**	100	35	34	10	8	7	7	6	**0.19**	11	20	2	–	–	–	–	–	–	–	–	–	**1,3-Dioxolane, 2-cyclohexyl-4,5-dimethyl-**	74793-11-6	**T8590**
101	103	83	85	149	151	114	116	**184**	100	61	55	35	35	34	17	11	**4.70**	2	1	–	–	4	–	1	–	–	–	–	–	**1,1,2,2-Tetrachlorofluoroethane**		**A0248**
103	82	85	57	67	55	83	41	**184**	100	92	73	61	53	42	36	36	**0.10**	11	20	2	–	–	–	–	–	–	–	–	–	**Cyclohexyl pentanoate**		**D0146**
104	76	50	184	120	74	38	92	**184**	100	91	59	50	36	20	13	12		7	4	4	–	–	–	–	1	–	–	–	–	**1,1,3-Trioxo-3H-2,1-benzoxathiole**		**D2044**
104	80	79	184	78	52	105		**184**	100	87	71	66	55	40	33			12	12	–	2	–	–	–	–	–	–	–	–	**Pyridinium, 1-o-toluidino-, hydroxide, inner salt**		**L9280**
104	80	79	184	78	52	105	51	**184**	100	91	74	66	56	40	40	29		12	12	–	2	–	–	–	–	–	–	–	–	**Pyridinium, 1-o-toluidino-, hydroxide, inner salt**	31378-89-9	**S3257**
104	184	80	105	78	79	53	52	**184**	100	99	88	72	57	47	40	25		12	12	–	2	–	–	–	–	–	–	–	–	**Pyridinium, 1-m-toluidino-, hydroxide, inner salt**	31378-90-2	**S3258**
105	77	28	78	184	79	51	183	**184**	100	49	48	37	30	25	20	20		13	12	1	–	–	–	–	–	–	–	–	–	**Benzenemethanol, α-phenyl-**	91-01-0	**P6597**
105	77	79	51	106	103	184	104	**184**	100	11	11	10	10	9	8	6		8	9	–	–	–	1	–	–	–	–	–	–	**o-Xylene, α-bromo-**		**L0664**
105	77	79	51	106	103	184	104	**184**	100	10	10	9	9	8	7	5		8	9	–	–	–	1	–	–	–	–	–	–	**p-Xylene, α-bromo-**		**L0666**
105	77	79	106	51	103	184	186	**184**	100	10	10	9	9	8	7	7		8	9	–	–	–	1	–	–	–	–	–	–	**p-Xylene, α-bromo-**		**Z1355**
105	77	79	184	103	186	51	78	**184**	100	42	34	32	31	31	30	27		8	9	–	–	–	1	–	–	–	–	–	–	**o-Xylene, 3-bromo-**	576-23-8	**Q2239**
105	77	79	186	184	103	51	78	**184**	100	46	37	34	33	31	31	27		8	9	–	–	–	1	–	–	–	–	–	–	**m-Xylene, 4-bromo-**	583-70-0	**Q2311**
105	79	77	51	106	103	184	186	**184**	100	11	11	10	10	9	8	8		8	9	–	–	–	1	–	–	–	–	–	–	**o-Xylene, α-bromo-**		**Z1357**
105	88	116	106	115	76	71	83	**184**	100	27	6	6	5	5	5	4	**0.00**	3	9	2	2	–	1	–	–	–	–	–	–	**Alanine, 3-amino-, monohydrobromide**	61049-68-1	**T5225**
105	104	103	51	77	79	78	106	**184**	100	23	17	15	15	15	10	10	**0.70**	8	9	–	–	–	1	–	–	–	–	–	–	**Benzene, (1-bromoethyl)-**	585-71-7	**Q2334**
105	104	103	77	51	79	106	91	**184**	100	22	15	15	13	13	11	8	**0.70**	8	9	–	–	–	1	–	–	–	–	–	–	**Benzene, (1-bromoethyl)-**	585-71-7	**Q2333**
105	104	103	77	79	51	78	106	**184**	100	22	16	15	15	15	9	9	**1.00**	8	9	–	–	–	1	–	–	–	–	–	–	**Benzene, (1-bromoethyl)-**		**L5639**
105	184	51	77	79	103	169	78	**184**	100	95	21	20	16	16	14	8		8	9	–	–	–	1	–	–	–	–	–	–	**o-Xylene, 4-bromo-**		**L0649**
105	184	51	77	103	79	78	106	**184**	100	91	22	22	19	18	11	11		8	9	–	–	–	1	–	–	–	–	–	–	**m-Xylene, 4-bromo-**		**L0647**
105	184	51	77	103	79	104	78	**184**	100	87	24	20	18	16	11	10		8	9	–	–	–	1	–	–	–	–	–	–	**p-Xylene, 2-bromo-**		**L0648**
105	184	77	79	51	103	106	104	**184**	100	12	11	10	9	9	9	5		8	9	–	–	–	1	–	–	–	–	–	–	**m-Xylene, α-bromo-**		**L0665**
105	184	186	51	77	79	185	103	**184**	100	95	92	21	20	16	16	16		8	9	–	–	–	1	–	–	–	–	–	–	**o-Xylene, 4-bromo-**		**Z1337**
105	184	186	51	77	103	79	185	**184**	100	91	89	22	22	19	18	16		8	9	–	–	–	1	–	–	–	–	–	–	**m-Xylene, 4-bromo-**		**Z1354**
105	184	186	51	77	103	79	185	**184**	100	87	86	24	20	18	16	16		8	9	–	–	–	1	–	–	–	–	–	–	**p-Xylene, 2-bromo-**		**Z1342**
105	184	186	77	79	106	51	103	**184**	100	12	12	11	10	9	9	9		8	9	–	–	–	1	–	–	–	–	–	–	**m-Xylene, α-bromo-**		**Z1353**
106	105	184	78	53	107	183	79	**184**	100	52	38	32	16	15	13	10		12	12	–	–	–	–	–	–	–	–	1	–	**Silane, diphenyl-**	775-12-2	**Q4096**
106	105	184	107	183	181	182	180	**184**	100	84	84	71	66	50	22	14		12	12	–	–	–	–	–	–	–	–	1	–	**Silane, diphenyl-**	775-12-2	**Q4097**
106	184	105	183	107	53	185	89	**184**	100	59	49	20	15	12	11	7		12	12	–	–	–	–	–	–	–	–	1	–	**Silane, diphenyl-**		**C0287**
107	50	77	184	69	88	27	26	**184**	100	50	41	26	18	11	8	4		6	5	–	–	–	–	4	–	1	–	–	–	**Phenyltetrafluorophosphorane**		**L8148**
109	75	156	184	65	141	39	110	**184**	100	98	89	38	36	25	22	21		8	8	1	–	–	–	–	2	–	–	–	–	**Carbonodithioic acid, S-methyl S-phenyl ester**	13509-29-0	**R4603**
110	82	154	95	153	81	136	94	**184**	100	70	39	29	25	20	18	16	**0.90**	9	12	4	–	–	–	–	–	–	–	–	–	**1,10-Anhydro-6-deoxy-7,8-dihydro-7,8-dihydroxyaucubigenin**		**P1954**
111	139	110	140	42	82	81	83	**184**	100	39	29	19	16	15	12	7	**3.00**	9	16	2	2	–	–	–	–	–	–	–	–	**1H-Imidazole, 2-(diethoxymethyl)-1-methyl-**	13750-82-8	**R4739**
113	43	73	155	71	55	99	128	**184**	100	92	90	67	63	52	20	20	**10.00**	10	20	1	2	–	–	–	–	–	–	–	–	**3-Octanone N-methyl-N-formylhydrazone**		**I6845**
115	117	49	69	51	85	67	119	**184**	100	65	50	36	30	23	11	10	**4.50**	3	2	–	–	2	–	4	–	–	–	–	–	**2,3-Dichloro-1,1,1,2-tetrafluoropropane**		**A0309**

MASS TO CHARGE RATIOS								M.W.	INTENSITIES								Parent	C	H	O	N	Cl	Br	F	S	P	B	Si	X	COMPOUND NAME	CAS Reg No	No
115	143	184	144	116	41	185	39	**184**	100	70	60	12	12	12	9	8		13	12	1	–	–	–	–	–	–	–	–	–	**Naphthalene, 1-(2-propenyloxy)-**	20009-25-0	**R8458**
116	41	71	39	27	184	45	118	**184**	100	65	37	36	17	15	15	8		9	12	–	–	–	–	–	2	–	–	–	–	**Thiophene, 2-(cyclopentylthio)-**		**Y2125**
116	41	71	39	69	27	184	45	**184**	100	65	37	36	25	17	15	15		9	12	–	–	–	–	–	2	–	–	–	–	**Thiophene, 2-(cyclopentylthio)-**	54774-96-8	**S9621**
117	91	184	105	118	115	77	79	**184**	100	93	69	64	64	53	48	46		14	16	–	–	–	–	–	–	–	–	–	–	**4,7-Methano-3,6,8-methenocyclopent[a]indene, 3,3a,3b,4,5,6,7,7a,8,8a-decahydro-**	38560-33-7	**S5877**
117	118	66	91	116	119	115	184	**184**	100	76	15	14	13	11	9	7		14	16	–	–	–	–	–	–	–	–	–	–	**4,7-Methano-2,3,8-methenocyclopent[a]indene, 1,2,3,3a,3b,4,7,7a,8,8a-decahydro-**	7781-74-0	**R3480**
117	118	91	66	116	184	115	92	**184**	100	60	30	24	17	16	16	13		14	16	–	–	–	–	–	–	–	–	–	–	**4,7-Methano-2,3,8-methenocyclopent[a]indene, 1,2,3,3a,3b,4,7,7a,8,8a-decahydro-**	7781-74-0	**R3479**
117	118	91	79	39	66	77	115	**184**	100	60	30	17	15	14	12	11	**2.32**	14	16	–	–	–	–	–	–	–	–	–	–	**1,4:5,8-Dimethanobiphenylene, 1,4,4a,4b,5,8,8a,8b-octahydro-, (1α,4α,4aβ,4bα,5β,8β,8aα,8bβ)-**	1624-13-1	**Q6349**
117	119	45	152	121	91	115	104	**184**	100	47	41	38	23	19	17	15	**0.66**	10	13	1	–	1	–	–	–	–	–	–	–	**Benzene, (1-chloro-3-methoxypropyl)-**	55955-55-0	**T2387**
117	184	91	106	80	119	118	143	**184**	100	87	46	43	39	37	33	32		14	16	–	–	–	–	–	–	–	–	–	–	**3,8,4,7-Ethanediylidenecyclopent[a]indene, 1,2,3,3a,3b,4,7,7a,8,8a-decahydro-**	38589-62-7	**S5897**
118	105	117	91	79	77	78	104	**184**	100	52	51	29	27	24	17	17	**0.00**	14	16	–	–	–	–	–	–	–	–	–	–	**1,4,8-Metheno-1H-cyclopent[f]azulene, 3a,4,4a,7,7a,8,9,9a-octahydro-**	22723-47-3	**R9933**
119	91	117	184	118	115	77	92	**184**	100	99	99	92	85	46	39	38		14	16	–	–	–	–	–	–	–	–	–	–	**3,4,7-Methenocyclopent[a]indene, 3,3a,3b,4,7,7a,8,8a-octahydro-8-methyl-, (3α,3aβ,3bβ,4α,7α,7aβ,8α,8aβ)-**	38589-54-7	**S5896**
121	77	184	51	94	93	39	65	**184**	100	48	21	17	15	11	10	10		9	9	2	–	1	–	–	–	–	–	–	–	**2-Phenoxypropionyl chloride**		**P1123**
121	149	79	184	67	93	77	41	**184**	100	95	67	32	24	24	18	17		10	13	1	–	1	–	–	–	–	–	–	–	**2-Adamantanone, 4-chloro-, (1S,4R)-**	19301-54-3	**R8066**
123	91	124	93	153	106	92	122	**184**	100	38	30	27	27	23	15	14	**0.00**	3	9	4	–	–	–	–	–	–	–	–	1	**Arsenic acid, trimethyl ester**	13006-30-9	**R4124**
123	91	124	93	153	106	92	122	**184**	100	37	28	25	25	22	14	14	**0.00**	3	9	4	–	–	–	–	–	–	–	–	1	**Arsenic acid, trimethyl ester**	13006-30-9	**R4125**
125	28	113	59	43	165	184	45	**184**	100	62	51	50	40	19	18	15		9	12	2	–	–	–	–	1	–	–	–	–	**2-Thiabicyclo[3.1.0]hex-3-ene-6-carboxylic acid, 1,3-dimethyl-, methyl ester**	56666-52-5	**T4018**
125	57	85	43	41	184			**184**	100	97	42	30	26	1				12	24	1	–	–	–	–	–	–	–	–	–	**3-Heptanone, 2,2,5,6,6-pentamethyl-**		**L8805**
125	95	184	45	97	75	83	57	**184**	100	83	71	26	25	21	17	11		9	9	3	–	–	–	1	–	–	–	–	–	**Acetic acid, (4-fluorophenoxy)-, methyl ester**	55444-93-4	**T1155**
125	127	184	126	89	186	59	63	**184**	100	60	54	40	31	17	17	15		9	9	2	–	1	–	–	–	–	–	–	–	**Benzeneacetic acid, 4-chloro-, methyl ester**	52449-43-1	**S7949**
125	169	95	39	126	45	73	43	**184**	100	49	35	20	12	12	8	8	**0.00**	8	12	3	–	–	–	–	–	–	–	1	–	**2-Furancarboxylic acid, trimethylsilyl ester**	55887-53-1	**T2273**
125	169	95	126	45	184	170	43	**184**	100	66	37	14	10	10	8	7		8	12	3	–	–	–	–	–	–	–	1	–	**2-Furancarboxylic acid, trimethylsilyl ester**		**15369**
126	184	55	29	71	113	56	28	**184**	100	62	44	44	37	32	31	31		9	16	2	2	–	–	–	–	–	–	–	–	**2,6-Dioxo-1,5-diazacycloundecane**		**L2959**
127	42	84	55	29	56	30	125	**184**	100	87	84	51	37	30	29	27	**0.00**	9	20	–	4	–	–	–	–	–	–	–	–	**1-Piperidinamine, N-1-(ethylazo)ethyl-**	59856-64-3	**T5141**
127	43	57	41	81	85	29	39	**184**	100	56	48	25	14	12	11	10	**6.00**	11	20	2	–	–	–	–	–	–	–	–	–	**3,5-Heptanedione, 2,2,6,6-tetramethyl-**	1118-71-4	**Q5335**
127	81	67	99	111	39	41	55	**184**	100	97	74	72	67	44	37	30	**2.37**	10	16	3	–	–	–	–	–	–	–	–	–	**1-Oxaspiro[2.5]octane-2-carboxylic acid, ethyl ester**	6975-17-3	**R2760**
127	109	43	57	113	67	151	95	**184**	100	33	33	17	13	13	8	8	**0.10**	12	24	1	–	–	–	–	–	–	–	–	–	**Cyclohexanol, 1-tert-butyl-4,4-dimethyl-**		**M0353**
127	129	57	56	81	128	41	109	**184**	100	64	58	34	28	23	17	17	**1.50**	11	20	2	–	–	–	–	–	–	–	–	–	**Cyclohexanecarboxylic acid, 3-tert-butyl-, trans-**		**L9985**
127	129	184	72	128	99	186	100	**184**	100	32	14	10	10	6	6	5		8	9	1	2	1	–	–	–	–	–	–	–	**Urea, N-(4-chlorophenyl)-N-methyl-**	22517-43-7	**R9794**
127	129	184	119	117	128	89	186	**184**	100	33	22	17	16	9	7	7		8	9	1	2	1	–	–	–	–	–	–	–	**Urea, N-(4-chlorophenyl)-N′-methyl-**	5352-88-5	**R1341**
127	184	156	128	77	109	143	75	**184**	100	59	39	22	15	13	12	11		10	14	–	–	–	–	1	–	1	–	–	–	**4-Fluorophenyldiethylphosphine**		**C1843**
128	55	110	43	41	166	82	99	**184**	100	45	39	35	28	25	23	22	**8.00**	10	16	3	–	–	–	–	–	–	–	–	–	**1,3-Cyclopentanedione, 2-isopentyl-4-hydroxy-**		**M4665**
128	55	110	43	41	166	82	99	**184**	100	43	39	34	29	25	23	21	**7.18**	10	16	3	–	–	–	–	–	–	–	–	–	**1,3-Cyclopentanedione, 4-hydroxy-2-pentyl-**	54774-95-7	**S9620**
128	57	129	99	41	68	113	73	**184**	100	16	9	8	7	5	4	4	**0.00**	11	20	2	–	–	–	–	–	–	–	–	–	**Cyclohexanecarboxylic acid, 1-tert-butyl-**		**L9981**
128	57	129	99	71	68	56	69	**184**	100	16	9	8	7	5	4	4	**0.00**	11	20	2	–	–	–	–	–	–	–	–	–	**Cyclohexanecarboxylic acid, 1-tert-butyl-**	27334-43-6	**S1684**
128	70	137	142	155	129	95	96	**184**	100	74	63	59	44	39	39	31	**25.00**	8	12	1	2	–	–	–	1	–	–	–	–	**Thiouracil, 2-butyl-**		**17029**
128	86	43	42	70	55	113	99	**184**	100	99	99	99	86	60	60	55	**1.50**	9	16	2	2	–	–	–	–	–	–	–	–	**L-Alanyl-L-leucine anhydride**		**L8864**
128	142	155	127	137	129	184	95	**184**	100	76	40	30	27	24	17	11		8	12	1	2	–	–	–	1	–	–	–	–	**Thiouracil, 4-butyl-**		**17035**
129	57	56	128	41	73	81	123	**184**	100	72	41	29	16	13	13	11	**0.10**	11	20	2	–	–	–	–	–	–	–	–	–	**Cyclohexanecarboxylic acid, 3-tert-butyl-, cis-**		**L9984**
129	57	56	128	41	130	81	55	**184**	100	44	26	24	11	8	7	5	**0.20**	11	20	2	–	–	–	–	–	–	–	–	–	**Cyclohexanecarboxylic acid, 2-tert-butyl-, trans-**	27392-16-1	**S1696**
129	57	56	128	41	130	81	169	**184**	100	44	26	24	11	8	7	5	**0.20**	11	20	2	–	–	–	–	–	–	–	–	–	**Cyclohexanecarboxylic acid, 2-tert-butyl-, trans-**		**L9983**
129	57	56	128	81	41	123	126	**184**	100	75	35	35	19	16	10	10	**0.90**	11	20	2	–	–	–	–	–	–	–	–	–	**Cyclohexanecarboxylic acid, 4-tert-butyl-, cis-**	943-28-2	**Q4772**
129	57	56	128	81	41	123	126	**184**	100	75	39	35	19	16	10	10	**0.90**	11	20	2	–	–	–	–	–	–	–	–	–	**Cyclohexanecarboxylic acid, 4-tert-butyl-, cis-**		**L9986**
129	57	128	56	41	81	127	123	**184**	100	61	34	30	16	12	10	8	**0.80**	11	20	2	–	–	–	–	–	–	–	–	–	**Cyclohexanecarboxylic acid, 2-tert-butyl-, cis-**		**L9982**
129	57	128	56	41	81	127	130	**184**	100	61	34	30	16	12	10	9	**0.80**	11	20	2	–	–	–	–	–	–	–	–	–	**Cyclohexanecarboxylic acid, 2-tert-butyl-, cis-**	27392-15-0	**S1695**
135	149	93	79	136	50	67	107	**184**	100	64	20	16	12	11	10	10	**4.00**	11	17	–	–	1	–	–	–	–	–	–	–	**Homoadamantane, 3-chloro-**	27011-47-8	**S1593**
135	149	93	79	136	107	50	67	**184**	100	32	21	15	12	11	11	10	**0.00**	11	17	–	–	1	–	–	–	–	–	–	–	**Homoadamantane, 3-chloro-**		**L8507**
137	81	55	84	41	123	43	69	**184**	100	94	66	60	55	52	48	48	**0.00**	12	24	1	–	–	–	–	–	–	–	–	–	**Cyclohexanol, 4-ethyl-4-methyl-3-isopropyl-, (1α,3β,4α)-**	55869-53-9	**T2258**
139	43	137	155	30	29	140	31	**184**	100	88	84	47	25	22	21	19	**17.00**	9	12	4	–	–	–	–	–	–	–	–	–	**2-(Ethoxymethyl)-5-methylfuran-3-carboxylic acid**		**06272**

MASS TO CHARGE RATIOS								M.W.	INTENSITIES								Parent	C	H	O	N	Cl	Br	F	S	P	B	Si	X	COMPOUND NAME	CAS Reg No	No
139	43	140	121	184	79	29	155	**184**	100	36	26	26	20	16	12	10		9	12	4	–	–	–	–	–	–	–	–	–	5-(Ethoxymethyl)-2-methylfuran-3-carboxylic acid		06274
139	111	156	141	75	184	50	113	**184**	100	38	33	32	28	20	17	12		9	9	2	–	1	–	–	–	–	–	–	–	Benzoic acid, 3-chloro-, ethyl ester	1128-76-3	H1153
140	124	78	63	51	64	94	50	**184**	100	41	24	21	21	20	18	18	**6.30**	6	4	5	2	–	–	–	–	–	–	–	–	4-Nitro-2-pyridinecarboxylic acid N-oxide		M6797
141	43	57	140	85	29	27	111	**184**	100	89	33	24	24	22	17	16	**0.13**	9	17	3	–	–	–	–	–	–	1	–	–	1,3,2-Dioxaborolane, 4-acetyl-2,5-diethyl-4-methyl-	74646-05-2	T8256
141	43	123	95	81	67	41	69	**184**	100	90	60	53	46	43	23	23	**0.00**	11	20	2	–	–	–	–	–	–	–	–	–	3-Heptyne-2,5-diol, 6-methyl-5-isopropyl-	63922-38-3	T6316
141	70	112	84	184	98	99	97	**184**	100	95	90	75	57	55	55	53		10	20	1	2	–	–	–	–	–	–	–	–	1,5-Diazacyclododecan-6-one	67370-72-3	T6780
141	85	57	56	41	29	42	184	**184**	100	84	20	19	17	16	13	13		11	24	–	2	–	–	–	–	–	–	–	–	Acetone, bis(isobutyl)hydrazone	52835-12-8	S8141
141	99	43	184	41	30	70	169	**184**	100	71	23	19	17	15	13	11		11	24	–	2	–	–	–	–	–	–	–	–	Propanal, 2-methyl-, isopropyl isobutyl hydrazone	75268-02-9	T8859
141	99	85	56	29	41	42	57	**184**	100	45	43	37	31	26	20	16	**12.80**	11	24	–	2	–	–	–	–	–	–	–	–	Acetone, dibutylhydrazone	67660-52-0	T6860
141	142	144	155	167	41	55	39	**184**	100	65	45	28	15	14	11	10	**0.74**	8	12	3	2	–	–	–	–	–	–	–	–	Barbituric acid, 5-butyl-	1953-33-9	Q7124
141	142	184	115	128	39	143	41	**184**	100	52	32	20	7	6	6	5		14	16	–	–	–	–	–	–	–	–	–	–	Naphthalene, 2-butyl-		Y1016
141	142	184	115	139	128	143	155	**184**	100	53	32	20	7	6	6	5		14	16	–	–	–	–	–	–	–	–	–	–	Naphthalene, 2-butyl-		Y1518
141	142	184	115	139	128	185	155	**184**	100	48	41	24	7	7	6	6		14	16	–	–	–	–	–	–	–	–	–	–	Naphthalene, 1-butyl-	1634-09-9	Q6390
141	142	184	115	143	139	128	155	**184**	100	58	34	18	6	6	6	5		14	16	–	–	–	–	–	–	–	–	–	–	Naphthalene, 2-butyl-		Y1934
141	154	184	70	98	112	128	113	**184**	100	85	65	60	55	54	50	49		10	20	1	2	–	–	–	–	–	–	–	–	2(1H)-Azocinone, 1-(3-aminopropyl)hexahydro-	67370-71-2	T6779
141	169	184	41	142	95	93	81	**184**	100	75	62	53	53	47	37	27		11	20	–	–	–	–	–	1	–	–	–	–	1-Thiabicyclo[4.3.0]nonane, 2,4,8-trimethyl-		L6865
141	169	184	142	41	95	93	81	**184**	100	75	62	53	53	47	37	27		11	20	–	–	–	–	–	1	–	–	–	–	1-Thiabicyclo[4.3.0]nonane, 2,4,6-trimethyl-		M2652
141	184	142	115	185	128	139	155	**184**	100	36	27	11	6	3	3	3		14	16	–	–	–	–	–	–	–	–	–	–	Naphthalene, 1-butyl-	1634-09-9	Q6391
141	184	142	115	185	139	128	76	**184**	100	28	19	10	5	4	3	3		14	16	–	–	–	–	–	–	–	–	–	–	Naphthalene, 1-isobutyl-	16727-91-6	R6407
141	184	142	115	185	139	143	152	**184**	100	28	19	9	5	4	3	3		14	16	–	–	–	–	–	–	–	–	–	–	Naphthalene, 1-isobutyl-	16727-91-6	R6408
141	184	142	116	185	139	128	143	**184**	100	28	19	10	6	4	3	2		14	16	–	–	–	–	–	–	–	–	–	–	Naphthalene, 1-isobutyl-		L4424
142	84	55	184	27	54	156	28	**184**	100	56	35	31	26	26	24	20		8	12	1	2	–	–	–	1	–	–	–	–	Thiouracil, 5-methyl-2-propyl-	54774-98-0	S9623
142	107	108	43	144	77	180	51	**184**	100	74	54	48	33	23	17	13	**0.00**	9	9	2	–	1	–	–	–	–	–	–	–	6-Chloro-o-tolyl acetate		Z1360
142	151	184	141	169	114	110	100	**184**	100	82	62	41	40	23	21	15		8	12	1	2	–	–	–	1	–	–	–	–	Thiouracil, 4-isopropyl-6-methyl-		17034
142	184	151	141	81	55	99	71	**184**	100	62	55	32	26	25	24	20		8	12	1	2	–	–	–	1	–	–	–	–	Thiouracil, 4-isopropyl-5-methyl-		17033
149	93	79	150	67	107	41	81	**184**	100	20	16	16	13	13	12	12	**2.00**	11	17	–	–	1	–	–	–	–	–	–	–	Homoadamantane, 1-chloro-	27011-46-7	S1592
151	142	84	184	110	83	169	109	**184**	100	84	81	57	48	47	33	22		8	12	1	2	–	–	–	1	–	–	–	–	Thiouracil, 2-isopropyl-6-methyl-		17028
152	81	43	55	109	67	95	79	**184**	100	85	80	57	52	47	40	36	**0.00**	11	20	2	–	–	–	–	–	–	–	–	–	cis-1,1,6,6-Tetramethyl-4-methoxy-5-oxaspiro[2.4]heptane		M0564
152	81	109	43	67	95	55	79	**184**	100	78	51	47	40	38	38	32	**0.00**	11	20	2	–	–	–	–	–	–	–	–	–	trans-1,1,6,6-Tetramethyl-4-methoxy-5-oxaspiro[2.4]heptane		M0565
153	121	43	184	15	45	154	79	**184**	100	53	36	28	18	13	11	11		9	12	4	–	–	–	–	–	–	–	–	–	Methyl 5-(methoxymethyl)-2-methylfuran-3-carboxylate		06273
153	149	89	184	155	125	15	135	**184**	100	47	36	34	33	31	18	15		9	9	2	–	1	–	–	–	–	–	–	–	Benzoic acid, 4-chloromethyl-, methyl ester		03639
153	184	38	59	66	121	93	53	**184**	100	42	25	17	17	16	15	13		8	8	5	–	–	–	–	–	–	–	–	–	2,4-Furandicarboxylic acid, dimethyl ester	1710-13-0	Q6564
153	184	38	59	69	95	154	66	**184**	100	44	18	12	10	10	10	8		8	8	5	–	–	–	–	–	–	–	–	–	2,5-Furandicarboxylic acid, dimethyl ester	4282-32-0	R0286
155	77	184	51	156	128	103	129	**184**	100	32	31	30	21	18	17	16		11	8	1	2	–	–	–	–	–	–	–	–	3,1-Benzoxazepine-2-carbonitrile, 5-methyl-	19062-86-3	R7944
155	127	184	126	183	156	63	128	**184**	100	71	66	22	20	19	19	16		12	8	2	–	–	–	–	–	–	–	–	–	1H,3H-Naphtho[1,8-cd]pyran-1-one	518-86-5	Q1544
155	184	156	52	77	63	78	103	**184**	100	34	26	25	24	14	14	13		11	8	1	2	–	–	–	–	–	–	–	–	3,1-Benzoxazepine-2-carbonitrile, 7-methyl-		L6009
155	184	156	77	63	103	78	102	**184**	100	33	26	23	14	14	13	11		11	8	1	2	–	–	–	–	–	–	–	–	3,1-Benzoxazepine-2-carbonitrile, 7-methyl-	19062-87-4	R7945
155	184	156	153	115	152	128	154	**184**	100	30	14	12	10	10	9	6		14	16	–	–	–	–	–	–	–	–	–	–	Naphthalene, 2-methyl-1-propyl-	54774-89-9	H2069
156	141	98	155	55	112	41	83	**184**	100	89	20	20	18	18	16	11	**0.00**	8	12	3	2	–	–	–	–	–	–	–	–	Barbituric acid, 5,5-diethyl-	57-44-3	P4807
156	141	155	98	112	157	55	142	**184**	100	78	19	14	10	7	6	5	**0.00**	8	12	3	2	–	–	–	–	–	–	–	–	Barbituric acid, 5,5-diethyl-	57-44-3	P4809
156	184	155	157	91	185	183		**184**	100	71	36	14	11	9	1			13	12	1	–	–	–	–	–	–	–	–	–	Benzene, 1-methyl-4-phenoxy-	1706-12-3	Q6553
156	184	155	157	185	91	169	183	**184**	100	72	36	14	9	1	1	1		13	12	1	–	–	–	–	–	–	–	–	–	Benzene, 1-methyl-3-phenoxy-	3586-14-9	Q9554
166	123	184	138	167	151	111	109	**184**	100	36	34	13	10	9	7	6		8	8	3	–	–	–	–	1	–	–	–	–	Benzoic acid, 2-mercapto-5-methoxy-		L1702
166	123	184	138	167	151	168	111	**184**	100	36	34	14	11	9	9	7		8	8	3	–	–	–	–	1	–	–	–	–	Benzoic acid, 2-mercapto-5-methoxy-	16807-37-7	R6470
166	184	95	123	45	69	110	151	**184**	100	87	78	39	35	31	29	29		8	8	3	–	–	–	–	1	–	–	–	–	Salicylic acid, 5-(methylthio)-	32318-42-6	S3573
167	168	184	140	115	141	63	114	**184**	100	93	88	86	35	27	23	19		11	8	1	2	–	–	–	–	–	–	–	–	Isoquinaldonitrile, 3-methyl-, 2-oxide	16281-21-3	R6100
169	58	184	114	29	113	30	87	**184**	100	38	38	34	26	25	24	24		11	24	–	2	–	–	–	–	–	–	–	–	Heptanal, diethylhydrazone	75268-03-0	T8860
169	73	184	75	141	155	156		**184**	100	97	86	79	47	20	19			10	20	1	–	–	–	–	–	–	–	1	–	1-Trimethylsiloxy-2-methyl-1-cyclohexene		L9051
169	75	73	95	45	43	170	41	**184**	100	64	39	35	31	24	19	15	**6.00**	9	16	2	–	–	–	–	–	–	–	1	–	Trimethylsilyl-5-methylcyclopent-2-en-2-ol-1-one		M0835
169	91	184	93	92	63	65	170	**184**	100	98	65	56	36	21	21	17		9	13	2	–	–	–	–	–	1	–	–	–	O,O-Dimethyl 4-tolylphosphonite		C1763
169	105	184	51	77	90	103	89	**184**	100	78	65	26	24	18	13	12		8	9	–	–	–	1	–	–	–	–	–	–	1-Bromo-2-ethylbenzene		L0645
169	141	184	129	128	41	170	152	**184**	100	34	34	19	17	15	14	14		14	16	–	–	–	–	–	–	–	–	–	–	Naphthalene, 1-tert-butyl-	17085-91-5	R6620
169	141	184	171	143	41	186	77	**184**	100	73	34	33	24	15	11	10		10	13	1	–	1	–	–	–	–	–	–	–	2-tert-Butyl-6-chlorophenol		Z1350
169	168	167	51	170	77	39	66	**184**	100	55	32	22	21	18	11	11	**4.00**	12	12	–	2	–	–	–	–	–	–	–	–	Hydrazine, 1,1-diphenyl-	530-50-7	Q1684
169	168	167	51	170	83.5	77	66	**184**	100	55	32	22	21	20	18	11	**4.00**	12	12	–	2	–	–	–	–	–	–	–	–	Hydrazine, 1,1-diphenyl-		M3867

MASS TO CHARGE RATIOS								M.W.	INTENSITIES								Parent	C	H	O	N	Cl	Br	F	S	P	B	Si	X	COMPOUND NAME	CAS Reg No	No
169	171	105	184	186	51	77	90	**184**	100	98	78	65	64	26	24	18		8	9	–	–	–	1	–	–	–	–	–	–	1-Bromo-2-ethylbenzene		Z1343
169	171	141	41	170	143	186	129	**184**	100	32	23	17	10	8	8	8	0.87	10	13	1	–	1	–	–	–	–	–	–	–	4-tert-Butyl-2-chlorophenol		Z1348
169	171	184	77	43	63	126	186	**184**	100	86	34	16	15	13	12	11		9	9	2	–	1	–	–	–	–	–	–	–	3′-Chloro-4′-methoxyacetophenone		Z1366
169	171	184	170	186	115	105	134	**184**	100	39	31	10	10	8	7	7		10	13	1	–	1	–	–	–	–	–	–	–	p-Chlorothymol		Z1347
169	171	184	186	105	77	90	51	**184**	100	98	58	57	56	18	18	16		8	9	–	–	–	1	–	–	–	–	–	–	1-Bromo-4-ethylbenzene		Z1338
169	184	41	126	183	55	75	112	**184**	100	89	37	30	27	26	23	22		8	12	3	2	–	–	–	–	–	–	–	–	Barbituric acid, 5-ethyl-1,3-dimethyl-	7391-61-9	R3150
169	184	105	77	90	51	50	89	**184**	100	58	56	18	18	16	11	11		8	9	–	–	–	1	–	–	–	–	–	–	1-Bromo-4-ethylbenzene		L0646
169	184	141	129	128	41	170	152	**184**	100	36	23	20	17	15	15	13		14	16	–	–	–	–	–	–	–	–	–	–	Naphthalene, 1-tert-butyl-		Y2078
169	184	149	91	77	103	171	186	**184**	100	85	41	38	37	30	26	22		10	13	1	–	1	–	–	–	–	–	–	–	Benzene, 2-chloro-1-ethyl-5-methoxy-3-methyl-		P4009
169	184	154	170	141	153	152	115	**184**	100	52	19	15	14	14	11	10		14	16	–	–	–	–	–	–	–	–	–	–	Naphthalene, 2-methyl-7-isopropyl-		V0228
169	184	155	140	63	114	51	77	**184**	100	49	42	27	26	26	23	23		11	8	1	2	–	–	–	–	–	–	–	–	2-Quinolinecarbonitrile, 4-methyl-, 1-oxide	10222-47-6	R3660
182	169	80	181	51	91	77	65	**184**	100	44	15	11	11	10	9	8	0.00	12	12	–	2	–	–	–	–	–	–	–	–	o-Phenylenediamine, N-phenyl-	534-85-0	Q1721
183	139	73	184	185	45	141	186	**184**	100	47	46	45	32	18	16	15		9	9	2	–	1	–	–	–	–	–	–	–	1,3-Dioxolane, 2-(4-chlorophenyl)-	2403-54-5	Q7965
183	184	155	63	62	97	125	153	**184**	100	82	44	43	43	20	18	8		8	5	3	–	1	–	–	–	–	–	–	–	Chloropiperonal		L3678
184	30	63	53	91	62	107	79	**184**	100	98	91	80	50	48	41	38		6	4	5	2	–	–	–	–	–	–	–	–	Phenol, 2,4-dinitro-		D0898
184	41	169	142	15	157	168	156	**184**	100	26	20	15	15	12	11	10		12	12	–	2	–	–	–	–	–	–	–	–	4,4′-Bipyridine, 3,3′-dimethyl-		A0756
184	53	70	38	114	80	108	62	**184**	100	34	28	20	15	11	8	5		8	–	–	4	–	–	–	1	–	–	–	–	Tetracyanothiophene		17186
184	54	82	123	27	155	169	42	**184**	100	79	67	62	59	59	51	41		8	12	1	2	–	–	–	1	–	–	–	–	Pyrimidine, 5-ethoxy-2-methyl-4-(methylthio)-	35231-62-0	S4893
184	63	154	53	91	107	30	79	**184**	100	59	53	46	41	38	38	30		6	4	5	2	–	–	–	–	–	–	–	–	Phenol, 2,4-dinitro-		D1405
184	77	115	183	116	142	51	55	**184**	100	70	70	66	64	63	36	33		12	12	–	2	–	–	–	–	–	–	–	–	1H-Imidazole, 2-methyl-1-(2-phenylvinyl)-, (E)-	58275-53-9	T4977
184	77	128	156	102	114	63	42	**184**	100	40	39	33	28	26	21	20		12	12	–	2	–	–	–	–	–	–	–	–	Withasomnine	10183-74-1	R3635
184	77	128	156	102	114	63	51	**184**	100	40	38	32	27	25	19	19		12	12	–	2	–	–	–	–	–	–	–	–	Withasomnine		L0818
184	80	105	104	79	78	52		**184**	100	99	65	51	37	32	32			12	12	–	2	–	–	–	–	–	–	–	–	Pyridinium, 1-p-toluidino-, hydroxide, inner salt		L9282
184	82	54	102	128	40	185	51	**184**	100	99	58	43	42	30	24	22		12	8	2	–	–	–	–	–	–	–	–	–	2-Phenylbenzoquinone		00163
184	88	115	185	129	102	76	128	**184**	100	76	50	45	39	38	15	13		10	8	–	4	–	–	–	–	–	–	–	–	3-Methyl-5-(2-cyanophenyl)-s-triazole		L8353
184	91	51	77	65	185	183	78	**184**	100	77	28	22	21	12	11	7		13	12	1	–	–	–	–	–	–	–	–	–	Benzene, 1-methyl-4-phenoxy-	1706-12-3	Q6552
184	91	65	77	51	141	185	39	**184**	100	31	16	16	14	14	14	11		13	12	1	–	–	–	–	–	–	–	–	–	Benzene, 1-methyl-3-phenoxy-		C1651
184	91	183	77	185	78	65	106	**184**	100	36	23	18	17	16	15	15		13	12	1	–	–	–	–	–	–	–	–	–	Benzene, 1-methyl-2-phenoxy-	3991-61-5	Q9981
184	91	183	106	78	65	185	77	**184**	100	41	29	24	17	14	14	13		13	12	1	–	–	–	–	–	–	–	–	–	Benzene, 1-methyl-2-phenoxy-		Z1363
184	91	183	185	77	51	141	65	**184**	100	50	14	14	12	9	9	8		13	12	1	–	–	–	–	–	–	–	–	–	Benzene, 1-methyl-4-phenoxy-		Z1364
184	91	185	77	183	51	65	39	**184**	100	53	15	14	12	12	10	7		13	12	1	–	–	–	–	–	–	–	–	–	3-Phenoxy-benzyl alcohol		C1745
184	92	65	77	93	81	39	183	**184**	100	73	65	52	39	32	19	19		12	12	–	2	–	–	–	–	–	–	–	–	Hydrazine, 1,2-diphenyl-		P9245
184	92	120	63	127	155			**184**	100	83	65	46	36	15				12	8	2	–	–	–	–	–	–	–	–	–	2-(2,4-Hexadiynoyl)phenol		M7116
184	92	183	185	156	167	182	166	**184**	100	15	12	12	6	5	4	4		12	12	–	2	–	–	–	–	–	–	–	–	[1,1′-Biphenyl]-4,4′-diamine		F0117
184	92	185	91	183	65	77	156	**184**	100	24	13	13	11	8	8	7		12	12	–	2	–	–	–	–	–	–	–	–	[1,1′-Biphenyl]-4,4′-diamine	92-87-5	P6746
184	94	107	182	185	183	80	91	**184**	100	27	20	16	13	13	12	10		12	12	–	2	–	–	–	–	–	–	–	–	p-Phenylenediamine, N-phenyl-		D0038
184	104	76	111	15	127	75	186	**184**	100	56	51	40	39	39	38	32		7	5	2	2	1	–	–	–	–	–	–	–	Benzofurazan, 5-chloro-4-methoxy-	19155-72-7	R8004
184	104	80	105	78	79	52		**184**	100	99	85	65	55	54	40			12	12	–	2	–	–	–	–	–	–	–	–	Pyridinium, 1-m-toluidino-, hydroxide, inner salt		L9281
184	119	93	65	92	78	104	39	**184**	100	93	67	40	40	33	33	26		7	8	2	2	–	–	–	1	–	–	–	–	1H-2,1,3-Benzothiadiazine, 3,4-dihydro-, 2,2-dioxide	33853-77-9	S4411
184	119	93	92	65	104	78	105	**184**	100	93	67	40	40	33	33	21		7	8	2	2	–	–	–	1	–	–	–	–	1H-2,1,3-Benzothiadiazine, 3,4-dihydro-, 2,2-dioxide		M7596
184	122	186	157	149	69	185	92	**184**	100	60	58	22	18	17	16	14		7	5	–	2	1	–	–	1	–	–	–	–	2-Benzothiazolamine, 4-chloro-	19952-47-7	R8430
184	128	92	185	51	102	52	50	**184**	100	22	19	14	11	8	8	8		12	8	2	–	–	–	–	–	–	–	–	–	Dibenzo[b,e][1,4]dioxin		Y2427
184	128	185	92	102	155	63	127	**184**	100	18	15	13	8	6	5	5		12	8	2	–	–	–	–	–	–	–	–	–	Dibenzo[b,e][1,4]dioxin	262-12-4	Q0140
184	128	185	127	154	92	102	126	**184**	100	21	15	13	11	10	8	6		12	8	2	–	–	–	–	–	–	–	–	–	2-Dibenzofuranol	86-77-1	P6342
184	128	185	127	155	92	102	126	**184**	100	21	15	13	12	10	8	6		12	8	2	–	–	–	–	–	–	–	–	–	2-Dibenzofuranol		L3099
184	129	39	130	155	102	76	185	**184**	100	27	20	18	16	15	12	12		11	8	1	2	–	–	–	–	–	–	–	–	4(3H)-Quinazolinone, 3-(2-propynyl)-	16347-56-1	R6137
184	129	128	102	104	103	76		**184**	100	13	10	9	5	4	4			10	8	–	4	–	–	–	–	–	–	–	–	6-Methyl-s-triazolo[3,4-a]phthalazine		L8344
184	129	130	102	76	185	39	103	**184**	100	21	18	16	13	9	8	8		11	8	1	2	–	–	–	–	–	–	–	–	4(3H)-Quinazolinone, 3-propadienyl-	25379-65-1	S1038
184	130	129	91	128	115	141	93	**184**	100	93	56	52	30	25	22	21		14	16	–	–	–	–	–	–	–	–	–	–	Anthracene, hexahydro-	74753-28-9	T8485
184	136	117	137	86	92	106	79	**184**	100	66	32	8	7	7	7	7		6	1	1	–	–	–	5	–	–	–	–	–	Phenol, pentafluoro-		M2168
184	136	117	137	155	86	105	185	**184**	100	63	31	8	8	7	7	7		6	1	1	–	–	–	5	–	–	–	–	–	Phenol, pentafluoro-	771-61-9	Q4080
184	141	41	128	129	152	76	127	**184**	100	88	49	47	38	34	28	24		14	16	–	–	–	–	–	–	–	–	–	–	Naphthalene, 2-tert-butyl-	2876-35-9	H1367
184	141	115	154	185	153	155	139	**184**	100	26	22	20	14	12	10	9		13	12	1	–	–	–	–	–	–	–	–	–	1,1′-Biphenyl, 3-methoxy-	2113-56-6	H1287
184	141	115	154	185	153	155	152	**184**	100	26	22	20	14	12	10	9		13	12	1	–	–	–	–	–	–	–	–	–	1,1′-Biphenyl, 3-methoxy-		01097
184	141	128	41	129	152	76	153	**184**	100	88	49	48	43	34	28	25		14	16	–	–	–	–	–	–	–	–	–	–	Naphthalene, 2-tert-butyl-		V0227
184	141	169	115	170	139	185	142	**184**	100	96	91	90	26	20	20	13		13	12	1	–	–	–	–	–	–	–	–	–	1,1′-Biphenyl, 4-methoxy-	613-37-6	Q2872

MASS TO CHARGE RATIOS								M.W.	INTENSITIES								Parent	C	H	O	N	Cl	Br	F	S	P	B	Si	X	COMPOUND NAME	CAS Reg No	No
184	141	169	115	185	139	63	142	**184**	100	56	49	39	14	13	10	7		13	12	1	–	–	–	–	–	–	–	–	–	**1,1′-Biphenyl, 4-methoxy-**	613-37-6	**H0928**
184	141	169	115	185	139	63	170	**184**	100	56	49	39	14	13	10	7		13	12	1	–	–	–	–	–	–	–	–	–	**1,1′-Biphenyl, 4-methoxy-**		**01098**
184	143	116	52	144	38	28	40	**184**	100	76	17	16	6	6	5	5		10	8	–	4	–	–	–	–	–	–	–	–	**1,3,6,9b-Tetraazaphenalene, 2-methyl-**	37550-68-8	**S5515**
184	154	63	107	79	62	30	91	**184**	100	83	52	45	37	34	30	27		6	4	5	2	–	–	–	–	–	–	–	–	**Phenol, 2,4-dinitro-**	51-28-5	**P4554**
184	155	62	61	80	104	185	156	**184**	100	98	93	62	25	20	19	14		6	4	3	2	–	–	–	1	–	–	–	–	**Thieno[3,2-c]pyridazin-3(2H)-one, 5,S-dioxide**		**M6619**
184	155	156	183	185	92	129	63	**184**	100	16	12	12	11	9	6	5		11	8	1	2	–	–	–	–	–	–	–	–	**1H-Benzimidazole, 2-(2-furanyl)-**	3878-19-1	**Q9884**
184	167	183	168	166	185	91	83.5	**184**	100	53	42	42	18	14	13	10		12	12	–	2	–	–	–	–	–	–	–	–	**[1,1′-Biphenyl]-2,2′-diamine**		**D2298**
184	167	183	168	166	185	182	29	**184**	100	49	37	36	20	14	11	11		12	12	–	2	–	–	–	–	–	–	–	–	**[1,1′-Biphenyl]-2,2′-diamine**	1454-80-4	**Q6012**
184	167	183	168	166	185	182	139	**184**	100	57	48	44	23	14	11	8		12	12	–	2	–	–	–	–	–	–	–	–	**[1,1′-Biphenyl]-2,2′-diamine**		**M8775**
184	169	141	115	183	185	168	139	**184**	100	47	24	18	15	14	10	9		13	12	1	–	–	–	–	–	–	–	–	–	**Anisole, 2-phenyl-**	86-26-0	**P6283**
184	169	183	153	155	152	185	154	**184**	100	91	26	23	22	17	15	13		14	16	–	–	–	–	–	–	–	–	–	–	**Azulene, 7-ethyl-1,4-dimethyl-**	529-05-5	**Q1662**
184	181	182	169	183	141	128	152	**184**	100	56	36	29	27	26	23	20		13	12	1	–	–	–	–	–	–	–	–	–	**Naphthalene, 1-(2-propenyloxy)-**		**F0148**
184	182	157	130	132	180	186	181	**184**	100	43	33	16	15	15	14	14		6	4	–	2	–	–	–	–	–	–	–	1	**2,1,3-Benzoselenadiazole**		**L2295**
184	182	157	131	180	186	133	181	**184**	100	43	34	16	15	15	15	15		6	4	–	2	–	–	–	–	–	–	–	1	**2,1,3-Benzoselenadiazole**	273-15-4	**Q0161**
184	183	43	143	156	154	115	77	**184**	100	99	38	35	32	28	26	25		12	12	–	2	–	–	–	–	–	–	–	–	**1-Methyl-3,4-dihydro-β-carboline**		**B1810**
184	183	106	91	165	18	78	28	**184**	100	42	41	37	35	28	22	15		13	12	1	–	–	–	–	–	–	–	–	–	**Phenol, 2-benzyl-**		**Z1352**
184	183	107	106	165	77	167	153	**184**	100	56	26	22	21	11	11	10		13	12	1	–	–	–	–	–	–	–	–	–	**Phenol, 4-benzyl-**	101-53-1	**P7497**
184	183	157	142	185	41	158	65	**184**	100	51	18	14	13	12	11	10		12	12	–	2	–	–	–	–	–	–	–	–	**2,2′-Bipyridine, 5,5′-dimethyl-**		**M6605**
184	183	169	182	80	185	181	78	**184**	100	52	52	21	17	16	13	13		12	12	–	2	–	–	–	–	–	–	–	–	**o-Phenylenediamine, N-phenyl-**		**D2293**
184	183	185	41	92	157	142	65	**184**	100	75	13	12	11	10	10	10		12	12	–	2	–	–	–	–	–	–	–	–	**2,2′-Bipyridine, 4,4′-dimethyl-**		**M6606**
184	183	185	65	92	169	156	182	**184**	100	56	14	8	8	7	6	6		12	12	–	2	–	–	–	–	–	–	–	–	**2,2′-Bipyridine, 4,4′-dimethyl-**	1134-35-6	**Q5503**
184	185	115	183	51	169	39	63	**184**	100	15	8	8	7	7	6	6		12	12	–	2	–	–	–	–	–	–	–	–	**4,4′-Bipyridine, 2,2′-dimethyl-**		**D0457**
184	185	139	92	79	152	186	69	**184**	100	14	13	12	6	6	5	5		12	8	–	–	–	–	–	1	–	–	–	–	**Dibenzothiophene**		**W0108**
184	185	139	92	79	186	152	183	**184**	100	14	12	11	6	5	5	4		12	8	–	–	–	–	–	1	–	–	–	–	**Dibenzothiophene**		**Y2095**
184	185	139	92	186	152	79	183	**184**	100	14	10	9	6	4	4	3		12	8	–	–	–	–	–	1	–	–	–	–	**Dibenzothiophene**	132-65-0	**P9634**
184	185	183	92	36	156	182	167	**184**	100	15	11	8	7	4	4	4		12	12	–	2	–	–	–	–	–	–	–	–	**[1,1′-Biphenyl]-4,4′-diamine**		**D1601**
185	103	73	47	41	45	43	184	**184**	100	50	45	24	20	15	12	12		12	8	2	–	–	–	–	–	–	–	–	–	**Dibenzo[b,e][1,4]dioxin**	262-12-4	**Q0141**
185	139	167	90	186	140	168	121	**184**	100	79	37	14	12	8	4	4	**0.77**	10	16	3	–	–	–	–	–	–	–	–	–	**2(3H)-Furanone, dihydro-5,5-dimethyl-4-(3-oxobutyl)-**	4436-81-1	**R0442**
185	142	97	125					**184**	100	51	43	29					**0.00**	9	16	2	2	–	–	–	–	–	–	–	–	**4-Pentenamide, N-(aminocarbonyl)-2-isopropyl-**	528-92-7	**Q1661**
185	183	184	186	155	157	50	75	**184**	100	99	68	66	49	48	40	31		7	5	1	–	–	1	–	–	–	–	–	–	**Benzaldehyde, 4-bromo-**	1122-91-4	**Q5414**
185	183	184	186	155	157	50	77	**184**	100	97	75	74	52	51	45	40		7	5	1	–	–	1	–	–	–	–	–	–	**Benzaldehyde, 3-bromo-**	3132-99-8	**Q9041**
185	183	186	184	155	157	84	156	**184**	100	96	66	66	56	51	9	7		7	5	1	–	–	1	–	–	–	–	–	–	**Benzaldehyde, 4-bromo-**	1122-91-4	**Q5415**
185	186	113	180	187				**184**	100	10	2	1	1				**0.00**	8	12	3	2	–	–	–	–	–	–	–	–	**Barbituric acid, 5,5-diethyl-**	57-44-3	**P4811**
186	105	107	184	188	26	79	81	**184**	100	87	84	51	48	32	16	15		2	2	–	–	–	2	–	–	–	–	–	–	**Ethene, 1,2-dibromo-**	540-49-8	**Q1809**
186	105	107	184	188	26	79	81	**184**	100	70	68	52	49	18	9	9		2	2	–	–	–	2	–	–	–	–	–	–	**Ethene, 1,2-dibromo-**		**Z1336**
186	105	107	184	188	106	79	81	**184**	100	74	66	51	50	12	11	11		2	2	–	–	–	2	–	–	–	–	–	–	**Ethene, 1,2-dibromo-**		**C1680**
186	184	105	107	188				**184**	100	51	18	18	5					2	2	–	–	–	2	–	–	–	–	–	–	**Ethene, 1,2-dibromo-, (E)-**	590-12-5	**Q2424**
186	184	188	79	81	105	107		**184**	100	54	50	1	1	1	1			2	2	–	–	–	2	–	–	–	–	–	–	**Ethene, 1,2-dibromo-, (Z)-**	590-11-4	**Q2421**
186	184	188	81	105	107	79		**184**	100	56	49	1	1	1	1			2	2	–	–	–	2	–	–	–	–	–	–	**Ethene, 1,2-dibromo-, (E)-**	590-12-5	**Q2423**
186	184	188	105	107				**184**	100	51	48	11	11					2	2	–	–	–	2	–	–	–	–	–	–	**Ethene, 1,2-dibromo-, (E)-**	590-12-5	**Q2422**
186	184	188	105	107				**184**	100	58	43	1	1					2	2	–	–	–	2	–	–	–	–	–	–	**Ethene, 1,2-dibromo-, (Z)-**	590-11-4	**Q2420**
186	184	188	105	107				**184**	100	51	49	14	14					2	2	–	–	–	2	–	–	–	–	–	–	**Ethene, 1,2-dibromo-, (Z)-**	590-11-4	**Q2419**
186	187	184	128	185	157	131	93	**184**	100	14	10	9	7	6	6	6		12	8	2	–	–	–	–	–	–	–	–	–	**1,1′-Bis(4-oxocyclohexadienylidene)**		**03250**
18	43	15	17	105	58	27	39	**185**	100	99	36	30	28	23	15	13	**12.31**	8	11	2	1	–	–	–	1	–	–	–	–	**Benzenesulphonamide, 3,4-dimethyl-**	6326-18-7	**R2239**
28	96	32	185	42	140	101	55	**185**	100	56	24	19	18	17	17	17		10	19	2	1	–	–	–	–	–	–	–	–	**2-Butenoic acid, 3-amino-2-butyl-, ethyl ester**		**00578**
30	44	18	41	43	28	45	55	**185**	100	29	11	11	11	9	9	9	**2.00**	12	27	–	1	–	–	–	–	–	–	–	–	**Dodecylamine**	124-22-1	**P9424**
30	100	41	70	84	72	55	115	**185**	100	59	46	45	41	41	41	40	**4.00**	10	19	2	1	–	–	–	–	–	–	–	–	**Decanoic acid, 10-amino-6-hydroxy, lactam**		**05559**
35	16	139	46	37	93	26	141	**185**	100	76	76	52	32	25	24	23	**0.00**	1	–	6	3	1	–	–	–	–	–	–	–	**Methane, chlorotrinitro-**	1943-16-4	**09639**
42	57	82	96	41	55	39	83	**185**	100	44	42	32	32	26	24	23	**2.91**	9	15	3	1	–	–	–	–	–	–	–	–	**8-Azabicyclo[3.2.1]octane-2-carboxylic acid, 3-hydroxy-8-methyl-, (exo,exo)-**	54808-87-6	**S9664**
42	81	96	83	97	40	54	57	**185**	100	71	47	34	34	27	25	14	**9.28**	9	15	3	1	–	–	–	–	–	–	–	–	**8-Azabicyclo[3.2.1]octane-2-carboxylic acid, 3-hydroxy-8-methyl-, (2-endo,3-exo)-**	54808-88-7	**S9665**

MASS TO CHARGE RATIOS								M.W.	INTENSITIES								Parent	C	H	O	N	Cl	Br	F	S	P	B	Si	X	COMPOUND NAME	CAS Reg No	No
42	82	96	83	97	41	40	55	**185**	100	54	50	36	36	30	30	27	**9.09**	9	15	3	1	–	–	–	–	–	–	–	–	**8-Azabicyclo[3.2.1]octane-2-carboxylic acid, 3-hydroxy-8-methyl-, (1R)-(2-endo,3-exo)-**	481-38-9	**Q1061**
43	57	41	85	44	73	143	86	**185**	100	82	81	78	59	47	42	37	**4.00**	11	23	1	1	–	–	–	–	–	–	–	–	**Pentanamide, N-hexyl-**	10264-25-2	**R3700**
43	82	72	42	55	57	59	41	**185**	100	47	38	30	23	22	20	17	**0.00**	8	15	2	3	–	–	–	–	–	–	–	–	**1,3-Dioxolane, 4-(2-azidoethyl)-2,2,4-trimethyl-, (S)-**	64018-45-7	**T6370**
43	84	83	86	46	45	85	48	**185**	100	46	34	31	30	28	19	18	**1.00**	10	19	2	1	–	–	–	–	–	–	–	–	**3-Piperidinol, 1-acetyl-6-propyl-, (3R-trans)-**	54751-92-7	**S9584**
44	141	39	67	28	55	69	42	**185**	100	48	40	32	20	18	18	16	**0.00**	7	7	5	1	–	–	–	–	–	–	–	–	**2H-Pyran-2-one, 4-methoxy-6-methyl-3-nitro-**	54774-80-0	**S9611**
45	91	36	104	149	30	65	38	**185**	100	75	65	50	39	38	29	22	**0.00**	10	16	–	1	1	–	–	–	–	–	–	–	**Butylamine, 4-phenyl-, hydrochloride**	30684-06-1	**S2968**
46	30	28	47	44	49	63	14	**185**	100	57	29	11	8	5	3	2	**0.00**	1	–	6	3	1	–	–	–	–	–	–	–	**Methane, chlorotrinitro-**	1943-16-4	**Q7117**
56	60	104	43	70	44	141	41	**185**	100	68	37	34	32	31	21	16	**8.10**	9	15	3	1	–	–	–	–	–	–	–	–	**N-cyclohexylmalonic acid, monoamide**		**D1573**
57	41	84	85	42	39	68	58	**185**	100	31	25	17	15	6	6	4	**2.00**	10	19	2	1	–	–	–	–	–	–	–	–	**3,4-Hexanedione, 2,2,5,5-tetramethyl-, monooxime**	39950-93-1	**S6185**
57	59	41	92	39	44	69	43	**185**	100	96	53	26	15	15	14	12	**0.00**	6	10	2	1	–	–	3	–	–	–	–	–	**tert-Butyl (trifluoromethyl)carbamate**		**P1612**
57	86	43	128	41	85	142	44	**185**	100	97	97	30	24	21	21	17	**10.50**	11	23	1	1	–	–	–	–	–	–	–	–	**Propanamide, 2,2-dimethyl-N,N-diispropyl-**	50837-73-5	**S7488**
58	30	41	42	39	71	69	28	**185**	100	21	21	18	14	11	8	7	**0.00**	10	19	2	1	–	–	–	–	–	–	–	–	**2-Propenoic acid, 2-methyl-, 2-(tert-butylamino)ethyl ester**	3775-90-4	**H1430**
58	55	59	41	43	42	84	44	**185**	100	4	3	3	3	2	2	2	**1.53**	12	27	–	1	–	–	–	–	–	–	–	–	**Decylamine, N,N-dimethyl-**		**D0808**
58	102	87	41	42	59	44	55	**185**	100	17	6	6	5	4	4	3	**1.20**	11	23	1	1	–	–	–	–	–	–	–	–	**N,N-Dimethyl-3-cyclohexyloxypropylamine**		**16229**
59	72	43	41	44	86	55	60	**185**	100	31	12	9	8	7	5	5	**4.21**	11	23	1	1	–	–	–	–	–	–	–	–	**Undecanamide**		**D0835**
61	96	69	82	185	110	138	75	**185**	100	68	30	20	20	14	11	9		10	19	–	1	–	–	–	1	–	–	–	–	**Nonanenitrile, 9-(methylthio)-**	58214-94-1	**T4973**
68	45	111	129	85	53	157	112	**185**	100	95	94	83	76	75	66	66	**40.00**	8	11	4	1	–	–	–	–	–	–	–	–	**Isoxazole-4-carboxylic acid, 5-ethoxy-ethyl ester**		**M0005**
69	58	102	41	118	100	72	44	**185**	100	74	71	66	63	49	39	38	**10.50**	10	19	2	1	–	–	–	–	–	–	–	–	**Carbamic acid, diethyl-, cyclopentyl ester**	16379-15-0	**R6156**
69	96	51	50	97	31	146	77	**185**	100	87	55	14	7	6	6	5	**0.20**	3	2	–	1	–	–	7	–	–	–	–	–	**Heptafluoroisopropylamine**		**M8838**
69	96	51	50	97	31	184	77	**185**	100	87	55	14	7	6	5	5	**0.20**	3	2	–	1	–	–	7	–	–	–	–	–	**Heptafluoroisopropylamine**		**L8114**
69	126	78	56	59	88	42	141	**185**	100	58	47	40	34	29	15	13	**1.00**	5	6	3	1	–	–	3	–	–	–	–	–	**Glycine, N-(trifluoroacetyl)-, methyl ester**		**L8749**
72	41	170	73	42	44	43	55	**185**	100	5	5	4	4	4	3	3	**1.27**	12	27	–	1	–	–	–	–	–	–	–	–	**N,N-Dimethyl-1-methylnonylamine**		**C1517**
72	44	81	28	55	27	42	82	**185**	100	45	22	20	20	18	17	17	**0.40**	8	15	2	3	–	–	–	–	–	–	–	–	**N-(1-Cyanoisobutyl)-N-(1′-formamido-ethyl)hydroxylamine**		**P2884**
73	43	41	86	29	28	55	27	**185**	100	26	20	17	13	13	12	9	**0.90**	11	23	1	1	–	–	–	–	–	–	–	–	**Decanal, O-methyloxime**		**M4383**
73	43	41	86	29	28	55	27	**185**	100	26	21	16	12	12	10	8	**0.82**	11	23	1	1	–	–	–	–	–	–	–	–	**Decanal, O-methyloxime**	35473-94-0	**S4977**
75	74	50	111	99	76	73	185	**185**	100	44	35	22	16	14	14	12		7	4	3	1	1	–	–	–	–	–	–	–	**6-Chloro-3-nitrobenzaldehyde**		**M5657**
77	185	141	78	184	143	120	186	**185**	100	19	16	10	5	5	5	3		8	11	2	1	–	–	–	1	–	–	–	–	**N,N-Dimethylsulphamoylbenzene**		**06377**
78	185	77	170	115	91	143	157	**185**	100	40	35	34	25	19	17	17		13	15	–	1	–	–	–	–	–	–	–	–	**Spiro[cyclopentane-1,3′-[3H]indole], 2′-methyl-**	23077-27-2	**S0056**
82	42	96	36	83	57	97	94	**185**	100	90	83	58	57	55	51	34	**13.93**	9	15	3	1	–	–	–	–	–	–	–	–	**8-Azabicyclo[3.2.1]octane-2-carboxylic acid, 3-hydroxy-8-methyl-, [1R-(exo,exo)]-**	481-37-8	**Q1059**
83	55	82	29	39	27	41	53	**185**	100	30	18	16	16	11	8	6	**0.40**	9	15	3	1	–	–	–	–	–	–	–	–	**2,6-Dimethyl-6-nitro-2-hepten-4-one**		**15815**
86	100	128	60	142	43	41	55	**185**	100	95	69	44	41	38	24	23	**0.70**	11	23	1	1	–	–	–	–	–	–	–	–	**4-Acetamido-4-methyloctane**		**16089**
86	156	72	41	42	84	43	58	**185**	100	60	17	16	14	10	10	10	**2.92**	12	27	–	1	–	–	–	–	–	–	–	–	**N,N-Dimethyl-1-ethyloctylamine**		**C1516**
86	185	110	154	42	58	57	44	**185**	100	73	46	43	37	32	27	24		9	15	3	1	–	–	–	–	–	–	–	–	**2-Oxa-6-azatricyclo[3.3.1.1$^{(3,7)}$]decane-4,8-diol, 6-methyl-, (1α,3β,4α,5β,7β,8β)-**	50267-38-4	**S7260**
87	42	41	100	57	29	55	43	**185**	100	95	45	29	19	17	17	15	**2.06**	11	23	1	1	–	–	–	–	–	–	–	–	**2-Decanone, O-methyloxime**	36382-61-3	**S5234**
90	91	185	64	107	66	88	62	**185**	100	45	44	24	14	13	7	7		11	11	–	3	–	–	–	–	–	–	–	–	**N-Benzyliminodiacetonitrile**		**06714**
91	65	30	39	92	185	121	155	**185**	100	84	79	68	67	55	52	51		8	11	2	1	–	–	–	1	–	–	–	–	**Benzenesulphonamide, N,4-dimethyl-**	640-61-9	**Q3531**
91	185	155	65	92	30	39	121	**185**	100	22	21	20	18	16	13	11		8	11	2	1	–	–	–	1	–	–	–	–	**Benzenesulphonamide, N,4-dimethyl-**	640-61-9	**Q3532**
91	185	155	65	92	30	39	121	**185**	100	43	36	33	29	24	15	15		8	11	2	1	–	–	–	1	–	–	–	–	**Benzenesulphonamide, N,4-dimethyl-**		**Q3533**
98	55	42	41	28	56	99	29	**185**	100	17	15	10	9	8	8	7	**5.90**	10	19	2	1	–	–	–	–	–	–	–	–	**1-Piperidinepropanoic acid, ethyl ester**	19653-33-9	**R8220**
100	42	55	41	101	98	84	56	**185**	100	10	9	9	6	5	5	5	**3.00**	10	19	2	1	–	–	–	–	–	–	–	–	**2-Piperidinepropanoic acid, ethyl ester**		**M1295**
100	114	142	60	55	43	156	41	**185**	100	56	43	36	32	28	17	15	**0.50**	11	23	1	1	–	–	–	–	–	–	–	–	**4-Acetamido-4-ethylheptane**		**16091**
100	156	55	44	42	41	43	29	**185**	100	73	13	12	11	11	9	8	**0.10**	12	27	–	1	–	–	–	–	–	–	–	–	**N-Ethyl-3-methyl-3-nonanamine**		**16067**
104	62	18	36	28	29	47	27	**185**	100	86	62	48	22	21	17	16	**0.00**	5	12	2	1	1	–	–	1	–	–	–	–	**Ethoxycarbonylaminodimethylsulphonium chloride**		**05802**
104	185	77	183	51	103	182	181	**185**	100	94	56	47	26	26	22	20		7	7	–	1	–	–	–	–	–	–	–	1	**Benzselenocarboxamide**		**14999**
105	77	185	51	156	129	103	130	**185**	100	83	31	31	15	13	13	9		12	11	1	1	–	–	–	–	–	–	–	–	**3-Trimethylene-5-phenyl-isoxazole**		**M0388**
106	185	187	77	52	186	51	184	**185**	100	54	53	42	36	35	32	32		7	8	–	1	–	1	–	–	–	–	–	–	**Aniline, 2-bromo-4-methyl-**	583-68-6	**Q2310**
106	185	187	77	79	78	51	186	**185**	100	81	78	41	37	28	24	23		7	8	–	1	–	1	–	–	–	–	–	–	**Aniline, 4-bromo-2-methyl-**	583-75-5	**Q2312**
108	185	80	77	51	53	65	156	**185**	100	90	51	37	31	18	17	16		12	11	1	1	–	–	–	–	–	–	–	–	**Aniline, 4-phenoxy-**	139-59-3	**P9752**
110	185	42	125	154	82	41	98	**185**	100	79	65	41	37	32	25	23		9	15	3	1	–	–	–	–	–	–	–	–	**2(5)-α-Methoxy-9-methyl-3-oxagranatan-7-one**		**L0928**
112	56	41	55	29	27	28	98	**185**	100	79	63	55	54	51	45	41	**9.93**	10	19	2	1	–	–	–	–	–	–	–	–	**1-Aziridineacetic acid, 2-methyl-3-isopropyl-, ethyl ester, trans-**	55669-84-6	**06906**
112	69	41	29	28	185	56	42	**185**	100	95	85	54	46	32	31	30		9	15	3	1	–	–	–	–	–	–	–	–	**2-Oxo-2-piperidin-1-yl-acetic acid, ethyl ester**		**D1482**
112	98	82	83	56	41	185	57	**185**	100	65	19	19	16	11	10	9		9	15	3	1	–	–	–	–	–	–	–	–	**1-Pyrrolidineacetic acid, 2-methyl-5-oxo-, ethyl ester**	33927-64-9	**S4452**
114	30	44	43	29	41	27	28	**185**	100	89	51	49	27	26	22	17	**0.00**	12	27	–	1	–	–	–	–	–	–	–	–	**Dihexylamine**	143-16-8	**H0658**

MASS TO CHARGE RATIOS								M.W.	INTENSITIES								Parent	C	H	O	N	Cl	Br	F	S	P	B	Si	X	COMPOUND NAME	CAS Reg No	No
114	43	30	44	29	41	27	55	**185**	100	50	46	40	20	18	15	8	**3.60**	12	27	–	1	–	–	–	–	–	–	–	–	**Butanamine, 2-ethyl-N-(2-ethylbutyl)-**	54774-85-5	**H2068**
114	44	30	43	41	115	185	29	**185**	100	52	24	23	7	7	5	5		12	27	–	1	–	–	–	–	–	–	–	–	**Dihexylamine**		**D0284**
114	44	43	30	41	29	27	55	**185**	100	48	47	42	23	15	14	9	**5.50**	12	27	–	1	–	–	–	–	–	–	–	–	**Diisohexylamine**		**X0146**
114	44	43	30	41	29	27	55	**185**	100	48	47	42	23	15	14	9	**5.50**	12	27	–	1	–	–	–	–	–	–	–	–	**Pentylamine, 4-methyl-N-(4-methylpentyl)-**	54775-00-7	**H2070**
114	72	60	43	55	156	70	41	**185**	100	58	30	22	22	19	17	14	**0.50**	11	23	1	1	–	–	–	–	–	–	–	–	**3-Acetamido-3-methyloctane**		**16088**
114	86	156	60	128	43	55	84	**185**	100	48	30	30	27	25	22	18	**0.70**	11	23	1	1	–	–	–	–	–	–	–	–	**3-Acetamido-3-ethylheptane**		**16090**
114	128	72	58	41	42	55	71	**185**	100	86	26	26	21	20	16	16	**3.00**	12	27	–	1	–	–	–	–	–	–	–	–	**N,N-Dimethyl-1-butylhexylamine**		**C1515**
116	185	89	166	69	117	63	75	**185**	100	32	15	12	10	10	9	9		9	6	–	1	–	–	3	–	–	–	–	–	**Benzeneacetonitrile, 3-(trifluoromethyl)-**	2338-76-3	**Q7848**
125	43	143	185	97	45	52	126	**185**	100	93	57	26	14	13	11	9		7	7	3	1	–	–	–	1	–	–	–	–	**Thiophene-3-carboxylic acid, 2-acetylamino-**		**D1678**
126	69	78	28	56	59	29	141	**185**	100	35	17	17	12	11	11	9	**3.40**	5	6	3	1	–	–	3	–	–	–	–	–	**Butanoic acid, 2-amino-4,4,4-trifluoro-3-oxo-, methyl ester**	61141-67-1	**T5298**
126	69	78	56	59	88	42	44	**185**	100	86	39	34	30	23	13	12	**2.13**	5	6	3	1	–	–	3	–	–	–	–	–	**Glycine, N-(trifluoroacetyl)-, methyl ester**	383-72-2	**Q0654**
126	70	125	42	69	127	43	96	**185**	100	37	26	19	12	8	7	6	**0.60**	8	16	3	1	–	–	–	–	–	1	–	–	**Serine methyl ester N-butyl boronate**		**05103**
126	127	125	41	42	56	98	100	**185**	100	29	23	19	16	15	13	13	**2.00**	8	16	3	1	–	–	–	–	–	1	–	–	**2,10,11-Trioxa-6-aza-1-boratricyclo(4.4.3.0(1,6))tridecane**		**17266**
128	156	142	41	55	44	29	30	**185**	100	90	88	16	16	12	11	11	**0.20**	12	27	–	1	–	–	–	–	–	–	–	–	**N,4-diethyl-4-octanamine**		**16069**
139	126	98	167	69	115	140	70	**185**	100	99	58	42	31	29	21	21	**0.00**	5	6	3	1	–	–	3	–	–	–	–	–	**Propionic acid, 3-[(trifluoroacetyl)amino]**		**M7792**
140	55	56	141	41	28	30	81	**185**	100	19	19	17	13	8	8	8	**0.00**	10	19	2	1	–	–	–	–	–	–	–	–	**2-Carboxy-5-butylazacyclohexane**		**P1217**
140	141	44	42	100	139	41	56	**185**	100	48	33	24	24	24	19	14	**1.70**	8	16	3	1	–	–	–	–	–	1	–	–	**3,7-Dimethyl-2,8,9-trioxa-5-aza-1-boratricyclo(3.3.3.0(1,5))undecane**		**17263**
142	29	41	100	42	57	27	30	**185**	100	40	28	25	19	18	17	17	**4.31**	12	27	–	1	–	–	–	–	–	–	–	–	**Tributylamine**		**C1099**
141	53	154	27	155	122	165	28	**185**	100	55	48	32	30	27	27	24	**17.97**	8	11	2	1	–	–	–	1	–	–	–	–	**3-Pyridinol, 2-[(2-hydroxyethyl)thio]-6-methyl-**	23003-28-3	**S0032**
141	142	115	185	139	167	166	44	**185**	100	52	36	35	17	17	14	7		12	11	1	1	–	–	–	–	–	–	–	–	**1-Naphthaleneacetamide**	86-86-2	**P6346**
142	100	143	29	185	41	44	57	**185**	100	19	11	8	7	6	6	6		12	27	–	1	–	–	–	–	–	–	–	–	**Tributylamine**	102-82-9	**P7569**
142	100	143	185	41	44	57	30	**185**	100	19	11	7	6	6	6	5		12	27	–	1	–	–	–	–	–	–	–	–	**Tributylamine**	102-82-9	**P7571**
142	143	185	141	115	144	156	39	**185**	100	73	32	12	9	8	7	6		13	15	–	1	–	–	–	–	–	–	–	–	**Quinoline, 6-butyl-**	7634-74-4	**R3332**
142	143	185	141	116	144	156	117	**185**	100	74	32	12	8	8	8	6		13	15	–	1	–	–	–	–	–	–	–	–	**Quinoline, 6-butyl-**	7634-74-4	**R3333**
143	115	155	144	170	128	41	51	**185**	100	20	20	15	11	10	6	6	**2.00**	13	15	–	1	–	–	–	–	–	–	–	–	**Isoquinoline, 1-butyl-**	7661-38-3	**R3352**
143	142	185	141	144	115	156	154	**185**	100	77	33	11	10	9	8	6		13	15	–	1	–	–	–	–	–	–	–	–	**Quinoline, 7-butyl-**	7661-52-1	**R3370**
143	142	185	141	144	116	156	154	**185**	100	78	33	11	11	10	9	7		13	15	–	1	–	–	–	–	–	–	–	–	**Quinoline, 1-butyl-**		**P4086**
143	144	170	115	128	142	41	51	**185**	100	14	14	11	9	7	6	6	**2.00**	13	15	–	1	–	–	–	–	–	–	–	–	**Quinoline, 2-isobutyl-**	93-19-6	**P6774**
143	144	170	184	185	128	129	41	**185**	100	13	13	12	11	6	6	5		13	15	–	1	–	–	–	–	–	–	–	–	**Isoquinoline, 1-isobutyl-**	7661-40-7	**R3357**
143	151	115	144	170	128	58	77	**185**	100	17	12	11	9	7	4	4	**3.00**	13	15	–	1	–	–	–	–	–	–	–	–	**Isoquinoline, 1-butyl-**	7661-38-3	**R3353**
143	156	115	144	170	128	154	129	**185**	100	20	14	13	12	8	6	6	**3.40**	13	15	–	1	–	–	–	–	–	–	–	–	**Isoquinoline, 1-butyl-**	7661-38-3	**R3354**
143	156	115	144	170	142	157	116	**185**	100	17	16	11	11	10	10	7	**3.00**	13	15	–	1	–	–	–	–	–	–	–	–	**Isoquinoline, 3-butyl-**	7661-42-9	**R3359**
143	156	144	128	115	170	51	77	**185**	100	20	12	11	8	8	7	7	**2.97**	13	15	–	1	–	–	–	–	–	–	–	–	**Quinoline, 2-butyl-**	7661-39-4	**R3355**
143	157	144	128	170	116	129	158	**185**	100	20	16	12	10	8	5	5	**1.20**	13	15	–	1	–	–	–	–	–	–	–	–	**Quinoline, 2-butyl-**	7661-39-4	**R3356**
143	185	142	115	43	144	186	170	**185**	100	53	13	13	12	12	9	6		13	15	–	1	–	–	–	–	–	–	–	–	**Quinoline, 4-isobutyl-**	7661-51-0	**R3369**
143	185	142	115	144	43	186	170	**185**	100	51	13	12	12	11	8	6		13	15	–	1	–	–	–	–	–	–	–	–	**Quinoline, 4-isobutyl-**	7661-51-0	**R3368**
150	76	104	50	185	92	120		**185**	100	33	25	22	9	4	2			7	4	3	1	1	–	–	–	–	–	–	–	**Benzoyl chloride, 3-nitro-**		**L6346**
150	76	104	75	50	74	151	30	**185**	100	38	29	26	24	15	9	7	**1.10**	7	4	3	1	1	–	–	–	–	–	–	–	**Benzoyl chloride, 3-nitro-**	121-90-4	**P9191**
150	104	76	50	92	120	185		**185**	100	31	28	26	12	4	1			7	4	3	1	1	–	–	–	–	–	–	–	**Benzoyl chloride, 4-nitro-**		**L6345**
150	152	185	114	187	123	75	62	**185**	100	46	44	29	28	19	18	15		8	5	–	1	2	–	–	–	–	–	–	–	**Benzeneacetonitrile, 2,4-dichloro-**	6306-60-1	**R2229**
150	185	109	82	187	45	79	38	**185**	100	86	64	47	31	24	12	11		6	4	–	3	1	–	–	1	–	–	–	–	**Thiazolo[5,4-d]pyrimidine, 7-chloro-5-methyl-**	13316-09-1	**R4445**
150	185	140	99	126	59	90	15	**185**	100	50	30	23	18	13	11	11		8	8	2	1	1	–	–	–	–	–	–	–	**Carbamic acid, (2-chlorophenyl)-, methyl ester**		**M7893**
150	185	140	99	126	59	151	15	**185**	100	50	31	24	18	13	12	11		8	8	2	1	1	–	–	–	–	–	–	–	**Carbamic acid, (2-chlorophenyl)-, methyl ester**	20668-13-7	**R8848**
150	185	187	114	152	123	149	151	**185**	100	79	58	58	53	25	24	23		8	5	–	1	2	–	–	–	–	–	–	–	**Benzeneacetonitrile, 2,6-dichloro-**	3215-64-3	**Q9122**
153	185	154	126	155	187	63	99	**185**	100	59	44	43	35	19	19	17		8	8	2	1	1	–	–	–	–	–	–	–	**Methyl 5-chloroanthranilate**		**03077**
155	154	124	127	59	126	185	68	**185**	100	99	83	37	32	23	18	16		6	7	4	3	–	–	–	–	–	–	–	–	**Dimethyl 1,2,3-triazole-4,5-dicarboxylate**		**15014**
156	114	157	41	44	29	56	55	**185**	100	63	10	10	8	7	7	7	**0.10**	12	27	–	1	–	–	–	–	–	–	–	–	**N,3-Diethyl-3-octanamine**		**16068**
156	170	185	44	158	172	187	142	**185**	100	94	89	37	34	33	31	25		8	12	–	3	1	–	–	–	–	–	–	–	**6-Chloro-4,5-dimethyl-2-(dimethylamino)pyrimidine**		**D1718**
168	185	184	170	78	51	156	186	**185**	100	76	68	54	31	29	21	21		12	11	1	1	–	–	–	–	–	–	–	–	**Pyridine, (2-methylphenoxy)-**	72403-18-0	**T7821**
170	130	142	185	143	154	171	40	**185**	100	48	36	32	14	13	13	12		13	15	–	1	–	–	–	–	–	–	–	–	**Quinoline, 4-isobutyl-**	7661-51-0	**R3367**
170	130	142	185	143	171	154	155	**185**	100	51	38	33	15	14	14	8		13	15	–	1	–	–	–	–	–	–	–	–	**Quinoline, 2-sec-butyl-**	22493-93-2	**R9784**
184	185	157	78	51	156	65	91	**185**	100	86	58	32	28	24	16	14		12	11	1	1	–	–	–	–	–	–	–	–	**Pyridine, (3-methylphenoxy)-**	72403-16-8	**T7819**
184	185	157	156	78	51	116	77	**185**	100	99	74	50	38	33	27	19		12	11	1	1	–	–	–	–	–	–	–	–	**Pyridine, (4-methylphenoxy)-**	72403-17-9	**T7820**
184	185	168	65	170	91	39	51	**185**	100	93	77	32	29	28	25	18		12	11	1	1	–	–	–	–	–	–	–	–	**2-Pyridone, 1-(2-tolyl)-**		**01426**
185	18	153	127	126	17	186	93	**185**	100	85	73	31	20	17	14	12		11	7	–	1	–	–	–	1	–	–	–	–	**Naphthalene, 1-isothiocyanato-**		**05900**

MASS TO CHARGE RATIOS								M.W.	INTENSITIES								Parent	C	H	O	N	Cl	Br	F	S	P	B	Si	X	COMPOUND NAME	CAS Reg No	No
185	42	58	170	44	45	154	141	**185**	100	76	65	63	32	30	23	16		9	12	1	1	1	–	–	–	–	–	–	–	**Benzenaminium, 3-chloro-2-hydroxy-N,N,N-trimethyl-, hydroxide, inner salt**	61219-66-7	**T5585**
185	67	112	152	71	186			**185**	100	99	44	40	24	9				6	7	–	3	–	–	–	2	–	–	–	–	**Thiazolo[2,3-c]-s-triazole, 3-methylthio-4-methyl-**		**M6118**
185	76	157	104	102	103	129	50	**185**	100	38	30	26	23	20	20	18		11	7	2	1	–	–	–	–	–	–	–	–	**N-(2-Propynyl)phthalimide**		**P1091**
185	93	170	136	94	65	152	77	**185**	100	66	25	19	17	13	13	10		8	12	–	1	–	–	–	1	1	–	–	–	**N-(dimethylthiophosphinyl)aniline**		**16262**
185	104	76	129	130				**185**	100	85	54	27	22					11	7	2	1	–	–	–	–	–	–	–	–	**α,β-Benzo-γ-(1-cyanoethylidene) butenolide**		**M3180**
185	127	186	126	77	93	75	153	**185**	100	47	14	13	12	10	9	9		11	7	–	1	–	–	–	1	–	–	–	–	**Naphthalene, 2-isothiocyanato-**	1636-33-5	**Q6396**
185	127	186	126	153	75	93	77	**185**	100	53	21	18	17	12	12	11		11	7	–	1	–	–	–	1	–	–	–	–	**Naphthalene, 1-isothiocyanato-**	551-06-4	**Q1946**
185	128	41	55	142	110	143	115	**185**	100	69	48	37	35	31	28	27		8	15	–	3	–	–	–	1	–	–	–	–	**Hydrazinecarbothioamide, 2-(2-methylcyclohexylidene)-**	56324-61-9	**T3472**
185	128	54	69	41	143	55	43	**185**	100	78	50	38	35	30	25	20		8	15	–	3	–	–	–	1	–	–	–	–	**Cyclohexanone, 4-methyl-, thiosemicarbazone**	22397-22-4	**R9726**
185	128	54	69	41	143	55	43	**185**	100	76	49	37	34	29	23	20		8	15	–	3	–	–	–	1	–	–	–	–	**Cyclohexanone, 4-methyl-, thiosemicarbazone**	22397-22-4	**R9725**
185	128	54	69	41	143	55	43	**185**	100	76	50	38	34	29	25	20		8	15	–	3	–	–	–	1	–	–	–	–	**Cyclohexanone, 4-methyl-, thiosemicarbazone**		**L4972**
185	140	71	116	157	45	70	98	**185**	100	90	57	40	40	35	25	25		8	11	2	1	–	–	–	1	–	–	–	–	**5-Thiazolecarboxylic acid, 2,4-dimethyl-, ethyl ester**	7210-77-7	**R2958**
185	157	122	130	187	95	69	132	**185**	100	43	43	43	37	30	17	17		7	4	1	1	1	–	–	1	–	–	–	–	**2(3H)-Benzothiazolone, 5-chloro-**	20600-44-6	**R8758**
185	175	184	157	115	156	77	143	**185**	100	53	40	29	24	22	19	17		13	15	–	1	–	–	–	–	–	–	–	–	**11-Methyl-1,2,3,4-tetrahydrocarbazolenine**		**01440**
185	184	186	102	143	77	128	43	**185**	100	86	13	9	9	6	6	5		11	11	–	3	–	–	–	–	–	–	–	–	**2-Pyrimidinamine, 4-methyl-6-phenyl-**	15755-15-4	**R5822**
185	187	100	150	140	116	31	109	**185**	100	34	18	17	12	8	6	4		5	–	–	1	1	–	4	–	–	–	–	–	**Pyridine, 3-chloro-2,4,5,6-tetrafluoro-**		**M4491**
185	187	100	150	140	116	186	31	**185**	100	33	16	16	11	7	6	6		5	–	–	1	1	–	4	–	–	–	–	–	**Pyridine, 2-chloro-3,4,5,6-tetrafluoro-**	54774-81-1	**S9612**
185	187	140	153	126	59	99	15	**185**	100	33	29	25	18	17	15	8		8	8	2	1	1	–	–	–	–	–	–	–	**Carbamic acid, (4-chlorophenyl)-, methyl ester**		**M7892**
185	187	140	153	126	59	99	142	**185**	100	33	29	25	19	17	15	9		8	8	2	1	1	–	–	–	–	–	–	–	**Carbamic acid, (4-chlorophenyl)-, methyl ester**	940-36-3	**Q4751**
14	74	18	44	28	43	30	15	**186**	100	99	99	99	99	47	46	42	**2.33**	10	18	3	–	–	–	–	–	–	–	–	–	**Nonanoic acid, 9-oxo-, methyl ester**	1931-63-1	**Q7095**
15	59	29	41	39	127	111	109	**186**	100	95	83	79	65	52	42	42	**0.00**	9	14	4	–	–	–	–	–	–	–	–	–	**1,2-Cyclobutanedicarboxylic acid, 3-methyl-, dimethyl ester**		**L1506**
27	107	109	26	28	79	25	93	**186**	100	77	72	24	10	5	5	4	**0.00**	2	4	–	–	–	2	–	–	–	–	–	–	**Ethane, 1,2-dibromo-**		**Y0173**
27	107	109	188	28	81	79	186	**186**	100	67	64	8	8	6	5	4		2	4	–	–	–	2	–	–	–	–	–	–	**Ethane, 1,1-dibromo-**	557-91-5	**Q2061**
28	18	57	101	32	74	87	41	**186**	100	38	37	24	20	17	16	14	**0.00**	11	22	2	–	–	–	–	–	–	–	–	–	**Heptanoic acid, 3,6,6-trimethyl-, methyl ester**	30448-48-7	**S2912**
30	43	72	73	44	84	87	100	**186**	100	62	50	40	38	28	27	26	**5.00**	9	18	2	2	–	–	–	–	–	–	–	–	**N,N′-Diacetyl-1,5-diaminopentane**		**M5827**
30	46	94	186	93	50	68	82	**186**	100	56	53	28	22	18	15	13		6	3	4	2	–	–	1	–	–	–	–	–	**Benzene, 1-fluoro-2,4-dinitro-**	70-34-8	**H0042**
30	94	186	93	50	68	82	74	**186**	100	72	64	32	21	18	18	14		6	3	4	2	–	–	1	–	–	–	–	–	**Benzene, 1-fluoro-2,4-dinitro-**		**05197**
40	15	59	29	41	39	127	113	**186**	100	91	87	76	72	58	47	29	**0.00**	9	14	4	–	–	–	–	–	–	–	–	–	**1,2-Cyclobutanedicarboxylic acid, trans-3-methyl- dimethyl ester**		**00213**
40	29	91	92	78	77	39	51	**186**	100	70	62	39	24	23	22	20	**1.50**	7	10	2	2	–	–	–	1	–	–	–	–	**Benzenesulphonic acid, 4-methyl-, hydrazide**	1576-35-8	**Q6241**
41	43	59	57	83	55	71	69	**186**	100	88	86	71	44	44	43	38	**0.00**	12	26	1	–	–	–	–	–	–	–	–	–	**1-Decanol, 5,9-dimethyl-**		**P4004**
41	69	68	101	117	186	67	43	**186**	100	78	69	52	49	42	41	41		11	22	–	–	–	–	–	1	–	–	–	–	**(Hexylthio)cyclopentane**		**Y2161**
41	81	140	79	125	43	126	95	**186**	100	81	81	64	62	57	54	50	**0.00**	9	14	4	–	–	–	–	–	–	–	–	–	**Butanedioic acid, tert-butylidene-**	40938-21-4	**S6496**
41	130	98	43	70	110	55	171	**186**	100	96	62	48	41	39	36	35	**30.68**	9	18	2	2	–	–	–	–	–	–	–	–	**Carbazic acid, 3-(1-propylbutylidene)-, methyl ester**	14978-96-2	**R5515**
42	71	28	43	44	56	99	29	**186**	100	67	36	31	27	26	20	19	**0.00**	5	10	2	6	–	–	–	–	–	–	–	–	**1,3,5,7-Tetraazabicyclo[3.3.1]nonane, 3,7-dinitroso-**	101-25-7	**P7469**
42	73	115	141	46	74	41	60	**186**	100	99	72	57	35	30	25	25	**0.00**	6	10	1	4	–	–	–	1	–	–	–	–	**1,2,4-Thiadiazole-5-carbohydrazonic acid, 3-methyl-, ethyl ester**	56247-55-3	**T3123**
42	100	112	98	41	30	43	27	**186**	100	19	14	11	6	6	4	4	**0.42**	5	10	2	6	–	–	–	–	–	–	–	–	**1,3,5,7-Tetraazabicyclo[3.3.1]nonane, 3,7-dinitroso-**		**G0465**
42	112	30	100	28	98	43	41	**186**	100	97	57	43	40	39	37	33	**0.03**	5	10	2	6	–	–	–	–	–	–	–	–	**1,3,5,7-Tetraazabicyclo[3.3.1]nonane, 3,7-dinitroso-**		**L2371**
43	41	55	57	29	69	56	82	**186**	100	99	72	71	46	42	38	36	**0.00**	12	26	1	–	–	–	–	–	–	–	–	–	**1-Dodecanol**		**Y0881**
43	41	56	55	83	69	115	57	**186**	100	14	14	13	11	10	9	8	**0.00**	11	22	2	–	–	–	–	–	–	–	–	–	**4-Octanol, 7-methyl-, acetate**	33933-81-2	**S4468**
43	41	57	89	71	27	56	29	**186**	100	55	50	46	45	42	33	32	**0.00**	11	22	2	–	–	–	–	–	–	–	–	–	**Propanoic acid, 2-methyl-, heptyl ester**	2349-13-5	**H1312**
43	41	71	27	29	89	56	57	**186**	100	84	74	66	55	48	40	36	**0.20**	11	22	2	–	–	–	–	–	–	–	–	–	**Butanoic acid, heptyl ester**		**17347**
43	41	71	101	57	85	127	55	**186**	100	86	79	71	70	50	46	42	**0.13**	11	22	2	–	–	–	–	–	–	–	–	–	**Hexanoic acid, 2-methyl-2-propyl-, methyl ester**		**03571**
43	41	129	39	45	144	71	57	**186**	100	75	69	47	39	34	28	22	**17.17**	9	14	–	–	–	–	–	2	–	–	–	–	**2-Ethyl-5-(isopropylthio)thiophene**		**Y2406**
43	42	41	44	30	29	55	57	**186**	100	58	58	54	46	42	34	29	**1.80**	10	22	1	2	–	–	–	–	–	–	–	–	**Isopentylpentylamine, N-nitroso-**		**05883**
43	44	98	113	41	42	57	71	**186**	100	36	32	31	24	22	20	18	**1.36**	10	22	1	2	–	–	–	–	–	–	–	–	**Disopentylamine, N-nitroso-**		**03836**
43	44	113	118	55	117	36	41	**186**	100	37	35	22	18	16	16	15	**0.31**	10	18	3	–	–	–	–	–	–	–	–	–	**2-Octanone, 1-acetoxy-**		**C0671**
43	55	41	56	69	57	70	29	**186**	100	87	74	68	64	62	52	46	**0.00**	12	26	1	–	–	–	–	–	–	–	–	–	**1-Dodecanol**	112-53-8	**P8720**
43	56	55	70	69	61	41	83	**186**	100	48	38	37	32	31	29	23	**0.00**	11	22	2	–	–	–	–	–	–	–	–	–	**Acetic acid, nonyl ester**	143-13-5	**P9897**
43	57	41	29	42	27	55	39	**186**	100	58	54	41	36	28	17	16	**0.91**	8	14	–	–	–	–	4	–	–	–	–	–	**Octane, 1,1,2,2-tetrafluoro-**	74793-58-1	**T8639**
43	57	41	29	55	71	27	56	**186**	100	99	76	62	59	46	41	37	**0.00**	12	26	1	–	–	–	–	–	–	–	–	–	**1-Octanol, 2-butyl-**	3913-02-8	**H1436**
43	57	41	70	55	69	61	29	**186**	100	78	56	51	38	34	25	23	**1.00**	11	22	2	–	–	–	–	–	–	–	–	–	**Acetic acid, 2-methyloctyl ester**		**17362**

MASS TO CHARGE RATIOS								M.W.	INTENSITIES								Parent	C	H	O	N	Cl	Br	F	S	P	B	Si	X	COMPOUND NAME	CAS Reg No	No
43	59	84	81	41	85	71	83	**186**	100	74	55	43	34	33	33	25	**0.00**	10	18	3	–	–	–	–	–	–	–	–	–	Epoxy-linalooloxide		P4085
43	69	41	57	27	29	87	55	**186**	100	99	58	41	30	30	29	27	**0.00**	12	26	1	–	–	–	–	–	–	–	–	–	Nonanol, trimethyl-		00419
43	69	101	126	41	129	111	116	**186**	100	43	43	40	25	24	22	22	**0.70**	10	18	3	–	–	–	–	–	–	–	–	–	Hexanoic acid, 2-isopropyl-5-oxo-, methyl ester, (S)-	41654-22-2	08685
43	80	117	29	28	41	27	99	**186**	100	80	72	67	62	53	50	34	**2.00**	11	22	2	–	–	–	–	–	–	–	–	–	Hexanoic acid, pentyl ester		M3292
43	85	41	56	29	27	84	55	**186**	100	78	33	30	28	22	20	17	**0.10**	12	26	1	–	–	–	–	–	–	–	–	–	Dihexyl ether	112-58-3	H0505
43	85	41	56	29	27	84	55	**186**	100	71	33	31	26	22	18	17	**0.10**	12	26	1	–	–	–	–	–	–	–	–	–	Dihexyl ether	112-58-3	H0504
43	85	56	41	57	84	55	83	**186**	100	65	32	16	16	13	12	12	**0.00**	12	26	1	–	–	–	–	–	–	–	–	–	Dihexyl ether	112-58-3	P8728
43	89	57	71	56	98	70	41	**186**	100	92	63	57	56	54	52	47	**0.40**	11	22	2	–	–	–	–	–	–	–	–	–	Propanoic acid, 2-methyl-, heptyl ester	2349-13-5	Q7867
43	98	44	41	29	42	30	71	**186**	100	51	31	27	25	25	21	19	**6.00**	10	22	1	2	–	–	–	–	–	–	–	–	Dipentylamine, N-nitroso-		M8817
43	98	44	41	42	29	30	113	**186**	100	35	30	27	26	23	17	16	**4.00**	10	22	1	2	–	–	–	–	–	–	–	–	Dipentylamine, N-nitroso-		03835
43	98	115	55	71	99	130	41	**186**	100	73	58	56	50	48	41	32	**0.00**	10	18	3	–	–	–	–	–	–	–	–	–	Nonanoic acid, 4-oxo-, methyl ester		16470
43	98	115	130	55	71	99	41	**186**	100	93	71	59	58	57	57	27	**0.40**	10	18	3	–	–	–	–	–	–	–	–	–	Nonanoic acid, 4-oxo-, methyl ester	33566-57-3	08686
43	101	55	28	73	29	31	27	**186**	100	36	28	25	25	21	19	18	**0.00**	10	18	3	–	–	–	–	–	–	–	–	–	Hexanoic acid, 2-acetyl-, ethyl ester		D1416
43	101	73	29	130	55	144	115	**186**	100	67	44	37	30	26	24	21	**1.00**	10	18	3	–	–	–	–	–	–	–	–	–	Hexanoic acid, 2-acetyl-, ethyl ester	1540-29-0	H1196
43	101	129	95	55	58	69	73	**186**	100	36	36	21	15	14	13	12	**1.16**	10	18	3	–	–	–	–	–	–	–	–	–	Octanoic acid, 7-oxo-, ethyl ester	36651-36-2	S5329
43	101	129	95	55	58	69	73	**186**	100	42	42	24	16	16	15	13	**1.00**	10	18	3	–	–	–	–	–	–	–	–	–	Octanoic acid, 7-oxo-, ethyl ester	36651-36-2	S5328
43	101	129	144	29	83	41	116	**186**	100	80	73	73	35	22	22	22	**0.70**	10	18	3	–	–	–	–	–	–	–	–	–	Butanoic acid, 2,2-diethyl-3-oxo-, ethyl ester	1619-57-4	H1208
43	102	69	73	109	83	129	55	**186**	100	83	76	43	43	36	36	27	**4.00**	10	18	3	–	–	–	–	–	–	–	–	–	Heptanoic acid, 2,2-dimethyl-6-oxo-, methyl ester	926-27-2	Q4566
43	116	71	186	41	39	27	45	**186**	100	97	40	39	32	28	22	22		9	14	–	–	–	–	–	2	–	–	–	–	Thiophene, 2-(isopentylthio)-		Y2127
43	116	71	186	41	39	27	45	**186**	100	97	56	39	32	28	22	22		9	14	–	–	–	–	–	2	–	–	–	–	Thiophene, 2-(isopentylthio)-	7065-60-3	R2823
43	126	93	85	97	92	186	67	**186**	100	84	32	27	27	25	22	20		9	14	2	–	–	–	–	1	–	–	–	–	8-Thiabicyclo[3.2.1]octan-3-ol, acetate	55955-61-8	T2393
43	127	42	186	169	67	41	109	**186**	100	73	56	51	44	23	18	17		6	10	3	4	–	–	–	–	–	–	–	–	4-Acetyl-2,6-bis(hydroxyimino)piperazine		06724
43	129	101	95	55	58	69	73	**186**	100	43	34	24	17	16	15	14	**0.00**	10	18	3	–	–	–	–	–	–	–	–	–	Octanoic acid, 7-oxo-, ethyl ester	36651-36-2	S5331
43	129	130	83	85	101	57	41	**186**	100	99	96	51	51	44	42	30	**0.86**	10	18	3	–	–	–	–	–	–	–	–	–	Hexanoic acid, 5,5-dimethyl-3-oxo-, ethyl ester	5435-91-6	R1423
43	144	44	59	28	41	42	112	**186**	100	57	14	13	10	10	8	6	**0.00**	7	10	4	2	–	–	–	–	–	–	–	–	Acetamide, N-(2-acetyl-3-oxo-4-isoxazolidinyl)-	14617-47-1	R5285
43	144	44	59	42	28	42	112	**186**	100	58	14	12	9	8	7	5	**2.00**	7	10	4	2	–	–	–	–	–	–	–	–	N,2-Diacetylcycloserine		L1490
44	70	58	129	101	100	186	87	**186**	100	63	55	37	17	16	12	10		9	18	2	2	–	–	–	–	–	–	–	–	Propanamide, N-3-(acetylamino)propyl-N-methyl-	67139-01-9	T6741
44	110	42	151	112	60	186	28	**186**	100	53	39	28	20	17	13	12		4	12	–	2	1	–	–	1	1	–	–	–	Phosphorodiamidothioic chloride, tetramethyl-	3732-81-8	Q9741
44	114	100	186	42	41	68	72	**186**	100	94	66	60	46	45	45	45		9	18	2	2	–	–	–	–	–	–	–	–	2-Propenoic acid, 3-(dimethylamino)-3-isopropylamino-, methyl ester	49582-56-1	S7141
44	186	111	141	28	128	45	43	**186**	100	76	59	58	56	55	52	46		8	7	3	–	1	–	–	–	–	–	–	–	Acetic acid, (4-chlorophenoxy)-		03410
45	43	41	55	57	69	56	83	**186**	100	34	31	24	20	14	12	10	**0.04**	12	26	1	–	–	–	–	–	–	–	–	–	2-Dodecanol	10203-28-8	R3642
45	43	55	57	41	69	56	83	**186**	100	30	24	21	20	20	17	14	**0.00**	12	26	1	–	–	–	–	–	–	–	–	–	2-Dodecanol	10203-28-8	R3641
47	29	75	103	28	113	115	27	**186**	100	65	60	37	36	33	21	20	**0.00**	6	12	2	–	2	–	–	–	–	–	–	–	Ethane, 1,1-dichloro-2,2-diethoxy-		P1197
51	77	65	152	91	109	171	70	**186**	100	77	55	50	48	40	30	29	**10.05**	12	10	–	–	–	–	–	1	–	–	–	–	Diphenyl sulphide	139-66-2	P9754
55	41	43	69	57	56	83	70	**186**	100	98	85	63	59	55	49	48	**0.00**	12	26	1	–	–	–	–	–	–	–	–	–	1-Dodecanol		C1890
55	69	43	73	41	57	83	56	**186**	100	98	50	49	42	33	30	17	**0.00**	12	26	1	–	–	–	–	–	–	–	–	–	4-Dodecanol	10203-32-4	R3646
55	69	83	41	97	43	57	56	**186**	100	83	48	42	37	35	23	18	**0.00**	12	26	1	–	–	–	–	–	–	–	–	–	6-Dodecanol	6836-38-0	R2587
55	73	69	43	57	83	41	45	**186**	100	74	74	43	33	31	30	24	**0.00**	12	26	1	–	–	–	–	–	–	–	–	–	4-Dodecanol	10203-32-4	R3647
55	83	97	43	41	101	29	69	**186**	100	55	39	25	23	17	15	14	**0.00**	12	26	1	–	–	–	–	–	–	–	–	–	6-Dodecanol	6836-38-0	R2588
55	83	97	43	57	101	41	115	**186**	100	96	70	35	28	27	26	25	**0.50**	12	26	1	–	–	–	–	–	–	–	–	–	5-Undecanol, 2-methyl-	33978-71-1	S4494
56	28	99	71	30	29	27	42	**186**	100	85	75	69	64	57	53	41	**32.93**	8	14	3	2	–	–	–	–	–	–	–	–	2-Piperazineacetic acid, 3-oxo-, ethyl ester	33422-35-4	H1959
57	41	29	56	43	55	70	112	**186**	100	39	33	29	25	19	19	17	**0.60**	12	26	1	–	–	–	–	–	–	–	–	–	Butyl 2-ethylhexyl ether		C1012
57	43	55	41	70	29	39	27	**186**	100	41	33	32	19	19	17	16	**0.26**	11	22	2	–	–	–	–	–	–	–	–	–	Propene, 3-tert-butoxy-2-(isopropoxymethyl)-	23230-88-8	06998
57	43	55	71	41	56	69	29	**186**	100	86	38	38	37	29	26	23	**0.00**	12	26	1	–	–	–	–	–	–	–	–	–	1-Octanol, 2-butyl-	3913-02-8	Q9923
57	43	55	71	41	70	69	56	**186**	100	85	39	38	37	35	22	22	**0.00**	12	26	1	–	–	–	–	–	–	–	–	–	1-Decanol, 2-ethyl-	21078-65-9	R9094
57	43	71	41	85	29	55	155	**186**	100	77	53	53	40	39	35	32	**0.00**	12	26	1	–	–	–	–	–	–	–	–	–	1-Decanol, 2,2-dimethyl-		00417
57	43	71	55	41	85	69	56	**186**	100	72	48	39	36	36	32	29	**0.00**	12	26	1	–	–	–	–	–	–	–	–	–	1-Octanol, 2-butyl-		Z1382
57	49	130	41	55	83	186	104	**186**	100	43	40	39	34	30	26	24		11	23	–	–	–	–	–	–	1	–	–	–	Phosphine, cyclohexyl sec-butylmethyl-	74685-81-7	T8397
57	56	70	41	43	55	69	83	**186**	100	29	28	27	27	27	24	16	**0.00**	11	22	2	–	–	–	–	–	–	–	–	–	Propane, 1,2-epoxy-3-(2-ethylhexyl)oxy-	2461-15-6	Q8147
57	71	43	41	39	29	27	89	**186**	100	66	51	45	21	21	20	18	**0.29**	11	22	2	–	–	–	–	–	–	–	–	–	Methacrylaldehyde, tert-butyl isopropyl acetal	23230-85-5	06957
57	72	80	71	55	69	58	70	**186**	100	80	56	53	51	47	42	38	**8.00**	11	22	2	–	–	–	–	–	–	–	–	–	Cyclohexanol, 3-tert-butyl-4-methoxy-		L3949
57	75	70	112	84	56	83	69	**186**	100	74	54	52	45	41	41	28	**0.00**	11	22	2	–	–	–	–	–	–	–	–	–	Propanoic acid, octyl ester	142-60-9	P9857
57	131	43	85	74	41	113	56	**186**	100	99	96	82	82	76	72	68	**0.00**	11	22	2	–	–	–	–	–	–	–	–	–	Hexanoic acid, 2-methyl-, sec-butyl ester	57983-70-7	T4892
59	43	57	115	55	69	71	70	**186**	100	50	17	12	10	10	10	8	**0.10**	9	14	4	–	–	–	–	–	–	–	–	–	α-D-xylo-Hex-5-enofuranose, 5,6-dideoxy-1,2-O-isopropylidene-	7284-07-3	R3013
59	83	55	41	69	43	57	97	**186**	100	46	43	35	34	29	28	19	**0.00**	12	26	1	–	–	–	–	–	–	–	–	–	3-Dodecanol	10203-30-2	R3644

MASS TO CHARGE RATIOS								M.W.	INTENSITIES								Parent	C	H	O	N	Cl	Br	F	S	P	B	Si	X	COMPOUND NAME	CAS Reg No	No
59	127	129	131	157	155	186	159	**186**	100	69	58	15	4	3	2	1		3	4	2	–	1	1	–	–	–	–	–	–	**Methyl bromochloroacetate**		**P1718**
60	73	43	41	55	29	57	71	**186**	100	95	71	64	48	40	40	36	**12.14**	11	22	2	–	–	–	–	–	–	–	–	–	**Undecanoic acid**	112-37-8	**P8687**
62	129	157	128	156	102	186	158	**186**	100	30	27	24	23	22	20	20		12	10	2	–	–	–	–	–	–	–	–	–	**1,6-Dioxaspiro[4.4]non-8-ene, 7-(buta-1,3-diynyl)methylene-**		**M0157**
63	27	93	18	65	28	45	31	**186**	100	48	43	33	32	27	25	19	**0.00**	6	12	2	–	2	–	–	–	–	–	–	–	**Ethane, 1,2-bis(2-chloroethoxy)-**	112-26-5	**P8671**
63	93	65	107	45	43	95	73	**186**	100	52	33	24	22	19	16	12	**0.00**	6	12	2	–	2	–	–	–	–	–	–	–	**Ethane, 1,2-bis(2-chloroethoxy)-**	112-26-5	**P8672**
65	25	36	24	48	49	37	60	**186**	100	58	13	13	6	6	6	6		10	10	–	–	–	–	–	–	–	–	–	1	**Ferrocene**		**16463**
66	118	120	91	119	105	186	79	**186**	100	63	51	48	47	41	35	34		14	18	–	–	–	–	–	–	–	–	–	–	**4,8-Methano-s-indacene, 1,2,3,3a,4,4a,5,7a,8,8a-decahydro-2-methylene-**	68284-26-4	**T6923**
67	41	39	55	27	95	79	81	**186**	100	94	71	68	56	49	38	32	**16.04**	12	14	–	2	–	–	–	–	–	–	–	–	**Propanedinitrile, bicyclo[3.3.1]non-9-ylidene-**	74764-32-2	**T8502**
68	39	18	41	27	100	29	67	**186**	100	69	47	47	47	41	38	35	**0.00**	8	10	5	–	–	–	–	–	–	–	–	–	**7-Oxabicyclo[2.2.1]heptane-2,3-dicarboxylic acid**	145-73-3	**P9925**
68	100	69	39	41	18	53	82	**186**	100	79	42	36	32	32	26	24	**0.00**	8	10	5	–	–	–	–	–	–	–	–	–	**7-Oxabicyclo[2.2.1]heptane-2,3-dicarboxylic acid**	145-73-3	**P9924**
69	41	109	39	81	112	55	67	**186**	100	91	58	51	50	48	42	38	**5.20**	10	18	1	–	–	–	–	1	–	–	–	–	**p-Menthon-8-thiol**		**P3992**
69	41	109	112	75	81	55	153	**186**	100	70	55	55	39	38	36	30	**24.60**	10	18	1	–	–	–	–	1	–	–	–	–	**Cyclohexanone, 2-(1-mercapto-2-isopropyl)-5-methyl-, (2S-trans)-**	35117-85-2	**09784**
69	41	112	109	81	55	75	153	**186**	100	67	61	49	35	35	34	23	**17.60**	10	18	1	–	–	–	–	1	–	–	–	–	**Cyclohexanone, 2-(1-mercapto-2-isopropyl)-5-methyl-, (2R-cis)-**	35117-86-3	**09785**
69	43	57	129	87	143	85	41	**186**	100	66	55	51	45	33	32	31	**0.00**	12	26	1	–	–	–	–	–	–	–	–	–	**2,6-Dimethyl-4-isopropyl-4-heptanol**		**Z1384**
69	43	87	111	57	129	41	85	**186**	100	51	31	30	27	21	20	20	**0.00**	12	26	1	–	–	–	–	–	–	–	–	–	**4-Nonanol, 2,6,8-trimethyl-**		**Z1380**
69	47	66	50	32	44	31	28	**186**	100	14	7	3	2	2	2	2	**0.00**	2	–	3	–	–	–	6	–	–	–	–	–	**Bis(trifluoromethyl)trioxide**		**01485**
69	55	41	43	87	57	29	83	**186**	100	44	35	26	26	18	15	13	**0.00**	12	26	1	–	–	–	–	–	–	–	–	–	**5-Dodecanol**	10203-33-5	**R3648**
69	73	88	55	41	70	101	127	**186**	100	65	64	49	38	33	26	22	**0.00**	11	22	2	–	–	–	–	–	–	–	–	–	**Heptanoic acid, 2,5-diethyl-**		**04017**
69	87	41	55	43	57	29	111	**186**	100	29	26	25	18	12	12	10	**0.00**	12	26	1	–	–	–	–	–	–	–	–	–	**5-Dodecanol**	10203-33-5	**R3649**
69	98	167	100	67	186	51	85	**186**	100	34	12	12	7	6	5	5		3	1	–	–	1	–	6	–	–	–	–	–	**Propane, hexafluorochloro-**		**D0460**
70	43	99	71	55	41	85	57	**186**	100	51	45	40	26	16	13	13	**0.00**	11	22	2	–	–	–	–	–	–	–	–	–	**Hexanoic acid, isopentyl ester**		**Z1379**
70	43	99	117	41	71	55	42	**186**	100	93	87	80	52	47	41	37	**0.00**	11	22	2	–	–	–	–	–	–	–	–	–	**Hexanoic acid, pentyl ester**	540-07-8	**Q1798**
70	43	117	99	55	41	81	71	**186**	100	79	76	42	31	31	30	27	**0.70**	11	22	2	–	–	–	–	–	–	–	–	–	**Pentanoic acid, 2-methyl-, pentyl ester**		**X1784**
70	43	117	99	55	41	81	71	**186**	100	79	76	43	31	31	30	27	**0.70**	11	22	2	–	–	–	–	–	–	–	–	–	**Pentanoic acid, 4-methyl-, pentyl ester**	25415-71-8	**S1050**
71	43	41	57	56	98	55	27	**186**	100	50	31	28	25	18	18	16	**0.00**	11	22	2	–	–	–	–	–	–	–	–	–	**Butanoic acid, 1-methylhexyl ester**	39026-94-3	**S6007**
71	46	114	186	69	117	44	45	**186**	100	80	76	74	74	69	65	65		7	10	2	2	–	–	–	1	–	–	–	–	**2-Amino-5-carboethoxymethylthiazole**		**D2651**
71	55	43	84	41	27	29	28	**186**	100	77	56	46	41	41	36	32	**0.00**	10	18	3	–	–	–	–	–	–	–	–	–	**Tetrahydrofurfuryloxytetrahydropyran**		**00609**
71	57	86	41	56	42	58	97	**186**	100	99	81	58	55	44	29	29	**29.06**	9	18	2	2	–	–	–	–	–	–	–	–	**4-Piperidinol, 2,2,6,6-tetramethyl-1-nitroso-**	55556-90-6	**T1542**
71	85	45	95	154	112	186		**186**	100	81	65	60	23	15	1			10	18	3	–	–	–	–	–	–	–	–	–	**6-Methoxymethyl-hept-6-enoic acid, methyl ester**		**M2838**
72	57	85	94	68	41	43	140	**186**	100	77	76	49	47	45	38	33	**0.30**	11	22	2	–	–	–	–	–	–	–	–	–	**1R,3-cis-Diethoxy-2-cis-methylcyclohexane**		**15132**
72	85	57	68	41	43	94	55	**186**	100	79	78	66	64	54	54	38	**0.30**	11	22	2	–	–	–	–	–	–	–	–	–	**1R,3-cis-Diethoxy-2-trans-methylcyclohexane**		**15131**
72	96	41	43	44	99	95	129	**186**	100	57	55	50	45	37	32	31	**0.50**	11	22	2	–	–	–	–	–	–	–	–	–	**1R,3-cis-Diethoxy-5-cis-methylcyclohexane**		**15118**
72	96	41	43	81	44	95	99	**186**	100	88	55	50	48	46	39	37	**0.50**	11	22	2	–	–	–	–	–	–	–	–	–	**1R,3-cis-Diethoxy-5-trans-methylcyclohexane**		**15117**
72	101	95	113	124	126	138	186	**186**	100	91	82	45	45	32	24	18		9	14	4	–	–	–	–	–	–	–	–	–	**Bicyclo[3.2.1]octane-4-carboxylic acid, 1,4-dimethyl-**		**L3295**
73	43	41	55	81	69	74	59	**186**	100	10	8	7	5	5	4	3	**0.00**	11	22	2	–	–	–	–	–	–	–	–	–	**Octanal, 7-methoxy-3,7-dimethyl-**	3613-30-7	**Q9568**
73	57	97	55	61	41	45	125	**186**	100	48	38	23	21	20	16	13	**1.79**	11	22	2	–	–	–	–	–	–	–	–	–	**3-Decanone, 8-methoxy-**	30571-79-0	**S2945**
73	57	97	56	61	41	45	125	**186**	100	49	38	21	20	20	13	11	**2.00**	11	22	2	–	–	–	–	–	–	–	–	–	**3-Decanone, 8-methoxy-**		**M1448**
73	60	43	41	55	57	71	129	**186**	100	97	58	47	46	42	40	29	**13.55**	11	22	2	–	–	–	–	–	–	–	–	–	**Undecanoic acid**	112-37-8	**P8688**
73	98	41	115	97	99	55	186	**186**	100	87	43	42	41	32	30	30		10	18	1	–	–	–	–	1	–	–	–	–	**Thieno[3,2-b]furan, hexahydro-3,3,6,6-tetramethyl-**	19803-12-4	**R8305**
73	143	75	144	130	186			**186**	100	95	31	15	15	12				10	22	1	–	–	–	–	–	–	–	1	–	**Silane, (2-heptenyl)trimethyl-, trans-**		**L9045**
73	143	75	144	186				**186**	100	92	29	13	11					10	22	1	–	–	–	–	–	–	–	1	–	**Silane, (2-heptenyl)trimethyl-, cis-**		**L9046**
74	28	101	43	55	41	57	75	**186**	100	65	60	24	23	20	17	15	**0.00**	11	22	2	–	–	–	–	–	–	–	–	–	**Octanoic acid, 3,6-dimethyl-, methyl ester**	57289-65-3	**T4486**
74	45	60	87	44	143	108	155	**186**	100	86	60	50	35	31	18	16	**11.29**	11	22	2	–	–	–	–	–	–	–	–	–	**Decanoic acid, methyl ester**	110-42-9	**P8357**
74	55	41	87	43	83	29	59	**186**	100	81	74	64	63	43	42	37	**0.00**	10	18	3	–	–	–	–	–	–	–	–	–	**Nonanoic acid, 9-oxo-, methyl ester**		**16474**
74	87	43	41	55	29	75	27	**186**	100	45	38	24	18	17	10	8	**1.00**	11	22	2	–	–	–	–	–	–	–	–	–	**Decanoic acid, methyl ester**	110-42-9	**P8359**
74	87	43	41	55	143	29	59	**186**	100	51	23	22	18	15	11	10	**5.00**	11	22	2	–	–	–	–	–	–	–	–	–	**Decanoic acid, methyl ester**	110-42-9	**P8362**
74	87	55	41	43	57	69	83	**186**	100	76	41	33	26	21	19	19	**0.00**	11	22	2	–	–	–	–	–	–	–	–	–	**Nonanoic acid, 7-methyl-, methyl ester**	5129-63-5	**08673**
74	101	42	40	69	55	75	59	**186**	100	58	32	29	17	17	13	13	**1.50**	11	22	2	–	–	–	–	–	–	–	–	–	**Octanoic acid, 3,7-dimethyl-, methyl ester**		**M8357**
74	101	43	41	69	55	71	57	**186**	100	66	22	18	16	16	12	10	**0.00**	11	22	2	–	–	–	–	–	–	–	–	–	**Octanoic acid, 3,7-dimethyl-, methyl ester**		**M6823**
75	73	129	171	45	186	115	147	**186**	100	73	46	34	19	18	17	15		9	18	2	–	–	–	–	–	–	–	1	–	**Cyclohexanone, 4-(trimethylsilyl)oxy-**		**M0092**
75	73	129	171	143	45	114	148	**186**	100	73	46	36	22	19	16	15	**0.00**	9	18	2	–	–	–	–	–	–	–	1	–	**Cyclohexanone, 4-(trimethylsilyl)oxy-**	23510-94-3	**S0231**
75	73	129	171	143	186	74	76	**186**	100	60	49	31	24	17	7	7		10	22	1	–	–	–	–	–	–	–	1	–	**Silane, trimethyl[(2-methylcyclohexyl)oxy]-, cis-**	39789-14-5	**S6134**
75	73	129	171	143	186	76	95	**186**	100	55	47	33	24	12	7	7		10	22	1	–	–	–	–	–	–	–	1	–	**Silane, trimethyl[(2-methylcyclohexyl)oxy]-, trans-**	39789-19-0	**S6137**
75	73	143	171	96	129	95	81	**186**	100	43	32	25	22	17	12	8	**7.84**	10	22	1	–	–	–	–	–	–	–	1	–	**Silane, trimethyl[(3-methylcyclohexyl)oxy]-, cis-**	39789-15-6	**S6135**
75	73	171	143	96	129	76	95	**186**	100	41	32	31	20	13	8	8	**6.92**	10	22	1	–	–	–	–	–	–	–	1	–	**Silane, trimethyl[(3-methylcyclohexyl)oxy]-, trans-**	39789-16-7	**S6136**
75	129	73	171	45	41	186	57	**186**	100	66	47	32	14	9	9	8		10	22	1	–	–	–	–	–	–	–	1	–	**Silane, trimethyl[(4-methylcyclohexyl)oxy]-**	29800-81-5	**S2665**

MASS TO CHARGE RATIOS								M.W.	INTENSITIES								Parent	C	H	O	N	Cl	Br	F	S	P	B	Si	X	COMPOUND NAME	CAS Reg No	No
75	129	73	171	95	186	76	130	**186**	100	76	47	30	9	9	9	8		10	22	1	–	–	–	–	–	–	–	1	–	**Silane, trimethyl[(4-methylcyclohexyl)oxy]-, trans-**	32147-24-3	**S3506**
75	129	73	171	130	186	76	74	**186**	100	83	46	25	10	10	7	6		10	22	1	–	–	–	–	–	–	–	1	–	**Silane, trimethyl[(4-methylcyclohexyl)oxy]-, cis-**	32147-23-2	**S3505**
75	129	73	171	186	130	76	74	**186**	100	67	48	33	9	6	5	3		10	22	1	–	–	–	–	–	–	–	1	–	**Silane, trimethyl[(4-methylcyclohexyl)oxy]-**	29800-81-5	**S2666**
77	78	51	94	143	141	104	158	**186**	100	81	35	27	22	14	13	12	**6.40**	8	10	3	–	–	–	–	1	–	–	–	–	**Phenyl 2-hydroxyethyl sulphone**	20611-21-6	**R8781**
77	141	51	94	186	50	142	158	**186**	100	55	39	18	18	17	16	10		8	10	3	–	–	–	–	1	–	–	–	–	**Benzenesulphonic acid, ethyl ester**		**L6774**
79	52	78	51	44	28	50	39	**186**	100	53	53	40	27	24	18	12	**0.00**	11	10	1	2	–	–	–	–	–	–	–	–	**2-Pyridinemethanol, α-2-pyridinyl-**	35047-29-1	**S4798**
79	77	157	159	39	66	107	51	**186**	100	76	71	69	61	57	55	44	**28.46**	8	11	–	–	–	1	–	–	–	–	–	–	**Bicyclo[3.2.1]oct-2-ene, 3-bromo-**	4176-66-3	**R0181**
81	97	127	41	43	99	55	113	**186**	100	94	77	64	36	33	25	23	**0.50**	9	14	4	–	–	–	–	–	–	–	–	–	**6-Pyrancarboxylic acid, 5,6-dihydro-2-methoxy-, ethyl ester**		**05658**
81	97	127	41	99	113	44	55	**186**	100	94	77	64	33	23	23	23	**0.50**	9	14	4	–	–	–	–	–	–	–	–	–	**6-Pyrancarboxylic acid, 5,6-dihydro-2-methoxy-, ethyl ester**		**L8203**
81	123	100	67	170	55	79	41	**186**	100	99	33	31	24	20	17	15	**8.80**	10	18	1	–	–	–	–	1	–	–	–	–	**Bicyclo[2.2.2]octane, 1-methyl-4-(methylsulphinyl)-**	54798-86-6	**S9651**
82	41	55	67	57	45	186	27	**186**	100	77	75	74	57	45	44	44		11	22	–	–	–	–	–	1	–	–	–	–	**(Pentylthio)cyclohexane**		**Y2163**
82	55	41	70	83	67	186	27	**186**	100	95	92	76	68	68	57	49		11	22	–	–	–	–	–	1	–	–	–	–	**(Isopentylthio)cyclohexane**		**Y2162**
85	29	57	55	43	60	73	84	**186**	100	74	64	14	10	7	1	1	**0.00**	10	18	3	–	–	–	–	–	–	–	–	–	**Pentanoic acid anhydride**		**L8272**
87	74	57	55	88	43	41	71	**186**	100	59	57	42	35	32	30	26	**0.00**	11	22	2	–	–	–	–	–	–	–	–	–	**Octanoic acid, 4,6-dimethyl-, methyl ester**		**L1628**
87	74	57	55	88	43	41	71	**186**	100	58	57	42	36	32	30	26	**0.80**	11	22	2	–	–	–	–	–	–	–	–	–	**Octanoic acid, 4,6-dimethyl-, methyl ester, (4S,6S)-(+)-**	2553-96-0	**Q8312**
87	116	55	43	101	143	41	57	**186**	100	40	18	17	17	15	13	11	**0.00**	11	22	2	–	–	–	–	–	–	–	–	–	**Heptanoic acid, 2-propyl-, methyl ester**		**P1154**
87	116	55	43	101	143	41	57	**186**	100	41	20	18	18	16	14	12	**0.00**	11	22	2	–	–	–	–	–	–	–	–	–	**Heptanoic acid, 2-propyl-, methyl ester**	56247-53-1	**T3120**
87	130	55	101	41	43	143	57	**186**	100	87	55	51	43	43	30	28	**5.12**	11	22	2	–	–	–	–	–	–	–	–	–	**Hexanoic acid, 2-butyl-, methyl ester**	24551-95-9	**S0654**
87	130	101	41	43	55	143	57	**186**	100	88	53	44	44	36	29	29	**6.00**	11	22	2	–	–	–	–	–	–	–	–	–	**Hexanoic acid, 2-butyl-, methyl ester**		**L7937**
88	29	43	41	101	60	27	55	**186**	100	52	43	38	32	32	27	27	**1.10**	11	22	2	–	–	–	–	–	–	–	–	–	**Nonanoic acid, ethyl ester**	123-29-5	**P9288**
88	101	57	55	41	69	43	29	**186**	100	48	21	20	19	15	14	13	**3.20**	11	22	2	–	–	–	–	–	–	–	–	–	**Octanoic acid, 2,6-dimethyl-, methyl ester**	54798-85-5	**S9650**
89	70	82	55	98	56	43	67	**186**	100	92	80	76	76	74	68	68	**0.00**	10	18	3	–	–	–	–	–	–	–	–	–	**Diplodialide C**		**P1598**
89	73	67	82	105	59	54	45	**186**	100	52	44	41	33	23	13	10	**0.00**	10	22	1	–	–	–	–	–	–	–	1	–	**Silane, (2-methoxycyclohexyl)trimethyl-, cis-**	20584-45-6	**R8744**
89	73	82	67	59	105	45	54	**186**	100	74	38	36	33	27	20	18	**0.01**	10	22	1	–	–	–	–	–	–	–	1	–	**Silane, (2-methoxycyclohexyl)trimethyl-, trans-**	20584-46-7	**06881**
89	73	82	67	59	105	54	45	**186**	100	67	46	43	35	24	21	20	**0.00**	10	22	1	–	–	–	–	–	–	–	1	–	**Silane, (2-methoxycyclohexyl)trimethyl-, cis-**	20584-45-6	**06880**
89	73	105	67	82	59	45	54	**186**	100	68	60	57	52	28	20	15	**1.00**	10	22	1	–	–	–	–	–	–	–	1	–	**Silane, (2-methoxycyclohexyl)trimethyl-, trans-**	20584-46-7	**R8745**
89	73	105	67	82	59	45	54	**186**	100	68	60	57	51	26	19	15	**0.00**	10	22	1	–	–	–	–	–	–	–	1	–	**Silane, (2-methoxycyclohexyl)trimethyl-, trans-**	20584-46-7	**R8746**
89	87	171	104	85	169	186	102	**186**	100	76	71	61	56	54	48	46		8	16	–	–	–	–	–	–	–	–	–	1	**Germacyclopent-3-ene, 1,1,3,4-tetramethyl-**	5764-66-9	**R1777**
89	87	171	104	85	169	186	102	**186**	100	77	70	61	55	53	48	44		8	16	–	–	–	–	–	–	–	–	–	1	**Germacyclopent-3-ene, 1,1,3,4-tetramethyl-**	5764-66-9	**R1776**
89	122	59	127	31	45	61	169	**186**	100	58	48	48	39	33	30	21	**20.00**	2	3	2	–	–	–	5	1	–	–	–	–	**(Pentafluorosulphur)acetic acid**		**P1712**
90	65	39	186	89	63	77	91	**186**	100	45	33	32	28	24	16	16		8	10	3	–	–	–	–	1	–	–	–	–	**Benzenesulphonic acid, 2-methyl-, methyl ester**	23373-38-8	**08237**
90	91	65	39	186	89	63	77	**186**	100	81	45	32	32	27	24	16		8	10	3	–	–	–	–	1	–	–	–	–	**Benzenesulphonic acid, 2-methyl-, methyl ester**	23373-38-8	**S0174**
90	91	65	39	186	89	63	137	**186**	100	80	45	32	32	28	24	16		8	10	3	–	–	–	–	1	–	–	–	–	**Benzenesulphonic acid, 2-methyl-, methyl ester**		**M8476**
91	65	155	186	63	92	107	89	**186**	100	41	37	30	18	17	15	14		8	10	3	–	–	–	–	1	–	–	–	–	**Benzenesulphonic acid, 4-methyl-, methyl ester**	80-48-8	**P6047**
91	92	31	65	157	39	63	156	**186**	100	96	89	81	51	47	27	27	**6.39**	7	10	2	2	–	–	–	1	–	–	–	–	**Benzenesulphonic acid, 4-methyl-, hydrazide**	1576-35-8	**Q6240**
91	92	157	31	65	156	186	139	**186**	100	58	58	56	36	28	22	19		7	10	2	2	–	–	–	1	–	–	–	–	**Benzenesulphonic acid, 4-methyl-, hydrazide**	1576-35-8	**Q6242**
91	157	186	65	158	92	51	130	**186**	100	75	43	14	12	8	5	5		11	10	1	2	–	–	–	–	–	–	–	–	**1H-Imidazole-2-carboxaldehyde, 1-(benzyl)-**	10045-65-5	**R3556**
91	157	186	65	158	92	187	130	**186**	100	75	43	14	12	8	5	5		11	10	1	2	–	–	–	–	–	–	–	–	**1H-Imidazole-2-carboxaldehyde, 1-(benzyl)-**		**02183**
91	186	155	77	50	65	92	51	**186**	100	65	59	21	20	15	14	12		8	10	3	–	–	–	–	1	–	–	–	–	**Benzenesulphonic acid, 4-methyl-, methyl ester**		**D1151**
93	186	15	171	65	45	61	94	**186**	100	59	41	30	20	15	12	10		4	12	–	–	–	–	–	2	2	–	–	–	**Tetramethyldiphosphine disulphide**		**C0764**
93	186	153	65	94	156	171	78	**186**	100	82	31	28	27	10	10	9		7	11	–	2	–	–	–	1	1	–	–	–	**N-(Dimethylthiophosphinyl)-3-aminopyridine**		**16271**
93	186	171	65	63	45	59	94	**186**	100	49	26	22	12	8	6	6		4	12	–	–	–	–	–	2	2	–	–	–	**Tetramethyldiphosphine disulphide**		**16125**
94	77	107	28	186	95	150	51	**186**	100	38	27	23	23	22	12	11		9	11	2	–	1	–	–	–	–	–	–	–	**1-Phenoxy-3-chloro-2-propanol**		**Z1388**
95	67	91	41	96	186	65	39	**186**	100	18	17	8	8	7	6	5		14	18	–	–	–	–	–	–	–	–	–	–	**Bicyclo[2.2.1]heptane, 2-benzyl-**	37794-91-5	**S5600**
95	127	67	123	126	122	94	55	**186**	100	79	63	55	45	44	40	40	**4.54**	9	14	4	–	–	–	–	–	–	–	–	–	**Propanedioic acid, (2-methyl-2-propenyl)-, dimethyl ester**	50598-40-8	**S7347**
97	60	126	28	46	99	128	61	**186**	100	88	84	63	37	33	31	29	**12.86**	4	12	2	2	1	–	–	–	1	–	–	–	**Phosphorodiamidous chloride, N,N′-dimethoxy-N,N′-dimethyl-**	22753-44-2	**08911**
98	69	167	186	67	117	151		**186**	100	69	13	10	4	4	3			3	1	–	–	1	–	6	–	–	–	–	–	**Propane, 2-chloro-1,1,1,3,3,3-hexafluoro-**	431-87-8	**Q0704**
98	130	43	115	99	71	55	155	**186**	100	94	79	65	62	50	47	38	**7.00**	10	18	3	–	–	–	–	–	–	–	–	–	**Nonanoic acid, 4-oxo-, methyl ester**		**M7119**
99	86	100	142	55	87	59	41	**186**	100	36	9	8	7	7	6	5	**0.00**	10	18	3	–	–	–	–	–	–	–	–	–	**1,4-Dioxaspiro[4.5]decane, 8-ethoxy-**	55103-52-1	**T0263**
100	44	143	30	57	86	41	58	**186**	100	25	20	15	14	13	13	12	**3.00**	11	26	–	2	–	–	–	–	–	–	–	–	**1,3-Propanediamine, N,N-diisobutyl-**		**G0400**
100	58	142	44	41	42	143	57	**186**	100	49	21	20	20	19	12	10	**3.60**	11	26	–	2	–	–	–	–	–	–	–	–	**1,3-Propanediamine, N,N-dibutyl-**	102-83-0	**P7574**
101	43	73	130	55	144	97	143	**186**	100	87	40	35	32	31	22	17	**0.00**	10	18	3	–	–	–	–	–	–	–	–	–	**Pentanoic acid, 2-acetyl-5-methyl-, ethyl ester**		**04911**
101	57	43	102	42	44	71	45	**186**	100	20	17	9	7	4	4	3	**0.40**	9	18	2	2	–	–	–	–	–	–	–	–	**Morpholine, 4,4′-methylenebis-**	5625-90-1	**R1613**
101	73	141	69	70	71	89	115	**186**	100	58	52	30	28	27	21	16	**7.31**	11	22	2	–	–	–	–	–	–	–	–	–	**Nonanoic acid, ethyl ester**	123-29-5	**H0570**

MASS TO CHARGE RATIOS								M.W.	INTENSITIES								Parent	C	H	O	N	Cl	Br	F	S	P	B	Si	X	COMPOUND NAME	CAS Reg No	No
101	88	43	55	57	141	29	129	**186**	100	73	33	32	29	29	27	25	**1.70**	11	22	2	–	–	–	–	–	–	–	–	–	**Octanoic acid, 4-methyl-, ethyl ester, (+-)-**	54831-51-5	**H2079**
101	103	151	153	85	31	87	66	**186**	100	63	63	43	39	12	11	10	**0.09**	2	–	–	–	3	–	3	–	–	–	–	–	**Ethane, 2,2,2-trichloro-1,1,1-trifluoro-**		**D0406**
101	113	71	59	143	85	126	84	**186**	100	92	90	81	81	73	73	72	**41.00**	9	14	4	–	–	–	–	–	–	–	–	–	**Octanoic acid, 3,5-dioxo-, methyl ester**	36568-09-9	**S5293**
101	151	103	31	85	153	35	66	**186**	100	68	64	45	45	44	20	19	**0.05**	2	–	–	–	3	–	3	–	–	–	–	–	**Ethane, 1,1,2-trichloro-1,2,2-trifluoro-**		**W0125**
101	151	103	85	153	31	66	116	**186**	100	62	56	41	39	29	17	16	**0.40**	2	–	–	–	3	–	3	–	–	–	–	–	**Ethane, 1,1,2-trichloro-1,2,2-trifluoro-**	76-13-1	**H0073**
101	151	103	153	85	31	105	66	**186**	100	82	66	53	37	12	11	10	**0.06**	2	–	–	–	3	–	3	–	–	–	–	–	**Ethane, 1,1,2-trichloro-1,2,2-trifluoro-**		**A0249**
104	28	186	32	95	77	129	82	**186**	100	75	70	28	23	19	18	18		14	18	–	–	–	–	–	–	–	–	–	–	**Tricyclo[8.4.0.0$^{(4,8)}$]tetradeca-1(10),11,13-triene**		**00533**
104	91	186	117	67				**186**	100	18	17	11	11					14	18	–	–	–	–	–	–	–	–	–	–	**2-Phenyl-cis-bicyclo[5.1.0]octane**		**L1766**
104	95	91	186	129				**186**	100	80	65	62	43					14	18	–	–	–	–	–	–	–	–	–	–	**endo-8-Phenyl-cis-bicyclo[5.1.0]octane**		**L1768**
104	117	186	91	118	129	105	145	**186**	100	42	32	28	23	15	14	14		14	18	–	–	–	–	–	–	–	–	–	–	**Bicyclo[8.2.2]tetradeca-5,10,12,13-tetraene, (Z)-**	50703-41-8	**S7448**
104	118	117	91	186	129	78	130	**186**	100	63	59	43	38	27	24	23		14	18	–	–	–	–	–	–	–	–	–	–	**Bicyclo[8.2.2]tetradeca-5,10,12,13-tetraene, (E)-**	19041-50-0	**R7934**
104	186	83	42	158	54	68	157	**186**	100	93	80	60	32	21	20	18		11	10	1	2	–	–	–	–	–	–	–	–	**4(1H)-Pyrimidinone, 6-methyl-2-phenyl-**		**M2272**
104	186	83	77	42	76	39	51	**186**	100	93	81	66	60	56	39	39		11	10	1	2	–	–	–	–	–	–	–	–	**4(1H)-Pyrimidinone, 6-methyl-2-phenyl-**	13514-79-9	**R4617**
104	186	91	41	117	115	67		**186**	100	19	15	12	9	9	9			14	18	–	–	–	–	–	–	–	–	–	–	**exo-2-Phenyl-cis-bicyclo[3.3.0]octane**		**L1770**
104	186	91	67	117				**186**	100	22	15	15	11					14	18	–	–	–	–	–	–	–	–	–	–	**endo-2-Phenyl-cis-bicyclo[3.3.0]octane**		**L1771**
104	186	91	89	67				**186**	100	79	32	31	23					14	18	–	–	–	–	–	–	–	–	–	–	**3-Phenyl-cis-bicyclo[3.3.0]octane**		**L1763**
104	186	91	95	129				**186**	100	47	42	36	33					14	18	–	–	–	–	–	–	–	–	–	–	**exo-8-Phenyl-cis-bicyclo[5.1.0]octane**		**L1767**
104	186	91	117	129				**186**	100	73	67	48	31					14	18	–	–	–	–	–	–	–	–	–	–	**3-Phenyl-cis-bicyclo[5.1.0]octane**		**L1762**
105	28	104	186	77	32	129	106	**186**	100	70	62	53	32	31	14	11		14	18	–	–	–	–	–	–	–	–	–	–	**Tricyclo[8.4.0.0$^{(4,8)}$]tetradeca-1(10),11,13-triene**		**00534**
105	77	106	51	81	79	186	82	**186**	100	92	38	25	23	23	17	14		13	14	1	–	–	–	–	–	–	–	–	–	**1-Benzoylcyclohex-2-ene**		**M0066**
105	77	186	188	47	187	189	91	**186**	100	51	19	7	5	2	1	1		8	7	1	–	1	–	–	1	–	–	–	–	**Benzenecarbothioic acid, 3-chloro-, S-methyl ester**	28145-57-5	**S1970**
105	77	186	188	47	187	189	121	**186**	100	42	12	5	4	1	1	1		8	7	1	–	1	–	–	1	–	–	–	–	**Benzenecarbothioic acid, 4-chloro-, S-Methyl ester**	5925-67-7	**R1906**
105	78	186	79	52	184	51	182	**186**	100	52	45	26	24	22	20	9		6	6	–	2	–	–	–	–	–	–	–	1	**2-Pyridinoselenocarboxamide**		**15001**
105	106	80	81	79	91	77	104	**186**	100	30	26	21	12	11	8	6	**4.43**	14	18	–	–	–	–	–	–	–	–	–	–	**Toluene, 1-(cyclohexenyl)-1-methyl-**		**Z1375**
105	186	77	185	157	81	158	79	**186**	100	96	92	73	33	25	18	18		13	14	1	–	–	–	–	–	–	–	–	–	**1-Benzoyl-cyclohex-1-ene**		**M0053**
106	105	80	186	184	160	53	28	**186**	100	96	73	73	34	29	28	26		6	6	–	2	–	–	–	–	–	–	–	1	**Selenocyanic acid, 2-methylpyrrol-3-yl ester**	18713-26-3	**R7796**
107	63	45	109	27	65	43	73	**186**	100	78	44	33	32	25	19	10	**0.03**	6	12	2	–	2	–	–	–	–	–	–	–	**Ethane, 1,1-bis(2-chloroethoxy)-**		**C0757**
107	108	77	186	79	28	78	51	**186**	100	73	54	46	40	24	22	16		8	10	3	–	–	–	–	1	–	–	–	–	**Methanesulphonic acid, 2-methylphenyl ester**	1009-01-4	**Q5052**
107	109	27	188	186	190	26	79	**186**	100	94	87	31	16	15	9	7		2	4	–	–	–	2	–	–	–	–	–	–	**Ethane, 1,1-dibromo-**	557-91-5	**Q2060**
107	109	27	188	186	190	26	81	**186**	100	94	87	31	16	15	9	7		2	4	–	–	–	2	–	–	–	–	–	–	**Ethane, 1,1-dibromo-**		**Z1373**
107	109	28	32	108	93	95	40	**186**	100	96	92	22	4	3	3	2	**0.90**	2	4	–	–	–	2	–	–	–	–	–	–	**Ethane, 1,2-dibromo-**	106-93-4	**P7942**
108	107	109	186	51	78	57	83	**186**	100	40	19	15	12	10	10	9		12	11	–	–	–	–	–	–	1	–	–	–	**Phosphine, diphenyl-**		**05234**
108	186	107	183	109	187	51	92	**186**	100	52	28	13	9	7	7	5		12	11	–	–	–	–	–	–	1	–	–	–	**Phosphine, diphenyl-**		**C1540**
109	81	159	131	29	91	137	45	**186**	100	80	66	41	41	40	35	27	**4.15**	5	12	3	–	1	–	–	–	1	–	–	–	**Phosphonic acid, (chloromethyl)-, diethyl ester**	3167-63-3	**Q9078**
109	107	73	27	108	106	123	43	**186**	100	95	69	58	36	35	25	20	**0.00**	2	4	–	–	–	2	–	–	–	–	–	–	**Ethane, 1,2-dibromo-**	106-93-4	**P7945**
110	98	111	83	127	141	187		**186**	100	22	19	12	3	2	1		**0.60**	8	10	5	–	–	–	–	–	–	–	–	–	**Acetic acid, [2-(4,5-dihydro-4-oxo-2-furanyl)ethoxy]-**		**M2586**
111	57	157	115	55	101	95	83	**186**	100	72	47	42	39	33	30	24	**2.00**	10	18	3	–	–	–	–	–	–	–	–	–	**Octanoic acid, 6-oxo-, ethyl ester**	4233-58-3	**R0231**
111	186	144	39	112	41	187	71	**186**	100	99	77	39	18	17	12	9		8	10	1	–	–	–	–	2	–	–	–	–	**2-Furancarbodithioic acid, propyl ester**		**M4523**
111	186	144	39	112	41	187	113	**186**	100	50	38	19	9	8	6	5		8	10	1	–	–	–	–	2	–	–	–	–	**2-Furancarbodithioic acid, propyl ester**	27249-80-5	**S1658**
112	59	99	142	186	77	111	63	**186**	100	88	86	77	55	47	41	32		8	7	3	–	1	–	–	–	–	–	–	–	**Carbonic acid, 3-chlorophenyl methyl ester**	1847-96-7	**Q6871**
112	144	41	55	56	54	89	97	**186**	100	75	64	52	34	22	17	17	**6.00**	9	18	2	2	–	–	–	–	–	–	–	–	**Hydrazinecarboxylic acid, (1-ethylpentylidene)-, methyl ester**	55401-88-2	**T1055**
113	59	15	41	39	122	145	27	**186**	100	90	89	85	81	69	65	64	**19.60**	9	14	4	–	–	–	–	–	–	–	–	–	**Dimethyl 2-methylcyclobutane-1,1-dicarboxylate**		**00210**
113	67	155	99	95	70	81	126	**186**	100	46	27	19	18	17	13	6	**2.00**	10	18	3	–	–	–	–	–	–	–	–	–	**2H-Pyran, 5,6-dihydro-2-butoxy-6-(hydroxymethyl)-**		**L9943**
113	81	45	41	55	71	53	67	**186**	100	58	52	13	10	10	5	5	**0.00**	10	18	3	–	–	–	–	–	–	–	–	–	**Cyclohexaneacetic acid, 2-methoxy-, methyl ester**		**P3347**
113	141	127	99	133	171	81	112	**186**	100	81	73	71	64	55	46	37	**5.40**	9	14	4	–	–	–	–	–	–	–	–	–	**1-Methoxycarbonyl-1-(ethoxycarbonyl)methylcyclopropane**		**M0033**
113	157	141	127	99	81	112	155	**186**	100	89	70	65	57	34	32	30	**2.00**	9	14	4	–	–	–	–	–	–	–	–	–	**1-Ethoxycarbonyl-1-(methoxycarbonyl)methylcyclopropane**		**M0032**
115	143	130	75	73	43	171	45	**186**	100	97	95	75	53	29	21	21	**19.00**	10	22	1	–	–	–	–	–	–	–	1	–	**Silane, (1-heptenyl)trimethyl-**		**L9044**
116	43	71	41	39	29	27	186	**186**	100	78	50	31	29	29	28	27		9	14	–	–	–	–	–	2	–	–	–	–	**Thiophene, 2-(pentylthio)-**	54798-87-7	**S9652**
116	43	71	41	39	29	27	186	**186**	100	78	45	31	29	29	28	27		9	14	–	–	–	–	–	2	–	–	–	–	**Thiophene, 2-(pentylthio)-**		**Y2126**
117	43	71	70	74	99	41	42	**186**	100	97	67	65	57	36	22	19	**0.00**	11	22	2	–	–	–	–	–	–	–	–	–	**Pentanoic acid, 2-methyl-, pentyl ester**	6297-48-9	**R2218**
118	67	129	115	130	91	117	158	**186**	100	88	85	80	76	64	60	49	**3.00**	13	14	1	–	–	–	–	–	–	–	–	–	**Bicyclo[3.1.1]-heptan-6-one, exo-7-phenyl-**		**14870**
118	91	67	158	117	130	129	90	**186**	100	70	50	47	41	41	37	30	**13.00**	13	14	1	–	–	–	–	–	–	–	–	–	**7-Phenylbicyclo[3.2.0]heptan-6-one**		**15998**
118	186	90	145	168	157	43	158	**186**	100	90	76	52	41	38	34	31		13	14	1	–	–	–	–	–	–	–	–	–	**4H-Benz[f]inden-4-one, 1,2,3,3a,9,9a-hexahydro-**		**14874**
121	186	122	188	105	77	153	187	**186**	100	65	30	25	18	18	9	7		8	7	1	–	1	–	–	1	–	–	–	–	**Benzenecarbothioic acid, 4-chloro-, O-Methyl ester**	5925-49-5	**R1904**
122	123	94	67	55	154	59	155	**186**	100	32	20	14	14	13	12	11	**0.43**	9	14	4	–	–	–	–	–	–	–	–	–	**Propanedioic acid, isobutylidene-, dimethyl ester**	36825-11-3	**S5371**
124	140	152	67	69	81	68	55	**186**	100	65	51	43	42	41	35	33	**1.80**	7	10	4	2	–	–	–	–	–	–	–	–	**N-[(5-Hydroperoxy-2-oxo-3-pyrrolidinylidene)methyl]-N-methylformamide**		**M0612**

MASS TO CHARGE RATIOS								M.W.	INTENSITIES								Parent	C	H	O	N	Cl	Br	F	S	P	B	Si	X	COMPOUND NAME	CAS Reg No	No
124	181	125	24	138	112	123	110	186	100	50	37	36	34	30	26	25	0.00	14	18	–	–	–	–	–	–	–	–	–	–	Benzo[3,4]cyclobuta[1,2]cyclooctene, 4b,5,6,7,8,9,10,10a-octahydro-	56666-89-8	T4044
126	155	111	67	41	154	95	127	186	100	82	75	58	49	48	42	38	26.50	9	14	4	–	–	–	–	–	–	–	–	–	1,2-Cyclopropanedicarboxylic acid, cis-1,2-dimethyl-, dimethyl ester		D1328
127	99	142	59	186	111	129	101	186	100	92	85	55	42	30	30	28		8	7	3	–	1	–	–	–	–	–	–	–	Carbonic acid, 4-chlorophenyl methyl ester	24260-28-4	S0516
127	155	186	126	15	75	77	51	186	100	64	44	29	25	22	22	20		12	10	2	–	–	–	–	–	–	–	–	–	1-Naphthalenecarboxylic acid, methyl ester	2459-24-7	Q8138
127	155	186	126	75	77	51	74	186	100	64	44	29	22	22	20	18		12	10	2	–	–	–	–	–	–	–	–	–	1-Naphthalenecarboxylic acid, methyl ester	2459-24-7	Q8139
127	155	186	126	75	77	51	74	186	100	64	46	31	24	23	21	20		12	10	2	–	–	–	–	–	–	–	–	–	1-Naphthalenecarboxylic acid, methyl ester	2459-24-7	Q8140
129	43	130	85	83	101	57	41	186	100	99	96	50	50	43	42	29	1.00	10	18	3	–	–	–	–	–	–	–	–	–	Butanoic acid, 2-acetyl-3,3-dimethyl-, ethyl ester		L5390
129	69	57	43	87	143	41	45	186	100	64	59	47	40	36	25	25	0.00	12	26	1	–	–	–	–	–	–	–	–	–	2,6-Dimethyl-4-propyl-4-heptanol		Z1378
129	78	45	39	43	186	144	59	186	100	67	61	61	45	42	40	30		9	14	–	–	–	–	–	2	–	–	–	–	2-Ethyl-5-(propylthio)thiophene		Y2407
129	103	186	102	187	115	130	114	186	100	93	83	37	36	26	22	12		9	6	1	4	–	–	–	–	–	–	–	–	s-Triazolo[3,4-a]phthalazin-3-ol		L8345
129	115	128	186	65	130	116		186	100	84	70	44	32	15	8			10	10	–	4	–	–	–	–	–	–	–	–	2,3,7,8-Tetraazahexacyclo(7.4.1.0^{4,12}.0^{5,14}.0^{6,11}.0^{10,13})tetradeca-2,7-diene		M7465
129	115	130	128	91	40	51	127	186	100	66	59	50	23	22	22	20	0.00	12	10	2	–	–	–	–	–	–	–	–	–	1,7-Ethenespiro[2,6]nona-4,8-diene-2,6-lactone		P0002
129	128	186	142	115	145	141	168	186	100	60	45	42	40	39	24	21		13	14	1	–	–	–	–	–	–	–	–	–	9-Hydroxy-6,7-benzotricyclo[3.2.2.0^{4,8}]non-6-ene		M0574
129	144	115	158	186	51	128	143	186	100	81	65	56	49	48	45	44		13	14	1	–	–	–	–	–	–	–	–	–	2-Cyclohexen-1-one, 4-methyl-4-phenyl-	17429-36-6	R6984
129	186	157	128	130	102	187	76	186	100	60	33	17	16	15	10	8		11	10	1	2	–	–	–	–	–	–	–	–	1H-Pyrido[3,4-b]indol-1-one, 2,3,4,9-tetrahydro-	17952-82-8	R7285
130	103	158	186	76	18	102	75	186	100	74	72	44	44	44	26	20		10	6	2	2	–	–	–	–	–	–	–	–	1,2-Dioxacyclobuta[b]quinoxaline		05444
130	131	117	144	186	129	115	91	186	100	39	34	33	30	29	28	22		14	18	–	–	–	–	–	–	–	–	–	–	Benzo[3,4]cyclobuta[1,2]cyclooctene, 4b,5,6,7,8,9,10,10a-octahydro-	56666-89-8	T4043
130	186	43	74	143	129	41	42	186	100	84	47	34	30	25	21	14		8	14	1	2	–	–	–	1	–	–	–	–	4-Imidazolidinone, 3-methyl-5-isopropyl-2-thioxo-	1076-72-8	Q5246
132	186	131	77	130	117	39	92	186	100	61	56	55	53	36	20	20		11	10	1	2	–	–	–	–	–	–	–	–	4(1H)-Quinazolinone, 2,3-dihydro-3-propadienyl-	25379-66-2	S1039
140	57	72	85	68	41	43	94	186	100	98	96	80	77	66	61	60	1.10	11	22	2	–	–	–	–	–	–	–	–	–	1R,3-trans-Diethoxy-2-methylcyclohexane		15130
140	72	41	43	112	44	71	95	186	100	67	65	64	51	42	36	35	0.50	11	22	2	–	–	–	–	–	–	–	–	–	1R,3-trans-Diethoxy-5-methylcyclohexane		15116
140	186	65	92	109	157	39	93	186	100	87	51	35	35	35	31	28		8	10	3	–	–	–	–	1	–	–	–	–	Ethyl 2-hydroxyphenyl sulphone	29549-71-1	S2568
140	186	65	157	109	92	39	93	186	100	88	45	35	35	35	33	28		8	10	3	–	–	–	–	1	–	–	–	–	Ethyl 2-hydroxyphenyl sulphone		03710
140	186	141	45	112	142	187	39	186	100	50	36	13	10	10	7	6		8	10	3	–	–	–	–	1	–	–	–	–	3-Thiophenecarboxylic acid, 4-hydroxy-2-methyl-, ethyl ester	2158-82-9	Q7515
141	112	113	130	158	159	86	114	186	100	46	43	29	17	14	14	13	2.00	9	14	4	–	–	–	–	–	–	–	–	–	1,1-Cyclopropanedicarboxylic acid, diethyl ester		M0026
141	143	186	77	51	142	188	105	186	100	36	27	25	14	11	11	7		8	7	3	–	1	–	–	–	–	–	–	–	Acetic acid, (4-chlorophenoxy)-	122-88-3	P9263
141	186	115	142	139	63	187	89	186	100	75	52	34	19	9	8	6		12	10	2	–	–	–	–	–	–	–	–	–	Naphthaleneacetic acid	26445-01-2	S1355
141	186	115	142	139	187	61	140	186	100	49	29	17	10	7	6	5		12	10	2	–	–	–	–	–	–	–	–	–	1-Naphthaleneacetic acid	86-87-3	P6347
141	186	157	113	142	158	187	143	186	100	78	25	22	20	20	14	13		8	10	3	–	–	–	–	1	–	–	–	–	2-Thiophenecarboxylic acid, 4-hydroxy-5-methyl-, ethyl ester	5556-09-2	R1537
142	107	186	144	77	45	188	143	186	100	56	39	32	17	15	13	11		9	11	2	–	1	–	–	–	–	–	–	–	2-(4-Chloro-2-methylphenoxy)ethanol		Z1385
142	171	99	187	42	58	113	169	186	100	58	46	44	38	23	21	19	0.00	8	14	3	2	–	–	–	–	–	–	–	–	3-(2'-Hydroxypropyl)-5,5-dimethylhydantoin		06699
143	70	58	87	100	86	129	115	186	100	99	98	50	50	32	28	27	10.00	9	18	2	2	–	–	–	–	–	–	–	–	Propanamide, N-3-(acetylmethylamino)propyl-	67139-07-5	T6746
143	157	171	129	186	91	142	128	186	100	93	63	40	32	32	31	31		14	18	–	–	–	–	–	–	–	–	–	–	Benzene, (2-ethyl-4-methyl-1,3-pentadienyl)-, (E)-	74663-67-5	T8290
143	171	186	128	105	156	91	115	186	100	96	68	45	40	36	34	24		14	18	–	–	–	–	–	–	–	–	–	–	4,4,6,6-Tetramethylbenzobicyclo[3.1.0]hex-2-ene		M0734
144	85	186	116	57	59	86	155	186	100	59	53	43	37	31	23	12		6	6	3	2	–	–	–	1	–	–	–	–	2-Imino-6-methoxycarbonyl-2,3-dihydro-1,3-thiazin-4-one		01047
144	115	116	43	145	186	63	89	186	100	40	16	15	11	10	6	5		12	10	2	–	–	–	–	–	–	–	–	–	1-Naphthol, acetate		06289
144	117	89	171	116	63	128	186	186	100	38	26	24	20	18	17	17		11	10	1	2	–	–	–	–	–	–	–	–	Acetamide, N-1-isoquinolinyl-	51640-00-7	S7726
144	129	186	158	143	115	128	171	186	100	88	82	49	39	36	33	28		13	14	1	–	–	–	–	–	–	–	–	–	2-Cyclohexen-1-one, 4-methyl-4-phenyl-	17429-36-6	R6983
151	109	79	47	49	152	186	61	186	100	71	19	9	5	4	4	3		4	8	4	–	1	–	–	–	1	–	–	–	Phosphoric acid, 2-chlorovinyl dimethyl ester	17027-41-7	R6588
151	109	79	47	49	152	186	110	186	100	74	17	7	6	5	4	2		4	8	4	–	1	–	–	–	1	–	–	–	Phosphoric acid, 2-chlorovinyl dimethyl ester	17027-41-7	R6587
151	117	119	153	47	101	31	69	186	100	68	64	63	39	32	25	23	0.00	2	–	–	–	3	–	3	–	–	–	–	–	Ethane, 2,2,2-trichloro-1,1,1-trifluoro-		W0126
151	153	117	119	70	101	121	29	186	100	69	67	63	41	29	20	20	0.00	2	–	–	–	3	–	3	–	–	–	–	–	Ethane, 2,2,2-trichloro-1,1,1-trifluoro-	354-58-5	Q0573
154	155	67	95	125	127	59	186	186	100	90	47	41	40	36	33	9		9	14	4	–	–	–	–	–	–	–	–	–	2-Butenedioic acid, 2-ethyl-3-methyl-, dimethyl ester, (Z)-	41654-26-6	08690
155	127	186	126	77	128	187	156	186	100	95	92	23	18	18	16	15		12	10	2	–	–	–	–	–	–	–	–	–	2-Naphthalenecarboxylic acid, methyl ester	2459-25-8	Q8142
155	127	186	126	128	77	187	156	186	100	95	90	22	17	16	15	14		12	10	2	–	–	–	–	–	–	–	–	–	2-Naphthalenecarboxylic acid, methyl ester	2459-25-8	Q8144
155	157	186	127	99	63	156	188	186	100	32	26	18	14	10	8	7		8	7	3	–	1	–	–	–	–	–	–	–	Benzoic acid, 3-chloro-4-hydroxy-, methyl ester	3964-57-6	Q9965
158	29	103	102	130	76	129	75	186	100	97	89	85	85	80	73	58	13.54	10	6	2	2	–	–	–	–	–	–	–	–	2,3-Quinoxalinedicarboxaldehyde	3138-76-9	Q9042
158	186	102	51	130	76	75	58	186	100	71	40	30	25	17	14	9		11	6	3	–	–	–	–	–	–	–	–	–	2H-Furo[2,3-h]-1-benzopyran-2-one	523-50-2	Q1605
170	156	101	115	63	126	113	75	186	100	68	60	55	55	53	50	50	41.00	10	6	2	2	–	–	–	–	–	–	–	–	Benz[cd]indazole 1,2-dioxide		M1050
171	45	172	43	64	173	59	186	186	100	20	18	14	9	9	7	7		7	18	–	2	–	–	–	–	–	–	2	–	Bis(trimethylsilyl)carbodiimide	1000-70-0	08512
171	117	143	59	73	45	85	133	186	100	71	43	25	20	12	11	11	0.40	8	18	1	–	–	–	–	–	–	–	2	–	Disiloxane, 1,1,3,3-tetramethyl-1,3-divinyl-	2627-95-4	Q8450
171	117	143	59	73	133	85	45	186	100	80	49	18	13	8	8	7	0.00	8	18	1	–	–	–	–	–	–	–	2	–	1,2-Divinyltetramethyldisiloxane		M0647
171	117	143	59	73	133	159	45	186	100	80	47	32	23	14	11	11	0.00	8	18	1	–	–	–	–	–	–	–	2	–	1,2-Divinyltetramethyldisiloxane		M3251
171	156	186	141	128	155	115	129	186	100	51	22	19	16	15	14	11		14	18	–	–	–	–	–	–	–	–	–	–	Benzene, 1,3,5-trimethyl-2-(3-methyl-1,3-butadienyl)-	55649-45-1	T1738
171	169	167	170	173	89	87	129	186	100	74	57	27	20	18	14	13	5.00	8	16	–	–	–	–	–	–	–	–	–	1	Germane, trimethyl(3-methyl-1-butynyl)-	61228-16-8	T5627

MASS TO CHARGE RATIOS								M.W.	INTENSITIES								Parent	C	H	O	N	Cl	Br	F	S	P	B	Si	X	COMPOUND NAME	CAS Reg No	No
171	172	73	186	173	45	155	100	**186**	100	16	12	10	7	3	2	2		7	18	–	2	–	–	–	–	–	–	2	–	**Bis(trimethylsilyl)carbodiimide**		**16744**
171	186	43	41	39	27	15	42	**186**	100	58	47	35	34	26	25	22		14	18	–	–	–	–	–	–	–	–	–	–	**s-Indacene, 1,2,3,5,6,7-hexahydro-4,8-dimethyl-**	55836-31-2	**H2202**
171	186	43	41	39	27	15	42	**186**	100	60	47	35	34	26	24	22		14	18	–	–	–	–	–	–	–	–	–	–	**s-Indacene, 1,2,3,5,6,7-hexahydro-4,8-dimethyl-**		**V0216**
171	186	78	172	92	185	170	127	**186**	100	40	15	12	10	8	8	7		12	10	–	–	–	–	–	1	–	–	–	–	**2H-Naphtho[1,8-bc]thiophene, 2-methyl-**		**L2604**
171	186	78	172	92	185	170	187	**186**	100	40	14	13	10	9	8	7		12	10	–	–	–	–	–	1	–	–	–	–	**2H-Naphtho[1,8-bc]thiophene, 2-methyl-**	10397-12-3	**R3810**
171	186	93	94	137	65	67	78	**186**	100	90	37	28	28	23	20	18		7	11	–	2	–	–	–	1	1	–	–	–	**N-(Dimethylthiophosphinyl)-2-aminopyridine**		**16270**
171	186	115	44	172	43	143	63	**186**	100	50	33	14	13	11	11	10		12	10	2	–	–	–	–	–	–	–	–	–	**1-Naphthol, 2-acetyl-**	574-19-6	**Q2226**
171	186	115	143	172	168	43	187	**186**	100	67	34	13	12	11	9	9		12	10	2	–	–	–	–	–	–	–	–	–	**1-Naphthol, 2-acetyl-**	711-79-5	**Q3827**
171	186	129	128	172	115	143	141	**186**	100	35	23	21	14	12	11	8		14	18	–	–	–	–	–	–	–	–	–	–	**Naphthalene, 1,2-dihydro-3-tert-butyl-**		**V0315**
171	186	156	155	185	116	130	143	**186**	100	60	43	30	22	17	17	13		12	14	–	2	–	–	–	–	–	–	–	–	**1H-Pyrido[3,4-b]indole, 2,3,4,9-tetrahydro-1-methyl-**	2506-10-7	**Q8236**
171	186	157	156	185	130	154	143	**186**	100	57	44	35	22	17	14	13		12	14	–	2	–	–	–	–	–	–	–	–	**1H-Pyrido[3,4-b]indole, 2,3,4,9-tetrahydro-1-methyl-**	2506-10-7	**Q8235**
185	119	186	148	120	92	132	39	**186**	100	58	58	52	31	23	17	15		11	10	1	2	–	–	–	–	–	–	–	–	**4(1H)-Quinazolinone, 2,3-dihydro-3-(2-propynyl)-**	31084-13-6	**S3195**
185	186	115	67	129	117	130	91	**186**	100	90	27	25	24	18	16	13		13	14	1	–	–	–	–	–	–	–	–	–	**Cyclohexanone, (E)-2-benzylidene-**		**14871**
186	28	157	143	145	129	144	131	**186**	100	50	24	20	19	18	17	16		14	18	–	–	–	–	–	–	–	–	–	–	**Tricyclo[7.5.0.0$^{(4,8)}$]tetradeca-1(9),2,4(8)-triene**		**00532**
186	51	77	135	83	50	58	76	**186**	100	29	23	22	15	15	13	12		10	6	–	2	–	–	–	1	–	–	–	–	**Isothiazole, 4-cyano-3-phenyl-**		**L4293**
186	59	141	127	142	15	42	43	**186**	100	26	22	19	11	9	5	5		2	3	2	–	–	–	–	–	–	–	–	1	**Iodoacetic acid**		**Z1383**
186	66	65	38	93	63	92		**186**	100	71	50	46	15	15	10			6	6	3	2	–	–	–	1	–	–	–	–	**6,7-Dihydrothieno[3,2-c]-pyridazin-3(2H)-one S,S-dioxide**		**M6612**
186	76	52	103	130	93	63	131	**186**	100	14	12	9	8	7	7	6		9	6	1	4	–	–	–	–	–	–	–	–	**Pyrazolo[3,2-c]benzo-as-triazine-8-ol**		**M3855**
186	76	52	187	103	130	63	93	**186**	100	14	12	10	9	8	7	7		9	6	1	4	–	–	–	–	–	–	–	–	**Pyrazolo[5,1-c][1,2,4]benzotriazin-8-ol**	14394-47-9	**R5186**
186	77	51	78	80	187	39	109	**186**	100	29	23	20	17	15	11	11		12	10	2	–	–	–	–	–	–	–	–	–	**Phenol, 2-phenoxy-**	2417-10-9	**Q7993**
186	77	51	187	129	39	157	78	**186**	100	17	14	13	11	11	10	10		12	10	2	–	–	–	–	–	–	–	–	–	**Phenol, x-phenoxy-**		**Z1390**
186	77	109	51	187	39	78	129	**186**	100	16	15	14	13	10	10	7		12	10	2	–	–	–	–	–	–	–	–	–	**Phenol, 4-phenoxy-**	831-82-3	**Q4318**
186	104	158	76	187	157	129	115	**186**	100	27	20	20	14	13	13	12		12	10	2	–	–	–	–	–	–	–	–	–	**2,3-Dimethylnaphthoquinone**		**04922**
186	107	123	90	171	63	80	64	**186**	100	45	42	35	29	26	23	14		7	10	2	2	–	–	–	1	–	–	–	–	**Hydrazine, [4-(methylsulphonyl)phenyl]-**	877-66-7	**Q4459**
186	114	113	72	109	81	55	36	**186**	100	80	31	30	18	16	13	12		7	10	2	2	–	–	–	1	–	–	–	–	**Carbonothioic acid, O-ethyl S-(1-methyl-1H-imidazol-2-yl) ester**	497-98-3	**Q1289**
186	114	113	72	109	81	55	36	**186**	100	80	31	30	18	16	13	12		7	10	2	2	–	–	–	1	–	–	–	–	**1-Methoxy-2-ethoxycarbonylthioimidazole**		**02191**
186	114	158	187	113	115	188	159	**186**	100	61	50	41	36	36	34	33		10	6	–	2	–	–	–	1	–	–	–	–	**[1]Benzothieno[2,3-d]pyridazine**	244-92-8	**Q0108**
186	117	31	93	155	167	98	136	**186**	100	63	61	25	18	18	10	10		6	–	–	–	–	–	6	–	–	–	–	–	**Benzene, hexafluoro-**		**Y1295**
186	117	155	93	69	136	167	31	**186**	100	48	15	14	13	10	9	6		6	–	–	–	–	–	6	–	–	–	–	–	**Benzene, hexafluoro-**		**D0636**
186	117	155	167	93	136	187	31	**186**	100	40	15	15	13	8	8	5		6	–	–	–	–	–	6	–	–	–	–	–	**Benzene, hexafluoro-**	392-56-3	**Q0662**
186	121	56	187	184	95	93	81	**186**	100	42	26	13	8	6	5	5		10	10	–	–	–	–	–	–	–	–	–	1	**Ferrocene**	102-54-5	**P7555**
186	121	187	56	184	93	39	95	**186**	100	25	15	14	10	7	5	5		10	10	–	–	–	–	–	–	–	–	–	1	**Ferrocene**	102-54-5	**P7557**
186	129	104	118	158	91			**186**	100	70	63	60	51	50				14	18	–	–	–	–	–	–	–	–	–	–	**1-Phenyl-cis-bicyclo[5.1.0]octane**		**L1764**
186	129	115	130	117	77	67	91	**186**	100	58	54	47	38	30	29	27		13	14	1	–	–	–	–	–	–	–	–	–	**2-Phenylcyclohept-2-en-1-one**		**14872**
186	141	114	158	187	142	44	45	**186**	100	87	40	21	19	18	17	17		7	10	2	2	–	–	–	1	–	–	–	–	**5-Thiazolecarboxylic acid, 2-amino-4-methyl-, ethyl ester**	7210-76-6	**R2957**
186	144	39	111	41	112	187	188	**186**	100	76	38	33	17	13	11	10		8	10	1	–	–	–	–	2	–	–	–	–	**2-Furancarbodithioic acid, propyl ester**	27249-80-5	**S1657**
186	145	185	131	146	159	117	160	**186**	100	73	40	35	27	27	23	19		12	14	–	2	–	–	–	–	–	–	–	–	**5H-Pyrido[2,3-b]indole, 6,7,8,9-tetrahydro-4-methyl-**	23612-73-9	**S0280**
186	157	158	131	187	139	128	185	**186**	100	28	23	22	13	12	11	11		12	10	2	–	–	–	–	–	–	–	–	–	**2,2′-Diphenol**	1806-29-7	**Q6776**
186	158	102	51	130	50	76	187	**186**	100	74	28	24	17	15	15	15		11	6	3	–	–	–	–	–	–	–	–	–	**7H-Furo[3,2-g][1]benzopyran-7-one**	66-97-7	**P5273**
186	158	145	129	128	143	115	157	**186**	100	78	35	33	32	32	25	25		14	18	–	–	–	–	–	–	–	–	–	–	**1,2,3,4,5,6,7,8-Octahydrophenanthrene**		**V0299**
186	158	145	143	129	41	128	157	**186**	100	74	38	31	29	24	24	22		14	18	–	–	–	–	–	–	–	–	–	–	**1,2,3,4,5,6,7,8-Octahydrophenanthrene**		**Y1976**
186	158	145	143	129	128	115	157	**186**	100	79	37	32	31	30	23	23		14	18	–	–	–	–	–	–	–	–	–	–	**1,2,3,4,5,6,7,8-Octahydrophenanthrene**		**Y1733**
186	159	187	142	115	114	132	188	**186**	100	24	13	11	8	7	7	5		10	6	–	2	–	–	–	1	–	–	–	–	**Thiazolo[4,5-f]quinoline**	233-75-0	**Q0098**
186	159	187	142	115	132	188	114	**186**	100	23	13	9	6	6	5	5		10	6	–	2	–	–	–	1	–	–	–	–	**Thiazolo[5,4-f]quinoline**	234-48-0	**Q0099**
186	170	105	18	120	139	81	92	**186**	100	54	32	26	24	23	22	21		12	10	2	–	–	–	–	–	–	–	–	–	**1,2-Benzenediol, 4-phenyl-**		**Z1377**
186	170	142	141	115	114	103	63	**186**	100	63	55	42	37	33	18	11		10	6	2	2	–	–	–	–	–	–	–	–	**3-Quinolinecarbonitrile, 1,2-dihydro-1-hydroxy-2-oxo-**	16166-26-0	**R6063**
186	171	77	107	92	123	78	95	**186**	100	87	86	86	63	57	19	12		8	10	3	–	–	–	–	1	–	–	–	–	**Anisole, 4-(methylsulphonyl)-**	3517-90-6	**Q9489**
186	171	77	107	92	123	155	76	**186**	100	88	86	86	62	55	11	11		8	10	3	–	–	–	–	1	–	–	–	–	**Anisole, 4-(methylsulphonyl)-**	3517-90-6	**Q9490**
186	171	143	187	141	128	142	115	**186**	100	31	17	15	14	13	12	12		13	14	1	–	–	–	–	–	–	–	–	–	**1-Naphthol, 2,5,8-trimethyl-**	33583-02-7	**H1967**
186	184	55	182	130	128	142	144	**186**	100	97	65	62	50	45	40	40		4	8	–	–	–	–	–	–	–	–	–	1	**Tellurophene, tetrahydro-**	3465-99-4	**Q9433**
186	185	51	184	77	187	39	65	**186**	100	46	26	23	14	14	11	9		12	10	–	–	–	–	–	1	–	–	–	–	**Diphenyl sulphide**		**Y0637**
186	185	51	184	187	77	65	92	**186**	100	52	23	21	16	14	9	8		12	10	–	–	–	–	–	1	–	–	–	–	**Diphenyl sulphide**	139-66-2	**P9753**
186	185	91	165	183	109	39	184	**186**	100	70	33	31	29	19	17	15		13	11	–	–	–	–	1	–	–	–	–	–	**Benzene, 1-fluoro-3-benzyl-**	1496-00-0	**Q6114**
186	185	115	129	67	117	128	91	**186**	100	99	60	46	39	36	27	24		13	14	1	–	–	–	–	–	–	–	–	–	**Cyclohexanone, 2-benzylidene-**	5682-83-7	**R1669**
186	185	184	153	152	141	171	115	**186**	100	67	28	23	20	18	17	12		12	10	–	–	–	–	–	1	–	–	–	–	**Thiophene, 2-styryl-**		**L4644**
186	187	170	93	157	131	128	185	**186**	100	13	12	11	11	7	6	6		12	10	2	–	–	–	–	–	–	–	–	–	**4,4′-Diphenol**		**G0183**

MASS TO CHARGE RATIOS								M.W.	INTENSITIES								Parent	C	H	O	N	Cl	Br	F	S	P	B	Si	X	COMPOUND NAME	CAS Reg No	No
186	187	184	128	185	93	131	157	**186**	100	14	10	9	7	6	6	6		12	10	2	–	–	–	–	–	–	–	–	–	**4,4′-Diphenol**	92-88-6	**P6751**
186	188	123	61	87	125	63	62	**186**	100	66	51	29	19	17	14	12		8	4	1	–	2	–	–	–	–	–	–	–	**Benzofuran, 5,7-dichloro-**	23145-06-4	**S0088**
186	188	123	61	87	125	63	86	**186**	100	65	50	29	19	17	14	14		8	4	1	–	2	–	–	–	–	–	–	–	**Benzofuran, 5,7-dichloro-**		**L6644**
186	188	143	145	171	173	77	63	**186**	100	98	42	41	34	34	15	15		7	7	1	–	–	1	–	–	–	–	–	–	**Anisole, 2-bromo-**		**Z1387**
186	188	145	143	171	173	92	79	**186**	100	95	75	70	51	51	25	21		7	7	1	–	–	1	–	–	–	–	–	–	**Anisole, 4-bromo-**	104-92-7	**P7766**
186	188	151	115	116	173	171	136	**186**	100	68	39	39	35	29	25	20		9	8	–	–	2	–	–	–	–	–	–	–	**3,4-Dichloro-α-methylstyrene**		**Z1371**
186	188	173	171	143	145	63	64	**186**	100	97	35	26	23	22	14	10		7	7	1	–	–	1	–	–	–	–	–	–	**Anisole, 4-bromo-**		**C0772**
28	187	156	82	100	129	44	42	**187**	100	99	78	39	16	15	15	9		7	9	3	1	–	–	–	1	–	–	–	–	**Acetic acid, (3-methyl-4-oxo-2-thiazolidinylidene)-, methyl ester**	56196-67-9	**T2991**
30	43	114	72	44	41	60	87	**187**	100	54	28	24	17	16	13	12	**5.00**	9	17	3	1	–	–	–	–	–	–	–	–	**Hexanoic acid, 6-acetylamino-, methyl ester**		**M5893**
30	75	113	87	44	45	97	57	**187**	100	91	90	62	60	48	41	41	**0.00**	7	9	3	1	–	–	–	1	–	–	–	–	**L-Serine, 3-(2-thienyl)-**	32595-59-8	**S3781**
31	46	45	30	115	68	142	187	**187**	100	91	85	81	78	61	56	47		7	9	3	1	–	–	–	1	–	–	–	–	**Acetic acid, (4-oxo-2-thiazolidinylidene)-, ethyl ester**	24146-36-9	**S0467**
43	57	41	55	42	68	69	71	**187**	100	67	66	58	54	42	40	40	**13.60**	6	10	–	5	1	–	–	–	–	–	–	–	**1,3,5-Triazine-2,4-diamine, 6-chloro-N-ethyl-N′-methyl-**	3084-92-2	**Q9004**
43	71	115	41	55	46	45	73	**187**	100	79	76	38	34	31	24	17	**0.07**	9	17	3	1	–	–	–	–	–	–	–	–	**Butanamide, N-formyl-2-hydroxy-3-methyl-2-isopropyl-**	56440-42-7	**T3641**
43	86	128	99	88	29	28	30	**187**	100	77	72	45	36	28	27	26	**0.21**	9	17	3	1	–	–	–	–	–	–	–	–	**DL-Isoleucine, N-acetyl-, methyl ester**	56247-42-8	**T3110**
43	145	28	44	187	99	27	42	**187**	100	68	30	14	14	12	10	9		5	5	3	3	–	–	–	1	–	–	–	–	**2-Acetamido-5-nitrothiazole**		**L7872**
43	145	28	187	44	99	27	98	**187**	100	68	30	14	14	12	10	9		5	5	3	3	–	–	–	1	–	–	–	–	**2-Acetamido-5-nitrothiazole**		**05650**
43	158	41	55	68	145	160	42	**187**	100	68	34	33	31	27	20	18	**16.90**	6	10	–	5	1	–	–	–	–	–	–	–	**1,3,5-Triazine-2,4-diamine, 6-chloro-N-propyl-**	37019-16-2	**S5453**
44	45	46	72	128	142	42	114	**187**	100	27	22	18	18	18	17	17	**14.00**	9	17	3	1	–	–	–	–	–	–	–	–	**2-Propenoic acid, 3-(dimethylamino)-3-ethoxy-, ethyl ester**	49582-72-1	**S7151**
55	126	41	42	56	83	39	98	**187**	100	92	78	63	40	37	35	26	**22.32**	9	17	1	1	–	–	–	1	–	–	–	–	**1H-Azepine-1-carbothioic acid, hexahydro-, S-ethyl ester**	2212-67-1	**Q7621**
58	71	116	115	72	57	187	42	**187**	100	99	99	80	77	57	45	37		13	17	–	1	–	–	–	–	–	–	–	–	**1,4-Methanonaphthalen-2-amine, 1,2,3,4-tetrahydro-N,N-dimethyl-, (1α,2α,4α)-**	62594-25-6	**T6217**
58	85	70	84	72	42	44	59	**187**	100	49	28	27	24	17	17	15	**11.00**	10	25	–	3	–	–	–	–	–	–	–	–	**N-(2-Dimethylaminoethyl)-N-(3-dimethylaminopropyl)methylamine**		**D2116**
58	126	56	41	158	73	55	109	**187**	100	15	14	13	12	9	7	6	**0.00**	11	25	1	1	–	–	–	–	–	–	–	–	**3-Decanamine, 3-methoxy-**	56009-24-6	**T2534**
58	126	56	41	158	73	109	64.5	**187**	100	14	13	13	11	9	6	6	**0.00**	11	25	1	1	–	–	–	–	–	–	–	–	**8-Decanamine, 3-methoxy-**		**M1446**
63	30	140	75	111	126	62	187	**187**	100	87	85	67	48	46	39	39		7	6	3	1	1	–	–	–	–	–	–	–	**Benzene, 4-chloro-2-methoxy-1-nitro-**	6627-53-8	**R2415**
72	43	114	44	30	102	57	55	**187**	100	89	73	37	32	30	23	19	**1.60**	9	17	3	1	–	–	–	–	–	–	–	–	**DL-Valine, N-acetyl-, ethyl ester**	56430-36-5	**T3596**
77	30	187	51	129	46	50	75	**187**	100	69	58	52	29	28	24	22		7	6	3	1	1	–	–	–	–	–	–	–	**Phenol, 4-chloro-5-methyl-2-nitro-**	7147-89-9	**R2877**
79	36	52	93	38	51	43	28	**187**	100	79	71	44	32	32	26	25	**0.00**	7	10	1	3	1	–	–	–	–	–	–	–	**Pyridinium, 1-(2-hydrazino-2-oxoethyl)-, chloride**	1126-58-5	**Q5455**
80	39	28	187	27	18	51	58	**187**	100	41	38	35	27	23	22	22		12	13	1	1	–	–	–	–	–	–	–	–	**2-(4-Methoxybenzyl)-pyrrole**		**M2767**
80	108	154	81	73	75	90	120	**187**	100	8	7	6	5	4	4	3	**0.00**	7	10	1	3	1	–	–	–	–	–	–	–	**Pyridinium, 1-(2-hydrazino-2-oxoethyl)-, chloride**	1126-58-5	**Q5457**
85	87	57	41	39	29	271	44	**187**	100	41	26	20	11	7	7	6	**0.00**	5	10	2	–	–	–	–	–	–	–	–	1	**Propanoic acid, 2,2-dimethyl-, rubidium salt**	70205-79-7	**T7573**
85	98	41	55	44	18	99	27	**187**	100	43	19	17	15	10	9	8	**0.00**	10	21	2	1	–	–	–	–	–	–	–	–	**Octanoamide, N-(2-hydroxymethyl)-**		**00009**
85	98	44	29	31	41	27	55	**187**	100	40	24	22	21	21	19	18	**0.00**	10	21	2	1	–	–	–	–	–	–	–	–	**Octanoamide, N-(2-hydroxymethyl)-**		**C1687**
86	43	128	30	88	28	41	15	**187**	100	59	41	30	19	16	13	12	**0.85**	9	17	3	1	–	–	–	–	–	–	–	–	**DL-Norleucine, N-acetyl-, methyl ester**	56247-43-9	**T3111**
86	128	43	30	44	88	28	98	**187**	100	58	49	31	24	21	13	11	**0.28**	9	17	3	1	–	–	–	–	–	–	–	–	**L-Leucine, N-acetyl-, methyl ester**	1492-11-1	**Q6109**
86	128	43	30	44	88	28	99	**187**	100	59	50	30	25	22	14	12	**0.70**	9	17	3	1	–	–	–	–	–	–	–	–	**DL-Leucine, N-acetyl-, methyl ester**	57289-25-5	**T4453**
88	100	130	87	86	142	101	128	**187**	100	68	42	23	18	12	9	9	**3.00**	10	21	2	1	–	–	–	–	–	–	–	–	**Acetamide, N-(3-hydroxypropyl)-N-pentyl-**	54789-41-2	**S9637**
88	100	130	87	86	142	172	128	**187**	100	68	42	23	18	12	9	9	**3.00**	10	21	2	1	–	–	–	–	–	–	–	–	**Acetamide, N-(3-hydroxypropyl)-N-pentyl-**		**M4469**
91	36	122	38	65	92	35	39	**187**	100	56	29	21	15	15	8	7	**0.00**	7	5	–	2	2	–	–	–	–	–	–	–	**Hydrazine, benzyl-, dihydrochloride**	20570-96-1	**R8732**
91	77	187	51	65	117	131	63	**187**	100	61	58	56	54	36	33	32		10	9	1	3	–	–	–	–	–	–	–	–	**1H-1,2,4-Triazole-3-carboxaldehyde, 5-benzyl-**	56804-99-0	**09684**
91	77	187	51	65	117	131	116	**187**	100	61	58	56	54	36	33	32		10	9	1	3	–	–	–	–	–	–	–	–	**1H-1,2,4-Triazole-3-carboxaldehyde, 5-benzyl-**		**M8258**
93	187	95	68	94	188	40	65	**187**	100	54	48	9	8	6	5	5		10	9	1	3	–	–	–	–	–	–	–	–	**1H-Imidazole-4-carboxamide, N-phenyl-**	13189-13-4	**R4351**
93	187	95	68	94	188	67	65	**187**	100	54	48	9	8	6	5	5		10	9	1	3	–	–	–	–	–	–	–	–	**5-(N-Phenylcarbamoyl)imidazole**		**02195**
96	56	91	58	42	65	41	97	**187**	100	90	19	15	12	7	6	6	**0.00**	13	17	–	1	–	–	–	–	–	–	–	–	**Benzenepropylamine, 2-amino-, N-methyl-N-propargyl-**		**15420**
96	187	42	186	159	69	91	129	**187**	100	81	79	20	20	19	18	16		13	17	–	1	–	–	–	–	–	–	–	–	**1-Azabicyclo[2.2.2]octane, 4-phenyl-**	51069-11-5	**S7556**
100	173	158	144	101	116	87	187	**187**	100	32	20	19	17	17	14	14		10	21	2	1	–	–	–	–	–	–	–	–	**Butanoic acid, 2-(isopropylamino)-, isopropyl ester**	56771-54-1	**09664**
104	158	144	187	55	41	186	132	**187**	100	78	77	70	45	43	41	40		13	17	–	1	–	–	–	–	–	–	–	–	**Cyclohexylamine, N-benzylidene-**	2211-66-7	**Q7618**
104	187	159	76	102	103	50	52	**187**	100	91	82	52	47	38	28	25		8	5	1	5	–	–	–	–	–	–	–	–	**4,5-Dihydro-5-oxo-tetrazolo[1,5-a]quinazoline**		**D2123**
106	67	72	54	42	28	55	82	**187**	100	55	55	38	33	25	25	25	**9.51**	9	17	1	1	–	–	–	1	–	–	–	–	**Carbamic acid, dimethylthio-, O-cyclohexyl ester**	21299-34-3	**R9220**
106	107	104	187	77	64	105	78	**187**	100	71	24	19	18	18	11	11		7	9	3	1	–	–	–	1	–	–	–	–	**4-Methyl-2or3-sulpho-aniline**		**D1460**
114	43	144	42	41	70	57	115	**187**	100	66	44	41	39	37	26	24	**3.00**	10	21	2	1	–	–	–	–	–	–	–	–	**Norvaline, 2-propyl-, ethyl ester**	6148-32-9	**R2102**
115	139	128	142	141	129	187	116	**187**	100	35	32	32	29	22	20	19		11	9	2	1	–	–	–	–	–	–	–	–	**Naphthalene, 2-methyl-1-nitro-**		**D0705**
115	143	29	142	68	45	27	187	**187**	100	57	52	44	43	41	36	32		7	9	3	1	–	–	–	1	–	–	–	–	**3-Thiophenecarboxylic acid, 2-amino-4-hydroxy-, ethyl ester**	16694-23-8	**R6373**
115	143	29	142	68	45	27	187	**187**	100	63	59	51	48	43	40	36		7	9	3	1	–	–	–	1	–	–	–	–	**3-Thiophenecarboxylic acid, 2-amino-4-hydroxy-, ethyl ester**	16694-23-8	**R6374**

MASS TO CHARGE RATIOS								M.W.	INTENSITIES								Parent	C	H	O	N	Cl	Br	F	S	P	B	Si	X	COMPOUND NAME	CAS Reg No	No
115	187	141	139	129	128	142	63	**187**	100	77	48	40	39	38	38	25		11	9	2	1	–	–	–	–	–	–	–	–	Naphthalene, 2-methyl-1-nitro-	881-03-8	**Q4469**
117	90	89	144	145	116	118	187	**187**	100	40	35	14	11	10	9	6		12	13	1	1	–	–	–	–	–	–	–	–	2-Acetyl-3,3-dimethylindolenine		**01436**
117	187	71	118	116	130	188		**187**	100	34	19	10	6	4	4			12	13	1	1	–	–	–	–	–	–	–	–	1H-Indole, 1-(tetrahydro-2-furanyl)-	50640-00-1	**S7392**
121	172	120	106	187	91	77		**187**	100	59	45	36	31	14	12			13	17	–	1	–	–	–	–	–	–	–	–	Aniline, N-(1,1-dimethyl-2-propynyl)-2,6-dimethyl-	69611-42-3	**T7165**
123	106	91	124	93	122	107	121	**187**	100	56	14	9	7	7	7	6	**0.00**	7	5	–	2	2	–	–	–	–	–	–	–	Hydrazine, benzyl-, dihydrochloride	20570-96-1	**R8734**
126	55	41	83	40	42	187	56	**187**	100	91	43	37	32	27	25	25		9	17	1	1	–	–	–	1	–	–	–	–	1H-Azepine-1-carbothioic acid, hexahydro-, S-ethyl ester	2212-67-1	**Q7622**
128	86	99	43	88	57	30	41	**187**	100	93	60	57	47	23	19	18	**0.50**	9	17	3	1	–	–	–	–	–	–	–	–	L-Isoleucine, N-acetyl-, methyl ester, erythro-	2256-76-0	**Q7743**
128	90	187	129	186	127	102	117	**187**	100	51	45	43	39	38	31	24		11	9	2	1	–	–	–	–	–	–	–	–	5(4H)-Isoxazolone, 4-benzylidene-3-methyl-	16430-09-4	**R6179**
129	130	115	128	91	51	127	40	**187**	100	90	57	36	20	18	18	14	**0.00**	12	13	1	1	–	–	–	–	–	–	–	–	6-Azatetracyclo[6.5.0.0$^{(1,7)}$.0$^{(4,11)}$]trideca-2,12-dien-5-one	56689-39-5	**T4088**
129	157	128	130	187	158	156	188	**187**	100	22	16	12	9	3	2	1		11	9	2	1	–	–	–	–	–	–	–	–	2-Quinolinecarboxylic acid, methyl ester	19575-07-6	**R8199**
129	187	75	51	101	130	77	103	**187**	100	51	22	17	11	11	8	7		9	5	2	3	–	–	–	–	–	–	–	–	5(4H)-Isoxazolone, 4-diazo-3-phenyl-	56666-67-2	**09453**
130	159	39	187	131	158	63	64	**187**	100	92	86	62	53	41	39	38		11	9	2	1	–	–	–	–	–	–	–	–	4-Methyl-2,5-dioxo-2,5-dihydro-1H-benz[b]azepine		**05727**
130	159	187	131	63	92	50	77	**187**	100	92	62	53	39	36	16	15		11	9	2	1	–	–	–	–	–	–	–	–	4-Methyl-2,5-dioxo-2,5-dihydro-1H-1-benz[b]azepine		**B0031**
130	159	187	131	158	63	92	65	**187**	100	91	61	54	40	39	35	31		11	9	2	1	–	–	–	–	–	–	–	–	4-Methyl-2,5-dioxo-2,5-dihydro-1H-benz[b]azepine		**L2032**
131	103	77	187	104	132	51	102	**187**	100	37	22	18	13	12	8	7		12	13	1	1	–	–	–	–	–	–	–	–	N-Allyl-3-phenylpropenamide		**W0185**
131	145	171	144	157	119	116	185	**187**	100	87	84	51	32	32	31	30	**0.70**	13	17	–	1	–	–	–	–	–	–	–	–	1-Cyano-3,4-dimethyl-6-isobutenyl-1,4-cyclohexadiene		**M7477**
143	115	144	187	145	142	89	116	**187**	100	54	52	36	34	25	24	24		11	9	2	1	–	–	–	–	–	–	–	–	Indole-3-acrylic acid	1204-06-4	**Q5749**
143	186	169	187	172	156	115		**187**	100	75	75	45	45	45	40			12	13	1	1	–	–	–	–	–	–	–	–	2-(1-Hydroxyethyl)-8-methyl-quinoline		**M2794**
144	145	130	187	143	77	115	188	**187**	100	22	15	12	7	6	6	6		13	17	–	1	–	–	–	–	–	–	–	–	1H-Indole, 1-butyl-3-methyl-		**X1437**
144	159	63	187	91	76	115	102	**187**	100	56	41	37	35	34	34	19		12	13	1	1	–	–	–	–	–	–	–	–	2,6-Dihydro-2,2,4-trimethyl-6-oxoquinoline		**P1607**
144	187	145	130	143	77	115	188	**187**	100	42	22	15	7	6	6	6		13	17	–	1	–	–	–	–	–	–	–	–	1H-Indole, 1-butyl-3-methyl-	1914-00-7	**H1269**
145	117	129	158	90	128	89	41	**187**	100	38	24	20	18	18	17	13	**9.00**	12	13	1	1	–	–	–	–	–	–	–	–	Quinoline, 2-propoxy-	945-83-5	**Q4792**
145	117	129	158	90	128	89	146	**187**	100	37	24	20	18	18	17	12	**9.61**	12	13	1	1	–	–	–	–	–	–	–	–	Quinoline, 2-propoxy-	945-83-5	**Q4793**
145	128	187	117	77	51	41	89	**187**	100	44	26	24	23	20	13	12		12	13	1	1	–	–	–	–	–	–	–	–	2(1H)-Quinolinone, 1-propyl-	944-70-7	**Q4781**
145	128	187	117	89	90	130	146	**187**	100	44	26	25	14	12	12	12		12	13	1	1	–	–	–	–	–	–	–	–	2(1H)-Quinolinone, 1-propyl-	944-70-7	**Q4782**
145	144	146	187	143	188	101	99	**187**	100	9	7	6	6	5	4	4		13	17	–	1	–	–	–	–	–	–	–	–	Isoquinoline, 1-butyl-3,4-dihydro-	33351-43-8	**S4146**
152	117	91	116	90	89	154	187	**187**	100	82	80	58	40	39	34	34		8	7	–	1	2	–	–	–	–	–	–	–	Methane, dichloro(4-tolylimido)-		**D1564**
152	137	36	134	65	92	38	91	**187**	100	63	61	46	41	34	28	21	**0.00**	8	12	1	2	1	–	–	–	–	–	–	–	Hydrazine, (2-methoxy-5-methylphenyl)-, hydrochloride	65208-14-2	**T6551**
155	41	170	86	39	43	44	55	**187**	100	77	65	52	50	48	41	38	**0.00**	9	17	3	1	–	–	–	–	–	–	–	–	Butanoic acid, 2-(aminocarbonyl)-3-methyl-2-isopropyl-	7499-15-2	**R3252**
170	187	141	142	129	128	44	115	**187**	100	75	66	58	28	22	17	17		13	17	–	1	–	–	–	–	–	–	–	–	9-Amino-2,3-benzobicyclo[3.3.1]nonane		**M2052**
170	187	171	128	115	127	77	129	**187**	100	58	25	18	8	8	7	7		12	13	1	1	–	–	–	–	–	–	–	–	Quinoline, 2,3,4-trimethyl-, 1-oxide	14300-13-1	**R5121**
171	187	129	144	128	102	117	130	**187**	100	98	94	72	71	62	62	60		10	9	1	3	–	–	–	–	–	–	–	–	Isoquinolinium, 2-[(aminocarbonyl)amino]-, hydroxide, inner salt	31382-96-4	**S3266**
172	187	116	43	89	144	63	117	**187**	100	76	54	48	23	22	14	14		11	9	2	1	–	–	–	–	–	–	–	–	2H-Indol-2-one, 1,3-dihydro-3-(2-oxopropylidene)-	6524-20-5	**R2343**
172	187	129	144	174	189	131	52	**187**	100	48	44	36	33	16	14	12		8	10	2	1	1	–	–	–	–	–	–	–	Aniline, 5-chloro-2,4-dimethoxy-	97-50-7	**P7102**
172	187	144	117	115	154	91	145	**187**	100	47	38	24	23	13	13	10		12	13	1	1	–	–	–	–	–	–	–	–	4H-Pyrrolo[3,2,1-ij]quinolin-4-one, 1,2,5,6-tetrahydro-6-methyl-	40135-95-3	**S6227**
172	187	174	129	144	189	173	131	**187**	100	43	32	19	15	14	8	6		8	10	2	1	1	–	–	–	–	–	–	–	Aniline, 4-chloro-2,5-dimethoxy-	6358-64-1	**R2265**
172	187	174	144	129	189	173	78	**187**	100	49	34	24	23	17	10	9		8	10	2	1	1	–	–	–	–	–	–	–	Aniline, 4-chloro-2,5-dimethoxy-		**D1568**
172	187	174	189	129	144	173	188	**187**	100	54	31	18	14	13	8	6		8	10	2	1	1	–	–	–	–	–	–	–	Aniline, 4-chloro-3,5-dimethoxy-		**D1588**
185	184	170	156	186	168	182	169	**187**	100	96	33	17	14	13	11	7	**0.00**	13	17	–	1	–	–	–	–	–	–	–	–	1,7-Trimethylene-2,3-dimethylindole		**M5741**
186	187	183	158	144	146	159	143	**187**	100	81	80	65	33	30	19	16		13	17	–	1	–	–	–	–	–	–	–	–	Aniline, N-(2-cyclohexenyl)-N-methyl-		**L8843**
186	187	183	158	144	146	159	143	**187**	100	81	80	65	33	30	19	16		13	17	–	1	–	–	–	–	–	–	–	–	Aniline, N-1-cyclohexen-1-yl-N-methyl-	10468-26-5	**R3865**
186	187	183	158	144	146	159	182	**187**	100	81	80	65	33	30	19	15		13	17	–	1	–	–	–	–	–	–	–	–	Aniline, N-(2-cyclohexenyl)-N-methyl-		**L8731**
187	42	186	43	130	104	96	129	**187**	100	88	35	32	31	21	20	20		13	17	–	1	–	–	–	–	–	–	–	–	1-Azabicyclo[2.2.2]octane, 3-phenyl-	58822-88-1	**T5089**
187	43	116	145	144	89	188	117	**187**	100	54	44	33	31	21	14	14		11	9	2	1	–	–	–	–	–	–	–	–	2-Quinolinol, 4-acetyl-		**05252**
187	43	116	172	145	144	101	89	**187**	100	54	44	42	33	30	30	21		11	9	2	1	–	–	–	–	–	–	–	–	2-Quinolinone, 4-acetyl-		**B0066**
187	76	169	130	104	77	50	105	**187**	100	94	36	28	28	21	18	18		11	9	2	1	–	–	–	–	–	–	–	–	Phthalimide, N-allyl-		**L1029**
187	77	144	51	39	28	104	115	**187**	100	57	56	37	11	11	10	8		10	9	1	3	–	–	–	–	–	–	–	–	anti-4-Formyl-1-phenyl-pyrazole, oxime		**L8837**
187	103	104	77	130	186	188	51	**187**	100	33	33	21	19	17	16	15		11	9	2	1	–	–	–	–	–	–	–	–	2(1H)-Pyridinone, 4-hydroxy-6-phenyl-	17424-17-8	**R6938**
187	104	85	69	168	83	50	31	**187**	100	99	88	55	36	17	9	8		–	–	1	1	–	–	5	–	2	–	–	–	Trifluorophosphazophosphonyl fluoride		**L5898**
187	121	56	39	122	95	67	161	**187**	100	99	40	19	16	11	11	10		9	9	–	1	–	–	–	–	–	–	–	1	π-Cyclopentadienyl-π-pyrrolyl iron		**02811**
187	121	56	134	160	95	188	122	**187**	100	94	31	16	14	13	12	11		9	9	–	1	–	–	–	–	–	–	–	1	Azaferrocene		**L3881**
187	130	131	186	117	89	71	69	**187**	100	62	39	37	27	22	19	18		12	13	1	1	–	–	–	–	–	–	–	–	1H-Indole, 2-(tetrahydro-2-furanyl)-	50640-01-2	**S7393**
187	156	128	186	77	102	127	188	**187**	100	86	44	44	20	13	13	13		11	9	2	1	–	–	–	–	–	–	–	–	Cinnamic acid, α-cyano-, methyl ester	3695-84-9	**Q9682**
187	170	115	141	188	70.5	142	63	**187**	100	39	30	14	14	11	11	10		11	9	2	1	–	–	–	–	–	–	–	–	Indole-3-acrylic acid		**05050**
187	172	144	77	103	115	102	143	**187**	100	99	97	36	34	25	24	24		12	13	1	1	–	–	–	–	–	–	–	–	1H-Indole, 2-acetyl-1,3-dimethyl-	16244-26-1	**R6093**
187	186	103	104	77	76	51	144	**187**	100	29	24	21	7	6	4	4		9	9	–	5	–	–	–	–	–	–	–	–	1,3,5-Triazine-2,4-diamine, 6-phenyl-	91-76-9	**P6667**

MASS TO CHARGE RATIOS								M.W.	INTENSITIES								Parent	C	H	O	N	Cl	Br	F	S	P	B	Si	X	COMPOUND NAME	CAS Reg No	No
187	186	103	104	188	77	76	51	**187**	100	29	24	21	10	7	6	4		9	9	–	5	–	–	–	–	–	–	–	–	1,3,5-Triazine-2,4-diamine, 6-phenyl-	91-76-9	P6666
187	186	172	173	188	28	170	171	**187**	100	74	67	12	12	9	9	9		13	17	–	1	–	–	–	–	–	–	–	–	1H-Indole, 1,2,3,5,7-pentamethyl-	54789-37-6	S9635
187	186	172	188	171	173	170	128	**187**	100	66	64	14	11	10	10	9		13	17	–	1	–	–	–	–	–	–	–	–	1,2,3,4,7-Pentamethylindole		M5476
187	186	189	188	78	81	77	51	**187**	100	73	59	53	42	41	37	36		7	8	–	1	2	–	–	–	–	1	–	–	Boranamine, 1,1-dichloro-N-methyl-N-phenyl-	1125-73-1	Q5441
189	187	126	128	79	191	91	82	**187**	100	98	87	61	41	36	30	17		3	–	–	1	3	–	–	1	–	–	–	–	3,4,5-Trichloroisothiazole		D1654
29	27	43	73	143	160	55	45	**188**	100	36	30	30	27	19	16	12	**0.70**	9	16	4	–	–	–	–	–	–	–	–	–	Propanedioic acid, ethyl-, diethyl ester	133-13-1	H0620
29	42	43	143	87	55	115	45	**188**	100	51	26	24	22	21	20	18	**0.00**	9	16	4	–	–	–	–	–	–	–	–	–	Diethyl glutarate	818-38-2	Q4205
29	88	87	116	59	73	143	18	**188**	100	72	52	49	38	32	30	28	**14.01**	9	16	4	–	–	–	–	–	–	–	–	–	Propanedioic acid, dimethyl-, diethyl ester	1619-62-1	Q6346
29	143	114	87	42	55	43	115	**188**	100	90	54	49	48	46	45	31	**0.00**	9	16	4	–	–	–	–	–	–	–	–	–	Diethyl glutarate		D0059
30	29	57	68	125	113	85	68	**188**	100	32	30	16	16	16	16	16	**0.00**	7	12	4	2	–	–	–	–	–	–	–	–	1,6-Dimethyl-8-nitro-isooxazolizidine		L6744
30	36	28	123	32	77	38	95	**188**	100	82	69	69	44	29	26	25	**0.00**	8	11	2	1	1	–	–	–	–	–	–	–	Benzyl alcohol, α-(aminomethyl)-4-hydroxy-, hydrochloride	4502-14-1	R0510
30	99	43	41	67	44	45	110	**188**	100	95	60	50	48	48	41	41	**0.00**	7	12	4	2	–	–	–	–	–	–	–	–	2,5-Dimethyl-3a-nitro-perhydro-2H-isoxazolo[2,3-b]isoxazole		L7668
30	99	43	41	67	44	110	45	**188**	100	93	62	50	46	46	42	39	**0.00**	7	12	4	2	–	–	–	–	–	–	–	–	2,6-Dimethyl-8-nitro-isooxazolizidine		L6743
30	114	57	74	171	142	45	143	**188**	100	39	8	8	7	5	4	4	**0.80**	8	16	3	2	–	–	–	–	–	–	–	–	L-Lysine, N^2-acetyl-	1946-82-3	09214
32	30	57	68	85	113	43	41	**188**	100	30	30	17	15	15	15	14	**0.00**	7	12	4	2	–	–	–	–	–	–	–	–	2,4-Dimethyl-3a-nitro-perhydro-2H-isoxazolo[2,3-b]isoxazole		L7669
41	43	55	56	69	57	70	83	**188**	100	87	74	50	45	44	41	34	**7.00**	11	24	–	–	–	–	–	1	–	–	–	–	1-Undecanethiol	5332-52-5	R1305
41	43	89	73	105	45	72	27	**188**	100	85	77	61	52	43	38	37	**34.00**	9	16	2	–	–	–	–	1	–	–	–	–	Propyl 3-(prop-2′-enylthio)propionate		05588
41	43	132	57	130	42	76	56	**188**	100	97	75	65	54	33	33	32	**21.50**	8	12	1	–	–	–	–	2	–	–	–	–	2-Thiophenethiol, 5-(1,1-dimethylethoxy)-	54789-36-5	S9634
41	89	73	188	43	105	146	129	**188**	100	81	73	66	59	58	40	39		9	16	2	–	–	–	–	1	–	–	–	–	Isopropyl 3-(prop-2′-enylthio)propionate		05589
43	30	88	60	72	56	44	116	**188**	100	78	75	67	65	55	43	39	**34.00**	8	16	1	2	–	–	–	1	–	–	–	–	N,N-Diethyl-N′-acetylthioglycinamide		M1286
43	41	145	55	42	76	89	56	**188**	100	77	73	57	57	44	42	41	**38.66**	11	24	–	–	–	–	–	1	–	–	–	–	Octyl propyl sulphide		01988
43	45	84	44	70	55	130	56	**188**	100	99	91	83	53	49	35	27	**2.26**	9	20	2	2	–	–	–	–	–	–	–	–	β-Alanine, N-(4-aminobutyl)-, ethyl ester	16545-40-7	R6250
43	56	15	115	103	68	41	55	**188**	100	20	11	9	8	7	7	5	**0.00**	9	16	4	–	–	–	–	–	–	–	–	–	1,3-Diacetoxy-2,2-dimethylpropane		03049
43	57	69	89	41	87	129	131	**188**	100	66	43	42	40	40	39	39	**0.00**	11	24	2	–	–	–	–	–	–	–	–	–	Pentane, 1,1-dipropoxy-	13112-64-6	H1704
43	69	41	47	130	145	188		**188**	100	90	49	13	8	6	2			8	12	3	–	–	–	–	1	–	–	–	–	Cyclopropane, 1-(acetoxy)acetyl-1-(methylthio)-		M0715
43	69	45	29	41	99	114	86	**188**	100	69	60	35	30	28	28	28	**0.00**	9	16	4	–	–	–	–	–	–	–	–	–	Butanoic acid, 2-methyl-2-(methoxy methyl)-3-oxo-, ethyl ester		L1220
43	74	115	113	69	41	112	87	**188**	100	21	16	12	11	11	11	10	**1.39**	9	16	4	–	–	–	–	–	–	–	–	–	Hexanoic acid, 5-(acetyloxy)-, methyl ester	35234-22-1	S4895
43	87	117	45	159	41	129	103	**188**	100	84	51	49	38	31	27	23	**11.00**	9	21	3	–	–	–	–	–	–	1	–	–	Boric acid, tripropyl ester		02494
43	101	59	71	97	41	55	31	**188**	100	69	50	37	23	20	17	17	**0.00**	9	16	4	–	–	–	–	–	–	–	–	–	Hexose, 2,3-dideoxy-5,6-O-isopropylidene-	54798-89-9	S9654
43	131	188	187	145	103	173	77	**188**	100	77	59	29	26	26	15	14		12	12	2	–	–	–	–	–	–	–	–	–	2,4-Pentanedione, 3-benzylidene-		M7013
43	145	69	41	55	112	128	56	**188**	100	26	21	19	16	16	11	7	**6.51**	10	20	1	–	–	–	–	1	–	–	–	–	Ethanethioic acid, S-octyl ester	2432-34-0	Q8034
43	145	188	146	41	119	39	125	**188**	100	95	55	52	19	6	5	5		10	11	–	–	–	–	3	–	–	–	–	–	Benzene, 2-butyl-1,3,4-trifluoro-	22872-43-1	R9980
43	145	188	146	41	119	132	159	**188**	100	97	54	53	18	9	7	5		10	11	–	–	–	–	3	–	–	–	–	–	1,2,4-Trifluoro-3-butylbenzene		M2160
43	173	188	115	128	129	15	131	**188**	100	54	33	13	9	9	9	8		13	16	1	–	–	–	–	–	–	–	–	–	1H-Indene, 2,3-dihydro-1,1,-dimethyl-4-acetyl-	55591-10-1	T1677
43	188	146	173	145	102	131	103	**188**	100	92	47	34	34	27	17	16		12	12	2	–	–	–	–	–	–	–	–	–	1H-Indene, 3-acetyl-2-methoxy-	23194-50-5	S0111
43	188	146	173	145	102	131	103	**188**	100	91	47	33	32	28	17	16		12	12	2	–	–	–	–	–	–	–	–	–	3-Acetyl-2-methoxy-bicyclo[4.3.0]nonane		M0436
44	43	57	42	89	41	142	55	**188**	100	96	88	71	62	49	43	30	**0.00**	9	20	2	2	–	–	–	–	–	–	–	–	Octylamine, N-methyl-N-nitro-		03864
44	77	105	51	145	188	63	78	**188**	100	70	67	50	20	19	15	7		10	8	2	2	–	–	–	–	–	–	–	–	3-Isoxazolecarboxamide, 5-phenyl-	23088-52-0	S0072
44	82	128	72	80	43	79	99	**188**	100	90	78	76	71	39	38	36	**0.00**	8	16	3	2	–	–	–	–	–	–	–	–	Alanylvaline		L7625
44	99	43	41	55	57	86	69	**188**	100	82	49	38	34	33	22	18	**11.00**	9	16	2	–	–	–	–	1	–	–	–	–	1,4-Dioxaspiro[4.5]decane, 8-(methylthio)-	55103-51-0	T0261
44	153	155	109	43	27	111	41	**188**	100	4	4	4	4	3	3	2	**0.00**	3	3	–	–	2	1	–	–	–	–	–	–	Cyclopropane, 1-bromo-1,2-dichloro-	24071-63-4	S0451
45	55	59	115	42	41	27	29	**188**	100	81	52	51	29	27	25	21	**0.60**	8	12	5	–	–	–	–	–	–	–	–	–	2-Pentenedioic acid, 2-methoxy-, dimethyl ester	56009-33-7	T2543
45	57	71	43	29	42	41	103	**188**	100	76	51	49	35	32	31	23	**0.83**	10	20	3	–	–	–	–	–	–	–	–	–	2,4-Dimethyl-6-butoxy-1,3-dioxan, trans-		C0693
45	71	43	115	57	29	41	56	**188**	100	85	62	58	57	41	34	28	**2.20**	10	20	3	–	–	–	–	–	–	–	–	–	2,4-Dimethyl-6-butoxy-1,3-dioxan, cis-		C0692
45	109	47	36	73	63	46	61	**188**	100	94	83	80	77	61	49	43	**8.90**	4	9	2	–	1	–	–	2	–	–	–	–	5-Chloro-2,4-dithiahexane 2,2-dioxide		14855
55	29	27	54	39	133	135	188	**188**	100	11	9	9	9	7	7	6		4	7	–	–	3	–	–	–	–	–	1	–	Silane, 2-butenyltrichloro-, (Z)-	49749-84-0	S7216
55	41	60	69	45	43	83	84	**188**	100	80	61	51	46	42	41	39	**0.00**	9	16	4	–	–	–	–	–	–	–	–	–	Nonanedioic acid	123-99-9	P9387
55	60	152	84	69	83	111	98	**188**	100	94	79	74	70	66	57	48	**0.02**	9	16	4	–	–	–	–	–	–	–	–	–	Nonanedioic acid		C0114
55	92	97	91	96	188			**188**	100	86	62	55	44	33				14	20	–	–	–	–	–	–	–	–	–	–	Benzylcycloheptane		L1765
55	111	143	115	59	114	73	101	**188**	100	98	60	58	56	48	40	38	**0.00**	9	16	4	–	–	–	–	–	–	–	–	–	Hexanedioic acid, ethyl methyl ester		C2151
57	28	41	76	29	43	132	77	**188**	100	25	23	14	12	10	9	8	**4.03**	11	25	–	–	–	–	–	–	1	–	–	–	Phosphine, di-tert-butylisopropyl-	25032-49-9	S0906
57	29	55	41	43	131	98	56	**188**	100	17	9	8	6	6	5	4	**3.19**	10	20	1	–	–	–	–	1	–	–	–	–	Propanethioic acid, S-heptyl ester	2432-45-3	Q8043
57	43	76	41	132	58	89	61	**188**	100	28	15	15	12	7	6	5	**4.31**	10	21	1	–	–	–	–	–	1	–	–	–	Phosphine, acetyldi-tert-butyl-	26058-95-7	S1226

MASS TO CHARGE RATIOS								M.W.	INTENSITIES								Parent	C	H	O	N	Cl	Br	F	S	P	B	Si	X	COMPOUND NAME	CAS Reg No	No
57	43	76	41	132	89	58	188	**188**	100	29	15	14	11	7	7	5		10	21	1	–	–	–	–	–	1	–	–	–	**Phosphine, acetyldi-tert-butyl-**		**M7847**
57	58	41	77	29	188	43	83	**188**	100	84	70	60	50	42	39	31		9	20	–	2	–	–	–	1	–	–	–	–	**Thiourea, N,N′-di-tert-butyl-**	4041-95-6	**R0019**
57	73	99	45	43	41	55	29	**188**	100	36	35	23	17	17	12	10	**0.00**	11	24	2	–	–	–	–	–	–	–	–	–	**2-Butanol, 3-(1,3,3-trimethylbutoxy)-**	74810-44-9	**T8696**
57	86	45	43	41	128	39	69	**188**	100	61	50	38	29	19	16	13	**0.00**	9	16	4	–	–	–	–	–	–	–	–	–	**2H-Pyran-2-methanol, 3,6-dihydro-3-hydroxy-6-isopropoxy-**	56196-34-0	**T2955**
57	115	157	101	97	79	55	67	**188**	100	73	68	37	23	19	17	15	**2.00**	10	20	3	–	–	–	–	–	–	–	–	–	**2-Butoxy-6-hydroxymethyl-tetrahydropyran**		**L9947**
57	127	43	41	55	159	29	109	**188**	100	56	28	23	17	15	13	8	**0.14**	10	20	1	–	–	–	–	1	–	–	–	–	**Octanethioic acid, S-ethyl ester**	2432-84-0	**Q8064**
58	42	77	15	130	30	28	59	**188**	100	17	7	7	7	7	4	4	**2.20**	12	16	–	2	–	–	–	–	–	–	–	–	**Tryptamine, N,N-dimethyl-**	61-50-7	**P5098**
58	44	188	130	42	143	59	77	**188**	100	21	6	5	4	4	3	2		12	16	–	2	–	–	–	–	–	–	–	–	**Tryptamine, N,N-dimethyl-**	61-50-7	**P5099**
58	44	188	130	143	42	59	144	**188**	100	21	5	4	4	3	3	2		12	16	–	2	–	–	–	–	–	–	–	–	**Tryptamine, N,N-dimethyl-**		**02568**
59	41	29	43	58	27	115	56	**188**	100	74	70	59	55	53	44	44	**0.00**	11	24	2	–	–	–	–	–	–	–	–	–	**Propane, 2,2-dibutoxy-**		**04686**
59	57	43	71	41	29	55	56	**188**	100	38	34	33	22	18	15	13	**0.00**	11	24	2	–	–	–	–	–	–	–	–	–	**Octane, 1-(1-methoxyethoxy)-**	54789-26-3	**S9631**
60	55	41	69	84	152	83	111	**188**	100	98	87	76	69	68	61	50	**0.00**	9	16	4	–	–	–	–	–	–	–	–	–	**Nonanedioic acid**		**C0289**
66	105	122	77	65	39	67	40	**188**	100	82	56	51	45	35	32	30	**5.41**	12	12	2	–	–	–	–	–	–	–	–	–	**2-Cyclopenten-1-ol, benzoate**	29555-16-6	**S2572**
69	29	59	41	31	71	45	27	**188**	100	48	48	43	43	41	33	32	**0.24**	10	20	3	–	–	–	–	–	–	–	–	–	**1,5-Dioxonane, 2-ethoxy-9-methyl-**	55702-56-2	**06949**
69	31	55	56	29	57	39	87	**188**	100	96	89	80	77	57	52	46	**0.64**	10	20	3	–	–	–	–	–	–	–	–	–	**Pentanoic acid, tetrahydrofuranyl ester**		**P0092**
69	31	169	50	119	100	12	19	**188**	100	29	25	9	9	7	2	1	**0.00**	3	–	–	–	–	–	8	–	–	–	–	–	**Propane, octafluoro-**		**Y0729**
69	59	128	41	73	113	88	129	**188**	100	88	81	54	48	45	45	44	**0.00**	9	16	4	–	–	–	–	–	–	–	–	–	**Pentanedioic acid, 2,4-dimethyl-, dimethyl ester**		**P4006**
69	129	97	41	102	55	59	87	**188**	100	56	55	37	25	22	20	17	**0.00**	9	16	4	–	–	–	–	–	–	–	–	–	**Pentanedioic acid, 2,2-dimethyl-, dimethyl ester**	13051-32-6	**R4164**
69	131	45	43	57	41	71	87	**188**	100	74	67	41	19	18	17	13	**0.00**	11	24	2	–	–	–	–	–	–	–	–	–	**Nonane, 2-hydroxyethoxy-**		**Z1403**
69	169	31	119	100	50	70	170	**188**	100	24	11	11	7	6	1	1	**0.00**	3	–	–	–	–	–	8	–	–	–	–	–	**Propane, octafluoro-**		**G0241**
71	43	41	27	39	29	55	47	**188**	100	99	35	31	27	25	25	15	**0.00**	5	11	1	–	2	–	–	–	1	–	–	–	**Neopentylphosphonyldichloride**		**00219**
71	43	55	72	188	27	41	105	**188**	100	55	7	5	5	4	4	4		10	20	1	–	–	–	–	1	–	–	–	–	**Butanethioic acid, S-hexyl ester**		**X1882**
71	43	55	72	188	41	105	29	**188**	100	55	7	5	5	4	4	3		10	20	1	–	–	–	–	1	–	–	–	–	**Butanethioic acid, S-hexyl ester**	2432-54-4	**Q8052**
71	43	59	73	55	41	42	129	**188**	100	76	41	23	19	15	8	8	**0.00**	11	24	2	–	–	–	–	–	–	–	–	–	**Methane, bis(2-methyl-2-butanyloxy)-**	54699-28-4	**S9438**
71	43	101	41	57	55	56	44	**188**	100	72	24	20	16	11	11	8	**0.00**	11	24	2	–	–	–	–	–	–	–	–	–	**Methane, bis(neopentyloxy)-**	4457-17-4	**R0468**
71	70	43	41	112	57	55	56	**188**	100	75	56	32	29	27	21	17	**0.20**	12	12	2	–	–	–	–	–	–	–	–	–	**Butanoic acid, 2-ethylhexyl ester**		**C1198**
72	89	188	88	116	60	44	56	**188**	100	44	40	19	15	14	13	11		9	20	–	2	–	–	–	1	–	–	–	–	**Thiourea, tetraethyl-**	4274-15-1	**R0279**
72	188	88	60	116	44	29	30	**188**	100	40	19	16	15	14	10	10		9	20	–	2	–	–	–	1	–	–	–	–	**Thiourea, tetraethyl-**	4274-15-1	**R0280**
72	188	88	116	60	44	56	127	**188**	100	39	19	17	17	14	11	5		9	20	–	2	–	–	–	1	–	–	–	–	**Thiourea, tetraethyl-**		**M2195**
73	71	127	41	57	159	45	67	**188**	100	32	29	20	19	16	14	12	**0.00**	11	24	2	–	–	–	–	–	–	–	–	–	**3-Decanol, 8-methoxy-**		**M1443**
73	71	127	109	41	57	159	45	**188**	100	32	30	26	20	20	18	16	**0.00**	11	24	2	–	–	–	–	–	–	–	–	–	**3-Decanol, 8-methoxy-**	30571-74-5	**S2942**
73	75	117	173	131	43	159	103	**188**	100	50	49	41	36	25	16	10	**0.00**	10	24	1	–	–	–	–	–	–	–	1	–	**Silane, (2-heptyloxy)trimethyl-**		**P3290**
73	99	173	100	74	45	114	59	**188**	100	20	13	11	9	9	6	6	**2.00**	9	24	–	–	–	–	–	–	–	–	2	–	**Propane, 1,3-bis(trimethylsilyl)-**		**L2108**
73	115	55	83	157	41	59	128	**188**	100	54	53	49	46	37	37	31	**0.00**	9	16	4	–	–	–	–	–	–	–	–	–	**Pentanedioic acid, 3,3-dimethyl-, dimethyl ester**	19184-67-9	**R8025**
73	131	75	159	29	45	43	59	**188**	100	68	57	44	27	19	11	9	**0.67**	10	24	1	–	–	–	–	–	–	–	1	–	**Silane, (3-heptyloxy)trimethyl-**		**04256**
73	147	45	75	44	148	43	190	**188**	100	67	19	14	14	9	9	7	**0.09**	8	16	3	–	–	–	–	–	–	–	1	–	**Butanoic acid, 3-methyl-2-oxo-, trimethylsilyl ester**	74367-70-7	**T8024**
73	157	115	128	83	43	141	55	**188**	100	88	76	57	51	42	37	32	**0.00**	9	16	4	–	–	–	–	–	–	–	–	–	**Pentanedioic acid, 3,3-dimethyl-, dimethyl ester**	19184-67-9	**R8024**
75	73	130	97	129	81	131	45	**188**	100	50	47	39	34	33	21	20	**3.00**	9	20	2	–	–	–	–	–	–	–	1	–	**Cyclohexanol, 4-[(trimethylsilyl)oxy]-, trans-**	54725-69-8	**S9555**
75	73	173	43	145	45	146	47	**188**	100	49	34	29	25	15	10	8	**1.09**	8	16	3	–	–	–	–	–	–	–	1	–	**Pentanoic acid, 4-oxo-, trimethylsilyl ester**	55557-12-5	**T1564**
75	73	173	117	45	43	132	41	**188**	100	82	58	24	21	17	14	13	**1.70**	9	20	2	–	–	–	–	–	–	–	1	–	**Hexanoic acid, trimethylsilyl ester**	14246-15-2	**R5073**
75	73	173	117	45	131	132	174	**188**	100	90	65	27	12	12	10	10	**1.20**	9	20	2	–	–	–	–	–	–	–	1	–	**Hexanoic acid, trimethylsilyl ester**		**15370**
75	117	55	59	83	115	58	74	**188**	100	50	35	25	25	24	17	15	**0.00**	10	20	3	–	–	–	–	–	–	–	–	–	**Methyl 3-methoxyoctanoate**		**P3327**
76	77	44	109	51	78	110	32	**188**	100	32	21	20	19	19	17	15	**8.00**	7	5	–	–	1	–	–	2	–	–	–	–	**Carbonochloridodithioic acid, phenyl ester**	16911-89-0	**R6528**
77	131	132	76	50	188	105	160	**188**	100	96	95	90	88	78	73	70		11	8	3	–	–	–	–	–	–	–	–	–	**1,4-Naphthalenedione, 2-hydroxy-3-methyl-**	483-55-6	**Q1084**
78	45	142	46	156	124	64	110	**188**	100	98	71	63	50	41	34	33	**31.00**	2	4	–	–	–	–	–	5	–	–	–	–	**1,2,3,5,6-Pentathiepane**		**01658**
80	28	41	79	39	81	67	43	**188**	100	56	44	36	30	27	25	24	**0.00**	9	16	2	–	–	–	–	1	–	–	–	–	**Thiacyclododec-3-en-1,1-dioxide**	69688-52-4	**T7291**
80	79	67	41	54	39	91	77	**188**	100	57	22	21	17	17	16	12	**3.55**	14	20	–	–	–	–	–	–	–	–	–	–	**1,3,7,11-Cyclotetradecatetraene**	61142-50-5	**T5463**
82	79	77	81	51	54	78	52	**188**	100	58	41	39	17	17	9	8	**6.00**	11	12	1	2	–	–	–	–	–	–	–	–	**1H-Imidazole-1-ethanol, α-phenyl-**	24155-47-3	**S0474**
83	90	41	55	188	92	109	70	**188**	100	21	19	17	10	6	4	4		9	13	2	–	1	–	–	–	–	–	–	–	**2-Chloro-2-methyldimedone**		**L1093**
87	43	99	143	173	55	71	85	**188**	100	48	38	26	16	5	5	5	**0.00**	9	16	4	–	–	–	–	–	–	–	–	–	**1,3-Dioxolane-2-propanoic acid, 2-methyl-, ethyl ester**	941-43-5	**Q4757**
87	43	99	143	173	88	71	55	**188**	100	49	39	27	17	7	6	5	**0.00**	9	16	4	–	–	–	–	–	–	–	–	–	**1,3-Dioxolane-2-propanoic acid, 2-methyl-, ethyl ester**		**M4548**
87	43	99	143	173	88	71	85	**188**	100	55	43	30	20	7	7	7	**0.00**	9	16	4	–	–	–	–	–	–	–	–	–	**1,3-Dioxolane-2-propanoic acid, 2-methyl-, ethyl ester**	941-43-5	**Q4758**
87	43	173	31	126				**188**	100	71	15	11	1				**0.00**	10	20	3	–	–	–	–	–	–	–	–	–	**1,3-Dioxolane-2-hexanol, 2-methyl-**		**M4563**
87	43	173	113	69	88	41	59	**188**	100	63	13	10	7	6	5	5	**0.00**	9	16	4	–	–	–	–	–	–	–	–	–	**1,3-Dioxolane-2-propanol, 2-methyl-, acetate**	29021-95-2	**S2321**
87	45	43	173	129	41	59	86	**188**	100	90	83	66	40	36	25	24	**0.30**	9	21	3	–	–	–	–	–	–	1	–	–	**Boric acid, triisopropyl ester**	5419-55-6	**R1415**

MASS TO CHARGE RATIOS								M.W.	INTENSITIES								Parent	C	H	O	N	Cl	Br	F	S	P	B	Si	X	COMPOUND NAME	CAS Reg No	No
87	45	43	173	129	41	59	131	**188**	100	90	83	66	40	36	25	24	**0.25**	9	21	3	–	–	–	–	–	–	1	–	–	**Boric acid, triisopropyl ester**		**W0017**
87	166	88	143	70	115	188	161	**188**	100	80	79	54	41	27	7	1		9	16	4	–	–	–	–	–	–	–	–	–	**2,2-Propanedioic acid, diethyl ester**		**M0028**
89	41	43	55	159	69	57	61	**188**	100	82	75	72	56	53	48	40	**28.00**	11	24	–	–	–	–	–	1	–	–	–	–	**Decane, 3-(methylthio)-**		**M1442**
89	41	43	71	29	55	27	69	**188**	100	65	62	53	43	38	34	28	**0.00**	10	20	3	–	–	–	–	–	–	–	–	–	**Decanoic acid, 2-hydroxy-**	5393-81-7	**R1377**
89	43	45	46	70	47	188	61	**188**	100	31	10	8	6	5	4	4		7	12	2	2	–	–	–	1	–	–	–	–	**L-5-Propylthiomethylhydantoin**		**16980**
91	43	130	84	97	104	92	105	**188**	100	67	63	55	55	21	19	19	**3.00**	13	16	1	–	–	–	–	–	–	–	–	–	**3-Hepten-2-one, 7-phenyl-**	33191-93-4	**S3997**
91	43	130	97	84	104	105	92	**188**	100	74	59	57	56	22	20	19	**2.00**	13	16	1	–	–	–	–	–	–	–	–	–	**3-Hepten-2-one, 7-phenyl-**	33191-93-4	**S3998**
91	92	188	55	41	104	39	69	**188**	100	98	31	31	30	16	15	14		14	20	–	–	–	–	–	–	–	–	–	–	**1-Phenyl-3-cyclopentylpropane**		**03517**
91	119	65	188	42	77			**188**	100	24	20	11	8	5				10	12	–	4	–	–	–	–	–	–	–	–	**Acetonitrile, amino-, N-methyl-N-p-tolyl-**		**M1477**
91	119	135	41	120	78	92	163	**188**	100	52	42	36	34	26	25	44	**0.00**	11	12	1	2	–	–	–	–	–	–	–	–	**2-Cyano-2-phenylbutamide**		**B0267**
91	136	53	92	65	119	39	27	**188**	100	40	14	13	11	11	7	5	**5.40**	12	12	2	–	–	–	–	–	–	–	–	–	**1-Methyl-2-propynylphenol, acetate**		**Z1398**
91	188	157	92	65	97	186	189	**188**	100	22	15	12	10	10	8	2		11	12	1	2	–	–	–	–	–	–	–	–	**1H-Imidazole-2-methanol, 1-benzyl-**	5376-10-3	**R1367**
92	55	91	41	97	188	39	93	**188**	100	37	33	21	12	12	11	8		14	20	–	–	–	–	–	–	–	–	–	–	**1-Phenyl-2-cyclohexylethane**		**Y0597**
92	55	91	41	188	93	39	27	**188**	100	75	68	40	26	26	22	18		14	20	–	–	–	–	–	–	–	–	–	–	**1-Phenyl-2-cyclohexylethane**		**V0275**
92	91	41	55	188	39	104	70	**188**	100	82	35	33	27	19	13	12		14	20	–	–	–	–	–	–	–	–	–	–	**1-Phenyl-3-cyclopentylpropane**		**Y0598**
92	91	41	188	55	39	56	104	**188**	100	87	38	32	30	15	14	13		14	20	–	–	–	–	–	–	–	–	–	–	**1-Phenyl-3-cyclopentylpropane**		**Y1839**
92	91	55	188	41	97	93	65	**188**	100	37	34	16	16	10	8	8		14	20	–	–	–	–	–	–	–	–	–	–	**1-Phenyl-2-cyclohexylethane**		**Y1841**
94	95	81	136	57	41	55	43	**188**	100	57	56	51	50	49	48	32	**0.00**	9	16	4	–	–	–	–	–	–	–	–	–	**Cyclohexanepropanoic acid, 3′,4′-dihydroxy-**		**P3441**
99	43	71	41	131	55	29	57	**188**	100	70	64	21	19	10	9	5	**0.52**	10	20	1	–	–	–	–	1	–	–	–	–	**Hexanethioic acid, S-butyl ester**	2432-79-3	**Q8059**
99	86	188	55	42	100	41	43	**188**	100	17	16	10	6	6	4	4		9	16	2	–	–	–	–	1	–	–	–	–	**1,4-Dioxaspiro[4.5]decane, 8-(methylthio)-**	55103-51-0	**T0262**
101	43	173	73	88	115			**188**	100	80	25	10	10	10			**0.00**	9	16	4	–	–	–	–	–	–	–	–	–	**1,3-Dioxane-2-acetic acid, 2-methyl- ethyl ester**		**M4555**
101	69	129	59	41	39	42	27	**188**	100	67	57	38	28	15	14	12	**5.00**	8	12	5	–	–	–	–	–	–	–	–	–	**2,5-Furandicarboxylic acid, tetrahydro-, dimethyl ester**	10260-41-0	**R3697**
102	160	89	159	50	63	75	76	**188**	100	72	35	26	19	19	19	16	**2.00**	11	8	3	–	–	–	–	–	–	–	–	–	**1,2-Naphthalenedione, 4-methoxy-**		**L4583**
103	47	75	57	105	104	73	97	**188**	100	83	75	13	13	12	10	8	**0.00**	10	20	3	–	–	–	–	–	–	–	–	–	**1,1-Diethoxy-4-methyl-2-pentanone**		**P3321**
103	57	47	75	55	85	143	97	**188**	100	52	40	37	35	34	30	28	**0.00**	11	24	2	–	–	–	–	–	–	–	–	–	**Heptane, 1,1-diethoxy-**	688-82-4	**H1047**
103	57	143	75	47	55	85	97	**188**	100	37	37	34	33	29	26	25	**0.00**	11	24	2	–	–	–	–	–	–	–	–	–	**Heptane, 1,1-diethoxy-**	688-82-4	**Q3701**
103	101	132	99	157	130	186	102	**188**	100	81	75	65	58	56	51	50	**9.90**	8	18	–	–	–	–	–	–	–	–	–	1	**Germacyclopentane, 1,1-diethyl-**	56438-25-6	**T3631**
104	91	132	131	117	145	174	159	**188**	100	84	60	42	38	14	8	1	**0.70**	14	20	–	–	–	–	–	–	–	–	–	–	**trans-1-(1′-Hexenyl)-2-ethynylcyclohexene**		**M6811**
104	117	91	115	188	118	105	116	**188**	100	97	28	21	17	13	10	7		14	20	–	–	–	–	–	–	–	–	–	–	**Benzene, 1-octenyl-**	29518-72-7	**S2553**
104	131	188	103	145	84	78	77	**188**	100	73	42	25	20	18	18	13		12	12	2	–	–	–	–	–	–	–	–	–	**5-Phenylcyclohexan-1,3-dione**		**L1106**
105	66	77	123	51	67	106	39	**188**	100	96	42	15	14	10	9	8	**0.00**	12	12	2	–	–	–	–	–	–	–	–	–	**3-Cyclopenten-1-ol, benzoate**	43019-84-7	**S7039**
105	77	43	51	160	118	90	115	**188**	100	74	67	36	36	33	25	16	**2.00**	10	8	2	2	–	–	–	–	–	–	–	–	**1,3-Butanedione, 2-diazo-1-phenyl-**	2009-96-3	**08178**
105	77	51	55	41	188	39	133	**188**	100	66	22	20	16	13	12	10		13	16	1	–	–	–	–	–	–	–	–	–	**Cyclohexyl phenyl ketone**	712-50-5	**Q3832**
105	106	41	39	27	104	91	55	**188**	100	86	44	39	37	32	30	29	**19.60**	14	20	–	–	–	–	–	–	–	–	–	–	**1-Phenyl-1-cyclohexylethane**		**Y0584**
105	106	91	55	41	188	83	104	**188**	100	86	29	27	27	18	17	14		14	20	–	–	–	–	–	–	–	–	–	–	**1-Phenyl-1-cyclohexylethane**		**Y1840**
105	106	91	55	83	188	77	41	**188**	100	81	27	19	18	17	16	15		14	20	–	–	–	–	–	–	–	–	–	–	**1-Phenyl-1-cyclohexylethane**		**V0037**
105	106	91	120	159	77	90	103	**188**	100	39	12	12	12	11	11	11	**0.60**	10	8	2	2	–	–	–	–	–	–	–	–	**1-Diazo-3,4-epoxy-4-phenyl-2-butanone**		**16716**
106	41	81	188	45	73	114	119	**188**	100	67	55	52	50	35	34	11		9	16	–	–	–	–	–	2	–	–	–	–	**trans-2,6-Dithiabicyclo[5.4.0]undecane**		**L3513**
109	31	50	188	79	64	110	69	**188**	100	82	32	23	20	16	15	7		2	–	–	2	–	1	3	–	–	–	–	–	**1,1,4-Trifluoro-4-bromo-2,3-diazabuta-1,3-diene**		**L1535**
109	39	59	89	57	31	27	33	**188**	100	35	34	28	16	11	7	7	**0.81**	4	4	–	–	–	1	3	–	–	–	–	–	**2-Butene, 1-bromo-1,1,2-trifluoro-**	74630-90-3	**T8236**
109	63	45	111	46	47	73	65	**188**	100	47	35	33	30	23	20	15	**5.40**	4	9	2	–	1	–	–	2	–	–	–	–	**6-Chloro-2,4-dithiahexane 2,2-dioxide**		**14853**
109	67	39	79	81	27	41	77	**188**	100	56	32	28	25	20	18	18	**1.00**	8	13	–	–	–	1	–	–	–	–	–	–	**Bicyclo[2.2.2]octane, 1-bromo-**	7697-09-8	**R3406**
109	83	57	81	107	110	63	50	**188**	100	27	10	10	10	8	8	6	**2.90**	7	6	–	–	–	1	1	–	–	–	–	–	**Benzene, 1-(bromomethyl)-4-fluoro-**	459-46-1	**Q0800**
109	188	190	69	108	65	50	45	**188**	100	39	39	26	24	22	19	14		6	5	–	–	–	1	–	1	–	–	–	–	**Benzenethiol, 4-bromo-**	106-53-6	**P7909**
111	29	55	59	43	73	143	114	**188**	100	86	83	71	56	46	43	42	**0.00**	9	16	4	–	–	–	–	–	–	–	–	–	**Hexanedioic acid, ethyl methyl ester**	18891-13-9	**R7851**
111	143	115	55	114	101	73	157	**188**	100	69	56	52	37	35	33	33	**0.00**	9	16	4	–	–	–	–	–	–	–	–	–	**Hexanedioic acid, ethyl methyl ester**	18891-13-9	**R7852**
111	188	105	77	28	39	51	187	**188**	100	92	73	72	55	48	41	17		11	8	1	–	–	–	–	1	–	–	–	–	**Thiophene, 2-benzoyl-**	135-00-2	**P9688**
111	188	105	77	51	187	189	39	**188**	100	98	37	24	12	11	11	11		11	8	1	–	–	–	–	1	–	–	–	–	**Thiophene, 2-benzoyl-**	135-00-2	**P9687**
115	51	43	188	116	39	42	117	**188**	100	47	44	39	38	36	35	33		12	12	2	–	–	–	–	–	–	–	–	–	**2-Cyclopenten-1-one, 4-hydroxy-2-methyl-3-phenyl-**	69745-73-9	**T7386**
115	55	45	59	129	42	41	101	**188**	100	87	77	70	63	33	27	27	**4.00**	8	12	5	–	–	–	–	–	–	–	–	–	**2-Pentenedioic acid, 2-methoxy-, dimethyl ester**	56009-33-7	**T2544**
115	55	69	59	73	128	74	40	**188**	100	94	87	83	80	58	57	51	**0.00**	9	16	4	–	–	–	–	–	–	–	–	–	**Hexanedioic acid, 3-methyl-, dimethyl ester**	54576-13-5	**S9323**
115	55	73	69	59	128	125	157	**188**	100	65	63	61	59	54	49	49	**0.00**	9	16	4	–	–	–	–	–	–	–	–	–	**Hexanedioic acid, 3-methyl-, dimethyl ester**	54576-13-5	**S9325**
115	73	43	75	173	131	61	159	**188**	100	81	77	45	43	43	20	19	**0.00**	10	24	1	–	–	–	–	–	–	–	1	–	**Silane, (3-heptyloxy)trimethyl-**		**P3287**
115	73	75	43	131	173	45	116	**188**	100	65	45	38	36	25	13	11	**0.00**	10	24	1	–	–	–	–	–	–	–	1	–	**Silane, (3-heptyloxy)trimethyl-**		**P3280**
115	73	157	55	59	69	128	125	**188**	100	54	52	50	50	47	46	40	**0.10**	9	16	4	–	–	–	–	–	–	–	–	–	**Hexanedioic acid, 3-methyl-, dimethyl ester**	54576-13-5	**S9324**
115	74	43	69	55	59	157	125	**188**	100	88	82	61	60	46	42	40	**0.06**	9	16	4	–	–	–	–	–	–	–	–	–	**Heptanedioic acid, dimethyl ester**		**C0174**

MASS TO CHARGE RATIOS								M.W.	INTENSITIES								Parent	C	H	O	N	Cl	Br	F	S	P	B	Si	X	COMPOUND NAME	CAS Reg No	No
115	74	55	59	69	157	41	43	**188**	100	81	78	63	60	49	47	45	**0.00**	9	16	4	–	–	–	–	–	–	–	–	–	Heptanedioic acid, dimethyl ester	1732-08-7	Q6624
115	74	157	128	83	125	124	69	**188**	100	50	44	41	31	26	22	21	**0.00**	9	16	4	–	–	–	–	–	–	–	–	–	Heptanedioic acid, dimethyl ester	1732-08-7	Q6625
115	188	116	142	114	158	89	70.5	**188**	100	59	14	14	14	13	12	10		10	8	2	2	–	–	–	–	–	–	–	–	5-Nitronaphthylamine		D0698
115	188	130	142	114	116	103	89	**188**	100	55	24	16	16	15	15	10		10	8	2	2	–	–	–	–	–	–	–	–	5-Nitronaphthylamine		D1063
115	188	142	116	114	171	189	140	**188**	100	59	29	12	10	8	7	7		10	8	2	2	–	–	–	–	–	–	–	–	1-Nitro-8-aminonaphthalene		D1064
115	188	173	102	145	143	116	189	**188**	100	84	81	26	16	12	11	11		12	12	2	–	–	–	–	–	–	–	–	–	Naphthalene, 1,5-dimethoxy-		G0332
115	188	173	145	118	117	116	43	**188**	100	97	92	63	61	55	51	30		12	12	2	–	–	–	–	–	–	–	–	–	2-Cyclopenten-1-one, 4-hydroxy-3-methyl-2-phenyl-	69766-87-6	T7405
117	104	188	115	91	43	41	103	**188**	100	77	75	67	54	45	43	39		13	16	1	–	–	–	–	–	–	–	–	–	5-Methyl-2-phenyl-2-hexenal		L5267
117	188	115	104	91	45	116	41	**188**	100	88	69	67	52	43	34	33		13	16	1	–	–	–	–	–	–	–	–	–	5-Methyl-2-phenyl-2-hexenal		L5268
119	88	69	138	188	75	137	169	**188**	100	32	19	16	16	8	8	8		6	2	–	–	–	–	6	–	–	–	–	–	1,4,5,5,6,6-Hexafluorobicyclo[2.2.0]hex-2-ene		P2223
125	188	81	53	109	97	189		**188**	100	85	53	38	35	28	10			7	8	4	–	–	–	–	1	–	–	–	–	2,5-Dihydroxyphenyl methyl sulphone		M6178
127	43	99	55	85	145	57	53	**188**	100	96	45	43	43	36	30	27	**3.00**	8	12	5	–	–	–	–	–	–	–	–	–	Cyclohexanone, 3-acetyl-2,3,6-trihydroxy-	35942-13-3	S5120
128	43	115	129	63	116	127	39	**188**	100	61	17	12	6	6	5	4	**1.00**	12	12	2	–	–	–	–	–	–	–	–	–	1H-Indene-1-methanol, acetate	51926-98-8	S7817
129	130	102	44	45	31	76	131	**188**	100	72	36	35	22	17	13	13	**11.80**	12	16	–	2	–	–	–	–	–	–	–	–	3-(Dimethylaminoethyl)-indole		P3203
130	43	129	91	115	131	117	128	**188**	100	27	26	19	13	12	6	5	**0.00**	13	16	1	–	–	–	–	–	–	–	–	–	5-Hepten-2-one, 7-phenyl-	33046-89-8	S3966
130	103	77	131	158	89	188	51	**188**	100	85	47	25	24	23	22	22		10	8	2	2	–	–	–	–	–	–	–	–	[1,2,3]Oxadiazolo[3,4-a]quinolin-10-ium, 4,5-dihydro-3-hydroxy-, hydroxide, inner salt	56890-02-9	T4245
130	129	75	73	81	131	97	45	**188**	100	57	56	55	55	48	45	36	**5.00**	9	20	2	–	–	–	–	–	–	–	1	–	Cyclohexanol, 4-[(trimethylsilyl)oxy]-, cis-	54725-70-1	S9556
130	129	115	43	131	117	91	188	**188**	100	32	20	16	10	9	8	5		13	16	1	–	–	–	–	–	–	–	–	–	6-Hepten-2-one, 7-phenyl-	33046-88-7	S3965
131	57	43	55	41	60	88	101	**188**	100	90	64	59	56	43	39	36	**0.43**	10	20	1	–	–	–	–	1	–	–	–	–	1,3-Oxathiane, 2-tert-butyl-2,6-dimethyl-, trans-		M3461
131	91	132	188	115	29	27	43	**188**	100	11	11	9	8	7	7	6		14	20	–	–	–	–	–	–	–	–	–	–	1-Butyl-1,2,3,4-tetrahydronaphthalene		Y1181
131	103	77	132	57	41	188		**188**	100	32	19	13	12	11	10			13	16	1	–	–	–	–	–	–	–	–	–	trans-Benzalpinacolone		M2563
131	103	188	146	77	145	132	104	**188**	100	32	26	22	17	14	10	8		13	16	1	–	–	–	–	–	–	–	–	–	1-Phenyl-5-methyl-1-hexen-3-one		Z1400
131	104	91	105	188				**188**	100	57	25	24	16					13	16	1	–	–	–	–	–	–	–	–	–	trans-3-Methyl-5-phenyl-cyclohexan-1-one		M2552
131	104	188	91	41	39			**188**	100	47	42	29	24	23				13	16	1	–	–	–	–	–	–	–	–	–	cis-3-Methyl-5-phenyl-cyclohexan-1-one		M2551
131	132	188	77	144	133	189	51	**188**	100	58	43	5	4	4	4	3		12	12	2	–	–	–	–	–	–	–	–	–	Spiro[3,4-dihydropyran-2(2H)-2'(3H)]benzofuran		D0912
132	145	188	146	159	77	131	133	**188**	100	51	22	18	14	10	10	10		12	16	–	2	–	–	–	–	–	–	–	–	Benzimidazole, 2-pentyl-	5851-46-7	R1837
132	188	173	133	115	117	128	39	**188**	100	41	26	19	12	11	10	9		14	20	–	–	–	–	–	–	–	–	–	–	2,2,5,7-Tetramethyl-1,2,3,4-tetrahydronaphthalene		V0300
133	188	145	132	106	146	189	160	**188**	100	91	47	34	29	25	21	17		8	13	3	–	–	–	–	–	1	–	–	–	P-(3,3-Pentamethyleneallenyl)phosphonic acid		L1411
139	141	117	153	188	115	190	92	**188**	100	32	32	32	23	19	15	14		9	10	–	–	2	–	–	–	–	–	–	–	(1,2-Dichloroethyl)toluene		Z1393
139	141	153	188	117	190	115	140	**188**	100	33	27	23	21	14	13	9		9	10	–	–	2	–	–	–	–	–	–	–	(1,2-Dichloroethyl)toluene		Z1397
139	153	188	141	104	155	103	190	**188**	100	89	35	33	32	29	25	23		9	10	–	–	2	–	–	–	–	–	–	–	ar-(2-Chloroethyl)benzyl chloride		Z1407
143	29	42	114	115	87	27	43	**188**	100	96	56	54	53	50	37	37	**0.19**	9	16	4	–	–	–	–	–	–	–	–	–	Diethyl glutarate		C1348
145	41	55	132	107	28	131	79	**188**	100	98	71	64	64	62	61	61	**57.50**	12	16	–	2	–	–	–	–	–	–	–	–	Cyclohexylamine, N-(2-methylpyridine)-		M1090
145	131	188	146	27	115	91	129	**188**	100	62	39	39	17	16	15	14		14	20	–	–	–	–	–	–	–	–	–	–	5-Butyl-1,2,3,4-tetrahydronaphthalene		Y1777
145	131	188	146	91	117	115	128	**188**	100	36	31	29	16	16	15	11		14	20	–	–	–	–	–	–	–	–	–	–	6-Butyl-1,2,3,4-tetrahydronaphthalene		Y1786
145	146	188	43	144	105	147	117	**188**	100	71	29	19	14	8	7	6		11	12	1	2	–	–	–	–	–	–	–	–	1H-Pyrrole, 1-acetyl-2,3-dihydro-5-(3-pyridinyl)-	54966-15-3	S9938
145	159	160	188	92	132	65	173	**188**	100	82	60	31	16	16	14	13		12	16	–	2	–	–	–	–	–	–	–	–	Benzimidazole, 2-ethyl-1-propyl-	24103-02-4	S0454
145	188	91	117	115	128	160	129	**188**	100	33	25	24	19	19	17	15		13	16	1	–	–	–	–	–	–	–	–	–	2H-Inden-2-one, 1,3-dihydro-1,1,3,3-tetramethyl-	5689-12-3	R1681
145	188	131	146	91	117	115	128	**188**	100	32	31	25	14	13	13	10		14	20	–	–	–	–	–	–	–	–	–	–	6-Butyl-1,2,3,4-tetrahydronaphthalene		Y1842
145	188	131	146	115	117	27	91	**188**	100	33	29	23	15	14	14	14		14	20	–	–	–	–	–	–	–	–	–	–	6-Butyl-1,2,3,4-tetrahydronaphthalene		V0093
145	188	146	131	128	115	129	27	**188**	100	23	19	14	13	10	10	9		14	20	–	–	–	–	–	–	–	–	–	–	5-Isobutyl-1,2,3,4-tetrahydronaphthalene		Y1778
146	43	115	117	145	116	91	63	**188**	100	64	50	31	26	26	21	15	**10.00**	12	12	2	–	–	–	–	–	–	–	–	–	2-Tetralone, enol acetate		L2485
146	131	145	43	115	188	91	147	**188**	100	37	36	29	25	16	13	11		12	12	2	–	–	–	–	–	–	–	–	–	1-Tetralone, enol acetate		L2484
146	144	65	55	81	97	83	111	**188**	100	99	83	40	27	24	22	15	**0.00**	7	9	1	–	–	1	–	–	–	–	–	–	1-Bromo-6-hydroxybicyclo[2.2.1]hept-2-ene		M0303
146	188	118	117	115	39	91	103	**188**	100	41	27	25	19	16	15	13		13	16	1	–	–	–	–	–	–	–	–	–	1(2H)-Naphthalenone, 3,4-dihydro-2,5,8-trimethyl-		U0017
146	188	118	117	115	39	91	159	**188**	100	41	27	25	19	16	15	14		13	16	1	–	–	–	–	–	–	–	–	–	1(2H)-Naphthalenone, 3,4-dihydro-2,5,8-trimethyl-	10468-59-4	H1693
146	188	118	117	173	115	39	91	**188**	100	65	31	27	25	20	17	16		13	16	1	–	–	–	–	–	–	–	–	–	1(2H)-Naphthalenone, 3,4-dihydro-3,5,8-trimethyl-		U0018
147	133	173	73	148	59	66	149	**188**	100	21	20	20	16	10	10	8	**0.70**	8	20	1	–	–	–	–	–	–	–	2	–	Disiloxane, pentamethyl-2-propenyl-	7087-19-6	R2830
148	120	91	118	188	65	119	149	**188**	100	65	48	29	21	19	16	12		12	16	–	2	–	–	–	–	–	–	–	–	Propanenitrile, 3-[ethyl(3-methylphenyl)amino]-	148-69-6	P9957
152	137	36	134	65	92	38	91	**188**	100	63	61	46	41	34	28	21	**0.00**	8	13	1	2	1	–	–	–	–	–	–	–	Hydrazine, (2-methoxy-5-methylphenyl)-, hydrochloride	57396-69-7	T4674
153	117	115	155	151	188	154	138	**188**	100	38	38	31	22	16	12	9		9	10	–	–	2	–	–	–	–	–	–	–	1-Ethyl-4-dichloromethylbenzene		Z1406
153	117	155	188	115	118	154	190	**188**	100	43	32	16	13	13	11	10		9	10	–	–	2	–	–	–	–	–	–	–	p-(1-Chloroethyl)benzyl chloride		Z1401
153	117	155	188	115	118	190	91	**188**	100	62	33	21	20	16	13	12		9	10	–	–	2	–	–	–	–	–	–	–	ar-(1-Chloroethyl)benzyl chloride		Z1409
153	155	48	83	190	118	188	157	**188**	100	96	55	48	47	46	38	35		–	–	–	–	4	–	–	–	–	–	–	1	Titanium (IV) chloride		M0414
153	155	83	190	48	188	118	157	**188**	100	96	54	52	52	43	41	35		–	–	–	–	4	–	–	–	–	–	–	1	Titanium (IV) chloride		A0514

MASS TO CHARGE RATIOS								M.W.	INTENSITIES								Parent	C	H	O	N	Cl	Br	F	S	P	B	Si	X	COMPOUND NAME	CAS Reg No	No
153	188	50	75	51	126	63	190	**188**	100	60	34	34	31	24	21	21		10	5	–	2	1	–	–	–	–	–	–	–	**Propanedinitrile, [(2-chlorophenyl)methylene]-**	2698-41-1	**Q8550**
155	153	109	111	189	73	157	131	**188**	100	83	48	31	29	24	24	21	**3.41**	3	3	–	–	2	1	–	–	–	–	–	–	**1,2-Dichloro-3-bromopropene**		**Z1396**
157	75	73	83	55	45	113	158	**188**	100	44	26	22	22	15	13	12	**0.00**	9	20	2	–	–	–	–	–	–	–	1	–	**Hexanoic acid, trimethylsilyl ester**	14246-15-2	**R5074**
157	105	26	77	29	39	53	187	**188**	100	54	54	50	26	17	12	8	**4.50**	12	12	2	–	–	–	–	–	–	–	–	–	**3,5-Dioxa-4-phenyl-tricyclo[5.1.0.0$^{(4,8)}$]octane**		**L7826**
159	89	41	43	55	69	57	61	**188**	100	93	76	71	67	50	46	39	**26.60**	11	24	–	–	–	–	–	1	–	–	–	–	**Decane, 3-(methylthio)-**	30571-73-4	**S2941**
159	145	174	131	188				**188**	100	91	59	17	13					14	20	–	–	–	–	–	–	–	–	–	–	**cis-1-(1′-Hexenyl)-2-ethynylcyclohexene**		**M6812**
159	161	188	173	190	175	153	163	**188**	100	64	30	22	19	14	13	10		9	10	–	–	2	–	–	–	–	–	–	–	**ar,ar-Dichloropropylbenzene**		**Z1405**
160	63	89	102	117	161	62	159	**188**	100	30	30	22	16	14	14	12	**9.00**	11	8	3	–	–	–	–	–	–	–	–	–	**1,2-Naphthalenedione, 6-methoxy-**		**L4584**
160	188	28	117	115	173	132	159	**188**	100	93	39	33	32	29	27	23		13	16	1	–	–	–	–	–	–	–	–	–	**1(2H)-Naphthalenone, 3,4-dihydro-4,6,8-trimethyl-**		**U0097**
160	188	115	187	161	147	189	63	**188**	100	66	24	19	12	11	9	8		12	12	–	–	–	–	–	1	–	–	–	–	**1,2,3,4-Tetrahydrodibenzothiophene**		**Y1858**
160	188	173	132	117	115	146	27	**188**	100	93	57	47	44	38	31	29		13	16	1	–	–	–	–	–	–	–	–	–	**1(2H)-Naphthalenone, 3,4-dihydro-4,7,8-trimethyl-**	30316-33-7	**S2858**
160	188	187	115	110	39	161	184	**188**	100	76	24	22	15	13	13	13		12	12	–	–	–	–	–	1	–	–	–	–	**1,2,3,4-Tetrahydrodibenzothiophene**		**Y1375**
169	170	141	115	142	153	139	128	**188**	100	96	92	39	36	26	25	23	**14.65**	12	12	2	–	–	–	–	–	–	–	–	–	**1,8-Naphthalenedimethanol**	2026-08-6	**Q7198**
170	142	114	188	71	44	85	171	**188**	100	60	44	43	28	20	13	12		11	8	3	–	–	–	–	–	–	–	–	–	**2-Naphthalenecarboxylic acid, 3-hydroxy-**		**C2082**
170	142	114	188	71	113	115	63	**188**	100	80	61	46	25	18	16	14		11	8	3	–	–	–	–	–	–	–	–	–	**2-Naphthalenecarboxylic acid, 3-hydroxy-**	92-70-6	**P6724**
170	142	188	114	171	143	104	141	**188**	100	71	51	48	14	9	2	2		11	8	3	–	–	–	–	–	–	–	–	–	**2-Naphthalenecarboxylic acid, 3-hydroxy-**	92-70-6	**P6725**
171	75	73	55	103	89	97	162	**188**	100	93	45	39	33	26	24	16	**0.00**	10	24	1	–	–	–	–	–	–	–	1	–	**Silane, (heptyloxy)trimethyl-**	18132-93-9	**R7387**
173	43	76	160	50	89	188	77	**188**	100	90	84	64	62	57	52	47		11	8	3	–	–	–	–	–	–	–	–	–	**Naphth[2,3-b]oxirene-2,7-dione, 1a,7a-dihydro-1a-methyl-**	15448-59-6	**R5740**
173	43	129	174	128	130	145	144	**188**	100	20	20	13	12	12	12	11	**8.01**	13	16	1	–	–	–	–	–	–	–	–	–	**3-Buten-2-one, 1-(2,3,6-trimethylphenyl)-**	54789-45-6	**S9641**
173	43	175	74	145	75	109	147	**188**	100	70	64	37	35	30	25	22	**18.80**	8	6	1	–	2	–	–	–	–	–	–	–	**Acetophenone, 2′,4′-dichloro-**	2234-16-4	**Q7690**
173	75	73	29	103	45	43	89	**188**	100	90	45	26	25	19	18	16	**0.61**	10	24	1	–	–	–	–	–	–	–	1	–	**Silane, (heptyloxy)trimethyl-**		**04239**
173	75	73	103	55	89	97	174	**188**	100	81	42	28	21	19	17	17	**0.00**	10	24	1	–	–	–	–	–	–	–	1	–	**Silane, (heptyloxy)trimethyl-**	18132-93-9	**R7388**
173	87	45	43	129	131	172	86	**188**	100	88	55	52	44	33	26	25	**3.80**	9	21	3	–	–	–	–	–	–	1	–	–	**Boric acid, triisopropyl ester**	5419-55-6	**R1414**
173	129	43	174	145	130	128	144	**188**	100	19	19	13	12	11	11	11	**9.00**	13	16	1	–	–	–	–	–	–	–	–	–	**1-Buten-3-one, 1-(2,3,6-trimethylphenyl)-**		**L5684**
173	131	115	188	91	145	77		**188**	100	78	30	27	24	12	10			14	20	–	–	–	–	–	–	–	–	–	–	**1,1-Dimethyl-2-isopropylindane**		**M0736**
173	132	133	39	131	188	65	41	**188**	100	76	56	28	28	27	20	20		12	16	–	2	–	–	–	–	–	–	–	–	**1H-1,5-Benzodiazepine, 2,3-dihydro-2,2,4-trimethyl-**	24107-34-4	**S0455**
173	174	73	59	175	43	171	115	**188**	100	25	16	15	13	9	7	7	**2.00**	7	20	–	–	–	–	–	–	–	–	3	–	**1,1,3,3-Tetramethyl-1,3,5-trisilacyclohexane**		**04469**
173	175	43	145	188	147	75	74	**188**	100	64	38	25	20	16	14	14		8	6	1	–	2	–	–	–	–	–	–	–	**Acetophenone, 2′,4′-dichloro-**	2234-16-4	**Q7691**
173	175	43	145	188	147	190	74	**188**	100	63	59	29	28	19	18	16		8	6	1	–	2	–	–	–	–	–	–	–	**Acetophenone, 2′,5′-dichloro-**	2476-37-1	**Q8175**
173	175	43	145	188	147	190	109	**188**	100	65	38	30	29	19	19	12		8	6	1	–	2	–	–	–	–	–	–	–	**Acetophenone, 2′,5′-dichloro-**		**Z1402**
173	175	188	137	190	43	102	101	**188**	100	64	30	22	19	19	15	11		9	10	–	–	2	–	–	–	–	–	–	–	**3,4-Dichlorocumene**		**Z1395**
173	175	188	137	190	102	101	177	**188**	100	63	28	23	18	18	13	10		9	10	–	–	2	–	–	–	–	–	–	–	**2,5-Dichlorocumene**		**Z1404**
173	175	188	137	190	102	177	101	**188**	100	64	29	21	19	14	10	10		9	10	–	–	2	–	–	–	–	–	–	–	**ar,ar-Dichlorocumene**		**Z1391**
173	175	188	145	43	190	147	109	**188**	100	66	36	36	24	24	24	12		8	6	1	–	2	–	–	–	–	–	–	–	**Acetophenone, 3′,4′-dichloro-**		**Z1394**
173	175	188	190	177	145	147	192	**188**	100	64	30	19	10	8	5	3		9	10	–	–	2	–	–	–	–	–	–	–	**x,x-Dichloroethyltoluene**		**Z1392**
173	188	77	65	92	51	80	119	**188**	100	96	93	90	85	60	49	44		11	12	1	2	–	–	–	–	–	–	–	–	**Pyrazolo[1,5-a]pyridine, 3-acetyl-2,7-dimethyl-**	17408-30-9	**R6920**
173	188	90	160	174	51	63	132	**188**	100	37	12	12	11	10	9	9		10	8	2	2	–	–	–	–	–	–	–	–	**2,4-Diisocyanatoethylbenzene**		**D0878**
173	188	115	128	174	129	130	39	**188**	100	35	14	14	14	12	10	10		13	16	1	–	–	–	–	–	–	–	–	–	**1H-Inden-1-one, 2,3-dihydro-3,3,4,7-tetramethyl-**		**U0009**
173	188	115	128	174	129	157	130	**188**	100	35	14	14	14	12	10	10		13	16	1	–	–	–	–	–	–	–	–	–	**1H-Inden-1-one, 2,3-dihydro-3,3,4,6-tetramethyl-**	55255-42-0	**H2142**
173	188	115	128	174	129	157	130	**188**	100	35	14	14	14	12	10	10		13	16	1	–	–	–	–	–	–	–	–	–	**1H-Inden-1-one, 2,3-dihydro-3,3,4,7-tetramethyl-**	54789-21-8	**H2071**
173	188	128	115	39	174	145	129	**188**	100	23	17	17	16	15	15	15		13	16	1	–	–	–	–	–	–	–	–	–	**1H-Inden-1-one, 2,3-dihydro-2,2,5,7-tetramethyl-**		**M1456**
173	188	131	91	115	41	128	129	**188**	100	19	15	10	7	7	6	6		14	20	–	–	–	–	–	–	–	–	–	–	**6-tert-Butyl-1,2,3,4-tetrahydronaphthalene**	42044-26-8	**H1994**
173	188	131	174	91	115	41	128	**188**	100	19	15	14	10	7	6	6		14	20	–	–	–	–	–	–	–	–	–	–	**6-tert-Butyl-1,2,3,4-tetrahydronaphthalene**		**V0215**
173	188	145	102	130	174	76	115	**188**	100	64	24	13	13	12	10	10		12	12	2	–	–	–	–	–	–	–	–	–	**Naphthalene, 1,4-dimethoxy-**		**03374**
173	188	160	145	117	115	27	128	**188**	100	62	37	32	28	27	19	18		13	16	1	–	–	–	–	–	–	–	–	–	**1(2H)-Naphthalenone, 3,4-dihydro-4,5,6-trimethyl-**	30316-31-5	**S2856**
173	188	160	146	132	117	145	115	**188**	100	84	57	51	45	38	38	35		13	16	1	–	–	–	–	–	–	–	–	–	**1(2H)-Naphthalenone, 3,4-dihydro-4,6,7-trimethyl-**	30316-32-6	**S2857**
173	188	174	115	128	28	129	130	**188**	100	30	14	11	11	11	10	8		13	16	1	–	–	–	–	–	–	–	–	–	**1H-Inden-1-one, 2,3-dihydro-3,3,5,6-tetramethyl-**	54789-22-9	**H2072**
173	188	174	115	128	129	130	39	**188**	100	30	14	11	11	10	8	8		13	16	1	–	–	–	–	–	–	–	–	–	**1H-Inden-1-one, 2,3-dihydro-3,3,5,6-tetramethyl-**		**U0010**
173	188	174	115	128	129	130	39	**188**	100	37	13	11	11	10	8	8		13	16	1	–	–	–	–	–	–	–	–	–	**1H-Inden-1-one, 2,3-dihydro-3,3,5,7-tetramethyl-**		**U0011**
173	188	174	128	115	129	159	39	**188**	100	28	14	12	12	11	10	9		13	16	1	–	–	–	–	–	–	–	–	–	**1H-Inden-1-one, 2,3-dihydro-3,3,4,5-tetramethyl-**		**U0032**
173	188	174	131	128	143	141	115	**188**	100	15	14	13	10	7	7	7		14	20	–	–	–	–	–	–	–	–	–	–	**1,1,3,3,5-Pentamethyl-2,3-dihydroindene**		**V0210**
173	188	174	133	145	28	38	40	**188**	100	23	13	8	8	5	5	5		12	16	–	2	–	–	–	–	–	–	–	–	**Benzimidazole, 5-tert-butyl-2-methyl-**	5805-62-9	**R1801**
173	188	174	158	143	27	128	39	**188**	100	16	14	13	9	8	7	6		14	20	–	–	–	–	–	–	–	–	–	–	**1,1,4,6,7-Pentamethyl-2,3-dihydroindene**		**V0268**
173	188	174	158	143	128	15	141	**188**	100	15	14	9	8	6	5	5		14	20	–	–	–	–	–	–	–	–	–	–	**1,1,4,5,6-Pentamethyl-2,3-dihydroindene**		**V0211**
173	188	187	157	160	76	156	174	**188**	100	52	21	16	13	12	12	12		11	12	1	2	–	–	–	–	–	–	–	–	**Quinoxaline, 2-isopropyl-, 4-oxide**	16080-16-3	**R6020**
186	170	142	141	115	114	103	187	**188**	100	63	55	42	37	33	18	11	**0.00**	10	8	2	2	–	–	–	–	–	–	–	–	**2(1H)-Quinolone, 3,4-dihydro-3-cyano-1-hydroxy-**		**05385**

MASS TO CHARGE RATIOS								M.W.	INTENSITIES								Parent	C	H	O	N	Cl	Br	F	S	P	B	Si	X	COMPOUND NAME	CAS Reg No	No
187	188	131	159	169	142			**188**	100	52	20	14	6	6				11	12	1	2	–	–	–	–	–	–	–	–	**Pyrrolo[2,1-b]quinazolin-3-ol, 1,2,3,9-tetrahydro-**		**M6516**
188	18	128	172	129	93	117	142	**188**	100	63	57	57	53	50	43	39		10	8	2	2	–	–	–	–	–	–	–	–	**3-Quinolinecarbonitrile, 1,2,3,4-tetrahydro-1-hydroxy-2-oxo-**	22384-05-0	**R9681**
188	18	172	128	129	93	117	142	**188**	100	63	57	57	53	50	43	39		10	8	2	2	–	–	–	–	–	–	–	–	**2(1H)-Quinolone, 3,4-dihydro-3-cyano-1-hydroxy-**		**05391**
188	39	44	30	115	122	156	155	**188**	100	15	12	9	7	5	5	4		10	8	2	2	–	–	–	–	–	–	–	–	**1-Naphthylamine, 4-nitro-**		**D0700**
188	44	29	72	57	28	41	90	**188**	100	76	65	58	47	43	39	32		9	20	–	2	–	–	–	1	–	–	–	–	**Thiourea, N,N'-dibutyl-**	109-46-6	**P8253**
188	44	30	72	57	29	41	90	**188**	100	77	65	57	48	43	40	32		9	20	–	2	–	–	–	1	–	–	–	–	**Thiourea, N,N'-dibutyl-**		**M2196**
188	45	29	28	97	144	132	116	**188**	100	94	93	85	83	80	68	67		4	10	2	–	1	–	–	1	1	–	–	–	**Phosphorochloridothioic acid, O,O-diethyl ester**	2524-04-1	**Q8267**
188	55	77	83	160	51	39	189	**188**	100	74	52	18	17	15	14	12		11	12	1	2	–	–	–	–	–	–	–	–	**3H-Pyrazol-3-one, 2,4-dihydro-4,4-dimethyl-2-phenyl-**	17694-06-3	**R7146**
188	57	41	43	55	132	133	78	**188**	100	97	88	71	71	49	40	36		11	8	3	–	–	–	–	–	–	–	–	–	**1,4-Naphthalenedione, 3-hydroxy-2-methyl-**		**16824**
188	73	77	96	56	105	75	51	**188**	100	78	77	67	65	40	35	31		11	12	1	2	–	–	–	–	–	–	–	–	**3H-Pyrazol-3-one, 1,2-dihydro-1,5-dimethyl-2-phenyl-**	60-80-0	**P5077**
188	77	79	62	91	63	93	35	**188**	100	42	36	30	24	21	21	20		8	13	3	–	–	–	–	–	1	–	–	–	**Phosphonic acid, (3-methyl-3-penten-1-ynyl)-, dimethyl ester, (Z)-**	22152-34-7	**R9584**
188	78	159	160	145	77	79	171	**188**	100	69	66	66	46	34	26	20		11	12	1	2	–	–	–	–	–	–	–	–	**4H-Pyrido[1,2-a]pyrimidin-4-one, 6-ethyl-2-methyl-**	38326-28-2	**S5727**
188	85	104	105	89	77	189	42	**188**	100	64	33	21	20	15	14	13		10	8	2	2	–	–	–	–	–	–	–	–	**4-Oxazolecarboxamide, 2-phenyl-**	39819-41-5	**S6152**
188	91	105	119	65	39	189	104	**188**	100	70	50	27	17	16	15	12		11	12	1	2	–	–	–	–	–	–	–	–	**4-(4-Tolyl)-3-methyl-pyrazol-5-one**		**D1503**
188	93	65	92	55	187	106	41	**188**	100	73	27	26	23	21	18	15		12	16	–	2	–	–	–	–	–	–	–	–	**Cyclohexanone, phenylhydrazone**	946-82-7	**Q4796**
188	96	77	56	28	39	55	105	**188**	100	64	63	48	42	26	26	24		11	12	1	2	–	–	–	–	–	–	–	–	**3H-Pyrazol-3-one, 1,2-dihydro-1,5-dimethyl-2-phenyl-**	60-80-0	**P5076**
188	96	77	56	105	55	187	189	**188**	100	59	44	28	19	15	13	13		11	12	1	2	–	–	–	–	–	–	–	–	**3H-Pyrazol-3-one, 1,2-dihydro-1,5-dimethyl-2-phenyl-**	60-80-0	**P5075**
188	96	77	56	105	187	189	39	**188**	100	69	42	33	19	14	14	13		11	12	1	2	–	–	–	–	–	–	–	–	**1,5-Dimethyl-2-phenyl-2,3-dihydropyrazol-3-one**		**P1169**
188	96	77	56	105	187	189	55	**188**	100	69	42	32	19	14	14	13		11	12	1	2	–	–	–	–	–	–	–	–	**1,5-Dimethyl-2-phenyl-2,3-dihydropyrazol-3-one**		**P1099**
188	108	81	53	28	124	52	51	**188**	100	83	48	35	21	19	18	14		6	8	3	2	–	–	–	1	–	–	–	–	**Benzenesulphonamide, 3-amino-4-hydroxy-**	98-32-8	**P7160**
188	115	160	159	89	128	63	161	**188**	100	30	26	9	5	5	5	5		11	8	1	–	–	–	–	1	–	–	–	–	**3H-Naphtho[1,8-bc]thiophen-3-one, 4,5-dihydro-**	10245-79-1	**R3689**
188	115	160	159	128	161	187	63	**188**	100	29	26	9	6	5	5	5		11	8	1	–	–	–	–	1	–	–	–	–	**3H-Naphtho[1,8-bc]thiophen-3-one, 4,5-dihydro-**		**L2600**
188	116	144	89	189	63	145	77	**188**	100	83	82	28	15	14	9	8		10	8	2	2	–	–	–	–	–	–	–	–	**5-Oxazolecarboxamide, 2-phenyl-**	39819-42-6	**S6153**
188	123	77	92	107	64	171	63	**188**	100	60	29	23	22	17	17	15		7	8	4	–	–	–	–	1	–	–	–	–	**Benzenesulphonic acid, 4-methoxy-**	5857-42-1	**R1844**
188	123	190	58	125	97	60	189	**188**	100	87	38	35	34	20	13	12		10	10	–	–	–	–	–	–	–	–	–	1	**Nickelocene**	1271-28-9	**Q5881**
188	130	131	160	159	29	132	27	**188**	100	75	44	44	35	33	32	22		4	10	–	–	–	–	–	–	–	–	–	1	**Diethyltelluride**		**L8791**
188	131	91	129	77	128	130	144	**188**	100	34	30	30	26	20	17	17		14	20	–	–	–	–	–	–	–	–	–	–	**5-Decene-3,7-diyne, 5,6-diethyl-**	61228-08-8	**T5621**
188	132	159	119	145	189	77	133	**188**	100	92	29	16	13	11	10	9		11	12	1	2	–	–	–	–	–	–	–	–	**1-Isopropylideneamino-2-indolinone**		**Y2494**
188	133	145	27	105	77	159	51	**188**	100	80	79	55	42	39	38	29		12	12	2	–	–	–	–	–	–	–	–	–	**2(3H)-Furanone, 5-(2,5-dimethylphenyl)-**	55669-87-9	**T1785**
188	143	102	187	45	90	155	117	**188**	100	40	20	13	7	6	4	3		10	8	–	2	–	–	–	1	–	–	–	–	**3-Methylthiazolo[3,2-a]benzimidazole**		**L9392**
188	143	115	89	144	189	170	145	**188**	100	24	16	15	15	13	12	11		10	8	2	2	–	–	–	–	–	–	–	–	**2-Quinolinecarboxaldehyde, 8-hydroxy-, oxime**	5603-22-5	**R1578**
188	143	115	144	89	189	145	116	**188**	100	21	14	14	12	12	10	9		10	8	2	2	–	–	–	–	–	–	–	–	**2-Quinolinecarboxaldehyde, 8-hydroxy-, oxime**		**04616**
188	143	115	144	89	189	170	145	**188**	100	23	15	14	14	11	10	10		10	8	2	2	–	–	–	–	–	–	–	–	**2-Quinolinecarboxaldehyde, 8-hydroxy-, oxime**		**L6079**
188	144	145	158	159	130	146	143	**188**	100	87	72	64	30	20	17	17		12	16	–	2	–	–	–	–	–	–	–	–	**Desoxynoreseroline**		**04431**
188	145	102	189	115	130	94	114	**188**	100	49	22	13	10	10	8	7		12	12	2	–	–	–	–	–	–	–	–	–	**Naphthalene, 2,7-dimethoxy-**	3469-26-9	**H1411**
188	145	159	173	147	131	91	115	**188**	100	48	45	45	29	25	23	23		13	16	1	–	–	–	–	–	–	–	–	–	**Phenol, 2,6-diallyl-4-methyl-**		**G0665**
188	145	173	92	65	93	39	189	**188**	100	85	79	49	25	16	15	12		11	12	1	2	–	–	–	–	–	–	–	–	**4H-Pyrido[1,2-a]pyrimidin-4-one, 3-ethyl-6-methyl-**	57773-19-0	**T4806**
188	146	43	119	90	145	160	118	**188**	100	66	52	49	41	34	14	14		10	8	2	2	–	–	–	–	–	–	–	–	**2-Acetylquinazol-4-one**		**B0489**
188	146	55	90	118	134			**188**	100	50	33	18	16	15				10	8	2	2	–	–	–	–	–	–	–	–	**1-Oxo-2,3-dihydroxypyrazolo[1,2-a]indazol-3-one**		**L5315**
188	146	55	90	118	134	189	147	**188**	100	50	33	18	16	15	11	5		10	8	2	2	–	–	–	–	–	–	–	–	**1H,9H-Pyrazolo[1,2-a]indazole-1,3(2H)-dione**	54789-27-4	**S9632**
188	146	118	132	147	145	189	117	**188**	100	80	53	24	16	15	12	9		11	12	1	2	–	–	–	–	–	–	–	–	**2-Isopropyl-3(2H)-cinnolinone**		**Y2493**
188	152	153	190	151	189	126	150	**188**	100	60	20	16	12	8	5	5		12	9	–	–	1	–	–	–	–	–	–	–	**Biphenyl, 2-chloro-**	2051-60-7	**Q7285**
188	153	190	77	154	74	76	104	**188**	100	50	40	30	25	20	20	20		12	9	–	–	1	–	–	–	–	–	–	–	**Biphenyl, 4-chloro-**	2051-62-9	**Q7289**
188	158	89	102	173	159	76	189	**188**	100	57	49	34	33	30	22	16		11	8	3	–	–	–	–	–	–	–	–	–	**1,4-Naphthalenedione, 2-methoxy-**	2348-82-5	**Q7864**
188	158	142	116	130	140	63	114	**188**	100	61	39	29	28	23	18	17		10	8	2	2	–	–	–	–	–	–	–	–	**1-Naphthylamine, 4-nitro-**		**D1062**
188	160	159	129	173	115	145	189	**188**	100	44	34	20	18	17	17	15		13	16	1	–	–	–	–	–	–	–	–	–	**Anisole, 4-(1-cyclohexen-1-yl)-**	20758-60-5	**R8918**
188	160	159	189	187	66	94	132	**188**	100	36	28	12	8	8	6	6		10	8	2	2	–	–	–	–	–	–	–	–	**2,6-Dioxo-1,2,3,5,6,7-hexahydrobenzo[1,2-b:4,5-b']dipyrrole**		**D1421**
188	160	173	117	115	145	128	91	**188**	100	89	75	41	35	29	21	20		13	16	1	–	–	–	–	–	–	–	–	–	**1(2H)-Naphthalenone, 3,4-dihydro-4,5,8-trimethyl-**		**U0019**
188	160	173	117	115	145	128	91	**188**	100	89	75	41	35	29	24	20		13	16	1	–	–	–	–	–	–	–	–	–	**1(2H)-Naphthalenone, 3,4-dihydro-4,5,8-trimethyl-**	10468-61-8	**H1695**
188	160	187	79	52	187	77	39	**188**	100	30	24	18	18	15	15	12		12	16	–	2	–	–	–	–	–	–	–	–	**1,2,3,4,5,6,7,8-Octahydrophenazine**		**B1232**
188	161	31	76	104	189	77	105	**188**	100	26	15	14	13	12	11	11		10	8	2	2	–	–	–	–	–	–	–	–	**2,3-Diaminonaphthaquinone**		**D2263**
188	171	115	189	172	80	71	114	**188**	100	60	15	12	7	7	6	6		11	8	3	–	–	–	–	–	–	–	–	–	**2-Naphthalenecarboxylic acid, 6-hydroxy-**		**C2083**
188	171	123	77	92	107	95	109	**188**	100	79	60	30	24	23	14	14		7	8	4	–	–	–	–	1	–	–	–	–	**Benzenesulphonic acid, 4-methoxy-**		**M4342**
188	173	115	102	189	143	174	145	**188**	100	69	60	14	13	11	9	8		12	12	2	–	–	–	–	–	–	–	–	–	**Naphthalene, 1,5-dimethoxy-**	10075-63-5	**H1679**
188	173	115	145	102	189	130	94	**188**	100	87	32	29	26	13	10	8		12	12	2	–	–	–	–	–	–	–	–	–	**Naphthalene, 1,7-dimethoxy-**		**L1338**

MASS TO CHARGE RATIOS								M.W.	INTENSITIES								Parent	C	H	O	N	Cl	Br	F	S	P	B	Si	X	COMPOUND NAME	CAS Reg No	No
188	173	115	145	102	189	174	130	**188**	100	87	32	29	26	13	12	10		12	12	2	–	–	–	–	–	–	–	–	–	Naphthalene, 1,7-dimethoxy-	5309-18-2	H1526
188	173	145	102	28	130	189	114	**188**	100	73	55	28	16	14	13	10		12	12	2	–	–	–	–	–	–	–	–	–	Naphthalene, 2,6-dimethoxy-		M7439
188	173	145	102	28	130	189	174	**188**	100	74	55	28	16	14	13	9		12	12	2	–	–	–	–	–	–	–	–	–	Naphthalene, 2,6-dimethoxy-	5486-55-5	R1481
188	173	145	115	91	189	174	94	**188**	100	66	39	19	15	13	9	9		11	12	1	2	–	–	–	–	–	–	–	–	Pyrazole, 3-methyl-5-(4-methoxyphenyl)-		M3114
188	173	157	160	146	156	77	91	**188**	100	58	23	22	15	15	14	14		11	12	1	2	–	–	–	–	–	–	–	–	Quinazoline, 4-isopropyl-, 1-oxide	50915-32-7	S7531
188	186	79	78	184	190	185	159	**188**	100	51	22	20	20	20	19	18		8	12	–	–	–	–	–	–	–	–	–	1	Selenide, ethyl 1-methyl-1-penten-3-ynyl	25128-48-7	S0964
188	187	129	102	59	90	155	103	**188**	100	36	15	14	9	7	6	3		10	8	–	2	–	–	–	1	–	–	–	–	2-Methyl-thiazolo[3,2-a]benzimidazole		L9395
188	187	160	180	186	189	185	77	**188**	100	44	36	24	15	15	15	14		12	16	–	2	–	–	–	–	–	–	–	–	1,2,3,4,5,6,7,8-Octahydrophenazine		D0351
188	187	160	189	52	79	77	132	**188**	100	28	27	15	13	12	9	7		12	16	–	2	–	–	–	–	–	–	–	–	1,2,3,4,5,6,7,8-Octahydrophenazine		C0266
188	189	131	132	105	160	77	76	**188**	100	23	20	18	18	16	15	13		11	8	3	–	–	–	–	–	–	–	–	–	1,4-Naphthalenedione, 3-hydroxy-2-methyl-		04923
188	190	152	153	76	189	151	63	**188**	100	33	29	17	14	14	8	5		12	9	–	–	1	–	–	–	–	–	–	–	Biphenyl, 4-chloro-	2051-62-9	Q7288
188	190	152	189	153	151	154	191	**188**	100	33	28	14	13	8	5	4		12	9	–	–	1	–	–	–	–	–	–	–	Biphenyl, 2-chloro-	2051-60-7	Q7283
188	190	152	189	153	151	191	150	**188**	100	33	16	14	13	7	5	3		12	9	–	–	1	–	–	–	–	–	–	–	Biphenyl, 4-chloro-	2051-62-9	Q7291
189	173	159	171	158	190	157	174	**188**	100	50	16	13	11	8	6	5	**0.00**	10	8	2	2	–	–	–	–	–	–	–	–	2-Naphthalenamine, 1-nitro-	606-57-5	Q2738
189	173	159	190	172	158	157	174	**188**	100	21	18	12	9	6	5	3	**0.00**	10	8	2	2	–	–	–	–	–	–	–	–	1-Naphthylamine, 4-nitro-	776-34-1	Q4102
42	44	189	88	71	85	72	60	**189**	100	48	23	9	6	5	5	4		6	11	–	3	–	–	–	2	–	–	–	–	1-(N,N-Dimethylthiocarbamoyl)-2-thioimidazolidine		D1683
43	44	87	77	42	51	62	104	**189**	100	85	41	35	31	31	30	19	**4.38**	5	7	2	1	–	–	4	–	–	–	–	–	Carbamic acid, 2,2,3,3-tetrafluoro-1-sec-butyl ester	756-48-9	Q3943
43	57	69	41	55	46	71	83	**189**	100	80	70	61	53	41	37	31	**0.00**	9	19	3	1	–	–	–	–	–	–	–	–	Nonyl nitrate		01613
43	77	50	161	42	174	189	104	**189**	100	42	41	38	35	33	29	28		10	7	3	1	–	–	–	–	–	–	–	–	N-Acetylphthalimide	1971-49-9	Q7144
43	117	85	70	88	118	60	130	**189**	100	50	42	38	32	32	27	20	**0.00**	7	11	5	1	–	–	–	–	–	–	–	–	L-Serine, N-acetyl-, methyl ester, formate	57289-21-1	T4452
43	128	86	29	189	41	132	89	**189**	100	76	54	22	19	19	16	13		9	19	1	1	–	–	–	1	–	–	–	–	Carbamothioic acid, dipropyl-, S-ethyl ester	759-94-4	Q3955
43	128	86	189	41	131	42	89	**189**	100	65	47	35	26	17	15	14		9	19	1	1	–	–	–	1	–	–	–	–	Carbamothioic acid, dipropyl-, S-ethyl ester	759-94-4	Q3958
43	128	189	86	29	27	41	160	**189**	100	94	63	43	38	25	20	15		9	19	1	1	–	–	–	1	–	–	–	–	Carbamothioic acid, dipropyl-, S-ethyl ester	759-94-4	Q3956
52	36	77	153	38	51	78	53	**189**	100	91	79	50	41	37	23	22	**0.00**	6	8	2	3	1	–	–	–	–	–	–	–	Hydrazine, (2-nitrophenyl)-, monohydrochloride	6293-87-4	R2211
56	189	77	190					**189**	100	60	12	9						10	11	1	3	–	–	–	–	–	–	–	–	1H-1,2,4-Triazolium, 3-hydroxy-4,5-dimethyl-1-phenyl-, hydroxide, inner salt	40727-00-2	S6417
57	132	77	146	89	106	90	104	**189**	100	25	15	14	8	8	7	7	**1.00**	12	15	1	1	–	–	–	–	–	–	–	–	Aziridinone, 1-tert-butyl-3-phenyl-	27151-60-6	S1632
58	104	189	77	103	78	105	51	**189**	100	90	41	17	16	15	14	12		12	15	1	1	–	–	–	–	–	–	–	–	2-Pyrrolidinone, 5,5-dimethyl-4-phenyl-	20894-20-6	R8992
59	100	45	42	102	55	74	40	**189**	100	69	50	21	20	17	13	12	**1.09**	7	11	5	1	–	–	–	–	–	–	–	–	Butanedioic acid, (methoxyimino)-, dimethyl ester	56051-79-7	T2605
60	42	41	70	43	57	74	45	**189**	100	48	46	36	30	25	24	21	**0.10**	6	11	4	3	–	–	–	–	–	–	–	–	β-L-Xylopyranoside, methyl 4-azido-4-deoxy-	20379-31-1	R8644
65	106	77	93	39	94	189	29	**189**	100	86	77	47	46	23	19	13		7	8	2	1	–	–	1	1	–	–	–	–	Imidosulphuryl fluoride, N-methyl-S-phenoxy-		M6662
70	84	102	189	87	71	100	144	**189**	100	70	40	40	27	20	15	15		9	19	3	1	–	–	–	–	–	–	–	–	2-Ethoxy-3-hydroxy-4-dimethylamino-tetrahydropyran		M2060
71	43	41	27	39	119	55	64	**189**	100	79	15	12	9	9	5	5	**2.50**	11	11	2	1	–	–	–	–	–	–	–	–	Butanoic acid, 2-cyanophenyl ester	29052-09-3	S2335
71	43	41	27	39	119	55	64	**189**	100	88	15	12	8	7	6	5	**1.10**	11	11	2	1	–	–	–	–	–	–	–	–	Butanoic acid, 4-cyanophenyl ester	29052-10-6	S2336
71	85	84	102	189				**189**	100	63	58	27	26					9	19	3	1	–	–	–	–	–	–	–	–	2-Ethoxy-3-cis-hydroxy-4-trans-dimethylamino-tetrahydropyran		L9362
71	85	84	102	189				**189**	100	76	63	37	37					9	19	3	1	–	–	–	–	–	–	–	–	2-Ethoxy-3-trans-hydroxy-4-cis-dimethylamino-tetrahydropyran		L9363
73	43	75	30	145	174	130	104	**189**	100	51	43	32	31	28	23	21	**0.00**	7	15	3	1	–	–	–	–	–	–	1	–	Glycine, N-acetyl-, trimethylsilyl ester	25436-19-5	S1074
73	45	128	43	100	59	44	56	**189**	100	59	52	49	46	30	21	17	**0.00**	7	15	1	1	–	–	–	1	–	–	1	–	2(3H)-Thiophenone, dihydro-3-[(trimethylsilyl)amino]-	55517-34-5	T1291
73	174	74	45	59	89	115	75	**189**	100	48	22	17	15	12	12	10	**1.70**	7	15	3	1	–	–	–	–	–	–	1	–	Propanoic acid, 2-(methoxyimino)-, trimethylsilyl ester	55493-92-0	T1206
76	65	78	77	60	66	64	69	**189**	100	69	58	41	37	35	13	12	**0.00**	1	4	–	1	–	–	–	3	–	–	–	1	Ammonium copper(I) trithiocarbonate		14862
77	104	189	144	51	130	105	91	**189**	100	99	90	51	45	41	31	24		11	11	2	1	–	–	–	–	–	–	–	–	2-Oxazolidinone, 5-vinyl-3-phenyl-	69974-30-7	T7548
83	55	41	43	143	15	69	59	**189**	100	35	31	19	17	16	16	15	**0.00**	8	15	4	1	–	–	–	–	–	–	–	–	Methyl 2,4-dimethyl-4-nitropentanoate		P1194
83	82	55	149	110	80	189	191	**189**	100	34	26	19	18	11	7	5		7	12	–	1	–	1	–	–	–	–	–	–	1H-Pyrrolizine, 1-bromohexahydro-, trans-	65113-03-3	T6535
91	56	104	105	131	39	41	65	**189**	100	35	29	20	19	18	15	15	**0.00**	11	15	–	3	–	–	–	–	–	–	–	–	Benzene, (3-azido-3-isopentyl)-	32366-28-2	S3629
91	160	118	132	104	119	41	117	**189**	100	98	88	55	41	30	26	22	**5.00**	13	19	–	1	–	–	–	–	–	–	–	–	Hexylamine, N-benzylidene-	19340-96-6	R8089
91	160	118	132	104	119	117	105	**189**	100	98	88	54	40	29	22	18	**5.00**	13	19	–	1	–	–	–	–	–	–	–	–	Hexylamine, N-benzylidene-	19340-96-6	R8090
91	170	171	79	92	65	52	80	**189**	100	38	19	14	14	13	9	9	**0.00**	12	12	–	1	–	–	1	–	–	–	–	–	Pyridinium, 1-benzyl-, fluoride	3581-53-1	Q9545
98	42	41	91	55	70	65	99	**189**	100	18	15	10	10	10	8	7	**0.00**	13	19	–	1	–	–	–	–	–	–	–	–	Piperidine, 1-(2-phenylethyl)-	332-14-9	Q0522
98	56	90	188	189	99	61	28	**189**	100	95	70	64	52	41	34	31		6	18	–	3	1	–	–	–	–	2	–	–	Diborane(4)triamine, 2-chloro-N,N,N′,N′,N″,N″-hexamethyl-	7360-75-0	R3095
98	91	55	65	41	39	147	42	**189**	100	49	43	14	13	12	12	11	**5.92**	13	19	–	1	–	–	–	–	–	–	–	–	Aziridine, 1-benzyl-3-isopropyl-2-methyl-, trans-	55669-81-3	06909
98	130	70	102	55	42	99	131	**189**	100	89	66	49	44	34	16	14	**0.00**	8	15	4	1	–	–	–	–	–	–	–	–	Glutamic acid, 2-methyl-, dimethyl ester	56009-38-2	T2550
99	98	56	90	188	189	27	61	**189**	100	25	23	17	16	13	8	8		6	18	–	3	1	–	–	–	–	2	–	–	Diborane(4)triamine, 2-chloro-N,N,N′,N′,N″,N″-hexamethyl-	7360-75-0	R3094
102	84	60	73	88	57	70	144	**189**	100	59	38	26	25	24	24	14	**3.00**	9	19	3	1	–	–	–	–	–	–	–	–	2-Ethoxy-3-hydroxy-4-methylamino-6-methyl-tetrahydropyran		M2062
104	77	105	132	160	57	29	51	**189**	100	33	22	21	15	11	10	6	**1.38**	11	16	1	1	–	–	–	–	–	1	–	–	Benzaldehyde, O-(diethylboryl)oxime	74421-33-3	T8102

MASS TO CHARGE RATIOS								M.W.	INTENSITIES								Parent	C	H	O	N	Cl	Br	F	S	P	B	Si	X	COMPOUND NAME	CAS Reg No	No
104	91	107	105	189	65	133	77	**189**	100	99	49	42	37	17	11	9		11	11	2	1	–	–	–	–	–	–	–	–	Cyanomethyl 3-phenylpropionate		**M1213**
104	189	103	51	77	78	105	39	**189**	100	26	17	14	13	13	12	6		11	11	2	1	–	–	–	–	–	–	–	–	2,5-Pyrrolidinedione, 1-methyl-3-phenyl-	86-34-0	**P6293**
104	189	103	105	78	77	51	190	**189**	100	35	11	9	8	7	6	4		11	11	2	1	–	–	–	–	–	–	–	–	2,5-Pyrrolidinedione, 1-methyl-3-phenyl-	86-34-0	**P6296**
104	189	103	105	190	78	77	28	**189**	100	30	10	10	10	7	5	4		11	11	2	1	–	–	–	–	–	–	–	–	2,5-Pyrrolidinedione, 1-methyl-3-phenyl-	86-34-0	**P6295**
104	189	117	146	115	118	161	147	**189**	100	13	5	5	4	3	1	1		11	11	2	1	–	–	–	–	–	–	–	–	3-Phenyl-2,6-dioxopiperidine		**05414**
104	189	146	105	117	103	78	190	**189**	100	23	11	10	8	8	6	5		11	11	2	1	–	–	–	–	–	–	–	–	3-Phenyl-2,6-dioxopiperidine		**06204**
105	77	161	189	51	58	106	50	**189**	100	62	52	32	20	16	9	7		10	7	1	1	–	–	–	1	–	–	–	–	Phenyl 2-thiazolyl ketone	7210-75-5	**R2956**
105	106	77	161	86	116	61	133	**189**	100	31	30	21	20	19	16	15	**0.00**	11	11	2	1	–	–	–	–	–	–	–	–	5-Ethoxy-3-phenylisoxazole	23244-34-0	**S0134**
105	106	77	161	116	89	63	29	**189**	100	30	28	20	20	20	16	14	**2.00**	11	11	2	1	–	–	–	–	–	–	–	–	5-Ethoxy-3-phenylisoxazole		**L5817**
105	133	106	161	77	89	116	63	**189**	100	52	51	50	46	31	30	22	**0.00**	11	11	2	1	–	–	–	–	–	–	–	–	2H-Azirine-2-carboxylic acid, 3-phenyl-, ethyl ester	23893-63-2	**S0390**
115	189	131	89	63	116	77	103	**189**	100	68	48	19	16	12	12	12		10	7	3	1	–	–	–	–	–	–	–	–	1-Hydroxy-3-nitronaphthalene		**D1065**
116	29	70	43	102	44	42	74	**189**	100	50	30	24	20	17	16	16	**0.09**	8	15	4	1	–	–	–	–	–	–	–	–	L-Aspartic acid, diethyl ester	13552-87-9	**R4627**
117	29	27	58	47	160	72	15	**189**	100	93	44	24	17	17	9	7	**5.80**	6	15	–	1	–	–	3	–	1	–	–	–	Ethyl(diethylamino)trifluorophosphorane		**L8141**
117	29	116	90	89	27	63	39	**189**	100	50	50	27	20	11	9	9	**0.40**	11	11	2	1	–	–	–	–	–	–	–	–	Benzeneacetic acid, α-cyano-, ethyl ester		**F0320**
117	116	89	90	118	143	145	63	**189**	100	49	17	15	10	9	8	7	**5.20**	11	11	2	1	–	–	–	–	–	–	–	–	Benzeneacetic acid, α-cyano-, ethyl ester	4553-07-5	**R0594**
118	117	31	91	115	28	39	116	**189**	100	82	39	20	17	14	14	11	**0.00**	12	15	1	1	–	–	–	–	–	–	–	–	7a,3a-(Nitrilometheno)indan, 9-ethoxy-	20205-54-3	**R8568**
118	117	91	115	39	119			**189**	100	84	21	18	14	10			**0.00**	12	15	1	1	–	–	–	–	–	–	–	–	7a,3a-(Nitrilometheno)indan, 9-ethoxy-	20205-54-3	**R8569**
120	189	92	42	69	121	162	64	**189**	100	81	77	70	59	57	36	32		11	11	2	1	–	–	–	–	–	–	–	–	3-Methyl-2-vinyl-2,3-dihydro-1,3-benzoxazin-4-one		**P1349**
120	189	92	119	174	69	146	65	**189**	100	75	63	53	50	23	23	20		11	11	2	1	–	–	–	–	–	–	–	–	1H-1-Benzazepine-2,5-dione, 2,3,4,5-tetrahydro-4-methyl-		**L2031**
124	109	108	122	123	182	154	138	**189**	100	45	37	30	22	22	20	19	**0.00**	6	8	2	3	1	–	–	–	–	–	–	–	Hydrazine, (3-nitrophenyl)-, monohydrochloride	636-95-3	**Q3457**
125	127	117	115	89	126	63	39	**189**	100	33	15	13	12	10	8	7	**0.00**	9	11	–	–	2	–	–	–	–	–	–	–	1-Chloro-2-(2-chloropropyl)-benzene		**D1525**
129	130	145	69	115	189	44	77	**189**	100	78	73	70	39	32	30	29		10	11	1	3	–	–	–	–	–	–	–	–	Cinnamaldehyde semicarbazone	3839-82-5	**Q9852**
130	45	158	189	157				**189**	100	69	29	15	15					7	11	5	1	–	–	–	–	–	–	–	–	Dimethyl (methylimino)succinate N-oxide		**L7609**
130	59	74	189	103	117	143	171	**189**	100	90	50	24	13	13	13	9		12	15	1	1	–	–	–	–	–	–	–	–	4-(3-Indolyl)-butan-1-ol		**L8326**
130	77	189	144	103	104	145	91	**189**	100	92	47	31	30	21	18	8		11	11	2	1	–	–	–	–	–	–	–	–	2-Oxazolidinone, 5-methyl-4-methylene-3-phenyl-	52569-43-4	**S8021**
130	189	77	131	103	102	129	128	**189**	100	75	53	48	46	32	28	20		11	11	2	1	–	–	–	–	–	–	–	–	1H-Indole-3-acetic acid, methyl ester	1912-33-0	**Q7007**
130	189	77	131	103	129	102	190	**189**	100	34	12	12	10	7	5	4		11	11	2	1	–	–	–	–	–	–	–	–	1H-Indole-3-acetic acid, methyl ester	1912-33-0	**Q7008**
130	189	77	131	144	129	103	28	**189**	100	27	12	12	11	11	9	8		10	11	1	3	–	–	–	–	–	–	–	–	1H-Indole-3-acetic acid, hydrazide	5448-47-5	**R1447**
130	189	131	77	115	143	144	103	**189**	100	31	11	6	6	5	5	4		11	11	2	1	–	–	–	–	–	–	–	–	1H-Indole-3-propanoic acid		**05048**
130	189	131	79	190	52	103	51	**189**	100	58	11	10	8	4	3	1		11	11	2	1	–	–	–	–	–	–	–	–	1H-Indole-3-acetic acid, methyl ester	1912-33-0	**Q7009**
130	189	131	115	77	103	143	144	**189**	100	25	11	7	7	7	6	4		11	11	2	1	–	–	–	–	–	–	–	–	1H-Indole-3-propanoic acid	830-96-6	**Q4314**
130	189	144	77	131	129	103	102	**189**	100	23	13	12	11	11	9	7		10	11	1	3	–	–	–	–	–	–	–	–	1H-Indole-3-acetic acid, hydrazide	5448-47-5	**R1446**
131	189	103	146	77	132	51	102	**189**	100	41	34	24	21	13	8	6		12	15	1	1	–	–	–	–	–	–	–	–	N-Propyl-3-phenylpropenamide		**W0186**
131	189	130	132	144	190	147	146	**189**	100	58	48	44	21	19	14	11		12	15	1	1	–	–	–	–	–	–	–	–	Pyrano[2,3-b]indole, 2,3,4,4a,9,9a-hexahydro-4a-methyl-		**04478**
132	117	120	118	91	42	70	131	**189**	100	86	36	28	19	18	15	14	**7.01**	12	15	1	1	–	–	–	–	–	–	–	–	2-Azetidinone, 1,3,3-trimethyl-4-phenyl-	29668-85-7	**S2608**
132	117	189	130	133	77	91	118	**189**	100	17	15	13	11	10	9	6		12	15	1	1	–	–	–	–	–	–	–	–	2-Butanone, 4-(2,3-dihydro-1H-indol-1-yl)-	40135-92-0	**S6225**
133	41	60	57	74	43	189	39	**189**	100	34	34	33	24	23	16	15		6	11	–	3	–	–	–	2	–	–	–	–	1,3,4-Thiadiazol-2-amine, 5-(sec-butylthio)-	33313-08-5	**S4106**
133	57	41	74	135	60	134	39	**189**	100	25	11	11	10	9	9	5	**5.00**	6	11	–	3	–	–	–	2	–	–	–	–	1,3,4-Thiadiazol-2-amine, 5-(tert-butylthio)-	33313-09-6	**S4107**
133	142	189	57	41	60	74	135	**189**	100	46	24	21	20	20	20	9		6	11	–	3	–	–	–	2	–	–	–	–	1,3,4-Thiadiazol-2-amine, 5-(butylthio)-	33313-06-3	**S4104**
133	189	57	41	60	74	135	134	**189**	100	16	15	13	13	13	10	9		6	11	–	3	–	–	–	2	–	–	–	–	1,3,4-Thiadiazol-2-amine, 5-(isobutylthio)-	33313-07-4	**S4105**
140	142	189	77	191	141	36	75	**189**	100	37	22	21	14	10	8	6		8	9	–	1	2	–	–	–	–	–	–	–	2-(2-Chloroethylamino)chlorobenzene		**D2471**
143	115	189	89	144	116	114	117	**189**	100	46	42	29	25	12	6	6		11	11	2	1	–	–	–	–	–	–	–	–	1H-Indole-2-carboxylic acid, ethyl ester	3770-50-1	**Q9799**
143	189	115	89	144	116	63	190	**189**	100	47	36	23	22	9	8	6		11	11	2	1	–	–	–	–	–	–	–	–	1H-Indole-2-carboxylic acid, ethyl ester	3770-50-1	**Q9798**
144	18	117	89	53	116	36	90	**189**	100	62	49	40	35	30	27	26	**20.00**	10	7	3	1	–	–	–	–	–	–	–	–	Indole-3-glyoxylic acid		**05055**
144	158	145	189	146	143	130	77	**189**	100	64	41	36	31	18	17	17		12	15	1	1	–	–	–	–	–	–	–	–	2H-Furo[2,3-b]indole, 3,3a,8,8a-tetrahydro-3a,8a-dimethyl-		**04477**
145	117	143	189	89	90	63	146	**189**	100	48	43	39	36	25	21	19		10	7	3	1	–	–	–	–	–	–	–	–	2-Quinolinecarboxylic acid, 4-hydroxy-	492-27-3	**Q1220**
146	43	147	90	189	39	44	119	**189**	100	83	25	24	12	8	8	8		10	7	3	1	–	–	–	–	–	–	–	–	1H-Indole-2,3-dione, 1-acetyl-	574-17-4	**Q2225**
146	43	147	90	189	119	39	64	**189**	100	83	25	24	12	8	8	7		10	7	3	1	–	–	–	–	–	–	–	–	1H-Indole-2,3-dione, 1-acetyl-		**L4858**
146	71	86	117	118	189	77	91	**189**	100	87	53	53	47	27	26	14		12	15	1	1	–	–	–	–	–	–	–	–	Oxazole, 2,5-dihydro-4-phenyl-5-propyl-	36879-74-0	**S5421**
146	117	118	103	115	91	51	77	**189**	100	80	33	26	17	16	12	12	**1.00**	11	11	2	1	–	–	–	–	–	–	–	–	2,4-Azetidinedione, 3-ethyl-3-phenyl-	42282-82-6	**S6889**
146	130	131	189	147	132	77	143	**189**	100	37	35	12	12	10	9	8		13	19	–	1	–	–	–	–	–	–	–	–	3-Isopropyl-2,3-dimethylindoline		**01445**
146	154	112	191	126	111	148	44	**189**	100	84	83	52	40	32	30	28	**18.00**	9	16	1	1	1	–	–	–	–	–	–	–	6-Azabicyclo[3.2.1]octane, 8-chloro-5-methoxy-6-methyl-, anti-	35790-97-7	**S5072**
146	174	56	29	28	42	27	154	**189**	100	76	32	25	21	20	19	18	**5.60**	4	10	1	1	2	–	–	–	1	–	–	–	Phosphoryl chloride, amino-, N,N-diethyl-		**F0349**
146	189	120	162	163	39	160	41	**189**	100	69	30	30	25	23	23	21		11	15	–	3	–	–	–	–	–	–	–	–	6H-[1,2,4]-Triazolo[4,3-a]indole, 9-ethylidene-4a,5,7,8,8a,9-hexahydro-, cis-	56196-52-2	**T2976**

MASS TO CHARGE RATIOS								M.W.	INTENSITIES								Parent	C	H	O	N	Cl	Br	F	S	P	B	Si	X	COMPOUND NAME	CAS Reg No	No
146	189	133	160	39	41	79	147	**189**	100	67	26	20	19	19	15	15		11	15	–	3	–	–	–	–	–	–	–	–	6H-[1,2,4]-Triazolo[1,5-a]indole, 9-ethylidene-4a,5,7,8,8a,9-hexahydro-	55905-49-2	T2337
147	120	131	118	92	121	77	105	**189**	100	33	29	28	26	26	24	22	**12.00**	11	11	2	1	–	–	–	–	–	–	–	–	2-Allenyloxy-N-methylbenzamide		P1350
147	174	117	77	154	148	66	189	**189**	100	33	33	30	23	20	20	14		3	10	–	1	–	–	2	1	1	–	1	–	N-Trimethylsilyldifluorothiophosphorylamide		05500
153	36	90	38	80	63	107	64	**189**	100	65	34	32	29	25	21	16	**0.00**	6	8	2	3	1	–	–	–	–	–	–	–	Hydrazine, (3-nitrophenyl)-, monohydrochloride	636-95-3	Q3456
154	44	126	146	189	111	112	148	**189**	100	20	20	18	17	8	8	8		9	16	1	1	1	–	–	–	–	–	–	–	6-Azabicyclo[3.2.1]octane, 8-chloro-5-methoxy-6-methyl-, syn-	35784-00-0	S5071
154	136	124	120	80	139	137	108	**189**	100	72	34	30	26	13	11	9	**0.00**	6	8	2	3	1	–	–	–	–	–	–	–	Hydrazine, (2-nitrophenyl)-, monohydrochloride	6293-87-4	R2212
160	77	189	93	158	119	188	51	**189**	100	50	50	30	28	23	23	21		12	15	1	1	–	–	–	–	–	–	–	–	trans-Methyl N-phenyl-2-pentenoimidate		P3326
160	130	131	132	189	144	161	77	**189**	100	31	27	26	17	14	12	8		13	19	–	1	–	–	–	–	–	–	–	–	2,3-Diethyl-3-methylindoline		01444
161	105	133	106	134	160	162	189	**189**	100	80	54	21	15	14	10	4		11	11	2	1	–	–	–	–	–	–	–	–	5-Ethoxy-3-phenylisoxazole		L5818
161	105	189	69	129	102	147		**189**	100	60	58	38	13	11	8			11	11	2	1	–	–	–	–	–	–	–	–	2-Ethyl-5-phenyl-4-isoxazolin-3-one		L9543
161	163	189	191	99	90	44	63	**189**	100	78	77	55	37	34	30	28		7	5	1	1	2	–	–	–	–	–	–	–	Formamide, N-(3,4-dichlorophenyl)-	5470-15-5	R1478
173	145	172	146	104	77	174	171	**189**	100	80	65	15	15	15	10	10	**0.00**	10	11	1	3	–	–	–	–	–	–	–	–	3-Cyano-5-carbamoyl-2,4,6-trimethylpyridine		M1466
173	175	174	189	191	145	177	147	**189**	100	62	61	39	24	13	10	7		7	5	1	1	2	–	–	–	–	–	–	–	Benzamide, 2,6-dichloro-	2008-58-4	Q7187
174	91	132	173	90	189	117	175	**189**	100	40	35	30	18	16	15	13		11	16	1	1	–	–	–	–	–	1	–	–	1,3,2-Oxazaborolidine, 2,3,4-trimethyl-5-phenyl-	26535-26-2	S1403
174	100	73	59	175	86	189	101	**189**	100	77	38	22	20	15	11	10		8	23	–	1	–	–	–	–	–	–	2	–	Silanamine, N-ethyl-1,1,1-trimethyl-N-(trimethylsilyl)-	2477-39-6	Q8177
174	100	73	175	59	86	189	45	**189**	100	77	38	23	22	15	11	9		8	23	–	1	–	–	–	–	–	–	2	–	Silanamine, N-ethyl-1,1,1-trimethyl-N-(trimethylsilyl)-	2477-39-6	Q8176
174	121	189	41	69	39	65	105	**189**	100	66	63	45	42	30	30	24		11	11	2	1	–	–	–	–	–	–	–	–	3-Ethyl-5-(o-hydroxyphenyl)-isoxazole		P1972
188	105	189	77	51	84	190	78	**189**	100	90	59	42	12	8	7	7		12	15	1	1	–	–	–	–	–	–	–	–	N-Benzoylpiperidine		F0556
188	189	44	98	96	70	91	83	**189**	100	63	59	56	49	39	34	24		13	19	–	1	–	–	–	–	–	–	–	–	4-Benzyl-N-methylpiperidine		L8737
189	36	38	92	120	107	106	190	**189**	100	88	28	25	22	10	9	9		10	11	1	3	–	–	–	–	–	–	–	–	1′-(4-Aminophenyl)-3-methyl-5-pyrazolone		D0990
189	42	190	188	36	52	79	119	**189**	100	18	12	8	7	7	7	6		10	11	1	3	–	–	–	–	–	–	–	–	Pyrido[3,4-d]pyrimidin-4(3H)-one, 2,6,8-trimethyl-	22378-52-5	R9663
189	42	190	188	52	119	120	51	**189**	100	27	14	7	6	6	6	5		10	11	1	3	–	–	–	–	–	–	–	–	Pyrido[3,4-d]pyrimidin-4(3H)-one, 3,6,8-trimethyl-	22389-79-3	R9683
189	77	78	51	103	120	76	50	**189**	100	88	48	23	23	18	14	13		8	6	1	1	–	–	3	–	–	–	–	–	2,2,2-Trifluoroacetophenone oxime		14939
189	77	120	92	69	51	190	64	**189**	100	75	58	42	15	14	10	9		8	6	1	1	–	–	3	–	–	–	–	–	Aniline, N-(trifluoroacetyl)-		05673
189	77	158	174	131	188	51	91	**189**	100	45	40	35	30	25	20	20		12	15	1	1	–	–	–	–	–	–	–	–	Methyl N-phenyl-3-methyl-2-butenoimidate		P3328
189	89	158	131	174	190	129	130	**189**	100	60	45	13	13	12	10	10		11	11	2	1	–	–	–	–	–	–	–	–	1H-Indole-2-carboxylic acid, 1-methyl-, methyl ester	37493-34-8	S5500
189	92	120	174	119	65	64	63	**189**	100	83	83	67	67	43	40	33		11	11	2	1	–	–	–	–	–	–	–	–	1H-1-Benzazepine-2,5-dione, 2,3,4,5-tetrahydro-4-methyl-		B0331
189	114	115	172	190	28	63	113	**189**	100	29	20	15	15	10	9	9		10	7	3	1	–	–	–	–	–	–	–	–	1-Hydroxy-2-nitronaphthalene		D1496
189	115	143	171	89	63	144	116	**189**	100	97	93	88	85	80	68	67		10	7	3	1	–	–	–	–	–	–	–	–	8-Hydroxyquinaldic acid		M7173
189	115	159	89	190	131	143	130	**189**	100	57	27	25	16	14	14	13		10	7	3	1	–	–	–	–	–	–	–	–	Furan, 2-(4-nitrophenyl)-	28123-72-0	S1965
189	116	142	190	88	90	143	159	**189**	100	22	20	13	12	11	11	4		9	7	2	3	–	–	–	–	–	–	–	–	2-Vinyl-6-nitroindazole		L8415
189	120	77	92	65	39	51	69	**189**	100	72	64	57	27	20	14	13		8	6	1	1	–	–	3	–	–	–	–	–	Aniline, N-(trifluoroacetyl)-		03045
189	131	68	105	132	69	161	121	**189**	100	21	15	14	14	13	13	12		11	11	2	1	–	–	–	–	–	–	–	–	4-Methyl-3-methylidene-2,3,4,5-tetrahydro-1,4-benzoxazepin-5-one		P1348
189	131	188	159	77	130	76	91	**189**	100	69	68	46	42	40	35	33		11	11	2	1	–	–	–	–	–	–	–	–	4(1H)-Quinolinone, 3-methoxy-1-methyl-	52381-20-1	S7934
189	133	161	90	134	105	174	190	**189**	100	60	56	33	30	20	14	13		10	11	1	3	–	–	–	–	–	–	–	–	2-Amino-3-ethoxyquinoxaline		E0030
189	144	145	121	106	76	69	134	**189**	100	86	77	75	70	38	37	25		13	19	–	1	–	–	–	–	–	–	–	–	Aniline, 2,6-dimethyl-N-(3-methyl-2-butenyl)-	69611-45-6	T7168
189	146	133	94	67	147	93	160	**189**	100	90	87	83	75	64	56	55		11	15	–	3	–	–	–	–	–	–	–	–	Cyclohexanone, 2-pyridyl-, hydrazone		L3897
189	156	126	161	191	158	174	163	**189**	100	86	67	59	38	32	29	22		6	8	–	3	1	–	–	1	–	–	–	–	5-Pyrimidinamine, 2-chloro-4-(ethylthio)-	54789-34-3	S9633
189	173	89	145	118	63	190	146	**189**	100	85	25	17	17	15	14	12		10	7	3	1	–	–	–	–	–	–	–	–	Coumarin-3-carboxamide		M5267
189	174	146	76	91	118	103	190	**189**	100	51	45	25	23	23	22	18		11	11	2	1	–	–	–	–	–	–	–	–	2-Propenenitrile, 3-(3,4-dimethoxyphenyl)-	6443-72-7	R2297
189	188	72	91	71	190	39	45	**189**	100	61	46	35	31	16	12	11		11	11	–	1	–	–	–	1	–	–	–	–	Thiazole, 4-methyl-2-benzyl-	7210-74-4	R2955
28	71	131	89	43	61	59	103	**190**	100	90	84	72	62	56	35	35	**0.00**	8	14	5	–	–	–	–	–	–	–	–	–	Dimethyl ethoxysuccinate		D1715
28	147	149	190	192	120	122	40	**190**	100	89	88	78	75	63	55	43		4	3	2	2	–	1	–	–	–	–	–	–	5-Bromouracil	51-20-7	P4550
29	27	116	47	118	82	28	26	**190**	100	26	9	9	9	7	7	5	**0.04**	4	5	2	–	3	–	–	–	–	–	–	–	Ethyl trichloroacetate		04685
29	117	119	27	82	121	47	84	**190**	100	17	16	14	6	5	4	4	**0.00**	4	5	2	–	3	–	–	–	–	–	–	–	Ethyl trichloroacetate		Z1415
31	190	175	45	44	78	189	148	**190**	100	84	64	53	53	45	32	31		11	14	1	2	–	–	–	–	–	–	–	–	Formamidine, N′-(4-acetylphenyl)-N,N-dimethyl-		06341
41	57	90	39	29	59	100	45	**190**	100	99	79	68	67	53	42	38	**0.00**	8	14	1	–	–	–	–	2	–	–	–	–	Acetoacetic acid, 1,3-dithio-, S-tert-butyl ester	20383-06-6	R8651
41	58	86	39	85	87	76	42	**190**	100	67	59	31	31	26	26	24	**0.00**	7	14	2	2	–	–	–	1	–	–	–	–	Propanal, 2-methyl-2-(methylthio)-, O-[(methylamino)carbonyl]oxime	116-06-3	P8898
41	81	109	147	119	91	39	53	**190**	100	84	80	62	56	53	52	49	**24.00**	13	18	1	–	–	–	–	–	–	–	–	–	3,6-Nonadiyn-5-one, 2,2,8,8-tetramethyl-	35845-67-1	09322
41	93	108	91	134	77	119	53	**190**	100	99	86	75	58	52	48	39	**20.00**	13	18	1	–	–	–	–	–	–	–	–	–	2(1H)-Naphthalenone, 4a,5,8,8a-tetrahydro-1,1,4a-trimethyl-, trans-	17429-27-5	R6974
41	101	43	39	90	59	45	56	**190**	100	93	73	65	65	59	57	57	**1.03**	8	14	1	–	–	–	–	2	–	–	–	–	Acetoacetic acid, 1,3-dithio-, S-isobutyl ester	20383-04-4	R8650
41	133	53	56	39	67	55	40	**190**	100	56	50	50	43	37	36	31	**9.27**	12	24	–	–	–	–	–	–	–	2	–	–	1,4-Bis(1-boracyclopentyl)butane		D0763
43	45	75	85	72	71	98	55	**190**	100	93	93	90	46	45	40	25	**0.00**	9	18	4	–	–	–	–	–	–	–	–	–	1-Propanol, 2,2-bis(methoxymethyl)-, acetate		02476
43	45	75	85	72	71	98	55	**190**	100	93	93	68	47	46	28	25	**0.00**	9	18	4	–	–	–	–	–	–	–	–	–	1-Propanol, 2,2-bis(methoxymethyl)-, acetate	20637-35-8	R8811

MASS TO CHARGE RATIOS								M.W.	INTENSITIES								Parent	C	H	O	N	Cl	Br	F	S	P	B	Si	X	COMPOUND NAME	CAS Reg No	No
43	45	85	41	29	55	27	75	**190**	100	67	44	28	21	19	19	16	**0.00**	10	22	3	–	–	–	–	–	–	–	–	–	**2-(2-Hexyloxyethoxy)ethanol**		**C1824**
43	59	175	85	73	74	127	55	**190**	100	99	99	66	43	38	34	30	**0.00**	8	14	5	–	–	–	–	–	–	–	–	–	**α-D-Xylofuranose, 1,2-O-isopropylidene-**	20031-21-4	**R8463**
43	81	59	96	71	55	41	68	**190**	100	91	83	44	36	35	31	29	**0.00**	10	22	3	–	–	–	–	–	–	–	–	–	**p-Menthane-1,8-diol monohydrate**	2451-01-6	**Q8125**
43	87	15	45	131	29	44	42	**190**	100	29	14	8	7	4	4	3	**0.00**	8	14	5	–	–	–	–	–	–	–	–	–	**Diethylene glycol diacetate**		**03062**
43	87	28	15	88	44	45	42	**190**	100	72	4	4	4	3	3	3	**0.00**	8	14	5	–	–	–	–	–	–	–	–	–	**Diethylene glycol diacetate**		**D0291**
43	87	28	29	44	45	42	27	**190**	100	94	24	9	8	8	8	6	**0.00**	8	14	5	–	–	–	–	–	–	–	–	–	**Diethylene glycol diacetate**		**C1206**
43	89	45	41	47	131	42	44	**190**	100	69	27	15	15	13	9	6	**0.00**	10	22	3	–	–	–	–	–	–	–	–	–	**Triisopropyl orthoformate**	4447-60-3	**R0455**
43	89	45	47	41	131	42	59	**190**	100	68	28	18	15	13	7	6	**0.00**	10	22	3	–	–	–	–	–	–	–	–	–	**Triisopropyl orthoformate**	4447-60-3	**R0454**
43	89	131	45	47	41	105	42	**190**	100	68	65	25	15	13	7	6	**0.00**	10	22	3	–	–	–	–	–	–	–	–	–	**Triisopropyl orthoformate**	4447-60-3	**R0453**
43	102	77	148	131	130	91	190	**190**	100	52	52	45	22	22	22	12		11	10	3	–	–	–	–	–	–	–	–	–	**3-Acetoxyindan-1-one**		**M6146**
43	103	61	148	27	15	60	41	**190**	100	17	16	15	14	13	11	10	**2.00**	8	14	3	–	–	–	–	1	–	–	–	–	**Isopropyl 2-(acetylthio)propionate**		**02010**
44	173	145	189	43	171	45	41	**190**	100	52	35	27	22	15	9	8	**2.76**	8	5	2	–	–	–	3	–	–	–	–	–	**3-Trifluorobenzoic acid**		**17517**
51	50	63	77	52	64	65	62	**190**	100	83	74	64	54	52	51	40	**0.00**	8	6	2	4	–	–	–	–	–	–	–	–	**2H-Tetrazole-5-carboxylic acid, 2-phenyl-**	54798-92-4	**S9657**
53	101	71	69	97	51	31	45	**190**	100	67	36	36	23	20	17	17	**0.00**	9	18	4	–	–	–	–	–	–	–	–	–	**2,3-Didesoxy-5,6-isopropylidene hexitol**		**L2955**
56	90	100	59	57	74	101	133	**190**	100	80	50	47	46	27	25	10	**0.00**	8	14	1	–	–	–	–	2	–	–	–	–	**Acetoacetic acid, 1,3-dithio-, S-butyl ester**		**L6181**
57	29	115	117	27	116	133	190	**190**	100	44	32	26	19	18	11	11		12	14	2	–	–	–	–	–	–	–	–	–	**Cinnamyl propionate**	103-56-0	**H0277**
57	29	115	117	27	133	190	134	**190**	100	44	32	26	19	11	11	10		12	14	2	–	–	–	–	–	–	–	–	–	**Cinnamyl propionate**		**L0262**
57	59	90	100	133	56	74	101	**190**	100	83	79	42	24	19	18	18	**0.00**	8	14	1	–	–	–	–	2	–	–	–	–	**Acetoacetic acid, 1,3-dithio-, S-sec-butyl ester**		**L6183**
57	90	59	100	101	74	133	56	**190**	100	79	53	43	24	16	9	6	**0.00**	8	14	1	–	–	–	–	2	–	–	–	–	**Acetoacetic acid, 1,3-dithio-, S-tert-butyl ester**		**L6184**
57	115	29	101	59	75	58	116	**190**	100	58	19	9	9	6	5	5	**0.00**	9	18	4	–	–	–	–	–	–	–	–	–	**Dipropylene glycol monopropionate**		**Z1421**
58	32	42	31	59	29	14	15	**190**	100	24	8	8	7	6	6	6	**0.00**	11	14	1	2	–	–	–	–	–	–	–	–	**1H-Indole-3-ethanamine, 5-methoxy-**	608-07-1	**Q2762**
58	41	86	89	144	85	87	28	**190**	100	99	97	75	63	43	42	40	**0.00**	7	14	2	2	–	–	–	1	–	–	–	–	**Propanal, 2-methyl-2-(methylthio)-, O-[(methylamino)carbonyl]oxime**	116-06-3	**P8897**
59	45	56	103	82	117	41	43	**190**	100	56	37	37	29	23	18	17	**0.00**	10	22	3	–	–	–	–	–	–	–	–	–	**3-Hexanol, 1,5-dimethoxy-2,4-dimethyl-**	13897-22-8	**R4812**
59	116	190	43	101	39	132	74	**190**	100	61	49	41	28	27	23	21		7	10	–	–	–	–	–	3	–	–	–	–	**4H-1,3-Dithiin-4-thione, 2,2,6-trimethyl-**	57274-28-9	**T4394**
66	109	132	91	39	67	110	176	**190**	100	19	17	14	12	12	11	10	**0.00**	13	18	1	–	–	–	–	–	–	–	–	–	**1,4-Ethano-5,8-methanonaphthalen-6-ol, 1,4,4a,5,6,7,8,8a-octahydro-, (1α,4α,4aα,5β,6β,8β,8aα)-**	55556-82-6	**T1533**
69	120	41	105	190	39	91	77	**190**	100	60	21	18	16	10	10	8		13	18	1	–	–	–	–	–	–	–	–	–	**β-Damascenone**	23726-93-4	**S0326**
69	190	85	77	28	84	105	51	**190**	100	50	44	42	38	35	30	27		11	10	3	–	–	–	–	–	–	–	–	–	**2(5H)-Furanone, 4-methoxy-3-phenyl-**	54798-88-8	**S9653**
72	44	43	86	42	58	56	118	**190**	100	32	29	26	20	7	6	4	**2.00**	8	18	1	2	–	–	–	1	–	–	–	–	**N-(2-Acetamidoethylthio)-N,N-diethylamine**		**M1279**
77	105	44	78	93	51	160	55	**190**	100	25	22	21	18	17	10	9	**1.97**	9	10	1	4	–	–	–	–	–	–	–	–	**1,2,3,4-Oxatriazolium, 5-(ethylamino)-3-phenyl-, hydroxide, inner salt**	55955-52-7	**T2384**
77	141	51	190	49	125	192	142	**190**	100	78	27	21	11	8	8	6		7	7	2	–	1	–	–	1	–	–	–	–	**Benzene, [(chloromethyl)sulphonyl]-**	7205-98-3	**R2929**
80	79	41	55	91	67	39	93	**190**	100	83	79	59	53	50	42	42	**12.63**	14	22	–	–	–	–	–	–	–	–	–	–	**Spiro[bicyclo[6.1.0]nonane-9,1′-cyclopentane], 3′-methylene-**	74810-74-5	**T8726**
80	79	41	91	92	93	67	69	**190**	100	63	59	50	44	41	37	36	**0.21**	14	22	–	–	–	–	–	–	–	–	–	–	**Bicyclo[8.2.0]dodeca-3,7-diene, 11,11-dimethyl-**	62338-28-7	**T6144**
83	55	111	41	82	69	27	84	**190**	100	44	25	19	12	8	7	7	**4.00**	8	15	–	–	–	1	–	–	–	–	–	–	**2-Ethylcyclohexyl bromide**		**L0548**
83	55	111	41	82	69	84	39	**190**	100	44	25	19	12	8	7	7	**4.08**	8	15	–	–	–	1	–	–	–	–	–	–	**(2-Bromoethyl)cyclohexane**		**Z1422**
83	82	55	108	190	84	77	39	**190**	100	27	17	15	13	6	6	5		12	14	2	–	–	–	–	–	–	–	–	–	**2-Pentenoic acid, 4-methylphenyl ester**	69687-89-4	**T7225**
89	45	73	41	75	119	103	69	**190**	100	63	60	59	39	26	22	21	**1.00**	9	22	2	–	–	–	–	–	–	–	1	–	**Pentane, 5-methoxy-1-trimethylsilyloxy-**	54767-36-1	**S9604**
89	73	75	117	45	59	41	69	**190**	100	53	44	30	25	15	14	10	**0.10**	8	18	3	–	–	–	–	–	–	–	1	–	**Butanoic acid, 4-methoxy-, trimethylsilyl ester**	21273-18-7	**R9195**
89	73	75	117	45	132	59	41	**190**	100	54	45	30	25	23	15	14	**2.03**	8	18	3	–	–	–	–	–	–	–	1	–	**Butanoic acid, 4-methoxy-, trimethylsilyl ester**	21273-18-7	**R9196**
89	73	175	133	117	75	59	45	**190**	100	55	49	39	25	19	15	14	**1.00**	8	18	3	–	–	–	–	–	–	–	1	–	**Butanoic acid, 3-[(trimethylsilyl)oxy]-, methyl ester**	55590-74-4	**T1646**
90	146	89	118	117	105	91	77	**190**	100	39	31	30	29	25	14	14	**12.24**	10	11	3	–	–	–	–	–	–	1	–	–	**1,3,2-Dioxaborolan-4-one, 2-ethyl-5-phenyl-**	74646-15-4	**T8266**
91	43	130	71	172	92	104	58	**190**	100	64	34	34	29	18	14	13	**1.80**	13	18	1	–	–	–	–	–	–	–	–	–	**2-Heptanone, 7-phenyl-**	14171-88-1	**R5018**
91	43	130	172	71	92	104	58	**190**	100	62	34	33	31	15	14	12	**1.98**	13	18	1	–	–	–	–	–	–	–	–	–	**2-Heptanone, 7-phenyl-**	14171-88-1	**R5020**
91	65	39	92	63	64	51	89	**190**	100	87	69	66	44	37	32	30	**25.40**	7	7	2	–	1	–	–	1	–	–	–	–	**Benzylsulphonyl chloride**	1939-99-7	**Q7103**
91	92	64	155	65	48	39	190	**190**	100	33	33	24	18	11	11	9		7	7	2	–	1	–	–	1	–	–	–	–	**p-Toluenesulphonyl chloride**		**C0349**
91	92	99	55	65	41	104	93	**190**	100	37	15	6	6	5	5	4	**0.40**	13	18	1	–	–	–	–	–	–	–	–	–	**Benzene, [(cyclohexyloxy)methyl]-**	16224-09-2	**R6087**
91	92	190	57	105	41	43	29	**190**	100	91	25	12	11	10	8	8		14	22	–	–	–	–	–	–	–	–	–	–	**1-Phenyloctane**		**V0061**
91	104	172	148	190	131	51	147	**190**	100	71	48	46	43	29	22	19		11	10	3	–	–	–	–	–	–	–	–	–	**2,4(3H,5H)-Furandione, 3-benzyl-**	22884-81-7	**R9988**
91	104	172	190	148	131	101	51	**190**	100	77	53	50	46	35	31	27		11	10	3	–	–	–	–	–	–	–	–	–	**2,4(3H,5H)-Furandione, 3-benzyl-**	22884-81-7	**R9987**
91	119	105	161	41	190	104	92	**190**	100	35	15	15	12	11	7	7		14	22	–	–	–	–	–	–	–	–	–	–	**3-Phenyloctane**		**C1542**
91	119	134	190	133	105	41	175	**190**	100	97	88	85	83	74	54	52		13	18	1	–	–	–	–	–	–	–	–	–	**2-Cyclohexen-1-one, 3-(1,3-butadienyl)-2,4,4-trimethyl-, (E)-**	68803-90-7	**T6970**
91	119	161	190	92	105	104	41	**190**	100	35	16	12	7	7	7	7		14	22	–	–	–	–	–	–	–	–	–	–	**3-Phenyloctane**		**V0063**
91	130	158	92	159	65	131	190	**190**	100	80	62	56	56	40	39	36		12	14	2	–	–	–	–	–	–	–	–	–	**2-Pentenoic acid, 5-phenyl-, methyl ester, (E)-**	26429-97-0	**S1351**
91	133	105	147	190	41	92	104	**190**	100	77	61	61	45	35	32	32		14	22	–	–	–	–	–	–	–	–	–	–	**4-Phenyloctane**		**C1541**
91	133	147	190	92	104	105	27	**190**	100	16	14	10	8	7	5	4		14	22	–	–	–	–	–	–	–	–	–	–	**4-Phenyloctane**		**V0064**
91	155	65	90	190	63	89	92	**190**	100	37	29	21	21	12	11	11		7	7	2	–	1	–	–	1	–	–	–	–	**o-Toluenesulphonylchloride**		**M8477**

MASS TO CHARGE RATIOS								M.W.	INTENSITIES								Parent	C	H	O	N	Cl	Br	F	S	P	B	Si	X	COMPOUND NAME	CAS Reg No	No
91	155	65	180	39	190	63	92	**190**	100	37	29	23	17	15	13	13		7	7	2	–	1	–	–	1	–	–	–	–	o-Toluenesulphonyl chloride	133-59-5	**08238**
91	155	65	190	39	92	36	37	**190**	100	46	21	17	15	13	10	9		7	7	2	–	1	–	–	1	–	–	–	–	p-Toluenesulphonyl chloride	98-59-9	**P7175**
91	155	65	190	39	92	63	89	**190**	100	45	24	17	14	13	10	8		7	7	2	–	1	–	–	1	–	–	–	–	p-Toluenesulphonyl chloride		**02247**
91	155	65	190	90	39	63	92	**190**	100	37	28	22	22	17	13	12		7	7	2	–	1	–	–	1	–	–	–	–	o-Toluenesulphonyl chloride	133-59-5	**P9661**
91	172	65	107	39	108	77	90	**190**	100	85	66	64	39	35	26	25	**0.00**	7	10	4	–	–	–	–	1	–	–	–	–	Benzenesulphonic acid, 4-methyl-, monohydrate	6192-52-5	**R2137**
91	190	119	146	92	191	120	147	**190**	100	40	27	10	8	4	2	1		10	10	2	2	–	–	–	–	–	–	–	–	Δ^2-1,3,4-oxadiazolin-5-one, 2-ethyl-4-phenyl-	28669-40-1	**S2173**
92	91	28	117	39	26	118	58	**190**	100	50	45	28	20	11	11	11	**4.71**	11	10	3	–	–	–	–	–	–	–	–	–	4,6-Etheno-1H-cycloprop[f]isobenzofuran-1,3(3aH)-dione, 4,4a,5,5a,6,6a-hexahydro-	24447-28-7	**S0591**
92	91	28	117	39	26	118	65	**190**	100	50	45	28	20	11	11	10	**4.71**	11	10	3	–	–	–	–	–	–	–	–	–	4,6-Etheno-1H-cycloprop[f]isobenzofuran-1,3(3aH)-dione, 4,4a,5,5a,6,6a-hexahydro-	24447-28-7	**S0590**
92	91	190	57	41	43	105	65	**190**	100	88	28	12	11	8	8	7		14	22	–	–	–	–	–	–	–	–	–	–	1-Phenyloctane		**C1902**
92	91	190	57	41	43	105	93	**190**	100	80	23	15	10	10	8	8		14	22	–	–	–	–	–	–	–	–	–	–	1-Phenyloctane		**Y2020**
92	99	91	190					**190**	100	54	46	1						13	18	1	–	–	–	–	–	–	–	–	–	Benzene, [(cyclohexyloxy)methyl]-	16224-09-2	**R6088**
93	41	67	121	107	79	39	91	**190**	100	87	74	72	64	59	44	44	**22.17**	14	22	–	–	–	–	–	–	–	–	–	–	1,5-Cycloundecadiene, 9-isopropylidene-	62338-55-0	**T6179**
93	41	67	121	107	79	91	39	**190**	100	81	69	68	58	55	41	41	**8.22**	14	22	–	–	–	–	–	–	–	–	–	–	1,5-Cycloundecadiene, 8,8-dimethyl-9-methylene-	62338-54-9	**T6178**
93	41	79	91	67	55	43	82	**190**	100	88	81	78	57	48	45	44	**6.36**	14	22	–	–	–	–	–	–	–	–	–	–	1,5,9,11-Tridecatetraene, 12-methyl-, (E,E)-	62338-27-6	**T6142**
93	41	79	91	67	82	55	43	**190**	100	91	86	78	60	49	49	49	**8.24**	14	22	–	–	–	–	–	–	–	–	–	–	Cyclobutene, 4,4-dimethyl-1-(2,7-octadienyl)-	62338-42-5	**T6153**
95	39	190	67	28	162	51		**190**	100	18	12	5	3	2	2			10	6	4	–	–	–	–	–	–	–	–	–	Furil		**L9373**
95	39	190	96	38	67	191	37	**190**	100	16	11	5	3	3	1	1		10	6	4	–	–	–	–	–	–	–	–	–	Furil		**P1102**
95	39	190	96	40	38			**190**	100	20	15	8	6	5				10	6	4	–	–	–	–	–	–	–	–	–	Furil	492-94-4	**H0726**
95	67	55	161	190	175			**190**	100	47	45	18	15	7				14	22	–	–	–	–	–	–	–	–	–	–	3,7-Decadiyne, 5,5,6,6-tetramethyl-	29022-28-4	**S2324**
95	67	80	66	41	79	81	121	**190**	100	80	45	42	40	28	24	19	**17.01**	14	22	–	–	–	–	–	–	–	–	–	–	2,2′-Bibicyclo[2.2.1]heptane	18947-78-9	**R7898**
96	59	98	131	133	61	15	95	**190**	100	89	64	39	38	23	22	21	**0.09**	4	5	2	–	3	–	–	–	–	–	–	–	Methyl 2,2,3-trichloropropionate		**Z1431**
99	189	146	132	190	42	105	91	**190**	100	49	47	14	14	13	10	6		12	18	–	2	–	–	–	–	–	–	–	–	Imidazolidine, 1,3-dimethyl-2-(4-methylphenyl)-		**M3972**
99	189	146	132	190	42	105	100	**190**	100	49	47	14	14	13	10	7		12	18	–	2	–	–	–	–	–	–	–	–	Imidazolidine, 1,3-dimethyl-2-(4-methylphenyl)-	23229-38-1	**S0123**
101	90	59	56	100	133	57	74	**190**	100	68	63	59	52	48	44	34	**2.00**	8	14	1	–	–	–	–	2	–	–	–	–	Acetoacetic acid, 1,3-dithio-, S-isobutyl ester		**L6182**
104	28	190	76	162	132	147	117	**190**	100	98	62	44	24	8	6	5		10	10	2	2	–	–	–	–	–	–	–	–	1,4-Phthalazinedione, 2,3-dihydro-2,3-dimethyl-	22527-64-6	**R9799**
105	77	120	43	51	144	172	115	**190**	100	48	28	22	15	14	11	11	**5.00**	12	14	2	–	–	–	–	–	–	–	–	–	Cyclohexanone, 3-hydroxy-3-phenyl-	25444-79-5	**S1086**
105	91	106	115	190	41	77	39	**190**	100	14	12	11	11	8	6	5		14	22	–	–	–	–	–	–	–	–	–	–	2-Phenyloctane		**Y1838**
105	91	106	190	77	79	104	27	**190**	100	13	11	10	6	4	4	3		14	22	–	–	–	–	–	–	–	–	–	–	2-Phenyloctane		**V0062**
105	106	91	190	77	79	104	41	**190**	100	12	11	10	4	4	3	3		14	22	–	–	–	–	–	–	–	–	–	–	2-Phenyloctane		**Y2021**
105	120	77	51	41	106	43	121	**190**	100	71	46	14	10	7	6	6	**5.61**	13	18	1	–	–	–	–	–	–	–	–	–	1-Hexanone, 5-methyl-1-phenyl-	25552-17-4	**S1111**
105	120	190	91	119	106	147	133	**190**	100	79	48	39	30	30	14	11		13	18	1	–	–	–	–	–	–	–	–	–	2,2-Dimethyl-8-isopropylidenebicyclo[3.2.1]oct-6-en-3-one		**L6702**
107	67	135	41	136	91	53	39	**190**	100	78	70	51	48	44	43	35	**2.60**	13	18	1	–	–	–	–	–	–	–	–	–	3,7-Cyclodecadien-1-one, 10-isopropenyl-, (E,E)-	55521-11-4	**H2195**
108	41	39	190	79	80	27	91	**190**	100	29	28	28	26	25	21	19		13	18	1	–	–	–	–	–	–	–	–	–	5-Oxo-Δ^4-decahydrobenz[e]indene		**L1921**
108	41	39	190	79	80	27	147	**190**	100	30	28	28	27	25	21	19		13	18	1	–	–	–	–	–	–	–	–	–	5-Oxo-Δ^4-decahydrobenz[e]indene		**P4084**
111	75	113	127	50	74	175	99	**190**	100	59	32	32	31	23	20	16	**11.59**	7	7	2	–	1	–	–	1	–	–	–	–	Benzene, 1-chloro-4-(methylsulphonyl)-	98-57-7	**P7169**
111	75	113	157	77	39	155	49	**190**	100	97	65	38	31	29	28	26	**3.09**	3	5	–	–	2	1	–	–	–	–	–	–	1-Bromo-2,3-dichloropropane		**Z1425**
111	112	192	190	194	79	81	31	**190**	100	99	28	14	14	13	13	9		1	1	–	–	–	2	1	–	–	–	–	–	Dibromofluoromethane		**A0122**
111	113	75	39	77	143	49	141	**190**	100	64	46	26	15	15	15	12	**0.12**	3	5	–	–	2	1	–	–	–	–	–	–	2-Bromo-1,2-dichloropropane		**Z1429**
111	113	192	41	43	190	194	79	**190**	100	98	28	16	16	15	14	9		1	1	–	–	–	2	1	–	–	–	–	–	Dibromofluoromethane		**Z1410**
111	190	175	127	113	177	129	128	**190**	100	58	53	42	33	20	14	12		7	7	2	–	1	–	–	1	–	–	–	–	Benzene, 1-chloro-4-(methylsulphonyl)-	98-57-7	**P7170**
113	99	114	59	188	41	39	115	**190**	100	93	59	46	41	12	11	7	**2.77**	9	18	–	–	–	–	–	2	–	–	–	–	1,3-Dithiane, 2,2,4,4,6-pentamethyl-	57289-13-1	**T4446**
116	89	60	28	117	44	159	32	**190**	100	81	75	69	42	40	39	32	**0.00**	8	14	5	–	–	–	–	–	–	–	–	–	Propanedioic acid, methoxy-, diethyl ester	40924-27-4	**H1991**
117	115	29	190	91	145	116	144	**190**	100	51	40	40	29	29	26	16		12	14	2	–	–	–	–	–	–	–	–	–	2-Butenoic acid, 4-phenyl-, ethyl ester	54966-42-6	**S9962**
119	43	91	41	120	118	190	77	**190**	100	29	29	11	8	6	5	3		13	18	1	–	–	–	–	–	–	–	–	–	2-Hexanone, 5-methyl-5-phenyl-	14128-61-1	**R4995**
119	43	91	41	120	118	190	77	**190**	100	31	29	12	10	7	7	4		13	18	1	–	–	–	–	–	–	–	–	–	2-Hexanone, 5-methyl-5-phenyl-	14128-61-1	**R4994**
119	44	91	41	120	190	118	79	**190**	100	30	29	11	10	6	6	4		13	18	1	–	–	–	–	–	–	–	–	–	2-Hexanone, 5-methyl-5-phenyl-		**L1547**
119	190	91	64	120	42	63	51	**190**	100	66	29	15	9	7	7	6		9	6	3	2	–	–	–	–	–	–	–	–	1-Phenyl-2,4,5-trioxoimidazolidine		**17230**
121	69	65	122	93	70	190	83	**190**	100	98	97	90	87	77	77	73		11	10	3	–	–	–	–	–	–	–	–	–	p-Methacrylyloxybenzaldehyde		**P3061**
130	102	103	131	51	50	76	75	**190**	100	61	61	52	47	33	32	24	**15.00**	11	10	3	–	–	–	–	–	–	–	–	–	2-Methoxycarbonyl-1-indanone		**M2787**
131	147	77	103	148	43	51	190	**190**	100	53	44	44	37	36	29	27		12	14	2	–	–	–	–	–	–	–	–	–	Isopropyl cinnamate	7780-06-5	**H1667**
132	133	172	157	43	117	147	119	**190**	100	82	67	55	33	25	25	22	**12.01**	13	18	1	–	–	–	–	–	–	–	–	–	2-Butanone, 1-(2,3,6-trimethylphenyl)-	54789-17-2	**S9628**
132	133	172	157	43	117	147	119	**190**	100	83	67	57	33	26	25	22	**12.00**	13	18	1	–	–	–	–	–	–	–	–	–	4-(2′,3′,6′,-Trimethylphenyl)-butan-4-one		**L5679**
133	134	119	190	57	41	91	29	**190**	100	68	21	18	17	9	8	6		14	22	–	–	–	–	–	–	–	–	–	–	Benzene, 1-(2,2-dimethylpropyl)-2,4,5-trimethyl-	56666-87-6	**T4041**
133	134	190	28	119	41	91	27	**190**	100	33	19	14	14	11	9	8		14	22	–	–	–	–	–	–	–	–	–	–	Benzene, 1-isopentyl-2,4,5-trimethyl-	10425-90-8	**H1692**

MASS TO CHARGE RATIOS								M.W.	INTENSITIES								Parent	C	H	O	N	Cl	Br	F	S	P	B	Si	X	COMPOUND NAME	CAS Reg No	No
133	161	105	103	75	77	74	132	**190**	100	74	41	12	8	5	4	2	**1.11**	8	20	–	–	–	–	–	–	–	–	–	1	Tetraethylgermane		**01167**
133	161	105	103	75	77	74	190	**190**	100	74	41	12	8	5	4	3		8	20	–	–	–	–	–	–	–	–	–	1	Tetraethylgermane		**01155**
133	175	119	190	65	92	41	39	**190**	100	66	55	49	23	23	20	16		12	18	–	2	–	–	–	–	–	–	–	–	1H-1,5-Benzodiazepine, 2,3,4,5-tetrahydro-2,2,4-trimethyl-	40358-38-1	**S6294**
133	189	190	78	134	107	106	161	**190**	100	94	91	54	35	34	31	23		11	15	2	–	–	–	–	–	–	1	–	–	Benzyl alcohol, 2-hydroxy-, butyl boronate		**05080**
134	105	190	57	79	135	91	41	**190**	100	47	13	11	8	8	6	6		11	14	1	2	–	–	–	–	–	–	–	–	2-Benzoxazolamine, N-tert-butyl-	28291-84-1	**S2029**
134	121	135	91	77	119	122	78	**190**	100	48	11	7	6	6	5	5	**1.83**	13	18	1	–	–	–	–	–	–	–	–	–	Benzene, 1-methoxy-4-(4-methyl-4-pentenyl)-	74672-06-3	**T8322**
134	122	121	69	91	41	39	77	**190**	100	64	31	31	30	28	19	18	**10.46**	13	18	1	–	–	–	–	–	–	–	–	–	Benzene, 1-methoxy-3-(4-methyl-4-pentenyl)-	40463-26-1	**S6301**
134	147	190	135	148	175	119	120	**190**	100	46	39	20	20	19	13	13		11	14	1	2	–	–	–	–	–	–	–	–	Benzoxazole, 2-(isobutylamino)-	28291-83-0	**S2028**
134	147	190	135	148	175	120	78	**190**	100	46	39	20	20	19	13	12		11	14	1	2	–	–	–	–	–	–	–	–	Benzoxazole, 2-(isobutylamino)-		**L9141**
134	190	147	148	173	150	120	189	**190**	100	84	64	37	32	29	25	25		11	14	1	2	–	–	–	–	–	–	–	–	2-Benzoxazolamine, N-butyl-	21326-84-1	**R9225**
134	190	161	162	175	191	79	91	**190**	100	48	40	10	10	10	9	8		11	14	1	2	–	–	–	–	–	–	–	–	Benzoxazole, 2-(sec-butylamino)-	28291-82-9	**S2027**
135	105	77	136	91	79	190	39	**190**	100	23	11	10	10	10	9	9		13	18	1	–	–	–	–	–	–	–	–	–	Benzene, 1-(1,3-dimethyl-3-butenyl)-3-methoxy-	74672-09-6	**T8324**
135	105	136	77	91	103	79	39	**190**	100	12	10	5	5	4	4	3	**1.95**	13	18	1	–	–	–	–	–	–	–	–	–	Benzene, 1-(1,3-dimethyl-3-butenyl)-4-methoxy-	74672-05-2	**T8321**
144	86	41	85	58	87	100	55	**190**	100	74	50	50	46	40	28	26	**0.00**	7	14	2	2	–	–	–	1	–	–	–	–	Propanal, 2-methyl-2-(methylthio)-, O-[(methylamino)carbonyl]oxime	116-06-3	**P8899**
144	172	161	102	143	190	76	129	**190**	100	85	81	73	65	62	57	43		10	10	2	2	–	–	–	–	–	–	–	–	2,3-Quinoxalinedimethanol	7065-97-6	**R2824**
145	105	191	173	146	106	133	190	**190**	100	77	36	16	13	7	7	7		12	14	2	–	–	–	–	–	–	–	–	–	Benzeneacetic acid, 4-methyl-, allyl ester	15727-82-9	**R5816**
145	135	175	131	163	63	119	79	**190**	100	73	68	54	54	49	43	33	**0.30**	8	18	3	–	–	–	–	–	–	–	1	–	Silane, triethoxyvinyl-	78-08-0	**P5850**
146	73	46	45	42	90	149	41	**190**	100	83	61	55	49	33	31	28	**21.00**	5	6	2	2	–	–	–	2	–	–	–	–	Acetic acid, [(3-methyl-1,2,4-thiadiazol-5-yl)thio]-	32991-51-8	**S3943**
146	77	118	159	51	91	44	78	**190**	100	95	75	33	32	30	19	15	**13.00**	10	10	2	2	–	–	–	–	–	–	–	–	5-Isoxazolecarboxamide, 4,5-dihydro-3-phenyl-	35053-75-9	**S4807**
146	144	118	190	91	90	44	64	**190**	100	85	81	28	27	22	21	18		9	6	3	2	–	–	–	–	–	–	–	–	2-Quinoxalinecarboxylic acid, 3,4-dihydro-3-oxo-	1204-75-7	**Q5750**
146	147	190	41	148	42	38	134	**190**	100	88	55	40	35	27	31	30		11	14	1	2	–	–	–	–	–	–	–	–	Cytisine		**D1728**
147	43	91	148	129	190	78	132	**190**	100	56	28	13	13	7	6	5		12	14	2	–	–	–	–	–	–	–	–	–	3-Benzyl-penta-2,4-dione		**04942**
147	145	43	148	44	133	105	190	**190**	100	23	22	16	16	13	12	10		12	18	–	–	–	–	–	–	–	–	1	–	1H-1-Silaindene, 2,3-dihydro-1-methyl-1-propyl-	61141-64-8	**T5292**
147	190	119	118	90	89	91	63	**190**	100	99	97	80	47	42	36	23		11	10	3	–	–	–	–	–	–	–	–	–	2,4(3H,5H)-Furandione, 5-methyl-3-phenyl-	22884-80-6	**R9986**
147	190	121	91	134	108	119	107	**190**	100	99	56	47	27	15	15	14		13	18	1	–	–	–	–	–	–	–	–	–	2-Cyclohexylanisole		**Z1427**
147	190	149	192	28	120	40	122	**190**	100	97	95	90	80	70	60	57		4	3	2	2	–	1	–	–	–	–	–	–	5-Bromouracil	51-20-7	**P4551**
147	190	149	192	120	28	122	40	**190**	100	96	94	89	78	78	67	58		4	3	2	2	–	1	–	–	–	–	–	–	5-Bromouracil		**03419**
147	190	161	175	149	78	51	44	**190**	100	48	47	28	21	17	16	15		11	14	1	2	–	–	–	–	–	–	–	–	2-Benzoxazolamine, N,N-diethyl-	20852-38-4	**R8971**
147	190	161	175	149	78	51	77	**190**	100	48	47	28	21	17	16	15		11	14	1	2	–	–	–	–	–	–	–	–	2-Benzoxazolamine, N,N-diethyl-		**L9149**
148	113	43	150	156	190	45	71	**190**	100	98	87	77	57	45	36	27		6	7	1	2	1	–	–	1	–	–	–	–	Acetamide, N-[4-(chloromethyl)-2-thiazolyl]-	7460-59-5	**R3220**
148	120	119	190	91	92	65	147	**190**	100	36	30	27	26	15	12	9		10	10	2	2	–	–	–	–	–	–	–	–	N-(2-Oxo-1-indolinyl)acetamide		**Y2492**
148	190	53	149	67	52	68	69	**190**	100	35	10	10	8	7	6	6		9	10	1	4	–	–	–	–	–	–	–	–	Pyrazolo[5,1-c][1,2,4]triazine, 2-acetyl-2,8-dihydro-7-methyl-8-methylene-	54798-90-2	**S9655**
149	190	42	80	53	108	191	41	**190**	100	87	43	17	13	13	13	11		9	10	1	4	–	–	–	–	–	–	–	–	4(3H)-Pteridinone, 2,6,7-trimethyl-	34244-81-0	**S4594**
149	190	42	80	191	108	53	107	**190**	100	88	43	18	14	14	14	12		9	10	1	4	–	–	–	–	–	–	–	–	4(3H)-Pteridinone, 2,6,7-trimethyl-		**M3773**
149	190	81	79	116	80	110	77	**190**	100	44	36	35	32	22	20	19		12	14	–	–	–	–	–	1	–	–	–	–	5-endo-(Phenylthio)bicyclo[2.1.1]hexane		**P1619**
155	31	93	69	143	190	105	74	**190**	100	67	65	56	39	36	23	19		5	–	–	–	1	–	5	–	–	–	–	–	5-Chloro-1,2,3,4,5-pentafluorocyclopentadiene		**M5431**
155	157	190	192	156				**190**	100	32	22	15	10					7	4	–	–	2	–	–	1	–	–	–	–	1,3-Dichloro-4a-cyclopenta[c]thiophene		**L6609**
155	157	192	119	190	159	121	194	**190**	100	96	52	46	38	30	30	24		4	2	–	–	4	–	–	–	–	–	–	–	1,2,4,4-Tetrachlorobutadiene		**02702**
155	190	31	69	192	93	140	171	**190**	100	77	41	38	26	25	23	22		5	–	–	–	1	–	5	–	–	–	–	–	1-Chloro-2,3,4,5,5-pentafluorocyclopentadiene		**M5432**
155	190	128	77	51	192	156	76	**190**	100	91	80	35	30	30	18	16		10	7	–	2	1	–	–	–	–	–	–	–	Pyrimidine, 4-chloro-6-phenyl-	3435-26-5	**Q9383**
157	142	148	172	190	141	158	115	**190**	100	32	27	18	18	17	14	13		13	18	1	–	–	–	–	–	–	–	–	–	4,5,7-Trimethyl-1,2,3,4-tetrahydro-1-naphthol		**U0140**
157	172	142	141	143	147	115	128	**190**	100	91	37	25	22	20	18	18	**8.01**	13	18	1	–	–	–	–	–	–	–	–	–	1-Naphthalenol, 1,2,3,4-tetrahydro-2,5,8-trimethyl-	55591-08-7	**T1675**
157	174	121	173	76	102	50	158	**190**	100	83	47	45	27	27	22	22	**7.01**	10	10	2	2	–	–	–	–	–	–	–	–	Quinoxaline, 2-ethyl-, 1,4-dioxide	16007-75-3	**R5966**
159	161	139	174	176	103	141	163	**190**	100	64	46	39	24	14	14	11	**0.49**	8	8	1	–	2	–	–	–	–	–	–	–	2,4-Dichlorophenetole		**Z1419**
159	190	121	134	162	91	144	115	**190**	100	98	87	53	51	50	45	43		12	14	2	–	–	–	–	–	–	–	–	–	2-Naphthaldehyde, 1,2,3,4-tetrahydro-6-methoxy-	2472-02-8	**Q8171**
160	30	161	145	117	190	36	146	**190**	100	61	57	28	27	21	17	14		11	14	1	2	–	–	–	–	–	–	–	–	1H-Indole-3-ethanamine, 5-methoxy-		**06577**
160	117	161	145	89	90	190	146	**190**	100	58	52	42	20	19	18	17		11	14	1	2	–	–	–	–	–	–	–	–	1H-Indole-3-ethanamine, 5-methoxy-	608-07-1	**Q2760**
161	29	57	41	27	43	91	190	**190**	100	46	30	24	19	19	15	15		14	22	–	–	–	–	–	–	–	–	–	–	1,3-Di-sec-butylbenzene		**Y1201**
161	91	43	133	41	27	29	190	**190**	100	38	35	31	21	21	21	17		14	22	–	–	–	–	–	–	–	–	–	–	3-(4-Propylphenyl)pentane		**Y1200**
161	91	105	43	28	27	29	41	**190**	100	53	49	43	42	38	36	35	**22.00**	14	22	–	–	–	–	–	–	–	–	–	–	3-(2-Propylphenyl)pentane		**Y1199**
161	105	77	51	160	190	162	41	**190**	100	66	40	26	24	20	9	8		11	15	2	–	–	–	–	–	–	1	–	–	Borinic acid, diethyl-, 3-formylphenyl ester	61142-72-1	**T5509**
161	105	77	51	190	160	133	162	**190**	100	52	46	31	27	24	15	10		11	15	2	–	–	–	–	–	–	1	–	–	Borinic acid, diethyl-, 4-formylphenyl ester	61142-75-4	**T5514**
161	105	119	91	77	147	190	79	**190**	100	81	68	60	32	28	26	24		14	22	–	–	–	–	–	–	–	–	–	–	5,6-Decadien-3-yne, 5,7-diethyl-	61227-89-2	**T5606**
161	135	162	77	190	39	53	55	**190**	100	18	17	14	12	8	7	7		12	14	2	–	–	–	–	–	–	–	–	–	2-Penten-1-one, 1-(2-hydroxy-5-methylphenyl)-	51956-78-6	**08741**
162	164	190	192	63	166	126	98	**190**	100	58	20	13	11	9	9	9		8	8	1	–	2	–	–	–	–	–	–	–	2,6-Dichlorophenetole		**Z1430**
162	190	92	89	120	145	76	90	**190**	100	95	93	62	40	38	9	6		10	6	4	–	–	–	–	–	–	–	–	–	4H-1-Benzopyran-2-carboxylic acid, 4-oxo-	4940-39-0	**R0964**

MASS TO CHARGE RATIOS								M.W.	INTENSITIES								Parent	C	H	O	N	Cl	Br	F	S	P	B	Si	X	COMPOUND NAME	CAS Reg No	No
162	190	92	89	120	145	191	76	**190**	100	95	93	62	40	38	10	9		10	6	4	–	–	–	–	–	–	–	–	–	4H-1-Benzopyran-2-carboxylic acid, 4-oxo-	4940-39-0	R0963
173	175	190	74	75	192	145	109	**190**	100	64	53	48	44	33	29	25		7	4	2	–	2	–	–	–	–	–	–	–	2,4-Dichlorobenzoic acid	50-84-0	P4534
173	190	175	192	145	147	74	75	**190**	100	89	65	59	39	26	20	18		7	4	2	–	2	–	–	–	–	–	–	–	3,4-Dichlorobenzoic acid		Z1428
174	190	175	159	191	28	41	91	**190**	100	51	13	10	10	6	5	4		14	22	–	–	–	–	–	–	–	–	–	–	Benzene, 1,4-diethyl-2,3,5,6-tetramethyl-	33962-13-9	S4472
175	28	27	43	41	190	29	133	**190**	100	49	28	28	24	24	20	18		14	22	–	–	–	–	–	–	–	–	–	–	1,5-Dimethyl-2,4-diisopropylbenzene		Y1204
175	41	176	190	57	160	39	91	**190**	100	15	14	13	13	9	7	7		14	22	–	–	–	–	–	–	–	–	–	–	1,4-Di-tert-butylbenzene		Y1433
175	43	190	147	91	105	189	161	**190**	100	31	31	31	19	18	17	17		14	22	–	–	–	–	–	–	–	–	–	–	Benzene, 1-ethyl-3,5-diisopropyl-	15181-13-2	H1758
175	43	190	160	78	77	51	76	**190**	100	90	81	37	35	32	22	22		11	10	3	–	–	–	–	–	–	–	–	–	3-Acetyl-2-methoxybenzo[b]furan	40800-80-4	S6442
175	57	41	29	190	176	65	39	**190**	100	60	31	25	15	14	11	10		14	22	–	–	–	–	–	–	–	–	–	–	1,3-Di-tert-butylbenzene		Y1202
175	57	41	176	190	29	160	39	**190**	100	22	22	14	14	12	10	8		14	22	–	–	–	–	–	–	–	–	–	–	1,4-Di-tert-butylbenzene		Y1203
175	57	190	176	41	91	80	65	**190**	100	25	15	14	12	6	5	5		14	22	–	–	–	–	–	–	–	–	–	–	1,2-Di-tert-butylbenzene		C1582
175	59	43	85	73	74	127	55	**190**	100	99	99	66	43	38	34	30	**0.00**	8	14	5	–	–	–	–	–	–	–	–	–	α-D-Xylofuranose, 1,2-O-isopropylidene-		M6901
175	68	73	85	69	159	86	71	**190**	100	94	81	47	45	45	40	34	**0.00**	8	14	5	–	–	–	–	–	–	–	–	–	D-Ribofuranose, 2,3-O-isopropylidene-	4099-88-1	R0090
175	97	105	120	79	55	122	190	**190**	100	89	84	67	45	36	32	27		9	19	2	–	–	–	–	–	1	–	–	–	1-Methoxy-2,2,3,4,4-pentamethylphosphetan 1-oxide		P2610
175	104	119	190	77	51	42	161	**190**	100	88	37	34	27	17	14	14		10	10	2	2	–	–	–	–	–	–	–	–	2,4-Imidazolidinedione, 5-methyl-5-phenyl-		M3321
175	104	119	190	77	51	42	161	**190**	100	88	35	31	25	16	14	12		10	10	2	2	–	–	–	–	–	–	–	–	2,4-Imidazolidinedione, 5-methyl-5-phenyl-	6843-49-8	R2596
175	105	97	120	79	41	55	69	**190**	100	78	70	58	50	50	47	24	**18.50**	9	19	2	–	–	–	–	–	1	–	–	–	1-Methoxy-2,2,3,4,4-pentamethylphosphetan 1-oxide		A0758
175	111	177	43	147	190	149	113	**190**	100	73	62	61	42	35	25	24		8	8	1	–	2	–	–	–	–	–	–	–	2,3-Dichloro-α-methylbenzyl alcohol	54798-91-3	S9656
175	111	177	43	147	190	149	192	**190**	100	65	62	62	40	37	24	24		8	8	1	–	2	–	–	–	–	–	–	–	3,4-Dichloro-α-methylbenzyl alcohol	1475-11-2	Q6071
175	131	157	190	128	115	129	91	**190**	100	33	22	22	17	17	17	17		12	14	2	–	–	–	–	–	–	–	–	–	1H-Indene-4-carboxylic acid, 2,3-dihydro-1,1-dimethyl-	55712-38-4	T1889
175	176	190	57	41	160	145	91	**190**	100	17	16	13	10	8	6	5		14	22	–	–	–	–	–	–	–	–	–	–	1,4-Di-tert-butylbenzene		C1584
175	177	190	192	155	63	75	111	**190**	100	65	50	32	28	21	20	18		8	8	1	–	2	–	–	–	–	–	–	–	4,6-Dichloro-2-ethylphenol		L7948
175	190	43	147	176	191	87	65	**190**	100	52	30	14	12	7	7	6		11	10	3	–	–	–	–	–	–	–	–	–	2,6-Dihydroxy-3-acetylindene		E0038
175	190	147	161	115	160	176	128	**190**	100	56	27	23	13	12	11	9		12	14	–	–	–	–	–	1	–	–	–	–	2,3-Diethylthianaphthene		00614
175	190	148	160	147	176	131	87	**190**	100	61	19	16	13	13	13	11		12	18	–	2	–	–	–	–	–	–	–	–	Aniline, N,N-dimethyl-4-(isopropylimino)methyl-	27976-83-6	S1926
175	190	160	176	115	161	80	191	**190**	100	53	17	13	10	10	9	7		12	14	–	–	–	–	–	1	–	–	–	–	2,7-Diethyl-1-thiaindene		Y1855
175	190	160	176	191	41	90	144	**190**	100	54	15	14	7	4	4	4		14	22	–	–	–	–	–	–	–	–	–	–	Benzene, 1,2-diethyl-3,4,5,6-tetramethyl-	33884-69-4	S4436
175	190	176	27	41	133	43	39	**190**	100	23	13	13	12	10	9	8		14	22	–	–	–	–	–	–	–	–	–	–	1,4-Dimethyl-2,5-diisopropylbenzene		Y1771
175	190	176	91	161	41	76	191	**190**	100	60	18	14	14	13	9	9		14	22	–	–	–	–	–	–	–	–	–	–	Benzene, 1,3-diethyl-2,4,5,6-tetramethyl-	33781-72-5	S4385
175	190	176	133	147	119	191	91	**190**	100	24	15	14	6	5	4	4		14	22	–	–	–	–	–	–	–	–	–	–	1,4-Dimethyl-2,5-diisopropylbenzene		Z1423
175	190	176	173	133	105	41	57	**190**	100	19	14	11	8	7	7	6		14	22	–	–	–	–	–	–	–	–	–	–	1-Methyl-3-isopropyl-5-tert-butylbenzene		Y2187
175	190	176	191	189	115	174	177	**190**	100	56	13	7	7	6	6	5		12	14	–	–	–	–	–	1	–	–	–	–	2-Ethyl-5,7-dimethyl-1-thiaindene		Y1856
175	190	177	192	111	75	112	51	**190**	100	91	62	58	43	23	19	16		8	8	1	–	2	–	–	–	–	–	–	–	Benzene, 1,5-dichloro-2-methoxy-3-methyl-	13334-73-1	R4453
188	187	160	180	186	189	185	77	**190**	100	43	35	23	15	15	15	14	**0.99**	12	18	–	2	–	–	–	–	–	–	–	–	Octahydrophenazine		00178
189	61	190	62	60	59	63	188	**190**	100	85	81	75	73	61	60	51		–	8	–	–	–	–	–	–	–	5	–	1	Pentaborane(9), iodo-	31213-31-7	S3230
189	190	145	129	103	77	146	44	**190**	100	84	75	75	67	60	55	51		10	10	2	2	–	–	–	–	–	–	–	–	Benzylidenemalonamide		M5248
190	28	191	130	104	131	44	189	**190**	100	24	22	16	16	16	16	14		10	10	–	2	–	–	–	1	–	–	–	–	2-Thioxo-5-methyl-4-phenyl-Δ^3-imidazoline		06389
190	43	161	175	189	91	191	95	**190**	100	30	18	14	14	13	13	8		11	10	3	–	–	–	–	–	–	–	–	–	2-Furancarboxaldehyde, 5-[(5-methyl-2-furanyl)methyl]-	34995-74-9	S4777
190	43	162	64	42	79	119	146	**190**	100	46	39	21	18	18	15	14		10	10	2	2	–	–	–	–	–	–	–	–	2,6,8-Trimethylpyrido[3,4-d][1,3]oxazin-4-one		L5989
190	51	52	53	189	108	134	78	**190**	100	37	37	36	35	33	23	18		10	6	4	–	–	–	–	–	–	–	–	–	1,4-Naphthalenedione, 5,8-dihydroxy-	475-38-7	Q0982
190	65	69	77	162	39	93	51	**190**	100	95	57	45	45	41	27	16		8	5	2	–	–	–	3	–	–	–	–	–	Acetic acid, trifluoro-, phenyl ester	500-73-2	Q1316
190	69	114	145	63	74	45	62	**190**	100	30	25	22	20	19	15	15		10	6	–	–	–	–	–	2	–	–	–	–	Naphtho[1,8-cd]-1,2-dithiole	209-22-3	Q0069
190	89	160	63	132	191	90	144	**190**	100	51	29	19	17	13	12	11		8	6	2	4	–	–	–	–	–	–	–	–	4-(4-Nitrophenyl)-1,2,3-triazole		P1535
190	95	191	114	145	192	146	69	**190**	100	14	13	13	11	10	8	7		10	6	–	–	–	–	–	2	–	–	–	–	1,8-Dithiacyclopenta[a]indene		Y1877
190	95	191	145	192	45	96	146	**190**	100	13	13	12	10	8	7	5		10	6	–	–	–	–	–	2	–	–	–	–	Benzo[1,2-b:5,4-b′]dithiophene		Y1497
190	104	118	28	117	115	91	191	**190**	100	65	55	51	41	22	20	19		12	14	2	–	–	–	–	–	–	–	–	–	2-(1,3-Dioxolane)spiro-2′-(1′,2′,3′,4′-tetrahydronaphthalene)		P1195
190	105	47	46	117	85	90	69	**190**	100	78	39	38	34	29	29	27		4	6	1	4	–	–	–	2	–	–	–	–	Hydrazinecarboxaldehyde, 2-[3-(methylthio)-1,2,4-thiadiazol-5-yl]-	38362-25-3	S5741
190	108	107	134	106	55	191	162	**190**	100	50	49	15	13	13	12	9		10	10	2	2	–	–	–	–	–	–	–	–	4-(N-Succinimido)aniline		D2680
190	116	129	60	61	62	56	41	**190**	100	62	46	23	22	20	19	16		6	10	1	2	–	–	–	2	–	–	–	–	4-Imidazolidinone, 5-[2-(methylthio)ethyl]-2-thioxo-	56830-84-3	09270
190	121	147	134	122	191	108	91	**190**	100	99	84	35	19	14	14	14		13	18	1	–	–	–	–	–	–	–	–	–	2-Cyclohexyl-p-cresol		Z1420
190	121	159	134	91	162	44	115	**190**	100	89	89	52	51	50	45	43		12	14	2	–	–	–	–	–	–	–	–	–	2-Naphthaldehyde, 1,2,3,4-tetrahydro-6-methoxy-		L2085
190	121	191	105	162	120	134	122	**190**	100	42	28	23	18	15	12	10		10	6	4	–	–	–	–	–	–	–	–	–	1,4-Naphthalenedione, 2,5-dihydroxy-	4923-55-1	R0944
190	129	155	51	77	102	192	50	**190**	100	60	45	36	33	32	32	27		10	7	–	2	1	–	–	–	–	–	–	–	Pyrimidine, 2-chloro-4-phenyl-	13036-50-5	R4155
190	131	44	77	103				**190**	100	16	16	12	10					10	10	–	2	–	–	–	1	–	–	–	–	2-Thioxo-5-methyl-4-phenyl-Δ^3-imidazoline		M7500
190	133	189	105	51	191	76	50	**190**	100	58	20	14	14	13	13	11		10	6	4	–	–	–	–	–	–	–	–	–	5,5′-Diformyl-2,2-bifuran		04480
190	134	136	162	69	108	51	191	**190**	100	53	44	38	35	34	30	14		10	6	4	–	–	–	–	–	–	–	–	–	1,4-Naphthalenedione, 5,7-dihydroxy-	4923-54-0	R0943

MASS TO CHARGE RATIOS								M.W.	INTENSITIES								Parent	C	H	O	N	Cl	Br	F	S	P	B	Si	X	COMPOUND NAME	CAS Reg No	No
190	146	147	148	134	160	82	191	**190**	100	92	92	42	30	29	19	17		11	14	1	2	–	–	–	–	–	–	–	–	**Cytisine**	485-35-8	**Q1103**
190	147	91	175	119	43	191	81	**190**	100	51	44	34	31	30	16	12		11	10	3	–	–	–	–	–	–	–	–	–	**(5-Acetyl-2-furyl)furylmethane**	52805-84-2	**S8100**
190	147	91	175	119	43	191	81	**190**	100	38	32	25	22	22	12	8		11	10	3	–	–	–	–	–	–	–	–	–	**(5-Acetyl-2-furyl)furylmethane**	52805-84-2	**S8101**
190	147	119	118	90	89	91	63	**190**	100	99	96	80	47	42	35	23		11	10	3	–	–	–	–	–	–	–	–	–	**α-Phenyl-γ-methyltetronic acid**		**L5042**
190	150	122	161	39	43	162	189	**190**	100	18	17	13	11	11	11	11		11	10	3	–	–	–	–	–	–	–	–	–	**2,5-Dimethyl-7-hydroxychromone**		**P2523**
190	155	192	157	114	109	47	45	**190**	100	77	40	39	25	22	22	22		5	3	–	2	1	–	–	2	–	–	–	–	**3-Methylthio-4-cyano-5-chloroisothiazole**		**03481**
190	158	130	43	102	159	77	103	**190**	100	67	66	39	27	25	23	21		11	10	3	–	–	–	–	–	–	–	–	–	**2(3H)-Benzofuranone, 3-(1-methoxyethylidene)-**	40800-81-5	**S6443**
190	158	175	143	147	159	115	160	**190**	100	86	64	44	40	36	34	32		13	18	1	–	–	–	–	–	–	–	–	–	**1-Mesityl-2-methoxy-1-propene**		**P3488**
190	162	88	105	77	51	50	76	**190**	100	57	32	25	16	15	14	12		10	6	4	–	–	–	–	–	–	–	–	–	**1,4-Naphthalenedione, 2,3-dihydroxy-**	605-37-8	**Q2700**
190	162	107	147	91	51	81	41	**190**	100	84	79	68	61	57	56	52		12	14	2	–	–	–	–	–	–	–	–	–	**Cyclohexanone, 2-(2-furanylmethylene)-6-methyl-**	56053-07-7	**T2737**
190	162	146	132	175	90	118	42	**190**	100	80	78	42	41	37	36	33		10	10	2	2	–	–	–	–	–	–	–	–	**Quinoxaline, 2-ethoxy-, 4-oxide**	18916-48-8	**R7872**
190	173	74	75	145	192	175	109	**190**	100	92	75	69	59	59	57	45		7	4	2	–	2	–	–	–	–	–	–	–	**3,5-Dichlorobenzoic acid**		**M8728**
190	175	45	189	148	42	43	51	**190**	100	76	63	38	37	33	33	29		11	14	1	2	–	–	–	–	–	–	–	–	**Formamidine, N′-(4-acetylphenyl)-N,N-dimethyl-**	29366-20-9	**S2447**
190	189	36	148	43	39	42	45	**190**	100	65	47	45	42	41	41	36		11	14	1	2	–	–	–	–	–	–	–	–	**Formamidine, N′-(3-acetylphenyl)-N,N-dimethyl-**		**06325**
190	189	53	108	51	52	134	191	**190**	100	29	16	16	15	14	13	12		10	6	4	–	–	–	–	–	–	–	–	–	**1,4-Naphthalenedione, 5,8-dihydroxy-**	475-38-7	**Q0981**
190	189	95.5	96	94.5	95	191	187	**190**	100	78	57	30	19	17	14	14		15	10	–	–	–	–	–	–	–	–	–	–	**4,5-Methylenephenanthrene**		**00690**
190	189	148	43	39	42	45	175	**190**	100	65	45	42	41	41	36	29		11	14	1	2	–	–	–	–	–	–	–	–	**Formamidine, N′-(3-acetylphenyl)-N,N-dimethyl-**	29366-19-6	**S2446**
190	189	175	129	51	77	131	102	**190**	100	73	63	33	20	20	18	11		11	10	3	–	–	–	–	–	–	–	–	–	**Cyclopenta[c]pyran-4-carboxylic acid, 7-methyl-, methyl ester**	63785-74-0	**T6290**
190	189	191	192	63	133	172	144	**190**	100	93	67	64	26	21	19	17		7	4	2	–	2	–	–	–	–	–	–	–	**3,5-Dichlorosalicylaldehyde**		**Z1426**
190	191	95	145	192	45	69	146	**190**	100	13	12	12	10	7	7	6		10	6	–	–	–	–	–	2	–	–	–	–	**Benzo[1,2-b:3,4-b′]dithiophene**		**Y1343**
190	191	95	192	145	69	45	146	**190**	100	13	11	10	9	9	7	6		10	6	–	–	–	–	–	2	–	–	–	–	**Thieno[3,2-b]thianaphthene**		**Y1496**
190	191	145	95	192	69	40	45	**190**	100	12	11	11	9	7	7	6		10	6	–	–	–	–	–	2	–	–	–	–	**1,5-Dithia-s-indacene**		**V0136**
190	191	145	95	192	69	45	93	**190**	100	13	12	12	9	9	6	5		10	6	–	–	–	–	–	2	–	–	–	–	**Benzo[1,2-b:4,3-b′]dithiophene**		**Y1866**
190	191	189	94	188	187	95	192	**190**	100	91	72	25	20	17	14	14		15	10	–	–	–	–	–	–	–	–	–	–	**4,5-Methylenephenanthrene**	203-64-5	**Q0054**
190	191	189	94.5	94	188	187	95	**190**	100	92	72	26	25	20	17	14		15	10	–	–	–	–	–	–	–	–	–	–	**4,5-Methylenephenanthrene**		**W0064**
192	111	190	75	113	194	50	74	**190**	100	79	78	41	25	24	23	16		6	4	–	–	1	1	–	–	–	–	–	–	**1-Bromo-3-chlorobenzene**		**03184**
192	190	111	75	194	50	113	74	**190**	100	77	63	40	24	21	20	13		6	4	–	–	1	1	–	–	–	–	–	–	**1-Bromo-2-chlorobenzene**		**03183**
192	190	111	75	194	113	28	50	**190**	100	78	61	26	24	19	16	13		6	4	–	–	1	1	–	–	–	–	–	–	**1-Bromo-3-chlorobenzene**	108-37-2	**P8102**
192	190	111	75	194	113	50	74	**190**	100	76	50	25	24	16	11	8		6	4	–	–	1	1	–	–	–	–	–	–	**1-Bromo-2-chlorobenzene**	694-80-4	**Q3741**
192	190	111	75	194	113	50	74	**190**	100	77	65	36	24	21	20	16		6	4	–	–	1	1	–	–	–	–	–	–	**1-Bromo-4-chlorobenzene**		**03185**
192	190	111	75	194	113	50	74	**190**	100	76	57	28	24	19	13	11		6	4	–	–	1	1	–	–	–	–	–	–	**1-Bromo-4-chlorobenzene**	106-39-8	**P7878**
15	159	191	105	18	51	132	78	**191**	100	94	78	61	42	33	33	29		9	9	2	3	–	–	–	–	–	–	–	–	**Methyl N-benzimidazol-2-yl-carbamate**	10605-21-7	**R3991**
18	173	17	144	118	77	172	43	**191**	100	79	34	14	11	9	9	7	**0.67**	11	13	2	1	–	–	–	–	–	–	–	–	**2-Pyrrolidinone, 5-hydroxy-5-methyl-1-phenyl-**	29879-80-9	**S2719**
19	146	44	191	147	18	91	117	**191**	100	92	54	48	18	14	12	9		10	9	3	1	–	–	–	–	–	–	–	–	**2-Quinolinecarboxylic acid, 1,2,3,4-tetrahydro-4-oxo-, (S)-**	492-26-2	**Q1218**
36	139	38	156	71	140	112	81	**191**	100	36	36	34	23	21	19	17	**0.00**	6	8	1	2	1	–	–	1	–	–	–	–	**2H-Cyclopentathiazol-2-imine, 3,4,5,6-tetrahydro-3-hydroxy-, monohydrochloride**	58275-62-0	**T4983**
41	148	55	134	81	67	95	162	**191**	100	81	77	64	61	53	53	53	**10.00**	13	21	–	1	–	–	–	–	–	–	–	–	**1-Cyclododecene-1-carbonitrile, (E)-**	69300-19-2	**T7043**
41	148	134	55	81	162	95	67	**191**	100	81	69	67	58	57	54	49	**14.00**	13	21	–	1	–	–	–	–	–	–	–	–	**1-Cyclododecene-1-carbonitrile, (Z)-**	69300-20-5	**T7044**
42	88	146	102	60	41	101	56	**191**	100	86	83	30	23	9	8	7	**3.80**	6	9	6	1	–	–	–	–	–	–	–	–	**Nitrilotriacetic acid**		**C0939**
43	99	112	56	57	42	61	45	**191**	100	58	44	38	37	29	27	18	**0.00**	7	13	3	1	–	–	–	1	–	–	–	–	**L-Methionine, N-acetyl-**	65-82-7	**P5240**
47	46	31	30	65	160	112	50	**191**	100	65	32	18	14	11	7	6	**0.05**	2	1	1	1	–	1	3	–	–	–	–	–	**Perfluoro-4-bromo-1,2-oxazetidine**		**L9589**
57	42	85	56	70	58	77	86	**191**	100	69	52	18	9	5	4	3	**2.10**	12	17	1	1	–	–	–	–	–	–	–	–	**Morpholine, 3,4-dimethyl-2-phenyl-, (2R-trans)-**	634-03-7	**Q3424**
57	42	85	56	70	77	58	51	**191**	100	65	60	21	14	7	7	5	**2.39**	12	17	1	1	–	–	–	–	–	–	–	–	**Morpholine, 3,4-dimethyl-2-phenyl-, (2R-trans)-**	634-03-7	**Q3423**
57	58	42	191	56	77	117	91	**191**	100	33	25	17	16	10	10	8		11	13	2	1	–	–	–	–	–	–	–	–	**2-Oxazolidinone, 3,4-dimethyl-5-phenyl-, cis-**	32461-37-3	**S3695**
57	58	42	191	56	117	91	132	**191**	100	34	25	17	16	10	9	8		11	13	2	1	–	–	–	–	–	–	–	–	**cis-3,4-Dimethyl-5-phenyl-2-oxazolidone**		**M2146**
57	107	191	41	106	85	91	77	**191**	100	53	26	21	16	8	8	7		12	17	1	1	–	–	–	–	–	–	–	–	**Propanamide, 2,2-dimethyl-N-(3-methylphenyl)-**	32597-29-8	**S3782**
57	107	191	106	41	77	85	108	**191**	100	70	50	38	20	8	8	8		12	17	1	1	–	–	–	–	–	–	–	–	**Propanamide, 2,2-dimethyl-N-(4-methylphenyl)-**	21354-40-5	**R9245**
58	71	77	42	105	51	43	44	**191**	100	72	15	13	8	6	5	4	**2.30**	12	17	1	1	–	–	–	–	–	–	–	–	**1-Butanone, 4-(dimethylamino)-1-phenyl-**	3760-63-2	**Q9782**
58	100	111	119	91	191			**191**	100	45	32	30	9	2				12	17	1	1	–	–	–	–	–	–	–	–	**N-Acetylmethamphetamine**		**L9449**
59	60	86	72	104	88	43	70	**191**	100	70	69	58	35	27	24	12	**0.00**	8	17	4	1	–	–	–	–	–	–	–	–	**4-Pyranamine, tetrahydro-2-ethoxy-3-hydroxy-6-(hydroxymethyl)-**		**M2064**
60	105	132	42	191	91	117	61	**191**	100	13	11	10	9	8	5	3		12	17	1	1	–	–	–	–	–	–	–	–	**2H-1,2-Oxazine, tetrahydro-2-methyl-6-p-tolyl-**	15769-90-1	**R5831**
60	132	42	191	91	117	105	77	**191**	100	11	10	9	8	5	3	3		12	17	1	1	–	–	–	–	–	–	–	–	**2H-1,2-Oxazine, tetrahydro-2-methyl-6-p-tolyl-**		**04816**
69	41	59	72	142	159	45	167	**191**	100	60	58	56	55	50	41	38	**6.00**	12	17	1	1	–	–	–	–	–	–	–	–	**5-Cyclopentyl-3,4-tetramethylene-isoxazole**		**M0395**
69	41	108	109	56	39	53	70	**191**	100	57	19	11	11	10	8	7	**7.47**	13	21	–	1	–	–	–	–	–	–	–	–	**5-Cyano-2,5,8-trimethyl-nona-2,7-diene**		**P1223**

MASS TO CHARGE RATIOS								M.W.	INTENSITIES								Parent	C	H	O	N	Cl	Br	F	S	P	B	Si	X	COMPOUND NAME	CAS Reg No	No
69	191	122	102	172	120	76	121	**191**	100	43	18	12	10	10	7	4		5	3	–	1	–	–	6	–	–	–	–	–	**N,N-Bis(trifluoromethyl)-prop-1-ynylamine**		**M3271**
75	117	43	99	41	70	57	74	**191**	100	46	38	31	21	16	14	9	**0.09**	7	13	3	1	–	–	–	1	–	–	–	–	**D-Valine, N-acetyl-3-mercapto-**	15537-71-0	**R5766**
77	118	146	51	91	191	103	50	**191**	100	86	64	40	32	30	19	17		10	9	3	1	–	–	–	–	–	–	–	–	**5-Isoxazolecarboxylic acid, 4,5-dihydro-3-phenyl-**	4872-58-6	**R0895**
83	42	55	28	41	191	84	136	**191**	100	96	89	33	31	27	19	17		6	10	1	3	–	–	1	1	–	–	–	–	**Sulphoxime fluoride, N-cyano-S-piperidino-**		**M6667**
86	87	41	44	43	56	69	77	**191**	100	16	10	10	9	5	5	5	**1.00**	13	21	–	1	–	–	–	–	–	–	–	–	**Phenethylamine, α-butyl-β-methyl-**	7634-70-0	**R3330**
86	146	59	73	45	89	147	191	**191**	100	99	92	77	32	27	22	20		7	21	1	1	–	–	–	–	–	–	2	–	**Silanamine, N-methoxy-1,1,1-trimethyl-N-(trimethylsilyl)-**	7266-76-4	**R3002**
91	63	51	64	50	65	118	52	**191**	100	57	56	56	47	38	36	31	**0.00**	9	9	2	3	–	–	–	–	–	–	–	–	**1H-1,2,3-Triazole-4-carboxylic acid, 4,5-dihydro-1-phenyl-**	54798-96-8	**S9659**
91	69	41	39	65	77	51	92	**191**	100	23	21	20	16	16	15	10	**1.00**	11	13	2	1	–	–	–	–	–	–	–	–	**O-Benzyl-N-crotonoylhydroxylamine**		**L5768**
91	105	191	104	133	77	100	106	**191**	100	83	73	51	35	27	24	23		12	17	1	1	–	–	–	–	–	–	–	–	**Propanamide, 3-phenyl-N-propyl-**		**M1225**
93	18	17	99	191	43	94	71	**191**	100	84	27	22	20	19	9	7		11	13	2	1	–	–	–	–	–	–	–	–	**Pentanamide, 4-oxo-N-phenyl-**	23132-35-6	**S0081**
93	191	43	94	135	41	77	65	**191**	100	12	10	9	7	5	5	4		12	17	1	1	–	–	–	–	–	–	–	–	**Hexanamide, N-phenyl-**	621-15-8	**Q3026**
93	191	43	94	135	77	41	65	**191**	100	14	9	9	8	5	4	4		12	17	1	1	–	–	–	–	–	–	–	–	**Hexanamide, N-phenyl-**	621-15-8	**Q3025**
98	94	93	158	191	56	99	65	**191**	100	95	86	81	45	29	26	22		8	18	–	1	–	–	–	1	1	–	–	–	**N-(Dimethylthiophosphinyl)cyclohexylamine**		**16258**
103	91	146	133	104	191	77	162	**191**	100	87	51	51	42	35	24	23		12	17	1	1	–	–	–	–	–	–	–	–	**1-Ethoxy-1-methylimino-3-phenylpropane**		**M1227**
104	191	59	77	60	51	88	78	**191**	100	59	47	25	21	18	15	11		10	9	1	1	–	–	–	1	–	–	–	–	**4-Isothiazolol, 5-methyl-3-phenyl-**	19389-29-8	**R8111**
105	77	43	51	191	106	50	131	**191**	100	56	40	24	9	9	9	8		10	9	3	1	–	–	–	–	–	–	–	–	**1,2,3-Butanetrione, 1-phenyl-, 2-oxime**		**B0849**
105	77	122	131	51	60	78	106	**191**	100	71	18	18	13	9	7	6	**0.80**	10	9	3	1	–	–	–	–	–	–	–	–	**1,2,3-Butanetrione, 1-phenyl-, 2-oxime**	6797-44-0	**R2561**
106	43	107	149	131	130	191	77	**191**	100	77	73	48	45	38	25	18		11	13	2	1	–	–	–	–	–	–	–	–	**Acetamide, N-[2-(2-oxopropyl)phenyl]-**	14300-15-3	**R5122**
106	107	43	149	191	77	78	148	**191**	100	80	60	41	35	15	10	9		11	13	2	1	–	–	–	–	–	–	–	–	**Acetamide, N-[2-(2-oxopropyl)phenyl]-**	14300-15-3	**R5123**
106	107	43	149	191	77	78	149	**191**	100	80	58	40	34	15	10	9		11	13	2	1	–	–	–	–	–	–	–	–	**Acetamide, N-[2-(2-oxopropyl)phenyl]-**		**L5234**
106	148	91	79	77	149	65	191	**191**	100	38	34	25	20	20	18	17		11	13	2	1	–	–	–	–	–	–	–	–	**Benzylamine, N,N-diacetyl-**		**L1886**
109	74	133	75	161	145	135	163	**191**	100	85	80	67	64	53	51	41	**37.40**	6	3	2	1	2	–	–	–	–	–	–	–	**Benzene, 2,4-dichloro-1-nitro-**	611-06-3	**Q2803**
109	74	145	75	133	147	191	135	**191**	100	85	75	61	57	47	42	35		6	3	2	1	2	–	–	–	–	–	–	–	**Benzene, 1,2-dichloro-4-nitro-**	99-54-7	**P7255**
109	74	145	75	133	191	147	30	**191**	100	88	74	64	51	51	48	45		6	3	2	1	2	–	–	–	–	–	–	–	**Benzene, 1,2-dichloro-4-nitro-**	99-54-7	**P7254**
109	133	74	145	75	135	147	191	**191**	100	89	77	77	58	56	48	47		6	3	2	1	2	–	–	–	–	–	–	–	**Benzene, 1,4-dichloro-2-nitro-**	89-61-2	**P6488**
109	145	133	191	74	147	135	193	**191**	100	88	76	74	63	57	50	49		6	3	2	1	2	–	–	–	–	–	–	–	**Benzene, 1,4-dichloro-2-nitro-**	89-61-2	**P6487**
111	75	175	191	113	50	128	127	**191**	100	83	62	57	48	44	42	29		6	6	2	1	1	–	–	1	–	–	–	–	**Benzenesulphonamide, 4-chloro-**	98-64-6	**P7177**
115	174	144	116	91	117	63	145	**191**	100	80	55	53	31	31	24	24	**21.00**	10	9	3	1	–	–	–	–	–	–	–	–	**2-Propenal, 2-methyl-3-(4-nitrophenyl)-**	37524-18-8	**S5508**
116	88	60	27	29	44	149	191	**191**	100	62	62	38	38	37	34	27		8	17	–	1	–	–	–	2	–	–	–	–	**Carbamodithioic acid, diethyl-, propyl ester**	19047-77-9	**08775**
116	89	103	115	117	142	129	102	**191**	100	59	58	39	37	37	35	29	**6.70**	9	9	2	3	–	–	–	–	–	–	–	–	**1,3(2H,4H)-Isoquinolinedione, dioxime**	41536-78-1	**08185**
116	144	77	103	88	191	51	121	**191**	100	85	80	62	60	58	52	43		10	9	1	1	–	–	–	1	–	–	–	–	**Isoxazole, 5-(methylthio)-3-phenyl-**		**L8471**
116	144	77	103	89	191	50	121	**191**	100	85	80	62	60	59	53	44		10	9	1	1	–	–	–	1	–	–	–	–	**Isoxazole, 5-(methylthio)-3-phenyl-**	25755-80-0	**S1161**
118	121	191	77	163	51	119	122	**191**	100	62	47	43	42	17	10	7		10	9	1	1	–	–	–	1	–	–	–	–	**Thiazolium, 5-hydroxy-3-methyl-2-phenyl-, hydroxide, inner salt**	1280-28-0	**Q5898**
119	91	65	41	136	38	40	120	**191**	100	44	23	12	12	11	11	10	**9.00**	12	17	1	1	–	–	–	–	–	–	–	–	**Benzamide, N-tert-butyl-3-methyl-**	42498-33-9	**S6920**
119	91	191	65	136	120	176	40	**191**	100	30	22	13	11	9	8	6		12	17	1	1	–	–	–	–	–	–	–	–	**Benzamide, N-tert-butyl-4-methyl-**	42498-32-8	**S6919**
119	134	176	91	161	135	133	191	**191**	100	50	38	24	21	17	15	14		12	17	1	1	–	–	–	–	–	–	–	–	**Azocine, 2-methoxy-3,5,6,8-tetramethyl-**	27153-51-1	**S1635**
130	131	173	43	77	103	51	102	**191**	100	71	37	15	15	9	7	7	**0.00**	11	13	2	1	–	–	–	–	–	–	–	–	**2-Indolinol, 1-acetyl-3-methyl-**	13303-72-5	**R4431**
130	131	190	191	115	117	144		**191**	100	62	10	9	9	8	4			11	13	2	1	–	–	–	–	–	–	–	–	**1-Aminoindan-3-acetic acid**		**M0685**
131	189	130	132	144	190	147	146	**191**	100	58	48	43	20	18	14	11	**2.97**	12	17	1	1	–	–	–	–	–	–	–	–	**3-Methyltetrahydropyrano[2,3-b]indole**		**00846**
132	83	117	85	133	91	191	130	**191**	100	25	18	15	14	14	13	12		12	17	1	1	–	–	–	–	–	–	–	–	**1H-Indole-1-propanol, 2,3-dihydro-α-methyl-**	56771-63-2	**08382**
132	117	191	159	130				**191**	100	68	42	42	21					11	13	2	1	–	–	–	–	–	–	–	–	**10-Carbomethoxy-10-azatricyclo[4.3.1.0^{1,6}]deca-2,4-diene**		**L7997**
134	106	43	70	149	18	148	135	**191**	100	44	29	24	23	20	15	15	**6.00**	12	17	1	1	–	–	–	–	–	–	–	–	**Acetamide, N-ethyl-N-(4-ethylphenyl)-**		**D1272**
134	176	191	43	135	177	106	91	**191**	100	96	50	17	13	11	9	7		12	17	1	1	–	–	–	–	–	–	–	–	**4-tert-Butylacetanilide**		**05682**
134	191	106	135	133	176			**191**	100	25	12	9	5	1				12	17	1	1	–	–	–	–	–	–	–	–	**3,4-Dihydro-3-tert-butyl-1,4-benzoxazine**		**M7062**
134	191	148	43	176	120	70	162	**191**	100	75	75	65	56	52	41	40		12	17	1	1	–	–	–	–	–	–	–	–	**Acetamide, N-ethyl-N-(2-ethylphenyl)-**		**D1266**
134	191	162	43	76	104	28	18	**191**	100	81	72	68	25	17	16	16		10	9	3	1	–	–	–	–	–	–	–	–	**1,3-Dioxolo[4,5-g]isoquinolin-5(6H)-one, 7,8-dihydro-**	21796-14-5	**R9385**
136	54	109	55	164	45	29	118	**191**	100	75	50	48	44	32	32	30	**2.00**	7	14	3	1	–	–	–	–	1	–	–	–	**Diethyl (cyanoethyl)phosphonate**		**D2970**
136	164	54	27	29	118	109	81	**191**	100	65	64	43	40	34	29	26	**1.53**	7	14	3	1	–	–	–	–	1	–	–	–	**Diethyl (cyanoethyl)phosphonate**		**C1813**
144	191	160	120	118	106	77	91	**191**	100	50	43	33	28	20	18	14		12	17	1	1	–	–	–	–	–	–	–	–	**2-Methoxy-3,3-dimethyl-1-phenyl-azetidine**		**L6582**
145	191	109	147	133	193	30	74	**191**	100	94	82	65	62	61	49	42		6	3	2	1	2	–	–	–	–	–	–	–	**Benzene, 1,2-dichloro-3-nitro-**	3209 22-1	**Q9119**
146	70	88	42	41	59	147	58	**191**	100	26	15	14	12	11	8	8	**1.00**	9	21	3	1	–	–	–	–	–	–	–	–	**Triisopropanolamine**		**D2259**
146	78	191	147	43	44	51	31	**191**	100	28	15	13	12	10	6	6		10	9	3	1	–	–	–	–	–	–	–	–	**1H-Indole-3-acetic acid, 5-hydroxy-**	54-16-0	**P4658**
146	143	185	172	169	191			**191**	100	90	38	38	36	20				12	17	1	1	–	–	–	–	–	–	–	–	**2-(1-Hydroxyethyl)-8-methyl-1,2,3,4-tetrahydroquinoline**		**M2795**
146	191	18	28	147	27	130	117	**191**	100	99	15	13	10	8	6	5		10	9	3	1	–	–	–	–	–	–	–	–	**1H-Indole-3-acetic acid, 5-hydroxy-**		**05051**
146	191	147	117	104	118	192	145	**191**	100	28	12	8	6	6	5	4		10	9	3	1	–	–	–	–	–	–	–	–	**2-Quinolinecarboxylic acid, 1,2,3,4-tetrahydro-4-oxo-, (S)-**	492-26-2	**Q1219**
146	191	147	192	145	117	44	148	**191**	100	46	19	6	5	4	3	3		10	9	3	1	–	–	–	–	–	–	–	–	**1H-Indole-3-acetic acid, 5-hydroxy-**	54-16-0	**P4659**

MASS TO CHARGE RATIOS								M.W.	INTENSITIES								Parent	C	H	O	N	Cl	Br	F	S	P	B	Si	X	COMPOUND NAME	CAS Reg No	No
146	192	158	127	114	174	130	142	**191**	100	96	77	77	66	63	46	30	**0.00**	7	13	3	1	–	–	–	1	–	–	–	–	**DL-Valine, N-acetyl-3-mercapto-**	59-53-0	**P5002**
149	43	191	176	45	148	69	108	**191**	100	85	59	50	46	45	33	24		10	9	1	1	–	–	–	1	–	–	–	–	**1,5-Benzothiazepin-4(5H)-one, 2-methyl-**	63870-02-0	**T6306**
149	80	191	43	120	79	52	121	**191**	100	99	95	94	92	84	79	68		9	9	2	3	–	–	–	–	–	–	–	–	**7-Acetyl-2-methylimidazo[1,2-a]pyrazin-3-one**		**M0782**
149	122	191	109	108	81	95	163	**191**	100	47	18	17	16	9	7	7		8	9	1	5	–	–	–	–	–	–	–	–	**5-Methyl-7-acetylamino-s-triazolo[1,5-a]pyrimidine**		**17292**
149	162	69	150	45	108	39	109	**191**	100	21	12	10	10	10	9	8	**3.08**	11	13	–	1	–	–	–	1	–	–	–	–	**2-Butylbenzothiazole**		**Y1761**
149	191	120	43	130	132	121	77	**191**	100	84	63	53	31	27	19	18		11	13	2	1	–	–	–	–	–	–	–	–	**2-Indolinol, 1-acetyl-3-methyl-**	13303-72-5	**R4430**
156	36	138	140	139	77	38	112	**191**	100	93	89	84	64	55	39	38	**0.00**	7	9	–	2	2	–	–	–	–	–	–	–	**Hydrazine, (3-chloro-2-methylphenyl)-, monohydrochloride**	57396-92-6	**T4696**
156	140	77	36	158	104	38	91	**191**	100	53	45	42	37	28	26	26	**0.00**	7	9	–	2	2	–	–	–	–	–	–	–	**Hydrazine, (3-chloro-4-methylphenyl)-, monohydrochloride**	57396-90-4	**T4693**
158	191	190	176	159	177	147		**191**	100	95	70	60	18	7	3			11	13	–	1	–	–	–	1	–	–	–	–	**N-Methyl-3-dimethyl-2-indolinethione**		**L8040**
159	191	105	132	146	104	160	118	**191**	100	48	19	15	13	11	10	10		9	9	2	3	–	–	–	–	–	–	–	–	**Methyl N-benzimidazol-2-yl-carbamate**		**D1680**
160	32	161	148	77	76	104	50	**191**	100	92	47	32	14	12	11	8	**5.10**	10	9	3	1	–	–	–	–	–	–	–	–	**N-2(Hydroxyethyl)phthalimide**		**C0791**
160	191	161	145	117	192	146	159	**191**	100	36	13	11	6	4	3	1		11	13	2	1	–	–	–	–	–	–	–	–	**1H-Indole-3-ethanol, 5-methoxy-**	712-09-4	**Q3829**
160	191	190	91	39	176	78	51	**191**	100	73	60	58	50	44	42	30		11	13	2	1	–	–	–	–	–	–	–	–	**7-Azabicyclo[4.2.2]deca-2,4,7,9-tetraene, 5,8-dimethoxy-**	56666-92-3	**T4047**
161	163	90	63	165	99	125	162	**191**	100	63	24	13	10	10	9	8	**0.00**	6	3	2	1	2	–	–	–	–	–	–	–	**Benzene, 2,4-dichloro-1-nitro-**	611-06-3	**Q2802**
162	191	134	29	190	163	192	135	**191**	100	79	30	20	11	10	9	3		12	17	1	1	–	–	–	–	–	–	–	–	**6-Hepten-4-yn-2-one, 7-(1-piperidinyl)-**	54798-94-6	**S9658**
176	191	161	177	91	77	70	105	**191**	100	99	55	43	40	32	30	30		13	21	–	1	–	–	–	–	–	–	–	–	**Pyrrolidine, 1-(5,5-dimethyl-3-methylene-1-cyclohexen-1-yl)-**	23088-17-7	**S0060**
190	191	192	189	193	188	194	187	**191**	100	65	61	60	23	16	9	2		3	10	–	3	2	–	–	–	–	3	–	–	**1,3,5-Trimethyl-2,4-dichloroborazine**		**L1058**
190	191	192	193	163	127	128	173	**191**	100	76	40	24	20	15	14	14		11	10	–	1	1	–	–	–	–	–	–	–	**Isoquinoline, 1-chloro-3-ethyl-**	55150-52-2	**T0428**
191	43	42	150	53	122	52	41	**191**	100	90	48	41	19	17	13	12		8	9	1	5	–	–	–	–	–	–	–	–	**4(1H)-Pteridinone, 2-amino-6,7-dimethyl-**	611-55-2	**Q2822**
191	45	104	190	51	77	79	192	**191**	100	85	38	33	17	16	16	13		10	9	1	1	–	–	–	1	–	–	–	–	**Isothiazole, 4-methoxy-3-phenyl-**		**L4311**
191	45	104	190	160	51	77	79	**191**	100	85	38	33	31	17	16	16		10	9	1	1	–	–	–	1	–	–	–	–	**Isothiazole, 4-methoxy-3-phenyl-**	19574-25-5	**R8198**
191	72	46	115	45	64	116	173	**191**	100	74	64	37	31	28	25	25		5	5	3	1	–	–	–	2	–	–	–	–	**3-Thiazolidineacetic acid, 4-oxo-2-thioxo-**	5718-83-2	**R1705**
191	79	162	44	106	163	78	51	**191**	100	83	25	22	22	20	15	13		9	9	2	3	–	–	–	–	–	–	–	–	**Pyrido[2,3-d]pyrimidine-2,4(1H,3H)-dione, 1,3-dimethyl-**	24410-21-7	**S0581**
191	87	91	30	100	72	73	43	**191**	100	65	57	38	34	32	29	27		12	17	1	1	–	–	–	–	–	–	–	–	**Acetamide, N-(4-phenylbutyl)-**	34059-11-5	**S4527**
191	89	150	133	104	76	117	120	**191**	100	52	32	27	20	13	7	3		8	5	3	3	–	–	–	–	–	–	–	–	**Benzene, 1-diazoacetyl-4-nitro-**		**L6571**
191	91	116	149	117	190	132	192	**191**	100	57	42	22	21	19	13	11		9	9	–	3	–	–	–	1	–	–	–	–	**1,2,4-Thiadiazole-5-amine, 3-benzyl-**		**06693**
191	105	77	86	85	58	79	51	**191**	100	84	80	71	38	35	31	30		10	9	1	1	–	–	–	1	–	–	–	–	**2-Thiazolemethanol, α-phenyl-**	879-52-7	**Q4466**
191	106	93	105	64	79	192	38	**191**	100	73	18	18	14	13	12	8		9	9	2	3	–	–	–	–	–	–	–	–	**Pyrido[3,4-d]pyrimidine-2,4(1H,3H)-dione, 1,3-dimethyl-**	22389-83-9	**R9687**
191	106	192	79	135	105	52	134	**191**	100	18	11	10	8	6	5	5		9	9	2	3	–	–	–	–	–	–	–	–	**Pyrido[3,2-d]pyrimidine-2,4(1H,3H)-dione, 1,3-dimethyl-**	24410-25-1	**S0583**
191	109	82	95	192	136	75	110	**191**	100	78	44	40	34	26	25	23		9	6	1	3	–	–	1	–	–	–	–	–	**2H-1,2,3-Triazole-4-carboxaldehyde, 2-(2-fluorophenyl)-**	51306-43-5	**S7637**
191	110	189	193	187	39	188	84	**191**	100	76	49	23	19	18	17	12		5	5	–	1	–	–	–	1	–	–	–	1	**2-Thienylselenocarboxamide**		**15002**
191	123	176	108	136	80	59		**191**	100	46	46	36	34	27	23			12	17	1	1	–	–	–	–	–	–	–	–	**Aniline, 4-methoxy-2-(3-methyl-2-butenyl)-**	69611-50-3	**T7173**
191	148	79	120	119	52	51	192	**191**	100	36	32	32	28	17	11	10		9	9	2	3	–	–	–	–	–	–	–	–	**Pyrido[3,4-d]pyrimidine-2,4(1H,3H)-dione, 6,8-dimethyl-**	22389-87-3	**R9688**
191	148	120	147	75	103	74	102	**191**	100	70	41	31	28	24	21	11		9	5	4	1	–	–	–	–	–	–	–	–	**1H-Isoindole-5-carboxylic acid, 2,3-dihydro-1,3-dioxo-**	20262-55-9	**R8596**
191	159	105	132	146	118	119	160	**191**	100	94	35	25	25	17	16	15		9	9	2	3	–	–	–	–	–	–	–	–	**Methyl N-benzimidazol-2-yl-carbamate**	10605-21-7	**R3990**
191	162	84	108	148	136	190	67	**191**	100	94	73	66	54	52	44	43		11	17	–	3	–	–	–	–	–	–	–	–	**2-Piperidino-4,6-dimethylpyrimidine**		**L1206**
191	169	77	134	90	158	102	108	**191**	100	84	61	56	56	50	50	50		9	9	–	3	–	–	–	1	–	–	–	–	**1,2,3-Benzotriazine-4-thione, 1-ethyl-**		**L6741**
191	176	118	161	117	146	91	77	**191**	100	88	39	22	22	20	13	11		11	13	2	1	–	–	–	–	–	–	–	–	**Methyl 6,7-dihydro-7-methyl-5H-2-pyridine-5-carboxylate**		**M3237**
191	176	160	150	146	151	121	91	**191**	100	55	7	7	3	2	2	2		11	13	2	1	–	–	–	–	–	–	–	–	**2,4-Dimethoxy-6-methylbenzyl cyanide**		**L9936**
191	190	28	192	164	165	163	82	**191**	100	50	31	14	11	10	9	7		14	9	–	1	–	–	–	–	–	–	–	–	**9H-Fluorene-9-carbonitrile**	1529-40-4	**Q6164**
191	190	149	77	56	192	51	91	**191**	100	93	29	28	19	15	14	11		9	9	–	3	–	–	–	1	–	–	–	–	**3-Mercapto-4-phenyl-5-methyl-1,2,4-triazole**		**17010**
191	190	192	95.5	81.5	164	163	82	**191**	100	69	15	13	12	10	9	8		14	9	–	1	–	–	–	–	–	–	–	–	**9H-Fluorene-2-carbonitrile**		**Y1254**
191	193	44	156	192	154	115	129	**191**	100	34	21	20	14	11	10	10		11	10	–	1	1	–	–	–	–	–	–	–	**3-Chloro-2,4-dimethylquinoline**		**M8772**
191	193	195	156	192	42	39	51	**191**	100	66	11	11	10	10	8	8		7	7	1	1	2	–	–	–	–	–	–	–	**2,6-Dimethyl-3,5-dichloro-4-hydroxypyridine**		**06467**
15	53	177	18	179	192	149	50	**192**	100	61	52	35	33	31	22	21		7	6	2	–	2	–	–	–	–	–	–	–	**Phenol, 2,5-dichloro-4-methoxy-**	18113-14-9	**R7379**
28	41	192	93	187	177	107	149	**192**	100	84	72	68	51	50	45	45		13	20	1	–	–	–	–	–	–	–	–	–	**2(1H)-Naphthalenone, 3,4,4a,5,6,7-hexahydro-1,1,4a-trimethyl-**	4668-61-5	**R0694**
28	91	44	119	136	80	192	39	**192**	100	16	15	12	10	10	9	5		11	12	1	–	–	–	–	1	–	–	–	–	**6,2,5-Ethanylylidene-2H-cyclobuta[cd][2]benzothiophen-7-one, octahydro-**	19086-86-3	**R7967**
29	63	27	91	31	45	15	47	**192**	100	78	42	41	40	37	18	16	**0.00**	9	20	4	–	–	–	–	–	–	–	–	–	**Tetraethyl orthocarbonate**	78-09-1	**H0087**
30	46	100	31	50	69	28	16	**192**	100	45	19	16	7	5	2	2	**0.00**	2	–	4	2	–	–	4	–	–	–	–	–	**1,1,2,2-Tetrafluoro-1,2-dinitroethane**		**Y1873**
31	142	144	172	174	29	91	143	**192**	100	70	69	44	43	12	7	7	**0.44**	3	4	1	–	–	1	3	–	–	–	–	–	**1-Propanol, 2-bromo-3,3,3-trifluoro-**	311-86-4	**Q0426**
41	42	39	55	43	53	79	27	**192**	100	77	72	72	35	35	29	27	**2.00**	12	16	2	–	–	–	–	–	–	–	–	–	**2,2-Diallyl-cyclohexan-1,3-dione**		**M2600**
41	67	135	39	55	81	79	93	**192**	100	74	61	59	57	57	53	43	**0.20**	14	24	–	–	–	–	–	–	–	–	–	–	**1,6,9-Tetradecatriene**	61233-71-4	**T5682**
41	67	135	192	81	96	55	39	**192**	100	92	92	83	78	78	51	44		14	24	–	–	–	–	–	–	–	–	–	–	**Perhydrophenanthrene**		**Y1727**
41	69	123	95	149	82	110	135	**192**	100	78	71	56	51	40	35	25	**8.00**	11	16	1	2	–	–	–	–	–	–	–	–	**5-Hexen-1-one, 1-(1H-imidazol-2-yl)-4,4-dimethyl-**	69393-40-4	**T7086**

MASS TO CHARGE RATIOS								M.W.	INTENSITIES								Parent	C	H	O	N	Cl	Br	F	S	P	B	Si	X	COMPOUND NAME	CAS Reg No	No
41	91	105	43	121	133	93	77	**192**	100	92	83	80	80	76	74	71	**50.00**	13	20	1	–	–	–	–	–	–	–	–	–	3-Cyclohexen-1-ol, 5-(2-butenylidene)-4,6,6-trimethyl-, (Z,E)-	66465-80-3	T6651
41	124	69	177	79	192	55	135	**192**	100	59	58	47	45	44	43	42		13	20	1	–	–	–	–	–	–	–	–	–	2(3H)-Naphthalenone, 4,4a,5,6,7,8-hexahydro-4a,7,7-trimethyl-, (R)-	55123-72-3	T0350
41	133	121	91	107	105	93	192	**192**	100	94	92	87	85	81	76	68		13	20	1	–	–	–	–	–	–	–	–	–	3-Cyclohexen-1-ol, 5-(2-butenylidene)-4,6,6-trimethyl-, (E,E)-	66465-81-4	T6652
41	135	192	67	55	81	96	95	**192**	100	99	95	85	69	65	47	47		14	24	–	–	–	–	–	–	–	–	–	–	Perhydroanthracene		Y1861
41	149	192	55	96	54	110	69	**192**	100	83	77	70	69	61	60	50		12	20	–	2	–	–	–	–	–	–	–	–	Cyclohexanone azine		M0450
41	192	93	177	91	107	121	149	**192**	100	84	82	56	55	55	51	51		13	20	1	–	–	–	–	–	–	–	–	–	2(1H)-Naphthalenone, 3,4,4a,5,6,7-hexahydro-1,1,4a-trimethyl-		L5971
41	192	149	54	55	96	110	68	**192**	100	98	87	83	77	68	56	50		12	20	–	2	–	–	–	–	–	–	–	–	Cyclohexanone azine		M0429
42	43	84	56	60	27	44	102	**192**	100	68	63	58	56	49	45	41	**0.00**	6	8	7	–	–	–	–	–	–	–	–	–	Citric acid		01984
42	93	192	91	79	107	177	55	**192**	100	80	65	60	55	54	52	50		13	20	1	–	–	–	–	–	–	–	–	–	Bicyclo[3.3.1]nonan-2-one, 1-methyl-9-isopropylidene-	56630-95-6	T3994
43	29	57	41	44	71	42	27	**192**	100	85	69	54	49	46	39	31	**25.03**	9	20	–	–	–	–	–	2	–	–	–	–	Butyl pentyl disulphide		17146
43	31	45	29	44	30	58	74	**192**	100	74	46	46	18	17	11	10	**0.00**	8	16	5	–	–	–	–	–	–	–	–	–	L-Talose, 6-deoxy-3-C-methyl-2-O-methyl-	27208-98-6	S1645
43	41	27	29	85	39	57	55	**192**	100	51	33	26	21	14	13	10	**8.31**	9	20	–	–	–	–	–	2	–	–	–	–	Isopropyl hexyl disulphide		17128
43	41	27	29	108	39	55	57	**192**	100	59	33	28	19	17	12	12	**11.75**	9	20	–	–	–	–	–	2	–	–	–	–	Propyl hexyl disulphide		17134
43	41	29	71	57	136	27	39	**192**	100	67	57	53	45	17	16	13	**9.89**	9	20	–	–	–	–	–	2	–	–	–	–	sec-Butyl pentyl disulphide		17142
43	41	107	149	27	45	74	47	**192**	100	99	99	97	78	50	47	45	**26.23**	9	20	–	–	–	–	–	2	–	–	–	–	4,8-Dithiaundecane		Y1904
43	69	109	123	81	121	91	93	**192**	100	86	49	45	44	35	32	26	**24.00**	13	20	1	–	–	–	–	–	–	–	–	–	7-Oxabicyclo[2.2.1]heptane, 2-(2-butenylidene)-1,3,3-trimethyl-, (Z,E)-	66465-62-1	T6646
43	69	123	109	81	192	121	91	**192**	100	82	39	36	33	24	22	18		13	20	1	–	–	–	–	–	–	–	–	–	7-Oxabicyclo[2.2.1]heptane, 2-(2-butenylidene)-1,3,3-trimethyl-, (E,E)-	70429-52-6	T7588
43	71	41	29	57	27	55	192	**192**	100	38	37	36	26	19	12	10		9	20	–	–	–	–	–	2	–	–	–	–	Butyl isopentyl disulphide		17145
43	72	177	91	77	105	117	42	**192**	100	48	32	31	30	29	26	20	**0.80**	12	16	2	–	–	–	–	–	–	–	–	–	2,2,4-Trimethyl-4-phenyl-1,3-dioxolane		C0804
43	91	132	59	117	101	65	115	**192**	100	57	55	42	36	19	14	14	**0.00**	12	16	2	–	–	–	–	–	–	–	–	–	1,1-Dimethyl-2-phenylethyl acetate	151-05-3	P9996
43	93	149	41	177	107	192	79	**192**	100	30	30	25	25	21	21	20		13	20	1	–	–	–	–	–	–	–	–	–	3,4-Heptadien-2-one, 3-cyclopentyl-6-methyl-	63922-50-9	T6327
43	117	91	132	45	39	104	65	**192**	100	43	31	31	21	20	14	13	**0.00**	12	16	2	–	–	–	–	–	–	–	–	–	1,1-Dimethyl-2-phenylethyl acetate		P3924
43	117	91	132	65	77	39	51	**192**	100	99	47	39	18	13	12	11	**0.00**	12	16	2	–	–	–	–	–	–	–	–	–	Benzenepropanol, α-methyl-, acetate	10415-88-0	R3819
43	117	132	91	79	135	41	131	**192**	100	62	42	36	20	20	15	14	**0.00**	12	16	2	–	–	–	–	–	–	–	–	–	3-Cyclohexen-1-ol, 5-methylene-6-isopropenyl-, acetate	54832-23-4	S9686
43	121	93	136	41	77	91	109	**192**	100	79	68	46	27	24	23	23	**12.01**	13	20	1	–	–	–	–	–	–	–	–	–	3-Buten-2-one, 4-(2,2-dimethyl-6-methylenecyclohexyl)-	79-76-5	P6013
43	150	45	60	69	123	192	96	**192**	100	61	43	25	9	9	9	7		9	8	1	2	–	–	–	1	–	–	–	–	Acetamide, N-2-benzothiazolyl-		L4709
43	150	45	60	192	69	123	44	**192**	100	61	43	25	9	9	9	8		9	8	1	2	–	–	–	1	–	–	–	–	Acetamide, N-2-benzothiazolyl-	3028-06-6	Q8937
43	150	108	28	41	192	77	121	**192**	100	98	97	90	87	85	75	70		13	20	1	–	–	–	–	–	–	–	–	–	2H-Inden-2-one, 1,4,5,6,7,7a-hexahydro-4-methyl-7-isopropyl-	56771-91-6	T4161
43	177	41	133	55	29	39	27	**192**	100	93	83	54	47	44	43	36	**12.00**	13	20	1	–	–	–	–	–	–	–	–	–	Edulan IV		P3932
43	177	93	107	121	41	149	91	**192**	100	75	49	46	45	42	42	40	**25.00**	13	20	1	–	–	–	–	–	–	–	–	–	2-Butanone, 4-(2,6,6-trimethyl-2-cyclohexen-1-ylidene)-	56052-61-0	T2687
43	177	133	41	91	39	107	192	**192**	100	62	36	28	20	17	17	17		13	20	1	–	–	–	–	–	–	–	–	–	2H-1-Benzopyran, 2,5,5,8a-tetramethyl-3,5,8,8a-tetrahydro- (Edulan III)		P3931
44	149	148	101	36	150	38	120	**192**	100	42	29	7	7	5	3	3	**1.40**	11	13	–	2	–	–	1	–	–	–	–	–	Indole, 3-(2-aminopropyl)-6-fluoro-		P3205
45	75	67	29	51	131	31	69	**192**	100	18	12	9	8	6	5	5	**3.98**	5	8	2	–	1	–	3	–	–	–	–	–	1,2,2-Trifluoro-1-chloro-4,6-dioxaheptane		P2546
45	75	67	29	51	131	31	192	**192**	100	18	12	9	8	6	5	1		5	8	2	–	1	–	3	–	–	–	–	–	1,2,2-Trifluoro-1-chloro-4,6-dioxaheptane		L9360
45	101	87	114	29	83	88	31	**192**	100	99	90	81	42	29	28	21	**0.00**	8	16	5	–	–	–	–	–	–	–	–	–	L-Arabinofuranose, 2,3,5-tri-O-methyl-	18463-35-9	R7652
45	101	87	115	83	88	71	55	**192**	100	99	91	83	34	27	16	15	**0.00**	8	16	5	–	–	–	–	–	–	–	–	–	L-Arabinofuranose, 2,3,5-tri-O-methyl-	18463-35-9	R7653
53	41	54	55	27	67	70	28	**192**	100	77	55	50	45	44	41	39	**0.00**	12	26	–	–	–	–	–	–	–	2	–	–	Borolane, 3,4-dimethylbis-		P0121
55	41	56	68	42	67	112	29	**192**	100	81	65	57	44	36	34	30	**0.01**	8	17	–	–	–	1	–	–	–	–	–	–	2-Bromooctane		C0752
55	97	70	43	41	69	42	56	**192**	100	89	48	41	40	28	27	25	**0.01**	9	17	2	–	1	–	–	–	–	–	–	–	Formic acid, 1-(chloromethyl)heptyl-, ester		C0071
57	41	56	103	45	55	46	192	**192**	100	71	24	15	13	12	10	10		9	20	–	–	–	–	–	2	–	–	–	–	Bis(tert-butylthio)methane	4345-98-6	R0335
57	41	56	103	45	55	192	46	**192**	100	72	24	15	13	11	10	9		9	20	–	–	–	–	–	2	–	–	–	–	Bis(tert-butylthio)methane	4345-98-6	R0336
57	43	41	29	71	192	136	58	**192**	100	16	14	12	11	5	5	4		9	20	–	–	–	–	–	2	–	–	–	–	t-Butyl isopentyl disulphide		17137
57	71	43	113	41	55	29	27	**192**	100	93	53	37	36	23	16	12	**0.00**	8	17	–	–	–	1	–	–	–	–	–	–	2-Bromooctane		Z1432
57	71	55	43	41	29	83	56	**192**	100	45	38	35	32	15	13	12	**0.37**	8	17	–	–	–	1	–	–	–	–	–	–	3-(Bromomethyl)heptane		Z1439
57	91	41	29	192	65	39	92	**192**	100	79	26	17	12	10	9	7		12	16	2	–	–	–	–	–	–	–	–	–	Propanoic acid, 2,2-dimethyl-, benzyl ester	2094-69-1	Q7370
57	92	29	41	136	65	192	39	**192**	100	80	65	64	58	32	27	19		12	16	2	–	–	–	–	–	–	–	–	–	Benzeneacetic acid, butyl ester	122-43-0	H0552
57	119	91	41	39	29	92	56	**192**	100	58	47	44	17	16	15	9	**1.20**	12	16	2	–	–	–	–	–	–	–	–	–	Benzeneacetic acid, tert-butyl ester	16537-09-0	R6240
59	31	45	103	41	43	42	29	**192**	100	24	23	19	17	13	13	8	**-0.00**	9	20	4	–	–	–	–	–	–	–	–	–	Tripropylene glycol	1638-16-0	Q6405
59	73	89	116	103	117	75	31	**192**	100	92	37	29	28	24	19	14	**0.00**	8	20	3	–	–	–	–	–	–	–	1	–	Silane, [2-(2-methoxyethoxy)ethoxy]trimethyl-	62199-57-9	T5941
59	103	31	45	41	117	42	43	**192**	100	22	17	14	11	8	6	5	**0.00**	9	20	4	–	–	–	–	–	–	–	–	–	Tripropylene glycol		Z1433
60	119	132	118	42	192	120	78	**192**	100	80	45	38	30	15	15	15		11	16	1	2	–	–	–	–	–	–	–	–	2-Methyl-7-pyridylperhydro-oxazepine		04818
63	147	91	119	45				**192**	100	60	50	25	18				**0.00**	9	20	4	–	–	–	–	–	–	–	–	–	Tetraethyl orthocarbonate		M4123
63	147	91	119	45	47	43	75	**192**	100	60	47	22	19	12	2	2	**0.00**	9	20	4	–	–	–	–	–	–	–	–	–	Tetraethyl orthocarbonate	78-09-1	P5851
65	194	113	192	129	51	127	77	**192**	100	13	10	10	5	4	3	3		3	4	–	–	1	1	2	–	–	–	–	–	1-Chloro-1-bromo-2,2-difluoropropane		A0311
68	81	55	122	67	124	41	79	**192**	100	47	33	29	23	19	15	12	**12.12**	8	10	1	–	2	–	–	–	–	–	–	–	Bicyclo[2.2.2]octanone, 3,3-dichloro-	23804-49-1	S0353

MASS TO CHARGE RATIOS								M.W.	INTENSITIES								Parent	C	H	O	N	Cl	Br	F	S	P	B	Si	X	COMPOUND NAME	CAS Reg No	No
68	95	123	52	192	39	136	177	**192**	100	46	46	22	22	15	9	8		11	16	1	2	–	–	–	–	–	–	–	–	1H-Imidazol-4-yl (3,3-dimethylcyclopentyl) ketone	69393-29-9	T7076
68	108	177	149	164	123	192	55	**192**	100	99	74	59	57	56	56	47		11	16	1	2	–	–	–	–	–	–	–	–	1H-Imidazol-2-yl (3,3-dimethylcyclopentyl) ketone	69393-28-8	T7075
69	41	43	81	109	124	39	80	**192**	100	76	49	47	34	22	13	12	**3.60**	13	20	1	–	–	–	–	–	–	–	–	–	3,5,9-Undecatrien-2-one, 6,10-dimethyl-, (E,E)-	3548-78-5	Q9517
69	41	81	43	109	80	39	124	**192**	100	84	64	58	48	17	15	15	**9.31**	13	20	1	–	–	–	–	–	–	–	–	–	3,5,9-Undecatrien-2-one, 6,10-dimethyl-, (E,Z)-	13927-47-4	R4836
69	41	81	43	109	124	80	53	**192**	100	62	53	40	40	30	7	4	**4.00**	13	20	1	–	–	–	–	–	–	–	–	–	3,5,9-Undecatrien-2-one, 6,10-dimethyl-, (E,E)-	3548-78-5	Q9518
69	41	81	109	43	124	80	192	**192**	100	62	53	40	40	30	8	5		13	20	1	–	–	–	–	–	–	–	–	–	3,5,9-Undecatrien-2-one, 6,10-dimethyl-		L5673
69	41	123	81	192	91	107	55	**192**	100	21	20	19	9	6	6	5		13	20	1	–	–	–	–	–	–	–	–	–	(R)-(+)-2-(2,6,6-Trimethyl-cyclohex-2-en-1-yl)-trans-but-2-en-1-one		M3609
69	81	41	68	93	109	67	55	**192**	100	83	76	52	52	49	42	39	**8.91**	14	24	–	–	–	–	–	–	–	–	–	–	Cyclohexane, 1,1-dimethyl-2,4-diisopropenyl-, cis-	62337-98-8	T6083
69	81	41	68	93	109	67	55	**192**	100	83	76	52	52	49	42	39	**8.91**	14	24	–	–	–	–	–	–	–	–	–	–	Cyclohexane, 3,4-diisopropenyl-1,1-dimethyl-	61142-74-3	T5513
69	81	41	109	43	127	80	79	**192**	100	78	77	75	54	47	17	14	**8.51**	13	20	1	–	–	–	–	–	–	–	–	–	3,5,9-Undecatrien-2-one, 6,10-dimethyl-	141-10-6	P9802
69	123	41	81	192	91	161	55	**192**	100	33	26	24	11	6	5	5		13	20	1	–	–	–	–	–	–	–	–	–	(R)-(+)-1-(2,6,6-Trimethyl-cyclohex-2-en-1-yl)-cis-but-2-en-1-one		M3610
69	192	177	149	51	121	164	79	**192**	100	99	73	64	45	33	31	30		10	8	4	–	–	–	–	–	–	–	–	–	2H-1-Benzopyran-2-one, 7-hydroxy-6-methoxy-	92-61-5	P6717
70	192	177	99	79	77	94	91	**192**	100	77	73	68	64	47	47	26		11	16	1	2	–	–	–	–	–	–	–	–	1H-Isoindol-1-one, 3-(dimethylamino)-3a,4,5,7a-tetrahydro-3a-methyl-	75378-97-1	T8959
71	43	29	41	57	44	136	27	**192**	100	89	67	61	58	42	30	26	**17.42**	9	20	–	–	–	–	–	2	–	–	–	–	sec-Butyl isopentyl disulphide		17141
71	81	41	192	194	45	39	58	**192**	100	67	26	22	21	12	10	9		7	13	1	–	–	1	–	–	–	–	–	–	Cyclohexane, 1-bromo-2-methoxy-, cis-	51332-48-0	S7644
71	81	41	192	194	45	39	58	**192**	100	53	19	15	14	9	8	7		7	13	1	–	–	1	–	–	–	–	–	–	Cyclohexane, 1-bromo-2-methoxy-, trans-	5927-93-5	R1914
72	162	192	134	42	93	66	54	**192**	100	71	48	40	39	21	20	19		8	8	2	4	–	–	–	–	–	–	–	–	4(3H)-Pteridinone, 3-methoxy-2-methyl-	24898-64-4	S0859
72	162	192	134	42	161	93	66	**192**	100	71	49	41	39	19	19	19		8	8	2	4	–	–	–	–	–	–	–	–	4(3H)-Pteridinone, 3-methoxy-2-methyl-		M3775
73	101	177	74	164	75	91	178	**192**	100	80	66	39	35	33	22	12	**7.10**	12	20	–	–	–	–	–	–	–	–	1	–	Silane, trimethyl(3-phenylpropyl)-		M7460
73	177	192	81	163	147	162	133	**192**	100	25	21	20	11	10	6	5		12	20	–	2	–	–	–	–	–	–	–	–	1,4-Benzenediamine, N,N′-diethyl-N,N′-dimethyl-	24340-90-7	S0556
75	45	71	85	128	55	41	84	**192**	100	69	30	24	23	18	15	10	**0.00**	9	20	4	–	–	–	–	–	–	–	–	–	Tetra-O-methylpentaerythritol		02479
75	63	47	31	29	81	67	161	**192**	100	55	28	26	25	13	12	9	**0.28**	5	8	2	–	1	–	3	–	–	–	–	–	1,2,2-Trifluoro-1-chloro-3,3-dimethoxypropane		P2545
75	101	69	41	164	47	68	44	**192**	100	49	46	42	36	30	25	25	**17.62**	9	20	–	–	–	–	–	2	–	–	–	–	Pentane, 1,5-bis(ethylthio)-	54815-22-4	H2076
77	43	69	97	99	55	136	41	**192**	100	31	23	20	18	15	12	12	**0.78**	9	14	2	–	–	–	2	–	–	–	–	–	Hexanoic acid, 3,3-difluoroallyl ester	3792-85-6	Q9824
77	51	174	118	146	102	103	50	**192**	100	97	96	69	68	67	53	48	**21.33**	10	8	4	–	–	–	–	–	–	–	–	–	Benzylidenemalonic acid	584-45-2	Q2325
77	105	44	51	192	78	43	106	**192**	100	46	15	13	9	9	6	4		9	12	1	4	–	–	–	–	–	–	–	–	N-Methyl-N-phenylazoaminoacetamide		M1474
77	194	192	157	159	158	156	93	**192**	100	79	61	50	48	41	41	36		3	4	–	–	1	1	2	–	–	–	–	–	1,1-Difluoro-1-chloro-3-bromopropane		Z1438
79	41	43	80	29	57	27	77	**192**	100	62	56	48	44	43	37	35	**8.09**	14	24	–	–	–	–	–	–	–	–	–	–	5-Tetradecen-3-yne, (E)-	74744-48-2	T8457
79	41	43	93	29	55	67	80	**192**	100	64	62	53	44	44	40	40	**0.15**	14	24	–	–	–	–	–	–	–	–	–	–	1-Tetradecen-3-yne	74752-91-3	T8472
79	80	41	43	29	93	77	55	**192**	100	44	44	35	34	28	27	25	**5.08**	14	24	–	–	–	–	–	–	–	–	–	–	5-Tetradecen-3-yne, (Z)-	74744-47-1	T8456
79	92	192	78	91	77	41	120	**192**	100	64	41	36	33	19	18	18		11	12	3	–	–	–	–	–	–	–	–	–	5,3,7-[1,2,3]Propanetriylbenzofuran-2,4-dione, hexahydro-	56830-79-6	08335
79	93	41	55	29	43	95	67	**192**	100	62	61	58	57	53	52	46	**4.68**	14	24	–	–	–	–	–	–	–	–	–	–	3-Tetradecen-5-yne, (E)-	74744-44-8	T8453
79	93	41	55	67	43	29	95	**192**	100	60	52	47	45	36	36	36	**3.82**	14	24	–	–	–	–	–	–	–	–	–	–	3-Tetradecen-5-yne, (Z)-	74663-68-6	T8291
80	116	108	156	142	144	194	192	**192**	100	48	39	13	5	2	1	1		9	14	–	–	2	–	–	–	–	–	–	–	DL-2,6-Bis(chloromethyl)spiro[3.3]heptane		M8199
81	15	113	111	51	63	82	161	**192**	100	14	11	11	7	6	6	4	**1.24**	3	4	1	–	–	1	3	–	–	–	–	–	Ethane, 2-bromo-1,1,2-trifluoro-1-methoxy-	679-90-3	Q3681
83	41	97	55	82	96	69	54	**192**	100	90	80	65	62	55	53	40	**0.01**	12	20	–	2	–	–	–	–	–	–	–	–	1,10-Dicyano-decane		C1389
85	58	120	192	147	146	70	77	**192**	100	94	72	49	35	34	25	25		12	20	–	2	–	–	–	–	–	–	–	–	1,3-Propanediamine, N,N,N′-trimethyl-N′-phenyl-	55667-48-6	T1778
85	121	93	120	55	76	41	63	**192**	100	68	63	59	55	49	47	31	**0.00**	5	8	–	–	3	–	1	–	–	–	–	–	1,1,5-Trichloro-1-fluoropentane		Z1440
86	55	41	27	69	39	29	87	**192**	100	22	20	8	7	6	6	5	**0.20**	6	9	2	–	–	1	–	–	–	–	–	–	1-(2-Bromoethyl)-3-hydroxybutyric acid lactone		Z1436
87	43	45	28	58	57	73	86	**192**	100	99	91	89	66	51	45	40	**0.00**	8	16	5	–	–	–	–	–	–	–	–	–	Mannose, 1-methyl-, ethyl acetal		P0021
87	45	71	88	57	59	74	100	**192**	100	29	10	10	8	8	7	5	**0.00**	8	16	5	–	–	–	–	–	–	–	–	–	α-D-Xylofuranoside, methyl 2,5-di-O-methyl-	35007-52-4	S4778
87	45	75	101	71	73	59	132	**192**	100	76	34	21	18	11	10	9	**0.00**	8	16	5	–	–	–	–	–	–	–	–	–	α-D-Xylofuranoside, methyl 3,5-di-O-methyl-	3253-83-6	Q9159
91	57	108	32	29	41	85	39	**192**	100	60	31	23	22	20	20	13	**8.90**	12	16	2	–	–	–	–	–	–	–	–	–	Pentanoic acid, benzyl ester	10361-39-4	R3786
91	57	108	85	41	29	32	192	**192**	100	62	36	24	20	18	13	13		12	16	2	–	–	–	–	–	–	–	–	–	Benzyl 2-methylbutyrate		P2635
91	57	136	92	41	65	137	119	**192**	100	40	35	27	22	16	13	9	**0.50**	12	16	2	–	–	–	–	–	–	–	–	–	Benzeneacetic acid, isobutyl ester	102-13-6	P7540
91	65	39	92	51	63	157	89	**192**	100	13	8	7	4	4	3	3	**2.86**	7	7	–	–	2	–	–	–	1	–	–	–	Benzyldichlorophosphine	4545-85-1	R0578
91	104	88	60	147	61	65	105	**192**	100	83	79	60	48	39	33	33	**25.00**	12	16	2	–	–	–	–	–	–	–	–	–	Benzenebutanoic acid, ethyl ester	10031-93-3	R3541
91	107	43	79	108	77	58	65	**192**	100	73	69	53	44	30	21	21	**5.98**	11	12	3	–	–	–	–	–	–	–	–	–	Benzyl acetoacetate	5396-89-4	R1384
91	107	43	79	108	77	58	65	**192**	100	75	72	55	45	30	21	20	**6.00**	11	12	3	–	–	–	–	–	–	–	–	–	Benzyl acetoacetate		L1329
91	108	57	32	41	85	29	65	**192**	100	67	51	24	23	23	18	13	**10.50**	12	16	2	–	–	–	–	–	–	–	–	–	Butanoic acid, 3-methyl-, benzyl ester	103-38-8	P7630
91	108	57	85	41	39	29	192	**192**	100	47	32	19	17	16	14	14		12	16	2	–	–	–	–	–	–	–	–	–	Butanoic acid, 3-methyl-, benzyl ester	103-38-8	H0272
91	133	105	55	103	77	192	29	**192**	100	92	20	19	17	15	14	13		12	16	2	–	–	–	–	–	–	–	–	–	Benzeneacetic acid, α-ethyl-α-methyl-, methyl ester	62338-21-0	T6130
91	160	104	74	161	92	117	87	**192**	100	55	37	35	21	16	16	13	**13.01**	12	16	2	–	–	–	–	–	–	–	–	–	Benzenepentanoic acid, methyl ester	20620-59-1	R8785
91	160	104	74	161	117	87	192	**192**	100	54	37	35	21	16	13	13		12	16	2	–	–	–	–	–	–	–	–	–	Benzenepentanoic acid, methyl ester	20620-59-1	R8786
91	192	118	92	119	120	65	57	**192**	100	35	34	16	14	12	12	9		11	16	1	2	–	–	–	–	–	–	–	–	Butylbenzylnitrosamine		05895
94	43	99	71	55	192	41	65	**192**	100	96	65	46	23	17	16	12		12	16	2	–	–	–	–	–	–	–	–	–	Hexanoic acid, phenyl ester	7780-16-7	R3475

MASS TO CHARGE RATIOS								M.W.	INTENSITIES								Parent	C	H	O	N	Cl	Br	F	S	P	B	Si	X	COMPOUND NAME	CAS Reg No	No
95	110	69	123	41	136	192	81	**192**	100	64	47	36	32	27	27	15		11	16	1	2	–	–	–	–	–	–	–	–	**5-Hexen-1-one, 1-(1H-imidazol-4-yl)-4,4-dimethyl-**	69393-41-5	**T7087**
95	149	192	109	110	124	163	135	**192**	100	29	26	23	22	18	11	10		12	20	–	2	–	–	–	–	–	–	–	–	**3,5-[9]Pyrazolophane**		**M1490**
96	94	81	67	41	95	55	79	**192**	100	86	74	72	61	61	54	46	**0.38**	14	24	–	–	–	–	–	–	–	–	–	–	**Benzocyclodecene, dodecahydro-**	61142-82-3	**T5526**
100	72	192	119	58	30	44	91	**192**	100	71	45	43	34	21	19	16		11	16	1	2	–	–	–	–	–	–	–	–	**Urea, N,N-diethyl-N′-phenyl-**	1014-72-8	**Q5069**
101	45	75	73	87	71	88	161	**192**	100	56	33	10	10	10	9	9	**0.00**	8	16	5	–	–	–	–	–	–	–	–	–	**α-D-Xylofuranoside, methyl 2,3-di-O-methyl-**	15821-56-4	**R5864**
101	88	45	29	73	130	30	75	**192**	100	44	34	21	18	17	13	12	**0.00**	8	16	5	–	–	–	–	–	–	–	–	–	**D-Xylose, 3,4,5-tri-O-methyl-**	69502-90-5	**T7118**
103	76	60	50	29	75	104	51	**192**	100	29	28	22	11	9	8	8	**1.30**	9	8	1	2	–	–	–	1	–	–	–	–	**6-Thiooxo-3-phenyl-5,6-dihydro-4H-1,2,5-oxadiazine**		**06390**
104	43	105	71	27	41	91	39	**192**	100	52	18	17	16	11	11	9	**0.00**	12	16	2	–	–	–	–	–	–	–	–	–	**Propanoic acid, 2-methyl-, 2-phenylethyl ester**	103-48-0	**H0274**
104	91	150	105	107	133	192	77	**192**	100	99	66	58	35	33	32	13		12	16	2	–	–	–	–	–	–	–	–	–	**Isopropyl 3-phenylpropionate**		**M1206**
104	192	135	77	103	51	76	193	**192**	100	78	47	35	33	18	14	11		8	8	–	4	–	–	–	1	–	–	–	–	**1,2,4-Thiadiazol-5(2H)-one, 3-phenyl-, hydrazone**	38379-75-8	**S5749**
105	31	77	45	51	146	46	27	**192**	100	68	54	41	17	16	16	13	**2.21**	11	12	3	–	–	–	–	–	–	–	–	–	**Ethyl benzoylacetate**	94-02-0	**Z1435**
105	57	41	77	85	91	51	103	**192**	100	99	71	69	67	59	38	36	**0.00**	13	20	1	–	–	–	–	–	–	–	–	–	**Phenethyl alcohol, α-butyl-β-methyl-**	7661-43-0	**R3361**
105	70	57	137	106	136	55	92	**192**	100	21	19	8	8	6	5	4	**0.58**	12	16	2	–	–	–	–	–	–	–	–	–	**1-Propanol, 2,2-dimethyl-, benzoate**		**04784**
105	70	77	123	51	55	27	41	**192**	100	85	48	26	22	21	18	14	**0.00**	12	16	2	–	–	–	–	–	–	–	–	–	**Benzoic acid, pentyl ester**	2049-96-9	**H1279**
105	70	77	123	55	51	106	42	**192**	100	85	37	30	20	10	9	7	**0.10**	12	16	2	–	–	–	–	–	–	–	–	–	**1-Butanol, 3-methyl-, benzoate**	94-46-2	**H0193**
105	77	29	120	51	74	102	31	**192**	100	56	22	21	19	17	17	11	**1.00**	11	12	3	–	–	–	–	–	–	–	–	–	**Ethyl benzoylacetate**	94-02-0	**H0192**
105	77	51	120	106	192	78	27	**192**	100	40	12	9	8	8	4	4		11	12	3	–	–	–	–	–	–	–	–	–	**Benzenepentanoic acid, δ-oxo-**	1501-05-9	**Q6121**
105	77	51	161	106	27	50	192	**192**	100	48	19	12	8	6	6	6		11	12	3	–	–	–	–	–	–	–	–	–	**Benzenebutanoic acid, γ-oxo-, methyl ester**	25333-24-8	**S1030**
105	77	57	70	41	51	43	55	**192**	100	41	28	27	24	23	11	8	**0.00**	12	16	2	–	–	–	–	–	–	–	–	–	**1-Propanol, 2,2-dimethyl-, benzoate**	3581-70-2	**Q9546**
105	77	146	192	51	45	44	106	**192**	100	26	12	9	9	9	9	8		11	12	3	–	–	–	–	–	–	–	–	–	**Ethyl benzoylacetate**		**04914**
105	77	174	51	69	39	41	145	**192**	100	58	37	34	21	20	18	16	**1.55**	11	12	3	–	–	–	–	–	–	–	–	–	**Benzenebutanoic acid, α-methyl-γ-oxo-**	1771-65-9	**Q6712**
105	77	192	51	106	120	78	39	**192**	100	53	24	15	12	10	7	4		11	12	3	–	–	–	–	–	–	–	–	–	**Benzenebutanoic acid, α-methyl-γ-oxo-**	1771-65-9	**Q6713**
105	119	118	74	161	91	192	160	**192**	100	70	62	41	20	19	17	16		12	16	2	–	–	–	–	–	–	–	–	–	**Benzenebutanoic acid, γ-methyl-, methyl ester**	20881-29-2	**R8989**
105	177	43	115	104	77	147	73	**192**	100	83	66	34	27	24	19	16	**0.00**	12	16	2	–	–	–	–	–	–	–	–	–	**1,3-Dioxolane, 2,4,5-trimethyl-2-phenyl-**	5413-61-6	**R1408**
106	192	135	93	79	42	31	119	**192**	100	66	54	44	42	37	36	28		10	12	2	2	–	–	–	–	–	–	–	–	**2-Pyrrolidinone, 3-hydroxy-1-methyl-5-(3-pyridinyl)-, (3R)-trans-**	34834-67-8	**S4748**
107	79	67	91	41	29	135	39	**192**	100	87	37	32	24	22	20	18	**0.00**	12	21	1	–	–	–	–	–	–	1	–	–	**Borinic acid, diethyl-, 1-ethynylcyclohexyl ester**	55848-34-5	**T2251**
107	93	81	41	55	149	69	67	**192**	100	57	54	46	45	43	42	41	**7.31**	14	24	–	–	–	–	–	–	–	–	–	–	**Cyclohexane, 1,2-dimethyl-3,5-diisopropenyl-, (1α,2β,3β,5α)-**	74806-55-6	**T8669**
107	93	81	67	55	121	69	95	**192**	100	53	48	42	36	36	34	34	**3.46**	14	24	–	–	–	–	–	–	–	–	–	–	**Cyclohexane, 1,2-dimethyl-3,5-diisopropenyl-**	62337-99-9	**T6085**
107	93	81	95	55	121	41	67	**192**	100	59	59	54	54	52	49	48	**12.42**	14	24	–	–	–	–	–	–	–	–	–	–	**1,8-Nonadiene, 2,7-dimethyl-5-isopropenyl-**	68702-20-5	**T6951**
107	93	81	149	67	121	69	95	**192**	100	70	65	61	59	55	50	49	**18.20**	14	24	–	–	–	–	–	–	–	–	–	–	**Cyclohexane, 1,2-dimethyl-3,5-diisopropenyl-**	62337-99-9	**T6086**
107	93	149	81	69	121	55	41	**192**	100	76	75	74	59	58	58	57	**33.65**	14	24	–	–	–	–	–	–	–	–	–	–	**Cyclohexane, 1,2-dimethyl-3,5-diisopropenyl-, (1α,2β,3β,5β)-**	74806-56-7	**T8670**
107	122	41	91	79	77	53	55	**192**	100	29	25	20	9	8	6	6	**2.00**	13	20	1	–	–	–	–	–	–	–	–	–	**6-Oxabicyclo[3.2.1]oct-2-ene, 2,8,8-trimethyl-7-allyl-**	66465-85-8	**T6655**
107	122	91	41	79	77	53	55	**192**	100	42	13	6	5	4	2	2	**1.00**	13	20	1	–	–	–	–	–	–	–	–	–	**2,7-Epoxymegastigma-4,8(E)-diene**		**P1276**
107	122	91	79	41	77	53	55	**192**	100	46	14	7	6	4	2	2	**1.00**	13	20	1	–	–	–	–	–	–	–	–	–	**2,7-Epoxymegastigma-4,8(Z)-diene**		**P1277**
108	82	56	164	192	84	81	28	**192**	100	93	71	45	38	23	20	10		7	4	3	–	–	–	–	–	–	–	–	1	**Iron tricarbonyl($\eta^{(4)}$-cyclobutadiene)-**	12078-17-0	**R4024**
108	135	79	41	39	192	91	80	**192**	100	84	82	70	69	65	59	55		12	16	2	–	–	–	–	–	–	–	–	–	**Δ^8-Octalindione**		**L7685**
108	192	43	107	150	80	109	193	**192**	100	53	34	29	25	11	9	6		10	12	2	2	–	–	–	–	–	–	–	–	**N,N′-Diaceto-4-phenylenediamine**		**D1089**
109	83	81	55	110	111	53	57	**192**	100	38	33	24	13	9	8	8	**0.00**	12	20	–	–	–	–	–	–	–	–	1	–	**Silane, tetra-2-propenyl-**	1112-66-9	**Q5308**
110	82	69	123	95	192	135	137	**192**	100	83	39	33	22	20	11	11		11	16	1	2	–	–	–	–	–	–	–	–	**Bicyclo[4.2.0]octan-7-ol, 7-(1H-imidazol-2-yl)-**	69393-32-4	**T7079**
110	95	41	55	149	68	69	81	**192**	100	26	9	8	7	6	6	5	**4.00**	11	16	1	2	–	–	–	–	–	–	–	–	**1H-Imidazole, 4-(cyclohexylacetyl)-**	69393-23-3	**T7070**
110	95	123	82	174	68	41	145	**192**	100	41	34	25	23	18	11	11	**7.00**	11	16	1	2	–	–	–	–	–	–	–	–	**Bicyclo[4.2.0]octan-7-ol, 7-(1H-imidazol-4-yl)-**	69393-34-6	**T7081**
110	123	177	41	192	55	95	82	**192**	100	52	40	26	17	15	14	13		13	20	1	–	–	–	–	–	–	–	–	–	**(1S,6R)-(-)-1,5,5,9-Tetramethyl-bicyclo[4,3,0]non-8-en-7-one**		**M3611**
110	192	42	54	67	27	164	56	**192**	100	67	62	56	25	23	23	21		7	8	1	6	–	–	–	–	–	–	–	–	**Bis(5-methyl-1,2,3-triazol-4-yl)ketone**		**15021**
110	192	82	68	95	55	135	149	**192**	100	76	36	25	13	10	6	4		11	16	1	2	–	–	–	–	–	–	–	–	**1H-Imidazole, 2-(cyclohexylacetyl)-**	69393-22-2	**T7069**
115	160	146	91	117	31	43	28	**192**	100	96	48	47	43	43	34	33	**0.00**	12	16	2	–	–	–	–	–	–	–	–	–	**1,3,3-Trimethyl-1-methoxyphthalane**		**01479**
116	73	192	91	77	119	115	105	**192**	100	98	86	30	23	18	18	18		11	16	1	2	–	–	–	–	–	–	–	–	**2-(1,2-Dimethylhydrazino)-1-indanol**		**M2935**
119	90	41	117	120	135	77	192	**192**	100	37	15	15	9	9	7	7		12	16	2	–	–	–	–	–	–	–	–	–	**Benzenepropanoic acid, β,β-dimethyl-, methyl ester**	25080-84-6	**S0923**
119	91	41	117	135	120	192	77	**192**	100	37	15	15	10	10	7	6		12	16	2	–	–	–	–	–	–	–	–	–	**Methyl β-phenyl isovalerate**		**L7646**
119	121	177	91	43	41	120	57	**192**	100	65	37	30	22	17	15	13	**0.00**	13	20	1	–	–	–	–	–	–	–	–	–	**Isobutyl α,α-dimethylbenzyl ether**		**Z1444**
119	132	192	91	117	120	133	105	**192**	100	80	38	22	21	16	16	16		12	16	2	–	–	–	–	–	–	–	–	–	**4-(2,5-Xylyl)butanoic acid**		**U0143**
119	137	91	136	120	65	39	41	**192**	100	38	27	22	12	10	8	7	**0.49**	12	16	2	–	–	–	–	–	–	–	–	–	**Isobutyl 4-methylbenzoate**		**03620**
119	146	162	192	92	90	64	120	**192**	100	46	41	31	30	20	13	12		9	8	3	2	–	–	–	–	–	–	–	–	**2,4(1H,3H)-Quinazolinedione, 3-methoxy-**	41120-18-7	**S6555**
120	119	91	57	174	117	145	115	**192**	100	61	36	34	31	29	29	17	**9.00**	12	16	2	–	–	–	–	–	–	–	–	–	**1,2-Naphthalenediol, 2-ethyl-1,2,3,4-tetrahydro-, cis-**	56588-39-7	**T3783**
120	121	192	65	39	164	163	93	**192**	100	63	55	21	15	14	10	8		9	8	3	2	–	–	–	–	–	–	–	–	**DL-5-(4-Hydroxyphenyl)hydantoin**		**03453**
121	43	71	77	105	51	174	192	**192**	100	73	71	30	30	15	3	1		12	16	2	–	–	–	–	–	–	–	–	–	**1-Phenyl-1-(tetrahydro-2-furyl)ethanol**		**15871**
121	65	192	93	39	122	63	164	**192**	100	31	30	24	20	9	7	7		10	8	4	–	–	–	–	–	–	–	–	–	**2-Carboxyvinyl-4-hydroxybenzoate**		**C0946**

MASS TO CHARGE RATIOS								M.W.	INTENSITIES								Parent	C	H	O	N	Cl	Br	F	S	P	B	Si	X	COMPOUND NAME	CAS Reg No	No
121	91	118	119	132	192	104	77	**192**	100	70	66	52	43	37	16	13		12	16	2	–	–	–	–	–	–	–	–	–	**Benzenepropanoic acid, β-ethyl-, methyl ester**	30368-22-0	**S2888**
121	93	43	136	77	41	91	39	**192**	100	77	76	62	33	33	30	26	**18.02**	13	20	1	–	–	–	–	–	–	–	–	–	**3-Buten-2-one, 4-(2,6,6-trimethyl-2-cyclohexen-1-yl)-, (E)-**	127-41-3	**H0611**
121	93	136	43	41	91	109	77	**192**	100	78	65	60	22	22	22	19	**0.00**	13	20	1	–	–	–	–	–	–	–	–	–	**3-Buten-2-one, 4-(2,6,6-trimethyl-2-cyclohexen-1-yl)-, (E)-**	127-41-3	**P9535**
121	93	136	43	192	91	109	77	**192**	100	80	71	51	37	22	22	20		13	20	1	–	–	–	–	–	–	–	–	–	**3-Buten-2-one, 4-(2,6,6-trimethyl-2-cyclohexen-1-yl)-, (E)-**	127-41-3	**P9532**
121	119	177	43	91	41	120	59	**192**	100	78	55	36	33	19	15	12	**0.00**	13	20	1	–	–	–	–	–	–	–	–	–	**Butyl α,α-dimethylbenzyl ether**		**Z1443**
121	192	51	77	150	122	50	193	**192**	100	54	17	12	9	8	7	6		9	8	1	2	–	–	–	1	–	–	–	–	**1,3,4-Thiadiazolium, 5-hydroxy-3-methyl-2-phenyl-, hydroxide, inner salt**	16430-05-0	**R6178**
128	144	102	192	105	127	51	77	**192**	100	68	43	34	28	27	25	19		10	8	2	–	–	–	–	1	–	–	–	–	**2H-Thiete, 2-methylene-4-phenyl-, 1,1-dioxide**	16793-43-4	**R6462**
128	144	102	192	105	127	129	126	**192**	100	68	43	34	28	26	12	10		10	8	2	–	–	–	–	1	–	–	–	–	**2H-Thiete, 2-methylene-4-phenyl-, 1,1-dioxide**		**L4426**
129	75	164	74	50	101	166	49	**192**	100	93	70	65	57	40	20	15	**2.00**	10	5	2	–	1	–	–	–	–	–	–	–	**4-Chloro-1,2-naphthaquinone**		**L4577**
129	192	76	101	75	104	157	194	**192**	100	77	66	60	57	43	43	32		10	5	2	–	1	–	–	–	–	–	–	–	**4-Chloro-1,2-naphthaquinone**	6655-90-9	**R2447**
131	132	43	91	192	77	133	51	**192**	100	70	38	20	12	11	9	8		11	12	3	–	–	–	–	–	–	–	–	–	**2H-1-Benzopyran-3-ol, 3,4-dihydro-, acetate**	27501-03-7	**S1709**
133	105	192	120	55	107	77	91	**192**	100	64	58	45	36	35	34	24		12	16	2	–	–	–	–	–	–	–	–	–	**1,2-Cyclohexanediol, 1-phenyl-, trans-**	27167-34-6	**S1638**
133	105	192	134	91	93	41	117	**192**	100	25	22	12	9	9	9	6		12	16	2	–	–	–	–	–	–	–	–	–	**2-Methyl-2-(2-methylphenyl)-propanoic acid, methyl ester**		**P1109**
133	134	119	132	159	192	91	105	**192**	100	98	86	70	64	62	35	30		13	20	1	–	–	–	–	–	–	–	–	–	**Benzenepropanol, α,2,3,6-tetramethyl-**	66248-70-2	**T6610**
134	77	92	51	162	64	192	63	**192**	100	86	31	20	19	18	18	17		9	8	3	2	–	–	–	–	–	–	–	–	**Sydnone, 3-(2-methoxyphenyl)-**	3483-15-6	**Q9455**
134	77	107	92	162	64	63	135	**192**	100	41	34	31	27	26	17	12	**7.92**	9	8	3	2	–	–	–	–	–	–	–	–	**Sydnone, 3-(4-methoxyphenyl)-**	3815-80-3	**Q9848**
134	77	162	92	107	64	192	51	**192**	100	45	33	32	30	25	20	17		9	8	3	2	–	–	–	–	–	–	–	–	**Sydnone, 3-(4-methoxyphenyl)-**	3815-80-3	**Q9849**
134	107	77	92	162	64	192	63	**192**	100	73	62	50	34	30	22	21		9	8	3	2	–	–	–	–	–	–	–	–	**Sydnone, 3-(3-methoxyphenyl)-**	3815-79-0	**Q9847**
134	133	120	159	105	174	91	118	**192**	100	64	61	40	36	36	35	28	**17.82**	12	16	2	–	–	–	–	–	–	–	–	–	**1,2-Naphthalenediol, 1,2,3,4-tetrahydro-3,3-dimethyl-, cis-**	56588-41-1	**T3785**
135	43	57	41	71	55	69	27	**192**	100	76	76	58	57	50	27	21	**0.90**	8	17	–	–	–	1	–	–	–	–	–	–	**1-Bromooctane**		**L0549**
135	107	91	79	90	89	77	51	**192**	100	71	70	52	45	28	26	20	**2.60**	11	12	3	–	–	–	–	–	–	–	–	–	**Glycidic acid, 3-phenyl-, ethyl ester, trans-**	2272-55-1	**Q7755**
135	137	43	57	41	71	55	69	**192**	100	98	76	76	58	57	50	27	**0.86**	8	17	–	–	–	1	–	–	–	–	–	–	**1-Bromooctane**		**Z1434**
135	177	121	192	93	79	81	95	**192**	100	92	27	25	16	14	14	13		14	24	–	–	–	–	–	–	–	–	–	–	**1H-Indene, 2,4,5,6,7,7a-hexahydro-7a-methyl-3-isobutyl-**	66708-26-7	**T6684**
136	95	192	137	135	107	149	121	**192**	100	95	42	34	31	23	15	10		13	20	1	–	–	–	–	–	–	–	–	–	**1(2H)-Naphthalenone, 2,2,4-trimethyl-3,4,5,6,7,8-hexhydro-**		**L5482**
136	122	135	121	192	150	164	178	**192**	100	83	78	57	47	27	15	10		13	20	1	–	–	–	–	–	–	–	–	–	**3-Oxo-4,7-dimethyl-bicyclo[5.4.0]undecane**		**L7326**
136	192	135	43	39	110	55	91	**192**	100	65	38	27	24	23	20	19		11	12	1	–	–	–	–	1	–	–	–	–	**Cyclopentanone, 2-(phenylthio)-**	52190-40-6	**S7892**
137	82	192	135	138				**192**	100	55	43	15	12					12	16	2	–	–	–	–	–	–	–	–	–	**Spiro[4.5]dec-7-ene-1,6-dione, 4,8-dimethyl-**	69494-14-0	**T7108**
137	109	55	41	121	107	67	192	**192**	100	57	47	43	41	39	36	33		13	20	1	–	–	–	–	–	–	–	–	–	**2-Cyclohexen-1-one, 3-(2-butenyl)-2,4,4-trimethyl-, (E)-**	67401-26-7	**T6814**
137	109	121	192	55	41	107	67	**192**	100	38	33	29	26	23	23	20		13	20	1	–	–	–	–	–	–	–	–	–	**2-Cyclohexen-1-one, 3-(2-butenyl)-2,4,4-trimethyl-, (Z)-**	67401-25-6	**T6813**
137	177	192	109	123	41	81	55	**192**	100	53	53	42	30	29	26	25		13	20	1	–	–	–	–	–	–	–	–	–	**2-Cyclohexen-1-one, 3-(3-butenyl)-2,4,4-trimethyl-**	67401-27-8	**T6815**
140	156	36	138	77	139	38	158	**192**	100	88	61	57	48	44	29	29	**0.00**	7	10	–	2	2	–	–	–	–	–	–	–	**Hydrazine, (4-chloro-2-methylphenyl)-, monohydrochloride**	19690-59-6	**R8238**
146	145	115	118	90	192			**192**	100	42	39	33	30	19				11	12	1	–	–	–	–	1	–	–	–	–	**2-Methylthio-1-tetralone**		**M0619**
147	75	191	177	192	73			**192**	100	47	32	28	22	20				11	16	1	–	–	–	–	–	–	–	1	–	**1-Phenyl-1-trimethylsiloxy-ethylene**		**L9042**
147	131	193	157	129	161	127	155	**192**	100	67	62	49	39	28	19	17	**1.19**	6	8	7	–	–	–	–	–	–	–	–	–	**Citric acid**	77-92-9	**P5844**
147	192	45	148	149	121	69	193	**192**	100	66	23	20	13	12	11	11		10	8	2	–	–	–	–	1	–	–	–	–	**Benzo[b]thiophene-4-acetic acid**	2635-75-8	**Q8461**
147	193	107	175	192	148	194	135	**192**	100	82	30	16	13	11	11	10		11	12	3	–	–	–	–	–	–	–	–	–	**Acetic acid, phenoxy-, allyl ester**	7493-74-5	**R3246**
147	193	149	175	148	194	192		**192**	100	66	17	14	12	8	7			10	8	2	–	–	–	–	1	–	–	–	–	**Benzo[b]thiophene-4-acetic acid**	2635-75-8	**Q8462**
148	120	75	74	103	102	50	149	**192**	100	34	28	26	22	13	11	9	**6.00**	9	4	5	–	–	–	–	–	–	–	–	–	**5-Isobenzofurancarboxylic acid, 1,3-dihydro-1,3-dioxo-**	552-30-7	**Q1959**
149	119	192	91	121	116	150	92	**192**	100	37	17	9	7	4	4	4		6	13	2	–	–	–	–	–	–	–	–	1	**1,3,2-Dioxarsenane, 2-propyl-**	42541-32-2	**S6940**
149	121	44	192	148	77	69	103	**192**	100	30	20	18	15	13	12	11		9	8	1	2	–	–	–	1	–	–	–	–	**1,2-Benzisothiazole-3-acetamide**		**M8501**
149	121	44	192	148	77	69	150	**192**	100	30	20	18	15	13	12	12		9	8	1	2	–	–	–	1	–	–	–	–	**1,2-Benzisothiazole-3-acetamide**	29273-65-2	**S2415**
149	192	150	122	43	133	135	191	**192**	100	55	24	21	20	11	10	10		11	16	1	2	–	–	–	–	–	–	–	–	**Pyridine, 1-acetyl-5-(3,4-dihydro-2H-pyrrol-5-yl)-1,2,3,4-tetrahydro-**	54966-57-3	**S9978**
150	90	63	39	50	104	164	76	**192**	100	49	35	34	34	34	28	23	**2.00**	7	4	3	4	–	–	–	–	–	–	–	–	**Benzoyl azide, 4-nitro-**	2733-41-7	**09806**
150	136	163	192	109	149	177	123	**192**	100	77	73	50	39	36	31	30		10	12	–	2	–	–	–	1	–	–	–	–	**2-Benzothiazolamine, N-propyl-**	24622-33-1	**S0723**
150	177	149	69	41	39	96	63	**192**	100	35	31	26	23	22	22	19	**10.01**	10	12	–	2	–	–	–	1	–	–	–	–	**2-Benzothiazolamine, N-isopropyl-**	28291-71-6	**S2023**
150	192	43	45	151	122	105	149	**192**	100	41	35	10	10	7	6	6		9	8	1	2	–	–	–	1	–	–	–	–	**Acetamide, N-thieno[3,2-c]pyridin-3-yl-**	28783-16-6	**S2200**
156	36	138	140	139	77	38	112	**192**	100	93	89	84	64	55	39	38	**0.00**	7	10	–	2	2	–	–	–	–	–	–	–	**Hydrazine, (3-chloro-2-methylphenyl)-, monohydrochloride**	65208-12-0	**T6547**
156	140	77	36	158	104	38	91	**192**	100	53	45	42	37	28	26	26	**0.00**	7	10	–	2	2	–	–	–	–	–	–	–	**Hydrazine, (3-chloro-4-methylphenyl)-, monohydrochloride**	54812-56-5	**S9666**
157	142	115	141	177	158	129	39	**192**	100	39	18	17	16	15	13	9	**2.95**	12	13	–	–	1	–	–	–	–	–	–	–	**1-(4-Chlorophenyl)-2-isopropylidenecyclopropane**		**W0153**
157	156	158	159	122	140	121	155	**192**	100	78	33	31	15	12	10	9	**0.00**	7	10	–	2	2	–	–	–	–	–	–	–	**Hydrazine, (4-chloro-2-methylphenyl)-, monohydrochloride**	19690-59-6	**R8239**
157	159	35	94	129	131	47	59	**192**	100	97	60	52	48	46	42	40	**13.75**	3	–	1	–	4	–	–	–	–	–	–	–	**2,3,3-Trichloropropenoylchloride**		**03543**
157	159	45	108	192	158	194	143	**192**	100	35	16	15	11	10	8	8		7	6	–	–	2	–	–	1	–	–	–	–	**Benzene, 1-chloro-4-[(chloromethyl)thio]-**	7205-90-5	**R2927**
157	159	156	140	158	121	142	120	**192**	100	30	20	17	14	13	12	8	**0.00**	7	10	–	2	2	–	–	–	–	–	–	–	**Hydrazine, (3-chloro-2-methylphenyl)-, monohydrochloride**	65208-12-0	**T6548**
157	164	129	101	166	75	192	130	**192**	100	92	77	42	28	23	16	13		10	5	2	–	1	–	–	–	–	–	–	–	**3-Chloro-1,2-naphthaquinone**		**L4575**
157	192	194	159	158	65	99	129	**192**	100	95	61	35	31	29	18	18		7	6	2	–	2	–	–	–	–	–	–	–	**1,3-Benzenediol, 4,6-dichloro-2-methyl-**	52956-21-5	**S8197**
158	143	159	175	128	160	144	157	**192**	100	24	15	9	6	5	5	5	**0.05**	12	20	–	2	–	–	–	–	–	–	–	–	**Bis(aminomethyl)durene**		**D1258**

MASS TO CHARGE RATIOS								M.W.	INTENSITIES								Parent	C	H	O	N	Cl	Br	F	S	P	B	Si	X	COMPOUND NAME	CAS Reg No	No
158	175	159	143	30	160	176	91	**192**	100	35	15	12	10	6	6	6	**2.91**	12	20	–	2	–	–	–	–	–	–	–	–	**Bis(aminomethyl)durene**		**D1228**
161	192	28	17	133	130	89	63	**192**	100	85	54	42	27	20	14	13		11	12	3	–	–	–	–	–	–	–	–	–	**2-Propenoic acid, 3-(4-methoxyphenyl)-, methyl ester**		**05035**
161	192	133	89	63	90	118	134	**192**	100	95	35	18	16	14	14	14		11	12	3	–	–	–	–	–	–	–	–	–	**2-Propenoic acid, 3-(4-methoxyphenyl)-, methyl ester**	832-01-9	**Q4321**
162	58	192	134	53	107	42	80	**192**	100	88	69	62	50	49	45	40		8	8	2	4	–	–	–	–	–	–	–	–	**4(3H)-Pteridinone, 3-methoxy-6-methyl-**		**M3776**
162	58	192	134	53	107	42	135	**192**	100	88	70	61	50	47	44	43		8	8	2	4	–	–	–	–	–	–	–	–	**4(3H)-Pteridinone, 3-methoxy-6-methyl-**	24898-65-5	**S0860**
162	132	134	160	148	105	146	119	**192**	100	76	58	28	24	19	18	18	**0.00**	12	20	–	2	–	–	–	–	–	–	–	–	**1,4-Benzenediamine, N,N,N′-triethyl-**		**L6427**
162	134	58	192	106	121	80	42	**192**	100	60	56	42	32	32	24	23		8	8	2	4	–	–	–	–	–	–	–	–	**4(3H)-Pteridinone, 3-methoxy-7-methyl-**	24898-66-6	**S0861**
162	134	58	192	121	107	80	42	**192**	100	59	56	42	32	32	23	23		8	8	2	4	–	–	–	–	–	–	–	–	**4(3H)-Pteridinone, 3-methoxy-7-methyl-**		**M3777**
163	77	76	50	92	164	133	135	**192**	100	33	13	9	9	9	8	7	**0.08**	11	12	3	–	–	–	–	–	–	–	–	–	**Benzoic acid, 2-(1-oxopropyl)-, methyl ester**	32025-37-9	**S3440**
163	119	63	79	45	91	147	107	**192**	100	59	45	43	26	25	24	19	**0.00**	8	20	3	–	–	–	–	–	–	–	1	–	**Silane, triethoxyethyl-**	78-07-9	**P5849**
163	119	145	117	91	115	146	129	**192**	100	99	90	71	36	23	21	13	**0.00**	12	16	2	–	–	–	–	–	–	–	–	–	**1,2-Naphthalenediol, 1-ethyl-1,2,3,4-tetrahydro-, cis-**	56588-35-3	**T3779**
164	90	63	192	62	75	106	52	**192**	100	55	47	33	23	18	17	14		8	4	4	2	–	–	–	–	–	–	–	–	**1H-Indole-2,3-dione, 5-nitro-**	611-09-6	**Q2804**
164	93	29	121	192	27	28	149	**192**	100	95	93	93	89	85	83	78		8	8	2	4	–	–	–	–	–	–	–	–	**2,4(3H,8H)-Pteridinedione, 8-ethyl-**		**L4566**
164	93	121	29	192	27	28	149	**192**	100	95	95	94	90	87	84	80		8	8	2	4	–	–	–	–	–	–	–	–	**2,4(3H,8H)-Pteridinedione, 8-ethyl-**	13300-39-5	**R4417**
164	93	121	192	149	66	52	79	**192**	100	93	93	89	78	57	57	40		8	8	2	4	–	–	–	–	–	–	–	–	**2,4(3H,8H)-Pteridinedione, 8-ethyl-**		**L8067**
164	136	138	166	75	101	74	165	**192**	100	81	40	35	23	19	17	12	**8.00**	10	5	2	–	1	–	–	–	–	–	–	–	**6-Chloro-1,2-naphthaquinone**		**L4578**
164	163	192	165	63	87	86	62	**192**	100	53	21	16	12	10	8	8		13	8	–	2	–	–	–	–	–	–	–	–	**9H-Fluorene, 9-diazo-**	832-80-4	**Q4326**
164	192	149	43	52	69	39	80	**192**	100	75	51	49	45	26	24	22		10	8	4	–	–	–	–	–	–	–	–	–	**4,7-Dimethylpyrano[4,3-b]pyran-2,5-dione**		**L6824**
164	192	149	43	52	69	80	39	**192**	100	76	53	51	47	25	23	23		10	8	4	–	–	–	–	–	–	–	–	–	**4,7-Dimethylpyrano[4,3-b]pyran-2,5-dione**		**03257**
164	192	191	163	136	165	193	149	**192**	100	67	22	21	18	13	10	8		12	16	–	–	–	–	–	1	–	–	–	–	**1,2,3,4,5,6,7,8-Octahydro-9-thiafluorene**		**Y1917**
173	69	83	71	192	81	95	82	**192**	100	70	55	52	52	50	50	48		13	20	1	–	–	–	–	–	–	–	–	–	**Benzofuran, 4,5,6,7-tetrahydro-2,7-dimethyl-4-isopropyl-**	56771-92-7	**T4162**
177	43	41	123	91	39	135	178	**192**	100	74	22	18	16	15	14	14	**6.81**	13	20	1	–	–	–	–	–	–	–	–	–	**3-Buten-2-one, 4-(2,6,6-trimethyl-1-cyclohexen-1-yl)-**	14901-07-6	**H1754**
177	43	41	133	57	91	55	29	**192**	100	40	31	24	20	20	18	17	**6.00**	13	20	1	–	–	–	–	–	–	–	–	–	**2H-1-Benzopyran, trans-2,5,5,8a-tetramethyl-3,5,6,8a-tetrahydro- (Edulan I)**		**P3929**
177	43	41	135	91	178	93	55	**192**	100	63	15	13	12	11	10	8	**6.01**	13	20	1	–	–	–	–	–	–	–	–	–	**3-Buten-2-one, 4-(2,6,6-trimethyl-1-cyclohexen-1-yl)-**	14901-07-6	**R5465**
177	43	93	41	178	91	123	135	**192**	100	53	15	14	13	12	12	11	**10.00**	13	20	1	–	–	–	–	–	–	–	–	–	**3-Buten-2-one, 4-(2,6,6-trimethyl-1-cyclohexen-1-yl)-, (E)-**	79-77-6	**P6014**
177	43	133	41	29	55	91	57	**192**	100	61	61	38	31	30	30	25	**15.00**	13	20	1	–	–	–	–	–	–	–	–	–	**2H-1-Benzopyran, cis-2,5,5,8a-tetramethyl-3,5,6,8a-tetrahydro- (Edulan II)**		**P3930**
177	43	135	192					**192**	100	11	9	4						13	20	1	–	–	–	–	–	–	–	–	–	**2,4,4,7-Tetramethyl-5,6,7,8-tetrahydro-1,4-benzopyran**		**L5960**
177	55	179	44	62	192	194	87	**192**	100	83	67	66	48	48	30	28		5	6	–	4	2	–	–	–	–	–	–	–	**1,3,5-Triazin-2-amine, 4,6-dichloro-N-ethyl-**	3440-19-5	**Q9392**
177	107	162	55	147	192	69	129	**192**	100	33	30	29	28	28	26	25		6	13	2	–	–	–	–	–	–	–	–	1	**1,3,2-Dioxarsenane, 2,5,5-trimethyl-**	42541-34-4	**S6942**
177	107	162	147	192	69	129	91	**192**	100	35	30	28	28	26	25	15		6	13	2	–	–	–	–	–	–	–	–	1	**1,3,2-Dioxarsenane, 2,5,5-trimethyl-**		**M8687**
177	137	192	136	108	178	78	193	**192**	100	84	80	71	31	13	12	12		11	12	3	–	–	–	–	–	–	–	–	–	**4H-1-Benzopyran-4-one, 2,3-dihydro-7-hydroxy-2,2-dimethyl-**	17771-33-4	**R7180**
177	148	59	178	104	90	161	192	**192**	100	19	11	11	11	10	10	10		12	16	2	–	–	–	–	–	–	–	–	–	**Methyl 4-tert-butyl benzoate**		**F0097**
177	148	192	147	121	163	74	104	**192**	100	77	72	27	19	18	14	14		12	20	–	2	–	–	–	–	–	–	–	–	**1,4-Benzenediamine, N,N-diethyl-N′,N′-dimethyl-**	5775-53-1	**R1789**
177	148	192	147	121	163	104	105	**192**	100	99	74	28	20	19	14	12		12	20	–	2	–	–	–	–	–	–	–	–	**1,4-Benzenediamine, N,N-diethyl-N′,N′-dimethyl-**		**L6430**
177	149	120	81	161	80	135	118	**192**	100	20	16	13	11	10	10	10	**7.00**	12	20	–	2	–	–	–	–	–	–	–	–	**1,4-Benzenediamine, N,N′-diisopropyl-**		**D0164**
177	150	41	192	135	191	162	178	**192**	100	83	46	34	24	15	14	11		12	20	–	2	–	–	–	–	–	–	–	–	**Pyrazine, 2,5-di-tert-butyl-**	18709-51-8	**R7792**
177	192	43	131	130	178	41	103	**192**	100	19	16	14	12	11	9	8		10	12	2	2	–	–	–	–	–	–	–	–	**2-Propanamine, N-[(3-nitrophenyl)methylene]-**	27895-80-3	**S1914**
177	192	77	178	121	42	56	51	**192**	100	24	14	9	8	7	7	5		10	12	–	2	–	–	–	1	–	–	–	–	**Benzoic acid, thio-, isopropylidenehydrazide**	20185-02-8	**R8541**
177	192	105	178	77	133	79	51	**192**	100	24	21	12	10	10	9	6		11	12	3	–	–	–	–	–	–	–	–	–	**4-tert-Butyl-o-phenylene cyclic-carbonate**		**Z1441**
177	192	107	81	149	120	178	135	**192**	100	55	48	29	26	19	11	8		12	20	–	2	–	–	–	–	–	–	–	–	**1,4-Benzenediamine, N,N′-diisopropyl-**	4251-01-8	**R0250**
177	192	107	149	120	118	135	119	**192**	100	55	50	25	18	7	7	7		12	20	–	2	–	–	–	–	–	–	–	–	**1,4-Benzenediamine, N,N′-diisopropyl-**		**L6434**
177	192	123	43	73	45	178	193	**192**	100	67	29	21	21	15	14	11		8	12	–	4	–	–	–	–	–	–	1	–	**9H-Purine, 9-(trimethylsilyl)-**	32865-85-3	**S3921**
177	192	148	133	81	66	67	106	**192**	100	71	58	50	47	36	28	25		12	20	–	2	–	–	–	–	–	–	–	–	**1,4-Benzenediamine, N,N,N′-triethyl-**	24340-91-8	**S0557**
177	192	148	133	106	163	147	119	**192**	100	71	57	50	24	22	21	18		12	20	–	2	–	–	–	–	–	–	–	–	**1,4-Benzenediamine, N,N,N′-triethyl-**		**L6428**
177	192	163	147	162	133	132	120	**192**	100	83	42	39	23	18	16	16		12	20	–	2	–	–	–	–	–	–	–	–	**1,4-Benzenediamine, N,N′-diethyl-N,N′-dimethyl-**		**L6432**
177	192	178	42	121	77	51	56	**192**	100	29	28	20	19	17	14	14		10	12	–	2	–	–	–	1	–	–	–	–	**Benzoic acid, thio-, isopropylidenehydrazide**	20185-02-8	**R8540**
177	192	178	149	67	41	91	81	**192**	100	26	14	13	7	7	6	5		13	20	1	–	–	–	–	–	–	–	–	–	**3-Methyl-4-ethyl-6-tert-butyl phenol**		**C0589**
177	192	179	194	151	85	181	50	**192**	100	80	65	52	27	14	11	9		7	6	2	–	2	–	–	–	–	–	–	–	**Phenol, 4,5-dichloro-2-methoxy-**	2460-49-3	**Q8145**
178	43	41	104	91	135	179	93	**192**	100	69	17	17	15	15	14	13	**7.34**	13	20	1	–	–	–	–	–	–	–	–	–	**3-Buten-2-one, 4-(2,6,6-trimethyl-1-cyclohexen-1-yl)-**	14901-07-6	**R5466**
191	190	189	94	82	192	95	165	**192**	100	6	3	2	2	2	1	1		15	12	–	–	–	–	–	–	–	–	–	–	**Phenanthrene, 1-methyl-**	832-69-9	**Q4324**
192	28	121	80	149	43	42	55	**192**	100	62	60	51	38	36	27	21		8	8	2	4	–	–	–	–	–	–	–	–	**2,4(1H,3H)-Pteridinedione, 6,7-dimethyl-**	5774-32-3	**R1788**
192	43	36	196	130	67	193	165	**192**	100	17	12	10	10	10	7	7		5	6	–	4	2	–	–	–	–	–	–	–	**2,4,6-Triamino-3,5-dichloropyridine**		**A0759**
192	60	69	73	177	51	43	44	**192**	100	70	61	55	51	47	43	41		10	8	4	–	–	–	–	–	–	–	–	–	**2H-1-Benzopyran-2-one, 7-hydroxy-6-methoxy-**		**D2314**
192	69	134	108	63	90	76	82	**192**	100	17	13	12	11	8	7	6		8	4	–	2	–	–	–	2	–	–	–	–	**2-Thiocyanatobenzothiazole**		**L4703**

MASS TO CHARGE RATIOS								M.W.	INTENSITIES								Parent	C	H	O	N	Cl	Br	F	S	P	B	Si	X	COMPOUND NAME	CAS Reg No	No
192	69	134	108	63	193	90	76	**192**	100	17	13	12	11	10	8	7		8	4	–	2	–	–	–	2	–	–	–	–	**2-Thiocyanatobenzothiazole**	6011-99-0	**R1990**
192	69	164	124	152	163	193	96	**192**	100	19	16	14	13	11	10	7		10	8	4	–	–	–	–	–	–	–	–	–	**2-Methyl-5,7-dihydroxychromone**		**L3560**
192	69	164	152	124	43	39	193	**192**	100	19	16	14	14	14	14	11		10	8	4	–	–	–	–	–	–	–	–	–	**2-Methyl-5,7-dihydroxychromone**		**00757**
192	77	135	120	51	191	163	73	**192**	100	65	62	28	24	23	16	16		9	8	1	2	–	–	–	1	–	–	–	–	**4-Oxo-3-phenyl-2-thioxo-imidazolidine**		**M0758**
192	80	78	59	91	95	113	79	**192**	100	93	45	35	34	34	34	32		11	12	1	–	–	–	–	1	–	–	–	–	**6,2,5-Ethanylylidene-2H-cyclobuta[cd][2]benzothiophen-7-one, octahydro-**	19086-86-3	**R7966**
192	80	107	27	135	108	53	55	**192**	100	91	61	47	45	40	16	16		8	8	2	4	–	–	–	–	–	–	–	–	**2,4(1H,3H)-Pteridinedione, 1,3-dimethyl-**	13401-18-8	**R4512**
192	91	165	65	119	161	131	39	**192**	100	25	23	16	15	14	13	13		11	12	3	–	–	–	–	–	–	–	–	–	**1,3-Benzodioxole, 4-methoxy-6-allyl-**	607-91-0	**Q2755**
192	91	165	119	65	39	161	77	**192**	100	24	22	16	15	14	13	12		11	12	3	–	–	–	–	–	–	–	–	–	**1,3-Benzodioxole, 4-methoxy-6-allyl-**	607-91-0	**Q2756**
192	92	132	162	104	105	77	176	**192**	100	80	62	38	33	32	28	27		9	8	3	2	–	–	–	–	–	–	–	–	**2,4(1H,3H)-Quinazolinedione, 3-hydroxy-1-methyl-**	37833-99-1	**S5605**
192	106	77	162	119	105	161	42	**192**	100	85	56	56	52	41	34	33		10	12	2	2	–	–	–	–	–	–	–	–	**1-Phenyl-3-methoxyimidazolidinone**		**P2085**
192	107	162	42	53	41	44	67	**192**	100	35	35	33	24	17	15	15		8	8	2	4	–	–	–	–	–	–	–	–	**4(3H)-Pteridinone, 3-hydroxy-6,7-dimethyl-**	18106-61-1	**R7375**
192	119	75	105	74	161	76	118	**192**	100	67	53	48	34	34	27	26		12	16	2	–	–	–	–	–	–	–	–	–	**Benzenebutanoic acid, 4-methyl-, methyl ester**	24306-23-8	**S0526**
192	136	41	108	119	93	177	79	**192**	100	72	64	61	48	46	46	43		13	20	1	–	–	–	–	–	–	–	–	–	**2(1H)-Naphthalenone, 3,5,6,7,8,8a-hexahydro-5,7,7-trimethyl-**	75314-20-4	**T8899**
192	136	65	121	108	193	149	177	**192**	100	26	20	14	11	11	7	7		10	8	4	–	–	–	–	–	–	–	–	–	**2,3-Diketo-6-methoxybenz[b,c]pyran**		**15623**
192	145	91	45	177	194	98	159	**192**	100	39	28	27	16	15	10	10		5	8	–	2	–	–	–	3	–	–	–	–	**4-Isothiazolamine, 3,5-bis(methylthio)-**	37572-42-2	**S5528**
192	147	191	69	190	63	115	159	**192**	100	49	48	13	12	10	9	8		10	8	–	–	–	–	–	2	–	–	–	–	**1,2-Di-(2-thienyl)-ethylene**		**L4645**
192	161	51	193	105	162	95	163	**192**	100	85	13	12	10	9	9	8		10	8	4	–	–	–	–	–	–	–	–	–	**2,2′-Bifuran-3-carboxylate**		**04482**
192	161	77	91	121	149	177	191	**192**	100	70	24	20	20	20	20	18		11	12	3	–	–	–	–	–	–	–	–	–	**2-Propenal, 3-(3,4-dimethoxyphenyl)-**	4497-40-9	**H1474**
192	162	42	93	45	40	66	41	**192**	100	37	29	25	18	17	17	16		8	8	2	4	–	–	–	–	–	–	–	–	**4(3H)-Pteridinone, 3-hydroxy-2,7-dimethyl-**	18106-62-2	**R7376**
192	174	90	129	102	45	103	58	**192**	100	26	12	7	6	5	3	2		9	8	1	2	–	–	–	1	–	–	–	–	**3-Hydroxythiazolidino[3.2-a]benzimidazole**		**L9389**
192	175	131	130	147	119	132	77	**192**	100	96	92	50	38	28	25	24		10	12	2	2	–	–	–	–	–	–	–	–	**5-Nitro-8-amino-1,2,3,4-tetra-hydronaphthalene**		**D0754**
192	177	41	191	67	39	53	56	**192**	100	80	34	33	24	21	16	15		12	20	–	2	–	–	–	–	–	–	–	–	**Pyrazine, tetraethyl-**	38325-19-8	**S5726**
192	177	149	91	77	162	115	147	**192**	100	99	41	29	17	14	14	13		12	16	2	–	–	–	–	–	–	–	–	–	**4-Isopropenyl-3,5-dimethoxytoluene**		**M6982**
192	177	165	131	159	55	103	77	**192**	100	57	55	42	36	28	27	22		11	12	3	–	–	–	–	–	–	–	–	–	**2-Propen-1-one, 1-(2-hydroxy-3-methoxy-6-methylphenyl)-**	40992-03-8	**S6507**
192	177	190	175	97	194	179	188	**192**	100	89	47	44	33	23	19	19		6	8	–	–	–	–	–	1	–	–	–	1	**Thiophene, 2-methyl-5-(methylselenyl)-**	29421-78-1	**S2519**
192	191	147	45	69	193	190	39	**192**	100	55	43	26	19	18	17	17		10	8	–	–	–	–	–	2	–	–	–	–	**1,2-Di-(2-thienyl)-ethylene**	13640-78-3	**R4691**
192	191	147	45	69	193	190	58	**192**	100	60	45	35	30	25	25	23		10	8	–	–	–	–	–	2	–	–	–	–	**1,2-Di-(2-thienyl)-ethylene**		**M7038**
192	191	165	189	99	193	95	83	**192**	100	64	35	27	17	15	13	12		15	12	–	–	–	–	–	–	–	–	–	–	**9H-Fluorene, 9-ethylidene-**	7151-64-6	**R2881**
192	191	189	82	193	94	96	165	**192**	100	5	2	2	2	2	2	1		15	12	–	–	–	–	–	–	–	–	–	–	**Anthracene, 2-methyl-**	613-12-7	**Q2867**
192	191	189	94	82	95	193	165	**192**	100	7	3	2	2	2	2	1		15	12	–	–	–	–	–	–	–	–	–	–	**Anthracene, 9-methyl-**	779-02-2	**Q4113**
192	191	189	165	163	152			**192**	100	66	31	15	4	3				15	12	–	–	–	–	–	–	–	–	–	–	**Phenanthrene, 4-methyl-**		**M3985**
192	191	189	165	190	193	163	96	**192**	100	56	37	24	16	16	8	6		15	12	–	–	–	–	–	–	–	–	–	–	**Anthracene, 1-methyl-**	610-48-0	**Q2795**
192	191	189	190	193	165	40	95	**192**	100	66	31	19	17	15	14	14		15	12	–	–	–	–	–	–	–	–	–	–	**Phenanthrene, 4-methyl-**	832-64-4	**Q4322**
192	191	189	193	94.5	82.5	96	165	**192**	100	39	16	15	12	11	11	8		15	12	–	–	–	–	–	–	–	–	–	–	**Phenanthrene, 9-methyl-**		**00678**
192	191	189	193	94.5	96	82.5	190	**192**	100	41	20	15	13	12	10	8		15	12	–	–	–	–	–	–	–	–	–	–	**Phenanthrene, 1-methyl-**		**00675**
192	191	189	193	94.5	96	82.5	190	**192**	100	39	20	15	14	12	10	8		15	12	–	–	–	–	–	–	–	–	–	–	**Phenanthrene, 2-methyl-**		**00676**
192	191	189	193	94.5	96	190	95	**192**	100	43	22	15	15	12	9	8		15	12	–	–	–	–	–	–	–	–	–	–	**Phenanthrene, 3-methyl-**		**00677**
192	191	189	193	96	95	190	165	**192**	100	41	21	16	12	9	9	7		15	12	–	–	–	–	–	–	–	–	–	–	**Phenanthrene, 1-methyl-**	832-69-9	**Q4323**
192	191	189	193	96	165	95	190	**192**	100	40	16	15	11	9	6	6		15	12	–	–	–	–	–	–	–	–	–	–	**Phenanthrene, 9-methyl-**	883-20-5	**Q4476**
192	191	189	193	96	165	190	95	**192**	100	50	26	17	13	12	12	11		15	12	–	–	–	–	–	–	–	–	–	–	**Anthracene, 2-methyl-**	613-12-7	**Q2864**
192	191	189	193	96	190	95	165	**192**	100	39	20	15	13	8	8	6		15	12	–	–	–	–	–	–	–	–	–	–	**Phenanthrene, 2-methyl-**	2531-84-2	**Q8282**
192	191	189	193	96	190	95	165	**192**	100	44	23	16	12	9	9	7		15	12	–	–	–	–	–	–	–	–	–	–	**Phenanthrene, 3-methyl-**	832-71-3	**Q4325**
192	191	189	193	165	96	178	82	**192**	100	37	22	16	10	7	6	3		15	12	–	–	–	–	–	–	–	–	–	–	**Phenanthrene, 2-methyl-**		**L8088**
192	191	189	193	165	190	115	28	**192**	100	43	21	15	13	9	7	4		15	12	–	–	–	–	–	–	–	–	–	–	**1H-Indene, 1-phenyl-**	1961-96-2	**Q7132**
192	191	189	193	165	190	115	96	**192**	100	41	19	14	10	8	6	5		15	12	–	–	–	–	–	–	–	–	–	–	**1H-Indene, 2-phenyl-**	4505-48-0	**R0511**
192	191	189	193	178	165	96	190	**192**	100	34	21	17	15	12	10	10		15	12	–	–	–	–	–	–	–	–	–	–	**Anthracene, 2-methyl-**	613-12-7	**Q2866**
192	191	193	165	190	163	166	164	**192**	100	26	17	9	4	3	2	1		15	12	–	–	–	–	–	–	–	–	–	–	**Acetylene, 1-phenyl-2-(4-methylphenyl)-**		**L6207**
192	194	75	42	128	51	191	127	**192**	100	32	22	21	20	18	17	16		10	9	–	2	1	–	–	–	–	–	–	–	**5-Methyl-3-(4-chlorophenyl)pyrazole**		**L1974**
192	194	75	42	128	51	193	191	**192**	100	32	22	21	20	18	17	17		10	9	–	2	1	–	–	–	–	–	–	–	**3-Methyl-5-(4-chlorophenyl)pyrazole**		**02371**
194	179	178	165	193	195	89	166	**192**	100	53	35	21	17	17	15	15	**2.80**	15	12	–	–	–	–	–	–	–	–	–	–	**5H-Dibenzo[a,d]cycloheptene**	256-81-5	**Q0127**
28	178	128	193	69	33			**193**	100	70	70	42	24	22				5	5	–	1	–	–	6	–	–	–	–	–	**N-Methyl-2,2-bis(trifluoromethyl)aziridine**		**L8231**
30	50	193	101	100	75	147	62	**193**	100	79	75	57	54	34	25	21		7	3	4	3	–	–	–	–	–	–	–	–	**Benzonitrile, 3,5-dinitro-**	4110-35-4	**R0106**
41	95	55	82	109	121	149	135	**193**	100	97	90	80	80	60	60	50	**2.00**	13	23	–	1	–	–	–	–	–	–	–	–	**Cyclododecanecarbonitrile**	69300-13-6	**T7040**
56	112	193	29	44	84	191	109	**193**	100	59	55	31	29	27	27	26		7	15	–	1	–	–	–	–	–	–	–	1	**N,N-Diethylselenopropionamide**		**16548**

MASS TO CHARGE RATIOS								M.W.	INTENSITIES								Parent	C	H	O	N	Cl	Br	F	S	P	B	Si	X	COMPOUND NAME	CAS Reg No	No
57	93	137	41	59	193	29	39	**193**	100	88	74	31	28	27	15	11		11	15	2	1	–	–	–	–	–	–	–	–	tert-Butyl phenylcarbamate	3422-01-3	Q9363
57	93	137	41	193	59	29	65	**193**	100	87	74	30	27	27	15	12		11	15	2	1	–	–	–	–	–	–	–	–	tert-Butyl phenylcarbamate		M7891
58	42	59	77	92	64	63	43	**193**	100	31	12	12	11	10	9	6	**3.20**	11	15	2	1	–	–	–	–	–	–	–	–	2-Dimethylamino-3′-methoxyacetophenone		15596
58	42	59	135	150	77	92	121	**193**	100	10	7	7	7	6	4	4	**3.20**	11	15	2	1	–	–	–	–	–	–	–	–	2-Dimethylamino-4′-methoxyacetophenone		15593
58	42	77	59	135	92	193	51	**193**	100	17	11	8	7	5	5	4		11	15	2	1	–	–	–	–	–	–	–	–	2-Dimethylamino-2′-methoxyacetophenone		15594
58	71	77	42	51	105	56	43	**193**	100	19	15	14	10	7	5	4	**0.00**	11	15	2	1	–	–	–	–	–	–	–	–	Benzoic acid, 2-(dimethylamino)ethyl ester	2208-05-1	Q7602
58	87	102	193	88	59	103	194	**193**	100	77	57	5	4	3	3	1		12	19	1	1	–	–	–	–	–	–	–	–	N,N-Dimethyl-3-benzyloxypropylamine		16225
58	102	91	87	42	44	59	65	**193**	100	10	10	8	7	4	4	3	**0.80**	12	19	1	1	–	–	–	–	–	–	–	–	N,N-Dimethyl-3-benzyloxypropylamine		16228
69	41	39	85	42	68	44		**193**	100	39	38	20	12	11	10		**0.00**	4	6	2	–	–	–	–	–	–	–	–	1	Cyclopropanecarboxylic acid, silver(1+) salt		T8799
70	193	83	84	42	96	68	41	**193**	100	51	33	29	27	18	18	16		11	15	2	1	–	–	–	–	–	–	–	–	Tricyclo[3.3.1.1^{3,7}]decane-2,6-dione, 4-(methylamino)-	41398-36-1	S6618
72	28	30	27	29	58	105	133	**193**	100	60	45	40	31	31	29	24	**0.00**	7	15	3	1	–	–	–	1	–	–	–	–	α-D-Xylofuranoside, ethyl 2-amino-2-deoxy-1-thio-	56701-55-4	T4136
72	31	30	29	28	58	43	45	**193**	100	62	58	48	40	34	32	22	**0.00**	7	15	3	1	–	–	–	1	–	–	–	–	β-D-Xylofuranoside, ethyl 2-amino-2-deoxy-1-thio-	56701-54-3	T4135
72	91	56	43	45	44	73	41	**193**	100	18	10	9	8	8	7	6	**2.90**	12	19	1	1	–	–	–	–	–	–	–	–	1-Isopropylamino-3-phenylpropan-2-ol		L2457
72	91	56	45	73	60	46	65	**193**	100	17	9	7	6	5	4	4	**2.90**	12	19	1	1	–	–	–	–	–	–	–	–	1-Isopropylamino-3-phenylpropan-2-ol		02918
75	149	74	44	76	91	103	163	**193**	100	56	28	27	18	14	14	13	**4.00**	8	3	5	1	–	–	–	–	–	–	–	–	Phthalic anhydride, 3-nitro-	641-70-3	Q3539
75	149	74	103	30	37	76	73	**193**	100	84	58	26	20	19	14	12	**1.22**	8	3	5	1	–	–	–	–	–	–	–	–	Phthalic anhydride, 3-nitro-	641-70-3	Q3538
75	178	77	103	45	76	105	51	**193**	100	65	36	33	21	21	21	19	**8.00**	10	15	1	1	–	–	–	–	–	–	1	–	Benzamide, N-(trimethylsilyl)-	1011-57-0	Q5061
75	178	135	193	192	77	73	104	**193**	100	75	35	18	16	16	13	13		10	15	1	1	–	–	–	–	–	–	1	–	Benzamide, N-(trimethylsilyl)-	1011-57-0	Q5062
77	193	104	178	119	51	118	132	**193**	100	78	72	62	56	52	38	26		9	11	–	3	–	–	–	1	–	–	–	–	Acetophenone, thiosemicarbazone	2302-93-4	Q7801
77	193	104	178	119	118	51	132	**193**	100	79	73	63	57	38	32	27		9	11	–	3	–	–	–	1	–	–	–	–	Acetophenone, thiosemicarbazone	2302-93-4	Q7800
77	193	135	104	146	91	118	177	**193**	100	85	27	16	6	6	5	3		9	11	–	3	–	–	–	1	–	–	–	–	3-Amino-2-(phenylimino)thiazolidine		L5958
79	44	52	36	51	109	50	81	**193**	100	92	80	53	48	46	44	36	**0.00**	6	8	4	1	1	–	–	–	–	–	–	–	Pyridinium, 1-methyl-, perchlorate	1194-27-0	Q5681
80	193	79	28	77	81	150	78	**193**	100	90	75	28	25	25	20	18		11	15	2	1	–	–	–	–	–	–	–	–	4-Cyclohexene-1,2-dicarboximide, N-propyl-	2021-20-7	Q7196
80	193	79	28	77	81	150	78	**193**	100	90	75	28	25	25	21	18		11	15	2	1	–	–	–	–	–	–	–	–	4-Cyclohexene-1,2-dicarboximide, N-propyl-, cis-	28915-99-3	S2273
86	58	42	77	56	51	87	44	**193**	100	65	19	14	11	9	7	5	**0.00**	12	19	1	1	–	–	–	–	–	–	–	–	Benzenemethanol, ethyl-α-[1-(methylamino)ethyl]-	1322-32-3	Q5910
92	65	91	148	120	77	51	147	**193**	100	99	80	70	65	65	65	50	**4.50**	9	7	4	1	–	–	–	–	–	–	–	–	2-Propenoic acid, 3-(2-nitrophenyl)-		B0202
93	193	29	57	137	120	41	65	**193**	100	66	38	37	34	32	30	15		11	15	2	1	–	–	–	–	–	–	–	–	Carbamic acid, phenyl-, butyl ester	1538-74-5	Q6180
93	193	29	57	137	120	41	77	**193**	100	66	38	36	35	32	29	15		11	15	2	1	–	–	–	–	–	–	–	–	Carbamic acid, phenyl-, butyl ester		M7890
93	193	120	164	137	165	51	79	**193**	100	93	76	69	62	59	55	45		10	11	3	1	–	–	–	–	–	–	–	–	N,N-Tetramethylene-α-(aminomethylene)glutaconic anhydride		15050
98	94	99	43	42	57	41	58	**193**	100	38	35	33	24	11	10	10	**0.00**	7	16	–	1	–	1	–	–	–	–	–	–	Piperidinium, 1,1-dimethyl-, bromide	18266-97-2	R7466
102	73	45	103	178	43	59	91	**193**	100	70	13	12	12	11	11	11	**0.20**	11	19	–	1	–	–	–	–	–	–	1	–	Silanamine, 1,1,1-trimethyl-N-(2-phenylethyl)-	10433-33-7	R3843
102	73	178	103	74	45	59	75	**193**	100	89	22	18	11	10	10	10	**0.00**	11	19	–	1	–	–	–	–	–	–	1	–	Silanamine, 1,1,1-trimethyl-N-(2-phenylethyl)-		15279
102	148	42	44	91	103	56	147	**193**	100	21	15	12	10	8	7	6	**1.00**	11	15	2	1	–	–	–	–	–	–	–	–	L-Phenylalanine, N,N-dimethyl-	17469-89-5	R7028
105	77	45	51	134	193	46	106	**193**	100	55	25	22	21	15	12	9		10	11	3	1	–	–	–	–	–	–	–	–	Glycine, N-benzoyl-, methyl ester	1205-08-9	Q5753
105	77	51	134	106	50	193	161	**193**	100	50	24	16	9	7	5	5		10	11	3	1	–	–	–	–	–	–	–	–	Glycine, N-benzoyl-, methyl ester	1205-08-9	Q5751
105	77	51	134	106	50	193	161	**193**	100	50	22	18	11	6	6	6		10	11	3	1	–	–	–	–	–	–	–	–	Glycine, N-benzoyl-, methyl ester	1205-08-9	Q5752
105	193	77	104	132	134	133	78	**193**	100	57	51	46	40	33	32	27		11	15	2	1	–	–	–	–	–	–	–	–	Benzoic acid, 2-(methylamino)-, propyl ester	55320-72-4	T0889
106	151	77	43	107	51	104	152	**193**	100	55	18	17	11	7	7	5	**5.26**	10	11	3	1	–	–	–	–	–	–	–	–	Benzeneacetic acid, α-(acetylamino)-	29633-99-6	S2593
106	193	119	107	162	194	120	132	**193**	100	58	32	10	10	8	5	2		11	15	2	1	–	–	–	–	–	–	–	–	Benzenebutanoic acid, 4-amino-, methyl ester	20637-09-6	R8800
108	162	136	193	148	67	163	192	**193**	100	89	49	48	43	31	27	18		10	15	1	3	–	–	–	–	–	–	–	–	2-Morpholino-4,6-dimethylpyrimidine		L1204
109	80	108	41	193	29	27	53	**193**	100	24	18	14	14	12	11	10		12	19	1	1	–	–	–	–	–	–	–	–	Aniline, 4-(hexyloxy)-	39905-57-2	S6179
110	68	43	193	97	82	111	53	**193**	100	59	38	35	11	9	9	9		11	15	2	1	–	–	–	–	–	–	–	–	Cyclopentanone, 2-[(3,5-dimethyl-4-isoxazolyl)methyl]-		L5662
110	68	43	193	98	83	53	111	**193**	100	58	37	35	11	10	9	9		11	15	2	1	–	–	–	–	–	–	–	–	Cyclopentanone, 2-[(3,5-dimethyl-4-isoxazolyl)methyl]-	16858-04-1	R6502
116	73	135	178	91	193	59	45	**193**	100	99	73	72	54	53	37	36		11	19	–	1	–	–	–	–	–	–	1	–	Silanamine, N,1,1,1-tetramethyl-N-benzyl-	14884-70-9	R5458
119	137	120	92	65	193	93	91	**193**	100	50	39	34	28	26	12	8		11	15	2	1	–	–	–	–	–	–	–	–	sec-Butyl 2-amino-benzoate		U0081
119	193	120	92	65	137	57	93	**193**	100	41	38	35	28	27	9	7		11	15	2	1	–	–	–	–	–	–	–	–	Butyl 2-amino-benzoate		U0080
120	102	74	91	29	103	121	46	**193**	100	83	40	23	22	16	10	10	**0.20**	11	15	2	1	–	–	–	–	–	–	–	–	L-Phenylalanine, ethyl ester	3081-24-1	H1381
120	102	74	91	103	46	65	77	**193**	100	75	38	26	15	12	11	11	**1.00**	11	15	2	1	–	–	–	–	–	–	–	–	L-Phenylalanine, ethyl ester	3081-24-1	Q8999
120	151	43	193	92	65	63	162	**193**	100	61	41	39	16	14	11	10		10	11	3	1	–	–	–	–	–	–	–	–	4-Carbomethoxyacetanilide		05679
120	151	193	92	134	133	165	103	**193**	100	65	53	27	17	13	9	5		9	11	2	3	–	–	–	–	–	–	–	–	Benzoic acid, 4-(3-methyl-1-triazenyl)-, methyl ester	40643-38-7	S6376
121	136	28	91	122	103	77	18	**193**	100	57	14	11	11	9	9	8	**2.80**	11	15	2	1	–	–	–	–	–	–	–	–	Phenol, 2-isopropyl-, methylcarbamate	2631-40-5	Q8453
121	136	91	15	77	39	58	41	**193**	100	89	22	20	19	17	17	15	**10.00**	11	15	2	1	–	–	–	–	–	–	–	–	Phenol, 3-isopropyl-, methylcarbamate	64-00-6	P5199
121	136	91	77	58	39	41	65	**193**	100	60	26	19	15	14	12	10	**10.00**	11	15	2	1	–	–	–	–	–	–	–	–	Phenol, 3-isopropyl-, methylcarbamate	64-00-6	P5198
124	106	78	70	55	51	43	41	**193**	100	99	68	64	51	45	32	31	**0.00**	11	15	2	1	–	–	–	–	–	–	–	–	Nicotinic acid, isoamyl ester		17298
134	120	162	118	135	29	27	79	**193**	100	41	20	15	12	11	9	9	**0.00**	12	19	1	1	–	–	–	–	–	–	–	–	Pyridine, 2-(3-ethoxy-1,1-dimethylpropyl)-	56666-91-2	T4046
134	121	30	28	43	135	193	119	**193**	100	44	31	19	12	12	8	7		11	15	2	1	–	–	–	–	–	–	–	–	Acetamide, N-[2-(4-methoxyphenyl)ethyl]-		06596

MASS TO CHARGE RATIOS								M.W.	INTENSITIES								Parent	C	H	O	N	Cl	Br	F	S	P	B	Si	X	COMPOUND NAME	CAS Reg No	No
134	121	30	43	135	193	119	122	**193**	100	44	31	12	12	8	7	6		11	15	2	1	–	–	–	–	–	–	–	–	**Acetamide, N-[2-(4-methoxyphenyl)ethyl]-**	54815-19-9	**S9671**
134	193	118	106	135	15	94	119	**193**	100	15	12	12	11	10	9	7		11	15	2	1	–	–	–	–	–	–	–	–	**2-(4-Aminophenyl)-2-carbomethoxypropane**		**03001**
135	149	136	107	28	121	67	68	**193**	100	69	57	50	30	26	25	25	**19.49**	8	11	1	5	–	–	–	–	–	–	–	–	**9H-Purine-9-ethanol, 6-amino-α-methyl-**	712-00-5	**Q3828**
135	193	134	162	90	63	136	163	**193**	100	59	55	37	15	12	12	10		9	7	2	1	–	–	–	1	–	–	–	–	**1,2-Benzisothiazole-3-acetic acid**	29266-68-0	**S2410**
136	121	28	90	135	37	137	77	**193**	100	91	46	35	22	19	17	16	**4.55**	11	15	2	1	–	–	–	–	–	–	–	–	**Phenol, 2,3,5-trimethyl-, methylcarbamate**	2655-15-4	**Q8492**
136	121	135	90	28	37	137	77	**193**	100	98	33	30	22	22	17	15	**5.12**	11	15	2	1	–	–	–	–	–	–	–	–	**Phenol, 3,4,5-trimethyl-, methylcarbamate**	2686-99-9	**Q8539**
137	136	193	109	122	138	42	108	**193**	100	93	63	16	15	12	11	10		12	19	1	1	–	–	–	–	–	–	–	–	**Aniline, 3-butoxy-N,N-dimethyl-**	55401-83-7	**T1049**
148	193	65	77	134	177	79	107	**193**	100	62	20	20	20	15	12	12		10	11	3	1	–	–	–	–	–	–	–	–	**2H-1,4-Benzoxazin-3(4H)-one, 4-hydroxy-2,6-dimethyl-**	13212-64-1	**R4367**
148	193	120	136	149	69	78	94	**193**	100	98	38	28	20	15	12	12		10	11	3	1	–	–	–	–	–	–	–	–	**2H-1,4-Benzoxazin-3(4H)-one, 2-ethyl-4-hydroxy-**	13212-61-8	**R4364**
148	193	164	165	29	42	77	27	**193**	100	65	59	36	33	31	28	26		11	15	2	1	–	–	–	–	–	–	–	–	**Benzoic acid, 4-(dimethylamino)-, ethyl ester**	10287-53-3	**R3718**
149	44	148	121	108	69	150	63	**193**	100	98	34	27	17	15	12	10	**0.00**	9	7	2	1	–	–	–	1	–	–	–	–	**1,2-Benzisothiazole-3-acetic acid**	29266-68-0	**S2409**
149	75	103	74	30	44	37	73	**193**	100	98	77	45	18	14	14	9	**4.81**	8	3	5	1	–	–	–	–	–	–	–	–	**Phthalic anhydride, 4-nitro-**		**06521**
149	75	103	74	193	119	177	167	**193**	100	98	77	45	5	2	1	1		8	3	5	1	–	–	–	–	–	–	–	–	**Phthalic anhydride, 4-nitro-**		**M5774**
150	147	56	176	193	41	119	175	**193**	100	61	44	38	33	33	18	18		12	19	1	1	–	–	–	–	–	–	–	–	**2-Cyclohexylamino-cyclohex-2-en-1-one**		**C0271**
151	53	109	54	110	55	69	193	**193**	100	83	54	47	46	41	33	22		7	7	2	5	–	–	–	–	–	–	–	–	**2-Acetylamino-6-oxo-purine**		**L2427**
162	120	106	150	193	77	105	104	**193**	100	87	86	63	25	17	14	12		12	19	1	1	–	–	–	–	–	–	–	–	**Ethanol, 2-(butylphenylamino)-**	3046-94-4	**Q8962**
162	193	63	83	134	85	107	45	**193**	100	56	45	36	27	23	11	10		9	7	2	1	–	–	–	1	–	–	–	–	**Thieno[2,3-c]pyridine-3-carboxylic acid, methyl ester**	28783-21-3	**S2205**
164	163	177	169	193	147	165	136	**193**	100	76	31	27	17	13	12	10		7	7	2	5	–	–	–	–	–	–	–	–	**4(1H)-Pteridinone, 2-amino-6-(hydroxymethyl)-**	712-29-8	**Q3831**
166	164	195	193	86	52	194	192	**193**	100	98	40	39	33	32	22	20		4	4	1	1	–	1	–	1	–	–	–	–	**4-Bromo-3-hydroxymethylisothiazole**		**05724**
176	193	83	91	92	85	55	105	**193**	100	76	42	38	35	27	20	16		12	19	1	1	–	–	–	–	–	–	–	–	**(1R,11R)-11-Methyl-6-oxa-5-azatetracyclo[7.4.0.0$^{(3,7)}$.0$^{(5,13)}$]tridecane**		**P1268**
176	194	177	195	133	134	175	193	**193**	100	90	10	9	3	3	3	3		9	7	4	1	–	–	–	–	–	–	–	–	**2-Propenoic acid, 3-(2-nitrophenyl)-**	612-41-9	**Q2844**
178	127	193	180	129	195	143		**193**	100	67	49	26	24	18	12			11	12	–	1	1	–	–	–	–	–	–	–	**Aniline, p-chloro-N-(1,1-dimethyl-2-propynyl)-**	14465-32-8	**R5214**
178	148	179	116	146	149	59	118	**193**	100	80	26	26	18	17	16	13	**0.00**	6	19	2	1	–	–	–	–	–	–	2	–	**Silanamine, 1-methoxy-N-(methoxydimethylsilyl)-1,1-dimethyl-**	2329-01-3	**Q7845**
178	148	179	118	146	59	149	132	**193**	100	63	21	17	14	13	13	10	**0.00**	6	19	2	1	–	–	–	–	–	–	2	–	**Silanamine, 1-methoxy-N-(methoxydimethylsilyl)-1,1-dimethyl-**		**L2119**
178	152	193	55	57	96	176	69	**193**	100	45	30	29	28	27	27	1		11	19	–	3	–	–	–	–	–	–	–	–	**5-Deoxyalchornine**		**M0885**
178	157	192	154	193	149			**193**	100	7	6	4	3	3				11	15	2	1	–	–	–	–	–	–	–	–	**Isoquinoline, 1-methyl-6-hydroxy-7-methoxy-tetrahydro-**		**L9700**
178	193	148	179	120	134	92	65	**193**	100	90	77	55	42	35	33	32		10	11	3	1	–	–	–	–	–	–	–	–	**Gentioflavine**		**L3941**
192	193	58	194	51	65	77	109	**193**	100	30	19	10	6	6	6	6		9	7	–	1	–	–	–	2	–	–	–	–	**Thiazole, 2-(phenylthio)-**	33342-67-5	**S4115**
193	28	130	95	132	96	90	103	**193**	100	70	62	55	50	35	31	24		14	11	–	1	–	–	–	–	–	–	–	–	**2H-Azirine, 2,3-diphenyl-**	16483-98-0	**R6199**
193	31	124	93	162	194	117	74	**193**	100	45	33	16	11	8	7	5		7	–	–	1	–	–	5	–	–	–	–	–	**Benzonitrile, pentafluoro-**	773-82-0	**Q4094**
193	31	162	124	93	117	194	74	**193**	100	44	41	38	16	8	7	6		7	–	–	1	–	–	5	–	–	–	–	–	**Benzonitrile, pentafluoro-**	773-82-0	**Q4093**
193	43	192	163	164	136	174	67	**193**	100	56	49	39	24	22	17	16		6	6	1	3	–	–	3	–	–	–	–	–	**Pyrimidine, 2-amino-4-methoxy-6-(trifluoromethyl)-**	16097-61-3	**R6027**
193	46	194	136					**193**	100	30	12	11						10	11	3	1	–	–	–	–	–	–	–	–	**2-Butanone, 4-(4-nitrophenyl)-**	30780-19-9	**S3002**
193	46	194	136	163	57			**193**	100	60	12	6	5	3				10	11	3	1	–	–	–	–	–	–	–	–	**2-Butanone, 4-(2-nitrophenyl)-**	58751-62-5	**T5066**
193	68	192	163	67	41	69	40	**193**	100	98	79	41	39	36	22	21		6	6	1	3	–	–	3	–	–	–	–	–	**Pyrimidine, 4-amino-6-methoxy-2-(trifluoromethyl)-**	16097-49-7	**R6025**
193	69	43	122	131	149	41	81	**193**	100	39	37	31	29	27	26	25		10	11	3	1	–	–	–	–	–	–	–	–	**1-Indolinecarboxaldehyde, 2-hydroxy-5-methoxy-**		**L5232**
193	69	43	122	136	149	41	81	**193**	100	38	36	31	28	27	26	24		10	11	3	1	–	–	–	–	–	–	–	–	**1-Indolinecarboxaldehyde, 2-hydroxy-5-methoxy-**	13303-70-3	**R4427**
193	95	162	67	135	52	68	194	**193**	100	65	40	10	8	7	7	7		6	7	1	7	–	–	–	–	–	–	–	–	**Pyrazolo[5,1-c]-as-triazine-3-carboxylic acid, 4-amino-, hydrazide**	16111-78-7	**R6036**
193	95	162	67	135	68	52	134	**193**	100	65	40	10	8	7	7	6		6	7	1	7	–	–	–	–	–	–	–	–	**Pyrazolo[5,1-c]-as-triazine-3-carboxylic acid, 4-amino-, hydrazide**		**M3852**
193	124	31	93	162	116	194	74	**193**	100	33	27	21	14	10	9	7		7	–	–	1	–	–	5	–	–	–	–	–	**Benzonitrile, pentafluoro-**	773-82-0	**Q4092**
193	135	77	76	162	106	75	194	**193**	100	65	35	23	23	14	10	10		8	7	3	3	–	–	–	–	–	–	–	–	**1,2,4-Triazolo[4,3-a]pyridine-8-carboxylic acid, 2,3-dihydro-3-oxo-, methyl ester**	53975-71-6	**S8722**
193	162	43	134	56	132	178	108	**193**	100	70	40	30	20	20	18	14		11	15	2	1	–	–	–	–	–	–	–	–	**1,4-Cyclopentadiene-1-carboxylic acid, 3-[1-(dimethylamino)ethylidene]-, methyl ester**	14485-75-7	**R5241**
193	162	130	104	135	131	103	76	**193**	100	75	26	14	13	12	11	10		10	11	3	1	–	–	–	–	–	–	–	–	**Terephthalaldehydic acid, methyl ester, p-(O-methyloxime)**		**M3381**
193	162	130	104	135	131	103	194	**193**	100	75	26	14	13	12	11	11		10	11	3	1	–	–	–	–	–	–	–	–	**Terephthalaldehydic acid, methyl ester, p-(O-methyloxime)**	33499-35-3	**S4210**
193	163	94	67	43	69	174	58	**193**	100	99	69	30	18	18	15	14		6	6	1	3	–	–	3	–	–	–	–	–	**4-Pyrimidinamine, 2-methoxy-6-(trifluoromethyl)-**	54824-10-1	**S9683**
193	165	82	166	194	152	83	190	**193**	100	35	16	12	11	9	6	6		14	11	–	1	–	–	–	–	–	–	–	–	**[1,1′-Biphenyl]-4-acetonitrile**	31603-77-7	**S3359**
193	165	96.5	194	89	90	63	39	**193**	100	20	18	16	15	15	11	10		14	11	–	1	–	–	–	–	–	–	–	–	**2-Phenylindole**		**Y1561**
193	165	166	192	194	51	82	89	**193**	100	65	40	33	22	17	14	13		14	11	–	1	–	–	–	–	–	–	–	–	**Benzeneacetonitrile, α-phenyl-**	86-29-3	**P6286**
193	165	166	192	194	190	164	191	**193**	100	50	23	20	17	8	5	5		14	11	–	1	–	–	–	–	–	–	–	–	**Benzeneacetonitrile, α-phenyl-**	86-29-3	**P6287**
193	165	192	194	166	164	191	195	**193**	100	33	22	17	8	2	2	2		14	11	–	1	–	–	–	–	–	–	–	–	**2H-Azirine, 2,3-diphenyl-**	16483-98-0	**R6200**
193	165	194	90	192	89	191	190	**193**	100	18	16	9	8	8	7	4		14	11	–	1	–	–	–	–	–	–	–	–	**2-Phenylindole**	948-65-2	**Q4806**
193	178	64	150	135	107	120	15	**193**	100	75	38	28	28	27	25	17		10	11	3	1	–	–	–	–	–	–	–	–	**Benzonitrile, 2,3,4-trimethoxy-**	43020-38-8	**S7040**

MASS TO CHARGE RATIOS								M.W.	INTENSITIES								Parent	C	H	O	N	Cl	Br	F	S	P	B	Si	X	COMPOUND NAME	CAS Reg No	No
193	178	135	118	150	64	120	194	**193**	100	93	43	36	35	32	26	15		10	11	3	1	–	–	–	–	–	–	–	–	Benzonitrile, 3,4,5-trimethoxy-	1885-35-4	Q6954
193	192	44	178	36	151	42	146	**193**	100	42	42	28	21	15	14	12		9	11	2	3	–	–	–	–	–	–	–	–	Methanimidamide, N,N-dimethyl-N′-(4-nitrophenyl)-		06328
193	192	178	151	42	146	194	76	**193**	100	42	28	15	14	12	11	11		9	11	2	3	–	–	–	–	–	–	–	–	Methanimidamide, N,N-dimethyl-N′-(4-nitrophenyl)-	1205-59-0	Q5756
193	192	194	165	191	96.5	95.5	83.5	**193**	100	17	16	13	11	8	7	7		14	11	–	1	–	–	–	–	–	–	–	–	5H-Dibenz(b,f)azepine		Y2472
193	192	194	191	165	190	167	166	**193**	100	22	16	13	11	8	5	4		14	11	–	1	–	–	–	–	–	–	–	–	Acridine, 9-methyl-	611-64-3	Q2826
193	194	76	166	63	100	62	88	**193**	100	34	23	23	17	16	14	14		10	3	–	5	–	–	–	–	–	–	–	–	2,3,5,6-Pyridinetetracarbonitrile, 4-methyl-	56009-28-0	T2538
193	194	165	96.5	89	90	192	191	**193**	100	15	12	9	5	5	4	3		14	11	–	1	–	–	–	–	–	–	–	–	2-Phenylindole		Y2374
193	194	165	151	167	150	152	177	**193**	100	16	14	13	10	8	8	6		14	11	–	1	–	–	–	–	–	–	–	–	3-Methylbenzo[f]quinoline		05846
193	194	165	151	195	167	150	152	**193**	100	16	14	13	11	10	8	7		14	11	–	1	–	–	–	–	–	–	–	–	3-Methylbenzo[f]quinoline		D0194
193	194	165	178	157	177	192	158	**193**	100	16	13	12	10	9	7	6		14	11	–	1	–	–	–	–	–	–	–	–	6-Methylphenanthridine		D1766
193	195	150	158	194	99	192	157	**193**	100	32	30	29	15	13	12	12		9	8	–	3	1	–	–	–	–	–	–	–	Quinoline, 7-chloro-4-hydrazino-	23834-14-2	S0359
194	138	120	166	94				**193**	100	92	35	15	13				**0.00**	11	15	2	1	–	–	–	–	–	–	–	–	Benzoic acid, 4-amino-, butyl ester	94-25-7	P6846
194	152	195	176	193	153	177		**193**	100	11	10	9	3	1	1			9	7	4	1	–	–	–	–	–	–	–	–	2-Propenoic acid, 3-(3-nitrophenyl)-	555-68-0	Q2026
28	194	70	121	122	71	107	53	**194**	100	53	29	21	20	18	16	14		10	14	2	2	–	–	–	–	–	–	–	–	1-Ethoxycarbonyl-3,7-dimethyl-1H-1,2-diazepine		L9807
29	94	194	53	121	70	95	122	**194**	100	49	44	42	40	31	29	29		10	14	2	2	–	–	–	–	–	–	–	–	1-Ethoxycarbonyl-3,6-dimethyl-1H-1,2-diazepine		L9804
29	94	194	122	95	121	53	67	**194**	100	69	50	42	36	33	31	21		10	14	2	2	–	–	–	–	–	–	–	–	1-Ethoxycarbonyl-4,5-dimethyl-1H-1,2-diazepine		L9806
29	194	80	94	53	122	121	81	**194**	100	59	56	50	48	40	32	30		10	14	2	2	–	–	–	–	–	–	–	–	1-Ethoxycarbonyl-3,5-dimethyl-1H-1,2-diazepine		L9802
29	194	121	194	95	122	53	70	**194**	100	66	46	42	35	31	30	22		10	14	2	2	–	–	–	–	–	–	–	–	1-Ethoxycarbonyl-4,6-dimethyl-1H-1,2-diazepine		L9805
31	111	45	83	65	99	81	82	**194**	100	86	79	78	70	52	40	32	**16.84**	7	15	4	–	–	–	–	–	1	–	–	–	Phosphoric acid, diethyl 1-propenyl ester	34600-14-1	S4673
31	111	45	83	65	99	81	109	**194**	100	86	81	78	71	51	31	30	**15.80**	7	15	4	–	–	–	–	–	1	–	–	–	Phosphoric acid, diethyl 1-propenyl ester	34600-14-1	S4674
32	41	108	83	55	109	67	194	**194**	100	71	49	46	43	43	39	38		13	22	1	–	–	–	–	–	–	–	–	–	2(1H)-Naphthalenone, octahydro-1,1,4a-trimethyl-, trans-	775-54-2	Q4101
36	163	38	104	76	194	35	118	**194**	100	66	33	23	18	13	11	8		8	10	2	4	–	–	–	–	–	–	–	–	Terephthalic acid dihydrazide		D1363
39	41	55	70	77	123	81	91	**194**	100	93	93	74	72	72	68	62	**3.00**	9	16	–	–	2	–	–	–	–	–	–	–	1,1-Dichloro-2,2,3-triethylcyclopropane	24551-90-4	S0650
39	41	55	70	77	123	81	91	**194**	100	93	93	74	72	72	68	62	**3.00**	9	16	–	–	2	–	–	–	–	–	–	–	1,1-Dichloro-2,3,3-triethylcyclopropane		L7223
39	41	81	123	77	53	79	117	**194**	100	98	70	68	62	53	53	52	**1.00**	9	16	–	–	2	–	–	–	–	–	–	–	1,1-Dichloro-2,2,3-trimethyl-3-propylcyclopropane	24551-93-7	S0652
39	55	41	70	123	77	81	93	**194**	100	93	93	74	72	72	68	62	**3.00**	9	16	–	–	2	–	–	–	–	–	–	–	1,1-Dichloro-2,3,3-triethylcyclopropane		05553
41	39	77	123	81	93	53	55	**194**	100	98	70	70	64	63	62	60	**2.00**	9	16	–	–	2	–	–	–	–	–	–	–	1,1-Dichloro-2,2-dimethyl-3,3-diethylcyclopropane	24551-94-8	S0653
41	39	79	27	55	67	54	93	**194**	100	83	75	69	62	61	48	48	**0.60**	12	18	2	–	–	–	–	–	–	–	–	–	2,5,10-Undecatrienoic acid, methyl ester	14261-55-3	R5094
41	39	81	53	44	27	57	82	**194**	100	80	54	46	36	35	33	33	**1.80**	10	10	4	–	–	–	–	–	–	–	–	–	2-Butynedioic acid, diallyl ester	14447-07-5	R5209
41	39	81	53	65	82	44	27	**194**	100	79	53	45	43	34	34	34	**2.00**	10	10	4	–	–	–	–	–	–	–	–	–	2-Butynedioic acid, diallyl ester		L1498
41	39	124	89	56	126	55	43	**194**	100	80	78	78	63	48	46	45	**2.00**	9	16	–	–	2	–	–	–	–	–	–	–	1,1-Dichloro-2-ethyl-3-butylcyclopropane		05547
41	39	137	139	65	77	79	103	**194**	100	88	88	56	43	39	39	38	**3.00**	9	16	–	–	2	–	–	–	–	–	–	–	1,1-Dichloro-2,2-dimethyl-3-butylcyclopropane	24551-91-5	S0651
41	55	39	43	79	66	93	95	**194**	100	73	55	50	39	34	27	18	**2.00**	12	18	2	–	–	–	–	–	–	–	–	–	2,2-Diallyl-cyclohexan-1-ol-3-one		M2601
41	55	67	80	176	94	81	95	**194**	100	97	94	89	83	83	78	61	**26.20**	13	22	1	–	–	–	–	–	–	–	–	–	2-Norbornanol, 3-cyclohexyl-, (endo,endo)-	38935-68-1	S5973
41	55	67	80	176	94	81	95	**194**	100	92	91	86	82	81	80	58	**26.60**	13	22	1	–	–	–	–	–	–	–	–	–	2-Norbornanol, 3-cyclohexyl-, (exo,endo)-	38935-69-2	S5974
41	55	67	123	98	39	97	137	**194**	100	79	74	70	67	65	63	56	**51.20**	12	18	2	–	–	–	–	–	–	–	–	–	Spiro[5.6]dodecane-1,7-dione	50803-80-0	08163
41	55	69	67	54	81	82	68	**194**	100	89	53	33	31	30	30	27	**0.93**	14	26	–	–	–	–	–	–	–	–	–	–	1,13-Tetradecadiene		C1467
41	55	69	124	123	109	83	67	**194**	100	77	59	47	45	44	42	32	**20.76**	13	22	1	–	–	–	–	–	–	–	–	–	2(1H)-Naphthalenone, octahydro-4a,7,7-trimethyl-, cis-	7056-56-6	R2815
41	56	43	39	55	98	69	70	**194**	100	92	80	66	58	53	50	29	**2.00**	9	16	–	–	2	–	–	–	–	–	–	–	1,1-Dichloro-2-methyl-2-pentylcyclopropane	24551-80-2	S0640
41	67	55	80	94	81	176	95	**194**	100	95	93	84	79	77	77	61	**25.20**	13	22	1	–	–	–	–	–	–	–	–	–	2-Norbornanol, 3-cyclohexyl-, (endo,oxo)-	38935-71-6	S5976
41	67	55	80	94	81	176	95	**194**	100	99	95	92	81	79	77	62	**19.30**	13	22	1	–	–	–	–	–	–	–	–	–	2-Norbornanol, 3-cyclohexyl-, (exo,exo)-	38935-70-5	S5975
41	67	55	80	94	176	82	95	**194**	100	90	88	81	78	76	76	60	**25.00**	13	22	1	–	–	–	–	–	–	–	–	–	2-Norbornanol, 3-cyclohexyl-, (endo,exo)-		M7273
41	82	55	67	81	96	69	54	**194**	100	84	79	72	71	70	63	55	**0.86**	14	26	–	–	–	–	–	–	–	–	–	–	Bicyclo[8.2.0]dodecane, 11,11-dimethyl-	62338-29-8	T6146
41	82	69	68	55	67	83	39	**194**	100	71	64	61	60	48	36	25	**0.00**	14	26	–	–	–	–	–	–	–	–	–	–	Butane, 1,4-dicyclopentyl-	2980-70-3	H1373
41	82	69	68	55	67	83	39	**194**	100	71	67	64	61	49	41	25	**0.00**	14	26	–	–	–	–	–	–	–	–	–	–	1,4-Dicyclopentylbutane		V0222
41	138	57	56	121	55	91	43	**194**	100	64	49	48	28	26	20	13	**3.80**	11	14	3	–	–	–	–	–	–	–	–	–	Benzoic acid, 4-tert-butoxy-	13205-47-5	R4359
42	41	109	39	138	111	43	98	**194**	100	66	55	52	42	36	31	27	**1.00**	9	16	–	–	2	–	–	–	–	–	–	–	1,1-Dichloro-2,3-dipropylcyclopropane	24551-87-9	S0647
42	57	41	68	84	39	27	29	**194**	100	94	64	26	25	14	12	11	**1.00**	10	18	–	4	–	–	–	–	–	–	–	–	3,6-Di-tert-butyl-1,2,4,5-tetrazine		01297
43	15	82	27	28	58	53	41	**194**	100	20	11	11	10	10	9	7	**2.00**	9	10	3	2	–	–	–	–	–	–	–	–	4-(3′-Methylisoxazol-5-yl)-3-methyl-5-methoxyisoxazole		L5819
43	41	27	76	39	42	75	45	**194**	100	94	78	72	71	59	58	43	**14.90**	7	14	–	–	–	–	–	3	–	–	–	–	Diisopropyl carbonotrithioate		14894
43	41	39	79	77	81	102	53	**194**	100	85	78	63	36	31	30	26	**0.50**	9	16	–	–	2	–	–	–	–	–	–	–	1,1-Dichloro-2,2-dimethyl-3-isobutylcyclopropane	24577-81-9	S0680
43	41	39	79	77	81	102	56	**194**	100	85	78	63	36	31	30	26	**0.50**	9	16	–	–	2	–	–	–	–	–	–	–	1,1-Dichloro-2,2-dimethyl-3-isobutylcyclopropane		05554
43	41	95	109	111	55	69	81	**194**	100	59	49	47	37	31	28	22	**8.00**	13	22	1	–	–	–	–	–	–	–	–	–	β-Ionone, dihydro-		P0377
43	41	121	55	95	69	123	81	**194**	100	51	44	28	26	24	23	22	**6.00**	13	22	1	–	–	–	–	–	–	–	–	–	β-Ionone, dihydro-	17283-81-7	R6725

MASS TO CHARGE RATIOS								M.W.	INTENSITIES								Parent	C	H	O	N	Cl	Br	F	S	P	B	Si	X	COMPOUND NAME	CAS Reg No	No
43	52	98	83	137	41	80	91	**194**	100	57	55	45	34	32	32	28	**2.00**	11	14	3	–	–	–	–	–	–	–	–	–	2,2-Dimethyl-4-(2-furanyl)-5-vinyl-1,3-dioxolane		M4014
43	52	98	83	137	80	41	91	**194**	100	57	56	46	34	32	31	28	**2.00**	11	14	3	–	–	–	–	–	–	–	–	–	1,3-Dioxolane, 4-vinyl-5-(2-furanyl)-2,2-dimethyl-	36334-91-5	S5211
43	56	57	41	42	135	44	49	**194**	100	83	82	81	52	45	20	19	**12.00**	10	10	4	–	–	–	–	–	–	–	–	–	Carbonic acid, methyl ester, ester with 4′-hydroxyacetophenone	17175-07-4	R6659
43	69	41	136	151	39	93	67	**194**	100	57	45	10	9	9	8	8	**2.20**	13	22	1	–	–	–	–	–	–	–	–	–	5,9-Undecadien-2-one, 6,10-dimethyl-, (Z)-	3879-26-3	Q9892
43	69	41	151	136	39	125	107	**194**	100	59	54	12	11	11	11	10	**2.60**	13	22	1	–	–	–	–	–	–	–	–	–	5,9-Undecadien-2-one, 6,10-dimethyl-, (E)-	3796-70-1	Q9830
43	82	83	138	95	109	166	194	**194**	100	72	66	49	31	25	7	5		12	18	2	–	–	–	–	–	–	–	–	–	Cyclopropylidene-3,3,5-trimethylcyclohex-5-ene diepoxide		P1340
43	87	55	45	134	73	136	27	**194**	100	52	18	15	6	6	6	6	**0.00**	6	11	2	–	–	1	–	–	–	–	–	–	2-Bromo-1-methylpropyl acetate		Z1455
43	91	68	119	92	134	93	79	**194**	100	74	68	64	55	49	47	37	**0.00**	12	18	2	–	–	–	–	–	–	–	–	–	trans-p-Mentha-1(7),8-dien-2-ol, acetate		M0169
43	91	119	68	134	42	108	79	**194**	100	65	60	60	45	35	30	30	**0.00**	12	18	2	–	–	–	–	–	–	–	–	–	p-Mentha-1,8-dien-7-ol, acetate		M4103
43	93	136	121	41	79	81	91	**194**	100	92	29	29	26	17	15	15	**8.91**	13	22	1	–	–	–	–	–	–	–	–	–	6,8-Nonadien-2-one, 8-methyl-5-isopropyl-, (E)-	54868-48-3	S9763
43	95	121	136	81	93	91	79	**194**	100	46	42	36	28	28	22	19	**1.00**	13	22	1	–	–	–	–	–	–	–	–	–	2-Butanone, 4-(2,6,6-trimethyl-2-cyclohexen-1-yl)-	31499-72-6	S3314
43	95	136	121	41	93	81	123	**194**	100	69	69	60	40	32	31	21	**3.00**	13	22	1	–	–	–	–	–	–	–	–	–	2-Butanone, 4-(2,6,6-trimethyl-2-cyclohexen-1-yl)-	31499-72-6	S3313
43	106	119	134	68	78	152	90	**194**	100	90	70	65	45	40	10	10	**0.00**	12	18	2	–	–	–	–	–	–	–	–	–	p-Mentha-1,8-dien-10-ol, acetate		M4102
43	109	41	95	123	124	121	194	**194**	100	90	72	58	58	54	53	52		13	22	1	–	–	–	–	–	–	–	–	–	2,5,5,8a-Tetramethyl-4a,5,6,7,8,8a-hexahydro-4H-chromene		L3976
43	110	83	152	40	194	66	67	**194**	100	90	75	46	24	20	16	15		8	10	2	4	–	–	–	–	–	–	–	–	Acetamide, N,N′-2,6-pyrazinediylbis-	41536-74-7	08195
43	119	134	91	41	106	105	93	**194**	100	27	26	18	15	14	13	13	**0.00**	12	18	2	–	–	–	–	–	–	–	–	–	Cyclohexanol, cis-2-(Z)-isopropenyl-3-methylene		L1310
43	119	134	91	41	106	105	93	**194**	100	27	26	19	16	15	14	14	**0.00**	12	18	2	–	–	–	–	–	–	–	–	–	Cyclohexanol, 2-methylene-3-isopropenyl-, acetate, cis-	54824-09-8	S9682
43	121	55	91	69	136	161	179	**194**	100	47	31	25	21	21	19	15	**13.00**	13	22	1	–	–	–	–	–	–	–	–	–	3-Buten-2-ol, 4-(2,6,6-trimethyl-1-cyclohexen-1-yl)-	22029-76-1	R9502
43	135	41	179	55	29	93	79	**194**	100	48	46	41	35	30	27	26	**11.00**	13	22	1	–	–	–	–	–	–	–	–	–	2H-1-Benzopyran, 3,5,6,8a-tetrahydro-2,5,5,8a-tetramethyl-, trans-		P3936
43	138	137	95	109	81	110	166	**194**	100	56	46	38	35	32	27	12	**4.00**	12	18	2	–	–	–	–	–	–	–	–	–	4,5-Epoxy-5,7,7-trimethylspiro[3.5]nonan-1-one		P1341
43	151	152	109	81	124	126	137	**194**	100	70	46	31	30	29	29	29	**14.00**	12	18	2	–	–	–	–	–	–	–	–	–	7-Oxabicyclo[4.1.0]hept-4-en-3-one, 1,2,2,4,5,6-hexamethyl-	50506-42-8	S7310
43	179	59	82	118	161	149	41	**194**	100	89	50	20	19	19	17	13	**8.61**	12	18	2	–	–	–	–	–	–	–	–	–	Benzene, 1,3-bis(2-propanol)-		C1833
43	194	45	46	102	73	59	61	**194**	100	24	22	13	11	10	8	7		6	10	1	–	–	–	–	3	–	–	–	–	Acetone, 1-(1,3,5-trithian-2-yl)-	57274-65-4	T4433
43	194	93	135	77	119	65	51	**194**	100	96	85	82	36	33	25	24		9	10	1	2	–	–	–	1	–	–	–	–	Acetamide, N-[(phenylamino)thioxomethyl]-	1132-44-1	Q5498
43	194	165	15	28	29	27	58	**194**	100	95	78	37	26	24	23	22		14	10	1	–	–	–	–	–	–	–	–	–	1-Phenanthrenol	2433-56-9	Q8068
44	95	79	122	41	93	107	108	**194**	100	82	71	61	43	32	30	30	**0.00**	11	14	3	–	–	–	–	–	–	–	–	–	4-Indancarboxylic acid, 5,6,7,7a-tetrahydro-7a-methyl-5-oxo-	13349-21-8	R4466
44	149	93	150	79	67	81	107	**194**	100	91	91	91	31	12	12	12	**6.01**	12	18	2	–	–	–	–	–	–	–	–	–	1-Homoadamantanecarboxylic acid	31061-65-1	S3155
44	149	135	93	78	75	79	150	**194**	100	99	37	30	28	26	26	23	**5.00**	12	18	2	–	–	–	–	–	–	–	–	–	3-Homoadamantanecarboxylic acid	21898-91-9	R9414
45	73	43	31	60	57	86	42	**194**	100	57	48	41	27	17	17	16	**0.00**	7	14	6	–	–	–	–	–	–	–	–	–	D-Fructose, 1-O-methyl-	55905-50-5	T2338
45	89	44	31	43	27	29	75	**194**	100	10	8	6	6	6	6	5	**0.00**	8	18	5	–	–	–	–	–	–	–	–	–	Tetraethylene glycol	112-60-7	P8730
45	89	44	31	43	27	29	101	**194**	100	10	8	6	6	6	6	5	**0.00**	8	18	5	–	–	–	–	–	–	–	–	–	Tetraethylene glycol	112-60-7	P8729
46	43	41	29	30	39	27	72	**194**	100	52	17	14	13	11	10	10	**0.00**	5	10	6	2	–	–	–	–	–	–	–	–	2,2-Dimethylpropanediol dinitrate		01622
46	76	29	41	30	42	43	55	**194**	100	61	16	16	15	11	11	10	**0.00**	5	10	6	2	–	–	–	–	–	–	–	–	1,5-Pentanediol, dinitrate		L3324
46	76	29	41	30	71	43	42	**194**	100	61	16	16	15	14	11	10	**0.00**	5	10	6	2	–	–	–	–	–	–	–	–	1,5-Pentanediol, dinitrate		01623
51	194	196	64	143	145	95	93	**194**	100	71	69	54	47	46	21	16		3	3	–	–	–	1	4	–	–	–	–	–	2,2,3,3-Tetrafluoro-1-bromopropane		A0312
55	41	67	81	79	97	123	95	**194**	100	98	93	91	90	86	83	82	**12.00**	12	18	2	–	–	–	–	–	–	–	–	–	Spiro[5.6]dodecane-1,7-dione	50803-80-0	S7471
55	41	69	111	110	82	83	67	**194**	100	96	87	82	73	58	34	31	**8.30**	14	26	–	–	–	–	–	–	–	–	–	–	1,1-Dicyclohexylethane		Y0753
55	41	82	81	67	69	68	96	**194**	100	64	62	54	52	47	42	41	**1.55**	14	26	–	–	–	–	–	–	–	–	–	–	1,13-Tetradecadiene	21964-49-8	R9471
55	67	194	41	81	166	28	110	**194**	100	95	95	90	66	61	59	59		12	18	2	–	–	–	–	–	–	–	–	–	Spiro[5.6]dodecane-7,12-dione	26870-39-3	08164
55	69	41	148	150	97	43	56	**194**	100	77	51	41	40	30	23	23	**0.00**	7	15	1	–	–	1	–	–	–	–	–	–	1-Heptanol, 7-bromo-	10160-24-4	R3621
55	81	67	69	95	68	194	53	**194**	100	69	59	43	43	39	31	29		13	22	1	–	–	–	–	–	–	–	–	–	2(1H)-Benzocyclooctenone, decahydro-4a-methyl-, trans-(-)-	55103-66-7	T0275
55	82	67	81	95	69	110	68	**194**	100	74	60	59	54	53	52	43	**25.00**	13	22	1	–	–	–	–	–	–	–	–	–	2(1H)-Benzocyclooctenone, decahydro-10a-methyl-, trans-	55103-68-9	T0277
55	83	41	68	69	111	98	71	**194**	100	55	53	37	22	21	19	18	**0.40**	13	22	1	–	–	–	–	–	–	–	–	–	1,12-Tridecadien-7-one	54560-99-5	S9321
55	87	115	73	59	163	135	165	**194**	100	90	59	35	28	26	24	24	**5.13**	6	11	2	–	–	1	–	–	–	–	–	–	Pentanoic acid, 5-bromo-, methyl ester	5454-83-1	R1456
55	96	97	41	81	67	54	68	**194**	100	76	60	40	29	26	15	15	**1.69**	14	26	–	–	–	–	–	–	–	–	–	–	Cycloheptylcycloheptane		Y1529
55	97	41	83	82	96	81	67	**194**	100	73	59	50	41	38	23	22	**22.60**	14	26	–	–	–	–	–	–	–	–	–	–	4′-Methyldicyclohexylmethane		Y1707
55	97	41	96	83	82	81	67	**194**	100	86	60	45	38	29	23	21	**15.27**	14	26	–	–	–	–	–	–	–	–	–	–	3′-Methyldicyclohexylmethane		Y1706
55	97	41	96	83	82	81	67	**194**	100	79	59	47	43	31	23	22	**16.57**	14	26	–	–	–	–	–	–	–	–	–	–	4′-Methyldicyclohexylmethane		Y1708
55	109	69	83	123	194	81	95	**194**	100	89	86	74	70	65	50	47		13	22	1	–	–	–	–	–	–	–	–	–	2(1H)-Naphthalenone, octahydro-4a,7,7-trimethyl-, trans-	54699-31-9	S9441
55	139	29	85	41	27	39	56	**194**	100	36	20	11	11	9	8	7	**0.00**	12	22	–	2	–	–	–	–	–	–	–	–	Hydrazine, tri-2-butenyl-	75267-98-0	T8855
56	41	43	39	42	57	109	138	**194**	100	58	47	40	39	26	26	23	**0.00**	9	16	–	–	2	–	–	–	–	–	–	–	1,1-Dichloro-2-propyl-3-isopropylcyclohexane	24551-88-0	S0648
56	41	43	39	55	70	69	42	**194**	100	93	72	60	55	53	45	40	**0.10**	9	16	–	–	2	–	–	–	–	–	–	–	1,1-Dichloro-2-hexylcyclopropane	5685-42-7	R1672
56	41	43	39	69	111	103	55	**194**	100	74	52	51	46	39	34	24	**0.00**	9	16	–	–	2	–	–	–	–	–	–	–	1,1-Dichloro-2,3-diisopropylcyclopropane	24551-89-1	S0649
56	41	43	39	69	111	103	138	**194**	100	74	52	51	46	39	34	24	**0.00**	9	16	–	–	2	–	–	–	–	–	–	–	1,1-Dichloro-2,3-diisopropylcyclopropane		05550
56	41	98	69	39	55	70	43	**194**	100	90	69	60	58	57	33	28	**0.30**	9	16	–	–	2	–	–	–	–	–	–	–	1,1-Dichloro-2-ethyl-2-butylcyclopropane	5685-44-9	R1673
56	69	43	41	39	55	70	57	**194**	100	92	85	76	51	34	21	20	**0.50**	9	16	–	–	2	–	–	–	–	–	–	–	1,1-Dichloro-2-methyl-2-(3′-methylbutyl)cyclopropane	24551-81-3	S0641

MASS TO CHARGE RATIOS								M.W.	INTENSITIES								Parent	C	H	O	N	Cl	Br	F	S	P	B	Si	X	COMPOUND NAME	CAS Reg No	No
56	110	28	166	54	138	84	57	**194**	100	52	31	14	13	11	11	11	**3.70**	7	6	3	–	–	–	–	–	–	–	–	1	Butadiene iron tricarbonyl		X1919
56	121	123	41	57	29	93	95	**194**	100	35	35	30	30	22	11	10	**0.00**	6	11	2	–	–	1	–	–	–	–	–	–	Butyl bromoacetate		Z1449
56	136	57	137	81	95	138	41	**194**	100	88	80	77	77	71	70	47	**24.00**	14	26	–	–	–	–	–	–	–	–	–	–	Decalin, 6-tert-butyl-, trans-		M2557
57	41	39	43	51	53	40	65	**194**	100	36	20	6	6	5	4	4	**0.10**	9	16	–	–	2	–	–	–	–	–	–	–	1,1-Dichloro-2-methyl-2-(2,2-dimethylpropyl)cyclopropane	24551-84-6	S0644
57	41	39	51	43	53	123	77	**194**	100	36	20	6	6	5	4	4	**0.10**	9	16	–	–	2	–	–	–	–	–	–	–	1,1-Dichloro-2-methyl-2-(2,2-dimethylpropyl)cyclopropane		05545
57	41	56	95	81	137	136	55	**194**	100	97	92	87	85	73	65	49	**3.80**	14	26	–	–	–	–	–	–	–	–	–	–	Decalin, 2-tert-butyl-	54824-00-9	H2078
57	43	41	29	56	27	28	31	**194**	100	47	27	23	14	13	9	5	**0.01**	8	18	3	–	–	–	–	1	–	–	–	–	Dibutyl sulphite		C0579
57	43	41	29	56	27	58	39	**194**	100	26	21	15	9	7	5	5	**0.02**	8	18	3	–	–	–	–	1	–	–	–	–	Diisobutyl sulphite		C0580
57	45	29	41	43	59	56	27	**194**	100	55	30	26	18	16	15	11	**0.08**	8	18	3	–	–	–	–	1	–	–	–	–	Di-sec-butyl sulphite	24769-51-5	S0820
57	45	41	29	43	59	56	27	**194**	100	54	29	28	20	17	16	9	**0.06**	8	18	3	–	–	–	–	1	–	–	–	–	Di-sec-butyl sulphite		C0581
57	53	41	39	107	123	91	143	**194**	100	72	68	63	46	36	34	31	**0.40**	9	16	–	–	2	–	–	–	–	–	–	–	1,1-Dichloro-2,2-dimethyl-3-tert-butylcyclopropane	17171-92-5	R6657
57	58	43	41	59	29	27	56	**194**	100	51	40	27	26	26	14	13	**0.00**	8	18	3	–	–	–	–	1	–	–	–	–	Dibutyl sulphite	626-85-7	Q3226
57	58	43	59	29	41	27	56	**194**	100	49	35	26	24	22	10	9	**0.00**	8	18	3	–	–	–	–	1	–	–	–	–	Diisobutyl sulphite	18748-27-1	R7802
57	60	74	73	28	55	61	43	**194**	100	84	31	29	25	22	20	19	**0.00**	7	14	6	–	–	–	–	–	–	–	–	–	α-D-Glucopyranoside, methyl	97-30-3	P7098
57	87	41	121	56	123	29	27	**194**	100	59	35	21	20	19	17	7	**0.31**	7	15	1	–	–	1	–	–	–	–	–	–	2-Bromo-2-butoxypropane		Z1448
57	194	41	43	85	29	192	124	**194**	100	65	62	53	51	37	32	31		7	14	1	–	–	–	–	–	–	–	–	1	O-Ethyl selenoisopentanoate		16553
59	43	111	85	179	45	97	151	**194**	100	43	28	23	23	22	17	16	**0.00**	12	22	–	–	–	–	–	–	–	–	1	–	Silacycloundec-6-yne, 1,1-dimethyl-	17973-78-3	R7307
60	73	74	57	61	71	28	75	**194**	100	47	44	34	33	22	13	12	**0.00**	7	14	6	–	–	–	–	–	–	–	–	–	β-D-Glucopyranoside, methyl	709-50-2	Q3813
60	74	73	57	61	71	31	29	**194**	100	54	44	41	31	30	23	20	**0.00**	7	14	6	–	–	–	–	–	–	–	–	–	α-D-Galactopyranoside, methyl	3396-99-4	Q9328
60	114	86	101	58	194	77	100	**194**	100	99	97	61	41	40	36	25		9	6	1	–	–	–	–	2	–	–	–	–	2-Phenyl-1,3-dithiol-1-ium 1-oxide	23436-85-3	S0195
60	118	135	194	119	84	89	134	**194**	100	84	58	51	46	27	17	15		10	14	2	2	–	–	–	–	–	–	–	–	2H-1,2-Oxazine, tetrahydro-2-methyl-6-(3-pyridinyl)-, N-oxide	42493-98-1	S6916
60	118	135	194	119	84	89	134	**194**	100	73	38	51	45	28	17	15		10	14	2	2	–	–	–	–	–	–	–	–	2H-1,2-Oxazine, tetrahydro-2-methyl-6-(3-pyridinyl)-, N-oxide		M7815
60	118	194	135	84	176	185	134	**194**	100	82	79	68	29	29	23	18		10	14	2	2	–	–	–	–	–	–	–	–	Nicotine, 1,1′-dioxide		M7813
60	118	194	135	176	195	84	134	**194**	100	84	79	70	28	24	24	18		10	14	2	2	–	–	–	–	–	–	–	–	Nicotine, 1,1′-dioxide, (S)-(-)-	2055-29-0	Q7299
65	94	159	103	194	131	196		**194**	100	96	60	22	15	12	5			11	11	1	–	1	–	–	–	–	–	–	–	1-Phenoxy-2-chloro-penta-2,3-diene		L9905
67	41	81	55	43	68	95	82	**194**	100	61	50	43	42	39	39	33	**0.08**	14	26	–	–	–	–	–	–	–	–	–	–	3-Tetradecyne	60212-32-0	T5162
67	80	94	81	176	95	66	96	**194**	100	92	81	79	77	62	55	41	**19.00**	13	22	1	–	–	–	–	–	–	–	–	–	2-Norbornanol, 3-cyclohexyl-, (exo,exo)-		M7276
67	80	176	94	81	95	66	96	**194**	100	96	88	88	83	65	44	43	**28.00**	13	22	1	–	–	–	–	–	–	–	–	–	2-Norbornanol, 3-cyclohexyl-, (endo,endo)-		M7274
67	80	176	94	81	95	163	66	**194**	100	94	92	89	88	64	43	40	**29.00**	13	22	1	–	–	–	–	–	–	–	–	–	2-Norbornanol, 3-cyclohexyl-, (exo,endo)-		M7275
67	81	54	55	41	95	43	29	**194**	100	99	88	83	71	50	41	35	**0.00**	14	26	–	–	–	–	–	–	–	–	–	–	5-Tetradecyne	60212-34-2	T5163
67	81	95	54	55	109	96	68	**194**	100	89	66	65	50	47	37	36	**0.77**	14	26	–	–	–	–	–	–	–	–	–	–	7-Tetradecyne	35216-11-6	S4888
67	150	148	41	80	176	55	81	**194**	100	90	86	78	78	72	71	66	**8.10**	13	22	1	–	–	–	–	–	–	–	–	–	2-Norbornanol, 7-cyclohexyl-, (endo,syn)-	38935-75-0	S5980
67	150	148	80	41	176	55	81	**194**	100	90	87	78	76	72	71	60	**7.00**	13	22	1	–	–	–	–	–	–	–	–	–	2-Norbornanol, 7-cyclohexyl-, (endo,syn)-		M7280
67	194	41	39	66	65	38	27	**194**	100	69	46	42	20	18	11	10		5	7	–	–	–	–	–	–	–	–	–	1	Cyclopentene, 1-iodo-	17497-52-8	06977
68	127	67	111	41	93	95	39	**194**	100	50	41	24	19	16	16	14	**2.21**	12	18	2	–	–	–	–	–	–	–	–	–	2,6-Cyclooctadiene-1-carboxylic acid, 4,5-dimethyl-, methyl ester	62338-04-9	T6096
69	41	39	57	70	55	56	83	**194**	100	68	41	28	28	26	20	20	**0.50**	9	16	–	–	2	–	–	–	–	–	–	–	1,1-Dichloro-2-(1′,2′-dimethylbutyl)cyclopropane	54824-03-2	S9678
69	41	39	70	57	55	98	83	**194**	100	68	41	28	28	26	20	20	**0.50**	9	16	–	–	2	–	–	–	–	–	–	–	1,1-Dichloro-2-(1′,2′-dimethylbutyl)cyclopropane		05539
69	41	98	70	43	39	55	56	**194**	100	55	48	40	38	33	25	20	**0.20**	9	16	–	–	2	–	–	–	–	–	–	–	1,1-Dichloro-2-methyl-2-(1′-methylbutyl)cyclopropane	24551-82-4	S0642
69	55	41	97	43	179	70	111	**194**	100	70	56	56	33	32	31	25	**25.00**	8	16	1	–	1	–	–	–	1	–	–	–	1-Chloro-2,2,3,4,4-pentamethylphosphetan 1-oxide		P2590
69	55	41	111	110	82	83	67	**194**	100	99	94	91	73	63	37	34	**4.58**	14	26	–	–	–	–	–	–	–	–	–	–	1,1-Dicyclohexylethane		Y1684
69	55	97	41	179	194	43	70	**194**	100	60	57	55	38	30	27	25		8	16	1	–	1	–	–	–	1	–	–	–	1-Chloro-2,2,3,4,4-pentamethylphosphetan 1-oxide		A0760
69	98	41	43	55	39	53	56	**194**	100	70	60	44	36	35	21	20	**0.30**	9	16	–	–	2	–	–	–	–	–	–	–	1,1-Dichloro-2-methyl-2-(1′-ethylpropyl)cyclopropane		05544
69	111	55	41	110	82	83	67	**194**	100	99	97	87	71	65	40	33	**5.32**	14	26	–	–	–	–	–	–	–	–	–	–	1,1-Dicyclohexylethane		Y0599
69	111	110	67	81	82	83	95	**194**	100	99	73	47	43	38	35	13	**11.41**	14	26	–	–	–	–	–	–	–	–	–	–	1-Ethyl-2-cyclohexylcyclohexane		Y1673
71	109	124	81	41	95	55	179	**194**	100	93	58	43	26	11	11	1	**0.30**	13	22	1	–	–	–	–	–	–	–	–	–	(1S:1R)-(+)-1-(2′,6′,6′-Trimethylcyclohex-2′-en-1′-yl)-trans-but-2-en-1-ol		M3604
73	29	43	31	45	60	58	101	**194**	100	96	56	44	40	38	31	27	**0.00**	6	10	7	–	–	–	–	–	–	–	–	–	D-Glucuronic acid	6556-12-3	R2368
73	60	57	101	71	61	55	58	**194**	100	63	61	55	53	51	48	45	**0.00**	6	10	7	–	–	–	–	–	–	–	–	–	D-Glucuronic acid	6556-12-3	R2367
73	85	59	45	74	179	43	86	**194**	100	35	19	9	8	8	7	5	**1.62**	7	19	–	–	1	–	–	–	–	–	2	–	Silane, (chloromethylene)bis[trimethyl-	5926-35-2	R1911
73	87	43	71	86	74	85	102	**194**	100	18	17	12	9	7	6	5	**0.00**	7	14	6	–	–	–	–	–	–	–	–	–	D-epi-Inositol, 4-C-methyl-	40788-89-4	S6441
73	87	43	74	71	86	60	85	**194**	100	33	18	13	12	10	6	6	**0.00**	7	14	6	–	–	–	–	–	–	–	–	–	myo-Inositol, 4-C-methyl-	472-95-7	Q0950
73	87	43	74	71	86	60	85	**194**	100	17	16	14	11	11	7	6	**0.00**	7	14	6	–	–	–	–	–	–	–	–	–	scyllo-Inositol, 1-C-methyl-	564-92-1	Q2138
73	87	43	86	74	71	85	116	**194**	100	23	16	12	11	11	8	7	**0.00**	7	14	6	–	–	–	–	–	–	–	–	–	myo-Inositol, 2-C-methyl-	472-96-8	Q0951
73	90	46	89	77	71	60	88	**194**	100	21	14	14	14	12	8	7	**0.00**	7	14	6	–	–	–	–	–	–	–	–	–	scyllo-Inositol, 1-C-methyl-	564-92-1	Q2137
73	103	179	75	105	45	74	77	**194**	100	64	50	34	19	10	8	8	**0.00**	11	18	1	–	–	–	–	–	–	–	1	–	Silane, trimethyl(2-phenylethoxy)-		15747
73	103	179	75	105	45	104	180	**194**	100	79	65	33	25	15	11	11	**1.00**	11	18	1	–	–	–	–	–	–	–	1	–	Silane, trimethyl(2-phenylethoxy)-	14629-58-4	R5318

MASS TO CHARGE RATIOS								M.W.	INTENSITIES								Parent	C	H	O	N	Cl	Br	F	S	P	B	Si	X	COMPOUND NAME	CAS Reg No	No
75	47	91	135	103	65	31	77	**194**	100	18	17	13	7	6	5	4	**0.00**	12	18	2	–	–	–	–	–	–	–	–	–	Benzene, (2,2-diethoxyethyl)-	6314-97-2	R2231
79	45	63	46	64	96	65	194	**194**	100	66	34	31	25	18	16	16		3	5	2	–	–	–	3	2	–	–	–	–	S-(2,2,2-Trifluoroethyl)methanesulphonothioate		16044
79	55	135	80	33	77	134	59	**194**	100	24	18	15	15	13	13	13	**6.63**	12	18	2	–	–	–	–	–	–	–	–	–	2-Cyclohexene-1-carboxylic acid, 5-(2-butenyl)-, methyl ester	62338-58-3	T6186
79	91	55	121	98	77	81	119	**194**	100	98	75	75	75	62	62	60	**34.00**	12	18	2	–	–	–	–	–	–	–	–	–	(2E),(4E),(7Z)-Decatrienoate acid, ethyl ester		L9430
79	124	43	95	41	77	78	27	**194**	100	59	48	42	25	23	22	21	**2.00**	11	14	3	–	–	–	–	–	–	–	–	–	1,3-Isobenzofurandione, 3a,4,7,7a-tetrahydro-4,4,7-trimethyl-	54824-11-2	S9684
81	57	29	41	95	137	93	27	**194**	100	89	48	30	26	25	22	19	**4.00**	13	22	1	–	–	–	–	–	–	–	–	–	5,9-Undecadien-2-one, 6,10-dimethyl-		P0373
81	95	41	137	57	56	136	67	**194**	100	99	90	86	60	49	48	44	**1.28**	14	26	–	–	–	–	–	–	–	–	–	–	Decalin, 1-tert-butyl-		Y2076
83	41	55	82	67	69	96	68	**194**	100	96	86	80	38	34	33	29	**20.40**	14	26	–	–	–	–	–	–	–	–	–	–	1-Cyclohexyl-3-cyclopentylpropane		Y0757
83	41	82	55	67	69	68	96	**194**	100	85	78	76	35	33	29	29	**12.80**	14	26	–	–	–	–	–	–	–	–	–	–	1-Cyclohexyl-3-cyclopentylpropane		Y0716
83	82	55	41	67	29	194	27	**194**	100	88	68	46	26	16	14	13		14	26	–	–	–	–	–	–	–	–	–	–	1,2-Dicyclohexylethane		V0255
83	82	55	41	67	39	194	54	**194**	100	85	77	63	26	18	17	13		14	26	–	–	–	–	–	–	–	–	–	–	1,2-Dicyclohexylethane		Y1993
83	82	55	41	67	194	39	81	**194**	100	87	71	58	25	20	19	12		14	26	–	–	–	–	–	–	–	–	–	–	1,2-Dicyclohexylethane		Y1808
83	85	111	113	87	196	194	115	**194**	100	65	22	14	11	4	3	2		3	2	1	–	4	–	–	–	–	–	–	–	Acetone, 1,1,3,3-tetrachloro-	632-21-3	Q3407
83	150	194	196	152	168	137	139	**194**	100	58	48	20	16	13	7	6		10	11	–	2	1	–	–	–	–	–	–	–	Phenylethylamine, α-cyano-2′-chloro-N,N-dimethyl		M2753
84	39	41	69	77	93	55	57	**194**	100	84	81	77	43	40	38	38	**0.00**	9	16	–	–	2	–	–	–	–	–	–	–	1,1-Dichloro-2-methyl-2-sec-butylcyclopropane	24577-80-8	S0679
84	39	41	69	77	93	57	55	**194**	100	84	81	77	43	40	38	38	**0.00**	9	16	–	–	2	–	–	–	–	–	–	–	1,1-Dichloro-2,3-dimethyl-2-sec-butylcyclopropane		05552
84	55	69	57	43	56	41	39	**194**	100	83	72	70	56	53	51	47	**0.30**	9	16	–	–	2	–	–	–	–	–	–	–	1,1-Dichloro-2-methyl-3-(1′-ethylpropyl)cyclopropane	24577-79-5	S0678
84	119	118	133	60	161	178	162	**194**	100	33	30	22	20	19	19	17	**4.00**	10	14	2	2	–	–	–	–	–	–	–	–	Nicotine, 1,1′-dioxide		M7812
84	119	118	133	161	162	159	178	**194**	100	33	29	23	19	17	13	13	**4.40**	10	14	2	2	–	–	–	–	–	–	–	–	Nicotine, 1,1′-dioxide, (S)-(-)-	2055-29-0	Q7298
85	94	137	57	41	152	67	109	**194**	100	90	80.	79	38	35	30	24	**18.18**	13	22	1	–	–	–	–	–	–	–	–	–	1-Pentanone, 1-(3-methylbicyclo[4.1.0]hept-7-yl)-	54764-61-3	S9598
87	31	43	32	74	45	71	58	**194**	100	92	46	41	28	17	14	13	**0.00**	7	14	6	–	–	–	–	–	–	–	–	–	D-Fructose, 3-O-methyl-	36256-85-6	S5179
88	41	29	27	28	42	60	149	**194**	100	73	58	35	35	33	33	31	**0.01**	6	11	2	–	–	1	–	–	–	–	–	–	Butanoic acid, 4-bromo-, ethyl ester		C0837
89	88	61	60	29	75	27	47	**194**	100	94	67	29	19	18	13	12	**0.80**	8	18	1	–	–	–	–	2	–	–	–	–	3,9-Dithia-6-oxaundecane	5648-30-6	H1553
91	43	119	39	77	92	41	93	**194**	100	72	61	61	50	40	40	30	**0.00**	12	18	2	–	–	–	–	–	–	–	–	–	cis-p-Mentha-6,8-dien-2-ol, acetate		03303
91	45	107	71	87	56	92	65	**194**	100	47	39	37	19	17	16	12	**3.00**	12	18	2	–	–	–	–	–	–	–	–	–	Benzene, [(4-methoxybutoxy)methyl]-	31600-47-2	S3343
91	57	138	194	41	29	65	92	**194**	100	44	39	25	16	13	8	7		12	19	–	–	–	–	–	–	1	–	–	–	Phosphine, (tert-butyl)methylbenzyl-	74630-01-6	T8149
91	92	43	108	119	93	90	134	**194**	100	54	31	8	8	6	3	3	**0.00**	12	18	2	–	–	–	–	–	–	–	–	–	Bicyclo[3.1.0]hexan-3-ol, 4-methylene-1-isopropyl-, acetate	3536-54-7	H1416
91	92	107	88	60	65	61	29	**194**	100	87	53	38	30	21	21	16	**3.00**	11	14	3	–	–	–	–	–	–	–	–	–	Acetic acid, benzyloxy-, ethyl ester	32122-09-1	H1953
91	92	122	103	73	179	94	109	**194**	100	79	44	23	23	18	13	12	**0.00**	11	18	1	–	–	–	–	–	–	–	1	–	Silane, (4-ethylphenoxy)trimethyl-		P3275
91	105	77	150	194	148			**194**	100	79	53	21	5	1				9	10	3	2	–	–	–	–	–	–	–	–	N-Benzyl-N-nitroacetamide		M2519
91	105	104	133	77	65			**194**	100	93	40	21	20	11			**0.00**	11	14	1	–	–	–	–	1	–	–	–	–	Benzenepropanethioic acid, S-ethyl ester		M1217
91	107	85	92	79	108	65	77	**194**	100	90	27	21	19	19	15	12	**4.69**	11	14	3	–	–	–	–	–	–	–	–	–	Butanoic acid, 4-(benzyloxy)-	10385-30-5	R3806
91	107	85	92	79	108	65	77	**194**	100	88	24	20	18	18	14	11	**4.00**	11	14	3	–	–	–	–	–	–	–	–	–	Butanoic acid, 4-(benzyloxy)-	10385-30-5	R3805
91	107	88	79	45	92	121	57	**194**	100	93	26	15	13	13	13	12	**11.00**	11	14	3	–	–	–	–	–	–	–	–	–	Propanoic acid, 3-(benzyloxy)-, methyl ester	4126-60-7	R0123
91	107	92	41	65	79	85	108	**194**	100	27	25	17	15	10	10	8	**2.00**	12	18	2	–	–	–	–	–	–	–	–	–	1-Pentanol, 5-(benzyloxy)-	4541-15-5	R0570
91	121	194	134	77	119	51	65	**194**	100	94	46	45	23	20	19	19		11	14	3	–	–	–	–	–	–	–	–	–	Benzenepropanoic acid, 2-methoxy-, methyl ester	55001-09-7	T0042
91	147	165	119	131	77	176	43	**194**	100	66	51	40	36	35	24	23	**0.00**	12	18	2	–	–	–	–	–	–	–	–	–	3-Pentanol, 3-(2-methoxyphenyl)-		16512
91	177	129	194	128	115	161	135	**194**	100	77	49	44	41	40	29	28		11	14	1	–	–	–	–	1	–	–	–	–	β-Ethylstyryl methyl sulphoxide	21147-10-4	R9116
92	91	81	41	134	55	109	79	**194**	100	71	36	32	26	24	24	23	**0.00**	12	18	2	–	–	–	–	–	–	–	–	–	Bicyclo[3.1.0]hexan-3-ol, 4-methylene-1-isopropyl-, acetate	3536-54-7	H1415
94	41	57	77	95	44	65	51	**194**	100	15	12	10	8	6	6	3	**0.60**	11	14	3	–	–	–	–	–	–	–	–	–	Carbonic acid, butyl phenyl ester	4824-76-4	R0850
94	41	57	77	107	121	194	95	**194**	100	15	15	15	10	9	8	7		11	14	3	–	–	–	–	–	–	–	–	–	Carbonic acid, isobutyl phenyl ester	13183-18-1	R4332
94	57	41	77	65	51	95	121	**194**	100	44	29	20	10	7	7	7	**0.30**	11	14	3	–	–	–	–	–	–	–	–	–	Carbonic acid, sec-butyl phenyl ester	13183-17-0	R4331
94	77	41	57	65	95	51	43	**194**	100	16	15	15	7	7	6	3	**0.69**	11	14	3	–	–	–	–	–	–	–	–	–	Carbonic acid, isobutyl phenyl ester	13183-18-1	R4333
94	121	57	41	77	107	65	135	**194**	100	67	42	28	21	15	10	10	**3.60**	11	14	3	–	–	–	–	–	–	–	–	–	Carbonic acid, sec-butyl phenyl ester	13183-17-0	R4330
94	138	140	41	73	87	96	69	**194**	100	56	56	54	45	38	34	33	**0.00**	6	11	2	–	–	1	–	–	–	–	–	–	2-Bromohexanoic acid		Z1445
95	82	194	44	113	96	41	55	**194**	100	38	37	22	19	17	16	15		11	18	1	2	–	–	–	–	–	–	–	–	Cytisine, tetrahydro-	18161-94-9	R7404
95	82	194	44	113	96	41	55	**194**	100	37	35	21	18	17	15	15		11	18	1	2	–	–	–	–	–	–	–	–	Cytisine, tetrahydro-		L2346
96	82	55	67	41	81	83	69	**194**	100	77	62	58	50	47	36	31	**2.94**	14	26	–	–	–	–	–	–	–	–	–	–	Benzocyclodecene, tetradecahydro-	61142-06-1	T5378
96	97	55	81	41	28	67	194	**194**	100	97	92	63	31	28	17	16		14	26	–	–	–	–	–	–	–	–	–	–	4,4′-Dimethyl-bicyclohexane		03642
97	55	41	96	83	67	81	82	**194**	100	89	58	51	29	22	19	18	**8.16**	14	26	–	–	–	–	–	–	–	–	–	–	2′-Methyldicyclohexylmethane		Y1704
97	55	41	96	83	67	82	81	**194**	100	86	54	36	28	20	18	18	**13.02**	14	26	–	–	–	–	–	–	–	–	–	–	2′-Methyldicyclohexylmethane		Y1703
97	83	96	82	67	81	194	69	**194**	100	51	40	40	26	24	22	19		14	26	–	–	–	–	–	–	–	–	–	–	3′-Methyldicyclohexylmethane		Y1705
97	98	41	79	67	39	70	80	**194**	100	83	13	12	11	8	7	7	**4.00**	12	18	2	–	–	–	–	–	–	–	–	–	1,2-Ethanediol, 1,2-di-1-cyclopenten-1-yl-	35811-96-2	S5081
97	98	110	41	39	43	81	69	**194**	100	51	29	27	20	11	10	9	**1.00**	10	10	4	–	–	–	–	–	–	–	–	–	1,2-Ethanediol, 1,2-di-2-furanyl-	4464-77-1	R0481
98	127	155	81	42	194	109	40	**194**	100	52	32	28	23	16	13	11		7	15	4	–	–	–	–	–	1	–	–	–	Phosphoric acid, diethyl isopropenyl ester	5954-28-9	R1934

MASS TO CHARGE RATIOS								M.W.	INTENSITIES								Parent	C	H	O	N	Cl	Br	F	S	P	B	Si	X	COMPOUND NAME	CAS Reg No	No
99	127	155	81	45	194	109	57	**194**	100	53	33	27	19	16	12	12		7	15	4	–	–	–	–	–	1	–	–	–	Phosphoric acid, diethyl isopropenyl ester	5954-28-9	R1935
101	57	29	77	94	102	51	65	**194**	100	54	20	13	9	6	5	4	**0.00**	11	14	3	–	–	–	–	–	–	–	–	–	Propanoic acid, 2-phenoxyethyl ester		Z1460
101	59	94	69	77	41	65	163	**194**	100	57	42	21	20	19	12	11	**4.00**	11	14	3	–	–	–	–	–	–	–	–	–	Butanoic acid, 4-phenoxy-, methyl ester	21273-27-8	R9201
103	28	29	60	71	30	73	43	**194**	100	97	96	96	90	83	71	65	**0.00**	6	10	7	–	–	–	–	–	–	–	–	–	D-Galacturonic acid		L5558
103	29	60	30	71	31	73	43	**194**	100	97	97	97	91	83	71	66	**0.00**	6	10	7	–	–	–	–	–	–	–	–	–	D-Galacturonic acid	685-73-4	Q3695
104	107	105	60	77	194	150	103	**194**	100	45	38	24	23	23	22	20		10	10	2	–	–	–	–	1	–	–	–	–	1,4-Oxathian-2-one, 6-phenyl-	32863-50-6	09470
105	77	194	51	135	50	28	163	**194**	100	34	17	12	5	4	4	3		10	10	4	–	–	–	–	–	–	–	–	–	Acetic acid, benzyloxy-, methyl ester		M8076
105	120	91	41	55	92	176	119	**194**	100	90	43	39	36	33	30	27	**0.50**	13	22	1	–	–	–	–	–	–	–	–	–	3-Buten-2-ol, 4-(2,6,6-trimethyl-2-cyclohexen-1-yl)-	25312-34-9	S1002
105	151	43	161	91	133	77	121	**194**	100	82	65	54	49	48	44	31	**0.00**	12	18	2	–	–	–	–	–	–	–	–	–	2-Butanol, 2-anisyl-3-methyl-		16511
105	161	91	119	176	41	120	55	**194**	100	86	63	57	54	53	40	35	**0.30**	13	22	1	–	–	–	–	–	–	–	–	–	β-Ionol		P3946
105	179	77	135	51	45	180	73	**194**	100	90	80	50	26	16	14	9	**7.87**	10	14	2	–	–	–	–	–	–	–	1	–	Benzoic acid, trimethylsilyl ester	2078-12-8	Q7333
106	78	51	135	162	75	107	194	**194**	100	53	30	28	15	12	12	10		9	10	3	2	–	–	–	–	–	–	–	–	Glycine, N-(3-pyridinylcarbonyl)-, methyl ester	57397-47-4	T4752
107	122	91	41	53	55	79	77	**194**	100	44	11	7	4	4	4	3	**1.00**	13	22	1	–	–	–	–	–	–	–	–	–	6-Oxabicyclo[3.2.1]oct-2-ene, 2,8,8-trimethyl-7-propyl-	66465-86-9	T6656
109	41	43	194	123	69	81	71	**194**	100	90	88	72	70	64	60	56		13	22	1	–	–	–	–	–	–	–	–	–	2,5,5,8a-Tetramethyl-4a,5,6,7,8,8a-hexahydro-4H-chromene		L3975
109	41	165	95	55	81	57	43	**194**	100	94	93	75	72	72	56	56	**28.94**	14	26	–	–	–	–	–	–	–	–	–	–	3,5-Octadiene, 4,5-diethyl-3,6-dimethyl-	61233-79-2	T5698
109	43	110	121	81	194	39	85	**194**	100	20	9	9	7	6	6	4		12	18	2	–	–	–	–	–	–	–	–	–	2-Heptanone, 6-(2-furanyl)-6-methyl-	51595-87-0	S7712
109	123	62	111	125	27	51	83	**194**	100	79	66	64	50	44	43	40	**0.60**	4	6	–	–	4	–	–	–	–	–	–	–	1,2,3,4-Tetrachlorobutane		02703
109	123	62	111	125	27	61	51	**194**	100	84	81	67	55	45	45	43	**0.00**	4	6	–	–	4	–	–	–	–	–	–	–	1,2,3,4-Tetrachlorobutane		05840
109	124	81	41	71	95	55	161	**194**	100	65	55	29	19	13	12	1	**0.10**	13	22	1	–	–	–	–	–	–	–	–	–	(1S:1R)-(+)-1-(2′,6′,6′-Trimethylcyclohex-2′-en-1′-yl)-cis-but-2-en-1-ol		M3605
109	151	43	41	27	39	55	81	**194**	100	45	40	25	15	15	15	15	**0.00**	12	18	2	–	–	–	–	–	–	–	–	–	2-Propenal, 3-(2,2,6-trimethyl-7-oxabicyclo[4.1.0]hept-1-yl)-	55759-91-6	T2061
109	194	110	152	108	43	41	95	**194**	100	69	67	57	34	30	19	17		12	19	–	–	–	–	–	–	1	–	–	–	Phosphine, bis(isopropyl)phenyl-	6372-43-6	R2270
109	194	111	196	125	31	74	127	**194**	100	38	33	25	13	12	9	9		4	–	–	–	2	–	4	–	–	–	–	–	1,2-Dichloro-3,3,4,4-tetrafluoro-cyclobutene		A0761
110	41	43	39	56	112	55	42	**194**	100	97	96	77	74	65	60	48	**0.60**	9	16	–	–	2	–	–	–	–	–	–	–	1,1-Dichloro-2-methyl-3-pentylcyclopropane	24551-85-7	S0645
110	43	152	111	52	194	81	51	**194**	100	59	19	6	5	3	3	2		10	10	4	–	–	–	–	–	–	–	–	–	1,2-Benzenediol, diacetate	635-67-6	Q3447
110	81	41	194	109	29	43	39	**194**	100	20	15	15	14	12	10	10		12	18	2	–	–	–	–	–	–	–	–	–	Phenol, 4-(hexyloxy)-	18979-55-0	R7906
110	82	194	111	80	55	81	41	**194**	100	48	29	9	7	6	6	5		10	14	2	2	–	–	–	–	–	–	–	–	2-Pyrrolidinone, 3-[(1,4,5,6-tetrahydro-3-pyridinyl)carbonyl]-	53508-14-8	S8487
111	55	39	41	194	93	112	113	**194**	100	29	28	26	26	19	18	16		11	14	1	–	–	–	–	1	–	–	–	–	Cyclohexyl 3-thienyl ketone		M4501
111	55	39	194	93	112	113	95	**194**	100	29	27	26	18	18	16	6		11	14	1	–	–	–	–	1	–	–	–	–	Cyclohexyl 3-thienyl ketone	36646-69-2	S5311
111	69	41	55	110	67	81	83	**194**	100	94	92	88	83	43	37	36	**4.72**	14	26	–	–	–	–	–	–	–	–	–	–	1-Ethyl-2-cyclohexylcyclohexane		Y1674
111	113	75	123	97	83	110	49	**194**	100	61	29	17	16	15	13	13	**0.10**	4	6	–	–	4	–	–	–	–	–	–	–	1,1,3,3-Tetrachloro-2-methylpropane		Z1458
112	58	41	42	55	113	44	84	**194**	100	17	16	14	13	8	7	6	**3.09**	12	22	–	2	–	–	–	–	–	–	–	–	1H-Azepine, hexahydro-N-pentanenitrile		D0577
115	69	51	113	111	196	194	95	**194**	100	57	56	28	28	20	20	11		3	3	–	–	–	1	4	–	–	–	–	–	1,1,1,3-Tetrafluoro-3-bromopropane		M0517
115	194	196	195	116	63	114	193	**194**	100	68	67	16	10	9	9	9		9	7	–	–	–	1	–	–	–	–	–	–	Benzene, 1-bromo-4-(1-propynyl)-	23773-30-0	S0341
117	45	59	86	91	73	60	90	**194**	100	62	60	55	55	37	35	32	**5.80**	7	14	4	–	–	–	–	1	–	–	–	–	D-Fructopyranoside, methyl 1-deoxy-6-thio-	35988-09-1	S5135
117	119	68	79	121	91	41	39	**194**	100	99	83	71	68	58	55	53	**5.00**	12	18	2	–	–	–	–	–	–	–	–	–	2H-Pyran-2-one, 6-(1-heptenyl)-5,6-dihydro-, R-(Z)-	64543-31-3	T6503
119	43	91	134	109	41	77	81	**194**	100	63	35	35	24	23	20	19	**2.96**	12	18	2	–	–	–	–	–	–	–	–	–	Bicyclo[3.1.1]hept-2-en-6-ol, 2,7,7-trimethyl-, acetate, [1S-(1α,5α,6β)]-	50764-55-1	S7466
119	84	43	134	109	92	91	93	**194**	100	86	60	51	51	44	43	36	**0.00**	12	18	2	–	–	–	–	–	–	–	–	–	cis-p-Mentha-6,8-dien-2-ol, acetate		01734
119	91	84	109	152	134	43	105	**194**	100	78	72	71	51	49	37	32	**0.00**	12	18	2	–	–	–	–	–	–	–	–	–	p-Mentha-6,8-dien-2-ol, acetate, (+)-	97-42-7	P7101
120	43	152	92	121	63	64	65	**194**	100	63	59	50	35	18	17	15	**1.00**	10	10	4	–	–	–	–	–	–	–	–	–	Salicylic acid acetate, methyl ester	580-02-9	Q2269
120	92	194	150	65	121	149	66	**194**	100	24	19	17	16	8	5	3		9	10	3	2	–	–	–	–	–	–	–	–	Glycine, N-(4-aminobenzoyl)-	61-78-9	P5107
120	121	29	39	92	65	27	194	**194**	100	26	24	22	21	17	15	14		11	14	3	–	–	–	–	–	–	–	–	–	Salicylic acid, butyl ester		L0280
120	121	29	39	92	138	65	27	**194**	100	26	24	22	21	20	17	15	**14.11**	11	14	3	–	–	–	–	–	–	–	–	–	Salicylic acid, butyl ester	2052-14-4	H1282
120	121	138	39	29	41	65	92	**194**	100	35	29	27	20	19	19	19	**11.61**	11	14	3	–	–	–	–	–	–	–	–	–	Salicylic acid, isobutyl ester	87-19-4	H0151
120	121	138	92	194	41	65	39	**194**	100	35	32	14	13	12	11	11		11	14	3	–	–	–	–	–	–	–	–	–	Salicylic acid, isobutyl ester	87-19-4	P6360
120	152	43	121	92	63	65	64	**194**	100	81	42	41	39	12	11	10	**0.50**	10	10	4	–	–	–	–	–	–	–	–	–	Salicylic acid acetate, methyl ester	580-02-9	Q2266
120	194	107	163	121	195	74	108	**194**	100	47	35	13	12	7	6	4		11	14	3	–	–	–	–	–	–	–	–	–	Benzenebutanoic acid, 4-hydroxy-, methyl ester	22320-10-1	R9627
121	28	194	134	122	91	18	15	**194**	100	28	24	17	10	8	8	6		11	14	3	–	–	–	–	–	–	–	–	–	Benzenepropanoic acid, 4-methoxy-, methyl ester		04999
121	43	161	136	123	93	41	95	**194**	100	63	44	38	37	34	28	27	**15.20**	13	22	1	–	–	–	–	–	–	–	–	–	β-Ionone, dihydro-	17283-81-7	R6724
121	91	134	194	119	77	65	135	**194**	100	90	59	56	26	17	14	13		11	14	3	–	–	–	–	–	–	–	–	–	Benzenepropanoic acid, 2-methoxy-, methyl ester	55001-09-7	T0043
121	91	161	59	176	43	65	77	**194**	100	75	53	50	37	31	16	16	**7.00**	12	18	2	–	–	–	–	–	–	–	–	–	Benzenepropanol, 2-methoxy-α,α-dimethyl-	56052-48-3	T2674
121	138	39	65	41	93	139	44	**194**	100	77	43	38	21	20	15	11	**11.01**	11	14	3	–	–	–	–	–	–	–	–	–	Benzoic acid, 4-hydroxy-, butyl ester	94-26-8	P6847
121	138	65	93	139	122	194	63	**194**	100	93	33	23	19	11	10	6		11	14	3	–	–	–	–	–	–	–	–	–	Benzoic acid, 4-hydroxy-, butyl ester	94-26-8	P6848
121	138	194	65	29	149	93	39	**194**	100	51	40	33	32	31	23	21		11	14	3	–	–	–	–	–	–	–	–	–	Benzoic acid, ethoxy-, ethyl ester	75333-22-1	T8932
121	152	43	194	65	15	122	93	**194**	100	79	56	16	13	13	12	11		10	10	4	–	–	–	–	–	–	–	–	–	Benzoic acid, 4-acetoxy-, methyl ester		04955
121	152	43	194	93	18	15	163	**194**	100	99	75	22	22	16	15	15		10	10	4	–	–	–	–	–	–	–	–	–	Benzoic acid, 3-acetoxy-, methyl ester		04954
121	165	194	107	77	103	122	91	**194**	100	78	21	11	10	9	9	9		12	18	2	–	–	–	–	–	–	–	–	–	Ethanol, 2-(4-sec-butylphenoxy)-		Z1452

MASS TO CHARGE RATIOS	M.W.	INTENSITIES	Parent	C	H	O	N	Cl	Br	F	S	P	B	Si	X	COMPOUND NAME	CAS Reg No	No
121 194 134 163 122 195 135 108	**194**	100 40 20 16 9 4 3 1		11	14	3	–	–	–	–	–	–	–	–	–	**Benzenepropanoic acid, 4-methoxy-, methyl ester**	15823-04-8	**R5865**
122 104 77 194 150 89 105 121	**194**	100 68 42 29 20 17 17 17		10	10	2	–	–	–	–	1	–	–	–	–	**1,4-Oxathian-2-one, 5-phenyl-**	32863-49-3	**09469**
123 28 194 32 124 41 55 29	**194**	100 27 11 9 8 7 5 5		12	18	2	–	–	–	–	–	–	–	–	–	**1,3-Benzenediol, 4-hexyl-**	136-77-6	**P9712**
123 109 125 111 62 158 97 159	**194**	100 91 64 58 55 27 27 26	**0.73**	4	6	–	–	4	–	–	–	–	–	–	–	**1,2,2,4-Tetrachlorobutane**		**Z1450**
123 121 166 168 115 41 87 49	**194**	100 87 86 79 58 52 28 22	**2.60**	6	11	2	–	–	1	–	–	–	–	–	–	**Butanoic acid, 2-bromo-, ethyl ester**	533-68-6	**Q1702**
123 194 124 41 95 67 55 43	**194**	100 14 7 6 6 5 4 4		12	18	2	–	–	–	–	–	–	–	–	–	**1,3-Benzenediol, 4-hexyl-**		**G0646**
124 42 41 137 95 54 96 55	**194**	100 28 24 19 17 17 12 10	**7.50**	11	18	1	2	–	–	–	–	–	–	–	–	**1,2-Dihydro-3-hexyl-1-methyl-pyrazin-2-one**		**M2961**
124 43 71 41 94 95 27 39	**194**	100 61 19 18 17 14 13 10	**3.70**	11	14	3	–	–	–	–	–	–	–	–	–	**Butanoic acid, 3-methoxyphenyl ester**	14617-94-8	**R5288**
124 43 109 41 27 71 39 125	**194**	100 58 39 29 15 12 9 9	**2.80**	11	14	3	–	–	–	–	–	–	–	–	–	**Butanoic acid, 4-methoxyphenyl ester**	14617-95-9	**R5289**
124 137 41 94 95 42 53 43	**194**	100 24 21 21 12 10 9 8	**1.60**	11	18	1	2	–	–	–	–	–	–	–	–	**2-Methoxy-3-hexylpyrazine**		**M2951**
125 29 105 61 77 65 78 27	**194**	100 92 87 80 78 70 70 62	**0.00**	5	4	1	–	–	–	6	–	–	–	–	–	**Quinazoline-2,4-dione, 1-methyl-3-(4-oxopentyl)-**		**L3397**
125 194 69 111 75 43 29 175	**194**	100 62 57 34 33 24 18 15		4	4	–	2	–	–	6	–	–	–	–	–	**1,1,1,4,4,4-Hexafluoro-2-butanone hydrazone**		**L5875**
133 105 77 122 51 92 45 64	**194**	100 7 5 2 1 1 1 1	**0.00**	11	14	3	–	–	–	–	–	–	–	–	–	**Benzoic acid, 2-propoxy-, methyl ester**	18167-33-4	**R7409**
134 119 43 91 41 93 105 69	**194**	100 94 66 45 41 28 25 24	**0.00**	12	18	2	–	–	–	–	–	–	–	–	–	**p-Mentha-1,8-diene-4-ol, acetate**		**M0170**
135 77 51 91 59 136 76 50	**194**	100 83 30 27 18 13 10 10	**7.00**	8	6	–	2	–	–	–	2	–	–	–	–	**4-Phenyl-2-thio-1,3,4-thiadiazole**		**M2572**
135 105 79 107 41 93 59 91	**194**	100 62 60 59 55 46 31 30	**2.60**	12	18	2	–	–	–	–	–	–	–	–	–	**2-Heptenoic acid, 4-cyclopropyl-5-methylene-, methyl ester, (E)-**	74793-23-0	**T8603**
135 152 77 92 64 63 136 107	**194**	100 56 26 25 16 11 10 10	**9.01**	11	14	3	–	–	–	–	–	–	–	–	–	**Benzoic acid, 4-methoxy-, propyl ester**	6938-39-2	**R2709**
135 152 194 136 77 92 107 153	**194**	100 50 13 11 10 8 6 6		11	14	3	–	–	–	–	–	–	–	–	–	**Benzoic acid, 4-methoxy-, propyl ester**	6938-39-2	**R2710**
137 57 41 123 29 95 55 43	**194**	100 67 43 38 25 24 22 17	**13.80**	14	26	–	–	–	–	–	–	–	–	–	–	**3,5-Octadiene, 2,2,4,5,7,7-hexamethyl-, (E,Z)-**	55712-52-2	**06809**
137 81 95 41 67 55 69 194	**194**	100 85 78 67 47 44 28 27		14	26	–	–	–	–	–	–	–	–	–	–	**Decalin, 2-butyl-**		**Y1510**
137 81 95 41 67 55 194 69	**194**	100 74 70 61 43 40 34 25		14	26	–	–	–	–	–	–	–	–	–	–	**Decalin, 2-butyl-**		**Y1832**
137 82 139 150 194 109 110 77	**194**	100 64 47 33 31 22 21 18		12	18	2	–	–	–	–	–	–	–	–	–	**Spiro[4.5]dec-7-en-6-one, 1-hydroxy-4,8-dimethyl-**	63646-91-3	**T6283**
137 95 81 41 67 194 55 69	**194**	100 73 70 36 31 29 27 21		14	26	–	–	–	–	–	–	–	–	–	–	**Decalin, 2-butyl-**	6305-52-8	**H1612**
137 109 41 67 68 81 55 194	**194**	100 59 53 46 32 28 26 24		12	18	2	–	–	–	–	–	–	–	–	–	**1,3-Decalindione, 4a,5-dimethyl-**		**L7691**
137 136 81 95 56 57 41 67	**194**	100 88 85 75 60 56 43 38	**18.00**	14	26	–	–	–	–	–	–	–	–	–	–	**Decalin, 6-tert-butyl-, cis-**		**M2558**
137 194 43 151 119 91 138 77	**194**	100 46 31 16 15 13 10 7		11	14	3	–	–	–	–	–	–	–	–	–	**4-(4-Hydroxy-3-methoxyphenyl)-2-butanone**		**03315**
138 57 41 121 139 56 179 81	**194**	100 38 25 20 14 13 9 8	**7.51**	11	14	3	–	–	–	–	–	–	–	–	–	**Benzoic acid, 3-tert-butoxy-**	15360-02-8	**R5710**
138 121 18 41 39 57 65 28	**194**	100 97 58 40 40 27 27 24	**7.00**	11	14	3	–	–	–	–	–	–	–	–	–	**Benzoic acid, 4-hydroxy-, tert-butyl ester**		**M2744**
138 121 58 104 137 194 77 145	**194**	100 87 73 71 61 52 49 47		10	14	–	2	–	–	–	1	–	–	–	–	**Benzenecarbothioic acid, 2-isopropylhydrazide**	56335-83-2	**T3519**
138 140 41 91 103 69 139 39	**194**	100 33 30 19 18 16 11 11	**1.08**	12	15	–	–	1	–	–	–	–	–	–	–	**Benzene, 1-chloro-3-(1,3-dimethyl-3-butenyl)-**	74672-12-1	**T8327**
138 140 125 41 103 139 77 39	**194**	100 32 14 12 11 11 6 5	**0.31**	12	15	–	–	1	–	–	–	–	–	–	–	**Benzene, 1-chloro-4-(4-methyl-4-pentenyl)-**	74672-11-0	**T8326**
138 166 194 137 139 69 86 62	**194**	100 40 33 19 13 12 10 8		12	6	1	2	–	–	–	–	–	–	–	–	**1(2H)-Acenaphthylenone, 2-diazo-**	2008-77-7	**Q7189**
138 194 151 125 140 196 91 153	**194**	100 97 79 58 35 32 31 29		12	15	–	–	1	–	–	–	–	–	–	–	**Benzene, 1-chloro-3-cyclohexyl-**		**C1679**
139 103 141 77 140 39 27 104	**194**	100 51 33 22 10 9 9 7	**1.90**	12	15	–	–	1	–	–	–	–	–	–	–	**Benzene, 1-chloro-3-(4-methyl-4-pentenyl)-**	74672-13-2	**T8328**
139 141 103 77 140 104 39 27	**194**	100 32 32 12 10 5 4 3	**3.07**	12	15	–	–	1	–	–	–	–	–	–	–	**Benzene, 1-chloro-4-(1,3-dimethyl-3-butenyl)-**	74672-10-9	**T8325**
139 195 121 167 95	**194**	100 73 25 19 10	**0.00**	11	14	3	–	–	–	–	–	–	–	–	–	**Benzoic acid, 4-hydroxy-, butyl ester**	94-26-8	**P6849**
148 80 176 122 67 41 81 55	**194**	100 95 67 62 60 50 45 40	**2.00**	13	22	1	–	–	–	–	–	–	–	–	–	**2-Norbornanol, 7-cyclohexyl-, (exo,syn)-**		**M7279**
148 80 176 122 67 41 81 55	**194**	100 95 66 65 62 49 47 41	**0.90**	13	22	1	–	–	–	–	–	–	–	–	–	**2-Norbornanol, 7-cyclohexyl-, (exo,syn)-**	38935-74-9	**S5979**
149 44 93 150 79 67 107 40	**194**	100 99 19 19 13 11 10 8	**0.00**	12	18	2	–	–	–	–	–	–	–	–	–	**1-Homoadamantanecarboxylic acid**		**L8510**
149 166 194 65 121 150 76 50	**194**	100 45 23 21 17 12 7 6		10	10	4	–	–	–	–	–	–	–	–	–	**1,4-Benzenedicarboxylic acid, mono ethyl ester**		**C0163**
150 67 55 41 81 149 80 194	**194**	100 63 42 30 28 26 24 23		13	22	1	–	–	–	–	–	–	–	–	–	**2-Norbornanol, 7-cyclohexyl-, (exo,anti)-**		**M7277**
150 67 55 41 81 149 82 80	**194**	100 67 43 36 29 27 25 24	**21.50**	13	22	1	–	–	–	–	–	–	–	–	–	**2-Norbornanol, 7-cyclohexyl-, (exo,anti)-**	38935-72-7	**S5977**
150 67 55 41 81 149 82 194	**194**	100 70 45 36 29 26 25 21		13	22	1	–	–	–	–	–	–	–	–	–	**2-Norbornanol, 7-cyclohexyl-, (endo,anti)-**		**M7278**
150 67 55 41 81 149 82 194	**194**	100 71 45 36 31 30 26 24		13	22	1	–	–	–	–	–	–	–	–	–	**2-Norbornanol, 7-cyclohexyl-, (endo,anti)-**	38935-73-8	**S5978**
150 91 79 117 132 41 104 92	**194**	100 97 77 76 72 44 44 41	**5.80**	11	14	3	–	–	–	–	–	–	–	–	–	**5,3,7-[1,2,3]Propanetriylbenzofuran-2(3H)-one, hexahydro-10-hydroxy-**	15782-94-2	**R5847**
150 193 104 76 120 50 105 75	**194**	100 82 50 40 20 19 16 15	**0.00**	9	10	3	2	–	–	–	–	–	–	–	–	**Benzamide, N,N-dimethyl-4-nitro-**	7291-01-2	**R3029**
150 194 69 151 176 165 122 39	**194**	100 90 20 17 17 11 11 10		10	10	4	–	–	–	–	–	–	–	–	–	**Isocoumarin, 3,4-dihydro-4,8-dihydroxy-3-methyl-, (R)-(-)-**	30951-11-2	**09952**
150 194 69 151 176 165 192 39	**194**	100 88 32 26 22 16 15 14		10	10	4	–	–	–	–	–	–	–	–	–	**6,8-Dihydroxy-3-methylisochroman-1-one**		**02936**
151 41 69 179 79 81 95 107	**194**	100 90 78 78 70 70 70 70	**49.99**	13	22	1	–	–	–	–	–	–	–	–	–	**1-Oxaspiro[2.5]octane, 4,4-dimethyl-8-methylene-2-propyl-**	54345-65-2	**S8909**
151 43 51 153 109 152 79 194	**194**	100 90 19 18 16 15 13 13		10	10	4	–	–	–	–	–	–	–	–	–	**Benzaldehyde, 4-acetoxy-3-methoxy-**	881-68-5	**H1101**
151 43 133 39 179 137 194 54	**194**	100 80 44 42 31 30 29 26		12	18	2	–	–	–	–	–	–	–	–	–	**2-Cyclohexen-1-one, 5-hydroxy-2,3,5,6,6-pentamethyl-4-methylene-**	50506-57-5	**S7311**
151 55 194 41 67 81 39 109	**194**	100 63 58 49 46 41 25 23		12	18	2	–	–	–	–	–	–	–	–	–	**13-Oxadispiro[5.0.5.1]tridecan-1-one**	26870-38-2	**08168**
152 43 79 41 39 27 77 51	**194**	100 26 23 22 20 19 16 14	**8.01**	11	14	3	–	–	–	–	–	–	–	–	–	**1,3-Isobenzofurandione, 4,5,6,7-tetrahydro-4,4,7-trimethyl-**	54824-01-0	**S9675**
152 96 136 194 104 153 178 50	**194**	100 17 15 15 8 8 8 7		10	10	2	–	–	–	–	1	–	–	–	–	**4H-1-Benzothiopyran-4-one, 2,3-dihydro-2-methyl-, 1-oxide**	23086-34-2	**S0057**
152 137 97 194 109 50 76 104	**194**	100 33 20 14 11 10 10 9		10	10	2	–	–	–	–	1	–	–	–	–	**4H-1-Benzothiopyran-4-one, 2,3-dihydro-3-methyl-, 1-oxide**	29373-04-4	**S2498**
152 137 123 81 53 55 67 91	**194**	100 60 53 35 12 12 12 12	**1.50**	12	18	2	–	–	–	–	–	–	–	–	–	**2-Cyclopenten-1-one, 4-acetyl-1,2,3,5,5-pentamethyl-**	50506-59-7	**S7312**

MASS TO CHARGE RATIOS								M.W.	INTENSITIES								Parent	C	H	O	N	Cl	Br	F	S	P	B	Si	X	COMPOUND NAME	CAS Reg No	No
153	194	125	110	93	95	39	154	**194**	100	38	24	24	19	15	13	12		11	14	3	–	–	–	–	–	–	–	–	–	**2-Allyloxy-1,3-dimethoxybenzene**		**Z1456**
159	77	194	161	196	51	50	47	**194**	100	98	73	50	47	30	18	14		6	5	1	–	2	–	–	–	1	–	–	–	**Phenyldichlorophosphine oxide**		**02740**
159	161	89	63	62	123	163	124	**194**	100	58	22	15	13	13	9	8	**2.00**	7	5	–	–	3	–	–	–	–	–	–	–	**Benzene, (trichloromethyl)-**	98-07-7	**P7150**
159	161	89	63	62	163	36	123	**194**	100	64	24	17	13	11	11	10	**3.45**	7	5	–	–	3	–	–	–	–	–	–	–	**Benzene, (trichloromethyl)-**		**D1197**
159	161	89	163	28	63	160	62	**194**	100	64	14	11	10	9	8	8	**3.30**	7	5	–	–	3	–	–	–	–	–	–	–	**Benzene, (trichloromethyl)-**	98-07-7	**P7149**
159	161	123	194	196	89	163	73	**194**	100	66	29	16	15	15	11	10		7	5	–	–	3	–	–	–	–	–	–	–	**Benzene, 1,3-dichloro-2-(chloromethyl)-**	2014-83-7	**Q7192**
159	161	194	196	61	123	163	62	**194**	100	64	20	19	12	11	11	9		7	5	–	–	3	–	–	–	–	–	–	–	**Benzene, 2,4-dichloro-1-(chloromethyl)-**	94-99-5	**P6902**
159	161	194	196	61	163	123	62	**194**	100	64	21	20	12	10	10	8		7	5	–	–	3	–	–	–	–	–	–	–	**Benzene, 1,2-dichloro-4-(chloromethyl)-**	102-47-6	**P7553**
162	161	65	91	133	119	39	42	**194**	100	35	33	33	27	26	24	17	**17.03**	9	10	3	2	–	–	–	–	–	–	–	–	**5-Hydroxyamino-3-(2-hydroxyphenyl)-isoxazoline**		**P1968**
162	194	106	71	41	107	79	134	**194**	100	84	57	57	55	50	49	49		11	14	3	–	–	–	–	–	–	–	–	–	**Tricyclo[3.3.1.1$^{(3,7)}$]decane-2,6-dione, 4-methoxy-**	56781-90-9	**08330**
163	28	164	92	77	135	104	194	**194**	100	30	27	19	14	13	13	13		10	10	4	–	–	–	–	–	–	–	–	–	**1,2-Benzenedicarboxylic acid, dimethyl ester**	131-11-3	**P9600**
163	77	50	76	164	92	194	135	**194**	100	23	15	13	10	10	7	6		10	10	4	–	–	–	–	–	–	–	–	–	**1,2-Benzenedicarboxylic acid, dimethyl ester**		**Y1756**
163	77	194	164	135	76	92	50	**194**	100	14	11	10	6	6	6	5		10	10	4	–	–	–	–	–	–	–	–	–	**1,2-Benzenedicarboxylic acid, dimethyl ester**	131-11-3	**P9601**
163	135	194	76	50	75	164	103	**194**	100	25	23	19	17	11	10	10		10	10	4	–	–	–	–	–	–	–	–	–	**1,3-Benzenedicarboxylic acid, dimethyl ester**		**Y1757**
163	135	194	76	164	103	50	75	**194**	100	25	25	10	10	9	6	6		10	10	4	–	–	–	–	–	–	–	–	–	**1,3-Benzenedicarboxylic acid, dimethyl ester**	1459-93-4	**Q6022**
163	135	194	164	76	50	77	120	**194**	100	24	24	10	9	6	6	6		10	10	4	–	–	–	–	–	–	–	–	–	**1,3-Benzenedicarboxylic acid, dimethyl ester**	1459-93-4	**H1183**
163	194	135	29	50	76	44	31	**194**	100	26	18	14	14	14	13	13		10	10	4	–	–	–	–	–	–	–	–	–	**1,4-Benzenedicarboxylic acid, dimethyl ester**		**C1327**
163	194	135	50	76	103	75	164	**194**	100	23	19	18	16	14	11	10		10	10	4	–	–	–	–	–	–	–	–	–	**1,4-Benzenedicarboxylic acid, dimethyl ester**		**Y1758**
165	63	39	139	50	194	163	51	**194**	100	56	43	37	29	29	27	26		13	10	–	2	–	–	–	–	–	–	–	–	**11H-Dibenzo[c,f][1,2]diazepine**	256-91-7	**Q0128**
165	63	39	139	194	50	62	89	**194**	100	56	43	37	29	29	26	22		13	10	–	2	–	–	–	–	–	–	–	–	**11H-Dibenzo[c,f][1,2]diazepine**		**M0687**
165	77	122	166	107	194	63	79	**194**	100	10	10	10	9	8	6	6		11	14	3	–	–	–	–	–	–	–	–	–	**Propanophenone, 2′,4′-dimethoxy-**	831-00-5	**Q4316**
165	146	163	151	149	181	161	135	**194**	100	83	77	64	52	45	45	41	**2.60**	5	14	–	–	–	–	–	–	–	–	–	1	**Ethyltrimethyltin**		**02388**
165	151	135	179	120	121	150	149	**194**	100	60	40	32	17	15	12	6	**2.55**	5	14	–	–	–	–	–	–	–	–	–	1	**Ethyltrimethyltin**		**L2557**
165	151	135	179	150	121	120	134	**194**	100	47	38	31	17	13	12	6	**1.67**	5	14	–	–	–	–	–	–	–	–	–	1	**Ethyltrimethyltin**		**05510**
165	166	194	167	139	163	164	63	**194**	100	72	20	12	10	10	10	9		13	10	–	2	–	–	–	–	–	–	–	–	**Benzene, 1,1′-(diazomethylene)bis-**	883-40-9	**Q4479**
165	167	101	75	102	194	137	51	**194**	100	33	24	22	22	22	22	13		11	11	1	–	1	–	–	–	–	–	–	–	**1-Penten-3-one, 1-(4-chlorophenyl)-**	36383-96-7	**S5243**
165	194	147	77	121	176	118	51	**194**	100	77	49	48	38	35	32	31		10	10	4	–	–	–	–	–	–	–	–	–	**Phthalide, 6,7-dimethyl-**	569-31-3	**Q2198**
165	194	166	139	164	163	82.5	195	**194**	100	93	43	19	18	18	18	16		13	10	–	2	–	–	–	–	–	–	–	–	**4-Methylbenzo[c]cinnoline**		**02041**
166	194	150	177	121	178	149	134	**194**	100	60	32	32	28	21	17	14		10	10	2	–	–	–	–	1	–	–	–	–	**4H-1-Benzothiopyran-4-one, 2,3-dihydro-8-methyl-, 1-oxide**	29399-51-7	**S2512**
176	55	91	95	82	147	77	133	**194**	100	78	59	54	43	42	38	36	**0.00**	11	14	3	–	–	–	–	–	–	–	–	–	**2H-Inden-2-one, 1,4,5,7a-tetrahydro-6,7-bis(hydroxymethyl)-**	55759-92-7	**T2062**
176	55	91	95	82	147	77	133	**194**	100	79	59	54	43	41	37	36	**0.00**	11	14	3	–	–	–	–	–	–	–	–	–	**3,4-Bis(hydroxymethyl)bicyclo[4.3.0]non-8-en-7-one**		**P3375**
178	143	142	116	130	39	129	41	**194**	100	40	17	16	13	8	8	7	**3.00**	12	15	–	–	1	–	–	–	–	–	–	–	**Benzene, 1-chloro-4-(2,3-dimethyl-2-butenyl)-**	56771-46-1	**T4156**
179	43	41	135	55	29	125	79	**194**	100	99	63	49	45	35	34	33	**15.00**	13	22	1	–	–	–	–	–	–	–	–	–	**2H-1-Benzopyran, 3,5,6,8a-tetrahydro-2,5,5,8a-tetramethyl-, cis-**		**P3934**
179	69	43	41	55	107	29	180	**194**	100	38	34	31	29	17	14	13	**3.80**	13	22	1	–	–	–	–	–	–	–	–	–	**2H-1-Benzopyran, 3,5,6,8a-tetrahydro-2,5,5,8a-tetramethyl-, cis-**		**P3933**
179	69	43	41	107	84	55	67	**194**	100	91	74	66	46	43	40	28	**18.80**	13	22	1	–	–	–	–	–	–	–	–	–	**2H-1-Benzopyran, 3,5,6,8a-tetrahydro-2,5,5,8a-tetramethyl-, trans-**		**P3935**
179	75	73	180	105	77	181	74	**194**	100	58	30	16	9	8	6	5	**3.60**	11	18	1	–	–	–	–	–	–	–	1	–	**Silane, trimethyl(1-phenylethoxy)-**	14856-75-8	**R5439**
179	104	135	180	78	194	136	181	**194**	100	83	67	27	12	10	9	9		10	14	2	–	–	–	–	–	–	–	1	–	**Benzoic acid, trimethylsilyl ester**	2078-12-8	**Q7335**
179	105	77	135	51	73	45	43	**194**	100	97	71	67	23	22	21	14	**11.00**	10	14	2	–	–	–	–	–	–	–	1	–	**Benzoic acid, trimethylsilyl ester**	2078-12-8	**Q7331**
179	105	194	73	149	75	180	163	**194**	100	96	74	40	27	21	15	15		11	18	1	–	–	–	–	–	–	–	1	–	**Silane, (dimethylphenoxy)trimethyl-**	72088-22-3	**T7694**
179	116	194	115	178	193	89	39	**194**	100	96	93	46	42	20	20	19		15	14	–	–	–	–	–	–	–	–	–	–	**Indene, 2,3-dihydro-2-phenyl-**		**V0316**
179	135	194	107	180	41	91	136	**194**	100	64	28	16	12	8	7	6		12	18	2	–	–	–	–	–	–	–	–	–	**Ethanol, 2-(4-tert-butylphenoxy)-**	713-46-2	**Q3836**
179	151	194	150	75	180	152	76	**194**	100	87	43	34	20	14	12	9		14	10	1	–	–	–	–	–	–	–	–	–	**Acenaphthylene, 5-acetyl-**		**16610**
179	194	105	73	149	180	195	75	**194**	100	91	60	19	18	16	16	10		11	18	1	–	–	–	–	–	–	–	1	–	**Silane, (2,6-dimethylphenoxy)trimethyl-**	16286-54-7	**R6105**
179	194	105	149	73	119	180	75	**194**	100	82	73	19	16	16	16	15		11	18	1	–	–	–	–	–	–	–	1	–	**Silane, (2,4-dimethylphenoxy)trimethyl-**	16414-81-6	**R6174**
179	194	105	180	195	163	181	75	**194**	100	50	18	17	9	6	5	5		11	18	1	–	–	–	–	–	–	–	1	–	**Silane, (3,5-dimethylphenoxy)trimethyl-**	17994-05-7	**R7328**
179	194	136	151	180	91	121	53	**194**	100	52	13	12	12	11	9	9		12	18	2	–	–	–	–	–	–	–	–	–	**1,4-Dimethoxytetramethylbenzene**		**03372**
179	194	151	73	75	89	45	180	**194**	100	63	63	35	23	21	20	15		10	14	2	–	–	–	–	–	–	–	1	–	**Benzaldehyde, 4-[(trimethylsilyl)oxy]-**	1012-12-0	**Q5063**
179	194	178	44	180	89	195	96	**194**	100	89	37	21	14	14	14	11		15	14	–	–	–	–	–	–	–	–	–	–	**9H-Fluorene, 2,3-dimethyl-**		**D0323**
179	194	178	89	180	57	195	76	**194**	100	73	37	23	18	16	14	13		15	14	–	–	–	–	–	–	–	–	–	–	**9H-Fluorene, 2,3-dimethyl-**	4612-63-9	**R0643**
179	194	181	27	18	39	63	15	**194**	100	33	31	30	29	23	22	22		10	11	–	2	1	–	–	–	–	–	–	–	**1H-Benzimidazole, 5-chloro-2-isopropyl-**	4886-29-7	**R0911**
193	194	77	105	51	78	52	106	**194**	100	35	13	7	6	2	1	1		10	10	4	–	–	–	–	–	–	–	–	–	**Benzoic acid, 2,3-methylenedioxy-, ethyl ester**		**L3685**
194	27	153	125	53	41	55	96	**194**	100	53	39	38	26	21	21	17		7	6	3	4	–	–	–	–	–	–	–	–	**2,4,6(3H)-Pteridinetrione, 1,4a,5,8a-tetrahydro-7-methyl-**	14868-37-2	**R5451**
194	42	56	79	51	164	50	110	**194**	100	84	73	67	54	53	46	46		7	6	3	4	–	–	–	–	–	–	–	–	**1H-1,2,4-Triazole, 3-methyl-5-(5-nitro-2-furanyl)-**	5019-56-7	**R1023**
194	57	108	176	195	179			**194**	100	98	51	18	16	3				9	10	3	2	–	–	–	–	–	–	–	–	**1H-Pyrrole-3,4-diol, 2-(2-furanyl)-2,5-dihydro-5-imino-1-methyl-**	50618-95-6	**S7373**
194	67	109	55	82	42	40	41	**194**	100	67	66	44	39	28	18	16		8	10	2	4	–	–	–	–	–	–	–	–	**1H-Purine-2,6-dione, 3,7-dihydro-1,3,7-trimethyl-**	58-08-2	**P4876**
194	69	110	166	82	53	55	39	**194**	100	63	42	39	29	28	20	20		9	6	5	–	–	–	–	–	–	–	–	–	**3,5,7-Trihydroxycoumarin**		**M6877**

MASS TO CHARGE RATIOS								M.W.	INTENSITIES								Parent	C	H	O	N	Cl	Br	F	S	P	B	Si	X	COMPOUND NAME	CAS Reg No	No
194	69	110	166	138	82	53	39	**194**	100	63	42	39	30	29	28	20		9	6	5	–	–	–	–	–	–	–	–	–	**3,5,7-Trihydroxycoumarin**		**06305**
194	70	151	94	193	107	123	43	**194**	100	81	77	60	55	50	42	34		11	18	1	2	–	–	–	–	–	–	–	–	**Pyridine, 1-acetyl-1,2,3,4-tetrahydro-5-(2-pyrrolidinyl)-**	54966-14-2	**S9937**
194	76	103	30	28	91	118	52	**194**	100	53	43	40	38	38	34	32		7	6	3	4	–	–	–	–	–	–	–	–	**Benzofurazan, 4-(methylamino)-7-nitro-**	18378-29-5	**R7559**
194	77	51	63	50	39	193	166	**194**	100	74	67	25	22	21	20	15		13	10	–	2	–	–	–	–	–	–	–	–	**2H-Cyclopenta[d]pyridazine, 2-phenyl-**	22291-84-5	**R9622**
194	77	51	63	50	39	193	195	**194**	100	75	66	25	22	20	20	15		13	10	–	2	–	–	–	–	–	–	–	–	**2H-Cyclopenta[d]pyridazine, 2-phenyl-**		**L6233**
194	77	51	91	195	64	39	50	**194**	100	39	27	23	15	9	8	6		13	10	–	2	–	–	–	–	–	–	–	–	**Aniline, N,N′-methanetetraylbis-**	622-16-2	**Q3060**
194	77	51	149	45	135	44	107	**194**	100	53	50	42	42	36	35	34		10	10	4	–	–	–	–	–	–	–	–	–	**Cinnamic acid, 4-hydroxy-3-methoxy-**	1135-24-6	**Q5508**
194	77	193	63	195	64	90	39	**194**	100	23	22	20	18	14	12	12		13	10	–	2	–	–	–	–	–	–	–	–	**1H-Benzimidazole, 2-phenyl-**	716-79-0	**Q3846**
194	80	136	40	59	52	53	135	**194**	100	57	36	19	16	14	14	10		7	6	3	4	–	–	–	–	–	–	–	–	**1,2,4-Triazolo[4,3-a]pyrazine-8-carboxylic acid, 2,3-dihydro-3-oxo-, methyl ester**	53975-73-8	**S8724**
194	90	193	89	167	115	97	142	**194**	100	76	63	63	24	18	16	10		11	6	–	4	–	–	–	–	–	–	–	–	**2,3-Dicyano-6-methylquinoxaline**		**17172**
194	91	119	131	179	195	167	147	**194**	100	20	16	15	14	12	12	11		11	14	3	–	–	–	–	–	–	–	–	–	**Phenol, 2,6-dimethoxy-4-propenyl-**		**Z1454**
194	91	119	179	39	151			**194**	100	32	18	17	16	14				11	14	3	–	–	–	–	–	–	–	–	–	**Phenol, 2,6-dimethoxy-4-[(Z)-propenyl]-**		**L8773**
194	91	179	39	119	151			**194**	100	27	19	18	17	11				11	14	3	–	–	–	–	–	–	–	–	–	**Phenol, 2,6-dimethoxy-4-[(E)-propenyl]-**		**L8774**
194	93	58	43	77	119	41	94	**194**	100	97	67	39	38	31	27	21		10	14	–	2	–	–	–	1	–	–	–	–	**Thiourea, N-isopropyl-N′-phenyl-**	15093-36-4	**R5557**
194	95	151	165	166	179	193		**194**	100	35	30	17	14	9	7			10	10	4	–	–	–	–	–	–	–	–	–	**2,5-Dimethoxy-isophthalaldehyde**		**L9346**
194	109	55	67	82	15	18	42	**194**	100	59	37	23	18	15	11	11		8	10	2	4	–	–	–	–	–	–	–	–	**1H-Purine-2,6-dione, 3,7-dihydro-1,3,7-trimethyl-**	58-08-2	**P4880**
194	109	55	67	82	42	195	193	**194**	100	60	40	32	22	16	11	9		8	10	2	4	–	–	–	–	–	–	–	–	**1H-Purine-2,6-dione, 3,7-dihydro-1,3,7-trimethyl-**	58-08-2	**P4877**
194	109	81	53	43	77	52	69	**194**	100	99	99	99	99	95	95	85		10	10	4	–	–	–	–	–	–	–	–	–	**Phenol, 4-acetoxy-2-acetyl-**		**M6983**
194	110	82	95	137	109	91	111	**194**	100	29	13	6	5	4	3	3		12	18	2	–	–	–	–	–	–	–	–	–	**3-Cyclohexene-1-butanal, γ,4-dimethyl-2-oxo-**	69494-13-9	**T7107**
194	119	121	122	131	195	148	154	**194**	100	93	93	93	86	71	64	57		10	10	4	–	–	–	–	–	–	–	–	–	**Isocoumarin, 3,4-dihydro-4,8-dihydroxy-3-methyl-, (R)-(-)-**		**P0918**
194	120	53	80	161	107	67	94	**194**	100	54	42	41	40	35	34	32		8	10	–	4	–	–	–	1	–	–	–	–	**5,8-Dimethyl-3-methylthio-s-triazolo[4,3-a]pyrazine**	19994-81-1	**R8453**
194	120	94	93	119	45	68	47	**194**	100	44	29	28	26	23	19	19		7	6	1	4	–	–	–	1	–	–	–	–	**2-(Methylthio)pteridine**		**B0620**
194	120	161	80	53	107	67	94	**194**	100	54	43	43	43	35	35	34		8	10	–	4	–	–	–	1	–	–	–	–	**5,8-Dimethyl-3-methylthio-s-triazolo[4,3-a]pyrazine**		**M3594**
194	123	95	151	82	195	69	53	**194**	100	39	23	22	12	10	7	6		7	6	3	4	–	–	–	–	–	–	–	–	**2,4,7(1H,3H,8H)-pteridinetrione, 6-methyl-**	31053-46-0	**S3134**
194	123	95	151	82	195	69	81	**194**	100	38	22	22	12	10	7	6		7	6	3	4	–	–	–	–	–	–	–	–	**2,4,7(1H,3H,8H)-Pteridinetrione, 6-methyl-**		**L8496**
194	133	179	148	195	94	70	193	**194**	100	59	34	30	15	14	11	11		8	10	–	4	–	–	–	1	–	–	–	–	**3H-Purine, 2,3-dimethyl-6-(methylthio)-**	5759-57-9	**R1774**
194	151	152	50	51	52	79	81	**194**	100	77	68	57	27	25	23	20		10	10	4	–	–	–	–	–	–	–	–	–	**Cinnamic acid, 4-hydroxy-3-methoxy-**	1135-24-6	**Q5507**
194	163	178	122	135	42	104	162	**194**	100	84	60	24	20	18	14	13		9	10	3	2	–	–	–	–	–	–	–	–	**3-Carbomethoxy-5-(1′-aminoethyl)pyridine**		**P2557**
194	164	149	163	123	122	179		**194**	100	52	25	24	16	14	4			14	10	1	–	–	–	–	–	–	–	–	–	**Tridecapenta-3,5,7,9,11-yne, 1-methoxy-**		**L8100**
194	165	84	137	94	123	193	41	**194**	100	73	49	46	45	44	39	38		11	18	1	2	–	–	–	–	–	–	–	–	**1(2H)-Pyridinecarboxaldehyde, 3,4-dihydro-5-(2-piperidinyl)-**	53508-13-7	**S8486**
194	165	147	176	118	120	122	121	**194**	100	95	47	47	20	18	18	17		10	10	4	–	–	–	–	–	–	–	–	–	**Phthalide, 6,7-dimethyl-**	569-31-3	**Q2197**
194	165	151	106	193	195	135	163	**194**	100	30	19	18	17	12	11	11		10	10	4	–	–	–	–	–	–	–	–	–	**Coumarin, 4,6-dimethoxy-**	4225-35-8	**R0225**
194	165	166	63	195	50	82	163	**194**	100	88	17	15	15	12	12	12		14	10	1	–	–	–	–	–	–	–	–	–	**9(10H)-Anthracenone**	90-44-8	**P6569**
194	165	166	179	178	193	128	152	**194**	100	79	44	36	35	31	21	21		15	14	–	–	–	–	–	–	–	–	–	–	**Naphthalene, 1-(1-cyclopenten-1-yl)-**	58195-37-2	**T4969**
194	165	166	195	63	82.5	163	82	**194**	100	88	17	15	15	14	12	12		14	10	1	–	–	–	–	–	–	–	–	–	**9(10H)-Anthracenone**		**05529**
194	165	193	163	164	195	97	82	**194**	100	51	39	20	20	15	15	12		13	10	–	2	–	–	–	–	–	–	–	–	**1H-Phenalen-1-one, hydrazone**	6968-74-7	**R2741**
194	165	195	166	193	164	163	139	**194**	100	72	16	15	10	10	8	5		14	10	1	–	–	–	–	–	–	–	–	–	**9(10H)-Anthracenone**	90-44-8	**P6570**
194	166	134	162	179	108	163	195	**194**	100	59	21	20	18	16	16	12		11	14	3	–	–	–	–	–	–	–	–	–	**2-Methyl-3-(methoxycarbonyl)-4,5,6,7-tetrahydrobenzo[b]furan**		**17502**
194	166	179	193	42	139	112	138	**194**	100	56	36	27	22	20	16	16		8	10	–	4	–	–	–	1	–	–	–	–	**6H-Purine-6-thione, 7-ethyl-3,7-dihydro-3-methyl-**	56805-38-0	**T4206**
194	179	178	115	116	195	180	193	**194**	100	96	56	26	23	16	16	15		15	14	–	–	–	–	–	–	–	–	–	–	**Stilbene, 2-methyl-**	74685-42-0	**T8358**
194	179	178	115	193	165	195	180	**194**	100	74	35	19	18	11	10	10		15	14	–	–	–	–	–	–	–	–	–	–	**Stilbene, α-methyl-, (E)-**	833-81-8	**Q4328**
194	179	178	165	166	180	152	115	**194**	100	53	35	21	15	8	7	6		15	14	–	–	–	–	–	–	–	–	–	–	**6,7-Dihydro-5H-dibenzo[a,c]cycloheptene**		**M3794**
194	179	178	193	195	96	89	180	**194**	100	54	41	19	17	10	9	9		15	14	–	–	–	–	–	–	–	–	–	–	**Stilbene, 3-methyl-, (E)-**	14064-48-3	**R4945**
194	179	178	195	181	152	154	165	**194**	100	35	31	17	16	11	10	9		15	14	–	–	–	–	–	–	–	–	–	–	**1,1′-Biphenyl, isopropenyl-**	38638-39-0	**S5912**
194	179	193	178	165	128	195	152	**194**	100	36	35	29	25	21	15	11		15	14	–	–	–	–	–	–	–	–	–	–	**Naphthalene, 2-(1-cyclopenten-1-yl)-**	74793-18-3	**T8597**
194	179	195	133	177	77	51	105	**194**	100	18	15	15	9	9	8	7		10	10	4	–	–	–	–	–	–	–	–	–	**Cinnamic acid, 4-hydroxy-3-methoxy-**		**05036**
194	193	64	63	91	51	77	103	**194**	100	60	35	25	20	10	8	5		13	10	–	2	–	–	–	–	–	–	–	–	**Imidazo[1,5-a]pyridine, 3-phenyl-**	35854-46-7	**08434**
194	193	177	179	91	77	195	39	**194**	100	83	46	20	20	13	11	11		11	14	3	–	–	–	–	–	–	–	–	–	**2,4-Dimethoxy-5,6-dimethylbenzaldehyde**		**05946**
194	193	195	192	139	75	166	103	**194**	100	76	51	44	18	13	13	12		13	10	–	2	–	–	–	–	–	–	–	–	**Phenazine, 1-methyl-**	1016-59-7	**Q5075**
194	195	91	193	139	166	63	192	**194**	100	15	10	8	6	6	5	5		13	10	–	2	–	–	–	–	–	–	–	–	**1H-Pyrrolo[2,3-b]pyridine, 2-phenyl-**	10586-52-4	**R3954**
194	195	193	64	63	90	97	77	**194**	100	15	12	9	8	7	7	7		13	10	–	2	–	–	–	–	–	–	–	–	**1H-Benzimidazole, 2-phenyl-**		**D1345**
194	196	131	103	76	28	138	51	**194**	100	34	32	27	25	18	15	14		8	3	2	2	1	–	–	–	–	–	–	–	**2,4-Diisocyanatochlorobenzene**		**D0946**
196	167	165	195	168	152	166	197	**194**	100	66	60	31	26	25	23	17	**1.00**	14	10	1	–	–	–	–	–	–	–	–	–	**Dibenz[c,e]oxepin**	219-98-7	**Q0087**
196	194	51	69	114	115	113	111	**194**	100	99	70	65	49	46	41	41		3	3	–	–	–	1	4	–	–	–	–	–	**1,1,1,3-Tetrafluoro-2-bromopropane**		**M0518**

MASS TO CHARGE RATIOS								M.W.	INTENSITIES								Parent	C	H	O	N	Cl	Br	F	S	P	B	Si	X	COMPOUND NAME	CAS Reg No	No
32	79	78	107	136	164	137	50	**195**	100	64	62	42	42	37	31	30	**1.28**	9	9	4	1	–	–	–	–	–	–	–	–	**2,3-Pyridinedicarboxylic acid, dimethyl ester**	605-38-9	**Q2701**
41	43	29	97	55	57	27	110	**195**	100	82	65	56	48	48	48	34	**0.20**	13	25	–	1	–	–	–	–	–	–	–	–	**Tridecanenitrile**	629-60-7	**H1017**
41	55	67	81	178	69	98	85	**195**	100	78	59	40	37	34	31	27	**7.00**	12	21	1	1	–	–	–	–	–	–	–	–	**4-Cycloocten-1-one, 8-butyl-, oxime, (Z,Z)-**	68344-29-6	**T6925**
41	55	97	111	83	68	124	138	**195**	100	88	74	74	62	51	49	43	**0.30**	13	25	–	1	–	–	–	–	–	–	–	–	**Dodecanenitrile, 2-methyl-**	65644-60-2	**T6575**
41	96	82	55	67	83	68	54	**195**	100	98	92	85	83	43	41	40	**0.45**	11	17	2	1	–	–	–	–	–	–	–	–	**Cyclohexyl 4-cyanobutanoate**		**C1307**
43	17	28	82	29	58	53	110	**195**	100	20	11	11	11	10	9	8	**1.56**	9	11	3	2	–	–	–	–	–	–	–	–	**Dimeric 3-methylisoxazol-5-one methyl ester**		**P4267**
43	40	44	195	58	71	152	55	**195**	100	48	40	38	29	26	26	25		9	17	–	5	–	–	–	–	–	–	–	–	**s-Triazine, 2-ethyl-4,6-bis(ethylamino)-**	26235-13-2	**S1290**
43	41	57	83	55	68	39	81	**195**	100	97	81	71	66	57	48	40	**18.02**	12	21	1	1	–	–	–	–	–	–	–	–	**2-Aziridinone, 1-tert-butyl-3-(1-methylcyclopentyl)-**	24161-48-6	**S0480**
43	41	81	93	71	55	69	79	**195**	100	33	27	27	25	23	19	18	**0.50**	13	9	1	1	–	–	–	–	–	–	–	–	**Nerolidol-epoxyacetate**		**P4221**
43	195	109	45	108	153	53	196	**195**	100	95	72	40	24	21	13	11		10	13	3	1	–	–	–	–	–	–	–	–	**4β-Hydroxyethoxy acetanilide**		**B0615**
44	58	30	41	45	91	43	77	**195**	100	25	12	11	10	9	6	6	**0.60**	11	17	2	1	–	–	–	–	–	–	–	–	**Benzyl alcohol, 2-(2-aminopropoxy)-3-methyl-**	53566-98-6	**08562**
44	58	30	41	45	91	43	77	**195**	100	25	12	11	10	9	6	6	**0.60**	11	17	2	1	–	–	–	–	–	–	–	–	**1-Methyl-2-(α-hydroxy-2,6-xylyloxy)ethylamine**		**P2892**
44	152	28	137	77	65	91	78	**195**	100	21	12	9	6	5	5	4	**1.20**	11	17	2	1	–	–	–	–	–	–	–	–	**Benzeneethanamine, 2,5-dimethoxy-α-methyl-**	2801-68-5	**Q8668**
45	73	195	105	93	65			**195**	100	55	18	13	7	7				9	13	2	3	–	–	–	–	–	–	–	–	**N-Phenyl-N′-hydroxyethyl-N′-aminourea**		**L5954**
46	73	76	45	30	29	28	31	**195**	100	45	41	41	26	26	19	19	**0.00**	6	13	6	1	–	–	–	–	–	–	–	–	**Triethylene glycol mononitrate**		**01616**
46	75	73	45	76	30	29	31	**195**	100	58	45	41	41	28	26	20	**0.00**	6	13	6	1	–	–	–	–	–	–	–	–	**Triethylene glycol mononitrate**		**L3336**
49	30	99	84	149	86	51	195	**195**	100	74	64	56	46	38	32	28		6	1	2	1	–	–	4	–	–	–	–	–	**2,3,5,6-Tetrafluoronitrobenzene**		**D0924**
57	58	56	137	44	55	59	86	**195**	100	64	60	44	40	36	34	21	**1.00**	9	9	4	1	–	–	–	–	–	–	–	–	**2,4-Pyridinedicarboxylic acid, dimethyl ester**	25658-36-0	**S1145**
57	139	195	67	140	111	95	79	**195**	100	63	30	29	23	12	11	8		10	13	3	1	–	–	–	–	–	–	–	–	**N-tert-Butyl-α-(aminomethylene)glutaconic anhydride**		**15048**
58	44	41	138	30	36	39	28	**195**	100	70	30	23	16	13	13	11	**2.60**	11	17	2	1	–	–	–	–	–	–	–	–	**Phenol, 4-(2-aminopropoxy)-3,5-dimethyl-**	53566-99-7	**08559**
58	44	41	138	30	36	39	28	**195**	100	70	30	23	16	13	13	11	**2.60**	11	17	2	1	–	–	–	–	–	–	–	–	**4-Hydroxy-1-methyl-(2,6-xylyloxy)ethylamine**		**P2893**
58	59	42	135	30	77	28	44	**195**	100	48	34	25	20	20	19	16	**0.00**	11	17	2	1	–	–	–	–	–	–	–	–	**Benzyl alcohol, α-[(dimethylamino)methyl]-4-methoxy-**	2970-99-2	**Q8875**
58	100	42	194	55	108	30	41	**195**	100	15	9	9	4	4	3	3	**0.00**	7	17	–	1	–	–	–	–	–	–	–	1	**1-Butanamine, N,N-dimethyl-4-(methylseleno)-**	55021-85-7	**T0069**
58	195	138	180	43	41	153	69	**195**	100	77	77	72	63	42	38	35		9	17	–	5	–	–	–	–	–	–	–	–	**4,6-Bis(isopropylamino)-s-triazine**		**03615**
60	71	43	73	41	28	27	42	**195**	100	65	38	36	28	25	24	22	**0.00**	4	8	2	–	–	–	–	–	–	–	–	1	**Butanoic acid, silver(1+) salt**	5076-24-4	**R1074**
67	167	195	152	138	110	41	39	**195**	100	99	92	87	75	65	50	32		11	17	2	1	–	–	–	–	–	–	–	–	**2H-Pyran-2-one, 6-(diethylamino)-3,5-dimethyl-**	33259-29-9	**09202**
69	41	43	149	151	27	39	89	**195**	100	85	33	28	27	19	14	12	**4.13**	5	10	2	1	–	1	–	–	–	–	–	–	**4-Bromo-2-methyl-2-nitrobutane**		**P1213**
73	194	45	150	135	195			**195**	100	54	36	22	11	10				9	9	4	1	–	–	–	–	–	–	–	–	**1,3-Dioxolane, 2-(3-nitrophenyl)-**		**M3978**
73	194	45	150	136	195			**195**	100	54	36	22	11	10				9	9	4	1	–	–	–	–	–	–	–	–	**1,3-Dioxolane, 2-(3-nitrophenyl)-**	6952-67-6	**R2730**
73	194	45	150	195	135			**195**	100	79	38	25	22	4				9	9	4	1	–	–	–	–	–	–	–	–	**1,3-Dioxolane, 2-(4-nitrophenyl)-**		**M3979**
73	194	45	150	195	136			**195**	100	79	38	25	22	14				9	9	4	1	–	–	–	–	–	–	–	–	**1,3-Dioxolane, 2-(4-nitrophenyl)-**	2403-53-4	**Q7964**
74	18	28	56	44	42	69	116	**195**	100	73	62	50	35	33	33	31	**0.00**	7	17	5	1	–	–	–	–	–	–	–	–	**D-Glucitol, 1-deoxy-1-(methylamino)-**	6284-40-8	**R2201**
77	50	76	160	132	104	51	105	**195**	100	83	71	66	65	32	30	25	**10.01**	8	6	1	3	1	–	–	–	–	–	–	–	**1,2,3-Benzotriazin-4(3H)-one, 3-(chloromethyl)-**	24310-41-6	**S0538**
82	152	67	41	28	114	69	27	**195**	100	81	41	37	25	25	24	22	**2.79**	8	12	1	1	–	–	3	–	–	–	–	–	**N-Trifluoroacetyl-cyclohexylamine**		**03050**
84	69	70	126	195	180	97	127	**195**	100	80	50	35	20	15	15	14		11	21	–	3	–	–	–	–	–	–	–	–	**N[1],N[1]-Diisopentenylguanidine**		**M0890**
84	75	56	28	85	73	55	45	**195**	100	10	9	7	6	6	5	5	**0.00**	9	13	2	1	–	–	–	–	–	–	1	–	**Picolinic acid, trimethylsilyl ester**		**P4154**
85	57	41	58	142	28	43	29	**195**	100	90	26	24	18	16	14	14	**0.00**	13	25	–	1	–	–	–	–	–	–	–	–	**4-(1-Pyrrolidinyl)-2,6-dimethyl-3-heptene**		**00552**
86	138	96	126	41	110	125	82	**195**	100	99	52	51	47	31	29	23	**22.00**	12	21	1	1	–	–	–	–	–	–	–	–	**2H-Azonin-2-one, 9-butyl-1,3,4,7,8,9-hexahydro-, (Z)-**	68344-34-3	**T6927**
87	67	41	55	86	100	82	56	**195**	100	57	49	47	45	39	36	36	**6.80**	12	21	1	1	–	–	–	–	–	–	–	–	**N-(Octa-2,7-dienyl)morpholine**		**C0951**
88	60	61	55	70	89	125	97	**195**	100	40	38	31	26	22	13	10	**0.00**	9	13	2	1	–	–	–	–	–	–	1	–	**3-Pyridinecarboxylic acid, trimethylsilyl ester**	25436-37-7	**S1084**
88	74	43	73	45	46	42	41	**195**	100	53	42	33	24	19	12	10	**0.99**	6	13	2	1	–	–	–	2	–	–	–	–	**S-Propylthio-L-cysteine**		**16981**
88	89	136	107	91	70	77	108	**195**	100	60	58	58	44	20	15	12	**9.55**	9	13	2	3	–	–	–	–	–	–	–	–	**L-Tyrosine, hydrazide**	7662-51-3	**R3380**
91	73	92	75	77	195	74	65	**195**	100	58	31	26	23	20	18	18		10	17	1	1	–	–	–	–	–	–	1	–	**Benzyloxyamine-N-tms**		**15649**
91	92	195	194	65	39	117	51	**195**	100	29	27	19	16	11	10	10		14	13	–	1	–	–	–	–	–	–	–	–	**Benzylidene benzylamine**	780-25-6	**09742**
91	120	31	164	45	27	65	39	**195**	100	77	68	64	62	51	48	42	**5.90**	11	17	2	1	–	–	–	–	–	–	–	–	**N,N-Bis(2-hydroxyethyl)-3-toluidine**		**D1621**
91	179	152	196					**195**	100	62	30	15					**0.00**	11	17	2	1	–	–	–	–	–	–	–	–	**Benzeneethanamine, 3,5-dimethoxy-α-methyl-**	15402-82-1	**R5728**
92	196	65	195	91	89	90	117	**195**	100	70	62	46	32	28	25	25		14	13	–	1	–	–	–	–	–	–	–	–	**Benzylidine benzylamine**		**D0692**
102	195	94	136	93	65	109	79	**195**	100	80	76	76	72	35	22	21		6	14	2	1	–	–	–	1	1	–	–	–	**N-(Dimethylthiophosphinyl)alanine methyl ester**		**16273**
104	160	103	29	77	41	57	27	**195**	100	43	26	20	20	17	11	11	**0.00**	11	14	–	1	1	–	–	–	–	–	–	–	**Benzenecarboximidoyl chloride, N-butyl-**	41182-88-1	**S6581**
105	77	31	51	29	44	50	121	**195**	100	83	54	50	37	25	24	17	**3.60**	9	9	4	1	–	–	–	–	–	–	–	–	**Acetic acid, [(benzoylamino)oxy]-**	5251-93-4	**R1220**
105	77	51	50	76	106	78	39	**195**	100	67	30	13	10	7	6	6	**3.82**	9	9	4	1	–	–	–	–	–	–	–	–	**Acetic acid, [(benzoylamino)oxy]-**	5251-93-4	**R1221**
107	102	136	108	74	29	91	103	**195**	100	51	50	42	41	24	20	19	**0.00**	10	13	3	1	–	–	–	–	–	–	–	–	**L-Tyrosine, methyl ester**	1080-06-4	**Q5259**
107	152	178	136	106	151	153	196	**195**	100	95	71	51	37	33	32	28	**7.35**	11	17	2	1	–	–	–	–	–	–	–	–	**2-Pyridinemethanol, 4,5-dimethyl-α-propyl-, 1-oxide**	34277-50-4	**08958**
108	109	179	43	137	136	153	81	**195**	100	81	64	62	44	15	14	13	**7.40**	10	13	3	1	–	–	–	–	–	–	–	–	**Acetamide, N-(4-ethoxyphenyl)-N-hydroxy-**	19315-64-1	**R8078**
109	81	140	195	59	122	168	91	**195**	100	98	57	55	41	41	38	26		5	10	3	1	–	–	–	1	1	–	–	–	**Diethyl phosphor(isothiocyanatidate)**		**15851**
109	195	152	122	128	196	86	140	**195**	100	90	61	26	23	21	19	19		12	21	1	1	–	–	–	–	–	–	–	–	**Morpholine, 5-(2,4-heptadienyl)-2-methyl-**	55649-56-4	**T1749**

MASS TO CHARGE RATIOS								M.W.	INTENSITIES								Parent	C	H	O	N	Cl	Br	F	S	P	B	Si	X	COMPOUND NAME	CAS Reg No	No
116	89	117	63	39	58	90	195	**195**	100	50	31	18	17	14	13	12		8	6	–	1	–	1	–	–	–	–	–	–	**Benzonitrile, 3-(bromomethyl)-**	28188-41-2	**S1987**
116	89	117	63	39	62	50	90	**195**	100	50	29	25	21	13	13	12	**8.13**	8	6	–	1	–	1	–	–	–	–	–	–	**Benzonitrile, 2-(bromomethyl)-**	22115-41-9	**R9561**
116	195	197	89	115	88	198	117	**195**	100	99	98	69	20	13	12	11		8	6	–	1	–	1	–	–	–	–	–	–	**1H-Indole, 5-bromo-**	10075-50-0	**R3575**
116	195	197	89	117	18	50	28	**195**	100	58	58	49	21	20	19	19		8	6	–	1	–	1	–	–	–	–	–	–	**Benzeneacetonitrile, 4-bromo-**	16532-79-9	**R6238**
119	177	28	91	118	18	120	144	**195**	100	75	34	27	26	20	16	13	**0.09**	11	17	2	1	–	–	–	–	–	–	–	–	**N,N-Bis(2-hydroxyethyl)-3-toluidine**		**D0077**
120	137	152	107	195	41	180	91	**195**	100	71	71	33	33	27	26	21		10	17	1	3	–	–	–	–	–	–	–	–	**2-Cyclohexen-1-one, 3,5,5-trimethyl-, semicarbazone**	6293-60-3	**R2210**
121	120	65	195	39	92	93	30	**195**	100	84	42	36	35	35	26	20		9	9	4	1	–	–	–	–	–	–	–	–	**Glycine, N-(2-hydroxybenzoyl)-**	487-54-7	**Q1151**
121	120	65	195	92	39	93	149	**195**	100	85	43	38	37	36	28	19		9	9	4	1	–	–	–	–	–	–	–	–	**Glycine, N-(2-hydroxybenzoyl)-**	487-54-7	**Q1153**
121	120	65	195	92	93	149	64	**195**	100	84	42	36	35	26	17	11		9	9	4	1	–	–	–	–	–	–	–	–	**Glycine, N-(2-hydroxybenzoyl)-**	487-54-7	**Q1152**
121	120	195	92	65	93	149	39	**195**	100	95	62	29	27	19	16	16		9	9	4	1	–	–	–	–	–	–	–	–	**Acetic acid, (benzoylamino)hydroxy-**	16555-77-4	**R6252**
123	81	96	195	152	95	41	43	**195**	100	27	24	24	21	20	8	8		12	21	1	1	–	–	–	–	–	–	–	–	**N-Isobutyl-trans-2,trans-4-octadienamide**		**L7873**
124	41	43	82	180	55	138	83	**195**	100	98	95	94	69	66	65	53	**36.80**	12	21	1	1	–	–	–	–	–	–	–	–	**2,3,3-Trimethyl-1-acetamidobicyclo[2.2.1]heptane**		**M1058**
124	153	125	195	43	96	149	152	**195**	100	88	67	51	31	22	12	9		10	13	3	1	–	–	–	–	–	–	–	–	**Acetamide, N-(4-ethoxy-2-hydroxyphenyl)-**	4665-04-7	**R0693**
124	153	125	195	43	149	96	177	**195**	100	96	69	55	38	28	20	13		10	13	3	1	–	–	–	–	–	–	–	–	**Acetamide, N-(4-ethoxy-2-hydroxyphenyl)-**	4665-04-7	**R0692**
127	195	180	129	69	144	197	182	**195**	100	46	30	27	18	18	13	10		11	14	–	1	1	–	–	–	–	–	–	–	**Aniline, 4-chloro-N-(1,1-dimethyl-2-propenyl)-**	60173-68-4	**T5155**
137	59	50	77	136	51	78	164	**195**	100	47	30	23	22	16	14	14	**1.00**	9	9	4	1	–	–	–	–	–	–	–	–	**2,5-Pyridinedicarboxylic acid, dimethyl ester**	881-86-7	**Q4470**
137	79	41	110	107	136	39	151	**195**	100	58	37	35	33	32	29	27	**25.00**	10	17	1	3	–	–	–	–	–	–	–	–	**Cyclohexene, 1-acetyl-2-methyl-, semicarbazone**	16983-67-8	**R6558**
137	105	136	59	77	50	51	165	**195**	100	57	28	27	24	19	12	12	**4.95**	9	9	4	1	–	–	–	–	–	–	–	–	**2,6-Pyridinedicarboxylic acid, dimethyl ester**	5453-67-8	**R1453**
138	95	180	82	136	124	110	122	**195**	100	7	7	4	3	2	2	2	**1.00**	13	25	–	1	–	–	–	–	–	–	–	–	**Quinoline, 2-butyldecahydro-**	63983-60-8	**T6356**
138	108	58	65	92	30	195	63	**195**	100	50	46	41	41	31	26	18		8	9	3	3	–	–	–	–	–	–	–	–	**Urea, N-methyl-N′-(4-nitrophenyl)-**	13866-64-3	**R4778**
138	152	41	56	55	70	42	82	**195**	100	98	47	41	37	33	27	17	**11.81**	13	25	–	1	–	–	–	–	–	–	–	–	**Cyclohexanamine, N-cyclohexyl-N-methyl-**	7560-83-0	**R3298**
139	56	29	41	18	57	39	109	**195**	100	95	70	68	42	38	33	32	**25.66**	10	13	3	1	–	–	–	–	–	–	–	–	**Butyl 2-nitrophenyl ether**		**P1230**
139	57	41	195	140	106	39	29	**195**	100	30	16	12	11	9	8	8		11	17	–	1	–	–	–	1	–	–	–	–	**3-tert-Butylmercapto-4,5-lutidine**		**02669**
139	57	106	195	41	105	39	29	**195**	100	81	71	41	26	21	18	18		11	17	–	1	–	–	–	1	–	–	–	–	**4-(tert-Butylmercapto)methyl-3-picoline**		**02670**
139	95	140	195	94	41	57	39	**195**	100	18	12	7	7	7	6	6		11	17	–	1	–	–	–	1	–	–	–	–	**2-tert-Butylmercapto-4,5-lutidine**		**02668**
139	105	138	41	140	39	57	195	**195**	100	17	14	13	12	11	10	9		11	17	–	1	–	–	–	1	–	–	–	–	**2-tert-Butylmercapto-3,5-lutidine**		**02665**
139	106	95	140	138	41	32	57	**195**	100	26	14	12	12	8	8	7	**6.00**	11	17	–	1	–	–	–	1	–	–	–	–	**2-tert-Butylmercapto-3,4-lutidine**		**02667**
139	138	57	41	93	107	39	140	**195**	100	54	28	19	17	13	13	11	**4.00**	11	17	–	1	–	–	–	1	–	–	–	–	**2-(tert-Butylmercapto)methyl-6-picoline**		**02671**
139	138	57	93	41	107	39	140	**195**	100	54	27	17	14	13	13	11	**0.00**	11	17	–	1	–	–	–	1	–	–	–	–	**2-(tert-Butylmercaptomethyl)-6-picoline**		**02643**
148	166	195	150	149	134	106	152	**195**	100	94	79	58	48	31	23	22		11	17	2	1	–	–	–	–	–	–	–	–	**Pyrrole-3-carboxylic acid, 2,4-diethyl-, ethyl ester**	27172-11-8	**S1640**
149	121	90	118	89	150	15	130	**195**	100	32	30	22	19	11	8	7	**0.00**	9	9	4	1	–	–	–	–	–	–	–	–	**Methyl 4-nitromethylbenzoate**		**03044**
150	109	136	195	179	69	65	152	**195**	100	65	52	47	45	39	27	25		9	9	2	1	–	–	–	1	–	–	–	–	**2H-1,4-Benzothiazin-3(4H)-one, 4-hydroxy-2-methyl-**	4892-06-2	**R0916**
150	167	104	76	50	45	29	65	**195**	100	54	48	44	37	36	35	26	**9.16**	9	9	4	1	–	–	–	–	–	–	–	–	**Benzoic acid, 4-nitro-, ethyl ester**	99-77-4	**P7269**
152	86	122	111	83	81	114	195	**195**	100	31	29	27	25	23	23	23		12	21	1	1	–	–	–	–	–	–	–	–	**Morpholine, 2-(1,3-hexadienyl)-3,5-dimethyl-**	55649-54-2	**T1747**
152	180	178	55	69	57	56	84	**195**	100	85	68	50	37	33	33	32	**15.00**	11	21	–	3	–	–	–	–	–	–	–	–	**5-Deoxydihydroalchornine**		**M0886**
152	195	125	180	153	167	196	178	**195**	100	52	50	40	17	15	10	8		10	13	3	1	–	–	–	–	–	–	–	–	**3-Butyryl-4-hydroxy-6-methyl-pyrid-2-one**		**M3437**
164	50	78	165	51	77	93	105	**195**	100	94	89	31	30	23	23	23	**3.00**	9	9	4	1	–	–	–	–	–	–	–	–	**3,4-Pyridinedicarboxylic acid, dimethyl ester**	1796-83-4	**Q6762**
165	107	18	61	62	195	53	28	**195**	100	94	83	82	80	65	53	52		8	5	5	1	–	–	–	–	–	–	–	–	**2-Nitropiperonal**		**L3688**
165	136	164	195	150	82			**195**	100	81	50	31	23	15				10	13	3	1	–	–	–	–	–	–	–	–	**2H-1,4-Benzooxazin-6(8aH)-one, 3,4-dihydro-4-methyl-8a-methoxy-**		**M8087**
165	164	138	139	51	63	39	166	**195**	100	43	27	25	16	15	14	14	**7.32**	12	9	–	3	–	–	–	–	–	–	–	–	**1,1′-Biphenyl, 4-azido-**	31656-91-4	**S3368**
166	152	180	91	195	92	103	83	**195**	100	66	55	45	36	32	25	25		10	17	1	3	–	–	–	–	–	–	–	–	**2-Diethylamino-4-methoxy-6-methylpyrimidine**		**D2465**
166	195	150	152	122	180	148	106	**195**	100	66	52	48	45	37	28	25		11	17	2	1	–	–	–	–	–	–	–	–	**1H-Pyrrole-3-carboxylic acid, 2,5-diethyl-, ethyl ester**	35011-29-1	**S4780**
166	195	180	136	122	93	108	86	**195**	100	33	25	21	17	15	15	14		12	21	1	1	–	–	–	–	–	–	–	–	**Morpholine, 3-(2,4-heptadienyl)-5-methyl-**	55649-55-3	**T1748**
166	195	194	44	95	84	57	98	**195**	100	80	66	48	38	35	30	23		12	21	1	1	–	–	–	–	–	–	–	–	**4,7-Methanobenzoxazole, octahydro-3,7,8,8-tetramethyl-, endo,endo-**	32235-39-5	**S3543**
167	67	152	195	138	110	123	95	**195**	100	99	88	80	75	65	30	30		11	17	2	1	–	–	–	–	–	–	–	–	**2H-Pyran-2-one, 6-(diethylamino)-3,5-dimethyl-**		**M7493**
167	76	50	166	195	168	139	140	**195**	100	44	27	25	21	13	10	7		12	9	–	3	–	–	–	–	–	–	–	–	**1H-Benzotriazole, 1-phenyl-**	883-39-6	**Q4477**
167	77	51	166	195	168	139	140	**195**	100	65	51	31	24	14	12	11		12	9	–	3	–	–	–	–	–	–	–	–	**1H-Benzotriazole, 1-phenyl-**	883-39-6	**Q4478**
167	166	139	140	39	51	63	168	**195**	100	48	29	25	17	17	17	17	**12.50**	12	9	–	3	–	–	–	–	–	–	–	–	**1,1′-Biphenyl, 3-azido-**	14213-01-5	**R5053**
167	166	168	139	140	63	39	51	**195**	100	24	14	13	10	10	9	8	**2.86**	12	9	–	3	–	–	–	–	–	–	–	–	**1,1′-Biphenyl, 2-azido-**	7599-23-7	**R3313**
167	195	125	105	104	126	168	196	**195**	100	65	30	17	12	12	12	12		6	5	3	5	–	–	–	–	–	–	–	–	**4,6,7(1H)-Pteridinetrione, 2-amino-5,8-dihydro-**	492-11-5	**Q1213**
167	195	194	108	109	168	196	169	**195**	100	90	17	16	14	13	12	10		9	9	–	1	–	–	–	2	–	–	–	–	**3-Ethylbenzothiazolin-2-thione**		**16577**
168	196	195	77	194	65	76	142	**195**	100	57	44	30	26	22	22	22		12	9	–	3	–	–	–	–	–	–	–	–	**1-Phenazinamine**	2876-22-4	**Q8768**
175	148	195	177	150	197	176	113	**195**	100	92	83	34	29	27	23	15		7	5	–	1	1	–	3	–	–	–	–	–	**Aniline, 4-chloro-2-(trifluoromethyl)-**	445-03-4	**Q0767**
178	89	106	63	118	90	164	77	**195**	100	71	47	37	35	35	34	32	**7.05**	9	9	4	1	–	–	–	–	–	–	–	–	**Benzoic acid, 3-methyl-4-nitro-, methyl ester**	24078-21-5	**S0452**
178	164	118	89	90	59	147	106	**195**	100	39	36	31	25	13	11	11	**8.20**	9	9	4	1	–	–	–	–	–	–	–	–	**Methyl 2-nitro-p-toluate**		**F0047**
180	43	164	59	181	104	77	87	**195**	100	19	17	12	12	10	8	8	**4.00**	10	13	3	1	–	–	–	–	–	–	–	–	**3-Carbomethoxy-5-(1′-methoxyethyl)pyridine**		**P2555**

MASS TO CHARGE RATIOS								M.W.	INTENSITIES								Parent	C	H	O	N	Cl	Br	F	S	P	B	Si	X	COMPOUND NAME	CAS Reg No	No
180	78	136	45	73	51	43	103	**195**	100	95	61	36	35	32	23	20	**4.00**	9	13	2	1	–	–	–	–	–	–	1	–	Picolinic acid, trimethylsilyl ester	17881-49-1	R7237
180	78	136	73	181	51	45	167	**195**	100	46	33	21	15	14	14	9	**0.00**	9	13	2	1	–	–	–	–	–	–	1	–	Picolinic acid, trimethylsilyl ester	17881-49-1	R7238
180	195	152	166	140	139	151	196	**195**	100	42	17	13	10	8	8	8		14	13	–	1	–	–	–	–	–	–	–	–	9H-Carbazole, 9-ethyl-		L7852
180	195	181	152	166	196	140	167	**195**	100	56	14	12	9	9	7	5		14	13	–	1	–	–	–	–	–	–	–	–	9H-Carbazole, 9-ethyl-		Y2473
180	195	181	152	196	166	140	153	**195**	100	79	22	16	13	5	5	4		14	13	–	1	–	–	–	–	–	–	–	–	9H-Carbazole, 9-ethyl-	86-28-2	P6285
194	77	195	51	178	39	91	65	**195**	100	95	91	61	28	27	25	17		14	13	–	1	–	–	–	–	–	–	–	–	Aniline, N-[(4-methylphenyl)methylene]-	2362-77-8	Q7875
194	77	195	51	178	39	91	118	**195**	100	95	90	61	28	27	25	16		14	13	–	1	–	–	–	–	–	–	–	–	Aniline, N-[(4-methylphenyl)methylene]-		L4531
194	165	166	28	196	96	152	97	**195**	100	46	38	23	22	13	12	11	**0.00**	14	13	–	1	–	–	–	–	–	–	–	–	6,7-Dihydro-5H-dibenz[c,e]azepine		00933
195	56	152	80	79	108	122	82	**195**	100	96	96	67	52	48	44	34		10	13	3	1	–	–	–	–	–	–	–	–	N,N-Diethyl-α-(aminomethylene)glutaconic anhydride		15049
195	57	95	42	41	84	44	85	**195**	100	85	62	38	36	35	31	27		12	21	1	1	–	–	–	–	–	–	–	–	4,7-Methanobenzoxazole, octahydro-1,4,8,8-tetramethyl-, (3aα,4β,7aα)	35972-97-5	S5131
195	63	64	167	77	92	51	83.5	**195**	100	34	29	21	17	12	11	9		13	9	1	1	–	–	–	–	–	–	–	–	Benzoxazole, 2-phenyl-		M2299
195	63	64	167	77	196	92	51	**195**	100	34	29	21	17	13	12	11		13	9	1	1	–	–	–	–	–	–	–	–	Benzoxazole, 2-phenyl-	833-50-1	Q4327
195	78	194	196	104	66	52	65	**195**	100	27	25	18	13	10	8	7		12	9	–	3	–	–	–	–	–	–	–	–	[1,2,4]Triazolo[1,5-a]pyridine, 2-phenyl-	779-24-8	Q4114
195	118	194	117	119	193	180		**195**	100	92	80	16	9	7	6			14	13	–	1	–	–	–	–	–	–	–	–	N-Benzylidene-2-methylaniline		M1073
195	137	152	43	138	122	136	110	**195**	100	50	46	45	30	28	27	21		10	13	3	1	–	–	–	–	–	–	–	–	Acetamide, N-[(4-hydroxy-3-methoxyphenyl)methyl]-	53527-04-1	S8502
195	139	167	166	140	196	83.5	165	**195**	100	50	48	27	22	16	16	10		12	9	–	3	–	–	–	–	–	–	–	–	2-Aminobenzo[c]cinnoline		02043
195	140	180	145	42	197	58	142	**195**	100	81	48	43	40	33	28	27		11	14	–	1	1	–	–	–	–	–	–	–	Aniline, 4-chloro-2-(3-methyl-2-butenyl)-	69611-48-9	T7171
195	148	134	166	149	150	106	180	**195**	100	95	71	59	47	40	32	27		11	17	2	1	–	–	–	–	–	–	–	–	1H-Pyrrole-2-carboxylic acid, 3-ethyl-4,5-dimethyl-, ethyl ester	34549-93-4	S4666
195	148	197	63	69	176	145	160	**195**	100	37	33	28	24	22	20	19		7	5	–	1	1	–	3	–	–	–	–	–	Aniline, 4-chloro-3-(trifluoromethyl)-	320-51-4	Q0484
195	150	108	194	42	65	135	120	**195**	100	65	46	32	19	18	15	14		10	13	3	1	–	–	–	–	–	–	–	–	Carbonic acid, 3-(dimethylamino)phenyl methyl ester	54644-48-3	S9383
195	150	138	194	83	166			**195**	100	40	13	12	10	9				10	13	3	1	–	–	–	–	–	–	–	–	β-(N-Piperidylcarbonyl)-butenolide		M2833
195	151	43	92	162	84	142	69	**195**	100	38	28	18	17	16	15	14		5	4	–	3	–	–	3	1	–	–	–	–	4(1H)-Pyrimidinethione, 2-amino-6-(trifluoromethyl)-	54845-25-9	S9749
195	160	197	51	77	57	50	92	**195**	100	43	33	22	16	13	11	11		9	6	–	1	1	–	–	1	–	–	–	–	5-Chloro-3-phenylisothiazole		L4291
195	163	167	29	108	69	27	44	**195**	100	91	82	54	50	47	44	28		9	9	–	1	–	–	–	2	–	–	–	–	2-(Ethylthio)benzothiazole		16574
195	167	139	166	78	179	168	140	**195**	100	59	24	24	20	19	15	13		13	9	1	1	–	–	–	–	–	–	–	–	Phenanthridine, 5-oxide	14548-01-7	R5270
195	167	139	166	179	168	196	140	**195**	100	60	24	24	18	15	14	12		13	9	1	1	–	–	–	–	–	–	–	–	Phenanthridine, 5-oxide		L2806
195	167	166	196	139	140	83.5	113	**195**	100	53	24	19	19	18	9	8		13	9	1	1	–	–	–	–	–	–	–	–	Acridone		02017
195	167	196	166	83.5	139	140	69.5	**195**	100	20	16	13	12	11	8	7		13	9	1	1	–	–	–	–	–	–	–	–	Phenanthridone		00309
195	167	196	166	139	140	63	168	**195**	100	15	14	13	10	6	3	3		13	9	1	1	–	–	–	–	–	–	–	–	Phenanthridone		B0791
195	168	77	97	194	142	65	76	**195**	100	23	7	6	6	5	5	5		12	9	–	3	–	–	–	–	–	–	–	–	1-Phenazinamine		L1594
195	168	140	128	75	196	76	114	**195**	100	37	27	22	19	17	12	12		12	9	–	3	–	–	–	–	–	–	–	–	Quinoline, 2-(1H-imidazol-4-yl)-	2054-67-3	Q7297
195	168	141	64	77	89	38	76	**195**	100	30	20	9	8	7	5	5		10	5	–	5	–	–	–	–	–	–	–	–	1,3,6,9b-Tetraazaphenalene-4-carbonitrile	37550-64-4	S5512
195	168	167	194	63	98	76	64	**195**	100	34	10	8	8	6	6	6		12	9	–	3	–	–	–	–	–	–	–	–	2-Phenazinamine		L2060
195	168	196	167	63	194	64	76	**195**	100	34	13	10	8	8	6	6		12	9	–	3	–	–	–	–	–	–	–	–	2-Phenazinamine	2876-23-5	Q8769
195	178	77	104	150	51	78	44	**195**	100	57	49	48	36	33	31	28		8	9	3	3	–	–	–	–	–	–	–	–	Benzamide, 3-amino-2-methyl-5-nitro-	3572-44-9	Q9539
195	178	91	32	39	77	123	41	**195**	100	79	58	37	31	27	23	22		10	13	3	1	–	–	–	–	–	–	–	–	3-Methoxy-2,4,6-trimethylnitrobenzene		05955
195	194	51	196	39	63	193	89	**195**	100	57	14	13	13	11	10	10		14	13	–	1	–	–	–	–	–	–	–	–	10,11-Dihydro-5H-dibenz[b,f]azepine		Y2474
195	194	63	90	168	141			**195**	100	79	27	10	6	2				12	9	–	3	–	–	–	–	–	–	–	–	3-(2-Pyridinyl)imidazo[1,5-a]pyridine		M6683
195	194	77	91	104	193	178	136	**195**	100	98	45	19	10	6	6	6		14	13	–	1	–	–	–	–	–	–	–	–	N-(3-Methylbenzylidene)aniline		M8851
195	194	91	118	106	77	193	107	**195**	100	78	34	11	7	7	6	5		14	13	–	1	–	–	–	–	–	–	–	–	N-Benzylidene-4-methylaniline		M8850
195	194	91	118	193	77			**195**	100	81	43	11	8	7				14	13	–	1	–	–	–	–	–	–	–	–	N-Benzylidene-3-methylaniline		M1072
195	194	92	65	78	196	66	51	**195**	100	63	48	42	16	14	14	11		12	9	–	3	–	–	–	–	–	–	–	–	1,2,4-Triazolo[4,3-a]pyridine, 3-phenyl-		L8648
195	194	92	65	78	196	66	77	**195**	100	65	47	42	16	14	13	11		12	9	–	3	–	–	–	–	–	–	–	–	1,2,4-Triazolo[4,3-a]pyridine, 3-phenyl-	778-65-4	Q4111
195	194	97.5	96.5	196	51	180	63	**195**	100	51	16	13	12	11	11	10		14	13	–	1	–	–	–	–	–	–	–	–	4,9-Dimethylcarbazole		L7853
195	194	193	196	178	165	177	180	**195**	100	73	19	15	12	11	10	9		14	13	–	1	–	–	–	–	–	–	–	–	Aniline, 3-(2-phenylethenyl)-, (E)-	14064-82-5	R4946
195	194	196	91	51	63	64	84	**195**	100	21	14	13	8	8	7	7		12	9	–	3	–	–	–	–	–	–	–	–	1H-Pyrrolo[2,3-b]pyridine, 2-(4-pyridyl)-	23612-51-3	S0278
195	194	196	193	180	165	178	177	**195**	100	23	10	10	6	6	5	5		14	13	–	1	–	–	–	–	–	–	–	–	Aniline, 4-(2-phenylethenyl)-	834-24-2	Q4334
195	196	135	152	151				**195**	100	10	7	7	3					7	5	4	3	–	–	–	–	–	–	–	–	Pyrrolo[1,2-a]-1,3,5-triazine-7-carboxylic acid, 1,2,3,4-tetrahydro-2,4-dioxo-	54449-90-0	S9115
195	196	167	77	92	83.5	97.5	166	**195**	100	14	10	8	6	6	5	2		13	9	1	1	–	–	–	–	–	–	–	–	Benzoxazole, 2-phenyl-		M6698
195	197	27	121	199	175	133	168	**195**	100	66	20	16	11	10	10	9		5	4	–	3	2	–	1	–	–	–	–	–	2,4-Di-amino-3,5-dichloro-6-fluoro-pyridine		A0762
195	197	124	199	97	62	159	88	**195**	100	95	35	32	21	21	16	14		6	4	–	1	3	–	–	–	–	–	–	–	Aniline, 2,4,6-trichloro-	634-93-5	Q3438
195	197	124	199	97	159	62	160	**195**	100	93	40	28	20	19	17	16		6	4	–	1	3	–	–	–	–	–	–	–	Aniline, 2,4,6-trichloro-	634-93-5	Q3437
195	197	124	199	133	97	61	62	**195**	100	94	54	29	27	24	21	21		6	4	–	1	3	–	–	–	–	–	–	–	Aniline, 2,3,4-trichloro-	634-67-3	Q3431
195	197	176	63	160	140	148	80	**195**	100	32	20	16	14	11	11	10		7	5	–	1	1	–	3	–	–	–	–	–	Aniline, 2-chloro-5-(trifluoromethyl)-	121-50-6	H0547

MASS TO CHARGE RATIOS								M.W.	INTENSITIES								Parent	C	H	O	N	Cl	Br	F	S	P	B	Si	X	COMPOUND NAME	CAS Reg No	No
195	197	199	123	133	196	198	135	**195**	100	94	30	13	11	10	9	7		6	4	–	1	3	–	–	–	–	–	–	–	Aniline, 2,4,5-trichloro-	636-30-6	Q3452
196	150	197	107	151	108			**195**	100	17	11	5	2	1			**0.00**	10	13	3	1	–	–	–	–	–	–	–	–	L-Tyrosine, α-methyl-	672-87-7	Q3647
197	195	199	124	133	160	126	125	**195**	100	99	32	30	14	12	10	10		6	4	–	1	3	–	–	–	–	–	–	–	Aniline, 2,3,4-trichloro-	634-67-3	Q3432
197	195	199	124	159	97	97.5	98.5	**195**	100	97	34	21	12	10	10	10		6	4	–	1	3	–	–	–	–	–	–	–	Aniline, 2,4,6-trichloro-		D1592
198	196	117	85	145	197	118	199	**195**	100	94	62	15	13	9	9	7	**4.30**	8	6	–	1	–	1	–	–	–	–	–	–	1H-Indole, 5-bromo-	10075-50-0	R3576
15	196	29	39	95	163	181	53	**196**	100	75	75	69	54	41	38	38		10	12	4	–	–	–	–	–	–	–	–	–	Benzaldehyde, 2,3,4-trimethoxy-	2103-57-3	Q7381
30	44	28	14	16	12	15	31	**196**	100	31	7	5	5	2	1	1	**0.00**	1	–	8	4	–	–	–	–	–	–	–	–	Methane, tetranitro-	509-14-8	Q1434
30	91	119	120	65	39	28	63	**196**	100	67	60	47	18	13	10	8	**0.00**	8	8	4	2	–	–	–	–	–	–	–	–	4-Tolyl dinitromethane		F0059
41	39	43	69	81	53	55	67	**196**	100	89	56	55	50	49	45	44	**35.00**	10	12	4	–	–	–	–	–	–	–	–	–	1H,3H,-Pyran[3,4-c]pyran-5-carboxaldehyde, 6-methyl-1-oxo-4,4a,5,6-tetrahydro-		P2549
41	39	67	28	55	68	53	27	**196**	100	97	77	71	63	61	57	53	**22.77**	10	18	–	–	–	–	–	–	–	–	–	1	Nickel, bis[(1,2,3-η)-2-pentenyl]-	43062-19-7	S7055
41	43	55	57	29	69	83	56	**196**	100	90	80	60	57	55	55	53	**5.96**	14	28	–	–	–	–	–	–	–	–	–	–	1-Tetradecene		V0017
41	43	55	57	56	69	83	70	**196**	100	95	77	63	52	52	48	46	**2.75**	14	28	–	–	–	–	–	–	–	–	–	–	1-Tetradecene		Y1011
41	43	55	57	56	69	83	70	**196**	100	81	67	51	42	42	41	37	**3.54**	14	28	–	–	–	–	–	–	–	–	–	–	1-Tetradecene		Y1835
41	55	43	69	56	57	70	83	**196**	100	98	93	80	74	68	60	50	**4.47**	14	28	–	–	–	–	–	–	–	–	–	–	3-Tetradecene, (Z)-	41446-67-7	S6625
41	55	69	43	56	57	70	83	**196**	100	93	93	88	74	68	64	52	**6.45**	14	28	–	–	–	–	–	–	–	–	–	–	3-Tetradecene, (E)-	41446-68-8	S6626
41	55	69	43	83	70	56	97	**196**	100	98	93	80	61	54	53	40	**6.73**	14	28	–	–	–	–	–	–	–	–	–	–	7-Tetradecene	10374-74-0	R3799
41	55	139	42	69	97	43	154	**196**	100	86	63	57	40	40	37	36	**2.00**	12	20	2	–	–	–	–	–	–	–	–	–	2,2-Dipropyl-cyclohexan-1,3-dione		M2608
41	67	55	93	39	79	91	57	**196**	100	85	75	61	48	44	44	44	**2.00**	12	20	2	–	–	–	–	–	–	–	–	–	2,2-Diallyl-cyclohexan-trans-1,3-diol		M2606
41	67	93	55	79	43	91	57	**196**	100	92	92	85	56	53	53	47	**2.50**	12	20	2	–	–	–	–	–	–	–	–	–	2,2-Diallyl-cyclohexan-cis-1,3-diol		M2605
41	81	39	55	27	29	127	57	**196**	100	52	40	31	28	27	25	18	**0.06**	12	20	2	–	–	–	–	–	–	–	–	–	6,6-Diallyloxyhex-1-ene		C1027
41	93	69	43	45	121	79	77	**196**	100	89	56	52	40	29	28	23	**0.00**	12	20	2	–	–	–	–	–	–	–	–	–	1,6-Octadien-3-ol, 3,7-dimethyl-, acetate	115-95-7	H0521
41	123	55	79	108	95	68	164	**196**	100	99	90	77	77	70	65	60	**54.99**	11	16	3	–	–	–	–	–	–	–	–	–	Cyclohexanecarboxylic acid, 2-oxo-3-(2-propenyl)-, methyl ester	51414-47-2	S7648
42	69	55	95	81	121	107	139	**196**	100	82	80	80	65	43	27	27	**1.00**	13	24	1	–	–	–	–	–	–	–	–	–	9-Decen-4-ol, 2,9-dimethyl-5-methylene-	69690-77-3	T7309
43	27	79	93	54	67	107	153	**196**	100	74	62	37	18	18	8	3	**0.00**	12	20	2	–	–	–	–	–	–	–	–	–	5-Decyn-1-ol, acetate	64275-65-6	T6434
43	41	39	93	67	53	55	79	**196**	100	59	39	31	28	25	24	24	**0.30**	12	20	2	–	–	–	–	–	–	–	–	–	Dihydrocarveyl acetate		03304
43	41	69	55	81	153	109	123	**196**	100	91	75	68	63	56	53	49	**8.00**	13	24	1	–	–	–	–	–	–	–	–	–	Tetrahydroedulan D		P3940
43	41	95	69	55	81	121	135	**196**	100	92	80	75	70	53	36	31	**1.00**	13	24	1	–	–	–	–	–	–	–	–	–	9-Decen-4-ol, 2,9-dimethyl-5-methylene-	69690-77-3	T7310
43	57	41	59	81	80	58	196	**196**	100	82	53	50	38	30	30	1		13	24	1	–	–	–	–	–	–	–	–	–	cis-1-Acetoxy-4-tert-butyl-cyclohexane		M2554
43	57	59	41	81	196			**196**	100	51	30	27	22	1				13	24	1	–	–	–	–	–	–	–	–	–	trans-1-Acetoxy-4-tert-butyl-cyclohexane		M2553
43	58	42	29	28	143	44	56	**196**	100	95	27	15	15	10	10	7	**0.00**	7	17	2	2	1	–	–	–	–	–	–	–	1-Propanaminium, 2-[(aminocarbonyl)oxy]-N,N,N-trimethyl-, chloride	590-63-6	Q2430
43	69	41	55	71	56	95	82	**196**	100	75	70	60	57	50	50	46	**10.01**	13	24	1	–	–	–	–	–	–	–	–	–	9-Undecen-2-one, 6,10-dimethyl-	4433-36-7	R0437
43	69	96	168	41	97	107	107	**196**	100	64	57	30	30	25	20	9	**0.00**	12	20	2	–	–	–	–	–	–	–	–	–	Bicyclo[2.2.1]heptane, 1,3,3-trimethyl-2-acetoxy-		03432
43	111	178	196	140	57	41	135	**196**	100	90	60	50	48	36	34	30		11	16	3	–	–	–	–	–	–	–	–	–	2(4H)-Benzofuranone, 4,4,7a-trimethyl-5,6,7,7a-tetrahydroxy-, (6S)-cis-		L6975
43	121	93	136	28	41	79	67	**196**	100	91	86	82	41	31	23	22	**1.10**	12	20	2	–	–	–	–	–	–	–	–	–	3-Cyclohexene-1-methanol, α,α,4-trimethyl-, acetate	80-26-2	P6038
43	121	93	136	68	41	59	67	**196**	100	91	83	70	32	22	21	19	**0.00**	12	20	2	–	–	–	–	–	–	–	–	–	3-Cyclohexene-1-methanol, α,α,4-trimethyl-, acetate	80-26-2	H0125
43	121	136	93	79	41	94	95	**196**	100	56	44	23	19	19	15	14	**1.00**	12	20	2	–	–	–	–	–	–	–	–	–	cis-2-(cis-Isopropenyl)-3-methylene-cyclohexyl acetate		L1305
43	121	136	93	79	41	94	95	**196**	100	56	44	23	20	19	16	14	**0.40**	12	20	2	–	–	–	–	–	–	–	–	–	Cyclohexanol, 2-methylene-3-isopropyl-, acetate, cis-	54845-30-6	S9752
43	136	93	121	41	55	107	95	**196**	100	24	19	18	18	13	13	13	**1.00**	12	20	2	–	–	–	–	–	–	–	–	–	Cyclohexanol, 2-methyl-3-isopropenyl-, acetate, (1α,2α,3α)-	54845-29-3	S9751
43	136	93	121	41	107	55	95	**196**	100	34	18	17	17	13	13	12	**1.00**	12	20	2	–	–	–	–	–	–	–	–	–	cis-2-(cis-Isopropenyl)-3-methylene-cyclohexyl acetate		L1307
43	136	137	55	154	53	81	27	**196**	100	75	64	40	22	21	19	16	**7.59**	9	8	5	–	–	–	–	–	–	–	–	–	Patulin acetate		P0927
43	139	85	95	69	57	55	111	**196**	100	70	68	66	56	55	54	48	**45.00**	13	24	1	–	–	–	–	–	–	–	–	–	Cyclohexanol, 1-butyl-2,2-dimethyl-6-methylene-	54345-67-4	S8911
43	151	168	197	140	122	139	123	**196**	100	81	76	64	61	49	43	33	**0.39**	10	12	4	–	–	–	–	–	–	–	–	–	Ethyl 4,6-dimethylcoumalate		Z1482
43	153	41	69	55	181	109	71	**196**	100	98	59	40	38	30	24	23	**7.00**	13	24	1	–	–	–	–	–	–	–	–	–	Tetrahydroedulan C		P3939
43	168	109	69	108	96	41	107	**196**	100	69	65	65	62	48	36	26	**0.00**	12	20	2	–	–	–	–	–	–	–	–	–	Bicyclo[2.2.1]heptane, 1.3.3-trimethyl-2-acetoxy-, endo-		03433
43	181	41	109	69	55	153	81	**196**	100	92	75	70	68	50	40	38	**5.00**	13	24	1	–	–	–	–	–	–	–	–	–	Tetrahydroedulan B		P3938
45	29	28	63	26	85	27	69	**196**	100	10	7	6	5	5	4	3	**0.15**	4	5	1	–	2	–	3	–	–	–	–	–	2,3-Dichloro-2,3,3-trifluoropropyl methyl ether		A0764
46	16	104	26	150	42	30		**196**	100	88	37	22	19	14	2		**0.00**	1	–	8	4	–	–	–	–	–	–	–	–	Methane, tetranitro-	509-14-8	09644
46	73	30	45	29	44	43	15	**196**	100	37	13	11	11	8	7	5	**0.00**	4	8	7	2	–	–	–	–	–	–	–	–	Diethylene glycol dinitrate		01629
50	180	51	76	196	75	63	52	**196**	100	68	52	50	46	42	35	28		12	8	1	2	–	–	–	–	–	–	–	–	Phenazine, 5-oxide	304-81-4	Q0383
54	44	98	43	45	52	53	41	**196**	100	96	27	25	18	11	11	11	**0.00**	8	4	6	–	–	–	–	–	–	–	–	–	Maleic anhydride dimer		D0328
55	40	69	97	111	83	41	167	**196**	100	93	92	89	81	62	52	41	**6.11**	14	28	–	–	–	–	–	–	–	–	–	–	Cyclohexane, 1,2,4,5-tetraethyl-	61142-00-5	T5366
55	41	69	43	83	56	57	70	**196**	100	88	68	64	61	60	53	44	**2.72**	14	28	–	–	–	–	–	–	–	–	–	–	Cyclotetradecane	295-17-0	Q0267
55	69	43	41	56	83	70	57	**196**	100	91	71	67	67	56	54	51	**6.72**	14	28	–	–	–	–	–	–	–	–	–	–	7-Tetradecene, (E)-	41446-63-3	S6623

MASS TO CHARGE RATIOS								M.W.	INTENSITIES								Parent	C	H	O	N	Cl	Br	F	S	P	B	Si	X	COMPOUND NAME	CAS Reg No	No
55	69	43	56	41	70	83	57	**196**	100	90	76	70	67	57	54	51	**6.56**	14	28	–	–	–	–	–	–	–	–	–	–	**7-Tetradecene, (Z)-**	41446-60-0	**S6622**
55	69	56	41	43	57	70	83	**196**	100	64	58	54	53	49	44	44	**5.99**	14	28	–	–	–	–	–	–	–	–	–	–	**5-Tetradecene, (E)-**	41446-66-6	**S6624**
55	69	56	41	111	57	83	43	**196**	100	96	80	74	56	54	44	43	**21.02**	14	28	–	–	–	–	–	–	–	–	–	–	**6-Tridecene, 7-methyl-**	24949-42-6	**S0884**
55	69	56	57	41	83	43	70	**196**	100	99	85	58	51	41	29	28	**9.09**	14	28	–	–	–	–	–	–	–	–	–	–	**6-Tridecene, 7-methyl-**	24949-42-6	**S0883**
55	69	97	41	111	83	57	43	**196**	100	84	67	49	49	47	35	34	**0.61**	14	28	–	–	–	–	–	–	–	–	–	–	**Cyclohexane, 1,2,4,5-tetraethyl-, (1α,2α,4α,5α)-**	61142-24-3	**T5414**
55	69	97	43	57	56	70	44	**196**	100	79	63	56	48	46	43	37	**11.50**	14	28	–	–	–	–	–	–	–	–	–	–	**Cyclododecane, ethyl-**	28981-49-9	**S2288**
55	72	41	98	69	83	56	85	**196**	100	81	71	70	66	55	48	45	**42.00**	13	24	1	–	–	–	–	–	–	–	–	–	**Cyclododecanone, 2-methyl-**	16837-94-8	**R6488**
55	83	69	41	43	56	57	70	**196**	100	79	76	76	62	62	58	52	**7.43**	14	28	–	–	–	–	–	–	–	–	–	–	**Cyclotetradecane**	295-17-0	**Q0265**
55	142	96	39	54	124	53	65	**196**	100	73	34	26	21	18	17	13	**4.35**	10	12	2	–	–	–	–	1	–	–	–	–	**Phenol, O-(2-butenylsulphinyl)-**	29634-48-8	**S2600**
56	41	55	69	43	29	70	111	**196**	100	40	37	36	27	21	21	18	**3.31**	14	28	–	–	–	–	–	–	–	–	–	–	**Tridecane, 7-methylene-**	19780-80-4	**R8282**
56	43	41	27	81	39	55	155	**196**	100	67	54	50	42	31	25	17	**9.50**	6	10	–	–	1	1	–	–	–	–	–	–	**1-Hexene, 1-bromo-1-chloro-**	55683-01-7	**06776**
56	55	41	141	196	77	108	142	**196**	100	43	37	34	33	32	31	22		10	13	2	–	–	–	–	–	1	–	–	–	**1,3,2-Dioxaphospholane, 4,5-dimethyl-2-phenyl-**	67695-17-4	**T6866**
56	57	41	28	55	69	43	29	**196**	100	44	36	25	24	24	19	15	**0.90**	14	28	–	–	–	–	–	–	–	–	–	–	**Cyclobutane, 1,1-dimethyl-2-octyl-**	62338-30-1	**T6148**
56	57	55	69	41	70	43	83	**196**	100	78	68	67	64	56	54	37	**6.61**	14	28	–	–	–	–	–	–	–	–	–	–	**Cycloundecane, 1,1,2-trimethyl-**	62376-15-2	**T6195**
56	57	69	41	55	111	43	70	**196**	100	50	43	40	40	31	28	24	**8.01**	14	28	–	–	–	–	–	–	–	–	–	–	**Tridecane, 7-methylene-**	19780-80-4	**R8284**
56	84	112	42	168	196	68	140	**196**	100	78	14	12	10	8	7	7		5	–	5	–	–	–	–	–	–	–	–	1	**Iron pentacarbonyl**	13463-40-6	**R4545**
56	111	57	69	55	41	70	43	**196**	100	86	80	78	74	69	62	55	**25.00**	14	28	–	–	–	–	–	–	–	–	–	–	**Tridecane, 7-methylene-**	19780-80-4	**R8283**
57	55	41	56	83	69	43	70	**196**	100	92	80	78	77	76	64	45	**4.78**	14	28	–	–	–	–	–	–	–	–	–	–	**Cycloundecane, isopropyl-**	62338-56-1	**T6181**
57	56	139	83	41	140	138	69	**196**	100	83	34	32	28	25	24	19	**1.00**	14	28	–	–	–	–	–	–	–	–	–	–	**1,4-Bis(tert-butyl)cyclohexane**		**D2672**
57	83	41	139	69	43	55	29	**196**	100	97	76	65	54	39	34	34	**0.13**	14	28	–	–	–	–	–	–	–	–	–	–	**2,2,3,5,5,6,6-Heptamethyl-3-heptene**		**Y1889**
57	83	41	139	69	43	55	39	**196**	100	84	77	71	48	45	31	26	**0.21**	14	28	–	–	–	–	–	–	–	–	–	–	**2,2,3,5,5,6,6-Heptamethyl-3-heptene**		**Y1836**
57	83	139	41	69	43	29	55	**196**	100	90	80	61	55	42	34	28	**0.22**	14	28	–	–	–	–	–	–	–	–	–	–	**2,2,3,5,5,6,6-Heptamethyl-3-heptene**		**V0106**
57	140	41	142	43	196	45	58	**196**	100	29	18	9	9	9	7	6		8	18	1	–	1	–	–	–	1	–	–	–	**Phosphinic chloride, di-tert-butyl-**	677-74-7	**Q3676**
59	77	138	105	31	163	196	29	**196**	100	95	81	79	58	48	43	42		10	12	4	–	–	–	–	–	–	–	–	–	**1,4-Bis-(methoxycarbonyl)-cyclohexa-1,4-diene**		**C1328**
61	41	69	117	45	75	79	101	**196**	100	92	83	64	53	42	11	8	**0.00**	7	16	–	–	–	–	–	3	–	–	–	–	**Disulphide, methyl 2-methyl-1-(methylthio)butyl**	69078-83-7	**T7007**
61	117	41	75	43	45	69	79	**196**	100	70	48	42	32	30	21	10	**0.00**	7	16	–	–	–	–	–	3	–	–	–	–	**Disulphide, methyl 3-methyl-1-(methylthio)butyl**	69078-82-6	**T7006**
63	27	97	64	28	62	91	99	**196**	100	89	63	59	55	50	48	42	**0.00**	6	6	3	–	2	–	–	–	–	–	–	–	**2,3-Dichloro-2,3-dimethyl-succinic anhydride**		**Z1475**
67	196	109	55	82	108	41	164	**196**	100	66	60	55	54	45	40	39		11	16	3	–	–	–	–	–	–	–	–	–	**3-Cycloheptene-1-carboxylic acid, 5,6-dimethyl-2-oxo-, methyl ester**	74752-92-4	**T8473**
68	93	43	39	41	67	27	79	**196**	100	66	59	57	54	49	43	38	**0.00**	12	20	2	–	–	–	–	–	–	–	–	–	**3-Cyclohexene-1-methanol, α,α,4-trimethyl-, acetate**	80-26-2	**H0126**
68	93	43	67	136	94	121	79	**196**	100	92	53	43	36	34	33	32	**0.00**	12	20	2	–	–	–	–	–	–	–	–	–	**Cyclohexanol, 1-methyl-4-isopropenyl-, acetate**	10198-23-9	**H1681**
68	93	67	41	43	39	121	79	**196**	100	67	46	36	35	33	30	28	**0.00**	12	20	2	–	–	–	–	–	–	–	–	–	**Cyclohexanol, 1-methyl-4-isopropenyl-, acetate**	10198-23-9	**R3637**
69	41	39	196	27	67	28	40	**196**	100	81	28	21	11	10	6	6		5	9	–	–	–	–	–	–	–	–	–	1	**Iodocyclopentane**		**04825**
69	41	39	196	67	27	70	127	**196**	100	68	16	12	9	7	5	5		5	9	–	–	–	–	–	–	–	–	–	1	**Iodocyclopentane**		**00631**
69	41	43	68	93	80	136	121	**196**	100	66	54	47	37	18	18	16	**0.60**	12	20	2	–	–	–	–	–	–	–	–	–	**2,6-Octadien-1-ol, 3,7-dimethyl-, acetate, (Z)-**	141-12-8	**H0637**
69	41	67	196	68	128	70	42	**196**	100	60	27	21	10	8	7	7		5	9	–	–	–	–	–	–	–	–	–	1	**Iodocyclopentane**		**L0571**
69	41	153	68	122	96	67	81	**196**	100	39	26	17	15	11	10	9	**3.53**	12	20	2	–	–	–	–	–	–	–	–	–	**3,7-Nonadienoic acid, 4,8-dimethyl-, methyl ester, (E)-**	56051-73-1	**T2599**
69	43	68	41	93	121	80	136	**196**	100	40	40	33	27	12	12	9	**0.50**	12	20	2	–	–	–	–	–	–	–	–	–	**2,6-Octadien-1-ol, 3,7-dimethyl-, acetate, (E)-**	105-87-3	**H0314**
69	56	41	55	57	43	70	83	**196**	100	95	60	52	46	32	29	22	**8.00**	14	28	–	–	–	–	–	–	–	–	–	–	**Cyclopropane, 1,1-dimethyl-2-nonyl-**	41977-38-2	**S6789**
69	56	41	55	57	43	70	83	**196**	100	95	60	52	46	32	29	22	**8.00**	14	28	–	–	–	–	–	–	–	–	–	–	**2-Methyl-2,3-methylenedodecane**		**M7994**
69	68	43	41	92	121	80	136	**196**	100	40	39	34	27	12	11	8	**0.00**	12	20	2	–	–	–	–	–	–	–	–	–	**2,6-Octadien-1-ol, 3,7-dimethyl-, acetate, (E)-**	105-87-3	**P7829**
69	83	55	41	56	57	43	70	**196**	100	94	89	74	59	58	48	43	**27.65**	14	28	–	–	–	–	–	–	–	–	–	–	**Cyclopentane, 1-butyl-2-pentyl-**	61142-52-7	**T5468**
69	89	127	70	51	31	50	32	**196**	100	34	11	6	5	3	2	2	**0.10**	1	–	–	–	–	–	8	1	–	–	–	–	**Sulphur, pentafluoro(trifluoromethyl)-**	373-80-8	**Q0633**
69	93	68	41	43	80	121	92	**196**	100	50	43	24	23	23	16	10	**0.30**	12	20	2	–	–	–	–	–	–	–	–	–	**2,6-Octadien-1-ol, 3,7-dimethyl-, acetate, (Z)-**	141-12-8	**H0638**
69	100	93	41	43	68	121	136	**196**	100	99	67	63	47	39	17	17	**0.00**	12	20	2	–	–	–	–	–	–	–	–	–	**2,6-Octadien-1-ol, 3,7-dimethyl-, acetate, (E)-**	105-87-3	**P7827**
70	55	41	43	29	71	27	69	**196**	100	49	48	27	26	26	18	17	**2.70**	14	28	–	–	–	–	–	–	–	–	–	–	**1-Dodecene, 2-ethyl-**	19780-34-8	**H1835**
70	98	84	43	42	41	56	55	**196**	100	60	56	44	35	33	26	23	**12.00**	11	20	1	2	–	–	–	–	–	–	–	–	**3-Buten-2-one, 4-(dimethylamino)-4-(1-piperidinyl)-**	49582-40-3	**S7129**
71	58	109	111	65	36	39	41	**196**	100	59	43	27	26	26	26	23	**0.00**	7	10	2	–	2	–	–	–	–	–	–	–	**7,7-Dichloro-4-methoxy-5-oxa-bicyclo[4.1.0]heptane**		**A0763**
71	70	43	167	166	42	72	41	**196**	100	26	19	16	5	4	4	4	**0.50**	12	25	1	–	–	–	–	–	–	1	–	–	**Borane, diethyl[1-ethyl-2-(methoxymethyl)-1-butenyl]-, (Z)-**	53670-48-7	**S8553**
71	126	113	196	112				**196**	100	18	4	2	2					9	12	3	2	–	–	–	–	–	–	–	–	**1-(Methylene tetrahydro-2′-furyl)uracil**		**L6727**
73	44	42	43	59	74	28	30	**196**	100	26	24	21	15	14	13	13	**10.95**	6	18	–	4	–	–	1	–	1	–	–	–	**Phosphorofluoridous dihydrazide, hexamethyl-**	22692-25-7	**08909**
73	61	43	60	31	71	29	85	**196**	100	97	59	54	43	39	31	27	**0.00**	6	12	7	–	–	–	–	–	–	–	–	–	**2,3,4,5,6-Pentahydroxyhexanoic acid**		**D1778**
73	75	181	153	28	83	167	155	**196**	100	99	93	84	26	25	24	22	**17.91**	11	20	1	–	–	–	–	–	–	–	1	–	**Silane, [(1-ethynylcyclohexyl)oxy]trimethyl-**	62785-90-4	**T6235**
73	94	79	139	45	67	95	93	**196**	100	94	31	31	14	13	13	12	**11.00**	12	20	2	–	–	–	–	–	–	–	–	–	**1,3-Dioxolane, 2-[1-(4-methyl-3-cyclohexen-1-yl)ethyl]-**	75332-41-1	**T8922**
73	97	167	181	111	196	197		**196**	100	62	38	28	18	15	4			12	24	–	–	–	–	–	–	–	–	1	–	**Silane, (3,3-diethyl-1-pentynyl)trimethyl-**	61227-90-5	**T5607**
74	81	55	41	67	87	95	43	**196**	100	55	47	38	31	28	27	26	**1.04**	12	20	2	–	–	–	–	–	–	–	–	–	**10-Undecynoic acid, methyl ester**	2777-66-4	**Q8636**
74	122	196	165	164	109	123	135	**196**	100	71	42	27	26	23	20	9		11	13	2	–	–	–	1	–	–	–	–	–	**Butyric acid, 4-(4-fluorophenyl)-, methyl ester**	20637-05-2	**R8798**

MASS TO CHARGE RATIOS								M.W.	INTENSITIES								Parent	C	H	O	N	Cl	Br	F	S	P	B	Si	X	COMPOUND NAME	CAS Reg No	No
75	92	30	119	50	136	76	74	**196**	100	47	43	40	39	30	28	24	**0.00**	7	4	5	2	–	–	–	–	–	–	–	–	**Benzaldehyde, 2,6-dinitro-**	606-31-5	**Q2728**
75	121	105	91	77	15	47	51	**196**	100	25	21	17	15	10	9	6	**0.00**	11	16	3	–	–	–	–	–	–	–	–	–	**1-Phenyl-1,2,2-trimethoxyethane**		**03083**
76	45	60	168	136	59	44	27	**196**	100	36	27	25	24	24	22	22	**8.96**	5	8	–	–	–	–	–	4	–	–	–	–	**1,4,6,9-Tetrathiaspiro[4.4]nonane**		**01128**
77	138	51	140	50	76	196	39	**196**	100	77	34	30	20	16	13	13		8	5	2	2	1	–	–	–	–	–	–	–	**4-Chloro-3-phenylsydnone**		**02056**
77	141	117	29	27	51	39	143	**196**	100	36	33	27	26	25	22	21	**16.06**	10	12	–	–	–	–	–	–	–	–	–	1	**Zinc, 2-butenylphenyl-**	74793-28-5	**T8608**
79	41	47	108	140	57	96	80	**196**	100	49	31	31	30	22	21	20	**12.00**	7	17	2	–	–	–	–	1	1	–	–	–	**Phosphonothioic acid, methyl-, S-butyl O-ethyl ester**		**M8027**
79	41	108	47	140	57	96	80	**196**	100	50	34	34	31	24	23	22	**10.43**	7	17	2	–	–	–	–	1	1	–	–	–	**Phosphonothioic acid, methyl-, S-butyl O-ethyl ester**	13088-84-1	**R4189**
79	67	91	31	81	77	147	119	**196**	100	99	84	56	55	48	45	45	**0.00**	12	20	2	–	–	–	–	–	–	–	–	–	**Tricyclodecanedimethanol**	26896-48-0	**S1554**
79	164	126	129	161	94	82	47	**196**	100	79	63	46	30	27	24	22	**18.00**	2	–	–	–	4	–	–	1	–	–	–	–	**Perchlorothiirane**		**L6721**
81	96	67	95	196	82	109	79	**196**	100	65	47	35	25	24	24	19		12	20	2	–	–	–	–	–	–	–	–	–	**6-Cyclohexyl-2-hexenoic acid**		**Z1472**
81	117	79	41	39	82	197	53	**196**	100	16	16	9	8	7	6	6	**4.75**	6	10	–	–	1	1	–	–	–	–	–	–	**Cyclohexane, 1-bromo-2-chloro-, cis-**	51422-75-4	**S7654**
82	41	114	83	67	55	69	53	**196**	100	58	40	33	32	30	26	12	**1.00**	12	20	2	–	–	–	–	–	–	–	–	–	**2,7-Nonadienoic acid, 3,8-dimethyl-, methyl ester, (E)-**	55283-31-3	**T0751**
82	67	54	97	41	39	68	27	**196**	100	68	48	41	25	9	8	7	**0.00**	12	20	2	–	–	–	–	–	–	–	–	–	**2-Hexenoic acid, 3-hexenyl ester, (E,Z)-**	53398-87-1	**S8443**
82	83	41	55	43	29	69	57	**196**	100	94	77	76	42	42	41	40	**5.93**	14	28	–	–	–	–	–	–	–	–	–	–	**2-Cyclohexyloctane**		**Y0595**
82	83	41	55	43	69	57	111	**196**	100	90	84	82	40	38	33	32	**8.29**	14	28	–	–	–	–	–	–	–	–	–	–	**2-Cyclohexyloctane**		**Y0743**
83	55	41	123	43	57	69	112	**196**	100	58	57	48	42	41	32	30	**2.00**	13	24	1	–	–	–	–	–	–	–	–	–	**Cyclopropanol, 1-(3,7-dimethyl-1-octenyl)-**	65147-72-0	**T6542**
83	55	43	113	70	58	44	69	**196**	100	84	81	67	66	61	60	60	**8.77**	10	16	2	2	–	–	–	–	–	–	–	–	**2-Pentenamide, N-(2-oxo-3-piperidinyl)-**	34655-93-1	**S4695**
83	55	69	41	43	57	97	29	**196**	100	99	79	65	63	52	36	30	**0.00**	13	24	1	–	–	–	–	–	–	–	–	–	**1-Tridecyn-4-ol**	74646-37-0	**T8279**
83	82	55	41	43	67	39	69	**196**	100	67	50	48	20	13	13	11	**8.89**	14	28	–	–	–	–	–	–	–	–	–	–	**Octylcyclohexane**		**Y1805**
83	82	55	41	43	67	39	69	**196**	100	69	52	48	22	14	12	11	**9.98**	14	28	–	–	–	–	–	–	–	–	–	–	**Octylcyclohexane**		**Y0742**
83	82	55	41	43	67	69	39	**196**	100	64	46	34	16	13	11	8	**3.18**	14	28	–	–	–	–	–	–	–	–	–	–	**Octylcyclohexane**		**Y0671**
84	56	112	168	140	68	196	82	**196**	100	49	24	15	11	7	5	5		5	–	5	–	–	–	–	–	–	–	–	1	**Iron pentacarbonyl**		**14980**
84	97	41	55	83	85	43	196	**196**	100	16	12	10	9	7	6	6		13	24	1	–	–	–	–	–	–	–	–	–	**Cyclopentanone, 2-octyl-**	40566-23-2	**S6344**
84	111	55	41	83	85	43	69	**196**	100	17	14	11	9	9	6	5	**3.00**	13	24	1	–	–	–	–	–	–	–	–	–	**Cyclopentanone, 2-(1-methylheptyl)-**	54549-91-6	**S9291**
85	29	27	32	28	39	55	45	**196**	100	28	13	10	10	9	8	7	**3.48**	12	20	2	–	–	–	–	–	–	–	–	–	**2(3H)-Furanone, dihydro-5-(2-octenyl)-**	15456-69-6	**R5746**
85	29	41	96	27	55	54	39	**196**	100	27	10	7	6	6	5	5	**2.40**	12	20	2	–	–	–	–	–	–	–	–	–	**2(3H)-Furanone, dihydro-5-(2-octenyl)-, (Z)-**	18679-18-0	**R7780**
85	41	56	55	95	67	57	79	**196**	100	31	30	29	28	21	17	14	**0.00**	12	20	2	–	–	–	–	–	–	–	–	–	**2H-Pyran, 2-[(1-butyl-2-propynyl)oxy]tetrahydro-**	831-83-4	**Q4319**
85	43	41	29	57	81	67	55	**196**	100	36	33	27	26	21	19	17	**6.25**	11	16	3	–	–	–	–	–	–	–	–	–	**Tetrahydropyran-2-yl-methyl furan-2-yl-methyl ether**		**00608**
90	89	167	77	195	51	63	196	**196**	100	87	74	41	34	32	32	30		14	12	1	–	–	–	–	–	–	–	–	–	**Oxirane, 2,3-diphenyl-**	17619-97-5	**R7108**
91	73	162	181	65	196	45	39	**196**	100	21	15	15	14	14	13	11		10	16	–	–	–	–	–	1	–	–	1	–	**Silane, trimethyl(benzylthio)-**	14629-67-5	**R5329**
91	73	181	161	196	65	45	92	**196**	100	22	16	15	15	14	13	11		10	16	–	–	–	–	–	1	–	–	1	–	**Silane, trimethyl(benzylthio)-**	14629-67-5	**R5330**
91	77	196	119	105	152	165	167	**196**	100	53	52	25	11	7	4	3		13	12	–	2	–	–	–	–	–	–	–	–	**Diazene, (4-methylphenyl)phenyl-, (E)-**	6720-39-4	**09386**
91	77	196	119	152	105	165	167	**196**	100	45	36	20	8	8	6	5		13	12	–	2	–	–	–	–	–	–	–	–	**Diazene, (4-methylphenyl)phenyl-, (Z)-**	6720-28-1	**09387**
91	92	45	107	65	105	106	75	**196**	100	47	30	21	10	10	8	8	**3.91**	11	16	3	–	–	–	–	–	–	–	–	–	**2-[(2-Benzyloxy)ethoxy]ethanol**		**Z1477**
91	92	123	65	27	51	39	77	**196**	100	30	16	16	13	11	11	10	**3.00**	10	12	2	–	–	–	–	1	–	–	–	–	**Benzyl 3-mercaptopropionate**		**02014**
91	123	61	92	65	27	39	51	**196**	100	46	35	12	12	12	10	9	**2.00**	10	12	2	–	–	–	–	1	–	–	–	–	**Benzyl 2-mercaptopropionate**		**02009**
91	123	196	65	45	92	122	39	**196**	100	26	16	12	12	10	8	6		10	12	2	–	–	–	–	1	–	–	–	–	**3-(Benzylthio)propionic acid**		**05582**
91	123	196	65	45	92	124	73	**196**	100	82	25	14	13	9	9	8		10	12	2	–	–	–	–	1	–	–	–	–	**Acetic acid, (benzylthio)-, methyl ester**	17277-59-7	**R6722**
91	181	196	73	65	92	45	75	**196**	100	26	26	18	9	8	6	5		10	16	–	–	–	–	–	1	–	–	1	–	**Silane, trimethyl(benzylthio)-**		**15580**
91	196	77	65	51	119	39	92	**196**	100	60	52	31	25	22	15	10		13	12	–	2	–	–	–	–	–	–	–	–	**Diazene, (4-methylphenyl)phenyl-**	949-87-1	**Q4812**
92	91	105	196	65	77	39	51	**196**	100	57	44	25	17	17	13	12		15	16	–	–	–	–	–	–	–	–	–	–	**1,3-Diphenylpropane**		**Y1967**
92	91	105	196	77	65	79	39	**196**	100	67	52	37	20	18	15	14		15	16	–	–	–	–	–	–	–	–	–	–	**1,3-Diphenylpropane**		**V0257**
92	91	105	196	77	65	104	79	**196**	100	47	45	31	10	10	9	9		15	16	–	–	–	–	–	–	–	–	–	–	**1,3-Diphenylpropane**		**F0204**
93	41	43	69	45	60	79	77	**196**	100	85	56	50	43	31	28	24	**0.00**	12	20	2	–	–	–	–	–	–	–	–	–	**1,6-Octadien-3-ol, 3,7-dimethyl-, acetate**	115-95-7	**P8894**
93	41	68	69	43	39	27	67	**196**	100	91	57	57	43	40	32	31	**0.00**	12	20	2	–	–	–	–	–	–	–	–	–	**2,6-Octadien-1-ol, 3,7-dimethyl-, acetate, (Z)-**	141-12-8	**P9803**
93	41	69	91	77	79	39	92	**196**	100	55	38	25	24	24	21	17	**0.00**	12	20	2	–	–	–	–	–	–	–	–	–	**1,6-Octadien-3-ol, 3,7-dimethyl-, acetate**	115-95-7	**H0519**
93	65	151	28	39	63	196	51	**196**	100	91	71	42	36	24	21	12		9	8	5	–	–	–	–	–	–	–	–	–	**6-(1-Hydroxy-1-carboxymethyl)benzo[4,3-d][1,3]dioxole**		**P1234**
93	77	196	195	51	104	66	94	**196**	100	28	22	12	12	10	10	7		13	12	–	2	–	–	–	–	–	–	–	–	**Methanimidamide, N,N′-diphenyl-**		**F0341**
93	121	136	91	77	43	79	41	**196**	100	58	40	32	29	26	21	17	**0.00**	12	20	2	–	–	–	–	–	–	–	–	–	**3-Cyclohexen-1-ol, 4-methyl-1-isopropyl-, acetate**	4821-04-9	**H1497**
93	196	77	104	195	66	94	51	**196**	100	24	24	8	7	6	5	5		13	12	–	2	–	–	–	–	–	–	–	–	**Methanimidamide, N,N′-diphenyl-**	622-15-1	**Q3059**
95	43	93	136	121	41	108	80	**196**	100	70	44	40	39	27	17	16	**3.14**	12	20	2	–	–	–	–	–	–	–	–	–	**Bicyclo[2.2.1]heptan-2-ol, 1,7,7-trimethyl-, acetate, (1S)-endo-**	5655-61-8	**R1637**
95	43	136	93	121	41	27	108	**196**	100	60	54	47	39	24	18	18	**9.17**	12	20	2	–	–	–	–	–	–	–	–	–	**Bicyclo[2.2.1]heptan-2-ol, 1,7,7-trimethyl-, acetate, endo-**	76-49-3	**P5709**
95	43	136	121	93	41	108	55	**196**	100	73	59	39	35	21	20	19	**2.30**	12	20	2	–	–	–	–	–	–	–	–	–	**Bicyclo[2.2.1]heptan-2-ol, 1,7,7-trimethyl-, acetate, endo-**	76-49-3	**H0076**
95	43	136	121	93	41	110	108	**196**	100	85	80	36	34	33	21	19	**3.00**	12	20	2	–	–	–	–	–	–	–	–	–	**Bicyclo[2.2.1]heptan-2-ol, 1,7,7-trimethyl-, acetate, exo-**	125-12-2	**P9452**
95	55	41	100	113	97	139	96	**196**	100	98	92	80	72	60	40	34	**3.36**	12	20	2	–	–	–	–	–	–	–	–	–	**Allyl 3-cyclohexylpropionate**		**Z1470**
95	93	121	108	43	136	92	109	**196**	100	53	53	40	34	32	13	12	**0.20**	12	20	2	–	–	–	–	–	–	–	–	–	**Bicyclo[2.2.1]heptan-2-ol, 1,7,7-trimethyl-, acetate, exo-**	125-12-2	**H0604**

MASS TO CHARGE RATIOS								M.W.	INTENSITIES								Parent	C	H	O	N	Cl	Br	F	S	P	B	Si	X	COMPOUND NAME	CAS Reg No	No
95	93	121	136	108	43	92	110	**196**	100	52	52	35	31	29	13	13	**0.30**	12	20	2	–	–	–	–	–	–	–	–	–	Bicyclo[2.2.1]heptan-2-ol, 1,7,7-trimethyl-, acetate, endo-	76-49-3	**H0077**
95	136	43	93	41	110	108	82	**196**	100	82	71	43	31	23	22	16	**1.30**	12	20	2	–	–	–	–	–	–	–	–	–	Bicyclo[2.2.1]heptan-2-ol, 1,7,7-trimethyl-, acetate, exo-	125-12-2	**H0603**
97	55	41	67	82	28	39	27	**196**	100	66	28	21	12	11	9	8	**6.01**	12	20	2	–	–	–	–	–	–	–	–	–	2-Hexenoic acid, 2-hexenyl ester, (E,E)-	54845-28-2	**S9750**
97	83	123	153	125	167	39	67	**196**	100	92	84	46	45	45	43	42	**39.04**	10	12	4	–	–	–	–	–	–	–	–	–	2,5-Cyclohexadiene-1,4-dione, 2,5-dimethoxy-3,6-dimethyl-	5691-54-3	**R1683**
97	98	57	43	196	45	99	53	**196**	100	58	55	27	18	16	9	9		12	20	–	–	–	–	–	1	–	–	–	–	Thiophene, 2-(2-ethylhexyl)-		**Y2059**
97	98	196	41	39	45	111	99	**196**	100	33	20	12	9	9	9	7		12	20	–	–	–	–	–	1	–	–	–	–	Thiophene, 2-octyl-		**Y2058**
97	111	136	43	153	178	96	108	**196**	100	97	94	86	30	25	23	20	**0.01**	11	16	3	–	–	–	–	–	–	–	–	–	3-(2-Oxocyclohexyl)-2,4-pentanedione		**17497**
98	70	99	97	42	68	96	82	**196**	100	12	7	7	5	4	3	3	**0.00**	12	24	–	2	–	–	–	–	–	–	–	–	N,N′-Dimethyl-2,2′-bipiperidyl		**D0813**
98	91	92	69	84	97	99	65	**196**	100	40	28	15	8	8	7	6	**0.00**	13	24	1	–	–	–	–	–	–	–	–	–	Cyclopentanone, 2-(3,3-dimethylbutyl)-3,5-dimethyl-	56247-49-5	**T3116**
99	125	196	86	56	100	67	167	**196**	100	28	13	11	11	6	5	5		12	20	2	–	–	–	–	–	–	–	–	–	Spiro[1,3-dioxolane-2,2′(1′H)-naphthalene], octahydro-, trans-	6857-86-9	**R2613**
101	55	41	102	79	91	121	43	**196**	100	21	6	6	5	4	4	3	**0.30**	12	20	2	–	–	–	–	–	–	–	–	–	Tricyclo[3.2.1.0^{2,4}]octane, 8,8-dimethoxy-3,3-dimethyl-, (1α,2α,4α,5α)-	66929-95-1	**T6706**
101	141	196	97	55	41	136	155	**196**	100	46	28	24	21	19	19	16		12	20	2	–	–	–	–	–	–	–	–	–	Bicyclo[2.2.1]heptane, 7,7-dimethoxy-2-isopropenyl-, endo-	66930-00-5	**T6711**
102	118	196	76	105	77	103	94	**196**	100	62	54	20	19	15	10	9		9	8	3	–	–	–	–	1	–	–	–	–	1,3-Oxathiole, 5-phenyl-, 3,3-dioxide	21120-03-6	**R9110**
104	50	168	76	196	51	74	75	**196**	100	30	30	29	9	8	7	7		9	8	3	–	–	–	–	1	–	–	–	–	4H-1-Benzothiopyran-4-one, 2,3-dihydro-, 1,1-dioxide	19446-96-9	**R8146**
104	78	45	51	103	39	52	77	**196**	100	87	66	55	52	45	34	28	**14.81**	9	8	3	–	–	–	–	1	–	–	–	–	7-Thiapentacyclo[4.4.0.0^{2,5}.0^{3,9}.0^{4,8}]decan-10-one, dioxide	19086-79-4	**R7962**
104	196	181	105	165	197	182	89	**196**	100	74	56	23	18	12	11	9		15	16	–	–	–	–	–	–	–	–	–	–	Di-o-tolylmethane	1634-74-8	**Q6392**
105	77	106	51	91	196	76	107	**196**	100	77	30	25	19	13	8	6		14	12	1	–	–	–	–	–	–	–	–	–	Acetophenone, 2-phenyl-	451-40-1	**Q0774**
105	77	196	45	197	61	91	198	**196**	100	14	12	2	1	1	1	1		10	12	2	–	–	–	–	1	–	–	–	–	S-Ethyl thio-3-anisate	28145-59-7	**S1971**
105	77	196	106	91	51	65	78	**196**	100	30	12	7	5	3	3	2		14	12	1	–	–	–	–	–	–	–	–	–	Acetophenone, 2-phenyl-	451-40-1	**Q0775**
105	104	77	91	79	106	39	51	**196**	100	16	13	12	10	9	7	6	**2.61**	15	16	–	–	–	–	–	–	–	–	–	–	1,2-Diphenylpropane		**Y1966**
105	122	123	107	196	124	106	138	**196**	100	83	14	12	9	5	3	2		10	12	–	–	–	–	–	2	–	–	–	–	2-Phenyl-1,3-dithiane (negative ion)		**M4305**
107	15	77	29	108	51	39	91	**196**	100	15	14	12	9	8	8	7	**6.77**	10	12	4	–	–	–	–	–	–	–	–	–	Methyl β-4-hydroxyphenylacetate		**P2370**
107	16	28	77	130	108	196	91	**196**	100	25	16	12	11	11	9	9		10	12	4	–	–	–	–	–	–	–	–	–	Methyl β-4-hydroxyphenylacetate		**05026**
107	43	77	41	55	44	57	91	**196**	100	13	12	10	9	7	7	7	**0.00**	10	12	4	–	–	–	–	–	–	–	–	–	Benzenepropanoic acid, α,4-dihydroxy-, methyl ester	51095-47-7	**S7566**
107.	77	108	196	91	178	137	39	**196**	100	57	56	50	43	39	29	20		10	12	4	–	–	–	–	–	–	–	–	–	Benzenepropanoic acid, α,4-dihydroxy-, methyl ester	51095-47-7	**S7565**
107	91	44	93	77	152	79	51	**196**	100	60	41	34	23	16	13	11	**0.00**	10	12	4	–	–	–	–	–	–	–	–	–	6-Oxabicyclo[3.2.1]oct-2-ene-8-carboxylic acid, 1,8-dimethyl-7-oxo-, anti-(+-)-	54345-92-5	**S8917**
107	196	77	108	28	178	91	39	**196**	100	9	9	9	6	5	5	4		10	12	4	–	–	–	–	–	–	–	–	–	Methyl β-4-hydroxyphenylacetate		**P2364**
108	45	196	57	89	59	77	91	**196**	100	48	30	25	24	20	17	17		11	16	3	–	–	–	–	–	–	–	–	–	2-Propanol, 1-methoxy-3-(2-methylphenoxy)-	39144-34-8	**S6037**
109	69	124	125	41	55	123	83	**196**	100	94	72	69	53	43	42	31	**0.80**	13	24	1	–	–	–	–	–	–	–	–	–	Bicyclo[4.3.0]nonan-7-ol, 1,5,5,9-tetramethyl-, (1S,6R,7S)-(-)-		**M3607**
109	124	68	55	43	81	95		**196**	100	36	33	28	17	17	7		**0.10**	13	24	1	–	–	–	–	–	–	–	–	–	1-(2,6,6-Trimethyl-cyclohex-2-en-1-yl)-butan-1-ol		**M3606**
109	181	88	67	95	81	55	69	**196**	100	97	84	83	79	51	43	43	**37.10**	12	20	2	–	–	–	–	–	–	–	–	–	1-Cyclooctene-1-acetic acid, α,α-dimethyl-	38477-10-0	**S5854**
111	112	43	154	97	42	39	55	**196**	100	82	57	35	34	24	16	10	**0.00**	9	12	3	2	–	–	–	–	–	–	–	–	1-Acetyl-5-acetoxy-3,4-dimethylpyrazole	5203-75-8	**R1191**
111	126	196	56	127	112	98	55	**196**	100	62	46	30	24	22	19	18		14	28	–	–	–	–	–	–	–	–	–	–	6-Tridecene, 7-methyl-	24949-42-6	**S0885**
112	57	55	43	41	71	70	56	**196**	100	73	58	54	52	47	29	28	**5.00**	13	24	1	–	–	–	–	–	–	–	–	–	Cyclobutanone, 2-(2,6-dimethylheptyl)-	65147-64-0	**T6541**
112	57	83	55	98	67	82	69	**196**	100	75	25	23	22	16	16	13	**7.03**	13	24	1	–	–	–	–	–	–	–	–	–	Cycloheptanone, 3-(3,3-dimethylbutyl)-	40564-95-2	**S6340**
113	41	69	85	95	81	39	178	**196**	100	38	29	28	28	25	24	24	**13.50**	11	16	1	–	–	–	–	1	–	–	–	–	3-Thiophenemethanol, α-cyclohexyl-		**M4499**
113	43	95	69	55	123	135	163	**196**	100	82	25	18	15	4	4	1	**1.00**	13	24	1	–	–	–	–	–	–	–	–	–	3,9-Decadien-5-ol, 2,5,9-trimethyl-, (E)-	69690-78-4	**T7311**
113	48	64	29	28	67	30	65	**196**	100	99	99	90	83	57	50	43	**4.00**	–	2	4	2	–	–	2	2	–	–	–	–	1,2-Hydrazinedisulphonyl difluoride	19403-57-7	**09474**
113	69	85	95	39	178	55	97	**196**	100	28	27	27	24	24	20	20	**8.00**	11	16	1	–	–	–	–	1	–	–	–	–	3-Thiophenemethanol, α-cyclohexyl-	36646-67-0	**S5309**
113	71	43	55	81	95	135	178	**196**	100	92	33	18	15	10	3	1	**1.00**	13	24	1	–	–	–	–	–	–	–	–	–	1,7-Undecadien-6-ol, 2,6-dimethyl-	75311-75-0	**T8891**
114	41	69	55	82	81	127	67	**196**	100	71	70	64	45	41	37	36	**33.82**	12	20	2	–	–	–	–	–	–	–	–	–	2,7-Nonadienoic acid, 4,8-dimethyl-, methyl ester	56114-52-4	**T2811**
114	41	83	82	69	55	67	95	**196**	100	64	60	42	32	27	27	15	**5.94**	12	20	2	–	–	–	–	–	–	–	–	–	2,7-Nonadienoic acid, 3,8-dimethyl-, methyl ester, (Z)-	55283-30-2	**T0750**
115	196	89	63	74	76			**196**	100	62	18	18	4	2				9	8	–	–	–	–	–	–	–	–	–	1	Benzo[b]selenophene, 3-methyl-		**L8229**
115	196	89	63	76				**196**	100	67	14	12	2					9	8	–	–	–	–	–	–	–	–	–	1	Benzo[b]selenophene, 2-methyl-		**L8230**
115	196	194	195	193	116	63	192	**196**	100	63	57	44	33	22	19	18		9	8	–	–	–	–	–	–	–	–	–	1	Benzo[b]selenophene, 3-methyl-	24617-20-7	**S0721**
115	196	195	193	194	192	116	197	**196**	100	67	59	42	38	24	21	16		9	8	–	–	–	–	–	–	–	–	–	1	Benzo[b]selenophene, 2-methyl-	20984-22-9	**R9028**
116	115	196	117	105	91	63	77	**196**	100	43	25	24	22	18	10	9		10	12	2	–	–	–	–	1	–	–	–	–	Benzene, [2-(methylsulphonyl)-1-propenyl]-	54845-43-1	**S9755**
116	115	196	117	105	91	63	133	**196**	100	43	25	24	22	18	10	9		10	12	2	–	–	–	–	1	–	–	–	–	Methyl (2-methylstyryl) sulphone		**M7246**
116	117	61	105	196	121	115	91	**196**	100	97	50	48	44	39	31	27		11	16	1	–	–	–	–	1	–	–	–	–	2-(2-Methylthio)ethylbenzyl methyl ether		**M0626**
117	65	118	92	91	132	78	104	**196**	100	77	65	52	48	48	44	21	**0.00**	11	16	1	–	–	–	–	1	–	–	–	–	Methyl 4-phenylbutyl sulphoxide	15733-02-5	**R5818**
117	115	91	51	39	116	63	118	**196**	100	34	21	13	12	11	11	10	**0.74**	9	9	–	–	–	1	–	–	–	–	–	–	Benzene, (2-bromocyclopropyl)-	36617-02-4	**06768**
117	119	67	129	131	69	31	111	**196**	100	32	26	10	9	9	7	5	**2.60**	2	1	–	–	1	1	3	–	–	–	–	–	2-Bromo-1-chloro-1,1,2-trifluoro-ethane		**A0251**
117	119	111	161	163	113	198	67	**196**	100	32	30	29	29	29	17	17	**12.80**	2	1	–	–	1	1	3	–	–	–	–	–	2-Bromo-1-chloro-1,1,2-trifluoro-ethane		**A0252**
117	119	163	82	161	121	47	165	**196**	100	97	52	34	32	31	31	23	**0.00**	1	–	–	–	3	1	–	–	–	–	–	–	Bromotrichloromethane	75-62-7	**P5634**
117	119	163	161	121	165	82	28	**196**	100	97	63	39	32	29	28	27	**0.00**	1	–	–	–	3	1	–	–	–	–	–	–	Bromotrichloromethane		**Z1466**

MASS TO CHARGE RATIOS								M.W.	INTENSITIES								Parent	C	H	O	N	Cl	Br	F	S	P	B	Si	X	COMPOUND NAME	CAS Reg No	No
117	119	198	118	196	120	200		**196**	100	30	7	6	5	2	2			6	10	–	–	1	1	–	–	–	–	–	–	Cyclobutane, 1-bromo-3-chloro-1,3-dimethyl-, trans-	52113-65-2	S7870
117	198	196	119	129	127	67	98	**196**	100	53	42	32	30	22	21	19		2	1	–	–	1	1	3	–	–	–	–	–	2-Bromo-2-chloro-1,1,1-trifluoro-ethane		A0253
117	198	196	119	129	127	98	67	**196**	100	64	39	30	29	22	16	14		2	1	–	–	1	1	3	–	–	–	–	–	2-Bromo-2-chloro-1,1,1-trifluoro-ethane		D0376
117	198	196	119	200	118	199	197	**196**	100	68	52	28	16	8	5	4		6	10	–	–	1	1	–	–	–	–	–	–	Cyclobutane, 1-bromo-3-chloro-1,3-dimethyl-, cis-	52113-66-3	S7871
119	196	78	195	89	77	104	90	**196**	100	45	43	38	18	18	10	10		11	8	–	4	–	–	–	–	–	–	–	–	α-[(2-Amino-1,2-dicyanovinyl)imino]toluene		P1779
119	196	91	105	77	65	51	119	**196**	100	38	30	27	21	11	10	9		14	12	1	–	–	–	–	–	–	–	–	–	Benzophenone, 4-methyl-		L4790
119	196	91	105	77	65	51	120	**196**	100	38	30	27	21	11	10	9		14	12	1	–	–	–	–	–	–	–	–	–	Benzophenone, 4-methyl-	134-84-9	P9680
119	196	105	91	77	120	197	181	**196**	100	54	28	25	19	9	8	8		14	12	1	–	–	–	–	–	–	–	–	–	Benzophenone, 4-methyl-		Z1483
121	41	95	55	181	81	93	79	**196**	100	30	27	18	18	17	17	16	**0.29**	12	20	2	–	–	–	–	–	–	–	–	–	Spirohexane-5-carboxylic acid, 1,1,2,2-tetramethyl-, methyl ester	74646-32-5	T8273
121	77	196	154	51	122	41	123	**196**	100	28	21	18	11	9	6	5		10	12	–	–	–	–	–	2	–	–	–	–	Benzenecarbodithioic acid, propyl ester	27249-63-4	S1653
121	91	42	125	157	59	61	95	**196**	100	54	29	18	16	12	9	9	**0.00**	6	16	3	–	–	–	–	1	–	–	1	–	1-Propanethiol, 3-(trimethoxysilyl)-	4420-74-0	R0419
121	91	116	107	123	72	122	130	**196**	100	43	17	16	15	13	12	11	**0.00**	9	12	3	2	–	–	–	–	–	–	–	–	Hydrazinecarboxylic acid, (4-methoxyphenyl)methyl ester	18912-37-3	R7864
121	93	92	41	136	39	135	79	**196**	100	93	68	50	46	40	39	36	**2.00**	12	20	2	–	–	–	–	–	–	–	–	–	2,4-Dioxaspiro[5.5]undec-8-ene, 7,11,11-trimethyl-	69745-74-0	T7387
121	105	196	122	77	93	197	198	**196**	100	96	66	37	8	7	7	3		10	12	2	–	–	–	–	1	–	–	–	–	Benzenecarbothioic acid, 4-methoxy-, O-ethyl ester	10602-66-1	R3987
121	105	196	122	77	197	45	91	**196**	100	95	77	45	31	9	5	5		10	12	2	–	–	–	–	1	–	–	–	–	O-Ethyl thio-3-anisate	26131-56-6	S1258
121	122	77	78	91	51	31	52	**196**	100	30	24	22	11	10	9	7	**0.00**	9	12	3	2	–	–	–	–	–	–	–	–	Hydrazinecarboxylic acid, (4-methoxyphenyl)methyl ester	18912-37-3	R7863
121	122	123	136	107	137	149	153	**196**	100	10	7	4	3	3	2	2	**0.00**	9	12	3	2	–	–	–	–	–	–	–	–	Hydrazinecarboxylic acid, (4-methoxyphenyl)methyl ester	18912-37-3	R7865
121	139	65	93	151	152	122	39	**196**	100	22	14	12	11	11	9	7	**4.46**	10	12	4	–	–	–	–	–	–	–	–	–	Benzoic acid, 4-hydroxy-, 2-hydroxypropyl ester		P1117
121	196	101	132	79	136	43	93	**196**	100	73	65	65	53	53	47	41		12	20	2	–	–	–	–	–	–	–	–	–	Bicyclo[2.2.1]heptane, 7,7-dimethoxy-2-isopropylidene-	66929-98-4	T6709
121	196	152	45	165	65	93	135	**196**	100	29	22	15	14	10	9	7		10	12	4	–	–	–	–	–	–	–	–	–	Methyl 4-(2-hydroxyethoxy) benzoate		C0286
122	75	107	121	77	39	79	91	**196**	100	85	83	69	55	27	23	22	**9.47**	11	13	1	–	1	–	–	–	–	–	–	–	3-Chloroallyl 2,4-dimethyl-phenyl ether		Z1474
122	95	81	58	72	164	109	41	**196**	100	90	76	75	69	65	65	64	**28.10**	12	20	2	–	–	–	–	–	–	–	–	–	1(2H)-Naphthalenone, octahydro-4-methoxy-8-methyl-	54845-31-7	S9753
122	196	121	45	131	105	77	74	**196**	100	96	87	39	37	27	25	24		10	12	–	–	–	–	–	2	–	–	–	–	2-Phenyl-1,3-dithiane	5425-44-5	R1418
123	95	196	122	121	77	94	136	**196**	100	90	66	57	34	33	23	19		10	12	4	–	–	–	–	–	–	–	–	–	Benzenepropanoic acid, β,3-dihydroxy-, methyl ester	55822-86-1	T2134
123	95	196	122	121	77	94	136	**196**	100	90	66	57	34	33	23	19		10	12	4	–	–	–	–	–	–	–	–	–	Methyl β-(3-hydroxyphenyl)hydracrylate		P2897
123	136	196	49	137	77	51	124	**196**	100	44	41	35	16	11	10	8		10	12	4	–	–	–	–	–	–	–	–	–	Methyl 3-(3,4-dihydroxyphenyl)propionate	3598-22-9	Q9560
123	136	196	137	77	51	15	124	**196**	100	44	41	16	11	10	9	8		10	12	4	–	–	–	–	–	–	–	–	–	Methyl 3-(3,4-dihydroxyphenyl)propionate		P2888
123	136	196	137	77	51	91	124	**196**	100	43	42	15	10	9	7	7		10	12	4	–	–	–	–	–	–	–	–	–	Methyl 3-(3,4-dihydroxyphenyl)propionate		P0943
124	43	109	137	196	77	122	125	**196**	100	38	31	13	12	9	8	8		10	12	4	–	–	–	–	–	–	–	–	–	Methanol, (O-methoxyphenoxy)-, acetate	27257-11-0	S1663
125	196	126	110	41	39	181	97	**196**	100	25	12	7	7	6	5	5		12	20	–	–	–	–	–	1	–	–	–	–	Thiophene, 2-ethyl-5-hexyl-		Y2060
126	41	39	55	27	53	128	67	**196**	100	87	78	62	59	51	49	47	**39.50**	10	18	–	–	–	–	–	–	–	–	–	1	Nickel, bis[(1,2,3-η)-1-methyl-2-butenyl]-	74421-55-9	T8126
126	44	196	43	41	55	97	39	**196**	100	54	36	35	16	16	13	12		11	16	1	–	–	–	–	1	–	–	–	–	2-Hydroxyphenyl isopentyl sulphide		03704
126	56	43	69	57	70	55	111	**196**	100	99	89	83	82	80	78	77	**57.57**	14	28	–	–	–	–	–	–	–	–	–	–	1-Heptene, 2-isohexyl-6-methyl-	33717-93-0	S4332
127	83	177	99	69				**196**	100	80	27	23	17				**0.00**	4	2	2	–	–	–	6	–	–	–	–	–	Acetic acid, trifluoro-, 2,2,2-trifluoroethyl ester	407-38-5	Q0690
127	109	95	110	96	128	153	79	**196**	100	13	4	3	3	3	3	2	**0.29**	7	17	4	–	–	–	–	–	1	–	–	–	Phosphoric acid, dimethyl pentyl ester	55955-88-9	T2424
128	96	70	39	41	27	67	42	**196**	100	87	47	31	29	21	19	17	**1.00**	10	12	4	–	–	–	–	–	–	–	–	–	4,7-Epoxyisobenzofuran-1,3-dione, hexahydro-3a,7a-dimethyl-, (3aα,4β,7β,7aα)-	56-25-7	P4696
129	95	69	81	82	41	101	55	**196**	100	91	50	50	45	39	38	37	**0.13**	12	20	2	–	–	–	–	–	–	–	–	–	Cyclopropanecarboxylic acid, 2,2-dimethyl-3-(4-methyl-4-pentenyl)-	74779-63-8	T8529
129	196	181	167	168	77	102	115	**196**	100	54	29	28	26	17	10	10		14	12	1	–	–	–	–	–	–	–	–	–	2(1H)-Naphthalenone, 1-methyl-1-(2-propynyl)-	41389-92-8	S6607
132	104	196	90	103	131	78	89	**196**	100	80	54	49	43	34	30	26		9	8	3	–	–	–	–	1	–	–	–	–	1H-2-Benzothiopyran-4(3H)-one, 1,3-dihydro-, 2,2-dioxide	16723-58-3	R6398
135	45	106	78	47	107	62	61	**196**	100	63	39	29	26	21	17	14	**1.40**	7	16	–	–	–	–	–	3	–	–	–	–	Orthoformic acid, trithio-, triethyl ester	6267-24-9	R2185
135	45	106	78	47	107	62	61	**196**	100	65	40	31	23	22	18	13	**0.00**	7	16	–	–	–	–	–	3	–	–	–	–	Orthoformic acid, trithio-, triethyl ester	6267-24-9	R2186
135	45	106	78	107	47			**196**	100	70	40	40	25	20			**0.00**	7	16	–	–	–	–	–	3	–	–	–	–	Orthoformic acid, trithio-, triethyl ester		M4126
135	58	194	45	181	44	42		**196**	100	90	47	39	36	32	24		**0.00**	9	12	3	2	–	–	–	–	–	–	–	–	Benzenaminium, 2-hydroxy-N,N,N-trimethyl-5-nitro-, hydroxide, inner salt	53442-17-4	S8470
135	107	77	92	45	196	94	64	**196**	100	33	32	21	20	18	18	18		10	12	2	–	–	–	–	1	–	–	–	–	2-Methylthio-meta-methoxyacetophenone		M0620
135	196	103	77	36	51	76	50	**196**	100	39	34	30	25	23	22	20		8	5	–	2	1	–	–	1	–	–	–	–	1,2,4-Thiadiazole, 5-chloro-3-phenyl-	24255-23-0	S0513
137	18	17	109	77	94	196	138	**196**	100	80	22	18	17	14	11	10		10	12	4	–	–	–	–	–	–	–	–	–	Benzeneacetic acid, α-hydroxy-4-methoxy-, methyl ester		05015
137	28	196	32	18	138	122	94	**196**	100	96	29	26	19	10	9	8		10	12	4	–	–	–	–	–	–	–	–	–	Benzeneacetic acid, 4-hydroxy-3-methoxy-, methyl ester		04992
137	77	109	196	94	107	138	79	**196**	100	17	16	12	12	12	10	7		10	12	4	–	–	–	–	–	–	–	–	–	Benzeneacetic acid, α-hydroxy-3-methoxy-, methyl ester		05014
137	81	95	41	136	67	39	27	**196**	100	63	62	55	35	31	27	26	**22.50**	12	20	2	–	–	–	–	–	–	–	–	–	4a(2H)-Naphthalenecarboxylic acid, octahydro-, methyl ester	62338-25-4	T6138
137	109	28	196	77	94	16	135	**196**	100	79	48	35	32	24	20	16		10	12	4	–	–	–	–	–	–	–	–	–	Benzeneacetic acid, α-hydroxy-2-methoxy-, methyl ester		05013
137	109	77	94	66	135	138	196	**196**	100	32	28	25	13	11	11	9		10	12	4	–	–	–	–	–	–	–	–	–	Benzeneacetic acid, α-hydroxy-4-methoxy-, methyl ester	13305-14-1	R4439
137	109	77	94	66	138	51	135	**196**	100	28	27	24	8	7	6	6	**4.03**	10	12	4	–	–	–	–	–	–	–	–	–	Benzeneacetic acid, α-hydroxy-4-methoxy-, methyl ester	13305-14-1	R4438
137	196	94	122	138	77	39	197	**196**	100	36	18	11	11	6	5	5		10	12	4	–	–	–	–	–	–	–	–	–	3-Hydroxy-1-(4-hydroxy-3-methoxy-phenyl)-propan-2-one		03960
137	196	122	94	138	39	51	65	**196**	100	27	13	12	9	8	7	7		10	12	4	–	–	–	–	–	–	–	–	–	Benzeneacetic acid, 4-hydroxy-3-methoxy-, methyl ester	15964-80-4	R5936
137	196	122	138	94	44	43	65	**196**	100	30	9	8	7	4	4	3		10	12	4	–	–	–	–	–	–	–	–	–	Methyl 3-hydroxy-4-methoxybenzeneacetate		14814

MASS TO CHARGE RATIOS								M.W.	INTENSITIES								Parent	C	H	O	N	Cl	Br	F	S	P	B	Si	X	COMPOUND NAME	CAS Reg No	No
137	196	138	122	94	43	197	51	**196**	100	29	8	7	5	3	3	3		10	12	4	–	–	–	–	–	–	–	–	–	**Benzeneacetic acid, 4-hydroxy-3-methoxy-, methyl ester**		**14813**
138	111	75	51	140	50	113	166	**196**	100	71	46	33	32	29	21	16	**15.01**	8	5	2	2	1	–	–	–	–	–	–	–	**Sydnone, 3-(4-chlorophenyl)-**	829-31-2	**Q4304**
139	41	55	99	111	39	54	67	**196**	100	98	45	40	38	37	17	16	**5.00**	10	12	4	–	–	–	–	–	–	–	–	–	**Diallyl fumarate**		**L1494**
139	41	99	39	111	55	54	26	**196**	100	97	41	39	39	33	18	15	**5.10**	10	12	4	–	–	–	–	–	–	–	–	–	**Diallyl fumarate**	2807-54-7	**Q8677**
139	69	127	41	57	168	43	39	**196**	100	96	56	47	43	39	29	28	**6.00**	8	11	2	–	–	–	3	–	–	–	–	–	**2,4-Heptanedione, 1,1,1-trifluoro-5-methyl-**	33284-45-6	**S4046**
139	69	181	154	196	112	41	43	**196**	100	40	39	27	26	23	20	14		11	16	3	–	–	–	–	–	–	–	–	–	**1,3-Cyclopentanedione, 2-isovaleryl-4-methyl-**	7180-57-6	**R2910**
139	137	181	183	73	45	103	43	**196**	100	96	49	48	44	20	17	16	**0.00**	5	13	1	–	–	1	–	–	–	–	1	–	**Silane, (2-bromoethoxy)trimethyl-**	34714-03-9	**S4716**
139	154	43	111	196	52	69	51	**196**	100	95	28	26	20	12	10	9		10	12	4	–	–	–	–	–	–	–	–	–	**Phenol, 2,5-dimethoxy-, acetate**	27257-06-3	**S1660**
139	154	69	42	85	127	196	181	**196**	100	88	79	76	69	60	24	20		8	11	2	–	–	–	3	–	–	–	–	–	**1,1,1-Trifluoro-6-methyl-2,4-heptanedione**		**L9115**
139	154	69	43	85	127	196	181	**196**	100	88	79	76	69	61	24	20		8	11	2	–	–	–	3	–	–	–	–	–	**3,5-Octanedione, 1,1,1-trifluoro-**	54845-44-2	**S9756**
139	167	196	140	97	111	41	110	**196**	100	35	32	24	22	17	13	10		12	20	–	–	–	–	–	1	–	–	–	–	**Thiophene, 2-(3-methylbutyl)-5-propyl-**	54845-34-0	**H2081**
141	43	47	29	64	41	45	57	**196**	100	50	50	44	43	40	40	36	**4.00**	9	12	3	2	–	–	–	–	–	–	–	–	**3-tert-Butyl-6-formyluracil**		**L8898**
141	113	68	29	95	67	41	55	**196**	100	74	61	61	53	51	47	41	**0.61**	12	20	2	–	–	–	–	–	–	–	–	–	**Cyclopropanecarboxylic acid, 2,2-dimethyl-3-(2-methyl-2-propenyl)-, ethyl ester, cis-**	69146-98-1	**T7024**
150	108	81	196	67	41	57	58	**196**	100	79	68	67	61	48	46	44		12	20	2	–	–	–	–	–	–	–	–	–	**1(2H)-Naphthalenone, 4-ethoxyoctahydro-, trans-**	21727-83-3	**R9363**
150	108	81	196	67	83	41	57	**196**	100	79	68	68	61	57	48	46		12	20	2	–	–	–	–	–	–	–	–	–	**1(2H)-Naphthalenone, 4-ethoxyoctahydro-, trans-**	21727-83-3	**R9364**
150	182	165	122	196	151	69	164	**196**	100	96	91	85	80	78	47	47		10	12	4	–	–	–	–	–	–	–	–	–	**Benzoic acid, 4-hydroxy-2-methoxy-6-methyl-, methyl ester**	3465-63-2	**Q9431**
150	196	151	122	69	94	167		**196**	100	35	25	20	8	5	1			10	12	4	–	–	–	–	–	–	–	–	–	**Ethyl 2,4-dihydroxy-6-methylbenzoate**		**L5837**
151	43	123	196	39	153	152	77	**196**	100	67	35	16	11	11	8	8		10	12	4	–	–	–	–	–	–	–	–	–	**2H-Pyran-2-carboxylic acid, 5-ethylidene-5,6-dihydro-2,3-dimethyl-6-oxo-, [(S)-(E)]-**		**L6722**
151	43	123	196	39	153	152	95	**196**	100	67	35	16	11	11	8	8		10	12	4	–	–	–	–	–	–	–	–	–	**2H-Pyran-2-carboxylic acid, 5-ethylidene-5,6-dihydro-2,3-dimethyl-6-oxo-,[(S)-(E)]**	19776-81-9	**R8276**
151	196	123	52	51	152	108	65	**196**	100	32	27	19	14	13	11	11		10	12	4	–	–	–	–	–	–	–	–	–	**4,ω-Dihydroxy-3-methoxypropiophenone**		**03957**
151	196	123	168	153	52	197	108	**196**	100	46	13	11	9	6	5	5		10	12	4	–	–	–	–	–	–	–	–	–	**Ethyl (3-methoxy-4-hydroxybenzoate)**		**Z1478**
151	196	168	152	123	153	79	181	**196**	100	44	16	13	12	8	8	5		10	12	4	–	–	–	–	–	–	–	–	–	**Ethyl (3-methoxy-4-hydroxybenzoate)**		**M1531**
152	122	109	107	108	196	178	140	**196**	100	68	64	55	55	46	43	41		11	16	3	–	–	–	–	–	–	–	–	–	**1H-Indene-4-carboxylic acid, octahydro-7a-methyl-1-oxo-, (3aα,4α,7aβ)-**	13367-96-9	**R4487**
153	43	126	125	111	97	41	152	**196**	100	77	70	36	33	31	29	26	**17.90**	10	17	3	–	–	–	–	–	–	1	–	–	**1,3,2-Dioxaboralane, 4-methyl-2-ethyl-5-isopropeny-4-acetyl-**	74646-09-6	**T8260**
153	111	196	43	41	154	39	110	**196**	100	44	27	13	12	11	8	7		12	20	–	–	–	–	–	1	–	–	–	–	**Thiophene, 2,5-diisobutyl-**		**04353**
153	196	111	154	97	41	43	39	**196**	100	20	15	11	9	8	7	6		12	20	–	–	–	–	–	1	–	–	–	–	**Thiophene, 2-butyl-5-(2-methylpropyl)-**	54845-35-1	**H2082**
153	196	111	154	97	41	43	39	**196**	100	20	15	11	9	8	7	6		12	20	–	–	–	–	–	1	–	–	–	–	**Thiophene, 2-butyl-5-isobutyl-**		**Y2063**
153	196	135	136	91	169	168	181	**196**	100	97	83	32	26	23	22	17		10	12	–	–	–	–	–	2	–	–	–	–	**2-(4-Methylphenyl)-1,3-dithiolane**	23229-29-0	**S0121**
153	196	135	136	91	169	168	181	**196**	100	96	82	32	24	22	21	17		10	12	–	–	–	–	–	2	–	–	–	–	**2-(4-Methylphenyl)-1,3-dithiolane**		**M8887**
153	196	154	97	111	123	110	43	**196**	100	19	14	12	11	6	5	4		12	20	–	–	–	–	–	1	–	–	–	–	**Thiophene, 2,5-dibutyl-**		**Y2062**
153	196	154	97	111	123	155	110	**196**	100	19	14	12	11	6	5	5		12	20	–	–	–	–	–	1	–	–	–	–	**Thiophene, 2,5-dibutyl-**	6911-45-1	**H1638**
154	43	139	196	39	155	95	111	**196**	100	17	17	12	10	8	6	5		10	12	4	–	–	–	–	–	–	–	–	–	**Phenol, 2,6-dimethoxy-, acetate**	944-99-0	**Q4785**
154	112	167	139	126	41	125	155	**196**	100	44	21	14	11	10	9	9	**1.00**	10	20	–	4	–	–	–	–	–	–	–	–	**3,6-Dibutyl-1,2-dihydro-1,2,4,5-tetrazine**		**17019**
154	125	196	43	69	155	94	52	**196**	100	30	28	25	10	9	8	7		10	12	4	–	–	–	–	–	–	–	–	–	**Phenol, 3,5-dimethoxy-, acetate**	23133-74-6	**S0082**
154	139	43	196	39	95	111	155	**196**	100	60	30	24	15	8	8	8		10	12	4	–	–	–	–	–	–	–	–	–	**Phenol, 2,3-dimethoxy-, acetate**	27257-08-5	**S1662**
154	139	43	196	52	111	155	69	**196**	100	40	24	15	9	9	8	7		10	12	4	–	–	–	–	–	–	–	–	–	**Phenol, 2,4-dimethoxy-, acetate**	27257-07-4	**S1661**
154	139	43	196	111	39	155	69	**196**	100	53	40	23	12	10	9	8		10	12	4	–	–	–	–	–	–	–	–	–	**Phenol, 3,4-dimethoxy-, acetate**	7203-46-5	**R2924**
161	163	75	196	198	162	50	80.5	**196**	100	33	20	19	13	11	11	9		7	4	–	–	2	–	2	–	–	–	–	–	**3-Chlorobenzochlorodifluoride**		**D0461**
163	105	196	51	95	162	77	164	**196**	100	98	76	39	38	38	18	14		9	8	1	–	–	–	–	2	–	–	–	–	**2-Propene(dithioic) acid, 3-hydroxy-3-phenyl-**	41467-11-2	**S6654**
164	136	165	196	166	77	107	109	**196**	100	73	55	51	27	17	11	11		10	12	4	–	–	–	–	–	–	–	–	–	**Benzoic acid, 2,4-dihydroxy-3,6-dimethyl-, methyl ester**	4707-47-5	**R0738**
164	136	196	165	107	78	79	55	**196**	100	90	68	40	20	13	12	10		10	12	4	–	–	–	–	–	–	–	–	–	**Benzoic acid, 2,4-dihydroxy-3,6-dimethyl-, methyl ester**	4707-47-5	**R0739**
164	136	196	165	135	107	79	77	**196**	100	71	61	20	8	8	7	7		10	12	4	–	–	–	–	–	–	–	–	–	**Benzoic acid, 2,4-dihydroxy-3,6-dimethyl-, methyl ester**		**05962**
165	17	28	107	196	150	15	51	**196**	100	70	67	28	27	19	14	13		10	12	4	–	–	–	–	–	–	–	–	–	**Methyl 2,6-dimethoxybenzoate**		**04966**
165	196	32	15	107	51	63	122	**196**	100	28	22	12	12	11	11	11		10	12	4	–	–	–	–	–	–	–	–	–	**Benzoic acid, 2,4-dimethoxy-, methyl ester**	2150-41-6	**Q7490**
165	196	32	107	15	166	135	122	**196**	100	28	22	12	12	11	11	11		10	12	4	–	–	–	–	–	–	–	–	–	**Benzoic acid, 2,4-dimethoxy-, methyl ester**		**04965**
165	196	79	51	197	77	166	137	**196**	100	99	27	23	18	17	16	13		10	12	4	–	–	–	–	–	–	–	–	–	**Benzoic acid, 3,4-dimethoxy-, methyl ester**	2150-38-1	**Q7487**
165	196	163	29	107	77	51	45	**196**	100	91	91	73	45	39	39	36		10	12	4	–	–	–	–	–	–	–	–	–	**Benzoic acid, 2,3-dimethoxy-, methyl ester**		**04964**
165	196	163	166	122	107	135	77	**196**	100	27	18	12	11	11	11	9		10	12	4	–	–	–	–	–	–	–	–	–	**Benzoic acid, 2,4-dimethoxy-, methyl ester**	2150-41-6	**Q7491**
166	41	181	196	151	73	167	40	**196**	100	28	26	25	16	15	14	13		10	16	2	–	–	–	–	–	–	–	1	–	**Silane, (2-methoxyphenoxy)trimethyl-**		**15727**
166	196	151	123	108	180	179	165	**196**	100	99	45	35	30	30	28	25		10	16	2	2	–	–	–	–	–	–	–	–	**2H-Cycloheptapyrazin-2-one, 1,3,5,6,7,8,9,9a-octahydro-9a-methyl-, 4-oxide**	66434-21-7	**T6633**
167	30	84	166	168	139	44	140	**196**	100	33	26	22	14	11	9	8	**0.00**	12	8	1	2	–	–	–	–	–	–	–	–	**9H-Carbazole, 9-nitroso-**	2788-23-0	**Q8655**
167	165	152	168	166	196	153	164	**196**	100	32	22	20	13	5	5	3		14	12	1	–	–	–	–	–	–	–	–	–	**Benzeneacetaldehyde, α-phenyl-**	947-91-1	**Q4803**

MASS TO CHARGE RATIOS								M.W.	INTENSITIES								Parent	C	H	O	N	Cl	Br	F	S	P	B	Si	X	COMPOUND NAME	CAS Reg No	No
168	196	128	101	169	129	197	77	**196**	100	92	66	26	13	12	12	9		12	8	1	2	–	–	–	–	–	–	–	–	**1H-Pyrimido[1,2-a]quinolin-1-one**	23443-27-8	**S0197**
178	163	131	196	181	119	179	91	**196**	100	34	29	22	19	12	12	10		11	16	3	–	–	–	–	–	–	–	–	–	**Benzenemethanol, 2-hydroxy-5-methoxy-α,α,4-trimethyl-**	38102-59-9	**08666**
178	163	196	91	179	135	77	164	**196**	100	78	20	16	14	12	9	9		11	16	3	–	–	–	–	–	–	–	–	–	**Benzenemethanol, 2-hydroxy-5-methoxy-α,α,4-trimethyl-**	38102-55-5	**08665**
178	196	179	149	135	77	120	51	**196**	100	98	68	23	19	15	15	13		10	12	4	–	–	–	–	–	–	–	–	–	**Benzoic acid, 2,4-dimethoxy-6-methyl-**	3686-57-5	**Q9663**
178	196	179	149	135	120	77	91	**196**	100	97	65	22	19	15	13	12		10	12	4	–	–	–	–	–	–	–	–	–	**Benzoic acid, 6-methyl-2,4-dimethoxy-**		**L2155**
179	196	153	108	109	53	97	151	**196**	100	92	87	81	63	59	53	50		9	12	3	2	–	–	–	–	–	–	–	–	**1-Ethyl-3-carbamoyl-4-methyl-6-hydroxy-pyrid-2-one**		**D1410**
180	196	179	170	76	152	181	195	**196**	100	99	51	33	20	20	20	20		12	8	1	2	–	–	–	–	–	–	–	–	**Phenazine, 5-oxide**	304-81-4	**Q0384**
181	43	41	69	55	109	153	81	**196**	100	88	65	63	45	34	31	29	**3.00**	13	24	1	–	–	–	–	–	–	–	–	–	**Tetrahydroedulan A**		**P3937**
181	43	149	77	165	196	137		**196**	100	57	44	11	11	3	2			11	16	3	–	–	–	–	–	–	–	–	–	**Methyl 2,4,4,6-tetramethyl-4H-pyran-3-carboxylate**		**M8864**
181	103	77	166	165	91	182	51	**196**	100	34	29	24	21	18	15	15	**14.21**	15	16	–	–	–	–	–	–	–	–	–	–	**2,2-Diphenylpropane**	778-22-3	**Q4110**
181	152	153	43	196	151	76	51	**196**	100	79	54	48	46	25	24	16		14	12	1	–	–	–	–	–	–	–	–	–	**Acetophenone, 4′-phenyl-**	92-91-1	**P6752**
181	152	153	196	151	76	182	43	**196**	100	74	50	37	22	17	13	10		14	12	1	–	–	–	–	–	–	–	–	–	**Acetophenone, 4′-phenyl-**	92-91-1	**P6753**
181	166	196	41	182	151	39	27	**196**	100	24	17	13	13	9	9	8		12	20	–	–	–	–	–	1	–	–	–	–	**Thiophene, 2,5-di-tert-butyl-**		**04808**
181	183	43	196	182	153	41	139	**196**	100	32	27	25	13	10	9	9		12	17	–	–	1	–	–	–	–	–	–	–	**2,6-Diisopropyl-1-chloro-benzene**		**Z1467**
181	191	73	182	192	75	91	92	**196**	100	74	47	15	11	8	5	4	**0.00**	10	16	2	–	–	–	–	–	–	–	1	–	**Silane, (4-methoxyphenoxy)trimethyl-**	6689-38-9	**R2473**
181	196	41	57	182	29	39	27	**196**	100	16	15	14	13	9	8	7		12	20	–	–	–	–	–	1	–	–	–	–	**Thiophene, 2,4-di-tert-butyl-**		**04809**
181	196	43	153	65	67	182	39	**196**	100	42	28	15	13	12	10	9		10	12	4	–	–	–	–	–	–	–	–	–	**4′-Hydroxy-3′,5′-dimethoxyacetophenone**	2478-38-8	**Q8178**
181	196	73	182	197	75	91	183	**196**	100	74	48	16	13	8	6	5		10	16	2	–	–	–	–	–	–	–	1	–	**Silane, (4-methoxyphenoxy)trimethyl-**	6689-38-9	**R2472**
181	196	104	165	166	77	105	65	**196**	100	67	61	46	44	22	19	16		15	16	–	–	–	–	–	–	–	–	–	–	**Di-p-tolylmethane**	4957-14-6	**R0974**
181	196	118	166	165	105	197	182	**196**	100	92	56	35	32	27	23	23		15	16	–	–	–	–	–	–	–	–	–	–	**Phenyl-2,5-xylylmethane**		**D2606**
181	196	149	142	168	90			**196**	100	31	8	7	6	2				10	16	2	2	–	–	–	–	–	–	–	–	**2,6-Dimethoxy-3-isopropyl-5-methylpyrazine**		**M5537**
181	196	152	153	76	182	151	43	**196**	100	48	44	33	15	14	13	11		14	12	1	–	–	–	–	–	–	–	–	–	**Acetophenone, 4′-phenyl-**	92-91-1	**P6754**
181	196	152	153	76	182	151	43	**196**	100	53	48	42	20	16	14	12		14	12	1	–	–	–	–	–	–	–	–	–	**4-Acetyl-1,1′-biphenyl**		**P1155**
181	196	165	104	182	166	197	105	**196**	100	92	29	28	28	23	18	17		15	16	–	–	–	–	–	–	–	–	–	–	**Di-m-tolylmethane**	21895-14-7	**R9411**
181	196	165	166	91	182	39	89	**196**	100	65	25	18	17	16	11	10		15	16	–	–	–	–	–	–	–	–	–	–	**1,2-Dimethyl-4-benzylbenzene**		**V0258**
181	196	165	166	182	197	195	105	**196**	100	80	23	19	18	15	14	12		15	16	–	–	–	–	–	–	–	–	–	–	**Benzene, 1-methyl-3-[(4-methylphenyl)methyl]-**	21895-16-9	**R9412**
181	196	165	182	195	197	104	105	**196**	100	67	21	16	13	13	13	10		15	16	–	–	–	–	–	–	–	–	–	–	**Di-p-tolylmethane**	4957-14-6	**R0975**
181	196	165	182	197	166	195	104	**196**	100	78	22	16	13	13	12	12		15	16	–	–	–	–	–	–	–	–	–	–	**Di-p-tolylmethane**		**E0046**
181	196	182	73	75	89	197	45	**196**	100	47	15	10	10	10	8	5		10	16	2	–	–	–	–	–	–	–	1	–	**Silane, (3-methoxyphenoxy)trimethyl-**	33285-71-1	**S4053**
181	196	182	73	75	89	197	91	**196**	100	48	15	10	10	10	8	7		10	16	2	–	–	–	–	–	–	–	1	–	**Silane, (3-methoxyphenoxy)trimethyl-**	33285-71-1	**S4054**
181	196	182	161	27	31	93	99	**196**	100	23	9	5	3	3	3	3		8	5	–	–	–	–	5	–	–	–	–	–	**Benzene, 1-ethyl-2,3,4,5,6-pentafluoro-**	2251-81-2	**Q7732**
181	196	182	161	143	117	123	98	**196**	100	24	9	6	3	3	3	3		8	5	–	–	–	–	5	–	–	–	–	–	**Benzene, 1-ethyl-2,3,4,5,6-pentafluoro-**		**M2158**
195	196	77	91	119	105	65	51	**196**	100	73	35	33	30	24	16	15		14	12	1	–	–	–	–	–	–	–	–	–	**Benzophenone, 2-methyl-**	131-58-8	**P9612**
196	44	181	117	152	45	42	154	**196**	100	90	65	64	56	53	49	46		10	13	–	2	1	–	–	–	–	–	–	–	**Methanimidamide, N′-(4-chloro-2-methylphenyl)-N,N-dimethyl-**	6164-98-3	**R2120**
196	46	197	136					**196**	100	10	10	2						8	8	4	2	–	–	–	–	–	–	–	–	**Benzoic acid, 3-amino-5-nitro-, methyl ester**	23218-93-1	**S0118**
196	55	83	111	84	56	140	112	**196**	100	91	53	46	36	30	28	19		5	1	5	–	–	–	–	–	–	–	–	1	**Manganese pentacarbonyl hydride**		**L3942**
196	68	139	83	53	197	56	111	**196**	100	44	31	16	14	9	9	8		7	8	3	4	–	–	–	–	–	–	–	–	**1H-Purine-2,6,8(3H)-trione, 7,9-dihydro-1,3-dimethyl-**	944-73-0	**Q4783**
196	77	195	165	180	51	119	197	**196**	100	63	41	39	27	25	17	15		13	12	–	2	–	–	–	–	–	–	–	–	**Benzophenone hydrazone**	5350-57-2	**R1329**
196	92	65	93	77	195	66	51	**196**	100	73	42	42	24	24	18	17		13	12	–	2	–	–	–	–	–	–	–	–	**Benzaldehyde phenylhydrazone**	588-64-7	**Q2366**
196	92	93	195	197	65	77	91	**196**	100	59	35	29	16	16	14	10		13	12	–	2	–	–	–	–	–	–	–	–	**Benzaldehyde phenylhydrazone**		**L7020**
196	98	180	197	83	195	167		**196**	100	20	16	15	12	11	9			13	12	–	2	–	–	–	–	–	–	–	–	**2,7-Diaminofluorene**		**D2155**
196	107	179	83	93	84	149	126	**196**	100	32	28	18	17	16	15	14		9	8	5	–	–	–	–	–	–	–	–	–	**1,3-Benzodioxole-5-carboxylic acid, 6-methoxy-**	7168-93-6	**R2899**
196	118	92	197	106	66	180	93	**196**	100	30	19	15	15	6	6	4		15	16	–	–	–	–	–	–	–	–	–	–	**2,2-Diphenylpropane**		**01515**
196	127	69	177	31	50	12	63	**196**	100	96	77	31	12	7	5	3		1	–	–	–	–	–	3	–	–	–	–	1	**Trifluoroiodomethane**		**Y0697**
196	131	169	104	77	39	27	51	**196**	100	96	28	25	25	21	16	12		11	8	–	4	–	–	–	–	–	–	–	–	**1,2-Dihydro-1-imino-2,2,6-tricyano-3,5-dimethylbenzene**		**D2106**
196	135	27	91	26	59	62	77	**196**	100	77	38	26	25	25	25	23		8	8	4	2	–	–	–	–	–	–	–	–	**Carbamic acid, (2-nitrophenyl)-, methyl ester**	13725-30-9	**R4729**
196	140	166	139	63	152	39	74	**196**	100	50	48	41	33	27	27	26		12	8	1	2	–	–	–	–	–	–	–	–	**Benzo[c]cinnoline N-oxide**		**02227**
196	150	63	78	64	104	95	123	**196**	100	69	30	19	15	11	11	10		6	4	2	4	–	–	–	1	–	–	–	–	**6-Nitro-s-triazolo[1,5-a]pyridine-2-thiol**		**M5043**
196	165	79	51	15	77	197	181	**196**	100	86	21	20	17	13	12	11		10	12	4	–	–	–	–	–	–	–	–	–	**Benzoic acid, 3,4-dimethoxy-, methyl ester**	2150-38-1	**Q7485**
196	165	79	197	51	77	59	181	**196**	100	77	25	13	12	9	9	9		10	12	4	–	–	–	–	–	–	–	–	–	**Benzoic acid, 3,4-dimethoxy-, methyl ester**	2150-38-1	**Q7486**
196	165	122	137	138	63	107	15	**196**	100	76	36	33	33	25	22	18		10	12	4	–	–	–	–	–	–	–	–	–	**Methyl 3,5-dimethoxybenzoate**	2150-37-0	**Q7484**
196	165	138	137	122	107	135	77	**196**	100	60	20	20	18	15	12	10		10	12	4	–	–	–	–	–	–	–	–	–	**Methyl 3,5-dimethoxybenzoate**		**L5791**
196	167	90	89	195	77	63	168	**196**	100	84	69	60	42	20	16	16		14	12	1	–	–	–	–	–	–	–	–	–	**Oxirane, 2,3-diphenyl-**	17619-97-5	**R7107**
196	167	135	197	138	139	140	94	**196**	100	94	59	52	47	46	41	39		7	8	1	4	–	–	–	1	–	–	–	–	**Purinone, 1,2,3,7(or 1,3,6,7)-tetrahydro-1,3-dimethyl-2(or 6)-thioxo-**	56282-25-8	**T3348**
196	167	165	152	166	181	153	179	**196**	100	66	60	25	23	15	15	13		14	12	1	–	–	–	–	–	–	–	–	–	**5,7-Dihydro-dibenzo[c,e]oxepine**		**M3795**

MASS TO CHARGE RATIOS								M.W.	INTENSITIES								Parent	C	H	O	N	Cl	Br	F	S	P	B	Si	X	COMPOUND NAME	CAS Reg No	No
196	168	44	139	197	84	28	18	**196**	100	26	24	21	14	11	9	9		13	8	2	–	–	–	–	–	–	–	–	–	**Xanthone**		**D0006**
196	168	63	197	39	167	76	140	**196**	100	31	20	16	15	13	13	12		12	8	1	2	–	–	–	–	–	–	–	–	**2-Hydroxyphenazine**		**02228**
196	168	68	77	51	50	167	140	**196**	100	66	20	16	13	12	11	10		12	8	1	2	–	–	–	–	–	–	–	–	**Oxepinoquinoxaline**		**P0251**
196	168	68	142	170	77	51	52	**196**	100	73	16	12	12	11	10	10		12	8	1	2	–	–	–	–	–	–	–	–	**Cyclobutafuroquinoxaline**		**P0252**
196	168	76	98	77	140	167	75	**196**	100	65	38	35	35	29	25	25		12	8	1	2	–	–	–	–	–	–	–	–	**2-Hydroxyphenazine**		**L1595**
196	168	77	63	51	64	167	84	**196**	100	90	16	13	10	10	10	8		12	8	1	2	–	–	–	–	–	–	–	–	**Epoxybenzodiazecine**		**P0253**
196	168	139	69.5	84	63	195	140	**196**	100	25	19	17	10	4	4	4		13	8	2	–	–	–	–	–	–	–	–	–	**Xanthone**		**F0258**
196	168	139	197	70	140	63	98	**196**	100	28	25	15	9	6	6	5		13	8	2	–	–	–	–	–	–	–	–	–	**3,4-Benzcoumarin**		**D1697**
196	168	139	197	70	140	69	92	**196**	100	46	30	13	8	7	5	5		13	8	2	–	–	–	–	–	–	–	–	–	**Xanthone**	90-47-1	**P6574**
196	180	119	65	167	52	168	98	**196**	100	32	20	16	15	15	14	14		13	12	–	2	–	–	–	–	–	–	–	–	**10,11-Dihydro-5H-dibenzo[b,f][1,4]diazepine**		**M5665**
196	180	170	179	102	195	197	65	**196**	100	30	20	15	12	12	12	10		12	8	1	2	–	–	–	–	–	–	–	–	**Phenazine, 5-oxide**	304-81-4	**Q0385**
196	181	46	197	137	164			**196**	100	14	10	10	3	3				8	8	4	2	–	–	–	–	–	–	–	–	**Benzoic acid, 2-amino-4-nitro-, methyl ester**	3558-19-8	**Q9524**
196	181	104	165	105	166	197	182	**196**	100	99	80	29	21	20	18	17		15	16	–	–	–	–	–	–	–	–	–	–	**Benzene, 1-methyl-2-[(4-methylphenyl)methyl]-**	21895-17-0	**R9413**
196	181	104	165	166	105	182	197	**196**	100	95	70	27	23	20	17	17		15	16	–	–	–	–	–	–	–	–	–	–	**Benzene, 1-methyl-2-[(3-methylphenyl)methyl]-**	21895-13-6	**R9410**
196	181	125	110	93	95	65	77	**196**	100	61	56	53	48	34	22	20		10	12	4	–	–	–	–	–	–	–	–	–	**Benzaldehyde, 3,4,5-trimethoxy-**	86-81-7	**P6344**
196	181	125	150	110	153	69	95	**196**	100	53	48	41	29	27	25	25		10	12	4	–	–	–	–	–	–	–	–	–	**Benzaldehyde, 2,4,5-trimethoxy-**	4460-86-0	**R0477**
196	181	142	41	154	195	167	140	**196**	100	50	47	44	36	31	31	28		12	21	–	–	–	–	–	–	1	–	–	–	**9b-Phosphaphenalene, dodecahydro-**	23480-41-3	**S0211**
196	181	152	127	168				**196**	100	33	17	10	7					13	12	–	2	–	–	–	–	–	–	–	–	**1,3-Dimethyl-1H-benzo[de]cinnoline**		**M8173**
196	181	152	153	197	165	151	182	**196**	100	57	36	32	16	11	10	9		14	12	1	–	–	–	–	–	–	–	–	–	**2-Methoxyfluorene**		**01082**
196	195	99	117	167	168	98	94	**196**	100	91	61	56	47	38	22	21		7	1	1	–	–	–	5	–	–	–	–	–	**Pentafluorobenzaldehyde**		**L4009**
196	195	165	177	197	178	167	181	**196**	100	34	22	18	16	13	12	12		14	12	1	–	–	–	–	–	–	–	–	–	**Phenol, 3-cinnamyl-, (E)-**	17861-18-6	**R7226**
196	195	197	177	165	181	97	98	**196**	100	25	17	15	13	10	9	8		14	12	1	–	–	–	–	–	–	–	–	–	**Phenol, 4-cinnamyl-, (E)-**	6554-98-9	**R2363**
196	198	89	63	62	117	44	197	**196**	100	98	64	38	26	24	15	11		8	5	1	–	–	1	–	–	–	–	–	–	**Benzofuran, 5-bromo-**		**L6649**
196	198	89	63	62	117	44	199	**196**	100	98	64	38	26	25	15	12		8	5	1	–	–	1	–	–	–	–	–	–	**Benzofuran, 5-bromo-**	23145-07-5	**S0089**
196	198	97	62	132	99	200	61	**196**	100	93	63	36	28	26	26	25		6	3	1	–	3	–	–	–	–	–	–	–	**Phenol, 2,4,5-trichloro-**		**D0780**
196	198	97	132	62	61	200	134	**196**	100	86	49	35	32	24	24	23		6	3	1	–	3	–	–	–	–	–	–	–	**Phenol, 2,4,5-trichloro-**	95-95-4	**P7010**
196	198	97	132	62	134	48	61	**196**	100	92	65	57	40	37	36	30		6	3	1	–	3	–	–	–	–	–	–	–	**Phenol, 2,4,6-trichloro-**	88-06-2	**P6431**
196	198	97	160	162	132	200	99	**196**	100	99	79	58	40	40	33	30		6	3	1	–	3	–	–	–	–	–	–	–	**Phenol, 2,3,4-trichloro-**	15950-66-0	**R5928**
196	198	97	200	132	99	134	62	**196**	100	89	41	30	27	20	18	15		6	3	1	–	3	–	–	–	–	–	–	–	**Phenol, 2,4,5-trichloro-**		**Y2436**
196	198	126	161	74	125	75	197	**196**	100	65	41	23	17	14	14	12		10	6	–	–	2	–	–	–	–	–	–	–	**Naphthalene, 2,3-dichloro-**	2050-75-1	**Q7263**
196	198	126	161	98	63	197	200	**196**	100	66	28	22	14	14	10	10		10	6	–	–	2	–	–	–	–	–	–	–	**1-Dichloromethyleneindene**		**M8744**
196	198	126	161	197	200	125	75	**196**	100	64	21	11	11	10	10	9		10	6	–	–	2	–	–	–	–	–	–	–	**Naphthalene, 1,5-dichloro-**	1825-30-5	**Q6828**
196	198	126	161	197	200	199	75	**196**	100	64	21	14	12	11	8	7		10	6	–	–	2	–	–	–	–	–	–	–	**Naphthalene, 2,7-dichloro-**	2198-77-8	**Q7584**
196	198	126	197	161	200	199	125	**196**	100	64	18	12	11	11	8	6		10	6	–	–	2	–	–	–	–	–	–	–	**Naphthalene, 1,2-dichloro-**	2050-69-3	**Q7261**
196	198	126	197	161	200	199	125	**196**	100	79	19	15	13	10	9	7		10	6	–	–	2	–	–	–	–	–	–	–	**Naphthalene, 1,8-dichloro-**	2050-74-0	**Q7262**
196	198	126	197	200	161	199	125	**196**	100	64	19	11	11	10	7	6		10	6	–	–	2	–	–	–	–	–	–	–	**Naphthalene, 1,4-dichloro-**	1825-31-6	**Q6829**
196	198	200	97	160	131	162	133	**196**	100	96	31	23	23	20	15	13		6	3	1	–	3	–	–	–	–	–	–	–	**Phenol, 2,3,6-trichloro-**	933-75-5	**Q4682**
196	198	200	132	97	134	160	99	**196**	100	96	31	28	25	18	13	12		6	3	1	–	3	–	–	–	–	–	–	–	**Phenol, 2,4,6-trichloro-**	88-06-2	**P6429**
18	107	37	197	169	199	171	98	**197**	100	59	56	50	47	46	44	40		5	2	1	1	3	–	–	–	–	–	–	–	**2(1H)-Pyridinone, 3,5,6-trichloro-**	6515-38-4	**R2337**
30	55	41	100	98	73	86	43	**197**	100	98	96	64	64	53	51	46	**27.30**	12	23	1	1	–	–	–	–	–	–	–	–	**Azacyclotridecan-2-one**	947-04-6	**Q4800**
41	73	55	39	113	27	29	67	**197**	100	81	53	44	43	38	36	35	**4.10**	12	23	1	1	–	–	–	–	–	–	–	–	**Cyclododecanone, oxime**	946-89-4	**Q4797**
42	58	197	182	43	112	69	155	**197**	100	67	57	55	52	48	40	28		8	15	1	5	–	–	–	–	–	–	–	–	**1,3,5-Triazin-2(1H)-one, 4-(ethylamino)-6-isopropylamino-**	2163-68-0	**Q7521**
42	97	43	44	41	45	55	46	**197**	100	78	46	46	45	45	32	30	**0.50**	10	15	3	1	–	–	–	–	–	–	–	–	**1-Azabicyclo[2.2.2]octane-2-carboxylic acid, 5-oxo-, ethyl ester**	22207-79-0	**R9591**
42	123	151	69	197	95	67	41	**197**	100	92	86	57	50	42	40	37		9	11	4	1	–	–	–	–	–	–	–	–	**3-Pyridinecarboxylic acid, 1,6-dihydro-4-hydroxy-2-methyl-6-oxo-, ethyl ester**	3950-10-5	**Q9957**
42	151	123	69	197	41	67	95	**197**	100	90	87	60	50	40	40	40		9	11	4	1	–	–	–	–	–	–	–	–	**3-Pyridinecarboxylic acid, 1,6-dihydro-4-hydroxy-2-methyl-6-oxo-, ethyl ester**	3950-10-5	**Q9958**
43	81	45	82	110	28	94	60	**197**	100	76	65	58	57	42	36	31	**14.70**	8	11	3	3	–	–	–	–	–	–	–	–	**N-Acetyl-L-histidine**		**06266**
43	127	126	41	56	128	55	69	**197**	100	86	76	70	69	61	54	52	**0.00**	8	14	1	1	–	–	3	–	–	–	–	–	**Acetamide, 2,2,2-trifluoro-N-hexyl-**	687-09-2	**Q3699**
43	140	41	28	42	29	182	197	**197**	100	95	33	19	15	14	13	8		8	14	1	1	–	–	3	–	–	–	–	–	**Acetamide, 2,2,2-trifluoro-N,N-diisopropyl-**		**M7832**
44	28	18	46	36	32	17	45	**197**	100	63	42	18	14	12	9	9	**0.60**	10	15	3	1	–	–	–	–	–	–	–	–	**Metanephrine**		**06559**
44	39	152	153	38	43	80	83	**197**	100	63	32	22	16	16	15	13	**0.00**	8	7	3	1	–	–	–	1	–	–	–	–	**Thiazolo[3,2-a]pyridinium, 3-carboxy-2,3-dihydro-8-hydroxy-, hydroxide, inner salt**	23003-39-6	**S0035**
55	80	15	27	53	59	29	79	**197**	100	82	78	61	48	41	38	32	**0.00**	9	11	4	1	–	–	–	–	–	–	–	–	**trans-Dimethyl 1-cyanocyclobutane-1,2-dicarboxylate**		**00212**

MASS TO CHARGE RATIOS								M.W.	INTENSITIES								Parent	C	H	O	N	Cl	Br	F	S	P	B	Si	X	COMPOUND NAME	CAS Reg No	No
56	124	44	152	82	125	168	55	**197**	100	98	87	87	76	71	65	57	**56.52**	10	15	3	1	–	–	–	–	–	–	–	–	**3-Pyridinecarboxylic acid, 1,4,5,6-tetrahydro-1,2-dimethyl-6-oxo-, ethyl ester**	10230-58-7	**R3671**
58	44	36	59	43	42	30	38	**197**	100	72	61	41	39	34	22	21	**0.00**	7	16	3	1	1	–	–	–	–	–	–	–	**Carnitine hydrochloride**		**L8474**
58	44	36	59	43	42	30	38	**197**	100	71	61	41	39	34	22	20	**0.00**	7	16	3	1	1	–	–	–	–	–	–	–	**Carnitine hydrochloride, (+-)-**	461-05-2	**Q0804**
58	82	43	126	42	54	79	81	**197**	100	91	54	40	40	29	25	22	**8.00**	11	19	2	1	–	–	–	–	–	–	–	–	**6,6-Dimethyl-4-(2′-methyl-2′-aminopropyl)-5,6-dihydro-2-pyrone**		**M0654**
58	197	95	140	126	88	98	87	**197**	100	47	41	25	22	21	18	13		12	23	1	1	–	–	–	–	–	–	–	–	**3-Bornanol, 2-(dimethylamino)-, endo,endo-**	32235-43-1	**S3544**
59	92	77	107	64	153	63	44	**197**	100	83	58	52	44	44	31	26	**10.00**	8	7	5	1	–	–	–	–	–	–	–	–	**Carbonic acid, methyl 3-nitrophenyl ester**	17175-17-6	**R6668**
59	123	77	92	64	44	63	153	**197**	100	42	41	41	31	27	27	23	**9.00**	8	7	5	1	–	–	–	–	–	–	–	–	**Carbonic acid, methyl 4-nitrophenyl ester**	17175-16-5	**R6667**
69	128	33	178	78	109	159	197	**197**	100	80	76	48	20	20	11	11		4	2	–	1	–	–	7	–	–	–	–	–	**N-Fluoro-2,2-bis(trifluoromethyl)aziridine**		**L8233**
69	197	90	109	82	178	40	45	**197**	100	47	20	12	11	9	8	6		4	2	–	1	–	–	7	–	–	–	–	–	**cis-2-Fluoro-N,N-bis(trifluoromethyl)vinylamine**		**M3269**
69	197	96	109	82	78	45	178	**197**	100	47	29	12	11	6	5	4		4	2	–	1	–	–	7	–	–	–	–	–	**trans-2-Fluoro-N,N-bis(trifluoromethyl)vinylamine**		**M3270**
76	104	197	133	50	132	105	77	**197**	100	91	84	78	77	66	64	47		8	7	3	1	–	–	–	1	–	–	–	–	**1,2-Benzisothiazol-3(2H)-one, 2-methyl-, 1,1-dioxide**	15448-99-4	**R5744**
77	180	197	51	165	76	104	94	**197**	100	88	66	62	25	24	24	22		13	11	1	1	–	–	–	–	–	–	–	–	**Benzophenone oxime**		**Q2233**
77	196	197	51	39	65	198	50	**197**	100	88	83	57	21	19	14	12		13	11	1	1	–	–	–	–	–	–	–	–	**Phenol, 4-[(phenylimino)methyl]-**	1689-73-2	**Q6516**
77	196	197	51	39	65	198	78	**197**	100	90	84	58	22	20	14	12		13	11	1	1	–	–	–	–	–	–	–	–	**Phenol, 4-[(phenylimino)methyl]-**		**L4528**
82	44	81	28	42	83	54	55	**197**	100	96	33	27	15	15	13	13	**0.00**	6	13	–	3	2	–	–	–	–	–	–	–	**N-Methylhistamine dihydrochloride**	16503-22-3	**R6212**
82	44	81	54	55	83	28	42	**197**	100	58	23	9	9	9	7	6	**0.00**	6	13	–	3	2	–	–	–	–	–	–	–	**α-Methylhistamine dihydrochloride**	36376-49-5	**S5226**
84	94	85	110	82	55	95	70	**197**	100	10	8	7	5	5	2	2	**0.10**	13	27	–	1	–	–	–	–	–	–	–	–	**Pyrrolidine, 1-methyl-2-octyl-**	3447-06-1	**Q9401**
84	94	110	82	55	95	70	57	**197**	100	10	7	5	5	2	2	2	**0.05**	13	27	–	1	–	–	–	–	–	–	–	–	**Pyrrolidine, 1-methyl-2-octyl-**		**05408**
88	197	73	42	77	109			**197**	100	49	18	11	10	7				9	11	–	1	–	–	–	2	–	–	–	–	**Phenyl dimethyldithiocarbamate**		**M0080**
90	62	169	39	171	38	64	37	**197**	100	82	51	50	50	33	30	28	**15.00**	6	4	–	3	–	1	–	–	–	–	–	–	**Benzene, 1-azido-4-bromo-**	2101-88-4	**09798**
90	63	39	38	64	169	171	37	**197**	100	46	43	24	22	19	18	13	**6.00**	6	4	–	3	–	1	–	–	–	–	–	–	**Benzene, 1-azido-2-bromo-**	3302-39-4	**09796**
90	63	39	169	171	64	38	37	**197**	100	43	36	23	23	20	19	15	**7.00**	6	4	–	3	–	1	–	–	–	–	–	–	**Benzene, 1-azido-3-bromo-**	2101-89-5	**09797**
91	77	51	197	105	196	64	180	**197**	100	42	23	22	21	20	19	13		13	11	1	1	–	–	–	–	–	–	–	–	**C,N-Diphenylnitrone**	1137-96-8	**Q5521**
91	77	197	180	105	196	181	64	**197**	100	54	40	24	23	23	20	14		13	11	1	1	–	–	–	–	–	–	–	–	**C,N-Diphenylnitrone**		**L3632**
91	92	65	197	120	77	28	106	**197**	100	21	13	8	8	5	5	5		14	15	–	1	–	–	–	–	–	–	–	–	**Dibenzylamine**		**D0686**
91	106	92	65	196	77	51	195	**197**	100	37	24	16	8	6	6	5	**4.44**	14	15	–	1	–	–	–	–	–	–	–	–	**Dibenzylamine**		**D0831**
91	106	92	196	65	120	197	118	**197**	100	61	21	14	10	9	6	5		14	15	–	1	–	–	–	–	–	–	–	–	**Dibenzylamine**		**00166**
91	155	106	107	65	197	92	156	**197**	100	99	19	16	14	14	8	7		7	7	2	3	–	–	–	1	–	–	–	–	**Benzenesulphonyl azide, 4-methyl-**	941-55-9	**Q4759**
91	155	197	65	198	44	63	39	**197**	100	51	30	28	14	11	11	10		8	7	3	1	–	–	–	1	–	–	–	–	**p-Toluenesulphonyl isocyanate**		**D1382**
92	197	65	18	77	120	51	39	**197**	100	40	36	32	30	21	15	13		12	11	–	3	–	–	–	–	–	–	–	–	**4-Amino-azobenzene**		**D1288**
92	197	65	77	120	51	39	93	**197**	100	53	50	34	32	26	22	11		12	11	–	3	–	–	–	–	–	–	–	–	**4-Amino-azobenzene**		**02141**
92	197	65	120	77	198	51	39	**197**	100	80	36	34	25	14	13	10		12	11	–	3	–	–	–	–	–	–	–	–	**4-Amino-azobenzene**		**L6657**
93	91	92	106	197	65	105	77	**197**	100	96	47	39	26	24	22	18		14	15	–	1	–	–	–	–	–	–	–	–	**Pyridine, 4-(3-phenylpropyl)-**	2057-49-0	**Q7302**
93	197	139	105	94	65	92	30	**197**	100	54	24	18	11	8	6	6		8	12	1	3	–	–	–	–	1	–	–	–	**2-Oxo-2-phenylamino-1,3,2-diazaphospholidine**		**D1682**
94	165	197	137	149	109			**197**	100	90	40	30	18	7				9	11	4	1	–	–	–	–	–	–	–	–	**Methyl 2-hydroxy-3-amino-5-methoxybenzoate**		**M8349**
95	96	30	28	41	68	39	97	**197**	100	99	27	20	15	13	7	7	**0.00**	6	13	–	3	2	–	–	–	–	–	–	–	**β-Methylhistamine dihydrochloride**	24160-35-8	**S0476**
96	30	95	42	54	28	55	81	**197**	100	48	41	28	26	24	24	10	**0.00**	6	13	–	3	2	–	–	–	–	–	–	–	**2-Methylhistamine dihydrochloride**	36376-45-1	**S5224**
96	81	30	42	28	95	68	97	**197**	100	63	26	24	22	20	12	12	**0.00**	6	13	–	3	2	–	–	–	–	–	–	–	**1-Methylhistamine dihydrochloride**	6481-48-7	**R2319**
96	95	30	28	42	81	125	41	**197**	100	75	48	21	17	16	13	12	**0.00**	6	13	–	3	2	–	–	–	–	–	–	–	**4-Methylhistamine dihydrochloride**	36376-47-3	**S5225**
96	95	68	42	54	81	55	41	**197**	100	81	34	33	20	19	16	13	**0.00**	6	13	–	3	2	–	–	–	–	–	–	–	**1-Methylhistamine dihydrochloride**	6481-48-7	**R2320**
96	154	110	197	138	94	70	81	**197**	100	38	26	21	18	16	10	9		11	19	2	1	–	–	–	–	–	–	–	–	**9-Azabicyclo[3.3.1]nonan-2-ol, 9-methyl-, acetate, endo-**	49656-53-3	**S7188**
96	169	55	140	68	42	41	97	**197**	100	92	73	70	65	52	40	39	**30.00**	10	15	3	1	–	–	–	–	–	–	–	–	**1-Azabicyclo[2.2.2]octane-2-carboxylic acid, 3-oxo-, ethyl ester**		**M3804**
96	169	55	140	68	42	41	97	**197**	100	93	72	72	71	54	39	39	**32.00**	10	15	3	1	–	–	–	–	–	–	–	–	**1-Azabicyclo[2.2.2]octane-2-carboxylic acid, 3-oxo-, ethyl ester**	34286-16-3	**S4606**
96	169	140	97	68	42	55	69	**197**	100	85	57	50	47	44	44	35	**16.00**	10	15	3	1	–	–	–	–	–	–	–	–	**1-Azabicyclo[2.2.2]octane-2-carboxylic acid, 5-oxo-, ethyl ester**		**M3805**
96	169	140	97	68	42	55	69	**197**	100	88	60	50	48	42	40	28	**15.00**	10	15	3	1	–	–	–	–	–	–	–	–	**1-Azabicyclo[2.2.2]octane-2-carboxylic acid, 5-oxo-, ethyl ester**	22207-79-0	**R9592**
98	55	83	44	41	168	166	153	**197**	100	68	50	48	38	36	36	34	**10.00**	10	15	3	1	–	–	–	–	–	–	–	–	**2,4-Dioxo-3,3-diethyl-5-hydroxymethyltetrahydropyridine**		**L6856**
98	57	152	95	94	81	182	197	**197**	100	99	65	65	60	43	15	6		12	23	1	1	–	–	–	–	–	–	–	–	**cis-4-tert-Butyl-N-formyl-1-methylcyclohexylamine**		**M6999**
98	57	152	95	94	182	197		**197**	100	99	80	57	55	11	3			12	23	1	1	–	–	–	–	–	–	–	–	**trans-4-tert-Butyl-N-formyl-1-methylcyclohexylamine**		**M7000**
103	197	76	90	50	119	75	102	**197**	100	52	15	13	12	12	8	8		8	7	3	1	–	–	–	1	–	–	–	–	**1,2-Benzisothiazole, 3-methoxy-, 1,1-dioxide**	18712-14-6	**R7793**
105	44	43	77	16	78	75	91	**197**	100	78	68	52	51	43	42	42	**40.91**	7	7	4	3	–	–	–	–	–	–	–	–	**N-Methyl-2,4-dinitroaniline**		**03087**
105	77	197	51	106	65	39	198	**197**	100	50	29	14	8	5	5	4		13	11	1	1	–	–	–	–	–	–	–	–	**Benzanilide**	93-98-1	**P6825**
105	77	197	51	106	65	78	50	**197**	100	54	22	15	8	5	5	4		13	11	1	1	–	–	–	–	–	–	–	–	**Benzanilide**	93-98-1	**P6826**
105	77	197	51	195	198	65	39	**197**	100	49	25	12	4	4	3	3		13	11	1	1	–	–	–	–	–	–	–	–	**Benzanilide**		**F0130**
106	197	91	77	65	107	79	39	**197**	100	40	27	12	9	9	7	6		14	15	–	1	–	–	–	–	–	–	–	–	**Aniline, 3-(2-phenylethyl)-**	5369-22-2	**R1362**
106	197	107	77	91	65	39	79	**197**	100	9	9	7	6	4	4	3		14	15	–	1	–	–	–	–	–	–	–	–	**Aniline, 4-(2-phenylethyl)-**	13024-49-2	**R4142**

MASS TO CHARGE RATIOS								M.W.	INTENSITIES								Parent	C	H	O	N	Cl	Br	F	S	P	B	Si	X	COMPOUND NAME	CAS Reg No	No
112	197	98	154	84	126	182	113	**197**	100	20	14	10	9	8	8	7		12	23	1	1	–	–	–	–	–	–	–	–	2-Bornanol, 3-(dimethylamino)-, endo,endo-	21841-39-4	R9391
112	197	98	154	84	182	180	126	**197**	100	21	14	12	10	10	8	8		12	23	1	1	–	–	–	–	–	–	–	–	2-Bornanol, 3-(dimethylamino)-, endo,endo-		M3960
117	116	91	197	65	195	39	89	**197**	100	78	68	41	40	28	26	25		8	7	–	1	–	–	–	–	–	–	–	1	Selenocyanic acid, 4-methylphenyl ester	21856-93-9	R9395
118	77	103	51	76	119	50	91	**197**	100	31	19	18	9	8	8	6	**0.00**	8	8	–	1	–	1	–	–	–	–	–	–	Benzenecarboximidoyl bromide, N-methyl-	41182-85-8	S6580
120	197	65	77	92	51	198	121	**197**	100	69	20	19	19	13	10	8		13	11	1	1	–	–	–	–	–	–	–	–	Benzophenone, 4-amino-	1137-41-3	Q5518
120	197	196	195	104	121	167		**197**	100	88	74	14	14	8	6			13	11	1	1	–	–	–	–	–	–	–	–	N-Benzylidene-2-hydroxyaniline		M1078
121	197	122	91	105	164	198	77	**197**	100	98	72	56	54	9	9	7		8	7	3	1	–	–	–	1	–	–	–	–	Benzoic acid, p-nitrothio-, O-methyl ester	25033-14-1	S0908
123	124	77	51	197	74	107	53	**197**	100	13	11	8	6	6	4	4		9	11	4	1	–	–	–	–	–	–	–	–	Tyrosine, 3-hydroxy-	587-45-1	Q2349
123	182	42	136	53	154	152	41	**197**	100	99	94	89	87	78	67	64	**44.44**	10	15	3	1	–	–	–	–	–	–	–	–	3-Pyridinecarboxylic acid, 1,4,5,6-tetrahydro-2,4-dimethyl-6-oxo-, ethyl ester	10230-57-6	R3670
125	42	83	55	152	151	57	69	**197**	100	78	72	58	58	56	50	50	**44.44**	9	11	4	1	–	–	–	–	–	–	–	–	3-Pyridinecarboxylic acid, 1,2-dihydro-4-hydroxy-6-methyl-2-oxo-, ethyl ester	10350-10-4	R3781
127	128	126	44	69	56	41	55	**197**	100	99	95	70	58	50	38	36	**2.00**	8	14	1	1	–	–	3	–	–	–	–	–	Acetamide, 2,2,2-trifluoro-N-hexyl-	687-09-2	Q3698
128	127	126	44	69	40	56	55	**197**	100	99	95	69	58	58	51	47	**1.00**	8	14	1	1	–	–	3	–	–	–	–	–	Acetamide, 2,2,2-trifluoro-N-hexyl-		L5302
140	43	41	28	42	182	29	70	**197**	100	99	32	18	16	14	13	8	**7.76**	8	14	1	1	–	–	3	–	–	–	–	–	Acetamide, 2,2,2-trifluoro-N,N-diisopropyl-	567-64-6	Q2185
141	136	53	168	169	197	112	142	**197**	100	74	70	51	35	35	29	29		9	11	2	1	–	–	–	1	–	–	–	–	Propionaldehyde, 3-[(3-hydroxy-6-methyl-2-pyridyl)thio]-	30221-77-3	S2823
152	44	127	153	39	83	138	28	**197**	100	65	60	40	35	19	17	9	**4.30**	8	7	3	1	–	–	–	1	–	–	–	–	Thiazolo[3,2-a]pyridinium, 2-carboxy-2,3-dihydro-8-hydroxy-, hydroxide, inner salt	22989-62-4	S0023
154	43	197	44	155	122	53	109	**197**	100	36	35	33	31	30	28	17		9	11	2	1	–	–	–	1	–	–	–	–	Acetone, 1-[(3-hydroxy-6-methyl-2-pyridinyl)thio]-	30221-73-9	S2821
154	138	55	197	41	54	44	98	**197**	100	77	54	31	31	24	22	16		12	23	1	1	–	–	–	–	–	–	–	–	N-(2-Hydroxycyclohexyl)cyclohexylamine		C0268
155	110	138	197	111	126	55	69	**197**	100	48	33	27	26	23	16	13		7	11	2	5	–	–	–	–	–	–	–	–	Guanidine, [3,4-dihydro-5-(hydroxymethyl)-4-methyl-3-oxopyrazinyl]-	61481-34-3	T5734
162	69	101	197	61	82	63	128	**197**	100	98	84	81	47	29	27	19		2	–	–	1	2	–	3	1	–	–	–	–	N-(Trifluoromethylthio)dichloromethimine		P2261
165	197	166	91	107	63	120	149	**197**	100	88	30	23	23	22	15	13		8	7	5	1	–	–	–	–	–	–	–	–	Benzoic acid, 2-hydroxy-3-nitro-, methyl ester	22621-41-6	R9882
165	197	166	107	63	91	120	149	**197**	100	85	31	24	23	19	15	14		8	7	5	1	–	–	–	–	–	–	–	–	Benzoic acid, 2-hydroxy-3-nitro-, methyl ester		04642
165	197	166	107	91	63	120	149	**197**	100	84	30	23	22	22	15	13		8	7	5	1	–	–	–	–	–	–	–	–	Benzoic acid, 2-hydroxy-3-nitro-, methyl ester		L5145
166	138	197	39	110	63	90	64	**197**	100	60	45	38	34	29	27	24		8	7	3	1	–	–	–	1	–	–	–	–	Benzoic acid, 2-(sulphinylamino)-, methyl ester	17419-96-4	R6930
166	138	197	63	39	110	90	64	**197**	100	68	58	54	47	34	30	30		8	7	3	1	–	–	–	1	–	–	–	–	3-Methoxycarbonylsulphinylaniline		02209
167	29	30	109	168	69	169	108	**197**	100	27	26	10	10	9	9	9	**5.70**	8	7	1	1	–	–	–	2	–	–	–	–	3-(Hydroxymethyl)-2-thioxobenzothiazoline		D0986
168	197	169	51	167	77	29	66	**197**	100	95	72	65	65	49	47	45		13	11	1	1	–	–	–	–	–	–	–	–	Formamide, N,N-diphenyl-	607-00-1	Q2741
169	83	98	154	55	41	97	56	**197**	100	50	36	34	34	30	30	22	**14.00**	10	15	3	1	–	–	–	–	–	–	–	–	2,4,6-Trioxo-3,3-diethyl-5-methylpiperidine		L6858
179	110	45	42	135	197	66	44	**197**	100	56	54	51	49	48	39	36		8	7	5	1	–	–	–	–	–	–	–	–	3,4-Pyridinedicarboxylic acid, 5-hydroxy-6-methyl-	479-30-1	Q1007
180	77	197	104	51	181	78	76	**197**	100	68	48	36	35	30	21	16		13	11	1	1	–	–	–	–	–	–	–	–	Benzophenone oxime	574-66-3	Q2232
180	77	197	104	51	181	78	76	**197**	100	68	49	38	35	32	22	17		13	11	1	1	–	–	–	–	–	–	–	–	Benzophenone oxime	574-66-3	Q2231
180	181	152	197	196	153	76	151	**197**	100	72	70	66	41	40	28	22		13	11	1	1	–	–	–	–	–	–	–	–	Diphenyl-2-carboxamide		00308
182	105	197	93	77	104	183	103	**197**	100	84	75	52	34	19	17	11		14	15	–	1	–	–	–	–	–	–	–	–	N-Phenyl-α-methylbenzylamine		L7905
182	105	197	93	77	104	183	198	**197**	100	84	75	52	34	19	17	11		14	15	–	1	–	–	–	–	–	–	–	–	N-Phenyl-α-methylbenzylamine		05700
182	139	41	55	72	83	82	165	**197**	100	66	55	47	47	28	25	22	**18.86**	10	19	1	3	–	–	–	–	–	–	–	–	Cyclohexanone, 3,3,5-trimethyl-, semicarbazone	6472-44-2	R2311
182	140	56	41	29	112	55	43	**197**	100	94	87	83	72	67	65	58	**4.16**	13	27	–	1	–	–	–	–	–	–	–	–	Aziridine, 2-tert-butyl-1-hexyl-3-methyl-, trans-	55669-82-4	06910
182	196	197	46	138	166	137	165	**197**	100	77	60	22	19	17	16	13		8	7	5	1	–	–	–	–	–	–	–	–	Benzoic acid, 2-hydroxy-5-nitro-, methyl ester	17302-46-4	R6781
182	197	136	151	169	152	138	125	**197**	100	95	16	11	10	3	2	1		8	7	3	1	–	–	–	1	–	–	–	–	4,5-Dihydro-5-methyl-2-nitro-6H-cyclopenta[b]thiophen-6-one		L5537
189	174	73	79	190	175	75	191	**197**	100	69	43	18	17	12	6	5	**0.00**	11	23	–	1	–	–	–	–	–	–	1	–	1H-Indole, octahydro-1-(trimethylsilyl)-	72088-01-8	T7677
196	197	105	106	79	77	78	65	**197**	100	95	85	56	42	27	15	14		14	15	–	1	–	–	–	–	–	–	–	–	4′-Methyldihydro-2-stilbazole		P0205
197	28	38	154	182	43	41	42	**197**	100	77	56	47	45	32	20	20		13	11	1	1	–	–	–	–	–	–	–	–	9H-Carbazole, 3-methoxy-	18992-85-3	R7911
197	51	108	50	151	52	64	80	**197**	100	52	49	43	41	38	35	35		8	7	5	1	–	–	–	–	–	–	–	–	Benzaldehyde, 4-hydroxy-3-methoxy-5-nitro-	6635-20-7	R2431
197	56	109	123	83	101	74	95	**197**	100	76	64	60	36	34	31	29		5	11	2	1	–	–	–	–	–	–	–	1	Butanoic acid, 2-amino-4-(methylseleno)-, (S)-	3211-76-5	Q9120
197	58	95	127	140	98	41	88	**197**	100	90	86	61	61	55	45	45		12	23	1	1	–	–	–	–	–	–	–	–	3-Bornanol, 2-(dimethylamino)-, endo,endo-	32235-43-1	S3545
197	58	95	140	126	98	88	41	**197**	100	92	88	62	61	57	47	47		12	23	1	1	–	–	–	–	–	–	–	–	3-Bornanol, 2-(dimethylamino)-, endo,endo-		M3959
197	93	105	106	168	79	182	77	**197**	100	96	78	74	67	65	65	63		14	15	–	1	–	–	–	–	–	–	–	–	2′-Methyldihydro-2-stilbazole		P0208
197	96	71	156	195	69	130	70	**197**	100	91	55	53	51	44	38	37		8	7	–	1	–	–	–	–	–	–	–	1	1,2-Benzisoselenazole, 3-methyl-	40193-43-9	S6240
197	104	133	105	50	76	132	74	**197**	100	65	53	45	43	42	42	20		8	7	3	1	–	–	–	1	–	–	–	–	1,2-Benzisothiazol-3(2H)-one, 2-methyl-, 1,1-dioxide	15448-99-4	R5743
197	105	133	104	132	76	50	77	**197**	100	73	63	61	58	49	39	39		8	7	3	1	–	–	–	1	–	–	–	–	1,2-Benzisothiazol-3(2H)-one, 2-methyl-, 1,1-dioxide		P2890
197	108	52	151	51	136	80	53	**197**	100	50	50	40	40	35	35	35		8	7	5	1	–	–	–	–	–	–	–	–	Benzaldehyde, 4-hydroxy-3-methoxy-5-nitro-		L3750
197	109	56	123	28	95	74	55	**197**	100	91	73	65	57	47	34	29		5	11	2	1	–	–	–	–	–	–	–	1	Butanoic acid, 2-amino-4-(methylseleno)-	1464-42-2	Q6038
197	117	195	199	194	193	89	170	**197**	100	57	50	20	20	20	14	12		8	7	–	1	–	–	–	–	–	–	–	1	5-Aminobenzo[b]selenophene		06393
197	125	180	182	153	138	152	163	**197**	100	50	27	21	21	17	10	9		8	7	3	1	–	–	–	1	–	–	–	–	4,5-Dihydro-5-methyl-3-nitro-6H-cyclopenta[b]thiophen-6-one		L5536
197	139	154	44	182	43	169	69	**197**	100	92	70	53	51	50	48	41		8	15	1	5	–	–	–	–	–	–	–	–	1,3,5-Triazine-2,4-diamine, N,N′-diethyl-6-methoxy-	673-04-1	Q3651

MASS TO CHARGE RATIOS								M.W.	INTENSITIES								Parent	C	H	O	N	Cl	Br	F	S	P	B	Si	X	COMPOUND NAME	CAS Reg No	No
197	153	126	63	154	198	74	85	**197**	100	58	48	28	19	17	12	10		12	7	2	1	–	–	–	–	–	–	–	–	**Naphthalimide**	81-83-4	**P6092**
197	156	195	154	93	193	199	71	**197**	100	59	51	32	30	25	20	19		8	7	–	1	–	–	–	–	–	–	–	1	**Benzoselenazole, 2-methyl-**	2818-88-4	**Q8700**
197	169	18	84.5	198	140	114	71	**197**	100	73	21	13	13	13	13	11		12	7	2	1	–	–	–	–	–	–	–	–	**1-Oxa-8-azaphenanthren-2-one**		**05801**
197	181	105	198	67	18	53	52	**197**	100	22	17	17	15	13	11	9		7	7	4	3	–	–	–	–	–	–	–	–	**3,5-Dinitro-4-aminotoluene**		**06213**
197	182	17	196	180	167	181	77	**197**	100	62	59	54	45	37	37	19		14	15	–	1	–	–	–	–	–	–	–	–	**Aniline, 2-methyl-N-(2-methylphenyl)-**	617-00-5	**Q2948**
197	182	196	167	181	116	105	180	**197**	100	55	42	36	24	18	17	15		14	15	–	1	–	–	–	–	–	–	–	–	**Pyridine, 3-(2,4,6-trimethylphenyl)-**	75601-34-2	**T8998**
197	196	46	151	150	167	198	108	**197**	100	59	19	13	10	5	5	4		8	7	5	1	–	–	–	–	–	–	–	–	**Benzoic acid, 3-hydroxy-5-nitro-, methyl ester**	55076-32-9	**T0210**
197	196	51	195	194	117	193	116	**197**	100	72	66	52	51	43	31	25		8	7	–	1	–	–	–	–	–	–	–	1	**Selenolo[2,3-b]pyridine, 2-methyl-**	55108-57-1	**T0314**
197	196	120	168	104	167			**197**	100	77	12	7	6	5				13	11	1	1	–	–	–	–	–	–	–	–	**N-(2′-Hydroxybenzylidene)aniline**		**M1079**
197	196	194	195	117	193	116	198	**197**	100	78	53	53	37	32	29	23		8	7	–	1	–	–	–	–	–	–	–	1	**Selenolo[2,3-b]pyridine, 3-methyl-**	55108-56-0	**T0313**
197	199	161	163	201	107	98	162	**197**	100	96	51	34	31	30	24	23		5	2	1	1	3	–	–	–	–	–	–	–	**4-Pyridinol, 2,3,5-trichloro-**	1970-40-7	**Q7141**
197	199	162	99	164	74	50	75	**197**	100	70	57	21	17	15	14	13		9	5	–	1	2	–	–	–	–	–	–	–	**4,7-Dichloroquinoline**		**B0101**
197	199	162	164	85	198	201	99	**197**	100	65	41	13	13	11	10	10		9	5	–	1	2	–	–	–	–	–	–	–	**4,7-Dichloroquinoline**		**D1158**
18	85	17	87	163	50	31	135	**198**	100	56	23	18	15	11	8	8	**0.80**	3	–	1	–	2	–	4	–	–	–	–	–	**Acetone, 1,3-dichloro-1,1,3,3-tetrafluoro-**	127-21-9	**P9518**
28	43	44	101	183	32	42	58	**198**	100	78	35	30	22	11	10	6	**0.00**	10	14	4	–	–	–	–	–	–	–	–	–	**1,3-Dioxolane-4-methanol, α-ethynyl-2,2-dimethyl-, acetate**	56666-75-2	**T4029**
29	69	31	100	150	51	50	131	**198**	100	40	22	20	17	16	6	5	**0.00**	4	1	1	–	–	–	7	–	–	–	–	–	**Heptafluorobutanal**		**W0143**
29	69	51	31	100	150	28	50	**198**	100	30	15	15	13	6	3	3	**0.00**	4	1	1	–	–	–	7	–	–	–	–	–	**Heptafluorobutanal**		**04498**
29	88	55	69	110	41	84	54	**198**	100	99	93	89	87	83	52	47	**8.20**	12	22	2	–	–	–	–	–	–	–	–	–	**Ethyl dec-4-enoate**		**C0750**
29	142	97	27	52	51	125	96	**198**	100	52	51	49	39	33	24	22	**0.26**	10	14	4	–	–	–	–	–	–	–	–	–	**1,2-Cyclopropanedicarboxylic acid, 3-methylene-, diethyl ester**	55638-55-6	**06855**
29	142	125	27	69	52	170	153	**198**	100	83	68	56	47	36	29	29	**24.40**	10	14	4	–	–	–	–	–	–	–	–	–	**Diethyl 2,3-dimethylenesuccinate**		**P3384**
29	142	125	69	52	153	170	98	**198**	100	83	68	47	36	29	29	28	**24.00**	10	14	4	–	–	–	–	–	–	–	–	–	**Diethyl 2,3-dimethylenesuccinate**	41793-20-8	**S6732**
30	112	98	41	56	70	42	43	**198**	100	82	70	54	49	43	41	38	**21.30**	12	26	–	2	–	–	–	–	–	–	–	–	**1,8-Diazacyclotetradecane**		**D0950**
39	119	121	38	200	40	37	198	**198**	100	40	39	23	22	17	15	12		3	4	–	–	–	2	–	–	–	–	–	–	**2,3-Dibromopropene**		**A0339**
40	54	56	28	81	95	123	55	**198**	100	94	87	76	60	50	46	37	**0.00**	12	22	2	–	–	–	–	–	–	–	–	–	**3-Octenoic acid, butyl ester, (Z)-**	69668-86-6	**T7197**
40	96	57	142	124	38	198	126	**198**	100	77	73	69	57	53	34	23		10	14	2	–	–	–	–	1	–	–	–	–	**Phenol, 2-(isobutylsulphinyl)-**	29634-45-5	**S2599**
41	43	57	55	82	68	29	96	**198**	100	94	83	78	64	56	53	50	**1.11**	13	26	1	–	–	–	–	–	–	–	–	–	**Tridecanal**		**C1505**
41	55	42	81	43	83	56	53	**198**	100	91	74	64	63	62	60	57	**0.00**	12	22	2	–	–	–	–	–	–	–	–	–	**2,11-Dodecanedione**	7029-09-6	**R2796**
41	55	42	81	83	43	66	82	**198**	100	90	75	65	63	62	55	55	**0.00**	12	22	2	–	–	–	–	–	–	–	–	–	**2,11-Dodecanedione**		**L4274**
41	55	74	43	59	87	69	83	**198**	100	98	93	43	38	37	36	32	**0.00**	12	22	2	–	–	–	–	–	–	–	–	–	**10-Undecenoic acid, methyl ester**	111-81-9	**P8605**
41	71	45	108	97	134	84	67	**198**	100	87	85	85	82	66	62	58	**6.80**	12	22	2	–	–	–	–	–	–	–	–	–	**Naphthalene, decahydro-2,3-dimethoxy-, (2α,3β,4aα,8aα)-**	42067-53-8	**S6849**
41	95	125	166	45	71	93	91	**198**	100	99	97	96	86	68	60	51	**0.23**	12	22	2	–	–	–	–	–	–	–	–	–	**Naphthalene, decahydro-1,4-dimethoxy-, (1α,4β,4aβ,8aα)-**	41766-65-8	**S6727**
41	95	166	58	67	43	45	55	**198**	100	99	72	69	67	64	64	64	**0.26**	12	22	2	–	–	–	–	–	–	–	–	–	**Naphthalene, decahydro-1,4-dimethoxy-, (1α,4β,4aα,8aα)-**	41766-66-9	**S6728**
41	108	45	71	97	134	67	79	**198**	100	89	74	70	65	60	53	52	**13.75**	12	22	2	–	–	–	–	–	–	–	–	–	**Naphthalene, decahydro-2,3-dimethoxy-, (2α,3β,4aα,8aβ)-**	42067-52-7	**S6848**
41	166	45	71	39	93	67	95	**198**	100	81	68	61	56	50	50	46	**6.41**	12	22	2	–	–	–	–	–	–	–	–	–	**Naphthalene, decahydro-1,4-dimethoxy-, (1α,4β,4aα,8aβ)-**	42068-24-6	**S6851**
43	41	29	57	27	55	28	58	**198**	100	59	52	43	39	36	29	26	**0.00**	13	26	1	–	–	–	–	–	–	–	–	–	**7-Tridecanone**	462-18-0	**H0701**
43	41	69	81	28	95	67	82	**198**	100	95	85	79	71	60	57	56	**0.00**	12	22	2	–	–	–	–	–	–	–	–	–	**6-Octen-1-ol, 3,7-dimethyl-, acetate**	150-84-5	**P9995**
43	57	41	71	29	85	27	55	**198**	100	74	51	37	33	25	24	20	**0.80**	14	30	–	–	–	–	–	–	–	–	–	–	**Tridecane, 2-methyl-**	1560-96-9	**Q6208**
43	57	41	71	85	55	56	42	**198**	100	93	58	50	32	23	16	16	**4.98**	14	30	–	–	–	–	–	–	–	–	–	–	**Tetradecane**		**Y1797**
43	57	71	70	85	41	29	55	**198**	100	86	74	38	31	24	19	16	**0.41**	14	30	–	–	–	–	–	–	–	–	–	–	**Tridecane, 4-methyl-**	26730-12-1	**S1491**
43	57	85	71	41	84	29	56	**198**	100	78	58	36	24	23	15	15	**0.23**	14	30	–	–	–	–	–	–	–	–	–	–	**Tridecane, 5-methyl-**	25117-31-1	**S0944**
43	57	85	71	84	41	29	56	**198**	100	72	67	39	29	28	18	15	**0.00**	14	30	–	–	–	–	–	–	–	–	–	–	**Tridecane, 5-methyl-**		**L7429**
43	58	71	41	59	55	85	57	**198**	100	75	56	45	32	25	23	22	**3.00**	13	26	1	–	–	–	–	–	–	–	–	–	**2-Undecanone, 6,10-dimethyl-**	1604-34-8	**Q6306**
43	58	71	59	41	114	128	42	**198**	100	97	31	25	22	17	16	14	**0.00**	11	18	3	–	–	–	–	–	–	–	–	–	**2,4(3H,5H)-Furandione, 5-hexyl-5-methyl-**	54852-79-8	**S9762**
43	71	41	29	27	39	55	42	**198**	100	64	35	27	27	15	11	10	**9.41**	5	11	–	–	–	–	–	–	–	–	–	1	**1-Iodopentane**	628-17-1	**Q3278**
43	71	41	29	27	39	198	55	**198**	100	71	34	26	24	13	11	11		5	11	–	–	–	–	–	–	–	–	–	1	**1-Iodopentane**		**00630**
43	71	41	55	42	29	27	39	**198**	100	69	54	42	40	36	32	29	**15.90**	5	11	–	–	–	–	–	–	–	–	–	1	**1-Iodopentane**		**17441**
43	71	58	86	41	123	55	57	**198**	100	88	78	59	52	52	28	28	**0.00**	13	26	1	–	–	–	–	–	–	–	–	–	**4-Undecanone, 9-ethyl-**	54549-96-1	**S9296**
43	71	128	41	27	130	39	63	**198**	100	69	46	19	18	15	11	7	**3.00**	10	11	2	–	1	–	–	–	–	–	–	–	**Butanoic acid, 4-chlorophenyl ester**	7476-81-5	**R3235**
43	71	128	130	41	27	39	55	**198**	100	95	64	20	17	13	8	7	**3.70**	10	11	2	–	1	–	–	–	–	–	–	–	**Butanoic acid, 3-chlorophenyl ester**	29052-05-9	**S2331**
43	71	197	41	55	27	29	155	**198**	100	73	38	26	18	17	13	7	**0.00**	5	11	–	–	–	–	–	–	–	–	–	1	**3-Methyl-1-iodobutane**		**L0574**
43	71	198	41	55	27	29	39	**198**	100	73	38	26	18	17	13	10		5	11	–	–	–	–	–	–	–	–	–	1	**3-Methyl-1-iodobutane**		**Z1486**
43	81	41	123	109	55	74	67	**198**	100	89	37	34	33	26	25	24	**7.00**	11	18	3	–	–	–	–	–	–	–	–	–	**4-Nonenoic acid, 4-methyl-8-oxo-, methyl ester, (E)-**	67884-61-1	**T6889**
43	81	55	123	41	98	67	69	**198**	100	46	19	17	16	15	13	13	**4.00**	11	18	3	–	–	–	–	–	–	–	–	–	**4-Nonenoic acid, 4-methyl-8-oxo-, methyl ester, (Z)-**	67884-60-0	**T6888**

MASS TO CHARGE RATIOS								M.W.	INTENSITIES								Parent	C	H	O	N	Cl	Br	F	S	P	B	Si	X	COMPOUND NAME	CAS Reg No	No
43	81	95	69	41	82	123	55	**198**	100	79	74	74	71	63	55	52	**0.60**	12	22	2	–	–	–	–	–	–	–	–	–	**6-Octen-1-ol, 3,7-dimethyl-, acetate**	150-84-5	**H0669**
43	84	41	85	150	55	82	67	**198**	100	25	11	10	8	7	6	5	**0.00**	11	18	3	–	–	–	–	–	–	–	–	–	**2,5-Heptadien-1-ol, 6-methoxy-3-methyl-, acetate**	55402-27-2	**T1096**
43	85	100	41	99	83	55	57	**198**	100	13	12	10	8	6	5	4	**0.70**	12	22	2	–	–	–	–	–	–	–	–	–	**2,7-Octanedione, 4,4,5,5-tetramethyl-**	17663-27-3	**R7131**
43	95	81	138	123	41	55	82	**198**	100	93	51	47	30	29	26	24	**0.00**	12	22	2	–	–	–	–	–	–	–	–	–	**Isomenthyl acetate**	20777-45-1	**R8927**
43	95	81	138	123	41	55	82	**198**	100	94	58	45	32	28	26	26	**0.00**	12	22	2	–	–	–	–	–	–	–	–	–	**Menthyl acetate**	16409-45-3	**09514**
43	95	138	123	82	81	41	55	**198**	100	99	49	47	37	33	24	24	**0.00**	12	22	2	–	–	–	–	–	–	–	–	–	**Cyclohexanol, 3-methyl-2-isopropyl-, acetate, (1α,2α,3α)-**	54845-18-0	**S9743**
43	96	97	60	139	69	56	80	**198**	100	66	50	45	43	32	25	17	**17.00**	10	18	2	2	–	–	–	–	–	–	–	–	**trans-1,3-Diacetamidocyclohexane**		**16351**
43	99	71	41	29	55	27	100	**198**	100	86	63	20	20	12	12	8	**5.00**	12	22	2	–	–	–	–	–	–	–	–	–	**6,7-Dodecanedione**		**02051**
43	99	71	41	55	27	100	42	**198**	100	86	63	20	12	12	8	8	**0.00**	12	22	2	–	–	–	–	–	–	–	–	–	**6,7-Dodecanedione**		**M4132**
43	99	100	71	41	55	81	39	**198**	100	55	55	44	33	21	20	12	**3.00**	12	22	2	–	–	–	–	–	–	–	–	–	**3,7-Decadiene-5,6-diol, 4,7-dimethyl-**	22427-95-8	**R9755**
43	113	58	41	29	27	71	85	**198**	100	50	40	37	32	27	26	24	**1.67**	13	26	1	–	–	–	–	–	–	–	–	–	**7-Tridecanone**		**V0089**
43	116	125	41	59	101	97	69	**198**	100	65	60	57	47	45	38	23	**19.00**	11	18	3	–	–	–	–	–	–	–	–	–	**Cyclohexanebutanoic acid, β-oxo-, methyl ester**	51414-42-7	**S7647**
43	123	95	166	41	81	109	67	**198**	100	63	60	39	21	20	20	17	**1.00**	11	18	3	–	–	–	–	–	–	–	–	–	**2-Heptenoic acid, 3-isopropyl-6-oxo-, methyl ester, (E)-**	41654-23-3	**08687**
43	124	95	81	97	113	123	125	**198**	100	33	25	24	24	22	22	20	**0.50**	11	18	3	–	–	–	–	–	–	–	–	–	**4-Heptenoic acid, 3-isopropyl-6-oxo-, methyl ester, (E)-**	41654-24-4	**08688**
43	125	139	124	41	69	138	83	**198**	100	85	69	22	19	19	18	17	**0.98**	10	19	3	–	–	–	–	–	–	1	–	–	**1,3,2-Dioxaborolane, 5-acetyl-2-ethyl-4,4,6-trimethyl-**	74663-80-2	**T8303**
43	137	153	169	45	123	29	53	**198**	100	99	62	53	32	25	25	19	**16.00**	10	14	4	–	–	–	–	–	–	–	–	–	**2-Ethoxymethyl-3-methoxycarbonyl-5-methylfuran**		**06271**
43	139	60	96	97	69	56	85	**198**	100	96	59	46	42	38	26	25	**2.00**	10	18	2	2	–	–	–	–	–	–	–	–	**cis-1,3-Diacetamidocyclohexane**		**16350**
43	155	113	126	55	41	27	111	**198**	100	84	34	27	26	24	24	24	**0.00**	10	19	3	–	–	–	–	–	–	1	–	–	**1,3,2-Dioxaborolane, 4-acetyl-2-ethyl-5-isopropyl-4-methyl-**	74646-06-3	**T8257**
43	170	198	125	167	183	69	66	**198**	100	80	70	56	51	39	37	33		9	10	5	–	–	–	–	–	–	–	–	–	**2H-Pyran-5-carboxylic acid, 4-methoxy-6-methyl-2-oxo-, methyl ester**	668-40-6	**Q3628**
45	59	29	28	15	31	64	123	**198**	100	36	26	21	18	15	13	10	**0.01**	6	14	5	–	–	–	–	1	–	–	–	–	**Bis(2-methoxyethyl) sulphite**		**C0612**
45	168	167	170	169	198	77	166	**198**	100	95	33	31	17	9	9	8		7	7	1	4	1	–	–	–	–	–	–	–	**9H-Purine, 6-chloro-9-(methoxymethyl)-**		**06082**
51	53	39	52	50	105	77	67	**198**	100	76	68	49	47	37	33	31	**24.28**	7	6	5	2	–	–	–	–	–	–	–	–	**Phenol, 2-methyl-4,6-dinitro-**	534-52-1	**Q1719**
51	79	78	30	52	75	76	50	**198**	100	83	65	55	54	42	40	38	**22.08**	6	6	4	4	–	–	–	–	–	–	–	–	**2,4-Dinitrophenylhydrazine**	119-26-6	**P8997**
54	43	71	68	81	41	67	55	**198**	100	92	92	71	68	62	50	39	**0.00**	12	22	2	–	–	–	–	–	–	–	–	–	**Butanoic acid, 1-vinylhexyl ester**	16491-54-6	**R6205**
55	41	67	82	95	31	109	124	**198**	100	97	80	74	40	34	13	9	**0.00**	13	26	1	–	–	–	–	–	–	–	–	–	**5-Tridecen-1-ol, (Z)-**	64275-78-1	**T6443**
55	54	27	28	71	26	85	32	**198**	100	39	29	27	13	4	4	4	**0.00**	10	14	4	–	–	–	–	–	–	–	–	–	**2-Propenoic acid, 1,4-butanediyl ester**	1070-70-8	**Q5170**
55	71	109	43	56	39	41	57	**198**	100	31	24	21	18	14	14	14	**0.10**	12	22	2	–	–	–	–	–	–	–	–	–	**1,1-Bis(2-methyl-2-propenyloxy)-2-methylpropane**		**16205**
55	83	41	69	139	97	29	27	**198**	100	97	86	52	49	46	43	37	**4.20**	12	22	2	–	–	–	–	–	–	–	–	–	**Cyclooctanecarboxylic acid, 1-ethyl-, methyl ester**	7393-18-2	**R3155**
55	198	57	56	112	41	113	137	**198**	100	62	60	57	56	52	51	47		10	18	2	2	–	–	–	–	–	–	–	–	**1,1-Bis(morpholino)ethylene**		**00598**
56	41	60	55	57	61	39	125	**198**	100	59	49	45	32	29	25	23	**0.81**	12	22	2	–	–	–	–	–	–	–	–	–	**Butyl cyclohexylacetate**		**Y1442**
56	41	70	42	55	196	57	29	**198**	100	38	37	17	15	12	8	8	**0.12**	10	18	2	2	–	–	–	–	–	–	–	–	**2-Azetidinone, 3,3-dimethyl-, dimer**	74779-62-7	**T8528**
56	141	198	112	70	84	98	126	**198**	100	70	60	54	53	40	40	30		11	22	1	2	–	–	–	–	–	–	–	–	**1,5-Diazacyclotridecan-6-one**	67370-77-8	**T6784**
57	41	29	56	27	97	55	99	**198**	100	44	42	14	12	11	8	7	**0.38**	7	12	2	–	2	–	–	–	–	–	–	–	**Butyl 2,2-dichloropropionate**		**Z1503**
57	43	41	82	55	68	69	29	**198**	100	93	73	70	67	44	39	38	**0.00**	13	26	1	–	–	–	–	–	–	–	–	–	**Tridecanal**	10486-19-8	**R3879**
57	43	71	41	56	28	42	29	**198**	100	69	48	40	33	33	19	19	**0.19**	5	11	–	–	–	–	–	–	–	–	–	1	**2-Iodo-2-methylbutane**		**Z1499**
57	43	71	41	56	29	42	85	**198**	100	69	48	40	33	19	19	15	**2.00**	5	11	–	–	–	–	–	–	–	–	–	1	**2-Iodo-2-methylbutane**		**L0575**
57	43	71	41	85	29	70	55	**198**	100	87	84	28	21	19	16	15	**0.25**	14	30	–	–	–	–	–	–	–	–	–	–	**Dodecane, 4,6-dimethyl-**	61141-72-8	**T5308**
57	43	71	41	85	55	56	29	**198**	100	49	37	21	19	13	13	12	**0.00**	14	30	–	–	–	–	–	–	–	–	–	–	**Tridecane, 6-methyl-**	13287-21-3	**R4407**
57	43	71	41	85	55	56	42	**198**	100	98	54	50	32	19	16	14	**3.40**	14	30	–	–	–	–	–	–	–	–	–	–	**Tetradecane**		**Y1003**
57	43	71	41	85	56	29	70	**198**	100	48	37	21	20	15	12	12	**1.16**	14	30	–	–	–	–	–	–	–	–	–	–	**Dodecane, 2,5-dimethyl-**		**Y1946**
57	43	71	85	41	29	56	55	**198**	100	70	59	36	20	13	13	11	**7.80**	14	30	–	–	–	–	–	–	–	–	–	–	**Tetradecane**		**C0248**
57	43	71	85	41	29	56	155	**198**	100	97	54	37	35	19	17	17	**1.58**	14	30	–	–	–	–	–	–	–	–	–	–	**Tridecane, 2-methyl-**		**05533**
57	43	71	85	41	56	42	29	**198**	100	99	52	31	30	17	17	17	**0.48**	14	30	–	–	–	–	–	–	–	–	–	–	**Tridecane, 2-methyl-**	1560-96-9	**Q6210**
57	43	71	85	55	41	56	42	**198**	100	94	49	32	30	28	25	20	**0.80**	14	30	–	–	–	–	–	–	–	–	–	–	**Undecane, 2,6,10-trimethyl-**		**L6887**
57	58	29	41	85	43	71	27	**198**	100	99	67	63	59	49	48	40	**5.10**	13	26	1	–	–	–	–	–	–	–	–	–	**5-Tridecanone**	30692-16-1	**H1945**
57	71	43	41	56	69	55	70	**198**	100	91	57	35	27	25	23	18	**0.90**	14	30	–	–	–	–	–	–	–	–	–	–	**Undecane, 2,6,10-trimethyl-**		**L9352**
57	71	43	41	112	55	56	42	**198**	100	77	72	44	27	19	15	13	**0.70**	14	30	–	–	–	–	–	–	–	–	–	–	**Tridecane, 7-methyl-**		**Y0704**
57	71	43	41	112	55	56	42	**198**	100	80	76	53	32	21	16	14	**1.28**	14	30	–	–	–	–	–	–	–	–	–	–	**Tridecane, 7-methyl-**		**Y1798**
57	71	43	85	41	70	29	55	**198**	100	92	75	26	25	19	15	14	**0.54**	14	30	–	–	–	–	–	–	–	–	–	–	**Dodecane, 4,6-dimethyl-**	61141-72-8	**T5309**
57	72	29	43	41	27	85	169	**198**	100	99	76	58	42	36	36	34	**3.10**	13	26	1	–	–	–	–	–	–	–	–	–	**3-Tridecanone**	1534-26-5	**H1194**
57	81	82	79	58	55	56	151	**198**	100	88	33	32	24	22	20	12	**0.00**	13	26	1	–	–	–	–	–	–	–	–	–	**Cyclopentanol, 2-(3,3-dimethylbutyl)-3,5-dimethyl-**	56247-50-8	**T3117**
57	82	43	68	55	96	71	69	**198**	100	76	72	50	48	39	39	39	**0.40**	13	26	1	–	–	–	–	–	–	–	–	–	**Tridecanal**		**C1927**
57	85	43	41	71	99	29	84	**198**	100	53	30	26	21	16	14	10	**0.00**	14	30	–	–	–	–	–	–	–	–	–	–	**2,2,3,3,5,6,6-Heptamethylheptane**		**V0026**
57	85	43	41	71	99	55	69	**198**	100	38	32	24	18	11	8	6	**0.01**	14	30	–	–	–	–	–	–	–	–	–	–	**2,2,3,3,5,6,6-Heptamethylheptane**		**Y0668**
57	85	43	41	71	99	55	69	**198**	100	48	39	39	21	14	13	10	**0.00**	14	30	–	–	–	–	–	–	–	–	–	–	**2,2,3,3,5,6,6-Heptamethylheptane**		**Y1799**
57	96	95	81	41	124	55	82	**198**	100	61	47	25	23	22	21	19	**0.00**	13	26	1	–	–	–	–	–	–	–	–	–	**Cycloheptanol, 3-(3,3-dimethylbutyl)-**	40564-99-6	**S6342**

MASS TO CHARGE RATIOS								M.W.	INTENSITIES								Parent	C	H	O	N	Cl	Br	F	S	P	B	Si	X	COMPOUND NAME	CAS Reg No	No
57	113	43	41	85	55	183	56	**198**	100	90	75	65	25	20	13	8	**1.00**	13	26	1	–	–	–	–	–	–	–	–	–	**5-Nonanone, 2,2,8,8-tetramethyl-**	5709-95-5	**R1699**
57	142	41	56	58	55	198	98	**198**	100	28	22	16	13	10	8	7		9	14	3	2	–	–	–	–	–	–	–	–	**1-Methyl-3-neopentyl-2,4,5-trioxoimidazolidine**		**17229**
58	36	91	42	44	59	163	38	**198**	100	83	65	60	43	42	42	28	**0.00**	11	17	–	1	1	–	–	–	–	–	–	–	**Benzenepropanamine, N,N-dimethyl-, hydrochloride**	10344-82-8	**R3776**
58	43	57	71	55	41	69	85	**198**	100	32	30	22	13	9	8	8	**0.70**	13	26	1	–	–	–	–	–	–	–	–	–	**Dodecanal, 2-methyl-**		**C1926**
58	43	59	71	41	29	27	55	**198**	100	95	37	33	28	18	17	14	**5.20**	13	26	1	–	–	–	–	–	–	–	–	–	**2-Tridecanone**	593-08-8	**H0890**
58	43	59	71	41	57	29	55	**198**	100	83	39	28	22	14	13	13	**5.02**	13	26	1	–	–	–	–	–	–	–	–	–	**2-Tridecanone**		**C0604**
58	43	71	41	59	55	57	85	**198**	100	98	31	28	24	22	21	17	**1.30**	13	26	1	–	–	–	–	–	–	–	–	–	**2-Undecanone, 6,10-dimethyl-**	1604-34-8	**Q6305**
58	44	42	84	28	41	45	39	**198**	100	27	26	25	18	16	11	9	**0.00**	11	22	1	2	–	–	–	–	–	–	–	–	**1,3-Bis(dimethylamino)prop-2-yl cyclopropyl ketone**		**P1098**
59	139	43	27	111	141	50	75	**198**	100	87	60	45	41	29	28	26	**10.91**	10	11	2	–	1	–	–	–	–	–	–	–	**Isopropyl 4-chlorobenzoate**		**P1150**
60	139	43	80	85	58	96	56	**198**	100	80	75	44	30	25	25	21	**14.00**	10	18	2	2	–	–	–	–	–	–	–	–	**cis-1,4-Diacetamidocyclohexane**		**16359**
65	93	39	176	96	83	51	70	**198**	100	82	73	59	44	12	9	8	**0.50**	6	5	2	–	–	–	3	1	–	–	–	–	**Phenoxythionyl trifluoride**		**M6660**
66	132	67	39	65	198	91	131	**198**	100	34	24	20	18	16	16	12		15	18	–	–	–	–	–	–	–	–	–	–	**Tricyclopentadiene**		**C1055**
69	41	39	40	113	70	112	42	**198**	100	60	26	7	6	5	5	4	**0.00**	10	14	4	–	–	–	–	–	–	–	–	–	**Ethylene dimethacrylate**	97-90-5	**H0223**
69	41	55	88	110	87	59	111	**198**	100	83	76	73	66	53	40	37	**0.00**	12	22	2	–	–	–	–	–	–	–	–	–	**7-Octenoic acid, 3,3-dimethyl-, ethyl ester**	35194-19-5	**S4867**
69	41	87	39	45	100	44	31	**198**	100	73	48	16	7	7	6	5	**0.00**	12	22	2	–	–	–	–	–	–	–	–	–	**2-Ethylhexyl methacrylate**		**G0530**
69	70	41	57	55	83	43	56	**198**	100	97	62	33	32	22	20	20	**0.00**	12	22	2	–	–	–	–	–	–	–	–	–	**2-Ethylhexyl methacrylate**		**F0408**
69	81	95	67	82	43	41	55	**198**	100	99	75	73	71	66	61	59	**0.00**	12	22	2	–	–	–	–	–	–	–	–	–	**6-Octen-1-ol, 3,7-dimethyl-, acetate**	150-84-5	**P9994**
69	87	74	125	55	41	83	43	**198**	100	94	82	80	57	44	23	22	**3.59**	12	22	2	–	–	–	–	–	–	–	–	–	**Cyclooctanecarboxylic acid, 4,5-dimethyl-, methyl ester**	61141-73-9	**T5312**
69	142	141	41	113	153	55	43	**198**	100	84	40	34	27	22	17	16	**3.00**	12	22	2	–	–	–	–	–	–	–	–	–	**Cyclopropanecarboxylic acid, 2,2-dimethyl-3-isobutyl-, ethyl ester**	33419-38-4	**S4156**
70	69	59	60	76	128	97	56	**198**	100	46	33	32	29	28	26	20	**17.00**	6	6	2	4	–	–	–	1	–	–	–	–	**5H-1,3,4-Thiadiazolo[3,2-a][1,3,5]triazine-5,7(6H)-dione, 8-ethyl-8,8a-dihydro-**	39386-54-4	**S6072**
70	129	55	56	142	130	41	43	**198**	100	58	56	52	52	45	41	35	**28.00**	9	14	3	2	–	–	–	–	–	–	–	–	**1-Methyl-3-isopentyl-2,4,5-trioxoimidazolidine**		**17223**
71	28	41	31	43	89	29	39	**198**	100	85	65	52	52	48	45	38	**0.00**	5	11	3	–	–	1	–	–	–	–	–	–	**1,3-Propanediol, 2-(bromomethyl)-2-(hydroxymethyl)-**	19184-65-7	**R8023**
71	41	43	31	89	29	39	57	**198**	100	62	50	50	47	42	36	33	**0.00**	5	11	3	–	–	1	–	–	–	–	–	–	**1,3-Propanediol, 2-(bromomethyl)-2-(hydroxymethyl)-**		**M7290**
71	41	82	43	68	29	55	58	**198**	100	28	18	9	9	9	8	8	**4.54**	13	26	1	–	–	–	–	–	–	–	–	–	**1-Dodecene, 1-methoxy-**	26537-04-2	**S1418**
71	43	41	198	29	27	55	39	**198**	100	78	25	24	18	12	11	9		5	11	–	–	–	–	–	–	–	–	–	1	**2-Iodopentane**		**Z1504**
71	43	41	198	29	27	55	42	**198**	100	78	25	24	18	12	11	6		5	11	–	–	–	–	–	–	–	–	–	1	**2-Iodopentane**		**L0573**
71	43	58	86	41	57	87	99	**198**	100	97	88	88	35	32	29	28	**6.00**	13	26	1	–	–	–	–	–	–	–	–	–	**4-Dodecanone, 11-methyl-**	29366-35-6	**S2461**
71	43	99	85	42	28	84	29	**198**	100	93	47	30	28	25	25	22	**2.00**	11	22	1	2	–	–	–	–	–	–	–	–	**Diaziridinone, diisopropyl-**	19656-75-8	**R8225**
71	43	109	41	112	55	58	57	**198**	100	95	42	32	28	19	14	13	**7.01**	12	22	2	–	–	–	–	–	–	–	–	–	**4,9-Dodecanedione**	1490-38-6	**Q6108**
71	85	69	198	140	67	70	83	**198**	100	21	15	13	13	9	9	8		13	26	1	–	–	–	–	–	–	–	–	–	**2-Tridecanone**	593-08-8	**H0892**
72	44	41	45	89	28	42	43	**198**	100	31	24	21	18	14	12	11	**7.81**	11	22	1	2	–	–	–	–	–	–	–	–	**Urea, N′-cyclooctyl-N,N-dimethyl-**	2163-69-1	**Q7522**
72	44	198	42	73	45	71	63	**198**	100	13	10	7	6	6	6	4		9	11	1	2	1	–	–	–	–	–	–	–	**Urea, N′-(4-chlorophenyl)-N,N-dimethyl-**	150-68-5	**P9984**
72	198	44	200	73	42	99	199	**198**	100	18	7	5	4	3	3	1		9	11	1	2	1	–	–	–	–	–	–	–	**Urea, N′-(4-chlorophenyl)-N,N-dimethyl-**	150-68-5	**P9985**
72	198	44	200	73	45	15	42	**198**	100	25	22	9	7	5	4	4		9	11	1	2	1	–	–	–	–	–	–	–	**Urea, N′-(3-chlorophenyl)-N,N-dimethyl-**	587-34-8	**Q2348**
72	198	153	200	125	155	90	63	**198**	100	39	21	13	7	7	6	4		9	11	1	2	1	–	–	–	–	–	–	–	**Urea, N′-(4-chlorophenyl)-N,N-dimethyl-**	150-68-5	**P9983**
73	75	183	81	154	198	53	74	**198**	100	26	23	14	14	10	10	9		9	14	3	–	–	–	–	–	–	–	1	–	**2-Furanacetic acid, trimethylsilyl ester**	55493-94-2	**T1208**
73	115	75	45	41	116	74	143	**198**	100	84	35	10	10	9	9	8	**6.29**	11	22	1	–	–	–	–	–	–	–	1	–	**Cyclohexane, (trimethylsilyl)acetyl-**	55629-29-3	**T1714**
74	55	87	41	69	96	43	83	**198**	100	93	58	51	44	40	37	36	**3.00**	12	22	2	–	–	–	–	–	–	–	–	–	**10-Undecenoic acid, methyl ester**	111-81-9	**P8604**
74	141	125	69	97	41	87	81	**198**	100	38	27	23	22	18	18	9	**3.07**	12	22	2	–	–	–	–	–	–	–	–	–	**2-Methyl-4-(4-methylcyclohexyl)butyric acid**		**Z1507**
75	47	31	39	41	28	55	67	**198**	100	56	35	9	7	6	6	6	**1.38**	11	18	3	–	–	–	–	–	–	–	–	–	**1,2-Dimethyl-1-dimethoxymethylcyclohex-2-en-4-one**		**P1132**
76	89	71	85	98	126	86	69	**198**	100	47	35	28	23	21	20	18	**0.30**	12	22	2	–	–	–	–	–	–	–	–	–	**10-Undecenoic acid, methyl ester**	111-81-9	**H0477**
77	51	65	91	64	39	50	38	**198**	100	65	38	32	28	26	25	19	**15.01**	12	10	1	2	–	–	–	–	–	–	–	–	**Azoxybenzene**	495-48-7	**Q1252**
77	91	105	51	65	170	198	64	**198**	100	29	25	25	22	19	18	17		12	10	1	2	–	–	–	–	–	–	–	–	**Azoxybenzene**		**D0737**
77	91	198	51	105	65	64	169	**198**	100	31	29	25	23	22	20	11		12	10	1	2	–	–	–	–	–	–	–	–	**Azoxybenzene**		**D1463**
78	59	168	167	80	79	107	137	**198**	100	44	44	43	36	36	34	24	**0.00**	10	14	4	–	–	–	–	–	–	–	–	–	**4,5-Bis(methoxycarbonyl)cyclohexene**		**D0572**
79	51	78	75	52	76	50	63	**198**	100	97	84	67	52	51	39	39	**22.02**	6	6	4	4	–	–	–	–	–	–	–	–	**2,4-Dinitrophenylhydrazine**		**P8996**
79	99	138	77	107	139	78	80	**198**	100	99	47	40	39	34	30	26	**0.00**	10	14	4	–	–	–	–	–	–	–	–	–	**Dimethyl 2,3-divinylsuccinate**		**L8324**
79	138	78	77	59	80	167	166	**198**	100	42	38	20	15	14	14	12	**1.59**	10	14	4	–	–	–	–	–	–	–	–	–	**4,5-Bis(methoxycarbonyl)cyclohexene**		**C1333**
79	138	78	167	166	107	80	77	**198**	100	43	33	15	14	11	10	9	**0.48**	10	14	4	–	–	–	–	–	–	–	–	–	**3-Cyclohexene-1,2-dicarboxylic acid, dimethyl ester**	74663-82-4	**T8305**
79	138	139	107	166	59	77	80	**198**	100	74	59	50	37	22	18	17	**2.06**	10	14	4	–	–	–	–	–	–	–	–	–	**1,2-Cyclopentanedicarboxylic acid, 3-methylene-, dimethyl ester**	74663-84-6	**T8307**
79	139	167	183	166	91	151	123	**198**	100	60	52	48	27	20	12	12	**11.00**	10	14	4	–	–	–	–	–	–	–	–	–	**1,1′-Bis(1-methoxycarbonylcyclopropane)**		**M0037**
81	67	79	125	109	80	95	126	**198**	100	26	24	24	23	17	15	15	**0.00**	10	14	4	–	–	–	–	–	–	–	–	–	**Ethyl 1-oxo-2-oxabicyclo[3.3.0]octane-8-carboxylate**		**P2675**
82	67	43	41	99	55	28	83	**198**	100	58	29	22	22	17	13	12	**0.00**	12	22	2	–	–	–	–	–	–	–	–	–	**Hexanoic acid, 3-hexenyl ester, (Z)-**	31501-11-8	**S3316**
82	67	43	41	99	55	29	71	**198**	100	69	48	33	30	23	21	18	**0.00**	12	22	2	–	–	–	–	–	–	–	–	–	**Hexanoic acid, 3-hexenyl ester, (Z)-**	31501-11-8	**S3315**
82	117	67	41	43	55	99	71	**198**	100	94	74	70	70	70	64	32	**0.19**	12	22	2	–	–	–	–	–	–	–	–	–	**Cyclohexyl hexanoate**		**C1337**

MASS TO CHARGE RATIOS								M.W.	INTENSITIES								Parent	C	H	O	N	Cl	Br	F	S	P	B	Si	X	COMPOUND NAME	CAS Reg No	No
82	198	27	54	53	83	55	52	**198**	100	54	18	14	13	13	11	9		8	10	4	2	–	–	–	–	–	–	–	–	**4-Pyrimidinecarboxylic acid, 2,6-dimethoxy-, methyl ester**	55878-45-0	**T2262**
82	198	53	54	83	55	52	81	**198**	100	32	7	7	7	6	4	4		8	10	4	2	–	–	–	–	–	–	–	–	**4-Pyrimidinecarboxylic acid, 1,2,3,6-tetrahydro-1,3-dimethyl-2,6-dioxo-, methyl ester**	4116-39-6	**R0116**
83	41	55	142	139	29	69	27	**198**	100	85	72	66	58	56	51	49	**7.70**	12	22	2	–	–	–	–	–	–	–	–	–	**Cyclohexanecarboxylic acid, 1-butyl-, methyl ester**	7362-81-4	**R3103**
84	58	45	67	29	28	113	39	**198**	100	99	50	29	28	23	22	19	**0.00**	5	7	4	–	1	–	–	1	–	–	–	–	**S-Methylthiophenium perchlorate**		**M0521**
84	126	60	70	44	198	41	112	**198**	100	54	48	43	42	35	30	29		10	22	–	4	–	–	–	–	–	–	–	–	**Guanidine, 1-(4-aminobutyl)-1-(3-methyl-2-butenyl)-**		**03136**
85	41	43	27	141	39	56	57	**198**	100	81	63	41	40	37	35	18	**1.50**	12	27	–	–	–	–	–	–	–	–	–	1	**Triisobutylaluminium**	100-99-2	**P7453**
85	41	43	141	42	57	39	56	**198**	100	49	44	43	25	24	20	16	**0.96**	12	27	–	–	–	–	–	–	–	–	–	1	**Triisobutylaluminium**	100-99-2	**P7454**
85	72	127	57	55	41	71	128	**198**	100	71	70	57	56	50	48	47	**3.00**	12	22	2	–	–	–	–	–	–	–	–	–	**2,6-Decadiene-4,5-diol, 6-ethyl-**	56335-76-3	**T3512**
86	39	98	97	134	42	134	198	**198**	100	49	46	44	38	38	38	30		7	6	2	–	–	–	4	–	–	–	–	–	**1-(2-Carboxyvinyl)-2,2,3,3-tetrafluorocyclobutane**		**D2047**
91	55	93	27	29	41	39	28	**198**	100	61	32	17	16	11	8	7	**0.79**	8	16	1	–	2	–	–	–	–	–	–	–	**Bis(4-chlorobutyl) ether**		**03072**
91	55	93	29	27	41	92	121	**198**	100	61	31	11	8	7	5	5	**0.89**	8	16	1	–	2	–	–	–	–	–	–	–	**4,4-Dichlorobutyl butyl ether**		**Z1496**
91	65	92	51	63	50	98	117	**198**	100	15	15	11	7	5	5	4	**1.20**	9	11	–	–	–	1	–	–	–	–	–	–	**Benzene, (3-bromopropyl)-**	637-59-2	**Q3470**
91	65	92	198	200	51	63	117	**198**	100	13	13	9	9	7	6	5		9	11	–	–	–	1	–	–	–	–	–	–	**Benzene, (3-bromopropyl)-**	637-59-2	**Q3469**
91	92	51	77	52	65	105	39	**198**	100	65	35	28	27	24	21	20	**0.00**	14	14	1	–	–	–	–	–	–	–	–	–	**Dibenzyl ether**		**D0590**
91	92	65	198	200	39	51	27	**198**	100	17	16	14	14	11	8	6		9	11	–	–	–	1	–	–	–	–	–	–	**Benzene, (3-bromopropyl)-**	637-59-2	**Q3471**
91	107	198	77	65	92	108	199	**198**	100	74	32	11	9	8	6	5		14	14	1	–	–	–	–	–	–	–	–	–	**Phenol, 3-(2-phenylethyl)-**	33675-75-1	**S4314**
91	108	200	90	65	51	63	77	**198**	100	98	80	30	25	25	24	24	**20.00**	10	11	2	–	1	–	–	–	–	–	–	–	**Propanoyl chloride, 3-benzyloxy-**	4244-66-0	**R0243**
92	91	79	65	77	107	51	39	**198**	100	83	20	18	17	15	12	11	**0.00**	14	14	1	–	–	–	–	–	–	–	–	–	**Dibenzyl ether**		**01103**
92	91	107	79	65	77	93	51	**198**	100	69	18	16	12	11	8	5	**0.00**	14	14	1	–	–	–	–	–	–	–	–	–	**Dibenzyl ether**	103-50-4	**P7639**
92	107	79	77	91	51	65	39	**198**	100	74	66	47	41	23	22	16	**3.52**	14	14	1	–	–	–	–	–	–	–	–	–	**1,2-Diphenylethanol**		**P1164**
92	107	79	77	91	105	65	51	**198**	100	69	40	28	27	10	9	9	**2.50**	14	14	1	–	–	–	–	–	–	–	–	–	**1,2-Diphenylethanol**		**B0286**
92	107	79	91	77	93	65	105	**198**	100	63	27	23	17	8	6	6	**2.90**	14	14	1	–	–	–	–	–	–	–	–	–	**1,2-Diphenylethanol**	614-29-9	**Q2894**
93	42	94	95	31	91	45	92	**198**	100	84	73	62	55	53	52	45	**17.27**	4	6	4	–	–	–	–	–	–	–	–	1	**Selenodiacetic acid**	6228-62-2	**R2158**
93	42	94	95	31	91	45	92	**198**	100	85	73	63	56	54	53	50	**17.00**	4	6	4	–	–	–	–	–	–	–	–	1	**Selenodiacetic acid**		**L7142**
93	77	198	65	121	39	51	50	**198**	100	80	74	62	50	49	45	16		12	10	1	2	–	–	–	–	–	–	–	–	**Phenol, 4-(phenylazo)-**	1689-82-3	**Q6519**
93	153	17	125	65	137	198	94	**198**	100	99	55	45	45	40	31	20		9	10	5	–	–	–	–	–	–	–	–	–	**Benzeneacetic acid, α,4-dihydroxy-3-methoxy-**		**05021**
93	166	41	91	121	77	138	58	**198**	100	90	70	70	65	49	45	44	**4.04**	11	18	3	–	–	–	–	–	–	–	–	–	**Acetic acid, (4-methoxycyclohexylidene)-, ethyl ester**	55103-56-5	**T0265**
95	41	45	58	71	93	79	166	**198**	100	65	54	48	43	35	34	34	**6.26**	12	22	2	–	–	–	–	–	–	–	–	–	**Naphthalene, decahydro-1,4-dimethoxy-, (1α,4α,4aα,8aα)-**	41766-64-7	**S6726**
95	43	81	138	123	41	82	55	**198**	100	99	61	48	34	30	28	28	**0.00**	12	22	2	–	–	–	–	–	–	–	–	–	**Menthyl acetate**		**M4145**
95	43	81	138	123	82	96	55	**198**	100	67	63	46	38	28	25	20	**0.00**	12	22	2	–	–	–	–	–	–	–	–	–	**cis-1,3-trans-1,4-Menthol acetate**	89-48-5	**P6484**
95	43	81	138	123	82	96	55	**198**	100	68	56	44	39	26	25	21	**0.00**	12	22	2	–	–	–	–	–	–	–	–	–	**cis-1,3-trans-1,4-Menthol acetate**	89-48-5	**P6483**
95	43	138	81	96	55	41	123	**198**	100	71	42	20	18	17	16	15	**0.00**	12	22	2	–	–	–	–	–	–	–	–	–	**Carvomenthyl acetate**	5256-66-6	**R1226**
95	134	41	71	45	58	125	127	**198**	100	98	85	70	69	64	52	48	**19.73**	12	22	2	–	–	–	–	–	–	–	–	–	**Naphthalene, decahydro-1,4-dimethoxy-, (1α,4α,4aβ,8aβ)-**	42067-56-1	**S6850**
96	85	57	55	81	97	41	67	**198**	100	89	68	60	56	44	41	25	**0.00**	12	22	2	–	–	–	–	–	–	–	–	–	**Pentanoic acid, 2-methylcyclohexyl ester, cis-**	54714-36-2	**S9483**
96	85	81	57	55	97	41	67	**198**	100	87	63	57	55	38	32	25	**0.00**	12	22	2	–	–	–	–	–	–	–	–	–	**Pentanoic acid, 2-methylcyclohexyl ester, trans-**	15287-81-7	**R5655**
97	84	43	85	110	83	42	96	**198**	100	98	83	80	78	50	44	43	**0.00**	7	12	5	–	–	–	–	–	–	2	–	–	**α-D-Xylofuranose, cyclic 1,2:3,5-bis(methylboronate)**	54400-96-3	**S8956**
97	153	29	125	27	52	51	152	**198**	100	56	51	45	31	27	19	18	**17.54**	10	14	4	–	–	–	–	–	–	–	–	–	**2,4-Hexadienedioic acid, diethyl ester**	1441-57-2	**Q5970**
98	67	41	55	81	57	43	70	**198**	100	40	35	26	25	20	15	15	**1.00**	12	22	2	–	–	–	–	–	–	–	–	–	**1,1′-Bicyclohexyl-2,2-diol**		**17052**
98	68	69	139	198	140	183	167	**198**	100	83	80	49	37	32	21	18		10	14	4	–	–	–	–	–	–	–	–	–	**3-Cyclohexene-1-carboxylic acid, 4-methoxy-6-methyl-2-oxo-, methyl ester**	52452-25-2	**S7950**
99	41	43	42	55	70	71	114	**198**	100	51	45	45	41	36	35	14	**0.00**	12	22	2	–	–	–	–	–	–	–	–	–	**2H-Pyran-2-one, 6-heptyltetrahydro-**		**M4122**
99	43	71	55	41	82	67	28	**198**	100	57	50	41	36	30	28	21	**6.91**	12	22	2	–	–	–	–	–	–	–	–	–	**Hexanoic acid, 2-hexenyl ester, (E)-**	53398-86-0	**S8442**
99	55	70	71	43	42	41	28	**198**	100	36	35	35	32	30	28	26	**4.30**	12	22	2	–	–	–	–	–	–	–	–	–	**2H-Pyran-2-one, 6-heptyltetrahydro-**	713-95-1	**Q3837**
99	58	56	44	154	198	183	111	**198**	100	75	27	22	22	10	8	7		8	24	–	4	–	–	–	–	–	2	–	–	**Diborane(4)tetramine, octamethyl-**	1630-79-1	**Q6368**
99	81	55	98	43	41	57	42	**198**	100	64	50	43	30	21	17	11	**0.16**	12	22	2	–	–	–	–	–	–	–	–	–	**2,2′-Bioxepane**	74793-02-5	**T8581**
99	81	98	55	41	43	42	67	**198**	100	43	41	15	9	9	4	4	**1.00**	12	22	2	–	–	–	–	–	–	–	–	–	**1,1′-Bicyclohexyl-1,1′-diol**		**17053**
99	98	43	97	70	112	71	57	**198**	100	56	16	10	6	5	5	5	**1.41**	8	16	4	–	–	–	–	–	–	2	–	–	**4,4′-Bi-1,3,2-dioxaborolane, 2,2′-diethyl-, (R*,S*)-**	62337-94-4	**T6076**
99	98	43	112	29	111	57	41	**198**	100	54	28	18	16	13	11	10	**0.43**	8	16	4	–	–	–	–	–	–	2	–	–	**[1,3,5]Dioxaborino[5,4-d]-1,3,2-dioxaborin, 2,6-diethyltetrahydro-, (4as-cis)-**	74793-08-1	**T8587**
100	43	198	141	101	72	39	59	**198**	100	76	47	43	38	29	17	17		10	14	2	–	–	–	–	1	–	–	–	–	**4H-Thiopyran-4-one, 2,3-dihydro-2,6-dimethyl-2-(2-oxopropyl)-, (+-)-**	57288-85-4	**T4438**
100	85	41	59	60	140	198	114	**198**	100	95	90	75	63	38	17	10		11	22	1	2	–	–	–	–	–	–	–	–	**Nonanal N-methyl-N-formylhydrazone**		**16837**
100	85	43	71	60	59	58	54	**198**	100	99	50	18	15	11	10	10	**0.00**	10	14	4	–	–	–	–	–	–	–	–	–	**α-D-erythro-Tetrofuranose-3-ulose, 4-C-cyclopropyl-1,2-O-isopropylidene-**		**M5727**
102	163	198	75	200	50	62	76	**198**	100	92	91	71	60	51	38	38		8	4	–	2	2	–	–	–	–	–	–	–	**Quinoxaline, 2,3-dichloro-**	2213-63-0	**Q7628**
105	77	39	198	51	65	121	141	**198**	100	84	71	70	58	58	42	29		13	10	2	–	–	–	–	–	–	–	–	–	**2-Propen-1-one, 3-(2-furanyl)-1-phenyl-**	717-21-5	**H1058**
105	77	51	39	106	50	65	73	**198**	100	41	15	6	6	5	4	4	**0.00**	13	10	2	–	–	–	–	–	–	–	–	–	**Phenzyl benzoate**	93-99-2	**P6832**

MASS TO CHARGE RATIOS								M.W.	INTENSITIES								Parent	C	H	O	N	Cl	Br	F	S	P	B	Si	X	COMPOUND NAME	CAS Reg No	No
105	77	51	106	44	49	91	39	**198**	100	35	9	8	5	4	4	3	**2.50**	8	7	1	–	–	1	–	–	–	–	–	–	o-Bromoacetophenone	70-11-1	**P5367**
105	77	51	198	91	65	120		**198**	100	30	12	8	8	3	1			8	7	1	–	–	1	–	–	–	–	–	–	o-Bromoacetophenone	70-11-1	**P5368**
105	77	106	51	50	65	78	76	**198**	100	29	8	7	2	2	2	1	**0.00**	13	10	2	–	–	–	–	–	–	–	–	–	Phenzyl benzoate	93-99-2	**H0191**
105	77	119	91	92	93	198	51	**198**	100	87	71	63	49	43	40	33		14	14	1	–	–	–	–	–	–	–	–	–	Benzenemethanol, 4-methyl-α-phenyl-	1517-63-1	**Q6142**
105	91	51	39	77	79	41	106	**198**	100	15	14	13	12	10	9	9	**4.67**	9	11	–	–	–	1	–	–	–	–	–	–	Benzene, (2-bromoisopropyl)-	1459-00-3	**Q6019**
105	93	77	67	86	160	48	198	**198**	100	63	54	36	25	11	7	5		6	5	2	–	–	–	3	1	–	–	–	–	Phenoxythionyl trifluoride		**M8799**
105	119	91	118	117	198	200	51	**198**	100	30	23	21	20	16	16	13		9	11	–	–	–	1	–	–	–	–	–	–	Benzene, 1-(2-bromoethyl)-4-methyl-	6529-51-7	**R2347**
105	119	91	198	200	39	117	77	**198**	100	32	20	17	16	15	13	12		9	11	–	–	–	1	–	–	–	–	–	–	Benzene, 1-(2-bromoethyl)-4-methyl-	6529-51-7	**R2346**
105	119	91	198	200	77	51	65	**198**	100	38	24	24	24	14	13	13		9	11	–	–	–	1	–	–	–	–	–	–	Benzene, 1-(2-bromoethyl)-3-methyl-	16799-08-9	**R6469**
105	119	198	200	91	39	77	117	**198**	100	46	27	26	23	17	15	14		9	11	–	–	–	1	–	–	–	–	–	–	Benzene, 1-(2-bromoethyl)-3-methyl-	16799-08-9	**R6468**
105	137	136	103	135	101	167	134	**198**	100	98	80	74	70	50	44	44	**0.06**	4	12	4	–	–	–	–	–	–	–	–	1	Tetramethoxygermane		**L7444**
106	93	60	78	77	198	79	64	**198**	100	94	33	28	26	26	23	19		13	14	–	2	–	–	–	–	–	–	–	–	2′-Aminodihydro-2-stilbazole		**P0206**
106	93	66	77	65	198	107	195	**198**	100	78	33	27	23	22	20	19		13	14	–	2	–	–	–	–	–	–	–	–	4-Amino-N-phenylbenzylamine		**D1409**
107	91	41	112	39	125	167	153	**198**	100	50	47	46	44	43	32	30	**0.00**	10	14	4	–	–	–	–	–	–	–	–	–	Cyclopropanecarboxylic acid, 3-(2-carboxy-1-propenyl)-2,2-dimethyl-	497-95-0	**Q1288**
107	91	198	77	108	65	39	51	**198**	100	14	13	10	8	6	5	4		14	14	1	–	–	–	–	–	–	–	–	–	Phenol, 4-(2-phenylethyl)-	6335-83-7	**R2252**
107	153	41	39	91	111	43	77	**198**	100	82	80	70	70	70	56	44	**2.00**	10	14	4	–	–	–	–	–	–	–	–	–	Cyclopropanecarboxylic acid, 3-(2-carboxy-1-propenyl)-2,2-dimethyl-		**M8716**
107	153	41	92	39	111	43	67	**198**	100	83	81	71	70	70	55	45	**1.55**	10	14	4	–	–	–	–	–	–	–	–	–	Cyclopropanecarboxylic acid, 3-(2-carboxy-1-propenyl)-2,2-dimethyl-, 1α,2β(E)-	22413-50-9	**R9742**
107	198	77	91	65	92	93	150	**198**	100	82	55	55	51	47	32	26		8	10	–	2	–	–	–	2	–	–	–	–	Carbazic acid, 2-phenyldithio-, methyl ester	25554-73-8	**S1112**
107	198	91	64	106	108	77	92	**198**	100	90	75	34	30	28	24	19		13	14	–	2	–	–	–	–	–	–	–	–	Pyridinium, 1-anilino-3,5-dimethyl-, hydroxide, inner salt	31382-93-1	**S3265**
109	43	71	41	112	95	155	55	**198**	100	95	50	22	17	15	11	10	**10.01**	12	22	2	–	–	–	–	–	–	–	–	–	3,8-Decanedione, 2,9-dimethyl-	1490-37-5	**Q6107**
109	183	77	73	153	147	83	184	**198**	100	99	28	24	19	16	15	14	**3.00**	10	15	1	–	–	–	1	–	–	–	1	–	Silane, [(p-fluorobenzyl)oxy]trimethyl-	14629-55-1	**R5312**
110	82	81	69	43	55	71	67	**198**	100	93	78	69	61	55	53	51	**0.00**	13	26	1	–	–	–	–	–	–	–	–	–	2-Cyclohexylethyl pentyl ether		**Z1506**
110	198	45	154	109	65	111	81	**198**	100	26	19	18	11	7	6	5		10	14	4	–	–	–	–	–	–	–	–	–	1,4-Bis(2-hydroxyethoxy)benzene		**F0393**
110	198	167	112	86	94	42	169	**198**	100	99	55	44	41	31	28	25		10	18	2	2	–	–	–	–	–	–	–	–	2,6-Diazatricyclo[3.3.1.1$^{(3,7)}$]decane-4,8-diol, 2,6-dimethyl-, (1α,3β,4β,5α,7β,8β)-	50267-46-4	**S7262**
112	30	41	55	58	44	42	113	**198**	100	54	24	17	16	16	16	11	**5.00**	12	26	–	2	–	–	–	–	–	–	–	–	N-(6-Aminohexyl)hexamethyleneimine		**C1402**
112	30	58	41	42	55	44	113	**198**	100	46	17	15	13	13	13	9	**3.30**	12	26	–	2	–	–	–	–	–	–	–	–	N-(6-Aminohexyl)hexamethyleneimine		**D0954**
112	82	54	55	86	100	117	113	**198**	100	46	44	15	15	11	8	7	**0.00**	6	6	4	4	–	–	–	–	–	–	–	–	Sydnone, 3,3′-(1,2-ethanediyl)bis-	7403-61-4	**R3168**
113	57	71	55	156	99	43	81	**198**	100	82	78	58	48	47	35	30	**2.00**	12	22	2	–	–	–	–	–	–	–	–	–	2,2-Dipropyl-cyclohexan-1-ol-3-one		**M2609**
113	57	112	169	28	83	29	41	**198**	100	37	25	24	23	23	20	17	**0.00**	9	20	3	–	–	–	–	–	–	2	–	–	Borinic acid, diethyl-, (2-ethyl-1,3,2-dioxaborolan-4-yl)methyl ester	58163-56-7	**T4963**
113	69	71	85	70	83	84	68	**198**	100	75	70	56	48	39	26	23	**3.40**	13	26	1	–	–	–	–	–	–	–	–	–	7-Tridecanone	462-18-0	**H0700**
113	141	54	183	114	99	198	53	**198**	100	20	11	9	5	5	4	1		12	22	2	–	–	–	–	–	–	–	–	–	1,4-Dioxaspiro[4.5]decane, 9-methyl-6-isopropyl-	944-00-3	**Q4775**
117	64	198	90	38	62	171	79	**198**	100	22	19	15	12	9	9	9		7	6	–	2	–	–	–	–	–	–	–	1	4-Aminophenyl selenocyanate		**L8954**
117	64	198	90	38	62	171	118	**198**	100	22	18	15	12	9	9	9		7	6	–	2	–	–	–	–	–	–	–	1	4-Aminophenyl selenocyanate	10336-11-5	**R3756**
117	82	99	67	43	55	71	41	**198**	100	85	66	58	56	54	41	39	**0.27**	12	22	2	–	–	–	–	–	–	–	–	–	Cyclohexyl hexanoate		**D0139**
119	76	60	42	15	44	28	75	**198**	100	84	44	42	39	21	18	16	**3.00**	4	12	–	2	–	1	–	–	1	–	–	–	Bis(dimethylamino)bromophosphine		**05474**
119	121	39	200	198	202	91	93	**198**	100	98	61	59	30	28	9	8		3	4	–	–	–	2	–	–	–	–	–	–	2,3-Dibromopropene	513-31-5	**Q1487**
119	164	163	149	91	165	45	39	**198**	100	81	62	49	21	20	18	18	**10.89**	10	14	–	–	–	–	–	2	–	–	–	–	1,2-Benzenedimethanethiol, 4,5-dimethyl-	10230-61-2	**R3673**
119	198	91	117	103	77	120	51	**198**	100	93	21	17	11	10	10	9		9	11	–	–	–	1	–	–	–	–	–	–	Benzene, 1-bromo-2,4,6-trimethyl-		**L0652**
119	198	92	64	63	91	52	40	**198**	100	46	45	20	17	15	12	10		7	6	3	2	–	–	–	1	–	–	–	–	1H-2,1,3-Benzothiadiazin-4(3H)-one, 2,2-dioxide	2225-37-8	**Q7666**
119	198	92	64	63	91	52	120	**198**	100	46	45	20	17	15	12	10		7	6	3	2	–	–	–	1	–	–	–	–	1H-2,1,3-Benzothiadiazin-4(3H)-one, 2,2-dioxide		**M7598**
119	198	200	91	117	199	103	58	**198**	100	93	91	21	17	15	11	11		9	11	–	–	–	1	–	–	–	–	–	–	Benzene, 1-bromo-2,4,6-trimethyl-		**Z1497**
120	65	198	92	39	51	121	78	**198**	100	15	14	11	10	9	8	8		11	10	–	4	–	–	–	–	–	–	–	–	2-Pyridinecarboxaldehyde, 2-pyridinylhydrazone	2215-33-0	**Q7629**
120	105	183	121	198	53	43	197	**198**	100	51	25	17	16	12	10	8		13	14	–	–	–	–	–	–	–	–	1	–	Silane, methyldiphenyl-	776-76-1	**Q4108**
120	105	183	198	53	121	51	197	**198**	100	61	39	32	25	19	16	12		13	14	–	–	–	–	–	–	–	–	1	–	Silane, methyldiphenyl-	776-76-1	**06887**
121	42	91	157	125	28	122	155	**198**	100	54	44	23	17	10	9	8	**0.00**	6	15	3	–	1	–	–	–	–	–	1	–	Silane, (3-chloropropyl)trimethoxy-	2530-87-2	**Q8280**
121	53	39	52	30	50	77	105	**198**	100	96	93	79	78	64	62	57	**54.33**	7	6	5	2	–	–	–	–	–	–	–	–	Phenol, 2-methyl-4,6-dinitro-	534-52-1	**Q1717**
121	198	77	105	65	39	93	51	**198**	100	49	24	23	15	9	9	8		13	10	2	–	–	–	–	–	–	–	–	–	4-Hydroxybenzophenone	1137-42-4	**Q5519**
121	198	105	77	93	65	199	122	**198**	100	55	20	20	11	11	8	8		13	10	2	–	–	–	–	–	–	–	–	–	4-Hydroxybenzophenone		**Z1510**
124	100	156	43	97	125	138	83	**198**	100	96	90	61	25	25	23	21	**5.00**	10	14	4	–	–	–	–	–	–	–	–	–	Methyl α-(2-oxocyclopentyl)-acetoacetate		**17496**
125	29	127	89	130	156	27	43	**198**	100	80	64	56	35	29	28	28	**0.25**	7	12	2	–	2	–	–	–	–	–	–	–	Ethyl 2,2-dichloro-3-methylbutyrate		**Z1509**
125	45	95	41	71	58	127	93	**198**	100	91	88	83	72	58	53	52	**3.32**	12	22	2	–	–	–	–	–	–	–	–	–	Naphthalene, decahydro-1,4-dimethoxy-, (1α,4α,4aα,8aβ)-	41766-63-6	**S6725**
126	112	198	168	70	140	142	155	**198**	100	86	60	55	50	35	30	30		11	22	1	2	–	–	–	–	–	–	–	–	2H-Azonin-2-one, 1-(3-aminopropyl)octahydro-	67370-75-6	**T6782**
127	41	43	57	45	55	56	40	**198**	100	59	43	43	29	14	14	11	**1.43**	10	14	2	–	–	–	–	1	–	–	–	–	Thiophene, 2-acetyl-3-tert-butoxy-	5556-10-5	**R1538**
127	142	41	43	45	57	56	53	**198**	100	79	71	46	43	43	17	14	**8.57**	10	14	2	–	–	–	–	1	–	–	–	–	Thiophene, 3-acetyl-4-tert-butoxy-	5556-15-0	**R1541**

MASS TO CHARGE RATIOS								M.W.	INTENSITIES								Parent	C	H	O	N	Cl	Br	F	S	P	B	Si	X	COMPOUND NAME	CAS Reg No	No
129	69	198	75	131	31	113	179	**198**	100	97	34	33	33	27	24	21		4	1	–	–	1	–	6	–	–	–	–	–	1,1,1,4,4,4-Hexafluoro-2-chlorobut-2-ene		**02704**
129	69	198	131	179	113	75	200	**198**	100	68	44	32	21	20	19	15		4	1	–	–	1	–	6	–	–	–	–	–	1,1,1,4,4,4-Hexafluoro-2-chlorobut-2-ene		**A0325**
130	156	155	129	198	43	128	77	**198**	100	99	83	41	31	27	24	18		12	10	1	2	–	–	–	–	–	–	–	–	1-Isoquinolinecarbonitrile, 2-acetyl-1,2-dihydro-	29924-67-2	**S2747**
133	64	92	65	119	51	78	42	**198**	100	63	46	27	24	21	18	15	**12.00**	8	10	2	2	–	–	–	1	–	–	–	–	2,1,3-Benzothiadiazole, 1,3-dihydro-1,3-dimethyl-, 2,2-dioxide	31378-12-8	**S3252**
133	64	92	65	119	51	78	66	**198**	100	63	46	27	24	21	18	15	**12.00**	8	10	2	2	–	–	–	1	–	–	–	–	2,1,3-Benzothiadiazole, 1,3-dihydro-1,3-dimethyl-, 2,2-dioxide		**M7595**
136	137	178	123	150	110	124	138	**198**	100	49	41	32	30	29	27	21	**0.00**	15	18	–	–	–	–	–	–	–	–	–	–	5,9-Etheno-5H-benzocycloheptene, 6,7,8,9-tetrahydro-10,11-dimethyl-	56772-09-9	**T4179**
138	96	123	41	68	81	55	69	**198**	100	83	82	66	50	50	44	44	**3.00**	12	22	2	–	–	–	–	–	–	–	–	–	2,4-Dioxaspiro[5.5]undecane, 7,9,11-trimethyl-	69745-75-1	**T7388**
139	43	56	96	97	112	70	69	**198**	100	85	64	56	51	40	26	20	**9.00**	10	18	2	2	–	–	–	–	–	–	–	–	trans-1,2-Diacetamidocyclohexane		**16353**
139	43	96	97	56	112	70	69	**198**	100	60	43	40	38	30	18	15	**5.00**	10	18	2	2	–	–	–	–	–	–	–	–	cis-1,2-Diacetamidocyclohexane		**16352**
139	60	43	80	58	85	96	56	**198**	100	99	76	42	27	25	24	20	**1.00**	10	18	2	2	–	–	–	–	–	–	–	–	trans-1,4-Diacetamidocyclohexane		**16360**
139	91	123	155	124	65	45	92	**198**	100	91	43	26	21	19	13	13	**0.00**	8	10	2	2	–	–	–	1	–	–	–	–	Benzenesulphonic acid, 4-methyl-, methylenehydrazide	56666-51-4	**T4017**
140	199	197	114	182				**198**	100	79	29	16	13				**0.00**	10	22	–	4	–	–	–	–	–	–	–	–	Guanidine, [2-(hexahydro-1(2H)-azocinyl)ethyl]-	55-65-2	**P4682**
141	98	55	86	126	111	112	183	**198**	100	98	95	95	95	88	88	85	**10.00**	11	22	1	2	–	–	–	–	–	–	–	–	2-Piperidinone, 1-isopropyl-3-(isopropylamino)-	37712-79-1	**09668**
142	57	43	29	113	58	95	44	**198**	100	72	68	60	52	48	42	42	**4.00**	9	14	3	2	–	–	–	–	–	–	–	–	2,4,6(1H,3H,5H)-Pyrimidinetrione, 3-tert-butyl-6-hydroxymethyl-		**L8897**
142	78	57	77	41	198	51	143	**198**	100	49	27	24	24	21	15	7		10	15	2	–	–	–	–	–	1	–	–	–	Phenyl-tert-butylphosphinic acid		**06358**
142	84	151	156	55	169	54	198	**198**	100	58	50	38	35	31	25	25		9	14	1	2	–	–	–	1	–	–	–	–	2-Butyl-5-methylthiouracil	54845-20-4	**S9745**
142	96	41	124	39	126	57	56	**198**	100	81	68	68	29	28	26	21	**13.19**	10	14	2	–	–	–	–	1	–	–	–	–	Phenol, 2-(sec-butylsulphinyl)-	29634-44-4	**S2598**
142	124	96	198	57	97	39	56	**198**	100	74	68	58	30	26	24	22		10	14	2	–	–	–	–	1	–	–	–	–	Phenol, 2-(butylsulphinyl)-	29634-43-3	**S2597**
142	141	129	115	128	198	127	156	**198**	100	81	38	29	24	22	17	13		14	14	1	–	–	–	–	–	–	–	–	–	Naphthalene, 1-[(2-propenyloxy)methyl]-	74685-39-5	**T8355**
142	151	84	156	169	198	143	110	**198**	100	53	51	38	30	25	25	23		9	14	1	2	–	–	–	1	–	–	–	–	2-(Butylthio)thymine		**17030**
142	156	84	151	169	143	110	198	**198**	100	57	56	50	43	29	26	24		9	14	1	2	–	–	–	1	–	–	–	–	2-Butyl-6-methylthiouracil		**17031**
142	156	169	141	143	198	151	109	**198**	100	75	46	27	21	18	12	11		9	14	1	2	–	–	–	1	–	–	–	–	4-Butyl-6-methylthiouracil		**17037**
142	156	169	198	141	143	151	109	**198**	100	58	24	21	20	16	12	9		9	14	1	2	–	–	–	1	–	–	–	–	4-(Butylthio)thymine		**17036**
142	170	141	143	155	127	165	156	**198**	100	9	9	8	8	5	2	2	**0.00**	10	18	2	2	–	–	–	–	–	–	–	–	2,5-Piperazinedione, 3-ethyl-6-isobutyl-	56771-93-8	**T4163**
142	198	143	199	141	183			**198**	100	13	6	3	3	1				10	15	2	–	–	–	–	–	1	–	–	–	Phenyl-tert-butylphosphinic acid		**M0632**
153	93	137	198	44	43	45	151	**198**	100	64	56	35	31	25	23	22		9	10	5	–	–	–	–	–	–	–	–	–	Benzeneacetic acid, α,4-dihydroxy-3-methoxy-	55-10-7	**P4671**
153	121	43	154	198	167	29	123	**198**	100	60	52	28	24	20	20	16		10	14	4	–	–	–	–	–	–	–	–	–	2-Methyl-3-methoxycarbonyl-5-ethoxymethylfuran		**06275**
153	198	170	39	51	79	53	125	**198**	100	91	62	37	24	19	18	18		8	6	6	–	–	–	–	–	–	–	–	–	1,3,6-Cycloheptatriene-1-carboxylic acid, 3,4,6-trihydroxy-5-oxo-	99-23-0	**P7234**
155	70	57	41	69	55	84	29	**198**	100	91	71	66	54	48	45	38	**0.45**	11	23	2	–	–	–	–	–	–	1	–	–	1,3,2-Dioxaborinane, 2,4-diethyl-5-methyl-6-propyl-	74744-57-3	**T8466**
155	99	57	41	43	29	30	156	**198**	100	42	19	15	13	12	11	11	**10.80**	12	26	–	2	–	–	–	–	–	–	–	–	Propanal, 2-methyl-, diisobutylhydrazone	34687-36-0	**S4706**
155	113	29	41	99	30	57	198	**198**	100	27	23	21	20	17	16	14		12	26	–	2	–	–	–	–	–	–	–	–	Butanal, dibutylhydrazone	67660-51-9	**T6859**
155	127	198	156	126	128	77	170	**198**	100	51	24	12	7	7	6	6		14	14	1	–	–	–	–	–	–	–	–	–	Naphthalene, 2-butanoyl-	17666-88-5	**R7132**
155	170	198	77	128	51	115	91	**198**	100	85	45	28	27	26	26	22		14	14	1	–	–	–	–	–	–	–	–	–	2,5-Cyclohexadien-1-one, 4,4-dimethyl-3-phenyl-	55162-56-6	**T0475**
155	198	183	117	69	93	105	98	**198**	100	67	56	43	35	20	13	11		7	3	1	–	–	–	5	–	–	–	–	–	Benzene, pentafluoromethoxy-	389-40-2	**Q0657**
156	43	83	110	129	41	29	153	**198**	100	77	40	30	24	22	22	21	**1.00**	11	18	3	–	–	–	–	–	–	–	–	–	2-Hexenoic acid, 3,4,4-trimethyl-5-oxo-, ethyl ester, (E)-		**L1686**
156	43	83	110	129	41	29	153	**198**	100	51	40	30	25	23	22	21	**0.88**	11	18	3	–	–	–	–	–	–	–	–	–	2-Hexenoic acid, 3,4,4-trimethyl-5-oxo-, ethyl ester, (E)-	6994-98-5	**R2775**
156	43	198	71	155	70	44	157	**198**	100	45	30	28	21	12	9	7		7	10	3	4	–	–	–	–	–	–	–	–	Acetamide, N-(4-amino-1,2,3,6-tetrahydro-1-methyl-2,6-dioxo-5-pyrimidinyl)-	19893-78-8	**R8364**
156	141	41	43	155	157	98	169	**198**	100	58	12	10	10	8	8	6	**0.10**	9	14	3	2	–	–	–	–	–	–	–	–	2,4,6(1H,3H,5H)-Pyrimidinetrione, 5-ethyl-5-isopropyl-	76-76-6	**P5732**
163	145	180	91	198	149	182	200	**198**	100	64	60	58	55	39	20	17		11	15	1	–	1	–	–	–	–	–	–	–	anti-11-Chloro-8-hydroxytricyclo[6.2.1.0^{1,6}]undec-6(7)-ene		**L9798**
163	156	158	165	91	68	127	99	**198**	100	81	77	65	61	60	60	44	**34.63**	7	9	–	–	3	–	–	–	–	–	–	–	Cyclopentane, (trichlorovinyl)-	55255-41-9	**T0594**
163	165	69	93	167	109			**198**	100	70	41	25	14	14			**0.00**	3	–	–	–	3	–	3	–	–	–	–	–	1,1,2-Trifluoro-3,3,3-trichloropropene		**M8136**
163	165	198	200	69	85	202	167	**198**	100	65	57	55	48	21	18	11		3	–	–	–	3	–	3	–	–	–	–	–	1,1,2-Trichloro-3,3,3-trifluoropropene		**Z1485**
165	163	133	197	193	164	166	119	**198**	100	56	18	17	13	13	12	9	**0.00**	10	14	–	–	–	–	–	2	–	–	–	–	1,2-Benzenedimethanethiol, 4,5-dimethyl-	10230-61-2	**R3674**
165	198	166	163	164	139	197	64	**198**	100	23	19	12	8	5	5	4		13	10	–	–	–	–	–	1	–	–	–	–	9H-Fluorene-9-thiol	19552-08-0	**R8197**
166	167	198	108	137	43	59	80	**198**	100	74	22	18	15	14	8	8		9	10	5	–	–	–	–	–	–	–	–	–	3,4-Furandicarboxylic acid, 2-methyl-, dimethyl ester	6141-60-2	**H1593**
167	198	91	107	165	79	168	199	**198**	100	99	58	55	51	32	27	25		14	14	1	–	–	–	–	–	–	–	–	–	Benzenemethanol, 3-benzyl-	35714-19-3	**S5057**
167	198	91	165	107	79	168	199	**198**	100	99	58	51	50	28	27	25		14	14	1	–	–	–	–	–	–	–	–	–	m-(Hydroxymethyl)diphenylmethane		**M4425**
167	198	107	91	165	79	92	77	**198**	100	79	55	54	38	32	20	19		14	14	1	–	–	–	–	–	–	–	–	–	p-(Hydroxymethyl)diphenylmethane		**M4426**
167	198	165	168	166	199	179	178	**198**	100	79	38	17	12	11	7	5		14	14	1	–	–	–	–	–	–	–	–	–	Benzenemethanol, 4-benzyl-	35714-20-6	**S5058**
167	198	168	166	77	51	184	199	**198**	100	93	68	21	19	15	14	14		12	10	1	2	–	–	–	–	–	–	–	–	4-Nitrosodiphenylamine	156-10-5	**08842**
168	18	41	136	108	73	109	39	**198**	100	50	50	48	43	42	36	35	**33.87**	10	16	3	1	–	–	–	–	–	–	–	–	1H-Pyrrol-1-yloxy, 2,5-dihydro-3-(methoxycarbonyl)-2,2,5,5-tetramethyl-	2154-32-7	**Q7509**
169	30	168	167	70	51	31	83.5	**198**	100	74	54	30	13	13	12	11	**0.00**	12	10	1	2	–	–	–	–	–	–	–	–	N-Nitrosodiphenylamine		**D1323**
169	44	30	126	84	55	41	86	**198**	100	92	84	74	60	55	53	50	**3.98**	12	26	–	2	–	–	–	–	–	–	–	–	Piperidine, 1-(5-aminopentyl)-2-ethyl-	22014-06-8	**R9496**
169	168	30	167	80	170	51	77	**198**	100	60	39	30	19	13	10	10	**0.13**	12	10	1	2	–	–	–	–	–	–	–	–	N-Nitrosodiphenylamine		**C1714**
169	168	167	51	30	77	170	166	**198**	100	71	49	19	17	16	14	10	**0.00**	12	10	1	2	–	–	–	–	–	–	–	–	N-Nitrosodiphenylamine	86-30-6	**08843**

MASS TO CHARGE RATIOS								M.W.	INTENSITIES								Parent	C	H	O	N	Cl	Br	F	S	P	B	Si	X	COMPOUND NAME	CAS Reg No	No
169	170	155	127	198	141	152	128	**198**	100	76	52	37	34	30	16	13		14	14	1	–	–	–	–	–	–	–	–	–	**Cyclobutanol, 1-(1-naphthalenyl)-**	74685-79-3	**T8395**
169	171	141	197	170	143	129	77	**198**	100	32	24	12	11	8	5	4	**1.47**	11	15	1	–	1	–	–	–	–	–	–	–	**4-tert-Amyl-2-chlorophenol**		**Z1511**
170	141	171	115	169	152	198	139	**198**	100	14	13	11	7	6	6	5		14	14	1	–	–	–	–	–	–	–	–	–	**1-Ethoxy-3-phenylbenzene**		**Z1505**
170	155	41	55	169	112	29	83	**198**	100	86	26	25	24	22	22	22	**0.21**	9	14	3	2	–	–	–	–	–	–	–	–	**2,4,6(1H,3H,5H)-Pyrimidinetrione, 5,5-diethyl-1-methyl-**	50-11-3	**P4417**
170	155	41	169	55	112	39	83	**198**	100	76	30	25	22	21	17	17	**1.10**	9	14	3	2	–	–	–	–	–	–	–	–	**2,4,6(1H,3H,5H)-Pyrimidinetrione, 5,5-diethyl-1-methyl-**	50-11-3	**P4416**
170	198	114	113	142	63	171	87	**198**	100	75	60	55	45	35	20	15		12	6	3	–	–	–	–	–	–	–	–	–	**Naphtho[1,2-b]furan-4,5-dione**	32358-83-1	**S3605**
170	198	114	113	142	63	171	88	**198**	100	75	60	55	45	35	20	15		12	6	3	–	–	–	–	–	–	–	–	–	**Naphtho[1,2-b]furan-2,5-dione**		**M5918**
170	198	114	113	142	63	171	88	**198**	100	75	60	55	45	35	20	15		12	6	3	–	–	–	–	–	–	–	–	–	**Naphtho[1,2-b]furan-4,5-dione**		**M8319**
180	135	198	152	69	45			**198**	100	36	20	8	8	7				8	6	4	–	–	–	–	1	–	–	–	–	**2-Mercaptoterephthalic acid**		**M5019**
180	179	165	178	91	181	89	65	**198**	100	82	27	21	20	14	13	11	**0.00**	14	14	1	–	–	–	–	–	–	–	–	–	**o-(Hydroxymethoxy)diphenylmethane**		**M4427**
180	179	165	178	91	181	89	65	**198**	100	82	27	21	20	14	13	11	**0.00**	14	14	1	–	–	–	–	–	–	–	–	–	**Benzenemethanol, 2-benzyl-**	1586-00-1	**Q6257**
180	179	181	154	18	90	153	63	**198**	100	25	14	13	11	10	9	9	**0.00**	12	10	1	2	–	–	–	–	–	–	–	–	**1,10-Phenanthroline monohydrate**		**Y2373**
180	198	77	142	105	117	141	91	**198**	100	84	83	69	65	59	55	53		9	11	3	–	–	–	–	–	1	–	–	–	**1,3,2-Dioxaphosphorinane, 2-phenyl-, 2-oxide**	7191-13-1	**08697**
180	198	165	137	71	109	81	83	**198**	100	41	30	26	24	19	17	17		9	10	5	–	–	–	–	–	–	–	–	–	**Benzoic acid, 2-hydroxy-4,5-dimethoxy-**	5722-93-0	**R1709**
183	104	198	77	103	51	43	184	**198**	100	54	41	15	14	13	11	11		9	11	–	–	–	1	–	–	–	–	–	–	**Benzene, 1-bromo-4-isopropyl-**		**L0651**
183	104	198	103	77	51	184	91	**198**	100	71	38	31	22	18	10	9		9	11	–	–	–	1	–	–	–	–	–	–	**Benzene, 2-bromo-1-isopropyl-**		**L0650**
183	105	43	77	121	184	78	106	**198**	100	82	70	45	17	14	12	7	**5.48**	14	14	1	–	–	–	–	–	–	–	–	–	**1,1-Diphenylethanol**	599-67-7	**Q2617**
183	105	77	180	165	43	179	178	**198**	100	70	44	27	25	21	21	19	**6.00**	14	14	1	–	–	–	–	–	–	–	–	–	**1,1-Diphenylethanol**	599-67-7	**Q2618**
183	184	75	153	73	43	84	45	**198**	100	22	18	16	16	16	15	15	**4.00**	9	14	3	–	–	–	–	–	–	–	1	–	**Maltol, trimethylsilyl-**		**M0834**
183	185	50	155	157	43	75	76	**198**	100	97	49	45	44	42	32	29	**29.36**	8	7	1	–	–	1	–	–	–	–	–	–	**p-Bromoacetophenone**		**02580**
183	185	104	198	200	103	77	51	**198**	100	96	71	38	37	31	22	18		9	11	–	–	–	1	–	–	–	–	–	–	**Benzene, 2-bromo-1-isopropyl-**		**Z1490**
183	185	104	198	200	199	77	103	**198**	100	97	54	41	36	15	15	14		9	11	–	–	–	1	–	–	–	–	–	–	**Benzene, 1-bromo-4-isopropyl-**		**Z1487**
183	185	155	157	198	200	43	76	**198**	100	99	45	44	39	39	24	17		8	7	1	–	–	1	–	–	–	–	–	–	**m-Bromoacetophenone**		**Z1495**
183	185	155	157	198	200	50	75	**198**	100	98	42	41	29	28	19	19		8	7	1	–	–	1	–	–	–	–	–	–	**p-Bromoacetophenone**		**Z1493**
183	185	157	155	50	43	75	76	**198**	100	98	44	44	41	39	34	34	**31.28**	8	7	1	–	–	1	–	–	–	–	–	–	**p-Bromoacetophenone**	99-90-1	**P7298**
183	198	153	168	184	155	165	152	**198**	100	66	19	16	16	14	14	13		15	18	–	–	–	–	–	–	–	–	–	–	**Azulene, 1,4-dimethyl-7-isopropyl-**	489-84-9	**Q1180**
183	198	168	153	184	165	152	167	**198**	100	42	24	16	16	16	14	12		15	18	–	–	–	–	–	–	–	–	–	–	**Naphthalene, 1,6-dimethyl-4-isopropyl-**	483-78-3	**Q1093**
183	198	168	184	153	165	152	167	**198**	100	45	18	16	14	14	12	11		15	18	–	–	–	–	–	–	–	–	–	–	**Naphthalene, 1,6-dimethyl-4-isopropyl-**		**V0229**
183	198	184	168	153	165	167	199	**198**	100	71	26	24	17	17	15	12		15	18	–	–	–	–	–	–	–	–	–	–	**Naphthalene, 1,6-dimethyl-4-isopropyl-**	483-78-3	**09968**
197	121	198	79	77	51	52	78	**198**	100	80	59	50	25	20	19	12		12	10	1	2	–	–	–	–	–	–	–	–	**Pyridinium, 1-(benzoylamino)-, hydroxide, inner salt**	23031-08-5	**S0044**
197	198	121	77	105	65	199	93	**198**	100	82	56	29	28	12	11	9		13	10	2	–	–	–	–	–	–	–	–	–	**2-Hydroxybenzophenone**		**Z1508**
197	198	121	77	105	120	65	51	**198**	100	89	62	37	32	21	18	14		13	10	2	–	–	–	–	–	–	–	–	–	**2-Hydroxybenzophenone**	117-99-7	**P8943**
197	198	165	199	152	99	63	69	**198**	100	64	16	13	7	5	4	4		13	10	–	–	–	–	–	1	–	–	–	–	**9H-Thioxanthene**	261-31-4	**Q0136**
197	198	165	199	152	99	98		**198**	100	65	18	14	8	6	4			13	10	–	–	–	–	–	1	–	–	–	–	**9H-Thioxanthene**		**L7461**
197	198	165	199	152	99	98.5	200	**198**	100	64	17	13	7	6	5	4		13	10	–	–	–	–	–	1	–	–	–	–	**9H-Thioxanthene**		**03230**
198	18	182	77	30	51	39	17	**198**	100	87	37	34	28	28	19	19		7	6	5	2	–	–	–	–	–	–	–	–	**Phenol, 4-methyl-2,6-dinitro-**		**06212**
198	28	154	182	199	98	43	153	**198**	100	47	43	20	14	11	10	8		12	10	1	2	–	–	–	–	–	–	–	–	**9H-Pyrido[3,4-b]indole, 4-methoxy-**	56666-88-7	**T4042**
198	50	155	123	107	77	92	134	**198**	100	70	52	43	38	34	29	23		9	10	3	–	–	–	–	1	–	–	–	–	**4-Methoxyphenyl vinyl sulphone**	16191-87-0	**R6072**
198	51	53	105	30	121	39	50	**198**	100	73	61	56	53	41	39	33		7	6	5	2	–	–	–	–	–	–	–	–	**Phenol, 2-methyl-4,6-dinitro-**	534-52-1	**Q1718**
198	77	51	197	164	141	44	39	**198**	100	44	38	38	33	32	25	18		13	10	2	–	–	–	–	–	–	–	–	–	**Benzaldehyde, 3-phenoxy-**		**C1572**
198	79	78	51	75	74	122	52	**198**	100	98	78	76	55	53	52	42		6	6	4	4	–	–	–	–	–	–	–	–	**2,4-Dinitrophenylhydrazine**		**C0944**
198	79	107	135	162	91	55	163	**198**	100	96	60	48	43	41	40	39		10	11	2	–	1	–	–	–	–	–	–	–	**2,6-Adamantanedione, 4-chloro-, (1R)-**	19305-96-5	**08324**
198	91	65	199	155	97	39	183	**198**	100	19	17	16	13	13	7	6		14	14	1	–	–	–	–	–	–	–	–	–	**Di-m-tolyl ether**		**C1393**
198	91	65	199	197	39	155	77	**198**	100	62	21	16	11	10	10	8		14	14	1	–	–	–	–	–	–	–	–	–	**Di-p-tolyl ether**		**C1757**
198	91	183	92	65	199	107	197	**198**	100	35	27	24	18	15	13	13		14	14	1	–	–	–	–	–	–	–	–	–	**o-Tolyl p-tolyl ether**		**Z1513**
198	91	199	65	155	97	197	183	**198**	100	39	15	12	12	11	9	6		14	14	1	–	–	–	–	–	–	–	–	–	**m-Tolyl p-tolyl ether**		**Z1512**
198	91	199	197	65	97	155	92	**198**	100	45	16	12	11	8	8	5		14	14	1	–	–	–	–	–	–	–	–	–	**Di-p-tolyl ether**		**Z1491**
198	105	77	121	65	144	199	51	**198**	100	83	41	37	22	14	14	13		13	10	2	–	–	–	–	–	–	–	–	–	**2-Propen-1-one, 3-(2-furanyl)-1-phenyl-**	717-21-5	**Q3847**
198	106	78	199	51	197	66		**198**	100	47	25	16	9	4	3			12	10	1	2	–	–	–	–	–	–	–	–	**3-Pyridinecarboxamide, N-phenyl-**	1752-96-1	**Q6666**
198	106	182	180	99	93	77	168	**198**	100	33	19	14	10	7	6	3		13	14	–	2	–	–	–	–	–	–	–	–	**Bis(4-aminophenyl)methane**	101-77-9	**P7503**
198	107	43	153	45	79	44	135	**198**	100	74	60	54	50	38	37	37		10	14	4	–	–	–	–	–	–	–	–	–	**Bicyclo[2.2.2]octane-1,4-dicarboxylic acid**	711-02-4	**Q3823**
198	118	133	92	77	106	65	91	**198**	100	68	60	24	20	20	16	16		8	10	2	2	–	–	–	1	–	–	–	–	**1H-2,1,3-Benzothiadiazine, 3,4-dihydro-1-methyl-, 2,2-dioxide**	40467-18-3	**S6304**
198	120	31	91	183	92	32	165	**198**	100	81	46	36	34	31	24	24		14	14	1	–	–	–	–	–	–	–	–	–	**4-Methyl-2-benzylphenol**		**14746**
198	148	163	200	143	150	129	199	**198**	100	84	57	50	30	30	20	12		7	3	–	–	1	–	4	–	–	–	–	–	**4-Chloro-3-fluoro-(trifluoromethyl)benzene**		**P2248**
198	150	91	107	199	149	200	65	**198**	100	12	11	10	9	8	8	6		8	10	–	2	–	–	–	2	–	–	–	–	**Carbazic acid, 3-phenyldithio-, methyl ester**	50878-38-1	**S7519**
198	154	126	63	74	76	50	77	**198**	100	99	92	42	22	19	19	19		12	6	3	–	–	–	–	–	–	–	–	–	**1,8-Naphthoic anhydride**		**00190**

MASS TO CHARGE RATIOS								M.W.	INTENSITIES								Parent	C	H	O	N	Cl	Br	F	S	P	B	Si	X	COMPOUND NAME	CAS Reg No	No
198	155	123	107	77	92	134	171	**198**	100	52	43	37	34	28	23	22		9	10	3	–	–	–	–	1	–	–	–	–	**4-Methoxyphenyl vinyl sulphone**		**M7423**
198	163	200	50	51	75	165	100	**198**	100	85	64	37	37	32	28	25		8	4	–	2	2	–	–	–	–	–	–	–	**1,5-Naphthyridine, 2,4-dichloro-**	28252-82-6	**S2016**
198	163	200	50	100	75	165	76	**198**	100	97	60	39	33	30	30	23		8	4	–	2	2	–	–	–	–	–	–	–	**1,5-Naphthyridine, 2,8-dichloro-**	28252-76-8	**S2013**
198	163	200	100	50	165	64	74	**198**	100	73	62	38	27	24	21	21		8	4	–	2	2	–	–	–	–	–	–	–	**1,5-Naphthyridine, 4,8-dichloro-**	28252-80-4	**S2014**
198	163	200	127	50	100	75	165	**198**	100	75	64	56	36	28	27	25		8	4	–	2	2	–	–	–	–	–	–	–	**1,5-Naphthyridine, 2,6-dichloro-**	27017-66-9	**S1594**
198	163	200	165	100	75	64	73	**198**	100	94	60	29	25	23	20	17		8	4	–	2	2	–	–	–	–	–	–	–	**1,5-Naphthyridine, 2,7-dichloro-**	28252-85-9	**S2017**
198	165	91	155	63	199	51	77	**198**	100	32	26	20	18	16	16	14		14	14	1	–	–	–	–	–	–	–	–	–	**Di-m-tolyl ether**		**D1759**
198	165	97	70	124	139	199	166	**198**	100	92	16	12	10	10	10	9		6	6	–	4	–	–	–	2	–	–	–	–	**Thiazolo[5,4-d]pyrimidine, 5-amino-2-(methylthio)-**	19835-31-5	**R8321**
198	165	97	124	139	166	85	91	**198**	100	90	16	10	10	10	8	8		6	6	–	4	–	–	–	2	–	–	–	–	**Thiazolo[5,4-d]pyrimidine, 5-amino-2-(methylthio)-**		**L4655**
198	165	121	77	197	199	166	122	**198**	100	94	90	30	25	16	14	9		13	10	–	–	–	–	–	1	–	–	–	–	**Thiobenzophenone**	1450-31-3	**Q6002**
198	167	168	91	77	199	92	51	**198**	100	87	40	16	15	14	14	12		12	10	1	2	–	–	–	–	–	–	–	–	**4-Nitrosodiphenylamine**		**D1429**
198	167	168	199	166	77	169	51	**198**	100	75	62	14	12	12	9	9		12	10	1	2	–	–	–	–	–	–	–	–	**4-Nitrosodiphenylamine**		**C1735**
198	169	115	121	199	39	141	65	**198**	100	92	25	23	15	15	15	14		13	10	2	–	–	–	–	–	–	–	–	–	**1,6-Dioxaspiro[4.4]nona-2,8-diene, 7-(2,4-hexadiynylidene)-**	17089-43-9	**R6622**
198	169	141	197	77	51	115	181	**198**	100	74	63	45	43	42	31	31		13	10	2	–	–	–	–	–	–	–	–	–	**Benzaldehyde, 3-phenoxy-**	39515-51-0	**S6083**
198	169	141	197	170	115	51	63	**198**	100	61	25	24	24	22	15	14		13	10	2	–	–	–	–	–	–	–	–	–	**2,3-Dihydrobenzo[b]furan-2-spiro-1′-cyclohexa-2′,5′-dien-4′-one**		**M5433**
198	170	113	142	199	76	104	88	**198**	100	37	17	16	15	15	8	8		12	6	3	–	–	–	–	–	–	–	–	–	**Naphtho[2,3-b]furan-4,9-dione**		**M8320**
198	170	140	155	55	44	57	114	**198**	100	49	30	19	17	17	14	13		10	18	2	2	–	–	–	–	–	–	–	–	**2,6-Dioxo-5-methyl-1,5-diazacycloundecane**		**L2961**
198	180	197	106	93	182	77	199	**198**	100	86	70	63	35	31	13	12		13	14	–	2	–	–	–	–	–	–	–	–	**Diaminodiphenylmethane**		**D0624**
198	182	98	183	117	99	93	29	**198**	100	85	47	17	14	12	10	10		6	3	–	2	–	–	5	–	–	–	–	–	**Hydrazine, (pentafluorophenyl)-**	828-73-9	**Q4302**
198	182	155	183	117	29	93	99	**198**	100	79	50	17	13	10	10	10		6	3	–	2	–	–	5	–	–	–	–	–	**Hydrazine, (pentafluorophenyl)-**	828-73-9	**Q4303**
198	183	30	94	107	109	125	108	**198**	100	85	69	56	50	48	38	38		8	10	4	2	–	–	–	–	–	–	–	–	**Aniline, 2,5-dimethoxy-4-nitro-**	6313-37-7	**R2230**
198	183	127	109	199	65	93	39	**198**	100	28	20	15	11	8	7	7		9	10	5	–	–	–	–	–	–	–	–	–	**Benzoic acid, 4-hydroxy-3,5-dimethoxy-**		**03955**
198	183	155	127	18	28	199	126	**198**	100	66	46	29	26	20	14	12		13	10	2	–	–	–	–	–	–	–	–	–	**Dibenzofuran, 2-methoxy-**	20357-70-4	**R8635**
198	183	155	127	18	28	199	184	**198**	100	66	45	29	25	20	15	12		13	10	2	–	–	–	–	–	–	–	–	–	**Dibenzofuran, 2-methoxy-**		**L3097**
198	196	89	169	90	170	167	63	**198**	100	46	46	43	33	25	24	23		8	6	1	–	–	–	–	–	–	–	–	1	**1(3H)-Isobenzofuranselone**	29723-45-3	**S2619**
198	197	13	199	99	165	152	200	**198**	100	54	19	17	11	7	7	5		13	10	–	–	–	–	–	1	–	–	–	–	**4-Methyldibenzothiophene**		**Y1344**
198	197	106	32	180	182	17	77	**198**	100	87	74	58	36	30	24	21		13	14	–	2	–	–	–	–	–	–	–	–	**Diaminodiphenylmethane**		**D0123**
198	197	167	121	183	77	165	91	**198**	100	49	44	40	37	27	27	26		14	14	1	–	–	–	–	–	–	–	–	–	**Anisole, p-benzyl-**	834-14-0	**Q4333**
198	197	169	77	51	141	181	199	**198**	100	36	33	29	26	24	17	17		13	10	2	–	–	–	–	–	–	–	–	–	**Benzaldehyde, 3-phenoxy-**		**C1756**
198	197	196	183	199	98	99	85	**198**	100	40	29	20	15	13	8	6		14	11	–	–	–	–	1	–	–	–	–	–	**Stilbene, 4-fluoro-, (E)-**	718-25-2	**Q3850**
198	197	196	183	199	98	177	99	**198**	100	49	33	24	16	15	10	8		14	11	–	–	–	–	1	–	–	–	–	–	**Stilbene, 3-fluoro-, (E)-**	3041-81-4	**Q8957**
198	197	196	183	199	178	98	179	**198**	100	55	36	20	16	13	9	9		14	11	–	–	–	–	1	–	–	–	–	–	**Stilbene, α-fluoro, (E)-**	671-19-2	**Q3642**
198	197	199	28	99	165	152	85.5	**198**	100	52	17	11	10	9	7	6		13	10	–	–	–	–	–	1	–	–	–	–	**3-Methyldibenzothiophene**		**Y1306**
198	197	199	170	169	115	100	101	**198**	100	23	17	13	10	7	3	3		12	10	1	2	–	–	–	–	–	–	–	–	**9H-Pyrido[3,4-b]indol-7-ol, 1-methyl-**	487-03-6	**Q1141**
198	200	163	100	50	64	136	75	**198**	100	56	54	33	28	22	20	19		8	4	–	2	2	–	–	–	–	–	–	–	**1,5-Naphthyridine, 3,8-dichloro-**	28252-81-5	**S2015**
198	200	170	30	62	119	38	63	**198**	100	97	92	42	40	39	35	33		6	3	1	2	–	1	–	–	–	–	–	–	**Benzofurazan, 4-bromo-**	35036-93-2	**S4795**
198	200	171	144	173	199	146	202	**198**	100	64	36	23	23	18	16	16		8	4	–	2	2	–	–	–	–	–	–	–	**Quinazoline, 6,8-dichloro-**	17227-49-5	**R6701**
199	111	197	95	107	120	105		**198**	100	11	10	9	6	5	5		**0.08**	11	10	–	4	–	–	–	–	–	–	–	–	**2-Pyridinecarboxaldehyde, 2-pyridinylhydrazone**	2215-33-0	**Q7630**
30	41	43	45	44	55	29	56	**199**	100	9	8	6	6	5	5	3	**0.40**	13	29	–	1	–	–	–	–	–	–	–	–	**1-Tridecanamine**		**C1858**
30	88	199	139	61	109	37	87	**199**	100	44	20	16	15	13	11	10		6	2	3	3	1	–	–	–	–	–	–	–	**Benzofurazan, 5-chloro-4-nitro-**	5714-17-0	**R1702**
30	88	199	139	109	74	61	87	**199**	100	56	39	28	23	19	18	15		6	2	3	3	1	–	–	–	–	–	–	–	**Benzofurazan, 4-chloro-7-nitro-**	10199-89-0	**R3640**
30	88	199	139	109	141	111	104	**199**	100	47	32	26	21	12	11	11		6	2	3	3	1	–	–	–	–	–	–	–	**Benzofurazan, 4-chloro-7-nitro-**		**M1257**
30	91	163	36	59	104	45	65	**199**	100	20	20	12	10	9	8	6	**0.00**	11	18	–	1	1	–	–	–	–	–	–	–	**Benzenepentanamine, hydrochloride**	53429-15-5	**S8465**
41	115	72	29	27	55	44	39	**199**	100	64	62	60	49	43	36	32	**2.00**	10	21	1	3	–	–	–	–	–	–	–	–	**5-Nonanone, semicarbazone**	1669-37-0	**Q6463**
43	58	44	91	42	155	65	184	**199**	100	83	75	47	21	18	13	11	**8.30**	9	13	2	1	–	–	–	1	–	–	–	–	**Benzenesulphonamide, N-ethyl-4-methyl-**		**06627**
43	68	139	113	96	41	69	85	**199**	100	30	30	22	18	15	12	10	**1.00**	9	13	4	1	–	–	–	–	–	–	–	–	**2,5-Pyrrolidinedione, 3-[1-(acetyloxy)ethyl]-4-methyl-**	58467-33-7	**T5043**
43	82	97	139	142	44	100	55	**199**	100	71	54	43	22	20	20	18	**0.00**	10	17	3	1	–	–	–	–	–	–	–	–	**3-Piperidinol, 1-acetyl-6-methyl-, acetate (ester)**	54751-95-0	**S9587**
44	142	140	56	43	41	70	55	**199**	100	59	34	32	24	22	15	11	**2.09**	12	25	1	1	–	–	–	–	–	–	–	–	**1-(4-Hydroxycyclohexylamino)-1,3-dimethylbutane**		**D0814**
44	155	18	91	75	111	157	199	**199**	100	90	50	39	34	33	29	25		9	10	2	1	1	–	–	–	–	–	–	–	**Propanamide, 2-(3-chlorophenoxy)-**	5825-87-6	**R1814**
46	60	62	45	138	59	36	47	**199**	100	85	66	55	43	41	26	26	**0.00**	4	10	–	–	1	–	–	2	1	1	–	–	**(1,2,3-Dithiaborolan-B3)chlorodimethylphosphorus(1+)**	56909-09-2	**T4265**
55	69	67	81	29	56	95	83	**199**	100	50	27	25	22	21	20	19	**0.00**	11	21	2	1	–	–	–	–	–	–	–	–	**1-Undecene, 11-nitro-**	40244-98-2	**S6263**
55	98	56	29	184	112	28	27	**199**	100	95	94	78	75	71	63	60	**24.79**	11	21	2	1	–	–	–	–	–	–	–	–	**1-Aziridinepropanoic acid, 2-methyl-3-isopropyl-, ethyl ester, trans-**	55669-86-8	**06907**
57	29	86	87	112	30	105	41	**199**	100	51	43	28	22	20	15	11	**1.40**	11	21	2	1	–	–	–	–	–	–	–	–	**N,N-Dipropionyl-N-isobutylamine**		**P1187**
57	41	88	84	144	145	199		**199**	100	29	17	12	8	4	1			12	25	1	1	–	–	–	–	–	–	–	–	**2-Propanamine, N-tert-butyl-2-methyl-N-[(1-methyl-2-propenyl)oxy]-**	64927-34-0	**T6527**

MASS TO CHARGE RATIOS								M.W.	INTENSITIES								Parent	C	H	O	N	Cl	Br	F	S	P	B	Si	X	COMPOUND NAME	CAS Reg No	No
57	84	86	49	41	88	144		**199**	100	72	44	36	28	20	8		**0.00**	12	25	1	1	–	–	–	–	–	–	–	–	**2-Propanamine, N-(2-butenyloxy)-N-tert-butyl-2-methyl-**	64927-33-9	**T6526**
59	72	28	43	41	57	44	55	**199**	100	34	25	22	18	13	12	11	**1.00**	12	25	1	1	–	–	–	–	–	–	–	–	**Dodecanamide**		**04139**
59	72	41	43	44	55	29	57	**199**	100	33	19	18	15	9	9	7	**1.46**	12	25	1	1	–	–	–	–	–	–	–	–	**Dodecanamide**		**G0337**
67	154	58	113	199	49	51	95	**199**	100	90	75	67	58	45	45	30		9	13	2	1	–	–	–	1	–	–	–	–	**2,5-Pyrrolidinedione, 3-[1-(ethylthio)ethylidene]-4-methyl-**	58467-30-4	**T5040**
69	41	48	57	39	27	29	15	**199**	100	66	47	47	38	33	32	29	**15.01**	8	13	1	3	–	–	–	1	–	–	–	–	**1,2,4-Triazin-5(2H)-one, 6-tert-butyl-3-(methylthio)-**	35045-02-4	**S4796**
69	114	85	164	87	31	50	130	**199**	100	73	53	34	17	16	15	11	**0.00**	3	–	–	1	1	–	6	–	–	–	–	–	**4-Chloroperfluoro-2-azabut-2-ene**		**M0502**
72	128	114	60	70	55	43	170	**199**	100	91	91	65	46	41	40	35	**1.10**	12	25	1	1	–	–	–	–	–	–	–	–	**3-Acetamido-3-methylnonane**		**16092**
73	77	134	130	184	69	72	107	**199**	100	88	47	30	21	18	17	16	**6.94**	6	12	1	1	–	–	3	–	–	–	1	–	**Acetamide, 2,2,2-trifluoro-N-methyl-N-(trimethylsilyl)-**	24589-78-4	**S0700**
73	144	46	81	47	109	99	45	**199**	100	88	81	69	38	33	27	25	**0.00**	4	10	4	1	–	–	–	1	1	–	–	–	**Diethyl phosphorothionylamidate**		**15852**
83	55	98	166	153	41	84	155	**199**	100	63	62	54	54	51	48	28	**0.00**	10	17	3	1	–	–	–	–	–	–	–	–	**Piperidine-2,4-dione, 3,3-diethyl-5-methyl-6-hydroxy-**		**L8294**
83	82	125	43	44	84	108	67	**199**	100	54	50	25	24	12	8	7	**0.00**	10	17	3	1	–	–	–	–	–	–	–	–	**Acetamide, N-(2-ethoxy-3,6-dihydro-6-methyl-2H-pyran-3-yl)-**	56248-08-9	**T3168**
84	126	43	55	56	85	199	82	**199**	100	52	11	6	5	5	5	4		10	17	3	1	–	–	–	–	–	–	–	–	**2-Piperidinecarboxylic acid, 1-acetyl-, ethyl ester**	52195-94-5	**S7894**
84	155	43	113	112	56	154	44	**199**	100	89	78	60	35	21	20	17	**0.00**	10	17	3	1	–	–	–	–	–	–	–	–	**Acetamide, N-(6-ethoxy-3,6-dihydro-2-methyl-2H-pyran-3-yl)-**	56248-09-0	**T3169**
89	156	72	88	73	199	184	143	**199**	100	75	56	46	45	40	36	33		11	25	–	3	–	–	–	–	–	–	–	–	**Guanidine, N,N-diisopropyl-**		**M0891**
91	44	199	155	92	65	42	39	**199**	100	54	41	20	19	16	10	8		9	13	2	1	–	–	–	1	–	–	–	–	**Benzenesulphonamide, N,N,4-trimethyl-**		**C1442**
91	155	184	65	199	92			**199**	100	88	59	23	18	11				9	13	2	1	–	–	–	1	–	–	–	–	**Benzenesulphonamide, N-ethyl-4-methyl-**	80-39-7	**P6046**
91	155	199	65	184	44	90	92	**199**	100	40	29	24	21	19	19	13		9	13	2	1	–	–	–	1	–	–	–	–	**Benzenesulphonamide, N-ethyl-4-methyl-**		**G0264**
91	199	44	155	92	40			**199**	100	65	46	34	29	13				9	13	2	1	–	–	–	1	–	–	–	–	**Benzenesulphonamide, N,N,4-trimethyl-**	599-69-9	**Q2620**
91	199	44	155	92	65	134	42	**199**	100	47	39	29	15	14	9	8		9	13	2	1	–	–	–	1	–	–	–	–	**Benzenesulphonamide, N,N,4-trimethyl-**	599-69-9	**Q2619**
93	66	39	51	170	79	171	121	**199**	100	54	47	37	33	32	30	23	**6.00**	11	9	1	3	–	–	–	–	–	–	–	–	**1-(2-Pyridylazo)phenol**		**L3929**
93	66	171	79	39	50	121	51	**199**	100	49	39	30	29	20	20	20	**4.00**	11	9	1	3	–	–	–	–	–	–	–	–	**4-(2-Pyridylazo)phenol**		**L3930**
93	199	106	77	94	182	79	78	**199**	100	26	8	7	7	7	6	5		13	13	1	1	–	–	–	–	–	–	–	–	**2′-Hydroxydihydro-2-stilbazole**		**P0211**
94	95	42	43	140	40	41	96	**199**	100	58	42	36	20	16	16	16	**10.00**	10	17	3	1	–	–	–	–	–	–	–	–	**8-Azabicyclo[3.2.1]octane-3,6-diol, 8-methyl-, 3-acetate**	54725-46-1	**S9530**
98	184	55	41	85	84	42	28	**199**	100	70	42	39	35	33	30	24	**1.00**	11	21	2	1	–	–	–	–	–	–	–	–	**2-Piperidinomethylacrolein dimethyl acetal**		**02283**
100	28	30	41	55	27	58	68	**199**	100	44	43	41	35	35	32	26	**0.30**	9	17	2	3	–	–	–	–	–	–	–	–	**N-(1-Cyanopropyl)-N-(1′-formamidobutyl)hydroxylamine**		**P2885**
100	43	57	44	101	55	41	58	**199**	100	9	8	8	8	4	4	3	**2.20**	13	29	–	1	–	–	–	–	–	–	–	–	**1-Hexanamine, N-butyl-N-methyl-2-ethyl-**		**C2190**
100	55	28	56	72	41	27	43	**199**	100	53	39	34	34	31	22	16	**0.20**	9	17	2	3	–	–	–	–	–	–	–	–	**N-(1-Cyanopropyl)-N-(1′-formamidoisobutyl)hydroxylamine**		**P2886**
100	114	43	142	128	44	156	30	**199**	100	65	47	36	35	32	27	27	**6.00**	12	25	1	1	–	–	–	–	–	–	–	–	**N,N-Dipentylacetamide**		**L0392**
100	114	43	142	128	44	156	86	**199**	100	65	47	36	35	32	27	25	**6.00**	12	25	1	1	–	–	–	–	–	–	–	–	**N,N-Dipentylacetamide**		**04154**
100	170	55	43	41	42	44	57	**199**	100	69	15	11	11	10	10	8	**0.15**	13	29	–	1	–	–	–	–	–	–	–	–	**3-Decanamine, N-ethyl-3-methyl-**		**16070**
105	199	77	170	171	143	200	51	**199**	100	81	51	21	17	14	13	12		13	13	1	1	–	–	–	–	–	–	–	–	**5-Phenyl-3,4-tetramethyleneisoxazole**		**M0392**
106	94	91	79	199	93	107	166	**199**	100	60	59	58	56	53	52	48		9	14	–	1	–	–	–	1	1	–	–	–	**N-(Dimethylthiophosphinyl)benzylamine**		**16259**
107	93	199	198	106	79	77	65	**199**	100	92	69	47	33	22	21	13		13	13	1	1	–	–	–	–	–	–	–	–	**4′-Hydroxydihydro-2-stilbazole**		**P0207**
112	113	70	142	67	41	44	68	**199**	100	93	80	79	72	60	60	60	**56.00**	11	21	2	1	–	–	–	–	–	–	–	–	**Proline, 1-isopropyl-, isopropyl ester, L-**	31552-16-6	**09647**
114	69	85	164	50	31	87	130	**199**	100	45	23	17	14	13	8	7	**0.00**	3	–	–	1	1	–	6	–	–	–	–	–	**4-Chloroperfluoro-2-azabut-1-ene**		**M0501**
114	69	112	171	86	198	85	168	**199**	100	27	15	14	14	10	8	5	**0.00**	1	3	2	1	–	–	4	–	2	–	–	–	**N-Methylbis(difluorophosphoryl)amine**		**L9644**
114	156	41	42	44	43	157	115	**199**	100	75	11	11	10	9	8	8	**0.10**	13	29	–	1	–	–	–	–	–	–	–	–	**4-Decanamine, N-ethyl-4-methyl-**		**16071**
118	199	91	197	117	65	196	116	**199**	100	82	44	41	27	21	19	17		8	9	–	1	–	–	–	–	–	–	–	1	**p-Tolylselenocarboxamide**		**15005**
121	198	79	199	51	52	50	122	**199**	100	64	56	46	20	18	9	9		11	9	1	3	–	–	–	–	–	–	–	–	**Pyridinium, 1-[(4-pyridinylcarbonyl)amino]-, hydroxide, inner salt**	32363-77-2	**S3624**
123	109	108	141	137	183	167	199	**199**	100	67	21	9	9	9	8	2		9	13	4	1	–	–	–	–	–	–	–	–	**Dimethyl 2-(isopropylideneamino)maleate**		**L9026**
126	57	154	28	86	56	199	42	**199**	100	64	54	50	46	36	32	28		10	17	3	1	–	–	–	–	–	–	–	–	**Ethyl 3-morpholinocrotonate**		**00537**
126	140	181	69	139	153	112	98	**199**	100	66	52	38	34	27	20	15	**0.00**	6	8	3	1	–	–	3	–	–	–	–	–	**N-(Trifluoroacetyl)-4-aminobutanoic acid**		**M7793**
127	200	199	140	29	129	50	201	**199**	100	86	83	60	56	32	28	27		9	10	2	1	1	–	–	–	–	–	–	–	**Carbamic acid, (3-chlorophenyl)-, ethyl ester**	2150-89-2	**Q7504**
128	86	43	60	170	55	69	84	**199**	100	39	26	25	23	22	21	18	**0.30**	12	25	1	1	–	–	–	–	–	–	–	–	**3-Acetamido-3-ethyloctane**		**16093**
128	100	114	142	43	60	156	55	**199**	100	93	88	54	51	50	40	36	**0.70**	12	25	1	1	–	–	–	–	–	–	–	–	**4-Acetamido-4-ethyloctane**		**16094**
128	170	156	41	55	43	29	44	**199**	100	80	78	16	13	11	11	11	**0.10**	13	29	–	1	–	–	–	–	–	–	–	–	**4-Nonanamine, N,4-diethyl-**		**16073**
129	128	184	77	101	102	199	51	**199**	100	85	32	24	22	17	16	13		13	13	1	1	–	–	–	–	–	–	–	–	**Isoquinoline, 3-butanoyl-**	7661-41-8	**R3358**
140	84	139	56	126	141	43	83	**199**	100	29	26	22	13	10	10	9	**0.00**	9	18	3	1	–	–	–	–	–	1	–	–	**Allothreonine n-butyl boronate**		**05104**
140	126	82	42	57	41	127	141	**199**	100	92	84	74	74	58	45	42	**18.00**	9	18	3	1	–	–	–	–	–	1	–	–	**3,7,10-Trimethyl-2,8,9-trioxa-5-aza-1-boratricyclo[3.3.3.0^(1,5)]undecane**		**17264**
141	57	82	42	142	41	140	199	**199**	100	62	60	48	32	29	29	25		9	18	3	1	–	–	–	–	–	1	–	–	**2,10,11-Trioxa-6-aza-1-boratricyclo[4.4.4.0^(1,6)]tetradecane**		**17267**
142	141	115	143	139	140	89	63	**199**	100	43	15	12	4	3	3	3	**2.00**	13	13	1	1	–	–	–	–	–	–	–	–	**2,7-Dimethyl-5,6-benzo-2-azabicyclo[2.2.2]oct-7-en-3-one**		**L6050**
142	141	115	143	139	199	140	89	**199**	100	37	16	12	5	3	3	3		13	13	1	1	–	–	–	–	–	–	–	–	**1,2-Dimethyl-5,6-benzo-2-azabicyclo[2.2.2]oct-7-en-3-one**		**L6048**
142	141	115	143	199	139	140	128	**199**	100	40	15	13	5	4	3	3		13	13	1	1	–	–	–	–	–	–	–	–	**2,8-Dimethyl-5,6-benzo-2-azabicyclo[2.2.2]oct-7-en-3-one**		**L6049**
142	141	143	139	115	140	63	144	**199**	100	36	12	4	4	3	3	2	**1.00**	13	13	1	1	–	–	–	–	–	–	–	–	**2,4-Dimethyl-5,6-benzo-2-azabicyclo[2.2.2]oct-7-en-3-one**		**L6047**
142	184	117	115	128	199	141	57	**199**	100	90	77	37	37	34	30	27		14	17	–	1	–	–	–	–	–	–	–	–	**1,4-Dihydro-1,4-tert-butyliminonaphthalene**		**P1515**
143	41	144	184	115	57	142	128	**199**	100	12	12	12	7	6	6	5	**0.00**	14	17	–	1	–	–	–	–	–	–	–	–	**Quinoline, 2-neopentyl-**	7661-57-6	**R3376**

MASS TO CHARGE RATIOS								M.W.	INTENSITIES								Parent	C	H	O	N	Cl	Br	F	S	P	B	Si	X	COMPOUND NAME	CAS Reg No	No
143	144	115	184	199	40	57	41	**199**	100	13	12	12	6	5	5	5		14	17	–	1	–	–	–	–	–	–	–	–	Isoquinoline, 1-neopentyl-	55724-33-9	T1990
152	199	169	153	141	151	76	51	**199**	100	78	33	32	30	30	23	16		12	9	2	1	–	–	–	–	–	–	–	–	1,1′-Biphenyl, 4-nitro-	92-93-3	P6755
154	155	140	41	42	44	153	45	**199**	100	57	35	25	24	21	20	16	0.60	9	18	3	1	–	–	–	–	–	1	–	–	8,11-Dimethyl-2,9,10-trioxa-6-aza-1-boratricyclo[4.3.3.0[1,6]]dodecane		17265
154	199	156	201	183	127	64	76	**199**	100	90	32	25	20	15	13	12		8	6	3	1	1	–	–	–	–	–	–	–	2H-1,4-Benzoxazin-3(4H)-one, 6-chloro-4-hydroxy-	13212-63-0	R4366
155	98	58	138	100	85	170	97	**199**	100	92	79	66	61	60	48	40	8.00	9	17	2	3	–	–	–	–	–	–	–	–	β-(Propylideneimino)propylmalonamide		M5261
155	127	199	156	128	198	126	77	**199**	100	64	39	14	10	10	9	8		13	13	1	1	–	–	–	–	–	–	–	–	1-Naphthalenecarboxamide, N,N-dimethyl-	3815-24-5	Q9846
155	127	199	198	156	126	128	77	**199**	100	62	40	15	12	9	9	7		13	13	1	1	–	–	–	–	–	–	–	–	2-Naphthalenecarboxamide, N,N-dimethyl-	13577-85-0	R4640
155	127	199	198	156	128	126	77	**199**	100	63	41	18	13	10	10	8		13	13	1	1	–	–	–	–	–	–	–	–	2-Naphthalenecarboxamide, N,N-dimethyl-	13577-85-0	R4639
156	142	157	41	55	43	44	30	**199**	100	55	11	9	7	6	6	5	0.10	13	29	–	1	–	–	–	–	–	–	–	–	4-Octanamine, N-ethyl-4-propyl-		16074
157	158	170	115	156	184	142	116	**199**	100	17	14	12	8	8	7	6	0.00	14	17	–	1	–	–	–	–	–	–	–	–	Quinoline, 2-butyl-3-methyl-	1531-62-0	Q6169
168	167	169	78	51	91	65	93	**199**	100	20	17	10	10	10	9	8	1.20	13	13	1	1	–	–	–	–	–	–	–	–	Pyridine, 2-(2-methoxybenzyl)-	35854-43-4	08426
170	114	171	41	56	43	29	44	**199**	100	66	12	11	8	8	7	7	0.10	13	29	–	1	–	–	–	–	–	–	–	–	3-Nonanamine, N,3-diethyl-		16072
170	171	199	128	115	42	51	94	**199**	100	24	12	8	7	6	6	5		14	17	–	1	–	–	–	–	–	–	–	–	8-Azabicyclo[3.2.1]oct-2-ene, 8-methyl-3-phenyl-		02508
180	199	181	77	51	90	167	200	**199**	100	39	24	11	8	8	6	6		13	13	1	1	–	–	–	–	–	–	–	–	Benzenemethanol, 2-(phenylamino)-	53044-24-9	S8218
181	199	53	79	95	135	107	165	**199**	100	25	25	20	15	10	8	5		7	5	6	1	–	–	–	–	–	–	–	–	2,5-Dihydroxy-3-nitrobenzoic acid		M8350
184	56	126	29	41	55	27	156	**199**	100	82	81	77	68	53	48	41	9.88	11	21	2	1	–	–	–	–	–	–	–	–	1-Aziridineacetic acid, 2-tert-butyl-3-methyl-, ethyl ester, trans-	55669-85-7	06908
184	138	186	43	199	110	75	140	**199**	100	41	32	32	22	16	14	13		8	6	3	1	1	–	–	–	–	–	–	–	3′-Nitro-4′-chloroacetophenone		Z1515
198	199	18	95	17	75	77	28	**199**	100	94	93	92	89	79	73	56		13	10	–	1	–	–	1	–	–	–	–	–	α-(4-Fluorophenylimino)toluene		P1198
198	199	106	79	107	77	112	98	**199**	100	90	57	28	28	17	16	15		13	13	1	1	–	–	–	–	–	–	–	–	3′-Hydroxydihydro-2-stilbazole		P0210
198	199	183	184	154	78	168	156	**199**	100	41	18	17	14	14	13	12		13	13	1	1	–	–	–	–	–	–	–	–	Pyridine, 2-(3-methoxyphenyl)-	35854-44-5	08427
198	199	184	121	78	51	77	154	**199**	100	85	68	37	26	20	17	17		13	13	1	1	–	–	–	–	–	–	–	–	Pyridine, 2-(4-methoxybenzyl)-	35854-45-6	08428
199	65	182	198	200	78	77	167	**199**	100	68	60	27	15	14	13	13		13	13	1	1	–	–	–	–	–	–	–	–	Benzenemethanol, 4-(phenylamino)-	53044-23-8	S8217
199	105	77	99.5	94	91	200	143	**199**	100	63	26	21	21	21	15	7		13	13	1	1	–	–	–	–	–	–	–	–	5-Phenyl-3,4-tetramethyleneoxazole		M0389
199	106	93	107	166	184	77	136	**199**	100	73	43	36	15	14	11	11		9	14	–	1	–	–	–	1	1	–	–	–	N-(Dimethylthiophosphinyl)-o-toluidine		16263
199	107	93	106	184	65	150	94	**199**	100	75	48	36	21	15	15	14		9	14	–	1	–	–	–	1	1	–	–	–	N-(Dimethylthiophosphinyl)-p-toluidine		16264
199	120	198	107	100	80	106	108	**199**	100	15	12	11	9	8	6	5		12	13	–	3	–	–	–	–	–	–	–	–	Bis(4-aminophenyl)amine		C1396
199	121	184	77	167	168	92	65	**199**	100	80	25	13	12	10	8	7		13	13	1	1	–	–	–	–	–	–	–	–	Pyridine, 4-(4-methoxybenzyl)-	35854-35-4	08431
199	121	184	168	167	92	77	65	**199**	100	32	20	16	15	14	12	10		13	13	1	1	–	–	–	–	–	–	–	–	Pyridine, 4-(3-methoxybenzyl)-	35854-37-6	08432
199	127	140	29	201	126	129	142	**199**	100	84	54	53	33	23	18	17		9	10	2	1	1	–	–	–	–	–	–	–	Carbamic acid, (4-chlorophenyl)-, ethyl ester	2621-80-9	Q8431
199	135	108	50	103	76	69	75	**199**	100	48	31	29	25	24	17	15		7	5	2	1	–	–	–	2	–	–	–	–	1,2-Benzisothiazole-3(2H)-thione, 1,1-dioxide	27148-03-4	S1627
199	143	104	115	128	77	101	156	**199**	100	35	22	22	22	19	17	17		12	9	2	1	–	–	–	–	–	–	–	–	Furo[2,3-b]quinolin-4(9H)-one, 9-methyl-	484-74-2	Q1102
199	143	128	115	104	77	101	76	**199**	100	35	22	22	22	19	17	16		12	9	2	1	–	–	–	–	–	–	–	–	Furo[2,3-b]quinolin-4(9H)-one, 9-methyl-		L5931
199	152	153	169	151	141	76	115	**199**	100	25	13	8	7	7	6	4		12	9	2	1	–	–	–	–	–	–	–	–	1,1′-Biphenyl, 3-nitro-		D2960
199	152	169	151	153	141	200	115	**199**	100	99	46	34	34	17	12	10		12	9	2	1	–	–	–	–	–	–	–	–	1,1′-Biphenyl, 4-nitro-	92-93-3	P6757
199	158	79	200	114	100	198	113	**199**	100	28	18	17	15	10	8	7		12	9	–	1	–	–	–	1	–	–	–	–	Naphtho[2,1-d]thiazole, 2-methyl-	20686-62-8	R8865
199	158	114	79	200	100	113	115	**199**	100	24	17	16	11	9	8	7		12	9	–	1	–	–	–	1	–	–	–	–	Naphtho[2,1-d]thiazole, 2-methyl-	20686-62-8	R8866
199	167	166	198	69	82	200	80	**199**	100	45	18	17	14	14	13	11		12	9	–	1	–	–	–	1	–	–	–	–	10H-Phenothiazine		P6734
199	167	198	166	200	154	168	69	**199**	100	53	22	19	14	8	7	6		12	9	–	1	–	–	–	1	–	–	–	–	10H-Phenothiazine	92-84-2	P6736
199	167	198	200	166	99.5	154	201	**199**	100	36	16	14	13	9	6	6		12	9	–	1	–	–	–	1	–	–	–	–	10H-Phenothiazine		D1472
199	184	121	92	168	167	94	65	**199**	100	29	26	25	20	19	13	13		13	13	1	1	–	–	–	–	–	–	–	–	Pyridine, 4-[(2-methoxybenzyl)methyl]-	35854-36-5	08421
199	184	156	128	101	76	75	50	**199**	100	63	42	24	22	21	15	14		12	9	2	1	–	–	–	–	–	–	–	–	Furo[2,3-b]quinoline, 4-methoxy-	484-29-7	Q1100
199	198	158	114	200	79	113	154	**199**	100	25	22	19	15	10	9	8		12	9	–	1	–	–	–	1	–	–	–	–	Naphtho[1,2-d]thiazole, 2-methyl-	2682-45-3	Q8535
199	201	50	75	102	76	65	156	**199**	100	96	90	86	84	69	53	50		7	6	1	1	–	1	–	–	–	–	–	–	Benzaldehyde, 4-bromo-, oxime, (Z)-	25062-46-8	S0918
199	201	79	52	75	92	65	76	**199**	100	99	93	53	44	43	40	37		7	6	1	1	–	1	–	–	–	–	–	–	Benzaldehyde, 3-bromo-, oxime, (Z)-	51873-95-1	S7801
199	201	102	50	75	183	181	76	**199**	100	98	83	73	73	61	58	57		7	6	1	1	–	1	–	–	–	–	–	–	Benzaldehyde, 4-bromo-, oxime, (Z)-	25062-46-8	S0919
200	173	120	85	127	201	97	73	**199**	100	95	47	33	20	16	13	12	0.00	14	17	–	1	–	–	–	–	–	–	–	–	Benzeneacetonitrile, α-cyclohexyl-	3893-23-0	Q9908
201	199	79	52	75	93	65	76	**199**	100	99	93	53	44	43	40	37		7	6	1	1	–	1	–	–	–	–	–	–	Benzaldehyde, 3-bromo-, oxime, (Z)-		M7926
18	172	144	200	17	170	142	143	**200**	100	65	58	30	27	19	15	13		11	8	2	2	–	–	–	–	–	–	–	–	5-Methyl-1,2-dioxa-cyclobuta[b]quinoxaline		05445
28	29	41	32	97	57	42	81	**200**	100	99	99	85	79	63	62	59	28.00	8	8	6	–	–	–	–	–	–	–	–	–	2,8,4,6-(Epoxyethanediylidenoxy)[1,3]dioxino[5,4-d]-1,3-dioxin, tetrahydro-		L5879
28	29	41	32	97	57	42	81	**200**	100	64	32	27	25	20	19	19	8.77	8	8	6	–	–	–	–	–	–	–	–	–	2,8,4,6-(Epoxyethanediylidenoxy)[1,3]dioxino[5,4-d]-1,3-dioxin, tetrahydro-	4922-14-9	R0940
28	31	32	43	44	29	101	45	**200**	100	83	63	53	41	34	13	8	0.00	10	16	4	–	–	–	–	–	–	–	–	–	1,3-Dioxolane-4-methanol, 2,2-dimethyl-α-vinyl-, acetate	18524-20-4	R7673
28	100	144	41	43	29	55	44	**200**	100	43	31	24	22	20	18	15	2.70	12	24	2	–	–	–	–	–	–	–	–	–	Ethyl 2-butylhexanoate		C0833
28	127	43	44	101	89	32	183	**200**	100	54	49	33	20	13	12	11	0.00	10	16	4	–	–	–	–	–	–	–	–	–	1,3-Dioxolane-4-ethanol, 2,2-dimethyl-α-methylene-, acetate	56909-27-4	T4281

MASS TO CHARGE RATIOS								M.W.	INTENSITIES								Parent	C	H	O	N	Cl	Br	F	S	P	B	Si	X	COMPOUND NAME	CAS Reg No	No
29	127	63	129	27	28	137	109	**200**	100	21	17	14	13	9	8	7	**0.00**	6	10	3	–	2	–	–	–	–	–	–	–	**Ethyl ethoxydichloroacetate**		**Z1530**
30	43	86	73	128	44	72	41	**200**	100	75	35	32	29	28	27	19	**4.00**	10	20	2	2	–	–	–	–	–	–	–	–	**N,N′-Diacetyl-1,6-diaminohexane**		**M5829**
40	141	44	115	200	168	140	139	**200**	100	70	35	13	13	11	9	8		13	12	2	–	–	–	–	–	–	–	–	–	**1H-Cyclopropa[a]naphthalene-1-carboxylic acid, 1a,7b-dihydro-, methyl ester**	23398-50-7	**S0176**
41	39	43	127	100	154	68	42	**200**	100	96	96	72	60	57	54	47	**6.00**	9	12	5	–	–	–	–	–	–	–	–	–	**Methyl 3-hydroxy-7-keto-6-oxabicyclo[3.3.0]-2-octanoate**	69745-76-2	**T7389**
41	43	57	55	56	69	71	31	**200**	100	95	93	64	50	43	37	31	**0.00**	13	28	1	–	–	–	–	–	–	–	–	–	**2-Methyldodecan-1-ol**		**C1881**
41	57	129	144	45	39	200	59	**200**	100	92	90	84	57	54	31	25		10	16	–	–	–	–	–	2	–	–	–	–	**Thiophene, 2-ethyl-5-(isobutylthio)-**		**Y2410**
41	68	69	200	56	59	45	113	**200**	100	98	76	76	71	59	49	44		5	10	2	–	1	–	–	1	1	–	–	–	**1,3,2-Dioxaphosphorinane, 2-chloro-5,5-dimethyl-, 2-sulphide**	873-98-3	**08698**
41	69	93	135	39	91	79	53	**200**	100	58	46	25	21	15	13	12	**1.00**	10	16	–	–	–	–	–	2	–	–	–	–	**4-(4-Methylpent-3-enyl)-3,6-dihydro-1,2-dithiin**		**16855**
41	121	123	39	27	107	38	26	**200**	100	66	65	48	28	11	10	10	**0.00**	3	6	–	–	–	2	–	–	–	–	–	–	**Propane, 1,2-dibromo-**	78-75-1	**H0094**
42	28	73	27	26	43	29	45	**200**	100	83	34	33	32	29	28	22	**4.20**	3	5	2	–	–	–	–	–	–	–	–	1	**Propanoic acid, 3-iodo-**	141-76-4	**P9822**
42	68	72	69	82	114	55	44	**200**	100	84	72	58	49	49	44	37	**4.00**	10	20	2	2	–	–	–	–	–	–	–	–	**2-Propenoic acid, 3-(diethylamino)-3-(dimethylamino)-, methyl ester**	49582-50-5	**S7137**
42	95	69	143	44	113	84	40	**200**	100	99	67	51	48	48	32	29	**0.00**	12	24	2	–	–	–	–	–	–	–	–	–	**1,3-Dioxane, 4,6-dibutyl-**	16731-95-6	**R6415**
43	15	41	83	55	27	98	29	**200**	100	42	42	40	33	29	27	24	**0.10**	11	20	3	–	–	–	–	–	–	–	–	–	**Hexanoic acid, 2-isopropyl-2-methyl-5-oxo-, methyl ester**	33422-34-3	**H1958**
43	41	29	55	56	70	27	57	**200**	100	34	29	26	26	22	22	22	**0.00**	12	24	2	–	–	–	–	–	–	–	–	–	**Acetic acid, decyl ester**	112-17-4	**H0491**
43	41	55	56	70	69	61	84	**200**	100	46	45	35	34	29	25	25	**0.01**	12	24	2	–	–	–	–	–	–	–	–	–	**Acetic acid, decyl ester**		**C0846**
43	41	55	69	57	56	83	29	**200**	100	92	92	69	62	60	57	54	**0.10**	13	28	1	–	–	–	–	–	–	–	–	–	**Tridecanol**	26248-42-0	**H1894**
43	41	59	110	39	72	95	69	**200**	100	79	68	61	59	53	45	43	**0.00**	11	20	3	–	–	–	–	–	–	–	–	–	**Furan-5-isopropanol, 2-methoxy-3-isopropylidene-**		**M0560**
43	44	73	84	55	138	97	45	**200**	100	98	69	44	39	34	30	28	**5.00**	8	8	6	–	–	–	–	–	–	–	–	–	**3,8-Dioxatricyclo[5.1.0.0$^{(2,4)}$]octane-5,6-dicarboxylic acid, (1α,2β,4β,5α,6β,7α)-**	52183-72-9	**S7886**
43	56	41	84	55	99	29	117	**200**	100	51	41	38	35	35	29	29	**0.00**	12	24	2	–	–	–	–	–	–	–	–	–	**Hexanoic acid, hexyl ester**	6378-65-0	**R2281**
43	57	70	56	85	41	55	69	**200**	100	94	53	48	44	33	31	30	**0.00**	13	28	1	–	–	–	–	–	–	–	–	–	**Hexane, 1-(hexyloxy)-3-methyl-**	74421-18-4	**T8087**
43	58	27	42	39	41	26	171	**200**	100	22	13	11	11	9	7	5	**4.46**	14	16	1	–	–	–	–	–	–	–	–	–	**s-Indacen-1(2H)-one, 3,5,6,7-tetrahydro-4,8-dimethyl-**		**00108**
43	69	85	200	125	41	113	121	**200**	100	83	76	71	62	32	29	24		10	16	2	–	–	–	–	1	–	–	–	–	**2-Thiabicyclo[2.2.2]octan-5-one, 8-hydroxy-1,3,8-trimethyl-**	57274-39-2	**T4407**
43	71	41	89	70	56	55	27	**200**	100	70	62	60	43	41	36	34	**0.00**	12	24	2	–	–	–	–	–	–	–	–	–	**Butanoic acid, octyl ester**	110-39-4	**P8352**
43	71	97	41	140	69	55	68	**200**	100	34	23	18	18	14	14	13	**0.00**	11	20	3	–	–	–	–	–	–	–	–	–	**2H-Pyran-3-ol, tetrahydro-3-methyl-6-propyl-, acetate**	34647-45-5	**S4691**
43	80	81	98	41	54	79	28	**200**	100	99	16	16	11	10	10	9	**0.00**	10	16	4	–	–	–	–	–	–	–	–	–	**1,4-Cyclohexanediol, diacetate, trans-**	6289-83-4	**R2207**
43	84	54	66	67	126	83	55	**200**	100	17	16	9	6	6	6	5	**0.02**	10	16	4	–	–	–	–	–	–	–	–	–	**2-Hexene-1,6-diol, diacetate**		**C0200**
43	85	57	41	55	45	129	56	**200**	100	87	37	29	21	19	18	17	**0.00**	13	28	1	–	–	–	–	–	–	–	–	–	**Heptane, 2-(hexyloxy)-**	74663-79-9	**T8302**
43	85	57	56	41	83	55	69	**200**	100	62	60	33	26	16	15	12	**0.00**	13	28	1	–	–	–	–	–	–	–	–	–	**Hexane, 1-(hexyloxy)-2-methyl-**	74421-17-3	**T8086**
43	85	100	59	113	58	84	101	**200**	100	52	48	41	25	12	12	7	**0.00**	10	16	4	–	–	–	–	–	–	–	–	–	**Cyclobuta[1,2-d:3,4-d′]bis[1,3]dioxole, tetrahydro-2,2,5,5-tetramethyl-, (3aα,3bβ,6aβ,6bα)-**	61845-71-4	**T5753**
43	98	55	115	57	41	130	113	**200**	100	59	46	45	36	34	34	25	**0.00**	11	20	3	–	–	–	–	–	–	–	–	–	**Decanoic acid, 4-oxo-, methyl ester**		**16471**
43	100	72	155	41	42	85	73	**200**	100	71	68	20	14	10	10	9	**0.00**	10	20	2	2	–	–	–	–	–	–	–	–	**Ethanediamide, N,N′-dimethyl-N,N′-diisopropyl-**	54965-80-9	**S9902**
43	110	140	41	138	139	61	91	**200**	100	38	34	26	25	20	18	17	**0.00**	11	17	2	–	–	–	1	–	–	–	–	–	**3-Heptyn-2-one, 5-fluoro-6-hydroxy-6-methyl-5-isopropyl-**	63922-62-3	**T6338**
43	111	55	83	143	58	87	41	**200**	100	54	43	39	39	37	21	20	**4.95**	11	20	3	–	–	–	–	–	–	–	–	–	**Decanoic acid, 9-oxo-, methyl ester**	2575-07-7	**Q8360**
43	111	143	55	83	69	87	58	**200**	100	43	42	38	34	28	23	23	**1.00**	11	20	3	–	–	–	–	–	–	–	–	–	**Nonanoic acid, 4-methyl-8-oxo-, methyl ester**		**L3124**
43	113	59	28	71	41	125	39	**200**	100	23	16	15	15	13	11	8	**0.00**	10	16	4	–	–	–	–	–	–	–	–	–	**β-L-Threose, 4-C-cyclopropyl-1,2-O-isopropylidene-**		**P0009**
43	117	99	84	56	41	55	42	**200**	100	78	65	63	56	36	32	25	**0.00**	12	24	2	–	–	–	–	–	–	–	–	–	**Hexanoic acid, hexyl ester**	6378-65-0	**R2280**
43	130	84	113	58	41	45	88	**200**	100	84	83	58	53	35	33	33	**2.00**	11	20	3	–	–	–	–	–	–	–	–	–	**Nonanoic acid, 3-oxo-, ethyl ester**	6622-36-2	**R2405**
43	155	55	127	70	172	56	83	**200**	100	98	67	62	49	29	23	22	**2.22**	10	16	4	–	–	–	–	–	–	–	–	–	**2H-Pyran-2-carboxylic acid, 5-ethyltetrahydro-2,3-dimethyl-6-oxo-**	19776-82-0	**R8277**
43	157	45	109	121	200	77	159	**200**	100	81	36	34	34	32	31	29		9	9	1	–	1	–	–	1	–	–	–	–	**Acetone, 1-chloro-1-(phenylthio)-**	69753-43-1	**T7400**
43	185	69	125	59	111	57	99	**200**	100	47	31	27	16	16	13	13	**0.00**	9	17	4	–	–	–	–	–	–	1	–	–	**1,3-Dioxolo[4,5-e][1,3,2]dioxaborepin, 6-ethyltetrahydro-2,2-dimethyl-, cis-**	74793-00-3	**T8579**
43	200	157	158	101	102	75	76	**200**	100	95	34	34	28	28	27	24		12	8	3	–	–	–	–	–	–	–	–	–	**1,4-Naphthalenedione, 2-acetyl-**	5813-57-0	**R1808**
44	41	72	56	71	55	45	57	**200**	100	33	22	21	16	13	11	6	**0.00**	9	12	3	–	–	–	–	1	–	–	–	–	**2-Thiophenecarboxylic acid, 5-tert-butoxy-**	54889-42-8	**S9771**
44	59	142	72	55	43	41	27	**200**	100	63	38	30	23	20	17	11	**1.00**	10	20	2	2	–	–	–	–	–	–	–	–	**Decanediamide**		**F0560**
44	71	70	30	18	28	57	127	**200**	100	70	68	65	43	43	43	36	**1.16**	10	24	–	4	–	–	–	–	–	–	–	–	**N,N′-Bis(3-aminopropyl)piperazine**		**D0815**
45	43	41	55	57	69	56	83	**200**	100	34	31	25	22	15	13	11	**0.03**	13	28	1	–	–	–	–	–	–	–	–	–	**2-Tridecanol**	1653-31-2	**Q6433**
45	83	41	46	85	98	44	43	**200**	100	68	46	45	43	33	28	22	**4.00**	10	20	2	2	–	–	–	–	–	–	–	–	**Carbazic acid, 3-(1-propylbutylidene)-, ethyl ester**	14702-39-7	**R5364**
45	123	51	65	77	39	69	109	**200**	100	62	32	21	21	20	15	15	**3.00**	9	9	1	–	1	–	–	1	–	–	–	–	**Acetone, 3-chloro-1-(phenylthio)-**		**16791**
46	153	126	200	155	127	99	63	**200**	100	82	34	33	28	27	20	14		8	9	2	2	1	–	–	–	–	–	–	–	**Urea, N-(4-chlorophenyl)-N′-methoxy-**	28443-49-4	**S2091**
47	85	28	114	181	29	48	49	**200**	100	33	27	16	10	7	6	6	**0.30**	–	2	–	–	–	–	6	–	–	–	3	–	**1,1,1,3,3,3-Hexafluorotrisilane**		**06551**
48	124	77	39	38	152	76	97	**200**	100	55	52	47	34	32	29	26	**20.00**	6	4	2	2	–	–	–	2	–	–	–	–	**3-Sulphinylaminosulphinylaniline**		**02212**
48	124	77	39	152	76	97	50	**200**	100	55	52	47	32	29	26	26	**20.00**	6	4	2	2	–	–	–	2	–	–	–	–	**3-Sulphinylaminosulphinylaniline**		**L2770**
55	27	43	84	41	158	28	56	**200**	100	40	26	25	24	21	20	20	**0.00**	10	16	4	–	–	–	–	–	–	–	–	–	**1,4-Dioxane-2,5-dione, 3,6-dipropyl-**	24985-61-3	**S0893**
55	41	57	43	69	29	39	95	**200**	100	84	80	78	42	37	32	32	**2.00**	12	24	2	–	–	–	–	–	–	–	–	–	**2,2-Dipropyl-cyclohexane-cis-1,3-diol**		**M2613**

MASS TO CHARGE RATIOS								M.W.	INTENSITIES								Parent	C	H	O	N	Cl	Br	F	S	P	B	Si	X	COMPOUND NAME	CAS Reg No	No
55	54	41	84	27	28	42	29	**200**	100	64	47	43	42	40	33	29	**0.40**	10	16	4	–	–	–	–	–	–	–	–	–	**1,6-Dioxacyclododecane-7,12-dione**	777-95-7	**H1071**
55	68	104	91	42	29	39	27	**200**	100	57	41	36	31	31	30	30	**12.40**	7	11	–	–	3	–	–	–	–	–	–	–	**1,1,7-Trichlorohept-1-ene**		**01474**
55	84	200	112	101	173	100	41	**200**	100	75	75	67	65	48	43	39		10	16	4	–	–	–	–	–	–	–	–	–	**4a,8a-Butano[1,4]dioxino[2,3-b]-1,4-dioxin, tetrahydro-**	35676-38-1	**S5033**
55	97	115	43	41	69	182	57	**200**	100	98	58	30	24	18	11	10	**0.00**	13	28	1	–	–	–	–	–	–	–	–	–	**7-Tridecanol**	927-45-7	**Q4576**
56	55	41	117	172	39	44	57	**200**	100	23	21	18	11	10	10	9	**8.00**	10	16	2	–	–	–	–	1	–	–	–	–	**4,5-Thiepanedione, 3,3,6,6-tetramethyl-**		**P2678**
56	71	57	43	73	111	41	55	**200**	100	40	39	38	38	31	30	25	**1.50**	12	24	2	–	–	–	–	–	–	–	–	–	**1,3-Dioxane, 2,4-diisopropyl-5,5-dimethyl-, trans-**		**C1277**
56	71	57	55	69	41	43	73	**200**	100	46	37	29	26	25	24	21	**0.60**	12	24	2	–	–	–	–	–	–	–	–	–	**1,3-Dioxane, 2,4-dipropyl-5,5-dimethyl-**		**C1197**
56	71	69	57	43	41	55	73	**200**	100	40	38	36	33	31	28	28	**2.24**	12	24	2	–	–	–	–	–	–	–	–	–	**1,3-Dioxane, 2,4-diisopropyl-5,5-dimethyl-, cis-**		**C1278**
57	41	43	144	70	87	85	55	**200**	100	48	40	37	32	26	22	21	**0.00**	11	20	3	–	–	–	–	–	–	–	–	–	**Pentanecarboxylic acid, cis-2,3-epoxy-3,4-dimethyl-, tert-butyl ester**		**L6972**
57	41	43	144	70	87	85	69	**200**	100	48	40	37	32	26	22	21	**0.00**	11	20	3	–	–	–	–	–	–	–	–	–	**Pentanecarboxylic acid, cis-2,3-epoxy-3,4-dimethyl-, tert-butyl ester**		**05461**
57	41	55	56	29	71	69	31	**200**	100	69	56	53	47	45	44	34	**0.00**	13	28	1	–	–	–	–	–	–	–	–	–	**1-Dodecanol, 2-methyl-, (S)-**	57289-26-6	**T4454**
57	41	71	43	55	70	56	69	**200**	100	50	47	42	38	37	32	32	**0.00**	13	28	1	–	–	–	–	–	–	–	–	–	**Tridecanol**	112-70-9	**P8767**
57	43	41	55	71	69	85	56	**200**	100	76	64	63	61	42	34	33	**0.00**	13	28	1	–	–	–	–	–	–	–	–	–	**2-Propyldecan-1-ol**		**C1880**
57	43	41	55	85	71	141	115	**200**	100	96	85	70	63	58	54	53	**0.16**	12	24	2	–	–	–	–	–	–	–	–	–	**Methyl 2-ethyl-2-propylhexanoate**		**03572**
57	43	41	116	84	55	69	74	**200**	100	89	60	56	55	41	34	33	**0.00**	11	20	3	–	–	–	–	–	–	–	–	–	**Decanoic acid, 2-oxo-, methyl ester**	55683-30-2	**T1838**
57	43	56	85	41	55	70	69	**200**	100	89	51	32	31	29	23	20	**0.00**	13	28	1	–	–	–	–	–	–	–	–	–	**Hexane, 1-(hexyloxy)-5-methyl-**	74421-19-5	**T8088**
57	43	85	56	41	55	70	69	**200**	100	81	41	34	26	23	18	15	**0.00**	13	28	1	–	–	–	–	–	–	–	–	–	**Heptane, 1-(hexyloxy)-**	7289-40-9	**R3027**
57	70	43	41	85	55	56	69	**200**	100	95	91	38	32	28	26	23	**0.00**	13	28	1	–	–	–	–	–	–	–	–	–	**Hexane, 1-(hexyloxy)-4-methyl-**	74421-20-8	**T8089**
57	87	41	29	43	59	58	39	**200**	100	37	22	14	8	6	5	4	**0.00**	13	28	1	–	–	–	–	–	–	–	–	–	**3-Pentanol, 3-tert-butyl-2,2,4,4-tetramethyl-**	41902-42-5	**S6770**
57	101	43	143	69	151	126	111	**200**	100	62	39	30	26	26	23	21	**0.01**	10	16	4	–	–	–	–	–	–	–	–	–	**1,1-Butanedioic acid, 3-oxo-, dimethyl ester**		**17495**
57	114	44	41	58	86	42	200	**200**	100	90	33	27	26	20	16	13		11	24	1	2	–	–	–	–	–	–	–	–	**Urea, N,N′-dibutyl-N,N′-dimethyl-**	54699-25-1	**S9436**
57	123	188	56	41	65	39	69	**200**	100	29	27	22	19	18	16	15	**0.00**	7	12	1	–	–	–	3	–	1	–	–	–	**Phosphine, (2,2-dimethyl-1-oxopropyl)methyl(trifluoromethyl)-**	56630-68-3	**09051**
57	153	126	200	155	127	154	125	**200**	100	80	34	33	28	27	14	13		8	9	2	2	1	–	–	–	–	–	–	–	**Urea, N-(4-chlorophenyl)-N′-methoxy-**	28443-49-4	**S2092**
58	143	85	44	43	42	101	41	**200**	100	47	31	29	26	17	16	15	**0.00**	10	24	–	4	–	–	–	–	–	–	–	–	**Diazene, [1-[(2,2-diisopropyl)hydrazino]ethyl]ethyl-**	59856-63-2	**T5140**
59	71	43	129	55	83	72	185	**200**	100	80	50	18	17	9	4	3	**0.00**	10	16	4	–	–	–	–	–	–	–	–	–	**α-D-Ribo-tetrofuranose, 4-C-cyclopropyl-1,2,O-isopropylidene-**		**M5728**
59	71	83	43	72	60	68	69	**200**	100	80	9	5	4	3	3	3	**0.00**	10	16	4	–	–	–	–	–	–	–	–	–	**α-D-Ribo-tetrofuranose, 4-C-cyclopropyl-1,2-O-isopropylidene-**	30571-50-7	**S2936**
59	73	43	58	185	31	127	55	**200**	100	43	39	38	35	25	23	23	**10.42**	4	9	1	–	–	–	–	–	–	–	–	1	**2-Hydroxy-2-iodomethylpropane**		**03057**
60	73	43	37	41	55	18	71	**200**	100	84	61	38	36	35	27	23	**2.73**	12	24	2	–	–	–	–	–	–	–	–	–	**Dodecanoic acid**		**D0002**
60	73	43	41	55	57	29	71	**200**	100	98	78	70	53	51	43	29	**14.64**	12	24	2	–	–	–	–	–	–	–	–	–	**Dodecanoic acid**	143-07-7	**P9889**
63	94	77	107	200	65	45	27	**200**	100	68	55	50	49	44	40	21		10	13	2	–	1	–	–	–	–	–	–	–	**1-(2-Chloroethoxy-2-phenoxy)ethane**		**Z1532**
65	77	117	39	200	93	51	67	**200**	100	98	82	78	38	31	12	11		7	5	2	2	–	–	1	1	–	–	–	–	**N-Cyano-S-phenoxysulphoxide fluoride imide**		**M6661**
65	172	174	63	64	200	202	53	**200**	100	68	66	60	52	50	48	31		7	5	2	–	–	1	–	–	–	–	–	–	**Tropolonone, 3-bromo-**	4584-68-3	**R0624**
66	132	200	133	91	117	148	67	**200**	100	87	46	37	34	33	27	27		15	20	–	–	–	–	–	–	–	–	–	–	**6-Methyl-3a,4,4a,5,8,8a,9,9a-octahydro-4,9-methano-1H-benz[f]indene**		**C1707**
67	200	77	105	51	201	68	91	**200**	100	53	29	14	11	7	5	4		10	8	1	4	–	–	–	–	–	–	–	–	**3H-Pyrazol-3-one, 4-diazo-2,4-dihydro-5-methyl-2-phenyl-**	1781-33-5	**09454**
68	81	67	93	129	164	55	53	**200**	100	55	32	12	12	12	9	9	**1.30**	7	11	–	–	3	–	–	–	–	–	–	–	**1-Chloro-2-(dichloromethyl)cyclohexane**		**14933**
69	57	55	43	83	71	70	41	**200**	100	90	76	64	62	51	47	46	**0.00**	13	28	1	–	–	–	–	–	–	–	–	–	**Tridecanol**		**Z1526**
69	83	101	64	32	200	98	67	**200**	100	78	37	28	24	17	9	9		–	–	3	–	–	–	3	2	1	–	–	–	**Difluorothiophosphoryl fluorosulphate**		**01244**
69	83	101	67	64	32	200	98	**200**	100	79	38	31	28	24	17	10		–	–	3	–	–	–	3	2	1	–	–	–	**Difluorothiophosphoryl fluorosulphate**		**L1621**
69	156	56	43	113	70	45	115	**200**	100	99	99	94	90	86	73	56	**17.50**	9	16	3	2	–	–	–	–	–	–	–	–	**Butanamide, 3-hydroxy-N-(2-oxo-3-piperidinyl)-**	34655-85-1	**S4692**
69	181	31	93	200	131	112	50	**200**	100	73	59	30	19	15	11	9		4	–	–	–	–	–	8	–	–	–	–	–	**Octafluoromethylpropene**		**Y0734**
70	41	39	69	42	40	38	27	**200**	100	69	56	54	23	21	10	8	**0.00**	8	9	3	2	–	–	1	–	–	–	–	–	**Uracil, 5-fluoro-1-(tetrahydro-2-furanyl)-**	17902-23-7	**R7254**
70	69	83	84	97	112	68	98	**200**	100	86	70	49	40	35	32	30	**0.10**	12	24	2	–	–	–	–	–	–	–	–	–	**Acetic acid, decyl ester**	112-17-4	**H0492**
71	43	70	57	41	55	112	28	**200**	100	98	94	46	34	26	25	23	**0.01**	12	24	2	–	–	–	–	–	–	–	–	–	**Isobutanoic acid, 2-ethylhexyl ester**		**C0280**
71	70	43	57	41	55	112	83	**200**	100	75	54	29	23	20	18	16	**0.02**	12	24	2	–	–	–	–	–	–	–	–	–	**Butanoic acid, 2-ethylhexyl ester**		**C0275**
71	111	43	109	115	41	55	101	**200**	100	91	79	37	32	30	29	28	**7.00**	11	20	3	–	–	–	–	–	–	–	–	–	**Nonanoic acid, 6-oxo-, ethyl ester**	4144-59-6	**R0136**
73	75	129	41	45	185	143	29	**200**	100	88	72	26	21	19	18	16	**7.00**	11	24	1	–	–	–	–	–	–	–	1	–	**Silane, (2-octenyl)trimethyl-**		**C0885**
73	147	75	55	82	156	148		**200**	100	98	38	23	20	18	15		**0.00**	8	12	2	–	–	–	–	1	–	–	1	–	**3-Thiophenecarboxylic acid, trimethylsilyl ester**	74381-01-4	**T8030**
74	41	101	55	43	69	57	44	**200**	100	88	82	66	58	49	46	27	**0.00**	12	24	2	–	–	–	–	–	–	–	–	–	**Nonanoic acid, 3,7-dimethyl-, methyl ester**		**M6824**
74	43	87	41	55	75	57	59	**200**	100	50	43	31	27	12	11	10	**4.50**	12	24	2	–	–	–	–	–	–	–	–	–	**Undecanoic acid, methyl ester**		**C2174**
74	87	41	43	55	29	27	59	**200**	100	50	32	31	25	19	12	12	**4.00**	12	24	2	–	–	–	–	–	–	–	–	–	**Undecanoic acid, methyl ester**	1731-86-8	**Q6603**
74	87	41	43	55	29	27	69	**200**	100	59	47	43	39	27	19	16	**4.80**	12	24	2	–	–	–	–	–	–	–	–	–	**Undecanoic acid, methyl ester**		**C0880**
74	87	55	41	69	143	43	57	**200**	100	60	48	41	35	34	33	26	**0.00**	12	24	2	–	–	–	–	–	–	–	–	–	**Decanoic acid, 8-methyl-, methyl ester**	5129-64-6	**08674**
74	87	75	88	169	85	84	157	**200**	100	55	54	45	20	20	19	17	**9.00**	12	24	2	–	–	–	–	–	–	–	–	–	**Methyl 9-methyldecanoate**		**M1174**
75	173	73	145	45	146	47	131	**200**	100	44	39	24	12	9	6	5	**0.00**	10	20	2	–	–	–	–	–	–	–	1	–	**Cyclohexanecarboxylic acid, trimethylsilyl ester**	69435-89-8	**T7104**
77	95	51	200	75	123	105	50	**200**	100	93	58	54	52	38	22	22		12	9	–	2	–	–	1	–	–	–	–	–	**Azobenzene, 4-fluoro-**		**02138**
78	122	200	184	121	77	107	106	**200**	100	85	75	75	45	40	23	19		8	9	4	–	–	–	–	–	1	–	–	–	**2-Methoxy-2-oxo-4H-1,3,2-benzodioxaphosphorin**		**L9039**

MASS TO CHARGE RATIOS								M.W.	INTENSITIES									Parent	C	H	O	N	Cl	Br	F	S	P	B	Si	X	COMPOUND NAME	CAS Reg No	No
80	43	81	98	79	28	54	41	**200**	100	73	15	13	9	8	8	6	**0.00**	10	16	4	–	–	–	–	–	–	–	–	–	**1,4-Cyclohexanediol, diacetate, cis-**	42742-00-7	**S6977**
81	127	155	41	43	109	55	99	**200**	100	96	53	44	40	40	32	25	**0.50**	10	16	4	–	–	–	–	–	–	–	–	–	**2H-Pyran-6-carboxylic acid, 5,6-dihydro-2-ethoxy-, ethyl ester**		**L8201**
81	127	155	41	43	109	55	154	**200**	100	96	53	44	41	40	32	27	**0.50**	10	16	4	–	–	–	–	–	–	–	–	–	**2H-Pyran-6-carboxylic acid, 5,6-dihydro-2-ethoxy-, ethyl ester**		**05661**
81	140	41	80	108	55	168	141	**200**	100	45	24	22	21	18	18	17	**0.37**	10	16	4	–	–	–	–	–	–	–	–	–	**1,4-Cyclohexanedicarboxylic acid, dimethyl ester, trans-**		**C1331**
81	140	59	41	108	80	79	67	**200**	100	55	43	30	29	28	25	24	**0.00**	10	16	4	–	–	–	–	–	–	–	–	–	**1,4-Cyclohexanedicarboxylic acid, dimethyl ester**	94-60-0	**P6865**
81	140	80	108	41	55	67	59	**200**	100	32	29	25	24	18	17	16	**1.03**	10	16	4	–	–	–	–	–	–	–	–	–	**1,4-Cyclohexanedicarboxylic acid, dimethyl ester, cis-**		**C1332**
81	140	108	80	109	141	79	59	**200**	100	69	48	38	27	21	20	19	**0.00**	10	16	4	–	–	–	–	–	–	–	–	–	**1,4-Cyclohexanedicarboxylic acid, dimethyl ester**	94-60-0	**P6864**
81	140	108	80	169	109	168	79	**200**	100	85	51	44	31	31	28	19	**0.60**	10	16	4	–	–	–	–	–	–	–	–	–	**Dimethyl hexahydrophthalate**		**D1708**
82	55	41	67	83	117	29	27	**200**	100	78	73	62	61	45	43	39	**38.53**	12	24	–	–	–	–	–	1	–	–	–	–	**Cyclohexane, (hexylthio)-**		**Y2164**
84	116	200	199	123	42	117	41	**200**	100	59	55	49	42	15	15	14		13	16	–	2	–	–	–	–	–	–	–	–	**1-Piperidineacetonitrile, α-phenyl-**	5766-79-0	**R1783**
84	200	116	55	85	56	115	201	**200**	100	81	54	43	21	17	12	11		10	20	–	2	–	–	–	1	–	–	–	–	**Dipiperidine sulphide**	25116-80-7	**08953**
85	103	141	123	97	95	185	167	**200**	100	45	40	40	30	25	4	3	**0.00**	12	24	2	–	–	–	–	–	–	–	–	–	**2-(2,3-Dimethylcyclopentyl)pentane-2,5-diol**		**M7140**
86	58	30	87	200	126	127	29	**200**	100	16	7	6	4	4	3	3		12	28	–	2	–	–	–	–	–	–	–	–	**N,N,N′-Triethylhexamethylenediamine**		**C1240**
87	43	41	115	55	85	69	71	**200**	100	41	21	15	11	10	8	8	**0.00**	9	12	5	–	–	–	–	–	–	–	–	–	**Oxireno[4,5]cyclopenta[1,2-c]pyran-2(1aH)-one, hexahydro-5a,6-dihydroxy-1a-methyl-, (1aα,1bβ,5aβ,6α,6aα)-**	35904-75-7	**S5112**
87	43	41	115	85	55	71	153	**200**	100	34	21	20	12	11	9	9	**0.00**	9	12	5	–	–	–	–	–	–	–	–	–	**Oxireno[4.5]cyclopenta[1,2-c]pyran-2(1bH)-one, 1a,4,5,5a,6,6a-hexahydro-5a,6-dihydroxy-1a-methyl-, (1aα,1bα,5aα,6α,6aα)-**	35904-93-9	**S5113**
87	72	101	170	70	86	43	84	**200**	100	92	79	73	70	54	54	51	**37.00**	10	24	–	4	–	–	–	–	–	–	–	–	**Guanidine, N-isopentyl-N-(aminobutyl)-**		**03137**
87	74	88	43	71	57	55	127	**200**	100	51	50	49	44	35	34	32	**3.00**	12	24	2	–	–	–	–	–	–	–	–	–	**Nonanoic acid, 4,6-dimethyl-, methyl ester**		**M5298**
87	88	43	71	57	55	127	41	**200**	100	50	48	44	35	34	33	25	**2.93**	12	24	2	–	–	–	–	–	–	–	–	–	**Nonanoic acid, 4,6-dimethyl-, methyl ester**	55955-66-3	**T2399**
88	29	101	43	41	61	73	60	**200**	100	44	41	38	31	29	28	26	**1.50**	12	24	2	–	–	–	–	–	–	–	–	–	**Decanoic acid, ethyl ester**	110-38-3	**P8350**
88	43	101	44	155	157	83	85	**200**	100	55	25	20	19	17	10	10	**5.93**	12	24	2	–	–	–	–	–	–	–	–	–	**Decanoic acid, ethyl ester**	110-38-3	**P8351**
88	101	43	29	41	60	73	61	**200**	100	40	29	28	24	22	20	19	**2.76**	12	24	2	–	–	–	–	–	–	–	–	–	**Decanoic acid, ethyl ester**		**C0619**
88	101	55	43	41	97	157	87	**200**	100	43	18	17	16	16	14	13	**10.27**	12	24	2	–	–	–	–	–	–	–	–	–	**Nonanoic acid, 2,6-dimethyl-, methyl ester**	55955-67-4	**T2400**
88	101	55	43	97	41	157	200	**200**	100	44	18	16	16	16	14	11		12	24	2	–	–	–	–	–	–	–	–	–	**Nonanoic acid, 4,6-dimethyl-, methyl ester**		**L7458**
88	101	57	41	55	43	69	59	**200**	100	31	16	11	11	11	10	7	**0.80**	12	24	2	–	–	–	–	–	–	–	–	–	**Nonanoic acid, 2,4-dimethyl-, methyl ester**	54889-61-1	**S9775**
88	101	57	69	41	55	87	129	**200**	100	73	31	28	22	21	21	15	**4.60**	12	24	2	–	–	–	–	–	–	–	–	–	**Octanoic acid, 2,4,6-trimethyl-, methyl ester**	54984-07-5	**H2098**
88	126	15	41	140	59	109	39	**200**	100	63	58	57	55	52	45	39	**1.00**	10	16	4	–	–	–	–	–	–	–	–	–	**Hexanedioic acid, 2-methyl-5-methylene-, dimethyl ester**	4513-62-6	**08230**
89	71	112	43	70	83	84	57	**200**	100	60	52	47	40	32	30	28	**0.00**	12	24	2	–	–	–	–	–	–	–	–	–	**Isobutanoic acid, octyl ester**	109-15-9	**P8245**
89	76	62	143	63	157	200	55	**200**	100	93	48	43	42	42	41	39		12	25	–	–	–	–	–	–	1	–	–	–	**Phosphine, dimethyl[methyl(isopropyl)cyclohexyl]-**	74645-90-2	**T8241**
91	77	200	40	51	45	65	110	**200**	100	24	23	15	15	13	12	11		8	8	–	–	–	–	–	3	–	–	–	–	**Carbonotrithioic acid, methyl phenyl ester**	13509-32-5	**R4606**
91	92	28	65	156	45	157	108	**200**	100	73	39	26	24	18	18	15	**10.30**	9	12	3	–	–	–	–	1	–	–	–	–	**Ethanol, 2-[(4-methylphenyl)sulphonyl]-**	22381-54-0	**R9668**
91	92	79	200	109	77	65	39	**200**	100	8	7	4	4	4	4	4		14	16	1	–	–	–	–	–	–	–	–	–	**1-(Benzyloxymethylidene)-3-cyclohexene**		**D1919**
91	92	155	172	107	108	157	200	**200**	100	91	13	13	11	8	8	8		9	12	3	–	–	–	–	1	–	–	–	–	**Ethanol, 2-[(4-methylphenyl)sulphonyl]-**	22381-54-0	**R9669**
91	92	155	172	107	200	139	157	**200**	100	72	14	14	12	8	8	8		9	12	3	–	–	–	–	1	–	–	–	–	**Ethanol, 2-[(4-methylphenyl)sulphonyl]-**		**M4348**
91	92	156	157	108	172	200	155	**200**	100	74	27	18	16	14	12	11		9	12	3	–	–	–	–	1	–	–	–	–	**Ethanol, 3-[(3-methylphenyl)sulphonyl]-**		**M4350**
91	109	183	185	200	41	129	67	**200**	100	56	48	46	16	14	13	11		15	20	–	–	–	–	–	–	–	–	–	–	**Benzene, [(4,5,5-trimethyl-1-cyclopenten-1-yl)methyl]-**	55162-47-5	**T0466**
91	131	185	143	129	200	128	41	**200**	100	73	73	51	47	35	33	30		15	20	–	–	–	–	–	–	–	–	–	–	**1-Benzylidene-2,2,3-trimethylcyclopentane**	17386-71-9	**R6903**
91	131	185	143	129	200	128	115	**200**	100	73	72	51	47	35	34	30		15	20	–	–	–	–	–	–	–	–	–	–	**1-Benzylidene-2,2,3-trimethylcyclopentane**	17386-71-9	**R6904**
91	155	92	200	65	172	108	107	**200**	100	69	38	33	33	18	15	13		9	12	3	–	–	–	–	1	–	–	–	–	**p-Toluenesulphonic acid, ethyl ester**		**D0809**
91	155	200	92	65	172	107	28	**200**	100	56	35	28	24	19	13	13		9	12	3	–	–	–	–	1	–	–	–	–	**p-Toluenesulphonic acid, ethyl ester**		**C0047**
93	94	118	51	119	77	200	91	**200**	100	76	75	59	59	56	48	31		7	8	–	2	–	–	–	–	–	–	–	1	**Selenourea, phenyl-**	6124-02-3	**R2072**
93	118	94	51	119	77	200	67	**200**	100	74	74	59	59	55	48	46		7	8	–	2	–	–	–	–	–	–	–	1	**Selenourea, phenyl-**		**M8458**
93	121	77	91	79	39	27	51	**200**	100	77	61	53	46	45	36	34	**21.64**	9	13	–	–	–	1	–	–	–	–	–	–	**Bicyclo[3.2.1]oct-2-ene, 3-bromo-4-methyl-, exo-**	55956-41-7	**T2477**
95	41	84	56	57	111	43	143	**200**	100	69	69	41	35	31	28	28	**0.00**	12	24	2	–	–	–	–	–	–	–	–	–	**1,3-Dioxane, 4,6-diisobutyl-, trans-**	16731-96-7	**R6416**
95	108	59	31	29	79	93	67	**200**	100	83	71	64	41	30	28	27	**0.17**	12	24	2	–	–	–	–	–	–	–	–	–	**1,4-Cyclohexanedicarboxylic acid, 1-methyl-, diethyl ester**		**03003**
98	84	69	70	83	97	67	68	**200**	100	35	33	31	29	22	18	17	**15.01**	12	24	2	–	–	–	–	–	–	–	–	–	**Dodecanoic acid**		**P9890**
98	109	127	81	55	53	39	99	**200**	100	97	94	80	60	56	53	50	**0.00**	10	16	4	–	–	–	–	–	–	–	–	–	**Propanedioic acid, 2-propenyl-, diethyl ester**	2049-80-1	**Q7249**
99	155	154	109	67	82	98	127	**200**	100	69	59	30	21	14	14	10	**3.03**	10	16	4	–	–	–	–	–	–	–	–	–	**Propanedioic acid, isopropylidene-, diethyl ester**	6802-75-1	**R2565**
100	131	31	69	50	93	132	74	**200**	100	87	54	25	13	6	3	3	**0.12**	4	–	–	–	–	–	8	–	–	–	–	–	**Octafluorocyclobutane**		**Y0362**
103	73	67	82	119	75	59	54	**200**	100	65	53	48	32	23	13	12	**0.00**	11	24	1	–	–	–	–	–	–	–	1	–	**Silane, (2-ethoxycyclohexyl)trimethyl-**	54889-64-4	**S9776**
103	73	82	67	75	119	59	45	**200**	100	99	43	34	30	26	22	19	**0.00**	11	24	1	–	–	–	–	–	–	–	1	–	**Silane, (2-ethoxycyclohexyl)trimethyl-, trans-**	29753-66-0	**06882**
103	73	82	67	119	75	59	54	**200**	100	63	48	33	32	23	12	11	**0.00**	11	24	1	–	–	–	–	–	–	–	1	–	**Silane, (2-ethoxycyclohexyl)trimethyl-, trans-**	29753-66-0	**S2646**
103	73	82	129	67	75	59	54	**200**	100	91	56	47	41	33	22	18	**0.03**	11	24	1	–	–	–	–	–	–	–	1	–	**Silane, (2-ethoxycyclohexyl)trimethyl-, cis-**	55670-10-5	**06883**
103	101	171	99	169	78	102	131	**200**	100	85	70	68	51	42	42	40	**19.90**	9	18	–	–	–	–	–	–	–	–	–	1	**Germacyclopent-3-ene, 1,1-diethyl-3-methyl-**	5764-76-1	**R1781**
103	101	171	99	169	102	75	132	**200**	100	84	68	66	51	42	41	40	**20.79**	9	18	–	–	–	–	–	–	–	–	–	1	**Germacyclopent-3-ene, 1,1-diethyl-3-methyl-**	5764-76-1	**R1780**

MASS TO CHARGE RATIOS								M.W.	INTENSITIES								Parent	C	H	O	N	Cl	Br	F	S	P	B	Si	X	COMPOUND NAME	CAS Reg No	No
103	115	88	102	129	185	170	130	**200**	100	98	58	56	55	55	45	32	**30.00**	9	8	–	6	–	–	–	–	–	–	–	–	**3-Hydrazino-s-triazolo[3,4-a]phthalazine**		**L8347**
104	200	117	129	157	91	118	185	**200**	100	46	40	25	25	24	24	15		15	20	–	–	–	–	–	–	–	–	–	–	**Bicyclo[8.2.2]tetradeca-5,10,12,13-tetraene, 4-methyl-, (E)-**	66388-92-9	**T6623**
105	77	200	202	61	45	201	121	**200**	100	35	10	4	3	2	1	1		9	9	1	–	1	–	–	1	–	–	–	–	**Benzenecarbothioic acid, 4-chloro-, S-ethyl ester**	28145-62-2	**S1974**
105	77	200	202	61	45	201	203	**200**	100	40	16	6	3	3	2	1		9	9	1	–	1	–	–	1	–	–	–	–	**Benzenecarbothioic acid, 3-chloro-, S-ethyl ester**	28145-63-3	**S1975**
105	121	200	122	77	202	45	201	**200**	100	82	63	52	49	24	11	6		9	9	1	–	1	–	–	1	–	–	–	–	**Benzenecarbothioic acid, 3-chloro-, O-ethyl ester**	13806-78-5	**R4752**
105	121	200	122	77	202	45	201	**200**	100	99	63	45	39	24	7	6		9	9	1	–	1	–	–	1	–	–	–	–	**Benzenecarbothioic acid, 4-chloro-, O-ethyl ester**	13915-60-1	**R4822**
107	28	91	166	141	77	200	121	**200**	100	91	90	80	75	68	51	42		9	9	3	–	1	–	–	–	–	–	–	–	**Acetic acid, (2-chloro-6-methylphenoxy)-**	19094-75-8	**R7972**
107	30	77	39	28	94	65	78	**200**	100	65	47	45	42	42	34	25	**13.91**	8	13	2	2	–	–	–	–	1	–	–	–	**Phosphorodiamidic acid, N,N'-dimethyl-, phenyl ester**	1754-58-1	**Q6668**
107	79	77	51	108	104	103	105	**200**	100	54	19	9	8	7	6	5	**4.63**	8	9	1	–	–	1	–	–	–	–	–	–	**Benzyl alcohol, α-(bromoethyl)-**		**Z1521**
107	109	94	200	202	77	27	65	**200**	100	88	77	51	50	25	24	23		8	9	1	–	–	1	–	–	–	–	–	–	**Phenetole, β-bromo-**		**Z1535**
107	121	200	202	77	91	65	51	**200**	100	46	45	43	30	27	20	16		8	9	1	–	–	1	–	–	–	–	–	–	**Phenol, 3-(2-bromoethyl)-**	52059-50-4	**S7841**
107	200	28	199	183	94	108	184	**200**	100	68	54	30	20	16	16	15		13	12	2	–	–	–	–	–	–	–	–	–	**Di-(4-hydroxyphenyl)methane**		**Z1542**
107	200	94	28	181	77	152	201	**200**	100	64	34	31	15	10	9	9		13	12	2	–	–	–	–	–	–	–	–	–	**Di-(2-hydroxyphenyl)methane**		**Z1540**
107	200	94	199	181	108	77	201	**200**	100	72	33	14	12	11	10	10		13	12	2	–	–	–	–	–	–	–	–	–	**(2-Hydroxyphenyl)(4-hydroxyphenyl)methane**		**Z1541**
108	154	155	109	81	99	127	126	**200**	100	82	45	41	34	29	19	17	**1.90**	10	16	4	–	–	–	–	–	–	–	–	–	**2-Hexene-1,6-dicarboxylic acid, diethyl ester**		**C0161**
109	58	136	45	41	84	43	110	**200**	100	60	49	49	46	37	37	36	**0.00**	11	20	3	–	–	–	–	–	–	–	–	–	**Bicyclo[2.2.2]octane, asym-2,6,7-trimethoxy-**		**M6958**
109	81	63	91	29	165	27	65	**200**	100	45	29	24	22	21	19	17	**8.23**	6	14	3	–	1	–	–	–	1	–	–	–	**Phosphonic acid, (1-chloroethyl)-, diethyl ester**	10419-78-0	**R3825**
109	91	200	65	83	110	92	201	**200**	100	83	42	11	8	8	7	7		14	13	–	–	–	–	1	–	–	–	–	–	**Benzene, 1-fluoro-4-(2-phenylethyl)-**	370-76-3	**Q0615**
109	168	136	45	41	110	79	108	**200**	100	74	54	51	51	43	29	27	**0.00**	11	20	3	–	–	–	–	–	–	–	–	–	**Bicyclo[2.2.2]octane, sym-2,6,7-trimethoxy-**		**M6957**
113	56	41	136	145	59	39	27	**200**	100	54	46	36	35	32	20	17	**0.34**	10	16	4	–	–	–	–	–	–	–	–	–	**1,1-Cyclopropanedicarboxylic acid, 2-isopropyl-, dimethyl ester**	56253-97-5	**T3225**
113	57	71	101	41	42	200	43	**200**	100	75	22	16	13	13	13	9		10	24	–	4	–	–	–	–	–	–	–	–	**1,2,4,5-Tetrazine, 1,4-dibutylhexahydro-**	35035-70-2	**S4793**
113	57	71	101	200	41	42	100	**200**	100	76	23	16	15	14	14	8		10	24	–	4	–	–	–	–	–	–	–	–	**1,2,4,5-Tetrazine, 1,4-dibutylhexahydro-**		**M3942**
113	68	143	41	57	43	95	55	**200**	100	84	79	57	50	38	36	27	**0.00**	12	24	2	–	–	–	–	–	–	–	–	–	**1,3-Dioxane, 4,6-di-sec-butyl-**	16731-97-8	**R6417**
115	117	85	49	69	119	87	67	**200**	100	64	36	16	13	12	11	10	**0.22**	3	2	–	–	3	–	3	–	–	–	–	–	**1,2,3-Trichloro-1,1,2-trifluoropropane**		**A0766**
116	43	41	71	200	29	39	27	**200**	100	90	31	30	26	23	21	20		10	16	–	–	–	–	–	2	–	–	–	–	**Thiophene, 2-(hexylthio)-**		**Y2128**
117	119	167	165	83	169	60	130	**200**	100	97	87	68	45	41	36	32	**0.40**	2	1	–	–	5	–	–	–	–	–	–	–	**Ethane, pentachloro-**	76-01-7	**P5676**
119	120	94	200	42	198	174	173	**200**	100	96	73	62	50	31	28	23		7	8	–	2	–	–	–	–	–	–	–	1	**Selenocyanic acid, 2,5-dimethyl-1H-pyrrol-3-yl ester**	18713-25-2	**R7795**
119	200	77	93	198	51	66	118	**200**	100	59	51	44	29	23	23	19		7	8	–	2	–	–	–	–	–	–	–	1	**Selenourea, phenyl-**		**16986**
121	67	82	200	54	81	122	39	**200**	100	40	38	30	22	18	16	15		11	12	–	4	–	–	–	–	–	–	–	–	**Benzo[3,4]cyclobuta[1,2-d][1,2,4]triazolo[1,5-b]pyridazine, 6b,7,8,9,10,10a-hexahydro-**	50873-02-4	**S7513**
121	120	104	169	171	107	202	200	**200**	100	18	14	12	12	7	2	2		8	9	1	–	–	1	–	–	–	–	–	–	**Benzeneethanol, α-bromo-**		**Z1523**
121	123	41	39	42	38	93	95	**200**	100	99	88	33	11	6	6	5	**0.90**	3	6	–	–	–	2	–	–	–	–	–	–	**Propane, 1,2-dibromo-**		**A0313**
121	123	41	202	200	204	39	27	**200**	100	97	90	60	31	29	25	18		3	6	–	–	–	2	–	–	–	–	–	–	**Propane, 1,3-dibromo-**		**Z1520**
121	200	202	91	77	65	63	51	**200**	100	85	84	76	59	24	23	23		8	9	1	–	–	1	–	–	–	–	–	–	**Phenol, 4-bromo-2,6-dimethyl-**	2374-05-2	**Q7892**
122	200	123	91	94	181	78	51	**200**	100	99	32	24	19	15	14	12		13	12	2	–	–	–	–	–	–	–	–	–	**1,3-Benzenediol, 2-benzyl-**	3769-40-2	**Q9796**
123	95	138	75	124	39	41	96	**200**	100	51	37	22	8	8	6	6	**1.10**	10	10	1	–	1	–	1	–	–	–	–	–	**1-Butanone, 4-chloro-1-(4-fluorophenyl)-**	3874-54-2	**Q9878**
123	121	41	39	28	42	38	95	**200**	100	99	79	35	12	7	6	4	**1.39**	3	6	–	–	–	2	–	–	–	–	–	–	**Propane, 1,2-dibromo-**		**D0041**
126	136	98	68	113	41	59	43	**200**	100	56	52	49	39	37	34	33	**0.21**	10	16	4	–	–	–	–	–	–	–	–	–	**Propanedioic acid, (3-methylbutylidene)-, dimethyl ester**	53618-21-6	**S8545**
127	29	109	98	126	81	108	99	**200**	100	87	76	74	47	46	41	36	**12.23**	10	16	4	–	–	–	–	–	–	–	–	–	**Propanedioic acid, 2-propenyl-, diethyl ester**		**P1087**
127	155	99	171	98	53	126	81	**200**	100	94	94	50	48	30	24	24	**1.80**	10	16	4	–	–	–	–	–	–	–	–	–	**1-Ethoxycarbonyl-1-ethoxycarbonylmethyl-cyclopropane**		**M0029**
128	155	45	27	75	200	91	111	**200**	100	90	51	48	45	36	34	34		9	9	3	–	1	–	–	–	–	–	–	–	**Propanoic acid, 2-(3-chlorophenoxy)-**	101-10-0	**P7461**
129	41	144	45	39	57	200	59	**200**	100	81	67	57	49	42	34	31		10	16	–	–	–	–	–	2	–	–	–	–	**Thiophene, 2-(butylthio)-5-ethyl-**		**Y2408**
129	128	157	172	115	143	200	144	**200**	100	76	70	63	56	49	47	34		14	16	1	–	–	–	–	–	–	–	–	–	**5(6H)-Benzocyclooctenone, 7,8-dihydro-8,8-dimethyl-**	69576-84-7	**T7144**
129	144	29	200	41	39	27	45	**200**	100	96	54	45	35	24	23	23		10	16	–	–	–	–	–	2	–	–	–	–	**Thiophene, 2-ethyl-5-sec-butyl-**	54889-41-7	**S9770**
129	144	29	200	41	39	27	45	**200**	100	96	54	45	35	24	23	23		10	16	–	–	–	–	–	2	–	–	–	–	**1,1,3,5-Tetramethyl-3-neopentyl-(2,3-dihydroindene)**		**Y2129**
129	144	41	39	57	45	59	200	**200**	100	86	82	46	43	42	29	25		10	16	–	–	–	–	–	2	–	–	–	–	**Thiophene, 2-ethyl-5-sec-butyl-**		**Y2409**
131	31	69	93	181	200	50	62	**200**	100	70	37	13	12	9	8	5		4	–	–	–	–	–	8	–	–	–	–	–	**Octafluoro-1-butene**		**Y0733**
131	69	181	200	100	93	31	150	**200**	100	45	43	25	15	12	11	11		4	–	–	–	–	–	8	–	–	–	–	–	**Octafluoro-2-butene**		**G0026**
132	66	117	134	91	67	105	131	**200**	100	90	67	64	51	46	42	38	**35.90**	15	20	–	–	–	–	–	–	–	–	–	–	**5-Methyl-3a,4,4a,5,8,8a,9,9a-octahydro-4,9-methano-1H-benz[f]indene**		**C1448**
132	66	117	200	91	105	131	67	**200**	100	86	67	62	54	48	38	36		15	20	–	–	–	–	–	–	–	–	–	–	**6-Methyl-3a,4,4a,5,8,8a,9,9a-octahydro-4,9-methano-1H-benz[f]indene**		**C1449**
136	41	69	39	67	59	80	137	**200**	100	44	42	29	27	23	22	22	**0.00**	10	16	4	–	–	–	–	–	–	–	–	–	**Propanedioic acid, (1,2-dimethylpropylidene)-, dimethyl ester**	56253-96-4	**T3224**
138	110	75	74	140	182	112	50	**200**	100	73	47	38	34	34	24	14	**0.00**	8	5	4	–	1	–	–	–	–	–	–	–	**Phthalic acid, 4-chloro-**	89-20-3	**P6478**
138	145	165	109	127	81	173	29	**200**	100	82	77	63	58	51	47	46	**0.00**	6	14	3	–	1	–	–	–	1	–	–	–	**Phosphonic acid, (2-chloroethyl)-, diethyl ester**	10419-79-1	**R3826**
139	156	75	200	74	18	138	110	**200**	100	98	86	75	49	43	41	39		8	5	4	–	1	–	–	–	–	–	–	–	**Phthalic acid, 3-chloro-**		**D1213**
140	43	39	200	41	65	92	158	**200**	100	27	25	24	23	18	17	14		9	12	3	–	–	–	–	1	–	–	–	–	**2-Hydroxyphenyl isopropyl sulphone**		**03712**
140	200	43	39	41	65	92	94	**200**	100	41	23	17	16	15	15	14		9	12	3	–	–	–	–	1	–	–	–	–	**2-Hydroxyphenyl propyl sulphone**		**03711**

MASS TO CHARGE RATIOS								M.W.	INTENSITIES								Parent	C	H	O	N	Cl	Br	F	S	P	B	Si	X	COMPOUND NAME	CAS Reg No	No
141	15	115	200	18	139	142	63	**200**	100	68	46	42	25	18	18	11		13	12	2	–	–	–	–	–	–	–	–	–	**1-Naphthaleneacetic acid, methyl ester**	2876-78-0	**Q8771**
141	111	185	39	200	142	45	83	**200**	100	47	42	28	14	13	13	11		8	12	2	–	–	–	–	1	–	–	1	–	**2-Thiophenecarboxylic acid, trimethylsilyl ester**	55557-11-4	**T1563**
141	200	77	143	155	125	142	202	**200**	100	75	63	33	32	31	30	25		9	9	3	–	1	–	–	–	–	–	–	–	**Acetic acid, (4-chloro-2-methylphenoxy)-**	94-74-6	**P6874**
141	200	142	139	71	57	140	89	**200**	100	97	33	12	7	5	5	2		13	12	2	–	–	–	–	–	–	–	–	–	**1-Naphthaleneacetic acid, methyl ester**	2876-78-0	**Q8772**
143	44	29	87	28	30	42	58	**200**	100	87	61	52	40	31	31	31	**0.00**	10	24	–	4	–	–	–	–	–	–	–	–	**Diazene, [1-(2,2-diethylhydrazino)-2-methylpropyl]ethyl-**	59856-62-1	**T5139**
143	69	41	55	57	43	83	144	**200**	100	37	23	23	20	17	14	11	**0.00**	13	28	1	–	–	–	–	–	–	–	–	–	**5-Nonanol, 5-butyl-**	597-93-3	**Q2584**
143	73	75	200	144	185	41	201	**200**	100	53	52	42	14	10	8	7		11	24	1	–	–	–	–	–	–	–	1	–	**Silane, [(2,6-dimethylcyclohexyl)oxy]trimethyl-**	29800-80-4	**S2663**
143	75	73	200	185	144	201	74	**200**	100	54	50	42	12	9	4	3		11	24	1	–	–	–	–	–	–	–	1	–	**Silane, [(2,6-dimethylcyclohexyl)oxy]trimethyl-**	29800-80-4	**S2664**
143	131	89	69	70	41	42	101	**200**	100	80	70	67	48	44	44	43	**2.67**	10	21	3	–	–	–	–	–	–	1	–	–	**1,3,2-Dioxaborinane, 4,6-dimethyl-2-(pentyloxy)-**	52964-02-0	**S8200**
143	200	185	158	171	157	105	91	**200**	100	99	84	82	65	53	51	49		15	20	–	–	–	–	–	–	–	–	–	–	**Benzene, 1-(1,2-dimethyl-3-methylenecyclopentyl)-4-methyl-, cis-**	5006-53-1	**R1006**
144	172	167	128	115	129	145	152	**200**	100	40	26	21	20	17	17	15	**12.00**	14	16	1	–	–	–	–	–	–	–	–	–	**Cyclopent[a]inden-3a(1H)-ol, 2,3-dihydro-1,1-dimethyl-**	64129-19-7	**T6395**
144	200	115	145	127	41	116	57	**200**	100	22	16	11	5	4	4	2		14	16	1	–	–	–	–	–	–	–	–	–	**Naphthalene, 2-butoxy-**	10484-56-7	**R3877**
144	200	167	115	185	145	116	131	**200**	100	72	57	47	46	42	24	24		14	16	1	–	–	–	–	–	–	–	–	–	**Cyclopent[a]inden-8(1H)-one, 2,3,3a,8a-tetrahydro-2,2-dimethyl-**	64129-22-2	**T6396**
150	200	181	69	93	81	124	174	**200**	100	65	60	50	50	43	30	30		7	2	–	–	–	–	6	–	–	–	–	–	**1,2,3,4,7,7-Hexafluorobicyclo[2.2.1]hepta-2,5-diene**		**L2234**
155	77	51	47	184	78	50	79	**200**	100	70	41	33	25	15	13	13		9	13	3	–	–	–	–	–	1	–	–	–	**Methyl phenyl ethylphosphonate**		**P4087**
155	109	183	201	76	137	156	75	**200**	100	59	52	38	17	15	11	8	**0.59**	10	16	4	–	–	–	–	–	–	–	–	–	**D-Camphoric acid**		**P0305**
155	200	127	128	172	126	77	51	**200**	100	61	57	12	12	10	7	4		13	12	2	–	–	–	–	–	–	–	–	–	**Ethyl 1-naphthoate**		**L0323**
155	200	127	156	128	172	126	201	**200**	100	61	57	16	12	12	10	9		13	12	2	–	–	–	–	–	–	–	–	–	**Ethyl 1-naphthoate**		**Z1524**
157	115	43	41	45	156	71	69	**200**	100	66	32	28	28	27	24	23	**1.00**	10	21	3	–	–	–	–	–	–	1	–	–	**1,3,2-Dioxaborinane, 4,6-dimethyl-2-(1-methylbutoxy)-**	52910-22-2	**S8169**
157	129	200	51	50	76	77	63	**200**	100	71	66	38	24	21	20	16		11	8	2	2	–	–	–	–	–	–	–	–	**3,1-Benzoxazepine-2-carbonitrile, 7-methoxy-**	19062-88-5	**R7946**
157	129	200	51	50	76	77	102	**200**	100	71	67	38	27	21	20	15		11	8	2	2	–	–	–	–	–	–	–	–	**3,1-Benzoxazepine-2-carbonitrile, 7-methoxy-**		**L6010**
157	200	91	129	158	115	117	201	**200**	100	40	37	17	17	8	8	8		15	20	–	–	–	–	–	–	–	–	–	–	**Bicyclo[3.3.1]nonane, 1-phenyl-**		**M8692**
157	200	91	158	129	115	117	201	**200**	100	39	36	15	13	9	8	7		15	20	–	–	–	–	–	–	–	–	–	–	**Bicyclo[3.3.1]nonane, 1-phenyl-**	26845-39-6	**S1512**
158	131	115	129	143	130	200	157	**200**	100	44	34	28	28	25	23	21		14	16	1	–	–	–	–	–	–	–	–	–	**2-Cyclohexen-1-one, 4,5-dimethyl-4-phenyl-**		**R7113**
158	200	43	159	131	32	44	89	**200**	100	42	38	17	8	7	7	7		12	12	1	2	–	–	–	–	–	–	–	–	**Acetamide, N-(2-methyl-4-quinolinyl)-**	52101-48-1	**S7867**
159	133	59	131	157	119	73	160	**200**	100	32	23	23	22	19	17	16	**2.40**	9	20	1	–	–	–	–	–	–	–	2	–	**Disiloxane, 3-allyl-1,1,3,3-tetramethyl-1-vinyl-**	55967-53-8	**T2483**
160	161	28	76	66	77	200	50	**200**	100	12	8	7	7	7	7	6		11	8	2	2	–	–	–	–	–	–	–	–	**Phthalimide, N-(2-cyanoethyl)-**		**C0781**
165	167	200	202	151	153	204		**200**	100	32	27	17	15	5	3			10	10	–	–	2	–	–	–	–	–	–	–	**ar,α-Dichloro-ar-isopropenyl-toluene**		**Z1539**
167	117	119	165	82	166	169	164	**200**	100	99	97	78	61	60	48	46	**0.00**	2	1	–	–	5	–	–	–	–	–	–	–	**Ethane, pentachloro-**		**A0254**
167	165	117	119	83	169	130	132	**200**	100	91	90	89	58	54	43	42	**0.00**	2	1	–	–	5	–	–	–	–	–	–	–	**Ethane, pentachloro-**		**03802**
167	165	168	166	152	51	83	77	**200**	100	33	18	15	15	6	6	5	**1.04**	13	12	–	–	–	–	–	1	–	–	–	–	**Benzenemethanethiol, α-phenyl-**	4237-48-3	**R0235**
169	75	101	200	59	39	140	82	**200**	100	50	38	37	26	26	21	20		9	12	5	–	–	–	–	–	–	–	–	–	**Propanedioic acid, (3-methoxy-2-propenylidene)-, dimethyl ester**	41530-32-9	**S6665**
169	95	81	45	41	55	67	69	**200**	100	99	89	63	57	50	43	31	**0.30**	12	24	2	–	–	–	–	–	–	–	–	–	**10-Undecen-1-ol, 2-methoxy-**	54889-62-2	**H2090**
171	169	91	200	202	170	172	90	**200**	100	99	52	37	36	33	32	30		8	9	1	–	–	1	–	–	–	–	–	–	**Benzeneethanol, 4-bromo-**		**Z1522**
171	172	200	144	154	156	169	170	**200**	100	12	10	9	8	8	8	6		13	16	–	2	–	–	–	–	–	–	–	–	**1H-Pyrido[3,4-b]indole, 1-ethyl-2,3,4,9-tetrahydro-**	6678-86-0	**R2461**
171	200	172	43	155	72	157	169	**200**	100	40	21	19	17	13	12	10		13	16	–	–	–	–	–	–	–	–	1	–	**Silane, ethylmethyl-1-naphthalenyl-**	74685-82-8	**T8398**
172	174	65	93	63	200	29	202	**200**	100	98	57	46	44	42	42	41		8	9	1	–	–	1	–	–	–	–	–	–	**Phenetole, 3-bromo-**	2655-84-7	**Q8495**
172	174	65	200	63	202	29	39	**200**	100	96	59	41	40	39	35	33		8	9	1	–	–	1	–	–	–	–	–	–	**Benzene, 1-bromo-4-ethoxy-**	588-96-5	**Q2371**
172	174	200	202	65	93	173	63	**200**	100	97	42	41	17	16	8	8		8	9	1	–	–	1	–	–	–	–	–	–	**Benzene, 1-bromo-4-ethoxy-**		**Z1528**
172	200	115	116	104	144	76	171	**200**	100	64	48	46	41	41	37	23		12	8	3	–	–	–	–	–	–	–	–	–	**Naphtho[1,2-b]furan-4,5-dione, 2,3-dihydro-**	32013-77-7	**S3435**
172	200	115	116	144	104	76	171	**200**	100	64	48	46	41	41	37	23		12	8	3	–	–	–	–	–	–	–	–	–	**Furano[3,2-c]-1,2-naphthoquinone, dihydro-**		**M5920**
183	200	185	202	99	75	155	74	**200**	100	77	33	26	20	16	15	12		8	5	4	–	1	–	–	–	–	–	–	–	**Terephthalic acid, 2-chloro-**		**C2206**
184	200	171	139	185	92	172	79	**200**	100	12	9	9	8	7	6	4		12	8	1	–	–	–	–	1	–	–	–	–	**Dibenzothiophene, 5-oxide**		**01320**
184	200	171	139	185	102	172	79	**200**	100	12	9	9	8	6	5	4		12	8	1	–	–	–	–	1	–	–	–	–	**Dibenzothiophene, 5-oxide**		**L2894**
185	144	130	200	103	77	89	116	**200**	100	81	42	38	29	27	26	20		11	12	–	4	–	–	–	–	–	–	–	–	**s-Triazolo[3,4-a]phthalazine, dihydro-3,6-dimethyl-**		**L8351**
185	183	165	187	163	181	155	184	**200**	100	71	48	37	36	36	35	29	**1.32**	3	9	–	–	1	–	–	–	–	–	–	1	**Stannane, chlorotrimethyl-**	1066-45-1	**Q5159**
185	183	165	187	181	184	163	182	**200**	100	70	38	37	35	29	28	10	**1.38**	3	9	–	–	1	–	–	–	–	–	–	1	**Stannane, chlorotrimethyl-**	1066-45-1	**Q5160**
185	187	200	202	78	77	63	50	**200**	100	97	81	80	43	39	30	26		8	9	1	–	–	1	–	–	–	–	–	–	**Phenol, 4-bromo-2-ethyl-**		**L7949**
185	200	28	186	43	155	32	128	**200**	100	36	34	27	18	10	10	9		13	16	–	–	–	–	–	–	–	–	1	–	**Silane, trimethyl-1-naphthalenyl-**		**06437**
185	200	165	183	77	186	51	184	**200**	100	41	29	28	17	15	14	12		14	13	–	–	–	–	1	–	–	–	–	–	**Benzene, 1-fluoro-3-(1-phenylethyl)-**	74764-42-4	**T8506**
185	200	186	93	155	73	201	187	**200**	100	37	25	9	9	8	7	7		13	16	–	–	–	–	–	–	–	–	1	–	**Silane, trimethyl-2-naphthalenyl-**		**06436**
199	200	117	77	171	201	51	116	**200**	100	77	50	30	12	12	10	10		12	12	1	2	–	–	–	–	–	–	–	–	**4(3H)-Pyrimidinone, 3,6-dimethyl-2-phenyl-**	20959-22-2	**R9015**
199	200	118	77	171	201	117	103	**200**	100	77	50	30	12	12	9	8		12	12	1	2	–	–	–	–	–	–	–	–	**4(3H)-Pyrimidinone, 3,6-dimethyl-2-phenyl-**		**M2280**
199	200	169	91	65	185	203	44	**200**	100	83	55	52	18	10	10	9		12	12	1	2	–	–	–	–	–	–	–	–	**Pyrazine, 2-methoxy-3-benzyl-**	57674-19-8	**T4778**
199	200	171	184	201	172	130	144	**200**	100	92	34	32	18	15	14	14		12	12	1	2	–	–	–	–	–	–	–	–	**9-Methyl-4-oxo-2,3,4,9-tetrahydro-1H-pyrrolo[2,3-b]quinoline**		**L4004**

MASS TO CHARGE RATIOS								M.W.	INTENSITIES								Parent	C	H	O	N	Cl	Br	F	S	P	B	Si	X	COMPOUND NAME	CAS Reg No	No
200	43	157	158	75	101	102	76	**200**	100	88	30	30	23	23	22	20		12	8	3	–	–	–	–	–	–	–	–	–	1,4-Naphthalenedione, 2-acetyl-	5813-57-0	R1807
200	43	157	158	101	75	102	76	**200**	100	87	32	32	24	23	22	21		12	8	3	–	–	–	–	–	–	–	–	–	1,4-Naphthalenedione, 2-acetyl-	5813-57-0	R1809
200	51	77	50	59	199	40	168	**200**	100	30	25	15	15	15	14	14		11	8	–	2	–	–	–	1	–	–	–	–	4-Isothiazolecarbonitrile, 5-methyl-3-phenyl-	13950-63-5	R4847
200	51	77	59	50	199	201	103	**200**	100	30	27	15	15	15	14	13		11	8	–	2	–	–	–	1	–	–	–	–	4-Isothiazolecarbonitrile, 5-methyl-3-phenyl-		L4306
200	77	32	43	18	117	97	28	**200**	100	10	9	6	5	5	5	4		11	12	–	4	–	–	–	–	–	–	–	–	Pyrimidine, 2-amino-4-anilino-6-methyl-	7781-29-5	R3478
200	77	79	94	51	107	65	181	**200**	100	52	43	40	31	25	25	23		13	12	2	–	–	–	–	–	–	–	–	–	Benzenemethanol, 3-phenoxy-	13826-35-2	R4755
200	77	157	51	64	201	92	129	**200**	100	23	18	12	11	10	9	8		13	12	2	–	–	–	–	–	–	–	–	–	Benzene, 1-methoxy-3-phenoxy-	1655-68-1	Q6440
200	77	185	51	129	201	186	123	**200**	100	53	41	17	12	12	6	5		13	12	2	–	–	–	–	–	–	–	–	–	Benzene, 1-methoxy-4-phenoxy-	1655-69-2	Q6442
200	89	157	172	145	115	185	117	**200**	100	45	29	25	12	12	10	10		13	12	2	–	–	–	–	–	–	–	–	–	trans-3-But-1-enylisocoumarin		M0802
200	91	77	51	201	129	52	128	**200**	100	40	36	27	14	13	11	11		13	12	2	–	–	–	–	–	–	–	–	–	Benzene, 1-methoxy-2-phenoxy-	1695-04-1	Q6536
200	91	77	51	201	129	185	52	**200**	100	40	36	27	14	13	11	11		13	12	2	–	–	–	–	–	–	–	–	–	Benzene, 1-methoxy-2-phenoxy-		L4829
200	104	131	77	146	52	78	74	**200**	100	39	31	30	27	23	21	16		7	3	–	4	–	–	3	–	–	–	–	–	Pteridine, 4-(trifluoromethyl)-	23658-17-5	S0306
200	104	172	76	115	75	114	74	**200**	100	55	52	50	45	43	38	35		12	8	3	–	–	–	–	–	–	–	–	–	Naphtho[2,3-b]furan-4,9-dione, 2,3-dihydro-	32013-78-8	S3436
200	107	199	183	94	201	181	77	**200**	100	91	47	19	15	13	10	9		13	12	2	–	–	–	–	–	–	–	–	–	Di-(4-Hydroxyphenyl)methane		04603
200	108	77	199	172	201	185	51	**200**	100	76	54	37	23	15	14	13		12	12	1	2	–	–	–	–	–	–	–	–	4(3H)-Pyrimidinone, 2,6-dimethyl-3-phenyl-	32363-53-4	S3615
200	129	157	128	143	141	115	167	**200**	100	65	63	50	50	45	40	38		14	16	1	–	–	–	–	–	–	–	–	–	17β-Hydroxy-A-estra-5,7,9,14-tetraene		P1589
200	129	202	117	115	128	126	92	**200**	100	69	65	52	39	35	22	20		10	10	–	–	2	–	–	–	–	–	–	–	ar,ar-Dichloro-ar-isopropenyl-toluene		Z1538
200	135	58	72	167	202	124	45	**200**	100	47	45	29	26	15	11	10		6	4	–	2	–	–	–	3	–	–	–	–	Thiazole, 2,2′-thiobis-	69390-09-6	T7058
200	141	77	142	125	143	202	155	**200**	100	95	50	43	33	33	33	27		9	9	3	–	1	–	–	–	–	–	–	–	Acetic acid, (4-chloro-2-methylphenoxy)-	94-74-6	P6878
200	144	116	85	57	59	169	86	**200**	100	41	41	40	25	16	15	14		7	8	3	2	–	–	–	1	–	–	–	–	2-Methylimino-6-methoxycarbonyl-2,3-dihydro-1,3-thiazin-4-one		01048
200	144	171	199	143	116	145	172	**200**	100	27	10	6	6	5	4	3		12	8	3	–	–	–	–	–	–	–	–	–	Furo[3′,2′:3,4]coumarin, 4-methyl-		L2055
200	156	138	157	110	139	91		**200**	100	38	38	36	31	30	27			14	16	1	–	–	–	–	–	–	–	–	–	2-Phenyl-9-oxabicyclo[3.3.1]non-2-ene		M1267
200	159	199	201	202	160	100	132	**200**	100	22	15	14	5	5	4	4		11	8	–	2	–	–	–	1	–	–	–	–	Thiazolo[4,5-f]quinoline, 2-methyl-	38463-33-1	S5843
200	159	201	199	115	160	202	114	**200**	100	24	14	13	6	6	6	5		11	8	–	2	–	–	–	1	–	–	–	–	Thiazolo[5,4-f]quinoline, 2-methyl-	38463-41-1	S5846
200	168	171	201	100	139	69	172	**200**	100	25	24	15	9	8	8	6		12	8	1	–	–	–	–	1	–	–	–	–	Phenoxathiin		01319
200	171	168	201	69	100	139	202	**200**	100	21	20	15	8	8	6	5		12	8	1	–	–	–	–	1	–	–	–	–	Phenoxathiin	262-20-4	Q0142
200	172	118	129	89	44	90	157	**200**	100	40	31	29	23	22	21	20		13	12	2	–	–	–	–	–	–	–	–	–	2,3,6-Trimethylnaphthoquinone		P2747
200	172	145	144	171	201	131	198	**200**	100	39	25	24	23	14	10	8		12	8	3	–	–	–	–	–	–	–	–	–	2,5-Cyclohexadiene-1,4-dione, 2-(2-hydroxyphenyl)-	25483-66-3	S1093
200	172	201	173	199	202	145	171	**200**	100	24	14	12	12	5	4	4		11	8	–	2	–	–	–	1	–	–	–	–	Thiazolo[5,4-f]quinoline, 9-methyl-	3119-45-7	Q9026
200	183	185	199	201	184	51	77	**200**	100	53	39	17	14	8	7	6		13	13	–	–	–	–	–	–	1	–	–	–	Phosphine, methyldiphenyl-	1486-28-8	Q6097
200	183	185	199	201	184	91	51	**200**	100	53	39	17	14	8	7	7		13	13	–	–	–	–	–	–	1	–	–	–	Phosphine, methyldiphenyl-	1486-28-8	Q6098
200	183	202	185	155	157	77	50	**200**	100	95	94	94	30	29	27	25		7	5	2	–	–	1	–	–	–	–	–	–	o-Bromobenzoic acid		Z1531
200	185	77	51	201	64	129	123	**200**	100	33	23	22	14	12	12	9		13	12	2	–	–	–	–	–	–	–	–	–	Benzene, 1-methoxy-4-phenoxy-	1655-69-2	Q6441
200	185	199	94	95	201	108	184	**200**	100	77	50	49	35	18	17	15		13	16	–	2	–	–	–	–	–	–	–	–	(4,5-Dimethyl-2-pyrrolyl)(4,5-dimethyl-2-pyrrolylidene)methane		L0981
200	185	199	184	201	202	152	186	**200**	100	64	34	20	12	10	10	9		13	12	–	–	–	–	–	1	–	–	–	–	4,6-Dimethyl-2H-azuleno[1,8-bc]thiophene		M6933
200	199	155	63	117	168	87	31	**200**	100	28	25	23	20	18	17	15		6	1	–	–	–	–	5	1	–	–	–	–	Benzenethiol, pentafluoro-	771-62-0	Q4081
200	199	155	168	156	180	201	202	**200**	100	28	22	20	14	9	9	5		6	1	–	–	–	–	5	1	–	–	–	–	Benzenethiol, pentafluoro-	771-62-0	Q4082
200	199	183	62	155	183	97	65	**200**	100	47	42	22	16	9	9	8		8	5	4	–	1	–	–	–	–	–	–	–	1,3-Benzodioxole-5-carboxylic acid, 2-chloro-		L3692
200	199	201	172	173	202	114	158	**200**	100	62	14	6	6	5	4	4		11	8	–	2	–	–	–	1	–	–	–	–	Thiazolo[5,4-f]quinoline, 7-methyl-	3119-56-0	Q9030
200	199	201	172	202	168	173	100	**200**	100	19	14	12	5	4	4	4		11	8	–	2	–	–	–	1	–	–	–	–	Thiazolo[4,5-f]quinoline, 9-methyl-	3119-43-5	Q9025
200	199	202	165	68	203	102	137	**200**	100	76	65	21	16	14	13	12		9	6	1	–	2	–	–	–	–	–	–	–	5,7-Dichloro-2-methylbenzofuran		Z1536
200	201	146	100	140	114	79	168	**200**	100	13	13	12	10	10	7	6		11	8	–	2	–	–	–	1	–	–	–	–	Naphtho[2,1-d]thiazole, 2-amino-		D2405
200	201	172	168	199	114	173	102	**200**	100	14	10	8	8	8	7	7		11	8	–	2	–	–	–	1	–	–	–	–	Thiazolo[4,5-f]quinoline, 7-methyl-	3119-54-8	Q9029
200	202	78	77	185	187	51	121	**200**	100	99	73	48	46	45	17	17		8	9	1	–	–	1	–	–	–	–	–	–	Anisole, 2-bromo-4-methyl-	22002-45-5	09987
200	202	78	185	187	77	57	51	**200**	100	99	46	35	33	27	21	21		8	9	1	–	–	1	–	–	–	–	–	–	Anisole, 4-bromo-2-methyl-		P3440
200	202	172	174	122	203	201		**200**	100	89	9	8	4	3	3			7	5	2	–	–	1	–	–	–	–	–	–	Tropolonone, 3-bromo-		M6757
200	202	183	185	155	201	157	28	**200**	100	99	62	61	32	31	31	26		7	5	2	–	–	1	–	–	–	–	–	–	m-Bromobenzoic acid		Z1527
200	202	185	183	43	155	157	75	**200**	100	97	76	76	49	35	34	32		7	5	2	–	–	1	–	–	–	–	–	–	p-Bromobenzoic acid		Z1529
201	91	111	202	200	123	139	93	**200**	100	52	22	16	16	13	11	9		13	12	–	–	–	–	–	1	–	–	–	–	Benzene, (benzylthio)-	831-91-4	Q4320
201	199	200	202	74	171	173	63	**200**	100	96	65	63	23	17	17	16		7	5	2	–	–	1	–	–	–	–	–	–	3-Bromo-4-hydroxybenzaldehyde		Z1534
28	129	29	201	128	110	99	83	**201**	100	84	84	82	58	47	45	45		9	15	4	1	–	–	–	–	–	–	–	–	Diethyl 3-amino-2-pentenedioate		00538
30	50	75	76	155	157	74	201	**201**	100	82	82	69	53	52	48	42		6	4	2	1	–	1	–	–	–	–	–	–	Benzene, 1-bromo-3-nitro-	585-79-5	Q2336
30	142	45	44	41	55	86	59	**201**	100	17	12	11	9	7	6	4	**0.78**	11	23	2	1	–	–	–	–	–	–	–	–	11-Aminoundecanoic acid		G0434
43	84	186	72	30	42	126	144	**201**	100	83	62	61	60	35	30	24	**0.00**	10	19	3	1	–	–	–	–	–	–	–	–	Acetamide, N-[2-(2,2,4-trimethyl-1,3-dioxolan-4-yl)ethyl]-, (S)-	64018-46-8	T6371

MASS TO CHARGE RATIOS								M.W.	INTENSITIES								Parent	C	H	O	N	Cl	Br	F	S	P	B	Si	X	COMPOUND NAME	CAS Reg No	No
43	159	99	72	84	46	201	44	**201**	100	45	40	30	16	10	10	9		9	15	4	1	–	–	–	–	–	–	–	–	**(R)-2-Acetyl-5-methyl-5-isoxazolidinemethanol acetate**	64018-47-9	**T6372**
44	201	43	68	186	71	173	55	**201**	100	48	47	37	33	27	23	21		7	12	–	5	1	–	–	–	–	–	–	–	**1,3,5-Triazine-2,4-diamine, 6-chloro-N,N′-diethyl-**	122-34-9	**P9209**
46	69	201	67	96	115	48	101	**201**	100	66	45	13	12	9	8	6		1	–	1	1	–	–	5	2	–	–	–	–	**N-(Trifluoromethylthio)-difluorosulphimide**		**P2254**
55	115	43	114	73	41	58	42	**201**	100	92	90	90	86	80	60	50	**6.00**	10	19	3	1	–	–	–	–	–	–	–	–	**Butanamide, N-formyl-2-hydroxy-N,3-dimethyl-2-isopropyl-**	56440-44-9	**T3643**
57	77	41	144	201	29	105	51	**201**	100	41	41	39	36	30	26	23		13	15	1	1	–	–	–	–	–	–	–	–	**5-Phenyl-3-tert-butylisoxazole**		**05575**
58	85	36	70	42	38	84	72	**201**	100	69	39	17	16	14	13	10	**8.00**	11	27	–	3	–	–	–	–	–	–	–	–	**N,N,N′,N′,N″-Pentamethyldipropylenetriamine**		**D2917**
60	71	43	158	159	41	130	55	**201**	100	75	60	37	33	14	9	8	**2.00**	10	19	3	1	–	–	–	–	–	–	–	–	**4-Oxazolidinone, 2-hydroxy-3-methyl-5,5-diisopropyl-**	56440-43-8	**T3642**
60	158	43	71	83	41	159	125	**201**	100	90	55	30	28	20	20	18	**5.00**	10	19	3	1	–	–	–	–	–	–	–	–	**4-Oxazolidinone, 2-methoxy-5,5-diisopropyl-**	56440-37-0	**T3637**
62	143	173	115	98	75	156	175	**201**	100	54	49	42	40	29	23	19	**18.00**	8	8	3	1	1	–	–	–	–	–	–	–	**2-Ethoxy-4-chloronitrobenzene**		**D2645**
63	65	122	201	30	64	38	75	**201**	100	31	23	20	17	17	12	11		7	4	4	1	1	–	–	–	–	–	–	–	**4-Nitrophenyl chloroformate**	7693-46-1	**R3396**
63	65	201	122	44	64	75	203	**201**	100	33	28	22	18	12	10	9		7	4	4	1	1	–	–	–	–	–	–	–	**4-Nitrophenyl chloroformate**	7693-46-1	**R3397**
63	166	76	168	77	50	65	51	**201**	100	98	49	34	34	34	33	33	**8.00**	8	5	1	1	2	–	–	–	–	–	–	–	**N-(1-Chlorobenzylidene)carbamoyl chloride**		**L9593**
69	201	31	28	29	32	91	70	**201**	100	31	28	26	23	18	18	17		14	19	–	1	–	–	–	–	–	–	–	–	**Bicyclo[2.2.2]octan-1-amine, 4-phenyl-**	10206-89-0	**R3651**
75	50	76	30	155	157	201	74	**201**	100	88	80	65	62	61	60	59		6	4	2	1	–	1	–	–	–	–	–	–	**Benzene, 1-bromo-4-nitro-**	586-78-7	**Q2345**
75	201	203	157	155	76	50	30	**201**	100	80	78	60	59	54	50	36		6	4	2	1	–	1	–	–	–	–	–	–	**Benzene, 2-bromo-nitro-**		**D2450**
77	104	132	51	201	109	28	159	**201**	100	52	40	30	25	19	18	15		8	6	–	3	–	–	3	–	–	–	–	–	**2,2,2-Trifluoro-1-phenylethyl azide**		**14938**
84	75	56	28	85	73	55	45	**201**	100	10	9	7	6	6	5	5	**0.00**	9	19	2	1	–	–	–	–	–	–	1	–	**2-Piperidinecarboxylic acid, trimethylsilyl ester**	55887-52-0	**T2271**
86	128	43	30	44	102	99	28	**201**	100	57	39	23	19	11	9	8	**0.70**	10	19	3	1	–	–	–	–	–	–	–	–	**DL-Leucine, N-acetyl-, ethyl ester**	4071-36-7	**R0059**
86	128	43	102	30	145	44	99	**201**	100	99	47	15	15	14	13	12	**2.00**	10	19	3	1	–	–	–	–	–	–	–	–	**DL-Leucine, N-acetyl-, ethyl ester**	4071-36-7	**R0060**
89	69	61	113	41	201	141	101	**201**	100	60	55	50	45	45	40	30		9	15	2	1	–	–	–	1	–	–	–	–	**2,5-Pyrrolidinedione, 3-[1-(ethylthio)ethyl]-4-methyl-**	54124-16-2	**S8800**
91	201	184	28	106	156	202	157	**201**	100	99	29	20	18	17	13	12		11	11	1	3	–	–	–	–	–	–	–	–	**Imidazole-2-carboxamide, 1-benzyl-**	16042-27-6	**R6006**
91	201	202	158	92	119	159		**201**	100	99	12	11	7	5	1			11	11	1	3	–	–	–	–	–	–	–	–	**Δ²-1,2,4-Triazolin-5-one, 1-phenyl-3-propenyl-**	5360-26-9	**R1348**
94	42	95	41	39	81	80	108	**201**	100	48	28	27	27	16	13	13	**0.00**	10	16	1	1	1	–	–	–	–	–	–	–	**2,2,8-Trimethyl-8-azabicyclo[3.2.1]oct-6-en-3-one, hydrochloride**		**L6715**
94	77	135	108	66	39	93	201	**201**	100	54	49	44	42	33	31	28		12	11	2	1	–	–	–	–	–	–	–	–	**Pyrrole, 1-acetyl-2-(4-methoxybenzyl)-2,5-dihydro-**		**M2763**
99	58	41	39	30	42	85	72	**201**	100	20	11	8	6	5	4	4	**0.00**	9	19	–	3	–	–	–	1	–	–	–	–	**N-Allyl-N′-[(3-dimethylamino)propyl]thiourea**		**D0887**
102	166	75	50	76	201	51	73	**201**	100	47	39	37	35	30	22	13		7	4	2	1	1	–	–	1	–	–	–	–	**1,2-Benzisothiazole, 3-chloro-, 1,1-dioxide**	567-19-1	**Q2183**
104	125	201	128	115	186	200	43	**201**	100	92	89	81	78	78	72	71		12	11	2	1	–	–	–	–	–	–	–	–	**2-Isoxazolin-5-one, 3-methyl-4-(m-methylbenzylidene)-**	21119-16-4	**R9109**
104	201	91	110	105	65	28	202	**201**	100	54	45	41	15	13	10	8		12	11	2	1	–	–	–	–	–	–	–	–	**1H-Pyrrole-2,5-dione, 1-(2-phenylethyl)-**		**05772**
114	115	116	98	70	158	72	74	**201**	100	98	98	96	82	82	70	70	**19.00**	11	23	2	1	–	–	–	–	–	–	–	–	**L-Valine, N-isopropyl-, isopropyl ester**	56804-97-8	**09672**
115	116	58	15	55	63	201	40	**201**	100	43	24	22	22	18	18	15		12	11	2	1	–	–	–	–	–	–	–	–	**1-Naphthalenol, methylcarbamate**	63-25-2	**P5176**
116	115	201	39	63	89	51	128	**201**	100	92	89	16	16	11	10	10		12	11	–	1	–	–	–	1	–	–	–	–	**1,4-Methanonaphthalene, 1,2,3,4-tetrahydro-2-isothiocyanato-, (1α,2α,4α)-**	67461-32-9	**T6838**
119	43	103	36	165	76	149	50	**201**	100	91	85	75	64	64	61	56	**0.00**	7	8	2	3	1	–	–	–	–	–	–	–	**Benzenecarboximidamide, 3-nitro-, monohydrochloride**	56406-50-9	**T3591**
122	121	66	67	65	93	94	201	**201**	100	98	77	67	59	59	51	48		9	12	2	1	1	–	–	–	–	–	–	–	**1H-Pyrrole-2-carboxylic acid, 3,5-dimethyl-, 2-chloroethyl ester**	35889-92-0	**S5108**
126	112	141	101	69	41	201	67	**201**	100	90	80	70	47	35	32	20		9	15	2	1	–	–	–	1	–	–	–	–	**2,5-Pyrrolidinedione, 3-ethyl-3-(ethylthio)-4-methyl-**	54124-18-4	**S8801**
128	84	42	28	158	27	29	41	**201**	100	22	18	16	15	12	12	11	**0.00**	11	23	2	1	–	–	–	–	–	–	–	–	**Norvaline, N-methyl-2-propyl-, ethyl ester**	6141-44-2	**R2094**
131	99	41	142	71	42	59	43	**201**	100	67	57	51	46	31	31	28	**1.01**	10	19	3	1	–	–	–	–	–	–	–	–	**Octanoic acid, 2-(methoxyimino)-, methyl ester**	55590-72-2	**T1644**
131	201	70	103	77	132	102	200	**201**	100	56	54	54	35	23	10	10		13	15	1	1	–	–	–	–	–	–	–	–	**Pyrrolidine, 1-cinnamoyl-**	19202-21-2	**R8031**
131	201	70	103	77	133	51	102	**201**	100	55	50	48	32	16	9	8		13	15	1	1	–	–	–	–	–	–	–	–	**Pyrrolidine, 1-cinnamoyl-**		**M1121**
139	122	201	186	75	76	92	74	**201**	100	61	52	32	31	30	22	11		7	7	4	1	–	–	–	1	–	–	–	–	**Benzene, 1-(methylsulphonyl)-4-nitro-**	2976-30-9	**Q8881**
139	123	122	201	186	76	92	79	**201**	100	72	61	56	32	28	22	7		7	7	4	1	–	–	–	1	–	–	–	–	**Benzene, 1-(methylsulphonyl)-4-nitro-**	2976-30-9	**Q8882**
142	29	143	42	27	41	44	85	**201**	100	16	15	14	11	11	11	11	**0.00**	11	23	2	1	–	–	–	–	–	–	–	–	**Pentanoic acid, 2-(dimethylamino)-2-propyl-, methyl ester**	54966-06-2	**S9929**
142	74	114	68	75	143	102	88	**201**	100	73	35	20	19	8	8	7	**0.00**	10	19	3	1	–	–	–	–	–	–	–	–	**Hydroxyproline, neopentyl ester**		**P3671**
142	144	84	30	41	29	42	57	**201**	100	43	34	22	18	16	16	16	**0.00**	11	23	2	1	–	–	–	–	–	–	–	–	**Norleucine, 2-butyl-, methyl ester**	6141-45-3	**R2095**
144	77	155	159	81	125	201		**201**	100	87	84	47	25	24	18			14	19	–	1	–	–	–	–	–	–	–	–	**trans-N-Methyl-5,5a,6,7,8,9,10,10a-octahydrocyclohept[b]indole**		**M7505**
144	115	116	145	201	40	89	63	**201**	100	44	37	14	9	8	6	6		12	11	2	1	–	–	–	–	–	–	–	–	**1-Naphthalenol, methylcarbamate**	63-25-2	**P5168**
144	115	116	145	201	89	58	127	**201**	100	35	15	10	7	4	4	3		12	11	2	1	–	–	–	–	–	–	–	–	**1-Naphthalenol, methylcarbamate**		**Y2378**
144	201	77	159	116	117	89	145	**201**	100	50	48	44	28	16	14	14		13	15	1	1	–	–	–	–	–	–	–	–	**5-Butyl-3-phenylisoxazole**		**L6555**
144	201	77	159	116	117	145	105	**201**	100	50	48	46	28	16	14	14		13	15	1	1	–	–	–	–	–	–	–	–	**5-Butyl-3-phenylisoxazole**		**05576**
145	117	41	129	90	146	89	128	**201**	100	33	21	16	14	14	13	11	**3.00**	13	15	1	1	–	–	–	–	–	–	–	–	**Quinoline, 2-isobutoxy-**	56273-37-1	**T3346**
145	146	117	128	201	90	51	41	**201**	100	28	26	26	15	12	11	10		13	15	1	1	–	–	–	–	–	–	–	–	**2(1H)-Quinolinone, 1-isobutoxy-**	56273-38-2	**T3347**
148	147	91	36	119	65	149	77	**201**	100	40	36	25	23	17	12	10	**0.00**	8	10	2	2	1	–	–	–	–	–	–	–	**Benzoic acid, monohydrazino-5-methyl-, hydrochloride**	57396-94-8	**T4698**
156	129	201	82	100	87	202	157	**201**	100	85	77	45	31	16	10	9		8	11	3	1	–	–	–	1	–	–	–	–	**Acetic acid, (3-methyl-4-oxo-2-thiazolidinylidene)-, ethyl ester**	27653-75-4	**S1732**
157	159	78	76	51	50	158	77	**201**	100	97	70	39	37	32	22	22	**14.87**	6	4	2	1	–	1	–	–	–	–	–	–	**2-Pyridinecarboxylic acid, 6-bromo-**	21190-87-4	**R9149**
158	132	130	144	118	77	112	131	**201**	100	86	70	53	45	44	39	34	**31.00**	14	19	–	1	–	–	–	–	–	–	–	–	**2-Methyl-5-(oct-1-ynyl)pyridine**		**L6113**
159	201	172	160	95	121	186	120	**201**	100	30	20	11	7	7	7	6		13	15	1	1	–	–	–	–	–	–	–	–	**8-Quinolinol, 2-butyl-**	29210-65-9	**S2392**
166	99	136	154	119	120	201	135	**201**	100	69	65	63	55	50	45	43		8	5	2	1	1	–	1	–	–	–	–	–	**1-Chloro-3-fluoro-2-(2-nitrovinyl)benzene**		**B0115**

MASS TO CHARGE RATIOS								M.W.	INTENSITIES								Parent	C	H	O	N	Cl	Br	F	S	P	B	Si	X	COMPOUND NAME	CAS Reg No	No
172	116	72	88	70	55	56	58	**201**	100	85	26	22	18	14	14	14	**8.00**	12	27	1	1	–	–	–	–	–	–	–	–	N,N-Di-sec-butyl-1-hydroxy-1-methyl-1-propylamine		P2302
174	201	63	64	65	52	39	90	**201**	100	83	51	43	32	29	26	25		10	7	–	3	–	–	–	1	–	–	–	–	1H-Benzimidazole, 2-(4-thiazolyl)-	148-79-8	P9960
174	201	129	63	64	90	175	202	**201**	100	99	15	15	14	14	13	13		10	7	–	3	–	–	–	1	–	–	–	–	1H-Benzimidazole, 2-(4-thiazolyl)-	148-79-8	P9959
186	73	187	201	174	59	45	114	**201**	100	54	21	17	14	11	8	7		9	23	–	1	–	–	–	–	–	–	2	–	Silanamine, 1,1,1-trimethyl-N-2-propenyl-N-(trimethylsilyl)-	7688-51-9	R3394
186	73	187	201	174	59	45	114	**201**	100	54	23	17	14	11	8	7		9	23	–	1	–	–	–	–	–	–	2	–	Silanamine, 1,1,1-trimethyl-N-2-propenyl-N-(trimethylsilyl)-	7688-51-9	R3393
186	185	144	187	41	89	29	57	**201**	100	25	22	14	12	10	9	8	**3.29**	13	20	–	1	–	–	–	–	–	1	–	–	1,2-Azaborolidine, 1-tert-butyl-2-phenyl-	72443-04-0	T7822
186	188	150	166	152	67	190	187	**201**	100	72	51	26	21	16	15	15	**1.10**	4	13	–	1	2	–	–	–	–	–	2	–	1,3-Dichlorotetramethyldisilazane	3449-24-9	Q9406
186	188	150	166	152	85.5	68	190	**201**	100	72	50	26	20	20	15	15	**1.00**	4	13	–	1	2	–	–	–	–	–	2	–	1,3-Dichlorotetramethyldisilazane		L2118
186	201	144	121	158	187	200		**201**	100	42	37	28	27	18	12			14	19	–	1	–	–	–	–	–	–	–	–	trans-4a,9-Dimethyl-1,2,3,4,4a,9a-hexahydrocarbazole		M7506
186	201	144	200	143	158	91		**201**	100	44	41	40	34	29	29			14	19	–	1	–	–	–	–	–	–	–	–	1-(N-Methylanilino)-2-methylcyclohexene		M7502
201	44	186	43	173	203	68	55	**201**	100	77	48	46	35	35	27	23		7	12	–	5	1	–	–	–	–	–	–	–	1,3,5-Triazine-2,4-diamine, 6-chloro-N,N′-diethyl-	122-34-9	P9215
201	44	186	68	203	173	43	71	**201**	100	90	56	39	33	32	31	28		7	12	–	5	1	–	–	–	–	–	–	–	1,3,5-Triazine-2,4-diamine, 6-chloro-N,N′-diethyl-		Y2398
201	76	102	104	130	43	90	50	**201**	100	55	49	45	42	40	39	35		9	7	1	5	–	–	–	–	–	–	–	–	4,5-Dihydro-4-methyl-5-oxotetrazolo[1,5a]quinazoline		D2112
201	127	133	105	145	158	71	79	**201**	100	73	61	42	38	27	22	21		13	15	1	1	–	–	–	–	–	–	–	–	Isoxazole, 5-(2,5-dimethylphenyl)-3,4-dimethyl-	69299-47-4	T7036
201	128	143	186	145	132	131	200	**201**	100	62	37	35	26	25	18	17		12	11	2	1	–	–	–	–	–	–	–	–	2-Isoxazolin-5-one, 3-methyl-4-(m-methylbenzylidene)-		L5812
201	144	77	51	184	169	104	170	**201**	100	32	29	27	16	8	8	5		11	11	1	3	–	–	–	–	–	–	–	–	anti-4-Acetyl-1-phenylpyrazole oxime		L8836
201	160	158	144	115	202	76	200	**201**	100	35	30	30	29	24	24	21		12	11	2	1	–	–	–	–	–	–	–	–	2-Methyl-3-(methylamino)naphthoquinone		04924
201	166	140	105	85	79	65		**201**	100	22	11	10	9	9	9			7	5	–	3	2	–	–	–	–	–	–	–	3,8-Dichloro-7-methyl-s-triazolo[4,3-a]pyridine		M2678
201	168	169	200	167	77	199	186	**201**	100	44	40	38	33	32	25	22		12	11	–	1	–	–	–	1	–	–	–	–	2-Mercaptodiphenylamine		01111
201	173	144	82	77	130	186	159	**201**	100	96	75	51	38	31	25	19		12	11	2	1	–	–	–	–	–	–	–	–	1,4-Dimethyl-2,5-dioxo-2,5-dihydro-1H-benz[b]azepine		B0033
201	173	144	172	145	82	77	130	**201**	100	96	85	75	75	52	38	32		12	11	2	1	–	–	–	–	–	–	–	–	1,4-Dimethyl-2,5-dioxo-2,5-dihydro-1H-benz[b]azepine		05728
201	174	129	77	51	103	202		**201**	100	87	86	79	46	16	13			10	7	–	3	–	–	–	1	–	–	–	–	4-Phenylthiazolo[2,3-c]-s-triazole		M6119
201	174	202	156	155	90	129	63	**201**	100	60	13	11	9	9	9	8		10	7	–	3	–	–	–	1	–	–	–	–	1H-Benzimidazole, 2-(4-thiazolyl)-	148-79-8	P9961
201	200	77	160	51	144	202	69	**201**	100	53	43	36	20	19	14	13		12	11	2	1	–	–	–	–	–	–	–	–	2(1H)-Pyridone, 4-hydroxy-6-methyl-1-phenyl-	15250-44-9	R5621
201	200	77	160	144	51	118	173	**201**	100	56	44	37	20	20	15	14		12	11	2	1	–	–	–	–	–	–	–	–	2(1H)-Pyridone, 4-hydroxy-6-methyl-1-phenyl-		M3429
201	200	158	185	172	143	157	202	**201**	100	96	47	23	19	18	16	16		13	15	1	1	–	–	–	–	–	–	–	–	Acetaldehyde, (1,3-dihydro-1,3,3-trimethyl-2H-indol-2-ylidene)-	84-83-3	P6228
201	202	200	117	118	116	203		**201**	100	13	12	10	8	5	1			10	11	–	5	–	–	–	–	–	–	–	–	1,3,5-Triazine-2,4-diamine, 6-(3-methylphenyl)-	29366-76-5	S2475
201	203	116	166	205	31	118	86	**201**	100	64	21	18	12	9	8	7		5	–	–	1	2	–	3	–	–	–	–	–	Pyridine, 3,5-dichloro-2,4,6-trifluoro-		M4492
201	203	116	166	205	31	118	156	**201**	100	64	20	18	12	8	7	7		5	–	–	1	2	–	3	–	–	–	–	–	Pyridine, 2,4-dichloro-3,5,6-trifluoro-	54889-43-9	S9772
201	203	166	101	202	63	69	139	**201**	100	41	26	14	11	11	9	8		7	4	–	1	1	–	–	2	–	–	–	–	2(3H)-Benzothiazolethione, 5-chloro-	5331-91-9	R1303
202	93	201	120	124	121	203	92	**201**	100	89	45	25	21	18	17	14		12	11	–	1	–	–	–	1	–	–	–	–	Benzenesulphenamide, N-phenyl-	14933-91-6	R5485
28	2	12	59	29	77	31	87	**202**	100	60	30	20	17	12	12	10	**0.10**	4	3	4	–	–	–	–	–	–	–	1	1	Cobalt, tetracarbonylsilyl-		05699
28	12	59	29	31	77	87	75	**202**	100	30	20	17	12	12	10	9	**0.10**	4	3	4	–	–	–	–	–	–	–	1	1	Cobalt, tetracarbonylsilyl-	14652-62-1	R5341
28	27	29	55	26	31	44	41	**202**	100	99	99	74	46	44	42	35	**0.08**	10	18	4	–	–	–	–	–	–	–	–	–	1,6-Diethyl hexanedioate		Y1399
28	132	32	131	119	145	105	41	**202**	100	31	30	14	12	11	8	6	**5.73**	15	22	–	–	–	–	–	–	–	–	–	–	Cuparene		06277
29	55	27	111	157	128	28	41	**202**	100	57	50	47	44	34	30	22	**0.09**	10	18	4	–	–	–	–	–	–	–	–	–	1,6-Diethyl hexanedioate		Y1398
29	111	55	157	128	115	27	43	**202**	100	71	70	63	51	41	37	33	**0.91**	10	18	4	–	–	–	–	–	–	–	–	–	1,6-Diethyl hexanedioate		C1349
29	157	159	45	27	94	174	176	**202**	100	47	45	25	18	18	18	17	**14.70**	5	5	2	–	3	–	–	–	–	–	–	–	Acrylic acid, trichloro-, ethyl ester		C0089
30	75	202	63	74	110	84	91	**202**	100	71	43	38	36	31	17	17		6	3	4	2	1	–	–	–	–	–	–	–	Benzene, 1-chloro-2,6-dinitro-		D1218
30	202	75	110	74	109	63	204	**202**	100	61	55	39	36	27	22	20		6	3	4	2	1	–	–	–	–	–	–	–	Benzene, 1-chloro-2,4-dinitro-		L2362
40	74	29	91	44	77	92	105	**202**	100	78	45	38	37	22	19	19	**1.00**	7	10	3	2	–	–	–	1	–	–	–	–	Benzenesulphonic acid, 4-methoxy-, hydrazide	1950-68-1	Q7122
40	91	43	104	97	117	65	202	**202**	100	91	75	20	15	15	14	14		14	18	1	–	–	–	–	–	–	–	–	–	3-Octen-2-one, 8-phenyl-	33046-68-3	S3961
41	28	55	39	27	57	29	43	**202**	100	62	51	50	46	35	30	28	**0.00**	12	26	–	–	–	–	–	1	–	–	–	–	2-Undecanethiol, 2-methyl-	10059-13-9	R3564
41	55	69	43	57	83	70	39	**202**	100	85	83	72	60	49	44	36	**0.00**	12	26	–	–	–	–	–	1	–	–	–	–	2-Undecanethiol, 2-methyl-	10059-13-9	H1678
41	55	98	60	43	45	73	39	**202**	100	86	58	51	49	42	39	36	**0.00**	10	18	4	–	–	–	–	–	–	–	–	–	Sebacic acid	111-20-6	P8497
41	57	87	29	105	73	45	72	**202**	100	63	58	56	55	50	32	30	**29.61**	10	18	2	–	–	–	–	1	–	–	–	–	Propionic acid, 3-(allylthio)-, butyl ester	24382-59-0	S0569
41	60	125	42	40	141	142	59	**202**	100	99	99	90	72	67	65	40	**5.00**	8	14	4	2	–	–	–	–	–	–	–	–	2(1H)-Pyrimidinone, 5-(acetyloxy)tetrahydro-4-hydroxy-1,3-dimethyl-	54932-86-4	S9808
41	67	81	55	96	39	27	53	**202**	100	98	89	88	81	69	58	37	**5.42**	9	15	–	–	–	1	–	–	–	–	–	–	Cyclohexane, (2-bromocyclopropyl)-, trans-	32728-86-2	06769
41	69	39	27	54	53	67	70	**202**	100	90	45	29	26	23	18	12	**5.24**	10	18	–	–	–	–	–	–	–	–	–	1	Zinc, bis(3-methyl-2-butenyl)-	66094-28-8	T6608
41	87	73	57	29	105	89	129	**202**	100	72	64	51	49	48	42	42	**18.00**	10	18	2	–	–	–	–	1	–	–	–	–	sec-Butyl 3-(prop-2′-enylthio)propionate		L7584
43	18	143	83	41	17	55	15	**202**	100	26	10	8	8	8	7	6	**0.00**	10	18	4	–	–	–	–	–	–	–	–	–	Heptanoic acid, 2-(acetyloxy)-, methyl ester	56196-51-1	T2975
43	29	31	115	42	45	69	88	**202**	100	82	37	36	26	20	18	16	**0.90**	9	14	5	–	–	–	–	–	–	–	–	–	Diethyl acetylmalonate	570-08-1	H0849
43	41	55	69	29	56	57	83	**202**	100	82	69	50	50	47	46	41	**6.61**	12	26	–	–	–	–	–	1	–	–	–	–	1-Dodecanethiol	112-55-0	H0503

MASS TO CHARGE RATIOS								M.W.	INTENSITIES								Parent	C	H	O	N	Cl	Br	F	S	P	B	Si	X	COMPOUND NAME	CAS Reg No	No
43	41	117	84	55	56	61	83	**202**	100	78	77	73	67	66	57	34	**1.40**	12	26	–	–	–	–	–	1	–	–	–	–	**Hexyl sulphide**	6294-31-1	**H1611**
43	44	98	42	69	41	57	100	**202**	100	58	54	44	42	39	30	29	**0.00**	10	22	2	2	–	–	–	–	–	–	–	–	**Diisopentyl nitramine**		**03856**
43	55	69	56	41	57	70	83	**202**	100	97	82	81	77	73	71	70	**24.80**	12	26	–	–	–	–	–	1	–	–	–	–	**1-Dodecanethiol**		**C0229**
43	57	41	45	85	55	71	63	**202**	100	90	61	60	49	48	48	27	**0.00**	12	26	2	–	–	–	–	–	–	–	–	–	**2-Decyloxyethanol**		**C1891**
43	59	187	69	85	81	71	97	**202**	100	75	59	35	26	25	22	18	**0.30**	9	14	5	–	–	–	–	–	–	–	–	–	**β-D-Talopyranose, 1,6-anhydro-3,4-O-isopropylidene-**	17073-95-9	**R6615**
43	71	100	42	143	41	44	55	**202**	100	30	7	5	5	4	4	3	**0.00**	9	14	5	–	–	–	–	–	–	–	–	–	**2H-Pyran-2,3-diol, tetrahydro-, diacetate, trans-**	3021-94-1	**Q8931**
43	71	143	100	44	41	42	55	**202**	100	29	7	6	4	3	3	2	**0.00**	9	14	5	–	–	–	–	–	–	–	–	–	**2H-Pyran-2,3-diol, tetrahydro-, diacetate, cis-**	2396-74-9	**Q7945**
43	72	39	57	55	54	29	71	**202**	100	53	16	13	9	8	7	6	**0.00**	13	14	2	–	–	–	–	–	–	–	–	–	**Methallyl cinnamate**		**Z1556**
43	82	54	45	42	44	69	41	**202**	100	15	9	8	7	7	7	6	**0.00**	9	14	5	–	–	–	–	–	–	–	–	–	**2H-Pyran-2,5-diol, tetrahydro-, diacetate**	35890-64-3	**S5111**
43	82	54	67	61	55	41	42	**202**	100	32	28	21	17	12	8	5	**0.01**	10	18	4	–	–	–	–	–	–	–	–	–	**1,6-Diacetoxyhexane**		**C0652**
43	85	41	84	59	57	58	39	**202**	100	98	44	39	38	31	28	19	**3.60**	12	26	2	–	–	–	–	–	–	–	–	–	**Di-(2-methyl-2-pentyl)peroxide**		**C0318**
43	98	42	41	44	84	156	100	**202**	100	87	71	57	56	44	38	38	**0.00**	10	22	2	2	–	–	–	–	–	–	–	–	**Dipentyl nitramine**		**03855**
43	101	59	41	187	72	69	42	**202**	100	31	10	10	9	9	9	7	**0.00**	10	18	4	–	–	–	–	–	–	–	–	–	**4,4′-Bi-1,3-dioxolane, 2,2,2′,2′-tetramethyl-**	74630-20-9	**T8168**
43	101	99	187	157	129	85	71	**202**	100	96	60	17	13	10	9	8	**0.00**	10	18	4	–	–	–	–	–	–	–	–	–	**1,3-Dioxolane-2-propanoic acid, 2,4-dimethyl-, ethyl ester**	5413-49-0	**R1407**
43	101	187	59	69	28	73	129	**202**	100	48	27	12	11	10	10	8	**0.12**	10	18	4	–	–	–	–	–	–	–	–	–	**4,4′-Bi-1,3-dioxolane, 2,2,2′,2′-tetramethyl-**	74630-20-9	**T8169**
43	115	88	69	55	68	99	202	**202**	100	24	22	15	14	13	13	12		10	18	4	–	–	–	–	–	–	–	–	–	**Hexanoic acid, 5-(acetyloxy)-, ethyl ester**	35234-24-3	**S4897**
43	124	125	159	95	139	123	167	**202**	100	99	46	27	22	18	18	16	**0.70**	9	11	3	–	1	–	–	–	–	–	–	–	**cis-3-Chloro-5,6-epoxy-2,6-dimethyl-2-hydroxy-4-methylenecyclohexan-1-one**		**L9786**
43	142	141	115	143	116	128	42	**202**	100	72	37	24	10	9	8	5	**0.20**	13	14	2	–	–	–	–	–	–	–	–	–	**1H-Indene-1-methanol, α-methyl-, acetate**	63839-85-0	**T6301**
43	187	117	59	103	92	160	145	**202**	100	76	54	36	30	27	23	16	**13.91**	10	19	2	–	–	–	–	–	1	–	–	–	**2-Propenoic acid, 3-[(diisopropyl)phosphino]-, methyl ester**	50838-18-1	**S7502**
43	187	117	59	103	92	160	145	**202**	100	74	53	36	30	27	23	17	**15.00**	10	19	2	–	–	–	–	–	1	–	–	–	**2-Propenoic acid, 3-[(diisopropyl)phosphino]-, methyl ester**		**M7858**
44	45	47	28	60	94	27	61	**202**	100	60	44	40	36	33	21	19	**0.00**	6	16	–	2	–	–	–	2	–	2	–	–	**1,4,2,3-Dithiadiborinane, 2,3-bis(dimethylamino)-**	19172-56-6	**R8015**
44	157	84	56	129	83	68	41	**202**	100	63	56	50	37	23	19	14	**0.19**	7	10	5	2	–	–	–	–	–	–	–	–	**3-Pyrrolidineacetic acid, α-amino-5-carboxy-2-oxo-, [3R-[3α(S*),5α]]-**	55297-13-7	**09969**
55	41	83	43	56	29	27	101	**202**	100	84	83	72	65	62	50	38	**0.00**	8	14	1	–	–	–	4	–	–	–	–	–	**3-Octanol, 1,1,2,2-tetrafluoro-**	74810-72-3	**T8724**
55	59	45	143	83	115	41	142	**202**	100	92	80	58	52	52	44	40	**2.00**	9	14	5	–	–	–	–	–	–	–	–	–	**2-Hexenedioic acid, 2-methoxy-, dimethyl ester**	56114-71-7	**T2830**
55	69	41	74	59	129	43	29	**202**	100	93	86	84	72	64	62	59	**0.00**	10	18	4	–	–	–	–	–	–	–	–	–	**Octanedioic acid, dimethyl ester**	1732-09-8	**H1243**
55	73	88	98	69	41	70	43	**202**	100	94	72	60	53	52	36	32	**0.00**	10	18	4	–	–	–	–	–	–	–	–	–	**2-Ethyloctanedioic acid**		**04018**
55	82	41	68	67	69	31	81	**202**	100	76	71	57	51	48	39	39	**0.00**	12	26	2	–	–	–	–	–	–	–	–	–	**1,12-Dodecanediol**	5675-51-4	**R1660**
55	98	83	41	97	74	67	84	**202**	100	64	51	41	39	38	34	34	**0.00**	11	19	1	–	1	–	–	–	–	–	–	–	**10-Undecenoyl chloride**	38460-95-6	**S5842**
55	119	41	114	56	202	29	81	**202**	100	75	17	14	14	14	10	9		10	19	2	–	–	–	–	–	1	–	–	–	**1,3,2-Dioxaphospholane, 2-cyclohexyl-4,5-dimethyl-**	74810-62-1	**T8714**
56	61	145	41	29	69	55	57	**202**	100	74	71	71	60	57	57	51	**27.14**	12	26	–	–	–	–	–	1	–	–	–	–	**Butyl octyl sulphide**		**01990**
56	147	57	41	71	55	43	72	**202**	100	90	86	31	31	28	24	24	**8.00**	10	18	2	–	–	–	–	1	–	–	–	–	**4-Thiepanone, 5-hydroxy-3,3,6,6-tetramethyl-**	4485-40-9	**R0504**
57	29	75	72	55	27	28	71	**202**	100	19	7	6	6	4	4	4	**0.00**	10	18	4	–	–	–	–	–	–	–	–	–	**2-Methyl-1,3-propanediol dipropionate**		**Z1550**
57	41	29	28	56	27	55	39	**202**	100	65	60	40	31	15	9	9	**0.00**	10	18	4	–	–	–	–	–	–	–	–	–	**Oxalic acid, dibutyl ester**		**D1271**
57	41	29	73	129	55	43	27	**202**	100	35	24	22	19	16	11	10	**0.01**	12	26	2	–	–	–	–	–	–	–	–	–	**Butane, 1,1-diisobutoxy-**		**C0497**
57	41	45	56	59	43	58	55	**202**	100	72	46	22	19	17	17	11	**0.00**	10	18	4	–	–	–	–	–	–	–	–	–	**Oxalic acid, di-sec-butyl ester**	13784-89-9	**R4746**
57	41	56	44	55	43	58	42	**202**	100	61	24	9	8	7	5	4	**0.00**	10	18	4	–	–	–	–	–	–	–	–	–	**Oxalic acid, dibutyl ester**	2050-60-4	**Q7254**
57	41	87	73	105	29	89	45	**202**	100	83	42	39	37	36	35	31	**30.00**	10	18	2	–	–	–	–	1	–	–	–	–	**Isobutyl 3-(prop-2′-enylthio)propionate**		**05590**
57	41	129	73	29	43	55	27	**202**	100	22	21	21	18	13	11	9	**0.03**	12	26	2	–	–	–	–	–	–	–	–	–	**Butane, 1,1-diisobutoxy-**		**C1122**
57	41	146	73	87	129	105	29	**202**	100	66	52	43	41	25	25	22	**6.00**	10	18	2	–	–	–	–	1	–	–	–	–	**tert-Butyl 3-(prop-2′-enylthio)propionate**		**05592**
57	71	56	41	73	55	85	29	**202**	100	99	88	40	39	38	34	30	**0.53**	12	26	2	–	–	–	–	–	–	–	–	–	**1,4-Dibutoxybutane**		**Z1551**
57	73	29	41	129	43	27	72	**202**	100	38	31	30	23	14	13	12	**0.02**	12	26	2	–	–	–	–	–	–	–	–	–	**Isobutane, 1,1-dibutoxy-**		**C1123**
57	73	29	41	129	55	27	43	**202**	100	39	35	35	30	22	18	17	**0.85**	12	26	2	–	–	–	–	–	–	–	–	–	**Butane, 1,1-dibutoxy-**		**C1124**
57	73	41	29	129	55	43	56	**202**	100	42	41	28	28	26	20	20	**0.00**	12	26	2	–	–	–	–	–	–	–	–	–	**Butane, 1,1-dibutoxy-**	5921-80-2	**H1569**
57	73	41	129	29	43	27	39	**202**	100	35	34	26	25	17	12	12	**0.04**	12	26	2	–	–	–	–	–	–	–	–	–	**Isobutane, 1,1-diisobutoxy-**		**C1121**
57	127	43	41	159	55	109	160	**202**	100	71	34	25	16	16	9	5	**0.10**	11	22	1	–	–	–	–	1	–	–	–	–	**Octanethioic acid, S-propyl ester**	2432-85-1	**Q8065**
59	43	100	99	128	29	55	83	**202**	100	52	38	30	26	26	19	19	**0.00**	10	18	4	–	–	–	–	–	–	–	–	–	**1,3-Dioxane-2-propanoic acid, 2-methyl-, ethyl ester**		**L1219**
59	142	202	171	143	56	113	87	**202**	100	92	86	63	46	25	22	22		7	10	3	2	–	–	–	1	–	–	–	–	**2-Methylimino-6-methoxycarbonylperhydro-1,3-thiazin-4-one**		**01055**
65	51	69	45	127	95	101	77	**202**	100	62	29	20	15	14	12	10	**0.00**	4	2	–	–	–	–	8	–	–	–	–	–	**Butane, 1,1,2,2,3,3,4,4-octafluoro-**	377-36-6	**Q0640**
66	91	69	202	93	41	159	133	**202**	100	64	50	42	42	31	27	27		15	22	–	–	–	–	–	–	–	–	–	–	**2-(5′-Methyl-1′-methylenehex-4-enyl)bicyclo[2.2.1]hept-5-ene**		**L9585**
67	94	41	39	55	65	27	93	**202**	100	90	52	52	34	24	23	20	**2.25**	14	18	1	–	–	–	–	–	–	–	–	–	**1-Phenoxyocta-2,7-diene**		**C0657**
68	43	110	41	82	40	69	67	**202**	100	63	30	28	21	14	11	10	**0.00**	11	10	2	2	–	–	–	–	–	–	–	–	**Bispyrrolylmethane**		**P0890**
69	41	39	27	133	55	135	202	**202**	100	53	13	9	8	8	8	7		5	9	–	–	3	–	–	–	–	–	1	–	**Silane, trichloro(2-methyl-2-butenyl)-**	18163-57-0	**R7407**
69	41	67	68	133	39	42	135	**202**	100	79	65	44	29	21	19	17	**9.95**	10	18	–	–	–	–	–	–	–	–	–	1	**Zinc, dicyclopentyl-**	20525-74-0	**R8709**
69	55	43	57	129	41	111	59	**202**	100	90	70	70	66	65	41	32	**2.00**	12	26	2	–	–	–	–	–	–	–	–	–	**4,5-Decanediol, 6-ethyl-**	22607-12-1	**R9858**
69	55	57	43	129	41	111	73	**202**	100	90	71	70	67	65	41	32	**2.00**	12	26	2	–	–	–	–	–	–	–	–	–	**4,5-Decanediol, 6-ethyl-**	22607-12-1	**R9857**

MASS TO CHARGE RATIOS								M.W.	INTENSITIES								Parent	C	H	O	N	Cl	Br	F	S	P	B	Si	X	COMPOUND NAME	CAS Reg No	No
69	76	202	114	133	64	183	32	**202**	100	93	48	19	18	16	10	9		2	–	–	–	–	–	6	2	–	–	–	–	Disulphide, bis(trifluoromethyl)		Z1561
69	127	129	59	73	72	85	101	**202**	100	98	94	78	76	70	46	42	**0.00**	10	18	4	–	–	–	–	–	–	–	–	–	1,2:3,4-Diisopropylidenethreitol		L3706
69	129	59	74	97	41	55	171	**202**	100	97	72	72	70	56	53	41	**0.00**	10	18	4	–	–	–	–	–	–	–	–	–	Heptanedioic acid, 3-methyl-, dimethyl ester, (+)-	14226-72-3	R5062
69	202	64	133	114	183	32	31	**202**	100	40	20	18	15	11	9	6		2	–	–	–	–	–	6	2	–	–	–	–	Disulphide, bis(trifluoromethyl)	372-64-5	Q0629
70	71	43	55	41	42	69	29	**202**	100	98	77	39	17	12	10	9	**0.51**	11	22	3	–	–	–	–	–	–	–	–	–	Diisopentyl carbonate		Z1552
71	43	41	42	55	63	69	72	**202**	100	98	35	35	28	20	17	6	**0.00**	11	22	3	–	–	–	–	–	–	–	–	–	Dipentyl carbonate		L7369
71	43	45	115	55	41	70	42	**202**	100	83	65	62	34	23	22	19	**0.00**	12	26	2	–	–	–	–	–	–	–	–	–	Ethane, 1,2-bis(2-pentyloxy)-	54889-47-3	H2083
71	43	70	42	41	55	63	69	**202**	100	78	41	22	19	17	17	14	**0.07**	11	22	3	–	–	–	–	–	–	–	–	–	Dipentyl carbonate		Z1546
71	57	43	41	55	70	115	56	**202**	100	46	43	20	14	12	11	8	**0.00**	11	22	3	–	–	–	–	–	–	–	–	–	Dineopentyl carbonate	13183-14-7	R4327
71	57	55	29	43	31	129	41	**202**	100	87	54	47	39	30	24	20	**0.00**	10	18	4	–	–	–	–	–	–	–	–	–	1,4-Bis(2,3-epoxypropoxy)butane	2425-79-8	Q8018
71	75	41	43	58	55	82	68	**202**	100	43	40	12	12	11	10	9	**0.00**	12	26	2	–	–	–	–	–	–	–	–	–	Decane, 1,1-dimethoxy-		B0561
71	85	29	99	103	27	47	57	**202**	100	92	75	58	52	47	41	41	**1.47**	11	22	3	–	–	–	–	–	–	–	–	–	3-Heptanone, 1,1-diethoxy-	51149-69-0	06761
73	45	43	57	71	75	41	29	**202**	100	49	44	43	35	31	30	22	**0.00**	12	26	2	–	–	–	–	–	–	–	–	–	Octane, 1-(1-ethoxyethoxy)-	54889-49-5	S9774
73	81	111	75	170	89	129	45	**202**	100	47	33	30	23	20	18	15	**0.50**	10	22	2	–	–	–	–	–	–	–	1	–	Silane, [(4-methoxycyclohexyl)oxy]trimethyl-	29808-96-6	S2668
73	99	86	74	45	59	101	75	**202**	100	16	10	8	8	6	6	4	**0.11**	10	26	–	–	–	–	–	–	–	–	2	–	2,2,7,7-Tetramethyl-2,7-silaoctane	18001-81-5	R7333
73	99	86	74	101	45	59	187	**202**	100	17	11	9	7	6	5	5	**0.20**	10	26	–	–	–	–	–	–	–	–	2	–	2,2,7,7-Tetramethyl-2,7-silaoctane		L2106
73	111	81	75	129	170	112	130	**202**	100	42	35	23	17	16	13	12	**0.40**	10	22	2	–	–	–	–	–	–	–	1	–	Silane, [(4-methoxycyclohexyl)oxy]trimethyl-	29808-96-6	S2669
73	115	173	72	74	187	45	59	**202**	100	27	13	10	9	8	8	6	**0.20**	10	26	–	–	–	–	–	–	–	–	2	–	2,2,4,6,6-Pentamethyl-2,6-silaheptane		L2107
74	69	55	43	41	15	59	129	**202**	100	92	89	73	72	71	70	58	**0.10**	10	18	4	–	–	–	–	–	–	–	–	–	Octanedioic acid, dimethyl ester	1732-09-8	H1242
74	69	55	97	43	129	138	59	**202**	100	95	89	82	72	71	66	62	**0.00**	10	18	4	–	–	–	–	–	–	–	–	–	Octanedioic acid, dimethyl ester		F0362
74	152	55	43	41	83	111	84	**202**	100	92	44	35	30	30	30	28	**0.00**	10	18	4	–	–	–	–	–	–	–	–	–	Nonanedioic acid, monomethyl ester	2104-19-0	09958
75	41	117	55	19	43	97	45	**202**	100	34	33	31	22	22	19	19	**0.50**	11	22	3	–	–	–	–	–	–	–	–	–	Methyl 3-methoxynonanoate		M3090
75	73	69	119	41	103	157	59	**202**	100	84	63	58	35	30	15	11	**0.00**	10	22	2	–	–	–	–	–	–	–	1	–	Silane, [2-(cyclopentyloxy)ethoxy]trimethyl-	54550-17-3	S9315
75	73	103	187	29	43	45	188	**202**	100	75	68	62	30	18	18	10	**1.03**	11	26	1	–	–	–	–	–	–	–	1	–	Silane, trimethyl(2-ethylhexyloxy)-		04250
75	73	143	40	45	187	59	43	**202**	100	39	31	19	18	17	13	9	**0.00**	9	18	3	–	–	–	–	–	–	–	1	–	2(3H)-Furanone, dihydro-4,4-dimethyl-3-[(trimethylsilyl)oxy]-	56051-80-0	T2606
75	103	47	45	173	104	76	77	**202**	100	83	34	30	8	7	6	4	**0.10**	11	26	1	–	–	–	–	–	–	–	1	–	Silane, triethyl(pentyloxy)-	14629-52-8	R5307
75	103	47	45	202	173	76	104	**202**	100	83	34	30	10	8	7	7		11	26	1	–	–	–	–	–	–	–	1	–	Silane, triethyl(pentyloxy)-	14629-52-8	R5308
75	145	73	112	117	55	187	129	**202**	100	99	67	62	47	43	38	36	**0.00**	9	18	3	–	–	–	–	–	–	–	1	–	Hexanoic acid, 5-oxo-, trimethylsilyl ester		T1286
76	62	43	41	57	104	29	61	**202**	100	92	46	43	41	34	30	25	**8.28**	12	27	–	–	–	–	–	–	1	–	–	–	Phosphine, tributyl-	998-40-3	Q4947
76	62	104	173	29	118	61	41	**202**	100	60	32	28	27	26	23	22	**15.02**	12	27	–	–	–	–	–	–	1	–	–	–	Phosphine, tributyl-	998-40-3	Q4948
77	76	105	159	202	51	50	128	**202**	100	80	57	54	53	49	48	48		12	10	3	–	–	–	–	–	–	–	–	–	1,4-Naphthalenedione, 2-ethyl-3-hydroxy-	29366-44-7	S2464
77	105	160	43	51	102	50	202	**202**	100	98	71	62	61	59	30	30		11	10	2	2	–	–	–	–	–	–	–	–	3-Acetylamino-5-phenylisoxazole		L5654
77	155	172	78	31	92	108	124	**202**	100	72	71	51	46	46	46	42	**28.00**	7	10	3	2	–	–	–	1	–	–	–	–	Benzenesulphonic acid, 2-methoxy-, hydrazide	36331-56-3	S5206
79	91	67	93	80	92	66	133	**202**	100	80	70	61	50	42	41	41	**10.16**	15	22	–	–	–	–	–	–	–	–	–	–	1,4-Methanobenzocyclodecene, 1,2,3,4,4a,5,8,9,12,12a-decahydro-	74708-73-9	T8410
79	94	93	41	91	80	81	54	**202**	100	44	43	24	24	23	21	20	**10.87**	15	22	–	–	–	–	–	–	–	–	–	–	1,3,7,11-Cyclotetradecatetraene, 2-methyl-	61141-96-6	T5357
85	84	43	87	130	102	69	115	**202**	100	58	39	35	34	34	34	25	**0.00**	9	14	5	–	–	–	–	–	–	–	–	–	Diethyl acetylmalonate		04916
86	44	84	43	42	55	202	60	**202**	100	44	40	30	27	20	12	10		9	18	1	2	–	–	–	1	–	–	–	–	N-(2-Acetamidoethylthio)piperidine		M1280
88	101	69	100	50	45	112	49	**202**	100	64	63	7	5	4	3	3	**0.07**	–	4	–	–	–	–	6	–	2	2	–	–	Bis(trifluorophosphine)diborane		L7955
90	56	118	84	202	174	87	88	**202**	100	74	44	40	36	32	29	29		4	3	4	–	–	–	–	–	1	–	–	1	Tetracarbonylphosphineiron		L7604
91	43	97	202	104	144	117	92	**202**	100	75	25	23	21	20	19	14		14	18	1	–	–	–	–	–	–	–	–	–	3-Octen-2-one, 8-phenyl-	33046-68-3	S3960
91	93	43	77	92	58	110	124	**202**	100	95	75	68	52	30	17	9	**8.00**	13	14	–	–	–	–	–	1	–	–	–	–	6-endo-phenylthio-exo-tricyclo[3.1.1.0^{2,4}]heptane		P1620
91	93	77	92	39	65	51	41	**202**	100	96	95	49	40	39	22	21	**6.00**	13	14	–	–	–	–	–	1	–	–	–	–	trans-5-Phenylthiotricyclo[4.1.0.0^{2,4}]heptane		P1621
91	98	130	57	131	107	111	55	**202**	100	47	39	25	20	17	17	10	**0.00**	14	18	1	–	–	–	–	–	–	–	–	–	4-Octen-3-one, 8-phenyl-, (E)-	55282-86-5	T0706
91	104	118	117	116	202	115	129	**202**	100	90	68	56	56	47	45	38		14	18	1	–	–	–	–	–	–	–	–	–	endo-3-Phenyl-9-oxabicyclo[4.2.1]nonane		M1269
91	125	200	64	202	38	126	50	**202**	100	10	10	7	6	5	4	3		10	12	–	–	2	–	–	–	–	–	–	–	Benzene, [3-chloro-2-(chloromethyl)propyl]-	40548-61-6	S6331
91	158	65	44	43	47	92	157	**202**	100	55	16	13	11	11	8	8	**4.00**	11	10	2	2	–	–	–	–	–	–	–	–	1H-Imidazole-2-carboxylic acid, 1-benzyl-	16042-26-5	R6005
91	158	65	44	47	43	159	157	**202**	100	55	16	13	11	11	8	8	**4.00**	11	10	2	2	–	–	–	–	–	–	–	–	1H-Imidazole-2-carboxylic acid, 1-benzyl-		02189
92	91	202	110	111	93	79	77	**202**	100	70	53	45	37	29	26	20		9	15	3	–	–	–	–	–	1	–	–	–	Phosphonic acid, tricyclo[2.2.1.0^{2,6}]hept-3-yl-, dimethyl ester, exo-	31503-77-2	S3318
92	91	202	110	111	93	79	77	**202**	100	70	55	46	37	29	26	20		9	15	3	–	–	–	–	–	1	–	–	–	Phosphonic acid, tricyclo[2.2.1.0^{2,6}]heptyl-, dimethyl ester	33660-88-7	S4306
94	202	109	39	81	65	52	63	**202**	100	62	23	17	13	12	8	8		12	10	3	–	–	–	–	–	–	–	–	–	2,2′-Dihydroxydiphenyl ether	15764-52-0	R5824
94	202	109	39	81	65	80	203	**202**	100	62	23	17	13	12	8	8		12	10	3	–	–	–	–	–	–	–	–	–	2,2′-Dihydroxydiphenyl ether		L4836
95	67	41	202	39	96	65	77	**202**	100	44	32	24	18	12	10	9		13	14	2	–	–	–	–	–	–	–	–	–	2,4-Hexadienoic acid, 4-methylphenyl ester	69687-90-7	T7226
96	78	95	79	77	107	51	55	**202**	100	87	37	35	31	29	19	18	**15.00**	12	14	1	2	–	–	–	–	–	–	–	–	1H-Imidazole-1-ethanol, 2-methyl-α-phenyl-	22159-32-6	R9585
97	28	201	18	130	143	31	104	**202**	100	50	44	44	42	31	25	24	**10.00**	15	22	–	–	–	–	–	–	–	–	–	–	α-Curcumene		L8871
97	129	55	69	83	139	18	74	**202**	100	78	50	47	37	36	35	35	**0.00**	10	18	4	–	–	–	–	–	–	–	–	–	Heptanedioic acid, 4-methyl-, dimethyl ester	4751-49-9	H1489
97	129	55	69	83	139	171	74	**202**	100	78	50	47	37	36	35	35	**0.00**	10	18	4	–	–	–	–	–	–	–	–	–	Heptanedioic acid, 4-methyl, dimethyl ester		01887

MASS TO CHARGE RATIOS								M.W.	INTENSITIES								Parent	C	H	O	N	Cl	Br	F	S	P	B	Si	X	COMPOUND NAME	CAS Reg No	No
98	31	140	129	145	85			**202**	100	45	18	15	12	5			**0.00**	11	22	3	–	–	–	–	–	–	–	–	–	1,3-Dioxolane-2-butanol, 2-butyl-		M4570
98	55	43	41	83	140	129	70	**202**	100	39	24	22	20	18	15	14	**0.00**	11	22	3	–	–	–	–	–	–	–	–	–	1,3-Dioxolane-2-butanol, 2-butyl-	36651-32-8	S5327
98	84	60	41	125	138	166	97	**202**	100	52	50	47	38	30	26	26	**0.02**	10	18	4	–	–	–	–	–	–	–	–	–	Sebacic acid		C0164
98	125	84	97	55	138	83	60	**202**	100	33	30	28	19	18	15	13	**0.00**	10	18	4	–	–	–	–	–	–	–	–	–	Sebacic acid		D1547
101	43	99	187	157				**202**	100	90	53	42	26				**0.00**	10	18	4	–	–	–	–	–	–	–	–	–	1,3-Dioxolane-2-propanoic acid, 2,4-dimethyl-, ethyl ester		M4556
101	43	188	69	73	127	129	59	**202**	100	98	87	47	35	23	22	19	**0.00**	10	18	4	–	–	–	–	–	–	–	–	–	Threitol, 1,2:3,4-di-O-isopropylidene-, L-	20581-92-4	R8740
101	59	69	43	109	155	41	55	**202**	100	48	30	29	28	14	13	11	**0.00**	11	22	3	–	–	–	–	–	–	–	–	–	Octanoic acid, 7-hydroxy-3,7-dimethyl-, methyl ester	69653-76-5	T7191
101	99	187	157	73	88	115		**202**	100	53	42	26	10	10	10		**0.00**	10	18	4	–	–	–	–	–	–	–	–	–	1,3-Dioxane-2-propanoic acid, 2-methyl-, ethyl ester	57197-36-1	T4377
101	103	167	169	117	119	171	31	**202**	100	64	54	52	19	18	17	11	**0.87**	2	–	–	–	4	–	2	–	–	–	–	–	1,1,2,2-Tetrachloro-1,2-difluoroethane		Z1543
101	103	167	169	117	119	171	131	**202**	100	64	60	59	20	20	19	13	**0.56**	2	–	–	–	4	–	2	–	–	–	–	–	1,1,2,2-Tetrachloro-1,2-difluoroethane		A0255
101	143	43	41	42	55	56	73	**202**	100	24	19	9	5	5	5	5	**0.00**	10	18	4	–	–	–	–	–	–	–	–	–	Succinic acid, dipropyl ester		15396
101	143	43	73	41	55	56	102	**202**	100	22	12	8	7	7	6	5	**0.00**	10	18	4	–	–	–	–	–	–	–	–	–	Succinic acid, dipropyl ester	925-15-5	Q4557
102	77	202	69	174	103	76	105	**202**	100	20	20	16	14	11	11	10		12	10	3	–	–	–	–	–	–	–	–	–	4H-Pyran-4-one, 2-methoxy-6-phenyl-	4225-43-8	R0227
103	43	71	74	41	61	55	69	**202**	100	94	47	46	39	26	26	25	**0.00**	11	22	3	–	–	–	–	–	–	–	–	–	Decanoic acid, 3-hydroxy-, methyl ester	56618-58-7	T3920
103	57	85	69	47	75	29	157	**202**	100	59	40	37	34	33	24	23	**0.00**	12	26	2	–	–	–	–	–	–	–	–	–	Octane, 1,1-diethoxy-	54889-48-4	H2084
103	57	85	69	157	75	47	29	**202**	100	41	32	29	29	28	26	20	**0.00**	12	26	2	–	–	–	–	–	–	–	–	–	Octane, 1,1-diethoxy-	54889-48-4	S9773
103	74	71	43	61	55	110	84	**202**	100	30	26	26	15	13	6	5	**0.27**	11	22	3	–	–	–	–	–	–	–	–	–	Decanoic acid, 3-hydroxy-, methyl ester		B0011
103	75	45	47	104	173	76	105	**202**	100	91	24	22	10	9	7	5	**0.00**	11	26	1	–	–	–	–	–	–	–	1	–	Silane, triethyl(1-methylbutoxy)-	2290-39-3	Q7774
103	77	51	102	167	202	50	138	**202**	100	86	67	63	62	41	37	27		8	7	2	–	1	–	–	1	–	–	–	–	Styrenesulphonyl chloride	4091-26-3	R0080
104	44	105	77	91	51	202	85	**202**	100	44	38	31	18	16	15	15		14	18	1	–	–	–	–	–	–	–	–	–	2-Phenyl-9-oxabicyclo[3.3.1]nonane		M1268
104	57	141	83	125	41	55	86	**202**	100	48	47	36	17	14	14	11	**0.09**	11	22	3	–	–	–	–	–	–	–	–	–	2-Hydroxyethyl 3,5,5-trimethylhexanoate		C0691
104	63	51	77	175	65	105	50	**202**	100	30	24	22	13	12	12	11	**6.60**	8	8	–	–	2	–	–	–	–	–	1	–	Silane, dichlorovinylphenyl-	7719-02-0	R3430
104	91	202	118	117	143	131	115	**202**	100	66	60	50	48	38	31	31		14	18	1	–	–	–	–	–	–	–	–	–	exo-3-Phenyl-9-oxabicyclo[4.2.1]nonane		M1270
105	77	79	81	80	51	41	39	**202**	100	54	52	40	24	24	23	19	**9.00**	13	14	2	–	–	–	–	–	–	–	–	–	2-Cyclohexenyl benzoate		02128
105	77	102	129	51	202	157	53	**202**	100	53	39	33	31	28	18	11		12	10	3	–	–	–	–	–	–	–	–	–	2-Butynoic acid, 4-oxo-4-phenyl-, ethyl ester	54966-47-1	S9967
105	77	159	43	202	106	51	160	**202**	100	28	16	12	10	9	8	7		13	14	2	–	–	–	–	–	–	–	–	–	4-Benzoylhex-1-en-5-one		04948
105	119	103	107	115	178	120	145	**202**	100	70	50	40	40	40	39	37	**19.86**	16	10	–	–	–	–	–	–	–	–	–	–	Pyrene	129-00-0	P9575
107	120	95	133	108	77	39	41	**202**	100	54	29	28	17	16	16	15	**8.18**	14	18	1	–	–	–	–	–	–	–	–	–	2-(2,7-Octadienyl)phenol		C0687
109	110	123	83	202	204	75	96	**202**	100	37	21	14	13	13	11	11		8	8	–	–	–	1	1	–	–	–	–	–	Benzene, 1-(2-bromoethyl)-3-fluoro-	25017-13-4	S0902
109	123	202	204	75	103	51	122	**202**	100	27	14	13	12	12	10	10		8	8	–	–	–	1	1	–	–	–	–	–	Benzene, 1-(2-bromoethyl)-4-fluoro-	332-42-3	Q0523
109	123	202	204	103	75	51	122	**202**	100	48	26	25	21	19	15	15		8	8	–	–	–	1	1	–	–	–	–	–	Benzene, 1-(2-bromoethyl)-3-fluoro-	25017-13-4	S0901
110	79	109	80	108	111	81	77	**202**	100	82	78	77	33	32	27	18	**0.00**	9	15	3	–	–	–	–	–	1	–	–	–	Phosphonic acid, tricyclo[2.2.1.0$^{(2,6)}$]hept-3-yl-, dimethyl ester, exo-	31503-77-2	S3319
112	85	84	103	94	113	143	91	**202**	100	61	46	38	31	29	27	27	**10.00**	9	14	5	–	–	–	–	–	–	–	–	–	Dihydro-oospolide methyl ester		M2587
115	43	69	157	42	156	87	128	**202**	100	55	51	42	40	28	25	24	**0.70**	9	14	5	–	–	–	–	–	–	–	–	–	Diethyl 3-oxoglutarate	105-50-0	P7793
115	55	59	111	87	56	171	143	**202**	100	28	24	13	8	6	6	5	**0.25**	9	14	5	–	–	–	–	–	–	–	–	–	Dimethyl 4-oxopimelate		D1436
115	116	44	117	145	58	41	157	**202**	100	70	34	21	20	16	13	11	**3.00**	14	18	1	–	–	–	–	–	–	–	–	–	2-Octyn-4-ol, 1-phenyl-	27820-17-3	S1886
115	133	43	42	70	87	55	41	**202**	100	79	30	28	26	21	21	18	**0.00**	10	18	4	–	–	–	–	–	–	–	–	–	Malonic acid, ethyl pentyl ester		C1783
115	143	202	116	160	60	127	89	**202**	100	90	39	36	34	24	22	19		11	10	–	2	–	–	–	1	–	–	–	–	Thiourea, 1-naphthalenyl-	86-88-4	P6349
116	86	56	171	202	89	29	91	**202**	100	96	70	68	68	29	28	26		12	14	1	2	–	–	–	–	–	–	–	–	4-Morpholineacetonitrile, α-phenyl-		P1085
116	87	115	128	54	143	117	141	**202**	100	41	32	14	12	12	11	9	**3.00**	13	14	2	–	–	–	–	–	–	–	–	–	2aH-Cyclobut[a]indene-2a-carboxylic acid, 1,2,7,7a-tetrahydro-, methyl ester	56771-44-9	T4154
117	115	146	91	202	105	118	116	**202**	100	26	15	12	11	10	10	7		13	19	1	–	–	–	–	–	–	1	–	–	Borinic acid, diethyl-, 1-phenyl-1-propenyl ester	34602-33-0	S4677
118	202	90	120	119	136	64	65	**202**	100	42	27	22	18	18	13	11		9	10	–	6	–	–	–	–	–	–	–	–	1,3,5-Triazine-2,4-diamine, 6-(4-aminophenyl)-	15074-26-7	R5549
119	76	60	41	42	44	55	75	**202**	100	70	13	10	9	9	7	5	**5.12**	10	23	–	2	–	–	–	–	1	–	–	–	Phosphonous diamide, P-cyclohexyl-N,N,N′,N′-tetramethyl-	74810-77-8	T8729
119	132	105	41	202	120	145	131	**202**	100	73	45	36	27	25	24	23		15	22	–	–	–	–	–	–	–	–	–	–	α-Curcumene	644-30-4	Q3564
119	147	131	203	105	148	187	120	**202**	100	68	23	13	10	5	5	4	**0.00**	10	18	4	–	–	–	–	–	–	–	–	–	Oxalic acid, dibutyl ester		P1672
119	202	42	83	68	91	120	201	**202**	100	66	53	52	18	12	8	8		11	10	2	2	–	–	–	–	–	–	–	–	6-Methyl-3-phenyluracil	1804-04-2	Q6773
119	202	43	83	68	91	120	201	**202**	100	68	55	53	19	12	9	9		11	10	2	2	–	–	–	–	–	–	–	–	6-Methyl-3-phenyluracil		L6397
123	81	39	27	79	67	41	29	**202**	100	59	42	36	31	25	23	23	**0.50**	9	15	–	–	–	1	–	–	–	–	–	–	Bicyclo[2.2.2]octane, 1-bromo-4-methyl-	697-40-5	Q3761
123	81	67	79	41	39	55	77	**202**	100	72	23	20	14	13	13	10	**0.10**	10	18	2	–	–	–	–	1	–	–	–	–	Bicyclo[2.2.2]octane, 1-methyl-4-(methylsulphonyl)-	69855-48-7	T7531
129	69	87	101	97	171	59	139	**202**	100	68	40	38	38	35	35	31	**0.00**	10	18	4	–	–	–	–	–	–	–	–	–	Hexanedioic acid, 3,4-dimethyl-, dimethyl ester, (R*,S*)-	6076-81-9	R2038
129	69	97	141	87	171	55	59	**202**	100	84	59	54	45	45	41	38	**0.50**	10	18	4	–	–	–	–	–	–	–	–	–	Pentanedioic acid, 3-ethyl-3-methyl-, dimethyl ester	7445-19-4	R3212
129	115	91	117	145	131	116	202	**202**	100	93	90	83	52	42	33	26		14	18	1	–	–	–	–	–	–	–	–	–	α-Pentylcinnamaldehyde	122-40-7	P9228
129	131	130	174	115	132	128	142	**202**	100	68	15	15	13	12	11	10	**9.01**	13	14	2	–	–	–	–	–	–	–	–	–	1,4-Methanonaphthalen-9-ol, 1,2,3,4-tetrahydro-, acetate, anti-	1207-28-9	Q5761
129	131	130	174	115	132	142	128	**202**	100	67	15	15	13	12	12	11	**9.00**	13	14	2	–	–	–	–	–	–	–	–	–	1,4-Methanonaphthalen-9-ol, 1,2,3,4-tetrahydro-, acetate, syn-	1207-27-8	Q5759

MASS TO CHARGE RATIOS								M.W.	INTENSITIES								Parent	C	H	O	N	Cl	Br	F	S	P	B	Si	X	COMPOUND NAME	CAS Reg No	No
129	131	130	174	202	91	115	128	202	100	70	13	13	12	11	11	10		13	14	2	–	–	–	–	–	–	–	–	–	1,4-Methanonaphthalen-9-ol, 1,2,3,4-tetrahydro-, acetate, syn-	1207-27-8	Q5758
129	131	174	130	202	91	115	128	202	100	70	14	13	13	11	11	10		13	14	2	–	–	–	–	–	–	–	–	–	1,4-Methanonaphthalen-9-ol, 1,2,3,4-tetrahydro-, acetate, anti-	1207-28-9	Q5760
130	102	51	50	75	76	174	101	202	100	96	43	37	35	33	33	29	4.00	11	6	4	–	–	–	–	–	–	–	–	–	1,2-Naphthoquinone-4-carboxylic acid		L4581
130	102	186	51	174	101	75	76	202	100	95	79	53	42	42	37	32	2.00	11	6	4	–	–	–	–	–	–	–	–	–	1,2-Naphthoquinone-3-carboxylic acid		L4580
130	143	43	78	77	42	101	116	202	100	82	26	25	23	22	20	20	16.40	12	14	1	2	–	–	–	–	–	–	–	–	N-[2-(Indol-3-yl)ethyl]acetamide		06576
131	117	91	69	132	111	105	118	202	100	73	65	61	57	48	48	41	35.30	15	22	–	–	–	–	–	–	–	–	–	–	(-)-Thujopsadiene		M0124
131	132	91	202	115	129	116	27	202	100	11	11	8	6	5	5	5		15	22	–	–	–	–	–	–	–	–	–	–	Naphthalene, 1-pentyl-1,2,3,4-tetrahydro-		Y1182
131	132	202	117	129	115	91	41	202	100	33	23	20	16	15	13	11		15	22	–	–	–	–	–	–	–	–	–	–	1H-Indene, 5-hexyl-2,3-dihydro-	54889-55-3	H2087
132	131	145	119	117	91	105	202	202	100	44	30	25	22	20	20	20		15	22	–	–	–	–	–	–	–	–	–	–	Cuparene, (+)-	16982-00-6	R6551
132	145	202	146	131	133	159	173	202	100	30	13	11	9	9	9	6		13	18	–	2	–	–	–	–	–	–	–	–	1H-Benzimidazole, 2-hexyl-	5851-48-9	R1838
132	202	130	91	117	115	145	129	202	100	54	36	28	27	26	24	20		14	18	1	–	–	–	–	–	–	–	–	–	Bicyclo[2.2.2]octan-1-ol, 4-phenyl-	2001-62-9	Q7177
133	174	152	124	151	69	101	132	202	100	76	62	45	31	22	21	19	17.00	7	4	–	–	–	–	6	–	–	–	–	–	1,2,3,4,7,7-Hexafluorobicyclo[2.2.1]hept-2-ene		02454
133	202	159	157	39	105	77	41	202	100	92	57	53	48	47	38	34		13	14	2	–	–	–	–	–	–	–	–	–	2(3H)-Furanone, 5-(2,5-dimethylphenyl)-4-methyl-	55669-89-1	T1786
133	202	173	105	39	145	77	68	202	100	72	58	43	42	35	33	32		13	14	2	–	–	–	–	–	–	–	–	–	2(5H)-Furanone, 5-(2,5-dimethylphenyl)-3-methyl-	55591-07-6	T1674
134	41	133	69	135	107	39	32	202	100	36	35	31	10	9	9	7	3.00	14	18	1	–	–	–	–	–	–	–	–	–	Feniculin		P4002
137	66	92	91	105	59	65	79	202	100	74	28	23	20	19	15	14	9.00	9	15	3	–	–	–	–	–	1	–	–	–	Phosphonic acid, bicyclo[2.2.1]hept-5-en-2-yl-, dimethyl ester, endo-	27764-09-6	S1799
137	66	105	91	92	65	79	202	202	100	33	17	15	13	9	7	7		9	15	3	–	–	–	–	–	1	–	–	–	Phosphonic acid, bicyclo[2.2.1]hept-5-en-2-yl-, dimethyl ester, exo-	27768-77-0	S1802
141	169	128	129	131	184	115	142	202	100	74	72	40	35	34	33	29	14.00	14	18	1	–	–	–	–	–	–	–	–	–	5-Benzocyclooctenol, 5,6,7,8-tetrahydro-8,8-dimethyl-, (E)-	58746-71-7	T5064
143	115	202	160	168	169	116	60	202	100	73	65	60	49	27	24	22		11	10	–	2	–	–	–	1	–	–	–	–	Thiourea, 1-naphthalenyl-		P6351
144	202	129	172	171	142	143	145	202	100	82	56	28	22	19	16	13		13	14	2	–	–	–	–	–	–	–	–	–	3,7-Dimethyl-5-methoxycarbonylindene		L7636
144	202	188	129	128	39	115	144	202	100	35	15	12	12	8	8	8		14	18	1	–	–	–	–	–	–	–	–	–	1-Indanone, 3,3,4,5,7-pentamethyl-		U0012
146	57	145	202	115	117	41	118	202	100	50	37	24	22	21	19	14		14	18	1	–	–	–	–	–	–	–	–	–	3-tert-Butyl-1-tetralone	42981-74-8	S7035
146	91	202	41	69	82	133	117	202	100	77	75	72	70	67	67	64		14	18	1	–	–	–	–	–	–	–	–	–	2(1H)-Naphthalenone, 7-ethynyl-4a,5,6,7,8,8a-hexahydro-1,4a-dimethyl-, (1α,4aβ,7β,8aα)-	55220-87-6	T0579
146	128	43	148	73	58	83	36	202	100	62	40	37	37	29	26	26	1.37	7	7	1	2	1	–	–	1	–	–	–	–	Acetone, 1-[(6-chloro-3-pyridazinyl)thio]-	18592-52-4	R7695
146	128	43	148	73	58	83	36	202	100	63	60	37	37	29	26	26	1.40	7	7	1	2	1	–	–	1	–	–	–	–	Acetone, 1-[(6-chloro-3-pyridazinyl)thio]-	18592-52-4	R7694
146	131	145	128	91	77	115	129	202	100	75	52	49	34	33	33	30	22.00	14	18	1	–	–	–	–	–	–	–	–	–	5-Benzocyclooctenol, 5,6,7,8-tetrahydro-8,8-dimethyl-	69576-85-8	T7145
146	147	145	41	131	118	57	115	202	100	37	27	21	20	19	16	15	1.89	14	18	1	–	–	–	–	–	–	–	–	–	2-tert-Butyl-1-tetralone	42981-75-9	S7036
146	202	118	117	147	115	39	91	202	100	34	13	12	11	10	9	8		14	18	1	–	–	–	–	–	–	–	–	–	3,3,6,8-Tetramethyl-1-tetralone	5409-55-2	R1400
146	202	118	147	117	203	115	159	202	100	40	11	11	7	6	5	4		14	18	1	–	–	–	–	–	–	–	–	–	3,3,6,8-Tetramethyl-1-tetralone		Z1549
148	133	202	187	55	91	147	41	202	100	67	59	53	47	41	29	25		14	18	1	–	–	–	–	–	–	–	–	–	1-(7-Methyl-4-indanyloxy)-2-butene		B0238
148	147	91	36	119	65	149	77	202	100	40	36	25	23	17	12	10	0.00	8	11	2	2	1	–	–	–	–	–	–	–	Benzoic acid, 2-hydrazino-5-methyl-, monohydrochloride	65208-13-1	T6549
149	167	177	189	178	152	151	190	202	100	45	25	12	4	3	3	2	0.00	8	11	2	2	1	–	–	–	–	–	–	–	Benzoic acid, 2-hydrazino-5-methyl-, monohydrochloride	65208-13-1	T6550
157	102	129	101	73	29	56	55	202	100	84	53	37	35	28	24	23	1.90	10	18	4	–	–	–	–	–	–	–	–	–	Hexanedioic acid, 2,2-dimethyl-, dimethyl ester	17219-21-5	R6696
157	133	202	39	105	41	68	77	202	100	80	63	56	38	35	32	31		13	14	2	–	–	–	–	–	–	–	–	–	2(5H)-Furanone, 5-(2,5-dimethylphenyl)-4-methyl-	55591-06-5	T1673
158	142	202	159	143	157	44	130	202	100	24	22	19	16	10	7	7		13	18	–	2	–	–	–	–	–	–	–	–	5-Ethylgramine		P3206
159	119	202	145	131	91	187	105	202	100	43	38	36	31	28	23	22		15	22	–	–	–	–	–	–	–	–	–	–	3-Isopropyl-6,10-dimethyltricyclo[4.4.0.0$^{(2,7)}$]deca-3,9-diene		15199
159	157	41	142	160	104	129	44	202	100	36	14	14	10	8	8	7	6.00	15	22	–	–	–	–	–	–	–	–	–	–	Cadina-1(10),6,8-triene	1460-96-4	09505
159	157	41	142	160	105	93	129	202	100	36	14	13	10	7	7	7	5.97	15	22	–	–	–	–	–	–	–	–	–	–	(-)-Calamenene	483-77-2	Q1091
159	160	128	129	131	202	41	105	202	100	13	7	7	7	7	6	6		15	22	–	–	–	–	–	–	–	–	–	–	(-)-Calamenene	483-77-2	Q1092
159	160	202	129	128	131	144	105	202	100	14	11	7	7	6	5	5		15	22	–	–	–	–	–	–	–	–	–	–	(-)-Calamenene	483-77-2	Q1090
159	202	111	161	75	127	204	113	202	100	60	54	38	36	33	23	19		8	7	2	–	1	–	–	1	–	–	–	–	Sulphone, 4-chlorophenyl vinyl		M7421
159	202	111	161	75	127	204	113	202	100	60	54	38	36	33	23	17		8	7	2	–	1	–	–	1	–	–	–	–	Sulphone, 4-chlorophenyl vinyl	5535-51-3	R1521
160	29	202	126	63	158	77	115	202	100	87	76	71	68	65	64	59		13	14	–	–	–	–	–	1	–	–	–	–	2-Naphthyl propyl sulphide		V0433
160	43	105	202	91	41	131	117	202	100	24	8	8	7	5	4	4		14	18	1	–	–	–	–	–	–	–	–	–	Azulene, 5-acetyl-1,2,6,7-tetrahydro-3,8-dimethyl-	55683-14-2	T1822
160	43	202	102	103	159	51	77	202	100	34	16	14	13	11	10	10		11	10	2	2	–	–	–	–	–	–	–	–	Pyrazol-3-ol, 5-phenyl-, acetate	32258-59-6	S3547
160	43	202	103	102	51	159	77	202	100	28	24	11	10	10	9	9		11	10	2	2	–	–	–	–	–	–	–	–	3-Pyrazolin-5-one, 2-acetyl-3-phenyl-	24768-95-4	S0811
160	101	157	73	133	55	83	43	202	100	51	50	28	26	24	18	14	0.00	10	18	4	–	–	–	–	–	–	–	–	–	Malonic acid, propyl-, diethyl ester	2163-48-6	Q7520
160	145	43	202	142	131	132	91	202	100	48	29	22	20	20	19	15		13	14	2	–	–	–	–	–	–	–	–	–	3-Benzosuberone enol acetate		L2486
160	157	133	115	87	69	43	88	202	100	50	25	25	18	13	12	12	0.00	10	18	4	–	–	–	–	–	–	–	–	–	Malonic acid, isopropyl-, diethyl ester	759-36-4	Q3951
160	173	119	90	118	92	187	161	202	100	16	13	13	11	11	10	10	6.00	12	14	1	2	–	–	–	–	–	–	–	–	2-Butyl-3,4-dihydro-4-oxoquinazoline		M0495
167	50	169	28	76	75	104	74	202	100	33	33	32	30	22	21	13	0.03	8	4	2	–	2	–	–	–	–	–	–	–	Phthaloyl chloride		D1359
167	111	169	76	50	104	75	74	202	100	40	33	25	23	21	19	14	0.00	8	4	2	–	2	–	–	–	–	–	–	–	Phthaloyl chloride	88-95-9	P6472
167	165	28	166	105	152	168	77	202	100	57	35	31	18	17	17	9	0.10	13	11	–	–	1	–	–	–	–	–	–	–	Chlorodiphenylmethane	90-99-3	P6595
167	169	28	50	76	75	103	139	202	100	35	25	23	22	20	15	14	1.10	8	4	2	–	2	–	–	–	–	–	–	–	Isophthaloyl chloride		D1355
167	169	50	76	75	28	139	104	202	100	33	25	21	20	20	19	17	0.09	8	4	2	–	2	–	–	–	–	–	–	–	Terephthaloyl chloride		D1357

MASS TO CHARGE RATIOS								M.W.	INTENSITIES								Parent	C	H	O	N	Cl	Br	F	S	P	B	Si	X	COMPOUND NAME	CAS Reg No	No
167	169	117	119	171	85	121	82	**202**	100	96	85	82	31	29	26	14	**0.00**	2	–	–	–	4	–	2	–	–	–	–	–	**1,1,1,2-Tetrachloro-2,2-difluoroethane**		**Z1545**
167	169	117	119	171	85	121	132	**202**	100	97	84	81	31	30	26	17	**0.00**	2	–	–	–	4	–	2	–	–	–	–	–	**1,1,1,2-Tetrachloro-2,2-difluoroethane**		**A0256**
167	169	204	171	202	206	83	36	**202**	100	97	32	32	25	15	13	11		5	2	–	–	4	–	–	–	–	–	–	–	**1,3-Cyclopentadiene, 1,2,3,4-tetrachloro-**	695-77-2	**Q3749**
170	31	114	115	29	202	144	44	**202**	100	67	67	50	46	32	28	20		12	10	3	–	–	–	–	–	–	–	–	–	**1-Hydroxy-2-naphthoic acid, methyl ester**	948-03-8	**Q4805**
170	142	202	114	115	171	143	116	**202**	100	63	43	42	24	19	9	2		12	10	3	–	–	–	–	–	–	–	–	–	**3-Hydroxy-2-naphthoic acid, methyl ester**		**P2023**
171	121	115	202	65	93	172	39	**202**	100	48	43	24	15	14	12	10		11	10	2	2	–	–	–	–	–	–	–	–	**2-Naphthalenecarboxylic acid, 3-hydroxy-, hydrazide**	5341-58-2	**R1319**
172	123	77	92	155	108	31	107	**202**	100	78	75	69	67	57	43	42	**27.00**	7	10	3	2	–	–	–	1	–	–	–	–	**Benzenesulphonic acid, 4-methoxy-, hydrazide**	1950-68-1	**Q7123**
172	124	77	92	31	107	202	64	**202**	100	67	56	47	43	38	25	24		7	10	3	2	–	–	–	1	–	–	–	–	**Benzenesulphonic acid, 3-methoxy-, hydrazide**	72594-22-0	**T7823**
173	131	145	202	174	115	91	129	**202**	100	29	27	17	15	13	13	12		15	22	–	–	–	–	–	–	–	–	–	–	**Naphthalene, 6-(1-ethylpropyl)-1,2,3,4-tetrahydro-**	54889-56-4	**H2088**
174	67	176	43	202	204	51	131	**202**	100	98	98	90	66	65	51	40		7	7	2	–	–	1	–	–	–	–	–	–	**2H-Pyran-2-one, 3-bromo-4,6-dimethyl-**	669-95-4	**Q3634**
174	115	145	116	131	77	63	144	**202**	100	86	67	54	33	31	26	25	**19.00**	12	10	3	–	–	–	–	–	–	–	–	–	**1,2-Naphthoquinone, 8-methoxy-6-methyl-**		**M5916**
174	115	145	116	131	77	146	63	**202**	100	86	67	54	33	31	27	26	**19.00**	12	10	3	–	–	–	–	–	–	–	–	–	**1,2-Naphthoquinone, 8-methoxy-6-methyl-**	1935-95-1	**Q7096**
174	131	77	115	175	145	63	103	**202**	100	26	12	12	12	10	9	9	**2.00**	12	10	3	–	–	–	–	–	–	–	–	–	**1,2-Naphthoquinone, 5-methoxy-7-methyl-**	1936-10-3	**Q7097**
174	176	67	43	202	204	51	95	**202**	100	97	93	86	66	62	48	43		7	7	2	–	–	1	–	–	–	–	–	–	**2H-Pyran-2-one, 3-bromo-4,6-dimethyl-**	669-95-4	**Q3635**
174	176	67	43	202	204	51	95	**202**	100	94	93	88	66	63	49	44		7	7	2	–	–	1	–	–	–	–	–	–	**2H-Pyran-2-one, 3-bromo-4,6-dimethyl-**		**L4238**
174	202	91	201	203	175	39	92	**202**	100	91	27	25	15	15	15	14		13	14	–	–	–	–	–	1	–	–	–	–	**8-Methyl-2,3,4,5-tetrahydrodibenzothiophene**		**Y1307**
187	43	59	85	100	69	97	99	**202**	100	92	87	70	45	26	15	13	**0.00**	9	14	5	–	–	–	–	–	–	–	–	–	**β-D-Talopyranose, 1,6-anhydro-2,3-O-isopropylidene-**	14278-75-2	**R5102**
187	43	92	50	202	75	76	159	**202**	100	72	58	51	49	48	42	35		8	7	3	–	–	–	1	1	–	–	–	–	**Benzenesulphonyl fluoride, 3-acetyl-**	709-60-4	**Q3815**
187	43	202	91	188	131	77	115	**202**	100	33	21	14	14	11	7	6		14	18	1	–	–	–	–	–	–	–	–	–	**1-Acetyl-4-cyclohexylbenzene**	18594-05-3	**R7705**
187	57	131	188	202	41	72	115	**202**	100	26	15	15	15	10	8	7		15	22	–	–	–	–	–	–	–	–	–	–	**1,1-Dimethyl-6-tert-butyl-2,3-dihydroindene**		**V0213**
187	57	131	202	41	72	115	29	**202**	100	27	15	15	11	8	8	7		15	22	–	–	–	–	–	–	–	–	–	–	**1H-Indene, 6-butyl-2,3-dihydro-1,1-dimethyl-**	54889-54-2	**H2086**
187	57	188	202	41	131	115	72	**202**	100	25	15	13	9	9	7	7		15	22	–	–	–	–	–	–	–	–	–	–	**1,1-Dimethyl-4-tert-butyl-2,3-dihydroindene**		**V0212**
187	57	188	202	41	131	115	129	**202**	100	27	15	14	12	10	8	8		15	22	–	–	–	–	–	–	–	–	–	–	**1,1-Dimethyl-5-tert-butylindan**		**V0347**
187	57	202	41	131	115	72	128	**202**	100	26	13	10	9	8	7	7		15	22	–	–	–	–	–	–	–	–	–	–	**1H-Indene, 4-butyl-2,3-dihydro-1,1-dimethyl-**	54889-53-1	**H2085**
187	73	188	189	185	59	129	45	**202**	100	25	22	18	13	13	11	8	**0.00**	8	22	–	–	–	–	–	–	–	–	3	–	**1,3,5-Trisilacyclohexane, 1,1,3,3,5-pentamethyl-**		**04898**
187	73	188	189	185	59	129	201	**202**	100	25	22	18	13	13	11	10	**3.00**	8	22	–	–	–	–	–	–	–	–	3	–	**1,3,5-Trisilacyclohexane, 1,1,3,3,5-pentamethyl-**		**04470**
187	75	73	29	103	43	69	188	**202**	100	83	42	25	24	20	19	16	**0.34**	11	26	1	–	–	–	–	–	–	–	1	–	**Silane, trimethyl(octyloxy)-**		**04240**
187	75	73	69	103	89	43	188	**202**	100	84	40	37	30	20	16	16	**0.00**	11	26	1	–	–	–	–	–	–	–	1	–	**Silane, trimethyl(octyloxy)-**	14246-16-3	**R5076**
187	75	73	69	103	89	188	41	**202**	100	92	45	36	27	19	17	15	**0.56**	11	26	1	–	–	–	–	–	–	–	1	–	**Silane, trimethyl(octyloxy)-**	14246-16-3	**R5075**
187	87	143	43	188	142	41	42	**202**	100	35	35	35	11	5	4	4	**0.00**	10	18	4	–	–	–	–	–	–	–	–	–	**1,3-Dioxolane, 2,2′-(1,2-ethanediyl)bis[2-methyl-**	944-26-3	**Q4780**
187	92	202	188	79	159	203	63	**202**	100	24	19	14	10	5	4	2		13	18	–	2	–	–	–	–	–	–	–	–	**Benzimidazole, 5-tert-butyl-2-ethyl-**	5805-63-0	**R1802**
187	145	28	202	188	141	128	18	**202**	100	21	21	18	16	8	8	8		15	22	–	–	–	–	–	–	–	–	–	–	**1,1,2,3,3,5-Hexamethyl-2,3-dihydroindene**		**Y2188**
187	147	202	39	91	27	172	29	**202**	100	39	25	21	21	19	19	17		14	18	1	–	–	–	–	–	–	–	–	–	**2′,3,4′,5′-Tetramethylcrotonophenone**		**U0027**
187	159	202	43	144	131	141	115	**202**	100	98	96	80	74	58	46	42		13	14	2	–	–	–	–	–	–	–	–	–	**(R)-5-Acetyl-2,3-dihydro-2-isopropenylbenzofuran**	4976-25-4	**R0984**
187	159	202	144	141	131	169		**202**	100	73	63	32	18	12	6			13	14	2	–	–	–	–	–	–	–	–	–	**4-Hydroxy-3-(3-methylbuta-1,3-dienyl)acetophenone**		**L8764**
187	159	202	188	128	131	145	129	**202**	100	45	35	16	9	9	9	8		15	22	–	–	–	–	–	–	–	–	–	–	**Cadina-1(10),6,8-triene**	1460-96-4	**Q6026**
187	189	41	81	96	95	93	39	**202**	100	98	84	82	74	72	68	64	**49.01**	9	15	–	–	–	1	–	–	–	–	–	–	**3-Heptyne, 7-bromo-2,2-dimethyl-**	55402-09-0	**T1076**
187	189	202	167	204	115	169	116	**202**	100	55	53	38	34	20	12	12		10	12	–	–	2	–	–	–	–	–	–	–	**Benzene, 1,4-dichloro-2,5-diethyl-**		**Z1544**
187	202	43	159	188	144	203	88	**202**	100	40	24	16	11	8	5	5		12	10	3	–	–	–	–	–	–	–	–	–	**2,5-Diacetylbenzofuran**		**06706**
187	202	103	39	188	77	45	51	**202**	100	33	19	16	14	13	13	12		13	14	–	–	–	–	–	1	–	–	–	–	**2-Phenyl-2-(3′-thienyl)propane**		**03578**
187	202	131	91	77	115	145	159	**202**	100	50	40	25	20	20	20	20		14	18	1	–	–	–	–	–	–	–	–	–	**Benzene, 1-(5,5-dimethyl-1-cyclopenten-1-yl)-2-methoxy-**	39877-93-5	**S6172**
187	202	131	188	115	41	91	39	**202**	100	24	18	14	13	11	9	9		14	18	1	–	–	–	–	–	–	–	–	–	**Tetralone, 6-tert-butyl-**	51015-37-3	**S7546**
187	202	169	160	41	201	171	39	**202**	100	42	23	20	18	17	15	14		12	14	1	2	–	–	–	–	–	–	–	–	**Quinoxaline, 2-tert-butyl-, 4-oxide**	16007-51-5	**R5959**
187	202	188	129	128	39	115	27	**202**	100	30	15	11	10	8	7	7		14	18	1	–	–	–	–	–	–	–	–	–	**1-Indanone, 3,3,5,6,7-pentamethyl-**		**U0033**
187	202	188	129	128	39	115	144	**202**	100	35	15	12	12	8	8	8		14	18	1	–	–	–	–	–	–	–	–	–	**1-Indanone, 3,3,4,5,7-pentamethyl-**	10425-83-9	**H1691**
187	202	188	129	128	115	144	39	**202**	100	37	15	12	12	8	8	7		14	18	1	–	–	–	–	–	–	–	–	–	**1-Indanone, 3,3,4,5,7-pentamethyl-**	10425-83-9	**H1690**
187	202	188	131	115	41	159	91	**202**	100	19	15	11	9	7	6	6		14	18	1	–	–	–	–	–	–	–	–	–	**7-tert-Butyl-1-tetralone**	22583-68-2	**R9821**
187	202	189	91	121	131	173	145	**202**	100	60	30	26	25	22	19	18		14	18	1	–	–	–	–	–	–	–	–	–	**Benzene, 1-methoxy-2-(1-methyl-2-methylenecyclopentyl)-**	39877-94-6	**S6173**
201	202	77	78	124	51	47	183	**202**	100	45	41	36	33	20	19	18		12	11	1	–	–	–	–	–	1	–	–	–	**Diphenylphosphine oxide**		**05372**
202	41	77	69	39	42	97	173	**202**	100	92	73	60	33	28	25	22		12	14	1	2	–	–	–	–	–	–	–	–	**3H-Pyrazol-3-one, 2,4-dihydro-4,4,5-trimethyl-2-phenyl-**	947-82-0	**Q4802**
202	41	91	159	131	145	105	117	**202**	100	93	65	64	63	57	52	43		15	22	–	–	–	–	–	–	–	–	–	–	**1H-cyclopropa[a]naphthalene, 1a,2,6,7,7a,7b-hexahydro-1,1,7,7a-tetramethyl-, (1aR,7R,7aR,7bS)-**	34143-96-9	**09758**
202	53	139	67	123	69	203	95	**202**	100	58	37	35	17	17	10	9		8	10	4	–	–	–	–	1	–	–	–	–	**3,6-Dihydroxy-2-methylphenyl methyl sulphone**		**M6176**
202	67	159	144	118	51	130	131	**202**	100	43	38	34	28	20	17	16		11	10	2	2	–	–	–	–	–	–	–	–	**6-Methyl-1-phenyluracil**		**L6398**
202	75	30	74	110	109	63	204	**202**	100	92	61	61	61	46	35	33		6	3	4	2	1	–	–	–	–	–	–	–	**Benzene, 1-chloro-2,4-dinitro-**	97-00-7	**P7088**
202	77	159	144	118	51	130	131	**202**	100	42	35	32	26	19	15	15		11	10	2	2	–	–	–	–	–	–	–	–	**6-Methyl-1-phenyluracil**	1015-64-1	**Q5071**

MASS TO CHARGE RATIOS								M.W.	INTENSITIES								Parent	C	H	O	N	Cl	Br	F	S	P	B	Si	X	COMPOUND NAME	CAS Reg No	No
202	91	129	117	115	116	201	39	**202**	100	84	83	50	44	34	25	23		14	18	1	–	–	–	–	–	–	–	–	–	**Pentylcinnamaldehyde**	1331-92-6	**Q5914**
202	101	100	203	200	201	88	100.5	**202**	100	26	17	17	15	12	6	5		16	10	–	–	–	–	–	–	–	–	–	–	**Pyrene**		**Y0959**
202	101	203	200	100	88	201	87	**202**	100	23	17	15	14	9	8	4		16	10	–	–	–	–	–	–	–	–	–	–	**Fluoranthene**		**Y0958**
202	107	81	55	105	117	91	134	**202**	100	80	79	79	54	54	53	50		13	14	2	–	–	–	–	–	–	–	–	–	**2-Methyldodeca-2,4,6,8,10-pentanene-1,12-diol**		**L5491**
202	109	51	154	77	28	65	125	**202**	100	87	72	63	60	57	41	38		12	10	1	–	–	–	–	1	–	–	–	–	**Diphenylsulphoxide**	945-51-7	**Q4791**
202	109	154	51	77	65	97	50	**202**	100	95	90	80	62	41	39	24		12	10	1	–	–	–	–	1	–	–	–	–	**Diphenylsulphoxide**	945-51-7	**Q4788**
202	109	154	77	51	97	65	186	**202**	100	72	65	46	45	31	27	23		12	10	1	–	–	–	–	1	–	–	–	–	**Diphenylsulphoxide**	945-51-7	**Q4789**
202	109	155	169	47	45	187	46	**202**	100	38	30	29	28	27	26	17		6	6	–	2	–	–	–	3	–	–	–	–	**4-Isothiazolecarbonitrile, 3,5-bis(methylthio)-**	4886-13-9	**08388**
202	109	169	155	45	187	47	46	**202**	100	38	33	28	26	25	24	14		6	6	–	2	–	–	–	3	–	–	–	–	**4-Isothiazolecarbonitrile, 3,5-bis(methylthio)-**		**03480**
202	111	204	75	43	78	113	51	**202**	100	74	62	50	48	46	46	38		7	4	1	2	2	–	–	–	–	–	–	–	**2-Methyl-4,7-dichlorofuro[2,3-d]pyridazine**		**M3649**
202	116	86	171	56	91	201	117	**202**	100	84	82	72	46	30	19	19		12	14	1	2	–	–	–	–	–	–	–	–	**4-Morpholineacetonitrile, α-phenyl-**	15190-10-0	**R5595**
202	116	86	171	56	91	201	117	**202**	100	86	83	73	47	30	19	18		12	14	1	2	–	–	–	–	–	–	–	–	**4-Morpholineacetonitrile, α-phenyl-**		**M6818**
202	117	204	167	133	98	93	31	**202**	100	45	33	29	20	15	12	10		6	–	–	–	1	–	5	–	–	–	–	–	**Benzene, chloropentafluoro-**	344-07-0	**Q0550**
202	118	161	91	119	201	203	160	**202**	100	32	14	13	10	9	9	8		9	10	–	6	–	–	–	–	–	–	–	–	**1,3,5-Triazine-2,4-diamine, 6-(2-aminophenyl)-**	29366-74-3	**S2474**
202	144	77	131	51	66	143	203	**202**	100	68	63	30	24	20	18	16		10	10	1	4	–	–	–	–	–	–	–	–	**1-Phenyl-3-methyl-4-nitroso-5-aminopyrazole**		**D2502**
202	144	172	129	128	156	115	127	**202**	100	68	30	23	22	21	16	14		11	10	2	2	–	–	–	–	–	–	–	–	**Quinoline, 2,4-dimethyl-8-nitro-**	2801-28-7	**Q8666**
202	146	131	91	145	174	78	55	**202**	100	62	59	46	44	39	26	21		13	14	2	–	–	–	–	–	–	–	–	–	**1,3-Cyclohexanedione, 2-benzyl-**	22381-56-2	**R9670**
202	158	144	145	187	172			**202**	100	95	94	50	14	14				13	18	–	2	–	–	–	–	–	–	–	–	**Deoxyeseroline**		**M6548**
202	173	146	145	185				**202**	100	44	13	12	7					12	14	1	2	–	–	–	–	–	–	–	–	**2,3,4,5-Tetrahydroazepino[2,3-b]indol-5a-(1H)-ol**		**M3091**
202	174	118	203	89	51	90	145	**202**	100	50	14	14	11	10	9	9		11	6	4	–	–	–	–	–	–	–	–	–	**7H-Furo[3,2-g][1]benzopyran-7-one, 4-hydroxy-**	486-60-2	**Q1126**
202	174	118	203	89	90	145	81	**202**	100	51	14	14	12	9	9	9		11	6	4	–	–	–	–	–	–	–	–	–	**7H-Furo[3,2-g][1]benzopyran-7-one, 4-hydroxy-**	486-60-2	**Q1127**
202	174	164	77	133	162	40	115	**202**	100	62	62	42	42	41	40	36		13	14	2	–	–	–	–	–	–	–	–	–	**Benzene, 2-methoxy-4-(2-propenyl)-1-(1-propynyloxy)-**	55956-27-9	**T2463**
202	174	203	89	90	113	87	146	**202**	100	35	11	6	6	5	4	4		11	6	4	–	–	–	–	–	–	–	–	–	**7H-Furo[3,2-g][1]benzopyran-7-one, 9-hydroxy-**	2009-24-7	**Q7190**
202	187	118	130	174	173	120	92	**202**	100	76	69	65	62	54	48	40		12	10	3	–	–	–	–	–	–	–	–	–	**1,4-Naphthoquinone, 5-ethoxy-**	22924-19-2	**R9997**
202	187	159						**202**	100	37	16							12	10	3	–	–	–	–	–	–	–	–	–	**5-Hydroxy-4-methoxy-2-naphthaldehyde**		**L9725**
202	187	159	203	131	188	158	115	**202**	100	25	18	13	9	4	4	4		12	10	3	–	–	–	–	–	–	–	–	–	**1-Hydroxy-8-methoxy-3-naphthaldehyde**		**M5977**
202	187	173	115	174	147	141	171	**202**	100	86	43	40	31	28	18	18		12	10	1	–	–	–	–	1	–	–	–	–	**5H-Naphtho[1,8-bc]thiophen-5-one, 3,4-dihydro-2-methyl-**	10243-18-2	**R3684**
202	187	173	115	174	147	171	188	**202**	100	86	43	40	30	28	18	15		12	10	1	–	–	–	–	1	–	–	–	–	**5H-Naphtho[1,8-bc]thiophen-5-one, 3,4-dihydro-2-methyl-**		**L2599**
202	187	204	168	144	153	189	127	**202**	100	47	33	33	31	21	16	14		9	11	3	–	1	–	–	–	–	–	–	–	**1-Chloro-2,3,4-trimethoxybenzene**		**Z1547**
202	200	203	201	101	150	88	98	**202**	100	23	17	11	7	6	5	4		16	10	–	–	–	–	–	–	–	–	–	–	**Diphenyldiacetylene**	886-66-8	**Q4491**
202	200	203	201	101	199	204	175	**202**	100	21	18	17	8	3	2	2		16	10	–	–	–	–	–	–	–	–	–	–	**Pyrene**	129-00-0	**P9573**
202	203	101	200	100	201	88	87	**202**	100	16	13	11	8	7	5	2		16	10	–	–	–	–	–	–	–	–	–	–	**Fluoranthene**		**Y2362**
202	203	200	101	201	88	150	73	**202**	100	18	16	10	6	6	5	3		16	10	–	–	–	–	–	–	–	–	–	–	**Diphenyldiacetylene**		**A0652**
202	203	200	101	201	100	87	88	**202**	100	19	17	14	11	9	6	4		16	10	–	–	–	–	–	–	–	–	–	–	**Fluoranthene**		**Q0061**
202	203	200	101	201	150	88	98	**202**	100	17	16	8	6	6	5	3		16	10	–	–	–	–	–	–	–	–	–	–	**Diphenyldiacetylene**	886-66-8	**Q4492**
202	204	117	167	133	203	93	101	**202**	100	33	21	20	8	7	5	5		6	–	–	–	1	–	5	–	–	–	–	–	**Benzene, chloropentafluoro-**		**D0628**
202	204	117	167	133	203	101	93	**202**	100	33	19	17	9	7	6	4		6	–	–	–	1	–	5	–	–	–	–	–	**Benzene, chloropentafluoro-**	344-07-0	**Q0551**
202	204	132	167	131	103	28	169	**202**	100	64	61	58	21	20	20	20		9	8	1	–	2	–	–	–	–	–	–	–	**5,7-Dichloro-2,3-dihydro-2-methylbenzofuran**		**Z1553**
204	171	185	161	128	186	187	205	**202**	100	82	38	26	25	22	16	15		12	12	–	1	–	–	–	1	–	–	–	–	**3H-Naphtho[1,8-bc]thiophene-5-ol, 4,5-dihydro-2-methyl-**		**L2602**
18	203	157	109	75	65	76	80	**203**	100	40	23	14	14	10	9	8		6	5	5	1	–	–	–	1	–	–	–	–	**3-Nitro-benzenesulphonic acid**		**M4343**
28	146	188	203	32	43			**203**	100	72	68	67	26	19				14	21	–	1	–	–	–	–	–	–	–	–	**Aniline, 2-(2-butenyl)-6-tert-butyl-, (E)**	60173-62-8	**T5153**
29	57	27	41	28	45	15	60	**203**	100	95	84	67	49	37	31	24	**0.00**	9	17	2	1	–	–	–	1	–	–	–	–	**Thiocyanic acid, 2-(2-butoxyethoxy)ethyl ester**	112-56-1	**P8727**
29	72	59	32	28	144	44	87	**203**	100	75	67	61	58	55	55	51	**8.50**	8	13	5	1	–	–	–	–	–	–	–	–	**2-Ethoxycarbonyl-5-methoxycarbonylisoxazolidine**		**01036**
41	28	53	188	39	203	135	160	**203**	100	63	54	53	50	48	43	41		10	13	–	5	–	–	–	–	–	–	–	–	**1H-Pyrazolo[4,3-d]pyrimidin-7-amine, N-(3-methyl-2-butenyl)-**	34232-31-0	**S4582**
41	91	120	98	39	90	97	146	**203**	100	93	35	31	24	22	20	18	**14.01**	12	13	2	1	–	–	–	–	–	–	–	–	**Glycidamide, N-allyl-3-phenyl-, trans-**	19464-98-3	**R8168**
41	128	57	72	43	29	27	203	**203**	100	99	94	75	71	64	34	33		10	21	1	1	–	–	–	1	–	–	–	–	**Carbamothioic acid, butylethyl-, S-propyl ester**	1114-71-2	**Q5315**
42	41	82	72	100	40	110	184	**203**	100	94	47	22	19	18	17	16	**2.20**	6	13	3	5	–	–	–	–	–	–	–	–	**Triazane, 2-acetyl-1,3-bis[1-(hydroxyimino)ethyl]-**	56700-82-4	**08188**
42	185	81	168	53	28	15	110	**203**	100	64	56	38	24	15	15	13	**0.00**	6	9	5	3	–	–	–	–	–	–	–	–	**2,4(1H,3H)-Pyrimidinedione, 1,3-dimethyl-5-nitro-, monohydrate**	69796-45-8	**T7430**
43	30	60	130	88	72	44	86	**203**	100	78	60	37	32	28	25	23	**1.00**	9	17	4	1	–	–	–	–	–	–	–	–	**Acetamide, N-[4-(acetyloxy)-3-hydroxy-3-methylbutyl]-, (R)-**	64018-48-0	**T6373**
43	41	57	69	29	83	71	46	**203**	100	51	46	40	40	35	33	29	**0.00**	10	21	3	1	–	–	–	–	–	–	–	–	**Decyl nitrate**		**01612**
43	84	102	60	88	131	144	99	**203**	100	83	80	66	50	49	44	39	**2.30**	8	13	5	1	–	–	–	–	–	–	–	–	**DL-Serine, N-acetyl-, methyl ester, acetate**	55299-57-5	**T0799**
43	86	128	40	41	42	44	57	**203**	100	56	48	47	44	19	18	8	**2.90**	10	21	1	1	–	–	–	1	–	–	–	–	**Carbamothioic acid, dipropyl-, S-propyl ester**	1929-77-7	**Q7091**
43	120	58	203	188	135	69		**203**	100	99	52	43	38	23	14			14	21	–	1	–	–	–	–	–	–	–	–	**Aniline, N-(1,1-dimethyl-2-propenyl)-4-isopropyl-**	60173-66-2	**T5154**
43	128	86	41	161	42	146	203	**203**	100	61	54	16	8	8	7	6		10	21	1	1	–	–	–	1	–	–	–	–	**Carbamothioic acid, dipropyl-, S-propyl ester**	1929-77-7	**Q7092**

MASS TO CHARGE RATIOS								M.W.	INTENSITIES								Parent	C	H	O	N	Cl	Br	F	S	P	B	Si	X	COMPOUND NAME	CAS Reg No	No
43	144	69	15	101	60	42	59	**203**	100	58	34	33	33	25	18	12	**0.60**	8	13	5	1	–	–	–	–	–	–	–	–	**L-Aspartic acid, N-acetyl-, dimethyl ester**	57289-64-2	**T4485**
43	203	134	188	58	55	146	160	**203**	100	65	56	39	32	31	20	16		14	21	–	1	–	–	–	–	–	–	–	–	**Aniline, N-2-butenyl-2-tert-butyl-**	69611-43-4	**T7166**
46	125	48	64	203	63	80	127	**203**	100	54	33	32	24	7	7	7		–	1	4	3	–	–	–	3	–	–	–	–	**1,3,5,2,4,6-Trithia[5-S(IV)]triazine, 1,1,3,3-tetraoxide**	52065-93-7	**S7853**
56	84	57	203	42	83	77	93	**203**	100	65	64	44	31	27	14	12		11	13	1	3	–	–	–	–	–	–	–	–	**3H-Pyrazol-3-one, 4-amino-1,2-dihydro-1,5-dimethyl-2-phenyl-**	83-07-8	**P6119**
56	84	57	203	42	83	119	77	**203**	100	66	64	44	30	26	16	13		11	13	1	3	–	–	–	–	–	–	–	–	**3H-Pyrazol-3-one, 4-amino-1,2-dihydro-1,5-dimethyl-2-phenyl-**		**L8296**
56	203	84	57	42	83	77	51	**203**	100	95	86	85	62	57	39	18		11	13	1	3	–	–	–	–	–	–	–	–	**3H-Pyrazol-3-one, 4-amino-1,2-dihydro-1,5-dimethyl-2-phenyl-**		**L3675**
57	43	41	30	144	28	85	55	**203**	100	96	84	80	76	60	60	58	**16.04**	10	21	1	1	–	–	–	1	–	–	–	–	**Octanamide, N-(2-mercaptoethyl)-**	56630-30-9	**T3933**
57	128	72	18	41	43	29	58	**203**	100	76	71	68	48	36	36	25	**5.50**	10	21	1	1	–	–	–	1	–	–	–	–	**Carbamothioic acid, butylethyl-, S-propyl ester**	1114-71-2	**Q5314**
59	54	68	112	140	55	42	45	**203**	100	41	40	30	28	23	23	21	**3.70**	8	13	5	1	–	–	–	–	–	–	–	–	**Pentanedioic acid, 2-(methoxyimino)-, dimethyl ester**	55590-75-5	**T1647**
59	101	43	28	44	58	60	86	**203**	100	68	57	38	30	28	26	26	**0.00**	9	17	4	1	–	–	–	–	–	–	–	–	**Methyl N-acetyl-α-daunosaminide**		**P3433**
71	72	99	98	100	87	84	158	**203**	100	96	80	76	70	59	52	43	**2.20**	10	21	3	1	–	–	–	–	–	–	–	–	**2-Ethoxy-3-hydroxy-4-dimethylamino-6-methyl-tetrahydropyran**		**L6837**
71	98	100	87	158	203	116	88	**203**	100	48	42	27	27	20	19	18		10	21	3	1	–	–	–	–	–	–	–	–	**2-Ethoxy-3-hydroxy-4-dimethylamino-6-methyl-tetrahydropyran**		**M2063**
73	57	75	159	29	30	188	45	**203**	100	46	32	30	28	27	21	16	**0.00**	8	17	3	1	–	–	–	–	–	–	1	–	**Glycine, N-(1-oxopropyl)-, trimethylsilyl ester**	55836-38-9	**T2176**
73	57	75	159	45	188	43	104	**203**	100	45	42	32	25	20	15	14	**0.00**	8	17	3	1	–	–	–	–	–	–	1	–	**Glycine, N-(1-oxopropyl)-, trimethylsilyl ester**	55836-38-9	**T2175**
73	188	89	45	58	74	75	43	**203**	100	44	41	29	19	14	10	9	**2.40**	8	17	3	1	–	–	–	–	–	–	1	–	**Butanoic acid, 2-(methoxyimino)-, trimethylsilyl ester**	55493-93-1	**T1207**
73	203	188	45	204	74	130	43	**203**	100	63	31	17	12	7	5	5		12	17	–	1	–	–	–	–	–	–	1	–	**1H-Indole, 7-methyl-1-(trimethylsilyl)-**		**P3210**
73	203	188	45	204	130	74	43	**203**	100	79	31	19	15	9	9	9		12	17	–	1	–	–	–	–	–	–	1	–	**1H-Indole, 2-methyl-1-(trimethylsilyl)-**		**P3208**
74	75	45	41	42	59	43	70	**203**	100	66	35	34	27	22	18	18	**0.34**	7	13	4	3	–	–	–	–	–	–	–	–	**Xylopyranoside, methyl 4-azido-4-deoxy-3-O-methyl-, α-D-**	18390-81-3	**R7566**
77	91	203	143	65	92	39	51	**203**	100	95	85	57	56	37	32	23		10	9	2	3	–	–	–	–	–	–	–	–	**Methyl 2-cyano-2-phenylazoacetate**		**D2958**
77	104	130	174	105	145	71	186	**203**	100	96	93	86	40	40	16	15	**4.00**	13	17	1	1	–	–	–	–	–	–	–	–	**2-Oxazoline, 4,5-diethyl-2-phenyl-, cis-**	25943-05-9	**S1205**
77	144	51	43	159	50	93	203	**203**	100	84	76	65	55	34	28	28		11	9	3	1	–	–	–	–	–	–	–	–	**4-Isoxazolecarboxylic acid, 5-methyl-3-phenyl-**	1136-45-4	**Q5515**
83	159	143	144	203	77	160	128	**203**	100	81	80	54	34	21	21	20		11	13	1	3	–	–	–	–	–	–	–	–	**Hydrazinecarboxamide, 2-(1-methyl-3-phenyl-2-propenylidene)-**	5468-31-5	**R1476**
84	130	56	29	41	30	43	31	**203**	100	60	44	32	13	10	9	7	**0.27**	9	17	4	1	–	–	–	–	–	–	–	–	**L-Glutamic acid, diethyl ester**	16450-41-2	**R6190**
86	42	44	56	14	28	76	70	**203**	100	14	11	11	8	7	7	5	**0.60**	7	13	–	1	1	–	3	–	–	–	–	–	**Propylamine, 3-chloro-2,2,3-trifluoro-N,N,1,1-tetramethyl-**	32786-66-6	**S3886**
91	42	203	84	92	133	65	112	**203**	100	99	82	76	58	48	47	30		11	13	1	3	–	–	–	–	–	–	–	–	**4-Benzyl-6-imino-piperazin-2-one**		**06710**
91	69	56	41	147	92	146	39	**203**	100	18	16	15	13	8	8	6	**4.00**	14	21	–	1	–	–	–	–	–	–	–	–	**Azetidine, 1-benzyl-2,2,3,3-tetramethyl-**	22606-88-8	**R9840**
91	69	56	41	147	146	92	120	**203**	100	18	16	15	13	8	8	6	**4.00**	14	21	–	1	–	–	–	–	–	–	–	–	**Azetidine, 1-benzyl-2,2,3,3-tetramethyl-**		**L5155**
91	69	99	104	57	106	105	203	**203**	100	36	31	25	20	16	13	7		12	13	2	1	–	–	–	–	–	–	–	–	**2-Benzyl-5-ethyl-4-isoxazolin-3-one**		**L9540**
91	120	106	92	65	41	28	203	**203**	100	39	10	8	8	6	4	4		13	17	1	1	–	–	–	–	–	–	–	–	**N-Benzyl-3,4-dihydro-2H-pyran-2-methylamine**		**D0690**
91	203	160	204	92	119	161		**203**	100	80	13	9	7	5	2			11	13	1	3	–	–	–	–	–	–	–	–	**Δ^2-1,2,4-Triazolin-5-one, 3-isopropyl-1-phenyl-**	28669-32-1	**S2169**
91	203	202	134	28	69	79	51	**203**	100	68	28	24	15	15	14	14		9	8	1	1	–	–	3	–	–	–	–	–	**Acetamide, 2,2,2-trifluoro-N-benzyl-**		**03625**
97	75	86	112	133	147	92	55	**203**	100	60	50	50	48	36	28	27	**12.00**	10	22	1	1	–	–	–	–	1	–	–	–	**1-(Dimethylamino)-2,2,3,4,4-pentamethylphosphetan 1-oxide**		**P2605**
97	124	96	69	81	203	122	202	**203**	100	70	58	54	39	34	32	31		8	14	–	1	–	1	–	–	–	–	–	–	**Indolizine, 1-bromooctahydro-, cis-**	68344-30-9	**T6926**
98	160	77	57	25	154	70	96	**203**	100	35	30	18	15	13	10	8	**5.00**	13	17	1	1	–	–	–	–	–	–	–	–	**α-Acetyl-α-pyrrolidinotoluene**		**L3193**
104	132	91	29	28	131	39	129	**203**	100	65	63	46	39	39	23	21	**0.00**	13	17	1	1	–	–	–	–	–	–	–	–	**8a,4a-(Nitrilometheno)naphthalene, 10-ethoxy-1,2,3,4-tetrahydro-**	20518-62-1	**R8705**
107	120	147	203	188	121	106	41	**203**	100	80	44	38	34	23	19	18		14	21	–	1	–	–	–	–	–	–	–	–	**13-Azabicyclo[7.3.1]trideca-1(13),9,11-triene, 3,3-dimethyl-**	42273-47-2	**S6888**
112	91	44	41	69	65	55	29	**203**	100	79	48	30	29	18	17	15	**7.18**	14	21	–	1	–	–	–	–	–	–	–	–	**Aziridine, 2-tert-butyl-3-methyl-1-benzyl-**	55712-34-0	**06911**
112	203	42	43	58	129	41	91	**203**	100	81	65	43	43	37	29	29		13	17	1	1	–	–	–	–	–	–	–	–	**1-Azabicyclo[2.2.2]octan-2-ol, 4-phenyl-**	58690-17-8	**T5059**
117	42	203	158	44	159	70	15	**203**	100	79	65	21	21	19	15	14		8	18	1	3	–	–	–	–	1	–	–	–	**1,3,5,8-Tetramethyl-4-oxo-3,5,8-triaza-4-phosphabicyclo[2.2.2]octane**		**G0501**
118	91	42	119	41	70	146	117	**203**	100	66	35	31	29	24	23	20	**9.01**	14	21	–	1	–	–	–	–	–	–	–	–	**Azetidine, 3,3-dimethyl-2-phenyl-1-propyl-**	22606-93-5	**R9842**
118	203	117	103	87	88	119	28	**203**	100	38	15	10	8	8	8	5		12	13	2	1	–	–	–	–	–	–	–	–	**2,5-Pyrrolidinedione, 1,3-dimethyl-3-phenyl-**	77-41-8	**P5800**
119	188	134	202	203	77	91	69	**203**	100	63	46	43	42	33	29	25		13	17	1	1	–	–	–	–	–	–	–	–	**cis-Methyl N-phenyl-3-methyl-3-pentenoimidate**		**P3335**
119	188	203	202	134	77	91	69	**203**	100	71	47	44	41	27	27	22		13	17	1	1	–	–	–	–	–	–	–	–	**trans-Methyl N-phenyl-3-methyl-3-pentenoimidate**		**P3334**
129	84	174	83	55	42	29	96	**203**	100	95	93	90	86	70	41	41	**18.00**	9	17	2	1	–	–	–	1	–	–	–	–	**2-Ethyl-2,5,5-trimethyl-4-thiazolidinecarboxylic acid**		**P2719**
130	17	203	28	131	143	144	115	**203**	100	62	31	19	12	9	7	7		12	13	2	1	–	–	–	–	–	–	–	–	**Indole-3-propionic acid, methyl ester**		**05049**
130	88	44	42	59	55	45	15	**203**	100	55	50	36	27	27	26	26	**3.60**	9	17	4	1	–	–	–	–	–	–	–	–	**N,N′-Bis(β-carbomethoxyethyl)methylamine**		**F0027**
130	160	203	131	118	117	91	77	**203**	100	47	28	25	23	23	17	17		13	17	1	1	–	–	–	–	–	–	–	–	**5-(3-Indolyl)-pentan-1-ol**		**L8325**
130	203	77	103	131	102	129	204	**203**	100	25	12	9	8	6	6	5		12	13	2	1	–	–	–	–	–	–	–	–	**1H-Indole-3-acetic acid, ethyl ester**		**P2587**
130	203	131	77	51	65	103	129	**203**	100	22	10	9	6	5	4	4		12	13	2	1	–	–	–	–	–	–	–	–	**5-Pyrrolidinecarboxylic acid, 1-(5-amino-5-carboxypentyl-2-oxo-**		**P3207**
130	203	131	143	77	103	129	102	**203**	100	23	11	9	7	7	4	4		12	13	2	1	–	–	–	–	–	–	–	–	**1H-Indole-3-butanoic acid**	133-32-4	**P9655**
130	203	131	204	144	145	205	117	**203**	100	48	10	7	4	4	1	1		12	13	2	1	–	–	–	–	–	–	–	–	**Indole-2-propionic acid, methyl ester**	27798-76-1	**S1854**
131	103	203	146	77	161	132	160	**203**	100	32	28	21	19	13	12	7		13	17	1	1	–	–	–	–	–	–	–	–	**N-Butyl-3-phenylpropenamide**		**W0188**
131	146	203	103	77	132	188	58	**203**	100	41	31	24	15	10	9	8		13	17	1	1	–	–	–	–	–	–	–	–	**N-tert-Butyl-3-phenylpropenamide**		**W0189**
131	158	174	204	130	175	129	89	**203**	100	83	78	64	57	54	46	42	**20.00**	12	13	2	1	–	–	–	–	–	–	–	–	**N-Methyl-α-carbethoxy-indole**		**L2592**
131	203	103	77	132	126	188	202	**203**	100	37	32	19	12	12	8	7		13	17	1	1	–	–	–	–	–	–	–	–	**N,N-Diethyl-3-phenylpropenamide**		**W0190**
132	41	56	43	147	117	39	91	**203**	100	33	24	21	21	19	18	16	**5.00**	14	21	–	1	–	–	–	–	–	–	–	–	**Azetidine, 1-isopropyl-3,3-dimethyl-2-phenyl-**	22606-94-6	**R9843**

MASS TO CHARGE RATIOS								M.W.	INTENSITIES								Parent	C	H	O	N	Cl	Br	F	S	P	B	Si	X	COMPOUND NAME	CAS Reg No	No
132	41	56	147	43	117	39	91	**203**	100	31	23	22	21	19	18	15	**6.00**	14	21	–	1	–	–	–	–	–	–	–	–	Azetidine, 1-isopropyl-3,3-dimethyl-2-phenyl-		L5184
132	174	133	105	104	91	41	146	**203**	100	98	32	25	22	21	20	20	**3.00**	14	21	–	1	–	–	–	–	–	–	–	–	2-Heptanamine, N-benzylidene-	55104-00-2	T0311
132	174	133	105	104	91	146	106	**203**	100	98	33	25	22	21	20	17	**4.00**	14	21	–	1	–	–	–	–	–	–	–	–	2-Heptanamine, N-benzylidene-	55104-00-2	T0312
133	75	97	86	112	57	92	188	**203**	100	76	67	36	34	30	25	25	**24.00**	10	22	1	1	–	–	–	–	1	–	–	–	1-(Ethylamino)-2,2,3,4,4-pentamethylphosphetan 1-oxide		P2594
133	156	43	203	60	74	41	134	**203**	100	41	23	23	17	16	14	11		7	13	–	3	–	–	–	2	–	–	–	–	1,3,4-Thiadiazol-2-amine, 5-(pentylthio)-	23574-95-0	S0264
143	130	43	77	203	103	144	142	**203**	100	70	40	15	15	10	10	8		12	13	2	1	–	–	–	–	–	–	–	–	Tryptophol acetate		P2588
143	144	145	115	44	159	77	128	**203**	100	69	35	34	20	20	17	16	**13.00**	11	13	1	3	–	–	–	–	–	–	–	–	Hydrazinecarboxamide, 2-(3-phenyl-2-butenylidene)-	1208-25-9	Q5765
143	203	171	144	115	145	89	204	**203**	100	87	22	20	18	11	10	9		11	9	3	1	–	–	–	–	–	–	–	–	Methyl 8-hydroxyquinoline-2-carboxylate		L5695
144	44	59	28	43	42	32	40	**203**	100	94	68	61	51	49	42	41	**1.62**	8	13	5	1	–	–	–	–	–	–	–	–	L-Alanine, N-(3-methoxy-1,3-dioxopropyl)-, methyl ester	55955-51-6	T2383
144	103	116	117	59	91	115	77	**203**	100	43	40	38	32	24	24	18	**12.00**	12	13	2	1	–	–	–	–	–	–	–	–	Methyl 2-cyano-2-phenylbutyrate		B0269
144	103	117	116	59	115	91	159	**203**	100	35	34	28	24	20	17	16	**5.90**	12	13	2	1	–	–	–	–	–	–	–	–	Methyl 2-cyano-2-phenylbutyrate		F0314
144	103	117	116	115	91	59	159	**203**	100	30	24	24	20	16	15	15	**8.51**	12	13	2	1	–	–	–	–	–	–	–	–	Methyl 2-cyano-2-phenylbutyrate		D0150
147	73	45	103	66	191	148	59	**203**	100	78	28	20	20	18	18	16	**0.00**	8	19	2	–	–	–	–	–	–	–	2	–	Ethylene glycol bistrimethylsilyl ether		L3495
147	75	73	116	45	77	43	148	**203**	100	81	51	50	23	22	17	14	**7.80**	8	21	1	1	–	–	–	–	–	–	2	–	N,O-Bis(trimethylsilyl)acetamide		03644
147	77	104	130	105	145	71	148	**203**	100	85	85	72	30	27	17	8	**3.00**	13	17	1	1	–	–	–	–	–	–	–	–	2-Oxazoline, 4,5-diethyl-2-phenyl-, trans-	25943-11-7	S1208
158	203	131	175	28	77	130	44	**203**	100	72	37	28	21	20	20	17		12	13	2	1	–	–	–	–	–	–	–	–	1-Indolizinecarboxylic acid, 2-methyl-, ethyl ester	31108-60-8	S3205
158	203	131	175	31	77	130	103	**203**	100	73	37	30	22	20	20	17		12	13	2	1	–	–	–	–	–	–	–	–	1-Indolizinecarboxylic acid, 2-methyl-, ethyl ester		L8629
160	77	203	93	51	119	202	69	**203**	100	65	60	47	32	25	23	21		13	17	1	1	–	–	–	–	–	–	–	–	trans-Methyl N-phenyl-4-methyl-2-pentenoimidate		P3318
160	134	203	187	107	118	84	148	**203**	100	94	77	69	35	25	20	18		10	13	–	5	–	–	–	–	–	–	–	–	1H-Purin-6-amine, N-(3-methyl-2-butenyl)-		L4408
160	135	188	203	108	119	161	148	**203**	100	64	58	49	24	23	14	13		10	13	–	5	–	–	–	–	–	–	–	–	1H-Purin-6-amine, N-(3-methyl-2-butenyl)-		L1035
160	135	203	188	28	41	31	108	**203**	100	92	79	68	64	53	37	36		10	13	–	5	–	–	–	–	–	–	–	–	1H-Purin-6-amine, N-(3-methyl-2-butenyl)-	2365-40-4	Q7881
160	144	145	130	146	101	104	203	**203**	100	94	50	50	39	29	28	17		13	17	1	1	–	–	–	–	–	–	–	–	2-(2-Hydroxyisopropyl)-3,3-dimethylindolenine		01437
160	161	203	146	69	57	145	60	**203**	100	15	9	8	8	8	8	7		13	17	1	1	–	–	–	–	–	–	–	–	Isocyanatomethyl-2,3,4,5,6-pentamethylbenzene		D1259
161	43	160	132	133	77	51	105	**203**	100	44	24	17	11	9	8	7	**0.70**	11	9	3	1	–	–	–	–	–	–	–	–	3-(2′-Acetoxyphenyl)-isoxazole		P1967
161	43	163	63	73	168	90	62	**203**	100	88	61	33	27	27	20	19	**2.30**	8	7	1	1	2	–	–	–	–	–	–	–	Acetamide, N-(2,6-dichlorophenyl)-	17700-54-8	R7150
161	91	90	202	120	118	160	203	**203**	100	57	40	38	29	25	23	21		12	18	1	1	–	–	–	–	–	1	–	–	1,3,2-Oxazaborolidine, 2-butyl-5-phenyl-	24375-03-9	S0563
163	121	203	43	164	93	161	92	**203**	100	59	45	15	11	9	7	7		11	13	1	3	–	–	–	–	–	–	–	–	2′-(2-Cyanoethylamino)-acetanilide		D1634
167	139	39	138	111	67	65	110	**203**	100	96	73	62	39	34	22	22	**0.00**	7	6	2	1	1	–	–	1	–	–	–	–	Thiazolo[3,2-a]pyridinium, 3,8-dihydroxy-, chloride	57197-33-8	T4374
174	73	114	59	175	188	45	86	**203**	100	54	37	21	20	10	9	8	**3.10**	9	25	–	1	–	–	–	–	–	–	2	–	Silanamine, 1,1,1-trimethyl-N-propyl-N-(trimethylsilyl)-	7331-84-2	R3067
174	73	114	188	86	59	175	100	**203**	100	51	38	30	24	22	18	10	**4.20**	9	25	–	1	–	–	–	–	–	–	2	–	Silanamine, 1,1,1-trimethyl-N-propyl-N-(trimethylsilyl)-	7331-84-2	R3066
174	77	104	130	105	145	71	117	**203**	100	85	85	72	30	27	17	6	**3.00**	13	17	1	1	–	–	–	–	–	–	–	–	2-Oxazoline, 4,5-diethyl-2-phenyl-, trans-		M2221
175	203	130	174	158	77	129	204	**203**	100	93	24	22	17	16	14	14		12	13	2	1	–	–	–	–	–	–	–	–	6-Indolizinecarboxylic acid, 2-methyl-, ethyl ester		L8630
175	203	130	176	174	77	158	129	**203**	100	92	24	23	21	17	17	14		12	13	2	1	–	–	–	–	–	–	–	–	6-Indolizinecarboxylic acid, 2-methyl-, ethyl ester	22320-28-1	R9630
188	44	86	42	190	43	56	71	**203**	100	99	67	51	34	32	29	25	**9.00**	7	13	–	1	1	–	3	–	–	–	–	–	Propylamine, 3-chloro-2,2,3-trifluoro-N-methyl-N-isopropyl-	32786-65-5	S3885
188	148	130	203	189	102	204	149	**203**	100	54	42	39	12	7	5	4		12	13	2	1	–	–	–	–	–	–	–	–	N-tert-Butylphthalimide		L4610
188	160	135	203	41	108	84	69	**203**	100	98	80	78	70	33	31	28		10	13	–	5	–	–	–	–	–	–	–	–	1H-Pyrazolo[3,4-d]pyrimidine, 4-[(3-methyl-2-butenyl)amino]-	34257-68-6	S4598
188	203	43	132	55	134	57	83	**203**	100	53	43	39	31	29	28	19		14	21	–	1	–	–	–	–	–	–	–	–	Aniline, 2-tert-butyl-N-(1-methyl-2-propenyl)-	60173-57-1	T5152
201	200	202	199	198	145	203	173	**203**	100	96	25	22	16	15	14	14		14	21	–	1	–	–	–	–	–	–	–	–	Bicyclo[4.4.0]deca-2,10-diene, 1-(1-pyrrolidinyl)-		00516
203	69	152	115	46	32	107	171	**203**	100	79	37	33	22	17	14	12		–	–	–	1	–	–	5	1	2	–	–	–	Trifluorophosphazothio-phosphoryl fluoride		L5899
203	69	152	115	63	101	184	171	**203**	100	42	20	20	15	9	8	8		–	–	–	1	–	–	5	1	2	–	–	–	Trifluorophosphazothio-phosphoryl fluoride		L7787
203	73	188	202	45	204	130	43	**203**	100	82	56	23	22	19	12	11		12	17	–	1	–	–	–	–	–	–	1	–	1H-Indole, 3-methyl-1-(trimethylsilyl)-		P3209
203	77	106	110	134	51	78	69	**203**	100	98	68	65	52	39	20	17		9	8	1	1	–	–	3	–	–	–	–	–	Acetamide, 2,2,2-trifluoro-N-methyl-N-phenyl-	345-81-3	Q0554
203	77	111	51	172	91	93	97	**203**	100	53	30	27	26	20	20	20		13	17	1	1	–	–	–	–	–	–	–	–	trans-Methyl N-phenyl-3-methyl-2-pentenoimidate		P3332
203	88	204	101	87	202	176	201	**203**	100	18	17	12	10	9	8	8		15	9	–	1	–	–	–	–	–	–	–	–	9-Anthracenecarbonitrile	1210-12-4	Q5767
203	91	202	134	43	79	69	77	**203**	100	90	42	26	21	20	19	14		9	8	1	1	–	–	3	–	–	–	–	–	Acetamide, 2,2,2-trifluoro-N-benzyl-	7387-69-1	R3148
203	111	77	51	188	91	69	93	**203**	100	92	67	33	33	29	25	25		13	17	1	1	–	–	–	–	–	–	–	–	cis-Methyl N-phenyl-3-methyl-2-pentenoimidate		P3333
203	119	91	175					**203**	100	12	6	3						9	9	1	5	–	–	–	–	–	–	–	–	Phenol, 2-(4,6-diamino-s-triazin-2-yl)-	29366-78-7	S2478
203	119	204	91	175	120	205		**203**	100	12	10	6	3	1	1			9	9	1	5	–	–	–	–	–	–	–	–	Phenol, 2-(4,6-diamino-s-triazin-2-yl)-	29366-78-7	S2477
203	158	146	83	175	174	202	145	**203**	100	33	8	7	3	3	1	1		11	9	3	1	–	–	–	–	–	–	–	–	β-Anilinocarbonyl-butenolide		M2832
203	160	188	57	43	44	58	77	**203**	100	96	94	67	65	50	42	28		11	9	1	1	–	–	–	1	–	–	–	–	Thiazole, 2-phenyl-5-acetyl-	10045-50-8	R3555
203	170	160	28	171	205	44	18	**203**	100	56	51	17	12	10	10	10		8	13	1	1	–	–	–	2	–	–	–	–	3,5-Dimethyl-4-oxa-6,8-dithia-2-azaadamantane		L5425
203	170	188	143	52	115	114	189	**203**	100	60	60	58	51	48	46	41		11	9	3	1	–	–	–	–	–	–	–	–	β-Formyl-α-carbomethoxy-indole		L2590
203	188	73	204	202	189	205	74	**203**	100	43	40	18	18	7	5	3		12	17	–	1	–	–	–	–	–	–	1	–	1H-Indole, 3-methyl-1-(trimethylsilyl)-	55638-43-2	T1720
203	188	105	91	202	84	77	112	**203**	100	43	39	35	33	23	21	15		11	13	1	3	–	–	–	–	–	–	–	–	3-Hydroxy-4-phenyl-5-isopropyl-1,2,4-triazole		17014
203	202	58	188	130	187	204	105	**203**	100	71	50	24	17	16	16	14		12	13	–	1	–	–	–	1	–	–	–	–	Thiazole, 2-(2,4,6-trimethylphenyl)-	75601-35-3	T8999

MASS TO CHARGE RATIOS								M.W.	INTENSITIES								Parent	C	H	O	N	Cl	Br	F	S	P	B	Si	X	COMPOUND NAME	CAS Reg No	No
15	173	29	74	175	75	145	109	**204**	100	64	55	47	45	36	30	30	**16.01**	8	6	2	–	2	–	–	–	–	–	–	–	Benzoic acid, 3,5-dichloro-, methyl ester	2905-67-1	**Q8798**
28	121	136	93	41	91	133	32	**204**	100	62	62	28	18	18	15	15	**4.87**	15	24	–	–	–	–	–	–	–	–	–	–	α-Chamigrene		**06278**
28	175	105	119	189	204	148	91	**204**	100	52	31	30	24	24	16	15		15	24	–	–	–	–	–	–	–	–	–	–	4,10,10-Trimethyltricyclo[4.4.0.0$^{(1,4)}$]dec-6-ene		**06279**
28	189	93	41	105	32	107	91	**204**	100	31	29	26	24	23	21	21	**10.83**	15	24	–	–	–	–	–	–	–	–	–	–	β-Chamigrene		**06280**
29	177	27	179	204	91	109	75	**204**	100	63	26	21	19	13	12	9		6	5	1	–	1	–	4	–	–	–	–	–	1-Cyclobutene, 1-ethoxy-2-chloro-3,3,4,4-tetrafluoro-		**Z1564**
32	161	28	148	189	204	135	147	**204**	100	61	57	46	40	40	39	38		14	20	1	–	–	–	–	–	–	–	–	–	Phenol, 2-(1-methylcyclohexyl)-5-methyl-		**D0168**
41	39	91	161	55	93	105	94	**204**	100	54	53	43	43	43	43	42	**28.42**	15	24	–	–	–	–	–	–	–	–	–	–	Longifolene		**Y1434**
41	45	75	39	49	77	27	43	**204**	100	72	60	57	49	40	37	26	**0.00**	6	11	1	–	3	–	–	–	–	–	–	–	2-(1-Chloropropyl) 2-(1,3-dichloropropyl) ether		**C0872**
41	55	204	189	51	93	81	80	**204**	100	64	58	46	44	39	39	33		15	24	–	–	–	–	–	–	–	–	–	–	α-Selinene		**M5644**
41	68	81	93	67	55	54	107	**204**	100	87	86	71	54	50	50	42	**25.00**	15	24	–	–	–	–	–	–	–	–	–	–	β-Elemene		**M5620**
41	69	91	93	55	81	105	107	**204**	100	53	50	50	47	44	43	43	**15.01**	15	24	–	–	–	–	–	–	–	–	–	–	1H-Cycloprop[e]azulene, decahydro-1,1,7-trimethyl-4-methylene-, [1aR-(1aα,4aα,7α,7aβ,7bα)]-	489-39-4	**Q1176**
41	69	93	55	81	53	67	43	**204**	100	90	54	32	25	23	21	21	**12.50**	15	24	–	–	–	–	–	–	–	–	–	–	β-Farnesene, (E)-		**M5635**
41	69	93	79	55	91	133	39	**204**	100	74	60	43	37	36	33	28	**4.00**	15	24	–	–	–	–	–	–	–	–	–	–	β-Caryophyllene	87-44-5	**P6373**
41	69	93	81	55	67	79	39	**204**	100	97	51	23	21	18	18	18	**4.28**	15	24	–	–	–	–	–	–	–	–	–	–	β-Farnesene, (Z)-	28973-97-9	**S2286**
41	69	93	81	55	79	67	39	**204**	100	96	49	23	20	18	18	18	**3.50**	15	24	–	–	–	–	–	–	–	–	–	–	β-Farnesene, (Z)-		**M5119**
41	69	93	204	94	79	55	109	**204**	100	86	64	32	28	28	28	24		15	24	–	–	–	–	–	–	–	–	–	–	Bisabolene		**M5637**
41	79	39	43	93	77	55	121	**204**	100	61	56	51	46	36	36	34	**5.00**	14	20	1	–	–	–	–	–	–	–	–	–	1,1-Dimethyl-4,4-diallyl-5-oxo-cyclohex-2-ene		**M2819**
41	93	55	69	107	43	79	119	**204**	100	79	61	60	33	29	28	26	**3.00**	15	24	–	–	–	–	–	–	–	–	–	–	α-Farnesene	502-61-4	**Q1360**
41	93	55	69	119	79	43	107	**204**	100	75	56	53	44	30	27	24	**0.76**	15	24	–	–	–	–	–	–	–	–	–	–	α-Farnesene, (Z,E)-	26560-14-5	**S1457**
41	93	69	55	107	79	91	43	**204**	100	82	62	60	48	44	37	31	**4.84**	15	24	–	–	–	–	–	–	–	–	–	–	α-Farnesene	502-61-4	**Q1361**
41	93	69	55	107	79	119	204	**204**	100	82	52	50	40	36	31	7		15	24	–	–	–	–	–	–	–	–	–	–	α-Farnesene, (E,E)-		**L9582**
41	93	69	133	79	91	105	39	**204**	100	82	82	60	52	49	36	36	**12.81**	15	24	–	–	–	–	–	–	–	–	–	–	β-Caryophyllene	87-44-5	**P6372**
41	105	107	204	93	81	121	79	**204**	100	90	89	89	86	78	69	68		15	24	–	–	–	–	–	–	–	–	–	–	β-Selinene	17066-67-0	**R6609**
41	122	39	28	204	77	27	91	**204**	100	91	79	64	63	57	56	56		14	20	1	–	–	–	–	–	–	–	–	–	9(1H)-Phenanthrone, 2,3,4,4a,4b,5,6,7,8,8a-decahydro-	18938-05-1	**R7895**
41	133	189	69	119	110	55	95	**204**	100	95	88	80	63	62	55	54	**5.28**	15	24	–	–	–	–	–	–	–	–	–	–	Tricyclo[4.3.0.0$^{(7,9)}$]non-3-ene, 2,2,5,5,8,8-hexamethyl-, (1α,6β,7α,9α)-	54832-80-3	**S9688**
41	161	91	94	93	107	105	79	**204**	100	93	86	83	74	71	67	66	**43.17**	15	24	–	–	–	–	–	–	–	–	–	–	Longifolene	475-20-7	**Q0975**
41	161	91	105	79	77	93	39	**204**	100	93	73	67	46	43	40	38	**9.34**	15	24	–	–	–	–	–	–	–	–	–	–	β-Gurjunene		**00137**
41	161	93	204	91	107	105	69	**204**	100	98	68	65	64	64	63	61		15	24	–	–	–	–	–	–	–	–	–	–	1H-Cycloprop[e]azulene, decahydro-1,1,7-trimethyl-4-methylene-, [1aR-(1aα,4aα,7α,7aβ,7bα)]-	489-39-4	**Q1174**
41	161	204	91	81	93	105	107	**204**	100	80	80	73	67	67	67	67		15	24	–	–	–	–	–	–	–	–	–	–	1H-3a,7-Methanoazulene, octahydro-1,9,9-trimethyl-4-methylene-, (1α,3aα,7α,8aβ)-	508-55-4	**Q1432**
41	189	91	77	79	39	55	93	**204**	100	99	85	52	46	45	45	38	**11.20**	15	24	–	–	–	–	–	–	–	–	–	–	Clovene	469-92-1	**Q0897**
41	189	91	105	77	79	39	55	**204**	100	99	85	74	52	46	45	45	**11.21**	15	24	–	–	–	–	–	–	–	–	–	–	Clovene	469-92-1	**H0709**
41	204	69	175	134	28	39	53	**204**	100	41	37	37	32	27	23	22		9	12	–	6	–	–	–	–	–	–	–	–	3H-v-Triazolo[4,5-d]pyrimidine, 7-[(3-methyl-2-butenyl)amino]-	34257-66-4	**S4596**
41	204	123	121	93	79	118	107	**204**	100	83	81	71	67	63	58	54		15	24	–	–	–	–	–	–	–	–	–	–	Eremophilene		**M5613**
42	204	206	44	120	122	126	161	**204**	100	45	44	29	27	24	23	23		5	5	2	2	–	1	–	–	–	–	–	–	2,4(1H,3H)-Pyrimidinedione, 5-bromo-6-methyl-	15018-56-1	**R5529**
43	57	41	55	187	29	64	71	**204**	100	62	50	34	34	26	23	18	**0.00**	11	24	1	–	–	–	–	1	–	–	–	–	Decane, 1-(methylsulphinyl)-	3079-28-5	**H1377**
43	57	87	41	45	56	72	44	**204**	100	98	82	44	39	31	17	15	**0.00**	10	20	4	–	–	–	–	–	–	–	–	–	Ethanol, 2-(2-butoxyethoxy)-, acetate		**C1997**
43	59	58	99	115	88	98	71	**204**	100	54	38	32	23	12	11	5	**0.00**	9	16	3	–	–	–	–	1	–	–	–	–	1,3-Oxathiolane-2-propanoic acid, 2-methyl-, ethyl ester	36651-20-4	**S5315**
43	60	59	99	115	98	103		**204**	100	54	37	32	24	10	2		**0.00**	9	16	3	–	–	–	–	1	–	–	–	–	1,3-Oxathiolane-2-propanoic acid, 2-methyl-, ethyl ester		**M4554**
43	71	117	115	27	116	39	41	**204**	100	73	48	33	21	17	16	13	**12.41**	13	16	2	–	–	–	–	–	–	–	–	–	Isobutanoic acid, cinnamyl ester	103-59-3	**H0278**
43	86	85	144	204				**204**	100	55	45	25	5					9	16	3	–	–	–	–	1	–	–	–	–	3-Thiaoctan-7-one, 1-acetoxy-		**M2719**
43	91	55	107	105	77	79	122	**204**	100	72	68	52	44	40	40	40	**16.01**	14	20	1	–	–	–	–	–	–	–	–	–	Cyclopropa[d]naphthalen-2(4aH)-one, 1,1a,5,6,7,8-hexahydro-4a,8,8-trimethyl-, (1aR,1aα,4aβ,8aS)-	4677-90-1	**R0707**
43	98	83	69	77	91	90	41	**204**	100	91	43	30	30	29	27	24	**0.10**	13	16	2	–	–	–	–	–	–	–	–	–	1,3-Dioxolane, 2,2-dimethyl-5-phenyl-4-vinyl-	36334-89-1	**S5209**
43	98	83	91	77	69	90	41	**204**	100	93	43	29	29	28	27	25	**0.10**	13	16	2	–	–	–	–	–	–	–	–	–	1,3-Dioxolane, 2,2-dimethyl-4-phenyl-5-vinyl-		**M4012**
43	104	77	146	103	204	50	76	**204**	100	89	28	27	13	11	10	10		10	8	3	2	–	–	–	–	–	–	–	–	Sydnone, 4-acetyl-3-phenyl-	13973-33-6	**R4872**
43	113	41	100	112	63	92	162	**204**	100	89	88	69	64	41	33	21	**0.18**	7	12	3	2	–	–	–	1	–	–	–	–	L-5-Propylthiomethylhydantoin (+)-S-oxide		**16983**
43	113	44	91	85	17	57	41	**204**	100	81	37	35	35	21	21	19	**0.00**	14	20	1	–	–	–	–	–	–	–	–	–	1-Phenyl-octan-2-one		**P2831**
43	118	204	161	90	89	133	55	**204**	100	95	86	76	54	46	36	34		12	12	3	–	–	–	–	–	–	–	–	–	2,4(3H,5H)-Furandione, 5,5-dimethyl-3-phenyl-	22884-82-8	**R9989**
43	118	204	161	90	89	133	55	**204**	100	94	82	75	53	47	35	33		12	12	3	–	–	–	–	–	–	–	–	–	2,4(3H,5H)-Furandione, 5,5-dimethyl-3-phenyl-		**L5044**
43	134	129	176	77	89	51	44	**204**	100	50	23	20	16	15	14	12	**3.00**	10	8	1	2	–	–	–	1	–	–	–	–	4-Acetyl-5-phenyl-1,2,3-thiadiazole	54932-66-0	**S9802**
43	171	186	189	115	128	129	15	**204**	100	51	43	43	15	15	14	12	**2.03**	14	20	1	–	–	–	–	–	–	–	–	–	1H-Indene-4-methanol, 2,3-dihydro-α,α,1,1-tetramethyl-	55591-13-4	**T1680**
43	189	191	204	206	62	97	63	**204**	100	67	41	25	16	14	13	13		8	6	2	–	2	–	–	–	–	–	–	–	3,5-Dichloro-2-hydroxyacetophenone		**L7942**
44	189	116	29	18	27	131	45	**204**	100	93	84	51	49	32	27	24	**0.00**	8	16	4	2	–	–	–	–	–	–	–	–	1,1-Di(carbethoxyamino)ethane		**06656**

MASS TO CHARGE RATIOS								M.W.	INTENSITIES								Parent	C	H	O	N	Cl	Br	F	S	P	B	Si	X	COMPOUND NAME	CAS Reg No	No
45	59	103	101	89	75	102	204	**204**	100	67	33	24	24	24	15	1		10	20	4	–	–	–	–	–	–	–	–	–	**1,4,8,11-Tetraoxacyclotetradecane**		**M0399**
45	125	127	206	204	208	190	44	**204**	100	94	88	82	41	40	36	35		1	3	–	–	–	2	–	–	1	–	–	–	**Methyldibromophosphine**		**M0151**
54	41	67	81	44	68	55	110	**204**	100	64	57	53	44	44	37	31	**0.24**	10	17	2	–	1	–	–	–	–	–	–	–	**Oct-2-en-1-yl chloroacetate**		**C0669**
54	44	41	67	81	68	110	55	**204**	100	92	69	63	61	57	42	36	**0.02**	10	17	2	–	1	–	–	–	–	–	–	–	**Oct-1-en-3-yl chloroacetate**		**C0668**
55	41	69	81	148	150	95	204	**204**	100	78	61	40	18	18	14	10		9	17	–	–	–	1	–	–	–	–	–	–	**4-Nonene, 1-bromo-, (E)-**	16695-35-5	**R6376**
55	41	69	83	148	150	95	162	**204**	100	78	75	40	20	20	13	9	**8.00**	9	17	–	–	–	1	–	–	–	–	–	–	**4-Nonene, 1-bromo-, (Z)-**	59499-29-5	**T5122**
55	41	69	87	204	83	171	101	**204**	100	71	44	44	35	32	29	19		10	20	–	–	–	–	–	2	–	–	–	–	**1,2-Dithiacyclododecane**		**16052**
55	120	148	204	39	80	56	93	**204**	100	55	11	8	6	4	3	3		8	5	3	–	–	–	–	–	–	–	–	1	**Manganese, tricarbonyl(η^{5}-2,4-cyclopentadien-1-yl)-**	12079-65-1	**R4027**
56	41	55	57	30	28	72	26	**204**	100	53	53	52	38	31	26	25	**0.00**	10	20	4	–	–	–	–	–	–	–	–	–	**5,5-Dimethyl-2-(1,1-dimethyl-2-hydroxyethyl)-4-hydroxy-1,3-dioxane**		**D0833**
56	55	41	57	31	103	29	43	**204**	100	52	52	51	37	36	30	28	**0.00**	10	20	4	–	–	–	–	–	–	–	–	–	**5,5-Dimethyl-2-(1,1-dimethyl-2-hydroxyethyl)-4-hydroxy-1,3-dioxane**		**D1721**
56	90	43	91	55	41	204	42	**204**	100	80	73	64	54	43	37	32		9	7	2	–	–	–	3	–	–	–	–	–	**Acetic acid, trifluoro-, benzyl ester**	351-70-2	**Q0563**
57	29	45	27	41	28	101	59	**204**	100	94	37	27	25	22	22	19	**0.00**	11	24	3	–	–	–	–	–	–	–	–	–	**2-Propanol, 1,3-dibutoxy-**	2216-77-5	**Q7643**
57	43	87	29	41	45	72	56	**204**	100	92	67	29	29	29	19	17	**0.00**	10	20	4	–	–	–	–	–	–	–	–	–	**Ethane, 1-butoxy-2-(2-acetoxyethoxy)-**		**G0755**
57	43	87	41	45	72	56	44	**204**	100	90	67	30	30	19	17	15	**0.00**	10	20	4	–	–	–	–	–	–	–	–	–	**Ethane, 1-butoxy-2-(2-acetoxyethoxy)-**		**G0787**
57	43	87	45	41	56	29	72	**204**	100	80	78	33	27	26	23	16	**0.02**	10	20	4	–	–	–	–	–	–	–	–	–	**Ethanol, 2-(2-butoxyethoxy)-, acetate**		**C1496**
57	92	43	91	71	41	29	27	**204**	100	89	77	69	63	46	29	16	**8.79**	15	24	–	–	–	–	–	–	–	–	–	–	**Benzene, (2-methyloctyl)-**	49826-80-4	**S7232**
58	45	103	36	38	44	46	42	**204**	100	26	21	20	6	6	5	5	**2.70**	10	24	2	2	–	–	–	–	–	–	–	–	**2,3-Bis(hydroxymethyl)-1,4-bis(dimethylamino)butane**		**P3377**
58	57	43	42	118	204	91	77	**204**	100	53	38	33	25	25	20	18		11	12	2	2	–	–	–	–	–	–	–	–	**1H-Pyrrole-3,4-diol, 2,5-dihydro-2-imino-1-methyl-5-phenyl-**	50618-97-8	**S7375**
58	204	59	27	146	159	205	30	**204**	100	15	3	3	3	2	2	1		12	16	1	2	–	–	–	–	–	–	–	–	**Tryptamine, N,N-dimethyl-4-hydroxy-**		**02561**
58	204	146	160	205	59	117	57	**204**	100	26	7	5	4	4	4	3		12	16	1	2	–	–	–	–	–	–	–	–	**Cytisine, 12-methyl-**	486-86-2	**Q1134**
59	43	129	75	57	189	41	70	**204**	100	55	22	20	16	16	12	10	**0.00**	9	16	5	–	–	–	–	–	–	–	–	–	**5-Deoxy-1,2-O-isopropylidene-D-xylo-hexofuranose**		**L3826**
59	43	189	85	73	70	113	45	**204**	100	63	32	29	22	20	19	17	**0.00**	9	16	5	–	–	–	–	–	–	–	–	–	**6-Deoxy-1,2-O-isopropylidene-D-glucofuranose**		**L3825**
59	45	43	68	71	73	100	189	**204**	100	66	60	48	41	38	38	37	**0.00**	9	16	5	–	–	–	–	–	–	–	–	–	**D-Ribose, 5-O-methyl-2,3-O-(1-methylethylidene)-**	64018-53-7	**T6376**
59	87	115	117	119	121			**204**	100	45	24	3	3	1			**0.00**	4	3	3	–	3	–	–	–	–	–	–	–	**4-Oxo-2-trichloromethyl-1,3-dioxolane**		**L2503**
59	144	161	172	115	128	175	77	**204**	100	95	67	59	39	31	22	18	**8.00**	13	16	2	–	–	–	–	–	–	–	–	–	**Cyclopent[a]inden-3a(1H)-ol, 2,3,8,8a-tetrahydro-8-methoxy-**	69651-15-6	**T7187**
60	204	61	146	203	159	59	147	**204**	100	7	4	3	3	2	1	1		12	16	1	2	–	–	–	–	–	–	–	–	**1H-Indol-5-ol, 3-[2-(dimethylamino)ethyl]-**	487-93-4	**Q1159**
68	18	39	41	100	27	67	29	**204**	100	85	61	57	57	40	39	36	**0.00**	8	12	6	–	–	–	–	–	–	–	–	–	**7-Oxabicyclo[2.2.1]heptane-2,3-dicarboxylic acid, monohydrate**	62059-43-2	**T5795**
68	67	93	107	121	189	79	53	**204**	100	57	50	40	28	27	24	23	**0.30**	15	24	–	–	–	–	–	–	–	–	–	–	**1,5,9-Cyclododecatriene, 1,5,9-trimethyl-**	21064-19-7	**R9082**
69	41	91	93	81	55	67	95	**204**	100	95	80	73	45	43	43	35	**10.50**	15	24	–	–	–	–	–	–	–	–	–	–	**β-Bisabolene**		**P2898**
69	41	93	55	67	81	39	79	**204**	100	86	38	22	19	19	16	16	**2.00**	15	24	–	–	–	–	–	–	–	–	–	–	**β-Farnesene**	18794-84-8	**R7824**
69	41	93	67	94	79	109	55	**204**	100	77	68	29	27	25	23	19	**15.01**	15	24	–	–	–	–	–	–	–	–	–	–	**β-Bisabolene**	495-61-4	**Q1254**
69	41	93	79	55	81	67	53	**204**	100	90	78	37	33	29	27	24	**5.32**	15	24	–	–	–	–	–	–	–	–	–	–	**β-Farnesene**	18794-84-8	**R7823**
69	41	93	79	55	81	67	133	**204**	100	91	78	35	33	30	26	13	**4.30**	15	24	–	–	–	–	–	–	–	–	–	–	**β-Farnesene, (E)-**		**L6243**
69	93	41	94	67	204	79	109	**204**	100	69	69	27	26	25	24	24		15	24	–	–	–	–	–	–	–	–	–	–	**β-Bisabolene**	495-61-4	**H0731**
69	116	169	135	85	185	119	204	**204**	100	93	77	75	22	11	4	1		3	–	–	–	1	–	7	–	–	–	–	–	**Propane, 2-chloro-1,1,1,2,3,3,3-heptafluoro-**	76-18-6	**P5689**
69	136	41	91	107	53	204	28	**204**	100	22	15	8	4	3	3	2		13	16	2	–	–	–	–	–	–	–	–	–	**2,4-Cyclohexadien-1-one, 4,6,6-trimethyl-5-(1-oxo-2-butenyl)-, (E)-**	54382-49-9	**S8939**
70	42	43	71	41	134	204	84	**204**	100	41	40	36	31	25	12	10		8	16	2	2	–	–	–	1	–	–	–	–	**Bis(1-pyrrolidinyl)sulphone**		**D1655**
70	204	98	89	83	77	90	99	**204**	100	56	49	16	13	12	11	10		11	12	2	2	–	–	–	–	–	–	–	–	**2-Oxazolin-4-one, 4-amino-5-phenyl-, N,N-dimethyl-**		**P0892**
71	43	115	117	27	116	39	41	**204**	100	64	34	33	23	18	14	12	**11.01**	13	16	2	–	–	–	–	–	–	–	–	–	**Butanoic acid, cinnamyl ester**	103-61-7	**H0279**
71	145	113	65	41	58	59	72	**204**	100	47	39	10	9	6	6	6	**0.02**	9	16	5	–	–	–	–	–	–	–	–	–	**Dimethyl DL-β-methoxyadipate**		**C0359**
72	132	46	103	44	45	114	42	**204**	100	45	23	22	12	11	9	4	**0.45**	8	16	4	2	–	–	–	–	–	–	–	–	**Butanediamide, 2,3-dihydroxy-N,N,N′,N′-tetramethyl-, R-(R*,R*)-**	26549-65-5	**S1454**
73	56	88	101	70	41	45	55	**204**	100	55	55	51	48	43	34	33	**0.00**	10	20	4	–	–	–	–	–	–	–	–	–	**Propanoic acid, 3-hydroxy-2,2-dimethyl-, 3-hydroxy-2,2-dimethylpropyl ester**	1115-20-4	**Q5320**
73	89	75	45	157	55	99	71	**204**	100	81	66	46	46	25	17	14	**1.00**	9	20	3	–	–	–	–	–	–	–	1	–	**Pentanoic acid, 5-methoxy-, trimethylsilyl ester**	21273-24-5	**R9197**
73	89	75	189	157	45	55	99	**204**	100	82	67	63	47	47	25	17	**1.05**	9	20	3	–	–	–	–	–	–	–	1	–	**Pentanioc acid, 5-methoxy-, trimethylsilyl ester**	21273-24-5	**R9198**
73	103	75	117	59	41	85	189	**204**	100	98	92	63	21	16	14	14	**0.00**	9	20	3	–	–	–	–	–	–	–	1	–	**Butyric acid, 4-ethoxy-, trimethylsilyl ester**	21273-25-6	**R9199**
73	103	75	117	175	59	41	85	**204**	100	98	93	66	24	21	16	14	**2.62**	9	20	3	–	–	–	–	–	–	–	1	–	**Butyric acid, 4-ethoxy-, trimethylsilyl ester**	21273-25-6	**R9200**
73	143	71	41	55	109	172	45	**204**	100	29	25	23	16	15	14	13	**5.00**	11	24	1	–	–	–	–	1	–	–	–	–	**3-Decanethiol, 8-methoxy-**		**M1444**
73	143	71	41	55	109	172	45	**204**	100	31	27	25	19	17	16	15	**4.87**	11	24	1	–	–	–	–	1	–	–	–	–	**4-Decanethiol, 8-methoxy-**	56009-25-7	**T2535**
73	161	204	162	146	147			**204**	100	43	29	25	21	2				12	16	1	2	–	–	–	–	–	–	–	–	**Benzaldehyde, 3′,5′-dimethyl-, N-acetyl-N-methylhydrazone**		**M2518**
73	204	101	104	203	77	127	103	**204**	100	99	90	35	35	34	32	23		11	12	–	2	–	–	–	1	–	–	–	–	**Imidazo[2,1-b]thiazole, 2,3,5,6-tetrahydro-6-phenyl-**	6649-23-6	**R2441**
75	71	131	117	59	141	99	41	**204**	100	84	57	31	28	22	19	16	**0.10**	9	16	5	–	–	–	–	–	–	–	–	–	**Dimethyl DL-β-methoxyadipate**		**L4428**
75	73	119	117	189	103	161	45	**204**	100	98	84	66	44	35	29	25	**0.10**	9	20	3	–	–	–	–	–	–	–	1	–	**Ethyl 3-trimethylsilyloxy butanoate**		**P1126**
75	204	145	101	86	172	118	128	**204**	100	98	55	31	31	26	21	18		7	12	5	2	–	–	–	–	–	–	–	–	**Dimethyl 3-methoxy-1,2-diazetidine-1,2-dicarboxylate**		**M2923**
77	69	107	79	204	91	51	90	**204**	100	92	82	79	77	66	51	43		9	7	2	–	–	–	3	–	–	–	–	–	**Acetic acid, trifluoro-, 4-methylphenyl ester**		**C1068**
77	141	78	125	204	63	142	65	**204**	100	46	21	16	16	15	10	7		8	9	2	–	1	–	–	1	–	–	–	–	**Benzene, [(2-chloroethyl)sulphonyl]-**	938-09-0	**Q4729**

MASS TO CHARGE RATIOS								M.W.	INTENSITIES								Parent	C	H	O	N	Cl	Br	F	S	P	B	Si	X	COMPOUND NAME	CAS Reg No	No
77	141	78	125	204	142	176	206	**204**	100	47	21	17	16	11	7	6		8	9	2	–	1	–	–	1	–	–	–	–	Benzene, [(2-chloroethyl)sulphonyl]-	938-09-0	Q4730
77	141	78	125	204	142	176	206	**204**	100	47	23	18	18	13	7	6		8	9	2	–	1	–	–	1	–	–	–	–	Benzene, [(2-chloroethyl)sulphonyl]-		M4352
77	204	51	28	50	78	76	205	**204**	100	88	54	17	16	6	6	5		6	5	–	–	–	–	–	–	–	–	–	1	Benzene, iodo-	591-50-4	Q2468
79	91	39	53	77	67	93	69	**204**	100	98	83	73	68	66	62	55	**1.90**	15	24	–	–	–	–	–	–	–	–	–	–	β-Caryophyllene	87-44-5	H0154
80	41	121	107	29	55	109	79	**204**	100	99	88	59	56	51	50	50	**26.20**	15	24	–	–	–	–	–	–	–	–	–	–	β-Selinene	17066-67-0	R6610
81	41	68	93	67	39	53	55	**204**	100	94	81	67	56	53	51	50	**8.41**	15	24	–	–	–	–	–	–	–	–	–	–	β-Elemene, (-)-	515-13-9	H0773
81	41	91	93	105	79	67	119	**204**	100	90	81	77	72	69	53	48	**46.20**	15	24	–	–	–	–	–	–	–	–	–	–	ϵ-Muurolene	30021-46-6	S2770
81	41	91	93	105	79	67	119	**204**	100	90	81	77	72	69	53	48	**46.24**	15	24	–	–	–	–	–	–	–	–	–	–	Naphthalene, decahydro-1,6-bis(methylene)-4-isopropyl-	54932-90-0	H2093
81	93	41	68	67	55	107	79	**204**	100	87	75	75	53	51	50	45	**0.00**	15	24	–	–	–	–	–	–	–	–	–	–	Elemene	11029-06-4	R3994
81	93	68	41	107	67	79	121	**204**	100	87	74	58	52	49	41	41	**3.90**	15	24	–	–	–	–	–	–	–	–	–	–	β-Elemene, (-)-	515-13-9	Q1512
81	95	124	41	55	67	109	82	**204**	100	42	40	36	35	28	21	17	**0.00**	10	20	2	–	–	–	–	1	–	–	–	–	3-Heptene, 4-[2-(methylsulphonyl)ethyl]-, (E)-	67428-49-3	T6826
81	123	80	161	79	41	91	124	**204**	100	71	71	41	18	11	10	10	**4.26**	15	24	–	–	–	–	–	–	–	–	–	–	Cyclobuta[1,2:3,4]dicyclopentene, decahydro-3a-methyl-6-methylene-1-isopropyl-, 1S-(1α,3aα,3bβ,6aβ,6bα)-	5208-59-3	09967
84	42	43	87	102	45	39	29	**204**	100	89	88	80	76	71	67	65	**0.00**	7	8	7	–	–	–	–	–	–	–	–	–	5,5-Di(carboxymethyl)-1,3-dioxolan-3-one		P1232
85	145	204	173	59	86	146	45	**204**	100	92	40	11	10	8	8	7		8	12	4	–	–	–	–	1	–	–	–	–	2,5-Thiophenedicarboxylic acid, tetrahydro-, dimethyl ester, cis-	19438-91-6	R8144
86	56	54	57	42	87	118	204	**204**	100	47	40	30	18	16	14	13		8	16	2	2	–	–	–	1	–	–	–	–	N-(2-Acetamidoethylthio)-morpholine		M1281
87	55	67	61	82	88	115	116	**204**	100	81	54	52	48	46	44	43	**36.00**	10	20	–	–	–	–	–	2	–	–	–	–	1,6-Dithiacyclododecane		17200
87	157	161	102	186	143	149	204	**204**	100	56	56	44	34	30	29	26		8	12	6	–	–	–	–	–	–	–	–	–	Spinolosin quinol-hydrate		M2584
89	73	59	189	69	45	105	15	**204**	100	98	54	48	35	28	23	20	**8.43**	8	16	4	–	–	–	–	–	–	–	1	–	Methyl 3-methoxy-3-trimethylsiloxyacrylate		P2865
90	89	118	204	145	146	161		**204**	100	84	82	82	34	21	11			11	12	2	2	–	–	–	–	–	–	–	–	2,3-Dimethyl-1,2,3,4-tetrahydro-5H-2,3-benzodiazepin-1,4-dione		L6042
90	176	118	161	133	105	89	63	**204**	100	99	93	92	83	75	65	58	**31.00**	11	12	2	2	–	–	–	–	–	–	–	–	1H-2,3-Benzodiazepine, 7,8-dimethoxy-	38224-77-0	S5702
90	204	125	80	79	52	169	63	**204**	100	83	75	70	64	53	51	47		11	9	–	2	1	–	–	–	–	–	–	–	Pyridinium, 1-(3-chloroanilino)-, hydroxide, inner salt		L9283
90	204	125	80	79	169	52	63	**204**	100	83	75	74	64	57	53	47		11	9	–	2	1	–	–	–	–	–	–	–	Pyridinium, 1-(3-chloroanilino)-, hydroxide, inner salt	31378-94-6	S3260
91	39	42	204	92	133	65	132	**204**	100	95	90	83	61	58	35	19		11	12	2	2	–	–	–	–	–	–	–	–	4-Benzylpiperazine-2,6-dione		06715
91	42	204	65	92	133	113	41	**204**	100	77	53	25	24	19	10	10		11	12	2	2	–	–	–	–	–	–	–	–	4-Benzylpiperazine-2,6-dione		06719
91	43	57	55	41	69	71	105	**204**	100	92	92	51	47	44	42	26	**1.00**	12	25	–	–	1	–	–	–	–	–	–	–	1-Chlorodecane		L0518
91	57	43	55	41	69	71	93	**204**	100	92	92	51	46	44	42	32	**1.34**	12	25	–	–	1	–	–	–	–	–	–	–	1-Chlorododecane		Z1566
91	79	173	93	105	117	67	55	**204**	100	79	57	51	42	42	42	40	**27.67**	14	20	1	–	–	–	–	–	–	–	–	–	2-Naphthalenemethanol, 3,4,4a,5,6,7,8,8a-octahydro-5-methylene-8-vinyl-	3877-79-0	Q9883
91	92	67	117	158	118	41	44	**204**	100	81	67	56	50	49	47	47	**26.00**	13	16	2	–	–	–	–	–	–	–	–	–	2-Benzylcyclopentanecarboxylic acid		14873
91	104	98	92	41	65	107	55	**204**	100	25	20	14	7	7	6	3	**0.00**	13	16	2	–	–	–	–	–	–	–	–	–	Cyclohexanone, 4-(benzyloxy)-	2987-06-6	Q8899
91	104	98	92	41	107	54	100	**204**	100	25	20	14	7	6	5	3	**1.20**	13	16	2	–	–	–	–	–	–	–	–	–	Cyclohexanone, 4-(benzyloxy)-	2987-06-6	Q8900
91	113	100	104	130	144	92	105	**204**	100	58	48	47	38	34	31	31	**0.00**	13	16	2	–	–	–	–	–	–	–	–	–	2-Hexenoic acid, 6-phenyl-, methyl ester, (E)-	55283-02-8	T0722
91	119	175	204	41	105	92	104	**204**	100	34	14	11	9	9	7	6		15	24	–	–	–	–	–	–	–	–	–	–	Benzene, (1-ethylheptyl)-		C1544
91	130	92	159	65	158	131	51	**204**	100	10	8	7	5	4	3	2	**2.00**	13	16	2	–	–	–	–	–	–	–	–	–	2-Pentenoic acid, 5-phenyl-, ethyl ester, (E)-	55282-95-6	T0715
91	133	161	204	105	92	104	41	**204**	100	15	10	9	8	8	7	6		15	24	–	–	–	–	–	–	–	–	–	–	Benzene, (1-propylhexyl)-		C1543
91	147	105	28	41	204	92	43	**204**	100	44	22	18	12	12	12	10		15	24	–	–	–	–	–	–	–	–	–	–	Benzene, (1-butylpentyl)-	20216-88-0	R8573
91	155	204	65	206	139	107		**204**	100	94	25	18	10	6	1			8	9	2	–	1	–	–	1	–	–	–	–	Benzene, 1-[(chloromethyl)sulphonyl]-4-methyl-	7569-26-8	R3301
91	204	77	69	79	90	175	107	**204**	100	91	43	37	37	28	28	25		9	7	2	–	–	–	3	–	–	–	–	–	Acetic acid, trifluoro-, 3-methylphenyl ester	1736-09-0	Q6634
91	204	92	160	205	119	161		**204**	100	30	8	8	4	2	1			11	12	2	2	–	–	–	–	–	–	–	–	$\Delta^{(2)}$-1,3,4-Oxadiazolin-5-one, 4-phenyl-2-propyl-	28669-41-2	S2174
92	91	43	41	204	57	105	29	**204**	100	83	35	30	27	22	18	14		15	24	–	–	–	–	–	–	–	–	–	–	Benzene, nonyl-	1081-77-2	Q5266
93	41	69	55	79	107	119	123	**204**	100	93	76	69	45	43	39	34	**3.50**	15	24	–	–	–	–	–	–	–	–	–	–	α-Farnesene	502-61-4	Q1359
93	41	69	81	133	121	107	53	**204**	100	50	41	32	19	17	16	15	**1.00**	15	24	–	–	–	–	–	–	–	–	–	–	(+)-(1S,2R)-1-Isopropenyl-2-(3-methylene-4-penten-1-yl)-3,3-dimethylcyclobutane		M1569
93	41	69	133	79	91	81	105	**204**	100	99	90	74	63	57	46	44	**14.01**	15	24	–	–	–	–	–	–	–	–	–	–	Bicyclo[7.2.0]undec-4-ene, 4,11,11-trimethyl-8-methylene-	13877-93-5	R4794
93	41	79	69	105	133	55	119	**204**	100	99	69	65	63	62	43	41	**11.00**	15	24	–	–	–	–	–	–	–	–	–	–	Tricyclo[7.2.0.0$^{(4,6)}$]undecane, 6,10,10-trimethyl-2-methylene-, (+)-(1S,9R,6S,4S)-		M1573
93	41	79	69	133	105	55	161	**204**	100	96	65	64	51	51	44	41	**5.00**	15	24	–	–	–	–	–	–	–	–	–	–	Tricyclo[7.2.0.0$^{(4,6)}$]undecane, 6,10,10-trimethyl-2-methylene-, (-)-(1S,9R,6S,4R)-		M1575
93	41	79	69	133	105	148	55	**204**	100	93	62	62	53	52	45	45	**2.00**	15	24	–	–	–	–	–	–	–	–	–	–	Tricyclo[7.2.0.0$^{(4,6)}$]undecane, 6,10,10-trimethyl-2-methylene-, (+)-(1S,9R,6R,4S)-		M1574
93	41	105	204	69	161	91	120	**204**	100	67	62	57	50	49	45	40		15	24	–	–	–	–	–	–	–	–	–	–	α-Cedrene	469-61-4	H0708
93	41	119	69	55	79	107	204	**204**	100	91	75	57	37	27	25	21		15	24	–	–	–	–	–	–	–	–	–	–	Bergamotene		M5617
93	41	119	105	133	55	69	79	**204**	100	70	60	55	43	41	40	37	**25.00**	15	24	–	–	–	–	–	–	–	–	–	–	Isocaryophyllene		L2584
93	41	133	105	79	148	69	119	**204**	100	96	93	83	82	74	73	63	**9.00**	15	24	–	–	–	–	–	–	–	–	–	–	Tricyclo[7.2.0.0$^{(4,6)}$]undecane, 6,10,10-trimethyl-2-methylene-, (-)-(1S,9R,6R,4R)-		M1572
93	53	67	39	91	79	27	77	**204**	100	77	74	74	69	68	67	60	**3.40**	15	24	–	–	–	–	–	–	–	–	–	–	α-Caryophyllene	6753-98-6	R2522

MASS TO CHARGE RATIOS								M.W.	INTENSITIES								Parent	C	H	O	N	Cl	Br	F	S	P	B	Si	X	COMPOUND NAME	CAS Reg No	No
93	69	41	133	91	79	105	81	**204**	100	87	71	68	62	60	48	45	**6.61**	15	24	–	–	–	–	–	–	–	–	–	–	**Bicyclo[7.2.0]undec-4-ene, 4,11,11-trimethyl-8-methylene-**	13877-93-5	**R4793**
93	80	41	121	107	29	55	79	**204**	100	34	34	30	20	19	17	17	**9.00**	15	24	–	–	–	–	–	–	–	–	–	–	**β-Gurjunene**		**L1572**
93	80	41	121	107	29	55	109	**204**	100	34	34	30	20	19	17	17	**8.99**	15	24	–	–	–	–	–	–	–	–	–	–	**β-Selinene**		**00135**
93	91	133	41	204	107	79	161	**204**	100	62	61	58	56	52	52	48		15	24	–	–	–	–	–	–	–	–	–	–	**γ-Humulene**		**L7333**
93	94	95	41	121	107	91	69	**204**	100	93	61	51	47	47	37	35	**0.00**	15	24	–	–	–	–	–	–	–	–	–	–	**α-Santalene**		**03439**
93	94	119	41	79	105	91	204	**204**	100	76	68	61	56	53	53	51		15	24	–	–	–	–	–	–	–	–	–	–	**1H-Benzocycloheptene, 2,4a,5,6,7,8,9,9a-octahydro-3,5,5-trimethyl-9-methylene-, (4aS)-cis-**	3853-83-6	**Q9863**
93	119	41	69	55	107	79	91	**204**	100	86	51	46	29	25	23	23	**4.40**	15	24	–	–	–	–	–	–	–	–	–	–	**Bicyclo[3.1.1]hept-2-ene, 2,6-dimethyl-6-(4-methyl-3-pentenyl)-**	17699-05-7	**H1802**
93	119	41	69	77	91	56	55	**204**	100	79	44	40	26	26	18	17	**8.00**	15	24	–	–	–	–	–	–	–	–	–	–	**L-Zingiberene**	495-60-3	**Q1253**
93	119	41	69	84	55	204	58	**204**	100	86	74	62	33	27	23	23		15	24	–	–	–	–	–	–	–	–	–	–	**α-Zingiberene**		**M5630**
93	119	41	105	109	121	94	107	**204**	100	27	25	22	20	19	19	19	**0.00**	15	24	–	–	–	–	–	–	–	–	–	–	**α-Bisabolene**		**03438**
93	121	147	81	92	107	94	109	**204**	100	30	26	24	19	19	18	16	**10.80**	15	24	–	–	–	–	–	–	–	–	–	–	**α-Caryophyllene**	6753-98-6	**R2524**
94	41	105	119	95	91	107	133	**204**	100	58	57	52	52	47	41	37	**33.22**	15	24	–	–	–	–	–	–	–	–	–	–	**1,2,4-Methenoazulene, decahydro-1,5,5,8a-tetramethyl-, [1S-(1α,2α,3aβ,4α,8aβ,9R*)]-**	1137-12-8	**Q5516**
94	41	122	93	79	55	121	69	**204**	100	37	35	34	23	20	17	17	**3.10**	15	24	–	–	–	–	–	–	–	–	–	–	**β-Santalene**	511-59-1	**Q1467**
94	93	41	95	69	121	107	79	**204**	100	74	69	49	41	39	33	28	**25.00**	15	24	–	–	–	–	–	–	–	–	–	–	**α-Santalene**		**P3922**
94	93	41	95	69	121	107	79	**204**	100	85	61	48	42	39	34	31	**17.52**	15	24	–	–	–	–	–	–	–	–	–	–	**α-Santalene**	512-61-8	**Q1479**
94	122	41	93	79	55	91	67	**204**	100	33	28	23	19	19	11	11	**0.80**	15	24	–	–	–	–	–	–	–	–	–	–	**β-Santalene**	511-59-1	**Q1468**
94	122	41	93	79	69	67	55	**204**	100	35	33	26	21	17	15	14	**2.30**	15	24	–	–	–	–	–	–	–	–	–	–	**epi-β-Santalene, (+)-**	25532-78-9	**S1106**
94	161	41	95	107	91	93	105	**204**	100	92	86	70	69	67	63	58	**53.20**	15	24	–	–	–	–	–	–	–	–	–	–	**Longifolene**	475-20-7	**Q0977**
97	55	96	41	91	81	69	67	**204**	100	66	39	28	14	13	9	8	**8.33**	9	16	1	–	–	–	–	2	–	–	–	–	**Carbonic acid, dithio-, S-methyl O-(2-methylcyclohexyl) ester, cis-**	15288-12-7	**R5659**
97	55	96	41	91	81	69	67	**204**	100	92	57	32	16	12	11	9	**9.09**	9	16	1	–	–	–	–	2	–	–	–	–	**Carbonic acid, dithio-, S-methyl O-(2-methylcyclohexyl) ester, trans-**	15288-13-8	**R5661**
97	55	96	41	91	81	69	204	**204**	100	66	38	27	13	12	9	9		9	16	1	–	–	–	–	2	–	–	–	–	**Carbonic acid, dithio-, S-methyl O-(2-methylcyclohexyl) ester, cis-**	15288-12-7	**R5660**
97	55	96	41	91	81	69	204	**204**	100	92	56	32	16	12	11	10		9	16	1	–	–	–	–	2	–	–	–	–	**Carbonic acid, dithio-, S-methyl O-(2-methylcyclohexyl) ester, trans-**		**L2935**
97	55	96	41	108	204	77	107	**204**	100	61	24	15	13	10	9	9		13	16	2	–	–	–	–	–	–	–	–	–	**2-Hexenoic acid, 4-methylphenyl ester**	69687-91-8	**T7227**
98	97	107	108	79	77	41	43	**204**	100	90	86	62	42	26	23	19	**1.98**	12	12	3	–	–	–	–	–	–	–	–	–	**1,2-Ethanediol, 1-(2-furyl)-2-phenyl-**	22607-19-8	**R9862**
98	104	91	107	92	100	204		**204**	100	59	41	24	21	15	5			13	16	2	–	–	–	–	–	–	–	–	–	**Cyclohexanone, 4-(benzyloxy)-**		**M0091**
101	59	43	87	41	55	88	45	**204**	100	99	23	23	18	14	12	11	**0.00**	9	16	5	–	–	–	–	–	–	–	–	–	**Butanoic acid, 4-(2-methoxy-1-methyl-2-oxoethoxy)-, methyl ester**	54966-46-0	**S9966**
101	75	114	45	88	71	41	58	**204**	100	78	57	51	42	33	30	30	**3.00**	10	20	4	–	–	–	–	–	–	–	–	–	**Cyclohexane, 1,2,3,4-tetramethoxy-, 1α,2β,3α,4β-tetramethoxy-**	54984-41-7	**S9988**
103	60	59	99	115	98			**204**	100	54	37	32	24	10			**0.00**	9	16	3	–	–	–	–	1	–	–	–	–	**1,3-Oxathiolane-2-propanoic acid, 2-methyl-, ethyl ester**	36651-20-4	**S5316**
103	73	45	47	75	86	143		**204**	100	87	64	56	50	18	7		**0.00**	11	24	3	–	–	–	–	–	–	–	–	–	**Butane, 1,1,3-triethoxy-2-methyl-, erythro-**		**L7727**
103	73	45	47	75	86	143		**204**	100	99	77	61	52	21	8		**0.00**	11	24	3	–	–	–	–	–	–	–	–	–	**Butane, 1,1,3-triethoxy-2-methyl-, threo-**		**L7726**
103	85	47	29	43	28	57	27	**204**	100	81	77	75	73	70	60	57	**0.02**	10	20	4	–	–	–	–	–	–	–	–	–	**Pentanoic acid, 5,5-diethoxy-, methyl ester**		**C1178**
104	105	204	77	133	205	78	51	**204**	100	99	77	25	23	18	18	11		11	12	2	2	–	–	–	–	–	–	–	–	**2,4-Imidazolidinedione, 3-ethyl-5-phenyl-**	86-35-1	**P6298**
104	132	44	103	45	78	51	50	**204**	100	57	54	29	26	26	19	14	**0.00**	12	12	3	–	–	–	–	–	–	–	–	–	**1H-Indene-1-carboxylic acid, 2,3-dihydro-2-oxo-, ethyl ester**	14397-64-9	**H1740**
104	132	44	103	78	45	51	77	**204**	100	57	54	29	26	26	19	14	**0.00**	12	12	3	–	–	–	–	–	–	–	–	–	**1-Indanol, 2-oxo-, propanoate**		**02222**
105	41	91	93	119	204	79	81	**204**	100	82	80	80	75	74	64	64		15	24	–	–	–	–	–	–	–	–	–	–	**γ-Cadinene**	39029-41-9	**S6009**
105	41	94	92	161	95	82	79	**204**	100	60	48	48	46	36	34	34	**31.00**	15	24	–	–	–	–	–	–	–	–	–	–	**α-Muurolene**		**M5404**
105	67	77	51	41	82	106	39	**204**	100	70	54	17	15	11	10	9	**0.00**	13	16	2	–	–	–	–	–	–	–	–	–	**3-Hexen-1-ol, benzoate, (Z)-**	25152-85-6	**H1887**
105	77	51	106	45	50	55	27	**204**	100	73	50	35	31	21	21	14	**10.01**	11	8	2	–	–	–	–	1	–	–	–	–	**Thiophene-2-ol, benzoate**	16693-98-4	**R6371**
105	77	51	106	45	55	50	78	**204**	100	73	50	35	31	21	21	14	**10.00**	11	8	2	–	–	–	–	1	–	–	–	–	**Thiophene-2-ol, benzoate**		**02169**
105	77	176	115	51	116	50	67	**204**	100	67	30	29	28	20	10	10	**10.01**	10	8	1	2	–	–	–	1	–	–	–	–	**4-Benzoyl-5-methyl-1,2,3-thiadiazole**	40757-62-8	**S6436**
105	77	176	115	51	116	50	204	**204**	100	67	30	29	28	21	11	10		10	8	1	2	–	–	–	1	–	–	–	–	**4-Benzoyl-5-methyl-1,2,3-thiadiazole**		**L9078**
105	91	119	147	161	41	106	133	**204**	100	72	20	20	19	11	10	8	**3.10**	15	24	–	–	–	–	–	–	–	–	–	–	**Benzene, (1-methyl-1-propylpentyl)-**	54932-91-1	**H2094**
105	91	119	147	161	41	106	133	**204**	100	72	20	20	18	11	10	8	**3.08**	15	24	–	–	–	–	–	–	–	–	–	–	**Octane, 4-phenyl-4-methyl-**		**X1601**
105	91	147	119	204	161	41	133	**204**	100	93	86	72	72	71	64	54		15	24	–	–	–	–	–	–	–	–	–	–	**Cascarilladiene**		**P3053**
105	93	119	41	91	79	204	81	**204**	100	96	92	81	76	69	68	57		15	24	–	–	–	–	–	–	–	–	–	–	**γ-Muurolene**	30021-74-0	**S2772**
105	104	204	77	78	133	51	28	**204**	100	95	82	27	20	20	17	15		11	12	2	2	–	–	–	–	–	–	–	–	**2,4-Imidazolidinedione, 3-ethyl-5-phenyl-**	86-35-1	**P6300**
105	107	147	41	93	81	79	91	**204**	100	91	87	85	79	61	58	58	**56.40**	15	24	–	–	–	–	–	–	–	–	–	–	**α-Guaiene**	3691-12-1	**Q9674**
105	107	147	93	41	79	91	81	**204**	100	90	81	79	68	62	61	60	**49.04**	15	24	–	–	–	–	–	–	–	–	–	–	**α-Guaiene**	3691-12-1	**Q9673**
105	123	77	41	51	67	82	55	**204**	100	74	56	36	29	29	27	22	**0.00**	13	16	2	–	–	–	–	–	–	–	–	–	**Benzoic acid, cyclohexyl ester**	2412-73-9	**Q7980**
105	123	77	41	55	51	106	79	**204**	100	79	37	10	10	9	8	4	**0.40**	13	16	2	–	–	–	–	–	–	–	–	–	**Benzoic acid, cyclohexyl ester**		**L0319**
105	123	77	67	82	55	41	51	**204**	100	79	37	26	25	10	10	9	**0.41**	13	16	2	–	–	–	–	–	–	–	–	–	**Benzoic acid, cyclohexyl ester**		**Z1568**
105	161	119	91	41	81	93	120	**204**	100	99	93	35	31	30	30	30	**20.92**	15	24	–	–	–	–	–	–	–	–	–	–	**α-Cubebene**	17699-14-8	**R7148**
105	161	204	93	94	81	119	91	**204**	100	66	39	35	35	21	21	20		15	24	–	–	–	–	–	–	–	–	–	–	**α-Muurolene**	31983-22-9	**S3429**
106	97	59	189	134	55	41	65	**204**	100	89	84	75	45	42	32	28	**20.00**	10	21	2	–	–	–	–	–	1	–	–	–	**1-Ethoxy-2,2,3,4,4-pentamethylphosphetane 1-oxide**		**P2611**

MASS TO CHARGE RATIOS								M.W.	INTENSITIES								Parent	C	H	O	N	Cl	Br	F	S	P	B	Si	X	COMPOUND NAME	CAS Reg No	No
106	204	56	132	107	82	77	43	**204**	100	35	14	12	10	7	7	6		13	20	–	2	–	–	–	–	–	–	–	–	**Aniline, 4-[4-aminocyclohexyl)methyl]-**		**D1662**
106	204	78	134	41	51	107	77	**204**	100	25	20	14	12	9	8	7		13	16	2	–	–	–	–	–	–	–	–	–	**Cyclopentanone, 5-furfurylidene-2,2,3-trimethyl-**		**L2135**
106	204	78	134	41	107	51	55	**204**	100	25	19	14	12	8	7	7		13	16	2	–	–	–	–	–	–	–	–	–	**Cyclopentanone, 5-furfurylidene-2,2,3-trimethyl-**	17386-72-0	**R6905**
107	41	105	93	91	161	135	119	**204**	100	97	94	87	78	73	59	57	**50.10**	15	24	–	–	–	–	–	–	–	–	–	–	**1H-Cycloprop[e]azulene, 1a,2,3,5,6,7,7a,7b-octahydro-1,1,4,7-tetramethyl-, [1aR-(1aα,7α,7aβ,7bα)]-**	21747-46-6	**R9372**
107	79	93	161	91	41	119	105	**204**	100	96	96	96	91	87	87	82	**53.25**	15	24	–	–	–	–	–	–	–	–	–	–	**Eremophilene**	10219-75-7	**R3658**
107	91	204	105	57	203	118	117	**204**	100	77	75	63	40	30	27	23		12	17	2	–	–	–	–	–	–	1	–	–	**1,3,2-Dioxaborinane, 2-ethyl-5-methyl-4-phenyl-**	74646-03-0	**T8254**
107	93	108	79	41	81	105	91	**204**	100	97	92	64	64	58	57	55	**25.82**	15	24	–	–	–	–	–	–	–	–	–	–	**δ-Guaiene**	3691-11-0	**Q9671**
107	93	133	161	122	41	79	55	**204**	100	90	80	75	67	67	42	39	**20.00**	15	24	–	–	–	–	–	–	–	–	–	–	**Tricyclo[7.2.0.0$^{(4,6)}$]undec-1-ene, 2,6,10,10-tetramethyl-, (-)-(9S,6S,4R)-**		**M1585**
107	108	93	41	105	79	81	95	**204**	100	99	96	84	66	62	62	62	**36.60**	15	24	–	–	–	–	–	–	–	–	–	–	**δ-Guaiene**	3691-11-0	**Q9672**
107	122	91	189	135	41	105	55	**204**	100	99	98	85	80	80	74	70	**67.50**	14	20	1	–	–	–	–	–	–	–	–	–	**Cyclopropa[d]naphthalen-2(4aH)-one, 1,1a,5,6,7,8-hexahydro-4a,8,8-trimethyl-, (+)-**		**M0125**
107	204	91	77	90	69	78	51	**204**	100	67	58	57	51	36	31	22		9	7	2	–	–	–	3	–	–	–	–	–	**Acetic acid, trifluoro-, 2-methylphenyl ester**	1736-10-3	**Q6635**
108	41	93	91	105	161	79	55	**204**	100	71	64	64	57	46	44	37	**16.56**	15	24	–	–	–	–	–	–	–	–	–	–	**1,4-Methano-1H-indene, octahydro-4-methyl-8-methylene-7-isopropyl-, [1S-(1α,3aβ,4α,7α,7aβ)]-**	3650-28-0	**Q9606**
108	107	55	109	204	41	81	77	**204**	100	12	8	8	6	3	3	3		14	20	1	–	–	–	–	–	–	–	–	–	**2-Methylcyclohexyl p-tolyl ether**		**D0421**
108	109	204	42	41	39	97	68	**204**	100	86	49	17	15	10	9	8		11	16	–	4	–	–	–	–	–	–	–	–	**Methane, bis-(2,4-dimethylpyrazol-1-yl)-**		**C1753**
109	145	55	41	67	15	95	147	**204**	100	47	27	26	26	24	18	14	**5.97**	10	17	2	–	1	–	–	–	–	–	–	–	**Cyclohexanecarboxylic acid, cis-1-methyl-4-(chloromethyl)-, methyl ester**		**03007**
109	169	171	111	96	73	39	98	**204**	100	89	83	65	44	43	33	29	**15.00**	5	4	–	–	4	–	–	–	–	–	–	–	**Cyclopentene, tetrachloro-**	72347-64-9	**T7766**
112	30	204	62	100	46	81	99	**204**	100	74	52	40	31	25	22	18		6	2	4	2	–	–	2	–	–	–	–	–	**Benzene, 1,5-difluoro-2,4-dinitro-**	327-92-4	**Q0501**
115	147	128	63	134	69	29	80	**204**	100	61	44	43	43	37	33	32	**4.00**	13	16	–	–	–	–	–	1	–	–	–	–	**Benzo[b]thiophene, 7-ethyl-2-propyl-**	16587-46-5	**R6263**
116	90	204	176	51	67	146	89	**204**	100	30	27	26	24	19	10	9		6	5	3	2	–	–	–	–	–	–	–	1	**Vanadium, cyclopentadienylcarbonyldinitrosyl-**		**M8184**
118	119	204	162	43	91	41	120	**204**	100	96	56	54	44	43	26	26		9	21	–	–	–	–	–	–	–	–	–	1	**Arsine, tripropyl-**		**D0429**
119	44	41	69	93	105	91	55	**204**	100	87	73	72	68	64	56	53	**39.14**	15	24	–	–	–	–	–	–	–	–	–	–	**β-Cedrene**	546-28-1	**Q1914**
119	91	161	41	120	28	39	77	**204**	100	32	18	13	10	9	9	8	**0.63**	13	16	2	–	–	–	–	–	–	–	–	–	**Vinyl 2,2-dimethyl-3-phenylpropanoate**		**03595**
119	93	41	69	91	107	39	105	**204**	100	69	57	34	26	23	17	17	**0.00**	15	24	–	–	–	–	–	–	–	–	–	–	**α,β-Bergamotene, (E,E)-**		**03440**
119	93	41	69	105	161	204	55	**204**	100	49	34	30	28	23	20	19		15	24	–	–	–	–	–	–	–	–	–	–	**α-Cedrene**	469-61-4	**Q0891**
119	93	204	105	41	161	189	91	**204**	100	45	35	32	27	24	23	23		15	24	–	–	–	–	–	–	–	–	–	–	**α-Cedrene**	469-61-4	**Q0888**
119	105	91	106	77	120	133	79	**204**	100	93	70	17	14	12	10	9	**9.00**	15	24	–	–	–	–	–	–	–	–	–	–	**Benzene, nonyl-**	1081-77-2	**Q5267**
119	105	93	41	91	92	81	120	**204**	100	90	55	35	35	31	29	28	**24.90**	15	24	–	–	–	–	–	–	–	–	–	–	**α-Copaene**	3856-25-5	**Q9869**
119	105	133	93	107	91	161	120	**204**	100	52	42	35	27	26	24	23	**21.09**	15	24	–	–	–	–	–	–	–	–	–	–	**α-Longipinene, (+)-**	5989-08-2	**R1972**
119	105	161	93	41	91	81	92	**204**	100	95	95	66	46	34	33	32	**18.00**	15	24	–	–	–	–	–	–	–	–	–	–	**α-Copaene**	3856-25-5	**Q9868**
119	105	161	93	91	41	92	81	**204**	100	98	96	59	39	38	33	30	**20.02**	15	24	–	–	–	–	–	–	–	–	–	–	**α-Copaene**	3856-25-5	**Q9866**
119	105	161	93	91	120	81	92	**204**	100	88	75	47	39	30	29	29	**13.34**	15	24	–	–	–	–	–	–	–	–	–	–	**α-Ylangene**	14912-44-8	**R5471**
119	105	161	204	121	91	41	120	**204**	100	68	51	26	22	22	22	19		15	24	–	–	–	–	–	–	–	–	–	–	**Naphthalene, 1,2,3,4,4a,7-hexahydro-1,6-dimethyl-4-isopropyl-**	16728-99-7	**R6409**
119	121	93	105	147	79	41	91	**204**	100	81	71	68	46	41	38	36	**18.02**	15	24	–	–	–	–	–	–	–	–	–	–	**Spiro[4.5]dec-7-ene, 1,8-dimethyl-4-isopropenyl-, [1S-(1α,4β,4α)]-**	24048-44-0	**S0442**
119	123	78	41	105	121	93	55	**204**	100	75	67	65	63	61	57	48	**32.80**	15	24	–	–	–	–	–	–	–	–	–	–	**Thujopsene**	470-40-6	**Q0904**
119	123	121	105	93	41	133	107	**204**	100	62	59	56	53	46	38	37	**34.43**	15	24	–	–	–	–	–	–	–	–	–	–	**Thujopsene**	470-40-6	**Q0905**
119	134	204	91	105	147	133	189	**204**	100	86	75	58	44	41	40	34		14	20	1	–	–	–	–	–	–	–	–	–	**2-Cyclohexen-1-one, 3-(1,3-butadienyl)-2,4,4,5-tetramethyl-, (E)-**	68931-37-3	**T6977**
119	204	91	120	64	63	51	41	**204**	100	55	21	9	6	5	4	3		10	8	3	2	–	–	–	–	–	–	–	–	**1-Methyl-3-phenyl-2,4,5-trioxoimidazolidine**		**17231**
119	204	121	134	105	93	133	91	**204**	100	53	45	42	36	35	32	31		15	24	–	–	–	–	–	–	–	–	–	–	**1H-Benzocycloheptene, 2,4a,5,6,7,8-hexahydro-3,5,5,9-tetramethyl-, (R)-**	1461-03-6	**Q6027**
121	41	93	109	57	55	67	204	**204**	100	97	67	47	45	45	43	39		15	24	–	–	–	–	–	–	–	–	–	–	**α-Elemene**		**M5619**
121	41	93	133	107	79	69	55	**204**	100	93	82	45	45	42	39	28	**0.10**	15	24	–	–	–	–	–	–	–	–	–	–	**(+)-(1S,2R)-1-Isopropenyl-2-(3-methylpenta-3,4-dien-1-yl)-3,3-dimethylcyclobutane**		**M1571**
121	67	148	81	135	161	189	55	**204**	100	68	64	63	56	51	50	47	**37.50**	14	20	1	–	–	–	–	–	–	–	–	–	**Phenol, 2-(2-methylcyclohexyl)-4-methyl-**		**D0350**
121	93	41	105	107	161	91	79	**204**	100	84	84	54	52	50	50	42	**29.00**	15	24	–	–	–	–	–	–	–	–	–	–	**γ-Elemene**		**M1175**
121	93	41	107	79	91	136	39	**204**	100	75	53	50	34	33	29	28	**9.00**	15	24	–	–	–	–	–	–	–	–	–	–	**Bicycloelemene**		**M1176**
121	93	41	107	79	133	55	67	**204**	100	66	64	50	43	42	40	30	**1.00**	15	24	–	–	–	–	–	–	–	–	–	–	**(+)-(1S,2R)-1-Isopropenyl-2-(3-methyl-4-pentyn-1-yl)-3,3-dimethylcyclobutane**		**M1570**
121	93	107	41	105	67	91	81	**204**	100	64	41	37	27	25	25	25	**13.21**	15	24	–	–	–	–	–	–	–	–	–	–	**Elixene**	3242-08-8	**Q9149**
121	93	107	79	94	81	91	136	**204**	100	74	47	32	29	26	26	25	**4.50**	15	24	–	–	–	–	–	–	–	–	–	–	**Elixene**	3242-08-8	**Q9150**
121	93	136	41	161	91	43	77	**204**	100	86	74	31	30	23	21	21	**6.21**	15	24	–	–	–	–	–	–	–	–	–	–	**δ-Elemene**	20307-84-0	**R8616**
121	119	109	41	95	123	189	105	**204**	100	91	84	81	76	73	72	62	**48.46**	15	24	–	–	–	–	–	–	–	–	–	–	**2,2,3,7-Tetramethyltricyclo(5.2.0.0.$^{(1,6)}$)undec-3-ene**		**06276**
121	119	133	93	189	105	107	95	**204**	100	95	78	73	65	65	56	47	**43.50**	15	24	–	–	–	–	–	–	–	–	–	–	**Thujopsene**		**01746**
124	204	59	202	137	98			**204**	100	55	52	43	40	10				11	13	–	–	–	–	–	–	–	–	–	1	**Cobalt, (1,2,3,4-η)-1,3-cyclohexadiene(η^{5}-2,4-cyclopentadien-1-yl)-**		**M1349**
124	204	137	59	202	98	205	125	**204**	100	68	42	38	37	13	10	8		11	13	–	–	–	–	–	–	–	–	–	1	**Cobalt, (1,2,3,4-η)-1,3-cyclohexadiene(η^{5}-2,4-cyclopentadien-1-yl)-**	38959-22-7	**S5990**

MASS TO CHARGE RATIOS								M.W.	INTENSITIES								Parent	C	H	O	N	Cl	Br	F	S	P	B	Si	X	COMPOUND NAME	CAS Reg No	No
125	41	61	105	77	55	27	85	**204**	100	35	33	32	30	28	19	17	**2.36**	5	8	–	–	–	1	3	–	–	–	–	–	1,1,1-Trifluoro-5-bromopentane		Z1569
125	90	204	80	79	127	52	63	**204**	100	67	58	58	55	43	31	29		11	9	–	2	1	–	–	–	–	–	–	–	Pyridinium, 1-(4-chloroanilino)-, hydroxide, inner salt		L9284
125	90	204	80	79	127	52	63	**204**	100	67	60	58	56	43	30	28		11	9	–	2	1	–	–	–	–	–	–	–	Pyridinium, 1-(4-chloroanilino)-, hydroxide, inner salt	31378-96-8	S3261
128	188	172	147	129	78	115	77	**204**	100	80	74	68	63	57	57	48	**31.03**	11	12	2	2	–	–	–	–	–	–	–	–	Cinnoline, 4-ethyl-3-methyl-, 1,2-dioxide	20864-45-3	R8980
129	91	113	104	92	143	128	147	**204**	100	68	67	42	31	28	26	23	**3.00**	14	20	1	–	–	–	–	–	–	–	–	–	2-Octen-4-ol, 1-phenyl-	27820-18-4	S1887
129	101	143	43	73	45	59	41	**204**	100	47	36	30	26	21	18	15	**2.74**	9	16	1	–	–	–	–	2	–	–	–	–	2-Butenethioic acid, 3-(ethylthio)-, S-isopropyl ester	56196-50-0	T2974
130	77	131	103	28	204	50	51	**204**	100	12	10	7	7	4	3	3		11	12	2	2	–	–	–	–	–	–	–	–	L-Tryptophan		D0591
130	204	129	115	91	131	128	28	**204**	100	60	29	24	16	12	11	10		14	17	–	–	–	–	1	–	–	–	–	–	Bicyclo[2.2.2]octane, 1-fluoro-4-phenyl-	22947-58-6	S0009
131	18	28	44	17	132	41	27	**204**	100	82	73	24	15	12	11	8	**7.55**	11	12	2	2	–	–	–	–	–	–	–	–	L-Tryptophan	73-22-3	P5497
131	61	43	89	132	45	77	63	**204**	100	64	31	28	11	8	7	6	**0.14**	8	16	4	–	–	–	–	–	–	–	1	–	Methanol, (dimethylsilylene)bis-, diacetate	2917-61-5	Q8819
131	73	116	204	189	132	205	115	**204**	100	92	57	42	25	17	11	11		8	24	–	–	–	–	–	–	–	–	3	–	Octamethyltrisilane		02879
131	144	145	204	103	115	77	130	**204**	100	91	90	65	52	48	48	29		12	12	3	–	–	–	–	–	–	–	–	–	1H-Indene-3-acetic acid, 1-oxo-, methyl ester		M0684
131	148	41	101	88	94	204	75	**204**	100	85	85	80	50	40	40	35		10	20	2	–	–	–	–	1	–	–	–	–	Butanoic acid, 4-(ethylthio)-, tert-butyl ester		M2707
131	148	103	77	147	51	29	27	**204**	100	48	35	29	19	15	15	14	**4.60**	13	16	2	–	–	–	–	–	–	–	–	–	Cinnamic acid, isobutyl ester	122-67-8	H0556
131	148	103	77	147	51	29	41	**204**	100	48	35	29	19	15	15	14	**4.58**	13	16	2	–	–	–	–	–	–	–	–	–	Cinnamic acid, isobutyl ester		04216
131	159	103	77	29	102	28	175	**204**	100	92	36	27	25	20	17	15	**5.10**	13	16	2	–	–	–	–	–	–	–	–	–	Benzene, (3,3-diethoxy-1-propynyl)-	6142-95-6	H1595
131	204	132	90	103	39	45	63	**204**	100	81	57	50	36	31	30	27		10	8	1	2	–	–	–	1	–	–	–	–	1H-[1,4]Thiazino[4,3-a]benzimidazol-4(3H)-one	19950-83-5	R8428
132	104	105	52	160	43	77	131	**204**	100	47	43	38	34	22	19	17	**16.92**	9	8	2	4	–	–	–	–	–	–	–	–	4-Pteridinecarboxylic acid, ethyl ester	16008-51-8	R5971
132	104	105	52	160	43	77	204	**204**	100	48	44	39	35	22	20	19		9	8	2	4	–	–	–	–	–	–	–	–	4-Pteridinecarboxylic acid, ethyl ester		M7969
132	104	105	160	77	131	159	133	**204**	100	50	46	30	23	17	11	11	**10.00**	9	8	2	4	–	–	–	–	–	–	–	–	4-Pteridinecarboxylic acid, ethyl ester		M5939
133	93	105	119	148	161	79	55	**204**	100	92	77	48	41	40	38	37	**22.00**	15	24	–	–	–	–	–	–	–	–	–	–	Tricyclo[7.2.0.0^{4,6}]undec-2-ene, 2,6,10,10-tetramethyl-, (-)-(1S,9R,6S,4S)-		M1584
134	204	119	105	41	91	81	162	**204**	100	80	75	73	50	45	42	34		15	24	–	–	–	–	–	–	–	–	–	–	δ-Cadinene, (+)-	483-76-1	Q1088
135	93	107	108	41	105	55	91	**204**	100	92	75	61	55	46	42	42	**37.03**	15	24	–	–	–	–	–	–	–	–	–	–	1H-3a,7-Methanoazulene, 2,3,6,7,8,8a-hexahydro-1,4,9,9-tetramethyl-, [(1α,3aα,7α,8aβ)]-	560-32-7	Q2084
135	93	107	108	41	105	91	55	**204**	100	75	61	41	33	33	28	26	**23.62**	15	24	–	–	–	–	–	–	–	–	–	–	1H-3a,7-Methanoazulene, 2,3,6,7,8,8a-hexahydro-1,4,9,9-tetramethyl-, [(1α,3aα,7α,8aβ)]-	560-32-7	Q2083
135	134	161	204	77	78	106	136	**204**	100	63	44	44	12	11	10	9		13	16	2	–	–	–	–	–	–	–	–	–	4H-1-Benzopyran-4-one, 2,3-dihydro-6-methyl-2-propyl-	51423-97-3	S7659
135	134	161	204	78	77	39	106	**204**	100	73	56	46	27	23	20	20		13	16	2	–	–	–	–	–	–	–	–	–	4H-1-Benzopyran-4-one, 2,3-dihydro-5-methyl-2-isopropyl-	69687-92-9	T7228
135	161	134	204	77	105	78	39	**204**	100	43	39	38	21	16	15	13		13	16	2	–	–	–	–	–	–	–	–	–	4H-1-Benzopyran-4-one, 2,3-dihydro-7-methyl-2-isopropyl-	69687-93-0	T7229
135	189	55	173	107	204	150	41	**204**	100	84	38	37	29	22	20	19		14	20	1	–	–	–	–	–	–	–	–	–	4-tert-Butylphenyl methylallyl ether		Z1573
135	204	115	39	69	189	145	95	**204**	100	50	29	25	24	22	19	19		7	6	–	–	–	–	6	–	–	–	–	–	Cyclopropene, 1,3-dimethyl-2,3-bis(trifluoromethyl)-	54932-73-9	S9807
135	204	161	134	136	77	107	205	**204**	100	45	36	21	13	11	8	8		13	16	2	–	–	–	–	–	–	–	–	–	4H-1-Benzopyran-4-one, 2,3-dihydro-6-methyl-2-isopropyl-	51423-98-4	S7660
136	121	93	41	43	90	204	161	**204**	100	75	67	54	31	27	25	25		15	24	–	–	–	–	–	–	–	–	–	–	δ-Elemene		M5621
137	110	138	124	204	79	95	105	**204**	100	54	53	46	28	27	20	19		9	17	3	–	–	–	–	–	1	–	–	–	Phosphonic acid, bicyclo[2.2.1]hept-2-yl-, dimethyl ester, endo-	50457-69-7	S7304
137	110	175	95	79	109	80	67	**204**	100	54	53	38	28	21	14	13	**29.00**	9	17	3	–	–	–	–	–	1	–	–	–	Phosphonic acid, bicyclo[2.2.1]hept-2-yl-, dimethyl ester, exo-		L9191
137	110	175	95	204	79	109	80	**204**	100	56	53	38	30	28	21	14		9	17	3	–	–	–	–	–	1	–	–	–	Phosphonic acid, bicyclo[2.2.1]hept-2-yl-, dimethyl ester, exo-	31061-88-8	S3161
139	148	204	41	57	45	69	189	**204**	100	90	70	46	44	42	30	29		8	12	–	–	–	–	–	3	–	–	–	–	3H-1,2-Dithiole-3-thione, 4-(2,2-dimethylpropyl)-	6976-85-8	R2767
140	139	44	204	141	63	78	32	**204**	100	42	20	18	14	8	8	7		11	8	2	–	–	–	–	1	–	–	–	–	1H-Naphtho[2,1-b]thiete, 2,2-dioxide	16205-74-6	R6080
143	69	41	91	117	51	186	171	**204**	100	72	51	24	14	12	11	10	**5.00**	14	20	1	–	–	–	–	–	–	–	–	–	2-Phenyl-6-methylhept-5-en-2-ol		M6994
143	128	117	115	186	158	161	189	**204**	100	64	44	43	38	34	28	16	**4.00**	13	16	2	–	–	–	–	–	–	–	–	–	Propanoic acid, 2-methyl-2-(2-isopropenylphenyl)-		L7004
144	172	204	115	171	116	77	145	**204**	100	67	62	27	19	14	13	13		12	12	3	–	–	–	–	–	–	–	–	–	2(3H)-Benzofuranone, 3-(2-methoxy-1-isopropylidene)-	55937-82-1	T2357
146	147	51	63	92	64	39	42	**204**	100	55	50	42	35	32	30	30	**30.03**	11	12	2	2	–	–	–	–	–	–	–	–	Benzoxazole, 2-(4-morpholinyl)-	21326-90-9	R9227
147	91	119	149	105	93	121	148	**204**	100	70	57	39	32	27	26	25	**1.04**	10	21	–	–	1	–	–	–	–	–	1	–	Silane, dibutylchlorovinyl-	62238-35-1	T6027
147	100	189	74	171	73	75	45	**204**	100	66	65	61	45	36	35	19	**3.20**	7	20	1	2	–	–	–	–	–	–	2	–	Urea, N,N′-bis(trimethylsilyl)-		15374
147	100	189	75	74	73	66	148	**204**	100	70	69	56	55	26	15	15	**9.00**	7	20	1	2	–	–	–	–	–	–	2	–	Urea, N,N′-bis(trimethylsilyl)-	18297-63-7	08510
147	119	148	28	41	91	204	39	**204**	100	15	11	11	11	11	10	7		14	20	1	–	–	–	–	–	–	–	–	–	1-Butanone, 1-(2,3,4,5-tetramethylphenyl)-	69855-49-8	H2206
147	119	148	41	91	39	27	77	**204**	100	14	11	11	9	8	8	7	**3.73**	14	20	1	–	–	–	–	–	–	–	–	–	Butyrophenone, 2′,3′,4′,6′-tetramethyl-		U0029
147	119	148	91	41	28	204	39	**204**	100	15	11	11	11	11	10	7		14	20	1	–	–	–	–	–	–	–	–	–	Butyrophenone, 2′,3,4′,6′-tetramethyl-		U0028
147	120	204	92	176	175	148	91	**204**	100	90	43	34	33	31	31	27		11	13	3	–	–	–	–	–	–	1	–	–	Salicylic acid, butyl boronate		05113
147	162	43	15	148	204	91	163	**204**	100	74	24	19	14	12	11	11		13	16	2	–	–	–	–	–	–	–	–	–	1,4-Dimethylindanyl acetate		P4302
147	189	73	45	74	43	100	44	**204**	100	61	58	37	35	21	21	21	**3.90**	7	20	1	2	–	–	–	–	–	–	2	–	Urea, N,N′-bis(trimethylsilyl)-		06172
148	41	57	75	89	74	43	131	**204**	100	90	80	75	70	55	45	45	**40.00**	10	20	2	–	–	–	–	1	–	–	–	–	Propanoic acid, 3-(propylthio)-, tert-butyl ester		M2708
148	204	101	73	43	203	44	77	**204**	100	96	78	74	55	39	38	20		11	12	–	2	–	–	–	1	–	–	–	–	Imidazo[2,1-b]thiazole, 2,3,5,6-tetrahydro-6-phenyl-		B0236
148	204	101	73	121	77	127	176	**204**	100	69	65	56	41	28	17	7		11	12	–	2	–	–	–	1	–	–	–	–	Imidazo[2,1-b]thiazole, 2,3,5,6-tetrahydro-6-phenyl-		B0024
148	204	176	161	77	63	51	76	**204**	100	80	37	34	31	31	31	23		11	8	4	–	–	–	–	–	–	–	–	–	4-Formyl-7-methoxycoumarin		B0186
159	78	160	204	131	79	55	51	**204**	100	78	63	34	25	22	22	19		10	8	3	2	–	–	–	–	–	–	–	–	4H-Pyrido[1,2-a]pyrimidine-3-acetic acid, 4-oxo-	64399-35-5	T6472

MASS TO CHARGE RATIOS	M.W.	INTENSITIES	Parent	C	H	O	N	Cl	Br	F	S	P	B	Si	X	COMPOUND NAME	CAS Reg No	No
160 173 174 119 187 185 204	**204**	100 13 10 10 8 7 5		11	12	2	2	–	–	–	–	–	–	–	–	**4(3H)-Quinazolinone, 2-(3-hydroxypropyl)-**		**M6221**
161 18 163 44 63 17 90 99	**204**	100 62 59 56 27 22 22 19	**13.61**	7	6	1	2	2	–	–	–	–	–	–	–	**Urea, (3,4-dichlorophenyl)-**	2327-02-8	**Q7842**
161 41 44 176 82 92 51 204	**204**	100 72 46 36 35 34 32 32		13	16	2	–	–	–	–	–	–	–	–	–	**Cyclohexanone, 6-furfurylidene-2,2-dimethyl-**	17429-54-8	**R6996**
161 41 91 93 105 107 69 79	**204**	100 94 84 80 75 72 71 64	**60.05**	15	24	–	–	–	–	–	–	–	–	–	–	**1H-Cycloprop[e]azulene, decahydro-1,1,7-trimethyl-4-methylene-, [1aR-(1aα,4aβ,7α,7aβ,7bα)]-**	25246-27-9	**S0989**
161 41 91 105 79 77 93 39	**204**	100 99 78 71 49 46 43 41	**10.01**	15	24	–	–	–	–	–	–	–	–	–	–	**Calarene**	17334-55-3	**H1797**
161 41 93 91 107 105 69 204	**204**	100 99 75 73 69 66 63 57		15	24	–	–	–	–	–	–	–	–	–	–	**1H-Cycloprop[e]azulene, decahydro-1,1,7-trimethyl-4-methylene-, [1aR-(1aα,4aα,7α,7aβ,7bα)]-**	489-39-4	**Q1175**
161 41 105 91 119 133 55 43	**204**	100 95 76 72 71 55 52 52	**13.06**	15	24	–	–	–	–	–	–	–	–	–	–	**Tricyclo[4.1.0.0$^{(2,4)}$]heptane, 3,3,7,7-tetramethyl-5-(2-methyl-1-propenyl)-**	56348-21-1	**T3559**
161 41 105 91 133 175 119 148	**204**	100 93 69 61 58 55 55 52	**27.21**	15	24	–	–	–	–	–	–	–	–	–	–	**Isolongifolene**	1135-66-6	**Q5510**
161 41 105 119 43 55 91 81	**204**	100 52 50 46 46 42 32 31	**14.90**	15	24	–	–	–	–	–	–	–	–	–	–	**1H-Cyclopenta[1,3]cyclopropa[1,2]benzene, octahydro-7-methyl-3-methylene-4-isopropyl-, 3aS-(3aα,3bβ,4β,7α,7aS)-**	13744-15-5	**R4733**
161 41 119 134 159 204 90 92	**204**	100 60 55 48 44 41 38 38		15	24	–	–	–	–	–	–	–	–	–	–	**δ-Cadinene, (+)-**	483-76-1	**Q1087**
161 41 175 105 148 39 133 91	**204**	100 75 62 43 43 42 42 40	**31.73**	15	24	–	–	–	–	–	–	–	–	–	–	**Isolongifolene**		**Y1435**
161 41 176 81 91 51 204 77	**204**	100 72 37 35 34 32 32 29		13	16	2	–	–	–	–	–	–	–	–	–	**Cyclohexanone, 6-furfurylidene-2,2-dimethyl-**	17429-54-8	**R6995**
161 41 176 82 92 51 204 78	**204**	100 72 36 35 34 32 32 29		13	16	2	–	–	–	–	–	–	–	–	–	**Cyclohexanone, 6-furfurylidene-2,2-trimethyl-**		**L2136**
161 41 189 91 105 77 79 39	**204**	100 50 50 43 38 26 23 23	**5.67**	15	24	–	–	–	–	–	–	–	–	–	–	**Clovene**		**00138**
161 43 42 162 44 204 128 102	**204**	100 59 53 48 30 28 25 21		6	12	–	4	–	–	–	2	–	–	–	–	**Δ^2-1,2,4-Triazoline-5-thione, 4-(dimethylamino)-1-methyl-3-(methylthio)-**	20138-10-7	**R8511**
161 81 107 105 41 91 121 93	**204**	100 97 92 81 72 65 64 63	**59.65**	15	24	–	–	–	–	–	–	–	–	–	–	**1β,4βH,10βH-Guaia-5,11-diene**	22567-17-5	**R9812**
161 91 105 79 77 93 39 107	**204**	100 78 71 49 46 43 41 41	**10.00**	15	24	–	–	–	–	–	–	–	–	–	–	**Calarene**	17334-55-3	**R6860**
161 94 93 204 41 81 91 119	**204**	100 71 65 65 53 48 46 42		15	24	–	–	–	–	–	–	–	–	–	–	**α-Muurolene**	31983-22-9	**S3430**
161 94 93 204 41 81 91 119	**204**	100 71 65 65 53 48 46 42		15	24	–	–	–	–	–	–	–	–	–	–	**δ-Cadinene**	483-75-0	**H0718**
161 105 91 41 119 93 107 189	**204**	100 36 30 30 29 26 22 22	**17.12**	15	24	–	–	–	–	–	–	–	–	–	–	**Calarene**	17334-55-3	**R6858**
161 105 91 120 41 119 81 79	**204**	100 34 30 26 24 21 19 18	**13.31**	15	24	–	–	–	–	–	–	–	–	–	–	**1H-Cyclopenta[1,3]cyclopropa[1,2]benzene, octahydro-7-methyl-3-methylene-4-isopropyl-, 3aS-(3aα,3bβ,4β,7α,7aS)-**	13744-15-5	**R4732**
161 105 93 91 41 119 79 204	**204**	100 35 29 28 26 26 22 21		15	24	–	–	–	–	–	–	–	–	–	–	**γ-Cadinene**	39029-41-9	**S6008**
161 105 119 41 81 91 120 93	**204**	100 98 93 34 32 29 29 26	**20.40**	15	24	–	–	–	–	–	–	–	–	–	–	**α-Cubebene**	17699-14-8	**R7149**
161 105 119 41 91 134 204 77	**204**	100 89 79 79 75 74 43 40		15	24	–	–	–	–	–	–	–	–	–	–	**δ-Cadinene**		**M5405**
161 105 119 43 41 91 133 55	**204**	100 50 49 49 48 40 31 29	**1.99**	15	24	–	–	–	–	–	–	–	–	–	–	**1,3,5-Cyclononatriene, hexamethyl-**	61193-78-0	**T5563**
161 105 119 93 204 91 79 41	**204**	100 38 35 34 33 24 22 21		15	24	–	–	–	–	–	–	–	–	–	–	**γ-Muurolene**	30021-74-0	**S2771**
161 105 204 41 119 91 110 147	**204**	100 96 79 63 52 42 38 34		15	24	–	–	–	–	–	–	–	–	–	–	**β-Guaiene**		**M5634**
161 105 204 119 91 41 107 93	**204**	100 95 77 60 59 56 46 44		15	24	–	–	–	–	–	–	–	–	–	–	**β-Guaiene**	88-84-6	**P6465**
161 119 41 204 105 189 91 121	**204**	100 35 30 30 29 24 22 21		15	24	–	–	–	–	–	–	–	–	–	–	**α-Elemene**	5951-67-7	**R1932**
161 119 94 107 204 91 120 93	**204**	100 78 67 67 56 50 50 44		15	24	–	–	–	–	–	–	–	–	–	–	**Cyclosativene**		**P3054**
161 119 105 204 41 121 91 95	**204**	100 75 63 38 34 30 25 21		15	24	–	–	–	–	–	–	–	–	–	–	**α-Cubebene**		**M5633**
161 119 105 204 93 41 91 120	**204**	100 78 64 64 58 52 34 32		15	24	–	–	–	–	–	–	–	–	–	–	**Tricyclo[4.4.0.0$^{(2,7)}$]dec-3-ene, 1,3-dimethyl-8-isopropyl-**	14912-44-8	**09583**
161 134 119 204 105 81 159 91	**204**	100 58 50 47 47 26 25 25		15	24	–	–	–	–	–	–	–	–	–	–	**δ-Cadinene, (+)-**	483-76-1	**Q1085**
161 135 162 204 77 41 107 39	**204**	100 22 15 10 7 6 4 4		13	16	2	–	–	–	–	–	–	–	–	–	**2-Penten-1-one, 1-(2-hydroxy-5-methylphenyl)-4-methyl-**	51956-80-0	**08743**
161 162 135 204 77 55 107 41	**204**	100 17 16 11 9 6 5 4		13	16	2	–	–	–	–	–	–	–	–	–	**2-Hexen-1-one, 1-(2-hydroxy-5-methylphenyl)-**	51956-79-7	**08742**
161 162 135 204 77 56 107 39	**204**	100 17 15 11 8 6 4 4		13	16	2	–	–	–	–	–	–	–	–	–	**2-Hexen-1-one, 1-(2-hydroxy-5-methylphenyl)-, (E)-**	41873-82-9	**S6762**
161 175 148 204 41 133 119 105	**204**	100 54 38 28 28 23 21 21		15	24	–	–	–	–	–	–	–	–	–	–	**Isolongifolene**	1135-66-6	**Q5511**
161 189 119 41 105 93 204 91	**204**	100 89 75 55 54 53 53 44		15	24	–	–	–	–	–	–	–	–	–	–	**β-Patchoulene**	514-51-2	**Q1505**
161 189 119 105 93 204 41 91	**204**	100 86 72 54 50 50 46 39		15	24	–	–	–	–	–	–	–	–	–	–	**β-Patchoulene**	514-51-2	**Q1503**
161 189 119 204 105 93 41 133	**204**	100 88 62 51 43 39 33 30		15	24	–	–	–	–	–	–	–	–	–	–	**β-Patchoulene**	514-51-2	**Q1504**
161 189 204 41 91 105 133 81	**204**	100 98 94 40 40 39 28 24		15	24	–	–	–	–	–	–	–	–	–	–	**δ-Selinene**	28624-23-9	**S2146**
161 189 204 41 105 91 119 133	**204**	100 76 68 56 53 48 32 29		15	24	–	–	–	–	–	–	–	–	–	–	**Cadinene**		**X1446**
161 189 204 41 105 91 119 133	**204**	100 76 68 56 53 48 32 29		15	24	–	–	–	–	–	–	–	–	–	–	**Naphthalene, 1,2,4a,5,8,8a-hexahydro-4,7-dimethyl-1-isopropyl-, (1α,4aβ,8aα)-(+-)-**	5951-61-1	**R1931**
161 204 41 56 91 105 93 79	**204**	100 46 46 33 32 27 27 23		15	24	–	–	–	–	–	–	–	–	–	–	**γ-Cadinene**		**M5639**
161 204 41 105 189 44 107 67	**204**	100 88 37 34 33 33 32 30		15	24	–	–	–	–	–	–	–	–	–	–	**γ-Selinene**	515-17-3	**09585**
161 204 41 105 189 44 107 122	**204**	100 88 36 34 33 32 32 30		15	24	–	–	–	–	–	–	–	–	–	–	**γ-Selinene**		**L6086**
161 204 41 121 91 81 107 105	**204**	100 83 82 78 68 66 61 61		15	24	–	–	–	–	–	–	–	–	–	–	**Patchoulene**	1405-16-9	**Q5919**
161 204 122 189 107 105 121 93	**204**	100 96 43 37 24 19 15 14		15	24	–	–	–	–	–	–	–	–	–	–	**Selina-3,7(11)-diene**	6813-21-4	**09586**
161 204 122 189 107 105 162 121	**204**	100 95 42 38 23 19 14 14		15	24	–	–	–	–	–	–	–	–	–	–	**Selina-3,7(11)-diene**		**L6087**
161 204 133 162 90 118 27 77	**204**	100 29 18 11 7 6 5 4		13	16	2	–	–	–	–	–	–	–	–	–	**1-Penten-3-one, 1-(4-methoxyphenyl)-4-methyl-**	103-13-9	**09743**
161 204 134 41 105 91 119 162	**204**	100 74 72 60 36 34 32 30		15	24	–	–	–	–	–	–	–	–	–	–	**δ-Cadinene**		**M5640**

MASS TO CHARGE RATIOS								M.W.	INTENSITIES								Parent	C	H	O	N	Cl	Br	F	S	P	B	Si	X	COMPOUND NAME	CAS Reg No	No
161	204	134	119	105	81	41	91	**204**	100	52	46	45	44	30	25	24		15	24	–	–	–	–	–	–	–	–	–	–	β-Cadinene, (-)-	523-47-7	**Q1604**
161	204	134	162	175	146	148	117	**204**	100	50	38	32	28	25	23	18		13	20	–	2	–	–	–	–	–	–	–	–	Aniline, N,N-dimethyl-4-[(butylimino)methyl]-	2929-80-8	**Q8847**
162	41	204	55	91	105	27	39	**204**	100	80	36	34	30	28	26	25		15	24	–	–	–	–	–	–	–	–	–	–	β-Ylangene	20479-06-5	**09584**
162	91	133	204	119	92	132	89	**204**	100	69	64	50	38	28	14	10		11	12	2	2	–	–	–	–	–	–	–	–	Acetamide, N-methyl-N-(2-oxo-1-indolinyl)-		**Y2495**
162	146	119	204	90	163	92	120	**204**	100	90	80	27	27	24	20	13		11	12	2	2	–	–	–	–	–	–	–	–	1,2,3,4-Tetrahydro-2,4-dioxo-3-propylquinazoline		**M0499**
162	164	43	166	63	98	163	204	**204**	100	64	49	11	8	8	8	7		8	6	2	–	2	–	–	–	–	–	–	–	2,4-Dichlorophenyl acetate		**Z1572**
169	204	104	77	206	103	66	76	**204**	100	72	61	26	23	22	18	17		11	9	–	2	1	–	–	–	–	–	–	–	Pyrimidine, 4-chloro-6-methyl-2-phenyl-	29509-92-0	**S2549**
169	204	141	76	206	51	170	70	**204**	100	66	30	30	22	20	14	11		12	9	1	–	1	–	–	–	–	–	–	–	2-Chlorophenyl phenyl ether	2689-07-8	**Q8542**
171	173	169	188	76	160	170	129	**204**	100	62	53	45	38	37	35	34	0.00	11	12	2	2	–	–	–	–	–	–	–	–	Quinoxaline, 2-isopropyl-, 1,4-dioxide	16007-77-5	**R5968**
172	204	115	114	116	173	143	144	**204**	100	99	89	77	77	54	53	53		12	12	3	–	–	–	–	–	–	–	–	–	Naphthalene-1-carboxylic acid, 1,2,3,4-tetrahydro-2-oxo-, methyl ester		**P1220**
173	120	164	91	54	174	204	118	**204**	100	51	24	23	22	15	15	12		12	16	1	2	–	–	–	–	–	–	–	–	Propanenitrile, 3-[N-(2-(hydroxyethyl)-m-toluidino]-	119-95-9	**P9041**
173	175	74	109	75	145	147	204	**204**	100	65	34	31	30	29	19	16		8	6	2	–	2	–	–	–	–	–	–	–	Benzoic acid, 2,6-dichloro-, methyl ester	14920-87-7	**R5480**
173	175	84	145	204	74	75	109	**204**	100	59	44	24	24	18	18	18		8	6	2	–	2	–	–	–	–	–	–	–	Benzoic acid, 3,4-dichloro-, methyl ester	2905-68-2	**Q8800**
173	175	109	75	145	74	147	204	**204**	100	61	45	42	37	33	28	27		8	6	2	–	2	–	–	–	–	–	–	–	Benzoic acid, 3,5-dichloro-, methyl ester	2905-67-1	**Q8799**
173	175	145	109	75	74	206	204	**204**	100	65	36	27	26	24	23	17		8	6	2	–	2	–	–	–	–	–	–	–	Benzoic acid, 2,3-dichloro-, methyl ester	2905-54-6	**Q8796**
173	175	145	109	75	147	204	177	**204**	100	94	69	58	51	50	42	24		8	6	2	–	2	–	–	–	–	–	–	–	Benzoic acid, 2,4-dichloro-, methyl ester	35112-28-8	**S4833**
173	175	145	204	74	75	109	206	**204**	100	67	32	31	29	23	23	21		8	6	2	–	2	–	–	–	–	–	–	–	Benzoic acid, 2,5-dichloro-, methyl ester	2905-69-3	**Q8802**
173	175	145	204	74	147	109	75	**204**	100	61	25	20	18	17	17	15		8	6	2	–	2	–	–	–	–	–	–	–	Benzoic acid, 2,4-dichloro-, methyl ester	35112-28-8	**S4832**
173	175	145	204	109	147	75	74	**204**	100	65	27	25	20	18	18	18		8	6	2	–	2	–	–	–	–	–	–	–	Benzoic acid, 2,4-dichloro-, methyl ester		**D1187**
173	175	204	145	109	75	147	206	**204**	100	93	67	55	54	50	41	30		8	6	2	–	2	–	–	–	–	–	–	–	Benzoic acid, 2,6-dichloro-, methyl ester	14920-87-7	**R5481**
173	175	204	206	38	117	119	95	**204**	100	97	50	48	23	11	11	10		6	5	3	–	–	1	–	–	–	–	–	–	2-Furancarboxylic acid, 5-bromo-, methyl ester	2527-99-3	**Q8273**
175	43	119	91	174	204	41	77	**204**	100	46	43	33	24	23	15	14		12	17	2	–	–	–	–	–	–	1	–	–	Borinic acid, diethyl-, 3-acetylphenyl ester	74663-94-8	**T8317**
175	43	119	91	204	174	28	41	**204**	100	73	40	35	27	25	23	16		12	17	2	–	–	–	–	–	–	1	–	–	Borinic acid, diethyl-, 4-acetylphenyl ester	61142-59-4	**T5482**
175	43	119	91	204	174	41	76	**204**	100	62	37	30	27	25	22	14		12	17	2	–	–	–	–	–	–	1	–	–	Borinic acid, diethyl-, 4-acetylphenyl ester	61142-59-4	**T5484**
175	105	204	43	147	41	91	133	**204**	100	32	27	26	25	20	18	17		15	24	–	–	–	–	–	–	–	–	–	–	1,2,4-Tripropylbenzene		**03556**
175	147	119	66	59	176	73	148	**204**	100	69	45	24	18	18	15	11	0.57	9	24	1	–	–	–	–	–	–	–	2	–	Disiloxane, triethyltrimethyl-	74645-92-4	**T8243**
175	173	145	204	109	147	206	177	**204**	100	99	74	71	59	57	50	28		8	6	2	–	2	–	–	–	–	–	–	–	Benzoic acid, 3,4-dichloro-, methyl ester	2905-68-2	**Q8801**
175	174	147	43	176	77	146	121	**204**	100	26	20	14	11	7	6	6	0.35	12	17	2	–	–	–	–	–	–	1	–	–	Borinic acid, diethyl-, 2-acetylphenyl ester	74663-95-9	**T8318**
175	177	204	206	111	179	176	162	**204**	100	64	25	16	13	10	8	7		9	10	1	–	2	–	–	–	–	–	–	–	3,4-Dichloro-2-propylphenol		**Z1571**
175	204	160	176	115	148	161	177	**204**	100	36	20	13	7	5	5	5		13	16	–	–	–	–	–	1	–	–	–	–	Benzo[b]thiophene, 7-ethyl-2-propyl-	16587-46-5	**R6264**
175	204	160	176	115	189	147	177	**204**	100	36	19	15	9	6	5	5		13	16	–	–	–	–	–	1	–	–	–	–	Benzo[b]thiophene, 7-ethyl-2-propyl		**Y1857**
187	50	204	65	75	76	51	74	**204**	100	88	85	81	77	53	52	50		7	5	4	–	–	–	1	1	–	–	–	–	Benzoic acid, 4-(fluorosulphonyl)-	455-26-5	**Q0787**
187	94	41	92	65	106	204	188	**204**	100	90	88	88	80	80	54	53		12	16	1	2	–	–	–	–	–	–	–	–	Pyridine, 2-[2-(1-piperidinyl)vinyl]-, 1-oxide		**L8252**
187	94	92	41	65	106	39	78	**204**	100	95	92	89	80	79	59	57	54.49	12	16	1	2	–	–	–	–	–	–	–	–	Pyridine, 2-[2-(1-piperidinyl)vinyl]-, 1-oxide	55937-95-6	**T2370**
188	130	159	132	158	189	205	131	**204**	100	70	48	17	15	15	13	11	0.00	11	12	2	2	–	–	–	–	–	–	–	–	L-Tryptophan	73-22-3	**P5499**
188	143	144	204	115	186	89	116	**204**	100	97	90	78	65	60	50	50		10	8	3	2	–	–	–	–	–	–	–	–	3-Quinolinecarboxylic acid, 2-amino-, 1-oxide	22483-84-7	**R9781**
189	15	157	129	115	128	204	130	**204**	100	38	36	33	30	28	26	24		13	16	2	–	–	–	–	–	–	–	–	–	1H-Indene-4-carboxylic acid, 2,3-dihydro-1,1-dimethyl-, methyl ester	55591-11-2	**T1678**
189	43	28	161	27	41	204	91	**204**	100	90	58	46	45	40	29	24		15	24	–	–	–	–	–	–	–	–	–	–	1,3,5-Triisopropylbenzene		**Y1206**
189	43	161	204	28	91	41	105	**204**	100	55	40	27	23	22	22	19		15	24	–	–	–	–	–	–	–	–	–	–	Benzene, triisopropyl-	27322-34-5	**S1681**
189	43	161	204	41	91	190	105	**204**	100	39	37	26	20	16	15	12		15	24	–	–	–	–	–	–	–	–	–	–	1,3,5-Triisopropylbenzene		**V0170**
189	57	41	29	204	190	91	39	**204**	100	57	30	21	16	14	11	10		15	24	–	–	–	–	–	–	–	–	–	–	1-Methyl-3,5-di-tert-butylbenzene		**Y1205**
189	57	41	205	29	204	190	91	**204**	100	57	30	23	21	16	14	11		15	24	–	–	–	–	–	–	–	–	–	–	Benzene, 1,3-bis-tert-butyl-5-methyl-	15181-11-0	**R5589**
189	69	204	56	147	175	42	83	**204**	100	38	29	29	11	10	8	8		7	9	2	–	–	1	–	–	–	–	–	–	1,3-Cyclopentanedione, 2-bromo-4,4-dimethyl-		**M3933**
189	133	204	161	105	93	91	81	**204**	100	57	54	42	41	39	33	31		15	24	–	–	–	–	–	–	–	–	–	–	γ-Selinene	515-17-3	**Q1513**
189	161	43	204	91	41	105	190	**204**	100	45	44	40	20	19	14	14		15	24	–	–	–	–	–	–	–	–	–	–	1,3,5-Triisopropylbenzene		**C1350**
189	161	204	105	41	91	133	119	**204**	100	82	81	59	53	50	45	34		15	24	–	–	–	–	–	–	–	–	–	–	1H-Cyclopropa[a]naphthalene, 1a,2,3,3a,4,5,6,7b-octahydro-1,1,3a,7-tetramethyl-, [1aR-(1aα,3aα,7bα)]-	489-29-2	**Q1172**
189	191	41	69	204	206	53	56	**204**	100	96	50	38	29	29	28	28		7	9	2	–	–	1	–	–	–	–	–	–	1,3-Cyclopentanedione, 2-bromo-4,4-dimethyl-	57157-02-5	**T4342**
189	204	41	45	115	191	59	69	**204**	100	53	20	18	17	14	12	11		8	12	–	–	–	–	–	3	–	–	–	–	3H-1,2-Dithiole-3-thione, 5-tert-butyl-4-methyl-	13120-76-8	**R4213**
189	204	93	81	41	107	105	133	**204**	100	76	75	64	64	64	50	48		15	24	–	–	–	–	–	–	–	–	–	–	α-Selinene		**P3895**
189	204	149	133	161	175			**204**	100	90	85	50	30	4				13	16	2	–	–	–	–	–	–	–	–	–	Acetophenone, 4-hydroxy-3-(2-methyl-2-butenyl)-		**L8765**
189	204	205	58	148	42	80	119	**204**	100	51	44	40	31	30	19	15		12	16	1	2	–	–	–	–	–	–	–	–	3-Cyano-4-(2-isopropenyl)-6,6-dimethyl-3,4-dehydropiperid-2-one		**M0652**
202	203	204	189	200	205	101	201	**204**	100	98	98	33	20	17	17	16		16	12	–	–	–	–	–	–	–	–	–	–	Naphthalene, 1,8-di-1-propynyl-	22360-77-6	**R9649**
202	204	203	101	100	200	201	205	**204**	100	92	89	44	25	20	18	17		16	12	–	–	–	–	–	–	–	–	–	–	Pyrene, 4,5-dihydro-	6628-98-4	**R2420**
203	204	169	91	205	44	65	43	**204**	100	58	51	46	39	30	18	17		11	9	–	2	1	–	–	–	–	–	–	–	Pyrazine, 2-chloro-3-(phenylmethyl)-	57693-15-9	**T4796**
203	204	202	101	205	200	201	88	**204**	100	86	65	28	14	12	12	9		16	12	–	–	–	–	–	–	–	–	–	–	1H-Indene, 1-benzylidene-	5394-86-5	**R1380**

MASS TO CHARGE RATIOS								M.W.	INTENSITIES								Parent	C	H	O	N	Cl	Br	F	S	P	B	Si	X	COMPOUND NAME	CAS Reg No	No
204	39	53	108	51	147	52	189	**204**	100	29	26	25	22	21	20	20		11	8	4	–	–	–	–	–	–	–	–	–	**1,4-Naphthalenedione, 5,8-dihydroxy-2-methyl-**	14554-09-7	**R5274**
204	43	161	189	205	203	95	119	**204**	100	60	32	19	13	13	10	8		12	12	3	–	–	–	–	–	–	–	–	–	**Furan, 2-methoxy-5-methyl-5-furanacetyl-**	52805-85-3	**S8102**
204	54	52	84	205	122	68	174	**204**	100	17	15	13	8	6	5	4		6	–	3	6	–	–	–	–	–	–	–	–	**Benzotrifurazan**	16279-15-5	**R6099**
204	69	107	77	79	91	90	175	**204**	100	62	59	51	46	41	31	28		9	7	2	–	–	–	3	–	–	–	–	–	**Acetic acid, trifluoro-, 4-methylphenyl ester**	1813-29-2	**Q6783**
204	77	51	50	78	127	76	52	**204**	100	59	16	10	4	3	3	1		6	5	–	–	–	–	–	–	–	–	–	1	**Benzene, iodo-**		**L0668**
204	77	51	50	127	74	205	78	**204**	100	82	32	20	8	6	6	6		6	5	–	–	–	–	–	–	–	–	–	1	**Benzene, iodo-**	591-50-4	**Q2467**
204	91	105	161	41	79	119	189	**204**	100	82	65	61	58	48	35	16		15	24	–	–	–	–	–	–	–	–	–	–	**Cyclosativene**		**L7332**
204	104	77	73	176	160	205	51	**204**	100	69	31	27	23	17	10	9		10	8	1	2	–	–	–	1	–	–	–	–	**4(1H)-Pyrimidinone, 6-mercapto-2-phenyl-**	42956-81-0	**S7026**
204	105	104	133	77	72	205	78	**204**	100	95	72	23	19	14	13	12		11	12	2	2	–	–	–	–	–	–	–	–	**2,4-Imidazolidinedione, 3-ethyl-5-phenyl-**	86-35-1	**P6299**
204	105	133	146	76	77	205	51	**204**	100	38	23	17	14	14	13	11		11	8	4	–	–	–	–	–	–	–	–	–	**1,4-Naphthalenedione, 2-hydroxy-3-methoxy-**	5257-83-0	**R1232**
204	105	133	146	76	77	205	51	**204**	100	36	23	16	14	14	12	11		11	8	4	–	–	–	–	–	–	–	–	–	**1,4-Naphthalenedione, 2-hydroxy-3-methoxy-**	5257-83-0	**R1231**
204	105	133	146	77	76	205	51	**204**	100	38	34	17	14	14	13	11		11	8	4	–	–	–	–	–	–	–	–	–	**1,4-Naphthalenedione, 2-hydroxy-3-methoxy-**		**L1521**
204	130	143	74	61	205	57	41	**204**	100	62	53	24	19	15	12	11		7	12	1	2	–	–	–	2	–	–	–	–	**4-Imidazolidinone, 3-methyl-5-[2-(methylthio)ethyl]-2-thioxo-**	877-49-6	**Q4458**
204	141	206	77	169	51	205	70	**204**	100	44	33	29	20	18	16	14		12	9	1	–	1	–	–	–	–	–	–	–	**3-Chlorophenyl phenyl ether**	6452-49-9	**R2301**
204	161	41	79	92	90	107	135	**204**	100	85	77	51	47	46	45	45		15	24	–	–	–	–	–	–	–	–	–	–	**Naphthalene, 1,2,3,5,6,7,8,8a-octahydro-1,8a-dimethyl-7-isopropenyl-, 1R-(1α,7β,8aα)-**	4630-07-3	**09582**
204	161	41	79	135	91	94	107	**204**	100	95	87	54	54	52	48	46		15	24	–	–	–	–	–	–	–	–	–	–	**Valencene**		**M5611**
204	161	69	41	93	55	120	91	**204**	100	88	69	67	46	38	34	34		15	24	–	–	–	–	–	–	–	–	–	–	**β-Cedrene**		**M5628**
204	161	105	189	41	119	91	55	**204**	100	95	88	79	72	68	68	47		15	24	–	–	–	–	–	–	–	–	–	–	**1H-Cycloprop[e]azulene, 1a,2,3,4,4a,5,6,7b-octahydro-1,1,4,7-tetramethyl-, [1aR-(1aα,4α,4aβ,7bα)]-**	489-40-7	**Q1177**
204	161	189	105	41	119	91	133	**204**	100	88	75	67	63	53	47	37		15	24	–	–	–	–	–	–	–	–	–	–	**1H-Cycloprop[e]azulene, 1a,2,3,4,4a,5,6,7b-octahydro-1,1,4,7-tetramethyl-, [1aR-(1aα,4α,4aβ,7bα)]-**	489-40-7	**Q1178**
204	161	189	105	91	119	41	133	**204**	100	68	65	48	38	38	31	30		15	24	–	–	–	–	–	–	–	–	–	–	**1H-Cycloprop[e]azulene, 1a,2,3,4,4a,5,6,7b-octahydro-1,1,4,7-tetramethyl-, [1aR-(1aα,4α,4aβ,7bα)]-**	489-40-7	**09965**
204	171	185	161	128	186	187	49	**204**	100	82	38	26	25	23	16	16		12	12	1	–	–	–	–	1	–	–	–	–	**3H-Naphtho[1,8-bc]thiophene-5-ol, 4,5-dihydro-2-methyl-**	18992-54-6	**R7910**
204	174	105	175	189	63	205	69	**204**	100	31	25	24	21	16	12	11		11	8	4	–	–	–	–	–	–	–	–	–	**1,4-Naphthalenedione, 8-hydroxy-2-methoxy-**	15254-76-9	**R5624**
204	177	51	141	169	206	39	75	**204**	100	61	49	46	38	36	33	22		12	9	1	–	1	–	–	–	–	–	–	–	**4-Chlorophenyl phenyl ether**		**C1818**
204	177	205	75	152	76	150	88	**204**	100	23	14	13	8	7	7	6		12	4	–	4	–	–	–	–	–	–	–	–	**7,7,8,8-Tetracyano-p-quinodimethane**		**14680**
204	189	41	161	119	105	91	133	**204**	100	57	34	33	31	30	24	19		15	24	–	–	–	–	–	–	–	–	–	–	**3H-3a,7-Methanoazulene, 2,4,5,6,7,8-hexahydro-1,4,9,9-tetramethyl-, [3aR-(3aα,4β,7α)]-**	2387-78-2	**Q7928**
204	189	161	41	91	105	44	55	**204**	100	62	44	42	25	21	21	19		15	24	–	–	–	–	–	–	–	–	–	–	**δ-Selinene**		**M5645**
204	189	173	172	171	115	159	144	**204**	100	81	51	44	38	32	30	26		12	12	3	–	–	–	–	–	–	–	–	–	**3-Benzofurancarboxylic acid, 2-ethyl-, methyl ester**	40800-94-0	**S6446**
204	202	203	205	201	102	200	101	**204**	100	66	65	14	12	9	8	7		16	12	–	–	–	–	–	–	–	–	–	–	**Benzene, 1,1′-(1-buten-3-yne-1,4-diyl)bis-**	13141-45-2	**R4228**
204	202	203	205	201	102	200	101	**204**	100	36	22	17	6	6	5	4		16	12	–	–	–	–	–	–	–	–	–	–	**Naphthalene, 2-phenyl-**	612-94-2	**Q2860**
204	203	171	94	205	170	156	174	**204**	100	30	18	18	16	14	10	8		11	12	–	2	–	–	–	1	–	–	–	–	**1,1′-Dimethyl-2,2′-dipyrrylthione**		**L6246**
204	203	202	32	44	28	101	200	**204**	100	98	83	54	53	40	34	21		16	12	–	–	–	–	–	–	–	–	–	–	**Indenoindene**		**P0011**
204	203	202	101	205	88	89	76	**204**	100	80	40	29	17	11	11	9		16	12	–	–	–	–	–	–	–	–	–	–	**1,4-Ethenoanthracene, 1,4-dihydro-**	27765-96-4	**S1800**
204	203	202	101	205	88	89	100	**204**	100	77	53	34	17	11	11	10		16	12	–	–	–	–	–	–	–	–	–	–	**Naphthalene, 1-phenyl-**	605-02-7	**Q2699**
204	203	202	101	205	88	201	89	**204**	100	66	44	22	21	11	11	10		16	12	–	–	–	–	–	–	–	–	–	–	**Dibenzoheptafulvene**		**L3340**
204	203	202	101	205	88	201	89	**204**	100	66	49	23	21	11	11	10		16	12	–	–	–	–	–	–	–	–	–	–	**5H-Dibenzo[a,d]cycloheptene, 5-methylene-**	2975-79-3	**Q8880**
204	203	202	101	205	200	201	88	**204**	100	96	57	24	16	11	11	10		16	12	–	–	–	–	–	–	–	–	–	–	**Anthracene, 9-vinyl-**		**P2746**
204	203	202	101	205	201	89	88	**204**	100	70	50	27	16	9	9	9		16	12	–	–	–	–	–	–	–	–	–	–	**Naphthalene, 1-phenyl-**	605-02-7	**06816**
204	203	205	171	45	69	206	102	**204**	100	53	17	15	14	10	9	9		11	8	–	–	–	–	–	2	–	–	–	–	**Benzo[1,2-b:4,3-b]dithiophene**		**Y1867**
204	205	203	177	176	75	44	88.5	**204**	100	27	24	24	12	12	10	10		14	8	–	2	–	–	–	–	–	–	–	–	**2,2-Dicyanobiphenyl**		**00703**
204	206	139	205	140	110	207	63	**204**	100	33	28	13	9	5	4	3		12	9	1	–	1	–	–	–	–	–	–	–	**Phenol, 2-chloro-4-phenyl-**	92-04-6	**P6688**
204	206	141	77	205	51	169	75	**204**	100	34	29	23	14	12	7	6		12	9	1	–	1	–	–	–	–	–	–	–	**4-Chlorophenyl phenyl ether**	7005-72-3	**R2784**
204	206	205	139	102	141	115	63	**204**	100	62	26	19	14	14	13	10		12	9	1	–	1	–	–	–	–	–	–	–	**Phenol, 4-(4-chlorophenyl)-**	28034-99-3	**S1939**
204	206	205	139	141	102	115	168	**204**	100	62	26	19	14	14	13	9		12	9	1	–	1	–	–	–	–	–	–	–	**Phenol, 4-(4-chlorophenyl)-**		**02550**
205	58	204	206	69	165	41		**204**	100	32	16	11	6	6	5			12	16	1	2	–	–	–	–	–	–	–	–	**Cytisine, 12-methyl-**	486-86-2	**Q1135**
205	139	121	123	157	187	185	105	**204**	100	81	33	32	32	31	24	21	**2.25**	7	5	4	–	–	–	1	1	–	–	–	–	**Benzoic acid, 4-(fluorosulphonyl)-**	455-26-5	**Q0788**
206	204	125	169	171	89	208	63	**204**	100	77	49	29	29	27	17	16		7	6	–	–	1	1	–	–	–	–	–	–	**5-Bromo-2-chlorotoluene**		**Z1562**
206	204	125	171	169	89	208	127	**204**	100	77	72	42	41	40	24	24		7	6	–	–	1	1	–	–	–	–	–	–	**2-Bromo-4-chlorotoluene**		**Z1567**
30	43	91	205	73	72	104	114	**205**	100	86	74	69	57	47	45	37		13	19	1	1	–	–	–	–	–	–	–	–	**Acetamide, N-(5-phenylpentyl)-**	53429-16-6	**S8466**
31	159	46	27	130	28	29	93	**205**	100	57	46	39	30	29	24	22	**2.00**	12	15	2	1	–	–	–	–	–	–	–	–	**2-Butenoic acid, 3-(phenylamino)-, ethyl ester**		**00550**

MASS TO CHARGE RATIOS								M.W.	INTENSITIES								Parent	C	H	O	N	Cl	Br	F	S	P	B	Si	X	COMPOUND NAME	CAS Reg No	No
36	56	99	115	38	43	42	44	**205**	100	57	42	39	32	31	30	24	**0.00**	5	17	1	3	2	–	–	–	–	–	–	–	**1-Piperazinamine, 4-methyl-, dihydrochloride, monohydrate**	65208-15-3	**T6552**
36	126	38	170	153	154	35	67	**205**	100	34	32	27	19	18	14	10	**0.00**	7	10	1	2	1	–	–	1	–	–	–	–	**2(3H)-Benzothiazolimine, 4,5,6,7-tetrahydro-3-hydroxy-, monohydrochloride**	55889-49-1	**T2320**
43	41	57	28	116	29	159	32	**205**	100	99	78	75	71	62	62	58	**30.34**	11	11	3	1	–	–	–	–	–	–	–	–	**1H-Indole-2-carboxylic acid, 6-hydroxy-, ethyl ester**	15050-03-0	**R5541**
43	90	205	163	88	103	117	118	**205**	100	66	39	30	29	24	21	20		8	7	2	5	–	–	–	–	–	–	–	–	**1-Methyl-5-p-nitrophenyltetrazole**		**L4054**
43	162	205	134	163	44	204	206	**205**	100	50	26	10	6	4	4	3		13	19	1	1	–	–	–	–	–	–	–	–	**6-Hepten-4-yn-3-one, 2-methyl-7-(1-piperidinyl)-**	29743-38-2	**S2630**
44	114	43	28	30	105	41	42	**205**	100	75	38	29	27	21	17	13	**0.00**	14	23	–	1	–	–	–	–	–	–	–	–	**Phenethylamine, N-hexyl-**		**L7514**
44	114	43	28	30	105	41	42	**205**	100	76	36	28	27	19	13	12	**0.00**	14	23	–	1	–	–	–	–	–	–	–	–	**Phenethylamine, N-hexyl-**	24997-83-9	**S0894**
44	159	161	205	133	131	104	187	**205**	100	91	84	77	33	29	23	18		10	7	4	1	–	–	–	–	–	–	–	–	**2-Quinolinecarboxylic acid, 4,8-dihydroxy-**	59-00-7	**P4979**
54	67	79	80	93	206	55	134	**205**	100	84	81	72	65	57	49	40	**14.44**	13	19	1	1	–	–	–	–	–	–	–	–	**1-Azabicyclo[10.2.0]tetradeca-4,8-dien-14-one**	56771-88-1	**08951**
55	121	149	205	177	68	81	94	**205**	100	60	18	13	10	6	4	3		7	4	3	1	–	–	–	–	–	–	–	1	**Manganese, tricarbonyl[(1,2,3,4,5-η)-1H-pyrrol-1-yl]-**	32761-36-7	**S3877**
58	205	114	115	100	91	104	147	**205**	100	90	60	45	36	30	24	24		12	15	–	1	–	–	–	1	–	–	–	–	**2-Pyrrolidinethione, 5,5-dimethyl-4-phenyl-**	35418-39-4	**S4951**
59	205	190	204	206	58	51	77	**205**	100	55	12	8	7	7	6	5		11	11	1	1	–	–	–	1	–	–	–	–	**4-Methoxy-5-methyl-3-phenylisothiazole**		**L4298**
60	205	188	105	131	86	91	143	**205**	100	25	24	22	20	20	18	15		13	19	1	1	–	–	–	–	–	–	–	–	**1,2-Oxazepine, hexahydro-2-methyl-7-p-tolyl-**		**04819**
73	75	32	64	43	69	136	44	**205**	100	95	27	22	19	17	17	11	**0.00**	4	10	1	1	–	–	3	1	–	–	1	–	**Methanesulphinamide, 1,1,1-trifluoro-N-(trimethylsilyl)-**	51735-79-6	**S7755**
77	168	205	56	204	51	206	78	**205**	100	78	65	60	41	23	11	10		10	11	–	3	–	–	–	1	–	–	–	–	**1H-1,2,4-Triazolium, 3-mercapto-1,5-dimethyl-4-phenyl-, hydroxide, inner salt**	40727-03-5	**S6418**
86	58	45	87	30	100	42	44	**205**	100	8	8	6	6	6	4	4	**1.50**	10	23	3	1	–	–	–	–	–	–	–	–	**N,N-Diethyl-2-[2-(2-hydroxyethoxy)-ethoxy]ethylamine**		**C1224**
90	133	91	28	105	116	118	26	**205**	100	80	58	26	22	22	22	21	**2.50**	13	19	1	1	–	–	–	–	–	–	–	–	**8a,4a-(Nitrilometheno)naphthalene, 10-ethoxy-1,2,3,4,5,8-hexahydro-**	20518-61-0	**R8704**
91	142	205	190	126	63	207	192	**205**	100	81	80	79	60	50	29	29		7	8	2	1	1	–	–	1	–	–	–	–	**Aniline, 2-chloro-4-(methylsulphonyl)-**	13244-35-4	**R4383**
91	163	41	57	105	188	42	43	**205**	100	6	5	5	5	5	4	4	**2.40**	13	19	1	1	–	–	–	–	–	–	–	–	**Isobutylmethylketone benzyloxime**		**15635**
91	205	114	103	104	65	77	190	**205**	100	45	27	27	26	16	13	11		13	19	1	1	–	–	–	–	–	–	–	–	**1-Methoxy-1-propylimino-3-phenylpropane**		**M1228**
93	77	154	147	72	190	95	98	**205**	100	99	72	61	46	40	33	31	**6.00**	3	10	–	1	1	–	1	1	1	–	1	–	**N-Trimethylsilyl-chlorfluorthiophosphorylamide**		**L7701**
93	91	104	44	132	43	39	94	**205**	100	82	80	72	70	50	36	35	**25.00**	12	15	2	1	–	–	–	–	–	–	–	–	**1H-3-Benzazepine-3-carboxylic acid, 6,7,8,9-tetrahydro-, methyl ester**		**L7992**
93	106	120	41	94	27	29	43	**205**	100	21	13	8	7	7	6	6	**1.93**	14	23	–	1	–	–	–	–	–	–	–	–	**Pyridine, 2-nonyl-**	10523-35-0	**R3912**
93	205	135	94	43	65	73	92	**205**	100	10	9	8	6	3	3	3		13	19	1	1	–	–	–	–	–	–	–	–	**Heptanamide, N-phenyl-**	56051-98-0	**T2624**
100	28	44	72	77	42	105	27	**205**	100	35	28	20	18	15	15	12	**0.50**	13	19	1	1	–	–	–	–	–	–	–	–	**Propanophenone, 2-(diethylamino)-**	90-84-6	**P6585**
100	44	72	77	42	101	55	51	**205**	100	29	17	9	9	8	6	5	**0.00**	13	19	1	1	–	–	–	–	–	–	–	–	**Propanophenone, 2-(diethylamino)-**	90-84-6	**P6586**
105	77	135	134	205	162	51	106	**205**	100	31	16	14	11	8	7	7		13	19	1	1	–	–	–	–	–	–	–	–	**Benzamide, N-hexyl-**	4773-75-5	**R0813**
105	77	205	106	204	176	134	51	**205**	100	26	11	8	8	7	6	5		13	19	1	1	–	–	–	–	–	–	–	–	**Benzamide, N,N-dipropyl-**	14657-86-4	**R5342**
106	149	29	93	162	148	27	107	**205**	100	37	26	24	22	21	20	14	**2.40**	14	23	–	1	–	–	–	–	–	–	–	–	**Pyridine, 2-(1-butylpentyl)-**	2961-49-1	**H1371**
109	148	110	81	88	58	57	147	**205**	100	86	34	30	23	22	17	13	**2.14**	11	11	3	1	–	–	–	–	–	–	–	–	**Carbamic acid, methyl-, o-(2-propynyloxy)phenyl ester**	3279-46-7	**Q9180**
116	105	133	205	115	106	132	89	**205**	100	98	59	56	44	34	34	25		11	11	3	1	–	–	–	–	–	–	–	–	**Benzoic acid, 2-(cyanohydroxymethyl)-, ethyl ester**	54932-68-2	**S9803**
116	105	133	205	115	106	132	89	**205**	100	96	59	54	44	34	34	24		11	11	3	1	–	–	–	–	–	–	–	–	**Carbonic acid, α-cyanobenzyl ethyl diester**		**L3135**
118	77	56	51	173	205	119	206	**205**	100	85	60	44	44	18	10	3		10	11	–	3	–	–	–	1	–	–	–	–	**1H-1,2,4-Triazolium, 3-mercapto-4,5-dimethyl-1-phenyl-, hydroxide, inner salt**	17370-07-9	**R6892**
118	190	91	132	42	41	177	65	**205**	100	62	58	42	37	32	32	31	**23.00**	11	11	3	1	–	–	–	–	–	–	–	–	**Phthalic anhydride, 3-(N-isopropylamino)-**		**M2590**
120	43	162	105	163	106	15	91	**205**	100	46	37	28	15	15	14	13	**11.41**	12	15	2	1	–	–	–	–	–	–	–	–	**Benzylamine, N,N-diacetyl-3-methyl-**		**03061**
120	43	163	121	205	162	77	91	**205**	100	51	43	32	22	19	12	7		12	15	2	1	–	–	–	–	–	–	–	–	**Acetanilide, 2′-(1-methylacetonyl)-**	14300-16-4	**R5127**
120	43	163	121	205	162	77	91	**205**	100	51	42	31	22	18	12	7		12	15	2	1	–	–	–	–	–	–	–	–	**3-(2-Acetamidophenyl)-2-butanone**		**L5236**
120	80	205	41	176	67	53	39	**205**	100	70	37	33	30	20	20	14		12	20	1	1	–	–	–	–	–	1	–	–	**Borinic acid, diethyl-, 2-methyl-3-(1H-pyrrol-2-yl)-1-propenyl ester**	61142-04-9	**T5375**
120	145	144	43	163	187	121	130	**205**	100	72	67	65	52	37	35	30	**11.88**	12	15	2	1	–	–	–	–	–	–	–	–	**Acetanilide, 2′-(1-methylacetonyl)-**	14300-16-4	**R5125**
120	162	43	72	91	118	121	103	**205**	100	47	34	17	17	9	9	6	**2.00**	12	15	2	1	–	–	–	–	–	–	–	–	**Acetamide, N-[2-oxo-1-(phenylmethyl)propyl]-**	5463-26-3	**R1466**
123	147	162	121	206	136	42	39	**205**	100	94	52	41	38	30	26	24	**0.00**	13	19	1	1	–	–	–	–	–	–	–	–	**2-Aza-1,4,5,6,7,8-hexamethyltricyclo[3.3.0.0]ocatan-5-ene-3-one**		**P4097**
130	43	205	131	77	103	45	129	**205**	100	24	13	11	9	6	5	4		11	11	3	1	–	–	–	–	–	–	–	–	**1H-Indole-3-propanoic acid, α-hydroxy-**	1821-52-9	**Q6814**
130	205	18	131	144	77	103	129	**205**	100	29	16	15	10	6	5	4		11	11	3	1	–	–	–	–	–	–	–	–	**1H-Indole-3-propanoic acid, α-hydroxy-**		**05059**
131	99	43	61	56	88	104	57	**205**	100	92	81	72	54	35	27	25	**19.00**	8	15	3	1	–	–	–	1	–	–	–	–	**DL-Methionine, N-acetyl-, methyl ester**		**01740**
133	105	73	104	91	77	78	106	**205**	100	77	76	69	39	27	18	18	**4.40**	12	15	2	1	–	–	–	–	–	–	–	–	**2-Oxazolidinone, 5-isopropyl-4-phenyl-, cis-**	32461-27-1	**S3689**
133	105	104	73	91	77	78	51	**205**	100	74	67	65	59	35	27	21	**13.01**	12	15	2	1	–	–	–	–	–	–	–	–	**2-Oxazolidinone, 5-isopropyl-4-phenyl-, cis-**	32461-27-1	**S3688**
133	105	104	73	91	77	119	51	**205**	100	74	67	66	60	35	21	21	**12.00**	12	15	2	1	–	–	–	–	–	–	–	–	**2-Oxazolidinone, 5-isopropyl-4-phenyl-, cis-**		**M2140**
134	67	162	177	205				**205**	100	95	40	24	1					10	11	2	3	–	–	–	–	–	–	–	–	**2-Azido-5-tert-butyl-1,4-benzoquinone**		**M3183**
140	123	95	66	67	91	65	110	**205**	100	61	36	25	20	18	16	15	**5.00**	12	15	2	1	–	–	–	–	–	–	–	–	**4,7-Methano-1H-indene-2-carboxamide, 2,3,3a,4,7,7a-hexahydro-2-methyl-1-oxo-, (2α,3aβ,4α,7α,7aβ)-**	67401-13-2	**T6812**
144	203	26	170	143	89	130	115	**205**	100	40	23	21	19	17	15	14	**1.00**	12	15	2	1	–	–	–	–	–	–	–	–	**1H-1-Benzazepine-1-carboxylic acid, 6,7,8,9-tetrahydro-, methyl ester**	20642-89-1	**R8823**
145	144	43	187	120	130	77	163	**205**	100	99	57	55	51	48	25	24	**4.95**	12	15	2	1	–	–	–	–	–	–	–	–	**Acetanilide, 2′-(1-methylacetonyl)-**	14300-16-4	**R5126**
146	131	152	130	147	191	144	132	**205**	100	32	30	16	12	10	10	8	**0.00**	13	19	1	1	–	–	–	–	–	–	–	–	**2-(2-Hydroxyisopropyl)3,3-dimethylindoline**		**01447**

MASS TO CHARGE RATIOS								M.W.	INTENSITIES								Parent	C	H	O	N	Cl	Br	F	S	P	B	Si	X	COMPOUND NAME	CAS Reg No	No
146	132	205	173	91	117			**205**	100	48	44	34	19	15				12	15	2	1	–	–	–	–	–	–	–	–	11-Azabicyclo[4.4.1]undeca-1,3,5-triene-11-carboxylic acid, methyl ester		**L7998**
146	147	205	118	91	144	117	130	**205**	100	11	11	10	10	9	8	6		13	19	1	1	–	–	–	–	–	–	–	–	1H-Indole, 2,3-dihydro-1-(3-methoxy-1-methylpropyl)-	40135-98-6	**S6228**
146	205	147	117	91	145	89		**205**	100	31	12	8	7	7	6			11	11	3	1	–	–	–	–	–	–	–	–	1H-Indole-3-acetic acid, 5-hydroxy-, methyl ester	15478-18-9	**R5756**
147	146	73	205	119	133	44	59	**205**	100	89	71	41	40	34	30	27		8	23	1	1	–	–	–	–	–	–	2	–	Ethoxyamine, N,N-bis(trimethylsilyl)-		**15547**
147	148	88	58	91	81	110	57	**205**	100	56	22	20	20	15	15	14	**2.48**	11	11	3	1	–	–	–	–	–	–	–	–	Carbamic acid, methyl-, m-(2-propynyloxy)phenyl ester	3692-90-8	**Q9679**
147	148	88	91	58	110	81	120	**205**	100	57	22	20	17	17	12	12	**2.50**	11	11	3	1	–	–	–	–	–	–	–	–	Carbamic acid, methyl-, m-(2-propynyloxy)phenyl ester	3692-90-8	**Q9678**
147	205	189	64	51	52	78	119	**205**	100	90	45	15	13	13	13	13		10	11	2	3	–	–	–	–	–	–	–	–	Pyrido[3,4-d]pyrimidin-4(3H)-one, 3-hydroxy-2,6,8-trimethyl-	22378-53-6	**R9664**
159	31	130	45	93	118	131	160	**205**	100	48	46	26	25	25	25	20	**10.01**	12	15	2	1	–	–	–	–	–	–	–	–	2-Butenoic acid, 3-(phenylamino)-, ethyl ester	6287-35-0	**R2204**
160	73	74	161	104	188	41	50	**205**	100	76	76	60	47	47	44	43	**5.00**	11	11	3	1	–	–	–	–	–	–	–	–	1H-Isoindole-1,3(2H)-dione, 2-(3-hydroxypropyl)-	883-44-3	**Q4480**
160	104	133	105	132	205	130	102	**205**	100	12	5	5	2	2	1	1		10	7	4	1	–	–	–	–	–	–	–	–	Glycine, N-phthaloyl-		**L4613**
160	177	205	162	179	207	45	71	**205**	100	77	70	40	32	28	25	25		7	8	2	1	1	–	–	1	–	–	–	–	5-Thiazolecarboxylic acid, 2-chloro-4-methyl-, ethyl ester	7238-62-2	**R2988**
160	205	145	28	161	117	18	32	**205**	100	91	49	42	28	27	23	14		11	11	3	1	–	–	–	–	–	–	–	–	1H-Indole-3-acetic acid, 5-methoxy-		**05052**
160	205	161	145	206	117	162	146	**205**	100	71	17	11	8	6	4	4		11	11	3	1	–	–	–	–	–	–	–	–	1H-Indole-3-acetic acid, 5-methoxy-	3471-31-6	**Q9445**
161	205	159	121	44	105	133	104	**205**	100	42	35	25	25	22	21	17		10	7	4	1	–	–	–	–	–	–	–	–	2-Quinolinecarboxylic acid, 4,6-dihydroxy-		**01659**
163	57	55	205	69	122	67	71	**205**	100	60	53	52	50	42	39	36		8	7	2	5	–	–	–	–	–	–	–	–	2-Acetylamino-4-oxo-pteridine		**L2419**
163	165	205	128	170	143	164	177	**205**	100	51	36	27	24	21	20	18		12	12	–	1	1	–	–	–	–	–	–	–	Cyclopentanecarbonitrile, 1-(4-chlorophenyl)-	64399-26-4	**T6461**
172	148	130	149	103	76	102	173	**205**	100	60	32	23	21	19	16	15	**0.00**	12	15	2	1	–	–	–	–	–	–	–	–	3-Hydroxy-3-tert-butyl-2,3-dihydro-1-oxoisoindole		**M0461**
174	130	161	205	129	147	146	156	**205**	100	63	63	57	26	8	6	3		10	11	2	3	–	–	–	–	–	–	–	–	1(2H)-Phthalazinone, 4-[(2-hydroxyethyl)amino]-	23279-81-4	**S0156**
175	168	206	130	131	148	129	147	**205**	100	61	59	50	33	6	4	4	**0.00**	10	11	2	3	–	–	–	–	–	–	–	–	1(2H)-Phthalazinone, 4-[(2-hydroxyethyl)amino]-	23279-81-4	**S0157**
176	205	162	109	71	44	72	190	**205**	100	60	39	35	23	12	12	12		10	15	–	5	–	–	–	–	–	–	–	–	5-Methyl-7-diethylamino-s-triazolo[1,5-a]pyrimidine		**17289**
177	149	176	103	91	178	131	102	**205**	100	34	29	26	14	14	13	13	**1.00**	8	7	2	5	–	–	–	–	–	–	–	–	2-Methyl-5-p-nitrophenyltetrazole		**L4053**
179	181	94	180	206	145	207	182	**205**	100	35	15	14	10	8	7	5	**0.00**	12	12	–	1	1	–	–	–	–	–	–	–	Cyclopentanecarbonitrile, 1-(4-chlorophenyl)-	64399-26-4	**T6462**
187	205	115	89	116	145	188	189	**205**	100	37	27	17	14	13	10	7		10	7	4	1	–	–	–	–	–	–	–	–	3-Quinolinecarboxylic acid, 1,2-dihydro-1-hydroxy-2-oxo-	22384-08-3	**R9682**
188	126	144	170	154	113	127	125	**205**	100	86	11	10	10	8	8	8	**0.00**	7	11	4	1	–	–	–	1	–	–	–	–	2-Thiophenepropanoic acid, α-amino-β-hydroxy-, monohydrate	69688-66-0	**T7305**
204	205	102	203	176	206	51	88	**205**	100	47	14	12	7	7	6	6		15	11	–	1	–	–	–	–	–	–	–	–	1-Phenylisoquinoline	3297-72-1	**Q9192**
204	205	203	206	176	102	75	51	**205**	100	53	11	8	8	7	7	6		15	11	–	1	–	–	–	–	–	–	–	–	1-Phenylisoquinoline		**16536**
205	74	104	77	45	39	51	76	**205**	100	70	45	16	16	11	11	11		10	7	2	1	–	–	–	1	–	–	–	–	4-Hydroxy-5-formyl-3-phenylisothiazole		**L4299**
205	76	75	178	204	179	149	128	**205**	100	21	18	15	10	10	9	9		13	7	–	3	–	–	–	–	–	–	–	–	2-Phenazinecarbonitrile		**L2072**
205	76	75	178	206	179	204	77	**205**	100	21	18	15	14	10	10	9		13	7	–	3	–	–	–	–	–	–	–	–	2-Phenazinecarbonitrile	6479-93-2	**R2318**
205	83	124	55	122	41	123	95	**205**	100	42	34	29	26	25	24	21		13	19	1	1	–	–	–	–	–	–	–	–	5-Cyclohexyl-3,4-tetramethylene-isoxazole		**M0396**
205	91	105	114	100	104	176	77	**205**	100	57	42	35	23	18	15	9		13	19	1	1	–	–	–	–	–	–	–	–	N,N-Diethyl-3-phenylpropionamide		**M1224**
205	120	119	206	148	44	176	121	**205**	100	57	22	14	11	10	8	7		10	11	2	3	–	–	–	–	–	–	–	–	Pyrido[3,2-d]pyrimidine-2,4(1H,3H)-dione, 1,3,6-trimethyl-	16953-81-4	**R6536**
205	148	120	79	119	52	51	206	**205**	100	63	46	29	26	18	12	11		10	11	2	3	–	–	–	–	–	–	–	–	Pyrido[3,4-d]pyrimidine-2,4(1H,3H)-dione, 3,6,8-trimethyl-	22389-80-6	**R9684**
205	163	207	44	160	36	209	164	**205**	100	78	61	19	17	13	9	8		7	5	2	1	2	–	–	–	–	–	–	–	Benzoic acid, 3-amino-2,5-dichloro-	133-90-4	**P9665**
205	190	151	138	109	163	91	175	**205**	100	76	63	42	20	18	16	9		12	15	2	1	–	–	–	–	–	–	–	–	α,α-Dimethyl-3,5-dimethoxyphenylacetonitrile		**L7094**
205	204	17	165	178	203	76	190	**205**	100	78	49	39	26	22	18	18		15	11	–	1	–	–	–	–	–	–	–	–	2-Propenenitrile, 3,3-diphenyl-	3531-24-6	**Q9504**
205	204	44	54	190	110	203	178	**205**	100	99	70	60	55	36	33	32		15	11	–	1	–	–	–	–	–	–	–	–	Bicyclo[4.1.0]hepta-1,3,5-triene-7-carbonitrile, 7-benzyl-	56666-56-9	**T4023**
205	204	102	203	103	176	206	101	**205**	100	95	46	34	25	20	17	16		15	11	–	1	–	–	–	–	–	–	–	–	Quinoline, 2-phenyl-	612-96-4	**Q2861**
205	204	150	77	70	91	149	206	**205**	100	84	32	28	25	21	17	16		10	11	–	3	–	–	–	1	–	–	–	–	3-Mercapto-4-phenyl-5-ethyl-1,2,4-triazole		**17011**
205	204	178	203	177	190	102	89	**205**	100	92	32	30	26	26	24	24		15	11	–	1	–	–	–	–	–	–	–	–	Benzene, 1,1′-(1-isocyano-1,2-vinyl)bis-, (Z)-	56701-14-5	**T4103**
205	204	190	203	105	178	28	206	**205**	100	72	41	23	19	17	15	14		15	11	–	1	–	–	–	–	–	–	–	–	9-Phenanthrenecarbonitrile, 9,10-dihydro-	56666-55-8	**T4022**
205	204	190	203	206	177	178	176	**205**	100	62	23	18	17	11	10	8		15	11	–	1	–	–	–	–	–	–	–	–	Benzeneacetonitrile, α-benzylidene-, (E)-	16610-80-3	**R6281**
205	204	190	206	203	89	102	88	**205**	100	50	18	17	14	10	7	6		15	11	–	1	–	–	–	–	–	–	–	–	Stilbene-4-carbonitrile, (E)-	13041-79-7	**R4161**
205	204	203	190	206	89	88	102	**205**	100	93	26	20	17	12	10	10		15	11	–	1	–	–	–	–	–	–	–	–	Stilbene-4-carbonitrile, (E)-	14064-35-8	**R4942**
205	204	203	190	206	89	177	76	**205**	100	67	27	27	16	13	10	10		15	11	–	1	–	–	–	–	–	–	–	–	Stilbene-4-carbonitrile	1552-58-5	**Q6197**
205	204	206	77	177	102.5	76	203	**205**	100	16	15	10	9	9	6	6		15	11	–	1	–	–	–	–	–	–	–	–	7-Phenylisoquinoline		**16541**
205	204	206	102	102.5	99	203	51	**205**	100	53	21	20	9	8	8	6		15	11	–	1	–	–	–	–	–	–	–	–	3-Phenylisoquinoline		**16537**
205	204	206	102.5	176	102	76	203	**205**	100	20	17	7	6	6	5	5		15	11	–	1	–	–	–	–	–	–	–	–	6-Phenylisoquinoline		**16540**
205	204	206	176	178	177	102	88	**205**	100	49	17	17	15	10	9	8		15	11	–	1	–	–	–	–	–	–	–	–	5-Phenylisoquinoline		**16539**
205	204	206	178	102	203	76	88	**205**	100	50	15	9	8	8	7	5		15	11	–	1	–	–	–	–	–	–	–	–	4-Phenylisoquinoline		**16538**
205	204	206	203	177	178	151	202	**205**	100	78	36	15	5	5	4	4		15	11	–	1	–	–	–	–	–	–	–	–	8-Phenylisoquinoline		**16542**
205	207	62	63	124	188	61	90	**205**	100	78	59	53	39	39	31	29		7	5	2	1	2	–	–	–	–	–	–	–	Benzoic acid, 3-amino-2,5-dichloro-	133-90-4	**P9664**
205	207	109	82	170	45	172	209	**205**	100	73	36	35	35	19	15	15		5	1	–	3	2	–	–	1	–	–	–	–	Thiazolo[5,4-d]pyrimidine, 5,7-dichloro-	13479-88-4	**R4566**
205	207	162	164	42	209	206	39	**205**	100	67	29	22	13	11	11	9		8	9	1	1	2	–	–	–	–	–	–	–	2,6-Dimethyl-3,5-dichloro-4-methoxypyridine		**06468**
205	207	170	82	109	44	172	70	**205**	100	71	41	39	39	22	17	14		5	1	–	3	2	–	–	1	–	–	–	–	Thiazolo[5,4-d]pyrimidine, 5,7-dichloro-	13479-88-4	**R4567**
205	207	170	82	143	83	144	145	**205**	100	71	37	26	26	20	18	16		5	1	–	3	2	–	–	1	–	–	–	–	Thiazolo[5,4-d]pyrimidine, 2,5-dichloro-	13479-89-5	**R4569**

MASS TO CHARGE RATIOS								M.W.	INTENSITIES								Parent	C	H	O	N	Cl	Br	F	S	P	B	Si	X	COMPOUND NAME	CAS Reg No	No
205	207	170	143	82	144	172	209	**205**	100	67	36	21	18	13	13	13		5	1	–	3	2	–	–	1	–	–	–	–	**Thiazolo[5,4-d]pyrimidine, 2,5-dichloro-**	13479-89-5	**R4568**
206	188	208	190	172	163	142	146	**205**	100	74	65	60	48	38	35	33	**14.14**	7	5	2	1	2	–	–	–	–	–	–	–	**Benzoic acid, 3-amino-2,5-dichloro-**	133-90-4	**P9666**
15	55	59	27	53	147	139	146	**206**	100	75	62	43	41	38	34	32	**1.60**	8	11	4	–	1	–	–	–	–	–	–	–	**1-Chloro-1,3-dicarbomethoxycyclobutane**		**03040**
28	36	45	39	73	44	71	75	**206**	100	94	61	55	55	54	49	45	**0.00**	4	5	1	–	3	–	–	1	–	–	–	–	**Butanoyl chloride, 2-chloro-2-(chlorothio)-**	56701-12-3	**T4101**
28	41	107	55	93	67	121	95	**206**	100	51	35	30	27	26	26	24	**5.29**	15	26	–	–	–	–	–	–	–	–	–	–	**Cyclohexane, 1,1,2-trimethyl-3,5-diisopropenyl-, (2α,3α,5β)-**	62337-96-6	**T6080**
28	55	41	56	70	42	29	69	**206**	100	58	49	37	34	26	23	20	**0.01**	10	19	2	–	1	–	–	–	–	–	–	–	**Octyl chloroacetate**		**C0665**
29	104	76	27	133	31	28	47	**206**	100	75	67	44	39	37	32	31	**0.00**	8	14	6	–	–	–	–	–	–	–	–	–	**Butanedioic acid, 2,3-dihydroxy- [R-(R*,R*)]-, diethyl ester**	87-91-2	**P6422**
31	32	18	29	43	94	59	96	**206**	100	64	28	28	28	22	21	20	**1.60**	8	15	4	–	–	–	–	–	1	–	–	–	**Phosphonic acid, (3-methyl-2-oxo-3-pentenyl)-, dimethyl ester, (E)-**	54543-04-3	**S9266**
31	112	75	111	177	113	50	77	**206**	100	40	37	35	22	16	15	15	**11.00**	6	7	2	2	1	–	–	1	–	–	–	–	**Benzenesulphonic acid, 4-chloro-, hydrazide**	2751-25-9	**Q8598**
41	55	79	91	67	93	29	77	**206**	100	59	52	51	47	44	41	39	**2.54**	15	26	–	–	–	–	–	–	–	–	–	–	**1H-3a,7-Methanoazulene, octahydro-1,4,9,9-tetramethyl-**		**00131**
41	67	55	81	107	79	93	82	**206**	100	45	44	41	38	36	35	34	**4.23**	15	26	–	–	–	–	–	–	–	–	–	–	**Ledane**		**00132**
41	67	95	137	81	68	69	136	**206**	100	75	59	58	54	51	44	39	**6.64**	15	26	–	–	–	–	–	–	–	–	–	–	**1,3-Dicyclopentylcyclopentane**		**Y0876**
41	95	163	206	82	122	81	107	**206**	100	94	87	86	84	72	71	70		15	26	–	–	–	–	–	–	–	–	–	–	**4,7-Methanoazulene, decahydro-1,4,9,9-tetramethyl-**	20478-88-0	**R8691**
41	107	55	67	95	122	81	93	**206**	100	64	58	51	50	49	48	48	**6.12**	15	26	–	–	–	–	–	–	–	–	–	–	**Cyclohexane, 1,1,2-trimethyl-3,5-diisopropenyl-, (2α,3β,5β)-**	62337-97-7	**T6082**
41	107	55	93	67	121	95	109	**206**	100	69	60	54	52	51	48	47	**10.47**	15	26	–	–	–	–	–	–	–	–	–	–	**Cyclohexane, 1,1,2-trimethyl-3,5-diisopropenyl-, (2α,3α,5β)-**	62337-96-6	**T6079**
43	28	163	206	121	31	45	55	**206**	100	99	96	57	52	49	42	40		13	18	2	–	–	–	–	–	–	–	–	–	**2-Cyclohexen-1-one, 2,4,4-trimethyl-3-(3-oxo-1-butenyl)-**	27185-77-9	**08708**
43	41	57	29	85	27	55	150	**206**	100	61	59	43	28	19	13	12	**7.87**	10	22	–	–	–	–	–	2	–	–	–	–	**Hexyl sec-butyl disulphide**		**17143**
43	41	95	94	163	81	55	191	**206**	100	70	63	58	54	51	45	45	**31.10**	15	26	–	–	–	–	–	–	–	–	–	–	**Clovane**	469-91-0	**Q0896**
43	45	87	15	29	31	44	27	**206**	100	59	38	28	21	17	14	13	**0.00**	9	18	5	–	–	–	–	–	–	–	–	–	**Ethanol, 2-[2-(2-methoxyethoxy)ethoxy]-, acetate**	3610-27-3	**H1418**
43	57	41	55	71	69	206	93	**206**	100	94	85	66	47	45	29	29		13	18	2	–	–	–	–	–	–	–	–	–	**1-Methoxy-4a,5-dimethyl-Δ$^{(1,8)}$-3-hexalone**		**L7684**
43	57	41	55	191	149	93	91	**206**	100	94	85	66	60	54	46	46	**34.00**	13	18	2	–	–	–	–	–	–	–	–	–	**3-Methoxy-4a,5,-dimethyl-Δ$^{(2,8)}$-1-hexalone**		**L7683**
43	59	101	71	148	74	100	191	**206**	100	99	99	50	45	44	41	41	**35.00**	8	14	4	–	–	–	–	1	–	–	–	–	**α-D-Xylofuranose, 1,2-O-isopropylidene-4-thio-**	32848-97-8	**S3905**
43	71	41	29	27	39	44	206	**206**	100	58	34	26	23	10	10	9		10	22	–	–	–	–	–	2	–	–	–	–	**Pentyl isopentyl disulphide**		**17149**
43	71	41	29	27	39	136	103	**206**	100	42	36	31	22	11	10	8	**8.28**	10	22	–	–	–	–	–	2	–	–	–	–	**Dipentyl disulphide**		**17151**
43	71	41	29	27	55	39	44	**206**	100	56	52	31	31	18	17	8	**8.53**	10	22	–	–	–	–	–	2	–	–	–	–	**Diisopentyl disulphide**		**17148**
43	71	41	206	55	136	56	69	**206**	100	80	27	18	10	9	4	3		10	22	–	–	–	–	–	2	–	–	–	–	**Di-sec-butyl disulphide**	69078-79-1	**T7003**
43	71	42	41	29	55	136	70	**206**	100	43	35	35	25	23	22	18	**15.90**	10	22	–	–	–	–	–	2	–	–	–	–	**Dipentyl disulphide**	112-51-6	**P8719**
43	71	42	135	41	29	55	137	**206**	100	73	34	28	27	20	17	16	**8.64**	10	22	–	–	–	–	–	–	–	–	–	1	**Zinc, dipentyl-**	14402-93-8	**R5192**
43	71	55	41	70	206	29	27	**206**	100	63	45	31	27	18	18	18		10	22	–	–	–	–	–	2	–	–	–	–	**Diisopentyl disulphide**		**P3919**
43	71	55	41	135	70	29	42	**206**	100	74	27	23	22	19	19	15	**10.43**	10	22	–	–	–	–	–	–	–	–	–	1	**Zinc, bis(1-ethylpropyl)-**	74793-24-1	**T8604**
43	71	137	41	29	27	42	55	**206**	100	57	45	33	21	17	16	13	**3.80**	10	22	2	–	–	–	–	1	–	–	–	–	**Dipentyl sulphone**	4253-99-0	**R0257**
43	71	206	41	55	136	69	70	**206**	100	59	21	20	11	9	5	5		10	22	–	–	–	–	–	2	–	–	–	–	**Diisopentyl disulphide**	2051-04-9	**Q7266**
43	71	206	136	41	29	27	103	**206**	100	51	30	28	24	15	10	9		10	22	–	–	–	–	–	2	–	–	–	–	**Dipentyl disulphide**		**03366**
43	94	113	93	85	41	57	55	**206**	100	84	62	28	20	18	13	11	**11.00**	13	18	2	–	–	–	–	–	–	–	–	–	**Heptanoic acid, phenyl ester**	56052-14-3	**T2640**
43	97	55	70	41	61	69	18	**206**	100	28	13	11	10	8	8	7	**0.01**	10	19	2	–	1	–	–	–	–	–	–	–	**1-Chlorooct-2-yl acetate**		**C0074**
43	97	75	131	53	174	133	175	**206**	100	80	76	67	43	30	24	16	**1.00**	9	15	3	–	1	–	–	–	–	–	–	–	**5-Hepten-2-one, 6-chloro-7,7-dimethoxy-, (E)-**	68200-80-6	**T6917**
43	101	145	83	71	74	206	127	**206**	100	32	24	18	15	10	8	3		9	18	3	–	–	–	–	1	–	–	–	–	**L-Mycarose-1-ethylthioglycoside**		**L8866**
43	105	132	29	104	103	77	27	**206**	100	94	83	81	80	69	61	52	**3.10**	12	14	3	–	–	–	–	–	–	–	–	–	**Oxiranecarboxylic acid, 3-methyl-3-phenyl-, ethyl ester**	77-83-8	**P5839**
43	108	40	29	150	39	77	41	**206**	100	89	37	21	18	14	12	11	**2.00**	13	18	2	–	–	–	–	–	–	–	–	–	**2-Cyclohexen-1-one, 3,5,5-trimethyl-4-(3-oxo-1-butenyl)-**	20194-68-7	**R8558**
43	121	93	136	41	77	55	91	**206**	100	94	76	57	37	26	25	23	**9.00**	14	22	1	–	–	–	–	–	–	–	–	–	**α-Irone**	79-69-6	**P6012**
43	164	134	118	117	206	89	90	**206**	100	94	67	60	49	42	39	31		10	10	3	2	–	–	–	–	–	–	–	–	**1H-Indole, 1-acetyl-2,3-dihydro-5-nitro-**	33632-27-8	**S4295**
43	206	79	107	95	96	84	41	**206**	100	72	64	42	38	35	33	23		12	14	3	–	–	–	–	–	–	–	–	–	**Tricyclo[3.3.1.1$^{(3,7)}$]decane-2,6-dione, 4-acetyl-**	56781-92-1	**08318**
44	92	43	48	64	73	133	141	**206**	100	7	2	2	2	2	2	2	**1.00**	4	9	2	–	–	–	3	1	–	–	1	–	**Methanesulphinic acid, trifluoro-, trimethylsilyl ester**	51735-75-2	**S7751**
44	127	206	208	36	69	29	131	**206**	100	39	39	37	31	29	13	13		10	7	–	–	–	1	–	–	–	–	–	–	**Naphthalene, 1-bromo-**	90-11-9	**P6534**
44	146	43	188	163	45	41	90	**206**	100	12	12	9	8	8	8	6	**5.10**	10	10	3	2	–	–	–	–	–	–	–	–	**2-Pyruvoylaminobenzamide**		**02551**
45	57	29	41	44	89	28	59	**206**	100	68	42	36	26	24	22	18	**0.06**	10	22	4	–	–	–	–	–	–	–	–	–	**Triethylene glycol butyl ether**		**C1809**
45	57	29	41	89	44	56	75	**206**	100	51	23	22	19	16	16	15	**0.00**	10	22	4	–	–	–	–	–	–	–	–	–	**Triethylene glycol butyl ether**	143-22-6	**P9898**
45	57	89	75	29	41	56	59	**206**	100	52	26	18	18	16	15	15	**0.00**	10	22	4	–	–	–	–	–	–	–	–	–	**Triethylene glycol butyl ether**		**Z1594**
53	191	113	193	141	206	62	63	**206**	100	70	49	45	40	37	36	30		8	8	2	–	2	–	–	–	–	–	–	–	**Benzene, 1,4-dichloro-2,5-dimethoxy-**	2675-77-6	**Q8522**
55	41	109	95	123	83	138	163	**206**	100	90	42	41	38	35	30	17	**2.00**	14	22	1	–	–	–	–	–	–	–	–	–	**2-Ethylidene-3-vinyl-3,7-dimethyl-6-octenal**		**L7739**
55	43	83	81	41	124	163	82	**206**	100	89	81	63	47	43	41	37	**20.13**	13	22	–	2	–	–	–	–	–	–	–	–	**Dicyclohexyl carbodiimide**	538-75-0	**Q1772**
55	79	91	67	93	29	77	81	**206**	100	88	87	79	75	70	66	66	**4.30**	15	26	–	–	–	–	–	–	–	–	–	–	**1H-3a,7-Methanoazulene, octahydro-1,4,9,9-tetramethyl-**	25491-20-7	**H1890**
55	79	91	93	29	77	81	107	**206**	100	88	87	75	70	66	66	61	**4.30**	15	26	–	–	–	–	–	–	–	–	–	–	**1H-3a,7-Methanoazulene, octahydro-1,4,9,9-tetramethyl-**	25491-20-7	**S1096**

MASS TO CHARGE RATIOS								M.W.	INTENSITIES								Parent	C	H	O	N	Cl	Br	F	S	P	B	Si	X	COMPOUND NAME	CAS Reg No	No
55	81	41	67	95	121	107	135	206	100	98	95	90	89	79	75	60	3.00	15	26	–	–	–	–	–	–	–	–	–	–	(+)-(1R)-2-Methylene-1-(6-methyl-6-hepten-2-yl)-3,3-dimethylcyclobutane		M1591
55	83	41	43	81	163	124	82	206	100	74	69	65	54	44	42	32	23.40	13	22	–	2	–	–	–	–	–	–	–	–	Dicyclohexyl carbodiimide		03274
55	83	81	43	41	163	82	67	206	100	84	71	63	57	49	36	29	13.60	13	22	–	2	–	–	–	–	–	–	–	–	Dicyclohexyl carbodiimide	538-75-0	Q1773
55	146	45	59	206	87	119	143	206	100	97	86	74	74	57	57	46		8	14	4	–	–	–	–	1	–	–	–	–	Dimethyl thiodipropionate		G0095
55	146	50	51	119	206	134	90	206	100	52	34	29	28	24	21	20		10	10	3	2	–	–	–	–	–	–	–	–	2'-Carboxyethyl-3-indazolone		L5314
55	146	50	51	119	206	134	90	206	100	52	34	29	28	24	21	20		10	10	3	2	–	–	–	–	–	–	–	–	2H-Indazole-2-propanoic acid, 1,3-dihydro-3-oxo-	54932-71-7	S9806
55	206	39	41	27	29	69	59	206	100	30	19	18	16	14	9	8		7	8	–	–	–	–	6	–	–	–	–	–	2-Hexene, 6,6,6-trifluoro-5-(trifluoromethyl)-, (Z)-		L1912
55	206	39	41	28	30	69	59	206	100	30	19	19	16	13	9	9		7	8	–	–	–	–	6	–	–	–	–	–	2-Hexene, 6,6,6-trifluoro-5-(trifluoromethyl)-, (Z)-	69855-50-1	T7532
57	41	43	29	85	55	58	27	206	100	21	15	11	5	5	4	4	3.58	10	22	–	–	–	–	–	2	–	–	–	–	Hexyl tert-butyl disulphide		17138
57	41	117	71	43	206	103	94	206	100	29	25	23	22	22	21	9		10	22	–	–	–	–	–	2	–	–	–	–	Propane, 1-[(tert-butylthio)methylthio]-2,2-dimethyl-	54699-22-8	S9434
57	44	43	29	42	27	41	122	206	100	99	98	83	46	37	37	28	20.68	10	22	–	–	–	–	–	2	–	–	–	–	Butyl hexyl disulphide		17147
57	94	41	206	29	149	150	61	206	100	19	17	15	13	7	7	6		10	22	–	–	–	–	–	2	–	–	–	–	1,2-Bis(tert-butylthio)ethane		C0026
57	94	206	41	29	149	150	61	206	100	25	16	15	10	7	7	6		10	22	–	–	–	–	–	2	–	–	–	–	1,2-Bis(tert-butylthio)ethane	5862-62-4	H1561
58	57	56	77	59	121	120	65	206	100	12	10	6	5	4	4	3	0.06	12	18	1	2	–	–	–	–	–	–	–	–	Acetamide, N-(2,6-dimethylphenyl)-2-(ethylamino)-	7728-40-7	R3440
58	206	146	120	84	45	91	99	206	100	23	14	12	10	6	6	6		13	22	–	2	–	–	–	–	–	–	–	–	1,3-Propanediamine, N,N,2-trimethyl-N'-(4-methylphenyl)-	55667-50-0	T1780
59	73	45	117	41	103	31	161	206	100	40	23	21	16	14	12	8	0.00	10	22	4	–	–	–	–	–	–	–	–	–	Tripropylene glycol methyl ether		Z1576
59	87	45	146	55	119	143	206	206	100	93	90	75	70	56	50	50		8	14	4	–	–	–	–	1	–	–	–	–	Dimethyl thiodipropionate	4131-74-2	R0128
59	101	105	206	77	79	91	160	206	100	48	46	27	13	9	3	2		13	18	2	–	–	–	–	–	–	–	–	–	1-Ethoxy-4-phenyl-pentan-3-one		M7494
63	27	31	65	127	94	64	43	206	100	52	51	32	27	23	14	14	0.04	4	8	3	–	2	–	–	1	–	–	–	–	Di-2-chloroethyl sulphite		C0582
67	55	81	107	79	93	82	95	206	100	99	92	84	81	79	76	71	9.50	15	26	–	–	–	–	–	–	–	–	–	–	Ledane	28580-43-0	S2131
68	95	122	135	107	42	55	82	206	100	43	41	40	19	17	16	15	0.00	12	18	1	2	–	–	–	–	–	–	–	–	2-(2'-Hydroxybicyclo[1.1.1]pent-2'-yl)imidazole		P1259
69	41	70	81	93	136	123	109	206	100	45	23	11	8	5	4	3	1.00	14	22	1	–	–	–	–	–	–	–	–	–	7,11-Dimethyldodeca-2E,6Z,11-trienal		L7740
69	41	112	77	138	123	27	53	206	100	22	18	7	6	4	1	1	0.10	13	18	2	–	–	–	–	–	–	–	–	–	3-Cyclohexen-1-one, 2,6,6-trimethyl-2-(1-oxo-2-butenyl)-, [S-(E)]-	56083-39-7	T2776
69	41	135	121	95	107	55	43	206	100	98	97	79	79	64	62	62	4.40	15	26	–	–	–	–	–	–	–	–	–	–	Tricyclo[4.3.0.0$^{(7,9)}$]nonane, 2,2,5,5,8,8-hexamethyl-, (1α,6β,7α,9α)-	54832-82-5	S9692
69	41	164	149	121	137	55	79	206	100	73	65	63	60	33	20	14	12.00	13	18	2	–	–	–	–	–	–	–	–	–	3-Cyclohexen-1-one, 2,2,4-trimethyl-3-(1-oxo-2-butenyl)-, (E)-	54382-50-2	S8940
71	43	55	41	29	27	39	70	206	100	91	34	33	24	16	15	10	8.64	10	22	–	–	–	–	–	2	–	–	–	–	Di-tert-pentyl disulphide		02682
72	41	71	43	57	39	27	76	206	100	91	61	58	54	52	38	26	20.90	8	14	2	–	–	–	–	2	–	–	–	–	Bis(1-formyl-1-isopropyl) disulphide		C1134
72	142	87	84	206	160	104	133	206	100	90	56	56	37	23	22	21		6	10	2	2	–	–	–	2	–	–	–	–	N,N'-ethylenedithiodiglycollamide		M1296
73	45	103	75	117	116	59	72	206	100	90	21	18	16	14	13	13	0.10	9	22	3	–	–	–	–	–	–	–	1	–	3,6,9-Trioxa-2-silaundecane, 2,2-dimethyl-	16654-46-9	R6308
73	45	103	75	118	117	72	59	206	100	90	22	20	16	14	14	12	1.00	9	22	3	–	–	–	–	–	–	–	1	–	3,6,9-Trioxa-2-silaundecane, 2,2-dimethyl-		L3500
73	79	75	52	130	188	147	174	206	100	96	51	49	36	27	26	26	0.00	7	18	3	–	–	–	–	–	–	–	2	–	Silanol, trimethyl-, carbonate (2:1)	39981-89-0	S6195
73	109	41	177	45	55	67	71	206	100	14	14	12	12	9	6	5	0.00	11	23	1	–	1	–	–	–	–	–	–	–	8-Chloro-3-methoxy-decane		M1439
73	109	41	177	45	55	67	71	206	100	16	15	13	12	10	7	7	0.00	11	23	1	–	1	–	–	–	–	–	–	–	8-Chloro-3-methoxy-decane	30571-72-3	S2940
73	191	91	132	83	74	206	192	206	100	34	19	19	13	9	7	7		13	22	–	–	–	–	–	–	–	–	1	–	Silane, trimethyl(4-phenylbutyl)-	777-82-2	Q4109
77	127	51	27	108	57	75	78	206	100	22	21	8	7	4	3	3	0.06	4	3	–	–	–	1	4	–	–	–	–	–	1-Butene, 4-bromo-3,3,4,4-tetrafluoro-	18599-22-9	R7706
79	67	93	41	43	55	81	80	206	100	89	71	64	52	51	50	37	7.60	15	26	–	–	–	–	–	–	–	–	–	–	5-Pentadecen-7-yne, (Z)-	74744-50-6	T8459
79	81	41	93	43	55	29	77	206	100	51	49	45	44	39	36	32	1.84	15	26	–	–	–	–	–	–	–	–	–	–	2-Pentadecen-4-yne, (Z)-	74646-33-6	T8274
79	81	93	41	43	55	77	107	206	100	53	46	44	38	36	31	31	2.50	15	26	–	–	–	–	–	–	–	–	–	–	2-Pentadecen-4-yne, (Z)-	74646-33-6	T8275
79	82	41	55	121	67	81	93	206	100	99	96	60	60	54	54	48	24.00	15	26	–	–	–	–	–	–	–	–	–	–	6,10-Dimethyl-3-isopropylidene-1-cyclodecene		15988
79	91	93	67	55	80	81	105	206	100	94	81	80	56	55	51	48	13.20	14	22	1	–	–	–	–	–	–	–	–	–	2-Naphthalenemethanol, decahydro-5-methylene-8-vinyl-	2221-71-8	Q7661
79	93	41	43	67	55	77	80	206	100	96	53	53	40	38	33	31	8.86	15	26	–	–	–	–	–	–	–	–	–	–	7-Pentadecen-5-yne, (Z)-	74744-49-3	T8458
80	41	67	81	55	94	79	93	206	100	41	41	33	29	28	25	25	11.01	15	26	–	–	–	–	–	–	–	–	–	–	1,4-Methanobenzocyclodecene, tetradecahydro-	16539-04-1	R6249
81	41	55	69	164	109	95	124	206	100	77	75	52	46	35	30	25	11.00	14	22	1	–	–	–	–	–	–	–	–	–	(-)-(1S,9R,6S,4R)-2-Oxo-6,10,10-trimethyltricyclo[7.2.0.0$^{(4,6)}$]undecane		M1579
81	55	41	165	69	109	96	124	206	100	78	75	62	60	41	35	31	12.00	14	22	1	–	–	–	–	–	–	–	–	–	(+)-(1S,9R,6R,4S)-2-Oxo-6,10,10-trimethyltricyclo[7.2.0.0$^{(4,6)}$]undecane		M1578
81	79	67	82	75	61	129	206	206	100	25	14	10	10	10	9	8		10	19	–	–	1	–	–	1	–	–	–	–	Butyl 2-chlorocyclohexyl sulphide		M1293
81	123	124	164	163	149	206	191	206	100	90	75	33	19	13	8	6		14	22	1	–	–	–	–	–	–	–	–	–	11-Nor-bourbonan-1-one		L3727
81	124	55	109	41	165	68	95	206	100	71	65	63	63	55	52	30	15.00	14	22	1	–	–	–	–	–	–	–	–	–	(+)-(1S,9R,6S,4S)-2-Oxo-6,10,10-trimethyltricyclo[7.2.0.0$^{(4,6)}$]undecane		M1577
81	129	73	191	93	123	75	193	206	100	56	46	40	29	27	15	15	0.68	9	19	1	–	1	–	–	–	–	–	1	–	Silane, [(2-chlorocyclohexyl)oxy]trimethyl-	7742-88-3	R3451
81	165	55	41	124	109	69	95	206	100	63	60	58	55	50	50	33	20.00	14	22	1	–	–	–	–	–	–	–	–	–	(+)-(1S,9R,6R,4R)-2-Oxo-6,10,10-trimethyltricyclo[7.2.0.0$^{(4,6)}$]undecane		M1576
81	206	95	55	123	105	67	79	206	100	98	56	39	32	28	24	21		8	14	2	–	–	–	–	2	–	–	–	–	1,2-Dithiolane-3-pentanoic acid	62-46-4	P5138
82	41	55	81	67	93	95	43	206	100	86	54	47	43	36	35	34	11.00	15	26	–	–	–	–	–	–	–	–	–	–	Aristolane		L5389
82	41	107	163	206	95	81	122	206	100	81	69	69	68	64	63	62		15	26	–	–	–	–	–	–	–	–	–	–	Isopatchoulane	3724-42-3	Q9724
82	41	206	55	69	95	122	163	206	100	70	69	46	37	35	29	27		15	26	–	–	–	–	–	–	–	–	–	–	Cedrane		M5629
82	91	93	105	121	171	173	206	206	100	41	14	11	11	3	1	1		9	12	1	–	2	–	–	–	–	–	–	–	trans-5,6-Bis(chloromethyl)-exo-2,3-epoxynorbornane		P1352
83	41	191	55	69	121	135	107	206	100	61	45	42	36	35	33	28	4.01	15	26	–	–	–	–	–	–	–	–	–	–	1H-Indene, 2,3,3a,4,7,7a-hexahydro-2,2,4,4,7,7-hexamethyl-	61142-60-7	T5486
83	108	122	150	79	206	80	55	206	100	61	35	31	30	27	18	18		13	18	2	–	–	–	–	–	–	–	–	–	4,4-Dimethyltricyclo[6.3.0.0$^{(1,7)}$]undecane-2,6-dione		15186

MASS TO CHARGE RATIOS								M.W.	INTENSITIES								Parent	C	H	O	N	Cl	Br	F	S	P	B	Si	X	COMPOUND NAME	CAS Reg No	No
83	191	135	41	121	55	69	96	**206**	100	84	46	44	42	36	33	29	**7.69**	15	26	–	–	–	–	–	–	–	–	–	–	1H-Indene, 2,3,3a,4,7,7a-hexahydro-2,2,4,4,7,7-hexamethyl-, trans-	54832-81-4	S9690
86	41	28	39	27	58	44	30	**206**	100	72	38	28	27	27	26	21	**0.00**	7	14	3	2	–	–	–	1	–	–	–	–	Propanal, 2-methyl-2-(methylsulphinyl)-, O-(methylcarbamoyl)oxime	1646-87-3	Q6425
86	41	143	58	42	69	68	87	**206**	100	40	26	20	13	12	11	10	**0.00**	7	14	3	2	–	–	–	1	–	–	–	–	Propanal, 2-methyl-2-(methylsulphinyl)-, O-(methycarbamoyl)oxime	1646-87-3	Q6426
86	206	178	120	99	28	87	106	**206**	100	66	40	36	34	32	24	18		12	14	3	–	–	–	–	–	–	–	–	–	1,4-Dioxa-dispiro[4.1.5.2]tetradeca-8,11-dien-10-one		00528
88	101	75	45	73	41	43	58	**206**	100	88	49	46	33	15	14	13	**0.00**	9	18	5	–	–	–	–	–	–	–	–	–	β-D-Lyxopyranoside, methyl 2,3,4-tri-O-methyl-	2876-84-8	09391
89	59	112	114	61	83	71	76	**206**	100	72	65	43	36	34	26	24	**8.00**	3	5	2	2	3	–	–	–	–	–	–	–	3,3,3-Trichloro-2-hydroxy-propionic acid hydrazide		02628
89	97	55	138	41	206	164	136	**206**	100	53	45	45	42	36	33	25		9	19	1	–	–	–	–	1	1	–	–	–	1-Methylthio-2,2,3,4,4-pentamethylphosphetan 1-oxide		P2619
91	32	108	92	71	41	99	27	**206**	100	70	68	29	22	18	17	16	**5.00**	13	18	2	–	–	–	–	–	–	–	–	–	Benzyl isohexanoate		P2637
91	105	104	133	71	31	206	107	**206**	100	98	71	42	21	21	18	17		12	14	3	–	–	–	–	–	–	–	–	–	Propanal, 2-(phenylpropanoyloxy)-		P1193
91	105	148	77	51	85	117	43	**206**	100	98	67	25	24	24	24	20	**1.00**	12	14	3	–	–	–	–	–	–	–	–	–	Benzenepentanoic acid, β-oxo-, methyl ester	30414-58-5	S2905
91	108	43	115	92	97	81	32	**206**	100	53	45	22	21	21	21	19	**3.00**	13	18	2	–	–	–	–	–	–	–	–	–	Benzyl hexanoate		P2636
91	117	39	206	65	28	51	115	**206**	100	96	83	46	43	42	42	25		16	14	–	–	–	–	–	–	–	–	–	–	Naphthalene, 1,2-dihydro-1-phenyl-	16606-46-5	R6280
91	119	65	206	92	44	120		**206**	100	32	18	11	10	8	4			10	14	1	4	–	–	–	–	–	–	–	–	N-Methyl-N-(4-tolyl)azoaminoacetamide		M1475
91	160	59	74	44	130	58	100	**206**	100	57	41	41	41	41	40	40	**0.80**	13	18	2	–	–	–	–	–	–	–	–	–	Benzenepentanoic acid, ethyl ester		15697
91	206	65	92	60	41	51	77	**206**	100	36	19	15	8	7	7	6		10	10	1	2	–	–	–	1	–	–	–	–	4-Imidazolidinone, 5-benzyl-2-thioxo-	6330-09-2	09269
91	206	128	51	77	191	115	205	**206**	100	87	72	45	40	35	35	34		16	14	–	–	–	–	–	–	–	–	–	–	Benzene, 1.1′-(1,3-butadiene-1,4-diyl)bis-	886-65-7	Q4490
92	91	43	55	17	113	104	41	**206**	100	36	36	30	27	21	18	14	**0.00**	14	22	1	–	–	–	–	–	–	–	–	–	1-Phenyl-octan-2-ol		P2832
93	79	43	41	67	55	77	91	**206**	100	99	50	47	39	37	34	29	**11.05**	15	26	–	–	–	–	–	–	–	–	–	–	7-Pentadecen-5-yne, (E)-	74744-53-9	T8462
93	94	121	41	79	107	91	122	**206**	100	87	59	45	35	34	33	32	**0.03**	14	22	1	–	–	–	–	–	–	–	–	–	Santalol		L1581
94	43	41	57	206	29	55	95	**206**	100	16	15	10	9	9	9	8		14	22	1	–	–	–	–	–	–	–	–	–	Benzene, (octyloxy)-	1818-07-1	Q6803
94	43	41	57	206	29	71	55	**206**	100	28	22	22	15	14	13	12		14	22	1	–	–	–	–	–	–	–	–	–	Benzene, (octyloxy)-	1818-07-1	Q6802
94	57	97	41	55	43	95	206	**206**	100	40	17	11	11	10	8	7		14	22	1	–	–	–	–	–	–	–	–	–	5-Phenoxy-2,2-dimethyl-hexane		C1275
95	67	109	41	177	55	137	81	**206**	100	72	66	60	56	55	54	53	**18.06**	15	26	–	–	–	–	–	–	–	–	–	–	1,4-Methanonaphthalene, 6,7-diethyldecahydro-, cis-	16539-02-9	R6247
95	69	41	135	122	150	53	112	**206**	100	90	68	55	36	22	20	18	**0.10**	13	18	2	–	–	–	–	–	–	–	–	–	2-Buten-1-one, 1-(2,6,6-trimethyl-7-oxabicyclo[2.2.1]hept-2-en-1-yl)-, [1R-[1α(E),4α]]-	56083-36-4	T2773
95	82	69	41	55	123	109	29	**206**	100	89	79	79	63	28	23	21	**0.50**	15	26	–	–	–	–	–	–	–	–	–	–	(+)-(1S,2R)-1-Isopropenyl-2-(3-methyl-4-penten-1-yl)-3,3-dimethylcyclobutane		M1590
95	139	41	67	206	44	70	42	**206**	100	92	85	65	56	48	45	44		12	18	1	2	–	–	–	–	–	–	–	–	2,4-Hexadienamide, N-[1-(dimethylamino)-2-methyl-2-propenylidene]-	75378-92-6	T8955
99	59	74	206	117	41	75	39	**206**	100	90	51	42	37	35	32	31		8	14	–	–	–	–	–	3	–	–	–	–	1,3-Dithiane-4-thione, 2,2,6,6-tetramethyl-	57274-32-5	T4399
99	162	205	42	206	121	148	56	**206**	100	72	62	20	18	14	13	5		12	18	1	2	–	–	–	–	–	–	–	–	Imidazolidine, 2-(4-methoxyphenyl)-1,3-dimethyl-		M3973
99	162	205	42	206	121	148	100	**206**	100	72	62	20	18	14	13	7		12	18	1	2	–	–	–	–	–	–	–	–	Imidazolidine, 2-(4-methoxyphenyl)-1,3-dimethyl-	23229-39-2	S0124
99	206	108	191	93	70	91	77	**206**	100	54	50	50	45	43	30	23		12	18	1	2	–	–	–	–	–	–	–	–	1H-Isoindol-1-one, 3-(dimethylamino)-3a,4,5,7a-tetrahydro-3a,6-dimethyl-	75378-98-2	T8960
101	45	75	73	88	161	71	102	**206**	100	64	33	9	7	7	6	6	**0.00**	9	18	5	–	–	–	–	–	–	–	–	–	α-D-Xylofuranoside, methyl 2,3,5-tri-O-methyl-	34338-82-4	S4628
101	88	75	41	45	73	43	55	**206**	100	69	50	32	27	23	15	14	**0.00**	9	18	5	–	–	–	–	–	–	–	–	–	β-D-Xylopyranoside, methyl 2,3,4-tri-O-methyl-	2876-85-9	09390
101	88	75	45	73	41	43	176	**206**	100	65	47	39	27	11	11	10	**0.00**	9	18	5	–	–	–	–	–	–	–	–	–	β-D-Ribopyranoside, methyl 2,3,4-tri-O-methyl-	2876-87-1	09388
101	88	75	45	73	41	58	43	**206**	100	99	56	37	33	12	12	11	**0.00**	9	18	5	–	–	–	–	–	–	–	–	–	α-D-Lyxopyranoside, methyl 2,3,4-tri-O-methyl-	2876-90-6	09392
101	88	75	45	87	73	41	43	**206**	100	56	47	26	22	20	12	12	**0.00**	9	18	5	–	–	–	–	–	–	–	–	–	β-D-Arabinopyranoside, methyl 2,3,4-tri-O-methyl-	2876-86-0	Q8773
101	89	75	44	43	59	90	30	**206**	100	99	37	34	32	19	18	18	**0.00**	9	18	5	–	–	–	–	–	–	–	–	–	L-Mannopyranose, 6-deoxy-2,3,4-tri-O-methyl-	14187-51-0	R5029
103	45	29	73	75	104	59	119	**206**	100	86	68	68	68	58	50	50	**0.00**	8	14	6	–	–	–	–	–	–	–	–	–	Butanedioic acid, 2,3-dimethoxy-, dimethyl ester, [R-(R*,R*)]-	56145-21-2	T2873
104	57	76	50	29	148	31	41	**206**	100	94	88	46	44	35	33	33	**0.00**	11	10	4	–	–	–	–	–	–	–	–	–	Monoallyl phthalate		C0277
104	57	105	41	85	29	27	39	**206**	100	29	24	13	11	11	10	8	**0.00**	13	18	2	–	–	–	–	–	–	–	–	–	Butanoic acid, 3-methyl-, 2-phenylethyl ester	140-26-1	H0628
104	76	133	77	105	60	59	75	**206**	100	94	61	45	31	25	20	18	**0.00**	8	14	6	–	–	–	–	–	–	–	–	–	Butanedioic acid, 2,3-dihydroxy- [R-(R*,R*)]-, diethyl ester	87-91-2	P6423
104	91	61	60	147	146	105	117	**206**	100	88	80	67	67	49	32	28	**22.00**	13	18	2	–	–	–	–	–	–	–	–	–	Benzenebutanoic acid, propyl ester		15761
104	145	160	206	132	162	163	173	**206**	100	98	98	85	35	24	20	20		12	14	3	–	–	–	–	–	–	–	–	–	Isocoumarin, 3,4-dihydro-8-methoxy-3,5-dimethyl-, methyl ether, (R)-	7736-76-7	R3450
104	145	160	206	132	162	173	163	**206**	100	91	90	51	47	42	38	19		12	14	3	–	–	–	–	–	–	–	–	–	1H-2-Benzopyran-1-one, 3,4-dihydro-8-methoxy-3,7-dimethyl-, (R)-	67549-57-9	T6850
105	43	106	120	104	87	45	59	**206**	100	29	28	28	27	24	21	17	**15.00**	12	19	2	–	–	–	–	–	–	1	–	–	Boronic acid, phenyl-, diisopropyl ester	1692-26-8	Q6530
105	77	51	206	106	161	188	122	**206**	100	65	16	10	7	5	2	1		10	10	3	2	–	–	–	–	–	–	–	–	1,2,3-Butanetrione, 1-phenyl-, 2,3-dioxime	32796-72-8	S3890
105	77	120	206	51	106	78	160	**206**	100	81	73	54	38	27	22	21		12	14	3	–	–	–	–	–	–	–	–	–	Propionic acid, 3-benzoyl-2,2-dimethyl-	15116-34-4	R5579
105	77	121	51	50	74	78	106	**206**	100	78	66	47	23	8	8	8	**0.00**	11	10	4	–	–	–	–	–	–	–	–	–	Butanedioic acid, benzylidene-	5653-88-3	R1636
105	77	123	51	122	106	41	55	**206**	100	48	29	19	13	10	9	9	**0.00**	12	14	3	–	–	–	–	–	–	–	–	–	Pentanal, 5-(benzoyloxy)-	55162-83-9	T0501
105	77	161	51	106	27	29	28	**206**	100	32	13	11	9	7	6	4	**1.86**	12	14	3	–	–	–	–	–	–	–	–	–	Benzenebutanoic acid, 4-oxo-, ethyl ester	6270-17-3	R2189
105	123	77	84	56	122	55	51	**206**	100	93	39	22	21	16	10	9	**2.00**	13	18	2	–	–	–	–	–	–	–	–	–	Hexyl benzoate		L0320
105	123	77	84	56	122	55	69	**206**	100	93	39	22	21	16	10	10	**1.62**	13	18	2	–	–	–	–	–	–	–	–	–	Hexyl benzoate		Z1590
105	133	79	77	103	39	106	206	**206**	100	45	41	35	19	15	15	13		10	10	1	2	–	–	–	1	–	–	–	–	1,2,3-Thiadiazolium, 3-(2,3-dimethylphenyl)-4-hydroxy-, hydroxide, inner salt	40727-14-8	S6420

MASS TO CHARGE RATIOS								M.W.	INTENSITIES								Parent	C	H	O	N	Cl	Br	F	S	P	B	Si	X	COMPOUND NAME	CAS Reg No	No
105	206	104	176	77	132	133	78	**206**	100	82	70	51	36	34	29	25		10	10	3	2	–	–	–	–	–	–	–	–	**2,4(1H,3H)-Quinazolinedione, 3-methoxy-1-methyl-**	41120-19-8	**S6556**
107	106	149	43	77	108	79	51	**206**	100	99	96	66	38	22	21	18	**0.00**	10	10	3	2	–	–	–	–	–	–	–	–	**4-(2-Nitrovinyl)acetanilide**		**B1016**
107	108	206	41	77	39	43	55	**206**	100	18	12	8	8	6	5	4		14	22	1	–	–	–	–	–	–	–	–	–	**Phenol, 4-octyl-**	1806-26-4	**Q6774**
107	108	206	77	39	79	40	95	**206**	100	25	20	14	8	7	5	5		14	22	1	–	–	–	–	–	–	–	–	–	**Phenol, 2-octyl-**		**L6449**
107	108	206	77	42	79	40	44	**206**	100	26	20	13	8	7	5	5		14	22	1	–	–	–	–	–	–	–	–	–	**Phenol, 2-octyl-**	949-13-3	**Q4809**
108	107	206	109	77	38	120	43	**206**	100	36	16	14	14	11	10	10		14	22	1	–	–	–	–	–	–	–	–	–	**Phenol, 3-octyl-**		**L6450**
108	107	206	109	77	39	40	43	**206**	100	36	16	15	13	11	10	10		14	22	1	–	–	–	–	–	–	–	–	–	**Phenol, 3-octyl-**	20056-69-3	**R8476**
108	121	206	135	163	149	191	177	**206**	100	60	49	48	35	34	16	11		14	22	1	–	–	–	–	–	–	–	–	–	**[9][2,4]Furanophane, 11-methyl-**		**M1491**
117	116	60	90	89	29	63	118	**206**	100	69	50	41	28	23	20	17	**3.10**	10	10	1	2	–	–	–	1	–	–	–	–	**6-Thioxo-3-(4-tolyl)-5,6-dihydro-4H-1,2,5-oxadiazine**		**06391**
118	131	119	159	117	28	91	57	**206**	100	78	65	53	47	37	35	29	**23.00**	13	18	2	–	–	–	–	–	–	–	–	–	**1,2-Naphthalenediol, 2-ethyl-1,2,3,4-tetrahydro-1-methyl-, cis-**	56588-34-2	**T3778**
118	146	30	163	63	90	36	56	**206**	100	95	80	46	36	32	24	18	**7.90**	9	10	2	4	–	–	–	–	–	–	–	–	**5-(2-Hydroxyethyl-carbamoyl)-benztriazole**		**D1599**
119	69	146	41	206	91	120	39	**206**	100	35	32	19	17	17	16	14		13	18	2	–	–	–	–	–	–	–	–	–	**Benzenebutanoic acid, β,2,5-trimethyl-**	30275-76-4	**S2840**
119	93	105	161	204	69	120	121	**206**	100	39	25	22	21	15	15	14	**0.00**	15	26	–	–	–	–	–	–	–	–	–	–	**Cedrane**	13567-54-9	**R4636**
119	133	132	74	41	206	120	91	**206**	100	76	58	39	32	28	26	25		13	18	2	–	–	–	–	–	–	–	–	–	**Benzenebutanoic acid, α,2,5-trimethyl-**	30316-14-4	**S2854**
119	134	145	188	191	43	91	173	**206**	100	60	24	20	20	19	18	11	**0.99**	13	18	2	–	–	–	–	–	–	–	–	–	**1,2-Naphthalenediol, 1,2,3,4-tetrahydro-1,3,3-trimethyl-, cis-**	56588-37-5	**T3781**
121	43	93	136	41	91	77	55	**206**	100	74	70	61	31	25	24	22	**16.01**	14	22	1	–	–	–	–	–	–	–	–	–	**α-Irone B**		**P4080**
121	93	43	136	41	77	91	55	**206**	100	83	80	61	32	25	25	24	**20.02**	14	22	1	–	–	–	–	–	–	–	–	–	**α-Irone A**		**P4081**
121	93	136	43	41	91	77	206	**206**	100	81	67	62	32	30	26	21		14	22	1	–	–	–	–	–	–	–	–	–	**α-Irone**		**03308**
121	191	43	91	120	41	105	122	**206**	100	50	34	25	15	13	9	9	**0.00**	14	22	1	–	–	–	–	–	–	–	–	–	**α,α-Dimethylbenzyl amyl ether**		**Z1596**
123	91	163	79	121	131	105	65	**206**	100	80	72	58	55	50	48	43	**3.00**	13	18	2	–	–	–	–	–	–	–	–	–	**2-Propenoic acid, 3-(6,6-dimethylbicyclo[3.1.1]hept-2-en-2-yl)-, methyl ester, (E)-**	67428-35-7	**T6825**
123	95	107	41	93	191	94	55	**206**	100	92	62	56	56	54	49	42	**34.00**	14	22	1	–	–	–	–	–	–	–	–	–	**Cyclohexanone, 2,3,3-trimethyl-2-(3-methyl-1,3-butadienyl)-, (Z)-**	69296-90-8	**T7029**
123	206	95	191	107	41	93	94	**206**	100	77	74	59	53	51	46	43		14	22	1	–	–	–	–	–	–	–	–	–	**Cyclohexanone, 2,3,3-trimethyl-2-(3-methyl-1,3-butadienyl)-, (E)-**	69296-91-9	**T7030**
124	43	109	82	55	96	206	138	**206**	100	52	51	48	34	34	22	5		12	18	1	2	–	–	–	–	–	–	–	–	**1H-Imidazole, 1-methyl-2-(cyclohexylacetyl)-**	69393-33-5	**T7080**
124	109	82	138	96	42	55	149	**206**	100	59	26	25	13	9	6	6	**5.00**	12	18	1	2	–	–	–	–	–	–	–	–	**1H-Imidazole, 1-methyl-4-(cyclohexylacetyl)-**	69393-35-7	**T7082**
127	63	105	89	65	70	35	67	**206**	100	49	26	25	16	13	7	6	**0.00**	1	–	2	–	1	–	5	1	–	–	–	–	**Pentafluorosulphur chloroformate**		**L6695**
128	63	77	165	191	206			**206**	100	98	62	47	28	25				16	14	–	–	–	–	–	–	–	–	–	–	**1-Methyl-1-phenylindene**		**M6189**
129	127	131	208	210	48	47	91	**206**	100	78	25	14	10	9	9	8	**6.00**	1	1	–	–	1	2	–	–	–	–	–	–	**Methane, dibromochloro-**	124-48-1	**P9440**
129	127	131	208	210	48	47	93	**206**	100	78	25	14	10	9	9	8	**7.13**	1	1	–	–	1	2	–	–	–	–	–	–	**Methane, dibromochloro-**		**Z1575**
130	85	160	133	86	100	114	69	**206**	100	60	40	40	35	31	29	13	**0.00**	7	14	3	2	–	–	–	1	–	–	–	–	**Propanal, 2-methyl-2-(methylthio)-, O-[(hydroxymethyl)carbamoyl]oxime**		**M3231**
132	104	43	77	103	105	78	133	**206**	100	82	75	65	60	57	36	33	**3.00**	12	14	3	–	–	–	–	–	–	–	–	–	**Oxiranecarboxylic acid, 3-methyl-3-phenyl-, ethyl ester, cis-**	19464-95-0	**R8165**
132	104	43	77	103	105	78	133	**206**	100	82	75	65	60	57	36	33	**3.00**	12	14	3	–	–	–	–	–	–	–	–	–	**Oxiranecarboxylic acid, 3-methyl-3-phenyl-, ethyl ester, trans-**	19464-92-7	**R8164**
132	104	77	103	105	133	149	160	**206**	100	80	70	60	55	40	20	10	**0.00**	12	14	3	–	–	–	–	–	–	–	–	–	**Oxiranecarboxylic acid, 3-methyl-3-phenyl-, ethyl ester**		**M4134**
132	104	105	103	43	77	133	78	**206**	100	78	64	62	61	46	42	31	**6.90**	12	14	3	–	–	–	–	–	–	–	–	–	**Oxiranecarboxylic acid, 3-methyl-3-phenyl-, ethyl ester**	77-83-8	**P5838**
132	119	117	91	133	131	105	120	**206**	100	70	40	31	27	15	15	14	**14.03**	13	18	2	–	–	–	–	–	–	–	–	–	**Benzenebutanoic acid, 2,5-dimethyl-, methyl ester**		**P4010**
133	15	206	149	134	91	105	132	**206**	100	19	18	11	10	10	10	9		13	18	2	–	–	–	–	–	–	–	–	–	**Methyl 3-(2,4-xylyl)butanoate**		**U0117**
133	75	73	45	156	175	188		**206**	100	40	40	34	6	3	1		**0.00**	8	14	6	–	–	–	–	–	–	–	–	–	**4,8-Dihydroxy-3,5-dimethoxy-2,6-dioxabicyclo[3.3.0]octane**		**M6891**
133	77	132	76	206				**206**	100	28	20	20	15					12	14	3	–	–	–	–	–	–	–	–	–	**3-(1-Methoxy-1-isopropyl)phthalide**		**L8035**
133	105	134	206	41	81	83	117	**206**	100	20	12	12	7	7	7	6		13	18	2	–	–	–	–	–	–	–	–	–	**2-Methyl-2-(4-methylphenyl)propanoic acid, ethyl ester**		**P1095**
133	132	45	134	206	131	15	157	**206**	100	38	20	18	18	15	12	9		12	18	1	2	–	–	–	–	–	–	–	–	**2-(1′-Ethoxyethyl)-1,2,3,4-tetrahydroquinoxaline**		**L4360**
133	146	15	206	149	134	91	117	**206**	100	25	19	17	11	11	11	9		13	18	2	–	–	–	–	–	–	–	–	–	**Methyl 3-(3,4-xylyl)butanoate**		**U0118**
133	188	145	27	105	77	28	79	**206**	100	69	58	50	46	39	29	27	**5.79**	12	14	3	–	–	–	–	–	–	–	–	–	**Benzenebutanoic acid, 2,5-dimethyl-4-oxo-**		**U0144**
133	206	15	105	132	91	117	149	**206**	100	27	22	20	18	14	13	13		13	18	2	–	–	–	–	–	–	–	–	–	**Benzenepropanoic acid, β,2,5-trimethyl-, methyl ester**	55683-09-5	**T1816**
134	77	105	206	51	147	76	50	**206**	100	48	48	38	32	28	22	18		10	10	3	2	–	–	–	–	–	–	–	–	**1-Indazolinecarboxylic acid, 3-oxo-, ethyl ester**	16105-24-1	**R6030**
134	92	136	57	100	99	58	73	**206**	100	49	37	36	36	32	31	30	**0.00**	3	5	–	2	3	–	–	1	–	–	–	–	**2-Thiazolamine, 5-chloro-, dihydrochloride**	64415-16-3	**T6494**
134	94	91	133	119	117	115	135	**206**	100	58	34	32	24	14	14	12	**11.00**	12	14	3	–	–	–	–	–	–	–	–	–	**3-Isopropenylphenyl ethyl carbonate**		**M8186**
134	107	206	62	67	51	95	160	**206**	100	72	34	27	27	21	19	19		9	10	2	4	–	–	–	–	–	–	–	–	**Pyrazolo[3,2-c]-as-triazine-3-carboxylic acid, 4-methyl-, ethyl ester**		**M3849**
134	107	206	67	162	51	95	160	**206**	100	72	34	27	27	21	19	19		9	10	2	4	–	–	–	–	–	–	–	–	**Pyrazolo[5,1-c]-as-triazine-3-carboxylic acid, 4-methyl-, ethyl ester**	6726-54-1	**R2498**
134	206	105	77	133	132	72	106	**206**	100	80	79	38	38	27	24	23		12	18	1	2	–	–	–	–	–	–	–	–	**Benzamide, 2-(methylamino)-N-butyl-**		**U0084**
135	41	29	91	39	107	57	27	**206**	100	39	37	24	22	22	21	18	**9.70**	14	22	1	–	–	–	–	–	–	–	–	–	**Benzene, 4-tert-butyl-sec-butoxy-**		**C0873**
135	41	57	107	136	39	95	77	**206**	100	15	14	13	11	5	5	4	**4.00**	14	22	1	–	–	–	–	–	–	–	–	–	**4-(1,1,3,3-Tetramethylbutyl)phenol**		**14749**
135	41	81	95	68	55	107	150	**206**	100	92	81	78	72	58	55	36	**3.00**	15	26	–	–	–	–	–	–	–	–	–	–	**(-)-(2R,1R,9R,6S,4S)-2,6,10,10-Tetramethyltricyclo[7.2.0.0$^{(4,6)}$]undecane**		**M1583**
135	41	107	136	57	29	39	91	**206**	100	15	15	11	11	7	6	6	**3.70**	14	22	1	–	–	–	–	–	–	–	–	–	**4-(1,1,3,3-Tetramethylbutyl)phenol**		**C0218**
135	41	107	136	57	91	77	119	**206**	100	24	24	10	10	10	9	6	**1.65**	14	22	1	–	–	–	–	–	–	–	–	–	**Phenol, 4-(2,2,4-trimethylpentyl)-**		**P4005**
135	43	41	57	55	71	85	69	**206**	100	72	47	41	38	36	28	25	**2.00**	9	19	–	–	–	1	–	–	–	–	–	–	**1-Bromononane**		**L0552**
135	43	41	95	94	163	81	55	**206**	100	41	29	26	24	22	21	19	**12.82**	15	26	–	–	–	–	–	–	–	–	–	–	**Clovane**		**00133**

MASS TO CHARGE RATIOS								M.W.	INTENSITIES								Parent	C	H	O	N	Cl	Br	F	S	P	B	Si	X	COMPOUND NAME	CAS Reg No	No
135	43	107	41	78	57	136	39	**206**	100	28	19	18	17	10	10	7	**4.00**	14	22	1	–	–	–	–	–	–	–	–	–	4-(1,1,3,3-Tetramethylbutyl)phenol		G0236
135	101	137	91	110	136	134	175	**206**	100	72	21	14	9	3	3	3	**0.00**	3	5	–	2	3	–	–	1	–	–	–	–	2-Thiazolamine, 5-chloro-, dihydrochloride	64415-16-3	T6495
135	107	41	91	150	57	29	39	**206**	100	36	33	26	26	25	20	18	**0.20**	14	22	1	–	–	–	–	–	–	–	–	–	Benzene, 1-tert-butoxy-2-tert-butyl-		C0864
135	107	57	136	41	91	29	206	**206**	100	25	14	10	9	5	5	5		14	22	1	–	–	–	–	–	–	–	–	–	2-(2,4,4-Trimethylpent-2-yl)phenol		C0454
135	136	107	41	134	95	43	121	**206**	100	47	33	25	15	14	13	11	**8.70**	14	22	1	–	–	–	–	–	–	–	–	–	4-(2,2,4-Trimethylpent-2-yl)phenol		C1854
135	136	107	57	41	206	95	91	**206**	100	10	10	8	6	4	3	2		14	22	1	–	–	–	–	–	–	–	–	–	4-(2,2,3,3-Tetramethylbutyl)phenol		Z1587
135	137	43	55	41	57	71	85	**206**	100	98	72	47	47	41	36	28	**2.28**	9	19	–	–	–	1	–	–	–	–	–	–	1-Bromononane		Z1592
135	149	41	57	136	107	29	39	**206**	100	21	19	11	10	8	8	7	**1.65**	14	22	1	–	–	–	–	–	–	–	–	–	Benzene, 4-tert-butyl-1-tert-butoxy-		C0575
135	176	206	42	107	58	53	79	**206**	100	98	77	62	56	54	49	36		9	10	2	4	–	–	–	–	–	–	–	–	4(3H)-Pteridinone, 3-methoxy-6,7-dimethyl-	24898-67-7	S0862
135	206	77	107	152	153	121	92	**206**	100	26	15	14	11	8	7	7		12	14	3	–	–	–	–	–	–	–	–	–	3-(4-Methoxyphenyl)pentan-2,4-dione		C0378
135	206	107	108	93	31	136	29	**206**	100	20	16	11	11	11	10	10		13	22	–	2	–	–	–	–	–	–	–	–	N-(1,4-Dimethylamyl)-4-phenylenediamine		D1273
136	121	93	107	206	163	150	122	**206**	100	85	74	55	32	29	19	17		14	22	1	–	–	–	–	–	–	–	–	–	2,2,4,9-Tetramethyl-Δ^4-(10)-octalone		L5484
137	106	69	206	156	75	187	93	**206**	100	42	29	26	25	17	15	11		6	1	–	–	–	–	7	–	–	–	–	–	1,3,4,5,5,6,6-Heptafluorobicyclo[2.2.0]hex-2-ene		P2298
142	78	45	46	206	144	110	96	**206**	100	66	58	41	25	20	15	15		1	2	–	–	–	–	–	6	–	–	–	–	1,2,3,4,5,6-Hexathiepane		01657
145	206	162	89	39	62	88	63	**206**	100	93	79	55	41	37	37	36		10	6	5	–	–	–	–	–	–	–	–	–	Benzofuran-2,3-dicarboxylic acid		P1106
147	43	145	28	15	173	119	91	**206**	100	51	27	24	20	18	17	17	**14.76**	13	18	2	–	–	–	–	–	–	–	–	–	Benzenepropanoic acid, β,β,3,4-tetramethyl-	55683-10-8	T1817
147	73	45	103	66	75	148	191	**206**	100	77	27	20	19	19	18	18	**0.00**	8	22	2	–	–	–	–	–	–	–	2	–	3,6-Dioxa-2,7-disilaoctane, 2,2,7,7-tetramethyl-	7381-30-8	R3135
147	73	103	191	148	65	75	45	**206**	100	62	18	17	16	15	14	8	**1.00**	8	22	2	–	–	–	–	–	–	–	2	–	3,6-Dioxa-2,7-disilaoctane, 2,2,7,7-tetramethyl-	7381-30-8	R3133
147	73	191	103	148	66	45	149	**206**	100	64	23	21	16	13	11	9	**0.06**	8	22	2	–	–	–	–	–	–	–	2	–	3,6-Dioxa-2,7-disilaoctane, 2,2,7,7-tetramethyl-	7381-30-8	R3136
147	75	191	73	148	44	149	192	**206**	100	47	40	27	15	8	8	7	**1.00**	7	18	3	–	–	–	–	–	–	–	2	–	Silanol, trimethyl-, carbonate (2:1)	39981-89-0	S6194
147	206	119	148	145	41	43	107	**206**	100	21	12	12	12	10	10	10		13	18	2	–	–	–	–	–	–	–	–	–	Benzenepropanoic acid, β,β,3,4-tetramethyl-	55683-10-8	T1818
148	44	65	92	206	76	77	93	**206**	100	56	50	18	18	17	17	17		9	6	4	2	–	–	–	–	–	–	–	–	Sydnone, 3-(2-carboxyphenyl)-	26537-65-5	S1441
148	65	121	50	76	39	44	51	**206**	100	60	35	21	17	15	15	14	**6.01**	9	6	4	2	–	–	–	–	–	–	–	–	Sydnone, 3-(4-carboxyphenyl)-	7614-53-1	R3325
148	120	65	92	44	176	77	64	**206**	100	69	50	49	45	36	33	29	**21.02**	10	10	3	2	–	–	–	–	–	–	–	–	Sydnone, 3-(O-ethoxyphenyl)-	26537-64-4	S1440
148	163	103	91	120	28	44	77	**206**	100	87	54	50	43	42	41	26	**0.60**	11	14	2	2	–	–	–	–	–	–	–	–	Propanediamide, 2-ethyl-2-phenyl-		06567
148	163	103	91	120	44	77	117	**206**	100	87	54	50	43	41	26	23	**0.60**	11	14	2	2	–	–	–	–	–	–	–	–	Propanediamide, 2-ethyl-2-phenyl-	7206-76-0	R2941
149	119	57	56	58	55	206	91	**206**	100	42	24	21	20	18	17	12		7	15	2	–	–	–	–	–	–	–	–	1	1,3,2-Dioxarsenane, 2-butyl-		M8686
149	119	57	56	58	55	206	91	**206**	100	43	24	20	19	17	14	12		7	15	2	–	–	–	–	–	–	–	–	1	1,3,2-Dioxarsenane, 2-butyl-	42541-33-3	S6941
149	162	206	91	119	150	115	147	**206**	100	22	14	12	12	12	10	10		13	18	2	–	–	–	–	–	–	–	–	–	Benzenebutanal, 2-methoxy-γ,4-dimethyl-	63646-90-2	T6282
149	206	150	135	57	41	91		**206**	100	36	33	32	30	25	22			14	22	1	–	–	–	–	–	–	–	–	–	$\Delta^{(9,10)}$-Octal-1-one, 6-tert-butyl-		M2562
150	151	206	207	122	107	163	152	**206**	100	57	50	9	9	7	6	6		13	18	2	–	–	–	–	–	–	–	–	–	5,8-Dimethyl-tocol		L7889
150	163	136	41	39	206	135	109	**206**	100	90	41	37	30	28	26	24		11	14	–	2	–	–	–	1	–	–	–	–	Benzothiazole, 2-(isobutylamino)-	24622-32-0	S0722
150	163	177	57	206	123	151	109	**206**	100	26	22	20	18	8	7	6		11	14	–	2	–	–	–	1	–	–	–	–	Benzothiazole, 2-(sec-butylamino)-	28291-73-8	S2024
150	206	108	122	55	79	178	107	**206**	100	62	61	40	31	26	26	20		12	14	3	–	–	–	–	–	–	–	–	–	2-Cyclohexen-1-one, 3-hydroxy-2-[(5-oxo-1-cyclopenten-1-yl)methyl]-	19835-58-6	R8322
151	150	206	207	122	191	107	77	**206**	100	77	73	11	9	8	7	7		13	18	2	–	–	–	–	–	–	–	–	–	7,8-Dimethyl-tocol		L7890
151	205	206	134	164	107	78	135	**206**	100	41	36	36	23	18	14	12		11	14	2	2	–	–	–	–	–	–	–	–	1-Butyl-3-cyano-4-methyl-6-hydroxypyrid-2-one		D2079
151	206	123	121	137	177	191	81	**206**	100	97	48	45	27	24	20	19		14	22	1	–	–	–	–	–	–	–	–	–	2-Cyclohexen-1-one, 3-(2-butenyl)-2,4,4,5-tetramethyl-, (Z)-	68931-41-9	T6980
151	206	150	207	152	122	41	191	**206**	100	70	43	10	10	8	7	6		13	18	2	–	–	–	–	–	–	–	–	–	5,7-Dimethyl-tocol		L7891
152	39	54	27	104	78	48	53	**206**	100	40	30	27	27	23	21	18	**16.68**	12	14	–	–	–	–	–	–	–	–	–	1	Titanium, (η^4-1,3-butadiene)(η^8-1,3,5,7-cyclooctatetraene)-	74792-83-9	T8564
158	189	159	206	205	120			**206**	100	98	60	15	10	3				11	14	2	2	–	–	–	–	–	–	–	–	Pyrrolidine, 1-[(2-nitrophenyl)methyl]-	55581-63-0	T1636
161	189	204	41	105	91	119	133	**206**	100	76	68	56	53	48	32	29	**1.00**	15	26	–	–	–	–	–	–	–	–	–	–	Cadinene	29350-73-0	S2433
162	164	45	206	98	63	166	163	**206**	100	63	17	16	11	11	10	8		8	8	2	–	2	–	–	–	–	–	–	–	2-(2,4-Dichlorophenoxy)ethanol		Z1589
163	41	81	107	55	95	90	67	**206**	100	37	32	25	21	19	17	17	**8.00**	15	26	–	–	–	–	–	–	–	–	–	–	Copane		M5632
163	119	79	63	29	45	91	27	**206**	100	53	29	28	23	22	18	15	**0.90**	9	22	3	–	–	–	–	–	–	–	1	–	Silane, triethoxypropyl-	2550-02-9	Q8300
163	135	104	103	164	15	76	50	**206**	100	17	15	12	11	10	10	8	**0.08**	11	10	4	–	–	–	–	–	–	–	–	–	Methyl vinyl terephthalate		03623
163	148	91	103	117	120	41	137	**206**	100	93	55	30	22	22	18	16	**5.26**	11	14	2	2	–	–	–	–	–	–	–	–	Propanediamide, 2-ethyl-2-phenyl-		C0533
163	188	206	90	143	45	102	187	**206**	100	55	51	15	13	13	13	11		10	10	1	2	–	–	–	1	–	–	–	–	3-Methyl-3-hydroxythiazolidino[3,2-a]benzimidazole		L9391
163	206	43	164	108	122	205	207	**206**	100	69	25	20	17	17	14	12		12	18	1	2	–	–	–	–	–	–	–	–	2,3′-Bipyridine, 1′-acetyl-1′,3,4,4′,5,5′,6,6′-octahydro-	52195-93-4	S7893
163	206	69	178	55	191	57	135	**206**	100	84	48	40	28	27	25	21		11	10	4	–	–	–	–	–	–	–	–	–	2H-1-Benzopyran-2-one, 7-hydroxy-6-methoxy-4-methyl-	3374-03-6	Q9281
163	206	178	69	66	55	57	81	**206**	100	76	53	38	37	30	27	27		11	10	4	–	–	–	–	–	–	–	–	–	2H-1-Benzopyran-2-one, 6-hydroxy-7-methoxy-4-methyl-	6345-62-6	R2263
164	43	91	77	103	149	131	104	**206**	100	83	65	46	42	41	35	33	**4.50**	12	14	3	–	–	–	–	–	–	–	–	–	Phenol, 2-methoxy-4-(2-propenyl)-, acetate	93-28-7	P6776
164	43	118	206	117	89	163	165	**206**	100	67	54	26	20	12	11	10		10	10	3	2	–	–	–	–	–	–	–	–	1H-Indole, 1-acetyl-2,3-dihydro-6-nitro-	22949-08-2	S0010
164	121	206	165	93	43	41	122	**206**	100	92	91	88	76	58	52	50		9	10	2	4	–	–	–	–	–	–	–	–	Lumazine, 8-isopropyl-	21892-65-9	R9404
164	121	206	165	93	66	120	148	**206**	100	92	91	89	76	47	45	26		9	10	2	4	–	–	–	–	–	–	–	–	Lumazine, 8-isopropyl-		L8063
164	149	43	91	131	165	133	104	**206**	100	24	16	13	12	12	10	7	**5.30**	12	14	3	–	–	–	–	–	–	–	–	–	Phenol, 2-methoxy-4-(1-propenyl)-, acetate	93-29-8	P6777
164	163	83	136	110	121	131	137	**206**	100	39	12	10	9	8	7	5	**0.00**	10	10	1	2	–	–	–	1	–	–	–	–	2-Amino-6-methylbenzothiazole		L4710

MASS TO CHARGE RATIOS								M.W.	INTENSITIES								Parent	C	H	O	N	Cl	Br	F	S	P	B	Si	X	COMPOUND NAME	CAS Reg No	No
164	165	206	121	93	66	178	148	**206**	100	90	89	86	64	32	31	23		9	10	2	4	–	–	–	–	–	–	–	–	Lumazine, 8-propyl-		L8065
164	165	206	121	93	205	43	66	**206**	100	92	91	87	65	55	33	32		9	10	2	4	–	–	–	–	–	–	–	–	Lumazine, 8-propyl-	21972-94-1	R9477
171	206	77	92	123	208	64	172	**206**	100	39	31	22	16	15	13	11		7	7	3	–	1	–	–	1	–	–	–	–	Benzenesulphonyl chloride, 4-methoxy-	98-68-0	P7180
171	206	77	92	123	208	108	155	**206**	100	39	32	22	17	15	8	5		7	7	3	–	1	–	–	1	–	–	–	–	Benzenesulphonyl chloride, 4-methoxy-		M4334
173	43	188	132	15	27	158	39	**206**	100	49	45	35	27	24	22	22	**0.00**	14	22	1	–	–	–	–	–	–	–	–	–	Benzyl alcohol, α-isobutyl-2,4,6-trimethyl-	16204-64-1	H1784
173	188	158	91	174	128	133	39	**206**	100	34	21	14	14	13	13	13	**0.00**	14	22	1	–	–	–	–	–	–	–	–	–	Benzyl alcohol, α-isobutyl-2,4,6-trimethyl-		00416
174	77	51	146	102	206	103	129	**206**	100	66	57	50	46	45	40	31		11	10	4	–	–	–	–	–	–	–	–	–	Methyl benzylidenemalonate		L5917
174	77	51	175	146	102	206	103	**206**	100	66	56	51	50	46	45	40		11	10	4	–	–	–	–	–	–	–	–	–	Methyl benzylidenemalonate	22621-53-0	R9888
176	73	78	135	178	206	124	133	**206**	100	99	76	74	69	67	64	62		6	4	2	2	2	–	–	–	–	–	–	–	Aniline, 2,5-dichloro-4-nitro-	6627-34-5	R2414
177	176	178	79	206	121	163	91	**206**	100	25	14	12	11	6	5	5		12	19	2	–	–	–	–	–	–	1	–	–	Spiro[cyclopenta[d]-1,3,2-dioxaborin-4(5H),1′-cyclopentane], 2-ethyl-6,7-dihydro-	62238-26-0	T6008
177	191	57	206	178	41	29	44	**206**	100	31	21	21	14	14	10	10		14	22	1	–	–	–	–	–	–	–	–	–	Phenol, 2-tert-butyl-4-sec-butyl-		C0635
177	191	206	57	178	41	163	161	**206**	100	23	18	16	13	6	5	5		14	22	1	–	–	–	–	–	–	–	–	–	Phenol, 2-tert-butyl-4-sec-butyl-		Z1593
177	205	178	105	206	135	57	120	**206**	100	17	14	12	7	6	6	6		14	22	1	–	–	–	–	–	–	–	–	–	Phenol, 2,4-di-sec-butyl-		Z1577
177	206	178	117	121	91	133	57	**206**	100	16	13	12	6	5	4	4		14	22	1	–	–	–	–	–	–	–	–	–	Phenol, 2,6-di-sec-butyl-		Z1579
178	60	177	206	205	102	150	180	**206**	100	58	47	39	19	17	17	17		4	8	–	–	–	–	–	4	–	2	–	–	[1,4,2,3]Dithiadiborino[2,3-b][1,4,2,3]dithiadiborin, tetrahydro-	19167-79-4	R8014
178	89	206	179	76	176	88	152	**206**	100	21	17	16	12	8	7	5		16	14	–	–	–	–	–	–	–	–	–	–	9,10-Ethanoanthracene, 9,10-dihydro-	5675-64-9	R1661
178	176	179	152	28	151	177	126	**206**	100	16	15	11	9	8	8	4	**0.12**	15	10	1	–	–	–	–	–	–	–	–	–	2-Cyclopropen-1-one, 2,3-diphenyl-	886-38-4	Q4486
178	206	85	76	205	206	179	88	**206**	100	67	29	19	19	17	16	12		16	14	–	–	–	–	–	–	–	–	–	–	1,2,3,4-Tetrahydrofluoranthene		Y0898
178	206	89	205	179	76	202	203	**206**	100	69	23	20	17	16	15	13		16	14	–	–	–	–	–	–	–	–	–	–	1,2,3,10b-Tetrahydrofluoranthene		V0290
178	206	176	152	177	179	76	151	**206**	100	63	28	18	16	15	13	12		15	10	1	–	–	–	–	–	–	–	–	–	5H-Dibenzo[a,d]cyclohepten-5-one	2222-33-5	Q7662
190	131	18	206	130	104	189	191	**206**	100	40	36	32	19	16	15	13		10	10	1	2	–	–	–	1	–	–	–	–	2-Thioxo-5-methyl-4-phenyl-$\Delta^{(3)}$-imidazoline-3-oxide		06387
190	131	206	103	44	77			**206**	100	40	32	12	12	11				10	10	1	2	–	–	–	1	–	–	–	–	2-Thioxo-5-methyl-4-phenyl-$\Delta^{(3)}$-imidazoline-3-oxide		M7499
190	206	131	103	77	44			**206**	100	52	29	19	14	9				10	10	1	2	–	–	–	1	–	–	–	–	2-Thioxo-4-methyl-5-phenyl-$\Delta^{(3)}$-imidazoline-3-oxide		M7501
190	206	191	189	131	18	130	103	**206**	100	52	34	33	29	23	21	19		10	10	1	2	–	–	–	1	–	–	–	–	2-Thioxo-4-methyl-5-phenyl-$\Delta^{(3)}$-imidazoline-3-oxide		06388
191	43	149	173	206	163			**206**	100	59	12	10	8	6				13	18	2	–	–	–	–	–	–	–	–	–	2,4,4,6-Tetramethyl-3-(3-oxo-1-butenyl)-4H-pyran		M8868
191	57	41	206	192	29	74	39	**206**	100	30	18	15	14	12	10	7		14	22	1	–	–	–	–	–	–	–	–	–	Phenol, 2,4-di-tert-butyl-	96-76-4	H0214
191	57	41	206	192	29	131	91	**206**	100	26	20	19	15	14	13	12		14	22	1	–	–	–	–	–	–	–	–	–	Phenol, 2,6-di-tert-butyl-	128-39-2	H0614
191	57	163	192	206	41	91	115	**206**	100	19	17	15	15	12	9	8		14	22	1	–	–	–	–	–	–	–	–	–	Phenol, 2,5-di-tert-butyl-	5875-45-6	R1855
191	57	206	41	192	91	135	107	**206**	100	39	21	16	15	8	7	7		14	22	1	–	–	–	–	–	–	–	–	–	Phenol, 3,5-di-tert-butyl-	1138-52-9	Q5523
191	57	206	192	41	91	107	135	**206**	100	55	26	15	14	9	8	8		14	22	1	–	–	–	–	–	–	–	–	–	Phenol, 3,5-di-tert-butyl-	1138-52-9	Q5522
191	57	206	192	41	163	73	74	**206**	100	26	19	16	13	7	5	5		14	22	1	–	–	–	–	–	–	–	–	–	Phenol, 2,5-di-tert-butyl-		14747
191	57	206	192	74	41	29	88	**206**	100	29	17	15	10	9	5	4		14	22	1	–	–	–	–	–	–	–	–	–	Phenol, 2,4-di-tert-butyl-		C0442
191	57	206	192	74	41	163	73	**206**	100	19	16	15	8	6	5	4		14	22	1	–	–	–	–	–	–	–	–	–	Phenol, 2,4-di-tert-butyl-	96-76-4	P7083
191	57	206	192	131	41	74	163	**206**	100	26	21	14	13	9	9	8		14	22	1	–	–	–	–	–	–	–	–	–	Phenol, 2,6-di-tert-butyl-		C0443
191	135	107	57	91	29	206	41	**206**	100	53	30	25	20	19	15	14		13	18	2	–	–	–	–	–	–	–	–	–	Oxirane, [[4-(tert-butyl)phenoxy]methyl]-	3101-60-8	Q9016
191	135	189	133	165	163	187	131	**206**	100	83	73	66	61	46	45	40	**0.50**	6	14	–	–	–	–	–	–	–	–	–	1	Cyclopropyltrimethyltin		05978
191	177	57	206	42	44	187	91	**206**	100	80	35	30	28	27	23	17		14	22	1	–	–	–	–	–	–	–	–	–	Phenol, 6-tert-butyl-2-sec-butyl-		C0611
191	206	57	41	192	74	91	105	**206**	100	40	25	24	21	9	8	8		14	22	1	–	–	–	–	–	–	–	–	–	Phenol, 3,5-di-tert-butyl-		14748
191	206	73	192	123	43	45	207	**206**	100	73	23	16	16	14	13	13		9	14	–	4	–	–	–	–	–	–	1	–	9H-Purine, 6-methyl-9-(trimethylsilyl)-	32865-79-5	S3919
191	206	82.5	192	189	89	101	95.5	**206**	100	66	33	21	16	16	12	11		16	14	–	–	–	–	–	–	–	–	–	–	9-Ethylphenanthrene		00680
191	206	163	192	207	77	91	51	**206**	100	92	16	15	15	12	12	7		12	14	3	–	–	–	–	–	–	–	–	–	3-Methyl-5,6-dimethoxyindan-1-one		P1219
191	206	173	77	192	163	149	91	**206**	100	81	31	31	29	21	13	10		13	18	2	–	–	–	–	–	–	–	–	–	3-Butyl-4-hydroxy-5-acetyltoluene		00193
191	206	189	165	192	190	207	178	**206**	100	58	27	22	20	16	10	9		16	14	–	–	–	–	–	–	–	–	–	–	9-Ethylphenanthrene		01519
191	206	189	190	94.5	192	101	28	**206**	100	70	43	25	17	16	15	15		16	14	–	–	–	–	–	–	–	–	–	–	4,5-Dimethylphenanthrene		Y1864
191	206	189	190	192	202	101	94.5	**206**	100	65	42	26	16	15	15	15		16	14	–	–	–	–	–	–	–	–	–	–	4,5-Dimethylphenanthrene		Y1939
191	206	189	190	192	207	101	202	**206**	100	78	43	22	18	12	10	10		16	14	–	–	–	–	–	–	–	–	–	–	4,5-Dimethylphenanthrene	3674-69-9	Q9640
191	206	189	192	207	95.5	205	88	**206**	100	78	22	17	13	13	12	12		16	14	–	–	–	–	–	–	–	–	–	–	2-Ethylphenanthrene		00679
191	206	193	208	141	143	192	207	**206**	100	97	62	60	25	9	9	9		8	8	2	–	2	–	–	–	–	–	–	–	Benzene, 1,4-dichloro-2,5-dimethoxy-	2675-77-6	Q8524
202	101	203	200	178	100	201	88	**206**	100	20	19	18	13	12	12	9	**0.00**	16	14	–	–	–	–	–	–	–	–	–	–	1,2,3,4-Tetrahydrofluoranthene		Y1978
205	206	76	77	51	176	151	89	**206**	100	52	17	10	10	8	8	8		14	10	–	2	–	–	–	–	–	–	–	–	1-Phenylphthalazine		02081
206	41	95	163	191	44	121	81	**206**	100	89	67	52	50	50	48	48		15	26	–	–	–	–	–	–	–	–	–	–	Dihydrovalencene		M5612
206	56	145	85	42	28	91	207	**206**	100	79	71	26	17	14	14	12		8	18	–	2	–	–	–	2	–	–	–	–	Piperazine, 1,4-bis(ethylthio)-	35242-70-7	08944
206	63	103	104	77	50	51	76	**206**	100	16	12	11	7	5	4	3		10	7	–	–	–	1	–	–	–	–	–	–	Naphthalene, 2-bromo-		L0660
206	77	205	180	78	103	207	104	**206**	100	94	70	46	17	16	15	10		14	10	–	2	–	–	–	–	–	–	–	–	N-Phenylbenzimidoyl cyanide		15073
206	91	70	47	86	118	79	189	**206**	100	53	35	29	28	28	26	26		5	6	1	2	–	–	–	3	–	–	–	–	Isothiazole, 3,5-bis(methylthio)-4-nitroso-	37589-39-2	S5546

MASS TO CHARGE RATIOS								M.W.	INTENSITIES								Parent	C	H	O	N	Cl	Br	F	S	P	B	Si	X	COMPOUND NAME	CAS Reg No	No
206	91	205	128	191	129	115	89	**206**	100	72	40	31	26	24	20	16		16	14	–	–	–	–	–	–	–	–	–	–	**1,4-Diphenyl-butadiene**		**L4646**
206	91	205	191	128	178	77	51	**206**	100	77	74	36	30	29	26	20		16	14	–	–	–	–	–	–	–	–	–	–	**Benzene, 1,1′-(1-cyclobutene-1,2-diyl)bis-**	3306-02-3	**Q9201**
206	99	191	70	93	108	91	98	**206**	100	94	91	53	33	24	20	17		12	18	1	2	–	–	–	–	–	–	–	–	**1H-Isoindol-1-one, 3-(dimethylamino)-3a,4,5,7a-tetrahydro-3a,5-dimethyl-**	75378-96-0	**T8958**
206	103	77	179	78	154	207	76	**206**	100	99	92	65	51	35	21	17		12	6	–	4	–	–	–	–	–	–	–	–	**2,3-Dicyano-5-phenylpyrazine**		**I7169**
206	109	43	81	68	108	67	80	**206**	100	62	52	49	40	38	37	32		11	14	2	2	–	–	–	–	–	–	–	–	**Isoxazole, 4,4′-methylenebis[3,5-dimethyl-**	23075-86-7	**S0055**
206	109	43	81	68	108	67	110	**206**	100	62	52	49	40	38	37	32		11	14	2	2	–	–	–	–	–	–	–	–	**Isoxazole, 4,4′-methylenebis[3,5-dimethyl-**		**L5656**
206	120	133	91	118	90	175	119	**206**	100	94	88	56	55	50	45	44		11	14	2	2	–	–	–	–	–	–	–	–	**1-(4′-Methylphenyl)-3-methoxyimidazolidinone**		**P2089**
206	124	160	176	208	52	178	97	**206**	100	78	73	72	72	45	39	37		6	4	2	2	2	–	–	–	–	–	–	–	**Aniline, 2,6-dichloro-4-nitro-**	99-30-9	**P7239**
206	124	176	208	160	178	162	126	**206**	100	69	66	63	43	42	29	24		6	4	2	2	2	–	–	–	–	–	–	–	**Aniline, 2,6-dichloro-4-nitro-**	99-30-9	**P7240**
206	124	176	208	160	178	162	126	**206**	100	99	79	70	55	50	37	36		6	4	2	2	2	–	–	–	–	–	–	–	**Aniline, 2,6-dichloro-4-nitro-**	99-30-9	**P7237**
206	124	208	160	162	126	32	17	**206**	100	76	64	57	36	25	25	21		6	4	2	2	2	–	–	–	–	–	–	–	**Aniline, 3,6-dichloro-2-nitro-**		**D0942**
206	135	77	87	51	147	86	120	**206**	100	83	65	26	25	20	19	16		10	10	1	2	–	–	–	1	–	–	–	–	**5-Methyl-4-oxo-3-phenyl-2-thioxo-imidazolidine**		**M0759**
206	136	53	178	69	108	207	51	**206**	100	37	18	18	13	13	13	11		10	6	5	–	–	–	–	–	–	–	–	–	**1,4-Naphthalenedione, 2,5,8-trihydroxy-**	13379-22-1	**R4494**
206	141	142	115	27	157	158	129	**206**	100	92	58	45	25	25	19	19		11	10	2	–	–	–	–	1	–	–	–	–	**2H-Thiopyran, 3-phenyl-, 1,1-dioxide**		**L5481**
206	141	142	115	157	28	129	158	**206**	100	92	58	45	26	26	20	20		11	10	2	–	–	–	–	1	–	–	–	–	**2H-Thiopyran, 3-phenyl-, 1,1-dioxide**	6581-28-8	**R2384**
206	151	123	121	137	191	81	41	**206**	100	94	59	50	36	27	25	22		14	22	1	–	–	–	–	–	–	–	–	–	**2-Cyclohexen-1-one, 3-(2-butenyl)-2,4,4,5-tetramethyl-, (E)-**	68931-42-0	**T6981**
206	160	124	208	162	30	97	126	**206**	100	90	83	57	49	31	28	26		6	4	2	2	2	–	–	–	–	–	–	–	**Aniline, 4,6-dichloro-2-nitro**		**D1283**
206	163	133	205	149	43	162	57	**206**	100	81	74	64	41	28	22	21		11	15	3	–	–	–	–	–	–	1	–	–	**4H-1,3,2-Benzodioxaborin, 2-(2-methylpropoxy)-**	55162-71-5	**T0489**
206	163	135	56	134	207	53	120	**206**	100	39	22	22	15	12	11	9		9	10	2	4	–	–	–	–	–	–	–	–	**Lumazine, 6,7,8-trimethyl-**	5784-00-9	**R1795**
206	163	135	148	177	207	77	92	**206**	100	86	26	20	20	10	8	8		11	10	4	–	–	–	–	–	–	–	–	–	**2H-1-Benzopyran-2-one, 3,7-dimethoxy-**	29076-68-4	**S2348**
206	171	208	173	136	135	210	85	**206**	100	97	97	67	42	34	31	30		8	5	–	–	3	–	–	–	–	–	–	–	**β,2,4-Trichlorostyrene**		**Z1584**
206	175	43	207	119	176	205	103	**206**	100	48	15	14	13	7	6	6		11	10	4	–	–	–	–	–	–	–	–	–	**Methyl 5-methyl-2,2′-bifuran-3′-carboxylate**		**04483**
206	177	176	69	43	39	205	163	**206**	100	39	25	16	16	15	14	14		11	10	4	–	–	–	–	–	–	–	–	–	**2-Methyl-5-hydroxy-7-methoxychromone**		**00758**
206	177	176	69	163	205	148	207	**206**	100	39	25	15	14	14	13	13		11	10	4	–	–	–	–	–	–	–	–	–	**2-Methyl-5-hydroxy-7-methoxychromone**		**L3561**
206	178	121	150	160	108	207	123	**206**	100	84	43	33	24	17	17	10		11	10	4	–	–	–	–	–	–	–	–	–	**3′,6′-Dihydroxy-1,2-benzocycloheptane-3,7-dione**		**L5580**
206	178	135	163	207	148	63	179	**206**	100	54	20	20	11	10	8	8		11	10	4	–	–	–	–	–	–	–	–	–	**2H-1-Benzopyran-2-one, 4,7-dimethoxy-**	17575-27-8	**R7074**
206	178	163	135	207	68	62	89	**206**	100	55	27	12	12	8	7	7		11	10	4	–	–	–	–	–	–	–	–	–	**2H-1-Benzopyran-2-one, 5,7-dimethoxy-**	487-06-9	**Q1142**
206	178	163	135	207	68	89	91	**206**	100	55	28	13	12	7	7	7		11	10	4	–	–	–	–	–	–	–	–	–	**2H-1-Benzopyran-2-one, 5,7-dimethoxy-**		**L9207**
206	178	176	76	152	207	179	151	**206**	100	97	24	21	18	16	14	13		14	10	–	2	–	–	–	–	–	–	–	–	**3-Phenylcinnoline**		**L8245**
206	178	176	76	152	207	179	177	**206**	100	97	24	21	18	16	15	13		14	10	–	2	–	–	–	–	–	–	–	–	**3-Phenylcinnoline**		**05730**
206	178	176	152	76	151	51	177	**206**	100	80	52	49	32	32	32	30		14	10	–	2	–	–	–	–	–	–	–	–	**4-Phenylcinnoline**		**05731**
206	178	176	152	76	177	51	151	**206**	100	80	52	49	32	30	30	30		14	10	–	2	–	–	–	–	–	–	–	–	**4-Phenylcinnoline**		**L8244**
206	178	205	177	176	88	89	76	**206**	100	66	48	40	40	26	20	17		15	10	1	–	–	–	–	–	–	–	–	–	**9-Anthraldehyde**		**02687**
206	179	76	103	50	207	178	77	**206**	100	33	31	18	18	15	10	10		14	10	–	2	–	–	–	–	–	–	–	–	**2-Phenylquinoxaline**		**M5457**
206	179	76	207	103	178	77	180	**206**	100	45	20	14	13	7	7	6		14	10	–	2	–	–	–	–	–	–	–	–	**2-Phenylquinoxaline**		**05736**
206	179	76	207	103	180	77	75	**206**	100	45	20	14	13	6	6	5		14	10	–	2	–	–	–	–	–	–	–	–	**2-Phenylquinoxaline**		**L8248**
206	188	90	187	59	102	129	103	**206**	100	49	31	17	9	9	7	6		10	10	1	2	–	–	–	1	–	–	–	–	**2-Methyl-3-hydroxy-thiazolidino[3,2-a]benzimidazole**		**L9394**
206	191	163	178	135	107	69	79	**206**	100	46	37	26	23	21	20	20		11	10	4	–	–	–	–	–	–	–	–	–	**2H-1-Benzopyran-2-one, 6,7-dimethoxy-**	120-08-1	**P9044**
206	191	189	205	207	190	101	89	**206**	100	50	27	22	17	16	15	13		16	14	–	–	–	–	–	–	–	–	–	–	**2,5-Dimethylphenanthrene**		**00684**
206	191	189	207	192	165	190	89	**206**	100	84	23	18	15	13	10	10		16	14	–	–	–	–	–	–	–	–	–	–	**Anthracene, 2-ethyl-**	52251-71-5	**H2003**
206	191	189	207	205	89	103	101	**206**	100	38	18	16	16	13	10	10		16	14	–	–	–	–	–	–	–	–	–	–	**2,3-Dimethylphenanthrene**		**00683**
206	191	205	89	207	189	202	101	**206**	100	7	3	2	2	2	2	2		16	14	–	–	–	–	–	–	–	–	–	–	**Anthracene, 9,10-dimethyl-**	781-43-1	**Q4118**
206	191	205	128	91	207	202	203	**206**	100	38	29	25	22	19	18	18		16	14	–	–	–	–	–	–	–	–	–	–	**4-Phenyl-1,2-dihydronaphthalene**		**V0327**
206	191	205	189	207	102	101	190	**206**	100	22	20	19	17	15	11	9		16	14	–	–	–	–	–	–	–	–	–	–	**3,6-Dimethylphenanthrene**		**00686**
206	191	207	189	89	192	101	82.5	**206**	100	84	17	15	15	13	12	11		16	14	–	–	–	–	–	–	–	–	–	–	**9,10-Dimethylphenanthrene**		**00688**
206	205	91	191	202	89	207	204	**206**	100	86	34	20	17	17	16	16		16	14	–	–	–	–	–	–	–	–	–	–	**Indeno[2,1-a]indene, 4b,5,9b,10-tetrahydro-**		**Y2122**
206	205	91	191	202	204	207	203	**206**	100	87	30	20	16	16	16	15		16	14	–	–	–	–	–	–	–	–	–	–	**Indeno[2,1-a]indene, 4b,5,9b,10-tetrahydro-**		**Y2012**
206	205	91	191	207	202	89	115	**206**	100	79	32	20	16	16	16	16		16	14	–	–	–	–	–	–	–	–	–	–	**Indeno[2,1-a]indene, 4b,5,9b,10-tetrahydro-**	5695-17-0	**R1686**
206	205	164	191	175	207	178	42	**206**	100	53	28	26	20	13	13	11		11	14	2	2	–	–	–	–	–	–	–	–	**Benzoic acid, p-[[(dimethylamino)methylene]amino]-, methyl ester**	29390-16-7	**S2509**
206	205	164	191	178	207	175	135	**206**	100	75	18	17	14	13	9	9		11	14	2	2	–	–	–	–	–	–	–	–	**Benzoic acid, m-[[(dimethylamino)methylene]amino]-, methyl ester**	29366-18-5	**S2445**
206	205	189	207	191	102	101	103	**206**	100	23	17	17	16	9	7	7		16	14	–	–	–	–	–	–	–	–	–	–	**2,7-Dimethylphenanthrene**	1576-69-8	**Q6243**
206	205	189	207	191	102	190	89	**206**	100	24	17	17	16	10	8	7		16	14	–	–	–	–	–	–	–	–	–	–	**2,7-dimethylphenanthrene**	1576-69-8	**M3983**
206	205	191	189	207	102	89	101	**206**	100	22	21	17	16	14	10	9		16	14	–	–	–	–	–	–	–	–	–	–	**2,7-Dimethylphenanthrene**		**00685**
206	208	68	171	75	179	104	40	**206**	100	62	58	50	32	29	25	22		6	4	2	2	2	–	–	–	–	–	–	–	**3,6-Dichloro-2,5-diamino-p-benzoquinone**		**D1220**
206	208	127	18	63	126	103	207	**206**	100	97	67	27	16	14	12	12		10	7	–	–	–	1	–	–	–	–	–	–	**Naphthalene, 2-bromo-**		**Z1588**

MASS TO CHARGE RATIOS								M.W.	INTENSITIES								Parent	C	H	O	N	Cl	Br	F	S	P	B	Si	X	COMPOUND NAME	CAS Reg No	No
206	208	127	126	63	74	50	75	**206**	100	99	93	27	25	18	18	17		10	7	–	–	–	1	–	–	–	–	–	–	**Naphthalene, 1-bromo-**		**Y1525**
206	208	127	126	63	207	77	63.5	**206**	100	98	82	20	19	12	11	11		10	7	–	–	–	1	–	–	–	–	–	–	**Naphthalene, 1-bromo-**	90-11-9	**Z1582**
206	208	171	173	136	210	135	85	**206**	100	98	78	51	42	32	27	25		8	5	–	–	3	–	–	–	–	–	–	–	**β,2,5-Trichlorostyrene**		**Z1585**
206	208	191	173	175	171	127	99	**206**	100	62	60	58	46	45	34	31		8	8	2	–	2	–	–	–	–	–	–	–	**3,5-Dichloro-2-methoxy-benzyl alcohol**		**F0503**
206	208	191	193	163	165	210	195	**206**	100	65	35	24	16	11	11	4		8	8	2	–	2	–	–	–	–	–	–	–	**Benzene, 1,2-dichloro-4,5-dimethoxy-**		**L9860**
207	209	171	206	208	163	172	173	**206**	100	64	57	57	44	40	34	31		8	8	2	–	2	–	–	–	–	–	–	–	**Benzene, 1,4-dichloro-2,5-dimethoxy-**	2675-77-6	**Q8525**
208	206	171	136	210	207	209	85	**206**	100	98	66	43	36	29	26	24		8	5	–	–	3	–	–	–	–	–	–	–	**Trichlorostyrene**		**Z1595**
208	206	191	189	82	39	38	45	**206**	100	97	83	81	66	50	44	44		5	3	2	–	–	1	–	1	–	–	–	–	**2-Thiophenecarboxylic acid, 5-bromo-**	7311-63-9	**R3051**
208	206	210	63	98	99	209	100	**206**	100	77	24	22	18	15	7	6		6	4	1	–	1	1	–	–	–	–	–	–	**2-Bromo-4-chlorophenol**		**Z1591**
18	28	17	162	30	44	207	69	**207**	100	99	71	36	28	14	12	12		10	9	4	1	–	–	–	–	–	–	–	–	**2-Quinolinecarboxylic acid, 1,2,3,4-tetrahydro-1-hydroxy-4-oxo-, (S)-**	55030-24-5	**T0100**
28	43	29	120	42	41	27	192	**207**	100	54	50	38	35	30	26	26	**12.01**	12	17	2	1	–	–	–	–	–	–	–	–	**6-Azaspiro[2.5]octa-4,7-diene-6-carboxylic acid, 2,2-dimethyl-, ethyl ester**	34995-40-9	**S4775**
42	41	112	172	84	55	109	207	**207**	100	60	55	38	27	22	20	18		9	15	–	1	2	–	–	–	–	–	–	–	**N-(2,3-Dichloro-1-propenyl)hexahydroazepine**		**05221**
42	44	207	149	43	177	69	70	**207**	100	88	62	56	53	33	31	23		4	6	2	3	–	1	–	–	–	–	–	–	**Sydnone, 4-bromo-3-(dimethylamino)-**	69978-07-0	**T7556**
43	28	126	84	72	176	174	27	**207**	100	95	69	63	31	29	24	24	**0.00**	8	15	4	–	–	–	–	1	–	–	–	–	**1-Methylsulphyl-2-acetamidoxylose**		**P4014**
43	136	44	94	207	148	92	137	**207**	100	99	33	30	28	16	11	10		13	21	1	1	–	–	–	–	–	–	–	–	**Acetamide, N-tricyclo[4.3.1.1$^{(3,8)}$]undec-1-yl-**	27011-42-3	**S1590**
43	148	94	207	136	44	80	106	**207**	100	99	84	74	54	35	32	32		13	21	1	1	–	–	–	–	–	–	–	–	**Acetamide, N-tricyclo[4.3.1.1$^{(3,8)}$]undec-3-yl-**	27011-43-4	**S1591**
43	148	207	92	136	44	79	107	**207**	100	99	74	60	58	36	33	33		13	21	1	1	–	–	–	–	–	–	–	–	**Acetamide, N-tricyclo[4.3.1.1$^{(3,8)}$]undec-3-yl-**		**L8518**
44	50	36	107	52	79	38	39	**207**	100	83	65	51	33	31	25	25	**0.00**	7	10	4	1	1	–	–	–	–	–	–	–	**Pyridinium, 1,2-dimethyl-, perchlorate**	52805-99-9	**S8108**
55	41	83	179	97	82	152	54	**207**	100	92	78	41	38	37	36	34	**22.27**	14	25	–	1	–	–	–	–	–	–	–	–	**Cyclohexanamine, N-cyclooctylidene-**	54699-42-2	**S9452**
57	108	123	207	41	40	122	85	**207**	100	48	37	35	26	14	8	6		12	17	2	1	–	–	–	–	–	–	–	–	**Propanamide, N-(4-methoxyphenyl)-2,2-dimethyl-**	56619-94-4	**T3923**
57	123	207	41	94	93	85	43	**207**	100	30	29	23	11	7	6	5		12	17	2	1	–	–	–	–	–	–	–	–	**Propanamide, N-(3-methoxyphenyl)-2,2-dimethyl-**	56619-93-3	**T3922**
58	71	192	147	207	162	41	69	**207**	100	82	80	64	59	35	33	30		14	25	–	1	–	–	–	–	–	–	–	–	**2-Propen-1-amine, N,N-dimethyl-3-(2,6,6-trimethyl-1-cyclohexen-1-yl)-**	52209-32-2	**S7902**
58	87	71	79	162	136	147	91	**207**	100	78	61	53	46	26	26	25	**18.00**	14	25	–	1	–	–	–	–	–	–	–	–	**2-Propen-1-amine, N,N-dimethyl-3-(2,6,6-trimethyl-2-cyclohexen-1-yl)-**	56248-14-7	**T3174**
58	116	91	71	42	59	65	79	**207**	100	35	16	6	5	3	3	3	**0.30**	13	21	1	1	–	–	–	–	–	–	–	–	**N,N-Dimethyl-4-benzyloxybutylamine**		**16223**
58	122	125	136	137	150	207	179	**207**	100	28	16	10	10	5	5	4		13	21	1	1	–	–	–	–	–	–	–	–	**5-Heptenenitrile, 2,6-dimethyl-2-(3-oxobutyl)-**	58422-84-7	**T5032**
69	41	39	63	70	38	40	64	**207**	100	65	36	11	9	8	8	6	**1.80**	10	9	4	1	–	–	–	–	–	–	–	–	**2-Butenoic acid, 4-nitrophenyl ester**	35665-90-8	**S5031**
69	41	39	70	28	63	30	40	**207**	100	82	49	20	18	11	9	9	**1.81**	10	9	4	1	–	–	–	–	–	–	–	–	**2-Butenoic acid, 4-nitrophenyl ester-, (E)-**		**P1186**
69	77	145	165	95	51	56	113	**207**	100	52	37	37	27	17	17	17	**0.30**	5	3	1	1	–	–	6	–	–	–	–	–	**α-Methylhexafluoroisopropyl cyanate**		**L7164**
73	91	192	59	45	135	43	130	**207**	100	93	47	28	27	15	14	13	**6.21**	12	21	–	1	–	–	–	–	–	–	1	–	**Silanamine, N-ethyl-1,1,1-trimethyl-N-benzyl-**	14629-66-4	**R5327**
73	92	75	117	91	116	45	147	**207**	100	62	56	35	31	29	25	23	**1.00**	11	17	1	1	–	–	–	–	–	–	1	–	**Benzeneacetamide, N-(trimethylsilyl)-**	55724-32-8	**T1989**
75	89	124	50	115	63	137	125	**207**	100	96	72	62	54	49	44	43	**40.00**	9	6	1	3	1	–	–	–	–	–	–	–	**1,2,4-Triazole-3-carboxaldehyde, 5-(4-chlorophenyl)-**		**M8257**
75	89	124	115	63	137	73	102	**207**	100	96	72	54	49	44	43	43	**40.00**	9	6	1	3	1	–	–	–	–	–	–	–	**1,2,4-Triazole-3-carboxaldehyde, 5-(4-chlorophenyl)-**	26899-27-4	**09683**
75	133	87	104	105	103	74	71	**207**	100	72	50	38	26	24	15	14	**1.69**	7	13	6	1	–	–	–	–	–	–	–	–	**Methyl α-D-glucopyranosiduronamide**		**P2049**
78	18	77	52	51	50	39	17	**207**	100	47	20	16	13	10	10	10	**3.77**	11	13	3	1	–	–	–	–	–	–	–	–	**1(3H)-Isobenzofuranone, 3-[(2-methoxyethyl)amino]-**	55937-96-7	**T2371**
82	41	55	94	108	122	178	136	**207**	100	45	40	26	11	6	5	4	**1.00**	14	25	–	1	–	–	–	–	–	–	–	–	**Cyclododecaneacetonitrile**	21963-16-6	**R9467**
83	41	55	82	54	126	179	67	**207**	100	83	83	52	49	49	48	47	**26.73**	14	25	–	1	–	–	–	–	–	–	–	–	**Cyclohexanamine, N-cyclooctylidene-**	54699-42-2	**S9453**
83	135	163	207	52	53	95	108	**207**	100	99	99	99	86	86	70	48		8	9	2	5	–	–	–	–	–	–	–	–	**Pyrazolo[5,1-c][1,2,4]triazine-3-carboxylic acid, 4-amino-, ethyl ester**	6841-01-6	**R2593**
85	169	95	79	207	41	107	135	**207**	100	28	22	21	19	18	13	12		11	13	3	1	–	–	–	–	–	–	–	–	**Tricyclo[3.3.1.1$^{(3,7)}$]decane-2-carboxamide, 4,8-dioxo-**	56782-74-2	**08321**
91	44	119	77	135	39	78	41	**207**	100	22	17	16	16	15	15	14	**0.00**	11	13	3	1	–	–	–	–	–	–	–	–	**Benzeneacetic acid, α-(aminocarbonyl)-α-ethyl-**	24130-91-4	**S0460**
91	92	88	105	118	207	56	65	**207**	100	79	66	44	27	26	23	23		11	13	3	1	–	–	–	–	–	–	–	–	**Glycine, N-(phenylacetyl)-, methyl ester**	5259-87-0	**R1241**
91	118	72	117	90	119	74	208	**207**	100	97	50	47	34	31	24	22	**0.00**	11	17	1	1	–	–	–	–	–	–	1	–	**Benzeneacetaldehyde, O-(trimethylsilyl)oxime**	75314-25-9	**T8904**
91	120	147	192	134	135	73	75	**207**	100	30	19	15	13	13	12	12	**2.00**	12	21	–	1	–	–	–	–	–	–	1	–	**Silanamine, N-ethyl-1,1,1-trimethyl-N-benzyl-**	14629-66-4	**R5328**
91	207	65	39	92	89	51	63	**207**	100	20	16	8	8	6	5	5		15	13	–	1	–	–	–	–	–	–	–	–	**Benzonitrile, 3-phenethyl-**	34176-91-5	**S4565**
93	99	94	43	207	41	69	55	**207**	100	17	13	13	11	9	8	7		12	17	2	1	–	–	–	–	–	–	–	–	**Pentanamide, 4-hydroxy-4-methyl-N-phenyl-**	4685-97-6	**09697**
94	65	77	66	51	95	63	50	**207**	100	28	24	22	14	10	7	5	**0.00**	12	17	2	1	–	–	–	–	–	–	–	–	**Carbamic acid, butylmethyl-, phenyl ester**	54644-61-0	**S9396**
98	43	42	99	94	96	108	110	**207**	100	39	29	28	19	18	18	18	**0.00**	8	18	–	1	–	1	–	–	–	–	–	–	**Piperidinium, 1-ethyl-1-methyl-, bromide**	54644-39-2	**S9374**
100	44	58	28	101	41	57	29	**207**	100	35	12	10	7	5	5	4	**0.06**	14	25	–	1	–	–	–	–	–	–	–	–	**4,7,9-Decatrien-2-amine, N-butyl-**	62238-22-6	**T6001**
100	176	56	91	101	77	177	105	**207**	100	43	11	6	6	6	6	6	**0.96**	12	17	2	1	–	–	–	–	–	–	–	–	**4-Morpholineethanol, α-phenyl-**	4432-34-2	**R0434**
105	60	148	43	102	61	45	30	**207**	100	84	84	43	20	14	13	9	**0.00**	7	13	2	1	–	–	–	2	–	–	–	–	**Acetamide, N-[1-(1,3-dithiolan-2-yl)-2-hydroxyethyl]-**	24401-55-6	**S0575**
105	77	148	51	106	42	44	149	**207**	100	44	29	18	13	6	5	5	**1.42**	11	13	3	1	–	–	–	–	–	–	–	–	**L-Alanine, N-benzoyl-, methyl ester**	7244-67-9	**R2994**
105	207	133	151	104	134	132	77	**207**	100	93	60	49	35	34	33	28		12	17	2	1	–	–	–	–	–	–	–	–	**Anthranilic acid, N-methyl-, butyl ester**	15236-34-7	**R5616**
106	43	165	77	51	102	107	104	**207**	100	32	28	20	10	8	8	8	**5.00**	11	13	3	1	–	–	–	–	–	–	–	–	**Benzeneacetic acid, α-(acetylamino)-, methyl ester**	52068-24-3	**S7854**
106	105	164	43	120	192	42	77	**207**	100	70	64	61	58	47	43	42	**29.70**	12	17	2	1	–	–	–	–	–	–	–	–	**Carbamic acid, (α-methylbenzyl)-, propyl ester**	32589-32-5	**S3738**

MASS TO CHARGE RATIOS								M.W.	INTENSITIES								Parent	C	H	O	N	Cl	Br	F	S	P	B	Si	X	COMPOUND NAME	CAS Reg No	No
106	105	164	43	192	42	77	120	**207**	100	70	65	62	47	41	41	40	**30.03**	12	17	2	1	–	–	–	–	–	–	–	–	Carbamic acid, (α-methylbenzyl)-, propyl ester	32589-32-5	**S3737**
109	150	41	81	110	58	88	56	**207**	100	65	50	31	25	18	15	9	**0.60**	11	13	3	1	–	–	–	–	–	–	–	–	Phenol, 2-(2-propenyloxy)-, methylcarbamate	4062-99-1	**R0048**
109	150	78	41	110	81	58	39	**207**	100	73	37	35	26	25	16	14	**1.67**	11	13	3	1	–	–	–	–	–	–	–	–	Phenol, 2-(2-propenyloxy)-, methylcarbamate	4062-99-1	**R0047**
109	207	208	95	136	82	110	75	**207**	100	94	58	44	31	31	20	17		9	6	2	3	–	–	1	–	–	–	–	–	2H-1,2,3-Triazole-4-carboxylic acid, 2-(2-fluorophenyl)-	51306-44-6	**S7638**
110	68	43	207	95	42	98	111	**207**	100	46	35	23	17	10	9	7		12	17	2	1	–	–	–	–	–	–	–	–	Cyclohexanone, 2-[(3,5-dimethyl-4-isoxazolyl)methyl]-	19788-40-0	**R8295**
110	68	43	207	95	42	98	150	**207**	100	46	35	23	17	10	9	6		12	17	2	1	–	–	–	–	–	–	–	–	Cyclohexanone, 2-[(3,5-dimethyl-4-isoxazolyl)methyl]-		**L5665**
115	207	116	161	190	77	63	160	**207**	100	96	52	47	31	27	26	24		10	9	4	1	–	–	–	–	–	–	–	–	2-Propenoic acid, 2-methyl-3-(4-nitrophenyl)-	949-98-4	**Q4813**
116	73	44	45	59	117	91	43	**207**	100	78	24	17	14	13	11	10	**0.99**	12	21	–	1	–	–	–	–	–	–	1	–	Silylamine, 1,1,1-trimethyl-N-(α-methylphenethyl)-	14629-65-3	**R5326**
120	74	116	91	43	103	42	65	**207**	100	79	46	24	20	11	9	9	**0.00**	12	17	2	1	–	–	–	–	–	–	–	–	L-Phenylalanine, propyl ester	54966-38-0	**S9960**
120	207	92	65	121	93	39	44	**207**	100	39	36	15	11	8	6	5		11	13	3	1	–	–	–	–	–	–	–	–	Propionic acid, 3-(3-aminobenzoyl)-2-methyl-	34270-86-5	**S4601**
121	79	149	93	67	41	207	77	**207**	100	65	51	33	29	19	17	16		11	13	1	1	–	–	–	1	–	–	–	–	Thiocyanic acid, 4-oxotricyclo[3.3.1.1$^{(3,7)}$]dec-2-yl ester, (1α,2α,3β,5α,7β)-	56781-88-5	**08298**
121	136	178	137	151	152	123	179	**207**	100	16	9	7	6	4	4	3	**0.00**	9	9	3	3	–	–	–	–	–	–	–	–	Carbonazidic acid, (4-methoxyphenyl)methyl ester	25474-85-5	**S1091**
121	149	79	67	93	41	77	207	**207**	100	71	67	32	32	20	17	11		11	13	1	1	–	–	–	1	–	–	–	–	Thiocyanic acid, 4-oxotricyclo[3.3.1.1$^{(3,7)}$]dec-2-yl ester, (1α,2β,3β,5α,7β)-	56781-89-6	**08297**
123	166	41	91	75	76	79	106	**207**	100	97	82	79	76	76	76	76	**60.60**	11	17	1	3	–	–	–	–	–	–	–	–	Carvone semicarbazone	4581-65-1	**R0619**
123	166	91	41	76	79	75	106	**207**	100	97	85	82	77	77	77	76	**61.00**	11	17	1	3	–	–	–	–	–	–	–	–	Carvone semicarbazone		**M7361**
124	125	28	41	151	42	27	39	**207**	100	63	29	22	22	21	14	14	**0.00**	13	21	1	1	–	–	–	–	–	–	–	–	2-Azatricyclo[3.3.0.0]octan-3-one, hexamethyl-		**P4098**
133	162	74	163	30	207	161	45	**207**	100	90	55	11	11	8	6	4		11	13	3	1	–	–	–	–	–	–	–	–	L-Phenylalanine, N-acetyl-	2018-61-3	**09211**
135	57	77	105	117	136	43	51	**207**	100	60	20	14	14	9	8	7	**0.50**	11	13	3	1	–	–	–	–	–	–	–	–	Benzeneacetamide, α-ethyl-N-formyl-α-hydroxy-	56440-45-0	**T3644**
135	77	92	107	151	207	64	136	**207**	100	23	23	22	21	18	11	10		12	17	2	1	–	–	–	–	–	–	–	–	Benzamide, N-tert-butyl-3-methoxy-	49834-28-8	**S7241**
135	134	149	150	165	133	164	77	**207**	100	80	70	45	43	39	28	25	**14.03**	12	17	2	1	–	–	–	–	–	–	–	–	1-Pentanone, 1-(4-methoxyphenyl)-, oxime	55937-94-5	**T2369**
135	134	207	162	90	136	63	39	**207**	100	28	21	18	11	11	10	8		10	9	2	1	–	–	–	1	–	–	–	–	1,2-Benzisothiazole-3-propanoic acid	50565-45-2	**S7333**
135	150	18	15	91	58	77	41	**207**	100	70	29	27	25	23	13	12	**1.70**	12	17	2	1	–	–	–	–	–	–	–	–	Phenol, 3-methyl-5-isopropyl-, methylcarbamate	2631-37-0	**Q8451**
135	150	28	18	91	136	151	32	**207**	100	80	21	18	18	12	10	8	**3.38**	12	17	2	1	–	–	–	–	–	–	–	–	Phenol, 3-methyl-5-isopropyl-, methylcarbamate	2631-37-0	**Q8452**
135	151	207	77	92	136	107	64	**207**	100	30	21	18	16	11	8	7		12	17	2	1	–	–	–	–	–	–	–	–	Benzamide, N-tert-butyl-4-methoxy-	19486-73-8	**R8174**
135	207	105	178	148	77	151	121	**207**	100	57	34	25	23	15	11	6		10	13	2	1	–	–	–	–	–	–	1	–	1-Oxa-3-aza-2-silacyclopentan-5-one, 2,2-dimethyl-3-phenyl-	57954-43-5	**T4815**
136	207	150	109	152	41	137	65	**207**	100	74	57	51	30	29	27	26		12	17	–	1	–	–	–	1	–	–	–	–	1,5-Benzothiazepine, 2,3,4,5-tetrahydro-2,2,4-trimethyl-	13338-13-1	**R4454**
138	88	69	92	142	74	15	31	**207**	100	59	42	35	12	10	8	7	**0.10**	5	3	1	1	–	–	6	–	–	–	–	–	α-Methylhexafluoroisopropyl isocyanate		**L7165**
142	192	15	69	92	154	173	29	**207**	100	70	68	59	54	18	16	14	**0.02**	5	3	1	1	–	–	6	–	–	–	–	–	2,2-Bis(trifluoromethyl)-3-methoxy-2H-azirine		**L7167**
146	164	43	90	207	119	147		**207**	100	37	21	18	13	12	10			10	9	4	1	–	–	–	–	–	–	–	–	Anthranilic acid, N-pyruvoyl		**L8987**
146	164	43	90	207	119	147	58	**207**	100	99	81	69	50	46	40	31		10	9	4	1	–	–	–	–	–	–	–	–	Anthranilic acid, N-pyruvoyl-	14469-11-5	**R5216**
147	207	175	118	148	146	91	77	**207**	100	55	55	35	30	30	30	28		11	13	3	1	–	–	–	–	–	–	–	–	6-Hydroxy-4-methoxycarbonyl-6,7-dihydro-7-methyl-5H-2-pyrindine		**L7002**
148	91	43	74	147	120	65	92	**207**	100	78	60	38	35	25	16	11	**8.40**	11	13	3	1	–	–	–	–	–	–	–	–	DL-Phenylalanine, N-acetyl-		**06259**
149	103	76	50	75	122	92	74	**207**	100	43	41	31	30	16	14	11	**9.00**	8	5	4	3	–	–	–	–	–	–	–	–	3-(4-Nitrophenyl)sydnone		**02057**
150	122	121	207	69	43	44	58	**207**	100	19	17	17	12	8	8	7		10	9	2	1	–	–	–	1	–	–	–	–	Benzo[b]thiophene-4-ol, methylcarbamate	1079-33-0	**Q5258**
150	122	207	121	69	44	43	77	**207**	100	19	17	17	12	8	8	7		10	9	2	1	–	–	–	1	–	–	–	–	Benzo[b]thiophene-7-ol, methylcarbamate		**L2698**
151	41	96	152	207	39	153	76	**207**	100	12	12	10	10	6	5	4		11	13	1	1	–	–	–	1	–	–	–	–	1,2-Benzisothiazole, 3-butoxy-	40991-40-0	**S6503**
151	96	141	207	152	39	153	123	**207**	100	12	12	10	10	6	5	4		11	13	1	1	–	–	–	1	–	–	–	–	1,2-Benzisothiazole, 3-butoxy-		**M8506**
160	178	161	132	162	188	133	135	**207**	100	92	69	65	57	52	51	46	**30.00**	10	9	4	1	–	–	–	–	–	–	–	–	3,6-Dimethoxyphthalimide		**M6215**
160	203	174	161	164	157	202	173	**207**	100	79	69	68	46	37	34	31	**12.00**	14	25	–	1	–	–	–	–	–	–	–	–	Pyrrolidine, 1-(3-butyl-2-cyclohexenyl)-		**L8845**
160	203	174	161	164	157	202	173	**207**	100	79	69	68	46	37	34	31	**12.00**	14	25	–	1	–	–	–	–	–	–	–	–	Pyrrolidine, 1-(6-butyl-1-cyclohexen-1-yl)-	23728-62-3	**S0328**
162	207	163	134	161	133	116	104	**207**	100	29	13	10	9	8	6	6		10	9	4	1	–	–	–	–	–	–	–	–	L-Quinaldic acid, 1,2,3,4-tetrahydro-8-hydroxy-4-oxo-	4886-42-4	**R0912**
164	70	111	71	192	178	207	69	**207**	100	54	54	46	38	19	19	15		14	25	–	1	–	–	–	–	–	–	–	–	Pyrrolidine, 1-(3-methyl-1-propylidene-2-hexenyl)-	31100-59-1	**S3198**
164	192	58	207	190	53	56	193	**207**	100	95	38	26	23	16	15	14		13	21	1	1	–	–	–	–	–	–	–	–	4-Quinolinol, 4-ethynyldecahydro-1,2-dimethyl-, (2α,4α,4aβ,8aα)-	16067-45-1	**R6015**
164	192	207	190	58	194	56	53	**207**	100	98	28	27	21	12	11	10		13	21	1	1	–	–	–	–	–	–	–	–	4-Quinolinol, 4-ethynyldecahydro-1,2-dimethyl-, (2α,4α,4aα,8aβ)-	16067-80-4	**R6016**
164	207	136	28	165	206	42	137	**207**	100	74	70	18	12	11	8	8		11	13	3	1	–	–	–	–	–	–	–	–	1(2H)-Isoquinolinone, 3,4-dihydro-7-hydroxy-6-methoxy-2-methyl-	21796-15-6	**R9386**
165	123	60	207	69	57	55	124	**207**	100	67	47	43	41	36	34	21		8	9	2	5	–	–	–	–	–	–	–	–	2-Acetylamino-6-oxo-8-methyl purine		**L2428**
166	123	91	41	76	75	79	106	**207**	100	93	78	76	71	71	71	71	**56.46**	11	17	1	3	–	–	–	–	–	–	–	–	Carvone semicarbazone	4581-65-1	**R0620**
171	115	51	77	116	39	117	104	**207**	100	35	22	22	17	16	7	6	**0.00**	11	10	1	1	1	–	–	–	–	–	–	–	Pyridinium, 3-hydroxy-1-phenyl-, chloride	15941-41-0	**R5927**
171	143	116	117	104	142			**207**	100	48	17	7	6	4			**0.00**	11	10	1	1	1	–	–	–	–	–	–	–	Pyridinium, 3-hydroxy-1-phenyl-, chloride		**M8655**
172	126	173	200	171	211	170	100	**207**	100	16	9	7	5	5	4	4	**0.00**	8	14	3	1	1	–	–	–	–	–	–	–	3-Piperidinecarboxylic acid, 4-oxo-, ethyl ester, hydrochloride	4644-61-5	**R0675**
172	130	42	207	150	41	144	57	**207**	100	36	34	31	29	23	20	16		9	15	–	1	2	–	–	–	–	–	–	–	N-[1-(Dichloromethylene)butyl]butylimine		**14928**
176	149	207	175	177	65	39	91	**207**	100	53	42	27	15	8	7	7		11	13	3	1	–	–	–	–	–	–	–	–	1H-Indole-6-carboxylic acid, 2,3,4,5-tetrahydro-7-methyl-5-oxo-, methyl ester	56783-99-4	**09148**
178	124	27	132	41	133	39	122	**207**	100	84	67	63	60	50	42	41	**34.60**	12	17	2	1	–	–	–	–	–	–	–	–	N-[(3,4-Dihydro-2H-pyran-2-ylmethylene)-3,4-dihydropyran-2-yl]methylamine		**D0945**

MASS TO CHARGE RATIOS								M.W.	INTENSITIES								Parent	C	H	O	N	Cl	Br	F	S	P	B	Si	X	COMPOUND NAME	CAS Reg No	No
178	207	136	57	65	191	101	144	**207**	100	34	31	19	15	15	14	10		9	15	–	1	2	–	–	–	–	–	–	–	**N-[1-(Dichloromethylene)-2-methylpropyl]isobutylimine**		**14930**
181	208	182	138	183	209	148	207	**207**	100	45	12	8	8	7	4	3		11	13	3	1	–	–	–	–	–	–	–	–	**Benzeneacetonitrile, 3,4,5-trimethoxy-**	13338-63-1	**R4456**
188	203	184	189	192	186	199	173	**207**	100	64	47	40	36	18	17	17	**15.00**	14	25	–	1	–	–	–	–	–	–	–	–	**Pyrrolidine, 1-(4-tert-butyl-1-cyclohexen-1-yl)-**		**L8730**
188	203	184	189	192	190	186	173	**207**	100	66	48	40	37	31	18	17	**15.96**	14	25	–	1	–	–	–	–	–	–	–	–	**Pyrrolidine, 1-(4-tert-butyl-1-cyclohexen-1-yl)-**	4147-00-6	**R0140**
190	92	93	164	208	133	120	189	**207**	100	55	40	32	25	18	17	17	**8.32**	12	17	2	1	–	–	–	–	–	–	–	–	**Cyclohexanol, 1-(4-methyl-2-pyridinyl)-, N-oxide**	17117-08-7	**08957**
190	207	175	162	191	136	134	189	**207**	100	50	30	22	21	13	12	11		10	13	2	3	–	–	–	–	–	–	–	–	**4H-Pyrido[1,2-a]pyrimidine-3-carboxamide, 6,7,8,9-tetrahydro-6-methyl-4-oxo-**	33484-45-6	**S4196**
191	190	205	177	207	136	162	163	**207**	100	50	40	35	31	30	28	24		8	9	2	5	–	–	–	–	–	–	–	–	**4(1H)-Pteridinone, 6-acetyl-2-amino-7,8-dihydro-**	42310-08-7	**S6895**
192	18	193	43	17	28	207	149	**207**	100	57	15	13	12	8	7	5		12	17	2	1	–	–	–	–	–	–	–	–	**Pyridine, 3,5-diacetyl-1,4-dihydro-2,4,5-trimethyl-**	1081-09-0	**Q5261**
192	55	83	124	207	193	97	164	**207**	100	61	51	25	24	22	22	18		11	17	1	3	–	–	–	–	–	–	–	–	**Isoalchornine**		**M0889**
192	164	58	190	207	53	193	56	**207**	100	72	29	15	15	13	13	12		13	21	1	1	–	–	–	–	–	–	–	–	**4-Quinolinol, 4-ethynyldecahydro-1,2-dimethyl-, (2α,4β,4aα,8aβ)-**	14788-65-9	**R5408**
192	193	207	149	150	134	164	206	**207**	100	12	4	4	4	3	2	2		12	17	2	1	–	–	–	–	–	–	–	–	**Pyridine, 3,5-diacetyl-1,4-dihydro-2,4,6-trimethyl-**	1081-09-0	**Q5262**
192	193	207	149	150	134	206	176	**207**	100	13	5	5	5	3	2	2		12	17	2	1	–	–	–	–	–	–	–	–	**Pyridine, 3,5-diacetyl-1,4-dihydro-2,4,6-trimethyl-**		**L5754**
192	207	72	77	107	57	65	55	**207**	100	96	53	47	39	30	30	26		10	13	–	3	–	–	–	1	–	–	–	–	**Acetone phenylthiosemicarbazone**		**B1925**
192	207	108	193	43	67	165	208	**207**	100	48	44	10	4	4	4	4		10	14	4	–	–	–	–	–	–	–	–	1	**Beryllium bis(acetylacetonate)**	10210-64-7	**R3654**
192	207	164	149	124	78	134	132	**207**	100	98	27	21	20	17	14	13		11	13	3	1	–	–	–	–	–	–	–	–	**Benzeneacetonitrile, 3,4,5-trimethoxy-**	13338-63-1	**R4455**
207	79	80	152	165	28	81	77	**207**	100	83	82	42	38	32	28	25		12	17	2	1	–	–	–	–	–	–	–	–	**1H-Isoindole-1,3(2H)-dione, 2-butyl-4,5,6,7-tetrahydro-**	54934-85-9	**S9835**
207	80	79	152	165	28	81	77	**207**	100	81	64	42	40	31	29	25		12	17	2	1	–	–	–	–	–	–	–	–	**4-Cyclohexene-1,2-dicarboximide, N-butyl-, cis-**	28916-00-9	**S2274**
207	105	133	151	134	132	18	104	**207**	100	81	40	37	34	31	28	25		12	17	2	1	–	–	–	–	–	–	–	–	**Anthranilic acid, N-methyl-, butyl ester**		**U0082**
207	121	148	149	59	69	45	162	**207**	100	94	88	62	17	17	15	15		10	9	2	1	–	–	–	1	–	–	–	–	**1,2-Benzisothiazole-3-acetic acid, methyl ester**	29876-70-8	**S2718**
207	129	51	116	90	76	89	140	**207**	100	63	56	46	13	8	6	3		12	12	–	–	–	–	–	–	–	–	–	1	**Vanadium, (π-cyclopentadienyl)(π-cycloheptatrienyl)-**		**02809**
207	134	174	89	90	102	206	208	**207**	100	82	59	15	15	15	15	15		10	9	–	1	–	–	–	2	–	–	–	–	**2-Methylthio-4-phenylthiazoline**		**P1263**
207	164	96	206	44	42	70	150	**207**	100	83	61	60	37	23	23	21		13	21	1	1	–	–	–	–	–	–	–	–	**Luciduline**	21041-42-9	**R9070**
207	164	209	166	192	51	102	128	**207**	100	96	33	31	21	16	16	16		11	10	1	1	1	–	–	–	–	–	–	–	**Quinoline, 2-chloro-6-methoxy-4-methyl-**	6340-55-2	**R2257**
207	206	130	208	204	178	165	102	**207**	100	52	24	16	15	11	9	9		15	13	–	1	–	–	–	–	–	–	–	–	**1H-Indole, 2-methyl-3-phenyl-**	4757-69-1	**R0804**
207	206	179	77	208	180	76	103	**207**	100	73	36	23	21	20	15	12		13	9	–	3	–	–	–	–	–	–	–	–	**Pyrido[2,3-d]pyrimidine, 4-phenyl-**	28732-75-4	**09764**
207	206	208	103	178	102	204	179	**207**	100	60	16	12	10	9	7	6		15	13	–	1	–	–	–	–	–	–	–	–	**1H-Indole, 5-methyl-2-phenyl-**		**L3476**
207	206	208	104	178	103	204	179	**207**	100	61	17	11	9	9	8	7		15	13	–	1	–	–	–	–	–	–	–	–	**1H-Indole, 5-methyl-2-phenyl-**	13228-36-9	**R4377**
207	206	208	204	165	178	102	179	**207**	100	50	16	13	13	10	9	7		15	13	–	1	–	–	–	–	–	–	–	–	**1H-Indole, 1-methyl-2-phenyl-**	3558-24-5	**Q9525**
207	209	97	133	62	135	132	99	**207**	100	64	61	39	28	26	21	20		6	3	3	1	2	–	–	–	–	–	–	–	**2-Nitro-4,6-dichlorophenol**		**D0004**
207	209	111	76	172	85	211	174	**207**	100	97	62	51	43	34	30	28		5	–	–	3	3	–	–	–	–	–	–	–	**2,4,6-Trichloro-5-cyanopyrimidine**		**D2156**
28	42	117	30	44	15	27	133	**208**	100	98	80	76	75	74	74	65	**54.00**	8	8	3	4	–	–	–	–	–	–	–	–	**Benzofurazan, 5-(dimethylamino)-4-nitro-**	18378-28-4	**R7558**
29	95	94	108	194	135	109	67	**208**	100	48	37	36	35	35	32	24	**4.00**	11	16	2	2	–	–	–	–	–	–	–	–	**1-Ethoxycarbonyl-3,5,7-trimethyl-1H-1,2-diazepine**		**L9808**
30	72	41	165	57	29	28	27	**208**	100	15	14	13	13	12	11	7	**0.36**	8	20	2	2	–	–	–	1	–	–	–	–	**Diisobutylsulphamide**		**M8786**
41	54	43	29	55	68	57	27	**208**	100	88	77	55	54	38	36	35	**18.00**	8	16	1	–	–	–	–	–	–	–	–	1	**O-ethyl selenohexanoate**		**16550**
41	55	69	95	81	43	83	123	**208**	100	93	81	73	65	63	57	51	**12.75**	15	28	–	–	–	–	–	–	–	–	–	–	**Bergamotane**		**M5618**
41	55	208	109	96	83	69	93	**208**	100	90	68	58	58	56	56	54		15	28	–	–	–	–	–	–	–	–	–	–	**Selinane**		**M5646**
41	68	152	55	82	70	83	109	**208**	100	92	84	80	54	51	50	39	**8.00**	15	28	–	–	–	–	–	–	–	–	–	–	**Caryophyllane**		**M5624**
41	69	39	42	208	139	51	91	**208**	100	82	76	35	33	21	18	18		6	6	1	–	–	–	6	–	–	–	–	–	**4-Penten-2-ol, 1,1,1-trifluoro-2-(trifluoromethyl)-**	646-97-9	**09937**
41	69	83	55	125	124	82	67	**208**	100	98	95	84	71	64	46	44	**4.07**	15	28	–	–	–	–	–	–	–	–	–	–	**1-Propyl-2-cyclohexylcyclohexane (high boiling)**		**Y1676**
41	109	135	189	43	95	55	123	**208**	100	90	84	77	69	64	62	51	**1.89**	14	24	1	–	–	–	–	–	–	–	–	–	**α-Caryophyllene alcohol**		**L1586**
43	51	77	91	39	117	128	50	**208**	100	98	91	63	56	51	49	44	**0.70**	12	16	3	–	–	–	–	–	–	–	–	–	**Benzenebutanoic acid, 4-methoxy-, methyl ester**		**C0504**
43	67	208	151	109	125	193	165	**208**	100	45	38	33	30	15	10	5		11	12	4	–	–	–	–	–	–	–	–	–	**3,5-Diacetyl-2,6-dimethylpyran-4-one**		**L6819**
43	71	57	96	41	29	55	193	**208**	100	89	62	48	45	32	23	21	**11.62**	10	22	–	–	1	–	–	–	1	–	–	–	**Phosphinous chloride, bis(2,2-dimethylpropyl)-**	57620-66-3	**T4769**
43	71	119	137	82	109	27	95	**208**	100	87	64	42	24	19	16	12	**0.10**	13	20	2	–	–	–	–	–	–	–	–	–	**3-Cyclohexen-1-one, 4,6,6-trimethyl-5-(1-oxobutyl)-**	53398-12-2	**S8435**
43	79	166	165	120	78	96	148	**208**	100	80	67	59	55	47	47	46	**36.20**	12	16	3	–	–	–	–	–	–	–	–	–	**Tricyclo[3.3.1.1$^{(3,7)}$]decanone, 4-(acetyloxy)-, (1α,3β,4α,5α,7β)-**	56782-73-1	**08310**
43	81	132	147	150	117	119	108	**208**	100	91	44	44	41	37	37	30	**11.00**	13	20	2	–	–	–	–	–	–	–	–	–	**4,5-Epoxy-1-methylbicyclo[4.2.0$^{(5,9)}$]spiro[3.8]dodecan-1-ol**		**P1342**
43	85	67	208	151	109	125	39	**208**	100	80	42	33	28	28	15	12		11	12	4	–	–	–	–	–	–	–	–	–	**3,5-Diacetyl-2,6-dimethylpyran-4-one**		**03253**
43	88	42	27	105	29	41	78	**208**	100	62	50	30	29	25	20	20	**0.11**	11	16	2	2	–	–	–	–	–	–	–	–	**1,1-Cyclobutanedicarbonitrile, 2,2-dimethoxy-4-isopropyl-**	73913-91-4	**T7834**
43	107	44	149	91	28	166	77	**208**	100	76	34	23	20	19	17	15	**0.60**	11	12	4	–	–	–	–	–	–	–	–	–	**Mandelic acid, methyl ester, acetate**	947-94-4	**Q4804**
43	107	150	81	135	55	123	95	**208**	100	44	38	18	18	17	17	13	**1.00**	14	24	1	–	–	–	–	–	–	–	–	–	**5-Undecen-2-one, 6,10-dimethyl-9-methylene-, (E)-**	64854-44-0	**T6522**
43	123	109	165	81	69	193	151	**208**	100	80	54	52	35	33	25	23	**10.00**	13	20	2	–	–	–	–	–	–	–	–	–	**3,4-Undecadiene-2,10-dione, 6,6-dimethyl-**	52588-78-0	**S8026**
43	124	208	57	122	41	152	81	**208**	100	98	68	56	49	47	45	41		8	16	1	–	–	–	–	–	–	–	–	1	**O-ethyl selenoisohexanoate**		**16551**

MASS TO CHARGE RATIOS								M.W.	INTENSITIES								Parent	C	H	O	N	Cl	Br	F	S	P	B	Si	X	COMPOUND NAME	CAS Reg No	No
43	151	124	109	133	208	123		208	100	80	60	43	43	36	21			13	20	2	–	–	–	–	–	–	–	–	–	5-Hepten-3-yn-2-ol, 6-methyl-5-isopropyl-, acetate	63922-40-7	T6318
43	193	175	121	105	149	147	81	208	100	69	44	36	33	26	20	19	2.00	13	20	2	–	–	–	–	–	–	–	–	–	3-Buten-2-one, 4-(5-hydroxy-2,6,6-trimethyl-1-cyclohexen-1-yl)-	69050-59-5	T6997
43	193	175	121	137	72	147	77	208	100	51	51	43	26	21	19	14	1.00	13	20	2	–	–	–	–	–	–	–	–	–	3-Buten-2-one, 4-(5-hydroxy-2,6,6-trimethyl-2-cyclohexen-1-yl)-	75800-50-9	T9029
43	208	166	111	44	139	167	209	208	100	51	50	9	8	7	5	5		9	8	2	2	–	–	–	1	–	–	–	–	Acetamide, N-(4-hydroxy-2-benzothiazolyl)-	20600-52-6	R8760
43	208	166	111	139	110	137	69	208	100	51	50	9	7	4	3	3		9	8	2	2	–	–	–	1	–	–	–	–	Acetamide, N-(4-hydroxy-2-benzothiazolyl)-		L4711
44	45	153	46	108	135	42	109	208	100	39	14	13	10	8	8	7	6.06	8	21	2	2	–	–	–	–	1	–	–	–	Butoxy-N,N,N′,N′-tetramethylphosphoramide		G0422
44	55	71	27	18	28	73	72	208	100	98	84	65	57	41	32	30	0.00	6	12	4	2	–	–	–	1	–	–	–	–	Bis(2-carbamoylethyl) sulphone		M1273
45	39	71	55	115	65	94	41	208	100	65	47	39	36	34	24	22	0.10	12	16	3	–	–	–	–	–	–	–	–	–	Pentanoic acid, 5-methoxy-, phenyl ester	69687-94-1	T7230
45	59	58	89	29	28	31	43	208	100	77	27	27	21	19	19	14	0.00	9	20	5	–	–	–	–	–	–	–	–	–	Tetramethylene glycol monomethyl ether		C1214
45	59	58	89	43	31	103	87	208	100	85	32	26	14	13	12	11	0.00	9	20	5	–	–	–	–	–	–	–	–	–	Tetramethylene glycol monomethyl ether		C1863
46	43	41	29	30	39	57	27	208	100	53	18	14	13	11	10	10	0.00	6	12	6	2	–	–	–	–	–	–	–	–	2,2-Dimethyltrimethylene dinitrate		L3811
52	78	130	208	51	77	53	28	208	100	66	34	25	15	13	11	9		12	12	–	–	–	–	–	–	–	–	–	1	Chromium, bis(η^6-benzene)-	1271-54-1	Q5882
52	130	78	208	53	131	50	51	208	100	27	16	15	12	5	4	4		12	12	–	–	–	–	–	–	–	–	–	1	Chromium, bis(η^6-benzene)-	1271-54-1	Q5883
52	130	78	208	77	104	51	39	208	100	46	44	30	13	7	6	5		12	12	–	–	–	–	–	–	–	–	–	1	Chromium, bis(η^6-benzene)-		01183
55	41	69	83	111	82	67	110	208	100	87	76	72	62	42	31	29	27.58	15	28	–	–	–	–	–	–	–	–	–	–	4′-Ethylbicyclohexylmethane (low boiling)		Y1711
55	41	69	111	83	110	82	67	208	100	87	76	66	65	38	33	31	19.75	15	28	–	–	–	–	–	–	–	–	–	–	4′-Ethyldicyclohexylmethane (high boiling)		Y1712
55	41	111	69	83	97	179	67	208	100	96	90	75	58	41	34	32	6.65	15	28	–	–	–	–	–	–	–	–	–	–	2′-Ethylbicyclohexylmethane (high boiling)		Y1710
55	41	126	83	53	98	44	67	208	100	58	56	53	28	27	13	12	0.00	12	16	3	–	–	–	–	–	–	–	–	–	2-Butynoic acid, 4-cyclohexyl-4-oxo-, ethyl ester	54966-50-6	S9970
55	83	73	123	103	93	41	75	208	100	91	40	25	24	22	21	15	0.00	9	21	1	–	1	–	–	–	–	–	1	–	Silane, [(6-chlorohexyl)oxy]trimethyl-	34714-00-6	S4714
55	88	45	59	73	87	41	43	208	100	73	57	24	21	20	19	19	13.00	8	16	–	–	–	–	–	3	–	–	–	–	1,2,4-Trithiolane, 3,5-diisopropyl-	54934-99-5	S9838
55	134	136	106	75	108	101	47	208	100	51	50	38	37	37	30	27	9.00	7	13	2	–	–	1	–	–	–	–	–	–	2H-Pyran, 3-bromo-2-ethoxytetrahydro-, trans-	34862-36-7	S4751
55	134	136	106	108	75	101	47	208	100	50	47	38	36	35	28	27	6.00	7	13	2	–	–	1	–	–	–	–	–	–	2H-Pyran, 3-bromo-2-ethoxytetrahydro-, cis-	55162-85-1	T0503
57	41	56	29	39	59	103	55	208	100	57	39	17	14	13	12	11	0.00	10	18	2	–	–	–	2	–	–	–	–	–	Ethylene, 1,2-di-tert-butoxy-1,2-difluoro-	1894-29-7	Q6966
57	119	109	152	134	92	93	91	208	100	72	54	38	31	25	24	22	0.00	13	20	2	–	–	–	–	–	–	–	–	–	Caryl propionate		01741
57	152	41	153	208				208	100	47	28	22	20					14	24	1	–	–	–	–	–	–	–	–	–	trans-6-tert-Butyl-decal-2-one		M2555
57	152	208	41	110				208	100	88	69	38	36					14	24	1	–	–	–	–	–	–	–	–	–	trans-6-tert-Butyl-decal-1-one		M2561
57	162	164	83	30	210	208	44	208	100	87	86	73	37	35	35	20		3	1	2	2	–	1	–	1	–	–	–	–	Thiazole, 2-bromo-5-nitro-	3034-48-8	Q8953
59	45	31	163	43	133	58	74	208	100	25	24	6	6	5	4	3	0.00	9	20	5	–	–	–	–	–	–	–	–	–	2,5,7,10-Tetraoxa-6-(methoxymethyl)undecane		C2169
61	44	43	31	45	91	29	147	208	100	97	74	51	34	30	24	18	3.12	10	13	4	–	–	–	–	–	–	1	–	–	1,2-Ethanediol, 1-(2-phenyl-1,3,2-dioxaborolan-4-yl)-, [S-(R*,R*)]-	74807-80-0	T8676
65	91	77	162	92	208	93	118	208	100	93	50	50	43	34	33	13		9	8	4	2	–	–	–	–	–	–	–	–	2-Phenylhydrazonopropanedioic acid		P1886
67	41	39	55	27	29	28	81	208	100	77	62	57	47	40	35	32	0.00	13	20	2	–	–	–	–	–	–	–	–	–	5,10-Undecadienoic acid, 2-methylene-, methyl ester	51788-60-4	S7780
67	55	41	81	79	93	109	107	208	100	49	46	34	26	26	24	20	1.20	13	20	2	–	–	–	–	–	–	–	–	–	5,10-Undecadienoic acid, 2-methylene-, methyl ester	51788-60-4	S7779
67	123	82	151	81	107	93	150	208	100	51	46	40	35	35	30	30	0.00	14	24	1	–	–	–	–	–	–	–	–	–	5,10-Dodecadien-2-one, 6,10-dimethyl-	63187-26-8	T6248
68	66	94	67	79	95	39	69	208	100	99	93	81	75	59	49	47	1.66	9	11	2	–	–	–	3	–	–	–	–	–	Bicyclo[2.2.1]-2-heptyl trifluoroacetate		03626
69	29	139	91	119	63	75	208	208	100	49	39	9	5	2	2	2		5	2	2	–	–	–	6	–	–	–	–	–	2,4-Pentanedione, 1,1,1,5,5,5-hexafluoro-	1522-22-1	Q6147
69	41	83	55	125	82	124	67	208	100	99	94	82	65	59	51	43	8.20	15	28	–	–	–	–	–	–	–	–	–	–	1-Propyl-2-cyclohexylcyclohexane (low boiling)		Y1675
69	124	125	83	55	82	41	57	208	100	88	88	48	42	42	38	25	0.48	15	28	–	–	–	–	–	–	–	–	–	–	2,2-Dicyclohexylpropane		C1315
69	125	41	124	55	83	82	43	208	100	81	79	63	59	49	32	23	0.00	15	28	–	–	–	–	–	–	–	–	–	–	2,2-Dicyclohexylpropane		Y1689
69	139	91	61	119	75	208		208	100	39	8	4	3	2	2			5	2	2	–	–	–	6	–	–	–	–	–	2,4-Pentanedione, 1,1,1,5,5,5-hexafluoro-		L9113
69	139	91	62	119	70	75	208	208	100	40	8	5	3	2	2	2		5	2	2	–	–	–	6	–	–	–	–	–	2,4-Pentanedione, 1,1,1,5,5,5-hexafluoro-	1522-22-1	Q6148
70	55	83	41	109	71	27	95	208	100	89	33	30	18	17	16	14	0.19	14	24	1	–	–	–	–	–	–	–	–	–	1,13-Tetradecadien-3-one		16851
71	55	44	105	72	101	103	27	208	100	91	74	70	62	52	49	44	8.40	6	12	2	2	–	–	–	2	–	–	–	–	Bis(2-carbamoylethyl) disulphide		M1276
72	49	121	140	91	189	68	159	208	100	87	78	60	16	12	4	4	0.00	1	–	–	–	–	–	8	–	–	4	–	–	Tetrakis(difluoroboryl)methane	55760-23-1	T2092
73	75	91	45	164	65	74	193	208	100	35	20	15	14	10	10	10	0.99	11	16	2	–	–	–	–	–	–	–	1	–	Phenylacetic acid TMS	2078-18-4	Q7346
73	75	164	91	193	45	74	65	208	100	42	17	15	15	10	10	9	0.00	11	16	2	–	–	–	–	–	–	–	1	–	Phenylacetic acid TMS		15217
73	91	119	117	45	55	43	92	208	100	70	45	42	22	20	14	12	0.00	13	20	2	–	–	–	–	–	–	–	–	–	2-Butanol, 3-(1-methyl-2-phenylethoxy)-	74810-46-1	T8698
74	31	29	32	69	41	79	43	208	100	55	38	36	35	31	25	24	0.24	7	13	2	–	–	1	–	–	–	–	–	–	Hexanoic acid, 6-bromo-, methyl ester	14273-90-6	R5099
74	75	87	44	43	73	71	56	208	100	69	50	33	20	20	19	18	0.00	8	16	6	–	–	–	–	–	–	–	–	–	1,3-Di-O-methylglucose		L6497
74	116	75	87	45	143	43	73	208	100	69	69	50	32	24	19	19	0.00	8	16	6	–	–	–	–	–	–	–	–	–	D-Glucopyranoside, methyl 3-O-methyl-	56248-44-3	T3204
77	105	106	55	70	51	28	102	208	100	98	97	39	37	34	24	24	4.79	12	16	3	–	–	–	–	–	–	–	–	–	Benzenebutanoic acid, α-ethyl-β-hydroxy-	55822-89-4	T2138
77	105	106	55	70	51	28	102	208	100	98	97	40	38	35	24	24	1.00	12	16	3	–	–	–	–	–	–	–	–	–	Benzenepropanoic acid, 2-ethyl-3-hydroxy-, methyl ester		L2082
78	119	52	60	28	51	118	84	208	100	63	57	42	28	21	19	17	11.01	9	8	–	2	–	–	–	2	–	–	–	–	1,2,3-Thiadiazolium, 5-mercapto-4-methyl-3-phenyl-, hydroxide, inner salt	56793-03-4	T4193
79	43	148	78	120	138	96	40	208	100	84	80	75	43	42	41	33	18.72	12	16	3	–	–	–	–	–	–	–	–	–	Tricyclo[3.3.1.1$^{(3,7)}$]decanone, 4-(acetyloxy)-, (1α,3β,4β,5α,7β)-	55821-13-1	T2119
79	43	148	78	120	138	96	40	208	100	84	80	75	43	42	40	33	18.00	12	16	3	–	–	–	–	–	–	–	–	–	4e-Acetoxyadamantan-2-one		M8605
80	208	48	64	115	127	81	28	208	100	71	56	47	40	38	30	26		10	8	3	–	–	–	–	1	–	–	–	–	1-Naphthalenesulphonic acid	85-47-2	P6261
81	15	129	127	98	179	67	47	208	100	12	9	6	5	3	3	3	1.08	3	4	1	–	1	1	2	–	–	–	–	–	1,1-Difluoro-2-bromo-2-chloroethyl methyl ether		Z1614

MASS TO CHARGE RATIOS								M.W.	INTENSITIES								Parent	C	H	O	N	Cl	Br	F	S	P	B	Si	X	COMPOUND NAME	CAS Reg No	No
81	53	208	41	79	39	51	155	**208**	100	66	57	30	25	18	13	10		6	9	–	–	–	–	–	–	–	–	–	1	**2-Hexyne, 6-iodo-**	28077-74-9	**S1954**
81	67	95	69	109	83	97	93	**208**	100	84	78	72	45	43	43	35	**10.00**	14	24	1	–	–	–	–	–	–	–	–	–	**2(1H)-Naphthalenone, octahydro-4a-methyl-7-isopropyl-, (4aα,7β,8aβ)-**	54594-42-2	**S9333**
81	109	41	95	123	135	165	55	**208**	100	99	75	75	35	35	32	32	**0.00**	13	20	2	–	–	–	–	–	–	–	–	–	**(+)-Epoxy-α-dihydro-ionone**		**M3603**
81	137	95	165	43	41	67	55	**208**	100	96	65	59	35	33	25	23	**14.00**	14	24	1	–	–	–	–	–	–	–	–	–	**1-Propanone, 2-methyl-1-(octahydro-3a-methyl-1H-inden-1-yl)-**	66708-25-6	**T6683**
81	208	41	27	39	51	127	79	**208**	100	85	50	46	39	35	28	26		6	9	–	–	–	–	–	–	–	–	–	1	**Cyclohexene, 1-iodo-**	17497-53-9	**06980**
82	43	124	107	109	83	41	65	**208**	100	74	55	49	48	35	35	33	**2.30**	9	21	3	–	–	–	–	–	1	–	–	–	**Triisopropyl phosphite**	116-17-6	**P8903**
82	55	83	41	69	67	125	124	**208**	100	98	96	89	74	35	31	30	**6.32**	15	28	–	–	–	–	–	–	–	–	–	–	**1,2-Dicyclohexylpropane**		**Y1687**
82	83	125	109	43	107	45	65	**208**	100	90	65	61	54	38	31	25	**4.80**	9	21	3	–	–	–	–	–	1	–	–	–	**Tripropyl phosphite**		**D2968**
83	41	69	55	165	67	81	43	**208**	100	77	64	59	55	35	26	25	**2.85**	15	28	–	–	–	–	–	–	–	–	–	–	**1-Isopropyl-2-cyclohexylcyclohexane (low boiling)**		**Y1679**
83	41	69	55	165	67	125	81	**208**	100	78	69	62	46	35	28	27	**0.49**	15	28	–	–	–	–	–	–	–	–	–	–	**1-Isopropyl-2-cyclohexylcyclohexane (high boiling)**		**Y1680**
83	69	82	124	125	67	81	179	**208**	100	97	63	61	60	36	23	11	**2.05**	15	28	–	–	–	–	–	–	–	–	–	–	**1,1-Dicyclohexylpropane**		**Y1686**
83	70	67	56	81	55	208	111	**208**	100	47	42	34	28	28	27	22		13	20	2	–	–	–	–	–	–	–	–	–	**8,8-Dimethylspiro[4.6]undecane-6,10-dione**		**15187**
83	82	55	41	67	39	69	208	**208**	100	80	64	56	23	13	11	11		15	28	–	–	–	–	–	–	–	–	–	–	**1,3-Dicyclohexylpropane**		**Y1688**
83	82	55	41	67	208	96	69	**208**	100	84	49	33	19	15	13	9		15	28	–	–	–	–	–	–	–	–	–	–	**1,3-Dicyclohexylpropane**		**V0265**
83	124	95	141	67	112	81	55	**208**	100	56	48	31	30	29	24	22	**5.10**	13	20	2	–	–	–	–	–	–	–	–	–	**trans-4,4-Dimethylbicyclo[6.3.0]undecane-2,6-dione**		**15185**
83	141	112	67	55	124	43	140	**208**	100	76	39	36	25	24	21	20	**5.40**	13	20	2	–	–	–	–	–	–	–	–	–	**cis-4,4-Dimethylbicyclo[6.3.0]undecane-2,6-dione**		**15184**
84	28	39	41	162	27	91	29	**208**	100	34	28	25	25	23	23	22	**21.00**	12	16	3	–	–	–	–	–	–	–	–	–	**trans-7-Carbethoxybicyclo[4.3.0]non-3-ene-8-one**		**P0970**
85	67	57	123	81	80	41	208	**208**	100	66	61	57	46	34	31	19		14	24	1	–	–	–	–	–	–	–	–	–	**Butyl 2-butylcyclopent-2-enyl ketone**		**M0059**
87	43	193	195	41	58	85	99	**208**	100	71	20	19	17	9	9	6	**0.00**	7	13	2	–	–	1	–	–	–	–	–	–	**1,3-Dioxolane, 2-(3-bromopropyl)-2-methyl-**	24400-75-7	**S0574**
87	115	94	163	43	69	77	41	**208**	100	86	70	30	24	24	21	19	**8.00**	12	16	3	–	–	–	–	–	–	–	–	–	**Butanoic acid, 4-phenoxy-, ethyl ester**	2364-59-2	**Q7880**
88	208	73	90	89	42	77	72	**208**	100	10	8	5	5	5	3	3		6	12	–	2	–	–	–	3	–	–	–	–	**Bis(dimethylthiocarbamyl) monosulphide**		**D1929**
91	39	92	77	63	105	104	115	**208**	100	56	47	46	43	43	41	41	**40.00**	16	16	–	–	–	–	–	–	–	–	–	–	**Styrene dimer**	25247-68-1	**S0990**
91	39	108	77	107	79	100	51	**208**	100	67	62	50	50	47	40	35	**5.33**	11	12	2	–	–	–	–	1	–	–	–	–	**Acetoacetic acid, 3-thio-, benzyl ester**	20632-90-0	**R8790**
91	51	102	77	92	103	208	210	**208**	100	10	9	8	7	6	6	6		8	7	–	–	3	–	–	–	–	–	–	–	**Benzene, (2,2,2-trichloroethyl)-**	3883-13-4	**Q9894**
91	79	39	108	107	77	100	51	**208**	100	80	66	60	50	48	40	34	**6.00**	11	12	2	–	–	–	–	1	–	–	–	–	**Acetoacetic acid, 3-thio-, benzyl ester**		**L4486**
91	107	74	85	102	101	92	65	**208**	100	37	31	28	17	14	13	11	**3.00**	12	16	3	–	–	–	–	–	–	–	–	–	**Butanoic acid, 4-benzyloxy-, methyl ester**	31600-42-7	**S3341**
91	208	117	65	28	92	39	45	**208**	100	71	66	55	39	34	22	21		11	12	2	–	–	–	–	1	–	–	–	–	**Methyl cis-3-benzylthio-2-propenoate**		**P1215**
94	43	77	57	55	41	71	70	**208**	100	55	26	24	23	22	21	15	**0.50**	12	16	3	–	–	–	–	–	–	–	–	–	**Carbonic acid, neopentyl phenyl ester**	13183-19-2	**R4334**
95	41	57	137	55	81	109	67	**208**	100	68	65	57	55	53	43	38	**5.00**	15	28	–	–	–	–	–	–	–	–	–	–	**Naphthalene, 2-tert-butyldecahydro-4a-methyl-**	54934-96-2	**S9836**
95	138	44	55	41	43	57	81	**208**	100	71	60	52	45	45	40	40	**0.00**	13	25	1	–	–	–	–	–	–	1	–	–	**2H-1,2-Oxaborin, 3,6-dihydro-2,3,3-tripropyl-**	32765-45-0	**S3879**
96	82	193	139	181	55	43	125	**208**	100	86	82	79	75	71	68	68	**20.71**	12	20	1	2	–	–	–	–	–	–	–	–	**2-Butanone, 3-(2,5-dihydro-4,5,5-trimethyl-2-pyrimidinyl)-3-methyl-, (+-)-**		**T4410**
96	109	58	208	42	41	55	110	**208**	100	91	61	58	25	20	18	17		12	20	1	2	–	–	–	–	–	–	–	–	**Cytisine, tetrahydro-12-methyl-**	18161-95-0	**R7405**
99	155	127	43	81	208	138	209	**208**	100	64	53	39	32	21	16	16		8	17	4	–	–	–	–	–	1	–	–	–	**Phosphoric acid, diethyl 1-methylenepropyl ester**	50522-98-0	**S7317**
99	155	127	45	81	207	111	138	**208**	100	64	52	40	32	20	17	16	**14.90**	8	17	4	–	–	–	–	–	1	–	–	–	**Phosphoric acid, diethyl 1-methylenepropyl ester**	50522-98-0	**S7316**
101	39	55	41	27	96	75	109	**208**	100	95	85	83	80	65	58	55	**0.00**	5	8	–	–	4	–	–	–	–	–	–	–	**1,1,1,5-Tetrachloropentane**		**01467**
101	55	41	39	137	28	96	75	**208**	100	90	69	66	58	52	51	49	**0.01**	5	8	–	–	4	–	–	–	–	–	–	–	**1,1,1,5-Tetrachloropentane**		**C0839**
101	55	137	96	91	75	139	109	**208**	100	90	73	63	58	46	46	46	**0.00**	5	8	–	–	4	–	–	–	–	–	–	–	**1,1,1,5-Tetrachloropentane**		**Z1601**
101	88	75	43	117	102	103	73	**208**	100	53	32	18	8	6	6	6	**0.00**	8	16	6	–	–	–	–	–	–	–	–	–	**D-Xylopyranose, 5-C-hydroxy-2,3,4-tri-O-methyl-**	69502-93-8	**T7121**
101	103	51	164	129	50	53	166	**208**	100	37	6	6	5	4	4	4	**0.28**	7	6	3	–	2	–	–	–	–	–	–	–	**2,4-Dioxabicyclo[3.2.0]hept-6-en-3-one, 1,5-dichloro-6,7-dimethyl-**	35436-20-5	**S4970**
103	77	131	208	51	104	207	76	**208**	100	90	87	63	62	53	47	42		14	12	–	2	–	–	–	–	–	–	–	–	**Benzaldehyde azine**	588-68-1	**Q2369**
104	78	103	105	56	43	41	57	**208**	100	10	10	9	7	6	6	5	**3.48**	16	16	–	–	–	–	–	–	–	–	–	–	**Cyclobutane, 1,2-diphenyl-**	3018-21-1	**Q8925**
104	78	103	105	77	51	102	39	**208**	100	9	9	8	5	3	2	2	**0.22**	16	16	–	–	–	–	–	–	–	–	–	–	**Benzene, 1,1′-(1,2-cyclobutanediyl)bis-, cis-**	7694-30-6	**R3398**
104	103	78	105	208	77	91	117	**208**	100	8	8	8	4	3	3	3		16	16	–	–	–	–	–	–	–	–	–	–	**Cyclobutane, 1,3-diphenyl-, trans-**	25558-23-0	**S1114**
104	105	103	78	77	51	89	102	**208**	100	9	8	7	5	3	3	2	**0.63**	16	16	–	–	–	–	–	–	–	–	–	–	**Benzene, 1,1′-(1,2-cyclobutanediyl)bis-, trans-**	20071-09-4	**R8486**
104	208	91	130	78	103	105	115	**208**	100	17	13	13	10	9	9	8		16	16	–	–	–	–	–	–	–	–	–	–	**Naphthalene, 1,2,3,4-tetrahydro-2-phenyl-**	29422-13-7	**S2520**
104	208	107	91	180	130	79	179	**208**	100	75	69	44	43	38	38	30		16	16	–	–	–	–	–	–	–	–	–	–	**Naphthalene, 1,2,3,4-tetrahydro-1-phenyl-**	3018-20-0	**Q8922**
104	208	130	78	91	103	115	77	**208**	100	48	17	15	14	13	10	10		16	16	–	–	–	–	–	–	–	–	–	–	**Naphthalene, 1,2,3,4-tetrahydro-2-phenyl**		**V0348**
105	77	123	68	51	44	122	41	**208**	100	50	36	33	16	15	13	11	**0.00**	12	16	3	–	–	–	–	–	–	–	–	–	**1,5-Pentanediol, monobenzoate**	55162-82-8	**T0500**
106	102	73	107	77	136	51	208	**208**	100	75	48	39	28	18	10	9		11	20	–	2	–	–	–	–	–	–	1	–	**Ethylenediamine, N-phenyl-N′-(trimethylsilyl)-**	16654-63-0	**R6329**
107	43	122	91	41	79	93	77	**208**	100	29	27	13	6	6	5	4	**4.00**	13	20	2	–	–	–	–	–	–	–	–	–	**Acetone, 1-(2,8,8-trimethyl-6-oxabicyclo[3.2.1]oct-2-en-7-yl)-**	66465-75-6	**T6650**
107	43	149	28	166	105	77	79	**208**	100	95	45	31	30	27	25	19	**8.43**	11	12	4	–	–	–	–	–	–	–	–	–	**Mandelic acid, methyl ester, acetate**		**05007**
107	150	43	123	41	135	81	55	**208**	100	88	72	50	40	40	37	30	**2.00**	14	24	1	–	–	–	–	–	–	–	–	–	**5-Undecen-2-one, 6,10-dimethyl-9-methylene-, (Z)-**	64854-46-2	**T6523**
107	166	17	28	43	18	15	108	**208**	100	45	30	28	21	20	12	9	**6.73**	11	12	4	–	–	–	–	–	–	–	–	–	**Methyl 4-acetoxyphenylacetate**		**04987**
107	166	43	15	77	78	59	149	**208**	100	99	58	24	21	20	18	18	**14.06**	11	12	4	–	–	–	–	–	–	–	–	–	**Methyl 3-acetoxyphenylacetate**		**04986**
108	40	29	43	109	45	41	39	**208**	100	74	41	40	29	26	23	17	**3.00**	13	20	2	–	–	–	–	–	–	–	–	–	**2-Cyclohexen-1-one, 4-(3-hydroxy-1-butenyl)-3,5,5-trimethyl-**	34318-21-3	**S4622**

MASS TO CHARGE RATIOS	M.W.	INTENSITIES	Parent	C	H	O	N	Cl	Br	F	S	P	B	Si	X	COMPOUND NAME	CAS Reg No	No
108 109 43 45 41 152 91 39	**208**	100 29 27 25 18 16 15 13	**1.95**	13	20	2	–	–	–	–	–	–	–	–	–	**2-Cyclohexen-1-one, 4-(3-hydroxy-1-butenyl)-3,5,5-trimethyl-, [R-[R*,R*-(E)]]-**	52210-15-8	**S7903**
109 95 55 41 96 81 69 83	**208**	100 87 85 76 76 69 65 65	**45.00**	15	28	–	–	–	–	–	–	–	–	–	–	**4αH,5αH-Eudesmane**		**P4001**
109 165 95 41 69 55 164 81	**208**	100 90 70 45 37 34 34 31	**4.48**	15	28	–	–	–	–	–	–	–	–	–	–	**Fukinane**	31230-13-4	**S3231**
110 81 41 208 109 43 29 39	**208**	100 17 16 13 12 9 9 8		13	20	2	–	–	–	–	–	–	–	–	–	**Phenol, 4-(heptyloxy)-**	13037-86-0	**R4156**
111 69 83 97 179 67 81 110	**208**	100 96 77 52 50 41 33 27	**13.93**	15	28	–	–	–	–	–	–	–	–	–	–	**2′-Ethylbicyclohexylmethane (low boiling)**		**Y1709**
111 83 96 166 41 208 55 95	**208**	100 63 63 57 50 50 48 48		14	24	1	–	–	–	–	–	–	–	–	–	**5H-Inden-5-one, octahydro-7a-methyl-3-isobutyl-**	66708-27-8	**T6685**
115 208 193 91 178 194 130 209	**208**	100 95 95 41 31 21 19 18		16	16	–	–	–	–	–	–	–	–	–	–	**1,3-Diphenyl-but-1-ene**		**Z1597**
117 91 115 118 208 116 65 77	**208**	100 23 19 12 10 5 4 2		16	16	–	–	–	–	–	–	–	–	–	–	**Benzene, 1,1′-(1-butene-1,4-diyl)bis-, (Z)-**	70388-65-7	**T7582**
118 89 91 75 117 73 45 193	**208**	100 48 46 38 38 30 23 15	**4.95**	12	20	1	–	–	–	–	–	–	–	1	–	**Silane, trimethyl(3-phenylpropoxy)-**	14629-60-8	**R5323**
118 89 91 117 75 73 92 193	**208**	100 46 43 40 28 26 14 13	**0.00**	12	20	1	–	–	–	–	–	–	–	1	–	**Silane, trimethyl(3-phenylpropoxy)-**	14629-60-8	**R5322**
119 117 121 157 142 172 190 208	**208**	100 99 64 32 32 23 8 4		13	20	2	–	–	–	–	–	–	–	–	–	**3-Butyn-2-ol, 4-(4-hydroxy-2,6,6-trimethylcyclohex-1-enyl)-**		**M8099**
119 193 91 118 149 208 65 73	**208**	100 72 48 31 28 23 19 16		11	16	2	–	–	–	–	–	–	–	1	–	**Benzoic acid, 2-methyl-, trimethylsilyl ester**	55557-15-8	**T1573**
119 193 91 118 149 208 65 73	**208**	100 72 48 31 28 23 19 16		11	16	2	–	–	–	–	–	–	–	1	–	**Phenylacetic acid TMS**	2078-18-4	**Q7345**
120 43 121 138 39 65 41 29	**208**	100 49 37 36 29 22 21 21	**14.11**	12	16	3	–	–	–	–	–	–	–	–	–	**Benzoic acid, 2-hydroxy-, isopentyl ester**	87-20-7	**H0152**
120 152 92 121 208 133 165 177	**208**	100 39 28 15 12 3 3 2		12	16	3	–	–	–	–	–	–	–	–	–	**Benzoic acid, 2-butoxy-, methyl ester**	5446-96-8	**R1440**
121 134 91 208 119 135 73 137	**208**	100 83 75 60 31 22 21 21		12	16	3	–	–	–	–	–	–	–	–	–	**3-(2-Methoxyphenyl)propionic acid ethyl ester**		**15749**
121 134 208 137 122 77 91 135	**208**	100 31 23 10 8 6 6 5		12	16	3	–	–	–	–	–	–	–	–	–	**3-(4-Methoxyphenyl)propionic acid ethyl ester**		**15763**
121 149 208 105 91 77 118 59	**208**	100 79 58 48 40 34 31 30		11	12	4	–	–	–	–	–	–	–	–	–	**Dimethyl 2-phenylmalonate**		**B0190**
123 41 95 55 44 208 81 69	**208**	100 60 50 48 48 42 42 34		15	28	–	–	–	–	–	–	–	–	–	–	**Santalane**		**M5616**
123 41 95 81 69 79 135 55	**208**	100 94 89 83 79 71 59 58	**29.40**	14	24	1	–	–	–	–	–	–	–	–	–	**2-(3-Formylbutyl)-1,3,3-trimethylcyclohex-1-ene**		**02530**
123 43 41 55 135 69 82 27	**208**	100 90 20 20 15 10 10 9	**0.00**	13	20	2	–	–	–	–	–	–	–	–	–	**3-Buten-2-one, 4-(2,2,6-trimethyl-7-oxabicyclo[4.1.0]hept-1-yl)-**	23267-57-4	**S0153**
123 208 69 41 55 97 67 109	**208**	100 80 32 29 29 25 21 19		13	20	2	–	–	–	–	–	–	–	–	–	**2,6-Naphthalenedione, octahydro-1,1,8a-trimethyl-, cis-**	57289-16-4	**T4449**
123 208 69 55 41 97 67 125	**208**	100 75 32 32 31 22 21 20		13	20	2	–	–	–	–	–	–	–	–	–	**2,6-Naphthalenedione, octahydro-1,1,8a-trimethyl-, trans-**	57289-17-5	**T4450**
124 180 152 56 82 96 108 208	**208**	100 74 73 60 58 33 33 32		8	8	3	–	–	–	–	–	–	–	–	1	**Iron, isoprenetricarbonyl-**	32731-93-4	**S3869**
125 103 127 77 138 102 89 63	**208**	100 76 58 48 43 33 25 22	**7.43**	8	7	–	–	3	–	–	–	–	–	–	–	**Benzene, 1-chloro-4-(1,2-dichloroethyl)-**	74298-94-5	**T7867**
126 208 165 151 127 43 85 179	**208**	100 43 39 35 31 31 15 14		9	16	–	6	–	–	–	–	–	–	–	–	**2-Cyclohexylamino-4,6-diamino-sym-triazine**		**D1492**
128 71 42 82 80 59 60 127	**208**	100 85 70 63 62 62 60 58	**0.00**	5	9	–	2	–	1	–	1	–	–	–	–	**2-Thiazolamine, 4,5-dimethyl-, monohydrobromide**	7170-76-5	**R2905**
129 44 69 31 131 75 51 79	**208**	100 97 70 61 32 29 27 26	**0.00**	3	1	–	–	1	1	3	–	–	–	–	–	**Cyclopropane, 1-bromo-1-chloro-2,2,3-trifluoro-**	24071-61-2	**S0450**
129 128 51 77 105 64 155 102	**208**	100 65 26 26 26 14 13 12	**8.00**	10	9	–	–	–	1	–	–	–	–	–	–	**Benzene, (bromocyclopropylidenemethyl)-**	41893-65-6	**08501**
129 128 127 51 63 130 50 64	**208**	100 57 19 15 12 11 11 11	**5.70**	10	9	–	–	–	1	–	–	–	–	–	–	**Cycloprop[a]indene, 6-bromo-1,1a,6,6a-tetrahydro-**	55780-41-1	**06837**
129 131 31 79 81 50 191 12	**208**	100 97 26 26 25 19 7 6	**2.44**	1	–	–	–	–	2	2	–	–	–	–	–	**Difluorodibromomethane**		**Y0693**
129 131 210 47 212 133 208 94	**208**	100 97 61 51 38 34 33 32		2	–	–	–	3	1	–	–	–	–	–	–	**Trichlorobromoethylene**		**M8131**
129 131 210 191 79 81 50 31	**208**	100 98 8 8 8 8 7 6	**4.15**	1	–	–	–	–	2	2	–	–	–	–	–	**Difluorodibromomethane**		**Z1599**
129 144 128 130 105 145 64 76	**208**	100 36 20 14 11 7 6 6	**2.50**	11	12	2	–	–	–	–	1	–	–	–	–	**5-Methyl-5-phenyl-2-thiabicyclo[2.1.0]pentane-2,2-dioxide**		**M3112**
129 145 191 157 128 175 155 173	**208**	100 62 44 38 28 28 23 20	**0.00**	10	8	3	–	–	–	–	1	–	–	–	–	**1-Naphthalenesulphonic acid**	85-47-2	**P6262**
129 157 130 169 131 158 128 159	**208**	100 56 14 10 9 6 4 3	**0.00**	5	9	–	2	–	1	–	1	–	–	–	–	**2-Thiazolamine, 4,5-dimethyl-, monohydrobromide**	7170-76-5	**R2906**
129 208 210 128 127 51 65 130	**208**	100 85 82 57 27 23 17 13		10	9	–	–	–	1	–	–	–	–	–	–	**Benzene, (2-bromo-1-cyclobuten-1-yl)-**	41893-67-8	**08507**
130 84 79 108 27 29 32 69	**208**	100 83 50 49 48 44 43 38	**4.00**	12	16	3	–	–	–	–	–	–	–	–	–	**cis-7-Carbethoxybicyclo[4.3.0]non-3-ene-8-one**		**P0971**
133 105 77 51 122 45 92 64	**208**	100 8 5 2 2 1 1 1	**0.00**	12	16	3	–	–	–	–	–	–	–	–	–	**Benzoic acid, 2-butoxy-, methyl ester**	5446-96-8	**R1441**
134 31 162 121 45 77 44 136	**208**	100 82 70 60 46 40 40 38	**12.00**	11	12	2	–	–	–	–	1	–	–	–	–	**Benzenepropanethioic acid, β-oxo-, O-ethyl ester**		**L4487**
134 121 208 177 135 209 122 178	**208**	100 67 61 13 11 9 7 2		12	16	3	–	–	–	–	–	–	–	–	–	**Benzenebutanoic acid, 4-methoxy-, methyl ester**	20637-08-5	**R8799**
134 135 208 121 91 137 105 163	**208**	100 61 48 38 20 18 17 17		12	16	3	–	–	–	–	–	–	–	–	–	**3-(3-Methoxyphenyl)propionic acid ethyl ester**		**15750**
134 162 121 31 45 77 44 136	**208**	100 70 61 50 47 42 40 38	**12.67**	11	12	2	–	–	–	–	1	–	–	–	–	**Benzenepropanethioic acid, β-oxo-, O-ethyl ester**	16516-19-1	**R6221**
135 193 208 107 136 194 41 57	**208**	100 59 23 13 11 8 8 7		13	20	2	–	–	–	–	–	–	–	–	–	**1-(4-tert-Butylphenoxy)-2-propanol**		**Z1608**
135 208 136 151 209 148 193 105	**208**	100 36 10 6 5 5 2 1		12	16	3	–	–	–	–	–	–	–	–	–	**Hydrocinnamic acid, p-methoxy-β-methyl-, methyl ester**	6555-29-9	**R2364**
137 123 43 165 95 71 27 55	**208**	100 82 67 66 42 35 23 23	**10.00**	13	20	2	–	–	–	–	–	–	–	–	–	**3-Cyclohexen-1-one, 2,2,4-trimethyl-3-(1-oxobutyl)-**	53398-13-3	**S8436**
138 93 151 123 91 165 105 193	**208**	100 44 41 39 37 35 28 26	**19.00**	13	20	2	–	–	–	–	–	–	–	–	–	**1H-Cyclopenta[1,3]cyclopropa[1,2]benzen-6(7H)-one, tetrahydro-3a-methoxy-3b,4-dimethyl-, (3aα,3bα,4α,7aR*)-**	62618-29-5	**T6219**
146 120 147 145 118 117 104 191	**208**	100 84 79 50 45 38 37 31	**8.31**	10	12	3	2	–	–	–	–	–	–	–	–	**Kynurenine**	343-65-7	**Q0543**
147 41 121 91 161 133 108 79	**208**	100 78 78 73 68 66 66 64	**0.11**	15	28	–	–	–	–	–	–	–	–	–	–	**4βH,5α-Eremophilane**	15404-63-4	**R5730**
148 208 53 52 61 149 147 67	**208**	100 98 25 24 19 19 17 15		9	9	1	4	–	–	1	–	–	–	–	–	**Pyrazolo[5,1-c][1,2,4]triazine, 6-(fluoroacetyl)-4,6-dihydro-3-methyl-4-methylene-**	6763-70-8	**R2532**
149 93 150 81 79 67 107 91	**208**	100 19 13 12 11 10 10 7	**7.01**	13	20	2	–	–	–	–	–	–	–	–	–	**Tricyclo[4.3.1.1(3,8)]undecane-1-carboxylic acid, methyl ester**	31083-60-0	**S3192**
149 93 150 81 79 107 67 208	**208**	100 20 13 12 11 11 10 8		13	20	2	–	–	–	–	–	–	–	–	–	**Tricyclo[4.3.1.1(3,8)]undecane-1-carboxylic acid, methyl ester**		**L8512**
149 135 93 150 107 66 81 79	**208**	100 29 20 12 11 9 9 8	**6.01**	13	20	2	–	–	–	–	–	–	–	–	–	**Tricyclo[4.3.1.1(3,8)]undecane-3-carboxylic acid, methyl ester**	31061-61-7	**S3153**

MASS TO CHARGE RATIOS								M.W.	INTENSITIES								Parent	C	H	O	N	Cl	Br	F	S	P	B	Si	X	COMPOUND NAME	CAS Reg No	No
149	135	93	150	107	81	67	79	**208**	100	30	20	12	12	10	9	9	**0.00**	13	20	2	–	–	–	–	–	–	–	–	–	**Tricyclo[4.3.1.1^(3,8)]undecane-3-carboxylic acid, methyl ester**		**L8511**
149	208	120	121	150	119	93	92	**208**	100	33	15	13	10	8	7	5		12	20	1	2	–	–	–	–	–	–	–	–	**N-Ethyl-N-4-hydroxybutyl-phenylenediamine**		**D1402**
150	151	56	77	51	104	57	76	**208**	100	50	30	25	20	20	16	16	**15.01**	10	12	3	2	–	–	–	–	–	–	–	–	**Oxaziridine, 3-(4-nitrophenyl)-2-propyl-**	22396-00-5	**R9710**
150	151	56	77	51	104	76	208	**208**	100	52	32	27	20	20	17	16		10	12	3	2	–	–	–	–	–	–	–	–	**Oxaziridine, 3-(4-nitrophenyl)-2-propyl-**		**L5011**
150	208	120	77	104	78	151	76	**208**	100	66	26	22	12	11	10	9		10	12	3	2	–	–	–	–	–	–	–	–	**Morpholine, 4-(4-nitrophenyl)-**	10389-51-2	**R3809**
151	43	42	208	193	80	52	51	**208**	100	70	34	26	15	14	14	14		11	16	2	2	–	–	–	–	–	–	–	–	**4-(Dimethylamino)-2-methoxyacetanilide**		**D2662**
151	105	43	133	121	77	91	39	**208**	100	77	53	38	27	26	18	18	**0.00**	13	20	2	–	–	–	–	–	–	–	–	–	**Benzyl alcohol, α-tert-butyl-2-methoxy-α-methyl**		**16513**
151	137	135	136	138	153	134	149	**208**	100	98	91	56	56	50	42	41	**34.96**	6	15	–	–	–	–	–	–	–	–	–	1	**Stibine, triethyl-**	617-85-6	**Q2958**
151	150	43	55	152	123	41	27	**208**	100	26	22	18	10	8	7	7	**0.51**	12	21	2	–	–	–	–	–	–	1	–	–	**4H-1,3,2-Dioxaborin, 6-vinyl-2-ethyl-4-methyl-4-isobutyl-**	74630-05-0	**T8153**
151	150	136	28	208	15	77	120	**208**	100	64	44	19	17	16	13	13		11	16	2	2	–	–	–	–	–	–	–	–	**Phenol, 4-(dimethylamino)-3-methyl-, methylcarbamate**	2032-59-9	**Q7208**
151	150	136	208	15	58	77	40	**208**	100	50	35	22	17	15	13	8		11	16	2	2	–	–	–	–	–	–	–	–	**Phenol, 4-(dimethylamino)-3-methyl-, methylcarbamate**	2032-59-9	**Q7209**
151	150	136	208	15	58	77	45	**208**	100	50	35	22	17	15	13	9		11	16	2	2	–	–	–	–	–	–	–	–	**Phenol, 4-(dimethylamino)-3-methyl-, methylcarbamate**		**04884**
151	208	81	41	179	152	43	67	**208**	100	16	15	13	12	11	10	8		14	24	1	–	–	–	–	–	–	–	–	–	**Butyl 2-butylcyclopent-1-enyl ketone**		**M0047**
151	208	149	122	150	179	121	123	**208**	100	63	49	30	30	22	19	13		6	15	–	–	–	–	–	–	–	–	–	1	**Stibine, triethyl-**		**L8790**
152	57	85	151	208	166	124		**208**	100	77	71	66	24	11	10			12	16	3	–	–	–	–	–	–	–	–	–	**4-Cyclopentene-1,3-dione, 4,5-dimethyl-2-(3-methyl-1-oxobutyl)-**		**M6681**
152	57	109	94	41	153	96	55	**208**	100	78	45	39	37	25	25	23	**21.00**	14	24	1	–	–	–	–	–	–	–	–	–	**cis-6-tert-Butyl-decal-2-one**		**M2556**
152	125	29	41	138	111	97	108	**208**	100	90	50	47	46	46	43	34	**2.14**	9	21	3	–	–	–	–	–	1	–	–	–	**Phosphonic acid, pentyl-, diethyl ester**	1186-17-0	**Q5621**
152	180	208	76	50	151	75	74	**208**	100	89	71	71	57	46	30	29		14	8	2	–	–	–	–	–	–	–	–	–	**9,10-Anthracenedione**		**05522**
159	161	208	210	163	160	212	102	**208**	100	65	23	22	11	8	7	6		8	7	–	–	3	–	–	–	–	–	–	–	**1,4-Dichloro-2-(2-chloroethyl)benzene**		**Z1604**
163	107	164	93	41	119	193	180	**208**	100	30	15	8	8	7	6	6	**5.00**	14	24	1	–	–	–	–	–	–	–	–	–	**3,5-Dimethyladamantyl-1-ethanol**		**E0026**
163	149	180	76	177	29	50	208	**208**	100	28	23	22	19	19	16	15		11	12	4	–	–	–	–	–	–	–	–	–	**Methyl ethyl terephthalate**		**C1300**
163	149	180	177	135	103	76	104	**208**	100	38	35	30	21	14	11	9	**7.70**	11	12	4	–	–	–	–	–	–	–	–	–	**Methyl ethyl terephthalate**		**F0081**
163	149	180	177	179	104	15	76	**208**	100	36	34	28	26	18	16	15	**14.16**	11	12	4	–	–	–	–	–	–	–	–	–	**Methyl ethyl terephthalate**		**03097**
163	164	82	39	55	149	54	41	**208**	100	91	33	30	25	17	14	10	**3.40**	10	12	3	2	–	–	–	–	–	–	–	–	**4H-Pyrido[1,2-a]pyrimidine-3-acetic acid, 6,7,8,9-tetrahydro-4-oxo-**	54504-52-8	**S9228**
164	208	150	163	177	165	178	77	**208**	100	24	20	14	14	12	12	5		10	12	1	2	–	–	–	1	–	–	–	–	**2-Imino-3-(2-hydroxyethyl)-6-methylbenzothiazoline**		**16562**
164	208	165	39	190	69	43	78	**208**	100	91	20	15	15	12	11	11		11	12	4	–	–	–	–	–	–	–	–	–	**1H-2-Benzopyran-1-one, 3,4-dihydro-8-hydroxy-6-methoxy-3-methyl-, (R)-**	13410-15-6	**09951**
165	41	55	137	43	125	112	67	**208**	100	74	59	41	40	38	36	33	**31.41**	14	24	1	–	–	–	–	–	–	–	–	–	**2H-Cyclodeca[b]pyran, 3,4,5,6,7,8,9,10,11,12-decahydro-4-methyl-**	74685-51-1	**T8367**
165	43	137	109	123	107	193	91	**208**	100	39	36	26	25	24	20	19	**3.00**	13	20	2	–	–	–	–	–	–	–	–	–	**2-Cyclohexen-1-one, 3-(3-hydroxy-1-butenyl)-2,4,4-trimethyl-**	27185-78-0	**S1641**
165	91	119	147	77	131	121	43	**208**	100	99	62	62	54	44	36	25	**0.00**	13	20	2	–	–	–	–	–	–	–	–	–	**Benzyl alcohol, α-ethyl-α-isopropyl-2-methoxy-**		**16514**
165	109	41	95	55	208	83	63	**208**	100	70	62	58	54	39	37	33		15	28	–	–	–	–	–	–	–	–	–	–	**Cadinane**		**M5642**
165	121	93	164	166	178	44	208	**208**	100	30	25	20	20	13	10	5		8	8	3	4	–	–	–	–	–	–	–	–	**2,4(1H,3H)-Pteridinedione, 8-(2-hydroxyethyl)-**		**L4572**
165	121	93	164	178	44	166	149	**208**	100	30	25	20	14	11	11	10	**4.95**	8	8	3	4	–	–	–	–	–	–	–	–	**2,4(1H,3H)-Pteridinedione, 8-(2-hydroxyethyl)-**	13300-40-8	**R4418**
165	121	93	164	178	135	208	190	**208**	100	30	24	19	13	6	5	4		8	8	3	4	–	–	–	–	–	–	–	–	**8-Quinolinol, 2-(N-tert-butylformimidoyl)-**		**L8061**
165	135	43	208	91	39	77	79	**208**	100	66	46	40	27	21	20	20		12	16	3	–	–	–	–	–	–	–	–	–	**Acetone, 1-(2,5-dimethoxy-4-methylphenyl)-**	29907-70-8	**S2744**
165	151	135	193	150	120	121	208	**208**	100	39	27	15	11	9	8	4		6	16	–	–	–	–	–	–	–	–	–	1	**Isopropyltrimethyltin**		**L2555**
165	151	193	135	121	120	150	134	**208**	100	74	34	32	11	11	10	4	**2.86**	6	16	–	–	–	–	–	–	–	–	–	1	**Propyltrimethyltin**		**L2556**
165	163	151	149	161	193	147	135	**208**	100	77	74	57	46	36	36	31	**3.10**	6	16	–	–	–	–	–	–	–	–	–	1	**Propyltrimethyltin**		**02389**
165	163	161	151	149	164	135	162	**208**	100	75	45	38	31	29	26	26	**3.90**	6	16	–	–	–	–	–	–	–	–	–	1	**Isopropyltrimethyltin**		**02390**
165	208	110	123	43	136	109	179	**208**	100	86	75	73	67	67	63	60		12	20	1	2	–	–	–	–	–	–	–	–	**Pyridine, 1-acetyl-1,2,3,4-tetrahydro-5-(2-piperidinyl)-**	54966-22-2	**S9945**
165	208	209	166	163	164	104	88	**208**	100	99	16	15	13	10	9	8		15	12	1	–	–	–	–	–	–	–	–	–	**Phenanthrene, 9-methoxy-**	5085-74-5	**H1517**
166	107	43	177	208	133	89	149	**208**	100	91	49	41	36	35	30	28		11	12	4	–	–	–	–	–	–	–	–	–	**Methyl 4-(acetoxymethyl)benzoate**		**C1407**
167	41	82	43	68	44	106	39	**208**	100	56	54	52	52	46	33	31	**3.00**	10	12	3	2	–	–	–	–	–	–	–	–	**Allobarbital**	52-43-7	**P4593**
167	41	124	80	39	166	53	27	**208**	100	90	69	59	55	41	34	29	**13.21**	10	12	3	2	–	–	–	–	–	–	–	–	**Allobarbital**	52-43-7	**P4594**
167	41	124	80	39	166	53	68	**208**	100	82	70	62	45	43	32	28	**5.73**	10	12	3	2	–	–	–	–	–	–	–	–	**Allobarbital**	52-43-7	**P4592**
172	70	144	28	18	30	68	42	**208**	100	93	75	68	60	59	46	35	**0.00**	6	8	8	–	–	–	–	–	–	–	–	–	**Tetrahydroxy-p-benzoquinone dihydrate**		**L3253**
172	113	141	130	38	155	140	41	**208**	100	21	18	16	16	14	14	12	**0.00**	7	13	1	2	1	–	–	1	–	–	–	–	**2(3H)-Thiazolimine, 4-tert-butyl-3-hydroxy-, hydrochloride**	58275-61-9	**T4982**
173	175	137	208	102	210	174	101	**208**	100	66	25	21	20	20	15	14		8	7	–	–	3	–	–	–	–	–	–	–	**1,2-Dichloro-4-(1-chloroethyl)benzene**		**Z1603**
173	175	138	51	140	174	69	177	**208**	100	64	40	19	13	11	11	11	**9.91**	8	7	–	–	3	–	–	–	–	–	–	–	**Benzene, 1-methyl-4-(trichloromethyl)-**	3335-35-1	**Q9236**
173	175	138	51	140	174	177	69	**208**	100	64	40	19	13	11	11	11	**9.85**	8	7	–	–	3	–	–	–	–	–	–	–	**Benzene, 1-(chloromethyl)-4-(dichloromethyl)-**		**Z1610**
173	175	138	208	210	51	174	177	**208**	100	65	32	15	14	14	12	11		8	7	–	–	3	–	–	–	–	–	–	–	**Benzene, 1-(chloromethyl)-3-(dichloromethyl)-**		**Z1613**
173	175	138	208	210	51	174	177	**208**	100	65	33	15	14	14	12	11		8	7	–	–	3	–	–	–	–	–	–	–	**Benzene, 1-methyl-3-(trichloromethyl)-**	3335-34-0	**Q9234**
173	175	145	109	147	74	75	177	**208**	100	63	33	23	22	21	15	10	**1.60**	7	3	1	–	3	–	–	–	–	–	–	–	**Benzoyl chloride, 2,4-dichloro-**	89-75-8	**P6492**
173	175	208	210	102	137	101	159	**208**	100	64	25	24	22	22	18	11		8	7	–	–	3	–	–	–	–	–	–	–	**Benzene, 1,4-dichloro-2-(1-chloroethyl)-**	54965-00-3	**S9858**
176	145	208	75	177	133	78	105	**208**	100	51	44	19	19	15	13	13		11	12	4	–	–	–	–	–	–	–	–	–	**3-Benzofurancarboxylic acid, 2,3-dihydro-2-methoxy-, methyl ester, trans-**	40800-96-2	**S6447**
176	145	208	177	75	105	133	147	**208**	100	50	45	24	18	16	15	14		11	12	4	–	–	–	–	–	–	–	–	–	**3-Benzofurancarboxylic acid, 2,3-dihydro-2-methoxy-, methyl ester, cis-**	40800-97-3	**S6448**

MASS TO CHARGE RATIOS								M.W.	INTENSITIES								Parent	C	H	O	N	Cl	Br	F	S	P	B	Si	X	COMPOUND NAME	CAS Reg No	No
177	136	164	208	135	178	109	149	**208**	100	65	60	53	20	20	15	14		10	12	1	2	–	–	–	1	–	–	–	–	**2-[Methyl(2-hydroxyethyl)amino]benzothiazole**		**16563**
177	164	208	150	178	163	149	77	**208**	100	82	60	44	22	20	18	11		10	12	1	2	–	–	–	1	–	–	–	–	**2-(2-Hydroxyethylamino)-6-methylbenzothiazole**		**16570**
177	176	89	149	208	63	90	91	**208**	100	51	42	28	23	22	21	19		11	12	4	–	–	–	–	–	–	–	–	–	**1,3-Benzenedicarboxylic acid, 4-methyl-, dimethyl ester**	23038-61-1	**S0045**
177	176	149	208	148	117	89	178	**208**	100	62	30	28	18	16	13	10		11	12	4	–	–	–	–	–	–	–	–	–	**Dimethyl 2-methylterephthalate**		**F0046**
177	208	91	178	149	90	106	63	**208**	100	15	12	8	6	3	3	2		11	12	4	–	–	–	–	–	–	–	–	–	**1,2-Benzenedicarboxylic acid, 4-methyl-, dimethyl ester**	20116-65-8	**R8502**
177	208	149	99	178	159	80	31	**208**	100	33	28	20	8	5	4	3		8	4	2	–	–	–	4	–	–	–	–	–	**Benzoic acid, 2,3,4,5-tetrafluoro-, methyl ester**	5292-42-2	**R1269**
177	208	149	99	178	159	209	80	**208**	100	34	28	19	8	4	4	4		8	4	2	–	–	–	4	–	–	–	–	–	**Benzoic acid, 2,3,4,5-tetrafluoro-, methyl ester**		**M2172**
178	193	113	179	176	177	180	194	**208**	100	30	25	18	11	11	8	6	**0.00**	12	16	–	–	–	–	–	–	–	–	–	1	**Titanium, bis(η^5-2,4-cyclopentadien-1-yl)dimethyl-**	1271-66-5	**Q5886**
178	208	150	123	179	96	69	63	**208**	100	35	28	18	14	12	11	10		9	8	2	2	–	–	–	1	–	–	–	–	**2-Naphtho[2,1-d]thiazolamine**		**D2226**
179	151	135	165	193	121	120	137	**208**	100	73	32	17	10	9	8	8	**2.64**	6	16	–	–	–	–	–	–	–	–	–	1	**Diethyldimethyltin**		**05511**
179	181	137	139	87	109	59	123	**208**	100	99	74	71	52	32	31	31	**0.06**	7	17	–	–	–	1	–	–	–	–	1	–	**Silane, (bromomethyl)triethyl-**	1112-53-4	**Q5305**
180	152	76	208	151	181	150	75	**208**	100	39	30	28	18	15	10	9		14	8	2	–	–	–	–	–	–	–	–	–	**9,10-Phenanthrenedione**		**D0839**
180	152	208	151	181	76	150	126	**208**	100	37	21	18	16	14	11	10		14	8	2	–	–	–	–	–	–	–	–	–	**9,10-Phenanthrenedione**		**06484**
180	168	152	76	153	208	151	181	**208**	100	64	36	30	27	25	19	16		14	8	2	–	–	–	–	–	–	–	–	–	**9,10-Phenanthrenedione**	84-11-7	**P6180**
180	208	152	75	151	74	54	209	**208**	100	95	76	68	39	31	27	20		14	8	2	–	–	–	–	–	–	–	–	–	**9,10-Anthracenedione**	84-65-1	**P6196**
181	180	77	51	182	104	78	76	**208**	100	83	46	14	13	11	10	4	**3.37**	14	12	–	2	–	–	–	–	–	–	–	–	**Benzeneacetonitrile, α-(phenylamino)-**	4553-59-7	**R0595**
181	208	31	161	189	93	99	117	**208**	100	72	24	24	22	21	17	15		9	5	–	–	–	–	5	–	–	–	–	–	**Benzene, pentafluoro allyl-**	1736-60-3	**Q6636**
190	164	163	136	134	162	175	208	**208**	100	90	68	37	31	29	26	19		10	12	3	2	–	–	–	–	–	–	–	–	**4H-Pyrido[1,2-a]pyrimidine-3-carboxylic acid, 6,7,8,9-tetrahydro-6-methyl-4-oxo-**	32092-24-3	**S3490**
193	69	123	137	83	41	109	95	**208**	100	82	78	70	70	57	53	42	**0.75**	15	28	–	–	–	–	–	–	–	–	–	–	**1H-Indene, octahydro-2,2,4,4,7,7-hexamethyl-, trans-**	54832-83-6	**S9693**
193	75	73	43	194	45	28	77	**208**	100	69	52	20	17	13	12	10	**1.00**	12	20	1	–	–	–	–	–	–	–	1	–	**Silane, trimethyl(1-methyl-1-phenylethoxy)-**	14629-57-3	**R5316**
193	95	43	41	151	192	67	181	**208**	100	54	42	32	31	25	24	18	**0.84**	12	21	2	–	–	–	–	–	–	1	–	–	**4H-1,3,2-Dioxaborin, 4-vinyl-2-ethyl-4-methyl-6-isobutyl-**	74630-04-9	**T8152**
193	123	41	83	67	69	81	192	**208**	100	83	55	40	34	28	25	24	**17.51**	13	25	1	–	–	–	–	–	–	1	–	–	**Borinic acid, diethyl-, 3,3,5-trimethyl-1-cyclohexen-1-yl ester**	57387-76-5	**T4660**
193	137	123	91	105	165	152	208	**208**	100	57	54	33	33	30	18	10		13	20	2	–	–	–	–	–	–	–	–	–	**1H-Cycloprop[c]inden-4(5H)-one, hexahydro-1a-methoxy-2,3a-dimethyl-, (1aα,2β,3aα,7aR*)-**	75364-52-2	**T8947**
193	149	163	79	119	63	29	179	**208**	100	85	69	56	36	31	30	27	**13.10**	8	20	4	–	–	–	–	–	–	–	1	–	**Tetraethyl silicate**		**W0027**
193	149	163	119	79	179	135	63	**208**	100	93	66	42	40	24	22	19	**12.87**	8	20	4	–	–	–	–	–	–	–	1	–	**Tetraethyl silicate**	78-10-4	**P5854**
193	149	163	119	79	179	208	135	**208**	100	75	54	28	26	22	20	17		8	20	4	–	–	–	–	–	–	–	1	–	**Tetraethyl silicate**	78-10-4	**P5852**
193	149	208	194	121	91	150	109	**208**	100	65	32	14	12	7	7	7		13	20	2	–	–	–	–	–	–	–	–	–	**2-(4-tert-Butyl-o-tolyloxy)ethanol**		**Z1611**
193	178	191	189	89	202	208	180	**208**	100	41	23	18	18	12	11	9		16	16	–	–	–	–	–	–	–	–	–	–	**4,5-Dimethyl-9,10-dihydrophenanthrene**		**Y1977**
193	194	43	89	73	75	151	45	**208**	100	17	12	12	10	8	8	6	**0.50**	11	16	2	–	–	–	–	–	–	–	1	–	**Acetophenone, 2′-(trimethylsiloxy)-**	33342-85-7	**S4118**
193	208	43	73	75	151	89	194	**208**	100	51	50	26	24	22	18	17		11	16	2	–	–	–	–	–	–	–	1	–	**Acetophenone, 2′-(trimethylsiloxy)-**	33342-85-7	**S4117**
193	208	43	73	75	151	89	194	**208**	100	50	49	26	23	22	17	17		11	16	2	–	–	–	–	–	–	–	1	–	**Acetophenone, 3′-(trimethylsiloxy)-**	33342-86-8	**S4120**
193	208	69	78	41	77	207	104	**208**	100	89	79	72	48	37	27	13		12	8	–	4	–	–	–	–	–	–	–	–	**2,3-Dicyano-6,7-dimethylquinoxaline**		**17173**
193	208	73	75	151	165	89	89.5	**208**	100	51	26	24	22	14	10	3		11	16	2	–	–	–	–	–	–	–	1	–	**Acetophenone, 3′-(trimethylsiloxy)-**		**M3353**
193	208	89	73	194	75	151	175	**208**	100	15	12	11	11	8	8	6		11	16	2	–	–	–	–	–	–	–	1	–	**Acetophenone, 2′-(trimethylsiloxy)-**	33342-85-7	**S4119**
193	208	104	178	116	103	78	179	**208**	100	83	45	29	23	21	21	19		16	16	–	–	–	–	–	–	–	–	–	–	**Dibenzo[a,e]cyclooctene, 5,6,11,12-tetrahydro-**	1460-59-9	**Q6025**
193	208	147	42	73	194	89	151	**208**	100	32	30	29	28	17	17	13		11	16	2	–	–	–	–	–	–	–	1	–	**Acetophenone, 4′-(trimethylsiloxy)-**	18803-29-7	**R7828**
193	208	147	73	75	89	151	89.5	**208**	100	32	30	28	13	9	3	3		11	16	2	–	–	–	–	–	–	–	1	–	**Acetophenone, 4′-(trimethylsiloxy)-**		**M3354**
193	208	147	77	39	69	209	162	**208**	100	95	82	38	34	31	31	30		9	8	2	2	–	–	–	1	–	–	–	–	**Thieno[2,3-b]pyridine, 5-ethyl-3-nitro-**	51043-51-7	**S7552**
193	208	165	194	82.5	209	163	88	**208**	100	56	23	15	12	8	8	6		15	12	1	–	–	–	–	–	–	–	–	–	**9-Methoxyanthracene**		**02690**
196	167	165	152	166	153	181	197	**208**	100	66	60	25	23	15	15	15	**0.00**	15	12	1	–	–	–	–	–	–	–	–	–	**6H-Dibenzo[a,c]cyclohepten-6-one, 5,7-dihydro-**	1139-82-8	**Q5525**
206	178	176	76	152	207	179	89	**208**	100	97	24	21	18	16	15	13	**0.00**	14	12	–	2	–	–	–	–	–	–	–	–	**3-Phenylcinnoline**		**L8396**
207	104	105	208	77	79	51	78	**208**	100	93	82	67	34	34	33	33		14	12	–	2	–	–	–	–	–	–	–	–	**Pyrazolo[1,5-a]pyridine, 3-methyl-2-phenyl-**	17408-32-1	**R6921**
207	208	77	131	105	103	51	209	**208**	100	96	64	46	33	32	19	14		15	12	1	–	–	–	–	–	–	–	–	–	**2-Propen-1-one, 1,3-diphenyl-**	94-41-7	**P6854**
207	208	77	131	105	103	179	209	**208**	100	97	68	49	39	36	16	15		15	12	1	–	–	–	–	–	–	–	–	–	**2-Propen-1-one, 1,3-diphenyl-**	94-41-7	**P6856**
207	208	131	105	103	51	77	179	**208**	100	85	54	45	45	27	24	17		15	12	1	–	–	–	–	–	–	–	–	–	**Benzal acetophenone**		**D0014**
207	208	131	178	209	179	104	189	**208**	100	95	60	17	16	8	8	7		15	12	1	–	–	–	–	–	–	–	–	–	**Flav-3-ene**		**L2038**
207	208	211	179	181	74	109	212	**208**	100	56	35	22	22	19	18	17		7	3	1	–	3	–	–	–	–	–	–	–	**2,4,5-Trichlorobenzaldehyde**		**Z1612**
208	14	177	40	29	145	137	77	**208**	100	76	63	35	26	22	19	19		11	12	4	–	–	–	–	–	–	–	–	–	**Methyl 3-methoxy-4-hydroxycinnamate**		**05038**
208	41	55	95	109	81	69	165	**208**	100	71	60	54	46	46	44	38		15	28	–	–	–	–	–	–	–	–	–	–	**Eremophilane**		**M5614**
208	42	117	30	132	63	64	105	**208**	100	62	53	41	40	35	30	29		8	8	3	4	–	–	–	–	–	–	–	–	**4-Benzofurazanamine, N,N-dimethyl-7-nitro-**	1455-87-4	**Q6015**
208	43	165	123	166	135	136	209	**208**	100	87	57	57	43	33	29	20		11	16	2	2	–	–	–	–	–	–	–	–	**4-(Dimethylamino)-2-methoxyacetanilide**		**D2648**
208	45	163	192	147	134	120	164	**208**	100	54	30	23	11	10	9	8		8	4	1	2	–	–	–	2	–	–	–	–	**Thieno[2′,3′-c]pyridazo[6,5-b]thiophene N-oxide**		**P2527**
208	45	192	134	178	120	164	163	**208**	100	48	19	10	8	7	5	2		8	4	1	2	–	–	–	2	–	–	–	–	**Thieno[3′,2′-c]pyridazo[5,6-b]thiophene N-oxide**		**P2526**
208	52	117	91	182	65	39	78	**208**	100	99	34	30	8	6	6	5		12	12	–	–	–	–	–	–	–	–	–	1	**Chromium, π-cyclopentadienyl-π-cycloheptatrienyl-**		**02810**

MASS TO CHARGE RATIOS								M.W.	INTENSITIES								Parent	C	H	O	N	Cl	Br	F	S	P	B	Si	X	COMPOUND NAME	CAS Reg No	No
208	66	94	162	79	135	110	180	**208**	100	89	53	37	33	29	27	26		10	8	5	–	–	–	–	–	–	–	–	–	**4,7-Ethanoisobenzofuran-1,3,5,8(4H)-tetrone, tetrahydro-**	6537-90-2	**R2350**
208	69	124	153	109	81	95	152	**208**	100	99	99	99	92	72	70	60		12	16	3	–	–	–	–	–	–	–	–	–	**2,5-Cyclohexadiene-1,4-dione, 2-methoxy-5-pentyl-**	15116-19-5	**08788**
208	77	39	209	104	50	51	206	**208**	100	63	18	16	13	12	9	8		14	12	–	2	–	–	–	–	–	–	–	–	**1-Phenyl-2-methylbenzimidazole**		**D2153**
208	77	50	51	76	207	78	181	**208**	100	51	43	31	31	29	26	23		12	8	–	4	–	–	–	–	–	–	–	–	**2-(3′-Pyridyl)pyrido[2,3-d]pyrimidine**		**L7399**
208	79	56	51	178	50	124	134	**208**	100	57	53	46	36	34	33	31		8	8	3	4	–	–	–	–	–	–	–	–	**1H-1,2,4-Triazole, 3-ethyl-5-(5-nitro-2-furanyl)-**	5019-57-8	**R1024**
208	88	62	96	50	76	104	70	**208**	100	90	67	60	53	39	25	24		8	4	3	2	–	–	–	1	–	–	–	–	**Benzo[b]thiophen-3(2H)-one, 2-diazo-, 1,1-dioxide**	1887-57-6	**Q6957**
208	93	119	151	57	41	77	209	**208**	100	67	54	53	42	40	34	33		11	16	–	2	–	–	–	1	–	–	–	–	**Thiourea, N-tert-butyl-N′-phenyl-**	14327-04-9	**R5155**
208	95	86	43	79	55	96	107	**208**	100	52	49	33	30	27	26	24		11	12	4	–	–	–	–	–	–	–	–	–	**2-Adamantanecarboxylic acid, 4,8-dioxo-**	5202-69-7	**08326**
208	95	193	67	180	123	73	43	**208**	100	46	25	17	17	17	14	12		9	12	2	4	–	–	–	–	–	–	–	–	**1H-Purine-2,6-dione, 7-ethyl-3,7-dihydro-1,3-dimethyl-**	23043-88-1	**S0046**
208	96	109	55	95	41	81	83	**208**	100	99	95	83	82	70	64	63		15	28	–	–	–	–	–	–	–	–	–	–	**Selinane**	30824-81-8	**09587**
208	97	210	73	118	62	50	75	**208**	100	87	69	49	43	41	35	31		5	2	3	2	2	–	–	–	–	–	–	–	**2,6-Dichloro-4-nitropyridine N-oxide**		**D2826**
208	103	45	79	143	52	18	71	**208**	100	92	79	71	57	41	33	24		6	8	–	–	–	–	–	4	–	–	–	–	**2,4,6,8-Tetrathiaadamantane**	281-38-9	**Q0192**
208	115	193	91	130	178	179	77	**208**	100	97	83	45	30	26	19	19		16	16	–	–	–	–	–	–	–	–	–	–	**1,3-Diphenyl-but-1-ene**		**L9388**
208	121	77	118	209	51	210	46	**208**	100	91	40	18	15	13	10	8		9	8	–	2	–	–	–	2	–	–	–	–	**1,3,4-Thiadiazolium, 2,3-dihydro-4-methyl-5-phenyl-2-thioxo-, hydroxide, inner salt**	19703-86-7	**R8244**
208	121	135	165	91	138	163	119	**208**	100	46	45	43	42	29	21	17		10	8	5	–	–	–	–	–	–	–	–	–	**Benzoic acid, 3-[(1-carboxyvinyl)oxy]-**	16929-37-6	**R6532**
208	131	207	77	104	180	51	209	**208**	100	77	62	38	25	22	17	15		14	12	–	2	–	–	–	–	–	–	–	–	**Benzaldehyde azine**		**W0174**
208	131	207	105	103	181	206	210	**208**	100	20	10	5	3	2	1	1		14	12	–	2	–	–	–	–	–	–	–	–	**Benzaldehyde azine**	588-68-1	**Q2370**
208	135	105	77	29	207	28	79	**208**	100	73	40	28	27	21	20	16		11	12	4	–	–	–	–	–	–	–	–	–	**Ethyl (4-formylphenoxy)acetate**		**Z1606**
208	137	150	193	80	94	122	209	**208**	100	23	18	17	12	12	12	11		8	8	3	4	–	–	–	–	–	–	–	–	**2,4,7-Pteridinetriol, 6-ethyl-**	31053-47-1	**S3135**
208	151	93	209	119	152	136	57	**208**	100	15	13	13	12	10	9	8		11	16	–	2	–	–	–	1	–	–	–	–	**Thiourea, N-isobutyl-N′-phenyl-**	16275-53-9	**R6098**
208	151	93	209	119	207	77	57	**208**	100	23	17	17	15	14	11	10		11	16	–	2	–	–	–	1	–	–	–	–	**Thiourea, N-sec-butyl-N′-phenyl-**	15093-37-5	**R5558**
208	152	53	39	41	67	52	123	**208**	100	25	23	22	18	15	15	14		10	12	3	2	–	–	–	–	–	–	–	–	**6-Oxo-8-methyl-9-carbamoyl-2,3,4,6-tetrahydropyrido[2,1-c][1,4]oxazine**		**D1917**
208	153	69	180	121	45	95	96	**208**	100	55	36	32	30	29	25	17		8	4	1	2	–	–	–	2	–	–	–	–	**6-Isothiocyanato-2-oxo-2,3-dihydro-benzthiazole**		**D1630**
208	162	163	161	179	150	134	133	**208**	100	68	60	57	45	45	45	43		10	10	4	1	–	–	–	–	–	–	–	–	**3,6-Dimethoxyphthalic anhydride**		**M6214**
208	164	190	165	78	69	179	65	**208**	100	93	21	21	13	12	10	10		11	12	4	–	–	–	–	–	–	–	–	–	**8-Hydroxy-6-methoxy-3-methylisochroman-1-one**		**B0072**
208	164	190	165	209	78	66	179	**208**	100	93	21	21	14	12	12	10		11	12	4	–	–	–	–	–	–	–	–	–	**8-Hydroxy-6-methoxy-3-methylisochroman-1-one**		**L2477**
208	164	190	165	209	78	69	179	**208**	100	93	20	20	13	12	12	9		11	12	4	–	–	–	–	–	–	–	–	–	**8-Hydroxy-6-methoxy-3-methylisochroman-1-one**		**02937**
208	165	178	180	179	209	76	152	**208**	100	53	30	28	25	18	17	15		14	12	–	2	–	–	–	–	–	–	–	–	**4,7-Dimethylbenzo[c]cinnoline**		**02047**
208	165	179	166	178	180	152	207	**208**	100	90	49	30	23	23	20	18		16	16	–	–	–	–	–	–	–	–	–	–	**Naphthalene, 1-(1-cyclohexen-1-yl)-**	40358-51-8	**S6295**
208	165	179	178	180	209	99	152	**208**	100	37	37	23	23	17	14	8		14	12	–	2	–	–	–	–	–	–	–	–	**3,8-Dimethylbenzo[c]cinnoline**		**P2204**
208	165	180	137	28	77	177	65	**208**	100	31	31	22	19	18	18	14		11	12	4	–	–	–	–	–	–	–	–	–	**3-(4-Hydroxy-3,5-dimethoxyphenyl)-2-propenal**		**L8772**
208	165	193	57	209	56	163	164	**208**	100	70	39	17	17	12	12	10		15	12	1	–	–	–	–	–	–	–	–	–	**Phenanthrene, 1-methoxy-**	834-99-1	**H1089**
208	165	193	209	163	166	164	82.5	**208**	100	79	38	17	16	12	11	9		15	12	1	–	–	–	–	–	–	–	–	–	**Phenanthrene, 4-methoxy-**		**01072**
208	165	193	209	163	166	164	88	**208**	100	73	21	17	12	11	9	7		15	12	1	–	–	–	–	–	–	–	–	–	**Phenanthrene, 3-methoxy-**	835-06-3	**H1090**
208	165	193	209	163	166	164	104	**208**	100	73	21	17	12	11	9	7		15	12	1	–	–	–	–	–	–	–	–	–	**Phenanthrene, 3-methoxy-**		**01071**
208	165	193	209	163	166	164	139	**208**	100	79	38	17	16	12	11	7		15	12	1	–	–	–	–	–	–	–	–	–	**Phenanthrene, 4-methoxy-**	15638-06-9	**H1763**
208	165	207	209	179	152	178	76	**208**	100	20	17	16	13	12	9	8		15	12	1	–	–	–	–	–	–	–	–	–	**5-Oxo-1,2,6,7-tetrahydro-5H-cyclopenta[cd]phenalene**		**D1009**
208	165	209	163	193	166	164	104	**208**	100	76	17	12	12	11	9	6		15	12	1	–	–	–	–	–	–	–	–	–	**Phenanthrene, 2-methoxy-**	13837-48-4	**H1724**
208	177	145	209	117	89	178	149	**208**	100	85	23	17	9	9	8	8		11	12	4	–	–	–	–	–	–	–	–	–	**Methyl 3-methoxy-4-hydroxycinnamate**		**M6874**
208	179	165	178	180	166	167	152	**208**	100	43	40	31	23	11	7	6		16	16	–	–	–	–	–	–	–	–	–	–	**Dibenzo[a,c]cyclooctene, 5,6,7,8-tetrahydro-**		**M3793**
208	179	165	178	180	209	89	193	**208**	100	43	40	31	23	19	13	12		16	16	–	–	–	–	–	–	–	–	–	–	**Dibenzo[a,c]cyclooctene, 5,6,7,8-tetrahydro-**	1082-12-8	**Q5268**
208	179	165	178	180	209	166	167	**208**	100	43	40	31	23	18	11	7		16	16	–	–	–	–	–	–	–	–	–	–	**Dibenzo[a,c]cyclooctene, 5,6,7,8-tetrahydro-**	1082-12-8	**Q5269**
208	179	180	165	178	128	209	193	**208**	100	53	39	38	26	23	18	15		16	16	–	–	–	–	–	–	–	–	–	–	**Naphthalene, 2-(1-cyclohexen-1-yl)-**	54607-03-3	**S9341**
208	180	109	67	42	137	55	179	**208**	100	31	30	17	15	14	13	12		9	12	2	4	–	–	–	–	–	–	–	–	**1H-Purine-2,6-dione, 1-ethyl-3,7-dihydro-3,7-dimethyl-**	39832-36-5	**S6162**
208	180	152	76	151	209	207	75	**208**	100	77	51	42	25	15	14	12		14	8	2	–	–	–	–	–	–	–	–	–	**9,10-Anthracenedione**	84-65-1	**P6195**
208	180	165	89	207	179	202	209	**208**	100	57	48	27	27	22	20	17		16	16	–	–	–	–	–	–	–	–	–	–	**1,2,3,3a,4,5-Hexahydropyrene**		**Y1980**
208	180	165	179	207	89	178	209	**208**	100	59	55	30	29	22	20	16		16	16	–	–	–	–	–	–	–	–	–	–	**1,2,3,3a,4,5-Hexahydropyrene**		**V0291**
208	180	165	179	207	89	178	209	**208**	100	66	61	30	27	22	20	17		16	16	–	–	–	–	–	–	–	–	–	–	**1,2,3,9,10,10a-Hexahydropyrene**		**V0135**
208	180	179	130	91	178	165	115	**208**	100	84	72	62	48	42	40	32		16	16	–	–	–	–	–	–	–	–	–	–	**Naphthalene, 1,2,3,4-tetrahydro-1-phenyl-**		**V0328**
208	180	179	130	178	165	104	91	**208**	100	73	55	50	29	25	19	18		16	16	–	–	–	–	–	–	–	–	–	–	**Naphthalene, 1,2,3,4-tetrahydro-1-phenyl-**	3018-20-0	**Q8924**
208	180	210	173	145	209	76	182	**208**	100	41	40	30	24	21	21	19		10	5	3	–	1	–	–	–	–	–	–	–	**3-Chloro-2-hydroxynaphthoquinone**		**04928**
208	182	136	117	119	108	163	209	**208**	100	21	21	18	16	15	13	13		9	4	6	–	–	–	–	–	–	–	–	–	**1H-Cyclohepta[c]furan-1,3,6-trione, 4,7-dihydroxy-**		**P0170**
208	193	79	77	90	105	132	51	**208**	100	80	56	46	44	35	31	29		12	16	3	–	–	–	–	–	–	–	–	–	**Benzene, 1,2,3-trimethoxy-5-(1-propenyl)-, (E)-**	5273-85-8	**R1251**
208	193	79	77	90	105	135	51	**208**	100	79	54	46	44	34	30	28		12	16	3	–	–	–	–	–	–	–	–	–	**Benzene, 1,2,3-trimethoxy-5-(1-propenyl)-, (E)-**		**L3992**
208	193	79	77	91	118	177	133	**208**	100	63	18	16	16	16	16	15		12	16	3	–	–	–	–	–	–	–	–	–	**Benzene, 1,2,3-trimethoxy-5-(2-propenyl)-**	487-11-6	**H0719**

MASS TO CHARGE RATIOS								M.W.	INTENSITIES								Parent	C	H	O	N	Cl	Br	F	S	P	B	Si	X	COMPOUND NAME	CAS Reg No	No
208	193	130	115	178	207	179	91	**208**	100	68	47	43	32	29	29	23		16	16	–	–	–	–	–	–	–	–	–	–	**1-Methyl-3-phenylindane**		**Z1598**
208	193	147	209	194	210	148	195	**208**	100	68	24	19	12	6	4	4		11	16	2	–	–	–	–	–	–	–	1	–	**Acetophenone, 4′-(trimethylsiloxy)-**	18803-29-7	**R7829**
208	193	165	209	104	137	194	164	**208**	100	42	31	16	11	8	7	7		15	12	1	–	–	–	–	–	–	–	–	–	**4-Methoxydiphenylacetylene**		**01095**
208	193	178	115	116	179	209	91	**208**	100	82	69	42	33	19	17	17		16	16	–	–	–	–	–	–	–	–	–	–	**Benzene, 1,1′-(1,2-ethenediyl)bis[2-methyl-**	10311-74-7	**R3735**
208	193	209	77	91	133	79	177	**208**	100	54	15	13	11	11	10	10		12	16	3	–	–	–	–	–	–	–	–	–	**Benzene, 1,2,3-trimethoxy-5-(2-propenyl)-**	487-11-6	**Q1143**
208	207	77	131	103	105	51	179	**208**	100	94	91	47	40	38	35	16		15	12	1	–	–	–	–	–	–	–	–	–	**Benzal acetophenone**		**L5029**
208	207	77	131	103	105	51	179	**208**	100	95	90	46	40	36	35	15		15	12	1	–	–	–	–	–	–	–	–	–	**2-Propen-1-one, 1,3-diphenyl-**	94-41-7	**P6855**
208	207	91	206	209	65	103	104	**208**	100	71	14	12	11	9	8	7		14	12	–	2	–	–	–	–	–	–	–	–	**2-Benzylbenzimidazole**		**D1304**
208	207	209	131	51	77	205	206	**208**	100	26	13	8	7	7	7	7		14	12	–	2	–	–	–	–	–	–	–	–	**1H-Pyrrolo[2,3-b]pyridine, 4-methyl-2-phenyl-**	23688-50-8	**S0321**
208	207	209	206	182	180	140	139	**208**	100	48	15	7	6	6	4	4		14	12	–	2	–	–	–	–	–	–	–	–	**1,10-Phenanthroline, 2,9-dimethyl-**	484-11-7	**Q1095**
208	209	207	168	166	193	39	51	**208**	100	16	14	11	8	8	8	7		14	12	–	2	–	–	–	–	–	–	–	–	**3-Pyridinecarbonitrile, 2,6-dimethyl-4-phenyl-**	74630-22-1	**T8171**
208	210	75	101	74	50	102	51	**208**	100	97	80	56	44	40	32	30		8	5	–	2	–	1	–	–	–	–	–	–	**6-Bromophthalazine**		**02088**
208	210	179	209	125	181	145	144	**208**	100	33	27	12	10	9	7	7		10	9	1	2	1	–	–	–	–	–	–	–	**2-Hydroxy-4-methyl-6-amino-8-chloroquinoline**		**D1791**
211	209	115	114	164	118	86	131	**208**	100	99	31	28	26	24	24	23	**0.00**	3	1	2	2	–	1	–	1	–	–	–	–	**Thiazole, 2-bromo-5-nitro-**	3034-48-8	**Q8954**
41	43	29	97	57	55	27	110	**209**	100	88	66	57	54	51	44	35	**0.30**	14	27	–	1	–	–	–	–	–	–	–	–	**Tetradecanenitrile**	629-63-0	**H1018**
43	18	41	28	69	27	152	44	**209**	100	92	80	79	58	56	49	44	**37.73**	9	15	1	5	–	–	–	–	–	–	–	–	**1,3,5-Triazin-2(1H)-one, 4-(cyclopropylamino)-6-(isopropylamino)-**	39095-16-4	**S6029**
43	66	94	57	56	109	55	136	**209**	100	99	98	97	94	76	46	37	**1.00**	11	15	3	1	–	–	–	–	–	–	–	–	**tert-Butyl 1-acetyl-2-cyanocyclopropane-1-carboxylate**		**L3197**
43	166	68	110	124	82	83	167	**209**	100	73	45	41	29	11	10	9	**3.00**	11	15	3	1	–	–	–	–	–	–	–	–	**2,4-Pentanedione, 3-[(3,5-dimethyl-4-isoxazolyl)methyl]-**	16858-07-4	**R6503**
43	192	42	123	139	57	95	94	**209**	100	72	69	65	52	42	41	33	**13.00**	9	15	1	5	–	–	–	–	–	–	–	–	**1H-Pyrrole-2-carboxamide, 4-amino-N-(3-amino-3-iminopropyl)-1-methyl-**	14559-42-3	**R5275**
44	166	151	57	43	41	91	135	**209**	100	40	12	8	7	6	6	4	**3.10**	12	19	2	1	–	–	–	–	–	–	–	–	**Benzeneethanamine, 2,5-dimethoxy-α,4-dimethyl-**		**02570**
44	166	151	57	43	91	135	209	**209**	100	40	12	8	6	6	6	4		12	19	2	1	–	–	–	–	–	–	–	–	**Benzeneethanamine, 2,5-dimethoxy-α,4-dimethyl-**	15588-95-1	**R5775**
55	97	41	43	57	68	53	67	**209**	100	78	35	25	23	15	13	12	**1.60**	13	23	1	1	–	–	–	–	–	–	–	–	**2-Aziridinone, 1-tert-butyl-3-(1-methylcyclohexyl)-**	24161-49-7	**S0481**
57	41	39	44	56	42	45		**209**	100	37	13	11	9	6	6		**0.00**	5	10	2	–	–	–	–	–	–	–	–	1	**Propanoic acid, 2,2-dimethyl-, silver(1+) salt**	7324-58-5	**R3063**
57	55	68	41	83	67	109	43	**209**	100	92	58	57	55	53	48	43	**20.02**	13	23	1	1	–	–	–	–	–	–	–	–	**2-Aziridinone, 1-tert-butyl-3-cyclohexyl-3-methyl-**	27147-96-2	**S1625**
57	125	71	124	138	194	152	166	**209**	100	73	67	58	38	26	22	16	**1.00**	14	27	–	1	–	–	–	–	–	–	–	–	**Undecanenitrile, 2,6,10-trimethyl-**	57963-90-3	**T4822**
64	50	76	91	209	104	208	49	**209**	100	96	96	96	88	75	67	66		13	11	–	3	–	–	–	–	–	–	–	–	**s-Triazolo[1,5-a]pyridine, 8-methyl-2-phenyl-**	4931-20-8	**R0953**
64	91	76	50	209	104	208	49	**209**	100	96	96	96	88	75	67	66		13	11	–	3	–	–	–	–	–	–	–	–	**s-Triazolo[4,3-a]pyridine, 4-methyl-3-phenyl-**		**L8664**
69	44	140	112	43	20	70	45	**209**	100	47	39	15	14	14	13	12	**7.40**	4	1	2	1	–	–	6	–	–	–	–	–	**2,2,2,2′,2′,2′-Hexafluorodiacetamide**		**01291**
71	43	41	27	39	63	30	55	**209**	100	72	15	12	8	6	5	4	**2.40**	10	11	4	1	–	–	–	–	–	–	–	–	**Butanoic acid, 4-nitrophenyl ester**	2635-84-9	**Q8463**
71	43	41	27	39	63	64	55	**209**	100	99	17	14	7	6	5	4	**0.40**	10	11	4	1	–	–	–	–	–	–	–	–	**Butanoic acid, 3-nitrophenyl ester**	14617-97-1	**R5290**
72	209	71	211	45	210	73	75	**209**	100	83	61	33	17	11	9	9		10	8	–	1	1	–	–	1	–	–	–	–	**Thiazole, 2-(4-chlorophenyl)-4-methyl-**	25100-91-8	**S0930**
79	208	209	207	210	78	132	154	**209**	100	69	37	15	12	11	11	11		13	11	–	3	–	–	–	–	–	–	–	–	**Pyrido[2,3-d]pyrimidine, 3,4-dihydro-4-phenyl-**	28732-72-1	**09765**
82	63	50	32	31	44	84	83	**209**	100	39	9	8	7	6	5	2	**0.00**	1	1	–	–	–	–	3	1	–	–	–	1	**Methanethiol, trifluoro-, silver(1+) salt**	811-68-7	**Q4168**
82	110	55	67	41	83	54	39	**209**	100	90	60	51	42	33	31	21	**0.12**	12	19	2	1	–	–	–	–	–	–	–	–	**Cyclohexyl 5-cyanopentanoate**		**C1308**
84	116	93	94	209	56	86	65	**209**	100	98	76	67	21	18	18	16		7	16	2	1	–	–	–	1	1	–	–	–	**N-(Dimethylthiophosphinyl)-γ-aminobutyric acid methyl ester**		**16277**
84	166	83	194	124	55	126	69	**209**	100	80	69	68	49	48	15	15	**4.00**	11	19	1	3	–	–	–	–	–	–	–	–	**Dihydroalchornine**		**M0884**
88	56	126	36	30	44	41	116	**209**	100	20	20	18	15	8	7	7	**0.00**	9	20	–	1	1	–	–	1	–	–	–	–	**2-Hexylthiazolidine hydrochloride**		**P2713**
91	104	69	67	209	42	132		**209**	100	70	24	23	21	14	2			10	8	2	1	1	–	–	–	–	–	–	–	**5-Chloromethyl-2-phenyl-4-isoxazolin-3-one**		**L9546**
91	180	209	65	77	51	63	152	**209**	100	84	49	28	17	14	11	7		13	11	–	3	–	–	–	–	–	–	–	–	**1H-Benzotriazole, 1-benzyl-**		**M2295**
91	180	209	65	77	51	63	181	**209**	100	84	49	28	17	14	11	10		13	11	–	3	–	–	–	–	–	–	–	–	**1H-Benzotriazole, 1-benzyl-**	4706-43-8	**R0732**
91	180	209	65	181	77	39	51	**209**	100	99	52	23	18	15	13	12		13	11	–	3	–	–	–	–	–	–	–	–	**1H-Benzotriazole, 1-benzyl-**	4706-43-8	**R0731**
91	209	92	28	56	45	65	210	**209**	100	28	10	10	7	5	4	4		11	15	1	1	–	–	–	1	–	–	–	–	**N-Benzylmorpholine**	10316-00-4	**08945**
95	93	123	134	150	166	41	106	**209**	100	78	78	78	78	78	73	67	**26.65**	11	19	1	3	–	–	–	–	–	–	–	–	**Hydrazinecarboxamide, 2-(1,7,7-trimethylbicyclo[2.2.1]hept-2-ylidene)-**	4581-48-0	**R0617**
95	209	134	93	123	150	166	41	**209**	100	85	78	78	77	77	77	72		11	19	1	3	–	–	–	–	–	–	–	–	**Hydrazinecarboxamide, 2-(1,7,7-trimethylbicyclo[2.2.1]hept-2-ylidene)-**		**M7360**
97	43	57	110	96	41	83	111	**209**	100	92	78	68	60	46	45	43	**0.61**	14	27	–	1	–	–	–	–	–	–	–	–	**Tetradecanenitrile**	629-63-0	**Q3364**
97	98	125	82	79	56	55	153	**209**	100	67	40	36	29	27	14	14	**12.84**	8	20	3	1	–	–	–	–	1	–	–	–	**Phosphoramidic acid, dibutyl ester**	870-52-0	**Q4409**
97	98	125	82	79	56	153	154	**209**	100	67	41	36	30	28	13	13	**11.00**	8	20	3	1	–	–	–	–	1	–	–	–	**Phosphoramidic acid, dibutyl ester**		**M7590**
100	44	28	101	58	41	57	29	**209**	100	37	7	7	5	5	5	4	**0.00**	14	27	–	1	–	–	–	–	–	–	–	–	**4,9-Decadien-2-amine, N-butyl-**	62238-25-9	**T6007**
102	73	44	151	147	103	77	45	**209**	100	51	32	22	18	13	10	6	**1.00**	11	19	1	1	–	–	–	–	–	–	1	–	**Silanamine, 1,1,1-trimethyl-N-(2-phenoxyethyl)-**	16654-69-6	**R6333**
102	73	151	44	45	43	147	103	**209**	100	61	25	23	15	13	12	11	**1.98**	11	19	1	1	–	–	–	–	–	–	1	–	**Silanamine, 1,1,1-trimethyl-N-(2-phenoxyethyl)-**	16654-69-6	**R6332**
104	137	91	130	44	117	77	131	**209**	100	55	53	50	44	40	37	37	**7.20**	10	11	2	1	–	–	–	1	–	–	–	–	**2-Phenyl-4-thiazolidinecarboxylic acid**		**P2717**
106	209	75	77	107	73	194	45	**209**	100	12	9	9	9	7	6	3		11	19	1	1	–	–	–	–	–	–	1	–	**Aniline, N-[2-(trimethylsiloxy)ethyl]-**	16403-21-7	**R6163**
108	43	138	109	136	167	81	107	**209**	100	84	63	49	47	39	32	30	**24.30**	11	15	3	1	–	–	–	–	–	–	–	–	**N-Methoxy phenacetin**		**P3993**
108	91	79	107	77	29	28	90	**209**	100	69	54	50	27	24	22	15	**8.08**	10	11	4	1	–	–	–	–	–	–	–	–	**Glycine, N-[benzyloxycarbonyl]-**	1138-80-3	**Q5524**

MASS TO CHARGE RATIOS								M.W.	INTENSITIES								Parent	C	H	O	N	Cl	Br	F	S	P	B	Si	X	COMPOUND NAME	CAS Reg No	No
109	57	41	81	153	209	53	42	**209**	100	64	59	58	32	23	21	19		12	19	2	1	–	–	–	–	–	–	–	–	**1-Cyclohexenyl-glyoxylic acid tert-butylamide**		**05240**
110	152	18	28	111	97	41	43	**209**	100	30	19	18	15	14	11	9	**2.31**	11	15	3	1	–	–	–	–	–	–	–	–	**Phenol, 2-isopropoxy-, methylcarbamate**	114-26-1	**P8801**
110	152	27	43	58	81	111	15	**209**	100	18	13	10	10	10	10	8	**5.00**	11	15	3	1	–	–	–	–	–	–	–	–	**Phenol, 2-isopropoxy-, methylcarbamate**	114-26-1	**P8799**
110	152	111	58	81	43	109	41	**209**	100	18	6	5	5	4	4	3	**1.37**	11	15	3	1	–	–	–	–	–	–	–	–	**Phenol, 2-isopropoxy-, methylcarbamate**		**Y2377**
118	91	32	119	77	65	132	51	**209**	100	57	15	9	7	7	5	5	**3.75**	15	15	–	1	–	–	–	–	–	–	–	–	**2-Phenyl-N-(benzylidene)ethylamine**		**05188**
120	119	194	209	92	65	150	75	**209**	100	93	86	63	53	40	39	23		10	15	2	1	–	–	–	–	–	–	1	–	**Silanol, trimethyl-, 2-aminobenzoate**	25432-39-7	**S1071**
120	209	65	92	39	149	93	121	**209**	100	91	63	47	40	38	36	30		10	11	4	1	–	–	–	–	–	–	–	–	**Glycine, N-(2-hydroxybenzoyl)-, methyl ester**	55493-89-5	**T1201**
121	65	93	138	39	209	63	150	**209**	100	28	27	27	22	14	12	9		10	11	4	1	–	–	–	–	–	–	–	–	**Glycine, N-(3-hydroxybenzoyl)-, methyl ester**	55493-90-8	**T1204**
121	120	209	65	92	39	149	93	**209**	100	45	30	28	21	21	14	14		10	11	4	1	–	–	–	–	–	–	–	–	**Glycine, N-(2-hydroxybenzoyl)-, methyl ester**	55493-89-5	**T1202**
121	120	209	65	92	149	93	39	**209**	100	86	75	38	37	30	24	22		10	11	4	1	–	–	–	–	–	–	–	–	**Glycine, N-(2-hydroxybenzoyl)-, methyl ester**	55493-89-5	**T1203**
123	140	209	97	208	69	194	82	**209**	100	90	71	55	47	40	28	16		10	15	2	3	–	–	–	–	–	–	–	–	**4H-Pyrido[1,2-a]pyrimidine-3-carboxamide, 1,6,7,8,9,9a-hexahydro-6-methyl-4-oxo-**	38533-26-5	**S5869**
123	209	140	97	69	208	195	193	**209**	100	96	85	66	45	44	29	25		10	15	2	3	–	–	–	–	–	–	–	–	**4H-Pyrido[1,2-a]pyrimidine-3-carboxamide, 1,6,7,8,9,9a-hexahydro-6-methyl-4-oxo-**	38533-26-5	**S5870**
126	41	42	67	28	30	55	98	**209**	100	39	27	17	16	16	13	12	**10.13**	12	19	2	1	–	–	–	–	–	–	–	–	**Bis(3,4-dihydro-2H-pyran-2-methyl)amine**		**D0647**
132	209	117	91	208				**209**	100	50	19	16	15					15	15	–	1	–	–	–	–	–	–	–	–	**N-Methyl-2-phenyl-2,3-dihydroindole**		**M7507**
135	57	31	91	29	18	77	43	**209**	100	92	52	44	35	31	28	21	**0.00**	11	15	3	1	–	–	–	–	–	–	–	–	**1,2-Butanediol, 2-phenyl-, 1-carbamate**	50-19-1	**P4425**
136	41	29	95	94	96	67	28	**209**	100	34	31	31	25	25	24	23	**0.00**	13	23	1	1	–	–	–	–	–	–	–	–	**11-Azabicyclo[4.4.2]dodec-11-ene, 12-ethoxy-**	56744-12-8	**T4146**
136	209	42	55	81	180	86	108	**209**	100	20	13	8	8	8	5	5		12	19	2	1	–	–	–	–	–	–	–	–	**1-Azabicyclo[2.2.2]octane-2-carboxylic acid, 5-vinyl-, ethyl ester**	35189-44-7	**S4860**
136	209	109	165	164	65	137	69	**209**	100	33	21	20	17	10	9	8		9	7	3	1	–	–	–	1	–	–	–	–	**Benzothiazole-2-oxyacetic acid**		**03290**
138	209	167	43	139	124	28	152	**209**	100	74	55	36	29	24	21	16		11	15	3	1	–	–	–	–	–	–	–	–	**2-Methoxy-phenacetin**		**P3994**
149	103	76	50	75	122	92	74	**209**	100	43	41	31	30	16	14	11	**0.00**	8	7	4	3	–	–	–	–	–	–	–	–	**1,2,3-Oxadiazolidin-5-one, 3-(4-nitrophenyl)-**	54935-02-3	**S9839**
151	67	41	95	39	55	169	44	**209**	100	38	37	30	29	28	25	23	**8.00**	11	19	1	3	–	–	–	–	–	–	–	–	**Cycloheptanone, 2-isopropylidene-, semicarbazone**	16983-68-9	**R6559**
151	150	41	107	94	109	153	95	**209**	100	35	23	23	16	16	16	13	**11.16**	11	19	1	3	–	–	–	–	–	–	–	–	**Cycloheptanone, 2-isopropylidene-, semicarbazone**	23733-71-3	**S0329**
151	150	41	107	109	94	209	39	**209**	100	34	27	26	17	16	14	13		11	19	1	3	–	–	–	–	–	–	–	–	**Hydrazinecarboxamide, 2-(1,7,7-trimethylbicyclo[2.2.1]hept-2-ylidene)-**	4581-48-0	**R0618**
152	125	194	209	153	167	195	176	**209**	100	69	48	42	39	14	10	8		11	15	3	1	–	–	–	–	–	–	–	–	**2(1H)-Pyridone, 4-hydroxy-3-isovaleryl-6-methyl-**	7135-85-5	**R2867**
152	180	167	209	125	153	181	83	**209**	100	92	58	27	25	13	12	6		11	15	3	1	–	–	–	–	–	–	–	–	**2(1H)-Pyridone, 4-hydroxy-6-methyl-3-valeryl-**	7135-84-4	**R2866**
152	180	167	209	125	153	181	84	**209**	100	90	58	27	25	13	11	5		11	15	3	1	–	–	–	–	–	–	–	–	**2(1H)-Pyridone, 4-hydroxy-6-methyl-3-valeryl-**	7135-84-4	**R2865**
152	180	167	209	125	153	181	168	**209**	100	92	58	27	25	14	12	6		11	15	3	1	–	–	–	–	–	–	–	–	**2(1H)-Pyridone, 4-hydroxy-6-methyl-3-valeryl-**		**M3438**
163	209	122	191	136	150	135	181	**209**	100	71	59	39	39	37	33	11		10	11	4	1	–	–	–	–	–	–	–	–	**3-(4-Formyl-3-hydroxy-2-methyl-5-pyridinyl)propionic acid**		**L2299**
163	209	164	135	108	107	79	210	**209**	100	50	20	15	12	10	8	7		11	15	3	1	–	–	–	–	–	–	–	–	**Ethyl 4,5,6,7-tetrahydro-3-hydroxyindole-2-carboxylate**		**15194**
164	209	150	166	123	77	192	70	**209**	100	40	20	20	18	17	15	12		10	11	2	1	–	–	–	1	–	–	–	–	**2H-1,4-Benzothiazin-3(4H)-one, 4-hydroxy-2,6-dimethyl-**	4875-08-5	**R0898**
165	43	164	209	151	44	28	45	**209**	100	50	45	40	35	26	21	20		8	11	2	5	–	–	–	–	–	–	–	–	**6H-Purin-6-one, 2-amino-1,7-dihydro-7-(2-hydroxypropyl)-**	56247-84-8	**T3148**
165	73	121	208	194	178	209	45	**209**	100	60	57	56	49	42	29	25		11	19	1	1	–	–	–	–	–	–	1	–	**Silanamine, N-[(4-methoxyphenyl)methyl]-1,1,1-trimethyl-**	54965-03-6	**S9859**
165	73	121	208	194	178	209	77	**209**	100	60	57	56	49	42	29	25		11	19	1	1	–	–	–	–	–	–	1	–	**Silanamine, N-[(4-methoxyphenyl)methyl]-1,1,1-trimethyl-**		**06611**
166	27	42	71	209	55	44	41	**209**	100	18	18	17	15	14	14	13		11	19	1	3	–	–	–	–	–	–	–	–	**4(1H)-Pyrimidinone, 5-butyl-2-(dimethylamino)-6-methyl-**	5221-53-4	**R1203**
166	32	209	96	167	71	180	93	**209**	100	18	14	13	12	10	8	8		11	19	1	3	–	–	–	–	–	–	–	–	**4(1H)-Pyrimidinone, 5-butyl-2-(dimethylamino)-6-methyl-**	5221-53-4	**R1202**
166	44	151	167	209	91	135	165	**209**	100	83	24	12	10	9	9	8		12	19	2	1	–	–	–	–	–	–	–	–	**Benzeneethanamine, 2,5-dimethoxy-α,4-dimethyl-**	15588-95-1	**R5774**
166	71	84	55	41	209	56	128	**209**	100	31	31	22	21	20	14	14		14	27	–	1	–	–	–	–	–	–	–	–	**Dicyclohexylethanamine**		**C0237**
166	96	167	209	138	139	181	55	**209**	100	23	22	13	13	10	8	5		11	19	1	3	–	–	–	–	–	–	–	–	**2-Amino-3-ethyl-4-oxo-5-butyl-6-methyl-3,4-dihydro-pyrimidine**		**D1565**
166	96	209	55	18	167	42	43	**209**	100	37	15	12	11	10	10	9		11	19	1	3	–	–	–	–	–	–	–	–	**4(1H)-Pyrimidinone, 5-butyl-2-(ethylamino)-6-methyl-**	23947-60-6	**S0412**
166	96	209	55	167	71	42	69	**209**	100	34	18	14	13	10	10	9		11	19	1	3	–	–	–	–	–	–	–	–	**4(1H)-Pyrimidinone, 5-butyl-2-(ethylamino)-6-methyl-**	23947-60-6	**S0411**
166	96	209	167	42	55	43	71	**209**	100	22	13	11	8	7	5	5		11	19	1	3	–	–	–	–	–	–	–	–	**4(1H)-Pyrimidinone, 5-butyl-2-(ethylamino)-6-methyl-**		**D1566**
166	194	58	55	209	56	96	192	**209**	100	97	57	47	25	20	20	20		13	23	1	1	–	–	–	–	–	–	–	–	**4-Quinolinol, 4-vinyldecahydro-1,2-dimethyl-, (2α,4α,4aβ,8aα)-**	20431-91-8	**R8674**
166	209	167	71	42	44	53	55	**209**	100	20	11	8	5	5	4	3		11	19	1	3	–	–	–	–	–	–	–	–	**2-Dimethylamino-4-methyl-5-tert-butyl-6-hydroxy-pyrimidine**		**D1507**
176	93	209	84	125	55	41	177	**209**	100	67	48	22	17	12	10	10		7	16	2	1	–	–	–	1	1	–	–	–	**Dimethyl phosphoropiperidinothioate**		**L4589**
178	121	65	209	77	91	161	51	**209**	100	63	57	52	38	36	34	31		11	15	3	1	–	–	–	–	–	–	–	–	**Acetone, 1-(2,5-dimethoxyphenyl)-, oxime**	43021-98-3	**S7043**
180	167	41	166	209	152	108	55	**209**	100	53	36	29	23	21	20	19		13	23	1	1	–	–	–	–	–	–	–	–	**1-Morpholino-6-propylcyclohexene**		**00545**
180	179	209	165	178	181	32	208	**209**	100	98	78	60	56	52	52	31		15	15	–	1	–	–	–	–	–	–	–	–	**5,6,7,8-Tetrahydrodibenz[c,e]azocine**		**00932**
192	208	44	166	209	164	42	41	**209**	100	43	34	29	26	18	16	14		13	23	1	1	–	–	–	–	–	–	–	–	**Dihydroluciduline**	21041-43-0	**R9071**
194	58	166	55	209	182	195	56	**209**	100	53	51	41	15	12	12	11		13	23	1	1	–	–	–	–	–	–	–	–	**4-Quinolinol, 4-vinyldecahydro-1,2-dimethyl-, (2α,4β,4aα,8aβ)-**	20431-95-2	**R8676**
194	120	119	209	150	92	176	65	**209**	100	76	72	64	38	33	24	20		10	15	2	1	–	–	–	–	–	–	1	–	**Silanol, trimethyl-, 2-aminobenzoate**		**15602**
194	152	209	195	76	97	153	151	**209**	100	32	28	17	15	11	10	8		15	15	–	1	–	–	–	–	–	–	–	–	**2-Biphenylamine, N-isopropylidene-**	29666-58-8	**S2605**
194	166	55	58	209	56	67	192	**209**	100	80	33	32	28	25	25	23		13	23	1	1	–	–	–	–	–	–	–	–	**4-Quinolinol, 4-vinyldecahydro-1,2-dimethyl-, (2α,4α,4aα,8aβ)-**	20431-93-0	**R8675**
194	195	193	209	192	191	39	179	**209**	100	16	14	9	7	5	3	3		15	15	–	1	–	–	–	–	–	–	–	–	**Acridine, 9,10-dihydro-9,9-dimethyl-**	6267-02-3	**H1608**
208	194	56	209	152	165	179	178	**209**	100	26	22	19	11	10	9	7		15	15	–	1	–	–	–	–	–	–	–	–	**Methanamine, N-(1-[1,1′-biphenyl]-2-ylethylidene)-**	29666-59-9	**S2606**

MASS TO CHARGE RATIOS								M.W.	INTENSITIES								Parent	C	H	O	N	Cl	Br	F	S	P	B	Si	X	COMPOUND NAME	CAS Reg No	No
208	209	77	128	155	75	129	154	**209**	100	83	28	27	27	26	25	25		13	11	–	3	–	–	–	–	–	–	–	–	Quinoline, 2-(1-methyl-1H-imidazol-5-yl)-	2552-97-8	**Q8308**
208	209	207	143	39	116	89	142	**209**	100	76	35	25	19	18	13	11		12	12	–	3	–	–	–	–	–	1	–	–	Borane, tripyrrol-1-yl-	18899-90-6	**R7857**
209	52	79	208	51	39	106	53	**209**	100	89	84	47	32	32	26	21		13	11	–	3	–	–	–	–	–	–	–	–	s-Triazolo[4,3-a]pyridine, 5-methyl-3-phenyl-		**L8663**
209	68	208	67	163	41	69	45	**209**	100	42	34	23	23	13	12	11		6	6	–	3	–	–	3	1	–	–	–	–	Pyrimidine, 4-amino-6-(methylthio)-2-(trifluoromethyl)-	16097-50-0	**R6026**
209	135	178	210	139	151	150		**209**	100	31	29	11	10	9	6			8	7	4	3	–	–	–	–	–	–	–	–	Pyrrolo[1,2-a]-1,3,5-triazine-7-carboxylic acid, 1,2,3,4-tetrahydro-2,4-dioxo-, methyl ester	54449-91-1	**S9116**
209	138	92	72	65	90	178	63	**209**	100	96	58	46	37	27	19	17		8	7	4	3	–	–	–	–	–	–	–	–	Acetanilide, 3-nitro-α-oximino-		**D1491**
209	139	140	210	180	105	63	168	**209**	100	51	21	16	6	6	5	5		14	11	1	1	–	–	–	–	–	–	–	–	Benzoxazole, 2-methyl-5-phenyl-	61931-68-8	**T5759**
209	163	43	63	135	210	62	53	**209**	100	18	13	12	10	10	10	9		8	7	4	3	–	–	–	–	–	–	–	–	1-Methyl-3-oxo-5-nitro-6-hydroxy-2,3-dihydro-1H-indazole		**D1484**
209	168	141	64	89	77	169	38	**209**	100	49	16	7	6	5	5	4		11	7	–	5	–	–	–	–	–	–	–	–	1,3,6,9b-Tetraazaphenalene-4-carbonitrile, 2-methyl-	37160-08-0	**S5480**
209	182	181	105	180	208	179		**209**	100	16	11	10	9	8	5			13	11	–	3	–	–	–	–	–	–	–	–	Phenazine, 1-amino-7-methyl-		**L2066**
209	182	210	181	180	208	179	183	**209**	100	16	13	11	9	8	5	2		13	11	–	3	–	–	–	–	–	–	–	–	Phenazine, 1-amino-7-methyl-	18450-15-2	**R7621**
209	193	41	43	108	124	109	150	**209**	100	83	70	54	53	51	48	47		11	19	1	3	–	–	–	–	–	–	–	–	Hydrazinecarboxamide, 2-(3-methyl-6-isopropyl-2-cyclohexen-1-ylidene)-	4713-41-1	**R0748**
209	193	41	43	108	124	109	150	**209**	100	92	79	66	59	58	54	52		11	19	1	3	–	–	–	–	–	–	–	–	Hydrazinecarboxamide, 2-(3-methyl-6-isopropyl-2-cyclohexen-1-ylidene)-	4713-41-1	**R0747**
209	193	41	43	108	124	109	150	**209**	100	93	79	60	58	56	52	51		11	19	1	3	–	–	–	–	–	–	–	–	Hydrazinecarboxamide, 2-(3-methyl-6-isopropyl-2-cyclohexen-1-ylidene)-		**M7362**
209	208	131	78	51	77	104	79	**209**	100	62	38	29	26	26	16	16		13	11	–	3	–	–	–	–	–	–	–	–	1-Methyl-2-(2-pyridyl)-benzimidazole		**D1622**
209	208	140	153	154	181	182	210	**209**	100	34	21	20	17	15	13	13		13	11	–	3	–	–	–	–	–	–	–	–	Quinoline, 2-(1-methyl-1H-imidazol-4-yl)-	2552-96-7	**Q8307**
209	208	180	166	210	181	206	140	**209**	100	23	22	15	15	11	11	10		14	11	1	1	–	–	–	–	–	–	–	–	9(10H)-Acridinone, 10-methyl-	719-54-0	**Q3855**
209	208	210	77	104	51	78	105	**209**	100	33	14	12	12	9	7	7		13	11	–	3	–	–	–	–	–	–	–	–	1H-Pyrrolo[2,3-b]pyridine, 3-amino-2-phenyl-	23616-66-2	**S0288**
18	29	30	28	17	161	163	179	**210**	100	37	32	24	21	18	12	9	**0.58**	12	18	3	–	–	–	–	–	–	–	–	–	Phenol, 2,6-di(hydroxymethyl)-4-sec-butyl-		**Z1631**
28	16	15	55	12	14	29	27	**210**	100	7	6	4	3	2	2	2	**0.10**	6	3	5	–	–	–	–	–	–	–	–	1	Manganese, pentacarbonylmethyl-		**X1921**
28	16	15	55	14	29	27	39	**210**	100	7	6	4	2	2	2	2	**0.10**	6	3	5	–	–	–	–	–	–	–	–	1	Manganese, pentacarbonylmethyl-	13601-24-6	**R4660**
41	43	55	29	69	57	27	56	**210**	100	90	86	64	52	48	41	37	**1.83**	14	26	1	–	–	–	–	–	–	–	–	–	2-Nonenal, 2-pentyl-		**C0723**
41	43	55	57	69	56	83	29	**210**	100	85	72	56	50	48	48	43	**5.60**	15	30	–	–	–	–	–	–	–	–	–	–	1-Pentadecene		**C1079**
41	43	55	83	57	69	56	29	**210**	100	89	84	67	66	59	50	50	**7.15**	15	30	–	–	–	–	–	–	–	–	–	–	1-Pentadecene		**V0034**
41	55	27	210	39	154	43	167	**210**	100	56	53	52	52	47	37	22		6	11	–	–	–	–	–	–	–	–	–	1	1-Hexene, 1-iodo-, (Z)-	16538-47-9	**R6241**
41	55	57	69	59	45	71	210	**210**	100	96	83	71	65	59	57	38		15	30	–	–	–	–	–	–	–	–	–	–	Humulane		**M5626**
41	55	57	69	83	56	70	97	**210**	100	84	66	53	52	51	42	37	**2.22**	15	30	–	–	–	–	–	–	–	–	–	–	1-Pentadecene		**Y1012**
41	57	93	55	69	43	80	53	**210**	100	89	67	56	40	36	32	20	**0.00**	13	22	2	–	–	–	–	–	–	–	–	–	1,6-Octadien-3-ol, 3,7-dimethyl-, propanoate	144-39-8	**08877**
41	69	55	29	70	57	56	43	**210**	100	98	81	63	60	56	49	46	**18.42**	15	30	–	–	–	–	–	–	–	–	–	–	Cyclohexane, 1,1,3-trimethyl-2-(3-methylpentyl)-	54965-05-8	**S9860**
41	69	57	29	28	68	93	27	**210**	100	99	76	70	61	54	42	27	**1.40**	13	22	2	–	–	–	–	–	–	–	–	–	2,6-Octadien-1-ol, 3,7-dimethyl-, propanoate, (E)-	105-90-8	**P7831**
41	69	68	55	43	83	57	56	**210**	100	96	82	69	59	59	38	32	**5.66**	15	30	–	–	–	–	–	–	–	–	–	–	Decylcyclopentane		**Y1008**
41	69	68	55	43	83	57	56	**210**	100	89	78	68	58	57	35	30	**11.20**	15	30	–	–	–	–	–	–	–	–	–	–	Decylcyclopentane		**Y0986**
41	210	55	39	27	154	43	167	**210**	100	64	53	52	51	50	35	31		6	11	–	–	–	–	–	–	–	–	–	1	1-Hexene, 1-iodo-, (E)-	16644-98-7	**R6298**
43	28	69	149	55	95	109	165	**210**	100	67	50	40	38	36	36	24	**2.00**	13	22	2	–	–	–	–	–	–	–	–	–	3-Buten-2-ol, 4-(2,2,6-trimethyl-7-oxabicyclo[4.1.0]hept-1-yl)-	51138-08-0	**S7576**
43	41	109	55	137	45	152	67	**210**	100	92	75	65	64	52	48	45	**8.00**	13	22	2	–	–	–	–	–	–	–	–	–	2-Cyclohexen-1-one, 3-(3-hydroxybutyl)-2,4,4-trimethyl-	27185-79-1	**S1642**
43	69	93	123	107	81	137	149	**210**	100	46	39	38	30	20	20	18	**7.00**	13	22	2	–	–	–	–	–	–	–	–	–	2,5-Epoxydihydroretroionone	75701-29-0	**T9022**
43	71	97	55	139	127	27	167	**210**	100	85	70	68	45	33	26	20	**20.00**	13	22	2	–	–	–	–	–	–	–	–	–	Cyclohexanone, 2,2,4-trimethyl-3-(1-oxobutyl)-	53398-15-5	**S8437**
43	89	15	45	46	135	134	210	**210**	100	8	7	7	6	6	5	5		6	10	2	–	–	–	–	3	–	–	–	–	Acetic acid, thio-, S,S′-thiodimethylene ester	2242-70-8	**Q7699**
43	105	91	159	131	77	115	175	**210**	100	85	21	19	15	13	12	11	**0.21**	12	15	1	–	1	–	–	–	–	–	–	–	2-Butanone, 3-chloro-3-methyl-4-(4-methylphenyl)-		**P4008**
43	109	72	147	85	181	111	175	**210**	100	35	33	30	29	26	22	17	**0.00**	8	12	2	–	2	–	–	–	–	–	–	–	2-Oxabicyclo[4.1.0]heptane, 7,7-dichloro-3-methoxy-3-methyl-	75751-68-7	**T9024**
43	113	41	111	69	55	110	95	**210**	100	65	56	53	48	47	47	45	**9.00**	13	22	2	–	–	–	–	–	–	–	–	–	Bicyclo[2.2.1]heptan-2-one, 3-hydroxy-4,7,7-trimethyl-3-isopropyl-	69745-82-0	**T7395**
43	125	109	69	55	83	93	208	**210**	100	56	24	18	15	13	8	6	**0.00**	13	22	2	–	–	–	–	–	–	–	–	–	3-Buten-2-one, 4-(2-hydroxy-2,6,6-trimethylcyclohexyl)-	55955-46-9	**T2379**
43	126	168	99	40	67	109	82	**210**	100	62	37	27	26	19	19	18	**17.00**	8	10	3	4	–	–	–	–	–	–	–	–	Acetamide, N,N′-2,6-pyrazinediylbis-, N-oxide	41536-73-6	**08194**
43	168	108	107	124	109	150	41	**210**	100	57	50	35	29	21	17	15	**5.50**	12	18	3	–	–	–	–	–	–	–	–	–	Bicyclo[2.2.1]heptan-5-one, 2-acetoxy-1,7,7-trimethyl-, endo-		**03431**
44	43	69	80	210	99	166	67	**210**	100	99	28	21	19	17	16	16		2	6	2	2	–	–	3	1	1	–	–	–	N-(Difluoro-dimethylamino-phosphoranylidene)-sulphonylfluoridamide		**M0356**
44	43	102	55	70	41	210	42	**210**	100	35	29	26	20	19	18	9		6	14	2	2	–	–	–	2	–	–	–	–	Urea, 1-ethyl-3-(propylsulphonyl)-2-thio-	24539-90-0	**S0634**
44	43	103	55	70	41	210	71	**210**	100	35	28	27	20	19	18	9		6	14	2	2	–	–	–	2	–	–	–	–	Urea, 1-ethyl-3-(propylsulphonyl)-2-thio-	24539-90-0	**S0633**
44	43	103	55	70	41	210	161	**210**	100	35	28	27	20	19	18	8		6	14	2	2	–	–	–	2	–	–	–	–	Urea, 1-ethyl-3-(propylsulphonyl)-2-thio-		**L7261**
45	44	60	18	43	14	59	28	**210**	100	83	75	67	61	52	51	50	**0.10**	6	10	4	–	–	–	–	2	–	–	–	–	Acetic acid, mercapto-, 1,2-ethanediyl ester	123-81-9	**P9355**
45	104	55	27	210	73	28	29	**210**	100	99	93	74	71	68	52	48		6	10	4	–	–	–	–	2	–	–	–	–	Propanoic acid, 3,3′-dithiobis-	1119-62-6	**Q5348**
47	48	94	45	32	79	46	44	**210**	100	85	73	55	50	35	24	23	**0.00**	4	12	–	–	–	–	–	4	–	2	–	–	Diborane(4), tetrakis(methylthio)-	26347-14-8	**S1331**
50	47	100	69	31	97	116	28	**210**	100	74	72	59	44	25	13	10	**0.00**	4	–	3	–	–	–	6	–	–	–	–	–	Perfluoro-2-oxo-1,4-dioxane		**L8392**
51	132	78	210	104	50	52	79	**210**	100	92	50	42	38	32	32	31		12	10	–	4	–	–	–	–	–	–	–	–	4-Pyridinecarboxaldehyde, (4-pyridinylmethylene)hydrazone	6957-22-8	**R2733**

MASS TO CHARGE RATIOS								M.W.	INTENSITIES								Parent	C	H	O	N	Cl	Br	F	S	P	B	Si	X	COMPOUND NAME	CAS Reg No	No
55	41	72	69	83	98	43	97	**210**	100	87	66	57	44	44	41	39	**30.00**	14	26	1	–	–	–	–	–	–	–	–	–	Cyclotridecanone, 2-methyl-	63662-71-5	T6286
55	41	128	83	100	82	81	165	**210**	100	58	56	43	39	26	21	18	**3.00**	13	22	2	–	–	–	–	–	–	–	–	–	2,6-Decadienoic acid, 3-methyl-, ethyl ester, (E,E)-	55283-33-5	T0753
55	41	128	100	82	83	81	43	**210**	100	72	51	42	33	33	32	23	**10.00**	13	22	2	–	–	–	–	–	–	–	–	–	2,6-Decadienoic acid, 3-methyl-, ethyl ester, (Z,E)-	55283-34-6	T0754
55	43	41	81	83	125	69	153	**210**	100	81	75	70	70	66	65	60	**49.66**	14	26	1	–	–	–	–	–	–	–	–	–	2-Nonenal, 2-pentyl-	3021-89-4	Q8930
55	69	41	97	83	43	111	57	**210**	100	93	81	78	63	57	53	45	**0.00**	15	30	–	–	–	–	–	–	–	–	–	–	Cyclodecane, 4-isopropyl-1,7-dimethyl-		15989
55	92	114	41	83	69	43	56	**210**	100	36	36	13	9	7	6	6	**4.00**	13	22	2	–	–	–	–	–	–	–	–	–	2,6-Decadienoic acid, 3,7-dimethyl-, methyl ester, (Z,E)-	55283-14-2	T0734
55	97	41	29	43	31	81	69	**210**	100	31	27	21	19	18	14	14	**5.60**	14	26	1	–	–	–	–	–	–	–	–	–	2,6-Decadien-1-ol, 7-methyl-3-propyl-	56153-12-9	08417
55	97	95	41	43	59	69	57	**210**	100	90	82	58	46	39	37	33	**25.00**	15	30	–	–	–	–	–	–	–	–	–	–	Bisabolane		M5638
55	97	114	41	43	56	69	83	**210**	100	35	28	11	5	5	5	5	**0.00**	13	22	2	–	–	–	–	–	–	–	–	–	2,6-Decadienoic acid, 3,7-dimethyl-, methyl ester, (E,E)-	34603-26-4	S4681
55	97	114	41	83	56	69	151	**210**	100	30	28	12	7	5	5	5	**1.00**	13	22	2	–	–	–	–	–	–	–	–	–	2,6-Nonadienoic acid, 7-ethyl-3-methyl-, methyl ester, (E)-	55283-21-1	T0741
55	97	114	41	83	69	56	82	**210**	100	35	35	14	9	7	6	6	**4.00**	13	22	2	–	–	–	–	–	–	–	–	–	2,6-Decadienoic acid, 3,7-dimethyl-, methyl ester, (Z,Z)-	55283-15-3	T0735
55	97	114	41	151	43	83	56	**210**	100	33	27	12	7	6	6	5	**1.50**	13	22	2	–	–	–	–	–	–	–	–	–	2,6-Decadienoic acid, 3,7-dimethyl-, methyl ester, (E,Z)-	34603-28-6	S4683
56	30	82	42	29	44	55	28	**210**	100	88	76	59	57	54	52	48	**19.30**	13	26	–	2	–	–	–	–	–	–	–	–	Piperidine, 4,4′-(1,3-propanediyl)bis-	16898-52-5	R6525
56	36	43	109	30	38	193	81	**210**	100	36	22	15	12	12	11	9	**7.94**	13	26	–	2	–	–	–	–	–	–	–	–	Cyclohexanamine, 4,4′-methylenebis-		D0822
56	43	193	30	42	82	41	81	**210**	100	47	18	18	17	16	15	15	**4.10**	13	26	–	2	–	–	–	–	–	–	–	–	Cyclohexanamine, 4,4′-methylenebis-	1761-71-3	Q6695
56	43	193	41	55	96	67	210	**210**	100	28	9	9	7	6	6	6		13	26	–	2	–	–	–	–	–	–	–	–	Cyclohexanamine, 4,4′-methylenebis-		D0926
56	57	55	69	41	43	70	83	**210**	100	44	39	36	35	29	21	18	**4.00**	15	30	–	–	–	–	–	–	–	–	–	–	Cyclopropane, 1-isopropyl-2-nonyl-	41977-39-3	S6790
56	57	55	69	41	43	70	83	**210**	100	44	39	36	35	29	21	18	**4.00**	15	30	–	–	–	–	–	–	–	–	–	–	2-Methyl-3,4-methylene-tridecane		M7995
57	43	195	71	210	41	85	55	**210**	100	97	79	56	48	41	29	26		15	14	1	–	–	–	–	–	–	–	–	–	Naphtho[1,2-b]furan, 2,3-dihydro-2-(1-propenyl)-	55702-38-0	T1856
57	43	195	71	210	41	85	55	**210**	100	97	80	56	48	41	29	26		15	14	1	–	–	–	–	–	–	–	–	–	2H,3H-2-Isopropenylnaphtho[1,2-b]furan		P2941
57	55	69	97	41	70	210	111	**210**	100	75	75	60	53	50	45	33		8	16	–	–	1	–	–	1	1	–	–	–	1-Chloro-2,2,3,4,4-pentamethylphosphetan 1-sulphide		P2592
57	93	94	41	92	168	133	136	**210**	100	77	70	45	35	33	28	27	**0.00**	13	22	2	–	–	–	–	–	–	–	–	–	Cyclohexanecarboxylic acid, 5-tert-butyl-2-methylene-, methyl ester, trans-	74367-20-7	T7975
57	121	93	41	43	136	81	67	**210**	100	62	58	52	38	29	27	21	**0.00**	13	22	2	–	–	–	–	–	–	–	–	–	3-Cyclohexene-1-methanol, α,α,4-trimethyl-, propanoate	80-27-3	08882
57	125	83	55	41	210	69	139	**210**	100	94	49	45	38	35	28	26		14	26	1	–	–	–	–	–	–	–	–	–	Cycloheptanone, 3-(3,3-dimethylbutyl)-5-methyl-	56248-40-9	T3200
66	113	145	44	15	65	119	39	**210**	100	52	22	20	17	14	13	12	**1.92**	11	14	4	–	–	–	–	–	–	–	–	–	Dimethyl endo-methylenetetrahydrophthalate		C0636
67	81	41	55	108	95	149	82	**210**	100	98	78	77	77	76	75	69	**11.02**	14	26	1	–	–	–	–	–	–	–	–	–	1-Cyclodecene, 2-ethyl-1-(methoxymethyl)-	24773-30-6	S0826
68	55	41	67	81	95	74	54	**210**	100	54	45	42	42	42	31	25	**1.04**	13	22	2	–	–	–	–	–	–	–	–	–	11-Dodecynoic acid, methyl ester	24567-43-9	S0676
69	41	39	86	27	68	28	55	**210**	100	23	16	10	7	6	5	5	**0.05**	11	14	4	–	–	–	–	–	–	–	–	–	Allylidene dicrotonate		Z1621
69	41	55	44	57	111	83	181	**210**	100	92	86	68	62	58	58	50	**14.50**	15	30	–	–	–	–	–	–	–	–	–	–	Elemane		M5622
69	43	55	83	123	41	59	71	**210**	100	98	67	56	56	44	44	41	**0.00**	14	26	1	–	–	–	–	–	–	–	–	–	11-Dodecen-2-one, 7,7-dimethyl-	35194-22-0	S4868
69	47	97	50	31	163	28	116	**210**	100	63	53	26	25	11	10	2	**0.00**	4	–	3	–	–	–	6	–	–	–	–	–	Perfluorooxydiacetyl fluoride		L8393
69	57	68	93	41	121	80	136	**210**	100	43	38	32	21	21	19	10	**0.40**	13	22	2	–	–	–	–	–	–	–	–	–	2,6-Octadien-1-ol, 3,7-dimethyl-, propanoate, (E)-	105-90-8	H0315
69	57	68	93	121	41	80	136	**210**	100	42	38	32	21	21	18	10	**0.00**	13	22	2	–	–	–	–	–	–	–	–	–	2,6-Octadien-1-ol, 3,7-dimethyl-, propanoate, (E)-		01743
69	68	55	83	57	56	70	82	**210**	100	90	75	60	37	32	28	25	**7.11**	15	30	–	–	–	–	–	–	–	–	–	–	Decylcyclopentane		Y0889
69	93	68	57	80	121	41	92	**210**	100	52	44	36	24	20	16	11	**0.00**	13	22	2	–	–	–	–	–	–	–	–	–	Neryl propionate		01744
69	97	50	31	45	28	55	41	**210**	100	30	17	9	9	8	6	6	**0.00**	4	–	3	–	–	–	6	–	–	–	–	–	Perfluoro-acetic anhydride		C0748
69	97	50	44	28	31	100	32	**210**	100	86	14	12	10	5	2	2	**0.00**	4	–	3	–	–	–	6	–	–	–	–	–	Perfluoro-acetic anhydride (positive ion spectrum)		M3733
70	55	41	83	154	125	29	97	**210**	100	46	42	36	31	24	15	13	**0.10**	15	30	–	–	–	–	–	–	–	–	–	–	(+)-(1S,2R)-Isopropyl-2-(3-methylpentyl)-3,3-dimethylcyclobutane		M1589
73	81	79	77	100	45	91	101	**210**	100	22	15	11	11	9	8	8	**3.00**	12	18	3	–	–	–	–	–	–	–	–	–	5-[3-(1,3-Dioxalan-2-yl)-ethyl]-2-methyl-1-cyclopentene-1-carboxaldehyde		P1315
73	92	75	79	91	182	45	77	**210**	100	73	29	24	22	19	16	10	**0.00**	11	18	2	–	–	–	–	–	–	–	1	–	Bicyclo[4.2.0]oct-3-en-7-one, 8-[(trimethylsilyl)oxy]-	54725-72-3	S9558
73	151	95	210	117	195	75	152	**210**	100	95	23	21	20	17	15	14		11	18	2	–	–	–	–	–	–	–	1	–	Silane, trimethyl(2-phenoxyethoxy)-	16654-47-0	R6311
74	101	41	43	55	75	57	69	**210**	100	38	26	24	16	14	12	10	**0.00**	13	22	2	–	–	–	–	–	–	–	–	–	Methyl 3-methylnonanoate		M5007
75	62	83	44	85	77	64	119	**210**	100	64	58	40	38	33	30	28	**0.96**	12	15	1	–	1	–	–	–	–	–	–	–	4-Chloro-2-cyclohexylphenol		Z1619
77	84	69	47	92	43	111	99	**210**	100	55	26	18	18	16	15	11	**0.00**	6	9	1	2	–	–	3	–	–	–	1	–	(Trifluoromethylimino)(trimethylsilyloxy)acetonitrile		P1615
77	118	83	51	117	93	76	28	**210**	100	99	99	97	94	87	76	74	**0.00**	9	10	–	2	–	–	–	2	–	–	–	–	1,2,3-Thiadiazolium, 4,5-dihydro-5-mercapto-4-methyl-3-phenyl-, hydroxide, inner salt	56909-06-9	T4262
78	52	104	51	79	77	181	50	**210**	100	98	91	88	82	75	57	44	**2.01**	12	10	–	4	–	–	–	–	–	–	–	–	3-Pyridinecarboxaldehyde, (3-pyridinylmethylene)hydrazone	13362-77-1	R4483
79	52	104	51	80	78	181	50	**210**	100	98	92	88	82	75	58	44	**2.00**	12	10	–	4	–	–	–	–	–	–	–	–	3-Pyridinecarboxaldehyde, (3-pyridinylmethylene)hydrazone		M2638
79	63	78	30	51	28	210	64	**210**	100	99	73	68	64	61	58	46		7	6	4	4	–	–	–	–	–	–	–	–	Formaldehyde, (2,4-dinitrophenyl)hydrazone	1081-15-8	Q5263
79	63	78	51	30	64	52	39	**210**	100	99	74	64	57	50	40	40	**38.00**	7	6	4	4	–	–	–	–	–	–	–	–	Formaldehyde, (2,4-dinitrophenyl)hydrazone	1081-15-8	Q5264
79	63	210	51	78	30	39	64	**210**	100	94	85	63	63	43	42	42		7	6	4	4	–	–	–	–	–	–	–	–	Formaldehyde, (2,4-dinitrophenyl)hydrazone		C0779
79	80	67	41	81	55	93	136	**210**	100	76	61	57	55	51	50	49	**22.04**	13	22	2	–	–	–	–	–	–	–	–	–	3,6-Dodecadienoic acid, methyl ester	16106-01-7	R6031
82	43	28	55	153	69	150	80	**210**	100	99	90	84	72	66	64	63	**9.01**	13	22	2	–	–	–	–	–	–	–	–	–	Cyclohexanone, 6-methyl-3-isopropyl-2-(2-oxopropyl)-	56772-10-2	T4180
82	67	81	129	55	41	54	83	**210**	100	57	54	28	24	24	22	13	**3.00**	11	19	3	–	–	–	–	–	–	1	–	–	4H-1,3,2-Benzodioxaborin, 2-butyl-4-oxo-, trans-		05093
82	67	81	129	155	55	54	41	**210**	100	52	50	48	29	21	19	18	**2.00**	11	19	3	–	–	–	–	–	–	1	–	–	4H-1,3,2-Benzodioxaborin, 2-butyl-4-oxo-, cis-		05092
82	67	109	41	55	43	81	73	**210**	100	48	25	17	16	15	13	12	**4.70**	12	23	2	–	–	–	–	–	–	1	–	–	2-(1-Hydroxyethyl)cyclohexyl butyl boronate		05079

MASS TO CHARGE RATIOS								M.W.	INTENSITIES								Parent	C	H	O	N	Cl	Br	F	S	P	B	Si	X	COMPOUND NAME	CAS Reg No	No
83	55	41	39	27	210	29	54	**210**	100	74	42	14	10	10	8	7		6	11	–	–	–	–	–	–	–	–	–	1	**Iodocyclohexane**		**00632**
83	55	41	67	210	54	84	27	**210**	100	62	30	18	17	12	7	6		6	11	–	–	–	–	–	–	–	–	–	1	**Iodocyclohexane**		**L0576**
83	55	41	210	39	27	84	29	**210**	100	66	39	12	12	8	7	7		6	11	–	–	–	–	–	–	–	–	–	1	**Iodocyclohexane**		**04550**
83	55	210	129	98	41	67	81	**210**	100	99	56	41	35	35	23	23		12	22	1	2	–	–	–	–	–	–	–	–	**Dicyclohexylnitrosamine**		**05896**
83	85	127	49	47	210	87	175	**210**	100	63	35	23	20	13	11	11		1	1	–	–	2	–	–	–	–	–	–	1	**Dichloroiodomethane**		**P0327**
83	129	55	82	41	128	67	111	**210**	100	99	56	35	27	25	24	17	**0.00**	13	22	2	–	–	–	–	–	–	–	–	–	**Cyclohexyl cyclohexanecarboxylate**		**Z1617**
85	54	126	55	84	56	124	73	**210**	100	90	74	66	60	56	48	42	**7.00**	11	18	2	2	–	–	–	–	–	–	–	–	**2,2-Bis(2-cyanoethoxymethyl)propane**		**C0780**
85	159	174	192	210				**210**	100	24	10	4	1					13	22	2	–	–	–	–	–	–	–	–	–	**trans-4-(4-Hydroxy-2,6,6-trimethylcyclohex-1-enyl)but-3-en-2-ol (3-hydroxy-β-ionol)**		**M8100**
86	85	44	79	81	69	84	78	**210**	100	89	70	42	41	35	24	18	**1.00**	5	7	4	–	–	1	–	–	–	–	–	–	**Propanedioic acid, (bromomethyl)methyl-**	67687-97-2	**T6865**
91	40	92	44	210	65	104	117	**210**	100	99	66	63	51	34	26	20		16	18	–	–	–	–	–	–	–	–	–	–	**1,4-Diphenylbutane**		**D0853**
91	65	92	139	39	155	130	210	**210**	100	21	21	20	19	18	14	13		10	10	3	–	–	–	–	1	–	–	–	–	**Sulphonic aicd, (4-methylphenyl)-, 2-propynyl ester**		**P1249**
91	65	119	118	92	89	63	210	**210**	100	15	13	8	8	4	3	3		15	14	1	–	–	–	–	–	–	–	–	–	**Acetone, 1,3-diphenyl-**	102-04-5	**P7525**
91	65	210	39	119	92	89	63	**210**	100	42	36	17	11	9	9	9		14	14	–	2	–	–	–	–	–	–	–	–	**2,2′-Dimethyl-azobenzene**		**02148**
91	92	210	28	65	117	104	105	**210**	100	55	21	16	14	11	11	10		16	18	–	–	–	–	–	–	–	–	–	–	**β-D-Glucopyranosylamine, N-(4-nitrophenyl)-, 2,3,4,6-tetraacetate**	1083-56-3	**Q5271**
91	92	210	65	105	77	41	39	**210**	100	47	31	14	10	7	7	5		16	18	–	–	–	–	–	–	–	–	–	–	**1,4-Diphenylbutane**		**F0214**
91	123	210	92	65	45	119	109	**210**	100	32	20	10	10	10	9	9		11	14	2	–	–	–	–	1	–	–	–	–	**Methyl 3-(benzylthio)propionate**		**05585**
91	131	92	115	210	212	116	39	**210**	100	66	44	30	26	26	24	19		10	11	–	–	–	1	–	–	–	–	–	–	**Benzene, (1-bromo-2-methyl-1-propenyl)-**	5912-93-6	**08505**
91	210	119	65	92	211	165	39	**210**	100	40	17	15	7	6	4	4		14	14	–	2	–	–	–	–	–	–	–	–	**4,4′-Dimethyl-azobenzene**		**F0465**
93	41	69	91	77	79	39	92	**210**	100	57	38	23	22	22	19	17	**0.00**	13	22	2	–	–	–	–	–	–	–	–	–	**1,6-Octadien-3-ol, 3,7-dimethyl-, propanoate**	144-39-8	**H0660**
93	125	43	161	163	127	29	57	**210**	100	86	78	76	75	57	43	39	**0.00**	4	6	1	–	4	–	–	–	–	–	–	–	**1,1,1,3-Tetrachloro-2-methyl-2-propanol**		**Z1616**
95	57	93	108	121	136	109	81	**210**	100	86	57	57	51	40	31	15	**0.40**	13	22	2	–	–	–	–	–	–	–	–	–	**Bicyclo[2.2.1]heptan-2-ol, 4,7,7-trimethyl-, propanoate, exo-**	2756-56-1	**H1356**
97	81	99	67	151	98	43	45	**210**	100	96	86	66	63	63	58	55	**51.00**	13	22	2	–	–	–	–	–	–	–	–	–	**2,4-Decadienoic acid, propyl ester, (E,Z)-**		**L9432**
97	96	55	69	81	57	41	125	**210**	100	83	82	46	34	34	27	22	**9.00**	15	30	–	–	–	–	–	–	–	–	–	–	**Bisabolane**		**01222**
98	55	41	111	83	70	99	97	**210**	100	45	44	44	35	33	32	29	**8.00**	14	26	1	–	–	–	–	–	–	–	–	–	**Cyclohexanone, 2-octyl-**		**L7779**
98	55	125	41	70	99	83	43	**210**	100	15	14	12	8	8	7	5	**0.75**	14	26	1	–	–	–	–	–	–	–	–	–	**Cyclohexanone, 2-(1-methylheptyl)-**	54549-90-5	**S9290**
98	110	125	210	41	42	84	124	**210**	100	68	66	20	17	14	14	13		13	26	–	2	–	–	–	–	–	–	–	–	**Piperidine, 1,1′-(1,3-propanediyl)bis-**	31951-46-9	**S3420**
99	43	210	98	28	81	84	55	**210**	100	72	68	65	57	47	44	40		11	14	4	–	–	–	–	–	–	–	–	–	**1-Oxaspiro[4.5]decane-2,4-dione, 3-acetyl-**	22884-85-1	**R9991**
99	43	210	98	28	81	84	55	**210**	100	71	67	63	56	47	44	39		11	14	4	–	–	–	–	–	–	–	–	–	**1-Oxaspiro[4.5]decane-2,4-dione, 3-acetyl-**		**L5047**
99	134	136	177	179	111	108	210	**210**	100	70	70	48	48	12	10	7		6	11	3	–	–	1	–	–	–	–	–	–	**1,2-Dioxolan-3-ol, 4-bromo-3,5,5-trimethyl-**	75332-39-7	**T8920**
99	139	210	86	126	54	100	140	**210**	100	32	26	18	11	10	9	5		13	22	2	–	–	–	–	–	–	–	–	–	**Spiro[1,3-dioxolane-2,2′(1′H)-naphthalene], octahydro-4-methyl-**	55937-93-4	**T2368**
99	209	42	166	211	152	125	210	**210**	100	42	22	15	15	14	11	10		11	15	–	2	1	–	–	–	–	–	–	–	**Imidazolidine, 2-(4-chlorophenyl)-1,3-dimethyl-**	23281-56-3	**S0158**
100	55	109	112	101	41	81	53	**210**	100	11	10	9	6	6	6	4	**0.00**	12	18	3	–	–	–	–	–	–	–	–	–	**Spiro[1,3-dioxolane-2,1′(4′H)-naphthalen]-4′-one, octahydro-**	21727-93-5	**R9370**
103	61	43	41	59	45	60	75	**210**	100	49	43	20	12	8	8	4	**1.00**	8	18	–	–	–	–	–	3	–	–	–	–	**Propyl 1-(propylthio)ethyl disulphide**	69078-86-0	**T7010**
104	55	45	27	210	73	28	29	**210**	100	83	82	81	79	68	49	45		6	10	4	–	–	–	–	2	–	–	–	–	**Propanoic acid, 3,3′-dithiobis-**	1119-62-6	**Q5349**
104	75	91	73	51	78	44	45	**210**	100	82	72	48	43	43	39	39	**3.20**	11	18	–	–	–	–	–	1	–	–	1	–	**Silane, trimethyl(phenethylthio)-**	14856-80-5	**R5447**
104	91	210	78	119	51	77	103	**210**	100	80	77	55	47	46	46	27		15	14	1	–	–	–	–	–	–	–	–	–	**2H-1-Benzopyran, 3,4-dihydro-2-phenyl-**	494-12-2	**Q1241**
104	169	50	76	168	105	51	75	**210**	100	35	24	24	9	7	6	4	**2.00**	10	10	3	–	–	–	–	1	–	–	–	–	**4H-1-Benzothiopyran-4-one, 2,3-dihydro-2-methyl-, 1,1-dioxide**	16808-50-7	**R6471**
104	169	77	50	105	51	78	170	**210**	100	37	27	25	8	7	4	4	**3.00**	10	10	3	–	–	–	–	1	–	–	–	–	**4H-1-Benzothiopyran-4-one, 2,3-dihydro-3-methyl-, 1,1-dioxide**	16723-50-5	**R6396**
104	210	91	119	77	78	103	209	**210**	100	99	98	57	33	33	27	27		15	14	1	–	–	–	–	–	–	–	–	–	**2H-1-Benzopyran, 3,4-dihydro-2-phenyl-**	494-12-2	**Q1240**
104	210	103	105	211	135	149	212	**210**	100	57	14	12	9	9	7	5		11	14	–	–	–	–	–	2	–	–	–	–	**7,9-Benzo-1,5-dithiecane**		**04857**
105	65	210	209	132	195	91	77	**210**	100	60	27	27	18	14	14	14		14	14	–	2	–	–	–	–	–	–	–	–	**2,4a.7,9a-Bis-methano-1,2,4a,6,7,9a-hexahydrophenazine**		**M0307**
105	77	28	91	210	115	51	165	**210**	100	46	18	14	14	14	13	13		15	14	1	–	–	–	–	–	–	–	–	–	**Tricyclo[5.2.0.0$^{(2,5)}$]nona-3,8-dien-6-ol, 6-phenyl-, (1α,2β,5β,6β,7α)-**	56771-50-7	**08414**
105	77	31	106	78	44	50	28	**210**	100	37	10	8	7	5	2	2	**1.58**	14	10	2	–	–	–	–	–	–	–	–	–	**Benzil**		**D0003**
105	77	51	50	106	78	74	76	**210**	100	97	59	21	8	7	6	6	**4.00**	14	10	2	–	–	–	–	–	–	–	–	–	**Benzil**		**G0235**
105	77	51	50	106	210	78	74	**210**	100	52	24	10	8	4	4	3		14	10	2	–	–	–	–	–	–	–	–	–	**Benzil**		**W0168**
105	79	77	106	104	91	103	132	**210**	100	50	33	27	23	15	15	10	**5.00**	16	18	–	–	–	–	–	–	–	–	–	–	**Bicyclo[3.2.1]octa-2,6-diene, 4-(1-phenylethyl)-**	58519-67-8	**T5048**
105	104	77	79	106	103	51	210	**210**	100	25	11	10	9	6	4	3		16	18	–	–	–	–	–	–	–	–	–	–	**Benzene, 1,1′-(1,2-dimethyl-1,2-ethanediyl)bis-, (R*,R*)-(+-)-**	2726-21-8	**Q8579**
105	104	77	79	106	103	91	27	**210**	100	21	11	9	9	5	3	3	**0.22**	16	18	–	–	–	–	–	–	–	–	–	–	**Benzene, 1,1′-(1,2-dimethyl-1,2-ethanediyl)bis-**	5789-35-5	**R1797**
105	104	77	79	106	103	91	51	**210**	100	26	10	10	9	6	4	3	**2.87**	16	18	–	–	–	–	–	–	–	–	–	–	**Benzene, 1,1′-(1,2-dimethyl-1,2-ethanediyl)bis-, (R*,S*)-**	4613-11-0	**R0644**
105	121	77	166	165	209	123	107	**210**	100	99	91	35	30	29	27	20	**5.90**	10	10	1	–	–	–	–	2	–	–	–	–	**2-Benzoyl-1,3-dithiolane**		**05248**
105	210	77	106	79	103	39	104	**210**	100	12	9	9	7	4	4	3		16	18	–	–	–	–	–	–	–	–	–	–	**1,2-Di-p-tolylethane**		**03557**
105	210	106	77	79	104	103	78	**210**	100	23	11	9	7	6	5	4		16	18	–	–	–	–	–	–	–	–	–	–	**1,2-Di-p-tolylethane**		**E0016**
105	210	106	79	77	103	211	104	**210**	100	23	9	8	7	5	4	4		16	18	–	–	–	–	–	–	–	–	–	–	**1,2-Di-o-tolylethane**	952-80-7	**Q4822**
107	77	65	209	39	51	28	93	**210**	100	85	57	46	36	32	28	26	**5.00**	9	8	3	1	–	–	–	1	–	–	–	–	**5-Phenoxymethyl-1,3,4-oxathiazol-2-one**		**L1741**

MASS TO CHARGE RATIOS								M.W.	INTENSITIES								Parent	C	H	O	N	Cl	Br	F	S	P	B	Si	X	COMPOUND NAME	CAS Reg No	No
107	91	106	105	41	59	79	108	**210**	100	53	15	14	12	12	12	11	**0.00**	11	14	4	–	–	–	–	–	–	–	–	–	**6-Oxabicyclo[3.2.1]oct-2-ene-8-carboxylic acid, 1,8-dimethyl-7-oxo-, methyl ester, anti-(+-)-**	54345-93-6	**S8918**
107	122	91	79	41	43	45	55	**210**	100	46	11	6	5	5	5	3	**1.00**	13	22	2	–	–	–	–	–	–	–	–	–	**6-Oxabicyclo[3.2.1]oct-2-ene-7-ethanol, α,2,8,8-tetramethyl-**	66465-82-5	**T6653**
108	43	168	41	107	39	135	55	**210**	100	53	21	20	19	12	11	7	**3.00**	12	18	3	–	–	–	–	–	–	–	–	–	**2-Cyclohexen-1-one, 3-[(acetyloxy)methyl]-6-isopropyl-**	56248-42-1	**T3202**
108	45	196	89	91	71	77	109	**210**	100	69	20	18	15	13	12	12	**3.60**	12	18	3	–	–	–	–	–	–	–	–	–	**Benzene, 1-(1,3-dimethoxypropoxy)-2-methyl-**	74810-86-9	**T8738**
111	153	167	210	195	154	169	168	**210**	100	82	38	22	21	19	15	12		11	14	2	–	–	–	–	1	–	–	–	–	**1-Butanone, 1-(5-acetyl-2-thienyl)-3-methyl-**	18282-21-8	**R7483**
111	175	75	177	113	210	212	50	**210**	100	90	38	35	34	30	21	18		6	4	2	–	2	–	–	1	–	–	–	–	**Benzenesulphonyl chloride, 4-chloro-**	98-60-2	**P7176**
112	99	84	98	70	113	56	210	**210**	100	59	35	25	23	12	11	10		11	18	2	2	–	–	–	–	–	–	–	–	**1-Piperidinecarboxaldehyde, 2-(1-formyl-2-pyrrolidinyl)-**	52195-96-7	**S7896**
112	126	154	139	210	41	55	70	**210**	100	95	79	53	24	22	21	21		13	22	2	–	–	–	–	–	–	–	–	–	**7-Oxodihydrotheaspirane A2**		**P1282**
112	154	126	139	41	56	55	70	**210**	100	86	56	56	23	21	19	16	**12.00**	13	22	2	–	–	–	–	–	–	–	–	–	**7-Oxodihydrotheaspirane B1**		**P1287**
113	69	19	94	50	16	31	75	**210**	100	17	10	2	1	1	1	1	**0.00**	4	–	3	–	–	–	6	–	–	–	–	–	**Perfluoro-acetic anhydride (negative ion spectrum)**		**M3734**
113	99	84	70	98	114	40	83	**210**	100	59	38	22	20	11	10	10	**8.00**	11	18	2	2	–	–	–	–	–	–	–	–	**1-Piperidinecarboxaldehyde, 2-(1-formyl-2-pyrrolidinyl)-**	52195-96-7	**S7897**
115	116	210	94	105	132	77	89	**210**	100	62	53	21	18	16	12	11		10	10	3	–	–	–	–	1	–	–	–	–	**1,3-Oxathiole, 4-methyl-5-phenyl-, 3,3-dioxide**	21120-04-7	**R9111**
117	118	39	91	210	104	66	51	**210**	100	65	44	41	37	34	33	27		10	10	3	–	–	–	–	1	–	–	–	–	**1,3,5-Ethanylylidene-2-thiacyclobuta[cd]pentalen-7-one, octahydro-, 2,2-dioxide**	19086-80-7	**R7963**
117	195	210	91	105	77	89	115	**210**	100	60	35	32	21	21	21	19		16	18	–	–	–	–	–	–	–	–	–	–	**Ethane, 1-(o-ethylphenyl)-1-phenyl-**	18908-70-8	**R7862**
118	90	210	182	63	89	119	64	**210**	100	27	18	17	14	12	8	5		10	10	3	–	–	–	–	1	–	–	–	–	**4H-1-Benzothiopyran-4-one, 2,3-dihydro-8-methyl-, 1,1-dioxide**	16723-54-9	**R6397**
119	91	177	210	65	134	63	120	**210**	100	97	97	65	44	22	21	21		10	10	1	–	–	–	–	2	–	–	–	–	**2-Propene(dithioic) acid, 3-hydroxy-3-(4-methylphenyl)-**	41467-13-4	**S6656**
119	91	210	65	195	28	120	211	**210**	100	35	34	15	14	12	9	6		15	14	1	–	–	–	–	–	–	–	–	–	**Benzophenone, 3,3′-dimethyl-**	2852-68-8	**Q8735**
119	193	210	209	194	65	92	104	**210**	100	46	42	40	20	12	12	10		14	14	–	2	–	–	–	–	–	–	–	–	**Dibenzo[b,f]-1,4-diazocine, 5,6,11,12-tetrahydro-**	23610-59-5	**S0275**
119	210	91	195	65	120	211	89	**210**	100	40	38	13	11	8	5	4		15	14	1	–	–	–	–	–	–	–	–	–	**Benzophenone, 4,4′-dimethyl-**		**G0514**
120	55	210	154	153	87	88	56	**210**	100	67	30	26	7	5	4	4		7	8	2	–	–	–	–	–	1	–	–	1	**Cyclopentadienyl-dicarbonyl-phosphine manganese**		**L7600**
121	75	195	73	210	122	45	77	**210**	100	26	17	15	12	9	8	8		11	18	2	–	–	–	–	–	–	–	1	–	**Silane, [(4-methoxybenzyl)oxy]trimethyl-**	14629-56-2	**R5313**
121	77	91	45	178	122	105	59	**210**	100	11	10	10	9	9	7	6	**0.00**	12	18	3	–	–	–	–	–	–	–	–	–	**Propane, 1,2,3-trimethoxy-1-phenyl-**	20637-31-4	**R8808**
121	77	122	78	91	210	151	39	**210**	100	31	29	26	25	19	16	11		11	14	4	–	–	–	–	–	–	–	–	–	**Benzenepropanoic acid, α-hydroxy-4-methoxy-, methyl ester**	55301-58-1	**T0800**
121	154	210	179	77	41	56	122	**210**	100	25	24	19	16	12	10	8		11	14	–	–	–	–	–	2	–	–	–	–	**Butyl dithiobenzoate**	27249-89-4	**S1659**
121	195	75	73	210	122	45	209	**210**	100	18	17	16	12	9	6	6		11	18	2	–	–	–	–	–	–	–	1	–	**Silane, [(4-methoxybenzyl)oxy]trimethyl-**	14629-56-2	**R5314**
122	120	121	192	44	43	77	95	**210**	100	76	54	51	43	43	31	30	**1.57**	9	10	4	2	–	–	–	–	–	–	–	–	**N-Carbamoyl-DL-2-(4-hydroxyphenyl)glycine**		**03441**
122	164	57	81	95	67	54	41	**210**	100	79	76	74	74	71	68	58	**32.00**	13	22	2	–	–	–	–	–	–	–	–	–	**1(2H)-Naphthalenone, 4-ethoxyoctahydro-8-methyl-**		**L9619**
122	164	58	95	81	72	55	41	**210**	100	80	77	76	74	71	69	57	**32.00**	13	22	2	–	–	–	–	–	–	–	–	–	**1(2H)-Naphthalenone, 4-ethoxyoctahydro-8a-methyl-**	21720-87-6	**R9350**
122	164	58	95	81	73	55	41	**210**	100	79	76	75	73	71	68	57	**32.25**	13	22	2	–	–	–	–	–	–	–	–	–	**1(2H)-Naphthalenone, 4-ethoxyoctahydro-8-methyl-**	54965-51-4	**S9879**
124	152	210	98	125	59	39	97	**210**	100	77	72	68	29	29	22	19		7	11	–	4	–	–	–	–	–	–	–	1	**Cobalt, (π-cyclopentadienyl)(1,4-dimethyltetraazendiyl)-**		**L5506**
125	140	69	41	153	55	83	43	**210**	100	92	86	82	64	63	47	42	**3.00**	14	26	1	–	–	–	–	–	–	–	–	–	**Cyclohexanone, 2,3,3-trimethyl-2-(3-methylbutyl)-**	69296-95-3	**T7034**
125	210	126	43	97	110	123	195	**210**	100	19	13	7	6	5	5	5		13	22	–	–	–	–	–	1	–	–	–	–	**Thiophene, 2-ethyl-5-heptyl-**		**Y2065**
126	112	154	139	210	41	55	70	**210**	100	75	52	41	28	21	19	19		13	22	2	–	–	–	–	–	–	–	–	–	**7-Oxodihydrotheaspirane A1**		**P1281**
129	128	158	157	167	195	210	77	**210**	100	95	86	80	76	54	39	20		15	14	1	–	–	–	–	–	–	–	–	–	**2(1H)-Naphthalenone, 1-methyl-1-(1-methyl-2-propynyl)-, (R*,R*)-**	51738-16-0	**S7768**
130	59	65	97	66	80	82	58	**210**	100	48	46	39	30	29	27	19	**0.00**	5	7	–	–	–	1	–	2	–	–	–	–	**1,2-Dithiol-1-ium, 3,5-dimethyl-, bromide**	20365-60-0	**R8640**
131	103	74	77	161	162	89	210	**210**	100	61	53	36	32	28	21	19		10	10	3	–	–	–	–	1	–	–	–	–	**1,1-Dioxo-3-methoxymethyl-2,3-dihydrobenzo[b]thiophene**		**M6927**
131	133	51	212	187	213	52	189	**210**	100	98	28	27	27	25	21	17	**13.32**	4	4	–	–	–	2	–	–	–	–	–	–	**1,4-Dibromo-2-butyne**		**Z1620**
132	78	210	104	105	209	182		**210**	100	55	45	41	32	16	15			12	10	–	4	–	–	–	–	–	–	–	–	**4-Pyridinecarboxaldehyde, (4-pyridinylmethylene)hydrazone**	6957-22-8	**L2801**
132	117	91	115	133	51	77	131	**210**	100	58	16	15	10	10	10	10	**1.44**	14	14	–	2	–	–	–	–	–	–	–	–	**1,1-Cyclopropanedicarbonitrile, 2-isopropyl-2-phenyl-**	74764-41-3	**T8505**
132	210	78	79	209	105	182	133	**210**	100	75	28	23	23	19	16	10		12	10	–	4	–	–	–	–	–	–	–	–	**4-Pyridinecarboxaldehyde, (4-pyridinylmethylene)hydrazone**	6957-22-8	**R2734**
135	59	92	63	77	107	64	166	**210**	100	42	29	28	28	27	24	24	**22.00**	10	10	5	–	–	–	–	–	–	–	–	–	**Carbonic acid, methyl ester, ester with m-hydroxybenzoate**	17161-32-9	**R6654**
135	59	92	63	77	210	64	136	**210**	100	39	32	26	26	24	23	14		10	10	5	–	–	–	–	–	–	–	–	–	**Carbonic acid, methyl ester, ester with p-hydroxybenzoate**	17175-20-1	**R6671**
135	210	104	106	103	134	91	136	**210**	100	75	35	23	20	16	15	14		11	14	–	–	–	–	–	2	–	–	–	–	**7,8-Benzo-1,5-dithiecane**		**04860**
138	43	96	82	41	55	109	123	**210**	100	41	28	26	21	18	18	12	**0.00**	13	22	2	–	–	–	–	–	–	–	–	–	**9-Hydroxytheaspirane**		**P1293**
139	41	107	109	81	43	69	39	**210**	100	62	57	48	43	35	33	30	**10.30**	12	18	3	–	–	–	–	–	–	–	–	–	**Methyl thujon-4β-carboxylate**		**17568**
139	107	79	179	121	123	210	154	**210**	100	34	33	16	14	14	12	9		13	22	2	–	–	–	–	–	–	–	–	–	**cis-1-Methoxy-3-pentylbicyclo[2.2.1]pent-2-en-7-ol**		**14842**
139	107	179	79	121	210	123	153	**210**	100	67	52	48	40	34	31	14		13	22	2	–	–	–	–	–	–	–	–	–	**cis-1-Methoxy-2-pentylbicyclo[2.2.1]hept-2-en-7-ol**		**14840**
139	137	73	197	195	169	167	115	**210**	100	99	73	60	59	57	55	41	**0.00**	6	15	1	–	–	1	–	–	–	–	1	–	**Silane, (3-bromopropoxy)trimethyl-**	34714-04-0	**S4717**
139	181	210	97	110	140	111	123	**210**	100	57	29	19	12	12	11	9		13	22	–	–	–	–	–	1	–	–	–	–	**Thiophene, 2-hexyl-5-propyl-**		**Y2066**
139	210	167	63	211	140	113	89	**210**	100	87	33	18	16	14	13	10		13	10	1	2	–	–	–	–	–	–	–	–	**Benzo[c]cinnoline, 2-methoxy-**	19376-07-9	**R8107**
141	79	140	113	167	108	96	43	**210**	100	82	72	70	38	34	30	24	**23.02**	8	19	2	–	–	–	–	1	1	–	–	–	**Phosphonothioic acid, methyl-, O-ethyl S-isopentyl ester**	20845-72-1	**R8965**
141	79	140	113	167	108	96	210	**210**	100	78	70	67	38	32	30	25		8	19	2	–	–	–	–	1	1	–	–	–	**Phosphonothioic acid, methyl-, O-ethyl S-isopentyl ester**		**M8028**
148	44	120	75	74	103	102	192	**210**	100	70	42	27	27	18	18	16	**0.00**	9	6	6	–	–	–	–	–	–	–	–	–	**Benzene-1,2,4-tricarboxylic acid**		**G0397**

MASS TO CHARGE RATIOS								M.W.	INTENSITIES								Parent	C	H	O	N	Cl	Br	F	S	P	B	Si	X	COMPOUND NAME	CAS Reg No	No
148	75	74	120	50	103	102	50	**210**	100	47	46	44	31	28	19	17	**2.36**	9	6	6	–	–	–	–	–	–	–	–	–	Benzene-1,2,4-tricarboxylic acid		C0453
148	166	164	90	149	105	192	146	**210**	100	88	86	85	72	65	64	51	**46.00**	10	10	5	–	–	–	–	–	–	–	–	–	Benzeneacetic acid, 2-carboxy-3-methoxy-	1137-31-1	Q5517
149	133	135	164	210	165	118	77	**210**	100	67	61	56	39	34	23	20		11	14	2	–	–	–	–	1	–	–	–	–	Ethyl 2-(methylthio)methylbenzoate		M0622
149	167	65	121	150	50	76	168	**210**	100	55	20	19	9	7	7	6	**0.35**	10	10	5	–	–	–	–	–	–	–	–	–	Mono-2-hydroxyethyl terephthalate		C0168
150	178	210	179	77	39	149	107	**210**	100	86	32	24	24	21	20	16		11	14	4	–	–	–	–	–	–	–	–	–	Methyl 2,4-dihydroxy-3,5,6-trimethylbenzoate		05964
150	210	178	182	122	39	179	177	**210**	100	47	21	17	16	15	11	10		10	10	5	–	–	–	–	–	–	–	–	–	Methyl 3-formyl-2,4-dihydroxy-6-methylbenzoate		05963
151	73	210	195	117	152	167	75	**210**	100	70	20	19	17	16	13	12		11	18	2	–	–	–	–	–	–	–	1	–	Silane, trimethyl(2-phenoxyethoxy)-	16654-47-0	R6310
151	210	73	137	75	152	59	107	**210**	100	41	15	12	10	10	8	8		11	14	4	–	–	–	–	–	–	–	–	–	Benzeneacetic acid, 3,4-dimethoxy-, methyl ester	15964-79-1	R5934
151	210	152	18	107	17	106	105	**210**	100	44	10	10	9	8	7	7		11	14	4	–	–	–	–	–	–	–	–	–	Benzeneacetic acid, 3,4-dimethoxy-, methyl ester		04990
151	210	152	211	107	195	59	153	**210**	100	75	9	8	2	2	1	1		11	14	4	–	–	–	–	–	–	–	–	–	Benzeneacetic acid, 3,4-dimethoxy-, methyl ester	15964-79-1	R5935
151	210	168	43	136	137	107	135	**210**	100	69	38	23	18	17	17	15		11	14	4	–	–	–	–	–	–	–	–	–	3,4-Dimethoxybenzyl acetate		Z1632
153	167	111	210	97	110	168	123	**210**	100	88	35	26	13	9	7	7		13	22	–	–	–	–	–	1	–	–	–	–	Thiophene, 2-isobutyl-5-isopentyl-		Y2067
154	112	139	126	41	56	55	70	**210**	100	90	52	34	16	15	14	14	**9.00**	13	22	2	–	–	–	–	–	–	–	–	–	7-Oxodihydrotheaspirane B2		P1288
163	105	77	85	51	210	50	106	**210**	100	99	96	69	47	30	15	14		10	10	1	–	–	–	–	2	–	–	–	–	2-Propene(dithioic) acid, 3-hydroxy-3-phenyl-, methyl ester	13636-68-5	R4686
164	91	39	77	192	121	67	210	**210**	100	82	82	76	71	53	50	47		11	14	4	–	–	–	–	–	–	–	–	–	2-Hydroxy-4-methoxy-3,5,6-trimethylbenzoic acid		05969
165	121	109	164	166	137	43	91	**210**	100	49	42	39	33	26	21	21	**1.98**	6	15	3	–	–	–	–	–	–	–	–	1	Arsenous acid, triethyl ester	3141-12-6	Q9047
165	121	109	164	166	137	120	91	**210**	100	49	42	40	32	25	20	20	**2.00**	6	15	3	–	–	–	–	–	–	–	–	1	Arsenous acid, triethyl ester		M7695
165	210	135	91	79	77	151	105	**210**	100	40	26	5	4	4	3	3		11	14	4	–	–	–	–	–	–	–	–	–	2,4-Dimethoxy-6-methylphenylacetic acid		L9938
166	82	96	55	41	67	109	123	**210**	100	99	90	80	67	63	35	20	**2.50**	14	26	1	–	–	–	–	–	–	–	–	–	Cyclododecaneacetaldehyde	69300-18-1	T7042
167	41	168	124	43	97	169	96	**210**	100	40	37	32	28	25	18	10	**2.00**	10	14	3	2	–	–	–	–	–	–	–	–	2,4,6-(1H,3H,5H)-Pyrimidinetrione, 5-isopropyl-5-allyl-	77-02-1	P5752
167	41	168	124	97	43	169	39	**210**	100	40	39	29	20	19	18	15	**3.00**	10	14	3	2	–	–	–	–	–	–	–	–	2,4,6(1H,3H,5H)-Pyrimidinetrione, 5-isopropyl-5-allyl-	77-02-1	P5751
167	43	121	71	93	149	55	79	**210**	100	77	61	34	34	28	25	18	**5.00**	13	22	2	–	–	–	–	–	–	–	–	–	1-Butanone, 1-(5-hydroxy-2,6,6-trimethyl-1-cyclohexen-1-yl)-	53398-16-6	S8438
167	43	166	168	195	139	41	55	**210**	100	25	24	10	8	7	6	4	**0.46**	12	23	2	–	–	–	–	–	–	1	–	–	4H-1,3,2-Dioxaborin, 2-ethyl-4-methyl-4,6-dipropyl-	74421-10-6	T8079
167	111	153	210	97	110	168	123	**210**	100	40	37	30	16	10	9	8		13	22	–	–	–	–	–	1	–	–	–	–	Thiophene, 2-isobutyl-5-isopentyl-	4806-10-4	H1492
167	165	152	43	166	168	164	115	**210**	100	43	22	17	15	14	5	5	**3.80**	15	14	1	–	–	–	–	–	–	–	–	–	Acetone, 1,1-diphenyl-	781-35-1	Q4117
167	166	43	111	41	168	55	27	**210**	100	25	21	17	11	10	6	6	**0.09**	12	23	2	–	–	–	–	–	–	1	–	–	4H-1,3,2-Dioxaborin, 2-ethyl-4-methyl-4,6-diisopropyl-	74421-11-7	T8080
167	168	28	41	124	43	97	169	**210**	100	49	48	41	34	22	22	20	**0.00**	10	14	3	2	–	–	–	–	–	–	–	–	2,4,6-(1H,3H,5H)-Pyrimidinetrione, 5-isopropyl-5-allyl-	77-02-1	P5753
167	210	102	168	211	152	153	209	**210**	100	93	71	19	15	15	14	10		14	10	2	–	–	–	–	–	–	–	–	–	Benzo[b]benzo[3,4]cyclobuta[1,2-e][1,4]dioxin, 4b,10a-dihydro-	42896-18-4	S6995
167	210	125	69	29	82	111	41	**210**	100	45	25	23	18	16	16	15		13	26	–	2	–	–	–	–	–	–	–	–	2-Butenal, 3-methyl-, dibutylhydrazone	75268-13-2	T8870
167	210	141	154	169	212	132	143	**210**	100	81	50	48	33	28	27	16		12	15	1	–	1	–	–	–	–	–	–	–	2-Chloro-4-cyclohexylphenol		Z1628
167	210	168	39	41	56	43	195	**210**	100	25	9	4	4	4	4	4		11	14	4	–	–	–	–	–	–	–	–	–	1-Butanone, 1-(2,4,6-trihydroxy-3-methylphenyl)-	1509-06-4	Q6129
168	69	97	43	68	167	210	41	**210**	100	62	41	37	19	14	14	12		10	14	3	2	–	–	–	–	–	–	–	–	1-Ethyl-3-acetamido-4-methyl-6-hydroxy-2-pyridone		D1495
168	111	153	39	167	43	195	210	**210**	100	85	70	23	23	22	19	19		11	14	2	–	–	–	–	1	–	–	–	–	1-Butanone, 1-(5-acetyl-2-thienyl)-3-methyl-	18282-21-8	R7482
168	122	153	43	210	107	95	79	**210**	100	38	34	26	17	12	10	9		9	10	4	2	–	–	–	–	–	–	–	–	Acetamide, N-(4-methoxy-2-nitrophenyl)-	119-81-3	P9036
170	169	210	141	115	194	208	181	**210**	100	78	64	33	25	16	16	14		15	14	1	–	–	–	–	–	–	–	–	–	Allyl 2-biphenylyl ether		Z1623
170	210	169	141	208	207	115	41	**210**	100	65	64	37	27	26	25	21		15	14	1	–	–	–	–	–	–	–	–	–	Allyl 4-biphenylyl ether		Z1624
175	210	212	177	111	214	75	73	**210**	100	87	82	63	32	27	19	16		7	5	1	–	3	–	–	–	–	–	–	–	Phenol, 2-methyl-3,4,6-trichloro-	643-14-1	Q3555
177	192	149	91	162	119	77	115	**210**	100	98	39	27	19	14	14	13	**0.00**	12	18	3	–	–	–	–	–	–	–	–	–	3,5-Dimethoxy-4-(2-hydroxy-2-propyl)toluene		M6984
178	119	179	210	147	150	63	91	**210**	100	57	35	32	11	10	9	8		10	10	5	–	–	–	–	–	–	–	–	–	Dimethyl 2-hydroxyterephthalate		F0055
178	210	207	183	179	165	211	152	**210**	100	99	28	20	18	16	16	14		14	11	–	–	–	–	–	–	1	–	–	–	Acridophosphine, 10-methyl-	57422-79-4	T4755
179	178	210	180	151	209	167	177	**210**	100	50	36	33	20	20	17	17		13	10	1	2	–	–	–	–	–	–	–	–	Phenazine, 1-methoxy-	2876-17-7	Q8764
179	178	210	180	151	209	167	177	**210**	100	50	36	33	20	20	17	17		13	10	1	2	–	–	–	–	–	–	–	–	Phenazine, 2-methoxy-	2876-18-8	Q8766
179	210	178	77	39	163	180	91	**210**	100	42	39	16	14	12	11	11		11	14	4	–	–	–	–	–	–	–	–	–	Methyl 4-hydroxy-2-methoxy-3,6-dimethylbenzoate		05965
179	210	178	180	90	121	136	65	**210**	100	44	22	11	7	7	7	5		11	14	4	–	–	–	–	–	–	–	–	–	Benzoic acid, 2,4-dimethoxy-6-methyl-, methyl ester	6110-37-8	R2059
179	210	178	180	136	91	121	77	**210**	100	41	21	12	8	7	7	6		11	14	4	–	–	–	–	–	–	–	–	–	Benzoic acid, 2,4-dimethoxy-6-methyl-, methyl ester	6110-37-8	R2058
179	210	178	180	136	121	91	65	**210**	100	44	22	12	8	7	7	5		11	14	4	–	–	–	–	–	–	–	–	–	Benzoic acid, 2,4-dimethoxy-6-methyl-, methyl ester		L2154
180	124	27	168	95	111	140	181	**210**	100	61	39	34	34	32	24	20	**0.00**	12	22	1	2	–	–	–	–	–	–	–	–	3-Aminomethyl-4-isobutyl-6,6-dimethyl-3,4-dehydropiperid-2-one		M0653
181	210	165	167	166	195	89	182	**210**	100	46	42	31	29	23	17	17		16	18	–	–	–	–	–	–	–	–	–	–	1,1′-Biphenyl, 2,2′-diethyl-	13049-35-9	R4163
181	210	209	180	179	182	76	167	**210**	100	85	55	50	35	16	11	11		13	10	1	2	–	–	–	–	–	–	–	–	Phenazine, 1-methoxy-	2876-17-7	Q8765
183	123	74	155	137	95	109	29	**210**	100	73	48	46	40	34	33	30	**17.00**	7	15	5	–	–	–	–	–	1	–	–	–	Diethyl methoxycarbonyl methyl phosphonate		L1111
192	43	210	121	154	93	164	55	**210**	100	90	80	60	45	40	30	20		10	10	5	–	–	–	–	–	–	–	–	–	4H-1-Benzopyran-4,8(5H)-dione, 6,7-dihydro-3,5-dihydroxy-2-methyl-	35942-09-7	S5117
193	44	210	91	43	77	65	39	**210**	100	99	73	27	24	21	19	18		9	10	4	2	–	–	–	–	–	–	–	–	2,4,6-Trimethyl-1,3-dinitrobenzene		05958
193	210	165	65	75	194	81	211	**210**	100	89	31	13	11	10	10	9		9	6	6	–	–	–	–	–	–	–	–	–	Benzene-1,3,5-tricarboxylic acid		C0436
194	44	32	31	193	195	77	149	**210**	100	46	29	20	17	16	11	9	**7.01**	13	10	1	2	–	–	–	–	–	–	–	–	1H-Benzimidazole, 2-phenyl-, 3-oxide	7436-57-9	R3200
195	89	165	179	210	180	76	178	**210**	100	70	67	38	37	33	27	24		16	18	–	–	–	–	–	–	–	–	–	–	Naphthalene, 1,2,3-trimethyl-4-propenyl-, (E)-	26137-53-1	09143
195	167	149	29	27	165	77	39	**210**	100	46	25	25	22	19	17	16	**2.00**	12	18	3	–	–	–	–	–	–	–	–	–	Ethyl 2,4,4,6-tetramethyl-4H-pyran-3-carboxylate		M8867

MASS TO CHARGE RATIOS								M.W.	INTENSITIES								Parent	C	H	O	N	Cl	Br	F	S	P	B	Si	X	COMPOUND NAME	CAS Reg No	No
195	197	154	42	210	126	196	63	**210**	100	33	29	18	12	11	10	9		10	11	1	2	1	–	–	–	–	–	–	–	**3-Isopropylimino-4-carbamylchlorobenzene**		**D2296**
195	197	167	169	210	212	97	62	**210**	100	83	58	53	47	41	34	26		7	5	1	–	3	–	–	–	–	–	–	–	**Benzene, 1,3,5-trichloro-2-methoxy-**	87-40-1	**P6364**
195	197	210	167	169	212	97	109	**210**	100	98	63	61	61	61	42	28		7	5	1	–	3	–	–	–	–	–	–	–	**Benzene, 1,3,5-trichloro-2-methoxy-**	87-40-1	**P6367**
195	197	210	212	169	167	199	214	**210**	100	94	84	77	45	43	28	21		7	5	1	–	3	–	–	–	–	–	–	–	**Benzene, 1,3,5-trichloro-2-methoxy-**	87-40-1	**P6363**
195	210	177	43	18	67	69	196	**210**	100	72	60	31	20	19	15	10		10	10	5	–	–	–	–	–	–	–	–	–	**2,6-Diacetyl-phloroglucinol**		**00042**
195	210	180	196	211	209	167	78	**210**	100	81	23	15	13	9	9	8		14	14	–	2	–	–	–	–	–	–	–	–	**3-Amino-9-ethylcarbazole**		**D0792**
195	210	181	196	211	167	209	127	**210**	100	74	66	14	11	10	10	9		14	14	–	2	–	–	–	–	–	–	–	–	**3-Amino-9-ethylcarbazole**		**D0800**
195	210	196	103	89	91	117	77	**210**	100	31	17	15	12	10	8	8		16	18	–	–	–	–	–	–	–	–	–	–	**2-Phenyl-2-(p-tolyl)propane**		**C1163**
195	210	196	165	180	179	178	211	**210**	100	40	16	13	11	8	7	7		16	18	–	–	–	–	–	–	–	–	–	–	**1,1-Bis(p-tolyl)ethane**		**D2113**
209	132	210	107	79	106	80	133	**210**	100	93	70	50	31	26	22	17		12	10	–	4	–	–	–	–	–	–	–	–	**2-Pyridinecarboxaldehyde, (2-pyridinylmethylene)hydrazone**	6957-24-0	**R2735**
209	178	210	165	208	211	104	39	**210**	100	78	55	54	52	39	30	30		14	10	–	–	–	–	–	1	–	–	–	–	**Dibenzo[b,f]thiepin**	257-13-6	**Q0129**
210	29	151	138	108	92	65	211	**210**	100	63	40	24	18	14	11	11		9	10	4	2	–	–	–	–	–	–	–	–	**Carbamic acid, (4-nitrophenyl)-, ethyl ester**		**M7894**
210	29	151	138	108	92	211	65	**210**	100	63	59	25	18	14	11	11		9	10	4	2	–	–	–	–	–	–	–	–	**Carbamic acid, (4-nitrophenyl)-, ethyl ester**	2621-73-0	**Q8430**
210	53	211	80	105	209	51	52	**210**	100	18	14	10	7	6	5	5		12	10	–	4	–	–	–	–	–	–	–	–	**s-Triazolo[1,5-a]pyridine, 8-amino-2-phenyl-**	31052-96-7	**S3132**
210	53	211	80	105	209	107	79	**210**	100	18	14	10	7	6	5	5		12	10	–	4	–	–	–	–	–	–	–	–	**s-Triazolo[1,5-a]pyridine, 8-amino-2-phenyl-**		**M5058**
210	59	105	77	63	90	104	50	**210**	100	85	69	28	26	26	18	16		9	10	4	2	–	–	–	–	–	–	–	–	**Carbamic acid, methyl(4-nitrophenyl)-, methyl ester**	10252-27-4	**R3692**
210	68	53	192	67	152	125	107	**210**	100	90	44	37	26	25	21	19		8	10	3	4	–	–	–	–	–	–	–	–	**1H-Purine-2,6-dione, 3,7-dihydro-8-(hydroxymethyl)-1,3-dimethyl-**	2879-16-5	**Q8774**
210	76	152	82	181	182	63	99	**210**	100	42	36	31	31	24	22	17		14	10	2	–	–	–	–	–	–	–	–	–	**9-Hydroxy-6-methylphenalenone**		**M8394**
210	77	76	51	181	78	50	66	**210**	100	64	50	30	30	18	15	15		13	10	1	2	–	–	–	–	–	–	–	–	**3H-Indazol-3-one, 1,2-dihydro-1-phenyl-**	28561-80-0	**S2124**
210	77	76	181	51	78	16	50	**210**	100	64	50	30	30	18	15	15		13	10	1	2	–	–	–	–	–	–	–	–	**3H-Indazol-3-one, 1,2-dihydro-1-phenyl-**		**M2390**
210	77	118	209	211	92	93	65	**210**	100	49	40	24	18	17	16	11		14	14	–	2	–	–	–	–	–	–	–	–	**Acetophenone phenylhydrazone**		**L7022**
210	77	181	104	211	105	110	51	**210**	100	34	33	18	15	14	10	9		13	10	1	2	–	–	–	–	–	–	–	–	**2-Phenylindazol-3-one**		**00943**
210	80	93	53	211	78	209	66	**210**	100	30	20	20	14	13	12	12		12	10	–	4	–	–	–	–	–	–	–	–	**s-Triazolo[1,5-a]pyridine, 6-amino-2-phenyl-**		**M5057**
210	83	39	127	57	211	212	81	**210**	100	22	14	13	8	5	5	4		4	3	–	–	–	–	–	1	–	–	–	1	**Thiophene, 2-iodo-**	3437-95-4	**Q9385**
210	95	93	151	154	94	179		**210**	100	49	25	24	23	20	16			8	6	3	2	–	–	–	1	–	–	–	–	**Methyl 2,3-dihydro-3-oxothieno[3,2-c]pyridazine-6-carboxylate**		**M6615**
210	104	91	119	78	209	77	103	**210**	100	43	35	27	24	23	22	17		15	14	1	–	–	–	–	–	–	–	–	–	**2H-1-Benzopyran, 3,4-dihydro-2-phenyl-**		**Q1242**
210	105	165	104	209	181	133	51	**210**	100	85	33	25	20	15	13	12		14	10	2	–	–	–	–	–	–	–	–	–	**3-Phenylphthalide**		**L6566**
210	111	179	59	150	63	92	39	**210**	100	76	73	39	36	33	30	21		10	10	5	–	–	–	–	–	–	–	–	–	**Monomethyl furfurylidenemalonate**		**L5928**
210	114	182	170	211	142	181	113	**210**	100	33	33	25	20	15	14	7		14	10	2	–	–	–	–	–	–	–	–	–	**1H-Naphtho[2,1-b]pyran-1-one, 3-methyl-**	5891-82-7	**R1867**
210	123	95	42	94	122	96	124	**210**	100	93	51	44	43	36	33	32		9	14	2	4	–	–	–	–	–	–	–	–	**1H-Pyrrole-2-carboxamide, 4-amino-N-(3-amino-3-oxopropyl)-1-methyl-**	55356-27-9	**T0997**
210	124	137	56	95	123	122	42	**210**	100	65	48	39	35	35	31	30		10	11	2	2	–	–	1	–	–	–	–	–	**1-(4′-Fluorophenyl)-3-methoxyimidazolidinone**		**P2088**
210	128	211	76	129	101	88	77	**210**	100	51	47	37	21	16	16	14		10	6	–	6	–	–	–	–	–	–	–	–	**Bis-s-triazolo[3,4-a:4,3-c]phthalazine**		**L8348**
210	138	92	29	65	136	121	27	**210**	100	95	72	64	25	25	19	15		9	10	4	2	–	–	–	–	–	–	–	–	**Carbamic acid, (2-nitrophenyl)-, ethyl ester**		**M7895**
210	138	92	29	65	136	121	90	**210**	100	95	73	65	25	25	19	15		9	10	4	2	–	–	–	–	–	–	–	–	**Carbamic acid, (2-nitrophenyl)-, ethyl ester**	2621-84-3	**Q8432**
210	165	91	167	104	152	119	211	**210**	100	32	29	26	22	19	19	16		15	14	1	–	–	–	–	–	–	–	–	–	**2-Methoxystilbene**		**01079**
210	165	167	91	211	152	104	166	**210**	100	31	23	17	17	16	12	10		15	14	1	–	–	–	–	–	–	–	–	–	**Stilbene, 2-methoxy-, (E)-**	52805-92-2	**S8103**
210	165	167	152	211	195	166	63	**210**	100	28	23	17	15	14	10	7		15	14	1	–	–	–	–	–	–	–	–	–	**4-Methoxystilbene**	1142-15-0	**Q5527**
210	165	167	152	211	195	166	89	**210**	100	27	22	18	17	15	10	9		15	14	1	–	–	–	–	–	–	–	–	–	**4-Methoxystilbene**		**01081**
210	165	167	152	211	195	166	179	**210**	100	28	23	18	16	15	10	7		15	14	1	–	–	–	–	–	–	–	–	–	**4-Methoxystilbene**		**L5025**
210	165	179	178	209	167	152	211	**210**	100	37	30	27	25	20	18	17		15	14	1	–	–	–	–	–	–	–	–	–	**3-Methoxystilbene**		**01080**
210	165	192	105	211	193	83	166	**210**	100	36	18	15	15	12	10	10		14	14	–	2	–	–	–	–	–	–	–	–	**1,2-Phenanthrenediamine, 9,10-dihydro-**	18264-92-1	**R7465**
210	165	195	211	167	183	91	181	**210**	100	17	16	16	15	13	11	11		15	14	1	–	–	–	–	–	–	–	–	–	**2,3-Dihydro-2-methyl-7-phenylbenzofuran**		**Z1627**
210	165	211	77	106	212	178	45	**210**	100	13	12	8	8	5	4	3		14	10	–	–	–	–	–	1	–	–	–	–	**Benzo[b]thiophene, 3-phenyl-**	14315-12-9	**R5143**
210	165	211	179	209	178	167	152	**210**	100	21	18	17	17	16	10	9		15	14	1	–	–	–	–	–	–	–	–	–	**Stilbene, 3-methoxy-, (E)-**	14064-41-6	**R4943**
210	166	53	165	209	141	193	27	**210**	100	70	46	42	37	23	23	20		9	10	2	2	–	–	–	1	–	–	–	–	**Thiazolo[3,2-a]pyridinium, 3-(aminocarbonyl)-2,3-dihydro-8-hydroxy-5-methyl-, hydroxide, inner salt**	23099-03-8	**S0074**
210	166	211	208	105	209	103	212	**210**	100	14	11	9	8	7	6	5		14	10	–	–	–	–	–	1	–	–	–	–	**Benzo[b]thiophene, 2-phenyl-**	1207-95-0	**Q5763**
210	167	63	168	76	140	180	75	**210**	100	70	15	10	10	9	8	8		13	10	1	2	–	–	–	–	–	–	–	–	**Phenazine, 2-methoxy-**		**L2078**
210	167	63	211	76	168	140	75	**210**	100	70	15	14	10	10	9	8		13	10	1	2	–	–	–	–	–	–	–	–	**Phenazine, 2-methoxy-**	2876-18-8	**Q8767**
210	167	81	79	41	128	67	114	**210**	100	99	75	70	66	66	54	54		13	22	–	–	–	–	–	1	–	–	–	–	**Perhydrothioxanthene**		**L6866**
210	167	211	165	195	152	209	177	**210**	100	15	15	15	10	7	7	6		15	14	1	–	–	–	–	–	–	–	–	–	**2,3-Dihydro-2-methyl-5-phenylbenzofuran**		**Z1626**
210	170	114	211	113	171	182	44	**210**	100	65	43	16	10	10	10	8		14	10	2	–	–	–	–	–	–	–	–	–	**4H-Naphtho[1,2-b]pyran-4-one, 2-methyl-**	54965-49-0	**S9877**
210	170	142	114	211	44	91	171	**210**	100	33	28	19	16	11	7	7		14	10	2	–	–	–	–	–	–	–	–	–	**4H-Naphtho[2,3-b]pyran-4-one, 2-methyl-**	54965-50-3	**S9878**
210	175	212	109	177	139	214	143	**210**	100	69	61	26	26	15	13	12		6	5	–	–	2	–	–	1	1	–	–	–	**Phosphonothioic dichloride, phenyl-**	3497-00-5	**Q9468**
210	181	51	77	168	211	66	105	**210**	100	50	20	20	20	14	13	13		13	10	1	2	–	–	–	–	–	–	–	–	**2H-Benzimidazol-2-one, 1,3-dihydro-1-phenyl-**	14813-85-5	**R5421**
210	181	152	76	180	182	211	153	**210**	100	64	30	29	22	21	16	13		14	10	2	–	–	–	–	–	–	–	–	–	**7-Oxo-6,7-dihydrodibenz[b,d]oxepin**		**D1215**

MASS TO CHARGE RATIOS								M.W.	INTENSITIES								Parent	C	H	O	N	Cl	Br	F	S	P	B	Si	X	COMPOUND NAME	CAS Reg No	No
210	181	168	77	51	167	105	66	**210**	100	50	20	20	20	13	13	13		13	10	1	2	–	–	–	–	–	–	–	–	2H-Benzimidazol-2-one, 1,3-dihydro-1-phenyl-		M2379
210	182	105	76	102	77	75	155	**210**	100	20	10	10	8	7	7	6		12	10	–	4	–	–	–	–	–	–	–	–	1,3-Diamino-phenazine		L2068
210	182	114	170	211	142	181	113	**210**	100	34	33	25	20	15	14	6		14	10	2	–	–	–	–	–	–	–	–	–	2-Methyl-5,6-benzochroman-4-one		M8175
210	182	114	170	211	181	142	19	**210**	100	29	25	20	20	15	10	9		14	10	2	–	–	–	–	–	–	–	–	–	1H-Naphtho[2,1-b]pyran-1-one, 3-methyl-	5891-82-7	R1866
210	195	96	167	158	166	71	181	**210**	100	83	65	37	36	32	23	21		9	18	–	6	–	–	–	–	–	–	–	–	2,4,6-Tris(dimethylamino)-s-triazine		D1670
210	195	121	75	211	209	136	122	**210**	100	78	65	27	18	16	16	15		11	18	2	–	–	–	–	–	–	–	1	–	Silane, [(4-methoxybenzyl)oxy]trimethyl-	14629-56-2	R5315
210	195	181	153	152	193	182	43	**210**	100	65	50	43	42	42	27	20		10	10	5	–	–	–	–	–	–	–	–	–	Benzaldehyde, 3-acetyl-2,6-dihydroxy-4-methoxy-	52117-67-6	S7872
210	195	181	165	180	178	166	167	**210**	100	99	52	41	28	21	20	20		16	18	–	–	–	–	–	–	–	–	–	–	1,1′-Biphenyl, 3,4-diethyl-	61141-66-0	T5297
210	195	211	179	165	180	89	209	**210**	100	46	17	16	14	13	12	11		16	18	–	–	–	–	–	–	–	–	–	–	3,3′,4,4′-Tetramethylbiphenyl		03598
210	208	89	102	209	180	207	74	**210**	100	79	76	67	51	36	34	33		9	6	1	–	–	–	–	–	–	–	–	1	Benzo[b]selenophene-2-carboxaldehyde	3541-39-7	Q9512
210	209	105	78	211	51	52	79	**210**	100	30	16	15	15	14	10	10		12	10	–	4	–	–	–	–	–	–	–	–	1H-Pyrrolo[2,3-b]pyridine, 3-amino-2-(4-pyridyl)-	23616-68-4	S0290
210	209	178	208	211	104	176	105	**210**	100	90	71	49	37	27	23	19		14	10	–	–	–	–	–	1	–	–	–	–	Dibenzo[b,f]thiepin	257-13-6	Q0130
210	209	181	139	180	63	152	151	**210**	100	78	71	63	46	40	36	28		13	10	1	2	–	–	–	–	–	–	–	–	Benzo[c]cinnoline, 4-methoxy-	19174-72-2	R8017
210	212	131	211	209	90	62	105	**210**	100	98	33	33	25	19	18	14		8	7	–	2	–	1	–	–	–	–	–	–	1H-Benzimidazole, 5-bromo-2-methyl-	1964-77-8	Q7134
210	212	167	169	97	62	61	214	**210**	100	86	74	71	45	31	26	26		7	5	1	–	3	–	–	–	–	–	–	–	Benzene, 1,2,5-trichloro-3-methoxy-	54135-81-8	S8807
210	212	167	169	97	62	182	180	**210**	100	74	66	65	52	40	40	39		7	5	1	–	3	–	–	–	–	–	–	–	Benzene, 1,2,3-trichloro-5-methoxy-	54135-82-9	S8809
210	212	167	169	97	214	171	180	**210**	100	94	47	44	38	26	14	13		7	5	1	–	3	–	–	–	–	–	–	–	Benzene, 1,2,5-trichloro-3-methoxy-	54135-81-8	S8805
210	212	167	169	195	197	97	109	**210**	100	97	96	89	72	62	47	34		7	5	1	–	3	–	–	–	–	–	–	–	Benzene, 1,2,4-trichloro-3-methoxy-	50375-10-5	S7277
210	212	167	169	195	197	214	97	**210**	100	97	51	50	42	39	28	17		7	5	1	–	3	–	–	–	–	–	–	–	Benzene, 1,2,4-trichloro-3-methoxy-	50375-10-5	S7275
210	212	167	169	214	97	197	195	**210**	100	98	35	32	29	19	19	18		7	5	1	–	3	–	–	–	–	–	–	–	Benzene, 1,2,3-trichloro-5-methoxy-	54135-82-9	S8808
210	212	169	167	197	195	97	62	**210**	100	93	80	79	71	70	45	33		7	5	1	–	3	–	–	–	–	–	–	–	Benzene, 1,2,4-trichloro-5-methoxy-	6130-75-2	R2079
210	212	195	197	167	169	97	62	**210**	100	96	94	89	75	72	50	30		7	5	1	–	3	–	–	–	–	–	–	–	Benzene, 1,2,3-trichloro-4-methoxy-	54135-80-7	S8803
210	212	195	197	167	169	214	97	**210**	100	94	66	65	52	49	30	22		7	5	1	–	3	–	–	–	–	–	–	–	Benzene, 1,2,3-trichloro-4-methoxy-	54135-80-7	S8802
210	212	195	197	167	169	214	97	**210**	100	95	58	55	50	48	30	18		7	5	1	–	3	–	–	–	–	–	–	–	Benzene, 1,2,4-trichloro-5-methoxy-	6130-75-2	Z1633
210	212	197	169	195	167	214	97	**210**	100	91	65	65	64	63	28	27		7	5	1	–	3	–	–	–	–	–	–	–	Benzene, 1,2,4-trichloro-5-methoxy-		Y2438
211	193	210	192	212	194	149	179	**210**	100	83	13	11	11	4	3	2		9	6	6	–	–	–	–	–	–	–	–	–	Benzene-1,2,4-tricarboxylic acid		P3985
211	193	212	210	194	123	192	195	**210**	100	30	11	10	4	2	2	2		9	6	6	–	–	–	–	–	–	–	–	–	Benzene-1,3,5-tricarboxylic acid		P3986
212	179	165	178	166	211	197	213	**210**	100	65	52	45	36	26	19	18	**1.60**	14	10	–	–	–	–	–	1	–	–	–	–	Dibenzo[c,e]thiepin	219-99-8	Q0088
212	210	211	209	51	131	77	103	**210**	100	96	73	64	23	17	15	15		9	7	1	–	–	1	–	–	–	–	–	–	5-Bromo-2-methylbenzofuran		Z1625
15	58	211	43	196	27	28	69	**211**	100	54	48	42	41	33	30	28		9	17	1	5	–	–	–	–	–	–	–	–	1,3,5-Triazine-2,4-diamine, N-ethyl-6-methoxy-N′-isopropyl-	1610-17-9	Q6312
28	104	44	132	91	93	43	51	**211**	100	15	14	12	12	11	9	8	**0.00**	12	21	2	1	–	–	–	–	–	–	–	–	3H-3-Benzazepine-3-carboxylic acid, decahydro-, methyl ester	56701-09-8	T4098
29	43	166	66	93	184	138	83	**211**	100	63	51	32	30	30	28	23	**7.00**	10	13	4	1	–	–	–	–	–	–	–	–	1,1-Diethoxycarbonyl-2-cyano-cyclopropane		L3195
42	82	110	109	43	81	41	196	**211**	100	77	61	41	36	26	24	22	**20.00**	11	17	3	1	–	–	–	–	–	–	–	–	6H-Cyclohepta-1,3-dioxol-4,8-imin-6-one, hexahydro-2,2,9-trimethyl-	54725-44-9	S9528
43	127	211	183	154	169	69	111	**211**	100	39	27	24	21	14	14	12		7	9	3	5	–	–	–	–	–	–	–	–	1,3,5-Triazine, 2-acetamido-4-acetoxy-6-amino-		D1443
44	30	182	181	167	211	183	151	**211**	100	70	59	34	25	17	7	6		11	17	3	1	–	–	–	–	–	–	–	–	Benzeneethanamine, 3,4,5-trimethoxy-	54-04-6	P4642
44	43	196	211	41	58	57	69	**211**	100	79	76	70	56	46	43	40		9	17	1	5	–	–	–	–	–	–	–	–	1,3,5-Triazin-2(1H)-one, 4,6-diisopropylamino-	7374-53-0	R3129
44	83	139	98	70	55	152	41	**211**	100	68	57	56	34	28	18	14	**0.00**	10	13	4	1	–	–	–	–	–	–	–	–	Nicotinic acid, 4,6-dioxo-5,5-diethyltetrahydro-		L6855
44	166	53	167	70	52	51	80	**211**	100	99	73	65	44	43	37	37	**5.33**	9	9	3	1	–	–	–	1	–	–	–	–	Thiazolo[3,2-a]pyridinium, 2-carboxy-2,3-dihydro-8-hydroxy-5-methyl-, hydroxide, inner salt	23003-38-5	S0034
46	30	29	41	39	28	27	31	**211**	100	74	39	32	23	21	12	7	**0.00**	4	7	8	2	–	–	–	–	–	–	–	–	2-Nitro-2-methyl-1,3-propanediol dinitrate		01633
60	42	43	75	77	211	61	115	**211**	100	15	3	3	3	3	3	2		11	14	1	1	1	–	–	–	–	–	–	–	2H-1,2-Oxazine, 6-(4-chlorophenyl)tetrahydro-2-methyl-	15769-91-2	R5832
70	42	99	57	43	71	58	41	**211**	100	32	32	22	21	15	13	12	**0.00**	14	29	–	1	–	–	–	–	–	–	–	–	1-Methylimino-2-propyldecane		C2133
71	42	84	70	43	41	57	72	**211**	100	40	25	14	11	10	9	9	**1.20**	14	29	–	1	–	–	–	–	–	–	–	–	1-Methylimino-2-methyldodecane		C2135
72	28	15	27	41	43	45	29	**211**	100	7	6	6	6	6	6	5	**3.00**	10	17	2	3	–	–	–	–	–	–	–	–	Carbamic acid, dimethyl-, 3-methyl-1-isopropyl-1H-pyrazol-5-yl ester	119-38-0	P9013
72	28	41	15	45	43	27	42	**211**	100	7	7	7	6	6	6	5	**3.50**	10	17	2	3	–	–	–	–	–	–	–	–	Carbamic acid, dimethyl-, 3-methyl-1-isopropyl-1H-pyrazol-5-yl ester		04885
76	211	50	77	104	120	105	42	**211**	100	88	82	82	63	49	35	29		9	9	3	1	–	–	–	1	–	–	–	–	1,2-Benzisothiazole, 3-ethoxy-, 1,1-dioxide	18712-15-7	R7794
77	180	211	51	165	108	210	196	**211**	100	80	64	46	14	8	5	2		14	13	1	1	–	–	–	–	–	–	–	–	Benzophenone, O-methyloxime		M8464
82	42	110	83	41	55	39	45	**211**	100	97	52	44	37	37	24	22	**16.40**	12	21	2	1	–	–	–	–	–	–	–	–	Ethyl 3-(1′,3′-ethanopiperid-4-yl)propionate		P2727
85	70	42	57	43	71	98	41	**211**	100	66	41	22	19	16	15	13	**0.60**	14	29	–	1	–	–	–	–	–	–	–	–	1-Methylimino-2-ethylundecane		C2134
89	127	46	65	70	51	32	18	**211**	100	85	31	25	24	10	8	6	**2.77**	–	–	–	1	–	–	7	2	–	–	–	–	Pentafluorosulphanyliminosulphur difluoride		05457
91	77	65	92	104	51	134	196	**211**	100	17	12	8	5	4	4	4	**3.00**	15	17	–	1	–	–	–	–	–	–	–	–	Aniline, N-ethyl-N-benzyl-	92-59-1	P6716
91	77	211	51	119	64	210	65	**211**	100	32	20	19	18	18	17	13		14	13	1	1	–	–	–	–	–	–	–	–	N-(p-Methylbenzylidene)aniline N-oxide	19865-55-5	R8348
91	77	211	51	119	64	210	92	**211**	100	32	20	19	18	18	18	12		14	13	1	1	–	–	–	–	–	–	–	–	N-(p-Methylbenzylidene)aniline N-oxide		L3266
91	92	195	194	211	105	181	106	**211**	100	22	21	15	11	6	5	3		14	13	1	1	–	–	–	–	–	–	–	–	C-Phenyl-N-benzylnitrone		L3634

MASS TO CHARGE RATIOS								M.W.	INTENSITIES								Parent	C	H	O	N	Cl	Br	F	S	P	B	Si	X	COMPOUND NAME	CAS Reg No	No
91	106	77	92	51	65	39	105	**211**	100	54	43	33	29	24	22	16	**16.20**	15	17	–	1	–	–	–	–	–	–	–	–	**Aniline, N-ethyl-N-benzyl-**		**D0964**
91	134	120	42	65	92	211	135	**211**	100	23	22	16	16	14	8	3		15	17	–	1	–	–	–	–	–	–	–	–	**Dibenzylamine, N-methyl-**	102-05-6	**P7526**
91	155	42	56	65	119	211	28	**211**	100	55	20	20	20	16	15	14		10	13	2	1	–	–	–	1	–	–	–	–	**Azetidine, 1-tosyl-**	7730-45-2	**R3443**
91	155	42	56	65	119	211	146	**211**	100	48	20	20	20	15	10	10		10	13	2	1	–	–	–	1	–	–	–	–	**Azetidine, 1-tosyl-**		**M4689**
91	193	211	77	194	65	165	104	**211**	100	91	68	45	38	27	20	19		14	13	1	1	–	–	–	–	–	–	–	–	**Acetophenone, 2-phenyl-, oxime**		**L7885**
91	211	196	77	65	134	92	106	**211**	100	38	30	18	14	12	12	10		15	17	–	1	–	–	–	–	–	–	–	–	**Aniline, N-ethyl-N-benzyl-**		**D1319**
93	91	77	119	51	211	94	118	**211**	100	40	38	37	12	12	7	6		14	13	1	1	–	–	–	–	–	–	–	–	**Aniline, N-(2-methoxybenzylidene)-**	3369-37-7	**Q9272**
93	119	91	211	94	104	180	120	**211**	100	38	35	11	7	5	5	3		14	13	1	1	–	–	–	–	–	–	–	–	**Aniline, N-(2-methoxybenzylidene)-**	3369-37-7	**Q9273**
93	119	91	211	94	180	104		**211**	100	38	35	11	7	5	5			14	13	1	1	–	–	–	–	–	–	–	–	**Aniline, N-(2-methoxybenzylidene)-**		**M1081**
95	96	45	67	73	43	117	78	**211**	100	89	41	40	36	27	24	24	**8.28**	10	13	4	1	–	–	–	–	–	–	–	–	**2(1H)-Pyridinone, 1-(2-deoxy-β-D-erythro-pentofuranosyl)-**	22969-05-7	**S0015**
95	96	45	67	73	43	117	78	**211**	100	82	44	35	34	26	24	22	**8.57**	10	13	4	1	–	–	–	–	–	–	–	–	**2(1H)-Pyridinone, 1-(2-deoxy-β-D-erythro-pentofuranosyl)-**	22969-05-7	**S0016**
104	211	77	79	213	51	105	76	**211**	100	88	59	34	30	28	25	21		9	6	1	1	1	–	–	1	–	–	–	–	**5-Chloro-4-hydroxy-3-phenylisothiazole**		**L4300**
105	45	121	211	91	60	77	138	**211**	100	24	21	16	13	9	3	2		9	9	3	1	–	–	–	1	–	–	–	–	**Benzenecarbothioic acid, 4-nitro-, S-ethyl ester**	24524-95-6	**S0617**
105	77	182	51	180	211	118	181	**211**	100	94	54	46	40	33	13	12		14	13	1	1	–	–	–	–	–	–	–	–	**Nitrone, N-methyl-α,α-diphenyl-**	7500-79-0	**R3253**
106	77	211	79	51	65	134	78	**211**	100	75	51	42	35	26	23	18		13	13	–	3	–	–	–	–	–	–	–	–	**4-Methylaminoazobenzene**		**02142**
106	79	77	107	51	104	105	78	**211**	100	14	10	9	3	3	3	2	**0.02**	14	13	1	1	–	–	–	–	–	–	–	–	**Acetophenone, α-amino-α-phenyl-**		**B0218**
106	132	39	77	211	213	65	130	**211**	100	36	24	23	20	19	19	15		9	10	–	1	–	1	–	–	–	–	–	–	**Aniline, N-(2-bromoallyl)-**	15332-75-9	**R5687**
117	104	211	91	105	118	115	129	**211**	100	95	94	64	54	35	31	31		15	17	–	1	–	–	–	–	–	–	–	–	**Bicyclo[8.2.2]tetradeca-5,10,12,13-tetraene-4-carbonitrile, (E)-**	50703-38-3	**S7446**
119	91	211	65	120	92	212	89	**211**	100	51	30	12	8	5	5	4		14	13	1	1	–	–	–	–	–	–	–	–	**Benzamide, 2-methyl-N-phenyl-**	7055-03-0	**R2814**
120	77	93	43	176	57	51	41	**211**	100	46	38	26	24	23	15	13	**3.02**	11	14	1	1	1	–	–	–	–	–	–	–	**Acetamide, 2-chloro-N-isopropyl-N-phenyl-**	1918-16-7	**Q7030**
120	77	176	93	43	28	57	169	**211**	100	42	39	32	27	20	19	17	**14.81**	11	14	1	1	1	–	–	–	–	–	–	–	**Acetamide, 2-chloro-N-isopropyl-N-phenyl-**	1918-16-7	**Q7031**
120	211	137	65	123	165	107	153	**211**	100	84	42	33	33	31	22	21		9	9	5	1	–	–	–	–	–	–	–	–	**(2-Nitro-3-methylphenoxy)acetic acid**		**15948**
125	155	211	122	97	63	51	183	**211**	100	99	83	42	39	30	30	27		10	13	4	1	–	–	–	–	–	–	–	–	**2,4-Diethoxynitrobenzene**		**D2681**
127	129	43	176	211	128	213	92	**211**	100	32	29	22	15	7	6	6		10	10	2	1	1	–	–	–	–	–	–	–	**2-Chloro-α-acetoacetanilide**		**D1394**
135	77	93	103	211	167	119	177	**211**	100	74	17	7	7	3	1	1		9	13	1	3	–	–	–	1	–	–	–	–	**N-Phenyl-N′-hydroxyethyl-N′-aminothiourea**		**L5959**
137	165	69	109	182	211	166	56	**211**	100	99	60	52	44	40	35	31		10	13	4	1	–	–	–	–	–	–	–	–	**Nicotinic acid, 2-ethyl-1,6-dihydro-4-hydroxy-6-oxo-, ethyl ester**	1433-76-7	**Q5942**
138	41	74	196	55	136	211	27	**211**	100	12	12	12	10	10	10	9		12	21	2	1	–	–	–	–	–	–	–	–	**Hexanoic acid, 4-(1-pyrrolidinylmethylene)-, methyl ester**	14091-88-4	**R4975**
138	74	196	41	136	28	55	211	**211**	100	22	13	12	10	10	10	9		12	21	2	1	–	–	–	–	–	–	–	–	**1-N-Pyrrolidino-2-[2-(methoxycarbonyl)ethyl]but-1-ene**		**L1423**
138	155	165	109	122	123	41	136	**211**	100	99	99	96	96	96	94	94	**61.00**	10	17	2	3	–	–	–	–	–	–	–	–	**Ethyl 5-pentyl-1,2,3-triazole-4-carboxylate**		**P1538**
138	182	211	110	82	43	154	124	**211**	100	65	53	39	35	23	18	15		12	21	2	1	–	–	–	–	–	–	–	–	**1-Azabicyclo[2.2.2]octane-2-carboxylic acid, 5-ethyl-, ethyl ester**	35189-42-5	**S4859**
139	111	141	156	75	196	113	211	**211**	100	35	32	22	18	15	14	14		11	14	1	1	1	–	–	–	–	–	–	–	**Benzamide, 3-chloro-N-tert-butyl-**	35306-56-0	**S4911**
139	141	111	211	196	156	75	113	**211**	100	49	48	31	25	24	22	17		11	14	1	1	1	–	–	–	–	–	–	–	**Benzamide, 4-chloro-N-tert-butyl-**	42498-40-8	**S6927**
149	167	57	71	70	43	150	41	**211**	100	28	28	20	17	16	11	11	**0.00**	8	5	6	1	–	–	–	–	–	–	–	–	**1,2-Benzenedicarboxylic acid, 3-nitro-**	603-11-2	**Q2657**
152	80	154	211	96	108	138	41	**211**	100	82	26	24	23	22	21	20		11	17	3	1	–	–	–	–	–	–	–	–	**9-Azabicyclo[3.3.1]non-2-ene-9-carboxylic acid, 6-hydroxy-, ethyl ester, endo-**	49656-55-5	**S7190**
152	94	211	42	43	96	110	108	**211**	100	29	20	20	19	16	14	10		11	17	3	1	–	–	–	–	–	–	–	–	**2-Oxa-7-azatricyclo[4.4.0$^{(3,8)}$]-4-ol, 7-methyl-, acetate (ester), stereoisomer**	49656-71-5	**S7200**
154	139	182	68	69	179	95	58	**211**	100	60	40	34	32	32	31	30	**17.00**	7	9	3	5	–	–	–	–	–	–	–	–	**1,3,5-Triazine-2-carboxylic acid, 4-amino-6-[(methylamino)carbonyl]-, methyl ester**	61481-39-8	**T5736**
160	211	195	213	197	162	125	75	**211**	100	96	64	64	43	32	25	20		10	7	–	1	2	–	–	–	–	–	–	–	**2-Naphthalenamine, 3,4-dichloro-**	57346-59-5	**T4623**
165	211	164	163	30	194	152	139	**211**	100	52	46	40	36	25	22	15		13	9	2	1	–	–	–	–	–	–	–	–	**9H-Fluorene, 2-nitro-**	607-57-8	**Q2750**
166	44	167	53	52	80	42	141	**211**	100	95	68	28	15	13	12	11	**0.00**	9	9	3	1	–	–	–	1	–	–	–	–	**Thiazolo[3,2-a]pyridinium, 3-carboxy-2,3-dihydro-8-hydroxy-5-methyl-, hydroxide, inner salt**	23003-41-0	**S0036**
167	139	83	140	166	115			**211**	100	34	33	25	24	19			**0.00**	13	9	2	1	–	–	–	–	–	–	–	–	**3H-Benz[e]indole-2-carboxylic acid**	50536-72-6	**S7318**
167	168	165	152	166	211	169	182	**211**	100	60	38	22	19	10	8	6		14	13	1	1	–	–	–	–	–	–	–	–	**Benzeneacetamide, α-phenyl-**	4695-13-0	**R0713**
169	41	42	81	55	95	125	69	**211**	100	71	71	50	39	38	37	33	**12.85**	11	21	1	3	–	–	–	–	–	–	–	–	**p-Menthan-3-one, semicarbazone, (1R,4R)-**	16892-36-7	**R6524**
169	41	81	137	55	69	95	125	**211**	100	62	57	42	40	40	38	37	**34.65**	11	21	1	3	–	–	–	–	–	–	–	–	**p-Menthan-3-one, semicarbazone**	4677-87-6	**R0705**
169	137	211	55	125	81	95	154	**211**	100	29	27	26	24	23	21	21		11	21	1	3	–	–	–	–	–	–	–	–	**p-Menthan-3-one, semicarbazone**	4677-87-6	**R0706**
169	211	43	115	170	141	168	167	**211**	100	26	23	18	13	12	12	7		14	13	1	1	–	–	–	–	–	–	–	–	**Acetanilide, 4′-phenyl-**	4075-79-0	**R0065**
169	211	43	168	28	167	170	18	**211**	100	27	25	25	16	14	13	12		14	13	1	1	–	–	–	–	–	–	–	–	**N,N-Diphenylacetamide**		**05911**
176	148	133	211	177	27	93	39	**211**	100	31	27	26	23	15	15	15		12	18	–	1	1	–	–	–	–	–	–	–	**Indole, 1-(4-chlorobutyl)-4,5,6,7-tetrahydro-**	19406-09-8	**R8117**
176	148	133	211	177	93	39	105	**211**	100	31	27	26	23	15	15	14		12	18	–	1	1	–	–	–	–	–	–	–	**Indole, 1-(4-chlorobutyl)-4,5,6,7-tetrahydro-**		**L2924**
179	98	41	55	42	43	27	114	**211**	100	50	47	44	32	21	19	19	**4.00**	12	21	2	1	–	–	–	–	–	–	–	–	**1,1′-Peroxydicyclohexylamine**		**D1316**
180	77	211	51	165	181	108	78	**211**	100	68	55	29	18	15	11	10		14	13	1	1	–	–	–	–	–	–	–	–	**Benzophenone, O-methyloxime**	3376-34-9	**Q9288**
180	211	77	51	165	108	210	196	**211**	100	92	72	33	15	11	8	3		14	13	1	1	–	–	–	–	–	–	–	–	**Benzophenone, O-methyloxime**	3376-34-9	**Q9289**
182	196	58	57	168	211	183	96	**211**	100	55	31	16	16	13	12	10		13	25	1	1	–	–	–	–	–	–	–	–	**4-Quinolinol, 4-ethyldecahydro-1,2-dimethyl-, (2α,4α,4aβ,8aα)-**	20422-68-8	**R8665**
183	211	140	156	142	141	155		**211**	100	53	32	27	23	23	5			9	6	3	1	1	–	–	–	–	–	–	–	**5-Chloro-6-methoxyisatin**		**M1231**

MASS TO CHARGE RATIOS								M.W.	INTENSITIES								Parent	C	H	O	N	Cl	Br	F	S	P	B	Si	X	COMPOUND NAME	CAS Reg No	No
194	77	51	91	64	65	195	63	**211**	100	39	28	26	22	15	11	9	**0.00**	13	13	–	3	–	–	–	–	–	–	–	–	Guanidine, N,N′-diphenyl-	102-06-7	P7527
194	212	168	210					**211**	100	12	9	2					**0.00**	11	17	3	1	–	–	–	–	–	–	–	–	Benzenemethanol, α-(1-aminoethyl)-2,5-dimethoxy-	390-28-3	Q0658
196	58	211	169	44	69	91	154	**211**	100	83	82	53	42	38	34	31		9	17	1	5	–	–	–	–	–	–	–	–	1,3,5-Triazine-2,4-diamine, N-ethyl-6-methoxy-N′-isopropyl-	1610-17-9	Q6310
196	119	194	117	192	115	89	87	**211**	100	93	74	70	55	53	39	31	**18.01**	9	15	–	1	–	–	–	–	–	–	–	1	Pyridine, 2-[(trimethylgermyl)methyl]-	31590-87-1	06861
196	142	70	41	55	195	69	44	**211**	100	62	60	41	24	23	20	20	**8.89**	12	26	1	1	–	–	–	–	–	1	–	–	2H-1,3,2-Oxazaborine, 2-ethyltetrahydro-4,5,6,6-tetramethyl-3-isopropyl	74630-88-9	T8234
196	149	211	73	197	147	75	150	**211**	100	55	40	36	15	12	10	10		9	13	3	1	–	–	–	–	–	–	1	–	Silane, trimethyl(3-nitrophenoxy)-	34038-80-7	S4519
196	182	58	57	168	178	197	211	**211**	100	60	55	30	15	15	13	13		13	25	1	1	–	–	–	–	–	–	–	–	4-Quinolinol, 4-ethyldecahydro-1,2-dimethyl-, (2α,4β,4aα,8aβ)-	20422-72-4	R8667
196	182	58	168	57	211	197	195	**211**	100	83	54	39	32	25	14	12		13	25	1	1	–	–	–	–	–	–	–	–	4-Quinolinol, 4-ethyldecahydro-1,2-dimethyl-, (2α,4α,4aα,8aβ)-	20422-70-2	R8666
196	211	39	64	63	51	77	167	**211**	100	88	32	30	30	26	26	26		14	13	1	1	–	–	–	–	–	–	–	–	Aniline, 4-methoxy-N-benzylidene	783-08-4	Q4119
196	211	78						**211**	100	98	69							8	9	4	3	–	–	–	–	–	–	–	–	Aniline, N-ethyl-2,4-dinitro-		L8280
196	211	193	197	167	168	51	39	**211**	100	42	16	16	8	8	8	8		15	17	–	1	–	–	–	–	–	–	–	–	Aniline, 4-isopropyl-N-phenyl-	5650-10-2	H1555
197	139	182	154	42	169	43	44	**211**	100	65	55	50	48	42	36	34	**10.50**	9	17	1	5	–	–	–	–	–	–	–	–	1,3,5-Triazine-2,4-diamine, N,N′-diethyl-6-methoxy-N-methyl-	55702-51-7	T1873
210	211	104	78	194	103	77	65	**211**	100	85	52	40	40	35	24	22		14	13	1	1	–	–	–	–	–	–	–	–	6H-Dibenz[b,f][1,4]oxazocine, 11,12-dihydro-	25652-68-0	S1144
210	211	194	195	212	181	208	163	**211**	100	87	18	10	7	7	5	4		8	6	–	1	–	–	5	–	–	–	–	–	Aniline, 2,3,4,5,6-pentafluoro-N,N-dimethyl-	1801-14-5	Q6769
211	50	36	135	49	35	77	176	**211**	100	71	69	67	51	46	43	37		7	6	1	5	1	–	–	–	–	–	–	–	Acetamide, 2-chloro-N-1H-purin-6-yl-	10082-95-8	R3577
211	74	138	169	102	213	140	75	**211**	100	96	92	62	43	34	30	26		8	6	–	3	1	–	–	1	–	–	–	–	1,2,4-Thiadiazol-3-amine, 5-(2-chlorophenyl)-	42053-84-9	S6841
211	76	149	150	180	119	77	53	**211**	100	60	54	48	43	38	22	19		9	9	5	1	–	–	–	–	–	–	–	–	Benzoic acid, 3-methoxy-2-nitro-, methyl ester	5307-17-5	R1283
211	77	79	213	51	105	76	103	**211**	100	67	38	34	31	28	23	17		9	6	1	1	1	–	–	1	–	–	–	–	5-Chloro-4-hydroxy-3-phenylisothiazole		02606
211	91	193	77	194	65	165	103	**211**	100	97	88	43	36	27	19	19		14	13	1	1	–	–	–	–	–	–	–	–	Acetophenone, 2-phenyl-, oxime	952-06-7	Q4821
211	108	69	212	210	82	63	51	**211**	100	27	25	16	14	11	10	9		13	9	–	1	–	–	–	1	–	–	–	–	2-Phenylbenzothiazole		Y1762
211	152	138	80	94	41	167	67	**211**	100	97	57	50	32	27	26	25		11	17	3	1	–	–	–	–	–	–	–	–	2-Oxa-6-azatricyclo[3.3.1$^{(3,7)}$]decane-6-carboxylic acid, ethyl ester	50267-25-9	S7253
211	154	82	155	41	152	84	80	**211**	100	76	75	52	40	38	34	31		11	17	3	1	–	–	–	–	–	–	–	–	2,5-Methanofuro[3,2-b]pyridine-4(2H)-carboxylic acid, hexahydro-, ethyl ester	49656-60-2	S7194
211	166	194	167	168	139	140	212	**211**	100	96	27	21	21	19	19	16		12	9	1	3	–	–	–	–	–	–	–	–	1-Carboxamidonorharman		P2552
211	178	110	82	183	45	196	83	**211**	100	72	56	51	42	37	37	35		8	9	–	3	–	–	–	2	–	–	–	–	Thiazolo[5,4-d]pyrimidine, 7-(ethylthio)-5-methyl-	55030-64-3	T0124
211	183	154	63	212	64	182	91	**211**	100	29	17	16	15	9	7	7		13	9	2	1	–	–	–	–	–	–	–	–	Phenol, 2-(2-benzoxazolyl)-	835-64-3	Q4339
211	183	182	52	29	80	27	154	**211**	100	97	55	27	25	24	24	23		9	9	1	1	–	–	–	2	–	–	–	–	2(3H)-Benzothiazolethione, 6-ethoxy-	120-53-6	P9083
211	184	185	183	156	105			**211**	100	11	10	6	5	5				12	9	1	3	–	–	–	–	–	–	–	–	7-Phenazinol, 1-amino-		L1596
211	196	107	194	181	180	212	17	**211**	100	39	38	34	26	19	17	16		15	17	–	1	–	–	–	–	–	–	–	–	Aniline, 2,6-dimethyl-N-(2-methylphenyl)-	68014-57-3	T6908
211	196	210	182	194	183	180	181	**211**	100	91	75	68	23	21	20	20		15	17	–	1	–	–	–	–	–	–	–	–	Acridine, 1,2,3,4-tetrahydro-4,9-dimethyl-	55030-65-4	H2111
211	196	210	197	167	77			**211**	100	95	14	14	13	9				14	13	1	1	–	–	–	–	–	–	–	–	Aniline, 4-methoxy-N-benzylidene		M1075
211	210	91	212	65	104.5	120	118	**211**	100	70	25	15	11	8	7	6		14	13	1	1	–	–	–	–	–	–	–	–	N-(o-Hydroxybenzylidene)-p-toluidine		C0403
211	212	184	185	183	105	156	186	**211**	100	13	11	10	6	5	5	1		12	9	1	3	–	–	–	–	–	–	–	–	2-Phenazinol, 6-amino-	18450-04-9	R7611
212	195	182	168	151				**211**	100	90	14	10	8				**0.00**	11	17	3	1	–	–	–	–	–	–	–	–	Benzeneethanamine, 3,4,5-trimethoxy-	54-04-6	P4645
212	213	195						**211**	100	12	7						**0.00**	11	17	3	1	–	–	–	–	–	–	–	–	Benzeneethanamine, 3,4,5-trimethoxy-	54-04-6	P4644
29	93	148	121	27	28	77	195	**212**	100	88	78	32	32	32	29	28	**0.59**	11	16	4	–	–	–	–	–	–	–	–	–	1,2-Cyclopropanedicarboxylic acid, 3-(2-methyl-1-propenyl)-, dimethyl ester	61177-18-2	T5550
39	212	172	66	147	65	145	106	**212**	100	65	54	52	45	39	32	31		8	10	–	–	–	–	–	–	–	–	–	1	Palladium, π-allyl-π-cyclopentadienyl		02816
41	44	42	39	72	69	127	68	**212**	100	99	85	43	31	26	23	21	**0.00**	7	8	4	4	–	–	–	–	–	–	–	–	Sydnone, 3,3′-trimethylenedi-	26574-33-4	S1464
41	55	44	43	182	30	56	42	**212**	100	97	71	70	60	59	57	56	**33.03**	12	24	1	2	–	–	–	–	–	–	–	–	Azacyclotridecane, 1-nitroso-	40580-89-0	S6352
41	55	69	42	82	43	83	39	**212**	100	84	39	30	28	28	25	25	**3.90**	13	24	2	–	–	–	–	–	–	–	–	–	Oxacyclotridecan-2-one, 13-methyl-		03323
41	55	74	69	43	83	96	59	**212**	100	86	58	50	47	28	26	26	**7.32**	13	24	2	–	–	–	–	–	–	–	–	–	9-Dodecenoic acid, (E)-, methyl ester		02626
41	55	101	97	83	69	29	39	**212**	100	89	66	59	56	53	47	42	**3.40**	13	24	2	–	–	–	–	–	–	–	–	–	1-Cyclodecanecarboxylic acid, 1-methyl-, methyl ester	62338-20-9	T6128
41	57	69	81	95	67	55	82	**212**	100	79	69	64	52	50	41	41	**0.00**	13	24	2	–	–	–	–	–	–	–	–	–	6-Octen-1-ol, 3,7-dimethyl-, propanoate	141-14-0	P9804
41	97	71	153	57	152	183	127	**212**	100	65	64	43	25	22	22	21	**0.00**	10	22	3	–	–	–	–	–	–	2	–	–	Borinic acid, diethyl-, (2-ethyl-1,3,2-dioxaborinan-4-yl)methyl ester	58163-61-4	T4965
41	212	214	133	39	172	174	105	**212**	100	45	44	33	18	17	16	16		9	9	1	–	–	1	–	–	–	–	–	–	Allyl p-bromophenyl ether		Z1648
42	69	200	53	67	68	109	41	**212**	100	74	74	45	34	28	27	25	**0.00**	5	8	–	–	2	–	–	–	–	–	–	1	Germacyclopent-3-ene, 1,1-dichloro-3-methyl-	5764-77-2	R1782
43	28	41	55	85	27	57	29	**212**	100	91	60	42	41	31	30	28	**15.45**	6	13	–	–	–	–	–	–	–	–	–	1	Hexane, 1-iodo-		17443
43	41	85	69	39	27	57	55	**212**	100	99	90	58	23	21	20	16	**0.10**	6	13	–	–	–	–	–	–	–	–	–	1	Butane, 2-iodo-2,3-dimethyl-	594-59-2	Q2551
43	57	41	71	85	55	56	42	**212**	100	92	56	51	33	24	16	15	**4.62**	15	32	–	–	–	–	–	–	–	–	–	–	Pentadecane		Y1800
43	57	71	41	29	85	55	27	**212**	100	70	61	54	44	29	29	26	**0.30**	15	32	–	–	–	–	–	–	–	–	–	–	Tridecane, 3-ethyl-	13286-73-2	R4405
43	57	71	41	29	85	56	55	**212**	100	99	82	57	29	29	27	25	**0.40**	15	32	–	–	–	–	–	–	–	–	–	–	Dodecane, 2,6,11-trimethyl-	31295-56-4	S3242
43	57	85	71	84	41	29	55	**212**	100	80	65	41	31	29	19	17	**1.22**	15	32	–	–	–	–	–	–	–	–	–	–	5-Methyltetradecane		L7428
43	57	137	197	81	41	59	55	**212**	100	91	83	60	57	42	40	30	**0.00**	13	24	2	–	–	–	–	–	–	–	–	–	trans-1-cis-2,4-tert-Butylcyclohexanediol acetonide		P3403

MASS TO CHARGE RATIOS								M.W.	INTENSITIES								Parent	C	H	O	N	Cl	Br	F	S	P	B	Si	X	COMPOUND NAME	CAS Reg No	No
43	69	85	41	29	44	39	111	**212**	100	32	23	18	15	14	13	9	**3.00**	11	16	4	–	–	–	–	–	–	–	–	–	**2H-Pyran-4-one, 3,5-diacetyl-2,6-dimethyltetrahydro-**		**03255**
43	69	85	44	41	111	39	169	**212**	100	41	28	21	21	15	12	8	**2.60**	11	16	4	–	–	–	–	–	–	–	–	–	**2H-Pyran-4-one, 3,5-diacetyl-2,6-dimethyltetrahydro-**		**L6818**
43	69	109	137	71	85	55	58	**212**	100	63	59	48	33	29	22	22	**2.00**	13	24	2	–	–	–	–	–	–	–	–	–	**2,10-Undecanedione, 6,6-dimethyl-**	51138-09-1	**S7577**
43	71	55	41	57	29	70	97	**212**	100	55	33	31	25	24	24	15	**0.00**	8	14	2	–	2	–	–	–	–	–	–	–	**Pentyl 2,2-dichloropropionate**		**Z1643**
43	71	57	70	85	41	29	55	**212**	100	88	85	42	37	32	20	20	**1.29**	15	32	–	–	–	–	–	–	–	–	–	–	**4-Methyltetradecane**		**L7439**
43	85	41	29	55	27	57	39	**212**	100	81	33	15	14	14	11	9	**2.20**	6	13	–	–	–	–	–	–	–	–	–	1	**Hexane, 2-iodo-**	18589-27-0	**R7691**
43	85	41	55	29	27	128	42	**212**	100	82	36	23	16	15	13	12	**3.10**	6	13	–	–	–	–	–	–	–	–	–	1	**Hexane, 3-iodo-**	31294-91-4	**S3240**
43	85	41	212	57	27	29	55	**212**	100	51	25	18	14	14	13	7		6	13	–	–	–	–	–	–	–	–	–	1	**Hexane, 1-iodo**		**Z1634**
43	111	126	125	98	97	86	83	**212**	100	27	22	21	16	13	12	11	**0.00**	10	17	4	–	–	–	–	–	–	1	–	–	**1,3,2-Dioxaborolane, 4,5-diacetyl-2-ethyl-4,5-dimethyl-**	74646-18-7	**T8269**
43	123	169	95	96	139	55	121	**212**	100	81	69	68	63	55	43	42	**6.00**	12	20	3	–	–	–	–	–	–	–	–	–	**1-Cyclohexene-1-carboxylic acid, 5-hydroxy-2,6,6-trimethyl-, ethyl ester**	66465-68-7	**T6648**
43	130	154	121	167	95	139	197	**212**	100	84	76	65	64	52	50	45	**15.00**	12	20	3	–	–	–	–	–	–	–	–	–	**7-Oxabicyclo[2.2.1]heptane-2-carboxylic acid, 1,3,3-trimethyl-, ethyl ester**	70429-48-0	**T7585**
43	139	110	123	156	167	151	55	**212**	100	84	69	66	63	53	37	28	**16.00**	12	20	3	–	–	–	–	–	–	–	–	–	**1-Cyclohexene-1-carboxylic acid, 3-hydroxy-2,6,6-trimethyl-, ethyl ester**	66465-65-4	**T6647**
43	142	55	124	96	126	41	39	**212**	100	92	65	59	55	54	40	30	**15.15**	11	16	2	–	–	–	–	1	–	–	–	–	**Phenol, 2-(isopentylthio)-**		**P4300**
43	153	95	81	183	212			**212**	100	41	24	17	11	2				12	20	3	–	–	–	–	–	–	–	–	–	**8-Acetoxymethyl-1,4-dimethyl-2-oxabicyclo[3.2.1]octane**		**L9032**
43	167	212	125	184	156	69	169	**212**	100	51	47	39	36	35	30	28		10	12	5	–	–	–	–	–	–	–	–	–	**2H-Pyran-5-carboxylic acid, 4-methoxy-6-methyl-2-oxo-, ethyl ester**	668-41-7	**Q3629**
44	91	27	28	45	29	92	65	**212**	100	93	85	57	56	41	22	19	**0.00**	9	12	4	2	–	–	–	–	–	–	–	–	**Oxalic acid, benzenehydrazino mono ester**		**M2322**
44	91	126	125	89	90	63	43	**212**	100	78	47	34	31	23	20	19	**13.15**	9	9	2	2	1	–	–	–	–	–	–	–	**Urea, (chlorophenylacetyl)-**	25395-28-2	**S1043**
44	132	105	78	51	52	53	77	**212**	100	41	27	23	14	14	9	8	**0.00**	7	8	4	4	–	–	–	–	–	–	–	–	**4-Pteridinecarboxylic acid, 5,6,7,8-tetrahydro-6,7-dihydroxy-**	30835-19-9	**S3026**
55	39	140	65	158	63	212	53	**212**	100	34	32	24	15	9	7	7		10	12	3	–	–	–	–	1	–	–	–	–	**2-Butene, 1[(2-hydroxyphenyl)sulphonyl]-**		**03717**
55	41	57	83	82	100	67	113	**212**	100	80	71	62	57	32	28	19	**0.00**	13	24	2	–	–	–	–	–	–	–	–	–	**Cyclohexane, 1,1′-[methylenebis(oxy)]bis-**	1453-21-0	**Q6008**
55	41	74	87	39	69	59	96	**212**	100	96	60	39	37	33	26	23	**2.00**	13	24	2	–	–	–	–	–	–	–	–	–	**Cyclopropanenonanoic acid, methyl ester**	10152-60-0	**R3605**
55	67	85	31	41	57	39	54	**212**	100	95	37	32	30	28	21	20	**2.16**	5	9	1	–	–	–	–	–	–	–	–	1	**Cyclopropaneethanol, 2-iodo-**	62238-23-7	**T6002**
55	98	41	69	111	97	83	84	**212**	100	85	75	67	57	52	50	45	**3.00**	13	24	2	–	–	–	–	–	–	–	–	–	**Oxacyclotridecan-2-one, 13-methyl-**	71736-24-8	**T7654**
57	43	41	29	126	111	125	27	**212**	100	34	25	20	17	14	14	12	**0.00**	11	21	3	–	–	–	–	–	–	1	–	–	**1,3,2-Dioxoborolane, 4-acetyl-5-tert-butyl-2-ethyl-4-methyl-**	74646-07-4	**T8258**
57	43	41	55	82	69	68	71	**212**	100	93	68	67	64	46	44	44	**0.50**	14	28	1	–	–	–	–	–	–	–	–	–	**Tetradecanal**		**L0114**
57	43	41	71	29	85	27	55	**212**	100	92	51	47	39	29	27	25	**0.80**	15	32	–	–	–	–	–	–	–	–	–	–	**Tridecane, 4,8-dimethyl-**	55030-62-1	**T0123**
57	43	41	82	55	68	69	29	**212**	100	98	76	75	68	49	47	45	**0.44**	14	28	1	–	–	–	–	–	–	–	–	–	**Tetradecanal**	124-25-4	**P9426**
57	43	71	41	85	29	55	56	**212**	100	98	55	37	36	20	19	18	**1.78**	15	32	–	–	–	–	–	–	–	–	–	–	**2-Methyltetradecane**		**05534**
57	43	71	85	41	55	29	56	**212**	100	90	65	38	36	26	21	21	**11.48**	15	32	–	–	–	–	–	–	–	–	–	–	**Pentadecane**		**C1653**
57	43	71	85	41	56	99	29	**212**	100	44	28	22	20	15	14	11	**0.98**	15	32	–	–	–	–	–	–	–	–	–	–	**2,5-Dimethyltridecane**		**Y1947**
57	70	55	56	69	113	68	112	**212**	100	77	23	23	15	12	10	9	**4.65**	15	32	–	–	–	–	–	–	–	–	–	–	**Dodecane, 2,6,10-trimethyl-**	3891-98-3	**Q9907**
57	71	43	41	85	29	56	55	**212**	100	71	49	31	22	19	14	14	**0.00**	15	32	–	–	–	–	–	–	–	–	–	–	**Dodecane, 2,6,10-trimethyl-**	3891-98-3	**Q9906**
57	71	43	41	85	56	29	55	**212**	100	74	59	28	22	18	18	15	**0.00**	15	32	–	–	–	–	–	–	–	–	–	–	**Dodecane, 2,7,10-trimethyl-**	74645-98-0	**T8249**
57	71	43	41	85	56	55	29	**212**	100	77	70	30	22	20	15	15	**0.00**	15	32	–	–	–	–	–	–	–	–	–	–	**Dodecane, 2,6,11-trimethyl-**	31295-56-4	**S3241**
57	71	43	85	212	99	70	56	**212**	100	60	53	41	17	11	11	11		15	32	–	–	–	–	–	–	–	–	–	–	**Pentadecane**		**C1922**
57	73	44	42	86	55	56	72	**212**	100	75	60	40	31	25	25	15	**3.00**	15	32	–	–	–	–	–	–	–	–	–	–	**Dodecane, 2,6,10-trimethyl-**	3891-98-3	**Q9905**
57	80	81	82	41	138	83	137	**212**	100	21	20	20	16	15	15	13	**0.08**	14	28	1	–	–	–	–	–	–	–	–	–	**Cyclohexanol, 2,4-di-tert-butyl-**		**Z1642**
57	123	67	81	112	41	113	55	**212**	100	41	17	16	13	12	10	7	**0.00**	14	28	1	–	–	–	–	–	–	–	–	–	**Cyclohexanol, 4-(1,1,3,3-tetramethylbutyl)-**		**Z1644**
57	127	141	123	41	55	81	95	**212**	100	60	39	38	27	23	21	20	**3.46**	14	28	1	–	–	–	–	–	–	–	–	–	**Cycloheptanol, 6-(3,3-dimethylbutyl)-2-methyl-**	40565-00-2	**S6343**
58	43	71	109	154	123	170	179	**212**	100	57	38	11	7	5	2	1	**0.50**	14	28	1	–	–	–	–	–	–	–	–	–	**Undecanal, 2,6,10-trimethyl-**	105-88-4	**P7830**
58	98	155	55	83	56	69	97	**212**	100	25	25	23	22	10	10	10	**4.00**	11	20	2	2	–	–	–	–	–	–	–	–	**1H-1,4-Diazepine-5,7(2H,6H)-dione, 6,6-diethyldihydro-2,2-dimethyl-**	69315-93-1	**T7048**
67	41	55	82	95	31	109	124	**212**	100	96	94	90	57	20	20	9	**0.00**	14	28	1	–	–	–	–	–	–	–	–	–	**5-Tetradecen-1-ol, (Z)-**	40642-42-0	**S6375**
69	43	41	57	83	87	55	29	**212**	100	67	60	57	53	51	48	44	**0.10**	14	28	1	–	–	–	–	–	–	–	–	–	**4-Undecanone, 7-ethyl-2-methyl-**	6976-00-7	**H1642**
70	43	41	169	112	72	42	56	**212**	100	67	42	37	35	16	16	15	**5.93**	11	20	2	2	–	–	–	–	–	–	–	–	**Acetamide, N-allyl-N,N′-tetramethylenebis-**	20944-07-4	**R9005**
72	44	212	45	77	42	132	214	**212**	100	17	15	11	10	7	5	5		10	13	1	2	1	–	–	–	–	–	–	–	**N-(4-Methyl-3-chlorophenyl)-N′,N′-dimethylurea**	15545-48-9	**R5767**
72	57	29	43	41	183	73	85	**212**	100	98	67	53	40	33	31	31	**2.70**	14	28	1	–	–	–	–	–	–	–	–	–	**3-Tetradecanone**	629-23-2	**H1015**
72	73	183	85	71	69	83	95	**212**	100	46	43	41	24	11	8	7	**4.32**	14	28	1	–	–	–	–	–	–	–	–	–	**Ethyl undecyl ketone**		**X1273**
72	73	183	85	71	69	83	95	**212**	100	46	43	41	24	11	8	7	**4.30**	14	28	1	–	–	–	–	–	–	–	–	–	**3-Tetradecanone**	629-23-2	**H1016**
72	177	44	167	178	45	77	212	**212**	100	61	14	8	7	5	5	5		10	13	1	2	1	–	–	–	–	–	–	–	**N-(2-Methyl-6-chlorophenyl)-N′,N′-dimethylurea**		**02297**
72	212	44	167	28	45	214	73	**212**	100	18	10	8	6	6	6	4		10	13	1	2	1	–	–	–	–	–	–	–	**N-(2-Methyl-4-chlorophenyl)-N′,N′-dimethylurea**		**02295**
72	212	44	167	45	214	28	73	**212**	100	18	11	7	7	6	4	4		10	13	1	2	1	–	–	–	–	–	–	–	**N-(2-Methyl-3-chlorophenyl)-N′,N′-dimethylurea**		**02294**
72	212	44	167	45	214	132	73	**212**	100	18	11	7	6	6	4	4		10	13	1	2	1	–	–	–	–	–	–	–	**N-(2-Methyl-5-chlorophenyl)-N′,N′-dimethylurea**		**02296**
72	212	44	214	45	167	132	73	**212**	100	21	9	7	6	5	5	4		10	13	1	2	1	–	–	–	–	–	–	–	**N-(3-Methyl-4-chlorophenyl)-N′,N′-dimethylurea**		**02298**
73	42	44	43	30	74	60	28	**212**	100	20	20	18	14	14	12	10	**2.92**	6	18	–	4	1	–	–	–	1	–	–	–	**Phosphorochloridous dihydrazide, hexamethyl-**	22692-22-4	**08907**
73	43	75	59	137	45	117	169	**212**	100	94	93	42	30	29	27	24	**6.67**	11	20	2	–	–	–	–	–	–	–	1	–	**5-Hexen-2-one, 1-methoxy-3-[(trimethylsilyl)methylene]-**	55976-15-3	**T2511**
73	101	183	45	87	113	109	74	**212**	100	48	37	22	15	13	11	8	**0.36**	13	28	–	–	–	–	–	–	–	–	1	–	**Silane, diethylmethyl-7-octenyl-**	62185-52-8	**T5894**

MASS TO CHARGE RATIOS								M.W.	INTENSITIES								Parent	C	H	O	N	Cl	Br	F	S	P	B	Si	X	COMPOUND NAME	CAS Reg No	No
73	151	166	133	96	74	77	95	**212**	100	40	38	34	14	10	8	7	**2.00**	10	16	1	–	–	–	–	1	–	–	1	–	**2-Phenoxyethyl trimethylsilyl sulphide**		**L3506**
75	30	74	119	212	42	63	120	**212**	100	82	79	41	35	32	27	26		7	4	6	2	–	–	–	–	–	–	–	–	**Benzoic acid, 3,5-dinitro-**	99-34-3	**P7244**
77	105	91	106	51	90	107	65	**212**	100	48	20	4	4	3	3	3	**0.00**	14	12	2	–	–	–	–	–	–	–	–	–	**Benzoic acid, benzyl ester**	120-51-4	**H0538**
77	107	92	135	212	115	141	105	**212**	100	86	48	28	24	11	7	3		13	12	1	2	–	–	–	–	–	–	–	–	**Azobenzene, 4-methoxy-, (E)-**	21650-49-7	**09384**
77	107	212	51	92	135	65	64	**212**	100	89	61	40	39	37	34	22		13	12	1	2	–	–	–	–	–	–	–	–	**Azobenzene, 4-methoxy-**	2396-60-3	**Q7942**
77	107	212	92	51	135	64	63	**212**	100	88	58	35	30	30	25	15		13	12	1	2	–	–	–	–	–	–	–	–	**Azobenzene, 4-methoxy-**		**L6655**
77	107	212	115	135	92	149	197	**212**	100	68	43	39	34	33	13	10		13	12	1	2	–	–	–	–	–	–	–	–	**Azobenzene, 4-methoxy-, (Z)-**	15516-72-0	**09385**
77	197	65	91	39	51	78	212	**212**	100	34	17	15	14	11	10	9		14	16	–	2	–	–	–	–	–	–	–	–	**2,5-Cyclohexadien-1-one, 4,4-dimethyl-, phenylhydrazone**	74793-61-6	**T8642**
78	28	39	131	51	212	52	106	**212**	100	70	61	55	42	38	34	26		14	12	2	–	–	–	–	–	–	–	–	–	**Decahydro[1,2,4:5,6,8]dimetheno-s-indacenedione**		**05684**
78	43	45	123	194	77	44	51	**212**	100	90	58	48	33	28	24	24	**10.00**	10	12	5	–	–	–	–	–	–	–	–	–	**4H-1-Benzopyran-4-one, 5,6,7,8-tetrahydro-3,5,8-trihydroxy-2-methyl-**	35942-10-0	**S5118**
78	77	73	43	50	51	133	52	**212**	100	29	22	15	15	14	14	14	**1.10**	10	12	5	–	–	–	–	–	–	–	–	–	**Benzoic acid, 3,4,5-trihydroxy-, propyl ester**	121-79-9	**P9184**
78	91	105	79	184	167	77	51	**212**	100	38	12	9	9	7	7	6	**4.08**	14	12	2	–	–	–	–	–	–	–	–	–	**7-Oxabicyclo[4.2.1]nona-2,4-dien-8-one, 9-phenyl-**	56771-84-7	**08928**
78	106	105	77	212	51	52	107	**212**	100	79	43	35	31	23	16	9		14	12	2	–	–	–	–	–	–	–	–	–	**4H-1,3-Benzodioxin, 2-phenyl-**	43186-35-2	**S7084**
81	95	69	82	123	57	67	68	**212**	100	75	75	65	60	41	40	30	**0.00**	13	24	2	–	–	–	–	–	–	–	–	–	**6-Octen-1-ol, 3,7-dimethyl-, propanoate**		**01745**
82	67	43	41	55	113	29	27	**212**	100	90	86	73	56	37	33	28	**0.00**	13	24	2	–	–	–	–	–	–	–	–	–	**Heptanoic acid, 3-hexenyl ester, (Z)-**	61444-39-1	**T5732**
82	110	43	41	95	85	39	109	**212**	100	90	67	58	56	54	40	37	**0.00**	12	20	3	–	–	–	–	–	–	–	–	–	**p-Menthen-3-one, 1-acetoxy-**		**15822**
83	55	29	56	41	157	84	139	**212**	100	99	35	12	10	10	9	7	**0.09**	12	20	3	–	–	–	–	–	–	–	–	–	**3-Pentenoic acid, 2-hydroxy-4-methyl-2-(2-methyl-2-propenyl)-, ethyl ester**	74764-57-1	**T8521**
83	55	101	41	129	111	167	85	**212**	100	78	70	52	49	24	19	14	**5.00**	12	20	3	–	–	–	–	–	–	–	–	–	**Cyclohexanebutanoic acid, γ-oxo-, ethyl ester**	54966-52-8	**S9973**
83	55	101	41	129	167	111	56	**212**	100	87	73	58	51	40	25	12	**10.00**	12	20	3	–	–	–	–	–	–	–	–	–	**Cyclohexanebutanoic acid, γ-oxo-, ethyl ester**	54966-52-8	**S9972**
83	55	111	41	129	101	29	126	**212**	100	57	38	30	19	14	12	12	**7.40**	12	20	3	–	–	–	–	–	–	–	–	–	**Cyclohexanehexanoic acid, 6-oxo-**	20606-25-1	**08165**
84	83	128	43	75	42	44	85	**212**	100	75	58	50	37	32	23	21	**2.90**	8	14	5	–	–	–	–	–	–	2	–	–	**α-L-Galactopyranose, 6-deoxy-, cyclic 1,2:3,4-bis(methylboronate)**	54400-95-2	**S8955**
84	86	114	72	100	42	98	44	**212**	100	67	64	51	48	45	45	30	**30.00**	11	20	2	2	–	–	–	–	–	–	–	–	**2-Propenoic acid, 3-(dimethylamino)-3-(1-piperidinyl)-, methyl ester**	49582-41-4	**S7130**
85	57	41	29	43	55	82	99	**212**	100	59	44	40	35	30	25	22	**3.20**	14	28	1	–	–	–	–	–	–	–	–	–	**2-Dodecene, 1-ethoxy-**		**C0397**
88	41	43	212	39	105	55	73	**212**	100	63	53	52	41	36	34	31		12	20	3	–	–	–	–	–	–	–	–	–	**2-(3-Methyl-2-butenyl)-3-hydroxy-4,4-dimethyl-1-cyclopentene**	69745-77-3	**T7390**
88	55	41	101	69	83	84	124	**212**	100	80	69	44	38	31	30	28	**0.00**	13	24	2	–	–	–	–	–	–	–	–	–	**10-Undecenoic acid, ethyl ester**	692-86-4	**Q3711**
88	69	41	55	101	83	59	125	**212**	100	48	45	38	31	20	19	18	**1.50**	13	24	2	–	–	–	–	–	–	–	–	–	**9-Decenoic acid, 2,4-dimethyl-, methyl ester, (R,R)-(-)-**	31183-23-0	**H1947**
88	69	41	55	101	83	125	59	**212**	100	57	47	47	34	21	21	20	**1.96**	13	24	2	–	–	–	–	–	–	–	–	–	**9-Decenoic acid, 2,4-dimethyl-, methyl ester, (R,R)-(-)-**	31183-23-0	**S3227**
88	69	55	41	101	59	125	83	**212**	100	57	47	46	35	21	21	21	**1.80**	13	24	2	–	–	–	–	–	–	–	–	–	**9-Decenoic acid, 2,4-dimethyl-, methyl ester, (2S,4R)-(+)-**	31183-24-1	**H1948**
91	18	65	121	92	77	183	184	**212**	100	14	11	10	10	5	5	5	**3.75**	14	12	2	–	–	–	–	–	–	–	–	–	**2-Benzyloxybenzaldehyde**		**Z1651**
91	43	155	65	148	39	170	105	**212**	100	85	74	72	56	49	48	45	**27.67**	10	12	3	–	–	–	–	1	–	–	–	–	**Acetone, 1-[(4-methylphenyl)sulphonyl]-**	5366-49-4	**R1355**
91	65	92	51	104	77	41	78	**212**	100	10	8	6	6	5	4	4	**3.96**	10	13	–	–	–	1	–	–	–	–	–	–	**Benzene, (4-bromobutyl)-**	13633-25-5	**R4683**
91	104	39	27	65	105	92	132	**212**	100	20	14	13	13	11	10	10	**0.00**	10	13	–	–	–	1	–	–	–	–	–	–	**Benzene, (4-bromobutyl)-**	13633-25-5	**R4684**
91	104	105	103	78	51	77	50	**212**	100	80	80	65	58	56	50	26	**0.00**	9	9	1	–	–	1	–	–	–	–	–	–	**Benzenepropanoyl bromide**	10500-29-5	**R3891**
91	106	107	210	65	119	77	79	**212**	100	56	15	8	8	4	4	3	**2.10**	14	16	–	2	–	–	–	–	–	–	–	–	**Hydrazobenzene, 3,3′-dimethyl-**		**D0744**
91	177	117	92	116	115	145	178	**212**	100	22	10	8	7	6	6	5	**0.80**	11	13	2	–	1	–	–	–	–	–	–	–	**Benzenepropanoic acid, α-chloro-α-methyl-, methyl ester**	69688-50-2	**T7288**
93	59	77	153	152	79	180	121	**212**	100	21	21	19	18	16	16	15	**4.05**	11	16	4	–	–	–	–	–	–	–	–	–	**1,2-Cyclopropanedicarboxylic acid, 3-(2-methyl-1-propenyl)-, dimethyl ester**	61177-18-2	**T5549**
93	120	91	212	65	106	107	78	**212**	100	51	15	15	9	8	5	4		14	16	–	2	–	–	–	–	–	–	–	–	**2-Pyridineethylamine, N-(o-tolyl)-**		**F0343**
93	152	77	92	59	91	39	94	**212**	100	45	20	20	15	14	12	11	**0.28**	11	16	4	–	–	–	–	–	–	–	–	–	**1,2-Cyclopentanedicarboxylic acid, 3-methyl-4-methylene-, dimethyl ester**	74764-50-4	**T8514**
93	152	92	77	91	28	59	39	**212**	100	31	21	17	17	13	13	12	**5.94**	11	16	4	–	–	–	–	–	–	–	–	–	**1,2-Cyclopentanedicarboxylic acid, 4-ethylidene-, dimethyl ester**	74793-65-0	**T8646**
93	152	92	180	91	77	181	94	**212**	100	38	19	12	12	12	10	10	**0.58**	11	16	4	–	–	–	–	–	–	–	–	–	**4-Cyclohexene-1,2-dicarboxylic acid, 4-methyl-, dimethyl ester, trans-**	20586-29-2	**R8748**
93	212	65	66	77	92	118	39	**212**	100	18	12	11	11	8	8	8		13	12	1	2	–	–	–	–	–	–	–	–	**Urea, N,N′-diphenyl-**	102-07-8	**P7531**
93	212	65	66	119	39	77	91	**212**	100	14	13	13	12	11	9	9		13	12	1	2	–	–	–	–	–	–	–	–	**Urea, N,N′-diphenyl-**	102-07-8	**P7529**
94	81	75	73	53	197	95	212	**212**	100	47	41	37	13	12	9	8		10	16	3	–	–	–	–	–	–	–	1	–	**2-Furanpropanoic acid, trimethylsilyl ester**	55493-98-6	**T1213**
98	140	212	112	126	127	84	69	**212**	100	95	75	40	40	40	35	25		11	20	2	2	–	–	–	–	–	–	–	–	**Acetamide, N-[3-(hexahydro-2-oxo-1H-azepin-1-yl)propyl]-**	67370-62-1	**T6770**
99	43	85	81	69	57	84	29	**212**	100	93	91	83	36	29	28	26	**0.00**	12	20	3	–	–	–	–	–	–	–	–	–	**Acetoacetic acid, 1-ethylcyclohexyl ester**	15780-56-0	**R5842**
99	97	155	95	125	153	154	151	**212**	100	73	67	52	50	50	37	36	**3.39**	10	18	–	–	–	–	–	–	–	–	–	1	**Germacyclopentane, 1-butyl-1-ethynyl-**	4554-80-7	**R0600**
99	97	155	95	127	153	125	154	**212**	100	73	67	52	49	48	38	37	**3.00**	10	18	–	–	–	–	–	–	–	–	–	1	**Germacyclopentane, 1-butyl-1-ethynyl-**	4554-80-7	**R0599**
99	154	95	194	179	197	212	183	**212**	100	45	30	10	9	5	4	4		12	20	3	–	–	–	–	–	–	–	–	–	**2H-Furan-2-one, 5-(2,3-dimethyl-3-hydroxycyclopentyl)-5-methyltetrahydro-**		**M7139**
100	43	85	59	41	60	154	83	**212**	100	91	90	60	55	55	40	30	**13.00**	12	24	1	2	–	–	–	–	–	–	–	–	**Decanal, N-methyl-N-formylhydrazone**		**16838**
101	130	41	55	83	69	39	43	**212**	100	94	49	40	19	17	17	16	**0.13**	13	24	2	–	–	–	–	–	–	–	–	–	**Pentanoic acid, 2-cyclohexyl-2-methyl-, methyl ester**		**03573**
103	76	51	50	30	212	214	75	**212**	100	55	50	41	38	36	36	34		7	5	1	2	–	1	–	–	–	–	–	–	**Benzofurazan, 4-bromo-6-methyl-**	7159-74-2	**R2890**
103	177	179	176	178	142	143	141	**212**	100	81	51	50	37	23	22	12	**0.00**	6	7	–	2	3	–	–	–	–	–	–	–	**Hydrazine, (3,4-dichlorophenyl)-, monohydrochloride**	19763-90-7	**R8274**
104	212	184	214	186	183	185	103	**212**	100	37	36	35	33	25	22	20		4	10	–	–	–	1	–	–	–	–	–	1	**Arsinous bromide, diethyl-**	3399-96-0	**Q9335**
105	77	51	106	212	28	78	50	**212**	100	31	9	9	5	5	3	3		14	12	2	–	–	–	–	–	–	–	–	–	**Benzoic acid, 2-tolyl ester**		**03035**

MASS TO CHARGE RATIOS								M.W.	INTENSITIES								Parent	C	H	O	N	Cl	Br	F	S	P	B	Si	X	COMPOUND NAME	CAS Reg No	No
105	77	107	79	51	78	106	50	**212**	100	75	60	50	26	12	11	7	**3.30**	14	12	2	–	–	–	–	–	–	–	–	–	**Benzoin**		**G0229**
105	77	212	107	80	51	106	53	**212**	100	75	69	57	32	26	20	18		13	12	1	2	–	–	–	–	–	–	–	–	**4-Aminobenzanilide**		**D2306**
105	91	77	51	65	106	90	79	**212**	100	46	37	17	13	8	7	6	**3.00**	14	12	2	–	–	–	–	–	–	–	–	–	**Benzoic acid, benzyl ester**	120-51-4	**P9082**
105	91	77	51	212	65	106	90	**212**	100	42	28	12	10	9	9	7		14	12	2	–	–	–	–	–	–	–	–	–	**Benzoic acid, benzyl ester**	120-51-4	**P9080**
105	107	77	79	51	106	78	50	**212**	100	53	51	24	16	10	7	4	**1.70**	14	12	2	–	–	–	–	–	–	–	–	–	**Benzoin**	119-53-9	**P9020**
105	107	77	169	51	92	65	212	**212**	100	82	68	36	27	18	9	5		13	12	1	2	–	–	–	–	–	–	–	–	**Benzamide, N-(2-picolyl)-**	35854-47-8	**08430**
106	79	28	107	77	104	105	78	**212**	100	19	18	9	8	6	5	3	**0.00**	14	16	–	2	–	–	–	–	–	–	–	–	**1,2-Ethanediamine, 1,2-diphenyl-**	5700-60-7	**R1692**
106	107	105	79	77	91	51	122	**212**	100	38	24	22	20	17	6	6	**1.10**	15	16	1	–	–	–	–	–	–	–	–	–	**Benzeneethanol, 4-methyl-α-phenyl-**	20498-68-4	**R8701**
106	107	212	77	79	78	210	140	**212**	100	8	7	6	3	2	2	2		14	16	–	2	–	–	–	–	–	–	–	–	**Ethane, 1,2-bis(4-aminophenyl)-**	621-95-4	**Q3057**
107	48	86	105	91	212	174	67	**212**	100	59	50	49	25	19	11	3		7	7	2	–	–	–	3	1	–	–	–	–	**2-Tolyloxythionyl trifluoride**		**M8802**
107	77	105	212	51	92	108	194	**212**	100	47	38	23	18	13	11	4		13	12	1	2	–	–	–	–	–	–	–	–	**Benzamide, N-(2-picolyl)-**		**D1684**
107	91	41	112	49	125	167	153	**212**	100	50	45	44	43	42	30	29	**2.00**	11	16	4	–	–	–	–	–	–	–	–	–	**Cyclopropaneacrylic acid, 3-carboxy-α,2,2-trimethyl-, 1-methyl ester, (E)-(1R,2R)-**		**M8717**
107	91	106	92	210	65	119	77	**212**	100	76	42	25	19	17	11	10	**5.46**	14	16	–	2	–	–	–	–	–	–	–	–	**Hydrazobenzene, 3,3′-dimethyl-**		**00191**
107	105	67	86	48	212	174	91	**212**	100	44	29	16	11	10	6	3		7	7	2	–	–	–	3	1	–	–	–	–	**4-Tolyloxythionyl trifluoride**		**M8800**
107	105	91	67	174	212	86	48	**212**	100	99	30	27	21	18	12	9		7	7	2	–	–	–	3	1	–	–	–	–	**3-Tolyloxythionyl trifluoride**		**M8801**
107	106	79	91	105	77	108	78	**212**	100	79	47	35	28	22	8	7	**3.37**	15	16	1	–	–	–	–	–	–	–	–	–	**Benzeneethanol, β-methyl-α-phenyl-**	28795-94-0	**S2209**
112	55	41	84	27	29	39	98	**212**	100	43	42	22	18	16	15	15	**2.80**	12	20	3	–	–	–	–	–	–	–	–	–	**Cycloheptanepentanoic acid, 2-oxo-**	33371-95-8	**08166**
113	41	57	115	43	197	39	27	**212**	100	91	76	75	65	57	43	41	**6.51**	8	18	–	–	2	–	–	–	–	–	1	–	**Silane, dichlorodiisobutyl-**	18395-92-1	**H1805**
114	146	181	113	145	180	152	148	**212**	100	60	36	31	19	16	7	7	**1.43**	11	16	4	–	–	–	–	–	–	–	–	–	**Bicyclo[2.2.1]heptane-2,3-dicarboxylic acid, dimethyl ester**		**C0646**
116	101	41	43	69	55	59	99	**212**	100	94	87	86	80	66	55	52	**7.00**	12	20	3	–	–	–	–	–	–	–	–	–	**Octanoic acid, 3-oxo-4-(2-propenyl)-, methyl ester**	30414-60-9	**S2907**
117	31	45	79	99	98	93	167	**212**	100	92	83	68	60	50	45	30	**17.02**	7	1	2	–	–	–	5	–	–	–	–	–	**Benzoic acid, pentafluoro-**	602-94-8	**Q2655**
117	31	45	79	99	98	93	167	**212**	100	95	83	67	59	48	44	28	**17.00**	7	1	2	–	–	–	5	–	–	–	–	–	**Benzoic acid, pentafluoro-**		**M2171**
119	91	92	212	93	121	197	77	**212**	100	33	24	22	17	16	15	11		15	16	1	–	–	–	–	–	–	–	–	–	**Di-p-tolylmethanol**	885-77-8	**Q4484**
119	136	118	93	120	212	92	213	**212**	100	28	16	15	8	5	3	3		13	10	2	1	–	–	–	–	–	–	–	–	**Benzoic acid, 2-(phenylamino)-, ion(1-)**	34865-87-7	**S4754**
120	55	212	91	39	121	80	213	**212**	100	67	32	8	5	5	5	4		12	13	–	–	–	–	–	–	–	–	–	1	**Manganese, π-cyclopentadienyl(toluene)-**	1294-94-6	**Q5903**
121	44	91	212	122	77	65	43	**212**	100	46	16	10	9	7	7	7		15	16	1	–	–	–	–	–	–	–	–	–	**Benzene, 1-methoxy-4-(2-phenylethyl)-**	14310-21-5	**R5138**
121	65	39	91	93	122	63	51	**212**	100	47	91	23	23	13	12	6	**4.00**	14	12	2	–	–	–	–	–	–	–	–	–	**Phenol, 2-benzoyl-**		**D2290**
121	77	212	51	122	123	69	45	**212**	100	63	28	23	23	13	9	8		9	8	2	–	–	–	–	2	–	–	–	–	**Acetic acid, [(phenylthioxomethyl)thio]-**	942-91-6	**Q4768**
121	91	212	93	122	89	75	43	**212**	100	50	13	12	10	9	6	6		11	16	–	–	–	–	–	2	–	–	–	–	**Toluene, α,α-bis(ethylthio)-**		**D2434**
121	93	77	107	94	28	66	80	**212**	100	99	50	48	38	25	25	20	**3.10**	12	12	–	4	–	–	–	–	–	–	–	–	**1,3-Benzenediamine, 4-(phenylazo)-**		**D1505**
121	95	113	123	166	43	139	194	**212**	100	53	32	28	28	27	27	25	**9.00**	12	20	3	–	–	–	–	–	–	–	–	–	**2-Cyclohexene-1-carboxylic acid, 5-hydroxy-2,6,6-trimethyl-, ethyl ester**	70429-47-9	**T7584**
124	73	212	155					**212**	100	91	24	20						11	24	–	–	–	–	–	–	–	–	2	–	**Silane, (3,3-dimethyl-1-propyne-1,3-diyl)bis[trimethyl-**	61227-98-3	**T5615**
127	85	47	212	66	193	174		**212**	100	94	55	44	17	11	1			–	–	–	–	–	–	3	–	–	–	1	1	**Silane, iodotrifluoro-**		**L9910**
127	141	212	197	41	99	95	83	**212**	100	34	24	20	19	17	13	13		12	20	3	–	–	–	–	–	–	–	–	–	**2-Bornanol, 3-ethylenedioxy-, exo-**		**M3961**
127	154	182	77	126	128	155	63	**212**	100	74	29	22	19	13	11	9	**3.00**	12	8	2	2	–	–	–	–	–	–	–	–	**Sydnone, 3-(2-naphthyl)-**	20600-68-4	**R8773**
127	154	182	77	126	128	155	101	**212**	100	74	29	22	19	13	11	9	**3.00**	12	8	2	2	–	–	–	–	–	–	–	–	**Sydnone, 3-(2-naphthyl)-**		**02060**
127	183	40	57	212	28	128	182	**212**	100	61	34	32	26	24	14	14		14	17	1	–	–	–	–	–	–	1	–	–	**Borinic acid, diethyl-, naphthalenyl ester**	61249-74-9	**T5711**
127	212	197	41	99	83	95	39	**212**	100	23	20	18	17	13	13	10		12	20	3	–	–	–	–	–	–	–	–	–	**Spiro[bicyclo[2.2.1]heptane-2,2′-[1,3]dioxolan]-3-ol, 4,7,7-trimethyl-, (1α,3α,4α)-**	18680-43-8	**R7781**
128	43	170	110	212	129	152	51	**212**	100	99	41	31	14	11	8	5		10	9	4	–	–	–	1	–	–	–	–	–	**1,2-Diacetoxy-3-fluorobenzene**		**00245**
128	156	184	101	75	76	129	78	**212**	100	41	25	24	14	13	10	7	**3.00**	11	4	3	2	–	–	–	–	–	–	–	–	**Quinoxalino[2,3-d]cyclopentane-1,2,3-trione**		**05443**
129	43	100	44	171	127	56	42	**212**	100	80	66	64	34	26	26	21	**3.69**	11	20	2	2	–	–	–	–	–	–	–	–	**Acetamide, N-[3-(acetylamino)propyl]-N-3-butenyl-**	55712-71-5	**T1920**
132	105	52	53	77	55	51	78	**212**	100	93	47	25	23	23	23	22	**0.00**	7	8	4	4	–	–	–	–	–	–	–	–	**4-Pteridinecarboxylic acid, 5,6,7,8-tetrahydro-6,7-dihydroxy-**		**M5942**
132	106	77	51	39	78	52	104	**212**	100	38	36	25	24	21	19	18	**5.69**	8	8	–	2	–	–	–	–	–	–	–	1	**Selenocyanic acid, 4-amino-o-tolyl ester**	22037-14-5	**R9527**
132	131	77	212	106	104	40	51	**212**	100	27	17	17	14	11	11	10		8	8	–	2	–	–	–	–	–	–	–	1	**Selenocyanic acid, 4-amino-m-tolyl ester**	22037-13-4	**R9526**
132	131	212	186	105	77	210	63	**212**	100	48	24	13	13	12	11	10		8	8	–	2	–	–	–	–	–	–	–	1	**Selenocyanic acid, 4-(methylamino)phenyl ester**	22037-03-2	**R9517**
132	178	134	133	176				**212**	100	83	41	16	9				**0.00**	7	8	4	4	–	–	–	–	–	–	–	–	**4-Pteridinecarboxylic acid, 5,6,7,8-tetrahydro-6,7-dihydroxy-**	30835-19-9	**S3027**
133	135	53	27	54	39	28	26	**212**	100	99	76	46	29	24	13	11	**1.75**	4	6	–	–	–	2	–	–	–	–	–	–	**1,4-Dibromo-2-butene**		**C1758**
133	135	53	89	27	54	39	51	**212**	100	98	46	20	18	14	10	8	**1.91**	4	6	–	–	–	2	–	–	–	–	–	–	**1,4-Dibromo-2-butene**		**Z1652**
133	135	53	214	27	212	216	39	**212**	100	97	63	33	21	17	16	14		4	6	–	–	–	2	–	–	–	–	–	–	**2,4-Dibromo-1-butene**		**Z1656**
133	135	129	127	214	99	212	179	**212**	100	63	45	37	27	23	17	15		2	1	–	–	2	1	2	–	–	–	–	–	**Ethane, 2-bromo-1,2-dichloro-1,1-difluoro-**		**A0257**
135	77	92	176	107	64	149	63	**212**	100	11	8	7	7	4	3	3	**0.31**	11	13	2	–	1	–	–	–	–	–	–	–	**1-Propanone, 2-chloro-1-(4-methoxyphenyl)-2-methyl-**	36025-20-4	**S5137**
135	77	212	105	121	195	51	92	**212**	100	64	51	38	22	18	17	16		14	12	2	–	–	–	–	–	–	–	–	–	**Benzophenone, 2-methoxy-**	2553-04-0	**Q8310**
135	93	211	77	65	66	92	212	**212**	100	95	82	66	39	37	36	33		13	12	1	2	–	–	–	–	–	–	–	–	**3-Picolinium, 1-benzamido-, hydroxide, inner salt**	31382-86-2	**S3262**
135	93	211	77	91	212	105	119	**212**	100	93	82	66	27	22	13	5		13	12	1	2	–	–	–	–	–	–	–	–	**3-Picolinium, 1-benzamido-, hydroxide, inner salt**		**L8672**

MASS TO CHARGE RATIOS	M.W.	INTENSITIES	Parent	C	H	O	N	Cl	Br	F	S	P	B	Si	X	COMPOUND NAME	CAS Reg No	No
135 211 93 77 212 91 105 103	**212**	100 94 69 38 36 16 13 12		13	12	1	2	–	–	–	–	–	–	–	–	**4-Picolinium, 1-benzamido-, hydroxide, inner salt**		**L8674**
135 211 93 212 77 51 66 92	**212**	100 94 70 50 39 30 18 18		13	12	1	2	–	–	–	–	–	–	–	–	**4-Picolinium, 1-benzamido-, hydroxide, inner salt**	32363-75-0	**S3623**
135 212 77 105 92 136 51 213	**212**	100 41 29 15 11 10 8 7		14	12	2	–	–	–	–	–	–	–	–	–	**Benzophenone, 4-methoxy-**	611-94-9	**Q2830**
135 212 77 105 136 51 213 107	**212**	100 42 26 15 9 7 7 6		14	12	2	–	–	–	–	–	–	–	–	–	**3-Methyl-4-hydroxybenzophenone**		**Z1655**
137 97 84 82 138 96 194 179	**212**	100 48 39 22 17 12 11 9	**0.00**	12	24	1	2	–	–	–	–	–	–	–	–	**Cyclohexanone, 2-(dimethylamino)-4-tert-butyl-, oxime**	53995-71-4	**S8725**
137 123 43 121 165 45 77 91	**212**	100 77 57 55 37 26 16 9	**3.00**	10	12	1	–	–	–	–	2	–	–	–	–	**Ethanethioic acid, S-[(methylthio)phenylmethyl] ester**	69078-75-7	**T6999**
138 43 41 170 110 44 77 105	**212**	100 80 65 60 28 27 26 25	**11.00**	10	12	5	–	–	–	–	–	–	–	–	–	**1,3-Cyclohexadiene-1-carboxylic acid, 5-(acetyloxy)-6-methoxy-, trans-**	55712-79-3	**T1928**
138 97 152 43 113 137 169 170	**212**	100 56 49 44 41 25 24 21	**5.00**	11	16	4	–	–	–	–	–	–	–	–	–	**Butanoic acid, 2-(1-methyl-2-oxobutyl)-3-oxo-, methyl ester**		**17494**
139 57 168 67 183 121 53 123	**212**	100 48 40 37 37 32 19 16	**1.00**	10	12	5	–	–	–	–	–	–	–	–	–	**1H,6H-Pyrano[3,4-c]pyran-1,6-dione, 5-ethyl-3,4,5,8-tetrahydro-5-hydroxy-, (+-)-**	65853-15-8	**T6588**
139 69 43 41 55 152 212	**212**	100 91 76 33 26 16 1		12	20	3	–	–	–	–	–	–	–	–	–	**1-Acetoxymethyl-4,8-dimethyl-2-oxobicyclo[3.3.0]octane**		**L9031**
141 85 43 57 112 41 55 70	**212**	100 27 15 15 15 14 13 9	**2.00**	13	24	2	–	–	–	–	–	–	–	–	–	**7-Hydroxydihydrotheaspirane B3**		**P1291**
141 85 43 126 55 41 57 112	**212**	100 42 20 19 17 16 16 14	**1.00**	13	24	2	–	–	–	–	–	–	–	–	–	**7-Hydroxydihydrotheaspirane A3**		**P1285**
141 85 55 43 57 112 41 126	**212**	100 39 21 19 19 19 17 16	**2.00**	13	24	2	–	–	–	–	–	–	–	–	–	**7-Hydroxydihydrotheaspirane A1**		**P1283**
141 85 112 41 43 55 57 126	**212**	100 12 10 6 5 5 5 4	**3.00**	13	24	2	–	–	–	–	–	–	–	–	–	**7-Hydroxydihydrotheaspirane**		**P1292**
141 85 112 43 57 41 55 126	**212**	100 26 11 10 10 9 9 9	**2.00**	13	24	2	–	–	–	–	–	–	–	–	–	**7-Hydroxydihydrotheaspirane A4**		**P1286**
141 85 112 55 57 41 43 70	**212**	100 29 19 15 15 13 12 10	**2.00**	13	24	2	–	–	–	–	–	–	–	–	–	**7-Hydroxydihydrotheaspirane B1**		**P1289**
141 85 112 57 41 43 55 126	**212**	100 14 11 7 6 6 6 5	**3.00**	13	24	2	–	–	–	–	–	–	–	–	–	**7-Hydroxydihydrotheaspirane B2**		**P1290**
141 85 112 126 43 55 57 41	**212**	100 22 12 10 9 9 9 8	**2.00**	13	24	2	–	–	–	–	–	–	–	–	–	**7-Hydroxydihydrotheaspirane A2**		**P1284**
141 142 212 115 143 155 128 139	**212**	100 92 33 21 14 9 8 6		16	20	–	–	–	–	–	–	–	–	–	–	**Naphthalene, 2-hexyl-**	2876-46-2	**Q8770**
141 156 55 41 28 27 29 142	**212**	100 75 45 43 35 30 27 23	**0.40**	10	16	3	2	–	–	–	–	–	–	–	–	**2,4,6(1H,3H,5H)-Pyrimidinetrione, 5-butyl-5-ethyl-**	77-28-1	**P5791**
143 193 69 93 124 31 74 55	**212**	100 46 44 37 18 17 10 6	**0.20**	5	–	–	–	–	–	8	–	–	–	–	–	**2-Pentyne, 1,1,1,4,4,5,5,5-octafluoro-**	378-22-3	**Q0641**
147 149 177 180 91 181 175 179	**212**	100 62 43 41 40 34 33 32	**0.00**	6	7	–	2	3	–	–	–	–	–	–	–	**Hydrazine, (2,4-dichlorophenyl)-, monohydrochloride**	5446-18-4	**R1439**
151 153 212 184 152 183 108 65	**212**	100 56 48 46 45 30 24 22		10	12	1	–	–	–	–	2	–	–	–	–	**1,3-Dithiolane, 2-(4-methoxyphenyl)-**	6712-20-5	**R2490**
151 212 153 91 184 119 117 121	**212**	100 99 78 68 64 40 26 26		10	12	1	–	–	–	–	2	–	–	–	–	**1,3-Dithiolane, 2-(2-methoxyphenyl)-**	24588-76-9	**S0697**
151 212 184 152 108 121 77 153	**212**	100 33 11 10 7 6 5 5		10	12	1	–	–	–	–	2	–	–	–	–	**Benzenecarbodithioic acid, 4-methoxy-, ethyl ester**	942-85-8	**Q4767**
153 93 65 125 137 212 39 151	**212**	100 83 52 24 21 21 18 17		10	12	5	–	–	–	–	–	–	–	–	–	**Benzeneacetic acid, α,4-dihydroxy-3-methoxy-, methyl ester**	2911-74-2	**Q8810**
153 99 86 100 55 150 194 81	**212**	100 85 58 58 54 54 54 51	**22.77**	12	20	3	–	–	–	–	–	–	–	–	–	**Spiro[1,3-dioxolane-2,1′(2′H)-naphthalen]-4′-ol, octahydro-, trans-**	21727-86-6	**R9368**
153 152 107 93 194 124 137 135	**212**	100 90 80 44 26 22 17 13	**2.00**	11	16	4	–	–	–	–	–	–	–	–	–	**Cyclohexaneacetic acid, 1-carboxy-2,3-dimethyl-**		**L7688**
153 212 121 181 43 154 79 59	**212**	100 43 38 24 18 10 7 6		10	12	5	–	–	–	–	–	–	–	–	–	**2-Furanacetic acid, 3-(methoxycarbonyl)-5-methyl-, methyl ester**	6141-59-9	**H1592**
153 212 152 97 125 96 124	**212**	100 75 40 23 20 20 16		8	8	3	2	–	–	–	1	–	–	–	–	**Thieno[3,2-c]pyridazine-6-carboxylic acid, 2,3,6,7-tetrahydro-3-oxo-, methyl ester**		**M6614**
155 212 165 183 127 141 128 170	**212**	100 63 56 47 46 41 27 26		15	16	1	–	–	–	–	–	–	–	–	–	**Cyclopentanol, 1-(1-naphthalenyl)-**	74709-98-1	**T8413**
156 141 55 98 184 142 157 155	**212**	100 70 35 14 11 11 10 9	**0.00**	10	16	3	2	–	–	–	–	–	–	–	–	**2,4,6(1H,3H,5H)-Pyrimidinetrione, 5-butyl-5-ethyl-**		**02485**
156 141 55 157 98 69 53 185	**212**	100 70 20 13 10 10 10 6	**0.00**	10	16	3	2	–	–	–	–	–	–	–	–	**2,4,6(1H,3H,5H)-Pyrimidinetrione, 5-sec-butyl-5-ethyl-**		**02486**
157 213 156 185	**212**	100 97 21 10	**0.00**	10	16	3	2	–	–	–	–	–	–	–	–	**2,4,6(1H,3H,5H)-Pyrimidinetrione, 5-sec-butyl-5-ethyl-**	125-40-6	**P9465**
158 212 160 140 112 142 214 43	**212**	100 63 40 39 27 25 24 18		9	14	2	–	–	–	–	–	–	–	–	1	**Nickel, [(1,2,3-η)-2-butenyl](2,4-pentanedionato-O,O′)-**	74710-05-7	**T8419**
162 93 143 193 212 31 69 112	**212**	100 75 58 51 46 15 13 13		5	–	–	–	–	–	8	–	–	–	–	–	**Cyclopentene, octafluoro-**		**A0402**
167 44 168 126 54 82 42 27	**212**	100 95 92 34 32 32 25 15	**0.00**	8	8	3	2	–	–	–	1	–	–	–	–	**Thiazolo[3,2-c]pyrimidin-4-ium, 3-carboxy-2,3-dihydro-8-hydroxy-5-methyl-, hydroxide inner salt**		**L9303**
167 44 168 126 82 54 42 27	**212**	100 96 92 33 31 30 24 15	**0.00**	8	8	3	2	–	–	–	1	–	–	–	–	**Thiazolo[3,2-c]pyrimidin-4-ium, 3-carboxy-2,3-dihydro-8-hydroxy-5-methyl-, hydroxide, inner salt**	24614-08-2	**S0716**
167 165 45 212 91 51 152 65	**212**	100 78 51 49 41 37 30 27		14	12	2	–	–	–	–	–	–	–	–	–	**[1,1′-Biphenyl]-3-acetic acid**	23948-77-8	**S0413**
167 165 45 212 91 51 152 65	**212**	100 78 51 49 41 37 30 27		14	12	2	–	–	–	–	–	–	–	–	–	**Diphenylmethane-3-carboxylic acid**		**M4418**
167 165 194 152 77 168 166 193	**212**	100 41 28 24 17 17 15 15	**5.00**	15	16	1	–	–	–	–	–	–	–	–	–	**Benzenepropanol, γ-phenyl-**	20017-67-8	**R8461**
167 165 194 168 152 193 212 166	**212**	100 31 28 16 15 15 14 11		15	16	1	–	–	–	–	–	–	–	–	–	**Benzenepropanol, β-phenyl-**	3536-29-6	**Q9510**
167 165 212 152 91 168 166 51	**212**	100 48 39 22 19 19 16 14		14	12	2	–	–	–	–	–	–	–	–	–	**[1,1′-Biphenyl]-4-acetic acid**	5728-52-9	**R1711**
167 165 212 152 168 91 166 51	**212**	100 48 39 22 19 19 16 14		14	12	2	–	–	–	–	–	–	–	–	–	**Diphenylmethane-4-carboxylic acid**		**M4419**
167 212 165 168 152 169 115 213	**212**	100 65 37 20 18 17 10 10		14	12	2	–	–	–	–	–	–	–	–	–	**[1,1′-Biphenyl]-4-acetic acid**		**15933**
169 168 167 212 51 77 170 39	**212**	100 44 38 33 20 17 13 7		13	12	1	2	–	–	–	–	–	–	–	–	**Urea, N,N-diphenyl-**		**L1956**
169 168 167 212 51 77 170 39	**212**	100 46 38 33 20 18 14 8		13	12	1	2	–	–	–	–	–	–	–	–	**Urea, N,N′-diphenyl-**	102-07-8	**P7530**
169 171 170 141 43 115 212 142	**212**	100 45 35 33 28 28 20 15		14	12	2	–	–	–	–	–	–	–	–	–	**Acetic acid, 2-biphenyl ester**		**Z1650**
169 184 126 183 41 112 55 83	**212**	100 94 27 27 18 18 15 14	**0.00**	10	16	3	2	–	–	–	–	–	–	–	–	**2,4,6(1H,3H,5H)-Pyrimidinetrione, 5,5-diethyl-1,3-dimethyl-**	714-59-0	**Q3840**
169 184 183 126 112 83 41 40	**212**	100 99 35 26 21 15 14 13	**0.10**	10	16	3	2	–	–	–	–	–	–	–	–	**2,4,6(1H,3H,5H)-Pyrimidinetrione, 5,5-diethyl-1,3-dimethyl-**	714-59-0	**Q3838**
169 184 183 126 112 170 83 185	**212**	100 99 39 38 29 16 15 13	**0.00**	10	16	3	2	–	–	–	–	–	–	–	–	**2,4,6(1H,3H,5H)-Pyrimidinetrione, 5,5-diethyl-1,3-dimethyl-**	714-59-0	**Q3839**
169 212 141 91 41 128 170 183	**212**	100 28 25 24 23 16 15 14		16	20	–	–	–	–	–	–	–	–	–	–	**Bicyclo[2.2.1]hept-2-ene, 1,7,7-trimethyl-2-phenyl-**	7070-09-9	**R2825**

MASS TO CHARGE RATIOS								M.W.	INTENSITIES								Parent	C	H	O	N	Cl	Br	F	S	P	B	Si	X	COMPOUND NAME	CAS Reg No	No
170	171	115	212	43	141	139	91	**212**	100	13	7	6	5	5	3	2		14	12	2	–	–	–	–	–	–	–	–	–	**Acetic acid, 4-biphenylyl ester**		**Z1653**
170	197	73	212	171	45	198	172	**212**	100	50	41	28	19	11	8	8		9	20	–	2	–	–	–	–	–	–	2	–	**1H-Pyrazole, 1,5-bis(trimethylsilyl)-**	52805-96-6	**S8105**
170	212	171	76	141	115	28	152	**212**	100	21	13	9	8	6	4	4		15	16	1	–	–	–	–	–	–	–	–	–	**3-Biphenylyl isopropyl ether**		**Z1646**
176	36	178	38	141	133	124	75	**212**	100	82	63	36	27	23	22	21	**0.00**	6	7	–	2	3	–	–	–	–	–	–	–	**Hydrazine, (3,5-dichlorophenyl)-, monohydrochloride**	63352-99-8	**T6252**
176	36	178	133	38	160	135	111	**212**	100	73	64	44	36	31	29	25	**0.00**	6	7	–	2	3	–	–	–	–	–	–	–	**Hydrazine, (2,5-dichlorophenyl)-, monohydrochloride**	50709-35-8	**S7455**
176	36	178	160	162	38	133	75	**212**	100	83	62	59	40	36	28	20	**0.00**	6	7	–	2	3	–	–	–	–	–	–	–	**Hydrazine, (3,4-dichlorophenyl)-, monohydrochloride**	19763-90-7	**R8273**
176	160	178	36	162	133	135	38	**212**	100	87	68	58	58	40	27	25	**0.00**	6	7	–	2	3	–	–	–	–	–	–	–	**Hydrazine, (2,4-dichlorophenyl)-, monohydrochloride**	5446-18-4	**R1438**
176	178	36	160	133	38	162	111	**212**	100	63	62	39	32	27	26	23	**0.00**	6	7	–	2	3	–	–	–	–	–	–	–	**Hydrazine, (2,3-dichlorophenyl)-, monohydrochloride**	21938-47-6	**R9453**
176	178	160	36	162	133	38	161	**212**	100	80	78	70	53	42	36	30	**0.00**	6	7	–	2	3	–	–	–	–	–	–	–	**Hydrazine, (2,6-dichlorophenyl)-, monohydrochloride**	50709-36-9	**S7457**
177	81	57	137	98	55	41	95	**212**	100	34	31	30	29	28	24	23	**0.00**	14	28	1	–	–	–	–	–	–	–	–	–	**Cyclohexanol, x,x-di-sec-butyl-**		**Z1647**
177	179	147	162	160	149	178	176	**212**	100	59	42	32	28	24	23	22	**0.00**	6	7	–	2	3	–	–	–	–	–	–	–	**Hydrazine, (2,6-dichlorophenyl)-, monohydrochloride**	50709-36-9	**S7459**
177	179	176	178	143	144	181	142	**212**	100	63	42	33	14	11	11	10	**0.00**	6	7	–	2	3	–	–	–	–	–	–	–	**Hydrazine, (2,5-dichlorophenyl)-, monohydrochloride**	50709-35-8	**S7456**
177	213	179	137	215	135	178	170	**212**	100	59	43	25	21	16	13	12	**0.00**	9	9	2	2	1	–	–	–	–	–	–	–	**Urea, (chlorophenylacetyl)-**	25395-28-2	**S1044**
179	77	212	165	192	109	71	211	**212**	100	76	72	70	67	60	59	55		15	13	–	–	–	–	1	–	–	–	–	–	**Benzene, 1,1′-(fluorocyclopropylidene)bis-**	56701-13-4	**T4102**
179	177	117	119	181	107	83	214	**212**	100	91	65	59	51	43	35	32	**27.00**	3	1	–	–	5	–	–	–	–	–	–	–	**Propene, 1,1,3,3,3-pentachloro-**		**M8135**
179	177	181	83	45	85	117	119	**212**	100	78	47	31	22	19	15	15	**0.00**	3	1	–	–	5	–	–	–	–	–	–	–	**Cyclopropane, pentachloro-**	6262-51-7	**R2181**
179	177	181	83	85	214	107	183	**212**	100	77	48	30	20	16	11	10	**9.86**	3	1	–	–	5	–	–	–	–	–	–	–	**Propene, 1,1,2,3,3-pentachloro-**		**Z1636**
181	80	78	79	51	52	92	182	**212**	100	20	17	17	16	15	15	15	**8.00**	13	12	1	2	–	–	–	–	–	–	–	–	**Aniline, 2-methoxy-N-(2-pyridinylmethylene)-**	26825-30-9	**S1505**
181	103	165	182	166	77	179	178	**212**	100	29	16	16	16	11	6	4	**1.93**	15	16	1	–	–	–	–	–	–	–	–	–	**Benzeneethanol, β-methyl-β-phenyl-**	74421-26-4	**T8095**
181	212	153	85	15	127	26	59	**212**	100	63	40	36	34	27	21	15		4	5	2	–	–	–	–	–	–	–	–	1	**3-Iodoacrylic acid, methyl ester**		**C0042**
182	77	91	105	183	51	30	65	**212**	100	81	62	33	30	28	21	19	**13.04**	13	12	1	2	–	–	–	–	–	–	–	–	**Benzylamine, N-nitroso-N-phenyl-**	612-98-6	**Q2862**
182	77	91	183	104	180	181	51	**212**	100	42	37	25	24	16	11	9	**7.00**	13	12	1	2	–	–	–	–	–	–	–	–	**Benzylamine, N-nitroso-N-phenyl-**		**M8829**
182	197	77	51	65	93	125	183	**212**	100	59	37	17	16	10	10	9	**0.50**	9	12	2	2	–	–	–	1	–	–	–	–	**Sulphoximine, S-methyl-N-[(methylamino)carbonyl]-S-phenyl-**	54090-95-8	**S8782**
182	197	77	51	65	93	125	183	**212**	100	59	38	17	17	12	10	9	**0.93**	9	12	2	2	–	–	–	1	–	–	–	–	**Sulphoximine, S-methyl-N-[(methylamino)carbonyl]-S-phenyl-**	54090-95-8	**S8783**
183	100	84	126	55	43	41	184	**212**	100	65	31	30	17	16	15	12	**3.00**	12	24	1	2	–	–	–	–	–	–	–	–	**Acetamide, N-[1-(2-ethyl-1-piperidinyl)propyl]-**	55030-28-9	**T0101**
183	185	27	76	50	29	75	155	**212**	100	97	74	62	61	58	54	50	**19.70**	9	9	1	–	–	1	–	–	–	–	–	–	**1-Propanone, 1-(3-bromophenyl)-**	19829-31-3	**R8318**
183	185	155	157	50	75	76	74	**212**	100	97	32	31	28	25	22	13	**13.44**	9	9	1	–	–	1	–	–	–	–	–	–	**1-Propanone, 1-(4-bromophenyl)-**		**02581**
184	168	107	212	91	154			**212**	100	45	44	39	33	32				8	8	5	2	–	–	–	–	–	–	–	–	**2,4-Dinitrophenyl ethyl ether**		**M5571**
184	182	156	212	210	154	186	180	**212**	100	75	65	62	40	36	28	25		9	8	1	–	–	–	–	–	–	–	–	1	**4H-1-Benzoselenin-4-one, 2,3-dihydro-**	4671-90-3	**R0697**
184	212	141	142	169	143	156	211	**212**	100	84	46	26	24	22	20	20		16	20	–	–	–	–	–	–	–	–	–	–	**Pyrene, 1,2,3,3a,4,5,9,10,10a,10b-decahydro-**	55821-21-1	**T2128**
185	172	212	170	145	186	115	129	**212**	100	88	78	31	25	20	18	17		14	16	–	2	–	–	–	–	–	–	–	–	**1,4-Benzenediacetonitrile, 2,3,5,6-tetramethyl-**	1675-71-4	**Q6475**
193	191	190	187	195	192	189	174	**212**	100	67	64	59	39	39	37	35	**0.00**	–	–	–	–	–	–	6	–	–	–	–	1	**Molybdenum fluoride**	7783-77-9	**R3487**
194	179	178	165	166	193	195	152	**212**	100	93	47	40	35	22	15	13	**0.12**	15	16	1	–	–	–	–	–	–	–	–	–	**4-Methyl-1,2,3,4-tetrahydrophenanthren-4-ol**		**V0451**
194	212	165	195	166	213	82	105	**212**	100	45	39	20	10	8	7	6		14	12	2	–	–	–	–	–	–	–	–	–	**Diphenylmethane-2-carboxylic acid**		**M4417**
194	212	165	195	166	213	82	193	**212**	100	45	39	20	10	8	7	7		14	12	2	–	–	–	–	–	–	–	–	–	**[1,1′-Biphenyl]-2-acetic acid**	14676-52-9	**R5348**
195	213	196	169	194	152	165	179	**212**	100	12	10	9	6	2	2	2	**1.00**	7	4	6	2	–	–	–	–	–	–	–	–	**Benzoic acid, 2,6-dinitro-**		**P3984**
196	179	170	76	152	195	197	181	**212**	100	49	31	20	19	19	19	18	**11.21**	12	8	2	2	–	–	–	–	–	–	–	–	**Phenazine, 5,10-dioxide**	303-83-3	**Q0379**
196	180	78	179	50	170	76	168	**212**	100	88	72	37	31	29	24	23	**16.45**	12	8	2	2	–	–	–	–	–	–	–	–	**Phenazine, 5,10-dioxide**	303-83-3	**Q0378**
196	212	180	179	170	197	102	213	**212**	100	86	23	17	16	14	13	12		12	8	2	2	–	–	–	–	–	–	–	–	**Benzo[c]cinnoline, 5,6-dioxo-**		**D1969**
197	73	198	181	212	199	45	130	**212**	100	26	17	12	10	8	7	5		9	20	–	2	–	–	–	–	–	–	2	–	**1H-Pyrazole, 3,4-bis(trimethylsilyl)-**	16037-45-9	**R5992**
197	91	119	212	103	77	39	51	**212**	100	60	51	47	23	21	18	17		15	16	1	–	–	–	–	–	–	–	–	–	**2-Cumylphenol**		**C1530**
197	91	212	103	77	198	119	65	**212**	100	25	25	24	18	16	13	10		15	16	1	–	–	–	–	–	–	–	–	–	**4-Cumylphenol**	599-64-4	**Q2616**
197	93	77	135	51	78	105	108	**212**	100	61	55	52	37	33	32	27	**21.00**	13	12	1	2	–	–	–	–	–	–	–	–	**2-Picolinium, 1[(α-hydroxybenzilidine)amino]-, hydroxide inner salt**	17408-47-8	**R6927**
197	93	77	135	105	108	92	211	**212**	100	58	55	52	31	27	23	20	**0.00**	13	12	1	2	–	–	–	–	–	–	–	–	**2-Picolinium, 1-benzamido-, hydroxide, inner salt**		**L8675**
197	118	169	212	41	117	198	51	**212**	100	30	28	28	23	12	12	10		10	13	–	–	–	1	–	–	–	–	–	–	**tert-Butylbenzene, bromo-**		**L0655**
197	118	212	117	133	91	105	119	**212**	100	66	37	24	15	14	13	13		10	13	–	–	–	1	–	–	–	–	–	–	**Benzene, 1-bromo-3-isopropyl-6-methyl-**		**L0654**
197	125	73	198	212	199	45	43	**212**	100	22	18	18	9	8	7	6		9	20	–	2	–	–	–	–	–	–	2	–	**1H-Pyrazole, 1,4-bis(trimethylsilyl)-**	52805-95-5	**S8104**
197	151	212	69	77	123	179	111	**212**	100	77	56	42	23	21	21	14		10	12	5	–	–	–	–	–	–	–	–	–	**2′,6′-Dihydroxy-3′,4′-dimethoxyacetophenone**		**P1442**
197	199	118	212	214	117	115	133	**212**	100	98	66	37	36	24	18	15		10	13	–	–	–	1	–	–	–	–	–	–	**Benzene, 1-bromo-3-isopropyl-6-methyl-**		**Z1638**
197	199	118	212	214	169	171	41	**212**	100	98	30	28	28	28	26	23		10	13	–	–	–	1	–	–	–	–	–	–	**tert-Butylbenzene, bromo-**		**Z1645**
197	199	169	212	41	157	198	91	**212**	100	34	32	24	22	20	14	12		12	17	1	–	1	–	–	–	–	–	–	–	**Chloro-2,5-dimethyl-4-tert-butylphenol**		**D2177**
197	199	212	214	183	185	133	104	**212**	100	97	80	79	52	52	51	39		!0	13	–	–	–	1	–	–	–	–	–	–	**Diethylbenzene, bromo-**		**Z1640**
197	212	63	62	51	77	92	134	**212**	100	88	60	58	43	37	32	29		13	12	1	2	–	–	–	–	–	–	–	–	**Aniline, 4-methoxy-N-(4-pyridinylmethylene)-**	41855-74-7	**S6759**
197	212	63	64	77	51	92	168	**212**	100	89	54	54	52	35	30	24		13	12	1	2	–	–	–	–	–	–	–	–	**Aniline, 4-methoxy-N-(3-pyridinylmethylene)-**	41855-73-6	**S6758**
197	212	76	115	171	143	50	104	**212**	100	87	59	57	49	32	28	17		14	12	2	–	–	–	–	–	–	–	–	–	**1,4-Naphthalenedione, 2-methyl-3-(2-propenyl)-**	64449-33-8	**T6499**
197	212	77	91	198	51	104	65	**212**	100	41	25	22	18	17	14	13		15	16	1	–	–	–	–	–	–	–	–	–	**4-Isopropylphenyl phenyl ether**		**C1693**

MASS TO CHARGE RATIOS								M.W.	INTENSITIES								Parent	C	H	O	N	Cl	Br	F	S	P	B	Si	X	COMPOUND NAME	CAS Reg No	No
197	212	91	77	51	102	118	198	**212**	100	54	52	24	21	21	18	18		15	16	1	–	–	–	–	–	–	–	–	–	2-Isopropylphenyl phenyl ether		C1691
197	212	91	103	77	198	119	39	**212**	100	28	24	23	19	16	14	12		15	16	1	–	–	–	–	–	–	–	–	–	3-Cumylphenol		C1531
197	212	91	103	119	198	77	41	**212**	100	39	28	22	21	17	16	9		15	16	1	–	–	–	–	–	–	–	–	–	4-(2-Phenylisopropyl)phenol		14753
197	212	103	91	198	77	119	135	**212**	100	28	23	19	16	14	13	8		15	16	1	–	–	–	–	–	–	–	–	–	4-Cumylphenol		C0294
197	212	119	91	198	103	178	77	**212**	100	52	40	27	15	13	10	9		15	16	1	–	–	–	–	–	–	–	–	–	2-Cumylphenol		C1886
197	212	141	170	155	184	115	128	**212**	100	78	60	55	40	34	33	33		15	16	1	–	–	–	–	–	–	–	–	–	2(3H)-Phenanthrenone, 4,4a,9,10-tetrahydro-4a-methyl-	6606-34-4	R2399
197	212	183	133	104	105	117	169	**212**	100	80	52	51	39	26	23	23		10	13	–	–	–	1	–	–	–	–	–	–	Diethylbenzene, bromo-		L0653
197	212	198	119	103	91	213	77	**212**	100	26	18	17	17	10	6	5		15	16	1	–	–	–	–	–	–	–	–	–	4-Cumylphenol		C1888
198	212	181	127	39	109	68	53	**212**	100	21	21	16	12	11	10	10		10	12	5	–	–	–	–	–	–	–	–	–	Benzoic acid, 4-hydroxy-3,5-dimethoxy-, methyl ester	884-35-5	Q4482
211	212	92	77	52	64	107	105	**212**	100	75	52	35	31	29	28	26		13	12	1	2	–	–	–	–	–	–	–	–	Aniline, 3-methoxy-N-(2-pyridinylmethylene)-	29202-20-8	S2386
212	53	54	158	90	123	55	69	**212**	100	58	56	56	53	50	39	39		5	4	–	4	1	–	3	–	–	–	–	–	Pyrimidine, 4,5-diamino-6-chloro-2-(trifluoromethyl)-	709-57-9	Q3814
212	77	64	211	63	92	107	78	**212**	100	56	53	51	48	43	32	31		13	12	1	2	–	–	–	–	–	–	–	–	Aniline, 3-methoxy-N-(3-pyridinylmethylene)-	41855-70-3	S6756
212	77	182	213	51	91	185	109	**212**	100	32	20	16	15	11	11	9		14	12	2	–	–	–	–	–	–	–	–	–	ar-Phenoxyphenyl vinyl ether		Z1639
212	79	64	211	63	77	92	51	**212**	100	75	59	49	48	45	44	41		13	12	1	2	–	–	–	–	–	–	–	–	Aniline, 4-methoxy-N-(2-pyridinylmethylene)-	26930-67-6	S1568
212	80	105	65	78	51	63	134	**212**	100	32	29	27	27	25	22	22		13	12	1	2	–	–	–	–	–	–	–	–	Aniline, 2-methoxy-N-(3-pyridinylmethylene)-	41855-67-8	S6754
212	92	213	184	128	155	211	51	**212**	100	17	15	13	8	6	6	6		13	8	3	–	–	–	–	–	–	–	–	–	9H-Xanthen-9-one, 3-hydroxy-		M8663
212	105	104	133	78	77	51	63	**212**	100	90	55	38	25	22	18	18		8	8	3	2	–	–	–	1	–	–	–	–	1H-2,1,3-Benzothiadiazin-4(3H)-one, 3-methyl-, 2,2-dioxide	2225-40-3	Q7667
212	107	77	211	79	92	64	134	**212**	100	35	34	29	27	27	23	20		13	12	1	2	–	–	–	–	–	–	–	–	Aniline, 3-methoxy-N-(4-pyridinylmethylene)-	41855-71-4	S6757
212	115	143	164	77	51	133	63	**212**	100	54	34	22	22	18	10	10		10	7	–	2	–	–	3	–	–	–	–	–	3-Phenyl-5-trifluoromethylpyrazole		05505
212	134	79	51	65	77	63	106	**212**	100	43	26	25	23	22	20	20		13	12	1	2	–	–	–	–	–	–	–	–	Aniline, 2-methoxy-N-(4-pyridinylmethylene)-	41855-68-9	S6755
212	150	214	183	185	152	113	179	**212**	100	74	61	41	26	24	17	13		10	6	1	–	2	–	–	–	–	–	–	–	Furan, 2-(2,4-dichlorophenyl)-	38527-61-6	S5868
212	151	153	91	184	119	121	135	**212**	100	99	78	68	64	40	26	26		10	12	1	–	–	–	–	2	–	–	–	–	1,3-Dithiolane, 2-(2-methoxyphenyl)-		M8877
212	155	184	141	91	156	144	142	**212**	100	62	30	22	20	20	20	18		15	16	1	–	–	–	–	–	–	–	–	–	Bicyclo[3.3.1]non-2-en-9-one, 1-phenyl-		M8704
212	155	184	141	144	156	91	129	**212**	100	63	30	22	20	20	20	18		15	16	1	–	–	–	–	–	–	–	–	–	Bicyclo[3.3.1]non-2-en-9-one, 1-phenyl-	42541-46-8	S6945
212	155	184	156	130	183			**212**	100	93	91	66	41	25				12	8	2	2	–	–	–	–	–	–	–	–	1,6-Phenazindiol		M7224
212	166	182	122	108	139	63	69	**212**	100	25	20	16	12	12	11	10		7	4	2	2	–	–	–	2	–	–	–	–	2(3H)-Benzothiazolethione, 6-nitro-	4845-58-3	R0870
212	168	213	78	139	211	106	79	**212**	100	88	66	60	54	46	32	26		13	8	1	–	–	–	–	1	–	–	–	–	9H-Xanthene-9-thione	492-21-7	Q1214
212	169	197	213	168	115	211	140	**212**	100	58	23	15	8	7	7	6		13	12	1	2	–	–	–	–	–	–	–	–	9H-Pyrido[3,4-b]indole, 7-methoxy-1-methyl-	442-51-3	Q0758
212	176	214	177	151	213	150	88	**212**	100	39	33	23	17	15	15	14		14	9	–	–	1	–	–	–	–	–	–	–	9H-Fluorene, 9-chloromethylene-		M8774
212	179	165	178	166	152	180	167	**212**	100	65	52	45	36	13	12	9		14	12	–	–	–	–	–	1	–	–	–	–	Dibenzo[c,e]thiepin, 5,7-dihydro-		M3796
212	179	165	178	166	211	196	167	**212**	100	56	53	35	33	26	25	23		14	12	–	–	–	–	–	1	–	–	–	–	Dibenzo[c,e]thiepin, 5,7-dihydro-	6672-64-6	R2456
212	179	165	178	166	213	152	180	**212**	100	65	52	45	36	15	13	12		14	12	–	–	–	–	–	1	–	–	–	–	Dibenzo[c,e]thiepin, 5,7-dihydro-	6672-64-6	R2457
212	179	184	142	97	70	85	139	**212**	100	90	48	31	23	18	85	12		7	8	–	4	–	–	–	2	–	–	–	–	Thiazolo[5,4-d]pyrimidine, 5-amino-2-(ethylthio)-		M0443
212	179	184	142	97	70	85	139	**212**	100	92	45	29	22	17	14	13		7	8	–	4	–	–	–	2	–	–	–	–	Thiazolo[5,4-d]pyrimidine, 5-amino-2-(ethylthio)-	19857-03-5	R8342
212	179	184	142	97	139	85	83	**212**	100	92	49	29	23	15	15	13		7	8	–	4	–	–	–	2	–	–	–	–	Thiazolo[5,4-d]pyrimidine, 5-amino-2-(ethylthio)-		L4657
212	183	128	184	127	156	155		**212**	100	80	78	70	65	60	55			13	8	3	–	–	–	–	–	–	–	–	–	Naphtho[2,3-b]furan-4,9-dione, 3-methyl-		L9183
212	183	184	128	76	113	127	213	**212**	100	91	76	41	15	15	15	15		13	8	3	–	–	–	–	–	–	–	–	–	Naphtho[1,2-b]furan-4,5-dione, 2-methyl-	17112-93-5	R6633
212	183	184	128	213	127	113	76	**212**	100	91	76	41	15	15	15	15		13	8	3	–	–	–	–	–	–	–	–	–	Naphtho[2,3-c]furan-4,5-dione, 2-methyl-		M5919
212	183	213	128	184	127	156	105	**212**	100	80	80	77	70	65	60	55		13	8	3	–	–	–	–	–	–	–	–	–	Naphtho[2,3-b]furan-4,9-dione, 3-methyl-	27161-84-8	S1637
212	184	92	76	50	128	63	52	**212**	100	52	43	32	24	21	17	16		13	8	3	–	–	–	–	–	–	–	–	–	11H-Dibenzo[b,e][1,4]dioxepin-11-one	3580-77-6	Q9544
212	184	155	128	127	92	126	156	**212**	100	79	30	29	22	22	15	11		13	8	3	–	–	–	–	–	–	–	–	–	4,7-Dihydroxyphenalenone		L4087
212	184	213	139	92	41	43	57	**212**	100	37	15	14	12	10	10	8		13	8	1	–	–	–	–	1	–	–	–	–	9H-Thioxanthen-9-one	492-22-8	Q1216
212	184	213	139	92	43	41	69	**212**	100	37	15	14	12	10	10	9		13	8	1	–	–	–	–	1	–	–	–	–	9H-Thioxanthen-9-one		03231
212	184	213	139	92	69	72	79	**212**	100	63	22	20	20	18	18	14		13	8	1	–	–	–	–	1	–	–	–	–	9H-Thioxanthen-9-one	492-22-8	Q1215
212	194	165	197	195	152	181	211	**212**	100	39	36	31	24	23	19	15		14	12	2	–	–	–	–	–	–	–	–	–	Anthraquinone, tetrahydro-		D1296
212	197	91	97	51	65	39	104	**212**	100	90	40	33	23	21	17	16		15	16	1	–	–	–	–	–	–	–	–	–	3-Isopropylphenyl phenyl ether		C1692
212	197	211	213	198	182	39	170	**212**	100	87	20	17	14	12	9	9		14	16	–	2	–	–	–	–	–	–	–	–	Pyridine, 3,5-dimethylbis-		A0770
212	211	176	213	165	214	36	88	**212**	100	94	89	43	40	32	31	30		13	10	–	–	1	–	–	–	–	1	–	–	9-Chloro-9,10-dihydro-9-boraanthracene		M0708
212	211	197	213	106	178	165	92	**212**	100	34	28	17	8	7	7	7		14	12	–	–	–	–	–	1	–	–	–	–	Naphtho[2,3-b]thiophene, 4,9-dimethyl-		Y1868
212	213	92	184	124	63	51	127	**212**	100	15	7	7	5	4	4	3		13	8	3	–	–	–	–	–	–	–	–	–	9H-Xanthen-9-one, 1-hydroxy-		M8661
212	213	92	184	128	51	63	64	**212**	100	15	8	7	6	4	4	4		13	8	3	–	–	–	–	–	–	–	–	–	9H-Xanthen-9-one, 1-hydroxy-	719-41-5	Q3854
212	213	184	51	77	128	106	63	**212**	100	15	9	7	6	6	5	5		13	8	3	–	–	–	–	–	–	–	–	–	9H-Xanthen-9-one, 4-hydroxy-	14686-63-6	R5354
212	213	184	51	128	77	106	127	**212**	100	15	8	7	6	6	5	4		13	8	3	–	–	–	–	–	–	–	–	–	9H-Xanthen-9-one, 4-hydroxy-		M8664
212	213	184	128	51	63	106	127	**212**	100	15	9	7	6	6	6	5		13	8	3	–	–	–	–	–	–	–	–	–	9H-Xanthen-9-one, 2-hydroxy-	1915-98-6	Q7017
212	213	184	128	155	127	106	102	**212**	100	19	11	8	6	5	3	3		13	8	3	–	–	–	–	–	–	–	–	–	9H-Xanthen-9-one, 2-hydroxy-	1915-98-6	Q7018
212	213	184	183	211	128	155	214	**212**	100	31	16	13	12	10	8	5		13	8	3	–	–	–	–	–	–	–	–	–	9H-Fluoren-9-one, 1,4-dihydroxy-	42523-22-8	S6929

MASS TO CHARGE RATIOS								M.W.	INTENSITIES								Parent	C	H	O	N	Cl	Br	F	S	P	B	Si	X	COMPOUND NAME	CAS Reg No	No
212	214	149	213	74	151	160	216	**212**	100	69	31	15	13	13	13	11		10	6	1	–	2	–	–	–	–	–	–	–	**2-Naphthalenol, 3,4-dichloro-**	57396-89-1	**T4692**
212	214	176	213	88	106	177	215	**212**	100	35	20	17	16	14	9	5		14	9	–	–	1	–	–	–	–	–	–	–	**Phenanthrene, 9-chloro-**		**M8773**
212	214	176	213	151	215	88	150	**212**	100	34	19	15	6	5	4	4		14	9	–	–	1	–	–	–	–	–	–	–	**Benzene, 1-chloro-2-(phenylethynyl)-**	10271-57-5	**R3711**
212	214	213	176	215	151	177	150	**212**	100	34	16	15	5	5	3	3		14	9	–	–	1	–	–	–	–	–	–	–	**Benzene, 1-chloro-3-(phenylethynyl)-**	51624-34-1	**S7718**
213	214	156	141	211	215			**212**	100	12	2	1	1	1			**0.00**	10	16	3	2	–	–	–	–	–	–	–	–	**2,4,6(1H,3H,5H)-Pyrimidinetrione, 5-butyl-5-ethyl-**	77-28-1	**P5792**
214	135	212	216	133	197			**212**	100	48	48	45	40	2				4	6	–	–	–	2	–	–	–	–	–	–	**x,x-Dibromo-1-butene**		**Z1635**
17	28	32	16	213	43	69	155	**213**	100	56	17	12	12	7	6	5		8	15	–	5	–	–	–	1	–	–	–	–	**1,3,5-Triazine-2,4-diamine, N,N′-diethyl-6-(methylthio)-**	1014-70-6	**Q5068**
30	43	73	44	99	57	41	29	**213**	100	97	45	45	45	44	44	36	**3.80**	13	27	1	1	–	–	–	–	–	–	–	–	**Hexanamide, N-heptyl-**		**F0268**
30	58	44	57	43	41	55	71	**213**	100	89	47	34	32	21	19	19	**3.00**	14	31	–	1	–	–	–	–	–	–	–	–	**1-Tetradecanamine**	2016-42-4	**Q7195**
42	43	72	113	41	142	44	70	**213**	100	85	53	49	41	33	31	28	**9.70**	12	27	–	3	–	–	–	–	–	–	–	–	**N,N,N-Tripropylhexahydrotriazine**		**04004**
43	41	127	129	213	45	63	171	**213**	100	30	30	10	10	10	7	7		10	12	2	1	1	–	–	–	–	–	–	–	**Carbamic acid, (3-chlorophenyl)-, isopropyl ester**	101-21-3	**P7465**
43	87	86	111	42	15	28	129	**213**	100	61	44	26	20	14	13	12	**0.25**	10	15	4	1	–	–	–	–	–	–	–	–	**3-Acetyl-3-diacetylamino-2-butanone**		**D1049**
43	127	153	45	41	90	213	39	**213**	100	58	47	39	29	22	21	18		10	12	2	1	1	–	–	–	–	–	–	–	**Carbamic acid, (3-chlorophenyl)-, isopropyl ester**	101-21-3	**P7464**
43	141	213	41	42	67	66	44	**213**	100	66	61	15	13	13	12	8		8	11	4	3	–	–	–	–	–	–	–	–	**1H-Imidazole-1-acetic acid, 2-methyl-4-nitro-, ethyl ester**	13230-22-3	**R4378**
44	41	43	45	42	30	55	56	**213**	100	6	5	3	3	3	3	2	**1.80**	14	31	–	1	–	–	–	–	–	–	–	–	**N,2-Dimethyldodecylamine**		**C2115**
44	41	43	55	213	45	30	57	**213**	100	7	7	5	5	4	3	3		14	31	–	1	–	–	–	–	–	–	–	–	**N-Methyltridecylamine**		**C2113**
44	43	58	27	41	29	42	15	**213**	100	37	20	13	12	11	10	8	**0.00**	14	31	–	1	–	–	–	–	–	–	–	–	**1-Heptanamine, N-heptyl-**	2470-68-0	**H1339**
44	155	110	111	45	53	94	109	**213**	100	99	50	27	23	23	23	17	**0.00**	9	11	3	1	–	–	–	1	–	–	–	–	**3-Hydroxy-1,6-dimethylpyridinium-2-thiomethylcarboxylate**		**P4272**
45	122	63	213	135	78	77	150	**213**	100	87	81	60	52	51	51	46		8	7	4	1	–	–	–	1	–	–	–	–	**Benzoic acid, 4-(methylthio)-3-nitro-**	64399-24-2	**T6457**
53	213	167	80	139	52	42	54	**213**	100	89	75	55	54	44	34	34		8	11	4	3	–	–	–	–	–	–	–	–	**1H-Imidazole-1-acetic acid, 2-methyl-5-nitro-, ethyl ester**	1016-40-6	**Q5073**
56	42	43	127	72	142	85	71	**213**	100	63	54	45	43	33	29	28	**6.20**	12	27	–	3	–	–	–	–	–	–	–	–	**N,N,N-Triisopropylhexahydrotriazine**		**04005**
58	41	43	42	29	44	55	85	**213**	100	4	3	2	2	2	2	2	**1.00**	13	27	1	1	–	–	–	–	–	–	–	–	**N,N-Dimethyllauramide**		**F0260**
58	41	84	43	42	59	55	29	**213**	100	7	6	6	5	4	4	4	**2.50**	14	31	–	1	–	–	–	–	–	–	–	–	**1-Dodecanamine, N,N-dimethyl-**		**C1502**
58	59	41	43	29	42	55	45	**213**	100	4	4	3	2	2	2	2	**1.00**	14	31	–	1	–	–	–	–	–	–	–	–	**1-Dodecanamine, N,N-dimethyl-**		**F0231**
58	59	213	41	43	55	57	29	**213**	100	4	4	3	3	3	3	2		14	31	–	1	–	–	–	–	–	–	–	–	**1-Dodecanamine, N,N-dimethyl-**	112-18-5	**P8665**
58	71	73	85	128	107	99	111	**213**	100	29	26	13	8	7	6	6	**0.00**	11	19	3	1	–	–	–	–	–	–	–	–	**Ethaneperoxoic acid, 1-cyano-1-methylheptyl ester**	62623-57-8	**T6224**
69	46	144	67	178	102	97	109	**213**	100	89	46	41	29	27	13	11	**0.00**	2	–	1	1	2	–	3	1	–	–	–	–	**Imidosulphurous dichloride, N-trifluoroacetyl-**		**05498**
70	142	110	57	157	41	101	126	**213**	100	86	82	52	43	28	20	20	**1.00**	12	23	2	1	–	–	–	–	–	–	–	–	**Methyl 3-di-tert-butylaminoacrylate**		**M7852**
70	142	110	57	157	41	101	126	**213**	100	88	84	54	43	27	20	20	**2.17**	12	23	2	1	–	–	–	–	–	–	–	–	**Methyl 3-di-tert-butylaminoacrylate**	50838-21-6	**S7505**
73	43	41	86	55	29	28	27	**213**	100	26	18	16	10	10	9	5	**0.79**	13	27	1	1	–	–	–	–	–	–	–	–	**Dodecanal O-methyloxime**	36379-37-0	**S5228**
73	43	41	87	55	29	28	182	**213**	100	27	18	16	11	9	8	3	**0.80**	13	27	1	1	–	–	–	–	–	–	–	–	**Dodecanal O-methyloxime**		**M4385**
73	86	111	143	128	156	55	69	**213**	100	34	34	32	30	22	19	15	**5.00**	13	27	1	1	–	–	–	–	–	–	–	–	**7-Tridecanone, oxime**	26077-63-4	**S1231**
73	111	86	143	128	156	55	59	**213**	100	35	34	32	30	20	18	14	**5.00**	13	27	1	1	–	–	–	–	–	–	–	–	**7-Tridecanone, oxime**		**L6382**
75	30	74	213	120	62	91	167	**213**	100	92	65	32	14	12	11	5		6	3	6	3	–	–	–	–	–	–	–	–	**1,3,5-Trinitrobenzene**		**L2364**
77	105	184	185	51	78	212	213	**213**	100	96	69	36	33	23	19	16		13	11	2	1	–	–	–	–	–	–	–	–	**3-Methoxyphenyl 2-pyridyl ketone**	55030-49-4	**T0115**
77	170	141	29	51	41	64	78	**213**	100	79	74	31	26	20	18	16	**9.34**	10	15	2	1	–	–	–	1	–	–	–	–	**Benzenesulphonamide, N-butyl-**		**C1419**
77	170	141	51	30	78	41	171	**213**	100	86	85	26	15	15	10	10	**8.00**	10	15	2	1	–	–	–	1	–	–	–	–	**Benzenesulphonamide, N-butyl-**		**D1445**
77	170	141	51	30	158	78	171	**213**	100	99	98	20	11	10	10	9	**6.75**	10	15	2	1	–	–	–	1	–	–	–	–	**Benzenesulphonamide, N-butyl-**		**F0453**
77	197	196	51	121	65	39	93	**213**	100	70	65	51	47	41	40	36	**18.00**	13	11	2	1	–	–	–	–	–	–	–	–	**N-(3-Hydroxybenzylidene)aniline N-oxide**		**L3273**
77	197	196	51	121	65	39	122	**213**	100	70	65	51	47	41	40	36	**18.00**	13	11	2	1	–	–	–	–	–	–	–	–	**N-(3-Hydroxybenzylidene)aniline N-oxide**		**02130**
77	212	184	213	185	51	105	50	**213**	100	93	68	48	42	29	28	11		13	11	2	1	–	–	–	–	–	–	–	–	**4-Methoxyphenyl 2-pyridyl ketone**	6305-18-6	**R2225**
81	213	77	104	144	214	91	82	**213**	100	48	23	14	9	9	8	7		14	15	1	1	–	–	–	–	–	–	–	–	**N-Phenyl-4H-5,7a-epoxyisoindoline**		**P1911**
83	82	96	124	97	42	73	184	**213**	100	69	62	34	33	28	18	12	**10.51**	11	23	1	1	–	–	–	–	–	–	1	–	**8-Azabicyclo[3.2.1]octane, 8-methyl-3-[(trimethylsilyl)oxy]-, endo-**	46320-09-6	**S7111**
83	144	69	146	178	85	67	76	**213**	100	83	79	73	52	42	39	23	**8.11**	2	–	2	1	1	–	4	1	–	–	–	–	**Sulphamoyl fluoride, (1-chloro-2,2,2-trifluoroethylidene)-**	28011-03-2	**08534**
83	171	69	42	84	71	185	156	**213**	100	70	50	43	41	38	22	18	**0.00**	12	21	3	–	–	–	–	–	–	–	–	–	**3-sec-Butyl-2,5-dioxo-6-isopropyl-4-methylmorpholine**		**L1666**
91	44	79	170	52	51	65	92	**213**	100	80	34	25	24	20	16	16	**0.00**	13	11	2	1	–	–	–	–	–	–	–	–	**Pyridinium, 1-carboxybenzyl-**	36880-56-5	**S5426**
91	77	196	213	197	51	93	185	**213**	100	86	76	61	41	38	24	19		13	11	2	1	–	–	–	–	–	–	–	–	**N-(2-Hydroxybenzylidene)aniline N-oxide**		**02131**
91	155	198	65	42	92	213		**213**	100	79	63	24	13	10	9			10	15	2	1	–	–	–	1	–	–	–	–	**Benzenesulphonamide, N-ethyl-N,4-dimethyl-**	57186-68-2	**T4362**
91	213	132	106	211	107	65	172	**213**	100	83	67	54	42	33	32	32		9	11	–	1	–	–	–	–	–	–	–	1	**N-p-Tolylselenoacetamide**		**16545**
93	78	77	77	91	156	185	130	**213**	100	50	50	50	40	30	25	18	**15.00**	14	15	1	1	–	–	–	–	–	–	–	–	**syn-7-(3-Oxocycloheptatrienylamino)norbornene**		**M0666**
93	121	213	32	65	94	66	39	**213**	100	29	21	21	19	11	10	9		13	11	2	1	–	–	–	–	–	–	–	–	**Benzamide, 2-hydroxy-N-phenyl-**	87-17-2	**P6359**
93	121	213	65	39	94	214	171	**213**	100	39	37	16	8	7	5	5		13	11	2	1	–	–	–	–	–	–	–	–	**Benzamide, 2-hydroxy-N-phenyl-**		**D2341**
94	42	43	112	170	213	57	154	**213**	100	54	47	37	33	31	30	30		11	19	3	1	–	–	–	–	–	–	–	–	**9-Azabicyclo[3.3.1]nonane-2,6-diol, 9-methyl-, monoacetate (ester), (endo,endo)-**	49656-43-1	**S7187**

MASS TO CHARGE RATIOS								M.W.	INTENSITIES								Parent	C	H	O	N	Cl	Br	F	S	P	B	Si	X	COMPOUND NAME	CAS Reg No	No
94	95	42	43	84	41	96	82	**213**	100	65	36	27	14	13	13	11	**7.74**	11	19	3	1	–	–	–	–	–	–	–	–	8-Azabicyclo[3.2.1]octan-3-ol, 6-methoxy-8-methyl-, acetate (ester), (3-endo,6-exo)-	56051-38-8	**T2566**
94	119	91	65	64	66	51	63	**213**	100	55	22	16	13	13	10	9	**0.00**	13	11	2	1	–	–	–	–	–	–	–	–	Carbamic acid, phenyl-, phenyl ester	4930-03-4	**R0951**
100	44	30	58	101	28	198	57	**213**	100	14	11	10	8	7	6	5	**0.63**	14	31	–	1	–	–	–	–	–	–	–	–	2-Decanamine, N-butyl-	62238-18-0	**T5993**
100	55	72	28	41	82	56	125	**213**	100	59	30	28	24	24	23	22	**0.30**	10	19	2	3	–	–	–	–	–	–	–	–	N-(1-Cyanoisobutyl)-N-(1′-formamido-isobutyl)hydroxylamine		**P2883**
100	55	82	30	28	125	27	43	**213**	100	45	32	31	30	29	28	28	**0.40**	10	19	2	3	–	–	–	–	–	–	–	–	N-(1-Cyanoisobutyl)-N-(1′-formamido-butyl)hydroxylamine		**P2882**
101	41	115	102	43	55	27	29	**213**	100	94	75	74	69	63	61	60	**12.91**	11	19	1	1	–	–	–	1	–	–	–	–	3(2H)-Isothiazolone, 2-octyl-	26530-20-1	**S1397**
104	76	185	102	129	130	213		**213**	100	96	63	37	27	27	1			11	7	2	3	–	–	–	–	–	–	–	–	2-Azido-3-methyl-1,4-naphthoquinone		**M3188**
105	77	108	213	51	106	78	79	**213**	100	45	32	32	11	9	8	7		12	11	1	3	–	–	–	–	–	–	–	–	Benzoic acid, 2-(2-pyridinyl)hydrazide	41214-53-3	**08247**
106	91	213	78	65	212	51	79	**213**	100	88	42	28	16	16	16	16		13	11	2	1	–	–	–	–	–	–	–	–	3-Pyridinecarboxylic acid, benzyl ester	94-44-0	**P6857**
107	79	77	52	213	51	78	39	**213**	100	73	20	18	17	15	15	11		13	11	2	1	–	–	–	–	–	–	–	–	1H-Pyrrolo[2,1-c][1,4]oxazin-1-one, 3,4-dihydro-3-phenyl-	35566-71-3	**09896**
107	197	77	213	91	63	64	79	**213**	100	77	72	58	50	36	35	35		8	7	4	1	–	–	–	1	–	–	–	–	2H-1,4-Benzothiazin-3(4H)-one, 4-hydroxy-, 1,1-dioxide	21068-96-2	**R9085**
107	213	194	196	212	106	214	77	**213**	100	63	26	18	13	10	10	9		14	15	1	1	–	–	–	–	–	–	–	–	2′-Hydroxy-5-methyldihydro-2-stilbazole		**P0209**
108	81	213	54	77	51	43	136	**213**	100	95	92	71	52	34	27	26		11	11	–	5	–	–	–	–	–	–	–	–	2,6-Diamino-4-phenylazopyridine		**B0270**
108	91	149	155	120	172	121	139	**213**	100	96	10	9	4	3	2	2	**1.00**	9	11	3	1	–	–	–	1	–	–	–	–	N-methyl-N-(4-tolylsulphonyl)formamide		**15922**
110	156	79	58	15	80	109	213	**213**	100	98	38	33	30	24	23	20		5	12	4	1	–	–	–	1	1	–	–	–	Phosphorothioic acid, O,O-dimethyl [S-2-(methylamino)-2-oxoethyl] ester	1113-02-6	**Q5309**
110	156	155	79	58	109	80	126	**213**	100	90	43	33	32	29	21	14	**4.33**	5	12	4	1	–	–	–	1	1	–	–	–	Phosphorothioic acid, O,O-dimethyl [S-2-(methylamino)-2-oxoethyl] ester	1113-02-6	**Q5310**
111	42	69	43	41	18	68	39	**213**	100	80	75	74	71	53	52	46	**0.00**	7	11	3	5	–	–	–	–	–	–	–	–	Alanine, N-[6-amino-1,4-dihydro-4-oxo-1,3,5-triazin-2-yl)-2-methyl-	36576-45-1	**S5299**
114	72	142	60	70	55	43	184	**213**	100	97	88	67	58	46	42	34	**0.80**	13	27	1	1	–	–	–	–	–	–	–	–	3-Acetamido-3-methyldecane		**16095**
120	121	137	214	92	93			**213**	100	8	8	4	3	3			**0.00**	13	9	3	–	–	–	–	–	–	–	–	–	Benzoic acid, 2-hydroxy-, phenyl ester, ion(1-)	61141-14-8	**T5228**
120	213	93	121	65	77	180	91	**213**	100	41	26	24	12	11	11	8		10	16	–	1	–	–	–	1	1	–	–	–	N-(Dimethylthiophosphinyl)-m-xylidine		**16265**
120	213	212	65	39	93	51	77	**213**	100	85	80	24	17	15	14	12		13	11	2	1	–	–	–	–	–	–	–	–	N-Salicylidene 2-aminophenol		**F0377**
126	195	139	69	98	140	177	167	**213**	100	51	40	25	14	13	12	12	**0.00**	7	10	3	1	–	–	3	–	–	–	–	–	N-Trifluoroacetyl-5-aminopentanoic acid		**M7794**
128	44	30	57	43	41	129	29	**213**	100	39	25	13	11	9	9	6	**4.00**	14	31	–	1	–	–	–	–	–	–	–	–	1-Heptanamine, N-heptyl-	2470-68-0	**Q8167**
128	114	170	43	156	60	55	69	**213**	100	53	45	35	31	28	28	27	**0.20**	13	27	1	1	–	–	–	–	–	–	–	–	4-Acetamido-4-propyloctane		**16097**
128	156	41	43	42	44	55	157	**213**	100	83	11	10	10	9	9	9	**0.10**	14	31	–	1	–	–	–	–	–	–	–	–	N-Ethyl-5-methyl-5-undecanamine		**16075**
128	184	170	41	43	55	44	185	**213**	100	78	75	16	14	13	11	10	**0.10**	14	31	–	1	–	–	–	–	–	–	–	–	N,4-Diethyl-4-decanamine		**16076**
129	76	50	77	102	51	104	75	**213**	100	28	26	25	24	23	19	19	**1.00**	7	3	–	9	–	–	–	–	–	–	–	–	6-Azidopyrido[2,3-d]tetrazolo[1,5-b]pyridazine		**M0331**
129	102	50	77	76	104	51	75	**213**	100	27	27	26	26	25	19	18	**1.00**	7	3	–	9	–	–	–	–	–	–	–	–	6-Azidopyrido[3,2-d]tetrazolo[1,5-b]pyridazine		**M0330**
133	105	78	77	213				**213**	100	35	20	20	18					14	15	1	1	–	–	–	–	–	–	–	–	syn-7-(2-Oxocycloheptatrienylamino)norbornene		**M0665**
134	63	215	213	50	62	45	75	**213**	100	72	61	58	44	41	38	36		7	4	–	1	–	1	–	1	–	–	–	–	Thieno[2,3-b]pyridine, 3-bromo-	28988-21-8	**S2290**
140	180	213	86	142	195	182	215	**213**	100	45	42	31	31	17	15	13		11	16	1	1	1	–	–	–	–	–	–	–	Benzenepropanol, 2-amino-5-chloro-α,α-dimethyl-	69611-49-0	**T7172**
142	86	128	43	60	55	84	184	**213**	100	55	46	45	42	34	34	34	**0.40**	13	27	1	1	–	–	–	–	–	–	–	–	3-Acetamido-3-ethylnonane		**16096**
143	114	86	73	100	156	128	170	**213**	100	60	55	54	54	48	44	42	**23.00**	13	27	1	1	–	–	–	–	–	–	–	–	Heptanamide, N-hexyl-	14278-35-4	**R5100**
153	43	55	28	41	168	171	68	**213**	100	88	79	77	54	53	36	31	**1.00**	7	10	3	1	–	–	3	–	–	–	–	–	N-Trifluoracetylvaline		**L1607**
153	127	213	154	41	129	90	171	**213**	100	84	64	45	43	39	38	37		10	12	2	1	1	–	–	–	–	–	–	–	Carbamic acid, (3-chlorophenyl)-, isopropyl ester	101-21-3	**P7466**
154	127	60	155	63				**213**	100	17	15	15	14				**0.00**	13	11	2	1	–	–	–	–	–	–	–	–	2-Naphthalenecarboxaldehyde, O-acetyloxime, (E)-	51874-01-2	**S7807**
154	127	155	63					**213**	100	17	14	10					**0.00**	13	11	2	1	–	–	–	–	–	–	–	–	1-Naphthalenecarboxaldehyde, O-acetyloxime, (E)-	51874-00-1	**S7806**
154	213	198	182	115	70			**213**	100	36	28	15	10	10				10	15	4	1	–	–	–	–	–	–	–	–	1-Ethyl-4-methyl-2,3-bis-methoxycarbonyl-Δ²-azetidine		**L6987**
155	91	184	65	92	213			**213**	100	96	63	24	11	10				10	15	2	1	–	–	–	1	–	–	–	–	Benzenesulphonamide, 4-methyl-N-propyl-	1133-12-6	**Q5499**
156	77	157	184	51	213	93	185	**213**	100	35	30	20	20	18	15	12		14	15	1	1	–	–	–	–	–	–	–	–	exo-3-(3-Oxocycloheptatrienyl)-3-azatricyclo[3.2.1.0]octane		**M0664**
156	110	58	109	79	80	126	47	**213**	100	76	69	47	45	26	20	16	**3.27**	5	12	4	1	–	–	–	1	1	–	–	–	Phosphorothioic acid, O,O-dimethyl [S-2-(methylamino)-2-oxoethyl] ester	1113-02-6	**Q5311**
156	121	91	158	141	65	77	51	**213**	100	93	47	34	32	26	22	18	**0.00**	10	12	2	1	1	–	–	–	–	–	–	–	Phenol, 2-chloro-4,5-dimethyl-, methylcarbamate	671-04-5	**Q3640**
156	121	158	15	93	58	65	51	**213**	100	47	34	20	18	17	17	16	**5.00**	10	12	2	1	1	–	–	–	–	–	–	–	Phenol, 2-chloro-4,5-dimethyl-, methylcarbamate	671-04-5	**Q3641**
156	121	158	15	93	58	65	141	**213**	100	47	34	20	18	17	17	16	**5.10**	10	12	2	1	1	–	–	–	–	–	–	–	Phenol, 2-chloro-4,5-dimethyl-, methylcarbamate		**04877**
156	170	157	41	55	29	57	171	**213**	100	44	11	9	7	5	5	5	**0.10**	14	31	–	1	–	–	–	–	–	–	–	–	N-Ethyl-5-propyl-5-nonanamine		**16078**
156	198	143	157	170	128	199	213	**213**	100	40	22	15	14	9	9	8		15	19	–	1	–	–	–	–	–	–	–	–	Quinoline, 2-(3,3-dimethylbutyl)-	7661-48-5	**R3366**
156	198	143	157	170	199	28	128	**213**	100	41	22	15	15	9	8	8	**8.00**	15	19	–	1	–	–	–	–	–	–	–	–	Quinoline, 2-(3,3-dimethylbutyl)-	7661-48-5	**R3365**
168	167	169	213	77	94	51	39	**213**	100	47	47	38	27	27	23	17		13	11	2	1	–	–	–	–	–	–	–	–	1H-Pyrrole-2-carboxylic acid, 1-styryl-, (E)-	34600-57-2	**09895**
170	75	76	213	50	77	171	122	**213**	100	26	20	20	19	12	12	9		8	7	4	1	–	–	–	1	–	–	–	–	4-Nitrophenyl vinyl sulphone	5535-55-7	**R1524**
170	75	213	76	171	77	122	92	**213**	100	28	20	20	12	12	10	7		8	7	4	1	–	–	–	1	–	–	–	–	4-Nitrophenyl vinyl sulphone		**M7422**
170	142	171	41	43	55	44	85	**213**	100	63	12	9	9	8	7	6	**0.10**	14	31	–	1	–	–	–	–	–	–	–	–	N-Ethyl-4-propyl-4-nonanamine		**16077**
170	172	43	92	65	213	215	63	**213**	100	94	83	51	34	27	25	24		8	8	1	1	–	1	–	–	–	–	–	–	Acetamide, N-(4-bromophenyl)-	103-88-8	**P7690**
171	128	156	154	115	186	213		**213**	100	40	30	30	30	25	2			15	19	–	1	–	–	–	–	–	–	–	–	4-Ethyl-2-butylquinoline		**M2796**
171	173	43	213	215	92	65	63	**213**	100	96	40	36	35	19	14	10		8	8	1	1	–	1	–	–	–	–	–	–	Acetamide, N-(4-bromophenyl)-		**05676**
171	173	134	43	92	215	213	65	**213**	100	96	56	42	28	18	18	17		8	8	1	1	–	1	–	–	–	–	–	–	Acetamide, N-(2-bromophenyl)-		**C1434**

MASS TO CHARGE RATIOS								M.W.	INTENSITIES								Parent	C	H	O	N	Cl	Br	F	S	P	B	Si	X	COMPOUND NAME	CAS Reg No	No
182	91	180	213	65	93	121	43	**213**	100	67	28	26	25	23	23	21		14	15	1	1	–	–	–	–	–	–	–	–	2′-Methoxydihydro-2-stilbazole		P0204
182	213	45	77	183	51	167	169	**213**	100	49	41	27	16	15	13	10		14	15	1	1	–	–	–	–	–	–	–	–	N-(Methoxymethyl)diphenylamine		D2319
184	132	213	77	80	185	105	133	**213**	100	60	45	45	28	25	25	20		14	15	1	1	–	–	–	–	–	–	–	–	exo-3-(2-Oxocycloheptatrienyl)-3-azatricyclo[3.2.1.0]octane		M0663
185	126	213	184	169				**213**	100	79	40	24	9					9	15	3	3	–	–	–	–	–	–	–	–	1,5,9-Triazacyclododecane-2,6,10-trione	10491-78-8	R3880
185	184	213	105	51	77	212	93	**213**	100	99	91	84	73	62	62	32		13	11	2	1	–	–	–	–	–	–	–	–	2-Methoxyphenyl 2-pyridyl ketone	22945-63-7	S0008
195	213	167	169	77	196	168	51	**213**	100	73	27	25	15	15	13	11		13	11	2	1	–	–	–	–	–	–	–	–	Carbamic acid, [1,1′-biphenyl]-2-yl-	50443-60-2	S7287
196	165	167	77	213	166	179	195	**213**	100	59	37	24	23	20	20	17		13	11	2	1	–	–	–	–	–	–	–	–	Benzene, 1-nitro-2-benzyl-	5840-40-4	R1826
213	43	68	44	71	170	155	96	**213**	100	96	74	65	59	58	56	40		8	15	–	5	–	–	–	1	–	–	–	–	1,3,5-Triazine-2,4-diamine, N,N′-diethyl-6-(methylthio)-		03617
213	77	186	83	51	121	128	103	**213**	100	60	45	35	33	25	22	15		11	7	–	3	–	–	–	1	–	–	–	–	Thiazolo[5,4-d]pyrimidine, 2-phenyl-	13316-07-9	R4443
213	96	212	83	130	198	214	197	**213**	100	97	47	30	16	15	13	12		13	15	–	3	–	–	–	–	–	–	–	–	Quinoline, 1,2,3,4-tetrahydro-2-(1-methylimidazol-4-yl)-	2531-52-4	Q8281
213	105	77	212	184	185	51	214	**213**	100	69	60	60	56	46	21	15		13	11	2	1	–	–	–	–	–	–	–	–	3-Methoxyphenyl 2-pyridyl ketone	55030-49-4	T0116
213	106	64	120	77	27	134	215	**213**	100	77	65	50	48	34	34	33		10	12	2	1	1	–	–	–	–	–	–	–	2-Chloroethyl N-methylcarbanilate		Z1654
213	120	212	211	196	121	184		**213**	100	84	82	10	9	8	7			13	11	2	1	–	–	–	–	–	–	–	–	N-Salicylidene 2-aminophenol		M1080
213	136	77	212	105	51	214	183	**213**	100	87	58	56	42	30	15	15		13	11	2	1	–	–	–	–	–	–	–	–	2-Methoxyphenyl 3-pyridyl ketone	55030-30-3	T0103
213	139	167	183	214	155	140	127	**213**	100	92	68	37	27	26	16	12		12	7	3	1	–	–	–	–	–	–	–	–	Dibenzofuran, 2-nitro-	20927-95-1	R9004
213	139	183	167	214	155	140	113	**213**	100	86	44	40	24	16	11	9		12	7	3	1	–	–	–	–	–	–	–	–	Dibenzofuran, 3-nitro-	5410-97-9	R1403
213	144	103	76	159	185	129	157	**213**	100	22	20	18	18	15	14	14		12	7	3	1	–	–	–	–	–	–	–	–	2H-Indol-2-one, 1,3-dihydro-3-(5-oxo-2(5H)-furanylidene)-	13191-62-3	R4353
213	165	166	91	152	77	167	107	**213**	100	72	46	37	33	24	20	16		13	11	2	1	–	–	–	–	–	–	–	–	Benzene, 1-nitro-4-benzyl-	1817-77-2	Q6799
213	165	166	91	152	167	196	214	**213**	100	59	40	22	21	19	19	12		13	11	2	1	–	–	–	–	–	–	–	–	Benzene, 1-nitro-3-benzyl-	5840-41-5	R1827
213	165	166	91	152	196	167	214	**213**	100	62	42	28	25	23	20	15		13	11	2	1	–	–	–	–	–	–	–	–	Benzene, 1-nitro-3-benzyl-	5840-41-5	R1828
213	165	166	167	91	152	214	44	**213**	100	38	24	22	17	15	12	10		13	11	2	1	–	–	–	–	–	–	–	–	Benzene, 1-nitro-4-benzyl-	1817-77-2	Q6797
213	165	167	166	91	152	77	107	**213**	100	65	39	37	28	27	18	16		13	11	2	1	–	–	–	–	–	–	–	–	Benzene, 1-nitro-4-benzyl-	1817-77-2	Q6798
213	167	168	195	43	57	166	55	**213**	100	37	37	32	23	18	18	17		13	11	2	1	–	–	–	–	–	–	–	–	1H-Cyclopenta[b]quinoline-9-carboxylic acid, 2,3-dihydro-	5447-47-2	R1442
213	167	196	214	168	51	65	77	**213**	100	17	16	16	12	6	5	5		13	11	2	1	–	–	–	–	–	–	–	–	Carbanilic acid, p-phenyl-	4474-53-7	R0492
213	167	196	214	168	51	65	77	**213**	100	17	16	16	12	6	5	5		13	11	2	1	–	–	–	–	–	–	–	–	4-Carboxydiphenylamine		M4433
213	168	167	214	166	51	77	65	**213**	100	29	25	16	9	8	7	6		13	11	2	1	–	–	–	–	–	–	–	–	Carbamic acid, [1,1′-biphenyl]-3-yl-	55030-29-0	T0102
213	168	167	214	166	51	77	65	**213**	100	29	25	16	9	8	7	6		13	11	2	1	–	–	–	–	–	–	–	–	3-Carboxydiphenylamine		M4434
213	169	196	214	170	115	168	197	**213**	100	47	43	14	12	12	9	9		12	11	1	3	–	–	–	–	–	–	–	–	2-Amino-5-phenylnicotinamide		B0586
213	177	215	123	149	151	125		**213**	100	85	63	61	39	37	21			9	5	1	1	2	–	–	–	–	–	–	–	3,7-Dichloro-1-hydroxyisoquinoline		L9610
213	198	58	57	171	82	43	15	**213**	100	70	67	60	42	40	37	24		8	15	–	5	–	–	–	1	–	–	–	–	1,3,5-Triazine-2,4-diamine, N-methyl-N′-(isopropyl)-6-(methylthio)-	1014-69-3	Q5067
213	215	75	155	157	76	50	102	**213**	100	98	82	75	75	74	72	58		8	8	1	1	–	1	–	–	–	–	–	–	Benzaldehyde, 4-bromo-, O-methyloxime	33581-31-6	S4253
214	216	215	154	217	156	155		**213**	100	34	11	6	3	2	1		**0.00**	10	12	2	1	1	–	–	–	–	–	–	–	Phenylalanine, 4-chloro-, methyl ester	23434-96-0	S0194
215	213	134	63	107	62	214	216	**213**	100	99	32	30	15	12	12	10		7	4	–	1	–	1	–	1	–	–	–	–	Thieno[3,2-c]pyridine, 3-bromo-	28783-18-8	S2202
215	213	134	63	212	62	107	135	**213**	100	98	59	40	17	16	16	12		7	4	–	1	–	1	–	1	–	–	–	–	Thieno[2,3-c]pyridine, 3-bromo-	28783-17-7	S2201
15	141	214	77	45	125	155	29	**214**	100	48	43	41	40	31	30	29		10	11	3	–	1	–	–	–	–	–	–	–	Acetic acid, (4-chloro-2-methylphenoxy)-, methyl ester	2436-73-9	Q8077
18	17	28	158	141	186	156	131	**214**	100	61	24	13	7	6	6	6	**4.00**	12	10	2	2	–	–	–	–	–	–	–	–	5,6-Dimethyl-1,2-dioxacyclobuta[b]quinoxaline		05446
27	41	76	214	43	199	102	39	**214**	100	89	78	78	72	67	67	61		14	18	–	2	–	–	–	–	–	–	–	–	2,3-Diisopropylquinoxaline		P1189
28	44	69	131	32	100	31	150	**214**	100	63	48	44	42	26	24	23	**0.00**	4	1	2	–	–	–	7	–	–	–	–	–	Heptafluorobutanoic acid	375-22-4	Q0638
30	43	72	86	73	44	100	142	**214**	100	67	27	25	25	23	21	19	**4.00**	11	22	2	2	–	–	–	–	–	–	–	–	N,N′-Diacetyl-1,7-diaminoheptane		M5831
41	39	69	42	45	87	43	53	**214**	100	93	93	81	71	70	66	63	**2.06**	8	10	5	2	–	–	–	–	–	–	–	–	5-Pyrimidinecarboxylic acid, hexahydro-5-(isopropyl)-2,4,6-trioxo-	72088-02-9	T7678
41	43	55	57	29	69	82	56	**214**	100	99	71	69	46	43	39	36	**0.01**	14	30	1	–	–	–	–	–	–	–	–	–	1-Tetradecanol		Y0882
42	41	70	55	43	109	69	107	**214**	100	29	6	5	5	3	2	2	**0.80**	5	10	–	–	2	–	–	–	–	–	–	1	Germacyclohexane, 1,1-dichloro-	56438-28-9	T3634
43	41	144	129	45	39	71	59	**214**	100	40	38	34	23	22	20	14	**13.57**	11	18	–	–	–	–	–	2	–	–	–	–	2-Ethyl-5-(3-methylbutylthio)thiophene		Y2411
43	44	42	129	69	18	41	29	**214**	100	79	71	70	40	33	28	25	**0.00**	7	10	4	4	–	–	–	–	–	–	–	–	Alanine, 2-methyl-N-(1,4,5,6-tetrahydro-4,6-dioxo-1,3,5-triazin-2-yl)-	62059-50-1	T5802
43	44	45	31	39	60	82	85	**214**	100	52	33	23	13	12	5	4	**2.00**	10	14	5	–	–	–	–	–	–	–	–	–	Ethyl 2,2-diacetylacetoacetate		L6842
43	44	45	31	60	39	214	193	**214**	100	51	30	21	12	11	2	2		10	14	5	–	–	–	–	–	–	–	–	–	Ethyl 2,2-diacetylacetoacetate		03258
43	55	69	41	83	57	56	70	**214**	100	94	73	73	70	68	60	53	**0.00**	14	30	1	–	–	–	–	–	–	–	–	–	1-Tetradecanol	112-72-1	H0509
43	57	41	56	99	29	55	98	**214**	100	92	91	89	86	68	66	52	**0.00**	13	26	2	–	–	–	–	–	–	–	–	–	Hexanoic acid, 1-methylhexyl ester	6624-58-4	R2409
43	57	41	127	44	112	197	42	**214**	100	43	37	29	27	24	22	21	**3.30**	12	26	1	2	–	–	–	–	–	–	–	–	Dihexyl nitrosamine		03869
43	73	41	55	56	28	29	27	**214**	100	41	38	33	29	26	22	21	**0.00**	12	22	3	–	–	–	–	–	–	–	–	–	Butyl α-butylacetoacetate		D1435
43	87	36	108	42	44	137	38	**214**	100	79	37	24	22	21	15	12	**0.00**	6	8	4	–	2	–	–	–	–	–	–	–	1,2-Ethanediol, 1,2-dichloro-, diacetate	59602-17-4	T5123
43	93	111	81	41	69	55	71	**214**	100	28	23	22	21	21	19	17	**0.00**	12	22	3	–	–	–	–	–	–	–	–	–	3-Acetoxy-p-menthan-1-ol		15824
43	125	157	55	58	41	97	87	**214**	100	51	44	40	37	33	29	21	**16.89**	12	22	3	–	–	–	–	–	–	–	–	–	Methyl 10-oxoundecanoate	18993-09-4	R7912

MASS TO CHARGE RATIOS								M.W.	INTENSITIES								Parent	C	H	O	N	Cl	Br	F	S	P	B	Si	X	COMPOUND NAME	CAS Reg No	No
43	129	144	41	45	39	214	59	**214**	100	71	65	55	36	30	25	22		11	18	–	–	–	–	–	2	–	–	–	–	**2-Ethyl-5-(pentylthio)thiophene**		**Y2412**
44	47	66	69	28	19	31	50	**214**	100	72	47	19	12	3	2	2	**0.00**	3	–	4	–	–	–	6	–	–	–	–	–	**Bis(trifluoromethyl) peroxycarbonate**		**14633**
45	43	41	55	57	69	56	83	**214**	100	30	27	22	20	13	11	10	**0.03**	14	30	1	–	–	–	–	–	–	–	–	–	**2-Tetradecanol**	4706-81-4	**R0733**
45	57	43	55	69	83	97	41	**214**	100	21	20	17	15	14	13	13	**0.00**	14	30	1	–	–	–	–	–	–	–	–	–	**2-Tetradecanol**		**C0391**
45	69	119	100	169	31	18	131	**214**	100	93	65	53	28	26	15	13	**0.00**	4	1	2	–	–	–	7	–	–	–	–	–	**Heptafluorobutanoic acid**		**Y1626**
51	45	50	77	65	214	39	63	**214**	100	58	44	38	34	31	24	24		13	10	3	–	–	–	–	–	–	–	–	–	**Benzoic acid, 3-phenoxy-**		**C1607**
52	130	28	214	78	77	80	65	**214**	100	35	27	16	13	7	4	3		9	6	3	–	–	–	–	–	–	–	–	1	**Chromium, π-benzenetricarbonyl-**		**01184**
52	130	78	214	39	158	65	186	**214**	100	35	33	22	4	3	3	2		9	6	3	–	–	–	–	–	–	–	–	1	**Chromium, π-benzenetricarbonyl-**		**02827**
55	29	214	41	43	199	144	29	**214**	100	80	80	70	70	60	50	45		9	11	2	2	1	–	–	–	–	–	–	–	**6-Chloro-2,3-dihydro-3,3,7-trimethyl-5H-oxazolo[3,2-a]pyrimidin-5-one**		**L8899**
55	43	41	57	69	83	56	70	**214**	100	97	94	74	70	60	48	43	**0.00**	14	30	1	–	–	–	–	–	–	–	–	–	**1-Tetradecanol**		**C1892**
55	135	137	27	29	39	41	136	**214**	100	76	74	37	23	14	13	13	**4.67**	4	8	–	–	–	2	–	–	–	–	–	–	**1,4-Dibromobutane**		**Z1663**
55	135	137	28	29	27	41	39	**214**	100	60	58	48	37	33	27	21	**0.37**	4	8	–	–	–	2	–	–	–	–	–	–	**1,2-Dibromobutane**		**C0100**
55	135	137	29	27	39	41	56	**214**	100	99	99	28	28	26	15	8	**0.96**	4	8	–	–	–	2	–	–	–	–	–	–	**1,2-Dibromobutane**		**Z1662**
55	135	137	41	107	109	136	134	**214**	100	66	61	13	11	11	11	9	**0.00**	4	8	–	–	–	2	–	–	–	–	–	–	**1,4-Dibromobutane**	110-52-1	**P8376**
56	57	44	55	69	42	111	83	**214**	100	83	69	68	66	56	48	45	**0.00**	14	30	1	–	–	–	–	–	–	–	–	–	**1-Tridecanol, 12-methyl-**		**L4885**
57	41	43	55	56	69	70	42	**214**	100	22	21	17	13	9	8	8	**0.00**	13	26	2	–	–	–	–	–	–	–	–	–	**2-Decanol, propanoate**	55683-11-9	**T1819**
57	41	43	55	70	69	29	27	**214**	100	62	52	51	45	40	34	27	**0.00**	14	30	1	–	–	–	–	–	–	–	–	–	**7-Ethyl-2-methyl-4-undecanol**		**00414**
57	77	41	132	55	83	158	214	**214**	100	93	68	47	40	37	36	31		13	27	–	–	–	–	–	–	1	–	–	–	**Phosphine, cyclohexyl-tert-butylisopropyl-**	61141-91-1	**T5349**
57	98	55	43	130	41	115	71	**214**	100	80	64	58	50	48	26	20	**0.00**	12	22	3	–	–	–	–	–	–	–	–	–	**Methyl 4-oxoundecanoate**		**16472**
57	140	41	39	158	65	94	56	**214**	100	45	41	24	19	15	9	8	**6.77**	10	14	3	–	–	–	–	1	–	–	–	–	**2-Hydroxyphenyl tert-butyl sulphone**		**03715**
59	41	43	55	29	69	57	83	**214**	100	35	32	31	29	27	27	25	**0.10**	14	30	1	–	–	–	–	–	–	–	–	–	**3-Tetradecanol**	1653-32-3	**H1218**
59	43	156	121	155	157	158	139	**214**	100	72	45	41	38	15	14	11	**0.00**	11	15	2	–	1	–	–	–	–	–	–	–	**2,3-Butanediol, 2-(4-chlorophenyl)-3-methyl-**	79-93-6	**P6018**
61	46	126	99	214	60	63	45	**214**	100	35	18	13	12	10	9	9		9	11	2	2	1	–	–	–	–	–	–	–	**Urea, N′-(4-chlorophenyl)-N-methoxy-N-methyl-**	1746-81-2	**Q6657**
61	214	126	185	153	140	99	127	**214**	100	32	30	29	23	21	20	20		9	11	2	2	1	–	–	–	–	–	–	–	**Urea, N′-(4-chlorophenyl)-N-methoxy-N-methyl-**	1746-81-2	**Q6656**
63	107	106	45	214	65	90	27	**214**	100	87	54	46	43	42	37	19		11	15	2	–	1	–	–	–	–	–	–	–	**1-(2-Chloroethoxy)-2-(o-tolyloxy)ethane**		**Z1677**
69	113	126	51	214	94	144	125	**214**	100	78	46	45	34	27	26	21		2	1	–	–	–	–	6	–	–	–	–	1	**Bis(trifluoromethyl)arsine**		**01124**
70	99	43	71	55	117	41	42	**214**	100	54	48	42	24	14	13	10	**0.00**	13	26	2	–	–	–	–	–	–	–	–	–	**3-Methylbutyl octanoate**		**Z1672**
71	43	41	55	56	70	115	57	**214**	100	43	23	21	18	15	14	13	**0.00**	13	26	2	–	–	–	–	–	–	–	–	–	**Butanoic acid, 1-methyloctyl ester**	69727-42-0	**T7362**
71	43	57	115	56	41	185	72	**214**	100	22	15	8	7	6	6	5	**0.00**	12	27	2	–	–	–	–	–	–	1	–	–	**Boronic acid, ethyl-, bis(2,2-dimethylpropyl) ester**	67753-47-3	**T6870**
72	142	170	44	169	41	55	97	**214**	100	43	12	10	10	7	5	5	**1.00**	11	22	2	2	–	–	–	–	–	–	–	–	**Propanediamide, 2,2-diethyl-N,N,N′,N′-tetramethyl-**	42948-58-3	**S7016**
72	142	170	169	97	114	154	214	**214**	100	43	12	10	5	3	2	1		11	22	2	2	–	–	–	–	–	–	–	–	**Propanediamide, 2,2-diethyl-N,N,N′,N′-tetramethyl-**		**M8042**
73	60	43	41	57	55	29	129	**214**	100	97	84	72	60	55	44	31	**12.95**	13	26	2	–	–	–	–	–	–	–	–	–	**Tridecanoic acid**	638-53-9	**Q3501**
73	60	43	57	41	55	129	171	**214**	100	90	70	65	48	47	42	29	**28.00**	13	26	2	–	–	–	–	–	–	–	–	–	**Tridecanoic acid**	638-53-9	**Q3500**
73	75	129	41	45	199	143	55	**214**	100	99	78	32	23	21	18	17	**6.40**	12	26	1	–	–	–	–	–	–	–	1	–	**Non-2-en-1-yl trimethylsilyl ether**		**C0886**
73	80	75	183	129	79	45	108	**214**	100	56	41	33	13	11	10	9	**0.00**	11	22	2	–	–	–	–	–	–	–	1	–	**Cyclohexaneacetic acid, trimethylsilyl ester**	74367-73-0	**T8027**
74	87	41	43	55	29	75	57	**214**	100	53	29	28	24	16	13	12	**8.82**	13	26	2	–	–	–	–	–	–	–	–	–	**Methyl dodecanoate**		**C1551**
74	87	43	41	29	55	15	27	**214**	100	54	39	36	29	25	20	19	**2.70**	13	26	2	–	–	–	–	–	–	–	–	–	**Methyl dodecanoate**	111-82-0	**H0479**
74	87	43	41	29	55	27	75	**214**	100	50	42	35	26	17	14	12	**0.00**	13	26	2	–	–	–	–	–	–	–	–	–	**Methyl dodecanoate**		**17335**
74	87	57	41	43	55	69	143	**214**	100	63	46	33	33	31	17	16	**12.04**	13	26	2	–	–	–	–	–	–	–	–	–	**Undecanoic acid, 10-methyl-, methyl ester**	5129-56-6	**R1122**
74	101	43	55	41	69	57	87	**214**	100	99	78	58	56	42	30	26	**0.00**	13	26	2	–	–	–	–	–	–	–	–	–	**Methyl 3,7-dimethyldecanoate**		**M6825**
75	59	41	47	45	60	76	135	**214**	100	14	10	10	9	5	4	4	**1.00**	6	14	–	–	–	–	–	4	–	–	–	–	**Bis[1-(methylthio)ethyl] disulphide**	69078-77-9	**T7001**
75	76	47	60	214	107	121	77	**214**	100	47	18	16	11	10	10	9		4	6	2	–	–	–	–	4	–	–	–	–	**Bis(methoxythiocarbonyl) disulphide**	1468-37-7	**Q6044**
76	90	75	51	30	28	148	102	**214**	100	99	99	99	99	99	99	99	**49.30**	8	4	3	2	–	–	2	–	–	–	–	–	**4-Nitro-α,α-difluorobenzyl isocyanate**		**06675**
76	130	102	214	75	158	129	131	**214**	100	99	83	78	62	53	37	23		11	6	3	2	–	–	–	–	–	–	–	–	**Quinoxalino[2,3-d]-2,3-dihydroxycyclopentadien-1-one**		**05441**
77	107	142	51	141	89	45	144	**214**	100	82	80	49	37	34	32	28	**26.66**	10	11	3	–	1	–	–	–	–	–	–	–	**Propanoic acid, 2-(4-chloro-2-methylphenoxy)-, (+-)-**	7085-19-0	**R2828**
77	121	214	120	91	93	65	94	**214**	100	62	58	51	27	26	23	20		14	14	2	–	–	–	–	–	–	–	–	–	**1,2-Diphenoxyethane**		**C0299**
77	141	142	65	214	170	51	169	**214**	100	68	46	41	41	39	30	20		13	10	3	–	–	–	–	–	–	–	–	–	**Carbonic acid, diphenyl ester**	102-09-0	**P7538**
77	214	121	120	91	93	65	94	**214**	100	99	98	68	21	20	20	18		14	14	2	–	–	–	–	–	–	–	–	–	**1,2-Diphenoxyethane**		**Z1670**
77	214	141	170	142	51	169	39	**214**	100	99	45	37	30	25	25	23		13	10	3	–	–	–	–	–	–	–	–	–	**Carbonic acid, diphenyl ester**	102-09-0	**P7537**
77	216	141	40	170	142	51	169	**214**	100	95	67	63	54	50	42	37	**0.00**	13	10	3	–	–	–	–	–	–	–	–	–	**Carbonic acid, diphenyl ester**	102-09-0	**P7539**
81	99	43	109	141	155	127	41	**214**	100	90	51	50	46	45	40	32	**0.50**	11	18	4	–	–	–	–	–	–	–	–	–	**Ethyl 2-propoxy-5,6-dihydropyran-6-carboxylate**		**05663**
81	113	39	136	53	44	84	109	**214**	100	99	93	85	79	76	75	71	**0.00**	9	10	6	–	–	–	–	–	–	–	–	–	**3,8-Dioxatricyclo[5.1.0.0$^{(2,4)}$]octane-5,6-dicarboxylic acid, monomethyl ester, (1α,2β,4β,5α,6β,7α)-**	52183-74-1	**S7888**
81	113	71	41	55	127	57	53	**214**	100	96	52	48	33	28	25	22	**0.50**	11	18	4	–	–	–	–	–	–	–	–	–	**Butyl 2-methoxy-5,6-dihydropyran-6-carboxylate**		**05659**
81	113	71	41	55	127	57	109	**214**	100	96	52	48	33	28	25	21	**0.50**	11	18	4	–	–	–	–	–	–	–	–	–	**Butyl 2-methoxy-5,6-dihydropyran-6-carboxylate**		**L8202**
82	55	67	41	83	131	57	214	**214**	100	96	77	61	60	52	42	27		13	26	–	–	–	–	–	1	–	–	–	–	**Cyclohexyl heptyl sulphide**		**00621**

MASS TO CHARGE RATIOS								M.W.	INTENSITIES								Parent	C	H	O	N	Cl	Br	F	S	P	B	Si	X	COMPOUND NAME	CAS Reg No	No
83	132	133	55	41	159	214	82	**214**	100	94	82	76	66	36	36	32		12	23	1	–	–	–	–	–	1	–	–	–	**Phosphine oxide, dicyclohexyl-**	14717-29-4	**R5372**
84	39	54	45	44	68	40	98	**214**	100	37	33	28	16	14	14	4	**2.00**	9	10	4	–	–	–	–	1	–	–	–	–	**2-Thiabicyclo[3.2.0]hept-3-ene-6,7-dicarboxylic acid, 6-methyl-**		**M3817**
84	39	58	45	44	40	68	57	**214**	100	36	32	29	16	12	12	5	**2.00**	9	10	4	–	–	–	–	1	–	–	–	–	**2-Thiabicyclo[3.2.0]hept-3-ene-6,7-dicarboxylic acid, 6-methyl-**	34244-70-7	**S4588**
84	57	18	78	54	26	45	31	**214**	100	65	49	47	44	43	43	34	**3.00**	9	10	4	–	–	–	–	1	–	–	–	–	**2-Methyl hydrogen 7-thiabicyclo[2.2.1]hept-5-ene-2,3-dicarboxylate**		**16213**
87	116	41	55	43	129	172	57	**214**	100	68	34	30	29	23	23	20	**4.28**	13	26	2	–	–	–	–	–	–	–	–	–	**Methyl 2-propylnonanoate**		**C1554**
88	101	41	29	43	55	27	57	**214**	100	32	31	27	23	18	17	12	**2.09**	13	26	2	–	–	–	–	–	–	–	–	–	**Undecanoic acid, 2-methyl-, methyl ester**	55955-69-6	**T2403**
88	101	41	43	55	57	59	69	**214**	100	59	45	38	33	27	18	16	**11.24**	13	26	2	–	–	–	–	–	–	–	–	–	**Undecanoic acid, 2-methyl-, methyl ester**		**C1556**
88	101	41	43	55	73	70	60	**214**	100	40	39	35	30	26	26	19	**0.57**	13	26	2	–	–	–	–	–	–	–	–	–	**Undecanoic acid, ethyl ester**	627-90-7	**Q3268**
88	101	43	41	55	57	69	59	**214**	100	39	23	21	19	12	11	8	**4.80**	13	26	2	–	–	–	–	–	–	–	–	–	**Decanoic acid, 2,8-dimethyl-, methyl ester**	55030-52-9	**T0119**
88	101	43	41	55	57	69	97	**214**	100	39	23	20	19	12	11	8	**5.00**	13	26	2	–	–	–	–	–	–	–	–	–	**2,6-Dimethyldecanoic acid**		**L1626**
88	101	43	41	69	55	57	59	**214**	100	69	35	28	26	23	21	17	**2.50**	13	26	2	–	–	–	–	–	–	–	–	–	**Nonanoic acid, 2,4,6-trimethyl-, methyl ester, (R,R,R)-(-)-**	2490-57-5	**H1342**
88	101	43	41	69	55	57	71	**214**	100	79	40	32	31	26	24	18	**2.40**	13	26	2	–	–	–	–	–	–	–	–	–	**Nonanoic acid, 2,4,6-trimethyl-, methyl ester, (2S,4R,6R)-(+)-**	18450-80-1	**H1814**
88	101	43	41	69	57	55	71	**214**	100	70	36	28	26	24	23	19	**2.40**	13	26	2	–	–	–	–	–	–	–	–	–	**Nonanoic acid, 2,4,6-trimethyl-, methyl ester, (2S,4S,6R)-(+)-**	18450-81-2	**H1815**
88	101	43	69	41	57	55	71	**214**	100	67	41	30	30	26	25	21	**2.00**	13	26	2	–	–	–	–	–	–	–	–	–	**Nonanoic acid, 2,4,6-trimethyl-, methyl ester, (2R,4S,6R)-(-)-**	18450-82-3	**H1816**
88	101	57	157	41	55	69	43	**214**	100	54	18	18	17	17	15	12	**4.80**	13	26	2	–	–	–	–	–	–	–	–	–	**Decanoic acid, 2,8-dimethyl-, methyl ester**	55030-52-9	**T0118**
88	101	87	41	43	57	55	157	**214**	100	29	21	17	17	15	13	12	**8.90**	13	26	2	–	–	–	–	–	–	–	–	–	**Undecanoic acid, 2-methyl-, methyl ester**	55955-69-6	**T2402**
91	32	155	185	65	92	41	44	**214**	100	32	28	26	18	18	13	12	**0.00**	8	10	3	2	–	–	–	1	–	–	–	–	**4-Tolylsulphonyl N-methyl nitrosoamide**		**C0921**
91	92	79	214	77	65	107	109	**214**	100	38	10	9	7	6	5	5		9	11	1	–	–	1	–	–	–	–	–	–	**Benzene, [(2-bromoethoxy)methyl]-**	1462-37-9	**Q6035**
91	92	79	214	216	77	65	51	**214**	100	37	10	8	8	7	6	5		9	11	1	–	–	1	–	–	–	–	–	–	**Benzene, [(2-bromoethoxy)methyl]-**	1462-37-9	**Q6034**
91	123	92	122	121	65	45	77	**214**	100	31	22	19	16	11	9	4	**0.28**	14	14	–	–	–	–	–	1	–	–	–	–	**Dibenzyl sulphide**		**00167**
91	167	214	77	51	198	168	166	**214**	100	49	46	37	31	24	22	20		12	10	2	2	–	–	–	–	–	–	–	–	**4-Nitrosophenyl-N-hydroxylamine**		**D1427**
91	214	123	92	45	65	39	215	**214**	100	36	25	21	20	15	8	7		14	14	–	–	–	–	–	1	–	–	–	–	**Benzene, 1,1′-[thiobis(methylene)]bis-**	538-74-9	**Q1771**
91	214	123	196	122	92	65	215	**214**	100	86	73	71	69	65	45	38		14	14	2	–	–	–	–	–	–	–	–	–	**Benzyl alcohol, o-(benzyloxy)-**	3381-87-1	**Q9299**
94	39	41	65	77	66	51	214	**214**	100	33	32	18	16	15	12	12		9	11	1	–	–	1	–	–	–	–	–	–	**Benzene, (3-bromopropoxy)-**	588-63-6	**Q2365**
95	41	55	81	69	67	90	155	**214**	100	88	88	84	68	61	60	43	**5.20**	12	22	3	–	–	–	–	–	–	–	–	–	**10-Undecenoic acid, 2-hydroxy-, methyl ester**	55030-55-2	**H2109**
96	143	83	145	98	85	147	97	**214**	100	79	76	76	65	49	25	13	**0.00**	3	3	–	–	5	–	–	–	–	–	–	–	**1,1,2,3,3-Pentachloropropane**		**Z1658**
98	130	41	55	57	43	140	83	**214**	100	63	39	27	21	18	16	12	**4.82**	11	22	2	2	–	–	–	–	–	–	–	–	**Carbazic acid, 3-(1-butylpentylidene)-, methyl ester**	14702-37-5	**R5361**
98	130	41	55	57	43	140	83	**214**	100	62	37	26	19	18	15	11	**2.02**	11	22	2	2	–	–	–	–	–	–	–	–	**Carbazic acid, 3-(1-butylpentylidene)-, methyl ester**	14702-37-5	**R5362**
99	43	71	55	60	29	73	70	**214**	100	52	24	20	18	14	14	3	**0.00**	12	22	3	–	–	–	–	–	–	–	–	–	**Hexanoic anhydride**		**L8274**
99	71	43	41	29	78	55	100	**214**	100	88	67	13	10	10	7	6	**0.00**	12	22	3	–	–	–	–	–	–	–	–	–	**Pentanoic acid, 2-methyl-, anhydride**	63169-61-9	**T6247**
100	58	99	42	55	84	98	101	**214**	100	66	34	21	16	16	16	16	**0.00**	12	26	1	2	–	–	–	–	–	–	–	–	**Pyrrolidine, 1-[2-(dimethylamino)-1,1-dimethylethoxy]-2,2-dimethyl-**	14123-51-4	**R4991**
100	58	99	70	114	55	98	85	**214**	100	59	55	52	52	45	41	39	**0.00**	12	26	1	2	–	–	–	–	–	–	–	–	**1-Propanamine, N,N-dimethyl-3-[(2,2,3-trimethyl-1-pyrrolidinyl)oxy]-**	55030-54-1	**T0121**
101	139	196	181	129	179	178	199	**214**	100	22	10	10	10	5	5	3	**0.00**	12	22	3	–	–	–	–	–	–	–	–	–	**2-(2,3-Dimethyl-3-hydroxycyclopentyl)-2-methyltetrahydrofuran-2-ol**		**M7143**
102	87	41	115	43	55	57	69	**214**	100	48	28	24	23	23	15	12	**6.26**	13	26	2	–	–	–	–	–	–	–	–	–	**Methyl 2-ethyldecanoate**		**C1555**
103	101	185	99	183	157	41	155	**214**	100	87	82	67	64	62	54	49	**30.19**	10	20	–	–	–	–	–	–	–	–	–	1	**Germacyclopent-3-ene, 1,1-diethyl-3,4-dimethyl-**	5764-67-0	**R1779**
104	117	214	118	55	131	91	130	**214**	100	54	47	40	25	23	20	17		16	22	–	–	–	–	–	–	–	–	–	–	**Bicyclo[8.2.2]tetradeca-5,10,12,13-tetraene, 5,6-dimethyl-, (Z)-**	66388-96-3	**T6625**
104	117	214	118	131	91	143	55	**214**	100	68	60	43	30	27	25	24		16	22	–	–	–	–	–	–	–	–	–	–	**Bicyclo[8.2.2]tetradeca-5,10,12,13-tetraene, 5,6-dimethyl-, (E)-**	66388-95-2	**T6624**
105	77	51	214	106	50	81	53	**214**	100	43	15	14	8	5	4	4		13	10	3	–	–	–	–	–	–	–	–	–	**Resorcinol monobenzoate**		**G0271**
105	77	106	51	78	50	76	214	**214**	100	34	8	5	2	1	1	1		13	10	3	–	–	–	–	–	–	–	–	–	**Resorcinol monobenzoate**	136-36-7	**P9705**
105	214	77	215	51	106	213	50	**214**	100	91	40	13	10	8	5	3		13	10	3	–	–	–	–	–	–	–	–	–	**Resorcinol monobenzoate**		**D1307**
107	108	78	79	51	80	77	106	**214**	100	53	43	19	13	12	11	10	**3.90**	13	14	1	2	–	–	–	–	–	–	–	–	**Benzyl alcohol, α-[(2-pyridylamino)methyl]-**	553-69-5	**Q1980**
107	108	79	77	51	105	78	109	**214**	100	88	83	48	16	13	12	10	**1.50**	14	14	2	–	–	–	–	–	–	–	–	–	**1,2-Ethanediol, 1,2-diphenyl-**	492-70-6	**Q1223**
107	214	185	79	63	45	153	80	**214**	100	75	61	40	19	9	9	8		6	16	–	–	–	–	–	2	2	–	–	–	**1,2-Dimethyl-1,2-diethyldiphosphane disulphide**		**16121**
109	92	65	108	214	43	172	93	**214**	100	79	48	43	21	20	17	11		8	10	3	2	–	–	–	1	–	–	–	–	**Sulphacetamide**		**M0679**
109	92	65	156	108	28	214	39	**214**	100	95	67	61	56	44	29	23		8	10	3	2	–	–	–	1	–	–	–	–	**N[1]-Acetylsulphanilamide**		**P3995**
109	124	68	82	58	85	67	55	**214**	100	93	33	29	27	26	26	24	**18.02**	11	20	3	1	–	–	–	–	–	–	–	–	**1-Piperidinyloxy, 4-(acetyloxy)-2,2,6,6-tetramethyl-**	6599-87-7	**R2397**
110	132	41	55	95	67	59	82	**214**	100	99	60	57	48	47	43	41	**4.00**	11	18	4	–	–	–	–	–	–	–	–	–	**Propanedioic acid, 2-hexenyl-, dimethyl ester**	74810-84-7	**T8736**
116	144	114	142	115	143	214	112	**214**	100	87	79	69	63	62	61	57		10	20	–	–	–	–	–	–	–	–	–	1	**6-Germaspiro[5.5]undecane**	180-98-3	**Q0034**
119	120	91	31	105	77	41	184	**214**	100	84	56	40	31	30	24	20	**12.00**	9	14	2	2	–	–	–	1	–	–	–	–	**Benzenesulphonic acid, 2,4,6-trimethyl-, hydrazide**	16182-15-3	**R6065**
121	56	214	186	39	65	94	81	**214**	100	99	65	54	37	23	18	16		11	10	1	–	–	–	–	–	–	–	–	1	**Ferrocene, formyl-**	12093-10-6	**R4037**
121	65	39	94	93	66	63	92	**214**	100	34	29	18	15	11	9	8	**6.86**	13	10	3	–	–	–	–	–	–	–	–	–	**Phenyl salicylate**		**G0301**
121	65	39	197	214	93	120	213	**214**	100	48	36	36	33	27	25	25		13	10	3	–	–	–	–	–	–	–	–	–	**2,2′-Dihydroxybenzophenone**	835-11-0	**Q4335**
121	65	93	39	122	63	92	94	**214**	100	29	16	13	9	7	7	7	**4.70**	13	10	3	–	–	–	–	–	–	–	–	–	**Phenyl salicylate**	118-55-8	**P8961**
121	91	135	216	214	77	65	78	**214**	100	46	45	44	40	21	17	16		9	11	1	–	–	1	–	–	–	–	–	–	**Benzene, 1-(2-bromoethyl)-3-methoxy-**	2146-61-4	**Q7482**
121	91	214	216	135	77	51	65	**214**	100	65	21	20	17	12	11	10		9	11	1	–	–	1	–	–	–	–	–	–	**Benzene, 1-(2-bromoethyl)-2-methoxy-**	36449-75-9	**S5255**
121	135	91	77	214	216	65	122	**214**	100	24	16	12	12	11	9	9		9	11	1	–	–	1	–	–	–	–	–	–	**Benzene, 1-(2-bromoethyl)-4-methoxy-**	14425-64-0	**R5200**

MASS TO CHARGE RATIOS								M.W.	INTENSITIES								Parent	C	H	O	N	Cl	Br	F	S	P	B	Si	X	COMPOUND NAME	CAS Reg No	No
121	135	91	214	216	77	65	105	**214**	100	57	51	49	48	26	22	22		9	11	1	–	–	1	–	–	–	–	–	–	**Benzene, 1-(2-bromoethyl)-3-methoxy-**	2146-61-4	**Q7481**
121	197	214	213	28	120	65	93	**214**	100	66	62	45	42	26	24	19		13	10	3	–	–	–	–	–	–	–	–	–	**2,2′-Dihydroxybenzophenone**		**Z1673**
121	197	214	213	65	120	93	39	**214**	100	60	52	43	29	27	21	17		13	10	3	–	–	–	–	–	–	–	–	–	**2,2′-Dihydroxybenzophenone**		**F0157**
121	214	51	77	39	65	120	92	**214**	100	31	20	14	13	12	10	8		13	10	3	–	–	–	–	–	–	–	–	–	**Benzoic acid, 2-phenoxy-**	2243-42-7	**Q7705**
121	214	51	77	39	65	120	122	**214**	100	31	20	14	13	12	10	8		13	10	3	–	–	–	–	–	–	–	–	–	**Benzoic acid, 2-phenoxy-**		**L4832**
121	214	65	120	213	39	93	92	**214**	100	38	31	22	22	20	20	9		13	10	3	–	–	–	–	–	–	–	–	–	**2,4′-Dihydroxybenzophenone**	606-12-2	**Q2713**
123	95	85	75	214	34	181	138	**214**	100	80	39	30	30	25	23	20		9	7	1	–	–	–	1	2	–	–	–	–	**2-Propenedithioic acid, 3-(4-fluorophenyl)-3-hydroxy-**	54815-08-6	**S9667**
125	199	127	73	170	169	201	179	**214**	100	79	33	30	27	26	26	23	**4.00**	10	15	1	–	1	–	–	–	–	–	1	–	**Silane, [(p-chlorobenzyl)oxy]trimethyl-**	14856-74-7	**R5438**
129	73	75	41	130	45	199	43	**214**	100	63	38	18	14	13	12	11	**1.40**	12	26	1	–	–	–	–	–	–	–	1	–	**Non-1-en-3-yl trimethylsilyl ether**		**C0884**
129	115	39	41	214	186	157	143	**214**	100	96	88	86	80	78	70	64		15	18	1	–	–	–	–	–	–	–	–	–	**Phenylethylamine, N-isopropylidene-**	36399-42-5	**S5250**
133	106	91	214	212	65	107	77	**214**	100	59	55	49	24	21	19	17		8	10	–	2	–	–	–	–	–	–	–	1	**4-Tolylselenourea**		**16989**
134	202	89	135	201	206	200	120	**214**	100	21	11	11	10	10	9	8	**0.00**	8	6	–	–	–	–	–	1	–	–	–	1	**Benzo[c]thiophene-1(3H)-selone**	29723-46-4	**S2620**
135	107	136	89	90	214	216	63	**214**	100	15	13	9	9	8	7	6		8	7	2	–	–	1	–	–	–	–	–	–	**4-Bromomethylbenzoic acid**		**C1776**
135	137	55	27	29	39	107	109	**214**	100	98	92	32	25	19	14	13	**1.91**	4	8	–	–	–	2	–	–	–	–	–	–	**2,3-Dibromobutane**		**Z1668**
135	137	55	216	107	109	214	136	**214**	100	97	96	17	11	10	9	9		4	8	–	–	–	2	–	–	–	–	–	–	**1,3-Dibromobutane**		**Z1664**
135	137	147	85	145	216	179	181	**214**	100	32	16	16	12	10	8	8	**7.40**	2	–	–	–	1	1	4	–	–	–	–	–	**1,1,1,2-Tetrafluorobromochloroethane**		**A0258**
137	109	59	65	135	51	39	77	**214**	100	40	21	19	19	18	15	15	**8.00**	10	11	1	–	1	–	–	1	–	–	–	–	**1-Phenylthio-1-methyl-3-chloro-2-propanone**		**16790**
137	213	214	77	105	51	69	81	**214**	100	62	53	43	25	23	16	14		13	10	3	–	–	–	–	–	–	–	–	–	**2,4-Dihydroxybenzophenone**		**00186**
137	213	214	77	105	51	69	81	**214**	100	62	53	43	25	23	12	11		13	10	3	–	–	–	–	–	–	–	–	–	**2,4-Dihydroxybenzophenone**		**D1740**
138	183	82	125	139	126	96	113	**214**	100	74	54	36	26	24	18	16	**2.00**	9	14	4	2	–	–	–	–	–	–	–	–	**2,4(1H,3H)-Pyrimidinedione, 5-(4,5-dihydroxypentyl)-**	39657-66-4	**08077**
139	44	43	141	111	75	156	112	**214**	100	57	31	28	24	17	17	16	**9.30**	9	7	4	–	1	–	–	–	–	–	–	–	**Acetyl 3-chlorobenzoyl peroxide**	777-05-9	**08530**
140	41	39	65	214	94	57	92	**214**	100	36	31	29	27	21	21	15		10	14	3	–	–	–	–	1	–	–	–	–	**2-Hydroxyphenyl butyl sulphone**		**03713**
140	57	39	214	141	158	65	94	**214**	100	27	24	20	18	17	17	12		10	14	3	–	–	–	–	1	–	–	–	–	**2-Hydroxyphenyl sec-butyl sulphone**		**03714**
141	154	153	214	115	43	142	155	**214**	100	69	31	21	20	17	14	14		14	14	2	–	–	–	–	–	–	–	–	–	**1-Azuleneethanol, acetate**	26154-65-4	**S1265**
141	214	115	142	32	139	43	29	**214**	100	25	20	20	14	10	8	7		14	14	2	–	–	–	–	–	–	–	–	–	**1-Naphthaleneacetic acid, ethyl ester**	2122-70-5	**Q7419**
141	214	142	115	139	70.5	215	29	**214**	100	34	14	13	6	6	5	5		14	14	2	–	–	–	–	–	–	–	–	–	**1-Naphthaleneacetic acid, ethyl ester**		**Z1680**
141	214	155	125	77	216	143	157	**214**	100	96	79	65	45	44	43	32		10	11	3	–	1	–	–	–	–	–	–	–	**Acetic acid, (4-chloro-2-methylphenoxy)-, methyl ester**	2436-73-9	**Q8078**
142	77	214	107	45	27	141	51	**214**	100	78	75	71	58	56	54	39		10	11	3	–	1	–	–	–	–	–	–	–	**Propanoic acid, 2-(4-chloro-2-methylphenoxy)-, (+-)-**	7085-19-0	**R2827**
142	107	77	141	144	214	143	169	**214**	100	80	36	36	36	31	21	20		10	11	3	–	1	–	–	–	–	–	–	–	**Propanoic acid, 2-(4-chloro-2-methylphenoxy)-**	93-65-2	**P6799**
142	170	82	54	109	27	42	155	**214**	100	80	45	39	39	36	32	30	**16.78**	9	14	2	2	–	–	–	1	–	–	–	–	**Ethanol, 2-[(5-ethoxy-2-methyl-4-pyrimidinyl)thio]-**	24614-13-9	**S0719**
142	214	107	141	77	144	169	125	**214**	100	80	70	68	53	53	47	31		10	11	3	–	1	–	–	–	–	–	–	–	**Propanoic acid, 2-(4-chloro-2-methylphenoxy)-, (+-)-**	7085-19-0	**R2829**
142	214	141	144	107	169	216	77	**214**	100	68	38	33	29	27	23	20		10	11	3	–	1	–	–	–	–	–	–	–	**Propanoic acid, 2-(4-chloro-2-methylphenoxy)-**	93-65-2	**P6800**
143	144	214	115	130	128	156	154	**214**	100	70	45	34	18	18	17	14		13	14	1	2	–	–	–	–	–	–	–	–	**3,3a,4,10-Tetrahydro-1H-oxazolo[3,4-b]-β-carboline**		**M3645**
145	73	97	114	63	91	146	74	**214**	100	21	21	15	11	8	7	7	**0.00**	11	22	2	2	–	–	–	–	–	–	–	–	**N-(Dimethylaminomethylene)alanine carboxyneopentyl ester**		**P3709**
145	99	73	173	74	75	146	185	**214**	100	33	27	27	18	13	12	8	**0.00**	11	22	2	2	–	–	–	–	–	–	–	–	**N-(Dimethylaminomethylene)alanine carboxyneopentyl ester**		**P3666**
145	147	129	110	69	214	131	149	**214**	100	62	30	20	20	13	10	9		1	–	–	–	2	–	3	–	–	–	–	1	**Dichloro(trifluoromethyl)arsine**		**01123**
145	214	195	69	75	50	164	74	**214**	100	93	83	32	26	26	25	20		8	4	–	–	–	–	6	–	–	–	–	–	**Benzene, 1,2-bis(trifluoromethyl)-**	433-95-4	**Q0717**
150	135	214	108	134	90	123	69	**214**	100	65	44	36	35	22	21	19		7	6	2	2	–	–	–	2	–	–	–	–	**2-Benzothiazolesulphonamide**	433-17-0	**Q0713**
151	96	142	216	106	125	197	48	**214**	100	35	23	21	10	8	8	2	**0.00**	10	8	–	–	–	–	2	–	–	–	–	1	**Titanium di(π-cyclopentadienyl)difluoride**		**L7967**
154	43	153	141	155	115	152	214	**214**	100	59	37	37	15	15	12	7		14	14	2	–	–	–	–	–	–	–	–	–	**1-Naphthaleneacetic acid, ethyl ester**		**M8080**
154	214	43	153	115	141	155	152	**214**	100	48	38	23	19	19	16	12		14	14	2	–	–	–	–	–	–	–	–	–	**6-Azuleneethanol, acetate**	26154-68-7	**S1267**
154	214	43	153	141	115	155	152	**214**	100	48	37	26	16	16	15	12		14	14	2	–	–	–	–	–	–	–	–	–	**6-Azuleneethanol, acetate**		**M8079**
155	55	41	43	132	139	59	81	**214**	100	92	90	73	70	70	60	54	**2.00**	11	18	4	–	–	–	–	–	–	–	–	–	**Propanedioic acid, 3-hexenyl-, dimethyl ester**		**P0891**
155	213	157	170	91	45	215	172	**214**	100	36	32	31	20	17	12	10	**4.50**	11	15	2	–	1	–	–	–	–	–	–	–	**2-(4-Chloro-o-cumyloxy)ethanol**		**Z1675**
157	42	58	55	125	41	97	87	**214**	100	99	97	97	88	76	49	46	**30.00**	12	22	3	–	–	–	–	–	–	–	–	–	**Methyl 10-oxoundecanoate**		**M8358**
158	141	142	214	159	77	78	105	**214**	100	90	77	75	66	59	46	43		10	15	3	–	–	–	–	–	1	–	–	–	**Phosphonic acid, phenyl-, diethyl ester**	1754-49-0	**08630**
158	157	214	159	128	171	215	127	**214**	100	94	42	12	12	11	7	5		15	18	1	–	–	–	–	–	–	–	–	–	**2-Methoxy-7-butylnaphthalene**		**D2054**
159	158	143	199	129	128	115	41	**214**	100	77	36	35	34	31	19	17	**10.17**	16	22	–	–	–	–	–	–	–	–	–	–	**1,1-Dimethyl-4-(3-methyl-3-butenyl)indan**		**V0349**
165	214	216	65	28	215	91	27	**214**	100	61	24	14	12	12	12	10		9	11	2	2	1	–	–	–	–	–	–	–	**N-(2-Chloroethyl)-2-nitro-4-methylaniline**		**06214**
167	165	181	166	152	168	77	103	**214**	100	51	38	19	18	16	14	11	**4.22**	14	14	–	–	–	–	–	1	–	–	–	–	**Benzyl thiol, α-methyl-α-phenyl-**	74630-84-5	**T8231**
167	214	91	51	168	77	198	39	**214**	100	97	73	52	48	47	46	37		12	10	2	2	–	–	–	–	–	–	–	–	**4-Nitroso-N-hydroxydiphenylamine**		**D1457**
167	214	180	169	166	168	77	51	**214**	100	88	74	32	29	28	26	24		12	10	2	2	–	–	–	–	–	–	–	–	**2-Nitrodiphenylamine**		**D0646**
170	214	169	141	171	115	152	28	**214**	100	60	46	17	14	12	12	10		14	14	2	–	–	–	–	–	–	–	–	–	**2-(2-Diphenylyloxy)ethanol**		**Z1674**
171	69	41	115	91	117	186	214	**214**	100	85	80	66	56	49	44	39		15	18	1	–	–	–	–	–	–	–	–	–	**Cyclohexanone, 2,2-dimethyl-6-(phenylmethylene)-**	17622-50-3	**R7116**
171	172	169	144	170	214	115	143	**214**	100	20	12	10	10	10	6	5		14	18	–	2	–	–	–	–	–	–	–	–	**1H-Pyrido[3,4-b]indole, 2,3,4,9-tetrahydro-1-isopropyl-**	6650-04-0	**R2444**
171	172	214	156	169	144	170	115	**214**	100	22	20	13	12	10	10	8		14	18	–	2	–	–	–	–	–	–	–	–	**1H-Pyrido[2,3-b]indole, 2,3,4,9-tetrahydro-1-propyl-**	55030-51-8	**T0117**

MASS TO CHARGE RATIOS								M.W.	INTENSITIES								Parent	C	H	O	N	Cl	Br	F	S	P	B	Si	X	COMPOUND NAME	CAS Reg No	No
172	43	45	156	92	214	108	65	**214**	100	90	64	46	37	34	28	26		8	10	3	2	–	–	–	1	–	–	–	–	**Sulphacetamide**		**P3996**
172	174	43	175	94	65	214	216	**214**	100	95	41	15	11	10	10	9		8	7	2	–	–	1	–	–	–	–	–	–	**2-Bromophenyl acetate**		**Z1678**
174	43	214	216	65	93	173	63	**214**	100	48	16	16	14	13	10	9		8	7	2	–	–	1	–	–	–	–	–	–	**Phenol, 4-bromo-, acetate**	1927-95-3	**Q7071**
178	167	179	165	214	88	152	76	**214**	100	80	56	42	38	28	28	26		14	11	–	–	1	–	–	–	–	–	–	–	**Benzene, 1-chloro-4-(1-phenylethenyl)-**	18218-20-7	**R7445**
178	179	214	76	216	89	177	51	**214**	100	98	92	37	30	27	22	20		14	11	–	–	1	–	–	–	–	–	–	–	**1,1′-(Chloroethenylidene)bisbenzene**	4541-89-3	**R0573**
178	214	179	216	89	176	215	177	**214**	100	96	95	32	20	19	18	17		14	11	–	–	1	–	–	–	–	–	–	–	**Benzene, 1,1′-(1-chloro-1,2-ethenediyl)bis-, (E)-α-chlorostilbene**	948-98-1	**Q4808**
179	115	181	144	214	131	216	149	**214**	100	56	34	28	26	18	17	10		10	8	1	–	2	–	–	–	–	–	–	–	**9,9-Dichlorocyclopropa[c]chromene**		**M5805**
179	129	181	145	214	147	216	131	**214**	100	36	32	26	20	16	13	11		4	1	–	–	2	–	5	–	–	–	–	–	**1,1,1,4,4-Pentafluoro-3,4-dichlorobut-2-ene**		**02705**
179	135	77	59	92	64	63	44	**214**	100	84	43	32	20	19	18	14	**5.20**	9	7	4	–	1	–	–	–	–	–	–	–	**Methyl 4-(chlorocarbonyl)phenyl carbonate**		**C0148**
179	181	85	183	216	87	214	109	**214**	100	96	68	31	25	22	19	18		3	–	–	–	4	–	2	–	–	–	–	–	**1,1,2,3-Tetrachloro-3,3-difluoro-1-propene**		**Z1661**
179	181	216	183	214	109	218	111	**214**	100	95	43	43	31	29	21	19		3	–	–	–	4	–	2	–	–	–	–	–	**1,1-Difluoro-2,3,3,3-tetrachloropropene**		**M8134**
179	214	178	89	216	76	177	215	**214**	100	96	95	31	30	28	18	15		14	11	–	–	1	–	–	–	–	–	–	–	**4-Chlorostilbene**	4714-23-2	**R0749**
183	121	214	185	63	152	216	65	**214**	100	84	67	32	30	26	20	16		10	11	3	–	1	–	–	–	–	–	–	–	**Methyl 4-(2-chloroethoxy)benzoate**		**F0476**
186	158	114	79	214	187	113	126	**214**	100	64	26	18	14	12	12	11		12	6	2	–	–	–	–	1	–	–	–	–	**2,3-Dioxo-2,3-dihydronaphtho[2,3-b]thiophene**		**D2961**
196	91	129	214	171	167	115	128	**214**	100	32	32	30	24	20	18	18		15	18	1	–	–	–	–	–	–	–	–	–	**Bicyclo[3.3.1]non-2-en-9-ol, 1-phenyl-, syn-**	42541-43-5	**S6944**
196	168	214	139	195	197	140	215	**214**	100	77	70	36	20	16	10	9		13	10	3	–	–	–	–	–	–	–	–	–	**2-Hydroxy-3-phenylbenzoic acid**		**C2208**
197	181	177	183	35	109	107	74	**214**	100	76	64	62	62	52	38	32	**0.00**	–	–	–	–	4	–	–	–	–	–	–	1	**Germanium tetrachloride**		**L2333**
197	199	103	121	215				**214**	100	35	16	14	2				**0.00**	11	15	2	–	1	–	–	–	–	–	–	–	**2,3-Butanediol, 2-(4-chlorophenyl)-3-methyl-**	79-93-6	**P6019**
197	214	213	77	51	141	39	115	**214**	100	99	48	43	35	25	17	15		13	10	3	–	–	–	–	–	–	–	–	–	**Benzoic acid, 4-phenoxy-**		**L4833**
197	215	107	108	137				**214**	100	59	30	22	5				**0.00**	13	14	1	2	–	–	–	–	–	–	–	–	**Benzyl alcohol, α-[(2-pyridylamino)methyl]-**	553-69-5	**Q1981**
198	41	57	28	47	61	43	74	**214**	100	52	46	40	30	29	29	27	**7.41**	8	14	1	4	–	–	–	1	–	–	–	–	**1,2,4-Triazin-5(4H)-one, 4-amino-6-(tert-butyl)-3-(methylthio)-**	21087-64-9	**R9102**
199	143	214	200	16	41	29	92	**214**	100	26	20	18	16	11	11	10		16	22	–	–	–	–	–	–	–	–	–	–	**1,1,7,7-Tetramethyl-1,2,3,5,6,7-hexahydro-s-indacene**		**V0280**
199	171	73	214	43	44	28	45	**214**	100	90	59	47	23	23	21	11		4	11	–	–	–	–	–	–	–	–	1	1	**Silane, (iodomethyl)trimethyl-**	4206-67-1	**R0200**
199	198	214	171	128	143	145	159	**214**	100	46	29	17	11	5	5	4		14	14	2	–	–	–	–	–	–	–	–	–	**1a,8-Dimethyl-1a,3,4,4a-tetrahydrodibenzofuran-3-one**		**L3853**
199	200	214	213	28	197	184	18	**214**	100	17	16	16	10	9	7	7		16	22	–	–	–	–	–	–	–	–	–	–	**s-Indacene, 1,2,3,5,6,7-hexahydro-1,1,4,8-tetramethyl-**	55030-60-9	**H2110**
199	201	121	214	216	63	43	93	**214**	100	97	42	25	24	21	17	17		8	7	2	–	–	1	–	–	–	–	–	–	**3′-Bromo-4′-hydroxyacetophenone**		**Z1679**
199	214	170	171	43	200	85	169	**214**	100	49	42	36	15	14	11	9		14	11	1	–	–	–	1	–	–	–	–	–	**4′-(4-Fluorophenyl)acetophenone**	720-74-1	**Q3858**
199	214	170	171	200	43	85	169	**214**	100	44	40	35	14	14	10	8		14	11	1	–	–	–	1	–	–	–	–	–	**4′-(2-Fluorophenyl)acetophenone**	345-55-1	**Q0553**
199	214	200	181	55	99.5	91	77	**214**	100	20	13	8	5	4	4	4		14	14	2	–	–	–	–	–	–	–	–	–	**1,2-Bis(4-hydroxyphenyl)ethane**		**F0096**
200	42	58	43	61	47	75	104	**214**	100	61	53	45	36	32	28	26	**0.00**	8	14	1	4	–	–	–	1	–	–	–	–	**1,2,4-Triazin-5(4H)-one, 4-amino-6-(tert-butyl)-3-(methylthio)-**	21087-64-9	**R9104**
213	104	214	77	83	42	186	51	**214**	100	64	51	32	32	18	17	15		13	14	1	2	–	–	–	–	–	–	–	–	**4(3H)-Pyrimidinone, 3-ethyl-6-methyl-2-phenyl-**	33192-83-5	**S4000**
213	137	214	77	105	51	83	215	**214**	100	95	77	41	19	15	11	10		13	10	3	–	–	–	–	–	–	–	–	–	**2,4-Dihydroxybenzophenone**		**G0442**
213	214	198	170	199	215	115	169	**214**	100	99	20	18	16	14	10	10		13	14	1	2	–	–	–	–	–	–	–	–	**3H-Pyrido[3,4-b]indole, 4,9-dihydro-7-methoxy-1-methyl-**	304-21-2	**Q0381**
213	214	198	199	183	212	171	215	**214**	100	92	26	16	16	15	15	12		13	14	1	2	–	–	–	–	–	–	–	–	**4-Methoxy-9-methyl-3,9-dihydro-2H-pyrrolo[2,3-b]quinoline**		**L4005**
214	46	166	197	184				**214**	100	4	3	3	2					12	10	2	2	–	–	–	–	–	–	–	–	**2-Nitrodiphenylamine**	119-75-5	**P9035**
214	56	134	57	121	200	79	107	**214**	100	97	54	20	16	16	14	10		12	14	–	–	–	–	–	–	–	–	–	1	**Ferrocene, 1,1′-dimethyl-**	1291-47-0	**Q5899**
214	77	132	213	186	84	51	137	**214**	100	85	75	38	34	33	24	21		13	14	1	2	–	–	–	–	–	–	–	–	**4(3H)-Pyrimidinone, 2-ethyl-6-methyl-3-phenyl-**	3948-59-2	**Q9953**
214	91	171	158	129	157	104	117	**214**	100	73	47	45	43	43	37	30		16	22	–	–	–	–	–	–	–	–	–	–	**Naphthalene, decahydro-4a-phenyl-, trans-**	27863-63-4	**S1902**
214	92	65	108	43	109	39	148	**214**	100	90	84	75	39	38	23	20		7	10	2	4	–	–	–	1	–	–	–	–	**Sulphaguanidine**		**M0677**
214	92	198	91	94	215	108	65	**214**	100	24	23	23	15	13	13	13		14	14	2	–	–	–	–	–	–	–	–	–	**2-Hydroxy-5-methylphenyl p-tolyl ether**		**L8005**
214	116	69	70	85	71	144	183	**214**	100	48	37	35	22	19	13	11		8	10	3	2	–	–	–	1	–	–	–	–	**2H-1,3-Thiazine-6-carboxylic acid, 3,4-dihydro-3-methyl-2-(methylimino)-4-oxo-, methyl ester**	16238-35-0	**R6090**
214	116	70	85	86	57	144	183	**214**	100	48	35	21	14	14	12	11		8	10	3	2	–	–	–	1	–	–	–	–	**2H-1,3-Thiazine-6-carboxylic acid, 3,4-dihydro-3-methyl-2-(methylimino)-4-oxo-, methyl ester**		**01049**
214	129	196	91	144	128	155	115	**214**	100	40	36	36	22	20	20	20		15	18	1	–	–	–	–	–	–	–	–	–	**Bicyclo[3.3.1]non-2-en-9-ol, 1-phenyl-, anti-**	42541-41-3	**S6943**
214	137	77	105	109	185	213	130	**214**	100	56	41	31	25	25	24	22		13	10	1	–	–	–	–	1	–	–	–	–	**2-Propen-1-one, 1-phenyl-3-(2-thienyl)-**	2910-81-8	**Q8807**
214	145	195	69	164	50	75	74	**214**	100	89	84	28	28	26	25	12		8	4	–	–	–	–	6	–	–	–	–	–	**Benzene, 1,4-bis(trifluoromethyl)-**	433-19-2	**Q0714**
214	151	186	150	75	216	188	93	**214**	100	80	79	51	36	35	27	18		12	7	–	2	1	–	–	–	–	–	–	–	**2-Chlorobenzo[c]cinnoline**		**02042**
214	153	154	171	43	152	128	98	**214**	100	74	68	52	41	24	21	20		14	14	2	–	–	–	–	–	–	–	–	–	**4-Azuleneethanol, acetate**	26154-66-5	**S1266**
214	153	154	171	152	141	128	115	**214**	100	75	68	52	25	21	21	21		14	14	2	–	–	–	–	–	–	–	–	–	**4-Azuleneethanol, acetate**		**M8077**
214	155	154	113	97	213	182	112	**214**	100	50	35	35	35	25	22	20		8	10	3	2	–	–	–	1	–	–	–	–	**Methyl 2,3,4,4a,6,7-hexahydro-3-oxothieno[3,2-c]pyridazine-6-carboxylate**		**M6610**
214	155	183	186	171	127	154	126	**214**	100	96	94	56	15	13	9	8		13	10	3	–	–	–	–	–	–	–	–	–	**1-Azulenecarboxylic acid, 4-formyl-, methyl ester**	43110-60-7	**S7059**
214	158	130	213	185	186	129	215	**214**	100	64	57	29	22	20	20	16		14	19	1	–	–	–	–	–	–	1	–	–	**Borinic acid, diethyl-, 3,4-dihydro-1-naphthalenyl ester**	57387-79-8	**T4662**
214	160	185	213	184	197	152	186	**214**	100	24	23	18	17	15	15	12		13	10	1	–	–	–	–	1	–	–	–	–	**5-(3-Hydroxyprop-1-ynyl)-2-phenylthiophene**		**L4261**
214	167	168	51	30	139	63	39	**214**	100	96	51	35	31	29	28	26		12	10	2	2	–	–	–	–	–	–	–	–	**Pyridine, 4-[(4-nitrophenyl)methyl]-**	1083-48-3	**Q5270**

MASS TO CHARGE RATIOS								M.W.	INTENSITIES								Parent	C	H	O	N	Cl	Br	F	S	P	B	Si	X	COMPOUND NAME	CAS Reg No	No
214	167	168	77	215	51	166	78	**214**	100	65	38	21	18	15	13	11		12	10	2	2	–	–	–	–	–	–	–	–	3-Nitrodiphenylamine		M4430
214	167	168	184	77	215	166	51	**214**	100	62	26	24	15	15	11	10		12	10	2	2	–	–	–	–	–	–	–	–	4-Nitrodiphenylamine	836-30-6	Q4341
214	167	168	184	77	215	166	83	**214**	100	70	33	17	16	14	13	11		12	10	2	2	–	–	–	–	–	–	–	–	4-Nitrodiphenylamine		D0023
214	167	180	77	51	168	215	169	**214**	100	60	20	17	16	16	15	14		12	10	2	2	–	–	–	–	–	–	–	–	2-Nitrodiphenylamine	119-75-5	P9034
214	167	184	28	39	77	30	166	**214**	100	78	26	24	24	22	22	19		12	10	2	2	–	–	–	–	–	–	–	–	4-Nitrodiphenylamine	836-30-6	H1091
214	168	199	128	115	169	139	184	**214**	100	24	17	17	17	15	15	14		14	14	2	–	–	–	–	–	–	–	–	–	2,2′-Dimethoxybiphenyl		M6992
214	171	215	128	115	139	141	63	**214**	100	18	16	13	7	7	7	6		14	14	2	–	–	–	–	–	–	–	–	–	3,3′-Dimethoxybiphenyl	6161-50-8	H1601
214	172	213	215	173	199	216	145	**214**	100	20	15	15	10	7	6	4		12	10	–	2	–	–	–	1	–	–	–	–	Thiazolo[5,4-f]quinoline, 2,9-dimethyl-	3120-85-2	Q9032
214	172	215	213	107	199	173	216	**214**	100	20	15	13	6	6	5	5		12	10	–	2	–	–	–	1	–	–	–	–	Thiazolo[4,5-f]quinoline, 2,9-dimethyl-	3121-14-0	Q9033
214	178	179	216	89	76	215	88	**214**	100	72	65	33	29	23	18	13		14	11	–	–	1	–	–	–	–	–	–	–	α-Chlorostilbene	1460-06-6	Q6023
214	178	179	216	89	76	215	177	**214**	100	73	65	34	30	23	18	13		14	11	–	–	1	–	–	–	–	–	–	–	3-Chlorostilbene	24942-77-6	S0874
214	178	179	216	215	76	177	89	**214**	100	59	45	34	17	14	11	10		14	11	–	–	1	–	–	–	–	–	–	–	4-Chlorostilbene	4714-23-2	R0750
214	179	178	89	76	216	88	215	**214**	100	93	80	50	36	34	20	17		14	11	–	–	1	–	–	–	–	–	–	–	2-Chlorostilbene	24942-76-5	S0873
214	184	168	128	199	215	139	115	**214**	100	33	24	19	18	16	15	13		14	14	2	–	–	–	–	–	–	–	–	–	2,2′-Dimethoxybiphenyl	4877-93-4	H1505
214	185	152	115	91	184	213	181	**214**	100	75	75	73	55	50	15	15		13	10	1	–	–	–	–	1	–	–	–	–	Thiophene, 2-(1,3-butadienyl)-5-(5-oxo-3-penten-1-ynyl)-		M1092
214	187	146	42	119	77	118	100	**214**	100	48	40	24	19	18	18	17		8	5	–	4	–	–	3	–	–	–	–	–	Pteridine, 7-methyl-4-(trifluoromethyl)-	23658-18-6	S0307
214	195	145	164	69	75	50	74	**214**	100	92	72	32	29	26	24	11		8	4	–	–	–	–	6	–	–	–	–	–	Benzene, 1,3-bis(trifluoromethyl)-	402-31-3	Q0680
214	195	145	164	69	75	50	213	**214**	100	91	72	31	29	26	24	11		8	4	–	–	–	–	6	–	–	–	–	–	Benzene, 1,3-bis(trifluoromethyl)-		L2358
214	197	184	185	152	213	139	181	**214**	100	50	26	24	20	19	15	11		13	10	1	–	–	–	–	1	–	–	–	–	5-Hydroxymethyl-2-phenylethynyl-thiophene		L4262
214	199	76	115	171	77	50	158	**214**	100	58	57	50	50	46	42	42		13	10	3	–	–	–	–	–	–	–	–	–	1,4-Naphthalenedione, 2-hydroxy-3-(1-propenyl)-	29366-41-4	S2462
214	199	155	181	215	213	45	47	**214**	100	47	23	13	9	8	6	6		7	3	–	–	–	–	5	1	–	–	–	–	Benzene, pentafluoro(methylthio)-	653-39-4	Q3613
214	199	171	115	105	181	128	215	**214**	100	44	28	27	23	19	18	15		14	14	2	–	–	–	–	–	–	–	–	–	1H-Indene-1,3(2H)-dione, 2-(2-methylbutylidene)-	74779-71-8	T8537
214	199	171	115	128	39	77	91	**214**	100	95	91	75	65	51	44	36		14	14	2	–	–	–	–	–	–	–	–	–	3(4H)-Dibenzofuranone, 4a,9b-dihydro-8,9b-dimethyl-	546-24-7	Q1913
214	215	172	173	213	216	107	129	**214**	100	15	9	9	8	6	3	3		12	10	–	2	–	–	–	1	–	–	–	–	Thiazolo[5,4-f]quinoline, 2,7-dimethyl-	3119-51-5	Q9028
214	215	173	213	172	216	129	107	**214**	100	15	8	8	7	6	4	4		12	10	–	2	–	–	–	1	–	–	–	–	Thiazolo[4,5-f]quinoline, 2,7-dimethyl-	3119-48-0	Q9027
214	215	213	199	115	172	154	216	**214**	100	15	10	8	6	6	6	6		12	10	–	2	–	–	–	1	–	–	–	–	Thiazolo[5,4-f]quinoline, 7,9-dimethyl-	38463-46-6	S5847
214	215	213	199	186	216	173	198	**214**	100	15	14	9	7	6	5	5		12	10	–	2	–	–	–	1	–	–	–	–	Thiazolo[4,5-f]quinoline, 7,9-dimethyl-	38463-38-6	S5844
216	214	218	72	107	179	74	181	**214**	100	90	62	38	34	31	31	31		6	2	–	–	4	–	–	–	–	–	–	–	Benzene, 1,2,4,5-tetrachloro-	95-94-3	P7005
216	214	218	107	179	181	73	108	**214**	100	94	62	34	33	31	27	27		6	2	–	–	4	–	–	–	–	–	–	–	Benzene, 1,2,3,4-tetrachloro-	634-66-2	Q3430
216	214	218	179	74	181	108	109	**214**	100	79	47	17	17	16	16	13		6	2	–	–	4	–	–	–	–	–	–	–	Benzene, 1,2,3,5-tetrachloro-		Y2429
216	214	218	179	107	181	73	72	**214**	100	86	68	34	32	31	30	29		6	2	–	–	4	–	–	–	–	–	–	–	Benzene, 1,2,3,5-tetrachloro-	634-90-2	Q3436
216	214	218	179	181	108	220	109	**214**	100	79	48	16	16	12	10	8		6	2	–	–	4	–	–	–	–	–	–	–	Benzene, 1,2,3,4-tetrachloro-	634-66-2	Q3429
216	214	218	179	181	108	220	109	**214**	100	79	49	15	15	11	10	8		6	2	–	–	4	–	–	–	–	–	–	–	Benzene, 1,2,3,5-tetrachloro-	634-90-2	Q3435
216	214	218	179	181	108	220	109	**214**	100	78	48	15	15	13	10	9		6	2	–	–	4	–	–	–	–	–	–	–	Benzene, 1,2,4,5-tetrachloro-	95-94-3	P7006
216	214	218	179	181	109	143	220	**214**	100	54	44	16	13	9	9	8		6	2	–	–	4	–	–	–	–	–	–	–	Benzene, 1,2,4,5-tetrachloro-		D0341
216	214	218	181	179	108	109	220	**214**	100	86	53	18	16	15	12	12		6	2	–	–	4	–	–	–	–	–	–	–	Benzene, 1,2,3,4-tetrachloro-		C1846
28	111	32	54	82	117	91	44	**215**	100	37	30	24	23	21	18	18	**7.00**	13	13	2	1	–	–	–	–	–	–	–	–	2(5H)-Furanone, 5-[N-(3-phenylpropyl)imino]-		05778
30	43	72	73	142	41	55	87	**215**	100	58	38	33	31	23	21	19	**3.00**	11	21	3	1	–	–	–	–	–	–	–	–	Methyl N-acetyl-8-aminooctanoate		M5895
30	45	44	41	55	43	31	27	**215**	100	13	11	11	8	5	5	4	**0.10**	12	25	2	1	–	–	–	–	–	–	–	–	12-Aminododecanoic acid		G0457
30	98	112	28	44	129	55	41	**215**	100	68	32	32	27	26	24	24	**0.80**	12	29	–	3	–	–	–	–	–	–	–	–	1,6-Hexanediamine, N-(6-aminohexyl)-		F0424
43	58	42	200	41	44	215	68	**215**	100	56	15	14	9	9	7	6		8	14	–	5	1	–	–	–	–	–	–	–	1,3,5-Triazine-2,4-diamine, 6-chloro-N-ethyl-N′-isopropyl-	1912-24-9	Q6994
56	55	41	160	82	39	159	57	**215**	100	89	84	84	50	38	38	31	**3.00**	10	17	2	1	–	–	–	1	–	–	–	–	4,5-Thiepanedione, 3,3,6,6-tetramethyl-, monooxime	21153-36-6	R9131
57	158	41	29	84	42	27	215	**215**	100	64	44	31	29	23	21	17		10	21	–	3	–	–	–	1	–	–	–	–	5-Nonanone, thiosemicarbazone	22397-20-2	R9723
57	158	41	84	42	215	55	89	**215**	100	64	44	30	24	18	16	16		10	21	–	3	–	–	–	1	–	–	–	–	5-Nonanone, thiosemicarbazone		L4969
57	158	41	84	42	215	88	55	**215**	100	63	44	30	24	18	17	16		10	21	–	3	–	–	–	1	–	–	–	–	5-Nonanone, thiosemicarbazone	22397-20-2	R9724
58	43	44	68	28	27	42	200	**215**	100	85	46	42	39	37	34	34	**15.56**	8	14	–	5	1	–	–	–	–	–	–	–	1,3,5-Triazine-2,4-diamine, 6-chloro-N-ethyl-N′-isopropyl-	1912-24-9	Q6991
58	84	100	45	71	98	42	44	**215**	100	31	21	15	14	12	11	8	**8.33**	12	29	–	3	–	–	–	–	–	–	–	–	1,4-Butanediamine, N′-[4-(dimethylamino)butyl]-N,N-dimethyl-	17232-87-0	R6705
58	85	84	73	42	98	71	100	**215**	100	42	27	26	18	18	17	12	**4.85**	12	29	–	3	–	–	–	–	–	–	–	–	Spermidine, N,N,N′,N″,N″-pentamethyl-		15803
58	86	157	126	73	100	154	158	**215**	100	45	44	39	35	33	29	23	**6.55**	9	17	3	3	–	–	–	–	–	–	–	–	1,2,3-Tris(N-methylcarbamyl)propane		C1617
67	112	215	71	216				**215**	100	80	75	20	11					11	9	–	3	–	–	–	1	–	–	–	–	3-Phenyl-4-methylthiazolo[2,3-c]-s-triazole		M6116
67	138	41	39	43	85	66	47	**215**	100	70	50	40	30	30	27	25	**1.00**	9	13	3	1	–	–	–	1	–	–	–	–	2,5-Pyrrolidinedione, 3-[1-(ethylsulphinyl)ethylidene]-4-methyl-	58467-31-5	T5041
69	73	156	41	75	45	39	200	**215**	100	80	46	28	25	15	14	11	**0.00**	9	17	3	1	–	–	–	–	–	–	1	–	Glycine, N-(1-oxo-2-butenyl)-, trimethylsilyl ester	55836-39-0	T2178
69	176	100	145	76	126	195	200	**215**	100	35	35	34	32	28	20	12	**0.60**	4	1	–	1	–	–	8	–	–	–	–	–	2,2-Difluoro-3,3-bis(trifluoromethyl)aziridine		M7032

MASS TO CHARGE RATIOS								M.W.	INTENSITIES								Parent	C	H	O	N	Cl	Br	F	S	P	B	Si	X	COMPOUND NAME	CAS Reg No	No
72	215	115	15	42	28	39	127	**215**	100	10	9	7	3	2	2	2		13	13	2	1	–	–	–	–	–	–	–	–	**Carbamic acid, dimethyl-, 1-naphthalenyl ester**	2619-00-3	**Q8425**
73	69	41	170	75	171	45	156	**215**	100	81	60	34	33	21	20	20	**0.00**	9	17	3	1	–	–	–	–	–	–	1	–	**Glycine, N-(2-methyl-1-oxo-2-propenyl)-, trimethylsilyl ester**	55836-40-3	**T2180**
74	172	173	43	125	71	55	41	**215**	100	65	26	16	15	10	9	7	**5.00**	11	21	3	1	–	–	–	–	–	–	–	–	**4-Oxazolidinone, 2-methoxy-3-methyl-5,5-diisopropyl-**	56440-38-1	**T3638**
77	215	144	51	170	169	78	183	**215**	100	95	55	50	45	28	26	22		12	13	1	3	–	–	–	–	–	–	–	–	**anti-Ethyl-1-phenylpyrazol-4-yl ketoxime**		**L8835**
79	78	29	142	18	27	171	31	**215**	100	48	38	36	30	29	28	23	**6.00**	9	14	3	1	–	–	–	–	1	–	–	–	**Phosphonic acid, 2-pyridinyl-, diethyl ester**	23081-78-9	**08626**
83	55	29	41	154	18	28	72	**215**	100	82	77	43	40	38	33	29	**3.40**	11	21	1	1	–	–	–	1	–	–	–	–	**Carbamothioic acid, cyclohexylethyl-, S-ethyl ester**	1134-23-2	**Q5501**
83	154	55	28	29	72	41	84	**215**	100	54	42	19	17	17	15	10	**8.13**	11	21	1	1	–	–	–	1	–	–	–	–	**Carbamothioic acid, cyclohexylethyl-, S-ethyl ester**	1134-23-2	**Q5500**
85	98	41	55	18	44	43	140	**215**	100	41	17	13	13	12	8	8	**0.00**	12	25	2	1	–	–	–	–	–	–	–	–	**N-(2-Hydroxyethyl)decanamide**		**00011**
86	186	84	41	71	44	46	87	**215**	100	33	11	10	8	7	7	7	**2.30**	13	29	1	1	–	–	–	–	–	–	–	–	**Octylamine, 1-ethyl-6-methoxy-N,N-dimethyl-**	30645-03-5	**S2958**
93	215	121	65	94	52	216	66	**215**	100	89	36	35	27	17	13	11		11	9	2	3	–	–	–	–	–	–	–	–	**4-(2-Hydroxy-3-pyridylazo)phenol**		**05462**
105	106	133	175	200	157	215	156	**215**	100	9	5	4	4	2	2	1		14	17	1	1	–	–	–	–	–	–	–	–	**Benzenehexanenitrile, β,β-dimethyl-ε-oxo-**	62623-62-5	**T6225**
106	107	77	79	39	94	51	146	**215**	100	90	38	26	24	21	21	19	**7.63**	15	21	–	1	–	–	–	–	–	–	–	–	**Aniline, N-methyl-N-(2,6-octadienyl)-**	65564-70-7	**T6567**
110	44	45	123	143	137	96	136	**215**	100	57	50	50	44	42	38	36	**19.22**	8	9	2	1	–	–	–	2	–	–	–	–	**4-Thiazolidinecarboxylic acid, 2-(2-thienyl)-**	32451-19-7	**S3665**
110	215	211	84	213	41	128	129	**215**	100	96	58	51	51	49	49	43		15	21	–	1	–	–	–	–	–	–	–	–	**Piperidine, 1-(1,2,3,4-tetrahydro-2-naphthalenyl)-**		**00112**
117	215	111	91	118	28	82	83	**215**	100	49	45	28	21	18	17	14		13	13	2	1	–	–	–	–	–	–	–	–	**1H-Pyrrole-2,5-dione, 1-(3-phenylpropyl)-**		**05773**
123	215	43	28	18	81	53	124	**215**	100	30	21	17	15	12	9	8		13	13	2	1	–	–	–	–	–	–	–	–	**3-Furancarboxamide, 2,5-dimethyl-N-phenyl-**	28562-70-1	**S2125**
123	215	43	124	216	53	93	81	**215**	100	45	11	8	7	3	3	3		13	13	2	1	–	–	–	–	–	–	–	–	**3-Furancarboxamide, 2,5-dimethyl-N-phenyl-**	28562-70-1	**S2126**
124	91	105	146	77	74	65	125	**215**	100	30	15	11	7	7	6	5	**0.85**	11	12	–	1	–	–	3	–	–	–	–	–	**2-Phenyl-N-(1,1,1-trifluoroisopropylidene)ethylamine**		**05165**
128	86	116	74	87	200	70	82	**215**	100	35	35	25	25	20	15	15	**0.00**	12	25	2	1	–	–	–	–	–	–	–	–	**L-Alloisoleucine, N-isopropyl-, isopropyl ester**	56784-32-8	**09662**
128	116	114	112	129	158	70	74	**215**	100	90	80	65	64	64	60	60	**0.00**	12	25	2	1	–	–	–	–	–	–	–	–	**L-Leucine, N-isopropyl-, isopropyl ester**	31552-11-1	**09651**
128	129	110	158	82	112	94	98	**215**	100	75	71	53	45	33	27	24	**15.00**	11	21	3	1	–	–	–	–	–	–	–	–	**Proline, 4-hydroxy-1-isopropyl-, isopropyl ester, L-**	31552-17-7	**09655**
128	158	86	116	74	87	112	200	**215**	100	38	35	30	20	20	20	16	**0.00**	12	25	2	1	–	–	–	–	–	–	–	–	**L-Isoleucine, N-isopropyl-, isopropyl ester**	56771-55-2	**09650**
128	158	86	116	200	82	87	70	**215**	100	50	45	35	35	30	25	20	**0.00**	12	25	2	1	–	–	–	–	–	–	–	–	**L-Norleucine, N-isopropyl-, isopropyl ester**	56771-73-4	**09663**
131	84	132	215	130	85	103	76	**215**	100	87	34	21	16	15	12	10		13	17	–	3	–	–	–	–	–	–	–	–	**1H-Pyrrolo[2,3-b]pyridine, 3-(1-piperidinylmethyl)-**	23616-64-0	**S0287**
131	215	103	84	138	214	77	132	**215**	100	66	45	41	36	30	30	18		14	17	1	1	–	–	–	–	–	–	–	–	**2-Propen-1-one, 3-phenyl-1-(1-piperidinyl)-**		**W0191**
134	215	213	133	91	212	211	119	**215**	100	78	38	24	18	18	17	15		8	9	1	1	–	–	–	–	–	–	–	1	**p-Methoxybenzselenocarboxamide**		**15004**
136	51	79	52	215	78	168	50	**215**	100	95	89	84	63	63	54	31		11	9	2	3	–	–	–	–	–	–	–	–	**Pyridinium, 1-(o-nitroanilino)-, hydroxide, inner salt**		**L9285**
136	51	79	52	215	78	168	50	**215**	100	95	90	85	65	64	55	30		11	9	2	3	–	–	–	–	–	–	–	–	**Pyridinium, 1-(o-nitroanilino)-, hydroxide, inner salt**	31255-61-5	**S3236**
136	218	216	137	217	108	219	120	**215**	100	70	23	13	10	6	5	4	**3.00**	7	6	2	1	–	1	–	–	–	–	–	–	**Benzyl bromide, o-nitro-**		**P3988**
142	44	116	42	43	41	143	57	**215**	100	62	46	24	20	15	11	9	**6.06**	12	25	2	1	–	–	–	–	–	–	–	–	**Glycine, N-octyl-, ethyl ester**	33211-77-7	**S4005**
146	215	69	196	50	126	71	51	**215**	100	58	42	33	19	18	14	12		7	3	–	1	–	–	6	–	–	–	–	–	**Pyridine, 2,3-bis(trifluoromethyl)-**		**L2354**
146	215	69	196	50	126	71	51	**215**	100	66	43	39	23	22	17	15		7	3	–	1	–	–	6	–	–	–	–	–	**Pyridine, 2,4-bis(trifluoromethyl)-**		**L2353**
146	215	69	196	50	126	71	51	**215**	100	65	44	36	21	21	18	12		7	3	–	1	–	–	6	–	–	–	–	–	**Pyridine, 2,5-bis(trifluoromethyl)-**		**L2352**
146	215	69	196	50	126	76	51	**215**	100	57	41	34	19	17	13	11		7	3	–	1	–	–	6	–	–	–	–	–	**Pyridine, 2,3-bis(trifluoromethyl)-**	1644-68-4	**Q6424**
146	215	69	196	50	126	76	51	**215**	100	66	43	39	23	23	17	16		7	3	–	1	–	–	6	–	–	–	–	–	**Pyridine, 2,4-bis(trifluoromethyl)-**	454-99-9	**Q0781**
146	215	69	196	50	126	78	51	**215**	100	64	43	36	21	21	18	13		7	3	–	1	–	–	6	–	–	–	–	–	**Pyridine, 2,5-bis(trifluoromethyl)-**	20857-44-7	**R8975**
146	215	69	196	126	50	71	51	**215**	100	60	52	32	25	23	16	15		7	3	–	1	–	–	6	–	–	–	–	–	**Pyridine, 2,6-bis(trifluoromethyl)-**		**L2351**
146	215	69	196	126	50	75	51	**215**	100	59	52	32	29	23	16	14		7	3	–	1	–	–	6	–	–	–	–	–	**Pyridine, 2,6-bis(trifluoromethyl)-**	455-00-5	**Q0782**
156	82	124	36	157	55	142	186	**215**	100	41	27	12	10	10	9	8	**0.00**	11	21	3	1	–	–	–	–	–	–	–	–	**2-Piperidineacetic acid, 6-(1-hydroxypropyl)-, methyl ester, [2R-[2α,6α(S*)]]-**	19641-15-7	**R8217**
156	82	124	142	55	186	112	96	**215**	100	41	27	10	9	8	6	5	**0.50**	11	21	3	1	–	–	–	–	–	–	–	–	**2-Piperidineacetic acid, 6-(1-hydroxypropyl)-, methyl ester, [2R-[2α,6α(S*)]]-**		**L3401**
156	158	98	42	29	41	157	56	**215**	100	41	25	16	14	14	11	10	**1.98**	12	25	2	1	–	–	–	–	–	–	–	–	**Norleucine, 2-butyl-N-methyl-, methyl ester**	6141-46-4	**R2096**
156	171	85	215	143	59	70	115	**215**	100	52	52	23	22	22	21	21		8	13	4	3	–	–	–	–	–	–	–	–	**1,4-Diethyl-2-methoxycarbonyl-1,2,4-triazolidin-3,5-dione**		**P2809**
157	82	215	55	56	185	85	83	**215**	100	92	76	66	57	35	20	17		8	13	2	3	–	–	–	1	–	–	–	–	**Sydnone, 4-(methylthio)-3-(1-piperidinyl)-**	29179-73-5	**S2369**
159	215	172	146	160	116	89	216	**215**	100	75	63	30	25	17	13	12		14	17	1	1	–	–	–	–	–	–	–	–	**Cyclohexanecarbonitrile, 1-(4-methoxyphenyl)-**	36263-51-1	**S5191**
174	215	129	77	51	216			**215**	100	78	77	72	35	12				11	9	–	3	–	–	–	1	–	–	–	–	**3-Methyl-4-phenylthiazolo[2,3-c]-s-triazole**		**M6120**
179	163	109	136	36	38	65	180	**215**	100	38	36	36	30	15	14	12	**0.00**	8	10	–	3	1	–	–	1	–	–	–	–	**2(3H)-Benzothiazolone, 3-methyl-, hydrazone, hydrochloride**	14448-67-0	**R5212**
186	167	215	187	166	199	154	216	**215**	100	97	95	31	30	30	23	18		12	9	1	1	–	–	–	1	–	–	–	–	**10H-Phenothiazine, 5-oxide**	1207-71-2	**Q5762**
186	167	215	187	199	166	154	139	**215**	100	97	95	32	30	30	23	16		12	9	1	1	–	–	–	1	–	–	–	–	**10H-Phenothiazine, 5-oxide**		**03232**
187	189	159	43	215	161	217	97	**215**	100	52	44	43	36	26	25	20		8	3	2	1	2	–	–	–	–	–	–	–	**1H-Indole-2,3-dione, 5,7-dichloro-**	6374-92-1	**R2275**
189	175	190	161	216	191	217	137	**215**	100	13	10	6	4	3	3	3	**1.75**	14	17	1	1	–	–	–	–	–	–	–	–	**Cyclohexanecarbonitrile, 1-(4-methoxyphenyl)-**	36263-51-1	**S5192**
199	198	167	166	200	154	69	197	**215**	100	72	39	19	17	16	10	9	**1.40**	12	9	1	1	–	–	–	1	–	–	–	–	**10H-Phenothiazin-1-ol**	7445-99-0	**R3213**
200	215	58	202	43	68	173	69	**215**	100	52	46	35	31	30	26	20		8	14	–	5	1	–	–	–	–	–	–	–	**1,3,5-Triazine-2,4-diamine, 6-chloro-N-ethyl-N′-isopropyl-**	1912-24-9	**Q6993**
214	215	168	77	51	169	115	65	**215**	100	73	41	34	16	13	12	12		11	9	2	3	–	–	–	–	–	–	–	–	**2-Pyridinamine, 5-nitro-N-phenyl-**	6825-25-8	**R2580**

MASS TO CHARGE RATIOS								M.W.	INTENSITIES								Parent	C	H	O	N	Cl	Br	F	S	P	B	Si	X	COMPOUND NAME	CAS Reg No	No
215	28	214	18	32	156	187	77	**215**	100	86	57	54	22	21	21	17		11	9	–	3	–	–	–	1	–	–	–	–	N-Methylthiabendazole		15812
215	63	79	80	52	169	51	168	**215**	100	55	54	44	40	37	26	19		11	9	2	3	–	–	–	–	–	–	–	–	Pyridinium, 1-(m-nitroanilino)-, hydroxide, inner salt	31378-85-5	S3255
215	69	196	195	50	119	146	126	**215**	100	70	68	50	33	33	30	26		7	3	–	1	–	–	6	–	–	–	–	–	Pyridine, 3,4-bis(trifluoromethyl)-		L2349
215	77	51	115	141	50	216	185	**215**	100	67	35	25	19	15	12	11		12	9	3	1	–	–	–	–	–	–	–	–	Benzene, 1-nitro-4-phenoxy-	620-88-2	Q3017
215	77	51	185	141	115	216	50	**215**	100	54	27	20	18	17	15	12		12	9	3	1	–	–	–	–	–	–	–	–	Benzene, 1-nitro-4-phenoxy-	620-88-2	Q3016
215	77	170	214	55	57	104	115	**215**	100	60	47	47	33	33	23	20		12	9	3	1	–	–	–	–	–	–	–	–	N-Phenyl-α-(aminomethylene)glutaconic anhydride		15047
215	79	90	80	63	52	51	78	**215**	100	63	63	60	57	55	30	25		11	9	2	3	–	–	–	–	–	–	–	–	Pyridinium, 1-(p-nitroanilino)-, hydroxide, inner salt	55622-41-8	T1701
215	86	42	142	85	174	71	116	**215**	100	82	65	48	46	45	41	33		7	9	3	3	–	–	–	1	–	–	–	–	2H-1,3-Thiazine-6-carboxylic acid, 3-amino-3,4-dihydro-2-(methylimino)-4-oxo-, methyl ester	16135-19-6	R6049
215	90	63	79	80	52	169	168	**215**	100	92	55	54	41	40	35	19		11	9	2	3	–	–	–	–	–	–	–	–	Pyridinium, 1-(m-nitroanilino)-, hydroxide, inner salt	31378-85-5	S3256
215	122	46	93	167	185	138	199	**215**	100	86	16	6	2	1	1	1		12	9	3	1	–	–	–	–	–	–	–	–	Benzene, 1-nitro-2-phenoxy-	2216-12-8	Q7634
215	122	123	93	108	65	121	95	**215**	100	74	70	69	36	21	14	13		9	14	1	1	–	–	–	1	1	–	–	–	N-(Dimethylthiophosphinyl)-p-anisidine		16266
215	135	198	172	119	118	81	170	**215**	100	75	57	35	27	24	21	15		14	17	1	1	–	–	–	–	–	–	–	–	2-(1-Cyclohexenylmethyl)benzamide		L8253
215	135	198	172	119	118	81	216	**215**	100	75	57	35	27	24	21	16		14	17	1	1	–	–	–	–	–	–	–	–	2-(1-Cyclohexenylmethyl)benzamide		03193
215	139	216	157	115	185	141	140	**215**	100	29	22	20	14	11	11	10		12	9	3	1	–	–	–	–	–	–	–	–	Biphenyl, 3-hydroxy-4-nitro-		D0921
215	146	41	119	53	52	92	69	**215**	100	91	47	43	27	27	24	24		7	4	–	5	–	–	3	–	–	–	–	–	2-Pteridinamine, 4-(trifluoromethyl)-		M4022
215	146	42	119	52	53	69	92	**215**	100	90	46	41	27	27	23	23		7	4	–	5	–	–	3	–	–	–	–	–	2-Pteridinamine, 4-(trifluoromethyl)-	32706-26-6	S3841
215	147	159	146	119	172	91	158	**215**	100	77	48	45	36	30	24	20		14	17	1	1	–	–	–	–	–	–	–	–	Isoxazole, 3,4-dimethyl-5-(2,4,6-trimethylphenyl)-	61314-49-6	T5725
215	170	141	142	129	128	58	172	**215**	100	40	35	33	27	21	19	19		15	21	–	1	–	–	–	–	–	–	–	–	9-(N,N-Dimethylamino)-2,3-benzobicyclo[3.3.1]nonane		M2053
215	174	129	77	216	51	103		**215**	100	40	22	19	12	9	8			11	9	–	3	–	–	–	1	–	–	–	–	2-Methyl-4-phenylthiazolo[3,2-b]-s-triazole		M6128
215	186	81	53	160	28	96	119	**215**	100	62	61	26	20	19	16	16		10	9	1	5	–	–	–	–	–	–	–	–	1H-Purin-6-amine, N-(2-furanylmethyl)-	525-79-1	Q1620
215	186	81	160	216	214	187	53	**215**	100	84	39	23	19	16	15	15		10	9	1	5	–	–	–	–	–	–	–	–	1H-Purin-6-amine, N-(2-furanylmethyl)-		L1037
215	189	170	142	116	117	89	63	**215**	100	63	28	11	9	8	5	4		13	13	2	1	–	–	–	–	–	–	–	–	Naphthalen-1,4-imine-9-carboxylic acid, 1,4-dihydro-, ethyl ester	39996-25-3	S6196
215	196	69	195	146	71	126	119	**215**	100	64	46	44	29	28	28	21		7	3	–	1	–	–	6	–	–	–	–	–	Pyridine, 3,5-bis(trifluoromethyl)-		L2348
215	198	110	105	138	77	216	199	**215**	100	95	59	36	32	22	15	14		14	17	1	1	–	–	–	–	–	–	–	–	2-Propen-1-one, 1-phenyl-3-(1-piperidinyl)-	4452-12-4	R0460
215	216	115	82	186	131	146	50	**215**	100	17	9	9	9	9	6	6		13	13	2	1	–	–	–	–	–	–	–	–	2(3H)-Benzofuranone, 3-[3-(dimethylamino)-2-propenylidene]-	56771-83-6	08930
216	218	182	217	219	184	215	188	**215**	100	64	22	14	10	7	6	6		8	3	2	1	2	–	–	–	–	–	–	–	1H-Indole-2,3-dione, 5,7-dichloro-	6374-92-1	R2278
216	218	192	217	136	219	178	215	**215**	100	52	23	10	8	8	7	5		7	6	2	1	–	1	–	–	–	–	–	–	Benzyl bromide, p-nitro-	100-11-8	P7334
28	102	69	171	143	97	142	73	**216**	100	91	77	73	61	58	56	51	**0.31**	11	20	4	–	–	–	–	–	–	–	–	–	Adipic acid, α-methyl-, diethyl ester		C0279
28	175	93	95	173	32	177	94	**216**	100	46	31	29	24	23	22	13	**5.05**	2	2	2	–	–	2	–	–	–	–	–	–	Dibromoacetic acid		Z1689
29	27	28	55	69	41	141	171	**216**	100	78	64	62	53	53	37	37	**0.00**	11	20	4	–	–	–	–	–	–	–	–	–	Pentanedioic acid, α-ethyl-, diethyl ester		L0487
29	27	55	125	41	69	101	171	**216**	100	50	49	39	37	36	35	33	**0.00**	11	20	4	–	–	–	–	–	–	–	–	–	Pimelic acid, diethyl ester		L0484
29	27	69	41	55	28	42	171	**216**	100	57	36	35	30	28	27	12	**0.00**	11	20	4	–	–	–	–	–	–	–	–	–	Adipic acid, α-methyl-, diethyl ester		L0486
29	27	69	171	41	128	101	73	**216**	100	52	39	34	33	27	24	23	**0.00**	11	20	4	–	–	–	–	–	–	–	–	–	Succinic acid, propyl-, diethyl ester		L0485
29	28	31	27	108	106	32	136	**216**	100	93	64	45	35	30	24	18	**0.00**	3	6	1	–	–	2	–	–	–	–	–	–	1-Propanol, 2,3-dibromo-	96-13-9	P7019
29	125	69	41	101	171	42	129	**216**	100	54	53	46	46	44	40	39	**0.15**	11	20	4	–	–	–	–	–	–	–	–	–	Pimelic acid, diethyl ester		C0219
31	122	65	186	105	121	78	50	**216**	100	55	36	20	17	16	15	14	**3.00**	7	8	4	2	–	–	–	1	–	–	–	–	Benzoic acid, 4-(hydrazinosulphonyl)-	6391-97-5	R2287
39	41	27	54	28	53	56	26	**216**	100	84	72	65	49	48	40	29	**2.93**	8	14	–	–	–	–	–	–	–	–	–	1	Palladium, bis[(1,2,3-η)-2-butenyl]-	63817-37-8	T6292
42	199	74	55	69	96	143	67	**216**	100	36	24	20	19	19	19	17	**0.00**	6	12	3	6	–	–	–	–	–	–	–	–	1-Piperazineethanimidamide, N-hydroxy-3,5-bis(hydroxyimino)-	35975-37-2	08190
43	41	55	57	28	29	69	56	**216**	100	85	67	61	58	54	40	39	**0.34**	12	24	3	–	–	–	–	–	–	–	–	–	Dodecanoic acid, 3-hydroxy-	1883-13-2	Q6947
43	44	55	41	42	45	60	99	**216**	100	83	70	57	53	45	29	22	**0.00**	11	20	4	–	–	–	–	–	–	–	–	–	1,1-Heptanediol, diacetate	56438-09-6	T3614
43	56	71	89	41	55	57	73	**216**	100	85	70	60	33	24	18	17	**0.04**	12	24	3	–	–	–	–	–	–	–	–	–	Isobutanoic acid, 3-hydroxy-2,2,4-trimethylpentyl ester		C0283
43	68	41	58	64	42	69	48	**216**	100	80	39	32	13	11	7	6	**0.00**	8	12	3	2	–	–	–	1	–	–	–	–	Diacetone cyanohydrin sulphite		B0950
43	85	201	59	141	158	29	73	**216**	100	71	63	47	30	23	21	19	**6.70**	9	12	6	–	–	–	–	–	–	–	–	–	1,2-Isopropylidene-α-D-glucofuranurono-6,3-lactone		03989
43	85	201	59	141	158	73	216	**216**	100	68	62	46	30	20	17	8		9	12	6	–	–	–	–	–	–	–	–	–	1,2-Isopropylidene-α-D-glucofuranurono-6,3-lactone		L8444
43	116	74	100	216	15	59	117	**216**	100	45	21	8	8	4	4	4		10	16	3	–	–	–	–	1	–	–	–	–	2,4,6-Trioxa-8-thiaadamantane, 1,3,5,7-tetramethyl-, (+-)-	16679-98-4	R6361
43	128	55	100	143	174	73	101	**216**	100	43	38	30	27	21	16	16	**0.20**	10	16	5	–	–	–	–	–	–	–	–	–	Butanedioic acid, acetyl-, diethyl ester	1115-30-6	Q5321
43	131	99	74	55	145	143	112	**216**	100	40	18	17	15	10	8	8	**0.00**	11	20	4	–	–	–	–	–	–	–	–	–	Octanoic acid, 5-(acetyloxy)-, methyl ester	35234-23-2	S4896
43	146	174	216	105	89	173	76	**216**	100	26	26	22	21	16	13	8		12	8	4	–	–	–	–	–	–	–	–	–	1,4-Naphthalenedione, 2-(acetyloxy)-	1785-65-5	Q6749
44	216	145	174	215	36	42	201	**216**	100	47	30	27	26	23	17	17		10	11	–	2	–	–	3	–	–	–	–	–	Formamidine, N,N-dimethyl-N′-[p-(trifluoromethyl)phenyl]-		06326
44	216	145	174	215	201	30	42	**216**	100	67	46	41	29	27	24	22		10	11	–	2	–	–	3	–	–	–	–	–	Formamidine, N,N-dimethyl-N′-[m-(trifluoromethyl)phenyl]-		06335
47	81	63	126	79	45	64	46	**216**	100	92	75	73	68	60	35	34	**0.00**	4	12	4	2	–	–	–	2	–	–	–	–	1,1-Hydrazinedisulphinic acid, 2,2-dimethyl-, dimethyl ester	56666-96-7	T4050
51	65	215	91	216	52	50	77	**216**	100	99	94	65	59	53	46	46		12	12	2	2	–	–	–	–	–	–	–	–	1H-Pyrazole-4-carboxylic acid, 3-methyl-1-benzyl-	54815-29-1	S9674
55	74	83	43	59	152	41	15	**216**	100	89	60	57	56	56	52	47	**0.10**	11	20	4	–	–	–	–	–	–	–	–	–	Nonanedioic acid, dimethyl ester	1732-10-1	H1245

MASS TO CHARGE RATIOS								M.W.	INTENSITIES								Parent	C	H	O	N	Cl	Br	F	S	P	B	Si	X	COMPOUND NAME	CAS Reg No	No
55	113	73	45	43	56	41	71	**216**	100	28	21	18	17	14	13	12	**0.10**	12	24	3	–	–	–	–	–	–	–	–	–	**3,6-Dioxa-8-nonen-1-ol, 2,2,5,5,8-pentamethyl-**		**16208**
56	71	43	89	41	55	57	27	**216**	100	87	77	63	46	38	24	24	**0.00**	12	24	3	–	–	–	–	–	–	–	–	–	**Butanoic acid, 3-hydroxy-2,2-dimethylhexyl ester**		**C1689**
57	41	87	105	42	43	73	125	**216**	100	55	55	46	37	31	26	23	**0.00**	11	20	4	–	–	–	–	–	–	–	–	–	**Malonic acid, di-sec-butyl ester**	32260-07-4	**S3548**
57	104	160	105	41	103	216	40	**216**	100	42	20	11	10	9	7	6		13	29	–	–	–	–	–	–	1	–	–	–	**Di-tert-butyl(2,2-dimethylpropyl)phosphine**	60633-21-8	**T5215**
57	108	137	139	106	136	138	107	**216**	100	76	66	63	62	49	49	21	**0.00**	3	6	1	–	–	2	–	–	–	–	–	–	**1-Propanol, 2,3-dibromo-**	96-13-9	**P7020**
57	127	159	153	187	185	128	56	**216**	100	36	35	27	23	21	12	11	**0.01**	10	16	5	–	–	–	–	–	–	–	–	–	**Dimethyl α-(1-methyl-2-oxobutyl)malonate**		**17501**
58	100	42	158	59	43	57	44	**216**	100	21	6	5	5	4	2	2	**0.00**	11	24	2	2	–	–	–	–	–	–	–	–	**1,3-Dioxolane-4,5-dimethanamine, N,N,N′,N′,2,2-hexamethyl-**	74764-43-5	**T8507**
59	140	53	167	130	200	112	75	**216**	100	85	71	53	40	40	36	34	**1.40**	9	12	6	–	–	–	–	–	–	–	–	–	**1-Propene-1,2,3-tricarboxylic acid, trimethyl ester, (E)-**	4271-99-2	**R0278**
61	59	28	76	140	58	98	45	**216**	100	66	65	64	57	53	34	33	**1.61**	9	19	–	–	–	–	–	–	1	–	–	1	**Nickel, 2-propenyl(η^3-2-propenyl)(trimethylphosphine)-**	61233-21-4	**T5628**
63	90	91	65	62	92	126	128	**216**	100	91	44	43	42	41	40	26	**4.00**	6	7	2	–	3	–	–	–	–	–	–	–	**Propanoic acid, 2-chloro-, 1,2-dichloropropenyl ester**		**L4369**
65	51	69	45	127	95	101	77	**216**	100	62	29	20	15	14	12	10	**0.05**	5	4	–	–	–	–	8	–	–	–	–	–	**Pentane, 1,1,2,2,3,3,4,4-octafluoro-**	40723-64-6	**08160**
66	65	151	201	153	186	203	136	**216**	100	84	5	3	2	2	2	1	**0.50**	7	11	–	–	–	–	–	–	–	–	–	1	**σ-Cyclopentadienyldimethylantimony**		**15858**
67	79	80	28	93	54	41	91	**216**	100	93	89	88	61	57	55	47	**4.08**	16	24	–	–	–	–	–	–	–	–	–	–	**Cyclobuta[1,2:3,4]dicyclooctene, 1,2,5,6,6a,6b,7,8,11,12,12a,12b-dodecahydro-, (6aα,6bα,12aα,12bβ)-**	61277-43-8	**T5715**
69	55	83	41	96	82	152	109	**216**	100	75	69	62	43	37	21	19	**2.00**	10	16	3	–	–	–	–	1	–	–	–	–	**8-(2,3,3-Trimethylbicyclo[2.2.1]heptyl)-γ-sultone**		**M1056**
69	147	216	77	51	40	105	43	**216**	100	70	62	33	27	25	25	16		10	7	2	–	–	–	3	–	–	–	–	–	**1,3-Butanedione, 4,4,4-trifluoro-1-phenyl-**	326-06-7	**Q0493**
70	185	186	199	198	201	200	217	**216**	100	90	33	29	22	20	18	15	**3.90**	9	16	4	2	–	–	–	–	–	–	–	–	**1,3-Di(2′-hydroxyethyl)-5,5-dimethylhydantoin**		**06700**
71	41	43	115	57	29	27	72	**216**	100	78	23	14	6	5	4	4	**0.00**	11	20	4	–	–	–	–	–	–	–	–	–	**Butyl butyryl lactate**		**Z1548**
71	43	55	44	41	83	82	56	**216**	100	46	15	12	11	9	8	7	**0.00**	12	24	3	–	–	–	–	–	–	–	–	–	**Isobutanoic acid, 2-(hydroxymethyl)-1-propylbutyl ester**	74367-32-1	**T7986**
71	43	56	41	83	55	89	57	**216**	100	60	33	25	20	17	15	14	**0.00**	12	24	3	–	–	–	–	–	–	–	–	–	**Isobutanoic acid, 2,2-dimethyl-1-(2-hydroxy-1-isopropyl)propyl ester**	74367-33-2	**T7987**
71	56	43	89	41	55	57	73	**216**	100	76	61	46	24	20	16	16	**0.00**	12	24	3	–	–	–	–	–	–	–	–	–	**Isobutanoic acid, 3-hydroxy-2,4,4-trimethylpentyl ester**	74367-34-3	**T7988**
71	56	89	43	173	41	57	73	**216**	100	72	60	44	22	21	16	16	**0.04**	12	24	3	–	–	–	–	–	–	–	–	–	**Isobutanoic acid, 3-hydroxy-2,2,4-trimethylpentyl ester**		**C0683**
71	89	43	56	55	41	27	29	**216**	100	80	72	65	42	41	28	22	**0.00**	12	24	3	–	–	–	–	–	–	–	–	–	**Butanoic acid, 2-ethyl-3-hydroxyhexyl ester**		**C1690**
71	89	43	56	55	41	57	73	**216**	100	93	61	52	41	25	16	16	**0.00**	12	24	3	–	–	–	–	–	–	–	–	–	**Isobutanoic acid, 2-ethyl-3-hydroxyhexyl ester**	74367-31-0	**T7985**
71	89	56	43	55	41	85	143	**216**	100	91	58	48	34	28	17	14	**0.04**	12	24	3	–	–	–	–	–	–	–	–	–	**Butanoic acid, 2-ethyl-3-hydroxyhexyl ester**		**C0282**
73	43	41	72	145	27	55	71	**216**	100	45	22	19	17	17	15	15	**0.36**	12	24	3	–	–	–	–	–	–	–	–	–	**1,3,5-Trioxane, 2,4,6-triisopropyl-**		**C0362**
73	43	55	44	72	71	41	27	**216**	100	48	48	44	34	30	30	30	**0.05**	12	24	3	–	–	–	–	–	–	–	–	–	**1,3,5-Trioxane, 2,4,6-tripropyl-**		**C0361**
73	43	109	69	41	55	59	74	**216**	100	9	9	8	7	6	6	5	**0.00**	12	24	3	–	–	–	–	–	–	–	–	–	**Octanoic acid, 7-methoxy-3,7-dimethyl-, methyl ester**	69687-76-9	**T7212**
73	75	41	201	40	145	174	45	**216**	100	36	31	23	13	10	9	8	**0.00**	11	24	2	–	–	–	–	–	–	–	1	–	**Acetic acid, dipropyl-, trimethylsilyl ester**		**15740**
73	75	201	117	41	43	132	45	**216**	100	99	54	39	27	23	21	20	**1.90**	11	24	2	–	–	–	–	–	–	–	1	–	**Octanoic acid, trimethylsilyl ester**	55494-06-9	**T1224**
73	113	45	59	74	85	127	75	**216**	100	33	9	9	8	7	6	5	**0.60**	11	28	–	–	–	–	–	–	–	–	2	–	**2,2,8,8-Tetramethyl-2,8-silanonane**		**L2111**
73	131	75	187	132	103	97	74	**216**	100	87	57	36	17	12	9	9	**0.00**	12	28	1	–	–	–	–	–	–	–	1	–	**Nonanol-3-TMS**		**P4077**
73	145	75	173	103	146	74	174	**216**	100	79	55	48	21	10	9	8	**0.00**	12	28	1	–	–	–	–	–	–	–	1	–	**Nonanol-4-TMS**		**P4078**
74	107	79	106	181	67	121	75	**216**	100	94	52	43	33	32	27	24	**3.45**	11	17	2	–	1	–	–	–	–	–	–	–	**Methyl 3-(chloromethyl)octahydropentalene-1-carboxylate**		**Z1690**
74	152	55	83	41	185	143	111	**216**	100	97	77	67	60	60	60	60	**0.07**	11	20	4	–	–	–	–	–	–	–	–	–	**Nonanedioic acid, dimethyl ester**		**C0329**
75	73	83	119	216	55	214	41	**216**	100	83	76	62	60	53	40	30		11	24	2	–	–	–	–	–	–	–	1	–	**2-(Cyclohexyloxy)-1-(trimethylsilyloxy)ethane**	16654-73-2	**R6337**
75	111	51	79	216	50	52	138	**216**	100	88	80	80	74	58	46	46		12	9	–	2	1	–	–	–	–	–	–	–	**Aniline, 4-chloro-N-(4-pyridinylmethylene)-**	55643-84-0	**T1727**
77	111	75	216	113	139	152	105	**216**	100	88	37	36	29	26	20	19		12	9	–	2	1	–	–	–	–	–	–	–	**Azobenzene, 4-chloro-, (E)-**	6141-95-3	**09382**
77	111	216	75	51	113	139	50	**216**	100	75	45	38	35	34	27	23		12	9	–	2	1	–	–	–	–	–	–	–	**Azobenzene, 4-chloro-**	4340-77-6	**R0331**
77	111	216	139	105	75	113	218	**216**	100	83	71	49	40	29	28	24		12	9	–	2	1	–	–	–	–	–	–	–	**Azobenzene, 4-chloro-, (Z)-**	6530-97-8	**09383**
78	103	181	77	76	135	46	36	**216**	100	90	72	57	53	47	22	19	**0.00**	7	5	–	2	1	–	–	2	–	–	–	–	**4-Phenyl-1,2,3,5-dithiadiazolium chloride**		**P1594**
78	216	183	155	201	139	140	77	**216**	100	98	62	44	32	27	27	26		8	9	3	–	–	–	–	1	1	–	–	–	**4H-1,3,2-Benzodioxaphosphorin, 2-methoxy-, 2-sulphide**		**L9038**
79	67	41	93	91	188	80	54	**216**	100	84	67	67	63	62	59	44	**9.70**	16	24	–	–	–	–	–	–	–	–	–	–	**Cyclobuta[1,2:3,4]dicyclooctene, 1,2,5,6,6a,6b,7,8,11,12,12a,12b-dodecahydro-, (6aα,6bα,12aβ,12bβ)-**	61233-68-9	**T5677**
79	67	80	28	93	41	91	107	**216**	100	92	86	69	69	58	54	44	**12.47**	16	24	–	–	–	–	–	–	–	–	–	–	**Cyclobuta[1,2:3,4]dicyclooctene, 1,2,5,6,6a,6b,7,8,11,12,12a,12b-dodecahydro-, (6aα,6bβ,12aα,12bβ)-**	61277-44-9	**T5718**
79	75	51	52	216	111	215	50	**216**	100	82	62	61	59	58	52	46		12	9	–	2	1	–	–	–	–	–	–	–	**Aniline, 4-chloro-N-(2-pyridinylmethylene)-**	26825-34-3	**S1507**
79	91	180	92	77	80	107	216	**216**	100	62	44	39	36	35	33	23		14	16	2	–	–	–	–	–	–	–	–	–	**Anthraquinone, 1,2,4a,7,8,8a,9a,10a-octahydro-**		**D1182**
81	95	41	67	55	137	39	69	**216**	100	90	60	57	43	35	33	30	**0.34**	10	17	–	–	–	1	–	–	–	–	–	–	**Cyclodecene, 3-bromo-**	56325-56-5	**T3495**
83	69	55	41	135	149	148	216	**216**	100	36	35	28	15	12	6	3		11	20	2	–	–	–	–	1	–	–	–	–	**Cyclopentylcyclohexylsulphone**		**M0366**
83	73	75	55	119	41	103	171	**216**	100	97	87	68	68	39	32	28	**0.17**	11	24	2	–	–	–	–	–	–	–	1	–	**2-(Cyclohexyloxy)-1-(trimethylsilyloxy)ethane**	16654-73-2	**R6336**
85	43	115	83	41	57	56	84	**216**	100	76	36	33	16	15	11	11	**0.82**	13	28	2	–	–	–	–	–	–	–	–	–	**Bis(hexyloxy)methane**		**Z1683**
87	43	201	81	41	88	55	85	**216**	100	35	11	9	4	4	3	3	**0.00**	11	20	4	–	–	–	–	–	–	–	–	–	**1,3-Dioxolane-2-pentanoic acid, 2-methyl-, ethyl ester**	36651-17-9	**S5313**
87	43	201	171	99				**216**	100	36	12	7	2				**0.00**	11	20	4	–	–	–	–	–	–	–	–	–	**Heptanoic acid, 6,6-(ethylenedioxy)-, ethyl ester**		**M4550**
87	81	73	59	75	131	170	103	**216**	100	79	52	49	41	28	25	24	**0.99**	11	24	2	–	–	–	–	–	–	–	1	–	**Cyclohexane, 4-ethoxy-1-(trimethylsilyloxy)-**	29809-00-5	**S2675**
90	216	218	91	63	172	186	188	**216**	100	74	73	51	37	34	32	31		6	5	2	2	–	1	–	–	–	–	–	–	**Aniline, 2-bromo-4-nitro-**		**D0067**

MASS TO CHARGE RATIOS								M.W.	INTENSITIES								Parent	C	H	O	N	Cl	Br	F	S	P	B	Si	X	COMPOUND NAME	CAS Reg No	No
90	216	218	91	186	188	52	63	**216**	100	79	79	64	57	55	32	32		6	5	2	2	–	1	–	–	–	–	–	–	**Aniline, 2-bromo-4-nitro-**	13296-94-1	**R4413**
91	43	129	97	104	117	92	158	**216**	100	89	33	29	24	20	14	12	**7.00**	15	20	1	–	–	–	–	–	–	–	–	–	**3-Nonen-2-one, 9-phenyl-, (E)-**	55282-82-1	**T0703**
91	71	43	112	130	44	125	107	**216**	100	77	61	43	36	23	23	20	**0.00**	15	20	1	–	–	–	–	–	–	–	–	–	**5-Nonen-4-one, 9-phenyl-, (E)-**	55282-85-4	**T0705**
91	126	92	128	216	65	218	39	**216**	100	23	12	8	8	6	5	3		11	14	–	–	2	–	–	–	–	–	–	–	**Benzene, [3-chloro-2-(chloromethyl)-2-methylpropyl]-**	40548-56-9	**S6330**
91	132	201	158	159	216	104	131	**216**	100	20	19	18	17	15	13	8		11	12	1	4	–	–	–	–	–	–	–	–	**1-Benzyl-4-acetylimino-1,2,4-triazolium ylide**		**M0575**
91	216	65	92	39	94	217	97	**216**	100	21	12	9	5	4	3	3		13	12	1	–	–	–	–	1	–	–	–	–	**Phenol, o-(benzylthio)-**		**03706**
91	216	65	92	63	39	50	94	**216**	100	22	11	9	7	5	4	4		13	12	1	–	–	–	–	1	–	–	–	–	**Phenol, o-(benzylthio)-**	24312-63-8	**S0542**
91	216	65	125	92	89	39	218	**216**	100	15	9	8	8	6	5	5		14	13	–	–	1	–	–	–	–	–	–	–	**Bibenzyl, 3-chloro-**	34176-92-6	**S4566**
95	73	89	184	126	125	216		**216**	100	38	33	10	7	4	1			11	24	2	–	–	–	–	–	–	–	1	–	**Cyclohexane, 3-methoxy-5-methyl-1-(trimethylsilyloxy)-, (1α,3α,5α)-**	58800-83-2	**T5084**
95	89	73	126	184	125	216		**216**	100	30	23	5	5	4	1			11	24	2	–	–	–	–	–	–	–	1	–	**Cyclohexane, 3-methoxy-5-methyl-1-(trimethylsilyloxy)-, (1α,3α,5β)-**	58800-81-0	**T5082**
95	216	94	120					**216**	100	50	40	30						13	16	1	2	–	–	–	–	–	–	–	–	**Bis(4,5-dimethyl-2-pyrrolyl) ketone**		**L0942**
97	56	69	96	160	153	67	95	**216**	100	91	88	65	48	43	41	41	**0.30**	6	5	3	–	1	–	–	–	–	–	–	1	**Tricarbonyl-π-allyliron chloride**		**14882**
97	85	87	156	198	84	216	98	**216**	100	98	98	95	95	91	89	81		8	12	3	2	–	–	–	1	–	–	–	–	**1H-Thieno[3,4-d]imidazole-4-propanoic acid, hexahydro-2-oxo-, [3aS-(3aα,4β,6aα)]-**	16968-98-2	**R6546**
97	85	87	156	198	84	216	98	**216**	100	96	96	96	96	92	88	83		8	12	3	2	–	–	–	1	–	–	–	–	**1H-Thieno[3,4-d]imidazole-4-propanoic acid, hexahydro-2-oxo-, [3aS-(3aα,4β,6aα)]-**		**L7379**
98	55	41	73	84	43	69	45	**216**	100	74	71	61	46	38	36	28	**0.00**	11	20	4	–	–	–	–	–	–	–	–	–	**Undecanedioic acid**	1852-04-6	**Q6891**
98	109	101	145	127	83	56	70	**216**	100	62	55	55	49	39	28	25	**1.00**	13	28	2	–	–	–	–	–	–	–	–	–	**(6R,8R)-Tridecane-6,8-diol**		**P1957**
101	57	159	41	160	113	74	216	**216**	100	70	65	60	45	45	30	25		11	20	2	–	–	–	–	1	–	–	–	–	**tert-Butyl 2-(3-methyl-2-thiacyclopentyl)acetate**		**M2706**
101	129	71	70	43	55			**216**	100	71	61	57	42	40			**0.00**	11	20	4	–	–	–	–	–	–	–	–	–	**Succinic acid, 3-methylbutyl ethyl**		**M5447**
103	57	85	75	171	69	47	29	**216**	100	34	27	25	23	21	21	19	**0.00**	13	28	2	–	–	–	–	–	–	–	–	–	**Nonane, 1,1-diethoxy-**	54815-13-3	**S9669**
104	57	91	105	41	43	92	29	**216**	100	79	66	33	29	25	20	18	**1.47**	16	24	–	–	–	–	–	–	–	–	–	–	**Benzene, (3-vinyl-5,5-dimethylhexyl)-**	74810-75-6	**T8727**
104	216	28	78	130	103	199	105	**216**	100	49	28	23	23	19	18	17		12	12	2	2	–	–	–	–	–	–	–	–	**Spiro[imidazolidine-4,2′(1′H)-naphthalene]-2,5-dione, 3′,4′-dihydro-**	52094-70-9	**S7862**
105	57	41	106	29	104	77	79	**216**	100	17	11	10	6	6	6	5	**0.61**	16	24	–	–	–	–	–	–	–	–	–	–	**Benzene, (2-vinyl-1,4,4-trimethylpentyl)-**	74810-76-7	**T8728**
105	57	87	56	41	143	42	43	**216**	100	59	45	40	33	30	18	14	**0.00**	11	20	4	–	–	–	–	–	–	–	–	–	**Malonic acid, dibutyl ester**	1190-39-2	**Q5638**
105	77	139	216	111	75	141	73	**216**	100	68	66	43	37	29	20	17		13	9	1	–	1	–	–	–	–	–	–	–	**Benzophenone, 4-chloro-**	134-85-0	**P9683**
105	81	94	77	32	110	119	106	**216**	100	68	60	55	54	50	46	43	**2.50**	13	12	3	–	–	–	–	–	–	–	–	–	**1,3-Dioxolane, 4-(2-furanyl)-2-phenyl-**	72361-05-8	**T7790**
105	104	118	216	131	91	106	117	**216**	100	73	44	43	42	33	27	27		16	24	–	–	–	–	–	–	–	–	–	–	**Benzocyclododecene, 5,6,7,8,9,10,11,12,13,14-decahydro-**	7125-10-2	**R2855**
105	111	67	95	86	48	216	178	**216**	100	78	60	31	25	22	8	7		6	4	2	–	–	–	4	1	–	–	–	–	**p-Fluorophenoxythionyl trifluoride**		**M8803**
105	111	67	95	86	216	48	178	**216**	100	46	35	21	19	11	9	6		6	4	2	–	–	–	4	1	–	–	–	–	**m-Fluorophenoxythionyl trifluoride**		**M8805**
105	111	67	95	86	216	48	178	**216**	100	19	17	16	8	7	6	5		6	4	2	–	–	–	4	1	–	–	–	–	**m-Fluorophenoxythionyl trifluoride**		**M8804**
105	139	77	216	51	111	75	141	**216**	100	60	58	43	32	24	23	20		13	9	1	–	1	–	–	–	–	–	–	–	**Benzophenone, 2-chloro-**	5162-03-8	**R1164**
105	139	77	216	111	141	51	75	**216**	100	72	51	31	30	23	22	19		13	9	1	–	1	–	–	–	–	–	–	–	**Benzophenone, 4-chloro-**	134-85-0	**P9681**
105	139	216	77	111	141	218	51	**216**	100	71	63	38	23	23	20	14		13	9	1	–	1	–	–	–	–	–	–	–	**Benzophenone, 4-chloro-**	134-85-0	**P9682**
105	161	217	133	189	111	143	162	**216**	100	60	32	28	15	8	6	6	**0.00**	11	20	4	–	–	–	–	–	–	–	–	–	**Malonic acid, dibutyl ester**		**P1673**
105	216	77	139	111	51	218	75	**216**	100	66	60	43	27	23	21	17		13	9	1	–	1	–	–	–	–	–	–	–	**Benzophenone, 3-chloro-**	1016-78-0	**Q5077**
107	78	169	77	216	155	110	106	**216**	100	74	69	56	40	37	26	25		8	9	3	–	–	–	–	1	1	–	–	–	**4H-1,3,2-Benzodioxaphosphorin, 2-methylthio-2-oxo-**		**L9040**
108	91	93	41	216	109	77	106	**216**	100	37	32	30	25	21	21	20		15	20	1	–	–	–	–	–	–	–	–	–	**Cyclodeca[b]furan, 4,7,8,11-tetrahydro-3,6,10-trimethyl-**		**M1545**
108	106	31	138	136	137	139	29	**216**	100	83	68	68	67	67	64	52	**0.40**	3	6	1	–	–	2	–	–	–	–	–	–	**1-Propanol, 2,3-dibromo-**	96-13-9	**P7021**
108	107	77	123	171	92	155	64	**216**	100	40	35	35	33	29	22	16	**15.30**	9	12	4	–	–	–	–	1	–	–	–	–	**4-Methoxyphenyl 2-hydroxyethyl sulphone**	35848-00-1	**S5094**
108	107	123	171	92	155	216	188	**216**	100	40	36	35	30	23	17	14		9	12	4	–	–	–	–	1	–	–	–	–	**4-Methoxyphenyl 2-hydroxyethyl sulphone**		**M4354**
108	216	39	65	52	77	51	217	**216**	100	90	20	17	16	16	15	13		13	12	3	–	–	–	–	–	–	–	–	–	**Phenol, 2-(2-methoxyphenoxy)-**	21905-60-2	**R9434**
108	216	66	65	201	188	94	93	**216**	100	97	91	59	51	49	41	28		12	12	2	2	–	–	–	–	–	–	–	–	**Furan, 2-acetyl-, [1-(2-furanyl)ethylidene]hydrazone**	24523-53-3	**S0608**
109	176	161	91	119	133	77	41	**216**	100	87	87	85	80	48	45	45	**10.00**	15	20	1	–	–	–	–	–	–	–	–	–	**1-Decalone, 2,3,8,9-tetrahydro-5,10-dimethyl-4-isopropylidene-**		**M2001**
111	29	27	28	43	99	93	31	**216**	100	97	91	91	78	78	69	66	**6.25**	10	17	3	–	–	–	–	–	1	–	–	–	**Phosphonic acid, (3-methyl-3-penten-1-ynyl)-, diethyl ester, (E)-**	22152-31-4	**R9583**
116	115	119	216	69	95	96	97	**216**	100	38	16	12	8	8	8	8		8	6	–	–	–	–	6	–	–	–	–	–	**1,4,5,5,6,6-Hexafluorobicyclo[2.2.2]oct-2-ene**		**P2230**
117	73	75	118	201	74	69	119	**216**	100	70	67	13	12	6	5	5	**0.00**	12	28	1	–	–	–	–	–	–	–	1	–	**Nonanol-2-TMS**		**P4076**
119	41	216	120	133	39	91	105	**216**	100	18	18	17	14	8	8	8		16	24	–	–	–	–	–	–	–	–	–	–	**1-Cyclopentyl-3-(2,4-xylyl)propane**		**V0267**
119	41	216	120	133	91	39	105	**216**	100	18	18	17	14	10	8	8		16	24	–	–	–	–	–	–	–	–	–	–	**1-Cyclopentyl-3-(2,4-xylyl)propane**		**00113**
119	41	216	133	39	91	105	27	**216**	100	18	18	14	8	8	8	7		16	24	–	–	–	–	–	–	–	–	–	–	**1-Cyclopentyl-3-(2,4-xylyl)propane**	54815-16-6	**H2075**
123	125	43	44	124	93	95	122	**216**	100	96	25	15	9	7	7	7	**1.22**	3	6	1	–	–	2	–	–	–	–	–	–	**2-Propanol, 1,3-dibromo-**		**Z1688**
125	101	171	129	29	55	69	97	**216**	100	68	62	62	58	52	46	39	**0.60**	11	20	4	–	–	–	–	–	–	–	–	–	**Pimelic acid, diethyl ester**		**F0248**
126	125	73	95	89	184	216		**216**	100	32	25	12	5	3	1			11	24	2	–	–	–	–	–	–	–	1	–	**Cyclohexane, 3-methoxy-5-methyl-1-(trimethylsilyloxy)-, (1α,3β,5β)-**	58751-76-1	**T5073**
128	96	39	68	74	41	109	45	**216**	100	81	51	49	48	42	42	37	**0.00**	9	12	6	–	–	–	–	–	–	–	–	–	**3-Cyclohexene-1,2-dicarboxylic acid, 6-hydroxy-5-methoxy-, (1α,2β,5β,6α)-**	52183-79-6	**S7890**

MASS TO CHARGE RATIOS								M.W.	INTENSITIES								Parent	C	H	O	N	Cl	Br	F	S	P	B	Si	X	COMPOUND NAME	CAS Reg No	No
129	69	97	55	41	185	137	153	**216**	100	82	67	33	26	26	18	18	**0.00**	11	20	4	–	–	–	–	–	–	–	–	–	**Heptanedioic acid, 4,4-dimethyl-, dimethyl ester**	54815-28-0	**H2077**
129	69	97	55	185	41	170	153	**216**	100	82	67	33	26	26	18	18	**0.00**	11	20	4	–	–	–	–	–	–	–	–	–	**Heptanedioic acid, 4,4-dimethyl-, dimethyl ester**		**01890**
129	115	91	117	145	131	116	128	**216**	100	94	87	87	50	43	35	21	**20.20**	15	20	1	–	–	–	–	–	–	–	–	–	**Octanal, 2-benzylidene-**	101-86-0	**P7517**
131	77	103	132	160	216			**216**	100	26	26	16	12	9				14	16	2	–	–	–	–	–	–	–	–	–	**5,9-Epoxybenzocycloocten-10(5H)-one, 6,7,8,9-tetrahydro-7,7-dimethyl-**	64129-25-5	**T6399**
131	91	57	216	187	132	116	129	**216**	100	47	21	18	11	11	10	10		14	21	1	–	–	–	–	–	–	1	–	–	**Borinic acid, diethyl-, 1-phenyl-2-butenyl ester**	62337-85-3	**T6057**
131	146	103	77	216	145	132	40	**216**	100	62	40	24	14	11	10	8		15	20	1	–	–	–	–	–	–	–	–	–	**1-Nonen-3-one, 1-phenyl-**	30669-47-7	**S2965**
132	216	84	117	91	115	44	41	**216**	100	51	39	19	18	13	12	11		15	20	1	–	–	–	–	–	–	–	–	–	**Bicyclo[2.2.2]octane, 1-methoxy-4-phenyl-**	6555-88-0	**R2365**
134	216	135	217	187	41	55	133	**216**	100	50	17	14	12	11	10	10		13	16	1	2	–	–	–	–	–	–	–	–	**2-Benzoxazolamine, N-cyclohexyl-**	10450-11-0	**R3850**
135	77	92	216	79	136	51	63	**216**	100	17	9	9	9	9	8	7		14	16	2	–	–	–	–	–	–	–	–	–	**Bicyclo[2.2.1]hept-2-en-7-ol, 7-(4-methoxyphenyl)-, syn-**	13143-81-2	**R4229**
135	120	134	214	80	158	81	145	**216**	100	92	77	44	28	23	17	16	**8.00**	14	20	–	2	–	–	–	–	–	–	–	–	**Pyrrole, 4,5-dihydro-2-methyl-1-(mesitylamino)-**		**M7037**
135	136	77	216	92	79	121	80	**216**	100	9	8	6	4	3	3	3		14	16	2	–	–	–	–	–	–	–	–	–	**Bicyclo[2.2.1]hept-2-en-7-ol, 7-(4-methoxyphenyl)-, anti-**	13118-72-4	**R4212**
136	216	135	148	121	94	122	28	**216**	100	46	36	20	10	9	9	9		15	20	1	–	–	–	–	–	–	–	–	–	**Norbornane, 2-(2-hydroxy-4,6-dimethylphenyl)-**		**03538**
136	216	135	148	149	122	137	91	**216**	100	56	49	25	13	11	10	9		15	20	1	–	–	–	–	–	–	–	–	–	**Norbornane, 2-(4-hydroxy-3,5-dimethylphenyl)-**		**03539**
137	65	139	101	129	103	51	67	**216**	100	92	63	37	33	28	18	17	**0.00**	6	7	2	–	3	–	–	–	–	–	–	–	**Cyclopropanecarboxylic acid, 2,3-dichloro-2,3-dimethyl-, anhydride with hypochlorous acid**	55937-90-1	**T2365**
137	121	122	77	168	91	103	153	**216**	100	55	15	9	8	7	4	3	**1.00**	9	12	–	–	–	–	–	3	–	–	–	–	**Disulphide, methyl (methylthio)benzyl**	69078-76-8	**T7000**
137	139	57	111	113	38	37	39	**216**	100	94	71	45	43	22	20	15	**0.00**	3	3	–	–	–	2	1	–	–	–	–	–	**Cyclopropane, 1,1-dibromo-2-fluoro-**	24071-55-4	**S0445**
138	216	73	56	121	217	151	139	**216**	100	69	16	12	10	9	7	7		11	12	1	–	–	–	–	–	–	–	–	1	**Ferrocene, (hydroxymethyl)-**	1273-86-5	**Q5892**
139	141	111	75	140	113	183	153	**216**	100	32	19	9	7	7	5	5	**0.78**	10	10	1	–	2	–	–	–	–	–	–	–	**isobutyrophenone, 2,4′-dichloro-**	36025-21-5	**S5138**
139	216	154	77	152	137	62	136	**216**	100	53	28	13	5	2	1	1		12	12	2	–	–	–	–	–	–	–	1	–	**Silanediol, diphenyl-**	947-42-2	**Q4801**
141	129	128	216	173	187	198		**216**	100	90	87	57	15	11	10			15	20	1	–	–	–	–	–	–	–	–	–	**trans,trans-Pentadeca-7,13-dien-9,11-diyn-4-ol**		**M6873**
143	55	74	83	59	111	69	41	**216**	100	98	98	93	86	86	82	79	**0.00**	11	20	4	–	–	–	–	–	–	–	–	–	**Octanedioic acid, 3-methyl-, dimethyl ester**	54576-15-7	**S9326**
143	216	128	28	187	188	43	172	**216**	100	74	48	44	43	36	32	20		14	16	2	–	–	–	–	–	–	–	–	–	**2,3-Pentadienoic acid, 2-methyl-4-phenyl-, ethyl ester**	5717-44-2	**R1704**
143	216	128	187	188	43	172	29	**216**	100	72	47	43	36	31	20	19		14	16	2	–	–	–	–	–	–	–	–	–	**2,3-Butadienoic acid, 2,4-dimethyl-4-phenyl-, ethyl ester**		**M7303**
144	170	216	128	117	116	171	89	**216**	100	46	38	26	25	23	23	23		12	12	2	2	–	–	–	–	–	–	–	–	**Carbamic acid, 1-isoquinolinyl-, ethyl ester**	36160-16-4	**S5166**
145	113	55	41	59	174	97	73	**216**	100	37	30	26	24	18	17	14	**0.00**	11	20	4	–	–	–	–	–	–	–	–	–	**Malonic acid, dipropyl-, dimethyl ester**	16644-05-6	**R6297**
145	114	55	41	59	97	174	157	**216**	100	37	31	27	24	18	17	13	**0.60**	11	20	4	–	–	–	–	–	–	–	–	–	**Malonic acid, dipropyl-, dimethyl ester**	16644-05-6	**R6296**
145	174	43	132	128	131	146	91	**216**	100	95	62	43	43	37	30	24	**14.00**	14	16	2	–	–	–	–	–	–	–	–	–	**1,2-Benzocycloocta-1,3-diene, 3-acetoxy-**		**L2479**
145	216	160	173	90	115	128	129	**216**	100	68	38	27	19	18	17	16		14	16	2	–	–	–	–	–	–	–	–	–	**2,3-Naphthalenedione, 1,4-dihydro-1,1,4,4-tetramethyl-**	17471-49-7	**R7029**
145	216	160	173	91	115	128	129	**216**	100	68	38	27	19	18	17	16		14	16	2	–	–	–	–	–	–	–	–	–	**2,3-Naphthalenedione, 1,4-dihydro-1,1,4,4-tetramethyl-**		**L4548**
147	183	148	216	198	77	105	146	**216**	100	93	61	53	43	40	35	35		14	16	2	–	–	–	–	–	–	–	–	–	**Cyclopent[a]inden-8(1H)-one, 2,3,3a,8a-tetrahydro-3a-hydroxy-1,1-dimethyl-**	64129-27-7	**T6401**
147	216	149	69	197	166	218	93	**216**	100	45	32	27	19	19	14	13		4	–	–	–	1	–	7	–	–	–	–	–	**1,1,1,2,4,4,4-Heptafluoro-3-chlorobut-2-ene**		**02706**
149	176	162	150	109	163	177	41	**216**	100	46	12	11	8	8	7	7	**2.20**	12	16	–	4	–	–	–	–	–	–	–	–	**1,4,9-Tricyano-5-iminononane**		**C1620**
152	55	111	74	83	185	143	59	**216**	100	80	80	75	66	61	56	55	**0.00**	11	20	4	–	–	–	–	–	–	–	–	–	**Nonanedioic acid, dimethyl ester**	1732-10-1	**H1244**
152	185	59	15	155	186	31	125	**216**	100	98	63	58	56	53	40	36	**1.80**	9	12	6	–	–	–	–	–	–	–	–	–	**1-Propene-1,2,3-tricarboxylic acid, trimethyl ester**	20820-77-3	**R8957**
153	152	181	76	151	188	154	63	**216**	100	56	39	33	17	15	14	12	**9.42**	13	9	1	–	1	–	–	–	–	–	–	–	**5,10-Methanobenzocycloocten-11-one, 5-chloro-5,10-dihydro-**	33655-73-1	**09789**
155	157	216	111	75	218	188	156	**216**	100	38	24	15	13	10	9	9		9	9	–	–	1	–	–	2	–	–	–	–	**Benzenecarbodithioic acid, 4-chloro-, ethyl ester**	27249-72-5	**S1655**
156	91	157	216	129	115	128	155	**216**	100	58	47	36	26	25	18	17		14	16	2	–	–	–	–	–	–	–	–	–	**Cyclopentanecarboxylic acid, 3-benzylidene-, methyl ester**	74663-90-4	**T8313**
156	157	129	91	141	115	128	79	**216**	100	26	18	17	15	12	10	10	**4.02**	14	16	2	–	–	–	–	–	–	–	–	–	**Cyclopentanecarboxylic acid, 4-methylene-2-phenyl-, methyl ester**	74663-89-1	**T8312**
157	130	103	158	129	102	156	159	**216**	100	62	50	48	45	42	32	29	**7.00**	12	12	2	2	–	–	–	–	–	–	–	–	**2-(p-Dioxanyl)quinoxaline**		**L4359**
157	216	155	111	75	218	188	156	**216**	100	62	60	41	34	26	24	23		9	9	–	–	1	–	–	2	–	–	–	–	**Benzenecarbodithioic acid, 4-chloro-, ethyl ester**	27249-72-5	**S1654**
159	73	75	103	160	74	115	201	**216**	100	81	35	17	10	7	5	4	**0.00**	12	28	1	–	–	–	–	–	–	–	1	–	**Nonanol-5-TMS**		**P4079**
159	216	187	116	201	108	89	115	**216**	100	57	43	20	15	12	10	10		12	12	2	2	–	–	–	–	–	–	–	–	**1H-Pyrido[3,4-b]indol-1-one, 2,3,4,9-tetrahydro-6-methoxy-**	17952-87-3	**R7286**
160	116	39	129	216	43	28	57	**216**	100	98	96	84	74	71	60	59		14	16	–	–	–	–	–	1	–	–	–	–	**Butyl 2-naphthyl sulphide**		**V0435**
160	127	43	217	116	129	171	162	**216**	100	87	83	75	69	65	53	50	**46.09**	14	16	–	–	–	–	–	1	–	–	–	–	**Isobutyl 1-naphthyl sulphide**		**V0436**
160	127	116	39	57	216	43	53	**216**	100	85	84	81	66	62	58	58		14	16	–	–	–	–	–	1	–	–	–	–	**Butyl 1-naphthyl sulphide**		**V0434**
160	145	216	146	92	119	132	201	**216**	100	84	45	29	14	14	8	8		14	20	–	2	–	–	–	–	–	–	–	–	**2H-Indazole, 2-tert-butyl-3-isopropyl-**	62987-34-2	**T6242**
160	171	133	101	97	132	143	161	**216**	100	29	28	24	19	15	7	7	**5.09**	11	20	4	–	–	–	–	–	–	–	–	–	**Malonic acid, butyl-, diethyl ester**	133-08-4	**P9652**
160	171	133	101	216				**216**	100	29	28	27	6					11	20	4	–	–	–	–	–	–	–	–	–	**Malonic acid, butyl-, diethyl ester**		**L7936**
161	160	41	56	42	162	28	163	**216**	100	72	63	55	47	38	36	35	**13.01**	9	13	2	2	1	–	–	–	–	–	–	–	**2,4(1H,3H)-Pyrimidinedione, 5-chloro-3-tert-butyl-6-methyl-**	5902-51-2	**R1874**
161	160	57	42	29	117	216	30	**216**	100	80	60	52	34	29	14	13		9	13	2	2	1	–	–	–	–	–	–	–	**2,4(1H,3H)-Pyrimidinedione, 5-chloro-3-tert-butyl-6-methyl-**		**L8901**
161	163	160	159	165	216	218	39	**216**	100	89	78	46	40	35	32	31		8	14	–	–	–	–	–	–	–	–	–	1	**Palladium, bis[(1,2,3-η)-2-methyl-2-propenyl]-**	41348-25-8	**S6597**
161	216	160	163	218	162	56	57	**216**	100	55	52	33	30	28	10	7		9	13	2	2	1	–	–	–	–	–	–	–	**2,4(1H,3H)-Pyrimidinedione, 5-chloro-3-tert-butyl-6-methyl-**	5902-51-2	**R1875**
168	216	187	200	139	171	188	63	**216**	100	95	66	65	25	23	17	16		12	8	2	–	–	–	–	1	–	–	–	–	**Phenothioxin sulphoxide**		**01321**
169	107	123	216	61	122	121	94	**216**	100	74	51	45	25	24	22	21		3	9	–	–	–	–	–	3	–	–	–	1	**Arsenotrithious acid, trimethyl ester**	40515-07-9	**S6314**

MASS TO CHARGE RATIOS								M.W.	INTENSITIES								Parent	C	H	O	N	Cl	Br	F	S	P	B	Si	X	COMPOUND NAME	CAS Reg No	No
169	107	123	216	61	122	121	94	**216**	100	72	52	45	26	25	24	22		3	9	–	–	–	–	–	3	–	–	–	1	**Arsenotrithious acid, trimethyl ester**		**M7698**
171	127	216	187	159	155	115	172	**216**	100	72	67	54	43	39	28	18		13	12	1	–	–	–	–	1	–	–	–	–	**1-Naphthalenecarbothioic acid, O-ethyl ester**	58303-26-7	**T4995**
173	39	146	115	128	77	91	41	**216**	100	20	19	19	17	17	16	16	**5.00**	14	16	2	–	–	–	–	–	–	–	–	–	**1,2-Naphthalenedione, 3,4-dihydro-3,3,6,8-tetramethyl-**		**M1455**
173	216	147	217	145	174	160	91	**216**	100	98	40	16	15	14	11	8		15	20	1	–	–	–	–	–	–	–	–	–	**5-Cyclohexyl-2,3-dihydro-2-methylbenzofuran**		**Z1687**
173	216	188	174	43	89	76	77	**216**	100	38	25	15	14	13	12	11		12	8	4	–	–	–	–	–	–	–	–	–	**Naphthoquinone, 3-acetyl-2-hydroxy-**		**L1518**
173	216	188	174	43	89	76	77	**216**	100	39	26	15	14	13	12	11		12	8	4	–	–	–	–	–	–	–	–	–	**1,4-Naphthalenedione, 2-acetyl-3-hydroxy-**	2246-48-2	**Q7729**
175	177	218	201	162	176	216	141	**216**	100	63	52	51	46	42	37	32		10	10	1	–	2	–	–	–	–	–	–	–	**3,4-Dichloro-2-methallylphenol**		**Z1686**
181	92	90	182	75	79	52	51	**216**	100	22	17	15	12	12	11	10	**0.50**	12	9	–	2	1	–	–	–	–	–	–	–	**Aniline, 2-chloro-N-(2-pyridinylmethylene)-**	26825-33-2	**S1506**
184	44	127	216	185	128	158	69	**216**	100	99	58	40	33	29	27	21		8	8	5	–	–	–	–	1	–	–	–	–	**2,5-Thiophenedicarboxylic acid, 3-hydroxy-, dimethyl ester**		**04434**
184	125	73	95	126	89	216		**216**	100	68	41	36	20	12	4			11	24	2	–	–	–	–	–	–	–	1	–	**Cyclohexane, 3-methoxy-5-methyl-1-(trimethylsilyloxy)-, (1α,3β,5α)-**	58800-79-6	**T5080**
186	143	216	116	139	103	89	77	**216**	100	67	58	24	22	16	16	16		10	8	2	4	–	–	–	–	–	–	–	–	**Aniline, 2,6-dicyano-3,5-dimethyl-N-nitro-**		**D2134**
186	201	171	187	202	216	156	155	**216**	100	74	20	17	13	11	10	9		16	24	–	–	–	–	–	–	–	–	–	–	**Tricyclo[4.2.0.0$^{(2,5)}$]octa-3,7-diene, 1,2,3,4,5,6,7,8-octamethyl-**	1448-74-4	**Q5992**
198	200	172	170	216	63	218	28	**216**	100	98	29	28	26	26	26	20		7	5	3	–	–	1	–	–	–	–	–	–	**5-Bromosalicylic acid**		**Z1681**
201	28	216	202	115	41	79	128	**216**	100	19	17	16	10	9	7	6		15	20	1	–	–	–	–	–	–	–	–	–	**1H-Inden-1-one, 7-tert-butyl-2,3-dihydro-3,3-dimethyl-**		**U0034**
201	73	59	185	173	129	45	43	**216**	100	14	9	8	6	5	4	3	**0.00**	9	24	–	–	–	–	–	–	–	–	3	–	**1,3,5-Trisilacyclohexane, 1,1,3,3,5,5-hexamethyl-**		**M2284**
201	73	203	59	185	202	173	129	**216**	100	14	10	9	8	8	6	5	**0.00**	9	24	–	–	–	–	–	–	–	–	3	–	**1,3,5-Trisilacyclohexane, 1,1,3,3,5,5-hexamethyl-**	1627-99-2	**Q6360**
201	75	73	29	103	202	43	69	**216**	100	80	40	26	24	21	21	16	**0.57**	12	28	1	–	–	–	–	–	–	–	1	–	**Nonane, 1-(trimethylsilyloxy)-**		**04241**
201	75	73	69	103	83	89	202	**216**	100	83	39	30	28	20	19	18	**0.00**	12	28	1	–	–	–	–	–	–	–	1	–	**Nonane, 1-(trimethylsilyloxy)-**	18388-84-6	**R7564**
201	75	73	69	103	83	202	89	**216**	100	89	42	36	22	19	15	14	**0.00**	12	28	1	–	–	–	–	–	–	–	1	–	**Nonane, 1-(trimethylsilyloxy)-**	18388-84-6	**R7565**
201	104	216	187	68	160	147	77	**216**	100	59	56	33	19	19	18	17		12	12	2	2	–	–	–	–	–	–	–	–	**4(1H)-Pyrimidinone, 6-ethoxy-2-phenyl-**	42956-84-3	**S7028**
201	159	160	173	202	145	187	119	**216**	100	50	31	18	15	14	11	9	**0.00**	15	20	1	–	–	–	–	–	–	–	–	–	**Debromoaplysin**		**L6724**
201	159	216	160	173	145	187	115	**216**	100	50	36	31	18	14	11	9		15	20	1	–	–	–	–	–	–	–	–	–	**Debromoaplysin**		**M1316**
201	159	216	202	145	57	128	157	**216**	100	36	27	17	14	11	6	5		16	24	–	–	–	–	–	–	–	–	–	–	**Naphthalene, 1,1,2,4,4,7-hexamethyl-1,2,3,4-tetrahydro-**		**Y2189**
201	199	147	145	197	189	162	120	**216**	100	78	70	66	55	55	52	51	**0.00**	7	12	–	–	–	–	–	–	–	–	–	1	**Methyltrivinyltin**		**05971**
201	202	73	203	59	185	173	129	**216**	100	24	14	13	9	8	6	5	**0.00**	9	24	–	–	–	–	–	–	–	–	3	–	**1,3,5-Trisilacyclohexane, 1,1,3,3,5,5-hexamethyl-**		**04902**
201	216	73	44	40	204	202	75	**216**	100	80	44	24	22	20	20	18		13	16	1	–	–	–	–	–	–	–	1	–	**Naphthalene, 2-(trimethylsilyloxy)-**		**02338**
201	216	77	43	202	123	51	188	**216**	100	28	15	15	11	6	6	5		11	12	1	4	–	–	–	–	–	–	–	–	**Anhydro-4-acetylimino-1-methyl-3-phenyl-1,2,3-triazolium hydroxide**		**M1483**
201	216	84	215	77	86	55	83	**216**	100	69	50	37	32	32	24	23		14	20	–	2	–	–	–	–	–	–	–	–	**2H-Pyrrol-5-amine, 3,4-dihydro-2,2,4,4-tetramethyl-N-phenyl-**	50455-72-6	**S7298**
201	216	142	57	28	157	141	129	**216**	100	96	33	28	27	20	20	18		14	16	2	–	–	–	–	–	–	–	–	–	**2,3-Hexadienoic acid, 2-methyl-4-phenyl-, methyl ester**	38701-06-3	**S5934**
201	216	142	57	157	141	129	115	**216**	100	95	32	28	20	20	17	16		14	16	2	–	–	–	–	–	–	–	–	–	**2,3-Butadienoic acid, 2-methyl-4-ethyl-4-phenyl-, methyl ester**		**M7301**
201	216	202	41	29	159	128	57	**216**	100	27	16	11	10	8	8	8		16	24	–	–	–	–	–	–	–	–	–	–	**1-(2,6-Dimethyl-4-tert-butylphenyl)-1-butene**		**V0271**
201	216	202	41	115	159	91	39	**216**	100	20	19	12	11	11	7	7		15	20	1	–	–	–	–	–	–	–	–	–	**1H-Inden-1-one, 5-tert-butyl-2,3-dihydro-3,3-dimethyl-**		**U0013**
201	216	202	215	130	217	43	115	**216**	100	47	13	13	7	7	6	6		13	12	3	–	–	–	–	–	–	–	–	–	**1′-Acetonaphthone, 2′-hydroxy-4′-methoxy-**	5891-63-4	**R1865**
214	199	128	171	115	143	153	28	**216**	100	79	37	29	24	21	20	19	**1.42**	14	16	2	–	–	–	–	–	–	–	–	–	**1H-Inden-1-one, 2,3-dihydro-3-methoxy-2-(2-methyl-1-propenyl)-**	74421-14-0	**T8083**
216	71	44	156	185	69	42	43	**216**	100	82	74	41	41	29	27	26		8	12	3	2	–	–	–	1	–	–	–	–	**2H-1,3-Thiazine-6-carboxylic acid, tetrahydro-3-methyl-2-(methylimino)-4-oxo-, methyl ester**	16238-42-9	**R6091**
216	75	111	215	51	79	50	63	**216**	100	78	70	59	48	47	38	32		12	9	–	2	1	–	–	–	–	–	–	–	**Aniline, 4-chloro-N-(3-pyridinylmethylene)-**	41855-64-5	**S6753**
216	75	215	111	79	217	218	51	**216**	100	86	67	61	44	33	31	27		12	9	–	2	1	–	–	–	–	–	–	–	**Aniline, 2-chloro-N-(3-pyridinylmethylene)-**	41855-59-8	**S6750**
216	77	159	76	105	51	103	50	**216**	100	96	66	58	57	40	37	35		13	12	3	–	–	–	–	–	–	–	–	–	**1,4-Naphthalenedione, 2-hydroxy-3-propyl-**	29366-45-8	**S2465**
216	77	174	129	51	102	103	217	**216**	100	80	63	63	50	30	15	12		10	8	–	4	–	–	–	1	–	–	–	–	**3-Amino-4-phenylthiazolo[2,3-c]-s-triazole**		**M6125**
216	79	82	52	76	135	39	63	**216**	100	85	60	31	27	23	21	20		11	8	3	2	–	–	–	–	–	–	–	–	**Isoxazolo[4,5-c]quinolin-4(5H)-one, 5-hydroxy-3-methyl-**	21201-45-6	**R9151**
216	79	82	52	76	135	39	102	**216**	100	85	60	31	27	23	21	20		11	8	3	2	–	–	–	–	–	–	–	–	**Isoxazolo[4,5-c]quinolin-4(5H)-one, 5-hydroxy-3-methyl-**		**05389**
216	79	93	41	39	91	94	77	**216**	100	82	81	69	63	59	56	50		15	20	1	–	–	–	–	–	–	–	–	–	**2,5-Dicyclopentylidene-1-cyclopentanone**		**Y1400**
216	79	111	138	215	75	51	218	**216**	100	53	50	44	43	42	33	32		12	9	–	2	1	–	–	–	–	–	–	–	**Aniline, 2-chloro-N-(4-pyridinylmethylene)-**	41855-60-1	**S6751**
216	85	115	142	188	39	141	44	**216**	100	41	30	29	29	26	22	20		11	8	3	2	–	–	–	–	–	–	–	–	**Pyridinium, 3-hydroxy-1-(4-nitrophenyl)-, hydroxide, inner salt**	41880-33-5	**S6763**
216	93	18	183	124	217	80	17	**216**	100	72	70	19	19	16	12	12		12	12	–	2	–	–	–	1	–	–	–	–	**Bis(2-aminophenyl) sulphide**		**D1021**
216	93	149	79	150	91	67	77	**216**	100	57	48	47	46	33	30	27		15	20	1	–	–	–	–	–	–	–	–	–	**2,5-Dicyclopentylidene-1-cyclopentanone**		**Z1692**
216	111	215	75	79	51	217	63	**216**	100	64	64	62	41	38	32	31		12	9	–	2	1	–	–	–	–	–	–	–	**Aniline, 3-chloro-N-(3-pyridinylmethylene)-**	41855-62-3	**S6752**
216	115	127	145	143	173			**216**	100	49	19	14	11	10				13	12	3	–	–	–	–	–	–	–	–	–	**2-Naphthaldehyde, 4,5-dimethoxy-**		**M4181**
216	136	63	39	168	79	87	160	**216**	100	32	30	29	28	23	22	20		12	8	2	–	–	–	–	1	–	–	–	–	**Dibenzothiophene, 5,5-dioxide**		**D1084**
216	145	147	127	132	197	201	166	**216**	100	62	60	46	46	37	37	34		8	6	–	–	–	–	6	–	–	–	–	–	**3,4-Dimethylhexafluorocyclohexa-1,3-diene**		**P2216**
216	145	173	160	217	129	146	91	**216**	100	73	30	27	16	10	10	8		14	16	2	–	–	–	–	–	–	–	–	–	**2,3-Naphthalenedione, 1,4-dihydro-1,1,4,4-tetramethyl-**		**D1705**
216	145	174	215	42	201	45	172	**216**	100	64	58	56	37	36	29	24		10	11	–	2	–	–	3	–	–	–	–	–	**Formamidine, N,N-dimethyl-N′-[p-(trifluoromethyl)phenyl]-**	29366-21-0	**S2448**
216	145	174	215	201	42	45	172	**216**	100	68	61	43	40	33	23	20		10	11	–	2	–	–	3	–	–	–	–	–	**Formamidine, N,N-dimethyl-N′-[m-(trifluoromethyl)phenyl]-**	2248-21-7	**Q7731**
216	147	115	127	69	201	116	145	**216**	100	87	52	52	48	48	43	43		8	6	–	–	–	–	6	–	–	–	–	–	**2,3-Dimethylhexafluorobicyclo[2.2.0]hex-2-ene**		**P2219**
216	147	145	127	201	166	197	116	**216**	100	70	48	46	40	26	26	23		8	6	–	–	–	–	6	–	–	–	–	–	**1,2-Dimethylhexafluorocyclohexa-1,3-diene**		**P2215**

MASS TO CHARGE RATIOS								M.W.	INTENSITIES								Parent	C	H	O	N	Cl	Br	F	S	P	B	Si	X	COMPOUND NAME	CAS Reg No	No
216	155	183	45	109	201	47	187	**216**	100	40	29	23	22	18	17	16		7	8	–	2	–	–	–	3	–	–	–	–	**4-Isothiazolecarbonitrile, 3-(ethylthio)-5-(methylthio)-**		**03483**
216	155	183	109	46	48	187	201	**216**	100	36	26	22	17	15	15	14		7	8	–	2	–	–	–	3	–	–	–	–	**4-Isothiazolecarbonitrile, 5-(ethylthio)-3-(methylthio)-**	25882-58-0	**S1195**
216	155	183	109	46	48	187	201	**216**	100	36	26	22	17	15	15	14		7	8	–	2	–	–	–	3	–	–	–	–	**4-Isothiazolecarbonitrile, 5-(ethylthio)-5-(methylthio)-**		**M8574**
216	157	91	118	117	130	198	129	**216**	100	65	61	44	38	30	28	26		15	20	1	–	–	–	–	–	–	–	–	–	**Bicyclo[3.3.1]nonan-9-ol, 1-phenyl-**		**M8694**
216	157	91	118	117	130	198	129	**216**	100	65	60	44	36	30	28	26		15	20	1	–	–	–	–	–	–	–	–	–	**Bicyclo[3.3.1]nonan-9-ol, 1-phenyl-**	36399-43-6	**S5251**
216	160	188	104	132	217	76	66	**216**	100	70	39	20	13	12	5	4		11	4	5	–	–	–	–	–	–	–	–	–	**4H-Furo[3,2-g][1]benzopyran-4,7,9-trione**	483-36-3	**Q1082**
216	160	188	104	132	217	76	161	**216**	100	70	39	21	13	11	6	4		11	4	5	–	–	–	–	–	–	–	–	–	**4H-Furo[3,2-g][1]benzopyran-4,7,9-trione**		**L9210**
216	160	188	104	132	217	103	161	**216**	100	69	38	20	12	11	4	4		11	4	5	–	–	–	–	–	–	–	–	–	**4H-Furo[3,2-g][1]benzopyran-4,7,9-trione**	483-36-3	**Q1083**
216	172	215	145	118	217	89	78	**216**	100	53	47	22	16	13	13	12		11	8	3	2	–	–	–	–	–	–	–	–	**5H-(1)-Benzopyrano[2,3-d]pyrimidine-2,4-dione, 1,2,3,4-tetrahydro-**		**B0496**
216	173	145	159	201	187	115	157	**216**	100	35	33	25	25	23	20	20		14	16	2	–	–	–	–	–	–	–	–	–	**De-A-estra-5,7,9,14-tetraene, 5,17β-dihydroxy-**		**P1588**
216	173	145	201	188	89	51	217	**216**	100	78	38	37	21	20	16	13		12	8	4	–	–	–	–	–	–	–	–	–	**7H-Furo[3,2-g][1]benzopyran-7-one, 4-methoxy-**	484-20-8	**Q1099**
216	173	147	145	217	160	174	91	**216**	100	70	39	21	17	13	12	9		15	20	1	–	–	–	–	–	–	–	–	–	**7-Cyclohexyl-2,3-dihydro-2-methylbenzofuran**		**Z1685**
216	173	188	201	145	217	51	55	**216**	100	52	29	22	19	15	12	10		12	8	4	–	–	–	–	–	–	–	–	–	**2H-Furo[2,3-h]-1-benzopyran-2-one, 5-methoxy-**	482-48-4	**Q1079**
216	173	201	89	145	63	217	189	**216**	100	52	31	26	21	16	13	10		12	8	4	–	–	–	–	–	–	–	–	–	**7H-Furo[3,2-g][1]benzopyran-7-one, 9-methoxy-**	298-81-7	**Q0309**
216	176	188	187	148	217	79	120	**216**	100	62	20	19	14	13	13	12		12	8	4	–	–	–	–	–	–	–	–	–	**Norisovisnagin**		**00772**
216	176	188	187	148	217	120	135	**216**	100	63	20	18	13	13	12	11		12	8	4	–	–	–	–	–	–	–	–	–	**Norisovisnagin**		**L3574**
216	176	217	120	187	148	160	51	**216**	100	21	13	9	7	7	6	4		12	8	4	–	–	–	–	–	–	–	–	–	**5-Norvisnagin**		**00771**
216	183	78	153	201	138	137	121	**216**	100	52	37	26	21	21	16	14		8	9	3	–	–	–	–	1	1	–	–	–	**4H-1,3,2-Benzodioxaphosphorin, 2-methoxy-, 2-sulphide**	3811-49-2	**Q9840**
216	183	188	109	61	169	98	201	**216**	100	58	50	33	28	24	23	18		7	8	–	2	–	–	–	3	–	–	–	–	**4-Isothiazolecarbonitrile, 3-(ethylthio)-5-(methylthio)-**	25882-59-1	**S1196**
216	183	188	109	61	169	98	202	**216**	100	58	50	33	28	24	24	18		7	8	–	2	–	–	–	3	–	–	–	–	**4-Isothiazolecarbonitrile, 3-(ethylthio)-5-(methylthio)-**		**M8575**
216	183	188	169	109	61	45	201	**216**	100	46	44	20	19	17	16	14		7	8	–	2	–	–	–	3	–	–	–	–	**4-Isothiazolecarbonitrile, 5-(ethylthio)-5-(methylthio)-**		**03482**
216	184	69	217	171	45	108	139	**216**	100	58	23	15	15	13	13	12		12	8	–	–	–	–	–	2	–	–	–	–	**Thianthrene**	92-85-3	**H0179**
216	184	171	217	139	218	185	215	**216**	100	58	16	15	12	10	8	6		12	8	–	–	–	–	–	2	–	–	–	–	**Thianthrene**	92-85-3	**P6741**
216	185	156	70	57	112	59	73	**216**	100	41	41	26	24	22	19	13		8	12	3	2	–	–	–	1	–	–	–	–	**2H-1,3-Thiazine-6-carboxylic acid, tetrahydro-3-methyl-2-(methylimino)-4-oxo-, methyl ester**		**01056**
216	201	18	115	102	43	217	198	**216**	100	90	26	18	17	15	15	14		13	12	3	–	–	–	–	–	–	–	–	–	**Naphthalene, 2-acetyl-1-hydroxy-3-methoxy-**	54815-11-1	**S9668**
216	201	73	185	217	202	101	141	**216**	100	89	35	25	19	17	12	10		13	16	1	–	–	–	–	–	–	–	1	–	**Naphthalene, 1-(trimethylsilyloxy)-**	6202-48-8	**R2142**
216	201	77	91	217	51	67	202	**216**	100	88	27	15	15	13	12	12		12	12	2	2	–	–	–	–	–	–	–	–	**3H-Pyrazol-3-one, 4-acetyl-2,4-dihydro-5-methyl-2-phenyl-**	4173-74-4	**08087**
216	201	77	91	217	51	202	133	**216**	100	90	29	16	16	12	12	11		12	12	2	2	–	–	–	–	–	–	–	–	**1-Phenyl-3-methyl-4-acetyl-5-pyrazolone**		**M7703**
216	201	94	93	95	121	122	217	**216**	100	88	48	45	43	40	38	16		13	16	1	2	–	–	–	–	–	–	–	–	**Bis(3,4-dimethyl-2-pyrrolyl) ketone**		**L6251**
216	201	198	217	173	43	202	115	**216**	100	55	19	14	10	9	7	6		13	12	3	–	–	–	–	–	–	–	–	–	**Benzofuran, 7-acetyl-6-hydroxy-2-isopropenyl-**		**06704**
216	215	79	111	189	75	154	217	**216**	100	97	92	55	50	49	47	44		12	9	–	2	1	–	–	–	–	–	–	–	**Aniline, 3-chloro-N-(2-pyridinylmethylene)-**	29202-16-2	**S2385**
216	215	89	199	128	170	145	171	**216**	100	66	27	26	15	13	13	12		13	12	3	–	–	–	–	–	–	–	–	–	**Isocoumarin, 3-cis-(1-hydroxy-2-butenyl)-**		**M0803**
216	215	94	217	108	213	106	93	**216**	100	6	3	2	2	2	1	1		17	12	–	–	–	–	–	–	–	–	–	–	**Pyrene, 2-methyl-**	3442-78-2	**Q9395**
216	215	107	213	217	94	106	93	**216**	100	8	2	2	2	2	2	1		17	12	–	–	–	–	–	–	–	–	–	–	**11H-Benzo[a]fluorene**	238-84-6	**Q0104**
216	215	108	95	213	189	107	217	**216**	100	69	19	18	18	17	16	16		17	12	–	–	–	–	–	–	–	–	–	–	**Pyrene, 1-methyl-**	2381-21-7	**Q7903**
216	215	213	107	94	217	106	93	**216**	100	8	2	2	2	2	2	1		17	12	–	–	–	–	–	–	–	–	–	–	**7H-Benzo[c]fluorene**	205-12-9	**Q0057**
216	215	217	94.5	108	213	107.5	106.5	**216**	100	38	18	18	13	12	9	9		17	12	–	–	–	–	–	–	–	–	–	–	**Pyrene, 2-methyl-**		**X1984**
216	215	217	107.5	213	108	106.5	94.5	**216**	100	78	18	16	15	13	8	7		17	12	–	–	–	–	–	–	–	–	–	–	**11H-Benzo[b]fluorene**		**X0599**
216	215	217	108	213	189	95	107	**216**	100	38	18	13	12	8	5	5		17	12	–	–	–	–	–	–	–	–	–	–	**Pyrene, 2-methyl-**	3442-78-2	**H1403**
216	215	217	108	213	189	107	95	**216**	100	36	18	13	11	7	5	4		17	12	–	–	–	–	–	–	–	–	–	–	**Pyrene, 4-methyl-**	3353-12-6	**H1394**
216	215	217	108	213	202	189	107	**216**	100	55	17	14	14	11	9	5		17	12	–	–	–	–	–	–	–	–	–	–	**Pyrene, 1-methyl-**	2381-21-7	**H1316**
216	215	217	108	213	214	107	189	**216**	100	66	18	17	17	8	6	5		17	12	–	–	–	–	–	–	–	–	–	–	**11H-benzo[a]fluorene**	238-84-6	**Q0102**
216	215	217	213	108	214	107	187	**216**	100	64	19	15	13	8	6	4		17	12	–	–	–	–	–	–	–	–	–	–	**11H-Benzo[a]fluorene**	238-84-6	**H0677**
216	215	217	213	189	108	214	95	**216**	100	64	18	17	13	11	8	6		17	12	–	–	–	–	–	–	–	–	–	–	**Pyrene, 1-methyl-**	2381-21-7	**Q7902**
216	218	170	91	172	90	63	143	**216**	100	98	62	57	56	52	52	31		6	5	2	2	–	1	–	–	–	–	–	–	**Aniline, 4-bromo-2-nitro-**	875-51-4	**Q4448**
216	218	186	188	91	63	170	52	**216**	100	94	86	83	43	30	23	21		6	5	2	2	–	1	–	–	–	–	–	–	**Aniline, 2-bromo-4-nitro-**	13296-94-1	**R4414**
216	218	187	189	215	217	76	174	**216**	100	67	48	31	24	23	21	13		8	6	1	2	2	–	–	–	–	–	–	–	**6,7-Dichloro-1-methyl-2-benzimidazolinone**		**P2804**
216	218	201	203	94	173	175	137	**216**	100	95	63	60	48	26	25	22		8	9	2	–	–	1	–	–	–	–	–	–	**Phenol, 4-bromo-2-methoxy-5-methyl-**	40992-09-4	**S6510**
31	76	123	50	153	75	77	122	**217**	100	25	25	23	22	15	14	4	**1.00**	6	7	4	3	–	–	–	1	–	–	–	–	**Benzenesulphonic acid, 4-nitro-, hydrazide**	2937-05-5	**Q8851**
31	76	123	50	153	75	77	124	**217**	100	40	38	25	25	14	12	8	**1.00**	6	7	4	3	–	–	–	1	–	–	–	–	**Benzenesulphonic acid, 3-nitro-, hydrazide**	6655-77-2	**R2446**
43	160	175	77	51	39	161	118	**217**	100	62	52	49	32	25	24	16	**14.00**	13	15	2	1	–	–	–	–	–	–	–	–	**$\Delta^{(2)}$-Isoxazoline, 4-acetyl-5,5-dimethyl-3-phenyl-**		**P2673**
43	174	73	45	59	86	27	128	**217**	100	81	69	23	21	19	19	16	**0.00**	10	27	–	1	–	–	–	–	–	–	2	–	**Butylamine, N,N-bis(trimethylsilyl)-**		**16856**
43	202	217	71	45	72	174	104	**217**	100	90	81	55	31	22	19	18		12	11	1	1	–	–	–	1	–	–	–	–	**Thiazole, 5-acetyl-4-methyl-2-phenyl-**	7520-94-7	**R3266**

MASS TO CHARGE RATIOS								M.W.	INTENSITIES								Parent	C	H	O	N	Cl	Br	F	S	P	B	Si	X	COMPOUND NAME	CAS Reg No	No
44	104	106	41	79	77	105	107	**217**	100	74	68	55	53	52	52	49	**30.00**	11	11	2	3	–	–	–	–	–	–	–	–	**4,5-Isoxazoledione, 3-methyl-, 4-[(2-methylphenyl)hydrazone]**		**M8673**
44	104	106	41	79	77	107	78	**217**	100	74	68	53	53	52	49	45	**30.00**	11	11	2	3	–	–	–	–	–	–	–	–	**4,5-Isoxazoledione, 3-methyl-, 4-[(2-methylphenyl)hydrazone]**	6017-60-3	**R1996**
56	70	55	82	41	43	99	83	**217**	100	33	31	29	21	17	17	17	**1.00**	14	19	1	1	–	–	–	–	–	–	–	–	**2H-1,3-Benzoxazine, 3-cyclohexyl-3,4-dihydro-**	6638-11-5	**R2434**
56	217	83	123	42	57	98	216	**217**	100	79	63	43	38	29	25	23		12	15	1	3	–	–	–	–	–	–	–	–	**Antipyrine, 4-(methylamino)-**	519-98-2	**Q1554**
57	29	146	156	89	174	75	41	**217**	100	45	43	41	40	39	26	24	**15.50**	11	23	1	1	–	–	–	1	–	–	–	–	**Carbamothioic acid, bis(2-methylpropyl)-, S-ethyl ester**	2008-41-5	**Q7184**
57	89	146	41	156	42	75	174	**217**	100	39	39	29	25	17	17	15	**1.00**	11	23	1	1	–	–	–	1	–	–	–	–	**Carbamothioic acid, bis(2-methylpropyl)-, S-ethyl ester**	2008-41-5	**Q7185**
57	161	163	63	62	217	56	90	**217**	100	78	55	27	14	14	13	13		9	9	1	1	2	–	–	–	–	–	–	–	**Propanamide, N-(3,4-dichlorophenyl)-**	709-98-8	**Q3820**
59	29	15	42	28	58	18	70	**217**	100	78	75	54	49	40	33	29	**19.31**	8	15	4	3	–	–	–	–	–	–	–	–	**Triazetidine-1,3-dicarboxylic acid, 2-ethyl-4-methyl-, dimethyl ester**		**P2814**
73	43	158	71	75	202	173	30	**217**	100	67	39	33	31	20	18	15	**0.00**	9	19	3	1	–	–	–	–	–	–	1	–	**Glycine, N-(2-methyl-1-oxopropyl)-, trimethylsilyl ester**	55836-41-4	**T2181**
73	89	43	45	74	100	69	59	**217**	100	26	16	12	10	10	10	8	**0.90**	9	19	3	1	–	–	–	–	–	–	1	–	**Butanoic acid, 2-(methoxyimino)-3-methyl-, trimethylsilyl ester**	55493-95-3	**T1209**
73	158	43	71	75	30	202	45	**217**	100	48	48	38	34	29	20	16	**0.00**	9	19	3	1	–	–	–	–	–	–	1	–	**Glycine, N-(1-oxobutyl)-, trimethylsilyl ester**	55493-97-5	**T1212**
73	158	43	75	71	202	145	45	**217**	100	77	49	39	36	31	19	17	**1.00**	9	19	3	1	–	–	–	–	–	–	1	–	**Glycine, N-(1-oxobutyl)-, trimethylsilyl ester**	55493-97-5	**T1211**
73	202	189	45	74	75	186	89	**217**	100	19	14	13	12	11	11	11	**0.00**	9	19	3	1	–	–	–	–	–	–	1	–	**Pentanoic acid, 2-(methoxyimino)-, trimethylsilyl ester**	55493-96-4	**T1210**
73	217	216	202	218	45	144	75	**217**	100	99	39	29	18	16	11	10		12	15	1	1	–	–	–	–	–	–	1	–	**1H-Indole-3-carboxaldehyde-, 1-(trimethylsilyl)-**		**P3213**
74	217	128	127	129	154	115	156	**217**	100	36	20	18	16	10	9	8		13	12	1	1	–	–	1	–	–	–	–	–	**Acetamide, 2-fluoro-N-methyl-N-naphthalenyl-**	72347-69-4	**T7771**
77	31	50	51	124	49	76	52	**217**	100	97	84	81	81	79	71	66	**0.10**	6	7	4	3	–	–	–	1	–	–	–	–	**Benzenesulphonic acid, 2-nitro-, hydrazide**	5906-99-0	**R1881**
77	43	41	141	131	215	172	170	**217**	100	77	37	37	31	27	25	23	**0.00**	8	11	2	1	–	–	–	2	–	–	–	–	**Benzenesulphonamide, N-(2-mercaptoethyl)-**	28196-75-0	**S1990**
77	125	217	93	202	174	55	91	**217**	100	96	93	62	56	53	51	49		14	19	1	1	–	–	–	–	–	–	–	–	**trans-Methyl N-phenyl-3,4-dimethyl-2-pentenoimidate**		**P3340**
77	217	89	105	135	63	182	39	**217**	100	44	20	18	15	13	7	6		7	7	5	1	–	–	–	1	–	–	–	–	**2-Methyl-5-nitro-benzenesulphonic acid**		**D1602**
82	96	217	97	42	44			**217**	100	32	25	20	12	12				14	19	1	1	–	–	–	–	–	–	–	–	**6-Azabicyclo[3.2.1]octan-4-ol, 6-methyl-4-phenyl-**	57174-09-1	**T4351**
84	43	116	56	158	98	144	41	**217**	100	65	60	40	37	20	20	19	**0.50**	9	15	5	1	–	–	–	–	–	–	–	–	**L-Glutamic acid, N-acetyl-, dimethyl ester**	2361-99-1	**Q7874**
84	69	91	85	41	70	65	217	**217**	100	57	23	7	7	6	6	2		14	19	1	1	–	–	–	–	–	–	–	–	**2-Acetidinone, 1-benzyl-3,3,4,4-tetramethyl-**		**L5164**
84	134	78	106	55	83	82	56	**217**	100	37	34	32	31	18	13	7	**5.85**	13	15	2	1	–	–	–	–	–	–	–	–	**Securinan-11-one**	5610-40-2	**R1582**
84	134	78	106	55	83	82	217	**217**	100	37	35	30	30	18	13	6		13	15	2	1	–	–	–	–	–	–	–	–	**Securinan-11-one**		**L3736**
91	107	105	104	149	77	217	133	**217**	100	99	67	61	40	36	34	33		13	15	2	1	–	–	–	–	–	–	–	–	**Hydrocinnamic acid, ester with 2-methyllactonitrile**	14026-17-6	**R4913**
91	126	130	131	42	105	100	145	**217**	100	99	48	38	32	29	25	24	**14.00**	14	19	1	1	–	–	–	–	–	–	–	–	**3-Hepten-2-one, 7-phenyl-, O-methyloxime**	57174-24-0	**T4357**
91	174	217	119	92	175	218	120	**217**	100	60	30	11	7	6	4	1		12	15	1	3	–	–	–	–	–	–	–	–	**$\Delta^{(2)}$-1,2,4-Triazolin-5-one, 3-isobutyl-1-phenyl-**	28669-33-2	**S2170**
91	217	132	92	119	133	218		**217**	100	18	16	8	2	2	2			11	11	2	3	–	–	–	–	–	–	–	–	**$\Delta^{(2)}$-1,2,4-Triazolin-5-one, 4-acetyl-3-methyl-1-phenyl-**	28740-67-2	**S2189**
93	106	217	107	41	189	146	65	**217**	100	64	37	30	26	20	18	17		14	19	1	1	–	–	–	–	–	–	–	–	**13-Azabicyclo[7.3.1]trideca-1(13),9,11-trien-2-one, 3,3-dimethyl-**	42273-46-1	**S6887**
98	91	174	96	56	65	182	25	**217**	100	50	40	32	18	15	13	13	**5.00**	14	19	1	1	–	–	–	–	–	–	–	–	**Ethylbenzene, β-acetyl-β-pyrrolidino-**		**L3190**
99	112	130	217	128	172	70	115	**217**	100	87	50	39	21	21	19	7		11	23	3	1	–	–	–	–	–	–	–	–	**4-Diethylamino-2-ethoxy-3-hydroxy-1-oxacyclohexane**		**M2061**
104	78	103	77	51	39	50	44	**217**	100	80	70	38	33	28	24	24	**9.59**	13	13	–	–	–	–	–	–	–	–	–	1	**Titanium, (1,3,5,7-cyclooctatetraene)-π-cyclopentadienyl-**	11065-40-0	**R3997**
104	91	28	105	65	126	69	92	**217**	100	88	15	13	9	8	7	6	**3.10**	10	10	1	1	–	–	3	–	–	–	–	–	**N-(2-Phenylethyl)trifluoroacetamide**		**05190**
104	91	65	105	44	69	78	77	**217**	100	70	13	12	11	10	9	8	**2.40**	10	10	1	1	–	–	3	–	–	–	–	–	**N-(2-Phenylethyl)trifluoroacetamide**		**15439**
104	174	202	161	91	77	145	114	**217**	100	90	72	25	15	14	14	13	**2.00**	14	19	1	1	–	–	–	–	–	–	–	–	**Oxazole, 2,5-dihydro-2,2-dimethyl-5-isopropyl-4-phenyl-**	51304-33-7	**S7632**
105	189	217	77	89	63	116	29	**217**	100	28	26	25	23	15	15	14		12	11	3	1	–	–	–	–	–	–	–	–	**4-Oxazolecarboxylic acid, 2-phenyl-, ethyl ester**	39819-39-1	**S6150**
105	217	77	145	172	51	218	78	**217**	100	86	30	25	20	19	13	11		12	11	3	1	–	–	–	–	–	–	–	–	**3-Isoxazolecarboxylic acid, 5-phenyl-, ethyl ester**	7063-99-2	**R2821**
107	91	104	105	217	133	77	149	**217**	100	62	52	41	29	27	21	14		13	15	2	1	–	–	–	–	–	–	–	–	**Benzenepropanoic acid, 1-cyanopropyl ester**		**M1214**
107	91	105	104	149	77	133	217	**217**	100	68	46	42	28	23	22	19		13	15	2	1	–	–	–	–	–	–	–	–	**Benzenepropanoic acid, 2-cyanopropyl ester**		**M1215**
110	124	219	55	84	83	160	121	**217**	100	57	45	39	25	24	20	17	**0.00**	13	15	2	1	–	–	–	–	–	–	–	–	**Securinan-11-one**	5610-40-2	**R1583**
112	41	77	173	105	56	113	173	**217**	100	33	22	16	13	13	13	10	**5.00**	14	19	1	1	–	–	–	–	–	–	–	–	**Toluene, α-acetyl-α-piperidino-**		**L3194**
125	43	55	97	18	39	83	65	**217**	100	90	44	44	33	25	18	16	**6.20**	13	15	2	1	–	–	–	–	–	–	–	–	**2H-Pyran-5-carboxamide, 3,4-dihydro-6-methyl-N-phenyl-**	24691-76-7	**S0746**
125	217	77	51	55	93	109	216	**217**	100	54	42	20	20	20	20	15		14	19	1	1	–	–	–	–	–	–	–	–	**cis-Methyl N-phenyl-3,4-dimethyl-2-pentenoimidate**		**P3341**
125	217	90	63	187	78	62	141	**217**	100	92	75	44	43	43	41	37		6	4	4	3	1	–	–	–	–	–	–	–	**Aniline, 2-chloro-4,6-dinitro-**	3531-19-9	**Q9503**
126	42	217	72	91	129	130	115	**217**	100	66	61	33	24	22	19	18		14	19	1	1	–	–	–	–	–	–	–	–	**1-Azabicyclo[2.2.2]octane, 2-methoxy-4-phenyl-**	58664-85-0	**T5058**
126	91	87	129	42	83	115	41	**217**	100	88	69	40	39	32	22	21	**1.98**	14	19	1	1	–	–	–	–	–	–	–	–	**5-Hepten-2-one, 7-phenyl-, O-methyloxime**	55282-94-5	**T0714**
130	32	217	143	19	16	131	14	**217**	100	75	30	23	20	15	13	11		13	15	2	1	–	–	–	–	–	–	–	–	**Indole-3-butanoic acid, methyl ester**		**05057**
130	102	145	217	148	51	131	42	**217**	100	26	16	16	12	11	10	4		12	11	3	1	–	–	–	–	–	–	–	–	**Propionic acid, 3-(m-cyanobenzoyl)-2-methyl-**	34243-97-5	**S4585**
130	111	53	99	55	102	44	110	**217**	100	91	75	66	46	43	38	38	**9.00**	12	11	3	1	–	–	–	–	–	–	–	–	**Propionic acid, 3-(p-cyanobenzoyl)-2-methyl-**	34243-98-6	**S4586**
130	217	143	131	186	218	144	117	**217**	100	44	22	10	7	6	5	1		13	15	2	1	–	–	–	–	–	–	–	–	**Indole-2-butanoic acid, methyl ester**	28093-53-0	**S1957**
131	130	217	126	145	186	171	87	**217**	100	75	67	62	60	60	38	34		14	19	1	1	–	–	–	–	–	–	–	–	**3-Hepten-2-one, 7-phenyl-, O-methyloxime**		**M7578**
131	130	217	126	145	186	171	87	**217**	100	76	64	61	60	60	38	34		14	19	1	1	–	–	–	–	–	–	–	–	**3-Hepten-2-one, 7-phenyl-, O-methyloxime, (E)-**	40244-71-1	**S6253**
131	217	103	77	86	132	56	51	**217**	100	32	31	19	16	13	10	7		13	15	2	1	–	–	–	–	–	–	–	–	**Morpholine, N-(3-phenylpropenoyl)-**		**W0187**
132	43	147	41	217	71	77	133	**217**	100	97	64	22	21	16	15	11		14	19	1	1	–	–	–	–	–	–	–	–	**1,2,3,4-Tetrahydro-1-isobutanoyl-2-methylquinoline**		**L2231**
132	117	91	115	77	41	70	104	**217**	100	83	24	16	14	12	12	12	**0.00**	14	19	1	1	–	–	–	–	–	–	–	–	**2-Azetidinone, 1-isopropyl-3,3-dimethyl-4-phenyl-**	29683-13-4	**S2612**
132	117	91	115	77	41	131	133	**217**	100	83	24	16	14	12	12	12	**0.00**	14	19	1	1	–	–	–	–	–	–	–	–	**2-Azetidinone, 1-isopropyl-3,3-dimethyl-4-phenyl-**		**L5168**

MASS TO CHARGE RATIOS								M.W.	INTENSITIES								Parent	C	H	O	N	Cl	Br	F	S	P	B	Si	X	COMPOUND NAME	CAS Reg No	No
132	117	91	118	133	148	131	115	**217**	100	52	17	14	13	12	8	6	**2.00**	14	19	1	1	–	–	–	–	–	–	–	–	2-Azetidinone, 3,3-dimethyl-4-phenyl-1-propyl-	54833-09-9	**S9696**
132	119	118	158	93	77	106	217	**217**	100	68	67	55	51	44	37	25		14	19	1	1	–	–	–	–	–	–	–	–	5-Vinyl-2-phenylamino-cyclohexan-1-ol		**L7554**
132	170	86	69	41	29	55	133	**217**	100	18	17	9	8	6	6	6	**0.55**	10	19	2	1	–	–	–	1	–	–	–	–	2-Hexyl-4-thiazolidinecarboxylic acid		**P2716**
132	203	117	174	115	91	204	103	**217**	100	96	80	54	32	24	20	15	**1.56**	13	15	2	1	–	–	–	–	–	–	–	–	2,6-Piperidinedione, 3-ethyl-3-phenyl-	77-21-4	**P5780**
143	115	144	116	117	89	217	90	**217**	100	84	84	67	56	40	36	17		12	11	3	1	–	–	–	–	–	–	–	–	Benzenepropanoic acid, α-oxo-β-cyano-, ethyl ester		**00201**
144	115	116	187	217	199			**217**	100	58	25	2	2	2				12	11	3	1	–	–	–	–	–	–	–	–	Carbamic acid, N-(hydroxymethyl)-, 1-naphthyl ester		**M3228**
144	116	217	89	145	63	189	28	**217**	100	98	72	48	23	20	20	19		12	11	3	1	–	–	–	–	–	–	–	–	5-Oxazolecarboxylic acid, 2-phenyl-, ethyl ester	39819-40-4	**S6151**
144	217	77	145	51	72	63	117	**217**	100	69	66	50	31	18	17	16		11	7	4	1	–	–	–	–	–	–	–	–	Furo[3,4-d]isoxazole-4,6-dione, 3a,6a-dihydro-3-phenyl-, cis-	55124-75-9	**T0364**
145	217	160	115	117	146	175	91	**217**	100	33	28	19	15	14	12	12		14	19	1	1	–	–	–	–	–	–	–	–	Propanamide, N-butyl-3-(4-tolyl)-		**W0192**
146	70	57	106	105	132	202	41	**217**	100	86	56	46	40	36	32	30	**5.00**	15	23	–	1	–	–	–	–	–	–	–	–	Azetidine, 1-tert-butyl-3,3-dimethyl-2-phenyl-	22606-95-7	**R9844**
146	117	189	132	115	160	118	116	**217**	100	69	61	46	30	28	11	11	**5.93**	13	15	2	1	–	–	–	–	–	–	–	–	2,6-Piperidinedione, 3-ethyl-3-phenyl-		**05412**
146	202	145	131	189	132	90	77	**217**	100	85	45	25	20	20	20	20	**0.00**	11	11	2	3	–	–	–	–	–	–	–	–	5-Cyano-2,4,6-trimethyl-7,9-dioxo-3,8-diazabicyclo[4.3.0]nona-1(2),4-diene		**M1465**
147	97	104	89	100	112	55	106	**217**	100	94	67	60	47	42	32	28	**20.00**	11	24	1	1	–	–	–	–	1	–	–	–	1-(Propylamino)-2,2,3,4,4-pentamethylphosphetane 1-oxide		**P2595**
148	69	78	217	105	51	39	50	**217**	100	50	41	40	37	32	14	13		9	6	2	1	–	–	3	–	–	–	–	–	1,3-Butanedione, 4,4,4-trifluoro-1-(3-pyridinyl)-	582-73-0	**Q2297**
148	69	78	217	106	51	216	139	**217**	100	50	41	40	37	32	3	3		9	6	2	1	–	–	3	–	–	–	–	–	1,3-Butanedione, 4,4,4-trifluoro-1-(3-pyridinyl)-		**L9290**
155	76	102	144	200	156	75	129	**217**	100	47	44	33	24	23	21	20	**0.00**	11	11	2	3	–	–	–	–	–	–	–	–	4-(2-Amino-2-carboxyethyl)quinazoline		**M7566**
158	132	217	118	119	199	198	159	**217**	100	92	88	67	63	50	26	23		14	19	1	1	–	–	–	–	–	–	–	–	4-Vinyl-2-phenylamino-cyclohexan-1-ol		**L7553**
159	107	187	77	92	64	160	63	**217**	100	44	44	35	28	23	14	11	**5.00**	10	7	3	3	–	–	–	–	–	–	–	–	Sydnone, 4-cyano-3-(4-methoxyphenyl)-	69978-12-7	**T7561**
160	131	57	161	77	28	158	115	**217**	100	19	13	11	11	9	8	8	**3.00**	12	11	3	1	–	–	–	–	–	–	–	–	Carbamic acid, N-methyl-, 4-hydroxynaphthyl ester		**06296**
161	29	163	57	217	27	219	165	**217**	100	79	71	68	18	17	12	12		9	9	1	1	2	–	–	–	–	–	–	–	Propanamide, N-(3,4-dichlorophenyl)-	709-98-8	**Q3819**
171	217	156	202	172	117	115	128	**217**	100	80	70	28	26	13	13	11		13	15	2	1	–	–	–	–	–	–	–	–	Indole-2-carboxylic acid, 5-ethyl-, ethyl ester		**P3212**
173	175	182	217	145	219	42	177	**217**	100	66	32	19	14	13	12	11		9	9	1	1	2	–	–	–	–	–	–	–	Benzamide, 2,6-dichloro-N,N-dimethyl-	53044-18-1	**S8212**
174	73	128	86	59	202	75	45	**217**	100	70	41	32	28	24	18	17	**0.80**	10	27	–	1	–	–	–	–	–	–	2	–	Butylamine, N,N-bis(trimethylsilyl)-		**15790**
174	118	77	93	217	97	158	51	**217**	100	70	61	50	29	25	24	21		14	19	1	1	–	–	–	–	–	–	–	–	trans-Ethyl N-phenyl-4-methyl-2-pentenoimidate		**P3320**
174	131	44	42	217	70	29	91	**217**	100	71	35	33	25	20	19	18		15	23	–	1	–	–	–	–	–	–	–	–	2-Naphthylamine, N-butyl-N-methyl-1,2,3,4-tetrahydro-		**V0342**
174	217	106	105	91	216	186	133	**217**	100	81	38	35	27	24	23	22		14	19	1	1	–	–	–	–	–	–	–	–	trans-Methyl N-(4-tolyl)-4-methyl-2-pentenoimidate		**P3324**
175	174	217	77	176	91	132	41	**217**	100	49	23	14	11	10	10	7		12	15	1	3	–	–	–	–	–	–	–	–	3-Hydroxy-4-phenyl-5-butyl-1,2,4-triazole		**17015**
175	217	100	74	174	146	42	160	**217**	100	49	24	23	19	17	17	15		12	15	1	3	–	–	–	–	–	–	–	–	N,N-Divinyl-4-amino-2-acetamidoaniline		**D2827**
188	170	217	115	89	143	116	114	**217**	100	93	50	39	23	20	19	18		12	11	3	1	–	–	–	–	–	–	–	–	Indole-2-carboxylic acid, 2-formyl-, ethyl ester		**L2589**
189	116	28	89	159	217	143	63	**217**	100	96	64	60	55	38	37	34		10	7	3	3	–	–	–	–	–	–	–	–	1-Formamino-2-(4-nitrophenyl)-2-cyanoethylene		**L6815**
202	91	90	201	217	44	160	89	**217**	100	98	35	27	25	20	20	17		13	20	1	1	–	–	–	–	–	1	–	–	1,3,2-Oxazaborolidine, 2-butyl-4-methyl-5-phenyl-	26535-24-0	**S1401**
202	105	57	70	77	119	117	91	**217**	100	49	47	41	31	28	27	24	**8.00**	14	19	1	1	–	–	–	–	–	–	–	–	Acetidine, 1-tert-butyl-3-benzoyl-	20946-86-5	**R9009**
202	108	174	28	137	109	18	80	**217**	100	53	48	40	36	34	28	24	**14.88**	14	19	1	1	–	–	–	–	–	–	–	–	Quinoline, 6-ethoxy-1,2-dihydro-2,2,4-trimethyl-	91-53-2	**P6633**
202	135	108	28	29	55	83	53	**217**	100	90	88	87	87	87	84	82	**61.83**	10	11	1	5	–	–	–	–	–	–	–	–	2-Butenamide, 3-methyl-N-1H-purin-6-yl-	21589-34-4	**R9300**
202	174	203	173	217	145	144	192	**217**	100	43	19	17	16	16	8	8		14	19	1	1	–	–	–	–	–	–	–	–	Quinoline, 6-ethoxy-1,2-dihydro-2,2,4-trimethyl-		**D1222**
217	51	89	63	77	118	150	151	**217**	100	90	86	76	52	41	21	21		13	15	2	1	–	–	–	–	–	–	–	–	Naphthalen-1,4-imine-9-carboxylic acid, 1,2,3,4-tetrahydro-, ethyl ester	67461-29-4	**T6837**
217	73	202	218	45	145	144	216	**217**	100	72	36	18	12	12	9	8		13	19	–	1	–	–	–	–	–	–	1	–	1H-Indole, 2,5-dimethyl-1-(trimethylsilyl)-		**P3211**
217	74	55	42	59	158	115	201	**217**	100	93	82	48	45	43	32	22		7	11	3	3	–	–	–	1	–	–	–	–	2H-1,3-Thiazine-6-carboxylic acid, 3-aminotetrahydro-2-(methylimino)-4-oxo-, methyl ester	54824-05-4	**S9679**
217	77	106	91	118	175	202	161	**217**	100	64	61	47	34	27	8	7		12	15	1	3	–	–	–	–	–	–	–	–	3-Isopropylidenamino-1-phenyl-2-imidazolidinone		**L5950**
217	91	178	119	218	92	179	120	**217**	100	86	26	21	11	6	3	1		12	15	1	3	–	–	–	–	–	–	–	–	$\Delta^{(2)}$-1,2,4-Triazolin-5-one, 3-butyl-1-phenyl-	5133-69-7	**R1139**
217	104	113	78	51	87	94.5	66	**217**	100	91	74	49	23	20	20	17		13	13	–	–	–	–	–	–	–	–	–	1	Titanium, (1,3,5,7-cyclooctatetraene)-π-cyclopentadienyl-		**L8117**
217	130	112	28	131	129	115	128	**217**	100	70	40	40	34	33	29	27		14	19	1	1	–	–	–	–	–	–	–	–	Morpholine, 4-(1,2,3,4-tetrahydro-2-naphthyl)-	23853-56-7	**H1869**
217	159	115	87	63	39	120	116	**217**	100	54	41	36	36	27	25	23		12	11	3	1	–	–	–	–	–	–	–	–	5(4H)-Isoxazolone, 4-(4-methoxybenzylidene)-3-methyl-	17975-46-1	**R7308**
217	159	115	89	63	120	116	148	**217**	100	54	41	36	35	25	22	22		12	11	3	1	–	–	–	–	–	–	–	–	5(4H)-Isoxazolone, 4-(4-methoxybenzylidene)-3-methyl-		**L5808**
217	160	216	55	77	202	106	105	**217**	100	60	52	50	45	31	28	27		15	23	–	1	–	–	–	–	–	–	–	–	Piperidine, 4-tert-butyl-1-phenyl-	55670-11-6	**06889**
217	172	189	89	173	117	105	104	**217**	100	78	39	35	28	27	25	17		11	11	2	3	–	–	–	–	–	–	–	–	1,2,3-Triazole-4-carboxylic acid, 5-phenyl-, ethyl ester		**15016**
217	172	189	89	173	117	105	104	**217**	100	78	39	35	28	27	25	17		11	11	2	3	–	–	–	–	–	–	–	–	1,2,3-Triazole-5-carboxylic acid, 4-phenyl-, ethyl ester		**P1539**
217	174	202	214	106	187	107	216	**217**	100	94	77	73	67	64	55	46		14	19	1	1	–	–	–	–	–	–	–	–	Carbazole, 1,2,3,4,4a,9a-hexahydro-6-methoxy-9-methyl-, trans-		**M7509**
217	200	77	105	112	140	218	201	**217**	100	90	62	57	32	21	14	12		13	15	2	1	–	–	–	–	–	–	–	–	2-Propen-1-one, 3-(4-morpholinyl)-1-phenyl-	14677-24-8	**R5351**
217	202	185	216	52	43	159	158	**217**	100	73	43	43	42	29	25	21		14	19	1	1	–	–	–	–	–	–	–	–	Benzene, 1-propanoyl-2,5-dimethyl-4-(2-iminopropyl)-		**D1293**
217	219	108	216	218	43	42	190	**217**	100	99	65	44	43	40	31	28		6	8	1	3	–	1	–	–	–	–	–	–	2-Pyrimidinamine, 5-bromo-4-methoxy-6-methyl-	7749-55-5	**R3457**
217	219	221	182	102	132	134	31	**217**	100	98	34	25	16	14	10	8		5	–	–	1	3	–	2	–	–	–	–	–	Pyridine, 2,4,6-trichloro-3,5-difluoro-	52074-51-8	**S7855**
217	219	221	182	102	184	132	31	**217**	100	98	35	25	18	15	15	9		5	–	–	1	3	–	2	–	–	–	–	–	Pyridine, 3,5,6-trichloro-2,4-difluoro-		**M4493**
218	219	189	220					**217**	100	15	1	1					**0.00**	13	15	2	1	–	–	–	–	–	–	–	–	2,6-Piperidinedione, 3-ethyl-3-phenyl-	77-21-4	**P5778**

MASS TO CHARGE RATIOS								M.W.	INTENSITIES								Parent	C	H	O	N	Cl	Br	F	S	P	B	Si	X	COMPOUND NAME	CAS Reg No	No
18	115	218	75	17	158	159	28	**218**	100	99	79	36	25	21	21	17		12	10	2	–	–	–	–	1	–	–	–	–	Carbonic acid, thio-, O-methyl O-(2-naphthyl) ester	13599-68-3	**R4658**
28	61	76	59	134	45	57	44	**218**	100	26	19	16	13	8	6	6	**1.57**	6	9	3	–	–	–	–	–	1	–	–	1	Nickel, tricarbonyl(trimethylphosphine)-	16406-99-8	**R6164**
28	79	115	80	77	51	50	52	**218**	100	99	58	57	36	23	19	18	**0.10**	9	7	3	–	–	–	–	–	–	–	–	1	Manganese, tricarbonyl[(1,2,3,4,5-η)-1-methyl-2,4-cyclopentadien-1-yl]-	12108-13-3	**R4045**
31	29	28	45	144	44	116	85	**218**	100	90	73	67	57	56	53	49	**1.67**	9	14	4	–	–	–	–	1	–	–	–	–	Glutaric acid, 3-thioxo-, diethyl ester	18457-67-5	**R7633**
31	45	29	44	27	59	100	172	**218**	100	63	57	48	35	28	27	27	**0.00**	9	14	4	–	–	–	–	1	–	–	–	–	Malonic acid, (thioacetyl)-, diethyl ester	18457-90-4	**R7645**
41	43	121	91	93	79	55	105	**218**	100	77	65	62	62	58	54	54	**15.41**	15	22	1	–	–	–	–	–	–	–	–	–	2(3H)-Naphthalenone, 4,4a,5,6,7,8-hexahydro-4,4a-dimethyl-6-isopropenyl-, 4R-(4α,4aα,6β)-	4674-50-4	**R0701**
41	91	105	77	55	161	176	133	**218**	100	56	55	34	34	31	30	28	**13.00**	15	22	1	–	–	–	–	–	–	–	–	–	$\Delta^{1(10)}$-Aristolen-2-one		**L5387**
42	220	218	161	163	28	133	135	**218**	100	60	59	30	28	22	18	17		6	7	2	2	–	1	–	–	–	–	–	–	Uracil, 5-bromo-1,3-dimethyl-	7033-39-8	**R2799**
43	45	145	103	44	60	94	116	**218**	100	20	16	15	14	13	7	7	**0.00**	9	14	6	–	–	–	–	–	–	–	–	–	1,2,3-Propanetriol, triacetate		**C1342**
43	101	39	41	59	61	145	31	**218**	100	60	8	8	5	4	4	3	**0.00**	10	18	5	–	–	–	–	–	–	–	–	–	Propanol, oxybis-, diacetate		**C0120**
43	101	41	102	44	87	42	61	**218**	100	58	3	2	2	2	2	2	**0.00**	10	18	5	–	–	–	–	–	–	–	–	–	Propanol, oxybis-, diacetate		**D0290**
43	123	59	125	61	87	122	124	**218**	100	18	18	15	13	5	5	5	**0.00**	6	9	2	–	3	–	–	–	–	–	–	–	Acetic acid, trichloro-, tert-butyl ester		**Z1703**
43	145	103	116	115	86	146	72	**218**	100	99	90	51	33	14	8	6	**0.14**	9	14	6	–	–	–	–	–	–	–	–	–	1,2,3-Propanetriol, triacetate	102-76-1	**P7564**
43	147	149	190	192	218	220	53	**218**	100	59	58	58	57	44	43	26		7	7	3	–	–	1	–	–	–	–	–	–	2H-Pyran-2-one, 3-bromo-4-methoxy-6-methyl-	670-35-9	**Q3636**
45	**89**	**55**	**71**	**133**	**43**	**41**	**53**	**218**	**100**	**73**	**40**	**31**	**27**	**26**	**16**	**11**	**0.01**	12	26	3	–	–	–	–	–	–	–	–	–	Ethanediol, 2-hydroxyethyl heptyl diether		**C0235**
54	26	110	53	108	82	52	81	**218**	100	94	86	51	48	39	32	31	**0.00**	12	10	4	–	–	–	–	–	–	–	–	–	Quinhydrone		**M3965**
55	41	69	83	97	27	148	150	**218**	100	59	50	35	26	17	15	15	**6.00**	10	19	–	–	–	1	–	–	–	–	–	–	5-Decene, 1-bromo-, (E)-	64275-66-7	**T6435**
55	41	69	83	97	27	148	150	**218**	100	55	46	33	24	16	13	13	**5.00**	10	19	–	–	–	1	–	–	–	–	–	–	5-Decene, 1-bromo-, (Z)-	64275-63-4	**T6433**
55	41	69	91	43	56	105	83	**218**	100	75	59	46	41	32	32	30	**0.00**	12	23	1	–	1	–	–	–	–	–	–	–	2-Dodecen-1-ol, 12-chloro-	74810-78-9	**T8730**
55	41	83	67	69	29	53	27	**218**	100	96	95	64	56	47	33	31	**11.34**	10	19	–	–	–	1	–	–	–	–	–	–	4-Decene, 5-bromo-	61141-75-1	**T5315**
55	41	83	69	81	29	27	67	**218**	100	94	69	68	57	42	30	29	**12.45**	10	19	–	–	–	1	–	–	–	–	–	–	4-Decene, 4-bromo-	61141-76-2	**T5317**
55	83	41	126	39	70	42	65	**218**	100	91	85	71	62	54	50	42	**21.92**	13	18	1	2	–	–	–	–	–	–	–	–	1-Pyrrolidinecarboxamide, 2,5-dimethyl-N-phenyl-, cis-	34484-77-0	**S4658**
55	83	41	137	165	136	81	218	**218**	100	74	54	49	40	38	31	26		10	19	3	–	–	–	–	–	1	–	–	–	1,3,2-Dioxaphospholane, 2-cyclohexyl-4,5-dimethyl-, 2-oxide	74810-63-2	**T8715**
55	111	43	41	218	110	39	68	**218**	100	89	37	31	26	23	21	19		14	18	2	–	–	–	–	–	–	–	–	–	2-Hexenoic acid, 5-methyl-, 4-methylphenyl ester	72060-09-4	**T7664**
55	134	56	79	162	80	218	77	**218**	100	83	42	39	19	12	10	9		9	7	3	–	–	–	–	–	–	–	–	1	Manganese, tricarbonyl[(1,2,3,4,5-η)-1-methyl-2,4-cyclopentadien-1-yl]-		**X1923**
56	107	91	189	41	117	57	118	**218**	100	64	13	12	11	9	9	9	**5.23**	13	19	2	–	–	–	–	–	–	1	–	–	1,3,2-Dioxaborinane, 2-ethyl-4,5-dimethyl-6-phenyl-	74498-92-3	**T8136**
56	107	189	218	91	118	117	105	**218**	100	92	37	20	17	15	14	10		13	19	2	–	–	–	–	–	–	1	–	–	1,3,2-Dioxaborinane, 2-ethyl-4,5-dimethyl-6-phenyl-	74498-92-3	**T8137**
57	28	105	162	91	41	106	29	**218**	100	27	25	21	15	13	10	8	**0.30**	16	26	–	–	–	–	–	–	–	–	–	–	Benzene, 1-tert-butyl-3,3-dimethylbutyl-	40544-18-1	**S6326**
57	41	15	55	29	61	115	28	**218**	100	98	82	75	70	69	66	61	**0.40**	9	18	2	2	–	–	–	1	–	–	–	–	2-Butanone, 3,3-dimethyl-1-(methylthio)-, O-[(methylamino)carbonyl]oxime	39196-18-4	**S6048**
57	41	89	56	162	106	59	103	**218**	100	65	60	50	40	35	35	30	**15.00**	11	22	2	–	–	–	–	1	–	–	–	–	Propanoic acid, 3-(isobutylthio)-, tert-butyl ester		**M2700**
57	41	106	56	162	89	55	107	**218**	100	75	55	45	35	25	20	20	**15.00**	11	22	2	–	–	–	–	1	–	–	–	–	Propanoic acid, 3-(tertbutylthio)-, tert-butyl ester		**M2701**
57	89	41	56	88	55	61	105	**218**	100	99	70	55	55	45	40	40	**30.00**	11	22	2	–	–	–	–	1	–	–	–	–	Propanoic acid, 3-(butylthio)-, tert-butyl ester		**M2712**
57	101	59	103	162	43	41	60	**218**	100	50	45	40	25	25	25	20	**15.00**	11	22	2	–	–	–	–	1	–	–	–	–	Butanoic acid, 3-(ethylthio)-3-methyl-, tert-butyl ester		**M2703**
57	105	90	104	89	134	77	103	**218**	100	29	14	14	13	13	12	12	**3.00**	12	14	2	2	–	–	–	–	–	–	–	–	Sydnone, 3-isopropyl-4-phenyl-	40628-17-9	**S6367**
57	145	75	161	101	41	115	218	**218**	100	80	65	55	50	45	45	40		11	22	2	–	–	–	–	1	–	–	–	–	Hexanoic acid, 5-(methylthio)-, tert-butyl ester		**M2717**
57	162	41	103	145	102	115	43	**218**	100	99	95	90	70	65	65	50	**40.00**	11	22	2	–	–	–	–	1	–	–	–	–	Butanoic acid, 4-(propylthio)-, tert-butyl ester		**M2721**
58	32	42	31	59	29	14	15	**218**	100	24	8	8	7	6	6	6	**1.60**	13	18	1	2	–	–	–	–	–	–	–	–	5-Methoxy-3-(2-(dimethylamino)ethyl)indole		**06580**
58	161	15	28	163	63	30	62	**218**	100	83	81	74	62	39	36	25	**6.90**	8	8	1	2	2	–	–	–	–	–	–	–	Urea, N-(3,4-dichlorophenyl)-N′-methyl-	3567-62-2	**Q9534**
58	218	42	91	67	69	132	104	**218**	100	11	8	3	2	1	1	1		12	14	2	2	–	–	–	–	–	–	–	–	5-Dimethylaminomethyl-2-phenyl-4-isoxazolin-3-one		**L9547**
63	126	201	218	125	114	171	172	**218**	100	74	44	36	29	28	23	17		10	6	4	2	–	–	–	–	–	–	–	–	Naphthalene, 1,3-dinitro-		**D0703**
64	69	218	101	32	47	66	135	**218**	100	86	58	42	14	11	10	8		–	–	1	–	–	–	4	2	2	–	–	–	Thiodiphosphoryl fluoride	22606-64-0	**R9837**
67	109	81	55	96	41	82	138	**218**	100	65	60	49	42	37	32	23	**0.00**	16	26	–	–	–	–	–	–	–	–	–	–	Cyclohexane, 1-butylidene-4-(cyclohex-1-enyl)-		**M3482**
67	122	135	79	41	81	55	93	**218**	100	90	69	68	68	59	51	41	**31.04**	16	26	–	–	–	–	–	–	–	–	–	–	Cyclohexane, 1,1′-(1,3-butadiene-1,4-diyl)bis-, (E,E)-	55712-53-3	**06808**
69	31	50	76	121	218	26	70	**218**	100	17	15	14	9	4	2	2		4	–	–	4	–	–	6	–	–	–	–	–	3,6-Bis-(trifluoromethyl)-s-tetrazine		**L1042**
69	41	81	53	82	39	175	95	**218**	100	80	48	36	24	17	15	14	**4.00**	15	22	1	–	–	–	–	–	–	–	–	–	Furan, 3-(4,8-dimethyl-3,7-nonadienyl)-, (E)-		**01041**
69	81	41	53	39	82	95	175	**218**	100	95	88	39	21	17	10	10	**2.00**	15	22	1	–	–	–	–	–	–	–	–	–	Furan, 3-(4,8-dimethyl-3,7-nonadienyl)-, (E)-		**L5272**
71	83	55	43	41	149	137	136	**218**	100	83	48	47	28	26	5	3	**0.00**	11	22	2	–	–	–	–	1	–	–	–	–	Cyclohexane, isopentylsulphonyl-		**M0368**
73	89	41	83	109	55	71	82	**218**	100	95	48	44	43	39	33	32	**25.00**	12	26	1	–	–	–	–	1	–	–	–	–	Decane, 3-methoxy-8-(methylthio)-		**M1445**
73	89	171	41	83	109	55	71	**218**	100	95	58	49	44	43	40	33	**26.02**	12	26	1	–	–	–	–	1	–	–	–	–	Decane, 3-methoxy-8-(methylthio)-	30571-77-8	**S2944**
73	101	203	131	41	59	186	189	**218**	100	36	18	4	3	3	1	1	**0.00**	11	22	4	–	–	–	–	–	–	–	–	–	1-O-(2-Methoxybutyl)-2,3-O-isopropylideneglycerol		**P1847**
73	117	147	45	75	191	66	43	**218**	100	60	56	18	13	10	10	10	**0.00**	9	22	2	–	–	–	–	–	–	–	2	–	Silane, trimethyl[1-methyl-2-oxo-2-(trimethylsilyl)ethoxy]-, (R)-	55255-93-1	**T0626**
75	85	59	43	81	55	69	111	**218**	100	47	24	17	14	12	10	10	**0.00**	12	26	3	–	–	–	–	–	–	–	–	–	2-Octanol, 8,8-dimethoxy-2,6-dimethyl-	141-92-4	**P9840**
77	218	220	141	222	78	51	143	**218**	100	52	30	23	20	20	16	13		12	10	–	–	–	–	–	–	–	–	–	1	Zinc, diphenyl-	1078-58-6	**Q5254**

MASS TO CHARGE RATIOS								M.W.	INTENSITIES								Parent	C	H	O	N	Cl	Br	F	S	P	B	Si	X	COMPOUND NAME	CAS Reg No	No
78	147	77	112	111	149	113	52	**218**	100	94	44	42	34	32	20	12	**0.00**	6	6	–	–	4	–	–	–	–	–	–	–	**Cyclohexene, 3,4,5,6-tetrachloro-**		**15885**
78	173	146	218	118	105	145	79	**218**	100	88	87	69	41	40	32	21		11	10	3	2	–	–	–	–	–	–	–	–	**4H-Pyrido[1,2-a]pyrimidine-3-carboxylic acid, 4-oxo-, ethyl ester**	32092-18-5	**S3489**
79	67	41	80	55	108	93	91	**218**	100	72	70	46	43	41	39	29	**1.50**	16	26	–	–	–	–	–	–	–	–	–	–	**Hexadecatetraene**		**L4079**
79	106	108	109	107	93	95	45	**218**	100	90	90	85	30	15	12	7	**0.00**	4	10	6	–	–	–	–	2	–	–	–	–	**1,2-Ethanediol, dimethanesulphonate**		**M8070**
81	53	82	65	218				**218**	100	99	46	15	1					8	6	2	6	–	–	–	–	–	–	–	–	**2,5-Diazido-3,6-dimethyl-1,4-benzoquinone**		**M3187**
83	55	71	96	114	144	62	56	**218**	100	59	45	44	42	35	30	26	**0.00**	9	18	4	2	–	–	–	–	–	–	–	–	**1,3-Propanediol, 2-methyl-2-propyl-, dicarbamate**	57-53-4	**P4821**
83	55	96	71	114	144	81	84	**218**	100	78	75	72	72	66	59	59	**0.00**	9	18	4	2	–	–	–	–	–	–	–	–	**1,3-Propanediol, 2-methyl-2-propyl-, dicarbamate**	57-53-4	**P4823**
83	84	43	56	55	71	75	62	**218**	100	72	63	59	55	45	32	28	**0.00**	9	18	4	2	–	–	–	–	–	–	–	–	**1,3-Propanediol, 2-methyl-2-propyl-, dicarbamate**	57-53-4	**P4822**
83	85	87	31	98	69	67	100	**218**	100	99	23	10	10	10	7	6	**0.00**	3	1	–	–	3	–	4	–	–	–	–	–	**Propane, 1,3,3-trichloro-1,1,2,2-tetrafluoro-**		**A0773**
83	105	218	112	77	107	106	82	**218**	100	65	60	37	27	15	11	10		13	14	3	–	–	–	–	–	–	–	–	–	**1,5-Anhydro-4,6-O-benzylidene-2,3-dideoxy-D-erythro-hex-1-enitol**		**P1469**
83	162	164	55	56	41	218	139	**218**	100	61	59	41	34	31	24	17		8	11	2	–	–	1	–	–	–	–	–	–	**2-Bromodimedone**		**L1094**
85	57	43	45	97	42	98	41	**218**	100	98	48	48	40	39	39	34	**0.00**	11	22	4	–	–	–	–	–	–	–	–	–	**Glutaraldehydic acid, ethyl ester, 5-(diethyl acetal)**	19790-76-2	**R8302**
85	57	117	115	41	116	39	29	**218**	100	86	52	37	22	20	19	18	**12.81**	14	18	2	–	–	–	–	–	–	–	–	–	**Butanoic acid, 3-methyl-, 3-phenyl-2-propenyl ester**	140-27-2	**H0629**
85	57	117	115	41	116	39	29	**218**	100	86	52	37	22	20	19	18	**12.80**	14	18	2	–	–	–	–	–	–	–	–	–	**Isopentanoic acid, cinnamyl ester**		**04207**
85	117	43	45	101	41	55	29	**218**	100	54	44	28	23	17	17	14	**0.00**	11	22	4	–	–	–	–	–	–	–	–	–	**1,3-Dioxolane, 4-(1,4-dimethoxybutyl)-2,2-dimethyl-**	54889-93-9	**S9792**
90	118	91	174	117	89	105	77	**218**	100	68	41	32	26	21	16	10	**7.00**	12	15	3	–	–	–	–	–	–	1	–	–	**Mandelic acid, butyl boronate**		**05109**
91	65	39	63	89	92	51	62	**218**	100	68	30	19	15	15	10	9	**0.00**	7	7	–	–	–	–	–	–	–	–	–	1	**Tropylium iodide**	1316-80-9	**Q5907**
91	65	63	89	51	90	50		**218**	100	67	19	15	10	9	8		**0.00**	7	7	–	–	–	–	–	–	–	–	–	1	**Tropylium iodide**	1316-80-9	**Q5908**
91	65	92	39	89	63	218	51	**218**	100	12	9	6	4	4	3	3		7	7	–	–	–	–	–	–	–	–	–	1	**Benzene, (iodomethyl)-**	620-05-3	**Q3002**
91	81	117	115	82	77	103	39	**218**	100	15	13	11	10	10	10	9	**0.00**	14	18	2	–	–	–	–	–	–	–	–	–	**Cyclohexanecarboxylic acid, 1-phenyl-, methyl ester**	17380-78-8	**R6897**
91	92	218	43	41	105	29	104	**218**	100	92	24	14	13	12	10	7		16	26	–	–	–	–	–	–	–	–	–	–	**Benzene, decyl-**		**V0065**
91	104	114	144	127	130	99	105	**218**	100	56	46	41	39	36	32	30	**1.96**	14	18	2	–	–	–	–	–	–	–	–	–	**2-Hexenoic acid, 6-phenyl-, ethyl ester**	33046-77-4	**S3962**
91	119	79	133	77	105	218	117	**218**	100	96	76	75	60	55	47	37		14	18	2	–	–	–	–	–	–	–	–	–	**2-Naphthalenecarboxylic acid, 3,4,4a,5,6,7,8,8a-octahydro-5-methylene-8-vinyl-**	1451-36-1	**Q6006**
91	119	79	133	77	105	218	117	**218**	100	95	76	74	60	54	48	36		14	18	2	–	–	–	–	–	–	–	–	–	**6-Naphthalenecarboxylic acid, 1,2,3,4,4a,7,8,8a-octahydro-1-methylidene-4-vinyl-**		**L1147**
91	119	105	41	92	189	43	29	**218**	100	46	12	12	7	6	5	5	**4.16**	16	26	–	–	–	–	–	–	–	–	–	–	**Benzene, (1-ethyloctyl)-**	4621-36-7	**R0652**
91	119	189	105	41	218	92	104	**218**	100	46	17	16	14	12	9	8		16	26	–	–	–	–	–	–	–	–	–	–	**Benzene, (1-ethyloctyl)-**		**C1546**
91	133	92	105	148	113	134	41	**218**	100	56	49	17	17	13	11	11	**6.00**	15	22	1	–	–	–	–	–	–	–	–	–	**Octanal, 2-benzyl-**		**C1903**
91	133	92	105	175	41	119	29	**218**	100	16	9	8	7	5	4	4	**3.44**	16	26	–	–	–	–	–	–	–	–	–	–	**Benzene, (1-propylheptyl)-**	4537-12-6	**R0558**
91	133	105	175	218	92	104	41	**218**	100	17	15	11	8	7	6	6		16	26	–	–	–	–	–	–	–	–	–	–	**Benzene, (1-propylheptyl)-**		**C1545**
91	147	105	92	161	41	29	104	**218**	100	12	11	8	8	6	5	4	**3.11**	16	26	–	–	–	–	–	–	–	–	–	–	**Benzene, (1-butylhexyl)-**	4537-11-5	**R0556**
91	147	161	105	104	218	92	29	**218**	100	18	14	11	9	8	8	6		16	26	–	–	–	–	–	–	–	–	–	–	**Benzene, (1-butylhexyl)-**		**V0067**
91	155	218	139	190	92	220	156	**218**	100	81	31	18	16	13	12	9		9	11	2	–	1	–	–	1	–	–	–	–	**Benzene, 1-[(2-chloroethyl)sulphonyl]-4-methyl-**	22381-53-9	**R9667**
91	155	218	190	139	92	220	107	**218**	100	83	36	18	18	15	14	8		9	11	2	–	1	–	–	1	–	–	–	–	**Benzene, 1-[(2-chloroethyl)sulphonyl]-4-methyl-**		**M4344**
91	218	92	174	119	219			**218**	100	25	8	4	3	3				12	14	2	2	–	–	–	–	–	–	–	–	**$\Delta^{(2)}$-1,3,4-Oxadiazolin-5-one, 2-butyl-4-phenyl-**	28669-42-3	**S2175**
91	218	133	161	65	132	190	51	**218**	100	77	44	17	16	13	11	10		11	10	3	2	–	–	–	–	–	–	–	–	**1-Benzyl-3-methyl-2,4,5-trioxoimidazolidine**		**17228**
92	78	120	63	189	29	55	147	**218**	100	77	32	32	28	24	22	19	**1.04**	12	27	1	–	–	–	–	–	1	–	–	–	**Phosphine oxide, tributyl-**		**F0215**
92	91	43	41	218	57	105	39	**218**	100	81	23	21	14	9	9	8		16	26	–	–	–	–	–	–	–	–	–	–	**Benzene, decyl-**		**Y1014**
92	91	218	43	105	93	57	41	**218**	100	61	20	17	8	8	8	7		16	26	–	–	–	–	–	–	–	–	–	–	**Benzene, decyl-**	104-72-3	**P7740**
93	41	121	91	79	107	55	77	**218**	100	57	51	41	39	37	36	35	**0.00**	15	22	1	–	–	–	–	–	–	–	–	–	**α-Santalal, (-)-**		**L2855**
93	55	41	67	133	91	77	43	**218**	100	55	44	21	20	17	14	13	**2.00**	15	22	1	–	–	–	–	–	–	–	–	–	**2,6,9,11-Dodecatetraenal, 2,6,10-trimethyl-**	4955-32-2	**R0973**
93	55	41	81	79	67	133	91	**218**	100	55	43	23	22	21	20	17	**2.00**	15	22	1	–	–	–	–	–	–	–	–	–	**2,6,9,11-Dodecatetraenal, 2,6,10-trimethyl-**		**L5670**
93	55	134	41	79	107	119	91	**218**	100	78	68	47	47	38	37	34	**2.00**	15	22	1	–	–	–	–	–	–	–	–	–	**2,6,9,11-Dodecatetraenal, 2,6,10-trimethyl-, (E,E,E)-**	17909-77-2	**R7263**
93	107	55	135	91	79	41	77	**218**	100	64	29	25	22	22	22	17	**7.30**	15	22	1	–	–	–	–	–	–	–	–	–	**p-Mentha-1,8-diene, 6-(2-methyl-(E)-2-butenalyl)-, (-)**		**M0422**
93	107	135	55	91	79	41	77	**218**	100	62	30	30	24	22	22	17	**1.50**	15	22	1	–	–	–	–	–	–	–	–	–	**p-Mentha-1,8-diene, 6-(2-methyl-(Z)-2-butenalyl)-**		**M0420**
94	138	166	79	91	107	95	135	**218**	100	88	76	70	50	48	40	36	**0.00**	9	14	4	–	–	–	–	1	–	–	–	–	**2-Cyclobutene-1-acetic acid, 2-methyl-α-(methylsulphonyl)-, methyl ester**	74367-18-3	**T7973**
98	183	55	84	83	41	97	69	**218**	100	70	68	58	50	40	40	28	**0.00**	12	23	1	–	1	–	–	–	–	–	–	–	**Dodecanoyl chloride**	112-16-3	**P8664**
101	57	29	45	102	28	27	58	**218**	100	87	25	9	7	6	5	4	**0.00**	10	18	5	–	–	–	–	–	–	–	–	–	**Bis(2-hydroxyethyl) ether, dipropanoate**		**Z1700**
101	57	41	74	162	145	55	56	**218**	100	80	80	65	55	55	50	30	**20.00**	11	22	2	–	–	–	–	1	–	–	–	–	**Pentanoic acid, 5-(ethylthio)-, tert-butyl ester**		**M2710**
101	73	55	43	112	45	139	29	**218**	100	89	77	51	38	33	28	26	**0.00**	6	9	2	–	3	–	–	–	–	–	–	–	**1,3-Dioxolane, 4,5-dimethyl-2-(trichloromethyl)-**	25630-47-1	**S1123**
103	47	29	57	75	85	113	67	**218**	100	56	54	47	38	34	29	27	**0.09**	11	22	4	–	–	–	–	–	–	–	–	–	**Hexanoic acid, 6,6-diethoxy-, methyl ester**		**C1179**
103	77	203	117	81	41	91	88	**218**	100	94	77	71	70	38	37	33	**2.50**	10	13	–	–	–	–	3	–	–	–	1	–	**Silane, trimethyl(α,α,α-trifluoro-2-tolyl)-**	312-92-5	**Q0438**
104	51	218	52	103	78	77	132	**218**	100	66	58	53	31	31	31	26		11	10	3	2	–	–	–	–	–	–	–	–	**5-Phenyl-5-methyl-barbituric acid**		**02487**
104	76	28	50	43	190	15	147	**218**	100	68	43	39	36	29	25	21	**2.00**	10	10	2	4	–	–	–	–	–	–	–	–	**cis-2,3-Dimethyl-1-phthalimidoazimine**		**P0260**
104	76	147	43	15	132	28	162	**218**	100	48	17	13	12	7	3	3	**3.00**	10	10	2	4	–	–	–	–	–	–	–	–	**trans-2,3-Dimethyl-1-phthalimidoazimine**		**P0261**

MASS TO CHARGE RATIOS								M.W.	INTENSITIES								Parent	C	H	O	N	Cl	Br	F	S	P	B	Si	X	COMPOUND NAME	CAS Reg No	No
105	77	51	106	78	29	50	30	**218**	100	35	8	8	4	3	3	2	**0.00**	9	8	2	–	2	–	–	–	–	–	–	–	**Propanophenone, α,α-dichloro-β-hydroxy-**		**Z1698**
105	77	139	141	78	79	218	51	**218**	100	43	40	20	17	16	12	12		13	11	1	–	1	–	–	–	–	–	–	–	**Benzenemethanol, 4-chloro-α-phenyl-**	119-56-2	**P9022**
105	91	106	218	77	104	41	79	**218**	100	12	12	8	5	4	4	4		16	26	–	–	–	–	–	–	–	–	–	–	**Benzene, (1-methylnonyl)-**		**V0066**
105	96	77	68	52	97	50	106	**218**	100	65	34	18	17	10	9	8	**4.61**	13	14	3	–	–	–	–	–	–	–	–	–	**Cyclohexanone, 4-(benzoyloxy)-**	23510-95-4	**S0235**
105	96	77	68	54	97	51	106	**218**	100	64	33	18	17	10	9	8	**4.00**	13	14	3	–	–	–	–	–	–	–	–	–	**Cyclohexanone, 4-(benzoyloxy)-**	23510-95-4	**S0234**
105	106	91	41	79	218	77	43	**218**	100	14	13	5	5	5	5	4		16	26	–	–	–	–	–	–	–	–	–	–	**Benzene, (1-methylnonyl)-**	4537-13-7	**R0560**
105	106	91	218	41	104	79	77	**218**	100	13	11	8	5	4	4	4		16	26	–	–	–	–	–	–	–	–	–	–	**Benzene, (1-methylnonyl)-**	4537-13-7	**H1480**
105	162	77	133	106	120	55	51	**218**	100	46	38	37	19	11	10	8	**3.39**	14	18	2	–	–	–	–	–	–	–	–	–	**1,3-Butanedione, 2-butyl-1-phenyl-**	10225-39-5	**R3664**
105	162	147	77	43	161	106	69	**218**	100	42	34	27	13	11	9	6	**1.53**	14	18	2	–	–	–	–	–	–	–	–	–	**1,3-Butanedione, 2-sec-butyl-1-phenyl-**	10225-40-8	**R3665**
105	200	96	77	28	68	54	51	**218**	100	99	49	28	24	16	13	11	**0.00**	13	14	3	–	–	–	–	–	–	–	–	–	**Cyclohexanone, 4-(benzoyloxy)-**	23510-95-4	**S0232**
106	97	59	41	55	43	161	69	**218**	100	89	79	36	36	34	32	28	**13.00**	11	23	2	–	–	–	–	–	1	–	–	–	**1-Propoxy-2,2,3,4,4-pentamethylphosphetane 1-oxide**		**P2612**
106	97	161	59	176	55	148	108	**218**	100	89	76	56	45	34	32	30	**16.00**	11	23	2	–	–	–	–	–	1	–	–	–	**1-Isopropoxy-2,2,3,4,4-pentamethylphosphetane 1-oxide**		**P2613**
107	135	67	41	136	39	53	91	**218**	100	72	64	52	48	45	36	36	**18.00**	15	22	1	–	–	–	–	–	–	–	–	–	**Germacrone**		**15990**
107	135	121	67	41	93	91	108	**218**	100	87	68	52	48	48	33	29	**10.71**	15	22	1	–	–	–	–	–	–	–	–	–	**Germacrone**	6902-91-6	**H1635**
107	135	136	67	121	218	68	91	**218**	100	84	65	48	35	34	27	27		15	22	1	–	–	–	–	–	–	–	–	–	**Germacrone**	6902-91-6	**R2673**
109	218	65	110	69	39	51	77	**218**	100	76	38	38	21	17	16	16		12	10	–	–	–	–	–	2	–	–	–	–	**Diphenyl disulphide**	882-33-7	**Q4471**
109	218	65	154	69	185	110	219	**218**	100	86	45	20	17	14	13	11		12	10	–	–	–	–	–	2	–	–	–	–	**Diphenyl disulphide**	882-33-7	**Q4473**
109	218	110	65	39	69	77	51	**218**	100	99	47	34	21	18	16	16		12	10	–	–	–	–	–	2	–	–	–	–	**Diphenyl disulphide**		**C1667**
110	32	67	41	55	57	111	150	**218**	100	47	43	31	29	14	10	9	**5.40**	14	18	2	–	–	–	–	–	–	–	–	–	**Phenol, 3-(2,7-octadienyloxy)-**		**C0914**
110	79	109	80	108	111	81	77	**218**	100	82	78	77	33	32	27	18	**4.00**	9	15	4	–	–	–	–	–	1	–	–	–	**Phosphonic acid, (3-hydroxytricyclo[2.2.1.0$^{(2,6)}$]hept-3-yl)-, dimethyl ester**	57156-76-0	**T4320**
110	108	53	81	82	18	54	111	**218**	100	33	15	12	10	10	9	8	**0.00**	12	10	4	–	–	–	–	–	–	–	–	–	**Resorcinol-p-benzoquinone**		**M3966**
111	55	110	218	108	41	81	107	**218**	100	69	27	12	12	11	9	9		14	18	2	–	–	–	–	–	–	–	–	–	**2-Heptenoic acid, 4-methylphenyl ester**	72060-10-7	**T7665**
112	43	97	148	91	90	83	69	**218**	100	54	45	28	24	20	19	17	**0.10**	14	18	2	–	–	–	–	–	–	–	–	–	**1,3-Dioxolane, 2,2-dimethyl-4-isopropenyl-5-phenyl-**	36334-90-4	**S5210**
114	172	113	142	88	218	116	115	**218**	100	74	22	21	19	14	13	12		10	6	4	2	–	–	–	–	–	–	–	–	**Naphthalene, 1,8-dinitro-**		**D1069**
114	172	126	88	113	142	28	116	**218**	100	53	23	23	22	19	19	16	**8.49**	10	6	4	2	–	–	–	–	–	–	–	–	**Naphthalene, 1,5-dinitro-**		**D0676**
114	218	126	75	102	76	74	63	**218**	100	77	76	47	34	33	31	26		10	6	4	2	–	–	–	–	–	–	–	–	**Naphthalene, 1,5-dinitro-**		**D1068**
115	183	117	63	185	218	99	220	**218**	100	84	34	31	29	19	17	13		8	4	3	–	2	–	–	–	–	–	–	–	**1,3-Propanoyl dichloride, 2-furfurylidene-**		**M7021**
115	218	18	75	143	159	158	15	**218**	100	82	59	49	41	22	21	15		12	10	2	–	–	–	–	1	–	–	–	–	**Carbonic acid, thio-, O-methyl O-(1-naphthyl) ester**	13704-12-6	**R4721**
117	41	91	115	145	162	116	57	**218**	100	52	47	47	47	40	35	26	**12.87**	14	18	2	–	–	–	–	–	–	–	–	–	**2-Butenoic acid, 4-phenyl-, butyl ester**	54966-43-7	**S9963**
117	57	41	115	91	118	218	116	**218**	100	37	34	28	16	14	14	13		14	18	2	–	–	–	–	–	–	–	–	–	**3-Butenoic acid, 4-phenyl-, butyl ester**	54966-44-8	**S9964**
119	43	91	41	118	120	81	55	**218**	100	25	21	19	15	13	10	9	**0.00**	15	22	1	–	–	–	–	–	–	–	–	–	**2-Phenyl-2-(4-hydroxycyclohexyl)propane (isomer a)**		**C1311**
119	43	91	41	120	118	81	55	**218**	100	22	20	14	13	11	7	6	**0.00**	15	22	1	–	–	–	–	–	–	–	–	–	**2-Phenyl-2-(4-hydroxycyclohexyl)propane (isomer b)**		**C1312**
119	91	39	65	77	51	118	117	**218**	100	80	64	60	43	42	32	32	**28.53**	9	11	2	–	1	–	–	1	–	–	–	–	**Benzenesulphonyl chloride, 2,4,6-trimethyl-**	773-64-8	**Q4090**
119	190	76	147	50	175	89	218	**218**	100	55	50	40	31	28	27	25		12	10	4	–	–	–	–	–	–	–	–	–	**1,2-Naphthoquinone, 3,5-dimethoxy-**	32358-78-4	**S3601**
119	190	161	175	76	218	89	50	**218**	100	80	65	42	32	29	26	16		12	10	4	–	–	–	–	–	–	–	–	–	**1,2-Naphthoquinone, 3,8-dimethoxy-**	30839-37-3	**S3029**
119	190	161	175	76	218	89	147	**218**	100	80	65	42	32	29	26	16		12	10	4	–	–	–	–	–	–	–	–	–	**1,2-Naphthoquinone, 3,8-dimethoxy-**		**M5912**
120	147	70	175	92	106	218	78	**218**	100	90	87	69	42	41	35	33		13	18	1	2	–	–	–	–	–	–	–	–	**Pyrrolidine, 1-(1-oxobutyl)-2-(3-pyridinyl)-, (S)-**	69730-91-2	**T7365**
121	32	218	122	40	161	135	159	**218**	100	70	55	53	50	43	33	29		15	22	1	–	–	–	–	–	–	–	–	–	**p-Cresol, 2-(1,4-dimethylcyclohexyl)-**		**D0344**
121	104	218	105	77	109	203	69	**218**	100	58	58	52	50	42	38	35		10	9	2	–	–	–	3	–	–	–	–	–	**Acetic acid, trifluoro-, 2-ethylphenyl ester**	31083-13-3	**S3183**
121	122	41	67	81	79	218	93	**218**	100	49	41	40	30	30	24	21		16	26	–	–	–	–	–	–	–	–	–	–	**Indeno[2,1-a]indene, perhydro-**		**Y2006**
121	218	77	105	91	104	65	69	**218**	100	62	48	48	43	43	22	22		10	9	2	–	–	–	3	–	–	–	–	–	**Acetic acid, trifluoro-, 2,6-dimethylphenyl ester**	1842-06-4	**Q6864**
121	218	91	77	105	104	69	39	**218**	100	57	34	27	22	18	15	13		10	9	2	–	–	–	3	–	–	–	–	–	**Acetic acid, trifluoro-, 2,4-dimethylphenyl ester**		**03631**
121	218	175	190	41	81	83	106	**218**	100	69	48	41	33	33	28	28		14	18	2	–	–	–	–	–	–	–	–	–	**Cyclohexanone, 6-furfurylidene-2,2,3-trimethyl-**	17429-55-9	**R6997**
121	218	175	190	41	81	106	83	**218**	100	67	46	38	33	33	27	27		14	18	2	–	–	–	–	–	–	–	–	–	**Cyclohexanone, 6-furfurylidene-2,2,3-trimethyl-**	17429-55-9	**R6998**
122	69	107	123	41	91	81	55	**218**	100	64	57	55	52	51	51	41	**38.70**	15	22	1	–	–	–	–	–	–	–	–	–	**Tricyclo[5.4.0.0$^{(1,3)}$]undecane, 5-hydroxy-4-methylene-7,11,11-trimethyl-**		**M0123**
122	161	94	160	57	120	123	144	**218**	100	67	22	16	14	10	9	7	**4.78**	12	14	2	2	–	–	–	–	–	–	–	–	**Phenol, 2-(methyl-2-propynylamino)-, methylcarbamate (ester)**	23504-07-6	**S0214**
123	95	218	75	124	50	219	94	**218**	100	48	34	23	7	4	4	4		13	8	1	–	–	–	2	–	–	–	–	–	**2,4′-Difluorobenzophenone**		**G0621**
125	64	154	107	109	153	108	139	**218**	100	72	47	42	35	29	26	21	**0.00**	7	10	4	2	–	–	–	1	–	–	–	–	**4-Ethoxycarbonyl-7-thia-2,3-diazabicyclo[3.2.0]hept-3-ene-7,7-dioxide**		**M3110**
125	77	51	218	97	50	126	39	**218**	100	43	36	25	18	10	7	6		12	10	2	–	–	–	–	1	–	–	–	–	**Diphenyl sulphone**	127-63-9	**P9545**
125	77	51	218	97	50	126	65	**218**	100	42	34	20	16	9	8	6		12	10	2	–	–	–	–	1	–	–	–	–	**Diphenyl sulphone**		**C0471**
125	77	218	51	43	45	97	41	**218**	100	39	33	30	19	16	14	12		12	10	2	–	–	–	–	1	–	–	–	–	**Diphenyl sulphone**	127-63-9	**P9544**
125	103	139	77	220	51	218	127	**218**	100	48	48	36	36	31	28	26		8	8	–	–	1	1	–	–	–	–	–	–	**Benzene, 1-chloro-3-(2-bromoethyl)-**		**L7568**
125	103	139	77	220	127	51	218	**218**	100	48	48	36	36	33	31	28		8	8	–	–	1	1	–	–	–	–	–	–	**Benzene, 1-(2-bromoethyl)-3-chloro-**	16799-05-6	**R6467**
125	127	103	139	77	51	220	75	**218**	100	33	32	32	26	20	18	15	**14.01**	8	8	–	–	1	1	–	–	–	–	–	–	**Benzene, 1-(2-bromoethyl)-4-chloro-**	6529-53-9	**R2348**
125	127	220	139	218	103	77	51	**218**	100	32	23	22	17	17	11	10		8	8	–	–	1	1	–	–	–	–	–	–	**Benzene, 1-(2-bromoethyl)-4-chloro-**		**Z1701**
126	114	119	218	89	113	102	76	**218**	100	98	42	36	23	22	22	20		10	6	4	2	–	–	–	–	–	–	–	–	**Naphthalene, 1,8-dinitro-**		**D0701**

MASS TO CHARGE RATIOS								M.W.	INTENSITIES								Parent	C	H	O	N	Cl	Br	F	S	P	B	Si	X	COMPOUND NAME	CAS Reg No	No
126	218	125	114	102	74	75	63	**218**	100	57	37	31	20	18	17	15		10	6	4	2	–	–	–	–	–	–	–	–	Naphthalene, 1,4-dinitro-		D1067
126	218	201	114	125	172	171	76	**218**	100	62	45	45	35	25	22	21		10	6	4	2	–	–	–	–	–	–	–	–	Naphthalene, 1,3-dinitro-		D1066
128	218	127	200	129	155	115	144	**218**	100	89	78	77	57	53	48	46		12	10	4	–	–	–	–	–	–	–	–	–	Cinnamylidenemalonic acid		L5908
128	218	127	200	129	155	115	172	**218**	100	90	79	77	56	54	48	47		12	10	4	–	–	–	–	–	–	–	–	–	Cinnamylidenemalonic acid	4472-92-8	R0491
129	92	91	128	220	115	116	142	**218**	100	87	79	76	66	53	26	26	**5.07**	17	14	–	–	–	–	–	–	–	–	–	–	Benzene, 1,1′-(2,4-cyclopentadiene-1,2-diyl)bis-	74753-01-8	T8482
130	77	131	103	159	218	102	129	**218**	100	9	9	6	5	4	3	3		12	14	2	2	–	–	–	–	–	–	–	–	L-Tryptophan, methyl ester	4299-70-1	R0303
130	131	103	159	218	102	129	132	**218**	100	9	6	5	4	3	3	3		12	14	2	2	–	–	–	–	–	–	–	–	L-Tryptophan, methyl ester	4299-70-1	R0304
131	55	88	61	41	218	97	43	**218**	100	90	83	44	35	35	29	23		11	22	2	–	–	–	–	1	–	–	–	–	Acetic acid, (heptylthio)-, ethyl ester	40814-21-9	S6462
131	148	103	70	77	149	147	27	**218**	100	57	41	36	33	29	25	20	**6.21**	14	18	2	–	–	–	–	–	–	–	–	–	Cinnamic acid, pentyl ester	3487-99-8	H1412
133	175	131	105	134	176	55	218	**218**	100	57	25	20	15	10	8	8		14	22	–	–	–	–	–	–	–	–	1	–	1H-1-Silaindene, 2,3-dihydro-1,1-dipropyl-	61141-63-7	T5290
133	218	105	104	78	132	77	51	**218**	100	44	29	28	17	13	12	10		11	10	3	2	–	–	–	–	–	–	–	–	1-Methyl-3-o-methylphenyl-2,4,5-trioxoimidazolidine		17232
133	218	132	104	77	134	78	51	**218**	100	56	23	14	11	10	9	8		11	10	3	2	–	–	–	–	–	–	–	–	1-Methyl-3-p-methylphenyl-2,4,5-trioxoimidazolidine		17233
134	147	148	135	120	41	146	43	**218**	100	65	29	27	24	23	19	18	**9.01**	13	18	1	2	–	–	–	–	–	–	–	–	Benzoxazole, 2-(hexylamino)-	28291-86-3	S2030
134	161	218	51	119	91	135	162	**218**	100	95	55	45	19	18	12	12		13	14	3	–	–	–	–	–	–	–	–	–	1,3-Cyclohexanedione, 5-(4-methoxyphenyl)-		D1441
134	176	77	76	105	51	50	135	**218**	100	29	13	11	11	8	8	7	**4.60**	11	10	3	2	–	–	–	–	–	–	–	–	3-Indazolinone, 1,2-diacetyl-	5203-85-0	R1193
134	176	77	76	105	51	50	218	**218**	100	29	13	11	11	8	8	5		11	10	3	2	–	–	–	–	–	–	–	–	3-Indazolinone, 1,2-diacetyl-		L5307
134	176	105	77	76	51	50	218	**218**	100	32	9	8	7	6	6	5		11	10	3	2	–	–	–	–	–	–	–	–	1H-Indazol-3-ol, 1-acetyl-, acetate		L5306
134	176	105	77	135	76	51	50	**218**	100	32	9	8	7	7	6	6	**5.30**	11	10	3	2	–	–	–	–	–	–	–	–	1H-Indazol-3-ol, 1-acetyl-, acetate	5203-80-5	R1192
135	28	136	218	121	32	91	134	**218**	100	51	21	17	12	10	7	6		15	22	1	–	–	–	–	–	–	–	–	–	p-Cresol, 2-(1-ethylcyclohexyl)-		D0342
135	91	110	95	83	77	218	69	**218**	100	28	24	19	19	19	17	17		15	22	1	–	–	–	–	–	–	–	–	–	2-(2-Methoxyphenyl)-6-methylhept-5-ene		M6986
135	108	57	56	41	44	39	161	**218**	100	37	33	31	24	22	18	17	**8.30**	9	10	1	6	–	–	–	–	–	–	–	–	Urea, N-allyl-N′-purin-6-yl-	29670-98-2	S2610
135	119	147	133	41	91	160	121	**218**	100	95	66	65	53	42	37	36	**23.30**	15	22	1	–	–	–	–	–	–	–	–	–	Bicyclo[4.4.0.0$^{(1,3)}$]dec-4-ene, 5-formyl-4,6,10,10-tetramethyl-		M0120
135	218	149	122	203	175	162	189	**218**	100	60	31	24	22	22	19	16		15	22	1	–	–	–	–	–	–	–	–	–	Phenol, 4,6-dimethyl-2-(2-methylcyclohexyl)-		D0846
136	41	94	67	135	79	81	95	**218**	100	90	88	61	55	52	51	39	**39.20**	16	26	–	–	–	–	–	–	–	–	–	–	Hexadecahydrofluoranthene		Y0899
136	218	135	121	148	91	41	161	**218**	100	47	40	33	28	11	10	9		15	22	1	–	–	–	–	–	–	–	–	–	o-Cresol, 5-(1,5-dimethyl-4-hexenyl)-, (-)-		05275
139	80	112	140	28	82	79	81	**218**	100	28	28	19	16	14	13	11	**3.00**	6	7	–	2	–	1	–	1	–	–	–	–	Thiazolo[3,2-a]pyrimidin-4-ium, 2,3-dihydro-, bromide	15018-77-6	R5530
139	108	218	220	107	109	77	69	**218**	100	71	40	40	31	31	28	21		10	19	–	–	–	1	–	–	–	–	–	–	Cyclohexane, 1-bromo-4-isopropyl-1-methyl-	74645-93-5	T8244
144	218	115	145	116	127	59	45	**218**	100	30	18	15	9	8	8	8		13	14	3	–	–	–	–	–	–	–	–	–	Naphthalene, 1-(2,3-dihydroxypropoxy)-		02543
145	73	146	203	129	147	218	115	**218**	100	37	17	12	11	9	7	5		9	26	–	–	–	–	–	–	–	–	3	–	Trisilane, nonamethyl-		02880
145	115	117	144	218	90	118	146	**218**	100	23	20	19	17	16	13	13		13	14	3	–	–	–	–	–	–	–	–	–	2-Naphthalenecarboxylic acid, 1,2,3,4-tetrahydro-4-oxo-, ethyl ester	22743-00-6	H1856
146	119	118	174	91	145	147	173	**218**	100	41	37	26	22	11	11	9	**2.00**	10	10	2	4	–	–	–	–	–	–	–	–	4-Pteridinecarboxylic acid, 7-methyl-, ethyl ester	16008-52-9	R5972
146	119	118	174	91	218	147	145	**218**	100	41	37	26	22	12	11	11		10	10	2	4	–	–	–	–	–	–	–	–	4-Pteridinecarboxylic acid, 7-methyl-, ethyl ester		M7977
146	159	28	218	30	147	160	43	**218**	100	99	32	25	21	18	18	15		12	14	2	2	–	–	–	–	–	–	–	–	Tryptamine, N-acetyl-5-hydroxy-	1210-83-9	Q5770
146	159	218	147	160	43	91	149	**218**	100	94	20	13	13	11	7	7		12	14	2	2	–	–	–	–	–	–	–	–	Tryptamine, N-acetyl-5-hydroxy-	1210-83-9	Q5771
146	190	117	118	161	103	189	91	**218**	100	73	48	30	23	21	19	18	**5.50**	12	14	2	2	–	–	–	–	–	–	–	–	4,6(1H,5H)-Pyrimidinedione, 5-ethyldihydro-5-phenyl-	125-33-7	P9463
146	190	117	118	189	161	103	115	**218**	100	90	59	42	34	31	22	16	**5.00**	12	14	2	2	–	–	–	–	–	–	–	–	4,6(1H,5H)-Pyrimidinedione, 5-ethyldihydro-5-phenyl-	125-33-7	P9458
146	190	117	189	161	118	91	103	**218**	100	76	56	31	26	26	19	17	**6.51**	12	14	2	2	–	–	–	–	–	–	–	–	4,6(1H,5H)-Pyrimidinedione, 5-ethyldihydro-5-phenyl-	125-33-7	P9461
147	75	73	45	148	43	203	47	**218**	100	68	62	22	16	11	11	9	**0.00**	8	18	3	–	–	–	–	–	–	–	2	–	Acetic acid, 2-(trimethylsilyl)oxy-, trimethylsilyloxy ester		15373
147	131	128	115	144	129	77	167	**218**	100	81	59	52	49	46	43	35	**9.50**	14	18	2	–	–	–	–	–	–	–	–	–	5,10-Epoxybenzocycloocten-5(6H)-ol, 7,8,9,10-tetrahydro-8,8-dimethyl-	58746-67-1	T5063
147	148	133	204	57	41	149	91	**218**	100	66	27	19	15	8	7	6	**0.00**	16	26	–	–	–	–	–	–	–	–	–	–	Benzene, (2,2-dimethylpropyl)pentamethyl-	56909-25-2	T4279
148	218	45	133	43	147	91	41	**218**	100	91	86	81	73	42	36	34		14	18	2	–	–	–	–	–	–	–	–	–	threo-1-(7-Methyl-4-indanyloxy)-2,3-epoxybutane		B0244
149	93	41	43	91	133	79	55	**218**	100	91	87	65	56	56	51	50	**27.00**	15	22	1	–	–	–	–	–	–	–	–	–	5H-Cyclopropa[a]naphthalen-5-one, 1,1a,2,4,6,7,7a,7b-octahydro-1,1,7,7a-tetramethyl-, (1aα,7α,7aα,7bα)-	56805-17-5	09757
149	200	104	77	131	52	69	146	**218**	100	92	59	43	42	40	34	34	**1.55**	7	5	1	4	–	–	3	–	–	–	–	–	4-Pteridinol, 3,4-dihydro-4-(trifluoromethyl)-	23658-20-0	S0309
149	200	104	131	77	52	146	69	**218**	100	94	60	42	41	40	36	34	**2.00**	7	5	1	4	–	–	3	–	–	–	–	–	4-Pteridinol, 3,4-dihydro-4-(trifluoromethyl)-		M7967
149	203	164	218	57	161	41	121	**218**	100	70	25	23	22	19	18	17		15	22	1	–	–	–	–	–	–	–	–	–	2,3-Dihydro-2,3,6-trimethyl-8-tert-butyl-benzofuran		C1156
153	66	79	110	80	109	65	93	**218**	100	98	45	26	23	17	15	14	**3.00**	9	15	4	–	–	–	–	–	1	–	–	–	Phosphonic acid, (2-hydroxy-5-norbornen-2-yl)-, dimethyl ester, exo-	27098-00-6	S1613
153	66	110	79	80	93	95	152	**218**	100	52	26	24	15	11	9	8	**3.00**	9	15	4	–	–	–	–	–	1	–	–	–	Phosphonic acid, (2-hydroxy-5-norbornen-2-yl)-, dimethyl ester, endo-		L9198
153	66	110	79	80	93	154	95	**218**	100	52	26	24	15	11	10	9	**3.00**	9	15	4	–	–	–	–	–	1	–	–	–	Phosphonic acid, (2-hydroxy-5-norbornen-2-yl)-, dimethyl ester, endo-	27109-25-7	S1616
159	59	113	99	85	53	55	75	**218**	100	33	33	24	19	12	12	12	**0.10**	9	14	6	–	–	–	–	–	–	–	–	–	2-Pentenedioic acid, 4,4-dimethoxy-, dimethyl ester, (E)-	13131-26-5	R4221
159	113	59	85	75	55	99	187	**218**	100	40	34	26	16	14	8	8	**0.10**	9	14	6	–	–	–	–	–	–	–	–	–	2-Pentenedioic acid, 4,4-dimethoxy-, dimethyl ester, (Z)-	13131-25-4	R4220
159	146	218	147	160	219	145	43	**218**	100	99	31	11	11	4	4	3		12	14	2	2	–	–	–	–	–	–	–	–	Tryptamine, N-acetyl-5-hydroxy-	1210-83-9	Q5772
159	160	101	219					**218**	100	7	2	2					**0.00**	9	14	6	–	–	–	–	–	–	–	–	–	1,2,3-Propanetriol, triacetate	102-76-1	P7566
161	55	135	111	43	41	218	162	**218**	100	46	39	27	19	17	17	14		14	18	2	–	–	–	–	–	–	–	–	–	2-Hepten-1-one, 1-(2-hydroxy-5-methylphenyl)-	51956-81-1	08745
161	135	162	217	111	55	77	107	**218**	100	23	14	10	9	9	8	7	**1.80**	14	18	2	–	–	–	–	–	–	–	–	–	2-Hepten-1-one, 1-(2-hydroxy-5-methylphenyl)-	51956-81-1	08744
162	203	104	190	76	130	103	26	**218**	100	86	62	57	54	45	42	30	**18.00**	12	14	2	2	–	–	–	–	–	–	–	–	Phthalazine, 1,4-diethoxy-		02084

MASS TO CHARGE RATIOS								M.W.	INTENSITIES								Parent	C	H	O	N	Cl	Br	F	S	P	B	Si	X	COMPOUND NAME	CAS Reg No	No
168	218	139	220	203	152	169	140	218	100	55	48	20	20	16	15	15		13	11	1	–	1	–	–	–	–	–	–	–	1,1'-Biphenyl, 3-chloro-2-methoxy-	23885-98-5	S0386
172	114	218	142	113	89	116	115	218	100	99	50	34	23	18	16	13		10	6	4	2	–	–	–	–	–	–	–	–	Naphthalene, 1,8-dinitro-	602-38-0	Q2653
173	92	218	145	174	65	146	172	218	100	86	62	52	52	41	31	31		11	10	3	2	–	–	–	–	–	–	–	–	4H-Pyrido[1,2-a]pyrimidine-3-acetic acid, 6-methyl-4-oxo-	54504-66-4	S9232
175	39	41	43	53	91	77	67	218	100	99	95	88	67	52	44	39	17.20	14	18	2	–	–	–	–	–	–	–	–	–	1,4-Benzoquinone, 2-(γ,γ-dimethylallyl)-3,5,6-trimethyl-		06535
175	218	160	159	145	147	121	115	218	100	13	4	3	3	2	2	2		15	22	1	–	–	–	–	–	–	–	–	–	5-Hydroxycalamenene		05274
181	28	182	183	147	36	102	165	218	100	85	59	56	54	32	27	25	23.02	9	8	–	–	2	–	–	1	–	–	–	–	Benzo[b]thiophene, 3-chloro-2-(chloromethyl)-2,3-dihydro-	56909-07-0	T4263
183	167	135	136	121	184	185	201	218	100	48	20	15	14	12	9	6	0.00	9	11	2	–	1	–	–	1	–	–	–	–	Benzenesulphonyl chloride, 2,4,6-trimethyl-	773-64-8	Q4091
183	218	51	220	77	89	39	184	218	100	89	30	30	29	22	18	17		13	11	1	–	1	–	–	–	–	–	–	–	Phenyl 4-(chloromethyl)phenyl ether		D2132
183	218	77	184	51	155	220	181	218	100	37	20	16	14	13	12	12		13	11	1	–	1	–	–	–	–	–	–	–	Phenyl ar-methyl-ar-chlorophenyl ether		Z1693
186	218	158	130	131	187	103	159	218	100	65	34	29	28	23	18	14		11	10	3	2	–	–	–	–	–	–	–	–	2(1H)-Quinoxalinone-3-acetic acid, methyl ester		16027
187	189	218	220	50	51	43	131	218	100	97	88	84	30	20	18	15		7	7	3	–	–	1	–	–	–	–	–	–	2-Furoic acid, 4-bromo-5-methyl-, methyl ester	2528-02-1	Q8275
187	189	218	220	109	51	188	44	218	100	97	70	65	20	15	14	13		7	7	3	–	–	1	–	–	–	–	–	–	2-Furoic acid, 5-bromo-3-methyl-, methyl ester	2528-01-0	Q8274
189	29	160	190	27	41	43	145	218	100	24	18	16	16	15	11	9	5.00	16	26	–	–	–	–	–	–	–	–	–	–	Benzene, 1,4-di-tert-butyl-		Y2111
189	43	29	44	41	91	27	28	218	100	68	47	36	32	30	29	26	13.20	16	26	–	–	–	–	–	–	–	–	–	–	Benzene, 1,4-di-(1-ethylpropyl)-		Y1207
189	104	77	190	51	105	103	132	218	100	86	23	12	10	9	6	5	5.40	12	14	2	2	–	–	–	–	–	–	–	–	2,4-Imidazolidinedione, 5-ethyl-3-methyl-5-phenyl-	50-12-4	P4421
189	104	77	190	105	18	51	50	218	100	67	18	12	8	7	7	5	5.00	12	14	2	2	–	–	–	–	–	–	–	–	2,4-Imidazolidinedione, 5-ethyl-3-methyl-5-phenyl-	50-12-4	P4420
189	104	190	77	105	132	218	103	218	100	49	12	9	5	3	3	3		12	14	2	2	–	–	–	–	–	–	–	–	2,4-Imidazolidinedione, 5-ethyl-3-methyl-5-phenyl-	50-12-4	P4422
189	161	133	105	59	190	77	103	218	100	73	44	28	20	20	19	17	0.00	10	26	1	–	–	–	–	–	–	–	2	–	Disiloxane, pentaethyl-	61233-74-7	T5688
189	191	218	154	220	193	190	125	218	100	64	20	14	13	11	10	8		10	12	1	–	2	–	–	–	–	–	–	–	Phenol, 2,6-dichloro-4-isopropyl-		Z1695
190	105	118	89	77	90	162	63	218	100	96	56	46	45	37	35	25	16.00	11	10	3	2	–	–	–	–	–	–	–	–	Benzenepropanoic acid, α-diazo-β-oxo-, ethyl ester	28383-65-5	08181
190	132	119	159	191	161	63	76	218	100	26	21	14	12	9	7	7	2.00	12	10	4	–	–	–	–	–	–	–	–	–	1,2-Naphthoquinone, 4,6-dimethoxy-	32358-80-8	S3602
190	132	119	159	191	161	160	147	218	100	26	21	14	12	9	7	7	2.00	12	10	4	–	–	–	–	–	–	–	–	–	1,2-Naphthoquinone, 4,6-dimethoxy-		M5913
190	132	189	119	191	117	161	133	218	100	55	19	18	14	12	11	10	9.00	12	10	4	–	–	–	–	–	–	–	–	–	1,2-Naphthoquinone, 4,7-dimethoxy-	32358-81-9	S3603
190	175	161	102	69	89	119	133	218	100	54	36	35	20	20	17	17	4.00	12	10	4	–	–	–	–	–	–	–	–	–	1,2-Naphthoquinone, 4,8-dimethoxy-	32358-82-0	S3604
190	218	143	162	161	123	191	219	218	100	76	50	47	23	13	9	9		9	2	2	–	–	–	4	–	–	–	–	–	2H-1-Benzopyran-2-one, 5,6,7,8-tetrafluoro-	33739-04-7	S4371
191	218	164	192	219	165	190	75	218	100	63	38	14	10	8	8	6		13	6	–	4	–	–	–	–	–	–	–	–	2-Methyl-7,7,8,8-tetracyano-p-quinodimethane		14681
203	73	205	187	94	204	43	131	218	100	13	10	8	7	7	5	4	0.10	8	22	1	–	–	–	–	–	–	–	3	–	1-Oxa-2,4,6-trisilacyclohexane, 2,2,4,4,6,6-hexamethyl-	17520-57-9	R7051
203	77	205	139	218	63	103	220	218	100	90	73	72	63	63	58	44		10	12	1	–	2	–	–	–	–	–	–	–	Benzene, 1-methoxy-2,3,5-trimethyl-, dichloro deriv.	74313-19-2	T7953
203	107	150	135	175	121	162	218	218	100	87	62	59	49	42	29	25		15	22	1	–	–	–	–	–	–	–	–	–	Cyclohexanone, 2-isopropenyl-6-isopropylidene-3-methyl-3-vinyl-, cis	58404-58-3	T5012
203	107	150	135	175	121	162	218	218	100	92	65	60	52	42	31	24		15	22	1	–	–	–	–	–	–	–	–	–	Cyclohexanone, 2-isopropenyl-6-isopropylidene-3-methyl-3-vinyl-, trans	58404-57-2	T5011
203	118	218	56	77	204	91	51	218	100	67	27	24	20	20	9	8		12	14	2	2	–	–	–	–	–	–	–	–	2,4-Imidazolidinedione, 1,3,5-trimethyl-5-phenyl-, (+-)-	55822-88-3	T2137
203	131	218	129	128	29	115	157	218	100	33	32	30	29	29	28	27		14	18	2	–	–	–	–	–	–	–	–	–	1H-Indene-4-carboxylic acid, 2,3-dihydro-1,1-dimethyl-, ethyl ester	55591-12-3	T1679
203	188	205	218	190	89	63	103	218	100	76	70	48	48	32	30	29		10	12	1	–	2	–	–	–	–	–	–	–	Benzene, 2-isopropyl-1-methoxy, dichloro deriv.	74313-04-5	T7938
203	218	43	204	185	219	51	161	218	100	66	38	12	9	8	6	5		12	10	4	–	–	–	–	–	–	–	–	–	2,5-Diacetyl-6-hydroxybenzofuran		06703
203	218	43	204	219	75	51	185	218	100	61	24	11	8	5	5	4		12	10	4	–	–	–	–	–	–	–	–	–	2,7-Diacetyl-6-hydroxybenzofuran		06702
203	218	43	204	219	76	51	185	218	100	61	24	11	8	5	5	4		12	10	4	–	–	–	–	–	–	–	–	–	2,7-Diacetyl-6-hydroxybenzofuran		M8269
203	218	175	139	220	205	177	140	218	100	91	64	63	33	29	22	19		13	11	1	–	1	–	–	–	–	–	–	–	1,1'-Biphenyl, 3-chloro-4-methoxy-	21424-83-9	R9263
203	218	175	160	161				218	100	80	60	28	26					13	14	3	–	–	–	–	–	–	–	–	–	Benzofuran, 5-acetyl-2-isopropenyl-6-hydroxy-		L8760
203	218	189	165	178	176	191	177	218	100	70	12	12	6	6	5	4		17	14	–	–	–	–	–	–	–	–	–	–	Phenanthrene, 9-[(E)-1-propenyl]-		L8339
217	77	218	51	199	47	78	94	218	100	68	53	52	43	19	19	16		12	11	2	–	–	–	–	–	1	–	–	–	Phosphinic acid, diphenyl-	1707-03-5	Q6555
217	77	218	51	199	78	94	47	218	100	86	72	60	50	39	28	27		12	11	2	–	–	–	–	–	1	–	–	–	Phosphinic acid, diphenyl-		P0169
217	78	140	84	218	83	77	216	218	100	46	26	24	22	20	16	15		14	18	2	–	–	–	–	–	–	–	–	–	1,3-Cyclohexanedione, 2-(1,3-cyclohexadienyl)-5,5-dimethyl-	54965-48-9	S9876
218	41	67	175	79	81	55	95	218	100	66	39	39	32	28	27	25		16	26	–	–	–	–	–	–	–	–	–	–	Hexadecahydropyrene		Y0900
218	43	176	148	147	120	91	102	218	100	85	70	63	50	37	30	25		12	10	4	–	–	–	–	–	–	–	–	–	Cyclopenta[c]pyran-7-carboxaldehyde, 4-[(acetyloxy)methyl]-	18234-46-3	R7447
218	51	53	52	108	175	77	147	218	100	28	28	22	22	22	16	16		12	10	4	–	–	–	–	–	–	–	–	–	1,4-Naphthoquinone, 2-ethyl-5,8-dihydroxy-	15012-53-0	R5527
218	69	64	101	220	120	135	32	218	100	45	40	30	10	10	7	5		–	–	1	–	–	–	4	2	2	–	–	–	Thiodiphosphoryl fluoride		L9642
218	72	89	84	145	85	86	71	218	100	62	57	42	37	30	26	22		8	14	5	2	–	–	–	–	–	–	–	–	Dimethyl 3-ethoxy-1,2-diazetidine-1,2-dicarboxylate		M2924
218	76	172	189	131	53	114	161	218	100	35	24	23	20	19	18	18		12	10	4	–	–	–	–	–	–	–	–	–	1,4-Naphthoquinone, 5,8-dimethoxy-	15013-16-8	R5528
218	77	220	184	51	44	155	219	218	100	35	32	25	23	22	19	17		13	11	1	–	1	–	–	–	–	–	–	–	Phenyl 3-methyl-4-chlorophenyl ether		C1652
218	89	190	162	105	146	173	219	218	100	34	29	17	16	14	14	14		12	10	4	–	–	–	–	–	–	–	–	–	4H-1-Benzopyran-2-carboxylic acid, 4-oxo-, ethyl ester	14736-31-3	R5383
218	91	65	39	63	89	90	50	218	100	43	17	6	6	6	4	3		7	7	–	–	–	–	–	–	–	–	–	1	Benzene, 1-iodo-4-methyl-		L0671
218	91	65	39	63	89	92	90	218	100	50	15	5	5	5	4	3		7	7	–	–	–	–	–	–	–	–	–	1	Benzene, 1-iodo-3-methyl-		L0670
218	91	65	90	63	89	39	92	218	100	51	14	7	6	6	5	4		7	7	–	–	–	–	–	–	–	–	–	1	Benzene, 1-iodo-2-methyl-		L0669
218	91	65	219	63	39	89	92	218	100	50	15	8	5	5	5	4		7	7	–	–	–	–	–	–	–	–	–	1	Benzene, 1-iodo-3-methyl-		Z1702
218	91	65	219	63	89	39	90	218	100	43	17	8	6	6	6	4		7	7	–	–	–	–	–	–	–	–	–	1	Benzene, 1-iodo-4-methyl-		Z1704
218	91	65	219	90	89	63	39	218	100	51	14	8	7	6	6	5		7	7	–	–	–	–	–	–	–	–	–	1	Benzene, 1-iodo-2-methyl-		Z1699

MASS TO CHARGE RATIOS								M.W.	INTENSITIES								Parent	C	H	O	N	Cl	Br	F	S	P	B	Si	X	COMPOUND NAME	CAS Reg No	No
218	91	65	219	92	39	90	41	**218**	100	69	22	8	6	3	3	2		7	7	–	–	–	–	–	–	–	–	–	1	**Benzene, 1-iodo-2-methyl-**	615-37-2	**Q2912**
218	91	65	219	92	90	39	217	**218**	100	61	20	8	5	3	2	2		7	7	–	–	–	–	–	–	–	–	–	1	**Benzene, 1-iodo-4-methyl-**	624-31-7	**Q3146**
218	91	109	189	133	190			**218**	100	93	75	56	25	12				16	26	–	–	–	–	–	–	–	–	–	–	**1,1′-Bibicyclo[2.2.2]octane**	69576-82-5	**T7142**
218	105	46	147	43	47	74	45	**218**	100	90	53	40	33	28	28	24		6	10	1	4	–	–	–	2	–	–	–	–	**Methanehydrazonic acid, N-[3-(methylthio)-1,2,4-thiadiazol-5-yl]-, ethyl ester**	38379-77-0	**S5750**
218	105	161	133	147	176	175	119	**218**	100	50	50	46	45	38	36	35		15	22	1	–	–	–	–	–	–	–	–	–	**Azulene-6-one, 1,2,3,4,5,6,7,8-octahydro-5-isopropylidene-3,8-dimethyl-, (+)-**		**P1695**
218	105	175	147	41	119	95	133	**218**	100	97	91	88	80	74	65	60		15	22	1	–	–	–	–	–	–	–	–	–	**α-Muurolen-3-one, (-)-**		**L9655**
218	114	126	28	89	119	102	74	**218**	100	51	43	18	15	15	15	14		10	6	4	2	–	–	–	–	–	–	–	–	**Naphthalene, 1,5-dinitro-**	605-71-0	**Q2708**
218	114	127	102	130	219	113	145	**218**	100	54	33	16	13	10	9	9		10	6	4	2	–	–	–	–	–	–	–	–	**Naphthalene, 2,3-dinitro-**	1875-63-4	**Q6935**
218	121	77	91	104	69	93	105	**218**	100	71	52	42	42	41	30	30		10	9	2	–	–	–	3	–	–	–	–	–	**Acetic acid, trifluoro-, 3,4-dimethylphenyl ester**	1957-55-7	**Q7129**
218	123	135	83	107	95	91	105	**218**	100	88	77	75	61	54	50	48		15	22	1	–	–	–	–	–	–	–	–	–	**2,5-Heptadien-4-one, 2-methyl-6-(4-methyl-3-cyclohexen-1-yl)-trans-**		**M8338**
218	126	114	89	30	102	76	113	**218**	100	97	62	32	31	29	27	25		10	6	4	2	–	–	–	–	–	–	–	–	**Naphthalene, 1,2-dinitro-**	24934-47-2	**S0869**
218	126	114	172	125	130	76	74	**218**	100	50	36	20	11	10	10	9		10	6	4	2	–	–	–	–	–	–	–	–	**Naphthalene, 1,6-dinitro-**	607-46-5	**Q2748**
218	126	114	172	188	219	125	75	**218**	100	45	34	31	12	11	11	9		10	6	4	2	–	–	–	–	–	–	–	–	**Naphthalene, 1,7-dinitro-**	24824-25-7	**S0843**
218	126	125	114	28	102	55	76	**218**	100	79	29	20	16	13	12	12		10	6	4	2	–	–	–	–	–	–	–	–	**Naphthalene, 1,4-dinitro-**		**R2686**
218	126	172	114	125	219	160	76	**218**	100	45	34	11	11	10	8	6		10	6	4	2	–	–	–	–	–	–	–	–	**Naphthalene, 2,7-dinitro-**	24824-27-9	**S0845**
218	126	172	125	114	127	219	76	**218**	100	57	35	17	13	11	11	10		10	6	4	2	–	–	–	–	–	–	–	–	**Naphthalene, 2,6-dinitro-**	24824-26-8	**S0844**
218	140	183	77	165	112	152	51	**218**	100	82	76	61	59	59	45	40		13	11	1	–	1	–	–	–	–	–	–	–	**Phenol, 2-benzyl-4-chloro-**	120-32-1	**P9070**
218	157	63	39	65	186	97	217	**218**	100	29	28	27	25	23	22	22		12	10	2	–	–	–	–	1	–	–	–	–	**4,4′-Dihydroxyphenyl sulphide**	2664-63-3	**Q8502**
218	170	45	69	28	39	121	58	**218**	100	28	22	18	18	14	13	10		8	5	–	2	–	–	3	1	–	–	–	–	**3-(2′-Thienyl)-5-trifluoromethylpyrazole**		**05506**
218	175	51	53	108	52	219	147	**218**	100	21	15	15	15	14	14	13		12	10	4	–	–	–	–	–	–	–	–	–	**Dimethylnaphthazarin**		**P2568**
218	175	176	148	147	27	117	91	**218**	100	83	69	63	50	44	37	30		12	10	4	–	–	–	–	–	–	–	–	–	**Cyclopenta[c]pyran-7-carboxaldehyde, 4-[(acetyloxy)methyl]-**		**01528**
218	176	188	42	217	189	161	135	**218**	100	66	45	27	26	18	17	16		10	10	2	4	–	–	–	–	–	–	–	–	**4′,6-Dimethoxy-4,5′-bipyrimidine**		**P1984**
218	190	86	217	219	116	191	87	**218**	100	35	20	17	17	16	4	2		15	10	–	2	–	–	–	–	–	–	–	–	**Phenyl isocyanide, 4,4′-methylenebis-**	956-62-7	**Q4838**
218	190	162	29	27	189	160	109	**218**	100	58	49	39	23	19	18	9		4	10	–	–	–	–	–	–	–	–	–	2	**Tetraethyl-diselenide**		**L8792**
218	190	163	164	217	191	188	189	**218**	100	21	10	8	5	4	3	2		15	10	–	2	–	–	–	–	–	–	–	–	**1H-Phenanthro[9,10-d]imidazole**		**L8491**
218	190	219	163	164	217	191	188	**218**	100	21	15	10	8	5	4	3		15	10	–	2	–	–	–	–	–	–	–	–	**1H-Phenanthro[9,10-d]imidazole**	236-02-2	**Q0101**
218	199	168	99	149	31	80	130	**218**	100	98	80	40	15	10	10	9		7	1	–	–	–	–	7	–	–	–	–	–	**Benzene, 1,2,4,5-tetrafluoro-3-(trifluoromethyl)-**	651-80-9	**Q3609**
218	199	168	99	149	130	80	200	**218**	100	97	79	40	15	9	9	8		7	1	–	–	–	–	7	–	–	–	–	–	**Benzene, 1,2,4,5-tetrafluoro-3-(trifluoromethyl)-**		**M2157**
218	201	126	171	125	114	172	142	**218**	100	87	75	34	27	26	22	16		10	6	4	2	–	–	–	–	–	–	–	–	**Naphthalene, 1,3-dinitro-**	606-37-1	**Q2730**
218	203	77	91	147	161	119	105	**218**	100	77	53	48	43	42	38	38		15	22	1	–	–	–	–	–	–	–	–	–	**Aristolone**		**00358**
218	203	175	149	139	220	177	205	**218**	100	75	64	39	38	33	32	27		13	11	1	–	1	–	–	–	–	–	–	–	**1,1′-Biphenyl, 4-chloro-4′-methoxy-**	58970-19-7	**T5101**
218	203	175	219	69	144	217	51	**218**	100	28	15	13	8	7	7	5		12	10	4	–	–	–	–	–	–	–	–	–	**1,4-Naphthoquinone, 6-ethyl-2,5-dihydroxy-**	13378-87-5	**R4489**
218	216	134	162	160	190	219	188	**218**	100	28	25	25	19	18	14	12		11	6	5	–	–	–	–	–	–	–	–	–	**7H-Furo[3,2-g][1]benzopyran-7-one, 4,9-dihydroxy-**		**L9209**
218	216	162	134	160	190	219	105	**218**	100	27	25	24	19	17	13	12		11	6	5	–	–	–	–	–	–	–	–	–	**7H-Furo[3,2-g][1]benzopyran-7-one, 4,9-dihydroxy-**	14348-23-3	**R5165**
218	217	131	43	103	173	203	129	**218**	100	80	62	61	32	32	32	24		13	14	3	–	–	–	–	–	–	–	–	–	**Cinnamic acid, α-acetyl-, ethyl ester**	620-80-4	**H0949**
218	217	131	43	203	173	103	129	**218**	100	80	62	61	32	32	32	24		13	14	3	–	–	–	–	–	–	–	–	–	**Cinnamic acid, α-acetyl-, ethyl ester**		**L1225**
218	217	202	203	115	141	215	139	**218**	100	75	58	54	47	36	33	22		17	14	–	–	–	–	–	–	–	–	–	–	**Naphthalene, 1-benzyl-**	611-45-0	**Q2821**
218	217	202	215	203	141	216	219	**218**	100	85	33	32	28	22	18	18		17	14	–	–	–	–	–	–	–	–	–	–	**1,4-Methanonaphthalene, 1,4-dihydro-9-phenyl-**	55028-73-4	**T0076**
218	217	215	202	219	141	216	203	**218**	100	57	26	19	17	15	15	13		17	14	–	–	–	–	–	–	–	–	–	–	**Naphthalene, 2-benzyl-**		**V0317**
218	219	109	217	77				**218**	100	17	12	8	5					15	10	–	2	–	–	–	–	–	–	–	–	**Benzimidazo[2,1-a]isoquinoline**	239-44-1	**Q0106**
218	220	133	183	109	117	98	79	**218**	100	65	31	30	14	10	10	10		6	–	–	–	2	–	4	–	–	–	–	–	**Benzene, 1,3-dichloro-2,4,5,6-tetrafluoro-**		**M2164**
218	220	133	183	109	222	78	98	**218**	100	67	25	25	12	12	10	8		6	–	–	–	2	–	4	–	–	–	–	–	**Benzene, 1,3-dichloro-2,4,5,6-tetrafluoro-**		**M4485**
218	220	133	183	109	222	78	135	**218**	100	65	25	24	11	11	9	9		6	–	–	–	2	–	4	–	–	–	–	–	**Benzene, 1,2-dichloro-3,4,5,6-tetrafluoro-**	1198-59-0	**Q5727**
218	220	155	109	127	63	219	50	**218**	100	33	23	16	15	13	13	8		12	7	2	–	1	–	–	–	–	–	–	–	**Dibenzo[b,e][1,4]dioxin, 2-chloro-**		**Y2439**
218	220	155	127	63	50	109	51	**218**	100	52	44	27	22	16	16	16		12	7	2	–	1	–	–	–	–	–	–	–	**Dibenzo[b,e][1,4]dioxin, 2-chloro-**	39227-54-8	**S6061**
218	220	183	133	109	79	98	116	**218**	100	62	38	31	14	10	10	10		6	–	–	–	2	–	4	–	–	–	–	–	**Benzene, 1,3-dichloro-2,4,5,6-tetrafluoro-**	1198-61-4	**Q5728**
219	141	189	162					**218**	100	17	11	4					**0.00**	12	14	2	2	–	–	–	–	–	–	–	–	**2,4-Imidazolidinedione, 5-ethyl-1-methyl-5-phenyl-**	5696-06-0	**R1688**
220	141	222	139	218	143	60	224	**218**	100	86	69	65	43	21	13	13		2	1	–	–	1	2	–	–	–	–	–	–	**Dibromochloroethylene**		**Z1694**
15	59	219	174	187	221	28	176	**219**	100	93	81	56	49	49	40	35		8	7	2	1	2	–	–	–	–	–	–	–	**Carbamic acid, (3,4-dichlorophenyl)-, methyl ester**		**Q7035**
15	63	124	188	62	29	190	97	**219**	100	65	59	59	56	52	51	47	**44.74**	8	7	2	1	2	–	–	–	–	–	–	–	**Benzoic acid, 3-amino-2,5-dichloro-, methyl ester**	7286-84-2	**R3014**
43	59	60	57	74	99	102	101	**219**	100	99	95	71	71	66	60	46	**0.00**	9	17	5	1	–	–	–	–	–	–	–	–	**Mannopyranoside, methyl 4-acetamido-4,6-dideoxy-, α-D-**	15856-45-8	**R5874**
43	59	60	146	74	102	57	99	**219**	100	79	79	68	60	60	51	46	**0.00**	9	17	5	1	–	–	–	–	–	–	–	–	**Talopyranoside, methyl 4-acetamido-4,6-dideoxy-, α-D-**	15856-46-9	**R5875**

MASS TO CHARGE RATIOS								M.W.	INTENSITIES								Parent	C	H	O	N	Cl	Br	F	S	P	B	Si	X	COMPOUND NAME	CAS Reg No	No
43	60	59	146	74	102	57	101	**219**	100	80	80	69	60	59	50	45	**0.00**	9	17	5	1	–	–	–	–	–	–	–	–	Talopyranoside, methyl 4-acetamido-4,6-dideoxy-, α-D-		**L2929**
43	104	219	105	77	58	128	218	**219**	100	57	27	25	21	21	18	16		12	13	3	1	–	–	–	–	–	–	–	–	3-Isoxazolecarboxylic acid, 4,5-dihydro-5-phenyl-, ethyl ester	7064-04-2	**R2822**
43	118	119	84	146	59	127	121	**219**	100	95	95	52	47	46	35	32	**26.00**	12	13	3	1	–	–	–	–	–	–	–	–	4-Pentenoic acid, 5-amino-3-oxo-5-phenyl-, methyl ester	52812-85-8	**S8135**
44	145	42	103	61	178	59	219	**219**	100	38	32	27	20	15	11	9		10	21	–	1	–	–	–	2	–	–	–	–	Carbamodithioic acid, dipropyl-, propyl ester	19047-79-1	**08776**
44	147	58	121	118	219	138	92	**219**	100	90	70	64	50	45	44	44		13	17	2	1	–	–	–	–	–	–	–	–	Phenol, 2-[1-oxo-3-(diethylamino)-2-propenyl]-		**00602**
57	43	41	44	55	29	116	71	**219**	100	52	44	42	37	32	32	31	**15.82**	10	21	–	1	–	–	–	2	–	–	–	–	Carbamodithioic acid, dibutyl-, methyl ester	38351-44-9	**08780**
57	45	135	42	219	41	44	40	**219**	100	95	85	70	70	41	30	24		10	13	1	5	–	–	–	–	–	–	–	–	2-Buten-1-ol, 2-methyl-4-(1H-purin-6-ylamino)-	37385-06-1	**S5492**
57	56	219	42	43	103	91	158	**219**	100	38	33	32	23	14	12	12		13	17	2	1	–	–	–	–	–	–	–	–	4-Piperidinecarboxylic acid, 4-phenyl-, methyl ester	54824-07-6	**S9681**
58	219	42	28	147	59	30	41	**219**	100	8	7	7	7	6	4	4		15	25	–	1	–	–	–	–	–	–	–	–	5-Dimethylaminomethyl-4-methylidene-2,3,5,6-tetramethyl-norcar-2-ene		**L9024**
59	45	88	43	87	98	144	204	**219**	100	54	54	52	39	38	38	34	**0.00**	9	17	5	1	–	–	–	–	–	–	–	–	D-Ribose, 5-O-methyl-2,3-O-isopropylidene, oxime	69575-61-7	**T7138**
69	98	74	68	56	76			**219**	100	44	18	18	18	1			**0.23**	8	13	4	1	–	–	–	1	–	–	–	–	2-Furanone, tetrahydro-3-methyl-2-(2-amino-2-carboxyethylthio)-		**M1487**
72	44	17	162	14	115	28	58	**219**	100	84	52	47	45	42	30	28	**0.00**	7	13	3	3	–	–	–	1	–	–	–	–	Ethanimidothioic acid, 2-(dimethylamino)-N-[[(methylamino)carbonyl]oxy]-2-oxo-, methyl ester	23135-22-0	**S0084**
72	44	32	30	16	162	58	115	**219**	100	79	51	45	41	41	38	33	**0.00**	7	13	3	3	–	–	–	1	–	–	–	–	Ethanimidothioic acid, 2-(dimethylamino)-N-[[(methylamino)carbonyl]oxy]-2-oxo-, methyl ester	23135-22-0	**S0083**
74	98	69	76	75	99	89	101	**219**	100	48	47	32	32	15	11	9	**2.50**	8	13	4	1	–	–	–	1	–	–	–	–	2-Furanone, tetrahydro-2-methyl-3-(2-amino-2-carboxyethylthio)-		**M1486**
79	77	91	52	67	107	94	50	**219**	100	87	77	48	46	45	42	41	**2.00**	13	17	2	1	–	–	–	–	–	–	–	–	2-Pyrrolidinecarboxylic acid, 5-methyl-, benzyl ester	54824-06-5	**S9680**
86	58	87	59	100	30	29	44	**219**	100	7	6	4	4	4	3	3	**0.86**	11	25	3	1	–	–	–	–	–	–	–	–	Ethylamine, N,N-diethyl-2-[2-(2-methoxyethoxy)ethoxy]-	74685-44-2	**T8360**
87	91	133	57	104	105	41	120	**219**	100	89	85	72	63	58	47	44	**6.00**	13	17	2	1	–	–	–	–	–	–	–	–	2-Oxazolidinone, 5-tert-butyl-4-phenyl-, trans-	32461-29-3	**S3691**
87	133	104	105	91	77	57	120	**219**	100	99	83	74	47	41	38	31	**4.50**	13	17	2	1	–	–	–	–	–	–	–	–	2-Oxazolidinone, 5-tert-butyl-4-phenyl-, cis-		**M2141**
91	42	92	219	128	190	41	39	**219**	100	67	64	43	22	18	16	16		11	13	2	3	–	–	–	–	–	–	–	–	4-Benzyl-6-hydroxyimino-piperazin-2-one		**06717**
91	65	146	92	39	42	191	41	**219**	100	48	42	42	35	34	33	32	**1.20**	13	17	2	1	–	–	–	–	–	–	–	–	4-Benzyl-2-formylmethylmorpholine		**B0074**
91	146	29	56	28	219	41	92	**219**	100	50	27	24	24	22	19	17		13	17	2	1	–	–	–	–	–	–	–	–	Cyclopropanecarbamic acid, N-benzyl-, ethyl ester	2521-01-9	**Q8259**
91	182	134	150	133	157	125	129	**219**	100	6	3	3	2	2	1	1	**0.00**	12	13	3	1	–	–	–	–	–	–	–	–	Ethaneperoxoic acid, 1-cyano-1-methyl-2-phenylethyl ester	58422-66-5	**T5015**
93	106	120	41	94	29	43	107	**219**	100	22	12	8	7	7	6	6	**2.82**	15	25	–	1	–	–	–	–	–	–	–	–	Pyridine, 2-decyl-	74421-02-6	**T8070**
93	219	43	94	71	190	41	57	**219**	100	12	11	11	9	8	7	7		14	21	1	1	–	–	–	–	–	–	–	–	Hexanamide, 4,4-dimethyl-N-phenyl-	56051-99-1	**T2625**
102	73	147	103	45	75	204	59	**219**	100	61	32	13	11	11	7	6	**0.00**	8	21	2	1	–	–	–	–	–	–	2	–	Glycine, N-(trimethylsilyl)-, trimethylsilyl ester		**15375**
102	73	147	103	75	45	66	204	**219**	100	50	22	10	8	6	6	6	**0.15**	8	21	2	1	–	–	–	–	–	–	2	–	Glycine, N-(trimethylsilyl)-, trimethylsilyl ester	7364-42-3	**R3114**
102	73	147	103	204	75	45	176	**219**	100	59	29	14	11	10	8	8	**0.82**	8	21	2	1	–	–	–	–	–	–	2	–	Glycine, N-(trimethylsilyl)-, trimethylsilyl ester	56272-62-9	**T3296**
105	145	144	132	130	131	146	187	**219**	100	89	83	19	18	18	10	9	**2.00**	12	13	3	1	–	–	–	–	–	–	–	–	Ethaneperoxoic acid, 1-cyano-1-phenylpropyl ester	58422-70-1	**T5018**
105	174	76	90	104	147	175	148	**219**	100	97	73	68	59	59	56	47	**4.13**	11	9	4	1	–	–	–	–	–	–	–	–	Phthalimide, N-(ethoxycarbonyl)-	22509-74-6	**R9788**
105	174	76	90	147	104	175	148	**219**	100	97	73	69	60	59	56	47	**4.00**	11	9	4	1	–	–	–	–	–	–	–	–	Phthalimide, N-(ethoxycarbonyl)-		**L5788**
106	201	78	95	173	51	39		**219**	100	91	81	60	49	49	28		**0.00**	11	13	2	3	–	–	–	–	–	–	–	–	Isonicotinohydrazide, (4-oxopent-2-ylidene)-		**M5193**
109	165	57	72	219	108	110	43	**219**	100	26	17	11	10	10	9	8		12	13	3	1	–	–	–	–	–	–	–	–	2-Propenal, 3-(4-propanamidophenoxy)-		**02544**
113	18	17	28	112	114	140	41	**219**	100	96	24	14	8	8	8	7	**1.00**	7	10	–	1	–	1	–	1	–	–	–	–	Pyrrolo[1,2-b]isothiazole, 5,6-dihydro-2-methyl-, hydrobromide	69796-07-2	**09146**
114	77	70	174	51	115	111	78	**219**	100	22	17	15	11	10	8	6	**5.00**	13	17	2	1	–	–	–	–	–	–	–	–	Toluene, α-acetyl-α-morpholino-		**L3192**
121	43	122	219	120	41	71	106	**219**	100	15	12	11	9	4	4	3		14	21	1	1	–	–	–	–	–	–	–	–	Hexanamide, N-(2,6-dimethylphenyl)-	56052-35-8	**T2661**
130	17	219	131	77	31	103	29	**219**	100	42	13	11	7	6	4	4		12	13	3	1	–	–	–	–	–	–	–	–	Indole-3-lactic acid, methyl ester		**05060**
130	145	132	144	131	134	146	149	**219**	100	44	31	26	13	6	5	4	**0.00**	12	13	3	1	–	–	–	–	–	–	–	–	Ethaneperoxoic acid, 1-cyano-1-(2-methylphenyl)ethyl ester	58422-67-6	**T5016**
133	69	168	45	101	203	219	63	**219**	100	90	55	26	25	22	20	19		–	–	–	1	1	–	4	1	2	–	–	–	Phosphorimidic chloride difluoride, (difluorophosphinothioyl)-		**L7788**
134	46	69	70	85	31	50	184	**219**	100	30	17	17	16	10	8	6	**0.00**	2	–	–	1	1	–	6	1	–	–	–	–	Thiodifluorimide, N-(1,1,2,2-tetrafluoro-2-chloroethyl)-		**L8689**
135	134	77	104	41	148	119	91	**219**	100	57	54	49	45	43	39	37	**13.89**	14	21	1	1	–	–	–	–	–	–	–	–	Octanal, O-phenyloxime		**P1237**
136	162	43	41	66	89	54	45	**219**	100	80	41	33	27	25	22	20	**0.00**	9	18	3	1	–	–	–	–	1	–	–	–	Phosphonic acid, (2-cyanoethyl)-O,O-diisopropyl-		**C1806**
138	219	217	221	140	75	111	102	**219**	100	86	43	39	34	28	28	27		7	6	–	1	1	–	–	–	–	–	–	1	Benzamide, seleno-4-chloro-		**15000**
145	99	43	61	104	56	146	57	**219**	100	95	90	50	44	40	25	24	**21.30**	9	17	3	1	–	–	–	1	–	–	–	–	DL-Methionine, N-acetyl-, ethyl ester	33280-93-2	**S4026**
148	135	149	119	162	66	67	55	**219**	100	84	44	34	30	30	26	24	**18.00**	11	17	–	5	–	–	–	–	–	–	–	–	Adenine, N-hexyl-		**L1039**
148	135	149	162	66	55	67	65	**219**	100	82	45	30	26	23	23	20	**19.02**	11	17	–	5	–	–	–	–	–	–	–	–	Adenine, N-hexyl-	14333-96-1	**R5163**
153	93	30	65	36	32	18	125	**219**	100	68	45	34	28	21	20	18	**0.00**	9	14	3	1	1	–	–	–	–	–	–	–	Benzenemethanol, α-(aminomethyl)-4-hydroxy-3-methoxy-, hydrochloride	13015-71-9	**R4132**
153	93	36	18	30	65	152	154	**219**	100	47	38	38	32	22	17	14	**0.00**	9	14	3	1	1	–	–	–	–	–	–	–	Benzenemethanol, α-(aminomethyl)-4-hydroxy-3-methoxy-, hydrochloride		**05796**
159	219	187	103	188	160	132	104	**219**	100	99	83	43	28	26	20	16		11	9	4	1	–	–	–	–	–	–	–	–	2H-1,4-Benzoxazin-2-one, 3-(methoxycarbonylmethylene)-		**16029**
160	28	18	219	17	32	145	161	**219**	100	73	67	43	31	27	18	15		12	13	3	1	–	–	–	–	–	–	–	–	Indole-3-acetic acid, 5-methoxy-, methyl ester		**05053**
160	103	77	51	59	102	32	219	**219**	100	69	61	39	38	35	28	26		10	9	1	3	–	–	–	1	–	–	–	–	1H-Pyrazole-1-carbothioamide, 4,5-dihydro-5-oxo-3-phenyl-	58197-04-9	**T4970**
160	149	71	77	76	104	161	105	**219**	100	63	21	21	20	16	16	14	**2.00**	12	13	3	1	–	–	–	–	–	–	–	–	Phthalimide, N-(4-hydroxybutyl)-	24697-70-9	**S0750**
160	159	219	77	103	132	76	104	**219**	100	96	36	26	25	25	21	21		11	9	4	1	–	–	–	–	–	–	–	–	3-Indolineglyoxylic acid, 2-oxo-, methyl ester		**L4863**
160	219	145	161	117	44	89	220	**219**	100	40	17	11	8	5	3	3		12	13	3	1	–	–	–	–	–	–	–	–	Indole-3-acetic acid, 5-methoxy-, methyl ester	23304-48-5	**S0166**
160	219	161	220	145	74	69	83	**219**	100	65	12	9	3	2	1	1		12	13	3	1	–	–	–	–	–	–	–	–	Indole-3-acetic acid, 5-methoxy-, methyl ester	23304-48-5	**S0167**

MASS TO CHARGE RATIOS								M.W.	INTENSITIES								Parent	C	H	O	N	Cl	Br	F	S	P	B	Si	X	COMPOUND NAME	CAS Reg No	No
161	178	162	189	140	104	201	92	**219**	100	33	13	12	12	7	5	5	**0.00**	10	9	1	3	–	–	–	1	–	–	–	–	1H-Pyrazole-1-carbothioamide, 4,5-dihydro-5-oxo-3-phenyl-	58197-04-9	**T4971**
163	165	219	164	128	41	221	27	**219**	100	64	56	32	25	20	18	15		13	14	–	1	1	–	–	–	–	–	–	–	Cyclohexanecarbonitrile, 1-(4-chlorophenyl)-	64399-28-6	**T6464**
167	184	168	81	140	91	125	79	**219**	100	98	40	35	30	24	23	21		8	12	1	2	1	–	–	1	–	–	–	–	2H-Cycloheptathiazol-2-imine, 3,4,5,6,7,8-hexahydro-3-hydroxy-, monohydrochloride	58275-63-1	**T4984**
173	160	104	174	105	130	219	133	**219**	100	99	38	22	17	14	13	9		11	9	4	1	–	–	–	–	–	–	–	–	Phthalimidepropanoic acid		**M7800**
174	130	219	147	105	160	102	104	**219**	100	14	6	5	5	4	3	2		11	9	4	1	–	–	–	–	–	–	–	–	Alanine, phthaloyl ester		**L4617**
176	177	57	41	119	56	164	43	**219**	100	49	43	42	34	32	22	21	**0.00**	7	10	1	1	–	–	5	–	–	–	–	–	Butylamine, pentafluoropropanoyl ester		**15495**
176	204	202	94	201	219	152	70	**219**	100	94	84	44	41	41	30	26		14	21	1	1	–	–	–	–	–	–	–	–	4-Quinolinol, 4-[3-(E)-buten-1-ynyl]decahydro-2-methyl-		**M4595**
177	43	104	45	77	219	105	178	**219**	100	98	73	38	19	18	16	11		11	9	2	1	–	–	–	1	–	–	–	–	4-Isothiazolol, 3-phenyl-, acetate		**L4312**
177	146	161	132	134	43	219		**219**	100	88	82	52	40	40	20			12	13	3	1	–	–	–	–	–	–	–	–	3H-Indol-2-one, 1-acetoxy-3,3-dimethyl-		**M6658**
177	176	132	43	104	202	82	80	**219**	100	78	74	62	37	35	33	33	**22.24**	10	9	1	3	–	–	–	1	–	–	–	–	2-Propanone, 1-(pyrido[3,4-d]pyridazin-8-ylthio)-	18599-29-6	**R7710**
177	219	150	136	107	108	109	69	**219**	100	83	47	39	29	27	26	25		9	9	2	5	–	–	–	–	–	–	–	–	Pteridine, 2-acetylamino-6-methyl-4-oxo-		**L2420**
184	186	219	221	174	59	133	15	**219**	100	33	31	20	17	16	14	11		8	7	2	1	2	–	–	–	–	–	–	–	Carbamic acid, (2,5-dichlorophenyl)-, methyl ester	51422-78-7	**S7657**
184	219	152	69	107	50	88	77	**219**	100	80	51	47	34	14	12	6		–	–	–	1	1	–	4	1	2	–	–	–	Phosphorimidic trifluoride, (chlorofluorophosphinothioyl)-		**L7790**
184	219	183	221	39	154	166	91.5	**219**	100	90	36	30	30	26	25	20		12	10	1	1	1	–	–	–	–	–	–	–	2-Chloro-3′-hydroxydiphenylamine		**D2331**
188	190	124	219	160	221	62	162	**219**	100	66	44	29	25	18	18	16		8	7	2	1	2	–	–	–	–	–	–	–	Benzoic acid, 4-amino-3,5-dichloro-, methyl ester	41727-48-4	**S6713**
188	219	130	175	146	147	159	160	**219**	100	62	50	37	11	10	5	5		11	13	2	3	–	–	–	–	–	–	–	–	1(2H)-Phthalazinone, 4-[(2-hydroxyethyl)amino]-2-methyl-	23238-72-4	**S0125**
188	219	204	57	51	77	85	50	**219**	100	93	67	50	30	27	25	14		11	9	2	1	–	–	–	1	–	–	–	–	4-Isothiazolecarboxylic acid, 3-phenyl-, methyl ester	21905-48-6	**R9427**
193	195	108	194	220	83	196	222	**219**	100	31	19	14	7	4	4	4	**1.66**	13	14	–	1	1	–	–	–	–	–	–	–	Cyclohexanecarbonitrile, 1-(4-chlorophenyl)-	64399-28-6	**T6465**
202	188	136	135	160	119	201	148	**219**	100	81	57	54	51	47	39	37	**33.33**	10	13	1	5	–	–	–	–	–	–	–	–	2-Buten-1-ol, 2-methyl-4-(1H-purin-6-ylamino)-, (E)-	1637-39-4	**Q6403**
204	160	130	102	205	161	76	75	**219**	100	99	92	84	43	24	19	18	**2.11**	11	13	2	1	–	–	–	–	–	–	1	–	Phthalimide, N-(trimethylsilyl)-	10416-67-8	**R3820**
204	205	206	187	86	171	95	189	**219**	100	97	50	24	22	18	16	14	**1.10**	6	21	–	3	–	–	–	–	–	–	3	–	Cyclotrisilazane, 2,2,4,4,6,6-hexamethyl-	1009-93-4	**Q5055**
204	205	206	188	94.5	187	86	171	**219**	100	24	13	8	6	6	5	4	**0.40**	6	21	–	3	–	–	–	–	–	–	3	–	Cyclotrisilazane, 2,2,4,4,6,6-hexamethyl-		**L2122**
204	218	91	162	70	77	79	69	**219**	100	65	47	43	37	37	31	23	**11.00**	15	25	–	1	–	–	–	–	–	–	–	–	Pyrrolidine, 1-(3-isopropylidene-5,5-dimethyl-1-cyclohexen-1-yl)-	28017-82-5	**S1935**
204	219	205	191	150	218	55	69	**219**	100	50	17	16	11	11	10	9		12	13	3	1	–	–	–	–	–	–	–	–	2-Quinolinone, 3-ethyl-4-hydroxy-7-methoxy-	22048-12-0	**R9536**
204	219	205	191	218	150	55	190	**219**	100	50	17	16	11	11	10	8		12	13	3	1	–	–	–	–	–	–	–	–	2-Quinolinone, 3-ethyl-4-hydroxy-7-methoxy-		**L5942**
217	216	191	165	190	115	28	141	**219**	100	72	64	58	42	35	33	29	**2.50**	16	13	–	1	–	–	–	–	–	–	–	–	Benzene, 1,1′-(isocyanocyclopropylidene)bis-	56701-18-9	**T4107**
218	219	217	108.5	204	216	220	189	**219**	100	63	32	13	13	13	10	7		16	13	–	1	–	–	–	–	–	–	–	–	Quinoline, 7-benzyl-		**15865**
218	219	217	108.5	216	91	137	120	**219**	100	65	47	18	17	11	10	10		16	13	–	1	–	–	–	–	–	–	–	–	2,3-Benzcarbazole, 1,4-dihydro-		**L5456**
218	219	217	108.5	220	204	216	91	**219**	100	94	26	20	15	8	7	3		16	13	–	1	–	–	–	–	–	–	–	–	Quinoline, 8-benzyl-		**15866**
218	219	217	143	142	216	115	220	**219**	100	34	32	18	17	12	6	6		16	13	–	1	–	–	–	–	–	–	–	–	Isoquinoline, 1-benzyl-	6907-59-1	**R2678**
218	219	217	216	203	108.5	220	91	**219**	100	44	34	10	8	7	7	5		16	13	–	1	–	–	–	–	–	–	–	–	Quinoline, 2-benzyl-		**15860**
218	219	217	216	220	108.5	204	91	**219**	100	81	36	15	14	9	8	4		16	13	–	1	–	–	–	–	–	–	–	–	Quinoline, 6-benzyl-		**15864**
218	219	217	220	216	108.5	204	189	**219**	100	89	33	17	14	11	9	8		16	13	–	1	–	–	–	–	–	–	–	–	Quinoline, 5-benzyl-		**15863**
219	28	217	220	218	18	115	108.5	**219**	100	89	26	16	14	12	10	10		16	13	–	1	–	–	–	–	–	–	–	–	1-Naphthylamine, N-phenyl-		**D0360**
219	59	15	221	187	174	176	189	**219**	100	95	71	69	52	51	34	31		8	7	2	1	2	–	–	–	–	–	–	–	Carbamic acid, (3,4-dichlorophenyl)-, methyl ester	1918-18-9	**Q7036**
219	65	92	39	127	63	220	64	**219**	100	40	39	9	9	8	7	7		6	6	–	1	–	–	–	–	–	–	–	1	Aniline, 4-iodo-	540-37-4	**Q1805**
219	65	127	92	39	63	52	64	**219**	100	58	54	50	19	16	15	13		6	6	–	1	–	–	–	–	–	–	–	1	Aniline, 2-iodo-	615-43-0	**Q2913**
219	91	87	104	128	73	86	100	**219**	100	46	24	19	18	17	14	14		14	21	1	1	–	–	–	–	–	–	–	–	Acetamide, N-(6-phenylhexyl)-	53429-17-7	**S8467**
219	141	218	77	191	39	140	217	**219**	100	90	75	32	30	28	28	28		16	13	–	1	–	–	–	–	–	–	–	–	Cyclopropanecarbonitrile, 1,2-diphenyl-	10224-14-3	**R3662**
219	141	218	77	191	40	217	35	**219**	100	86	75	33	30	29	28	25		16	13	–	1	–	–	–	–	–	–	–	–	Cyclopropanecarbonitrile, 1,2-diphenyl-	10224-14-3	**R3663**
219	145	173	174	119	158	130	146	**219**	100	85	85	71	54	44	41	32		12	13	3	1	–	–	–	–	–	–	–	–	Indole-2-carboxylic acid, 6-methoxy-, ethyl ester	15050-04-1	**R5542**
219	147	204	119	220	134	42	133	**219**	100	23	22	14	14	13	11	11		11	13	2	3	–	–	–	–	–	–	–	–	Pyrido[3,4-d]pyrimidine-2,4(1H,3H)-dione, 1,3,6,8-tetramethyl-	22389-81-7	**R9685**
219	174	130	188	175	161	129	147	**219**	100	95	85	63	45	38	25	18		11	13	2	3	–	–	–	–	–	–	–	–	1(2H)-Phthalazinone, 4-[(3-hydroxypropyl)amino]-	53442-56-1	**S8471**
219	176	204	202	205	105	218	94	**219**	100	62	57	51	35	34	27	27		14	21	1	1	–	–	–	–	–	–	–	–	4-Quinolinol, 4-(3-buten-1-ynyl)decahydro-2-methyl-, $(2\alpha,4\beta,4a\alpha,8a\beta)$-	38423-21-1	**S5804**
219	191	218	204	77	105	149	220	**219**	100	47	41	38	30	28	17	16		11	13	–	3	–	–	–	1	–	–	–	–	3-Mercapto-4-phenyl-5-propyl-1,2,4-triazole		**17012**
219	204	218	217	43	220	41	51	**219**	100	65	42	22	17	17	13	12		16	13	–	1	–	–	–	–	–	–	–	–	Quinoline, 4-methyl-2-phenyl-	4789-76-8	**R0818**
219	218	41	43	57	55	77	94	**219**	100	40	27	24	22	19	19	19		16	13	–	1	–	–	–	–	–	–	–	–	Quinoline, 6-methyl-2-phenyl-	27356-46-3	**S1691**
219	218	119	159	220	82	131	78	**219**	100	93	25	19	17	17	11	11		10	9	1	3	–	–	–	1	–	–	–	–	4(1H)-Pyrimidinone, 2,3-dihydro-1-methyl-6-(4-pyridinyl)-2-thioxo-	37039-75-1	**S5456**
219	218	216	174	190	70	191	94	**219**	100	74	43	38	38	33	33	31		13	17	2	1	–	–	–	–	–	–	–	–	Phenol, 2-methoxy-4-[2-(2-pyrrolidinyl)vinyl]-	75627-04-2	**T9008**
219	218	217	51	115	220	39	77	**219**	100	32	29	23	18	17	16	13		16	13	–	1	–	–	–	–	–	–	–	–	2-Naphthylamine, N-phenyl-	135-88-6	**P9700**
219	218	217	108.5	220	216	115	77	**219**	100	70	58	24	17	16	13	9		16	13	–	1	–	–	–	–	–	–	–	–	1-Naphthylamine, N-phenyl-		**D0664**
219	218	217	109	115	220	216	77	**219**	100	72	60	32	23	18	15	12		16	13	–	1	–	–	–	–	–	–	–	–	1-Naphthylamine, N-phenyl-	90-30-2	**P6555**
219	218	217	204	220	91	108.5	216	**219**	100	95	23	20	18	13	13	13		16	13	–	1	–	–	–	–	–	–	–	–	Quinoline, 4-benzyl-		**15862**
219	218	217	220	108.5	91	189	216	**219**	100	99	29	21	17	8	8	8		16	13	–	1	–	–	–	–	–	–	–	–	Quinoline, 3-benzyl-		**15861**
219	218	217	220	108.5	115	216	109	**219**	100	58	43	26	22	20	11	10		16	13	–	1	–	–	–	–	–	–	–	–	2-Naphthylamine, N-phenyl-		**B1906**

MASS TO CHARGE RATIOS								M.W.	INTENSITIES								Parent	C	H	O	N	Cl	Br	F	S	P	B	Si	X	COMPOUND NAME	CAS Reg No	No
219	220	115	61.5	191	167.5	189	218	**219**	100	19	14	10	10	10	8	7		16	13	–	1	–	–	–	–	–	–	–	–	Pyrrole, 2,4-diphenyl-		02352
219	220	192	59	218	164	109.5	191	**219**	100	27	20	16	16	15	14	14		14	9	–	3	–	–	–	–	–	–	–	–	11H-Pyrido[2,3-i]-γ-carboline		L2290
219	221	174	59	176	89	187	160	**219**	100	66	36	30	24	23	22	20		8	7	2	1	2	–	–	–	–	–	–	–	Carbamic acid, (3,4-dichlorophenyl)-, methyl ester	1918-18-9	Q7034
220	175	189	130	131	176	162	147	**219**	100	98	63	60	49	40	35	12	**0.00**	11	13	2	3	–	–	–	–	–	–	–	–	1(2H)-Phthalazinone, 4-[(3-hydroxypropyl)amino]-	53442-56-1	S8472
18	17	28	220	100	222	192	137	**220**	100	80	42	36	27	16	11	11		10	5	2	2	1	–	–	–	–	–	–	–	5-Chloro-1,2-dioxa-cyclobuta[b]quinoxaline		05447
28	32	118	123	117	103	91	125	**220**	100	26	19	18	15	12	12	12	**10.00**	8	6	3	–	2	–	–	–	–	–	–	–	Acetic acid, (3,4-dichlorophenoxy)-		Z1715
30	220	190	221	28	62	60	38	**220**	100	49	13	5	3	3	3	3		6	–	4	6	–	–	–	–	–	–	–	–	Benzotrifurazan		D0760
41	43	42	72	128	220	86	30	**220**	100	99	80	57	38	31	30	27		13	20	1	2	–	–	–	–	–	–	–	–	Urea, N'-phenyl-N,N-dipropyl-	15545-56-9	R5768
41	43	72	127	220	86	30	119	**220**	100	99	58	38	31	30	27	17		13	20	1	2	–	–	–	–	–	–	–	–	Urea, N'-phenyl-N,N-dipropyl-		L1958
41	67	55	81	109	95	108	69	**220**	100	92	78	67	58	45	43	40	**13.03**	16	28	–	–	–	–	–	–	–	–	–	–	Cyclobuta[1,2:3,4]dicyclooctene, hexadecahydro-	18208-94-1	R7441
41	69	81	93	150	177	140	205	**220**	100	87	76	67	41	25	15	11	**5.00**	15	24	1	–	–	–	–	–	–	–	–	–	Cyclohexanone, 3-vinyl-3-methyl-2-isopropenyl-6-isopropyl-, (2α,3α,6β)-	69427-52-7	T7103
41	69	109	95	55	81	43	67	**220**	100	95	68	41	40	38	37	36	**28.00**	15	24	1	–	–	–	–	–	–	–	–	–	Camphorenone		M7198
41	177	220	67	39	57	29	205	**220**	100	90	87	54	48	48	39	37		14	20	2	–	–	–	–	–	–	–	–	–	1,4-Benzoquinone, 2,6-di-tert-butyl-		C1046
41	187	152	70	220	134	28	125	**220**	100	96	59	51	31	27	27	22		10	12	–	4	–	–	–	1	–	–	–	–	1H-Purine, 6-[(3-methyl-2-butenyl)thio]-	14671-21-7	R5345
41	191	93	190	69	92	40	121	**220**	100	65	61	46	42	29	28	24	**0.00**	13	31	–	–	–	–	–	–	–	3	–	–	Borane, methylidynetris[diethyl-	57387-94-7	T4665
42	55	70	41	71	43	149	220	**220**	100	75	72	70	62	50	50	47		12	17	3	–	–	–	–	–	–	1	–	–	4H-1,3,2-Benzodioxaborin, 2-(pentyloxy)-	52910-25-5	S8171
43	29	41	71	27	85	44	55	**220**	100	33	31	21	17	15	10	10	**8.31**	11	24	–	–	–	–	–	2	–	–	–	–	Hexyl pentyl disulphide		17152
43	41	55	57	135	137	39	69	**220**	100	96	67	63	57	56	33	31	**0.11**	10	21	–	–	–	1	–	–	–	–	–	–	1-Bromodecane		Y1252
43	41	71	29	27	55	39	42	**220**	100	50	36	31	21	18	13	10	**8.47**	11	24	–	–	–	–	–	2	–	–	–	–	Hexyl isopentyl disulphide		17150
43	93	159	105	177	220	55	136	**220**	100	97	96	82	60	51	42	42		15	24	1	–	–	–	–	–	–	–	–	–	(-)-3β-Hydroxy-α-muurolen		L9652
43	135	137	57	41	55	71	69	**220**	100	94	91	81	58	56	38	36	**0.65**	10	21	–	–	–	1	–	–	–	–	–	–	1-Bromodecane		00036
43	136	177	135	121	91	107	220	**220**	100	61	55	53	39	30	26	25		14	20	2	–	–	–	–	–	–	–	–	–	2-Cyclohexen-1-one, 2,4,4,5-tetramethyl-3-(3-oxo-1-butenyl)-	75332-28-4	T8914
43	187	205	220	202	28	41	203	**220**	100	89	62	38	25	17	14	13		14	20	2	–	–	–	–	–	–	–	–	–	1-Acetyl-4-(1-hydroxyethyl)-tetramethylbenzene		D1360
44	105	28	77	31	45	120	51	**220**	100	94	71	65	44	25	22	19	**0.34**	12	12	4	–	–	–	–	–	–	–	–	–	Ethyl benzoyl pyruvate		D0074
52	80	28	108	220	54	81	53	**220**	100	89	72	52	39	13	12	11		6	–	6	–	–	–	–	–	–	–	–	1	Chromium hexacarbonyl	13007-92-6	R4127
52	80	108	220	64	136	164	192	**220**	100	74	49	19	4	1	1	1		6	–	6	–	–	–	–	–	–	–	–	1	Chromium hexacarbonyl		04894
53	55	69	192	149	121	67	151	**220**	100	73	69	65	62	60	54	50	**23.00**	10	12	2	4	–	–	–	–	–	–	–	–	Lumazine, 8-ethyl-6,7-dimethyl-		L4567
53	149	55	69	192	121	67	151	**220**	100	75	74	70	66	61	54	50	**24.25**	10	12	2	4	–	–	–	–	–	–	–	–	Lumazine, 8-ethyl-6,7-dimethyl-	13300-49-7	R4419
53	192	149	121	151	80	220	177	**220**	100	66	62	61	50	37	23	10		10	12	2	4	–	–	–	–	–	–	–	–	Lumazine, 8-ethyl-6,7-dimethyl-		L8066
55	82	41	177	83	95	137	39	**220**	100	89	85	75	74	61	23	23	**7.73**	14	24	–	2	–	–	–	–	–	–	–	–	Cyclohexanamine, N,N'-1,2-ethanediylidenebis-	3673-06-1	Q9638
55	114	59	111	74	41	27	143	**220**	100	70	57	41	37	34	28	27	**0.00**	10	17	3	–	1	–	–	–	–	–	–	–	Nonanoic acid, 9-chloro-9-oxo-, methyl ester	56555-02-3	T3740
55	135	165	120	79	193	134	80	**220**	100	25	21	20	18	13	12	9	**0.00**	8	7	3	1	–	–	–	–	–	–	–	1	Manganese(1+), dicarbonyl[(1,2,3,4,5-η)-1-methyl-2,4-cyclopentadien-1-yl]nitrosyl-	46134-83-2	08749
57	43	71	85	141	41	55	56	**220**	100	85	67	64	45	42	25	14	**0.00**	10	21	–	–	–	1	–	–	–	–	–	–	3-Bromodecane	30571-71-2	S2939
57	43	71	85	141	41	55	56	**220**	100	81	70	65	44	42	26	13	**0.00**	10	21	–	–	–	1	–	–	–	–	–	–	3-Bromodecane	30571-71-2	S2938
57	66	164	119	91	99	136	147	**220**	100	60	20	17	16	16	12	5	**1.00**	14	20	2	–	–	–	–	–	–	–	–	–	2-Propenoic acid, 3-bicyclo[2.2.1]hept-5-en-2-yl-, tert-butyl ester, (1α,2α(E),4α)-	67401-10-9	T6811
57	79	93	107	41	69	81	55	**220**	100	15	15	14	13	13	11	11	**1.06**	16	28	–	–	–	–	–	–	–	–	–	–	Cyclohexane, 1-(2,2-dimethylpropyl)-3,5-divinyl-2-methyl-	61141-98-8	T5362
57	136	41	91	121	220	135	137	**220**	100	92	30	20	17	11	9	8		14	20	2	–	–	–	–	–	–	–	–	–	Propanoic acid, 2,2-dimethyl-, 2,4,6-trimethylphenyl ester	54644-40-5	S9375
57	178	41	205	122	81	149	40	**220**	100	72	56	47	46	39	20	20	**15.44**	14	24	–	2	–	–	–	–	–	–	–	–	1H-1,2-Diazepine, 3,7-bis(tert-butyl)-5-methyl-	55955-71-0	T2406
58	105	72	77	148	219	115	220	**220**	100	36	32	27	27	19	14	12		13	20	1	2	–	–	–	–	–	–	–	–	Benzamide, N-[3-(dimethylamino)propyl]-N-methyl-	69721-71-7	T7351
59	162	105	119	159	132	91	41	**220**	100	57	47	40	39	37	35	32	**0.60**	15	24	1	–	–	–	–	–	–	–	–	–	α-Copaen-11-ol	41370-56-3	08169
62	74	61	73	97	45	75	63	**220**	100	85	80	77	75	63	60	54	**29.19**	8	6	3	–	2	–	–	–	–	–	–	–	Benzoic acid, 3,6-dichloro-2-methoxy-	1918-00-9	Q7022
65	39	220	93	63	127	38	28	**220**	100	83	52	43	38	34	30	24		6	5	1	–	–	–	–	–	–	–	–	1	Phenol, 4-iodo-	540-38-5	Q1806
67	79	41	93	43	55	29	107	**220**	100	97	72	64	57	55	46	38	**3.37**	16	28	–	–	–	–	–	–	–	–	–	–	4-Hexadecen-6-yne, (E)-	74744-51-7	T8460
69	41	55	81	93	137	84	95	**220**	100	99	91	85	72	59	58	53	**1.00**	15	24	1	–	–	–	–	–	–	–	–	–	2,6,10-Trimethyldodeca-2,6,10-trienal, (E,E,E)-		L7735
69	41	81	84	55	95	137	123	**220**	100	38	24	24	10	8	8	3	**1.00**	15	24	1	–	–	–	–	–	–	–	–	–	2,7,11-Trimethyldodeca-2(E),6(Z),10-trienal		L7736
69	41	84	81	55	95	67	39	**220**	100	49	45	22	11	9	9	8	**2.90**	15	24	1	–	–	–	–	–	–	–	–	–	2,6,10-Dodecatrienal, 3,7,11-trimethyl-, (Z,E)-	4380-32-9	H1463
69	41	84	81	55	137	95	123	**220**	100	35	26	20	11	8	7	5	**1.00**	15	24	1	–	–	–	–	–	–	–	–	–	2,7,11-Trimethyldodeca-2(E),6(E),10-trienal		L7737
69	41	95	177	178	55	93	67	**220**	100	92	70	63	57	52	42	41	**22.00**	15	24	1	–	–	–	–	–	–	–	–	–	2(1H)-Naphthalenone, 4a,5,6,7,8,8a-hexahydro-7α-isopropyl-4aβ,8aβ-dimethyl-	17408-66-1	R6928
69	55	59	83	73	101	161	115	**220**	100	38	24	21	17	16	16	12	**0.00**	9	16	4	–	–	–	–	1	–	–	–	–	Pentanoic acid, 2-(acetyloxy)-2-(methylthio)-, methyl ester	63608-58-2	T6275
69	79	95	151	220	109	119	121	**220**	100	14	8	7	7	3	2	2		12	12	4	–	–	–	–	–	–	–	–	–	3-Methoxy-4-methacrylyloxybenzaldehyde		P3062

MASS TO CHARGE RATIOS								M.W.	INTENSITIES								Parent	C	H	O	N	Cl	Br	F	S	P	B	Si	X	COMPOUND NAME	CAS Reg No	No
69	84	41	81	55	39	29	67	**220**	100	49	47	17	11	8	8	8	**1.20**	15	24	1	–	–	–	–	–	–	–	–	–	2,6,10-Dodecatrienal, 3,7,11-trimethyl-, (E,E)-	502-67-0	H0744
69	107	109	329	44	327	331	216	**220**	100	71	65	52	39	32	28	27	**0.00**	2	–	2	–	–	–	3	–	–	–	–	1	Acetic acid, trifluoro-, silver(1+) salt	2966-50-9	Q8874
69	109	107	91	93	81	67	95	**220**	100	90	72	39	38	36	34	34	**2.80**	15	24	1	–	–	–	–	–	–	–	–	–	2-Cyclohexene-1-carboxaldehyde, 2,6-dimethyl-6-(4-methyl-3-pentenyl)-	56772-07-7	T4177
69	117	131	111	91	55	105	41	**220**	100	90	81	77	72	57	55	51	**2.40**	15	24	1	–	–	–	–	–	–	–	–	–	(-)-$\Delta^{(3)}$-thujopsen-2α-ol		M0118
69	135	41	55	111	43	151	110	**220**	100	83	83	74	69	54	42	38	**1.85**	10	20	3	–	–	–	–	1	–	–	–	–	1,4-Oxathiane, 2-hexyl-4,4-dioxo-		C1538
69	192	177	220	205				**220**	100	55	48	20	18					13	16	3	–	–	–	–	–	–	–	–	–	5,8-Dioxonaphthalene, 1,4,4a,5,8,8a-hexahydro-1α,4aα-dimethyl-7-methoxy-		P0216
69	205	220	177	192				**220**	100	75	60	26	19					13	16	3	–	–	–	–	–	–	–	–	–	5,8-Dioxonaphthalene, 1,4,4a,5,8,8a-hexahydro-1α,4aα-dimethyl-7-methoxy-		P0217
71	77	114	105	84	79	97	106	**220**	100	13	13	11	7	5	5	5	**4.40**	13	16	3	–	–	–	–	–	–	–	–	–	1,5-Anhydro-4,6-O-benzylidene-2,3-dideoxy-D-erythro-hexitol		P1468
71	101	75	59	99	102	45	58	**220**	100	77	54	53	53	48	47	43	**0.00**	10	20	5	–	–	–	–	–	–	–	–	–	D-Galactitol, 3,6-anhydro-1,2,4,5-tetra-O-methyl-	55887-72-4	T2296
71	101	99	75	59	102	45	89	**220**	100	76	53	53	53	48	46	41	**0.00**	10	20	5	–	–	–	–	–	–	–	–	–	D-Galactitol, 3,6-anhydro-1,2,4,5-tetra-O-methyl-		M6816
71	117	43	220	41	57	70	55	**220**	100	85	75	38	37	34	27	19		11	24	–	–	–	–	–	2	–	–	–	–	4,6-Dithianonane, 2,2,8,8-dimethyl-	54699-23-9	S9435
73	58	45	41	117	29	43	28	**220**	100	36	25	18	13	12	10	9	**0.00**	11	24	4	–	–	–	–	–	–	–	–	–	Propane, 1,2-bis(2-methoxymethylethoxy)-	42769-21-1	S6979
73	147	66	45	205	148	177	75	**220**	100	78	20	18	17	12	11	9	**0.00**	8	20	3	–	–	–	–	–	–	–	2	–	Acetic acid, [(trimethylsilyl)oxy]-, trimethylsilyl ester	33581-77-0	S4262
73	147	66	205	148	45	177	74	**220**	100	84	19	18	14	12	9	9	**4.48**	8	20	3	–	–	–	–	–	–	–	2	–	Acetic acid, [(trimethylsilyl)oxy]-, trimethylsilyl ester	33581-77-0	S4263
73	147	75	204	177	117	72	74	**220**	100	55	27	14	12	11	10	8	**0.17**	12	16	2	–	–	–	–	–	–	–	1	–	2-Propenoic acid, 3-phenyl-, trimethylsilyl ester, (E)-	55012-82-3	T0052
73	147	117	45	66	59	75	43	**220**	100	88	74	25	21	15	14	14	**0.08**	9	24	2	–	–	–	–	–	–	–	2	–	Propylene glycol bis(trimethylsilyl) ether		04264
74	43	41	55	87	69	110	29	**220**	100	31	27	26	17	16	16	15	**0.14**	11	21	2	–	1	–	–	–	–	–	–	–	Methyl 4-chlorodecanoate		C0717
75	31	45	28	55	29	32	27	**220**	100	21	20	14	13	12	12	8	**0.00**	10	20	5	–	–	–	–	–	–	–	–	–	3-Hexanone, 1,5,6,6-tetramethoxy-	53914-29-7	S8683
77	43	59	79	41	29	44	73	**220**	100	85	33	31	28	11	11	9	**3.00**	6	8	–	–	4	–	–	–	–	–	–	–	1,1,3,4-Tetrachloro-4-methylpent-1-ene		D2185
77	45	75	103	51	102	131	47	**220**	100	83	79	66	57	37	35	33	**3.70**	12	16	2	–	–	–	–	–	–	–	1	–	2-Propenoic acid, 3-phenyl-, trimethylsilyl ester, (E)-		06096
77	220	83	85	194	219	205	78	**220**	100	86	70	49	40	40	31	26		15	12	–	2	–	–	–	–	–	–	–	–	4-Methyl-N-phenylbenzimidoyl cyanide		15074
79	41	94	43	29	93	91	55	**220**	100	43	39	37	35	33	27	26	**6.43**	16	28	–	–	–	–	–	–	–	–	–	–	6-Hexadecen-4-yne, (E)-	74744-52-8	T8461
79	67	93	41	43	55	29	81	**220**	100	86	67	64	52	50	40	40	**4.57**	16	28	–	–	–	–	–	–	–	–	–	–	4-Hexadecen-6-yne, (Z)-	74744-54-0	T8463
79	121	168	91	77	67	93	105	**220**	100	95	76	74	54	51	45	38	**18.95**	14	20	2	–	–	–	–	–	–	–	–	–	2-Naphthoic acid, decahydro-5-methylene-8-vinyl-	1451-34-9	Q6005
81	41	98	140	79	44	53	39	**220**	100	40	32	32	30	27	27	21	**0.00**	8	13	2	–	–	1	–	–	–	–	–	–	4-Hexenoic acid, 6-bromo-4-methyl-, methyl ester	34124-29-3	S4554
82	31	84	45	111	29	83	105	**220**	100	76	66	46	40	37	31	28	**0.00**	6	11	2	–	3	–	–	–	–	–	–	–	1,1,1-Trichloro-2,2-diethoxyethane		Z1710
82	81	67	110	55	41	95	96	**220**	100	78	76	64	56	55	40	37	**8.50**	16	28	–	–	–	–	–	–	–	–	–	–	Cyclobuta[1,2:3,4]dicyclooctene, hexadecahydro-, (6aα,6bα,12aβ,12bβ)-	61277-45-0	T5720
82	110	81	67	41	55	95	54	**220**	100	61	57	56	40	35	29	29	**8.98**	16	28	–	–	–	–	–	–	–	–	–	–	Cyclobuta[1,2:3,4]dicyclooctene, hexadecahydro-, cis,trans-	17385-55-6	R6901
83	41	55	39	79	27	43	29	**220**	100	41	26	24	17	14	10	10	**1.00**	14	20	2	–	–	–	–	–	–	–	–	–	1,1-Dimethyl-4,4-diallyl-cyclohexane-3,5-dione		M2815
83	41	55	79	39	136	67	53	**220**	100	20	17	15	12	7	7	7	**2.50**	14	20	2	–	–	–	–	–	–	–	–	–	1,1-Dimethyl-3-oxo-4-allyl-5-allyloxy-cyclohex-4-ene		M2816
83	43	115	71	88	101	159	220	**220**	100	90	59	50	22	20	18	16		10	20	3	–	–	–	–	1	–	–	–	–	L-Cladinose-1-ethylthioglycoside		L8867
83	55	69	57	139	41	43	97	**220**	100	52	43	32	23	22	20	18	**1.92**	11	22	–	–	1	–	–	–	1	–	–	–	Phosphinous chloride, methyl-5(or 2)-isopropylcyclohexyl-	74753-30-3	T8487
83	220	55	205	41	121	163	43	**220**	100	45	27	19	19	16	15	15		14	20	2	–	–	–	–	–	–	–	–	–	4-Isopropylidene-2,2-dimethyl-8,9-dioxo-bicyclo[3.3.1]nonane		D1415
88	119	133	132	220	15	91	117	**220**	100	48	24	24	19	18	14	10		14	20	2	–	–	–	–	–	–	–	–	–	Methyl 2-methyl-4-(2,5-xylyl)butanoate		U0122
89	30	43	74	47	146	27	128	**220**	100	90	88	70	68	64	47	46	**5.00**	8	16	3	2	–	–	–	1	–	–	–	–	DL-Cysteine, N-glycyl-S-propyl-	38570-32-0	S5881
91	41	79	119	105	67	55	131	**220**	100	73	68	56	51	50	43	31	**1.00**	15	24	1	–	–	–	–	–	–	–	–	–	5,10-Pentadecadiyn-1-ol	64275-50-9	T6425
91	92	104	117	69	55	212	131	**220**	100	99	91	49	31	24	22	18	**14.00**	15	24	1	–	–	–	–	–	–	–	–	–	2-Benzyloctan-1-ol		C1904
91	92	135	43	105	45	65	41	**220**	100	22	12	6	5	4	4	4	**0.00**	15	24	1	–	–	–	–	–	–	–	–	–	Benzyl octyl ether		Z1717
91	106	105	107	109	137	147	108	**220**	100	76	31	31	23	17	15	12	**10.31**	15	24	1	–	–	–	–	–	–	–	–	–	1(2H)-Naphthalenone, 3,4,4a,5,6,8a-hexahydro-4a,8-dimethyl-2-isopropyl-	56772-20-4	T4184
91	108	43	92	41	32	113	83	**220**	100	77	55	32	16	16	15	14	**2.70**	14	20	2	–	–	–	–	–	–	–	–	–	Benzyl heptanoate		P2638
91	117	105	146	220	133	177	189	**220**	100	48	23	20	16	16	13	11		14	20	2	–	–	–	–	–	–	–	–	–	Methyl 4-phenylheptanoate		M8239
91	117	119	191	159	188	220	77	**220**	100	65	50	19	16	12	10	9		14	20	2	–	–	–	–	–	–	–	–	–	Methyl 5-phenylheptanoate		M8240
91	118	101	147	42	220	59	65	**220**	100	19	18	14	12	12	11	11		13	16	3	–	–	–	–	–	–	–	–	–	Benzenepentanoic acid, 4-methyl-3-oxo-, methyl ester	30414-61-0	S2908
92	91	39	65	27	51	63	76	**220**	100	75	23	15	10	10	8	7	**0.10**	13	8	–	4	–	–	–	–	–	–	–	–	Tricyclo[3.2.2.0$^{(2,4)}$]non-8-ene-6,6,7,7-tetracarbonitrile	62249-53-0	T6034
93	89	220	33	112	127	70		**220**	100	43	32	20	16	6	4			1	2	–	–	–	1	5	1	–	–	–	–	(Bromomethyl)sulphurpentafluoride		P1713
93	94	121	43	41	122	107	79	**220**	100	99	52	45	44	39	37	36	**1.40**	15	24	1	–	–	–	–	–	–	–	–	–	Santalol	115-71-9	P8880
93	94	121	79	107	91	122	95	**220**	100	87	59	35	34	33	32	29	**1.45**	15	24	1	–	–	–	–	–	–	–	–	–	Santalol		00140
93	121	94	55	18	79	91	107	**220**	100	68	62	34	33	33	27	25	**1.90**	15	24	1	–	–	–	–	–	–	–	–	–	Santalol		01749
93	220	173	94	175	172	64	51	**220**	100	77	52	50	42	35	31	30		10	8	4	2	–	–	–	–	–	–	–	–	Furil, dioxime	522-27-0	Q1593
94	41	164	220	93	95	109	121	**220**	100	98	74	72	70	69	69	69		15	24	1	–	–	–	–	–	–	–	–	–	Longibornan-9-one		L9762
94	63	79	65	77	43	48	95	**220**	100	59	40	17	9	6	6	6	**0.00**	4	9	4	–	1	–	–	2	–	–	–	–	5-Chloro-2,4-dithiahexane 2,2,4,4-tetroxide		14856
95	41	43	150	151	69	93	55	**220**	100	92	82	68	64	51	51	51	**0.00**	15	24	1	–	–	–	–	–	–	–	–	–	1H-3a,7-Methanoazulen-5-ol, octahydro-3,8,8-trimethyl-6-methylene-	28231-03-0	H1919
101	45	75	102	88	41	73	114	**220**	100	12	9	6	5	3	3	3	**2.00**	10	20	5	–	–	–	–	–	–	–	–	–	Cyclopentane, 1,2,3,4,5-pentamethoxy-	29887-59-0	S2723
101	91	129	55	175	65	73	174	**220**	100	60	55	24	24	18	12	9	**5.00**	13	16	3	–	–	–	–	–	–	–	–	–	Levulinic acid, 5-phenyl-, ethyl ester	20416-11-9	R8663

MASS TO CHARGE RATIOS								M.W.	INTENSITIES								Parent	C	H	O	N	Cl	Br	F	S	P	B	Si	X	COMPOUND NAME	CAS Reg No	No
102	204	76	146	88	58	159	205	220	100	93	57	52	32	31	25	19	13.30	6	4	1	–	–	–	–	4	–	–	–	–	Tetrathiafulvalene S-oxide		16111
103	47	75	29	45	27	44	43	220	100	48	45	23	18	11	7	7	0.00	11	24	4	–	–	–	–	–	–	–	–	–	1,1,3,3-Tetra-ethoxy-propane		A0774
103	49	152	201	84	133	182	220	220	100	67	35	17	15	8	7	1		2	–	–	–	–	–	8	–	–	4	–	–	Tetrakis(difluoroboryl)ethylene	23423-52-1	S0188
103	97	55	41	69	150	220	92	220	100	42	28	21	21	19	16	13		10	21	1	–	–	–	–	1	1	–	–	–	1-Ethylthio-2,2,3,4,4-pentamethylphosphetan 1-oxide		P2620
104	55	41	106	68	93	91	42	220	100	65	41	38	37	36	26	25	0.00	7	12	–	–	3	–	1	–	–	–	–	–	1,1,7-Trichloro-1-fluoroheptane		Z1720
105	43	119	41	135	107	131	150	220	100	77	54	52	41	38	38	38	33.00	15	24	1	–	–	–	–	–	–	–	–	–	Cyclohexanol, 1,3,3-trimethyl-2-(3-methyl-2-methylene-3-butenylidene)-, (Z)-	69296-92-0	T7031
105	77	178	43	106	51	220	148	220	100	22	13	13	9	8	3	3		12	12	4	–	–	–	–	–	–	–	–	–	3-Benzoyloxy-penta-2,4-dione		04943
105	91	220	144	77	188	129	117	220	100	54	23	21	21	17	13	10		14	20	2	–	–	–	–	–	–	–	–	–	Methyl 6-phenylheptanoate		M8241
105	122	77	110	51	50	64	60	220	100	92	68	32	31	15	13	12	1.80	12	9	2	–	1	–	–	–	–	–	–	–	[1,1′-Biphenyl]-3,4-diol, 4′-chloro-	55097-84-2	T0232
105	147	188	161	163	69	77	51	220	100	74	65	58	57	51	48	37	21.00	12	12	4	–	–	–	–	–	–	–	–	–	Benzenepentanoic acid, β,δ-dioxo-, methyl ester	36568-12-4	S5295
107	105	77	79	106	91	51	28	220	100	53	45	29	26	25	16	15	0.74	9	10	2	–	2	–	–	–	–	–	–	–	2,2-Dichloro-3-phenyl-1,3-propanediol		Z1709
107	105	81	187	95	202	93	83	220	100	90	55	55	45	45	42	40	36.03	15	24	1	–	–	–	–	–	–	–	–	–	1-Naphthalenol, 1,2,3,4,4a,5,6,8a-octahydro-4a,8-dimethyl-2-(2-propenyl)-	56793-05-6	T4196
107	109	41	108	93	220	43	106	220	100	99	94	93	92	90	83	82		15	24	1	–	–	–	–	–	–	–	–	–	1(2H)-Naphthalenone, 3,4,4a,5,6,8a-hexahydro-4a,8-dimethyl-2-isopropyl-	56772-20-4	T4183
107	177	43	81	93	55	159	135	220	100	94	83	69	67	53	50	49	27.80	15	24	1	–	–	–	–	–	–	–	–	–	(-)-α-Copaene epoxide		L9651
109	18	15	79	47	220	29	31	220	100	73	53	35	28	13	11	9		4	7	4	–	2	–	–	–	1	–	–	–	Phosphoric acid, 2,2-dichlorovinyl dimethyl ester	62-73-7	P5155
109	79	47	185	145	83	110	76	220	100	31	19	13	7	6	6	5	3.10	4	7	4	–	2	–	–	–	1	–	–	–	Phosphoric acid, 2,2-dichlorovinyl dimethyl ester	62-73-7	P5158
109	107	69	95	83	81	97	93	220	100	91	70	70	67	66	59	54	17.22	15	24	1	–	–	–	–	–	–	–	–	–	1-Naphthalenol, 1,2,3,4,4a,5,6,8a-octahydro-4a,8-dimethyl-2-(2-propenyl)-	56793-05-6	T4195
109	119	55	81	93	69	137	205	220	100	41	38	36	35	32	25	14	13.00	15	24	1	–	–	–	–	–	–	–	–	–	Cyclohexanol, 3-vinyl-3-methyl-2-isopropenyl-6-isopropylidene-, ($1\alpha,2\alpha,3\alpha$)-	75311-76-1	T8892
109	185	79	145	187	220	47	222	220	100	24	13	10	8	7	7	4		4	7	4	–	2	–	–	–	1	–	–	–	Phosphoric acid, 2,2-dichlorovinyl dimethyl ester	62-73-7	P5157
110	82	67	81	41	54	68	95	220	100	98	51	48	31	24	23	21	3.10	16	28	–	–	–	–	–	–	–	–	–	–	Cyclobuta[1,2:3,4]dicyclooctene, hexadecahydro-	18208-94-1	R7439
110	82	67	81	41	54	68	95	220	100	99	50	47	29	22	21	19	0.59	16	28	–	–	–	–	–	–	–	–	–	–	Cyclobuta[1,2:3,4]dicyclooctene, hexadecahydro-, ($6a\alpha,6b\alpha,12a\alpha,12b\alpha$)-	61177-15-9	T5541
110	111	67	79	55	80	66	93	220	100	39	31	30	21	21	17	17	3.00	9	17	4	–	–	–	–	–	1	–	–	–	Phosphonic acid, (2-hydroxybicyclo[2.2.1]hept-2-yl)-, dimethyl ester, endo-		L9195
110	111	67	79	55	80	66	93	220	100	39	31	30	21	21	17	17	3.00	9	17	4	–	–	–	–	–	1	–	–	–	Phosphonic acid, (2-hydroxybicyclo[2.2.1]hept-2-yl)-, dimethyl ester, exo-	27109-26-8	S1617
110	111	67	79	66	80	93	55	220	100	43	25	23	17	17	17	15	3.00	9	17	4	–	–	–	–	–	1	–	–	–	Phosphonic acid, (2-hydroxybicyclo[2.2.1]hept-2-yl)-, dimethyl ester, endo-	27109-27-9	S1618
110	111	177	43	159	135	133	202	220	100	90	85	80	60	60	60	50	10.00	14	20	2	–	–	–	–	–	–	–	–	–	Tricyclo[5.3.0.0$^{(2,6)}$]decane, 1,6-diacetyl-		L5250
110	123	82	28	54	220	26	56	220	100	79	14	14	13	11	11	10		10	8	4	2	–	–	–	–	–	–	–	–	Ethylenebismaleimide		05779
112	18	111	45	28	95	75	177	220	100	88	69	55	47	47	39	36	32.80	8	9	3	–	1	–	–	1	–	–	–	–	Ethanol, 2-[(4-chlorophenyl)sulphonyl]-	35847-95-1	S5093
112	111	95	75	177	220	114	113	220	100	68	47	40	37	34	34	28		8	9	3	–	1	–	–	1	–	–	–	–	Ethanol, 2-[(4-chlorophenyl)sulphonyl]-		M4349
117	73	147	66	118	45	75	148	220	100	80	60	18	12	10	10	9	0.00	9	24	2	–	–	–	–	–	–	–	2	–	Propylene glycol bis(trimethylsilyl) ether		P2742
117	73	147	66	118	75	148	45	220	100	75	56	13	11	9	8	8	0.00	9	24	2	–	–	–	–	–	–	–	2	–	3,6-Dioxa-2,7-disilaoctane, 2,2,4,7,7-pentamethyl-	17887-27-3	R7245
117	73	147	118	148	74	205	149	220	100	54	50	10	8	5	4	4	0.00	9	24	2	–	–	–	–	–	–	–	2	–	3,6-Dioxa-2,7-disilaoctane, 2,2,4,7,7-pentamethyl-	17887-27-3	R7246
117	91	146	77	57	115	147	135	220	100	70	61	35	29	24	22	22	2.60	13	16	3	–	–	–	–	–	–	–	–	–	Oxiranecarboxylic acid, 3-ethyl-3-phenyl-, ethyl ester, trans-	54889-88-2	S9791
117	147	73	45	75	205	115	103	220	100	99	93	63	62	20	12	9	0.00	9	24	2	–	–	–	–	–	–	–	2	–	3,6-Dioxa-2,7-disilaoctane, 2,2,4,7,7-pentamethyl-	17887-27-3	08002
119	109	93	79	55	137	202	69	220	100	55	33	30	25	25	22	19	2.00	15	24	1	–	–	–	–	–	–	–	–	–	Cyclohexanol, 3-vinyl-3-methyl-2-isopropenyl-6-isopropylidene-, ($1\alpha,2\beta,3\beta$)-	75363-57-4	T8940
119	133	91	134	93	105	107	120	220	100	61	38	32	31	22	17	11	2.00	15	24	1	–	–	–	–	–	–	–	–	–	3-Cyclohexene-1-ethanol, α-vinyl-α,3-dimethyl-6-isopropylidine-	55780-93-3	T2104
119	133	91	134	93	105	107	135	220	100	64	43	37	30	26	16	11	3.00	15	24	1	–	–	–	–	–	–	–	–	–	3-Cyclohexene-1-ethanol, α-vinyl-α,3-dimethyl-6-isopropylidine-	55780-93-3	T2103
119	146	220	15	91	131	147	120	220	100	88	24	23	16	16	15	15		14	20	2	–	–	–	–	–	–	–	–	–	Methyl 3-methyl-4-(2,5-xylyl)butanoate		U0123
119	159	145	105	160	132	91	133	220	100	85	59	50	45	36	33	31	10.00	15	24	1	–	–	–	–	–	–	–	–	–	cis-α-Copaene-8-ol		15197
121	91	220	122	40	93	63	77	220	100	45	23	15	10	9	8	7		15	24	1	–	–	–	–	–	–	–	–	–	2-Octylanisole		L6440
121	91	220	122	41	93	65	78	220	100	46	23	15	10	9	8	7		15	24	1	–	–	–	–	–	–	–	–	–	2-Octylanisole	20056-59-1	R8470
121	102	160	220	189	59	129	51	220	100	80	79	52	51	42	39	27		12	12	4	–	–	–	–	–	–	–	–	–	Propanedioic acid, benzylidene-, dimethyl ester	6626-84-2	R2413
121	122	220	91	41	77	78	39	220	100	12	12	9	7	7	5	4		15	24	1	–	–	–	–	–	–	–	–	–	4-Octylanisole	3307-19-5	Q9203
121	134	56	192	164	136	149	95	220	100	50	39	32	26	23	16	13	9.00	9	8	3	–	–	–	–	–	–	–	–	1	Iron, π-cyclopentadienyl-acetyl-dicarbonyl-		02761
121	134	56	192	164	186	136	149	220	100	52	40	36	29	22	18	14	2.00	9	8	3	–	–	–	–	–	–	–	–	1	Iron, π-cyclopentadienyl-acetyl-dicarbonyl-		02760
121	137	84	136	220				220	100	95	91	63	5					15	24	1	–	–	–	–	–	–	–	–	–	δ-Elemenol		L2804
121	137	84	136	220				220	100	88	72	67	3					15	24	1	–	–	–	–	–	–	–	–	–	epi-δ-Elemenol		L2803
122	121	37	38	91	220	36	135	220	100	36	25	23	23	17	14	13		15	24	1	–	–	–	–	–	–	–	–	–	3-Octylanisole		L6441
122	121	40	41	91	220	39	135	220	100	37	26	25	24	17	15	13		15	24	1	–	–	–	–	–	–	–	–	–	3-Octylanisole	20056-60-4	R8471
123	69	109	111	41	95	81	55	220	100	96	92	90	84	80	70	68	5.30	15	24	1	–	–	–	–	–	–	–	–	–	(-)-$\Delta^{(2(12))}$-thujopsen-3α-ol		M0119
123	163	122	137	55	41	178	107	220	100	50	41	38	38	37	36	35	16.20	15	24	1	–	–	–	–	–	–	–	–	–	(-)-3-Isothujopsanone		M0122
123	163	178	55	41	107	122	137	220	100	62	53	41	41	40	39	38	17.90	15	24	1	–	–	–	–	–	–	–	–	–	(-)-3-Thujopsanone		M0121
123	220	44	69	95	41	51	52	220	100	53	32	29	27	10	8	8		9	7	3	–	–	–	3	–	–	–	–	–	Acetic acid, trifluoro-, 4-methoxyphenyl ester	5672-87-7	R1656
128	129	155	145	167	141	115	184	220	100	88	66	56	56	50	44	44	9.00	13	13	1	–	1	–	–	–	–	–	–	–	Norbornane, endo-2,3-(2-phenylene)-endo-5-chloro-7-hydroxy-		P3417

MASS TO CHARGE RATIOS								M.W.	INTENSITIES								Parent	C	H	O	N	Cl	Br	F	S	P	B	Si	X	COMPOUND NAME	CAS Reg No	No
129	115	91	51	77	128	92	220	**220**	100	80	78	48	48	46	44	37		17	16	–	–	–	–	–	–	–	–	–	–	**1,4-Pentadiene, 1,5-diphenyl-, (E,E)-**	26057-48-7	**08387**
129	128	145	155	115	167	141	127	**220**	100	74	50	41	39	36	30	21	**10.00**	13	13	1	–	1	–	–	–	–	–	–	–	**Norbornane, exo-2,3-(2-phenylene)-exo-5-chloro-7-hydroxy-**		**P3416**
129	220	128	91	115	142	141	130	**220**	100	42	34	28	13	12	11	11		17	16	–	–	–	–	–	–	–	–	–	–	**3-Benzyl-1,2-dihydronaphthalene**		**V0301**
131	220	91	130	77	95	93	79	**220**	100	79	57	46	44	44	43	37		14	20	2	–	–	–	–	–	–	–	–	–	**3,5,1,7-[1,2,3,4]Butanetetraylnaphthalene-1,6(2H)-diol, octahydro-**	75314-16-8	**T8895**
133	105	39	41	220	77	145	27	**220**	100	42	40	31	30	30	27	24		13	16	3	–	–	–	–	–	–	–	–	–	**Propionic acid, 3-(2,5-dimethylbenzoyl)-2-methyl-**	16206-40-9	**R6083**
133	105	41	29	134	91	39	131	**220**	100	27	21	18	13	13	12	11	**10.69**	14	20	2	–	–	–	–	–	–	–	–	–	**Ethyl-3-(4-tolyl) isovalerate**		**D1236**
133	146	220	15	134	91	145	105	**220**	100	24	19	17	13	11	10	10		14	20	2	–	–	–	–	–	–	–	–	–	**Methyl 4-(2,5-xylyl)pentanoate**		**U0121**
133	157	39	105	41	159	77	220	**220**	100	89	61	47	40	38	37	37		13	16	3	–	–	–	–	–	–	–	–	–	**Butyric acid, 3-(2,5-dimethylbenzoyl)-**	16206-39-6	**R6082**
135	41	29	220	27	107	43	39	**220**	100	21	20	19	17	15	13	11		14	24	–	2	–	–	–	–	–	–	–	–	**1,4-Benzenediamine, N-(1-methylheptyl)-**	39563-50-3	**H1985**
135	41	29	220	27	107	43	39	**220**	100	21	20	19	17	15	13	10		14	24	–	2	–	–	–	–	–	–	–	–	**1,4-Benzenediamine, 2-octyl-**		**X1371**
135	43	57	55	41	69	71	85	**220**	100	80	67	47	45	33	32	29	**0.50**	10	21	–	–	–	1	–	–	–	–	–	–	**1-Bromodecane**		**L0553**
135	43	119	41	91	105	136	121	**220**	100	36	29	18	18	17	17	16	**10.00**	15	24	1	–	–	–	–	–	–	–	–	–	**2-Heptanone, 6-methyl-6-[3-methyl-3-isopropenyl-1-cyclopropen-1-yl]-**	69296-87-3	**T7028**
135	57	107	91	90	79	89	77	**220**	100	95	70	31	29	22	19	17	**0.40**	13	16	3	–	–	–	–	–	–	–	–	–	**Oxiranecarboxylic acid, 2-ethyl-3-phenyl-, ethyl ester**	54852-65-2	**S9759**
135	107	149	121	136	163	41	191	**220**	100	32	31	30	10	8	7	5	**4.00**	15	24	1	–	–	–	–	–	–	–	–	–	**Phenol, 4-nonyl-**	104-40-5	**P7707**
135	131	43	105	41	119	187	91	**220**	100	77	69	55	48	37	37	32	**4.00**	15	24	1	–	–	–	–	–	–	–	–	–	**Cyclohexanol, 1,3,3-trimethyl-2-(3-methyl-2-methylene-3-butenylidene)-, (E)-**	69296-93-1	**T7032**
135	149	107	121	41	136	163	55	**220**	100	34	33	28	12	10	7	7	**5.50**	15	24	1	–	–	–	–	–	–	–	–	–	**Phenol, 4-nonyl-**		**C0381**
135	191	93	41	220	66	43	164	**220**	100	77	63	33	32	30	25	20		12	21	1	2	–	–	–	–	–	1	–	–	**Borinic acid, diethyl-, 6-methyl-2-isopropyl-4-pyrimidinyl ester**	60671-90-1	**T5217**
137	98	80	220	136	83	138	84	**220**	100	71	29	29	19	16	12	10		12	16	2	2	–	–	–	–	–	–	–	–	**2-Pyrrolidinone, 1,1′-(2-butyn-1,4-diyl)bis-**	22243-68-1	**R9610**
138	115	129	128	91	220			**220**	100	74	50	49	49	23				14	17	–	–	1	–	–	–	–	–	–	–	**Bicyclo[5.1.0]octane, 8-chloro-8-phenyl-, cis-**		**L1769**
138	153	125	152	112	139	36	126	**220**	100	16	15	15	12	6	6	6	**0.00**	12	12	2	–	–	–	–	1	–	–	–	–	**4a,8a-(Methanothiomethano)naphthalene, 10,10-dioxide**	23695-63-8	**S0322**
141	184	155	130	220	91	115	185	**220**	100	58	45	45	44	40	36	34		14	17	–	–	1	–	–	–	–	–	–	–	**Bicyclo[2.2.2]octane, 1-chloro-4-phenyl-**	33732-68-2	**S4367**
142	73	118	75	205	119	220	143	**220**	100	29	21	19	17	16	15	14		12	20	–	2	–	–	–	–	–	–	1	–	**Pyridine, 3-[1-(trimethylsilyl)-2-pyrrolidinyl]-, (S)-**	55638-44-3	**T1722**
142	115	51	193	116	39	166	52	**220**	100	79	26	23	21	20	19	18	**2.42**	13	8	–	4	–	–	–	–	–	–	–	–	**Tricyclo[3.2.2.0^{2,4}]non-8-ene-3,3,6,7-tetracarbonitrile**	62199-56-8	**T5940**
142	115	193	51	166	39	116	52	**220**	100	71	30	29	27	27	25	19	**5.35**	13	8	–	4	–	–	–	–	–	–	–	–	**Tricyclo[3.2.2.0^{2,4}]non-8-ene-3,3,6,7-tetracarbonitrile**	62199-56-8	**T5939**
143	141	145	105	107	61	27	26	**220**	100	83	24	13	12	11	5	5	**0.70**	2	3	–	–	1	2	–	–	–	–	–	–	**Ethane, 1,2-dibromo-1-chloro-**	598-20-9	**Q2593**
146	105	104	147	143	117	145	27	**220**	100	56	40	25	24	23	23	17	**13.97**	11	13	4	–	–	–	–	–	–	1	–	–	**β-D-erythro-Pentopyranose, cyclic 3,4-(phenylboronate)**	53225-62-0	**S8356**
147	15	220	145	148	119	28	41	**220**	100	17	14	13	12	12	11	10		14	20	2	–	–	–	–	–	–	–	–	–	**Benzenebutanoic acid, β,3,4-trimethyl-, methyl ester**	69855-51-2	**H2207**
147	70	191	119	118	78	92	142	**220**	100	81	66	61	59	50	41	34	**14.00**	12	16	2	2	–	–	–	–	–	–	–	–	**1-Pyrrolidinecarboxylic acid, 2-(3-pyridinyl)-, ethyl ester, (S)-**	69730-90-1	**T7364**
147	73	66	115	130	45	59	148	**220**	100	83	36	35	34	23	18	16	**0.00**	9	24	2	–	–	–	–	–	–	–	2	–	**3,7-Dioxa-2,8-disilanonane, 2,2,8,8-tetramethyl-**	17887-80-8	**R7247**
147	73	101	130	45	75	177	103	**220**	100	66	64	64	53	48	46	44	**0.00**	9	24	2	–	–	–	–	–	–	–	2	–	**3,7-Dioxa-2,8-disilanonane, 2,2,8,8-tetramethyl-**	17887-80-8	**08004**
147	73	130	115	66	45	148	59	**220**	100	58	31	28	18	17	16	14	**0.00**	9	24	2	–	–	–	–	–	–	–	2	–	**Propylene glycol bis(trimethylsilyl) ether**		**06083**
147	73	130	115	148	66	75	149	**220**	100	39	35	26	16	15	9	9	**0.00**	9	24	2	–	–	–	–	–	–	–	2	–	**3,7-Dioxa-2,8-disilanonane, 2,2,8,8-tetramethyl-**	17887-80-8	**R7250**
147	73	205	148	177	149	161	75	**220**	100	50	22	15	15	9	8	5	**0.07**	8	20	3	–	–	–	–	–	–	–	2	–	**Acetic acid, [(trimethylsilyl)oxy]-, trimethylsilyl ester**	33581-77-0	**S4264**
147	148	220	76	105	77	104	119	**220**	100	29	25	15	11	10	8	7		11	12	3	2	–	–	–	–	–	–	–	–	**1-Indazolinecarboxylic acid, 2-methyl-3-oxo-, ethyl ester**	1848-42-6	**Q6880**
147	220	120	175	119	148	91	65	**220**	100	62	47	47	37	35	30	21		13	16	3	–	–	–	–	–	–	–	–	–	**2-Propenoic acid, 3-(4-ethoxyphenyl)-, ethyl ester, (Z)-**	75332-43-3	**T8924**
147	220	175	120	119	148	91	65	**220**	100	72	56	46	38	36	27	20		13	16	3	–	–	–	–	–	–	–	–	–	**2-Propenoic acid, 3-(4-ethoxyphenyl)-, ethyl ester, (E)-**	75332-46-6	**T8927**
148	147	220	29	120	27	149	92	**220**	100	29	29	24	24	10	10	8		11	12	3	2	–	–	–	–	–	–	–	–	**4-Methyl-1-ethoxycarbonyl-2-oxo-2,3-dihydro-benzimidazole**		**D1603**
149	41	150	57	121	220	77	91	**220**	100	13	12	11	10	8	5	5		15	24	1	–	–	–	–	–	–	–	–	–	**2-Methyl-4-tert-octylphenol**		**14751**
149	95	108	41	220	67	55	81	**220**	100	51	40	36	33	33	27	26		16	28	–	–	–	–	–	–	–	–	–	–	**4,5-Dimethylperhydrophenanthrene**		**Y1975**
149	121	41	57	150	91	77	39	**220**	100	36	21	18	12	11	8	7	**7.00**	15	24	1	–	–	–	–	–	–	–	–	–	**4-Methyl-2-tert-octylphenol**		**14750**
149	121	41	150	57	91	77	109	**220**	100	18	14	12	8	7	6	6	**1.39**	15	24	1	–	–	–	–	–	–	–	–	–	**2-Methyl-4-tert-octylphenol**	2219-84-3	**Q7658**
149	121	150	57	220	41	91	39	**220**	100	23	14	13	13	12	8	5		15	24	1	–	–	–	–	–	–	–	–	–	**2-Methyl-6-tert-octylphenol**		**14752**
150	43	177	135	71	91	55	149	**220**	100	59	52	22	20	16	14	14	**7.00**	14	20	2	–	–	–	–	–	–	–	–	–	**5H-Inden-5-one, 1,2,3,6,7,7a-hexahydro-7a-methyl-3-(2-methyl-1-oxopropyl)-**	75378-90-4	**T8953**
150	69	41	81	93	55	109	177	**220**	100	92	89	89	75	62	48	34	**3.00**	15	24	1	–	–	–	–	–	–	–	–	–	**Cyclohexanone, 3-vinyl-3-methyl-2-isopropenyl-6-isopropyl-, (2α,3β,6β)**	58437-66-4	**T5037**
150	81	177	69	93	41	109	140	**220**	100	56	52	46	42	40	38	33	**6.00**	15	24	1	–	–	–	–	–	–	–	–	–	**Cyclohexanone, 3-vinyl-3-methyl-2-isopropenyl-6-isopropyl-, (2α,3β,6α)-**	58437-65-3	**T5036**
150	177	109	123	140	205	159	220	**220**	100	63	50	35	32	32	17	15		15	24	1	–	–	–	–	–	–	–	–	–	**Cyclohexanone, 3-vinyl-3-methyl-2-isopropenyl-6-isopropyl-, (2α,3α,6α)-**	69427-51-6	**T7102**
151	132	69	101	201	85	220		**220**	100	51	26	10	10	9	3			3	–	–	–	2	–	6	–	–	–	–	–	**Propane, 2,2-dichloro-1,1,1,3,3,3-hexafluoro-**	1652-80-8	**Q6432**
154	220	183	108	185	222	107	184	**220**	100	95	89	39	32	31	31	27		12	10	–	–	1	–	–	–	1	–	–	–	**Diphenylchlorophosphine**		**02739**
158	91	130	159	57	45	73	129	**220**	100	75	53	37	32	29	28	27	**1.67**	14	20	2	–	–	–	–	–	–	–	–	–	**2-(2-Phenylcyclohexyloxy)ethanol**		**Z1719**
159	41	109	145	162	197	91	43	**220**	100	62	50	50	47	47	45	40	**18.00**	15	24	1	–	–	–	–	–	–	–	–	–	**1H-Cyclopropa[a]naphthalen-4-ol, 1a,2,4,5,6,7,7a,7b-octahydro-1,1,7,7a-tetramethyl-, (1aR,4S,7R,7aR,7bS)-(+)-**	34143-95-8	**09756**
159	43	121	107	105	202	91	119	**220**	100	74	58	50	44	32	30	28	**3.33**	14	20	2	–	–	–	–	–	–	–	–	–	**6-Hydroxy-2,8-dimethyl-5-acetylbicyclo[5.3.0]deca-1,8-diene**	55683-15-3	**T1823**
159	43	121	202	220				**220**	100	78	63	35	3					14	20	2	–	–	–	–	–	–	–	–	–	**6-Hydroxy-2,8-dimethyl-5-acetylbicyclo[5.3.0]deca-1,8-diene**		**M7121**
159	132	41	177	91	105	220	55	**220**	100	59	40	34	32	27	23	21		15	24	1	–	–	–	–	–	–	–	–	–	**(–)-3β-Hydroxy-δ-cadinene**		**L9653**

MASS TO CHARGE RATIOS								M.W.	INTENSITIES								Parent	C	H	O	N	Cl	Br	F	S	P	B	Si	X	COMPOUND NAME	CAS Reg No	No
160	44	134	161	162	63	91	89	**220**	100	58	52	40	38	32	31	30	**26.00**	12	12	4	–	–	–	–	–	–	–	–	–	6-Methoxy-2-methoxycarbonyl-1-indanone		M2786
161	129	77	105	173	145	188	220	**220**	100	93	70	55	41	40	40	40		13	16	3	–	–	–	–	–	–	–	–	–	1-Methoxycarbonyl-2cis-phenyl-2trans-methoxy-3trans-methyl-cyclopropane		L9775
161	129	77	105	220	188	173	59	**220**	100	81	57	47	37	31	30	30		13	16	3	–	–	–	–	–	–	–	–	–	1-Methoxycarbonyl-2cis-phenyl-2trans-methoxy-3trans-methyl-cyclopropane		L9776
161	176	205						**220**	100	15	7						**0.00**	13	16	3	–	–	–	–	–	–	–	–	–	4-Oxo-1,1,5,5-tetramethyl-4,5-dihydro-1H-2,3-benzodioxepin		L7005
161	177	220	121	117	119	118	162	**220**	100	30	26	19	19	18	16	12		14	20	2	–	–	–	–	–	–	–	–	–	Benzeneacetic acid, α-methyl-4-(2-methylpropyl)-, methyl ester	61566-34-5	T5741
162	89	135	77	79	43	90	190	**220**	100	36	33	33	32	29	24	18	**4.00**	10	8	4	2	–	–	–	–	–	–	–	–	3-(4-Carboxymethylphenyl)sydnone		02058
162	164	220	32	161	63	133	111	**220**	100	71	50	41	33	32	31	30		8	6	3	–	2	–	–	–	–	–	–	–	Acetic acid, (2,4-dichlorophenoxy)-	94-75-7	P6882
162	164	220	45	222	59	166	31	**220**	100	64	23	19	15	13	10	10		9	10	2	–	2	–	–	–	–	–	–	–	1-(3,4-Dichlorophenoxy)-2-propanol		Z1707
162	164	220	63	75	133	222	111	**220**	100	68	56	54	41	36	36	35		8	6	3	–	2	–	–	–	–	–	–	–	Acetic acid, (2,4-dichlorophenoxy)-	94-75-7	P6885
162	164	220	175	185	111	147	222	**220**	100	65	63	56	53	44	42	42		8	6	3	–	2	–	–	–	–	–	–	–	Acetic acid, (2,3-dichlorophenoxy)-	2976-74-1	Q8883
162	220	164	222	161	163	175	166	**220**	100	77	62	48	28	26	26	20		8	6	3	–	2	–	–	–	–	–	–	–	Acetic acid, (2,4-dichlorophenoxy)-		P6886
162	220	175	164	145	111	63	222	**220**	100	83	71	69	60	60	56	53		8	6	3	–	2	–	–	–	–	–	–	–	Acetic acid, (2,3-dichlorophenoxy)-		P1211
163	57	164	77	41	29	105	220	**220**	100	74	35	29	26	20	19	9		13	16	1	–	–	–	–	1	–	–	–	–	2-Propen-1-one, 3-[(tert-butyl)thio]-1-phenyl-	66286-98-4	T6611
164	84	220	162	41	57	218	166	**220**	100	54	54	48	44	40	27	24		8	12	–	–	–	–	–	1	–	–	–	1	Thiophene, 2-(butylselenyl)-	31053-57-3	S3144
164	136	220	163	135	148	122	149	**220**	100	97	68	61	32	32	30	23		11	12	1	2	–	–	–	1	–	–	–	–	Benzothiazole, 2-(4-morpholinyl)-	4225-26-7	R0223
164	136	220	163	135	148	149	78	**220**	100	97	68	61	32	32	23	20		11	12	1	2	–	–	–	1	–	–	–	–	Benzothiazole, 2-(4-morpholinyl)-		L9160
164	163	192	165	220	51	82	63	**220**	100	55	25	22	18	10	10	8		14	8	1	2	–	–	–	–	–	–	–	–	9(10H)-Phenanthrenone, 10-diazo-	7509-44-6	R3260
164	220	84	162	41	218	57	166	**220**	100	61	47	47	31	31	30	23		8	12	–	–	–	–	–	1	–	–	–	1	Thiophene, 3-(butylseleno)-	31053-58-4	S3145
171	77	92	64	107	63	220	50	**220**	100	71	57	37	33	32	20	16		8	9	3	–	1	–	–	1	–	–	–	–	Benzene, 1-[(chloromethyl)sulphonyl]-4-methoxy-	7205-96-1	R2928
172	203	173	219	220	120			**220**	100	70	40	7	5	2				12	16	2	2	–	–	–	–	–	–	–	–	Piperidine, 1-[(2-nitrophenyl)methyl]-	50591-66-7	S7338
173	220	175	191	97	222	149	62	**220**	100	92	70	65	63	60	56	48		8	6	3	–	2	–	–	–	–	–	–	–	Benzoic acid, 3,6-dichloro-2-methoxy-	1918-00-9	Q7020
173	220	175	222	174	203	191	176	**220**	100	85	79	57	49	42	41	37		8	6	3	–	2	–	–	–	–	–	–	–	Benzoic acid, 3,6-dichloro-2-methoxy-	1918-00-9	Q7021
174	220	175	78	53				**220**	100	45	21	10	5					10	12	2	4	–	–	–	–	–	–	–	–	Ethyl 3,4-dimethyl-pyrazolo[3,2-c]-as-triazine-8-carboxylate		M3854
174	220	175	78	53	221	79		**220**	100	45	21	10	5	5	1			10	12	2	4	–	–	–	–	–	–	–	–	Pyrazolo[5,1-c]-as-triazine-8-carboxylic acid, 3,4-dimethyl-, ethyl ester	6726-58-5	R2501
176	59	145	146	133	113	220	63	**220**	100	87	53	31	26	23	19	17		9	7	3	–	–	–	3	–	–	–	–	–	Carbonic acid, methyl 3-(trifluoromethyl)phenyl ester	54644-50-7	S9385
176	220	133	148	177	51	77	76	**220**	100	73	58	56	48	29	23	23		11	8	5	–	–	–	–	–	–	–	–	–	7-Methoxy-coumarin-3-carboxylic acid		B0185
177	41	135	220	149	67	163	57	**220**	100	51	45	39	37	35	30	29		14	20	2	–	–	–	–	–	–	–	–	–	1,4-Benzoquinone, 2,6-di-tert-butyl-	719-22-2	Q3851
177	43	39	137	69	68	178	40	**220**	100	36	31	27	26	23	21	20	**5.00**	12	12	4	–	–	–	–	–	–	–	–	–	2(5H)-Furanone, 3,5-dimethyl-5-[(4-methyl-5-oxo-2(5H)-furanylidene)methyl]-, (Z)-	41763-40-0	S6724
177	43	67	111	135	91	110	95	**220**	100	50	45	44	31	24	23	22	**5.00**	14	20	2	–	–	–	–	–	–	–	–	–	1,2-Diacetyltricyclo[5.3.0.$0^{2,6}$]decane		L5251
177	43	137	39	69	68	178	40	**220**	100	36	27	26	26	23	22	20	**4.00**	12	12	4	–	–	–	–	–	–	–	–	–	2(5H)-Furanone, 3,5-dimethyl-5-[(4-methyl-5-oxo-2(5H)-furanylidene)methyl]-, (Z)-		M8610
177	220	41	67	57	135	205	149	**220**	100	77	55	37	33	33	33	30		14	20	2	–	–	–	–	–	–	–	–	–	1,4-Benzoquinone, 2,6-di-tert-butyl-	719-22-2	Q3852
177	220	84	43	191	178	55	45	**220**	100	44	14	13	12	12	12	12		11	16	1	4	–	–	–	–	–	–	–	–	4-Hydroxy-6-methyl-2-(cyclohexylidenehydrazino)pyrimidine		D2432
178	115	180	43	149	114	179	220	**220**	100	39	33	32	22	15	13	12		12	9	2	–	1	–	–	–	–	–	–	–	1-Naphthalenol, 4-chloro-, acetate	53422-20-1	S8448
187	220	202						**220**	100	25	23							13	16	3	–	–	–	–	–	–	–	–	–	4-Hydroxy-3-(3-hydroxy-trans-isopent-1-enyl)-acetophenone		L8767
191	135	220	107	81	43	164	192	**220**	100	43	42	31	22	19	16	15		14	24	–	2	–	–	–	–	–	–	–	–	N,N′-Di-sec-butyl 1,4-benzenediamine		D0939
191	205	57	206	192	74	41	163	**220**	100	23	21	20	15	7	7	5	**0.00**	15	24	1	–	–	–	–	–	–	–	–	–	2,4-Di-tert-butylanisole		Z1716
191	220	81	107	192	205	120	163	**220**	100	55	30	20	19	18	13	10		14	24	–	2	–	–	–	–	–	–	–	–	N,N′-Di-sec-butyl-1,4-benzenediamine		C1705
191	220	81	192	205	107	120	221	**220**	100	44	20	16	15	15	10	8		14	24	–	2	–	–	–	–	–	–	–	–	N,N′-Di-sec-butyl 1,4-benzenediamine		C0247
192	220	190	193	165	191	115	221	**220**	100	66	26	25	20	18	12	11		15	12	–	2	–	–	–	–	–	–	–	–	3-Methyl-4-phenylcinnoline		05733
192	220	195	191	102	164	165	221	**220**	100	67	35	31	27	24	20	11		13	8	–	4	–	–	–	–	–	–	–	–	1,2,3-Benzotriazino[3,4-a]benzimidazole		M2543
203	163	220	177	41	135	43	149	**220**	100	83	77	66	58	35	32	29		14	20	2	–	–	–	–	–	–	–	–	–	1,4-Benzoquinone, 2,5-di-tert-butyl-		F0366
203	220	45	55	57	84	127	205	**220**	100	74	40	35	32	30	29	27		6	8	1	2	–	–	–	3	–	–	–	–	4-Isothiazolecarboxamide, 3,5-bis(methylthio)-	4886-14-0	08398
205	15	39	179	220	41	93	65	**220**	100	52	49	45	39	32	20	20		13	16	3	–	–	–	–	–	–	–	–	–	2-Methyl-4,5-dimethoxycrotonophenone		V0462
205	57	206	220	41	40	29	189	**220**	100	34	16	15	12	9	8	7		15	24	1	–	–	–	–	–	–	–	–	–	6-Methyl-2,4-di-tert-butyl-phenol		D0631
205	57	220	145	81	41	177	67	**220**	100	27	23	14	9	9	9	8		15	24	1	–	–	–	–	–	–	–	–	–	4-Methyl-2,6-di-tert-butyl-phenol		F0082
205	57	220	206	41	81	67	29	**220**	100	31	20	18	12	6	6	5		15	24	1	–	–	–	–	–	–	–	–	–	3-Methyl-4,6-di-tert-butyl-phenol		C0233
205	57	220	206	81	41	95	67	**220**	100	22	18	17	9	8	4	4		15	24	1	–	–	–	–	–	–	–	–	–	2-Methyl-4,6-di-tert-butyl-phenol		C0234
205	57	220	206	81	67	189	121	**220**	100	28	17	15	8	6	3	3		15	24	1	–	–	–	–	–	–	–	–	–	3-Methyl-4,6-di-tert-butyl-phenol		C1876
205	95	189	73	59	43	131	87	**220**	100	13	10	10	6	5	5	4	**0.30**	7	20	2	–	–	–	–	–	–	–	3	–	1,3-Dioxa-2,4,6-trisilacyclohexane, 2,2,4,4,6,6-hexamethyl-		M2282
205	95	189	207	73	59	206	43	**220**	100	13	10	10	10	6	6	5	**0.30**	7	20	2	–	–	–	–	–	–	–	3	–	1,3-Dioxa-2,4,6-trisilacyclohexane, 2,2,4,4,6,6-hexamethyl-	17945-19-6	R7278
205	131	161	103	75	77	220	73	**220**	100	90	66	57	54	44	28	20		12	16	2	–	–	–	–	–	–	–	1	–	2-Propenoic acid, 3-phenyl-, trimethylsilyl ester	2078-20-8	Q7351
205	133	43	115	105	206	55	132	**220**	100	98	47	24	17	14	13	12	**0.24**	14	20	2	–	–	–	–	–	–	–	–	–	1,3-Dioxolane, 2-(2,4-dimethylphenyl)-2,4,5-trimethyl-, ($2\alpha,4\alpha,5\beta$)-	74752-98-0	T8479

MASS TO CHARGE RATIOS								M.W.	INTENSITIES								Parent	C	H	O	N	Cl	Br	F	S	P	B	Si	X	COMPOUND NAME	CAS Reg No	No
205	149	164	163	41	123	220	43	**220**	100	68	68	62	39	37	35	30		14	20	2	–	–	–	–	–	–	–	–	–	**3H-Cyclopenta[1,3]cyclopropa[1,2]benzene-3,6(7H)-dione, 1,2,3a,3b,4,5-hexahydro-3b-methyl-7-isopropyl-**	66708-18-7	**T6678**
205	161	131	220	75	206	135	145	**220**	100	45	37	25	17	12	11	9		12	16	2	–	–	–	–	–	–	–	1	–	**2-Propenoic acid, 3-phenyl-, trimethylsilyl ester**	2078-20-8	**Q7352**
205	179	43	135	41	109	69	206	**220**	100	60	49	26	22	21	17	17	**1.00**	15	24	1	–	–	–	–	–	–	–	–	–	**Benzofuran, 2,4,5,6,7,7a-hexahydro-2,4,4,7a-tetramethyl-2-isopropenyl-**	69296-94-2	**T7033**
205	220	43	206	128	177	41	91	**220**	100	25	18	16	11	9	9	6		15	24	1	–	–	–	–	–	–	–	–	–	**2,4,6-Tri-isopropyl-phenol**		**C0621**
205	220	57	206	145	81	41	67	**220**	100	28	21	17	10	10	9	7		15	24	1	–	–	–	–	–	–	–	–	–	**4-Methyl-2,6-di-tert-butyl-phenol**		**C0232**
205	220	77	131	130	177	145	41	**220**	100	67	36	34	33	31	31	27		12	16	–	2	–	–	–	1	–	–	–	–	**4H-1,3-Thiazin-2-amine, N-(2,6-dimethylphenyl)-5,6-dihydro-**	7361-61-7	**R3096**
205	220	123	41	55	82	109	95	**220**	100	84	44	42	42	34	33	32		15	24	1	–	–	–	–	–	–	–	–	–	**Cedranone**		**Z1708**
205	220	161	176	191	206	175	221	**220**	100	63	30	21	16	15	11	10		14	24	–	2	–	–	–	–	–	–	–	–	**1,4-Benzenediamine, N,N,N′,N′-tetraethyl-**		**D2108**
205	220	206	57	145	105	91	177	**220**	100	23	15	13	11	6	6	5		15	24	1	–	–	–	–	–	–	–	–	–	**4-Methyl-2,6-di-tert-butyl-phenol**		**C1877**
207	57	41	149	222	39	108	91	**220**	100	90	71	44	37	37	34	32	**5.00**	14	20	2	–	–	–	–	–	–	–	–	–	**1,2-Benzoquinone, 3,5-di-tert-butyl-**		**03239**
207	57	42	222	149	108	40	91	**220**	100	90	70	47	44	43	36	32	**5.00**	14	20	2	–	–	–	–	–	–	–	–	–	**1,2-Benzoquinone, 3,5-di-tert-butyl-**	3383-21-9	**Q9301**
219	51	220	77	199	127	50	152	**220**	100	70	51	40	23	19	17	15		12	10	1	–	–	–	1	–	1	–	–	–	**Phosphinic fluoride, diphenyl-**	1135-98-4	**Q5514**
219	103	220	76	117	77	104	51	**220**	100	78	63	27	18	13	8	7		13	8	–	4	–	–	–	–	–	–	–	–	**2,3-Dicyano-5-methyl-6-phenylpyrazine**		**17170**
219	220	76	179	50	77	117	221	**220**	100	75	39	26	22	21	20	13		15	12	–	2	–	–	–	–	–	–	–	–	**Quinoxaline, 2-methyl-3-phenyl-**	10130-23-1	**R3587**
219	220	76	179	77	117	50	110	**220**	100	68	33	20	20	18	18	15		15	12	–	2	–	–	–	–	–	–	–	–	**Quinoxaline, 2-methyl-3-phenyl-**		**M1513**
219	220	77	218	91	221	51	102	**220**	100	92	12	10	8	7	6	6		15	12	–	2	–	–	–	–	–	–	–	–	**1H-Benzimidazole, 1-styryl-, (E)-**	51644-24-7	**S7727**
219	220	179	178	76	117	110	221	**220**	100	62	22	12	12	9	9	8		15	12	–	2	–	–	–	–	–	–	–	–	**Quinoxaline, 2-methyl-3-phenyl-**		**05737**
220	41	191	55	81	121	93	135	**220**	100	61	59	54	46	37	37	35		15	24	1	–	–	–	–	–	–	–	–	–	**4,10,10-Trimethyl-7-oxo-tricyclo[4.4.0.2[1,4]]dodecane**		**06282**
220	52	68	53	40	203	95	96	**220**	100	66	48	45	44	39	38	38		9	8	3	4	–	–	–	–	–	–	–	–	**[4,4′-Bipyrimidine]-2,2′,6(1H,1′H,3H)-trione, 5-methyl-**	18694-06-9	**R7786**
220	52	68	53	40	203	96	95	**220**	100	66	47	45	42	37	37	37		9	8	3	4	–	–	–	–	–	–	–	–	**[4,4′-Bipyrimidine]-2,2′,6(1H,1′H,3H)-trione, 5-methyl-**		**L7206**
220	53	121	177	190	221	51	202	**220**	100	15	15	15	15	15	13	12		11	8	5	–	–	–	–	–	–	–	–	–	**1,4-Naphthalenedione, 5,8-dihydroxy-2-methoxy-**	14918-66-2	**R5475**
220	65	93	39	63	127	38	64	**220**	100	99	93	89	77	65	59	39		6	5	1	–	–	–	–	–	–	–	–	1	**Phenol, 3-iodo-**	626-02-8	**Q3200**
220	65	127	93	63	64	110	92	**220**	100	37	37	22	11	9	5	5		6	5	1	–	–	–	–	–	–	–	–	1	**Phenol, 2-iodo-**		**L6033**
220	69	95	49	84	51	108	52	**220**	100	59	37	29	21	17	17	16		9	7	3	–	–	–	3	–	–	–	–	–	**Acetic acid, trifluoro-, 3-methoxyphenyl ester**	31083-16-6	**S3185**
220	77	219	194	205	78	91	221	**220**	100	89	45	37	26	21	18	17		15	12	–	2	–	–	–	–	–	–	–	–	**3-Methyl-N-phenylbenzimidoyl cyanide**		**15075**
220	83	138	42	192	55	68	54	**220**	100	92	81	69	35	24	22	17		11	9	1	2	1	–	–	–	–	–	–	–	**4(3H)-Pyrimidinone, 2-(4-chlorophenyl)-6-methyl-**		**M2273**
220	83	138	42	192	75	44	102	**220**	100	91	81	69	50	40	37	36		11	9	1	2	1	–	–	–	–	–	–	–	**4(3H)-Pyrimidinone, 2-(4-chlorophenyl)-6-methyl-**	16858-20-1	**R6505**
220	89	90	221	116	83	63	85	**220**	100	76	63	45	43	38	30	25		15	12	–	2	–	–	–	–	–	–	–	–	**2,5-Diphenylimidazole**		**00249**
220	93	65	39	63	221	38	64	**220**	100	40	36	21	10	7	6	6		6	5	1	–	–	–	–	–	–	–	–	1	**Phenol, 4-iodo-**	540-38-5	**Q1807**
220	93	65	63	64	110	127	92	**220**	100	44	30	8	7	6	3	2		6	5	1	–	–	–	–	–	–	–	–	1	**Phenol, 4-iodo-**		**L6032**
220	110	68	82	177	221	137	81	**220**	100	31	22	19	17	17	16	10		14	24	–	2	–	–	–	–	–	–	–	–	**8,8′-Bi-8-azabicyclo[3.2.1]octane**	56847-10-0	**T4229**
220	115	77	221	110	105	191	51	**220**	100	31	24	20	16	16	7	6		16	12	1	–	–	–	–	–	–	–	–	–	**2,5-Diphenylfuran**		**02942**
220	122	41	55	43	138	79	107	**220**	100	94	64	64	62	52	50	44		14	20	2	–	–	–	–	–	–	–	–	–	**Naphth[1,2-b]oxiren-6(2H)-one, 1a,3,3a,4,5,7b-hexahydro-3a-methyl-1a-isopropyl-**	66708-14-3	**T6677**
220	123	95	77	69	52	44	65	**220**	100	74	71	39	36	33	22	18		9	7	3	–	–	–	3	–	–	–	–	–	**Acetic acid, trifluoro-, 2-methoxyphenyl ester**	31083-15-5	**S3184**
220	128	187	84	160	111	219	93	**220**	100	37	37	31	27	24	24	22		12	16	–	2	–	–	–	1	–	–	–	–	**1-Piperidinecarbothioamide, N-phenyl-**	2762-59-6	**Q8617**
220	133	107	120	176	91	28	177	**220**	100	96	88	49	45	37	29	24		14	20	2	–	–	–	–	–	–	–	–	–	**2-(2-Cyclohexylphenoxy)ethanol**		**Z1713**
220	133	107	177	120	176	159	28	**220**	100	94	51	34	29	22	21	16		14	20	2	–	–	–	–	–	–	–	–	–	**2-(4-Cyclohexylphenoxy)ethanol**		**Z1722**
220	150	178	205	41	55	91	107	**220**	100	74	61	60	49	49	45	45		14	20	2	–	–	–	–	–	–	–	–	–	**5H-Inden-5-one, 1,2,4,6,7,7a-hexahydro-7a-methyl-3-(2-methyl-1-oxopropyl)-**	66708-24-5	**T6682**
220	154	77	143	219	153	199	201	**220**	100	57	36	16	12	11	11	1		12	10	–	–	–	–	2	–	–	–	1	–	**Silane, difluorodiphenyl-**	312-40-3	**Q0437**
220	158	205	221	161	187	190	114	**220**	100	31	17	15	13	13	13	12		12	12	–	–	–	–	–	2	–	–	–	–	**1,3-Di(1-thiaethyl)naphthalene**		**Y1878**
220	163	107	123	120	118	149	135	**220**	100	94	78	52	41	29	12	7		10	25	–	2	–	–	1	–	–	–	1	–	**Hydrazine, 2-[fluorobis(1-methylpropyl)silyl]-1,1-dimethyl-**	66436-26-8	**T6636**
220	175	162	222	177	145	147	164	**220**	100	99	80	66	65	58	58	52		8	6	3	–	2	–	–	–	–	–	–	–	**Acetic acid, (3,4-dichlorophenoxy)-**	588-22-7	**Q2356**
220	177	192	205	121	149	93	55	**220**	100	51	43	39	33	31	18	15		12	12	4	–	–	–	–	–	–	–	–	–	**2H-1-Benzopyran-2-one, 6,7-dimethoxy-4-methyl-**	4281-40-7	**R0285**
220	184	56	128	39	222	129	91	**220**	100	93	65	65	41	30	28	25		10	9	–	–	1	–	–	–	–	–	–	1	**Ferrocene, chloro-**	1273-74-1	**Q5891**
220	184	128	56	39	222	129	91	**220**	100	87	68	66	43	33	28	24		10	9	–	–	1	–	–	–	–	–	–	1	**Ferrocene, chloro-**		**M2367**
220	185	222	77	51	50	103	76	**220**	100	47	35	31	27	16	14	14		10	5	–	2	1	–	–	1	–	–	–	–	**5-Chloro-4-cyano-3-phenylisothiazole**		**02607**
220	189	132	190	105	161	147	77	**220**	100	70	53	34	31	29	21	16		12	16	2	2	–	–	–	–	–	–	–	–	**1-(2′,6′-Dimethylphenyl)-3-methoxyimidazolidinone**		**P2107**
220	191	39	51	189	50	63	115	**220**	100	34	33	29	21	20	18	13		15	12	–	2	–	–	–	–	–	–	–	–	**4-Phenyl-6-methylcinnoline**		**05734**
220	191	77	221	51	104	39	89	**220**	100	24	20	18	15	15	12	11		15	12	–	2	–	–	–	–	–	–	–	–	**1H-Pyrazole, 3,5-diphenyl-**	1145-01-3	**Q5535**
220	191	219	203	221	114	147	190	**220**	100	45	44	29	18	16	15	15		11	8	1	–	–	–	–	2	–	–	–	–	**Acetaldehyde, (4-phenyl-3H-1,2-dithiol-3-ylidene)-**	5260-99-1	**R1244**
220	192	79	147	205	177	121	149	**220**	100	27	25	20	15	13	12	12		11	8	5	–	–	–	–	–	–	–	–	–	**8H-1,3-Dioxolo[4,5-H][1]benzopyran-8-one, 4-methoxy-**	28843-40-5	**S2246**
220	192	191	189	221	165	96	193	**220**	100	80	41	27	16	15	14	12		15	12	–	2	–	–	–	–	–	–	–	–	**3-Phenyl-6-methylcinnoline**		**05732**
220	193	110	192					**220**	100	26	9	6						13	8	–	4	–	–	–	–	–	–	–	–	**2-Phenazinecarbonitrile, 7-amino-**		**L2058**

MASS TO CHARGE RATIOS								M.W.	INTENSITIES								Parent	C	H	O	N	Cl	Br	F	S	P	B	Si	X	COMPOUND NAME	CAS Reg No	No
220	193	192	191	194	219	165	77	**220**	100	68	55	36	36	34	32	28		15	12	–	2	–	–	–	–	–	–	–	–	5H-2,3-Benzodiazepine, 1-phenyl-		P2983
220	193	221	89	219	90	110	192	**220**	100	17	15	11	5	5	5	5		15	12	–	2	–	–	–	–	–	–	–	–	2-Phenyl-6-methyl-quinoxaline		05738
220	193	221	110	192	194			**220**	100	26	13	9	6	3				13	8	–	4	–	–	–	–	–	–	–	–	2-Phenazinecarbonitrile, 7-amino-	18450-22-1	R7626
220	201	151	170	69	45	57	87	**220**	100	94	73	36	20	20	13	12		6	2	–	–	–	–	6	1	–	–	–	–	2,3-Bis(trifluoromethyl)thiophene		02378
220	205	158	45	190	114	221	146	**220**	100	92	25	20	18	15	13	13		12	12	–	–	–	–	–	2	–	–	–	–	1,4-Di(1-thiaethyl)naphthalene		Y1888
220	205	189	221	101	203	206	202	**220**	100	57	20	18	18	11	11	11		17	16	–	–	–	–	–	–	–	–	–	–	2,3,5-Trimethylphenanthrene		00689
220	219	77	221	51	90	110	89	**220**	100	47	32	16	16	8	8	7		15	12	–	2	–	–	–	–	–	–	–	–	1,3-Diphenylpyrazole		00052
220	219	165	89	63	110	221	83	**220**	100	76	41	30	15	15	15	13		15	12	–	2	–	–	–	–	–	–	–	–	4,5-Diphenylimidazole	668-94-0	Q3632
220	219	165	89	108	109	221	166	**220**	100	76	42	31	18	16	15	15		15	12	–	2	–	–	–	–	–	–	–	–	4,5-Diphenylimidazole		L2878
220	219	165	89	109.5	82.5	221	110	**220**	100	76	41	30	23	18	15	15		15	12	–	2	–	–	–	–	–	–	–	–	4,5-Diphenylimidazole		02197
220	219	165	221	89	77	110	205	**220**	100	50	25	18	11	8	8	7		15	12	–	2	–	–	–	–	–	–	–	–	1H-Pyrazole, 3,4-diphenyl-	24567-08-6	S0675
220	219	191	190	189				**220**	100	75	50	50	50					12	12	4	–	–	–	–	–	–	–	–	–	Eugenitin		L5839
220	219	192	221	121	77	127	51	**220**	100	55	24	19	17	16	16	11		11	8	1	–	–	–	–	2	–	–	–	–	Acetaldehyde, (5-phenyl-3H-1,2-dithiol-3-ylidene)-	20365-48-4	R8639
221	128	43	127	163	223	152	126	**220**	100	98	94	63	51	33	25	24	**0.00**	11	7	2	1	1	–	–	–	–	–	–	–	3-Methyl-4-(4-chlorobenzylidene)isoxazol-5-one		L5813
221	164	219	136					**220**	100	7	4	2					**0.00**	13	20	1	2	–	–	–	–	–	–	–	–	Propanamide, N-(2-methylphenyl)-2-(propylamino)-	721-50-6	Q3859
221	222	67	90	71	127	83	86	**220**	100	53	20	18	16	14	12	12	**11.76**	12	16	–	2	–	–	–	1	–	–	–	–	4H-1,3-Thiazin-2-amine, N-(2,6-dimethylphenyl)-5,6-dihydro-	7361-61-7	R3097
222	220	224	141	143	91	93	172	**220**	100	51	48	20	20	17	17	11		2	–	–	–	–	2	2	–	–	–	–	–	1,1-Dibromodifluoroethylene		A0259
222	220	224	149	185	187	141	143	**220**	100	63	46	32	30	27	19	17		4	–	–	–	4	–	–	1	–	–	–	–	Thiophene, tetrachloro-		D1629
222	220	224	187	185	141	79	143	**220**	100	74	51	41	41	31	31	30		4	–	–	–	4	–	–	1	–	–	–	–	Thiophene, tetrachloro-	6012-97-1	R1992
222	223	220	185	187	77	224	141	**220**	100	96	77	48	46	41	24	24		7	6	1	–	1	1	–	–	–	–	–	–	Phenol, 2-methyl-4-chloro-6-bromo-		Z1721
227	100	69	226	169	131	150	119	**220**	100	81	51	22	22	20	16	16	**0.00**	4	–	2	–	–	–	7	–	–	–	–	1	Butanoic acid, heptafluoro-, lithium salt	4146-76-3	R0139
18	203	157	75	109	50	65	76	**221**	100	38	21	13	13	10	9	9	**0.00**	6	4	4	1	1	–	–	1	–	–	–	–	Benzenesulphonyl chloride, 3-nitro-	121-51-7	P9167
41	113	69	77	91	126	139	153	**221**	100	75	35	30	25	14	12	5	**2.00**	13	19	2	1	–	–	–	–	–	–	–	–	7-Methyl-10-(1-methyl-2-cyanoethyl)-1,4-dioxaspiro[4.5]dec-(6 or 7)-ene		P2108
43	42	41	57	71	56	39	72	**221**	100	74	38	32	20	14	13	11	**0.00**	12	19	1	3	–	–	–	–	–	–	–	–	8-Isopropylidenebicyclo[3.2.1]octan-2-one		L5972
43	73	30	107	115	72	77	15	**221**	100	84	73	36	27	20	18	15	**0.70**	12	15	3	1	–	–	–	–	–	–	–	–	α-(N-Acetylaminomethyl)benzyl acetate		06552
43	73	30	107	115	72	77	15	**221**	100	83	72	36	27	20	18	15	**0.70**	12	15	3	1	–	–	–	–	–	–	–	–	Acetamide, N-[2-(acetyloxy)-2-phenylethyl]-	55044-72-9	T0162
43	151	221	89	153	44	223	62	**221**	100	17	12	6	6	4	4	3		11	8	2	1	1	–	–	–	–	–	–	–	2-Oxazolin-5-one, 4-(2-chlorobenzylidene)-2-methyl-	32997-15-2	S3946
43	151	221	89	193	74	62	123	**221**	100	17	12	6	3	3	3	2		11	8	2	1	1	–	–	–	–	–	–	–	2-Oxazolin-5-one, 4-(2-chlorobenzylidene)-2-methyl-		M3297
55	53	68	69	54	67	60	57	**221**	100	87	86	86	67	63	49	47	**13.00**	8	7	3	5	–	–	–	–	–	–	–	–	2-Acetylamino-4,7-dioxo-pteridine		L2426
56	43	193	134	221	55	152	41	**221**	100	81	61	46	31	30	24	23		12	15	3	1	–	–	–	–	–	–	–	–	Acetamide, N-(4,8-dioxotricyclo[3.3.1.1$^{(3,7)}$]dec-2-yl)-	56781-94-3	08328
57	137	221	85	41	44	120	65	**221**	100	44	30	26	22	11	9	8		12	15	3	1	–	–	–	–	–	–	–	–	Benzoic acid, 3-[(2,2-dimethyl-1-oxopropyl)amino]-	56619-96-6	T3925
57	221	137	85	120	41	44	65	**221**	100	32	26	25	18	17	12	8		12	15	3	1	–	–	–	–	–	–	–	–	Benzoic acid, 4-[(2,2-dimethyl-1-oxopropyl)amino]-	56619-97-7	T3926
58	130	91	59	92	42	114	65	**221**	100	23	12	4	3	3	2	2	**0.10**	14	23	1	1	–	–	–	–	–	–	–	–	N,N-Dimethyl-5-benzyloxypentylamine		16224
63	191	132	145	221	125	127	75	**221**	100	80	78	48	44	40	39	36		8	6	3	1	–	–	3	–	–	–	–	–	Benzene, 4-methoxy-1-nitro-2-(trifluoromethyl)-	344-39-8	Q0552
71	58	42	72	56	43	44	70	**221**	100	84	30	21	21	21	17	7	**0.00**	8	20	2	3	–	–	–	–	1	–	–	–	1,3-Dimethyl-2-oxo-2-(2-dimethylamino-ethoxy)-1,3,2-diazaphospholidine		G0502
73	45	148	77	144	191	51	104	**221**	100	83	42	28	18	14	13	11	**5.00**	13	19	2	1	–	–	–	–	–	–	–	–	N-2-(1,1-Dimethoxy-3-methylbutylidene)aniline		P3330
77	105	44	43	78	51	221		**221**	100	43	23	21	16	12	8			11	15	2	3	–	–	–	–	–	–	–	–	Ethyl N-methyl-N-phenylazoaminoacetate		M1472
77	105	221	51	46	78	106	69	**221**	100	32	21	17	10	10	10	9		8	6	3	1	–	–	3	–	–	–	–	–	2,2,2-Trifluoro-1-phenylethyl nitrate		14936
77	221	52	41	28	27	29	78	**221**	100	75	72	49	48	37	35	31		11	15	2	3	–	–	–	–	–	–	–	–	Pentanal, (2-nitrophenyl)hydrazone	5977-70-8	R1956
77	221	88	51	28	105	52	39	**221**	100	52	34	34	30	25	20	17		10	8	1	3	1	–	–	–	–	–	–	–	3(2H)-Pyridazinone, 5-amino-4-chloro-2-phenyl-	1698-60-8	Q6542
77	221	105	220	88	223	222	51	**221**	100	59	32	30	21	19	15	15		10	8	1	3	1	–	–	–	–	–	–	–	3(2H)-Pyridazinone, 5-amino-4-chloro-2-phenyl-	1698-60-8	Q6541
82	55	69	41	97	108	192	122	**221**	100	62	60	53	27	22	21	17	**4.00**	15	27	–	1	–	–	–	–	–	–	–	–	Cyclododecanepropanenitrile	69300-14-7	T7041
86	44	70	58	87	77	43	79	**221**	100	53	8	8	6	5	5	5	**1.79**	14	23	1	1	–	–	–	–	–	–	–	–	Benzenemethanol, α-1-methyl-2-(isopropylamino)propyl-	74793-40-1	T8621
87	88	117	75	74	104	119	73	**221**	100	76	65	51	29	20	17	11	**0.00**	8	15	6	1	–	–	–	–	–	–	–	–	Methyl 2-O-methyl-α-D-glucopyranosiduronamide		P2050
88	162	43	91	120	131	18	15	**221**	100	91	88	51	40	26	20	19	**4.70**	12	15	3	1	–	–	–	–	–	–	–	–	L-Phenylalanine, N-acetyl-, methyl ester	3618-96-0	Q9578
88	162	91	120	131	221	65	163	**221**	100	40	35	33	22	9	9	9		12	15	3	1	–	–	–	–	–	–	–	–	L-Phenylalanine, N-acetyl-, methyl ester		L3835
92	50	107	44	106	39	36	65	**221**	100	72	69	68	48	39	38	37	**0.00**	8	12	4	1	1	–	–	–	–	–	–	–	Pyridinium, 3-ethyl-1-methyl-, perchlorate	52806-06-1	S8113
95	193	162	221	68	67	52	53	**221**	100	99	52	36	30	29	28	22		7	7	2	7	–	–	–	–	–	–	–	–	Hydrazine, 1-[(4-aminopyrazolo[5,1-c]-as-triazin-3-yl)carbonyl]-2-formyl-	16111-79-8	R6037
102	87	75	74	113	118	117	85	**221**	100	64	42	40	29	16	13	12	**0.00**	8	15	6	1	–	–	–	–	–	–	–	–	Methyl 4-O-methyl-α-D-glucopyranosiduronamide		P2052
104	43	178	77	51	146	147	93	**221**	100	55	40	36	11	8	6	6	**2.00**	12	15	3	1	–	–	–	–	–	–	–	–	3-Anilino-3-methoxy-pentane-2,4-dione		D1659
104	150	164	105	57	132	77	165	**221**	100	88	77	76	57	43	37	29	**13.86**	13	19	2	1	–	–	–	–	–	–	–	–	Carbamic acid, (α-methylbenzyl)-, sec-butyl ester	32589-41-6	S3753
105	77	221	51	89	165	116	166	**221**	100	84	79	41	36	36	23	23		15	11	1	1	–	–	–	–	–	–	–	–	2-Phenyl-3-benzoyl-(2H)-1-azirine	10403-54-0	R3811
105	77	221	51	144	89	62	63	**221**	100	66	52	27	15	14	13	10		15	11	1	1	–	–	–	–	–	–	–	–	Isoxazole, 3,5-diphenyl-	2039-49-8	Q7231
105	77	221	51	145	89	90	165	**221**	100	73	28	18	12	9	8	8		15	11	1	1	–	–	–	–	–	–	–	–	Isoxazole, 3,5-diphenyl-	2039-49-8	Q7232

MASS TO CHARGE RATIOS								M.W.	INTENSITIES								Parent	C	H	O	N	Cl	Br	F	S	P	B	Si	X	COMPOUND NAME	CAS Reg No	No
105	221	77	103	144	220	106	89	**221**	100	50	44	36	12	8	7	3		15	11	1	1	–	–	–	–	–	–	–	–	**Isoxazole, 3,5-diphenyl-**	2039-49-8	**Q7234**
105	221	77	165	193	90	166	91	**221**	100	56	50	38	16	10	8	7		15	11	1	1	–	–	–	–	–	–	–	–	**Isoxazole, 4,5-diphenyl-**	14677-21-5	**R5349**
106	164	105	206	57	120	41	42	**221**	100	80	54	44	38	36	31	28	**27.72**	13	19	2	1	–	–	–	–	–	–	–	–	**Carbamic acid, (α-methylbenzyl)-, butyl ester**	32589-33-6	**S3739**
109	81	44	45	137	91	80	98	**221**	100	56	34	32	29	22	16	14	**3.00**	4	10	3	1	2	–	–	–	1	–	–	–	**Diethyl N,N-dichlorophosphoramidate**		**15850**
117	119	101	87	147	75	116	74	**221**	100	84	50	42	42	40	35	22	**1.76**	8	15	6	1	–	–	–	–	–	–	–	–	**Methyl 3-O-methyl-α-D-glucopyranosiduronamide**		**P2051**
117	189	118	149	105	91	135	57	**221**	100	60	40	17	16	14	14	12	**1.50**	12	15	3	1	–	–	–	–	–	–	–	–	**2-Methoxy-5-ethyl-5-phenyl-5-oxazolidone**		**P0202**
119	120	137	221	92	65	93	55	**221**	100	53	45	40	38	29	12	9		13	19	2	1	–	–	–	–	–	–	–	–	**Hexyl 2-aminobenzoate**		**U0086**
120	28	43	162	107	30	72	121	**221**	100	70	69	57	39	29	24	15	**0.90**	12	15	3	1	–	–	–	–	–	–	–	–	**Acetamide, N-[2-[4-(acetyloxy)phenyl]ethyl]-**		**06598**
120	43	162	107	30	72	121	15	**221**	100	69	57	39	29	24	15	11	**0.90**	12	15	3	1	–	–	–	–	–	–	–	–	**Acetamide, N-[2-[4-(acetyloxy)phenyl]ethyl]-**	14383-56-3	**R5181**
120	74	130	91	57	41	121	103	**221**	100	85	41	17	14	11	10	9	**0.00**	13	19	2	1	–	–	–	–	–	–	–	–	**L-Phenylalanine, butyl ester**	2885-10-1	**Q8785**
121	50	44	36	106	107	79	120	**221**	100	67	61	59	53	48	44	28	**0.00**	8	12	4	1	1	–	–	–	–	–	–	–	**Pyridinium, 1,2,6-trimethyl-, perchlorate**	52806-00-5	**S8109**
121	138	55	110	221	84	134	83	**221**	100	62	30	26	22	21	19	16		13	19	2	1	–	–	–	–	–	–	–	–	**Securinine, 4,5,6,7-tetrahydro-**		**L3740**
121	138	55	110	221	84	134	120	**221**	100	63	32	26	23	21	18	17		13	19	2	1	–	–	–	–	–	–	–	–	**Securinine, 12,13β,14,15-tetrahydro-**	3909-79-3	**Q9921**
123	139	221	28	122	43	18	140	**221**	100	53	31	29	28	26	24	14		13	19	2	1	–	–	–	–	–	–	–	–	**3-Furancarboxamide, N-cyclohexyl-2,5-dimethyl-**	34849-42-8	**S4750**
130	102	145	165	103	131	194	117	**221**	100	54	22	18	14	14	10	9	**2.00**	10	7	1	1	–	–	–	2	–	–	–	–	**2-Propenedithioic acid, 3-(4-cyanophenyl)-3-hydroxy-**	54965-42-3	**S9874**
130	186	221	132	42	91	223	159	**221**	100	99	96	90	55	39	35	31		13	16	–	1	1	–	–	–	–	–	–	–	**1-Azabicyclo[2.2.2]octane, 2-chloro-4-phenyl-**	58664-79-2	**T5057**
136	178	43	221	80	137	108	53	**221**	100	61	51	34	26	17	13	12		12	15	3	1	–	–	–	–	–	–	–	–	**3-Hydroxy-4-propionylacetanilide**		**B0352**
142	79	52	127	51	50	141	78	**221**	100	94	59	28	26	17	16	13	**0.00**	6	8	–	1	–	–	–	–	–	–	–	1	**Pyridinium, 1-methyl-, iodide**	930-73-4	**Q4633**
144	221	116	222	89	145	77	220	**221**	100	68	11	11	10	10	6	6		15	11	1	1	–	–	–	–	–	–	–	–	**3-Quinolinol, 4-phenyl-**	56588-17-1	**T3761**
146	104	93	77	144	75	51	66	**221**	100	75	67	60	58	54	33	27	**6.00**	13	19	2	1	–	–	–	–	–	–	–	–	**N-2-(1,1-Dimethoxy-3-methylbutylidene)aniline**		**P3329**
148	121	149	221	77	150	69	45	**221**	100	79	67	53	15	11	10	9		11	11	2	1	–	–	–	1	–	–	–	–	**1,2-Benzisothiazole-3-ethanol, acetate**	55712-48-6	**T1903**
148	130	102	42	91	131	133	149	**221**	100	96	46	23	14	11	11	11	**0.00**	13	19	2	1	–	–	–	–	–	–	–	–	**Alanine, N,N-dimethyl-3-phenyl-, ethyl ester**	15504-42-4	**R5761**
148	149	92	192	120	221	119	196	**221**	100	18	16	15	14	12	12	11		11	11	4	1	–	–	–	–	–	–	–	–	**Ethyl 2-hydroxyindoxyl-2-carboxylate**		**L1552**
148	151	221	193	42	108	136	149	**221**	100	55	54	31	17	16	12	12		11	11	2	1	–	–	–	1	–	–	–	–	**Thiazolium, 5-hydroxy-2-(4-methoxyphenyl)-3-methyl-, hydroxide, inner salt**	40727-16-0	**S6421**
149	58	176	44	121	32	63	65	**221**	100	94	47	39	33	20	20	20	**5.65**	12	15	3	1	–	–	–	–	–	–	–	–	**1-Propanone, 1-(1,3-benzodioxol-5-yl)-3-(dimethylamino)-**	30418-50-9	**S2909**
150	57	106	105	165	41	164	77	**221**	100	99	86	81	70	56	28	26	**0.00**	13	19	2	1	–	–	–	–	–	–	–	–	**Carbamic acid, (α-methylbenzyl)-, tert-butyl ester**	33036-40-7	**S3953**
150	57	106	105	165	41	164	77	**221**	100	98	85	78	70	55	28	25	**0.00**	13	19	2	1	–	–	–	–	–	–	–	–	**Carbamic acid, (α-methylbenzyl)-, tert-butyl ester**	33036-40-7	**S3952**
150	178	221	222	179	135	151	92	**221**	100	88	71	14	13	12	12	11		12	15	3	1	–	–	–	–	–	–	–	–	**1(2H)-Isoquinolinone, 3,4-dihydro-6,7-dimethoxy-2-methyl-**	6514-05-2	**R2335**
163	79	107	41	55	91	221	135	**221**	100	88	75	25	22	22	19	15		11	11	2	1	–	–	–	1	–	–	–	–	**Thiocyanic acid, 4,8-dioxotricyclo[3.3.1.1$^{(3,7)}$]dec-2-yl ester**	56781-87-4	**08311**
163	134	119	135	175	79	176	130	**221**	100	67	41	39	39	38	26	25	**0.20**	9	23	3	1	–	–	–	–	–	–	1	–	**1-Propanamine, 3-(triethoxysilyl)-**	919-30-2	**Q4532**
164	135	136	163	165	221	58	108	**221**	100	43	32	29	13	9	9	9		10	11	1	3	–	–	–	1	–	–	–	–	**Urea, N-2-benzothiazolyl-N,N′-dimethyl-**	18691-97-9	**R7785**
164	136	135	32	163	96	108	165	**221**	100	65	49	44	22	14	12	11	**8.72**	10	11	1	3	–	–	–	1	–	–	–	–	**Urea, N-2-benzothiazolyl-N,N′-dimethyl-**	18691-97-9	**R7784**
164	149	39	131	121	122	51	123	**221**	100	77	65	53	45	40	35	33	**0.00**	12	15	3	1	–	–	–	–	–	–	–	–	**7-Benzofuranol, 2,3-dihydro-2,2-dimethyl-, methylcarbamate**	1563-66-2	**Q6218**
164	149	57	122	123	131	165	121	**221**	100	62	20	20	18	17	13	10	**7.06**	12	15	3	1	–	–	–	–	–	–	–	–	**7-Benzofuranol, 2,3-dihydro-2,2-dimethyl-, methylcarbamate**	1563-66-2	**Q6220**
164	149	58	122	121	41	131	52	**221**	100	83	77	46	44	44	43	33	**15.20**	12	15	3	1	–	–	–	–	–	–	–	–	**7-Benzofuranol, 2,3-dihydro-2,2-dimethyl-, methylcarbamate**	1563-66-2	**Q6219**
176	120	221	136	148	177	222	119	**221**	100	82	69	50	20	10	9	8		12	15	3	1	–	–	–	–	–	–	–	–	**2H-1,4-Benzoxazin-3(4H)-one, 2-butyl-4-hydroxy-**	13212-62-9	**R4365**
176	193	130	102	221	76	177	90	**221**	100	49	38	31	26	18	12	12		11	11	4	1	–	–	–	–	–	–	–	–	**2-Propenoic acid, 3-(4-nitrophenyl)-, ethyl ester**	953-26-4	**Q4828**
176	221	148	162	91	177	77	65	**221**	100	85	40	38	25	23	21	19		11	11	4	1	–	–	–	–	–	–	–	–	**1H-Pyrrolo[1,2-a]azepine-5-carboxylic acid, 7-formyl-2,3,5,6-tetrahydro-3-oxo-**	55012-81-2	**T0050**
178	220	96	206	221	108	150	109	**221**	100	46	37	24	22	16	9	8		15	27	–	1	–	–	–	–	–	–	–	–	**2-Aza-2,11-dimethyl-9-isopropyltricyclo[5.3.1.0$^{(4,11)}$]octane**		**M5106**
179	152	221	109	69	55	53	151	**221**	100	35	34	28	25	24	20	19		8	7	3	5	–	–	–	–	–	–	–	–	**2-Acetylamino-4,6-dioxo pteridine**		**L2424**
186	41	43	203	55	69	77	104	**221**	100	82	39	35	28	28	22	22	**18.00**	11	15	2	3	–	–	–	–	–	–	–	–	**Pentanal, (2-nitrophenyl)hydrazone**	5977-70-8	**R1959**
186	50	64	51	28	75	76	30	**221**	100	38	24	18	18	18	16	15	**7.84**	6	4	4	1	1	–	–	1	–	–	–	–	**Benzenesulphonyl chloride, 2-nitro-**	1694-92-4	**Q6535**
186	64	188	76	46	52	78	140	**221**	100	88	73	55	50	44	39	21	**13.00**	2	–	–	2	3	–	–	2	–	–	–	–	**4-Trichloro-1,2,3,5-dithiadiazolium chloride**		**P1593**
186	122	75	76	50	221	92	74	**221**	100	39	29	23	17	17	9	7		6	4	4	1	1	–	–	1	–	–	–	–	**Benzenesulphonyl chloride, 4-nitro-**	98-74-8	**P7182**
186	122	75	76	221	50	92	223	**221**	100	43	29	21	20	17	10	8		6	4	4	1	1	–	–	1	–	–	–	–	**Benzenesulphonyl chloride, 4-nitro-**		**M4336**
186	122	75	221	76	50	92	187	**221**	100	33	24	23	17	15	9	9		6	4	4	1	1	–	–	1	–	–	–	–	**Benzenesulphonyl chloride, 3-nitro-**	121-51-7	**P9168**
186	130	77	53	120	93	221	51	**221**	100	62	59	47	35	33	32	27		12	12	1	1	1	–	–	–	–	–	–	–	**Acetamide, 2-chloro-N-(1-methyl-2-propynyl)-N-phenyl-**	21267-72-1	**R9166**
187	165	106	188	138	108	189	170	**221**	100	22	19	10	7	6	6	6	**0.00**	7	10	2	2	1	–	–	1	–	–	–	–	**Benzenesulphonamide, 4-(aminomethyl)-, monohydrochloride**	138-37-4	**P9734**
188	148	221	206	43	132	203		**221**	100	59	49	32	22	17	14			14	23	1	1	–	–	–	–	–	–	–	–	**Benzenepropanol, 2-amino-α,α-dimethyl-5-isopropyl-**	69611-47-8	**T7170**
193	165	77	90	51	89	116	28	**221**	100	27	24	21	19	17	17	15	**9.00**	14	11	–	3	–	–	–	–	–	–	–	–	**1H-1,2,3-Triazole, 1,4-diphenyl-**		**L9107**
193	165	77	90	51	116	89	194	**221**	100	26	23	20	18	17	16	16	**8.00**	14	11	–	3	–	–	–	–	–	–	–	–	**1H-1,2,3-Triazole, 1,4-diphenyl-**	13148-78-2	**R4232**
193	165	77	90	51	194	89	116	**221**	100	27	23	21	19	18	17	17	**9.01**	14	11	–	3	–	–	–	–	–	–	–	–	**1H-1,2,3-Triazole, 1,4-diphenyl-**	13148-78-2	**R4231**
193	221	77	51	90	116	165	89	**221**	100	59	45	38	38	37	37	29		14	11	–	3	–	–	–	–	–	–	–	–	**1H-1,2,3-Triazole, 4,5-diphenyl-**		**L9108**

MASS TO CHARGE RATIOS								M.W.	INTENSITIES								Parent	C	H	O	N	Cl	Br	F	S	P	B	Si	X	COMPOUND NAME	CAS Reg No	No
193	221	77	90	116	165	51	89	**221**	100	59	45	38	35	35	27	27		14	11	–	3	–	–	–	–	–	–	–	–	**1H-1,2,3-Triazole, 1,5-diphenyl-**	4874-85-5	**R0896**
193	221	165	89	90	194	222	63	**221**	100	66	25	19	19	15	14	13		15	11	1	1	–	–	–	–	–	–	–	–	**2-Phenylbenz[d](1,3)oxazepine**		**L6011**
193	221	165	89	90	194	222	63	**221**	100	66	25	19	19	15	13	13		15	11	1	1	–	–	–	–	–	–	–	–	**3,1-Benzoxazepine, 2-phenyl-**	14300-21-1	**R5130**
200	221	105	151	133	134	132	77	**221**	100	99	84	57	46	37	30	27		13	19	2	1	–	–	–	–	–	–	–	–	**Anthranilic acid, N-methyl-, pentyl ester**	15236-37-0	**R5619**
203	204	88	101.5	176	87.5	88.5		**221**	100	17	14	10	8	6	4		**0.00**	15	11	1	1	–	–	–	–	–	–	–	–	**9-Anthracenecarboxaldehyde, oxime, (E)-**		**M7935**
203	204	88	176					**221**	100	17	14	8					**0.00**	15	11	1	1	–	–	–	–	–	–	–	–	**9-Anthracenecarboxaldehyde, oxime, (E)-**	1942-19-4	**Q7107**
203	204	88	176					**221**	100	22	10	10					**0.00**	15	11	1	1	–	–	–	–	–	–	–	–	**9-Phenanthrenecarboxaldehyde, oxime, (E)-**	51873-96-2	**S7802**
203	204	176	88	101.5	88.5	87.5		**221**	100	22	10	10	5	3	3		**0.00**	15	11	1	1	–	–	–	–	–	–	–	–	**9-Phenanthrenecarboxaldehyde, oxime, (E)-**		**M7937**
204	106	178	107	222	203	147	134	**221**	100	46	38	38	30	21	17	17	**15.41**	13	19	2	1	–	–	–	–	–	–	–	–	**Cyclohexanol, 1-(4,6-dimethyl-2-pyridinyl)-, N-oxide**	56771-89-2	**08956**
204	221	103	88	177	176	205	75	**221**	100	75	63	42	41	35	19	14		15	11	1	1	–	–	–	–	–	–	–	–	**9-Anthracenecarboxaldehyde, oxime, (Z)-**		**M7936**
205	204	220	221	167	191	192	193	**221**	100	98	98	59	47	35	33	24		15	11	1	1	–	–	–	–	–	–	–	–	**Quinoline, 2-phenyl-, 1-oxide**	5659-33-6	**R1640**
206	58	207	190	50	103	77	91	**221**	100	17	11	9	6	6	5	5	**2.06**	13	19	2	1	–	–	–	–	–	–	–	–	**Carnegine**		**00327**
206	103	180	77	41	205	221	40	**221**	100	97	51	42	35	25	17	9		15	16	–	1	–	–	–	–	–	1	–	–	**Dimethyl-(α-phenyl-benzylideneamino)-borane**		**L2507**
206	221	57	41	207	150	222	68	**221**	100	72	25	23	15	14	12	10		14	23	1	1	–	–	–	–	–	–	–	–	**2-Amino-4.6-di-tert-butyl-phenol**		**03260**
206	221	73	179	207	84	149	42	**221**	100	52	21	17	16	14	12	11		9	15	–	5	–	–	–	–	–	–	1	–	**3H-Purin-6-amine, 3-methyl-N-(trimethylsilyl)-**	54965-56-9	**S9882**
206	221	151	178	150	207	222	43	**221**	100	90	65	55	22	16	15	15		15	11	1	1	–	–	–	–	–	–	–	–	**2-Acetylbenzo(f)quinoline**		**M0697**
206	221	192	178	135	151	162	121	**221**	100	75	41	31	25	18	10	9		11	15	2	1	–	–	–	–	–	–	1	–	**1-Oxa-3-aza-2-silacyclopentan-5-one, 2,2,4-trimethyl-3-phenyl-**	21654-63-7	**R9328**
207	134	128	193	206	89	135	90	**221**	100	79	75	29	21	18	18	14	**9.00**	11	11	–	1	–	–	–	2	–	–	–	–	**Thiazole, 2-(ethylthio)-4-phenyl-**	5316-74-5	**R1289**
220	221	111	110	222	191	165	192	**221**	100	96	54	34	30	23	19	15		15	11	1	1	–	–	–	–	–	–	–	–	**[1]Benzopyrano[4,3-b]indole, 6,11-dihydro-**	6722-06-1	**R2495**
220	221	165	222	191	193	190	95	**221**	100	81	31	17	14	14	12	10		15	11	1	1	–	–	–	–	–	–	–	–	**3,1-Benzoxazepine, 2-phenyl-**	14300-21-1	**R5131**
220	221	167	192	191	193	45	204	**221**	100	30	26	25	22	21	12	11		15	11	1	1	–	–	–	–	–	–	–	–	**Quinoline, 2-phenyl-, 1-oxide**	5659-33-6	**R1639**
220	221	178	205	163	148	177	179	**221**	100	67	61	17	16	11	10	10		12	15	3	1	–	–	–	–	–	–	–	–	**1,3-Dioxolo[4,5-g]isoquinoline, 5,6,7,8-tetrahydro-4-methoxy-6-methyl-**	550-10-7	**Q1939**
220	221	204	192	203	191	222	205	**221**	100	73	42	18	13	12	12	9		15	11	1	1	–	–	–	–	–	–	–	–	**Isoquinoline, 1-phenyl-, 2-oxide**	16303-15-4	**R6108**
220	221	206	41	222	91	39	77	**221**	100	99	99	87	71	69	56	56		14	23	1	1	–	–	–	–	–	–	–	–	**Morpholine, 4-(3-ethylidene-5,5-dimethyl-1-cyclohexen-1-yl)-**	32363-09-0	**S3606**
221	83	91	85	220	130	144	178	**221**	100	57	50	36	11	8	5	2		16	15	–	1	–	–	–	–	–	–	–	–	**3-Methyl-3-benzylindolenine**		**L2182**
221	89	77	165	51	63	166	90	**221**	100	77	76	61	52	45	37	30		15	11	1	1	–	–	–	–	–	–	–	–	**Oxazole, 2,5-diphenyl-**	92-71-7	**P6726**
221	90	89	193	77	165	51	63	**221**	100	85	83	55	48	42	25	25		15	11	1	1	–	–	–	–	–	–	–	–	**Isoxazole, 3,4-diphenyl-**	7467-78-9	**R3224**
221	107	163	123	191	106	222	78	**221**	100	48	30	24	13	12	12	11		10	7	5	1	–	–	–	–	–	–	–	–	**Chromone, 6-hydroxy-2-methyl-5-nitro-**	30095-72-8	**S2789**
221	107	163	123	191	106	222	135	**221**	100	48	30	24	13	12	12	11		10	7	5	1	–	–	–	–	–	–	–	–	**Chromone, 6-hydroxy-2-methyl-5-nitro-**		**M3523**
221	110	41	55	94	57	165	149	**221**	100	80	78	71	70	50	45	39		13	19	2	1	–	–	–	–	–	–	–	–	**Luciduline lactam**		**L5502**
221	118	91	77	89	63	51	39	**221**	100	95	30	22	20	14	11	10		14	11	–	3	–	–	–	–	–	–	–	–	**1H-1,2,4-Triazole, 3,5-diphenyl-**	2039-06-7	**Q7230**
221	118	91	222	77	89	63	110.5	**221**	100	77	20	17	16	14	9	8		14	11	–	3	–	–	–	–	–	–	–	–	**1H-1,2,4-Triazole, 3,5-diphenyl-**		**D1028**
221	121	148	120	146	132	91	147	**221**	100	65	65	50	32	22	20	19		11	11	4	1	–	–	–	–	–	–	–	–	**1H-3-Benzazepine-2-carboxylic acid, 2,3,4,5-tetrahydro-8-hydroxy-4-oxo-**	17639-47-3	**R7124**
221	140	220	218	217	222	223	141	**221**	100	71	52	41	27	19	19	17		10	7	–	1	–	–	–	–	–	–	–	1	**Benzo[b]selenophene-3-carbonitrile, 2-methyl-**	37007-54-8	**S5450**
221	140	220	219	218	217	222	223	**221**	100	65	53	51	40	27	19	19		10	7	–	1	–	–	–	–	–	–	–	1	**Benzo[b]selenophene-2-carbonitrile, 3-methyl-**	37007-55-9	**S5451**
221	144	77	143	130	206	220	78	**221**	100	90	53	50	47	45	36	34		16	15	–	1	–	–	–	–	–	–	–	–	**2-Benzyl-3-methylindole**		**L2179**
221	144	186	223	137	102	138	75	**221**	100	62	52	35	28	21	19	12		9	8	–	5	1	–	–	–	–	–	–	–	**1,3,5-Triazine-2,4-diamine, 6-(2-chlorophenyl)-**	29366-77-6	**S2476**
221	148	121	120	146	132	91	147	**221**	100	75	63	48	32	20	20	19		11	11	4	1	–	–	–	–	–	–	–	–	**4-Carboxy-7-hydroxy-1,2,4,5-tetrahydro-3H-3-benzazepin-2-one**		**L1751**
221	163	164	44	149	122	42	36	**221**	100	91	86	83	64	55	38	38		11	15	2	3	–	–	–	–	–	–	–	–	**Methanimidamide, N,N-dimethyl-N′-[3-[[(methylamino)carbonyl]oxy]phenyl]-**	22259-30-9	**R9614**
221	165	89	77	222	166	116	51	**221**	100	30	21	21	19	19	12	12		15	11	1	1	–	–	–	–	–	–	–	–	**Oxazole, 2,5-diphenyl-**		**B1350**
221	165	166	77	89	222	116	90	**221**	100	33	25	19	19	18	11	8		15	11	1	1	–	–	–	–	–	–	–	–	**Oxazole, 2,5-diphenyl-**	92-71-7	**P6727**
221	165	193	77	51	90	63	39	**221**	100	75	70	37	31	28	27	24		15	11	1	1	–	–	–	–	–	–	–	–	**Oxazole, 4,5-diphenyl-**	4675-18-7	**R0702**
221	165	222	77	118	89	91	220	**221**	100	28	18	12	12	9	8	8		14	11	–	3	–	–	–	–	–	–	–	–	**1H-1,2,3-Triazole, 1,5-diphenyl-**		**L9109**
221	165	222	77	118	89	91	220	**221**	100	27	17	12	11	8	8	8		14	11	–	3	–	–	–	–	–	–	–	–	**1H-1,2,3-Triazole, 4,5-diphenyl-**	5533-73-3	**R1518**
221	179	131	132	41	64	63	43	**221**	100	88	41	35	32	25	21	20		11	15	2	3	–	–	–	–	–	–	–	–	**Pentanal, (4-nitrophenyl)hydrazone**	5873-64-3	**R1851**
221	193	89	90	63	222	192	165	**221**	100	65	46	37	16	16	14	13		15	11	1	1	–	–	–	–	–	–	–	–	**Oxazole, 2,4-diphenyl-**	838-41-5	**Q4347**
221	193	164	222	220	138	82.5	165	**221**	100	27	19	18	13	8	8	5		14	7	2	1	–	–	–	–	–	–	–	–	**1-Carboxy-10-hydroxy-phenanthridine lactone**		**01504**
221	193	165	222	51	89	166	90	**221**	100	58	58	18	16	14	13	12		15	11	1	1	–	–	–	–	–	–	–	–	**Oxazole, 4,5-diphenyl-**	4675-18-7	**R0703**
221	204	177	162	149	190	163	161	**221**	100	82	62	50	50	37	36	36		12	15	3	1	–	–	–	–	–	–	–	–	**1-Hydroxy-3-methyl-7,8-methylenedioxy-1,2,4,5-tetrahydro-3H-3-benzazepine**		**M8833**
221	206	73	192	165	193	45	220	**221**	100	53	53	28	25	25	21	19		9	15	–	5	–	–	–	–	–	–	1	–	**9H-Purin-6-amine, N-methyl-9-(trimethylsilyl)-**	32865-83-1	**S3920**
221	220	134	193	222	135	223	89	**221**	100	56	42	39	18	11	10	10		11	11	–	1	–	–	–	2	–	–	–	–	**2(3H)-Thiazolethione, 3-ethyl-4-phenyl-**	55976-02-8	**T2498**
221	220	193	165	222	76	89	90	**221**	100	38	31	27	16	15	14	11		15	11	1	1	–	–	–	–	–	–	–	–	**3-Benzylidene phthalimidine**		**B0394**
221	220	206	222	109	135	147	97	**221**	100	30	17	15	10	10	10	9		11	15	2	3	–	–	–	–	–	–	–	–	**4H-Pyrido[1,2-a]pyrimidine-3-carboxamide, 1,6,7,8-tetrahydro-1,6-dimethyl-4-oxo-**	64399-29-7	**T6466**

MASS TO CHARGE RATIOS								M.W.	INTENSITIES								Parent	C	H	O	N	Cl	Br	F	S	P	B	Si	X	COMPOUND NAME	CAS Reg No	No
221	222	126	98	97	96	192	83	**221**	100	74	73	66	53	46	45	38		12	9	1	1	–	–	2	–	–	–	–	–	Aniline, 5-fluoro-2-(4-fluorophenoxy)-	20653-64-9	**09192**
222	188	41	69	178	192	153	151	**221**	100	66	59	53	45	26	25	23	**0.00**	9	11	–	5	–	–	–	1	–	–	–	–	3H-v-Triazolo[4,5-d]pyrimidine, 7-[(3-methyl-2-butenyl)thio]-	34257-67-5	**S4597**
27	105	51	128	147	146	59	129	**222**	100	57	45	45	40	39	38	38	**0.00**	15	26	1	–	–	–	–	–	–	–	–	–	5-Azulenemethanol, 1,2,3,4,5,6,7,8-octahydro-α,α,3,8-tetramethyl-, [3S-(3α,5α,8α)]-	489-86-1	**H0724**
29	27	41	28	85	69	55	39	**222**	100	70	43	38	36	33	28	27	**0.02**	8	15	2	–	–	1	–	–	–	–	–	–	Ethyl 4-bromohexanoate		**C0658**
29	138	134	137	119	27	105	133	**222**	100	83	63	53	37	24	22	22	**13.00**	6	21	–	–	–	–	–	3	–	3	–	–	Ethylthioborane		**L5423**
36	75	76	42	38	77	151	78	**222**	100	90	77	58	33	31	27	25	**0.00**	4	6	–	2	4	–	–	–	–	–	–	–	Ethanimidamide, 2-chloro-N-(1,2-dichlorovinyl)-, monohydrochloride	40645-66-7	**S6378**
41	14	69	93	55	43	39	53	**222**	100	90	83	60	49	34	32	32	**0.00**	15	26	1	–	–	–	–	–	–	–	–	–	2,6,10-Dodecatrien-1-ol, 3,7,11-trimethyl-	4602-84-0	**H1483**
41	43	55	85	39	29	77	67	**222**	100	60	50	45	43	36	33	31	**0.24**	14	22	2	–	–	–	–	–	–	–	–	–	1,1-Dimethyl-4,4-diallyl-cyclohexane-3-ol-5-one		**M2817**
41	43	93	55	81	68	67	39	**222**	100	54	42	30	27	25	24	22	**1.50**	15	26	1	–	–	–	–	–	–	–	–	–	2,6,10-Dodecatrien-1-ol, 3,7,11-trimethyl-	4602-84-0	**H1484**
41	55	67	80	95	29	110	121	**222**	100	97	89	80	41	35	20	13	**1.00**	15	26	1	–	–	–	–	–	–	–	–	–	5,10-Pentadecadienal, (Z,Z)-	64275-49-6	**T6424**
41	55	69	138	137	67	43	82	**222**	100	60	60	56	54	52	40	36	**17.00**	15	26	1	–	–	–	–	–	–	–	–	–	1-Cyclodecanone, 5,9-dimethyl-2-isopropylidene-		**15987**
41	55	98	111	67	81	109	68	**222**	100	52	52	52	48	34	34	30	**0.00**	15	26	1	–	–	–	–	–	–	–	–	–	1(2H)-Naphthalenone, octahydro-4a,5-dimethyl-3-isopropyl-, [(3α,4aβ,5β,8aα)]-	55332-05-3	**T0939**
41	57	76	56	39	55	90	61	**222**	100	92	58	28	27	14	9	2	**2.70**	9	18	–	–	–	–	–	3	–	–	–	–	Di-tert-butyl carbonotrithioate		**14895**
41	59	43	66	93	39	161	81	**222**	100	84	70	64	63	58	56	52	**0.00**	15	26	1	–	–	–	–	–	–	–	–	–	Cyclohexanemethanol, 4-vinyl-α,α,4-trimethyl-3-isopropenyl-, 1R-(1α,3α,4β)-	639-99-6	**Q3523**
41	67	55	79	91	107	149	29	**222**	100	91	89	86	70	44	44	34	**1.00**	15	26	1	–	–	–	–	–	–	–	–	–	10-Pentadecen-5-yn-1-ol, (E)-	64275-59-8	**T6431**
41	79	67	55	91	107	29	149	**222**	100	81	79	75	65	36	34	33	**1.00**	15	26	1	–	–	–	–	–	–	–	–	–	10-Pentadecen-5-yn-1-ol, (Z)-	64275-55-4	**T6428**
41	93	55	79	119	81	91	67	**222**	100	70	37	31	31	30	26	24	**0.00**	15	26	1	–	–	–	–	–	–	–	–	–	2,6,10-Dodecatrien-1-ol, 3,7,11-trimethyl-, (E,E)-	106-28-5	**H0328**
41	95	67	81	55	109	135	179	**222**	100	95	79	78	45	29	16	13	**0.00**	14	22	2	–	–	–	–	–	–	–	–	–	2-Oxatricyclo[8.2.0.0$^{(5,7)}$]dodecane, 3-oxo-7,11,11-trimethyl-, (-)-(1S,10S,7R,5R)-		**M1580**
41	109	135	189	43	95	55	123	**222**	100	90	84	77	69	64	62	51	**29.51**	15	26	1	–	–	–	–	–	–	–	–	–	4,8-Methanoazulen-9-ol, decahydro-2,2,4,8-tetramethyl-		**00145**
41	110	55	109	69	43	81	67	**222**	100	65	59	49	42	35	31	28	**15.00**	15	26	1	–	–	–	–	–	–	–	–	–	2(1H)-Naphthalenone, octahydro-4a,5-dimethyl-3-isopropyl-, [(3α,4aα,5α,8aα)]-	55332-03-1	**T0937**
41	110	55	109	69	43	81	67	**222**	100	64	62	46	43	35	33	29	**18.00**	15	26	1	–	–	–	–	–	–	–	–	–	2(1H)-Naphthalenone, octahydro-4a,5-dimethyl-3-isopropyl-, [(3α,4aβ,5β,8aα)]-	55332-04-2	**T0938**
41	222	43	55	83	98	81	138	**222**	100	83	78	67	63	61	61	56		15	26	1	–	–	–	–	–	–	–	–	–	1,6-Methanonaphthalen-1(2H)-ol, octahydro-4,8a,9,9-tetramethyl-, (1α,4β,4aα,6β,8aα)-	5986-55-0	**H1575**
41	222	98	81	83	138	55	43	**222**	100	99	98	96	88	83	75	72		15	26	1	–	–	–	–	–	–	–	–	–	1,6-Methanonaphthalen-1(2H)-ol, octahydro-4,8a,9,9-tetramethyl-, (1α,4β,4aα,6β,8aα)-	5986-55-0	**H1576**
42	153	28	69	67	50	48	46	**222**	100	54	47	30	10	4	4	4	**0.00**	4	6	2	2	–	–	4	1	–	–	–	–	Dimethylaminosulphur(VI)oxide monofluoride-(trifluoroacetyl-imide)		**M6668**
43	41	55	67	70	93	204	189	**222**	100	77	45	43	40	23	23	23	**21.10**	15	26	1	–	–	–	–	–	–	–	–	–	Isointermedeol		**P1732**
43	41	69	108	122	81	106	55	**222**	100	69	67	64	60	53	48	44	**6.71**	15	26	1	–	–	–	–	–	–	–	–	–	1H-Cycloprop[e]azulen-4-ol, decahydro-1,1,4,7-tetramethyl-, 1aR-(1aα,4α,4aβ,7α,7aβ,7bα)-	577-27-5	**Q2246**
43	41	69	122	109	81	107	55	**222**	100	76	74	66	66	57	47	46	**8.24**	15	26	1	–	–	–	–	–	–	–	–	–	Ledol		**00143**
43	41	119	79	91	121	39	105	**222**	100	46	41	36	30	23	22	20	**0.58**	14	22	2	–	–	–	–	–	–	–	–	–	Tricyclo[5.1.0.0$^{(2,4)}$]octane-5-carboxylic acid, 3,3,8,8-tetramethyl-, methyl ester	74810-39-2	**T8691**
43	57	41	55	56	42	70	71	**222**	100	76	68	62	43	38	31	28	**0.00**	15	26	1	–	–	–	–	–	–	–	–	–	5-Azulenemethanol, 1,2,3,3a,4,5,6,7-octahydro-α,α,3,8-tetramethyl-, [3S-(3α,3aβ,5α)]-		**L6149**
43	101	117	99	129	87	45	161	**222**	100	48	38	30	22	21	8	7	**0.00**	9	18	6	–	–	–	–	–	–	–	–	–	D-Glucose, 2,3,4-tri-O-methyl-	4060-09-7	**R0046**
43	117	101	87	113	45	99	129	**222**	100	46	19	17	17	16	16	6	**0.00**	9	18	6	–	–	–	–	–	–	–	–	–	D-Glucose, 2,3,6-tri-O-methyl-	4234-44-0	**R0232**
43	117	129	45	101	87	161	71	**222**	100	48	45	26	21	15	11	8	**0.00**	9	18	6	–	–	–	–	–	–	–	–	–	D-Glucose, 2,4,6-tri-O-methyl-	4578-22-7	**R0615**
43	152	162	134	55	95	79	41	**222**	100	40	32	29	22	18	16	14	**11.60**	12	14	4	–	–	–	–	–	–	–	–	–	Tricyclo[3.3.1.1$^{(3,7)}$]decane-2,6-dione, 4-(acetyloxy)-	56781-93-2	**08325**
43	180	150	96	106	222	50	122	**222**	100	99	20	17	16	16	13	13		8	6	4	4	–	–	–	–	–	–	–	–	1H-1,2,4-Triazole, 1-acetyl-3-(5-nitro-2-furanyl)-	5019-61-4	**R1025**
44	28	41	95	67	81	55	107	**222**	100	87	76	68	61	54	39	28	**0.10**	14	22	2	–	–	–	–	–	–	–	–	–	2-Oxatricyclo[8.2.0.0$^{(5,7)}$]dodecane, 3-oxo-7,11,11-trimethyl-, (-)-(1S,10R,7S,5S)-		**M1581**
44	41	39	83	55	43	143	57	**222**	100	33	26	22	18	15	12	11	**0.00**	6	11	2	2	–	1	–	–	–	–	–	–	Butanamide, N-(aminocarbonyl)-2-bromo-3-methyl-		**M0594**
45	73	72	89	59	31	44	43	**222**	100	60	50	48	45	27	24	22	**0.00**	10	22	5	–	–	–	–	–	–	–	–	–	Tetraethylene glycol monoethyl ether		**C1934**
46	30	42	120	44	75	128	56	**222**	100	81	27	27	25	25	23	22	**0.00**	3	6	6	6	–	–	–	–	–	–	–	–	1,3,5-Triazine, hexahydro-1,3,5-trinitro-	121-82-4	**P9185**
55	41	67	80	95	29	110	121	**222**	100	95	92	89	39	33	25	13	**1.00**	15	26	1	–	–	–	–	–	–	–	–	–	5,10-Pentadecadienal, (E,E)-	64275-42-9	**T6419**
55	41	69	83	111	110	82	67	**222**	100	93	82	76	68	49	44	26	**2.50**	16	30	–	–	–	–	–	–	–	–	–	–	DL-2,3-Dicyclohexylbutane		**Y1694**
55	80	67	41	95	29	110	124	**222**	100	91	88	87	47	27	27	15	**1.00**	15	26	1	–	–	–	–	–	–	–	–	–	5,10-Pentadecadienal, (Z,E)-	64275-58-7	**T6430**
56	31	41	43	104	76	42	27	**222**	100	70	61	56	56	45	31	25	**0.58**	12	14	4	–	–	–	–	–	–	–	–	–	Butyl hydrogen phthalate		**Z1729**

MASS TO CHARGE RATIOS								M.W.	INTENSITIES								Parent	C	H	O	N	Cl	Br	F	S	P	B	Si	X	COMPOUND NAME	CAS Reg No	No
56	31	41	43	104	76	42	148	**222**	100	70	61	56	56	45	31	25	**0.60**	12	14	4	–	–	–	–	–	–	–	–	–	**Butyl hydrogen phthalate**		**L0324**
57	41	43	135	55	69	105	71	**222**	100	95	90	77	70	45	38	35	**0.00**	15	26	1	–	–	–	–	–	–	–	–	–	**Gaiol**		**L6150**
57	46	55	39	222				**222**	100	67	28	23	19					14	22	2	–	–	–	–	–	–	–	–	–	**6-tert-Butyl-1,9-epoxy-decal-2-one**		**M2559**
57	49	84	41	43	222	165	86	**222**	100	90	60	58	56	47	40	39		14	22	2	–	–	–	–	–	–	–	–	–	**1,2-Decalindione, 6-tert-butyl-**		**M2560**
57	85	41	138	222	92	58	65	**222**	100	20	12	10	10	6	4	3		11	14	3	2	–	–	–	–	–	–	–	–	**Propanamide, 2,2-dimethyl-N-(3-nitrophenyl)-**	32597-30-1	**S3783**
57	85	41	222	75	58	138	42	**222**	100	26	14	8	5	4	4	3		11	14	3	2	–	–	–	–	–	–	–	–	**Propanamide, 2,2-dimethyl-N-(4-nitrophenyl)-**	56619-95-5	**T3924**
57	110	41	29	166	109	222	108	**222**	100	47	19	13	13	13	12	5		14	23	–	–	–	–	–	–	1	–	–	–	**Phosphine, di-tert-butylphenyl-**	32673-25-9	**S3818**
58	45	222	162	136	84	99	223	**222**	100	61	34	14	12	11	6	6		13	22	1	2	–	–	–	–	–	–	–	–	**1,3-Propanediamine, N′-(4-methoxyphenyl)-N,N,2-trimethyl-**	55667-49-7	**T1779**
58	69	83	139	43	84	41	123	**222**	100	21	21	21	18	18	17	9	**0.00**	15	26	1	–	–	–	–	–	–	–	–	–	**3,7-Undecadien-2-one, 6,6,10,10-tetramethyl-, (E,E)-**	55283-29-9	**T0749**
59	58	29	45	31	103	43	28	**222**	100	26	20	20	16	14	9	9	**0.00**	10	22	5	–	–	–	–	–	–	–	–	–	**2,5,8,11,14-Pentaoxapentadecane**	143-24-8	**P9901**
59	58	31	29	45	103	43	87	**222**	100	28	23	18	16	13	7	5	**0.00**	10	22	5	–	–	–	–	–	–	–	–	–	**2,5,8,11,14-Pentaoxapentadecane**	143-24-8	**P9900**
59	58	43	45	29	31	103	28	**222**	100	33	33	26	24	23	14	11	**0.00**	10	22	5	–	–	–	–	–	–	–	–	–	**2,5,8,11,14-Pentaoxapentadecane**	143-24-8	**P9899**
59	93	81	41	43	161	107	121	**222**	100	66	42	41	41	40	37	32	**0.00**	15	26	1	–	–	–	–	–	–	–	–	–	**Cyclohexanemethanol, 4-vinyl-α,α,4-trimethyl-3-isopropenyl-, 1R-(1α,3α,4β)-**	639-99-6	**Q3522**
59	93	161	81	107	121	95	135	**222**	100	59	42	35	35	30	24	24	**0.07**	15	26	1	–	–	–	–	–	–	–	–	–	**Cyclohexanemethanol, 4-vinyl-α,α,4-trimethyl-3-isopropenyl-, 1R-(1α,3α,4β)-**	639-99-6	**Q3521**
59	93	161	81	107	189	121	43	**222**	100	78	77	49	49	47	42	40	**0.00**	15	26	1	–	–	–	–	–	–	–	–	–	**Cyclohexanemethanol, 4-vinyl-α,α,4-trimethyl-3-isopropenyl-, 1R-(1α,3α,4α)-**	69686-25-5	**T7207**
59	149	41	109	43	164	81	44	**222**	100	34	23	20	19	19	18	16	**3.21**	15	26	1	–	–	–	–	–	–	–	–	–	**Eudesmol**		**00146**
59	149	164	108	109	41	81	43	**222**	100	34	23	22	21	18	17	16	**1.10**	15	26	1	–	–	–	–	–	–	–	–	–	**2-Naphthalenemethanol, decahydro-α,α,4a-trimethyl-8-methylene-, 2R-(2α,4aα,8aβ)-**	473-15-4	**Q0953**
59	161	107	91	43	105	41	93	**222**	100	89	62	58	54	53	53	53	**16.00**	15	26	1	–	–	–	–	–	–	–	–	–	**5-Azulenemethanol, 1,2,3,4,5,6,7,8-octahydro-α,α,3,8-tetramethyl-, [3S-(3α,5α,8α)]-**	489-86-1	**Q1182**
66	39	57	65	41	26	40	27	**222**	100	29	20	20	19	17	16	13	**0.47**	12	14	4	–	–	–	–	–	–	–	–	–	**Mono allyl endomethylene tetrahydro phthalate**		**C0615**
67	41	81	43	95	55	68	82	**222**	100	65	56	51	51	50	45	44	**0.14**	16	30	–	–	–	–	–	–	–	–	–	–	**3-Hexadecyne**	61886-62-2	**T5755**
67	81	55	54	41	95	43	82	**222**	100	85	71	71	69	56	52	40	**0.16**	16	30	–	–	–	–	–	–	–	–	–	–	**7-Hexadecyne**	74685-28-2	**T8343**
67	82	41	66	43	68	83	55	**222**	100	98	88	65	47	40	36	31	**15.01**	16	30	–	–	–	–	–	–	–	–	–	–	**Cyclopentene, 3-undecyl-**	24828-58-8	**H1879**
67	82	41	66	68	83	55	57	**222**	100	24	19	16	10	9	7	5	**3.34**	16	30	–	–	–	–	–	–	–	–	–	–	**Cyclopentene, 3-undecyl-**	24828-58-8	**S0847**
67	109	96	41	55	82	83	110	**222**	100	84	43	42	39	25	17	17	**13.00**	16	30	–	–	–	–	–	–	–	–	–	–	**Cyclohexane, decylidene-**	62338-40-3	**T6149**
69	41	43	93	55	71	67	81	**222**	100	96	76	47	39	38	26	24	**0.00**	15	26	1	–	–	–	–	–	–	–	–	–	**1,6,10-Dodecatrien-3-ol, 3,7,11-trimethyl-, [S-(Z)]-**	142-50-7	**P9856**
69	41	43	93	55	81	68	67	**222**	100	48	26	20	14	13	11	11	**0.00**	15	26	1	–	–	–	–	–	–	–	–	–	**2,6,10-Dodecatrien-1-ol, 3,7,11-trimethyl-**	4602-84-0	**R0635**
69	41	81	93	55	67	107	109	**222**	100	48	22	18	12	12	10	9	**2.50**	15	26	1	–	–	–	–	–	–	–	–	–	**2,6,10-Dodecatrien-1-ol, 3,7,11-trimethyl-, (Z,E)-**	3790-71-4	**H1431**
69	41	81	93	67	55	68	29	**222**	100	46	26	13	11	8	8	8	**1.50**	15	26	1	–	–	–	–	–	–	–	–	–	**2,6,10-Dodecatrien-1-ol, 3,7,11-trimethyl-, (E,E)-**	106-28-5	**H0329**
69	41	93	45	71	43	55	81	**222**	100	68	50	41	33	32	29	27	**0.20**	15	26	1	–	–	–	–	–	–	–	–	–	**1,6,10-Dodecatrien-3-ol, 3,7,11-trimethyl-, [S-(Z)]-**		**00149**
69	41	93	55	43	81	79	67	**222**	100	93	58	39	29	23	22	19	**0.00**	15	26	1	–	–	–	–	–	–	–	–	–	**1,6,10-Dodecatrien-3-ol, 3,7,11-trimethyl-**	7212-44-4	**R2965**
69	41	109	29	67	55	43	81	**222**	100	69	22	22	19	15	15	14	**1.00**	15	26	1	–	–	–	–	–	–	–	–	–	**2,3-Dihydrofarnesal**		**M5392**
69	43	98	125	55	29	83	109	**222**	100	50	14	13	10	8	7	6	**0.10**	13	18	3	–	–	–	–	–	–	–	–	–	**2-Buten-1-one, 1-(6,7,7-trimethyl-2,3-dioxabicyclo[2.2.2]oct-5-en-1-yl)-, [1R-[1α(E),4β]]-**	56083-37-5	**T2774**
69	81	41	43	95	137	93	123	**222**	100	59	42	24	18	12	10	5	**4.00**	15	26	1	–	–	–	–	–	–	–	–	–	**2,6,10-Dodecatrien-1-ol, 2,7,11-trimethyl-, (E,Z)-**		**L7738**
69	122	107	109	93	121	161	123	**222**	100	88	82	77	49	47	43	36	**26.02**	15	26	1	–	–	–	–	–	–	–	–	–	**2-Cyclohexene-1-methanol, 2,6-dimethyl-6-(4-methyl-3-pentenyl)-**	38142-34-6	**S5666**
69	154	139	41	111	29	55	95	**222**	100	62	43	38	12	10	7	4	**2.00**	13	18	3	–	–	–	–	–	–	–	–	–	**2-Cyclohexen-1-one, 4-hydroxy-3,5,5-trimethyl-4-(1-oxo-2-butenyl)-, [R-(E)]-**	56083-38-6	**T2775**
69	222	111	158	83	51	53	57	**222**	100	59	45	8	6	5	5	5		8	5	2	–	–	–	3	1	–	–	–	–	**1,3-Butanedione, 4,4,4-trifluoro-1-(2-thienyl)-**	326-91-0	**Q0495**
71	60	103	73	91	45	74	61	**222**	100	90	72	63	45	38	34	31	**0.00**	8	14	7	–	–	–	–	–	–	–	–	–	**α-D-Glucopyranosiduronic acid, methyl, methyl ester**	18486-51-6	**R7661**
71	74	44	88	75	102	41	59	**222**	100	73	66	64	37	22	21	21	**0.00**	9	18	6	–	–	–	–	–	–	–	–	–	**1,4,6-Tri-O-methyl-α-glucose**		**L6496**
72	153	89	45	44	41	46	39	**222**	100	55	38	37	32	24	18	17	**12.35**	13	22	1	2	–	–	–	–	–	–	–	–	**Urea, N,N-dimethyl-N′-(octahydro-4,7-methano-1H-inden-5-yl)-, (3aα,4α,5α,7α,7aα)-**	18530-56-8	**R7680**
73	69	75	93	117	97	55	95	**222**	100	70	60	52	32	25	25	20	**0.30**	9	19	2	–	1	–	–	–	–	–	1	–	**Hexanoic acid, 6-chloro-, trimethylsilyl ester**	26305-94-2	**S1317**
73	105	77	207	178	135	51	45	**222**	100	58	53	32	30	18	18	15	**0.00**	11	14	3	–	–	–	–	–	–	–	1	–	**Benzeneacetic acid, α-oxo-, trimethylsilyl ester**	55517-36-7	**T1293**
73	105	77	207	178	135	177	45	**222**	100	47	34	20	15	14	14	12	**0.00**	11	14	3	–	–	–	–	–	–	–	1	–	**Benzeneacetic acid, α-oxo-, trimethylsilyl ester**		**15754**
73	222	77	176	51	150	45	109	**222**	100	74	49	31	23	21	13	10		10	10	–	2	–	–	–	2	–	–	–	–	**4-Phenyl-5-ethyl-2-thio-1,3,4-thiadiazole**		**M2570**
74	45	88	75	102	41	60	105	**222**	100	89	85	49	29	27	27	26	**0.00**	9	18	6	–	–	–	–	–	–	–	–	–	**α-D-Glucopyranoside, methyl 4,6-di-O-methyl-**	23262-68-2	**S0149**
74	59	148	222	75	45	76	138	**222**	100	21	18	14	12	7	5	5		9	18	–	–	–	–	–	3	–	–	–	–	**1,3,5-Trithiane, 2,2,4,4,6,6-hexamethyl-**	828-26-2	**Q4301**
75	73	88	74	87	44	41	59	**222**	100	80	79	73	39	36	20	19	**0.00**	9	18	6	–	–	–	–	–	–	–	–	–	**1,3,4-Tri-O-methyl-α-glucose**		**L6495**
75	104	73	91	207	45	77	47	**222**	100	96	54	37	28	27	17	15	**13.86**	12	18	2	–	–	–	–	–	–	–	1	–	**Benzenepropanoic acid, trimethylsilyl ester**	21273-15-4	**R9186**
75	161	71	88	74	87	45	159	**222**	100	85	80	78	72	39	35	32	**0.00**	9	18	6	–	–	–	–	–	–	–	–	–	**α-D-Glucopyranoside, methyl 3,4-di-O-methyl-**	23262-69-3	**S0150**

MASS TO CHARGE RATIOS								M.W.	INTENSITIES								Parent	C	H	O	N	Cl	Br	F	S	P	B	Si	X	COMPOUND NAME	CAS Reg No	No
77	135	51	136	192	222	204	41	**222**	100	61	47	40	33	30	26	25		10	10	2	2	–	–	–	1	–	–	–	–	**5-Hydroxymethyl-4-oxo-3-phenyl-2-thioxo-imidazolidine**		**M0763**
77	194	105	222	51	193	195	39	**222**	100	93	79	36	35	18	13	11		14	10	1	2	–	–	–	–	–	–	–	–	**2-Benzoylbenzimidazole**		**L1930**
77	207	115	222	105	204	178	51	**222**	100	85	51	43	39	33	33	33		16	14	1	–	–	–	–	–	–	–	–	–	**2-Isopropenyl-benzophenone**		**01482**
77	221	222	105	115	91	51	145	**222**	100	92	85	84	57	45	35	18		16	14	1	–	–	–	–	–	–	–	–	–	**1,3-Diphenylbut-2-enal**		**C1887**
77	222	180	221	207	104	51	165	**222**	100	72	62	58	47	40	39	35		15	14	–	2	–	–	–	–	–	–	–	–	**Acetaldehyde, (diphenylmethylidene)hydrazone**	22610-09-9	**R9864**
80	55	41	67	95	29	110	124	**222**	100	95	91	90	43	29	29	16	**1.00**	15	26	1	–	–	–	–	–	–	–	–	–	**5,10-Pentadecadienal, (E,Z)-**	64275-54-3	**T6427**
81	41	109	93	69	55	67	43	**222**	100	74	71	67	58	56	46	43	**5.00**	15	26	1	–	–	–	–	–	–	–	–	–	**Cyclohexanol, 3-vinyl-3-methyl-2-(isopropenyl)-6-isopropyl-, [1R-(1α,2β,3α,6α)]-**	69350-61-4	**T7053**
81	43	41	55	67	54	82	95	**222**	100	99	84	81	79	73	67	61	**0.30**	16	30	–	–	–	–	–	–	–	–	–	–	**1-Hexadecyne**	629-74-3	**Q3369**
81	67	54	55	95	41	43	82	**222**	100	86	77	61	61	53	44	40	**0.18**	16	30	–	–	–	–	–	–	–	–	–	–	**5-Hexadecyne**	71899-37-1	**T7656**
81	93	41	69	119	32	121	111	**222**	100	61	54	44	40	40	38	38	**1.00**	15	26	1	–	–	–	–	–	–	–	–	–	**β-Bisabolol**		**01220**
81	93	121	41	69	109	55	67	**222**	100	62	59	48	47	46	40	36	**4.00**	15	26	1	–	–	–	–	–	–	–	–	–	**Cyclohexanol, 3-vinyl-3-methyl-2-(isopropenyl)-6-isopropyl-, [1R-(1α,2α,3β,6α)]-**	35727-45-8	**S5063**
82	43	72	95	154	107	55	135	**222**	100	80	70	50	30	29	27	19	**5.00**	15	26	1	–	–	–	–	–	–	–	–	–	**(+)-(1S,2R)-1-Isopropenyl-2-(4-oxo-3-methylpentyl)-3,3-dimethylcyclobutane**		**M1588**
83	41	55	69	97	67	82	138	**222**	100	73	68	38	35	35	34	33	**5.23**	16	30	–	–	–	–	–	–	–	–	–	–	**1-Butyl-2-cyclohexylcyclohexane (low boiling)**		**Y1677**
83	41	55	82	67	138	69	57	**222**	100	69	62	38	33	30	30	30	**4.51**	16	30	–	–	–	–	–	–	–	–	–	–	**1-Isobutyl-2-cyclohexylcyclohexane (low boiling)**		**Y1681**
83	41	55	138	69	67	97	139	**222**	100	76	72	41	39	36	35	35	**20.20**	16	30	–	–	–	–	–	–	–	–	–	–	**1-Butyl-2-cyclohexylcyclohexane**		**Y1678**
83	41	55	138	139	67	69	82	**222**	100	71	62	38	34	34	31	29	**1.89**	16	30	–	–	–	–	–	–	–	–	–	–	**1-Isobutyl-2-cyclohexylcyclohexane**		**Y1682**
83	55	41	82	69	97	67	138	**222**	100	89	85	48	43	35	28	23	**1.82**	16	30	–	–	–	–	–	–	–	–	–	–	**1,2-Dicyclohexylbutane**		**Y1691**
83	55	41	97	69	67	111	139	**222**	100	96	79	46	36	20	19	18	**1.34**	16	30	–	–	–	–	–	–	–	–	–	–	**1,3-Dicyclohexyl-2-methylpropane**		**Y1696**
83	55	41	97	138	69	57	139	**222**	100	87	84	62	55	43	33	30	**0.00**	16	30	–	–	–	–	–	–	–	–	–	–	**2,2-Dicyclohexylbutane**		**Y1693**
83	55	41	138	97	69	82	139	**222**	100	79	75	42	37	35	30	29	**0.78**	16	30	–	–	–	–	–	–	–	–	–	–	**1,1-Dicyclohexylbutane**		**Y1690**
83	55	82	41	67	96	139	69	**222**	100	75	74	35	26	13	11	11	**0.34**	16	30	–	–	–	–	–	–	–	–	–	–	**1,4-Dicyclohexylbutane**	6165-44-2	**R2122**
83	55	82	41	69	67	111	96	**222**	100	95	86	83	44	30	28	20	**4.06**	16	30	–	–	–	–	–	–	–	–	–	–	**1,3-Dicyclohexylbutane**		**Y1692**
83	55	82	41	69	111	67	56	**222**	100	86	83	72	70	60	29	24	**4.40**	16	30	–	–	–	–	–	–	–	–	–	–	**1,3-Dicyclohexylbutane**	41851-35-8	**H1993**
83	82	55	41	67	139	29	69	**222**	100	75	67	46	22	15	13	11	**3.07**	16	30	–	–	–	–	–	–	–	–	–	–	**1,4-Dicyclohexylbutane**		**V0294**
83	82	55	41	67	139	96	39	**222**	100	73	68	56	22	18	13	12	**2.38**	16	30	–	–	–	–	–	–	–	–	–	–	**1,4-Dicyclohexylbutane**		**Y1695**
83	97	55	41	69	43	67	179	**222**	100	86	85	76	42	33	29	28	**8.68**	16	30	–	–	–	–	–	–	–	–	–	–	**4′-Isopropyldicyclohexylmethane (high boiling)**		**Y1714**
83	97	55	41	69	43	179	67	**222**	100	88	84	78	42	33	29	29	**5.89**	16	30	–	–	–	–	–	–	–	–	–	–	**4′-Isopropyldicyclohexylmethane (low boiling)**		**Y1713**
84	42	98	41	127	222	95	57	**222**	100	99	98	96	86	82	79	79		13	22	1	2	–	–	–	–	–	–	–	–	**Nigragillin**		**L8862**
85	123	151	137	95	177	109	165	**222**	100	85	79	74	73	70	68	55	**45.00**	13	18	3	–	–	–	–	–	–	–	–	–	**2,7-Nonadien-5-yn-4-one, 2,8-diethoxy-**	51042-81-0	**S7551**
86	143	85	41	58	68	55	42	**222**	100	38	36	28	23	15	13	10	**0.00**	7	14	4	2	–	–	–	1	–	–	–	–	**Propanal, 2-methyl-2-(methylsulphonyl)-, O-[(methylamino)carbonyl]oxime**	1646-88-4	**Q6427**
87	43	55	187	189	41	85	88	**222**	100	58	14	14	13	8	8	5	**0.00**	8	15	2	–	–	1	–	–	–	–	–	–	**1,3-Dioxolane, 2-(4-bromobutyl)-2-methyl-**	20210-14-4	**R8572**
88	75	73	87	44	74	101	71	**222**	100	66	25	24	23	15	13	12	**0.00**	9	18	6	–	–	–	–	–	–	–	–	–	**Methyl trityl ether**		**L6494**
88	75	161	73	87	45	130	159	**222**	100	65	40	23	22	22	19	19	**0.00**	9	18	6	–	–	–	–	–	–	–	–	–	**α-D-Glucopyranoside, methyl 2,3-di-O-methyl-**	14048-30-7	**R4934**
89	133	102	45	163	59	71	75	**222**	100	89	87	73	73	70	66	65	**0.00**	10	22	5	–	–	–	–	–	–	–	–	–	**Penta-O-methylxylitol**		**L3703**
89	222	119	192	91	151	103		**222**	100	95	86	85	34	17	10			14	10	1	2	–	–	–	–	–	–	–	–	**3,4-Diphenyl-1,2,5-oxadiazole**		**L6051**
91	87	107	73	99	116	92	115	**222**	100	26	25	21	21	18	15	12	**3.00**	13	18	3	–	–	–	–	–	–	–	–	–	**Pentanoic acid, 5-benzyloxy-, methyl ester**	31662-20-1	**S3370**
91	131	92	104	117	130	222	65	**222**	100	88	28	26	18	16	15	15		17	18	–	–	–	–	–	–	–	–	–	–	**2-Pentene, 1,5-diphenyl-**	40939-59-1	**S6497**
91	146	77	161	43	121	39	179	**222**	100	86	82	81	75	61	60	50	**0.00**	14	22	2	–	–	–	–	–	–	–	–	–	**α,α-Diisopropyl-2-methoxybenzyl alcohol**		**16515**
91	193	163	135	65	75	194	45	**222**	100	88	34	22	17	17	16	14	**1.00**	13	22	1	–	–	–	–	–	–	–	1	–	**Silane, triethylbenzyloxy-**	13959-92-7	**R4863**
91	222	121	65	92	150	77		**222**	100	44	42	30	26	16	7			12	14	2	–	–	–	–	1	–	–	–	–	**3-Benzylthio-4-hydroxypentanoic acid lactone**		**M1489**
93	69	41	107	55	119	79	81	**222**	100	93	63	48	48	40	34	31	**0.00**	15	26	1	–	–	–	–	–	–	–	–	–	**1,6,10-Dodecatrien-3-ol, 3,7,11-trimethyl-, [S-(Z)]-**		**01748**
93	69	119	79	91	55	204	121	**222**	100	79	61	43	42	41	40	38	**0.00**	15	26	1	–	–	–	–	–	–	–	–	–	**2,6,10-Dodecatrien-1-ol, 3,7,11-trimethyl-, (Z,E)-**	3790-71-4	**H1432**
93	143	95	108	57	145	67	39	**222**	100	44	32	20	15	14	14	12	**0.17**	4	3	–	–	1	1	3	–	–	–	–	–	**1-Butene, 4-bromo-3-chloro-3,4,4-trifluoro-**	374-25-4	**Q0637**
95	41	67	39	55	27	53	79	**222**	100	26	23	21	15	15	13	10	**0.44**	7	11	–	–	–	–	–	–	–	–	–	1	**Cyclohexene, 3-(iodomethyl)-**	34825-94-0	**06834**
95	53	222	55	27	39	67	41	**222**	100	80	62	38	35	33	32	27		7	11	–	–	–	–	–	–	–	–	–	1	**Cyclohexene, 1-iodo-4-methyl-**	31053-85-7	**06970**
95	67	222	55	39	41	27	53	**222**	100	45	43	31	31	28	23	23		7	11	–	–	–	–	–	–	–	–	–	1	**Cyclohexene, 1-iodo-6-methyl-**	40648-10-0	**06987**
95	150	151	41	43	81	69	135	**222**	100	92	75	40	39	37	32	28	**6.80**	15	26	1	–	–	–	–	–	–	–	–	–	**1H-3a,7-Methanoazulen-6-ol, octahydro-3,6,8,8-tetramethyl-, 3R-(3α,3aβ,6α,7β,8aα)-**		**C1164**
95	154	41	222	53	55	71	107	**222**	100	72	53	29	21	18	18	18		13	18	3	–	–	–	–	–	–	–	–	–	**2-Cyclopentene-1-acetic acid, 4-oxo-5-(2-pentenyl)-, methyl ester**	67010-59-7	**T6720**
95	222	67	41	39	55	53	27	**222**	100	55	47	47	39	36	35	31		7	11	–	–	–	–	–	–	–	–	–	1	**Cycloheptene, 1-iodo-**	49565-03-9	**06988**
95	222	67	55	39	41	53	27	**222**	100	75	54	42	32	32	30	24		7	11	–	–	–	–	–	–	–	–	–	1	**Cyclohexene, 1-iodo-2-methyl-**	40648-08-6	**06986**
96	81	67	82	97	41	95	55	**222**	100	96	43	29	28	28	23	22	**11.41**	16	30	–	–	–	–	–	–	–	–	–	–	**Cyclohexene, 1-decyl-**	62338-41-4	**T6152**

MASS TO CHARGE RATIOS								M.W.	INTENSITIES								Parent	C	H	O	N	Cl	Br	F	S	P	B	Si	X	COMPOUND NAME	CAS Reg No	No
98	40	125	69	55	95	42	67	222	100	84	79	67	64	62	55	53	25.02	15	26	1	–	–	–	–	–	–	–	–	–	1(2H)-Naphthalenone, octahydro-4a,8a-dimethyl-7-isopropyl-, [4aR-(4aα,7β,8aα)]-	1803-39-0	Q6772
99	60	73	43	71	41	55	42	222	100	59	41	32	26	22	18	14	0.78	6	11	2	–	–	–	–	–	–	–	–	1	Hexanoic acid, silver(1+) salt	32461-90-8	S3696
100	222	79	95	107	134	135	41	222	100	97	50	37	37	34	33	31		12	14	4	–	–	–	–	–	–	–	–	–	Tricyclo[3.3.1.1$^{(3,7)}$]decane-2-carboxylic acid, 4,8-dioxo-, methyl ester	5202-38-0	R1190
101	59	45	89	145	70	75	102	222	100	99	99	82	72	65	65	59	0.00	10	22	5	–	–	–	–	–	–	–	–	–	Penta-O-methyl-L-arabitol		L3704
103	71	60	73	74	31	90	20	222	100	97	78	74	43	37	35	33	0.00	8	14	7	–	–	–	–	–	–	–	–	–	α-D-Galactopyranosiduronic acid, methyl-, methyl ester		L5560
103	71	60	73	74	90	75	59	222	100	99	78	74	44	36	18	15	0.00	8	14	7	–	–	–	–	–	–	–	–	–	α-D-Galactopyranosiduronic acid, methyl, methyl ester	5155-54-4	R1159
104	75	73	207	91	222	105	45	222	100	85	47	42	27	22	13	11		12	18	2	–	–	–	–	–	–	–	1	–	Benzenepropanoic acid, trimethylsilyl ester	21273-15-4	R9188
105	40	46	44	38	28	31	72	222	100	79	65	51	49	48	47	47	5.00	9	18	–	–	–	–	–	3	–	–	–	–	1,5,9-Trithiacyclododecane	25423-58-9	S1056
105	77	51	91	115	222	65	79	222	100	49	20	17	14	9	8	7		17	18	–	–	–	–	–	–	–	–	–	–	1-Pentene, 2,4-diphenyl-		C1883
105	77	79	222	91	106	51	103	222	100	18	11	11	9	8	8	7		17	18	–	–	–	–	–	–	–	–	–	–	1-Pentene, 2,4-diphenyl-		C1529
105	77	123	222	149	51	73	106	222	100	46	40	12	11	10	9	9		12	14	4	–	–	–	–	–	–	–	–	–	Phenylglyoxal bis-ethyleneacetal		05245
105	77	221	222					222	100	82	49	40						16	14	1	–	–	–	–	–	–	–	–	–	1,3-Diphenylbut-2-en-1-one		Z1725
105	77	222	106	115	117	51	91	222	100	18	9	8	6	5	4	3		16	14	1	–	–	–	–	–	–	–	–	–	3-Buten-1-one, 1,4-diphenyl-	32363-55-6	S3618
105	77	222	221	115	117	91	145	222	100	98	62	42	36	20	17	10		16	14	1	–	–	–	–	–	–	–	–	–	1,3-Diphenyl-2-methylprop-2-en-1-one		M6133
107	28	180	120	43	15	32	121	222	100	67	61	47	26	14	13	11	9.52	12	14	4	–	–	–	–	–	–	–	–	–	Methyl 3-(4-acetoxyphenyl)propionate		05000
108	187	189	109	136	188	186	137	222	100	66	64	39	28	26	22	13	0.00	6	8	–	2	1	1	–	–	–	–	–	–	Hydrazine, (3-bromophenyl)-, monohydrochloride	27246-81-7	S1652
109	43	123	137	222	91	95	55	222	100	75	35	30	21	18	17	13		14	22	2	–	–	–	–	–	–	–	–	–	3-Buten-2-one, 4-(3-hydroxy-2,5,6,6-tetramethyl-1-cyclohexen-1-yl)-	68931-34-0	T6975
109	81	95	93	161	179	79	91	222	100	38	29	27	26	23	23	21	10.51	15	26	1	–	–	–	–	–	–	–	–	–	1-Naphthalenol, decahydro-4a-methyl-8-methylene-2-isopropyl-, [1R-(1α,2β,4aβ,8aα)]-	30951-17-8	S3085
109	124	41	69	55	81	95	222	222	100	40	18	18	13	13	11	11		15	26	1	–	–	–	–	–	–	–	–	–	Drimenol		00148
109	124	69	41	81	55	222	95	222	100	53	23	23	16	15	14	14		15	26	1	–	–	–	–	–	–	–	–	–	Drimenol		L2874
109	135	189	43	95	55	123	69	222	100	93	86	77	72	69	57	46	32.93	15	26	1	–	–	–	–	–	–	–	–	–	4,8-Methanoazulen-9-ol, decahydro-2,2,4,8-tetramethyl-	4586-22-5	H1482
110	42	84	41	43	55	96	97	222	100	77	76	67	43	39	34	34	13.51	13	22	1	2	–	–	–	–	–	–	–	–	3-Azabicyclo[3.3.1]nonan-9-one, 3-methyl-6-(1-pyrrolidinyl)-	55622-40-7	T1700
110	222	111	109	41	166	29	57	222	100	9	7	6	5	5	5	4		14	22	2	–	–	–	–	–	–	–	–	–	Benzene, 1,4-dibutoxy-	104-36-9	P7706
111	41	122	55	43	81	107	95	222	100	87	75	63	54	49	48	46	2.40	15	26	1	–	–	–	–	–	–	–	–	–	4aH-Cycloprop[e]azulen-4a-ol, decahydro-1,1,4,7-tetramethyl-, [1aR-(1aα,4β,4aβ,7α,7aβ,7bα)]-	5986-49-2	R1969
111	151	55	81	53	56	41	64	222	100	50	42	42	37	37	33	33	16.72	14	22	2	–	–	–	–	–	–	–	–	–	Benzene, 1,4-di-tert-butoxy-	15360-01-7	R5709
112	111	67	43	81	41	55	93	222	100	60	45	17	17	16	16	12	3.00	14	22	2	–	–	–	–	–	–	–	–	–	1,2-Ethanediol, 1,2-di-1-cyclohexen-1-yl-	35811-99-5	S5082
115	143	128	129	224	222	116		222	100	98	31	28	13	13	12			11	11	–	–	–	1	–	–	–	–	–	–	syn-7-Bromobenzonorbornene		M0098
115	143	128	194	196	116	222	141	222	100	41	20	16	15	11	10	10		11	11	–	–	–	1	–	–	–	–	–	–	1-Bromobenzonorbornene		M0099
115	194	196	222	114	224	113	193	222	100	56	46	38	37	37	31	28		10	12	–	–	–	1	–	–	–	1	–	–	1H-1-Benzoborole, 6-bromo-1-ethyl-2,3-dihydro-	74792-95-3	T8574
116	88	115	103	56	60	77	79	222	100	76	43	22	21	15	14	10	2.30	11	14	1	2	–	–	–	1	–	–	–	–	3-(2-Hydroxy-2-phenylethyl)-2-iminothiazolidine		B0109
116	88	115	103	77	56	60	79	222	100	57	38	19	12	11	11	8	3.40	11	14	1	2	–	–	–	1	–	–	–	–	3-(2-Hydroxy-2-phenylethyl)-2-iminothiazolidine		D0982
116	115	143	128	141	129	224	222	222	100	37	22	18	10	9	7	7		11	11	–	–	–	1	–	–	–	–	–	–	endo-2-Bromobenzonorbornene		M0097
117	118	115	91	103	116	65	51	222	100	81	37	28	9	9	8	8	0.11	17	18	–	–	–	–	–	–	–	–	–	–	1-Pentene, 3,5-diphenyl-	61141-97-7	T5360
118	117	91	105	136	176	178	222	222	100	99	70	17	4	1	1	1		11	14	3	2	–	–	–	–	–	–	–	–	N-Nitro-N-(3-phenylpropyl)-acetamide		M2520
119	41	161	55	43	105	82	27	222	100	90	60	56	52	49	41	36	2.00	15	26	1	–	–	–	–	–	–	–	–	–	Cadinenol		M1116
119	222	77	51	91	64	89	63	222	100	44	21	15	15	14	12	11		14	10	1	2	–	–	–	–	–	–	–	–	1,2,4-Oxadiazole, 3,5-diphenyl-	888-71-1	09261
119	222	77	91	51	64	89	63	222	100	33	20	15	14	13	11	11		14	10	1	2	–	–	–	–	–	–	–	–	1,2,4-Oxadiazole, 3,5-diphenyl-	888-71-1	Q4497
119	222	77	91	51	64	89	63	222	100	60	20	20	14	14	13	10		14	10	1	2	–	–	–	–	–	–	–	–	1,2,4-Oxadiazole, 3,5-diphenyl-		P2988
120	146	205	117	145	147	130	118	222	100	81	33	20	17	14	13	11	9.21	11	14	3	2	–	–	–	–	–	–	–	–	DL-Alanine, 3-anthraniloyl-, methyl ester	15109-34-9	R5575
120	152	92	121	222	133	165	191	222	100	40	24	14	10	4	4	3		13	18	3	–	–	–	–	–	–	–	–	–	Benzoic acid, 2-(pentyloxy)-, methyl ester	21018-10-0	R9053
120	163	149	222	91	105	79	55	222	100	87	87	84	78	76	75	33		13	18	3	–	–	–	–	–	–	–	–	–	cis-2-Ethyl-8-(methoxycarbonylmethyl)bicyclo[3.3.0]oct-1-en-3-one		L8023
121	43	18	163	17	77	122	105	222	100	67	48	44	21	17	14	12	7.34	12	14	4	–	–	–	–	–	–	–	–	–	Methyl α-phenyl-α′-acetoxy-propionate		05029
121	162	190	103	163	104	59	191	222	100	82	65	30	24	23	17	17	1.00	12	14	4	–	–	–	–	–	–	–	–	–	Butanedioic acid, phenyl-, dimethyl ester	15463-92-0	R5754
122	93	127	222	57	119	41	120	222	100	99	96	79	73	70	67	66		15	26	1	–	–	–	–	–	–	–	–	–	(2S)-(4-Methyl-3-cyclohexen(1R)-yl)-6-methylheptan-4-one		04634
122	107	193	91	79	55	41	133	222	100	38	33	18	18	15	15	13	2.00	13	18	3	–	–	–	–	–	–	–	–	–	2-Cyclopentene-1-acetic acid, 4-oxo-5-(2-pentenyl)-, methyl ester-, (E)-		L8019
123	42	222	207	179	149	150	166	222	100	86	79	74	72	61	56	49		10	14	2	4	–	–	–	–	–	–	–	–	1H-Purine-2,6-dione, 1,3-diethyl-3,9-dihydro-9-methyl-	54965-57-0	S9883
124	109	152	222	110	41	43	108	222	100	31	17	14	13	13	10	10		14	23	–	–	–	–	–	–	1	–	–	–	Phosphine, sec-pentyl-isopropylphenyl-	74630-14-1	T8162
125	97	76	69	51	47	42	55	222	100	41	24	10	8	5	4	4	1.00	7	8	1	–	–	–	6	–	–	–	–	–	4-Heptanone, 1,1,1,7,7,7-heptafluoro-	332-86-5	Q0526
125	97	77	69	51	47	126	203	222	100	42	25	10	8	6	4	4	1.00	7	8	1	–	–	–	6	–	–	–	–	–	4-Heptanone, 1,1,1,7,7,7-heptafluoro-		L6236
126	128	127	222	224	150	91	89	222	100	33	17	16	16	14	10	8		9	9	–	–	3	–	–	–	–	–	–	–	Benzene, 1-chloro-4-(2,2-dichloroisopropyl)-	54965-40-1	S9873
129	94	101	42	55	83	77	39	222	100	75	61	53	41	32	26	23	7.50	13	18	3	–	–	–	–	–	–	–	–	–	Pentanoic acid, 5-phenoxy-, ethyl ester	69687-95-2	T7231
129	143	128	141	115	142	63	51	222	100	43	41	30	27	25	14	13	10.91	11	11	–	–	–	1	–	–	–	–	–	–	Naphthalene, 2-(bromomethyl)-1,2-dihydro-	34825-87-1	06839
130	129	131	115	55	128	116	103	222	100	51	11	7	6	5	3	2	0.00	10	10	2	2	–	–	–	1	–	–	–	–	4-Phenyl-6-thia-2,3-diazabicyclo[3.2.0]hept-2-ene-6,6-dioxide		M3103

MASS TO CHARGE RATIOS								M.W.	INTENSITIES								Parent	C	H	O	N	Cl	Br	F	S	P	B	Si	X	COMPOUND NAME	CAS Reg No	No
131	91	117	104	92	115	222	105	**222**	100	98	96	80	48	36	34	34		17	18	–	–	–	–	–	–	–	–	–	–	**1-Pentene, 1,5-diphenyl-**	7433-54-7	**R3199**
131	92	91	222	130	132	115	129	**222**	100	99	98	72	62	59	36	34		17	18	–	–	–	–	–	–	–	–	–	–	**2-Benzyl-1,2,3,4-tetrahydronaphthalene**		**V0279**
131	222	91	115	165	178	179	39	**222**	100	85	52	21	20	18	17	16		17	18	–	–	–	–	–	–	–	–	–	–	**6-Benzyl-1,2,3,4-tetrahydronaphthalene**		**V0329**
132	131	77	204	104	163	133	90	**222**	100	85	31	18	17	17	16	14	**2.70**	10	10	2	2	–	–	–	1	–	–	–	–	**Acetic acid, [(2-benzimidazolylmethyl)thio]-**	6017-11-4	**R1994**
132	175	105	222	104	77	91	133	**222**	100	86	31	25	21	21	16	11		11	14	1	2	–	–	–	1	–	–	–	–	**4-Phenyl-1-(2-mercapto-ethyl)-imidazolid-2-one**		**D0807**
133	90	60	103	29	134	118	63	**222**	100	37	30	22	16	15	11	11	**5.80**	10	10	2	2	–	–	–	1	–	–	–	–	**4H-1,2,5-Oxadiazine, 6-thiooxo-3-(4-methoxyphenyl)-5,6-dihydro-**		**06392**
133	105	77	51	122	45	92	64	**222**	100	8	5	2	2	1	1	1	**0.00**	13	18	3	–	–	–	–	–	–	–	–	–	**Benzoic acid, 2-(pentyloxy)-, methyl ester**	21018-10-0	**R9054**
135	59	107	93	161	105	81	41	**222**	100	93	69	59	52	39	36	31	**7.61**	15	26	1	–	–	–	–	–	–	–	–	–	**5-Azulenemethanol, 1,2,3,3a,4,5,6,7-octahydro-α,α,3,8-tetramethyl-, [3S-(3α,3aβ,5α)]-**	22451-73-6	**R9768**
135	92	136	222	152	153	57	55	**222**	100	12	9	9	8	5	4	3		13	18	3	–	–	–	–	–	–	–	–	–	**Neopentyl 4-methoxybenzoate**		**04788**
135	207	45	222	73	209	107	136	**222**	100	92	52	34	26	15	13	10		14	22	2	–	–	–	–	–	–	–	–	–	**1-Ethoxy-2-(4-tert-butylphenoxy)ethane**		**Z1736**
138	96	56	194	166	110	82	84	**222**	100	70	68	29	27	23	17	14	**9.90**	9	10	3	–	–	–	–	–	–	–	–	1	**Iron, tricarbonyl(η,3-2-propenyl)-2-propenyl-**	74811-05-5	**T8756**
138	124	109	180	221	123	91	43	**222**	100	56	27	24	20	18	18	16	**2.75**	14	23	–	–	–	–	–	–	1	–	–	–	**Phosphine, diisobutylphenyl-**	7650-78-4	**R3344**
138	194	96	166	56	122	222	139	**222**	100	68	62	56	50	50	16	7		9	10	3	–	–	–	–	–	–	–	–	1	**Iron, tricarbonyl[(1,2,3,4-η)-2,3-dimethyl-1,3-butadiene]-**	31741-56-7	**S3385**
140	125	222	77	51	97	187	94	**222**	100	93	61	53	46	40	19	11		8	8	1	–	2	–	–	1	–	–	–	–	**Methylphenylsulphoxonium dichloromethylide**		**16306**
142	222	89	115	143	220	196	63	**222**	100	22	19	14	11	10	10	9		9	6	–	2	–	–	–	–	–	–	–	1	**3-(Selenocyanato)indole**	21856-92-8	**R9394**
142	222	89	116	63	115	62	220	**222**	100	30	28	25	22	19	15	14		9	6	–	2	–	–	–	–	–	–	–	1	**5-(Selenocyanato)indole**	22129-90-4	**R9575**
143	93	145	95	224	222	57	69	**222**	100	37	33	14	11	9	8	8		4	3	–	–	1	1	3	–	–	–	–	–	**1-Butene, 4-bromo-3-chloro-3,4,4-trifluoro-**		**Z1733**
147	148	66	73	59	131	149	45	**222**	100	16	12	9	5	4	4	4	**0.00**	12	22	–	–	–	–	–	–	–	–	2	–	**Benzene, 1,4-bis(trimethylsilyl)-**	13183-70-5	**R4348**
149	56	57	65	41	167	150	105	**222**	100	28	20	14	13	9	9	8	**0.40**	12	14	4	–	–	–	–	–	–	–	–	–	**Butyl hydrogen phthalate**		**06622**
149	59	41	109	43	164	81	44	**222**	100	34	23	20	19	19	18	16	**0.06**	15	26	1	–	–	–	–	–	–	–	–	–	**Eudesmol**		**L1582**
149	59	147	164	81	204	189	161	**222**	100	82	60	49	41	41	37	31	**0.00**	15	26	1	–	–	–	–	–	–	–	–	–	**(+)-(4R,7R,10S)-Selin-5-en-11-ol**		**16026**
149	77	222	91	150	121	27	39	**222**	100	15	13	12	10	8	5	4		12	14	4	–	–	–	–	–	–	–	–	–	**3-[(4-Hydroxy-3,5-dimethyl)benzoyl]propionic acid**		**C0470**
149	105	222	120	91	79	41	133	**222**	100	30	24	20	20	20	19	12		13	18	3	–	–	–	–	–	–	–	–	–	**trans-2-Ethyl-6-(methoxycarbonylmethyl)bicyclo[3.3.0]oct-1-en-3-one**		**L8021**
149	177	150	65	76	105	93	104	**222**	100	25	15	13	13	10	9	8	**2.00**	12	14	4	–	–	–	–	–	–	–	–	–	**1,2-Benzenedicarboxylic acid, diethyl ester**	84-66-2	**P6202**
149	177	150	76	65	222	104	105	**222**	100	31	12	12	11	9	8	8		12	14	4	–	–	–	–	–	–	–	–	–	**1,2-Benzenedicarboxylic acid, diethyl ester**		**C1138**
149	177	150	176	65	105	29	76	**222**	100	28	13	9	8	8	6	6	**3.00**	12	14	4	–	–	–	–	–	–	–	–	–	**1,2-Benzenedicarboxylic acid, diethyl ester**	84-66-2	**H0142**
150	76	104	207	167	40	55	49	**222**	100	50	40	35	25	21	20	16	**14.00**	11	14	3	2	–	–	–	–	–	–	–	–	**Benzamide, N-tert-butyl-3-nitro-**	10222-93-2	**R3661**
150	95	43	41	151	81	93	79	**222**	100	99	84	75	74	50	42	41	**13.11**	15	26	1	–	–	–	–	–	–	–	–	–	**1H-3a,7-Methanoazulen-6-ol, octahydro-3,6,8,8-tetramethyl-, 3R-(3α,3aβ,6α,7β,8aα)-**	77-53-2	**H0079**
150	104	76	207	167	55	92	222	**222**	100	53	47	43	40	30	29	25		11	14	3	2	–	–	–	–	–	–	–	–	**Benzamide, N-tert-butyl-4-nitro-**	42498-30-6	**S6918**
150	151	41	69	43	81	93	55	**222**	100	92	76	64	61	56	43	43	**6.21**	15	26	1	–	–	–	–	–	–	–	–	–	**1H-3a,7-Methanoazulen-6-ol, octahydro-3,6,8,8-tetramethyl-, 3R-(3α,3aβ,6α,7β,8aα)-**	77-53-2	**H0081**
150	177	82	55	176	222	53	151	**222**	100	70	25	15	15	12	10	10		11	14	3	2	–	–	–	–	–	–	–	–	**4H-Pyrido[1,2-a]pyrimidine-3-carboxylic acid, 6,7,8,9-tetrahydro-4-oxo-, ethyl ester**	38326-36-2	**S5728**
151	95	41	43	69	119	93	81	**222**	100	87	73	69	65	65	61	57	**14.71**	15	26	1	–	–	–	–	–	–	–	–	–	**1H-Benzocyclohepten-7-ol, 2,3,4,4a,5,6,7,8-octahydro-1,1,4a,7-tetramethyl-, cis-**	6892-80-4	**R2661**
151	95	43	41	69	81	55	109	**222**	100	61	57	42	42	35	33	33	**15.26**	15	26	1	–	–	–	–	–	–	–	–	–	**1H-Benzocyclohepten-7-ol, 2,3,4,4a,5,6,7,8-octahydro-1,1,4a,7-tetramethyl-, cis-**	6892-80-4	**R2662**
151	163	150	43	179	41	96	222	**222**	100	71	63	55	44	32	25	24		12	18	2	2	–	–	–	–	–	–	–	–	**1H-Pyrrole, 1-acetyl-5-(1-formyl-2-piperidinyl)-2,3-dihydro-**	55028-85-8	**T0090**
151	222	152	136	108	180	223	153	**222**	100	37	9	9	9	7	5	4		10	10	2	2	–	–	–	1	–	–	–	–	**1,3,4-Thiadiazolium, 5-hydroxy-2-(4-methoxyphenyl)-3-methyl-, hydroxide, inner salt**		**M7766**
152	222	75	224	76	93	151	150	**222**	100	70	45	44	27	26	24	16		12	8	–	–	2	–	–	–	–	–	–	–	**1,1′-Biphenyl, 4,4′-dichloro-**	2050-68-2	**Q7257**
152	222	187	224	151	150	153	189	**222**	100	58	42	38	24	9	7	7		12	8	–	–	2	–	–	–	–	–	–	–	**1,1′-Biphenyl, 2,2′-dichloro-**	13029-08-8	**R4147**
153	41	55	43	69	67	95	109	**222**	100	66	33	24	21	17	14	14	**2.02**	15	26	1	–	–	–	–	–	–	–	–	–	**1(2H)-Naphthalenone, octahydro-4a,5-dimethyl-3-isopropyl-, [(3α,4aα,5α,8aα)]-**	55332-02-0	**T0936**
153	111	55	41	69	110	97	81	**222**	100	53	50	48	47	45	35	24	**10.00**	15	26	1	–	–	–	–	–	–	–	–	–	**Dactylol**		**15179**
153	222	107	79	69	137	154	182	**222**	100	64	38	21	12	11	11	11		9	10	3	4	–	–	–	–	–	–	–	–	**1H-Pyrrole-2-carboxamide, N-(2-cyanoethyl)-1-methyl-4-nitro-**	3185-95-3	**Q9088**
157	222	180	207	77	51	39	153	**222**	100	89	52	52	40	27	24	19		13	10	–	4	–	–	–	–	–	–	–	–	**Ethenetricarbonitrile, (2-ethylanilino)-**	23957-71-3	**09032**
161	43	119	41	105	95	81	93	**222**	100	91	56	45	44	41	31	30	**0.40**	15	26	1	–	–	–	–	–	–	–	–	–	**(-)-δ-Cadinol**	19435-97-3	**H1826**
161	43	119	41	105	204	95	93	**222**	100	67	48	45	45	36	35	32	**0.24**	15	26	1	–	–	–	–	–	–	–	–	–	**δ-Cadinol**		**00147**
161	59	107	81	204	189	93	105	**222**	100	87	82	79	75	69	64	63	**0.00**	15	26	1	–	–	–	–	–	–	–	–	–	**5-Azulenemethanol, 1,2,3,3a,4,5,6,8a-octahydro-α,α,3,8-tetramethyl-, [3S-(3α,3aβ,5α,8aβ)]-**	69659-91-2	**T7192**
161	59	107	105	93	81	163	91	**222**	100	74	50	40	36	33	32	31	**8.41**	15	26	1	–	–	–	–	–	–	–	–	–	**5-Azulenemethanol, 1,2,3,4,5,6,7,8-octahydro-α,α,3,8-tetramethyl-, [3S-(3α,5α,8α)]-**	489-86-1	**Q1181**
161	105	41	81	95	55	93	43	**222**	100	70	65	54	48	45	42	40	**1.00**	15	26	1	–	–	–	–	–	–	–	–	–	**Dihydro-cis-α-copaene-8-ol**		**15198**

MASS TO CHARGE RATIOS								M.W.	INTENSITIES								Parent	C	H	O	N	Cl	Br	F	S	P	B	Si	X	COMPOUND NAME	CAS Reg No	No
161	204	69	43	119	123	81	97	**222**	100	37	32	27	27	26	25	25	**0.00**	15	26	1	–	–	–	–	–	–	–	–	–	3a(1H)-Azulenol, 2,3,4,5,8,8a-hexahydro-6,8a-dimethyl-3-isopropyl-, [3R-(3α,3aα,8aα)]-	465-28-1	Q0835
161	204	189	43	41	81	105	135	**222**	100	94	73	60	56	51	45	44	**25.92**	15	26	1	–	–	–	–	–	–	–	–	–	1-Naphthalenol, decahydro-1,4a-dimethyl-7-isopropylidene-, [1R-(1α,4aβ,8aα)]-	473-04-1	Q0952
162	89	77	135	79	43	90	63	**222**	100	36	33	33	32	29	24	18	**0.00**	10	10	4	2	–	–	–	–	–	–	–	–	Benzeneacetic acid, 4-(5-oxo-1,2,3-oxadiazolidin-3-yl)-	56890-03-0	T4246
163	107	207	105	164	45	147	119	**222**	100	30	23	19	15	13	12	11	**3.50**	14	22	2	–	–	–	–	–	–	–	–	–	3,5-Dimethyl adamantyl-1-acetic acid		E0047
164	165	150	57	134	44	135	149	**222**	100	98	97	56	50	32	32	30	**24.20**	12	18	2	2	–	–	–	–	–	–	–	–	Phenol, 4-(dimethylamino)-3,5-dimethyl-, methylcarbamate (ester)	315-18-4	Q0451
165	41	117	73	45	222	87	119	**222**	100	44	42	24	23	23	18	17		9	18	–	–	–	–	–	3	–	–	–	–	1,3-Dithiane, 2-tert-butyl-5-(methylthio)-, trans-	68449-94-5	T6936
165	41	117	222	45	73	93	87	**222**	100	30	25	17	16	16	13	12		9	18	–	–	–	–	–	3	–	–	–	–	1,3-Dithiane, 2-tert-butyl-5-(methylthio)-, cis-	68449-93-4	T6935
165	51	76	63	74	75	89	62	**222**	100	56	54	48	37	35	35	31	**27.02**	15	10	2	–	–	–	–	–	–	–	–	–	9,10-Anthracenedione, 2-methyl-	84-54-8	P6189
165	51	76	63	74	89	75	194	**222**	100	56	54	48	37	35	35	31	**0.00**	15	10	2	–	–	–	–	–	–	–	–	–	9,10-Anthracenedione, 2-methyl-		05524
165	63	50	76	57	89	75	74	**222**	100	88	79	61	58	47	45	45	**17.00**	15	10	2	–	–	–	–	–	–	–	–	–	9,10-Anthracenedione, 1-methyl-		05523
165	110	123	222	109	136	193	122	**222**	100	81	75	58	56	54	43	40		13	22	1	2	–	–	–	–	–	–	–	–	Pyridine, 1,2,3,4-tetrahydro-1-(1-oxopropyl)-5-(2-piperidinyl)-	53508-12-6	S8485
165	135	151	150	120	121	207	222	**222**	100	28	16	11	10	6	4	2		7	18	–	–	–	–	–	–	–	–	–	1	tert-Butyltrimethyltin		L2553
165	150	164	134	77	58	91	222	**222**	100	88	70	57	29	22	22	22		12	18	2	2	–	–	–	–	–	–	–	–	Phenol, 4-(dimethylamino)-3,5-dimethyl-, methylcarbamate (ester)	315-18-4	Q0450
165	150	164	222	15	58	134	77	**222**	100	53	53	37	31	22	22	18		12	18	2	2	–	–	–	–	–	–	–	–	Phenol, 4-(dimethylamino)-3,5-dimethyl-, methylcarbamate (ester)	315-18-4	Q0452
165	151	163	149	207	161	147	205	**222**	100	80	75	63	47	46	39	35	**1.10**	7	18	–	–	–	–	–	–	–	–	–	1	Butyltrimethyltin		02391
165	151	207	135	121	150	120	134	**222**	100	77	46	34	11	10	10	4	**1.10**	7	18	–	–	–	–	–	–	–	–	–	1	Butyltrimethyltin		L2554
165	196	166	167	82	195	83	139	**222**	100	66	58	15	12	11	10	10	**1.00**	14	10	1	2	–	–	–	–	–	–	–	–	Acetophenone, 2-diazo-2-phenyl-	3469-17-8	08176
165	222	166	90	89	51	77	63	**222**	100	39	26	25	24	20	20	12		13	10	–	4	–	–	–	–	–	–	–	–	1H-Benzotriazole, 1-(benzylideneamino)-	23589-43-7	S0271
165	222	166	90	89	78	51	63	**222**	100	38	26	26	24	20	20	12		13	10	–	4	–	–	–	–	–	–	–	–	1H-Benzotriazole, 1-(benzylideneamino)-		M7520
166	121	222	45	167	165	89	134	**222**	100	26	25	20	11	11	10	9		12	14	–	–	–	–	–	2	–	–	–	–	3-(Isobutylthio)benzo[b]thiophene		Y2169
166	222	121	45	134	165	167	168	**222**	100	39	33	14	12	12	11	9		12	14	–	–	–	–	–	2	–	–	–	–	2-(Butylthio)benzo[b]thiophene		Y2166
166	222	121	45	165	134	167	89	**222**	100	36	30	16	13	12	11	10		12	14	–	–	–	–	–	2	–	–	–	–	3-(Butylthio)benzo[b]thiophene		Y2167
166	222	121	45	167	165	134	168	**222**	100	30	26	22	11	10	10	10		12	14	–	–	–	–	–	2	–	–	–	–	2-(Isobutylthio)benzo[b]thiophene		Y2168
173	131	77	63	89	91	191	51	**222**	100	43	34	32	31	29	27	26	**13.00**	11	10	5	–	–	–	–	–	–	–	–	–	2-Methoxybenzylidenemalonic acid		L5912
175	190	222	43	176	191	133	147	**222**	100	60	37	22	18	11	6	6		12	14	4	–	–	–	–	–	–	–	–	–	1,4-Cyclopentadiene-1-carboxylic acid, 4-acetyl-3-(1-hydroxyethylidene)-5-methyl-, methyl ester	54889-94-0	S9793
176	192	148	164	222	193	204	120	**222**	100	97	89	85	68	53	47	36		11	10	5	–	–	–	–	–	–	–	–	–	5-Isobenzofurancarboxaldehyde, 1,3-dihydro-4-hydroxy-6-methoxy-7-methyl-3-oxo-	67549-56-8	T6849
177	149	166	121	76	163	65	122	**222**	100	47	21	20	20	20	19	18	**7.43**	12	14	4	–	–	–	–	–	–	–	–	–	Diethyl isophthalate		D0199
177	149	166	194	65	50	121	76	**222**	100	53	23	18	16	15	13	11	**5.80**	12	14	4	–	–	–	–	–	–	–	–	–	1,4-Benzenedicarboxylic acid, diethyl ester		F0308
177	149	166	194	65	178	222	121	**222**	100	45	24	21	12	12	11	10		12	14	4	–	–	–	–	–	–	–	–	–	1,4-Benzenedicarboxylic acid, diethyl ester	636-09-9	H1027
177	149	169	194	64	178	222	121	**222**	100	43	25	21	16	13	13	8		12	14	4	–	–	–	–	–	–	–	–	–	1,4-Benzenedicarboxylic acid, diethyl ester		C0305
178	150	149	222	177	179	191	69	**222**	100	43	29	24	17	13	13	12		11	14	1	2	–	–	–	1	–	–	–	–	2-(Methylimino)-3-(2-hydroxyethyl)-6-methylbenzothiazoline		16566
178	177	124	123	55	163	39	41	**222**	100	48	40	33	30	28	23	22	**3.00**	11	14	3	2	–	–	–	–	–	–	–	–	4H-Pyrido[1,2-a]pyrimidine-3-acetic acid, 6,7,8,9-tetrahydro-6-methyl-4-oxo-	54554-63-1	S9320
178	222	164	177	163	191	179	192	**222**	100	50	19	16	13	13	11	11		11	14	1	2	–	–	–	1	–	–	–	–	2-Imino-3-(2-hydroxyethyl)-4,6-dimethylbenzothiazoline		16571
179	43	109	121	137	69	91	55	**222**	100	69	58	40	32	26	24	18	**7.00**	14	22	2	–	–	–	–	–	–	–	–	–	2-Cyclohexen-1-one, 3-(3-hydroxy-1-butenyl)-2,4,4,5-tetramethyl-	68931-36-2	T6976
179	133	222	161	135	41	43	44	**222**	100	17	13	10	8	8	5	2		14	22	2	–	–	–	–	–	–	–	–	–	3-Isopropyl-1-adamantanecarboxylic acid		M6106
179	145	160	148	89	43	146	133	**222**	100	96	53	20	18	13	13	12	**2.82**	12	14	4	–	–	–	–	–	–	–	–	–	cis-2-Acetyl-2,3-dihydro-2,3-dimethyoxybenzofuran	42178-48-3	S6872
179	148	180	43	133	222	105	78	**222**	100	84	69	49	29	26	21	19		12	14	4	–	–	–	–	–	–	–	–	–	trans-2-Acetyl-2,3-dihydro-2,3-dimethoxybenzofuran	42178-44-9	S6871
180	222	106	165	152	69			**222**	100	39	30	21	16	13				15	10	2	–	–	–	–	–	–	–	–	–	5,7-Dioxo-6,7-dihydro-5H-dibenzo[a,c]cycloheptene		M6930
186	188	36	38	91	77	90	63	**222**	100	96	77	41	41	33	27	26	**0.00**	6	8	–	2	1	1	–	–	–	–	–	–	Hydrazine, (3-bromophenyl)-, monohydrochloride	27246-81-7	S1651
186	188	36	77	91	38	170	172	**222**	100	98	80	56	53	41	32	32	**0.00**	6	8	–	2	1	1	–	–	–	–	–	–	Hydrazine, (2-bromophenyl)-, monohydrochloride	50709-33-6	S7452
186	188	36	170	172	91	38	77	**222**	100	95	71	45	44	42	36	23	**0.00**	6	8	–	2	1	1	–	–	–	–	–	–	Hydrazine, (4-bromophenyl)-, monohydrochloride	622-88-8	Q3085
187	169	189	171	197	186	188	151	**222**	100	77	36	26	22	18	15	13	**0.00**	7	8	2	2	2	–	–	–	–	–	–	–	Benzoic acid, 4-chloro-2-hydrazino-, monohydrochloride	64415-09-4	T6483
187	189	172	188	157	109	186	185	**222**	100	80	34	27	23	22	22	21	**0.00**	6	8	–	2	1	1	–	–	–	–	–	–	Hydrazine, (4-bromophenyl)-, monohydrochloride	622-88-8	Q3086
187	189	172	188	157	186	185	159	**222**	100	80	34	27	23	22	21	21	**0.00**	6	8	–	2	1	1	–	–	–	–	–	–	Hydrazine, (2-bromophenyl)-, monohydrochloride	50709-33-6	S7453
187	189	222	224	115	226	151	57	**222**	100	64	64	61	37	20	19	18		9	9	–	–	3	–	–	–	–	–	–	–	Benzene, 1,3,5-trichloro-2,4,6-trimethyl-	5324-68-5	R1291
189	41	43	39	190	204	91	55	**222**	100	27	22	18	15	14	14	13	**1.00**	14	22	2	–	–	–	–	–	–	–	–	–	5,6,7,8-Tetrahydro-2,4,4,7-tetramethyl-4H-1-benzopyran-3-methanol		M8859
189	204	161	176	222	91	41	87	**222**	100	70	69	68	50	21	18	14		13	18	3	–	–	–	–	–	–	–	–	–	3,5-Diisopropylsalicyclic acid		C0972
191	150	222	192	45	149	193	163	**222**	100	30	14	12	7	6	6	5		11	14	1	2	–	–	–	1	–	–	–	–	2-(2-Hydroxyethylimino)-3,6-dimethylbenzothiazoline		16567
191	178	222	164	163	192	91	45	**222**	100	87	80	30	20	20	13	9		11	14	1	2	–	–	–	1	–	–	–	–	2-(2-Hydroxyethylamino)-4,6-dimethylbenzothiazole		16569
192	222	77	51	191	167	193	64	**222**	100	60	55	40	20	15	15	11		14	10	1	2	–	–	–	–	–	–	–	–	2H-Indol-2-one, 1,3-dihydro-3-(phenylimino)-	33828-98-7	S4402
193	73	194	222	89	57	207	75	**222**	100	21	17	15	14	8	6	5		12	18	2	–	–	–	–	–	–	–	1	–	Propiophenone, 4′-(trimethylsiloxy)-	33342-89-1	S4126

MASS TO CHARGE RATIOS								M.W.	INTENSITIES								Parent	C	H	O	N	Cl	Br	F	S	P	B	Si	X	COMPOUND NAME	CAS Reg No	No
193	73	222	89	207	75	89.5	147	**222**	100	23	16	8	7	6	3	2		12	18	2	–	–	–	–	–	–	–	1	–	Propiophenone, 4′-(trimethylsiloxy)-		M3358
193	73	222	207	75	89	165	147	**222**	100	30	23	15	11	9	9	7		12	18	2	–	–	–	–	–	–	–	1	–	Propiophenone, 3′-(trimethylsiloxy)-		M3357
193	165	137	135	121	149	120	179	**222**	100	90	38	30	26	22	15	12	**5.20**	7	18	–	–	–	–	–	–	–	–	–	1	Methyltriethyltin		L2548
193	165	137	135	121	149	134	133	**222**	100	75	28	23	17	12	12	8	**2.86**	7	18	–	–	–	–	–	–	–	–	–	1	Methyltriethyltin		05512
193	165	191	163	135	189	161	137	**222**	100	83	74	65	55	44	41	39	**5.20**	7	18	–	–	–	–	–	–	–	–	–	1	Methyltriethyltin		02410
193	222	73	57	89	194	207	75	**222**	100	33	30	18	17	17	16	10		12	18	2	–	–	–	–	–	–	–	1	–	Propiophenone, 3′-(trimethylsiloxy)-	33342-88-0	S4124
193	222	73	57	194	89	207	75	**222**	100	33	30	18	17	17	15	11		12	18	2	–	–	–	–	–	–	–	1	–	Propiophenone, 4′-(trimethylsiloxy)-	33342-88-0	S4123
193	222	194	168	96.5	97	140		**222**	100	97	73	27	24	21	19			14	10	1	2	–	–	–	–	–	–	–	–	4,5-Dihydrocanthin-6-one		L2580
194	18	222	77	193	103	195	39	**222**	100	97	60	50	42	41	29	28		12	11	–	4	–	–	–	–	–	1	–	–	2,5-Diphenylcyclotetrazenoborane		00993
194	18	222	193	103	77	195	39	**222**	100	97	60	44	41	30	29	28		12	11	–	4	–	–	–	–	–	1	–	–	2,5-Diphenylcyclotetrazenoborane		05755
194	39	222	77	51	193	195	167	**222**	100	80	59	58	40	19	16	14		14	10	1	2	–	–	–	–	–	–	–	–	2H-Indol-2-one, 1,3-dihydro-3-(phenylimino)-	33828-98-7	S4401
194	94	207	150	195	67	123	69	**222**	100	13	12	8	8	7	7	6	**6.01**	9	10	3	4	–	–	–	–	–	–	–	–	2,4,7-Pteridinetriol, 6-propyl-	31053-48-2	S3136
194	193	195	167	91	222	166	118	**222**	100	25	15	15	15	11	8	8		13	10	–	4	–	–	–	–	–	–	–	–	3-Phenyl-3,4-dihydro-4-imino-1,2,3-benzotriazine		M2529
194	222	77	51	193	167	195	117	**222**	100	61	57	40	22	17	16	10		14	10	1	2	–	–	–	–	–	–	–	–	2H-Indol-2-one, 1,3-dihydro-3-(phenylimino)-		M3779
195	222	167	77	51	44	166	196	**222**	100	84	32	28	23	21	15	15		14	10	1	2	–	–	–	–	–	–	–	–	1-Phenyl-4-phthalazone	35242-42-3	09898
207	18	222	57	41	17	208	223	**222**	100	72	61	29	19	15	14	10		14	22	2	–	–	–	–	–	–	–	–	–	2,6-Di-tert-butyl-1,4-dihydroxybenzene		C0721
207	57	222	208	41	82	77	179	**222**	100	33	20	19	15	6	5	5		14	22	2	–	–	–	–	–	–	–	–	–	2,4-Cyclohexadien-1-one, 3,5-di-tertbutyl-4-hydroxy-	54965-43-4	S9875
207	57	222	208	41	82	223	191	**222**	100	32	21	19	15	6	5	5		14	22	2	–	–	–	–	–	–	–	–	–	3,5-Di-tert-butyl-1,2-dihydroxybenzene		03248
207	73	222	208	45	91	75	74	**222**	100	85	27	20	16	10	9	8		13	22	1	–	–	–	–	–	–	–	1	–	Silane, trimethyl[5-methyl-2-isopropylphenoxy]-		06084
207	91	59	208	222	147	117	115	**222**	100	17	15	15	13	12	10	9		13	18	3	–	–	–	–	–	–	–	–	–	Acetic acid, (4-tert-butylphenoxy)-, methyl ester		P4003
207	96	209	191	133	208	177	193	**222**	100	14	10	9	8	6	4	4	**0.03**	6	18	3	–	–	–	–	–	–	–	3	–	Cyclotrisiloxane, hexamethyl-	541-05-9	Q1824
207	123	222	208	42	223	124	180	**222**	100	92	77	21	19	17	15	15		10	14	4	–	–	–	–	–	–	–	–	1	Magnesium, bis(2,4-pentanedionato)-	14024-56-7	R4908
207	135	222	28	107	208	172	136	**222**	100	79	22	16	15	14	13	8		13	18	3	–	–	–	–	–	–	–	–	–	Propanoic acid, 2-(4-tert-butylphenoxy)-		Z1728
207	137	41	109	43	55	69	81	**222**	100	76	50	50	46	41	37	30	**10.00**	15	26	1	–	–	–	–	–	–	–	–	–	2H-3,9a-Methano-1-benzoxepin, octahydro-2,2,5a,9-tetramethyl-, [3R-(3α,5aα,9α,9aα)]-	5956-09-2	R1941
207	181	192	69	95	222	138	123	**222**	100	18	14	7	7	4	3	2		12	14	4	–	–	–	–	–	–	–	–	–	1-(2-Hydroxy-4,6-dimethoxyphenyl)but-2-en-1-one		P1441
207	193	75	73	151	89	222	175	**222**	100	75	26	22	11	7	4	4		12	18	2	–	–	–	–	–	–	–	1	–	Card-20(22)-enolide, 3-[(2,6-dideoxy-3-O-methyl-β-D-ribo-hexopyranosyl)oxy]-5,14-dihydroxy-19-oxo-, (3β,5β)-		M3355
207	193	75	73	208	194	45	151	**222**	100	75	26	22	17	12	11	10	**3.00**	12	18	2	–	–	–	–	–	–	–	1	–	Propiophenone, 2′-(trimethylsiloxy)-	33342-87-9	S4122
207	208	191	209	96	133	177	193	**222**	100	21	13	13	10	9	4	4	**0.00**	6	18	3	–	–	–	–	–	–	–	3	–	Cyclotrisiloxane, hexamethyl-	541-05-9	Q1825
207	208	209	191	133	193	96	177	**222**	100	21	13	8	3	3	3	3	**0.15**	6	18	3	–	–	–	–	–	–	–	3	–	Cyclotrisiloxane, hexamethyl-		C0629
207	209	211	222	224	210	136	194	**222**	100	95	31	31	30	28	19	18		9	9	–	–	3	–	–	–	–	–	–	–	Benzene, 1,3,5-trichloro-2-isopropyl-	54965-70-7	S9892
207	209	222	211	224	136	194	196	**222**	100	95	31	31	30	19	18	18		9	9	–	–	3	–	–	–	–	–	–	–	Benzene, 1,3,5-trichloro-2-isopropyl-		Z1724
207	222	57	41	29	43	208	39	**222**	100	39	33	29	18	17	16	13		14	22	2	–	–	–	–	–	–	–	–	–	2,6-Di-tert-butyl-1,4-dihydroxybenzene	2444-28-2	H1335
207	222	57	163	41	205	177	208	**222**	100	27	27	23	21	18	17	14		14	22	2	–	–	–	–	–	–	–	–	–	2,5-Di-tert-butyl-1,4-dihydroxybenzene	88-58-4	P6446
207	222	57	208	41	179	29	91	**222**	100	20	19	15	9	5	5	5		14	22	2	–	–	–	–	–	–	–	–	–	3,5-Di-tert-butyl-1,2-dihydroxybenzene	1020-31-1	Q5082
207	222	208	117	91	147	77	115	**222**	100	15	13	7	7	6	3	3		13	18	3	–	–	–	–	–	–	–	–	–	Acetic acid, (4-tert-butylphenoxy)-, methyl ester		Z1732
207	222	221	145	105	115	117	208	**222**	100	73	64	48	29	26	21	18		16	14	1	–	–	–	–	–	–	–	–	–	2-Propen-1-one, 3-(4-methylphenyl)-1-phenyl-	4224-87-7	R0221
221	105	77	28	51	165	43	166	**222**	100	99	90	43	31	29	21	20	**16.71**	15	14	–	2	–	–	–	–	–	–	–	–	1H-Imidazole, 2,5-dihydro-2,5-diphenyl-	55955-50-5	T2382
221	119	118	222	207	92	51	77	**222**	100	95	94	64	40	33	30	30		15	14	–	2	–	–	–	–	–	–	–	–	Pyrazolo[1,5-a]pyridine, 3,7-dimethyl-2-phenyl-	17408-36-5	R6923
221	222	77	39	27	51	206	207	**222**	100	72	33	25	17	16	15	14		13	10	–	4	–	–	–	–	–	–	–	–	Ethenetricarbonitrile, 3,5-xylidino-	23957-70-2	09031
221	222	205	77	193	206	78	76	**222**	100	76	56	38	27	27	22	17		14	10	1	2	–	–	–	–	–	–	–	–	Quinazoline, 4-phenyl-, 3-oxide	2369-93-9	Q7887
222	28	194	165	44	32	31	223	**222**	100	98	73	52	39	19	18	16		15	10	2	–	–	–	–	–	–	–	–	–	2H-1-Benzopyran-2-one, 3-phenyl-	955-10-2	Q4832
222	43	93	189	57	55	41	83	**222**	100	22	19	17	16	16	15	15		12	18	–	2	–	–	–	1	–	–	–	–	Thiourea, N-pentyl-N′-phenyl-	53088-08-7	S8296
222	59	45	103	117	189	157	224	**222**	100	66	61	50	38	34	32	18		7	10	–	–	–	–	–	4	–	–	–	–	2,4,6,8-Tetrathiatricyclo[3.3.1.1$^{(3,7)}$]decane, 1-methyl-	17837-56-8	R7217
222	69	194	152	124	137	223	83	**222**	100	39	30	18	15	11	11	9		10	6	6	–	–	–	–	–	–	–	–	–	1,4-Naphthalenedione, 2,5,7,8-tetrahydroxy-	2473-16-7	Q8172
222	77	56	188	51	130	75	93	**222**	100	89	71	47	38	36	32	32		11	11	1	2	1	–	–	–	–	–	–	–	3H-Pyrazol-3-one, 4-chloro-1,2-dihydro-1,5-dimethyl-2-phenyl-	43068-92-4	S7056
222	86	130	93	77	57	189	136	**222**	100	33	24	23	21	17	15	15		11	14	1	2	–	–	–	1	–	–	–	–	4-Morpholinecarbothioamide, N-phenyl-	15093-54-6	R5569
222	91	221	77	223	117	104	51	**222**	100	34	33	28	17	13	10	9		15	14	–	2	–	–	–	–	–	–	–	–	1,3-Diphenyl-2-pyrazoline		00051
222	91	221	223	65	77	39	131	**222**	100	41	23	17	12	6	6	5		15	14	–	2	–	–	–	–	–	–	–	–	N,N′-Bis-(tol-4-yl)-carbodiimide		D1605
222	93	136	43	77	41	119	207	**222**	100	25	22	21	20	17	17	17		12	18	–	2	–	–	–	1	–	–	–	–	Thiourea, N-pentyl-N′-phenyl-	15093-39-7	R5559
222	95	75	50	223	111	127	74	**222**	100	55	21	7	7	5	5	5		6	4	–	–	–	–	1	–	–	–	–	1	1-Fluoro-4-iodobenzene		03182
222	95	75	50	223	111	127	94	**222**	100	59	19	7	7	5	5	5		6	4	–	–	–	–	1	–	–	–	–	1	1-Fluoro-3-iodobenzene		03181
222	95	75	223	50	111	127	94	**222**	100	39	18	7	6	5	5	4		6	4	–	–	–	–	1	–	–	–	–	1	1-Fluoro-2-iodobenzene		03180
222	95	194	166	207	179	123	67	**222**	100	53	39	38	32	29	21	18		10	14	2	4	–	–	–	–	–	–	–	–	1H-Purine-2,6-dione, 1,7-diethyl-3,7-dihydro-3-methyl-	54889-96-2	S9796

MASS TO CHARGE RATIOS								M.W.	INTENSITIES								Parent	C	H	O	N	Cl	Br	F	S	P	B	Si	X	COMPOUND NAME	CAS Reg No	No
222	98	81	83	138	55	43	161	**222**	100	98	96	88	83	75	72	60		15	26	1	–	–	–	–	–	–	–	–	–	**1,6-Methanonaphthalen-1(2H)-ol, octahydro-4,8a,9,9-tetramethyl-, (1α,4β,4aα,6β,8aα)-**	5986-55-0	**R1970**
222	105	122	191	190	123	204	223	**222**	100	92	53	28	23	22	22	19		12	14	4	–	–	–	–	–	–	–	–	–	**Methyl 3-(benzoyloxy)-2-methylpropionate**		**P1579**
222	119	223	92	76	44	90	104	**222**	100	87	18	10	10	10	8	6		14	10	1	2	–	–	–	–	–	–	–	–	**3,4-Dihydro-4-oxo-2-phenylquinazoline**		**M0490**
222	120	43	221	92	194	41	44	**222**	100	66	34	34	30	28	26	25		15	10	2	–	–	–	–	–	–	–	–	–	**4H-1-Benzopyran-4-one, 2-phenyl-**	525-82-6	**Q1621**
222	120	194	92	221	97	65	82	**222**	100	77	51	48	32	20	16	15		15	10	2	–	–	–	–	–	–	–	–	–	**4H-1-Benzopyran-4-one, 2-phenyl-**	525-82-6	**Q1623**
222	120	207	221	180	140	51	77	**222**	100	18	18	14	13	9	8	8		13	10	–	4	–	–	–	–	–	–	–	–	**Ethenetricarbonitrile, (4-amino-3,5-xylyl)-**	22442-56-4	**09034**
222	135	120	136	149	223	134	192	**222**	100	78	33	29	23	16	15	13		11	14	3	2	–	–	–	–	–	–	–	–	**1-(4′-Methoxyphenyl)-3-methoxyimidazolidinone**		**P2090**
222	136	166	194	150	123	207	67	**222**	100	61	33	25	22	18	14	14		10	14	2	4	–	–	–	–	–	–	–	–	**Heteroxanthine, 1,3-diethyl-**	31617-39-7	**S3363**
222	140	164	224	141	176	63	114	**222**	100	71	51	32	27	25	24	22		10	7	2	2	1	–	–	–	–	–	–	–	**Quinoline, 2-chloro-4-methyl-5-nitro-**	54965-60-5	**S9886**
222	140	164	224	176	141	114	223	**222**	100	59	37	33	23	22	16	14		10	7	2	2	1	–	–	–	–	–	–	–	**Quinoline, 2-chloro-4-methyl-6-nitro-**	54965-59-2	**S9885**
222	150	194	179	166	207	109	43	**222**	100	77	29	26	22	22	21	19		10	14	2	4	–	–	–	–	–	–	–	–	**1H-Purine-2,6-dione, 3,7-diethyl-3,7-dihydro-1-methyl-**	53432-05-6	**S8468**
222	152	224	75	151	93	76	223	**222**	100	84	77	25	21	17	16	15		12	8	–	–	2	–	–	–	–	–	–	–	**1,1′-Biphenyl, 4,4′-dichloro-**	2050-68-2	**Q7260**
222	152	224	151	223	150	226	153	**222**	100	82	66	10	8	7	5	5		12	8	–	–	2	–	–	–	–	–	–	–	**1,1′-Biphenyl, 2,4-dichloro-**	33284-50-3	**S4047**
222	152	224	151	223	150	226	153	**222**	100	74	66	10	8	7	6	6		12	8	–	–	2	–	–	–	–	–	–	–	**1,1′-Biphenyl, 2,6-dichloro-**	33146-45-1	**S3990**
222	153	69	111	39	45	41	44	**222**	100	87	64	59	35	20	17	14		8	5	2	–	–	–	3	1	–	–	–	–	**1-(Thiol-3-yl)-4-trifluorobutane-1,3-dione**		**P1165**
222	157	77	221	207	121	39	51	**222**	100	27	23	20	19	17	16	13		13	10	–	4	–	–	–	–	–	–	–	–	**Ethenetricarbonitrile, 2,4-xylidino-**	23957-67-7	**09028**
222	163	221	177	207	223	110	149	**222**	100	14	13	12	10	10	9	9		11	14	3	2	–	–	–	–	–	–	–	–	**4H-Pyrido[1,2-a]pyrimidine-3-carboxylic acid, 1,6,7,8-tetrahydro-1,6-dimethyl-4-oxo-**	35615-77-1	**S5028**
222	164	140	192	141	224	166	176	**222**	100	85	84	44	38	33	27	23		10	7	2	2	1	–	–	–	–	–	–	–	**Quinoline, 2-chloro-4-methyl-8-nitro-**	54965-58-1	**S9884**
222	165	193	181	179	178	207		**222**	100	41	17	13	12	11	4			17	18	–	–	–	–	–	–	–	–	–	–	**5,5a,6,7,8,9-Hexahydro-4H-cyclohepta[c,d]phenalene**		**M7559**
222	167	221	223	166	205	77	193	**222**	100	27	23	19	18	16	13	12		14	10	1	2	–	–	–	–	–	–	–	–	**Quinazoline, 4-phenyl-, 1-oxide**	4015-36-5	**Q9990**
222	176	108	89	63	77	133	178	**222**	100	77	61	29	23	22	22	20		11	10	5	–	–	–	–	–	–	–	–	–	**4-Methoxybenzylidenemalonic acid**		**L5914**
222	180	121	195	120	194	221	77	**222**	100	35	30	30	22	20	20	12		13	10	–	4	–	–	–	–	–	–	–	–	**Ethenetricarbonitrile, (4-amino-2,5-xylyl)-**	23957-73-5	**09036**
222	191	207	223	147	77	51	163	**222**	100	48	17	14	12	10	8	8		12	14	4	–	–	–	–	–	–	–	–	–	**2-Propenoic acid, 3-(3,4-dimethoxyphenyl)-, methyl ester**	5396-64-5	**R1381**
222	191	223	51	77	157	207	96	**222**	100	35	15	13	10	10	8	7		12	14	4	–	–	–	–	–	–	–	–	–	**2-Propenoic acid, 3-(3,4-dimethoxyphenyl)-, methyl ester**	5396-64-5	**R1382**
222	191	223	207	79	147	164	190	**222**	100	24	14	9	7	3	3	2		12	14	4	–	–	–	–	–	–	–	–	–	**2-Propenoic acid, 3-(3,4-dimethoxyphenyl)-, methyl ester**	5396-64-5	**R1383**
222	194	165	105	77	89	139		**222**	100	67	30	20	20	15	4			15	10	2	–	–	–	–	–	–	–	–	–	**1H-2-Benzopyran-1-one, 3-phenyl-**		**L6568**
222	204	160	63	89	176	102	77	**222**	100	86	81	47	47	42	41	38		11	10	5	–	–	–	–	–	–	–	–	–	**3-Methoxybenzylidenemalonic acid**		**L5911**
222	207	149	177	223	195	77	39	**222**	100	24	16	16	14	11	10	10		12	14	4	–	–	–	–	–	–	–	–	–	**1,3-Benzodioxole, 4,7-dimethoxy-5-(2-propenyl)-**	523-80-8	**Q1608**
222	207	157	77	221	39	51	27	**222**	100	44	42	27	22	19	16	14		13	10	–	4	–	–	–	–	–	–	–	–	**Ethenetricarbonitrile, 2,3-xylidino-**	23957-66-6	**09027**
222	207	179	224	209	136	181	164	**222**	100	94	70	33	32	29	22	19		12	11	2	–	1	–	–	–	–	–	–	–	**Naphthalene, 1-chloro-2,6-dimethoxy-**	25315-09-7	**S1013**
222	207	194	179	165	178	193	181	**222**	100	32	29	25	25	19	15	12		17	18	–	–	–	–	–	–	–	–	–	–	**2,3,6,7,8,9-Hexahydro-1H-cyclohepta[g,h]phenalene**		**M7556**
222	221	119	91	103	77	207	131	**222**	100	86	48	41	25	21	21	19		16	14	1	–	–	–	–	–	–	–	–	–	**2-Propen-1-one, 1-(4-methylphenyl)-3-phenyl-**	4224-96-8	**R0222**
222	221	157	77	39	207	27	51	**222**	100	86	37	30	20	19	17	16		13	10	–	4	–	–	–	–	–	–	–	–	**Ethenetricarbonitrile, 2,5-xylidino-**	23957-68-8	**09029**
222	221	165	223	163	164	139	63	**222**	100	96	36	16	15	14	11	10		14	10	1	2	–	–	–	–	–	–	–	–	**1-Phenyl-4-phthalazone**		**L1842**
222	221	165	223	163	164	139	166	**222**	100	96	36	16	15	14	11	10		14	10	1	2	–	–	–	–	–	–	–	–	**1-Phenyl-4-phthalazone**		**02087**
222	221	194	76	167	77	50	223	**222**	100	59	30	23	22	21	15	15		14	10	1	2	–	–	–	–	–	–	–	–	**2-(2′-Hydroxyphenyl)quinoxaline**		**05739**
222	221	207	77	39	180	105	27	**222**	100	54	28	21	13	13	12	11		13	10	–	4	–	–	–	–	–	–	–	–	**Ethenetricarbonitrile, 3,4-xylidino-**	23957-69-9	**09030**
222	221	220	223	77	93	91	104	**222**	100	67	16	15	13	10	6	6		13	11	1	2	–	–	–	–	–	1	–	–	**3-Phenyl-4-hydroxy-4,3-borazaro-isoquinoline**		**L4336**
222	224	152	223	226	151	93	225	**222**	100	65	40	13	11	9	9	9		12	8	–	–	2	–	–	–	–	–	–	–	**1,1′-Biphenyl, 4,4′-dichloro-**	2050-68-2	**Q7258**
223	133	204	205	161	74	119		**222**	100	97	26	25	19	13	12		**0.00**	10	10	2	2	–	–	–	1	–	–	–	–	**Acetic acid, [(2-benzimidazolylmethyl)thio]-**	6017-11-4	**R1995**
223	181							**222**	100	27							**0.00**	4	6	3	4	–	–	–	2	–	–	–	–	**Acetamide, N-[5-(aminosulphonyl)-1,3,4-thiadiazol-2-yl]-**	59-66-5	**P5005**
223	182	180	143	100				**222**	100	84	83	59	26				**0.00**	6	11	2	2	–	1	–	–	–	–	–	–	**Butanamide, N-(aminocarbonyl)-2-bromo-3-methyl-**	496-67-3	**Q1269**
223	205	177	129	224	124	167	163	**222**	100	60	20	17	15	13	12	11	**0.50**	13	18	3	–	–	–	–	–	–	–	–	–	**2-Cyclohexen-1-one, 4-hydroxy-4-(3-oxobutenyl)-3,5,5-trimethyl-**		**P3612**
15	127	67	58	97	43	39	28	**223**	100	88	68	55	47	45	43	42	**6.40**	7	14	5	1	–	–	–	–	1	–	–	–	**Phosphoric acid, dimethyl 1-methyl-3-(methylamino)-3-oxo-1-propenyl ester, (E)-**	6923-22-4	**R2691**
36	223	194	222	165	38	224	35	**223**	100	56	56	53	43	34	33	23		15	11	2	–	–	–	–	–	–	–	–	–	**7-Hydroxyflavylium ion**		**05421**
41	43	29	57	97	55	27	110	**223**	100	97	66	65	54	52	40	33	**0.50**	15	29	–	1	–	–	–	–	–	–	–	–	**Pentadecanenitrile**	18300-91-9	**H1804**
43	41	140	56	55	60	98	28	**223**	100	99	92	89	81	77	74	70	**46.91**	14	25	1	1	–	–	–	–	–	–	–	–	**N-Acetyldicyclohexylamine**		**03104**
43	45	165	136	59	60	79	51	**223**	100	90	83	79	66	62	62	37	**0.00**	10	9	3	1	–	–	–	1	–	–	–	–	**Thiazolo[3,2-a]pyridinium, 8-(acetyloxy)-3-hydroxy-2-methyl-**	57197-32-7	**T4373**
44	45	110	28	18	42	124	43	**223**	100	58	51	31	19	17	15	14	**6.59**	13	21	2	1	–	–	–	–	–	–	–	–	**Phenol, 4-butoxy-2-[(dimethylamino)methyl]-**	55955-89-0	**T2425**
46	194	76	130	50	60	104	174	**223**	100	97	73	54	51	51	49	46	**8.11**	10	9	3	1	–	–	–	1	–	–	–	–	**1H-Isoindole-1,3(2H)-dione, 2-(ethylsulphinyl)-**	40167-12-2	**S6231**
53	127	223	164	70	171	225	129	**223**	100	21	21	16	14	10	7	7		11	10	2	1	1	–	–	–	–	–	–	–	**Carbamic acid, (3-chlorophenyl)-, 1-methyl-2-propynyl ester**	1967-16-4	**Q7136**

MASS TO CHARGE RATIOS								M.W.	INTENSITIES								Parent	C	H	O	N	Cl	Br	F	S	P	B	Si	X	COMPOUND NAME	CAS Reg No	No
53	223	153	127	164	171	225	155	**223**	100	47	45	41	30	16	15	15		11	10	2	1	1	–	–	–	–	–	–	–	**Carbamic acid, (3-chlorophenyl)-, 3-butynyl ester**	56247-86-0	**T3150**
55	41	97	57	111	43	39	42	**223**	100	55	53	42	23	20	19	12	**0.20**	14	25	1	1	–	–	–	–	–	–	–	–	**2-Aziridinone, 1-tert-butyl-3-(1-methylcycloheptyl)-**	26944-18-3	**S1573**
55	41	130	77	223	131	129	78	**223**	100	87	40	31	27	27	23	23		9	9	4	3	–	–	–	–	–	–	–	–	**N-Prop-2-enyl-2,4-dinitroaniline**		**05297**
57	167	125	152	41	29	39	223	**223**	100	72	64	58	48	45	23	12		13	21	–	1	–	–	–	1	–	–	–	–	**3-tert-Butylmercapto-4-tert-butylpyridine**		**02655**
58	148	147	32	44	149	42	89	**223**	100	48	47	38	27	24	24	22	**9.56**	12	17	3	1	–	–	–	–	–	–	–	–	**1,3-Benzodioxole-5-methanol, α-[2-(dimethylamino)ethyl]-**	55836-42-5	**T2182**
72	15	42	151	28	27	41	43	**223**	100	12	10	9	9	9	8	7	**2.00**	11	17	2	3	–	–	–	–	–	–	–	–	**Carbamic acid, dimethyl-, 6-methyl-2-propyl-4-pyrimidinyl ester**		**04887**
72	44	45	91	46	58	43	41	**223**	100	45	40	34	25	9	9	8	**0.10**	13	21	2	1	–	–	–	–	–	–	–	–	**1-Benzyloxy-3-isopropylaminopropan-2-ol**		**02919**
72	151	195	42	41	39	43	73	**223**	100	22	20	9	8	5	5	5	**1.97**	11	17	2	3	–	–	–	–	–	–	–	–	**Carbamic acid, dimethyl-, 6-methyl-2-propyl-4-pyrimidinyl ester**	2532-49-2	**Q8283**
74	150	205	192	206	149	223	163	**223**	100	53	20	19	16	11	11	8		11	13	4	1	–	–	–	–	–	–	–	–	**Benzenebutanoic acid, 4-nitro-, methyl ester**	20637-02-9	**R8797**
77	105	51	177	50	64	78	223	**223**	100	99	24	15	12	11	11	8		8	5	1	3	–	–	–	2	–	–	–	–	**Benzamide, N-5H-1,3,2,4-dithiadiazol-5-ylidene-**	57726-51-9	**T4797**
83	85	223	120	222	47	92	178	**223**	100	66	55	45	26	23	23	22		15	13	1	1	–	–	–	–	–	–	–	–	**2-Propen-1-one, 1-(4-aminophenyl)-3-phenyl-**	2403-30-7	**Q7961**
89	195	197	63	116	39	62	223	**223**	100	53	52	42	36	23	21	19		9	6	1	1	–	1	–	–	–	–	–	–	**5-Bromo-4-phenyloxazole**	20756-97-2	**R8916**
89	195	197	63	116	39	62	225	**223**	100	53	52	42	36	23	21	19	**19.00**	9	6	1	1	–	1	–	–	–	–	–	–	**5-Bromo-4-phenyloxazole**		**02093**
91	104	222	194	223	92	117	132	**223**	100	52	37	25	20	17	16	15		16	17	–	1	–	–	–	–	–	–	–	–	**Azetidine, 1-benzyl-2-phenyl-**		**L5175**
91	104	222	194	223	92	118	132	**223**	100	52	37	26	19	17	16	15		16	17	–	1	–	–	–	–	–	–	–	–	**Azetidine, 1-benzyl-2-phenyl-**	22606-85-5	**R9838**
91	108	79	28	107	77	43	44	**223**	100	85	47	46	36	26	24	19	**3.16**	11	13	4	1	–	–	–	–	–	–	–	–	**L-Alanine, N-[benzyloxycarbonyl]-**	1142-20-7	**Q5529**
91	108	79	107	28	77	43	44	**223**	100	81	53	37	37	29	27	20	**3.50**	11	13	4	1	–	–	–	–	–	–	–	–	**DL-Alanine, N-[benzyloxycarbonyl]-**	4132-86-9	**R0129**
93	94	130	70	109	65	72	164	**223**	100	82	81	45	34	33	33	17	**13.00**	8	18	2	1	–	–	–	1	1	–	–	–	**N-(Dimethylthiophosphinyl)valine methyl ester**		**16274**
105	77	195	51	64	223	167	63	**223**	100	86	49	36	12	12	11	9		13	9	1	3	–	–	–	–	–	–	–	–	**1H-Benzotriazole, 1-benzoyl-**	4231-62-3	**R0230**
105	77	195	51	223	50	64	167	**223**	100	86	49	36	12	12	12	11		13	9	1	3	–	–	–	–	–	–	–	–	**1H-Benzotriazole, 1-benzoyl-**	4231-62-3	**R0229**
105	77	195	51	223	64	167	92	**223**	100	86	49	36	12	12	11	9		13	9	1	3	–	–	–	–	–	–	–	–	**1H-Benzotriazole, 1-benzoyl-**		**M2298**
106	75	73	77	223	107	45	51	**223**	100	15	13	13	9	8	6	5		11	17	2	1	–	–	–	–	–	–	1	–	**Glycine, N-phenyl-, trimethylsilyl ester**	25436-41-3	**S1085**
106	107	105	77	104	51	112	29	**223**	100	76	69	32	25	25	19	19	**2.70**	15	18	–	1	–	–	–	–	–	1	–	–	**Boranamine, 1-ethyl-N-methyl-N,1-diphenyl-**	39967-40-3	**S6190**
107	43	28	44	108	15	205	77	**223**	100	33	9	9	8	8	7	6	**0.00**	11	13	4	1	–	–	–	–	–	–	–	–	**L-Tyrosine, N-acetyl-**		**06264**
110	44	45	166	122	28	29	123	**223**	100	58	35	22	21	18	17	15	**0.92**	13	21	2	1	–	–	–	–	–	–	–	–	**Phenol, 2-butoxy-6-[(dimethylamino)methyl]-**	55956-28-0	**T2464**
111	223	43	112	57	41	124	39	**223**	100	36	29	23	20	19	18	14		13	21	–	1	–	–	–	1	–	–	–	–	**Pyridine, 2-(octylthio)-**	26891-70-3	**S1537**
111	223	43	112	124	41	125	39	**223**	100	36	28	25	18	18	14	14		13	21	–	1	–	–	–	1	–	–	–	–	**Pyridine, 2-(octylthio)-**		**L9413**
113	166	98	55	70	41	223	152	**223**	100	91	75	57	48	34	31	26		14	25	1	1	–	–	–	–	–	–	–	–	**Pyrrolidine, 1-(1-oxo-4-decenyl)-**	56600-09-0	**T3899**
118	43	223	90	180	106	88	58	**223**	100	43	38	30	25	18	18	15		15	13	1	1	–	–	–	–	–	–	–	–	**cis-3,4-Diphenyl-2-azetidinone**		**L3084**
118	104	42	119	77	78	223	51	**223**	100	88	36	28	20	19	17	12		16	17	–	1	–	–	–	–	–	–	–	–	**Azetidine, 1-methyl-2,3-diphenyl-**	54965-67-2	**S9890**
118	104	42	119	77	78	223	179	**223**	100	90	36	29	21	20	18	13		16	17	–	1	–	–	–	–	–	–	–	–	**Azetidine, trans-1-methyl-2,3-diphenyl-**		**L5179**
120	223	164	29	146	192	151	91	**223**	100	78	61	34	18	16	16	15		11	13	4	1	–	–	–	–	–	–	–	–	**Methyl 4-(ethoxycarbonylamino)benzoate**		**D1567**
123	148	149	138	140	124	150	191	**223**	100	25	24	19	13	8	5	2	**0.00**	11	10	3	1	–	–	1	–	–	–	–	–	**Ethaneperoxoic acid, 1-cyano-1-(4-fluorophenyl)ethyl ester**	58422-79-0	**T5027**
124	223	109	77	122	123	52	95	**223**	100	69	41	21	16	15	13	13		11	13	4	1	–	–	–	–	–	–	–	–	**2-Oxazolidinone, 5-[(2-methoxyphenoxy)methyl]-**	70-07-5	**P5366**
127	67	15	97	58	192	109	43	**223**	100	52	31	27	23	20	17	14	**11.05**	7	14	5	1	–	–	–	–	1	–	–	–	**Phosphoric acid, dimethyl 1-methyl-3-(methylamino)-3-oxo-1-propenyl ester, (Z)-**	919-44-8	**Q4533**
127	67	58	97	43	39	109	79	**223**	100	66	36	34	26	22	22	12	**2.95**	7	14	5	1	–	–	–	–	1	–	–	–	**Phosphoric acid, dimethyl 1-methyl-3-(methylamino)-3-oxo-1-propenyl ester, (E)-**	6923-22-4	**R2690**
127	126	154	70	140	183	98	114	**223**	100	60	55	50	50	50	40	40	**40.00**	12	21	1	3	–	–	–	–	–	–	–	–	**Propanenitrile, 3-[[3-(hexahydro-2-oxo-1H-azepin-1-yl)propyl]amino]-**	67370-63-2	**T6771**
131	223	103	93	77	132	224	51	**223**	100	33	29	20	18	10	6	6		15	13	1	1	–	–	–	–	–	–	–	–	**3-Phenylpropenanilide**		**W0194**
132	105	91	133	77	65	117	51	**223**	100	16	14	11	7	5	5	5	**0.41**	16	17	–	1	–	–	–	–	–	–	–	–	**Benzeneethanamine, α-methyl-N-benzylidene-**	2980-02-1	**Q8889**
132	105	133	91	103	77	181	89	**223**	100	15	11	9	6	5	4	4	**0.36**	16	17	–	1	–	–	–	–	–	–	–	–	**Benzeneethanamine, N-ethylidene-α-phenyl-**	69707-06-8	**T7320**
132	133	77	104	91	51	65	76	**223**	100	27	26	16	12	10	8	7	**6.10**	15	13	1	1	–	–	–	–	–	–	–	–	**3-Benzylphthalimidine**		**B0395**
134	75	223	222	73	135	118	45	**223**	100	53	51	45	22	20	15	14		12	21	1	1	–	–	–	–	–	–	1	–	**p-Toluidine, N,N-dimethyl-α-(trimethylsiloxy)-**	14629-54-0	**R5310**
134	77	223	135	105	91	116	79	**223**	100	15	15	11	8	7	6	6		12	17	1	1	–	–	–	1	–	–	–	–	**Anthranilic acid, N-methylthio-, sec-butyl ester**	15236-35-8	**R5617**
134	77	223	135	106	91	116	79	**223**	100	15	15	10	8	7	6	6		12	17	1	1	–	–	–	1	–	–	–	–	**Butyl 2-(methylamino)thiobenzoate**		**U0089**
135	90	77	92	136	134	51	64	**223**	100	24	20	13	9	6	4	4	**2.50**	11	13	4	1	–	–	–	–	–	–	–	–	**Hippuric acid, o-methoxy-, methyl ester**	27796-49-2	**S1812**
135	90	77	92	136	134	105	164	**223**	100	38	36	19	19	13	10	9	**9.00**	11	13	4	1	–	–	–	–	–	–	–	–	**Hippuric acid, o-methoxy-, methyl ester**	27796-49-2	**S1814**
135	90	134	136	164	105	77	91	**223**	100	49	12	9	7	5	5	3	**2.50**	11	13	4	1	–	–	–	–	–	–	–	–	**Hippuric acid, o-methoxy-, methyl ester**	27796-49-2	**S1813**
140	73	67	41	166	178	27	81	**223**	100	46	40	35	30	29	26	24	**0.72**	15	29	–	1	–	–	–	–	–	–	–	–	**5,8-Tridecadien-7-amine, N,N-dimethyl-, (E,E)-**	55976-06-2	**T2502**
149	30	57	74	223	45	75	177	**223**	100	17	13	10	6	6	5	4		11	13	4	1	–	–	–	–	–	–	–	–	**L-Tyrosine, N-acetyl-**	537-55-3	**09212**
149	36	44	38	131	45	43	223	**223**	100	99	67	35	35	31	30	15		11	13	4	1	–	–	–	–	–	–	–	–	**L-Tyrosine, 3-acetyl-**		**P2672**
150	90	63	39	50	104	164	76	**223**	100	49	35	34	34	34	28	23	**0.00**	13	9	1	3	–	–	–	–	–	–	–	–	**4-Azidobenzophenone**	36210-71-6	**S5170**
150	104	56	151	76	50	55	75	**223**	100	23	22	22	15	4	4	4	**1.00**	10	9	5	1	–	–	–	–	–	–	–	–	**Propionic acid, (3-nitrobenzoyl)-**	6328-00-3	**R2245**
151	15	166	126	58	51	39	43	**223**	100	70	69	61	60	54	52	43	**16.81**	11	13	4	1	–	–	–	–	–	–	–	–	**1,3-Benzodioxol-4-ol, 2,2-dimethyl-, methylcarbamate**	22781-23-3	**R9950**
151	126	166	31	51	43	58	223	**223**	100	59	57	41	18	16	16	15		11	13	4	1	–	–	–	–	–	–	–	–	**Carbamic acid, (2,2-dimethyl-1,3-benzodioxol-4-yl)-, methyl ester**	69687-73-6	**T7209**

MASS TO CHARGE RATIOS								M.W.	INTENSITIES								Parent	C	H	O	N	Cl	Br	F	S	P	B	Si	X	COMPOUND NAME	CAS Reg No	No
151	152	81	223	96	57	41	95	**223**	100	50	45	41	40	18	15	15		14	25	1	1	–	–	–	–	–	–	–	–	**N-Isobutyl-trans-2,trans-4-decadienamide**		**L7874**
151	190	150	178	208	104	117	132	**223**	100	76	53	37	31	19	15	14	**0.00**	11	13	4	1	–	–	–	–	–	–	–	–	**2-Pyridinepropanoic acid, 3-carboxy-α,β-dimethyl-, [S-(R*,R*)]-**	34437-67-7	**S4650**
151	223	72	222	123	152	52	29	**223**	100	23	17	16	14	12	10	9		12	17	3	1	–	–	–	–	–	–	–	–	**Benzamide, N,N-diethyl-4-hydroxy-3-methoxy-**	304-84-7	**Q0386**
152	180	167	125	84	153	205	223	**223**	100	57	43	25	15	14	10	8		12	17	3	1	–	–	–	–	–	–	–	–	**2(1H)-Pyridone, 3-hexanoyl-4-hydroxy-6-methyl-**	7164-95-6	**R2893**
152	223	151	180	150	153	179	76	**223**	100	77	62	61	42	32	30	30		14	13	–	3	–	–	–	–	–	–	–	–	**Benzo[c]cinnolin-1-amine, N,N-dimethyl-**		**02044**
163	150	223	74	164	166	192	106	**223**	100	48	29	19	15	10	10	8		11	13	4	1	–	–	–	–	–	–	–	–	**Hydrocinnamic acid, β-methyl-p-nitro-, methyl ester**	24254-61-3	**S0512**
164	151	30	149	165	43	223	28	**223**	100	44	24	14	12	12	11	9		12	17	3	1	–	–	–	–	–	–	–	–	**Acetamide, N-[2-(3,4-dimethoxyphenyl)ethyl]-**		**06597**
164	151	30	149	165	43	223	107	**223**	100	44	24	14	12	12	11	6		12	17	3	1	–	–	–	–	–	–	–	–	**Acetamide, N-[2-(3,4-dimethoxyphenyl)ethyl]-**	6275-29-2	**R2193**
164	151	165	223	30	149	43	18	**223**	100	33	29	17	16	9	8	8		12	17	3	1	–	–	–	–	–	–	–	–	**Acetamide, N-[2-(3,4-dimethoxyphenyl)ethyl]-**		**06219**
164	166	223	43	55	41	99	71	**223**	100	33	24	22	21	20	17	12		11	10	2	1	1	–	–	–	–	–	–	–	**4-Chloroindoleacetic acid methyl ester**	19077-78-2	**R7957**
165	58	164	163	42	162	166	168	**223**	100	99	50	46	38	31	26	22	**6.40**	16	17	–	1	–	–	–	–	–	–	–	–	**9H-Fluorene-9-methanamine, α,α-dimethyl-**	51328-62-2	**S7643**
167	41	152	57	39	29	168	56	**223**	100	33	28	17	16	16	13	9	**4.00**	13	21	–	1	–	–	–	1	–	–	–	–	**2-tert-Butylmercapto-4-tert-butylpyridine**		**02654**
167	195	223	162	108	168	135	169	**223**	100	69	40	25	15	13	12	12		10	9	1	1	–	–	–	2	–	–	–	–	**Spiro[1,3-dithiolane-2,2′-[2H]indol]-3′(1′H)-one**	35524-64-2	**08049**
169	116	129	170	223	142	115	130	**223**	100	28	22	21	20	18	15	14		14	13	–	3	–	–	–	–	–	–	–	–	**α,α-Bis(2-cyanoethyl)benzyl cyanide**		**A0655**
169	142	129	223	170	115	116	77	**223**	100	27	20	16	16	14	11	8		14	13	–	3	–	–	–	–	–	–	–	–	**α,α-Bis(2-cyanoethyl)benzyl cyanide**		**C0246**
176	223	165	177	193	77	88	151	**223**	100	88	88	85	80	59	46	38		14	9	2	1	–	–	–	–	–	–	–	–	**9-Nitroanthracene**		**02681**
178	179	223	164	148	107			**223**	100	98	33	30	20	10				11	13	4	1	–	–	–	–	–	–	–	–	**3-(1′-Hydroxyethyl)-4-hydroxy-7-methoxyphthalimidine**		**M6212**
180	118	90	179	88	178	165	181	**223**	100	69	40	39	34	21	20	18	**10.70**	15	13	1	1	–	–	–	–	–	–	–	–	**trans-3,4-Diphenyl-2-azetidinone**		**L3085**
180	181	124	70	96	152	194	138	**223**	100	13	10	8	4	4	3	3	**1.20**	15	29	–	1	–	–	–	–	–	–	–	–	**Quinoline, decahydro-2,5-dipropyl-**	63983-61-9	**T6357**
180	208	223	41	57	194	181	182	**223**	100	32	24	20	13	13	12	12		14	25	1	1	–	–	–	–	–	–	–	–	**Morpholine, 4-(3-methyl-1-propylidene-2-hexenyl)-**	3191-97-7	**Q9102**
180	223	181	166	71	42	194	224	**223**	100	21	11	6	5	5	4	3		12	21	1	3	–	–	–	–	–	–	–	–	**2-(N-Ethylmethylamino)-4-hydroxy-5-butyl-6-methylpyrimidine**		**D2256**
181	18	166	223	73	43	45	28	**223**	100	73	72	66	59	37	23	21		11	17	2	1	–	–	–	–	–	–	1	–	**Acetamide, N-[4-[(trimethylsilyl)oxy]phenyl]-**	41571-82-8	**S6700**
181	180	77	105	118	104	223	117	**223**	100	58	50	45	34	30	29	26		16	17	–	1	–	–	–	–	–	–	–	–	**Azetidine, cis-1-methyl-2,3-diphenyl-**		**L5180**
181	180	77	105	118	104	223	117	**223**	100	57	49	45	35	30	30	27		16	17	–	1	–	–	–	–	–	–	–	–	**Azetidine, 3-methyl-1,2-diphenyl-**	54965-66-1	**S9889**
181	180	223	152	43	182	153	151	**223**	100	69	51	33	32	17	17	12		15	13	1	1	–	–	–	–	–	–	–	–	**Acetamide, N-9H-fluoren-2-yl-**	53-96-3	**P4640**
181	223	166	73	43	45	208	75	**223**	100	70	68	58	54	25	22	18		11	17	2	1	–	–	–	–	–	–	1	–	**Acetamide, N-[4-[(trimethylsilyl)oxy]phenyl]-**	41571-82-8	**S6699**
181	223	180	152	182	153	43	224	**223**	100	61	50	20	16	11	11	10		15	13	1	1	–	–	–	–	–	–	–	–	**Acetamide, N-9H-fluoren-2-yl-**	53-96-3	**P4641**
188	29	72	44	88	27	60	189	**223**	100	33	33	30	28	25	25	20	**3.50**	8	14	–	1	1	–	–	2	–	–	–	–	**Carbamodithioic acid, diethyl-, 2-chloro-2-propenyl ester**	95-06-7	**P6905**
188	44	72	60	88	77	116	189	**223**	100	64	57	51	44	24	22	19	**0.00**	8	14	–	1	1	–	–	2	–	–	–	–	**Carbamodithioic acid, diethyl-, 2-chloro-2-propenyl ester**	95-06-7	**P6906**
190	223	93	125	98	110	191	77	**223**	100	38	33	23	15	10	10	8		8	18	2	1	–	–	–	1	1	–	–	–	**Dimethyl N-cyclohexylphosphoramidothioate**		**L4588**
190	223	93	125	98	110	191	78	**223**	100	38	33	23	15	10	10	7		8	18	2	1	–	–	–	1	1	–	–	–	**Dimethyl N-cyclohexylphosphoramidothioate**	941-39-9	**Q4756**
191	208	206	179	177	205	178	176	**223**	100	58	55	45	33	30	30	30	**5.00**	15	13	1	1	–	–	–	–	–	–	–	–	**2-Aminoxymethylphenanthrene**		**02552**
192	162	148	193	119	163	180	223	**223**	100	90	58	30	26	19	15	14		9	13	2	5	–	–	–	–	–	–	–	–	**6-Bis(2-hydroxyethyl)aminopurine**		**L1034**
194	165	223	195	166	222	139	224	**223**	100	99	53	34	26	11	10	9		15	13	1	1	–	–	–	–	–	–	–	–	**4-Phenyl-1,2,3,4-tetrahydroisoquinoline**		**B0340**
194	222	36	223	165	38	224	97	**223**	100	99	82	46	37	28	22	20		15	11	2	–	–	–	–	–	–	–	–	–	**4′-Hydroxyflavylium ion**		**05420**
195	167	77	166	223	51	50	119	**223**	100	65	47	32	31	28	27	25		13	9	1	3	–	–	–	–	–	–	–	–	**1,2,3-Benzotriazin-4(3H)-one, 3-phenyl-**		**M2527**
195	167	223	77	166	92	51	119	**223**	100	52	48	39	25	24	22	21		13	9	1	3	–	–	–	–	–	–	–	–	**1,2,3-Benzotriazin-4(3H)-one, 3-phenyl-**	19263-30-0	**R8047**
195	223	167	77	90				**223**	100	40	29	25	3					14	9	2	1	–	–	–	–	–	–	–	–	**N-Phenylisatin**		**L9896**
208	194	223	152	151	180	150	207	**223**	100	55	31	31	23	19	17	17		14	13	–	3	–	–	–	–	–	–	–	–	**Benzo[c]cinnolin-4-amine, N,N-dimethyl-**	16371-74-7	**R6146**
220	117	103	223	77	130	90	165	**223**	100	84	64	56	56	48	44	28		15	13	1	1	–	–	–	–	–	–	–	–	**3-(2′-Hydroxybenzyl)indole**		**M0359**
222	206	223	77	103	128	205	207	**223**	100	76	46	43	20	20	14	13		15	13	1	1	–	–	–	–	–	–	–	–	**2-Propen-1-one, 1,3-diphenyl-, oxime, (E,Z)-**	52939-95-4	**S8193**
222	223	90	91	89	221	118	145	**223**	100	87	85	65	55	30	28	27		14	14	1	1	–	–	–	–	–	1	–	–	**1,3,2-Oxazaborolidine, 2,5-diphenyl-**	26535-22-8	**S1399**
223	18	182	224	64	181	52	39	**223**	100	28	27	16	13	10	10	9		12	9	–	5	–	–	–	–	–	–	–	–	**1,3,6,9b-Tetraazaphenalene-4-carbonitrile, 2,8-dimethyl-**	38439-32-6	**S5810**
223	105	77	179	51	146	224	50	**223**	100	65	56	47	18	17	16	13		14	9	2	1	–	–	–	–	–	–	–	–	**2-Phenyl-3,1-benzoxazin-4-one**		**00945**
223	105	77	179	146	90	195	167	**223**	100	64	53	44	18	12	4	2		14	9	2	1	–	–	–	–	–	–	–	–	**2-Phenyl-3,1-benzoxazin-4-one**		**05742**
223	117	225	116	180	144	75	102	**223**	100	29	27	25	23	17	15	13		11	10	2	1	1	–	–	–	–	–	–	–	**3-Chloro-6,7-dimethoxyisoquinoline**		**15811**
223	135	178	151	152	180	224	179	**223**	100	71	57	33	14	14	14	12		9	9	4	3	–	–	–	–	–	–	–	–	**Pyrrolo[1,2-a]-1,3,5-triazine-7-carboxylic acid, 1,2,3,4-tetrahydro-2,4-dioxo-, ethyl ester**	54449-89-7	**S9114**
223	167	164	108	135	162	195	224	**223**	100	98	59	40	38	34	26	20		10	9	1	1	–	–	–	2	–	–	–	–	**Spiro[1,3-dithiolane-2,3′-[3H]indol]-2′(1′H)-one**	38168-18-2	**08048**
223	167	222	166	139	224	105	77	**223**	100	46	29	27	26	26	22	20		14	9	2	1	–	–	–	–	–	–	–	–	**1H-Indene-1,3(2H)-dione, 2-(2-pyridinyl)-**	641-63-4	**Q3536**
223	176	177	165	88	208	151	224	**223**	100	42	38	29	25	22	18	16		14	9	2	1	–	–	–	–	–	–	–	–	**9-Nitroanthracene**		**D0826**
223	179	76	104	224	77	50	178	**223**	100	44	35	17	15	10	10	9		14	9	2	1	–	–	–	–	–	–	–	–	**Phthalanil**		**04675**
223	192	145	135	151	165	175	176	**223**	100	97	39	38	37	36	31	26		12	17	3	1	–	–	–	–	–	–	–	–	**2-Propanone, 1-(2,5-dimethoxy-4-methylphenyl)-, oxime**	43021-99-4	**S7044**
223	195	120	75	92	44	104	222	**223**	100	29	26	23	23	20	15	14		13	9	1	3	–	–	–	–	–	–	–	–	**Pyrido[3,2-d]pyrimidin-4(3H)-one, 2-phenyl-**	3295-26-9	**Q9190**
223	206	76	104	166	192	77	222	**223**	100	74	33	32	32	32	26	22		13	9	1	3	–	–	–	–	–	–	–	–	**1H-Pyrrolo[2,3-b]pyridine, 3-nitroso-2-phenyl-**	23616-56-0	**S0282**
223	206	77	167	207	105	195	179	**223**	100	59	24	18	14	14	10	9		14	9	2	1	–	–	–	–	–	–	–	–	**2-Phenyl-3H-indol-3-one 1-oxide**		**05741**

MASS TO CHARGE RATIOS								M.W.	INTENSITIES								Parent	C	H	O	N	Cl	Br	F	S	P	B	Si	X	COMPOUND NAME	CAS Reg No	No
223	222	105	221	130	92	220	224	**223**	100	72	52	31	29	24	19	17		15	18	–	1	–	–	–	–	–	1	–	–	2-(2′-Phenylethyl)-3,2-borazindan		L7483
223	222	180	179	181	76	75	208	**223**	100	50	35	30	24	21	18	18		14	13	–	3	–	–	–	–	–	–	–	–	2-(Dimethylamino)phenazine	6494-69-5	R2331
223	222	180	179	181	76	208	207	**223**	100	50	35	30	24	20	18	16		14	13	–	3	–	–	–	–	–	–	–	–	2-(Dimethylamino)phenazine		L2061
223	222	224	135	134	75	225	221	**223**	100	22	19	18	17	14	6	3		12	21	1	1	–	–	–	–	–	–	1	–	p-Toluidine, N,N-dimethyl-α-(trimethylsiloxy)-	14629-54-0	R5311
223	222	224	178	179	207	208	165	**223**	100	30	19	11	6	4	4	3		16	17	–	1	–	–	–	–	–	–	–	–	(E)-(Dimethylamino)stilbene	838-95-9	Q4348
223	224	93	146	102				**223**	100	16	2	1	1					14	9	2	1	–	–	–	–	–	–	–	–	Benzoic acid, 4-cyano-, phenyl ester	17847-33-5	R7224
223	224	195	167	139	222	166	28	**223**	100	16	12	11	10	9	6	6		14	9	2	1	–	–	–	–	–	–	–	–	1-Aminoanthraquinone		D0201
28	43	45	15	209	60	44	16	**224**	100	41	36	25	18	15	13	11	**0.19**	15	12	2	–	–	–	–	–	–	–	–	–	Dibenzoylmethane		X0315
28	55	56	27	84	83	29	39	**224**	100	19	11	9	8	3	3	2	**0.20**	7	5	5	–	–	–	–	–	–	–	–	1	Manganese, pentacarbonylethyl-,	15694-83-4	R5808
31	28	69	194	43	95	113	105	**224**	100	52	48	42	39	28	27	23	**5.00**	4	6	–	4	–	–	6	–	–	–	–	–	1,1,1,4,4,4-Hexafluoro-3-hydrazino-2-butanone hydrazone		L5877
31	194	69	28	43	105	32	155	**224**	100	79	60	57	54	41	39	38	**10.00**	4	6	–	4	–	–	6	–	–	–	–	–	1,1,1,4,4,4-Hexafluoro-3-hydrazino-2-butanone hydrazone		L5878
41	43	27	70	55	29	139	28	**224**	100	93	63	59	57	47	39	37	**1.00**	14	28	–	2	–	–	–	–	–	–	–	–	Pentanal, 2,2-dimethyl-, (2,2-dimethylpentylidene)hydrazone	55724-27-1	T1985
41	43	55	39	67	81	70	57	**224**	100	76	52	43	32	29	29	27	**0.00**	15	28	1	–	–	–	–	–	–	–	–	–	2-Pentadecyn-1-ol	2834-00-6	Q8714
41	43	55	57	83	69	29	97	**224**	100	91	85	70	68	57	51	48	**5.21**	16	32	–	–	–	–	–	–	–	–	–	–	1-Hexadecene		V0019
41	43	55	57	83	69	56	70	**224**	100	99	81	71	55	54	49	41	**2.41**	16	32	–	–	–	–	–	–	–	–	–	–	1-Hexadecene		Y1013
41	43	67	55	95	81	69	84	**224**	100	61	59	57	44	44	44	39	**1.00**	14	24	2	–	–	–	–	–	–	–	–	–	1,1-Dimethyl-4,4-diallylcyclohexan-3,5-diol		M2822
41	55	43	69	81	95	85	67	**224**	100	69	62	60	55	52	52	50	**1.00**	14	24	2	–	–	–	–	–	–	–	–	–	1,1-Dimethyl-4,4-diallylcyclohexan-3a,5e-diol		M2824
41	55	69	43	181	81	95	140	**224**	100	92	73	56	39	38	37	37	**10.00**	15	28	1	–	–	–	–	–	–	–	–	–	2,6-Dimethyl-9-isopropyl-1-cyclodecanone		15986
41	55	69	56	43	57	70	29	**224**	100	99	99	73	49	47	37	30	**6.00**	15	28	1	–	–	–	–	–	–	–	–	–	5,9-Dimethyl-2-isopropyl-1-cyclodecanone		15983
41	55	181	69	43	81	95	56	**224**	100	90	79	62	54	34	31	28	**8.00**	15	28	1	–	–	–	–	–	–	–	–	–	5,9-Dimethyl-2-isopropyl-1-cyclodecanone		15982
41	67	55	107	81	95	29	136	**224**	100	99	96	81	79	45	28	24	**1.00**	15	28	1	–	–	–	–	–	–	–	–	–	5,10-Pentadecadien-1-ol, (Z,E)-	64275-60-1	T6432
41	69	55	43	57	56	70	83	**224**	100	97	92	90	85	67	64	63	**5.25**	16	32	–	–	–	–	–	–	–	–	–	–	3-Hexadecene, (Z)-	34303-81-6	S4618
41	115	141	77	91	128	224	155	**224**	100	62	61	50	48	40	35	29		17	20	–	–	–	–	–	–	–	–	–	–	Heptadeca-2-cis,8-trans,10-trans,16-tetraen-4,6-diyne		L5569
43	28	73	15	85	42	44	29	**224**	100	13	12	9	4	3	3	2	**0.00**	5	5	2	–	2	–	3	–	–	–	–	–	2,3-Dichloro-2,3,3-trifluoropropyl acetate		A0776
43	41	55	57	83	69	56	29	**224**	100	95	87	68	55	47	42	41	**5.94**	16	32	–	–	–	–	–	–	–	–	–	–	1-Hexadecene		C1080
43	41	59	55	69	81	95	85	**224**	100	66	66	45	36	36	30	27	**3.00**	15	28	1	–	–	–	–	–	–	–	–	–	5,9-Dimethyl-2-isopropylidene-1-cyclodecanol		15991
43	85	109	113	111	181	183	157	**224**	100	18	17	14	11	10	7	6	**1.00**	9	14	2	–	2	–	–	–	–	–	–	–	2-Oxabicyclo[4.1.0]heptane, 7,7-dichloro-3-methoxy-1,3-dimethyl-	75768-60-4	T9027
43	108	41	55	29	93	27	45	**224**	100	19	18	12	11	9	9	9	**0.30**	12	16	4	–	–	–	–	–	–	–	–	–	endo-2-Acetoxy-1,3,3-trimethylbicyclo[2.2.1]heptan-5,6-dione		03436
43	108	85	99	44	55	93	109	**224**	100	39	36	26	16	16	15	12	**3.10**	12	16	4	–	–	–	–	–	–	–	–	–	endo-5-Acetoxy-1,7,7-trimethylbicyclo[2.2.1]heptan-2,3-dione		03434
43	110	181	139	109	115	65	77	**224**	100	57	44	35	16	15	13	13	**12.00**	11	12	3	–	–	–	–	1	–	–	–	–	1-Phenylthio-1-acetoxy-2-propanone		16796
43	115	87	110	109	65	123	45	**224**	100	39	23	23	11	8	8	6	**0.10**	11	12	3	–	–	–	–	1	–	–	–	–	S-Phenyl 2-acetoxypropanethioate		16797
43	117	113	101	99	45	87	223	**224**	100	52	22	19	19	19	16	13	**0.00**	9	20	6	–	–	–	–	–	–	–	–	–	2,3,6-Trimethylglucitol		M6851
43	117	129	45	101	161	87	71	**224**	100	58	35	30	25	17	9	9	**0.00**	9	20	6	–	–	–	–	–	–	–	–	–	2,4,6-Trimethylgalactitol		M6849
43	123	41	55	53	79	95	134	**224**	100	82	32	12	11	11	11	11	**1.00**	13	20	3	–	–	–	–	–	–	–	–	–	3-Buten-2-one, 4-(4-hydroxy-2,2,6-trimethyl-7-oxabicyclo[4.1.0]hept-1-yl)-	38274-01-0	S5711
43	123	45	182	110	224	109	51	**224**	100	72	50	24	23	19	17	14		11	12	3	–	–	–	–	1	–	–	–	–	1-Phenylthio-3-acetoxy-2-propanone		16795
43	139	181	97	121	123	149	41	**224**	100	20	19	7	7	6	6	4	**0.00**	13	20	3	–	–	–	–	–	–	–	–	–	4-Octyne-2,7-dione, 3-hydroxy-3,6-dimethyl-6-isopropyl-	63922-58-7	T6334
43	155	69	109	95	29	137	55	**224**	100	92	60	60	55	36	30	14	**0.10**	13	20	3	–	–	–	–	–	–	–	–	–	2-Buten-1-one, 1-(1,4-dihydroxy-2,6,6-trimethyl-2-cyclohexen-1-yl)-, [1α(E),4α]-	54345-34-5	S8899
43	209	39	115	41	51	91	77	**224**	100	93	58	54	43	35	32	30	**2.20**	10	12	4	2	–	–	–	–	–	–	–	–	Benzene, tert-butyldinitro-	72101-24-7	H2215
44	56	167	209	70	99	224	112	**224**	100	44	20	16	15	10	8	7		12	30	–	2	–	–	–	–	–	2	–	–	1,2-Diborane(4)diamine, 1,2-dibutyl-N,N,N′,N′-tetramethyl-	4887-12-1	R0914
44	163	120	162	161	207	134	136	**224**	100	56	35	35	14	12	10	10	**0.95**	10	12	4	2	–	–	–	–	–	–	–	–	L-Alanine, 3-(3-hydroxyanthraniloyl)-	606-14-4	Q2714
45	74	73	37	72	109	207	209	**224**	100	90	70	55	46	46	39	39	**27.42**	7	3	2	–	3	–	–	–	–	–	–	–	Benzoic acid, 2,4,5-trichloro-	50-82-8	P4533
45	105	27	43	29	77	49	67	**224**	100	10	10	9	9	6	3	3	**0.00**	4	5	1	–	–	1	4	–	–	–	–	–	2-Butanol, 4-bromo-3,3,4,4-tetrafluoro-	74646-39-2	T8281
45	194	224	150	208	120	178	192	**224**	100	26	17	13	9	6	3	3		8	4	2	2	–	–	–	2	–	–	–	–	Thieno[2′,3′-c]pyridazo[6,5-b]thiophene N,N′-dioxide		P2529
46	41	45	106	76	42	32	44	**224**	100	83	71	56	38	29	26	23	**17.35**	7	12	–	–	–	–	–	4	–	–	–	–	1,5,7,11-Tetrathiaspiro[5.5]undecane		01127
54	85	55	83	84	41	67	110	**224**	100	79	64	53	42	37	28	24	**5.50**	12	20	2	2	–	–	–	–	–	–	–	–	1,6-Bis(2-cyanoethoxy)hexane		C1234
55	41	27	97	39	43	29	54	**224**	100	40	28	26	24	16	15	13	**3.58**	7	13	–	–	–	–	–	–	–	–	–	1	Cyclopropane, 1-butyl-2-iodo-	55682-97-8	06765
55	41	43	72	56	69	57	83	**224**	100	94	81	77	54	51	43	38	**10.00**	15	28	1	–	–	–	–	–	–	–	–	–	Cyclotetradecanone, 2-methyl-	75311-77-2	T8893
55	41	69	43	57	56	83	70	**224**	100	95	92	92	83	69	67	61	**5.42**	16	32	–	–	–	–	–	–	–	–	–	–	3-Hexadecene, (Z)-	34303-81-6	S4619
55	41	69	54	67	81	68	57	**224**	100	79	60	55	44	33	29	27	**0.00**	15	28	1	–	–	–	–	–	–	–	–	–	10-Undecen-4-one, 2,2,6,6-tetramethyl-	42565-49-1	S6952
55	43	69	57	41	56	83	70	**224**	100	66	63	57	57	55	52	45	**4.03**	16	32	–	–	–	–	–	–	–	–	–	–	7-Hexadecene, (Z)-	35507-09-6	S4987
55	69	43	57	41	56	83	70	**224**	100	85	80	72	70	68	64	57	**4.94**	16	32	–	–	–	–	–	–	–	–	–	–	7-Hexadecene, (Z)-	35507-09-6	S4986
55	71	41	58	43	69	83	96	**224**	100	78	76	71	45	35	29	29	**8.50**	15	28	1	–	–	–	–	–	–	–	–	–	Cyclopentadecanone	502-72-7	Q1366
55	82	69	96	41	109	124	224	**224**	100	80	68	62	56	28	16	6		15	28	1	–	–	–	–	–	–	–	–	–	Cyclododecanepropanal	22047-01-4	R9535

MASS TO CHARGE RATIOS								M.W.	INTENSITIES								Parent	C	H	O	N	Cl	Br	F	S	P	B	Si	X	COMPOUND NAME	CAS Reg No	No
55	83	41	69	43	57	97	56	**224**	100	85	82	77	73	69	60	60	**6.12**	16	32	–	–	–	–	–	–	–	–	–	–	**Cyclohexadecane**	295-65-8	**Q0269**
55	83	57	43	82	41	97	71	**224**	100	93	81	74	66	62	59	49	**0.28**	16	32	–	–	–	–	–	–	–	–	–	–	**Decane 5-cyclohexyl-**	13151-76-3	**R4255**
55	83	57	82	69	43	41	67	**224**	100	97	93	78	72	66	64	39	**0.20**	16	32	–	–	–	–	–	–	–	–	–	–	**Decane 3-cyclohexyl-**	13151-74-1	**R4252**
56	43	41	69	55	83	57	70	**224**	100	55	47	46	42	35	35	32	**0.00**	16	32	–	–	–	–	–	–	–	–	–	–	**2-Methyl-1-pentadecene**		**00021**
56	57	55	41	69	43	29	84	**224**	100	54	44	43	41	39	22	17	**2.22**	16	32	–	–	–	–	–	–	–	–	–	–	**Pentadecane, 8-methylene-**	55668-09-2	**T1783**
56	99	61	43	224	98	143	55	**224**	100	27	22	16	15	14	14	13		13	24	1	2	–	–	–	–	–	–	–	–	**Urea, N,N'-dicyclohexyl-**	2387-23-7	**Q7927**
56	99	224	61	143	55	98	41	**224**	100	31	29	25	22	20	18	17		13	24	1	2	–	–	–	–	–	–	–	–	**Urea, N,N'-dicyclohexyl-**		**B0282**
57	97	41	29	83	55	43	153	**224**	100	25	21	15	9	8	7	6	**0.70**	16	32	–	–	–	–	–	–	–	–	–	–	**Tetraisobutylene**	15220-85-6	**H1759**
57	103	104	168	108	107	136	224	**224**	100	75	72	70	39	31	30	1		14	24	2	–	–	–	–	–	–	–	–	–	**Cyclohexaneacetic acid, 5-tert-butyl-2-methylene-, methyl ester, cis-**	67463-13-2	**T6839**
58	93	94	168	108	107	146	79	**224**	100	88	64	47	41	38	33	32	**1.00**	14	24	2	–	–	–	–	–	–	–	–	–	**1-Cyclohexene-1-propanoic acid, 4-tert-butyl-, methyl ester**	67428-29-9	**T6823**
60	62	151	224	76	61	135	132	**224**	100	60	40	32	30	25	20	15		10	8	2	–	–	–	–	2	–	–	–	–	**1,3-Dithiol-1-ium, 4-hydroxy-2-(4-methoxyphenyl)-, hydroxide, inner salt**	23436-86-4	**S0196**
61	145	224	226	177	179	121	123	**224**	100	38	14	14	11	11	3	3		8	17	–	–	–	1	–	1	–	–	–	–	**Heptane, 1-bromo-7-(methylthio)-**	64053-05-0	**T6390**
63	29	64	31	95	100	174	30	**224**	100	30	30	29	24	24	20	14	**1.00**	6	6	2	–	–	–	6	–	–	–	–	–	**1,3-Dioxocane, 5,5,6,6,7,7-hexafluoro-**	36301-46-9	**S5198**
67	41	55	81	79	54	68	80	**224**	100	70	68	66	54	53	42	41	**3.20**	15	28	1	–	–	–	–	–	–	–	–	–	**6,9-Pentadecandien-1-ol, (Z,Z)-**		**16016**
67	55	41	81	95	29	110	121	**224**	100	96	91	76	45	29	25	10	**1.00**	15	28	1	–	–	–	–	–	–	–	–	–	**5,10-Pentadecadien-1-ol, (E,E)-**	64275-46-3	**T6423**
67	55	41	81	95	29	110	135	**224**	100	93	88	76	44	28	19	10	**1.00**	15	28	1	–	–	–	–	–	–	–	–	–	**5,10-Pentadecadien-1-ol, (Z,Z)-**	64275-51-0	**T6426**
67	55	41	81	95	110	29	135	**224**	100	91	84	83	50	30	25	12	**2.00**	15	28	1	–	–	–	–	–	–	–	–	–	**5,10-Pentadecadien-1-ol, (E,Z)-**	64275-56-5	**T6429**
67	81	41	55	82	96	80	68	**224**	100	99	93	87	74	57	50	48	**9.00**	14	24	2	–	–	–	–	–	–	–	–	–	**Oxacyclopentadec-6-en-2-one, (Z)-**	63958-52-1	**T6350**
69	41	43	68	71	93	27	80	**224**	100	99	86	54	43	41	25	24	**1.80**	14	24	2	–	–	–	–	–	–	–	–	–	**Propanoic acid, 2-methyl-, 3,7-dimethyl-2,6-octadienyl ester, (E)-**	2345-26-8	**Q7853**
69	41	55	109	95	150	114	83	**224**	100	67	51	37	30	27	25	22	**2.00**	14	24	2	–	–	–	–	–	–	–	–	–	**2,8-Decadienoic acid, 3,5,9-trimethyl-, methyl ester, (E)-**	55283-32-4	**T0752**
69	41	81	95	55	123	43	67	**224**	100	57	45	28	24	24	19	18	**1.00**	15	28	1	–	–	–	–	–	–	–	–	–	**Farnesol, dihydro-, (Z)-**		**P1269**
69	41	109	55	81	71	95	82	**224**	100	94	54	52	46	42	42	37	**15.80**	15	28	1	–	–	–	–	–	–	–	–	–	**Farnesol, 6,7-dihydro-, (E)-(+-)-**	20576-59-4	**R8739**
69	41	109	55	81	95	71	82	**224**	100	85	57	50	47	40	40	38	**7.20**	15	28	1	–	–	–	–	–	–	–	–	–	**Farnesol, 6,7-dihydro-, (Z)-**	20576-57-2	**R8737**
69	41	109	55	81	95	71	82	**224**	100	85	57	49	47	40	39	38	**13.00**	15	28	1	–	–	–	–	–	–	–	–	–	**Farnesol, 6,7-dihydro, (Z)-(+-)-**		**L3120**
69	68	41	55	83	43	57	82	**224**	100	97	91	80	78	63	55	48	**16.01**	16	32	–	–	–	–	–	–	–	–	–	–	**Cyclopentane, undecyl-**	6785-23-5	**H1633**
69	81	41	123	95	55	181	67	**224**	100	52	50	41	33	23	22	19	**5.98**	15	28	1	–	–	–	–	–	–	–	–	–	**Farnesol, 2,3-dihydro-**	51411-24-6	**S7646**
69	81	41	123	95	55	181	67	**224**	100	52	49	41	33	23	23	18	**4.80**	15	28	1	–	–	–	–	–	–	–	–	–	**Farnesol, 2,3-dihydro-, (E)-(+-)-**	20576-54-9	**R8735**
69	81	41	123	95	181	55	99	**224**	100	50	46	33	25	20	20	14	**0.00**	15	28	1	–	–	–	–	–	–	–	–	–	**Farnesol, 2,3-dihydro-**		**M4130**
69	83	93	55	41	43	57	68	**224**	100	99	96	87	75	51	46	36	**6.98**	15	28	1	–	–	–	–	–	–	–	–	–	**Farnesol, dihydro-**	1335-48-4	**Q5917**
69	83	93	55	41	43	57	68	**224**	100	99	98	89	77	52	46	36	**7.20**	15	28	1	–	–	–	–	–	–	–	–	–	**Farnesol, 10,11-dihydro-**		**L7777**
69	155	85	224	107	95	75	185	**224**	100	64	61	25	24	23	21	19		5	2	1	–	–	–	6	1	–	–	–	–	**3-Penten-2-one, 1,1,1,5,5,5-hexafluoro-4-mercapto-**	56666-70-7	**09497**
69	155	85	224	107	140	91	223	**224**	100	66	64	28	26	23	21	20		5	2	1	–	–	–	6	1	–	–	–	–	**3-Penten-2-one, 1,1,1,5,5,5-hexafluoro-4-mercapto-**		**M8104**
70	55	69	83	41	97	43	57	**224**	100	81	68	58	50	50	39	28	**9.90**	16	32	–	–	–	–	–	–	–	–	–	–	**Cyclopropane, 1-methyl-1-isopropyl-2-nonyl-**	41977-40-6	**S6791**
70	69	83	97	111	84	71	85	**224**	100	69	58	49	23	20	18	10	**10.00**	16	32	–	–	–	–	–	–	–	–	–	–	**Cyclopropane, 1-methyl-1-isopropyl-2-nonyl-**	41977-40-6	**S6792**
70	69	83	97	111	84	71	224	**224**	100	69	58	49	23	20	18	10		16	32	–	–	–	–	–	–	–	–	–	–	**2,3-Dimethyl-3,4-methylenetridecane**		**M7996**
71	41	58	55	43	69	59	29	**224**	100	99	92	86	47	41	39	36	**35.00**	15	28	1	–	–	–	–	–	–	–	–	–	**Cyclopentadecanone**		**C1535**
72	152	15	42	18	28	27	153	**224**	100	64	47	29	28	21	16	16	**10.61**	10	16	2	4	–	–	–	–	–	–	–	–	**Carbamic acid, dimethyl-, 5,6-dimethyl-2-(methylamino)-4-pyrimidinyl ester**	30614-22-3	**S2950**
72	152	153	224	42	18	124	57	**224**	100	89	27	20	17	16	13	13		10	16	2	4	–	–	–	–	–	–	–	–	**Carbamic acid, dimethyl-, 5,6-dimethyl-2-(methylamino)-4-pyrimidinyl ester**	30614-22-3	**S2949**
73	45	93	31	107	178			**224**	100	81	17	10	10	4			**0.00**	14	24	2	–	–	–	–	–	–	–	–	–	**Carvyl α-ethoxyethyl ether**		**M0424**
73	59	45	74	130	56	194	67	**224**	100	14	9	5	4	4	3	3	**0.00**	15	28	1	–	–	–	–	–	–	–	–	–	**Guaian-11-ol, (+)-**	28892-33-3	**S2258**
73	59	45	74	133	41	55	67	**224**	100	14	9	5	4	3	3	3	**0.00**	15	28	1	–	–	–	–	–	–	–	–	–	**Guaian-11-ol**		**L6151**
73	75	45	224	134	195	182	181	**224**	100	61	43	40	32	25	25	24		13	24	1	–	–	–	–	–	–	–	1	–	**1-Trimethylsiloxy-2,3,4,4a,5,6,7,8-octahydronaphthalene**		**L9053**
73	75	211	209	137	55	139	45	**224**	100	70	61	61	55	55	55	27	**0.20**	6	13	2	–	–	1	–	–	–	–	1	–	**Propanoic acid, 3-bromo-, trimethylsilyl ester**	18187-28-5	**R7422**
73	75	224	165	135	77	91	147	**224**	100	21	20	17	16	15	15	14		11	16	3	–	–	–	–	–	–	–	1	–	**Acetic acid, phenoxy-, trimethylsilyl ester**	21273-08-5	**R9172**
73	103	209	89	224	91	121	74	**224**	100	90	65	33	30	21	18	14		12	20	2	–	–	–	–	–	–	–	1	–	**2-(Methoxyphenylethanol) tms**		**15458**
73	117	224	165	75	135	91	89	**224**	100	36	22	19	17	16	15	12		11	16	3	–	–	–	–	–	–	–	1	–	**Acetic acid, phenoxy-, trimethylsilyl ester**	21273-08-5	**R9174**
73	151	224	131	134	103	181	75	**224**	100	98	35	28	23	22	21	15		12	20	2	–	–	–	–	–	–	–	1	–	**Silane, trimethyl(3-phenoxypropoxy)-**	16654-49-2	**R6312**
73	224	165	75	91	135	77	89	**224**	100	21	18	17	14	14	11	11		11	16	3	–	–	–	–	–	–	–	1	–	**Acetic acid, phenoxy-, trimethylsilyl ester**	21273-08-5	**R9173**
74	55	81	41	87	67	95	69	**224**	100	49	48	45	40	34	32	27	**0.14**	14	24	2	–	–	–	–	–	–	–	–	–	**12-Tridecynoic acid, methyl ester**	56909-01-4	**T4257**
74	209	207	226	224	73	109	36	**224**	100	81	81	69	68	61	57	35		7	3	2	–	3	–	–	–	–	–	–	–	**Benzoic acid, 2,3,6-trichloro-**	50-31-7	**P4463**
75	45	135	59	43	91	58	41	**224**	100	82	69	35	32	32	28	26	**0.00**	13	20	3	–	–	–	–	–	–	–	–	–	**Butane, 1,2,3-trimethoxy-4-phenyl-**	20637-30-3	**R8807**
75	45	135	59	43	91	58	147	**224**	100	81	68	36	32	32	28	26	**0.00**	13	20	3	–	–	–	–	–	–	–	–	–	**Butane, 1,2,3-trimethoxy-4-phenyl-**		**02481**
75	45	135	59	91	43	58	103	**224**	100	82	70	37	32	32	29	26	**0.00**	13	20	3	–	–	–	–	–	–	–	–	–	**Butane, 1,2,3-trimethoxy-4-phenyl-**		**L4727**
75	147	77	73	186	224			**224**	100	27	20	14	8	6				13	24	1	–	–	–	–	–	–	–	1	–	**1-Trimethylsiloxy-3,4,4a,5,6,7,8,8a-octahydronaphthalene**		**L9052**

MASS TO CHARGE RATIOS								M.W.	INTENSITIES								Parent	C	H	O	N	Cl	Br	F	S	P	B	Si	X	COMPOUND NAME	CAS Reg No	No
77	51	209	194	224	50	105	78	**224**	100	67	48	38	28	27	27	25		16	16	1	–	–	–	–	–	–	–	–	–	**2-Isopropylbenzophenone**	19103-09-4	**R7975**
77	105	51	147	224	209	50	78	**224**	100	83	41	36	26	24	18	18		16	16	1	–	–	–	–	–	–	–	–	–	**3-Isopropylbenzophenone**	32388-73-1	**S3650**
77	105	51	147	224	209	78	91	**224**	100	83	41	36	26	24	18	18		16	16	1	–	–	–	–	–	–	–	–	–	**3-Isopropylbenzophenone**	32388-73-1	**S3649**
79	78	77	224	51	63	30	42	**224**	100	75	64	50	50	47	43	37		8	8	4	4	–	–	–	–	–	–	–	–	**Acetaldehyde, (2,4-dinitrophenyl)hydrazone**	1019-57-4	**Q5080**
79	80	67	39	77	27	78	51	**224**	100	31	17	15	14	11	10	8	**0.73**	9	9	–	2	–	1	–	–	–	–	–	–	**Propanedinitrile, (6-bromo-3-cyclohexen-1-yl)-**	62199-49-9	**T5924**
79	92	192	91	78	41	77	120	**224**	100	68	41	39	38	23	22	21	**2.00**	12	16	4	–	–	–	–	–	–	–	–	–	**Tricyclo[3.3.1.1$^{(3,7)}$]decane-2-carboxylic acid, 4-hydroxy-10-oxo-, methyl ester, (1α,2β,3β,4α,5α,7β)-**	56907-48-3	**08333**
79	120	148	78	40	44	92	41	**224**	100	71	60	53	36	30	28	28	**25.30**	12	16	4	–	–	–	–	–	–	–	–	–	**Carbonic acid, methyl 4-oxotricyclo[3.3.1.1$^{(3,7)}$]dec-2-yl ester, (1α,2α,3β,5α,7β)-**	56781-95-4	**08300**
79	224	78	77	51	63	30	28	**224**	100	99	80	75	47	47	45	37		8	8	4	4	–	–	–	–	–	–	–	–	**Acetaldehyde, (2,4-dinitrophenyl)hydrazone**		**Q5079**
80	85	139	121	224	160	77	192	**224**	100	70	61	50	48	46	41	39		12	16	4	–	–	–	–	–	–	–	–	–	**6-Dehydro-7-dehydroxyloganin methyl ether**		**P4074**
81	110	79	92	95	115	153	169	**224**	100	94	92	88	76	10	6	6	**0.00**	9	11	3	–	–	–	3	–	–	–	–	–	**Acetic acid, trifluoro-, 7-hydroxybicyclo[2.2.1]hept-2-yl ester**	74367-27-4	**T7981**
82	83	55	41	69	43	67	57	**224**	100	78	74	49	47	42	39	36	**0.99**	16	32	–	–	–	–	–	–	–	–	–	–	**Decane 2-cyclohexyl-**	13151-73-0	**R4249**
83	41	55	153	156	67	59	79	**224**	100	60	37	26	26	24	22	18	**2.00**	13	20	3	–	–	–	–	–	–	–	–	–	**1-Cyclopentene-1-acetic acid, 3-oxo-2-pentyl-, methyl ester**	24863-70-5	**S0854**
83	41	97	167	195	182	55	69	**224**	100	46	35	34	32	31	31	23	**9.04**	14	24	2	–	–	–	–	–	–	–	–	–	**1,3-Cyclohexanedione, 5,5-dimethyl-2,2-dipropyl-**	24551-96-0	**S0655**
83	41	151	95	55	224	67	156	**224**	100	58	50	31	31	28	27	25		13	20	3	–	–	–	–	–	–	–	–	–	**cis-Methyl 3-oxo-2-(2-pentenyl)cyclopentaneacetic acid**		**L8020**
83	55	57	43	82	41	97	71	**224**	100	92	77	67	64	56	42	37	**0.53**	16	32	–	–	–	–	–	–	–	–	–	–	**Decane 4-cyclohexyl-**	13151-75-2	**R4253**
83	55	99	29	224	98	71	28	**224**	100	53	39	30	24	22	20	17		10	20	–	6	–	–	–	–	–	–	–	–	**3,6-Bis(diethylamino)-1,2,4,5-tetrazine**		**01299**
83	69	55	41	57	43	97	68	**224**	100	86	80	50	36	35	26	25	**11.60**	15	28	1	–	–	–	–	–	–	–	–	–	**Farnesol, 10,11-dihydro-, (E,E)-**	20576-56-1	**R8736**
83	69	55	41	84	43	93	97	**224**	100	91	85	62	47	47	40	31	**14.00**	15	28	1	–	–	–	–	–	–	–	–	–	**Farnesol, 10,11-dihydro-, (Z,E)-**	20576-58-3	**R8738**
83	82	55	41	43	67	69	57	**224**	100	68	49	47	26	12	11	10	**5.80**	16	32	–	–	–	–	–	–	–	–	–	–	**Cyclohexane, decyl-**		**Y1991**
83	82	55	41	43	67	69	84	**224**	100	70	52	40	23	14	11	9	**2.76**	16	32	–	–	–	–	–	–	–	–	–	–	**Cyclohexane, decyl-**		**Y1009**
83	82	55	41	43	67	69	84	**224**	100	74	42	25	15	13	11	9	**8.01**	16	32	–	–	–	–	–	–	–	–	–	–	**Cyclohexane, decyl-**	1795-16-0	**H1255**
84	58	110	43	224	154	96	40	**224**	100	75	75	45	42	37	34	30		13	24	1	2	–	–	–	–	–	–	–	–	**3-Azabicyclo[3.3.1]nonan-9-ol, 3-methyl-6-(1-pyrrolidinyl)-, (endo,syn)-**	36969-17-2	**S5437**
84	69	43	41	85	97	29	55	**224**	100	72	47	34	28	28	27	20	**2.28**	15	28	1	–	–	–	–	–	–	–	–	–	**1-Dodecanone, 1-cyclopropyl-**	19873-44-0	**R8356**
84	69	43	41	85	97	38	55	**224**	100	72	47	34	29	28	26	19	**3.00**	15	28	1	–	–	–	–	–	–	–	–	–	**Cyclopropyl undecyl ketone**		**L3046**
84	97	139	98	111	41	55	85	**224**	100	73	45	42	22	20	19	18	**16.01**	14	28	–	2	–	–	–	–	–	–	–	–	**2-Undecylimidazoline**		**P4075**
84	97	139	98	111	55	41	153	**224**	100	71	43	39	20	20	18	18	**16.00**	14	28	–	2	–	–	–	–	–	–	–	–	**2-Undecylimidazoline**		**L5000**
84	110	58	42	44	41	96	154	**224**	100	76	64	44	43	40	36	34	**26.97**	13	24	1	2	–	–	–	–	–	–	–	–	**3-Azabicyclo[3.3.1]nonan-9-ol, 3-methyl-6-(1-pyrrolidinyl)-, (endo,anti)-**	36969-18-3	**S5438**
84	110	154	42	44	41	95	93	**224**	100	83	75	67	64	62	37	36	**17.22**	13	24	1	2	–	–	–	–	–	–	–	–	**3-Azabicyclo[3.3.1]nonan-9-ol, 3-methyl-6-(1-pyrrolidinyl)-, (exo,anti)-**	36969-15-0	**S5436**
85	81	95	69	83	67	55	79	**224**	100	93	90	79	67	64	60	53	**1.00**	14	24	2	–	–	–	–	–	–	–	–	–	**1,1-Dimethyl-4,4-diallylcyclohexan-3a,5a-diol**		**M2823**
87	79	29	136	81	93	45	80	**224**	100	88	80	70	66	62	60	54	**10.00**	14	24	2	–	–	–	–	–	–	–	–	–	**Ethyl dodecadienoate**		**L9428**
91	73	75	103	92	179	147	90	**224**	100	33	18	12	10	10	9	7	**5.00**	12	20	2	–	–	–	–	–	–	–	1	–	**Silane, trimethyl[2-benzyloxyethoxy]-**	31600-50-7	**S3345**
91	73	75	103	92	179	147	118	**224**	100	33	18	12	10	10	9	7	**5.13**	12	20	2	–	–	–	–	–	–	–	1	–	**Silane, trimethyl[2-benzyloxyethoxy]-**	31600-50-7	**S3346**
91	78	117	79	80	82	224	104	**224**	100	94	88	77	76	76	71	65		11	12	3	–	–	–	–	1	–	–	–	–	**6,2,5-Ethanylylidene-2H-cyclobuta[cd][2]benzothiophen-7-one, octahydro-, 1,1-dioxide**	19086-81-8	**R7964**
91	92	162	65	43	119	115	206	**224**	100	69	8	5	4	4	4	4	**0.00**	11	12	5	–	–	–	–	–	–	–	–	–	**DL-2-Benzylmalic acid**		**16754**
91	105	119	59	123	108	109	133	**224**	100	99	99	88	83	79	77	74	**29.91**	12	16	4	–	–	–	–	–	–	–	–	–	**4-Decen-6-ynedioic acid, dimethyl ester**	55030-18-7	**T0098**
91	222	77	64	221	78	51	145	**224**	100	23	14	14	10	7	5	4	**0.00**	14	12	1	2	–	–	–	–	–	–	–	–	**6-(2-Phenylethyl)-3-cyano-2-pyridone**		**L4186**
91	224	15	92	225				**224**	100	48	10	8	7					14	12	1	2	–	–	–	–	–	–	–	–	**2H-Benzimidazol-2-one, 1,3-dihydro-1-benzyl-**	28643-53-0	**S2152**
91	224	65	223	92	39	51	225	**224**	100	22	10	9	7	5	4	4		14	12	1	2	–	–	–	–	–	–	–	–	**6-(2-Phenylethyl)-3-cyano-2-pyridone**		**02358**
91	224	65	223	92	225	105	51	**224**	100	27	9	9	7	6	4	4		14	12	1	2	–	–	–	–	–	–	–	–	**2-Benzoxazolamine, N-benzyl-**	21326-87-4	**R9226**
91	224	92	65	146	147	225	51	**224**	100	44	12	10	10	8	7	5		14	12	1	2	–	–	–	–	–	–	–	–	**1H-Benzimidazol-4-ol, 1-benzyl-**	55030-15-4	**T0097**
91	224	92	146	65	147	120	77	**224**	100	44	12	10	10	8	5	5		14	12	1	2	–	–	–	–	–	–	–	–	**1H-Indazol-3-ol, 1-benzyl-**		**M2394**
91	224	133	156	67	115	93	155	**224**	100	34	27	27	27	23	22	22		17	20	–	–	–	–	–	–	–	–	–	–	**4,7-Methano-1H-indene, octahydro-2-benzylidene-**	74793-05-8	**T8584**
93	41	69	39	27	79	43	68	**224**	100	88	79	34	31	27	26	25	**0.00**	14	24	2	–	–	–	–	–	–	–	–	–	**Butanoic acid, 3,7-dimethyl-2,6-octadienyl ester, (E)-**	106-29-6	**P7858**
97	69	55	83	57	41	71	43	**224**	100	82	80	80	54	51	35	33	**2.11**	16	32	–	–	–	–	–	–	–	–	–	–	**Cyclohexane, 1,2-dimethyl-3-pentyl-4-propyl-**	62376-17-4	**T6196**
97	98	224	111	99	53	84	55	**224**	100	31	19	11	7	5	4	4		14	24	–	–	–	–	–	1	–	–	–	–	**Thiophene, 2-decyl-**	24769-39-9	**H1877**
97	139	28	73	99	98	43	140	**224**	100	70	33	17	14	10	10	10	**0.16**	12	25	1	–	–	–	–	–	–	1	1	–	**Borinic acid, diethyl-, 1,1-dimethyl-3-(trimethylsilyl)-2-propynyl ester**	74744-61-9	**T8470**
97	166	82	83	69	84	81	167	**224**	100	98	92	85	79	70	69	69	**54.09**	15	28	1	–	–	–	–	–	–	–	–	–	**Cyclododecane, (2-propenyloxy)-**	2986-72-3	**Q8898**
99	97	151	67	81	55	41	79	**224**	100	95	76	63	54	45	40	35	**20.00**	14	24	2	–	–	–	–	–	–	–	–	–	**Butyl trans-2,cis-4-decadienoate**		**L9427**
99	155	127	81	109	125	82	69	**224**	100	87	54	11	6	5	5	4	**0.72**	9	21	4	–	–	–	–	–	1	–	–	–	**Phosphoric acid, diethyl pentyl ester**	20195-08-8	**R8559**
102	103	224	166	118	76	131	223	**224**	100	62	45	40	38	37	37	32		10	12	2	2	–	–	–	1	–	–	–	–	**1,2-Benzisothiazole, 3-(propylamino)-, 1,1-dioxide**	27148-09-0	**S1630**
103	139	77	141	53	224	104	75	**224**	100	99	60	56	29	29	24	16		10	9	2	2	1	–	–	–	–	–	–	–	**Sydnone, 3-(p-chlorophenethyl)-**	26537-55-3	**S1437**
103	147	165	91	77	209	105	44	**224**	100	85	80	64	55	51	45	30	**0.00**	11	16	3	–	–	–	–	–	–	–	1	–	**2-Methyl-2-phenyl-1,3,6-trioxa-2-silacyclooctane**		**17259**
105	77	121	51	106	65	50	78	**224**	100	39	26	11	7	3	3	3	**1.90**	14	12	1	2	–	–	–	–	–	–	–	–	**Benzaldehyde benzoyl hydrazone**		**F0375**

MASS TO CHARGE RATIOS								M.W.	INTENSITIES								Parent	C	H	O	N	Cl	Br	F	S	P	B	Si	X	COMPOUND NAME	CAS Reg No	No
105	77	121	224	89	103	90	119	**224**	100	41	31	5	4	2	2	1		14	12	1	2	–	–	–	–	–	–	–	–	Benzaldehyde benzoyl hydrazone		M5221
105	77	122	224	51	50	106	180	**224**	100	57	46	31	20	13	11	7		13	8	2	2	–	–	–	–	–	–	–	–	2-Phenylpyrido[3,4-d][1,3]oxazin-4-one		L5987
105	147	224	225	77	209	145	181	**224**	100	79	73	64	58	50	23	20		16	16	1	–	–	–	–	–	–	–	–	–	4-Isopropylbenzophenone	18864-76-1	R7838
105	224	223	77	69	147	51	45	**224**	100	66	52	52	35	35	25	17		15	12	2	–	–	–	–	–	–	–	–	–	1,3-Propanedione, 1,3-diphenyl-	120-46-7	P9074
107	77	79	51	50	39	27	63	**224**	100	35	26	20	19	16	15	14	**3.49**	8	7	1	–	3	–	–	–	–	–	–	–	2,5-Cyclohexadien-1-one, 4-methyl-4-(trichloromethyl)-	3274-12-2	06859
107	106	119	224	91	77	118	117	**224**	100	58	52	40	34	18	14	13		17	20	–	–	–	–	–	–	–	–	–	–	Di-p-tolylpropane		E0048
108	120	225	136	135	93	105	107	**224**	100	30	22	19	17	16	15	13	**11.50**	11	16	3	2	–	–	–	–	–	–	–	–	3-Dimethylaminophenyl N-methoxy-N-methylcarbamate		P1484
109	43	120	91	93	41	77	113	**224**	100	59	44	21	18	16	14	13	**0.00**	12	16	4	–	–	–	–	–	–	–	–	–	1(3H)-Isobenzofuranone, 4-(acetyloxy)-3a,4,5,7a-tetrahydro-3a,7a-dimethyl-, (3aα,4β,7aα)-(+-)-	54346-07-5	S8924
109	191	189	111	107	193	129	83	**224**	100	83	52	42	38	38	16	13	**2.69**	3	4	–	–	3	1	–	–	–	–	–	–	1,1,1-Trichloro-3-bromopropane		Z1744
110	109	224	138	182	152	137	225	**224**	100	10	8	6	4	4	3	2		12	16	4	–	–	–	–	–	–	–	–	–	2-Isopropoxyphenyl ethyl carbonate		05300
110	112	44	42	58	224	108	41	**224**	100	56	31	22	19	18	15	15		14	28	–	2	–	–	–	–	–	–	–	–	1,1′,3,3′-Tetramethylbipiperidyl		A0656
110	150	41	43	224	29	111	39	**224**	100	22	18	17	13	12	12	11		12	16	4	–	–	–	–	–	–	–	–	–	Propanoic acid, 2-(4-hydroxyphenoxy)-2-methyl-, ethyl ester	42806-90-6	S6987
111	175	75	113	177	224	50	226	**224**	100	99	39	32	23	22	21	16		7	6	2	–	2	–	–	1	–	–	–	–	Benzene, 1-chloro-4-[(chloromethyl)sulphonyl]-	5943-04-4	R1922
112	69	42	28	40	41	68	70	**224**	100	55	37	22	15	14	14	5	**0.00**	8	8	4	4	–	–	–	–	–	–	–	–	Uracil dimer	28806-15-7	S2212
112	111	84	69	68	113	95	94	**224**	100	79	68	60	51	46	43	30	**3.00**	8	8	4	4	–	–	–	–	–	–	–	–	Uracil dimer, cis-syn-		L7200
112	113	84	69	68	114	96	95	**224**	100	95	63	55	51	42	40	27	**2.56**	8	8	4	4	–	–	–	–	–	–	–	–	Cyclobuta[1,2-d:4,3-d′]dipyrimidine-2,4,5,7(3H,6H)-tetrone, hexahydro-, (4aα,4bα,8aα,8bα)-	13375-99-0	R4488
115	224	193	117	121	91	223	209	**224**	100	99	64	60	55	54	54	47		16	16	1	–	–	–	–	–	–	–	–	–	Benzene, 1-methoxy-4-(3-phenyl-2-propenyl)-, (E)-	35856-80-5	08386
115	224	195	222	223	221	193	220	**224**	100	99	50	50	50	37	29	27		10	8	1	–	–	–	–	–	–	–	–	1	Benzo[b]selenophene-3-carboxaldehyde, 2-methyl-	26526-40-9	S1390
118	90	88	44	165	180	179	119	**224**	100	25	21	17	16	16	12	9	**0.50**	15	12	2	–	–	–	–	–	–	–	–	–	cis-2,3-Diphenyl-3-propiolactone		L3083
118	117	104	77	51	120	91	105	**224**	100	76	71	46	41	41	33	30	**30.80**	16	16	1	–	–	–	–	–	–	–	–	–	2,5-Diphenyltetrahydrofuran		15843
119	91	105	77	51	65	120	50	**224**	100	26	22	22	14	13	9	8	**3.42**	15	12	2	–	–	–	–	–	–	–	–	–	4-Methylbenzil		W0169
119	105	77	224	121	107	120	106	**224**	100	84	28	22	11	9	7	6		11	12	1	–	–	–	–	2	–	–	–	–	2-Benzoyl-1,3-dithiane		05247
120	105	77	104	224	91	78	107	**224**	100	42	31	29	17	13	13	11		16	16	1	–	–	–	–	–	–	–	–	–	1-Butanone, 1,4-diphenyl-	5407-91-0	R1399
120	223	92	222	224	64	121	63	**224**	100	69	25	17	10	9	8	6		13	9	3	–	–	–	–	–	–	1	–	–	Salicylic acid phenyl boronate		05114
120	224	147	223	92	104	121	77	**224**	100	80	68	65	43	42	27	24		15	12	2	–	–	–	–	–	–	–	–	–	Flavanone	487-26-3	Q1150
121	39	65	56	79	66	47	48	**224**	100	60	51	51	44	38	37	29	**2.40**	8	8	2	–	–	–	–	1	–	–	–	1	Iron, π-cyclopentadienyl(methylthio)dicarbonyl-		02787
121	160	77	98	90	80	104	105	**224**	100	75	50	49	43	40	40	38	**30.00**	12	16	4	–	–	–	–	–	–	–	–	–	8-Dehydro-7-dehydroxyloganin methyl ether		P4073
122	160	192	98	77	91	80	132	**224**	100	85	52	43	43	38	38	33	**24.00**	12	16	4	–	–	–	–	–	–	–	–	–	2-Methoxycarbonyl-5-methoxy-7-methyl-4-oxabicyclo[4.3.0]nona-2,7-diene		L5853
123	197	179	151	29	109	152	81	**224**	100	72	71	63	63	52	48	47	**10.00**	8	17	5	–	–	–	–	–	1	–	–	–	Diethyl (ethoxycarbonyl)methylphosphonate		L1110
125	224	41	126	43	97	123	209	**224**	100	21	20	13	12	7	6	6		14	24	–	–	–	–	–	1	–	–	–	–	Thiophene, 2-ethyl-5-octyl-	55030-16-5	H2107
127	15	43	67	109	79	39	192	**224**	100	60	45	45	44	35	30	29	**9.00**	7	13	6	–	–	–	–	–	1	–	–	–	2-Butenoic acid, 3-[(dimethoxyphosphinyl)oxy]-, methyl ester	7786-34-7	R3494
127	15	109	43	39	29	79	96	**224**	100	89	60	39	33	24	22	21	**0.00**	7	13	6	–	–	–	–	–	1	–	–	–	2-Butenoic acid, 3-[(dimethoxyphosphinyl)oxy]-, methyl ester, (E)-	298-01-1	Q0287
127	192	67	57	70	32	71	193	**224**	100	41	19	15	15	10	9	9	**4.34**	7	13	6	–	–	–	–	–	1	–	–	–	2-Butenoic acid, 3-[(dimethoxyphosphinyl)oxy]-, methyl ester	7786-34-7	R3493
127	192	109	15	43	67	193	224	**224**	100	43	25	23	20	20	10	10		7	13	6	–	–	–	–	–	1	–	–	–	2-Butenoic acid, 3-[(dimethoxyphosphinyl)oxy]-, methyl ester	7786-34-7	R3495
133	77	105	148	224	59	192	51	**224**	100	91	74	57	56	55	30	25		10	12	4	2	–	–	–	–	–	–	–	–	Hydrazinecarboxylic acid, 2-[2-(methoxycarbonyl)phenyl]-, methyl ester	41120-20-1	S6557
133	105	119	159	134	77	79	174	**224**	100	29	11	10	10	9	7	6	**0.00**	13	17	1	–	1	–	–	–	–	–	–	–	α-Chloro-2,5-dimethylisobutyrophenone		Z1740
133	105	134	77	79	103	41	147	**224**	100	22	10	7	6	4	3	3	**0.00**	13	17	1	–	1	–	–	–	–	–	–	–	α-Chloro-2,4-dimethylisobutyrophenone		Z1743
133	105	134	79	77	103	41	147	**224**	100	11	10	7	7	4	3	3	**0.00**	13	17	1	–	1	–	–	–	–	–	–	–	α-Chloro-4-ethylisobutyrophenone		Z1748
133	193	224	194	223	207	209	77	**224**	100	64	57	44	36	26	26	24		15	16	–	2	–	–	–	–	–	–	–	–	Dibenzo[b,f][1,4]diazocine, 5,6,11,12-tetrahydro-5-methyl-	22124-13-6	R9571
135	209	134	77	136	224	92	165	**224**	100	26	19	18	10	9	7	6		11	16	3	–	–	–	–	–	–	–	1	–	Benzoic acid, 2-methoxy-, trimethylsilyl ester		15589
138	164	96	165	181	182	224	55	**224**	100	21	19	17	14	13	10	9		10	16	2	4	–	–	–	–	–	–	–	–	N-(5-Butyl-4-hydroxy-6-methyl-pyrimid-2-yl)urea		D1681
139	85	160	122	91	77	224	192	**224**	100	87	73	53	47	47	40	40		12	16	4	–	–	–	–	–	–	–	–	–	5-Methoxy-2-methoxycarbonyl-7-methyl-4-oxabicyclo[4.3.0.]nona-2,8-diene		L5857
139	195	224	97	140	110	111	123	**224**	100	55	29	19	13	11	11	10		14	24	–	–	–	–	–	1	–	–	–	–	Thiophene, 2-heptyl-5-propyl-	4806-11-5	H1493
143	44	101	58	224	165	81	57	**224**	100	79	75	20	18	16	11	11		10	16	2	4	–	–	–	–	–	–	–	–	L-Histidine, N-[(dimethylamino)methylene]-, methyl ester	59824-41-8	T5136
144	111	59	80	79	82	77	143	**224**	100	39	29	29	21	19	10	10	**0.00**	6	9	–	–	–	1	–	2	–	–	–	–	1,2-Dithiol-1-ium, 3,4,5-trimethyl-, bromide	55836-86-7	T2223
144	117	143	224	89	90	63	118	**224**	100	67	62	33	23	21	19	16		9	8	–	2	–	–	–	–	–	–	–	1	Selenocyanic acid, 5-indolinyl ester	22129-89-1	R9574
144	117	143	224	89	90	63	222	**224**	100	67	62	34	23	22	20	17		9	8	–	2	–	–	–	–	–	–	–	1	Selenocyanic acid, 5-indolinyl ester		L8945
145	224	226	50	75	69	95	74	**224**	100	58	56	50	48	38	30	28		7	4	–	–	–	1	3	–	–	–	–	–	Benzene, 1-bromo-3-(trifluoromethyl)-	401-78-5	Q0679
145	224	226	75	50	69	95	74	**224**	100	60	58	49	45	40	32	28		7	4	–	–	–	1	3	–	–	–	–	–	Benzene, 1-bromo-2-(trifluoromethyl)-	392-83-6	Q0663
145	224	226	75	95	125	205	74	**224**	100	75	73	25	21	19	15	14		7	4	–	–	–	1	3	–	–	–	–	–	Benzene, 1-bromo-4-(trifluoromethyl)-	402-43-7	Q0681
147	105	224	77	209	51	78	91	**224**	100	63	59	45	40	18	14	14		16	16	1	–	–	–	–	–	–	–	–	–	4-Isopropylbenzophenone	18864-76-1	R7837
147	145	149	31	66	191	79	81	**224**	100	77	24	16	13	8	7	7	**1.40**	1	–	–	–	1	2	1	–	–	–	–	–	Dibromochlorofluoromethane		A0775

MASS TO CHARGE RATIOS								M.W.	INTENSITIES								Parent	C	H	O	N	Cl	Br	F	S	P	B	Si	X	COMPOUND NAME	CAS Reg No	No
147	224	223	120	121	77	103	65	**224**	100	93	75	55	50	45	45	34		15	12	2	–	–	–	–	–	–	–	–	–	Chalcone, 2′-hydroxy-	1214-47-7	**Q5779**
148	224	149	53	52	67	147	226	**224**	100	18	9	7	6	6	6	6		9	9	1	4	1	–	–	–	–	–	–	–	Pyrazolo[5,1-c][1,2,4]triazine, 6-(chloroacetyl)-4,6-dihydro-3-methyl-4-methylene-	6763-69-5	**R2531**
151	73	103	131	134	181	45	224	**224**	100	81	24	22	22	22	20	18		12	20	2	–	–	–	–	–	–	–	1	–	Silane, trimethyl(3-phenoxypropoxy)-	16654-49-2	**R6313**
151	105	43	77	224	41	45	91	**224**	100	50	46	46	30	27	23	23		12	16	4	–	–	–	–	–	–	–	–	–	Benzenepropanoic acid, 3,4-dimethoxy-, methyl ester	27798-73-8	**S1850**
151	224	164	152	225	149	165	193	**224**	100	69	13	9	8	7	4	3		12	16	4	–	–	–	–	–	–	–	–	–	Benzenepropanoic acid, 3,4-dimethoxy-, methyl ester	27798-73-8	**S1851**
153	56	30	28	155	71	125	127	**224**	100	51	46	37	33	27	27	25	**0.00**	11	13	1	2	1	–	–	–	–	–	–	–	1-Aziridinecarboxamide, N-(3-chlorophenyl)-2,2-dimethyl-	55976-03-9	**T2499**
153	181	224	97	111	154	123	110	**224**	100	79	33	22	19	14	12	12		14	24	–	–	–	–	–	1	–	–	–	–	Thiophene, 2-butyl-5-hexyl-	4806-12-6	**H1494**
155	124	174	224	205	105	117	186	**224**	100	71	27	24	18	12	12	4		6	–	–	–	–	–	8	–	–	–	–	–	Perfluorobicyclo[2.2.0]hex-2-ene		**P2222**
155	124	224	205	174	117	105	186	**224**	100	46	46	40	31	21	13	12		6	–	–	–	–	–	8	–	–	–	–	–	Octafluorocyclohexa-1,3-diene		**P2218**
155	143	42	224	154	198	168	156	**224**	100	35	34	29	22	21	19	17		14	12	1	2	–	–	–	–	–	–	–	–	1a-Cyano-4-oxo-1a,1,2,3,4,4a-hexahydro-4a-azaphenanthrene		**06200**
155	190	91	65	63	189	157	192	**224**	100	99	89	81	79	78	77	77	**36.27**	8	7	1	–	3	–	–	–	–	–	–	–	Phenol, 2,5-dimethyl-3,4,6-trichloro-	74313-09-0	**T7943**
155	197	168	154	224	198	156	42	**224**	100	79	44	44	36	33	19	17		14	12	1	2	–	–	–	–	–	–	–	–	4a-Cyano-1-oxo-1a,1,2,3,4,4a-hexahydro-1a-azaphenanthrene		**06201**
155	224	124	69	93	174	117	31	**224**	100	70	54	43	24	21	15	8		6	–	–	–	–	–	8	–	–	–	–	–	Perfluoro-1,3,5-hexatriene		**Z1738**
155	224	205	69	105	124	31	93	**224**	100	51	37	25	16	14	13	13		6	–	–	–	–	–	8	–	–	–	–	–	Perfluoro-2-methyl-3-methylenecyclobutene		**05423**
157	91	130	115	224	129	156	67	**224**	100	95	66	49	48	45	41	32		17	20	–	–	–	–	–	–	–	–	–	–	4,7-Methano-1H-indene, octahydro-2-methylene-1-phenyl-	74793-04-7	**T8583**
163	79	119	95	45	29	151	63	**224**	100	60	54	38	38	35	34	27	**5.10**	8	20	3	–	–	–	–	1	–	–	1	–	Ethanethiol, 2-(triethoxysilyl)-	18236-15-2	**R7448**
163	120	162	161	207	134	135	133	**224**	100	60	48	24	16	15	13	11	**0.00**	10	12	4	2	–	–	–	–	–	–	–	–	L-Alanine, 3-(3-hydroxyanthraniloyl)-	606-14-4	**Q2715**
163	181	31	76	104	193	135	103	**224**	100	72	28	24	19	16	15	13	**0.10**	11	12	5	–	–	–	–	–	–	–	–	–	Methyl 2-hydroxyethyl terephthalate		**F0561**
164	39	192	79	77	55	53	67	**224**	100	50	44	44	41	34	34	31	**28.00**	11	12	5	–	–	–	–	–	–	–	–	–	Methyl 5-formyl-2,4-dihydroxy-3,6-dimethylbenzoate		**05966**
164	137	224	181	165	136	138	225	**224**	100	82	70	40	24	21	9	8		10	12	4	2	–	–	–	–	–	–	–	–	Benzeneacetamide, N-(aminocarbonyl)-4-hydroxy-3-methoxy-	15324-70-6	**R5686**
164	192	191	163	34	136	224	165	**224**	100	60	34	23	23	16	16	13		12	16	–	–	–	–	–	2	–	–	–	–	1,2,3,4,6,7,8,9-Octahydrothianthrene		**00066**
165	167	209	135	150	137	151	191	**224**	100	85	85	45	20	12	10	1	**0.00**	6	16	1	–	–	–	–	–	–	–	–	1	1-Propanol, 3-(trimethylstannyl)-	29394-87-4	**S2510**
166	55	41	96	82	69	83	58	**224**	100	86	72	65	59	56	53	51	**50.00**	15	28	1	–	–	–	–	–	–	–	–	–	Cyclododecane, (1-propenyloxy)-	64340-97-2	**T6452**
166	138	167	43	120	148	93	122	**224**	100	26	22	20	15	14	10	10	**0.10**	12	16	4	–	–	–	–	–	–	–	–	–	1,3-Dioxane-4,6-dione, 5-cyclohexylidene-2,2-dimethyl-	3709-25-9	**Q9692**
166	151	179	153	123	209	109	121	**224**	100	91	72	66	59	50	45	44	**25.00**	14	24	2	–	–	–	–	–	–	–	–	–	2-Cyclohexen-1-one, 3-(3-hydroxybutyl)-2,4,4,5-tetramethyl-	68931-38-4	**T6978**
167	41	224	111	168	97	43	112	**224**	100	36	24	24	22	18	15	11		14	24	–	–	–	–	–	1	–	–	–	–	Thiophene, 2,5-bis(3-methylbutyl)-	55012-73-2	**H2106**
167	44	224	209	40	43	69	128	**224**	100	23	21	13	11	9	9	9		12	16	4	–	–	–	–	–	–	–	–	–	1-Butanone, 3-methyl-1-(2,4,6-trihydroxy-3-methylphenyl)-	49583-27-9	**S7155**
167	165	168	91	41	224	43	166	**224**	100	21	16	15	12	10	10	9		17	20	–	–	–	–	–	–	–	–	–	–	3-Methyl-1,1-diphenylbutane		**V0350**
167	168	41	97	124	195	153	53	**224**	100	74	43	27	24	17	15	14	**0.00**	11	16	3	2	–	–	–	–	–	–	–	–	5-Allyl-5-sec-butylbarbituric acid		**03822**
167	168	41	124	195	141	181	39	**224**	100	67	47	22	18	15	13	13	**1.58**	11	16	3	2	–	–	–	–	–	–	–	–	5-Allyl-5-butylbarbituric acid	3146-66-5	**Q9056**
167	195	224	182	55	168	43	69	**224**	100	20	20	15	12	10	7	7		12	16	4	–	–	–	–	–	–	–	–	–	1-Pentanone, 1-(2,4,6-trihydroxy-3-methylphenyl)-	49583-26-8	**S7154**
167	224	165	168	152	225	166	178	**224**	100	33	21	16	12	6	6	3		17	20	–	–	–	–	–	–	–	–	–	–	1,1′-Biphenyl, 4-pentyl-	7116-96-3	**R2850**
168	41	124	181	167	141	97	98	**224**	100	34	25	20	19	17	16	12	**1.00**	11	16	3	2	–	–	–	–	–	–	–	–	5-Allyl-5-isobutylbarbituric acid	77-26-9	**P5783**
168	41	124	181	167	141	97	153	**224**	100	34	25	20	19	17	16	12	**1.00**	11	16	3	2	–	–	–	–	–	–	–	–	5-Allyl-5-isobutylbarbituric acid		**03817**
168	41	167	39	124	27	43	97	**224**	100	97	74	32	26	26	25	22	**0.10**	11	16	3	2	–	–	–	–	–	–	–	–	1-Allyl-5,5-diethylbarbituric acid	7548-63-2	**R3270**
168	103	60	149	196	142	57	55	**224**	100	73	51	45	24	17	12	11	**10.00**	9	13	–	–	–	–	–	–	–	–	–	1	Rhodium, (π-cyclopentadienyl)bis(ethylene)-		**02812**
168	139	167	224	169	41	124	39	**224**	100	47	19	16	9	8	7	7		13	20	3	–	–	–	–	–	–	–	–	–	1-(1′,1′-Dimethyl-3-hydroxyisopropyl)-3,5-dimethoxybenzene		**B1671**
168	139	167	224	169	41	124	77	**224**	100	47	18	16	9	8	7	7		13	20	3	–	–	–	–	–	–	–	–	–	1-(3′,5′-Dimethoxyphenyl)-1-hydroxy-3-methylbutane		**02546**
168	181	112	126	139	125	195	169	**224**	100	42	31	20	15	14	13	11	**3.00**	12	24	–	4	–	–	–	–	–	–	–	–	3,6-Dipentyl-2,6-dihydro-1,2,4,5-tetrazine		**17020**
168	196	142	28	224	26	169	27	**224**	100	30	19	13	11	8	7	7		9	13	–	–	–	–	–	–	–	–	–	1	Rhodium, (π-cyclopentadienyl)bis(ethylene)-	12211-95-9	**R4075**
169	224	170	141	55	28	115	209	**224**	100	79	66	42	39	29	24	16		16	16	1	–	–	–	–	–	–	–	–	–	4-Biphenylyl methallyl ether		**Z1747**
175	119	224	78	51	92	65	42	**224**	100	49	35	27	26	22	20	16		10	9	2	2	1	–	–	–	–	–	–	–	Imidazo[1,2-a]pyridinium, 3-(chloroacetyl)-2,3-dihydro-1-methyl-2-oxo-, hydroxide, inner salt	11063-29-9	**R3996**
177	224	178	161	225	162	91	41	**224**	100	37	14	12	4	4	4	4		13	20	1	–	–	–	–	1	–	–	–	–	2-Methylthiomethyl-4-methyl-6-tert-butylphenol		**D1419**
179	123	77	105	79	151	51	147	**224**	100	90	75	70	60	40	25	5	**0.00**	13	20	3	–	–	–	–	–	–	–	–	–	Benzene, (triethoxymethyl)-		**M4125**
179	123	77	105	79	151	51	180	**224**	100	89	64	54	49	33	26	12	**0.00**	13	20	3	–	–	–	–	–	–	–	–	–	Benzene, (triethoxymethyl)-	1663-61-2	**Q6453**
179	192	193	115	165	178	77	191	**224**	100	63	62	61	58	56	49	40	**25.53**	16	16	1	–	–	–	–	–	–	–	–	–	Tricyclo[4.2.1.0$^{(2,5)}$]nona-3,7-diene, 9-methoxy-1-phenyl-	56771-52-9	**08415**
180	151	181	224	150	139	152	75	**224**	100	36	31	21	20	19	18	17		13	8	2	2	–	–	–	–	–	–	–	–	Benzo[c]cinnoline-4-carboxylic acid	20684-48-4	**R8864**
180	152	165	224	168	181	151	163	**224**	100	82	72	50	37	29	26	23		15	12	2	–	–	–	–	–	–	–	–	–	trans-2′-Hydroxymethylspiro(acenaphthenone-2,1′-cyclopropane)		**M8284**
180	165	224	168	181	151	205	164	**224**	100	73	72	48	43	28	26	26		15	12	2	–	–	–	–	–	–	–	–	–	cis-2′-Hydroxymethylspiro(acenaphthenone-2,1′-cyclopropane)		**M8285**
180	224	95	109	68	194	67	81	**224**	100	60	57	34	26	26	25	25		9	12	3	4	–	–	–	–	–	–	–	–	7-(2′-Hydroxyethyl)-1,3-dimethylxanthine		**P2899**
182	41	207	137	153	165	39	167	**224**	100	81	68	58	46	37	36	35	**23.14**	12	20	2	2	–	–	–	–	–	–	–	–	Aspergillic acid	490-02-8	**Q1184**
182	151	18	43	51	17	15	183	**224**	100	99	57	48	16	16	13	13	**6.67**	11	12	5	–	–	–	–	–	–	–	–	–	Methyl 3-methoxy-4-acetoxybenzoate		**04971**
182	181	224	165	152	163	183	164	**224**	100	52	45	45	18	15	14	14		15	12	2	–	–	–	–	–	–	–	–	–	9-Acetoxyfluorene		**03502**
189	29	55	129	115	83	28	191	**224**	100	52	51	46	41	34	34	33	**0.00**	9	14	2	–	2	–	–	–	–	–	–	–	Ethyl 7,7-dichloro-6-heptenoate		**Z1746**

MASS TO CHARGE RATIOS								M.W.	INTENSITIES								Parent	C	H	O	N	Cl	Br	F	S	P	B	Si	X	COMPOUND NAME	CAS Reg No	No
189	121	102	51	125	59	91	115	**224**	100	89	35	18	18	18	16	16	**6.73**	11	9	3	–	1	–	–	–	–	–	–	–	Cinnamic acid, α-(chloroformyl)-, methyl ester	32046-42-7	S3458
189	191	109	193	111	153	118	39	**224**	100	92	35	32	20	17	17	17	**12.00**	4	4	–	–	4	–	–	1	–	–	–	–	2,3,4,5-Tetrachlorotetrahydrothiophene		D1672
189	191	224	226	89	63	125	61	**224**	100	94	87	83	77	70	68	50		8	7	1	–	3	–	–	–	–	–	–	–	Phenol, 3,5-dimethyl-2,4,6-trichloro-	74313-15-8	T7949
189	224	226	191	228	125	89	63	**224**	100	85	82	63	26	21	18	15		8	7	1	–	3	–	–	–	–	–	–	–	2,3,6-Trichloro-4,5-dimethylcyclohexadienone		D0349
191	189	193	226	84	154	49	156	**224**	100	78	48	46	44	31	30	30	**28.63**	4	1	–	–	5	–	–	–	–	–	–	–	Pentachlorobutadiene		P0328
191	189	193	226	84	154	156	119	**224**	100	78	48	46	44	31	30	29	**28.24**	4	1	–	–	5	–	–	–	–	–	–	–	Pentachlorobutadiene		X0813
191	189	226	193	228	224	84	155	**224**	100	77	51	48	34	29	28	27		4	1	–	–	5	–	–	–	–	–	–	–	Pentachlorobutadiene		A0327
192	164	224	193	40	149	44	91	**224**	100	75	58	31	26	16	16	15		12	16	4	–	–	–	–	–	–	–	–	–	Methyl 2-hydroxy-4-methoxy-3,5,6-trimethylbenzoate		05967
193	119	149	91	194	65	208	75	**224**	100	65	35	24	14	13	12	9	**0.00**	11	16	3	–	–	–	–	–	–	–	1	–	Benzoic acid, 2-methoxy-, trimethylsilyl ester	25436-32-2	S1083
193	224	192	91	194	77	177	134	**224**	100	64	24	14	13	11	10	10		12	16	4	–	–	–	–	–	–	–	–	–	Methyl 4-hydroxy-2-methoxy-3,5,6-trimethylbenzoate		05968
194	208	224	45	192	120	150	164	**224**	100	90	90	85	15	9	6	5		8	4	2	2	–	–	–	2	–	–	–	–	Thieno[3′,2′-c]pyridazo[5,6-b]thiophene N,N′-dioxide		P2528
194	209	193	73	224	45	195	59	**224**	100	49	39	35	33	20	18	15		11	16	3	–	–	–	–	–	–	–	1	–	Benzaldehyde, 3-methoxy-4-[(trimethylsilyl)oxy]-	6689-43-6	R2475
195	41	69	28	141	152	196	135	**224**	100	24	19	15	14	12	12	11	**0.17**	11	16	3	2	–	–	–	–	–	–	–	–	5-Ethyl-5-(1-methyl-1-butenyl)barbituric acid	125-42-8	P9466
195	224	167	77	223	196	166	50	**224**	100	40	29	27	27	19	13	8		14	12	1	2	–	–	–	–	–	–	–	–	4(1H)-Quinazolinone, 2,3-dihydro-1-phenyl-	35242-43-4	09897
195	224	180	179					**224**	100	91	19	18						14	12	1	2	–	–	–	–	–	–	–	–	Formic acid diphenylmethylenehydrazide		L7509
196	198	200	224	226	97	29	132	**224**	100	96	31	24	23	16	11	11		8	7	1	–	3	–	–	–	–	–	–	–	2,4,5-Trichlorophenetole		Z1745
197	123	179	151	109	152	81	88	**224**	100	95	93	75	64	56	46	42	**9.35**	8	17	5	–	–	–	–	–	1	–	–	–	Diethyl (ethoxycarbonyl)methylphosphonate		P1244
205	224	223	174	123	99	93	104	**224**	100	73	39	25	7	5	5	4		9	2	–	–	–	–	6	–	–	–	–	–	1,1,4,5,6,7-Hexafluoroindene		P2300
207	209	224	226	211	74	109	228	**224**	100	97	83	79	33	31	28	27		7	3	2	–	3	–	–	–	–	–	–	–	Benzoic acid, 2,3,6-trichloro-	50-31-7	P4464
207	224	75	76	103	74	179	120	**224**	100	86	65	49	41	39	37	34		11	4	2	4	–	–	–	–	–	–	–	–	2,3-Dicyano-6-quinoxalinecarboxylic acid		17175
207	224	175	209	57	191	208	41	**224**	100	89	43	41	28	26	24	21		12	20	2	2	–	–	–	–	–	–	–	–	Pyrazine, 2,5-di-tert-butyl-, 1,4-dioxide	39950-97-5	S6186
209	57	224	41	181	29	64	39	**224**	100	32	16	10	6	4	4	2		14	21	–	–	1	–	–	–	–	–	–	–	Chloro-di-tert-butylbenzene		L0621
209	135	75	165	77	44	147	73	**224**	100	70	54	49	40	35	19	18	**14.40**	11	16	3	–	–	–	–	–	–	–	1	–	Benzoic acid, 4-methoxy-, trimethylsilyl ester		15475
209	135	165	224	77	107	210	92	**224**	100	62	46	26	16	15	15	10		11	16	3	–	–	–	–	–	–	–	1	–	Benzoic acid, 3-methoxy-, trimethylsilyl ester		15586
209	165	105	194	77	204	97	207	**224**	100	26	21	14	12	10	10	10	**5.90**	16	16	1	–	–	–	–	–	–	–	–	–	3,3-Dimethyl-1-phenylphthalan		01481
209	166	224	134	106	147	223	210	**224**	100	64	46	33	29	21	16	16		10	16	2	2	–	–	–	–	–	–	1	–	3-Pyridinecarboxamide, 1,6-dihydro-1-methyl-6-oxo-N-(trimethylsilyl)-	72403-08-8	T7817
209	179	210	135	59	89	161	193	**224**	100	24	16	15	13	13	10	9	**1.00**	11	16	3	–	–	–	–	–	–	–	1	–	Benzoic acid, 2-[(trimethylsilyl)oxy]-, methyl ester	18001-14-4	R7330
209	179	210	193	89	161	177	211	**224**	100	15	15	7	6	5	5	5	**0.50**	11	16	3	–	–	–	–	–	–	–	1	–	Benzoic acid, 2-[(trimethylsilyl)oxy]-, methyl ester	18001-14-4	R7331
209	180	139	224	181	210	152	223	**224**	100	46	40	21	20	15	13	12		14	12	1	2	–	–	–	–	–	–	–	–	Benzo[c]cinnoline, 4-ethoxy-	19174-71-1	R8016
209	207	226	224	74	45	109	73	**224**	100	99	83	83	67	53	44	44		7	3	2	–	3	–	–	–	–	–	–	–	Benzoic acid, 2,3,6-trichloro-	50-31-7	P4467
209	224	177	89	149	73	193	210	**224**	100	79	60	56	34	28	18	18		11	16	3	–	–	–	–	–	–	–	1	–	Benzoic acid, 3-[(trimethylsilyl)oxy]-, methyl ester	27798-50-1	S1821
209	224	177	89	210	225	149	193	**224**	100	90	38	22	17	17	13	12		11	16	3	–	–	–	–	–	–	–	1	–	Benzoic acid, 3-[(trimethylsilyl)oxy]-, methyl ester	27798-50-1	S1822
209	224	193	73	135	89	210	91	**224**	100	62	27	27	25	20	18	16		11	16	3	–	–	–	–	–	–	–	1	–	Benzoic acid, 4-[(trimethylsilyl)oxy]-, methyl ester	27739-17-9	S1760
209	224	210	103	179	91	178	225	**224**	100	39	21	19	10	9	8	7		17	20	–	–	–	–	–	–	–	–	–	–	2-Phenyl-2-(3,4-dimethylphenyl)propane		C1237
209	224	225	193	210	135	73	211	**224**	100	97	18	18	16	6	6	6		11	16	3	–	–	–	–	–	–	–	1	–	Benzoic acid, 4-[(trimethylsilyl)oxy]-, methyl ester	27739-17-9	S1761
223	222	224	221	143	142	225	144	**224**	100	95	80	71	68	58	51	47		2	11	–	–	–	1	–	–	–	10	–	–	8-Bromo-1,2-dicarba-closo-dodecaborane(12)		P2163
223	224	104	105	225	51	112	52	**224**	100	97	48	36	15	12	6	6		14	12	1	2	–	–	–	–	–	–	–	–	1,2,3,4-Tetrahydro-2-oxo-3-phenylquinazoline		M0497
223	224	121	103	65	77	93	131	**224**	100	95	66	27	26	24	22	22		15	12	2	–	–	–	–	–	–	–	–	–	Chalcone, 4′-hydroxy-	2657-25-2	Q8499
224	51	209	77	107	197	183	115	**224**	100	71	61	55	48	39	37	36		15	13	–	–	–	–	–	–	1	–	–	–	Phosphine, diphenyl-1-propynyl-	6224-94-8	R2154
224	53	39	103	42	54	121	67	**224**	100	97	60	55	54	42	40	38		13	12	–	4	–	–	–	–	–	–	–	–	s-Triazolo[4,3-a]pyrazine, 5,8-dimethyl-3-phenyl-	19848-82-9	R8337
224	67	82	15	42	28	139	167	**224**	100	75	69	67	29	26	26	24		9	12	3	4	–	–	–	–	–	–	–	–	Tetramethyluric acid		L7308
224	67	82	55	139	195	225	210	**224**	100	48	41	25	21	11	11	10		9	12	3	4	–	–	–	–	–	–	–	–	8-(Hydroxymethyl)caffeine	4921-51-1	R0938
224	69	166	167	139	168	153	125	**224**	100	99	99	99	92	76	50	30		12	16	4	–	–	–	–	–	–	–	–	–	p-Benzoquinone, 2-hydroxy-5-methoxy-3-pentyl-	34272-60-1	08789
224	77	97	127	69	28	128	27	**224**	100	20	19	12	10	10	10	8		3	4	–	–	–	–	3	–	–	–	–	1	1,1,1-Trifluoro-3-iodopropane		L9464
224	77	132	93	104	92	65	225	**224**	100	68	51	38	32	29	23	19		15	16	–	2	–	–	–	–	–	–	–	–	1-Propanone, 1-phenyl-, phenylhydrazone	14290-11-0	R5108
224	79	78	77	51	42	63	18	**224**	100	51	33	33	23	22	21	21		8	8	4	4	–	–	–	–	–	–	–	–	Acetaldehyde, (2,4-dinitrophenyl)hydrazone		D1327
224	79	119	100	192	91	41	118	**224**	100	64	42	42	42	37	34	27		12	16	4	–	–	–	–	–	–	–	–	–	Tricyclo[3.3.1.1$^{(3,7)}$]decane-2-carboxylic acid, 4-hydroxy-10-oxo-, methyl ester, (1α,2α,3β,4β,5α,7β)-	56907-15-4	08337
224	83	96	223	151	177	55	123	**224**	100	95	90	90	70	55	50	50		11	16	3	2	–	–	–	–	–	–	–	–	4H-Pyrido[1,2-a]pyrimidine-3-carboxylic acid, 1,6,7,8,9,9a-hexahydro-4-oxo-, ethyl ester	39080-62-1	S6028
224	91	121	115	193	223	209	77	**224**	100	58	40	37	35	24	20	18		16	16	1	–	–	–	–	–	–	–	–	–	Benzene, 1-methoxy-2-(3-phenyl-2-propenyl)-	56052-52-9	T2678
224	91	181	77	195	65	104	180	**224**	100	28	15	14	13	11	11	10		14	12	1	2	–	–	–	–	–	–	–	–	1H-Indazol-3-ol, 1-p-tolyl-		M2391
224	91	181	225	77	195	104	65	**224**	100	28	15	15	14	13	12	11		14	12	1	2	–	–	–	–	–	–	–	–	1H-Indazol-3-ol, 1-p-tolyl-	28561-78-6	S2123
224	99	69	127	44	226	63	73	**224**	100	84	81	70	36	32	27	27		8	4	2	–	1	–	3	–	–	–	–	–	Acetic acid, trifluoro-, 4-chlorophenyl ester	658-74-2	Q3616
224	120	223	147	104	92	225	121	**224**	100	99	83	70	56	53	32	27		15	12	2	–	–	–	–	–	–	–	–	–	Flavanone	487-26-3	Q1149
224	139	168	196	28	63	140	167	**224**	100	67	57	52	16	14	14	13		14	12	1	2	–	–	–	–	–	–	–	–	Benzo[c]cinnoline, 2-ethoxy-	19195-17-6	R8030

MASS TO CHARGE RATIOS								M.W.	INTENSITIES								Parent	C	H	O	N	Cl	Br	F	S	P	B	Si	X	COMPOUND NAME	CAS Reg No	No
224	139	168	196	225	223	84	195	**224**	100	30	29	27	13	11	9	9		14	8	3	–	–	–	–	–	–	–	–	–	**2-Hydroxyanthraquinone**		**D0535**
224	139	223	168	225	196	44	140	**224**	100	19	18	16	14	10	7	5		14	8	3	–	–	–	–	–	–	–	–	–	**1-Hydroxyanthraquinone**		**D0496**
224	147	223	77	94	105	65	119	**224**	100	53	50	44	32	26	21	21		15	12	2	–	–	–	–	–	–	–	–	–	**2-Propen-1-one, 3-(4-hydroxyphenyl)-1-phenyl-**	20426-12-4	**R8668**
224	147	223	120	121	103	77	65	**224**	100	97	87	58	52	46	46	30		15	12	2	–	–	–	–	–	–	–	–	–	**Chalcone, 2′-hydroxy-**	1214-47-7	**Q5777**
224	148	223	221	225	110	111	113	**224**	100	25	15	14	11	10	10	10		15	12	–	–	–	–	–	1	–	–	–	–	**Benzo[b]thiophene, 3-methyl-2-phenyl-**	10371-50-3	**R3794**
224	151	179	196	150	225	77	139	**224**	100	53	40	36	27	17	16	15		13	8	2	2	–	–	–	–	–	–	–	–	**Benzo[c]cinnoline-2-carboxylic acid**	20684-46-2	**R8863**
224	152	75	89	102	180	76	207	**224**	100	38	28	26	25	25	23	22		13	8	2	2	–	–	–	–	–	–	–	–	**2-Phenazinecarboxylic acid**	18450-16-3	**R7622**
224	179	178	118	225	180	89	166	**224**	100	69	53	23	12	11	10	10		15	12	2	–	–	–	–	–	–	–	–	–	**Acrylic acid, (E)-2,3-diphenyl-**	91-48-5	**P6632**
224	181	109	81	44	67	41	167	**224**	100	40	36	35	30	27	24	22		14	24	–	–	–	–	–	1	–	–	–	–	**5-Methyl-perhydrothiaxanthene**		**M2654**
224	192	100	79	119	91	41	118	**224**	100	83	82	75	57	50	41	40		12	16	4	–	–	–	–	–	–	–	–	–	**Tricyclo[3.3.1.1$^{(3,7)}$]decane-2-carboxylic acid, 4-hydroxy-10-oxo-, methyl ester, (1α,2α,3β,4α,5α,7β)-**	56830-80-9	**08336**
224	206	119	205	118	223	77	147	**224**	100	80	46	35	33	24	23	22		14	12	1	2	–	–	–	–	–	–	–	–	**2-(α-Hydroxybenzyl)benzimidazole**		**02067**
224	209	114	222	207	226	211	69	**224**	100	97	56	48	47	27	26	21		6	8	–	–	–	–	–	2	–	–	–	1	**Thiophene, 2-(methylseleno)-5-(methylthio)-**	23167-84-2	**S0100**
224	209	167	168	104.5	225	210	77	**224**	100	77	58	37	25	18	14	11		15	16	–	2	–	–	–	–	–	–	–	–	**4-Isopropylideneaminodiphenylamine**		**D0909**
224	223	53	42	77	80	225	94	**224**	100	35	26	16	16	15	15	13		13	12	–	4	–	–	–	–	–	–	–	–	**s-Triazolo[1,5-a]pyrazine, 5,6-dimethyl-2-phenyl-**	33590-30-6	**S4272**
224	223	53	42	225	39	107	52	**224**	100	40	18	16	15	14	10	8		13	12	–	4	–	–	–	–	–	–	–	–	**s-Triazolo[1,5-a]pyrazine, 5,8-dimethyl-2-phenyl-**	33590-27-1	**S4271**
224	223	77	225	207	51	145	208	**224**	100	89	37	19	18	17	10	10		15	16	–	2	–	–	–	–	–	–	–	–	**N-(p-Dimethylaminobenzylidene)aniline**		**L4524**
224	223	105	69	147	77	51	225	**224**	100	90	58	55	55	53	20	17		15	12	2	–	–	–	–	–	–	–	–	–	**1,3-Propanedione, 1,3-diphenyl-**	120-46-7	**P9073**
224	223	105	147	69	77	51		**224**	100	91	58	56	56	52	20			15	12	2	–	–	–	–	–	–	–	–	–	**Dibenzoylmethane**		**L9292**
224	223	121	103	77	65	93	131	**224**	100	81	68	29	27	25	25	25		15	12	2	–	–	–	–	–	–	–	–	–	**Chalcone, 4′-hydroxy-**	2657-25-2	**Q8500**
224	223	131	118	225	207	103	205	**224**	100	67	34	29	17	10	7	6		15	12	2	–	–	–	–	–	–	–	–	–	**2′-Hydroxyflav-3-ene**		**L2037**
224	223	147	69	77	51	105	225	**224**	100	94	73	63	47	42	38	12		15	12	2	–	–	–	–	–	–	–	–	–	**1,3-Propanedione, 1,3-diphenyl-**	120-46-7	**P9075**
224	223	147	120	121	104	92	77	**224**	100	82	78	62	40	39	33	28		15	12	2	–	–	–	–	–	–	–	–	–	**Chalcone, 2′-hydroxy-**	1214-47-7	**Q5778**
224	223	196	168	76	139	50	63	**224**	100	56	51	45	40	40	26	21		14	8	3	–	–	–	–	–	–	–	–	–	**Dibenz[b,e]oxepin-6,11-dione**	15128-50-4	**R5582**
224	225	207	151	179	18	152	139	**224**	100	18	18	18	17	11	9	8		14	8	3	–	–	–	–	–	–	–	–	–	**4-Carboxyfluoren-9-one**		**C1266**
224	226	90	145	88	117	62	75	**224**	100	97	80	44	42	37	28	22		8	5	1	2	–	1	–	–	–	–	–	–	**1-Bromo-3,4-dihydro-4-oxophthalazine**		**02086**
225	169	167	226	209	195	227	185	**224**	100	5	4	4	3	2	2	1	**0.00**	11	16	3	2	–	–	–	–	–	–	–	–	**5-Allyl-5-sec-butylbarbituric acid**	115-44-6	**P8873**
225	226	185	227	168				**224**	100	13	2	2	1				**0.00**	11	16	3	2	–	–	–	–	–	–	–	–	**5-Allyl-5-isobutylbarbituric acid**	77-26-9	**P5786**
226	224	145	228	74	147	75	109	**224**	100	62	47	45	43	30	28	24		6	3	–	–	2	1	–	–	–	–	–	–	**1,3-Dichloro-5-bromobenzene**		**Y1764**
226	224	228	66	199	118	28	38	**224**	100	52	52	19	17	16	14	13		3	2	–	2	–	2	–	–	–	–	–	–	**1H-Pyrazole, 3,4-dibromo-**	5932-18-3	**R1915**
226	224	228	66	199	118	28	145	**224**	100	50	50	18	17	16	14	13		3	2	–	2	–	2	–	–	–	–	–	–	**1H-Pyrazole, 3,4-dibromo-**		**L8575**
226	224	228	145	147	109	74	75	**224**	100	62	45	32	20	14	13	9		6	3	–	–	2	1	–	–	–	–	–	–	**1-Bromo-2,5-dichlorobenzene**		**Z1739**
226	224	228	145	147	109	74	75	**224**	100	62	45	33	22	15	14	9		6	3	–	–	2	1	–	–	–	–	–	–	**1-Bromo-3,4-dichlorobenzene**		**Z1741**
28	225	134	79	107	77	224	226	**225**	100	81	35	30	23	21	19	15		14	15	–	3	–	–	–	–	–	–	–	–	**o-Aminoazotoluene**		**00173**
29	167	209	225	207	195	223	181	**225**	100	32	31	29	27	27	26	25		16	19	–	1	–	–	–	–	–	–	–	–	**Benzenemethanamine, N-ethyl-N-(3-methylphenyl)-**	119-94-8	**P9040**
30	63	69	74	75	79	62	131	**225**	100	39	31	28	25	17	17	14	**7.35**	7	3	4	3	–	–	–	1	–	–	–	–	**Thiocyanic acid, 2,4-dinitrophenyl ester**	1594-56-5	**Q6280**
41	127	156	43	126	55	69	56	**225**	100	94	82	79	71	67	59	48	**0.00**	10	18	1	1	–	–	3	–	–	–	–	–	**1-Aminooctane TFA**		**15505**
41	151	43	69	125	56	179	45	**225**	100	90	87	75	56	52	52	50	**25.00**	11	15	4	1	–	–	–	–	–	–	–	–	**Nicotinic acid, 1,6-dihydro-4-hydroxy-6-oxo-2-propyl-, ethyl ester**	1211-05-8	**Q5773**
43	44	42	225	57	41	71	29	**225**	100	62	61	56	35	34	24	22		14	11	2	1	–	–	–	–	–	–	–	–	**6(5H)-Phenanthridinone, 8-methoxy-**	38088-95-8	**S5662**
43	59	88	81	125	150			**225**	100	28	23	23	21	4			**0.00**	11	19	2	3	–	–	–	–	–	–	–	–	**3-(2′-Cyclohexenyl)-3-hydroxy-2-butanone**		**M7491**
46	30	29	41	39	28	27	43	**225**	100	74	40	33	24	22	12	8	**0.00**	4	7	8	3	–	–	–	–	–	–	–	–	**2-Methyl-2-nitrotrimethylene dinitrate**		**L3814**
58	43	69	42	41	210	168	57	**225**	100	62	39	37	36	34	33	30	**28.18**	10	19	1	5	–	–	–	–	–	–	–	–	**1,3,5-Triazine-2,4-diamine, 6-methoxy-N,N′-diisopropyl-**	1610-18-0	**Q6314**
58	168	167	18	165	15	152	39	**225**	100	87	87	57	53	51	31	27	**0.80**	15	15	1	1	–	–	–	–	–	–	–	–	**Benzeneacetamide, N-methyl-α-phenyl-**	954-21-2	**Q4830**
58	210	168	225	69	41	42	43	**225**	100	55	48	44	43	38	35	35		10	19	1	5	–	–	–	–	–	–	–	–	**1,3,5-Triazine-2,4-diamine, 6-methoxy-N,N′-diisopropyl-**	1610-18-0	**Q6315**
58	210	225	168	98	183	43	141	**225**	100	91	78	60	56	49	40	34		10	19	1	5	–	–	–	–	–	–	–	–	**1,3,5-Triazine-2,4-diamine, 6-methoxy-N,N′-diisopropyl-**	1610-18-0	**Q6313**
60	86	225	77	227	143	208	103	**225**	100	25	15	10	9	8	8	6		12	16	1	1	1	–	–	–	–	–	–	–	**1,2-Oxazepine, 7-(p-chlorophenyl)hexahydro-2-methyl-**	3358-91-6	**Q9265**
60	86	225	77	227	208	143	115	**225**	100	25	15	10	9	8	8	6		12	16	1	1	1	–	–	–	–	–	–	–	**1,2-Oxazepine, 7-(p-chlorophenyl)hexahydro-2-methyl-**		**04820**
69	33	128	178	31	28	109	158	**225**	100	74	50	36	21	14	13	11	**0.00**	4	2	–	3	–	–	7	–	–	–	–	–	**1-Fluoro-5,5-bis(trifluoromethyl)-Δ^2-1,2,3-triazoline**		**M6108**
69	81	97	41	43	68	55	122	**225**	100	86	60	59	54	50	46	41	**0.00**	12	19	3	1	–	–	–	–	–	–	–	–	**Bicyclo[3.2.0]heptan-3-one, 2-hydroxy-1,4,4-trimethyl-, O-acetyloxime**	53209-28-2	**S8343**
70	91	42	65	225	155	92	224	**225**	100	82	51	34	30	29	27	24		11	15	2	1	–	–	–	1	–	–	–	–	**Pyrrolidine, 1-[(4-methylphenyl)sulphonyl]-**	6435-78-5	**R2296**
73	129	75	130	68	67	94	101	**225**	100	62	61	28	14	13	13	13	**4.00**	13	25	1	–	–	–	–	–	–	–	1	–	**cis-1-Trimethylsiloxycyclodec-3-ene**		**P3371**
73	129	75	130	183	68	67	107	**225**	100	61	55	26	18	14	13	13	**4.10**	13	25	1	–	–	–	–	–	–	–	1	–	**trans-1-Trimethylsiloxycyclodec-3-ene**		**P3370**
75	210	73	180	45	107	89	59	**225**	100	97	39	39	32	31	24	23	**1.98**	10	15	3	1	–	–	–	–	–	–	1	–	**Silane, trimethyl[(4-nitrophenyl)methoxy]-**	14856-73-6	**R5437**
79	225	81	227	210	224	226	51	**225**	100	65	35	23	15	13	12	11		10	8	1	1	1	–	–	1	–	–	–	–	**4-Methoxy-5-chloro-3-phenylisothiazole**		**L4297**

MASS TO CHARGE RATIOS								M.W.	INTENSITIES								Parent	C	H	O	N	Cl	Br	F	S	P	B	Si	X	COMPOUND NAME	CAS Reg No	No
84	94	55	57	95	82	110	108	**225**	100	35	18	15	12	6	6	4	**0.03**	15	31	–	1	–	–	–	–	–	–	–	–	Pyrrolidine, 2-decyl-1-methyl-		05409
84	94	55	57	95	85	82	110	**225**	100	35	18	15	12	8	6	6	**0.10**	15	31	–	1	–	–	–	–	–	–	–	–	Pyrrolidine, 2-decyl-1-methyl-	3447-07-2	Q9402
91	65	210	92	225	118	148	120	**225**	100	12	11	10	8	4	4	3		16	19	–	1	–	–	–	–	–	–	–	–	Benzenemethanamine, N-ethyl-N-(3-methylphenyl)-	119-94-8	P9039
91	77	224	92	225	51	65	195	**225**	100	25	18	17	16	13	12	9		15	15	1	1	–	–	–	–	–	–	–	–	Acetophenone benzyloxime		15633
91	155	56	42	65	28	146	41	**225**	100	89	50	21	17	15	11	10	**8.50**	11	15	2	1	–	–	–	1	–	–	–	–	Azetidine, 2-methyl-1-[(4-methylphenyl)sulphonyl]-	13595-47-6	R4657
92	119	91	77	105	208	76	178	**225**	100	89	88	42	38	32	31	29	**24.29**	14	11	2	1	–	–	–	–	–	–	–	–	Stilbene, (E)-2-nitro-	4264-29-3	R0269
95	138	180	43	196	39	28	110	**225**	100	50	21	18	13	12	9	8	**0.00**	10	11	5	1	–	–	–	–	–	–	–	–	2-Furanbutanoic acid, α-(acetylamino)-γ-oxo-, (+-)-	56817-94-8	09981
100	126	41	87	225	42	86	79	**225**	100	95	30	28	19	15	15	11		13	23	2	1	–	–	–	–	–	–	–	–	Bicyclo[3.3.1]nonan-9-ol, 2-(4-morpholinyl)-, (endo,anti)-	19877-74-8	R8359
102	141	197	140	114	169	225		**225**	100	43	41	25	19	18	1			12	7	2	3	–	–	–	–	–	–	–	–	2-Azido-5-phenyl-1,4-benzoquinone		M3184
105	77	73	51	45	72	50	44	**225**	100	76	57	41	29	26	17	12	**0.00**	10	11	1	1	–	–	–	2	–	–	–	–	Carbamic acid, benzoylmethyldithio-, methyl ester	20184-96-7	R8527
105	77	225	51	88	74	226	121	**225**	100	60	51	20	11	9	9	7		10	11	1	1	–	–	–	2	–	–	–	–	Carbamic acid, benzoylmethyldithio-, methyl ester	20184-96-7	R8528
105	77	225	51	197	50	106	226	**225**	100	65	38	30	10	10	9	8		14	11	2	1	–	–	–	–	–	–	–	–	Dibenzoylimide		02236
106	32	225	18	91	134	79	107	**225**	100	58	52	41	30	22	20	15		14	15	–	3	–	–	–	–	–	–	–	–	o-Aminoazotoluene		D0336
108	118	91	107	57	28	43	75	**225**	100	95	35	31	28	24	23	23	**10.89**	11	15	4	1	–	–	–	–	–	–	–	–	1,2-Propanediol, 3-(2-methylphenoxy)-, 1-carbamate	533-06-2	Q1697
109	72	94	138	108	110	76	153	**225**	100	32	32	22	21	16	14	13	**0.00**	13	23	2	1	–	–	–	–	–	–	–	–	Bicyclo[2.2.1]hept-2-en-2-amine, 5-(1-ethoxyethoxy)-N,N-dimethyl-	41696-74-6	S6711
118	89	63	44	191	39	90	132	**225**	100	92	60	55	37	34	32	29	**1.67**	8	7	5	3	–	–	–	–	–	–	–	–	Benzamide, 2-methyl-3,5-dinitro-	148-01-6	P9948
119	91	92	225	208	105	77	89	**225**	100	86	79	55	44	43	38	33		14	11	2	1	–	–	–	–	–	–	–	–	Stilbene, (E)-2-nitro-	4264-29-3	R0270
119	105	225	77	91	51	64	120	**225**	100	67	43	37	25	17	14	13		14	11	2	1	–	–	–	–	–	–	–	–	1,4,2-Dioxazole, 3,5-diphenyl-	16192-53-3	R6075
119	183	91	120	225	77	85	118	**225**	100	21	12	10	9	6	6	3		9	11	2	3	–	–	–	1	–	–	–	–	Benzenesulphonyl azide, 2,4,6-trimethyl-	24906-63-6	S0864
120	225	77	42	51	106	79	105	**225**	100	73	58	38	32	30	23	21		14	15	–	3	–	–	–	–	–	–	–	–	4-(Dimethylamino)azobenzene		02143
120	225	77	42	105	51	79	104	**225**	100	45	45	40	25	15	15	15		14	15	–	3	–	–	–	–	–	–	–	–	4-(Dimethylamino)azobenzene		L6654
120	225	77	105	42	226	121	79	**225**	100	70	31	17	16	13	11	10		14	15	–	3	–	–	–	–	–	–	–	–	4-(Dimethylamino)azobenzene		C1597
127	111	81	128	152	97	98	69	**225**	100	91	69	55	46	24	23	21	**21.00**	9	11	4	3	–	–	–	–	–	–	–	–	3,6-Epoxy-2H,8H-pyrimido[6,1-b][1,3]oxazocin-8-one, 10-amino-3,4,5,6-tetrahydro-4-hydroxy-, [3R-(3α,4β,6α)]-	23205-72-3	S0113
129	155	225	128	97	77	75	197	**225**	100	83	83	72	29	25	22	22		13	11	1	3	–	–	–	–	–	–	–	–	2H-Imidazol-2-one, 1,3-dihydro-1-methyl-4-(2-quinolinyl)-	2552-98-9	Q8309
134	105	135	77	91	79			**225**	100	95	11	11	9	9			**0.00**	16	19	–	1	–	–	–	–	–	–	–	–	2,2′-Diphenyldiethylamine		L7518
134	225	196	150	180	107	168	197	**225**	100	93	68	61	40	32	23	22		11	15	4	1	–	–	–	–	–	–	–	–	1H-Pyrrole-2,5-dicarboxylic acid, 3-methyl-, diethyl ester	29170-87-4	S2368
136	225	182	137	179	180	226	151	**225**	100	80	58	38	19	14	14	10		12	19	3	1	–	–	–	–	–	–	–	–	Ethyl 4-butyl-3-hydroxy-5-methylpyrrole-2-carboxylate		15193
137	107	138	50	122	88	94	77	**225**	100	24	22	14	11	9	7	6	**2.00**	11	15	4	1	–	–	–	–	–	–	–	–	L-Phenylalanine, 4-hydroxy-3-methoxy-, methyl ester		P1949
137	120	92	88	65	60	89	138	**225**	100	40	14	13	13	10	10	9	**1.99**	11	15	2	1	–	–	–	1	–	–	–	–	Ethanol, 2-(ethylthio)-, 4-aminobenzoate	37460-42-7	S5498
137	120	225	92	88	65	60	89	**225**	100	41	21	16	15	12	12	12		11	15	2	1	–	–	–	1	–	–	–	–	Ethanol, 2-(ethylthio)-, 4-aminobenzoate		P1120
140	182	28	126	98	42	41	58	**225**	100	70	54	53	44	44	39	39	**0.00**	15	31	–	1	–	–	–	–	–	–	–	–	1-Dimethylamino-2-butylnon-1-ene		C1816
141	140	113	69	70	71	98	44	**225**	100	60	40	34	33	31	28	20	**20.02**	13	23	2	1	–	–	–	–	–	–	–	–	2H-Pyran-2-one, 4-(dimethylamino)-5,6-dihydro-5-methyl-6-pentyl-	55045-06-2	T0178
141	140	113	69	70	71	98	225	**225**	100	60	40	34	33	28	28	20		13	23	2	1	–	–	–	–	–	–	–	–	4-Dimethylamino-5-hexyl-5-methyl-2-oxo-2,5-dihydrofuran		L5069
148	225	77	105	224	226	51	149	**225**	100	64	28	14	12	11	10	10		15	15	1	1	–	–	–	–	–	–	–	–	Benzophenone, 4-(dimethylamino)-	530-44-9	Q1677
150	168	124	164	85	210	58	56	**225**	100	77	33	29	21	19	17	16	**4.70**	14	27	1	1	–	–	–	–	–	–	–	–	4-Quinolinol, 4-butyldecahydro-2-methyl-, (2α,4β,4aα,8aβ)-		M4597
153	168	45	91	169	57	170	109	**225**	100	85	35	26	25	23	21	18	**16.80**	11	15	2	1	–	–	–	1	–	–	–	–	Phenol, 3,5-dimethyl-4-(methylthio)-, methylcarbamate	2032-65-7	Q7213
153	168	109	57	45	91	225	44	**225**	100	95	42	39	26	26	21	18		11	15	2	1	–	–	–	1	–	–	–	–	Phenol, 3,5-dimethyl-4-(methylthio)-, methylcarbamate	2032-65-7	Q7215
156	59	15	31	28	174	69	154	**225**	100	87	83	50	35	34	34	26	**3.00**	5	5	2	1	–	–	6	–	–	–	–	–	Methyl N-(hexafluoro-2H-isopropyl)carbamate		L7166
162	177	47	48	134	45	178	104	**225**	100	70	50	38	34	25	23	20	**0.50**	10	11	1	1	–	–	–	2	–	–	–	–	3H-Indol-3-one, 1,2-dihydro-2,2-bis(methylthio)-	35524-63-1	08045
166	60	151	44	135	165	91	167	**225**	100	46	43	31	14	11	10	9	**9.00**	12	19	3	1	–	–	–	–	–	–	–	–	Benzeneethanamine, N-hydroxy-2,5-dimethoxy-α,4-dimethyl-	43022-01-1	S7045
166	84	83	124	55	167	210	150	**225**	100	99	88	57	46	33	27	18	**0.00**	11	19	2	3	–	–	–	–	–	–	–	–	9-Hydroxydihydroalchornine		M0887
167	169	225	227	179	181	143	74	**225**	100	96	91	87	79	75	74	59		6	2	2	1	3	–	–	–	–	–	–	–	Benzene, 1,2,4-trichloro-5-nitro-	89-69-0	P6490
168	44	181	53	39	38	141	169	**225**	100	47	30	18	15	13	10	10	**0.00**	10	11	3	1	–	–	–	1	–	–	–	–	Thiazolo[3,2-a]pyridinium, 3-carboxy-2,3-dihydro-8-hydroxy-2,5-dimethyl-, hydroxide, inner salt, trans-	23962-20-1	S0417
168	153	109	91	225	45	169	154	**225**	100	69	21	16	16	14	11	8		11	15	2	1	–	–	–	1	–	–	–	–	Phenol, 3,5-dimethyl-4-(methylthio)-, methylcarbamate	2032-65-7	Q7211
168	167	165	58	152	166	169	39	**225**	100	91	48	45	28	16	15	13	**3.26**	15	15	1	1	–	–	–	–	–	–	–	–	Benzeneacetamide, N-methyl-α-phenyl-	954-21-2	Q4831
178	145	179	225	47	45	108	133	**225**	100	18	11	11	10	9	9	9		10	11	1	1	–	–	–	2	–	–	–	–	2H-Indol-2-one, 1,3-dihydro-3,3-bis(methylthio)-	35524-65-3	08047
178	225	179	152	176	195	177	76	**225**	100	97	52	24	22	21	20	18		14	11	2	1	–	–	–	–	–	–	–	–	Phenanthrene, 9,10-dihydro-2-nitro-	5329-87-3	R1301
179	75	225	144	132	74	69	46	**225**	100	84	74	74	66	61	52	44		7	3	2	1	1	–	3	–	–	–	–	–	Benzene, 1-chloro-2-nitro-4-(trifluoromethyl)-	121-17-5	P9140
179	151	225	180	178	125	29	91	**225**	100	68	62	30	17	17	14	14		11	15	2	1	–	–	–	1	–	–	–	–	Benzo[b]thiophene-3-carboxylic acid, 2-amino-4,5,6,7-tetrahydro-, ethyl ester	4506-71-2	R0515
179	178	225	51	180	89	77	76	**225**	100	77	21	18	16	15	14	14		14	11	2	1	–	–	–	–	–	–	–	–	Stilbene, α-nitro	1215-07-2	Q5781
179	178	225	180	152	176	89	177	**225**	100	71	47	17	11	11	10	9		14	11	2	1	–	–	–	–	–	–	–	–	Stilbene, (E)-α-nitro-	18315-83-8	R7513
179	225	167	30	152	75	125	76	**225**	100	81	51	49	37	25	25	21		12	7	2	3	–	–	–	–	–	–	–	–	1,10-Phenanthroline, 5-nitro-	4199-88-6	R0196
182	138	58	225	210	183	192	164	**225**	100	71	70	45	36	20	20	16		13	23	2	1	–	–	–	–	–	–	–	–	Quinoline, 4-acetyl-4-hydroxy-1,2-dimethyldecahydro-	7220-15-7	R2970

MASS TO CHARGE RATIOS								M.W.	INTENSITIES								Parent	C	H	O	N	Cl	Br	F	S	P	B	Si	X	COMPOUND NAME	CAS Reg No	No
182	210	58	225	192	183	138	55	**225**	100	74	57	25	22	15	14	10		13	23	2	1	–	–	–	–	–	–	–	–	**Quinoline, 4-acetyl-4-hydroxy-1,2-dimethyldecahydro-**	7220-15-7	**R2971**
183	184	127	225	226	155	182	154	**225**	100	24	15	11	11	11	11	7		14	11	2	1	–	–	–	–	–	–	–	–	**Acetamide, N-3-dibenzofuranyl-**	5834-25-3	**R1817**
183	197	142	82	109	196	225	210	**225**	100	47	45	43	39	38	36	32		9	11	–	3	–	–	–	2	–	–	–	–	**Thiazolo[5,4-d]pyrimidine, 5-methyl-7-propyl-**	55124-74-8	**T0363**
183	225	184	127	155	226	154	128	**225**	100	60	27	14	9	9	9	7		14	11	2	1	–	–	–	–	–	–	–	–	**Acetamide, N-4-dibenzofuranyl-**	50548-37-3	**S7319**
183	225	184	127	182	226	155	154	**225**	100	73	25	13	11	11	9	7		14	11	2	1	–	–	–	–	–	–	–	–	**Acetamide, N-2-dibenzofuranyl-**	55232-39-8	**T0586**
184	195	166	225	102	185	103	196	**225**	100	32	18	15	10	10	9	9		10	11	3	1	–	–	–	1	–	–	–	–	**1,2-Benzisothiazole, 3-propoxy-, 1,1-dioxide**	27994-82-7	**S1930**
196	169	210	225	197	91	69	43	**225**	100	27	23	19	16	15	14	13		10	19	1	5	–	–	–	–	–	–	–	–	**1,3,5-Triazine-2,4-diamine, N-ethyl-6-methoxy-N′-sec-butyl-**	26259-45-0	**S1298**
196	169	225	210	43	94	91	197	**225**	100	37	26	24	22	21	18	18		10	19	1	5	–	–	–	–	–	–	–	–	**1,3,5-Triazine-2,4-diamine, N-ethyl-6-methoxy-N′-sec-butyl-**	26259-45-0	**S1299**
196	182	225	43	69	210	72	42	**225**	100	46	43	32	32	30	25	20		10	19	1	5	–	–	–	–	–	–	–	–	**1,3,5-Triazine-2,4-diamine, N,N,N′-triethyl-6-methoxy-**	13532-26-8	**R4621**
196	184	104	76	77	197	50	105	**225**	100	67	21	17	17	12	10	8	**5.00**	10	11	3	1	–	–	–	1	–	–	–	–	**1,2-Benzisothiazol-3(2H)-one, 2-propyl-, 1,1-dioxide**	27148-07-8	**S1628**
196	225	150	197	77	78	57	76	**225**	100	67	43	32	32	30	25	21		9	11	4	3	–	–	–	–	–	–	–	–	**N-Propyl-2,4-dinitroaniline**		**05294**
196	225	150	197	104	78	77	57	**225**	100	58	20	19	14	12	12	12		9	11	4	3	–	–	–	–	–	–	–	–	**N-Propyl-2,4-dinitroaniline**		**L8283**
197	199	63	90	62	225	227	171	**225**	100	99	93	59	50	43	42	36		8	4	2	1	–	1	–	–	–	–	–	–	**1H-Indole-2,3-dione, 5-bromo-**	87-48-9	**P6384**
207	148	206	165	208	179	104	130	**225**	100	46	44	44	38	38	32	25	**22.00**	14	11	2	1	–	–	–	–	–	–	–	–	**3-Hydroxy-3-phenyl-2,3-dihydro-1-oxoisoindole**		**M0454**
208	178	225	180	177	176	179	152	**225**	100	82	42	27	27	24	21	18		14	11	2	1	–	–	–	–	–	–	–	–	**Phenanthrene, 9,10-dihydro-1-nitro-**	18264-77-2	**R7458**
210	180	73	107	165	59	89	211	**225**	100	35	28	28	17	16	16	16	**0.00**	10	15	3	1	–	–	–	–	–	–	1	–	**Silane, trimethyl[(4-nitrophenyl)methoxy]-**	14856-73-6	**R5435**
210	225	208	223	182	206	212	207	**225**	100	58	48	29	28	19	18	18		9	7	1	1	–	–	–	–	–	–	–	1	**2-Acetyl-1-selanolo[2,3-b]pyridine**	41323-20-0	**S6591**
218	175	219	146	176	122	147	189	**225**	100	83	16	15	12	11	10	9	**0.00**	14	11	2	1	–	–	–	–	–	–	–	–	**6(5H)-Phenanthridinone, 3-methoxy-**	38088-94-7	**S5661**
225	59	134	78	149	193	51	106	**225**	100	72	66	57	55	30	28	24		9	11	4	3	–	–	–	–	–	–	–	–	**4-Pyridinecarboxylic acid, 3-[2-(methoxycarbonyl)hydrazino]-, methyl ester**	53975-69-2	**S8720**
225	59	149	106	193	134	78	51	**225**	100	96	71	64	55	48	46	33		9	11	4	3	–	–	–	–	–	–	–	–	**3-Pyridinecarboxylic acid, 4-[2-(methoxycarbonyl)hydrazino]-, methyl ester**	53975-68-1	**S8719**
225	84	196	142	224	170	42	210	**225**	100	86	80	50	44	41	41	40		11	16	–	3	1	–	–	–	–	–	–	–	**2-Piperidino-5-chloro-4,6-dimethylpyrimidine**		**L1205**
225	91	197	169	226	119	170	63	**225**	100	26	22	13	13	11	8	7		12	7	2	3	–	–	–	–	–	–	–	–	**6-Aminobenzo[g]quinoxaline-5,10-dione**		**17047**
225	93	66	226	65	224	92	154	**225**	100	23	14	14	11	9	8	8		13	11	1	3	–	–	–	–	–	–	–	–	**2-(2H-Benzotriazol-2-yl)-4-methylphenol**		**F0183**
225	93	226	66	65	168	224	78	**225**	100	21	15	11	10	7	7	7		13	11	1	3	–	–	–	–	–	–	–	–	**2-(2H-Benzotriazol-2-yl)-4-methylphenol**		**Z1749**
225	106	224	65	91	93	120	226	**225**	100	80	44	38	27	27	22	19		12	11	–	5	–	–	–	–	–	–	–	–	**1H-Purin-6-amine, N-benzyl-**	1214-39-7	**Q5776**
225	106	224	91	226	120	148	122	**225**	100	38	34	15	14	10	7	6		12	11	–	5	–	–	–	–	–	–	–	–	**1H-Purin-6-amine, N-benzyl-**		**L1036**
225	127	196	141	224	41	154	128	**225**	100	55	47	45	28	27	24	23		16	19	–	1	–	–	–	–	–	–	–	–	**1H-Azepine, hexahydro-1-(2-naphthalenyl)-**	55045-05-1	**H2119**
225	155	182	226	195	156	183		**225**	100	40	30	14	5	4	3			13	11	1	3	–	–	–	–	–	–	–	–	**Phenazine, 1-amino-7-methoxy-**	18450-05-0	**R7612**
225	178	179	47	226	177	176	152	**225**	100	72	43	19	16	15	14	13		14	11	2	1	–	–	–	–	–	–	–	–	**Phenanthrene, 9,10-dihydro-3-nitro-**	18264-83-0	**R7462**
225	178	179	152	89	177	176	226	**225**	100	83	24	15	13	13	11	11		14	11	2	1	–	–	–	–	–	–	–	–	**Stilbene, 3-nitro-**	4714-26-5	**R0752**
225	178	179	152	226	177	89	176	**225**	100	66	24	19	16	13	12	12		14	11	2	1	–	–	–	–	–	–	–	–	**Stilbene, 4-nitro-**	4003-94-5	**Q9984**
225	182	90	196	155	195	168	154	**225**	100	70	16	12	12	6	6	5		13	11	1	3	–	–	–	–	–	–	–	–	**Phenazine, 2-amino-8-methoxy-**		**L2059**
225	182	90	226	155	196	183	168	**225**	100	70	16	14	12	12	7	6		13	11	1	3	–	–	–	–	–	–	–	–	**Phenazine, 2-amino-8-methoxy-**	18450-21-0	**R7625**
225	182	197	196	154	127	168	167	**225**	100	16	8	7	5	4	4	3		14	11	2	1	–	–	–	–	–	–	–	–	**9(10H)-Acridinone, 1-hydroxy-10-methyl-**	16584-54-6	**R6261**
225	182	210	196	76	77	102	75	**225**	100	90	88	38	35	30	22	19		13	11	1	3	–	–	–	–	–	–	–	–	**1-Phenazinamine, 4-methoxy-**	2881-89-2	**Q8777**
225	182	210	196	76	77	102	129	**225**	100	90	88	38	35	30	22	19		13	11	1	3	–	–	–	–	–	–	–	–	**1-Phenazinamine, 4-methoxy-**		**L2076**
225	196	195	77	182	168	76	226	**225**	100	50	29	22	22	19	14	14		13	11	1	3	–	–	–	–	–	–	–	–	**Phenazine, 1-amino-3-methoxy-**	18450-06-1	**R7613**
225	196	195	182	77	168	76	102	**225**	100	50	29	22	22	19	14	12		13	11	1	3	–	–	–	–	–	–	–	–	**Phenazine, 1-amino-3-methoxy-**		**L2075**
225	207	27	39	196	65	78	118	**225**	100	91	47	30	30	29	21	18		15	15	1	1	–	–	–	–	–	–	–	–	**16-Azatricyclo[9.2.2.1[(4,8)]]hexadeca-4,6,8(16),11,13,14-hexaene, 16-oxide**	51760-15-7	**S7774**
225	210	183	127	28	211	226	153	**225**	100	98	50	25	18	17	17	16		14	11	2	1	–	–	–	–	–	–	–	–	**6(5H)-Phenanthridinone, 2-methoxy-**	38088-96-9	**S5663**
225	211	210	224	180	169	226	150	**225**	100	61	48	34	30	26	19	17		14	27	1	1	–	–	–	–	–	–	–	–	**4-Quinolinol, 4-butyldecahydro-2-methyl-, (2α,4β,4aα,8aβ)-**	37982-07-3	**S5642**
225	224	196	54	227	226	138	45	**225**	100	69	44	37	37	35	33	32		10	8	1	1	1	–	–	1	–	–	–	–	**4-Thiazolemethanol, 2-(4-chlorophenyl)-**	36093-99-9	**S5148**
17	90	78	105	117	16	38	66	**226**	100	62	32	28	28	25	23	22	**1.56**	12	18	2	–	–	–	–	1	–	–	–	–	**11-Thiabicyclo[4.4.3]trideca-3,8-diene, 11,11-dioxide**	56909-23-0	**T4277**
28	36	44	17	35	38	16	18	**226**	100	99	99	51	45	38	34	28	**0.90**	6	4	5	–	2	–	–	–	–	–	–	–	**2-Hexenedioic acid, 2,4-dichloro-5-oxo-**	56771-78-9	**09635**
29	153	28	79	81	27	107	41	**226**	100	59	50	48	36	29	22	19	**0.85**	12	18	4	–	–	–	–	–	–	–	–	–	**1,2-Cyclopropanedicarboxylic acid, 3-isopropenyl-, diethyl ester**	61142-55-0	**T5473**
30	43	73	108	60	154	95	72	**226**	100	60	57	54	50	40	35	33	**6.00**	12	22	2	2	–	–	–	–	–	–	–	–	**trans-1,3-Bis(acetamidomethyl)cyclohexane**		**16384**
30	112	55	28	86	41	56	97	**226**	100	85	85	81	71	53	47	45	**30.90**	12	22	2	2	–	–	–	–	–	–	–	–	**1,8-Diazacyclotetradecane, 2,7-dioxo-**		**F0392**
30	154	43	60	73	72	155	95	**226**	100	74	56	45	45	30	30	22	**7.00**	12	22	2	2	–	–	–	–	–	–	–	–	**cis-1,4-Bis(acetamidomethyl)cyclohexane**		**16387**
30	154	43	73	60	72	95	108	**226**	100	79	48	40	36	28	21	20	**2.00**	12	22	2	2	–	–	–	–	–	–	–	–	**trans-1,4-Bis(acetamidomethyl)cyclohexane**		**16388**
30	226	75	53	54	76	196	69	**226**	100	35	23	16	15	12	12	10		6	2	6	4	–	–	–	–	–	–	–	–	**4-Benzofurazanol, 5,7-dinitro-**	22714-03-0	**R9931**
39	42	186	27	41	67	184	188	**226**	100	94	83	69	52	50	47	44	**20.27**	5	8	–	–	–	2	–	–	–	–	–	–	**1-Pentene, 1,1-dibromo-**	54624-36-1	**06773**
40	98	57	72	84	44	41	127	**226**	100	79	73	65	56	54	48	42	**25.00**	13	26	1	2	–	–	–	–	–	–	–	–	**Piperazine, dehydro-1,2,5-trimethyl-4-sorboyl-**		**L8863**
41	43	55	69	56	70	29	57	**226**	100	88	82	79	70	67	58	49	**0.00**	10	17	2	–	–	–	3	–	–	–	–	–	**Octane, trifluoroacetoxy-**		**03046**
41	55	39	111	27	29	28	169	**226**	100	39	28	25	16	16	15	15	**0.10**	12	18	4	–	–	–	–	–	–	–	–	–	**Adipic acid, diallyl ester**	2998-04-1	**H1374**

MASS TO CHARGE RATIOS								M.W.	INTENSITIES								Parent	C	H	O	N	Cl	Br	F	S	P	B	Si	X	COMPOUND NAME	CAS Reg No	No
41	55	56	69	29	43	57	42	**226**	100	89	64	54	42	40	32	29	**0.74**	14	26	2	–	–	–	–	–	–	–	–	–	Oxacyclotetradecan-2-one, 13-methyl-	57092-32-7	T4311
41	55	56	69	29	43	57	83	**226**	100	.89	64	57	40	38	33	30	**2.54**	14	26	2	–	–	–	–	–	–	–	–	–	Oxacyclotetradecan-2-one, 13-methyl-	57092-32-7	T4312
41	55	83	69	140	43	57	182	**226**	100	99	99	86	78	57	51	49	**2.97**	13	22	3	–	–	–	–	–	–	–	–	–	Cyclohexanepropanoic acid, 1,4,4-trimethyl-2-oxo-, methyl ester	54699-30-8	S9440
41	55	101	69	29	83	97	43	**226**	100	94	63	49	45	44	42	36	**4.10**	14	26	2	–	–	–	–	–	–	–	–	–	Cycloundecanecarboxylic acid, 1-methyl-, methyl ester	7362-89-2	R3108
41	69	43	81	95	82	71	55	**226**	100	80	76	74	60	56	48	46	**0.00**	14	26	2	–	–	–	–	–	–	–	–	–	Butanoic acid, 3,7-dimethyl-6-octenyl ester	141-16-2	P9805
41	141	226	143	39	181	51	145	**226**	100	54	27	24	16	15	13	13		11	11	3	–	1	–	–	–	–	–	–	–	Benzeneacetic acid, 4-(allyloxy)-3-chloro-	22131-79-9	R9578
43	29	100	85	132	98	217	173	**226**	100	54	43	40	30	27	6	3	**0.00**	10	10	6	–	–	–	–	–	–	–	–	–	Methyl (1,2-O-isopropylidene-α-D-ribo-hexo-1,4-furanose)-β-D-3-ulo-3,6-furanoside		M6890
43	29	111	55	96	137	181	81	**226**	100	49	37	35	35	35	31	30	**0.00**	12	18	4	–	–	–	–	–	–	–	–	–	7-Oxabicyclo[4.1.0]heptane-2-carboxylic acid, 1,3,3-trimethyl-4-oxo-, ethyl ester	75800-49-6	T9028
43	41	57	55	82	29	69	96	**226**	100	99	77	73	65	51	42	41	**0.51**	15	30	1	–	–	–	–	–	–	–	–	–	Pentadecanal		C1507
43	57	41	71	85	55	42	56	**226**	100	74	47	38	25	22	17	16	**0.91**	16	34	–	–	–	–	–	–	–	–	–	–	Pentadecane, 2-methyl-		Y1468
43	57	41	71	85	55	42	56	**226**	100	79	48	42	28	22	18	17	**1.31**	16	34	–	–	–	–	–	–	–	–	–	–	Pentadecane, 2-methyl-		Y0982
43	57	41	71	85	55	42	56	**226**	100	72	50	37	25	22	17	16	**0.93**	16	34	–	–	–	–	–	–	–	–	–	–	Pentadecane, 2-methyl-		Y1802
43	57	41	71	85	55	56	42	**226**	100	94	57	53	35	25	16	15	**4.36**	16	34	–	–	–	–	–	–	–	–	–	–	Hexadecane		Y1801
43	57	41	71	85	55	140	56	**226**	100	88	58	57	50	29	22	14	**0.36**	16	34	–	–	–	–	–	–	–	–	–	–	Tridecane, 7-propyl-		Y1803
43	57	41	85	29	71	84	55	**226**	100	56	54	46	34	28	25	23	**1.90**	16	34	–	–	–	–	–	–	–	–	–	–	Pentadecane, 5-methyl-	25117-33-3	S0945
43	57	71	41	85	29	55	140	**226**	100	96	61	53	52	46	30	19	**0.19**	16	34	–	–	–	–	–	–	–	–	–	–	Tridecane, 7-propyl-		Y0591
43	57	71	41	85	55	56	42	**226**	100	99	72	60	47	30	14	14	**0.33**	16	34	–	–	–	–	–	–	–	–	–	–	Tridecane, 6-propyl-		03528
43	57	71	85	41	55	84	56	**226**	100	82	46	44	40	22	17	12	**0.10**	16	34	–	–	–	–	–	–	–	–	–	–	Tetradecane, 4-ethyl-		03605
43	57	82	41	44	39	67	27	**226**	100	65	38	24	23	19	19	18	**0.00**	13	22	3	–	–	–	–	–	–	–	–	–	Acetoacetic acid, 1-isopropylcyclohexyl ester	15780-57-1	H1770
43	57	82	41	44	67	39	99	**226**	100	65	38	24	23	19	19	18	**0.00**	13	22	3	–	–	–	–	–	–	–	–	–	Acetoacetic acid, 1-isopropylcyclohexyl ester		02120
43	57	82	96	41	68	30	55	**226**	100	28	22	15	12	11	9	9	**1.00**	14	26	2	–	–	–	–	–	–	–	–	–	1-Dodecen-1-ol, acetate	56438-08-5	T3613
43	57	85	71	84	29	55	56	**226**	100	82	67	45	33	18	18	17	**0.87**	16	34	–	–	–	–	–	–	–	–	–	–	Pentadecane, 5-methyl-		L7427
43	58	71	69	95	41	55	83	**226**	100	36	30	15	15	13	13	12	**3.41**	14	26	2	–	–	–	–	–	–	–	–	–	2,3-Tetradecanedione		C1492
43	67	54	41	82	68	81	55	**226**	100	68	58	53	51	49	49	48	**0.00**	14	26	2	–	–	–	–	–	–	–	–	–	5-Dodecen-1-ol, acetate, (Z)-	16676-96-3	R6360
43	71	57	41	70	29	55	85	**226**	100	64	53	43	32	29	27	26	**0.50**	16	34	–	–	–	–	–	–	–	–	–	–	Tetradecane, 4,11-dimethyl-	55045-12-0	T0179
43	71	57	70	85	41	55	29	**226**	100	93	85	44	39	32	22	20	**1.01**	16	34	–	–	–	–	–	–	–	–	–	–	Pentadecane, 4-methyl-		L7438
43	83	139	87	41	111	57	39	**226**	100	43	37	35	34	30	19	19	**15.00**	11	14	5	–	–	–	–	–	–	–	–	–	2-(4′-Hydroxytetrahydrofuran-2′-yl)-3,5-dimethyl-4-hydroxy-6-oxo-1-oxacyclohexadiene		06492
43	99	69	109	123	55	127	81	**226**	100	52	37	33	22	12	10	5	**0.00**	13	22	3	–	–	–	–	–	–	–	–	–	3-Buten-2-one, 4-(1,2-dihydroxy-2,6,6-trimethylcyclohexyl)-, [1α,1(E),2β]-	50464-94-3	S7306
43	101	113	123	41	165	168	69	**226**	100	99	73	22	15	15	13	10	**0.50**	14	26	2	–	–	–	–	–	–	–	–	–	2,7-Octanedione, 4,5-diisopropyl-	29210-63-7	S2391
43	112	151	123	55	69	137	166	**226**	100	99	80	70	67	47	45	40	**3.00**	13	22	3	–	–	–	–	–	–	–	–	–	6-(1-Methyl-3-acetoxypropyl)-3-methylcyclohexanone		P2111
43	123	28	142	30	41	63	103	**226**	100	93	62	58	35	35	31	25	**2.00**	6	8	1	–	1	–	5	–	–	–	–	–	2-Pentanol, 1-chloro-2-(trifluoromethyl)-1,1-difluoro-		L4410
43	123	85	81	109	41	57	69	**226**	100	33	23	17	15	15	14	13	**1.00**	13	22	3	–	–	–	–	–	–	–	–	–	1-Acetoxy-3-acetyl-2,2,4-trimethyl-cyclohexane		M2628
43	123	141	41	63	103	71	157	**226**	100	93	58	36	32	26	13	11	**0.19**	6	8	1	–	1	–	5	–	–	–	–	–	2-Pentanol, 2-(chlorodifluoromethyl)-1,1,1-trifluoro-	10315-77-2	R3742
43	124	96	166	55	106	95	109	**226**	100	54	29	23	14	12	12	11	**4.00**	12	18	4	–	–	–	–	–	–	–	–	–	Bicyclo[2.2.2]octane-1,4-diol, diacetate	10364-35-9	R3790
43	125	208	82	41	55	79	107	**226**	100	53	26	25	21	17	17	17	**0.00**	13	22	3	–	–	–	–	–	–	–	–	–	7-Oxabicyclo[4.1.0]heptan-3-ol, 6-(3-hydroxy-1-butenyl)-1,5,5-trimethyl-	72777-88-9	T7827
43	135	152	77	184	124	105	166	**226**	100	47	46	38	29	28	22	21	**5.00**	11	14	5	–	–	–	–	–	–	–	–	–	1,3-Cyclohexadiene-1-carboxylic acid, 5-(acetyloxy)-6-methoxy-, methyl ester, trans-	55723-81-4	T1937
43	142	55	184	57	104	71	69	**226**	100	37	14	13	12	6	6	6	**0.00**	10	10	6	–	–	–	–	–	–	–	–	–	3,5-Diacetoxy-2-methyl-4H-pyran-4-one		M5734
43	183	57	41	55	29	71	42	**226**	100	85	83	77	61	56	37	29	**0.02**	14	26	2	–	–	–	–	–	–	–	–	–	Dodecanoic acid, vinyl ester		03574
44	39	152	53	109	52	198	226	**226**	100	43	40	37	34	31	26	25		9	10	5	2	–	–	–	–	–	–	–	–	Pyridine-5-carboxylic acid, 2,6-dihydroxy-3-carbamyl-		D2643
45	27	107	108	55	226	73	105	**226**	100	88	50	46	38	34	33	30		6	10	4	–	–	–	–	–	–	–	–	1	Propanoic acid, 3,3′-selenobis-	2168-88-9	Q7533
45	31	39	43	44	77	65	94	**226**	100	86	73	71	57	37	37	34	**6.40**	12	18	4	–	–	–	–	–	–	–	–	–	Triethylene glycol phenyl ether		C2098
45	59	31	29	73	137	89	28	**226**	100	82	51	30	22	15	13	13	**0.01**	8	18	5	–	–	–	–	1	–	–	–	–	2,2-Diethoxyethyl sulphite		C0637
45	77	120	89	121	94	133	226	**226**	100	29	29	26	23	17	13	11		12	18	4	–	–	–	–	–	–	–	–	–	Triethylene glycol phenyl ether		Z1767
47	46	45	135	74	107	93	60	**226**	100	94	76	49	43	34	32	31	**16.86**	5	6	4	–	–	–	–	3	–	–	–	–	Acetic acid, 2,2′-[carbonothioylbis(thio)]bis-	6326-83-6	R2241
54	82	41	113	39	53	138	155	**226**	100	64	49	24	18	14	14	14	**1.00**	12	22	2	2	–	–	–	–	–	–	–	–	Diazene, dicyclohexyl-, 1,2-dioxide	3378-45-8	Q9294
55	18	69	41	126	43	42	143	**226**	100	99	54	51	39	39	38	35	**15.15**	13	22	3	–	–	–	–	–	–	–	–	–	2,5-Dimethyl-1-oxacyclododeca-6,12-dione		06194
55	28	27	85	42	26	58	31	**226**	100	91	51	13	11	10	10	6	**0.04**	7	6	5	–	–	–	–	–	–	–	–	1	Iron, tricarbonyl[(O,1,2,3-η)-methyl 2-propenoate]-	51922-76-0	S7815
55	56	141	54	69	85	68	168	**226**	100	33	10	8	7	7	5	4	**0.00**	8	10	4	4	–	–	–	–	–	–	–	–	Sydnone, 3,3′-tetramethylenedi-	6951-22-0	R2726
55	57	71	54	41	43	53	72	**226**	100	65	46	37	34	30	27	24	**0.00**	13	22	3	–	–	–	–	–	–	–	–	–	Orthoformic acid, tri-2-butenyl ester	14503-57-2	R5246
55	69	83	41	43	57	82	68	**226**	100	93	71	62	41	35	29	25	**0.00**	15	30	1	–	–	–	–	–	–	–	–	–	11-Dodecen-1-ol, 2,4,6-trimethyl-, (R,R,R)-	27829-54-5	H1907
55	69	83	41	43	57	82	97	**226**	100	92	71	63	38	36	29	26	**0.00**	15	30	1	–	–	–	–	–	–	–	–	–	11-Dodecen-1-ol, 2,4,6-trimethyl-		M0667
55	69	83	41	82	43	57	68	**226**	100	92	71	61	43	40	35	24	**0.91**	15	30	1	–	–	–	–	–	–	–	–	–	11-Dodecen-1-ol, 2,4,6-trimethyl-, (R,R,R)-	27829-54-5	S1893

MASS TO CHARGE RATIOS								M.W.	INTENSITIES								Parent	C	H	O	N	Cl	Br	F	S	P	B	Si	X	COMPOUND NAME	CAS Reg No	No
55	82	57	41	67	83	29	44	**226**	100	88	83	60	57	50	23	22	**0.06**	14	26	2	–	–	–	–	–	–	–	–	–	**Acetaldehyde, di-cyclohexyl acetal**		**C0230**
55	83	41	56	27	39	98	70	**226**	100	88	74	55	48	47	39	37	**0.00**	8	9	1	–	3	–	–	–	–	–	–	–	**2,5-Cyclohexadien-1-ol, 4-methyl-4-(trichloromethyl)-**	13630-61-0	**06860**
55	83	111	115	41	87	73	143	**226**	100	99	90	55	53	51	50	50	**18.00**	13	22	3	–	–	–	–	–	–	–	–	–	**Cyclohexanehexanoic acid, 6-oxo-, methyl ester**	50803-79-7	**S7470**
55	101	181	43	41	81	88	57	**226**	100	95	90	90	80	67	60	60	**6.00**	14	26	2	–	–	–	–	–	–	–	–	–	**2-Dodecanoic acid, (E)-, ethyl ester**		**L9429**
55	140	226	70	126	87	196	168	**226**	100	67	65	55	54	48	45	41		13	26	1	2	–	–	–	–	–	–	–	–	**Azacycloundecan-2-one, 1-(3-aminopropyl)-**	67370-80-3	**T6786**
56	57	41	171	115	27	100	28	**226**	100	76	63	58	34	30	29	29	**0.00**	11	18	3	2	–	–	–	–	–	–	–	–	**Imidazolmetrione, 1,3-dibutyl-**		**D0025**
56	70	226	141	100	84	112	183	**226**	100	52	35	32	29	28	28	18		13	26	1	2	–	–	–	–	–	–	–	–	**1,5-Diazacyclopentadecan-6-one**	67370-82-5	**T6788**
57	28	41	71	99	85	43	113	**226**	100	17	12	10	9	9	8	8	**0.00**	16	34	–	–	–	–	–	–	–	–	–	–	**Nonane, 2,2,4,4,6,8,8-heptamethyl-**	4390-04-9	**R0387**
57	41	43	28	29	42	27	55	**226**	100	44	41	24	23	18	17	14	**12.20**	7	15	–	–	–	–	–	–	–	–	–	1	**Heptane, 1-iodo-**		**17445**
57	41	99	113	43	71	85	56	**226**	100	16	8	8	8	8	8	7	**0.00**	16	34	–	–	–	–	–	–	–	–	–	–	**Nonane, 2,2,4,4,6,8,8-heptamethyl-**	4390-04-9	**R0389**
57	43	41	29	27	55	99	226	**226**	100	34	27	17	11	9	9	6		7	15	–	–	–	–	–	–	–	–	–	1	**Heptane, 1-iodo-**		**L0578**
57	43	41	29	71	85	55	27	**226**	100	69	45	38	37	28	23	20	**0.50**	16	34	–	–	–	–	–	–	–	–	–	–	**Tetradecane, 6,9-dimethyl-**	55045-13-1	**T0180**
57	43	71	41	55	85	56	112	**226**	100	98	66	64	31	28	20	15	**0.33**	16	34	–	–	–	–	–	–	–	–	–	–	**Dodecane, 2-methyl-8-propyl-**		**03599**
57	43	71	41	85	55	56	112	**226**	100	70	64	39	26	19	10	10	**0.10**	16	34	–	–	–	–	–	–	–	–	–	–	**Tridecane, 5-propyl-**		**03604**
57	43	71	41	85	55	141	69	**226**	100	82	68	58	54	38	22	17	**0.00**	16	34	–	–	–	–	–	–	–	–	–	–	**Undecane, 5-ethyl-5-propyl-**		**Y1543**
57	43	71	85	41	55	56	99	**226**	100	84	62	48	38	21	18	12	**0.18**	16	34	–	–	–	–	–	–	–	–	–	–	**Dodecane, 2-methyl-6-propyl-**		**03558**
57	43	71	85	41	99	56	70	**226**	100	41	27	19	18	15	15	11	**0.77**	16	34	–	–	–	–	–	–	–	–	–	–	**Tetradecane, 2,5-dimethyl-**		**Y1948**
57	71	43	85	55	41	70	56	**226**	100	87	77	45	23	23	22	22	**0.70**	16	34	–	–	–	–	–	–	–	–	–	–	**Tridecane, 2,6,10-trimethyl-**		**L9354**
57	71	43	85	70	55	56	99	**226**	100	64	60	45	12	12	12	12	**11.50**	16	34	–	–	–	–	–	–	–	–	–	–	**Hexadecane**		**C1923**
57	82	43	68	96	83	71	55	**226**	100	90	72	57	51	48	46	45	**0.60**	15	30	1	–	–	–	–	–	–	–	–	–	**Pentadecanal**		**C1929**
57	99	43	41	28	98	127	29	**226**	100	58	21	16	10	8	8	7	**0.10**	15	30	1	–	–	–	–	–	–	–	–	–	**4-Heptanone, 5,5-diethyl-2,2,3,3-tetramethyl-**	16424-67-2	**R6176**
57	99	43	41	29	55	27	39	**226**	100	41	34	33	20	10	8	7	**1.56**	7	15	–	–	–	–	–	–	–	–	–	1	**Heptane, 2-iodo-**		**Z1759**
57	99	43	41	29	55	27	42	**226**	100	41	34	33	20	10	8	5	**2.00**	7	15	–	–	–	–	–	–	–	–	–	1	**Heptane, 2-iodo-**		**L0579**
57	99	43	41	113	114	127	55	**226**	100	58	20	19	19	12	11	6	**0.03**	15	30	1	–	–	–	–	–	–	–	–	–	**4-Heptanone, 2,2,3,3,5,5,6,6-octamethyl-**	16424-66-1	**R6175**
57	117	77	91	51	110	131	65	**226**	100	87	82	77	72	65	47	42	**20.00**	15	14	–	–	–	–	–	1	–	–	–	–	**1-Phenyl-3-phenylthio-propene**		**M6747**
57	123	41	43	169	85	109	55	**226**	100	99	37	30	28	18	15	13	**5.00**	14	26	2	–	–	–	–	–	–	–	–	–	**3,8-Decanedione, 2,2,9,9-tetramethyl-**	1490-36-4	**Q6106**
57	127	43	58	41	29	71	27	**226**	100	59	59	55	49	44	36	30	**2.70**	15	30	1	–	–	–	–	–	–	–	–	–	**8-Pentadecanone**	818-23-5	**H1075**
57	127	58	43	142	71	41	82	**226**	100	84	54	40	39	34	32	20	**10.00**	15	30	1	–	–	–	–	–	–	–	–	–	**8-Pentadecanone**		**L2993**
58	43	41	57	55	29	71	69	**226**	100	37	35	25	25	18	16	13	**1.43**	15	30	1	–	–	–	–	–	–	–	–	–	**Tetradecanal, 2-methyl-**		**C1506**
58	43	59	96	85	71	82	41	**226**	100	90	65	49	40	37	32	24	**10.81**	15	30	1	–	–	–	–	–	–	–	–	–	**2-Pentadecanone**	2345-28-0	**Q7854**
58	43	71	41	226	168	211	208	**226**	100	90	36	29	2	2	1	1		15	30	1	–	–	–	–	–	–	–	–	–	**2-Pentadecanone**		**L3653**
58	47	145	81	77	63	75	111	**226**	100	68	68	67	48	46	44	43	**12.00**	8	7	–	–	–	–	5	–	–	–	1	–	**Silane, dimethyl(pentafluorophenyl)-**	13888-77-2	**R4800**
58	57	43	71	55	69	82	83	**226**	100	21	20	16	9	7	7	6	**0.80**	15	30	1	–	–	–	–	–	–	–	–	–	**Tetradecanal, 2-methyl-**		**C1928**
58	226	166	140	59	42	84	44	**226**	100	11	7	6	5	5	5	4		12	19	–	2	1	–	–	–	–	–	–	–	**1,3-Propanediamine, N′-(4-chlorophenyl)-N,N,2-trimethyl-**	55667-51-1	**T1781**
63	118	209	105	78	77	106	133	**226**	100	90	63	39	37	37	33	30	**7.30**	8	6	6	2	–	–	–	–	–	–	–	–	**Benzoic acid, 2-methyl-3,5-dinitro-**		**B0402**
66	93	92	94	79	91	65	40	**226**	100	77	68	65	64	35	34	32	**15.70**	17	22	–	–	–	–	–	–	–	–	–	–	**1,4,4a,4b,5,8,8a,9,9a,10-Decahydro-6-methyl-1,4:9,10-dimethanoanthracene**		**C1711**
67	55	82	41	43	81	68	69	**226**	100	95	88	76	63	63	63	51	**0.20**	15	30	1	–	–	–	–	–	–	–	–	–	**6-Pentadecen-1-ol, (Z)-**		**16014**
69	41	39	55	42	68	40	54	**226**	100	91	30	27	11	10	9	8	**0.68**	12	18	4	–	–	–	–	–	–	–	–	–	**1,4-Bis-(methacryloxy)-butane**		**G0597**
69	57	68	41	93	85	80	121	**226**	100	69	53	49	32	21	17	13	**0.00**	14	26	2	–	–	–	–	–	–	–	–	–	**Butanoic acid, 2-methyl-, geranyl ester**		**P0976**
69	57	137	55	112	96	70	68	**226**	100	68	62	60	57	54	53	46	**13.00**	9	10	5	2	–	–	–	–	–	–	–	–	**Uracil, 2,2′-anhydro-1-(β-D-arabinofuranosyl)-**		**P2320**
69	57	137	55	112	96	70	68	**226**	100	67	61	59	55	53	52	45	**12.72**	9	10	5	2	–	–	–	–	–	–	–	–	**6H-Furo[2′,3′:4,5]oxazolo[3,2-a]pyrimidin-6-one, 2,3,3a,9a-tetrahydro-3-hydroxy-2-(hydroxymethyl)-, [2R-(2α,3β,3aβ,9aβ)]-**	3736-77-4	**Q9755**
70	55	41	69	56	112	43	83	**226**	100	85	77	67	62	60	59	52	**0.00**	10	17	2	–	–	–	3	–	–	–	–	–	**Octane, trifluoroacetoxy-**		**C0992**
71	41	28	82	43	68	96	29	**226**	100	30	28	24	14	13	12	11	**2.64**	15	30	1	–	–	–	–	–	–	–	–	–	**Methyl 1-tetradecenyl ether**	26537-05-3	**S1419**
71	42	91	70	89	157	65	41	**226**	100	30	25	23	20	13	11	10	**4.50**	10	14	2	2	–	–	–	1	–	–	–	–	**Benzenesulphonic acid, 4-methyl-, (isopropylidene)hydrazide**	3900-79-6	**Q9912**
71	43	57	70	85	41	183	55	**226**	100	91	88	51	44	30	26	25	**1.84**	16	34	–	–	–	–	–	–	–	–	–	–	**Pentadecane, 4-methyl-**	2801-87-8	**Q8671**
71	43	57	85	41	70	69	113	**226**	100	88	80	57	35	30	23	22	**1.40**	16	34	–	–	–	–	–	–	–	–	–	–	**Tridecane, 2,6,10-trimethyl-**		**L6889**
71	57	85	70	113	141	99	183	**226**	100	96	52	26	19	18	16	8	**0.00**	16	34	–	–	–	–	–	–	–	–	–	–	**Tridecane, 2,6,10-trimethyl-**		**M0590**
71	85	197	98	69	70	99	169	**226**	100	65	35	35	29	28	22	17	**0.48**	16	34	–	–	–	–	–	–	–	–	–	–	**Dodecane, 5,8-diethyl-**		**Y1530**
72	197	109	44	80	144	88	46	**226**	100	76	37	15	15	13	12	11	**0.76**	12	22	2	2	–	–	–	–	–	–	–	–	**Urea, N′-(7-ethoxybicyclo[4.1.0]hept-7-yl)-N,N-dimethyl-**	69611-53-6	**T7176**
72	211	44	42	154	58	29	56	**226**	100	31	30	27	21	21	21	18	**5.71**	8	20	1	2	1	–	–	–	1	–	–	–	**Phosphine oxide, [bis(diethylamino)]chloro-**		**G0420**
73	30	43	60	166	226	124	72	**226**	100	73	55	44	40	34	31	20		12	22	2	2	–	–	–	–	–	–	–	–	**trans-1,2-Bis(acetamidomethyl)cyclohexane**		**16382**
73	30	43	60	226	166	124	154	**226**	100	59	57	45	40	32	29	25		12	22	2	2	–	–	–	–	–	–	–	–	**cis-1,2-Bis(acetamidomethyl)cyclohexane**		**16381**
73	75	101	116	67	129	94	103	**226**	100	81	57	57	26	26	25	25	**0.00**	13	26	1	–	–	–	–	–	–	–	1	–	**Silane, trimethyl (bicyclo[6.1.0]nonane-9-methanol)oxy-, endo-, cis-**		**P3369**
73	93	69	121	103	123	75	80	**226**	100	56	37	34	27	25	24	22	**1.13**	13	26	1	–	–	–	–	–	–	–	1	–	**Silane, trimethyl[(2-isopropenyl-5-methyl-4-hexenyl)oxy]-**	74498-96-7	**T8141**

MASS TO CHARGE RATIOS								M.W.	INTENSITIES								Parent	C	H	O	N	Cl	Br	F	S	P	B	Si	X	COMPOUND NAME	CAS Reg No	No
73	93	157	103	75	121	80	69	**226**	100	26	24	19	19	17	15	15	**0.48**	13	26	1	–	–	–	–	–	–	–	1	–	Silane, trimethyl (2,5-dimethyl-2-vinyl-4-hexenyl)oxy-	74498-95-6	T8140
73	138	123	155	226	139	74	97	**226**	100	73	30	25	14	10	8	8		12	26	–	–	–	–	–	–	–	–	2	–	Silane, (3-ethyl-3-methyl-1-propyne-1,3-diyl)bis[trimethyl-	61228-01-1	T5618
73	151	166	133	94	74	76	93	**226**	100	41	38	34	14	9	9	8	**1.75**	11	18	1	–	–	–	–	1	–	–	1	–	Silane, trimethyl[(2-phenoxyethyl)thio]-	16654-62-9	R6328
73	151	166	133	211	94	74	77	**226**	100	41	38	34	20	13	9	8	**2.00**	11	18	1	–	–	–	–	1	–	–	1	–	Silane, trimethyl[(2-phenoxyethyl)thio]-	16654-62-9	R6327
73	211	103	137	45	226	109	75	**226**	100	47	39	36	35	35	23	18		11	18	1	–	–	–	–	1	–	–	1	–	Silane, trimethyl[2-(phenylthio)ethoxy]-	16654-71-0	R6334
73	211	103	226	137	109	110	75	**226**	100	50	41	40	34	20	13	12		11	18	1	–	–	–	–	1	–	–	1	–	Silane, trimethyl[2-(phenylthio)ethoxy]-	16654-71-0	R6335
73	211	226	209	45	74	224	213	**226**	100	27	15	13	11	8	7	6		6	18	–	–	–	–	–	–	–	–	2	1	Hexamethyldisilaselenane		16742
75	73	77	149	47	183	226	55	**226**	100	90	54	28	22	22	22	21		10	14	4	–	–	–	–	–	–	–	1	–	4H-Furo[3,2-c]pyran-2(6H)-one, 4-[(trimethylsilyl)oxy]-	69782-89-4	T7419
75	147	73	211	142	127	169	226	**226**	100	58	40	33	30	26	18	10		13	26	1	–	–	–	–	–	–	–	1	–	Silane, trimethyl (4-tert-butylcyclohexen-1-yl)oxy-		L9041
76	91	150	227	87	92	73	178	**226**	100	43	43	34	30	24	24	21	**0.00**	9	10	5	2	–	–	–	–	–	–	–	–	L-Tyrosine, 3-nitro-	621-44-3	Q3035
76	211	226	50	115	197	104	227	**226**	100	97	51	40	39	31	30	11		15	14	2	–	–	–	–	–	–	–	–	–	1,4-Naphthalenedione, 2-(2-butenyl)-3-methyl-	64449-34-9	T6500
77	43	41	143	51	78	55	91	**226**	100	80	77	74	55	54	23	22	**14.81**	12	18	2	–	–	–	–	1	–	–	–	–	Benzene, (hexylsulphonyl)-	16823-63-5	R6480
77	43	41	143	51	78	56	91	**226**	100	80	77	74	55	53	23	21	**14.00**	12	18	2	–	–	–	–	1	–	–	–	–	Benzene, (hexylsulphonyl)-		L1384
77	51	65	226	121	105	50	76	**226**	100	30	23	15	15	13	12	10		13	10	2	2	–	–	–	–	–	–	–	–	Benzoic acid, 4-(phenylazo)-		02146
77	51	209	179	152	50	39	76	**226**	100	94	49	42	33	32	26	25	**21.00**	13	10	2	2	–	–	–	–	–	–	–	–	Aniline, N-(2-nitrobenzylidene)-		L4527
77	105	226	121	52	65	93	152	**226**	100	55	38	24	19	16	16	12		13	10	2	2	–	–	–	–	–	–	–	–	Benzoic acid, 2-(phenylazo)-	3682-56-2	Q9660
77	179	209	226	51	152	167	210	**226**	100	99	97	65	52	48	19	12		13	10	2	2	–	–	–	–	–	–	–	–	Aniline, N-(2-nitrobenzylidene)-	17064-77-6	R6608
78	148	91	77	79	120	67	96	**226**	100	95	70	64	60	49	48	45	**5.00**	11	14	5	–	–	–	–	–	–	–	–	–	Cyclopenta[c]pyran-4-carboxylic acid, 1,4a,5,7a-tetrahydro-1-hydroxy-7-(hydroxymethyl)-, methyl ester, [1R-(1α,4aα,7aα)]-	6902-77-8	R2672
78	148	91	77	79	120	67	96	**226**	100	94	82	63	60	48	46	43	**4.00**	11	14	5	–	–	–	–	–	–	–	–	–	Cyclopenta[c]pyran-4-carboxylic acid, 1,4aα,5,7aα-tetrahydro-1α-hydroxy-7-(hydroxymethyl)-, methyl ester		L2057
83	156	153	55	41	124	67	95	**226**	100	36	24	20	20	14	8	7	**0.00**	13	22	3	–	–	–	–	–	–	–	–	–	Cyclopentaneacetic acid, dihydro-3-oxo-2-(2-pentenyl)-, (Z)-trans		L8018
85	57	41	126	84	55	58	43	**226**	100	90	45	40	38	30	28	23	**3.00**	14	26	2	–	–	–	–	–	–	–	–	–	5,10-Tetradecanedione	29210-62-6	S2390
85	94	75	160	69	31	93	91	**226**	100	62	47	45	43	40	37	32	**2.50**	3	1	–	–	–	–	7	–	–	–	2	–	$\Delta^{(3)}$-Disiletene, 1,1,2,2-tetrafluoro-3-(trifluoromethyl)-		M6939
85	99	211	59	171	226	43	185	**226**	100	72	59	53	52	33	24	21		5	11	–	–	–	–	–	–	–	–	1	1	Silane, vinyl(iodomethyl)dimethyl-	74793-14-9	T8593
86	52	114	226	80	84	85	108	**226**	100	94	72	64	51	38	29	22		5	3	5	–	–	–	–	–	1	–	–	1	Chromium, pentacarbonylphosphino-		L7602
87	55	41	69	74	83	194	43	**226**	100	60	60	30	28	24	22	22	**11.60**	14	26	2	–	–	–	–	–	–	–	–	–	Cyclododecanecarboxylic acid, methyl ester		C1702
87	76	94	170	96	89	172	38	**226**	100	67	51	43	34	32	29	26	**10.30**	8	–	2	2	2	–	–	–	–	–	–	–	1,4-Cyclohexadiene-1,2-dicarbonitrile, 4,5-dichloro-3,6-dioxo-	84-58-2	P6190
87	115	112	181	69	43	41	226	**226**	100	96	66	60	30	26	22	18		12	15	3	–	–	–	1	–	–	–	–	–	Butanoic acid, 4-(4-fluorophenoxy)-, ethyl ester	69687-96-3	T7232
91	28	29	92	31	54	64	38	**226**	100	78	30	22	19	14	13	11	**0.00**	11	15	–	–	–	1	–	–	–	–	–	–	Benzene, (3-bromo-2,2-dimethylpropyl)-	56701-49-6	T4131
91	65	92	39	226	63	77	51	**226**	100	18	9	6	5	5	5	5		15	14	2	–	–	–	–	–	–	–	–	–	Benzeneacetic acid, benzyl ester	102-16-9	P7541
91	65	211	79	39	77	104	51	**226**	100	72	51	37	35	33	31	27	**26.04**	14	14	1	2	–	–	–	–	–	–	–	–	Diazene, bis(2-methylphenyl)-, 1-oxide	956-31-0	Q4837
91	65	226	92	39	51	90	77	**226**	100	14	11	9	6	5	5	4		14	14	1	2	–	–	–	–	–	–	–	–	Dibenzylamine, N-nitroso-	5336-53-8	R1315
91	92	65	41	104	51	105	55	**226**	100	25	13	8	8	7	7	6	**5.00**	11	15	–	–	–	1	–	–	–	–	–	–	Benzene, (5-bromopentyl)-	14469-83-1	R5221
91	104	92	146	105	117	131	65	**226**	100	34	28	16	13	12	11	8	**5.00**	11	15	–	–	–	1	–	–	–	–	–	–	Benzene, (5-bromopentyl)-	14469-83-1	R5222
91	117	92	226	208				**226**	100	80	76	20	8					16	18	1	–	–	–	–	–	–	–	–	–	Benzenepropanol, α-benzyl-		L9606
91	131	211	226	41	129	135	77	**226**	100	52	37	34	32	22	21	19		17	22	–	–	–	–	–	–	–	–	–	–	1H-Indene, 1-benzylideneoctahydro-7a-methyl-	56053-05-5	T2735
91	131	211	226	41	129	135	115	**226**	100	53	37	35	33	23	22	20		17	22	–	–	–	–	–	–	–	–	–	–	1H-Indene, 1-benzylideneoctahydro-7a-methyl-, cis-	17622-49-0	R7115
91	131	211	226	41	129	135	115	**226**	100	53	37	35	33	23	22	20		17	22	–	–	–	–	–	–	–	–	–	–	1H-Indene, 1-benzylideneoctahydro-8-methyl-		L2138
91	135	92						**226**	100	20	19						**0.00**	11	15	–	–	–	1	–	–	–	–	–	–	Benzene, (5-bromopentyl)-	14469-83-1	R5223
91	150	79	117	132	176	41	92	**226**	100	88	80	71	66	56	50	42	**8.00**	12	18	4	–	–	–	–	–	–	–	–	–	Tricyclo[3.3.1.1$^{(3,7)}$]decane-2-carboxylic acid, 4,10-dihydroxy-, methyl ester	56830-78-5	08334
91	226	65	92	181	51	90	39	**226**	100	24	24	16	12	12	10	10		14	14	1	2	–	–	–	–	–	–	–	–	Dibenzylamine, N-nitroso-		02334
91	226	65	105	79	78	77	104	**226**	100	54	40	29	26	23	21	21		14	14	1	2	–	–	–	–	–	–	–	–	Diazene, bis(4-methylphenyl)-, 1-oxide	955-98-6	Q4834
91	226	92	65	135	134	28	98	**226**	100	8	7	5	5	3	3	2		16	18	1	–	–	–	–	–	–	–	–	–	Benzene, 1,3,5-trimethyl-2-benzyloxy-	19578-76-8	R8200
91	226	92	181	65	90	227	118	**226**	100	68	32	27	17	13	11	9		14	14	1	2	–	–	–	–	–	–	–	–	Dibenzylamine, N-nitroso-		05894
93	91	65	119	226	94	77	66	**226**	100	34	10	9	8	6	6	5		14	14	1	2	–	–	–	–	–	–	–	–	Urea, N-benzyl-N′-phenyl-		G0470
93	226	106	77	65	39	91	51	**226**	100	31	30	26	20	18	14	14		14	14	1	2	–	–	–	–	–	–	–	–	Urea, N-(2-methylphenyl)-N′-phenyl-		02313
94	79	133	166	41	95	135	91	**226**	100	57	47	42	31	27	23	22	**20.00**	12	18	4	–	–	–	–	–	–	–	–	–	Propanedioic acid, (1-cyclohexen-1-ylmethyl)-, dimethyl ester	60045-25-2	T5148
94	132	79	91	226	92	131	66	**226**	100	65	46	39	36	35	34	34		17	22	–	–	–	–	–	–	–	–	–	–	1,4,4a,4b,5,6,8a,9,9a,10-Decahydro-7-methyl-1,4:9,10-dimethanoanthracene		C1710
94	133	79	166	95	46	135	67	**226**	100	51	38	35	27	22	22	19	**4.00**	12	18	4	–	–	–	–	–	–	–	–	–	Propanedioic acid, (cyclohexylidenemethyl)-, dimethyl ester	74367-19-4	T7974
95	73	108	136	75	121	226	117	**226**	100	49	41	38	36	35	32	28		13	26	1	–	–	–	–	–	–	–	1	–	Silane, trimethyl[(1,7,7-trimethylbicyclo[2.2.1]hept-2-yl)oxy]-, exo-	37555-29-6	S5517
96	95	57	29	28	74	39	73	**226**	100	95	78	70	61	57	36	33	**1.00**	11	14	5	–	–	–	–	–	–	–	–	–	2-Furfural dipropionate		Z1762
98	111	124	29	70	57	97	69	**226**	100	88	74	53	47	29	27	25	**0.00**	9	16	5	–	–	–	–	–	–	2	–	–	α-D-Ribopyranose, cyclic 1,2:3,4-bis(ethylboronate)	64780-34-3	T6514
98	111	124	70	97	29	57	69	**226**	100	35	34	31	27	20	14	13	**0.59**	9	16	5	–	–	–	–	–	–	2	–	–	β-L-Arabinopyranose, cyclic 1,2:3,4-bis(ethylboronate)	64780-31-0	T6510
99	43	109	69	71	127	142	55	**226**	100	90	60	53	25	20	12	7	**1.00**	13	22	3	–	–	–	–	[illegible]	[illegible]	[illegible]	[illegible]	[illegible]	2,5,10-[illegible]	[illegible]	[illegible]

MASS TO CHARGE RATIOS								M.W.	INTENSITIES								Parent	C	H	O	N	Cl	Br	F	S	P	B	Si	X	COMPOUND NAME	CAS Reg No	No
99	111	29	124	43	98	57	70	**226**	100	70	52	45	42	35	30	29	**0.00**	9	16	5	–	–	–	–	–	–	2	–	–	**β-D-Ribofuranose, cyclic 1,5:2,3-bis(ethylboronate)**	74779-73-0	**T8539**
100	72	29	226	44	58	153	30	**226**	100	59	29	22	16	15	13	10		11	15	1	2	1	–	–	–	–	–	–	–	**Urea, N-(3-chlorophenyl)-N′,N′-diethyl-**		**02300**
100	72	226	44	153	58	228	101	**226**	100	68	27	21	19	15	9	7		11	15	1	2	1	–	–	–	–	–	–	–	**Urea, N-(4-chlorophenyl)-N′,N′-diethyl-**		**B0954**
103	75	226	146	162	74	163	183	**226**	100	76	70	48	29	25	20	19		8	6	4	2	–	–	–	1	–	–	–	–	**2-Sulphonamide phthalimide**		**D1191**
104	61	62	150	179	210	18	226	**226**	100	66	39	34	31	21	18	16		9	10	3	2	–	–	–	1	–	–	–	–	**Dimethylsulphonio-p-nitrobenzomidate**		**06216**
104	105	77	91	51	78	65	103	**226**	100	59	47	14	13	9	7	6	**0.00**	15	14	2	–	–	–	–	–	–	–	–	–	**Benzoic acid, 2-phenylethyl ester**	94-47-3	**P6858**
104	107	79	91	208	77	105	117	**226**	100	78	42	26	18	14	14	10	**1.67**	16	18	1	–	–	–	–	–	–	–	–	–	**Benzenebutanol, α-phenyl-**	30078-89-8	**S2787**
104	121	122	92	105	226	207	103	**226**	100	60	52	27	27	24	21	17		15	14	2	–	–	–	–	–	–	–	–	–	**4-Flavanol**	487-25-2	**Q1148**
104	121	122	226	105	207	208	77	**226**	100	41	38	30	22	19	16	9		15	14	2	–	–	–	–	–	–	–	–	–	**4-Flavanol**	487-25-2	**Q1147**
105	77	51	106	50	198	122	78	**226**	100	35	13	7	4	3	3	3	**0.50**	14	10	3	–	–	–	–	–	–	–	–	–	**Benzoic acid, anhydride**		**F0091**
105	77	123	51	50	198	78	52	**226**	100	89	67	34	31	17	10	9	**6.00**	14	10	3	–	–	–	–	–	–	–	–	–	**Benzoic acid, anhydride**	93-97-0	**P6824**
105	77	149	226	182	51	78	181	**226**	100	66	56	28	24	17	17	13		14	10	3	–	–	–	–	–	–	–	–	–	**Benzoic acid, 2-benzoyl-**	85-52-9	**P6263**
105	77	226	149	51	65	106	121	**226**	100	38	38	35	15	15	9	9		14	10	3	–	–	–	–	–	–	–	–	–	**Benzoic acid, 4-benzoyl-**	611-95-0	**Q2831**
105	91	133	104	77	65	226	107	**226**	100	94	91	22	21	16	15	6		15	14	2	–	–	–	–	–	–	–	–	–	**Phenylpropanoic acid, phenyl ester**		**M1212**
105	106	61	147	45	107	43	78	**226**	100	47	33	25	14	12	10	6	**0.00**	7	14	4	–	–	–	–	2	–	–	–	–	**D-Arabinose, cyclic 1,2-ethanediyl mercaptal**	3650-67-7	**Q9609**
105	106	77	91	122	51	65	149	**226**	100	83	50	46	30	17	8	6	**6.00**	14	14	1	2	–	–	–	–	–	–	–	–	**Benzoic acid, 2-benzylhydrazide**	1215-52-7	**08246**
105	106	121	77	79	107	91	103	**226**	100	26	21	12	9	7	6	6	**0.00**	16	18	1	–	–	–	–	–	–	–	–	–	**Bis(2-phenylethyl) ether**		**Z1753**
105	122	77	51	50	198	106	78	**226**	100	70	63	25	12	8	8	7	**2.00**	14	10	3	–	–	–	–	–	–	–	–	–	**Benzoic acid, anhydride**		**D2131**
105	226	107	51	207	77	78	208	**226**	100	47	29	25	20	19	14	14		15	14	2	–	–	–	–	–	–	–	–	–	**1-Propanone, 3-(2-hydroxyphenyl)-1-phenyl-**	56052-53-0	**T2679**
107	59	167	125	73	41	112	39	**226**	100	72	68	60	45	40	34	31	**1.55**	12	18	4	–	–	–	–	–	–	–	–	–	**Cyclopropanecarboxylic acid, 3-(3-methoxy-2-methyl-3-oxo-1-propenyl)-2,2-dimethyl-, methyl ester, [1α,2β-(E)]-**	55821-14-2	**T2120**
107	93	85	152	134	162	79	120	**226**	100	87	69	59	59	57	55	52	**1.48**	12	18	4	–	–	–	–	–	–	–	–	–	**2-Heptenedioic acid, 4-cyclopropyl-, dimethyl ester, (E)-**	74793-21-8	**T8600**
107	93	152	134	79	162	120	92	**226**	100	76	56	55	55	53	53	46	**0.00**	12	18	4	–	–	–	–	–	–	–	–	–	**2-Heptenedioic acid, 4-cyclopropyl-, dimethyl ester, (Z)-**	74793-22-9	**T8602**
107	125	167	112	135	91	69	195	**226**	100	76	63	50	27	22	20	18	**1.50**	12	18	4	–	–	–	–	–	–	–	–	–	**Cyclopropaneacrylic acid, 3-carboxy-α,2,2-trimethyl-, 1-methyl ester, trans-**		**02263**
107	166	194	91	167	41	79	77	**226**	100	77	69	55	47	37	37	34	**27.40**	12	18	4	–	–	–	–	–	–	–	–	–	**3-Cyclobutene-1,2-dicarboxylic acid, 3,4-diethyl-, dimethyl ester, trans-**	55673-95-5	**T1803**
107	167	125	59	73	41	112	39	**226**	100	70	61	50	43	40	38	30	**2.00**	12	18	4	–	–	–	–	–	–	–	–	–	**Cyclopropaneacrylic acid, 3-carboxy-α,2,2-trimethyl-, 1-methyl ester**		**M7958**
109	55	175	81	133	95	190	93	**226**	100	95	88	81	74	74	70	70	**0.00**	14	26	2	–	–	–	–	–	–	–	–	–	**1H-Indene-2-ethanol, octahydro-2-(hydroxymethyl)-3a,4-dimethyl-**	54833-42-0	**S9713**
111	98	29	28	44	99	70	124	**226**	100	81	65	58	54	48	44	39	**0.00**	9	16	5	–	–	–	–	–	–	2	–	–	**α-D-Xylofuranose, cyclic 1,2:3,5-bis(ethylboronate)**	64780-33-2	**T6512**
111	98	124	99	29	57	110	70	**226**	100	68	49	44	34	29	25	25	**0.16**	9	16	5	–	–	–	–	–	–	2	–	–	**α-D-Xylofuranose, cyclic 1,2:3,5-bis(ethylboronate)**	64780-33-2	**T6513**
111	112	28	39	29	97	77	67	**226**	100	85	69	62	55	48	36	33	**0.00**	7	11	4	–	1	–	–	1	–	–	–	–	**1,2,5-Trimethylthiophenium perchlorate**		**M0523**
111	124	29	110	28	44	27	83	**226**	100	41	25	24	21	19	13	12	**0.10**	9	16	5	–	–	–	–	–	–	2	–	–	**β-D-Xylopyranose, cyclic 1,3:2,4-bis(ethylboronate)**	74779-75-2	**T8541**
112	30	86	55	41	97	100	56	**226**	100	99	76	62	58	41	36	34	**30.14**	12	22	2	2	–	–	–	–	–	–	–	–	**1,8-Diazacyclotetradecane, 2,7-dioxo-**		**D1177**
112	55	41	97	98	67	84	149	**226**	100	62	58	50	48	47	45	44	**0.00**	13	22	3	–	–	–	–	–	–	–	–	–	**Cycloheptanepentanoic acid, 2-oxo-, methyl ester**	50803-82-2	**S7472**
112	69	96	73	113	114	95	137	**226**	100	67	23	21	21	16	14	14	**12.00**	9	10	5	2	–	–	–	–	–	–	–	–	**6,9-Epoxy-2H,6H-pyrimido[2,1-b][1,3]oxazocin-2-one, 7,8,9,10-tetrahydro-7,8-dihydroxy-, [6R-(6α,7α,8α,9α)]-**	22329-20-0	**R9636**
113	95	124	123	81	114	112	55	**226**	100	44	17	14	12	7	7	7	**1.00**	15	30	1	–	–	–	–	–	–	–	–	–	**β-Bisabol, tetrahydro-**		**01221**
113	96	226	69	95	138	112	70	**226**	100	40	28	24	22	21	20	19		9	10	5	2	–	–	–	–	–	–	–	–	**6,9-Epoxy-2H,6H-pyrimido[2,1-b][1,3]oxazocin-2-one, 7,8,9,10-tetrahydro-7,8-dihydroxy-, [6R-(6α,7α,8α,9α)]-**	22329-20-0	**R9635**
113	169	71	85	170	57	114	59	**226**	100	86	33	30	14	14	12	9	**2.89**	14	30	–	–	–	–	–	–	–	–	1	–	**Silane, tributylvinyl-**	13107-12-5	**R4200**
115	90	117	116	118	109	110	226	**226**	100	64	43	43	38	32	24	23		15	14	–	–	–	–	–	1	–	–	–	–	**Cinnamyl phenyl sulphide**		**M6745**
117	115	91	109	226				**226**	100	31	16	10	5					15	14	–	–	–	–	–	1	–	–	–	–	**3-Phenyl-3-phenylthio-propene**		**M6746**
118	91	108	28	119	65	90	107	**226**	100	69	39	19	12	12	11	9	**4.60**	15	14	2	–	–	–	–	–	–	–	–	–	**Benzeneacetic acid, p-tolyl ester**	101-94-0	**P7518**
120	92	79	78	65	51	52	121	**226**	100	40	30	26	18	11	10	7		12	10	1	4	–	–	–	–	–	–	–	–	**Hydrazine, N-(pyrid-2′-ylcarbonyl)-N′-(pyrid-2′-ylmethylidene)-**		**D1632**
120	93	107	79	59	134	92	194	**226**	100	90	63	49	46	41	40	37	**1.43**	12	18	4	–	–	–	–	–	–	–	–	–	**2-Heptenedioic acid, 4-cyclopropyl-, dimethyl ester, (E)-**	74793-21-8	**T8601**
121	43	105	77	51	28	122	183	**226**	100	87	74	49	18	18	17	16	**0.35**	15	14	2	–	–	–	–	–	–	–	–	–	**1-Propanone, 2-hydroxy-1,2-diphenyl-**		**L5384**
121	77	105	91	122	51	78	28	**226**	100	30	18	9	9	9	4	3	**0.20**	15	14	2	–	–	–	–	–	–	–	–	–	**Benzoin methyl ether**		**D1526**
121	77	226	107	94	212	149	80	**226**	100	53	52	28	20	19	9	9		13	14	–	4	–	–	–	–	–	–	–	–	**2,4-Diamino-5-methylazobenzene**		**D1637**
121	226	77	94	51	39	42	41	**226**	100	40	33	26	16	16	11	11		13	14	–	4	–	–	–	–	–	–	–	–	**2,4-Diamino-5-methylazobenzene**		**D2695**
121	226	149	228	77	51	91	78	**226**	100	19	8	6	6	5	5	4		11	11	3	–	1	–	–	–	–	–	–	–	**1-Chloro-3-hydroxy-4-(4-methoxyphenyl)-3-buten-2-one**		**16721**
123	43	183	67	141	95	55	81	**226**	100	81	51	45	38	33	24	24	**0.00**	13	22	3	–	–	–	–	–	–	–	–	–	**3-Heptyne-2,5-diol, 5-isopropyl-6-methyl-, 2-acetate**	63922-39-4	**T6317**
125	89	153	127	63	45	39	99	**226**	100	39	37	33	17	16	14	14	**12.00**	9	7	1	2	1	–	–	1	–	–	–	–	**1,2,3-Thiadiazolium, 3-(2-chloro-5-methylphenyl)-4-hydroxy-, hydroxide, inner salt**	32864-80-5	**S3917**
127	226	191	162	126	128	63	77	**226**	100	41	34	30	26	24	18	17		10	7	2	–	1	–	–	1	–	–	–	–	**2-Naphthalenesulphonyl chloride**	93-11-8	**P6766**
128	115	41	129	143	77	91	141	**226**	100	65	55	50	45	39	35	33	**0.60**	17	22	–	–	–	–	–	–	–	–	–	–	**Heptadeca-1,8,15-trien-11,13-diyne**		**M8346**
128	183	226	165	127	155	208	55	**226**	100	91	85	81	81	68	48	41		16	18	1	–	–	–	–	–	–	–	–	–	**Cyclohexanol, 1-(1-naphthalenyl)-**	74685-85-1	**T8401**

MASS TO CHARGE RATIOS								M.W.	INTENSITIES								Parent	C	H	O	N	Cl	Br	F	S	P	B	Si	X	COMPOUND NAME	CAS Reg No	No
131	73	75	136	132	121	93	45	**226**	100	63	32	30	23	19	16	9	**0.00**	13	26	1	–	–	–	–	–	–	–	1	–	Silane, trimethyl[1-methyl-1-(4-methyl-3-cyclohexen-1-yl)ethoxy]-, (S)-	57304-99-1	**T4495**
131	184	141	90	128	226	104	129	**226**	100	47	16	16	16	14	13	13		16	18	1	–	–	–	–	–	–	–	–	–	2(1H)-Naphthalenone, 4a,5,6,7,8,8a-hexahydro-4a-phenyl-, trans-	22844-35-5	**R9963**
131	184	141	91	128	226	103	129	**226**	100	46	16	15	15	14	12	12		16	18	1	–	–	–	–	–	–	–	–	–	2(1H)-Naphthalenone, 4a,5,6,7,8,8a-hexahydro-4a-phenyl-, trans-	22844-35-5	**R9962**
131	184	141	91	226	185	127	43	**226**	100	47	18	17	15	13	13	13		16	18	1	–	–	–	–	–	–	–	–	–	$\Delta^{(3)}$-2-Octalone, 10-phenyl-, trans-		**M2684**
131	211	226	146	105	209	200	118	**226**	100	97	77	72	68	51	26	23		9	10	–	2	–	–	–	–	–	–	–	1	Selenocyanic acid, 4-(ethylamino)phenyl ester	22037-05-4	**R9518**
131	211	226	146	105	209	224	200	**226**	100	97	77	74	68	51	36	27		9	10	–	2	–	–	–	–	–	–	–	1	Selenocyanic acid, 4-(ethylamino)phenyl ester		**L8959**
135	74	105	77	106	152	51	153	**226**	100	96	60	58	57	50	42	30	**8.43**	9	10	5	2	–	–	–	–	–	–	–	–	L-Tyrosine, 3-nitro-	621-44-3	**Q3034**
135	138	120	91	180	136	92	121	**226**	100	75	72	62	59	52	36	32	**0.00**	10	10	6	–	–	–	–	–	–	–	–	–	1,3-Cyclohexadiene-1-carboxylic acid, 5-[(1-carboxyvinyl)oxy]-6-hydroxy-, trans-	22642-82-6	**R9908**
135	150	107	211	136	226	41	91	**226**	100	20	13	12	10	7	6	5		12	15	2	–	1	–	–	–	–	–	–	–	Acetic acid, x-chloro-4-tert-butylphenyl ester		**Z1751**
137	109	45	181	143	167	43	91	**226**	100	51	46	38	33	29	29	23	**0.00**	6	15	4	–	–	–	–	–	–	–	–	1	Arsenic acid (H3AsO4), triethyl ester	15606-95-8	**R5783**
137	112	126	96	226	69	73	81	**226**	100	68	67	62	55	51	34	32		9	10	5	2	–	–	–	–	–	–	–	–	6H-Furo[2′,3′:4,5]oxazolo[3,2-a]pyrimidin-6-one, 2,3,3a,9a-tetrahydro-3-hydroxy-2-(hydroxymethyl)-, [2R-(2α,3β,3aβ,9aβ)]-	3736-77-4	**Q9756**
137	115	226	167	69	70	95	195	**226**	100	71	60	48	46	35	28	27		9	10	5	2	–	–	–	–	–	–	–	–	6H-Furo[2′,3′:4,5]oxazolo[3,2-a]pyrimidin-6-one, 2,3,3a,9a-tetrahydro-3-hydroxy-2-(hydroxymethyl)-, [2R-(2α,3β,3aβ,9aβ)]-	3736-77-4	**Q9754**
138	41	57	121	135	123	152	56	**226**	100	86	67	63	50	48	47	42	**1.00**	12	18	4	–	–	–	–	–	–	–	–	–	1,3-Cyclohexadiene-1-carboxylic acid, 5-hydroxy-6-methoxy-, tert-butyl ester, trans-	55723-82-5	**T1938**
139	43	226	167	211	166	151	153	**226**	100	83	39	36	25	16	9	4		11	14	3	–	–	–	–	1	–	–	–	–	Methyl 2-methyl-3-(5-acetyl-3-thienyl)propanoate		**L5532**
139	141	111	51	226	75	113	140	**226**	100	37	36	26	18	11	9	9		11	11	3	–	1	–	–	–	–	–	–	–	Benzenebutanoic acid, 3-chloro-α-methyl-γ-oxo-	34243-96-4	**S4584**
140	43	125	53	84	41	123	55	**226**	100	90	90	40	25	22	22	20	**2.00**	13	22	3	–	–	–	–	–	–	–	–	–	Ethanol, 1-[(2,6,6-trimethyl-1-cyclohexen-1-yl)oxy]-, acetate	54345-63-0	**S8907**
140	125	43	84	123	41	81	55	**226**	100	91	90	26	24	23	21	21	**1.92**	13	22	3	–	–	–	–	–	–	–	–	–	2-(1-Acetoxyethoxy)-1,3,3-trimethylcyclohexene		**P1177**
141	85	41	55	83	57	69	113	**226**	100	86	68	62	50	50	43	41	**0.25**	14	26	2	–	–	–	–	–	–	–	–	–	1,1-Dimethyl-4,4-dipropyl-cyclohexan-3-ol-5-one		**M2820**
142	41	55	83	29	81	43	97	**226**	100	88	67	61	58	48	47	46	**6.70**	14	26	2	–	–	–	–	–	–	–	–	–	Cyclohexanecarboxylic acid, 1-hexyl-, methyl ester	7362-83-6	**R3106**
142	78	141	77	41	43	47	125	**226**	100	41	37	32	23	23	19	19	**10.95**	12	19	2	–	–	–	–	–	1	–	–	–	Phosphonous acid, phenyl-O,O-diisopropyl		**C1774**
143	73	75	169	121	117	156	144	**226**	100	83	52	36	31	25	25	22	**6.70**	13	26	1	–	–	–	–	–	–	–	1	–	Silane, trimethyl[(5-methyl-2-isopropenylcyclohexyl)oxy]-, [1R(1α,2β,5α)]-	57396-86-8	**T4689**
144	41	55	129	39	45	83	59	**226**	100	79	79	54	31	20	16	15	**15.13**	12	18	–	–	–	–	–	2	–	–	–	–	Thiophene, 2-(cyclohexylthio)-5-ethyl-		**Y2413**
145	81	47	63	226	111	129	125	**226**	100	83	71	71	60	48	48	43		8	7	–	–	–	–	5	–	–	–	1	–	Silane, dimethyl(pentafluorophenyl)-	13888-77-2	**R4799**
146	145	226	200	119	224	77	147	**226**	100	67	31	18	16	15	11	10		9	10	–	2	–	–	–	–	–	–	–	1	Selenocyanic acid, 4-(dimethylamino)phenyl ester	10272-02-3	**R3712**
147	42	226	228	44	106	184	45	**226**	100	46	45	44	42	41	29	22		9	11	–	2	–	1	–	–	–	–	–	–	Methanimidamide, N′-(2-bromophenyl)-N,N-dimethyl-	53746-69-3	**S8576**
147	111	149	85	193	129	83	191	**226**	100	80	64	61	52	51	44	40	**23.62**	3	3	–	–	2	1	2	–	–	–	–	–	Propane, bromodichlorodifluoro-		**Z1763**
149	226	119	152	148	140	196	91	**226**	100	83	43	42	40	28	23	22		9	11	2	–	–	–	–	–	–	–	–	1	1,3,2-Dioxarsenane, 2-phenyl-	34715-45-2	**S4721**
149	226	152	119	148	105	196	91	**226**	100	80	40	40	39	36	28	23		9	11	2	–	–	–	–	–	–	–	–	1	1,3,2-Dioxarsenane, 2-phenyl-		**M8688**
151	43	166	153	139	167	226	211	**226**	100	80	57	39	33	28	13	3		11	14	3	–	–	–	–	1	–	–	–	–	Methyl 2-methyl-3-(2-acetyl-3-thienyl)propanoate		**L5533**
152	151	226	121	147	153	45	161	**226**	100	60	56	21	20	12	11	11		11	14	1	–	–	–	–	2	–	–	–	–	1,3-Dithiane, 2-(4-methoxyphenyl)-	24588-72-5	**S0693**
152	151	226	121	147	161	153	45	**226**	100	60	59	22	19	12	11	10		11	14	1	–	–	–	–	2	–	–	–	–	1,3-Dithiane, 2-(4-methoxyphenyl)-		**M8885**
153	53	152	57	125	181	29	97	**226**	100	52	48	36	29	28	23	21	**0.06**	8	12	6	–	–	–	–	–	–	2	–	–	[4,4′-Bi-1,3,2-dioxaborolane]-5,5′-dione, 2,2′-diethyl-, (R*,S*)-	74742-40-8	**T8433**
153	152	181	53	57	125	28	70	**226**	100	49	45	40	32	22	22	21	**0.00**	8	12	6	–	–	–	–	–	–	2	–	–	[4,4′-Bi-1,3,2-dioxaborolane]-5,5′-dione, 2,2′-diethyl-, [R-(R*,R*)]-	74646-19-8	**T8270**
153	181	152	79	197	125	169	124	**226**	100	92	74	71	68	46	38	28	**12.00**	12	18	4	–	–	–	–	–	–	–	–	–	Cyclopropanecarboxylic acid, 1,1′-bis-, diethyl ester		**M0035**
154	30	43	60	73	72	95	108	**226**	100	90	62	56	56	40	37	34	**5.00**	12	22	2	2	–	–	–	–	–	–	–	–	cis-1,3-Bis(acetamidomethyl)cyclohexane		**16383**
154	69	110	81	97	71	126	83	**226**	100	79	61	50	47	29	27	22	**16.00**	9	10	5	2	–	–	–	–	–	–	–	–	O-6,5′-Cyclo-2′-deoxyuridine	4088-91-9	**R0078**
156	141	42	157	55	44	32	30	**226**	100	60	41	30	28	23	19	17	**2.76**	11	18	3	2	–	–	–	–	–	–	–	–	2,4,6(1H,3H,5H)-Pyrimidinetrione, 5-ethyl-5-(3-methylbutyl)-	57-43-2	**P4803**
156	141	43	41	157	55	71	39	**226**	100	56	30	23	22	11	8	7	**1.10**	11	18	3	2	–	–	–	–	–	–	–	–	2,4,6(1H,3H,5H)-Pyrimidinetrione, 5-ethyl-5-(1-methylbutyl)-	76-74-4	**P5727**
156	141	43	41	157	55	71	69	**226**	100	70	32	22	20	13	10	10	**0.00**	11	18	3	2	–	–	–	–	–	–	–	–	2,4,6(1H,3H,5H)-Pyrimidimetrione, 5-ethyl-5-(1-methylbutyl)-		**03804**
156	141	157	41	55	142	43	197	**226**	100	67	29	16	15	12	12	10	**0.00**	11	18	3	2	–	–	–	–	–	–	–	–	2,4,6(1H,3H,5H)-Pyrimidimethone, 5-ethyl-5-(3-methylbutyl)-		**03767**
157	69	129	159	75	131	107	179	**226**	100	95	39	34	25	14	10	10	**0.00**	5	1	1	–	1	–	6	–	–	–	–	–	3-Penten-2-one, 4-chloro-1,1,1,5,5,5-hexafluoro-	56666-71-8	**09498**
164	135	53	27	178	41	136	165	**226**	100	63	22	19	15	15	13	12	**0.00**	14	30	–	2	–	–	–	–	–	–	–	–	Piperazine, 2,5-dibutyl-3,6-dimethyl-	55059-23-9	**H2120**
165	89	63	90	119	166	64	78	**226**	100	67	35	23	22	12	12	12	**0.00**	8	6	6	2	–	–	–	–	–	–	–	–	Benzeneacetic acid, 2,4-dinitro-	643-43-6	**Q3556**
166	107	167	91	106	79	77	151	**226**	100	80	44	41	32	30	26	26	**24.10**	12	18	4	–	–	–	–	–	–	–	–	–	3-Cyclobutene-1,2-dicarboxylic acid, 3,4-diethyl-, dimethyl ester, cis-	55673-92-2	**T1800**
166	107	167	151	194	79	59	226	**226**	100	89	60	33	28	27	26	25		12	18	4	–	–	–	–	–	–	–	–	–	3-Cyclobutene-1,2-dicarboxylic acid, 3-methyl-4-propyl-, dimethyl ester, cis-	55673-94-4	**T1802**
166	168	226	167	140	139	194	114	**226**	100	84	63	25	19	18	15	12		13	10	2	2	–	–	–	–	–	–	–	–	9H-Pyrido[3,4-b]indole-1-carboxylic acid, methyl ester		**P2551**
167	43	41	27	42	226	56	55	**226**	100	98	85	62	50	43	41	39		15	14	2	–	–	–	–	–	–	–	–	–	Benzeneacetic acid, α-phenyl-, methyl ester		**F0551**
167	91	168	77	134	53	59	79	**226**	100	12	12	8	8	7	7	7	**3.00**	12	18	4	–	–	–	–	–	–	–	–	–	2,4-Hexadienedioic acid, 3,4-diethyl-, dimethyl ester, (E,Z)-	31545-75-2	**S3331**
167	91	168	77	134	53	195	163	**226**	100	9	9	7	6	6	4	3	**1.80**	12	18	4	–	–	–	–	–	–	–	–	–	2,4-Hexadienedioic acid, 3,4-diethyl-, dimethyl ester, (E,Z)-		**M2420**
167	134	194	91	195	107	135	92	**226**	100	62	53	35	25	24	24	21	**4.80**	12	18	4	–	–	–	–	–	–	–	–	–	2,4-Hexadienedioic acid, 3,4-diethyl-, dimethyl ester, (E,E)-	31447-53-7	**S3304**
167	134	194	91	195	107	135	162	**226**	100	62	53	33	24	23	23	17	**5.50**	12	18	4	–	–	–	–	–	–	–	–	–	2,4-Hexadienedioic acid, 3,4-diethyl-, dimethyl ester, (E,E)-		**M2418**

MASS TO CHARGE RATIOS								M.W.	INTENSITIES								Parent	C	H	O	N	Cl	Br	F	S	P	B	Si	X	COMPOUND NAME	CAS Reg No	No
167	139	226	124	108	77	168	54	**226**	100	63	25	20	17	12	11	10		11	14	5	–	–	–	–	–	–	–	–	–	**Mandelic acid, 3,4-dimethoxy-, methyl ester**	2911-73-1	**Q8809**
167	165	226	168	152	166	28	227	**226**	100	24	16	14	12	10	3	3		15	14	2	–	–	–	–	–	–	–	–	–	**Benzeneacetic acid, α-phenyl-, methyl ester**	3469-00-9	**Q9439**
167	168	41	91	107	195	59	77	**226**	100	12	6	6	6	6	5	5	**2.50**	12	18	4	–	–	–	–	–	–	–	–	–	**2,4-Hexadienedioic acid, 3-methyl-4-propyl-, dimethyl ester, (E,Z)-**	58367-44-5	**T5007**
167	168	59	91	134	77	107	41	**226**	100	12	9	8	6	5	5	4	**4.00**	12	18	4	–	–	–	–	–	–	–	–	–	**2,4-Hexadienedioic acid, 3,4-diethyl-, dimethyl ester, (Z,Z)-**	31447-54-8	**S3305**
167	168	91	107	134	195	41	77	**226**	100	12	7	6	6	6	5	5	**2.90**	12	18	4	–	–	–	–	–	–	–	–	–	**2,4-Hexadienedioic acid, 3-methyl-4-propyl-, dimethyl ester, (Z,E)-**	69796-13-0	**T7428**
167	168	91	134	76	107	195	226	**226**	100	11	11	6	6	6	5	4		12	18	4	–	–	–	–	–	–	–	–	–	**2,4-Hexadienedioic acid, 3,4-diethyl-, dimethyl ester, (Z,Z)-**		**M2419**
167	194	134	195	107	91	135	168	**226**	100	46	41	21	17	15	12	11	**6.10**	12	18	4	–	–	–	–	–	–	–	–	–	**2,4-Hexadienedioic acid, 3-methyl-4-propyl-, dimethyl ester, (E,E)-**	58367-43-4	**T5006**
167	226	165	195	166	152	91	168	**226**	100	88	52	42	24	22	20	16		15	14	2	–	–	–	–	–	–	–	–	–	**Benzoic acid, 3-benzyl-, methyl ester**		**M4423**
167	226	195	165	152	168	166	91	**226**	100	66	43	35	17	15	14	12		15	14	2	–	–	–	–	–	–	–	–	–	**Benzoic acid, 4-benzyl-, methyl ester**	23450-30-8	**S0199**
167	226	195	166	152	91	227	194	**226**	100	88	42	24	22	20	16	12		15	14	2	–	–	–	–	–	–	–	–	–	**Benzoic acid, 3-benzyl-, methyl ester**	35714-17-1	**S5056**
168	226	45	195	128	165	140	44	**226**	100	98	72	70	64	45	42	35		13	10	2	2	–	–	–	–	–	–	–	–	**Imidazo[2,1-a]isoquinoline-2-carboxylic acid, methyl ester**	58275-56-2	**T4980**
170	86	18	28	30	43	114	44	**226**	100	80	63	58	34	34	33	33	**0.00**	12	22	2	2	–	–	–	–	–	–	–	–	**1,4-Diazacyclohexan-2,5-dione, 3,6-diisobutyl-**		**P1210**
170	169	141	115	29	142	152	28	**226**	100	30	10	8	5	5	5	3	**2.91**	16	18	1	–	–	–	–	–	–	–	–	–	**Butyl 2-biphenylyl ether**		**Z1761**
170	198	126	154	114	226	63	171	**226**	100	69	54	42	42	36	24	17		14	10	3	–	–	–	–	–	–	–	–	–	**Spiro[acenaphthylene-1(2H),2′-[1,3]dioxolan]-2-one**	30339-97-0	**S2860**
170	225	171	28	141	169	115	226	**226**	100	20	10	8	5	5	4	4		16	18	1	–	–	–	–	–	–	–	–	–	**Butyl 4-biphenylyl ether**		**Z1765**
175	191	119	128	174	176	72	192	**226**	100	89	22	19	18	13	13	12	**3.97**	10	7	2	–	1	–	–	1	–	–	–	–	**2-Naphthalenesulphonyl chloride**	93-11-8	**P6767**
182	156	198	226	180	154	196	224	**226**	100	57	43	39	35	30	22	22		9	6	2	–	–	–	–	–	–	–	–	1	**2H-1-Benzoselenin-2-one, 4-hydroxy-**	26452-57-3	**S1365**
182	211	77	65	183	125	51	72	**226**	100	31	17	11	10	8	6	6	**2.00**	10	14	2	2	–	–	–	1	–	–	–	–	**Sulphoximine, N-[(dimethylamino)carbonyl]-S-methyl-S-phenyl-**	54090-96-9	**S8784**
182	211	77	65	183	125	51	93	**226**	100	32	17	11	10	8	7	6	**2.99**	10	14	2	2	–	–	–	1	–	–	–	–	**Sulphoximine, N-[(dimethylamino)carbonyl]-S-methyl-S-phenyl-**	54090-96-9	**S8785**
183	70	112	84	100	98	141	154	**226**	100	17	14	13	9	8	8	7	**1.00**	12	22	2	2	–	–	–	–	–	–	–	–	**1,5-Diazacyclododecan-6-one, 1-acetyl-**	67370-73-4	**T6781**
183	104	169	226	197	103	77	184	**226**	100	45	31	27	26	15	13	12		11	15	–	–	–	1	–	–	–	–	–	–	**Benzene, 1-(1-methylbutyl)-1-bromo-**		**L0656**
183	185	50	155	157	75	27	76	**226**	100	97	38	23	22	20	17	17	**0.87**	10	11	1	–	–	1	–	–	–	–	–	–	**Butanophenone, 4′-bromo-**		**02582**
183	185	104	169	171	226	197	228	**226**	100	98	45	31	30	27	26	25		11	15	–	–	–	1	–	–	–	–	–	–	**Benzene, 1-(1-methylbutyl)-x-bromo-**		**Z1755**
184	169	112	183	41	126	197	170	**226**	100	99	79	65	50	42	42	37	**0.00**	11	18	3	2	–	–	–	–	–	–	–	–	**2,4,6(1H,3H,5H)-Pyrimidinetrione, 5-ethyl-1,3-dimethyl-5-isopropyl-**	69855-52-3	**T7533**
184	226	141	169	91	170	198	115	**226**	100	89	79	77	66	60	55	53		16	18	1	–	–	–	–	–	–	–	–	–	**2(3H)-Naphthalenone, 4,4a,5,6,7,8-hexahydro-4a-phenyl-, (R)-**	56053-04-4	**T2734**
184	226	142	41	43	97	193	70	**226**	100	56	35	15	15	15	15	11		8	10	–	4	–	–	–	2	–	–	–	–	**Thiazolo[5,4-d]pyrimidine, 5-amino-2-(isopropylthio)-**	19844-40-7	**R8325**
184	226	142	97	193	85	185	186	**226**	100	56	35	16	16	10	10	10		8	10	–	4	–	–	–	2	–	–	–	–	**Thiazolo[5,4-d]pyrimidine, 5-amino-2-(propylthio)-**		**L4656**
185	183	103	143	226	39	181	142	**226**	100	69	62	60	49	48	42	36		9	15	–	–	–	–	–	–	–	–	–	1	**Rhodium, tris($\eta^{(3)}$-2-propenyl)-**	12082-48-3	**R4029**
186	185	187	184	188	77	51	226	**226**	100	21	16	8	6	5	5	4		13	10	–	2	–	–	–	1	–	–	–	–	**Diphenylsulphoniocyanamidate**		**06218**
191	226	163	228	193	50	135	76	**226**	100	75	55	49	35	32	31	25		10	4	2	–	2	–	–	–	–	–	–	–	**1,4-Naphthalenedione, 2,3-dichloro-**	117-80-6	**P8923**
191	226	228	163	193	192	165	227	**226**	100	88	55	34	34	11	10	10		10	4	2	–	2	–	–	–	–	–	–	–	**1,4-Naphthalenedione, 2,3-dichloro-**	117-80-6	**P8924**
194	165	195	226	166	133	77	152	**226**	100	39	26	16	10	8	6	6		15	14	2	–	–	–	–	–	–	–	–	–	**Benzoic acid, 2-benzyl-, methyl ester**	6962-60-3	**R2737**
194	166	107	167	91	226	77	79	**226**	100	91	86	52	36	36	25	25		12	18	4	–	–	–	–	–	–	–	–	–	**3-Cyclobutene-1,2-dicarboxylic acid, 3-methyl-4-propyl-, dimethyl ester, trans-**	55673-97-7	**T1805**
195	75	30	74	63	76	196	77	**226**	100	56	47	27	19	18	17	14	**8.00**	8	6	6	2	–	–	–	–	–	–	–	–	**Benzoic acid, 2,4-dinitro-, methyl ester**	18959-17-6	**R7902**
195	226	197	228	167	132	122	196	**226**	100	84	38	29	15	12	12	10		10	7	2	–	1	–	–	1	–	–	–	–	**Benzo[b]thiophene-2-carboxylic acid, 3-chloro-, methyl ester**	21211-07-4	**R9156**
197	119	91	226	198	103	77	178	**226**	100	36	27	21	15	15	8	6		16	18	1	–	–	–	–	–	–	–	–	–	**Butane, 2-phenyl-2-(2-hydroxyphenyl)-**		**C1761**
197	121	105	77	135	179	198	226	**226**	100	78	72	40	30	30	30	28		15	14	2	–	–	–	–	–	–	–	–	–	**Oxirane, 2-(4-methoxyphenyl)-3-phenyl-**	5814-81-3	**R1810**
197	139	149	29	121	226	168	120	**226**	100	74	55	28	14	11	11	8		6	15	–	–	–	–	1	–	–	–	–	1	**Triethyltin fluoride**		**L0762**
197	213	149	195	28	211	147	139	**226**	100	85	83	75	67	65	64	54	**10.60**	6	15	–	–	–	–	1	–	–	–	–	1	**Triethyltin fluoride**		**06415**
198	226	141	115	142	139	197	199	**226**	100	73	71	44	24	17	15	15		14	10	3	–	–	–	–	–	–	–	–	–	**Naphtho[1,2-b]furan-4,5-dione, 3,6-dimethyl-**	23606-93-1	**S0273**
209	63	51	89	43	62	65	77	**226**	100	53	36	33	28	23	21	17	**1.00**	8	6	6	2	–	–	–	–	–	–	–	–	**Benzoic acid, 4-methyl-3,5-dinitro-**		**B0403**
209	227	149	211	229	136	167	201	**226**	100	33	22	15	11	11	10	7	**0.00**	5	6	4	–	–	–	–	3	–	–	–	–	**Acetic acid, 2,2′-[carbonothioylbis(thio)]bis-**	6326-83-6	**R2242**
211	77	107	122	92	106	149	44	**226**	100	35	28	26	21	20	20	19	**8.00**	14	14	1	2	–	–	–	–	–	–	–	–	**Pyridinium, 1-(benzoylamino)-2,6-dimethyl-, hydroxide, inner salt**	17408-43-4	**R6926**
211	163	77	89	117	63	147	226	**226**	100	56	56	46	45	41	40	37		9	10	5	2	–	–	–	–	–	–	–	–	**Phenol, isopropyldinitro-**	29385-11-3	**S2508**
211	225	212	92	77	226	117	118	**226**	100	31	17	7	6	6	5	5		16	18	1	–	–	–	–	–	–	–	–	–	**4-tert-Butylphenyl phenyl ether**		**Z1752**
211	226	50	115	171	143	76	104	**226**	100	72	54	46	45	32	23	21		15	14	2	–	–	–	–	–	–	–	–	–	**1,4-Naphthalenedione, 2-methyl-3-(2-methyl-2-propenyl)-**	69843-55-6	**T7526**
211	226	91.5	77	91	117	118	183	**226**	100	28	9	9	7	7	6	5		16	18	1	–	–	–	–	–	–	–	–	–	**tert-Butyl biphenyl ether**		**Z1754**
211	226	93	73	213	228	43	45	**226**	100	96	48	45	37	36	24	22		8	11	–	4	1	–	–	–	–	–	1	–	**9H-Purine, 6-chloro-9-(trimethylsilyl)-**	32865-86-4	**S3922**
211	226	152	165	28	43	91	227	**226**	100	27	15	13	10	7	7	5		14	14	1	–	–	–	–	–	–	–	1	–	**10H-Phenoxasilin, 10,10-dimethyl-**	18414-62-5	**R7590**
211	226	183	28	212	32	178	91.5	**226**	100	36	28	20	17	14	14	13		16	18	1	–	–	–	–	–	–	–	–	–	**tert-Butyl 3-diphenylyl ether**		**Z1764**
211	226	183	167	212	169	105.5	227	**226**	100	82	36	18	18	16	16	14		15	18	–	2	–	–	–	–	–	–	–	–	**Diphenylamine, N-isopropyl-4-amino-**		**D0121**
211	226	183	178	93	165	91	115	**226**	100	36	29	13	10	7	6	5		16	18	1	–	–	–	–	–	–	–	–	–	**Phenol, 6-tert-butyl-2-phenyl-**		**Z1757**
211	226	183	202	200	199	212	77	**226**	100	79	32	31	27	20	16	16		15	18	–	2	–	–	–	–	–	–	–	–	**Diphenylamine, 4-(N-isopropylamino)-**		**D0358**
211	226	212	91.5	183	91	227	178	**226**	100	26	16	10	7	7	5	5		16	18	1	–	–	–	–	–	–	–	–	–	**Phenol, 4-tert-butyl-2-phenyl-**		**Z1758**
211	226	212	152	165	28	91	43	**226**	100	90	62	49	44	34	22	22		14	14	1	–	–	–	–	–	–	–	1	–	**10H-Phenoxasilin, 10,10-dimethyl-**		**M8142**

MASS TO CHARGE RATIOS								M.W.	INTENSITIES								Parent	C	H	O	N	Cl	Br	F	S	P	B	Si	X	COMPOUND NAME	CAS Reg No	No
217	119	91	226	218	103	77	178	**226**	100	36	27	21	15	15	8	5		16	18	1	–	–	–	–	–	–	–	–	–	Butane, 2-phenyl-2-(2-hydroxyphenyl)-		C0761
225	18	226	17	227	56	28	198	**226**	100	75	69	17	13	10	7	7		13	10	–	2	–	–	–	1	–	–	–	–	Benzothiazole, anilino-		D0050
225	149	107	226	77	91	211	105	**226**	100	81	53	28	24	9	6	5		14	14	1	2	–	–	–	–	–	–	–	–	Pyridinium, 1-(benzoylamino)-3,5-dimethyl-, hydroxide, inner salt		L8673
225	149	107	226	77	106	79	51	**226**	100	81	54	43	24	19	15	14		14	14	1	2	–	–	–	–	–	–	–	–	Pyridinium, 1-(benzoylamino)-3,5-dimethyl-, hydroxide, inner salt	50566-49-9	S7334
225	226	51	198	77	167	199	227	**226**	100	48	25	22	21	18	14	12		13	10	–	2	–	–	–	1	–	–	–	–	2-Thiocyanatodiphenylamine		01110
225	226	51	198	77	167	227	96	**226**	100	48	25	22	21	18	12	12		13	10	–	2	–	–	–	1	–	–	–	–	2-Thiocyanatodiphenylamine		L2837
225	226	169	98	224	168	197	170	**226**	100	76	51	49	42	33	30	22		15	18	–	2	–	–	–	–	–	–	–	–	Indolo[2,3-a]quinolizine, 1,2,3,4,6,7,12,12b-octahydro-		03461
225	226	169	197	170	168	156	143	**226**	100	68	29	23	16	13	10	9		15	18	–	2	–	–	–	–	–	–	–	–	Indolo[2,3-a]quinolizine, 1,2,3,4,6,7,12,12b-octahydro-	4802-79-3	R0834
225	226	169	197	170	168	156	227	**226**	100	47	29	25	22	13	10	10		15	18	–	2	–	–	–	–	–	–	–	–	Indolo[2,3-a]quinolizine, 1,2,3,4,6,7,12,12b-octahydro-	4802-79-3	R0833
225	226	195	135	77	119	91	211	**226**	100	96	95	38	23	22	21	20		15	14	2	–	–	–	–	–	–	–	–	–	Benzophenone, 2-methoxy-4′-methyl-	28137-36-2	S1967
226	77	106	105	138	225	179	196	**226**	100	53	46	45	38	35	20	14		13	10	2	2	–	–	–	–	–	–	–	–	Aniline, 4-nitro-N-benzylidene-		M8852
226	77	179	104	225	180	152	178	**226**	100	45	40	19	10	8	8	5		13	10	2	2	–	–	–	–	–	–	–	–	Aniline, N-(4-nitrobenzylidene)-		M8853
226	77	179	104	227	225	152	180	**226**	100	45	40	19	14	10	8	8		13	10	2	2	–	–	–	–	–	–	–	–	Aniline, N-(4-nitrobenzylidene)-	785-80-8	Q4122
226	77	179	225	51	104	227	152	**226**	100	54	47	38	34	29	17	11		13	10	2	2	–	–	–	–	–	–	–	–	Aniline, N-(4-nitrobenzylidene)-	785-80-8	Q4121
226	91	93	92	65	77	227	134	**226**	100	34	32	27	18	15	15	9		14	14	1	2	–	–	–	–	–	–	–	–	Benzaldehyde, 4′-methoxy-, phenylhydrazone		M2748
226	93	91	92	134	227	65	118	**226**	100	48	27	22	18	17	14	13		14	14	1	2	–	–	–	–	–	–	–	–	Benzaldehyde, 4′-methoxy-, phenylhydrazone		L7021
226	105	104	133	78	51	77	161	**226**	100	88	49	41	20	16	16	16		9	10	3	2	–	–	–	1	–	–	–	–	1H-2,1,3-Benzothiadiazin-4(3H)-one, 1,3-dimethyl-, 2,2-dioxide	40467-20-7	S6305
226	113	224	112	227	222	100	99	**226**	100	2	2	2	2	1	1	1		18	10	–	–	–	–	–	–	–	–	–	–	Benzo[ghi]fluoranthene	203-12-3	Q0051
226	113	224	227	112	225	112.5	223	**226**	100	35	30	28	25	19	11	8		18	10	–	–	–	–	–	–	–	–	–	–	Benzo[ghi]fluoranthene		05398
226	115	142	135	84	225	110	122	**226**	100	80	71	69	66	64	35	30		15	18	–	2	–	–	–	–	–	–	–	–	2-Piperidineacetonitrile, α-styryl-		M6820
226	119	91	152	151	121	45	161	**226**	100	99	78	64	31	28	28	24		11	14	1	–	–	–	–	2	–	–	–	–	1,3-Dithiane, 2-(2-methoxyphenyl)-		M8871
226	120	107	208	194	78	77	98	**226**	100	76	74	35	28	14	13	11		15	18	–	2	–	–	–	–	–	–	–	–	Bis(2-amino-5-methylphenyl)methane		D2339
226	121	107	77	212	94	149	80	**226**	100	98	97	77	65	55	33	31		13	14	–	4	–	–	–	–	–	–	–	–	2,4-Diamino-5-methylazobenzene		D2397
226	140	56	153	196	42	111	228	**226**	100	83	45	43	33	32	32	32		10	11	2	2	1	–	–	–	–	–	–	–	1-(4′-Chlorophenyl)-3-methoxyimidazolidinone		P2091
226	143	115	129	144	88	114	227	**226**	100	71	64	35	31	21	17	17		13	10	2	2	–	–	–	–	–	–	–	–	Pyrazino[1,2-a]indole-1,4-dione, 2,3-dihydro-2-methyl-3-methylene-	19079-11-9	R7960
226	169	198	183	184	170	185	197	**226**	100	42	36	34	20	19	17	16		17	22	–	–	–	–	–	–	–	–	–	–	1,2,3,3a,5,5a,6,7,8,9-Decahydro-4H-cyclohepta[cd]phenalene		M7558
226	170	142	137	169	45	91	135	**226**	100	98	71	45	29	29	22	18		12	18	–	–	–	–	–	2	–	–	–	–	Benzo[b]thiophene, 2-(butylthio)-4,5,6,7-tetrahydro-		Y2170
226	178	211	227	165	210	179	152	**226**	100	45	45	18	17	14	11	9		15	14	–	–	–	–	–	1	–	–	–	–	1-Propene-2-thiol, 1,1-diphenyl-	74630-83-4	T8230
226	184	169	141	198	170	91	142	**226**	100	95	69	58	40	39	36	36		16	18	1	–	–	–	–	–	–	–	–	–	2(3H)-Naphthalenone, 4,4a,5,6,7,8-hexahydro-4a-phenyl-	18943-13-0	R7897
226	184	169	141	198	170	91	155	**226**	100	96	69	59	40	39	36	27		16	18	1	–	–	–	–	–	–	–	–	–	$\Delta^{(1)}$-2-Octalone, 10-phenyl-		M2686
226	197	180	225	99	139	168	196	**226**	100	71	46	32	25	23	22	19		14	10	3	–	–	–	–	–	–	–	–	–	9H-Xanthen-9-one, 1-methoxy-		M8665
226	197	180	225	139	168	196	227	**226**	100	70	45	30	24	23	19	16		14	10	3	–	–	–	–	–	–	–	–	–	9H-Xanthen-9-one, 1-methoxy-	6563-60-6	R2373
226	197	198	115	141	181			**226**	100	19	15	12	11	9				14	10	3	–	–	–	–	–	–	–	–	–	3-Hydroxy-1-methyl-6-dibenzopyrone		M5804
226	197	198	227	225	165	152	69	**226**	100	48	24	17	15	15	9	8		14	10	1	–	–	–	–	1	–	–	–	–	9H-Thioxanthen-9-one, 2-methyl-	15774-82-0	R5836
226	198	183	142	227	197	199	115	**226**	100	88	18	18	16	14	13	12		14	10	3	–	–	–	–	–	–	–	–	–	2H-Furo[2,3-h]-1-benzopyran-2-one, 8-isopropenyl-		00067
226	211	155	195	66	125	151	59	**226**	100	55	40	29	18	17	14	12		11	14	5	–	–	–	–	–	–	–	–	–	Benzoic acid, 3,4,5-trimethoxy-, methyl ester	1916-07-0	Q7019
226	211	178	165	51	77	227	89	**226**	100	51	48	18	17	13	13	11		15	14	–	–	–	–	–	1	–	–	–	–	Benzene, 1,1′-[(methylthio)vinylidene]bis-	15096-10-3	R5573
226	211	224	209	51	222	207	223	**226**	100	87	85	78	71	50	46	28		5	6	–	–	–	–	–	–	–	–	–	2	Selenophene, 2-(methylselenyl)-	31053-52-8	S3140
226	211	224	209	51	222	207	223	**226**	100	92	89	82	74	54	48	30		5	6	–	–	–	–	–	–	–	–	–	2	Selenophene, 2-(methylselenyl)-		L8524
226	211	227	155	127	212	51	113	**226**	100	48	16	15	11	8	7	7		14	10	3	–	–	–	–	–	–	–	–	–	9H-Xanthen-9-one, 4-methoxy-	6702-58-5	R2479
226	224	227	113	225	112	223	222	**226**	100	20	20	15	13	12	5	4		18	10	–	–	–	–	–	–	–	–	–	–	Benzo[ghi]fluoranthene	203-12-3	Q0050
226	225	211	127	196	227	155	197	**226**	100	31	19	18	18	17	15	14		14	10	3	–	–	–	–	–	–	–	–	–	9H-Xanthen-9-one, 2-methoxy-	1214-20-6	Q5775
226	225	211	155	196	127	227	197	**226**	100	31	28	23	18	18	16	13		14	10	3	–	–	–	–	–	–	–	–	–	9H-Xanthen-9-one, 2-methoxy-		M8667
226	227	113	224	112	225	113.5	112.5	**226**	100	19	19	16	12	11	5	5		18	10	–	–	–	–	–	–	–	–	–	–	Cyclopenta[cd]pyrene		16527
226	227	183	197	155	63	225	127	**226**	100	16	11	10	8	7	7	6		14	10	3	–	–	–	–	–	–	–	–	–	9H-Xanthen-9-one, 3-methoxy-	3722-52-9	Q9719
227	228	156	157	225	229			**226**	100	12	1	1	1	1	1		**0.00**	11	18	3	2	–	–	–	–	–	–	–	–	2,4,6(1H,3H,5H)-Pyrimidinetrione, 5-ethyl-5-(3-methylbutyl)-	57-43-2	P4805
227	228	180						**226**	100	12	1						**0.00**	11	18	3	2	–	–	–	–	–	–	–	–	2,4,6(1H,3H,5H)-Pyrimidinetrione, 5-ethyl-5-(1-methylbutyl)-	76-74-4	P5728
29	41	57	27	69	56	126	127	**227**	100	68	49	21	21	14	14	11	**0.00**	8	12	3	1	–	–	3	–	–	–	–	–	Glycine, N-(trifluoroacetyl)-, butyl ester	764-16-9	Q3986
30	43	41	44	45	55	29	56	**227**	100	9	8	7	6	6	5	4	**0.50**	15	33	–	1	–	–	–	–	–	–	–	–	Pentadecylamine		C1857
30	44	43	41	55	57	69	83	**227**	100	59	20	16	16	13	12	9	**3.30**	15	33	–	1	–	–	–	–	–	–	–	–	Pentadecylamine		C1760
30	73	72	100	86	59	43	128	**227**	100	70	62	49	45	44	41	37		13	29	–	3	–	–	–	–	–	–	–	–	Guanidine, N-dodecyl-		D1839
30	91	155	184	65	27	28	92	**227**	100	86	77	54	13	10	10	10	**7.82**	11	17	2	1	–	–	–	1	–	–	–	–	Benzenesulphonamide, N-butyl-4-methyl-		03081
30	210	51	28	63	39	14	181	**227**	100	36	15	14	12	11	7	7	**5.52**	7	5	6	3	–	–	–	–	–	–	–	–	Toluene, 2,4,5-trinitro-	610-25-3	Q2790
30	227	100	88	135	84	46	99	**227**	100	56	49	31	25	21	20	19		7	2	4	3	1	–	–	–	–	–	–	–	Benzonitrile, 4-chloro-3,5-dinitro-	1930-72-9	Q7094

MASS TO CHARGE RATIOS								M.W.	INTENSITIES								Parent	C	H	O	N	Cl	Br	F	S	P	B	Si	X	COMPOUND NAME	CAS Reg No	No
32	110	55	41	43	57	69	56	**227**	100	28	14	8	6	5	5	4	**0.80**	14	29	1	1	–	–	–	–	–	–	–	–	**Piperidinepentanol, α,α,3,3-tetramethyl-**		**C0912**
43	69	15	45	42	28	31	51	**227**	100	16	14	10	9	8	6	5	**1.00**	7	8	4	1	–	–	3	–	–	–	–	–	**Glycine, N-acetyl-N-(trifluoroacetyl)-, methyl ester**	33845-37-3	**S4409**
46	30	29	76	28	43	31	44	**227**	100	24	15	9	6	5	5	3	**0.00**	3	5	9	3	–	–	–	–	–	–	–	–	**1,2,3-Propanetriol, trinitrate**	55-63-0	**P4681**
57	89	74	41	145				**227**	100	37	25	20	19				**0.00**	14	29	1	1	–	–	–	–	–	–	–	–	**2-Propanamine, N-[(2,3-dimethyl-2-butenyl)oxy]-N-tert-butyl-2-methyl-**	64927-32-8	**T6525**
57	126	41	127	154	56	69	55	**227**	100	81	68	54	50	29	15	11	**0.00**	8	12	3	1	–	–	3	–	–	–	–	–	**Glycine, N-(trifluoroacetyl)-, sec-butyl ester**	39825-51-9	**S6154**
69	47	28	51	101	94	64	119	**227**	100	38	25	25	19	16	11	9	**0.50**	4	–	2	1	–	–	7	–	–	–	–	–	**1,2-Oxazetidine, 3,3,4-trifluoro-2-(trifluoro)-4-fluoroformyl-**		**L8419**
77	105	51	227	50	76	75	122	**227**	100	33	33	30	28	21	15	12		12	9	2	3	–	–	–	–	–	–	–	–	**Azobenzene, 4-nitro-**		**02140**
77	119	91	105	79	108	107	106	**227**	100	98	96	71	66	51	40	34	**10.00**	14	13	2	1	–	–	–	–	–	–	–	–	**Benzamide, N-benzyloxy-**		**L5781**
81	117	111	69	98	41	43	42	**227**	100	62	52	43	39	37	33	30	**0.00**	9	13	4	3	–	–	–	–	–	–	–	–	**Cytidine, 2′-deoxy-**	951-77-9	**Q4819**
81	227	91	118	53	65	158	228	**227**	100	51	27	19	16	12	11	9		15	17	1	1	–	–	–	–	–	–	–	–	**4H-Isoindoline, 5,7a-epoxy-N-(4-tolyl)-**		**16144**
82	142	43	184	124	55	100	167	**227**	100	77	51	44	32	22	16	14	**1.00**	12	21	3	1	–	–	–	–	–	–	–	–	**3-Piperidinol, 1-acetyl-6-propyl-, acetate (ester)**	54751-94-9	**S9586**
86	128	43	156	57	41	184	100	**227**	100	21	18	14	11	11	9	9	**4.00**	14	29	1	1	–	–	–	–	–	–	–	–	**Hexanamide, N,N-dibutyl-**		**04156**
86	128	43	156	57	87	100	184	**227**	100	21	18	14	11	9	9	9	**4.00**	14	29	1	1	–	–	–	–	–	–	–	–	**Hexanamide, N,N-dibutyl-**		**L0394**
87	42	41	43	100	57	29	55	**227**	100	57	34	24	24	23	21	20	**2.17**	14	29	1	1	–	–	–	–	–	–	–	–	**2-Tridecanone, O-methyloxime**	36379-38-1	**S5229**
91	77	51	227	64	135	226	39	**227**	100	45	33	30	28	28	18	15		14	13	2	1	–	–	–	–	–	–	–	–	**Aniline, N-(4-methoxybenzylidene)-, N-oxide**		**L3277**
91	77	51	227	64	135	226	198	**227**	100	46	34	30	28	28	18	15		14	13	2	1	–	–	–	–	–	–	–	–	**Aniline, N-(4-methoxybenzylidene)-, N-oxide**	3585-93-1	**Q9552**
91	92	227	65	89	51	63	90	**227**	100	8	7	7	3	2	2	2		14	13	2	1	–	–	–	–	–	–	–	–	**Benzene, 1-nitro-4-(2-phenylethyl)-**	14310-29-3	**R5141**
91	105	77	51	106	121	210	227	**227**	100	60	52	17	13	13	10	10		14	13	2	1	–	–	–	–	–	–	–	–	**Benzamide, N-benzyloxy-**	3532-25-0	**Q9506**
91	119	227	65	209	136	210	39	**227**	100	55	45	19	19	18	12	10		14	13	2	1	–	–	–	–	–	–	–	–	**Benzyl 4-hydrophenyl ketone, oxime**		**D2133**
91	155	184	65	227	156	39	185	**227**	100	99	70	30	16	12	12	12		11	17	2	1	–	–	–	1	–	–	–	–	**Benzenesulphonamide, N-butyl-4-methyl-**	1907-65-9	**Q6983**
91	155	212	65	72	77	139	227	**227**	100	97	75	20	20	20	19	8		11	17	2	1	–	–	–	1	–	–	–	–	**Benzenesulphonamide, N,N-diethyl-4-methyl-**	649-15-0	**Q3607**
92	227	120	65	107	93	39	228	**227**	100	65	36	24	23	11	11	11		13	13	1	3	–	–	–	–	–	–	–	–	**2-Hydroxy-5-methyl-4′-aminoazobenzene**		**D0860**
95	227	133	77	43	96	91	41	**227**	100	22	17	14	9	9	8	6		15	17	1	1	–	–	–	–	–	–	–	–	**4H-Isoindoline, 5,7a-epoxy-5-methyl-N-phenyl-**		**P1912**
96	73	94	42	57	227	142	212	**227**	100	95	45	44	42	42	39	26		11	21	2	1	–	–	–	–	–	–	1	–	**2,5-Methano-2H-furo[3,2-b]pyrrole, hexahydro-4-methyl-6-[(trimethylsilyl)oxy]-, (2α,3aβ,5α,6β,6aβ)-**	55124-73-7	**T0362**
105	227	77	150	75	120	51	106	**227**	100	49	38	12	9	9	8	8		13	9	3	1	–	–	–	–	–	–	–	–	**Benzophenone, 4-nitro-**		**G0221**
106	91	77	93	227	65	51	107	**227**	100	25	23	20	18	13	11	9		15	17	1	1	–	–	–	–	–	–	–	–	**Ethylamine, N-phenyl-2-benzyloxy-**		**16235**
108	119	91	64	39	92	80	67	**227**	100	81	24	16	16	16	14	12	**6.92**	13	13	1	3	–	–	–	–	–	–	–	–	**1H-1,2-Diazepine, 1-phenylcarbamoyl-3-methyl-**		**05800**
109	227	120	226	211	212	196	183	**227**	100	63	32	14	14	7	7	7		14	13	2	1	–	–	–	–	–	–	–	–	**Aniline, 2-hydroxy-N-(2-methoxybenzylidene)-**		**M8854**
115	58	100	128	72	44	43	29	**227**	100	54	40	33	24	16	13	13	**6.00**	14	29	1	1	–	–	–	–	–	–	–	–	**Decanamide, N,N-diethyl-**		**04155**
119	91	227	65	120	228	92	63	**227**	100	86	82	20	20	17	7	6		14	13	2	1	–	–	–	–	–	–	–	–	**Benzamide, N-(4-hydroxyphenyl)-2-methyl-**	22978-52-5	**S0020**
121	91	104	227	93	77	211	66	**227**	100	60	60	46	40	35	32	25		9	9	4	1	–	–	–	1	–	–	–	–	**2H-1,4-Benzothiazin-3(4H)-one, 4-hydroxy-6-methyl-, 1,1-dioxide**	14598-79-9	**R5282**
121	227	78	106	90	91	120	185	**227**	100	85	52	47	38	30	30	30		9	9	4	1	–	–	–	1	–	–	–	–	**2H-1,4-Benzothiazin-3(4H)-one, 4-methoxy-, 1,1-dioxide**	21068-98-4	**R9086**
121	227	198	77	51	228	199	122	**227**	100	88	41	36	20	13	12	9		13	9	1	1	–	–	–	1	–	–	–	–	**Thiazolo[3,2-a]pyridinium, 3-hydroxy-2-phenyl-, hydroxide, inner salt**	32044-03-4	**S3445**
123	43	183	84	80	40	81	83	**227**	100	56	38	32	28	24	14	14	**4.00**	11	17	4	1	–	–	–	–	–	–	–	–	**Actinobolamine, N-acetyl**		**L2597**
126	69	165	140	168	127	114	97	**227**	100	50	43	31	21	19	19	19	**0.00**	8	12	3	1	–	–	3	–	–	–	–	–	**Hexanoic acid, 6-amino-N-(trifluoroacetyl)-**		**M7795**
127	67	227	141	62	189	81	100	**227**	100	70	20	16	10	4	4	2		–	–	1	1	–	–	2	1	–	–	–	1	**Sulphoximine, N-iodo-S,S-difluoro-**		**M6527**
128	170	142	43	184	60	41	69	**227**	100	61	48	25	24	20	19	19	**0.20**	14	29	1	1	–	–	–	–	–	–	–	–	**5-Acetamido-5-propylnonane**		**16099**
128	192	129	227	101	64	102	75	**227**	100	73	42	30	29	23	16	15		9	6	2	1	1	–	–	1	–	–	–	–	**8-Quinolinesulphonyl chloride**	18704-37-5	**R7787**
128	198	184	55	41	43	44	199	**227**	100	73	70	17	16	15	11	10	**0.10**	15	33	–	1	–	–	–	–	–	–	–	–	**4-Undecanamine, N,4-diethyl-**		**16079**
130	91	228	194	230	176	139		**227**	100	60	33	17	12	11	10		**0.00**	9	6	2	1	1	–	–	1	–	–	–	–	**8-Quinolinesulphonyl chloride**	18704-37-5	**R7788**
134	79	106	227	51	135	65	80	**227**	100	21	21	19	7	7	3	2		14	13	2	1	–	–	–	–	–	–	–	–	**Carbamic acid, N-methyl-N-phenyl-, phenyl ester**	13599-69-4	**R4659**
137	138	120	92	228				**227**	100	8	5	2	2				**0.00**	14	11	3	–	–	–	–	–	–	–	–	–	**Benzoic acid, 2-hydroxy-, benzyl ester, ion(1-)**	61233-67-8	**T5675**
142	114	184	156	43	60	55	41	**227**	100	57	50	44	31	25	22	19	**0.30**	14	29	1	1	–	–	–	–	–	–	–	–	**4-Acetamido-4-propylnonane**		**16098**
143	145	167	185	169	41	144	51	**227**	100	31	29	12	11	10	10	9	**2.00**	10	10	3	1	1	–	–	–	–	–	–	–	**Acetamide, N-[2-(acetyloxy)-5-chlorophenyl]-**	55702-50-6	**T1872**
152	227	80	81	128	82	41	69	**227**	100	34	20	19	14	13	11	11		11	17	4	1	–	–	–	–	–	–	–	–	**2,5-Methanofuro[3,2-b]pyridine-4(2H)-carboxylic acid, hexahydro-8-hydroxy-, ethyl ester, (2α,3aβ,5α,7aβ,8R*)-**	49656-69-1	**S7198**
153	71	77	85	57	91	123	137	**227**	100	80	70	65	37	36	35	32	**15.00**	10	13	5	1	–	–	–	–	–	–	–	–	**3-(3-Methyl-2-nitrophenoxy)-1,2-propanediol**		**15945**
154	60	44	31	28	29	73	70	**227**	100	98	68	52	52	44	38	38	**0.00**	9	13	4	3	–	–	–	–	–	–	–	–	**Pyrimidinepropanoic acid, α-amino-2,6-dihydroxy-, ethyl ester**		**L6957**
154	98	84	126	183	227	114	140	**227**	100	45	42	40	37	36	32	32		12	25	1	3	–	–	–	–	–	–	–	–	**2H-Azepin-2-one, 1-[3-[(3-aminopropyl)amino]propyl]hexahydro-**	67370-65-4	**T6773**
155	91	184	65	227				**227**	100	92	67	20	11					11	17	2	1	–	–	–	1	–	–	–	–	**Benzenesulphonamide, N-butyl-4-methyl-**	1907-65-9	**Q6984**
155	127	227	184	156	171	185	128	**227**	100	66	30	25	16	15	15	11		15	17	1	1	–	–	–	–	–	–	–	–	**1-Naphthalenecarboxamide, N-butyl-**	54751-78-9	**S9570**
155	127	227	226	156	126	128	228	**227**	100	49	39	32	14	8	8	7		15	17	1	1	–	–	–	–	–	–	–	–	**2-Naphthalenecarboxamide, N,N-diethyl-**	13577-84-9	**R4638**
155	127	227	226	156	128	126	228	**227**	100	48	38	34	18	9	7	6		15	17	1	1	–	–	–	–	–	–	–	–	**1-Naphthalenecarboxamide, N,N-diethyl-**	5454-10-4	**R1454**
155	212	99	154	83	57	156	58	**227**	100	52	52	24	21	18	16	15	**0.56**	12	30	–	3	–	–	–	–	–	1	–	–	**Borane, tris(tert-butylamino)-**		**D0470**
155	227	127	226	156	128	126	228	**227**	100	58	48	34	18	10	7	6		15	17	1	1	–	–	–	–	–	–	–	–	**1-Naphthalenecarboxamide, N,N-diethyl-**	5454-10-4	**R1455**

MASS TO CHARGE RATIOS								M.W.	INTENSITIES								Parent	C	H	O	N	Cl	Br	F	S	P	B	Si	X	COMPOUND NAME	CAS Reg No	No
156	170	184	41	55	43	57	85	**227**	100	90	81	17	15	14	13	13	**0.20**	15	33	–	1	–	–	–	–	–	–	–	–	5-Decanamine, N-ethyl-5-propyl-		**16081**
166	120	227	199	76	69	167	50	**227**	100	63	33	22	12	9	9	7		9	9	2	1	–	–	–	2	–	–	–	–	Benzenecarbodithioic acid, 3-nitro-, ethyl ester	27249-74-7	**S1656**
168	196	227	212	108	59	154	70	**227**	100	45	30	12	11	10	9	8		11	17	4	1	–	–	–	–	–	–	–	–	Glutaconic acid, 3-(N-pyrrolidinyl)-, dimethyl ester		**E0012**
169	168	51	167	77	39	65	84	**227**	100	69	39	37	23	20	18	18	**0.00**	13	13	1	3	–	–	–	–	–	–	–	–	Hydrazinecarboxamide, N,N-diphenyl-	603-51-0	**Q2668**
170	43	114	41	29	44	58	42	**227**	100	38	24	18	17	15	14	13	**5.20**	15	33	–	1	–	–	–	–	–	–	–	–	Triisopentylamine	645-41-0	**H1036**
170	114	43	58	171	44	41	156	**227**	100	42	22	20	13	11	8	8	**6.00**	15	33	–	1	–	–	–	–	–	–	–	–	Triisopentylamine	645-41-0	**Q3582**
170	114	43	171	41	44	227	5	**227**	100	21	14	13	7	7	5	4		15	33	–	1	–	–	–	–	–	–	–	–	Tripentylamine	621-77-2	**Q3053**
170	114	43	171	41	44	227	29	**227**	100	21	14	13	7	7	5	4		15	33	–	1	–	–	–	–	–	–	–	–	Tripentylamine	621-77-2	**Q3054**
172	228	154	152	114	173	127	126	**227**	100	20	15	8	5	5	5	4	**0.00**	8	12	3	1	–	–	3	–	–	–	–	–	Glycine, N-(trifluoroacetyl)-, butyl ester	764-16-9	**Q3989**
173	155	227	93	65	92	174	228	**227**	100	78	62	13	11	10	9	8		10	14	3	1	–	–	–	–	1	–	–	–	1,3,2-Dioxaphosphorinan-2-amine, 4-methyl-N-phenyl-, 2-oxide	35539-48-1	**08370**
173	155	227	93	65	92	174	228	**227**	100	75	64	18	12	11	10	8		10	14	3	1	–	–	–	–	1	–	–	–	1,3,2-Dioxaphosphorinan-2-amine, 4-methyl-N-phenyl-, 2-oxide, trans-	35610-28-7	**08369**
184	142	185	55	43	70	44	85	**227**	100	65	13	11	11	7	6	6	**0.10**	15	33	–	1	–	–	–	–	–	–	–	–	4-Decanamine, N-ethyl-4-propyl-		**16080**
185	184	227	43	186	77	228	143	**227**	100	98	72	26	12	12	11	8		13	13	1	3	–	–	–	–	–	–	–	–	2-Acetamino-4-phenyl-6-methylpyrimidine		**L1207**
192	36	176	134	38	175	77	193	**227**	100	78	63	47	26	21	12	12	**0.00**	9	8	1	2	1	–	–	1	–	–	–	–	2(3H)-Thiazolimine, 3-hydroxy-4-phenyl-, monohydrochloride	58275-64-2	**T4985**
194	196	129	146	162	41	227	184	**227**	100	32	12	11	8	8	8	6		7	15	1	1	1	–	–	1	1	–	–	–	Amidophosphorochloridothious acid, N-cyclohexyl-, S-methyl ester		**L4595**
194	227	136	135	226	193	118	195	**227**	100	90	67	60	45	20	18	18		14	13	–	1	–	–	–	1	–	–	–	–	6H-Dibenzo[b,f][1,4]thiazocine, 11,12-dihydro-	6800-63-1	**R2562**
195	167	227	168	196	166	139	83	**227**	100	63	50	18	18	16	12	10		14	13	2	1	–	–	–	–	–	–	–	–	Carbamic acid, N,N-diphenyl-, methyl ester		**P4096**
195	227	137	93	196	179	78	149	**227**	100	60	22	21	17	8	8	7		9	9	6	1	–	–	–	–	–	–	–	–	Benzoic acid, 2-hydroxy-5-methoxy-3-nitro-		**M8347**
195	227	196	167	43	228	77	166	**227**	100	68	22	18	12	12	9	8		14	13	2	1	–	–	–	–	–	–	–	–	Benzoic acid, 2-(phenylamino)-, methyl ester	35708-19-1	**S5053**
196	59	198	57	197	133	58	75	**227**	100	62	38	16	14	13	10	7	**4.10**	10	10	1	1	1	–	–	1	–	–	–	–	4-Thiazolemethanol, 2-(4-chlorophenyl)-4,5-dihydro-	40361-75-9	**S6296**
198	87	126	41	182	55	199	42	**227**	100	27	27	18	15	14	12	9	**0.00**	13	25	2	1	–	–	–	–	–	–	–	–	1-Piperidineacetic acid, α,2-diethyl-, ethyl ester	55059-25-1	**T0193**
198	91	155	65	42	199	227		**227**	100	99	96	21	14	11	8			11	17	2	1	–	–	–	1	–	–	–	–	Benzenesulphonamide, N,4-dimethyl-N-propyl-	57186-69-3	**T4363**
198	92	106	210	166	183	211	146	**227**	100	89	89	82	73	73	73	71	**17.27**	14	13	2	1	–	–	–	–	–	–	–	–	5H-Pyrano[3,2-c]quinolin-5-one, 2,6-dihydro-2,2-dimethyl-	523-64-8	**Q1607**
198	227	196	225	78	91	183	79	**227**	100	63	49	31	30	25	25	23		9	9	1	1	–	–	–	–	–	–	–	1	Selenolo[2,3-b]pyridine, 3-ethoxy-	55108-58-2	**T0315**
198	227	199	212	154	180	228	197	**227**	100	51	22	12	8	8	8	6		14	13	–	1	–	–	–	1	–	–	–	–	10H-Phenothiazine, 10-ethyl-	1637-16-7	**Q6402**
210	76	89	77	63	134	30	180	**227**	100	54	54	33	32	27	26	24	**3.00**	7	5	6	3	–	–	–	–	–	–	–	–	Toluene, 2,4,6-trinitro-		**L2363**
210	89	63	62	76	134	39	51	**227**	100	67	57	27	27	20	18	18	**0.00**	7	5	6	3	–	–	–	–	–	–	–	–	Toluene, 2,4,6-trinitro-	118-96-7	**P8993**
211	107	77	91	227	79	90	92	**227**	100	77	68	57	48	40	40	40		9	9	4	1	–	–	–	1	–	–	–	–	2H-1,4-Benzothiazin-3(4H)-one, 4-hydroxy-2-methyl-, 1,1-dioxide	5522-01-0	**R1499**
212	91	155	65	56	213	227		**227**	100	99	82	19	14	12	3			11	17	2	1	–	–	–	1	–	–	–	–	Benzenesulphonamide, N,4-dimethyl-N-isopropyl-	57186-70-6	**T4364**
212	91	155	65	213	41	39	42	**227**	100	86	73	22	18	12	10	10	**4.40**	11	17	2	1	–	–	–	1	–	–	–	–	Benzenesulphonamide, N-tert-butyl-4-methyl-	2849-81-2	**Q8731**
212	155	91	227	213	44	92	50	**227**	100	52	40	32	14	8	8	5		11	17	2	1	–	–	–	1	–	–	–	–	Benzenesulphonamide, N,N-diethyl-4-methyl-		**M4693**
212	155	91	227	213	92	44	56	**227**	100	55	40	30	14	9	8	7		11	17	2	1	–	–	–	1	–	–	–	–	Benzenesulphonamide, N,N-diethyl-4-methyl-	649-15-0	**Q3606**
212	170	68	41	214	227	43	58	**227**	100	61	45	34	33	33	32	30		9	14	–	5	1	–	–	–	–	–	–	–	1,3,5-Triazine-2,4-diamine, 6-chloro-N-cyclopropyl-N′-isopropyl-	22936-86-3	**S0003**
212	227	42	58	213	182	44	196	**227**	100	99	78	35	31	27	26	18		15	17	1	1	–	–	–	–	–	–	–	–	[1,1′-Biphenyl]-3-aminium, 2-hydroxy-N,N,N-trimethyl-, hydroxide, inner salt	61219-70-3	**T5589**
212	227	43	213	129	77	51	228	**227**	100	54	20	20	10	10	8	8		14	13	2	1	–	–	–	–	–	–	–	–	2-Methyl-3-acetyl-6-phenyl-4-pyridone		**01241**
215	119	92	214	180	153	78	66	**227**	100	25	8	7	7	7	7	7		9	7	–	3	2	–	–	–	–	–	–	–	3,8-Dichloro-5,7-dimethyl-s-triazolo[4,3-a]pyridine		**M2680**
227	100	50	228	113.5	99	225	226	**227**	100	28	26	19	16	12	11	10		17	9	–	1	–	–	–	–	–	–	–	–	Pyrene, cyano-		**D1779**
227	117	135	30	209	62	89	63	**227**	100	60	36	25	22	22	19	18		7	5	6	3	–	–	–	–	–	–	–	–	Benzoic acid, 2-amino-3,5-dinitro-		**D1675**
227	136	45	44	141	226	198	184	**227**	100	88	57	50	42	35	24	23		16	21	–	1	–	–	–	–	–	–	–	–	Morphinan	468-10-0	**Q0861**
227	152	144	94	82	80	168	84	**227**	100	97	74	50	33	29	29	27		11	17	4	1	–	–	–	–	–	–	–	–	2-Oxa-7-azatricyclo[4.4.0.0^{3,8}]decane-7-carboxylic acid, 4-hydroxy-, ethyl ester, stereoisomer	49656-70-4	**S7199**
227	165	166	180	181	152	210	212	**227**	100	91	82	53	25	24	24	24		14	13	2	1	–	–	–	–	–	–	–	–	1,1′-Biphenyl, 2,5-dimethyl-4′-nitro-	69299-50-9	**T7038**
227	167	166	228	196	168	165	77	**227**	100	29	28	16	13	12	10	9		14	13	2	1	–	–	–	–	–	–	–	–	Benzoic acid, 3-(phenylamino)-, methyl ester	55622-43-0	**T1702**
227	196	167	228	98	197	168	77	**227**	100	70	29	17	12	11	9	7		14	13	2	1	–	–	–	–	–	–	–	–	Benzoic acid, 4-(phenylamino)-, methyl ester	4058-18-8	**R0043**
227	197	46						**227**	100	8	6							13	9	3	1	–	–	–	–	–	–	–	–	Benzophenone, 4-nitro-	1144-74-7	**Q5534**
227	197	46	134	179				**227**	100	10	8	4	2					13	9	3	1	–	–	–	–	–	–	–	–	Benzophenone, 2-nitro-	2243-79-0	**Q7710**
227	199	198	69	228	63	39	86	**227**	100	44	38	26	21	17	17	13		13	9	1	1	–	–	–	1	–	–	–	–	Phenol, 2-(2-benzothiazolyl)-	3411-95-8	**Q9354**
227	199	198	228	86.5	99.5	69	108	**227**	100	27	17	15	15	13	11	6		13	9	1	1	–	–	–	1	–	–	–	–	Phenol, 2-(2-benzothiazolyl)-		**F0167**
227	210	225	208	182	223	229	224	**227**	100	60	53	22	16	16	16	16		8	5	2	1	–	–	–	–	–	–	–	1	Selenolo[2,3-b]pyridine-2-carboxylic acid	41323-21-1	**S6592**
227	212	42	105	183	196			**227**	100	66	46	10	9	9				15	17	1	1	–	–	–	–	–	–	–	–	[1,1′-Biphenyl]-3-aminium, 4-hydroxy-N,N,N-trimethyl-, hydroxide, inner salt	61219-69-0	**T5588**
227	212	58	170	43	68	185	184	**227**	100	65	41	38	32	32	32	22		9	17	–	5	–	–	–	1	–	–	–	–	1,3,5-Triazine-2,4-diamine, N-ethyl-N′-isopropyl-6-(methylthio)-	834-12-8	**Q4330**
227	226	222	223	198	213	199	185	**227**	100	86	48	46	38	36	32	22		16	21	–	1	–	–	–	–	–	–	–	–	Pyrrolidine, 1-(3-phenyl-2-cyclohexen-1-yl)-		**L8844**
227	226	222	223	198	213	199	185	**227**	100	86	48	46	38	36	32	22		16	21	–	1	–	–	–	–	–	–	–	–	Pyrrolidine, 1-(6-phenyl-1-cyclohexen-1-yl)-	26974-24-3	**S1582**

MASS TO CHARGE RATIOS								M.W.	INTENSITIES								Parent	C	H	O	N	Cl	Br	F	S	P	B	Si	X	COMPOUND NAME	CAS Reg No	No
17	90	42	40	170	78	27	41	**228**	100	67	64	49	43	40	33	27	**0.00**	12	20	2	–	–	–	–	1	–	–	–	–	**11-Thiabicyclo[4.4.3]tridec-3-ene, 11,11-dioxide**	56909-24-1	**T4278**
28	44	31	32	59	150	43	57	**228**	100	44	25	25	20	20	16	15	**0.40**	5	3	2	–	–	–	7	–	–	–	–	–	**Butanoic acid, heptafluoro-, methyl ester**	356-24-1	**Q0576**
28	228	32	18	229	226	43	114	**228**	100	93	25	23	20	20	18	14		18	12	–	–	–	–	–	–	–	–	–	–	**Benz[a]anthracene**	56-55-3	**P4727**
30	43	73	72	86	44	156	41	**228**	100	61	34	24	19	18	17	16	**4.00**	12	24	2	2	–	–	–	–	–	–	–	–	**1,8-Octanediamine, N,N′-diacetyl-**		**M5833**
31	100	69	50	81	109	40	128	**228**	100	98	88	83	37	15	7	6	**0.00**	4	–	–	2	–	–	8	–	–	–	–	–	**1,1′-Biaziridinyl, perfluoro-**		**L2268**
41	57	43	42	58	40	56	116	**228**	100	51	42	31	31	22	22	16	**1.11**	12	20	2	–	–	–	–	1	–	–	–	–	**Thiophene, 2,5-di-tert-butoxy-**	55162-43-1	**T0462**
41	57	116	56	55	58	43	59	**228**	100	97	86	34	29	23	20	19	**0.00**	12	20	2	–	–	–	–	1	–	–	–	–	**Thiophene, 2,3-di-tert-butoxy-**	5612-70-4	**R1585**
41	117	55	43	62	104	90	91	**228**	100	91	71	63	59	58	52	44	**30.52**	14	29	–	–	–	–	–	–	1	–	–	–	**Phosphine, methylisopropyl[2(or 5)-methyl-5(or 2)-isopropylcyclohexyl-**	74421-37-7	**T8106**
42	28	44	32	107	228	96	152	**228**	100	40	26	10	8	7	7	6		2	6	–	2	–	–	4	1	2	–	–	–	**Phosphoramidothioic difluoride, (dimethylamino)difluorophosphoranylidene-**		**M0010**
42	41	40	70	39	29	134	69	**228**	100	68	54	42	36	35	28	23	**0.00**	5	8	6	–	–	–	–	2	–	–	–	–	**3,9-Dioxo-2,4,8,10-tetraoxa-3,9-dithiaspiro[5.5]undecane**		**D1479**
42	69	28	44	32	107	96	228	**228**	100	99	40	26	10	8	7	7		2	6	–	2	–	–	4	1	2	–	–	–	**Phosphoramidothioic difluoride, [(dimethylamino)difluorophosphoranylidene]-**	27352-02-9	**08652**
43	55	57	69	41	56	70	83	**228**	100	99	98	97	94	94	91	89	**1.60**	15	32	1	–	–	–	–	–	–	–	–	–	**Dodecyl isopropyl ether**	29379-42-8	**S2507**
43	55	69	83	56	70	61	41	**228**	100	50	44	42	38	38	36	35	**0.10**	14	28	2	–	–	–	–	–	–	–	–	–	**Acetic acid, dodecyl ester**	112-66-3	**H0508**
43	56	85	41	173	57	131	72	**228**	100	59	38	32	31	24	17	15	**1.00**	12	20	4	–	–	–	–	–	–	–	–	–	**4-Oxepanone, 5-(acetyloxy)-3,3,6,6-tetramethyl-**	42031-68-5	**S6836**
43	58	74	144	102	186	54	59	**228**	100	41	22	13	10	10	6	3	**0.40**	10	12	6	–	–	–	–	–	–	–	–	–	**3(2H)-Furanone, 4-(acetyloxy)-5-[(acetyloxy)methyl]-2-methyl-**	66727-95-5	**T6688**
43	97	111	55	112	41	69	71	**228**	100	39	28	27	24	23	23	14	**0.00**	13	24	3	–	–	–	–	–	–	–	–	–	**4-Octenoic acid, 6-ethyl-3-hydroxy-3,7-dimethyl-, methyl ester**	41654-25-5	**08689**
43	101	98	213	69	59	127	41	**228**	100	63	55	47	41	31	28	18	**1.00**	12	20	4	–	–	–	–	–	–	–	–	–	**3,4:5,6-Di-O-isopropylidene-L-arabino-hex-1-en-3,4,5,6-tetrol**		**L5271**
43	121	105	40	77	122	41	108	**228**	100	99	15	14	13	9	7	7	**0.72**	16	20	1	–	–	–	–	–	–	–	–	–	**Benzenemethanol, α-methyl-α-2,5,7-octatrienyl-**	74685-13-5	**T8331**
43	125	55	58	171	97	183	101	**228**	100	33	32	31	30	22	20	17	**1.00**	13	24	3	–	–	–	–	–	–	–	–	–	**Undecanoic acid, 10-oxo-, ethyl ester**		**M4576**
43	125	122	127	41	124	55	57	**228**	100	65	44	41	35	30	29	25	**3.30**	9	15	–	–	3	–	–	–	–	–	–	–	**2-Nonene, 1,1,1-trichloro-**		**C0718**
43	140	39	41	65	141	55	70	**228**	100	51	48	40	37	29	29	25	**23.77**	11	16	3	–	–	–	–	1	–	–	–	–	**Phenol, 2-isopentylsulphonyl-**		**03716**
43	144	41	129	45	39	85	59	**228**	100	48	31	26	16	14	13	11	**8.88**	12	20	–	–	–	–	–	2	–	–	–	–	**Thiophene, 2-ethyl-5-[(2-ethylbutyl)thio]-**		**Y2414**
43	144	129	41	29	27	39	228	**228**	100	77	40	37	30	26	20	18		12	20	–	–	–	–	–	2	–	–	–	–	**Thiophene, 2-ethyl-5-[(2-ethylbutyl)thio]-**	55162-44-2	**T0463**
43	171	55	125	58	41	97	183	**228**	100	40	32	32	31	23	21	19	**0.00**	13	24	3	–	–	–	–	–	–	–	–	–	**Undecanoic acid, 10-oxo-, ethyl ester**	36651-38-4	**S5333**
43	213	31	59	193	69	78	65	**228**	100	77	44	41	28	20	20	19	**0.00**	6	7	1	–	–	–	7	–	–	–	–	–	**2-Pentanol, 3,3,4,4,5,5,5-heptafluoro-2-methyl-**	355-22-6	**Q0575**
43	228	67	77	213	51	229	105	**228**	100	88	57	26	21	19	16	16		14	12	3	–	–	–	–	–	–	–	–	–	**3-Acetyl-2-methyl-6-phenyl-4-pyrone**		**01240**
44	43	57	41	56	169	141	184	**228**	100	94	84	70	57	53	45	42	**40.00**	14	12	3	–	–	–	–	–	–	–	–	–	**Carbonic acid, 4-biphenylyl methyl ester**	17175-08-5	**R6660**
50	76	43	75	122	64	186	58	**228**	100	99	98	98	73	67	63	60	**3.00**	6	4	4	4	–	–	–	1	–	–	–	–	**Benzenesulphonyl azide, 4-nitro-**	4547-62-0	**R0579**
51	177	113	95	127	157	126	77	**228**	100	62	46	23	16	13	13	13	**0.70**	6	4	–	–	–	–	8	–	–	–	–	–	**3-Hexene, 1,1,2,2,5,5,6,6-octafluoro-**	40723-73-7	**08148**
52	28	144	91	92	66	172	228	**228**	100	96	57	51	22	14	13	13		10	8	3	–	–	–	–	–	–	–	–	1	**Chromium, tricarbonyl[(1,2,3,4,5,6-η)-1,3,5-cycloheptatriene]-**	12125-72-3	**R4057**
52	144	228	53	145	172	91	66	**228**	100	64	19	13	13	12	12	12		10	8	3	–	–	–	–	–	–	–	–	1	**Chromium, tricarbonyl[(1,2,3,4,5,6-η)-1,3,5-cycloheptatriene]-**	12125-72-3	**R4056**
54	39	59	169	181	228	163	182	**228**	100	19	15	13	10	9	7	7		9	6	–	–	–	–	6	–	–	–	–	–	**1,2,3,4,7,7-Hexafluoro-5-vinylbicyclo[2.2.1]hept-2-ene**		**02456**
54	40	98	28	41	105	69	27	**228**	100	62	49	45	42	41	38	35	**4.00**	12	20	4	–	–	–	–	–	–	–	–	–	**Cyclohexanone diperoxide**		**L3466**
55	41	43	29	81	67	27	109	**228**	100	74	35	26	24	23	23	23	**2.40**	9	15	–	–	3	–	–	–	–	–	–	–	**1-Nonene, 1,1,9-trichloro-**		**01475**
55	69	43	41	83	57	56	70	**228**	100	87	85	83	70	61	44	43	**0.00**	15	32	1	–	–	–	–	–	–	–	–	–	**1-Pentadecanol**		**C1893**
55	98	69	28	42	70	41	81	**228**	100	75	56	49	43	33	29	27	**0.00**	12	20	4	–	–	–	–	–	–	–	–	–	**Cyclohexanone diperoxide**		**L7886**
55	115	73	54	113	85	228		**228**	100	51	50	37	21	21	1			12	20	4	–	–	–	–	–	–	–	–	–	**6-13-Bismethylene-1,4,8,11-tetraoxacyclotetradecane**		**M0397**
56	117	155	57	28	41	99	29	**228**	100	99	96	58	56	52	51	49	**0.00**	12	20	4	–	–	–	–	–	–	–	–	–	**Fumaric acid, dibutyl ester**	105-75-9	**P7815**
56	173	57	41	43	155	60	73	**228**	100	41	38	30	26	23	21	16	**2.00**	14	28	2	–	–	–	–	–	–	–	–	–	**Decanoic acid, butyl ester**		**L1615**
57	41	83	55	69	95	81	29	**228**	100	43	40	34	24	21	20	20	**7.11**	14	29	–	–	–	–	–	–	1	–	–	–	**Phosphine, tert-butyl 5-methyl-2-isopropylcyclohexyl-, (1α,2β,5α)-**	62238-17-9	**T5991**
57	41	172	127	144	45	55	56	**228**	100	56	45	30	20	14	14	14	**0.00**	11	16	3	–	–	–	–	1	–	–	–	–	**2-Thiophenecarboxylic acid, 5-tert-butoxy-, ethyl ester**	55162-42-0	**T0461**
57	55	69	43	41	56	70	71	**228**	100	84	83	82	64	60	58	57	**0.20**	15	32	1	–	–	–	–	–	–	–	–	–	**1-Dodecanol, 3,7,11-trimethyl-**	6750-34-1	**H1628**
57	69	55	43	71	70	41	56	**228**	100	85	81	80	64	62	61	59	**0.00**	15	32	1	–	–	–	–	–	–	–	–	–	**1-Dodecanol, 3,7,11-trimethyl-**	6750-34-1	**H1627**
57	98	18	15	171	41	58	29	**228**	100	85	84	82	70	55	45	45	**1.00**	9	16	1	4	–	–	–	1	–	–	–	–	**Urea, N-[5-tert-butyl-1,3,4-thiadiazol-2-yl]-N,N′-dimethyl-**	34014-18-1	**S4516**
57	117	41	43	29	56	100	155	**228**	100	64	39	37	37	34	33	20	**0.40**	12	20	4	–	–	–	–	–	–	–	–	–	**Maleic acid, dibutyl ester**	105-76-0	**P7817**
57	155	99	56	117	41	100	29	**228**	100	93	63	62	49	27	24	19	**0.23**	12	20	4	–	–	–	–	–	–	–	–	–	**Diisobutyl fumarate**		**Z1768**
57	157	109	41	127	43	55	88	**228**	100	62	55	42	27	12	11	8	**0.00**	14	28	2	–	–	–	–	–	–	–	–	–	**1,3-Dioxane, 4,6-bis(2,2-dimethylpropyl)-**	54646-74-1	**S9397**
58	43	73	228	42	44	41	27	**228**	100	73	31	31	26	21	18	11		12	28	–	4	–	–	–	–	–	–	–	–	**2-Tetrazene, 1,1,4,4-tetrakisisopropyl-**	13304-31-9	**R4437**
58	43	98	30	100	72	128	56	**228**	100	56	40	36	22	20	11	11	**3.00**	12	24	2	2	–	–	–	–	–	–	–	–	**Putrescine, N,N′-diacetyl-N,N′-diethyl-**		**M5872**
58	43	98	59	71	135	152	69	**228**	100	70	31	27	25	23	20	20	**1.62**	13	24	3	–	–	–	–	–	–	–	–	–	**Tridecanoic acid, 12-oxo-**	2345-12-2	**Q7852**
58	185	43	98	100	72	167	128	**228**	100	58	55	38	25	19	10	9	**3.00**	12	24	2	2	–	–	–	–	–	–	–	–	**Putrescine, N,N′-diacetyl-N,N′-diethyl-**		**M1234**
59	72	36	44	43	41	170	55	**228**	100	51	42	38	36	34	29	27	**0.01**	12	24	2	2	–	–	–	–	–	–	–	–	**Decane, 1,10-dicarbamoyl-**		**C1387**
59	101	41	43	42	197	44	58	**228**	100	61	52	49	19	18	17	15	**0.70**	5	9	2	–	–	–	–	–	–	–	–	1	**Butanoic acid, 4-iodo-, methyl ester**	14273-85-9	**R5098**
67	39	121	93	200	202	230	77	**228**	100	93	89	79	73	67	53	48	**48.00**	9	9	2	–	–	1	–	–	–	–	–	–	**1,4-Benzoquinone, 2-bromo-3,5,6-trimethyl-**	7210-68-6	**R2953**

MASS TO CHARGE RATIOS								M.W.	INTENSITIES								Parent	C	H	O	N	Cl	Br	F	S	P	B	Si	X	COMPOUND NAME	CAS Reg No	No
67	39	121	93	200	202	230	228	**228**	100	93	89	79	73	67	53	48		9	9	2	–	–	1	–	–	–	–	–	–	1,4-Benzoquinone, 2-bromo-3,5,6-trimethyl-		04933
68	31	125	169	43	41	228	183	**228**	100	64	63	60	52	50	46	37		10	16	4	2	–	–	–	–	–	–	–	–	9-(3′-Hydroxypropyl)-8-hydroxy-10-oxo-2,9-diaza-6-oxabicyclo[5.3.0]dec-1(7)-ene		05913
69	41	55	42	27	39	68	29	**228**	100	71	52	28	26	22	18	16	**0.13**	5	10	–	–	–	2	–	–	–	–	–	–	Pentane, 1,5-dibromo-		C0751
69	41	70	39	228	68	159	27	**228**	100	40	6	3	3	3	3	3		13	15	–	–	–	–	3	–	–	–	–	–	Benzene, 1-(1,3-dimethyl-2-butenyl)-4-(trifluoromethyl)-	74764-29-7	T8499
69	41	150	148	149	151	27	107	**228**	100	46	20	18	16	16	14	11	**0.74**	5	10	–	–	–	2	–	–	–	–	–	–	Pentane, 1,5-dibromo-		Z1777
69	55	41	70	29	56	57	39	**228**	100	59	46	33	30	23	20	18	**1.95**	9	15	–	–	3	–	–	–	–	–	–	–	3-Nonene, 1,1,1-trichloro-		C0732
69	129	55	111	43	41	57	210	**228**	100	57	39	34	28	27	24	18	**0.61**	15	32	1	–	–	–	–	–	–	–	–	–	8-Pentadecanol	1653-35-6	Q6434
71	147	44	77	228	45	90	50	**228**	100	37	37	23	18	16	13	11		9	12	–	2	–	–	–	–	–	–	–	1	Selenourea, N,N-dimethyl-N′-phenyl-		M8459
71	147	44	77	228	45	135	42	**228**	100	38	37	25	19	16	10	9		9	12	–	2	–	–	–	–	–	–	–	1	Selenourea, N,N-dimethyl-N′-phenyl-	21347-32-0	R9241
71	147	44	77	228	91	45	92	**228**	100	39	38	26	20	14	10	8		9	12	–	2	–	–	–	–	–	–	–	1	Selenourea, N,N-dimethyl-N′-phenyl-	21347-32-0	R9242
72	18	228	15	183	45	44	230	**228**	100	24	23	22	18	10	10	10		10	13	2	2	1	–	–	–	–	–	–	–	Urea, N′-(3-chloro-4-methoxyphenyl)-N,N-dimethyl-	19937-59-8	R8418
72	228	183	230	44	229	168	45	**228**	100	45	22	14	7	5	5	4		10	13	2	2	1	–	–	–	–	–	–	–	Urea, N′-(3-chloro-4-methoxyphenyl)-N,N-dimethyl-	19937-59-8	R8419
73	43	55	69	57	41	83	71	**228**	100	20	16	16	12	10	10	7	**0.00**	15	32	1	–	–	–	–	–	–	–	–	–	3-Dodecanol, 3,7,11-trimethyl-	7278-65-1	R3005
73	60	43	41	55	57	29	69	**228**	100	92	85	73	63	58	33	33	**20.24**	14	28	2	–	–	–	–	–	–	–	–	–	Tetradecanoic acid	544-63-8	Q1893
73	60	43	57	55	41	129	71	**228**	100	83	67	57	49	42	32	31	**10.50**	14	28	2	–	–	–	–	–	–	–	–	–	Tetradecanoic acid	544-63-8	Q1895
73	93	85	59	105	95	45	74	**228**	100	46	43	25	21	13	12	10	**1.78**	7	18	–	–	2	–	–	–	–	–	2	–	L-Tryptophan, N-[N-(1-oxodecyl)-β-alanyl]-, methyl ester	15951-41-4	R5929
73	147	217	103	205	204	219	74	**228**	100	27	18	12	10	9	9	8	**0.16**	13	16	–	2	–	–	–	–	–	–	1	–	1H-Indole-3-acetonitrile, 1-(trimethylsilyl)-	74367-49-0	T8003
73	213	228	45	75	43	28	113	**228**	100	65	38	37	22	18	17	16		9	20	1	2	–	–	–	–	–	–	2	–	2H-Imidazol-2-one, 1,3-dihydro-1,3-bis(trimethylsilyl)-	61233-69-0	T5678
73	228	129	213	45	229	130	84	**228**	100	95	54	39	20	15	15	13		13	16	–	2	–	–	–	–	–	–	1	–	1H-Indole-3-acetonitrile, 1-(trimethylsilyl)-		P3214
74	87	18	41	43	228	199	197	**228**	100	59	57	29	26	13	6	5		14	28	2	–	–	–	–	–	–	–	–	–	Anteisotridecanoic acid, methyl ester		L9337
74	87	41	43	55	57	75	228	**228**	100	73	37	37	33	17	15	15		14	28	2	–	–	–	–	–	–	–	–	–	Tridecanoic acid, methyl ester		C1560
74	87	41	55	43	57	69	29	**228**	100	70	49	38	30	27	25	24	**17.04**	14	28	2	–	–	–	–	–	–	–	–	–	Dodecanoic acid, 10-methyl-, methyl ester	5129-65-7	R1131
74	87	43	41	55	57	75	59	**228**	100	63	46	39	32	15	15	13	**2.00**	14	28	2	–	–	–	–	–	–	–	–	–	Tridecanoic acid, methyl ester	1731-88-0	Q6607
74	87	228	143	75	53	185	83	**228**	100	65	53	30	21	18	18	16		14	28	2	–	–	–	–	–	–	–	–	–	Dodecanoic acid, 10-methyl-, methyl ester	5129-65-7	R1132
74	87	228	143	75	185	52	82	**228**	100	64	53	29	21	18	18	15		14	28	2	–	–	–	–	–	–	–	–	–	Dodecanoic acid, 10-methyl-, methyl ester		M6452
77	45	120	79	49	42	107	43	**228**	100	49	37	32	29	20	20	20	**0.42**	7	10	4	–	2	–	–	–	–	–	–	–	Chloroacetic acid, 1-2-propanediol diester		Z1770
81	41	55	88	168	109	67	141	**228**	100	62	42	39	39	38	37	35	**2.00**	12	20	4	–	–	–	–	–	–	–	–	–	Cyclopentaneacetic acid, 2-carboxy-α,3-dimethyl-, dimethyl ester, (2R,2′R,3′S)-		P2128
81	55	54	39	53	155	41	109	**228**	100	82	68	55	51	37	34	32	**0.00**	11	16	5	–	–	–	–	–	–	–	–	–	2H-Pyran-2,2-dicarboxylic acid, 3,6-dihydro-, diethyl ester		05378
81	109	141	168	41	88	67	55	**228**	100	48	44	44	37	30	20	17	**1.00**	12	20	4	–	–	–	–	–	–	–	–	–	Cyclopentaneacetic acid, 2-carboxy-α,3-dimethyl-, dimethyl ester, (2S,2′S,3′S)-		P2125
81	109	141	168	41	88	67	59	**228**	100	49	39	38	35	32	21	19	**1.00**	12	20	4	–	–	–	–	–	–	–	–	–	Cyclopentaneacetic acid, 2-carboxy-α,3-dimethyl-, dimethyl ester, (2R,2′S,3′S)-		P2126
81	109	168	41	141	67	88	196	**228**	100	57	48	43	38	36	29	29	**2.00**	12	20	4	–	–	–	–	–	–	–	–	–	Cyclopentaneacetic acid, 2-carboxy-α,3-dimethyl-, dimethyl ester, (2S,2′R,3′S)-		P2127
81	127	41	99	43	57	183	55	**228**	100	94	57	39	36	32	24	23	**0.50**	12	20	4	–	–	–	–	–	–	–	–	–	2H-Pyran-6-carboxylic acid, 5,6-dihydro-2-ethoxy-, butyl ester		L8200
81	127	41	99	43	57	183	182	**228**	100	94	57	39	36	32	24	23	**0.50**	12	20	4	–	–	–	–	–	–	–	–	–	2H-Pyran-6-carboxylic acid, 5,6-dihydro-2-ethoxy-, butyl ester		05662
81	139	97	125	210	166	182	179	**228**	100	57	26	23	23	17	17	11	**4.00**	11	16	5	–	–	–	–	–	–	–	–	–	Cyclopenta[c]pyran-4-carboxylic acid, 1,4aα,5,6,7,7aα-hexahydro-1a-hydroxy-7a-methyl-5-oxo-, methyl ester		L5854
81	154	183	108	80	29	109	182	**228**	100	72	55	41	38	38	33	30	**2.75**	12	20	4	–	–	–	–	–	–	–	–	–	1,2-Cyclohexanedicarboxylic acid, diethyl ester	10138-59-7	R3593
81	168	109	141	197	88	41	153	**228**	100	89	64	35	25	24	20	20	**1.20**	12	20	4	–	–	–	–	–	–	–	–	–	Cyclopentaneacetic acid, 2-carboxy-α,3-dimethyl-, dimethyl ester		03470
83	41	55	69	43	31	97	57	**228**	100	95	93	91	81	77	76	63	**0.00**	15	32	1	–	–	–	–	–	–	–	–	–	1-Pentadecanol	629-76-5	Q3370
83	117	119	85	47	35	48	111	**228**	100	68	65	64	41	38	28	27	**0.33**	3	1	1	–	5	–	–	–	–	–	–	–	Acetone, 1,1,1,3,3-pentachloro-	1768-31-6	Q6705
83	125	139	103	150	178	182	228	**228**	100	60	53	53	33	20	16	13		11	16	5	–	–	–	–	–	–	–	–	–	Cyclopenta[c]pyran-4-carboxylic acid, 1,4aα,5,6,7,7aα-hexahydro-1,6a-dihydroxy-7a-methyl-, methyl ester		L5850
84	113	59	15	58	17	77	28	**228**	100	92	67	65	39	35	34	32	**12.00**	10	12	4	–	–	–	–	1	–	–	–	–	Dimethyl 7-thiabicyclo[2.2.1]hept-5-ene-2,3-dicarboxylate		16212
86	58	228	30	87	199	142	112	**228**	100	8	6	6	6	5	5	3		14	32	–	2	–	–	–	–	–	–	–	–	N,N,N′,N′-Tetraethylhexamethylenediamine		C1241
87	43	77	51	128	78	141	94	**228**	100	76	51	18	18	8	8	5	**1.00**	10	12	4	–	–	–	–	1	–	–	–	–	Ethanol, 2-(phenylsulphonyl)-, acetate	10258-72-7	R3694
87	43	77	125	51	141	78	94	**228**	100	76	51	18	18	8	8	5	**1.00**	10	12	4	–	–	–	–	1	–	–	–	–	Ethanol, 2-(phenylsulphonyl)-, acetate		M7416
87	74	57	43	55	155	41	171	**228**	100	73	45	35	33	32	29	23	**9.32**	14	28	2	–	–	–	–	–	–	–	–	–	Dodecanoic acid, 4-methyl-, methyl ester	55955-73-2	T2409
87	74	57	43	155	55	41	171	**228**	100	73	45	37	33	33	30	23	**10.00**	14	28	2	–	–	–	–	–	–	–	–	–	Dodecanoic acid, 4-methyl-, methyl ester		L7455
87	116	41	43	55	186	129	57	**228**	100	77	37	33	32	24	21	20	**6.87**	14	28	2	–	–	–	–	–	–	–	–	–	Decanoic acid, 2-propyl-, methyl ester		C1557
88	101	43	41	55	57	69	157	**228**	100	56	34	31	25	23	23	16	**8.49**	14	28	2	–	–	–	–	–	–	–	–	–	Undecanoic acid, 2,8-dimethyl-, methyl ester	55955-74-3	T2410
88	101	43	41	55	57	228	143	**228**	100	26	12	11	10	10	9	6		14	28	2	–	–	–	–	–	–	–	–	–	Dodecanoic acid, 2-methyl-, methyl ester	55554-08-0	T1515
88	101	43	41	55	73	61	57	**228**	100	43	22	18	17	15	13	12	**6.71**	14	28	2	–	–	–	–	–	–	–	–	–	Dodecanoic acid, ethyl ester	106-33-2	H0332

MASS TO CHARGE RATIOS								M.W.	INTENSITIES								Parent	C	H	O	N	Cl	Br	F	S	P	B	Si	X	COMPOUND NAME	CAS Reg No	No
88	101	43	41	73	55	29	61	**228**	100	50	27	23	22	22	20	17	**4.90**	14	28	2	–	–	–	–	–	–	–	–	–	**Dodecanoic acid, ethyl ester**	106-33-2	**P7863**
88	101	43	228	41	57	171	157	**228**	100	25	11	8	8	6	5	5		14	28	2	–	–	–	–	–	–	–	–	–	**Dodecanoic acid, 2-methyl-, methyl ester**		**L7456**
88	101	54	40	87	42	56	74	**228**	100	43	38	35	34	31	29	29	**4.54**	14	28	2	–	–	–	–	–	–	–	–	–	**Undecanoic acid, 2,6-dimethyl-, methyl ester**	55059-28-4	**T0195**
88	101	55	57	43	41	69	97	**228**	100	34	19	17	16	13	8	8	**4.80**	14	28	2	–	–	–	–	–	–	–	–	–	**Undecanoic acid, 2,6-dimethyl-, methyl ester**	55059-28-4	**T0196**
88	101	57	41	55	69	43	71	**228**	100	54	19	14	13	12	12	9	**3.41**	14	28	2	–	–	–	–	–	–	–	–	–	**Decanoic acid, 2,4,6-trimethyl-, methyl ester**	55955-72-1	**T2407**
88	101	57	55	41	69	43	29	**228**	100	35	29	23	16	15	13	10	**5.64**	14	28	2	–	–	–	–	–	–	–	–	–	**Decanoic acid, 2,6,8-trimethyl-, methyl ester**	55059-27-3	**T0194**
88	101	57	55	41	69	43	97	**228**	100	36	28	22	16	15	13	10	**5.00**	14	28	2	–	–	–	–	–	–	–	–	–	**Decanoic acid, 2,6,8-trimethyl-, methyl ester**		**L1624**
88	101	73	69	183	89	70	83	**228**	100	43	17	12	11	10	9	7	**4.50**	14	28	2	–	–	–	–	–	–	–	–	–	**Dodecanoic acid, ethyl ester**	106-33-2	**H0333**
89	131	143	69	57	70	41	55	**228**	100	99	70	69	53	53	51	51	**1.01**	12	25	3	–	–	–	–	–	–	1	–	–	**1,3,2-Dioxaborinane, 2-(heptyloxy)-4,6-dimethyl-**	55162-70-4	**T0488**
91	29	41	143	185	69	55	27	**228**	100	59	35	34	30	29	24	24	**0.01**	12	20	4	–	–	–	–	–	–	–	–	–	**Octanedioic acid, diethyl ester**		**C0398**
91	65	81	92	109	118	124	228	**228**	100	40	20	20	19	18	16	13		11	17	3	–	–	–	–	–	1	–	–	–	**Phosphonic acid, benzyl-, diethyl ester**	1080-32-6	**Q5260**
91	107	65	108	92	182	77	51	**228**	100	14	11	11	8	8	7	6	**0.86**	15	16	2	–	–	–	–	–	–	–	–	–	**Benzeneethanol, 2-benzyloxy-**	56052-43-8	**T2669**
91	155	65	170	107	89	92	105	**228**	100	38	30	19	13	9	9	9	**5.70**	10	12	4	–	–	–	–	1	–	–	–	–	**Acetic acid, [(4-methylphenyl)sulphonyl]-, methyl ester**	50397-64-3	**S7280**
91	173	155	56	65	41	92	172	**228**	100	60	55	55	47	33	31	22	**2.00**	11	16	3	–	–	–	–	1	–	–	–	–	**4-Toluenesulphonic acid, butyl ester**		**E0035**
91	200	213	119	105	161	185	157	**228**	100	87	42	25	23	22	21	18	**14.04**	15	16	2	–	–	–	–	–	–	–	–	–	**Chloranthalactone A**		**16612**
91	228	77	184	65	51	183	108	**228**	100	67	48	38	22	15	15	13		14	12	3	–	–	–	–	–	–	–	–	–	**Carbonic acid, 4-methylphenyl phenyl ester**	13183-20-5	**R4335**
91	228	92	65	28	39	79	121	**228**	100	20	9	9	7	5	4	3		14	12	3	–	–	–	–	–	–	–	–	–	**Salicylic acid, benzyl ester**	118-58-1	**P8965**
91	228	147	81	53	27	39	119	**228**	100	91	84	52	51	50	44	37		14	12	3	–	–	–	–	–	–	–	–	–	**Furan, 2,5-difurfuryl-**	29953-18-2	**S2762**
92	91	107	65	93	77	79	119	**228**	100	95	22	11	8	7	7	7	**0.00**	15	16	2	–	–	–	–	–	–	–	–	–	**Benzene, 1,1′-[methylenebis(oxymethylene)]bis-**	2749-70-4	**Q8596**
93	77	51	135	39	65	66	38	**228**	100	95	70	49	49	31	30	17	**7.57**	13	12	–	2	–	–	–	1	–	–	–	–	**Thiourea, N,N′-diphenyl-**		**G0363**
93	77	51	194	135	39	65	66	**228**	100	92	70	67	39	33	29	27	**15.62**	13	12	–	2	–	–	–	1	–	–	–	–	**Thiourea, N,N′-diphenyl-**	102-08-9	**P7533**
94	213	95	228	28	212	198	41	**228**	100	87	71	53	37	23	23	23		14	21	–	2	–	–	–	–	–	1	–	–	**Borane, bis(2,5-dimethylpyrrol-1-yl)ethyl-**	28916-14-5	**S2275**
95	169	81	41	55	67	45	69	**228**	100	95	87	49	48	43	42	32	**1.70**	13	24	3	–	–	–	–	–	–	–	–	–	**10-Undecenoic acid, 2-methoxy-, methyl ester**	55059-31-9	**H2121**
97	44	69	42	54	98	41	31	**228**	100	20	16	10	9	7	6	6	**0.50**	15	20	–	2	–	–	–	–	–	–	–	–	**Piperidine, N-[2-(3-indolyl)ethyl]-**		**03465**
97	132	169	137	197	136	165	164	**228**	100	67	44	31	28	24	24	22	**8.00**	11	16	5	–	–	–	–	–	–	–	–	–	**Malonic acid, α-(2-oxocyclohexyl)-**		**17500**
98	144	41	55	57	45	140	43	**228**	100	99	50	35	18	17	16	15	**5.00**	12	24	2	2	–	–	–	–	–	–	–	–	**Carbazic acid, 3-(1-butylpentylidene)-, ethyl ester**	14702-40-0	**R5365**
99	57	117	29	41	56	100	27	**228**	100	66	35	35	31	19	18	15	**0.00**	12	20	4	–	–	–	–	–	–	–	–	–	**Maleic acid, dibutyl ester**	105-76-0	**P7818**
99	57	117	41	155	29	100	56	**228**	100	86	51	34	34	28	26	24	**1.03**	12	20	4	–	–	–	–	–	–	–	–	–	**Maleic acid, diisobutyl ester**	14234-82-3	**R5070**
99	57	117	41	155	100	29	56	**228**	100	63	39	37	26	24	19	18	**0.00**	12	20	4	–	–	–	–	–	–	–	–	–	**Maleic acid, di-sec-butyl ester**		**L1496**
99	111	98	129	112	43	57	110	**228**	100	43	31	20	17	12	12	10	**0.00**	9	18	5	–	–	–	–	–	–	2	–	–	**DL-Xylitol, cyclic 1,4:2,3-bis(ethylboronate)**	74793-31-0	**T8611**
100	58	99	70	114	101	85	55	**228**	100	55	55	52	52	49	43	42	**0.00**	13	28	1	2	–	–	–	–	–	–	–	–	**1-Propanamine, N,N,2-trimethyl-2-[(2,2,3-trimethyl-1-pyrrolidinyl)oxy]-, (S)-**	56630-75-2	**T3980**
101	228	51	82	127	31	43	177	**228**	100	55	48	38	24	10	7	6		2	1	–	–	–	–	4	–	–	–	–	1	**Ethane, 1,1,2,2-tetrafluoro-1-iodo-**	354-41-6	**Q0570**
102	41	29	43	87	55	27	115	**228**	100	97	77	74	74	65	53	38	**3.64**	14	28	2	–	–	–	–	–	–	–	–	–	**Undecanoic acid, 2-ethyl-, methyl ester**	74810-60-9	**T8712**
102	87	41	43	115	55	57	69	**228**	100	86	59	54	54	49	29	23	**13.54**	14	28	2	–	–	–	–	–	–	–	–	–	**Undecanoic acid, 2-ethyl-, methyl ester**		**C1558**
102	144	228	85	72	143	128	170	**228**	100	94	57	45	40	38	11	11		9	12	3	2	–	–	–	1	–	–	–	–	**2-Imidazolidinethione, 1-acetyl-3-(1,3-dioxobutyl)-**	67845-09-4	**T6875**
102	228	103	116	126	77	127	213	**228**	100	32	19	14	11	10	10	7		10	13	4	–	–	–	–	–	1	–	–	–	**Phosphoric acid, dimethyl 1-phenylvinyl ester**	4202-12-4	**R0199**
104	228	210	82	200	213			**228**	100	12	12	11	10	2				14	12	3	–	–	–	–	–	–	–	–	–	**(1,3-Dioxoindan)-2-spiro-2′-(4′-methyl-3′,6′-dihydro-2′H-pyran)**		**M5482**
105	77	106	28	51	122	50	78	**228**	100	86	61	44	36	35	18	14	**0.00**	14	12	3	–	–	–	–	–	–	–	–	–	**1,2,4-Trioxolane, 3,5-diphenyl-**	23888-15-5	**S0387**
105	77	159	79	120	157	108	78	**228**	100	30	16	11	11	11	10	8	**4.69**	16	20	1	–	–	–	–	–	–	–	–	–	**6-Octen-1-one, 1-phenyl-3-vinyl-**	65564-67-2	**T6566**
105	122	77	51	50	106	74	76	**228**	100	70	65	32	18	8	7	7	**0.00**	7	5	2	–	–	–	–	–	–	–	–	1	**Benzoic acid, silver(1+) salt**	532-31-0	**Q1696**
107	63	122	45	228	65	77	27	**228**	100	99	66	52	42	36	23	9		12	17	2	–	1	–	–	–	–	–	–	–	**1-(2-Chloroethoxy)-2-(ar-ethylphenoxy)-ethane**		**Z1779**
107	149	104	103	77	79	105	78	**228**	100	90	62	35	28	22	22	20	**3.00**	9	9	2	–	–	1	–	–	–	–	–	–	**Benzenepropanoic acid, β-bromo-**	15463-91-9	**R5752**
108	91	136	107	137	77	228	119	**228**	100	95	88	88	72	53	50	50		15	16	2	–	–	–	–	–	–	–	–	–	**Phenylpropan-2-ol, α-(2-hydroxyphenyl)-**		**M1011**
109	108	136	168	41	55	68	137	**228**	100	70	67	64	63	40	39	39	**1.00**	12	20	4	–	–	–	–	–	–	–	–	–	**1,3-Cyclopentanedicarboxylic acid, 1,2,2-trimethyl-, dimethyl ester**	7282-27-1	**R3007**
109	159	228	209	51	160	110	50	**228**	100	99	52	16	8	8	8	6		9	6	–	–	–	–	6	–	–	–	–	–	**Benzene, [2,2,2-trifluoro-1-(trifluoromethyl)ethyl]-**	3142-78-7	**Q9050**
112	57	113	43	41	56	172	28	**228**	100	80	65	61	45	24	23	21	**3.46**	12	20	4	–	–	–	–	–	–	–	–	–	**5-Acetoxy-3-methylpent-2-enoic acid, tert-butyl ester**		**P1168**
112	197	168	182					**228**	100	48	18	7					**0.00**	13	28	1	–	–	–	–	–	–	–	1	–	**Silane, trimethyl[(2-isopropyl-5-methylcyclohexyl)oxy]-, (1α,2β,5α)-**	62338-23-2	**T6134**
113	85	114	99	115	43	44	57	**228**	100	93	84	47	38	38	28	27	**14.00**	10	20	2	4	–	–	–	–	–	–	–	–	**1,2,4,5-Tetrazine, 1,4-diacetyl-2,5-diethylhexahydro-**		**M3944**
113	85	114	99	115	43	44	57	**228**	100	91	83	42	38	36	28	22	**11.01**	10	20	2	4	–	–	–	–	–	–	–	–	**1,2,4,5-Tetrazine, 1,4-diacetyl-2,5-diethylhexahydro-**	35028-98-9	**S4785**
116	43	41	57	29	71	228	39	**228**	100	71	57	43	42	32	26	24		12	20	–	–	–	–	–	2	–	–	–	–	**Thiophene, 2-(octylthio)-**		**Y2130**
116	43	41	71	57	29	228	39	**228**	100	71	57	54	43	42	26	24		12	20	–	–	–	–	–	2	–	–	–	–	**Thiophene, 2-(octylthio)-**	55191-03-2	**T0533**
116	61	55	70	47	228	172	45	**228**	100	99	93	33	31	29	22	22		6	5	4	–	–	–	–	1	–	–	–	1	**Manganese, π-(2-thiaprop-1-enyl)tetracarbonyl-**		**02784**
116	181	90	51	172	58	228	144	**228**	100	30	28	22	11	10	9	9		9	5	4	–	–	–	–	–	–	–	–	1	**Vanadium, π-cyclopentadienyltetracarbonyl-**		**02774**
117	112	73	69	42	43	45	41	**228**	100	47	30	28	25	24	19	18	**3.54**	9	12	5	2	–	–	–	–	–	–	–	–	**Uridine, 2′-deoxy-**	951-78-0	**Q4820**
119	228	105	112	111	103	135	109	**228**	100	60	59	59	55	51	47	44		18	12	–	–	–	–	–	–	–	–	–	–	**Chrysene**	218-01-9	**Q0085**

MASS TO CHARGE RATIOS								M.W.	INTENSITIES								Parent	C	H	O	N	Cl	Br	F	S	P	B	Si	X	COMPOUND NAME	CAS Reg No	No
120	64	63	28	27	92	138	29	**228**	100	73	53	51	46	41	32	28	**0.00**	10	9	4	–	1	–	–	–	–	–	–	–	**Salicylic acid, 2-chloropropanoate**		**Z1774**
120	118	201	147	145	199	119	116	**228**	100	76	71	69	62	54	52	41	**0.00**	8	12	–	–	–	–	–	–	–	–	–	1	**Stannane, tetravinyl-**	1112-56-7	**Q5306**
121	228	65	39	108	107	51	77	**228**	100	34	18	16	13	9	8	8		14	12	3	–	–	–	–	–	–	–	–	–	**Benzoic acid, 2-(4-tolyloxy)-**	21905-69-1	**R9441**
121	228	65	39	108	107	122	91	**228**	100	34	18	16	13	9	8	8		14	12	3	–	–	–	–	–	–	–	–	–	**Benzoic acid, 2-(4-tolyloxy)-**		**L4847**
121	228	65	91	39	181	210	51	**228**	100	48	36	36	26	24	17	14		14	12	3	–	–	–	–	–	–	–	–	–	**Benzoic acid, 2-(2-tolyloxy)-**	6325-68-4	**R2238**
121	228	77	91	58	57	55	65	**228**	100	71	55	49	48	40	36	36		13	12	–	2	–	–	–	1	–	–	–	–	**Benzenecarbothioic acid, 2-phenylhydrazide**	13437-75-7	**R4531**
121	228	91	77	194	92	65	229	**228**	100	70	31	24	19	15	14	11		13	12	–	2	–	–	–	1	–	–	–	–	**Benzenecarbothioic acid, 2-phenylhydrazide**	13437-75-7	**R4532**
121	228	108	91	77				**228**	100	58	58	14	14					15	16	2	–	–	–	–	–	–	–	–	–	**p-Cresol, 2,2′-methylenedi-**		**L8180**
122	107	79	77	210	121	123	78	**228**	100	26	15	13	13	10	8	6	**1.00**	15	16	2	–	–	–	–	–	–	–	–	–	**Phenethyl alcohol, 4-methoxy-α-phenyl-**	20498-67-3	**R8700**
125	127	36	156	38	126	89	91	**228**	100	36	32	29	19	16	14	13	**0.00**	7	11	–	2	3	–	–	–	–	–	–	–	**Hydrazine, [(2-chlorophenyl)methyl]-, dihydrochloride**	64415-10-7	**T6484**
125	193	127	102	195	51	36	50	**228**	100	50	33	31	18	17	12	12	**8.46**	10	6	2	–	2	–	–	–	–	–	–	–	**Malonyl chloride, benzylidene-**	32046-40-5	**S3457**
125	193	127	102	195	51	101	75	**228**	100	50	33	30	17	17	11	11	**8.00**	10	6	2	–	2	–	–	–	–	–	–	–	**Malonyl chloride, benzylidene-**		**M7020**
126	172	41	45	57	127	56	55	**228**	100	57	44	29	29	29	16	14	**8.57**	11	16	3	–	–	–	–	1	–	–	–	–	**2-Thiophenecarboxylic acid, 3-tert-butoxy-, ethyl ester**	5612-69-1	**R1584**
127	95	43	137	41	169	59	27	**228**	100	99	47	27	23	19	18	16	**1.63**	10	16	4	2	–	–	–	–	–	–	–	–	**3H-Pyrazole-3,3-dicarboxylic acid, 4,5-dihydro-4-isopropyl-, dimethyl ester**	33304-81-3	**S4085**
128	127	129	119	159	101	107	109	**228**	100	61	13	11	11	8	8	8	**5.00**	9	6	–	–	–	–	6	–	–	–	–	–	**2-Methyl-1,4,7,7,8,8-hexafluorobicyclo[2.2.2]octa-2,5-diene**		**P2234**
128	127	228	109	119	129	101	104	**228**	100	80	27	12	12	12	7	7		9	6	–	–	–	–	6	–	–	–	–	–	**2-Methylene-1,4,7,7,8,8-hexafluorobicyclo[2.2.2]oct-5-ene**		**P2243**
128	130	169	41	129	228	75	69	**228**	100	32	15	14	11	9	6	6		11	13	3	–	1	–	–	–	–	–	–	–	**Propanoic acid, 2-(4-chlorophenoxy)-2-methyl-, methyl ester**	55162-41-9	**T0460**
129	29	130	228	155	27	128	77	**228**	100	40	25	25	20	19	16	10		13	12	2	2	–	–	–	–	–	–	–	–	**2(1H)-Isoquinolinecarboxylic acid, 1-cyano-, ethyl ester**	17954-22-2	**R7288**
129	155	29	130	128	27	77	228	**228**	100	54	40	22	18	15	10	9		13	12	2	2	–	–	–	–	–	–	–	–	**1(2H)-Quinolinecarboxylic acid, 2-cyano-, ethyl ester**	17954-23-3	**R7289**
129	210	111	69	128	130	110	112	**228**	100	41	34	18	7	6	5	5	**1.00**	15	32	1	–	–	–	–	–	–	–	–	–	**8-Pentadecanol**		**L4150**
131	98	70	113	69	130	73	68	**228**	100	85	69	67	48	28	20	17	**0.50**	14	28	2	–	–	–	–	–	–	–	–	–	**Heptanoic acid, heptyl ester**	624-09-9	**H0970**
131	213	117	69	143	129	41	128	**228**	100	68	68	65	52	35	31	21	**8.85**	17	24	–	–	–	–	–	–	–	–	–	–	**Phenanthrene, 1,2,3,4,4a,9,10,10a-octahydro-1,1,4a-trimethyl-**	55090-42-1	**T0219**
131	213	117	143	69	228	129	141	**228**	100	89	76	69	59	46	43	43		17	24	–	–	–	–	–	–	–	–	–	–	**Phenanthrene, 1,2,3,4,4a,9,10,10a-octahydro-1,1,4a-trimethyl-**	55090-42-1	**T0218**
131	213	117	143	69	228	141	129	**228**	100	88	76	69	59	46	44	43		17	24	–	–	–	–	–	–	–	–	–	–	**Phenanthrene, 1,2,3,4,4a,9,10,10a-octahydro-1,1,4a-trimethyl-, (4aS)-, trans-**	471-79-4	**Q0933**
133	158	200	201	159	103	202	116	**228**	100	99	99	53	49	40	37	33	**0.00**	9	8	–	8	–	–	–	–	–	–	–	–	**s-Triazine, 2,4-diamino-6-(2-azidophenyl)-**	29366-81-2	**S2481**
135	149	93	79	67	91	42	45	**228**	100	99	37	31	20	19	17	17	**2.00**	11	17	–	–	–	1	–	–	–	–	–	–	**Homoadamantane, 3-bromo-**	14504-84-8	**R5251**
136	228	120	184	105	121	137	104	**228**	100	97	95	63	30	25	17	17		10	16	2	2	–	–	–	1	–	–	–	–	N,N,N′,N′-Tetramethyl-4-sulphamoylaniline		**06378**
137	228	169	170	91	115	229	104	**228**	100	74	27	26	18	14	11	10		14	16	1	2	–	–	–	–	–	–	–	–	**4-Morpholineacetonitrile, α-phenethylidene-**	33599-28-9	**S4275**
142	107	43	45	77	87	144	41	**228**	100	76	57	55	55	47	34	33	**5.73**	11	13	3	–	1	–	–	–	–	–	–	–	**Butanoic acid, 4-(4-chloro-2-methylphenoxy)-**	94-81-5	**P6893**
142	107	43	45	87	144	77	41	**228**	100	63	45	44	41	38	36	28	**8.32**	11	13	3	–	1	–	–	–	–	–	–	–	**Butanoic acid, 4-(4-chloro-2-methylphenoxy)-**	94-81-5	**P6892**
142	107	144	87	43	77	45	108	**228**	100	53	32	26	24	20	14	9	**8.15**	11	13	3	–	1	–	–	–	–	–	–	–	**Butanoic acid, 4-(4-chloro-2-methylphenoxy)-**	94-81-5	**P6894**
143	43	199	69	55	41	83	57	**228**	100	30	28	24	20	18	12	11	**0.30**	15	32	1	–	–	–	–	–	–	–	–	–	**7-Tridecanol, 7-ethyl-**	21905-45-3	**R9426**
143	75	73	138	144	81	213	95	**228**	100	45	30	16	15	15	11	9	**5.51**	13	28	1	–	–	–	–	–	–	–	1	–	**Silane, trimethyl[(2-isopropyl-5-methylcyclohexyl)oxy]-**	18419-38-0	**R7596**
143	145	64	85	95	51	230	93	**228**	100	98	52	41	32	23	21	19	**16.00**	3	2	–	–	1	1	4	–	–	–	–	–	**Propane, 1,1,2,2-tetrafluoro-3-bromo-1-chloro-**		**A0315**
144	98	41	55	57	45	140	83	**228**	100	99	49	36	19	17	17	16	**6.18**	12	24	2	2	–	–	–	–	–	–	–	–	**Carbazic acid, 3-(1-butylpentylidene)-, ethyl ester**	14702-40-0	**R5366**
144	98	41	55	57	45	140	104	**228**	100	99	49	35	19	17	16	15	**5.00**	12	24	2	2	–	–	–	–	–	–	–	–	**Dibutyl ketone, N-ethoxycarbonylhydrazone**		**L1262**
145	144	157	129	84	128	115	146	**228**	100	51	42	38	33	19	16	12	**8.90**	16	20	1	–	–	–	–	–	–	–	–	–	**1-Phenanthrenecarboxaldehyde, 1,2,3,4,4a,9,10,10a-octahydro-1-methyl-, [1S-(1α,4aα,10aβ)]-**	57289-39-1	**T4465**
145	172	228	117	89	144	115	146	**228**	100	69	57	17	15	15	13	12		14	16	1	2	–	–	–	–	–	–	–	–	**8-Quinolinol, 2-(N-tert-butylformimidoyl)-**	24551-97-1	**S0656**
145	172	228	117	144	89	115	146	**228**	100	68	55	16	14	13	12	11		14	16	1	2	–	–	–	–	–	–	–	–	**8-Quinolinol-2-carboxaldehyde tert-butylimine**		**L6081**
146	73	41	75	147	81	130	95	**228**	100	36	24	20	20	20	20	18	**0.50**	13	28	1	–	–	–	–	–	–	–	1	–	**Silane, [(3,7-dimethyl-6-octenyl)oxy]trimethyl-**	18419-09-5	**R7594**
146	143	75	73	147	130	43	41	**228**	100	66	42	38	20	20	18	17	**2.60**	13	28	1	–	–	–	–	–	–	–	1	–	**Silane, [(3,7-dimethyl-6-octenyl)oxy]trimethyl-**	18419-09-5	**R7593**
146	143	75	73	147	130	43	41	**228**	100	66	42	37	20	20	18	17	**2.60**	13	28	1	–	–	–	–	–	–	–	1	–	**Silane, trimethyl[(2-isopropyl-5-methylcyclohexyl)oxy]-**	18419-38-0	**R7597**
149	51	129	127	151	230	98	228	**228**	100	92	70	51	31	25	21	19		3	2	–	–	1	1	4	–	–	–	–	–	**Propane, 1,1,2,2-tetrafluoro-3-bromo-3-chloro-**		**A0316**
149	93	79	81	67	107	150	91	**228**	100	27	18	17	16	15	15	13	**2.00**	11	17	–	–	–	1	–	–	–	–	–	–	**Homoadamantane, 1-bromo-**	21898-96-4	**R9417**
149	121	79	67	93	41	77	228	**228**	100	94	60	30	27	15	15	13		10	13	1	–	–	1	–	–	–	–	–	–	**2-Adamantone, 4-bromo-, (1α,3β,4α,5α,7β)-**	32456-49-8	**08306**
149	121	79	67	93	77	41	150	**228**	100	94	56	30	28	15	14	13	**8.10**	10	13	1	–	–	1	–	–	–	–	–	–	**2-Adamantone, 4-bromo-, (1α,3β,4β,5α,7β)-**	32456-48-7	**08305**
149	121	90	91	89	63	169	171	**228**	100	68	49	46	41	27	24	24	**8.11**	9	9	2	–	–	1	–	–	–	–	–	–	**Benzeneacetic acid, α-bromo-, methyl ester**	3042-81-7	**Q8958**
149	121	90	91	89	63	169	171	**228**	100	65	47	45	41	27	26	26	**8.11**	9	9	2	–	–	1	–	–	–	–	–	–	**Benzenepropanoic acid, β-bromo-**	15463-91-9	**R5753**
149	135	93	79	67	91	47	44	**228**	100	99	38	31	20	18	17	16	**2.00**	11	17	–	–	–	1	–	–	–	–	–	–	**Homoadamantane, 3-bromo-**		**L8505**
149	143	145	95	69	64	85	51	**228**	100	72	69	57	51	45	41	38	**20.10**	3	2	–	–	1	1	4	–	–	–	–	–	**Propane, 1,1,1,2-tetrafluoro-3-bromo-2-chloro-**		**A0314**
151	227	228	77	51	105	28	52	**228**	100	97	78	49	31	23	16	12		14	12	3	–	–	–	–	–	–	–	–	–	**2-Hydroxy-4-methoxybenzophenone**	131-57-7	**H0619**
151	227	228	77	51	105	229	108	**228**	100	87	71	30	20	18	11	11		14	12	3	–	–	–	–	–	–	–	–	–	**2-Hydroxy-4-methoxybenzophenone**	131-57-7	**09744**

MASS TO CHARGE RATIOS								M.W.	INTENSITIES								Parent	C	H	O	N	Cl	Br	F	S	P	B	Si	X	COMPOUND NAME	CAS Reg No	No
152	151	81	109	123	51	53	39	**228**	100	82	18	14	12	11	11	10	**1.68**	10	9	4	–	1	–	–	–	–	–	–	–	3-(Chloroacetoxy)-4-methoxybenzaldehyde		**15042**
155	99	43	81	127	109	41	78	**228**	100	55	51	49	37	33	32	29	**0.50**	12	20	4	–	–	–	–	–	–	–	–	–	2H-Pyran-6-carboxylic acid, 2-butoxy-5,6-dihydro-, ethyl ester		**05666**
155	99	81	43	127	109	41	70	**228**	100	55	49	49	37	32	32	29	**0.50**	12	20	4	–	–	–	–	–	–	–	–	–	2H-Pyran-6-carboxylic acid, 2-butoxy-5,6-dihydro-, ethyl ester		**L8196**
155	99	117	56	41	57	100	29	**228**	100	61	34	28	20	20	19	15	**0.00**	12	20	4	–	–	–	–	–	–	–	–	–	Fumaric acid, di-sec-butyl ester		**L1495**
155	99	117	56	55	41	57	100	**228**	100	87	62	55	47	44	44	40	**0.00**	12	20	4	–	–	–	–	–	–	–	–	–	Maleic acid, di-sec-butyl ester	14447-12-2	**R5210**
155	99	117	56	57	55	41	100	**228**	100	91	72	65	49	49	46	45	**0.00**	12	20	4	–	–	–	–	–	–	–	–	–	Fumaric acid, di-sec-butyl ester	2210-32-4	**Q7614**
155	99	117	173	56	57	100	29	**228**	100	60	35	30	28	20	19	15	**0.75**	12	20	4	–	–	–	–	–	–	–	–	–	Diisobutyl fumarate	7283-69-4	**R3012**
155	117	99	56	57	173	41	29	**228**	100	99	82	70	39	38	27	21	**0.06**	12	20	4	–	–	–	–	–	–	–	–	–	Fumaric acid, dibutyl ester		**C0681**
155	117	173	99	43	56	44	57	**228**	100	55	43	16	14	9	9	8	**0.00**	12	20	4	–	–	–	–	–	–	–	–	–	Maleic acid, dibutyl ester	105-76-0	**P7819**
155	117	173	99	56	43	57	44	**228**	100	61	43	19	14	11	10	10	**0.00**	12	20	4	–	–	–	–	–	–	–	–	–	Fumaric acid, dibutyl ester	105-75-9	**P7816**
155	157	60	75	45	69	111	120	**228**	100	36	18	15	11	11	11	10	**10.00**	9	5	1	–	1	–	–	2	–	–	–	–	1,3-Dithiol-1-ium, 2-(4-chlorophenyl)-4-hydroxy-, hydroxide, inner salt	40727-23-9	**S6422**
155	157	60	75	111	69	45	228	**228**	100	36	18	15	11	11	11	10		9	5	1	–	1	–	–	2	–	–	–	–	1,3-Dithiol-1-ium, 2-(4-chlorophenyl)-4-hydroxy-, hydroxide, inner salt		**M8451**
155	228	92	91	79	210	77	154	**228**	100	86	30	29	22	18	15	15		16	20	1	–	–	–	–	–	–	–	–	–	Tricyclo[3.3.1.1$^{(3,7)}$]decan-2-ol, 1-phenyl-	40571-15-1	**S6346**
156	36	155	157	129	128	102	103	**228**	100	46	34	13	10	10	9	9	**0.00**	10	10	–	2	2	–	–	–	–	–	–	–	4,4-Bipyridyl hydrochloride		**C0141**
156	141	157	64	29	45	43	41	**228**	100	49	37	16	16	15	15	15	**0.30**	10	16	4	2	–	–	–	–	–	–	–	–	5-(3′-Hydroxybutyl)-5-ethylbarbituric acid		**06473**
156	228	155	184	229	157	91	169	**228**	100	81	39	23	13	8	6	3		14	12	3	–	–	–	–	–	–	–	–	–	Carbonic acid, 3-methylphenyl phenyl ester	17146-02-0	**R6648**
157	43	58	127	41	30	100	85	**228**	100	67	67	67	64	51	44	34	**0.00**	12	28	–	4	–	–	–	–	–	–	–	–	Diazene, [1-(2,2-dipropylhydrazino)propyl]propyl-	63614-49-3	**T6278**
157	69	55	97	125	198	182	228	**228**	100	61	29	26	22	21	20	19		11	16	5	–	–	–	–	–	–	–	–	–	6-Hydroxy-4-methoxycarbonyl-7-methyl-1-oxo-1,3,4,4a,5,6,7,7a-octahydrocyclopenta[c]pyran		**L7003**
157	158	214	28	159	128	171	153	**228**	100	99	42	19	13	12	11	8	**0.75**	16	20	1	–	–	–	–	–	–	–	–	–	Naphthalene, 2-methoxy-7-pentyl-		**D0564**
159	109	28	160	132	39	119	189	**228**	100	25	10	8	8	7	7	7	**2.21**	9	6	–	–	–	–	6	–	–	–	–	–	Bicyclo[3.2.0]hepta-2,6-diene, 4,4-bis(trifluoromethyl)-	714-64-7	**Q3841**
159	109	28	160	133	188	119	38	**228**	100	24	10	9	7	7	7	7	**2.00**	9	6	–	–	–	–	6	–	–	–	–	–	Bicyclo[3.2.0]hepta-3,6-diene, 2,2-bis(trifluoromethyl)-		**L1915**
159	109	228	119	160	39	44	63	**228**	100	36	14	8	8	7	6	6		9	6	–	–	–	–	6	–	–	–	–	–	1,3,5-Cycloheptatriene, 7,7-bis(trifluoromethyl)-	714-82-9	**Q3843**
159	161	142	160	187	199	144	129	**228**	100	43	19	13	10	7	7	5	**0.00**	7	11	–	2	3	–	–	–	–	–	–	–	Hydrazine, [(2-chlorophenyl)methyl]-, dihydrochloride	64415-10-7	**T6485**
165	192	55	177	159	131	65	77	**228**	100	59	44	35	33	28	22	22	**13.00**	11	13	3	–	1	–	–	–	–	–	–	–	1-Propanone, 3-chloro-1-(2-hydroxy-3-methoxy-6-methylphenyl)-	40992-04-9	**S6508**
168	42	227	82	44	83	140	198	**228**	100	60	53	40	30	30	22	20	**7.01**	10	16	4	2	–	–	–	–	–	–	–	–	1,4-Diazabicyclo[2.2.2]octane-2,3-dicarboxylic acid, dimethyl ester	29924-69-4	**S2750**
170	142	228	182	114	103	171	153	**228**	100	53	48	30	27	18	15	13		14	12	3	–	–	–	–	–	–	–	–	–	3-Allyloxy-2-naphthoic acid		**P2024**
171	144	57	128	228	172	101	116	**228**	100	54	39	23	18	14	8	8		14	16	1	2	–	–	–	–	–	–	–	–	Propanamide, N-(1-isoquinolinyl)-2,2-dimethyl-	40339-93-3	**S6287**
171	172	228	156	144	169	170	184	**228**	100	10	10	7	4	4	4	4		15	20	–	2	–	–	–	–	–	–	–	–	1H-Pyrido[3,4-b]indole, 2,3,4,9-tetrahydro-1-isobutyl-	6649-77-0	**R2442**
171	172	228	169	156	170	227	144	**228**	100	18	18	8	6	6	6	4		15	20	–	2	–	–	–	–	–	–	–	–	1H-Pyrido[3,4-b]indole, 1-butyl-2,3,4,9-tetrahydro-	6649-86-1	**R2443**
171	228	170	172	141	153	28	115	**228**	100	43	36	15	14	11	10	9		15	16	2	–	–	–	–	–	–	–	–	–	2-Propanol, 1-(2-biphenylyloxy)-		**Z1775**
172	41	56	173	39	69	159	153	**228**	100	23	13	11	7	6	6	5	**1.49**	13	15	–	–	–	–	3	–	–	–	–	–	Benzene, 1-(4-methyl-4-pentenyl)-4-(trifluoromethyl)-	74672-15-4	**T8330**
173	153	133	174	27	186	172	39	**228**	100	17	15	10	8	8	8	6	**2.11**	13	15	–	–	–	–	3	–	–	–	–	–	Benzene, 1-(1,3-dimethyl-3-butenyl)-4-(trifluoromethyl)-	74672-14-3	**T8329**
173	172	131	29	41	228	39	91	**228**	100	36	29	26	24	24	23	21		17	24	–	–	–	–	–	–	–	–	–	–	Toluene, 3,5-bis(3-methyl-3-butenyl)-		**V0351**
173	174	228	160	199	187	227	200	**228**	100	23	20	20	10	9	8	8		14	16	1	2	–	–	–	–	–	–	–	–	2-Cyclohexyl-3,4-dihydro-4-oxoquinazoline		**M0496**
174	94	228	175	156	55	65	130	**228**	100	96	96	85	58	46	35	35		10	13	4	–	–	–	–	–	1	–	–	–	1,3,2-Dioxaphosphorinane, 4-methyl-2-phenoxy-, 2-oxide	19219-95-5	**08703**
178	159	109	228	93	209	143	69	**228**	100	57	56	49	49	38	24	17		5	–	–	–	1	–	7	–	–	–	–	–	Chloro-heptafluoro-cyclopentene		**A0404**
180	91	179	77	178	165	103	228	**228**	100	34	34	31	15	14	13	11		14	12	1	–	–	–	–	1	–	–	–	–	Benzene, styrylsulphinyl-	16619-62-8	**R6282**
181	152	210	182	76	51	86	151	**228**	100	37	30	17	15	14	13	12	**0.00**	14	12	3	–	–	–	–	–	–	–	–	–	Benzeneacetic acid, α-hydroxy-α-phenyl-	76-93-7	**P5740**
182	126	29	228	154	122	69	27	**228**	100	75	29	26	22	21	20	19		9	12	3	2	–	–	–	1	–	–	–	–	5-Pyrimidinecarboxylic acid, 2-(ethylthio)-1,4-dihydro-4-oxo-, ethyl ester	5518-76-3	**R1495**
182	228	153	181	210	152	127	183	**228**	100	64	52	48	40	37	28	24		14	12	3	–	–	–	–	–	–	–	–	–	4-Allyl-3-hydroxy-2-naphthoic acid		**P2026**
183	105	77	184	51	165	106	166	**228**	100	99	85	24	21	14	11	10	**1.23**	14	12	3	–	–	–	–	–	–	–	–	–	Benzeneacetic acid, α-hydroxy-α-phenyl-		**16761**
183	185	200	76	202	50	155	75	**228**	100	98	44	43	43	42	38	37	**25.42**	9	9	2	–	–	1	–	–	–	–	–	–	Benzoic acid, 3-bromo-, ethyl ester	24398-88-7	**H1873**
183	228	229	152	165	181	153	115	**228**	100	59	9	8	7	7	6	5		14	12	3	–	–	–	–	–	–	–	–	–	Benzeneacetic acid, α-(4-hydroxyphenyl)-		**15931**
185	200	128	228	129	157	186	127	**228**	100	71	38	35	34	33	29	21		14	12	3	–	–	–	–	–	–	–	–	–	Furano[3,2-c]-1,2-naphthaquinone, dihydro-3,9-dimethyl-		**M5923**
185	200	128	228	129	157	186	127	**228**	100	71	38	35	34	33	29	21		14	12	3	–	–	–	–	–	–	–	–	–	Naphtho[1,2-b]furan-4,5-dione, 2,3-dihydro-3,6-dimethyl-	23473-44-1	**S0208**
185	200	142	141	186	115	201	128	**228**	100	75	33	24	23	17	15	15	**1.40**	15	16	2	–	–	–	–	–	–	–	–	–	1,2-Naphthalenedione, 3,8-dimethyl-5-isopropyl-	5574-34-5	**09930**
185	200	142	141	201	186	115	228	**228**	100	53	22	17	16	16	10	9		15	16	2	–	–	–	–	–	–	–	–	–	1,2-Naphthalenedione, 3,8-dimethyl-5-isopropyl-		**M5921**
186	43	228	187	141	114	115	103	**228**	100	99	31	25	11	10	7	7		12	8	3	2	–	–	–	–	–	–	–	–	3-Quinolinecarbonitrile, 1-acetoxy-1,2-dihydro-2-oxo-		**05392**
186	228	187	52	76	103	130	158	**228**	100	12	6	5	5	5	5	5		11	8	2	4	–	–	–	–	–	–	–	–	Pyrazolo[5,1-c][1,2,4]benzotriazin-8-ol, acetate (ester)	16150-81-5	**R6058**
186	228	187	158	130	103	76	52	**228**	100	12	6	5	5	5	5	5		11	8	2	4	–	–	–	–	–	–	–	–	Pyrazolo[3,2-c][1,2,4]benzotriazin-8-ol, acetate		**M3856**
193	149	228	195	158	132	157	230	**228**	100	40	30	30	30	30	25	17		11	10	1	–	2	–	–	–	–	–	–	–	Cyclopropa[c]chromene, 9,9-dichloro-2-methyl-, trans-		**M5807**
193	149	228	195	158	132	157	230	**228**	100	35	30	30	30	30	25	17		11	10	1	–	2	–	–	–	–	–	–	–	Cyclopropa[c]chromene, 9,9-dichloro-2-methyl, cis-		**M5808**
193	195	197	61	123	73	62	230	**228**	100	96	32	21	20	17	16	16	**12.42**	7	4	–	–	4	–	–	–	–	–	–	–	Benzal chloride, 2,6-dichloro-		**03583**
193	195	197	123	61	159	96.5	97.5	**228**	100	95	31	19	12	11	10	9	**6.90**	7	4	–	–	4	–	–	–	–	–	–	–	Benzene, 1-chloro-2-(trichloromethyl)-		**Z1776**

MASS TO CHARGE RATIOS								M.W.	INTENSITIES								Parent	C	H	O	N	Cl	Br	F	S	P	B	Si	X	COMPOUND NAME	CAS Reg No	No
193	195	197	123	61	159	194	230	**228**	100	95	31	19	12	11	9	9	**6.91**	7	4	–	–	4	–	–	–	–	–	–	–	Benzene, 1-chloro-2-(trichloromethyl)-	2136-89-2	**Q7442**
195	193	123	159	229	157	87	197	**228**	100	94	32	30	25	25	24	23	**15.41**	7	4	–	–	4	–	–	–	–	–	–	–	Benzene, trichloro(chloromethyl)-	1344-32-7	**Q5918**
197	108	121	135	77	213	228	65	**228**	100	33	28	27	21	17	17	16		14	12	3	–	–	–	–	–	–	–	–	–	2-Hydroxy-2′-methoxybenzophenone		**L4794**
197	228	77	198	141	229	51	115	**228**	100	71	15	15	11	11	10	8		14	12	3	–	–	–	–	–	–	–	–	–	Benzoic acid, 4-phenoxy-, methyl ester	21218-94-0	**R9157**
197	228	108	77	51	198	229	120	**228**	100	89	27	25	22	18	18	13		14	12	3	–	–	–	–	–	–	–	–	–	Benzoic acid, 2-phenoxy-, methyl ester	21905-56-6	**R9432**
197	228	198	77	229	141	99	51	**228**	100	71	15	15	11	11	11	10		14	12	3	–	–	–	–	–	–	–	–	–	Benzoic acid, 4-phenoxy-, methyl ester		**L4835**
199	171	59	43	185	101	228	213	**228**	100	68	40	23	21	17	15	12		5	13	–	–	–	–	–	–	–	–	1	1	Silane, ethyl(iodomethyl)dimethyl-	18157-41-0	**R7403**
200	228	144	171	116	199	143	145	**228**	100	70	20	12	8	6	5	4		13	8	4	–	–	–	–	–	–	–	–	–	2′-Pyrano[5′,6′:3,4]coumarin, 4′-methyl-		**L2056**
201	120	147	175	121	174	149	27	**228**	100	92	66	58	29	27	10	1	**0.10**	8	12	–	–	–	–	–	–	–	–	–	1	Stannane, tetravinyl-		**L0766**
210	77	43	79	91	104	107	119	**228**	100	60	52	45	45	43	41	36	**25.00**	15	16	2	–	–	–	–	–	–	–	–	–	Phenylpropanol, 2-hydroxy-α-phenyl-	55539-49-6	**T1514**
210	77	79	104	105	91	107	119	**228**	100	86	57	56	55	52	47	46	**5.00**	15	16	2	–	–	–	–	–	–	–	–	–	Phenylpropanol, 2-hydroxy-α-phenyl-		**M1008**
210	120	105	155	228	91	167	168	**228**	100	67	44	42	42	40	40	36		16	20	1	–	–	–	–	–	–	–	–	–	2,5-Methano-1H-inden-7-ol, octahydro-7-phenyl-, (2α,3aβ,5α,7β)-	40571-14-0	**S6345**
210	195	167	228	69	169	184	53	**228**	100	65	49	41	40	34	30	18		10	12	6	–	–	–	–	–	–	–	–	–	Benzoic acid, 6-hydroxy-2,3,4-trimethoxy-	55162-39-5	**T0459**
211	44	43	74	73	42	41	198	**228**	100	67	63	39	33	32	31	29	**0.92**	13	28	1	2	–	–	–	–	–	–	–	–	1-Dodecanamine, N-methyl-N-nitroso-	55090-44-3	**T0220**
211	181	213	69	65	228	168	143	**228**	100	66	47	45	23	15	14	14		8	6	–	–	–	–	5	–	1	–	–	–	Phosphine, dimethyl(pentafluorophenyl)-	5075-61-6	**R1070**
211	198	74	69	212	84	73	83	**228**	100	35	28	25	22	20	19	19	**1.40**	13	28	1	2	–	–	–	–	–	–	–	–	1-Dodecanamine, N-methyl-N-nitroso-		**05897**
213	28	43	154	101	57	27	29	**228**	100	98	98	87	76	71	61	50	**21.00**	5	9	2	–	–	–	–	–	–	–	–	1	1,3-Dioxane, 5-iodo-2-methyl-, trans-	35878-02-5	**S5098**
213	119	91	228	134	135	39	65	**228**	100	88	51	41	29	28	21	18		15	16	2	–	–	–	–	–	–	–	–	–	Phenol, 2,4′-isopropylidenedi-	837-08-1	**Q4345**
213	135	228	214	119	91	65	39	**228**	100	46	27	16	15	7	6	5		15	16	2	–	–	–	–	–	–	–	–	–	Phenol, 4,4′-isopropylidenedi-		**C0643**
213	139	75	169	111	215	141	77	**228**	100	70	62	46	39	37	23	20	**7.01**	10	13	2	–	1	–	–	–	–	–	1	–	Benzoic acid, 4-chloro-, trimethylsilyl ester	25436-27-5	**S1080**
213	139	111	215	169	75	141	214	**228**	100	96	66	57	53	39	28	23	**18.59**	10	13	2	–	1	–	–	–	–	–	1	–	Benzoic acid, 3-chloro-, trimethylsilyl ester		**16756**
213	167	139	75	185	29	215	30	**228**	100	39	38	36	34	33	33	24	**10.90**	10	13	2	2	1	–	–	–	–	–	–	–	Aniline, 2-chloro-N,N-diethyl-4-nitro-	86-49-7	**P6304**
213	183	169	109	153	125	64	81	**228**	100	60	31	10	10	8	5	5	**0.00**	8	20	4	–	–	–	–	–	–	–	–	1	Ethanol, titanium(4+) salt	3087-36-3	**Q9009**
213	185	214	228	128	63	51	77	**228**	100	19	14	14	8	5	4	4		14	12	3	–	–	–	–	–	–	–	–	–	2H,8H-Benzo[1,2-b:3,4-b′]dipyran-2-one, 8,8-dimethyl-	523-59-1	**Q1606**
213	199	76	228	77	51	115	39	**228**	100	78	66	65	62	50	47	45		14	12	3	–	–	–	–	–	–	–	–	–	1,4-Naphthalenedione, 2-(1-butenyl)-3-hydroxy-	29366-43-6	**S2463**
213	215	135	228	230	214	183	185	**228**	100	98	35	26	25	11	10	10		10	13	1	–	–	1	–	–	–	–	–	–	Phenol, 2-bromo-4-tert-butyl-		**Z1769**
213	228	119	214	91	57	29	45	**228**	100	26	25	14	13	12	11	9		15	16	2	–	–	–	–	–	–	–	–	–	Phenol, 4,4′-isopropylidenedi-	80-05-7	**P6023**
213	228	119	214	91	99	28	65	**228**	100	24	19	15	8	8	5	4		15	16	2	–	–	–	–	–	–	–	–	–	Phenol, 4,4′-isopropylidenedi-		**Z1778**
213	228	214	128	171	129	115	99	**228**	100	29	17	12	12	10	9	8		16	20	1	–	–	–	–	–	–	–	–	–	as-Indacen-1(2H)-one, 3,6,7,8-tetrahydro-3,3,6,6-tetramethyl-	55591-18-9	**T1685**
214	228	171	215	28	229	153	116	**228**	100	82	19	16	16	13	11	9		15	16	2	–	–	–	–	–	–	–	–	–	2-Naphthalenecarboxaldehyde, 3-hydroxy-8-isopropyl-5-methyl-	18478-73-4	**09929**
222	91	195	194	221	119	65	149	**228**	100	93	73	70	70	70	66	53	**0.00**	14	12	3	–	–	–	–	–	–	–	–	–	Benzoic acid, 2-methyl-2′-phenoxy-		**L4802**
227	151	228	77	105	213	69	51	**228**	100	86	74	31	19	12	11	9		14	12	3	–	–	–	–	–	–	–	–	–	2,4-Dihydroxy-5-methylbenzophenone		**F0422**
227	151	228	77	105	229	51	152	**228**	100	94	81	23	15	12	9	9		14	12	3	–	–	–	–	–	–	–	–	–	2-Hydroxy-4-methoxybenzophenone		**C1601**
227	151	228	77	210	105	69	152	**228**	100	68	52	26	18	16	10	8		14	12	3	–	–	–	–	–	–	–	–	–	2,4-Dihydroxy-6-methylbenzophenone		**F0421**
228	42	187	160	146	91	163	119	**228**	100	76	75	29	28	23	16	15		9	7	–	4	–	–	3	–	–	–	–	–	Pteridine, 6,7-dimethyl-4-(trifluoromethyl)-	23658-19-7	**S0308**
228	91	184	77	65	141	51	183	**228**	100	74	61	56	31	22	17	17		14	12	3	–	–	–	–	–	–	–	–	–	Carbonic acid, 3-methylphenyl phenyl ester	17146-02-0	**R6647**
228	101	69	127	230	159	32	63	**228**	100	46	17	8	5	4	3	3		–	–	–	–	–	–	2	1	1	–	–	1	Iodophosphinothioic acid difluoride		**L4070**
228	106	163	151	178	177	179	77	**228**	100	63	55	35	13	12	11	5		13	12	2	2	–	–	–	–	–	–	–	–	Aniline, 4-[(4-nitrophenyl)methyl]-	726-17-0	**Q3866**
228	106	178	177	179	163	77	139	**228**	100	43	13	11	11	6	5	5		13	12	2	2	–	–	–	–	–	–	–	–	Aniline, 4-[(4-nitrophenyl)methyl]-	726-17-0	**Q3867**
228	108	135	227	120	121	229	77	**228**	100	97	40	37	27	18	14	13		14	12	3	–	–	–	–	–	–	–	–	–	2-Hydroxy-4′-methoxybenzophenone	18733-07-8	**09634**
228	119	111	229	110	90	92	211	**228**	100	22	19	17	11	9	8	6		12	8	1	2	–	–	–	1	–	–	–	–	3,4-Dihydro-4-oxo-2-(2-thienyl)quinazoline		**M0492**
228	124	202	59	227	229	137	150	**228**	100	80	77	65	40	30	23	22		13	13	–	–	–	–	–	–	–	–	–	1	Cobalt, [(1,2,5,6-η)-1,3,5,7-cyclooctatetraene](η^(5)-2,4-cyclopentadien-1-yl)-	12110-49-5	**R4049**
228	126	100	115	171	200	227		**228**	100	16	15	11	10	7	5			13	8	4	–	–	–	–	–	–	–	–	–	2,3-Dihydroxyxanthone		**M5356**
228	142	56	86	115	137	227	143	**228**	100	78	78	56	42	35	31	26		14	16	1	2	–	–	–	–	–	–	–	–	4-Morpholineacetonitrile, α-styryl-	19543-81-8	**R8191**
228	147	229	91	119	148	189	81	**228**	100	46	15	11	10	5	4	4		14	12	3	–	–	–	–	–	–	–	–	–	Furan, 2,5-difurfuryl-		**M6500**
228	156	91	171	129	157	158	115	**228**	100	81	71	71	62	45	36	34		16	20	1	–	–	–	–	–	–	–	–	–	2(1H)-Naphthalenone, octahydro-4a-phenyl-, trans-	22844-36-6	**R9965**
228	156	155	184	91	229	157	185	**228**	100	75	25	23	16	13	10	3		14	12	3	–	–	–	–	–	–	–	–	–	Carbonic acid, 4-methylphenyl phenyl ester	13183-20-5	**R4336**
228	156	171	91	129	157	158	104	**228**	100	84	63	58	50	45	35	29		16	20	1	–	–	–	–	–	–	–	–	–	2(1H)-Naphthalenone, octahydro-4a-phenyl-, cis-	22844-37-7	**R9967**
228	173	105	132	210	200			**228**	100	99	56	50	22	20				16	20	1	–	–	–	–	–	–	–	–	–	trans-7-Methyl-1,2,3,4,4a,10,11,11a-octahydro-5H-dibenzo[a,d]cyclohepten-5-one		**M1014**
228	182	153	181	152	183	127	139	**228**	100	99	41	26	23	20	16	15		14	12	3	–	–	–	–	–	–	–	–	–	2-Methyl-1,2-dihydronaphtho[2,1-b]furan-4-carboxylic acid		**P2028**
228	185	56	129	121	213	186	71	**228**	100	62	50	27	20	13	12	10		12	12	1	–	–	–	–	–	–	–	–	1	Ferrocene, acetyl-	1271-55-2	**Q5885**
228	185	142	213	155				**228**	100	65	58	26	19					13	12	2	2	–	–	–	–	–	–	–	–	2(Or 3)-Methyl-3(or 4)-cyano-6,7-dimethoxyisoquinoline		**L6817**
228	185	142	213	158	127	170		**228**	100	65	60	25	19	9	6			13	12	2	2	–	–	–	–	–	–	–	–	2-Methyl-3-cyano-6,7-dimethoxyquinoline		**L7816**
228	186	185	157	130	158			**228**	100	66	65	35	28	18				14	16	1	2	–	–	–	–	–	–	–	–	Azepino[2,3-b]indole, 1-acetyl-1,2,3,4,5,10-hexahydro-		**M3092**

MASS TO CHARGE RATIOS								M.W.	INTENSITIES								Parent	C	H	O	N	Cl	Br	F	S	P	B	Si	X	COMPOUND NAME	CAS Reg No	No
228	187	42	160	146	91	119	100	**228**	100	77	77	30	28	24	17	13		9	7	–	4	–	–	3	–	–	–	–	–	**Pteridine, 6,7-dimethyl-4-(trifluoromethyl)-**		**M4017**
228	197	103	77	170	169	51	115	**228**	100	95	51	50	38	28	27	25		13	12	2	2	–	–	–	–	–	–	–	–	**1H-Imidazole-4-carboxylic acid, 1-styryl-, methyl ester, (E)-**	56382-64-0	**T3585**
228	197	121	91	229	213	77	152	**228**	100	32	30	22	17	16	12	9		15	16	2	–	–	–	–	–	–	–	–	–	**Benzene, 1-methoxy-2-[(4-methoxyphenyl)methyl]-**	30567-87-4	**09633**
228	197	141	77	169	51	115	229	**228**	100	74	36	30	22	21	19	18		14	12	3	–	–	–	–	–	–	–	–	–	**Methyl 3-phenoxybenzoate**		**C1789**
228	197	170	143	142	64	15	158	**228**	100	80	64	24	20	13	12	10		11	8	2	4	–	–	–	–	–	–	–	–	**1,3,6,9b-Tetraazaphenalene-4-carboxylic acid, methyl ester**	37550-69-9	**S5516**
228	213	76	77	51	128	50	129	**228**	100	97	32	30	22	21	20	20		14	12	3	–	–	–	–	–	–	–	–	–	**1,4-Naphthalenedione, 2-hydroxy-3-(2-methyl-1-propenyl)-**	15297-99-1	**R5679**
228	213	142	158	185	201	127	170	**228**	100	48	40	35	32	30	19	17		13	12	2	2	–	–	–	–	–	–	–	–	**2-Amino-1-cyano-6,7-dimethoxynaphthalene**		**L7815**
228	213	185	229	139	28	184	212	**228**	100	32	25	14	9	8	6	5		14	12	3	–	–	–	–	–	–	–	–	–	**Benzoic acid, 4-(4-methoxyphenyl)-**		**F0394**
228	226	42	227	225	224	121	230	**228**	100	55	45	36	32	26	19	19		7	8	–	4	–	–	–	–	–	–	–	1	**Purine-6(1H)-selenone-, 3,7-dimethyl-**	23663-58-3	**S0313**
228	226	44	114	18	113	227	224	**228**	100	21	19	12	7	6	6	5		18	12	–	–	–	–	–	–	–	–	–	–	**Naphthacene**		**D0028**
228	226	227	113	229	112	114	101	**228**	100	45	34	31	19	10	10	10		18	12	–	–	–	–	–	–	–	–	–	–	**Benzo[c]phenanthrene**		**Y1237**
228	226	229	113	114	101	227	100	**228**	100	25	20	18	17	10	9	8		18	12	–	–	–	–	–	–	–	–	–	–	**Chrysene**		**Y1486**
228	226	229	113	114	217	227	100	**228**	100	22	21	17	15	12	8	7		18	12	–	–	–	–	–	–	–	–	–	–	**Triphenylene**		**Y1018**
228	226	229	113	227	114	112	224	**228**	100	27	19	17	13	12	7	6		18	12	–	–	–	–	–	–	–	–	–	–	**Triphenylene**	217-59-4	**Q0073**
228	226	229	113	227	114	224	100	**228**	100	24	20	14	12	11	6	5		18	12	–	–	–	–	–	–	–	–	–	–	**Triphenylene**	217-59-4	**Q0071**
228	226	229	114	113	44	101	227	**228**	100	20	19	15	13	10	7	6		18	12	–	–	–	–	–	–	–	–	–	–	**Chrysene**		**V0172**
228	227	62	63	199	65	141	169	**228**	100	80	57	51	23	9	7	5		8	5	3	–	–	1	–	–	–	–	–	–	**Benzaldehyde, 2-bromo-4,5-methylenedioxy-**		**L3677**
228	227	226	229	113	224	114	113.5	**228**	100	51	45	17	17	10	10	10		18	12	–	–	–	–	–	–	–	–	–	–	**Cyclopenta[cd]pyrene, 3,4-dihydro-**		**16526**
228	227	229	171	200	168	114	230	**228**	100	34	18	13	8	7	7	6		13	8	2	–	–	–	–	1	–	–	–	–	**9-Oxa-thioxanthene, 5-oxo-**		**D0953**
228	229	114	226	113	101	100	227	**228**	100	30	25	22	13	9	7	7		18	12	–	–	–	–	–	–	–	–	–	–	**Naphthacene**	92-24-0	**H0178**
228	229	186	114	227	230	213	187	**228**	100	16	9	8	7	6	5	4		13	12	–	2	–	–	–	1	–	–	–	–	**Thiazolo[4,5-f]quinoline, 2,7,9-trimethyl-**	38463-39-7	**S5845**
228	229	186	227	213	230	187	114	**228**	100	15	13	8	6	6	5	4		13	12	–	2	–	–	–	1	–	–	–	–	**Thiazolo[5,4-f]quinoline, 2,7,9-trimethyl-**	38463-47-7	**S5848**
228	229	201	114	87	200	227	101	**228**	100	20	12	11	9	9	8	8		16	8	–	2	–	–	–	–	–	–	–	–	**3,6-Dicyanophenanthrene**		**L3348**
228	229	201	114	87	200	227	226	**228**	100	19	11	10	9	8	8	7		16	8	–	2	–	–	–	–	–	–	–	–	**3,6-Dicyanophenanthrene**		**01262**
228	229	226	114	113	101	100	112	**228**	100	19	19	18	13	7	6	5		18	12	–	–	–	–	–	–	–	–	–	–	**Benz[a]anthracene**		**Y1017**
228	229	226	114	113	101	215	227	**228**	100	19	19	18	10	8	6	6		18	12	–	–	–	–	–	–	–	–	–	–	**Naphthacene**		**D0799**
228	229	227	94	95	77	93	135	**228**	100	63	57	19	17	16	16	15		13	12	–	2	–	–	–	1	–	–	–	–	**Thiourea, N,N′-diphenyl-**	102-08-9	**P7534**
228	230	30	76	104	149	15	80	**228**	100	96	95	75	64	64	60	59		7	5	2	2	–	1	–	–	–	–	–	–	**Benzofurazan, 4-bromo-5-methoxy-**	4413-55-2	**R0412**
228	230	149	193	114	113	115	151	**228**	100	68	24	16	14	13	13	13		10	6	–	–	2	–	–	1	–	–	–	–	**Thiophene, 2-(2,4-dichlorophenyl)-**	75601-32-0	**T8996**
228	230	194	164	229	196	232	101	**228**	100	66	55	16	14	13	13	12		10	6	2	–	2	–	–	–	–	–	–	–	**2,7-Naphthalenediol, 1,8-dichloro-**	3024-25-7	**Q8933**
229	230	201	185	231	113	183	126	**228**	100	9	9	6	5	5	4	3	**0.31**	9	12	3	2	–	–	–	1	–	–	–	–	**5-Pyrimidinecarboxylic acid, 2-(ethylthio)-1,4-dihydro-4-oxo-, ethyl ester**	5518-76-3	**R1496**
28	186	130	131	229	41	115	56	**229**	100	61	59	46	38	34	24	23		16	23	–	1	–	–	–	–	–	–	–	–	**2-Naphthylamine, N-cyclohexyl-1,2,3,4-tetrahydro-**	23853-48-7	**H1865**
41	43	29	68	42	71	28	27	**229**	100	98	93	72	56	51	49	49	**8.00**	9	16	–	5	1	–	–	–	–	–	–	–	**1,3,5-Triazine-2,4-diamine, 6-chloro-N-tert-butyl-N′-ethyl-**	5915-41-3	**R1899**
41	69	39	40	38	161	163	68	**229**	100	87	41	39	21	21	14	11	**5.45**	10	9	1	1	2	–	–	–	–	–	–	–	**Cyclopropanecarboxamide, N-(3,4-dichlorophenyl)-**	2759-71-9	**Q8615**
41	69	39	40	229	63	70	42	**229**	100	99	26	7	7	5	5	5		10	9	1	1	2	–	–	–	–	–	–	–	**2-Propenamide, N-(3,4-dichlorophenyl)-2-methyl-**	2164-09-2	**Q7525**
43	140	199	135	157	65	108	31	**229**	100	72	72	67	57	52	52	38	**21.00**	8	11	3	3	–	–	–	1	–	–	–	–	**Benzenesulphonic acid, 4-(acetylamino)-, hydrazide**	3989-50-2	**Q9980**
43	143	187	229	145	45	169	170	**229**	100	96	67	57	34	27	26	26		10	12	3	1	1	–	–	–	–	–	–	–	**Carbamic acid, (3-chloro-4-hydroxyphenyl)-, isopropyl ester**	28705-96-6	**S2178**
43	229	55	186	172	130	158	187	**229**	100	43	38	33	21	20	20	14		15	19	1	1	–	–	–	–	–	–	–	–	**8-Acetyl-2,3,4,4a,9,9a-hexahydro-4a-methyl-1H-carbazole**	53155-57-0	**S8330**
44	55	214	41	198	56	182	69	**229**	100	4	4	4	3	3	2	2	**1.00**	13	27	2	1	–	–	–	–	–	–	–	–	**Dodecanoic acid, 11-amino-, methyl ester**	56817-92-6	**T4211**
46	30	28	44	93	91	79	81	**229**	100	93	43	22	12	11	4	4	**0.00**	1	–	6	3	–	1	–	–	–	–	–	–	**Bromotrinitromethane**	560-95-2	**Q2086**
55	126	31	127	39	110	29	57	**229**	100	99	97	93	90	87	81	81	**9.00**	9	11	6	1	–	–	–	–	–	–	–	–	**Maleimide, 2β-D-ribofuranosyl-**	16755-07-0	**R6450**
56	57	43	41	55	69	29	83	**229**	100	74	68	63	54	45	31	22	**0.00**	13	27	2	1	–	–	–	–	–	–	–	–	**4-Oxatetradecanamide**		**00020**
58	43	41	42	68	69	214	44	**229**	100	82	48	45	39	33	30	20	**14.09**	9	16	–	5	1	–	–	–	–	–	–	–	**1,3,5-Triazine-2,4-diamine, 6-chloro-N,N′-diisopropyl-**	139-40-2	**P9749**
58	62	229	91	63	61	59	60	**229**	100	40	35	23	14	13	12	9		6	3	7	3	–	–	–	–	–	–	–	–	**Picric acid**		**D0883**
64	28	186	130	131	229	41	115	**229**	100	58	36	34	27	22	20	14		16	23	–	1	–	–	–	–	–	–	–	–	**2-Naphthylamine, N-cyclohexyl-1,2,3,4-tetrahydro-**		**00118**
68	229	231	133	161	230	233	232	**229**	100	35	19	4	4	4	4	3		10	9	1	1	2	–	–	–	–	–	–	–	**2-Propenamide, N-(3,4-dichlorophenyl)-N-methyl-**	56247-87-1	**T3151**
69	41	39	18	40	63	229	38	**229**	100	97	49	17	12	12	11	8		10	9	1	1	2	–	–	–	–	–	–	–	**2-Propenamide, N-(3,4-dichlorophenyl)-2-methyl-**	2164-09-2	**Q7524**
69	41	39	161	18	163	17	63	**229**	100	98	50	46	37	29	13	9	**8.70**	10	9	1	1	2	–	–	–	–	–	–	–	**Cyclopropanecarboxamide, N-(3,4-dichlorophenyl)-**	2759-71-9	**Q8614**
69	82	159	63	61	90	101	44	**229**	100	70	37	26	20	16	15	11	**0.00**	2	–	–	1	2	–	3	2	–	–	–	–	**N-Trifluoromethylthio(chlorothio)chloromethimine**		**P2260**
73	227	45	228	75	141	184	212	**229**	100	84	40	25	25	22	20	10	**0.00**	9	8	4	1	1	–	–	–	–	–	–	–	**3-(2,5-Dioxacyclopentyl)-4-chloronitrobenzene**		**M5658**
78	28	52	51	40	26	77	104	**229**	100	35	15	13	12	12	11	10	**0.50**	13	11	3	1	–	–	–	–	–	–	–	–	**Tricyclo[4.2.2.0(5,8)]oct-9-ene-2,3-dicarboxylic anhydride, 6-cyano-**		**E0006**
78	52	51	104	130	77	50	79	**229**	100	30	28	20	20	19	15	14	**2.50**	13	11	3	1	–	–	–	–	–	–	–	–	**Tricyclo[4.2.2.0(2,5)]dec-9-ene-7,8-dicarboxylic anhydride, 3-cyano-**	20185-26-6	**R8544**
83	73	55	170	75	53	54	214	**229**	100	90	74	65	38	13	13	13	**7.80**	10	19	3	1	–	–	–	–	–	–	1	–	**Glycine, N-(2-methyl-1-oxo-2-butenyl)-, trimethylsilyl ester, (E)-**	55517-35-6	**T1292**

MASS TO CHARGE RATIOS								M.W.	INTENSITIES								Parent	C	H	O	N	Cl	Br	F	S	P	B	Si	X	COMPOUND NAME	CAS Reg No	No
83	73	82	75	55	170	29	229	**229**	100	49	41	23	22	18	13	12		10	19	3	1	–	–	–	–	–	–	1	–	**Glycine, N-(3-methyl-1-oxo-2-butenyl)-, trimethylsilyl ester**	54824-02-1	**S9676**
83	82	73	75	170	229	139	84	**229**	100	41	37	16	13	10	8	6		10	19	3	1	–	–	–	–	–	–	1	–	**Glycine, N-(3-methyl-1-oxo-2-butenyl)-, trimethylsilyl ester**	54824-02-1	**S9677**
87	93	125	58	47	229	79	63	**229**	100	82	81	47	43	39	35	34		5	12	3	1	–	–	–	2	1	–	–	–	**Phosphorodithioic acid, O,O-dimethyl S-[2-(methylamino)-2-oxoethyl] ester**	60-51-5	**P5052**
91	155	108	165	43	56	65	84	**229**	100	46	41	31	26	25	23	22	**0.00**	9	11	4	1	–	–	–	1	–	–	–	–	**Carbamic acid, [(4-methylphenyl)sulphonyl]-, methyl ester**	14437-03-7	**R5207**
91	155	108	165	171	107	197		**229**	100	46	41	31	8	5	5		**0.90**	9	11	4	1	–	–	–	1	–	–	–	–	**Carbamic acid, [(4-methylphenyl)sulphonyl]-, methyl ester**		**M2246**
93	67	55	229	41	94	77	109	**229**	100	20	17	12	10	9	9	8		15	19	1	1	–	–	–	–	–	–	–	–	**Cyclopentanecarboxamide, 3-vinyl-2-methyl-N-phenyl-**	74810-27-8	**T8679**
93	95	110	229	67	81	119	136	**229**	100	84	46	31	6	4	3	2		13	11	3	1	–	–	–	–	–	–	–	–	**N-Phenyl-2-fur-3-oylacetamide**		**M3055**
93	95	110	229	81	67	137	136	**229**	100	64	53	27	6	5	5	5		13	11	3	1	–	–	–	–	–	–	–	–	**N-Phenyl-2-fur-2-oylacetamide**		**M3049**
116	115	69	77	91	103	132	39	**229**	100	44	12	12	12	9	9	8	**8.00**	11	10	1	1	–	–	3	–	–	–	–	–	**trans-1,1,1-Trifluoro-N-(2-phenylcyclopropyl)acetamide**		**16005**
126	55	31	39	110	29	211	73	**229**	100	99	97	90	87	81	77	63	**9.00**	9	11	6	1	–	–	–	–	–	–	–	–	**Maleimide, 2β-D-ribofuranosyl-**		**L8238**
130	100	86	101	142	85	88	131	**229**	100	49	17	17	12	11	9	9	**1.00**	12	23	3	1	–	–	–	–	–	–	–	–	**Acetamide, N-[3-(acetyloxy)propyl]-N-pentyl-**	55191-04-3	**T0535**
136	77	103	150	90	104	43	51	**229**	100	70	60	56	44	43	39	32	**19.00**	8	8	2	1	–	1	–	–	–	–	–	–	**Benzene, 1-(2-bromoethyl)-3-nitro-**	16799-04-5	**R6465**
136	137	229	230	138	108	139	93	**229**	100	73	19	19	8	5	4	3		13	9	2	–	–	–	–	1	–	–	–	–	**Benzoic acid, 2-mercapto-, phenyl ester, ion(1-)**	61233-65-6	**T5673**
140	141	126	86	46	42	91	155	**229**	100	46	12	12	12	12	12	12	**0.00**	15	19	1	1	–	–	–	–	–	–	–	–	**N,N-Diethyl-O-(1-naphthylmethyl)hydroxylamine**		**02535**
141	142	127	87	46	42	115	156	**229**	100	47	13	13	13	13	12	12	**0.70**	15	19	1	1	–	–	–	–	–	–	–	–	**N,N-Diethyl O-(1-naphthylmethyl)hydroxylamine**		**B1533**
142	169	170	96	229	97	198	212	**229**	100	52	38	34	28	11	6	6		9	11	4	1	–	–	–	1	–	–	–	–	**Methyl α-methyl-β-(5-nitro-3-thienyl)propanoate**		**L5534**
143	43	229	169	145	45	187	170	**229**	100	79	49	43	40	31	25	21		10	12	3	1	1	–	–	–	–	–	–	–	**Carbamic acid, (3-chloro-2-hydroxyphenyl)-, isopropyl ester**	34061-86-4	**S4543**
143	43	229	187	170	145	169	231	**229**	100	91	64	36	35	31	28	21		10	12	3	1	1	–	–	–	–	–	–	–	**Carbamic acid, (3-chloro-5-hydroxyphenyl)-, isopropyl ester**	34061-87-5	**S4544**
143	169	45	43	78	145	113	171	**229**	100	91	64	63	45	32	31	30	**21.02**	10	12	3	1	1	–	–	–	–	–	–	–	**Carbamic acid, (5-chloro-2-hydroxyphenyl)-, isopropyl ester**	27898-06-2	**S1915**
144	130	158	229	143	145	200	117	**229**	100	57	36	18	17	14	12	11		16	23	–	1	–	–	–	–	–	–	–	–	**3-sec-Octylindole**		**L2178**
150	44	122	229	79	42	77	39	**229**	100	80	72	45	32	30	30	26		11	19	2	1	–	–	–	1	–	–	–	–	**1,3-Cyclooctadien-1-amine, N,N-dimethyl-4-(methylsulphonyl)-**	56666-53-6	**T4020**
150	77	78	104	103	30	136	51	**229**	100	69	61	51	50	44	44	41	**37.03**	8	8	2	1	–	1	–	–	–	–	–	–	**Benzene, 1-(2-bromoethyl)-4-nitro-**	5339-26-4	**R1317**
150	77	103	104	78	136	51	229	**229**	100	66	44	37	35	32	27	22		8	8	2	1	–	1	–	–	–	–	–	–	**Benzene, 1-(2-bromoethyl)-4-nitro-**	5339-26-4	**R1316**
150	136	77	103	104	121	78	90	**229**	100	68	62	48	48	34	30	28	**25.02**	8	8	2	1	–	1	–	–	–	–	–	–	**Benzene, 1-(2-bromoethyl)-3-nitro-**	16799-04-5	**R6466**
152	116	180	154	100	182	73	79	**229**	100	62	45	38	22	18	15	15	**0.10**	6	17	–	1	2	–	–	–	–	–	2	–	**Silanamine, 1-(chloromethyl)-N-[(chloromethyl)dimethylsilyl]-1,1-dimethyl-**	14579-91-0	**R5280**
157	142	29	28	27	129	44	32	**229**	100	98	65	60	46	34	32	26	**5.55**	9	15	4	3	–	–	–	–	–	–	–	–	**1,4-Diethyl-2-ethoxycarbonyl-1,2,4-triazolidin-3,5-dione**		**P2812**
170	28	32	172	171	156	29	41	**229**	100	59	44	22	14	13	10	10	**0.99**	13	27	2	1	–	–	–	–	–	–	–	–	**Norleucine, 2-butyl-N,N-dimethyl-, methyl ester**	6141-47-5	**R2097**
170	169	77	144	229	51	212	214	**229**	100	69	49	40	37	29	26	26		13	15	1	3	–	–	–	–	–	–	–	–	**anti-Isopropyl-1-phenyl-pyrazol-4-yl ketoxime**		**L8834**
174	186	229	172	42	173	214	55	**229**	100	83	81	17	13	12	11	11		14	15	2	1	–	–	–	–	–	–	–	–	**5H-Pyrano[3,2-c]quinolin-5-one, 2,3,4,6-tetrahydro-2,2-dimethyl-**		**L2832**
174	186	229	172	43	173	214	55	**229**	100	84	81	17	13	12	12	11		14	15	2	1	–	–	–	–	–	–	–	–	**5H-Pyrano[3,2-c]quinolin-5-one, 2,3,4,6-tetrahydro-2,2-dimethyl-**	6391-66-8	**R2286**
174	229	129	77	230				**229**	100	79	50	40	13					12	11	–	3	–	–	–	1	–	–	–	–	**3-Ethyl-4-phenylthiazolo[2,3-c]-s-triazole**		**M6121**
174	229	186	200	92	104	132	120	**229**	100	78	70	10	6	6	6	6		14	15	2	1	–	–	–	–	–	–	–	–	**Khaplofoline**		**M2483**
181	180	212	229	198	213	152	182	**229**	100	76	42	35	30	27	17	13		13	11	1	1	–	–	–	1	–	–	–	–	**Phenothiazine, 10-methyl-, 5-oxide**	2234-09-5	**Q7688**
181	180	212	229	198	213	152	186	**229**	100	78	43	35	32	28	17	14		13	11	1	1	–	–	–	1	–	–	–	–	**Phenothiazine, 10-methyl-, 5-oxide**		**M3884**
183	152	142	97	198	170	96	169	**229**	100	48	36	30	27	25	19	8	**7.16**	9	11	4	1	–	–	–	1	–	–	–	–	**Methyl α-methyl-β-(2-nitro-3-thienyl)propanoate**		**L5535**
183	185	150	16	46	79	81	26	**229**	100	98	40	36	30	26	25	19	**0.00**	1	–	6	3	–	1	–	–	–	–	–	–	**Bromotrinitromethane**	560-95-2	**09640**
186	130	229	144	187	143	128	29	**229**	100	27	22	19	12	9	9	7		16	23	–	1	–	–	–	–	–	–	–	–	**1H-Indole, 1,3-dibutyl-**	55191-12-3	**T0540**
194	90	120	51	89	91	39	77	**229**	100	88	55	36	36	36	30	26	**15.00**	9	8	4	1	1	–	–	–	–	–	–	–	**Benzoyl chloride, 5-methoxy-4-methyl-2-nitro-**	74810-81-4	**T8733**
194	166	75	111	74	110	102	196	**229**	100	95	93	79	47	45	36	35	**21.02**	8	5	1	3	2	–	–	–	–	–	–	–	**1,2,3-Benzotriazin-4(3H)-one, 6-chloro-3-(chloromethyl)-**	24310-42-7	**S0539**
194	196	18	198	133	124	97	135	**229**	100	99	37	34	17	16	12	11	**4.00**	6	3	–	1	4	–	–	–	–	–	–	–	**Pyridine, 2-chloro-6-(trichloromethyl)-**	1929-82-4	**Q7093**
200	186	229	214	202	43	72	68	**229**	100	61	60	59	34	33	33	31		9	16	–	5	1	–	–	–	–	–	–	–	**1,3,5-Triazine-2,4-diamine, 6-chloro-N,N,N′-triethyl-**	1912-26-1	**Q7003**
201	186	158	200	184	159	115	143	**229**	100	85	76	65	62	42	24	24	**11.80**	14	15	2	1	–	–	–	–	–	–	–	–	**1H-Indole-1-acetaldehyde, 2,3-dihydro-3,3-dimethyl-2-(2-oxoethylidene)-**	63455-65-2	**T6265**
212	124	105	77	229	213	152	125	**229**	100	70	20	15	15	14	11	7		15	19	1	1	–	–	–	–	–	–	–	–	**2-Buten-1-one, 1-phenyl-3-(1-piperidinyl)-**	4620-54-6	**R0651**
212	124	105	213	84	229	77	152	**229**	100	70	21	20	15	15	14	11		15	19	1	1	–	–	–	–	–	–	–	–	**2-Buten-1-one, 1-phenyl-3-(1-piperidinyl)-**	4620-54-6	**R0650**
212	124	213	152	77	105	229	84	**229**	100	61	25	23	21	19	13	13		15	19	1	1	–	–	–	–	–	–	–	–	**2-Buten-1-one, 1-phenyl-3-(1-piperidinyl)-**		**L1421**
214	58	229	172	43	187	216	41	**229**	100	83	83	51	42	25	31	28		9	16	–	5	1	–	–	–	–	–	–	–	**1,3,5-Triazine-2,4-diamine, 6-chloro-N,N′-diisopropyl-**	139-40-2	**P9748**
214	216	215	218	42	217	151	85	**229**	100	65	15	14	10	10	8	7	**0.00**	9	9	–	3	2	–	–	–	–	–	–	–	**Pyridine, 2,6-dichloro-4-(4,5-dihydro-5-methyl-1H-pyrazol-1-yl)-**	41512-17-8	**S6664**
214	229	121	120	159	215	131	186	**229**	100	90	60	28	23	16	15	15		13	11	3	1	–	–	–	–	–	–	–	–	**1,2-Dihydro-3-acetyl-9H-pyrrolo[2,1-b][1,3]-benzoxazin-9-one**		**L4001**
225	127	196	141	128	41	224	155	**229**	100	53	42	36	27	27	22	22	**2.52**	16	23	–	1	–	–	–	–	–	–	–	–	**N-(1,2,3,4-Tetrahydro-2-naphthyl)perhydroazepine**		**00261**
229	18	214	17	230	186	28	215	**229**	100	74	46	16	15	14	11	7		13	11	1	1	–	–	–	1	–	–	–	–	**Phenothiazine, 3-methoxy-**	1771-19-3	**Q6710**
229	30	62	91	69	199	53	44	**229**	100	76	29	24	21	19	14	11		6	3	7	3	–	–	–	–	–	–	–	–	**Picric acid**	88-89-1	**P6471**
229	63	62	173	230	201	174	172	**229**	100	74	20	17	15	13	12	12		12	7	2	1	–	–	–	1	–	–	–	–	**4,9-Dihydro-8-amino-4,9-dioxonaphtho[2,3-b]thiophene**		**D2490**
229	77	93	196	119	180	198	199	**229**	100	94	75	69	62	62	62	62		15	19	1	1	–	–	–	–	–	–	–	–	**Methyl N-phenylcyclohexylideneacetoimidate**		**P3344**
229	84	200	146	83	228	230	85	**229**	100	50	30	29	26	24	18	18		14	15	2	1	–	–	–	–	–	–	–	–	**3-Piperidinochromone**		**00562**
229	104	117	116	115	103	77	78	**229**	100	80	52	36	35	22	21	17		11	10	1	1	–	–	3	–	–	–	–	–	**Isoquinoline, 1,2,3,4-tetrahydro-2-(trifluoroacetyl)-**	55649-51-9	**T1744**
229	121	56	211	138	146	73	230	**229**	100	75	64	58	46	45	40	37		11	11	1	1	–	–	–	–	–	–	–	1	**Ferrocene, [(hydroxyimino)methyl]-, (Z)-**		**06658**

MASS TO CHARGE RATIOS								M.W.	INTENSITIES								Parent	C	H	O	N	Cl	Br	F	S	P	B	Si	X	COMPOUND NAME	CAS Reg No	No
229	121	56	211	138	185	73	230	**229**	100	75	64	58	47	47	41	37		11	11	1	1	–	–	–	–	–	–	–	1	Ferrocene, [(hydroxyimino)methyl]-, (Z)-	32679-08-6	S3820
229	121	185	211	230	138	56	164	**229**	100	64	63	59	53	41	40	26		11	11	1	1	–	–	–	–	–	–	–	1	Ferrocene, [(hydroxyimino)methyl]-, (E)-		06657
229	121	185	211	230	138	56	212	**229**	100	62	61	60	53	41	39	37		11	11	1	1	–	–	–	–	–	–	–	1	Ferrocene, [(hydroxyimino)methyl]-, (E)-	32679-07-5	S3819
229	151	83	69	110	152	96	230	**229**	100	94	63	56	54	52	47	28		16	23	–	1	–	–	–	–	–	–	–	–	3-Phenyl-9-methylaminobicyclo[3.3.1]nonane		M2055
229	166	231	202	139	164	63	140	**229**	100	40	31	22	19	16	15	15		13	8	1	1	1	–	–	–	–	–	–	–	4-Chloracridin-7-one		P3498
229	173	155	93	201	66	92	156	**229**	100	93	45	33	30	22	22	12		10	16	3	1	–	–	–	–	1	–	–	–	Phosphoramidic acid, phenyl-, diethyl ester	1445-38-1	Q5981
229	188	69	142	102	114	187	230	**229**	100	91	58	23	15	14	14	14		7	7	2	3	–	–	–	2	–	–	–	–	2-(Ethylthio)-7-hydroxy-5H-1,3,4-thiadiazolo[3,2-a]pyrimidin-5-one		14982
229	214	18	186	230	17	215	28	**229**	100	70	55	17	16	12	11	9		13	11	1	1	–	–	–	1	–	–	–	–	Phenothiazine, 1-methoxy-	1576-70-1	Q6245
229	214	41	186	230	215	93	231	**229**	100	71	50	18	16	11	8	6		13	11	1	1	–	–	–	1	–	–	–	–	Phenothiazine, 1-methoxy-	1576-70-1	Q6246
229	214	186	230	115	215	93	231	**229**	100	70	18	15	12	11	9	6		13	11	1	1	–	–	–	1	–	–	–	–	Phenothiazine, 1-methoxy-		L3201
229	214	186	230	115	228	215	185	**229**	100	47	15	15	11	8	7	6		13	11	1	1	–	–	–	1	–	–	–	–	Phenothiazine, 3-methoxy-		L3214
229	214	230	186	228	215	185	231	**229**	100	48	16	15	9	8	8	6		13	11	1	1	–	–	–	1	–	–	–	–	Phenothiazine, 3-methoxy-	1771-19-3	Q6711
229	228	179	114.5	202	201	177	153	**229**	100	30	18	11	6	4	4	3		16	12	–	1	–	–	–	–	–	1	–	–	14,13-Borazarotriphenylene		L4330
229	228	230	201	227	200	202	226	**229**	100	19	19	10	8	8	6	3		17	11	–	1	–	–	–	–	–	–	–	–	Benzo[a]phenanthridine		L6115
229	230	228	227	200	201	202	226	**229**	100	17	17	8	5	4	3	2		17	11	–	1	–	–	–	–	–	–	–	–	Benzo[c]phenanthridine		L6114
229	231	100	150	31	85	74	55	**229**	100	98	67	40	25	15	14	12		5	–	–	1	–	1	4	–	–	–	–	–	Pyridine, 4-bromo-2,3,5,6-tetrafluoro-	3511-90-8	Q9485
229	231	100	150	105	31	86	74	**229**	100	99	66	39	29	23	13	13		5	–	–	1	–	1	4	–	–	–	–	–	Pyridine, 4-bromo-2,3,5,6-tetrafluoro-		M2175
229	231	202	167	204	115	77	76	**229**	100	30	22	10	7	6	5	5		12	8	–	3	1	–	–	–	–	–	–	–	1-Amino-3-chlorophenazine		L2063
231	229	233	158	160	235	115	97	**229**	100	72	45	16	13	13	12	9		6	3	–	1	4	–	–	–	–	–	–	–	Aniline, 2,3,4,6-tetrachloro-	3481-20-7	Q9454
231	229	233	158	235	167	169	160	**229**	100	77	45	12	11	10	9	8		6	3	–	1	4	–	–	–	–	–	–	–	Aniline, 2,3,4,5-tetrachloro-	634-83-3	Q3433
18	17	44	28	16	58	29	86	**230**	100	90	87	61	19	18	15	5	**0.00**	5	10	10	–	–	–	–	–	–	–	–	–	Decahydroxycyclopentane		01490
28	44	31	18	45	43	188	56	**230**	100	97	90	86	37	28	26	19	**6.00**	13	14	2	2	–	–	–	–	–	–	–	–	2-Methoxy-3-acetylindenone 1-methylhydrazone		M0372
41	43	55	75	62	201	69	57	**230**	100	85	77	61	50	47	47	41	**10.41**	14	30	–	–	–	–	–	1	–	–	–	–	Dodecyl ethyl sulphide		03535
41	45	73	85	43	55	71	59	**230**	100	29	27	20	20	19	10	10	**0.09**	12	22	4	–	–	–	–	–	–	–	–	–	Triethylene glycol, diallyl ether		F0497
42	28	55	40	26	54	41	30	**230**	100	75	75	54	47	46	44	42	**0.00**	14	30	2	–	–	–	–	–	–	–	–	–	Acetaldehyde, dihexyl acetyl		Y1122
42	202	161	92	120	91	66	69	**230**	100	72	54	23	23	17	15	11	**2.77**	7	5	–	6	–	–	3	–	–	–	–	–	Pyrimido[5,4-e]-1,2,4-triazin-7-amine, 3-methyl-5-(trifluoromethyl)-	32709-28-7	S3854
42	202	161	120	92	91	66	100	**230**	100	73	55	24	24	18	17	13	**3.00**	7	5	–	6	–	–	3	–	–	–	–	–	Pyrimido[5,4-e]-1,2,4-triazin-7-amine, 3-methyl-5-(trifluoromethyl)-		M4580
43	29	56	41	27	55	42	31	**230**	100	75	75	54	47	46	44	42	**0.00**	14	30	2	–	–	–	–	–	–	–	–	–	Acetaldehyde, dihexyl acetyl	5405-58-3	R1397
43	41	42	112	56	44	40	57	**230**	100	56	55	46	45	39	36	33	**0.00**	12	26	2	2	–	–	–	–	–	–	–	–	Dihexyl nitramine		03857
43	44	51	27	56	71	41	57	**230**	100	78	55	40	35	34	33	29	**0.00**	4	5	–	–	–	2	1	–	–	–	–	–	Cyclopropane, 1,1-dibromo-2-fluoro-2-methyl-	24071-58-7	S0448
43	58	42	70	130	230	129	56	**230**	100	97	94	88	69	58	51	49		15	22	–	2	–	–	–	–	–	–	–	–	Piperazine, 1-methyl-4-(1,2,3,4-tetrahydro-2-naphthyl)-	23853-58-9	H1870
43	69	68	86	42	39	41	45	**230**	100	19	16	14	14	11	10	8	**0.00**	10	14	6	–	–	–	–	–	–	–	–	–	trans-1,1,4-Triacetoxy-2-butene		C1578
43	85	56	41	84	55	42	57	**230**	100	50	44	41	36	34	23	19	**0.00**	13	26	3	–	–	–	–	–	–	–	–	–	Carbonic acid, dihexyl ester		L7370
43	85	129	56	41	55	57	42	**230**	100	74	47	37	32	24	20	18	**0.00**	14	30	2	–	–	–	–	–	–	–	–	–	Acetaldehyde, dihexyl acetyl	5405-58-3	H1537
43	85	129	215	50	69	127	101	**230**	100	85	70	60	50	21	20	20	**0.00**	10	14	6	–	–	–	–	–	–	–	–	–	1,2-O-Isopropylidene-α-D-glucofuranose 3,5,6-orthoformate		M1493
43	97	55	86	41	44	68	69	**230**	100	17	5	5	4	4	3	3	**0.00**	12	22	4	–	–	–	–	–	–	–	–	–	1,2-Diacetoxyoctane		C0335
43	98	88	145	55	143	71	111	**230**	100	21	19	18	11	11	7	7	**0.00**	12	22	4	–	–	–	–	–	–	–	–	–	Octanoic acid, 5-(acetyloxy)-, ethyl ester	35234-25-4	S4898
43	187	55	41	69	154	57	97	**230**	100	26	20	15	14	10	10	9	**4.70**	13	26	1	–	–	–	–	1	–	–	–	–	Acetic acid, thio-, S-undecyl ester	2432-35-1	Q8035
43	188	170	230	44	52	69	189	**230**	100	59	25	14	10	8	7	5		7	6	5	2	–	–	–	1	–	–	–	–	2-Acetylamino-5-nitrothiophene-3-carboxylic acid		D1679
44	101	42	71	55	27	84	87	**230**	100	72	67	66	60	49	46	46	**0.00**	9	18	3	4	–	–	–	–	–	–	–	–	Tri-(2-carbamoylethyl)amine		D1474
45	59	43	74	41	75	44	230	**230**	100	68	47	44	17	16	12	11		14	14	3	–	–	–	–	–	–	–	–	–	3,3′Dihydroxy-5,5′-dimethyldiphenyl ether		L4025
51	109	179	159	95	77	89	115	**230**	100	61	46	39	32	26	25	17	**0.05**	6	6	–	–	–	–	8	–	–	–	–	–	Hexane, 1,1,2,2,5,5,6,6-octafluoro-	40723-65-7	08157
55	42	28	98	41	69	43	39	**230**	100	84	62	62	57	46	27	26	**0.00**	12	22	4	–	–	–	–	–	–	–	–	–	Cyclohexanol, 1,1′-dioxybis-	2407-94-5	Q7970
55	42	98	27	41	67	70	60	**230**	100	83	61	60	57	45	24	20	**0.00**	12	22	4	–	–	–	–	–	–	–	–	–	Cyclohexanol, 1,1′-dioxybis-		L3465
55	74	43	41	98	59	84	124	**230**	100	87	55	52	46	43	39	38	**0.00**	12	22	4	–	–	–	–	–	–	–	–	–	Decanedioic acid, dimethyl ester		04024
55	74	98	43	69	41	59	84	**230**	100	94	77	68	61	59	49	46	**0.00**	12	22	4	–	–	–	–	–	–	–	–	–	Undecanedioic acid, monomethyl ester	3927-60-4	Q9937
55	230	29	41	201	98	147	229	**230**	100	68	66	40	35	23	21	20		9	11	3	2	1	–	–	–	–	–	–	–	6-Chloro-2,3-dihydro-7-hydroxymethyl-3,3-dimethyl-5H-oxazolo[3,2-a]pyrimidin-5-one		L8900
56	202	230	55	175	69	155	57	**230**	100	27	23	23	18	11	8	6		7	5	–	6	–	–	3	–	–	–	–	–	Pyrimido[5,4-e]-1,2,4-triazin-7-amine, N-methyl-5-(trifluoromethyl)-	32709-24-3	S3850
56	202	230	55	175	69	155	80	**230**	100	27	24	23	18	13	8	7		7	5	–	6	–	–	3	–	–	–	–	–	Pyrimido[5,4-e]-1,2,4-triazin-7-amine, N-methyl-5-(trifluoromethyl)-		M4577
57	43	71	45	41	55	85	63	**230**	100	83	63	53	50	43	40	36	**0.14**	14	30	2	–	–	–	–	–	–	–	–	–	Ethanol, 2-(dodecyloxy)-	4536-30-5	R0549
57	43	71	55	85	63	41	83	**230**	100	68	61	45	41	39	37	36	**0.00**	14	30	2	–	–	–	–	–	–	–	–	–	Ethanol, 2-(dodecylocy)-		Z1780
57	43	173	41	117	56	58	61	**230**	100	59	38	33	28	11	11	10	**1.74**	12	23	2	–	–	–	–	–	1	–	–	–	1-Acetoxy-1-di-tert-butylphosphinoethylene	50838-15-8	S7499

MASS TO CHARGE RATIOS								M.W.	INTENSITIES								Parent	C	H	O	N	Cl	Br	F	S	P	B	Si	X	COMPOUND NAME	CAS Reg No	No
57	56	28	41	55	29	101	117	**230**	100	43	30	28	26	22	20	16	**9.00**	12	27	3	–	–	–	–	–	–	1	–	–	Tributylborate		02495
57	110	166	141	196	73	94	111	**230**	100	60	47	38	15	13	9	7	**5.00**	8	10	2	2	–	–	–	2	–	–	–	–	Urea, 1-methyl-3-(phenylsulphonyl)-2-thio-	24539-88-6	S0630
57	117	41	118	174	159	86	215	**230**	100	53	23	14	14	10	9	9	**4.35**	12	23	2	–	–	–	–	–	1	–	–	–	2-Propenoic acid, 3-(di-tert-butylphosphino)-, methyl ester	50838-19-2	S7503
57	131	41	56	101	43	117	130	**230**	100	26	14	12	11	7	7	6	**1.01**	12	27	3	–	–	–	–	–	–	1	–	–	Triisobutylborate	13195-76-1	R4357
58	43	42	59	30	130	15	32	**230**	100	9	7	6	6	4	4	3	**1.40**	14	18	1	2	–	–	–	–	–	–	–	–	1-Acetoxy-3-[2-(dimethylamino)ethyl]indole		06579
58	157	84	42	112	71	230	44	**230**	100	63	46	30	29	15	13	13		12	26	2	2	–	–	–	–	–	–	–	–	L-Lysine, N^2,N^2,N^6,N^6-tetramethyl-, ethyl ester	55836-53-8	T2191
59	173	171	175	120	122	79	81	**230**	100	66	36	32	18	17	10	10	**3.00**	3	4	2	–	–	2	–	–	–	–	–	–	Methyl dibromoacetate		P1720
61	131	96	65	97	133	83	66	**230**	100	98	79	70	57	53	52	50	**0.00**	6	2	1	–	4	–	–	–	–	–	–	–	Phenol, 2,3,5,6-tetrachloro-	935-95-5	Q4708
67	49	56	113	41	43	86	44	**230**	100	99	89	84	80	62	56	50	**3.70**	7	9	2	–	3	–	–	–	–	–	–	–	5,5-Dimethyl-4-methylene-2-trichloromethyl-1,3-dioxolane		L6710
67	49	56	113	84	41	117	119	**230**	100	99	89	84	82	80	5	5	**3.70**	7	9	2	–	3	–	–	–	–	–	–	–	4,4-Dimethyl-5-methylene-2-trichloromethyl-1,3-dioxolane		L2504
67	49	84	41	86	113	85	51	**230**	100	83	68	46	37	33	28	23	**10.30**	7	9	2	–	3	–	–	–	–	–	–	–	4-Isopropylidene-2-trichloromethyl-1,3-dioxolane		L6711
69	33	159	109	178	158	128		**230**	100	80	38	38	28	22	20		**0.00**	4	2	–	2	–	–	8	–	–	–	–	–	1-Fluoro-2-trifluoromethyl-2-difluoroiminodifluoromethylaziridine		M6109
69	55	83	97	57	43	199	111	**230**	100	81	76	68	66	58	44	44	**0.14**	14	30	2	–	–	–	–	–	–	–	–	–	1,2-Tetradecanediol		Z1784
69	97	48	64	67	117	50	82	**230**	100	16	14	13	8	6	5	5	**0.00**	3	–	3	–	–	–	6	1	–	–	–	–	Trifluoromethylsulphinyl trifluoroacetate		M2789
69	215	85	98	97	101	157	68	**230**	100	66	62	49	49	28	22	21	**0.00**	11	18	5	–	–	–	–	–	–	–	–	–	β-L-Arabinopyranose, 1,2:3,4-di-O-isopropylidene-	27820-98-0	S1889
71	41	82	68	43	67	58	55	**230**	100	27	15	11	9	9	8	8	**0.00**	14	30	2	–	–	–	–	–	–	–	–	–	Dodecane, 1,1-dimethoxy-	14620-52-1	R5293
71	43	41	143	55	29	27	73	**230**	100	74	21	19	18	15	11	8	**0.01**	14	30	2	–	–	–	–	–	–	–	–	–	1,1-Di-isopentoxybutane		C0498
71	75	41	32	29	43	82	27	**230**	100	47	43	40	19	18	14	13	**0.00**	14	30	2	–	–	–	–	–	–	–	–	–	Dodecane, 1,1-dimethoxy-	14620-52-1	R5292
71	75	82	68	96	110	198	199	**230**	100	47	14	9	6	2	2	2	**0.00**	14	30	2	–	–	–	–	–	–	–	–	–	Dodecane, 1,1-dimethoxy-		L9671
73	30	100	72	43	29	41	57	**230**	100	71	33	32	30	13	12	11	**1.12**	10	18	4	2	–	–	–	–	–	–	–	–	Glycine, N-(N-acetylglycyl)-, butyl ester	55712-35-1	T1883
73	127	99	59	74	132	45	128	**230**	100	45	18	11	8	7	6	6	**0.50**	12	30	–	–	–	–	–	–	–	–	2	–	2,2,9,9-Tetramethyl-2,9-siladecane		L2105
73	131	75	201	69	28	103	55	**230**	100	93	56	28	22	19	11	11	**0.00**	13	30	1	–	–	–	–	–	–	–	1	–	Silane, [(1-ethyloctyl)oxy]trimethyl-	61180-95-8	T5561
73	145	75	187	28	103	55	41	**230**	100	65	51	30	26	18	18	10	**0.00**	13	30	1	–	–	–	–	–	–	–	1	–	Silane, trimethyl[(1-propylheptyl)oxy]-	61141-94-4	T5354
73	159	173	75	103	160	55	174	**230**	100	85	67	51	25	11	9	9	**0.14**	13	30	1	–	–	–	–	–	–	–	1	–	Silane, [(1-butylhexyl)oxy]trimethyl-	53754-40-8	S8577
74	87	98	84	55	43	75	69	**230**	100	42	35	29	23	23	21	21	**0.00**	13	26	3	–	–	–	–	–	–	–	–	–	Methyl 12-hydroxylaurate		M7205
77	57	110	141	51	166	62	50	**230**	100	98	60	33	32	21	14	10	**3.00**	8	10	2	2	–	–	–	2	–	–	–	–	Urea, 1-methyl-3-(phenylsulphonyl)-2-thio-	24539-88-6	S0628
77	105	51	44	23	50	28	122	**230**	100	90	72	64	43	43	29	29	**0.00**	8	8	5	–	–	–	–	–	–	–	–	2	7-Oxabicyclo[2.2.1]heptane-2,3-dicarboxylic acid, disodium salt	129-67-9	P9582
77	109	18	137	202	51	28	141	**230**	100	99	82	78	63	57	35	31	**6.12**	13	10	2	–	–	–	–	1	–	–	–	–	Carbonothioic acid, O,O-diphenyl ester	13509-34-7	R4609
77	188	27	76	230	105	160	159	**230**	100	97	60	60	60	58	49	48		14	14	3	–	–	–	–	–	–	–	–	–	1,4-Naphthalenedione, 2-butyl-3-hydroxy-	29366-46-9	S2466
83	55	41	84	39	29	27	67	**230**	100	45	21	6	6	6	5	4	**0.47**	15	22	–	2	–	–	–	–	–	–	–	–	Propanedinitrile, dicyclohexyl-	74764-28-6	T8498
83	55	41	149	230	148			**230**	100	32	15	11	3	3				12	22	2	–	–	–	–	1	–	–	–	–	Dicyclohexylsulphone		M0370
83	55	148	41	230	67	39	84	**230**	100	52	42	24	20	9	8	7		12	22	–	–	–	–	–	2	–	–	–	–	Dicyclohexyl disulphide		L3695
83	55	230	115	147	119	215	117	**230**	100	80	20	15	14	5	4	4		15	18	2	–	–	–	–	–	–	–	–	–	Deca-(2E,6E,8E,)-trien-4-yn-1-yl angelicate		L6606
83	123	151	55	69	41	81	110	**230**	100	95	48	36	36	30	27	20	**20.21**	10	15	1	–	–	1	–	–	–	–	–	–	Bromocamphor		Z1783
83	148	55	230	41	39	67	81	**230**	100	52	49	31	27	20	11	9		12	22	–	–	–	–	–	2	–	–	–	–	Dicyclohexyl disulphide		C1625
84	91	55	28	150	39	85	65	**230**	100	88	32	27	22	21	19	18	**0.00**	9	14	3	2	–	–	–	1	–	–	–	–	Methyl 6-aminopenicillanoate		L7641
85	56	41	55	84	29	42	27	**230**	100	49	47	37	33	32	28	24	**0.00**	13	26	3	–	–	–	–	–	–	–	–	–	Carbonic acid, dihexyl ester	7523-15-1	H1659
87	43	215	95	88	185	41	55	**230**	100	29	14	6	5	5	4	4	**0.00**	12	22	4	–	–	–	–	–	–	–	–	–	1,3-Dioxolane-2-hexanoic acid, 2-methyl-, ethyl ester	36651-18-0	S5314
87	74	143	186	45	96	129	101	**230**	100	69	57	33	26	18	15	15	**0.00**	13	26	3	–	–	–	–	–	–	–	–	–	Methyl 11-hydroxylaurate		M7202
88	60	18	15	109	29	27	47	**230**	100	70	42	36	32	31	24	23	**4.00**	6	15	3	–	–	–	–	2	1	–	–	–	Phosphorothioic acid, S-[2-(ethylthio)ethyl] O,O-dimethyl ester	919-86-8	Q4536
88	60	109	142	79	61	47	59	**230**	100	48	18	11	11	11	11	10	**7.00**	6	15	3	–	–	–	–	2	1	–	–	–	Phosphorothioic acid, S-[2-(ethylthio)ethyl] O,O-dimethyl ester		L0768
88	91	106	60	109	105	61	79	**230**	100	99	75	71	51	42	40	40	**8.01**	6	15	3	–	–	–	–	2	1	–	–	–	Phosphorothioic acid, O-[2-(ethylthio)ethyl] O,O-dimethyl ester	867-27-6	Q4390
90	88	146	118	133	131	86	132	**230**	100	76	69	59	55	53	51	51	**13.00**	11	24	–	–	–	–	–	–	–	–	–	1	Germacyclobutane, 1,1-dibutyl-	1197-89-3	Q5716
91	43	97	104	117	230	55	81	**230**	100	99	40	29	18	15	12	12		16	22	1	–	–	–	–	–	–	–	–	–	3-Decen-2-one, 10-phenyl-, (E)-	55282-83-2	T0704
91	65	39	63	45	51	28	64	**230**	100	13	5	4	3	3	2	2	**2.00**	14	14	1	–	–	–	–	1	–	–	–	–	Benzyl sulphoxide	621-08-9	Q3023
91	65	92	18	39	51	63	230	**230**	100	9	8	5	4	2	2	2		14	14	1	–	–	–	–	1	–	–	–	–	Benzyl sulphoxide		D1379
91	92	69	139	65	230	119	63	**230**	100	91	60	52	37	15	12	11		11	9	2	–	–	–	3	–	–	–	–	–	2,4-Pentanedione, 1,1,1-trifluoro-5-phenyl-	721-96-0	Q3860
91	92	202	65	93	230	118	203	**230**	100	77	11	7	5	5	4	1		10	10	1	6	–	–	–	–	–	–	–	–	Formanilide, 2′-(4,6-diamino-s-triazin-2-yl)-	29366-79-8	S2479
91	150	79	53	230	39	41	115	**230**	100	98	88	69	68	66	61	59		15	18	2	–	–	–	–	–	–	–	–	–	Dehydrocostus lactone		16847
91	170	155	115	129	171	230	139	**230**	100	90	42	30	30	26	25	22		15	18	2	–	–	–	–	–	–	–	–	–	Cyclopentanecarboxylic acid, 2-methyl-4-benzylene, methyl ester	74793-64-9	T8645
92	65	108	156	109	15	39	31	**230**	100	71	60	59	48	25	25	21	**18.31**	8	10	4	2	–	–	–	1	–	–	–	–	Carbamic acid, [(4-aminophenyl)sulphonyl]-, methyl ester	3337-71-1	Q9238
93	18	65	29	121	110	109	230	**230**	100	72	57	46	33	29	24	22		10	15	2	–	–	–	–	1	1	–	–	–	Phosphonothioic acid, ethyl-, O-ethyl S-phenyl ester	944-21-8	Q4776
93	79	118	65	135	230	77	151	**230**	100	36	33	28	27	26	23	21		8	10	2	2	–	–	–	2	–	–	–	–	Urea, 1-methyl-3-(phenylsulphonyl)-2-thio-	6171-11-5	R2129
93	230	65	121	110	109	94	77	**230**	100	34	31	25	21	21	7	6		10	15	2	–	–	–	–	1	1	–	–	–	Dyfoxon		P0284

MASS TO CHARGE RATIOS								M.W.	INTENSITIES								Parent	C	H	O	N	Cl	Br	F	S	P	B	Si	X	COMPOUND NAME	CAS Reg No	No
98	41	55	73	60	84	43	69	**230**	100	91	84	80	68	64	50	41	**0.00**	12	22	4	–	–	–	–	–	–	–	–	–	Dodecanedioic acid	693-23-2	Q3718
98	68	69	230	91	104	77	202	**230**	100	87	68	67	51	37	29	29		14	14	3	–	–	–	–	–	–	–	–	–	2H-Pyran-2-one, 5,6-dihydro-4-methoxy-6-(2-phenylethenyl)-, [R-(E)]-	500-64-1	Q1315
98	84	55	69	60	41	73	112	**230**	100	60	50	44	32	30	28	22	**0.00**	12	22	4	–	–	–	–	–	–	–	–	–	Dodecanedioic acid		C1386
99	71	43	131	55	41	100	57	**230**	100	44	37	16	11	9	7	5	**0.00**	13	26	1	–	–	–	–	1	–	–	–	–	Hexanethioic acid, S-heptyl ester	2432-80-6	Q8060
101	57	56	119	158	41	29	28	**230**	100	76	19	17	16	13	11	6	**0.00**	12	22	4	–	–	–	–	–	–	–	–	–	Diisobutyl succinate		Z1782
101	57	119	157	74	41	56	73	**230**	100	87	41	35	34	33	32	19	**0.00**	12	22	4	–	–	–	–	–	–	–	–	–	Propanedioic acid, methyl-, bis(1-methylpropyl) ester	57983-27-4	T4849
101	157	56	57	41	55	44	102	**230**	100	29	12	10	9	7	5	5	**0.00**	12	22	4	–	–	–	–	–	–	–	–	–	Butanedioic acid, dibutyl ester	141-03-7	P9801
101	157	119	57	73	56	41	55	**230**	100	37	36	33	31	28	25	17	**0.00**	12	22	4	–	–	–	–	–	–	–	–	–	Butanedioic acid, di-sec-butyl ester	626-31-3	Q3211
101	157	129	231	175	158	102	203	**230**	100	75	23	17	8	7	6	6	**0.50**	12	22	4	–	–	–	–	–	–	–	–	–	Butanedioic acid, dibutyl ester		P1669
101	201	73	57	97	41	45	139	**230**	100	23	20	18	10	7	7	6	**0.00**	13	26	3	–	–	–	–	–	–	–	–	–	1,3-Dioxolane, 2-ethyl-2-(5-methoxyheptyl)-	30571-80-3	S2946
101	201	73	57	97	105	169	139	**230**	100	23	18	17	9	6	5	5	**0.00**	13	26	3	–	–	–	–	–	–	–	–	–	1,3-Dioxolane, 2-ethyl-2-(5-methoxyheptyl)-		M1449
102	87	55	69	41	97	59	15	**230**	100	89	86	52	52	46	44	36	**0.10**	12	22	4	–	–	–	–	–	–	–	–	–	Dimethyl 2-ethyloctanedioate	55191-19-0	H2134
102	87	55	69	41	97	59	15	**230**	100	89	86	52	52	45	44	36	**0.00**	12	22	4	–	–	–	–	–	–	–	–	–	Dimethyl-2-ethyloctanedioate		X1906
102	87	55	69	97	41	59	74	**230**	100	87	73	51	44	39	39	26	**0.00**	12	22	4	–	–	–	–	–	–	–	–	–	Dimethyl 2-ethyloctanedioate		04023
102	87	69	55	41	59	129	166	**230**	100	59	57	40	34	30	27	25	**0.00**	12	22	4	–	–	–	–	–	–	–	–	–	Dimethyl 2,5-diethylhexanedioate		04022
102	230	44	229	202	60	103	231	**230**	100	74	52	38	31	25	15	13		12	10	1	2	–	–	–	1	–	–	–	–	2,3-Dihydro-6-phenyl-7H-thiazolo[3,2-a]pyrimidin-7-one		M0435
103	57	85	75	47	29	83	43	**230**	100	65	49	26	25	22	20	19	**0.00**	14	30	2	–	–	–	–	–	–	–	–	–	Decane, 1,1-diethoxy-	34764-02-8	H1975
103	85	57	75	185	83	47	69	**230**	100	27	26	20	18	17	14	8	**0.00**	14	30	2	–	–	–	–	–	–	–	–	–	Decane, 1,1-diethoxy-	34764-02-8	S4728
104	117	118	57	43	71	230	115	**230**	100	89	42	36	30	25	20	14		17	26	–	–	–	–	–	–	–	–	–	–	Benzene, (4-methyl-1-decenyl)-	62337-88-6	T6063
105	77	106	104	230	103	79	126	**230**	100	10	9	9	9	9	8	6		14	14	1	–	–	–	–	1	–	–	–	–	2-Hydroxyphenyl 1-phenylethyl sulphide		03707
105	230	77	103	104	106	79	78	**230**	100	10	10	9	9	9	8	6		14	14	1	–	–	–	–	1	–	–	–	–	2-Hydroxyphenyl 1-phenylethyl sulphide	29549-70-0	S2567
107	41	230	79	81	91	78	77	**230**	100	38	34	28	28	25	24	23		15	18	2	–	–	–	–	–	–	–	–	–	1(2H)-Naphthalenone, 2-furfurylidene-3,4,4a,5,6,7,8,8aβ-octahydro-	17429-47-9	R6993
107	105	91	119	79	77	41	106	**230**	100	50	42	23	15	13	13	8	**2.21**	15	18	2	–	–	–	–	–	–	–	–	–	Shizukanolide		16613
109	18	202	137	77	65	39	28	**230**	100	34	30	29	23	21	15	12	**6.00**	13	10	2	–	–	–	–	1	–	–	–	–	Carbonothioic acid, O,S-diphenyl ester	13509-33-6	R4607
109	65	77	202	230	137	51	110	**230**	100	50	32	30	30	22	17	8		13	10	2	–	–	–	–	1	–	–	–	–	Carbonothioic acid, O,S-diphenyl ester	13509-33-6	R4608
110	109	79	156	18	28	80	47	**230**	100	61	59	46	36	21	20	19	**1.33**	6	15	3	–	–	–	–	2	1	–	–	–	Phosphorothioic acid, O-[2-(ethylthio)ethyl] O,O-dimethyl ester	867-27-6	Q4389
115	87	230	201	173	59	145	117	**230**	100	93	33	32	29	27	27	20		12	30	–	–	–	–	–	–	–	–	2	–	Disilane, hexaethyl-	1633-09-6	Q6380
115	143	144	116	89	63	114	230	**230**	100	72	26	14	8	7	5	5		12	10	3	2	–	–	–	–	–	–	–	–	Carbamic acid, methylnitroso-, 1-naphthalenyl ester	7090-25-7	R2832
116	101	145	99	73	43	29	55	**230**	100	67	50	44	43	42	33	33	**0.00**	13	26	3	–	–	–	–	–	–	–	–	–	Nonanoic acid, 2-ethyl-3-hydroxy-, ethyl ester		L2083
116	101	145	99	73	43	55	70	**230**	100	67	50	44	43	42	33	33	**0.00**	13	26	3	–	–	–	–	–	–	–	–	–	Nonanoic acid, 2-ethyl-3-hydroxy-, ethyl ester	55822-92-9	T2140
117	73	75	28	171	41	118	55	**230**	100	68	51	11	11	10	9	8	**0.00**	13	30	1	–	–	–	–	–	–	–	1	–	Silane, trimethyl[(1-methylnonyl)oxy]-	53690-77-0	S8555
117	75	199	76	73	74	132	55	**230**	100	59	54	46	43	42	36	28	**0.00**	11	22	3	–	–	–	–	–	–	–	1	–	Octanoic acid, 2-oxo-, trimethylsilyl ester	74367-74-1	T8028
120	95	121	105	77	41	78	108	**230**	100	60	53	28	10	10	9	9	**0.90**	16	22	1	–	–	–	–	–	–	–	–	–	2-Norbornanol, 2-phenyl-	16821-80-0	R6479
121	230	110	39	65	81	93	122	**230**	100	28	18	16	14	7	7	7		13	10	4	–	–	–	–	–	–	–	–	–	Benzoic acid, 2-(4-hydroxyphenoxy)-	21905-64-6	R9437
121	230	137	213	229	110	120	65	**230**	100	57	35	35	16	14	12	10		13	10	4	–	–	–	–	–	–	–	–	–	Benzophenone, 2,2′,4-trihydroxy-	13087-18-8	R4187
126	230	76	119	97	75	50	77	**230**	100	94	46	40	30	20	20	19		13	10	4	–	–	–	–	–	–	–	–	–	3-(Hexa-2,4-diynylidene)-4,5-epoxy-2,6-dioxaspiro[4.4]nona-4,7-non-7-one		M5484
126	230	119	97	50	75	51	77	**230**	100	95	40	30	21	21	20	20		13	10	4	–	–	–	–	–	–	–	–	–	Spiro[3,6-dioxabicyclo[3.1.0]hexane-2,2′(3′H)-furan]-3′-ol, 4-(2,4-hexadiynylidene)-	3311-26-0	Q9211
129	43	101	83	166	123	95	113	**230**	100	90	68	43	34	25	24	15	**0.00**	12	22	4	–	–	–	–	–	–	–	–	–	Cyclohexanecarboxylic acid, 3,6-dihydroxy-2,2,6-trimethyl-, ethyl ester	70429-46-8	T7583
129	55	69	43	85	87	57	39	**230**	100	70	51	43	35	34	29	26	**0.00**	2	4	–	–	–	–	–	2	–	1	–	1	1,3,2-Dithiaborolane, 2-iodo-	37003-52-4	S5449
129	111	171	101	55	100	142	87	**230**	100	79	56	32	27	27	25	24	**0.00**	12	22	4	–	–	–	–	–	–	–	–	–	Hexanedioic acid, dipropyl ester	106-19-4	P7835
130	117	129	115	91	113	128	41	**230**	100	90	63	60	37	30	24	21	**20.38**	15	18	2	–	–	–	–	–	–	–	–	–	Cyclopropanecarboxylic acid, 2,2-dimethyl-3-(1-phenyl-2-propenyl)-, cis-	74793-52-5	T8633
131	55	41	43	57	98	56	70	**230**	100	99	90	74	68	56	52	49	**22.32**	14	30	–	–	–	–	–	1	–	–	–	–	Heptyl sulphide	629-65-2	H1019
131	61	96	133	97	60	83	98	**230**	100	70	64	56	37	36	36	34	**10.00**	6	2	1	–	4	–	–	–	–	–	–	–	Phenol, 2,3,4,5-tetrachloro-	4901-51-3	R0925
131	81	202	95	230	169	41	67	**230**	100	36	29	28	28	27	26	21		12	22	–	–	–	–	–	2	–	–	–	–	1,4-Dithiaspiro[4.9]tetradecane	184-39-4	Q0035
131	98	70	69	230	97	132	145	**230**	100	56	49	36	22	20	15	4		14	30	–	–	–	–	–	1	–	–	–	–	Heptyl sulphide		L0483
133	148	105	41	77	134	39	27	**230**	100	22	16	13	10	10	9	9	**1.49**	16	22	1	–	–	–	–	–	–	–	–	–	1-Propanone, 3-cyclopentyl-1-(2,4-dimethylphenyl)-		U0030
135	230	77	121	63	79	51	151	**230**	100	76	60	35	27	26	25	23		15	18	2	–	–	–	–	–	–	–	–	–	2-Norbornene, 7-methoxy-7-(p-methoxyphenyl)-, stereoisomer	27999-77-5	S1931
137	139	27	107	109	28	138	18	**230**	100	97	95	88	85	19	17	15	**0.00**	4	8	1	–	–	2	–	–	–	–	–	–	Bis(2-bromoethyl) ether	5414-19-7	R1409
137	230	229	121	136	65	39	231	**230**	100	82	54	44	24	15	12	12		13	10	4	–	–	–	–	–	–	–	–	–	Benzophenone, 2,4,4′-trihydroxy-	1470-79-7	Q6051
138	46	45	92	28	60	64	47	**230**	100	86	75	37	25	24	23	21	**5.10**	5	10	–	–	–	–	–	5	–	–	–	–	1,3,5,7,9-Pentathiecane	2372-99-8	Q7890
138	62	123	124	78	92	139	46	**230**	100	37	36	26	23	19	5	5	**0.00**	5	15	–	–	–	–	–	–	5	–	–	–	Pentamethylcyclopentaphosphine		L8971
138	125	103	77	139	104	140	105	**230**	100	91	90	58	53	43	36	35	**1.50**	10	8	2	–	2	–	–	–	–	–	–	–	3,3-Dichloro-2-oxo-4-phenyltetrahydrofuran		B0354
139	111	197	75	85	141	113	50	**230**	100	90	68	59	51	49	27	26	**22.00**	9	7	1	–	1	–	–	2	–	–	–	–	2-Propene(dithioic) acid, 3-(4-chlorophenyl)-3-hydroxy-	41467-12-3	S6655
139	197	85	111	75	230	199	141	**230**	100	82	72	68	49	33	31	30		9	7	1	–	1	–	–	2	–	–	–	–	2-Propene(dithioic) acid, 3-(3-chlorophenyl)-3-hydroxy-	55191-15-6	T0543
143	42	43	144	115	28	41	15	**230**	100	85	25	24	23	20	20	14	**5.00**	13	14	2	2	–	–	–	–	–	–	–	–	2H-Pyrido[3,4-b]indole-2-acetic acid, 1,3,4,9-tetrahydro-	56771-66-5	08651

MASS TO CHARGE RATIOS								M.W.	INTENSITIES								Parent	C	H	O	N	Cl	Br	F	S	P	B	Si	X	COMPOUND NAME	CAS Reg No	No
144	230	160	202	158	145	43	159	**230**	100	90	71	45	43	36	32	28		14	18	1	2	–	–	–	–	–	–	–	–	**Acetyldeoxynoreseroline**		**04472**
145	187	230	90	146	43	188	88	**230**	100	32	14	12	10	8	6	6		12	10	3	2	–	–	–	–	–	–	–	–	**Imidazole-1-acetyl-3-carboxylic acid, vinyl ester**		**L8284**
145	187	230	90	146	43	188	171	**230**	100	32	13	11	9	8	6	5		12	10	3	2	–	–	–	–	–	–	–	–	**Imidazole-1-acetyl-3-carboxylic acid, vinyl ester**		**L8414**
146	230	90	83	118	174	111	195	**230**	100	78	75	65	56	42	35	26		5	–	5	–	1	–	–	–	–	–	–	1	**Chloropentacarbonylmanganese**		**01564**
148	150	146	152	149	144	147	219	**230**	100	88	76	49	39	38	36	33	**6.48**	–	8	–	–	–	–	–	–	–	–	–	3	**Trigermane**	14691-44-2	**08040**
148	175	162	120	146	147	230	92	**230**	100	95	80	72	68	64	42	34		13	15	3	–	–	–	–	–	–	1	–	–	**Salicylic acid cyclohexyl boronate**		**05115**
149	83	39	55	53	91	77	30	**230**	100	71	46	46	40	34	32	31	**30.77**	15	18	2	–	–	–	–	–	–	–	–	–	**2,5,7-Nonatrien-4-one, 9-(3-furanyl)-2,6-dimethyl-, (E,E)-**	35944-00-4	**S5121**
149	108	230	228	133	77	150	148	**230**	100	56	46	23	18	17	17	15		8	10	1	2	–	–	–	–	–	–	–	1	**4-Methoxyphenylselenourea**		**16990**
150	91	79	172	122	107	41	77	**230**	100	48	43	41	36	30	28	28	**28.00**	15	18	2	–	–	–	–	–	–	–	–	–	**Azuleno[4,5-b]furan-2(3H)-one, 3a,4,6a,7,8,9,9a,9b-octahydro-6-methyl-3,9-bis(methylene)-, [3aS-(3aα,6aα,9aα,9bβ)]-**	37936-58-6	**08921**
151	32	95	109	39	41	67	81	**230**	100	83	70	56	52	47	46	46	**13.00**	10	15	1	–	–	1	–	–	–	–	–	–	**2H-Inden-2-one, 1-bromooctahydro-7a-methyl-, (3aα,7aβ)-**	54725-15-4	**S9504**
151	153	163	155	101	47	69	132	**230**	100	64	11	10	9	8	8	8	**0.50**	2	–	–	–	2	1	3	–	–	–	–	–	**Ethane, 1-bromo-1,1-dichloro-2,2,2-trifluoro-**		**A0260**
153	229	230	187	215				**230**	100	54	48	36	31					13	14	2	2	–	–	–	–	–	–	–	–	**5-Acetyl-4-phenyl-2-oxo-6-methyl-1,2,3,4-tetrahydropyrimidine**		**L9793**
156	157	91	84	130	41	43	115	**230**	100	47	42	34	34	32	32	27	**24.00**	15	18	2	–	–	–	–	–	–	–	–	–	**Bicyclo[2.2.2]octanone, 4-methoxy-1-phenyl-**	3850-62-2	**Q9862**
157	101	119	57	41	56	74	175	**230**	100	98	91	56	31	30	28	23	**0.00**	12	22	4	–	–	–	–	–	–	–	–	–	**Propanedioic acid, methyl-, dibutyl ester**	52886-83-6	**S8159**
157	169	215	230	156	158	183	115	**230**	100	90	72	65	57	28	27	22		13	14	2	2	–	–	–	–	–	–	–	–	**1H-Pyrido[3,4-b]indole-3-carboxylic acid, 2,3,4,9-tetrahydro-1-methyl-**	5470-37-1	**R1479**
158	172	173	215	216	171	42	159	**230**	100	99	99	99	99	96	75	60	**4.54**	14	18	1	2	–	–	–	–	–	–	–	–	**1H-Pyrido[3,4-b]indole, 2,3,4,9-tetrahydro-6-methoxy-2,9-dimethyl-**	25968-13-2	**S1213**
158	215	119	160	115	171	128	141	**230**	100	71	35	29	27	22	21	21	**6.25**	15	18	2	–	–	–	–	–	–	–	–	–	**Hyposantonin**	478-58-0	**Q1002**
158	215	230	119	160	115	171	141	**230**	100	72	63	35	30	24	22	20		15	18	2	–	–	–	–	–	–	–	–	–	**Hyposantonin**		**L1945**
159	174	173	230	183	115	215	202	**230**	100	95	90	60	36	32	27	26		15	18	2	–	–	–	–	–	–	–	–	–	**Cyclopent[a]Inden-8(1H)-one, 2,3,3a,8a-tetrahydro-3a-methoxy-2,2-dimethyl-**	64129-24-4	**T6398**
159	187	230	131	144	141	145	115	**230**	100	89	44	41	37	32	32	28		15	18	2	–	–	–	–	–	–	–	–	–	**2,4,6-Cycloheptatrien-1-one, 2-hydroxy-5-(3-methyl-2-butenyl)-4-isopropenyl-**	552-96-5	**Q1973**
160	39	231	28	127	116	129	55	**230**	100	92	87	84	75	60	58	49	**49.57**	15	18	–	–	–	–	–	1	–	–	–	–	**Isopentyl 1-naphthyl sulphide**		**V0437**
160	45	231	173	39	127	116	157	**230**	100	87	84	81	77	67	61	54	**48.87**	15	18	–	–	–	–	–	1	–	–	–	–	**Isopentyl 2-naphthyl sulphide**		**V0438**
160	127	116	230	58	162	28	129	**230**	100	69	65	63	62	52	52	45		15	18	–	–	–	–	–	1	–	–	–	–	**1-Naphthyl pentyl sulphide**		**V0439**
160	185	29	55	133	73	173	101	**230**	100	33	23	22	17	17	16	13	**0.15**	12	22	4	–	–	–	–	–	–	–	–	–	**Diethyl 2-pentylmalonate**		**C1784**
161	61	230	59	45	65	92	57	**230**	100	83	66	47	44	40	37	27		4	6	–	–	–	–	6	–	2	–	–	–	**1,1-Bistrifluoromethyl-2,2-dimethyl diphosphine**		**L3302**
162	134	69	41	163	230			**230**	100	60	54	51	12	4				14	14	3	–	–	–	–	–	–	–	–	–	**7-O-(1,1-Dimethylallyl)umbelliferone**		**M6723**
165	230	166	181	185	63	213	184	**230**	100	80	27	24	22	20	19	18		13	10	2	–	–	–	–	1	–	–	–	–	**9H-Thioxanthene, 10,10-dioxide**	3166-16-3	**Q9077**
171	106	107	187	144	126	230	159	**230**	100	63	46	28	21	19	19	17		14	18	1	2	–	–	–	–	–	–	–	–	**Acetic acid, 1-(1-cyclopenten-1-yl)-2-methyl-2-phenylhydrazide**	67134-50-3	**T6731**
172	145	44	75	95	70	200	50	**230**	100	98	67	19	18	13	13	12	**12.01**	9	5	2	2	–	–	3	–	–	–	–	–	**Sydnone, 3-[3-(trifluoromethyl)phenyl]-**	26537-62-2	**S1439**
173	127	83	111	67	139	185	202	**230**	100	56	39	38	29	28	9	9	**0.20**	11	18	5	–	–	–	–	–	–	–	–	–	**Diethyl 3-hydroxycyclopentane-1,1-dicarboxylate**		**P2674**
173	174	105	146	41	89	57	77	**230**	100	64	38	36	35	30	24	23	**16.77**	14	14	3	–	–	–	–	–	–	–	–	–	**1H-Indene-1,3(2H)-dione, 2-(2,2-dimethyl-1-oxopropyl)-**	83-26-1	**P6125**
173	174	146	89	105	41	57	77	**230**	100	81	41	32	31	28	27	26	**25.41**	14	14	3	–	–	–	–	–	–	–	–	–	**1H-Indene-1,3(2H)-dione, 2-(2,2-dimethyl-1-oxopropyl)-**	83-26-1	**P6124**
173	230	145	146	187	188	147	91	**230**	100	64	47	45	45	40	30	23		15	18	2	–	–	–	–	–	–	–	–	–	**Phenol, 2-(1,2-dimethyl-2-cyclopenten-1-yl)-, acetate**	39877-95-7	**S6174**
174	44	202	147	28	75	230	188	**230**	100	66	42	41	39	30	22	22		11	6	4	2	–	–	–	–	–	–	–	–	**5-Carboxy-1,2-dioxa-cyclobuta[b]quinoxaline**		**05448**
174	176	230	232	145	175	178	109	**230**	100	61	51	33	14	10	10	10		9	8	1	2	2	–	–	–	–	–	–	–	**1-(3′,4′-Dichlorophenyl)-3-phenylimidazolidinone**		**P2097**
175	230	147	176	215	231			**230**	100	65	56	46	40	27				14	14	3	–	–	–	–	–	–	–	–	–	**Dihydroxanthyletin**		**M6728**
175	230	147	215	176				**230**	100	42	41	16	11					14	14	3	–	–	–	–	–	–	–	–	–	**7-Demethylsuberosin**		**M6725**
175	230	187	215	146				**230**	100	68	27	25	24					14	14	3	–	–	–	–	–	–	–	–	–	**Osthenol**		**M6724**
175	230	215	187	174	146	201	176	**230**	100	68	24	21	21	21	13	12		14	14	3	–	–	–	–	–	–	–	–	–	**Dihydroseselin**		**M6727**
182	123	230	91	107	65	124	79	**230**	100	95	58	57	51	46	39	35		14	14	1	–	–	–	–	1	–	–	–	–	**p-Tolyl sulphoxide**	1774-35-2	**Q6721**
183	144	117	129	128	141	115	230	**230**	100	68	47	45	34	34	28	27		16	22	1	–	–	–	–	–	–	–	–	–	**1-Phenanthrenemethanol, 1,2,3,4,4a,9,10,10a-octahydro-1-methyl-, [1S-(1α,4aα,10aβ)]-**	57378-57-1	**T4657**
186	114	158	113	159	187	132	115	**230**	100	66	60	15	15	13	7	7	**4.00**	11	6	2	2	–	–	–	1	–	–	–	–	**[1]Benzothieno[2,3-d]pyridazine-4-carboxylic acid**	37412-20-7	**S5493**
186	185	43	230	184	121	120	79	**230**	100	65	53	47	34	31	20	19		15	18	–	–	–	–	–	1	–	–	–	–	**8-endo-(Phenylthio)-exo-tricyclo[5.1.1.0$^{(2,6)}$]nonane**		**P1622**
186	188	171	59	173	144	146	63	**230**	100	99	80	79	79	75	72	66	**47.00**	8	7	3	–	–	1	–	–	–	–	–	–	**Carbonic acid, p-bromophenyl methyl ester**	1847-93-4	**Q6870**
188	230	98	190	45	189	47	108	**230**	100	40	17	15	13	12	12	10		8	10	–	2	–	–	–	3	–	–	–	–	**4-Isothiazolecarbonitrile, 5-(methylthio)-3-(propylthio)-**	37572-30-8	**S5523**
194	212	230	166	69	138			**230**	100	45	32	25	22	15				8	6	4	–	–	–	–	2	–	–	–	–	**2,5-Dimercaptoterephthalic acid**		**M5018**
195	197	129	128	159	115	27	51	**230**	100	33	27	25	24	24	22	21	**16.30**	12	16	–	–	2	–	–	–	–	–	–	–	**Benzene, 1,4-bis(chloromethyl)-2,3,5,6-tetramethyl-**	3022-16-0	**Q8932**
198	92	156	108	65	109	230	166	**230**	100	97	77	61	60	47	21	16		8	10	4	2	–	–	–	1	–	–	–	–	**Carbamic acid, [(4-aminophenyl)sulphonyl]-, methyl ester**	3337-71-1	**Q9237**
198	170	169	77	197	28	51	64	**230**	100	51	43	40	35	31	17	16	**0.00**	13	14	–	2	–	–	–	1	–	–	–	–	**2H-1,2,3-Benzothiadiazine, 5,6,7,8-tetrahydro-2-phenyl-**	42141-20-8	**S6867**
199	55	74	125	98	97	43	138	**230**	100	95	92	80	63	58	56	50	**0.00**	12	22	4	–	–	–	–	–	–	–	–	–	**Decanedioic acid, dimethyl ester**	106-79-6	**P7936**
199	137	123	107	153	91	138	106	**230**	100	36	24	22	20	13	12	11	**0.00**	5	15	5	–	–	–	–	–	–	–	–	1	**Arsorane, pentamethoxy-**	2087-23-2	**Q7365**
201	173	58	72	145	171	86	143	**230**	100	67	40	20	20	18	15	13	**0.00**	10	28	–	2	–	–	–	–	–	–	–	2	**Aluminium, tetraethylbis(μ-methylaminato)di-**	23129-28-4	**S0079**

MASS TO CHARGE RATIOS								M.W.	INTENSITIES								Parent	C	H	O	N	Cl	Br	F	S	P	B	Si	X	COMPOUND NAME	CAS Reg No	No
201	202	230	77	30	47	45	51	230	100	42	31	28	24	23	22	17		14	15	1	–	–	–	–	–	1	–	–	–	Ethoxydiphenylphosphine		C1765
201	230	77	202	92	91	68	66	230	100	60	20	17	15	12	11	11		13	14	2	2	–	–	–	–	–	–	–	–	3H-Pyrazol-3-one, 2,4-dihydro-5-methyl-4-(1-oxopropyl)-2-phenyl-		M7704
201	230	77	202	92	231	67	65	230	100	57	17	14	9	9	8	8		13	14	2	2	–	–	–	–	–	–	–	–	3H-Pyrazol-3-one, 2,4-dihydro-5-methyl-4-(1-oxopropyl)-2-phenyl-	31197-09-8	08088
201	230	142	157	57	28	129	187	230	100	98	60	48	47	46	37	35		15	18	2	–	–	–	–	–	–	–	–	–	2,3-Hexadienoic acid, 2-methyl-4-phenyl-, ethyl ester	38701-07-4	S5935
201	230	142	157	57	29	187	141	230	100	96	60	47	45	35	32	24		15	18	2	–	–	–	–	–	–	–	–	–	2,3-Hexadienoic acid, 2-methyl-4-phenyl-, ethyl ester		M7302
202	124	230	59	229	136	203	231	230	100	92	50	19	11	7	6	6		13	15	–	–	–	–	–	–	–	–	–	1	Cobalt, (1,3,6-cyclooctatriene)-π-cyclopentadienyl-	32697-39-5	S3833
207	137	189	109	81	41	55	43	230	100	72	64	57	56	55	55	47	0.00	15	18	2	–	–	–	–	–	–	–	–	–	Dehydrocostus lactone	477-43-0	Q0996
212	184	92	128	230	39	121	213	230	100	83	55	24	24	22	18	16		13	10	4	–	–	–	–	–	–	–	–	–	Benzoic acid, 2-(2-hydroxyphenoxy)-	3487-81-8	Q9460
212	230	165	183	106	213	231	166	230	100	87	62	18	15	15	13	11		13	11	2	–	–	–	–	–	1	–	–	–	5-Hydroxy-5,10-dihydrodibenzo[b,e]phosphorin-5-oxide		L7351
215	43	91	230	123	65	42	216	230	100	55	40	25	25	24	13	12		12	14	1	4	–	–	–	–	–	–	–	–	Anhydro-4-acetimino-1-methyl-3-p-tolyl-1,2,3-triazolium hydroxide		M1484
215	57	216	230	41	29	159	129	230	100	23	18	14	10	10	9	7		17	26	–	–	–	–	–	–	–	–	–	–	1,1-Dimethyl-4-ethyl-6-tert-butylindan		V0330
215	75	73	43	103	29	216	83	230	100	80	40	25	23	21	19	13	0.38	13	30	1	–	–	–	–	–	–	–	1	–	Silane, (decyloxy)trimethyl-		04242
215	75	73	83	103	89	69	216	230	100	77	37	30	27	19	18	18	0.24	13	30	1	–	–	–	–	–	–	–	1	–	Silane, (decyloxy)trimethyl-	18402-10-3	R7573
215	85	100	129	69	113	157	73	230	100	68	64	64	58	44	32	28	0.00	11	18	5	–	–	–	–	–	–	–	–	–	α-D-Xylofuranose, 1,2:3,5-di-O-isopropylidene-	20881-04-3	R8988
215	152	230	217	76	181	43	153	230	100	77	46	33	23	23	21	16		14	11	1	–	1	–	–	–	–	–	–	–	4-Acetyl-2′-chlorobiphenyl	3808-89-7	Q9838
215	230	217	232	195	128	115	216	230	100	66	63	42	27	15	15	12		12	16	–	–	2	–	–	–	–	–	–	–	1,4-Dichloro-2,3,5-triethylbenzene		Z1781
230	43	84	41	146	147	187	213	230	100	51	50	48	36	35	29	29		14	18	1	2	–	–	–	–	–	–	–	–	3H-Indol-3-ol, 3-methyl-2-piperidino-	14119-77-8	R4990
230	69	142	151	211	130	161		230	100	56	15	10	8	4	3			3	1	–	–	–	1	6	–	–	–	–	–	Propane, 2-bromo-1,1,1,3,3,3-hexafluoro-	2252-79-1	Q7733
230	77	202	92	66	68	91	231	230	100	32	24	18	17	17	16	15		13	14	2	2	–	–	–	–	–	–	–	–	3H-Pyrazol-3-one, 2,4-dihydro-5-methyl-4-(1-oxopropyl)-2-phenyl-	31197-09-8	S3228
230	85	200	58	116	57	202	231	230	100	94	88	71	71	21	15	15		8	10	2	2	–	–	–	2	–	–	–	–	1,3-Dithietane-$\Delta^{(2,4)}$-diacetamide, N,N′-dimethyl-	27123-79-1	S1620
230	85	200	58	116	172	57	143	230	100	94	88	70	70	16	16	10		8	10	2	2	–	–	–	2	–	–	–	–	1,3-Dithietane-$\Delta^{(2,4)}$-diacetamide, N,N′-dimethyl-		M3660
230	111	103	213	96	43	55	41	230	100	74	48	41	39	32	24	24		14	18	1	2	–	–	–	–	–	–	–	–	3H-Imidazo[1,2-a]azepine, 5,6,7,8,9,9a-hexahydro-2-phenyl-, 1-oxide	42564-24-9	S6951
230	117	115	116	91	105	69	77	230	100	99	73	70	25	20	20	19		11	9	2	–	–	–	3	–	–	–	–	–	Cinnamyl trifluoroacetate		M5367
230	131	200	69	229	93	120	52	230	100	93	59	50	47	30	30	18		8	5	1	4	–	–	3	–	–	–	–	–	Pteridine, 2-methoxy-4-(trifluoromethyl)-	32706-07-3	S3838
230	131	200	69	229	120	93	161	230	100	94	62	50	48	32	32	16		8	5	1	4	–	–	3	–	–	–	–	–	Pteridine, 2-methoxy-4-(trifluoromethyl)-		M4019
230	135	199	151	121	198	77	229	230	100	80	67	27	23	19	18	18		15	18	2	–	–	–	–	–	–	–	–	–	2-Norbornene, 7-methoxy-7-(p-methoxyphenyl)-, stereoisomer	27999-78-6	S1932
230	138	212	147	231	121	165	228	230	100	74	29	26	16	13	10	8		12	14	1	–	–	–	–	–	–	–	–	1	Ferrocene, (1-hydroxyethyl)-	1277-49-2	Q5896
230	157	201	129	142	28	202	43	230	100	67	39	36	33	28	28	26		15	18	2	–	–	–	–	–	–	–	–	–	2,3-Pentadienoic acid, 2-ethyl-4-phenyl-, ethyl ester	38701-09-6	S5936
230	157	201	129	142	202	115	43	230	100	67	40	36	33	28	25	25		15	18	2	–	–	–	–	–	–	–	–	–	2,3-Pentadienoic acid, 2-ethyl-4-phenyl-, ethyl ester		M7304
230	184	91	92	71	51	231	52	230	100	49	27	24	22	15	15	14		14	14	3	–	–	–	–	–	–	–	–	–	2,2′-Dimethoxydiphenyl ether	1655-70-5	Q6443
230	188	155	201	47	45	232	110	230	100	54	31	19	16	16	15	14		8	10	–	2	–	–	–	3	–	–	–	–	4-Isothiazolecarbonitrile, 3-(methylthio)-5-(propylthio)-	37572-29-5	S5522
230	188	187	118	229	146	145	231	230	100	64	55	36	36	22	18	18		13	10	4	–	–	–	–	–	–	–	–	–	Coumarin, 3-acetoacetyl-	13252-79-4	R4387
230	190	187	231	147	43	175	119	230	100	30	30	15	11	6	6	5		13	10	4	–	–	–	–	–	–	–	–	–	Isovisnagin		00778
230	190	187	231	147	175	119	74	230	100	30	30	14	11	6	5	5		13	10	4	–	–	–	–	–	–	–	–	–	Isovisnagin		L3573
230	199	121	56	200	138	231	212	230	100	64	47	19	16	14	14	7		12	14	1	–	–	–	–	–	–	–	–	1	Ferrocene, (2-hydroxyethyl)-	1273-90-1	Q5893
230	201	184	160	229	43	51	231	230	100	80	47	33	26	25	21	14		13	10	4	–	–	–	–	–	–	–	–	–	Visnagin		00774
230	201	184	160	229	51	231	202	230	100	80	47	34	26	21	13	11		13	10	4	–	–	–	–	–	–	–	–	–	Visnagin		L3566
230	202	101	231	200	100	88	201	230	100	38	25	20	17	16	11	10		17	10	1	–	–	–	–	–	–	–	–	–	Benzanthrone		Y1528
230	202	101	231	200	100	201	88	230	100	26	20	19	16	13	9	8		17	10	1	–	–	–	–	–	–	–	–	–	Benzanthrone	82-05-3	P6094
230	202	169	197	174	61	109	215	230	100	51	41	40	38	38	30	20		8	10	–	2	–	–	–	3	–	–	–	–	4-Isothiazolecarbonitrile, 3,5-bis(ethylthio)-	24135-13-5	S0461
230	202	200	101	231	201	100	203	230	100	60	26	23	19	18	17	11		17	10	1	–	–	–	–	–	–	–	–	–	Benzanthrone		00174
230	212	147	211	213	164			230	100	67	13	8	6	2				10	11	2	–	–	–	–	–	–	1	–	1	Ferrocenylboronic acid		M1358
230	213	174	202	146				230	100	51	41	23	20					14	18	1	2	–	–	–	–	–	–	–	–	1-Ethyl-2,3,4,5-tetrahydroazepino[2,3-b]indol-5a-(1H)-ol		M3097
230	215	229	216	101	231	228	114	230	100	5	4	3	2	2	2	2		18	14	–	–	–	–	–	–	–	–	–	–	Pyrene, 1,9-dimethyl-	74298-70-7	T7850
230	229	116	102	231	142	115	89	230	100	40	19	18	16	11	11	9		12	10	1	2	–	–	–	1	–	–	–	–	2,3-Dihydro-6-phenyl-5H-thiazolo[3,2-a]pyrimidin-5-one		M0434
230	229	190	231	215	228	202	88	230	100	44	20	17	15	13	12	11		16	10	–	2	–	–	–	–	–	–	–	–	Benzonitrile, 4,4′-(1,2-ethenediyl)bis-	6292-62-2	R2209
230	229	215	152	228	101	202	226	230	100	78	48	35	35	32	25	21		18	14	–	–	–	–	–	–	–	–	–	–	Benzene, (2,4-cyclopentadien-1-ylidenephenylmethyl)-	2175-90-8	Q7542
230	229	215	228	152	101	231	226	230	100	85	40	35	34	30	25	22		18	14	–	–	–	–	–	–	–	–	–	–	Benzene, (2,4-cyclopentadien-1-ylidenephenylmethyl)-	2175-90-8	Q7543
230	229	215	228	231	114	226	101	230	100	56	28	27	18	13	13	13		18	14	–	–	–	–	–	–	–	–	–	–	o-Terphenyl		Y1734
230	229	215	228	231	202	216	115	230	100	44	40	23	21	9	9	7		18	14	–	–	–	–	–	–	–	–	–	–	o-Terphenyl	84-15-1	P6183
230	229	215	228	231	226	202	227	230	100	60	36	34	20	18	14	11		18	14	–	–	–	–	–	–	–	–	–	–	o-Terphenyl	84-15-1	P6184
230	229	215	231	228	101	226	202	230	100	35	29	19	14	13	12	11		18	14	–	–	–	–	–	–	–	–	–	–	1,3-Dimethylpyrene		P2748
230	229	228	155	156	127	114	157	230	100	88	69	43	36	34	31	30		18	14	–	–	–	–	–	–	–	–	–	–	Benz[a]anthracene, 7,12-dihydro-	16434-59-6	R6184
230	229	228	155	156	157	127	114	230	100	86	68	44	36	34	32	30		18	14	–	–	–	–	–	–	–	–	–	–	Benz[a]anthracene, 7,12-dihydro-		L4412
230	229	228	231	152	215	144	226	230	100	84	28	20	17	13	13	13		18	14	–	–	–	–	–	–	–	–	–	–	1-Styrylnaphthalene		L8739

MASS TO CHARGE RATIOS								M.W.	INTENSITIES								Parent	C	H	O	N	Cl	Br	F	S	P	B	Si	X	COMPOUND NAME	CAS Reg No	No
230	229	228	231	215	226	114	227	**230**	100	70	39	20	19	14	13	12		18	14	–	–	–	–	–	–	–	–	–	–	2-Styrylnaphthalene		L8740
230	229	231	202	201	203	174	175	**230**	100	32	23	15	14	14	9	8		16	10	–	2	–	–	–	–	–	–	–	–	Calycanine		00849
230	231	115	43	57	228	41	229	**230**	100	19	13	13	11	11	7	7		18	14	–	–	–	–	–	–	–	–	–	–	p-Terphenyl		Y1736
230	231	115	228	229	226	101	202	**230**	100	20	14	11	7	5	5	5		18	14	–	–	–	–	–	–	–	–	–	–	Terphenyl	26140-60-3	H1893
230	231	228	115	229	101	226	51	**230**	100	19	11	11	9	6	6	5		18	14	–	–	–	–	–	–	–	–	–	–	m-Terphenyl		Y1735
230	231	228	115	229	226	202	227	**230**	100	19	12	9	8	6	5	5		18	14	–	–	–	–	–	–	–	–	–	–	m-Terphenyl	92-06-8	P6689
230	231	228	229	115	128	152	153	**230**	100	21	11	11	10	8	7	6		18	14	–	–	–	–	–	–	–	–	–	–	p-Terphenyl	92-94-4	P6760
230	231	228	229	115	226	227	101	**230**	100	19	13	13	9	6	5	5		18	14	–	–	–	–	–	–	–	–	–	–	m-Terphenyl		00889
230	231	228	229	226	152	227	202	**230**	100	19	11	7	5	4	4	4		18	14	–	–	–	–	–	–	–	–	–	–	p-Terphenyl		00890
230	231	232	79	229	51	50	53	**230**	100	99	96	94	93	88	59	56		8	7	3	–	–	1	–	–	–	–	–	–	Benzaldehyde, 3-bromo-4-hydroxy-5-methoxy-	2973-76-4	Q8879
230	232	111	202	51	78	75	134	**230**	100	66	47	45	38	36	35	30		8	4	2	2	2	–	–	–	–	–	–	–	4,7-Dichloro-2-methyl-8-oxo-4,7-dihydro-4,7-methanofuro[2,3-d]pyridazine		M3650
230	232	160	234	195	231	162	233	**230**	100	96	32	30	13	10	10	9		10	5	–	–	3	–	–	–	–	–	–	–	Naphthalene, 1,3,7-trichloro-	55720-37-1	T1929
230	232	160	234	195	231	162	233	**230**	100	95	33	31	14	11	11	10		10	5	–	–	3	–	–	–	–	–	–	–	Naphthalene, 2,3,6-trichloro-	55720-40-6	T1930
231	91	232	123	107	93	215	105	**230**	100	44	16	14	12	11	8	6	**0.00**	14	14	1	–	–	–	–	1	–	–	–	–	Benzyl sulphoxide	621-08-9	Q3024
232	230	131	234	166	133	168	65	**230**	100	80	61	52	44	44	42	26		6	2	1	–	4	–	–	–	–	–	–	–	Phenol, 2,3,4,6-tetrachloro-	58-90-2	P4965
232	230	234	131	133	166	168	65	**230**	100	74	50	40	27	25	22	21		6	2	1	–	4	–	–	–	–	–	–	–	Phenol, 2,3,5,6-tetrachloro-	935-95-5	Q4707
232	230	234	131	133	168	194	196	**230**	100	81	51	38	27	21	21	21		6	2	1	–	4	–	–	–	–	–	–	–	Phenol, 2,3,4,5-tetrachloro-	4901-51-3	R0923
232	230	234	131	133	194	196	96	**230**	100	78	47	26	14	12	11	10		6	2	1	–	4	–	–	–	–	–	–	–	Phenol, 2,3,4,6-tetrachloro-	58-90-2	P4967
28	124	213	152	77	105	84	229	**231**	100	61	34	21	20	18	13	13	**2.00**	14	17	2	1	–	–	–	–	–	–	–	–	2-Buten-1-one, 3-(4-morpholinyl)-1-phenyl-		00568
28	126	215	77	105	44	40	57	**231**	100	34	30	26	25	25	24	19	**4.00**	14	17	2	1	–	–	–	–	–	–	–	–	2-Buten-1-one, 3-(4-morpholinyl)-1-phenyl-		00567
28	146	129	85	120	200	118	147	**231**	100	96	57	31	18	17	16	15	**0.00**	14	17	2	1	–	–	–	–	–	–	–	–	1-(o-Hydroxybenzoyl)-2-piperidinoethylene		00563
41	39	130	158	63	75	159	50	**231**	100	67	48	33	32	32	26	24	**2.50**	13	13	3	1	–	–	–	–	–	–	–	–	3-(Cyclopentylamino)phthalic anhydride		M2592
41	43	60	133	57	55	39	42	**231**	100	64	64	48	39	32	31	23	**5.00**	9	17	–	3	–	–	–	2	–	–	–	–	1,3,4-Thiadiazole, 2-amino-5-(heptylthio)-	33313-10-9	S4108
42	44	170	58	231	43	57	212	**231**	100	81	71	58	55	48	45	44		15	21	1	1	–	–	–	–	–	–	–	–	3-Azabicyclo[3.3.1]nonan-9-ol, 3-methyl-9-phenyl-, syn-	13493-41-9	R4596
43	130	73	45	103	202	231	172	**231**	100	25	23	15	13	11	7	7		14	17	2	1	–	–	–	–	–	–	–	–	Indole, 1-acetoxymethyl-3-propyl-		M5478
43	216	231	71	45	118	44	72	**231**	100	54	44	41	28	20	19	18		13	13	1	1	–	–	–	1	–	–	–	–	1-Acetyl-4-methyl-2-(4-methylphenyl)-5-thiazole	54001-03-5	S8726
44	76	77	104	56	70	72	43	**231**	100	48	46	39	27	25	22	22	**14.00**	11	9	3	3	–	–	–	–	–	–	–	–	1-Ethyl-4-methyl-5-dicyanomethylpyrid-2,3,6-trione		D2649
44	202	204	42	231	233	216	218	**231**	100	69	67	41	40	39	22	20		7	10	1	3	–	1	–	–	–	–	–	–	5-Bromo-4-dimethylamino-2-methoxypyrimidine		P1976
45	188	76	123	77	75	50	124	**231**	100	70	34	30	26	24	23	16	**11.20**	8	9	5	1	–	–	–	1	–	–	–	–	4-Nitrophenyl 2-hydroxyethyl sulphone	21386-32-3	R9248
56	97	231	15	77	42	71	111	**231**	100	30	25	13	13	10	9	9		13	17	1	3	–	–	–	–	–	–	–	–	3H-Pyrazol-3-one, 4-(dimethylamino)-1,2-dihydro-1,5-dimethyl-2-phenyl-	58-15-1	P4889
56	97	231	42	111	77	71	112	**231**	100	36	36	13	12	8	8	8		13	17	1	3	–	–	–	–	–	–	–	–	3H-Pyrazol-3-one, 4-(dimethylamino)-1,2-dihydro-1,5-dimethyl-2-phenyl-	58-15-1	P4891
56	119	91	97	231	64	111	42	**231**	100	95	46	34	31	26	24	21		13	17	1	3	–	–	–	–	–	–	–	–	3H-Pyrazol-3-one, 4-(dimethylamino)-1,2-dihydro-1,5-dimethyl-2-phenyl-	58-15-1	P4890
56	231	97	42	111	77	112	71	**231**	100	36	35	12	11	9	8	8		13	17	1	3	–	–	–	–	–	–	–	–	Pyrazol-5-one, 4-(dimethylamino)-2,3-dimethyl-1-phenyl-		L8295
57	176	41	29	43	175	60	15	**231**	100	90	77	77	68	62	32	30	**14.00**	9	12	3	2	1	–	–	–	–	–	–	–	3-tert-Butyl-5-chloro-6-hydroxymethyluracil		L8896
58	57	44	230	231	110	105	136	**231**	100	90	84	69	68	55	52	52		15	21	1	1	–	–	–	–	–	–	–	–	3-Azabicyclo[3.3.1]nonan-9-ol, 3-methyl-9-phenyl-, anti-	14948-73-3	R5490
64	91	63	147	51	50	52	65	**231**	100	95	60	40	30	25	23	20		13	11	2	–	–	–	–	1	–	–	–	–	Tropone, 3-azido-		L7531
68	110	43	122	41	121	231		**231**	100	16	13	10	10	5	2			14	17	2	1	–	–	–	–	–	–	–	–	1-Acetyl-2-(4-methoxybenzyl)-2,5-dihydro-pyrrole		M2768
69	28	101	130	47	85	110	231	**231**	100	89	88	88	18	14	14	11		1	3	1	1	1	–	3	1	2	–	–	–	Thioimidodiphosphoryl chloride fluoride, methyl-	39564-21-1	08773
69	41	81	136	67	39	121	68	**231**	100	34	32	15	15	9	8	8	**2.62**	16	25	–	1	–	–	–	–	–	–	–	–	3,7,11-Tridecatrienenitrile, 4,8,12-trimethyl-	6006-01-5	R1985
69	91	41	56	120	231	92	44	**231**	100	87	49	42	36	33	28	25		14	17	2	1	–	–	–	–	–	–	–	–	Glycidamide, N-cyclopentyl-3-phenyl-, trans-	19464-97-2	R8167
69	91	56	41	120	231	92	44	**231**	100	87	67	48	37	33	28	25		14	17	2	1	–	–	–	–	–	–	–	–	Glycidamide, N-cyclopentyl-3-phenyl-		L1831
69	162	114	48	46	212	50	31	**231**	100	99	38	30	18	12	7	7	**0.10**	3	–	1	1	–	–	7	1	–	–	–	–	N-(Heptafluoroisopropyl)sulphuroxidoimide		L9484
72	44	73	42	56	70	159	109	**231**	100	32	5	4	3	2	2	2	**0.01**	12	16	–	1	–	–	3	–	–	–	–	–	Benzeneethanamine, N-ethyl-α-methyl-3-(trifluoromethyl)-	458-24-2	Q0794
72	106	41	43	44	88	55	29	**231**	100	63	13	12	9	9	8	7	**0.00**	12	25	1	1	–	–	–	1	–	–	–	–	Carbamothioic acid, dimethyl-, O-nonyl ester	72101-36-1	T7714
73	57	172	75	29	85	30	216	**231**	100	83	57	35	24	24	22	21	**0.00**	10	21	3	1	–	–	–	–	–	–	1	–	Glycine, N-(2-methyl-1-oxobutyl)-, trimethylsilyl ester	55493-99-7	T1215
73	57	172	75	30	85	216	41	**231**	100	56	47	37	37	32	24	23	**1.27**	10	21	3	1	–	–	–	–	–	–	1	–	Glycine, N-(3-methyl-1-oxobutyl)-, trimethylsilyl ester	55494-00-3	T1216
73	89	57	41	189	56	75	58	**231**	100	42	25	23	19	17	16	13	**0.10**	10	21	3	1	–	–	–	–	–	–	1	–	Pentanoic acid, 2-(methoxyimino)-3-methyl-, trimethylsilyl ester	55494-02-5	T1219
73	172	75	216	189	145	74	99	**231**	100	47	31	27	19	14	9	8	**0.89**	10	21	3	1	–	–	–	–	–	–	1	–	Glycine, N-(3-methyl-1-oxobutyl)-, trimethylsilyl ester	55494-00-3	T1217
73	189	216	200	45	89	75	74	**231**	100	31	17	13	13	12	11	10	**0.00**	10	21	3	1	–	–	–	–	–	–	1	–	Hexanoic acid, 2-(methoxyimino)-, trimethylsilyl ester	55494-01-4	T1218
73	231	216	232	45	230	159	158	**231**	100	98	33	21	17	14	13	12		14	21	–	1	–	–	–	–	–	–	1	–	1H-Indole, 2,3,5-trimethyl-1-(trimethylsilyl)-		P3215
74	57	71	41	43	29	55	44	**231**	100	85	71	55	54	46	41	27	**2.47**	13	29	2	1	–	–	–	–	–	–	–	–	(Dimethylamino)-bis(2,2-dimethylpropoxy)methane		P1182
75	57	73	41	172	85	45	29	**231**	100	45	39	32	31	28	27	25	**0.00**	10	21	3	1	–	–	–	–	–	–	1	–	Glycine, N-(2-methyl-1-oxobutyl)-, trimethylsilyl ester	55493-99-7	T1214
77	103	183	47	51	48	76	50	**231**	100	56	50	40	40	37	24	23	**7.00**	8	9	–	1	–	–	–	1	–	–	–	1	Carbamoselenothioic acid, phenyl-, S-methyl ester	21347-34-2	R9244

MASS TO CHARGE RATIOS	M.W.	INTENSITIES	Parent	C	H	O	N	Cl	Br	F	S	P	B	Si	X	COMPOUND NAME	CAS Reg No	No
91 77 51 64 231 92 39 63	**231**	100 39 33 28 16 14 14 13		13	10	1	1	1	–	–	–	–	–	–	–	**N-(4-Chlorobenzylidene)aniline-N-oxide**	5909-74-0	**R1887**
91 106 127 110 57 92 65 104	**231**	100 32 32 18 16 14 13 13	**6.91**	12	13	2	3	–	–	–	–	–	–	–	–	**3-Isoxazolecarboxylic acid, 5-methyl-, 2-(phenylmethyl)hydrazide**	59-63-2	**P5003**
91 107 119 118 57 163 41 92	**231**	100 37 16 15 13 13 11 9	**7.01**	14	17	2	1	–	–	–	–	–	–	–	–	**Hydrocinnamic acid, α-methyl-, 2-cyano-2-methylethyl ester**	14025-74-2	**R4912**
91 146 145 92 118 65 106 57	**231**	100 32 10 7 6 6 5 5	**0.00**	15	26	–	1	–	–	–	–	–	1	–	–	**Boranamine, 1-(2,2-dimethyl-1-phenylpropyl)-N,N-diethyl-**	62185-51-7	**T5892**
91 155 184 65 92 41 47 42	**231**	100 56 39 24 10 6 6 5	**1.50**	9	13	2	1	–	–	–	2	–	–	–	–	**2-Tosylamidoethanethiol**		**L9868**
91 216 41 146 97 56 69 55	**231**	100 34 21 18 14 12 11 10	**5.00**	16	25	–	1	–	–	–	–	–	–	–	–	**Azetidine, 1-benzyl-3-tert-butyl-2,2-dimethyl-**	22606-89-9	**R9841**
91 216 41 146 97 56 69 147	**231**	100 34 21 18 14 12 11 10	**5.00**	16	25	–	1	–	–	–	–	–	–	–	–	**Azetidine, 1-benzyl-3-tert-butyl-2,2-dimethyl-**		**L5156**
91 231 188 232 92 119 189	**231**	100 99 33 13 7 7 5		13	17	1	3	–	–	–	–	–	–	–	–	**Δ^2-1,2,4-Triazolin-5-one, 3-pentyl-1-phenyl-**	28669-30-9	**S2168**
91 231 188 232 92 189 119	**231**	100 85 48 11 8 6 4		13	17	1	3	–	–	–	–	–	–	–	–	**Δ^2-1,2,4-Triazolin-5-one, 3-(1-ethylpropyl)-1-phenyl-**	5507-95-9	**R1492**
93 69 55 41 111 94 231 77	**231**	100 28 20 12 11 8 7 6		15	21	1	1	–	–	–	–	–	–	–	–	**Cyclopentanecarboxamide, 3-ethyl-2-methyl-N-phenyl-**	74793-56-9	**T8637**
94 137 111 138 66 75 231 65	**231**	100 55 29 27 25 25 25 23		13	10	1	1	1	–	–	–	–	–	–	–	**Benzaldehyde, 4-chloro-, O-phenyloxime**	55191-14-5	**T0542**
94 137 111 138 75 66 231 102	**231**	100 55 29 27 25 25 25 23		13	10	1	1	1	–	–	–	–	–	–	–	**p-Chlorobenzaldoxime O-phenyl ether**		**M3390**
97 112 118 120 161 103 114 146	**231**	100 63 50 47 40 25 25 25	**12.00**	12	26	1	1	–	–	–	–	1	–	–	–	**1-(Diethylamino)-2,2,3,4,4-pentamethylphosphetan 1-oxide**		**P2606**
97 146 112 104 98 231 118 69	**231**	100 46 25 23 8 8 7 6		15	21	1	1	–	–	–	–	–	–	–	–	**2-Azetidinone, 4-tert-butyl-3,3-dimethyl-1-phenyl-**	22607-05-2	**R9852**
97 161 118 112 103 114 61 119	**231**	100 99 84 47 36 36 34 27	**18.00**	12	26	1	1	–	–	–	–	1	–	–	–	**1-(N-Butylamino)-2,2,3,4,4-pentamethylphosphetan 1-oxide**		**P2596**
100 156 113 87 127 198 101 230	**231**	100 92 82 61 57 55 51 40	**7.01**	15	21	1	1	–	–	–	–	–	–	–	–	**13-Azabicyclo[6.4.2]tetradeca-8,10,12,13-tetraene, 14-ethoxy-**	30483-16-0	**S2921**
104 140 91 69 105 42 60 65	**231**	100 99 29 18 14 12 11 11	**4.40**	11	12	1	1	–	–	3	–	–	–	–	–	**N-Trifluoroacetyl-N-methyl-1-phenyl-ethylamine**		**15479**
107 79 125 81 80 77 44 51	**231**	100 92 87 68 58 50 42 42	**5.00**	13	13	3	1	–	–	–	–	–	–	–	–	**1H-Pyrrole-2-carboxylic acid, 1-(2-hydroxy-2-phenylethyl)-**	34600-51-6	**09892**
109 231 137 81 110 53 52 232	**231**	100 84 60 39 35 25 23 19		11	9	3	3	–	–	–	–	–	–	–	–	**4-(2-Hydroxy-3-pyridylazo)resorcinol**		**05465**
111 143 187 172 128 129 231 77	**231**	100 69 61 35 32 27 27 23		13	17	1	3	–	–	–	–	–	–	–	–	**1-Hexen-3-one, 1-phenyl-, semicarbazone**	5595-62-0	**R1570**
111 187 188 115 171 91 43 172	**231**	100 55 39 29 29 21 20 18	**9.00**	13	17	1	3	–	–	–	–	–	–	–	–	**1-Penten-3-one, 2-methyl-1-phenyl-, semicarbazone**	16983-71-4	**R6560**
112 43 91 188 55 56 65 113	**231**	100 18 15 10 10 10 9 8	**5.00**	15	21	1	1	–	–	–	–	–	–	–	–	**Butan-3-one, 2-piperidinone-1-phenyl-**		**L3191**
114 85 231 117 118 69 196 164	**231**	100 33 26 22 19 17 12 11		1	3	1	1	1	–	3	1	2	–	–	–	**Thioimidodiphosphoryl chloride fluoride, methyl-**	41006-38-6	**08720**
116 43 158 29 70 74 31 42	**231**	100 56 52 18 18 9 7 7	**0.60**	10	17	5	1	–	–	–	–	–	–	–	–	**L-Aspartic acid, N-acetyl-, diethyl ester**	1069-39-2	**Q5166**
116 86 132 70 176 160 114 87	**231**	100 60 44 25 17 12 9 7	**0.00**	11	21	4	1	–	–	–	–	–	–	–	–	**L-Leucine, N-tert-butoxycarbonyl-**	13139-15-6	**R4226**
118 140 188 190 91	**231**	100 90 34 34 18	**0.00**	11	12	1	1	–	–	3	–	–	–	–	–	**N-(Trifluoroacetyl)amphetamine**		**L9448**
118 231 119 44 91 120 105 93	**231**	100 77 75 43 42 40 37 35		12	13	2	3	–	–	–	–	–	–	–	–	**4,5-Isoxazoledione, 3-methyl-, 4-[(2,4-dimethylphenyl)hydrazone]**		**M8674**
118 231 119 91 120 105 93 39	**231**	100 77 75 42 40 37 35 26		12	13	2	3	–	–	–	–	–	–	–	–	**4,5-Isoxazoledione, 3-methyl-, 4-[(2,4-dimethylphenyl)hydrazone]**	5669-53-4	**R1649**
119 36 103 231 77 104 91 76	**231**	100 29 29 28 20 19 16 12		11	9	3	3	–	–	–	–	–	–	–	–	**Isoxazolo[5,4-d]pyrimidine-4,6(5H,7H)-dione, 3a,7a-dihydro-3-phenyl-, cis-**	35053-72-6	**S4804**
125 127 90 111 75 77 63 89	**231**	100 44 43 39 38 33 25 23	**18.00**	13	10	1	1	1	–	–	–	–	–	–	–	**N-Benzylidene-4-chloroaniline-N-oxide**		**L3278**
126 128 90 111 75 77 51 63	**231**	100 45 43 39 39 34 27 24	**17.82**	13	10	1	1	1	–	–	–	–	–	–	–	**Benzaldehyde-4-chlorophenylnitrone**	19865-58-8	**R8350**
130 101 131 229 231	**231**	100 90 85 20 10		12	13	–	3	–	–	–	1	–	–	–	–	**2-Amino-4-(indol-3-ylmethyl)-2-thiazoline**		**M3648**
130 189 231 43 102 28 131 129	**231**	100 38 28 26 20 18 17 17		13	13	3	1	–	–	–	–	–	–	–	–	**Methyl N-acetylindole-3-acetate**		**05046**
130 202 158 77 204 64 91 131	**231**	100 82 78 68 56 50 42 42	**38.00**	13	13	3	1	–	–	–	–	–	–	–	–	**N-Methyl-β-formyl-α-carbethoxyindole**		**L2588**
130 231 131 200 156 144 143 77	**231**	100 31 14 7 5 5 5 5		14	17	2	1	–	–	–	–	–	–	–	–	**Pentanoic acid, 5-(3-indolyl)-, methyl ester**		**L8333**
132 117 91 115 131 133 41 57	**231**	100 64 16 11 10 10 9 9	**0.00**	15	21	1	1	–	–	–	–	–	–	–	–	**2-Azetidinone, 1-tert-butyl-3,3-dimethyl-4-phenyl-**	29668-87-9	**S2609**
133 134 91 231 118 131 99 160	**231**	100 33 30 25 16 16 14 13		14	17	2	1	–	–	–	–	–	–	–	–	**1H-Dicyclopent[e,g]isoindole-1,3(2H)-dione, 3a,3b,4,5,6,7,8,9,9a,9b-decahydro-, (3aα,3bα,9aα,9bα)-**	51704-56-4	**S7743**
139 211 93 137 229 43 232 123	**231**	100 94 91 18 16 14 13 12	**0.00**	13	13	3	1	–	–	–	–	–	–	–	–	**3-Furancarboxamide, 5-(hydroxymethyl)-2-methyl-N-phenyl-**	34319-02-3	**S4625**
139 231 123 43 93 137 140 215	**231**	100 49 15 9 9 9 8 8		13	13	3	1	–	–	–	–	–	–	–	–	**3-Furancarboxamide, 2-(hydroxymethyl)-5-methyl-N-phenyl-**	34356-96-2	**S4637**
139 231 141 111 233 75 140 113	**231**	100 34 33 22 11 11 8 8		13	10	1	1	1	–	–	–	–	–	–	–	**Benzanilide, 2-chloro-**	6833-13-2	**R2584**
140 59 87 55 82 54 112 108	**231**	100 53 47 40 32 30 30 28	**11.61**	10	17	5	1	–	–	–	–	–	–	–	–	**Heptanedioic acid, 4-(methoxyimino)-, dimethyl ester**	56051-83-3	**T2609**
140 118 28 91 69 45 65 39	**231**	100 77 66 60 37 32 32 29	**0.00**	11	12	1	1	–	–	3	–	–	–	–	–	**N-(Trifluoroacetyl)amphetamine**	51241-63-5	**S7612**
144 116 158 174 173 216 87 172	**231**	100 84 50 44 43 36 31 27	**0.00**	12	25	3	1	–	–	–	–	–	–	–	–	**L-Serine, N,O-bis-isopropyl-, 1-isopropyl ester**	56771-72-3	**09652**
144 231 89 116 145 200 72 143	**231**	100 60 30 29 28 25 13 12		13	13	3	1	–	–	–	–	–	–	–	–	**Methyl 4-(3-indolyl)-4-oxobutyrate**		**L4285**
158 86 56 231 112 143 71	**231**	100 46 42 29 17 16 12		9	17	4	3	–	–	–	–	–	–	–	–	**1-[1,2-Bis(ethoxycarbonyl)hydrazino]azetidine**		**M5498**
160 131 30 130 156 231 29 27	**231**	100 94 38 38 36 36 33 31		16	25	–	1	–	–	–	–	–	–	–	–	**2-Naphthylamine, N-hexyl-1,2,3,4-tetrahydro-**	23853-49-8	**H1866**
160 231 131 159 117 91 132 134	**231**	100 76 59 52 40 34 21 20		14	17	2	1	–	–	–	–	–	–	–	–	**1H-Dicyclopent[e,g]isoindole-1,3(2H)-dione, 3a,3b,4,5,6,7,8,9,9a,9b-decahydro-, (3aα,3bβ,9aβ,9bα)-**	51704-57-5	**S7744**
161 70 162 231 133 118 90 103	**231**	100 77 58 51 26 24 17 16		14	17	2	1	–	–	–	–	–	–	–	–	**Pyrrolidine, 1-(m-methoxycinnamoyl)-**	29647-01-6	**S2601**
161 70 163 231 133 118 135 103	**231**	100 78 55 50 20 19 11 11		14	17	2	1	–	–	–	–	–	–	–	–	**Pyrrolidine, 1-(m-methoxycinnamoyl)-**		**M1122**
174 146 41 91 66 175 42 53	**231**	100 58 41 17 12 12 10 10	**5.00**	16	25	–	1	–	–	–	–	–	–	–	–	**Lycopodane, 4,5-didehydro-15-methyl-, (15R)-**	54551-08-5	**S9318**
175 102 75 203 129 50 74 101	**231**	100 80 59 47 35 31 29 28	**26.00**	10	5	4	3	–	–	–	–	–	–	–	–	**5-Nitro-1,2-dioxacyclobuta[b]quinoxaline**		**05449**
184 202 128 231 61 151 63 76	**231**	100 78 32 30 26 20 19 18		13	13	3	1	–	–	–	–	–	–	–	–	**5-Methyl-β-formyl-α-carbethoxyindole**		**L2587**
188 123 201 124 122 231 170 140	**231**	100 44 23 23 23 17 17 9		8	9	5	1	–	–	–	1	–	–	–	–	**4-Nitrophenyl 2-hydroxyethyl sulphone**		**M4351**

MASS TO CHARGE RATIOS								M.W.	INTENSITIES								Parent	C	H	O	N	Cl	Br	F	S	P	B	Si	X	COMPOUND NAME	CAS Reg No	No
189	43	231	52	69	190	191	173	**231**	100	89	27	14	7	6	5	5		6	5	5	3	–	–	–	1	–	–	–	–	2-Acetylamino-3,5-dinitrothiophene		D1852
202	131	198	27	43	41	129	128	**231**	100	73	42	38	35	32	28	27	**16.01**	16	25	–	1	–	–	–	–	–	–	–	–	2-Naphthylamine, N,N-dipropyl-1,2,3,4-tetrahydro-		00121
202	203	173	188	103	117	77	131	**231**	100	96	93	89	89	81	66	58	**16.40**	12	13	2	3	–	–	–	–	–	–	–	–	2,4-Dioxo-5-ethyl-5-phenyl-6-iminohexahydropyrimidine		B0029
214	126	231	77	215	105	91	96	**231**	100	31	22	20	18	16	8	6		14	17	2	1	–	–	–	–	–	–	–	–	2-Buten-1-one, 3-(4-morpholinyl)-1-phenyl-	14091-94-2	R4976
216	91	215	217	132	231	90	117	**231**	100	25	25	17	14	10	7	7		14	22	1	1	–	–	–	–	–	1	–	–	1,3,2-Oxazaborolidine, 2-butyl-3,4-dimethyl-5-phenyl-	26535-27-3	S1404
216	231	188	41	57	217	189	232	**231**	100	28	25	20	18	17	3	3		15	21	1	1	–	–	–	–	–	–	–	–	Phenol, 2,6-di-tert-butyl-4-isocyano-	20600-84-4	R8774
216	231	188	57	55	43	217	41	**231**	100	43	32	22	18	18	15	14		14	17	2	1	–	–	–	–	–	–	–	–	2H-1-Benzopyran-2-one, 7-(diethylamino)-4-methyl-		G0233
216	231	188	217	57	41	172	156	**231**	100	20	19	17	14	12	5	4		15	21	1	1	–	–	–	–	–	–	–	–	Benzonitrile, 3,5-di-tert-butyl-4-hydroxy-		C0940
216	231	188	217	159	158	232	131	**231**	100	38	32	15	8	7	6	6		14	17	2	1	–	–	–	–	–	–	–	–	2H-1-Benzopyran-2-one, 7-(diethylamino)-4-methyl-	91-44-1	P6631
230	231	105	110	77	103	69	104	**231**	100	99	88	43	21	20	12	12		11	12	1	1	–	–	3	–	–	–	–	–	N-Trifluoroacetyl-N-methyl-1-phenyl-ethylamine	24456-02-8	S0593
230	231	115	202	116	232	102	229	**231**	100	89	26	16	15	14	12	11		17	13	–	1	–	–	–	–	–	–	–	–	Isoquinoline, 3-styryl-		L8748
230	231	165	229	163	232	164	113	**231**	100	85	31	27	24	13	13	10		16	14	–	1	–	–	–	–	–	1	–	–	1H-Pyrrole, 1-(diphenylboryl)-	42051-52-5	S6837
230	231	202	101	232	216	89	154	**231**	100	96	24	19	18	11	11	10		17	13	–	1	–	–	–	–	–	–	–	–	Quinoline, 4-styryl-		L4199
230	231	232	77	105	154	233	126	**231**	100	93	47	46	41	34	32	16		13	10	1	1	1	–	–	–	–	–	–	–	Benzophenone, 2-amino-5-chloro-	719-59-5	Q3856
231	46	154	183	109	138	201		**231**	100	34	15	12	5	3	2			12	9	2	1	–	–	–	1	–	–	–	–	Benzene, 1-nitro-2-(phenylthio)-	4171-83-9	R0175
231	67	161	204	69	212	142	40	**231**	100	37	36	33	29	26	19	12		6	3	–	3	–	–	6	–	–	–	–	–	Pyrimidine, 4-amino-2,6-bis(trifluoromethyl)-	717-61-3	Q3848
231	69	130	101	110	102	64	78	**231**	100	64	57	40	23	20	18	15		1	3	–	1	–	–	4	2	2	–	–	–	N-Methylbis-(difluorothiophosphoryl)amine		L9645
231	91	188	232	119	92	189		**231**	100	86	29	13	7	6	4			13	17	1	3	–	–	–	–	–	–	–	–	Δ^2-1,2,4-Triazolin-5-one, 3-isopentyl-1-phenyl-	28669-34-3	S2171
231	108	80	52	79	125	232	53	**231**	100	69	27	21	20	18	17	12		11	9	3	3	–	–	–	–	–	–	–	–	2-(2,6-Dihydroxy-3-pyridylazo)phenol		05467
231	142	216	141	109	43	115	170	**231**	100	77	77	72	55	54	43	19		13	13	3	1	–	–	–	–	–	–	–	–	3,5-Hexadien-2-one, 5-methyl-6-(4-nitrophenyl)-	55191-23-6	T0545
231	154	46	109					**231**	100	16	9	2						12	9	2	1	–	–	–	1	–	–	–	–	Benzene, 1-nitro-4-(phenylthio)-	952-97-6	Q4823
231	186	232	167	182	183	43	64	**231**	100	20	15	13	11	11	8	7		12	9	2	1	–	–	–	1	–	–	–	–	10H-Phenothiazine, 5,5-dioxide	1209-66-1	Q5766
231	186	232	167	183	182			**231**	100	22	16	14	12	10				12	9	2	1	–	–	–	1	–	–	–	–	10H-Phenothiazine, 5,5-dioxide		L7466
231	186	232	167	183	182	43	63	**231**	100	21	15	14	11	11	8	7		12	9	2	1	–	–	–	1	–	–	–	–	10H-Phenothiazine, 5,5-dioxide		03235
231	188	203	69	174	160	116	173	**231**	100	29	27	12	11	10	8	7		12	9	2	1	–	–	–	1	–	–	–	–	3-Methoxy-1-oxo-1H-benzo[d]pyrida[2,1-b]thiazole		L9824
231	211	233	176	213	89	149	69	**231**	100	68	64	50	45	40	38	32		5	2	–	3	2	–	3	–	–	–	–	–	Pyrimidine, 5-amino-2,4-dichloro-6-(trifluoromethyl)-	2925-96-4	Q8841
231	230	105	110	77	103	69	216	**231**	100	99	88	44	21	20	12	12		11	12	1	1	–	–	3	–	–	–	–	–	N-Trifluoroacetyl-N-methyl-1-phenyl-ethylamine		L5351
231	230	202	101	232	154	216	229	**231**	100	96	28	20	20	13	13	12		17	13	–	1	–	–	–	–	–	–	–	–	Quinoline, 4-styryl-, trans-		M7654
231	230	202	101	232	216	154	229	**231**	100	96	26	20	18	12	12	11		17	13	–	1	–	–	–	–	–	–	–	–	Quinoline, 4-styryl-	4594-84-7	R0628
231	230	202	232	216	101	115	114	**231**	100	69	21	19	14	13	9	9		17	13	–	1	–	–	–	–	–	–	–	–	Pyridine, 3,4-diphenyl-		01083
231	230	232	102	202	128	77	228	**231**	100	60	19	12	8	7	7	7		17	13	–	1	–	–	–	–	–	–	–	–	Pyridine, 2,6-diphenyl-		M3207
231	230	232	202	101	229	154	89	**231**	100	87	21	20	17	15	13	9		17	13	–	1	–	–	–	–	–	–	–	–	Quinoline, 4-styryl-		L8747
231	233	44	202	204	216	218	69	**231**	100	97	83	51	51	44	42	30		7	10	1	3	–	1	–	–	–	–	–	–	5-Bromo-2-dimethylamino-4-methoxypyrimidine		P1975
231	233	232	107	215	91	217	234	**231**	100	36	18	7	5	4	2	2		13	10	1	1	1	–	–	–	–	–	–	–	N-(4-Chlorobenzylidene)aniline-N-oxide		L4537
231	233	232	141	215	143	125	230	**231**	100	37	18	10	5	4	4	4		13	10	1	1	1	–	–	–	–	–	–	–	N-Benzylidene-4-chloroaniline-N-oxide		L4536
232	91	119	154					**231**	100	89	12	9					**0.00**	12	13	2	3	–	–	–	–	–	–	–	–	3-Isoxazolecarboxylic acid, 5-methyl-, 2-(phenylmethyl)hydrazide	59-63-2	P5004
15	217	215	214	216	213	202	232	**232**	100	91	81	65	53	43	40	36		2	6	–	–	–	–	–	–	–	–	–	1	Mercury, dimethyl-		Y0700
28	41	42	39	92	40	29	38	**232**	100	22	16	12	6	4	3	2	**0.70**	8	5	5	–	–	–	–	–	–	–	–	1	η-Allylpentacarbonylvanadium		P2112
29	232	27	204	45	187	47	46	**232**	100	95	75	67	54	50	35	35		8	9	2	2	1	–	–	1	–	–	–	–	5-Pyrimidinecarboxylic acid, 4-chloro-2-(methylthio)-, ethyl ester	5909-24-0	R1883
31	123	40	83	43	135	41	55	**232**	100	91	77	69	65	54	42	38	**16.92**	15	20	2	–	–	–	–	–	–	–	–	–	2,5-Nonadien-4-one, 9-(3-furanyl)-2,6-dimethyl-, (Z)-	36203-85-7	S5168
41	91	39	77	232	55	105	79	**232**	100	69	61	56	53	53	52	38		15	20	2	–	–	–	–	–	–	–	–	–	5,6-Azulenedicarboxaldehyde, 1,2,3,3a,8,8a-hexahydro-2,2,8-trimethyl-, (3aα,8α,8aα)-(-)-		L7113
41	91	232	105	175	204	119	77	**232**	100	96	88	84	71	65	63	62		15	20	2	–	–	–	–	–	–	–	–	–	Cycloprop[e]indene-1a,2(1H)-dicarboxaldehyde, 3a,4,5,6,6a,6b-hexahydro-5,5,6b-trimethyl-, (1aα,3aβ,6aβ,6bα)-(+)-	37841-91-1	S5611
41	217	232	204	43	163	177	123	**232**	100	80	78	52	51	46	45	44		13	12	4	–	–	–	–	–	–	–	–	–	2-Methyl-5-hydroxy-7-allyloxychromone		00760
43	57	41	55	29	71	69	27	**232**	100	82	80	61	50	38	37	31	**0.60**	14	29	–	–	1	–	–	–	–	–	–	–	Tetradecane, 1-chloro-	2425-54-9	H1332
43	57	41	215	55	71	64	29	**232**	100	85	53	52	43	35	29	26	**0.00**	13	28	1	–	–	–	–	1	–	–	–	–	Dodecane, 1-(methylsulphinyl)-	3079-30-9	H1378
43	127	81	69	104	85	41	55	**232**	100	93	76	43	38	35	30	30	**2.00**	15	20	2	–	–	–	–	–	–	–	–	–	7-Methylene-4-isopropyl-12-oxatricyclo[5.3.2.0$^{(1,5)}$]-9-dodecen-2-one		15995
43	232	122	217	58	109	161	123	**232**	100	78	69	65	62	42	38	34		15	20	2	–	–	–	–	–	–	–	–	–	Naphtho[2,3-b]furan-9(4H)-one, 4a,5,6,7,8,8a-hexahydro-3,4a,5-trimethyl-, [4aR-(4aα,5α,8aα)]-	15404-32-7	R5729
44	36	42	15	117	27	30	38	**232**	100	70	70	53	46	44	41	40	**0.00**	10	14	–	2	2	–	–	–	–	–	–	–	Methanimidamide, N'-(4-chloro-2-methylphenyl)-N,N-dimethyl-, monohydrochloride	19750-95-9	R8267
53	41	55	67	65	40	51	68	**232**	100	73	33	26	17	14	13	12	**0.00**	15	20	2	–	–	–	–	–	–	–	–	–	Cyclodeca[b]furan-2(3H)-one, 3a,4,5,8,9,11a-hexahydro-6,10-dimethyl-3-methylene-, [3aS-(3aR*,6E,10E,11aS*)]-	553-21-9	Q1977

MASS TO CHARGE RATIOS								M.W.	INTENSITIES								Parent	C	H	O	N	Cl	Br	F	S	P	B	Si	X	COMPOUND NAME	CAS Reg No	No
53	41	123	39	81	121	105	91	**232**	100	73	70	60	43	43	40	37	**28.03**	15	20	2	–	–	–	–	–	–	–	–	–	**Cyclodeca[b]furan-2(3H)-one, 3a,4,5,8,9,11a-hexahydro-6,10-dimethyl-3-methylene-, [3aS-(3aR*,6E,10E,11aS*)]-**	553-21-9	**Q1976**
54	100	56	39	26	53	41	37	**232**	100	21	19	18	9	9	8	6	**0.00**	13	28	3	–	–	–	–	–	–	–	–	–	**Orthoformic acid, tri-tert-butyl ester**	21372-83-8	**R9246**
55	41	69	87	83	199	232	67	**232**	100	67	55	47	26	26	26	22		12	24	–	–	–	–	–	2	–	–	–	–	**1,2-Dithiacyclotetradecane**		**16053**
55	93	148	149	176	232	65	56	**232**	100	86	84	44	42	34	28	26		9	5	4	–	–	–	–	–	–	–	–	1	**Formylcyclopentadienylmanganese tricarbonyl**		**L5753**
56	28	41	97	84	30	69	43	**232**	100	38	32	32	29	22	17	17	**0.55**	10	20	2	2	–	–	–	1	–	–	–	–	**Dicyclopentylsulphamide**		**M8788**
57	41	56	103	159	43	55	58	**232**	100	28	11	11	10	6	5	5	**0.00**	13	28	3	–	–	–	–	–	–	–	–	–	**Orthoformic acid, tributyl ester**	588-43-2	**Q2357**
57	41	69	29	98	105	28	107	**232**	100	70	62	52	48	48	46	39	**26.02**	14	16	3	–	–	–	–	–	–	–	–	–	**2(5H)-Furanone, 4-butoxy-5-phenyl-**	22609-97-8	**R9863**
57	41	103	159	58	43	56	42	**232**	100	19	13	9	5	4	4	2	**0.00**	13	28	3	–	–	–	–	–	–	–	–	–	**Orthoformic acid, triisobutyl ester**	16754-49-7	**R6441**
57	43	91	71	55	41	69	85	**232**	100	84	69	55	46	41	40	31	**1.03**	14	29	–	–	1	–	–	–	–	–	–	–	**Tetradecane, 1-chloro-**		**Z1789**
57	43	91	71	55	41	69	85	**232**	100	84	75	55	47	42	42	31	**1.00**	14	29	–	–	1	–	–	–	–	–	–	–	**Tetradecane, 1-chloro-**		**L0519**
57	103	41	43	42	58	89	113	**232**	100	20	16	8	6	6	4	4	**0.00**	13	28	3	–	–	–	–	–	–	–	–	–	**Orthoformic acid, tri-tert-butyl ester**		**L8390**
57	103	45	41	56	59	159	43	**232**	100	58	41	24	9	8	8	6	**0.00**	13	28	3	–	–	–	–	–	–	–	–	–	**Orthoformic acid, tri-sec-butyl ester**	16754-48-6	**R6440**
57	128	127	161	176	232	162	135	**232**	100	98	96	96	96	95	89	88		11	21	3	–	–	–	–	–	1	–	–	–	**Phosphonic acid, [1-tert-butyl-4,4-dimethyl-1,2-pentadienyl]-**	42087-76-3	**S6853**
59	58	71	117	89	175	232		**232**	100	94	64	39	32	22	1			12	24	4	–	–	–	–	–	–	–	–	–	**1,5,9,13-Tetraoxacyclohexadecane**		**M0400**
59	87	28	115	88	147	204	69	**232**	100	78	76	47	19	18	17	17	**9.21**	3	1	3	–	–	–	3	–	1	–	–	1	**Trifluorophosphinecarbonylcobalt hydride**		**02430**
59	87	43	115	41	39			**232**	100	45	42	24	22	18			**0.00**	6	7	3	–	3	–	–	–	–	–	–	–	**5,5,-Dimethyl-4-oxo-2-trichloromethyl-1,3-dioxolane**		**L6717**
68	96	232	204	81	41	189	55	**232**	100	88	71	50	32	29	16	14		14	20	1	2	–	–	–	–	–	–	–	–	**trans-1H-Imidazol-2-yl-octahydro-4a(2H)-naphthalenyl ketone**	69393-46-0	**T7088**
69	163	232	165	234	147	93	197	**232**	100	96	71	61	45	34	31	25		4	–	–	–	2	–	6	–	–	–	–	–	**2-Butene, 2,3-dichloro-1,1,1,4,4,4-hexafluoro-**		**02707**
72	44	42	73	232	234	43	56	**232**	100	11	7	5	5	3	3	3		9	10	1	2	2	–	–	–	–	–	–	–	**Urea, N′-(3,4-dichlorophenyl)-N,N-dimethyl-**	330-54-1	**Q0509**
72	44	232	42	56	73	15	57	**232**	100	17	16	12	8	7	6	6		10	11	1	2	–	–	3	–	–	–	–	–	**Urea, N,N-dimethyl-N′-[3-(trifluoromethyl)phenyl]-**	2164-17-2	**Q7528**
72	232	28	44	187	234	89	42	**232**	100	12	10	9	8	8	5	5		9	10	1	2	2	–	–	–	–	–	–	–	**Urea, N′-(3,5-dichlorophenyl)-N,N-dimethyl-**		**02299**
72	232	44	15	28	42	18	73	**232**	100	25	22	14	12	11	8	7		10	11	1	2	–	–	3	–	–	–	–	–	**Urea, N,N-dimethyl-N′-[3-(trifluoromethyl)phenyl]-**	2164-17-2	**Q7526**
72	232	44	71	42	43	41	73	**232**	100	29	15	6	6	4	4	3		10	11	1	2	–	–	3	–	–	–	–	–	**Urea, N,N-dimethyl-N′-[3-(trifluoromethyl)phenyl]-**	2164-17-2	**Q7527**
72	232	234	44	15	73	42	187	**232**	100	38	26	26	21	15	13	11		9	10	1	2	2	–	–	–	–	–	–	–	**Urea, N′-(3,4-dichlorophenyl)-N,N-dimethyl-**	330-54-1	**Q0508**
72	232	234	161	73	45	163	124	**232**	100	10	6	4	3	3	3	2		9	10	1	2	2	–	–	–	–	–	–	–	**Urea, N′-(3,4-dichlorophenyl)-N,N-dimethyl-**	330-54-1	**Q0510**
73	55	72	56	71	117	75	115	**232**	100	98	75	75	73	56	56	53	**1.00**	12	24	4	–	–	–	–	–	–	–	–	–	**6,13-Dimethyl-1,4,8,11-tetraoxacyclotetradecane**		**M0398**
73	75	117	29	45	103	143	69	**232**	100	81	49	33	31	30	27	24	**6.97**	10	20	4	–	–	–	–	–	–	–	1	–	**Ethyl 3-ethoxy-3-trimethylsiloxyacrylate**		**P2866**
73	129	217	145	130	218	45	59	**232**	100	94	49	33	13	12	11	11	**0.00**	10	28	–	–	–	–	–	–	–	–	3	–	**2,2,4,4,6,6-Hexamethyl-2,4,6-trisilaheptane**		**04906**
77	232	159	188	51	160	95	65	**232**	100	38	33	30	29	25	22	19		13	9	3	–	–	–	1	–	–	–	–	–	**Carbonic acid, p-fluorophenyl phenyl ester**	17175-14-3	**R6665**
79	57	18	175	97	41	15	109	**232**	100	58	52	46	41	40	28	23	**0.00**	5	12	6	–	–	–	–	2	–	–	–	–	**1,3-Propanediol, dimethanesulphonate**		**M8071**
79	57	41	18	175	97	15	109	**232**	100	59	57	52	47	42	27	23	**0.00**	5	12	6	–	–	–	–	2	–	–	–	–	**1,3-Propanediol, dimethanesulphonate**	15886-84-7	**R5903**
81	53	41	109	55	79	123	91	**232**	100	61	52	47	41	40	38	34	**16.00**	15	20	2	–	–	–	–	–	–	–	–	–	**2(3H)-Benzofuranone, 6-vinylhexahydro-6-methyl-3-methylene-7-isopropenyl-, [3aS-(3aα,6α,7β,7aβ)]-**		**M3444**
81	53	41	109	55	79	123	121	**232**	100	63	54	48	43	41	38	36	**15.01**	15	20	2	–	–	–	–	–	–	–	–	–	**2(3H)-Benzofuranone, 6-vinylhexahydro-6-methyl-3-methylene-7-isopropenyl-, [3aS-(3aα,6α,7β,7aβ)]-**	28290-35-9	**S2021**
81	53	41	109	232	79	123	91	**232**	100	77	66	66	52	47	47	45		15	20	2	–	–	–	–	–	–	–	–	–	**Cyclodeca[b]furan-2(3H)-one, 3a,4,5,8,9,11a-hexahydro-6,10-dimethyl-3-methylene-, [3aS-(3aR*,6E,10E,11aS*)]-**	553-21-9	**Q1975**
83	55	134	29	53	81	39	84	**232**	100	18	14	9	8	8	7	6	**2.00**	15	20	2	–	–	–	–	–	–	–	–	–	**2,6-Nonadien-4-one, 9-(3-furanyl)-2,6-dimethyl-, (E)-**	53098-76-3	**S8301**
83	82	159	68	57	175	56	120	**232**	100	74	46	46	45	43	40	36	**3.80**	14	20	1	2	–	–	–	–	–	–	–	–	**Norfentanyl**		**P0897**
84	85	55	83	41	42	44	56	**232**	100	56	54	44	23	22	22	17	**0.00**	10	20	–	2	–	–	–	2	–	–	–	–	**Piperidine, 1,1′-dithiobis-**	10220-20-9	**R3659**
84	94	83	175	85	57	232		**232**	100	76	56	36	36	36	12			14	20	1	2	–	–	–	–	–	–	–	–	**Norfentanyl**		**L6735**
84	94	83	175	85	57	232		**232**	100	76	56	23	23	23	12			14	20	1	2	–	–	–	–	–	–	–	–	**Norfentanyl**		**L8287**
85	58	61	130	110	43	57	41	**232**	100	32	32	27	25	24	16	14	**1.98**	10	16	6	–	–	–	–	–	–	–	–	–	**β-D-ribo-Hexopyranoside, methyl 3-C-[1-(carboxyoxy)ethyl]-4,6-dideoxy-, intramol 3,3-ester, (S)-**	17184-26-8	**R6676**
86	52	232	120	114	85	84	80	**232**	100	72	54	54	39	29	23	17		4	6	4	–	–	–	–	–	2	–	–	1	**Tetracarbonyldiphosphinochromium**		**L3871**
86	61	130	110	43	58	41	84	**232**	100	32	28	26	24	17	15	13	**0.00**	10	16	6	–	–	–	–	–	–	–	–	–	**β-D-ribo-Hexopyranoside, methyl 3-C-[1-(carboxyoxy)ethyl]-4,6-dideoxy-, intramol 3,3-ester, (S)-**	17184-26-8	**R6675**
86	99	30	58	28	101	87	56	**232**	100	15	9	9	9	6	6	6	**0.00**	12	28	–	2	–	–	–	1	–	–	–	–	**Bis[2-(dimethylamino)ethyl] sulphide**		**D0668**
87	130	43	91	129	131	88	115	**232**	100	49	32	14	9	9	5	5	**0.00**	15	20	2	–	–	–	–	–	–	–	–	–	**1,3-Dioxolane, 2-methyl-2-(5-phenyl-3-pentenyl)-**	55282-92-3	**T0712**
91	41	161	105	92	29	119	104	**232**	100	19	19	19	9	6	6	5	**3.22**	17	28	–	–	–	–	–	–	–	–	–	–	**Undecane, 6-phenyl-**	4537-14-8	**R0562**
91	77	118	117	92	65	232	69	**232**	100	70	54	43	17	16	14	14		11	11	2	–	–	–	3	–	–	–	–	–	**Dihydrocinnamyl trifluoroacetate**		**M5368**
91	105	147	92	175	41	119	43	**232**	100	16	15	8	7	6	5	4	**3.13**	17	28	–	–	–	–	–	–	–	–	–	–	**Undecane, 5-phenyl-**	4537-15-9	**R0564**
91	119	41	105	92	203	120	43	**232**	100	51	11	10	7	7	6	5	**3.98**	17	28	–	–	–	–	–	–	–	–	–	–	**Undecane, 3-phenyl-**	4536-87-2	**R0553**
91	119	105	203	41	232	43	92	**232**	100	49	19	18	15	12	9	9		17	28	–	–	–	–	–	–	–	–	–	–	**Undecane, 3-phenyl-**		**C1547**
91	133	105	92	189	41	119	43	**232**	100	22	10	8	6	5	5	4	**3.36**	17	28	–	–	–	–	–	–	–	–	–	–	**Undecane, 4-phenyl-**	4536-86-1	**R0550**

MASS TO CHARGE RATIOS								M.W.	INTENSITIES								Parent	C	H	O	N	Cl	Br	F	S	P	B	Si	X	COMPOUND NAME	CAS Reg No	No
91	148	146	56	204	65	176	232	**232**	100	54	23	21	15	10	8	8		10	9	3	–	–	–	–	–	–	–	–	1	Manganese, tricarbonyl[(1,2,3,4,5-η)-2,4-cycloheptadien-1-yl]-	32798-86-0	**S3891**
91	161	105	92	41	29	119	104	**232**	100	19	19	9	7	6	6	5	**3.22**	17	28	–	–	–	–	–	–	–	–	–	–	Undecane, 6-phenyl-	4537-14-8	**R0563**
91	232	234	92	65	78	89	196	**232**	100	77	47	43	33	32	26	26		14	13	1	–	1	–	–	–	–	–	–	–	Toluene, α-chloro-2-benzyloxy-	23915-08-4	**S0396**
92	91	41	43	105	232	133	93	**232**	100	86	16	13	10	10	10	8		17	28	–	–	–	–	–	–	–	–	–	–	Undecane, 1-phenyl-	6742-54-7	**R2512**
92	91	43	232	41	57	93	105	**232**	100	65	20	12	11	10	9	8		17	28	–	–	–	–	–	–	–	–	–	–	Undecane, 1-phenyl-	6742-54-7	**R2514**
92	91	105	43	93	57	232	41	**232**	100	74	10	10	8	8	8	7		17	28	–	–	–	–	–	–	–	–	–	–	Undecane, 1-phenyl-	6742-54-7	**R2513**
92	232	160	187	132	65	119	93	**232**	100	87	85	77	50	44	33	23		12	12	3	2	–	–	–	–	–	–	–	–	4H-Pyrido[1,2-a]pyrimidine-3-carboxylic acid, 9-methyl-4-oxo-, ethyl ester	16878-14-1	**R6515**
93	28	55	56	41	94	43	39	**232**	100	22	17	16	12	12	11	8	**4.74**	14	20	1	2	–	–	–	–	–	–	–	–	Urea, N-(2-methylcyclohexyl)-N′-phenyl-	1982-49-6	**Q7163**
93	56	55	232	65	78	66	119	**232**	100	18	16	10	8	7	5	5		14	20	1	2	–	–	–	–	–	–	–	–	Urea, N-(2-methylcyclohexyl)-N′-phenyl-	1982-49-6	**Q7164**
93	56	55	232	65	78	118	66	**232**	100	19	16	9	8	7	5	4		14	20	1	2	–	–	–	–	–	–	–	–	Urea, N-(2-methylcyclohexyl)-N′-phenyl-	1982-49-6	**Q7165**
95	69	124	82	189	41	204	214	**232**	100	78	75	54	34	29	28	28	**22.00**	14	20	1	2	–	–	–	–	–	–	–	–	2-[cis-Deca-9′,2′-diyl)hydroxymethyl]imidazole		**P1261**
95	232	149	68	137	214	41	55	**232**	100	88	71	70	64	36	29	18		14	20	1	2	–	–	–	–	–	–	–	–	trans-1H-Imidazol-4-yl-octahydro-4a(2H)-naphthalenyl ketone	69393-47-1	**T7089**
96	164	49	115	145	213	232	66	**232**	100	78	63	35	32	24	12	8		3	–	–	–	–	–	8	–	–	4	–	–	Tetrakis(difluoroboryl)allene	23423-53-2	**S0189**
96	164	49	115	145	213	232	85	**232**	100	78	63	35	32	24	12	8		3	–	–	–	–	–	8	–	–	4	–	–	Tetrakis(difluoroboryl)allene		**L7543**
97	55	41	31	72	44	71	62	**232**	100	98	72	70	67	58	45	45	**0.00**	10	20	4	2	–	–	–	–	–	–	–	–	1,3-Propanediol, 2-methyl-2-(1-methylpropyl)-, dicarbamate	64-55-1	**P5219**
97	57	106	161	177	59	55	108	**232**	100	89	71	63	50	40	36	36	**10.00**	12	25	2	–	–	–	–	–	1	–	–	–	1-Isobutoxy-2,2,3,4,4-pentamethylphosphetan 1-oxide		**P2615**
97	72	55	71	62	110	69	158	**232**	100	64	62	42	41	35	34	31	**0.00**	10	20	4	2	–	–	–	–	–	–	–	–	1,3-Propanediol, 2-methyl-2-(1-methylpropyl)-, dicarbamate	64-55-1	**P5220**
97	106	59	57	55	217	161	41	**232**	100	94	63	45	40	40	36	34	**13.00**	12	25	2	–	–	–	–	–	1	–	–	–	1-Butoxy-2,2,3,4,4-pentamethylphosphetan 1-oxide		**P2614**
100	71	60	88	188	70	87	233	**232**	100	60	36	33	21	19	18	10	**0.00**	10	20	4	2	–	–	–	–	–	–	–	–	Pyran-2-carboxamide, 6-ethoxytetrahydro-5-hydroxy-4-(dimethylamino)-		**M2065**
102	95	232	96	91	175	81	163	**232**	100	41	41	36	25	25	23	20		16	12	–	2	–	–	–	–	–	–	–	–	Pyrazine, 2,5-diphenyl-	5398-63-0	**R1387**
102	232	230	228	76	75	227	74	**232**	100	49	46	28	23	16	13	10		8	6	–	–	–	–	–	–	–	–	–	1	Benzo[b]tellurophene	272-35-5	**Q0157**
104	91	105	56	65	232	77	92	**232**	100	42	10	8	7	5	4	4		12	12	3	2	–	–	–	–	–	–	–	–	2,4,5-Imidazolidinetrione, 1-methyl-3-(2-phenylethyl)-		**17226**
104	91	150	105	77	103	107	232	**232**	100	88	76	43	12	6	4	3		15	20	2	–	–	–	–	–	–	–	–	–	Propanoic acid, 3-phenyl-, cyclohexyl ester		**M1209**
105	91	77	79	103	51	106	78	**232**	100	18	16	14	11	9	9	6	**4.00**	8	9	–	–	–	–	–	–	–	–	–	1	(2-Iodoethyl)benzene		**L0676**
105	106	91	41	104	79	43	232	**232**	100	11	10	5	4	4	3	3		17	28	–	–	–	–	–	–	–	–	–	–	Undecane, 2-phenyl-	4536-88-3	**R0555**
105	106	91	232	77	104	79	103	**232**	100	15	14	8	5	5	5	3		17	28	–	–	–	–	–	–	–	–	–	–	Undecane, 2-phenyl-	4536-88-3	**H1479**
105	204	202	122	15	59	206	79	**232**	100	98	75	43	38	33	24	19	**0.00**	5	10	3	–	1	1	–	–	–	–	–	–	1,1,1-Trimethoxy-2-chloro-2-bromoethane		**Z1796**
107	79	77	126	91	128	51	89	**232**	100	73	45	41	14	13	13	10	**0.30**	14	13	1	–	1	–	–	–	–	–	–	–	Phenethyl alcohol, p-chloro-α-phenyl-	6279-35-2	**R2194**
109	81	151	41	123	67	107	93	**232**	100	57	50	38	36	32	25	24	**0.00**	10	16	4	–	–	–	–	1	–	–	–	–	Bicyclo[2.2.1]heptane-1-methanesulphonic acid, 7,7-dimethyl-2-oxo-, (1S)-	3144-16-9	**Q9053**
111	172	69	233					**232**	100	77	18	6					**0.00**	10	20	4	2	–	–	–	–	–	–	–	–	1,3-Propanediol, 2-methyl-2-(1-methylpropyl)-, dicarbamate	64-55-1	**P5222**
115	129	57	91	85	147	103	117	**232**	100	90	75	57	56	51	38	37	**23.00**	15	20	2	–	–	–	–	–	–	–	–	–	cis-4,6-Decadiyn-8-enyl isovalerate		**M0788**
116	74	43	167	232	59	117	41	**232**	100	51	40	34	34	30	19	11		10	16	2	–	–	–	–	2	–	–	–	–	2,4-Dioxa-6,8-dithiaadamantane, 1,3,5,7-tetramethyl-	7001-16-3	**R2779**
116	93	118	132	69	134	147	163	**232**	100	27	21	20	15	14	13	7	**0.00**	4	–	–	–	2	–	6	–	–	–	–	–	Cyclobutane, 1,2-dichlorohexafluoro-		**D0569**
116	118	132	147	134	31	69	93	**232**	100	33	20	14	13	11	10	10	**0.04**	4	–	–	–	2	–	6	–	–	–	–	–	Cyclobutane, 1,2-dichlorohexafluoro-		**Z1786**
117	125	45	200	151	165	115	91	**232**	100	76	59	43	41	37	34	30	**0.42**	11	14	1	–	2	–	–	–	–	–	–	–	Benzene, [1-chloro-2-(chloromethyl)-3-methoxypropyl]-	55976-04-0	**T2500**
117	232	141	234	78	51			**232**	100	77	42	29	29	27				13	9	2	–	1	–	–	–	–	–	–	–	3-Phenoxybenzoyl chloride		**C1767**
118	90	230	89	119	91	229	63	**232**	100	32	21	11	10	6	5	4	**0.45**	13	17	3	–	–	–	–	–	–	1	–	–	Phenylpyruvic acid butyl boronate		**05084**
119	91	120	41	105	44	118	79	**232**	100	20	10	9	6	4	4	3	**2.60**	17	28	–	–	–	–	–	–	–	–	–	–	Decane, 2-methyl-2-phenyl-	55191-25-8	**H2135**
121	232	139	234	111	65	93	28	**232**	100	35	20	12	12	11	10	10		13	9	2	–	1	–	–	–	–	–	–	–	Benzophenone, 4-chloro-4′-hydroxy-	42019-78-3	**S6832**
122	217	232	109	161	123	175	108	**232**	100	96	78	60	57	56	39	29		15	20	2	–	–	–	–	–	–	–	–	–	Naphtho[2,3-b]furan-9(4H)-one, 4a,5,6,7,8,8a-hexahydro-3,4a,5-trimethyl-, [4aR-(4aα,5α,8aα)]-		**P1581**
122	232	110						**232**	100	24	1							15	20	2	–	–	–	–	–	–	–	–	–	trans-Iso-ligularone		**P0219**
122	232	110						**232**	100	39	1							15	20	2	–	–	–	–	–	–	–	–	–	trans-Methyl-iso-ligularone		**P0218**
123	83	217	55	95	138	81	41	**232**	100	86	34	30	27	26	24	21	**16.66**	15	20	2	–	–	–	–	–	–	–	–	–	2,5-Nonadien-4-one, 9-(3-furanyl)-2,6-dimethyl-, (E)-	36203-84-6	**S5167**
124	98	69	82	232	43	149	161	**232**	100	95	81	60	54	31	27	27		14	20	1	2	–	–	–	–	–	–	–	–	2-[cis-Deca-9′,2′-diyl)hydroxymethyl]imidazole		**P1260**
124	202	232	59	137	164	138	230	**232**	100	79	49	24	21	20	17	15		13	17	–	–	–	–	–	–	–	–	–	1	Cobalt, [(1,2,5,6-η)-1,5-cyclooctadiene](η⁵-2,4-cyclopentadien-1-yl)-	12184-35-9	**R4070**
125	91	127	119	126	120	232	234	**232**	100	91	33	9	9	6	5	3		10	10	2	–	2	–	–	–	–	–	–	–	2-Butanone, 1,4-dichloro-3-hydroxy-4-phenyl-		**16719**
125	165	196	28	197	18	127	198	**232**	100	93	88	68	62	42	35	34	**4.49**	10	10	2	–	2	–	–	–	–	–	–	–	Benzenepropanoic acid, α,4-dichloro-, methyl ester	14437-17-3	**R5208**
125	169	171	90	89	118	127	63	**232**	100	82	80	70	65	46	41	30	**17.57**	8	6	1	–	1	1	–	–	–	–	–	–	Benzeneacetyl chloride, α-bromo-	19078-72-9	**R7958**
125	232	141	199	59	43	167	55	**232**	100	98	46	38	34	31	28	19		10	16	2	–	–	–	–	2	–	–	–	–	2,4-Dithiatricyclo[3.3.1.1$^{(3,7)}$]decane-1,7-diol, 3,5-dimethyl-	56083-40-0	**T2777**
126	98	80	113	232				**232**	100	64	23	22	3					12	12	3	2	–	–	–	–	–	–	–	–	6-Pyridazone, 1-(2-hydroxy-2-phenylethyl)-3-hydroxy-		**M7469**
127	104	97	159	105	91	81	133	**232**	100	60	58	58	53	49	47	47	**6.00**	15	20	2	–	–	–	–	–	–	–	–	–	1,2,3,7,8,8a-Hexahydro-8-methylene-2-isopropyl-4H-1,4a-(epoxymethano)naphthalen-4-one		**15994**
130	102	43	75	76	77	51	101	**232**	100	94	43	39	38	35	35	33	**1.00**	13	12	4	–	–	–	–	–	–	–	–	–	Indene-2-carboxylic acid, 3-acetoxy-, methyl ester		**M2788**
130	131	102	173	232	132	42	77	**232**	100	29	11	9	9	6	4	4		13	16	2	2	–	–	–	–	–	–	–	–	L-Tryptophan, N-methyl-, methyl ester		**15659**
130	131	102	173	232	132	42	103	**232**	100	30	11	9	9	6	4	4		13	16	2	2	–	–	–	–	–	–	–	–	L-Tryptophan, N-methyl-, methyl ester		**P2974**

MASS TO CHARGE RATIOS								M.W.	INTENSITIES								Parent	C	H	O	N	Cl	Br	F	S	P	B	Si	X	COMPOUND NAME	CAS Reg No	No
130	131	102	173	232	132	103	149	**232**	100	30	11	9	9	6	4	4		13	16	2	2	–	–	–	–	–	–	–	–	**L-Tryptophan, N-methyl-, methyl ester**	32164-04-8	**S3511**
130	131	158	82	103	29	77	102	**232**	100	12	9	7	4	4	3	3	**0.00**	13	16	2	2	–	–	–	–	–	–	–	–	**L-Tryptophan, ethyl ester**	7479-05-2	**R3241**
130	131	159	82	232	77	29	103	**232**	100	12	8	8	5	5	5	4		13	16	2	2	–	–	–	–	–	–	–	–	**L-Tryptophan, ethyl ester**	7479-05-2	**H1656**
131	69	147	101	93	103	197	149	**232**	100	26	23	20	14	13	9	8	**2.35**	4	–	–	–	2	–	6	–	–	–	–	–	**1-Butene, 4,4-dichlorohexafluoro-**		**W0132**
131	113	69	31	100	82	163	51	**232**	100	80	56	31	30	23	21	14	**0.11**	5	1	–	–	–	–	9	–	–	–	–	–	**Nonafluorocyclopentane**		**Y0200**
135	69	232	77	68	41	136	85	**232**	100	61	60	49	26	22	21	16		12	12	1	2	–	–	–	1	–	–	–	–	**4-Oxo-3-phenyl-2-thioxo-1-azabicyclo[3.3.0]octane**		**M0778**
139	107	125	232	77	91	65	51	**232**	100	94	86	85	55	55	42	41		13	12	2	–	–	–	–	1	–	–	–	–	**Benzene, 1-methyl-4-(phenylsulphonyl)-**	640-57-3	**Q3528**
139	107	232	125	77	91	65	79	**232**	100	81	73	71	61	51	45	24		13	12	2	–	–	–	–	1	–	–	–	–	**Benzene, 1-methyl-4-(phenylsulphonyl)-**	640-57-3	**Q3529**
144	232	77	145	103	120	51	76	**232**	100	90	86	60	51	50	45	26		11	8	4	2	–	–	–	–	–	–	–	–	**4H-Pyrrolo[3,4-d]isoxazole-4,6(5H)-dione, 3a,6a-dihydro-5-hydroxy-3-phenyl-, cis-**	35053-65-7	**S4799**
144	232	160	202	90	117	102	75	**232**	100	99	82	72	50	43	42	28		9	8	2	6	–	–	–	–	–	–	–	–	**1,3,5-Triazine-2,4-diamine, 6-(2-nitrophenyl)-**	29366-71-0	**S2471**
147	73	45	217	28	148	66	43	**232**	100	75	29	17	17	16	15	12	**0.00**	9	20	3	–	–	–	–	–	–	–	2	–	**Propanoic acid, 2-oxo-3-(trimethylsilyl)-, trimethylsilyl ester**	55887-51-9	**T2270**
147	73	45	217	148	43	149	66	**232**	100	70	28	17	17	11	8	8	**0.00**	9	20	3	–	–	–	–	–	–	–	2	–	**2-Propenoic acid, 2-[(trimethylsilyl)oxy]-, trimethylsilyl ester**		**06065**
150	232	41	55	151	123	175	149	**232**	100	47	22	18	15	14	12	11		13	16	–	2	–	–	–	1	–	–	–	–	**2-Benzothiazolamine, N-cyclohexyl-**	28291-75-0	**S2025**
150	232	41	151	55	123	189	175	**232**	100	14	11	9	9	6	5	5		13	16	–	2	–	–	–	1	–	–	–	–	**2-Benzothiazolamine, N-cyclohexyl-**		**D1535**
151	152	80	82	59	65	45	58	**232**	100	75	37	37	34	33	32	28	**0.00**	7	9	–	2	–	1	–	1	–	–	–	–	**Thiazolo[3,2-c]pyrimidin-4-ium, 2,3-dihydro-5-methyl-, bromide**	33366-69-7	**S4151**
152	93	153	120	121	91	77	79	**232**	100	73	71	50	40	33	30	27	**2.00**	10	16	4	–	–	–	–	1	–	–	–	–	**Cyclopentenepropanoic acid, α-(methylsulphonyl)-, methyl ester**	74367-03-6	**T7958**
153	152	232	234	76	151	76.5	63	**232**	100	83	58	56	46	27	22	20		12	9	–	–	–	1	–	–	–	–	–	–	**5-Bromoacenaphthene**		**Y1526**
155	232	105	157	77	234	51	197	**232**	100	58	57	32	32	19	11	10		13	9	2	–	1	–	–	–	–	–	–	–	**Benzophenone, 3-chloro-4-hydroxy-**	55191-20-3	**T0544**
157	232	217	129	189	202			**232**	100	77	70	70	8	4				14	16	3	–	–	–	–	–	–	–	–	–	**7-Methoxy-2-isopropenyl-5-acetylcoumaranone**		**L8763**
158	186	92	232	65	132	159	187	**232**	100	54	43	24	21	21	18	18		12	12	3	2	–	–	–	–	–	–	–	–	**4H-Pyrido[1,2-a]pyrimidine-3-carboxylic acid, 6-methyl-4-oxo-, ethyl ester**	16867-53-1	**R6511**
159	57	41	56	231	103	43	47	**232**	100	47	13	7	7	6	4	3	**0.00**	13	28	3	–	–	–	–	–	–	–	–	–	**Orthoformic acid, tributyl ester**	588-43-2	**Q2358**
159	87	77	43	104	54	232	106	**232**	100	28	27	24	23	22	21	20		13	16	2	2	–	–	–	–	–	–	–	–	**Aniline, N-(2-acetoxyethyl)-N-(2-cyanoethyl)-**		**F0552**
159	232	78	160	105	55	79	187	**232**	100	26	23	11	8	6	5	5		12	12	3	2	–	–	–	–	–	–	–	–	**4H-Pyrido[1,2-a]pyrimidine-3-acetic acid, 4-oxo-, ethyl ester**	50609-59-1	**S7358**
160	28	173	32	117	145	232	158	**232**	100	80	80	40	40	40	40	37		13	16	2	2	–	–	–	–	–	–	–	–	**Acetamide, N-[2-(5-methoxy-1H-indol-3-yl)ethyl]-**	73-31-4	**P5504**
160	133	91	132	53	188	44	42	**232**	100	42	33	28	26	19	18	16	**15.00**	11	12	2	4	–	–	–	–	–	–	–	–	**4-Pteridinecarboxylic acid, 6,7-dimethyl-, ethyl ester**	16008-50-7	**R5970**
160	173	232	145	117	161	174	158	**232**	100	91	24	22	14	13	13	12		13	16	2	2	–	–	–	–	–	–	–	–	**Acetamide, N-[2-(5-methoxy-1H-indol-3-yl)ethyl]-**	73-31-4	**P5506**
160	173	232	174	161	145	158	117	**232**	100	99	37	13	13	11	7	6		13	16	2	2	–	–	–	–	–	–	–	–	**Acetamide, N-[2-(5-methoxy-1H-indol-3-yl)ethyl]-**	73-31-4	**P5507**
163	69	165	232	147	93	234	197	**232**	100	99	64	44	35	28	27	24		4	–	–	–	2	–	6	–	–	–	–	–	**2-Butene, 2,3-dichloro-1,1,1,4,4,4-hexafluoro-, trans-**		**A0328**
163	69	165	232	234	147	93	197	**232**	100	86	64	64	41	35	28	24		4	–	–	–	2	–	6	–	–	–	–	–	**2-Butene, 2,3-dichloro-1,1,1,4,4,4-hexafluoro-**		**Z1788**
163	214	146	187	108	57	118	59	**232**	100	46	21	21	19	17	17	14	**1.00**	8	7	1	4	–	–	3	–	–	–	–	–	**4-Pteridinol, 3,4-dihydro-7-methyl-4-(trifluoromethyl)-**	23658-21-1	**S0310**
163	232	121	77	103	134	69	85	**232**	100	96	48	32	32	32	24	24		10	7	1	–	–	–	3	1	–	–	–	–	**3-Buten-2-one, 1,1,1-trifluoro-4-mercapto-4-phenyl-**	55674-00-5	**T1806**
167	166	165	105	201	77	121	155	**232**	100	40	38	32	32	29	28	25	**20.00**	14	13	1	–	1	–	–	–	–	–	–	–	**1-Chloro-4-(α-methoxybenzyl)benzene**	7364-23-0	**R3110**
171	232	127	203	172	126	32	233	**232**	100	37	23	18	13	7	6	6		13	12	–	–	–	–	–	2	–	–	–	–	**1-Naphthalenecarbodithioic acid, ethyl ester**	20876-72-6	**R8984**
173	131	103	77	51	91	200	232	**232**	100	47	20	18	11	8	8	2		14	16	3	–	–	–	–	–	–	–	–	–	**trans-α-(Tetrahydro-2-furyl)cinnamic acid, methyl ester**		**15872**
173	131	157	128	143	174	129	115	**232**	100	31	22	19	19	15	14	10	**6.20**	15	20	2	–	–	–	–	–	–	–	–	–	**1H-Indene-1-carboxylic acid, 1-ethyl-2,3-dihydro-3,3-dimethyl-, methyl ester**	62185-65-3	**T5919**
173	131	200	103	77	51	91	232	**232**	100	55	32	23	18	10	9	3		14	16	3	–	–	–	–	–	–	–	–	–	**cis-α-(Tetrahydro-2-furyl)cinnamic acid, methyl ester**		**15873**
174	131	58	44	42	91	175	115	**232**	100	99	75	45	28	18	14	14	**1.07**	15	24	–	2	–	–	–	–	–	–	–	–	**N,N,N′-Trimethyl-N′-(β-1,2,3,4-tetrahydronaphthyl)ethylenediamine**		**V0343**
174	175	146	102	130	43	118	232	**232**	100	30	28	28	21	20	19	14		13	12	4	–	–	–	–	–	–	–	–	–	**1,3-Dioxane-4,6-dione, 5-benzylidene-2,2-dimethyl-**		**L1701**
175	202	55	81	232	41	106	204	**232**	100	58	48	43	42	32	24	24		15	20	2	–	–	–	–	–	–	–	–	–	**Cyclohexanone, 2-ethyl-6-furfurylidene-2,3-dimethyl-**	17429-56-0	**R6999**
176	161	177	162	57	41	97	217	**232**	100	90	14	9	8	5	5	5	**0.00**	11	21	3	–	–	–	–	–	1	–	–	–	**1,2-Oxaphosphole, 3,5-di-tert-butyl-2,5-dihydro-2-hydroxy-, 2-oxide**	56248-43-2	**T3203**
184	232	69	203	185	216	171	139	**232**	100	21	19	19	15	14	14	14		12	8	1	–	–	–	–	2	–	–	–	–	**Thianthrene S-oxide**		**01322**
184	232	203	69	185	216	140	171	**232**	100	22	19	19	15	14	14	13		12	8	1	–	–	–	–	2	–	–	–	–	**Thianthrene S-oxide**		**L2895**
186	131	158	103	90	130	132	77	**232**	100	89	67	65	57	55	53	51	**35.80**	12	12	3	2	–	–	–	–	–	–	–	–	**2(1H)-Quinoxalinone, 3-ethoxycarbonylmethylene-**		**16028**
187	160	232	92	132	119	65	159	**232**	100	91	91	77	36	29	27	24		12	12	3	2	–	–	–	–	–	–	–	–	**4H-Pyrido[1,2-a]pyrimidine-3-carboxylic acid, 8-methyl-4-oxo-, ethyl ester**	34667-64-6	**S4701**
187	232	115	159	204	233	158	205	**232**	100	72	50	24	24	12	8	4		13	12	2	–	–	–	–	1	–	–	–	–	**Benzoic acid, 4-(2-thienyl)-, ethyl ester**	75601-33-1	**T8997**
189	105	133	126	43	77	106	111	**232**	100	68	61	49	44	43	35	35	**0.68**	13	17	3	–	–	–	–	–	–	1	–	–	**1,3,2-Dioxaborolane, 4-acetyl-2-ethyl-4-methyl-5-phenyl-**	74646-10-9	**T8261**
189	190	199	27	41	43	146	131	**232**	100	14	11	9	9	8	6	6	**2.90**	16	24	1	–	–	–	–	–	–	–	–	–	**Butyrophenone, 2′,6′-dimethyl-4′-tert-butyl-**	1703-90-8	**H1230**
189	190	199	146	131	115	128	129	**232**	100	14	11	9	9	8	6	6	**2.90**	16	24	1	–	–	–	–	–	–	–	–	–	**Butyrophenone, 2′,6′-dimethyl-4′-tert-butyl-**		**U0031**
202	59	124	232	137	98	164	138	**232**	100	88	82	78	45	40	33	32		13	17	–	–	–	–	–	–	–	–	–	1	**Cobalt, [(1,2,5,6-η)-1,5-cyclooctadiene](η⁵-2,4-cyclopentadien-1-yl)-**	12184-35-9	**R4071**
202	203	204	232	51	76	85	77	**232**	100	79	77	52	37	32	30	27		16	12	–	2	–	–	–	–	–	–	–	–	**Cinnoline, 4-styryl-**		**L4190**
203	232	132	175	204	233	130	118	**232**	100	65	37	33	17	11	11	11		13	16	2	2	–	–	–	–	–	–	–	–	**2,6-Piperidinedione, 3-(4-aminophenyl)-3-ethyl-**	125-84-8	**P9479**
204	117	44	77	91	103	146	116	**232**	100	76	55	45	42	36	33	31	**18.73**	12	12	3	2	–	–	–	–	–	–	–	–	**Barbituric acid, 5-ethyl-5-phenyl-**		**B0492**
204	117	77	78	115	161	118	103	**232**	100	34	18	18	18	17	15	14	**5.66**	12	12	3	2	–	–	–	–	–	–	–	–	**Barbituric acid, 5-ethyl-5-phenyl-**	50-06-6	**P4410**
217	63	219	232	51	218	155	65	**232**	100	37	36	26	21	18	14	14		13	13	–	–	1	–	–	–	–	–	1	–	**Methyldiphenylsilyl chloride**	144-79-6	**06886**

MASS TO CHARGE RATIOS								M.W.	INTENSITIES								Parent	C	H	O	N	Cl	Br	F	S	P	B	Si	X	COMPOUND NAME	CAS Reg No	No
217	69	44	76	43	232	95	56	**232**	100	28	26	24	23	17	16	11		10	7	3	–	–	–	3	–	–	–	–	–	**Acetic acid, trifluoro-, 4-acetylphenyl ester**	31083-17-7	**S3186**
217	215	214	216	232	213	230	202	**232**	100	92	74	61	60	52	48	45		2	6	–	–	–	–	–	–	–	–	–	1	**Mercury, dimethyl-**	593-74-8	**Q2534**
217	219	232	234	189	41	218	221	**232**	100	64	22	14	14	12	12	11		11	14	1	–	2	–	–	–	–	–	–	–	**Anisole, 4-tert-butyl-2,6-dichloro-**		**Z1793**
217	232	43	42	57	41	218	56	**232**	100	50	45	30	19	19	12	10		13	12	4	–	–	–	–	–	–	–	–	–	**2,5-Diacetyl-6-methoxybenzofuran**		**06705**
217	232	85	174	175	218	147	131	**232**	100	86	80	28	20	17	15	14		14	20	1	2	–	–	–	–	–	–	–	–	**1H-2,6-Methano-2,3-benzodiazocin-8-ol, 3,4,5,6-tetrahydro-3,6,11-trimethyl-**	51578-80-4	**S7709**
217	232	189	43	69	233	218	234	**232**	100	91	44	27	12	12	11	10		12	8	5	–	–	–	–	–	–	–	–	–	**1,4-Naphthalenedione, 6-acetyl-2,5-dihydroxy-**	13378-90-0	**R4492**
228	230	229	231	215	217	232	191	**232**	100	89	89	89	64	59	58	47		18	16	–	–	–	–	–	–	–	–	–	–	**Benz[a]anthracene, 1,4,7,12-tetrahydro-**	16434-60-9	**R6185**
231	77	51	232	199	155	202	92	**232**	100	99	51	36	35	26	22	16		13	13	2	–	–	–	–	–	1	–	–	–	**Diphenylphosphinic acid, methyl ester**		**05365**
231	213	165	232	65	166	91	77	**232**	100	65	50	42	25	24	24	24		13	13	2	–	–	–	–	–	1	–	–	–	**Phenyl-o-tolylphosphinic acid**		**05362**
232	79	95	110	55	41	91	107	**232**	100	56	47	47	42	32	30	28		12	12	3	2	–	–	–	–	–	–	–	–	**Tricyclo[3.3.1.1$^{(3,7)}$]decane-2,6-dione, 4-(diazoacetyl)-**	56782-75-3	**08320**
232	91	115	141	128	233	215	116	**232**	100	46	40	39	36	20	19	18		18	16	–	–	–	–	–	–	–	–	–	–	**1,3,5-Hexatriene, 1,6-diphenyl-**	1720-32-7	**Q6577**
232	91	141	128	115	215	217	117	**232**	100	49	37	24	19	14	12	11		18	16	–	–	–	–	–	–	–	–	–	–	**1,3,5-Hexatriene, 1,6-diphenyl-**		**L4647**
232	96	80	124	139	233	63	168	**232**	100	52	22	16	14	14	13	12		12	8	3	–	–	–	–	1	–	–	–	–	**Phenoxathiin S,S-dioxide**		**01325**
232	105	79	77	103	78	104	39	**232**	100	41	14	11	11	5	5	4		8	9	–	–	–	–	–	–	–	–	–	1	**1-Iodo-2,6-dimethylbenzene**		**L0674**
232	105	79	77	103	104	51	78	**232**	100	31	13	12	10	5	4	4		8	9	–	–	–	–	–	–	–	–	–	1	**1-Iodo-2,4-dimethylbenzene**		**L0672**
232	105	79	77	103	104	78	51	**232**	100	36	14	12	11	6	5	4		8	9	–	–	–	–	–	–	–	–	–	1	**1-Iodo-2,5-dimethylbenzene**		**L0673**
232	105	79	77	103	233	78	104	**232**	100	41	14	11	11	9	5	5		8	9	–	–	–	–	–	–	–	–	–	1	**1-Iodo-2,6-dimethylbenzene**		**Z1785**
232	105	79	77	103	233	104	78	**232**	100	31	13	12	10	9	5	4		8	9	–	–	–	–	–	–	–	–	–	1	**1-Iodo-2,4-dimethylbenzene**		**Z1790**
232	105	79	77	103	233	104	78	**232**	100	36	14	12	11	9	6	5		8	9	–	–	–	–	–	–	–	–	–	1	**1-Iodo-2,5-dimethylbenzene**		**Z1791**
232	125	199	141	43	59	101	167	**232**	100	85	60	60	48	32	31	18		10	16	2	–	–	–	–	2	–	–	–	–	**2-Oxa-4,6-dithiatricyclo[3.3.1.1$^{(3,7)}$]decan-1-ol, 3,5,7-trimethyl-, (+-)-**	18652-64-7	**R7766**
232	138	95	233	94	231	116	217	**232**	100	50	28	17	16	11	9	9		13	16	–	2	–	–	–	1	–	–	–	–	**Bis(4,5-dimethyl-2-pyrryl) thione**		**L6248**
232	161	189	203	133	217	160	233	**232**	100	50	41	38	25	23	20	15		12	8	5	–	–	–	–	–	–	–	–	–	**7H-Furo[3,2-g][1]benzopyran-7-one, 5-hydroxy-6-methoxy-**	35779-46-5	**S5070**
232	161	189	217	160	233	78	51	**232**	100	50	41	23	20	16	10	9		12	8	5	–	–	–	–	–	–	–	–	–	**7H-Furo[3,2-g][1]benzopyran-7-one, 5-hydroxy-6-methoxy-**		**M4446**
232	163	69	68	213	204	44	90	**232**	100	85	81	69	34	27	12	12		6	2	1	2	–	–	6	–	–	–	–	–	**4-Pyrimidinol, 2,6-bis(trifluoromethyl)-**	884-30-0	**Q4481**
232	184	217	233	185	183	92	137	**232**	100	96	42	17	15	9	9	9		13	16	–	2	–	–	–	1	–	–	–	–	**Bis(3,4-dimethyl-2-pyrryl) thione**		**L6247**
232	186	144	119	102	117	76	233	**232**	100	39	34	25	16	16	10	10		9	8	2	6	–	–	–	–	–	–	–	–	**1,3,5-Triazine-2,4-diamine, 6-(4-nitrophenyl)-**	29366-73-2	**S2473**
232	186	144	119	117	102	76	233	**232**	100	54	31	28	18	14	11	10		9	8	2	6	–	–	–	–	–	–	–	–	**1,3,5-Triazine-2,4-diamine, 6-(3-nitrophenyl)-**	29366-72-1	**S2472**
232	187	160	92	132	65	119	159	**232**	100	93	81	74	42	35	26	26		12	12	3	2	–	–	–	–	–	–	–	–	**4H-Pyrido[1,2-a]pyrimidine-3-carboxylic acid, 7-methyl-4-oxo-, ethyl ester**	5435-82-5	**R1422**
232	189	217	81	91	107	41	77	**232**	100	93	90	62	55	45	44	39		15	20	2	–	–	–	–	–	–	–	–	–	**Furan, 2-[(2-ethoxy-3,4-dimethyl-2-cyclohexen-1-ylidene)methyl]-**	55162-49-7	**T0468**
232	200	217	231	183	77	139	185	**232**	100	50	44	44	40	25	23	21		13	13	–	–	–	–	–	1	1	–	–	–	**Phosphine sulphide, methyldiphenyl-**	13639-74-2	**R4690**
232	203	231	29	233	204	215	39	**232**	100	99	76	58	53	50	48	38		14	16	1	–	–	–	–	1	–	–	–	–	**1,2,5,6,7,8-Hexahydro-4-formyl-3H-isothiaxanthene**		**02284**
232	204	203	202	191	233	101	228	**232**	100	54	36	27	24	21	18	18		18	16	–	–	–	–	–	–	–	–	–	–	**Triphenylene, 1,2,3,4-tetrahydro-**	5981-10-2	**H1574**
232	205	178	233	204	206	231	151	**232**	100	92	42	16	15	15	14	11		14	8	–	4	–	–	–	–	–	–	–	–	**2,5-Dimethyl-7,7,8,8-tetracyano-p-quinodimethane**		**14682**
232	217	43	189	51	53	77	190	**232**	100	98	89	57	44	37	36	21		12	8	5	–	–	–	–	–	–	–	–	–	**1,4-Naphthalenedione, 6-acetyl-5,8-dihydroxy-**	14090-47-2	**R4952**
232	217	43	189	77	190	233	108	**232**	100	98	90	58	36	20	18	16		12	8	5	–	–	–	–	–	–	–	–	–	**1,4-Naphthalenedione, 6-acetyl-5,8-dihydroxy-**	14090-47-2	**R4953**
232	217	189	115	171	143	161	131	**232**	100	49	35	34	29	26	20	16		13	12	4	–	–	–	–	–	–	–	–	–	**6-Hydroxy-4,5-dimethoxy-2-naphthaldehyde**		**M4182**
232	217	203	117	215	202	218	216	**232**	100	90	86	83	78	77	75	73		18	16	–	–	–	–	–	–	–	–	–	–	**1H-Indene, 1-(2,3-dihydro-1H-inden-1-ylidene)-2,3-dihydro-**	17666-94-3	**R7133**
232	228	229	230	231	215	217	233	**232**	100	86	76	76	76	56	50	44		18	16	–	–	–	–	–	–	–	–	–	–	**Benz[a]anthracene, 1,4,7,12-tetrahydro-**		**L4413**
232	230	233	229	231	215	217	141	**232**	100	40	21	17	15	14	11	9		18	16	–	–	–	–	–	–	–	–	–	–	**Bicyclo[3.1.0]hex-2-ene, 5,6-diphenyl-**	56143-24-9	**T2840**
232	231	197	139	121	233	234	111	**232**	100	85	67	60	55	45	42	40		13	9	2	–	1	–	–	–	–	–	–	–	**Benzophenone, 4-chloro-4′-hydroxy-**		**C1836**
232	231	233	114	115	204	230	102	**232**	100	46	27	21	17	16	15	7		16	12	–	2	–	–	–	–	–	–	–	–	**3,3′-Biindolyl**		**L4177**
232	233	205	204	234	230	206	76	**232**	100	40	19	6	6	5	4	4		16	12	–	2	–	–	–	–	–	–	–	–	**Pyridine, 2,2′-(1,2-phenylene)bis-**	74764-52-6	**T8516**
232	234	152	76	151	153	233	235	**232**	100	99	94	31	25	20	13	13		12	9	–	–	–	1	–	–	–	–	–	–	**1,1′-Biphenyl, 4-bromo-**	92-66-0	**P6718**
232	234	197	100	136	75	199	74	**232**	100	97	75	51	51	50	49	40		8	3	–	2	3	–	–	–	–	–	–	–	**Quinoxaline, 2,3,6-trichloro-**	2958-87-4	**Q8871**
232	234	231	230	229	167	226	169	**232**	100	56	55	42	38	20	17	12		10	10	–	–	–	–	–	–	–	–	–	1	**Ruthenocene**		**C1907**
233	205	94						**232**	100	19	12						**0.00**	13	16	2	2	–	–	–	–	–	–	–	–	**2,6-Piperidinedione, 3-(4-aminophenyl)-3-ethyl-**	125-84-8	**P9481**
233	234	204	235					**232**	100	19	1	1					**0.00**	12	12	3	2	–	–	–	–	–	–	–	–	**Barbituric acid, 5-ethyl-5-phenyl-**	50-06-6	**P4414**
28	58	15	159	29	161	89	141	**233**	100	58	52	36	30	25	23	22	**1.60**	9	9	2	1	2	–	–	–	–	–	–	–	**Benzenemethanol, 3,4-dichloro-, methylcarbamate**	1966-58-1	**Q7135**
41	146	56	144	104	77	116	177	**233**	100	75	65	55	46	45	45	45	**20.02**	13	15	1	1	–	–	–	1	–	–	–	–	**Isoxazole, 5-(butylthio)-3-phenyl-**	25755-81-1	**S1162**
41	233	55	52	77	81	107	120	**233**	100	92	87	83	83	53	48	48		12	15	2	3	–	–	–	–	–	–	–	–	**Cyclohexanone, (2-nitrophenyl)hydrazone**	25117-41-3	**S0948**
43	71	162	121	165	41	119	93	**233**	100	79	56	49	42	25	22	21	**0.00**	15	23	1	1	–	–	–	–	–	–	–	–	**3-Cyclohexene-1-propanenitrile, β,4-dimethyl-1-(2-methyl-1-oxopropyl)-**	37730-46-4	**S5589**
43	105	233	104	77	190	59	87	**233**	100	75	75	45	32	31	30	30		12	11	2	1	–	–	–	1	–	–	–	–	**Thiazole, 5-acetyl-4-(hydroxymethyl)-2-phenyl-**	67387-02-4	**T6798**

MASS TO CHARGE RATIOS								M.W.	INTENSITIES								Parent	C	H	O	N	Cl	Br	F	S	P	B	Si	X	COMPOUND NAME	CAS Reg No	No
44	42	45	110	43	41	60	83	**233**	100	99	84	80	72	68	52	51	**0.05**	6	15	3	7	–	–	–	–	–	–	–	–	**Nitrilotris(acetamidoxime)**		**06722**
44	46	36	93	45	18	153	28	**233**	100	11	10	10	7	6	6	5	**0.00**	10	16	3	1	1	–	–	–	–	–	–	–	**Phenol, 2-methyl-4-[1-hydroxy-2-(methylamino)ethyl]-, hydrochloride**		**05797**
57	42	56	43	233	158	91	103	**233**	100	42	30	29	24	12	11	11		14	19	2	1	–	–	–	–	–	–	–	–	**4-Piperidinecarboxylic acid, 4-phenyl-, ethyl ester**	77-17-8	**P5768**
57	43	41	44	56	29	76	71	**233**	100	60	52	47	41	40	35	31	**8.32**	11	23	–	1	–	–	–	2	–	–	–	–	**Carbamodithioic acid, dibutyl-, ethyl ester**	41577-26-8	**08783**
57	55	81	58	137	119	96	70	**233**	100	53	49	48	41	39	34	27	**7.86**	14	19	2	1	–	–	–	–	–	–	–	–	**Benzoic acid, 2-amino-, 4-methylcyclohexyl-**		**U0087**
57	233	42	56	43	158	131	160	**233**	100	31	26	26	18	18	15	13		14	19	2	1	–	–	–	–	–	–	–	–	**4-Piperidinecarboxylic acid, 4-phenyl-, ethyl ester**	77-17-8	**P5767**
58	29	141	15	159	161	89	198	**233**	100	84	76	73	72	62	60	54	**0.00**	9	9	2	1	2	–	–	–	–	–	–	–	**Benzenemethanol, 2,3-dichloro-, methylcarbamate**	2328-31-6	**Q7844**
59	216	218	190	233	57	56	96	**233**	100	97	78	75	34	34	28	23		15	23	1	1	–	–	–	–	–	–	–	–	**1,2a-Dimethyl-4a-hydroxy-4E-(3-buten-1-ynyl)perhydroquinoline**		**M4596**
69	41	140	97					**233**	100	45	35	11					**0.00**	9	15	4	1	–	–	–	1	–	–	–	–	**2,5-Pyrrolidinedione, 3-[1-(ethylsulphonyl)ethyl]-4-methyl-**	58467-34-8	**T5044**
69	105	41	164	86	106	42	120	**233**	100	98	79	73	63	57	27	24	**7.00**	14	19	2	1	–	–	–	–	–	–	–	–	**Carbamic acid, (α-methylbenzyl)-, 1-methyl-2-butenyl ester**	32589-39-2	**S3752**
71	70	42	57	233	232	43	44	**233**	100	62	40	40	39	27	26	22		14	19	2	1	–	–	–	–	–	–	–	–	**4-Piperidinecarboxylic acid, 1-methyl-4-phenyl-, methyl ester**	28030-27-5	**S1938**
73	116	45	59	147	43	75	44	**233**	100	96	39	20	19	19	19	18	**0.10**	9	23	2	1	–	–	–	–	–	–	2	–	**L-Alanine, N-(trimethylsilyl)-, trimethylsilyl ester**	27844-07-1	**S1897**
73	133	217	146	28	147	89	129	**233**	100	99	99	99	66	65	36	32	**5.72**	14	19	2	1	–	–	–	–	–	–	–	–	**2-Piperidineacetic acid, α-phenyl-, methyl ester**	113-45-1	**P8793**
73	176	43	104	135	41	74	58	**233**	100	99	24	23	19	16	15	14	**0.00**	14	23	–	1	–	–	–	–	–	–	1	–	**Silanamine, N-(α-tert-butylbenzylidene)-1,1,1-trimethyl-**	33933-98-1	**09692**
77	128	75	101	233	74	102	63	**233**	100	40	34	27	20	17	15	14		15	11	–	3	–	–	–	–	–	–	–	–	**Quinoline, 5-(phenylazo)-**	25117-46-8	**S0952**
77	128	75	101	233	74	102	76	**233**	100	40	34	27	20	17	15	13		15	11	–	3	–	–	–	–	–	–	–	–	**Quinoline, 5-(phenylazo)-**		**L8162**
77	128	204	101	75	156	63	102	**233**	100	62	38	32	29	24	17	17	**1.08**	15	11	–	3	–	–	–	–	–	–	–	–	**Quinoline, 8-(phenylazo)-**	25117-49-1	**S0955**
77	128	233	105	101	75	149	204	**233**	100	60	38	25	19	13	12	9		15	11	–	3	–	–	–	–	–	–	–	–	**Quinoline, 3-(phenylazo)-**	25117-44-6	**S0950**
77	128	233	105	204	101	129	234	**233**	100	99	90	32	25	23	20	16		15	11	–	3	–	–	–	–	–	–	–	–	**Quinoline, 7-(phenylazo)-**	25117-48-0	**S0954**
77	233	128	105	101	75	64	78	**233**	100	45	41	38	36	25	13	11		15	11	–	3	–	–	–	–	–	–	–	–	**Quinoline, 4-(phenylazo)-**	25117-45-7	**S0951**
77	233	128	105	101	75	64	129	**233**	100	45	41	38	36	25	13	11		15	11	–	3	–	–	–	–	–	–	–	–	**Quinoline, 4-(phenylazo)-**		**L8163**
82	55	41	125	190	218	67	81	**233**	100	91	70	54	49	46	38	36	**5.05**	16	27	–	1	–	–	–	–	–	–	–	–	**Azacyclododeca-1,5,9-triene, 3,3-dimethyl-12-isopropyl-**	66889-09-6	**T6702**
83	173	189	174	233	190	44	115	**233**	100	83	70	47	45	18	17	17		12	15	2	3	–	–	–	–	–	–	–	–	**3-Buten-2-one, 4-(m-methoxyphenyl)-, semicarbazone**	16983-77-0	**R6565**
83	202	189	233	174	185	108	159	**233**	100	60	57	47	37	37	33	33		12	15	2	3	–	–	–	–	–	–	–	–	**3-Buten-2-one, 4-(o-methoxyphenyl)-, semicarbazone**	17014-26-5	**R6569**
84	91	55	150	41	56	83	85	**233**	100	18	8	8	5	5	5	5	**0.90**	14	19	2	1	–	–	–	–	–	–	–	–	**2-Piperidineacetic acid, α-phenyl-, methyl ester**	113-45-1	**P8790**
91	92	117	118	134	119	116	65	**233**	100	31	19	15	14	12	8	8	**0.00**	8	8	3	1	1	–	–	1	–	–	–	–	**7-Oxabicyclo[4.2.1]nona-2,4-diene-Δ^8,N-sulphamoyl chloride**	28000-12-6	**08926**
91	92	233	111	190	141	113	235	**233**	100	90	11	10	6	6	4	4		13	12	1	1	1	–	–	–	–	–	–	–	**8-Oxa-9-azabicyclo[4.2.1]nona-2,4-diene, 9-(p-chlorophenyl)-**		**L5604**
92	65	28	78	93	39	77	233	**233**	100	36	16	16	16	14	13	13		12	11	2	1	–	–	–	1	–	–	–	–	**1H-Azepine, 1-(phenylsulphonyl)-**	20646-54-2	**R8827**
92	65	233	39					**233**	100	38	15	15						12	11	2	1	–	–	–	1	–	–	–	–	**1H-Azepine, 1-(phenylsulphonyl)-**		**L7995**
98	94	233	136					**233**	100	50	35	34						15	23	1	1	–	–	–	–	–	–	–	–	**2H-Quinolizine, 4-(3-furanyl)octahydro-1,7-dimethyl-, [1R-(1α,4β,7β,9aα)]-**		**L7298**
98	94	233	136	97	55	41	190	**233**	100	61	41	35	24	20	17	13		15	23	1	1	–	–	–	–	–	–	–	–	**2H-Quinolizine, 4-(3-furanyl)octahydro-1,7-dimethyl-, [1R-(1α,4β,7β,9aα)]-**	1143-54-0	**Q5532**
100	69	114	83	31	50	164	214	**233**	100	87	18	11	8	8	6	5	**0.00**	4	–	–	1	–	–	9	–	–	–	–	–	**Azetidine, hexafluoro-1-(trifluoromethyl)-**		**L2080**
102	147	176	73	218	75	117	45	**233**	100	69	65	65	38	26	25	12	**3.00**	9	23	2	1	–	–	–	–	–	–	2	–	**β-Alanine, N-(trimethylsilyl)-, trimethylsilyl ester**		**05608**
105	77	44	51	161	106	50	122	**233**	100	39	20	14	10	7	5	5	**0.00**	12	11	4	1	–	–	–	–	–	–	–	–	**Glycolic acid, cyano-, ethyl ester, benzoate (ester)**	19788-59-1	**R8298**
105	77	44	51	161	106	78	50	**233**	100	37	22	15	12	8	4	4	**0.00**	12	11	4	1	–	–	–	–	–	–	–	–	**Glycolic acid, cyano-, ethyl ester, benzoate (ester)**		**L3136**
105	77	51	106	42	50	41	78	**233**	100	71	29	12	11	9	6	5	**3.00**	11	11	3	3	–	–	–	–	–	–	–	–	**2-Piperiazinone, 4-benzoyl-6-(hydroxyimino)-**		**06725**
105	77	190	233	106	232	51	148	**233**	100	21	13	12	8	8	4	4		15	23	1	1	–	–	–	–	–	–	–	–	**Benzamide, N,N-dibutyl-**	25033-65-2	**S0910**
105	111	77	122	95	123	44	51	**233**	100	47	46	25	20	18	17	17	**0.00**	13	15	3	1	–	–	–	–	–	–	–	–	**Cyclohexanone, 4-(benzoyloxy)-, oxime**	23968-54-9	**S0418**
105	131	106	132	148	133	146	147	**233**	100	36	9	3	3	1	1	1	**0.00**	13	15	3	1	–	–	–	–	–	–	–	–	**Ethaneperoxoic acid, 1-cyano-1-phenylbutyl ester**	58422-71-2	**T5019**
105	131	157	142	158	159	156	132	**233**	100	33	13	11	9	7	6	5	**0.00**	13	15	3	1	–	–	–	–	–	–	–	–	**Ethaneperoxoic acid, 1-cyano-2-methyl-1-phenylpropyl ester**	58422-72-3	**T5020**
106	77	78	51	233	205	191	91	**233**	100	40	15	13	7	5	5	4		11	11	1	3	–	–	–	1	–	–	–	–	**s-Triazole, 3-(phenacylthio)-5-methyl-**		**M6130**
106	93	28	41	43	29	107	92	**233**	100	52	28	23	21	19	13	11	**8.71**	16	27	–	1	–	–	–	–	–	–	–	–	**Pyridine, 4-undecyl-**	1816-00-8	**H1258**
116	65	130	103	206	191	104	129	**233**	100	87	86	84	80	79	78	78	**70.26**	17	15	–	1	–	–	–	–	–	–	–	–	**Cyclopropanecarbonitrile, 1-methyl-2,2-diphenyl-, (+)-**	72101-45-2	**T7723**
116	73	45	147	43	59	117	75	**233**	100	92	23	18	15	14	11	9	**1.60**	9	23	2	1	–	–	–	–	–	–	2	–	**Sarcosine, N-(trimethylsilyl)-, trimethylsilyl ester**		**16877**
116	73	147	117	44	75	190	45	**233**	100	37	14	13	10	8	7	6	**2.00**	9	23	2	1	–	–	–	–	–	–	2	–	**L-Alanine, N-(trimethylsilyl)-, trimethylsilyl ester**		**05604**
118	112	233	77	205	105	232	119	**233**	100	66	46	36	24	18	10	10		12	11	2	1	–	–	–	1	–	–	–	–	**1,3-Thiazol-5-one, 4-acetyl-3-methyl-2-phenyl-**		**M2575**
120	233	92	106	51	77	78	52	**233**	100	63	46	42	40	38	36	31		11	11	3	3	–	–	–	–	–	–	–	–	**4,5-Isoxazoledione, 3-methyl-, 4-[(2-methoxyphenyl)hydrazone]**	5670-09-7	**R1652**
120	233	92	106	51	77	78	65	**233**	100	63	46	42	40	38	36	31		11	11	3	3	–	–	–	–	–	–	–	–	**4,5-Isoxazoledione, 3-methyl-, 4-[(2-methoxyphenyl)hydrazone]**		**M8675**
121	69	103	51	76	130	172	104	**233**	100	64	53	45	44	43	41	37	**5.00**	13	15	1	1	–	–	–	1	–	–	–	–	**N-Thiobenzoylleucylglycine**		**L2575**
121	233	30	134	122	234	163	55	**233**	100	33	21	13	10	10	10	7		14	19	2	1	–	–	–	–	–	–	–	–	**Benzenepropanamide, N-3-butenyl-4-methoxy-**	56004-06-9	**08934**
124	82	55	41	70	67	43	39	**233**	100	44	32	18	14	12	10	9	**1.03**	16	27	–	1	–	–	–	–	–	–	–	–	**5,10-Undecadien-3-amine, 2-methyl-N-(2-methyl-2-propenylidene)-**	66889-12-1	**T6704**
124	233	77	51	234	125	183	215	**233**	100	48	9	7	7	7	7	6		12	12	–	1	–	–	–	1	1	–	–	–	**Phosphinothioic amide, P,P-diphenyl-**	17366-80-2	**R6872**
124	233	183	139	215	63	107	152	**233**	100	45	7	5	5	4	3	2		12	12	–	1	–	–	–	1	1	–	–	–	**Phosphinothioic amide, P,P-diphenyl-**		**L9013**
124	233	183	215	139	63	107	217	**233**	100	45	7	5	5	4	3	2		12	12	–	1	–	–	–	1	1	–	–	–	**Phosphinothioic amide, P,P-diphenyl-**		**05285**
126	154	198	127	98	166	89	216	**233**	100	29	17	12	11	7	7	4	**0.00**	10	16	3	1	1	–	–	–	–	–	–	–	**1-Azabicyclo[2.2.2]octane-2-carboxylic acid, 3-oxo-, ethyl ester, hydrochloride**	52763-22-1	**S8097**

MASS TO CHARGE RATIOS								M.W.	INTENSITIES								Parent	C	H	O	N	Cl	Br	F	S	P	B	Si	X	COMPOUND NAME	CAS Reg No	No
127	70	57	100	233				**233**	100	80	53	32	17					14	19	2	1	–	–	–	–	–	–	–	–	**Morpholine, 3-methyl-2-phenyl-N-propionyl-**		**L9450**
128	77	233	101	105	129	156	204	**233**	100	85	70	17	17	15	13	13		15	11	–	3	–	–	–	–	–	–	–	–	**Quinoline, 6-(phenylazo)-**	25117-47-9	**S0953**
134	192	77	189	149	83	190	133	**233**	100	98	77	77	75	43	32	31	**31.03**	12	15	2	3	–	–	–	–	–	–	–	–	**2-Pyrazoline-1-carboxamide, 5-(p-methoxyphenyl)-3-methyl-**	17014-33-4	**R6574**
135	44	233	216	77	98	234	56	**233**	100	80	70	52	33	28	22	22		14	19	2	1	–	–	–	–	–	–	–	–	**1-(o-Methoxybenzoyl)-2-(diethylamino)ethylene**		**00603**
135	118	119	91	160	216	173	90	**233**	100	35	35	10	8	8	7	5	**0.00**	14	19	2	1	–	–	–	–	–	–	–	–	**2-(1-Hydroxycyclohexylmethyl)benzamide**		**L8257**
146	116	98	147	74	70	191	148	**233**	100	98	96	96	90	72	61	57	**20.00**	11	23	2	1	–	–	–	1	–	–	–	–	**L-Methionine, N-isopropyl-, isopropyl ester**	56784-31-7	**09659**
146	189	86	77	44	91	172	144	**233**	100	80	74	58	31	30	29	24	**13.00**	11	11	3	3	–	–	–	–	–	–	–	–	**4,5-Isoxazoledicarboxamide, 4,5-dihydro-3-phenyl-, trans-**	35053-78-2	**S4808**
148	42	149	133	91	58	41	106	**233**	100	14	12	11	9	7	6	6	**0.10**	15	23	1	1	–	–	–	–	–	–	–	–	**3-Heptanone, 2-(dimethylamino)-1-phenyl-**	27820-08-2	**S1881**
150	191	233	218	69	149	122	53	**233**	100	95	68	53	27	24	21	20		10	11	2	5	–	–	–	–	–	–	–	–	**4-Pteridinone, 2-(acetylamino)-6,7-dimethyl-**		**L2421**
154	111	112	190	192	233	126	235	**233**	100	82	68	68	68	28	27	27		9	16	1	1	–	1	–	–	–	–	–	–	**6-Azabicyclo[3.2.1]octane, 8-bromo-5-methoxy-6-methyl-, anti-**	35791-01-6	**S5077**
154	112	44	111	126	155	233	192	**233**	100	48	13	13	12	12	12	11		9	16	1	1	–	1	–	–	–	–	–	–	**6-Azabicyclo[3.2.1]octane, 8-bromo-5-methoxy-6-methyl-, syn-**	35791-00-5	**S5075**
154	112	111	233	126	155	235	190	**233**	100	48	12	11	11	11	10	10		9	16	1	1	–	1	–	–	–	–	–	–	**6-Azabicyclo[3.2.1]octane, 8-bromo-5-methoxy-6-methyl-, anti-**	35791-01-6	**S5076**
154	156	42	15	44	60	28	110	**233**	100	95	85	50	37	34	21	18	**4.00**	2	6	–	1	–	2	–	–	1	–	–	–	**(Dimethylamino)dibromophosphine**		**05477**
159	187	233	103	188	132	160	77	**233**	100	78	44	34	22	22	21	18		12	11	4	1	–	–	–	–	–	–	–	–	**2H-1,4-Benzoxazin-2-one, 3-(ethoxycarbonylmethylene)-**		**16030**
160	31	56	29	144	173	77	50	**233**	100	94	59	49	30	25	23	23	**20.00**	13	15	3	1	–	–	–	–	–	–	–	–	**1H-2-Benzazepine-1,5-dione, 2,3,4,5-tetrahydro-4-methoxy-2,4-dimethyl-**		**D2027**
161	29	163	198	174	233	236	177	**233**	100	74	64	64	63	53	35	34		9	9	2	1	2	–	–	–	–	–	–	–	**Carbamic acid, (2,5-dichlorophenyl)-, ethyl ester**	2621-71-8	**Q8429**
161	174	29	176	235	159	162	133	**233**	100	66	56	43	41	24	22	18	**6.20**	9	9	2	1	2	–	–	–	–	–	–	–	**Carbamic acid, (2,4-dichlorophenyl)-, ethyl ester**	6333-37-5	**R2249**
161	233	146	104	189	117	103	133	**233**	100	77	67	61	60	56	51	45		13	15	3	1	–	–	–	–	–	–	–	–	**2,6-Piperidinedione, 3-(1-hydroxyethyl)-3-phenyl-**		**06205**
161	233	176	121	162	133	134	190	**233**	100	36	26	22	14	14	8	7		14	19	2	1	–	–	–	–	–	–	–	–	**Propenamide, N-butyl-3-(p-methoxyphenyl)-**		**W0193**
164	69	114	31	50	214	76	95	**233**	100	95	84	34	26	23	13	8	**0.00**	4	–	–	1	–	–	9	–	–	–	–	–	**Isopropylamine, heptafluoro-N-difluoromethylidene**		**L3518**
165	140	116	232	233	206	103	141	**233**	100	99	97	96	95	90	90	90		17	15	–	1	–	–	–	–	–	–	–	–	**Cyclopropanecarbonitrile, 1-methyl-2,2-diphenyl-**	56701-20-3	**T4109**
174	73	86	218	59	190	89	45	**233**	100	70	50	35	28	25	20	17	**2.00**	9	23	2	1	–	–	–	–	–	–	2	–	**Glycine, N,N-bis(trimethylsilyl)-, methyl ester**		**05603**
174	73	86	218	59	190	89	175	**233**	100	69	48	39	28	27	18	17	**1.00**	9	23	2	1	–	–	–	–	–	–	2	–	**Glycine, N,N-bis(trimethylsilyl)-, methyl ester**		**M1163**
174	73	86	218	59	190	89	175	**233**	100	69	49	36	28	26	19	18	**1.22**	9	23	2	1	–	–	–	–	–	–	2	–	**Glycine, N,N-bis(trimethylsilyl)-, methyl ester**	25688-73-7	**S1152**
174	160	216	173	76	77	104	161	**233**	100	90	39	29	24	22	22	15	**3.00**	12	11	4	1	–	–	–	–	–	–	–	–	**2H-Isoindole-2-butanoic acid, 1,3-dihydro-1,3-dioxo-**	3130-75-4	**Q9040**
174	173	215	233	161	187	160	214	**233**	100	56	40	24	22	19	17	12		12	11	4	1	–	–	–	–	–	–	–	–	**2H-Isoindole-2-butanoic acid, 1,3-dihydro-1,3-dioxo-**		**M7801**
174	233	175	159	131	130	234	158	**233**	100	36	14	13	9	6	6	5		13	15	3	1	–	–	–	–	–	–	–	–	**1H-Indole-3-acetic acid, 5-methoxy-2-methyl-, methyl ester**	7588-36-5	**R3310**
176	138	130	172	188	103	102	76	**233**	100	72	38	32	15	10	8	8	**0.00**	14	19	2	1	–	–	–	–	–	–	–	–	**1-Isoindolone, 3-tert-butyl-3-ethoxy-2,3-dihydro-**		**M0462**
176	177	43	41	42	119	55	70	**233**	100	85	65	49	43	41	35	33	**0.00**	8	12	1	1	–	–	5	–	–	–	–	–	**1-Pentanamine, N-pentafluoropropionyl-**		**15496**
178	113	179	177	176	233	180	87	**233**	100	22	21	11	11	9	9	7		14	17	–	–	–	–	–	–	–	–	–	1	**Titanium, [(1,2,3-η)-2-butenyl]bis(η[5]-2,4-cyclopentadien-1-yl)-**	12087-70-6	**R4031**
188	233	130	202	175	189	159	146	**233**	100	77	62	23	17	15	13	12		12	15	2	3	–	–	–	–	–	–	–	–	**1(2H)-Phthalazinone, 4-[(3-hydroxypropyl)amino]-2-methyl-**	53803-34-2	**S8613**
189	83	173	174	233	115	44	232	**233**	100	91	88	44	43	23	22	22		12	15	2	3	–	–	–	–	–	–	–	–	**3-Buten-2-one, 4-(p-methoxyphenyl)-, semicarbazone**	16983-76-9	**R6564**
190	82	41	55	72	67	93	54	**233**	100	99	88	88	75	55	42	33	**4.45**	16	27	–	1	–	–	–	–	–	–	–	–	**Cyclohexanamine, 3,6-divinyl-2,2-dimethyl-N-(2-methylpropylidene)-**	66889-11-0	**T6703**
190	118	233	91	117	176	75	65	**233**	100	33	10	9	9	9	5	3		13	15	3	1	–	–	–	–	–	–	–	–	**Phthalic anhydride, 3-(1,2-dimethylpropylamino)-**		**M2594**
190	137	233	177	150	136	176	123	**233**	100	58	43	25	11	10	8	6		16	27	–	1	–	–	–	–	–	–	–	–	**Perhydro-cis-erythrinane**		**M0742**
191	104	43	59	88	233	60	192	**233**	100	82	77	63	20	17	14	13		12	11	2	1	–	–	–	1	–	–	–	–	**Isothiazole, 4-acetoxy-5-methyl-3-phenyl-**		**L4296**
204	77	105	128	205	101	69	76	**233**	100	77	47	30	18	13	8	8	**0.00**	15	11	–	3	–	–	–	–	–	–	–	–	**Quinoline, 2-(phenylazo)-**	25117-43-5	**S0949**
214	105	42	133	164	77	181	110	**233**	100	48	46	46	43	31	30	29	**8.00**	10	10	2	1	–	–	3	–	–	–	–	–	**Carbamic acid, (2,2,2-trifluoro-1-phenylethyl)-, methyl ester**		**14940**
218	130	219	73	202	100	45	59	**233**	100	22	18	14	12	7	5	4	**2.40**	9	27	–	1	–	–	–	–	–	–	3	–	**Silanamine, 1,1,1-trimethyl-N,N-bis(trimethylsilyl)-**	1586-73-8	**Q6258**
218	219	130	73	202	100	45	59	**233**	100	28	22	14	12	7	5	4	**2.40**	9	27	–	1	–	–	–	–	–	–	3	–	**Silanamine, 1,1,1-trimethyl-N,N-bis(trimethylsilyl)-**	1586-73-8	**Q6259**
218	233	160	204	219	232	234	205	**233**	100	90	71	48	22	14	13	12		13	15	3	1	–	–	–	–	–	–	–	–	**2(1H)-Quinolinone, 3-ethyl-4,7-dimethoxy-**	22048-13-1	**R9537**
233	41	77	55	52	81	79	120	**233**	100	83	79	78	58	43	40	38		12	15	2	3	–	–	–	–	–	–	–	–	**Cyclohexanone, (2-nitrophenyl)hydrazone**		**03996**
233	55	41	69	96	42	138	54	**233**	100	84	49	39	30	27	23	17		12	15	2	3	–	–	–	–	–	–	–	–	**Cyclohexanone, (4-nitrophenyl)hydrazone**	1919-96-6	**Q7043**
233	55	41	69	96	138	42	234	**233**	100	58	37	30	30	30	20	16		12	15	2	3	–	–	–	–	–	–	–	–	**Cyclohexanone, (4-nitrophenyl)hydrazone**	1919-96-6	**Q7042**
233	58	216	218	190	219	56	234	**233**	100	74	70	58	55	40	25	23		15	23	1	1	–	–	–	–	–	–	–	–	**4-Quinolinol, 4-(3-buten-1-ynyl)decahydro-1,2-dimethyl-, (2α,4β,4aα,8aβ)-**	37982-01-7	**S5640**
233	77	41	18	52	55	39	79	**233**	100	69	60	52	52	49	35	33		12	15	2	3	–	–	–	–	–	–	–	–	**Cyclohexanone, (2-nitrophenyl)hydrazone**		**06352**
233	77	129	174	51	103	234		**233**	100	76	61	58	30	26	13			10	7	–	3	–	–	–	2	–	–	–	–	**Thiazolo[2,3-c]-s-triazole, 3-mercapto-4-phenyl-**		**M6123**
233	93	43	57	41	232	156	78	**233**	100	47	39	36	31	27	27	27		15	11	–	3	–	–	–	–	–	–	–	–	**3,3′:4′,3″-Terpyridyl**		**A0657**
233	121	134	112	234	70	135	55	**233**	100	81	61	50	25	21	18	14		14	19	2	1	–	–	–	–	–	–	–	–	**Pyrrolidine, 1-[3-(4-methoxyphenyl)-1-oxopropyl]-**	56004-07-0	**08933**
233	157	114	144	142	160	101	145	**233**	100	60	32	31	26	25	19	18		12	11	4	1	–	–	–	–	–	–	–	–	**Naphthalene, 2,6-dimethoxy-1-nitro-**	39077-18-4	**S6024**
233	157	114	144	160	142	101	115	**233**	100	60	32	31	26	25	20	17		12	11	4	1	–	–	–	–	–	–	–	–	**Naphthalene, 2,6-dimethoxy-1-nitro-**		**M7444**
233	161	29	235	174	188	176	162	**233**	100	87	70	66	56	55	36	18		9	9	2	1	2	–	–	–	–	–	–	–	**Carbamic acid, (3,4-dichlorophenyl)-, ethyl ester**	7159-94-6	**R2891**
233	164	163	232	204	178	165	205	**233**	100	26	24	10	9	6	5	2		16	11	1	1	–	–	–	–	–	–	–	–	**Phenanthro[9,10-d]oxazole, 2-methyl-**		**L8489**
233	164	163	234	232	204	178	165	**233**	100	26	24	17	10	9	6	5		16	11	1	1	–	–	–	–	–	–	–	–	**Phenanthro[9,10-d]oxazole, 2-methyl-**	21639-88-3	**R9322**
233	190	132	57	72.5	218	41	86.5	**233**	100	63	43	41	28	20	14	8		14	19	2	1	–	–	–	–	–	–	–	–	**2(3H)-Indolone, 1-hydroxy-3,3-dimethyl-6-tert-butyl-**		**M6659**
233	190	149	123	202	232	69	77	**233**	100	96	39	33	27	24	21	21		14	19	2	1	–	–	–	–	–	–	–	–	**trans-N-p-Methoxyphenyl-4-methyl-2-pentenoimidate**		**P3325**

MASS TO CHARGE RATIOS								M.W.	INTENSITIES								Parent	C	H	O	N	Cl	Br	F	S	P	B	Si	X	COMPOUND NAME	CAS Reg No	No
233	191	204	190	77	232	91	118	**233**	100	66	43	41	31	27	19	17		12	15	–	3	–	–	–	1	–	–	–	–	1,2,4-Triazole, 2-butyl-3-mercapto-4-phenyl-		17013
233	202	201	218	99	45	71	175	**233**	100	85	58	33	31	27	23	20		12	11	2	1	–	–	–	1	–	–	–	–	4-Isothiazolecarboxylic acid, 5-methyl-3-phenyl-, methyl ester	21905-49-7	R9428
233	205	234	135	79	104	206	132	**233**	100	72	16	14	12	12	10	5		12	11	4	1	–	–	–	–	–	–	–	–	4H-1-Benzopyran-2-carboxylic acid, 6-amino-4-oxo-, ethyl ester	30095-81-9	S2794
233	205	234	232	177	190	151	163	**233**	100	28	18	11	6	6	5	5		15	11	–	3	–	–	–	–	–	–	–	–	1H-Phenanthro[9,10-d]imidazol-2-amine	37052-13-4	S5463
233	231	130	128	76	229	126	75	**233**	100	90	83	78	63	54	45	27		7	5	–	1	–	–	–	–	–	–	–	1	Benzisotellurazole		15183
233	232	205	234	204	217	178	218	**233**	100	25	25	18	17	8	6	6		17	15	–	1	–	–	–	–	–	–	–	–	Benzo[a]phenanthridine, 1,2,3,4-tetrahydro-		L6117
233	232	205	234	204	217	218	230	**233**	100	40	24	21	18	7	7	6		17	15	–	1	–	–	–	–	–	–	–	–	Benzo[c]phenanthridine, 7,8,9,10-tetrahydro-		L6116
233	232	218	151	202	204	174	70	**233**	100	72	52	38	38	38	27	24		14	19	2	1	–	–	–	–	–	–	–	–	Pyrrolidine, 2-[2-(3,4-dimethoxyphenyl)ethenyl]-, (E)-(+-)-	67257-61-8	T6760
233	235	198	234	201	199	232	69	**233**	100	36	30	17	14	9	9	6		12	8	–	1	1	–	–	1	–	–	–	–	10H-Phenothiazine, 2-chloro-	92-39-7	P6696
233	235	198	234	201	199	232	197	**233**	100	35	31	15	14	9	8	6		12	8	–	1	1	–	–	1	–	–	–	–	10H-Phenothiazine, 2-chloro-		L3206
234	160	232	188					**233**	100	48	16	10					**0.00**	14	19	2	1	–	–	–	–	–	–	–	–	4-Piperidinecarboxylic acid, 4-phenyl-, ethyl ester	77-17-8	P5769
234	235	151	232	236				**233**	100	15	2	2	2				**0.00**	14	19	2	1	–	–	–	–	–	–	–	–	2-Piperidineacetic acid, α-phenyl-, methyl ester	113-45-1	P8792
235	233	237	198	200	201	199	102	**233**	100	75	49	33	33	24	16	10		5	–	–	1	4	–	1	–	–	–	–	–	Pyridine, 2,3,4,5-tetrachloro-6-fluoro-		M4494
28	162	164	18	32	45	234	43	**234**	100	91	57	26	22	19	15	15		9	8	3	–	2	–	–	–	–	–	–	–	Propionic acid, α-(2,4-dichlorophenoxy)-		Z1803
29	41	161	91	105	119	234	145	**234**	100	91	85	83	74	70	69	64		15	22	2	–	–	–	–	–	–	–	–	–	Tricyclo[5.1.0.0$^{(2,4)}$]oct-5-ene-5-propanoic acid, 3,3,8,8-tetramethyl-	74793-63-8	T8644
29	97	121	27	65	47	93	45	**234**	100	95	89	76	66	55	45	43	**17.71**	5	12	2	–	1	–	–	2	1	–	–	–	Phosphorodithioic acid, S-(chloromethyl) O,O-diethyl ester	24934-91-6	S0870
41	39	18	28	149	59	43	57	**234**	100	96	92	76	67	61	59	55	**7.84**	16	26	1	–	–	–	–	–	–	–	–	–	4,6-Di-tert-butyl-2,3-dimethylphenol		D0302
41	43	55	91	105	69	77	109	**234**	100	54	47	44	44	38	37	35	**5.00**	15	22	2	–	–	–	–	–	–	–	–	–	1(10)-Aristolen-2-one, 9-hydroxy-		P2781
42	43	41	71	72	39	40	121	**234**	100	99	93	85	84	65	53	48	**0.00**	9	5	4	–	–	–	3	–	–	–	–	–	Benzoic acid, 4-[(trifluoroacetyl)oxy]-	69745-79-5	T7392
43	41	29	55	85	27	57	39	**234**	100	41	34	21	19	17	14	9	**4.15**	12	26	–	–	–	–	–	2	–	–	–	–	Dihexyl disulphide		17153
43	41	85	55	234	150	29	57	**234**	100	28	25	19	18	17	15	15		12	26	–	–	–	–	–	2	–	–	–	–	Dihexyl disulphide		00617
43	45	85	41	89	29	55	75	**234**	100	93	30	28	26	23	18	16	**0.00**	12	26	4	–	–	–	–	–	–	–	–	–	Triethylene glycol monohexyl ether		C1825
43	73	155	174	176	15	111	113	**234**	100	16	13	8	8	5	5	5	**0.00**	5	6	2	–	–	1	3	–	–	–	–	–	1-Propanol, 2-bromo-3,3,3-trifluoro-, acetate	383-68-6	Q0653
43	87	45	29	44	42	27	31	**234**	100	70	8	6	5	4	4	3	**0.00**	10	18	6	–	–	–	–	–	–	–	–	–	Triethylene glycol diacetate		C1207
43	105	129	91	28	106	79	131	**234**	100	58	27	20	19	17	14	13	**0.05**	15	22	2	–	–	–	–	–	–	–	–	–	Benzenepentanal, β-hydroxy-δ-methyl-α-propyl-	62238-20-4	T5997
44	58	42	113	70	71	127	30	**234**	100	77	66	54	49	41	40	39	**0.00**	12	11	3	–	–	–	–	–	1	–	–	–	Phosphonic acid, diphenyl ester	4712-55-4	R0746
44	78	155	157	31	26	51	75	**234**	100	37	32	30	27	19	19	17	**0.00**	3	2	–	–	–	2	2	–	–	–	–	–	Cyclopropane, 1,1-dibromo-2,2-difluoro-	24071-56-5	S0446
44	118	41	116	71	55	45	64	**234**	100	81	52	36	34	26	20	19	**0.00**	8	10	4	–	–	–	–	2	–	–	–	–	Bis(tetrahydro-2-oxofuran-3-yl) disulphide	14091-96-4	R4977
44	176	177	102	202	175	234	147	**234**	100	81	38	35	35	32	24	17		12	10	3	–	–	–	–	1	–	–	–	–	2-Thiophenecarboxylic acid, 3-hydroxy-5-phenyl-, methyl ester	5556-23-0	R1545
45	73	111	63	75	42	109	74	**234**	100	38	34	31	31	29	29	27	**13.72**	9	8	3	–	2	–	–	–	–	–	–	–	Acetic acid, (2,4-dichlorophenoxy)-, methyl ester	1928-38-7	Q7079
57	55	43	41	71	85	97	83	**234**	100	47	36	32	30	24	24	18	**0.10**	11	23	–	–	–	1	–	–	–	–	–	–	Nonane, 2-bromo-5-ethyl-		L0555
57	55	69	43	41	71	85	97	**234**	100	54	41	36	32	30	24	24	**0.05**	11	23	–	–	–	1	–	–	–	–	–	–	Nonane, 2-bromo-5-ethyl-		Z1806
57	135	41	85	91	150	107	58	**234**	100	37	19	10	9	9	6	3	**3.00**	15	22	2	–	–	–	–	–	–	–	–	–	Propanoic acid, 2,2-dimethyl-, 2-tert-butyl-phenyl ester	54644-41-6	S9376
57	157	75	155	28	39	27	49	**234**	100	78	69	66	54	44	39	30	**0.00**	3	5	–	–	1	2	–	–	–	–	–	–	1,2-Dibromo-3-chloropropane	96-12-8	P7018
58	114	29	41	83	55	56	42	**234**	100	74	45	40	38	37	36	35	**0.00**	9	18	3	2	–	–	–	1	–	–	–	–	2-Butanone, 3,3-dimethyl-1-(methylsulphinyl)-, O-[(methylamino)carbonyl]oxime	39184-27-5	S6045
58	133	71	72	42	164	176	44	**234**	100	79	24	23	19	17	15	10	**6.60**	9	23	1	4	–	–	–	–	1	–	–	–	1,3,2-Diazaphospholidin-2-one, 1,3-dimethyl-2-[N-methyl-[3-(dimethylamino)propyl]amino]-		G0499
58	160	175	234	59	161	176	131	**234**	100	33	27	24	18	14	13	13		13	18	2	2	–	–	–	–	–	–	–	–	Tryptamine, 6-hydroxy-5-methoxy-N,N-dimethyl-		M2072
59	107	127	109	175	234	177	236	**234**	100	90	50	40	40	30	20	15		3	4	2	–	1	–	–	–	–	–	–	1	Acetic acid, chloroiodo-, methyl ester		P1721
59	173	113	219	115	127	159	203	**234**	100	20	17	11	11	8	6	2	**0.00**	10	18	6	–	–	–	–	–	–	–	–	–	Methyl 2,3-O-isopropylidene-β-D-allofuranoside		M0347
63	45	128	107	65	234	27	109	**234**	100	44	40	38	34	23	19	15		10	12	2	–	2	–	–	–	–	–	–	–	1-(2-Chloroethoxy)-2-(o-chlorophenoxy)ethane		Z1809
67	55	41	81	109	39	54	29	**234**	100	40	34	21	21	19	18	14	**0.00**	16	26	1	–	–	–	–	–	–	–	–	–	Bis(octa-2,7-dienyl) ether		C1143
69	83	55	41	43	57	91	191	**234**	100	67	66	41	14	12	11	9	**1.00**	16	26	1	–	–	–	–	–	–	–	–	–	Trideca-9-en-5-ynal, 10-propyl-		L8799
69	234	64	101	146	133	236	82	**234**	100	82	38	28	20	14	10	10		–	–	–	–	–	–	4	3	2	–	–	–	μ-Thiobis(thiophosphonyldifluoride)		L9643
72	78	150	55	52	51	77	79	**234**	100	92	58	48	46	40	34	14	**10.00**	9	7	4	–	–	–	–	–	–	–	–	1	(Hydroxymethyl)cyclopentadienylmanganese tricarbonyl		L5748
73	89	175	219	113	59	133	75	**234**	100	80	56	40	39	33	27	26	**0.50**	9	18	5	–	–	–	–	–	–	–	1	–	Butanedioic acid, [(trimethylsilyl)oxy]-, dimethyl ester	55590-73-3	T1645
73	103	189	45	147	74	75	219	**234**	100	44	15	12	11	9	8	7	**0.20**	9	22	3	–	–	–	–	–	–	–	2	–	1,3-Bis(trimethylsilyloxy)propane	17877-42-8	R7233
73	117	147	190	191	45	66	219	**234**	100	90	86	22	22	20	16	14	**0.00**	9	22	3	–	–	–	–	–	–	–	2	–	Propanoic acid, 2-[(trimethylsilyl)oxy]-, trimethylsilyl ester	17596-96-2	R7080
73	117	147	219	220	221	75	45	**234**	100	85	74	67	18	15	14	13	**0.00**	9	22	3	–	–	–	–	–	–	–	2	–	Propanoic acid, 2-[(trimethylsilyl)oxy]-, trimethylsilyl ester	17596-96-2	R7082
73	147	45	148	74	66	43	72	**234**	100	62	18	10	10	8	7	7	**0.00**	8	18	4	–	–	–	–	–	–	–	2	–	Oxalic acid, bis(trimethylsilyl) ester	18294-04-7	R7491
73	147	148	74	190	93	72	75	**234**	100	93	11	8	7	7	6	6	**0.00**	8	18	4	–	–	–	–	–	–	–	2	–	Oxalic acid, bis(trimethylsilyl) ester	18294-04-7	R7494
73	234	45	219	235	43	74	188	**234**	100	44	15	12	8	7	7	6		11	14	2	2	–	–	–	–	–	–	1	–	1H-Indole, 5-nitro-1-(trimethylsilyl)-		P3216
77	103	234	51	233	131	91	128	**234**	100	90	49	49	44	42	32	26		17	14	1	–	–	–	–	–	–	–	–	–	1,4-Pentadien-3-one, 1,5-diphenyl-		05256

MASS TO CHARGE RATIOS								M.W.	INTENSITIES								Parent	C	H	O	N	Cl	Br	F	S	P	B	Si	X	COMPOUND NAME	CAS Reg No	No
77	144	146	44	217	51	145	118	**234**	100	76	64	62	62	40	40	32	**1.00**	11	10	4	2	–	–	–	–	–	–	–	–	**4-Isoxazolecarboxylic acid, 5-(aminocarbonyl)-4,5-dihydro-3-phenyl-, cis-**	35053-74-8	**S4806**
79	93	41	55	43	95	67	29	**234**	100	65	60	53	52	51	48	35	**2.62**	17	30	–	–	–	–	–	–	–	–	–	–	**3-Heptadecen-5-yne, (Z)-**	74744-55-1	**T8464**
79	107	53	39	91	27	41	77	**234**	100	84	67	58	53	45	41	32	**29.79**	8	11	–	–	–	–	–	–	–	–	–	1	**Bicyclo[5.1.0]oct-3-ene, 4-iodo-**	49565-05-1	**S7126**
79	107	234	78	39	91	77	27	**234**	100	82	51	43	39	37	35	24		8	11	–	–	–	–	–	–	–	–	–	1	**Bicyclo[3.2.1]oct-2-ene, 3-iodo-**	49826-43-9	**S7227**
79	234	39	77	78	51	107	91	**234**	100	44	24	22	21	21	20	19		8	11	–	–	–	–	–	–	–	–	–	1	**Bicyclo[3.2.1]oct-2-ene, 2-iodo-**	49826-40-6	**S7226**
81	55	41	109	39	83	82	93	**234**	100	60	44	32	30	30	29	29	**22.82**	15	22	2	–	–	–	–	–	–	–	–	–	**2(3H)-Benzofuranone, 6-vinylhexahydro-3,6-dimethyl-7-isopropenyl-, [3S-(3α,3aα,6α,7β,7aβ)]-**	23527-07-3	**S0250**
81	55	41	109	93	83	82	161	**234**	100	60	43	32	30	30	29	27	**23.00**	15	22	2	–	–	–	–	–	–	–	–	–	**2(3H)-Benzofuranone, 6-vinylhexahydro-3,6-dimethyl-7-isopropenyl-, [3S-(3α,3aα,6α,7β,7aβ)]-**		**M3442**
81	234	55	109	93	107	121	41	**234**	100	57	56	49	39	39	34	33		15	22	2	–	–	–	–	–	–	–	–	–	**Cyclodeca[b]furan-2(3H)-one, 3a,4,5,8,9,11a-hexahydro-3,6,10-trimethyl-, [3S-(3R*,3aR*,6E,10E,11aR*)]-**	2225-79-8	**Q7670**
83	85	105	128	77	55	175	57	**234**	100	88	78	69	59	55	50	43	**34.00**	14	18	3	–	–	–	–	–	–	–	–	–	**Naphthalene-7-one, 1-(2-carboxyethyl)-2-methyl-3,4,4a,5,6,7-hexahydro-**		**M8393**
84	112	69	150	76	134	104	120	**234**	100	35	33	15	14	14	8	6	**5.00**	12	14	3	2	–	–	–	–	–	–	–	–	**Piperidine, 1-(2-nitrobenzoyl)-**	26163-44-0	**S1278**
86	30	58	87	28	85	72	57	**234**	100	10	8	5	4	4	4	3	**1.64**	14	22	1	2	–	–	–	–	–	–	–	–	**Acetamide, 2-(diethylamino)-N-(2,6-dimethylphenyl)-**	137-58-6	**P9731**
86	58	56	85	77	91	147	57	**234**	100	13	8	7	5	5	5	4	**0.17**	14	22	1	2	–	–	–	–	–	–	–	–	**Acetamide, 2-(diethylamino)-N-(2,6-dimethylphenyl)-**	137-58-6	**P9732**
87	43	88	45	117	70	86	42	**234**	100	59	4	4	3	2	2	2	**0.00**	10	18	6	–	–	–	–	–	–	–	–	–	**Triethylene glycol diacetate**		**G0750**
88	234	73	118	75	203	85	86	**234**	100	19	18	17	10	10	7	5		8	14	6	2	–	–	–	–	–	–	–	–	**4H-1,3,4-Oxadiazine-4-carboxylic acid, 5,6-dihydro-2,5,6-trimethoxy-, methyl ester, trans-**		**M2922**
91	105	41	92	79	119	55	77	**234**	100	82	44	43	37	34	31	30	**0.34**	15	22	2	–	–	–	–	–	–	–	–	–	**7,10-Pentadecadiynoic acid**	22117-06-2	**R9564**
91	108	57	92	32	41	43	55	**234**	100	74	50	31	21	18	18	17	**2.30**	15	22	2	–	–	–	–	–	–	–	–	–	**Octanoic acid, benzyl ester**		**P2639**
91	143	92	234	203	65	42	217	**234**	100	52	43	38	19	19	11	8		11	14	2	4	–	–	–	–	–	–	–	–	**4-Benzyl-2,6-bishydroxyiminopiperazine**		**06713**
91	234	65	92	115	235	28	89	**234**	100	24	9	8	7	5	2	2		17	14	1	–	–	–	–	–	–	–	–	–	**Naphthalene, 1-benzyloxy-**	607-58-9	**Q2751**
93	234	79	51	66	77	91	80	**234**	100	99	80	70	64	58	52	50		11	10	2	2	–	–	–	1	–	–	–	–	**Pyridinium, 1-[(phenylsulphonyl)amino]-, hydroxide, inner salt**	28460-28-8	**S2099**
93	234	79	51	66	77	91	170	**234**	100	94	81	71	65	60	54	49		11	10	2	2	–	–	–	1	–	–	–	–	**Pyridinium, 1-[(phenylsulphonyl)amino]-, hydroxide, inner salt**		**M3996**
93	234	151	77	41	55	120	94	**234**	100	53	42	19	15	15	15	10		13	18	–	2	–	–	–	1	–	–	–	–	**Thiourea, N-cyclohexyl-N′-phenyl-**	722-03-2	**Q3861**
93	234	151	77	120	41	55	152	**234**	100	52	42	18	16	15	14	11		13	18	–	2	–	–	–	1	–	–	–	–	**Thiourea, N-cyclohexyl-N′-phenyl-**		**L1677**
94	77	234	39	65	66	51	140	**234**	100	39	29	22	20	16	13	11		12	11	3	–	–	–	–	–	1	–	–	–	**Phosphonic acid, diphenyl ester**		**D2249**
95	110	67	123	81	41	124	55	**234**	100	74	46	44	39	36	26	25	**0.00**	16	26	1	–	–	–	–	–	–	–	–	–	**7-(Cyclopent-1-enoyl)-4-propylhept-4-ene**		**L8797**
98	137	41	97	55	42	136	84	**234**	100	77	70	44	40	34	32	25	**12.51**	15	26	–	2	–	–	–	–	–	–	–	–	**Sparteine**	90-39-1	**H0171**
98	137	97	136	193	110	84	55	**234**	100	84	48	35	23	21	21	19	**18.00**	15	26	–	2	–	–	–	–	–	–	–	–	**5a,11a-Diazabenzo[b]fluorene, perhydro-**		**D1729**
98	137	136	234	57	96	97	56	**234**	100	95	54	52	49	45	31	30		15	26	–	2	–	–	–	–	–	–	–	–	**Matridine**		**M7904**
98	137	234	136	97	110	193	84	**234**	100	54	52	28	26	20	18	18		15	26	–	2	–	–	–	–	–	–	–	–	**L-α-Isosparteine**	446-95-7	**Q0769**
100	155	84	28	55	41	99	56	**234**	100	99	92	69	67	48	46	43	**6.19**	7	11	2	2	–	1	–	–	–	–	–	–	**2,4-Imidazolidinedione, 5-(4-bromobutyl)-**	28484-49-3	**09970**
101	143	59	15	43	69	57	42	**234**	100	96	29	29	20	14	10	10	**0.20**	9	14	7	–	–	–	–	–	–	–	–	–	**Citric acid, trimethyl ester**		**F0501**
103	76	104	234	50	51	77	39	**234**	100	21	10	10	6	4	4	3		14	10	–	4	–	–	–	–	–	–	–	–	**3,6-Diphenyl-1,2,4,5-tetrazine**		**17025**
103	233	234	77	91	104	51	117	**234**	100	92	42	30	18	15	12	11		16	14	–	2	–	–	–	–	–	–	–	–	**1-Azabicyclo[2.1.0]pentane, 4-phenyl-3-phenylimino-**		**01251**
104	149	43	121	57	103	77	78	**234**	100	70	62	50	48	45	32	28	**4.60**	14	18	3	–	–	–	–	–	–	–	–	–	**Oxiranecarboxylic acid, 2-ethyl-3-methyl-3-phenyl-, ethyl ester**	56630-76-3	**T3981**
105	234	77	143	142	117			**234**	100	77	53	7	7	7				14	10	–	4	–	–	–	–	–	–	–	–	**2,2′-Bibenzimidazolyl**		**M8243**
109	218	125	154	110	185	141	219	**234**	100	88	25	16	14	14	13	13	**0.00**	12	10	1	–	–	–	–	2	–	–	–	–	**Benzenesulphinothioic acid, S-phenyl ester**	1208-20-4	**Q5764**
109	218	125	154	185	141	186	97	**234**	100	88	27	18	14	14	7	5	**0.00**	12	10	1	–	–	–	–	2	–	–	–	–	**Benzenesulphinothioic acid, S-phenyl ester**		**M2044**
110	136	234	137	111	82	28	56	**234**	100	79	53	49	47	41	33	33		11	10	4	2	–	–	–	–	–	–	–	–	**1H-Pyrrole-2,5-dione, 1,1′-(1,3-propanediyl)bis-**	28537-69-1	**S2115**
115	143	55	83	59	27	175	29	**234**	100	90	50	41	30	15	15	13	**0.00**	9	14	7	–	–	–	–	–	–	–	–	–	**1,2,3-Propanetricarboxylic acid, 1-hydroxy-, trimethyl ester, (R*,S*)-(+-)-**	56009-39-3	**T2551**
115	206	91	174	175	116	59	163	**234**	100	60	56	55	55	49	42	42	**15.00**	13	14	4	–	–	–	–	–	–	–	–	–	**Spiro[cyclopropane-1,7′-bicyclo[2.2.1]hepta-2′,5′-diene]-2′,3′-dicarboxylic acid, dimethyl ester**		**L5247**
116	90	234	150	172	51	89	178	**234**	100	18	16	11	8	8	6	6		8	8	3	–	–	–	–	–	1	–	–	1	**Cyclopentadienyltricarbonylphosphinevanadium**		**L7601**
117	45	29	28	61	133	89	131	**234**	100	86	72	65	62	61	47	37	**2.10**	10	18	6	–	–	–	–	–	–	–	–	–	**Butanedioic acid, 2,3-dimethoxy-, diethyl ester**	74685-84-0	**T8400**
117	73	147	75	45	131	219	129	**234**	100	93	93	60	55	18	9	7	**0.00**	10	26	2	–	–	–	–	–	–	–	2	–	**3,6-Dioxa-2,7-disilaoctane, 2,2,4,5,7,7-hexamethyl-, (R*,S*)-**	53229-15-5	**08003**
117	97	55	122	41	111	43	69	**234**	100	67	60	56	50	40	38	38	**6.00**	11	23	1	–	–	–	–	1	1	–	–	–	**Phosphetan, 1-(propylthio)-2,2,3,4,4-pentamethyl-, 1-oxide**		**P2621**
117	119	201	203	199	166	164	121	**234**	100	96	90	65	63	51	42	35	**0.00**	2	–	–	–	6	–	–	–	–	–	–	–	**Hexachloroethane**		**C0048**
117	119	201	203	199	166	164	121	**234**	100	96	83	54	53	41	32	31	**0.00**	2	–	–	–	6	–	–	–	–	–	–	–	**Hexachloroethane**		**A0261**
117	132	91	77	103	177	85	149	**234**	100	99	77	66	52	42	42	32	**25.00**	15	22	2	–	–	–	–	–	–	–	–	–	**Isopropanoic acid, deca-4,6-diynyl-**		**M0789**
117	201	119	203	199	166	164	121	**234**	100	99	98	64	61	43	33	27	**0.00**	2	–	–	–	6	–	–	–	–	–	–	–	**Hexachloroethane**	67-72-1	**P5323**
120	162	121	186	92	188	187	93	**234**	100	27	26	26	20	11	9	4	**0.00**	12	10	5	–	–	–	–	–	–	–	–	–	**2H-1-Benzopyran-3-carboxylic acid, 4-hydroxy-2-oxo-, ethyl ester**	1821-20-1	**Q6811**
121	77	214	109	159	91	59	105	**234**	100	90	86	84	75	66	59	53	**22.00**	10	9	3	–	–	–	3	–	–	–	–	–	**Methyl 2,2,2-trifluoro-1-phenylethyl carbonate**		**14937**
121	151	149	192	123	120	148	68	**234**	100	90	75	60	44	26	23	21	**15.35**	11	14	2	4	–	–	–	–	–	–	–	–	**2,4(1H,3H)-Pteridinedione, 6,7-dimethyl-8-propyl-**	21892-64-8	**R9403**
121	151	149	192	123	148	80	234	**234**	100	91	75	61	44	23	21	15		11	14	2	4	–	–	–	–	–	–	–	–	**2,4(1H,3H)-Pteridinedione, 6,7-dimethyl-8-propyl-**		**L8064**

MASS TO CHARGE RATIOS								M.W.	INTENSITIES								Parent	C	H	O	N	Cl	Br	F	S	P	B	Si	X	COMPOUND NAME	CAS Reg No	No
122	81	67	112	123	234	41	55	**234**	100	45	44	44	42	35	33	30		16	26	1	–	–	–	–	–	–	–	–	–	**Dispiro[5.1.5.3]hexadecan-7-one**	1781-86-8	**Q6743**
122	81	112	67	122	234	96	55	**234**	100	45	44	44	42	35	30	30		16	26	1	–	–	–	–	–	–	–	–	–	**Dispiro[5.1.5.3]hexadecan-7-one**		**M3835**
122	191	97	67	192	41	43	55	**234**	100	45	30	25	22	20	18	18	**16.00**	11	23	1	–	–	–	–	1	1	–	–	–	**Phosphetan, 1-(isopropylthio)-2,2,3,4,4-pentamethyl-, 1-oxide**		**P2622**
123	124	234	206	122	79	120	93	**234**	100	50	47	37	36	35	33	30		15	22	2	–	–	–	–	–	–	–	–	–	**Platambin-1,6-dione**		**17155**
123	150	96	108	109	122	58	105	**234**	100	56	41	29	29	28	27	27	**7.01**	13	18	–	2	–	–	–	1	–	–	–	–	**2-Benzothiazolamine, N-hexyl-**	28455-41-6	**S2096**
123	150	96	109	122	58	105	69	**234**	100	56	41	29	28	27	27	24	**7.00**	13	18	–	2	–	–	–	1	–	–	–	–	**2-Benzothiazolamine, N-hexyl-**		**L9158**
124	109	111	31	123	234	55	91	**234**	100	86	62	40	30	29	22	22		15	22	2	–	–	–	–	–	–	–	–	–	**Spiro[furan-3(2H),2′-[2H]inden]-2-one, decahydro-3′a,4′-dimethyl-4-methylene-, [2′R-(2′α,3′aα,4′α,7′aα)]-**	19906-72-0	**R8410**
124	109	111	123	91	79	81	95	**234**	100	86	59	29	21	21	17	16	**9.52**	15	22	2	–	–	–	–	–	–	–	–	–	**Spiro[furan-3(2H),2′-[2H]inden]-2-one, decahydro-3′a,4′-dimethyl-4-methylene-, [2′R-(2′α,3′aα,4′α,7′aα)]-**	19906-72-0	**R8412**
124	109	111	123	91	79	95	105	**234**	100	87	63	30	22	22	17	17	**9.32**	15	22	2	–	–	–	–	–	–	–	–	–	**Spiro[furan-3(2H),2′-[2H]inden]-2-one, decahydro-3′a,4′-dimethyl-4-methylene-, [2′R-(2′α,3′aα,4′α,7′aα)]-**	19906-72-0	**R8411**
125	232	141	199	59	43	167	55	**234**	100	73	48	37	33	30	27	19		9	14	3	–	–	–	–	2	–	–	–	–	**2-Oxa-4,6-dithiaadamantane-1,3-diol, 5,7-dimethyl-, (+-)-**	32393-09-2	**S3656**
133	105	15	31	77	202	29	39	**234**	100	34	32	20	19	17	17	16	**6.17**	14	18	3	–	–	–	–	–	–	–	–	–	**Propionic acid, 3-(2,5-dimethylbenzoyl)-2-methyl-, methyl ester**		**U0120**
133	105	15	77	234	79	134	203	**234**	100	26	19	16	12	11	10	9		14	18	3	–	–	–	–	–	–	–	–	–	**Propionic acid, 3-(2,5-dimethylbenzoyl)-2-methyl-, methyl ester**	30316-11-1	**S2853**
133	157	31	202	15	105	29	39	**234**	100	69	55	55	49	44	44	42	**0.88**	14	18	3	–	–	–	–	–	–	–	–	–	**Butanoic acid, 3-(2,5-dimethylbenzoyl)-, methyl ester**		**U0119**
134	43	176	44	204	135	107	133	**234**	100	30	21	10	9	8	6	6	**2.00**	11	10	4	2	–	–	–	–	–	–	–	–	**Sydnone, 4-acetyl-3-(4-methoxyphenyl)-**	34356-36-0	**S4635**
134	43	176	234	135	77	107	76	**234**	100	74	23	22	9	7	7	5		11	10	4	2	–	–	–	–	–	–	–	–	**Sydnone, 4-acetyl-3-(3-methoxyphenyl)-**	69978-06-9	**T7555**
134	133	234	137	114	115	69	113	**234**	100	53	20	14	11	11	8	8		8	5	–	–	–	–	7	–	–	–	–	–	**Bicyclo[2.2.2]oct-2-ene, 1,2,4,5,5,6,6-heptafluoro-**		**P2229**
135	43	57	55	41	69	71	85	**234**	100	73	71	49	47	33	32	22	**1.00**	11	23	–	–	–	1	–	–	–	–	–	–	**Undecane, 1-bromo-**		**L0554**
135	137	43	57	55	41	69	71	**234**	100	98	73	71	47	47	33	32	**1.34**	11	23	–	–	–	1	–	–	–	–	–	–	**Undecane, 1-bromo-**		**Z1805**
137	98	193	136	97	110	138	234	**234**	100	78	40	31	30	17	14	14		15	26	–	2	–	–	–	–	–	–	–	–	**Sparteine**	90-39-1	**P6558**
137	98	234	97	136	193	110	138	**234**	100	99	70	62	46	31	27	25		15	26	–	2	–	–	–	–	–	–	–	–	**β-Isosparteine**	24915-04-6	**S0865**
137	234	96	150	98	136	55	151	**234**	100	75	70	61	54	37	33	32		15	26	–	2	–	–	–	–	–	–	–	–	**Matridine, (5β,6β)-**	6838-35-3	**R2590**
137	234	98	136	162	57	96	138	**234**	100	55	52	28	25	25	23	17		15	26	–	2	–	–	–	–	–	–	–	–	**Matridine**	569-24-4	**Q2196**
141	115	142	234	139	28	65	91	**234**	100	17	12	6	4	4	2	2		17	14	1	–	–	–	–	–	–	–	–	–	**Naphthalene, 1-benzyloxy-**	6245-96-1	**R2166**
143	55	160	59	114	73	87	45	**234**	100	94	94	83	59	58	58	56	**50.40**	10	18	4	–	–	–	–	1	–	–	–	–	**Propanoic acid, 3,3′-thiobis-, diethyl ester**	673-79-0	**Q3657**
143	101	59	43	29	42	175	31	**234**	100	89	47	38	22	21	20	18	**0.00**	9	14	7	–	–	–	–	–	–	–	–	–	**Citric acid, trimethyl ester**	1587-20-8	**Q6265**
145	119	41	164	91	219	79	55	**234**	100	71	71	64	61	43	43	39	**18.09**	15	22	2	–	–	–	–	–	–	–	–	–	**Khusenic acid**		**00905**
145	219	191	131	91	41	119	105	**234**	100	94	52	46	44	36	31	29	**25.26**	15	22	2	–	–	–	–	–	–	–	–	–	**Isokhusenic acid**		**00906**
147	73	75	148	190	219	149	44	**234**	100	20	17	15	12	10	8	3	**0.00**	8	18	4	–	–	–	–	–	–	–	2	–	**Oxalic acid, bis(trimethylsilyl) ester**	18294-04-7	**R7493**
147	73	116	55	75	45	148	101	**234**	100	65	50	20	18	17	16	14	**0.06**	10	26	2	–	–	–	–	–	–	–	2	–	**3,8-Dioxa-2,9-disiladecane, 2,2,9,9-tetramethyl-**	18001-91-7	**R7334**
147	73	116	75	148	45	55	59	**234**	100	52	45	24	17	16	14	13	**10.00**	10	26	2	–	–	–	–	–	–	–	2	–	**3,8-Dioxa-2,9-disiladecane, 2,2,9,9-tetramethyl-**	18001-91-7	**R7335**
147	73	117	144	129	75	103	148	**234**	100	79	76	41	29	21	17	17	**0.43**	10	26	2	–	–	–	–	–	–	–	2	–	**Silane, [(1-methyl-1,3-propanediyl)bis(oxy)]bis[trimethyl-**	56771-47-2	**T4157**
147	73	219	177	75	41	148	45	**234**	100	56	27	22	21	20	18	16	**0.10**	9	22	3	–	–	–	–	–	–	–	2	–	**Propanoic acid, 3-[(trimethylsilyl)oxy]-, trimethylsilyl ester**	55162-32-8	**T0457**
147	73	219	177	75	148	66	45	**234**	100	47	25	20	15	15	10	9	**2.65**	9	22	3	–	–	–	–	–	–	–	2	–	**Propanoic acid, 3-[(trimethylsilyl)oxy]-, trimethylsilyl ester**	55162-32-8	**T0458**
147	116	73	148	177	75	55	103	**234**	100	43	34	15	13	12	10	8	**0.40**	10	26	2	–	–	–	–	–	–	–	2	–	**3,8-Dioxa-2,9-disiladecane, 2,2,9,9-tetramethyl-**	18001-91-7	**R7337**
147	117	73	144	75	129	45	103	**234**	100	87	86	77	66	66	59	54	**0.00**	10	26	2	–	–	–	–	–	–	–	2	–	**Silane, [(1-methyl-1,3-propanediyl)bis(oxy)]bis[trimethyl-**	56771-47-2	**08005**
149	41	177	132	104	150	188	189	**234**	100	46	28	15	14	12	11	9	**1.40**	13	14	4	–	–	–	–	–	–	–	–	–	**Phthalic acid, allyl ethyl ester**	33672-94-5	**S4311**
149	99	91	105	77	28	41	51	**234**	100	75	62	26	24	21	20	17	**0.00**	13	14	4	–	–	–	–	–	–	–	–	–	**5H-1,3-Dioxolo[4,5-b]pyran, 3a,7a-dihydro-5-methoxy-2-phenyl-**	56909-22-9	**T4276**
150	178	55	234	179	192	136	137	**234**	100	66	44	43	34	31	21	19		13	14	4	–	–	–	–	–	–	–	–	–	**Dispiro[5.0.5.1]tridecane-1,5,8,12-tetrone**	14770-76-4	**R5392**
150	233	104	76	234	84	92	120	**234**	100	95	86	70	50	40	30	15		12	14	3	2	–	–	–	–	–	–	–	–	**Piperidine, 1-(4-nitrobenzoyl)-**	20857-92-5	**R8976**
150	234	122	121	233	151	120	43	**234**	100	88	80	31	23	18	18	18		12	15	4	–	–	–	–	–	–	1	–	–	**3-Methoxysalicylic acid, cyclic butylboronate**		**05094**
150	234	178	138	179	55	151	52	**234**	100	96	89	25	20	19	13	11		13	14	4	–	–	–	–	–	–	–	–	–	**Spiro[benzofuran-2(4H),1′-cyclohexane]-2′,4,6′-trione, 3,5,6,7-tetrahydro-**	14770-78-6	**R5394**
150	234	178	206	179	122	108	55	**234**	100	96	57	25	19	14	13	11		13	14	4	–	–	–	–	–	–	–	–	–	**Dispiro[5.0.5.1]tridecane-1,5,8,12-tetrone**	14770-76-4	**R5393**
151	41	173	43	69	105	133	91	**234**	100	39	31	29	27	23	19	14	**2.50**	15	22	2	–	–	–	–	–	–	–	–	–	**5-Hepten-2-ol, 2-(o-methylphenyl)-6-methyl-**		**M6993**
151	98	137	150	234	96	136	97	**234**	100	94	92	88	78	71	58	54		15	26	–	2	–	–	–	–	–	–	–	–	**Matridine, (β)-**	478-81-9	**Q1003**
151	98	137	150	234	96	136	97	**234**	100	94	93	90	78	72	59	54		15	26	–	2	–	–	–	–	–	–	–	–	**Matridine, (6β)-**		**M7906**
152	135	153	77	136	92	234	55	**234**	100	86	27	13	10	7	7	6		14	18	3	–	–	–	–	–	–	–	–	–	**Anisic acid, cyclohexyl ester**		**Z1808**
153	154	77	94	40	110	53	51	**234**	100	16	14	14	11	10	9	9	**2.16**	13	18	2	2	–	–	–	–	–	–	–	–	**1H-Cyclopentapyrimidine-2,4(3H,5H)-dione, 3-cyclohexyl-6,7-dihydro-**	2164-08-1	**Q7523**
153	234	127	155	111	75	232	236	**234**	100	55	54	33	31	28	27	24		7	7	–	2	1	–	–	–	–	–	–	1	**Selenourea, N-(4-chlorophenyl)-**		**16988**
155	99	81	29	109	127	27	82	**234**	100	94	60	57	49	49	36	36	**24.13**	10	19	4	–	–	–	–	–	1	–	–	–	**Phosphonic acid, (3-methylene-2-oxopentyl)-, diethyl ester**	54543-03-2	**S9265**
156	234	78	199	121	91	169	134	**234**	100	84	67	40	30	26	18	3		11	11	–	–	1	–	–	–	–	–	–	1	**Ferrocene, (chloromethyl)-**	12093-15-1	**R4038**
157	155	74	159	39	76	92	94	**234**	100	78	44	24	23	14	9	9	**0.38**	3	5	–	–	1	2	–	–	–	–	–	–	**1,1-Dibromo-2-chloropropane**		**Z1799**
157	155	75	159	39	77	49	93	**234**	100	78	46	25	24	16	10	10	**0.38**	3	5	–	–	1	2	–	–	–	–	–	–	**1,2-Dibromo-3-chloropropane**		**Z1801**

MASS TO CHARGE RATIOS								M.W.	INTENSITIES								Parent	C	H	O	N	Cl	Br	F	S	P	B	Si	X	COMPOUND NAME	CAS Reg No	No
157	155	236	234	171	173	221	219	**234**	100	97	74	73	62	62	55	53		7	7	2	–	–	1	–	1	–	–	–	–	**p-Bromophenyl methyl sulphone**	3466-32-8	**Q9438**
158	204	53	115	234	63	88	75	**234**	100	70	52	42	39	38	37	35		9	6	4	4	–	–	–	–	–	–	–	–	**Pyrazole, 1-(2,4-dinitrophenyl)-**		**D2333**
160	45	79	80	111	78	41	39	**234**	100	92	67	67	67	58	50	42	**1.42**	10	19	4	–	–	–	–	–	1	–	–	–	**Phosphonic acid, (3-methyl-2-oxo-3-pentenyl)-, diethyl ester, (E)-**	54543-01-0	**S9264**
160	130	148	76	77	204	186	104	**234**	100	62	60	60	40	36	34	33	**0.00**	11	10	4	2	–	–	–	–	–	–	–	–	**N-(3-Nitropropyl)phthalimide**		**P1231**
160	161	145	18	117	234	159	28	**234**	100	14	14	7	6	6	5	4		12	14	3	2	–	–	–	–	–	–	–	–	**DL-Tryptophan, 5-methoxy-**	28052-84-8	**S1947**
160	216	234	39	43	51	120	27	**234**	100	94	64	37	36	34	28	27		12	10	5	–	–	–	–	–	–	–	–	–	**4H-1-Benzopyran-8-carboxylic acid, 7-hydroxy-2,5-dimethyl-4-oxo-**		**P2525**
161	234	134	160	164	202	192	203	**234**	100	85	75	45	45	42	41	40		13	14	4	–	–	–	–	–	–	–	–	–	**1,4-Benzopyrone-8-carboxylic acid, 2,7-dimethyl-, ethyl ester**		**P1205**
163	165	91	127	39	41	27	67	**234**	100	64	51	46	35	29	24	20	**0.00**	7	10	–	–	4	–	–	–	–	–	–	–	**1-Heptene, 5,7,7,7-tetrachloro-**	51287-99-1	**S7624**
165	234	215	233	69	184	45	115	**234**	100	57	29	27	18	14	14	12		7	4	–	–	–	–	6	1	–	–	–	–	**Thiophene, 2,3-bis(trifluoromethyl)-5-methyl-**		**02379**
171	107	234	77	123	92	236	108	**234**	100	44	44	25	19	18	16	15		9	11	3	–	1	–	–	1	–	–	–	–	**4-Methoxyphenyl 2-chloroethyl sulphone**	16191-81-4	**R6070**
171	107	234	123	92	108	236	206	**234**	100	44	44	19	18	16	16	13		9	11	3	–	1	–	–	1	–	–	–	–	**4-Methoxyphenyl 2-chloroethyl sulphone**		**M4353**
172	174	236	63	234	65	27	238	**234**	100	98	59	59	46	29	19	14		8	8	1	–	1	1	–	–	–	–	–	–	**Phenetole, p-bromo-β-chloro-**		**Z1810**
175	235	177	237	203	236	205	179	**234**	100	67	62	44	21	14	13	11	**9.90**	9	8	3	–	2	–	–	–	–	–	–	–	**Acetic acid, (2,4-dichlorophenoxy)-, methyl ester**	1928-38-7	**Q7082**
177	234	150	192	206	176	233	205	**234**	100	83	56	35	29	24	24	22		12	15	4	–	–	–	–	–	–	1	–	–	**4-Methoxysalicylic acid, cyclic butylboronate**		**05095**
178	28	113	179	177	87	176	42	**234**	100	36	32	18	12	12	12	10	**2.94**	12	10	2	–	–	–	–	–	–	–	–	1	**Titanium, dicarbonylbis(η^5-2,4-cyclopentadien-1-yl)-**	12129-51-0	**R4061**
178	180	57	41	45	219	221	135	**234**	100	99	71	44	43	20	20	14	**5.71**	8	11	1	–	–	1	–	1	–	–	–	–	**Thiophene, 3-bromo-4-tert-butoxy-**	5556-14-9	**R1540**
178	234	135	56					**234**	100	2	1	1						18	18	–	–	–	–	–	–	–	–	–	–	**Anthracene, 9,10-dihydro-9,10-(trans-11,12-dimethylethano)-**		**L6127**
179	234	81	44	41	55	67	95	**234**	100	72	49	47	46	43	43	28		16	26	1	–	–	–	–	–	–	–	–	–	**Dispiro[5.2.5.2]hexadecan-7-one**	1781-82-4	**Q6740**
179	234	81	67	55	95	123	108	**234**	100	72	49	43	43	28	24	19		16	26	1	–	–	–	–	–	–	–	–	–	**Dispiro[5.2.5.2]hexadecan-7-one**		**M3834**
179	234	138	95	67	81	41	55	**234**	100	51	44	43	33	33	30	28		16	26	1	–	–	–	–	–	–	–	–	–	**Dispiro[5.1.5.3]hexadecan-14-one**	4564-68-5	**R0607**
179	234	138	95	81	67	55	192	**234**	100	51	44	43	33	33	28	22		16	26	1	–	–	–	–	–	–	–	–	–	**Dispiro[5.1.5.3]hexadecan-14-one**		**M3836**
179	234	178	165	180	141	193	143	**234**	100	62	59	51	50	48	45	37		18	18	–	–	–	–	–	–	–	–	–	–	**Benz[a]anthracene, 1,4,7,8,11,12-hexahydro-**	16434-61-0	**R6186**
180	143	235	203	181	185	187	129	**234**	100	27	26	20	8	8	8	6	**0.00**	9	14	7	–	–	–	–	–	–	–	–	–	**Citric acid, trimethyl ester**	1587-20-8	**Q6269**
180	179	165	234	178	181	235	91	**234**	100	26	23	18	16	16	5	4		18	18	–	–	–	–	–	–	–	–	–	–	**Cyclohexene, 4,4-diphenyl-**	21544-98-9	**R9291**
187	202	219	144	159	234			**234**	100	11	7	1	1	1				14	18	3	–	–	–	–	–	–	–	–	–	**Acetophenone, 4-hydroxy-3-(3-methoxy-1-isopentenyl)-, trans-**		**L8766**
187	205	63	77	234	79	75	217	**234**	100	71	61	38	38	30	29	26		8	7	5	–	–	–	1	1	–	–	–	–	**Benzoic acid, 5-(fluorosulphonyl)-2-methoxy-**	2488-50-8	**Q8186**
189	74	158	69	133	43	130	76	**234**	100	59	56	55	44	38	37	36	**0.00**	9	15	3	2	1	–	–	–	–	–	–	–	**DL-Leucine, N-[2-(chloroimino)-1-oxopropyl]-**	55570-86-0	**T1620**
191	190	234	192	178	233	79	177	**234**	100	24	14	12	4	4	4	3		14	23	2	–	–	–	–	–	–	1	–	–	**Spiro[4H-1,3,2-benzodioxaborin-4,1′-cyclohexane], 2-ethyl-5,6,7,8-tetrahydro-**	62238-27-1	**T6011**
191	192	234	189	165	190	203	202	**234**	100	53	40	25	21	16	11	9		18	18	–	–	–	–	–	–	–	–	–	–	**Phenanthrene, 9-butyl-**		**01520**
191	234	192	189	235	165	178	193	**234**	100	34	17	13	8	6	5	5		18	18	–	–	–	–	–	–	–	–	–	–	**Phenanthrene, 9-butyl-**		**Y0675**
191	234	192	189	235	190	165	202	**234**	100	37	19	16	7	6	5	5		18	18	–	–	–	–	–	–	–	–	–	–	**Phenanthrene, 9-butyl-**		**Y1484**
192	55	66	234	150	122	189	179	**234**	100	92	65	61	54	52	46	44		13	14	4	–	–	–	–	–	–	–	–	–	**Spiro[benzofuran-3(2H),1′-cyclohexane]-2′,4′,6′-trione, 4,5,6,7-tetrahydro-**	56114-43-3	**T2802**
192	149	151	121	123	148	80	234	**234**	100	72	70	67	40	14	11	10		11	14	2	4	–	–	–	–	–	–	–	–	**2,4(1H,3H)-Pteridinedione, 6,7-dimethyl-8-isopropyl-**		**L8062**
192	149	151	121	123	193	120	95	**234**	100	71	70	65	40	23	22	19	**10.00**	11	14	2	4	–	–	–	–	–	–	–	–	**2,4(1H,3H)-Pteridinedione, 6,7-dimethyl-8-isopropyl-**		**L4571**
192	149	151	121	123	193	120	106	**234**	100	71	70	66	40	23	22	19	**10.37**	11	14	2	4	–	–	–	–	–	–	–	–	**2,4(1H,3H)-Pteridinedione, 6,7-dimethyl-8-isopropyl-**	21892-66-0	**R9405**
193	112	150	194	55	94	80	84	**234**	100	62	13	13	12	8	6	5	**0.50**	14	22	1	2	–	–	–	–	–	–	–	–	**Angustifoline**	550-43-6	**Q1940**
193	112	150	194	55	94	219	80	**234**	100	64	15	15	14	9	8	7	**0.50**	14	22	1	2	–	–	–	–	–	–	–	–	**Angustifoline**		**M3080**
193	112	194	55	150	94	80	84	**234**	100	85	14	10	9	6	4	4	**0.10**	14	22	1	2	–	–	–	–	–	–	–	–	**Angustifoline**	550-43-6	**Q1941**
193	234	205	167	115	178	165	91	**234**	100	98	44	42	40	30	29	28		18	18	–	–	–	–	–	–	–	–	–	–	**Bicyclo[3.1.0]hexane, 6,6-diphenyl-**	56052-58-5	**T2684**
194	192	43	234	236	72	113	153	**234**	100	99	55	27	26	12	12	9		6	7	1	2	–	1	–	1	–	–	–	–	**Isothiazine, 5-acetamido-4-bromo-3-methyl-**		**D1501**
199	175	111	201	234	177	109	73	**234**	100	82	67	50	45	43	42	41		9	8	3	–	2	–	–	–	–	–	–	–	**Acetic acid, (2,4-dichlorophenoxy)-, methyl ester**	1928-38-7	**Q7081**
203	132	175	232	130	160	131	147	**234**	100	86	66	41	21	16	16	11	**0.00**	13	18	2	2	–	–	–	–	–	–	–	–	**2,6-Piperidinedione, 3-ethyl-3-(p-aminophenyl)-**		**05416**
203	205	97	188	234	201	236	190	**234**	100	60	24	24	22	16	16	15		9	8	3	–	2	–	–	–	–	–	–	–	**Benzoic acid, 3,6-dichloro-2-methoxy-, methyl ester**	6597-78-0	**R2396**
205	43	71	28	41	206	55	177	**234**	100	49	29	26	18	16	13	12	**10.22**	16	26	1	–	–	–	–	–	–	–	–	–	**2,4-Di-tert-pentylphenol**		**D0829**
205	191	234	43	206	177	192	107	**234**	100	54	18	16	16	9	8	6		16	26	1	–	–	–	–	–	–	–	–	–	**2,4-Bis(1-methylbutyl)phenol**		**Z1802**
205	203	177	147	175	149	201	145	**234**	100	76	70	61	53	53	44	42	**2.00**	8	18	–	–	–	–	–	–	–	–	–	1	**Triethylvinyltin**		**05993**
205	234	177	150	107	233	122	149	**234**	100	92	70	68	41	35	35	29		12	15	4	–	–	–	–	–	–	1	–	–	**6-Methoxysalicylic acid, cyclic butylboronate**		**05096**
206	191	205	91	128	189	192	207	**234**	100	99	38	34	24	24	22	19	**4.00**	16	14	–	2	–	–	–	–	–	–	–	–	**1H-2,3-Benzodiazepine, 1-methyl-4-phenyl-**		**P2982**
206	205	160	69	177	43	148	234	**234**	100	50	39	38	29	28	24	24		12	10	5	–	–	–	–	–	–	–	–	–	**4H-1-Benzopyran-4-one, 6-formyl-7-hydroxy-2-methyl-5-methoxy-**		**00768**
206	205	160	69	177	234	148	219	**234**	100	50	37	37	29	24	23	14		12	10	5	–	–	–	–	–	–	–	–	–	**4H-1-Benzopyran-4-one, 6-formyl-7-hydroxy-2-methyl-5-methoxy-**		**L3562**
216	172	144	218	174	74	146	73	**234**	100	92	84	64	60	55	54	53	**15.00**	8	4	4	–	2	–	–	–	–	–	–	–	**Phthalic acid, 3,6-dichloro-**		**D2011**
216	172	144	218	174	74	146	109	**234**	100	91	84	64	60	59	54	39	**14.21**	8	4	4	–	2	–	–	–	–	–	–	–	**Phthalic acid, 3,6-dichloro-**		**00075**
219	57	191	234	41	220	29	91	**234**	100	30	30	26	19	16	9	9		15	22	2	–	–	–	–	–	–	–	–	–	**Benzaldehyde, 4-hydroxy-3,5-di-tert-butyl-**		**G0338**
219	57	234	41	29	220	88	55	**234**	100	26	24	19	17	17	10	9		16	26	1	–	–	–	–	–	–	–	–	–	**2,6-Di-tert-butyl-4-ethylphenol**	4130-42-1	**H1454**
219	57	234	220	41	88	163	102	**234**	100	15	11	10	7	5	4	3		16	26	1	–	–	–	–	–	–	–	–	–	**4,6-Di-tert-butyl-2-ethylphenol**		**C0319**

MASS TO CHARGE RATIOS								M.W.	INTENSITIES								Parent	C	H	O	N	Cl	Br	F	S	P	B	Si	X	COMPOUND NAME	CAS Reg No	No
219	57	234	220	88	41	139	29	**234**	100	26	26	17	9	9	7	6		16	26	1	–	–	–	–	–	–	–	–	–	**2,6-Di-tert-butyl-4-ethylphenol**		**C0440**
219	71	57	55	41	73	220	234	**234**	100	34	33	18	17	17	17	16		16	26	1	–	–	–	–	–	–	–	–	–	**2,4-Di-tert-butyl-3-methylanisole**		**C0742**
219	216	234	220	233	191	91	117	**234**	100	95	93	75	44	38	33	32		13	14	4	–	–	–	–	–	–	–	–	–	**Benzofuran, 7-acetyl-4,6-dihydroxy-2,3,5-trimethyl-**	21987-07-5	**R9481**
219	234	43	55	216	220	235	91	**234**	100	76	60	18	16	12	12	8		13	14	4	–	–	–	–	–	–	–	–	–	**Benzofuran, 7-acetyl-4,6-dihydroxy-2,3,5-trimethyl-**	21987-07-5	**R9480**
219	234	43	216	220	235	55	191	**234**	100	86	60	16	12	11	10	8		13	14	4	–	–	–	–	–	–	–	–	–	**Benzofuran, 7-acetyl-4,6-dihydroxy-2,3,5-trimethyl-**		**L4879**
219	234	57	220	41	191	55	91	**234**	100	28	17	16	15	12	10	7		15	22	2	–	–	–	–	–	–	–	–	–	**Benzaldehyde, 4-hydroxy-3,5-di-tert-butyl-**		**C1139**
219	234	132	189	131	204	146	235	**234**	100	94	56	46	26	17	15	15		13	18	2	2	–	–	–	–	–	–	–	–	**Imidazolidinone, 1-(4-isopropylphenyl)-3-methoxy-**		**P2096**
219	234	153	66	43	68	216	39	**234**	100	86	77	49	49	27	26	19		12	10	5	–	–	–	–	–	–	–	–	–	**4H-1-Benzopyran-4-one, 3-acetyl-5,7-dihydroxy-2-methyl-**		**00769**
219	234	153	67	69	216	152	192	**234**	100	87	77	49	27	26	15	12		12	10	5	–	–	–	–	–	–	–	–	–	**4H-1-Benzopyran-4-one, 3-acetyl-5,7-dihydroxy-2-methyl-**		**L3563**
219	234	205	220	204	189	203	235	**234**	100	83	23	21	20	19	18	16		18	18	–	–	–	–	–	–	–	–	–	–	**Phenanthrene, 7-isopropyl-1-methyl-**		**V0302**
219	234	220	57	88	159	41	235	**234**	100	24	17	12	6	6	5	4		16	26	1	–	–	–	–	–	–	–	–	–	**2,6-Di-tert-butyl-4-ethylphenol**		**Z1811**
219	234	220	185	77	235	221	121	**234**	100	72	15	12	11	11	10	10		12	10	1	–	–	–	–	2	–	–	–	–	**Acetone, 1-(5-phenyl-3H-1,2-dithiol-3-ylidene)-**	27315-83-9	**S1679**
232	191	234	192	205	177	178	231	**234**	100	95	85	83	81	55	55	46		18	18	–	–	–	–	–	–	–	–	–	–	**Benz[a]anthracene, 1,2,3,4,7,12-hexahydro-**	16434-62-1	**R6187**
233	234	91	90	89	235	115	128	**234**	100	59	21	12	11	9	9	7		17	14	1	–	–	–	–	–	–	–	–	–	**1(2H)-Naphthalenone, 3,4-dihydro-2-benzylidene-**	6261-32-1	**R2177**
233	235	98	137					**234**	100	42	21	8					**0.00**	15	26	–	2	–	–	–	–	–	–	–	–	**Sparteine**	90-39-1	**P6559**
233	235	234	98	137	236	157	61	**234**	100	78	57	54	49	13	10	8		15	26	–	2	–	–	–	–	–	–	–	–	**L-α-Isosparteine**		**P3972**
234	28	146	91	117	131	60	77	**234**	100	89	64	53	45	41	39	38		10	10	1	4	–	–	–	1	–	–	–	–	**Hydrazinecarbothioamide, 2-(1,2-dihydro-1-methyl-2-oxo-3H-indol-3-ylidene)-**	1910-68-5	**Q6987**
234	52	80	163	28	136	108	137	**234**	100	87	47	27	26	22	20	16		11	10	4	2	–	–	–	–	–	–	–	–	**2,5-Propanocyclobuta[1,2-c:3,4-c′]dipyrrole-1,3,4,6-tetrone, tetrahydro-**	23213-89-0	**S0115**
234	54	174	162	219	39	217	82	**234**	100	38	35	32	29	29	27	24		10	10	3	4	–	–	–	–	–	–	–	–	**[4,4′-Bipyrimidine]-2,2′,6(1H,1′H,3H)-trione, 5,5′-dimethyl-**	20545-68-0	**R8716**
234	63	64	92	127	77	15	219	**234**	100	52	46	46	42	36	36	34		7	7	1	–	–	–	–	–	–	–	–	1	**Anisole, p-iodo-**	696-62-8	**Q3757**
234	69	30	165	91	74	63	50	**234**	100	53	47	31	30	25	23	21		8	5	3	2	–	–	3	–	–	–	–	–	**Acetamide, 2,2,2-trifluoro-N-(4-nitrophenyl)-**	404-27-3	**Q0686**
234	69	32	165	91	64	48	90	**234**	100	53	46	32	30	23	21	21		8	5	3	2	–	–	3	–	–	–	–	–	**Acetamide, 2,2,2-trifluoro-N-(4-nitrophenyl)-**		**L7655**
234	69	133	64	165	32	236	135	**234**	100	85	73	50	26	14	13	7		2	–	–	–	–	–	6	3	–	–	–	–	**Bis(trifluoromethyl) trisulphide**	372-06-5	**Q0623**
234	76	178	176	177	235	206	151	**234**	100	70	50	18	18	18	17	15		15	10	1	2	–	–	–	–	–	–	–	–	**1H-Inden-1-one, 2-diazo-2,3-dihydro-3-phenyl-**	38028-21-6	**S5652**
234	81	161	219	109	121	152	55	**234**	100	64	38	33	30	25	25	24		15	22	2	–	–	–	–	–	–	–	–	–	**Cyclodeca[b]furan-2(3H)-one, 3a,4,5,8,9,11a-hexahydro-3,6,10-trimethyl-, [3S-(3R*,3aR*,6E,10E,11aR*)]-**	2225-79-8	**Q7671**
234	91	233	77	142	235	143	115	**234**	100	39	35	30	26	17	17	16		16	14	–	2	–	–	–	–	–	–	–	–	**2-Butenenitrile, 4-phenyl-2-(phenylamino)-**	14627-90-8	**R5299**
234	104	69	52	180	236	75	76	**234**	100	56	52	44	40	36	32	32		7	2	–	4	1	–	3	–	–	–	–	–	**Pteridine, 2-chloro-4-(trifluoromethyl)-**	32710-62-6	**S3857**
234	104	69	52	180	236	111	165	**234**	100	57	52	44	40	37	33	28		7	2	–	4	1	–	3	–	–	–	–	–	**Pteridine, 2-chloro-4-(trifluoromethyl)-**		**M4018**
234	111	177	39	83	45	117	109	**234**	100	88	29	26	10	10	3	2		10	6	1	2	–	–	–	2	–	–	–	–	**1,3,4-Oxadiazole, 2,5-dithien-2-yl-**		**L8128**
234	124	67	41	55	125	81	111	**234**	100	73	44	40	37	37	30	26		16	26	1	–	–	–	–	–	–	–	–	–	**Dispiro[5.2.5.2]hexadecan-1-one**	1781-84-6	**Q6742**
234	124	67	125	55	81	111	68	**234**	100	58	44	37	37	30	26	24		16	26	1	–	–	–	–	–	–	–	–	–	**Dispiro[5.2.5.2]hexadecan-1-one**		**M3833**
234	125	63	183	201	215	152	217	**234**	100	78	8	7	6	3	2	1		12	11	1	–	–	–	–	1	1	–	–	–	**Phosphinothioic acid, diphenyl-**		**05284**
234	135	77	192	120	136			**234**	100	99	75	53	50	30				12	14	1	2	–	–	–	1	–	–	–	–	**4-Imidazolidinone, 5-isopropyl-3-phenyl-2-thioxo-**		**L7926**
234	135	77	192	136	51	41	205	**234**	100	87	70	55	40	25	23	17		12	14	1	2	–	–	–	1	–	–	–	–	**4-Imidazolidinone, 5-isopropyl-3-phenyl-2-thioxo-**		**M0760**
234	135	192	77	136	91	235	51	**234**	100	55	45	34	23	18	16	14		12	14	1	2	–	–	–	1	–	–	–	–	**4-Imidazolidinone, 5-isopropyl-3-phenyl-2-thioxo-**	4333-20-4	**R0326**
234	143	206	235	91	28	130	205	**234**	100	23	20	19	16	15	14	13		18	18	–	–	–	–	–	–	–	–	–	–	**Bicyclo[3.1.0]hexane, 1,6-diphenyl-**	56143-23-8	**T2839**
234	152	141	153	76	235	170	169	**234**	100	39	28	23	17	16	15	13		12	10	3	–	–	–	–	1	–	–	–	–	**[1,1′-Biphenyl]-4-sulphonic acid**	2113-68-0	**Q7403**
234	163	188	191	187	177	79	160	**234**	100	21	17	14	10	9	8	8		12	10	5	–	–	–	–	–	–	–	–	–	**1,4-Naphthalenedione, 3,6-dihydroxy-5-methoxy-2-methyl-**		**P2541**
234	165	189	219	129	89	115	174	**234**	100	88	63	61	58	23	22	17		6	12	–	–	–	–	–	–	–	–	–	2	**1,2-Bis(dimethylarsino)ethane**	34943-62-9	**09751**
234	168	67	205	103	206	139		**234**	100	33	18	14	12	8	7			15	10	1	2	–	–	–	–	–	–	–	–	**4H-Indolo[3,2,1-de][1,5]naphthyridin-4-one, 6-methyl-**		**L2583**
234	168	67	205	103	206	139	166	**234**	100	45	27	17	12	8	7	7		15	10	1	2	–	–	–	–	–	–	–	–	**4H-Indolo[3,2,1-de][1,5]naphthyridin-4-one, 6-methyl-**		**L9612**
234	177	206	135	235	205	163	191	**234**	100	67	64	40	20	18	18	18		13	14	4	–	–	–	–	–	–	–	–	–	**1,2-Benzocycloheptene-3,7-dione, 3′,6′-dimethoxy-**		**L5582**
234	178	105	235	206	161	121	136	**234**	100	22	17	14	11	10	8	8		12	10	5	–	–	–	–	–	–	–	–	–	**4H-1-Benzopyran-2-carboxylic acid, 7-hydroxy-4-oxo-, ethyl ester**	23866-72-0	**S0374**
234	178	121	150	235	179	160	108	**234**	100	88	31	28	26	21	19	11		13	14	4	–	–	–	–	–	–	–	–	–	**1,2-Benzocycloheptene-3,7-dione, 3′,6′-dihydroxy-5,5-dimethyl-**		**M5964**
234	178	201	179	216	191	150	39	**234**	100	89	82	80	79	76	73	38		14	18	3	–	–	–	–	–	–	–	–	–	**2H-1-Benzopyran-5-carboxaldehyde, 3,4-dihydro-6-hydroxy-2,2,7,8-tetramethyl-**		**M6909**
234	178	205	18	176	189	235	88	**234**	100	37	36	35	33	21	19	19		16	10	2	–	–	–	–	–	–	–	–	–	**4,5,9,10-Tetrahydro-4,5:9,10-diepoxypyrene**		**Y2345**
234	180	236	235	193	206	165	205	**234**	100	46	26	20	15	15	13	13		18	18	–	–	–	–	–	–	–	–	–	–	**Cyclohexene, 3,3-diphenyl-**	31158-25-5	**S3223**
234	189	162	94	121	134	39	110	**234**	100	63	54	32	29	28	27	24		11	10	4	2	–	–	–	–	–	–	–	–	**4H-Pyrido[1,2-a]pyrimidine-3-carboxylic acid, 9-hydroxy-4-oxo-, ethyl ester**	50876-74-9	**S7518**
234	191	219	95	57	43	41	201	**234**	100	88	73	37	35	33	24	24		14	18	3	–	–	–	–	–	–	–	–	–	**Dehydrocohumulinic acid**		**P0041**
234	200	236	117	199	202	201	167	**234**	100	40	37	34	25	16	12	10		6	–	–	–	1	–	5	1	–	–	–	–	**Benzenesulphenyl chloride, pentafluoro-**	27918-31-6	**S1917**
234	203	204	131	58	141	219	205	**234**	100	80	52	28	24	20	19	16		7	10	1	2	–	–	–	3	–	–	–	–	**4-Isothiazolecarboxamide, N-methyl-3,5-bis(methylthio)-**	4886-18-4	**R0909**

MASS TO CHARGE RATIOS								M.W.	INTENSITIES								Parent	C	H	O	N	Cl	Br	F	S	P	B	Si	X	COMPOUND NAME	CAS Reg No	No
234	205	105	235	136	178	161	189	**234**	100	39	20	14	13	10	6	6		12	10	5	–	–	–	–	–	–	–	–	–	4H-1-Benzopyran-2-carboxylic acid, 6-hydroxy-4-oxo-, ethyl ester		M3525
234	206	105	235	136	178	121	161	**234**	100	39	20	14	13	10	6	6		12	10	5	–	–	–	–	–	–	–	–	–	4H-1-Benzopyran-2-carboxylic acid, 6-hydroxy-4-oxo-, ethyl ester	28466-95-7	S2101
234	206	116	174	148	89	173	103	**234**	100	94	70	39	36	27	27	21		10	6	1	2	–	–	–	2	–	–	–	–	1,3-Dithiolo[4,5-b]quinoxalin-2-one, 6-methyl-	2439-01-2	Q8093
234	217	235	69	150	164	111	163	**234**	100	17	15	11	11	11	8	8		12	10	5	–	–	–	–	–	–	–	–	–	Biphenyl, 2,3',4,5',6-pentahydroxy-		C0438
234	219	105	91	204	115	143	235	**234**	100	91	55	36	35	24	24	22		18	18	–	–	–	–	–	–	–	–	–	–	2,4-Hexadiene, 2,5-diphenyl-		C0231
234	219	189	193	218	176	205	191	**234**	100	81	70	59	53	45	43	43		17	14	1	–	–	–	–	–	–	–	–	–	1H-Cyclohepta[gh]phenalen-1-one, 6,7,7,9-tetrahydro-		M7555
234	219	204	101	203	202	189	235	**234**	100	77	32	25	24	22	20	20		18	18	–	–	–	–	–	–	–	–	–	–	Phenanthrene, 3,4,5,6-tetramethyl-	7343-06-8	R3076
234	219	204	203	101	202	235	189	**234**	100	73	30	22	20	20	20	18		18	18	–	–	–	–	–	–	–	–	–	–	Phenanthrene, 2,4,5,7-tetramethyl-	7396-38-5	R3158
234	219	204	203	202	189			**234**	100	73	30	22	20	18				18	18	–	–	–	–	–	–	–	–	–	–	Phenanthrene, 2,4,5,7-tetramethyl-		M3986
234	233	76	77	130	50	235	103	**234**	100	84	26	18	17	17	15	13		16	14	–	2	–	–	–	–	–	–	–	–	Quinoxaline, 2-ethyl-3-phenyl-		M5461
234	233	103	131	77	91	128	235	**234**	100	69	68	43	42	27	15	13		17	14	1	–	–	–	–	–	–	–	–	–	1,4-Pentadien-3-one, 1,5-diphenyl-	538-58-9	Q1766
234	235	117	232	189	236	116	104	**234**	100	18	18	9	7	6	5	5		16	10	–	–	–	–	–	1	–	–	–	–	Benzo[b]naphtho[2,1-d]thiophene		Y1376
234	235	189	232	202	117	236	233	**234**	100	18	9	9	8	7	6	5		16	10	–	–	–	–	–	1	–	–	–	–	Benzo[b]naphtho[2,1-d]thiophene		17068
234	235	232	117	28	189	104	116	**234**	100	19	13	12	11	7	7	7		16	10	–	–	–	–	–	1	–	–	–	–	Benzo[b]naphtho[1,2-d]thiophene		Y1309
234	236	75	199	235	59	137	169	**234**	100	36	20	20	15	14	12	10		11	7	–	2	1	–	–	1	–	–	–	–	Isothiazole, 3-(p-chlorophenyl)-4-cyano-5-methyl-		L4290
234	236	199	75	59	169	235	137	**234**	100	36	22	22	17	15	14	13		11	7	–	2	1	–	–	1	–	–	–	–	Isothiazole, 3-(o-chlorophenyl)-4-cyano-5-methyl-		L4288
234	236	235	233	237	238	199	85	**234**	100	96	80	74	32	31	22	16		9	5	1	–	3	–	–	–	–	–	–	–	Benzofuran, 4,5,7-trichloro-2-methyl-		Z1804
234	236	238	199	149	201	79	177	**234**	100	96	34	18	15	13	9	9		6	–	–	–	3	–	3	–	–	–	–	–	Benzene, 1,3,5-trichloro-2,4,6-trifluoro-		M4486
234	236	238	199	149	201	117	151	**234**	100	95	32	18	14	12	10	9		6	–	–	–	3	–	3	–	–	–	–	–	Benzene, 1,3,5-trichloro-2,4,6-trifluoro-	319-88-0	Q0483
235	218	189	160	236	174	112	91	**234**	100	38	36	20	14	14	10	10	**0.00**	12	14	3	2	–	–	–	–	–	–	–	–	DL-Tryptophan, 5-methoxy-	28052-84-8	S1948
235	233	132	148					**234**	100	15	2	2					**0.00**	14	22	1	2	–	–	–	–	–	–	–	–	Acetamide, 2-(diethylamino)-N-(2,6-dimethylphenyl)-	137-58-6	P9733
236	155	157	234	238	118	156	117	**234**	100	84	77	74	64	10	8	7		6	4	–	–	–	2	–	–	–	–	–	–	1,4-Dibromobenzene	106-37-6	P7875
236	234	238	155	157	75	50	76	**234**	100	51	49	30	29	18	13	12		6	4	–	–	–	2	–	–	–	–	–	–	1,2-Dibromobenzene		Z1797
236	234	238	155	157	75	50	76	**234**	100	51	49	37	36	25	19	17		6	4	–	–	–	2	–	–	–	–	–	–	1,2-Dibromobenzene	583-53-9	Q2304
236	234	238	155	157	75	50	76	**234**	100	51	49	41	40	25	20	17		6	4	–	–	–	2	–	–	–	–	–	–	1,3-Dibromobenzene	108-36-1	P8101
236	234	238	155	157	75	50	76	**234**	100	51	49	36	35	26	22	17		6	4	–	–	–	2	–	–	–	–	–	–	1,4-Dibromobenzene	106-37-6	P7874
43	41	55	57	164	69	106	71	**235**	100	85	73	69	55	49	44	38	**30.00**	14	21	2	1	–	–	–	–	–	–	–	–	Carbamic acid, (α-methylbenzyl)-, pentyl ester	32589-34-7	S3740
43	41	57	55	29	69	56	97	**235**	100	74	67	46	39	33	29	28	**3.00**	16	29	–	1	–	–	–	–	–	–	–	–	Hexadecenenitrile		14665
43	42	41	57	178	79	123	135	**235**	100	63	50	24	15	14	12	12	**0.00**	13	21	1	3	–	–	–	–	–	–	–	–	Bicyclo[3.3.1]nonan-2-one, 9-isopropylidene-		L5973
43	84	126	62	27	176	29	42	**235**	100	80	56	52	50	50	48	45	**0.00**	9	17	4	1	–	–	–	1	–	–	–	–	β-D-Arabinofuranoside, ethyl 2-(acetylamino)-2-deoxy-1-thio-	56206-95-2	T3023
43	143	87	235	39	45	77	65	**235**	100	96	80	33	22	18	18	18		12	13	2	1	–	–	–	1	–	–	–	–	1,4-Oxathiin-3-carboxamide, 5,6-dihydro-2-methyl-N-phenyl-	5234-68-4	R1214
43	191	57	172	150	235	69	159	**235**	100	82	40	25	20	16	14	10		6	3	2	1	–	–	6	–	–	–	–	–	1,3,4-Dioxazole, 2-(hexafluoroisopropylidene)-5-methyl-		M5245
44	45	42	43	94	28	128	235	**235**	100	84	82	44	21	13	7	6		4	12	2	3	–	–	2	1	1	–	–	–	N-[Fluorobis(dimethylamino)phosphoranylidene]sulphonylfluoridamide		M0357
44	177	160	134	145	77	235	107	**235**	100	65	39	29	25	23	20	16		10	9	4	3	–	–	–	–	–	–	–	–	Sydnone, 4-[(hydroxyimino)methyl]-3-(4-methoxyphenyl)-	69978-10-5	T7559
56	57	84	69	41	179	28	45	**235**	100	6	6	5	5	5	5	4	**1.80**	7	7	1	1	–	–	6	–	–	–	–	–	Aziridine, 2-methyl-1-[3,3,3-trifluoro-1-oxo-2-(trifluoromethyl)propyl]-		M7837
57	55	69	60	71	123	165	81	**235**	100	96	84	63	55	48	48	47	**20.00**	9	9	3	5	–	–	–	–	–	–	–	–	4,7-Pteridinedione, 2-acetylamino-6-methyl-		L2429
58	91	144	30	59	42	44	45	**235**	100	12	11	4	4	3	3	3	**0.60**	15	25	1	1	–	–	–	–	–	–	–	–	Hexylamine, N,N-dimethyl-6-benzyloxy-		16222
59	43	60	101	73	114	72	102	**235**	100	69	42	34	29	27	17	15	**0.00**	9	17	6	1	–	–	–	–	–	–	–	–	α-D-Galactopyranoside, methyl 2-(acetylamino)-2-deoxy-	6082-22-0	R2042
73	220	132	221	74	45	130	222	**235**	100	80	54	18	15	11	10	9	**0.85**	8	25	1	1	–	–	–	–	–	–	3	–	Disiloxanamine, 1,1,3,3,3-pentamethyl-N-(trimethylsilyl)-	17883-25-9	R7242
75	102	130	101	85	74	117	88	**235**	100	65	43	35	31	26	20	15	**1.60**	9	17	6	1	–	–	–	–	–	–	–	–	Methyl 3,4-di-O-methyl-α-D-glucopyranosiduronamide		P2055
75	117	133	101	88	161	99	100	**235**	100	90	62	58	46	38	36	26	**2.15**	9	17	6	1	–	–	–	–	–	–	–	–	Methyl 2,3-di-O-methyl-α-D-glucopyranosiduronamide		P2053
76	156	158	237	50	235	77	239	**235**	100	80	76	68	64	35	33	33		5	3	–	1	–	2	–	–	–	–	–	–	2,6-Dibromopyridine		M8721
77	235	52	78	83	161	41	55	**235**	100	56	34	32	32	31	30	30		12	17	2	3	–	–	–	–	–	–	–	–	Hexanal, (2-nitrophenyl)hydrazone	55320-78-0	T0895
86	120	99	58	65	92	56	42	**235**	100	35	26	14	12	11	9	8	**0.10**	13	21	1	3	–	–	–	–	–	–	–	–	Benzamide, 4-amino-N-[2-(diethylamino)ethyl]-	51-06-9	P4543
87	55	77	148	51	204	45	104	**235**	100	24	22	20	11	10	9	9	**2.00**	14	21	2	1	–	–	–	–	–	–	–	–	N-(1,3-Dimethoxy-3-methylpentylidene)aniline		P3336
91	42	119	44	65	120	92	43	**235**	100	44	22	19	16	13	11	9	**0.00**	12	17	2	3	–	–	–	–	–	–	–	–	Aminoacetic acid, (N-methyl-N-p-tolylazo)-, ethyl ester		M1473
91	235	144	77	143	145	115	178	**235**	100	70	20	11	7	5	5	4		17	17	–	1	–	–	–	–	–	–	–	–	Indolenine, 3-benzyl-2,3-dimethyl-		01434
91	235	144	236	65	143	92	77	**235**	100	80	19	15	12	9	9	9		17	17	–	1	–	–	–	–	–	–	–	–	Indolenine, 1-benzyl-2,3-dimethyl-		M5743
93	142	66	127	92	78	39	65	**235**	100	99	37	33	21	18	17	16	**0.00**	7	10	–	1	–	–	–	–	–	–	–	1	Pyridinium, 1,2-dimethyl-, iodide	872-73-1	Q4426
94	235	91	237	141	192	179	143	**235**	100	31	11	10	9	6	5	4		13	14	1	1	1	–	–	–	–	–	–	–	8,9-Oxaazabicyclo[3.2.2]non-6-ene, 9-(p-chlorophenyl)-		L5605
101	102	74	88	73	75	85	127	**235**	100	62	13	13	8	7	6	5	**0.41**	9	17	6	1	–	–	–	–	–	–	–	–	Methyl 2,4-di-O-methyl-α-D-glucopyranosiduronamide		P2054
105	43	164	106	57	132	71	41	**235**	100	83	78	72	60	50	44	43	**25.02**	14	21	2	1	–	–	–	–	–	–	–	–	Carbamic acid, (α-methylbenzyl)-, neopentyl ester	32589-37-0	S3748
105	43	164	150	106	57	132	41	**235**	100	84	78	76	73	60	50	47	**25.00**	14	21	2	1	–	–	–	–	–	–	–	–	Carbamic acid, (α-methylbenzyl)-, neopentyl ester	32589-37-0	S3746

MASS TO CHARGE RATIOS								M.W.	INTENSITIES								Parent	C	H	O	N	Cl	Br	F	S	P	B	Si	X	COMPOUND NAME	CAS Reg No	No
105	77	121	138	164	51	235	191	**235**	100	80	39	35	34	29	19	12		11	9	3	1	–	–	–	1	–	–	–	–	**2,5,7-Oxaazathiabicyclo[2.2.2]octa-3,6-dione, 1-phenyl-**		**M0601**
105	77	235	206	51	236	234	207	**235**	100	85	49	36	28	10	10	10		16	13	1	1	–	–	–	–	–	–	–	–	**Isoxazole, 4-methyl-3,5-diphenyl-**		**M5243**
118	63	91	43	119	64	65	90	**235**	100	52	26	25	21	15	14	11	**2.00**	11	13	1	3	–	–	–	1	–	–	–	–	**Benzimidazole, N-[(2-acetamido)ethylthio]-**		**M1282**
119	235	105	91	77	120	234	158	**235**	100	91	34	25	18	10	9	7		16	13	1	1	–	–	–	–	–	–	–	–	**Isoxazole, 3-phenyl-5-(p-tolyl)-**		**L8597**
119	235	105	91	77	236	120	234	**235**	100	91	34	25	18	14	10	9		16	13	1	1	–	–	–	–	–	–	–	–	**Isoxazole, 5-benzyl-3-phenyl-**	18753-56-5	**R7809**
122	95	121	80	54	53	138	137	**235**	100	64	62	39	38	37	16	15	**3.90**	12	17	2	3	–	–	–	–	–	–	–	–	**Cyclopentimidazole, 2-methyl-1-(2-oximinocyclopentyl)-1,4,5,6-tetrahydro-, 3-oxide**		**M2648**
126	43	84	72	176	114	174	60	**235**	100	90	76	43	40	23	21	20	**0.00**	9	17	4	1	–	–	–	1	–	–	–	–	**α-D-Xylofuranoside, ethyl 2-(acetylamino)-2-deoxy-1-thio-**	7115-38-0	**R2846**
131	160	132	57	77	103	56	51	**235**	100	96	92	82	52	42	35	29	**4.21**	12	13	4	1	–	–	–	–	–	–	–	–	**1,2,5-Naphthalenetriol, 1,2-dihydro-, 5-(methylcarbamate)**	5375-49-5	**R1365**
133	189	134	118	105	99	91	155	**235**	100	55	54	29	27	17	14	8	**6.00**	14	21	2	1	–	–	–	–	–	–	–	–	**Isoxazolidine, 5-butoxy-2-methyl-3-phenyl-**	19331-62-5	**R8086**
142	93	127	39	66	65	92	67	**235**	100	57	43	34	23	16	15	13	**0.00**	7	10	–	1	–	–	–	–	–	–	–	1	**Pyridinium, 1,3-dimethyl-, iodide**	10129-51-8	**R3586**
143	87	43	235	115	144	77	236	**235**	100	52	40	38	16	9	8	6		12	13	2	1	–	–	–	1	–	–	–	–	**1,4-Oxathiin-3-carboxamide, 5,6-dihydro-2-methyl-N-phenyl-**	5234-68-4	**R1216**
144	77	235	91	44	51	116	101	**235**	100	41	34	27	22	21	17	12		16	13	1	1	–	–	–	–	–	–	–	–	**Isoxazole, 5-benzyl-3-phenyl-**		**L7161**
144	148	116	71	91	42	145	195	**235**	100	24	20	18	13	10	10	9	**0.00**	14	21	2	1	–	–	–	–	–	–	–	–	**Benzenebutanoic acid, β-(dimethylamino)-, ethyl ester**	54966-40-4	**S9961**
148	144	102	42	91	149	132	56	**235**	100	70	63	20	12	12	10	7	**1.00**	14	21	2	1	–	–	–	–	–	–	–	–	**L-Alanine, N,N-dimethyl-3-phenyl-, propyl ester**	27820-07-1	**S1880**
160	75	104	77	57	51	118	235	**235**	100	23	21	17	8	6	6	4		14	21	2	1	–	–	–	–	–	–	–	–	**N-(1,1-Dimethoxy-4-methylpentylidene)aniline**		**P3319**
160	104	75	77	51	57	235	130	**235**	100	87	41	35	11	11	6	3		14	21	2	1	–	–	–	–	–	–	–	–	**N-(1,1-Dimethoxy-3-methylpentylidene)aniline**		**P3338**
161	203	218	175	41	57	28	163	**235**	100	93	79	50	48	37	31	31	**4.10**	15	25	1	1	–	–	–	–	–	–	–	–	**Phenol, 2,6-di-tert-butyl-4-(aminomethyl)-**		**F0388**
162	235	189	93	146	117	18	29	**235**	100	30	25	23	19	16	14	14		12	13	4	1	–	–	–	–	–	–	–	–	**3-Quinolinecarboxylic acid, 1,2,3,4-tetrahydro-1-hydroxy-2-oxo-, ethyl ester**	784-91-8	**Q4120**
162	235	189	93	146	117	145	29	**235**	100	30	25	23	19	16	14	14		12	13	4	1	–	–	–	–	–	–	–	–	**3-Quinolinecarboxylic acid, 1,2,3,4-tetrahydro-1-hydroxy-2-oxo-, ethyl ester**		**05390**
176	235	148	55	177	162	77	120	**235**	100	58	28	25	18	13	12	12		12	13	4	1	–	–	–	–	–	–	–	–	**1H-Pyrrolo[1,2-a]azepine-5-carboxylic acid, 7-formyl-2,3,5,6-tetrahydro-3-oxo-, methyl ester**	54833-22-6	**S9701**
178	163	135	43	41	69	235	121	**235**	100	68	31	29	18	16	15	13		14	21	2	1	–	–	–	–	–	–	–	–	**Carbamic acid, methyl-, 3,5-diisopropylphenyl ester**	330-64-3	**Q0519**
180	207	111	69	100	119	182	209	**235**	100	75	54	45	45	36	36	27	**19.15**	6	1	–	5	1	–	3	–	–	–	–	–	**Pyrimido[5,4-e]-1,2,4-triazine, 7-chloro-5-(trifluoromethyl)-**	32709-23-2	**S3849**
186	50	76	122	75	49	92	170	**235**	100	47	47	47	37	24	24	23	**18.00**	7	6	4	1	1	–	–	1	–	–	–	–	**Benzene, 1-[(chloromethyl)sulphonyl]-4-nitro-**	7239-20-5	**R2989**
191	120	71	45	235	72	39	192	**235**	100	57	56	43	41	20	15	14		11	9	3	1	–	–	–	1	–	–	–	–	**4-Thiazoleacetic acid, 2-(4-hydroxyphenyl)-**	23551-34-0	**S0254**
191	235	189	165	192	190	152	163	**235**	100	31	21	19	11	7	6	6		16	13	1	1	–	–	–	–	–	–	–	–	**Cytenahide**		**17212**
192	55	41	83	56	235	82	178	**235**	100	99	93	54	42	37	32	30		16	29	–	1	–	–	–	–	–	–	–	–	**Cyclohexylamine, N-cyclodecylidene-**	74810-29-0	**T8681**
192	193	43	18	45	69	206	138	**235**	100	46	42	41	26	24	24	23	**22.00**	8	12	–	5	–	–	3	–	–	–	–	–	**1,3,5-Triazine, 2-amino-4-(butylamino)-6-(trifluoromethyl)-**		**16535**
192	193	43	106	134	149	150	176	**235**	100	13	11	4	4	4	4	4	**0.10**	14	21	2	1	–	–	–	–	–	–	–	–	**2,6-Lutidine, 3,5-diacetyl-1,4-dihydro-4-isopropyl-**	21170-62-7	**R9136**
192	193	134	149	150	176	191	194	**235**	100	14	5	4	4	4	3	2	**0.14**	14	21	2	1	–	–	–	–	–	–	–	–	**2,6-Lutidine, 3,5-diacetyl-1,4-dihydro-4-isopropyl-**	21170-62-7	**R9137**
192	193	234	134	176	149	150	235	**235**	100	14	6	5	5	5	5	4		14	21	2	1	–	–	–	–	–	–	–	–	**2,6-Lutidine, 3,5-diacetyl-1,4-dihydro-4-isopropyl-**		**L5761**
193	43	195	90	63	75	101	111	**235**	100	52	33	21	18	18	16	15	**9.01**	11	10	1	3	1	–	–	–	–	–	–	–	**Acetone, 1-[2-(3-chlorophenyl)-2H-1,2,3-triazol-4-yl]-**	54833-33-9	**S9708**
193	152	235	124	194	60	97	55	**235**	100	60	55	23	21	15	15	15		9	9	3	5	–	–	–	–	–	–	–	–	**4,6-Pteridinedione, 2-acetylamino-7-methyl-**		**L2425**
200	36	29	77	41	172	69	149	**235**	100	81	58	57	44	36	35	34	**1.50**	10	15	1	1	2	–	–	–	–	–	–	–	**1-Pentene, 1,1-dichloro-3-isopropenyl-5-imino-5-ethoxy-**		**D2115**
206	73	235	220	207	45	44	165	**235**	100	74	63	50	17	16	14	13		10	17	–	5	–	–	–	–	–	–	1	–	**Adenine, N,N-dimethyl-9-(trimethylsilyl)-**	32865-76-2	**S3918**
206	207	77	130	103	51	102	128	**235**	100	61	42	33	28	17	15	13	**0.00**	16	13	1	1	–	–	–	–	–	–	–	–	**3,1-Benzoxazepine, 5-methyl-2-phenyl-**	14300-23-3	**R5132**
206	235	207	77	130	103	51	236	**235**	100	99	61	43	35	29	17	17		16	13	1	1	–	–	–	–	–	–	–	–	**3,1-Benzoxazepine, 5-methyl-2-phenyl-**		**L6012**
206	235	207	234	193	204	180	192	**235**	100	76	37	32	29	28	26	14		17	17	–	1	–	–	–	–	–	–	–	–	**Spiro[acridine-9(10H),1′-cyclopentane]**	24194-53-4	**S0493**
220	235	91	234	236	105	177	178	**235**	100	99	50	50	29	27	25	25		15	25	1	1	–	–	–	–	–	–	–	–	**Morpholine, 4-[5,5-dimethyl-3-isopropylidene-1-cyclohexen-1-yl]-**	28017-83-6	**S1936**
234	233	130	143	235	105	76		**235**	100	97	22	20	19	18	17			17	17	–	1	–	–	–	–	–	–	–	–	**Naphthalene, 4-(methylanilino)-1,2-dihydro-**		**M7503**
234	235	191	204	219	192	236	220	**235**	100	85	45	36	20	15	14	13		16	13	1	1	–	–	–	–	–	–	–	–	**Isoquinoline, 1-(4-methoxyphenyl)-**		**15805**
234	235	218	217	206	180	204	236	**235**	100	74	37	23	22	13	11	11		16	13	1	1	–	–	–	–	–	–	–	–	**Quinoline, 3-methyl-2-phenyl-, 1-oxide**	14300-19-7	**R5129**
234	235	218	217	206	219	180	216	**235**	100	76	17	15	14	12	11	11		16	13	1	1	–	–	–	–	–	–	–	–	**Quinoline, 3-methyl-2-phenyl-, 1-oxide**	14300-19-7	**R5128**
235	91	77	63	144	65	51	92	**235**	100	75	50	49	46	35	28	24		16	13	1	1	–	–	–	–	–	–	–	–	**Isoxazole, 3-benzyl-5-phenyl-**		**L7160**
235	143	93	115	172	202	144	65	**235**	100	87	34	26	23	13	10	7		12	14	–	1	–	–	–	1	1	–	–	–	**α-Naphthylamine, N-(dimethylthiophosphinyl)-**		**16267**
235	160	146	188	192	134	203	236	**235**	100	48	28	26	20	17	16	16		14	21	2	1	–	–	–	–	–	–	–	–	**Carbamic acid, (2,6-diisopropylphenyl)-, methyl ester**	39076-23-8	**S6021**
235	162	135	79	161	233	107	106	**235**	100	76	59	35	22	20	18	15		12	13	4	1	–	–	–	–	–	–	–	–	**2-Chromancarboxylic acid, 6-amino-4-oxo-, ethyl ester**	30095-82-0	**S2795**
235	165	166	104	207	77	236	206	**235**	100	86	37	37	27	26	20	17		16	13	1	1	–	–	–	–	–	–	–	–	**Oxazole, 2-methyl-4,5-diphenyl-**	14224-99-8	**R5058**
235	180	41	178	162	57	193	67	**235**	100	65	56	52	41	38	37	28		14	21	2	1	–	–	–	–	–	–	–	–	**Hydroquinone, 2,6-di-tert-butyl-, 4-oxime**		**C0755**
235	200	237	201	164	202	166	51	**235**	100	64	64	40	30	26	19	17		12	7	–	1	2	–	–	–	–	–	–	–	**9H-Carbazole, 3,6-dichloro-**	5599-71-3	**R1574**
235	200	237	201	164	202	166	82.5	**235**	100	64	64	40	30	26	19	18		12	7	–	1	2	–	–	–	–	–	–	–	**9H-Carbazole, 3,6-dichloro-**		**M2293**
235	203	204	45	47	48	59	131	**235**	100	54	32	31	22	21	18	18		7	9	2	1	–	–	–	3	–	–	–	–	**4-Isothiazolecarboxylic acid, 3,5-bis(methylthio)-, methyl ester**	2272-94-8	**Q7756**
235	206	143	142	102	103	104	204	**235**	100	13	10	7	5	5	5	5		16	13	1	1	–	–	–	–	–	–	–	–	**2-Indanone, 1-(anilinomethylene)-**		**17164**

MASS TO CHARGE RATIOS								M.W.	INTENSITIES								Parent	C	H	O	N	Cl	Br	F	S	P	B	Si	X	COMPOUND NAME	CAS Reg No	No
235	236	71	190	117.5	203	75	95.5	**235**	100	28	14	11	11	10	9	8		15	9	–	1	–	–	–	1	–	–	–	–	[1]-Benzothiopyrano[4,3-b]indole		M0691
235	236	71	190	203	75	69	81	**235**	100	28	14	11	10	9	8	6		15	9	–	1	–	–	–	1	–	–	–	–	[1]-Benzothiopyrano[4,3-b]indole	239-12-3	Q0105
235	236	77	131	192	89	132	220	**235**	100	20	12	11	9	8	8	5		15	13	–	3	–	–	–	–	–	–	–	–	1,2,3-Triazole, 2-methyl-4,5-diphenyl-		L9580
235	236	117	234	190	233	237	104	**235**	100	18	13	7	6	6	6	5		15	9	–	1	–	–	–	1	–	–	–	–	[1]Benzothieno[2,3-b]quinoline	243-47-0	H0679
236	89	237	90	204	69	81	238	**235**	100	42	10	5	2	1	1	1	**0.00**	6	6	3	1	–	–	5	–	–	–	–	–	Glycine methyl ester, N-pentafluoropropionate		P3706
236	204	176	89	237	216	61	205	**235**	100	85	39	14	7	6	6	4	**0.00**	6	6	3	1	–	–	5	–	–	–	–	–	Glycine methyl ester, N-pentafluoropropionate		P3691
15	53	29	45	87	61	77	50	**236**	100	74	48	39	34	25	24	24	**13.81**	8	6	4	–	2	–	–	–	–	–	–	–	Benzoic acid, 2,5-dichloro-3-hydroxy-6-methoxy-	7600-50-2	R3314
31	29	32	49	79	55	74	87	**236**	100	78	73	56	56	49	45	38	**0.14**	9	17	2	–	–	1	–	–	–	–	–	–	Octanoic acid, 8-bromo-, methyl ester	26825-92-3	S1508
31	45	119	41	57	134	60	43	**236**	100	38	29	29	21	21	18	18	**3.68**	15	24	2	–	–	–	–	–	–	–	–	–	Butanoic acid, 3-methyl-, 3,7-dimethyl-2,4,6-octatrienyl ester, (Z,E)-	49831-79-0	S7235
41	55	91	105	77	79	39	43	**236**	100	66	66	47	46	45	43	41	**6.10**	15	24	2	–	–	–	–	–	–	–	–	–	Vellerdiol		L7115
41	55	105	77	79	39	43	119	**236**	100	66	47	45	44	43	41	36	**6.30**	15	24	2	–	–	–	–	–	–	–	–	–	Vellerdiol	51276-18-7	S7618
41	57	55	125	67	81	95	43	**236**	100	63	48	44	41	40	37	35	**9.00**	16	28	1	–	–	–	–	–	–	–	–	–	1(2H)-Naphthalenone, 6-tert-butyloctahydro-2,8a-dimethyl-	54869-06-6	S9764
41	81	67	40	69	53	123	55	**236**	100	30	27	23	21	17	17	15	**0.00**	16	33	–	–	–	–	–	–	–	1	–	–	Borolane, 3-ethyl-4-methyl-1,2,2-triisopropyl-	74779-67-2	T8533
41	109	137	55	95	69	43	67	**236**	100	89	79	66	56	54	53	49	**3.00**	15	24	2	–	–	–	–	–	–	–	–	–	4-Isopropyl-5,10-dimethyldecalin-1,3-dione		L9999
42	236	55	124	84	137	68	39	**236**	100	78	57	56	52	44	37	28		13	16	4	–	–	–	–	–	–	–	–	–	2-Cyclohexen-1-one, 2,2′-methylenebis[3-hydroxy-	22381-57-3	R9672
43	41	55	27	39	79	93	67	**236**	100	32	24	17	17	12	8	8	**2.00**	14	20	3	–	–	–	–	–	–	–	–	–	1-Acetoxy-2,2-diallyl-cyclohexan-3-one		M2603
43	41	133	123	91	179	236	161	**236**	100	60	43	34	32	29	26	25		15	24	2	–	–	–	–	–	–	–	–	–	Cyperolone		01180
43	69	55	95	81	109	123	29	**236**	100	37	29	27	22	19	14	10	**1.00**	15	24	2	–	–	–	–	–	–	–	–	–	(+)-(1S,2R,3′S,4′S)-1-Acetyl-2-(3′-methyl-3′,4′-methylene-5′-oxo-pent-1′-yl)-3,3-dimethylcyclobutane		M1586
43	69	55	95	123	81	147	109	**236**	100	43	26	24	22	18	15	14	**1.00**	15	24	2	–	–	–	–	–	–	–	–	–	(+)-(1S,2R)-1-Acetyl-2-(3-methylene-5-formylpentyl)-3,3-trimethylcyclobutane		M1587
43	101	45	117	129	87	145	161	**236**	100	54	31	30	24	17	17	15	**0.00**	10	20	6	–	–	–	–	–	–	–	–	–	D-Glucose, 2,3,4,6-tetra-O-methyl-	3615-47-2	Q9571
43	109	57	29	69	175	193	79	**236**	100	65	45	38	34	30	24	21	**11.20**	15	24	2	–	–	–	–	–	–	–	–	–	(-)-[1S-(1α,4α,4aα,8aα)]-1,2,3,4,4a,7,8,8a-octahydro-1,6-dimethyl-4-isopropyl-3-oxo-1-naphthalenol		L9656
44	69	41	55	43	39	27	71	**236**	100	75	73	36	32	29	24	21	**0.40**	7	13	2	2	–	1	–	–	–	–	–	–	Butanamide, N-(aminocarbonyl)-2-bromo-2-ethyl-	77-65-6	P5822
45	101	75	85	88	111	55	71	**236**	100	48	43	33	28	28	21	19	**0.00**	10	20	6	–	–	–	–	–	–	–	–	–	D-Glucopyranose, 2,3,4,6-tetramethyl-	7506-68-5	R3256
45	101	85	75	111	55	130	71	**236**	100	56	33	29	23	20	20	19	**0.00**	10	20	6	–	–	–	–	–	–	–	–	–	D-Galactopyranose, 2,3,4,6-tetra-O-methyl-	3353-52-4	Q9258
51	143	77	125	50	95	75	236	**236**	100	81	72	69	41	40	38	27		12	9	2	–	–	–	1	1	–	–	–	–	Benzene, 1-fluoro-4-(phenylsulphonyl)-	312-31-2	Q0435
53	110	68	58	236	69	27	127	**236**	100	38	26	18	18	17	16	14		12	13	1	2	1	–	–	–	–	–	–	–	Urea, N′-(4-chlorophenyl)-N-methyl-N-(1-methyl-2-propynyl)-	3766-60-7	Q9789
53	236	68	127	153	238	58	69	**236**	100	53	36	35	35	17	14	12		12	13	1	2	1	–	–	–	–	–	–	–	Urea, N-3-butynyl-N′-(4-chlorophenyl)-N-methyl-	56247-81-5	T3145
55	41	95	236	84	107	69	68	**236**	100	98	55	55	52	50	43	42		15	24	2	–	–	–	–	–	–	–	–	–	Cyclodeca[b]furan-2(3H)-one, decahydro-6,10-dimethyl-3-methylene-	54833-41-9	S9712
55	41	165	69	179	67	81	236	**236**	100	98	74	48	42	40	40	40		15	24	2	–	–	–	–	–	–	–	–	–	Cyclodeca[b]furan-2(3H)-one, 3a,4,5,6,7,8,9,11a-octahydro-3,6,10-trimethyl-	54833-40-8	S9710
55	41	165	69	179	179	81	67	**236**	100	97	75	48	41	40	40	39	**39.00**	15	24	2	–	–	–	–	–	–	–	–	–	4,8,13-Trimethyl-11-oxabicyclo[8.3.0]tridec-4-en-12-one		L9240
55	41	236	95	84	108	69	68	**236**	100	98	56	55	50	50	43	42		15	24	2	–	–	–	–	–	–	–	–	–	4,8,13-Trimethyl-11-oxabicyclo[8.3.0]tridec-8-en-12-one		L9241
55	57	41	134	136	163	165	56	**236**	100	52	47	43	41	27	26	22	**4.00**	9	17	2	–	–	1	–	–	–	–	–	–	2H-Pyran, 3-bromo-2-butoxytetrahydro-, cis-	55162-86-2	T0504
55	83	41	97	152	69	82	67	**236**	100	95	86	78	45	37	36	31	**0.84**	17	32	–	–	–	–	–	–	–	–	–	–	1,1-Dicyclohexylpentane		Y1697
55	104	68	27	41	39	29	42	**236**	100	78	52	42	31	29	26	25	**0.00**	7	12	–	–	4	–	–	–	–	–	–	–	Heptane, 1,1,1,7-tetrachloro-		01470
57	29	180	181	56	28	27	150	**236**	100	82	51	44	34	23	15	13	**12.08**	9	8	4	4	–	–	–	–	–	–	–	–	1H-1,2,4-Triazole, 3-(5-nitro-2-furanyl)-1-(1-oxopropyl)-	38477-77-9	S5855
57	180	165	41	137	55	123	109	**236**	100	77	50	30	20	15	10	10	**0.40**	16	28	1	–	–	–	–	–	–	–	–	–	1,5-Di-tert-butyl-3,3-dimethylbicyclo[3.1.0]hexan-2-one		02380
59	236	75	31	39	189	63	42	**236**	100	96	71	68	44	42	37	34		9	8	4	4	–	–	–	–	–	–	–	–	Acrolein, (2,4-dinitrophenyl)hydrazone		D1326
66	139	204	117	39	28	205	65	**236**	100	60	25	12	10	9	9	8	**1.20**	13	16	4	–	–	–	–	–	–	–	–	–	2-Methoxycarbonyl-2-(1-methoxycarbonylvinyl)bicyclo[2.2.1]hept-5-ene		P3379
69	41	55	180	68	54	109	167	**236**	100	88	75	70	69	67	56	55	**7.00**	15	24	2	–	–	–	–	–	–	–	–	–	6,10-Dimethyl-3-isopropyl-6-cyclodecene-1,4-dione		15984
69	41	57	59	45	102	179	101	**236**	100	97	66	45	43	43	41	39	**35.00**	10	20	–	–	–	–	–	3	–	–	–	–	1,2,4-Trithiolane, 3,5-di-tert-butyl-	54833-18-0	S9700
69	83	55	41	43	57	125	193	**236**	100	62	55	34	13	11	8	7	**1.00**	16	28	1	–	–	–	–	–	–	–	–	–	10-Propyltrideca-9-en-5-yn-1-ol		L8800
69	236	148	117	98	129	217	79	**236**	100	91	47	17	16	13	10	9		6	–	–	–	–	–	7	–	1	–	–	–	(Pentafluorophenyl)difluorophosphine		02731
70	43	193	151	41	112	123	122	**236**	100	71	42	27	22	21	19	18	**13.00**	13	20	2	2	–	–	–	–	–	–	–	–	Pyridine, 1-acetyl-5-(1-acetyl-2-pyrrolidinyl)-1,2,3,4-tetrahydro-	54966-17-5	S9940
71	75	161	88	45	115	173	117	**236**	100	70	60	59	38	34	27	24	**0.00**	10	20	6	–	–	–	–	–	–	–	–	–	α-D-Glucopyranoside, methyl 3,4,6-tri-O-methyl-	13479-66-8	R4564
71	101	74	45	102	75	59	117	**236**	100	68	57	42	27	17	14	14	**0.00**	10	20	6	–	–	–	–	–	–	–	–	–	β-D-Glucopyranoside, methyl 2,4,6-tri-O-methyl-	23262-66-0	S0148
72	136	221	58	122	44	236	73	**236**	100	58	37	23	17	17	16	13		10	25	2	2	–	–	–	–	1	–	–	–	Ethoxy-N,N,N′,N′-tetraethylphosphoramide		G0488
73	193	89	237	161	162	59	91	**236**	100	43	41	31	24	22	17	13	**0.00**	12	16	3	–	–	–	–	–	–	–	1	–	Benzenepropanoic acid, α-oxo-, trimethylsilyl ester	2078-21-9	Q7353
73	236	91	221	45	75	41	208	**236**	100	76	57	44	40	29	28	25		14	24	1	–	–	–	–	–	–	–	1	–	2-Trimethylsiloxy-4a-methyl-3,4,4a,5,6,7-hexahydronaphthalene		L9054
74	87	71	59	45	103	132	75	**236**	100	94	21	16	15	12	11	11	**0.00**	9	16	7	–	–	–	–	–	–	–	–	–	α-D-Glucopyranosiduronic acid, methyl 2-O-methyl-, methyl ester	31506-20-4	S3325
75	71	88	74	45	101	87	161	**236**	100	90	57	45	22	22	20	17	**0.00**	10	20	6	–	–	–	–	–	–	–	–	–	α-D-Glucopyranoside, methyl 3,4,6-tri-O-methyl-	13479-66-8	R4565

MASS TO CHARGE RATIOS								M.W.	INTENSITIES								Parent	C	H	O	N	Cl	Br	F	S	P	B	Si	X	COMPOUND NAME	CAS Reg No	No
75	73	91	104	117	45	146	221	**236**	100	40	40	39	30	23	22	18	**6.93**	13	20	2	–	–	–	–	–	–	–	1	–	**Butyric acid, 4-phenyl-, trimethylsilyl ester**	21273-16-5	**R9190**
75	74	71	45	59	87	103	85	**236**	100	87	33	23	21	15	13	12	**0.00**	9	16	7	–	–	–	–	–	–	–	–	–	**α-D-Glucopyranosiduronic acid, methyl 3-O-methyl-, methyl ester**	31506-19-1	**S3324**
77	221	236	118	103	51	159	104	**236**	100	98	75	42	38	25	25	20		16	16	–	2	–	–	–	–	–	–	–	–	**Acetophenone azine**	729-43-1	**Q3876**
77	221	236	118	103	159	104	132	**236**	100	84	42	37	26	23	18	12		16	16	–	2	–	–	–	–	–	–	–	–	**Acetophenone azine**	729-43-1	**Q3877**
78	80	82	77	51	50	52	79	**236**	100	37	36	34	30	28	23	16	**5.00**	6	6	–	–	–	2	–	–	–	–	–	–	**Bicyclo[2.2.0]hex-2-ene, 5,6-dibromo-, (1α,4α,5β,6β)-**	16622-67-6	**R6283**
78	101	75	45	73	166	163	149	**236**	100	47	35	27	15	15	13	10	**0.00**	10	20	6	–	–	–	–	–	–	–	–	–	**α-D-Glucopyranoside, methyl 2,3,4-tri-O-methyl-**	4153-24-6	**R0152**
78	134	208	56	77	79	180	52	**236**	100	99	50	37	26	16	16	12	**0.00**	9	8	4	–	–	–	–	–	–	–	–	1	**Iron, tricarbonyl[(2,3,4,5-η)-2,4-cyclohexadien-1-ol]-**	12306-93-3	**R4092**
79	93	39	27	80	91	77	41	**236**	100	37	24	23	21	17	16	15	**0.00**	8	12	4	–	–	–	–	2	–	–	–	–	**Cyclobuta[1,2-b:3,4-b′]dithiophene, octahydro-, 1,1,4,4-tetraoxide**	74421-30-0	**T8099**
79	93	80	67	39	77	41	27	**236**	100	59	45	38	38	31	29	28	**1.02**	8	12	4	–	–	–	–	2	–	–	–	–	**Cyclobuta[1,2-b:4,3-b′]dithiophene, octahydro-, 1,1,6,6-tetraoxide, (3aα,3bβ,6aβ,6bα)-**	74421-29-7	**T8098**
81	221	80	157	79	53	91	155	**236**	100	85	40	36	30	24	21	19	**15.00**	12	16	3	2	–	–	–	–	–	–	–	–	**5-(Cyclohexenyl)-1,5-dimethylbarbiturate**		**02488**
83	55	41	97	69	207	67	111	**236**	100	94	79	46	35	29	20	19	**1.10**	17	32	–	–	–	–	–	–	–	–	–	–	**1,3-Dicyclohexyl-2-ethylpropane**		**Y1698**
83	55	44	105	85	163	107	93	**236**	100	89	84	79	65	65	58	58	**31.00**	14	20	3	–	–	–	–	–	–	–	–	–	**1-(2-Carboxyethyl)-2-methyl-1,2,3,4,4a,5,6,7-octahydronaphthalene-7-one**		**M8395**
83	82	55	41	67	96	69	39	**236**	100	74	63	49	19	12	11	9	**4.42**	17	32	–	–	–	–	–	–	–	–	–	–	**1,5-Dicyclohexylpentane**		**Y1699**
83	85	43	87	106	132	91	133	**236**	100	66	15	10	9	8	7	7	**6.00**	13	16	4	–	–	–	–	–	–	–	–	–	**1,4-Methanocyclopropa[3,4]cyclopenta[1,2-c]furan-3(1H)-one, 5-(acetyloxy)hexahydro-1,4-dimethyl-, (1α,3aβ,3bβ,4α,4aβ,5β,5aβ)-**	32251-44-8	**09293**
83	95	67	55	43	41	138	119	**236**	100	92	90	86	84	80	78	78	**4.00**	15	24	2	–	–	–	–	–	–	–	–	–	**α-Bisabolone**	38043-98-0	**S5655**
84	44	85	43	42	56	57	41	**236**	100	60	44	43	39	39	39	36	**20.00**	13	20	2	2	–	–	–	–	–	–	–	–	**Piperidine, 1-[(3-oxo-2-quinuclidinyl)carbonyl]-**	34291-64-0	**S4610**
84	44	85	56	57	43	42	41	**236**	100	58	44	43	42	42	39	38	**20.00**	13	20	2	2	–	–	–	–	–	–	–	–	**Piperidine, 1-[(3-oxo-2-quinuclidinyl)carbonyl]-**		**M3814**
85	87	69	201	203	132	151	101	**236**	100	32	26	13	8	8	7	6	**0.00**	3	–	–	–	3	–	5	–	–	–	–	–	**1,2,2-Trichloropentafluoropropane**		**Z1815**
85	87	201	69	203	101	117	31	**236**	100	32	21	16	14	8	6	6	**0.00**	3	–	–	–	3	–	5	–	–	–	–	–	**1,2,3-Trichloropentafluoropropane**		**Z1813**
86	58	100	65	120	42	56	44	**236**	100	16	15	14	14	12	11	6	**0.00**	13	20	2	2	–	–	–	–	–	–	–	–	**Benzoic acid, 4-amino-, 2-(diethylamino)ethyl ester**	59-46-1	**P4989**
86	99	120	58	92	87	65	56	**236**	100	52	35	19	15	13	13	10	**0.22**	13	20	2	2	–	–	–	–	–	–	–	–	**Benzoic acid, 4-amino-, 2-(diethylamino)ethyl ester**	59-46-1	**P4987**
86	236	150	56	205	152	238	125	**236**	100	89	75	69	46	33	30	22		12	13	1	2	1	–	–	–	–	–	–	–	**2-Morpholineacetonitrile, α-(4-chlorophenyl)-**		**M6819**
87	43	101	135	88	236	41	91	**236**	100	27	18	9	5	3	3	3		14	20	3	–	–	–	–	–	–	–	–	–	**Ethyl p-tert-butylphenoxyacetate**		**Z1818**
87	85	74	45	60	59	117	75	**236**	100	76	62	34	26	25	25	24	**0.00**	9	16	7	–	–	–	–	–	–	–	–	–	**α-D-Glucopyranosiduronic acid, methyl 4-O-methyl-, methyl ester**	31506-18-0	**S3323**
88	75	101	73	45	71	173	57	**236**	100	58	45	17	15	4	3	2	**0.00**	10	20	6	–	–	–	–	–	–	–	–	–	**α-D-Glucopyranoside, methyl 2,3,4-tri-O-methyl-**	4153-24-6	**R0153**
88	161	75	45	73	121	71	85	**236**	100	93	77	40	21	19	16	15	**0.00**	10	20	6	–	–	–	–	–	–	–	–	–	**β-D-Glucopyranoside, methyl 2,3,6-tri-O-methyl-**	23262-64-8	**S0147**
88	161	75	131	45	101	73	87	**236**	100	60	52	32	29	16	15	15	**0.00**	10	20	6	–	–	–	–	–	–	–	–	–	**α-D-Glucopyranoside, methyl 2,3,6-tri-O-methyl-**	23009-68-9	**S0040**
89	45	101	141	87	59	58	115	**236**	100	89	85	82	79	66	57	34	**0.00**	10	20	6	–	–	–	–	–	–	–	–	–	**D-Glucose, 2,3,5,6-tetra-O-methyl-**	13554-83-1	**R4628**
90	43	101	88	141	59	58	115	**236**	100	90	84	78	78	65	57	32	**0.00**	10	20	6	–	–	–	–	–	–	–	–	–	**D-Glucofuranose, 2,3,5,6-tetra-O-methyl-**	3149-58-4	**Q9059**
91	65	77	92	93	118	43	190	**236**	100	95	53	43	20	18	14	14	**4.00**	11	12	4	2	–	–	–	–	–	–	–	–	**2-Phenylhydrazonopropandioic acid, ethyl ester**		**P1885**
91	107	208	151	43	149	236	105	**236**	100	96	95	84	82	77	71	52		13	16	4	–	–	–	–	–	–	–	–	–	**3,6-Methanobenzofuran-8-carboxylic acid, 2,3,3a,6,7,7a-hexahydro-6,7a-dimethyl-2-oxo-, methyl ester**	32304-27-1	**09294**
91	116	44	131	163	177	105	145	**236**	100	89	80	72	50	41	35	34	**20.00**	13	16	4	–	–	–	–	–	–	–	–	–	**Dimethyl α-benzylsuccinate**		**C0317**
91	118	107	163	79	164	90	135	**236**	100	96	69	69	66	65	62	60	**13.90**	13	16	4	–	–	–	–	–	–	–	–	–	**Diethyl phenylmalonate**	83-13-6	**P6121**
91	127	163	165	29	201	129	77	**236**	100	77	67	44	44	29	27	26	**0.60**	10	14	2	–	2	–	–	–	–	–	–	–	**Cyclopropanecarboxylic acid, 3-(2,2-dichlorovinyl)-2,2-dimethyl-, ethyl ester**	59609-49-3	**T5124**
91	143	236	119	221	128	115	77	**236**	100	92	78	66	59	38	36	35		18	20	–	–	–	–	–	–	–	–	–	–	**4-Methyl-2,4-diphenylpent-2-ene**		**C1884**
91	191	56	190	65	42	92	192	**236**	100	57	41	39	39	35	30	30	**0.00**	12	16	3	2	–	–	–	–	–	–	–	–	**4-Benzyl-2-nitromethylmorpholine**		**B0015**
91	236	145	118	117	115	90	28	**236**	100	59	48	21	20	18	16	13		17	16	1	–	–	–	–	–	–	–	–	–	**2-Benzyl-3,4-dihydro-1(2H)-naphthalenone**		**U0128**
93	180	138	91	41	43	77	92	**236**	100	34	32	18	18	17	16	12	**8.53**	15	24	2	–	–	–	–	–	–	–	–	–	**Oxiranone, (3,7,9-trimethyl-2,6-decadienyl)-**	56817-98-2	**09976**
94	91	105	41	79	77	55	119	**236**	100	88	84	69	58	52	48	48	**22.05**	15	24	2	–	–	–	–	–	–	–	–	–	**Isovellerdiol**	37841-93-3	**S5612**
94	111	55	44	65	189	220	210	**236**	100	26	25	20	15	13	10	9	**0.00**	12	12	5	–	–	–	–	–	–	–	–	–	**7-Oxabicyclo[2.2.1]heptane-2,3-dicarboxylic acid, 1-vinyl-, dimethyl ester**	19665-38-4	**R8226**
100	120	237	235	164				**236**	100	87	33	11	10				**0.00**	13	20	2	2	–	–	–	–	–	–	–	–	**Ethanol, 2-[(2-methylpropyl)amino]-, 4-aminobenzoate**	2090-89-3	**Q7368**
101	88	44	130	75	29	89	71	**236**	100	40	37	12	11	8	7	7	**0.00**	10	20	6	–	–	–	–	–	–	–	–	–	**D-Galactose, 2,3,4,5-tetra-O-methyl-**	69502-91-6	**T7119**
101	88	45	29	71	75	73	102	**236**	100	66	62	22	18	17	12	12	**0.00**	10	20	6	–	–	–	–	–	–	–	–	–	**D-Glucose, 2,3,4,5-tetra-O-methyl-**	4261-26-1	**R0266**
101	88	75	73	85	43	102	71	**236**	100	83	32	26	16	8	7	5	**0.00**	10	20	6	–	–	–	–	–	–	–	–	–	**D-Xylopyranoside, methyl 5-C-methoxy-2,3,4-tri-O-methyl-**	69502-94-9	**T7122**
104	77	236	51	39	63	76	89	**236**	100	75	40	23	14	14	13	13		14	12	–	4	–	–	–	–	–	–	–	–	**1H-1,2,4-Triazol-1-amine, 3,5-diphenyl-**	34985-93-8	**S4773**
104	236	77	105	103	51	237	89	**236**	100	30	18	9	7	5	5	4		14	12	–	4	–	–	–	–	–	–	–	–	**1H-1,2,4-Triazol-1-amine, 3,5-diphenyl-**		**15836**
104	236	91	133	90	119	118	64	**236**	100	46	37	25	22	20	19	18		15	12	1	2	–	–	–	–	–	–	–	–	**5-o-Tolyl-3-phenyl-1,2,4-oxadiazole**		**P3002**
105	77	51	236	50	106	208	131	**236**	100	71	24	16	8	8	8	7		16	12	2	–	–	–	–	–	–	–	–	–	**2-Butene-1,4-dione, 1,4-diphenyl-**	4070-75-1	**R0058**
105	236	77	117	91	237	106	115	**236**	100	62	19	15	12	12	8	8		17	16	1	–	–	–	–	–	–	–	–	–	**4-Penten-1-one, 1,5-diphenyl-**	4746-09-2	**R0787**
108	236	207	65	91	90	63	118	**236**	100	60	54	43	31	15	14	10		15	12	1	2	–	–	–	–	–	–	–	–	**N-(2-Oxo-3-indolinylidine)-o-toluidine**		**M3784**
109	67	39	81	79	41	127	27	**236**	100	49	22	20	17	16	13	13	**7.39**	8	13	–	–	–	–	–	–	–	–	–	1	**Bicyclo[2.2.2]octane, 1-iodo-**	931-98-6	**Q4661**

MASS TO CHARGE RATIOS								M.W.	INTENSITIES								Parent	C	H	O	N	Cl	Br	F	S	P	B	Si	X	COMPOUND NAME	CAS Reg No	No
110	82	111	26	54	56	83	28	**236**	100	56	56	54	54	48	38	34	**0.10**	10	8	5	2	–	–	–	–	–	–	–	–	Maleimide, N,N′-(oxydimethylene)di-	15209-14-0	R5599
110	111	82	54	26	56	83	55	**236**	100	56	56	54	54	48	38	34	**0.01**	10	8	5	2	–	–	–	–	–	–	–	–	Maleimide, N,N′-(oxydimethylene)di-		05787
111	69	41	93	43	113	55	95	**236**	100	63	50	47	44	42	24	20	**7.57**	15	24	2	–	–	–	–	–	–	–	–	–	Davanone	20482-11-5	R8692
111	83	69	43	42	55	97	81	**236**	100	47	44	37	36	30	14	13	**8.00**	15	24	2	–	–	–	–	–	–	–	–	–	Davanone		L3398
111	93	69	43	41	55	98	125	**236**	100	47	44	37	37	30	14	12	**0.00**	15	24	2	–	–	–	–	–	–	–	–	–	Davanone		M4249
117	75	73	221	91	104	146	131	**236**	100	91	42	31	28	22	17	15	**11.00**	13	20	2	–	–	–	–	–	–	–	1	–	Butyric acid, 4-phenyl-, trimethylsilyl ester	21273-16-5	R9191
117	75	221	73	91	104	146	132	**236**	100	91	54	42	28	24	16	15	**11.99**	13	20	2	–	–	–	–	–	–	–	1	–	Butyric acid, 4-phenyl-, trimethylsilyl ester	21273-16-5	R9192
117	104	236	91	183	115	130	105	**236**	100	57	34	28	21	19	18	17		16	16	–	2	–	–	–	–	–	–	–	–	Bicyclo[8.2.2]tetradeca-5,10,12,13-tetraene-4,7-dicarbonitrile, (4R*,5E,7S*)-	50896-13-4	S7523
118	77	51	236	119	235	78	50	**236**	100	58	21	19	9	7	4	3		16	16	–	2	–	–	–	–	–	–	–	–	Aniline N,N′-(1,2-dimethyl-1,2-ethanediylidene)bis-	5393-49-7	R1375
118	77	236	119	235	51	237	78	**236**	100	46	23	9	8	5	4	3		16	16	–	2	–	–	–	–	–	–	–	–	Aniline, N,N′-(1,2-dimethyl-1,2-ethanediylidene)bis-	5393-49-7	R1376
118	105	131	91	119	77	103	117	**236**	100	27	24	18	12	10	9	7	**4.33**	18	20	–	–	–	–	–	–	–	–	–	–	2,5-Diphenyl-1-hexene		C0597
119	44	29	72	93	45	120	28	**236**	100	64	61	49	42	39	31	27	**8.50**	12	16	3	2	–	–	–	–	–	–	–	–	Propanamide, N-ethyl-2-[[(phenylamino)carbonyl]oxy]-, (R)-	16118-49-3	R6044
119	91	41	77	120	115	103	39	**236**	100	47	21	14	11	9	9	8	**0.00**	18	20	–	–	–	–	–	–	–	–	–	–	4-Methyl-2,4-diphenylpent-1-ene		C1285
119	91	41	120	77	236	79	103	**236**	100	31	12	10	8	6	6	6		18	20	–	–	–	–	–	–	–	–	–	–	4-Methyl-2,4-diphenylpent-1-ene		C0380
119	91	41	143	77	236	221	103	**236**	100	56	29	20	19	18	16	15		18	20	–	–	–	–	–	–	–	–	–	–	4-Methyl-2,4-diphenylpent-2-ene		C1286
119	91	221	41	143	236	39	77	**236**	100	53	42	30	28	25	18	16		18	20	–	–	–	–	–	–	–	–	–	–	Benzene, 1,1′-(1,4-dimethyl-1-butene-1,4-diyl)bis-	52161-54-3	H2002
119	93	120	45	72	46	91	236	**236**	100	34	25	22	19	19	18	14		12	16	3	2	–	–	–	–	–	–	–	–	Propanamide, N-ethyl-2-[[(phenylamino)carbonyl]oxy]-	16118-45-9	R6043
119	236	91	103	237	64	89	120	**236**	100	61	24	11	11	10	9	9		15	12	1	2	–	–	–	–	–	–	–	–	5-p-Tolyl-3-phenyl-1,2,4-oxadiazole		P2994
119	236	91	237	64	89	103	65	**236**	100	59	26	11	10	10	10	9		15	12	1	2	–	–	–	–	–	–	–	–	5-m-Tolyl-3-phenyl-1,2,4-oxadiazole		P2993
120	152	92	121	236	205	165	133	**236**	100	60	23	13	11	5	4	3		14	20	3	–	–	–	–	–	–	–	–	–	Benzoic acid, 2-(hexyloxy)-, methyl ester	56306-81-1	T3431
121	59	117	177	105	91	236	176	**236**	100	64	42	38	24	23	22	17		13	16	4	–	–	–	–	–	–	–	–	–	Dimethyl ethylphenylmalonate		B0191
121	91	147	59	61	117	107	31	**236**	100	68	56	16	15	13	10	9	**0.00**	9	20	5	–	–	–	–	–	–	–	1	–	Silane, trimethoxy[3-(oxiranylmethoxy)propyl]-	2530-83-8	Q8279
121	236	155	136	179	157	193	105	**236**	100	95	65	60	54	25	24	22		13	24	–	2	–	–	–	–	–	–	1	–	Hydrazine, 2-(butylmethylphenylsilyl)-1,1-dimethyl-	66436-37-1	T6645
122	79	107	41	55	67	69	109	**236**	100	99	98	96	85	81	52	41	**15.00**	11	15	2	–	–	–	3	–	–	–	–	–	Camphenilyl trifluoroacetate		M5382
123	109	124	41	81	113	65	55	**236**	100	34	23	17	16	12	12	12	**2.00**	14	20	3	–	–	–	–	–	–	–	–	–	Bakkenolide norketone		L8338
124	43	109	125	41	236	93	55	**236**	100	13	9	8	4	3	2	1		14	20	3	–	–	–	–	–	–	–	–	–	Heptanoic acid, 4-methoxyphenyl ester	56052-15-4	T2641
124	43	125	236	41	94	55	95	**236**	100	23	12	8	6	5	4	4		14	20	3	–	–	–	–	–	–	–	–	–	Heptanoic acid, 3-methoxyphenyl ester	56052-16-5	T2642
124	113	109	41	96	67	55	135	**236**	100	93	72	29	26	19	18	6	**3.00**	15	24	2	–	–	–	–	–	–	–	–	–	Dihydrobakkenolide A		L8336
124	236	43	91	57	41	125	123	**236**	100	20	16	16	13	12	9	8		15	24	–	–	–	–	–	1	–	–	–	–	Benzene, 1-methyl-4-[(1-propylpentyl)thio]-	74685-80-6	T8396
127	137	81	41	43	55	109	121	**236**	100	68	55	46	38	38	31	29	**12.00**	15	24	2	–	–	–	–	–	–	–	–	–	1,2,3,5,6,7,8,8a-Octahydro-8-methyl-2-isopropyl-4H-1,4a-(epoxymethano)naphthalen-4-one		15993
129	144	131	143	130	145	128	105	**236**	100	52	35	17	14	9	8	6	**0.00**	11	12	2	2	–	–	–	1	–	–	–	–	4-Methyl-4-phenyl-6-thia-2,3-diazabicyclo[3.2.0]hept-2-ene-6,6-dioxide		M3108
131	105	91	132	118	77	236	115	**236**	100	44	21	13	11	9	8	7		18	20	–	–	–	–	–	–	–	–	–	–	2,5-Diphenyl-2-hexene		C0594
131	105	236	77	159	103	132	237	**236**	100	66	54	28	24	18	11	10		16	12	2	–	–	–	–	–	–	–	–	–	2(5H)-Furanone, 5,5-diphenyl-		P2959
132	236	91	117	104	131	105	133	**236**	100	48	48	42	37	33	14	13		18	20	–	–	–	–	–	–	–	–	–	–	Ethyl-(2,2)-paracyclophane		L9754
133	105	77	51	122	45	92	64	**236**	100	8	5	2	2	1	1	1	**0.00**	14	20	3	–	–	–	–	–	–	–	–	–	Benzoic acid, 2-(hexyloxy)-, methyl ester	56306-81-1	T3432
133	236	77	117	103	237	132	116	**236**	100	60	21	16	15	10	10	9		15	12	1	2	–	–	–	–	–	–	–	–	3-p-Tolyl-5-phenyl-1,2,4-oxadiazole		F0095
133	236	77	132	51	103	237	105	**236**	100	62	28	18	12	10	10	9		15	12	1	2	–	–	–	–	–	–	–	–	3-p-Tolyl-5-phenyl-1,2,4-oxadiazole		P3006
134	44	90	89	135	43	57	55	**236**	100	21	11	11	10	10	7	6	**0.00**	9	9	–	–	–	–	4	1	–	1	–	–	1-Methylbenzo[b]thiophenium tetrafluoroborate		M0527
135	192	177	109	161	191	108	136	**236**	100	96	84	75	68	67	57	57	**43.00**	12	12	5	–	–	–	–	–	–	–	–	–	Benzenepentanoic acid, 4-methoxy-β,δ-dioxo-	36568-15-7	S5297
137	87	103	165	139	163	207	49	**236**	100	94	87	72	67	56	44	42	**17.00**	8	6	4	–	2	–	–	–	–	–	–	–	1,4-Benzoquinone, 2,5-dichloro-3,6-dimethoxy-		04938
137	95	41	81	43	69	55	57	**236**	100	45	37	35	20	18	16	15	**9.40**	15	24	2	–	–	–	–	–	–	–	–	–	2-(3-Formyloxymethylene)butyl-1,3,3-trimethylcyclohex-1-ene		02528
137	95	81	65	41	43	69	57	**236**	100	64	59	57	56	33	26	26	**5.30**	15	24	2	–	–	–	–	–	–	–	–	–	2-(3-Formyloxymethylene)butyl-1,3,3-trimethylcyclohex-1-ene		02527
141	79	113	140	108	41	55	96	**236**	100	55	32	32	25	20	18	17	**10.00**	10	21	2	–	–	–	–	1	1	–	–	–	Phosphonothioic acid, methyl-, S-(2-cyclopentylethyl) O-ethyl ester		M8029
141	79	140	113	108	41	55	96	**236**	100	57	36	36	28	24	20	18	**8.33**	10	21	2	–	–	–	–	1	1	–	–	–	Phosphonothioic acid, methyl-, S-(2-cyclopentylethyl) O-ethyl ester	43022-18-0	S7047
143	93	193	236	122	124	155	174	**236**	100	93	64	43	36	36	29	24		7	3	1	–	–	–	7	–	–	–	–	–	Bicyclo[2.2.0]hex-2-ene, heptafluoro-2-methoxy-		P2221
144	93	236	116	89	143	115	77	**236**	100	56	31	21	20	7	7	6		15	12	1	2	–	–	–	–	–	–	–	–	1H-Indole-3-carboxamide, N-phenyl-		L9514
144	236	89	93	116	115	143	77	**236**	100	63	47	38	17	14	13	3		15	12	1	2	–	–	–	–	–	–	–	–	1H-Indole-2-carboxamide, N-phenyl-		L9504
144	236	89	93	143	237	116	145	**236**	100	99	27	24	20	18	12	11		15	12	1	2	–	–	–	–	–	–	–	–	1H-Indole-2-carboxamide, N-phenyl-	17954-05-1	R7287
149	120	28	43	150	236	121	91	**236**	100	27	14	13	9	9	8	8		13	16	4	–	–	–	–	–	–	–	–	–	Mono-pentyl phthalate		Z1812
149	208	177	164	105	59	91	117	**236**	100	51	41	33	32	24	20	18	**1.00**	13	16	4	–	–	–	–	–	–	–	–	–	Spiro(cyclopropane-1.7′-norbornene)-2′,3′-dicarboxylic acid, dimethyl ester		L5246
150	193	236	179	207	218			**236**	100	20	11	10	6	4				10	8	5	2	–	–	–	–	–	–	–	–	4-(4-Nitro-benzamido)butyraldehyde		M0426
150	221	104	57	105	76	41	149	**236**	100	52	33	32	30	27	26	24	**17.00**	12	16	3	2	–	–	–	–	–	–	–	–	Benzamide, N-tert-butyl-N-methyl-4-nitro-	54284-31-0	S8865
150	236	86	56	205	152	238	125	**236**	100	97	96	67	45	33	30	21		12	13	1	2	1	–	–	–	–	–	–	–	4-Morpholineacetonitrile, α-(4-chlorophenyl)-	33599-26-7	S4274
151	57	221	41	152	108	95	67	**236**	100	31	15	14	12	9	7	6	**0.60**	16	28	1	–	–	–	–	–	–	–	–	–	1,2-Di-tert-butyl-3-pivaloylcyclopropene		02381

MASS TO CHARGE RATIOS								M.W.	INTENSITIES								Parent	C	H	O	N	Cl	Br	F	S	P	B	Si	X	COMPOUND NAME	CAS Reg No	No
156	130	155	236	131	77	234	157	**236**	100	57	34	27	22	13	13	12		10	8	–	2	–	–	–	–	–	–	–	1	Selenocyanic acid, 2-methylindol-3-yl ester	1130-89-8	**Q5494**
156	130	236	131	155	157	77	89	**236**	100	20	17	16	16	11	10	10		10	8	–	2	–	–	–	–	–	–	–	1	Selenocyanic acid, 1-methylindol-3-yl ester	1201-20-3	**Q5740**
157	101	129	75	158	50	51	102	**236**	100	34	22	15	12	7	7	6	**3.00**	10	5	2	–	–	1	–	–	–	–	–	–	1,2-Naphthaquinone, 3-bromo-		**L4576**
159	105	146	147	158	104	160	73	**236**	100	51	26	26	24	23	18	17	**10.08**	11	13	5	–	–	–	–	–	–	1	–	–	D-Ribose, cyclic 2,4-(phenylboronate)	74810-59-6	**T8711**
160	236	102	75	161	238	76	51	**236**	100	77	41	14	11	10	9	9		9	4	–	2	–	–	–	3	–	–	–	–	1,3-Dithiolo[4,5-b]quinoxaline-2-thione	93-75-4	**P6807**
161	221	149	205	189	236	105	135	**236**	100	92	31	30	29	24	18	18		14	20	3	–	–	–	–	–	–	–	–	–	Furan, tetrahydro-5-methoxy-2-(2-methoxy-4-methylphenyl)-2-methyl-	69494-12-8	**T7106**
163	149	77	76	181	104	105	164	**236**	100	71	34	15	14	13	11	11	**0.00**	13	16	4	–	–	–	–	–	–	–	–	–	Methyl butyl phthalate		**16727**
163	149	92	56	76	77	50	57	**236**	100	75	14	13	13	13	13	13	**5.40**	13	16	4	–	–	–	–	–	–	–	–	–	Methyl butyl phthalate	34006-76-3	**S4513**
163	149	92	77	76	56	181	164	**236**	100	75	14	13	13	13	13	13	**5.40**	13	16	4	–	–	–	–	–	–	–	–	–	Methyl butyl phthalate		**06618**
163	165	29	201	91	127	191	236	**236**	100	64	41	33	28	26	19	15		10	14	2	–	2	–	–	–	–	–	–	–	Cyclopropanecarboxylic acid, 3-(2,2-dichlorovinyl)-2,2-dimethyl-, ethyl ester		**D2128**
163	236	164	82	190	39	191	55	**236**	100	21	19	12	8	8	8	7		12	16	3	2	–	–	–	–	–	–	–	–	4H-Pyrido[1,2-a]pyrimidine-3-acetic acid, 6,7,8,9-tetrahydro-4-oxo-, ethyl ester	54504-53-9	**S9229**
164	180	114	208	93	178	121	66	**236**	100	99	92	92	61	57	46	41	**3.00**	9	12	2	–	–	–	–	–	–	–	1	1	Iron, dicarbonyl(η^5-2,4-cyclopentadien-1-yl)(dimethylsilyl)-	32731-69-4	**09129**
165	76	178	77	63	50	51	75	**236**	100	61	48	46	41	36	36	35	**16.01**	16	12	2	–	–	–	–	–	–	–	–	–	9,10-Anthracenedione, 1,2-dimethyl-	3285-98-1	**Q9185**
165	76	178	77	63	51	50	152	**236**	100	61	48	46	41	36	36	35	**0.00**	16	12	2	–	–	–	–	–	–	–	–	–	9,10-Anthracenedione, 1,2-dimethyl-		**05525**
165	193	166	167	192	194	205	195	**236**	100	25	5	5	5	3	2	1	**0.00**	8	10	–	2	2	–	–	1	–	–	–	–	5-Benzothiazolamine, 2-methyl-, dihydrochloride	32770-99-3	**S3880**
165	201	166	82	236	203	167	238	**236**	100	96	66	41	41	35	29	27		13	10	–	–	2	–	–	–	–	–	–	–	Bis(4-chlorophenyl)methane	101-76-8	**P7502**
165	236	95	109	107	124	81	163	**236**	100	90	57	57	35	35	33	33		15	24	2	–	–	–	–	–	–	–	–	–	Germacr-4-en-12-oic acid, 6α-hydroxy-, γ-lactone, (11S)-	25861-62-5	**S1183**
166	236	121	45	165	167	134	168	**236**	100	38	28	15	13	11	10	9		13	16	–	–	–	–	–	2	–	–	–	–	2-(Pentylthio)benzo[b]thiophene		**Y2171**
166	236	121	45	165	167	134	168	**236**	100	32	25	14	13	12	10	9		13	16	–	–	–	–	–	2	–	–	–	–	3-(Pentylthio)benzo[b]thiophene		**Y2172**
173	131	206	89	63	77	51	39	**236**	100	96	94	80	76	69	49	47	**16.00**	12	12	5	–	–	–	–	–	–	–	–	–	Monomethyl o-methoxybenzylidene malonate		**L5920**
177	221	203	192	236				**236**	100	94	5	5	2					14	20	3	–	–	–	–	–	–	–	–	–	3-Carboxy-2,4,4,7-tetramethyl-5,6,7,8-tetrahydro-1,4-benzopyran		**L7355**
179	69	41	58	57	236	111	137	**236**	100	74	21	18	10	8	3	2		12	12	5	–	–	–	–	–	–	–	–	–	Pyrano[3,4-b]pyran-4,8-dione, 5,6-dihydro-5-hydroxy-6-methyl-2-propenyl-		**B0048**
179	93	194	133	138	41	43	95	**236**	100	64	49	47	43	37	32	32	**29.96**	15	24	2	–	–	–	–	–	–	–	–	–	2-Oxetanone, 4-(2,6,8-trimethyl-1,5-nonadienyl)-	56817-97-1	**09975**
179	161	77	43	121	91	57	107	**236**	100	88	82	79	65	63	63	54	**0.00**	15	24	2	–	–	–	–	–	–	–	–	–	2-Methoxy-α-tert-butyl-α-isopropylbenzyl alcohol		**16516**
179	178	236	180	165	177	176	152	**236**	100	33	22	18	8	7	6	6		18	20	–	–	–	–	–	–	–	–	–	–	9-Methyl-9-butylfluorene		**03501**
179	195	178	165	193	154	221	237	**236**	100	99	97	93	91	90	78	70	**51.06**	18	20	–	–	–	–	–	–	–	–	–	–	Benz[a]anthracene, 1,2,3,4,7,8,11,12-octahydro-	16434-55-2	**R6180**
179	207	121	151	149	120	123	135	**236**	100	99	83	76	69	34	3	1	**0.00**	8	20	–	–	–	–	–	–	–	–	–	1	Tetraethyltin	597-64-8	**Q2580**
180	166	236	139	151	91	121	193	**236**	100	32	22	21	18	10	9	3		15	24	2	–	–	–	–	–	–	–	–	–	2-Methyl-2-(3,5-dimethoxyphenyl)hexane		**L7095**
189	204	122	162	150	163	236	221	**236**	100	62	41	36	34	33	21	5		13	16	4	–	–	–	–	–	–	–	–	–	4,5-Dihydro-3,3,8,9-tetramethyl-4,9a-epoxy-9aH-1,2-benzodioxepin-7(3H)-one		**M1598**
190	191	236	44	53	162	41	175	**236**	100	44	35	24	19	15	12	12		12	16	3	2	–	–	–	–	–	–	–	–	4H-Pyrido[1,2-a]pyrimidine-3-carboxylic acid, 6,7,8,9-tetrahydro-6-methyl-4-oxo-, ethyl ester	32092-14-1	**S3488**
191	234	235	189	121	236	78	200	**236**	100	98	78	77	75	75	59	57		16	12	–	–	–	–	–	1	–	–	–	–	2,4-Diphenylthiophene		**D0616**
192	77	135	218	136	191	120	51	**236**	100	58	40	28	26	18	18	18	**16.00**	11	12	2	2	–	–	–	1	–	–	–	–	5-(1-Hydroxyethyl)-4-oxo-3-phenyl-2-thioxoimidazolidine		**M0764**
192	193	121	151	149	218	206	123	**236**	100	57	42	42	31	29	15	15	**11.00**	10	12	3	4	–	–	–	–	–	–	–	–	2,4(3H,8H)-Pteridinedione, 8-(2-hydroxyethyl)-6,7-dimethyl-		**L4573**
192	193	121	151	218	149	206	123	**236**	100	57	43	42	29	27	15	15	**11.69**	10	12	3	4	–	–	–	–	–	–	–	–	2,4(3H,8H)-Pteridinedione, 8-(2-hydroxyethyl)-6,7-dimethyl-	13300-17-9	**R4415**
193	192	191	236	165	194	190	167	**236**	100	36	21	21	19	15	12	8		15	12	1	2	–	–	–	–	–	–	–	–	Carbamazepine	298-46-4	**Q0306**
193	192	236	191	194	164	190	166	**236**	100	31	22	20	15	11	9	5		15	12	1	2	–	–	–	–	–	–	–	–	Carbamazepine	298-46-4	**Q0307**
193	221	73	75	147	175	151	89	**236**	100	94	35	17	11	6	6	5	**3.00**	13	20	2	–	–	–	–	–	–	–	1	–	Butyrophenone, 2′-(trimethylsiloxy)-		**M3360**
193	221	73	222	194	75	45	121	**236**	100	94	35	19	18	17	15	12	**3.96**	13	20	2	–	–	–	–	–	–	–	1	–	Butyrophenone, 2′-(trimethylsiloxy)-	33342-90-4	**S4128**
193	221	236	122	153	207	93	107	**236**	100	90	81	33	27	27	18	16		12	12	5	–	–	–	–	–	–	–	–	–	5-Hydroxy-6,7-dimethoxy-2-methylchromone		**P1440**
193	236	165	179	163	137	151	181	**236**	100	98	76	75	65	63	63	57		15	24	2	–	–	–	–	–	–	–	–	–	Cyclodeca[b]furan-2(3H)-one, 3a,4,5,6,7,8,9,11a-octahydro-3,6,10-trimethyl-	54833-40-8	**S9711**
193	236	192	165	191	194	190	152	**236**	100	50	24	16	16	14	8	6		15	12	1	2	–	–	–	–	–	–	–	–	Carbamazepine		**17210**
193	236	221	150	107	122	63	194	**236**	100	87	22	15	13	12	10	10		12	12	5	–	–	–	–	–	–	–	–	–	2H-1-Benzopyran-2-one, 3,4,7-trimethoxy-	29076-72-0	**S2349**
193	236	221	181	165	163	91	77	**236**	100	84	39	39	39	22	14	14		13	16	4	–	–	–	–	–	–	–	–	–	3-(5-Methyltetrahydrofuran-2-on-5-yl)-1,2-dimethoxybenzene		**M6991**
194	43	164	15	236	110	120	42	**236**	100	53	17	16	14	12	12	11		9	8	4	4	–	–	–	–	–	–	–	–	1H-1,2,4-Triazole, 1-acetyl-5-methyl-3-(5-nitro-2-furanyl)-	35732-73-1	**S5064**
194	196	114	157	237				**236**	100	99	84	70	53				**0.00**	7	13	2	2	–	1	–	–	–	–	–	–	Butanamide, N-(aminocarbonyl)-2-bromo-2-ethyl-	77-65-6	**P5824**
195	41	194	53	138	70	137	79	**236**	100	97	60	45	39	37	37	27	**12.01**	12	16	3	2	–	–	–	–	–	–	–	–	4,6(1H,5H)-Pyrimidinedione, 2-methoxy-1-methyl-5,5-di-2-propenyl-	54833-17-9	**S9699**
195	138	41	53	194	80	110	58	**236**	100	93	76	50	48	43	27	26	**19.02**	12	16	3	2	–	–	–	–	–	–	–	–	Dimethylallobarbital	722-97-4	**Q3862**
195	221	236	90	210	151	105	75	**236**	100	89	63	40	27	22	20	11		6	14	–	–	–	–	–	–	–	–	–	2	Arsine, 1,2-ethenediylbis[dimethyl-, (E)-	22249-75-8	**09750**
201	165	166	203	167	202	139	105	**236**	100	80	44	34	23	21	11	9	**0.00**	13	10	–	–	2	–	–	–	–	–	–	–	4-Chlorobenzhydryl chloride	134-83-8	**P9679**
201	165	166	203	202	164	82	163	**236**	100	81	61	32	14	13	13	11	**2.80**	13	10	–	–	2	–	–	–	–	–	–	–	4-Chlorobenzhydryl chloride	134-83-8	**P9678**

MASS TO CHARGE RATIOS								M.W.	INTENSITIES								Parent	C	H	O	N	Cl	Br	F	S	P	B	Si	X	COMPOUND NAME	CAS Reg No	No
201	165	166	236	203	82	238	82.5	**236**	100	51	49	46	32	31	30	18		13	10	–	–	2	–	–	–	–	–	–	–	Bis(4-chlorophenyl)methane		Z1816
206	167	208	236	141	102	178	180	**236**	100	52	49	31	18	11	9	8		9	10	1	–	–	–	–	–	–	–	–	1	Ruthenium, carbonyl-π-allylcyclopentadienyl-		P2266
206	221	51	219	115	167	205	103	**236**	100	93	68	62	55	55	53	47	41.00	16	16	–	2	–	–	–	–	–	–	–	–	2H-Indazole, 3-isopropyl-2-phenyl-	75379-01-0	T8963
206	236	75	205	73	207	221	147	**236**	100	42	41	27	26	21	21	19		13	20	2	–	–	–	–	–	–	–	1	–	Eugenol TMS		15483
206	236	207	237	205	73	221	208	**236**	100	58	17	11	11	9	8	5		13	20	2	–	–	–	–	–	–	–	1	–	Eugenol TMS	6689-41-4	R2474
207	105	75	208	87	103	117	47	**236**	100	22	21	18	11	11	10	8	0.00	14	24	1	–	–	–	–	–	–	–	1	–	Silane, triethyl(2-phenylethoxy)-	14629-62-0	R5325
207	141	81	67	79	208	80	77	**236**	100	28	18	17	14	13	10	7	3.00	12	16	3	2	–	–	–	–	–	–	–	–	Cyclobarbital	52-31-3	P4587
207	165	236	129	115	221	191	178	**236**	100	95	92	89	87	79	77	67		17	16	1	–	–	–	–	–	–	–	–	–	Cyclopropanecarboxaldehyde, 1-methyl-2,2-diphenyl-	56701-21-4	T4110
207	179	121	151	149	122	120	147	**236**	100	77	53	46	26	6	4	3	2.00	8	20	–	–	–	–	–	–	–	–	–	1	Tetraethyltin		05513
207	179	205	149	177	28	147	175	**236**	100	97	75	74	72	67	51	45	4.60	8	20	–	–	–	–	–	–	–	–	–	1	Tetraethyltin		02411
207	193	221	67	236	103	42	208	**236**	100	24	24	22	19	16	16	14		13	24	–	4	–	–	–	–	–	–	–	–	2,4-Bis(diethylamino)-6-methylpyrimidine		D2817
208	207	91	236	180	104	90	206	**236**	100	90	56	50	38	33	27	23		14	12	–	4	–	–	–	–	–	–	–	–	3-(2-Methoxyphenyl)-3,4-dihydro-4-imino-1,2,3-benzotriazine		M2530
208	210	129	182	180	50	101	75	**236**	100	99	62	32	29	29	26	24	6.00	10	5	2	–	–	1	–	–	–	–	–	–	1,2-Naphthaquinone, 6-bromo-		L4579
208	235	207	236	77	209	180	76	**236**	100	93	92	66	51	40	39	35		15	12	1	2	–	–	–	–	–	–	–	–	1,3-Dihydro-5-phenyl-2H-1,4-benzodiazepin-2-one		15977
208	236	91	65	207	63	90	118	**236**	100	47	40	39	18	12	9	8		15	12	1	2	–	–	–	–	–	–	–	–	N-(2-Oxo-3-indolinylidine)-m-toluidine		M3783
208	236	117	207	105	37	235	193	**236**	100	85	48	47	24	22	19	19		13	13	–	4	–	–	–	–	–	1	–	–	2,5-Diphenyl-1-methylcyclotetrazenoborane		05760
208	236	165	69	63	209	53	51	**236**	100	81	39	18	14	11	11	11		11	8	6	–	–	–	–	–	–	–	–	–	1,4-Naphthoquinone, 2,3,5-trihydroxy-7-methoxy-		M6566
208	236	207	65	92	39	89	63	**236**	100	58	53	50	48	25	16	16		15	12	1	2	–	–	–	–	–	–	–	–	4H-Pyrido[1,2-a]pyrimidin-4-one, 6-methyl-3-phenyl-	53052-47-4	S8288
217	117	186	31	69	236	93	98	**236**	100	69	58	50	49	47	30	26		7	–	–	–	–	–	8	–	–	–	–	–	Benzene, pentafluoro(trifluoromethyl)-	434-64-0	Q0726
217	236	186	117	167	94	30	218	**236**	100	97	54	30	14	13	11	9		7	–	–	–	–	–	8	–	–	–	–	–	Benzene, pentafluoro(trifluoromethyl)-	434-64-0	Q0725
218	43	175	44	122	176	150	82	**236**	100	47	41	33	31	30	26	25	9.09	13	20	2	2	–	–	–	–	–	–	–	–	Pyridine, 1-acetyl-5-(1-formyl-2-piperidinyl)-1,2,3,4-tetrahydro-	54966-16-4	S9939
219	107	151	43	177	236	149	93	**236**	100	96	82	82	64	50	48	42		12	16	3	2	–	–	–	–	–	–	–	–	4-Butyl-3-nitroacetanilide		D2489
219	220	235	236	102	143	178	163	**236**	100	53	43	34	16	13	9	9		15	12	1	2	–	–	–	–	–	–	–	–	2-Phenyl-4-methylbenz[f]1,3,5-oxadiazepine		L1885
221	43	203	236					**236**	100	13	3	2						14	20	3	–	–	–	–	–	–	–	–	–	3-Carboxy-2,4,4,7-tetramethyl-5,6,7,8-tetrahydro-1,4-benzopyran		L5961
221	57	165	222	43	236	41	206	**236**	100	26	23	15	14	13	10	6		16	28	1	–	–	–	–	–	–	–	–	–	2,3,5-Tris(tert-butyl)furan		D2792
221	73	222	223	103	205	189	74	**236**	100	36	26	15	7	7	5	4	0.11	8	24	2	–	–	–	–	–	–	–	3	–	Trisiloxane, octamethyl-	107-51-7	P8010
221	73	222	223	133	205	103	74	**236**	100	96	23	13	11	10	9	8	0.00	8	24	2	–	–	–	–	–	–	–	3	–	Trisiloxane, octamethyl-	107-51-7	P8009
221	81	157	80	155	222	79	156	**236**	100	77	63	36	24	19	18	12	10.01	12	16	3	2	–	–	–	–	–	–	–	–	Hexobarbital	56-29-1	P4698
221	91	143	222	103	128	236	105	**236**	100	38	27	19	14	14	13	12		18	20	–	–	–	–	–	–	–	–	–	–	1,1,3-Trimethyl-3-phenylindan	3910-35-8	H1435
221	143	91	222	236	103	128	105	**236**	100	31	27	19	18	11	10	9		18	20	–	–	–	–	–	–	–	–	–	–	1,1,3-Trimethyl-3-phenylindan		C0385
221	143	91	222	236	128	105	103	**236**	100	37	34	23	19	14	13	12		18	20	–	–	–	–	–	–	–	–	–	–	1,1,3-Trimethyl-3-phenylindan		C1415
221	143	91	236	105	165	128	178	**236**	100	93	81	55	39	27	26	20		18	20	–	–	–	–	–	–	–	–	–	–	3,3-Dimethyl-1,1-diphenyl-1-butene	23586-64-3	S0269
221	157	81	155	79	80	77	91	**236**	100	63	62	46	45	33	27	22	5.26	12	16	3	2	–	–	–	–	–	–	–	–	Hexobarbital	56-29-1	P4700
221	165	135	191	151	120	150	43	**236**	100	40	27	18	10	8	6	5	0.10	7	16	1	–	–	–	–	–	–	–	–	1	Tin, (2-acetylethyl)trimethyl-		M3234
221	236	57	41	91	29	222	39	**236**	100	54	50	46	23	23	19	19		15	24	2	–	–	–	–	–	–	–	–	–	4-Methoxy-2,6-di-tert-butylphenol		G0190
221	236	57	41	222	91	29	237	**236**	100	74	34	29	16	15	14	12		15	24	2	–	–	–	–	–	–	–	–	–	4-Methoxy-2,6-di-tert-butylphenol		C0631
221	236	57	222	41	161	103	237	**236**	100	34	18	16	11	8	6	5		15	24	2	–	–	–	–	–	–	–	–	–	3,5-Di-tert-butyl-4-hydroxybenzyl alcohol		C0792
221	236	57	222	41	219	205	237	**236**	100	44	15	14	8	7	7	6		15	24	2	–	–	–	–	–	–	–	–	–	3,5-Di-tert-butyl-4-hydroxybenzyl alcohol		G0354
221	236	77	118	159	235	222	237	**236**	100	86	54	35	22	17	17	16		16	16	–	2	–	–	–	–	–	–	–	–	Acetophenone azine		W0175
221	236	145	235	132	206	222	77	**236**	100	67	40	33	24	19	19	16		16	16	–	2	–	–	–	–	–	–	–	–	1-Phenyl-2-isopropylindazole		P1330
221	236	178	193	194	165	179	152	**236**	100	88	52	43	38	25	22	21		17	16	1	–	–	–	–	–	–	–	–	–	7H-Cyclohepta[b]naphthalen-7-one, 8,9-dihydro-9,9-dimethyl-	69576-83-6	T7143
221	236	195	105	125	140	151	90	**236**	100	96	76	52	21	19	16	13		6	14	–	–	–	–	–	–	–	–	–	2	Arsine, 1,2-ethenediylbis[dimethyl-, (Z)-	13787-53-6	09749
221	236	222	41	89	29	57	103	**236**	100	22	16	11	9	8	7	6		15	24	2	–	–	–	–	–	–	–	–	–	2-Methoxy-4,6-di-tert-butylphenol		C0664
230	189	142	143	159	219	231	191	**236**	100	35	22	22	20	12	12	8	0.00	9	8	4	4	–	–	–	–	–	–	–	–	Acrolein, (2,4-dinitrophenyl)hydrazone	888-54-0	Q4496
236	28	42	168	127	81	207	40	**236**	100	75	16	15	11	11	10	9		5	5	1	2	–	–	–	–	–	–	–	1	4-Pyrimidinol, 5-iodo-6-methyl-	7752-74-1	R3460
236	47	29	31	15	28	165	32	**236**	100	92	90	79	57	55	47	47		6	6	6	–	–	–	–	–	2	–	–	–	scyllo-Inositol, cyclic 1,3,5:2,4,6-bis(phosphite)	4922-15-0	R0941
236	77	103	91	51	237	105	64	**236**	100	59	51	48	18	17	15	10		15	12	1	2	–	–	–	–	–	–	–	–	3H-Pyrazol-3-one, 2,4-dihydro-2,5-diphenyl-	4845-49-2	R0869
236	77	103	91	105	237	51	194	**236**	100	63	53	44	24	23	13	13		15	12	1	2	–	–	–	–	–	–	–	–	3H-Pyrazol-3-one, 2,4-dihydro-2,5-diphenyl-	4845-49-2	09455
236	77	105	160	159	51	91	115	**236**	100	81	76	41	34	31	29	22		17	16	1	–	–	–	–	–	–	–	–	–	Naphthalene, 2-benzoyl-5,6,7,8-tetrahydro-	2657-20-7	Q8498
236	77	210	235	237	78	159	192	**236**	100	93	48	42	17	16	13	13		15	12	1	2	–	–	–	–	–	–	–	–	4-Methoxy-N-phenylbenzimidoyl cyanide		15076
236	77	235	221	105	51	207	218	**236**	100	77	76	45	41	32	30	25		17	16	1	–	–	–	–	–	–	–	–	–	Naphthalene, 1-benzoyl-5,6,7,8-tetrahydro-	35310-83-9	S4913
236	89	91	237	145	90	117	235	**236**	100	99	58	16	14	8	8	6		15	12	1	2	–	–	–	–	–	–	–	–	2-Benzyl-3(2H)-cinnolinone		Y2497
236	91	235	118	77	237	131	64	**236**	100	44	29	19	19	18	16	9		16	16	–	2	–	–	–	–	–	–	–	–	1-Phenyl-3-(p-tolyl)-pyrazoline		00055
236	93	151	77	94	41	43	203	**236**	100	70	36	26	26	24	24	24		13	20	–	2	–	–	–	1	–	–	–	–	Thiourea, N-hexyl-N'-phenyl-	15153-13-6	R5584
236	104	77	237	103	105	235	132	**236**	100	76	21	17	10	7	4	3		14	12	–	4	–	–	–	–	–	–	–	–	1,2-Dihydro-3,6-diphenyl-s-tetrazine		15832
236	104	77	237	133	51	91	105	**236**	100	93	59	17	15	14	13	10		14	12	–	4	–	–	–	–	–	–	–	–	4-Amino-3,5-diphenyl-1,2,4-triazole		D1029

MASS TO CHARGE RATIOS								M.W.	INTENSITIES								Parent	C	H	O	N	Cl	Br	F	S	P	B	Si	X	COMPOUND NAME	CAS Reg No	No
236	117	59	45	203	103	171	238	**236**	100	71	65	54	35	18	15	13		8	12	–	–	–	–	–	4	–	–	–	–	2,4,6,8-Tetrathiatricyclo[3.3.1.1$^{(3,7)}$]decane, 1,10-dimethyl-	57289-11-9	T4444
236	117	59	203	171	103	238	85	**236**	100	63	60	20	17	16	15	14		8	12	–	–	–	–	–	4	–	–	–	–	2,4,6,8-Tetrathiatricyclo[3.3.1.1$^{(3,7)}$]decane, 1,10-dimethyl-	57289-11-9	T4443
236	117	103	45	85	238	149	237	**236**	100	31	25	21	21	18	17	11		8	12	–	–	–	–	–	4	–	–	–	–	2,4,6,8-Tetrathiaadamantane, 9,9-dimethyl-	17749-63-2	R7171
236	117	106	118	91	119	105	130	**236**	100	93	80	77	64	41	35	30		18	20	–	–	–	–	–	–	–	–	–	–	3.3-Paracyclophane	2913-24-8	Q8815
236	119	237	118	91	90	120	92	**236**	100	85	20	10	10	9	8	7		15	12	1	2	–	–	–	–	–	–	–	–	3,4-Dihydro-4-oxo-2-m-tolylquinazoline		M0491
236	121	115	56	178	39	171	95	**236**	100	45	25	16	4	4	3	3		14	12	–	–	–	–	–	–	–	–	–	1	Cyclopentadienyl indenyl iron		02824
236	121	235	150	45	192	77	122	**236**	100	27	24	23	17	13	12	12		10	8	3	2	–	–	–	1	–	–	–	–	Barbituric acid, 5-(5-methyl-2-thenylidene)-	7293-32-5	R3033
236	130	73	131	117	45	99	238	**236**	100	98	71	51	42	29	27	18		8	12	–	–	–	–	–	4	–	–	–	–	2,4,6,8-Tetrathiatricyclo[3.3.1.1$^{(3,7)}$]decane, 9,10-dimethyl-, (+-)-	17879-05-9	R7235
236	133	132	104	77	105	207	51	**236**	100	93	65	36	26	25	21	16		15	12	1	2	–	–	–	–	–	–	–	–	1-Benzylideneamino-2-indolinone		Y2498
236	143	221	91	105	131	128	77	**236**	100	95	87	83	46	28	27	26		18	20	–	–	–	–	–	–	–	–	–	–	4-Methyl-2,4-diphenylpent-2-ene		C2203
236	144	93	119	235	237	203	43	**236**	100	24	20	18	17	16	15	15		13	20	–	2	–	–	–	1	–	–	–	–	Thiourea, N′-phenyl-N,N-dipropyl-	15093-46-6	R5563
236	165	178	208	193	237	179	221	**236**	100	43	22	22	18	17	15	14		16	12	2	–	–	–	–	–	–	–	–	–	9,10-Anthracenedione, 2,3-dimethyl-	6531-35-7	R2349
236	165	193	76	50	63	75	221	**236**	100	75	75	44	39	31	30	30		16	12	2	–	–	–	–	–	–	–	–	–	9,10-Anthracenedione, 1-ethyl-	24624-29-1	S0724
236	171	221	39	77	156	27	208	**236**	100	59	30	24	22	22	15	15		14	12	–	4	–	–	–	–	–	–	–	–	Ethenetricarbonitrile, (2,4,6-trimethylanilino)-	23957-72-4	09033
236	176	205	89	161	63	190	77	**236**	100	50	39	32	31	27	23	21		12	12	5	–	–	–	–	–	–	–	–	–	Monomethyl p-methoxybenzylidene malonate		L5924
236	179	165	193	178	195	194	152	**236**	100	14	13	11	9	6	6	6		17	16	1	–	–	–	–	–	–	–	–	–	1-Oxo-2,3,6,7,8,9-hexahydro-1H-cyclohepta[gh]phenalene		M7554
236	180	153	179	63	152	118	126	**236**	100	40	38	34	22	22	20	20		14	8	2	2	–	–	–	–	–	–	–	–	6H-Indolo[3,2,1-de][1,5]naphthyridin-6-one, 5-hydroxy-	64118-73-6	T6394
236	189	69	63	89	141	142	116	**236**	100	49	33	33	33	32	30	29		9	8	4	4	–	–	–	–	–	–	–	–	Acrolein, (2,4-dinitrophenyl)hydrazone		C0902
236	193	180	167	115	91	237	165	**236**	100	98	30	27	23	20	20	19		18	20	–	–	–	–	–	–	–	–	–	–	1,1-Diphenylcyclohexane	21113-55-3	R9108
236	193	234	165	151	85	43	191	**236**	100	51	48	40	37	35	31	27		8	12	1	–	–	–	–	1	–	–	–	1	Furan, 2-(methylthio)-5-(propylselenyl)-	31053-61-9	S3148
236	193	234	165	151	85	43	191	**236**	100	53	50	41	39	35	32	29		8	12	1	–	–	–	–	1	–	–	–	1	Furan, 2-(methylthio)-5-(propylselenyl)-		L8537
236	196	179	178	165	154	193	221	**236**	100	64	64	62	60	59	58	52		18	20	–	–	–	–	–	–	–	–	–	–	Octahydrobenz[a]anthracene		L4416
236	203	59	238	171	103	117	131	**236**	100	54	42	17	17	16	16	15		8	12	–	–	–	–	–	4	–	–	–	–	2,4,6,8-Tetrathiatricyclo[3.3.1.1$^{(3,7)}$]decane, 1,5-dimethyl-	17749-57-4	R7168
236	207	203	192	237	208	43	193	**236**	100	74	27	27	24	16	14	11		13	16	4	–	–	–	–	–	–	–	–	–	3,4,5,7-Tetramethyl-6,8-dihydroxy-3,4-dihydroisocoumarin		05269
236	207	203	192	237	208	43	193	**236**	100	80	27	27	24	16	14	11		13	16	4	–	–	–	–	–	–	–	–	–	6,8-Dihydroxy-3,4,5,7-tetramethylisochroman-1-one		02934
236	221	192	222	64	237	63	77	**236**	100	98	23	19	19	18	14	13		15	12	1	2	–	–	–	–	–	–	–	–	Benzonitrile, 4-[[(4-methoxyphenyl)imino]methyl]-	20256-89-7	R8594
236	221	193	165	235	237	178	208	**236**	100	31	31	27	21	17	12	11		16	12	2	–	–	–	–	–	–	–	–	–	9,10-Anthracenedione, 2-ethyl-	84-51-5	P6187
236	221	194	179	152	165	207		**236**	100	68	64	52	36	29	18			17	16	1	–	–	–	–	–	–	–	–	–	7H-Cyclohepta[a]naphthalen-7-one, 8,9-dihydro-9,9-dimethyl-	58111-77-6	T4959
236	221	194	193	178	165	152	179	**236**	100	81	76	50	46	33	25	23		17	16	1	–	–	–	–	–	–	–	–	–	11H-Cyclohepta[a]naphthalen-11-one, 9,10-dihydro-9,9-dimethyl-	58111-76-5	T4958
236	235	28	237	65	78	118	51	**236**	100	90	17	13	11	8	8	7		12	8	–	6	–	–	–	–	–	–	–	–	Bi-s-triazolo[4,3-a]pyrid-3-yl		C0938
236	235	105	91	237	118	117	104	**236**	100	27	25	22	18	17	13	12		16	16	–	2	–	–	–	–	–	–	–	–	1-(p-Tolyl)-3-phenyl-2-pyrazoline		00053
236	235	121	237	203	159	171	77	**236**	100	65	44	24	22	21	16	16		11	8	–	–	–	–	–	3	–	–	–	–	[1,2]Dithiolo[1,5-b][1,2]dithiole-7-S$^{(IV)}$, 2-phenyl-	20718-56-3	R8888
236	235	131	207	237	178	179	208	**236**	100	39	21	19	16	14	11	7		15	12	1	2	–	–	–	–	–	–	–	–	4-Benzyl-3-cinnolinol		Y2496
236	235	177	82	136	163	134	191	**236**	100	60	40	35	21	18	17	17		12	16	3	2	–	–	–	–	–	–	–	–	4H-Pyrido[1,2-a]pyrimidine-3-carboxylic acid, 1,6,7,8-tetrahydro-1-methyl-4-oxo-, ethyl ester	35615-74-8	S5027
236	235	180	178	152	234	150	151	**236**	100	67	47	44	43	39	36	34		16	12	2	–	–	–	–	–	–	–	–	–	5,8-Dioxo-peri-tetramethyleneacenaphthene		D0060
236	235	202	221	237	203	189	165	**236**	100	44	20	19	19	14	12	7		16	12	–	–	–	–	–	1	–	–	–	–	2,5-Diphenylthiophene		L6769
236	235	203	237	238	171	69	105	**236**	100	77	33	27	15	10	9	6		11	8	–	–	–	–	–	3	–	–	–	–	[1,2]Dithiolo[1,5-b][1,2]dithiole-7-S$^{(IV)}$, 3-phenyl-	20718-59-6	R8889
236	235	207	158	89				**236**	100	54	29	27	18					15	12	1	2	–	–	–	–	–	–	–	–	(1-Methyl-indol-2-yl) 4-pyridyl ketone		L8430
236	237	115	92	104	63	116	77	**236**	100	48	24	8	7	7	6	6		16	12	2	–	–	–	–	–	–	–	–	–	3-Methylflavone		B0138
236	237	121	39	51	63	45	202	**236**	100	20	17	13	13	10	9	9		16	12	–	–	–	–	–	1	–	–	–	–	2,5-Diphenylthiophene	1445-78-9	Q5986
236	237	121	39	51	234	191	77	**236**	100	20	14	13	13	13	12	11		16	12	–	–	–	–	–	1	–	–	–	–	2,4-Diphenylthiophene	3328-86-7	Q9226
236	237	121	51	39	63	234	202	**236**	100	20	17	13	13	10	9	9		16	12	–	–	–	–	–	1	–	–	–	–	2,5-Diphenylthiophene		02172
236	237	121	234	51	39	191	89	**236**	100	20	14	13	13	13	12	11		16	12	–	–	–	–	–	1	–	–	–	–	2,4-Diphenylthiophene		02171
236	238	166	221	223	240	201	208	**236**	100	94	38	32	31	31	24	23		9	7	1	–	3	–	–	–	–	–	–	–	Benzofuran, 4,5,7-trichloro-2,3-dihydro-2-methyl-		Z1817
236	238	237	118	153	209	179	76	**236**	100	34	17	15	10	10	8	8		14	8	2	2	–	–	–	–	–	–	–	–	6-Amino-6-oxo-6H-anthra[1,9-cd]isoxazole		D1193
237	100	101	99	235	120	238	91	**236**	100	80	34	31	18	15	15	12	**5.35**	13	20	2	2	–	–	–	–	–	–	–	–	Benzoic acid, 4-amino-, 2-(diethylamino)ethyl ester	59-46-1	P4991
237	238	157	207	235	239	121	210	**236**	100	15	9	5	4	2	1	1	**0.00**	12	16	3	2	–	–	–	–	–	–	–	–	Cyclobarbital	52-31-3	P4589
237	239	157	159	238	240	113	175	**236**	100	98	19	10	9	9	7	4	**0.00**	7	13	2	2	–	1	–	–	–	–	–	–	Butanamide, N-(aminocarbonyl)-2-bromo-2-ethyl-	77-65-6	P5823
238	122	19	115	239	57	234	116	**236**	100	48	28	27	25	18	9	6	**5.00**	14	12	–	–	–	–	–	–	–	–	–	1	Cyclopentadienyl indenyl iron		L5730
30	139	180	123	41	122	42	43	**237**	100	59	25	20	15	13	11	11	**7.98**	14	23	2	1	–	–	–	–	–	–	–	–	2(1H)-Pyridinone, 1-hydroxy-4-methyl-6-(2,4,4-trimethylpentyl)-	50650-76-5	S7417
41	43	57	29	97	55	27	110	**237**	100	99	68	65	55	54	35	33	**0.80**	16	31	–	1	–	–	–	–	–	–	–	–	Hexadecanenitrile	629-79-8	H1022
43	57	41	97	110	55	96	29	**237**	100	90	80	73	56	55	48	43	**1.00**	16	31	–	1	–	–	–	–	–	–	–	–	Hexadecanenitrile		14664

MASS TO CHARGE RATIOS								M.W.	INTENSITIES								Parent	C	H	O	N	Cl	Br	F	S	P	B	Si	X	COMPOUND NAME	CAS Reg No	No
43	67	15	127	238	72	39	18	**237**	100	53	51	50	43	41	33	31	**0.00**	8	16	5	1	–	–	–	–	1	–	–	–	**Phosphoric acid, 3-(dimethylamino)-1-methyl-3-oxo-1-propenyl dimethyl ester, (E)-**	141-66-2	**P9821**
55	69	237	196	190	183	144	130	**237**	100	38	35	28	19	17	14	13		10	11	4	3	–	–	–	–	–	–	–	–	**N-But-2-enyl-2,4-dinitroaniline**		**05296**
56	100	138	110	41	57	70	81	**237**	100	52	28	19	19	17	12	12	**6.00**	13	19	3	1	–	–	–	–	–	–	–	–	**2-(2-Ethoxyphenoxymethyl)morpholine**		**B0018**
57	150	151	55	56	92	70	58	**237**	100	34	21	11	10	7	7	4	**1.09**	12	15	4	1	–	–	–	–	–	–	–	–	**Neopentyl p-nitrobenzoate**		**04786**
58	73	59	88	45	75	43	56	**237**	100	7	6	3	3	3	2	2	**0.10**	13	23	1	1	–	–	–	–	–	–	1	–	**Benzeneethanamine, N,α-dimethyl-β-[(trimethylsilyl)oxy]-**	54833-35-1	**S9709**
58	237	59	177	105	42	44	84	**237**	100	11	4	4	4	3	3	2		12	19	2	3	–	–	–	–	–	–	–	–	**1,3-Propanediamine, N,N,2-trimethyl-N′-(4-nitrophenyl)-**	55667-52-2	**T1782**
69	131	44	100	150	31	81	50	**237**	100	78	72	50	36	27	18	8	**0.00**	4	1	2	–	–	–	7	–	–	–	–	1	**Butanoic acid, heptafluoro-, sodium salt**	2218-54-4	**Q7651**
74	43	91	88	163	121	108	100	**237**	100	85	85	80	80	64	50	48	**2.00**	13	19	3	1	–	–	–	–	–	–	–	–	**1-(Isopropylamino)-3-(m-tolyloxy)propan-2-ol N-oxide**		**P1490**
80	106	137	111	124	94	55	219	**237**	100	87	57	48	32	28	19	6	**2.00**	13	19	3	1	–	–	–	–	–	–	–	–	**2-Butenoic acid, 2-methyl-, 2,3,5,7a-tetrahydro-7-(hydroxymethyl)-1H-pyrrolizin-1-yl ester, [1S-[1α(Z),7α]]-**		**M2119**
80	106	137	111	136	124	94	55	**237**	100	85	55	46	35	32	30	20	**3.00**	13	19	3	1	–	–	–	–	–	–	–	–	**2-Butenoic acid, 2-methyl-, 2,3,5,7a-tetrahydro-7-(hydroxymethyl)-1H-pyrrolizin-1-yl ester, [1S-[1α(Z),7aα]]-**	723-78-4	**Q3864**
82	237	91	55	155	54	65	80	**237**	100	84	82	65	47	32	21	19		12	15	2	1	–	–	–	1	–	–	–	–	**Pyridine, 1,2,3,6-tetrahydro-1-[(4-methylphenyl)sulphonyl]-**	57186-75-1	**T4369**
83	193	177	178	129	128	195	44	**237**	100	82	50	46	39	32	28	23	**18.00**	11	12	1	3	1	–	–	–	–	–	–	–	**Hydrazinecarboxamide, 2-[3-(4-chlorophenyl)-1-methyl-2-propenylidene]-**	17026-15-2	**R6586**
84	71	154	167	237				**237**	100	90	60	54	4					11	15	3	3	–	–	–	–	–	–	–	–	**N-acetyl-1-(methylenetetrahydro-2′-furyl)cytosine**		**L6729**
89	104	211	209	63	130	168	103	**237**	100	46	39	39	32	27	22	21	**15.31**	10	8	1	1	–	1	–	–	–	–	–	–	**2-Methyl-5-bromo-4-phenyloxazole**	20662-93-5	**R8840**
91	104	105	237	180	102	69	129	**237**	100	78	65	33	10	9	7	4		15	11	2	1	–	–	–	–	–	–	–	–	**2,5-Diphenyl-4-isoxazolin-3-one**		**L9544**
91	237	194	238	92	195	119		**237**	100	65	18	10	7	3	2			14	11	1	3	–	–	–	–	–	–	–	–	**3H-1,2,4-Triazol-3-one, 1,2-dihydro-2,5-diphenyl-**	3346-44-9	**Q9245**
93	94	88	144	65	86	149	102	**237**	100	89	82	81	31	20	17	16	**11.00**	9	20	2	1	–	–	–	1	1	–	–	–	**N-(Dimethylthiophosphinyl)leucine methyl ester**		**16275**
97	57	43	110	41	96	124	55	**237**	100	97	93	80	73	65	57	55	**2.00**	16	31	–	1	–	–	–	–	–	–	–	–	**Hexadecanenitrile**	629-79-8	**Q3375**
104	237	77	91	78	115	117	220	**237**	100	62	42	38	37	35	17	15		16	15	1	1	–	–	–	–	–	–	–	–	**Isoxazole, 4,5-dihydro-3-(4-methylphenyl)-5-phenyl-**		**P0276**
104	237	91	77	236	133	105	207	**237**	100	85	27	23	23	22	20	19		16	15	1	1	–	–	–	–	–	–	–	–	**Isoxazole, 4,5-dihydro-3-(4-methylphenyl)-5-phenyl-**	19505-66-9	**R8180**
105	104	77	237	89	41	131	42	**237**	100	35	30	30	24	19	18	17		12	19	2	1	–	–	–	–	–	–	1	–	**2,2-Dimethyl-6-phenyl-1,3-dioxa-6-aza-2-silacyclooctane**		**17277**
105	144	131	237	236	130	91	143	**237**	100	63	47	39	26	22	22	18		16	20	–	1	–	–	–	–	–	1	–	–	**2-(2′-Phenylethyl)-1,2-boraztetralin**		**L7482**
106	107	77	51	39	65	78	79	**237**	100	79	27	20	15	12	11	10	**1.95**	16	20	–	1	–	–	–	–	–	1	–	–	**Boranamine, N-methyl-1-isopropyl-N,1-diphenyl-**	39967-39-0	**S6189**
110	70	76	112	145	208	123	210	**237**	100	96	78	61	55	48	40	34	**10.00**	7	9	2	3	2	–	–	–	–	–	–	–	**5,5-Dichloro-1,3-dimethylbarbituric acid**		**L8356**
117	163	137	237	118	159	145	146	**237**	100	59	51	36	32	27	25	24		12	15	2	1	–	–	–	1	–	–	–	–	**5,5-Dimethyl-2-phenyl-4-thiazolidinecarboxylic acid**		**P2721**
118	117	77	91	180	181	119	78	**237**	100	48	41	18	18	15	13	11	**5.00**	16	15	1	1	–	–	–	–	–	–	–	–	**2-Azetidinone, 3-methyl-1,4-diphenyl-**	7468-12-4	**R3225**
118	117	77	180	91	181	119	78	**237**	100	49	42	18	18	15	13	11	**5.00**	16	15	1	1	–	–	–	–	–	–	–	–	**cis-N-Phenyl-3-methyl-4-phenyl-2-azetidinone**		**L5188**
118	218	120	119	237	91	77	217	**237**	100	90	60	60	50	40	40	35		16	15	1	1	–	–	–	–	–	–	–	–	**3-(2-Hydroxymethylbenzyl)indole**		**L5454**
118	237	218	119	120	91	117	217	**237**	100	60	52	44	30	25	18	15		16	15	1	1	–	–	–	–	–	–	–	–	**Spiroindoline**		**L5455**
119	91	65	237	191	46	117	64	**237**	100	52	23	11	9	7	6	6		9	7	1	3	–	–	–	2	–	–	–	–	**Benzamide, N-5H-1,3,2,4-dithia(3-S^{IV})diazol-5-ylidene-4-methyl-**	57726-52-0	**T4798**
119	134	117	103	77	102	104	237	**237**	100	62	34	24	20	17	17	16		16	15	1	1	–	–	–	–	–	–	–	–	**Oxazole, 2,5-dihydro-5-(4-methylphenyl)-4-phenyl-**	36879-73-9	**S5420**
120	77	92	65	51	237	239	121	**237**	100	50	27	21	12	12	12	8		8	6	1	1	3	–	–	–	–	–	–	–	**Acetamide, 2,2,2-trichloro-N-phenyl-**	2563-97-5	**Q8322**
120	77	237	239	92	65	132	121	**237**	100	32	18	17	14	11	10	7		8	6	1	1	3	–	–	–	–	–	–	–	**Acetamide, 2,2,2-trichloro-N-phenyl-**		**05683**
120	237	92	239	65	121	51	241	**237**	100	17	16	16	11	9	7	6		8	6	1	1	3	–	–	–	–	–	–	–	**Acetamide, 2,2,2-trichloro-N-phenyl-**	2563-97-5	**Q8323**
123	91	121	122	138	90	237	89	**237**	100	83	80	51	40	40	35	35		11	11	3	1	–	–	–	1	–	–	–	–	**2-Phenyl-3-oxoperhydro-2H-1,4-thiazine-5-carboxylic acid**		**M0602**
125	90	63	127	99	39	15	75	**237**	100	55	34	31	31	29	27	17	**10.01**	10	8	2	3	1	–	–	–	–	–	–	–	**4,5-Isoxazoledione, 3-methyl-, 4-[(2-chlorophenyl)hydrazone]**	5707-69-7	**R1696**
125	90	127	99	63	237	41	39	**237**	100	45	44	28	24	17	17	17		10	8	2	3	1	–	–	–	–	–	–	–	**3-Methyl-4-(2-chlorophenylazo)-5-hydroxyisoxazole**		**D1945**
125	127	90	237	111	99	44	63	**237**	100	43	37	37	23	20	18	18		10	8	2	3	1	–	–	–	–	–	–	–	**4,5-Isoxazoledione, 3-methyl-, 4-[(3-chlorophenyl)hydrazone]**	5707-73-3	**R1697**
127	67	44	43	72	42	109	45	**237**	100	76	63	53	45	32	23	20	**4.40**	8	16	5	1	–	–	–	–	1	–	–	–	**Phosphoric acid, 3-(dimethylamino)-1-methyl-3-oxo-1-propenyl dimethyl ester, (E)-**	141-66-2	**P9820**
127	67	72	193	237	44	109	111	**237**	100	33	15	14	12	12	12	9		8	16	5	1	–	–	–	–	1	–	–	–	**Phosphoric acid, 3-(dimethylamino)-1-methyl-3-oxo-1-propenyl dimethyl ester, (Z)-**	18250-63-0	**R7455**
131	119	92	90	89	77	65	237	**237**	100	82	75	61	37	23	21	19		16	15	1	1	–	–	–	–	–	–	–	–	**Oxazole, 2,5-dihydro-4-(4-methylphenyl)-5-phenyl-**	52939-89-6	**S8190**
131	237	103	106	77	132	104	91	**237**	100	90	53	50	40	30	23	20		16	15	1	1	–	–	–	–	–	–	–	–	**3-Phenyl-N-benzylpropenamide**		**W0196**
137	180	147	151	57	162	43	65	**237**	100	69	42	40	36	32	25	24	**6.50**	12	15	4	1	–	–	–	–	–	–	–	–	**3,7-Benzofurandiol, 2,3-dihydro-2,2-dimethyl-, 7-(methylcarbamate)**	16655-82-6	**R6343**
137	180	147	151	162	15	58	43	**237**	100	54	31	27	23	22	19	19	**3.80**	12	15	4	1	–	–	–	–	–	–	–	–	**3,7-Benzofurandiol, 2,3-dihydro-2,2-dimethyl-, 7-(methylcarbamate)**	16655-82-6	**R6342**
137	180	147	151	162	58	134	65	**237**	100	44	28	26	22	18	17	16	**4.20**	12	15	4	1	–	–	–	–	–	–	–	–	**3,7-Benzofurandiol, 2,3-dihydro-2,2-dimethyl-, 7-(methylcarbamate)**	16655-82-6	**R6344**
143	52	237	117	157	131	159	171	**237**	100	65	39	3	2	1	1	1		14	17	–	–	–	–	–	–	–	–	–	1	**Chromium, cycloheptatrienyl-1,3-cycloheptadienyl-**		**01483**
144	77	158	239	237	105	51	145	**237**	100	40	31	29	29	19	18	14		10	8	1	1	–	1	–	–	–	–	–	–	**5-Bromomethyl-3-phenylisoxazole**		**05568**
146	91	144	131	130	237	145		**237**	100	44	40	40	39	7	6			17	19	–	1	–	–	–	–	–	–	–	–	**3-Benzyl-2,3-dimethylindoline**		**L3365**
150	31	104	29	45	76	237	192	**237**	100	23	18	17	12	12	11	7		11	11	5	1	–	–	–	–	–	–	–	–	**Ethyl 4-nitrobenzoylacetate**		**L1232**
150	132	237	60	88	119	135	238	**237**	100	48	39	18	18	18	10	8		13	19	3	1	–	–	–	–	–	–	–	–	**4-Anilino-2-ethoxy-3-hydroxy-1-oxacyclohexane**		**M2059**
150	165	104	76	168	151	220	237	**237**	100	27	25	15	14	13	6	5		11	11	5	1	–	–	–	–	–	–	–	–	**Benzenebutanoic acid, α-methyl-3-nitro-γ-oxo-**	34243-99-7	**S4587**

MASS TO CHARGE RATIOS								M.W.	INTENSITIES								Parent	C	H	O	N	Cl	Br	F	S	P	B	Si	X	COMPOUND NAME	CAS Reg No	No
151	42	160	207	237	206	56	77	**237**	100	94	94	94	64	47	44	31		10	11	4	3	–	–	–	–	–	–	–	–	1-(4′-Nitrophenyl)-3-methoxyimidazolidinone		P2094
151	121	237	91	77	152	65	78	**237**	100	53	48	18	13	11	9	8		12	15	2	1	–	–	–	1	–	–	–	–	Benzene, 2-(2-isothiocyanatopropyl)-1,4-dimethoxy-	35424-99-8	S4955
157	115	156	142	128	78.5	80	116	**237**	100	37	32	21	17	17	16	15	**0.00**	11	12	–	1	–	1	–	–	–	–	–	–	Quinaldine methobromide		00699
158	160	51	78	52	131	133	26	**237**	100	98	60	53	51	40	39	24	**1.58**	5	5	–	1	–	2	–	–	–	–	–	–	Cyclopropanecarbonitrile, 2,2-dibromo-1-methyl-	63262-97-5	T6249
160	104	42	151	91	116	222	121	**237**	100	36	32	28	26	26	25	22	**3.10**	12	19	2	1	–	–	–	–	–	–	1	–	2,6-Dimethyl-2-phenyl-1,3-dioxa-6-aza-2-silacyclooctane		17276
162	120	106	77	237	104	163	105	**237**	100	68	47	24	15	13	9	8		14	23	2	1	–	–	–	–	–	–	–	–	Ethanol, 2-[2-(butylphenylamino)ethoxy]-	63455-64-1	T6264
163	146	190	119	92	76	177	106	**237**	100	68	38	34	33	8	7	3	**0.00**	10	11	2	3	–	–	–	1	–	–	–	–	2-(2-Carboxyphenylamino)-5,6-dihydro-4H-1,3,4-thiadiazine		L5955
165	77	15	51	39	67	41	50	**237**	100	31	14	11	8	6	5	4	**4.70**	10	15	–	1	–	–	3	–	1	–	–	–	Phenyl(diethylamino)trifluorophosphorane		L8152
165	167	237	180	101	102	137	195	**237**	100	31	26	26	24	23	20	16		13	16	1	1	1	–	–	–	–	–	–	–	N-Butyl-3-p-chlorophenylpropenamide		W0207
166	77	51	29	27	42	50	237	**237**	100	53	23	17	13	13	10	6		10	15	–	1	–	–	3	–	1	–	–	–	Phenyl(diethylamino)trifluorophosphorane		L8130
167	237	194	43	168	71	169	108	**237**	100	38	37	31	14	11	9	9		11	11	1	1	–	–	–	2	–	–	–	–	3-(2-Acetylethyl)-2-thiobenzthiazoline		D0987
174	205	237	173	206	44	190	146	**237**	100	78	67	47	31	27	25	22		12	15	4	1	–	–	–	–	–	–	–	–	1,3-Cyclopentadiene-1,3-dicarboxylic acid, 5-(1-aminoethylidene)-2-methyl-, dimethyl ester	14469-79-5	R5219
174	205	237	173	206	44	190	146	**237**	100	78	67	47	31	27	25	22		12	15	4	1	–	–	–	–	–	–	–	–	2,4-Dimethoxycarbonyl-3-methyl-α-aminofulvene		L1379
178	179	78	206	237				**237**	100	12	8	6	4					11	11	5	1	–	–	–	–	–	–	–	–	Dimethyl 1-(2-pyridonyl)fumarate		L2510
179	194	178	43	152	180	89	195	**237**	100	67	47	18	18	17	16	14	**0.00**	15	15	–	3	–	–	–	–	–	–	–	–	1,1′-Biphenyl, 2-(1-azido-isopropyl)-	32366-24-8	S3625
180	179	118	178	89	165	90	181	**237**	100	58	36	26	25	24	23	17	**1.00**	16	15	1	1	–	–	–	–	–	–	–	–	trans-N-Methyl-3,4-diphenyl-2-azetidinone		L5189
180	179	118	178	89	165	90	181	**237**	100	57	36	26	24	23	22	17	**1.00**	16	15	1	1	–	–	–	–	–	–	–	–	2-Azetidinone, 1-methyl-3,4-diphenyl-	54833-32-8	S9707
181	180	77	182	104	51	117	237	**237**	100	40	30	16	11	10	10	10		17	19	–	1	–	–	–	–	–	–	–	–	Azetidine, 3,3-dimethyl-1,2-diphenyl-	22606-96-8	R9845
192	193	121	151	218	149	206	236	**237**	100	56	43	42	30	30	15	10	**2.50**	10	13	3	4	–	–	–	–	–	–	–	–	6,7-Dimethyl-8-(2-hydroxyethyl)pterid-2,4-dione		L8060
192	193	178	162	164	174	163	237	**237**	100	79	18	16	13	12	11	10		12	15	4	1	–	–	–	–	–	–	–	–	3-(1′-Hydroxyethyl)-4,7-dimethoxyphthalimide		M6213
193	238	148	197	194	239	192	169	**237**	100	45	21	15	10	9	7	4	**0.50**	13	23	1	1	–	–	–	–	–	–	1	–	Benzeneethanamine, N,α-dimethyl-β-[(trimethylsilyl)oxy]-, [R-(R*,S*)]-	67069-59-4	T6725
194	195	179	178	152	43	153	167	**237**	100	97	42	32	30	23	18	16	**5.00**	15	15	–	3	–	–	–	–	–	–	–	–	1,1′-Biphenyl, 4-(1-azido-isopropyl)-	51677-40-8	S7738
194	237	208	222	195	55	42	96	**237**	100	64	62	53	35	28	28	22		13	23	1	3	–	–	–	–	–	–	–	–	2-Diethylamino-4-hydroxy-5-butyl-6-methylpyrimidine		D2835
195	43	137	152	138	122	136	110	**237**	100	94	61	53	37	36	32	29	**0.30**	12	15	4	1	–	–	–	–	–	–	–	–	N-(4-Acetoxy-3-methoxybenzyl)acetamide	35103-38-9	S4831
195	168	237	239	193	196	77	194	**237**	100	50	31	23	17	15	14	13		13	7	2	3	–	–	–	–	–	–	–	–	1-Oxo-1,3-dihydroisoxazolo[4,3-a]phenazine		05482
195	208	237	153	222	196	41	27	**237**	100	30	26	18	13	13	11	9		14	23	–	1	–	–	–	1	–	–	–	–	Pyridine, 2,4-dibutyl-6-(methylthio)-	74630-19-6	T8167
195	237	194	196	238	165	193	43	**237**	100	82	31	18	15	15	13	8		16	15	1	1	–	–	–	–	–	–	–	–	2-Acetylamino-9,10-dihydrophenanthrene		02108
201	158	77	130	39	173	202	103	**237**	100	80	20	18	16	16	15	12	**0.00**	12	12	2	1	1	–	–	–	–	–	–	–	Pyridinium, 3-hydroxy-1-(4-methoxyphenyl)-, chloride	42335-70-6	S6898
201	158	130	173	115	146	172	170	**237**	100	80	18	16	3	2	1	1	**0.00**	12	12	2	1	1	–	–	–	–	–	–	–	Pyridinium, 3-hydroxy-1-(4-methoxyphenyl)-, chloride		M8656
208	237	206	209	235	207	205	127	**237**	100	65	57	42	42	35	30	24		10	7	1	1	–	–	–	–	–	–	–	1	Benzo[b]selenophene-3-carbonitrile, 2-(hydroxymethyl)-	39812-16-3	S6149
209	237	65	91	92	44	210	238	**237**	100	97	59	24	21	18	16	16		14	11	1	3	–	–	–	–	–	–	–	–	2H-Indol-2-one, 3-[(4-aminophenyl)imino]-1,3-dihydro-	33829-07-1	S4403
209	237	65	91	92	210	180	238	**237**	100	98	55	30	25	18	16	15		14	11	1	3	–	–	–	–	–	–	–	–	2H-Indol-2-one, 3-[(4-aminophenyl)imino]-1,3-dihydro-	33829-07-1	S4404
209	237	66	91	92	64	63	208	**237**	100	97	57	24	21	14	12	9		14	11	1	3	–	–	–	–	–	–	–	–	2H-Indol-2-one, 3-[(4-aminophenyl)imino]-1,3-dihydro-		M3787
219	220	90	217	237	62	60	73	**237**	100	14	10	8	8	7	6	6		14	11	1	3	–	–	–	–	–	–	–	–	2-Indolinone, 3-[(o-aminophenyl)imino]-	33829-08-2	S4406
219	220	218	91	92	237	209	64	**237**	100	18	9	8	7	7	6	5		14	11	1	3	–	–	–	–	–	–	–	–	2-Indolinone, 3-[(o-aminophenyl)imino]-	33829-08-2	S4405
220	237	93	77	65	222	221	239	**237**	100	80	43	34	33	33	30	28		10	8	2	3	1	–	–	–	–	–	–	–	5-Amino-4-chloro-2-(2-hydroxyphenyl)-3(2H)-pyridazinone		P2847
220	237	236	115	77	91	65	219	**237**	100	99	90	70	58	55	32	22		16	15	1	1	–	–	–	–	–	–	–	–	2-Propen-1-one, 3-(4-methylphenyl)-1-phenyl-, oxime, (E,Z)-	52939-98-7	S8194
222	58	179	194	206	77	59	57	**237**	100	57	24	23	21	15	15	14	**2.72**	13	19	3	1	–	–	–	–	–	–	–	–	5-Isoquinolinol, 1,2,3,4-tetrahydro-6,7-dimethoxy-1,2-dimethyl-		00328
222	73	223	237	45	206	59	238	**237**	100	23	22	18	9	7	5	4		12	23	–	1	–	–	–	–	–	–	2	–	Silanamine, 1,1,1-trimethyl-N-phenyl-N-(trimethylsilyl)-	4147-89-1	R0146
222	73	237	223	45	206	59	224	**237**	100	23	18	17	9	7	5	3		12	23	–	1	–	–	–	–	–	–	2	–	Silanamine, 1,1,1-trimethyl-N-phenyl-N-(trimethylsilyl)-	4147-89-1	R0145
222	91	237	90	89	236	221	44	**237**	100	62	54	42	37	33	27	20		15	16	1	1	–	–	–	–	–	1	–	–	1,3,2-Oxazaborolidine, 4-methyl-2,5-diphenyl-	26535-25-1	S1402
236	220	237	77	91	51	105	221	**237**	100	82	52	43	37	31	20	17		16	15	1	1	–	–	–	–	–	–	–	–	2-Propen-1-one, 1-(4-methylphenyl)-3-phenyl-, oxime, (E,Z)-	52939-91-0	S8192
236	237	160	77	91	146	117	51	**237**	100	71	33	28	28	22	20	16		16	15	1	1	–	–	–	–	–	–	–	–	2-Propen-1-one, 3-amino-3-(4-methylphenyl)-1-phenyl-	52939-90-9	S8191
236	237	180	190	77	76	151	235	**237**	100	98	25	22	18	14	13	12		15	11	2	1	–	–	–	–	–	–	–	–	2(1H)-Quinolinone, 3-hydroxy-4-phenyl-	129-24-8	P9581
236	237	180	190	77	76	152	235	**237**	100	99	25	22	18	13	12	11		15	11	2	1	–	–	–	–	–	–	–	–	2(1H)-Quinolinone, 3-hydroxy-4-phenyl-		L6621
237	41	179	121	163	162	222	44	**237**	100	83	75	68	68	62	50	40		13	23	1	3	–	–	–	–	–	–	–	–	Methyl 2,4,4,5,5-pentamethyl-1-cyclopenten-1-yl ketone, semicarbazone	16983-65-6	R6557
237	45	220	43	176	57	89	41	**237**	100	88	58	51	50	40	39	31		15	11	2	1	–	–	–	–	–	–	–	–	1-(Methylamino)anthraquinone		D2455
237	65	92	130	238	77	93	91	**237**	100	27	27	18	17	13	13	12		14	11	1	3	–	–	–	–	–	–	–	–	1H-Indole-2,3-dione, 3-(phenylhydrazone)	17310-26-8	R6785
237	92	65	238	130	145	209	40	**237**	100	28	27	19	19	13	11	11		14	11	1	3	–	–	–	–	–	–	–	–	1H-Indole-2,3-dione, 3-(phenylhydrazone)		M3788
237	93	65	236	88	239	238	39	**237**	100	90	42	42	38	33	28	25		10	8	2	3	1	–	–	–	–	–	–	–	5-Amino-4-chloro-2-(3-hydroxyphenyl)-3(2H)-pyridazinone		P2848
237	104	219	238	77	208	209	76	**237**	100	39	33	22	21	20	20	16		15	11	2	1	–	–	–	–	–	–	–	–	N-Benzylphthalimide		L5778
237	104	219	238	209	77	208	105	**237**	100	36	35	19	17	16	15	11		15	11	2	1	–	–	–	–	–	–	–	–	N-Benzylphthalimide		L1030
237	105	116	77	89	51	115	106	**237**	100	93	75	57	55	47	41	35		15	11	2	1	–	–	–	–	–	–	–	–	Benzeneacetonitrile, α-(benzoyloxy)-	4242-46-0	R0242
237	134	105	77	79	51	238	118	**237**	100	77	48	39	20	18	18	16		14	11	1	3	–	–	–	–	–	–	–	–	5-Phenyl-3-(aminophenyl)-1,2,4-oxadiazole		P3007
237	160	236	58	115	193	222	70	**237**	100	79	53	45	40	32	29	29		17	19	–	1	–	–	–	–	–	–	–	–	3-Diethylamino-1,1-diphenylpropene		B0709

MASS TO CHARGE RATIOS								M.W.	INTENSITIES								Parent	C	H	O	N	Cl	Br	F	S	P	B	Si	X	COMPOUND NAME	CAS Reg No	No
237	180	236	239	194	152	167	165	237	100	87	57	17	12	9	7	6		17	19	–	1	–	–	–	–	–	–	–	–	1,2,3,4,4a,5,6,12c-Octahydrobenzo[a]phenanthridine		L6119
237	208	182	206	209	235	207	127	237	100	99	64	60	58	53	43	42		10	7	1	1	–	–	–	–	–	–	–	1	Benzo[b]selenophene-2-carbonitrile, 3-(hydroxymethyl)-	39812-13-0	S6148
237	217	101	53	219	239	69	218	237	100	90	72	36	27	27	18	16		6	3	–	5	1	–	3	–	–	–	–	–	Pyrimido[5,4-e]-1,2,4-triazine, 7-chloro-1,2-dihydro-5-(trifluoromethyl)-	32709-19-6	S3844
237	220	223	236	152	180	30	151	237	100	66	44	31	21	17	14	12		15	11	2	1	–	–	–	–	–	–	–	–	1-(Methylamino)anthraquinone		D0273
237	236	119	89	120	77	144	220	237	100	77	25	24	21	19	19	18		15	11	2	1	–	–	–	–	–	–	–	–	2(1H)-Quinolinone, 4-phenoxy-	66662-28-0	T6675
237	236	165	238	51	208	89	77	237	100	96	85	39	24	19	18	18		15	11	–	1	–	–	–	1	–	–	–	–	4,5-Diphenylthiazole		L6767
237	236	180	194	181	154	238	166	237	100	63	58	11	10	10	7	7		17	19	–	1	–	–	–	–	–	–	–	–	5,6,6a,7,8,9,10,10a-Octahydrobenzo[c]phenanthridine		L6118
237	236	180	238	222	208	165	76	237	100	20	18	17	12	10	8	7		15	11	2	1	–	–	–	–	–	–	–	–	1-Amino-2-methylanthraquinone		D0215
237	236	235	238	151	208	152	180	237	100	53	21	17	16	10	10	9		15	11	2	1	–	–	–	–	–	–	–	–	2-(Methylamino)anthraquinone		D0292
237	238	102	107	146				237	100	16	1	1	1					15	11	2	1	–	–	–	–	–	–	–	–	Benzoic acid, 4-cyano-, 4-methylphenyl ester	32792-63-5	S3889
17	180	149	136	45	108	238	57	238	100	71	31	25	19	16	12	11		9	6	–	2	–	–	–	3	–	–	–	–	Thiocyanic acid, (2-benzothiazolylthio)methyl ester	21564-17-0	R9298
22	220	107	40	121	29	81	79	238	100	99	82	79	68	62	62	58	14.00	15	26	2	–	–	–	–	–	–	–	–	–	Platambin		17154
27	103	130	76	81	108	184	78	238	100	99	77	62	50	38	35	26	1.00	10	6	–	8	–	–	–	–	–	–	–	–	2-Butenedinitrile, 2,2′-(1,2-ethanediylidenedinitrilo)bis[3-amino-	49585-73-1	S7156
28	55	15	16	14	29	70	39	238	100	7	5	4	2	2	2	2	0.00	7	3	6	–	–	–	–	–	–	–	–	1	Manganese, acetylpentacarbonyl-	13963-91-2	R4870
29	31	28	27	43	45	44	42	238	100	94	74	62	53	44	39	28	0.00	8	15	4	2	1	–	–	–	–	–	–	–	1,1-Bis(ethoxycarbonylamino)-2-chloroethane		L4442
29	31	43	45	44	85	42	30	238	100	93	53	44	38	29	28	17	0.00	8	15	4	2	1	–	–	–	–	–	–	–	1,1-Bio(ethoxycarbonylamino)-2-chloroethane		02434
41	43	55	57	29	83	56	69	238	100	99	85	70	55	53	52	51	6.55	17	34	–	–	–	–	–	–	–	–	–	–	1-Heptadecene		C1081
41	43	55	57	83	97	29	69	238	100	96	87	72	70	67	66	59	6.11	17	34	–	–	–	–	–	–	–	–	–	–	1-Heptadecene	6765-39-5	H1631
41	43	55	83	57	69	97	29	238	100	99	85	73	72	60	51	51	4.73	17	34	–	–	–	–	–	–	–	–	–	–	1-Heptadecene		V0020
41	55	42	43	58	71	69	59	238	100	97	95	94	57	50	36	27	19.77	16	30	1	–	–	–	–	–	–	–	–	–	Cyclohexadecanone		C1519
41	55	43	69	85	56	72	83	238	100	96	53	48	37	31	31	28	20.00	16	30	1	–	–	–	–	–	–	–	–	–	Cyclopentadecanone, 2-methyl-		C1518
41	55	85	43	69	71	29	97	238	100	90	61	52	51	39	38	37	22.00	16	30	1	–	–	–	–	–	–	–	–	–	Myscone		P0085
41	69	40	55	43	97	27	68	238	100	27	22	14	11	9	8	6	0.00	16	35	–	–	–	–	–	–	–	1	–	–	Borane, (1,2-diisopropylbutyl)diisopropyl-	74792-79-3	T8560
41	81	55	67	95	29	110	140	238	100	99	96	87	46	35	24	19	5.00	15	26	2	–	–	–	–	–	–	–	–	–	5,10-Pentadecadienoic acid, (Z,Z)-	64275-69-0	T6437
42	44	100	41	82	80	43	29	238	100	67	43	30	27	26	22	17	0.00	14	10	2	2	–	–	–	–	–	–	–	–	Sydnone, diphenyl-	3815-83-6	Q9850
43	27	55	69	159	93	81	104	238	100	44	37	31	27	25	22	22	7.30	15	26	2	–	–	–	–	–	–	–	–	–	(-)-3-β-Hydroxy-T-muurolol		L9654
43	30	45	27	39	53	28	15	238	100	99	55	39	32	27	10	9	0.00	4	6	8	4	–	–	–	–	–	–	–	–	2,2,3,3-Tetranitrobutane	20919-97-5	R9000
43	30	46	27	38	53	28	51	238	100	99	56	40	32	26	10	9	0.00	4	6	8	4	–	–	–	–	–	–	–	–	2,2,3,3-Tetranitrobutane		L5668
43	45	123	51	87	150	65	77	238	100	24	17	16	8	7	6	5	2.00	12	14	3	–	–	–	–	1	–	–	–	–	1-Phenylthio-3-acetoxy-2-butanone		16800
43	91	65	195	162	123	92	39	238	100	96	15	12	12	12	12	8	2.00	12	14	3	–	–	–	–	1	–	–	–	–	Benzyl 2-(acetylthio)propionate		L3151
43	91	65	195	162	123	92	107	238	100	96	15	12	12	12	12	8	2.00	12	14	3	–	–	–	–	1	–	–	–	–	Benzyl 2-(acetylthio)propionate		02011
43	101	117	45	161	129	145	87	238	100	61	37	36	32	32	28	19	0.00	10	22	6	–	–	–	–	–	–	–	–	–	2,3,4,6-Tetramethylgalactitol		M6847
43	107	77	15	78	79	178	108	238	100	99	52	48	30	28	27	26	12.34	12	14	5	–	–	–	–	–	–	–	–	–	Methyl p-acetoxyphenyllactate		P2401
43	110	123	109	238	55	137	45	238	100	40	39	23	22	21	19	16		12	14	3	–	–	–	–	1	–	–	–	–	1-Acetoxy-4-phenylthio-2-butanone		16799
43	135	91	110	153	178	111	152	238	100	40	29	18	14	13	9	9	1.00	12	14	3	–	–	–	–	1	–	–	–	–	3-Acetoxy-3-phenylthio-2-butanone		16803
43	139	181	110	57	29	238	45	238	100	17	17	15	10	7	6	5		12	14	3	–	–	–	–	1	–	–	–	–	1-Phenylthio-1-acetoxy-2-butanone		16802
43	143	85	105	81	59	134	71	238	100	83	67	62	60	53	49	48	1.20	15	26	2	–	–	–	–	–	–	–	–	–	α-Bisabolol oxide B	26184-88-3	S1279
43	161	195	143	179	197	163	181	238	100	33	16	12	12	12	11	8	3.60	9	12	3	–	2	–	–	–	–	–	–	–	2-Butanone, 4-[3-(acetyloxy)-2,2-dichlorocyclopropyl]-, cis-	68200-76-0	T6914
43	163	41	178	109	135	55	95	238	100	99	35	30	27	22	20	20	5.00	14	22	3	–	–	–	–	–	–	–	–	–	1-Oxaspiro[4.5]dec-3-en-6-ol, 6,10,10-trimethyl-, acetate	54345-70-9	S8914
43	163	194	121	15	195	45	196	238	100	23	14	10	6	5	4	4	2.09	7	10	3	–	–	–	–	3	–	–	–	–	Ethanethioic acid, S,S′,S″-methylidyne ester	57274-27-8	T4393
43	178	165	179	166	41	45	180	238	100	73	35	15	7	6	6	6	4.00	16	14	2	–	–	–	–	–	–	–	–	–	9H-Fluorene-9-methanol, acetate	63839-86-1	T6302
45	43	87	41	27	39	42	106	238	100	67	63	55	35	26	15	13	6.79	8	14	4	–	–	–	–	2	–	–	–	–	Butanoic acid, 4,4′-dithiobis-	2906-60-7	Q8805
45	123	55	43	178	110	109	60	238	100	99	70	69	37	29	24	23	4.00	12	14	3	–	–	–	–	1	–	–	–	–	1-Phenylthio-4-acetoxy-2-butanone		16798
47	30	103	31	75	105	88	104	238	100	62	42	33	30	20	20	18	2.00	13	22	2	2	–	–	–	–	–	–	–	–	1-(2′-Aminophenyl)-4,4-diethoxy-2-azabutane		M5668
55	36	29	57	68	54	41	83	238	100	63	59	52	49	46	43	40	0.00	10	20	–	2	2	–	–	–	–	–	–	–	Butanimidamide, N-(1-chloro-2-methyl-1-butenyl)-2-methyl-, monohydrochloride	40645-73-6	S6380
55	81	41	67	95	134	29	110	238	100	98	93	93	72	52	32	28	2.00	15	26	2	–	–	–	–	–	–	–	–	–	5,10-Pentadecadienoic acid, (Z,E)-	64275-71-4	T6439
55	238	66	43	109	83	165	181	238	100	91	91	87	84	79	75	65		12	14	5	–	–	–	–	–	–	–	–	–	4H-Pyran-4-one, 6-methoxy-3,5-dimethyl-2-(4-oxotetrahydrofuran-2-yl)-		06494
57	41	141	167	168	181	29	182	238	100	42	39	36	22	15	15	14	1.00	12	18	3	2	–	–	–	–	–	–	–	–	Barbituric acid, 5-allyl-5-(2,2-dimethylpropyl)-	561-83-1	Q2094
57	55	83	43	41	82	97	71	238	100	91	83	74	63	62	53	50	0.00	17	34	–	–	–	–	–	–	–	–	–	–	Undecane 5-cyclohexyl-	13151-80-9	R4264
57	55	83	43	97	82	41	71	238	100	89	80	66	62	58	54	52	0.00	17	34	–	–	–	–	–	–	–	–	–	–	Undecane 6-cyclohexyl-	13151-81-0	R4266
57	83	55	82	69	43	41	71	238	100	99	97	82	73	66	66	44	0.07	17	34	–	–	–	–	–	–	–	–	–	–	Undecane 3-cyclohexyl-	13151-78-5	R4260
57	182	108	42	69	223	149	58	238	100	98	67	55	50	48	43	42	28.33	11	14	–	2	–	–	–	2	–	–	–	–	2-Benzothiazolesulphenamide, N-tert-butyl-	95-31-8	P6934
59	43	41	31	55	39	67	53	238	100	91	78	70	67	57	49	47	0.87	15	26	2	–	–	–	–	–	–	–	–	–	α-Bisabolol oxide B	26184-88-3	S1280

MASS TO CHARGE RATIOS								M.W.	INTENSITIES								Parent	C	H	O	N	Cl	Br	F	S	P	B	Si	X	COMPOUND NAME	CAS Reg No	No
59	159	43	147	41	202	162	121	**238**	100	31	28	26	24	22	20	20	**0.00**	15	26	2	–	–	–	–	–	–	–	–	–	**Pterocarpol**		**L4287**
61	159	238	240	191	193	223	225	**238**	100	34	21	21	14	14	5	5		9	19	–	–	–	1	–	1	–	–	–	–	**Octane, 1-bromo-8-(methylthio)-**	64053-04-9	**T6389**
67	79	81	55	93	80	94	39	**238**	100	85	80	67	65	65	50	45	**27.00**	15	26	2	–	–	–	–	–	–	–	–	–	**Methyl cis-5,cis-8-tetradecadienoate**		**L9426**
69	31	83	55	29	41	125	57	**238**	100	85	63	48	40	31	14	12	**1.00**	16	30	1	–	–	–	–	–	–	–	–	–	**trans-10-Propyltrideca-5,9-dien-1-ol**		**L8801**
69	55	83	114	41	57	43	67	**238**	100	50	49	38	33	11	10	9	**0.00**	15	26	2	–	–	–	–	–	–	–	–	–	**2,6-Undecadienoic acid, 7-ethyl-3-methyl-, methyl ester, (E,E)-**	55283-22-2	**T0742**
69	83	55	41	96	43	57	111	**238**	100	62	58	46	45	40	33	29	**1.98**	17	34	–	–	–	–	–	–	–	–	–	–	**4-Tetradecene, 2,3,4-trimethyl-**	55103-81-6	**T0288**
69	83	55	114	41	57	43	82	**238**	100	54	45	41	31	11	10	10	**2.00**	15	26	2	–	–	–	–	–	–	–	–	–	**2,6-Undecadienoic acid, 7-ethyl-3-methyl-, methyl ester, (E,Z)-**	55283-23-3	**T0743**
69	97	55	111	41	57	43	70	**238**	100	94	56	47	40	34	30	30	**16.00**	8	16	1	–	–	1	–	–	1	–	–	–	**1-Bromo-2,2,3,4,4-pentamethylphosphetan 1-oxide**		**P2591**
69	119	31	100	131	50	219	150	**238**	100	18	12	8	8	4	3	3	**0.00**	4	–	–	–	–	–	10	–	–	–	–	–	**Decafluorobutane**		**Y0445**
71	69	43	70	41	55	111	113	**238**	100	86	44	42	35	34	33	23	**0.00**	16	30	1	–	–	–	–	–	–	–	–	–	**11-Dodecen-5-one, 3,3,7,7-tetramethyl-**	54751-99-4	**S9591**
72	55	41	69	85	98	83	238	**238**	100	94	66	61	60	51	46	43		16	30	1	–	–	–	–	–	–	–	–	–	**Cyclopentadecanone, 2-methyl-**	52914-66-6	**S8172**
72	131	43	41	55	238	57	97	**238**	100	41	37	29	26	17	11	11		8	18	2	2	–	–	–	2	–	–	–	–	**Urea, 1-butyl-3-(propylsulphonyl)-2-thio-**	24539-91-1	**S0636**
72	166	17	238	167	42	44	138	**238**	100	97	23	22	12	11	9	7		11	18	2	4	–	–	–	–	–	–	–	–	**4,5-Dimethyl-2-dimethylamino-6-dimethylcarbamoyloxypyrimidine**	34356-68-8	**S4636**
72	166	44	28	167	138	123	69	**238**	100	79	16	14	13	12	9	9	**5.00**	11	18	2	4	–	–	–	–	–	–	–	–	**4,5-Dimethyl-2-dimethylamino-6-dimethylcarbamoyloxypyrimidine**		**D1717**
73	45	74	180	75	165	238	152	**238**	100	9	8	6	4	4	2	2		16	18	–	–	–	–	–	–	–	–	1	–	**9H-Fluorene, 9-trimethylsilyl-**	7385-10-6	**R3143**
73	45	145	55	43	103	151	41	**238**	100	56	48	45	39	34	32	30	**1.00**	13	22	2	–	–	–	–	–	–	–	1	–	**Silane, trimethyl(4-phenoxybutoxy)-**	16654-51-6	**R6315**
73	75	74	45	238	223	194	91	**238**	100	25	9	8	8	7	7	6		12	18	3	–	–	–	–	–	–	–	1	–	**Acetic acid, (m-methoxyphenyl)-, trimethylsilyl ester**	27750-49-8	**S1770**
73	139	137	75	41	45	69	159	**238**	100	70	69	29	20	18	13	13	**0.70**	7	15	2	–	–	1	–	–	–	–	1	–	**Butyric acid, 3-bromo-, trimethylsilyl ester**	18301-67-2	**R7498**
73	151	103	75	145	77	238	166	**238**	100	95	65	41	33	29	29	25		12	18	3	–	–	–	–	–	–	–	1	–	**Propionic acid, 3-phenoxy-, trimethylsilyl ester**	21273-09-6	**R9175**
73	179	121	75	45	74	238	223	**238**	100	28	22	21	11	9	8	8		12	18	3	–	–	–	–	–	–	–	1	–	**Benzeneacetic acid, 4-methoxy-, trimethylsilyl ester**	27750-50-1	**S1772**
73	179	121	75	238	223	74	77	**238**	100	51	32	24	17	16	9	8		12	18	3	–	–	–	–	–	–	–	1	–	**Benzeneacetic acid, 4-methoxy-, trimethylsilyl ester**		**I5296**
74	55	41	81	67	87	43	69	**238**	100	66	63	50	39	38	36	30	**0.00**	15	26	2	–	–	–	–	–	–	–	–	–	**13-Tetradecynoic acid, methyl ester**	56909-03-6	**T4259**
75	139	180	73	142	69	138	125	**238**	100	91	40	29	23	19	18	17	**0.95**	12	18	3	–	–	–	–	–	–	–	1	–	**Benzeneacetic acid, α-methoxy-, trimethylsilyl ester**	55557-19-2	**T1582**
77	218	219	204	51	39	27	41	**238**	100	91	89	89	78	12	8	3	**1.70**	13	13	–	–	–	–	2	–	1	–	–	–	**Methyldiphenyldifluorophosphorane**		**L8135**
78	135	223	238	92	120	160	91	**238**	100	94	48	45	40	26	23	19		14	14	–	4	–	–	–	–	–	–	–	–	**3-Pyridineacetaldehyde, [2-(3-pyridinyl)ethylidene]hydrazone**	56114-45-5	**T2804**
78	210	79	104	160	223	195	209	**238**	100	38	26	26	23	22	22	18	**5.00**	14	14	–	4	–	–	–	–	–	–	–	–	**2-Pyridineacetaldehyde, [2-(2-pyridinyl)ethylidene]hydrazone**	56114-46-6	**T2805**
79	39	80	65	51	53	77	240	**238**	100	76	47	43	41	39	38	33	**17.25**	6	8	–	–	–	2	–	–	–	–	–	–	**3-Hexyne, 1,6-dibromo-**	61233-70-3	**T5680**
79	77	51	39	80	27	78	50	**238**	100	30	14	14	13	12	10	8	**1.09**	6	8	–	–	–	2	–	–	–	–	–	–	**Cyclohexene, 4,5-dibromo-**	62199-53-5	**T5932**
80	140	81	43	41	79	55	67	**238**	100	73	66	54	54	47	45	45	**4.00**	15	26	2	–	–	–	–	–	–	–	–	–	**5-Tetradecynoic acid, methyl ester**		**P3907**
81	41	55	67	95	29	110	140	**238**	100	98	93	86	44	31	30	24	**7.00**	15	26	2	–	–	–	–	–	–	–	–	–	**5,10-Pentadecadienoic acid, (E,E)-**	64275-68-9	**T6436**
81	41	55	67	95	29	110	140	**238**	100	88	81	80	41	30	24	21	**6.00**	15	26	2	–	–	–	–	–	–	–	–	–	**5,10-Pentadecadienoic acid, (E,Z)-**	64275-70-3	**T6438**
81	85	41	80	57	136	43	29	**238**	100	48	46	46	44	34	33	24	**1.90**	15	26	2	–	–	–	–	–	–	–	–	–	**Fenchyl valerate**		**03272**
81	96	67	54	55	68	41	110	**238**	100	98	73	55	49	39	38	36	**1.60**	15	26	2	–	–	–	–	–	–	–	–	–	**9-Tetradecynoic acid, methyl ester**	55538-60-8	**H2201**
81	137	95	41	69	67	93	39	**238**	100	49	36	29	25	14	13	12	**2.09**	10	17	–	–	2	–	–	–	1	–	–	–	**Phosphonous dichloride, (1,7,7-trimethylbicyclo[2.2.1]hept-2-yl)-**	74630-16-3	**T8164**
82	83	55	57	69	41	43	111	**238**	100	76	66	47	44	41	40	31	**0.72**	17	34	–	–	–	–	–	–	–	–	–	–	**Undecane 2-cyclohexyl-**	13151-77-4	**R4258**
83	55	41	111	193	43	53	82	**238**	100	78	52	29	28	24	22	16	**0.10**	14	22	3	–	–	–	–	–	–	–	–	–	**2-Butyn-1-one, 1-cyclohexyl-4,4-diethoxy-**	55402-05-6	**T1072**
83	57	55	82	43	41	71	97	**238**	100	93	88	66	62	55	43	41	**0.28**	17	34	–	–	–	–	–	–	–	–	–	–	**Undecane 4-cyclohexyl-**	13151-79-6	**R4261**
83	69	55	57	43	56	41	70	**238**	100	99	87	75	74	73	71	44	**5.00**	17	34	–	–	–	–	–	–	–	–	–	–	**Cyclopropane, 1-methyl-1-(2-methylpropyl)-2-nonyl-**	41977-41-7	**S6793**
83	69	55	57	43	56	41	97	**238**	100	99	87	75	74	73	71	44	**6.00**	17	34	–	–	–	–	–	–	–	–	–	–	**Cyclopropane, 1-methyl-1-(2-methylpropyl)-2-nonyl-**	41977-41-7	**S6794**
83	69	55	57	43	56	41	97	**238**	100	99	87	75	74	73	71	44	**6.00**	17	34	–	–	–	–	–	–	–	–	–	–	**Tetradecane, 2,4-dimethyl-4,5-methylene-**		**M7997**
83	82	55	41	43	67	57	69	**238**	100	78	57	30	24	17	14	13	**0.71**	17	34	–	–	–	–	–	–	–	–	–	–	**Cyclohexane, undecyl-**	54105-66-7	**S8791**
85	41	55	67	81	56	39	95	**238**	100	60	58	38	32	29	21	21	**0.10**	15	26	2	–	–	–	–	–	–	–	–	–	**2H-Pyran, 2-(9-decynyloxy)tetrahydro-**	19754-58-6	**R8268**
86	85	67	68	81	80	87	221	**238**	100	97	97	97	75	65	65	30	**0.00**	7	14	5	2	–	–	–	1	–	–	–	–	**2-Methyl-2-(methylsulphonyl)propionaldehyde, O-(hydroxymethylcarbamoyloxime)**		**M3230**
90	194	193	89	77	105	51	195	**238**	100	62	39	31	23	22	17	10	**5.00**	14	11	3	–	–	–	–	–	–	1	–	–	**Mandelic acid phenyl boronate**		**05110**
91	41	119	105	79	67	55	27	**238**	100	77	71	62	54	47	36	32	**1.00**	15	23	–	–	1	–	–	–	–	–	–	–	**5,10-Pentadecadiyne, 1-chloro-**	64275-44-1	**T6421**
91	105	133	238	77	65	92	104	**238**	100	74	37	26	23	16	14	12		17	18	1	–	–	–	–	–	–	–	–	–	**3-Pentanone, 1,5-diphenyl-**		**Y1401**
91	165	65	92	119	51	63	41	**238**	100	62	57	48	31	24	22	20	**0.50**	14	22	3	–	–	–	–	–	–	–	–	–	**Benzene, (2,2,2-triethoxyethyl)-**	16754-56-6	**R6444**
91	165	65	92	119	51	63	41	**238**	100	15	14	12	7	6	6	5	**0.00**	14	22	3	–	–	–	–	–	–	–	–	–	**Benzene, (2,2,2-triethoxyethyl)-**	16754-56-6	**R6445**
91	238	65	92	39	42	51	239	**238**	100	19	9	8	4	4	3	3		15	14	1	2	–	–	–	–	–	–	–	–	**4-(2-Phenylethyl)-6-methyl-3-cyano-2-pyridone**		**02359**
91	238	65	92	77	147	120	239	**238**	100	38	11	11	9	9	7	6		15	14	1	2	–	–	–	–	–	–	–	–	**2-Benzimidazolinone, 1-benzyl-5-methyl-**	28643-35-8	**S2151**
91	238	77	78	42	51	64	237	**238**	100	20	12	7	4	4	3	2		15	14	1	2	–	–	–	–	–	–	–	–	**4-(2-Phenylethyl)-6-methyl-3-cyano-2-pyridone**		**L4187**
91	238	92	65	77	147	120		**238**	100	38	11	11	9	9	7			15	14	1	2	–	–	–	–	–	–	–	–	**2-Benzimidazolinone, 1-benzyl-5-methyl-**		**M2383**
91	238	92	161	160	65			**238**	100	72	12	10	10	10				15	14	1	2	–	–	–	–	–	–	–	–	**1-Benzyl-3-hydroxy-5-methylindazole**		**M2396**
91	238	92	239	65	160	161	66	**238**	100	72	12	12	10	10	10	1		15	14	1	2	–	–	–	–	–	–	–	–	**1H-Benzimidazol-4-ol, 5-methyl-1-benzyl-**	55538-68-6	**T1497**
91	238	194	92	239	119	195		**238**	100	30	25	8	5	4	3			14	10	2	2	–	–	–	–	–	–	–	–	**1,3,4-Oxadiazol-2(3H)-one, 3,5-diphenyl-**	19226-10-9	**R8039**

MASS TO CHARGE RATIOS								M.W.	INTENSITIES								Parent	C	H	O	N	Cl	Br	F	S	P	B	Si	X	COMPOUND NAME	CAS Reg No	No
96	112	56	126	154	84	210	182	**238**	100	80	65	40	40	32	28	27	**20.00**	8	6	5	–	–	–	–	–	–	–	–	1	**Iron, (3-methoxy-π-1,3-butadien-1-one)tricarbonyl-**		**14878**
97	123	238	169	165	237	69	96	**238**	100	91	88	82	63	45	45	45		12	18	3	2	–	–	–	–	–	–	–	–	**4H-Pyrido[1,2-a]pyrimidine-3-carboxylic acid, 1,6,7,8,9,9a-hexahydro-6-methyl-4-oxo-, ethyl ester**	29766-64-1	**S2649**
97	238	123	169	165	69	237	96	**238**	100	95	88	82	64	51	40	38		12	18	3	2	–	–	–	–	–	–	–	–	**4H-Pyrido[1,2-a]pyrimidine-3-carboxylic acid, 1,6,7,8,9,9a-hexahydro-6-methyl-4-oxo-, ethyl ester**	29766-64-1	**S2650**
100	165	65	119	105	193			**238**	100	39	33	17	9	2			**0.00**	14	22	3	–	–	–	–	–	–	–	–	–	**Benzene, (2,2,2-triethoxyethyl)-**		**M4128**
103	77	105	76	51	50	238	119	**238**	100	46	38	35	25	17	12	9		14	10	2	2	–	–	–	–	–	–	–	–	**1,4,2,5-Dioxadiazine, 3,6-diphenyl-**		**L6055**
103	238	77	119	105	76	51	50	**238**	100	60	46	45	39	36	25	17		14	10	2	2	–	–	–	–	–	–	–	–	**1,4,2,5-Dioxadiazine, 3,6-diphenyl-**	20434-86-0	**R8678**
104	91	107	105	178	77	51	79	**238**	100	55	38	37	26	14	13	13	**0.00**	12	18	3	–	–	–	–	–	–	–	1	–	**Acetic acid, (m-methoxyphenyl)-, trimethylsilyl ester**	27750-49-8	**S1771**
104	105	77	238	91	78	132	103	**238**	100	59	43	43	41	32	32	29		17	18	1	–	–	–	–	–	–	–	–	–	**trans-2,6-Diphenyltetrahydropyran**		**15839**
104	238	105	77	132	91	78	103	**238**	100	22	14	10	9	8	8	7		17	18	1	–	–	–	–	–	–	–	–	–	**cis-2,6-Diphenyltetrahydropyran**		**15838**
105	77	43	47	51	147	48	45	**238**	100	63	33	32	29	26	24	18	**0.00**	10	10	3	2	–	–	–	1	–	–	–	–	**Benzamide, N-(aminocarbonyl)-N-(1-thioxoethoxy)-**	74764-44-6	**T8508**
105	77	51	78	106	238	239		**238**	100	89	28	19	16	9	2			14	10	2	2	–	–	–	–	–	–	–	–	**4,5-Diphenylisosydnone**	24660-41-1	**S0742**
105	77	51	106	78	50	28	238	**238**	100	55	22	10	8	8	8	6		14	10	2	2	–	–	–	–	–	–	–	–	**4,5-Diphenylisosydnone**		**M2566**
105	77	51	106	210	103	78	104	**238**	100	32	9	9	7	7	5	4	**4.00**	16	14	2	–	–	–	–	–	–	–	–	–	**Butyrophenone, trans-2,3-epoxy-3-phenyl-**	19804-81-0	**R8308**
105	77	51	106	238	78	50	28	**238**	100	35	8	8	4	3	2	2		14	10	2	2	–	–	–	–	–	–	–	–	**4,5-Diphenyl-1,3,4-oxadiazol-4-ium-olate**		**05905**
105	77	103	238	104	136	51	223	**238**	100	46	26	18	14	14	13	12		16	14	2	–	–	–	–	–	–	–	–	–	**Butyrophenone, cis-2,3-epoxy-3-phenyl-**	19804-64-9	**R8307**
105	77	133	51	76	165	238	184	**238**	100	50	17	10	2	2	1	1		15	10	3	–	–	–	–	–	–	–	–	–	**3-Benzoyl-phthalide**		**L6569**
105	77	223	238	103	161	134	133	**238**	100	70	20	17	5	3	3	3		15	14	1	2	–	–	–	–	–	–	–	–	**Acetophenone benzoyl hydrazone**		**M5230**
105	77	238	133	106	51	239	55	**238**	100	39	15	11	8	5	3	3		16	14	2	–	–	–	–	–	–	–	–	–	**1,4-Butanedione, 1,4-diphenyl-**	495-71-6	**Q1259**
105	91	106	77	79	238	103	118	**238**	100	18	11	11	10	10	6	6		18	22	–	–	–	–	–	–	–	–	–	–	**Hexane, 2,5-diphenyl-**	3548-85-4	**Q9519**
105	106	132	131	197	41	40	236	**238**	100	56	42	32	17	15	14	4	**0.06**	15	14	1	2	–	–	–	–	–	–	–	–	**3-Methyl-4,5-diphenyl-1,2,4-oxadiazole**		**L2948**
105	119	118	117	103	91	120	77	**238**	100	84	84	66	49	40	34	32	**0.00**	18	22	–	–	–	–	–	–	–	–	–	–	**2,3-Dimethyl-2,3-diphenylbutane**		**F0211**
105	238	77	79	18	106	103	133	**238**	100	72	33	28	24	20	16	16		16	18	–	2	–	–	–	–	–	–	–	–	**3,5,3′,5′-Tetramethylazobenzene**		**P1241**
105	238	77	79	106	103	195	133	**238**	100	99	71	71	40	38	30	25		16	18	–	2	–	–	–	–	–	–	–	–	**2,6,2′,6′-Tetramethylazobenzene**		**P1240**
105	238	78	51	79	239	106	52	**238**	100	94	47	18	18	16	13	7		12	10	–	6	–	–	–	–	–	–	–	–	**3,6-Di-2-pyridyl-1,2-dihydro-1,2,4,5-tetrazine**		**17024**
107	43	77	59	196	78	42	51	**238**	100	79	16	15	12	11	11	10	**6.17**	12	14	5	–	–	–	–	–	–	–	–	–	**Methyl p-acetoxyphenyllactate**		**P2411**
109	41	43	110	95	55	67	81	**238**	100	47	38	29	27	27	20	19	**3.00**	15	26	2	–	–	–	–	–	–	–	–	–	**3-Hydroxy-4-isopropyl-5,10-dimethyl-1-decalone**		**L9998**
109	55	175	81	133	95	67	190	**238**	100	95	89	81	74	74	68	68	**0.00**	15	26	2	–	–	–	–	–	–	–	–	–	**Bakkenolide A-diol**		**L8335**
109	193	165	137	29	81	155	99	**238**	100	94	82	73	66	65	50	45	**10.00**	9	19	5	–	–	–	–	–	1	–	–	–	**Diethyl (1-ethoxycarbonylethyl)phosphonate**		**L1113**
109	194	79	41	77	86	91	108	**238**	100	38	35	24	18	18	18	18	**1.00**	12	14	5	–	–	–	–	–	–	–	–	–	**Tricyclo[3.3.1.1$^{(3,7)}$]decane-1,3-dicarboxylic acid, 4-oxo-**	55724-14-6	**T1972**
110	82	81	69	55	67	109	41	**238**	100	62	58	54	45	35	28	27	**0.00**	16	30	1	–	–	–	–	–	–	–	–	–	**Bis(2-Cyclohexylethyl) ether**		**Z1825**
111	93	43	81	55	69			**238**	100	78	60	42	41	39			**0.00**	15	26	2	–	–	–	–	–	–	–	–	–	**Davanol**		**M4248**
111	175	238	240	210	177	212	113	**238**	100	99	82	57	60	52	42	42		8	8	2	–	2	–	–	1	–	–	–	–	**Benzene, 1-chloro-4-[(2-chloroethyl)sulphonyl]-**		**M4346**
111	238	91	127	41	39	155	71	**238**	100	57	54	18	12	11	11	9		4	6	–	–	–	–	3	–	–	–	–	1	**1,1,1-Trifluoro-3-iodobutane**		**L9467**
115	113	111	197	195	39	89	193	**238**	100	80	64	64	39	38	38	36	**2.31**	12	20	–	–	–	–	–	–	–	–	–	1	**Germane, tetraallyl-**	1793-91-5	**Q6756**
116	53	158	195	223	237	235	236	**238**	100	66	62	59	41	40	39	28	**8.50**	16	18	–	2	–	–	–	–	–	–	–	–	**1-Cyano-4-(1-methyl-3-cyano-2-propenyl)-6-isobutenyl-1,4-cyclohexadiene**		**M7478**
117	91	41	115	78	51	77	131	**238**	100	69	37	37	35	32	30	22	**3.24**	12	15	–	–	–	1	–	–	–	–	–	–	**1,3,5,7-Cyclooctatetraene, 1-(4-bromobutyl)-**	55538-75-5	**T1501**
119	91	41	120	118	79	28	77	**238**	100	27	11	8	8	5	4	4	**0.27**	18	22	–	–	–	–	–	–	–	–	–	–	**2,3-Dimethyl-2,3-diphenylbutane**	1889-67-4	**Q6960**
119	91	105	120	77	41	103	238	**238**	100	54	35	28	22	20	13	11		18	22	–	–	–	–	–	–	–	–	–	–	**Dicumene**		**C1528**
119	91	118	120	41	103	117	77	**238**	100	28	13	13	11	7	7	6	**0.63**	18	22	–	–	–	–	–	–	–	–	–	–	**2,3-Dimethyl-2,3-diphenylbutane**		**C0402**
119	105	223	238	208	77	132	133	**238**	100	28	25	23	20	10	10	10		18	22	–	–	–	–	–	–	–	–	–	–	**Ethane, 1,2-di-3,5-xylyl-**	63376-64-7	**T6255**
119	120	91	105	238	41	118	77	**238**	100	37	30	28	15	10	8	8		18	22	–	–	–	–	–	–	–	–	–	–	**2-Methyl-2,4-diphenylpentane**		**C0677**
119	223	89	238	104	91	105	161	**238**	100	33	13	10	5	2	2	2		6	18	–	–	–	–	–	–	–	–	–	2	**Digermane, hexamethyl-**		**L4977**
119	223	89	238	120	104	224	91	**238**	100	33	13	10	9	5	4	2		6	18	–	–	–	–	–	–	–	–	–	2	**Digermane, hexamethyl-**	993-52-2	**Q4924**
119	238	194	91	76	64	39	210	**238**	100	64	21	20	18	14	12	12		14	10	2	2	–	–	–	–	–	–	–	–	**Dianthranilide**		**14666**
120	237	92	118	65	91	39	119	**238**	100	49	48	37	22	14	11	11	**11.00**	14	12	1	3	–	–	–	–	–	–	–	–	**5-(3-Aminophenyl)-3-phenyl-1,2,4-oxadiazole**		**P2997**
120	237	92	118	65	91	119	121	**238**	100	38	26	16	15	9	9	9	**7.00**	14	12	1	3	–	–	–	–	–	–	–	–	**5-(2-Aminophenyl)-3-phenyl-1,2,4-oxadiazole**		**P3000**
120	237	118	65	92	91	119	238	**238**	100	62	58	16	16	12	12	11		14	12	1	3	–	–	–	–	–	–	–	–	**5-(4-Aminophenyl)-3-phenyl-1,2,4-oxadiazole**		**P2998**
121	73	77	179	89	45	91	122	**238**	100	61	18	18	17	10	10	9	**0.00**	12	18	3	–	–	–	–	–	–	–	1	–	**Benzeneacetic acid, α-methoxy-, trimethylsilyl ester**	55557-19-2	**T1581**
124	139	57	41	168	140	56	84	**238**	100	36	27	22	12	9	7	7	**0.20**	13	22	2	2	–	–	–	–	–	–	–	–	**1,3-Di-tert-butyl-3-cyano-4-methoxy-2-azetidinone**		**15829**
129	91	146	220	128	147	92	119	**238**	100	80	62	51	37	25	25	23	**9.70**	17	18	1	–	–	–	–	–	–	–	–	–	**2-Benzyl-1,2,3,4-tetrahydro-1-naphthol**		**U0129**
129	167	142	163	141	128	165	75	**238**	100	71	66	61	50	36	32	29	**25.00**	13	12	–	–	2	–	–	–	–	–	–	–	**cis-2,3-Dichloro-exo-5,6-(o-phenylene)norbornane**		**P3407**
130	129	142	143	236	238	184	128	**238**	100	95	79	74	69	66	65	60		18	22	–	–	–	–	–	–	–	–	–	–	**Benz[a]anthracene, 1,4,4a,5,6,7,8,11,12,12b-decahydro-**	16434-58-5	**R6183**
131	73	151	59	75	45	77	43	**238**	100	82	34	25	23	17	15	15	**2.94**	13	22	2	–	–	–	–	–	–	–	1	–	**Silane, (1,1-dimethyl-2-phenoxyethoxy)trimethyl-**	16654-59-4	**R6322**
131	73	151	59	75	45	77	107	**238**	100	82	34	26	22	18	15	14	**2.00**	13	22	2	–	–	–	–	–	–	–	1	–	**Silane, (1,1-dimethyl-2-phenoxyethoxy)trimethyl-**		**L3503**

MASS TO CHARGE RATIOS								M.W.	INTENSITIES								Parent	C	H	O	N	Cl	Br	F	S	P	B	Si	X	COMPOUND NAME	CAS Reg No	No
131	89	63	103	104	79	51	77	**238**	100	41	20	20	20	19	18	18	**2.00**	9	7	1	2	–	1	–	–	–	–	–	–	**Isoxazole, 5-amino-4-bromo-3-phenyl-**	28884-13-1	**S2255**
131	103	77	132	238	51	107	102	**238**	100	31	21	17	15	7	5	5		16	14	2	–	–	–	–	–	–	–	–	–	**2-Propenoic acid, 3-phenyl-, 4-methylphenyl ester**	10519-07-0	**R3906**
132	194	179	43	178	103	133	238	**238**	100	38	25	2	2	2	1	1		16	14	2	–	–	–	–	–	–	–	–	–	**cis-2-(4-Tolyl)-3-phenyl-3-propiolactone**		**L3087**
135	223	73	45	150	165	238	120	**238**	100	89	77	35	27	14	11	10		6	18	–	–	–	–	–	–	–	–	1	1	**(Trimethylsilyl)trimethyltin**		**M6919**
135	238	79	93	44	41	94	91	**238**	100	83	40	37	29	26	24	22		13	22	–	2	–	–	–	1	–	–	–	–	**Thiourea, N-ethyl-N′-tricyclo[3.3.1.1$^{(3,7)}$]dec-1-yl-**	25444-84-2	**S1087**
136	137	191	193	164	108	238	165	**238**	100	80	80	77	56	46	46	36		13	18	4	–	–	–	–	–	–	–	–	–	**Benzoic acid, 2,4-diethoxy-, ethyl ester**	59036-89-4	**T5103**
137	17	43	135	206	179	77	138	**238**	100	81	28	21	17	11	10	10	**8.64**	12	14	5	–	–	–	–	–	–	–	–	–	**Methyl p-methoxy-α-acetoxyphenylacetate**		**05018**
137	18	43	17	179	107	238	138	**238**	100	68	34	19	15	14	12	10		12	14	5	–	–	–	–	–	–	–	–	–	**Methyl o-methoxy-α-acetoxyphenylacetate**		**05016**
137	43	32	109	196	135	238	136	**238**	100	82	32	31	28	28	26	17		12	14	5	–	–	–	–	–	–	–	–	–	**Methyl m-methoxy-α-acetoxyphenylacetate**		**05017**
137	43	109	238	135	138	59	65	**238**	100	35	28	17	14	12	11	9		12	14	3	–	–	–	–	1	–	–	–	–	**1-Acetoxy-3-phenylthio-2-butanone**		**16801**
137	154	238	182	210	109	165	138	**238**	100	62	51	36	25	20	20	17		13	18	4	–	–	–	–	–	–	–	–	–	**Benzoic acid, 3,4-diethoxy-, ethyl ester**	75332-44-4	**T8925**
137	196	43	138	197	15	28	122	**238**	100	52	22	14	10	9	8	7	**4.46**	12	14	5	–	–	–	–	–	–	–	–	–	**Methyl 3-methoxy-4-acetoxyphenylacetate**		**04993**
139	43	238	85	100	121	138	140	**238**	100	41	14	9	9	7	5	5		10	14	4	–	–	–	–	–	–	–	–	1	**Calcium, bis(2,4-pentanedionato-O,O′)-**	19372-44-2	**R8106**
139	203	103	77	51	238	141	138	**238**	100	72	58	57	40	38	34	32		8	8	2	–	2	–	–	1	–	–	–	–	**Benzenesulphonyl chloride, 4-chloro-2,5-dimethyl-**		**E0040**
139	238	223	152	126				**238**	100	96	50	43	41					15	10	3	–	–	–	–	–	–	–	–	–	**1,4-Phenanthraquinone, 3-methoxy-**		**L9190**
139	238	223	152	126	239	140	224	**238**	100	96	50	43	41	16	10	8		15	10	3	–	–	–	–	–	–	–	–	–	**1,4-Anthracenedione, 2-methoxy-**	31619-41-7	**S3364**
140	41	43	69	55	125	123	29	**238**	100	37	31	29	24	19	15	14	**9.50**	15	26	2	–	–	–	–	–	–	–	–	–	**Widdrol hydroxyether**		**P0069**
140	95	41	125	43	18	55	69	**238**	100	56	44	44	38	31	30	28	**1.70**	15	26	2	–	–	–	–	–	–	–	–	–	**Iso-widdrol hydroxyether**		**P0070**
141	142	239	106	145	187	195	181	**238**	100	74	72	70	69	68	64	61	**35.82**	18	22	–	–	–	–	–	–	–	–	–	–	**Benz[a]anthracene, 1,2,3,4,6,7,8,11,12,12b-decahydro-**	16434-56-3	**R6181**
142	167	141	129	115	128	165	102	**238**	100	70	50	40	32	30	25	21	**18.00**	13	12	–	–	2	–	–	–	–	–	–	–	**trans-2,3-Dichloro-exo-5,6-(o-phenylene)norbornane**		**P3408**
143	43	93	71	125	121	68	134	**238**	100	71	43	34	34	31	30	25	**1.30**	15	26	2	–	–	–	–	–	–	–	–	–	**Bisabolol oxide A**	22567-36-8	**R9813**
143	190	123	193	192	238	218	162	**238**	100	93	83	46	30	28	27	23		9	3	2	–	–	–	5	–	–	–	–	–	**2-Propenoic acid, 3-(pentafluorophenyl)-, (E)-**	34234-46-3	**S4583**
144	129	159	225	223	128	104	41	**238**	100	50	32	25	23	18	17	16	**10.09**	12	15	–	–	–	1	–	–	–	–	–	–	**Benzene, 1-bromo-4-(1,3-dimethyl-2-butenyl)-**	74630-78-7	**T8225**
145	73	151	103	166	55	181	75	**238**	100	90	51	32	22	19	15	13	**4.00**	13	22	2	–	–	–	–	–	–	–	1	–	**Silane, trimethyl(4-phenoxybutoxy)-**	16654-51-6	**R6316**
147	61	105	104	43	159	160	91	**238**	100	52	51	37	35	33	33	33	**1.98**	11	15	5	–	–	–	–	–	–	1	–	–	**DL-Xylitol, cyclic 2,3-(phenylboronate)**	74793-46-7	**T8627**
147	148	91	189	41	119	77	104	**238**	100	11	9	7	6	5	4	3	**0.13**	14	19	1	–	1	–	–	–	–	–	–	–	**1-Butanone, 2-chloro-3-methyl-1-4-isopropylphenyl-**	55955-90-3	**T2426**
147	162	43	128	149	76	45	57	**238**	100	42	34	17	17	16	15	15	**1.50**	11	10	2	–	–	–	–	2	–	–	–	–	**2-Propenedithioic acid, 3-(4-acetylphenyl)-3-hydroxy-**	55538-72-2	**T1500**
147	238	148	91	40	105	44	77	**238**	100	16	13	8	8	7	5	5		18	22	–	–	–	–	–	–	–	–	–	–	**1,3,4,6-Tetramethyl-2-phenethylbenzene**		**B0714**
147	238	148	91	41	117	239	105	**238**	100	16	13	8	4	3	3	3		18	22	–	–	–	–	–	–	–	–	–	–	**1,3,4,6-Tetramethyl-2-phenethylbenzene**		**00302**
147	238	148	91	117	41	239	105	**238**	100	14	12	6	3	3	2	2		18	22	–	–	–	–	–	–	–	–	–	–	**1,3,4,5-Tetramethyl-2-phenethylbenzene**		**00301**
149	76	105	177	93	150	121	65	**238**	100	18	17	14	13	12	11	11	**0.00**	8	6	5	4	–	–	–	–	–	–	–	–	**2,4-Imidazolidinedione, 1-[[(5-nitro-2-furanyl)methylene]amino]-**	67-20-9	**P5274**
150	179	238	193	207	221			**238**	100	15	11	11	9	6				11	14	4	2	–	–	–	–	–	–	–	–	**4-(4-Nitrobenzamido)butanol**		**M1004**
151	43	194	41	136	93	133	55	**238**	100	55	31	25	24	20	18	13	**2.80**	15	26	2	–	–	–	–	–	–	–	–	–	**Daucol**		**L1585**
151	43	194	41	136	93	133	55	**238**	100	45	31	25	24	20	18	13	**0.00**	15	26	2	–	–	–	–	–	–	–	–	–	**Daucol**		**00139**
151	73	103	75	238	145	94	166	**238**	100	80	67	45	41	37	31	27		12	18	3	–	–	–	–	–	–	–	1	–	**Propionic acid, 3-phenoxy-, trimethylsilyl ester**	21273-09-6	**R9176**
151	135	87	147	55	59	103	28	**238**	100	53	45	43	40	36	18	12	**0.00**	8	14	6	–	–	–	–	1	–	–	–	–	**Bis(2-methoxycarbonylethyl)sulphone**		**M1274**
161	77	134	238	105	104	162	78	**238**	100	18	18	17	14	12	11	10		15	14	1	2	–	–	–	–	–	–	–	–	**4(1H)-Quinazolinone, 2,3-dihydro-1-methyl-2-phenyl-**	1217-75-0	**Q5784**
161	162	238	120	77	92	119	118	**238**	100	11	10	9	8	8	8	7		15	14	1	2	–	–	–	–	–	–	–	–	**4(1H)-Quinazolinone, 2,3-dihydro-3-methyl-2-phenyl-**	16285-32-8	**R6102**
163	43	41	121	79	45	78	42	**238**	100	89	69	69	68	33	23	20	**0.00**	10	22	–	–	–	–	–	3	–	–	–	–	**Trithioorthoformic acid, triisopropyl ester**	16754-59-9	**R6446**
163	81	57	82	83	164	220	55	**238**	100	76	74	55	55	50	47	46	**0.26**	16	30	1	–	–	–	–	–	–	–	–	–	**4-tert-Butyl-2-cyclohexylcyclohexanol**		**Z1820**
163	121	79	45	78	120	111	153	**238**	100	69	68	33	24	20	11	2	**0.00**	10	22	–	–	–	–	–	3	–	–	–	–	**Trithioorthoformic acid, triisopropyl ester**	16754-59-9	**R6447**
164	182	135	41	238	163	179	220	**238**	100	59	57	57	54	53	51	48		15	26	2	–	–	–	–	–	–	–	–	–	**Clovane diol**		**M8339**
165	135	105	91	77	79	238	39	**238**	100	43	29	19	18	12	10	10		13	18	4	–	–	–	–	–	–	–	–	–	**4-(2,6-Dimethoxyphenyl)pentanoic acid**		**M6989**
165	135	167	179	194	150	223	151	**238**	100	80	50	42	40	30	25	18	**0.00**	7	18	1	–	–	–	–	–	–	–	–	1	**2-Butanol, 4-(trimethylstannyl)-**	53044-15-8	**S8209**
165	223	167	135	151	195	150	137	**238**	100	80	50	32	20	20	15	8	**0.00**	7	18	1	–	–	–	–	–	–	–	–	1	**1-Butanol, 4-(trimethylstannyl)-**	53044-12-5	**S8206**
165	223	221	163	135	43	219	161	**238**	100	99	79	79	64	56	47	46	**13.00**	6	14	2	–	–	–	–	–	–	–	–	1	**Trimethyl-methylene-carbomethoxy-stannane**		**L3959**
165	238	135	91	79	77			**238**	100	25	11	3	2	2				13	18	4	–	–	–	–	–	–	–	–	–	**Ethyl 2,4-dimethoxy-6-methylphenylacetate**		**L9937**
166	104	52	168	194	105	131	77	**238**	100	52	36	33	32	26	25	16	**14.00**	9	7	2	4	1	–	–	–	–	–	–	–	**4-Pteridinecarboxylic acid, 2-chloro-, ethyl ester**	18204-25-6	**R7433**
167	55	69	41	43	97	70	42	**238**	100	95	76	66	28	27	24	22	**8.00**	15	26	2	–	–	–	–	–	–	–	–	–	**5,9-Dimethyl-2-isopropylcyclocyclodecane-1,4-dione**		**15985**
167	129	142	141	102	115	203	205	**238**	100	70	70	63	56	42	42	14	**9.00**	13	12	–	–	2	–	–	–	–	–	–	–	**cis-2,3-Dichloro-endo-5,6-(o-phenylene)norbornane**		**P3404**
167	168	165	55	152	166	57	238	**238**	100	15	13	7	6	6	5	4		18	22	–	–	–	–	–	–	–	–	–	–	**1,1′-(3,3-Dimethylbutylidene)bisbenzene**	57123-34-9	**T4315**
167	168	165	152	166	57	238	43	**238**	100	15	13	6	6	5	4	4		18	22	–	–	–	–	–	–	–	–	–	–	**1,1′-(3,3-Dimethylbutylidene)bisbenzene**	57123-34-9	**T4316**
168	167	41	43	124	97	169	195	**238**	100	85	37	33	21	19	18	16	**0.00**	12	18	3	2	–	–	–	–	–	–	–	–	**Barbituric acid, 5-allyl-5-(1-methylbutyl)-**		**03819**
168	238	77	240	203	51	175	205	**238**	100	99	84	65	53	43	22	17		12	8	1	–	2	–	–	–	–	–	–	–	**2,4-Dichlorophenyl phenyl ether**		**Z1823**
168	238	203	77	205	240	51	204	**238**	100	65	63	56	55	43	32	18		12	8	1	–	2	–	–	–	–	–	–	–	**2,5-Dichlorophenyl phenyl ether**		**Z1824**
169	238	85	127	69	205	97	108	**238**	100	96	88	82	61	61	54	50		8	5	1	–	–	–	3	2	–	–	–	–	**3-Buten-2-one, 1,1,1-trifluoro-4-mercapto-4-(2-thienyl)-**	4552-64-1	**R0589**

MASS TO CHARGE RATIOS								M.W.	INTENSITIES								Parent	C	H	O	N	Cl	Br	F	S	P	B	Si	X	COMPOUND NAME	CAS Reg No	No
169	238	153	181	154	195	152	182	**238**	100	79	39	34	31	29	26	22		17	18	1	–	–	–	–	–	–	–	–	–	**11H-Cyclohepta[a]naphthalen-11-one, 7,8,9,10-tetrahydro-9,9-dimethyl-**	64184-14-1	**T6406**
169	239	197	168					**238**	100	51	12	11					**0.00**	12	18	3	2	–	–	–	–	–	–	–	–	**Barbituric acid, 5-allyl-5-(1-methylbutyl)-**	76-73-3	**P5723**
175	162	36	164	177	145	161	111	**238**	100	98	66	61	61	39	36	35	**33.00**	8	5	2	–	3	–	–	–	–	–	–	–	**(2,4-Dichlorophenoxy)acetyl chloride**		**Z1828**
175	238	210	240	177	113	212	75	**238**	100	82	60	57	52	42	42	41		8	8	2	–	2	–	–	1	–	–	–	–	**Benzene, 1-chloro-4-[(2-chloroethyl)sulphonyl]-**	16191-84-7	**R6071**
178	150	210	207	238	39	51	122	**238**	100	38	35	35	31	21	15	14		11	10	6	–	–	–	–	–	–	–	–	–	**Methyl 3,5-diformyl-2,4-dihydroxy-6-methylbenzoate**		**05959**
179	73	89	180	45	59	223	74	**238**	100	86	37	14	11	9	9	7	**0.02**	12	18	3	–	–	–	–	–	–	–	1	–	**Benzeneacetic acid, 4-methoxy-, trimethylsilyl ester**	27750-50-1	**S1774**
179	73	89	180	45	223	59	74	**238**	100	83	33	17	10	10	10	10	**0.00**	12	18	3	–	–	–	–	–	–	–	1	–	**Benzeneacetic acid, α-[(trimethylsilyl)oxy]-, methyl ester**	29233-93-0	**S2396**
179	73	89	180	223	181	195	74	**238**	100	75	20	17	9	5	5	4	**0.00**	12	18	3	–	–	–	–	–	–	–	1	–	**Benzeneacetic acid, α-[(trimethylsilyl)oxy]-, methyl ester**	29233-93-0	**S2397**
179	151	209	149	207	177	147	205	**238**	100	98	98	94	76	74	58	42	**18.00**	7	18	1	–	–	–	–	–	–	–	–	1	**Triethylmethoxystannane**		**L3958**
179	238	163	180	223	73	239	181	**238**	100	56	16	16	16	13	11	5		12	18	3	–	–	–	–	–	–	–	1	–	**Benzeneacetic acid, 4-[(trimethylsilyl)oxy]-, methyl ester**	27798-62-5	**S1839**
180	45	136	108	69	63	46	39	**238**	100	92	59	46	37	32	30	28	**18.01**	9	6	–	2	–	–	–	3	–	–	–	–	**Thiocyanic acid, (2-benzothiazolylthio)methyl ester**	21564-17-0	**R9297**
180	151	150	238	152	181	75	75.5	**238**	100	55	27	26	18	17	17	14		14	10	2	2	–	–	–	–	–	–	–	–	**4-Methoxycarbonylbenzo[c]cinnoline**		**02046**
181	43	180	125	41	139	182	57	**238**	100	40	26	18	17	17	13	10	**0.00**	14	27	2	–	–	–	–	–	–	1	–	–	**4H-1,3,2-Dioxaborin, 2-ethyl-4-methyl-4,6-bis(2-methylpropyl)-**	74630-06-1	**T8154**
181	125	180	43	182	41	57	28	**238**	100	26	24	13	11	11	9	6	**0.00**	14	27	2	–	–	–	–	–	–	1	–	–	**4H-1,3,2-Dioxaborin, 4,6-di-tert-butyl-2-ethyl-4-methyl-**	74646-13-2	**T8264**
181	182	152	238	153	151	180	239	**238**	100	16	15	13	8	4	4	3		17	18	1	–	–	–	–	–	–	–	–	–	**9-Hydroxy-9-butylfluorene**		**03506**
182	238	222	183	239	223			**238**	100	34	18	8	4	3				9	10	4	4	–	–	–	–	–	–	–	–	**Acetone, 2,4-dinitrophenylhydrazone**		**M3463**
183	105	238	161	77	83	85	184	**238**	100	67	63	39	34	25	17	15		16	14	2	–	–	–	–	–	–	–	–	–	**2(3H)-Furanone, dihydro-5,5-diphenyl-**	7746-94-3	**R3453**
183	185	104	103	77	78	184	39	**238**	100	97	86	20	18	11	11	10	**3.37**	12	15	–	–	–	1	–	–	–	–	–	–	**Benzene, 1-bromo-4-(1,3-dimethyl-3-butenyl)-**	74630-77-6	**T8224**
184	182	41	169	90	104	171	39	**238**	100	99	24	13	13	13	12	12	**0.41**	12	15	–	–	–	1	–	–	–	–	–	–	**Benzene, 1-bromo-4-(4-methyl-4-pentenyl)-**	74630-79-8	**T8226**
191	175	206	174	159	192	207	176	**238**	100	67	55	33	15	13	10	10	**5.00**	12	14	5	–	–	–	–	–	–	–	–	–	**1,3-Cyclopentadiene-1,3-dicarboxylic acid, 5-(1-hydroxyethylidene)-2-methyl-, dimethyl ester**	14374-51-7	**R5175**
192	238	193	191	179	209	175	136	**238**	100	65	28	27	18	18	15	14		12	14	5	–	–	–	–	–	–	–	–	–	**Benzoic acid, 3-formyl-6-hydroxy-4-methoxy-2-methyl-, ethyl ester**	38629-36-6	**S5903**
193	115	238	91	178	165	194	191	**238**	100	97	81	42	39	18	18	17		16	14	2	–	–	–	–	–	–	–	–	–	**3-Butenoic acid, 4,4-diphenyl-**	7498-88-6	**R3250**
193	238	192	164	191	163	135	209	**238**	100	68	53	51	44	42	40	34		12	14	5	–	–	–	–	–	–	–	–	–	**Benzoic acid, 3-formyl-2-hydroxy-4-methoxy-6-methyl-, ethyl ester**	38629-37-7	**S5904**
194	179	118	178	44	193	195	88	**238**	100	58	41	40	30	18	16	13	**0.70**	16	14	2	–	–	–	–	–	–	–	–	–	**cis-2-Phenyl-3-(4-tolyl)-3-propiolactone**		**L3088**
194	180	109	193	95	238	81	137	**238**	100	95	91	50	40	40	37	32		10	14	3	4	–	–	–	–	–	–	–	–	**1H-Purine-2,6-dione, 3,7-dihydro-7-(2-hydroxypropyl)-1,3-dimethyl-**		**P2900**
194	180	109	238	193	95	137	181	**238**	100	82	61	51	45	22	21	19		10	14	3	4	–	–	–	–	–	–	–	–	**1H-Purine-2,6-dione, 3,7-dihydro-7-(2-hydroxypropyl)-1,3-dimethyl-**	603-00-9	**Q2656**
194	195	209	193	236	210	238	237	**238**	100	90	18	12	7	6	2	1		15	14	1	2	–	–	–	–	–	–	–	–	**5,5-Diphenylimidazolid-4-one**		**01247**
195	168	104	167	196	28	29	77	**238**	100	27	21	17	15	15	13	12	**4.66**	16	18	–	2	–	–	–	–	–	–	–	–	**1-Butanamine, N-(phenyl-2-pyridinylmethylene)-**	74764-34-4	**T8504**
195	196	41	138	53	111	181	58	**238**	100	77	67	48	35	30	27	25	**11.11**	12	18	3	2	–	–	–	–	–	–	–	–	**Barbituric acid, 5-allyl-5-isopropyl-1,3-dimethyl-**	27509-65-5	**S1710**
195	196	138	181	91	41	58	110	**238**	100	77	40	34	31	21	20	20	**3.13**	12	18	3	2	–	–	–	–	–	–	–	–	**Barbituric acid, 5-allyl-5-isopropyl-1,3-dimethyl-**	27509-65-5	**S1711**
195	196	138	223	41	181	197	53	**238**	100	84	65	62	40	26	20	17	**7.20**	12	18	3	2	–	–	–	–	–	–	–	–	**4,6(1H,5H)-Pyrimidinedione, 2-methoxy-1-methyl-5-isopropyl-5-allyl-**	72360-97-5	**T7786**
195	238	223	193	168	140	181	115	**238**	100	34	11	7	7	7	6	5		15	14	1	2	–	–	–	–	–	–	–	–	**2-(3-Oxobutyl)-β-carboline**		**L2577**
195	238	237	196	167	77	166	51	**238**	100	49	30	19	16	15	9	8		15	14	1	2	–	–	–	–	–	–	–	–	**4(1H)-Quinazolinone, 2,3-dihydro-3-methyl-1-phenyl-**	36384-02-8	**S5247**
196	168	195	197	77	76	63	75	**238**	100	35	27	12	10	6	5	5	**1.50**	14	10	2	2	–	–	–	–	–	–	–	–	**1-Phenazinol, acetate**	6033-10-9	**R2011**
196	168	195	197	77	76	98	75	**238**	100	35	27	12	10	6	5	5	**2.00**	14	10	2	2	–	–	–	–	–	–	–	–	**1-Phenazinol, acetate**		**L2064**
203	159	193	195	205	123	161	238	**238**	100	91	86	85	64	64	52	45		8	5	2	–	3	–	–	–	–	–	–	–	**Benzeneacetic acid, 2,3,6-trichloro-**	85-34-7	**P6248**
206	163	95	207	158	103	96	135	**238**	100	99	76	48	46	14	13	13	**0.00**	11	10	2	–	–	–	–	2	–	–	–	–	**2H-Pyran-2-one, 6-[4,4-bis(methylthio)-1,2,3-butatrienyl]-**	54932-70-6	**S9805**
207	43	208	59	103	191	42	44	**238**	100	25	11	9	6	5	4	4	**3.00**	11	10	6	–	–	–	–	–	–	–	–	–	**1,2,4-Benzenetricarboxylic acid, 1,2-dimethyl ester**	54699-35-3	**S9445**
209	191	238	69	210	29	163	43	**238**	100	60	43	13	11	11	8	7		12	14	5	–	–	–	–	–	–	–	–	–	**2,6-Dipropionylphloroglucinol**		**00041**
209	207	74	179	211	109	181	143	**238**	100	99	48	41	38	36	33	31	**26.70**	8	5	2	–	3	–	–	–	–	–	–	–	**Benzoic acid, 2,3,6-trichloro-, methyl ester**	2694-06-6	**Q8545**
209	211	213	238	240	145	210	212	**238**	100	95	30	27	26	9	9	8		9	9	1	–	3	–	–	–	–	–	–	–	**3,4,6-Trichloro-2-propylphenol**		**Z1829**
210	165	178	211	51	89	62	134	**238**	100	40	23	15	14	14	11	11	**6.01**	14	10	–	2	–	–	–	1	–	–	–	–	**1,2,3-Thiadiazole, 4,5-diphenyl-**	5393-99-7	**R1379**
210	165	211	51	89	62	39	77	**238**	100	40	15	14	14	11	10	10	**6.00**	14	10	–	2	–	–	–	1	–	–	–	–	**1,2,3-Thiadiazole, 4,5-diphenyl-**	5393-99-7	**R1378**
210	238	136	239	108	237	211	105	**238**	100	92	57	56	45	34	22	20		15	10	3	–	–	–	–	–	–	–	–	–	**4H-1-Benzopyran-4-one, 7-hydroxy-2-phenyl-**	6665-86-7	**R2452**
210	238	211	181	237	65	63	64	**238**	100	27	15	12	12	10	9	8		14	10	2	2	–	–	–	–	–	–	–	–	**3-(2-Hydroxyphenyl)quinazolin-4-one**		**05799**
221	75	238	74	126	223	99	63	**238**	100	77	66	63	48	40	38	27		7	4	4	–	1	–	1	1	–	–	–	–	**Benzoic acid, 2-chloro-5-(fluorosulphonyl)-**	21346-66-7	**R9238**
221	103	131	143	87	223	222	205	**238**	100	84	32	24	12	12	11	10	**6.51**	8	14	4	–	–	–	–	2	–	–	–	–	**Butanoic acid, 4,4′-dithiobis-**	2906-60-7	**Q8806**
223	115	238	221	195	236	193	219	**238**	100	68	63	51	42	34	24	21		11	10	1	–	–	–	–	–	–	–	–	1	**3-Acetyl-2-methylbenzo[b]selenophene**	26526-38-5	**S1389**
223	115	238	221	236	219	195	193	**238**	100	65	63	57	32	23	21	20		11	10	1	–	–	–	–	–	–	–	–	1	**2-Acetyl-3-methylbenzo[b]selenophene**	20984-18-3	**R9027**
223	146	77	224	238	119	92	118	**238**	100	60	23	16	10	9	8	8		15	14	1	2	–	–	–	–	–	–	–	–	**4(1H)-Quinazolinone, 2,3-dihydro-2-methyl-3-phenyl-**	17761-74-9	**R7179**
223	195	167	196	77	224	238	78	**238**	100	92	28	26	21	18	18	15		15	14	1	2	–	–	–	–	–	–	–	–	**4(1H)-Quinazolinone, 2,3-dihydro-2-methyl-1-phenyl-**	36384-01-7	**S5246**
223	209	238	196	181	154	43	149	**238**	100	97	79	68	54	38	35	31		13	18	4	–	–	–	–	–	–	–	–	–	**2,5-Cyclohexadien-1-one, 3,5-dihydroxy-4,4-dimethyl-2-(1-oxopentyl)-**	19051-49-1	**R7942**
223	225	238	43	224	28	181	195	**238**	100	33	31	29	16	15	13	11		15	23	–	–	1	–	–	–	–	–	–	–	**1,3,5-Triisopropylchlorobenzene**		**Z1821**
223	238	40	56	237	64	93	38	**238**	100	94	46	45	32	32	30	29		14	22	1	–	–	–	–	1	–	–	–	–	**2,6-Di-tert-butyl-4-mercaptophenol**		**C1133**
223	238	152	119	208	180	195	239	**238**	100	96	21	16	15	15	15	13		16	14	2	–	–	–	–	–	–	–	–	–	**1,4-Dimethoxyanthracene**		**02692**

MASS TO CHARGE RATIOS								M.W.	INTENSITIES								Parent	C	H	O	N	Cl	Br	F	S	P	B	Si	X	COMPOUND NAME	CAS Reg No	No
223	238	208	193	178	224	209	239	**238**	100	78	42	26	23	21	18	18		18	22	–	–	–	–	–	–	–	–	–	–	**Cyclopent[a]indene, 3,8-dihydro-1,2,3,3,8,8-hexamethyl-**	17384-72-4	**R6899**
223	238	208	193	178	224	209	239	**238**	100	78	42	25	23	20	18	17		18	22	–	–	–	–	–	–	–	–	–	–	**1,4-Dihydro-1,1,2,3,4,4-hexamethylbenzopentalene**		**L3432**
223	238	224	193	91	77	89	39	**238**	100	26	18	13	7	6	6	5		18	22	–	–	–	–	–	–	–	–	–	–	**Ethane, 1,1-di-3,4-xylyl-**	1742-14-9	**Q6645**
223	238	224	193	91	77	89	39	**238**	100	26	18	13	7	6	6	5		18	22	–	–	–	–	–	–	–	–	–	–	**Ethane, 1,2-di-3,4-xylyl-**	34101-86-5	**H1974**
223	238	224	193	91	208	132	77	**238**	100	36	19	14	11	10	10	9		18	22	–	–	–	–	–	–	–	–	–	–	**Ethane, 1-(2,3-xylyl)-1-(3,4-xylyl)-**	2816-98-0	**Q8697**
223	238	224	209	165	193	179	178	**238**	100	32	22	20	10	9	9	9		18	22	–	–	–	–	–	–	–	–	–	–	**Ethane, 1,1-bis(4-ethylphenyl)-**		**03009**
237	56	238	172	121	236	39	186	**238**	100	98	80	75	66	55	29	28		14	14	–	–	–	–	–	–	–	–	–	1	**Iron, π-cyclopentadienyl-π-4,7-dihydroindenyl-**		**02826**
237	238	105	104	77	133	91	239	**238**	100	68	46	25	20	14	10	10		15	14	1	2	–	–	–	–	–	–	–	–	**4(1H)-Quinazolinone, 2,3-dihydro-1-methyl-3-phenyl-**	36384-00-6	**S5245**
237	238	154	223	239	167	42	181	**238**	100	56	8	7	7	6	5	5		16	18	–	2	–	–	–	–	–	–	–	–	**Ergoline, 8,9-didehydro-6,8-dimethyl-**	548-42-5	**Q1931**
237	238	154	223	239	167	181	108	**238**	100	56	8	7	7	6	5	5		16	18	–	2	–	–	–	–	–	–	–	–	**Ergoline, 8,9-didehydro-6,8-dimethyl-**	548-42-5	**Q1932**
238	28	239	223	44	180	193	206	**238**	100	87	20	16	15	12	9	9		18	22	–	–	–	–	–	–	–	–	–	–	**1,1′-Biphenyl, 3,3′,4,4′,5,5′-hexamethyl-**	56667-01-7	**T4056**
238	56	41	59	79	78	15	39	**238**	100	81	69	62	52	41	41	40		9	10	4	4	–	–	–	–	–	–	–	–	**Acetone, 2,4-dinitrophenylhydrazone**		**D1324**
238	56	58	55	140	54	69	223	**238**	100	82	78	71	60	58	56	54		11	18	2	4	–	–	–	–	–	–	–	–	**1,3,6,7,8-Pentamethyl-5,6,7,8-tetrahydropterin-2,4-dione**		**P3424**
238	57	169	154	153	152	195	181	**238**	100	64	61	55	25	22	21	20		17	18	1	–	–	–	–	–	–	–	–	–	**6H-Cyclohepta[b]naphthalen-6-one, 7,8,9,10-tetrahydro-8,8-dimethyl-**	64184-15-2	**T6407**
238	73	239	165	45	223	43	72	**238**	100	83	18	17	17	17	12	11		9	14	–	4	–	–	–	1	–	–	1	–	**9H-Purine, 6-(methylthio)-9-(trimethylsilyl)-**	32865-87-5	**S3923**
238	77	108	237	105	207	223	133	**238**	100	42	40	40	30	19	18	17		16	14	2	–	–	–	–	–	–	–	–	–	**2-Propen-1-one, 3-(4-methoxyphenyl)-1-phenyl-**	959-33-1	**Q4861**
238	77	168	240	51	175	203	139	**238**	100	99	84	61	56	25	24	21		12	8	1	–	2	–	–	–	–	–	–	–	**2,4-Dichlorophenyl phenyl ether**		**C1819**
238	79	78	152	30	63	122	41	**238**	100	91	71	47	46	46	44	42		9	10	4	4	–	–	–	–	–	–	–	–	**Propanal, (2,4-dinitrophenyl)hydrazone**		**16494**
238	90	181	89	118	63	237	77	**238**	100	98	84	58	50	44	42	40		15	10	3	–	–	–	–	–	–	–	–	–	**Spiro[benzofuran-2(3H),2′-oxiran]-3-one, 3′-phenyl-**	35405-25-5	**S4933**
238	91	92	105	65	104	93	41	**238**	100	83	59	9	7	6	5	4		18	22	–	–	–	–	–	–	–	–	–	–	**Hexane, 1,6-diphenyl-**	1087-49-6	**Q5276**
238	91	195	222	119	118	209	104	**238**	100	50	50	50	40	38	25	18		15	14	1	2	–	–	–	–	–	–	–	–	**3H-Indazol-3-one, 1,2-dihydro-5-methyl-2-(4-methylphenyl)-**	17049-55-7	**R6604**
238	105	237	135	77	103	239	131	**238**	100	74	69	59	37	17	17	13		16	14	2	–	–	–	–	–	–	–	–	–	**2-Propen-1-one, 1-(4-methoxyphenyl)-3-phenyl-**	959-23-9	**Q4860**
238	109	55	165	83	181	27	179	**238**	100	80	78	76	70	65	52	42		12	14	5	–	–	–	–	–	–	–	–	–	**Aureonone**		**P4070**
238	111	47	91	65	41	127	39	**238**	100	84	79	64	19	17	17	14		4	6	–	–	–	–	3	–	–	–	–	1	**1-Iodo-2-trifluoromethylpropane**		**L9468**
238	111	240	75	113	50	74	76	**238**	100	65	32	29	21	15	9	7		6	4	–	–	1	–	–	–	–	–	–	1	**1-Chloro-3-iodobenzene**		**03188**
238	111	240	75	113	50	74	76	**238**	100	58	32	29	19	17	11	7		6	4	–	–	1	–	–	–	–	–	–	1	**1-Chloro-4-iodobenzene**		**03189**
238	111	240	75	113	50	74	127	**238**	100	48	32	26	16	13	8	7		6	4	–	–	1	–	–	–	–	–	–	1	**1-Chloro-2-iodobenzene**		**03187**
238	135	77	121	136	239	103	51	**238**	100	74	30	23	21	19	10	9		14	10	–	2	–	–	–	1	–	–	–	–	**1,3,4-Thiadiazole, 2,5-diphenyl-**	1456-21-9	**Q6016**
238	151	133	105	239	205	240	134	**238**	100	31	30	18	16	12	11	7		10	10	1	2	–	–	–	2	–	–	–	–	**1,3,4-Thiadiazolium, 5-mercapto-2-(4-methoxyphenyl)-3-methyl-, hydroxide, inner salt**	19703-88-9	**R8245**
238	151	152	239	208	165	136	150	**238**	100	63	19	14	13	12	9	8		11	14	2	2	–	–	–	1	–	–	–	–	**1-(4′-Methylthiophenyl)-3-methoxyimidazolidinone**		**P2093**
238	151	179	150	75.5	75	152	239	**238**	100	92	77	42	30	30	20	19		14	10	2	2	–	–	–	–	–	–	–	–	**2-Methoxycarbonylbenzo[c]cinnoline**		**02045**
238	152	195	223	239	119	163	151	**238**	100	48	43	40	18	17	11	9		16	14	2	–	–	–	–	–	–	–	–	–	**Phenanthrene, 3,6-dimethoxy-**	15638-08-1	**H1764**
238	154	181	153	182	152	169	195	**238**	100	87	63	43	41	33	33	31		17	18	1	–	–	–	–	–	–	–	–	–	**7H-Cyclohepta[a]naphthalen-7-one, 8,9,10,11-tetrahydro-9,9-dimethyl-**	64184-19-6	**T6408**
238	158	236	240	114	235	234	119	**238**	100	90	59	28	25	23	22	19		10	6	–	–	–	–	–	1	–	–	–	1	**Selenolo[2,3-b][1]benzothiophene**	40197-95-3	**S6245**
238	158	236	240	234	235	114	119	**238**	100	97	74	33	30	26	22	21		10	6	–	–	–	–	–	1	–	–	–	1	**Selenolo[3,2-b][1]benzothiophene**	40197-98-6	**S6247**
238	165	152	237	209				**238**	100	35	11	4	3					16	14	2	–	–	–	–	–	–	–	–	–	**4-Formyl-4′-methoxystilbene**		**M2672**
238	168	240	202	139	203	204	239	**238**	100	78	64	42	37	27	18	13		12	8	1	–	2	–	–	–	–	–	–	–	**[1,1′-Biphenyl]-2-ol, 2′,5′-dichloro-**	53905-30-9	**S8646**
238	169	240	75	50	176	63	139	**238**	100	83	64	55	25	24	24	21		12	8	1	–	2	–	–	–	–	–	–	–	**2-Chlorophenyl 4-chlorophenyl ether**		**C1820**
238	179	207	208	152	102	90	75	**238**	100	49	28	12	12	12	9	9		14	10	2	2	–	–	–	–	–	–	–	–	**2-Phenazinecarboxylic acid, methyl ester**		**L2067**
238	179	207	239	102	152	208	75	**238**	100	49	28	15	12	12	12	9		14	10	2	2	–	–	–	–	–	–	–	–	**2-Phenazinecarboxylic acid, methyl ester**	18450-12-9	**R7618**
238	181	210	152	153	182	221		**238**	100	88	75	38	26	19	18			15	10	3	–	–	–	–	–	–	–	–	–	**2H-1-Benzopyran-2-one, 3-(2-hydroxyphenyl)-**	13130-21-7	**R4219**
238	183	239	154	66	64	182	51	**238**	100	51	20	15	15	15	15	13		14	10	2	2	–	–	–	–	–	–	–	–	**Phenol, 4-[2-(3-pyridinyl)-5-oxazolyl]-**	4210-82-6	**R0206**
238	195	91	209	65	196	194	119	**238**	100	12	12	8	8	6	6	6		15	14	1	2	–	–	–	–	–	–	–	–	**2-Benzimidazolinone, 5-methyl-1-p-tolyl-**		**M2380**
238	195	223	163	239	191	179	146	**238**	100	40	29	22	20	19	16	15		12	18	3	–	–	–	–	–	–	–	1	–	**Acetic acid, [m-(trimethylsiloxy)phenyl]-, methyl ester**	27798-61-4	**S1838**
238	209	152	224	180	76	181	239	**238**	100	41	27	22	19	18	17	16		15	10	3	–	–	–	–	–	–	–	–	–	**1,4-Anthracenedione, 1-methoxy-**		**D0533**
238	210	13	239	209	237	104	208	**238**	100	70	36	19	18	16	16	15		16	14	–	–	–	–	–	1	–	–	–	–	**8,9,10,11-Tetrahydronaphtho[2,1-b]thianaphthene**		**Y1345**
238	210	169	139	141	152	151	153	**238**	100	70	30	23	20	20	17	14		15	10	3	–	–	–	–	–	–	–	–	–	**1,4-Phenanthrenedione, 3-hydroxy-8-methyl-**	30684-15-2	**S2971**
238	210	169	139	141	152	239	211	**238**	100	70	30	23	20	20	16	9		15	10	3	–	–	–	–	–	–	–	–	–	**1,4-Anthracenedione, 2-hydroxy-5-methyl-**	55538-71-1	**T1499**
238	210	239	237	165	211	208	119	**238**	100	81	19	18	15	14	10	9		16	14	–	–	–	–	–	1	–	–	–	–	**7,8,9,10-Tetrahydronaphtho[1,2-b]thianaphthene**		**Y1377**
238	210	239	237	208	197	221	211	**238**	100	52	19	14	13	10	10	9		16	14	–	–	–	–	–	1	–	–	–	–	**6,7,8,9-Tetrahydro-11-thiabenzo[b]fluorene**		**Y1919**
238	223	43	192	239	191	28	163	**238**	100	31	26	19	15	11	11	11		13	18	4	–	–	–	–	–	–	–	–	–	**Benzene, 1,2,3,4-tetramethoxy-5-(2-propenyl)-**	15361-99-6	**R5713**
238	223	119	239	152	195	224	182	**238**	100	60	24	18	16	14	10	8		16	14	2	–	–	–	–	–	–	–	–	–	**4,4-Dimethoxytolane**		**01096**
238	223	160	119	78	196	224	133	**238**	100	99	49	27	22	17	15	14		14	14	–	4	–	–	–	–	–	–	–	–	**4-Pyridineacetaldehyde, [2-(4-pyridinyl)ethylidene]hydrazone**	56114-44-4	**T2803**
238	223	163	66	77	65	191	109	**238**	100	45	21	21	19	19	18	16		13	18	4	–	–	–	–	–	–	–	–	–	**Benzene, 1,2,3,4-tetramethoxy-5-(2-propenyl)-**		**00356**
238	236	158	240	234	235	114	239	**238**	100	81	70	36	33	30	21	21		10	6	–	–	–	–	–	1	–	–	–	1	**[1]Benzoselenopheno[2,3-b]thiophene**	35752-82-0	**S5068**

MASS TO CHARGE RATIOS								M.W.	INTENSITIES								Parent	C	H	O	N	Cl	Br	F	S	P	B	Si	X	COMPOUND NAME	CAS Reg No	No
238	236	158	240	234	235	119	114	**238**	100	69	63	34	30	25	20	19		10	6	–	–	–	–	–	1	–	–	–	1	[1]Benzoselenopheno[3,2-b]thiophene	37958-13-7	S5633
238	237	91	195	65	119	118	209	**238**	100	10	9	7	7	6	6	5		15	14	1	2	–	–	–	–	–	–	–	–	1-(4-Tolyl)-3-hydroxy-5-methylindazole		M2393
238	237	118	147	121	65	117	223	**238**	100	79	72	52	33	23	23	23		16	14	2	–	–	–	–	–	–	–	–	–	2-Propen-1-one, 1-(2-hydroxyphenyl)-3-(4-methylphenyl)-	16635-14-6	R6286
238	237	131	92	161	93	77	103	**238**	100	61	46	42	36	26	23	20		15	14	1	2	–	–	–	–	–	–	–	–	Benzaldehyde, 4-methoxy-, benzylidenehydrazone	1149-69-5	Q5544
238	237	139	239	209	208	195	167	**238**	100	22	21	19	15	14	9	9		15	10	3	–	–	–	–	–	–	–	–	–	1,4-Anthracenedione, 2-methoxy-		D0545
238	237	197	223	170	152	239	167	**238**	100	30	29	23	18	18	18	12		16	14	2	–	–	–	–	–	–	–	–	–	6,6-Dimethyl-7-oxo-6,7-dihydrodibenz[b,d]oxepin		D1216
238	239	44	210	119	28	182	237	**238**	100	16	12	12	10	7	6	6		14	10	2	2	–	–	–	–	–	–	–	–	1,5-Diaminoanthraquinone		D0275
238	239	91	195	65	209	119	194	**238**	100	15	13	12	8	8	6	6		15	14	1	2	–	–	–	–	–	–	–	–	2-Benzimidazolinone, 5-methyl-1-p-tolyl-	28643-57-4	S2155
238	239	210	119	44	154	77	91	**238**	100	16	10	9	6	5	5	5		14	10	2	2	–	–	–	–	–	–	–	–	1,8-Diaminoanthraquinone		D0270
238	239	210	182	91	154	181	223	**238**	100	16	14	12	12	9	9	7		14	10	2	2	–	–	–	–	–	–	–	–	2,6-Diaminoanthraquinone		D0547
238	239	237	44	18	119	240	77	**238**	100	17	12	10	8	8	7	6		14	10	2	2	–	–	–	–	–	–	–	–	1,4-Diaminoanthraquinone		D0274
238	239	237	91	65	195	118	119	**238**	100	15	10	9	7	7	6	6		15	14	1	2	–	–	–	–	–	–	–	–	5-Methyl-1-p-tolyl-3-hydroxybenzimidazole		P4071
238	240	75	176	111	50	99	101	**238**	100	65	48	32	24	22	20	18		12	8	1	–	2	–	–	–	–	–	–	–	Bis(4-chlorophenyl) ether		C1821
238	240	77	175	168	51	239	242	**238**	100	66	53	31	27	26	17	11		12	8	1	–	2	–	–	–	–	–	–	–	3,4-Dichlorophenyl phenyl ether		Z1826
238	240	139	168	239	242	241	175	**238**	100	64	20	19	14	12	9	7		12	8	1	–	2	–	–	–	–	–	–	–	[1,1′-Biphenyl]-3-ol, 2′,5′-dichloro-	53905-29-6	S8645
238	240	139	168	239	242	241	175	**238**	100	65	18	17	11	9	8	5		12	8	1	–	2	–	–	–	–	–	–	–	[1,1′-Biphenyl]-4-ol, 2′,5′-dichloro-	53905-28-5	S8644
238	240	139	239	175	202	237	242	**238**	100	64	33	20	17	15	11	11		12	8	1	–	2	–	–	–	–	–	–	–	[1,1′-Biphenyl]-2-ol, 3,5-dichloro-	5335-24-0	R1313
238	240	139	239	242	241	140	168	**238**	100	64	61	13	11	9	6	5		12	8	1	–	2	–	–	–	–	–	–	–	[1,1′-Biphenyl]-4-ol, 3,4′-dichloro-	53905-31-0	S8647
238	240	139	242	239	241	140	138	**238**	100	70	58	12	11	11	8	6		12	8	1	–	2	–	–	–	–	–	–	–	[1,1′-Biphenyl]-4-ol, 3,5-dichloro-	1137-59-3	Q5520
238	240	175	75	111	168	101	239	**238**	100	64	36	25	16	15	15	14		12	8	1	–	2	–	–	–	–	–	–	–	Bis(4-chlorophenyl) ether	2444-89-5	Q8108
239	240	168	169	167	209	195	241	**238**	100	14	4	4	3	3	2	2	**0.00**	12	18	3	2	–	–	–	–	–	–	–	–	Barbituric acid, 5-allyl-5-(1-methylbutyl)-	76-73-3	P5724
43	71	112	98	41	127	140	55	**239**	100	90	66	53	44	36	35	27	**3.00**	16	33	–	1	–	–	–	–	–	–	–	–	1-Pentanamine, N-(1-pentylhexylidene)-	51677-38-4	S7737
43	110	68	150	196	42	109	124	**239**	100	72	60	50	32	23	20	20	**5.00**	12	17	4	1	–	–	–	–	–	–	–	–	4-Isoxazolepropionic acid, α-acetyl-3,5-dimethyl-, ethyl ester	19788-43-3	R8296
43	141	71	41	29	27	143	77	**239**	100	89	81	47	46	43	34	22	**10.61**	13	18	1	1	1	–	–	–	–	–	–	–	Pentanamide, N-(3-chloro-4-methylphenyl)-2-methyl-	2307-68-8	Q7814
43	222	153	78	58	107	239	79	**239**	100	67	65	62	45	36	28	23		9	13	3	5	–	–	–	–	–	–	–	–	1H-Pyrrole-2-carboxamide, N-(3-amino-3-iminopropyl)-1-methyl-4-nitro-	14559-43-4	R5276
46	224	100	73	43	45	64	48	**239**	100	60	46	38	27	19	19	18	**1.00**	4	9	3	3	–	–	–	2	–	–	1	–	1,3,2,4,6-Dithia(3-S^{IV})triazine, 5-[(trimethylsilyl)oxy]-, 1,1-dioxide	52065-92-6	S7852
64	48	32	34	159	130	66	44	**239**	100	67	16	10	6	4	4	4	**0.10**	10	9	4	1	–	–	–	1	–	–	–	–	1-Hydroxy-3-sulpho-6-aminonaphthalene		D2336
71	58	42	84	57	43	41	72	**239**	100	21	18	14	9	9	7	7	**0.40**	16	33	–	1	–	–	–	–	–	–	–	–	1-Methylimino-2-methyltetradecane		C2137
72	137	73	45	43	56	91	41	**239**	100	8	6	6	6	4	4	4	**1.30**	13	21	1	1	–	–	–	1	–	–	–	–	1-Isopropylamino-3-(4-methylphenylthio)-propan-2-ol		02917
72	167	165	28	168	239	166	152	**239**	100	63	16	14	9	8	7	6		16	17	1	1	–	–	–	–	–	–	–	–	Benzeneacetamide, N,N-dimethyl-α-phenyl-	957-51-7	Q4842
72	167	165	239	152	41	43	166	**239**	100	66	34	29	15	15	14	11		16	17	1	1	–	–	–	–	–	–	–	–	Benzeneacetamide, N,N-dimethyl-α-phenyl-	957-51-7	Q4841
72	167	165	239	152	168	166	73	**239**	100	59	27	16	12	9	8	4		16	17	1	1	–	–	–	–	–	–	–	–	Benzeneacetamide, N,N-dimethyl-α-phenyl-	957-51-7	Q4843
73	30	210	180	209	45	179	195	**239**	100	89	74	58	56	22	21	21	**14.41**	12	21	2	1	–	–	–	–	–	–	1	–	Benzeneethanamine, 2-methoxy-4-[(trimethylsilyl)oxy]-	55887-62-2	T2283
77	51	239	167	65	195	102	63	**239**	100	23	20	18	17	14	10	9		14	9	3	1	–	–	–	–	–	–	–	–	4-Hydroxybenzonitrile, phenyl carbonate ester	17175-15-4	R6666
77	239	134	51	105	50	63	91	**239**	100	49	38	36	26	16	13	11		13	9	–	3	–	–	–	1	–	–	–	–	4-Thiocyano-azobenzene		02145
84	91	83	55	239	65	155	238	**239**	100	67	36	31	25	25	24	20		12	17	2	1	–	–	–	1	–	–	–	–	Piperidine, 1-[(4-methylphenyl)sulphonyl]-		M1292
84	91	238	239	155	83	92		**239**	100	70	48	47	44	36	12			12	17	2	1	–	–	–	1	–	–	–	–	Piperidine, 1-[(4-methylphenyl)sulphonyl]-	4703-22-4	R0730
85	43	127	18	41	28	197	57	**239**	100	76	30	26	20	20	20	19	**10.72**	13	18	1	1	1	–	–	–	–	–	–	–	Pentanamide, N-(4-chlorophenyl)-2,2-dimethyl-	7287-36-7	R3023
85	43	127	41	57	197	18	29	**239**	100	83	34	29	20	16	15	11	**6.70**	13	18	1	1	1	–	–	–	–	–	–	–	Pentanamide, N-(4-chlorophenyl)-2,2-dimethyl-	7287-36-7	R3022
85	70	42	58	98	71	57	55	**239**	100	20	13	12	10	10	9	9	**0.00**	16	33	–	1	–	–	–	–	–	–	–	–	1-Methylimino-2-ethyltridecane		C2136
88	46	91	116	108	131	195	239	**239**	100	60	15	15	10	10	10	8		13	21	3	1	–	–	–	–	–	–	–	–	1-(Hydroxyisopropylamino)-3-(3-tolyloxy)propan-2-ol		P1489
91	44	92	56	182	39	82	41	**239**	100	66	30	19	18	15	14	13	**0.00**	12	17	2	1	–	–	–	1	–	–	–	–	2-Amino-3-methyl-3-benzylthiobutyric acid		D2435
91	108	79	107	86	28	77	41	**239**	100	97	79	60	55	51	44	41	**4.29**	11	13	5	1	–	–	–	–	–	–	–	–	DL-Serine, N-[(phenylmethoxy)carbonyl]-	2768-56-1	Q8624
91	119	118	92	120	65	39	51	**239**	100	20	19	15	12	12	6	6	**3.40**	16	17	1	1	–	–	–	–	–	–	–	–	2H-1,3-Benzoxazine, 3,4-dihydro-6-methyl-3-benzyl-	52055-73-9	S7827
91	148	149	65	92	56	42	39	**239**	100	97	11	9	8	6	5	4	**0.11**	17	21	–	1	–	–	–	–	–	–	–	–	Benzeneethanamine, N,α-dimethyl-N-benzyl-, (+)-	156-08-1	Q0018
91	180	239	121	210	65	77	51	**239**	100	51	45	33	25	19	18	14		14	13	1	3	–	–	–	–	–	–	–	–	1H-Benzotriazole, 1-[(2-methoxyphenyl)methyl]-	27799-80-0	S1856
91	196	222	132	240	134	106	150	**239**	100	75	55	41	25	21	17	15	**0.12**	11	13	5	1	–	–	–	–	–	–	–	–	DL-Serine, N-[(phenylmethoxy)carbonyl]-	2768-56-1	Q8625
93	105	77	239	120	146	91	147	**239**	100	59	47	31	23	6	6	3		15	13	2	1	–	–	–	–	–	–	–	–	N-Phenyl-2-benzoyl-acetamide		M3030
103	239	104	131	18	91	77	120	**239**	100	72	52	52	24	22	20	18		15	13	2	1	–	–	–	–	–	–	–	–	1,5-Benzoxazepin-4(5H)-one, 2,3-dihydro-3-phenyl-	33255-29-7	S4013
104	77	194	91	92	51	239	195	**239**	100	95	78	72	38	30	28	24		15	13	2	1	–	–	–	–	–	–	–	–	2-Oxazolidinone, 3,5-diphenyl-	7426-72-4	R3194
104	77	194	91	239	51	195	105	**239**	100	68	62	27	22	20	14	13		15	13	2	1	–	–	–	–	–	–	–	–	2-Oxazolidinone, 3,5-diphenyl-	7426-72-4	09889
104	77	239	91	180	51	119	92	**239**	100	99	89	55	41	38	23	20		15	13	2	1	–	–	–	–	–	–	–	–	2-Oxazolidinone, 3,4-diphenyl-	13606-71-8	R4664
104	239	77	180	91	51	119	78	**239**	100	92	83	38	35	30	21	18		15	13	2	1	–	–	–	–	–	–	–	–	2-Oxazolidinone, 3,4-diphenyl-	13606-71-8	09890
105	77	239	117	78	51	43	106	**239**	100	56	31	30	18	14	12	10		15	13	2	1	–	–	–	–	–	–	–	–	2-Indolinol, 1-benzoyl-	22397-24-6	R9727

MASS TO CHARGE RATIOS								M.W.	INTENSITIES								Parent	C	H	O	N	Cl	Br	F	S	P	B	Si	X	COMPOUND NAME	CAS Reg No	No
105	77	239	221	117	106	51	211	**239**	100	40	19	18	16	9	8	7		15	13	2	1	–	–	–	–	–	–	–	–	2-Indolinol, 1-benzoyl-	22397-24-6	R9729
105	221	78	59	74	222	106	45	**239**	100	83	61	17	14	14	8	6	**0.00**	15	13	2	1	–	–	–	–	–	–	–	–	2-Indolinol, 1-benzoyl-	22397-24-6	R9728
105	239	18	106	134	104	121	135	**239**	100	86	50	48	48	35	35	35		15	13	2	1	–	–	–	–	–	–	–	–	1,4-Benzoxazepin-5(2H)-one, 3,4-dihydro-3-phenyl-	18237-57-5	R7449
105	239	106	134	28	91	148	132	**239**	100	25	22	21	20	19	17	17		17	21	–	1	–	–	–	–	–	–	–	–	N,N-Bis(4-methylbenzyl)-methylamine		03095
107	104	79	108	77	105	51	78	**239**	100	33	25	25	21	18	10	8	**4.00**	15	13	2	1	–	–	–	–	–	–	–	–	2-Oxazolidinone, 4,5-diphenyl-, cis-	19202-66-5	R8032
107	104	79	108	77	105	51	165	**239**	100	33	25	25	21	18	10	4	**3.50**	15	13	2	1	–	–	–	–	–	–	–	–	2-Oxazolidinone, 4,5-diphenyl-, cis-		M2143
107	104	108	79	77	105	51	78	**239**	100	26	26	19	18	15	8	8	**3.00**	15	13	2	1	–	–	–	–	–	–	–	–	2-Oxazolidinone, 4,5-diphenyl-, trans-	19190-95-5	R8028
107	106	239	65	91	77	133	224	**239**	100	41	24	21	21	17	13	11		15	17	–	3	–	–	–	–	–	–	–	–	Guanidine, N,N′-bis(2-methylphenyl)-	97-39-2	P7100
118	197	196	43	239	180	18	77	**239**	100	72	41	38	34	31	30	28		16	17	1	1	–	–	–	–	–	–	–	–	Acetamide, N-(2,6-dimethylphenyl)-N-phenyl-	68014-50-6	T6905
120	106	104	119	133	239	103	107	**239**	100	89	88	75	43	40	32	29		15	17	–	3	–	–	–	–	–	–	–	–	Anatalline		L2859
120	106	105	119	133	239	104	161	**239**	100	89	84	76	43	41	32	29		15	17	–	3	–	–	–	–	–	–	–	–	Anatalline	18793-19-6	R7816
120	239	91	42	148	240	77	121	**239**	100	63	23	18	18	13	10	10		15	17	–	3	–	–	–	–	–	–	–	–	N,N-Dimethyl-4-(tolylazo) aniline		L6661
121	136	179	196	239	180	137	60	**239**	100	42	39	36	18	17	15	10		12	17	2	1	–	–	–	1	–	–	–	–	Isopropyl N-(4-methoxybenzyl)-thiocarbamate		P1921
121	136	239	107	145	104	94	77	**239**	100	94	68	55	53	38	28	14		17	21	–	1	–	–	–	–	–	–	–	–	2-Phenyl-4,4-dimethyl-8-ethyl-3-azabicyclo[3.3.0]octa-2,7-diene		M1054
135	136	134	152	137	151	164	150	**239**	100	74	37	37	34	26	26	17	**0.00**	13	21	3	1	–	–	–	–	–	–	–	–	Ethaneperoxoic acid, 1-cyano-3-cyclohexyl-1-methylpropyl ester	58422-64-3	T5013
139	44	195	196	137	56	239	124	**239**	100	92	62	26	18	14	12	12		13	21	3	1	–	–	–	–	–	–	–	–	Butyl 1-(3,4-dihydroxy)-methylaminoethyl ether		M1256
139	164	165	141	166	154	167	128	**239**	100	67	57	32	31	23	19	11	**0.00**	11	10	3	1	1	–	–	–	–	–	–	–	Ethaneperoxoic acid, 1-(4-chlorophenyl)-1-cyanoethyl ester	58422-80-3	T5028
148	105	91	42	77	149	79	65	**239**	100	72	19	17	15	11	11	9	**3.51**	17	21	–	1	–	–	–	–	–	–	–	–	Benzeneethanamine, N-methyl-N-(2-phenylethyl)-	13977-33-8	R4874
148	105	91	119	149	56	30		**239**	100	70	34	14	11	9	9		**0.00**	17	21	–	1	–	–	–	–	–	–	–	–	Diphenethylamine, α-methyl-		L7521
148	105	91	119	149	56	79	30	**239**	100	70	35	13	12	10	9	8	**0.00**	17	21	–	1	–	–	–	–	–	–	–	–	Diphenethylamine, α-methyl-	21026-75-5	R9057
155	239	154	77	76	51	52	105	**239**	100	90	55	52	45	43	40	38		14	9	3	1	–	–	–	–	–	–	–	–	2-Hydroxy-2-(2-pyridyl)-1,3-indanedione		L9594
162	152	105	209	210	77	239	222	**239**	100	46	32	26	25	20	19	17		15	13	2	1	–	–	–	–	–	–	–	–	3-Hydroxy-2-methyl-3-phenyl-2,3-dihydro-1-oxoisoindole		M0456
165	164	239	45	134	160	77	166	**239**	100	46	23	21	20	18	16	15		12	17	–	1	–	–	–	2	–	–	–	–	Aniline, 4-(1,3-dithian-2-yl)-N,N-dimethyl-	24588-75-8	S0696
166	91	77	239	104	148	105	65	**239**	100	50	32	22	13	12	11	11		16	17	1	1	–	–	–	–	–	–	–	–	N-Benzyl-3-phenylpropionamide		M1226
180	77	208	165	51	196	239	104	**239**	100	74	50	41	39	33	23	21		16	17	1	1	–	–	–	–	–	–	–	–	Benzophenone, O-propyloxime	33581-38-3	S4254
183	197	142	109	29	82	210	45	**239**	100	85	40	38	37	36	32	24	**15.01**	10	13	–	3	–	–	–	2	–	–	–	–	Thiazolo[5,4-d]pyrimidine, 7-(butylthio)-5-methyl-	55133-96-5	T0415
192	224	193	73	164	179	208	191	**239**	100	25	17	15	11	8	7	7	**0.00**	11	17	3	1	–	–	–	–	–	–	1	–	Anthranilic acid, 3-(trimethylsiloxy)-, methyl ester	27798-52-3	S1824
192	239	73	164	224	193	240	45	**239**	100	84	35	23	23	19	16	14		11	17	3	1	–	–	–	–	–	–	1	–	Anthranilic acid, 3-(trimethylsiloxy)-, methyl ester	27798-52-3	S1823
197	165	43	166	63	107	91	149	**239**	100	50	42	26	17	14	12	12	**11.40**	10	9	6	1	–	–	–	–	–	–	–	–	Salicylic acid, 3-nitro-, methyl ester, acetate		04643
197	165	43	166	91	63	107	149	**239**	100	50	41	26	21	17	12	11	**10.01**	10	9	6	1	–	–	–	–	–	–	–	–	Salicylic acid, 3-nitro-, methyl ester, acetate	22621-42-7	R9883
204	239	131	206	241	205	45	47	**239**	100	34	19	18	15	10	10	9		6	6	1	1	1	–	–	3	–	–	–	–	4-Isothiazolecarbonyl chloride, 3,5-bis(methylthio)-	4886-16-2	R0908
204	239	131	206	241	205	45	103	**239**	100	34	19	18	15	10	10	8		6	6	1	1	1	–	–	3	–	–	–	–	4-Isothiazolecarbonyl chloride, 3,5-bis(methylthio)-		M8590
208	75	104	74	103	30	59	119	**239**	100	41	26	25	24	24	17	17	**7.50**	10	9	6	1	–	–	–	–	–	–	–	–	1,4-Benzenedicarboxylic acid, 2-nitro-, dimethyl ester	5292-45-5	R1270
208	104	75	103	119	15	59	30	**239**	100	12	12	11	10	10	8	6	**3.40**	10	9	6	1	–	–	–	–	–	–	–	–	1,4-Benzenedicarboxylic acid, 2-nitro-, dimethyl ester		F0044
208	239	181	152	224				**239**	100	83	20	17	4					15	13	2	1	–	–	–	–	–	–	–	–	Methyl 5-methyl-benzo[e]indolizine-1-carboxylate		L7976
209	71	45	211	239	138	222	208	**239**	100	83	46	40	35	29	29	25		11	10	1	1	1	–	–	1	–	–	–	–	4-Thiazoleethanol, 2-(4-chlorophenyl)-	27473-03-6	S1708
210	91	134	92	65	77	164	118	**239**	100	36	26	25	25	22	21	20	**8.20**	10	13	4	3	–	–	–	–	–	–	–	–	Aniline, N-sec-butyl-2,6-dinitro-	55702-49-3	T1871
224	132	178	239	225	77	117	52	**239**	100	32	26	15	13	9	7	6		10	13	4	3	–	–	–	–	–	–	–	–	Aniline, 4-tert-butyl-2,6-dinitro-	22503-16-8	R9787
239	77	154	238	240	32	51	128	**239**	100	19	19	18	16	14	11	10		14	9	3	1	–	–	–	–	–	–	–	–	9,10-Anthracenedione, 1-amino-4-hydroxy-	116-85-8	P8912
239	134	105	77	240	222	162	106	**239**	100	50	41	22	17	12	8	4		16	17	1	1	–	–	–	–	–	–	–	–	4-Penten-2-yn-1-one, 1-phenyl-5-(1-piperidinyl)-	29743-42-8	S2631
239	148	194	164	65	210	181	193	**239**	100	90	70	66	45	45	36	34		12	17	4	1	–	–	–	–	–	–	–	–	1H-Pyrrole-2,4-dicarboxylic acid, 3,5-dimethyl-, diethyl ester	2436-79-5	Q8079
239	181	191	224	52	206	51	77	**239**	100	82	27	26	24	22	19	19		12	17	4	1	–	–	–	–	–	–	–	–	Acetone, 1-(3,4,5-trimethoxyphenyl)-, oxime	43022-02-2	S7046
239	210	126	43	180	154	152	86	**239**	100	77	47	21	20	18	17	17		11	17	3	3	–	–	–	–	–	–	–	–	4-Ethoxy-2-methyl-5-morpholino-3(2H)-pyridazinone		16137
239	224	222	120	209	121	208	91	**239**	100	29	26	24	24	23	23	21		17	21	–	1	–	–	–	–	–	–	–	–	Aniline, 2,6-dimethyl-N-(2,4,6-trimethylphenyl)-	68014-58-4	T6909
239	225	224	196	183	206	240	58	**239**	100	78	56	48	30	20	20	18		15	29	1	1	–	–	–	–	–	–	–	–	4-Quinolinol, 4-butyldecahydro-1,2-dimethyl-, (2α,4β,4aα,8aα)-	37982-04-0	S5641
239	238	128	77	28	51	42	43	**239**	100	64	28	21	18	17	17	12		11	8	–	3	–	–	3	–	–	–	–	–	2-Amino-4-phenyl-6-trifluoromethylpyrimidine		05503
239	241	82	70	143	38	204	50	**239**	100	99	98	67	58	53	47	43		5	–	–	3	3	–	–	1	–	–	–	–	Thiazolo[5,4-d]pyrimidine, 2,5,7-trichloro-	14739-66-3	R5385
239	241	160	51	77	57	50	58	**239**	100	99	56	52	49	43	28	25		9	6	–	1	–	1	–	1	–	–	–	–	Isothiazole, 4-bromo-3-phenyl-		L4304
18	30	240	17	44	28	119	225	**240**	100	89	59	25	25	21	17	17		16	20	–	2	–	–	–	–	–	–	–	–	[1,1′-Biphenyl]-4,4′-diamine, N,N,N′,N′-tetramethyl-		C0392
41	43	57	82	68	96	110	222	**240**	100	85	40	26	21	13	4	2	**0.20**	16	32	1	–	–	–	–	–	–	–	–	–	Hexadecanal		L9666
41	59	45	102	57	149	69	74	**240**	100	80	60	60	58	54	35	35	**0.00**	8	16	–	–	–	–	–	4	–	–	–	–	1,3-Dithiane-5,5-dithiol, 2-tert-butyl-	68449-92-3	T6934
41	71	43	55	83	69	57	82	**240**	100	95	90	85	76	73	65	65	**0.00**	16	32	1	–	–	–	–	–	–	–	–	–	1,2-Epoxyhexadecane		17438
41	81	39	121	119	67	53	200	**240**	100	98	76	33	31	24	23	21	**0.14**	6	10	–	–	–	2	–	–	–	–	–	–	3-Pentene, 1,2-dibromo-2-methyl-		D1225

MASS TO CHARGE RATIOS								M.W.	INTENSITIES								Parent	C	H	O	N	Cl	Br	F	S	P	B	Si	X	COMPOUND NAME	CAS Reg No	No
43	28	181	83	179	27	240	41	**240**	100	93	84	74	70	70	68	54		12	16	5	–	–	–	–	–	–	–	–	–	2-(4′-Hydroxytetrahydrofuran-2′-yl)-3,5-dimethyl-6-methoxy-4-oxo-1-oxacyclohexadiene		06493
43	41	71	169	154	115	141	77	**240**	100	90	60	53	50	45	40	40	**20.00**	17	20	1	–	–	–	–	–	–	–	–	–	14-Oxaheptadeca-2,8,10-trien-4,6-diyne		L1656
43	57	41	71	85	55	56	42	**240**	100	94	56	54	36	26	15	15	**2.54**	17	36	–	–	–	–	–	–	–	–	–	–	Heptadecane		Y1351
43	57	71	41	85	55	56	197	**240**	100	98	65	48	37	33	30	17	**6.53**	17	36	–	–	–	–	–	–	–	–	–	–	Hexadecane, 2-methyl-		C1655
43	57	82	41	55	96	68	83	**240**	100	99	96	78	72	67	61	58	**0.00**	16	32	1	–	–	–	–	–	–	–	–	–	Hexadecanal	629-80-1	Q3376
43	57	85	71	84	41	55	29	**240**	100	82	69	47	35	29	19	18	**0.71**	17	36	–	–	–	–	–	–	–	–	–	–	Hexadecane, 5-methyl-		L7426
43	59	109	149	91	121	164	41	**240**	100	83	39	32	22	15	15	14	**0.00**	14	24	3	–	–	–	–	–	–	–	–	–	4-Pentyne-2,3-diol, 5-[3,3-dimethyl-2-1-isopropyloxiranyl]-2,3-dimethyl-	63922-53-2	T6329
43	71	57	70	85	41	55	29	**240**	100	98	85	48	40	32	24	19	**0.88**	17	36	–	–	–	–	–	–	–	–	–	–	Hexadecane, 4-methyl-		L7437
44	43	18	68	41	29	28	42	**240**	100	66	51	49	43	40	36	34	**9.20**	9	13	–	6	1	–	–	–	–	–	–	–	Propanenitrile, 2-[[4-chloro-6-(ethylamino)-1,3,5-triazin-2-yl]amino]-2-methyl-	21725-46-2	R9357
44	60	240	197	42	91	154	43	**240**	100	27	14	8	7	6	5	5		6	18	2	4	–	–	–	–	2	–	–	–	Hexamethyl diphosphoramide		G0440
46	45	73	29	30	28	31	43	**240**	100	94	43	38	33	30	23	22	**0.00**	6	12	8	2	–	–	–	–	–	–	–	–	Triethylene glycol dinitrate		01618
55	41	69	43	29	83	82	56	**240**	100	96	52	44	37	37	29	29	**1.56**	14	24	3	–	–	–	–	–	–	–	–	–	Oxacyclotetradecane-2,11-dione, 13-methyl-	74685-36-2	T8351
55	41	69	43	83	29	42	82	**240**	100	97	50	40	32	32	27	25	**4.50**	15	28	2	–	–	–	–	–	–	–	–	–	ω-Pentadecanolide		03324
55	41	69	43	83	97	82	96	**240**	100	99	78	63	61	47	47	46	**1.50**	15	28	2	–	–	–	–	–	–	–	–	–	Cyclopentadecanone, 2-hydroxy-	4727-18-8	R0766
55	41	69	83	43	82	96	97	**240**	100	84	63	48	45	44	43	37	**33.99**	15	28	2	–	–	–	–	–	–	–	–	–	Cyclopentadecanolide		X1790
55	41	69	83	43	82	96	97	**240**	100	84	63	48	45	44	43	37	**34.03**	15	28	2	–	–	–	–	–	–	–	–	–	Oxacyclohexadecan-2-one	106-02-5	P7834
55	41	69	83	43	98	97	56	**240**	100	79	61	56	52	51	48	45	**2.00**	15	28	2	–	–	–	–	–	–	–	–	–	Oxacyclopentadecan-2-one, 15-methyl-	32539-85-8	S3712
55	69	41	83	82	96	43	97	**240**	100	72	57	55	51	46	45	42	**12.51**	15	28	2	–	–	–	–	–	–	–	–	–	Oxacyclohexadecan-2-one	106-02-5	P7833
55	69	83	41	43	98	97	56	**240**	100	72	57	54	51	50	49	44	**4.79**	15	28	2	–	–	–	–	–	–	–	–	–	Oxacyclopentadecan-2-one, 15-methyl-	32539-85-8	S3711
55	69	83	41	97	43	84	98	**240**	100	73	56	50	46	39	35	30	**1.31**	15	28	2	–	–	–	–	–	–	–	–	–	14-Pentadecenoic acid	17351-34-7	R6865
55	70	100	126	168	112	154	240	**240**	100	28	27	20	15	13	10	9		13	24	2	2	–	–	–	–	–	–	–	–	Acetamide, N-[3-(octahydro-2-oxo-1H-azonin-1-yl)propyl]-	67370-76-7	T6783
55	108	121	153	41	29	39	93	**240**	100	95	91	85	80	77	69	67	**5.85**	13	20	4	–	–	–	–	–	–	–	–	–	Propanedioic acid, bis(2-methyl-2-propenyl)-, dimethyl ester	74793-47-8	T8628
57	43	71	40	85	41	55	56	**240**	100	78	64	52	50	38	28	25	**0.80**	17	36	–	–	–	–	–	–	–	–	–	–	2,6,10-Trimethyl-tetradecane		01030
57	43	71	41	55	56	29	70	**240**	100	73	58	18	14	12	11	9	**0.96**	17	36	–	–	–	–	–	–	–	–	–	–	Heptadecane		D0022
57	43	71	41	55	113	29	56	**240**	100	86	78	62	46	41	28	25	**0.20**	8	17	–	–	–	–	–	–	–	–	–	1	Octane, 2-iodo-		L0581
57	43	71	41	85	55	56	42	**240**	100	96	57	48	36	22	15	13	**2.05**	17	36	–	–	–	–	–	–	–	–	–	–	Heptadecane		Y1006
57	43	71	85	41	55	56	29	**240**	100	93	58	40	35	20	19	19	**1.92**	17	36	–	–	–	–	–	–	–	–	–	–	Hexadecane, 2-methyl-		05535
57	43	71	85	56	55	41	84	**240**	100	69	68	49	22	20	20	18	**0.50**	17	36	–	–	–	–	–	–	–	–	–	–	2,6,10-Trimethyl-tetradecane		L9356
57	71	29	43	41	55	85	113	**240**	100	76	59	55	52	31	27	22	**9.67**	16	32	1	–	–	–	–	–	–	–	–	–	Isooctyl isooctenyl ether		C1706
57	71	43	41	29	55	27	113	**240**	100	82	78	38	19	16	13	12	**0.00**	8	17	–	–	–	–	–	–	–	–	–	1	Octane, 1-iodo-	629-27-6	Q3341
57	71	43	41	113	55	29	27	**240**	100	77	75	44	43	28	21	12	**2.00**	8	17	–	–	–	–	–	–	–	–	–	1	Heptane. 2-(iodomethyl)-		L0582
57	71	43	85	84	55	69	41	**240**	100	75	66	63	50	40	33	31	**1.00**	17	36	–	–	–	–	–	–	–	–	–	–	2,6,10-Trimethyl-tetradecane		L6890
59	162	77	60	63	31	75	240	**240**	100	70	67	54	52	46	46	46		9	9	–	–	–	–	5	–	–	–	1	–	Silane, dimethyl[(pentafluorophenyl)methyl]-	58751-80-7	T5077
61	59	62	240	69	45	89	57	**240**	100	96	86	62	42	39	32	25		6	7	1	–	–	–	6	–	1	–	–	–	Phosphine, dimethyl[3,3,3-trifluoro-1-oxo-2-(trifluoromethyl)propyl]-	20336-17-8	R8628
61	59	62	240	69	45	89	57	**240**	100	54	49	35	25	23	18	18		6	7	1	–	–	–	6	–	1	–	–	–	Phosphine, dimethyl[3,3,3-trifluoro-1-oxo-2-(trifluoromethyl)propyl]-		M7843
62	97	61	37	63	29	53	242	**240**	100	98	91	56	52	51	45	41	**25.52**	6	3	1	–	2	1	–	–	–	–	–	–	Phenol, 4-bromo-2,5-dichloro-	1940-42-7	Q7104
68	44	225	43	173	198	145	172	**240**	100	83	64	60	51	49	47	45	**29.16**	9	13	–	6	1	–	–	–	–	–	–	–	Propanenitrile, 2-[[4-chloro-6-(ethylamino)-1,3,5-triazin-2-yl]amino]-2-methyl-	21725-46-2	R9355
69	41	81	55	95	29	153	109	**240**	100	86	60	46	39	32	28	27	**0.10**	14	24	3	–	–	–	–	–	–	–	–	–	1-Carboxymethyl-2-methyl-2(2′-(2″,2″-dimethyl-4″-hydroxycyclobutanyl)ethyl)-cyclopropane		M1582
71	137	208	152	149	123	55	169	**240**	100	77	33	31	28	28	24	23	**4.00**	13	20	4	–	–	–	–	–	–	–	–	–	Methyl (+-)-2-oxo-3-(2′-oxopentyl)cyclopentane-1-acetate		L8022
71	205	43	70	55	41	81	109	**240**	100	99	76	72	35	33	26	25	**0.00**	16	32	1	–	–	–	–	–	–	–	–	–	2,4-Dipentylcyclohexanol		Z1831
72	15	240	42	39	40	29	41	**240**	100	11	8	7	3	3	2	2		10	16	3	4	–	–	–	–	–	–	–	–	Carbamic acid, dimethyl-, 1-[(dimethylamino)carbonyl]-5-methyl-1H-pyrazol-3-yl ester	644-64-4	Q3574
72	43	44	42	240	73	45	39	**240**	100	15	9	9	9	5	4	3		10	16	3	4	–	–	–	–	–	–	–	–	Carbamic acid, dimethyl-, 1-[(dimethylamino)carbonyl]-5-methyl-1H-pyrazol-3-yl ester	644-64-4	Q3575
72	57	29	43	41	73	85	55	**240**	100	97	66	55	43	40	32	29	**2.80**	16	32	1	–	–	–	–	–	–	–	–	–	3-Hexadecanone	18787-64-9	H1821
72	240	169	44	42	73	170	56	**240**	100	8	5	4	4	3	2	2		10	16	3	4	–	–	–	–	–	–	–	–	Carbamic acid, dimethyl-, 1-[(dimethylamino)carbonyl]-5-methyl-1H-pyrazol-3-yl ester	644-64-4	Q3573
73	75	240	197	211	171	41	169	**240**	100	49	43	41	35	22	20	14		14	28	1	–	–	–	–	–	–	–	1	–	Cyclohexane, 1-(1-methyl-1-butenyl)-1[(trimethylsilyl)oxy]-, (Z)-	74810-67-6	T8719
73	167	152	111	240	211	99	137	**240**	100	31	23	17	14	13	10	10		13	28	–	–	–	–	–	–	–	–	2	–	Silane, (1,3-diethyl-1,2-propadiene-1,3-diyl)bis[trimethyl-	61227-92-7	T5609
74	54	96	85	95	41	43	166	**240**	100	80	68	65	55	55	54	40	**10.00**	15	28	2	–	–	–	–	–	–	–	–	–	Methyl cis-5-tetradecenoate		L9425
75	59	141	61	183	197	41	43	**240**	100	27	17	11	9	9	8	8	**2.00**	14	28	1	–	–	–	–	–	–	–	1	–	Silacyclotridecan-7-one, 1,1-dimethyl-	22778-68-3	R9949
77	93	92	107	134	65	105	51	**240**	100	87	78	56	31	27	20	19	**6.35**	13	12	1	4	–	–	–	–	–	–	–	–	Diazenecarboxylic acid, phenyl-, 2-phenylhydrazide	538-62-5	Q1767

MASS TO CHARGE RATIOS								M.W.	INTENSITIES								Parent	C	H	O	N	Cl	Br	F	S	P	B	Si	X	COMPOUND NAME	CAS Reg No	No
77	105	106	51	78	240	50	52	**240**	100	99	40	33	14	12	8	7		12	8	2	4	–	–	–	–	–	–	–	–	**Pyrazolo[5,1-c]-as-triazin-4-ol, benzoate**	28464-48-4	**S2100**
77	125	225	75	147	81	47	240	**240**	100	40	30	20	18	17	15	15		9	9	–	–	–	–	5	–	–	–	1	–	**Silane, trimethyl(pentafluorophenyl)-**	1206-46-8	**Q5757**
77	135	79	107	51	105	29	27	**240**	100	89	82	80	42	42	17	13	**0.00**	16	16	2	–	–	–	–	–	–	–	–	–	**Acetophenone, 2-ethoxy-2-phenyl-**	574-09-4	**Q2224**
77	182	184	103	51	76	50	240	**240**	100	48	48	41	27	23	16	12		8	5	2	2	–	1	–	–	–	–	–	–	**Sydnone, 4-bromo-3-phenyl-**	13183-09-0	**R4324**
77	225	240	125	81	75	226	47	**240**	100	87	42	42	17	16	13	12		9	9	–	–	–	–	5	–	–	–	1	–	**Silane, trimethyl(pentafluorophenyl)-**		**02736**
77	240	205	214	78	242	137	239	**240**	100	39	37	24	16	15	13	12		14	9	–	2	1	–	–	–	–	–	–	–	**2-Chloro-N-phenylbenzimidoyl cyanide**		**15079**
77	240	239	214	242	205	241	78	**240**	100	66	30	28	22	20	20	19		14	9	–	2	1	–	–	–	–	–	–	–	**4-Chloro-N-phenylbenzimidoyl cyanide**		**15078**
79	107	163	43	96	240	41	91	**240**	100	76	67	37	37	36	34	32		12	13	3	–	1	–	–	–	–	–	–	–	**Tricyclo[3.3.1.1$^{(3,7)}$]decane-2,6-dione, 4-(chloroacetyl)-**	56728-09-7	**08319**
81	41	39	53	79	161	163	27	**240**	100	55	51	44	35	30	30	18	**1.79**	6	10	–	–	–	2	–	–	–	–	–	–	**2-Butene, 1,4-dibromo-2,3-dimethyl-**	34619-20-0	**S4686**
81	79	161	163	80	82	67	41	**240**	100	14	13	12	10	8	4	3	**0.90**	6	10	–	–	–	2	–	–	–	–	–	–	**Cyclohexane, 1,3-dibromo-**	3725-17-5	**Q9727**
81	124	83	168	71	69	82	240	**240**	100	51	49	26	25	20	17	16		10	12	5	2	–	–	–	–	–	–	–	–	**3,6-Epoxy-2H,8H-pyrimido[6,1-b][1,3]oxazocine-8,10(9H)-dione, 3,4,5,6-tetrahydro-4-hydroxy-11-methyl-, [3R-(3α,4β,6α)]-**	33909-96-5	**S4443**
81	161	163	80	79	82	41	53	**240**	100	15	15	14	13	8	4	3	**0.65**	6	10	–	–	–	2	–	–	–	–	–	–	**Cyclohexane, 1,4-dibromo-**	35076-92-7	**S4828**
81	161	163	82	67	54	41	79	**240**	100	16	16	10	7	5	4	4	**1.00**	6	10	–	–	–	2	–	–	–	–	–	–	**Cyclohexane, 1,2-dibromo-**	5401-62-7	**R1391**
83	44	58	165	60	85	142	125	**240**	100	99	57	53	30	30	17	13	**13.00**	11	20	2	4	–	–	–	–	–	–	–	–	**4,4,10,10-Tetramethyl-1,3,7,9-tetraazaspiro[5,5]undecane-2,8-dione**		**M3242**
83	55	69	41	139	57	97	43	**240**	100	56	39	28	25	24	20	19	**1.18**	10	19	–	–	2	–	–	–	1	–	–	–	**Phosphonous dichloride, [methylisopropylcyclohexyl]-**	74792-87-3	**T8566**
87	153	107	44	79	42	137	43	**240**	100	82	70	50	25	23	16	15	**6.00**	9	12	4	4	–	–	–	–	–	–	–	–	**1H-Pyrrole-2-carboxamide, N-(3-amino-3-oxopropyl)-1-methyl-4-nitro-**	55356-26-8	**T0996**
88	120	44	42	240	73	76	77	**240**	100	24	16	14	14	9	9	7		6	12	–	2	–	–	–	4	–	–	–	–	**Bis(dimethylaminothiocarbonyl) disulphide**	137-26-8	**P9724**
88	240	44	120	77	40	45	55	**240**	100	22	21	16	12	6	6	6		6	12	–	2	–	–	–	4	–	–	–	–	**Bis(dimethylaminothiocarbonyl) disulphide**	137-26-8	**P9725**
88	240	44	120	77	89	76	55	**240**	100	22	21	16	12	6	6	6		6	12	–	2	–	–	–	4	–	–	–	–	**Bis(dimethylaminothiocarbonyl) disulphide**		**L2650**
90	240	167	77	89	107	105	108	**240**	100	60	50	36	36	31	27	27		15	12	3	–	–	–	–	–	–	–	–	–	**1,3-Dioxolan-2-one, 4,5-diphenyl-, cis-**	19456-17-8	**R8155**
91	65	92	18	39	28	15	64	**240**	100	33	25	17	12	10	9	9	**2.26**	11	12	4	–	–	–	–	1	–	–	–	–	**Methyl cis-3-benzylsulphonyl-2-propenoate**		**P1214**
91	107	149	105	104	77	65	150	**240**	100	90	23	20	13	12	10	6	**0.30**	16	16	2	–	–	–	–	–	–	–	–	–	**Benzyl 3-phenylpropionate**		**M1208**
91	120	65	92	121	39	51	118	**240**	100	51	18	9	6	5	4	4	**0.00**	16	20	–	2	–	–	–	–	–	–	–	–	**1,2-Ethanediamine, N,N′-dibenzyl-**	140-28-3	**P9774**
91	240	181	118	92	77	103	121	**240**	100	20	15	9	9	8	5	5		16	16	2	–	–	–	–	–	–	–	–	–	**Propanoic acid, 2,3-diphenyl-, methyl ester**		**C0239**
93	77	51	240	52	223	39	50	**240**	100	72	61	61	58	45	38	38		14	12	2	2	–	–	–	–	–	–	–	–	**Aniline, 2-[2-(2-nitrophenyl)vinyl]-**	69395-24-0	**T7090**
93	106	78	240	121	119	147	92	**240**	100	23	23	15	7	7	7	7		14	12	2	2	–	–	–	–	–	–	–	–	**N-Phenyl-2-isonicotinyl-acetamide**		**M3068**
93	106	78	240	121	147	92	148	**240**	100	32	31	17	13	8	6	6		14	12	2	2	–	–	–	–	–	–	–	–	**N-Phenyl-2-nicotinyl-acetamide**		**M3062**
93	107	79	41	91	59	77	39	**240**	100	99	81	76	70	65	64	64	**0.52**	13	20	4	–	–	–	–	–	–	–	–	–	**Cyclopropanepropanoic acid, 3-[1-(methoxycarbonyl)vinyl]-2,2-dimethyl-, methyl ester, trans-**	74810-52-9	**T8704**
93	121	122	39	119	63	65	91	**240**	100	94	37	20	14	14	12	11	**6.23**	14	12	2	2	–	–	–	–	–	–	–	–	**N,N′-Diphenyl-N-formylurea**		**D2647**
93	178	43	86	79	41	91	77	**240**	100	97	71	71	67	63	58	48	**4.00**	12	16	5	–	–	–	–	–	–	–	–	–	**Tricyclo[3.3.1.1$^{(3,7)}$]decane-1,3-dicarboxylic acid, 4-hydroxy-**	55724-16-8	**T1974**
94	120	92	105	107	79	180	194	**240**	100	68	27	19	19	16	10	10	**0.00**	13	20	4	–	–	–	–	–	–	–	–	–	**1,8-Diacetoxy-5-methenyl-cis-oct-3-ene**		**P1314**
96	57	55	97	127	81	41	43	**240**	100	70	55	48	40	38	30	26	**0.00**	15	28	2	–	–	–	–	–	–	–	–	–	**Octanoic acid, 2-methylcyclohexyl ester, trans-**	15287-82-8	**R5656**
98	55	41	43	56	83	84	29	**240**	100	69	65	35	27	27	26	26	**7.45**	14	24	3	–	–	–	–	–	–	–	–	–	**Oxacyclotetradecane-2,11-dione, 13-methyl-**	74685-36-2	**T8352**
99	28	113	55	125	139	112	153	**240**	100	39	37	32	24	22	18	18	**10.00**	13	20	4	–	–	–	–	–	–	–	–	–	**Bicyclo[3.3.1]nonane 2,5-diketal**		**L6978**
99	98	43	41	57	125	42	70	**240**	100	39	38	34	29	23	21	21	**0.00**	11	22	4	–	–	–	–	–	–	2	–	–	**1,3,2-Dioxaborolane, 4,4′-(1,3-propanediyl)bis[2-ethyl-**	74810-64-3	**T8716**
99	125	86	55	41	168	240	113	**240**	100	36	33	29	20	13	13	12		13	20	4	–	–	–	–	–	–	–	–	–	**Bicyclo[3.2.2]nonane 3,6-diketal**		**L6977**
100	72	28	240	44	58	242	77	**240**	100	56	28	24	15	10	8	6		12	17	1	2	1	–	–	–	–	–	–	–	**N-(2-Methyl-4-chlorophenyl)-N′,N′-diethylurea**		**02303**
100	72	29	44	58	240	30	77	**240**	100	67	45	43	14	13	13	9		12	17	1	2	1	–	–	–	–	–	–	–	**N-(2-Methyl-3-chlorophenyl)-N′,N′-diethylurea**		**02301**
100	72	58	240	28	167	29	30	**240**	100	44	24	24	22	22	19	16		12	17	1	2	1	–	–	–	–	–	–	–	**N-(2-Methyl-5-chlorophenyl)-N′,N′-diethylurea**		**02304**
100	72	205	29	58	132	240	167	**240**	100	57	33	24	20	19	17	16		12	17	1	2	1	–	–	–	–	–	–	–	**N-(2-Methyl-2-chlorophenyl)-N′,N′-diethylurea**		**02305**
104	78	103	77	51	52	39	50	**240**	100	91	72	44	41	29	23	22	**1.26**	11	8	3	–	–	–	–	–	–	–	–	1	**Chromium, π-cyclooctetraene-tricarbonyl-**		**02834**
104	91	105	65	77	79	103	92	**240**	100	49	18	10	7	5	5	4	**0.00**	16	16	2	–	–	–	–	–	–	–	–	–	**Benzeneacetic acid, 2-phenylethyl ester**	102-20-5	**P7542**
105	52	240	51	106	78	184	212	**240**	100	77	43	12	8	5	5	5		12	8	2	4	–	–	–	–	–	–	–	–	**Pyrazolo[5,1-c]-as-triazine-3-carboxylic acid, 4-phenyl-**	6726-56-3	**R2500**
105	61	131	45	118	43	204	132	**240**	100	59	45	23	21	19	14	13	**1.48**	8	16	4	–	–	–	–	2	–	–	–	–	**D-Arabino-hexose, 2-deoxy-, cyclic 1,2-ethanediyl mercaptal**	3650-69-9	**Q9611**
105	77	51	240	106	50	103	78	**240**	100	37	10	10	9	4	4	4		14	12	2	2	–	–	–	–	–	–	–	–	**Benzoic acid, 2-benzoylhydrazide**	787-84-8	**Q4131**
105	77	106	51	78	240	50	52	**240**	100	99	40	33	14	12	8	7		12	8	2	4	–	–	–	–	–	–	–	–	**Pyrazolo[3,2-c]-as-triazine, 4-benzoyloxy-**		**M3846**
105	77	118	51	106	78	39	50	**240**	100	38	21	14	11	7	5	5	**2.00**	15	12	3	–	–	–	–	–	–	–	–	–	**Acetophenone, 2-hydroxy-, benzoate**	33868-50-7	**S4432**
105	77	122	240	121	119	120		**240**	100	41	33	20	6	6	2			14	12	2	2	–	–	–	–	–	–	–	–	**Benzaldehyde, 2-hydroxy-, benzoylhydrazone**		**M5222**
105	77	163	240	209	51	76	181	**240**	100	54	47	44	15	10	10	8		15	12	3	–	–	–	–	–	–	–	–	–	**Benzoic acid, 4-benzoyl-, methyl ester**	6158-54-9	**R2108**
105	77	240	51	106	78	184	212	**240**	100	52	43	12	8	5	5	5		12	8	2	4	–	–	–	–	–	–	–	–	**Pyrazolo[3,2-c]-as-triazine-3-carboxylic acid, 4-phenyl-**		**M3848**
105	104	119	91	77	106	79	103	**240**	100	92	36	25	15	9	8	7	**0.50**	16	16	2	–	–	–	–	–	–	–	–	–	**Benzoic acid, 2-methyl-, (2-methylphenyl)methyl ester**	55133-99-8	**T0416**
105	106	147	61	45	107	57	73	**240**	100	65	39	21	16	14	13	10	**0.00**	8	16	4	–	–	–	–	2	–	–	–	–	**Fucose, cyclic ethylene mercaptal**	3650-70-2	**Q9612**
105	122	77	240	119	121	120	167	**240**	100	41	39	15	9	8	4	2		14	12	2	2	–	–	–	–	–	–	–	–	**Benzaldehyde, 4-hydroxy-, benzoylhydrazone**		**M5223**
105	165	195	196	240	77	182	166	**240**	100	90	76	60	53	49	40	37		15	12	3	–	–	–	–	–	–	–	–	–	**1,3-Dioxolan-4-one, 5,5-diphenyl-**	19962-65-3	**R8446**

MASS TO CHARGE RATIOS								M.W.	INTENSITIES								Parent	C	H	O	N	Cl	Br	F	S	P	B	Si	X	COMPOUND NAME	CAS Reg No	No
106	240	77	134	107	241	79	120	**240**	100	58	13	10	10	10	9	7		14	16	–	4	–	–	–	–	–	–	–	–	2,2′-Dimethyl-4,4′-diamino-azobenzene		D0970
106	240	148	77	136	241	105	239	**240**	100	92	36	34	30	29	21	18		14	12	–	2	–	–	–	1	–	–	–	–	2-Anilinomethylbenzothiazole		D2614
107	77	91	105	104	65	240	133	**240**	100	54	51	30	13	13	7	4		16	16	2	–	–	–	–	–	–	–	–	–	3-Methylphenyl 3-phenylpropionate		M1211
107	93	79	98	41	91	77	176	**240**	100	97	81	77	73	73	64	62	**0.49**	13	20	4	–	–	–	–	–	–	–	–	–	3-Cyclopentene-1-propanoic acid, 5-(methoxycarbonyl)-2,2-dimethyl-, methyl ester	74810-51-8	T8703
107	106	240	133	132	77	108	91	**240**	100	55	25	22	11	10	9	7		15	16	1	2	–	–	–	–	–	–	–	–	N,N′-Bis-(4-tolyl)-urea		D1540
107	166	135	91	79	208	240	167	**240**	100	55	36	34	32	29	23	22		13	20	4	–	–	–	–	–	–	–	–	–	1,6-Dimethyl-2-carboxy-cyclohexane-2-acetic acid, dimethyl ester		L7690
109	82	139	95	96	222	83	127	**240**	100	80	30	21	20	15	15	8	**0.00**	15	28	2	–	–	–	–	–	–	–	–	–	Cycloneroddiol		M7136
111	140	110	167	28	196	139	112	**240**	100	31	25	17	12	11	10	9	**0.18**	10	18	5	–	–	–	–	–	–	2	–	–	β-L-Mannofuranose, 6-deoxy-, cyclic 1,2:3,5-bis(ethylboronate)	62930-52-3	T6239
112	113	84	56	55	41	98	114	**240**	100	67	16	10	8	4	4	3	**0.00**	13	24	2	2	–	–	–	–	–	–	–	–	2-Piperidinecarboxamide, 1-formyl-N-hexyl-	54966-18-6	S9941
119	91	149	65	240	181	120	39	**240**	100	33	21	20	20	12	10	9		15	12	3	–	–	–	–	–	–	–	–	–	Benzoic acid, 2-(4-methylbenzoyl)-	85-55-2	P6264
119	105	77	240	93	51	241	65	**240**	100	76	74	62	25	16	11	10		14	12	2	2	–	–	–	–	–	–	–	–	Benzamide, N-[(phenylamino)carbonyl]-	1821-33-6	Q6812
119	105	240	91	104	77	120	103	**240**	100	81	27	27	13	13	10	8		16	16	2	–	–	–	–	–	–	–	–	–	Benzoic acid, 4-methyl-, (4-methylphenyl)methyl ester	21086-87-3	R9101
119	105	240	91	104	77	120	121	**240**	100	81	27	27	13	13	10	8		16	16	2	–	–	–	–	–	–	–	–	–	Benzoic acid, 4-methyl-, (4-methylphenyl)methyl ester		X1202
119	121	91	93	120	65	77	122	**240**	100	86	34	17	12	8	8	8	**2.47**	16	16	2	–	–	–	–	–	–	–	–	–	4,4-Dimethyl-benzoin		C1475
120	77	104	105	51	121	240	42	**240**	100	26	13	12	11	10	9	8		16	20	–	2	–	–	–	–	–	–	–	–	1,2-Ethanediamine, N,N′-dimethyl-N,N′-diphenyl-	7025-95-8	R2793
120	92	240	64	196	39	212	50	**240**	100	95	56	34	15	12	11	8		14	8	4	–	–	–	–	–	–	–	–	–	Disalicylide		14667
120	240	121	105	77	104	42	91	**240**	100	16	9	7	5	4	3	3		16	20	–	2	–	–	–	–	–	–	–	–	1,2-Ethanediamine, N,N′-dimethyl-N,N′-diphenyl-	7025-95-8	R2794
121	77	154	135	41	51	45	39	**240**	100	29	17	13	12	12	9	8	**8.35**	11	12	2	–	–	–	–	2	–	–	–	–	Butanoic acid, 4-[(phenylthioxomethyl)thio]-	56666-66-1	09450
121	148	65	85	206	49	93	53	**240**	100	74	41	37	34	32	31	23	**13.00**	11	12	2	–	–	–	–	2	–	–	–	–	2-Propene(dithioic) acid, 3-(4-ethoxyphenyl)-3-hydroxy-	55133-81-8	T0397
121	211	133	120	91	240	77	65	**240**	100	63	45	38	38	29	14	13		15	12	3	–	–	–	–	–	–	–	–	–	Dihydroflavonal		B0137
126	44	43	41	98	140	27	29	**240**	100	52	29	27	21	16	14	14	**0.37**	12	16	5	–	–	–	–	–	–	–	–	–	2-Carboxymethyl-3-hexyl-maleic anhydride		06629
127	183	141	41	126	43	184	39	**240**	100	86	72	16	13	12	9	8	**0.25**	13	25	2	–	–	–	–	–	–	–	–	1	Aluminium, diisobutyl(2,4-pentanedionato-O,O′)-	14241-84-0	R5072
127	197	69	43	85	41	71	196	**240**	100	60	47	43	38	32	29	28	**0.00**	12	26	3	–	–	–	–	–	–	2	–	–	Borinic acid, dipropyl-, (2-propyl-1,3,2-dioxaborolan-4-yl)methyl ester	74421-08-2	T8077
127	197	69	43	85	41	71	196	**240**	100	60	48	43	38	32	29	28	**0.00**	12	26	3	–	–	–	–	–	–	2	–	–	Borinic acid, dipropyl-, 2-propyl-1,3,2-dioxaborinan-5-yl ester	61142-54-9	T5472
130	143	129	240	91	157	115	104	**240**	100	77	66	59	58	44	37	35		18	24	–	–	–	–	–	–	–	–	–	–	Benzene, (4-cyclohexyl-1-cyclohexen-1-yl)-	33933-88-9	S4470
131	130	129	91	240	115	128	39	**240**	100	71	39	35	34	29	26	18		16	16	–	–	–	–	–	1	–	–	–	–	Naphthalene, 1,2,3,4-tetrahydro-2-(phenylthio)-		00124
131	130	129	240	115	91	128	39	**240**	100	71	39	34	29	28	26	18		16	16	–	–	–	–	–	1	–	–	–	–	Naphthalene, 1,2,3,4-tetrahydro-2-(phenylthio)-		V0341
132	104	105	160	52	131	77	204	**240**	100	42	40	36	33	17	15	15	**1.00**	9	12	4	4	–	–	–	–	–	–	–	–	4-Pteridinecarboxylic acid, 5,6,7,8-tetrahydro-6,7-dihydroxy-, ethyl ester	16008-54-1	R5973
132	160	131	204	159	133	161	205	**240**	100	35	17	15	10	10	4	3	**2.00**	9	12	4	4	–	–	–	–	–	–	–	–	4-Pteridinecarboxylic acid, 5,6,7,8-tetrahydro-6,7-dihydroxy-, ethyl ester		M7970
133	240	105	137	45	77	107	134	**240**	100	52	32	25	17	14	13	13		12	16	1	–	–	–	–	2	–	–	–	–	1,3-Dithiane, 2-(2-ethoxyphenyl)-	24588-73-6	S0694
135	77	136	105	92	51	64	50	**240**	100	18	8	8	8	6	4	4	**2.40**	15	12	3	–	–	–	–	–	–	–	–	–	4-Methoxybenzil		W0170
136	240	104	108	78	149	91	77	**240**	100	81	36	25	25	20	9	8		16	16	2	–	–	–	–	–	–	–	–	–	7-Methoxy-3-phenyl-3,4-dihydro-2H-1-benzopyran		L0834
140	183	240	143	197	155	169	125	**240**	100	73	72	69	35	13	13	9		12	21	–	2	–	–	1	–	–	–	1	–	Hydrazine, 2-[(tert-butyl)fluorophenylsilyl]-1,1-dimethyl-	66436-25-7	T6635
141	156	44	41	155	112	43	55	**240**	100	75	26	19	16	15	14	13	**0.00**	12	20	3	2	–	–	–	–	–	–	–	–	2,4,6(1H,3H,5H)-Pyrimidinetrione, 5-ethyl-5-hexyl-	77-30-5	P5795
141	169	240	57	77	225	55	128	**240**	100	60	49	47	38	36	35	29		17	20	1	–	–	–	–	–	–	–	–	–	2(1H)-Phenanthrenone, 3,4,4a,9-tetrahydro-1,1,4a-trimethyl-	53603-15-9	S8528
147	195	139	162	135	119	123	151	**240**	100	41	36	30	28	25	23	19	**11.10**	12	20	3	–	–	–	–	–	–	–	1	–	Silane, triethoxyphenyl-	780-69-8	Q4116
147	240	239	65	120	39	212	93	**240**	100	87	53	50	47	28	24	23		14	12	2	2	–	–	–	–	–	–	–	–	Benzaldehyde, 3-hydroxy-, [(3-hydroxyphenyl)methylene]hydrazone	18428-76-7	R7599
147	240	239	121	120	65	39	91	**240**	100	78	68	63	27	26	16	15		15	12	3	–	–	–	–	–	–	–	–	–	2-Propen-1-one, 1-(2-hydroxyphenyl)-3-(3-hydroxyphenyl)-	36574-83-1	S5298
149	240	239	223	224	78	103	150	**240**	100	29	20	19	16	11	9	9		15	16	1	2	–	–	–	–	–	–	–	–	Dibenzo[b,f][1,4]diazocine, 5,6,11,12-tetrahydro-2-methoxy-	27188-35-8	S1643
152	137	155	240	153	151	97	123	**240**	100	43	42	25	16	13	9	9		13	28	–	–	–	–	–	–	–	–	2	–	Silane, (3,3-diethyl-1-propyne-1,3-diyl)bis[trimethyl-	61227-91-6	T5608
152	196	105	240	163	133	153	140	**240**	100	93	92	87	56	53	53	52		10	13	2	–	–	–	–	–	–	–	–	1	1,3,2-Dioxarsenane, 4-methyl-2-phenyl-	34715-46-3	S4722
153	240	43	125	154	222	79	51	**240**	100	22	17	13	13	12	9	5		11	12	6	–	–	–	–	–	–	–	–	–	3,4,5-Trihydroxybenzoic acid, 3-oxo-sec-butyl ester		P1114
156	141	41	157	55	98	142	43	**240**	100	74	14	14	13	10	9	8	**2.00**	12	20	3	2	–	–	–	–	–	–	–	–	2,4,6(1H,3H,5H)-Pyrimidinetrione, 5-ethyl-5-hexyl-	77-30-5	P5794
157	199	155	240	39	198	143	41	**240**	100	30	23	21	15	12	11	10		10	17	–	–	–	–	–	–	–	–	–	1	Rhodium, [(1,2,3-η)-2-butenyl]bis(η-3-2-propenyl)-	74779-89-8	T8555
157	199	240	155	143	198	103	142	**240**	100	48	25	17	15	12	11	10		10	17	–	–	–	–	–	–	–	–	–	1	Rhodium, [(1,2,3-η)-2-methyl-2-propenyl]bis(η-3-2-propenyl)-	74779-87-6	T8553
158	91	157	240	129	55	141	183	**240**	100	49	40	40	31	26	26	22		18	24	–	–	–	–	–	–	–	–	–	–	Benzene, (2-cyclohexyl-1-cyclohexen-1-yl)-	24636-55-3	S0730
161	163	242	111	113	240	244	142	**240**	100	99	66	35	34	34	33	18		2	1	–	–	–	2	3	–	–	–	–	–	Ethane, 1,1,1-trifluoro-2,2-dibromo-		A0262
162	104	76	93	79	94	77	105	**240**	100	67	35	32	29	15	14	14	**12.00**	14	12	2	2	–	–	–	–	–	–	–	–	1H-Isoindole-1,3(2H)-dione, 2-(7-azabicyclo[2.2.1]hept-1-en-7-yl)-	75378-91-5	T8954
163	28	105	77	240	209	14	164	**240**	100	89	72	40	24	22	16	14		15	12	3	–	–	–	–	–	–	–	–	–	Benzoic acid, 2-benzoyl-, methyl ester		03646
163	105	77	240	209	51	76	152	**240**	100	72	53	44	18	12	10	10		15	12	3	–	–	–	–	–	–	–	–	–	Benzoic acid, 2-benzoyl-, methyl ester	606-28-0	Q2727
163	161	165	79	81	82	207	47	**240**	100	62	45	23	22	21	16	15	**0.00**	1	–	–	–	2	2	–	–	–	–	–	–	Methane, dibromodichloro-	594-18-3	Q2544
166	165	240	194	111	139	123	137	**240**	100	72	63	48	32	32	23	23		12	16	5	–	–	–	–	–	–	–	–	–	Benzoic acid, 2,5-diethoxy-4-methoxy-	55134-04-8	T0421
167	180	165	168	240	152	103	77	**240**	100	54	28	13	13	11	9	9		16	16	2	–	–	–	–	–	–	–	–	–	Propanoic acid, 3,3-diphenyl-, methyl ester		C0272
168	128	240	195	140	169	70	101	**240**	100	60	35	33	25	13	12	6		14	12	2	2	–	–	–	–	–	–	–	–	Imidazo[2,1-a]isoquinoline-2-carboxylic acid, ethyl ester	69707-18-2	T7332
169	184	41	112	185	69	183	55	**240**	100	90	24	15	10	9	9	8	**0.20**	12	20	3	2	–	–	–	–	–	–	–	–	2,4,6(1H,3H,5H)-Pyrimidinetrione, 5-ethyl-1,3-dimethyl-5-sec-butyl-	55134-03-7	T0419

MASS TO CHARGE RATIOS								M.W.	INTENSITIES								Parent	C	H	O	N	Cl	Br	F	S	P	B	Si	X	COMPOUND NAME	CAS Reg No	No
169	184	112	42	55	170	183	212	**240**	100	80	17	16	16	15	11	11	**0.20**	12	20	3	2	–	–	–	–	–	–	–	–	**2,4,6(1H,3H,5H)-Pyrimidinetrione, 5-butyl-3-ethyl-1,3-dimethyl-**	28239-45-4	**S1998**
169	184	112	170	183	212	55	126	**240**	100	70	17	17	11	8	8	7	**0.00**	12	20	3	2	–	–	–	–	–	–	–	–	**2,4,6(1H,3H,5H)-Pyrimidinetrione, 5-butyl-3-ethyl-1,3-dimethyl-**	28239-45-4	**S1999**
169	184	112	183	211	170	185	41	**240**	100	65	9	8	8	8	7	4	**0.00**	12	20	3	2	–	–	–	–	–	–	–	–	**2,4,6(1H,3H,5H)-Pyrimidinetrione, 5-ethyl-1,3-dimethyl-5-sec-butyl-**	55134-03-7	**T0420**
171	240	185	143	128	199	102	131	**240**	100	90	48	36	31	25	24	20		16	16	2	–	–	–	–	–	–	–	–	–	**2,7-Diallyloxynaphthalene**		**P2018**
178	209	208	193	179	194	225	239	**240**	100	39	39	37	33	15	6	3	**0.00**	16	16	2	–	–	–	–	–	–	–	–	–	**9,10-Dimethoxy-9,10-dihydroanthracene**		**M6165**
181	152	240	182	45	28	153	44	**240**	100	20	18	15	15	14	13	9		15	12	3	–	–	–	–	–	–	–	–	–	**9-Carbomethoxy-9-hydroxy-fluorene**		**03503**
182	181	240	77	154	183	127	63	**240**	100	40	32	21	16	14	11	9		14	12	2	2	–	–	–	–	–	–	–	–	**9H-Pyrido[3,4-b]indole-3-carboxylic acid, 1-methyl-, methyl ester**	16641-82-0	**R6290**
182	181	240	105	183	77	154	127	**240**	100	35	29	17	16	14	13	8		14	12	2	2	–	–	–	–	–	–	–	–	**9H-Pyrido[3,4-b]indole-3-carboxylic acid, 1-methyl-, methyl ester**		**P2550**
182	184	50	155	157	75	76	51	**240**	100	99	73	51	50	23	23	18	**2.00**	8	5	2	2	–	1	–	–	–	–	–	–	**Sydnone, 3-(4-bromophenyl)-**	26537-61-1	**S1438**
182	225	77	183	78	93	125	51	**240**	100	45	16	10	7	7	7	6	**2.00**	11	16	2	2	–	–	–	1	–	–	–	–	**Sulphoximine, S-methyl-S-phenyl-N-[(propylamino)carbonyl]-**	54090-97-0	**S8786**
182	225	77	183	93	125	65	78	**240**	100	44	16	11	7	7	6	6	**3.44**	11	16	2	2	–	–	–	1	–	–	–	–	**Sulphoximine, S-methyl-S-phenyl-N-[(propylamino)carbonyl]-**	54090-97-0	**S8787**
183	41	57	27	239				**240**	100	12	6	6	3				**0.10**	12	27	–	–	–	–	2	–	1	–	–	–	**Phosphorane, tributyl-difluoro-**		**L8137**
183	58	94	42	182	40	196	73	**240**	100	40	28	24	21	17	13	12	**6.00**	6	7	1	4	–	–	3	1	–	–	–	–	**Urea, N,N′-dimethyl-N-[5-(trifluoromethyl)-1,3,4-thiadiazol-2-yl]-**	25366-23-8	**S1035**
183	184	182	170	169	168	92	77	**240**	100	64	53	52	51	47	42	41	**14.54**	16	20	–	2	–	–	–	–	–	–	–	–	**Diphenylamine, 2-(sec-butylamino)-**		**D0658**
183	240	168	197	212				**240**	100	90	50	39	17					15	16	1	2	–	–	–	–	–	–	–	–	**De-ethyldasycarpidone**		**M8238**
183	240	168	197	212				**240**	100	90	38	35	15					15	16	1	2	–	–	–	–	–	–	–	–	**De-ethyldasycarpidone**		**L8429**
184	240	142	193	97	85	83	198	**240**	100	34	33	33	27	16	13	13		9	12	–	4	–	–	–	2	–	–	–	–	**Thiazolo[5,4-d]pyrimidine, 2-butylthio-5-amino-**		**L4658**
185	56	41	186	55	97	69	157	**240**	100	14	10	9	8	8	7	6	**0.00**	12	20	3	2	–	–	–	–	–	–	–	–	**2,4,6(1H,3H,5H)-Pyrimidinetrione, 5,5-diethyl-1-isobutyl-**		**M7869**
185	56	41	186	97	55	157	69	**240**	100	13	10	9	9	8	7	7	**0.00**	12	20	3	2	–	–	–	–	–	–	–	–	**2,4,6(1H,3H,5H)-Pyrimidinetrione, 5,5-diethyl-1-isobutyl-**	51209-91-7	**S7600**
185	211	70	96	212	54	114	69	**240**	100	33	23	14	12	11	10	7	**4.00**	12	20	3	2	–	–	–	–	–	–	–	–	**2,4,6(1H,3H,5H)-Pyrimidinetrione, 5,5-diethyl-1-sec-butyl-**		**M7870**
185	211	70	96	212	54	114	97	**240**	100	31	21	14	12	10	9	8	**3.33**	12	20	3	2	–	–	–	–	–	–	–	–	**2,4,6(1H,3H,5H)-Pyrimidinetrione, 5,5-diethyl-1-sec-butyl-**	51209-93-9	**S7602**
185	211	71	97	212	55	114	98	**240**	100	32	21	14	13	11	9	9	**3.50**	12	20	3	2	–	–	–	–	–	–	–	–	**2,4,6(1H,3H,5H)-Pyrimidinetrione, 5,5-diethyl-1-sec-butyl-**	51209-93-9	**S7603**
185	212	211	41	56	96	55	155	**240**	100	28	22	18	13	13	13	13	**2.30**	12	20	3	2	–	–	–	–	–	–	–	–	**2,4,6(1H,3H,5H)-Pyrimidinetrione, 1-butyl-5,5-diethyl-**	15517-26-7	**R5763**
185	212	211	41	96	56	55	155	**240**	100	28	23	20	15	15	14	13	**2.00**	12	20	3	2	–	–	–	–	–	–	–	–	**2,4,6(1H,3H,5H)-Pyrimidinetrione, 1-butyl-5,5-diethyl-**		**M7868**
192	70	112	56	100	98	126	141	**240**	100	10	10	9	9	8	8	6	**1.00**	13	24	2	2	–	–	–	–	–	–	–	–	**1,5-Diazacyclotridecan-6-one, 1-acetyl-**	67370-78-9	**T6785**
195	180	75	149	196	29	166	45	**240**	100	63	61	49	34	31	23	23	**19.42**	9	8	6	2	–	–	–	–	–	–	–	–	**Benzoic acid, 2,4-dinitro-, ethyl ester**	33672-95-6	**S4312**
195	196	240	77	105	193	28	183	**240**	100	52	32	31	22	22	21	21		16	16	2	–	–	–	–	–	–	–	–	–	**1,2-Naphthalenediol, 1,2,3,4-tetrahydro-1-phenyl-, cis-**	56588-38-6	**T3782**
196	198	161	200	163	86	242	245	**240**	100	89	50	28	26	20	19	17	**17.11**	6	3	2	2	3	–	–	–	–	–	–	–	**2-Pyridinecarboxylic acid, 4-amino-3,5,6-trichloro-**	1918-02-1	**Q7024**
196	198	161	200	163	240	242	86	**240**	100	95	40	31	26	20	20	18		6	3	2	2	3	–	–	–	–	–	–	–	**2-Pyridinecarboxylic acid, 4-amino-3,5,6-trichloro-**	1918-02-1	**Q7023**
197	143	225	141	129	128	41	115	**240**	100	80	72	66	65	61	55	48	**32.00**	18	24	–	–	–	–	–	–	–	–	–	–	**Spiro[cyclobutane-1,1′(2′H)-phenanthrene], 3′,4′,4′a,9′,10′,10′a-hexahydro-4′a-methyl-, trans-**	65147-76-4	**T6543**
197	155	196	154	198	168	156	169	**240**	100	70	24	18	13	7	6	4	**0.00**	15	21	–	2	–	–	–	–	–	1	–	–	**Borane, dipropyl[2-(2-pyridyl)pyrrol-1-yl]-**	28916-20-3	**S2279**
197	198	43	240	181				**240**	100	67	36	25	12					15	12	3	–	–	–	–	–	–	–	–	–	**3-Acetoxyxanthene**		**M5436**
197	199	241	201	243	225	227	245	**240**	100	94	31	30	27	11	10	8	**0.00**	6	3	2	2	3	–	–	–	–	–	–	–	**2-Pyridinecarboxylic acid, 4-amino-3,5,6-trichloro-**	1918-02-1	**Q7025**
197	225	240	76	104	141	169	50	**240**	100	88	72	34	32	27	26	21		16	16	2	–	–	–	–	–	–	–	–	–	**1,4-Naphthalenedione, 2-methyl-3-(3-methyl-2-butenyl)-**	957-78-8	**Q4848**
197	225	240	115	241	105	141	76	**240**	100	68	48	36	32	28	28	24		15	12	3	–	–	–	–	–	–	–	–	–	**Naphtho[1,2-b]furan-4,5-dione, 2-isopropyl-**	13019-42-6	**09355**
197	240	211	198	39	115	212	63	**240**	100	39	23	22	20	14	13	12		15	12	3	–	–	–	–	–	–	–	–	–	**2,3-Dihydro-2-oxo-4-(4-tolyl)-5-hydroxybenzofuran**		**D2844**
197	240	225	198	115	241	105	141	**240**	100	50	17	13	9	8	7	7		15	12	3	–	–	–	–	–	–	–	–	–	**Naphtho[1,2-b]furan-4,5-dione, 2-isopropyl-**	13019-42-6	**R4140**
198	119	161	92	120	225	182	240	**240**	100	96	39	31	27	25	23	19		10	12	3	2	–	–	–	1	–	–	–	–	**1H-2,1,3-Benzothiadiazin-4(3H)-one, 3-isopropyl-, 2,2-dioxide**	25057-89-0	**S0914**
198	197	240	181	43	115			**240**	100	99	34	20	20	13				15	12	3	–	–	–	–	–	–	–	–	–	**2-Acetoxyxanthene**		**M5435**
199	240	171	169	102	128	115	143	**240**	100	76	67	66	62	60	39	37		16	16	2	–	–	–	–	–	–	–	–	–	**2,3-Diallyloxynaphthalene**		**P2016**
205	75	74	131	76	103	177	63	**240**	100	93	55	52	39	29	19	15	**12.00**	8	5	3	4	1	–	–	–	–	–	–	–	**1,2,3-Benzotriazin-4(3H)-one, 3-(chloromethyl)-6-nitro-**		**L6242**
205	75	74	131	76	103	178	49	**240**	100	93	56	53	39	28	19	15	**11.01**	8	5	3	4	1	–	–	–	–	–	–	–	**1,2,3-Benzotriazin-4(3H)-one, 3-(chloromethyl)-6-nitro-**	24310-43-8	**S0540**
207	222	204	77	178	115	221	203	**240**	100	76	56	51	48	37	33	31	**0.00**	16	16	2	–	–	–	–	–	–	–	–	–	**3,3-Dimethyl-1-phenyl-1-oxyphthalane**		**01478**
209	129	77	156	210	128	76	182	**240**	100	92	55	53	46	43	32	23	**0.00**	10	8	–	8	–	–	–	–	–	–	–	–	**3,6-Diaminobis-s-triazolo[3,4-a:4,3-c]phthalazine**		**L8349**
210	73	91	63	69	71	92	67	**240**	100	63	50	46	45	40	39	36	**3.60**	10	12	5	2	–	–	–	–	–	–	–	–	**Phenol, 2-tert-butyl-4,6-dinitro-**	4097-49-8	**R0086**
210	240	239	42	211	194	241	101	**240**	100	82	31	21	19	15	14	11		15	12	3	–	–	–	–	–	–	–	–	–	**4H-Naphtho[2,3-b]pyran-4-one, 5-methoxy-2-methyl-**	55134-00-4	**T0417**
211	163	147	27	29	117	240	39	**240**	100	43	32	26	26	24	23	22		10	12	5	2	–	–	–	–	–	–	–	–	**Phenol, 2-sec-butyl-4,6-dinitro-**	88-85-7	**P6467**
211	163	147	117	89	77	53	55	**240**	100	64	47	46	28	27	22	20	**6.80**	10	12	5	2	–	–	–	–	–	–	–	–	**Phenol, 2-sec-butyl-4,6-dinitro-**	88-85-7	**P6469**
211	163	147	117	240	77	89	205	**240**	100	56	36	32	24	15	14	13		10	12	5	2	–	–	–	–	–	–	–	–	**Phenol, 2-sec-butyl-4,6-dinitro-**	88-85-7	**P6468**
211	209	105	240	131	213	207	238	**240**	100	52	48	37	24	19	18	18		10	12	–	2	–	–	–	–	–	–	–	1	**Selenocyanic acid, 4-(propylamino)phenyl ester**		**L8962**
211	225	103	212	197	77	91	149	**240**	100	26	19	19	18	9	8	7		17	20	1	–	–	–	–	–	–	–	–	–	**Butane, 2-(4-methoxyphenyl)-2-phenyl-**		**F0389**
212	211	141	169	213	115	128	156	**240**	100	38	35	31	21	19	19	19	**15.00**	15	12	3	–	–	–	–	–	–	–	–	–	**Naphtho[1,8-bc]pyran-7,8-dione, 3,6,9-trimethyl-**	5090-88-0	**R1085**
212	211	141	169	213	156	128	115	**240**	100	38	35	31	21	19	19	19	**15.00**	15	12	3	–	–	–	–	–	–	–	–	–	**1-Oxa-3,6-dimethylphenalen-7,8-dione**		**M5925**
222	91	195	119	194	221	65	149	**240**	100	93	73	70	70	70	66	53	**19.02**	15	12	3	–	–	–	–	–	–	–	–	–	**Benzoic acid, 2-(2-methylbenzoyl)-**	5469-51-2	**R1477**
222	121	221	120	223	240	147	93	**240**	100	72	60	28	24	22	16	14		15	12	3	–	–	–	–	–	–	–	–	–	**2′-Hydroxyflavanone**		**L2041**

MASS TO CHARGE RATIOS								M.W.	INTENSITIES								Parent	C	H	O	N	Cl	Br	F	S	P	B	Si	X	COMPOUND NAME	CAS Reg No	No
223	240	205	165	193	194	178	192	**240**	100	99	70	52	29	21	19	19		14	12	2	2	–	–	–	–	–	–	–	–	2-Phenanthreneamine, 9,10-dihydro-1-nitro-	18264-78-3	R7459
225	68	44	173	240	198	172	43	**240**	100	95	84	83	83	74	68	66		9	13	–	6	1	–	–	–	–	–	–	–	Propanenitrile, 2-[[4-chloro-6-(ethylamino)-1,3,5-triazin-2-yl]amino]-2-methyl-	21725-46-2	R9356
225	73	147	240	133	75	135	209	**240**	100	26	13	12	8	6	6	4		7	21	3	–	–	–	–	–	1	–	2	–	Phosphonic acid, methyl-, bis(trimethylsilyl) ester	18279-83-9	R7479
225	73	226	147	240	105	227	45	**240**	100	26	15	13	12	11	10	9		7	21	3	–	–	–	–	–	1	–	2	–	Phosphonic acid, methyl-, bis(trimethylsilyl) ester	18279-83-9	R7477
225	75	73	147	77	45	226	47	**240**	100	74	53	45	33	25	16	15	**11.00**	7	21	3	–	–	–	–	–	1	–	2	–	Phosphorous acid, methyl bis(trimethylsilyl) ester	56666-36-5	08518
225	76	104	197	50	105	77	115	**240**	100	28	21	21	19	18	17	16	**16.01**	15	12	3	–	–	–	–	–	–	–	–	–	2H-Naphtho[2,3-b]pyran-5,10-dione, 2,2-dimethyl-	15297-92-4	R5678
225	77	91	51	240	118	117	39	**240**	100	93	53	42	40	38	36	21		15	16	1	2	–	–	–	–	–	–	–	–	ONN-Azoxybenzene, 2,4,6-trimethyl-	16914-58-2	R6530
225	177	131	41	77	240	38	103	**240**	100	47	34	29	18	17	16	14		10	12	5	2	–	–	–	–	–	–	–	–	Phenol, 2-tert-butyl-4,6-dinitro-	1420-07-1	Q5922
225	177	131	41	240	226	77	103	**240**	100	42	15	12	11	11	10	8		10	12	5	2	–	–	–	–	–	–	–	–	Phenol, 2-tert-butyl-4,6-dinitro-		C0767
225	223	240	119	145	238	221	227	**240**	100	51	49	45	31	23	18	17		10	12	–	2	–	–	–	–	–	–	–	1	Selenocyanic acid, 4-(ethylmethylamino)phenyl ester		L8960
225	227	57	240	41	226	91	242	**240**	100	37	36	35	20	14	13	11		14	21	1	–	1	–	–	–	–	–	–	–	4-Chloro-2,6-tert-butylphenol		C0766
225	240	43	211	91	117	197	41	**240**	100	32	28	12	10	9	9	8		12	17	–	–	–	1	–	–	–	–	–	–	Benzene, 1-bromo-2,5-diisopropyl-		L0657
225	240	57	226	41	77	91	29	**240**	100	31	24	19	14	13	8	8		18	24	–	–	–	–	–	–	–	–	–	–	2,6-Di-tert-butylnaphthalene		V0230
225	240	179	226	103	165	166	181	**240**	100	34	19	16	15	14	10	10		16	16	2	–	–	–	–	–	–	–	–	–	Benzoic acid, 4-(2-phenylpropyl)-		C0922
225	240	197	76	226	115	105	241	**240**	100	53	23	17	16	14	13	12		15	12	3	–	–	–	–	–	–	–	–	–	Naphtho[2,3-b]furan-4,9-dione, 2-isopropyl-	13019-43-7	R4141
238	144	236	142	186	239	241	129	**240**	100	66	52	47	42	41	37	27	**25.73**	18	24	–	–	–	–	–	–	–	–	–	–	Benz[a]anthracene, 1,2,3,4,4a,5,6,7,8,11,12,12b-dodecahydro-	16434-57-4	R6182
239	240	77	163	105	181	223	241	**240**	100	88	50	31	17	12	12	12		15	12	3	–	–	–	–	–	–	–	–	–	1,3-Benzodioxole, 6-methyl-5-benzoyl-	52806-34-5	S8117
239	240	183	225	184	226	182	170	**240**	100	45	22	17	15	13	10	10		16	20	–	2	–	–	–	–	–	–	–	–	Indolo[2,3-b]quinolizine, 1,2,3,4,6,7,12,12b-octahydro-12-methyl-	13233-45-9	R4380
240	18	241	92	184	212	223	239	**240**	100	17	15	14	13	10	8	8		14	8	4	–	–	–	–	–	–	–	–	–	1,5-Dihydroxy-9,10-anthraquinone		D0214
240	41	95	129	91	128	97	212	**240**	100	88	83	80	73	56	51	51		17	20	1	–	–	–	–	–	–	–	–	–	Bicyclo[3.2.0]heptan-2-one, 1,4,4-trimethyl-3-benzylene-	55759-86-9	T2056
240	56	117	115	116	121	237	239	**240**	100	27	23	23	19	18	15	14		14	16	–	–	–	–	–	–	–	–	–	1	π-Cyclopentadienyl-π-4,5,6,7-tetrahydroindenyl iron		02825
240	59	176	45	99	117	98	131	**240**	100	72	67	63	58	58	53	42		6	8	–	–	–	–	–	5	–	–	–	–	2,4,6,8,9-Pentathiatricyclo[3.3.1.1$^{(3,7)}$]decane, 3-methyl-	57274-63-2	T4431
240	61	86	43	87	28	60	59	**240**	100	99	96	86	86	85	85	75		8	16	–	–	–	–	–	4	–	–	–	–	1,4,7,10-Tetrathiacyclododecane	25423-56-7	S1055
240	63	241	167	64	80	104	51	**240**	100	23	15	10	7	7	7	6		12	8	2	4	–	–	–	–	–	–	–	–	s-Triazolo[1,5-a]pyridine, 6-nitro-2-phenyl-	31040-17-2	S3126
240	63	241	167	104	80	64	210	**240**	100	23	15	10	7	7	7	6		12	8	2	4	–	–	–	–	–	–	–	–	s-Triazolo[1,5-a]pyridine, 6-nitro-2-phenyl-		M5051
240	75	76	103	74	50	110	242	**240**	100	74	39	38	34	34	33	32		14	9	–	2	1	–	–	–	–	–	–	–	2-Phenyl-6-chloroquinoxaline		05740
240	77	103	91	241	194	210	104	**240**	100	25	20	15	14	13	11	10		12	8	2	4	–	–	–	–	–	–	–	–	s-Triazolo[1,5-a]pyridine, 8-nitro-2-phenyl-	31052-92-3	S3128
240	91	162	147	239	106	150	241	**240**	100	61	46	25	19	16	15	15		14	12	–	2	–	–	–	1	–	–	–	–	2-Benzothiazolamine, N-benzyl-	21816-82-0	R9388
240	97	144	90	130	168	70	149	**240**	100	90	23	20	14	10	10	10		15	16	1	2	–	–	–	–	–	–	–	–	Indol-2-yl 1,2,5,6-tetrahydro-1-methyl-4-pyridyl ketone		L8426
240	103	192	193	76	77	89	51	**240**	100	79	54	51	50	40	39	28		14	12	2	2	–	–	–	–	–	–	–	–	Ethanedione, diphenyl-, dioxime	23873-81-6	S0376
240	115	238	195	194	193	192	222	**240**	100	57	49	47	33	28	22	20		10	8	2	–	–	–	–	–	–	–	–	1	Benzo[b]selenophene-3-carboxylic acid, 2-methyl-	26526-42-1	S1391
240	118	121	239	122	77	78	69	**240**	100	32	29	18	14	11	11	7		14	12	–	2	–	–	–	1	–	–	–	–	Aniline, 4-(6-methyl-2-benzothiazolyl)-		L4707
240	118	121	239	241	122	77	78	**240**	100	32	29	18	16	14	11	11		14	12	–	2	–	–	–	1	–	–	–	–	Aniline, 4-(6-methyl-2-benzothiazolyl)-	92-36-4	P6694
240	120	241	242	195	208	163	121	**240**	100	27	17	10	10	6	5	4		14	8	–	–	–	–	–	2	–	–	–	–	Indeno[2′,1′:4,5]thieno[3,2-b]thiopyran	56830-85-4	09273
240	121	206	239	207	63	45	180	**240**	100	11	9	7	7	4	3	3		14	12	–	2	–	–	–	1	–	–	–	–	Aniline, 2-(4-methyl-2-benzothiazolyl)-		L4708
240	121	223	91	93	120	119	65	**240**	100	92	60	47	42	40	37	35		14	12	2	2	–	–	–	–	–	–	–	–	Benzaldehyde, 2-hydroxy-, [(2-hydroxyphenyl)methylene]hydrazone	959-36-4	Q4862
240	126	55	151	97	69	115	110	**240**	100	98	73	66	60	54	51	38		10	12	5	2	–	–	–	–	–	–	–	–	2,2′-Anhydro-1-(β-D-ribofuranosyl)-thymine		M7455
240	126	55	151	97	69	115	110	**240**	100	98	72	65	59	54	51	37		10	12	5	2	–	–	–	–	–	–	–	–	6H-Furo[2′,3′:4,5]oxazolo[3,2-a]pyrimidin-6-one, 2,3,3a,9a-tetrahydro-3-hydroxy-2-(hydroxymethyl)-7-methyl-, [2R-(2α,3β,3aβ,9aβ)]-	22423-26-3	R9748
240	128	168	196	195	212	101	129	**240**	100	87	59	44	41	29	28	24		13	8	3	2	–	–	–	–	–	–	–	–	1H-Pyrimido[1,2-a]quinoline-2-carboxylic acid, 1-oxo-	64399-31-1	T6468
240	131	91	77	105	104	106	241	**240**	100	65	63	45	34	26	10	10		14	12	–	2	–	–	–	1	–	–	–	–	1,3,4-Thiadiazole, 2,3-dihydro-3,5-diphenyl-	36358-07-3	S5216
240	131	91	77	239	104	103	105	**240**	100	64	62	45	41	34	27	13		14	12	–	2	–	–	–	1	–	–	–	–	1,3,4-Thiadiazole, 2,3-dihydro-3,5-diphenyl-	36358-07-3	S5215
240	139	182	181	196	153	167	154	**240**	100	60	57	56	45	33	22	22		17	20	1	–	–	–	–	–	–	–	–	–	1-Oxo-1,2,3,3s,5,5a,6,7,8,9-decahydro-4H-cyclohepta[c,d]phenalene		M7557
240	148	91	77	132	107	241	92	**240**	100	68	48	34	23	21	20	18		15	16	1	2	–	–	–	–	–	–	–	–	4-Methoxyacetophenone phenylhydrazone		L7023
240	154	242	56	210	167	153	42	**240**	100	66	32	29	28	28	25	22		11	13	2	2	1	–	–	–	–	–	–	–	1-(3′-Chloro-4′-methyl)-3-methoxyimidazolidinone		P2105
240	157	158	129	41	197	91	128	**240**	100	51	48	47	42	37	37	36		17	20	1	–	–	–	–	–	–	–	–	–	Bicyclo[2.2.1]heptan-2-one, 1,7,7-trimethyl-3-benzylene-	15087-24-8	R5554
240	160	204	206	182	205	132	241	**240**	100	63	54	45	23	16	14	14		9	12	4	4	–	–	–	–	–	–	–	–	4-Pteridinecarboxylic acid, 5,6,7,8-tetrahydro-6,7-dihydroxy-, ethyl ester	16008-54-1	R5974
240	169	225	241	101	75	170	18	**240**	100	33	16	16	12	7	7	6		15	12	3	–	–	–	–	–	–	–	–	–	1H-Naphtho[2,1-b]pyran-1-one, 5-methoxy-3-methyl-	5891-85-0	R1869
240	169	225	241	170	226			**240**	100	36	19	14	6	4				15	12	3	–	–	–	–	–	–	–	–	–	2-Methyl-8-methoxy-5,6-benzochroman-4-one		M8177
240	176	242	212	241	177	151	88	**240**	100	36	35	27	17	13	12	9		14	9	–	2	1	–	–	–	–	–	–	–	4-Phenyl-6-chlorocinnoline		05735
240	184	212	241	63	92	138	128	**240**	100	17	15	15	14	13	12	9		14	8	4	–	–	–	–	–	–	–	–	–	1,8-Dihydroxy-9,10-anthraquinone	117-10-2	P8913
240	194	165	193	241	210	195	96	**240**	100	48	24	21	17	16	9	8		14	12	2	2	–	–	–	–	–	–	–	–	2-Phenanthrenamine, 9,10-dihydro-7-nitro-	18264-82-9	R7461
240	194	165	241	167	152	166	96	**240**	100	29	21	19	9	8	7	7		14	12	2	2	–	–	–	–	–	–	–	–	2-Phenanthrenamine, 9,10-dihydro-3-nitro-		02107
240	197	141	41	183	241	129	128	**240**	100	84	26	24	24	19	17	16		18	24	–	–	–	–	–	–	–	–	–	–	1,2,3,4,5,6,7,8,13,14,15,16-Dodecahydrochrysene		Y0901

MASS TO CHARGE RATIOS								M.W.	INTENSITIES								Parent	C	H	O	N	Cl	Br	F	S	P	B	Si	X	COMPOUND NAME	CAS Reg No	No
240	197	141	241	183	128	129	198	**240**	100	66	23	20	19	14	12	12		18	24	–	–	–	–	–	–	–	–	–	–	**1,2,3,4,5,6,6a,7,8,9,10,10a-Dodecahydrochrysene**		**V0289**
240	197	183	241	141	198	212	129	**240**	100	72	21	20	17	13	11	10		18	24	–	–	–	–	–	–	–	–	–	–	**1,2,3,4,4a,7,8,9,10,11,12,12-Dodecahydrochrysene**		**Y1979**
240	197	241	212	200	198	239		**240**	100	50	17	14	7	7	5			15	12	3	–	–	–	–	–	–	–	–	–	**2-Methyl-7-methoxy-5,6-benzochroman-4-one**		**M8178**
240	197	241	212	200	198	239	196	**240**	100	50	16	13	7	6	4	3		15	12	3	–	–	–	–	–	–	–	–	–	**1H-Naphtho[2,1-b]pyran-1-one, 6-methoxy-3-methyl-**	5891-93-0	**R1870**
240	207	192	193	191	179	178	208	**240**	100	81	64	31	27	26	23	21		16	16	–	–	–	–	–	1	–	–	–	–	**Dibenzo[c,e]thiepin, 5,7-dihydro-1,11-dimethyl-**	27720-88-3	**S1751**
240	209	181	152	241	210	76	226	**240**	100	95	47	23	15	14	14	9		15	12	3	–	–	–	–	–	–	–	–	–	**Methyl 4-methyldibenzofuran-1-carboxylate**		**M1419**
240	211	194	170	239	101	114	157	**240**	100	83	75	46	46	34	28	23		15	12	3	–	–	–	–	–	–	–	–	–	**4H-Naphtho[1,2-b]pyran-4-one, 5-methoxy-2-methyl-**	32454-43-6	**S3668**
240	211	241	197	239	181	225	212	**240**	100	26	18	9	8	7	7	6		16	16	2	–	–	–	–	–	–	–	–	–	**2,9-Dimethyl-1,2,9,10-tetrahydronaphtho[2,1-b:7,8-b′]difuran**		**P2022**
240	212	184	241	155	92	239	106	**240**	100	25	22	17	12	9	9	9		14	8	4	–	–	–	–	–	–	–	–	–	**1,7-Dihydroxy-9,10-anthraquinone**		**D0492**
240	223	121	120	141	65	241	93	**240**	100	40	39	25	23	16	16	13		14	12	2	2	–	–	–	–	–	–	–	–	**Benzaldehyde, 2-hydroxy-, [(2-hydroxyphenyl)methylene]hydrazone**	959-36-4	**Q4863**
240	224	92	241	184	223	91	212	**240**	100	18	14	14	10	9	8	8		14	8	4	–	–	–	–	–	–	–	–	–	**1,5-Dihydroxy-9,10-anthraquinone**		**D0494**
240	225	119	241	120	224	152	239	**240**	100	39	25	18	15	14	12	11		16	20	–	2	–	–	–	–	–	–	–	–	**[1,1′-Biphenyl]-4,4′-diamine, N,N,N′,N′-tetramethyl-**	366-29-0	**Q0606**
240	225	157	185	101	158	241	75	**240**	100	72	57	57	31	27	16	12		15	12	3	–	–	–	–	–	–	–	–	–	**4H-Naphtho[2,3-b]pyran-4-one, 10-methoxy-2-methyl-**	32454-42-5	**S3667**
240	225	185	157	158	241	226	186	**240**	100	72	60	60	24	14	12	6		15	12	3	–	–	–	–	–	–	–	–	–	**2-Methyl-8-methoxy-6,7-benzochroman-4-one**		**M8176**
240	225	241	165	120	153	226	152	**240**	100	49	18	18	15	14	9	9		16	16	2	–	–	–	–	–	–	–	–	–	**4,4′-Dimethoxystilbene**		**01085**
240	225	241	197	239	152	198	153	**240**	100	21	18	9	9	9	8	7		16	16	2	–	–	–	–	–	–	–	–	–	**2,9-Dimethyl-2,3,8,9-tetrahydronaphtho[2,1-b:3,4-b′]difuran**		**P2020**
240	225	241	198	152	153	239	165	**240**	100	24	17	15	14	13	13	12		16	16	2	–	–	–	–	–	–	–	–	–	**2-Methyl-1,2-dihydro-4-hydroxy-5-allylnaphtho[2,1-b]furan**		**P2021**
240	225	241	224	120	239	223	209	**240**	100	21	18	10	8	7	6	5		16	20	–	2	–	–	–	–	–	–	–	–	**[1,1′-Biphenyl]-4,4′-diamine, N,N,N′,N′-tetramethyl-**		**D2103**
240	239	102	128	241	75	77	76	**240**	100	25	16	15	14	13	9	9		14	8	4	–	–	–	–	–	–	–	–	–	**1,4-Dihydroxy-9,10-anthraquinone**	81-64-1	**P6088**
240	239	121	120	147	43	241	41	**240**	100	77	36	26	22	21	19	18		15	12	3	–	–	–	–	–	–	–	–	–	**2-Propen-1-one, 1-(2-hydroxyphenyl)-3-(4-hydroxyphenyl)-**	13323-66-5	**R4449**
240	239	241	128	102	44	51	77	**240**	100	20	11	7	6	6	6	5		14	8	4	–	–	–	–	–	–	–	–	–	**1,4-Dihydroxy-9,10-anthraquinone**		**D0493**
240	241	120	242	28	69	208	93	**240**	100	18	17	10	10	7	4	4		14	8	–	–	–	–	–	2	–	–	–	–	**Thianaphtheno[3,2-b]thianaphthene**		**Y1308**
240	241	120	242	195	163	69	164	**240**	100	16	12	9	7	6	4	3		14	8	–	–	–	–	–	2	–	–	–	–	**9,10-Dithiaindeno[1,2-a]indene**		**V0137**
240	241	121	206	207	239	63	45	**240**	100	16	11	9	7	7	4	3		14	12	–	2	–	–	–	1	–	–	–	–	**Aniline, 2-(4-methyl-2-benzothiazolyl)-**	20600-49-1	**R8759**
240	241	184	92	212	224	239	120	**240**	100	15	13	12	11	8	8	7		14	8	4	–	–	–	–	–	–	–	–	–	**1,5-Dihydroxy-9,10-anthraquinone**		**D0222**
240	241	212	184	92	138	120	223	**240**	100	15	10	8	7	5	5	4		14	8	4	–	–	–	–	–	–	–	–	–	**1,8-Dihydroxy-9,10-anthraquinone**		**D0537**
240	241	212	184	138	92	63	223	**240**	100	15	11	10	7	6	5	5		14	8	4	–	–	–	–	–	–	–	–	–	**1,8-Dihydroxy-9,10-anthraquinone**		**D1370**
240	241	239	212	92	77	18	138	**240**	100	15	12	8	6	6	5	5		14	8	4	–	–	–	–	–	–	–	–	–	**1,2-Dinhydroxy-9,10-anthraquinone**		**D0495**
241	158	238	144	145	146	129	141	**240**	100	90	77	70	57	50	45	44	**30.05**	18	24	–	–	–	–	–	–	–	–	–	–	**Benz[a]anthracene, 1,2,3,4,7,7a,8,9,10,11,11a,12-dodecahydro-**	16452-37-2	**R6192**
241	242	233	215	243	156			**240**	100	14	3	2	2	1			**0.00**	12	20	3	2	–	–	–	–	–	–	–	–	**2,4,6(1H,3H,5H)-Pyrimidinetrione, 5-ethyl-5-hexyl-**	77-30-5	**P5796**
242	82	244	240	81	161	163	38	**240**	100	75	53	51	45	37	37	31		4	2	–	–	–	2	–	1	–	–	–	–	**Thiophene, 2,5-dibromo-**	3141-27-3	**Q9049**
242	170	244	240	172	139	36	35	**240**	100	50	50	45	40	30	25	15		8	4	–	–	4	–	–	–	–	–	–	–	**Trichloro-(3-chlorophenyl)ethylene**		**P2084**
242	240	244	161	163	243	162	164	**240**	100	63	51	46	46	8	7	5		6	10	–	–	–	2	–	–	–	–	–	–	**Cyclobutane, 1,3-dibromo-1,3-dimethyl-, trans-**	2983-76-8	**Q8893**
242	240	244	243	161	163	241	162	**240**	100	57	52	7	6	4	4	1		6	10	–	–	–	2	–	–	–	–	–	–	**Cyclobutane, 1,3-dibromo-1,3-dimethyl-, cis-**	2984-03-4	**Q8894**
242	244	240	82	161	163	81	45	**240**	100	77	72	34	28	28	22	19		4	2	–	–	–	2	–	1	–	–	–	–	**Thiophene, 2,3-dibromo-**	3140-93-0	**Q9044**